现行建筑结构规范条文说明大全

（缩印本）

本社 编

中国建筑工业出版社

图书在版编目（CIP）数据

现行建筑结构规范条文说明大全（缩印本）/中国建筑工业出版社编. —北京：中国建筑工业出版社，2009
ISBN 978-7-112-11201-2

Ⅰ．现… Ⅱ．中… Ⅲ．建筑结构-建筑规范-说明-中国 Ⅳ．TU3-65

中国版本图书馆 CIP 数据核字（2009）第 151607 号

责任编辑：李　阳
责任设计：赵明霞

现行建筑结构规范条文说明大全
（缩印本）
本社　编

*

中国建筑工业出版社出版、发行（北京西郊百万庄）
各地新华书店、建筑书店经销
北京红光制版公司制版
北京同文印刷有限责任公司印刷

*

开本：787×1092 毫米　1/16　印张：103¼　字数：4130 千字
2009 年 10 月第一版　2009 年 10 月第一次印刷
定价：**198.00** 元
ISBN 978-7-112-11201-2
（18485）

版权所有　翻印必究
如有印装质量问题，可寄本社退换
（邮政编码 100037）

出 版 说 明

《现行建筑设计规范大全》、《现行建筑结构规范大全》、《现行建筑施工规范大全》缩印本（以下简称《大全》），自1994年3月出版以来，深受广大建筑设计、结构设计、工程施工人员的欢迎。但是，随着科研、设计、施工、管理实践中客观情况的变化，国家工程建设标准主管部门不断地进行标准规范制订、修订和废止的工作。为了适应这种变化，我社将根据工程建设标准的变更情况，适时地对《大全》缩印本进行调整、补充，以飨读者。

鉴于上述宗旨，我社近期组织编辑力量，全面梳理现行工程建设国家标准和行业标准，参照工程建设标准体系，结合专业特点，并在认真调查研究和广泛征求读者意见的基础上，对设计、结构、施工三本《大全》的2005年修订缩印版进行了调整、补充。新版《大全》重新划分了章节并进行科学排序，更加方便读者检索使用。

《现行建筑设计规范大全》共收录标准规范142本。

《现行建筑结构规范大全》共收录标准规范99本。

《现行建筑施工规范大全》共收录标准规范163本。

为使广大读者更好地理解规范条文，我社同时推出与三本《大全》配套的《条文说明大全》。因早期曾有少量的标准未编写过条文说明，为便于读者对照查阅，《条文说明大全》中仍保留了《大全》的目录，对于没有条文说明的标准，目录中标为"无"。

需要特别说明的是，由于标准规范处在一个动态变化的过程中，而且出版社受出版发行规律的限制，不可能在每次重印时对《大全》进行修订，所以在全面修订前，《大全》中有可能出现某些标准规范没有替换和修订的情况。为使广大读者放心地使用《大全》，我社在网上提供查询服务，读者可登录我社网站查询相关标准规范的制订、全面修订、局部修订等信息。

为不断提高《大全》质量、更加方便查阅，我们期待广大读者在使用新版《大全》后，给予批评、指正，以便我们改进工作。请随时登录我社网站，留下宝贵的意见和建议。

中国建筑工业出版社

2009年8月

欲查询《大全》中规范变更情况，或有意见和建议：请登录中国建筑工业出版社网站（www.cabp.com.cn）"规范大全园地"。登录方法见封底。

目 录

1 通用标准

工程结构可靠性设计统一标准 GB 50153—2008 ·············· 1—1—1
建筑结构可靠度设计统一标准 GB 50068—2001 ·············· 1—2—1
建筑结构设计术语和符号标准 GB/T 50083—97 ·············· 1—3—1
建筑模数协调统一标准 GBJ 2—86 ·············· 1—4—1
房屋建筑制图统一标准 GB/T 50001—2001 ·············· 1—5—1
建筑结构制图标准 GB/T 50105—2001 ·············· 1—6—1
建筑结构荷载规范（2006年版）GB 50009—2001 ·············· 1—7—1

2 砌体和钢木结构

砌体结构设计规范 GB 50003—2001 ·············· 2—1—1
混凝土小型空心砌块建筑技术规程 JGJ/T 14—2004 ·············· 2—2—1
多孔砖砌体结构技术规范（2002年版）JGJ 137—2001 ·············· 2—3—1
蒸压加气混凝土建筑应用技术规程 JGJ/T 17—2008 ·············· 2—4—1
钢结构设计规范 GB 50017—2003 ·············· 2—5—1
高层民用建筑钢结构技术规程 JGJ 99—98 ·············· 2—6—1
冷弯薄壁型钢结构技术规范 GB 50018—2002 ·············· 2—7—1
网架结构设计与施工规程 JGJ 7—91 ·············· 2—8—1
网壳结构技术规程 JGJ 61—2003 ·············· 2—9—1
铝合金结构设计规范 GB 50429—2007 ·············· 2—10—1
木结构设计规范（2005年版）GB 50005—2003 ·············· 2—11—1
木骨架组合墙体技术规范 GB/T 50361—2005 ·············· 2—12—1

3 混凝土结构

混凝土结构设计规范 GB 50010—2002 ·············· 3—1—1
高层建筑混凝土结构技术规程 JGJ 3—2002 ·············· 3—2—1
混凝土结构耐久性设计规范 GB/T 50476—2008 ·············· 3—3—1
钢筋混凝土升板结构技术规范 GBJ 130—90（无） ·············· 3—4—1
装配式大板居住建筑设计和施工规程 JGJ 1—91（无） ·············· 3—5—1
轻骨料混凝土结构技术规程 JGJ 12—2006 ·············· 3—6—1
冷拔钢丝预应力混凝土构件设计与施工规程 JGJ 19—92 ·············· 3—7—1

无粘结预应力混凝土结构技术规程 JGJ 92—2004 ………………… 3—8—1
冷轧带肋钢筋混凝土结构技术规程 JGJ 95—2003 ………………… 3—9—1
冷轧扭钢筋混凝土构件技术规程 JGJ 115—2006 ………………… 3—10—1
钢筋焊接网混凝土结构技术规程 JGJ 114—2003 ………………… 3—11—1
混凝土结构后锚固技术规程 JGJ 145—2004 …………………… 3—12—1
混凝土异形柱结构技术规程 JGJ 149—2006 …………………… 3—13—1

4 特种结构和混合结构

高耸结构设计规范 GB 50135—2006 …………………………… 4—1—1
烟囱设计规范 GB 50051—2002 ………………………………… 4—2—1
混凝土电视塔结构技术规范 GB 50342—2003 …………………… 4—3—1
钢筋混凝土筒仓设计规范 GB 50077—2003 ……………………… 4—4—1
架空索道工程技术规范 GB 50127—2007 ………………………… 4—5—1
钢筋混凝土薄壳结构设计规程 JGJ/T 22—98 …………………… 4—6—1
型钢混凝土组合结构技术规程 JGJ 138—2001 …………………… 4—7—1

5 地 基 基 础

岩土工程基本术语标准 GB/T 50279—98 ………………………… 5—1—1
岩土工程勘察规范（2009 年版）GB 50021—2001 ………………… 5—2—1
高层建筑岩土工程勘察规程 JGJ 72—2004 ……………………… 5—3—1
软土地区工程地质勘察规范 JGJ 83—91（无） …………………… 5—4—1
冻土工程地质勘察规范 GB 50324—2001 ………………………… 5—5—1
土工试验方法标准 GB/T 50123—1999 …………………………… 5—6—1
工程岩体试验方法标准 GB/T 50266—99 ………………………… 5—7—1
建筑地基基础设计规范 GB 50007—2002 ………………………… 5—8—1
动力机器基础设计规范 GB 50040—1996 ………………………… 5—9—1
建筑桩基技术规范 JGJ 94—2008 ………………………………… 5—10—1
载体桩设计规程 JGJ 135—2007 ………………………………… 5—11—1
高层建筑箱形与筏形基础技术规范 JGJ 6—99 …………………… 5—12—1
三岔双向挤扩灌注桩设计规程 JGJ 171—2009 …………………… 5—13—1
建筑基坑支护技术规程 JGJ 120—99 …………………………… 5—14—1
建筑地基处理技术规范 JGJ 79—2002 …………………………… 5—15—1
建筑边坡工程技术规范 GB 50330—2002 ………………………… 5—16—1
膨胀土地区建筑技术规范 GBJ 112—87 ………………………… 5—17—1
湿陷性黄土地区建筑规范 GB 50025—2004 ……………………… 5—18—1
湿陷性黄土地区建筑基坑工程安全技术规程 JGJ 167—2009 …… 5—19—1
冻土地区建筑地基基础设计规范 JGJ 118—98 …………………… 5—20—1

6 建 筑 抗 震

工程抗震术语标准 JGJ/T 97—95 ······ 6—1—1
建筑抗震试验方法规程 JGJ 101—96 ······ 6—2—1
建筑工程抗震设防分类标准 GB 50223—2008 ······ 6—3—1
建筑抗震设计规范（2008 年版）GB 50011—2001 ······ 6—4—1
构筑物抗震设计规范 GB 50191—93 ······ 6—5—1
核电厂抗震设计规范 GB 50267—97 ······ 6—6—1
室外给水排水和燃气热力工程抗震设计规范 GB 50032—2003 ······ 6—7—1
预应力混凝土结构抗震设计规程 JGJ 140—2004 ······ 6—8—1
镇（乡）村建筑抗震技术规程 JGJ 161—2008 ······ 6—9—1
隔振设计规范 GB 50463—2008 ······ 6—10—1
多层厂房楼盖抗微振设计规范 GB 50190—93 ······ 6—11—1
古建筑防工业振动技术规范 GB/T 50452—2008 ······ 6—12—1

7 检测鉴定和加固

砌体基本力学性能实验方法标准 GBJ 129—90（无） ······ 7—1—1
木结构试验方法标准 GB/T 50329—2002 ······ 7—2—1
混凝土结构试验方法标准 GB 50152—92（无） ······ 7—3—1
回弹法检测混凝土抗压强度技术规程 JGJ/T 23—2001 ······ 7—4—1
贯入法检测砌筑砂浆抗压强度技术规程 JGJ/T 136—2001 ······ 7—5—1
混凝土中钢筋检测技术规程 JGJ/T 152—2008 ······ 7—6—1
建筑变形测量规范 JGJ 8—2007 ······ 7—7—1
建筑基桩检测技术规范 JGJ 106—2003 ······ 7—8—1
地基动力特性测试规范 GB/T 50269—97 ······ 7—9—1
建筑结构检测技术标准 GB/T 50344—2004 ······ 7—10—1
砌体工程现场检测技术标准 GB/T 50315—2000 ······ 7—11—1
危险房屋鉴定标准（2004 年版）JGJ 125—99 ······ 7—12—1
建筑抗震鉴定标准 GB 50023—2009 ······ 7—13—1
民用建筑可靠性鉴定标准 GB 50292—1999 ······ 7—14—1
工业建筑可靠性鉴定标准 GB 50144—2008 ······ 7—15—1
工业构筑物抗震鉴定标准 GBJ 117—88（无） ······ 7—16—1
建筑抗震加固技术规程 JGJ 116—2009 ······ 7—17—1
混凝土结构加固设计规范 GB 50367—2006 ······ 7—18—1
既有建筑地基基础加固技术规范 JGJ 123—2000 ······ 7—19—1
古建筑木结构维护与加固技术规范 GB 50165—1992（无） ······ 7—20—1

8 其 他
(给水排水·人防·幕墙·屋面)

给水排水工程构筑物结构设计规范 GB 50069—2002 ·················· 8—1—1
给水排水工程管道结构设计规范 GB 50332—2002 ·················· 8—2—1
人民防空地下室设计规范 GB 50038—2005 ·················· 8—3—1
玻璃幕墙工程技术规范 JGJ 102—2003 ·················· 8—4—1
金属与石材幕墙工程技术规范 JCJ 133—2001 ·················· 8—5—1
屋面工程技术规范 GB 50345——2004 ·················· 8—6—1
V 形折板屋盖设计与施工规程 JGJ/T 21—93 ·················· 8—7—1
种植屋面工程技术规程 JGJ 155—2007 ·················· 8—8—1

1

通用标准

通用材料

中华人民共和国国家标准

工程结构可靠性设计统一标准

GB 50153—2008

条 文 说 明

目　次

1 总则 …………………………………… 1—1—3
2 术语、符号 …………………………… 1—1—4
　2.1 术语 ……………………………… 1—1—4
3 基本规定 ……………………………… 1—1—5
　3.1 基本要求 ………………………… 1—1—5
　3.2 安全等级和可靠度 ……………… 1—1—6
　3.3 设计使用年限和耐久性 ………… 1—1—6
　3.4 可靠性管理 ……………………… 1—1—6
4 极限状态设计原则 …………………… 1—1—6
　4.1 极限状态 ………………………… 1—1—6
　4.2 设计状况 ………………………… 1—1—6
　4.3 极限状态设计 …………………… 1—1—7
5 结构上的作用和环境影响 …………… 1—1—7
　5.1 一般规定 ………………………… 1—1—7
　5.2 结构上的作用 …………………… 1—1—7
　5.3 环境影响 ………………………… 1—1—9
6 材料和岩土的性能及几何参数 ……… 1—1—9
　6.1 材料和岩土的性能 ……………… 1—1—9
　6.2 几何参数 ………………………… 1—1—10
7 结构分析和试验辅助设计 …………… 1—1—10
　7.1 一般规定 ………………………… 1—1—10
　7.2 结构模型 ………………………… 1—1—10
　7.3 作用模型 ………………………… 1—1—10
　7.4 分析方法 ………………………… 1—1—10
　7.5 试验辅助设计 …………………… 1—1—11
8 分项系数设计方法 …………………… 1—1—11
　8.1 一般规定 ………………………… 1—1—11
　8.2 承载能力极限状态 ……………… 1—1—11
　8.3 正常使用极限状态 ……………… 1—1—13
附录 A 各类工程结构的专门规定 …… 1—1—13
　A.1 房屋建筑结构的专门规定 ……… 1—1—13
　A.2 铁路桥涵结构的专门规定 ……… 1—1—14
　A.3 公路桥涵结构的专门规定 ……… 1—1—14
　A.4 港口工程结构的专门规定 ……… 1—1—15
附录 B 质量管理 ……………………… 1—1—16
　B.1 质量控制要求 …………………… 1—1—16
　B.2 设计审查及施工检查 …………… 1—1—17
附录 C 作用举例及可变作用代表值的确定原则 …………………… 1—1—17
　C.1 作用举例 ………………………… 1—1—17
　C.2 可变作用代表值的确定原则 …… 1—1—17
附录 D 试验辅助设计 ………………… 1—1—18
　D.3 单项性能指标设计值的统计评估 ………………………… 1—1—18
附录 E 结构可靠度分析基础和可靠度设计方法 ………………… 1—1—19
　E.1 一般规定 ………………………… 1—1—19
　E.2 结构可靠指标计算 ……………… 1—1—19
　E.3 结构可靠度校准 ………………… 1—1—20
　E.4 基于可靠指标的设计 …………… 1—1—20
　E.5 分项系数的确定方法 …………… 1—1—21
　E.6 组合值系数的确定方法 ………… 1—1—21
附录 F 结构疲劳可靠性验算方法 …… 1—1—21
　F.1 一般规定 ………………………… 1—1—21
　F.2 疲劳作用 ………………………… 1—1—21
　F.3 疲劳抗力 ………………………… 1—1—22
　F.4 疲劳可靠性验算方法 …………… 1—1—22
附录 G 既有结构的可靠性评定 ……… 1—1—22
　G.1 一般规定 ………………………… 1—1—22
　G.2 安全性评定 ……………………… 1—1—23
　G.3 适用性评定 ……………………… 1—1—23
　G.4 耐久性评定 ……………………… 1—1—24
　G.5 抗灾害能力评定 ………………… 1—1—24

1 总 则

1.0.1 本标准是我国工程建设领域的一本重要的基础性国家标准,是制定我国工程建设其他相关标准的基础。本标准对包括房屋建筑、铁路、公路、港口、水利水电在内的各类工程结构设计的基本原则、基本要求和基本方法做出了统一规定,其目的是使设计建造的各类工程结构能够满足确保人的生命和财产安全并符合国家的技术经济政策的要求。

近年来,"可持续发展"越来越成为各类工程结构发展的主题,在最新的国际标准草案《房屋建筑的可持续性——总原则》ISO/DIS 15392(Sustainability in building construction—General principles)中还对可持续发展(sustainable development)给出了如下定义:"这种发展满足当代人的需要而不损害后代人满足其需要的能力"。有鉴于此,本次修订中增加了"使结构符合可持续发展的要求"。

对于工程结构而言,可持续发展需要考虑经济、环境和社会三个方面的内容:

一、经济方面

应尽量减少从工程的规划、设计、建造、使用、维修直至拆除等各阶段费用的总和,而不是单纯从某一阶段的费用进行衡量。以墙体为例,如仅着眼于降低建造费用而使墙体的保暖性不够,则在使用阶段的采暖费用必然增加,就不符合可持续发展的要求。

二、环境方面

要做到减少原材料和能源的消耗,减少污染。建筑工程对环境的冲击性很大。以工程结构中大量采用的钢筋混凝土为例,减少对环境冲击的方法有提高水泥、混凝土、钢材的性能和强度,淘汰低性能和强度的材料;提高钢筋混凝土的耐久性;利用粉煤灰等作为水泥的部分替代用品(生产水泥时会大量产生二氧化碳),利用混凝土碎块作为骨料的部分替代用品等。

三、社会方面

要保护使用者的健康和舒适,保护建筑工程的文化价值。可持续发展的最终目标还是发展,工程结构的性能、功能必须好,能满足使用者日益提高的要求。

为了提高可持续性的应用水平,国际上正在做出努力,例如,国际标准化组织正在编制的国际标准或技术规程有《房屋建筑的可持续性——总原则》ISO 15392、《房屋建筑的可持续性——建筑工程环境性能评估方法框架》ISO/TS 21931(Sustainability in building construction—Framework for methods of assessment for environmental performance of construction work)等。

我国需要制定标准、规范,以大力推行可持续发展的房屋及土木工程。

1.0.2 本条规定了本标准的适用范围。本标准作为我国工程结构领域的一本基础标准,所规定的基本原则、基本要求和基本方法适用于整个结构、组成结构的构件及地基基础的设计;适用于结构的施工阶段和使用阶段;也适用于既有结构的可靠性评定。

1.0.3 我国在工程结构设计领域积极推广并已得到广泛采用的是以概率理论为基础、以分项系数表达的极限状态设计方法,但这并不意味着要排斥其他有效的结构设计方法,采用什么样的结构设计方法,应根据实际条件确定。概率极限状态设计方法需要以大量的统计数据为基础,当不具备这一条件时,工程结构设计可根据可靠的工程经验或通过必要的试验研究进行,也可继续按传统模式采用容许应力或单一安全系数等经验方法进行。

荷载对结构的影响除了其量值大小外,荷载的离散性对结构的影响也相当大,因而不同的荷载采用不同的分项系数,如永久荷载分项系数较小,风荷载分项系数较大;另一方面,荷载对地基的影响除了其量值大小外,荷载的持续性对地基的影响也很大。例如对一般的房屋建筑,在整个使用期间,结构自重始终持续作用,因而对地基的变形影响大,而风荷载标准值的取值为平均50年一遇值,因而对地基承载力和变形影响均相对较小,有风组合下的地基容许承载力应该比无风组合下的地基容许承载力大。

基础设计时,如用容许应力方法确定基础底面积,用极限状态方法确定基础厚度及配筋,虽然在基础设计上用了两种方法,但实际上也是可行的。

除上述两种设计方法外,还有单一安全系数方法,如在地基稳定性验算中,要求抗滑力矩与滑动力矩之比大于安全系数 K。

钢筋混凝土挡土墙设计是三种设计方法有可能同时应用的一个例子:挡土墙的结构设计采用极限状态法,稳定性(抗倾覆稳定性、抗滑移稳定性)验算采用单一安全系数法,地基承载力计算采用容许应力法。如对结构和地基采用相同的荷载组合和相同的荷载系数,表面上是统一了设计方法,实际上是不正确的。

设计方法虽有上述三种可用,但结构设计仍应采用极限状态法,有条件时采用以概率理论为基础的极限状态法。欧洲规范为极限状态设计方法用于土工设计,使极限状态方法在工程结构设计中得以全面实施,已经做出努力,在欧洲规范 7《土工设计》(Eurocode 7 Geotechnical design)中,专门列出了土工设计状况。在土工设计状况中,各分项系数与持久、短暂设计状况中的分项系数有所不同。本标准因缺乏这方面的研究工作基础,因而未能对土工设计状况做出明确的表述。

1.0.4、1.0.5 本标准是制定各类工程结构设计标准和其他相关标准应遵守的基本准则,它并不能代替各类工程结构设计标准和其他相关标准,如从结构设计看，本标准主要制定了各类工程结构设计所共同面临的各种基本变量（作用、环境影响、材料性能和几何参数）的取值原则、作用组合的规则、作用组合效应的确定方法等，结构设计中各基本变量的具体取值及在各种受力状态下作用效应和结构抗力具体计算方法应由各类工程结构的设计标准和其他相关标准作出相应规定。

2 术语、符号

本章的术语和符号主要依据国家标准《工程结构设计基本术语和通用符号》GBJ 132—90、国际标准《结构可靠性总原则》ISO 2394：1998和原国家标准《工程结构可靠度设计统一标准》GB 50153—92，并主要参考国家标准《建筑结构可靠度设计统一标准》GB 50068—2001 和欧洲规范《结构设计基础》EN1990：2002等。

2.1 术　语

2.1.2　结构构件

例如，柱、梁、板、基桩等。

2.1.5　设计使用年限

在 2000 年第 279 号国务院令颁布的《建设工程质量管理条例》中，规定了基础设施工程、房屋建筑的地基基础工程和主体结构工程的最低保修期限为设计文件规定的该工程的"合理使用年限"；在 1998 年国际标准《结构可靠性总原则》ISO 2394：1998 中，提出了"设计工作年限（design working life）"，其含义与"合理使用年限"相当。

在国家标准《建筑结构可靠度设计统一标准》GB 50068—2001 中，已将"合理使用年限"与"设计工作年限"统一称为"设计使用年限"，本标准首次将这一术语推广到各类工程结构，并规定工程结构在超过设计使用年限后，应进行可靠性评估，根据评估结果，采取相应措施，并重新界定其使用年限。

设计使用年限是设计规定的一个时段，在这一规定时段内，结构只需进行正常的维护而不需进行大修就能按预期目的使用，并完成预定的功能，即工程结构在正常使用和维护下所应达到的使用年限，如达不到这个年限则意味着在设计、施工、使用与维护的某一或某些环节上出现了非正常情况，应查找原因。所谓"正常维护"包括必要的检测、防护及维修。

2.1.6　设计状况

以房屋建筑为例，房屋结构承受家具和正常人员荷载的状况属持久状况；结构施工时承受堆among载的状况属短暂状况；结构遭受火灾、爆炸、撞击等作用的状况属偶然状况；结构遭受罕遇地震作用的状况属地震状况。

2.1.11　荷载布置

荷载布置就是布置荷载的位置、大小和方向。只有自由作用有荷载布置的问题，固定作用不存在这个问题。荷载布置通常被称为图形加载。荷载布置的一个最简单例子，如对一根多跨连续梁，有各跨均加载、每隔一跨加载或相邻二跨加载而其余跨均不加载等荷载布置。

2.1.12　荷载工况

荷载工况就是确定荷载组合和每一种荷载组合下的各种荷载布置。假设某一结构设计共有 3 种荷载组合，荷载组合①有 3 种荷载布置，组合②有 4 种荷载布置，组合③有 12 种荷载布置，则该结构设计共有 19 种荷载工况。设计时对每一种荷载工况都要按式（8.2.4-1）或式（8.2.4-2）计算出荷载效应，结构各截面的荷载效应最不利值就是按式（8.2.4-1）或式（8.2.4-2）计算的基本组合的效应设计值。

除有经验、有把握排除对设计不起控制的荷载工况外，对每一种荷载工况均需要进行相应的结构分析。分析的目的是要找到各个截面、各个构件、结构各个部分及整个结构的最不利荷载效应。只要达到这个目的，任何计算过程都是可以的。

当荷载与荷载效应为线性关系时，叠加原理适用，荷载组合可转换为荷载效应叠加，即用式（8.2.4-2）取代式（8.2.4-1），此时，可先对每一种荷载（的每一种布置），计算出其荷载效应，然后按式（8.2.4-2）进行荷载效应叠加。

2.1.18　抗力

例如，承载力、刚度、抗裂度等。

2.1.19　结构的整体稳固性

结构的整体稳固性系指结构在遭遇偶然事件时，仅产生局部的损坏而不致出现与起因不相称的整体性破坏。

2.1.22　可靠度

对于新建结构，"规定的时间"是指设计使用年限。结构的可靠度是对可靠性的定量描述，即结构在规定的时间内，在规定的条件下，完成预定功能的概率。这是从统计数学观点出发的比较科学的定义，因为在各种随机因素的影响下，结构完成预定功能的能力只能用概率来度量。结构可靠度的这一定义，与其他各种从定值观点出发的定义是有本质区别的。

2.1.24　可靠指标 β

对于新建结构，与可靠度相对应的可靠指标 β，是指设计使用年限的 β。

2.1.28　统计参数

例如，平均值、标准差、变异系数等。

2.1.30　名义值

例如，根据物理条件或经验确定的值。

2.1.35　作用效应

例如，内力、变形和裂缝等。

2.1.49　设计基准期

原标准中设计基准期,一是用于可靠指标 β ,指设计基准期的 β ,二是用于可变作用的取值。本标准中设计基准期只用于可变作用的取值。

设计基准期是为确定可变作用的取值而规定的标准时段,它不等同于结构的设计使用年限。设计如需采用不同的设计基准期,则必须相应确定在不同的设计基准期内最大作用的概率分布及其统计参数。

2.1.53 可变作用的伴随值

在作用组合中,伴随主导作用的可变作用值。主导作用:在作用的基本组合中为代表值采用标准值的可变作用;在作用的偶然组合中为偶然作用;在作用的地震组合中为地震作用。

2.1.54 作用的代表值

作用的代表值包括作用标准值、组合值、频遇值和准永久值,其量值从大到小的排序依次为:作用标准值>组合值>频遇值>准永久值。这四个值的排序不可颠倒,但个别种类的作用,组合值与频遇值可能取相同值。

2.1.56 作用组合(荷载组合)

原标准《工程结构可靠度设计统一标准》GB 50153—92在术语上都是沿用作用效应组合,在概念上主要强调的是在设计时对不同作用(或荷载)经过合理搭配后,将其在结构上的效应叠加的过程。实际上在结构设计中,当作用与作用效应间为非线性关系时,作用组合时采用简单的线性叠加就不再有效,因此在采用效应叠加时,还必须强调作用与作用效应"可按线性关系考虑"的条件。为此,在不同作用(或荷载)的组合时,不再强调在结构上效应叠加的涵义,而且其组合内容,除考虑它们的合理搭配外,还应包括它们在某种极限状态结构设计表达式中设计值的规定,以保证结构具有必要的可靠度。

2.1.63～2.1.69 一阶线弹性分析～刚性-塑性分析

一阶分析与二阶分析的划分界限在于结构分析时所依据的结构是否已考虑变形。如依据的是初始结构即未变形结构,则是一阶分析;如依据的是已变形结构,则是二阶分析。

事实上结构承受荷载时总是要产生变形的,如变形很小,由结构变形产生的次内力不影响结构的安全性和适用性,则结构分析时可略去变形的影响,根据初始结构的几何形体进行一阶分析,以简化计算工作。

3 基 本 规 定

3.1 基 本 要 求

3.1.1 结构可靠度与结构的使用年限长短有关,本标准所指的结构的可靠度或失效概率,对新建结构,是指设计使用年限的结构可靠度或失效概率,当结构的使用年限超过设计使用年限后,结构的失效概率可能较设计预期值增大。

3.1.2 在工程结构必须满足的5项功能中,第1、4、5项是对结构安全性的要求,第2项是对结构适用性的要求,第3项是对结构耐久性的要求,三者可概括为对结构可靠性的要求。

所谓足够的耐久性能,系指结构在规定的工作环境中,在预定时期内,其材料性能的劣化不致导致结构出现不可接受的失效概率。从工程概念上讲,足够的耐久性能就是指在正常维护条件下结构能够正常使用到规定的设计使用年限。

偶然事件发生时,防止结构出现连续倒塌的设计方法有二类:1 直接设计法;2 间接设计法。

1 直接设计法

对可能承受偶然作用的主要承重构件及其连接予以加强或予以保护,使这些构件能承受荷载规范规定的或业主专门提出的偶然作用值。当技术上难以达到或经济上代价昂贵时,允许偶然事件引发结构局部破坏,但结构应具备荷载第二传递途径以替代原来的传递途径。前者有的称之为关键构件设计法,后者有的称之为荷载替代传递途径法。

直接设计法比通常用的设计方法复杂得多,代价也高。

2 间接设计法

实际上就是增强结构的整体稳固性。结构的整体稳固性是我国规范需要重点解决的问题。以房屋建筑为例,最简易可行的方法是将房屋捆扎牢固,如对钢筋混凝土框架结构,在楼盖和屋盖内部,设置沿柱列纵、横两个方向的系杆,系杆均需要通长设置,并且在楼盖和屋盖周边设置整个周边通长的系杆,将柱与整个结构连系牢固;房屋稍高时,除设置上述水平向系杆外,在柱内设置从基础到屋盖通长的竖直向系杆。系杆设置的具体要求和方法应遵守相关技术规范的规定。而对钢筋混凝土承重墙结构,将承重墙与楼盖、屋盖连系牢固,组成"细胞状"结构。结构的延性、体系的连续性,都是设计时应予以注意的。

间接设计法的优点是易于实施,虽然这种方法不是建立在偶然作用下对结构详细分析的基础上,但是混凝土结构中连续的系杆和钢结构中加强的连接,可以使结构在偶然作用下发挥出高于其原有的承载力。虽然水平的系杆不能有效承受竖向荷载,但是原来由受损害部分承受的荷载有可能重分配至未受损害部分。

由于连续倒塌的风险对大多数建筑物而言是低的,因而可以根据结构的重要性采取不同的对策以防止出现结构的连续倒塌:

对于次要的结构,可不考虑结构的连续倒塌问题;

对于一般的结构,宜采用间接设计法;

对于重要的结构，应采用间接设计法，当业主有要求时，可采用直接设计法；

对于特别重要的结构，应采用直接设计法。

3.1.3、3.1.4 为满足对结构的基本要求，使结构避免或减少可能的损坏，宜采取的若干主要措施。

3.2 安全等级和可靠度

3.2.1 本条为强制性条文。在本标准中，按工程结构破坏后果的严重性统一划分为三个安全等级，其中，大量的一般结构宜列入中间等级；重要的结构应提高一级；次要的结构可降低一级。至于重要结构与次要结构的划分，则应根据工程结构的破坏后果，即危及人的生命、造成经济损失、对社会或环境产生影响等的严重程度确定。

3.2.2 同一工程结构内的各种结构构件宜与结构采用相同的安全等级，但允许对部分结构构件根据其重要程度和综合经济效果进行适当调整。如提高某一结构构件的安全等级所需额外费用很少，又能减轻整个结构的破坏从而大大减少人员伤亡和财物损失，则可将该结构构件的安全等级比整个结构的安全等级提高一级；相反，如某一结构构件的破坏并不影响整个结构或其他结构构件，则可将其安全等级降低一级。

3.2.4、3.2.5 可靠指标 β 的功能主要有两个：其一，是度量结构构件可靠性大小的尺度，对有充分的统计数据的结构构件，其可靠性大小可通过可靠指标 β 度量与比较；其二，目标可靠指标是分项系数法所采用的各分项系数取值的基本依据，为此，不同安全等级和失效模式的可靠指标宜适当拉开档次，参照国内外对规定可靠指标的分级，规定安全等级每相差一级，可靠指标取值宜相差 0.5。

3.3 设计使用年限和耐久性

3.3.1 本条为强制性条文。设计文件中需要标明结构的设计使用年限，而无需标明结构的设计基准期、耐久年限、寿命等。

3.3.2 随着我国市场经济的发展，迫切要求明确各类工程结构的设计使用年限。根据我国实际情况，并借鉴有关的国际标准，附录A对各类工程结构的设计使用年限分别作出了规定。国际标准《结构可靠性总原则》ISO 2394：1998 和欧洲规范《结构设计基础》EN 1990：2002 也给出了各类结构的设计使用年限的示例。表1是欧洲规范《结构设计基础》EN 1990：2002 给出的结构设计使用年限类别的示例：

表1 设计使用年限类别示例

类别	设计使用年限（年）	示 例
1	10	临时性结构
2	10～25	可替换的结构构件

续表1

类别	设计使用年限（年）	示 例
3	15～30	农业和类似结构
4	50	房屋结构和其他普通结构
5	100	标志性建筑的结构、桥梁和其他土木工程结构

3.4 可靠性管理

3.4.1～3.4.6 结构达到规定的可靠度水平是有条件的，结构可靠度是在"正常设计、正常施工、正常使用"条件下结构完成预定功能的概率，本节是从实际出发，对"三个正常"的要求作出了具有可操作性的规定。

4 极限状态设计原则

4.1 极限状态

4.1.1 承载能力极限状态可理解为结构或结构构件发挥允许的最大承载能力的状态。结构构件由于塑性变形而使其几何形状发生显著改变，虽未达到最大承载能力，但已彻底不能使用，也属于达到这种极限状态。

疲劳破坏是在使用中由于荷载多次重复作用而达到的承载能力极限状态。

正常使用极限状态可理解为结构或结构构件达到使用功能上允许的某个限值的状态。例如，某些构件必须控制变形、裂缝才能满足使用要求。因过大的变形会造成如房屋内粉刷层剥落、填充墙和隔断墙开裂及屋面积水等后果；过大的裂缝会影响结构的耐久性；过大的变形、裂缝也会造成用户心理上的不安全感。

4.2 设计状况

4.2.1 原标准规定结构设计时应考虑持久设计状况、短暂设计状况和偶然设计状况等三种设计状况，本次修订中增加了地震设计状况。这主要由于地震作用具有与火灾、爆炸、撞击或局部破坏等偶然作用不同的特点：首先，我国很多地区处于地震设防区，需要进行抗震设计且很多结构是由抗震设计控制的；其二，地震作用是能够统计并有统计资料的，可以根据地震的重现期确定地震作用，因此，本次修订借鉴了欧洲规范《结构设计基础》EN 1990：2002 的规定，在原有三种设计状况的基础上，增加了地震设计状况。结构设计应分别考虑持久设计状况、短暂设计状况、偶然设计状况，对处于地震设防区的结构尚应考虑地震设计状况。

4.3 极限状态设计

4.3.1 当考虑偶然事件产生的作用时，主要承重结构可仅按承载能力极限状态进行设计，此时采用的结构可靠指标可适当降低。

4.3.2～4.3.4 工程结构按极限状态设计时，对不同的设计状况应采用相应的作用组合，在每一种作用组合中还必须选取其中的最不利组合进行有关的极限状态设计。设计时应针对各种有关的极限状态进行必要的计算或验算，当有实际工程经验时，也可采用构造措施来代替验算。

4.3.5 基本变量是指极限状态方程中所包含的影响结构可靠度的各种物理量。它包括：引起结构作用效应 S（内力等）的各种作用，如恒荷载、活荷载、地震、温度变化等；构成结构抗力 R（强度等）的各种因素，如材料性能、几何参数等。分析结构可靠度时，也可将作用效应或结构抗力作为综合的基本变量考虑。基本变量一般可认为是相互独立的随机变量。

极限状态方程是当结构处于极限状态时各有关基本变量的关系式。当结构设计问题中仅包含两个基本变量时，在以基本变量为坐标的平面上，极限状态方程为直线（线性问题）或曲线（非线性问题）；当结构设计问题中包含多个基本变量时，在以基本变量为坐标的空间中，极限状态方程为平面（线性问题）或曲面（非线性问题）。

4.3.6、4.3.7 为了合理地统一我国各类材料结构设计规范的结构可靠度和极限状态设计原则，促进结构设计理论的发展，本标准采用了以概率理论为基础的极限状态设计方法。

以往采用的半概率极限状态设计方法，仅在荷载和材料强度的设计取值上分别考虑了各自的统计变异性，没有对结构构件的可靠度给出科学的定量描述。这种方法常常使人误认为只要设计中采用了某一给定的安全系数，结构就能百分之百的可靠，将设计安全系数与结构可靠度简单地等同了起来。而以概率理论为基础的极限状态设计方法则是以结构失效概率来定义结构可靠度，并以与结构失效概率相对应的可靠指标 β 来度量结构可靠度，从而能较好地反映结构可靠度的实质，使设计概念更为科学和明确。

5 结构上的作用和环境影响

5.1 一般规定

5.1.1 本章内容是对结构上的外界因素进行系统的分类和规定。外界因素包括在结构上可能出现的各种作用和环境影响，其中最主要的是各种作用，就作用形态的不同，还可分为直接作用和间接作用，前者是指施加在结构上的集中力或分布力，习惯上常称为荷载；不以力的形式出现在结构上的作用，归类为间接作用，它们都是引起结构外加变形和约束变形的原因，例如地面运动、基础沉降、材料收缩、温度变化等。无论是直接作用还是间接作用，都将使结构产生作用效应，诸如应力、内力、变形、裂缝等。

环境影响与作用不同，它是指能使结构材料随时间逐渐恶化的外界因素，随影响性质的不同，它们可以是机械的、物理的、化学的或生物的，与作用一样，它们也要影响到结构的安全性和适用性。

5.2 结构上的作用

5.2.1 结构上的大部分作用，例如建筑结构的楼面活荷载和风荷载，它们各自出现与否以及出现时量值的大小，在时间和空间上都是互相独立的，这种作用在计算其结构效应和进行组合时，均可按单个作用考虑。某些作用在结构上的出现密切相关且有可能同时以最大值出现，例如桥梁上诸多单独的车辆荷载，可以将它们以车队形式作为单个荷载来考虑。此外，冬季的雪荷载和结构上的季节温度差，它们的最大值有可能同时出现，就不能各自按单个作用考虑它们的组合。

5.2.2 对有可能同时出现的各种作用，应该考虑它们在时间和空间上的相关关系，通过作用组合（荷载组合）来处理对结构效应的影响；对于不可能同时出现的作用，就不应考虑其同时出现的组合。

5.2.3 作用按随时间的变化分类是作用最主要的分类，它直接关系到作用变量概率模型的选择。

永久作用的统计参数与时间基本无关，故可采用随机变量概率模型来描述；永久作用的随机性通常表现在随空间变异上。可变作用的统计参数与时间有关，故宜采用随机过程概率模型来描述；在实用上经常可将随机过程概率模型转化为随机变量概率模型来处理。

作用按不同性质进行分类，是出于结构设计规范化的需要，例如，车辆荷载，按随时间变化的分类属于可变荷载，应考虑它对结构可靠性的影响；按随空间变化的分类属于自由作用，应考虑它在结构上的最不利位置；按结构反应特点的分类属于动态荷载，还应考虑结构的动力响应。

在选择作用的概率模型时，很多典型的概率分布类型的取值往往是无界的，而实际上很多随机作用的量值由于客观条件的限制而具有不能被超越的界限值，例如水坝的最高水位，具有敞开泄压口的内爆炸荷载等。选用这类有界作用的概率分布类型时，应考虑它们的特点，例如可采用截尾的分布类型。

作用的其他分类，例如，当进行结构疲劳验算时，可按作用随时间变化的低周性和高周性分类；当考虑结构徐变效应时，可按作用在结构上持续期的长短分类。

5.2.4～5.2.7 作为基本变量的作用，应尽可能根据它随时间变化的规律，采用随机过程的概率模型来描述，但由于对作用观测数据的局限性，对于不同问题还可给以合理的简化。譬如，在设计基准期内结构上的最不利作用（最大作用或最小作用），原则上也应按随机过程的概率模型，但通过简化，也可采用随机变量的概率模型来描述。

在一个确定的设计基准期 T 内，对荷载随机过程作一次连续观测（例如对某地的风压连续观测 30～50 年），所获得的依赖于观测时间的数据就称为随机过程的一个样本函数。每个随机过程都是由大量的样本函数构成的。

荷载随机过程的样本函数是十分复杂的，它随荷载的种类不同而异。目前对各类荷载随机过程的样本函数及其性质了解甚少。对于常见的活荷载、风荷载、雪荷载等，为了简化起见，采用了平稳二项随机过程概率模型，即将它们的样本函数统一模型化为等时段矩形波函数，矩形波幅值的变化规律采用荷载随机过程 $\{Q(t), t\in[0,T]\}$ 中任意时点荷载的概率分布函数 $F_Q(x)=P\{Q(t_0)\leqslant x, t_0\in[0,T]\}$ 来描述。

对于永久荷载，其值在设计基准期内基本不变，从而随机过程就转化为与时间无关的随机变量 $\{G(t)=G, t\in[0,T]\}$，所以样本函数的图像是平行于时间轴的一条直线。此时，荷载一次出现的持续时间 $\tau=T$，在设计基准期内的时段数 $r=\dfrac{T}{\tau}=1$，而且在每一时段内出现的概率 $p=1$。

对于可变荷载（活荷载及风、雪荷载等），其样本函数的共同特点是荷载一次出现的持续时间 $\tau<T$，在设计基准期内的时段数 $r>1$，且在 T 内至少出现一次，所以平均出现次数 $m=pr\geqslant 1$。不同的可变荷载，其统计参数 τ、p 以及任意时点荷载的概率分布函数 $F_Q(x)$ 都是不同的。

对于活荷载及风、雪荷载随机过程的样本函数采用这种统一的模型，为推导设计基准期最大荷载的概率分布函数和计算组合的最大荷载效应（综合荷载效应）等带来很多方便。

当采用一次二阶矩极限状态设计法时，必须将荷载随机过程转化为设计基准期最大荷载：

$$Q_T = \max_{0\leqslant t\leqslant T} Q(t)$$

因 T 已规定，故 Q_T 是一个与时间参数 t 无关的随机变量。

各种荷载的概率模型必须通过调查实测，根据所获得的资料和数据进行统计分析后确定，使之尽可能反映荷载的实际情况，并不要求一律选用平稳二项随机过程这种特定的概率模型。

任意时点荷载的概率分布函数 $F_Q(x)$ 是结构可靠度分析的基础。它应根据实测数据，运用 χ^2 检验或 K-S 检验等方法，选择典型的概率分布如正态、对数正态、伽马、极值Ⅰ型、极值Ⅱ型、极值Ⅲ型等来拟合，检验的显著性水平可取 0.05。显著性水平是指所假设的概率分布类型为真而经检验被拒绝的最大概率。

荷载的统计参数，如平均值、标准差、变异系数等，应根据实测数据，按数理统计学的参数估计方法确定。当统计资料不足而一时又难以获得时，可根据工程经验经适当的判断确定。

虽然任何作用都具有不同性质的变异性，但在工程设计中，不可能直接引用反映其变异性的各种统计参数并通过复杂的概率运算进行设计。因此，在设计时，除了采用能便于设计者使用的设计表达式外，对作用仍应赋予一个规定的量值，称为作用的代表值。根据设计的不同要求，可规定不同的代表值，以使能更确切地反映它在设计中的特点。在本标准中参考国际标准对可变作用采用四种代表值：标准值、组合值、频遇值和准永久值，其中标准值是作用的基本代表值，而其他代表值都可在标准值的基础上乘以相应的系数后来表示。

作用标准值是指其在结构设计基准期内可能出现的最大作用值。由于作用本身的随机性，因而设计基准期内的最大作用也是随机变量，尤其是可变作用，原则上都可用它们的统计分布来描述。作用标准值统一由设计基准期最大作用概率分布的某个分位值来确定，设计基准期应该统一规定，譬如为 50 年或 100 年，此外还应对该分位值的百分数作明确规定，这样标准值就可取分布的统计特征值（均值、众值、中值或较高的分位值，譬如 90% 或 95% 的分位值），因此在国际上也称标准值为特征值。

对可变作用的标准值，有时可以通过平均重现期的规定来定义，见附录第 C.2.1 条第 3 款。

在实际工程中，有时由于无法对所考虑的作用取得充分的数据，也不得不从实际出发，根据已有的工程实践经验，通过分析判断后，协议一个公称值或名义值作为作用的代表值。

当有两种或两种以上的可变作用在结构上要求同时考虑时，由于所有可变作用同时达到其单独出现时可能达到的最大值的概率极小，因此在结构按承载能力极限状态设计时，除主导作用应采用标准值为代表值外，其他伴随作用均应采用主导作用出现时段内的最大量值，即以小于其标准值的组合值为代表值（见附录第 C.2.4 条）。

当结构按正常使用极限状态的要求进行设计时，例如要求控制结构的变形、局部损坏以及振动时，理应从不同的要求出发，来选择不同的作用代表值；目前规范提供的除标准值和组合值外，还有频遇值和准永久值。频遇值是代表某个约定条件下不被超越的作用水平，例如在设计基准期内被超越的总时间与设计基准期之比规定为某个较小的比率，或被超越的频率限制在规定的频率内的作用水平。准永久值是代表作用在设计基准期内经常出现的水平，也即其持久性部分，当对持久性部分无法定性时，也可按频遇值定义，在设计基准期内被超越的总时间与设计基准期之比规定为某个较大的比率来确定（详见附录C.2.2和C.2.3条）。

5.2.8 偶然作用是指在设计使用年限内不一定出现，而一旦出现其量值很大，且持续期在多数情况下很短的作用，例如爆炸、撞击、龙卷风、偶然出现的雪荷载、风荷载等。因此，偶然作用的出现是一种意外事件，它们的代表值应根据具体的工程情况和偶然作用可能出现的最大值，并且考虑经济上的因素，综合地加以确定，也可通过有关的标准规定。

对这类作用，由于历史资料的局限性，一般都是根据工程经验，通过分析判断，经协议确定其名义值。当有可能获取偶然作用的量值数据并可供统计分析，但是缺乏失效后果的定量和经济上的优化分析时，国际标准建议可采用重现期为万年的标准确定其代表值。

当采用偶然作用为结构的主导作用时，设计应保证结构不会由于作用的偶然出现而导致灾难性的后果。

5.2.9 地震作用的代表值按传统都采用当地地区的基本烈度，根据大部分地区的统计资料，它相当于设计基准期为50年最大烈度90%的分位值。如果采用重现期表示，基本烈度相当于重现期为475年地震烈度。我国规范将抗震设防划分三个水准，第一水准是低于基本烈度，也称为众值烈度，俗称小震，它相当于50年最大烈度36.8%的分位值；第二水准是基本烈度；第三水准是罕遇地震烈度，它远高于基本烈度，俗称大震，相当于50年最大烈度98%分位值，或重现期为2500年地震烈度。

5.2.10 为了能适应各种不同形式的结构，将结构上的作用分成两部分因素：与结构类型无关的基本作用和与结构类型（包括外形和变形性能）有关的因素。基本作用 F_0 通常具有随时间和空间的变异性，它应具有标准化的定义，例如对结构自重可定义为结构的图纸尺寸和材料的标准重度；对雪荷载可定义标准地面上的雪重为基本雪压；对风荷载可定义标准地面上10m高处的标准时距的平均风速为基本风压，如此等等。而作用值应在基本作用的基础上，考虑与结构有关的其他因素，通过反映作用规律的数学函数 $\varphi(\cdot)$ 来表述，例如，对雪荷载的情况，可根据屋面的不同条件将基本雪压换算为屋面上的雪荷载；对风荷载的情况，可根据场地地面粗糙度情况、结构外形和结构不同高度，将基本风压换算为结构上的风荷载。

5.2.11 当作用对结构产生不可忽略的加速度时，即与加速度对应的结构效应占有相当比重时，结构应采用动力模型来描述。此时，动态作用必须按某种方式描述其随时间的变异性（随机性），作用可根据分析的方便与否而采用时域或频域的描述方式，作用历程中的不定性可通过选定随机参数的非随机函数来描述，也可进一步采用随机过程来描述，各种随机过程经常被假定为分段平稳的。

在有些情况下，动态作用与材料性能和结构刚度、质量及各类阻尼有关，此时对作用的描述首先是在偏于安全的前提下规定某些参数，例如结构质量、初速度等。通常还可以进一步将这些参数转化为等效的静态作用。

如果认为所选用的参数还不能保证其结果偏于安全，就有必要对有关作用模型按不同的假设进行计算，从中选出认为可靠的结果。

5.3 环境影响

5.3.1、5.3.2 环境影响可以具有机械的、物理的、化学的或生物的性质，并且有可能使结构的材料性能随时间发生不同程度的退化，向不利方向发展，从而影响结构的安全性和适用性。

环境影响在很多方面与作用相似，而且可以和作用相同地进行分类，特别是关于它们在时间上的变异性，因此，环境影响可分类为永久、可变和偶然影响三类。例如，对处于海洋环境中的混凝土结构，氯离子对钢筋的腐蚀作用是永久影响，空气湿度对木材强度的影响是可变影响等。

环境影响对结构的效应主要是针对材料性能的降低，它是与材料本身有密切关系的，因此，环境影响的效应应根据材料特点而加以规定。在多数情况下是涉及化学的和生物的损害，其中环境湿度的因素是最关键的。

如同作用一样，对环境影响应尽量采用定量描述；但在多数情况下，这样做是有困难的，因此，目前对环境影响只能根据材料特点，按其抗侵蚀性的程度来划分等级，设计时按等级采取相应措施。

6 材料和岩土的性能及几何参数

6.1 材料和岩土的性能

6.1.1、6.1.2 材料性能实际上是随时间变化的，有些材料性能，例如木材、混凝土的强度等，这种变化相当明显，但为了简化起见，各种材料性能仍作为与时间无关的随机变量来考虑，而性能随时间的变化一般通过引进换算系数来估计。

6.1.3 用材料的标准试件试验所得的材料性能 f_{spe}，一般说来，不等同于结构中实际的材料性能 f_{str}，有时两者可能有较大的差别。例如，材料试件的加荷速度远超过实际结构的受荷速度，致使试件的材料强度较实际结构中偏高；试件的尺寸远小于结构的尺寸，致使试件的材料强度受到尺寸效应的影响而与结构中不同；有些材料，如混凝土，其标准试件的成型与养护与实际结构并不完全相同，有时甚至相差很大，以致两者的材料性能有所差别。所有这些因素一般习惯于采用换算系数或函数 K_0 来考虑，从而结构中实际的材料性能与标准试件材料性能的关系可用下式表示：

$$f_{str} = K_0 f_{spe}$$

由于结构所处的状态具有变异性，因此换算系数或函数 K_0 也是随机变量。

6.1.4 材料强度标准值一般取概率分布的低分位值，国际上一般取 0.05 分位值，本标准也采用这个分位值确定材料强度标准值。此时，当材料强度按正态分布时，标准值为：

$$f_k = \mu_f - 1.645\sigma_f$$

当按对数正态分布时，标准值近似为：

$$f_k = \mu_f \exp(-1.645\delta_f)$$

式中 μ_f、σ_f 及 δ_f 分别为材料强度的平均值、标准差及变异系数。

当材料强度增加对结构性能不利时，必要时可取高分位值。

6.1.5 岩土性能参数的标准值当有可能采用可靠性估值时，可根据区间估计理论确定，单侧置信界限值由 $f_k = \mu_f\left(1 \pm \dfrac{t_\alpha}{\sqrt{n}}\delta_f\right)$ 求得，式中 t_α 为学生氏函数，按置信度 $1-\alpha$ 和样本容量 n 确定。

6.2 几何参数

6.2.1 结构的某些几何参数，例如梁跨和柱高，其变异性一般对结构抗力的影响很小，设计时可按确定量考虑。

7 结构分析和试验辅助设计

7.1 一般规定

7.1.1~7.1.3 结构分析是确定结构上作用效应的过程，结构上的作用效应是指在作用影响下的结构反应，包括构件截面内力（如轴力、剪力、弯矩、扭矩）以及变形和裂缝。

在结构分析中，宜考虑环境对材料、构件和结构性能的影响，如湿度对木材强度的影响，高温对钢结构性能的影响等。

7.2 结构模型

7.2.1 建立结构分析模型一般都要对结构原型进行适当简化，考虑决定性因素，忽略次要因素，并合理考虑构件及其连接，以及构件与基础间的力-变形关系等因素。

7.2.2 一维结构分析模型适用于结构的某一维尺寸（长度）比其他两维大得多的情况，或结构在其他两维方向上的变化对结构分析结果影响很小的情况，如连续梁；二维结构分析模型适用于结构的某一维尺寸比其他两维小得多的情况，或结构在某一维方向上的变化对分析结果影响很小的情况，如平面框架；三维结构分析模型适用于结构中没有一维尺寸显著大于或小于其他两维的情况。

7.2.4 在许多情况下，结构变形会引起几何参数名义值产生显著变异。一般称这种变形效应为几何非线性或二阶效应。如果这种变形对结构性能有重要影响，原则上应与结构的几何不完整性一样在设计中加以考虑。

7.2.5 结构分析模型描述各有关变量之间在物理上或经验上的关系。这些变量一般是随机变量。计算模型一般可表达为：

$$Y = f(X_1, X_2, \cdots, X_n)$$

式中　　　　Y——模型预测值；
　　　　　　$f(\cdot)$——模型函数；
　　$X_i\ (i=1, 2, \cdots, n)$——变量。

如果模型函数 $f(\cdot)$ 是完整、准确的，变量 $X_i\ (i=1,2,\cdots,n)$ 值在特定的试验中经量测已知，则结果 Y 可以预测无误；但多数情况下模型并不完整，这可能因为缺乏有关知识，或者为设计方便而过多简化造成的。模型预测值的试验结果 Y' 可以写成如下：

$$Y' = f'(X_1, X_2, \cdots, X_n, \theta_1, \theta_2, \cdots, \theta_n)$$

式中 $\theta_i\ (i=1, 2, \cdots, n)$ 为有关参数，它包含着模型不定性，且按随机变量处理。在多数情况下其统计特性可通过试验或观测得到。

7.3 作用模型

7.3.1 一个完善的作用模型应能描述作用的特性，如作用的大小、位置、方向、持续时间等。在有些情况下，还应考虑不同特性之间的相关性，以及作用与结构反应之间的相互作用。

在多数情况中，结构动态反应是由作用的大小、位置或方向的急剧变化所引起的。结构构件的刚度或抗力的突然改变，亦可能产生动态效应。当动态性能起控制作用时，需要比较详细的过程描述。动态作用的描述可以时间为主或以频率为主给出，依方便而定。为描述作用在时间变化历程中的各种不定性，可将作用描述为一个具有选定随机参数的时间非随机函数，或作为一个分段平稳的随机过程。

7.4 分析方法

7.4.1、7.4.2 当结构的材料性能处于弹性状态时，一般可假定力与变形（或变形率）之间的相互关系是线性的，可采用弹性理论进行结构分析，在这种情况下，分析比较简单，效率也较高；而当结构的材料性能处于弹塑性状态或完全塑性状态时，力与变形（或变形率）之间的相互关系比较复杂，一般情况下都是非线性的，这时宜采用弹塑性理论或塑性理论进行结构分析。

7.4.3 结构动力分析主要涉及结构的刚度、惯性力和阻尼。动力分析刚度与静力分析所采用的原则一致。尽管重复作用可能产生刚度的退化，但由于动力影响，亦可能引起刚度增大。惯性力是由结构质量、非结构质量和周围流体、空气和土壤等附加质量的加速度引起的。阻尼可由许多不同因素产生，其中主要因素有：

　　1 材料阻尼，例如源于材料的弹性特性或塑性特性；
　　2 连接中的摩擦阻尼；
　　3 非结构构件引起的阻尼；
　　4 几何阻尼；
　　5 土壤材料阻尼；
　　6 空气动力和流体动力阻尼。

　　在一些特殊情况下，某些阻尼项可能是负值，导致从环境到结构的能量流动。例如疾驰、颤动和在某些程度上的游涡所引起的反应。对于强烈地震时的动力反应，一般需要考虑循环能量衰减和滞回能量消失。

7.5 试验辅助设计

7.5.1、7.5.2 试验辅助设计（简称试验设计）是确定结构和结构构件抗力、材料性能、岩土性能以及结构作用和作用效应设计值的方法。该方法以试验数据的统计评估为依据，与概率设计和分项系数设计概念相一致。在下列情况下可采用试验辅助设计：

　　1 规范没有规定或超出规范适用范围的情况；
　　2 计算参数不能确切反映工程实际的特定情况；
　　3 现有设计方法可能导致不安全或设计结果过于保守的情况；
　　4 新型结构（或构件）、新材料的应用或新设计公式的建立；
　　5 规范规定的特定情况。

　　对于新技术、新材料等，在工程应用中应特别慎重，可能还有其他政策和规范要求，也应遵守。

8 分项系数设计方法

8.1 一般规定

8.1.1 尽管概率极限状态设计方法全部更新了结构可靠性的概念与分析方法，但提供给设计人员实际使用的仍然是分项系数设计表达方式，它与设计人员长期使用的表达形式相同，从而易于掌握。

　　概率极限状态设计方法必须以统计数据为基础，考虑到对各类工程结构所具有的统计数据在质与量二个方面都很有很大差异，在某些领域根本没有统计数据，因而规定当缺乏统计数据时，可以不通过可靠指标 β，直接按工程经验确定分项系数。

8.1.2 本条规定了各种基本变量设计值的确定方法。

　　1 作用的设计值 F_d 一般可表示为作用的代表值 F_r 与作用的分项系数 γ_F 的乘积。对可变作用，其代表值包括标准值、组合值、频遇值和准永久值。组合值、频遇值和准永久值可通过对可变作用标准值的折减来表示，即分别对可变作用的标准值乘以不大于1的组合值系数 ψ_c、频遇值系数 ψ_f 和准永久值系数 ψ_q。

　　工程结构按不同极限状态设计时，在相应的作用组合中对可能同时出现的各种作用，应采用不同的作用设计值 F_d，见表2：

表2　作用的设计值 F_d

极限状态	作用组合	永久作用	主导作用	伴随可变作用	公式
承载能力极限状态	基本组合	$\gamma_{G_i}G_{ik}$	$\gamma_{Q_1}\gamma_{L,1}Q_{1k}$	$\gamma_{Q_j}\psi_{cj}\gamma_{L,j}Q_{jk}$	(8.2.4-1)
	偶然组合	G_{ik}	A_d	(ψ_{f1} 或 ψ_{q1})Q_{1k} 和 $\psi_{qj}Q_{jk}$	(8.2.5-1)
	地震组合	G_{ik}	$\gamma_I A_{Ek}$	$\psi_{qj}Q_{jk}$	(8.2.6-1)
正常使用极限状态	标准组合	G_{ik}	Q_{1k}	$\psi_{cj}Q_{jk}$	(8.3.2-1)
	频遇组合	G_{ik}	$\psi_{f1}Q_{1k}$	$\psi_{qj}Q_{jk}$	(8.3.2-3)
	准永久组合	G_{ik}		$\psi_{qj}Q_{jk}$	(8.3.2-5)

　　作用分项系数 γ_F 的取值，应符合现行国家有关标准的规定。如对房屋建筑，γ_F 的取值为：不利时，$\gamma_G=1.2$ 或 1.35，$\gamma_Q=1.4$；有利时，$\gamma_G\leqslant1.0$，$\gamma_Q=0$。

8.2 承载能力极限状态

8.2.1 本条列出了四种承载能力极限状态，应根据四种状态性质的不同，采用不同的设计表达方式及与之相应的分项系数数值。

　　对于疲劳破坏，有些材料（如钢筋）的疲劳强度宜采用应力变程（应力幅）而不采用强度绝对值来表达。

8.2.2 式（8.2.2-1）中，S_d 包括荷载系数，R_d 包括材料系数（或抗力系数），这二类系数在一定范围内是可以互换的。

　　以房屋建筑结构中安全等级为二级、设计使用年限为50年的钢筋混凝土轴心受拉构件为例：

　　设永久作用标准值的效应 $N_{G_k}=10$kN，可变作用标准值的效应 $N_{Q_k}=20$kN，钢筋强度标准值 $f_{yk}=400$N/mm^2，求所需钢筋面积 A_s。

　　方案1　取 $\gamma_G=1.2$，$\gamma_Q=1.4$，$\gamma_s=1.1$，则由式（8.2.4-2），作用组合的效应设计值 N_d

$$= \gamma_G N_{G_k} + \gamma_Q N_{Q_k} = 1.2 \times 10 + 1.4 \times 20 = 40 (kN)$$

取 $R_d = A_s f_{yk}/\gamma_s = N_d = 40$ (kN)，则 $A_s = 40 \times 1.1/(400 \times 0.001) = 110 (mm^2)$。

方案 2　取 $\gamma_G = 1.2 \times 1.1/1.2 = 1.1$，$\gamma_Q = 1.4 \times 1.1/1.2 = 1.283$，$\gamma_s = 1.1/(1.1/1.2) = 1.2$，则由式（8.2.4-2），作用组合的效应设计值 $N_d = \gamma_G N_{G_k} + \gamma_{Q_k} N_{Q_k} = 1.1 \times 10 + 1.283 \times 20 = 36.66 (kN)$，取 $R_d = A_s f_{yk}/\gamma_s = N_d = 36.66 (kN)$，则 $A_s = 36.66 \times 1.2/(400 \times 0.001) = 110 (mm^2)$。

方案 1 和方案 2 是完全等价的，用相同的钢筋截面积承受相同的拉力设计值，安全度是完全相同的。

方案 1 的荷载系数及材料系数与国际及国内比较靠近，而方案 2 则有明显差异。方案 2 不可取，不利于各类工程结构之间的协调对比。

8.2.4　对基本组合，原标准只给出了用函数形式的表达式，设计人员无法用作设计。《建筑结构可靠度设计统一标准》GB 50068—2001 给出了用显式的表达式，设计人员可用作设计，但仅限于作用与作用效应按线性关系考虑的情况，非线性关系时不适用。

本标准首次提出对各类工程结构、对线性与非线性两种关系全部适用的，设计人员可直接采用的表达式。

本标准对结构的重要性系数用 γ_0 表示，这与原标准相同。

当结构的设计使用年限与设计基准期不同时，应对可变作用的标准值进行调整，这是因为结构上的各种可变作用均是根据设计基准期确定其标准值的。以房屋建筑为例，结构的设计基准期为 50 年，即房屋建筑结构上的各种可变作用的标准值取其 50 年一遇的最大值分布上的"某一分位值"，对设计使用年限为 100 年的结构，要保证结构在 100 年时具有设计要求的可靠度水平，理论上要求结构上的各种可变作用应采用 100 年一遇的最大值分布上的相同分位值作为可变作用的"标准值"，但这种作法对同一种可变作用会随设计使用年限的不同而有多种"标准值"，不便于荷载规范表达和设计人员使用，为此，本标准首次提出考虑结构设计使用年限的荷载调整系数 γ_L，以设计使用年限 100 年为例，γ_L 的含义是在可变作用 100 年一遇的最大值分布上，与该可变作用 50 年一遇的最大值分布上标准值的相同分位值的比值，其他年限可类推。在附录 A.1 中对房屋建筑结构给出了 γ_L 的具体取值，设计人员可直接采用；对设计使用年限为 50 年的结构，其设计使用年限与设计基准期相同，不需调整可变作用的标准值，则取 $\gamma_L = 1.0$。

永久荷载不随时间而变化，因而与 γ_L 无关。

当设计使用年限大于基准期时，除在荷载方面考虑 γ_L 外，在抗力方面也需采取相应措施，如采用较高的混凝土强度等级、加大混凝土保护层厚度或对钢筋作涂层处理等，使结构在更长的时间内不致因材料劣化而降低可靠度。

8.2.5　偶然作用的情况复杂，种类很多，因而对偶然组合，原标准只用文字作简单叙述，本标准给出了偶然组合效应设计值的表达式，但未能统一选定式（8.2.5-1）或式（8.2.5-2）中用 ψ_{f1} 或 ψ_{q1}，有关的设计规范应予以明确。

8.2.6　各类工程结构都会遭遇地震，很多结构是由抗震设计控制的。目前我国地震作用的取值标准在各类工程结构之间相差很大，需加以协调。

国内外对地震作用的研究，今天已发展到可统计且有统计数据了。可以给出不同重现期的地震作用，根据地震作用不同的取值水平提出对结构相应的性能要求，这和现在无法统计或没有统计数据的偶然作用显然不同。将地震设计状况单独列出的客观条件已经具备，列出这一状况有利于各类工程结构抗震设计的统一协调与发展。

对房屋建筑而言，式（8.2.6-1）中地震作用的取值标准由重现期为 50 年的地震作用即多遇地震作用，提高到重现期为 475 年的地震作用即基本烈度地震作用（后者的地震加速度约为前者的 3 倍），作为选定截面尺寸和配筋量的依据，其目的绝不是要普遍提高地震设防水平，普遍增加材料用量，而是要将对结构抗震至关重要的结构体系延性作为抗震设计的重要参数，使设计合理。

结构在基本烈度地震作用下已处于弹塑性阶段，结构体系延性高，耗能能力强，可大幅度降低结构按弹性分析所得出的地震作用效应，鼓励设计人员设计出高延性的结构体系，降低地震作用效应，缩小截面，减少资源消耗。

上述做法在国际上是通用的，在有关标准规范中均有明确规定。国际标准《结构上的地震作用》ISO 3010，规定了结构系数（structural factor）k_D；欧洲规范《结构抗震设计》EN 1998，规定了性能系数（behaviour factor）q；美国规范《国际建筑规范》IBC 及《建筑荷载规范》ASCE7，规定了反应修正系数（response modification coefficient）R，这些系数虽然名称不同、符号各异，但含义类似。采用这些系数后，在设计基本地震加速度相同的条件下，可使延性高的结构体系与延性低的结构体系相比，大幅度降低结构承载力验算时的地震力。

式（8.2.6-1）中的地震作用重要性系数 γ_I 与式（8.2.2-1）中的结构重要性系数 γ_0 不应同时采用。在房屋建筑中，将量大面广的丙类建筑 γ_I 取值为 1.0，对甲类、乙类建筑 γ_I 取大于 1。

γ_I 与第 8.2.4 条说明中 γ_L 的含义类似。假设对甲类建筑采用重现期为 2500 年的地震，则对甲类建

筑的 γ_1，含义就是2500年一遇的地震作用与475年一遇的地震作用的比值。

8.3 正常使用极限状态

8.3.1 对承载能力极限状态，安全与失效之间的分界线是清晰的，如钢材的屈服、混凝土的压坏、结构的倾覆、地基的滑移，都是清晰的物理现象。对正常使用极限状态，能正常使用与不能正常使用之间的分界线是模糊的，难以找到清晰的物理现象，区分正常与不正常，在很大程度上依靠工程经验确定。

8.3.2 列出了三种组合，来源于《结构可靠性总原则》ISO 2394和《结构设计基础》EN 1990。

正常使用极限状态的可逆与不可逆的划分很重要。如不可逆，宜用标准组合；如可逆，宜用频遇组合或准永久组合。

可逆与不可逆不能只按所验算构件的情况确定，而且需要与周边构件联系起来考虑。以钢梁的挠度为例，钢梁的挠度本身当然是可逆的，但如钢梁下有隔墙，钢梁与隔墙之间又未作专门处理，钢梁的挠度会使隔墙损坏，则仍被认为是不可逆的，应采用标准组合进行设计验算；如钢梁的挠度不会损坏其他构件（结构的或非结构的），只影响到人的舒适感，则可采用频遇组合进行设计验算；如钢梁的挠度对各种性能要求均无影响，只是个外观问题，则可采用准永久组合进行设计验算。

附录 A 各类工程结构的专门规定

A.1 房屋建筑结构的专门规定

A.1.2 房屋建筑结构取设计基准期为50年，即房屋建筑结构的可变作用取值是按50年确定的。

A.1.3 根据《建筑结构可靠度设计统一标准》GB 50068—2001给出了各类房屋建筑结构的设计使用年限。

A.1.4 表A.1.4中规定的房屋建筑结构构件持久设计状况承载能力极限状态设计的可靠指标，是以建筑结构安全等级为二级时延性破坏的 β 值3.2作为基准，其他情况下相应增减0.5。可靠指标 β 与失效概率运算值 p_f 的关系见表3；

表3 可靠指标 β 与失效概率运算值 p_f 的关系

β	2.7	3.2	3.7	4.2
p_f	3.5×10^{-3}	6.9×10^{-4}	1.1×10^{-4}	1.3×10^{-5}

表A.1.4中延性破坏是指结构构件在破坏前有明显的变形或其他预兆；脆性破坏是指结构构件在破坏前无明显的变形或其他预兆。

表A.1.4中作为基准的 β 值，是根据对20世纪70年代各类材料结构设计规范校准所得的结果并经综合平衡后确定的，表中规定的 β 值是房屋建筑各种材料结构设计规范应采用的最低值。

表A.1.4中规定的 β 值是对结构构件而言的。对于其他部分如连接等，设计时采用的 β 值，应由各种材料的结构设计规范另行规定。

目前由于统计资料不够完备以及结构可靠度分析中引入了近似假定，因此所得的失效概率 p_f 及相应的 β 尚非实际值。这些值是一种与结构构件实际失效概率有一定联系的运算值，主要用于对各类结构构件可靠度作相对的度量。

A.1.5 为促进房屋使用性能的改善，根据《结构可靠性总原则》ISO 2394:1998的建议，结合国内近年来对我国建筑结构构件正常使用极限状态可靠度所作的分析研究成果，对结构构件正常使用的可靠度作出了规定。对于正常使用极限状态，其可靠指标一般应根据结构构件作用效应的可逆程度选取：可逆程度较高的结构构件取较低值；可逆程度较低的结构构件取较高值，例如《结构可靠性总原则》ISO 2394:1998规定，对可逆的正常使用极限状态，其可靠指标取为0；对不可逆的正常使用极限状态，其可靠指标取为1.5。

不可逆极限状态指产生超越状态的作用被卸除后，仍将永久保持超越状态的一种极限状态；可逆极限状态指产生超越状态的作用被卸除后，将不再保持超越状态的一种极限状态。

A.1.6 为保证以永久荷载为主结构构件的可靠指标符合规定值，根据《建筑结构可靠度设计统一标准》GB 50068—2001的规定，式（A.1.6-1）与式（8.2.4-1）同时使用，式（A.1.6-1）对以永久荷载为主的结构起控制作用。

A.1.7 结构重要性系数 γ_0 是考虑结构破坏后果的严重性而引入的系数，对于安全等级为一级和三级的结构构件分别取不小于1.1和0.9。可靠度分析表明，采用这些系数后，结构构件可靠指标值较安全等级为二级的结构构件分别增减0.5左右，与表A.1.4的规定基本一致。考虑不同投资主体对建筑结构可靠度的要求可能不同，故允许结构重要性系数 γ_0 分别取不应小于1.1、1.0和0.9。

A.1.8 对永久荷载系数 γ_G 和可变荷载系数 γ_Q 的取值，分别根据对结构构件承载能力有利和不利两种情况，作出了具体规定。

在某些情况下，永久荷载效应与可变荷载效应符号相反，而前者对结构承载能力起有利作用。此时，若永久荷载分项系数仍取同号效应时相同的值，则结构构件的可靠度将严重不足。为了保证结构构件具有必要的可靠度，并考虑到经济指标不致波动过大和应用方便，规定当永久荷载效应对结构构件的承载能力有利时，γ_G 不应大于1.0。

荷载分项系数系按下列原则经优选确定的：在各种荷载标准值已给定的前提下，要选取一组分项系数，使按极限状态设计表达式设计的各种结构构件具有的可靠指标与规定的可靠指标之间在总体上误差最小。在定值过程中，原《建筑结构设计统一标准》GBJ 68—84 对钢、薄钢、钢筋混凝土、砖石和木结构选择了 14 种有代表性的构件，若干种常遇的荷载效应比值（可变荷载效应与永久荷载效应之比）以及 3 种荷载效应组合情况（恒荷载与住宅楼面活荷载、恒荷载与办公楼楼面活荷载、恒荷载与风荷载）进行分析，最后确定，在一般情况下采用 $\gamma_G=1.2$，$\gamma_Q=1.4$，国标《建筑结构可靠度设计统一标准》GB 50068—2001 对以永久荷载为主的结构，又补充了采用 $\gamma_G=1.35$ 的规定，本标准继续采用。

A.1.9 对设计使用年限为 100 年和 5 年的结构构件，通过考虑结构设计使用年限的荷载调整系数 γ_L 对可变荷载取值进行调整。

A.2 铁路桥涵结构的专门规定

A.2.1～A.2.3 依据国内外有关标准，规定了铁路桥涵结构的安全等级和设计使用年限。铁路桥涵结构的设计基准期选择与结构设计使用年限相同量级为 100 年，作为确定桥梁结构上可变作用最大值概率分布的时间参数。在结构设计基准期内可变作用重现期为 100 年的超越概率为 63.2%，年超越概率为 1%。

A.2.4 根据第 4.3.2 条，桥梁结构承载能力极限状态设计采用荷载（作用）的基本组合和偶然组合，地震组合表达形式与偶然组合相同。根据对现行桥规各类结构标准设计的校准优化确定结构目标可靠指标 β_t，采用《结构可靠性总原则》ISO 2394：1998 附录 E.7.2 基于校准的分项系数方法优化确定桥梁结构承载能力极限状态设计组合的分项系数，使各类组合的结构可靠指标 β 接近所选定的目标可靠指标 β_t。

假设分项系数模式表达式为：

$$g\left(\frac{f_{k1}}{\gamma_{m1}},\frac{f_{k2}}{\gamma_{m2}},\cdots,\gamma_{f1}F_{k1},\gamma_{f2}F_{k2},\cdots\right) \geqslant 0$$

式中 f_{ki}——材料 i 的强度标准值；
      γ_{mi}——材料 i 的分项系数；
      F_{kj}——荷载（作用）j 的标准值；
      γ_{fj}——荷载（作用）j 的分项系数。

选定的分项系数组（γ_{m1}，γ_{m2}，…，γ_{f1}，γ_{f2}，…）设计的结构构件的可靠指标 β_k 使聚集的偏差 D 为最小：

$$D = \sum_{k=1}^{n}[\beta_k(\gamma_{mi},\gamma_{fj})-\beta_t]^2 \to \min$$

β_k 可以选定为桥梁结构中权重系数最大的结构可靠指标。

A.2.5 根据第 4.3.3 条，桥梁结构正常使用极限状态设计采用荷载（作用）标准组合，其分项系数根据与现行桥规（容许应力法）采用相同的荷载（作用）设计值确定。

A.2.6 铁路桥涵结构正常使用极限状态设计，对不同线路等级、运行速度和桥梁类型提出不同的限值要求，且随着列车运营速度的不断提高，要求越来越严格。对桥梁变形（竖向和横向）和振动的限值要求以保证列车运行的安全和乘坐舒适度，保证结构材料的受力特性在弹性范围内，对桥梁裂缝宽度限值要求保证桥梁结构的耐久性。目前铁道部已颁布的行业标准以《铁路桥涵设计基本规范》TB 10002.1—2005 为基准，适用于铁路网中客货列车共线运行、旅客列车设计行车速度小于或等于 160km/h，货物列车设计行车速度小于或等于 120km/h 的Ⅰ、Ⅱ级标准轨距铁路桥涵设计；以《新建时速 200 公里客货共线铁路设计暂行规定》（铁建设函 [2005] 285 号）、《新建时速 200～250 公里客运专线铁路设计暂行规定》（铁建设 [2005] 140 号）、《京沪高速铁路设计暂行规定》（铁建设 [2004] 157 号）为补充，分别制定出适用于不同速度等级客货共线和客运专线的限制规定，以满足列车运行的安全性和舒适性。

A.2.7 铁路桥梁结构承受较大的列车动力活载的反复作用，对焊接或非焊接的受拉或拉压钢结构构件及混凝土受弯构件应进行疲劳承载能力验算，以满足结构设计使用年限的要求。根据对不同运量等级线路调查，测试统计分析制定出典型疲劳列车及标准荷载效应比频谱，把桥梁构件承受的变幅重复应力转换为等效等幅重复应力，并考虑结构模型、结构构造、线路数量及运量的影响系数，应满足结构构件或细节的 200 万次疲劳强度设计值要求。现行《铁路桥梁钢结构设计规范》TB 10002.2—2005 第 3.2.7 条表 3.2.7-1、表 3.2.7-2 分别规定出各种构件或连接的疲劳容许应力幅、构件或连接基本形式及疲劳容许应力幅类别用以钢结构构件或细节的疲劳容许应力验算。

A.3 公路桥涵结构的专门规定

A.3.2 公路桥涵结构的设计基准期为 100 年，以保持和现行的公路行业标准采用的时间域一致。

施于桥梁上的可变荷载是随时间变化的，所以它的统计分析要用随机过程概率模型来描述。随机过程所选择的时间域即为基准期。在承载能力极限状态可靠度分析中，由于采用了以随机变量概率模型表达的一次二阶矩法，可变荷载的统计特征是以设计基准期内出现的荷载最大值的随机变量来代替随机过程进行统计分析。《公路工程结构可靠度设计统一标准》GB/T 50283—1999 确定公路桥涵结构的设计基准期为 100 年，是因为公路桥涵的主要可变荷载汽车、人群等，按其基准期内最大值分布的 0.95 分位值所取标准值，与原规范的规定值相近。这样，就可避免公路桥涵在荷载取值上过大变动，保持结构设计的连续性。

A.3.3 表 A.3.3 所列设计使用年限，是在总结以往实践经验，考虑设计、施工和维护的难易程度，以及结构一旦失效所造成的经济损失和对社会、环境的影响基础上确定的；通过广泛征求意见得到认可。表中所列特大桥、大桥、中桥、小桥是指《公路工程技术标准》JTG B01—2003 规定的单孔跨径，而非多孔跨径总长。在设计使用年限内，桥涵主体结构在正常施工和使用条件下，必须完成预定的安全性、耐久性和适用性功能的要求。对于桥涵附属的、可更换的构件不在本条规定之列，它们的设计使用年限可根据该构件所用材料、具体使用条件另行规定。

A.3.4 本条列出了公路桥涵结构承载能力极限状态设计有关作用组合的设计表达式，规定分为基本组合和偶然组合两种情况。

1 公式（A.3.4-1）为基本组合中作用设计值名义上的组合；公式（A.3.4-2）为作用设计值效应的组合。后者是结构设计所需要的。

上述作用设计值效应的组合原则是：首先把永久作用效应与主导可变作用效应（公路桥涵一般为汽车作用效应）组合；然后再与其他伴随可变作用效应组合，在该组合前面乘以组合值系数。这样的组合原则顺应于目标可靠指标—结构设计依据的运算方法和作用组合方式。应该指出，结构可靠指标和永久作用与可变作用的比值有关，为了使运算不过于复杂化，在"标准"计算可靠指标时，采用了永久作用（结构自重）效应与主导可变作用（汽车）效应的最简单组合，通过一系列运算后判断确定了目标可靠指标。所以，公路工程结构有关统一标准中给出的可靠指标 β 值是在作用效应最简单基本组合下给出的。当多个可变作用参与组合时，将影响原先确定的可靠指标值，因而需要引入组合值系数 ψ_c，对伴随可变作用标准值进行折减，这样所得最终作用效应组合表达式，可使原定可靠指标保持不变。

以上公式中的作用分项系数，可变作用的组合系数可在确定的目标可靠指标下，通过优化运算确定，或根据工程经验确定。

2 公路桥梁的偶然作用包括船舶撞击、汽车撞击等，在偶然组合中作为主导作用。由于偶然作用出现的概率很小，持续的时间很短，所以不能有两个偶然作用同时参与组合。组合中除永久作用（一般不考虑混凝土收缩与徐变作用）和偶然作用外，根据具体情况还可采用其他可变作用代表值，当缺乏观测调查资料时，可取用可变作用频遇值或准永久值。

A.3.5 现行公路桥涵有关规范中，应用于正常使用极限状态设计的作用组合，规定采用作用的频遇组合和准永久组合。参照国际标准《结构可靠性总原则》ISO 2394：1998，新增了作用的标准组合。

A.3.6 公路桥涵结构重要性系数仍采用《公路桥涵设计通用规范》JTG D60—2004 第 4.1.6 条的规定值。

A.3.7 公路桥涵结构永久作用的分项系数采用了《公路桥涵设计通用规范》JTG D60—2004 第 4.1.6 条的规定值。

本附录暂未规定考虑结构设计使用年限的荷载调整系数的具体取值，它需要在修编行业标准和规范时开展研究工作并规定具体的设计取值。

A.4 港口工程结构的专门规定

A.4.1 将安全等级为三级的结构具体化，即为临时性结构，如港口工程的临时护岸、围堰。永久性港工结构安全等级为一级或二级，如集装箱干线港的大型集装箱码头结构、大型原油码头而附近又没有可替代的港口工程、液化天然气码头结构等可按安全等级为一级设计。大量的一般港口工程结构的安全等级为二级，既足够安全也是经济合理的。

A.4.2 与《港口工程结构可靠度设计统一标准》GB 50158—92保持相同。

A.4.3 随着各种防腐蚀技术的成熟、可靠及高性能、高耐久混凝土的广泛应用，根据《港口工程结构设计使用年限调查专题研究》，从混凝土材料的耐久性方面，重力式、板桩码头正常使用情况下，使用年限可以达到 50a 以上，按高性能混凝土设计、施工的海港高桩码头结构，使用年限可以达到 50a 以上。考虑港口工程结构的造价在整个港口工程的总投资的比例平均为 20% 左右，永久性港口建筑物的设计使用年限为 50a 是合理的。

A.4.4 给出的可靠指标是根据对港口工程结构可靠度校准结果确定的，在设计中可作为可靠指标的下限值采用。

土坡及地基稳定由于抗力变异性较大，防波堤水平波浪力和波浪浮托力相关性强，因此其可靠指标值较低。

A.4.5、A.4.6 根据本标准第 8 章的原则，反映港口工程结构的特点，并与港口工程各结构规范相协调。

A.4.7～A.4.10 在港口工程结构设计中，设计水位是一个相当重要而又比较复杂的问题。对于承载能力极限状态的持久组合，海港工程规定了 5 种水位，河港工程规定了 3 种水位；对于承载能力极限状态的短暂组合，海港工程规定了 3 种水位；河港工程规定了 2 种水位，比《港口工程结构可靠度设计统一标准》GB 50158—92又增加了施工期间某一不利水位。海港工程和河港工程均需要考虑地下水位的影响。

需要提出注意的是，设计高水位、设计低水位、极端高水位和极端低水位都是设计水位。

A.4.11 重要性系数在标准中是考虑结构破坏后果的严重性而引入的系数，称为结构重要性系数，根据

《港口工程结构安全等级研究报告》，本次修订维持安全等级为一、二、三级的结构重要性系数分别取1.1、1.0和0.9。可靠度分析表明，采用这些系数后，安全等级相差1级，结构可靠指标相差0.5左右。考虑不同投资主体对港口结构可靠度的要求可能不同，故允许根据自然条件、维护条件、使用年限和特殊要求等对重要性系数 γ_0 进行调整，但安全等级不变。结构安全等级为一、二、三级的 γ_0 分别不应小于1.1、1.0和0.9。

A.4.12 为使作用分项系数统一和便于设计人员采用，表中给出了港口工程结构设计的主要作用的分项系数；抗倾、抗滑稳定计算时的波浪力作用分项系数由相关结构规范给出。

对永久作用和可变作用的分项系数，分别根据对结构承载能力有利和不利两种情况，做出了具体规定。

对于以永久作用为主（约占50%）的结构，为使结构的可靠指标满足第A.4.4条的要求，永久作用的分项系数应增大为不小于1.3。

当两个可变作用完全相关时，应根据总的作用效应有利或不利选用分项系数。对结构承载能力有利时取为0，对结构承载能力不利时，两个完全相关的可变作用应取相同作用的分项系数。

附录 B 质量管理

B.1 质量控制要求

B.1.1 材料和构件的质量可采用一个或多个质量特征来表达，例如，材料的试件强度和其他物理力学性能以及构件的尺寸误差等。为了保证结构具有预期的可靠度，必须对结构设计、原材料生产以及结构施工提出统一配套的质量水平要求。材料与构件的质量水平可按结构构件可靠指标 β 近似地确定，并以有关的统计参数来表达。当荷载的统计参数已知后，材料与构件的质量水平原则上可采用下列质量方程来描述：

$$q(\mu_f, \delta_f, \beta, f_k) = 0$$

式中 μ_f 和 δ_f 为材料和构件的某个质量特征 f 的平均值和变异系数，β 为规范规定的结构构件可靠指标。

应当指出，当按上述质量方程确定材料和构件的合格质量水平时，需以安全等级为二级的典型结构构件的可靠指标为基础进行分析。材料和构件的质量水平要求，不应随安全等级而变化，以便于生产管理。

B.1.2 材料的等级一般以材料强度标准值划分。同一等级的材料采用同一标准值。无论天然材料还是人工材料，对属于同一等级的不同产地和不同厂家的材料，其性能的质量水平一般不宜低于可靠指标 β 的要求。按本标准制定质量要求时，允许各有关规范根据材料和构件的特点对此指标稍作增减。

B.1.6 材料及构件的质量控制包括两种，其中生产控制属于生产单位内部的质量控制；合格控制是在生产单位和用户之间进行的质量控制，即按统一规定的质量验收标准或双方同意的其他规则进行验收。

在生产控制阶段，材料性能的实际质量水平应控制在规定的合格质量水平之上。当生产有暂时性波动时，材料性能的实际质量水平亦不得低于规定的极限质量水平。

B.1.7 由于交验的材料和构件通常是大批量的，而且很多质量特征的检验是破损性的，因此，合格控制一般采用抽样检验方式。对于有可靠依据采用非破损检验方法的，必要时可采用全数检验方式。

验收标准主要包括下列内容：

1 批量大小——每一交验批中材料或构件的数量；

2 抽样方法——可为随机的或系统的抽样方法；系统的抽样方法是指抽样部位或时间是固定的；

3 抽样数量——每一交验批中抽取试样的数量；

4 验收函数——验收中采用的试样数据的某个函数，例如样本平均值、样本方差、样本最小值或最大值等；

5 验收界限——与验收函数相比较的界限值，用以确定交验批合格与否。

当前在材料和构件生产中，抽样检验标准多数是根据经验来制定的。其缺点在于没有从统计学观点合理考虑生产方和用户方的风险率或其他经济因素，因而所规定的抽样数量和验收界限往往缺乏科学依据，标准的松严程度也无法相互比较。

为了克服非统计抽样检验方法的缺点，本标准规定宜在统计理论的基础上制定抽样质量验收标准，以使达不到质量要求的交验批基本能判为不合格，而已达到质量要求的交验批基本能判为合格。

B.1.8 现有质量验收标准形式很多，本标准系按下述原则考虑：

对于生产连续性较差或各批间质量特征的统计参数差异较大的材料和构件，很难使产品批的质量基本维持在合格质量水平之上，因此必须按控制用户方风险率制定验收标准。此时，所涉及的极限质量水平，可按各类材料结构设计规范的有关要求和工程经验确定，与极限质量水平相应的用户风险率，可根据有关标准的规定确定。

对于工厂内成批连续生产的材料和构件，可采用计数或计量的调整型抽样检验方案。当前可参考国际标准《计数检验的抽样程序》ISO 2859（Sampling procedures for inspection by attributes）及《计量检验的抽样程序》ISO 3951（Sampling procedures for inspection by variables）制定合理的验收标准和转换规则。规定转换规则主要是为了限制劣质产品出厂，促进提高生产管理水平；此外，对优质产品也提供了减少检验费用的可能性。考虑到生产过程可能出现质量波动，以及不同生产单位的质量可能有差别，允许在生产中对质量验收标准的松严程度进行调整。当产品质量比较稳定时，质量验收标准通常可按控制生产方的风险率来制定。此时所涉及的合格质量水平，可按规范规定的结构构件可靠指标 β 来确定。确定生产方的风险率时，应根据有关标准的规定并考虑批量大小、检验技术水平等因素确定。

B.1.9 当交验的材料或构件按质量验收标准检验判为不合格时，并不意味着这批产品一定不能使用，因为实际上存在着抽样检验结果的偶然性和试件的代表性等问题。为此，应根据有关的质量验收标准采取各种措施对产品作进一步检验和判定。例如，可以重新抽取较多的试样进行复查；当材料或构件已进入结构物时，可直接从结构中截取试件进行复查，或直接在结构物上进行荷载试验；也允许采用可靠的非破损检测方法并经综合分析后对结构作出质量评估。对于不合格的产品允许降级使用，直至报废。

B.2 设计审查及施工检查

B.2.1 结构设计的可靠性水平的实现是以正常设计、正常施工和正常使用为前提的，因此必须对设计、施工进行必要的审查和检查，我国有关部门和规范对此有明确规定，应予遵守。

国外标准对结构的质量管理十分重视，对设计审查和施工检查也有明确要求，如欧洲规范《结构设计基础》EN 1990：2002 主要根据结构的可靠性等级（类似于我国结构的安全等级）的不同设置了不同的设计监督和施工检查水平的最低要求。规定结构的设计监督分为扩大监督和常规监督，扩大监督由非本设计单位的第三方进行；常规监督由本单位该项目设计人之外的其他人员按照组织程序进行或由该项目设计人员进行自检。同样，结构的施工检查也分为扩大检查和常规检查，扩大检查由第三方进行；常规检查即按照组织程序进行或由该项目施工人员进行自检。

附录 C 作用举例及可变作用代表值的确定原则

C.1 作 用 举 例

在作用的举例中，第 C.1.2 条中的地震作用和第 C.1.3 条中的撞击既可作为可变作用，也可作为偶然作用，这完全取决于业主对结构重要性的评估，对一般结构，可以按规定的可变作用考虑。由于偶然作用是指在设计使用年限内很不可能出现的作用，因而对重要结构，除了可采用重要性系数的办法以提高安全度外，也可以通过偶然设计状况将作用按量值较大的偶然作用来考虑，其意图是要求一旦出现意外作用时，结构也不至于发生灾难性的后果。

对于一般结构的设计，可以采用当地的地震烈度按规范规定的可变作用来考虑，但是对于重要结构，可提高地震烈度，按偶然作用的要求来考虑；同样，对结构的撞击，也应该区分问题的普遍性和特殊性，将经常出现的撞击和偶尔发生的撞击加以区分，例如轮船停靠码头时对码头结构的撞击就是经常性的，而车辆意外撞击房屋一般是偶发的。欧洲规范还规定将雪荷载也可按偶然作用考虑，以适应重要结构一旦遭遇意外的大雪事件的设计需要。

C.2 可变作用代表值的确定原则

C.2.1 可变作用的标准值

可变作用的概率模型，为了便于分析，经常被简化为平稳二项随机过程的模型，这样，关于它在设计基准期内的最大值就可采用经过简化后的随机变量来描述。

可变作用的标准值通常是根据它在设计基准期内最大值的统计特征值来确定，常用的特征值有平均值、中值和众值。对大多数可变作用在设计基准期内最大值的统计分布，都可假定它为极值Ⅰ型（Gumbel）分布。当作用为风、雪等自然作用时，其在设计基准期内最大值按传统都采用分布的众值，也即概率密度最大的值作为标准值。对其他可变作用，一般也都是根据传统的取值，必要时也可取用较高的分位值，例如传统的地震烈度，它是相当于设计基准期为 50 年最大烈度分布的 90% 的分位值。

通过重现期 T_R 来表达可变作用的标准值水平，有时比较方便，尤其是对自然作用，公式（C.2.1-5）给出作用的标准值和重现期的关系。当重现期有足够大时（一般在 10 年以上），对重现期 T_R、与分位值对应的概率 p 和确定标准值的设计基准期 T 还存在公式（C.2.1-6）的近似关系。

C.2.2 可变作用的频遇值

由于可变作用的标准值表征的是作用在设计基准期内的最大值，因此在按承载能力极限状态设计时，经常是以其标准值为设计代表值。但是在按正常使用极限状态设计时，作用的标准值有时很难适应正常使用的设计要求，例如在房屋建筑适用性要求中，短暂时间内超越适用性限值往往是可以被允许的，此时以作用的标准值为设计代表值，就显得与实际要求不相符合了；在有些正常使用极限状态设计中，涉及的是影响构件性能的恶化（耐久性）问题，此时在设计基准期内的超越作用某个值的次数往往是关键的参数。

可变作用的频遇值就是在上述意义上通常的一种代表值，理论上可以根据不同要求按附录提供的原理来确定，而实际上，目前在设计中还少有应用，只是在个别问题中得到采用，而且在取值上大多也是根据经验。

C.2.3 可变作用的准永久值

可变作用的准永久值是表征其经常在结构上存在的持久部分，它主要是在考察结构长期的作用效应时所必需的作用代表值，也即相当于在以往结构设计中的所谓长期作用的取值。

对可变作用，当在结构上经常出现的持久部分能够明显识别时，我们可以通过数据的汇集和统计来确定；而对于不易识别的情况，我们可以参照确定频遇值的原则，按作用值被超越的总持续时间与设计基准期的比率取 0.5 的规定来确定，这也表明在设计基准期一半的时间内它被超越，而另一半时间内它不被超越，当可变作用可以认为是各态历经的随机过程，准永久值就相当于作用在设计基准期内的均值。

C.2.4 可变作用的组合值

按本标准对可变作用组合值的定义，它是指在设计基准期内使组合后的作用效应值的超越概率与该作用单独出现时的超越概率一致的作用值，或组合后使结构具有规定可靠指标的作用值。

早在国际标准《结构可靠性总原则》ISO 2394 第 2 版（1986）附录 B 中，已经提供了确定基本变量设计值的原理及简化规则；在第 3 版（1998）附录 E.6 中依旧保留该设计值方法的内容。

在一阶可靠度方法（FORM）中，基本变量 X_i 的设计值 X_{id} 与变量统计参数和所假设的分布类型、对有关的极限状态和设计状况的目标可靠指标 β 以及按在 FORM 中定义的灵敏度系数 α_i 有关。对变量 X_i 有任意分布 $F(X_i)$ 的设计值 X_{id} 可由下式给出：

$$F(X_{id}) = \Phi(-\alpha_i \beta)$$

在按 FORM 分析时，灵敏度系数具有下述性质，即：

$$-1 \leqslant \alpha_i \leqslant 1 \quad 和 \quad \sum \alpha_i^2 = 1$$

灵敏度的计算在原则上将经过多次迭代而带来不便，但是根据经验制定一套取值的规则，即对抗力的主导变量，取 $\alpha_{Ri} = 0.8$，抗力的其他变量，取 $\alpha_{Ri} = 0.8 \times 0.4 = 0.32$；对作用的主导变量，取 $\alpha_{Si} = -0.7$，作用的其他伴随变量，取 $\alpha_{Si} = -0.7 \times 0.4 = -0.28$。只要 $0.16 < \sigma_{Si}/\sigma_{Ri} < 6.6$，由于简化带来的误差是可接受的，而且还都是偏保守的。

附录按此原理给出作用组合值系数的近似公式，并且对多数情况采用极值 I 型的作用，还给出相应的计算公式。

附录 D 试验辅助设计

D.3 单项性能指标设计值的统计评估

D.3.2 标准值单侧容限系数 k_{nk} 计算。

1 单项性能指标 X 的变异系数 δ_x 值可通过试验结果按下列公式计算：

$$\sigma_x^2 = \frac{1}{n-1} \sum_{i=1}^{n} (x_i - m_x)^2$$

$$m_x = \frac{1}{n} \sum_{i=1}^{n} x_i$$

$$\delta_x = \sigma_x / m_x$$

2 标准值单侧容限系数 k_{nk} 分"δ_x 已知"和"δ_x 未知"两种情况，可分别按下列公式计算：

$$k_{nk} = u_p \sqrt{1 + \frac{1}{n}} \quad (\delta_x \text{ 已知})$$

$$k_{nk} = t_{p,v} \sqrt{1 + \frac{1}{n}} \quad (\delta_x \text{ 未知})$$

式中 n——试验样本数量；

u_p——对应分位值 p 的标准正态分布函数自变量值，$P_\Phi\{x > u_p\} = p$，当分位值 $p = 0.05$ 时，$u_p = 1.645$；

$t_{p,v}$——自由度 $v = n-1$ 的 t 分布函数对应分位值 p 的自变量值，$P_t\{x > t_{p,v}\} = p$。

对于材料，一般取标准值的分位值 $p = 0.05$，k_{nk} 值可由表 4 给出：

表 4　分位值 $p = 0.05$ 时标准值单侧容限系数 k_{nk}

样本数 n	3	4	5	6	8	10	20	30	∞
δ_x 已知	1.90	1.84	1.80	1.78	1.75	1.73	1.69	1.67	1.65
δ_x 未知	3.37	2.63	2.34	2.18	2.01	1.92	1.77	1.73	1.65

D.3.3 在统计学中，有两大学派，一个是经典学派，另一个是贝叶斯（Bayesian）学派。贝叶斯学派的基本观点是：重要的先验信息是可能得到的，并且应该充分利用。贝叶斯参数估计方法的实质是以先验信息为基础，以实际观测数据为条件的一种参数估计方法。在贝叶斯参数估计方法中，把未知参数 θ 视为一个已知分布 $\pi(\theta)$ 的随机变量，从而将先验信息数学形式化，并加以利用。

1 m'、σ'、n' 和 v' 为先验分布参数，一般可将先验信息理解为假定的先验试验结果：m' 为先验样本的平均值；σ' 为先验样本的标准差；n' 为先验样本数；v' 为先验样本的自由度，$v' = \frac{1}{2\delta'^2}$，其中 δ' 为先验样本的变异系数。

2 当参数 $n' > 0$ 时，取 $\delta(n') = 1$；当 $n' = 0$ 时，取 $\delta(n') = 0$，此时存在如下简化关系：

$$n'' = n, v'' = v' + v$$

$$m'' = m_x, \sigma'' = \sqrt{\frac{(\sigma')^2 v' + (\sigma_x)^2 v}{v' + v}}$$

3 t 分布函数对应分位值 $p=0.05$ 的自变量值 $t_{p,v}$，可由下表给出：

表5 t 分布函数对应分位值 $p=0.05$ 的自变量值 $t_{p,v}$

自由度 v	2	3	4	5	7	10	20	30	∞
$t_{p,v}$	2.93	2.35	2.13	2.02	1.90	1.81	1.72	1.70	1.65

附录E 结构可靠度分析基础和可靠度设计方法

E.1 一般规定

E.1.1 从概念上讲，结构可靠性设计方法分为确定性方法和概率方法，如图1所示。在确定性方法中，设计中的变量按定值看待，安全系数完全凭经验确定，属于早期的设计方法。概率方法分为全概率方法和一次可靠度方法（FORM）。

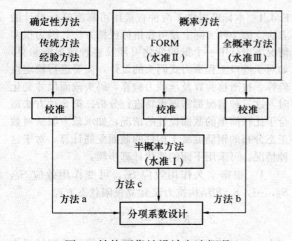

图1 结构可靠性设计方法概况

全概率方法使用随机过程模型及更准确的概率计算方法，从原理上讲，可给出可靠度的准确结果，但因为通常缺乏统计数据及数值计算上的困难，设计规范的校准很少使用全概率方法。一次可靠度方法使用随机变量模型和近似的概率计算方法，与当前的数据收集情况及计算手段是相适应的，所以，目前国内外设计规范的校准基本都采用一次可靠度方法。

本附录说明了结构可靠度校准、直接用可靠指标进行设计的方法及用可靠度确定设计表达式中分项系数和组合值系数的方法。

本附录只适用于一般的结构，不包括特大型、高耸、长大及特种结构，也不包括地震作用和由风荷载控制的结构。

E.1.2 进行结构可靠度分析的基本条件是建立结构的极限状态方程和确定基本随机变量的概率分布函数。功能函数描述了要分析结构的某一功能所处的状态；$Z>0$ 表示结构处于可靠状态；$Z=0$ 表示结构处于极限状态；$Z<0$ 表示结构处于失效状态。计算结构可靠度就是计算功能函数 $Z>0$ 的概率。概率分布函数描述了基本变量的随机特征，不同的随机变量具有不同的随机特征。

E.1.3 结构一般情况下会受到两个或两个以上可变作用的作用，如果这些作用不是完全相关，则同时达到最大值的概率很小，按其设计基准期内的最大值随机变量进行可靠度分析或设计是不合理的，需要进行作用组合。结构作用组合是一个比较复杂的问题，完全用数学方法解决很困难，目前国际上通用的是各种实用组合方法，所以工程上常用的是简便的组合规则。本条提供了两种组合规则，规则1为"结构安全度联合委员会"（JCSS）组合规则，规则2为Turkstra组合规则，这两种组合规则在国内外都得到广泛的应用。

E.2 结构可靠指标计算

E.2.1 结构可靠度的计算方法有多种，如一次可靠度方法（FORM）、二次可靠度方法（SORM）、蒙特卡洛模拟（Monte Carlo Simulation）方法等。本条推荐采用国内外标准普遍采用的一次可靠度方法，对于一些比较特殊的情况，也可以采用其他方法，如计算精度要求较高时，可采用二次可靠度方法，极限状态方程比较复杂时可采用蒙特卡洛方法等。

E.2.2 由简单到复杂，本条给出了3种情况的可靠指标计算方法。第1种情况用于说明可靠指标的概念；第2种情况是变量独立情况下可靠指标的一般计算公式；第3种情况是变量相关情况下可靠指标的一般计算公式，是对独立随机变量一次可靠度方法的推广，与独立变量一次可靠度方法的迭代计算步骤没有区别。迭代计算可靠指标的方法很多，下面是本附录建议的迭代计算步骤：

1 假定变量 X_1，X_2，…，X_n 的验算点初值 $x_i^{*(0)}$（$i=1, 2, …, n$）[一般可取 μ_{X_i}（$i=1, 2, …, n$）]；

2 取 $x_i^* = x_i^{*(0)}$（$i=1, 2, …, n$），按（E.2.2-6）、（E.2.2-5）式计算 $\sigma_{X_i'}$、$\mu_{X_i'}$（$i=1, 2, …, n$）；

3 按（E.2.2-2）式或（E.2.2-7）式计算 β；

4 按（E.2.2-3）式或（E.2.2-8）式计算 $\alpha_{X_i'}$（$i=1, 2, …, n$）；

5 按（E.2.2-4）式计算 x_i^*（$i=1, 2, …, n$）；

6 如果 $\sqrt{\sum_{i=1}^{n}(x_i^* - x_i^{*(0)})^2} \leqslant \varepsilon$，其中 ε 为规定的误差，则本次计算的 β 即为要求的可靠指标，停止计算；否则取 $x_i^{*(0)} = x_i^*$（$i=1,2,…,n$）转步骤2重新计算。

当随机变量 X_i 与 X_j 相关时，按上述方法迭代计算可靠指标，需要使用当量正态化变量 X'_i 与 X'_j 的相关系数 $\rho_{X'_i,X'_j}$，本附录建议取变量 X_i 与 X_j 的相关系数 ρ_{X_i,X_j}。这是因为当随机变量 X_i 与 X_j 的变异系数不是很大时（小于 0.3），$\rho_{X'_i,X'_j}$ 与 ρ_{X_i,X_j} 相差不大。例如，如果 X_i 服从正态分布，X_j 服从对数正态分布，则有

$$\rho_{X_i,\ln X_j} = \frac{\rho_{X_i,X_j}\delta_{X_j}}{\sqrt{\ln(1+\delta_{X_j}^2)}}$$

如果 X_i 和 X_j 同服从正态分布，则有

$$\rho_{\ln X_i,\ln X_j} = \frac{\ln(1+\rho_{X_i,X_j}\delta_{X_i}\delta_{X_j})}{\sqrt{\ln(1+\delta_{X_i}^2)\ln(1+\delta_{X_j}^2)}}$$

如果 $\delta_{X_i} \leqslant 0.3$，$\delta_{X_j} \leqslant 0.3$，则有 $\sqrt{\ln(1+\delta_{X_i}^2)} \approx \delta_{X_i}$，$\sqrt{\ln(1+\delta_{X_j}^2)} \approx \delta_{X_j}$，$\ln(1+\rho_{X_i,X_j}\delta_{X_i}\delta_{X_j}) \approx \rho_{X_i,X_j}\delta_{X_i}\delta_{X_j}$

从而 $\rho_{X_i,\ln X_j} \approx \rho_{X_i,X_j}$，$\rho_{\ln X_i,\ln X_j} \approx \rho_{X_i,X_j}$。

当随机变量 X_i 与 X_j 服从其他分布时，通过 Nataf 分布可以求得 $\rho_{X'_i,X'_j}$ 与 ρ_{X_i,X_j} 的近似关系，丹麦学者 Ditlevsen O 和挪威学者 Madsen HO 的著作 "Structural Reliability Methods" 列表给出了 X_i 与 X_j 不同分布时 $\rho_{X'_i,X'_j}$ 与 ρ_{X_i,X_j} 比值的关系。当 X_i 与 X_j 的变异系数不超过 0.3 时，可靠指标计算中 $\rho_{X'_i,X'_j}$ 取 ρ_{X_i,X_j} 是可以的。

另外，在一次可靠度理论中，对可靠指标影响最大的是平均值，其次是方差，再次才是协方差，所以将 $\rho_{X'_i,X'_j}$ 取为 ρ_{X_i,X_j} 对计算结果影响不大，没有必要求 $\rho_{X'_i,X'_j}$ 的准确值。

从数学上讲，对于一般的工程问题，一次可靠度方法具有足够的计算精度，但计算所得到的可靠指标或失效概率只是一个运算值，这是因为：

1 影响结构可靠性的因素不只是随机性，还有其他不确定性因素，这些因素目前尚不能通过数学方法加以分析，还需通过工程经验进行决策；

2 尽管我国编制各统一标准时对各种结构承受的作用进行过大量统计分析，但由于客观条件的限制，如数据收集的持续时间和数据的样本容量，这些统计结果尚不能完全反映所分析变量的统计规律；

3 为使可靠度计算简化，一些假定与实际情况不一定完全符合，如作用效应与作用的线性关系只是在一定条件下成立的，一些条件下是近似的，近似的程度目前尚难以判定。

尽管如此，可靠度方法仍然是一种先进的方法，它建立了结构失效概率的概念（尽管计算的失效概率只是一个运算值，但可用于相同条件下的比较），扩大了概率理论在结构设计中应用的范围和程度，使结构设计由经验向科学过渡又迈出了一步。总的来讲，可靠度设计方法的优点不在于如何去计算可靠指标，而是在整个结构设计中根据变量的随机特性引入概率的概念，随着对事物本质认识的加深，使概率的应用进一步深化。

E.3 结构可靠度校准

E.3.1 结构可靠度校准的目的是分析现行结构设计方法的可靠度水平和确定结构设计的目标可靠指标，以保证结构的安全可靠和经济合理。校准法的基本思想是利用可靠度理论，计算按现行设计规范设计的结构的可靠指标，进而确定今后结构设计的可靠度水平。这实际上是承认按现行设计规范设计的结构或结构构件的平均可靠水平是合理的。随着国家经济的发展，有必要对结构或结构构件的可靠度进行调整，但也要以可靠度校准为依据。所以结构可靠度校准是结构可靠度设计的基础。

E.3.2 本条说明了结构可靠度校准的步骤。这一步骤只供参考，对于不同的结构，可靠度分析的方法可能不同，校准的步骤可能也有所差别。

E.4 基于可靠指标的设计

E.4.1 本标准提供了两种直接用可靠度进行设计的方法。第 1 种实际上是可靠指标校核方法，因为很多情况下设计中一个量的变化可涉及多种情况的验算，如对于港口工程重力式码头的设计，需要进行稳定性验算、抗滑移验算及承载力验算，码头截面尺寸变化时，这三种情况都需要重新进行分析。第 2 种方法适合于比较简单的截面设计的情况，如承载力服从对数正态分布的钢筋混凝土构件的截面配筋计算，对于这种情况，可采用下面的迭代计算步骤：

1 根据永久作用效应 S_G、可变作用效应 S_1，S_2，…，S_m 和结构抗力 R 建立极限状态方程

$$Z = R - S_G - \sum_{i=1}^{m} S_i = 0$$

式中 $S_i(i=1,2,\cdots,m)$ —— 第 i 个作用效应随机变量，如采用JCSS组合规则，则有 m 个组合，在第 1 个组合 $S_{Qm,1}$ 中，S_1，S_2，…，S_m 分别为 $\max_{t\in[0,T]} S_{Q_1}(t)$，$\max_{t\in\tau_1} S_{Q_2}(t)$，$\max_{t\in\tau_2} S_{Q_3}(t)$，…，$\max_{t\in\tau_{m-1}} S_{Q_m}(t)$，在第 2 个组合 $S_{Qm,2}$ 中，S_1，S_2，…，S_m 分别为 $S_{Q_1}(t_0)$，$\max_{t\in[0,T]} S_{Q_2}(t)$，$\max_{t\in\tau_2} S_{Q_3}(t)$，…，$\max_{t\in\tau_{m-1}} S_{Q_m}(t)$，以此类推；

2 假定初值 $s_G^{*(0)}$（一般取 μ_{S_G}）、$s_i^{*(0)}(i=1,2,\cdots,m)$[一般取 $\mu_{S_i}(i=1,2,\cdots,m)$] 和 $r^{*(0)}$（一般取 $s_G^{*(0)} + \sum_{i=1}^{m} s_i^{*(0)}$）；

3 取 $s_G^* = s_G^{*(0)}$、$s_i^* = s_i^{*(0)}(i=1,2,\cdots,m)$ 和 $r^* = r^{*(0)}$，按(E.2.2-6)、(E.2.2-5)式计算 $\sigma_{S'_i}$、$\mu_{S'_i}(i=1,2,\cdots,m)$，按下式计算 $\sigma_{R'}$：

$$\sigma_{R'} = r^* \sqrt{\ln(1+\delta_R^2)};$$

4 按（E.2.2-3）式计算 $\alpha_{S_i^*}(i=1,2,\cdots,m)$ 和 $\alpha_{R'}$；

5 按（E.2.2-4）式计算 s_G^* 和 $s_i^*(i=1,2,\cdots,m)$，按下式求解 r^*：

$$r^* = s_G^* + \sum_{i=1}^{m} s_i^* ;$$

6 如果 $|r^* - r^{*(0)}| \leqslant \varepsilon$，其中 ε 为规定的误差，转步骤 7；否则取 $s_G^{*(0)} = s_G^*$，$s_i^{*(0)} = s_i^*$（$i=1,2,\cdots,m$），$r_i^{*(0)} = r_i^*$ 转步骤 3 重新进行计算；

7 按（E.2.2-4）式计算 μ_R^*；

8 按（E.4.1-2）式计算结构构件的几何参数。

E.4.2 直接用可靠指标方法对结构或结构构件进行设计，理论上是科学的，但目前尚没有这方面的经验，需要慎重。如果用可靠指标方法设计的结果与按传统方法设计的结果存在差异，并不能说明哪种方法的结果一定是合理的，而要根据具体情况进行分析。

E.5 分项系数的确定方法

E.5.1 本条规定了确定结构或结构构件设计表达式中分项系数的原则。

E.5.2 本条说明了确定结构或结构构件设计表达式中分项系数的步骤，对于不同的结构或结构构件，可能有所差别，可根据具体情况进行适当调整。国外很多规范都采用类似的方法，国际结构安全度联合委员会还开发了一个用优化方法确定分项系数、重要性系数的软件 PROCODE。

E.6 组合值系数的确定方法

E.6.1 本条规定了结构或结构构件设计表达式中组合值系数的确定原则。

E.6.2 本条说明了确定结构或结构构件设计表达式中组合值系数的步骤，对于不同的结构或结构构件，可能有所差别，可根据具体情况适当调整。

附录 F 结构疲劳可靠性验算方法

F.1 一般规定

F.1.1 本附录条文主要是针对我国近年来结构用钢大大增加，进而对应的钢结构疲劳问题日渐突出，需要特别关注的前提下，根据生产实践及科学试验的现有经验编写的，因此适用范围尽管包含了房屋建筑结构、铁路和公路桥涵结构、市政工程结构，但其经验主要来源于铁路桥梁，在一定程度上有其局限之处。一般讲，在单纯由于动荷载产生的疲劳、疲劳应力小于强度设计值（屈服强度除以某安全系数）规定、验算疲劳循环次数代表值在 $1.0 \times 10^4 \sim 1.0 \times 10^7$ 范围，采用本附录进行疲劳验算是适宜的，对于由于其他原因如腐蚀疲劳、低周疲劳（高应力、低寿命）或无限寿命设计的情况，应先进行科学试验和研究工作，必要时还应进行现场观测，以取得设计所需的数据和经验来补充本条文之不足。

由于对既有结构的疲劳可靠性评定，除了进行与新结构设计步骤类似的对未来寿命的预测外，需要进行已经发生疲劳损伤的评估，而且所针对的结构是疲劳损伤过的，因此需要作专门的评定。

F.1.2 结构或局部构造存在应力集中现象，并不仅仅指结构的表面。所有焊接结构由于不可避免存在缺陷，都属于存在应力集中现象的范畴，需要进行疲劳可靠性验算。

F.1.3 结构疲劳可靠性，包括疲劳承载能力极限状态可靠性和疲劳正常使用极限状态可靠性。一般钢结构按承载能力极限状态进行验算，混凝土结构根据不同验算目的采用承载能力极限状态或正常使用极限状态进行验算。验算疲劳承载能力极限状态可靠性时，应以结构危险部位的材料达到疲劳破损或产生过大变形作为失效准则。验算疲劳正常使用承载极限状态可靠性时，主要考虑重复荷载对结构变形的不利影响。

F.1.4 对整个结构体系，应根据结构受力特征采用系统可靠性分析方法，分别在子系统（多个细部构造）疲劳可靠性验算基础上进行系统可靠性验算，本规定中暂未包含系统可靠性问题。

F.1.5 结构的疲劳可靠性验算步骤是按照确定验算部位——确定疲劳作用——确定疲劳抗力——可靠性验算的思路进行的。

F.1.6 为便于设计人员操作，疲劳可靠性验算的力学模型和内力计算，应与强度计算模型一致，仅在验算的具体规定中有区别。

F.1.7 在验算结构疲劳时，采用计算名义应力，即根据疲劳荷载按弹性理论方法确定，作为疲劳作用；疲劳抗力也是以构造细节加载试验名义应力为基本要素给出相应 S-N 曲线方程，焊缝热点应力以及其他应力集中的影响均通过疲劳 S-N 曲线反映，如果应力集中影响严重，疲劳 S-N 曲线在双对数坐标图中的位置就低，反之就高。

F.1.8 根据按相关试验规范进行的疲劳试验结果，疲劳强度设计值取其平均值减去某概率分布上分位值对应程度的标准差。通常情况下，取平均值减去 2 倍标准差，所对应的概率分布按照正态分布，其上分位值为 97.7%。

F.1.9 在目前的条件下，用校准法确定目标可靠指标是科学的，关键还是可操作的，即根据现有结构设计水准得出与之相当的可靠指标。更为准确合理的指标需要在系统积累足够样本数据的时候方可实施。

F.2 疲劳作用

F.2.1 疲劳荷载是结构设计寿命内实际承受的变幅

重复荷载的总和，一般用谱荷载形式可以较为直观、确切地表达。对短期测量得到的荷载，不能直接作为疲劳荷载进行检算，需要考虑结构用途可能发生的改变，例如，桥梁通行能力的增加，荷载特征的变化等；有动力效应时疲劳荷载应计入其影响；当结构由于外载引起变形或者振动而产生次效应时，疲劳荷载应计入。

疲劳荷载频谱依据荷载的形式和变化规律形成模式，在结构验算部位引起所有大小不同的应力，为应力历程，将各种大小不同的名义应力出现率进行列表，即为应力频谱。列表中各级名义应力及其相应出现的次数，采用雨流计数法和蓄水池法得到。

疲劳应力频谱是疲劳荷载频谱在疲劳验算部位引起的应力效应。疲劳应力频谱可以根据疲劳荷载频谱通过弹性理论分析求得，也可通过实测应力频谱推算。疲劳设计应力频谱是结构设计寿命内所有加载事件引起的应力总和，可采用列表或直方图的形式表示。

F.2.2 迄今为止，大部分室内疲劳试验都是研究等幅荷载下的疲劳问题。而实际结构承受的是随机变幅荷载。Palmgren 和 Miner 根据试验研究，对二者的关系提出疲劳线性累积损伤准则，即认为疲劳是不同应力水平 σ_i 及其发生次数 n_i 所产生的疲劳损伤的线性累加。用公式表示即为式（1）

$$D = \sum_{i=1}^{n} \frac{n_i}{N_i} \quad (1)$$

式中 n_i ——与应力水平 σ_i 对应的循环次数；
  N_i ——与应力水平 σ_i 对应的疲劳破坏循环次数。

当 $D \geqslant 1$ 时产生疲劳破坏。据此推导的等效等幅重复应力计算表达式为式（2）。

$$\sigma_{eq} = \left(\frac{\sum n_i \sigma_i^m}{N}\right)^{\frac{1}{m}} \quad (2)$$

式中 σ_{eq} ——等效等幅重复应力；
  N ——σ_{eq} 作用下的疲劳破坏循环次数，此时 $N = \sum n_i$；
  σ_i ——变幅荷载引起的各应力水平；
  n_i ——与应力水平 σ_i 对应的循环次数。

"Miner 累积损伤准则"假定：低于疲劳极限的应力不产生疲劳损伤；忽略加载大小的顺序对疲劳的影响。这些假定使由式（2）计算的结果有一定误差。但由于使用方便，各国规范的疲劳设计均采用该准则。

F.3 疲劳抗力

F.3.2 根据大量试验，对焊接钢结构，由于存在残余应力，疲劳抗力对疲劳作用引起的应力变程敏感，而对所采用的材质变化和所施加疲劳作用引起的应力比变化的影响相对不敏感。为了便于设计人员使用，通常将对钢材料的疲劳验算统一用应力变程表述，混凝土材料的疲劳验算用最大应力表述。

F.4 疲劳可靠性验算方法

F.4.1、F.4.2 等效等幅重复应力法是以指定循环次数下的疲劳抗力为验算项目；极限损伤度法是以结构设计寿命内的累积损伤度为验算项目。因此等效等幅重复应力法比较简便和偏于安全，极限损伤度法更加贴近实际情况。

本条文列出的三个分析方法，从顺序上有以下考虑：第一个方法，即等效等幅重复应力法，在实际中应用最多；第二个方法，即极限损伤度法，因其计算相对复杂一点，用得少些，但该方法更反映实际的疲劳损伤，因此也推荐作为疲劳验算的方法之一；第三个方法，即断裂力学方法，仅给出了方法的名称和使用条件，这是根据近年青藏铁路等低温疲劳断裂研究，表明低温环境下结构的疲劳不能按照常规理念的疲劳问题考虑，这主要是由于低温下结构破坏临界裂纹长度减小，导致疲劳安全储备下降，表现在裂纹稳定扩展区和急剧扩展区的交界点提前。断裂力学理论能够较为合理地分析和解释低温疲劳脆断破坏现象，进而得出安全合理的评判结果。具体方法因为尚需进一步补充和完善，故未在条文中列出。断裂力学方法是疲劳可靠性验算方法的一部分，设计者在验算低温环境下结构疲劳问题时应予以注意。

公式（F.4.1-3）中 n_i 的定义中，提到当疲劳应力变程水准 $\Delta \sigma_i$ 低于疲劳某特定值 $\Delta \sigma_0$ 时，相应的疲劳作用循环次数 n_i 取其乘以 $\left(\frac{\Delta \sigma_i}{\Delta \sigma_0}\right)^2$ 折减后的次数计算，这是因为不同构造存在一个不同的 $\Delta \sigma_0$，当疲劳应力低于该值时，对结构的疲劳损伤程度降低，因此相应循环次数可以折减。

F.4.3 不同结构可根据本条的原则进行疲劳正常使用极限状态可靠性验算。

附录 G 既有结构的可靠性评定

G.1 一般规定

G.1.1 村镇中的一些既有结构和城市中的棚户房屋没有正规的设计与施工，不具备进行可靠性评定的基础，不宜按本附录的原则和方法进行评定。结构工程设计质量和施工质量的评定应该按结构建造时有效的标准规范评定。

G.1.2 本条提出对既有结构检测评定的建议。第 1 款中的"规定的年限"不仅仅限于设计使用年限，有些行业规定既有结构使用 5~10 年就要进行检测鉴定，重新备案。出现第 4 款和第 6 款的情况，当争议的焦点是设计质量和施工质量问题时，可先进行工程质量的评定，再进行可靠性评定。

G.1.3 既有结构可靠性评定的基本原则是确保结构的性能符合相应的要求，考虑可持续发展的要求；尽量减少业主对既有结构加固等的工程量。这里所说的相应的要求是现行结构标准对结构性能的基本要求。

G.1.4 把安全性、适用性、耐久性和抗灾害能力等评定内容分开可避免概念的混淆，避免引发不必要的问题，同时便于业主根据问题的轻重缓急适时采取适当的处理措施。对既有结构进行可靠性评定时，业主可根据结构的具体情况提出进行某项性能的评定，也可进行全部性能的评定。

G.1.5 既有结构的可靠性评定以现行结构标准的相关要求为依据是国际上通行的原则，也是本附录提出的"保障结构性能"的基本要求。但是，评定不是照搬设计规范的全部公式，要考虑既有结构的特点，对结构构件的实际状况（不是原设计预期状况）进行评定，这是实现尽量减少加固等工程量的具体措施。

G.1.6 既有结构可靠性评定时，应尽量获得结构性能的信息，以便对结构性能的实际状况进行评定。

G.2 安全性评定

G.2.1 既有结构的安全性是指直接影响人员或财产安全的评定内容。为了便于评定工作的实施，本条把结构安全性的评定分成结构体系和构件布置、连接和构造、承载力三个评定项目。

G.2.2 结构体系和构件布置存在问题的结构必然会出现相应的安全事故，现行结构设计规范对结构体系和构件布置的要求是当前工程界普遍认同的下限要求，既有结构的结构体系在满足相应要求的情况下可以评为符合要求。在结构安全性评定中的结构体系和构件布置要求，不包括结构抗灾害的特殊要求。

G.2.3 连接和构造存在问题的结构也会出现相应的安全事故，现行结构设计规范对连接和构造的要求是当前工程界普遍认同的相关下限要求，既有结构的连接和构造在满足相应要求的情况下可以评为符合要求。本条所提到的构造仅涉及与构件承载力相关的构造，与结构适用性和耐久性相关的构造要求不在本条规定的范围之内。

G.2.4 本条提出的承载力评定的方法，前提是要求既有结构的结构体系和构件布置、连接和构造要符合现行结构设计规范的要求。

G.2.5 本条提出基于结构良好状态的评定方法的评定原则，结构构件与连接部位未达到正常使用极限状态的限值且结构上的作用不会出现明显的变化，结构的安全性可以得到保证，当既有结构经历了相应的灾害而未出现达到正常使用极限状态限值的现象，可以认定该结构可以抵抗这种灾害的作用。

G.2.6 本条提出基于结构分项系数或安全系数的评定原则。

结构的设计阶段有三类问题需要结构设计规范确定，其一为规律性问题，结构设计规范用计算模型反映规律问题；其二为离散性问题，结构设计规范用分项系数或安全系数解决这个问题；其三为不确定性问题，结构设计规范用额外的安全储备解决设计阶段的不确定性问题，这类储备一般不计入规范规定的安全系数或分项系数。对于既有结构来说，设计阶段的不确定性因素已经成为确定的，有些可以通过检验与测试定量确定。当这些因素确定后，在既有结构承载力评定中可以适度利用这些储备，在保证分项系数或安全系数满足现行规范要求的前提下，尽量减少结构的加固工程量，体现可持续发展的要求。

例如：关于构件材料强度的取值，可利用混凝土的后期强度和钢材实际屈服点应力高于结构规范提供的强度标准值的部分；现行结构设计规范计算公式中未考虑的对构件承载力有利的因素，如纵向钢筋对构件受剪承载力的有利影响等。

既有结构还有一些已经确定的因素是对构件承载力不利的，例如轴线偏差、尺寸偏差以及不可恢复性损伤（钢筋锈蚀等），这些因素也应该在承载力评定时考虑。

经过上述符合实际情况的调整后，现行规范要求的分项系数或安全系数得到保证时，构件承载力可评为符合要求。

G.2.7 当构件的承载能力及其变异系数为已知时，计算模型中承载力的某些不确定储备可以利用，具体的方法是在保证可靠指标满足要求的前提下适度调整分项系数。

G.2.8 荷载检验是确定构件承载力的方法之一。本条提出荷载检验确定承载力的原则。当结构主要承受重力作用时，应采用重力荷载的检验方法；当结构主要承受静水压力作用时，可采用蓄水检验的方法。检验的荷载值应通过预先的计算估计，并在检验时逐级进行控制，避免产生结构或构件的过大变形或损伤。

对于检验荷载未达到设计荷载的情况，可采取辅助计算分析的方法实现。

G.2.9 限制使用条件是桥梁结构常用的方法。对于现有建筑结构来说，对所有承载力不满足要求的构件都进行加固也许并不是最好的选择，例如：当楼板承载力不足时，也许采取限制楼板的使用荷载是最佳的选择。

G.3 适用性评定

G.3.1 本条对既有结构的适用性进行的定义，是在安全性得到保障的情况下影响结构使用性能的问题。以裂缝为例，有些裂缝是构件承载力不满足要求的标志，不能简单地看成适用性问题；只有在安全性得到保障的前提下，才能评定裂缝对结构的适用性构成影响。

G.3.2 本条提出存在适用性问题的结构也要处理。但是适用性问题的处理并非一定要采取提高构件承载力的加固措施。

G.3.3 本条提出未达到正常使用极限状态限值的结构或构件适用性评定原则和评定方法。

G.4 耐久性评定

G.4.1 结构的耐久年数为结构在环境作用下出现相应正常使用极限状态限值或标志的年限，判定耐久年数是否大于评估使用年限是结构耐久性评定的目的。

G.4.2 本条提出确定与耐久性有关的极限状态限值或标志的原则，耐久性属于正常使用极限状态范畴，不属于承载能力极限状态范畴。达到与耐久性有关的极限状态标志或限值表明应该对结构或构件采取修复措施。

G.4.3 环境是造成构件材料性能劣化的外界因素，材料性能体现其抵抗环境作用的能力，将环境作用效应和材料性能相同的构件作为一个批次进行评定，有利于既有结构的业主采取合理的修复措施。

G.4.4 本条提出构件的耐久年数的评定方法。

G.4.5 对于耐久年数小于评估使用年限的构件的维护处理可以减慢材料劣化的速度，推迟修复的时间。

G.5 抗灾害能力评定

G.5.1 本条提出既有结构的抗灾害能力评定的项目。

G.5.2 目前对于部分灾害的作用已经有了具体的规定，此时，既有结构抗灾害的能力应该按照这些规定进行评定。

G.5.3 对于不能准确确定作用或作用效应的灾害，应该评价减小灾害作用及作用效应的措施及减小灾害影响范围和破坏范围等措施。

G.5.4 山体滑坡和泥石流等灾害是结构不可抗御的灾害，采取规避的措施也许是最为经济的；对于不能规避这类灾害的既有结构，应该有灾害的预警措施和人员疏散的措施。

中华人民共和国国家标准

建筑结构可靠度设计统一标准

GB 50068—2001

条 文 说 明

目　次

1　总则 ·· 1—2—3
2　术语、符号 ····································· 1—2—3
3　极限状态设计原则 ························· 1—2—3
4　结构上的作用 ································· 1—2—4
5　材料和岩土的性能及几何参数 ······ 1—2—5
6　结构分析 ··· 1—2—6
7　极限状态设计表达式 ······················ 1—2—6
8　质量控制要求 ································· 1—2—7

1 总 则

1.0.1～1.0.2 本标准对各类材料的建筑结构可靠度和极限状态设计原则做出了统一规定，适用于建筑结构、组成结构的构件及地基基础的设计；适用于结构的施工阶段和使用阶段。

1.0.3 制定建筑结构荷载规范以及各类材料的建筑结构设计规范均应遵守本标准的规定，由于地基基础和建筑抗震设计在土性指标与地震反应等方面有一定的特殊性，故规定制定建筑地基基础和建筑抗震等设计规范宜遵守本标准规定的原则，表示允许稍有选择。

1.0.4 设计基准期是为确定可变作用及与时间有关的材料性能取值而选用的时间参数，它不等同于建筑结构的设计使用年限。本标准所考虑的荷载统计参数，都是按设计基准期为 50 年确定的，如设计时需采用其他设计基准期，则必须另行确定在设计基准期内最大荷载的概率分布及相应的统计参数。

1.0.5 随着我国市场经济的发展，建筑市场迫切要求明确建筑结构的设计使用年限。值得重视的是最新版国际标准 ISO 2394：1998《结构可靠度总原则》上首次正式提出了设计工作年限（design working life）的概念，并给出了具体分类。本次修订中借鉴了 ISO 2394：1998，提出了各种建筑结构的"设计使用年限"，明确了设计使用年限是设计规定的一个时期，在这一规定时期内，只需进行正常的维护而不需要大修就能按预期目的使用，完成预定的功能，即房屋建筑在正常设计、正常施工、正常使用和维护下所应达到的使用年限，如达不到这个年限则意味着在设计、施工、使用与维护的某一环节上出现了非正常情况，应查找原因。所谓"正常维护"包括必要的检测、防护及维修。设计使用年限是房屋建筑的地基基础工程和主体结构工程"合理使用年限"的具体化。

1.0.6 结构可靠度与结构的使用年限长短有关，本标准所指的结构可靠度或结构失效概率，是对结构的设计使用年限而言的，当结构的使用年限超过设计使用年限后，结构失效概率可能较设计预期值增大。

结构在规定的时间内，在规定的条件下，完成预定功能的能力，称为结构可靠性。结构可靠度是对结构可靠性的定量描述，即结构在规定的时间内，在规定的条件下，完成预定功能的概率。这是从统计数学观点出发的比较科学的定义，因为在各种随机因素的影响下，结构完成预定功能的能力只能用概率来度量。结构可靠度的这一定义，与其他各种从定值观点出发的定义是有本质区别的。

本标准规定的结构可靠度是以正常设计、正常施工、正常使用为条件的，不考虑人为过失的影响。人为过失应通过其他措施予以避免。

1.0.7 在建筑结构必须满足的四项功能中，第 1、第 4 两项是结构安全性的要求，第 2 项是结构适用性的要求，第 3 项是结构耐久性的要求，三者可概括为结构可靠性的要求。

所谓足够的耐久性能，系指结构在规定的工作环境中，在预定时期内，其材料性能的恶化不致导致结构出现不可接受的失效概率。从工程概念上讲，足够的耐久性能就是指在正常维护条件下结构能够正常使用到规定的设计使用年限。

所谓整体稳定性，系指在偶然事件发生时和发生后，建筑结构仅产生局部的损坏而不致发生连续倒塌。

1.0.8 在本标准中，按建筑结构破坏后果的严重性统一划分为三个安全等级，其中，大量的一般建筑物列入中间等级，重要的建筑物提高一级；次要的建筑物降低一级。至于重要建筑物与次要建筑物的划分，则应根据建筑结构的破坏后果，即危及人的生命、造成经济损失、产生社会影响等的严重程度确定。

1.0.9 同一建筑物内的各种结构构件宜与整个结构采用相同的安全等级，但允许对部分结构构件根据其重要程度和综合经济效果进行适当调整。如提高某一结构构件的安全等级所需额外费用很少，又能减轻整个结构的破坏，从而大大减少人员伤亡和财物损失，则可将该结构构件的安全等级比整个结构的安全等级提高一级；相反，如某一结构构件的破坏并不影响整个结构或其他结构构件，则可将其安全等级降低一级。

2 术语、符号

本章的术语和符号主要依据国家标准《工程结构设计基本术语和通用符号》（GBJ 132—90）、国际标准《结构可靠性总原则》（ISO 2394：1998）以及原标准（GBJ 68—84）的规定。

3 极限状态设计原则

3.0.2 承载能力极限状态可理解为结构或结构构件发挥允许的最大承载功能的状态。结构构件由于塑性变形而使其几何形状发生显著改变，虽未达到最大承载能力，但已彻底不能使用，也属于达到这种极限状态。

疲劳破坏是在使用中由于荷载多次重复作用而达到的承载能力极限状态。

正常使用极限状态可理解为结构或结构构件达到使用功能上允许的某个限值的状态。例如，某些构件必须控制变形、裂缝才能满足使用要求。因过大的变形会造成房屋内粉刷层剥落、填充墙和隔断墙开裂及屋面积水等后果；过大的裂缝会影响结构的耐久性；过大的变形、裂缝也会造成用户心理上的不安全感。

3.0.3 本条中"环境"一词的含义是广义的，包括结构所受的各种作用。例如，房屋结构承受家具和正常人员荷载的状况属持久状况；结构施工时承受堆料荷载的状况属短暂状况；结构遭受火灾、爆炸、撞击、罕遇地震等作用的状况属偶然状况。

3.0.5 建筑结构按极限状态设计时，必须确定相应的结构作用效应的最不利组合。两类极限状态的各种组合，详见 7.0.2 和 7.0.5 条。设计时应针对各种有关的极限状态进行必要的计算或验算，当有实际工程经验时，也可采用构造措施来代替计算。

3.0.6 当考虑偶然事件产生的作用时，主要承重结构可仅按承载能力极限状态进行设计，此时采用的结构可靠指标可适当降低。

由于偶然事件而出现特大的作用时，一般说来，要求结构仍保持完整无缺是不现实的，只能要求结构不致因此而造成与其起因不相称的破坏后果。譬如，仅由于局部爆炸或撞击事故，不应导致整个建筑结构发生灾难性的连续倒塌。为此，当按承载能力极限状态的偶然组合设计主要承重结构在经济上不利时，可考虑采用允许结构发生局部破坏而其剩余部分仍具有适当可靠度的原则进行设计。按这种原则设计时，通常可采取构造措施来实现，例如对结构体系采取有效的超静定措施，以限制结构因偶然事件而造成破坏的范围。

3.0.7 基本变量是指极限状态方程中所包含的影响结构可靠度的各种物理量。它包括：引起结构作用效应 S（内力等）的各种作用，如恒荷载、活荷载、地震、温度变化等，构成结构抗力 R（强度等）的各种因素，如材料性能、几何参数等。分析结构可靠度时，也可将作用效应或结构抗力作为综合的基本变量考虑。基本变量一般可认为是相互独立的随机变量。

极限状态方程是当结构处于极限状态时各有关基本变量的关系式。当结构设计问题中仅包含两个基本变量时，在以基本变量为坐标的平面上，极限状态方程为直线（线性问题）或曲线（非线性问题）；当结构设计问题中包含多个基本变量时，在以基本变量为坐标的空间中，极限状态方程为平面（线性问题）或曲面（非线性问题）。

3.0.8~3.0.9 为了合理地统一我国各类材料结构设计规范的结构可靠度和极限状态设计原则，促进结构设计理论的发展，本标准采用了以概率理论为基础的极限状态设计方法，即考虑基本变量概率分布类型的一次二阶矩极限状态设计法。在原标准（GBJ 68—84）编制过程中，主要借鉴了欧洲—国际混凝土委员会（CEB）等六个国际组织联合组成的"结构安全度联合委员会"（JCSS）提出的《结构统一标准规范国际体系》的第一卷——《对各类结构和各种材料的共同统一规则》及国际标准化组织（ISO）编制的《结构可靠度总原则》（ISO 2394）。美国国家标准局1980年出版的《为美国国家标准A58拟定的基于概率的荷载准则》和前西德1981年出版的工业标准《结构安全要求规程的总原则》（草案）均采用了类似的方法。许多其他欧洲国家也采用这种方法编制了有关的国家标准草案。

以往采用的半概率极限状态设计方法，仅在荷载和材料强度的设计取值上分别考虑了各自的统计变异性，没有对结构构件的可靠度给出科学的定量描述。这种方法常常使人误认为只要设计中采用了某一给定安全系数，结构就能百分之百的可靠，将设计安全系数与结构可靠度简单地等同了起来。而以概率理论为基础的极限状态设计方法则是以结构失效概率来定义结构可靠度，并以与结构失效概率相对应的可靠指标 β 来度量结构可靠度，从而能较好地反映结构可靠度的实质，使设计概念更为科学和明确。

当极限状态方程中仅有作用效应 S 和结构抗力 R 两个基本变量时，可采用式（3.0.9-1）计算结构构件的可靠指标 β。当基本变量均按正态分布时，式（3.0.9-1）可以直接应用；当基本变量不按正态分布时，则须将其转化为相应的当量正态分布，也就是在设计验算点处以概率密度函数值和概率分布函数值各自相等为条件，求出当量正态分布的平均值、标准差，然后代入式（3.0.9-1）计算。由于设计验算点在设计时往往是待求的，因此就需要从假定设计验算点的坐标值开始，通过若干次迭代过程，最后得出所需的设计验算点和相应的统计参数。利用计算机进行计算是较为简便的。

在实际工程问题中，仅有作用效应和结构抗力两个基本变量的情况是很少的，一般均为多个基本变量。上述的原则和方法也适用于多个基本变量情况下结构可靠指标的计算。

3.0.11 表3.0.11中规定的结构构件承载能力极限状态设计时采用的可靠指标，是以建筑结构安全等级为二级时延性破坏的 β 值3.2作为基准，其他情况下相应增减0.5。可靠指标 β 与失效概率运算值 p_f 的关系见下表：

β	2.7	3.2	3.7	4.2
p_f	3.5×10^{-3}	6.9×10^{-4}	1.1×10^{-4}	1.3×10^{-5}

表3.0.11中延性破坏是指结构构件在破坏前有明显的变形或其他预兆；脆性破坏是指结构构件在破坏前无明显的变形或其他预兆。

表3.0.11中作为基准的 β 值，是根据对20世纪70年代各类材料结构设计规范校准所得的结果，经综合平衡后确定的。本次修订根据"可靠度适当提高一点"的原则，取消了原标准"可对本表的规定值作不超过±0.25幅度的调整"的规定，因此表3.0.11中规定的 β 值是各类材料结构设计规范应采用的最低 β 值。

表3.0.11中规定的 β 值是对结构构件而言的。对于其他部分如连接等，设计时采用的 β 值，应由各类材料的结构设计规范另作规定。

目前由于统计资料不够完备以及结构可靠度分析中引入了近似假定，因此所得的失效概率 p_f 及相应的 β 尚非实际值。这些值是一种与结构构件实际失效概率有一定联系的运算值，主要用于对各类结构构件可靠度作相对的度量。

3.0.12 为促进房屋使用性能的改善，根据ISO 2394：1998的建议，结合国内近年来对我国建筑结构构件正常使用极限状态可靠度所做的分析研究成果，对结构构件正常使用的可靠度做出了规定。对于正常使用极限状态，其可靠指标一般应根据结构构件作用效应的可逆程度选取：可逆程度较高的结构构件取较低值；可逆程度较低的结构构件取较高值，例如ISO 2394：1998规定，对可逆的正常使用极限状态，其可靠指标取为0；对不可逆的正常使用极限状态，其可靠指标取为1.5。

不可逆极限状态指产生超越状态的作用被移掉后，仍将永久保持超越状态的一种极限状态；可逆极限状态指产生超越状态的作用被移掉后，将不再保持超越状态的一种极限状态。

4 结构上的作用

4.0.1 结构上的某些作用，例如楼面活荷载和风荷载，它们各自出现与否以及数值大小，在时间上和空间上均彼此互不相关，故称为在时间上和在空间上互相独立的作用。这种作用在计算其效应和进行组合时，可按单独的作用处理。

4.0.2

1 作用按随时间的变异分类，是对作用的基本分类。它直接关系到概率模型的选择，而且按各类极限状态设计时所采用的作用代表值一般与其出现的持续时间长短有关。

1）永久作用的特点是其统计规律与时间参数无关，故可采用随机变量概率模型来描述。例如结构自重，其量值在整个设计基准期内基本保持不变或单调变化而趋于限值，其随机性只是表现在空间位置的变异上。

2）可变作用的特点是其统计规律与时间参数有关，故必须采用随机过程概率模型来描述。例如楼面活荷载、风荷载等。

3）偶然作用的特点是在设计基准期内不一定出现，而一旦出现其量值是很大的。例如爆炸、撞击、罕遇的地震等。

2 作用按随空间位置的变异分类，是由于进行荷载效应组合时，必须考虑荷载在空间的位置及其所占面积大小。

1）固定作用的特点是在结构上出现的空间位置固定不变，但其量值可能具有随机性。例如，房屋建筑楼面上位置固定的设备荷载、屋盖上的水箱等。

2）自由作用的特点是可以在结构的一定空间上任意分布，出现的位置及量值都可能是随机的。例如，楼面的人员荷载等。

3 作用按结构的反应分类，主要是因为进行结构分析时，对某些出现在结构上的作用需要考虑其动力效应（加速度反应）。作用划分为静态或动态作用的原则，不在于作用本身是否具有动力特性，而主要在于它是否使结构产生不可忽略的加速度。有很多作用，例如民用建筑楼面上的活荷载，本身可能具有一定的动力特性，但使结构产生的动力效应可以忽略不计，这类作用仍应划为静态作用。

对于动态作用，在结构分析时一般均应考虑其动力效应。有一部分动态作用，例如吊车荷载，设计时可采用增大其量值（即乘以动力系数）的方法按静态作用处理。另一部分动态作用，例如地震作用、大型动力设备的作用等，则须采用结构动力学方法进行结构分析。

作用按时间、按空间位置、按结构反应进行分类，是三种不同的分类方法，各有其不同的用途。例如吊车荷载，按随时间变异分类为可变作用，按随空间位置变异分类为自由作用，按结构反应分类为动态作用。每种作用按此分类方法各属何类，需依据作用的性质具体确定。本条中的举例，旨在说明分类的基本概念，而不是全部的分类。

4.0.3 施加在结构上的荷载,不但具有随机性质,而且一般还与时间参数有关,所以用随机过程来描述是适当的。

在一个确定的设计基准期 T 内,对荷载随机过程作一次连续观测(例如对某地的风压连续观测50年),所获得的依赖于观测时间的数据就称为随机过程的一个样本函数。每个随机过程都是由大量的样本函数构成的。

荷载随机过程的样本函数是十分复杂的,它随荷载的种类不同而异。目前对各类荷载随机过程的样本函数及其性质了解甚少。对于常见的楼面活荷载、风荷载、雪荷载等,为了简化起见,采用了平稳二项随机过程概率模型,即将它们的样本函数统一模型化为等时段矩形波函数,矩形波幅值的变化规律采用荷载随机过程 $\{Q(t), t \in [0, T]\}$ 中任意时点荷载的概率分布函数 $F_Q(x) = P\{Q(t_0) \leqslant x, t_0 \in [0, T]\}$ 来描述。

对于永久荷载,其值在设计基准期内基本不变,从而随机过程就转化为与时间无关的随机变量 $\{G(t) = G, t \in [0, T]\}$,所以样本函数的图像是平行于时间轴的一条直线。此时,荷载一次出现的持续时间 $\tau = T$,在设计基准期内的时段数 $r = \dfrac{T}{\tau} = 1$,而且在每一时段内出现的概率 $p = 1$。

对于可变荷载(住宅、办公楼等楼面活荷载及风、雪荷载等),其样本函数的共同特点是荷载一次出现的持续时间 $\tau < T$,在设计基准期内的时段数 $r > 1$,且在 T 内至少出现一次,所以平均出现次数 $m = pr \geqslant 1$。不同的可变荷载,其统计参数 τ、p 以及任意时点荷载的概率分布函数 $F_Q(x)$ 都是不同的。

对于住宅、办公楼面活荷载及风、雪荷载随机过程的样本函数采用这种统一的模型,为推导设计基准期最大荷载的概率分布函数和计算组合的最大荷载效应(综合荷载效应)等带来很多方便。

当采用一次二阶矩极限状态设计法时,必须将荷载随机过程转化为设计基准期最大荷载

$$Q_T = \max_{0 \leqslant t \leqslant T} Q(t)$$

因 T 已规定,故 Q_T 是一个与时间参数 t 无关的随机变量。

各种荷载的概率模型必须通过调查实测,根据所获得的资料和数据进行统计分析后确定,使之尽可能反映荷载的实际情况,并不要求一律选用平稳二项随机过程这种特定的概率模型。

4.0.4 任意时点荷载的概率分布函数 $F_Q(x)$ 是结构可靠度分析的基础。它应根据实测数据,运用 χ^2 检验或 K-S 检验等方法,选择典型的概率分布如正态、对数正态、伽马、极值Ⅰ型、极值Ⅱ型、极值Ⅲ型等来拟合,检验的显著性水平统一取 0.05。显著性水平是指所假设的概率分布类型为真而经检验被拒绝的最大概率。

荷载的统计参数,如平均值、标准差、变异系数等,应根据实测数据,按数理统计学的参数估计方法确定。当统计资料不足而一时又难以获得时,可根据工程经验经适当的判断确定。

4.0.5 荷载代表值有荷载的标准值、组合值、频遇值和准永久值,本次修订中增加了频遇值。根据各类荷载的概率模型,荷载的各种代表值均应具有明确的概率意义。

4.0.6 根据概率极限状态设计方法的要求,荷载标准值应根据设计基准期内最大荷载概率分布的某一分位值确定。在原标准的编制过程中,各类荷载的标准值维持了当时规范的取值水平,只对个别不合理者作了适当调整。

各类荷载标准值的取值水平分别为:

永久荷载标准值一般相当于永久荷载概率分布(也是设计基准期内最大荷载概率分布)的 0.5 分位值,即正态分布的平均值。对易于超重的钢筋混凝土板类构件(屋面板、楼板等)的调查表明,其标准值相当于统计平均值的 0.95 倍。由此可知,对大多数截面尺寸较大的梁、柱等承重构件,其标准值按设计尺寸与材料重力密度标准值计算,必将更接近于重力概率分布的平均值。

对于某些重量变异较大的材料和构件(如屋面的保温材料、防水材料、找平层以及钢筋混凝土薄板等),为在设计表达式中采用统一的永久荷载分项系数而又能使结构构件具有规定的可靠指标,其标准值应根据对结构的不利状态,通过结构可靠度分析,取重力概率分布的某一分位值确定,例如 0.95 或 0.05 分位值。计算分析表明,按第 7 章给出的设计表达式设计,对承受自重为主的屋盖结构,由保温、防水及找平层等产生的恒荷载宜取高分位值的标准值,具体数值应符合荷载规范的规定。

根据统计资料,新修订的荷载规范规定的楼面活荷载标准值(2.0kN/m²),对于办公楼面活荷载相当于设计基准期最大荷载平均值加 3.16 倍标准差,对于住宅楼面活荷载相当于设计基准期最大荷载平均值加 2.38 倍标准差。

根据统计资料,荷载规范规定的风荷载标准值接近于设计基准期最大风荷载的平均值。某些部门和地区曾反映,对于风荷载较敏感的高耸结构,规范规定的风荷载标准值偏低,有些输电塔还发生过风灾事故。新修订的建筑结构荷载规范已将风、雪荷载标准值由原来规定的"三十年一遇"值,提高到"五十年一遇"值。

4.0.7 荷载组合值是对可变荷载而言的,主要用于承载能力极限状态的基本组合中,也用于正常使用极限状态的标准组合中。组合值是考虑施加在结构上的各可变荷载不可能同时达到各自的最大值,因此,其取值不仅与荷载本身有关,而且与荷载效应组合所采用的概率模型有关。荷载组合值系数 S_{G_k} 可根据荷载在组合后产生的总作用效应值在设计基准期内的超越概率与考虑单一作用时相应概率趋于一致的原则确定,其实质是要求结构在单一可变荷载作用下的可靠度与在两个及以上可变荷载作用下的可靠度保持一致。

4.0.8 荷载频遇值也是对可变荷载而言的,主要用于正常使用极限状态的频遇组合中。根据国际标准 ISO 2394:1998,频遇值是设计基准期内荷载达到和超过该值的总持续时间与设计基准期的比值小于 0.1 的荷载代表值。

4.0.9 荷载准永久值也是对可变荷载而言的。主要用于正常使用极限状态的准永久组合和频遇组合中。准永久值反映了可变荷载的一种状态,其取值系按可变荷载出现的频繁程度和持续时间长短确定。国际标准 ISO 2394:1998 中建议,准永久值根据在设计基准期内荷载达到和超过该值的总持续时间与设计基准期的比值为 0.5 确定。对住宅、办公楼面活荷载及风雪荷载等,这相当于取其任意时点荷载概率分布的 0.5 分位值。准永久值的具体取值,将由建筑结构荷载规范作出规定。在结构设计时,准永久值主要用于考虑荷载长期效应的影响。

4.0.10 目前,由于对许多偶然作用尚缺乏研究,缺少必要的实际观测资料,因此,偶然作用的代表值及有关参数,常常只能根据工程经验、建筑物类型等情况,经综合分析判断确定。对有观测资料的偶然作用,则应建立符合其特性的概率模型,给出有明确概率意义的代表值。

5 材料和岩土的性能及几何参数

5.0.1 材料性能实际上是随时间变化的,有些材料性能,例如木材、混凝土的强度等,这种变化相当明显,但为了简化起见,各种材料性能仍作为与时间无关的随机变量来考虑,而性能随时间的变化一般通过引进换算系数来估计。

5.0.2 用材料的标准试件试验所得的材料性能 f_{spe},一般说来,不等同于结构中实际的材料性能 f_{str},有时两者可能有较大的差别。例如,材料试件的加荷速度远超过实际结构的受荷速度,致

使试件的材料强度较实际结构中偏高；试件的尺寸远小于结构的尺寸，致使试件的材料强度受到尺寸效应的影响而与结构中不同；有些材料，如混凝土，其标准试件的成型与养护与实际结构并不完全相同，有时甚至相差很大，以致两者的材料性能有所差别。所有这些因素一般习惯于采用换算系数或函数 K_0 来考虑，从而结构中实际的材料性能与标准试件材料性能的关系可用下式表示：

$$f_{str} = K_0 f_{spe}$$

由于结构所处的状态具有变异性，因此换算系数或函数 K_0 也是随机变量。

5.0.3 材料强度标准值一般取概率分布的低分位值，国际上一般取 0.05 分位值，本标准也采用这个分位值确定材料强度标准值。此时，当材料强度按正态分布时，标准值为

$$f_k = \mu_f - 1.645\sigma_f$$

当按对数正态分布时，标准值近似为

$$f_k = \mu_f \exp(-1.645\delta_f)$$

式中 μ_f、σ_f 及 δ_f 分别为材料强度的平均值、标准差及变异系数。

当材料强度增加对结构性能不利时，必要时可取高分位值。

5.0.4 岩土性能参数的标准值当有可能采用可靠性估值时，可根据区间估计理论确定。单侧置信界限值由式 $f_k = \mu_f \left(1 \pm \frac{t_\alpha}{\sqrt{n}}\delta_f\right)$ 求得，式中 t_α 为学生氏函数，按置信度 $1-\alpha$ 和样本容量 n 确定。

5.0.5 结构的某些几何参数，例如梁跨和柱高，其变异性一般对结构抗力的影响很小，设计时可按确定量考虑。

6 结构分析

6.0.1 结构的作用效应是指在作用影响下的结构反应。通常包括截面内力（如轴力、剪力、弯矩、扭矩）以及变形和裂缝。设计时，将前者与计算的结构抗力相比较，将后者与规定的限值相比较，可验证结构是否可靠。

6.0.3 一维的结构计算模型适用于结构的某一维（长度）比其他两维大得多的情况，如梁、柱、拱；二维的结构计算模型适用于结构的某一维（厚度）比其他两维小得多的情况，如双向板、深梁、壳体；三维的结构计算模型适用于结构中没有一维显著大于或小于其他两维的情况。

6.0.7 作用效应及结构构件抗力计算模式的不精确性，是指计算结果与实际情况不相吻合的程度。其中包括确定作用效应时采用的计算简图和分析方法的误差，截面抗力的计算公式的误差，以及关于作用、材料性能、几何参数统计分析中的误差等。这类误差不是定值而是随机变量，因此，在极限状态方程中应引进附加的基本变量予以考虑。它的概率分布函数和统计参数，理论上应根据作用效应和结构构件抗力的实际值与按规范公式的计算值的比值，运用统计分析方法来确定。在具体实践中，作用效应和结构构件抗力的实际值，可以采用精确计算值或试验实测值。因为进行精确计算往往有困难，所以通常是根据试验结果，辅以工程经验判断，对这种误差的统计规律做出估计。

7 极限状态设计表达式

7.0.1 为了使所设计的结构构件在不同情况下具有比较一致的可靠度，本标准采用了多个分项系数的极限状态设计表达式。

本标准将荷载分项系数按永久荷载与可变荷载分为两大类，以便按荷载性质区别对待。这与目前许多国家规范所采用的设计表达式基本相同。考虑到各类材料结构的通用性，通过对各种结构构件的可靠度分析，本标准对常用荷载分项系数给出了统一的规定。

结构构件抗力分项系数，应按不同结构构件的特点分别确定，亦可转换为按不同的材料采用不同的材料性能分项系数。本标准对此未提出统一要求，在各类材料的结构设计规范中，应按在各种情况下 β 具有较佳一致性的原则，并适当考虑工程经验具体规定。

7.0.2 原标准中规定的荷载分项系数系按下列原则经优选确定的：在各种荷载标准值已给定的前提下，要选取一组分项系数，使按极限状态设计表达式设计的各种结构构件具有的可靠指标与规定的可靠指标之间在总体上误差最小。在定值过程中，对钢、薄钢、钢筋混凝土、砖石和木结构选择了 14 种有代表性的构件，若干种常遇的荷载效应比值（可变荷载效应与永久荷载效应之比）以及三种荷载效应组合情况（恒荷载与住宅楼面活荷载、恒荷载与办公楼楼面活荷载、恒荷载与风荷载）进行分析。最后确定，在一般情况下采用 $\gamma_G = 1.2$，$\gamma_Q = 1.4$，本标准继续采用。

为保证以永久荷载为主结构构件的可靠指标符合规定值，本次修订增加了式 (7.0.2-2)，与式 (7.0.2-1) 同时使用，该设计表达式对以永久荷载为主的结构起控制作用。

一般情况下，一个建筑总有两种及两种以上荷载同时作用。每个荷载的大小都是一个随机变量，而且是随时间而变化的，不应也不可能同时都以最大值出现在同一结构物上。将荷载模型化为等时段矩形波函数，按荷载组合理论，依据可靠指标一致性原则，可根据荷载统计参数与荷载样本函数求得组合值系数。原《建筑结构设计统一标准》（GBJ 68—84），仅给出当风荷载与其他可变荷载组合时，组合值系数可均采用 0.6 这一规定，避而不谈其他情况，其原因是荷载规范一直沿用遇风组合原则，当时规范编制者认为这种情况最有把握。这样规定的结果可能产生其他情况不应考虑组合值系数的误解。新修订的荷载规范认为"遇风组合"原则过于保守，因此取消"遇风组合"规定，采用两种及两种以上可变荷载均应考虑组合值系数的规定。

考虑到采用式 (7.0.2-1) 对排架和框架结构可能增加一定的计算工作量，为了应用简便起见，本标准允许对一般排架、框架结构采用简化的设计表达式 (7.0.2-3)，并与式 (7.0.2-2) 同时使用。

当结构承受两种或两种以上可变荷载，且其中有一种量值较大时，则有可能仅考虑较大的一种可变荷载更为不利。

荷载效应与荷载为线性关系是指两者之比为常量的情况。

偶然组合是指一种偶然作用与其他可变荷载相组合。偶然作用发生的概率很小，持续的时间较短，但对结构却可造成相当大的损害。鉴于这种特性，从安全与经济两方面考虑，当按偶然组合验算结构的承载能力时，所采用的可靠指标值允许比基本组合有所降低。国际"结构安全度联合委员会"（JCSS）编制的《对各类结构和各种材料的共同统一规则》附录一中也反映了这个原则，其偶然状态下可靠指标的计算公式如下：

$$\beta = -\Phi^{-1}\left(\frac{p_f}{p_0}\right)$$

式中 p_f——正常情况下结构构件失效概率的运算值；
p_0——在结构的设计基准期内偶然作用出现一次的概率；
$\Phi^{-1}()$——标准正态分布函数的反数。

应该指出，当 $p_f \geq p_0/2$ 时 β 为负值，故应用上述公式时尚需规定其他条件。

由于不同的偶然作用，如撞击和爆炸，其性质差别较大，目前尚难给出统一的设计表达式，故本标准只提出了建立偶然组合设计表达式的一般原则。对于偶然组合，一般是：(1) 只考虑一种偶然作用与其他荷载相组合；(2) 偶然作用不乘以荷载分项系数；(3) 可变荷载可根据偶然作用同时出现的可能性，采用适

当的代表值，如准永久值等；(4) 荷载与抗力分项系数值，可根据结构可靠度分析或工程经验确定。

7.0.3 结构重要性系数 γ_0 在原标准中是考虑结构破坏后果的严重性而引入的系数，对于安全等级为一级和三级的结构构件分别取 1.1 和 0.9。可靠度分析表明，采用这些系数后，结构构件可靠指标值较安全等级为二级的结构构件分别增减 0.5 左右，与表 3.0.11 的规定基本一致。本次修订中除保留原来的意义外，对设计使用年限为 100 年及以上和 5 年的结构构件，也通过结构重要性系数 γ_0 对作用效应进行调整。考虑不同投资主体对建筑结构可靠度的要求可能不同，故允许结构重要性系数 γ_0 分别取不应小于 1.1、1.0 和 0.9。

7.0.4 对永久荷载系数 γ_G 和可变荷载系数 γ_Q 的取值，分别根据对结构构件承载能力有利和不利两种情况，做出了具体规定。

在某些情况下，永久荷载效应与可变荷载效应符号相反，而前者对结构承载能力起有利作用。此时，若永久荷载分项系数仍取同号效应时相同的值，则结构构件的可靠度将严重不足。为了保证结构构件具有必要的可靠度，并考虑到经济指标不致波动过大和应用方便，本标准规定当永久荷载效应对结构构件的承载能力有利时，γ_G 不应大于 1.0。

7.0.5~7.0.6 对于正常使用极限状态，本标准规定按荷载的持久性采用三种组合：标准组合、频遇组合和准永久组合。由于目前对正常使用极限状态的各种限值及结构可靠度分析方法研究得不充分，因此结构设计仍需以过去的经验为基础进行。频遇组合和准永久组合在设计时如何应用，应由各类材料结构设计规范根据各自的特点具体规定。

8 质量控制要求

8.0.1 材料和构件的质量可采用一个或多个质量特征来表达，例如，材料的试件强度和其他物理力学性能以及构件的尺寸误差等。为了保证结构具有预期的可靠度，必须对结构设计、原材料生产以及结构施工提出统一配套的质量水平要求。材料与构件的质量水平可按各类材料结构设计规范规定的结构构件可靠指标 β 近似地确定，并以有关的统计参数来表达。当荷载的统计参数已知后，材料与构件的质量水平原则上可采用下列质量方程来描述：

$$q(\mu_f, \delta_f, \beta, f_k) = 0$$

式中 μ_f 和 δ_f 为材料和构件的某个质量特征 f 的平均值和变异系数，β 为规范规定的结构构件可靠指标。

应当指出，当按上述质量方程确定材料和构件的合格质量水平时，需以安全等级为二级的典型结构构件的可靠指标为基础进行分析。材料和构件的质量水平要求，不应随安全等级而变化，以便于生产管理。

8.0.2 材料的等级一般以材料强度标准值划分。同一等级的材料采用同一标准值。无论天然材料还是人工材料，对属于同一等级的不同产地和不同厂家的材料，其性能的质量水平一般不宜低于各类材料结构设计规范规定的可靠指标 β 的要求。按本标准制定质量要求时，允许各有关规范根据材料和构件的特点对此指标稍作增减。

8.0.7 材料及构件的质量控制包括两种，其中生产控制属于生产单位内部的质量控制；合格控制是在生产单位和用户之间进行的质量控制，即按统一规定的质量验收标准或双方同意的其他规则进行验收。

在生产控制阶段，材料性能的实际质量水平应控制在规定的合格质量水平之上。当生产有暂时性波动时，材料性能的实际质量水平亦不得低于规定的极限质量水平。

8.0.8 由于交验的材料和构件通常是大批量的，而且很多质量特征的检验是破损性的，因此，合格控制一般采用抽样检验方式。对于有可靠依据采用非破损检验方法的，必要时可采用全数检验方式。

验收标准主要包括下列内容：

1 批量大小——每一交验批中材料或构件的数量；

2 抽样方法——可为随机的或系统的抽样方法。系统的抽样方法是指抽样部位或时间是固定的；

3 抽样数量——每一交验批中抽取试样的数量；

4 验收函数——验收中采用的试验数据的某个函数，例如样本平均值、样本方差、样本最小值或最大值等；

5 验收界限——与验收函数相比较的界限值，用以确定交验批合格与否。

当前在材料和构件生产中，抽样检验标准多数是根据经验来制订的。其缺点在于没有从统计学观点合理考虑生产方和用户方的风险率或其他经济因素，因而所规定的抽样数量和验收界限往往缺乏科学依据，标准的松严程度也无法相互比较。

为了克服非统计抽样检验方法的缺点，本标准规定宜在统计理论的基础上制订抽样质量验收标准，以使达不到质量要求的交验批基本能判为不合格，而已达到质量要求的交验批基本能判为合格。

8.0.9 现有质量验收标准型式很多，本标准系按下述原则考虑：

对于生产连续性较差或各批间质量特征的统计参数差异较大的材料和构件，很难使产品批的质量基本维持在合格质量水平之上，因此必须按控制用户方风险率制订验收标准。此时，所涉及的极限质量水平，可按各类材料结构设计规范的有关要求和工程经验确定，与极限质量水平相应的用户风险率，可根据有关标准的规定确定。

对于工厂内成批连续生产的材料和构件，可采用计数或计量的调整型抽样检验方案。当前可参考国际标准 ISO 2859 及 ISO 3951 制定合理的验收标准和转换规则。规定转换规则主要是为了限制劣质产品出厂，促进提高生产管理水平；此外，对优质产品也提供了减少检验费用的可能性。考虑到生产过程可能出现质量波动，以及不同生产单位的质量可能有差别，允许在生产中对质量验收标准的松严程度进行调整。当产品质量比较稳定时，质量验收标准通常可按控制生产方的风险率来制订。此时所涉及的合格质量水平，可按规范规定的结构构件可靠指标 β 来确定。确定生产方的风险率时，应根据有关标准的规定并考虑批量大小、检验技术水平等因素确定。

8.0.10 当交验的材料或构件按质量验收标准检验判为不合格时，并不意味着这批产品一定不能使用，因为实际上存在着抽样检验结果的偶然性和试件的代表性等问题。为此，应根据有关的质量验收标准采取各种措施对产品做进一步检验和判定。例如，可以重新抽取较多的试样进行复查；当材料或构件已进入结构物时，可直接从结构中截取试件进行复查，或直接在结构物上进行荷载试验；也允许采用可靠的非破损检测方法并经综合分析后对结构做出质量评估。对于不合格的产品允许降级使用，直至报废。

中华人民共和国国家标准

建筑结构设计术语和符号标准

GB/T 50083—97

条 文 说 明

前 言

根据建设部（90）建标计字第 9 号文通知的要求，由中国建筑科学研究院负责会同有关单位共同对原国家标准《建筑结构设计通用符号、计量单位和基本术语》GBJ 83—85 进行修订，并编制成国家标准《建筑结构设计术语和符号标准》GB/T 50083—97，经建设部和国家技术监督局共同会签后，由建设部于 1997 年 7 月 30 日建标［1997］199 号文批准发布施行。原国家标准《建筑结构设计通用符号、计量单位和基本术语》GBJ 83—85 同时废止。

为便于广大设计、施工、科研、学校等有关单位人员在使用本规范时能正确理解和执行条文规定，《建筑结构设计术语和符号标准》编制组根据建设部关于编制标准、规范条文说明的统一要求，按《建筑结构设计术语和符号》的章、节、条、款顺序，编制了《建筑结构设计术语和符号标准条文说明》，供国内各有关部门和单位参考。在使用中发现本条文说明有欠妥之处，请将意见直接函寄给本规范的管理单位 100013，北京北三环东路 30 号中国建筑科学研究院建筑结构研究所《建筑结构设计术语和符号标准》管理组。

目　次

1　总则 …………………………… 1—3—4
2　建筑结构设计通用术语 ………… 1—3—4
3　混凝土结构设计专用术语 ……… 1—3—6
4　砌体结构设计专用术语 ………… 1—3—7
5　钢结构设计专用术语 …………… 1—3—7
6　木结构设计专用术语 …………… 1—3—8
7　建筑结构设计符号 ……………… 1—3—8

1 总则

本标准是由中国建筑科学研究院负责会同混凝土结构设计规范管理组、砌体结构设计规范管理组、钢结构设计规范管理组、木结构设计规范管理组、建筑抗震设计规范管理组和混凝土结构施工及验收规范管理组共同对原国家标准《建筑结构设计通用符号、计量单位和基本术语》GBJ83—85进行修订而制定的。

由于原国家标准《建筑结构设计通用符号、计量单位和基本术语》GBJ83—85，自1986年7月1日开始施行以来，在房屋建筑结构设计及其有关领域中，获得了良好效果。首先是配合建筑结构设计采用了基于概率的极限状态设计法和以概率度量结构可靠性的改革，为同时出现的新术语规定了确切的涵义并提供了推荐性的相应英文术语；其次是采用了国际标准的结构设计符号规定，对我国长期来沿用的以汉语拼音字母作为上、下标的结构设计符号加以彻底改革，以利工程技术发展和对外交流；第三是在建筑结构设计范围内推广应用"中华人民共和国法定计量单位"。这就使整个建筑结构设计及其有关领域呈现出一个崭新的面貌，不仅影响了其他工程结构设计的内涵，亦推动了其他工程结构设计方法的改革。

在80年代末，当公路、铁路、港口与航道和水利水电工程的结构设计决定由"定值设计法"过渡到"概率设计法"时，1990年5月，经建设部批准，制定了我国首次具有综合性通用性特点的国家标准《工程结构设计基本术语和通用符号》GBJ132—90。从而使采用"概率设计法"的房屋建筑、公路、铁路、港口与航道和水利水电五类工程的结构设计术语和符号，有了一个综合性的统一的规定，并将各类工程的结构设计统一定名为"工程结构设计"，目前暂以上述五类工程为内容，尚有待不断扩充。与此同时，亦明确了有关"建筑结构设计术语和符号"的基础标准，应该是隶属于"工程结构设计术语和符号"下的分支基础标准。

鉴于原国家标准《建筑结构设计通用符号、计量单位和基本术语》GBJ83—85的内容，除"计量单位"一章已完成在建筑设计领域的"推广"任务，再无与国家计量局发布的"中华人民共和国法定计量单位"整套规定共同存在的必要，理应删除。其余"通用符号"和"基本术语"二章，则应并入《工程结构设计基本术语和通用符号》GBJ132—90内，从而，原国家标准GBJ83—85内三章规定，均被移植和删除，势必按照为"工程结构设计"下的分支基础标准的原则，在尽量不与GBJ132—90重复的要求下进行修订和改编。

为此，修订本标准的目的是将以混凝土、砌体、钢、木四类主要材料制作的"房屋建筑结构设计"领域内的通用术语、专用术语和常用符号和专用符号在GBJ132—90所规定的原则下加以进一步规范化和统一化。以利建筑技术的发展和对外交流。

本标准的适用范围之所以被限制在以上述四类主要材料制作的一般工业与民用房屋建筑工程及其附设构筑物内的原因，主要是国内外现阶段的房屋建筑结构仍以混凝土、砌体、钢和木四类建筑材料为主。尽管已有一些新材料、新制品、新工艺出现，但作为国家标准用的术语和符号，应以经过长期实践和习惯使用为准，有待成熟。特别是本标准的前身GBJ83—85中所列入的"术语"条目原以介绍"概率设计法"新术语为目的，辅以建筑结构设计的最基本条目，全部仅165个条目，比较精炼，对一般常用的条目尚付阙如，是应尽量补齐，但建筑结构设计范围较广"术语"繁多，亦需要有一定的范围加以控制。至于"符号"方面，亦选列以上述四类建筑材料的结构设计规范中共同常用和专用且不会轻易变动的符号，包括单一主体符号或主体符号和上、下标并列的实际使用符号为准。

由于本标准明确为国家标准GBJ132—90的分支基础标准，根据"规范间不能重复"的原则，则在GBJ132—90中已有建筑结构设计的"基本术语"条目，除必要的承上启下者外，尽可能不再在本标准内重现；符号方面，亦按同样精神处理。但由于符号一章在GBJ132—90中所规定的，主要是构成工程结构设计符号的用字总原则和书写印刷体例的总规定，为正确制定工程结构符号的依据。本标准的符号一章乃在进一步详细阐明GBJ132—90规定对建筑结构设计分支如何应用的基础上，具体地列出了各类建筑结构的通用符号和条类建筑结构本身的常用符号。

本标准所列出的术语条目，为混凝土结构设计、砌体结构设计、钢结构设计、木结构设计包括结构静力、风力设计和建筑抗震设计的通用术语和专用术语。通用术语按结构术语、构件、部件术语、基本设计规定术语、计算、分析术语、作用术语、材料和材料性能术语、抗力术语、几何参数术语、连接、构造术语和材料、结构构件质量控制术语共10节分列；各类结构专用术语则与通用术语的分节有区别，其中不再列作用术语，并对抗力部分明确为构件抗力术语，而按结构术语、构件、部件术语、材料术语、材料性能和构件抗力术语、计算、分析术语、几何参数术语、计算系数术语、连接、构造术语和质量检验术语9节分列。全部总计选列了632条目。

所列术语均系基础底面以上的建筑物或构筑物设计用术语，其原因是'地基基础'方面已有专业的术语规范，无须再行重复。至于抗震设计术语，则通过上级部门和'工程抗震术语'行业标准编制组进行协调后同意列出的。对应于术语的每个条目，从设计角度分别给出了涵义，但涵义不一定是该术语的定义；同时亦分别给出相应的推荐性英文术语，该英文术语亦不一定是国际上的标准术语，供参考用。在术语条目中带有括号内的术语均为习惯上沿用的名称，可以参用。更为了便于检索，正文附录中有推荐性英文术语按字母次序排列的英文条目索引；并在本条文说明中附有术语部分全部条目汇总的索引。

本标准的符号部分，其制定的原则为除四类结构设计实际使用的共同通用符号外，又列入出了四类结构设计包括结构抗风和抗震设计在内的实际使用的专用符号，使之规范化，专门选列在各类结构设计中能长期不变的，以利广大建筑结构设计技术人员见到符号就能理解其所代表的含义，真正起到符号的作用。关于符号的构成要素、主体符号用字规则以及上、下标的用字与组合要求等则均按国家标准GBJ132—90的规定。所列的共同常用符号和专用符号：按一般规定：作用和作用效应的主体符号和上、下标；材料性能和结构构件抗力的主体符号和上、下标；几何参数的主体符号和上、下标；设计参数和计算系数的主体符号和上、下标；常用数学和物理学符号；以及材料强度等级代号和专用符号共7节先后分列，还有附录B希腊字母读音和字体。最后又将建筑结构设计常用上、下标，列入了附录A供选用。特别是各符号排列方式不按拉丁字母顺序排列，由于考虑到技术人员在使用符号时往往从概念查符号的特点，因此采用了按学科使用顺序排列的方式，以便于使用。总计选列了545个符号。

2 建筑结构设计通用术语

本通用术语条目选列的原则是凡已在《工程结构设计基本术语和通用符号》GBJ132—90中列出的有关房屋建筑术语条目则尽可能不再重复；但为了使术语更具有系统性，在必要时宜适当引用国家标准GBJ132—90的术语，使第1层次和第2层次术语的规定能上、下衔接。

本章建筑结构设计通用术语，先后按结构、构件部件、基本设计规定、计算和分析、作用、材料和材料性能、抗力、几何参数、连接和构造、材料和结构构件质量控制共10节分列，选列了总计202条目。

2.1 结构术语

由于建筑两字，含义较广，可以指"建筑师"专业所指的"建筑"（architecture），亦可指"房屋建筑"以外的如水工建筑、地下建筑、塔桅建筑等各种实体。本标准在结构术语中首先明确"建筑结构"的涵义为："房屋建筑工程结构"的简称，这是根据国内外已有名称和结合习惯用法规定的，例如（building structure）作为"建筑结构"是比较确切。这样规定一则用以正本标准的名，再则用以区别其他工程结构例如公路、铁路、港口与航道水利水电等工程结构的名称。

关于房屋建筑结构的涵义中"骨架"一词，来自国际标准ISO6107/1，房屋建筑和土木工程—通用词汇，该词汇中规定一幢房屋仅完成的结构部分称之曰（carcass）骨架。

关于组成结构的构件，习惯上往往亦被称作为某某结构，例如一个结构用了钢管混凝土柱，事实上，这钢管混凝土柱仅仅是"钢管"和"混凝土"两种建筑材料组成的一种"组合构件"而已，可是习惯上对整个结构或对这一构件，都可被称为"钢管混凝土结构"。又如用壳体、网架、或悬索构、部件作成一个结构的屋盖，整个结构就会被称呼为壳体结构、网架结构或悬索结构的。这是以结构广义的涵义（例如，化合物的分子构成亦称"结构"）被用来指组成"结构"的构件，实难确切，但为了照顾广大建筑工程技术人员长期以来的习惯，规定在不致混淆下，允许使用。

关于结构术语一节中的条目是以结构的主要承重支承方式来划分的。分墙板结构、框架结构、板柱结构、筒体结构、悬挂结构五大类，另外加上烟囱、水塔和贮仓附属设施共3大项目。至于习称的薄壳、悬索、网架等结构仅为整个结构的屋盖部分，均列入构件与部件术语条目内，折板结构，由于国内仅采用以混凝土为主制成的结构则列入混凝土结构专业术语内。至于"砖混结构"和"砖木结构"，我们习惯上又称之曰"混合结构"的。由于历史的发展，建筑结构的演变，目前"混合结构"这个术语（mixed structure）的内容亦大大丰富起来，在高层建筑结构中，以钢材和混凝土两种材料共同组成的结构，或者由一种形式构件和另一形式构件，例如筒体和框架相组合建成的结构等，都可称之为"混合结构"。如果，仍以"混合结构"专指我国量大面广的"砖混结构"或"砖木结构"的话，势必造成"混合结构"的含义模糊不清。因此，本标准对采用以砖砌体为主和混凝土板作为竖向和水平向承重构件组成的结构即"砖混结构"，或以砖砌体为主和木屋盖、木楼盖组成的"砖木结构"分别明确其涵义而列入砌体结构专用术语的结构条目内，对尚在发展的"混合结构"暂不列条目。

关于"高层建筑结构"这一常用术语，在现行的国家有关标准中，对"高层"的定量存在相互不一致的规定：如《高层民用建筑设计防火规范》GB50045—95和《民用建筑设计通则》JGJ37—81均规定为10层及10层以上；而《钢筋混凝土高层建筑结构设计与施工规程》JGJ3—91规定为8层及8层以上。因此，在本标准中，暂不单列"高层建筑结构"条目。

2.2 构件、部件术语

首先由结构的屋盖开始，从上至下有楼盖、墙、柱、框架、楼梯等构件与部件。继之又规定了5种归入"组合构件"的术语条目，习惯上这些构件往往是被称为"组合结构"的，本标准专门把它们列入"组合构件"术语条目内。关于桁架、拱、网架，在房屋建筑中，不多用作为屋顶部分的屋架。因此本标准采用桁架式屋盖、拱、网架、悬索薄壳来分类，以各类的不同结构形式、用途、受力状态来分别列出术语条目。其中网架的分类系按照《网架结构设计与施工规程》JGJ7—80修订本的规定给出的。至于各种梁的术语分别作为楼盖的款、项列出。而各种柱和框架术语则分别以条目分列，这是为了尽可能不与国家标准《工程结构设计基本术语和通用符号》GBJ132—90的内容相重复的处理方式。

在钢材和混凝土两种材料组成的"组合构件"中，除了"钢管混凝土构件"外，尚有在实腹式钢构件或格构式钢构件外包混凝土所组成的整体受力构件，习称"劲性钢筋混凝土"构件。它来自俄语 Железобетонные конструкции с жёсткойарматурой，在英语中为 Steel reinforced concrete，在日语中为"铁骨混凝土"。本标准修订过程中征求了多方面的意见，普遍认为"劲性钢筋"属钢筋的范畴，该名称不够确切。如何修改：一种建议采用"型钢混凝土"，因这种组合构件中的角钢、槽钢、工字钢等均为型钢；一种建议采用"钢骨混凝土"，因在有关的国家标准和冶金部标准中规定，圆钢、六角形钢棒、钢筋和钢管等均属于"型钢"范畴，把格构式钢构件称为"型钢"也不够确切，而"钢骨"能体现外包混凝土的特征。鉴于上述意见尚未能协商一致，所以本标准暂不列入该条目。

2.3 基本设计规定术语

从"建筑结构设计"术语的涵义开始，分别列出了静态设计、动态设计和抗震设计三项基本设计要求的术语。

关于'建筑抗震概念设计'，这是70年代以后从事抗地震工作专家一致认为结构抗震的'概念设计'（conceptual design）比"数值计算设计"（numerical design）更为重要，它是保证结构具有良好抗震性能的基本设计原则和思路的一种经验性优化选择。由于地震动的不确定性和复杂性以及结构计算模型的假定与实际情况的差异，因此，"数值计算设计"是很难有效地控制结构的抗震性能，所以抗震设计不能完全依赖数值计算。结构抗震性能的决定因素是良好的"概念设计"，它包括地震影响、场地选址、建筑布置、结构体系、构件选型和细部构造的各种原则。以及对非结构构件及建筑材料与施工方面的最低要求等。

关于基于概率极限状态设计方法相关的几项术语规定，都是根据国家标准《建筑结构设计统一标准》GBJ65—84规定列出的。建筑结构安全等级是根据建筑结构破坏可能产生后果的严重性来划分的。分一级（很严重），重要的工业与民用建筑物；二级（严重），一般的工业与民用建筑物；三级（不严重），次要建筑物。关于建筑结构抗震设防类别是根据国家标准《建筑抗震设防分类标准》GB50223—95规定，根据建筑重要性分为甲类建筑、乙类建筑、丙类建筑和丁类建筑。

至于承载能力极限状态验证，包括构件承载能力计算，稳定计算、变形验算、疲劳验算和施工阶段验算等术语，都是按各类建筑结构设计规范的基本设计规定列出的。其中关于"构件截面最大应力计算"条目，曾在本标准"报批初稿"的鉴定会上进行了讨论。由于习惯上对材料承受最大应力称强度，对构件的最大承载能力亦称强度，两者混淆不清。自《工程结构设计基本术语和通用符号》GBJ132—90规定，在承载能力极限状态计算中，将材料称强度，构件称承载能力加以划分后，若对构件由于"材料强度破坏引起的承载能力"称为"强度承载能力"的话，则硬把"强度"和"承载能力"叠加在一起，似乎有失GBJ132—90本意。又如果称它为"构件截面最大应力计算"，亦好象重新落入过去"容许应力计算"的旧巢实难令人满意。经编制组再三推敲后本标准对该术语采用了"构件承载能力计算"条目。"承载能力"有时被简称为"承载力"。

2.4 计算、分析术语

除列出结构计算、分析用所应该熟悉的几项基本的、计算、分析用模型术语外，加上了抗震设计的计算、分析用基本术语。同时，又列出了建筑结构计算、分析常遇到的关于梁、板、拱、墙体、框架、按受力情况不同的计算、分析用各种术语。最后，再列出了四类结构的计算、分析中，以受压构件和局部受压构件在计算、分析中常用系数的术语。

2.5 作用术语

除在国际标准GBJ132—90中已有者外，主要根据国家标准《建筑结构荷载规范》GBJ9—87的规定，列出了四类建筑结构设计共同需要的楼面、屋面活荷载、吊车荷载、风荷载、雪荷载的具体实用术语。应当指出,关于作用效应的术语条目已在国家标准《工程结构设计基本术语和通用符号》GBJ132—90中列出,不重复。

关于抗震设计中地震作用标准值和抗震计算用的重力荷载代表值,由建筑结构的特点决定。根据国家标准《建筑抗震设计规范》GBJ11—89规定:多遇地震烈度,一般比抗震设防烈度降低一度半,罕遇地震烈度由给定的超越概率给出,通常比抗震烈度高一度左右。地震作用标准值分水平地震作用和竖向地震作用标准值,是由多遇烈度和罕遇烈度下分别按设计阶段所取地震出现概率分布的分位数确定。'重力荷载代表值'这是抗震设计常用的术语,它是按现行国家标准《建筑结构设计统一标准》GBJ68—84的原则规定,将地震发生时的结构恒荷载和其他重力荷载取竖向荷载可能遇合结果的总称。其组合系数,根据地震时遇合概率,在设计规范中规定。

2.6 材料和材料性能术语 在建筑材料物理性能中仅列出有关四类材料的结构设计规范中所需要的伸长率、冲击韧性、疲劳性能和线膨胀系数的术语。

关于材料的力学性能,仅列出总称术语条目,其分项术语条目已在国家标准《工程结构设计基本术语和通用符号》GBJ132—90列出,不再重复。

关于各类材料的材料强度,则分别列入相关材料的结构专用术语项目内。

2.7 抗力术语 材料强度标准值和设计值术语,列入抗力术语项,因为目前的建筑结构设计所常用的计算模型,主要是计算或验算在各种作用效应下组成结构的构件承载能力和构件容许最大变形是否合乎设计规范规定。亦即结构构件上的作用效应应等于或小于结构构件本身的抗力,而在这构件本身的抗力函数中,起主要效果的是材料的截面强度,因此,把材料强度值术语列入结构构件的抗力术语一起,概念和层次比较清楚。

关于构件本身抗力,长期来习惯亦被称为强度,和材料截面强度两者互相混淆。自国家标准《工程结构设计基本术语和符号》GBJ132—90规定,将材料截面所能承受的最大应力称为材料强度,构件能承受的最大效应(内力)称为承载能力后,使强度名称专供材料截面用比较明确。

同时,应当说明,在采用以分项系数表达的设计表达式进行结构设计时,其施加在结构构件上的各种作用,必须采用乘以作用分项系数后的设计值,如果需要采用作用的标准值作为作用效应函数时,应该是作用标准值乘以分项系数等于1后的设计值(即作用代表值的设计值数字面值和原标准值大小一样),其得出的作用效应亦一定是设计值,从而方才符合'作用效应设计值小于或等于抗力设计值'的基于概率极限状态的分项系数计算表达式。因此,本标准不出现"构件承载能力标准值"的术语。

关于刚度在《工程结构设计基本术语和通用符号》GBJ132—90中的规定系指构件刚度为主,本标准则将截面刚度和构件刚度分别列出,在截面刚度中的轴向刚度为EA,弯曲刚度为EI,剪变刚度为GA和扭转刚度为GJ;在构件刚度中的抗拉、抗压刚度为EA/l;抗弯刚度;两端固接梁为$4EI/l$,柱为$12EI/H^3$;一端固接、一端铰接梁为$3EI/l$,柱为$3EI/H^3$;抗剪刚度为GA/h;抗扭刚度为GJ/l。(式中l为长度符号可以用L表示)在抗震设计用结构侧移刚度,对框架是指柱的弯曲刚度,对墙是指墙的剪切刚度或剪切刚度加弯曲刚度。

2.8 几何参数术语 基本上是结构设计的几何参数基本术语所引伸的常用术语。关于构件截面的几何参数,例如截面尺寸、截面面积和截面的面积矩、截面模量,惯性矩等均在《工程结构设计基本术语和通用符号》GBJ132—90中列出,不再重复。

2.9 连接、构造术语 关于连接术语中'连接'两字在结构设计中还可以见到写"连结"、"联结"、"联接"等各种写法,首先应搞清"接"字系指上、下、左右相连衔接的"接",而"结"字乃绳扣成结的"结";还有"连"字乃二件东西相连的"连",如"连"衣裙、"连"环画、水天相"连"等,而"联"字则指多头相联的"联",如"联"邦、"联"合国、"联"合会、"联"盟等。因此,在建筑结构中应该写"连接"为妥。在个别特定的部位连接,如屋架中央下弦接点可以称"联接点"或"节点"。

2.10 材料、结构构件质量控制术语 为了保证结构设计可靠性,必需在结构构件生产过程中,对建筑结构材料和结构构件的质量进行控制和验收。本标准列出了合格质量、质量控制步骤和质量验收的三方面主要术语。

3 混凝土结构设计专用术语

本节术语分结构、构件部件、材料、材料性能和构件抗力、计算分析、几何参数、计算系数、连接构造和材料、结构构件质量检验术语,共9节,选列了总计151条目,为适用于以混凝土材料包括素混凝土、钢筋混凝土、预应力混凝土所制作成建筑结构的专业设计术语。

3.1 结构术语 本节中各条目是根据国家标准《工程结构设计基本术语和通用符号》GBJ132—90关于混凝土结构的涵义和《混凝土结构设计规范》GBJ10—89中有关规定,对常用的各种混凝土结构所给出的。

关于素混凝土结构,除了不配置钢筋的混凝土结构外,还包括了配置某些构造钢筋的混凝土结构,它们不属于传统所述的少筋混凝土结构。由于'少筋混凝土结构'尚难于给出科学定义,在本标准中未列出。

关于预应力混凝土结构。主要是指设置预应力筋(钢筋、钢丝、钢绞线)的混凝土结构,但不排斥采用其他手段实现预加应力的混凝土结构。

整体预应力板柱结构是指习称"南斯拉夫体系"的一种房屋结构。其板柱连接全部采用预应力联成整体,且楼板上荷载由板柱间摩阻力传递给承重柱的装配整体式预应力混凝土结构。

关于折板结构,目前在国内由混凝土材料制作为主,所以被列入混凝土结构专用术语内。

钢纤维混凝土结构系80年代后期发展的新型混凝土制品。主要是在混凝土中掺入一定数量的钢纤维,以增强抗拉性能。现已制定了标准化协会的有关标准《钢纤维混凝土结构设计及施工规程》CECS38:92。

3.2 构件、部件术语 本条中各条目主要是根据《混凝土结构设计规范》GBJ10—89中规定的常用术语给出。

混凝土浅梁,一般指梁的高跨比不小于4的钢筋混凝土梁。混凝土深梁,一般指简支深梁高跨比不大于2.0;连续深梁,跨高比不大于2.5的钢筋混凝土梁。

3.3 材料术语 对混凝土用的砂、石等填充粒料,国内有称为"骨料"或"集料"的,本标准采用"骨料"。此词在混凝土中比较确切,且大多数已有文件、标准、书刊中有关混凝土的都称为"骨料"。普通混凝土一般系指干质量密度大于1950kg/m³ 但不大于2500kg/m³ 的混凝土。轻骨料混凝土一般系指干容重不大于1950kg/m³ 的混凝土。对各类钢筋的涵义是参照国家标准GB1499、GB4463、GB5223、GB5224等的规定而给出的,其中,习称的"变形钢筋"已改称为"带肋钢筋";碳素钢丝已改为光圆钢丝。

3.4 材料性能和构件抗力术语 关于设计计算用的材料强度术语,已被列入《工程结构设计基本术语和通用符号》GBJ132—

90的基本术语中，且本标准在通用术语章的抗力术语条目内亦已汇总列出了设计计算用的材料强度标准值和设计值术语条目，因此在本专用术语章不再重复。

关于混凝土用立方体确定抗压强度和以棱柱体标准试件确定弹性模量系混凝土材料的特点，是参照国家标准《普通混凝土力学性能试验方法》GBJ81—85规定而列出的。关于混凝土收缩、徐变、碳化及钢筋松弛等术语则是在传统定义基础上简化后给出的。至于有关钢筋强度的涵义则是按照有关国家标准规定所制定的。

关于构件承载能力的涵义，总的已在第2章通用术语中第2.3.3条承载能力极限状态中提到。在这里又列出混凝土结构构件抗裂能力、裂缝宽度与极限应变和长期、短期刚度的术语这类术语都属于混凝土结构构件抗力项的术语。

3.5 计算、分析术语 列出了国家标准《混凝土结构设计规范》GBJ10—89中常用的计算与分析术语。其中混凝土结构构件的正截面符合平截面假定是指受压区混凝土和截面上配置钢筋的平均应变之间的关系，它与材料力学的平截面假定有所不同。

3.6 几何参数术语 主要是反映两种材料组成结构构件特点的关于钢筋的间距、箍筋的肢距、混凝土保护层厚度、换算截面和换算截面的面积与面积矩、截面模量和惯性矩等术语，关于面积率、截面模量和惯性矩术语，则见国家标准《工程结构设计基本术语和通用符号》GBJ132—90，不再重复。

3.7 计算系数术语 除局部抗压强度提高系数、受压构件稳定系数已在通用术语中阐述外，列出了混凝土结构设计特有而具有明确物理意义和几何意义的术语，其涵义是根据国家标准《混凝土结构设计规范》GBJ10—89给出的。其中有构件的'剪跨比'和'轴压比'两术语，在混凝土结构计算中为近年来常用的新术语，前者的计算公式为M/Vh_0；后者为N/f_cA，有的还进一步考虑了构件截面配筋f_yA_s的承载能力。

3.8 连接、构造术语 侧重在与钢筋有关的术语，它们在混凝土结构设计中是经常用到的，其涵义是根据国家标准《混凝土结构设计规范》GBJ10—89的规定作了具体的阐述。锚具、夹具、连接器的涵义参照国家标准《预应力筋锚具、夹具连接器》GB/T14370—93的规定给出。

3.9 材料、结构构件质量检验术语 着重给出混凝土施工工艺质量和制作成的结构构件外观及内在质量等方面的术语。其中，蜂窝、麻面、孔洞、露筋、裂缝的涵义是根据国家标准《预制混凝土结构构件质量检验标准》GBJ321—90列出的；抗渗性与抗冻融性的涵义则参照混凝土物理性能方面的传统概念给出。

关于可塑混凝土的凝结时间，其初凝时间，一般为采用贯入阻力仪所测得自水泥与水接触起至贯入阻力达3.5MPa时所经历的时间；终凝时间，则一般为采用贯入阻力仪所测得自水泥与水接触起至贯入阻力达28MPa时所经历的时间。

钢筋冷弯检验是按规定弯曲半径弯至90°或180°以测定其所能承受的变形能力的检验。

混凝土结构构件的平整度，一般采用2m直尺或楔形塞尺检查。

4 砌体结构设计专用术语

本节术语分结构、构件部件、材料、材料性能和构件抗力、计算分析、几何参数、计算系数、连接构造和材料、结构构件质量检验术语共9节，选列了总计71条目。为适用于以砌体材料包括砖砌体、石砌体和砌块砌体制作成建筑结构的专业设计术语。

4.1 结构术语 砌体结构中在某些部位配置钢筋，是用以提高承载能力或扩大砌体结构的应用范围，它有多种形式，但在国家标准《砌体结构设计规范》GBJ13—88中，仅规定配筋砖砌体构件一章，未涉及到石砌体结构和砌块砌体结构的配筋设计。因此，本标准采用习惯上将砌体结构分为无筋砌体和配筋砌体的分法，而将配筋砖砌体，按规范规定的术语列入构件、部件条款中。

由于本标准鉴于"混合结构"这一习惯用语，其内涵正在发展。且GBJ132—90中已有规定，所以将"砖木结构"和"砖混结构"术语列入砌体结构专用术语内。

4.2 构件、部件术语 除列出了配筋砖砌体构件和一些特定墙体的术语外，分别对梁或其他构件和墙梁、挑梁、过梁以及砌体结构所特有的圈梁术语均规定了涵义。

4.3 材料术语 本标准针对我国目前采用的砌体材料的术语规定了涵义，随着生产的发展，将来有必要补充各种规格的空心砖术语和各种材料制成的砌块术语。

我国烧结普通砖的外形尺寸，目前为240mm×115mm×53mm的实心砖或孔洞率不大于15%的烧结砖。

我国目前空心砖的孔洞率是等于或大于15%的砖。孔洞率指孔洞体积和以外廓尺寸计算出总体积的比值。

我国的实心或空心砌块，一般按高度划分，高度180~350mm为小型砌块，高度360~900mm为中型砌块，高度大于900mm为大型砌块。

4.4 材料性能和构件抗力术语 砌体由块体和砂浆砌筑而成，它在轴心受拉、弯曲受拉或受剪时，均有可能沿齿缝截面或沿通缝截面破坏，因而在材料的有关强度术语中反映了这一特征。所谓"齿缝"，是指砌体沿水平和竖向灰缝破坏时，形成台阶形或齿形的裂缝。"通缝"是指砌体沿水平灰缝破坏形成一字形的裂缝。

关于砌体构件承载能力的受压构件、轴心受拉构件、受弯构件、受剪构件和砌体局部承压的承载能力术语已在第2章通用术语第2.3.3条承载能力极限状态验证中提到，不再重复。但对横墙刚度和墙柱容许高厚比的术语则分别规定了相应涵义。

4.5 计算、分析术语 关于静力计算方案术语中的房屋系指用砖砌体、石砌体或砌块砌体作为主要竖向承重构件的房屋并包括其他材料制成的承重构件共同组合成的结构。例如砖混结构房屋等。

4.6 几何参数术语 列出了砌体结构的主要几何参数术语。

4.7 计算系数术语 所列出的高厚比限值修正系数亦可称作为容许高厚比修正系数，这是砌体结构设计中常用的重要系数之一。

4.8 连接、构造术语 所列出术语均为砌体结构构造要求所控制的术语，砌体构件截面尺寸限值，承重独立砖柱截面尺寸不应小于240mm×370mm。

砌体材料最低强度，系指地下以下或防潮层以下的砌体，砖的最低强度等级为MU7.5；砂浆的最低强度等级为M5。

在砌体上搁置的钢筋混凝板、梁的最小支承长度则按现行混凝土设计规范规定。

4.9 材料、结构构件质量检验术语 本标准给出了与砌体结构设计的材料或结构构件质量检验较密切且常遇的包括块体、砂浆、砌体、灰缝和墙面的平整度和垂直度等术语及其涵义。

水平灰缝厚度的检查方法，一般是以10皮块体实测累计高度与皮数杆进行对比检查。

5 钢结构设计专用术语

本节术语分结构、构件部件及板件、材料、材料性能和构件抗力，计算分析几何参数、计算系数、连接构造和材料、结构构件质量检验术语共9节，选列了总计134条目。

5.1 结构术语 按结构制成的连接方式、所用钢材的品种等，列出了主要的钢结构术语和涵义。

5.2 构件、部件术语 列出了按柱的形式所分成的各种柱名称和连接用缀件以及柱脚与支座整套的钢柱用术语和涵义，同时亦列出了以材料和连接方式不同的梁和组成梁的板件以及保证构件、部件局部稳定的加劲肋术语和涵义。

5.3 材料术语 按不同钢材和焊接材料与连接材料三方面，列出了钢结构常用材料术语和涵义。

冷弯薄壁型钢由厚度为1.5～5.0mm的钢带冷弯加工制成各种截面形状的建筑用钢材。

5.4 材料性能和构件抗力术语 关于设计计算用的材料强度术语，在本标准通用术语中已列出，不再在专用术语中重复。

关于构件承载能力的术语总的已在本标准通用术语中提到，不再重复。但钢结构中的各种连接包括焊缝、螺栓、铆钉等承载能力以及容许长细比、容许变形值和疲劳容许应力等构件抗力术语均规定了涵义。

在螺栓连接强度中，螺栓级别分A级、B级、C级三级，螺栓性能分4.8级和8.8级两级，按不同螺栓级别和螺栓性能在不同受力状态下所产生的螺栓强度的取值。高强度螺栓性能等级则分为8.8级和10.9级。

5.5 计算、分析术语 列出了塑性设计、欧拉临界力和临界应力，强轴、弱轴、受压构件换算长细比和疲劳应力幅计算的术语和涵义。

5.6 几何参数术语 主要列出了翼缘板、加劲肋外伸宽度、角焊缝几何尺寸以及螺栓有效面积等术语和涵义。

5.7 计算系数术语 选列了计算中主要常用的稳定系数，等效弯矩系数，塑性发展系数，高强度螺栓抗滑系数等方面的术语和涵义。

5.8 连接、构造术语 根据不同连接方式。不同种类连接材料、焊接的焊缝形式等各方面列出了相关的常用术语和涵义。

5.9 材料、结构构件质量检验术语 主要是根据国家标准《焊接名词术语》GBJ3375—72规定而列出了与焊接相关的术语，加上铆钉连接和螺栓连接的质量检验术语以及构件外观检查术语。

6 木结构设计专用术语

本节术语分结构、构件部件、材料、材料性能和构件抗力、计算分析、几何参数、计算系数、连接构造和材料、结构构件质量检验术语共9节选列了总计74条目。

6.1 结构术语 木结构是以木材作为主要承重构件的结构的统称，本标准列出了我国目前采用较多的是原木结构、方木结构，以及板材结构和胶合木结构术语和涵义。

关于方木结构术语，我国国家标准《木结构设计规范》GBJ5—88，GBJ5—73以及再早一些的木结构设计规范，均沿用"方木"一词。经国家文物局考证，"枋木"一词仅指古建筑木构架中的纵向连系梁，其定义已纳入《古建筑木结构加固技术规范》。因此，在木结构术语中仍采用"方木"不采用"枋木"。

6.2 构件、部件术语 木屋盖一般由屋面木基层、屋架（木屋架、钢木屋架）和支撑系统组成，有时也包括天窗架和吊顶。

屋面木基层一般由挂瓦条、顺水条、屋面板、檩条或由挂瓦条、椽条、檩条等组成。

椽架在国外民用建筑中多有采用。故在本标准中列入了椽架的术语和涵义。

用木材或以木材为主制的构件和部件很多，除上述外，尚有木楼板、搁栅、梁、柱、桁架、拱、框架、筒拱、网架等等，已见《工程结构设计基本术语和通用符号》GBJ132—90及本标准通用术语中，以材料不同而故，不再重复列出。

6.3 材料术语 建筑工程的承重结构用材主要是针叶树材，为了逐步扩大树种利用，阔叶树材经采取一定构造措施后也可用于承重结构。该两树材名词是经中国林业科学研究院审定的。

根据木材锯解情况列出了原木、方木及板材；根据人工胶合木材情况，列出了层板胶合木，胶合板和木结构用胶等属于建筑木材的术语和涵义。

方木是由原木锯成矩形截面宽度与高度之比小于2的木材。

板材是由原木锯成矩形截面，宽度与厚度之比不小于2的木材。

6.4 材料性能和构件抗力术语 关于材料强度在本标准第2章通用术语中已有总称的术语不再重复，但木材在物理力学性质方面具有显著的各向异性，是一种各向异性材料。根据木材顺纹和横纹受力状态，在本标准中列出了木材顺纹强度外又列出了横纹承压强度、斜纹承压强度以及顺纹弹性模量等术语和涵义。同时，鉴于不同树种的木材强度各不相同，为此，将木材强度等级这一术语也列入了本标准。应该注意木结构的木材等级是以木材抗弯强度设计值划分的。

构件承载能力在本标准第2章通用术语中亦有总的提法，不再重复。但列出了木构件抗力项的构件的容许长细比和挠度容许值的术语和涵义。

6.5 计算、分析术语 列出了原木构件验算截面、剪面和齿承压面术语和涵义。

6.6 几何参数术语 列出了受压构件按有无缺口和所在部位不同的计算面积术语和涵义和计算剪面用的面积和长度的术语和涵义。此外，对连接用的齿和钉亦列了齿深和钉有效长度的术语和涵义。

6.7 计算系数术语 主要列出了木构件计算时强度降低和修正系数或折减系数的术语和涵义。

6.8 连接、构造术语 木结构的连接型式很多，主要用于构件的接长、拼合和节点连接。本标准列出了齿连接、销连接（包括螺栓连接及钉连接）、键连接（包括裂环连接）、钉板连接及胶合接头（包括指接、斜搭接、对接）等术语和涵义，最后将构造要求木结构的防腐和防虫术语列入本节。

6.9 材料、结构构件质量检验术语 木材是具有天然缺陷的材料，必须进行严格的质量控制和验收。根据现行木结构设计规范内容，将影响木结构质量标准的木材缺陷、干缩、翘曲及构件平直度等各个方面术语内容列入本标准。同时，将每一方面的术语内容又进行了深一层次的解释，木材缺陷中又分为髓心、节子、裂缝、斜纹、涡纹及腐朽；翘曲中又分为顺弯、横弯、翘弯及扭弯等以及胶合木结构用胶性能的术语和涵义列入本标准。

7 建筑结构设计符号

由于本标准为国家标准《工程结构设计基本术语和通用符号》GBJ132—90所属的第2层次房屋建筑结构设计的术语和符号标准，其符号的表达方式，既要以GBJ132—90各项规定为依据而尽量不重复，又要便于使用，一目了然，因此，不能采用各自分散的主体符号和上、下标由使用者自行构成的方式，而改为选列各类材料结构设计实际常用且不易变动的共同通用符号和专用符号来表示。

本章除在"一般规定"中，交代了房屋建筑结构设计符号的构成方法、主体符号和上、下标用字规定、符号书写字体的要求以及使用中应该注意的事项外，按建筑结构设计学科的要求，选列了作用和作用效应符号、材料性能和结构构件抗力符号，几何参数符号、设计参数和计算系数符号、数学和物理学符号和材料强度等级代号和常用的专用符号共7节总计545个包括主体符号和主体符号带有上、下标的各类材料共同通用符号和专用符号，并在附录 A 中列出了建筑结构设计常用的上、下标。

7.1 一般规定

7.1.1 建筑结构设计符号一般由单个主体符号表示，或当主体符号需要进一步阐明其含义时应在主体符号右边上、下部位另加代表相应术语或说明语或专用标记的上标或下标共同表示。当在建筑结构设计中需要使用数学符号或计量单位符号时，则应分别按照表示数学符号的国家标准，或表示法定计量单位的国家法令规定，不受本标准的约束。例如在"数学符号"中对某一 x 值的平均值其相应符号就在该 x 上添加一横划表示即 $\bar{x}$，或在必要时加一括号 (x) 表示，但在建筑结构设计中常用的概率统计样本平均值则用拉丁字母 m（英语 mean "平均"的第 1 个字母）表示；总体平均值则用希腊字母 μ 来表示。

7.1.2 主体符号用字中的拉丁字母，主要是指英语语系的拉丁字母，其中或有德语语系或法语语系的拉丁字母，不包括汉语拼音的拉丁字母。例如：在建筑结构设计中常用的"风荷载"符号 "w" 为英语 "wind load" 的第 1 个拉丁字母；"永久作用"符号 "G" 则为德语 "Gewicht" 的第 1 个拉丁字母；作用效应符号 "S" 为法语 "Sollictation" 的第一个拉丁字母等。所谓拉丁字母仅为上述三种语系词汇所采用字母的笼统称呼并不涉及到拉丁文或拉丁语系词汇，因此在用字的字母中有 "W" 或 "w" 字母。

在条注中提到的主体符号采用两个拉丁字母的实例，在原 ISO3898—1987 版表 2 和最新的 ISO3898 修订草案表 2 中，均列有 "Sn" 雪荷载符号；在水力学中习惯使用的 "Re" 表示 "雷诺数"符号和 "Fr" 作为 "弗汝德系数" 符号等，在国家标准 GBJ132—90 的"条文说明"中有说明。为了防止任意扩大，以尽量少用为宜。

表 7.1.2 "主体符号用字"规则系按照国家标准《工程结构设计基本术语和通用符号》GBJ132—90 规定。该规定乃引自国际标准 ISO3898《结构设计基础—标志—通用符号》1987 版表 1 的《符号组成的用字导则》。它是国际标准化组织 ISO 所属《结构设计基础》ISO/TC98 技术委员会自 1976 年初版，通过 1982 年补充和 1986 年再补充后并经国际标准化组织 ISO 会员国书面投票赞成通过后所制定的。该国际标准编制组汇集了现代房屋建筑结构设计领域中长期来沿用的物理力学和几何量以及相应配套各种量的主体符号，加以罗列和聚类，分别归纳成：大小写拉丁（Latin upper case, Latin lower case）和大小写希腊（Greek upper case, Greek lower case）四类字母为建筑结构设计习惯使用的文字符号。同时，根据各主体符号聚类后的情况，又人为地以各种量的"量纲"来划分四类字母使用的界限。首先规定以大小写拉丁字母作为"有量纲量"的符号用；小写希腊字母则作为"无量纲量"的符号用，大写希腊字母，由于建筑结构设计的现行符号中很少使用，又被保留给数学方面和除力学和几何量外的物理量使用。因此，在建筑结构设计中的主体符号，仅仅是以大写拉丁、小写拉丁和小写希腊三种字母为主。

由于建筑结构设计符号的确定，有其历史的任意性，因为各种主体符号的始作俑者，对符号如何形成在当时并无任何强制性的规定可作为依据，一般是由建筑结构设计的论文或教科书著者以简明通俗为目的，信手拈来，先入为主，约定俗成，代代相传，并无十分精细的科学性。ISO3898 编制组本统一国际建筑结构设计"符号"使之标准化的目的，将目前已通用的建筑结构设计主体符号，以服从习惯使用的原型主体符号为主，是大写拉丁的归入大写拉丁，是小写拉丁归入小写拉丁，并分别列出其"量纲"加以聚类归纳，名之曰"规定的量纲"自然而然形成一个以各种量"量纲"为依据的"主体符号用字规则"。应当指出，在这些仅出于习惯使用的原因，类聚在一起的所谓"规定的量纲"其在每一

"用字类型"中的各"量纲"，仅为"自由结合"彼此之间无任何横向联系。尽管如此，能在建筑结构设计领域大量约定俗成的符号中，整理出一个"主体符号用字规则"，是一个进步，它不仅使国际间的建筑结构设计符号统一化和标准化有了一个规定，亦为今后对新产生主体符号的选用字母，有了一个比较科学的依据。正由于开始制定主体符号时，并无以"量纲"限制来划分大小写拉丁或希腊字母的规定，因此，目前所采用的表 7.1.2 "主体符号用字规则"并不对百分之百的建筑结构设计符号完全适用。有一部分部分主体符号用字其量纲是不符合"规定的量纲"的，为了贯彻照顾沿用习惯的原则，不使建筑结构设计领域为了更换或修改习惯使用主体符号而造成不必要的紊乱。所以对一部分"不符合规定量纲的量"，其沿用的符号，仍保留原型以"不符合量纲规定的量"，列在表 7.1.2 中，与相应的"规定的量纲"共同列入相应的同类别字母，继续使用。例如：弹性模量 E，其量纲为力乘带负幂的长度（长度除力的商）即（LMT^{-2}/L^2）亦可写作 $L^{-1}MT^{-2}$，按表 7.1.2 "主体符号用字规则"规定应采用小写拉丁字母，实际上仍保留其大写字母 E 而另加说明为[不符合规定量纲的量]。再如，应力符号 σ，它的量纲亦是力乘带负幂的长度（长度除力的商），按表 7.1.2 规定，亦应该用小写拉丁字母，实际上仍保留用 σ 表示，亦属[不符合规定量纲的量]等。在建筑结构设计使用的符号中，类似的保留符号共有作用效应约束系数 C、弹性模量 E、剪变模量 G、某些刚度 K、设计基准期 T、转动惯量重 J、动量矩 L、某些有量纲系数或 K 或 k、周期 T、总宽度 B、总高度 H、总长度 L、单位长度弯矩 m、单位长度扭矩 t、应力 σ、剪应力 τ、质量密度 ρ、重力密度 γ、角速度 ω 和角加速度 α 等，在表 7.1.2 均有明文规定。

在表 7.1.2 的主体符号用字规则中，有三处与 GBJ132—90 所规定的在文字上略有更动：拉丁大写"力乘带正幂的长度"；拉丁小写"力乘带负幂的长度"和"长度乘负幂的时间"，这是为了按照量纲表达式的统一写法，其实质的涵义就是"力乘长度"，"单位长度或单位面积的力"和"长度除以带幂的时间"，两者完全一致并无区别。还有原 GBJ132—90 中表 3.0.4 关于"大写希腊字母"的规定，则移入本条文的条注①。

关于在表 7.1.2 内未列出量纲的物理量其主体符号用字在表注中说明则按量纲量相近的规定采用。例如频率 frequency 它的单位是（1/s）其量纲为（T^{-1}），在表 7.2.1 中的"量纲规则"未规定采用什么字母，可以找其最相近小写拉丁字母的"速度"量纲为（LT^{-1}）以单位 m/s 为依据，因为"频率"的涵义"每秒一次或每秒一转"等，其与"速度"的涵义"每秒 1 米"最为相近，所以采用小写拉丁字母 f。应当说明，在 ISO3898（1987）版国际标准中，并无如原国家标准《建筑结构设计通用符号、计量单位基本术语》GBJ83—85 中表 2.0.3 所规定"带幂的时间"的量纲规定。因此，在本标准修订过程中，取消了该"带幂的时间"量纲规定。

应当说明，在本标准报批过程中，收到了 ISO/TC98/SC1 寄来的尚未批准的 1994 年国际标准 ISO3898 的修订稿草案，其'组成符号的用字导则'表 1 的内容已有修改，在保持原有以"量纲"来区别用字类别的基础上，直接写出各种与量纲相应的"量"名称，同时亦将原不符合规定量纲（即原称量纲例外）的"量"名称写出，共同列在相应用字的字母类别一行内，改称为"主要用途"栏，删除了原 ISO3898—1987 年版表 1 "组成或符号用字导则"中的原"Dimensions""量纲"一栏。并将原表示大写字母 'upper case' 改为 'capital'。如下表：

ISO3898 新修订草案（1994 年 10 月收到）

符号组成的用字导则　　　　表1

字母类别	主　要　用　途
大写拉丁	1. 作用、内力、内力矩 2. 面积、面积一次矩和两次矩 3. 弹性模量 4. 温度
小写拉丁	1. （每单位长度或面积）作用、内力、内力矩 2. 距离（长度、位移、偏心距等） 3. 强度 4. 速度、加速度、频率 5. 说明词字母（上、下标） 6. 质量 7. 时间
希腊大写	保留给数学及除几何或力学量以外的物理量
希腊小写	1. 系数、因数、比率 2. 应变 3. 角度 4. 密度（质量密度，重力密度） 5. 应力

注：凡未包括在表1中的其他量，其用字应与表列最接近的相一致。

从上表新的内容看，除表注可以作为对建筑结构设计符号，特别是新产生的符号的宏观控制外，其他可以说和原ISO3898—1987版表1的内容是一致的，并无原则性的更动，亦即是说未来新的ISO3898表1"规定"与本标准的'主体符号用字规则'，尽管有"量纲"一栏"去"和"存"的区别，而其实质并无新意。并且本标准表7.1.2"大写拉丁"类别的'不符合规定量纲的量'一栏的内容，远远比原ISO3898表1的'主要用途'栏所列出的内容更丰富些。至于小写拉丁类别中的主要用途第5项说明词字母（上、下标），这项规定在引用的原ISO3898—1987版中表1亦同样有该项规定，当时，由于考虑到我国国家标准的编制方式系主体符号和"上、下标"分开各列条文，因此，在"主体符号用字规则"中删去该项"用途示例"。

7.1.3 上、下标采用的拉丁字母和主体符号拉丁字母一样，亦不包括我国汉语拼音的拉丁字母。

当上、下标表示说明语时，应以"国际应用通用词汇"作为选用上、下字母的依据。所谓"国际通用词汇"即指英语语系，法语语系和德语语系为主的词汇。用缩写词作为上、下标时，本标准规定最多用三个字，不采用超过三个字的词根表示。

7.2 作用和作用效应符号

各种作用系指在结构上相应各种外力；作用效应乃指由施加在结构上的外力所引起结构构件中的内力或内力矩（包括M、N、V、T)。同时亦将构件截面中的应力和应变以及构件的变形列在一起。

7.2.1 在常用的作用符号表7.2.1中，作用代表值为作用标准值、作用准永久值、作用组合值等的总称。

应当指出，地震作用的符号有E和F_E两个符号。前者是泛指地震作用，一般在地震作用效应和其他荷载效应的基本组合表达式中出现，且明确用h和v下标分别表示水平地震作用和竖向地震作用。可是在计算时，则采用F_{Eh}和F_{EV}表示结构的总水平地震作用和竖向地震作用，且在水平地震作用下常省略原h下标。至于抗震设计用的重力荷载代表值，为了在字面上"力"和"荷载"同量并列，这是在抗震设计中约定俗成常用术语的符号。在实际使用时常遇到"每米均布荷载加上构件每米自重"即$(q+g_0)$两个符号相叠加的情况，在过去曾沿用以"w"来代替这重叠符号，比较方便。但在执行国家法定计量单位以后，由于"重量"和"重力"分两个单位，且规定"重量"和"质量"同义，而"荷载"则属于"重力"范畴，从而使"w"（本来为"重量"英语"weight"的第一个字母）不能用来代表两者叠加'荷载'的符号。因此$(q+g_0)$或(g_0+q)只能照用，在本标准中不另行规定用单个符号来作为该项叠加含义的符号。

为了防止总雪荷载"S"符号相混淆，在本标准中按照ISO3898国际标准的规定以"Sn"两个字母的主体符号，如遇到混淆时可采用，但在同一计算文件中应使用同样"Sn"符号来表示雪荷载。

雪荷载和风荷载的符号是小写拉丁"s"和"w"，即单位面积上的雪荷载或风荷载。但在表示泛指风或雪荷载时或总雪荷或总风荷载时，则以大写拉丁"S"或"W"表示。

分布土压力符号用原压强（pressure）的第1个字母表示"p"，它与过去习惯用表示"力"的符号P即法语系词汇（poids）第1个字母无关。

7.2.2 作用效应采用了法文单词"Sollicitation"的第一个字母"S"作为主体符号。它指结构构件在外力作用下，构件内部所产生的内力矩和各种内力。但在结构设计时，对所考虑的极限状态，需要确定相应的结构构件作用效应的最不利组合：对承载能力极限状态，应考虑作用效应的基本组合和偶然组合；对正常使用极限状态，应考虑短期效应组合和长期效应组合。这样，不同的作用效应组合，各有其不同的总作用效应，需采用不同的下标来表示。在本标准中，按作用基本组合设计表达式得到的总作用效应，下标省略；按作用偶然组合设计表达式得到的总作用效应，用下标a表示；按作用短期效应组合设计表达式得到的总作用效应，用下标s表示；按作用长期效应组合设计表达式得到的总作用效应，用下标L表示。由于各种组合的涵义已在国家标准GBJ132—90第9节中给出，本标准将相应符号的涵义简化为：S、S_a分别表示基本组合、偶然组合的作用效应；S_s、S_L分别表示短期效应组合、长期效应组合的作用效应。

与上述总作用效应S相应的内力矩和内力M，N，V，T，其各相应的带下标符号的涵义也分别按上述简化的涵义列出。

还要说明，在1987年原国际标准ISO8930《结构可靠性总原则的国际等效术语表》中，规定有'Effects of actions（各种作用的各种效应）'术语，其涵义为"由各种作用引起的各类效应，包括特定的作用效应（action-effect）、各种应力、变形或裂缝开展等"，但相应的符号暂缺。在同一表内，接着又列出了action-effect（法语Sollcitation）术语，其涵义为"构件上的作用效应：各种内力矩和各种内力（M，N，V，T等）"，并给出"S"作为符号。在这种情况下，1987年的ISO3898仅仅引用了ISO8930中的'action-effect（作用效应）'符号"S"。但在1994年的ISO3898修订草案中，新增符号"E"，涵义是'Effect of an action'，而原符号"S"的涵义未变。显然，这个修订草案的用意是：符号"E"泛指"由作用引起的各种效应"，而符号"S"专指"构件内力和内力矩"。

关于位移符号按x、y、z轴分别采用相应u、v、w，小写拉丁符号表示，这是ISO3898国际标准和国家标准GBJ132—90所规定的。但在习惯上，一般对板计算时往往采用平面的x，y，z轴而对梁计算时则采用立面的x、y轴，两者依据不同容易混淆不清。实际上以u，v，w符号表示'构件位移'是比较切切的。至于构件的挠度符号一般应采用"w"但现行我国设计规范中对构件的挠度符号目前尚未一致。在混凝土设计规范中是为了容易和裂缝宽度"w"相混淆，采用了表示距离的符号"a"。在最新的1994年ISO3898修订草案中，列出了一个单独表示挠度英语'deflection'第一个字母的新符号"d"，这是一个比较简便且实用的符号可以今后推广。

7.3 材料性能和结构构件抗力符号

7.3.1 本标准将凡是与有关的弹性模量，剪变模量，泊松比，线膨胀系数和摩擦系数等条目列入材料性能节内，而将截面面积矩、截面模量和惯性矩则列入7.4节的截面几何参数内。

7.3.2 在砌体结构专用符号内有f_1和f_2符号。前者表示块体抗压强度平均值，而后者表示砂浆抗压强度平均值。在砌体结构的结构设计中是以材料平均值作为材料的主要代表值。在钢结构中 f_t^b、f_t^w、f_t^a、f_t^r 符号的上标 b 表示 bolt（螺栓）第 1 个字母；上标 w 表示 weld（焊缝）第 1 个字母；上标 a 表示 anchor（锚栓）第 1 个字母；上标 r 表示 river（铆钉）第 1 个字母。应当指出，在表 7.3.2 钢结构的材料性能符号中，未列出现行钢结构设计规范 GBJ17—88 所采用的以"承"字表示"抗"的材料强度符号和以"承载能力"名称表示的材料强度符号，这些符号的涵义需要在该标准修订时加以重行正名的，暂不列入本标准。

木结构斜纹抗压强度 f_{ca}，下标 a 是表示斜纹的角度。在顺纹抗压强度和顺纹抗剪强度符号下标的 0 字，一般可以省略。

7.4 几何参数符号

7.4.1 在最新 1994 年 ISO3898 修订草案中，增列了以"a"表示"geometrical parameter"几何参数的符号。

表 7.4.1 中 ξ、η、ζ 分别为 x 方向，y 方向，z 方向的相对坐标亦即相对坐标 z/l、y/l 和 z/l 符号。在 ISO3898 国际标准中的小写希腊字母符号表 4 中专门规定这三个小写希腊字母符号作为"Relative Coordinates"在建筑结构的曲线图表中需要采用这些符号。

7.4.2 国家标准《冷弯薄壁型钢结构技术规范》GBJ18—85 中所采用符号，主要的和钢结构设计规范相一致的。现列了一部分常用而在钢结构中不同的符号。"I_{ω}"下标"ω"表示扇性；"I_{is}"，下标"i"表示"intermediate"（中间）的第 1 个字母，"s"表示"stiffener"（加劲肋）的第 1 个字母；"$I_{e,s}$"下标"e"表示"end"（边端）的第 1 个字母。

7.5 设计参数和计算系数符号

7.5.1 表 7.5.1 中的作用效应约束系数"C"是按照国家标准《建筑结构设计统一标准》GBJ68—84 的规定和沿用原 CBJ83—85 以及现行 GBJ132—90 的规定列出的。查该效应系数"C"为"constraint"的第 1 个字母，在国际标准《结构可靠性总原则》ISO2394—1986 版 3.1 中说明系指"结构构件在设计时控制相应极限状态的"，并属于设计的"约束条件"；另外亦可作为"constant"的第 1 个字母，表示"fixed value"或"nominal value"固定值或名义值涵义的符号用。

表中各种分项系数符号"γ"为目前建筑结构设计所采用基于概率极限状态设计法的分项系数表达式中所必需的系数。作用分项系数"γ_f"，它反映和作用的不定性，与各种作用的代表值相乘即得出进入分项系数表达式的作用设计值 $F_d = \gamma F_{rep}$；同样，材料分项系数"γ_m"，它反映了材料性能的不定性，以材料强度的标准值除以材料的分项系数即得出进入分项系数表达式的材料强度设计值 $f_d = f_k / \gamma_m$。

表中所列无规定涵义的比率或计算系数的符号，系建筑结构设计中常用的符号，供使用者尽可能在这几个字母中选用作为相应的符号。

7.6 常用数字和物理学符号

7.6.1 在表 7.6.1 中列出的主要是概率理论中常用符号。至于一般的数字符号应以国家标准《物理科学和技术中使用的数学符号》GB310211—82 规定为准。

7.6.2 在表 7.6.2 中常用的物理学符号不受建筑结构设计符号用字量纲规则的限制，但书写或印刷体例应符合本标准要求。

7.7 材料强度等级代号和专用符号

7.7.1 过去沿用的'材料标号'名称和符号均以材料强度的'等级'代号来代替，它用材料符号和相应的规定强度值数目一起表示。其中"C"为"Concrete"第 1 个字母；"CL"为"Light-Weight Aggregate Concrete"中的"C"和"L"两字，"S"为"steel"第一个字母；"SW"为"Steell Wires"两个词的第 1 个字母；"MU"为"Masonry Unit"两者的第 1 个字母；"M"为"Mortar"的第 1 个字母；"TC"为"Coniferous Timber"两词的第 1 个字母；"TB"为"Broad-leaved Timber"两词的第 1 个字母，但作为符号用字两者的顺序则习惯地倒了过来。

7.7.2 表 7.7.2 中受拉状态用"＋"，受压状态用"－"，这是根据国际标准 ISO3898 的规定，可以用于标志（如桁架杆件）受力状态；也可用于计算公式中物理量数值（如应力）代数运算。

索引：术语部分全部条目汇总

2 建筑结构设计通用术语

2.1 结构术语
2.1.1 建筑结构
  2.1.1.1 建筑结构单元
2.1.2 墙板结构
2.1.3 框架结构
  2.1.3.1 延性框架
2.1.4 板柱结构
2.1.5 筒体结构
  2.1.5.1 框架-筒体结构
  2.1.5.2 单框筒结构
  2.1.5.3 筒中筒结构
  2.1.5.4 成束筒结构
2.1.6 悬挂结构
  2.1.6.1 核心筒悬挂结构
  2.1.6.2 多筒悬挂结构
2.1.7 烟囱
2.1.8 水塔
2.1.9 贮仓

2.2 构件、部件术语
2.2.1 屋盖
  2.2.1.1 屋面板
  2.2.1.2 檩条
  2.2.1.3 屋面梁
  2.2.1.4 屋架
    （1）三角形屋架
    （2）梯形屋架
    （3）多边形屋架
    （4）拱形屋架
    （5）空腹屋架
  2.2.1.5 天窗架
  2.2.1.6 屋盖支撑系统
    （1）横向水平支撑
    （2）纵向水平支撑
    （3）竖向支撑
    （4）系杆
  2.2.1.7 拱
    （1）桁架拱
    （2）拉杆拱
  2.2.1.8 平板型网架
    （1）平面桁架系网架
    （2）四角锥体网架
    （3）三角锥体网架
  2.2.1.9 悬索
    （1）圆形单层悬索
    （2）圆形双层悬索
    （3）双向正交索网
  2.2.1.10 薄壳
2.2.2 楼盖
  2.2.2.1 楼板
  2.2.2.2 次梁
  2.2.2.3 主梁
  2.2.2.4 井字梁
  2.2.2.5 等截面梁
  2.2.2.6 变截面梁
    （1）加腋梁
    （2）鱼腹式梁
2.2.3 过梁
2.2.4 吊车梁
  2.2.4.1 制动构件
2.2.5 承重墙
  2.2.5.1 结构墙
2.2.6 非承重墙
2.2.7 等截面柱
2.2.8 阶形柱
2.2.9 抗风柱
2.2.10 柱间支撑
2.2.11 楼梯
2.2.12 组合构件
  2.2.12.1 钢管混凝土构件
  2.2.12.2 组合屋架
  2.2.12.3 下撑式组合梁
  2.2.12.4 压型钢板楼板
  2.2.12.5 组合楼盖

2.3 基本设计规定术语
2.3.1 建筑结构设计
  2.3.1.1 静态设计
  2.3.1.2 动态设计
  2.3.1.3 建筑抗震设计
  2.3.1.4 建筑抗震概念设计
    （1）规则抗震建筑
    （2）多道设防抗震建筑
    （3）抗震建筑薄弱部位
    （4）塑性变形集中
2.3.2 建筑结构安全等级
  2.3.2.1 建筑结构抗震设防类别
2.3.3 承载能力极限状态验证
  2.3.3.1 构件承载能力计算

2.3.3.2 疲劳验算
2.3.3.3 稳定计算
2.3.3.4 抗倾覆、滑移验算
2.3.4 正常使用极限状态验证
2.3.5 变形验算
2.3.6 施工阶段验算
2.4 计算、分析术语
2.4.1 静定结构
2.4.2 超静定结构
2.4.3 平面结构
2.4.4 空间结构
2.4.5 杆系结构
　2.4.5.1 刚性支座连续梁
　2.4.5.2 弹性支座连续梁
　2.4.5.3 弹性地基梁
　2.4.5.4 三铰拱
　2.4.5.5 双铰拱
　2.4.5.6 无铰拱
　2.4.5.7 有侧移框架
　2.4.5.8 无侧移框架
2.4.6 板系结构
　2.4.6.1 两边支承板
　2.4.6.2 四边支承板
　2.4.6.3 弹性地基板
2.4.7 抗侧力墙体结构
　2.4.7.1 墙肢
　2.4.7.2 连梁
　2.4.7.3 连肢墙
　2.4.7.4 壁式框架
　　(1) 刚域
2.4.8 塑性铰
2.4.9 内力重分布
　2.4.9.1 弯矩调幅系数
2.4.10 挠曲二阶效应
　2.4.10.1 偏心距增大系数
　2.4.10.2 轴心受压构件稳定系数
2.4.11 局部抗压强度提高系数
2.5 作用术语
2.5.1 永久作用标准值
2.5.2 可变作用标准值
2.5.3 楼面、屋面活荷载标准值
　2.5.3.1 均布活荷载标准值
　　(1) 等效均布活荷载
　　(2) 活荷载折减系数
2.5.4 楼面、屋面活荷载准永久值
2.5.5 楼面、屋面活荷载组合值
2.5.6 施工和检修集中荷载
2.5.7 吊车荷载
　2.5.7.1 吊车竖向荷载标准值
　2.5.7.2 吊车水平荷载标准值

2.5.8 雪荷载标准值
　2.5.8.1 基本雪压
　2.5.8.2 屋面积雪分布系数
2.5.9 风荷载标准值
　2.5.9.1 基本风压
　2.5.9.2 风压高度变化系数
　2.5.9.3 风荷载体型系数
　2.5.9.4 风振系数
2.5.10 地震作用标准值
2.5.11 重力荷载代表值
2.6 材料和材料性能术语
2.6.1 建筑结构材料
　2.6.1.1 混凝土
　2.6.1.2 砌体
　2.6.1.3 木材
　2.6.1.4 钢材
2.6.2 建筑结构材料性能
　2.6.2.1 材料力学性能
　　(1) 钢材（钢筋）屈服强度（屈服点）
　　(2) 钢材（钢筋）抗拉（极限）强度
　2.6.2.2 材料弹性模量
　2.6.2.3 伸长率
　2.6.2.4 冲击韧性
　2.6.2.5 疲劳性能
　2.6.2.6 线膨胀系数
2.7 抗力术语
2.7.1 材料强度标准值
2.7.2 材料强度设计值
　2.7.2.1 材料抗震强度设计值
2.7.3 构件承载能力设计值
2.7.4 截面刚度
　2.7.4.1 截面拉伸(压缩)刚度
　2.7.4.2 截面弯曲刚度
　2.7.4.3 截面剪变刚度
　2.7.4.4 截面扭转刚度
　2.7.4.5 截面翘曲刚度
2.7.5 构件刚度
　2.7.5.1 构件抗拉(抗压)刚度
　2.7.5.2 构件抗弯刚度
　2.7.5.3 构件抗剪刚度
　2.7.5.4 构件抗扭刚度
2.7.6 结构侧移刚度
　2.7.6.1 楼层侧移刚度
2.7.7 构件变形容许值
　2.7.7.1 构件挠度容许值
　2.7.7.2 抗震结构层间位移角限值
2.8 几何参数术语
2.8.1 结构总高度
2.8.2 结构总宽度
2.8.3 结构总长度

2.8.4 层高
2.8.5 计算高度
2.8.6 净高
2.8.7 计算跨度
2.8.8 净跨度
2.8.9 计算长度
2.9 连接、构造术语
2.9.1 连接
　2.9.1.1 铰接
　2.9.1.2 刚接
　2.9.1.3 柔性连接
2.9.2 系梁
2.9.3 构造要求

2.9.3.1 抗震构造要求
2.9.4 结构构件起拱
2.10 材料、结构构件质量控制术语
2.10.1 合格质量
2.10.2 初步控制
2.10.3 生产控制
2.10.4 合格控制
　2.10.4.1 验收批量
　2.10.4.2 抽样方法
　2.10.4.3 抽样数量
　2.10.4.4 验收函数
　2.10.4.5 验收界限

3 混凝土结构设计专用术语

3.1 结构术语
3.1.1 素混凝土结构
3.1.2 钢筋混凝土结构
3.1.3 预应力混凝土结构
　3.1.3.1 先张法预应力混凝土结构
　3.1.3.2 后张法预应力混凝土结构
　3.1.3.3 有粘结预应力混凝土结构
　3.1.3.4 无粘结预应力混凝土结构
3.1.4 现浇混凝土结构
　3.1.4.1 现浇板柱结构
3.1.5 装配式混凝土结构
　3.1.5.1 混凝土大板结构
3.1.6 装配整体式混凝土结构
　3.1.6.1 升板结构
　3.1.6.2 整体预应力板柱结构
3.1.7 大模板混凝土结构
3.1.8 混凝土折板结构
3.1.9 钢纤维混凝土结构
3.2 构件、部件术语
3.2.1 预制混凝土构件
3.2.2 叠合式混凝土受弯构件
3.2.3 混凝土浅梁
3.2.4 混凝土深梁
3.2.5 混凝土柱
　3.2.5.1 双肢柱
3.2.6 混凝土墙
3.2.7 混凝土单向板
3.2.8 混凝土双向板
3.2.9 混凝土柱帽
3.2.10 混凝土基础
3.3 材料术语
3.3.1 水泥
3.3.2 骨料
3.3.3 拌合水
3.3.4 外加剂
3.3.5 普通混凝土
3.3.6 轻骨料混凝土

3.3.7 纤维混凝土
3.3.8 特种混凝土
3.3.9 钢筋
　3.3.9.1 热轧光圆钢筋
　3.3.9.2 热轧带肋钢筋
　3.3.9.3 冷轧带肋钢筋
　3.3.9.4 冷拉钢筋
　3.3.9.5 热处理钢筋
3.3.10 钢丝
　3.3.10.1 光圆钢丝
　3.3.10.2 刻痕钢丝
　3.3.10.3 冷拔钢丝
3.3.11 钢绞线
3.3.12 普通钢筋
3.3.13 预应力筋
3.4 材料性能和构件抗力术语
3.4.1 混凝土强度等级
3.4.2 混凝土立方体抗压强度标准值
3.4.3 混凝土轴心抗压强度标准值
3.4.4 混凝土抗拉强度标准值
3.4.5 混凝土弹性模量
3.4.6 混凝土收缩
3.4.7 混凝土徐变
3.4.8 混凝土碳化
3.4.9 普通钢筋强度等级
3.4.10 预应力筋强度等级
3.4.11 钢筋强度标准值
3.4.12 钢丝、钢绞线强度标准值
3.4.13 预应力松弛
3.4.14 抗裂度
3.4.15 裂缝宽度容许值
　3.4.15.1 裂缝宽度
3.4.16 混凝土极限压应变
3.4.17 钢筋应变限值
3.4.18 构件短期刚度
3.4.19 构件长期刚度
3.5 计算、分析术语
3.5.1 平截面假定
3.5.2 中和轴高度

3.5.3 受压区高度
  3.5.3.1 界限受压区高度
3.5.4 界限偏心距
3.5.5 大偏心受压构件
3.5.6 小偏心受压构件
3.5.7 正截面
3.5.8 斜截面
3.5.9 截面有效高度
3.5.10 预应力损失
3.5.11 预应力筋有效预应力值
3.5.12 预应力筋消压预应力值

3.6 几何参数术语
3.6.1 钢筋间距
3.6.2 箍筋间距
3.6.3 箍筋肢距
3.6.4 混凝土保护层厚度
3.6.5 截面核芯面积
3.6.6 换算截面面积
3.6.7 换算截面惯性矩
3.6.8 换算截面模量

3.7 计算系数术语
3.7.1 受拉区混凝土塑性影响系数
3.7.2 纵向受拉钢筋应变不均匀系数
3.7.3 配筋率
3.7.4 体积配筋率
3.7.5 剪跨比
3.7.6 轴压比

3.8 连接、构造术语
3.8.1 钢筋接头
3.8.2 绑扎骨架
3.8.3 焊接骨架
3.8.4 构造配筋
3.8.5 纵向钢筋
3.8.6 弯起钢筋
3.8.7 钢筋锚固长度
3.8.8 钢筋搭接长度
3.8.9 预应力传递长度
3.8.10 箍筋
  3.8.10.1 斜向箍筋
  3.8.10.2 复合箍筋
  3.8.10.3 螺旋箍筋

3.8.11 拉结钢筋
3.8.12 架立钢筋
3.8.13 横向分布钢筋
3.8.14 吊筋
3.8.15 弯钩
3.8.16 锚具
3.8.17 夹具
3.8.18 连接器
3.8.19 吊环
3.8.20 预埋件

3.9 材料、结构构件质量检验术语
3.9.1 可塑混凝土性能
  3.9.1.1 混凝土稠度
    (1) 坍落度
    (2) 密实度
  3.9.1.2 混凝土配合比
    (1) 水灰比
    (2) 净水灰比
    (3) 水泥含量
  3.9.1.3 含气量
  3.9.1.4 凝结时间
3.9.2 硬化混凝土性能
  3.9.2.1 抗渗性
  3.9.2.2 耐磨性
  3.9.2.3 抗冻融性
3.9.3 钢筋性能检验
  3.9.3.1 冷弯检验
  3.9.3.2 钢筋可焊性
  3.9.3.3 钢筋锈蚀
3.9.4 构件外观检查
  3.9.4.1 蜂窝
  3.9.4.2 麻面
  3.9.4.3 孔洞
  3.9.4.4 露筋
  3.9.4.5 龟裂
3.9.5 尺寸偏差
  3.9.5.1 构件平整度
  3.9.5.2 结构构件垂直度
  3.9.5.3 侧向弯曲
  3.9.5.4 翘曲
3.9.6 构件性能检验
  3.9.6.1 破损检验
  3.9.6.2 非破损检验

4 砌体结构设计专用术语

4.1 结构术语
4.1.1 砖砌体结构
4.1.2 石砌体结构
4.1.3 砌块砌体结构
4.1.4 砖混结构
4.1.5 砖木结构

4.2 构件、部件术语
4.2.1 无筋砌体构件
4.2.2 配筋砌体构件
  4.2.2.1 方格网配筋砖砌体

  4.2.2.2 组合砖砌体构件
4.2.3 砖砌体墙
  4.2.3.1 空斗墙
  4.2.3.2 带壁柱墙
  4.2.3.3 刚性横墙
4.2.4 砖砌体柱
4.2.5 圈梁
4.2.6 墙梁
4.2.7 挑梁
4.2.8 砖过梁
4.2.9 砖筒拱

4.3 材料术语
4.3.1 块体
4.3.2 砂浆
  4.3.2.1 水泥砂浆
  4.3.2.2 混合砂浆
4.3.3 烧结普通砖
4.3.4 空心砖
  4.3.4.1 多孔砖
4.3.5 砌块
4.3.6 石材
4.3.7 砖砌体
4.3.8 砌块砌体
4.3.9 石砌体

4.4 材料性能和构件抗力术语
4.4.1 块体强度等级
4.4.2 砂浆强度等级
4.4.3 砌体强度标准值
4.4.4 砌体摩擦系数
4.4.5 齿缝破坏
4.4.6 通缝破坏
4.4.7 横墙刚度
4.4.8 砌体墙、柱允许高厚比

4.5 计算、分析术语
4.5.1 房屋静力计算方案
  4.5.1.1 刚性方案
  4.5.1.2 刚弹性方案
  4.5.1.3 弹性方案
4.5.2 上柔下刚多层房屋
4.5.3 上刚下柔多层房屋
4.5.4 计算倾覆点

4.6 几何参数术语
4.6.1 刚性横墙间距
4.6.2 梁端有效支承长度
4.6.3 窗间墙宽度
4.6.4 块体孔洞率

4.7 计算系数术语
4.7.1 空间性能影响系数
4.7.2 受压构件承载能力影响系数
4.7.3 砌体墙、柱高厚比
4.7.4 砌体墙容许高厚比修正系数

4.8 连接、构造术语
4.8.1 截面尺寸限值
4.8.2 砌体材料最低强度等级
4.8.3 砌体拉结钢筋
4.8.4 支承长度限值
4.8.5 砌体结构总高度限值
4.8.6 砌体结构局部尺寸限值

4.9 材料、结构构件质量检验术语
4.9.1 块体性能检验
4.9.2 砂浆性能检验
  4.9.2.1 砂浆配合比
  4.9.2.2 砂浆稠度
  4.9.2.3 砂浆保水性
  4.9.2.4 砂浆分层度
4.9.3 砌体质量检验
  4.9.3.1 砂浆饱满度
  4.9.3.2 水平灰缝厚度
  4.9.3.3 墙面平整度
  4.9.3.4 墙面垂直度

5 钢结构设计专用术语

5.1 结构术语
5.1.1 焊接钢结构
5.1.2 铆接钢结构
5.1.3 螺栓连接钢结构
5.1.4 高强螺栓连接钢结构
5.1.5 冷弯薄壁型钢结构
5.1.6 钢管结构
5.1.7 预应力钢结构

5.2 构件、部件术语
5.2.1 实腹式钢柱
5.2.2 格构式钢柱
5.2.3 分离式钢柱
5.2.4 缀材（缀件）
  5.2.4.1 缀条
  5.2.4.2 缀板
5.2.5 钢柱分肢
5.2.6 钢柱脚
5.2.7 钢支座
  5.2.7.1 铰轴支座
  5.2.7.2 弧形支座
  5.2.7.3 滚轴支座
5.2.8 轧制型钢梁
5.2.9 焊接钢梁

5.2.10 铆接钢梁
5.2.11 钢板件
  5.2.11.1 腹板
  5.2.11.2 翼缘板
  5.2.11.3 盖板
  5.2.11.4 支承板
  5.2.11.5 连接板
  5.2.11.6 节点板
  5.2.11.7 填板
  5.2.11.8 垫板
  5.2.11.9 横隔板
5.2.12 加劲肋
  5.2.12.1 支承加劲肋
  5.2.12.2 中间加劲肋
  5.2.12.3 纵向加劲肋
  5.2.12.4 横向加劲肋
  5.2.12.5 短加劲肋

5.3 材料术语
5.3.1 钢材牌号
5.3.2 型钢
  5.3.2.1 热轧型钢
  5.3.2.2 冷弯薄壁型钢
5.3.3 钢板

5.3.4 钢带
5.3.5 钢管
　5.3.5.1 无缝钢管
　5.3.5.2 焊接钢管
5.3.6 焊丝
5.3.7 焊条
5.3.8 焊剂
5.3.9 螺栓
5.3.10 高强度螺栓
　5.3.10.1 大六角头高强度螺栓
　5.3.10.2 扭剪型高强度螺栓
5.3.11 铆钉
5.4 材料性能和构件抗力术语
5.4.1 钢材强度等级
5.4.2 钢材强度标准值
　5.4.2.1 构件端面承压强度标准值
5.4.3 钢构件容许长细比
5.4.4 钢构件变形容许值
5.4.5 单个铆钉承载能力
5.4.6 单个普通螺栓承载能力
5.4.7 单个高强度螺栓承载能力
5.4.8 疲劳容许应力幅
5.5 计算分析术语
5.5.1 钢结构塑性设计
5.5.2 欧拉临界力
5.5.3 欧拉临界应力
5.5.4 强轴
5.5.5 弱轴
5.5.6 换算长细比
5.5.7 疲劳应力幅
5.6 几何参数术语
5.6.1 翼缘板外伸宽度
5.6.2 加劲肋外伸宽度
5.6.3 角焊缝焊脚尺寸
　5.6.3.1 角焊缝有效厚度
　5.6.3.2 角焊缝有效计算长度
　5.6.3.3 角焊缝有效面积
5.6.4 螺栓或高强度螺栓有效直径
　5.6.4.1 螺栓有效截面面积
　5.6.4.2 高强度螺栓有效截面面积
5.7 计算系数术语
5.7.1 截面塑性发展系数
5.7.2 钢梁整体稳定系数

5.7.3 钢梁整体稳定等效弯矩系数
5.7.4 钢压弯构件等效弯矩系数
5.7.5 高强度螺栓摩擦面抗滑移系数
5.8 连接、构造术语
5.8.1 钢结构连接
　5.8.1.1 叠接（搭接）
　5.8.1.2 对接
　5.8.1.3 焊缝连接
　　（1）手工焊接
　　（2）自动焊接
　　（3）半自动焊接
　5.8.1.4 螺栓连接
　5.8.1.5 高强度螺栓连接
　　（1）摩擦型高强度螺栓连接
　　（2）承压型高强度螺栓连接
　5.8.1.6 铆钉连接
5.8.2 焊缝
　5.8.2.1 连续焊缝
　5.8.2.2 断续焊缝
　5.8.2.3 纵向焊缝
　5.8.2.4 横向焊缝
　5.8.2.5 环形焊缝
　5.8.2.6 螺旋形焊缝
　5.8.2.7 塞焊缝
5.8.3 对接焊缝
　5.8.3.1 透焊对接焊缝
　5.8.3.2 不焊透对接焊缝
5.8.4 角焊缝
　5.8.4.1 直角角焊缝
　5.8.4.2 斜角角焊缝
5.8.5 焊趾
5.8.6 焊根
5.8.7 坡口
5.9 材料、结构构件质量检验术语
5.9.1 焊缝质量级别
5.9.2 焊接缺陷
　5.9.2.1 未焊透
　5.9.2.2 未熔合
　5.9.2.3 未焊满
　5.9.2.4 夹渣
　5.9.2.5 气孔
　5.9.2.6 咬边
　5.9.2.7 焊瘤
　5.9.2.8 白点

　5.9.2.9 烧穿
　5.9.2.10 凹坑
　5.9.2.11 塌陷
　5.9.2.12 焊接裂纹
　5.9.2.13 层状撕裂

6 木结构设计专用术语
6.1 结构术语
6.1.1 原木结构
6.1.2 方木结构
6.1.3 胶合木结构
　6.1.3.1 层板胶合结构
　6.1.3.2 胶合板结构
6.2 构件、部件术语
6.2.1 屋面木基层
6.2.2 木屋架
6.2.3 橡架
6.3 材料术语
6.3.1 针叶树材
6.3.2 阔叶树材
6.3.3 原木
6.3.4 方木
6.3.5 板材
6.3.6 心材
6.3.7 边材
6.3.8 湿材
6.3.9 气干材
6.3.10 层板胶合木
6.3.11 胶合板
6.3.12 木结构用胶
6.4 材料性能和构件抗力术语
6.4.1 木材强度等级
6.4.2 木材顺纹强度
6.4.3 横纹承压强度
6.4.4 斜纹承压强度
6.4.5 顺纹弹性模量
6.4.6 含水率
　6.4.6.1 平衡含水率
6.4.7 受压木构件许容长细比
6.4.8 受弯木构件挠度容许值
6.5 计算、分析术语
6.5.1 原木构件计算截面
6.5.2 剪面
6.5.3 齿承压面
6.6 几何参数术语
6.6.1 受压构件计算面积
6.6.2 剪面面积
6.6.3 剪面长度
6.6.4 齿深
6.6.5 钉有效长度

5.9.3 焊缝外观检查
5.9.4 焊缝无损检验
5.9.5 铆钉连接质量检验
5.9.6 螺栓连接质量检验
5.9.7 钢件外观检查

6.7 计算系数术语
6.7.1 螺栓连接斜纹承压强度降低系数
6.7.2 齿连接抗剪强度降低系数
6.7.3 弧形木构件抗弯强度修正系数
6.8 连接、构造术语
6.8.1 木构件连接
　6.8.1.1 齿连接
　　（1）保险螺栓
　6.8.1.2 销连接
　　（1）螺栓连接
　　（2）钉连接
　6.8.1.3 键连接
　　（1）裂环连接
　6.8.1.4 钉板连接
6.8.2 胶合接头
　6.8.2.1 指接
　6.8.2.2 斜搭接
　6.8.2.3 对接
6.8.3 扒钉
6.8.4 木结构防腐
6.8.5 木结构防虫
6.9 材料、结构构件质量检验术语
6.9.1 木材质量等级
6.9.2 木材缺陷
　6.9.2.1 髓心
　6.9.2.2 节子（木节）
　6.9.2.3 裂缝
　6.9.2.4 斜纹
　6.9.2.5 涡纹
　　（1）夹皮
　6.9.2.6 腐朽
6.9.3 干缩
6.9.4 翘曲
　6.9.4.1 顺弯
　6.9.4.2 横弯
　6.9.4.3 翘弯
　6.9.4.4 扭弯
　6.9.4.5 菱形变形
6.9.5 构件平直度
6.9.6 结构用胶性能检验

中华人民共和国国家标准

建筑模数协调统一标准

GBJ 2—86

条 文 说 明

前　言

根据原国家建委（81）建发设字（546）号文下达的任务，由城乡建设环境保护部负责主编，具体由城乡建设环境保护部中国建筑标准设计研究所会同有关单位共同编制的《建筑模数协调统一标准》GBJ 2—86，经国家计委一九八六年十一月四日以计标〔1986〕2201号文批准发布。

为便于广大设计、施工、科研、学校等有关单位人员在使用本标准时能正确理解和执行条文规定，《建筑模数协调统一标准》编制组根据国家计委关于编制标准、规范条文说明的统一要求，按《建筑模数协调统一标准》的章、节、条顺序，编制了《建筑模数协调统一标准条文说明》，供国内各有关部门和单位参考，在使用中如发现本条文说明有欠妥之处，请将意见直接函寄中国建筑标准设计研究所。

本《条文说明》由国家计委基本建设标准定额研究所组织出版印刷，仅供国内有关部门和单位执行标准时使用，不得外传和翻印。

1986年9月

目　次

第一章　总则 …………………………… 1—4—4
第二章　模数 …………………………… 1—4—4
　第一节　基本模数、导出模数和
　　　　　模数数列 ………………… 1—4—4
　第二节　模数数列的幅度 …………… 1—4—4
　第三节　模数数列的适用范围 ……… 1—4—4
第三章　模数协调原则 ………………… 1—4—5
　第一节　定位系列和模数化网格 …… 1—4—5
　第二节　定位平面和模数化高度 …… 1—4—5
　第三节　几种空间 …………………… 1—4—5
　第四节　单轴线定位和双轴线定位的
　　　　　选用 ………………………… 1—4—5
　第五节　构配件、组合件及其定位 … 1—4—6
附录一　各词解释 ……………………… 1—4—6
修订中主要依据与参考资料 …………… 1—4—6

第一章 总 则

原标准第一章总则共六条，修订后第一章总则共五条。

第1·0·1条 "建筑统一模数制"从颁发到现在已有十余年了，由于种种原因，在调查中发现大家对此标准仍不熟悉，随着人民生活水平的提高，大量性房屋建筑的工业化生产必然日益发展，在国际上对此亦用大量篇幅予以论述，为了使大家提高对本标准的认识，这次修订中将原标准的第1条扩展成本条。比较全面和系统地论述了建筑模数协调的目的意义。

第1·0·2条 适用范围 本条内容与原标准第3条基本相同，只是做了下述增改：

一、本标准适用于一般民用与工业建筑的设计，不包括构筑物，一方面是便于与国际标准化组织/房屋建筑技术委员会（ISO TC59）对口，另一方面构筑物尽管与房屋建筑有相同之处，但亦存在不少差异，故不列入。

二、在原标准第3条二的基础上，增加了"贮藏单元和家具"，因为这两项的生产与模数协调有密切关系。

三、基本与原标准第3条三相同，但综合概括了原标准的含意。

第1·0·3条

一、原标准第4条一，为改建原有的建筑物，本标准为改建原有不符合模数协调或受外界条件限制而执行本标准确有困难的建筑物，这样就更为全面。

二、基本与原标准相同，但把原标准第4条二中有困难的建筑物改为不合理的建筑物，这样提高了模数协调的重要性与合理性。

三、原标准第4条三，为设计特殊形状的建筑物和处理建筑物的斜角及弯曲部分。其中"形状"二字一般指平面而言。本标准改为形体，这样对建筑物来说就更为确切。并将建筑物的斜角及弯曲部分改为建筑物的特殊形体部分，这样就更为全面。

第1·0·4条 本条为新增设的条文，说明由于综合效益原因，必须采用非模数的技术尺寸，如墙体、模板的厚度和构配件的截面尺寸等。

第1·0·5条 本标准为房屋建筑的基础标准，故在执行中除应符合本标准的有关规定外，还应符合现行的有关标准规范的规定。

第二章 模 数

第一节 基本模数、导出模数和模数数列

原标准第二章模数数列第7—12条共六条，本标准按不同内容分为基本模数、导出模数、模数数列、模数数列的幅度、和模数数列的适用范围，共三节13条。

第2·1·1条 基本模数

本节内容与原标准第二章第8条相同，仍规定100mm为基本模数以等差级数作为数列的基本理论，"3"是扩大模数的基本因子。这三点通过十年的实践，在国内基本可行。国际上ISO TC—59亦按此三点建立了模数数列，并得到世界上大部分国家的承认。

原标准100mm用"Mo"表示，由于在书写中常易把"O"漏了，或在打印中把"O"打成与M相似大小，带来一些不便和混淆，而ISO规定的亦不带"O"，因此本标准把"Mo"改为"M"与国际标准规定相一致。

第2·1·2条

一、导出模数原标准的扩大模数基数值仅有水平方向的，新标准分水平和竖向模数，且在水平扩大模数基数值设有12M。这次修订中根据实际需要，增加了12M，增加的参数不多，但是从网格设计和协调的意义上来讲很有价值，参考ISO6513第一版1982—02—15"房屋建筑——模数协调—水平尺寸的优选扩大模数系列"中，有12M和15M，且在说明中提到"当技术上和经济上证明有好处时12M系列可以扩大，采用更大的增量为24M"。根据上述情况，这次修订把12M列入扩大模数。本标准规定竖向扩大模数的基数值为3M和6M。

二、原标准中分模基数值为1/10M、1/5M、1/2M，即10、20、50mm。这些数值对填满模数空间的灵活性最大。能最方便的组成100mm，有利于基本模数的协调和我国货币制中采用1、2、5角和1、2、5分的原则完全一样，尽管ISO6514第一版1982—03—01模数协调分模数增量中规定M/2＝50mm及M/4＝25mm、M/5＝20mm。结合我国分模数的使用情况，故在这次修订中仍用原标准的分模数基数值。

第2·1·3条 为了便于使用，在模数基数的基础上展开模数数列（见表2·1·3），在"注"中说明了在砖混结构住宅中，可以采用3400、2600mm作为建筑参数，因在修订新标准的过程中，经过调研，在砖混结构的住宅建筑中，如江苏、四川等地，水平参数采用3400与2600mm的很多，一时淘汰不了，故在本条"注"中说明仍保留此两个参数。

第二节 模数数列的幅度

本节内容在原标准第10条的基础上加以调整和充实，为了使规定更清晰，新标准把模数数列幅度用于水平和竖向分条规定，因两者往往幅度不一，合在一起不便于选择使用，并做了以下的调整。

第2·2·1条 将1M用作水平基本模数时幅度由原标准1500mm延长到2000mm，因为门窗洞口和构件截面等需要由1500mm至2000mm之间的1M参数。

第2·2·2条 将1M用作竖向基本模数时幅度由原标准"用于居住建筑的层高尺寸时，幅度可不限制"改为到3600mm，因为根据目前情况住宅、学校、旅馆、医院、办公楼等建筑层高由100mm进级到3600mm基本已能满足需要。

第2·2·3条 水平扩大模数的幅度，3M数列由原标准6000mm延长到7500mm，因为6300、6600、6900、7200和7500这几个参数常出现于平面参数中。6M数列由原标准的9000mm延长到9600mm扩大了使用范围。

第2·2·4条 竖向扩大模数的幅度，ISO6512第一版1982—02—15房屋建筑——模数协调——层高及房间高度中规定了——从36M到48M为3M增量，48M以上为6M增量，结合我国国情，考虑到在房屋建筑中要节约造价，本条文规定3M数列按300mm进级，幅度不限制，亦即48M以上还可用3M增量，这样不仅节约了建筑材料，在有空调及采暖的建筑中还可节约能源。

第2·2·5条 分模数的幅度1/10M由原标准的150mm延长到200mm，1/2M由原标准的800mm延长到1000mm，这是材料、构件截面的需要。

第三节 模数数列的适用范围

第2·3·1条～第2·3·5条 本节内容在原标准第11条的基础上，分为水平基本模数、竖向基本模数、水平扩大模数、竖向扩大模数、分模数共五条来叙述其适用范围，层次清楚，便于使用，并在分模数的适用范围内，规定了分模数不能用于确定模数化网格的距离，但根据设计需要分模数可用于确定模数化网格平移的距离，这样明确了分模数不能作为模数化网格，亦即网格的最小尺寸是基本模数1M。

第三章 模数协调原则

原标准第四章定位线，缺乏空间整体观，没有从三度空间的理论推理到定位线，只是沿用了五十年代初期一般砖混结构的定位线和预制装配整体梁柱体系的定位线；原标准也缺少近代建筑模数中如模数化网格、双轴定位、几种空间、几种高度等与实际设计中有密切联系的论述。原标准第四章由第17～20条，共4条，修订后共五节29条，除个别条与原标准内容相同以外，绝大部分作了新的增设，把模数协调的基本原理和方法充实进去，内容扩大了，使模数协调的原则更臻完善。

第一节 定位系列和模数化网格

第3·1·1条 建筑模数协调主要是房屋、房屋的构配件与组合件以及房屋装备之间和它们自身之间的模数尺度协调，定位是它们协调的基础之一，如何使它们在三向正交的空间合理就位，这就需要一个由模数化空间形成的能协调的空间定位系列——三向正交的模数化空间网格的连续系列。

第3·1·2条 模数化空间网格是定位系列的依据，如何构成一个工程的模数化空间网格是该工程模数协调的关键，选择好网格间的模数距离即扩大模数甚为重要。实际上由于使用要求的多样化，往往在同一工程中需要各种不同的参数，因此可以在空间网格三个方向选用不同的扩大模数，亦可以在一个方向的不同部位选用不同的扩大模数，因而在一个模数化空间网格中可以有不同的扩大模数作为网格间距是合理的。

第3·1·3条 目前我们的图纸还停留在用正投影来反映，因此就需要把模数化空间网格投影到水平或垂直平面上，这就称为模数化网格，任何一个扩大模数化网格，在其原点不予变动情况下，可以再予细分直到基本模数化网格。

第3·1·4条 工程实践中情况远比模数化空间连续网格复杂，如有纵横相交的变形缝，构件和组合件在组装中存在分隔构件以及结构构造等要求，需要有一定的间隔。而这些间隔都有自身的要求来定尺寸，如分隔构件，该尺寸是由构件本身的技术经济条件来决定，往往是不符合扩大模数，而这些不合模的间距亦常常按一定的规律存在，因此在网格设计中可以中断网格，设置非模数尺寸区的办法来解决，这种区就叫中间区，中间区的尺寸可以符合模数，也可以不符合模数。

第3·1·5条 网格平移亦有叫网格代换，亦有用所谓原始系和系列系网格，三者是同一含义。实际工程中有时仅采用一个坐标原点的模数化网格，尽管网格小到100mm，还解决不了一些构件的定位问题。这时需要设另一个或几个不同座标原点的模数化空间网格来解决。而各坐标原点之间的关系不是任意的，往往是由工程中各部分构件或组合件之间的布置来决定。因此形成了模数化网格的平移。

第二节 定位平面和模数化高度

模数化空间网格是构件等定位的基本原理，所以必需对这些定位的一系列网格平面予以具体的命名和规定。

把定位平面分为定位轴面与定位面两类，目的是把我国现行施工图设计中绘制出来的定位轴面和技术设计中拟定的定位面区别开来，有利于设计和施工。

第3·2·1条、第3·2·2条 由于在施工图中绘制出来的那一部分定位平面的水平或垂直投影线通称"轴线"，所以把这一类定位平面叫定位轴面。它们有水平、垂直之分，它们往往是主体结构的定位依据，是模数化网格的主要分格线，它们的正投影线叫做定位轴线。

第3·2·3条、第3·2·4条 在技术设计中绘制出来的定位平面叫做定位面，它们的正投影线叫定位线。这些面和线往往不是主网格的面和线，甚至是网格平移以后的第二、三套网格中的定位面和定位线。

第3·2·5条 目前对竖向定位平面的位置有不同的意见，原标准定在楼层建筑面，但亦允许定于结构面。目前我国大量性建筑来讲，楼地面构造比较简单，矛盾并不十分突出，但当楼地面构造比较复杂以后矛盾就会比较突出，至于哪一种定位方法好？哪一种方法适用于哪一种情况，还缺少系统的总结。参考ISO6512的规定，亦不定死，而允许采用三种定位面，所以在标准的协调原则中不强行规定，亦采用允许定在楼地面面层的上表面（建筑面）或楼地面毛面的上表面或楼地面的结构上表面（结构面），当然在一幢建筑中或一种竖向模数化网格中要求统一。这样可以按照各种类型的房屋建筑和各个工程的具体情况，选用对模数协调有利的一种。

第3·2·6条 三种定位方法的层高规定。

第3·2·7条 合乎模数的房间净高的规定。

第3·2·8条 合乎模数的楼板层构造的高度，包括吊顶的空间。

第3·2·9条 区是模数化空间网格中任意模数化平面间的空间的简称。

第三节 几种空间

房屋建筑设计实质上是各种空间的排列和组合，这些空间按功能，可简单地分为使用空间和结构空间（包括构造、装修空间）。如何使这种空间按建筑功能要求模数化地有机地组合起来，而构成这些空间的构配件和组合件又能在模数化基础上协调起来，这是本标准的任务，本节对网格设计中常用的几种空间予以定义。

第3·3·1条 协调空间与目前国内通称的结构空间同义，即结构占有的三度空间，变截面的宜按最大截面的六面体来计算。

第3·3·2条 在设计中以相应的模数空间定为房屋结构的空间称为模数协调空间。

第3·3·3条 在设计中以结构构件的实际需要空间（往往是非扩大模数尺寸）定为结构空间称为技术协调空间。因此该空间往往是一种非模数空间。

第3·3·4条 设计中按房屋建筑的功能要求，定作功能使用的空间称可容空间，俗称使用空间。当然这种空间需要用结构构件或组合件来构成，因此它本身亦需容纳建筑构配件或组合件。

第3·3·5条 设计中通常可容空间应该是符合模数的，凡符合模数的可容空间称模数可容空间。

第3·3·6条 设计中用模数协调空间来组合房屋建筑的模数协调。这个预留给结构占用的空间实际往往大于结构占有的空间，因此该结构构件外表面与模数协调空间的定位面之间有了一个间隙，当模数协调空间以外的模数化构件与这个空间内的结构组装时，前者以模数协调的空间的定位面定位，这样构件之间形成了一个剩余的空间称为装配空间，这个空间往往需要二次填充。

第3·3·7条 为了配合房屋建筑应用网格设计方法，设计的各个阶段需要用几种符号来分别表示定位轴线、定位线和模数空间及非模数空间，参考国外的一些表示方法，结合我国现有的一些表示方法，作了具体的规定。

第四节 单轴线定位和双轴线定位的选用

按几种空间组合的模数化网格设计，产生了单轴线定位或双轴定位的方法，而我国以前的房屋建筑设计中运用的仅单轴定位方法，随着建筑技术的提高，目前我国砖混结构体系中，就已出现了双轴定位的方法。采用单轴定位还是采用双轴定位，取决于设计、施工、构件生产等条件。

第3·4·1条 当模数化网格连续不断时，必然导致单轴线定位，因为网格的定位轴面是有规律不间断的。当模数化网格有间隔——设计中间区时宜采用双轴定位，因为中间区往往是技术尺寸，

1—4—5

不符合扩大模数，定位轴面就落在中间区的两侧。

单双轴定位的选用要由具体情况来定，因为工程大小、繁简不一、功能要求各异，设计、构件生产和施工条件各不相同，从经济效益出发综合上述因素来选择定位方法是比较适宜的。3·4·2、3·4·3 条只是一般定位的规则。

第3·4·2条　通常，设计中用模数协调空间与模数可容空间相组合，且选用通长或穿通的构件，宜选用单轴定位，因为不论模数协调空间是否被结构构件填满，构件标志尺寸都是从定位轴线到定位轴线。

第3·4·3条　在设计中用技术协调空间与模数可容空间组合时，宜选用双轴定位，这时宜选用嵌入式构件，此时技术协调空间为结构构件或组合件填满，只要在相应的可容空间内填入构件或组合件，就可以达到协调。

第五节　构配件、组合件及其定位

第3·5·1条　构配件、组合件都有三个方向尺寸，亦存在三个方向的定位问题，如何按模数协调的原则，使它们和模数化空间网格中的三向定位平面之间的关系确定下来，这些构配件和组合件就得到定位。

第3·5·2条至第3·5·5条　目前各种构件和组合件在模数化空间网格中定位可以归纳成四种，至于在设计中运用哪一种要根据具体情况来定。

附录一　名词解释

模数协调的词汇比较多，目前国内还没有这方面的专门的词汇和解释，为了更好的借鉴国际先进技术和统一国内的术语，附录中将常用专业词汇15个予以列出并有英文的对应词，以便于理解和应用。

修订中主要依据与参考资料

一、国家标准或规范

1、《建筑统一模数制》GBJ 2—73 1974年
2、《建筑制图标准》GBJ 1—73
3、《厂房建筑统一化基本规则》TJ 6—74 1974年

二、国际标准或规范

1、国际标准　ISO/TC 59　房屋建筑
《中国建筑科学研究院建筑情报研究所 第7920号、79年10月》
2、国际标准　ISO　3055第一版　1974—11—01
　　厨房设备——座标尺寸
3、国际标准　ISO　6511　第一版1982—02—15房屋建筑——模数协调——确定垂直尺寸的模数化楼层平面
4、国际标准　ISO　6512　第一版1982—02—15房屋建筑——模数协调——层高及房间高度
5、国际标准　ISO6513　第一版　1982—02—15房屋建筑——模数协调——水平尺度的优选扩大模数系列
6、国际标准　ISO　6514　第一版　1982—03—01
　　房屋建筑——模数协调——分模数增量
7、国际标准　ISO　1791　第二版 1983—00—00
　　房屋建筑——模数协调——词汇
8、国际模数工作组　GIB　W24　1984
　　房屋中模数协调的原理

三、其他国家标准或规范

1、丹麦　DS　模数协调的贯彻　1981—1
　　适用于发展房屋工业的模数协调计划的贯彻
2、丹麦　丹麦房屋建筑研究所
　　灵活设计与房屋体系
3、法国　NF　P　01—101
　　建筑工程和建筑构件的配合尺寸
4、法国　C.D.D、C.G、A.C.C
　　尺寸配合，一般协约，建筑和构件协会
5、英国　BS　4011　1966　英国标准协会
　　房屋尺寸协调的建议，房屋组装体和集合体的基本尺寸
6、英国　BS　4300　1968　英国标准协会
　　房屋尺度协调的建议控制尺度
7、英国 BS　2900　1970英国标准协会
　　房屋尺寸协调的建议专门名词词汇表
8、波兰　PN—66　B—02352—02358
　　建筑尺寸协调
9、比利时　NBN　B04—001
　　建筑中的尺寸协调

中华人民共和国国家标准

房屋建筑制图统一标准

GB/T 50001—2001

条 文 说 明

目 次

1 总则 …………………………………… 1—5—3
2 图纸幅面规格与图纸
 编排顺序 ……………………………… 1—5—3
 2.1 图纸幅面 ………………………… 1—5—3
 2.2 标题栏与会签栏 ………………… 1—5—3
3 图线 …………………………………… 1—5—3
4 字体 …………………………………… 1—5—3
5 比例 …………………………………… 1—5—3
6 符号 …………………………………… 1—5—3
 6.1 剖切符号 ………………………… 1—5—3
 6.2 索引符号与详图符号 …………… 1—5—3
 6.4 其他符号 ………………………… 1—5—3
7 定位轴线 ……………………………… 1—5—3
8 常用建筑材料图例 …………………… 1—5—4
 8.1 一般规定 ………………………… 1—5—4
 8.2 常用建筑材料图例 ……………… 1—5—4
9 图样画法 ……………………………… 1—5—4
 9.1 投影法 …………………………… 1—5—4
 9.2 视图配置 ………………………… 1—5—4
 9.3 剖面图和断面图 ………………… 1—5—4
 9.4 简化画法 ………………………… 1—5—4
 9.5 轴测图 …………………………… 1—5—4
10 尺寸标注 ……………………………… 1—5—4
 10.1 尺寸界线、尺寸线及尺寸
  起止符号 ………………………… 1—5—4
 10.2 尺寸数字 ………………………… 1—5—4
 10.4 半径、直径、球的尺寸标注 …… 1—5—4
 10.5 角度、弧度、弧长的标注 ……… 1—5—4
 10.6 薄板厚度、正方形、坡度、非圆曲线
  等尺寸标注 ……………………… 1—5—4
 10.7 尺寸的简化标注 ………………… 1—5—4
 10.8 标高 ……………………………… 1—5—5

1 总　　则

1.0.1 本条文在原基础上进行了调整,使文字含义更加严密、准确。

1.0.2 本条规定了在工程制图专业方面的适用范围。

1.0.3 本条为新增条文,明确了适用于手工制图与计算机制图两种方式。

1.0.4 本条规定了适用的三大类工程制图,即①设计图、竣工图;②实测图;③通用设计图、标准设计图。

2 图纸幅面规格与图纸编排顺序

2.1 图纸幅面

2.1.1 表2.1.1幅面及图框尺寸与《技术制图——图纸幅面和规格》(GB/T 14689—93)规定一致,但图框内标题栏略有调整,见2.2.1。

2.2 标题栏与会签栏

2.2.1 鉴于当前各设计单位标题栏的内容增多,有时还需要加入外文的实际情况,提供了两种标题栏尺寸供选用,即200×30～50(200长度可以使A4立式幅面中的标题栏成为通栏)和240×30～40。标题栏内容的划分仅为示意,给各设计单位以灵活性。

2.2.2 由于目前标题栏中的签字过于潦草,难以识别,本条文增加了签字区应包含实名列和签名列的规定。同时,在需要增加"中华人民共和国"字样时,可设定在设计单位名称的上方或左方两种位置。

2.2.3 根据实际需要,将会签栏的长度由原来的75延长为100,与2.2.2的理由相同,目的是为了增加"实名列"的空间。

3 图　　线

3.0.1 表3.0.1根据《技术制图——图线》(GB/T 17450—1988)调整了线宽比,即:粗线:中粗线:细线=4:2:1。

3.0.2 表3.0.2根据《技术制图——图线》修正了部分图线的名称(见表1)。

表1 被修正图线的原、现名

原　名	现　名
点划线	单点长画线
双点划线	双点长画线

4 字　　体

4.0.2 鉴于在实际制图中,2.5mm高的文字过小,在字高系列中删除。

4.0.5 根据《技术制图——字体》(GB/T 14691—93)的规定,修订了拉丁字母、阿拉伯数字和罗马数字的书写格式。

5 比　　例

5.0.2 参照《技术制图——比例》(GB/T 14690—93)5.1条增加了文字,强调比例的符号为":",其他表示方法是不允许的,例如有建议用"1/100"来表示。

5.0.3 根据《技术制图——比例》(GB/T 14690—93)将本条文中的"底线"改为"基准线"。

5.0.4 表5.0.4中"常用比例"采用的是ISO推荐的$1:1×10^n$、$1:2×10^n$、$1:5×10^n$系列。由于该系列比例的级差较大,根据房屋建筑工程的特点,又在"可用比例"中规定了一些中间比例,即1:4、1:6和1:80,使之更加合理,选用更加灵活。此外,根据实际使用情况,当前大型建筑较多,采用1:200的比例,很多字注写不下,因而采用1:150的已很普遍。此次修编,将1:150转入"常用比例"之列。

5.0.6 本条为新增条文。增加本条规定是为了适应计算机绘图的需要,允许自选比例,但应绘制该比例的比例尺。

6 符　　号

6.1 剖切符号

6.1.1 对本条第1、3、4款的说明:

1 原标准"剖面剖切符号不宜与图面上的图线相接触"中的"不宜"改为"不应","图面上的图线"改为"其他图线"。

3 原条文"在转折处如与其他图线发生混淆"并无明确界限,故予删除。

4 为新增加的款,是为了明确剖切符号宜注在±0.00标高的平面上。此外,根据《技术制图——剖视图和断面图》(GB/T 17453—1988),"SECTION"的中文名称确定为"剖视图",但考虑到房屋建筑专业的习惯叫法,决定仍然沿用原有名称:"剖面图"。另见9.3的说明。

6.1.2 因《技术制图——剖视图和断面图》(GB/T 17453—1988)中无"截面"的称谓,为取得一致,将原条文中的"截"字删除。

6.2 索引符号与详图符号

6.2.1 将原标准中对索引符号的描述调整为"索引符号是由直径为10mm的圆和水平直径组成,圆及水平直径应以细实线绘制",使之更加通顺。

6.2.4 将原条文修改为"详图符号的圆应以直径为14mm粗实线绘制",删除原标准中"也可用本条第一款的方法,不注被索引图纸的图纸号",使条文更加明确。

6.4 其他符号

6.4.3 增加了"指针头部应注'北'或'N'字"的文字说明。

7 定位轴线

7.0.2 标注定位轴线编号的圆直径改为"8～10mm",是考虑到有时注字可能较多。

7.0.5 定位轴线的编号方法适用于较大面积和较复杂的建筑物,一般情况下没有必要采用分区编号。故在本条中增加了一句"组合较复杂的平面图中",目的是指出其适用范围。

图7.0.5是一个分区编号的例图,具体如何分区要根据实际情况确定。例图中举出了一根轴线分属两个区,可编为两个轴线号的表示方法。

7.0.9 增加了圆形平面中定位轴线的编号示例。本条原放在附录中,现已较为成熟,改为正式条文。

7.0.10 增加了折线形平面图中定位轴线的编号示例,但没有规定具体的编号方法，可参照例图灵活处理。更复杂的平面如何编号，还有待从实际中总结归纳。

8 常用建筑材料图例

8.1 一般规定

本节条文确定了本章的编制原则和使用规则。鉴于建筑材料生产的蓬勃发展，品种日益繁多，因此在编制图例时，不可能包罗万象，只能分门别类，将常用建材归纳为二十几个基本类型，作为图例，同时确定了如下使用规则：

1 采用同一图例但需要指出特定品种时，应附加必要的说明；

2 作为一种材料符号，不规定尺度比例，应根据图样大小予以掌握，使图例线疏密适度，尺度得当。

3 对本标准未包括在内的建筑材料，允许自行编制、补充图例。

8.2 常用建筑材料图例

经适当调整，本节选定了27个图例，说明如下：

1 目前，多孔砖和空心砖已有明确界定。多孔砖是指有较小孔洞的承重粘土砖，空心砖则是指具有较大孔洞、作填充用的非承重粘土砖。因此，在图例说明中将多孔砖明确归于普通砖的项下，而空心砖为非承重砖，不包括多孔砖。

2 混凝土、钢筋混凝土及金属图例中明确规定，在图形较小时可以涂黑，与8.1.1条规定互相印证，互为补充。

3 原图例中的松散材料，如稻壳、木屑等，在实际工程中已逐步淘汰，现予以删除。另增加了"泡沫塑料材料"一项。其填充图案已在国家标准图中使用。但对手工制图来说，这种蜂窝状图案是难以绘制的，可以使用"多孔材料"图例增加文字说明或自行设定其他表示方法。

9 图样画法

9.1 投影法

9.1.1 根据《技术制图——投影法》(GB/T 14692—93)，将原标准中"直接投影法"改为"第一角画法"，并界定了各视图的名称。

9.1.2 增加了"或按图9.1.2c画出镜像投影识别符号"的文字补充和镜像投影识别符号。

9.2 视图配置

此节原标题为"图样布置"。

9.2.1 对视图配置作了比较明确的说明。

9.2.5 原标准中"立面的某些部分"改为"建(构)筑物的某些部分"，"直接投影法"改为"第一角画法"。

9.3 剖面图和断面图

此节原标题为"断面图与剖面图"。

《技术制图——剖视图和断面图》(GB/T 17453—1988)发布实施后，在房屋建筑制图中是否也把"剖面图"改称为"剖视图"已讨论了多年。此次修编过程中，从征求意见稿的反馈意见看，不赞成更改的占多数。理由就是：①建筑界对建筑投影图的叫法由来已久，已为历代工程技术人员所公认，其名称也可以反映房屋建筑制图的特点；②实际上，绝大多数建筑平面图也属剖视图，如果改变叫法，似应改为诸如"首层平面剖视图"一类的叫法，既啰嗦又显得不伦不类。如果只把"剖面图"改为"剖视图"，既改得不彻底，从

理论上也不能自圆其说；③审查会上，专家们一致认为不需改变，同时建议在修编《技术制图——通用术语》(GB/T 13361—92)时，应把"剖面图"补充进去，或改为"剖视图(剖面图)"与现有的"立面图"、"平面图"加在一起，对房屋建筑制图来说就比较完整了。

9.3.1 增加了绘制剖面图和断面图线型的规定。

9.4 简化画法

9.4.1 原标准中"构配件的对称图形"提法不妥，改为"构配件的对称视图"。其次，本条还增加了图9.4.1-3（一半视图，一半剖面图）的例图，以弥补其不足。图9.4.1-3是把视图（即外形图）的左半边与剖面图的右半边拼合为一个图形，即把两个图形简化为一个图形。这既然是一种简化画法，因此在平面图中，剖切符号仍应按6.1.1的规定标注。

9.4.3 增加了一个沿长度方向按一定规律变化的例图。

9.5 轴测图

9.5.1 增加"宜采用以下四种轴测投影并用简化的轴向伸缩系数绘制"，这里是指正轴测投影而言。

9.5.3 对条文作了文字修改，并增加了3个例图。

10 尺寸标注

10.1 尺寸界线、尺寸线及尺寸起止符号

10.1.3 原标准规定尺寸线"不宜超出尺寸界线"，现根据反馈意见和专家意见，决定删除这句条文，就是说根据个人习惯，也允许略有超出，但在条文中不需明确超出的具体长度。

10.1.4 尺寸起止符号还坚持原规定：一般情况下均用斜短线，圆弧的直径、半径等用箭头。轴测图中用小圆点，效果还是比较好的。

10.2 尺寸数字

10.2.3 按例图所示，尺寸数字的注写方向和阅读方向规定为：当尺寸线为竖直时，尺寸数字注写在尺寸线的左侧，字头朝左；其他任何方向，尺寸数字也应保持向上，且注写在尺寸线的上方，如果在30°斜线区内注写时，容易引起误解，故推荐采用两种水平注写方式。

10.4 半径、直径、球的尺寸标注

10.4.1 本条强调了半径符号 R 的加注，注意"R20"不能注写为"R=20"或"r=20"。

10.4.4 根据本条规定，注意"ϕ"不能注写为"$\phi=60$"、"$D=60$"或"$d=60$"。

10.5 角度、弧度、弧长的标注

10.5.2 原修编稿曾参照ISO的规定，将圆弧符号改注在数字前方，其优点是有利于计算机处理。根据审查会专家的意见，仍维持原规定，注写在数字上方，这样与数学上的标注方法一致。

10.6 薄板厚度、正方形、坡度、非圆曲线等尺寸标注

10.6.2 正方形符号"□"和直径符号"ϕ"的标注方法一样，不一定非注写在侧面，所以对原标准的标注限定作了修改。

图10.6.1和图10.6.2中的分尺寸删去一个，但并不说明尺寸链是否封闭，因在土建制图中，尺寸链可以是封闭的，也可以是不封闭的，而机械制图中则规定尺寸链不得封闭。

10.6.3 注意坡度的符号是单面箭头，而不是双面箭头。

10.7 尺寸的简化标注

10.7.1 单线图上尺寸数字的注写方向和阅读方向，也应符合10.2.3

条的规定。

10.7.3 本条中所谓的相同的构造要素,是指一个图样中形状、大小、构造相同的,而且均匀相等的孔、洞、钢筋等等。此条是规定了尺寸的一种简化注法(见图 10.7.3),而不涉及图样的简化画法。所以图中 6 个小圆圈均画出了,这并不与 9.4.2 条矛盾。

10.8 标　高

10.8.2 关于室外标高符号有两种截然相反的意见。一种认为要写成强制性的,应该用涂黑的三角形表示;另一种认为不用涂黑。这里没有改动,仍按照原标准的写法。

10.8.3 当标高符号指向下时,标高数字注写在左侧或右侧横线的上方;当标高符号指向上时,标高数字注写在左侧或右侧横线的下方。

10.8.6 同时注写几个标高时,应按数值大小从上到下顺序书写。括号外的数字是现有值,括号内的数字是替换值。

原附录 3 予以删除。因现已有《技术制图——复制图的折叠方法》(GB/T 10609.3—89)颁布施行。

中华人民共和国国家标准

建筑结构制图标准

GB/T 50105—2001

条 文 说 明

目 次

1 总则 …………………………………… 1—6—3
2 一般规定 ……………………………… 1—6—3
3 混凝土结构 …………………………… 1—6—3
  3.1 钢筋的一般表示方法 …………… 1—6—3
  3.2 钢筋的简化表示方法 …………… 1—6—3
  3.3 预埋件、预留孔洞的表示方法 …… 1—6—3
4 钢结构 ………………………………… 1—6—3
  4.1 常用型钢的标注方法 …………… 1—6—3
  4.2 螺栓、孔、电焊铆钉的表示方法 … 1—6—3
  4.3 常用焊缝的表示方法 …………… 1—6—4
  4.4 尺寸标注 ………………………… 1—6—4
5 木结构 ………………………………… 1—6—4
附录 A 常用构件代号 ………………… 1—6—4

1 总　　则

1.0.1 本标准是在原《建筑结构制图标准》(GBJ 105—87)（以下简称原标准）的基础上进行修改补充的。仅适用于建筑结构专业制图。

1.0.2 本条规定手工制图、计算机制图均要遵守本标准。

1.0.4 绘制建筑结构专业图纸时，除应遵守本标准外，对于图纸的规格、图线、字体、符号、图样画法、尺寸标注及定位轴线等均应遵守《房屋建筑制图统一标准》(GB/T 50001—2001)（以下简称统一标准）中的规定。此外，还应遵守国家现行的有关强制性标准的规定。

2 一般规定

2.0.2 本条为新增条文。设计人员在制图时，应根据所绘制图样的复杂程度及比例大小，选用适当的基本线宽 b 及相应的线宽组。线宽系列应按照《统一标准》中的规定选用，本标准不再重复列出。

2.0.3 线宽的比例是根据《统一标准》中的规定编制的。细线宽比例作了修改。增加了双长点画细线的用途，也增加了部分线型的用途。表 2.0.3 中一般用途栏规定了各种线型、线宽的基本用途。由于篇幅有限，不可能对所有的线型、线宽的用途全部作出规定，绘图时可根据具体情况选用适当的线型及相应的线宽。

2.0.4 本条为新增条文。在同一张图纸中，相同比例的图样，选用的线宽组应相同。这样可使图面美观、有层次。

2.0.5 表 2.0.5 中常用比例和可用比例均有修改及补充。在实际工程的绘图中，许多单位已习惯选用这些比例，并提出这次修编本标准时应作为正式规定写进新标准中。

2.0.6 本条增加了轴线尺寸与构件尺寸可选用不同比例的规定。在工程设计中许多单位已这样使用多年，这样做既简化绘图也方便施工。

2.0.7 为绘图和施工方便，结构构件用代号来表示。代号后用阿拉伯数字标注同一种构件的型号及顺序号，连续编排。顺序号不带下角标。这种表示方法简单、明确，早已被许多绘图人员广泛使用。如当前被使用的《混凝土结构施工图平面整体表示方法制图规则和构造详图》标准图集中，在同一楼层中，当梁的跨度、荷载、断面、配筋支座条件等均相同时，则可编制同一梁号。

2.0.9 直接正投影法是建筑结构专业制图的基本投影法，但在特殊情况下采用仰视投影更方便绘图和施工。本条做了修改规定，在特殊情况下也可采用仰视投影绘图，会表达的更清楚。

图 2.0.9-1 结构平面图中的剖面、断面节点，可使用索引符号，也可使用断面剖切符号。其投射方向应符合《统一标准》中的规定。

2.0.10 结构平面图的定位轴线应与建筑平面图或总平面图一致，结构平面图应标注结构标高。此条为新规定，明确了结构专业的平面图应与建筑专业的平面图或总平面图要一致。这样可以使同一工程项目的图纸更加标准和规范。

2.0.11 本条为新增条文。为简化图纸，方便绘图，提高绘图的工作效率；也是以往各单位的习惯绘图的方法。条文中规定的分类圆圈符号直径，是考虑到绘图样的比例不同，可选用不同的直径。这样，在同一张图纸中避免与其他带圆圈的符号混淆。

2.0.13 本条增加了对非对称桁架及竖杆的几何尺寸、内力和反力的标注位置的规定。

2.0.14 本条增加了在结构平面图中的剖面、断面索引详图编号顺序的新规定。

2.0.15 本条为新增条文。由于构件较长，重复的部分较多，用折断线断开，适当省略重复部分。可以简化图纸，提高工作效率。

2.0.16 本条为新增条文。图样和标题栏中的图名应准确表达被绘图样的内容，并做到简练、明确。

3 混凝土结构

3.1 钢筋的一般表示方法

3.1.1 表 3.1.1-1 中增加了钢筋机械连接接头的表达方法。在目前的工程中，钢筋机械连接应用的越来越多，迫切需要一种表达方法。由于机械连接的方式较多（如冷挤压、锥螺纹、直螺纹等），应用文字说明机械连接的方式。

表 3.1.1-2 中增加了预应力钢筋可动联结件和固定联结件的表示方法的规定。引用 ISO 中的规定。

表 3.1.1-3 仅做修改。网片可以是焊接的，也可以是绑扎的。用文字说明连接方式。引用 ISO 中的规定。

表 3.1.1-4 中增加了钢筋或螺（锚）栓与钢板穿孔塞焊的表示方法。在当前工程中此种联结方式用的较多，需要一种表示方法。

3.1.2 表 3.1.2 中增加了在结构配筋图中，非圆钢筋的双层表示方法。其弯钩表示该钢筋所在的层位，引用 ISO 中的表示方法。弯钩代表的意义与表 3.1.1-1 序号 2 中，无弯钩的钢筋的端部不同。

3.1.4 在配筋图中，当标注的位置不够时，可采用引出线标注。指向钢筋处用斜短画线；简单的结构平面图，可将结构平面图与板配筋图合并绘制。这样可简化设计，节约图纸。

3.1.5 图 3.1.5 增加了环型钢筋和螺旋钢筋的尺寸标注图。该规定引用 ISO 中的表示方法。

3.2 钢筋的简化表示方法

3.2.2 配筋较简单的混凝土构件，在结构平面图中直接绘出钢筋的配置，更简单明了也方便施工。

3.3 预埋件、预留孔洞的表示方法

本节是新增的规定。各条文所规定的标注方法，是许多单位在建筑结构制图中习惯的标注方法。对于一般较小的预留孔洞可按 3.3.4 条的规定标注，对于较大的预留孔洞，可用虚线表示。

4 钢　结　构

4.1 常用型钢的标注方法

4.1.1 表 4.1.1 中的规定是现行国家标准《金属构件表示法》(GB 4656)中常用型钢的标注方法。增加了 H 型钢、T 型钢的标注方法。这两种型钢目前在建筑工程中使用的越来越普遍。引自现行国家标准《热轧 H 型钢和部分 T 型钢》(GB/T 11263)。

4.2 螺栓、孔、电焊铆钉的表示方法

4.2.1 表 4.2.1 中增加了胀锚螺栓的标注方法。说明栏中的有关说明作了补充。加化学药剂的胀锚螺栓在图纸中加文字说明。

4.3 常用焊缝的表示方法

4.3.1 本标准仅规定在建筑结构绘图中,一些常用的焊缝表示方法。特殊的焊缝表示方法应遵守现行国家标准《焊缝符号表示方法》(GB 324)中的规定。

4.3.2 本条增加了对环绕工件周围焊缝的标注方法和图例。该标注方法是引用《焊缝符号表示方法》(GB 324)中的规定。

4.3.8 用文字描述了相同焊缝符号的表示方法及相同焊缝的标注方法。

4.3.9 本条为新增条文。现场焊缝在工程中使用非常普遍。引用《焊缝符号表示方法》(GB 324)。并增加了图例。

4.3.11 用文字描述熔透角焊缝符号的表示方法及熔透角焊缝的标注方法。

4.4 尺寸标注

4.4.6 本条用文字描述了双型钢组合的截面构件,其缀板的标注方法。

5 木 结 构

修编将原标准中的表格拆为两个表格,即:"表 5.1.1 常用木构件断面的表示方法"和"表 5.2.1 木构件连接的表示方法"。这样做可使本制图标准格式统一,清楚明了。

附录 A 常用构件代号

根据许多单位建议,增加了部分常用构件的代号。本附录仅对常用的构件代号作了规定。由于篇幅有限,一些特殊的构件和使用较少、用途不广的构件代号未作出规定。

在实际工程中,可能会有在同一项目里,同样名称而是不同材料的构件。为了便于区分,可在构件代号前加注材料代号。但要在图纸中加以说明。

中华人民共和国国家标准

建筑结构荷载规范

GB 50009—2001

（2006 年版）

条 文 说 明

目 次

1 总则 …………………………… 1—7—3
3 荷载分类和荷载效应组合 ……… 1—7—3
4 楼面和屋面活荷载 ……………… 1—7—6
5 吊车荷载 ………………………… 1—7—10
6 雪荷载 …………………………… 1—7—12
7 风荷载 …………………………… 1—7—14

1 总 则

1.0.1～1.0.3 本规范的适用范围限于工业与民用建筑的结构设计，其中也包括附属于该类建筑的一般构筑物在内，例如烟囱、水塔等构筑物。在设计其他土木工程结构或特殊的工业构筑物时，本规范中规定的风、雪荷载也应作为设计的依据。此外，对建筑结构的地基设计，其上部传来的荷载也应以本规范为依据。

《建筑结构可靠度设计统一标准》GB 50068—2001第1.0.2条的规定是制定各本建筑结构设计规范时应遵守的准则，并要求在各本建筑结构设计规范中为它制定相应的具体规定。本规范第2章各节的内容，基本上是陈述了GB 50068—2001第四和第七章中的有关规定，同时还给出具体的补充规定。

1.0.4 结构上的作用是指能使结构产生效应（结构或构件的内力、应力、位移、应变、裂缝等）的各种原因的总称。由于常见的能使结构产生效应的原因，多数可归结为直接作用在结构上的力集（包括集中力和分布力），因此习惯上都将结构上的各种作用统称为荷载（也有称为载荷或负荷）。但"荷载"这个术语，对于另外一些也能使结构产生效应的原因并不恰当，例如温度变化、材料的收缩和徐变、地基变形、地面运动等现象，这类作用不是直接以力集的形式出现，而习惯上也以"荷载"一词来概括，称之为温度荷载、地震荷载等，这就混淆了两种不同性质的作用。尽管在国际上，目前仍有不少国家将"荷载"与"作用"等同采用，本规范还是根据《建筑结构可靠度设计统一标准》中的术语，将这两类作用分别称为直接作用和间接作用，而将荷载仅等同于直接作用，作为《建筑结构荷载规范》，目前仍限于对直接作用的规定。

尽管在本规范中没有给出各类间接作用的规定，但在设计中仍应根据实际可能出现的情况加以考虑。

1.0.5 在确定各类可变荷载的标准值时，会涉及出现荷载最大值的时域问题，本规范统一采用一般结构的设计使用年限50年作为规定荷载最大值的时域，在此也称之为设计基准期。

1.0.6 除本规范中给出的荷载外，在某些工程中仍有一些其他性质的荷载需要考虑，例如塔桅结构上结构构件、架空线、拉绳表面的裹冰荷载《高耸结构设计规范》GB 500135，储存散料的储仓荷载《钢筋混凝土筒仓设计规范》GB 50077，地下构筑物的水压力和土压力《给水排水工程结构设计规范》GB 50069，结构构件的温差作用《烟囱设计规范》GB 50051都应按相应的规范确定。

3 荷载分类和荷载效应组合

3.1 荷载分类和荷载代表值

3.1.1 《建筑结构可靠度设计统一标准》指出，结构上的作用可按随时间或空间的变异分类，还可按结构的反应性质分类，其中最基本的是按随时间的变异分类。在分析结构可靠度时，它关系到概率模型的选择；在按各类极限状态设计时，它还关系到荷载代表值及其效应组合形式的选择。

本规范中的永久荷载和可变荷载，类同于以往所谓的恒荷载和活荷载；而偶然荷载也相当于50年代规范中的特殊荷载。

土压力和预应力作为永久荷载是因为它们都是随时间单调变化而能趋于限值的荷载，其标准值都是依其可能出现的最大值来确定。在建筑结构设计中，有时也会遇到有水压力作用的情况，按《工程结构可靠度设计统一标准》GB 50153—92的规定，水位不变的水压力按永久荷载考虑，而水位变化的水压力按可变荷载考虑。

地震作用（包括地震力和地震加速度等）由《建筑结构抗震规范》GB 50011—2001具体规定，而其他类型的偶然荷载，如撞击、爆炸等是由各部门以其专业本身特点，按经验采用，并在有关的标准中规定。目前对偶然作用或荷载，在国内尚未有比较成熟的确定方法，因此本规范在这方面仍未对它具体规定，工程中可参考国际标准化协会正在拟订中的《人为偶然作用》（DIS 10252）的规定，该标准目前主要是对在道路和河道交通中和撞击有关的偶然荷载（等效静力荷载）代表值给出一些规定，而对爆炸引起的偶然荷载仅给出原则规定。

3.1.2 虽然任何荷载都具有不同性质的变异性，但在设计中，不可能直接引用反映荷载变异性的各种统计参数，通过复杂的概率运算进行具体设计。因此，在设计时，除了采用能便于设计者使用的设计表达式外，对荷载仍应赋予一个规定的量值，称为荷载代表值。荷载可根据不同的设计要求，规定不同的代表值，以使之能更确切地反映它在设计中的特点。本规范给出荷载的四种代表值：标准值、组合值、频遇值和准永久值，其中，频遇值是新增添的。荷载标准值是荷载的基本代表值，而其他代表值都可在标准值的基础上乘以相应的系数后得出。

荷载标准值是指其在结构的使用期间可能出现的最大荷载值。由于荷载本身的随机性，因而使用期间的最大荷载也是随机变量，原则上也可用它的统计分布来描述。按GB 50068—2001的规定，荷载标准值统一由设计基准期最大荷载概率分布的某个分位值来确定，设计基准期统一规定为50年，而对该分位值的百分位未作统一规定。

因此，对某类荷载，当有足够资料而有可能对其统计分布作出合理估计时，则在其设计基准期最大荷载的分布上，可根据协议的百分位，取其分位值作为该荷载的代表值，原则上可取分布的特征值（例如均值、众值或中值），国际上习惯称之为荷载的特征值（Characteristic value）。实际上，对于大部分自然荷载，包括风雪荷载，习惯上都以规定的平均重现期来定义标准值，也即相当于以其重现期内最大荷载的分布的众值为标准值。

目前，并非对所有荷载都能取得充分的资料，为此，不得不从实际出发，根据已有的工程实践经验，通过分析判断后，协议一个公称值（Nominal value）作为代表值。在本规范中，对按这两种方式规定的代表值统称为荷载标准值。

本规范提供的荷载标准值，若属于强制性条款，则在设计中必须作为荷载最小值采用；若不属于强制性条款，则应由业主认可后采用，并在设计文件中注明。

3.1.3 结构或非承重构件的自重为永久荷载，由于其变异性不大，而且多为正态分布，一般以其分布的均值作为荷载标准值，由此，即可按结构设计规定的尺寸和材料或结构构件单位体积的自重（或单位面积的自重）平均值确定。对于自重变异性较大的材料，尤其是制作屋面的轻质材料，考虑到结构的可靠性，在设计中应根据该荷载对结构有利或不利，分别取其自重的下限值或上限值。在附录A中，对某些变异性较大的材料，都分别给出其自重的上限和下限值。

3.1.5 当有两种或两种以上的可变荷载在结构上要求同时考虑时，由于所有可变荷载同时达到其单独出现时可能达到的最大值的概率极小，因此，除主导荷载（产生最大效应的荷载）仍可以其标准值为代表值外，其他伴随荷载均应采用相应时段内的最大荷载，也即以小于其标准值的组合值为荷载代表值，而组合值原则上可按相应时段最大荷载分布中的协议分位值（可取与标准值相同的分位值）来确定。

国际标准对组合值的确定方法另有规定，它出于可靠指标一致性的目的，并采用经简化后的敏感系数α，给出两种不同方法的组合值系数表达式。在概念上这种方式比同分位值的表达方式更为合理，但在研究中发现，采用不同方法所得的结果对实际应用来说，并没有明显的差异，考虑到目前实际荷载取样的局限性，因此本规范暂时不明确组合值的确定方法，主要还是在工程设计的经验范围内，偏保守地加以确定。

3.1.6 荷载的标准值是在规定的设计基准期内最大荷载的意义上确定的，它没有反映荷载作为随机过程而具有随时间变异的特性。当结构按正常使用极限状态的要求进行设计时，例如要求控制房屋的变形、裂缝、局部损坏以及引起不舒适的振动时，就应从不同的要求出发，来选择荷载的代表值。

在可变荷载Q的随机过程中，荷载超过某水平Q_x的表示方式，国际标准对此建议有两种：

1 用超过Q_x的总持续时间$T_x=\Sigma t_i$，或与设计基准期T的比率$\mu_x=T_x/T$来表示（图3.1.6a）。图3.1.6b给出的是可变荷载Q在非零时域内任意时点荷载Q^*的概率分布函数$F_{Q^*}(Q)$，超越Q_x的概率为p^*可按下式确定：

$$p^*=1-F_{Q^*}(Q_x) \quad (3.1.6-1)$$

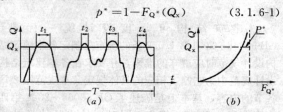

图 3.1.6-1

对于各态历经的随机过程，μ_x可按下式确定：

$$\mu_x=\frac{T_x}{T}=p^* q \quad (3.1.6-2)$$

式中q为荷载Q的非零概率。

当μ_x为规定时，则相应的荷载水平Q_x按下式确定：

$$Q_x=F_{Q^*}^{-1}\left(1-\frac{\mu_x}{q}\right) \quad (3.1.6-3)$$

对于与时间有关联的正常使用极限状态，荷载的代表值均可考虑按上述方式取值，例如允许某些极限状态在一个较短的持续时间内被超过，或在总体上不长的时间内被超过，可以采用较小的μ_x值（建议不大于0.1）按式（3.1.6-3）计算荷载频遇值Q_f作为荷载的代表值，它相当于在结构上时而出现的较大荷载值，但总是小于荷载的标准值。对于在结构上经常作用的可变荷载，应以准永久值为代表值，相应的μ_x值建议取0.5，相当于可变荷载在整个变化过程中的中间值。

2 用超越Q_x的次数n_x或单位时间内的平均超越次数$\nu_x=n_x/T$（跨阈率）来表示（图3.1.6-2）。

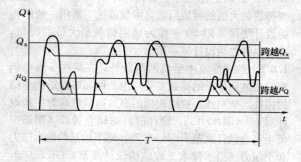

图 3.1.6-2

跨阈率可通过直接观察确定，一般也可应用随机过程的某些特性（例如其谱密度函数）间接确定。当其任意时点荷载的均值 μ_{Q^*} 及其跨阈率 ν_m 为已知，而且荷载是高斯平稳各态历经的随机过程，则对应于跨阈率 ν_x 的荷载水平 Q_x 可按下式确定：

$$Q_x = \mu_{Q^*} + \sigma_{Q^*}\sqrt{\ln(\nu_m/\nu_x)^2} \quad (3.1.6-4)$$

对于与荷载超越次数有关联的正常使用极限状态，荷载的代表值可考虑按上述方式取值，国际标准建议将此作为确定频遇值的另一种方式，尤其是当结构振动时涉及人的舒适性、影响非结构构件的性能和设备的使用功能的极限状态，但是国际标准关于跨阈率的取值目前并没有具体的建议。

按严格的统计定义来确定频遇值和准永久值目前还比较困难，本规范所提供的这些代表值，大部分还是根据工程经验并参考国外标准的相关内容后确定的。对于有可能再划分为持久性和临时性两类的可变荷载，可以直接引用荷载的持久性部分，作为荷载准永久值取值的依据。

3.2 荷载效应组合

3.2.1～3.2.4 当整个结构或结构的一部分超过某一特定状态，而不能满足设计规定的某一功能要求时，则称此特定状态为结构对该功能的极限状态。设计中的极限状态往往以结构的某种荷载效应，如内力、应力、变形、裂缝等超过相应规定的标志值为依据。根据设计中要求考虑的结构功能，结构的极限状态在总体上可分为两大类，即承载能力极限状态和正常使用极限状态。对承载能力极限状态，一般是以结构的内力超过其承载能力为依据；对正常使用极限状态，一般是以结构的变形、裂缝、振动参数超过设计允许的限值为依据。在当前的设计中，有时也通过结构应力的控制来保证结构满足正常使用的要求，例如地基承载应力的控制。

对所考虑的极限状态，在确定其荷载效应时，应对所有可能同时出现的诸荷载作用加以组合，求得组合后在结构中的总效应。考虑荷载出现的变化性质，包括出现的与否和不同的方向，这种组合可以多种多样，因此还必须在所有可能组合中，取其中最不利的一组作为该极限状态的设计依据。

对于承载能力极限状态的荷载效应组合，可按《建筑结构可靠度设计统一标准》的规定，根据所考虑的设计状况，选用不同的组合；对持久和短暂设计状况，应采用基本组合，对偶然设计状况，应采用偶然组合。

在承载能力极限状态的基本组合中，公式（3.2.3-1）和（3.2.3-2）给出了荷载效应组合设计值的表达式，建立表达式的目的是在于保证在各种可能出现的荷载组合情况下，通过设计都能使结构维持在相同的可靠度水平上。必须注意，规范给出的表达式都是以荷载与荷载效应有线性关系为前提，对于明显不符合该条件的情况，应在各本结构设计规范中对此作出相应的补充规定。这个原则同样适用于正常使用极限状态的各个组合的表达式中。

在应用公式（3.2.3-1）时，式中的 S_{Q1k} 为诸可变荷载效应中其设计值为控制其组合为最不利者，当设计者无法判断时，可逐次以各可变荷载效应 S_{Qik} 为 S_{Q1k}，选其中最不利的荷载效应组合为设计依据，这个过程建议由计算机程序的运行来完成。

与原规范不同，增加了由公式（3.2.3-2）给出的由永久荷载效应控制的组合设计值，当结构的自重占主要时，考虑这个条件就能避免可靠度偏低的后果；虽然过去在有些结构设计规范中，也曾为此专门给出某些补充规定，例如对某些以自重为主的构件采用提高重要性系数、提高屋面活荷载的设计规定，但在实际应用中，总不免有挂一漏万的顾虑。采用公式（3.2.3-2）后，在撤消这些补漏规定的同时，也避免了安全度可能不足之后果。

在应用（3.2.3-2）的组合式时，对可变荷载，出于简化的目的，也可仅考虑与结构自重方向一致的竖向荷载，而忽略影响不大的横向荷载。此外，对某些材料的结构，可考虑自身的特点，由各结构设计规范自行规定，可不采用该组合式进行校核。

与原规范不同，在考虑组合时，摒弃了"遇风组合"的惯例，要求所有可变荷载当作为伴随荷载时，都必须以其组合值为代表值，而不仅仅限于有风荷载参与组合的情况。至于对组合值系数，除风荷载仍取 $\psi_c = 0.6$ 外，对其他可变荷载，目前建议统一取 $\psi_c = 0.7$，但为避免与以往设计结果有过大差别，在任何情况下，暂时建议不低于频遇值系数。

当设计一般排架和框架时，为便于手算的目的，仍允许采用简化的组合规则，也即对所有参与组合的可变荷载的效应设计值，乘以一个统一的组合系数，但考虑到原规范中的组合系数 0.85 在某些情况下偏于不安全，因此将它提高到 0.9；同样，也增加了由公式（3.2.3-2）给出的由永久荷载效应控制的组合设计值。

必须指出，条文中给出的荷载效应组合值的表达式是采用各项可变荷载小于叠加的形式，这在理论上仅适用于各项可变荷载的效应与荷载为线性关系的情况。当涉及非线性问题时，应根据问题性质，或按有关设计规范的规定采用其他不同的方法。

3.2.5 荷载效应组合的设计值中，荷载分项系数应根据荷载不同的变异系数和荷载的具体组合情况（包括不同荷载的效应比），以及与抗力有关的分项系数的取值水平等因素确定，以使在不同设计情况下的结构可靠度能趋于一致。但为了设计上的方便，GB 50068—2001 将荷载分成永久荷载和可变荷载两类，相应给出两个规定的系数 γ_G 和 γ_Q。这两个分项系数是在荷载标准值已给定的前提下，使按极限状态设计表达式设计所得的各类结构构件的可靠指标，与规定的目标可靠指标之间，在总体上误差最小为原则，经优化后选定的。

《建筑结构可靠度设计统一标准》原编制组曾选择了14种有代表性的结构构件；针对恒荷载与办公楼活荷载、恒荷载与住宅活荷载以及恒荷载与风荷载三种简单组合情况进行分析，并在 $\gamma_G = 1.1$、1.2、1.3 和 $\gamma_Q = 1.1$、1.2、1.3、1.4、1.5、1.6 共 3×6 组方案中，选得一组最优方案为 $\gamma_G = 1.2$ 和 $\gamma_Q = 1.4$。但考虑到前提条件的局限性，允许在特殊的情况下作合理的调整，例如对于标准值大于 $4kN/m^2$ 的楼面活荷载，其变异系数一般较小，此时从经济上考虑，可取 $\gamma_Q = 1.3$。

分析表明，当永久荷载效应与可变荷载效应相比很大时，若仍采用 $\gamma_G = 1.2$，则结构的可靠度远不能达到目标值的要求，因此，在式（3.2.3-2）中给出由永久荷载效应控制的设计组合值中，相应取 $\gamma_G = 1.35$。

分析还表明，当永久荷载效应与可变荷载效应异号时，若仍采用 $\gamma_G = 1.2$，则结构的可靠度会随永久荷载效应所占比重的增大而严重降低，此时，γ_G 宜取小于1的系数。但考虑到经济效果和应用方便的因素，建议取 $\gamma_G = 1$。

在倾覆、滑移或漂浮等有关结构整体稳定性的验算中，永久荷载效应一般对结构是有利的，荷载分项系数一般应取小于1.0。但是，目前在大部分结构设计规范中，实际上仍沿用经验的单一安全系数进行设计。即使是采用分项系数，在取值上也不可能采用统一的系数。因此，在本规范中对此原则上不规定与此有关的分项系数的取值，以免发生矛盾。当在其他结构设计规范中对结构倾覆、滑移或漂浮的验算有具体规定时，应按结构设计规范的规定执行，当没有具体规定时，对永久荷载分项系数应按工程经验采用。

3.2.6 对于偶然设计状况（包括撞击、爆炸、火灾事故的发生），均应采用偶然组合进行设计。由于偶然荷载的出现是罕遇事件，它本身发生的概率极小，因此，对偶然设计状况，允许结构丧失承载能力的概率比持久和短暂状况可大些。考虑到不同偶然荷载的性质差别较大，目前还难以给出具体统一的设计表达式，建议由专门的标准规范另行规定。规定时应注意下述问题：首先，由于偶然荷载标准值的确定，本身带有主观的臆测因素，因而不再考虑荷载分项系数；其次，对偶然设计状况，不必同时考虑两种偶然荷载；第三，设计时应区分偶然事件发生时和发生后的两种不同设计状况。

3.2.7～3.2.10 对于正常使用极限状态的结构设计，过去主要是验算结构在正常使用条件下的变形和裂缝，并控制它们不超过限值。其中，与之有关的荷载效应都是根据荷载的标准值确定的。实际上，在正常使用的极限状态设计时，与状态有关的荷载水平，不

一定非以设计基准期内的最大荷载为准，应根据所考虑的正常使用具体条件来考虑。原规范对正常使用极限状态的结构设计，给出短期和长期两种效应组合，其中短期效应组合，与承载能力极限状态不考虑荷载分项系数的基本组合相同，因此它反映的仍是设计基准期内最大荷载效应组合，只是在可靠度水平上可有所降低；长期效应组合反映的是在设计基准期内持久作用的荷载效应组合，在某些结构设计规范中，一般仅将它作为结构上长期荷载效应的依据。由于短期效应组合所反映的是一个极值效应，将它作为正常使用条件下的验算荷载水平，在逻辑概念上是有欠缺的。为此，参照国际标准，对正常使用极限状态的设计，当考虑短期效应时，可根据不同的设计要求，分别采用荷载的标准组合或频遇组合，当考虑长期效应时，可采用准永久组合。增加的频遇组合系指永久荷载标准值、主导可变荷载的频遇值与伴随可变荷载的准永久值的效应组合。可变荷载的准永久值系数仍按原规范的规定采用；频遇值系数原则上应按第3.1.6条说明中的规定，但由于大部分可变荷载的统计参数并不掌握，规范中采用的系数目前是按工程经验经判断后给出。

在采用标准组合时，也可参照按承载能力极限状态的基本组合，采用简化规则，即按式（3.2.4），但取分项系数为1。

此外，正常使用极限状态要求控制的极限标志也不一定仅限于变形、裂缝等常见的那一些现象，也可延伸到其他特定的状态，如地基承载应力的设计控制，实质上是在于控制地基的沉陷，因此也可归入这一类。

与基本组合中的规定相同，对于标准、频遇及准永久组合，其荷载效应组合的设计值也仅适用于各项可变荷载效应与荷载为线性关系的情况。

4 楼面和屋面活荷载

4.1 民用建筑楼面均布活荷载

4.1.1 在《荷载暂行规范》规结1—58中，民用建筑楼面活荷载取值是参照当时的苏联荷载规范并结合我国具体情况，按经验判断的方法来确定的。《工业与民用建筑结构荷载规范》TJ 9—74 修订前，在全国一定范围内对办公楼和住宅的楼面活荷载进行了调查。当时曾对4个城市（北京、兰州、成都和广州）的606间住宅和3个城市（北京、兰州和广州）的258间办公室的实际荷载作了测定。按楼板内弯矩等效的原则，将实际荷载换算为等效均布荷载，经统计计算，分别得出其平均值为 $1.051kN/m^2$ 和 $1.402 kN/m^2$，标准差为 $0.23kN/m^2$ 和 $0.219kN/m^2$；按平均值加两倍标准差的标准荷载定义，得出住宅和办公楼

的标准活荷载分别为 1.513kN/m² 和 1.84kN/m²。但在规结 1—58 中对办公楼允许按不同情况可取 1.5 kN/m² 或 2kN/m² 进行设计，而且较多单位根据当时的设计实践经验取 1.5kN/m²，而只对兼作会议室的办公楼可提高到 2kN/m²。对其他用途的民用楼面，由于缺乏足够数据，一般仍按实际荷载的具体分析，并考虑当时的设计经验，在原规范的基础上适当调整后确定。

《建筑结构荷载规范》GBJ 9—87 根据《建筑结构统一设计标准》GBJ 68—84 对荷载标准值的定义，重新对住宅、办公楼和商店的楼面活荷载做了调查和统计，并考虑荷载随空间和时间的变异性，采用了适当的概率统计模型。模型中直接采用房间面积平均荷载来代替等效均布荷载，这在理论上虽然不很严格（参见原规范的说明），但对其结果估计不会有严重影响，而对调查和统计工作却可得到很大的简化。

楼面活荷载按其随时间变异的特点，可分持久性和临时性两部分。持久性活荷载是指楼面上在某个时段内基本保持不变的荷载，例如住宅内的家具、物品，工业房屋内的机器、设备和堆料，还包括常住人员自重，这些荷载，除非发生一次搬迁，一般变化不大。临时性活荷载是指楼面上偶尔出现短期荷载，例如聚会的人群、维修时工具和材料的堆积、室内扫除时家具的集聚等。

对持久性活荷载 L_i 的概率统计模型，可根据调查给出荷载变动的平均时间间隔 τ 及荷载的统计分布，采用等时段的二项平稳随机过程（图 4.1.1-1）。

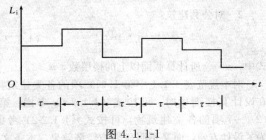

图 4.1.1-1

对临时性活荷载 L_r，由于持续时间很短，要通过调查确定荷载在单位时间内出现次数的平均率及其荷载值的统计分布，实际上是有困难的。为此，提出一个勉强可以代替的方法，就是通过对用户的查询，了解到最近若干年内一次最大的临时性荷载值，以此作为时段内的最大荷载 L_{rs}，并作为荷载统计的基础。对 L_r 也采用与持久性活荷载相同的概率模型（图 4.1.1-2）。

出于分析上的方便，对各类活荷载的分布类型采用了极值Ⅰ型。根据 L_i 和 L_{rs} 的统计参数，分别求出 50 年最大荷载值 L_{iT} 和 L_{rT} 的统计分布和参数。再根据 Tukstra 的组合原则，得出 50 年内总荷载最大值 L_T 的统计参数。在 1977 年以后的三年里，曾对全国某些城市的办公楼、住宅和商店的活荷载情况进行了调查，其中：在全国 25 个城市实测了 133 栋办公楼共 2201 间办公室，总面积为 63700m²，同时调查了 317 栋用户的搬迁情况；对全国 10 个城市的住宅实测了 556 间，总为 7000m²，同时调查了 229 户的搬迁情况；在全国 10 个城市实测了 21 家百货商店共 214 个柜台，总面积为 23700m²。现将当时统计分析的结果列于表 4.1.1 中。

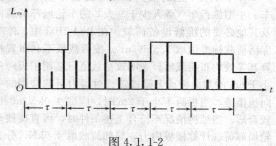

图 4.1.1-2

表 4.1.1 中的 L_K 系指 GBJ 9—87 中给出的活荷载的标准值。按《建筑结构可靠度设计统一标准》的规定，标准值应为设计基准期 50 年内荷载最大值分布的某一个分位值。虽然没有对分位值的百分数作具体规定，但对性质类同的可变荷载，应尽量使其取值在保证率上保持相同的水平。从表 4.1.1 可见，若对办公楼而言，$L_K=1.5$kN/m²，它相当于 L_T 的均值 μ_{LT} 加 1.5 倍的标准差 σ_{LT}，其中 1.5 系数指保证率系数 α。若假设 L_T 的分布仍为极值Ⅰ型，则与 α 对应的保证率为 92.1%，也即 L_K 取 92.1% 的分位值。以此为标准，则住宅的活荷载标准值就偏低较多。鉴于当时调查时的住宅荷载还是偏高的实际情况，因此原规范仍保持以往的取值。但考虑到工程界普遍的意见，认为对于建设工程量比较大的住宅和办公楼来说，其荷载标准值与国外相比显然偏低，又鉴于民用建筑的楼面活荷载今后的变化趋势也难以预测，这次修订，决定将楼面活荷载的最小值规定为 2.0kN/m²。

关于其他类别的荷载，由于缺乏系统的统计资料，仍按以往的设计经验，并参考 1986 年颁布的国际标准《居住和公共建筑的使用和占用荷载》ISO 2103 而加以确定。

表 4.1.1 全国部分城市建筑楼面活荷载统计分析表

	办公室			住 宅			商 店		
	μ	σ	τ	μ	σ	τ	μ	σ	τ
L_i	0.386	0.178	10 年	0.504	0.162	10 年	0.580	0.351	1 年
L_{rs}	0.355	0.244		0.468	0.252		0.955	0.428	
L_{iT}	0.610	0.178		0.707	0.162		4.650	0.351	
L_{rT}	0.661	0.244		0.784	0.252		2.261	0.428	
L_T	1.047	0.302		1.288	0.300		2.841	0.553	
L_K	1.5			1.5			3.5		
α	1.5			0.7			1.2		
$p(\%)$	92.1			79.1			88.5		

对藏书库和档案库，根据 70 年代初期的调查，其

荷载一般为 3.5kN/m² 左右，个别超过 4kN/m²，而最重的可达 5.5kN/m²（按书架高 2.3m，净距 0.6m，放 7 层精装书籍估计）。GBJ 9—87 修订时参照 ISO 2103 的规定采用为 5kN/m²，现又给出按书架每米高度不少于 2.5kN/m² 的补充规定，并对于采用密集柜的无过道书库规定荷载标准值为 12kN/m²。

停车库及车道的活荷载仅考虑由小轿车、吉普车、小型旅行车（载人少于 9 人）的车轮局部荷载以及其他必要的维修设备荷载。在 ISO 2103 中，停车库活荷载标准值取 2.5kN/m²。按荷载最不利布置核算其等效均布荷载后，表明该荷载值只适用于板跨不小于 6m 的双向板或无梁楼盖。对国内目前常用的单向板楼盖，当板跨不小于 2m 时，应取 4.0kN/m² 比较合适。当结构情况不符合上述条件时，可直接按车轮局部荷载计算楼板内力，局部荷载取 4.5kN，分布在 0.2m×0.2m 的局部面积上。该局部荷载也可作为验算结构局部效应的依据（如抗冲切等）。对其他车辆的车库和车道，应按车辆最大轮压作为局部荷载确定。对于 20~30t 的消防车，可按最大轮压为 60kN，作用在 0.6m×0.2m 的局部面积上的条件确定；<u>但是对于消防车不经常通行的车道，也即除消防站以外的车道，其荷载的频遇值和准永久值系数可适当降低。</u>

这次修订，对不同类别的楼面均布活荷载，除个别项目有调整外，大部分的标准值仍保持原有水平。对民用建筑楼面可根据在楼面上活动的人和设施的不同状况，不妨将其标准值的取值分成七个档次：

(1) 活动的人很少　　　　$L_K=2.0kN/m^2$；
(2) 活动的人较多且有设备 $L_K=2.5kN/m^2$；
(3) 活动的人很多或有较重
　　的设备　　　　　　 $L_K=3.0kN/m^2$；
(4) 活动的人很集中，有时很挤或有
　　较重的设备　　　　 $L_K=3.5kN/m^2$；
(5) 活动的性质比较剧烈　$L_K=4.0kN/m^2$；
(6) 储存物品的仓库　　　$L_K=5.0kN/m^2$；
(7) 有大型的机械设备　　$L_K=6\sim7.5kN/m^2$。

对于表 4.1.1 中没有列出的项目可对照上述类别选用，但当有特别重的设备时应另行考虑。

作为办公楼的荷载还应考虑会议室、档案室和资料室等的不同要求，一般应在 2.0~2.5kN/m² 范围内采用。

对于洗衣房、通风机房以及非固定隔墙的楼面均布活荷载，均系参照国内设计经验和国外规范的有关内容酌情增添的。其中非固定隔墙的荷载应按活荷载考虑，可采用每延米长度的墙重（kN/m）的 1/3 作为楼面活荷载的附加值（kN/m²），该附加值建议不小于 1.0kN/m²，但对于楼面活荷载大于 4.0 kN/m² 的情况下，不小于 0.5kN/m²。

<u>走廊、门厅和楼梯的活荷载标准值一般应按表 4.1.1 中的规定或按相连通房屋的活荷载标准值采</u>用，但对有可能出现密集人流的情况，活荷载标准值不应低于 3.5kN/m²。

4.1.2 作用在楼面上的活荷载，不可能以标准值的大小同时布满在所有的楼面上，因此在设计梁、墙、柱和基础时，还要考虑实际荷载沿楼面分布的变异情况，也即在确定梁、墙、柱和基础的荷载标准值时，还应按楼面活荷载标准值乘以折减系数。

折减系数的确定实际上是比较复杂的，采用简化的概率统计模型来解决这个问题还不够成熟。目前除美国规范是按结构部位的影响面积来考虑外，其他国家均按传统方法，通过从属面积来考虑荷载折减系数。在 ISO 2103 中，建议按下述不同情况对荷载标准值乘以折减系数 λ。

当计算梁时：

1　对住宅、办公楼等房屋或其房间：

$$\lambda=0.3+\frac{3}{\sqrt{A}} \quad (A>18m^2) \quad (4.1.2-1)$$

2　对公共建筑或其房间：

$$\lambda=0.5+\frac{3}{\sqrt{A}} \quad (A>36m^2) \quad (4.1.2-2)$$

式中　A——所计算梁的从属面积，指向梁两侧各延伸 1/2 梁间距范围内的实际楼面面积。

当计算多层房屋的柱、墙和基础时：

1　对住宅、办公楼等房屋：

$$\lambda=0.3+\frac{0.6}{\sqrt{n}} \quad (4.1.2-3)$$

2　对公共建筑：

$$\lambda=0.5+\frac{0.6}{\sqrt{n}} \quad (4.1.2-4)$$

式中　n——所计算截面以上的楼层数，$n\geqslant 2$。

对本规范表 4.1.1 中第 1(1) 项的各类建筑物，在设计其楼面梁时，可按式（4.1.2-1）考虑；第 1(2)～7 项的各类建筑物，可按式（4.1.2-2）考虑。为了设计方便，而又不明显影响经济效果，本条文的规定作了一些合理的简化。在设计柱、墙和基础时，对第 1(1) 项建筑类别采用的折减系数改用 $\lambda=0.4+\frac{0.6}{\sqrt{n}}$。对第 1(2)～8 项的建筑类别，直接按楼面梁的折减系数，而不另考虑按楼层数的折减。这与 ISO 2103 相比略为保守，但与以往的设计经验比较接近。

停车库及车道的楼面活荷载是根据荷载最不利布置下的等效均布荷载确定的，因此本条文给出的折减系数，实际上也是根据次梁、主梁或柱上的等效均布荷载与楼面等效均布荷载的比值确定的。

4.2　工业建筑楼面活荷载

4.2.1　在设计多层工业建筑结构时，楼面活荷载的标准值大多由工艺提供，或由土建设计人员根据有关资料自行计算确定。鉴于计算方法不一，计算工作量又较大，很多设计单位希望由本规范统一规定。在制订 TJ 9—74 荷载规范时，曾对全国有代表性的 70 多个工厂进行实际调查和分析，根据条件成熟情况，在附录 C 中列出了金工车间、仪器仪表生产车间、半导体器件车间、小型电子管和白炽灯泡车间、棉纺织造车间、轮胎厂准备车间和粮食加工车间等七类工业建筑楼面活荷载的标准值，供设计参照采用。

这次修订，除棉纺织造车间由中国纺织工业设计院根据纺织工业的发展现状重新修订外，其他仍沿用 GBJ 9—87 的规定。

金工车间的活荷载在 TJ 9—74 中是按车间的加工性质来划分的。根据调查，在加工性质相同的车间中，由于加工件不同，采用的机床型号有时差别很大，致使楼面活荷载的差异十分悬殊。事实上，确定楼面活荷载大小的主要因素是金工车间的机床设备，而不是它的加工性质。因此，在调查资料的基础上，按机床设备的重量等级，重新划分了活荷载的取值，而且是相互配套的。在实际应用中发现，有相当数量的设备超出 TJ 9—74 规定的机床设备重量等级。考虑到这个情况，GBJ 9—87 规范对金工车间机床设备的重量等级范围作了相应的扩大。

这次修订，棉纺织造车间的活荷载修订原则与金工车间相同，即改为按织机型号的重量等级重新划分了活荷载的取值。

附录 B 的方法主要是为确定工业建筑楼面等效均布活荷载而制订的。为了简化，在方法上作了一些假设：计算等效均布荷载时统一假定结构的支承条件都为简支，并按弹性阶段分析内力。这对实际上为非简支的结构以及考虑材料处于弹塑性阶段的设计时会有一定的设计误差。

计算板面等效均布荷载时，还必须明确板面局部荷载实际作用面的尺寸。作用面一般按矩形考虑，从而可确定荷载传递到板轴心面处的计算宽度，此时假定荷载按 45°扩散线传递。

板面等效均布荷载按板内分布弯矩等效的原则确定，也即在实际的局部荷载作用下在简支板内引起的绝对最大的分布弯矩，使其等于在等效均布荷载作用下在该简支板内引起的最大分布弯矩作为条件。所谓绝对最大是指在设计时假定实际荷载的作用位置是在对板最不利的位置上。

在局部荷载作用下，板内分布弯矩的计算比较复杂，一般可参考有关的计算手册。对于边长比大于 2 的单向板，附录 B 中给出更为具体的方法。在均布荷载作用下，单向板内分布弯矩沿板宽方向是均匀分布的，因此可按单位宽度的简支板来计算其分布弯矩；在局部荷载作用下，单向板内分布弯矩沿板宽方向不再是均匀分布，而是在局部荷载处具有最大值，并逐渐向宽度两侧减小，形成一个分布宽度。现以均布荷载代替，为使板内分布弯矩等效，可相应确定板的有效分布宽度。在附录 B 中，根据计算结果，给出了五种局部荷载情况下有效分布宽度的近似公式，从而可直接按公式（B.0.4-1）确定单向板的等效均布活荷载。

表 C 中列出的工业建筑楼面活荷载值，是对板跨在 1.0～2.5m，梁跨 4.0～6.0m 的肋形楼盖结构而言，并考虑设备荷载处于最不利布置的情况下得出的。设备布置要考虑到有可能出现的密集布置，其间距根据各类车间的工艺特点而定：对由单台设备组成的生产区域，一般操作边取 1.0～1.2m，非操作边取 0.5～0.75m；对由不同设备组成的生产线，一般按实际间距采用，但当间距大于 0.5m 时按 0.5m 考虑。

对于不同用途的工业建筑结构，通过对计算资料的分析表明，其板、次梁和主梁的等效均布荷载的比值没有共同的规律，难以给出统一的折减系数。因此，表中对板、次梁和主梁，分别列出了等效均布荷载的标准值。对柱、墙和基础，一概不考虑按楼层数的折减。

表中所列板跨或次梁（肋）的间距以 1.2m 为下限，小于 1.2m 的一般为预制槽板。此时，在设计中可将板面和肋视作一个整体，按梁的荷载计算。

表中荷载值已包括操作荷载值，但不包括隔墙自重。当需要考虑隔墙自重时，应根据隔墙的实际情况计算。当隔墙可能任意移动时，建议采用重量不超过 300kg/m 的轻质隔墙，此时（考虑隔墙后）的活荷载增值一般可取 1.0kN/m²。

不同用途的工业建筑，其工艺设备的动力性质不尽相同。对一般情况，荷载中已考虑动力系数 1.05～1.1；对特殊的专用设备和机器，可提高到 1.2～1.3。

4.2.2 操作荷载对板面一般取 2kN/m²。对堆料较多的车间，如金工车间，操作荷载取 2.5kN/m²。有的车间，例如仪器仪表装配车间，由于生产的不均衡性，某个时期的成品、半成品堆放特别严重，这时可定为 4kN/m²。还有些车间，其荷载基本上由堆料所控制，例如粮食加工厂的拉丝车间、轮胎厂的准备车间、纺织车间的齿轮室等。

操作荷载在设备所占的楼面面积内不予考虑。

4.3 屋面均布活荷载

4.3.1 对不上人的屋面均布活荷载，以往规范的规定是考虑在使用阶段作为维修时所必需的荷载，因而取值较低，统一规定为 0.3kN/m²。后来在屋面结构上，尤其是钢筋混凝土屋面上，出现了较多的事故，原因无非是屋面超重、超载或施工质量偏低。特别对无雪地区，当按过低的屋面活荷载设计，就更容易发生质量方面的事故。因此，为了进一步提高屋面结构的可靠度，在 GBJ 9—87 中将不上人的钢筋混凝土屋

面活荷载提高到 $0.5kN/m^2$。根据原颁布的 GBJ 68—84，对永久荷载和可变荷载分别采用不同的荷载分项系数以后，荷载以自重为主的屋面结构可靠度相对又有所下降。为此，GBJ 9—87 有区别地适当提高其屋面活荷载的值为 $0.7kN/m^2$。

由于本次修订在条文第 3.2.3 条中已补充了以恒载控制的不利组合式，而屋面活荷载中主要考虑的仅是施工或维修荷载，故将原规范项次 1 中对重屋盖结构附加的荷载值 $0.2kN/m^2$ 取消，也不再区分屋面性质，统一取为 $0.5kN/m^2$。但在不同材料的结构设计规范中，当出于设计方面的历史经验而有必要改变屋面荷载的取值时，可由该结构设计规范自行规定，但其幅度为 $\pm 0.2kN/m^2$。

关于屋顶花园和直升机停机坪的荷载是参照国内设计经验和国外规范有关内容而增添的。

4.4 屋面积灰荷载

4.4.1 屋面积灰荷载是冶金、铸造、水泥等行业的建筑所特有的问题。我国早已注意到这个问题，各设计、生产单位也积累了一定的经验和数据。在制订 TJ 9—74 前，曾对全国 15 个冶金企业的 25 个车间，13 个机械工厂的 18 个铸造车间及 10 个水泥厂的 27 个车间进行了一次全面系统的实际调查。调查了各车间设计时所依据的积灰荷载、现场的除尘装置和实际清灰制度，实测了屋面不同部位、不同灰源距离、不同风向下的积灰厚度，并计算其平均日积灰量，对灰的性质及其重度也做了研究。

调查结果表明，这些工业建筑的积灰问题比较严重，而且其性质也比较复杂。影响积灰的主要因素是：除尘装置的使用维修情况、清灰制度执行情况、风向和风速、烟囱高度、屋面坡度和屋面挡风板等。

确定积灰荷载只有在考虑工厂设有一般的除尘装置，且能坚持正常的清灰制度的前提下才有意义。对一般厂房，可以做到 3~6 个月清灰一次。对铸造车间的冲天炉附近，因积灰速度较快，积灰范围不大，可以做到按月清灰一次。

调查中所得的实测平均日积灰量列于表 4.4.1-1 中。

表 4.4.1-1 实测平均日积灰量

车间名称	平均日积灰量（cm）
贮矿槽、出铁场	0.08
炼钢车间：有化铁炉	0.06
无化铁炉	0.065
铁合金车间	0.067~0.12
烧结车间：无挡风板	0.035
有挡风板（挡风板内）	0.046
铸造车间	0.18
水泥厂：窑房	0.044
磨房	0.028
生、熟料库和联合贮库	0.045

对积灰取样测定了灰的天然重度和饱和重度，以其平均值作为灰的实际重度，用以计算积灰周期内的最大积灰荷载。按灰源类别不同，分别得出其计算重度（见表 4.4.1-2）。

表 4.4.1-2 积灰重度

车间名称	灰源类别	重度（kN/m³）			注
		天然	饱和	计算	
炼铁车间	高炉	13.2	17.9	15.55	
炼钢车间	转炉	9.4	15.5	12.45	
铁合金车间	电炉	8.1	16.6	12.35	
烧结车间	烧结炉	7.8	15.8	11.80	
铸造车间	冲天炉	11.2	15.6	13.40	
水泥厂	生料库	8.1	12.6	10.35	建议按熟料库采用
	熟料库			15.00	

4.4.2 易于形成灰堆的屋面处，其积灰荷载的增大系数可参照雪荷载的屋面积雪分布系数的规定来确定。

4.4.3 对有雪地区，积灰荷载应与雪荷载同时考虑。此外，考虑到雨季的积灰有可能接近饱和，此时的积灰荷载的增值为偏于安全，可通过不上人屋面活荷载来补偿。

4.5 施工和检修荷载及栏杆水平荷载

4.5.1 设计屋面板、檩条、钢筋混凝土挑檐、雨篷和预制小梁时，除了按第 3.3.1 条单独考虑屋面均布活荷载外，还应另外验算在施工、检修时可能出现在最不利位置上，由人和工具自重形成的集中荷载。对于宽度较大的挑檐和雨篷，在验算其承载力时，为偏于安全，可沿其宽度每隔 1.0m 考虑一个集中荷载；在验算其倾覆时，可根据实际可能的情况，增大集中荷载的间距，一般可取 2.5~3.0m。

5 吊车荷载

5.1 吊车竖向和水平荷载

5.1.1 按吊车荷载设计结构时，有关吊车的技术资料（包括吊车的最大或最小轮压）都应由工艺提供。过去公布的专业标准《起重机基本参数尺寸系列》（EQ1—62~8—62）曾对吊车有关的各项参数有详尽的规定，可供结构设计使用。但经多年实践表明，由各工厂设计的起重机械，其参数和尺寸不太可能完全与该标准保持一致。因此，设计时仍应直接参照制造厂当时的产品规格作为设计依据。

选用的吊车是按其工作的繁重程度来分级的，这不仅对吊车本身的设计有直接的意义，也和厂房结构的设计有关。国家标准《起重机设计规范》(GB 3811—83)是参照国际标准《起重设备分级》(ISO 4301—1980)的原则，重新划分了起重机的工作级别。在考虑吊车繁重程度时，它区分了吊车的利用次数和荷载大小两种因素。按吊车在使用期内要求的总工作循环次数分成10个利用等级，又按吊车荷载达到其额定值的频繁程度分成4个载荷状态（轻、中、重、特重）。根据要求的利用等级和载荷状态，确定吊车的工作级别，共分8个级别作为吊车设计的依据。

这样的工作级别划分在原则上也适用于厂房的结构设计，虽然根据过去的设计经验，在按吊车荷载设计结构时，仅参照吊车的载荷状态将其划分为轻、中、重和超重4级工作制，而不考虑吊车的利用因素，这样做实际上也并不会影响到厂房的结构设计，但是，在执行国家标准《起重机设计规范》(GB 3811—83)以来，所有吊车的生产和定货，项目的工艺设计以及土建原始资料的提供，都以吊车的工作级别为依据，因此在吊车荷载的规定中也相应改用按工作级别划分。

这次修订采用的工作级别是按表5.1.1与过去的工作制等级相对应的。

表 5.1.1 吊车的工作制等级与工作级别的对应关系

工作制等级	轻级	中级	重级	超重级
工作级别	A1～A3	A4，A5	A6，A7	A8

5.1.2 吊车的水平荷载分纵向和横向两种，分别由吊车的大车和小车的运行机构在启动或制动时引起的惯性力产生，惯性力为运行重量与运行加速度的乘积，但必须通过制动轮与钢轨间的摩擦传递给厂房结构。因此，吊车的水平荷载取决于制动轨的轮压和它与钢轨间的滑动摩擦系数，摩擦系数一般可取0.14。

在规范TJ 9—74中，吊车纵向水平荷载取作用在一边轨道上所有刹动轮最大轮压之和的10%，虽比理论值为低，但经长期使用检验，尚未发现有问题。太原重机学院曾对1台300t中级工作制的桥式吊车进行了纵向水平荷载的测试，得出大车制动力系数为0.084～0.091，与规范规定值比较接近。因此，纵向水平荷载的取值仍保持不变。

吊车的横向水平荷载可按下式取值：

$$T = \alpha(Q + Q_1)g \quad (5.1.2)$$

式中 Q——吊车的额定起重量；
Q_1——横行小车重量；
g——重力加速度；
α——横向水平荷载系数（或称小车制动力系数）。

如考虑小车制动轮数占总轮数之半，则理论上α应取0.07，但TJ 9—74当年对软钩吊车取α不小于0.05，对硬钩吊车取α为0.10，并规定该荷载仅由一边轨道上各车轮平均传递到轨顶，方向与轨道垂直，同时考虑正反两个方向。

经浙江大学、太原重机学院及原第一机械工业部第一设计院等单位，在3个地区对5个厂房及12个露天栈桥的额定起重量为5～75t的中级工作制桥式吊车进行了实测。实测结果表明：小车制动力的上限均超过规范的规定值，而且横向水平荷载系数α往往随吊车起重量的减小而增大，这可能是由于司机对起重量大的吊车能控制以较低的运行速度所致。根据实测资料分别给出5～75t吊车上小车制动力的统计参数，见表5.1.2。若对小车制动力的标准值按保证率99.9%取值，则$T_k = \mu_T + 3\sigma_T$，由此得出系数α，除5t吊车明显偏大外，其他约在0.08～0.11之间。经综合分析比较，将吊车额定起重量按大小分成3个组别，分别规定了软钩吊车的横向水平荷载系数为0.12，0.10和0.08。

对于夹钳、料耙、脱锭等硬钩吊车，由于使用频繁，运行速度高，小车附设的悬臂结构使起吊的重物不能自由摆动等原因，以致制动时产生较大的惯性力。TJ 9—74规范规定它的横向水平荷载虽已比软钩吊车大一倍，但与实测相比还是偏低，曾对10t夹钳吊车进行实测，实测的制动力为规范规定值的1.44倍。此外，硬钩吊车的另一个问题是卡轨现象严重。综合上述情况，GBJ 9—87已将硬钩吊车的横向水平荷载系数α提高为0.2。

表 5.1.2 吊车制动力统计参数

吊车额定起重量 (t)	制动力 T (kN)		标准值 T_k (kN)	$\alpha = \dfrac{T_k}{(Q+Q_1)g}$
	均值 μ_T	标准差 σ_T		
5	0.056	0.020	0.116	0.175
10	0.074	0.022	0.140	0.108
20	0.121	0.040	0.247	0.079
30	0.181	0.048	0.325	0.081
75	0.405	0.141	0.828	0.080

经对13个车间和露天栈桥的小车制动力实测数据进行分析，表明吊车制动轮与轨道之间的摩擦力足以传递小车制动时产生的制动力。小车制动力是由支承吊车的两边相应的承重结构共同承受，并不是TJ 9—74规范中所认为的仅由一边轨道传递横向水平荷载。经对实测资料的统计分析，当两边柱的刚度相等时，小车制动力的横向分配系数多数为0.45/0.55，少数为0.4/0.6，个别为0.3/0.7，平均为0.474/0.526。为了计算方便，GBJ 9—87规范已建议吊车的横向水平荷载在两边轨道上平等分配，这个规定与欧美的规范也是一致的。

5.2 多台吊车的组合

5.2.1 设计厂房的吊车梁和排架时，考虑参与组合的吊车台数是根据所计算的结构构件能同时产生效应的吊车台数确定。它主要取决于柱距大小和厂房跨间的数量，其次是各吊车同时集聚在同一柱距范围内的可能性。根据实际观察，在同一跨度内，2台吊车以邻接距离运行的情况还是常见的，但3台吊车相邻运行却很罕见，即使发生，由于柱距所限，能产生影响的也只是2台。因此，对单跨厂房设计时最多考虑2台吊车。

对多跨厂房，在同一柱距内同时出现超过2台吊车的机会增加。但考虑隔跨吊车对结构的影响减弱，为了计算上的方便。容许在计算吊车竖向荷载时，最多只考虑4台吊车。而在计算吊车水平荷载时，由于同时制动的机会很小，容许最多只考虑2台吊车。

5.2.2 TJ 9—74规范对吊车荷载，无论是由2台还是4台吊车引起的，都按同时满载，且其小车位置都按同时处于最不利的极限工作位置上考虑。根据北京、上海、沈阳、鞍山、大连等地的实际观察调查，实际上这种最不利的情况是不可能出现的。对不同工作制的吊车，其吊车载荷有所不同，即不同吊车有各自的满载概率，而2台或4台同时满载，且小车又同时处于最不利位置的概率就更小。因此，本条文给出的折减系数是从概率的观点考虑多台吊车共同作用时的吊车荷载效应组合相对于最不利效应的折减。

为了探讨多台吊车组合后的折减系数，在编制GBJ 68—84时，曾在全国3个地区9个机械工厂的机械加工、冲压、装配和铸造车间，对额定起重量为2～50t的轻、中、重级工作制的57台吊车做了吊车竖向荷载的实测调查工作。根据所得资料，经整理并通过统计分析，根据分析结果表明，吊车荷载的折减系数与吊车工作的载荷状态有关，随吊车工作载荷状态由轻级到重级而增大；随额定起重量的增大而减小；同跨2台和相邻跨2台的差别不大。在对竖向吊车荷载分析结果的基础上，并参考国外规范的规定，本条文给出的折减系数值还是偏于保守的；并将此规定直接引用到横向水平荷载的折减。这次修订，在参与组合的吊车数量上，插入台数为3的可能情况。

5.3 吊车荷载的动力系数

5.3.1 吊车竖向荷载的动力系数，主要是考虑吊车在运行时对吊车梁及其连接的动力影响。根据调查了解，产生动力的主要因素是吊车轨道接头的高低不平和工件翻转时的振动。从少量实测资料来看，其量值都在1.2以内。TJ 9—74规范对钢吊车梁取1.1，对钢筋混凝土吊车梁按工作制级别分别取1.1，1.2和1.3。在前苏联荷载规范СНиП 6—74中，不分材料，仅对重级工作制的吊车梁取动力系数1.1。GBJ 9—87修订时，主要考虑到吊车荷载分项系数统一按可变荷载分布系数1.4取值后，相等于以往的设计而言偏高，会影响吊车梁的材料用量。在当时对吊车梁的实际动力特性不甚清楚的前提下，暂时采用略为降低的值1.05和1.1，以弥补偏高的荷载分项系数。

TJ 9—74规范当时对横向水平荷载还规定了动力系数，以计算重级工作制的吊车梁上翼缘及其制动结构的强度和稳定性以及连接的强度，这主要是考虑在这类厂房中，吊车在实际运行过程中产生的水平卡轨力。产生卡轨力的原因主要在于吊车轨道不直或吊车行驶时的歪斜，其大小与吊车的制造、安装、调试和使用期间的维护等管理因素有关。在下沉的条件下，不应出现严重的卡轨现象，但实际上由于生产中难以控制的因素，尤其是硬钩吊车，经常产生较大的卡轨力，使轨道被严重啃蚀，有时还会造成吊车梁与柱连接的破坏。假如采用按吊车的横向制动力乘以所谓动力系数的方式来规定卡轨力，在概念上是不够清楚的。鉴于目前对卡轨力的产生机理、传递方式以及在正常条件下的统计规律还缺乏足够的认识，因此在取得更为系统的实测资料以前，还无法建立合理的计算模型，给出明确的设计规定。TJ 9—74规范中关于这个问题的规定，已从本规范中撤消，由各结构设计规范和技术标准根据自身特点分别自行规定。

5.4 吊车荷载的组合值、频遇值及准永久值

5.4.2 处于工作状态的吊车，一般很少会持续地停留在某一个位置上，所以在正常条件下，吊车荷载的作用都是短时间的。但当空载吊车经常被安置在指定的某个位置时，计算吊车梁的长期荷载效应可按本条文规定的准永久值采用。

6 雪 荷 载

6.1 雪荷载标准值及基本雪压

6.1.2 基本雪压 s_0 的修订是根据全国672个地点的气象台（站），从建站起到1995年的最大雪压或雪深资料，经统计得出50年一遇最大雪压，即重现期为50年的最大雪压，以此规定当地的基本雪压。

当前，我国大部分气象台（站）收集的都是雪深数据，而相应的积雪密度数据又不齐全。在统计中，当缺乏平行观测的积雪密度时，均以当地的平均密度来估算雪压值。

各地区的积雪的平均密度按下述取用：东北及新疆北部地区的平均密度取 $150 kg/m^3$；华北及西北地区取 $130 kg/m^3$，其中青海取 $120 kg/m^3$；淮河、秦岭以南地区一般取 $150 kg/m^3$，其中江西、浙江取 $200 kg/m^3$。

年最大雪压的概率分布统一按极值Ⅰ型考虑，具体计算可按附录D的规定。

在制订我国基本雪压分布图时，应考虑如下特点：

（1）新疆北部是我国突出的雪压高值区。该区由于冬季受北冰洋南侵的冷湿气流影响，雪量丰富，且阿尔泰山、天山等山脉对气流有阻滞和抬升作用，更

利于降雪。加上温度低，积雪可以保持整个冬季不溶化，新雪覆老雪，形成了特大雪压。在阿尔泰山区域雪压值达 $1kN/m^2$。

(2) 东北地区由于气旋活动频繁，并有山脉对气流的抬升作用，冬多大降雪天气，同时因气温低，更有利于积雪。因此大兴安岭及长白山区是我国又一个雪压高值区。黑龙江省北部和吉林省东部的广泛地区，雪压值可达 $0.7kN/m^2$ 以上。但是吉林西部和辽宁北部地区，因地处大兴安岭的东南背风坡，气流有下沉作用，不易降雪，积雪不多，雪压仅在 $0.2kN/m^2$ 左右。

(3) 长江中下游及淮河流域是我国稍南地区的一个雪压高值区。该地区冬季积雪情况不很稳定，有些年份一冬无积雪，而有些年份在某种天气条件下，例如寒潮南下，到此区后冷暖空气僵持，加上水汽充足，遇较低温度，即降下大雪，积雪很深，也带来雪灾。1955年元旦，江淮一带降大雪，南京雪深达51cm，正阳关达52cm，合肥达40cm。1961年元旦，浙江中部降大雪，东阳雪深达55cm，金华达45cm。江西北部以及湖南一些地点也会出现 40～50cm 以上的雪深。因此，这一地区不少地点雪压达 $0.40\sim0.50kN/m^2$。但是这里的积雪期是较短的，短则1、2天，长则10来天。

(4) 川西、滇北山区的雪压也较高。因该区海拔高，温度低，湿度大，降雪较多而不易溶化。但该区的河谷内，由于落差大，高度相对低和气流下沉增温的影响，积雪就不多。

(5) 华北及西北大部地区，冬季温度虽低，但水汽不足，降水量较少，雪压也相应较小，一般为 $0.2\sim0.3kN/m^2$。西北干旱地区，雪压在 $0.2kN/m^2$ 以下。该区内的燕山、太行山、祁连山等山脉，因有地形的影响，降雪稍多，雪压可在 $0.3kN/m^2$ 以上。

(6) 南岭、武夷山脉以南，冬季气温高，很少降雪，基本无积雪。

对雪荷载敏感的结构，例如轻型屋盖，考虑到雪荷载有时会远超过结构自重，此时仍采用雪荷载分项系数为 1.40，屋盖结构的可靠度可能不够，因此对这种情况，建议将基本雪压适当提高，但这应由有关规范或标准作具体规定。

6.1.4 对山区雪压未开展实测研究仍按原规范作一般性的分析估计。在无实测资料的情况下，规范建议比附近空旷地面的基本雪压增大20%采用。

6.2 屋面积雪分布系数

6.2.1 屋面积雪分布系数就是屋面水平投影面积上的雪荷载 s_k 与基本雪压 s_0 的比值，实际也就是地面基本雪压换算为屋面雪荷载的换算系数。它与屋面形式、朝向及风力等有关。

我国与前苏联、加拿大、北欧等国相比，积雪情况不甚严重，积雪期也较短。因此本规范根据以往的设计经验，参考国际标准 ISO 4355 及国外有关资料，对屋面积雪分布仅概括地规定了 8 种典型屋面积雪分布系数（参见本规范表 6.2.1）。现就这些图形作以下几点说明：

1 坡屋面

本规范认为，我国南部气候转暖，屋面积雪容易融化，北部寒潮风较大，屋面积雪容易吹掉，因此仍沿用旧规范的规定 $\alpha \geqslant 50°, \mu_r = 0$ 和 $\alpha \leqslant 25°, \mu_r = 1$ 是合理的。

2 拱形屋面

本规范给出了矢跨比有关的计算公式，即 $\mu_r = l/8f$（l 为跨度，f 为矢高），但 μ_r 规定不大于 1.0 及不小于 0.4。

3 带天窗屋面及带天窗有挡风板的屋面

天窗顶上的数据 0.8 是考虑了滑雪的影响，挡风板内的数据 1.4 是考虑了堆雪的影响。

4 多跨单坡及双跨（多跨）双坡或拱形屋面

其系数 1.4 及 0.6 则是考虑了屋面凹处范围内，局部堆雪影响及局部滑雪影响。

5 高低屋面

前苏联根据西伯利亚地区的屋面雪荷载的调查，规定屋面积雪分布系数 $\mu_r = \dfrac{2h}{s_0}$，但不大于 4.0，其中 h 为屋面高低差，以 m 计，s_0 为基本雪压，以 kN/m^2 计；又规定积雪分布宽度 $a_1 = 2h$，但不小于 5m，不大于 10m；积雪按三角形状分布，见图 6.2.1。

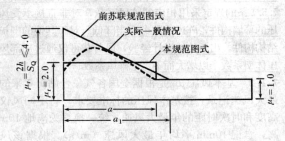

图 6.2.1 高低屋面处雪堆分布图式

我国高雪地区的基本雪压 $s_0 = 0.5 \sim 0.8 kN/m^2$，当屋面高低差达 2m 以上时，则 μ_r 通常均取 4.0。根据我国积雪情况调查，高低屋面堆雪集中程度远次于西伯利亚地区，形成三角形分布的情况较少，一般高低屋面处存在风涡作用，雪堆多形成曲线图形的堆积情况。本规范将它简化为矩形分布的雪堆，μ_r 取平均值为 2.0，雪堆长度为 2h，但不小于 4m，不大于 8m。

6 其他屋面形式

对规范典型屋面图形以外的情况，设计人员可根据上述说明推断酌定，例如天沟处及下沉式天窗内建议 $\mu_r = 1.4$，其长度可取女儿墙高度的 1.2～2 倍。

7 在表 6.2.1 中，对大部分屋面都列出了积雪均匀分布和不均匀分布两种情况，后一种主要是考虑雪的漂移和堆积后的效应。

6.2.2 设计建筑结构及屋面的承重构件时，原则上应按表 6.2.1 中给出的两种积雪分布情况，分别计算结构构件的效应值，并按最不利的情况确定结构构件的截面，但这样的设计计算工作量较大。根据长期以来积累的设计经验，出于简化的目的，规范允许设计人员按本条文的规定进行设计。

7 风 荷 载

7.1 风荷载标准值及基本风压

7.1.1 对于主要承重结构，风荷载标准值的表达可有两种形式，其一为平均风压加上由脉动风引起导致结构风振的等效风压；另一种为平均风压乘以风振系数。由于在结构的风振计算中，一般往往是第 1 振型起主要作用，因而我国与大多数国家相同，采用后一种表达形式，即采用风振系数 β_z，它综合考虑了结构在风荷载作用下的动力响应，其中包括风速随时间、空间的变异性和结构的阻尼特性等因素。

对于围护结构，由于其刚性一般较大，在结构效应中可不必考虑其共振分量，此时可仅在平均风压的基础上，近似考虑脉动风瞬间的增大因素，原则上可通过局部风压体型系数 μ_{sl} 和阵风系数 β_{gz} 来计算其风荷载。

对于房屋中直接承受风压的幕墙构件（包括门窗），按传统设计的经验，风荷载都是考虑脉动响应，应按第 7.5.1 条的规定采用相应的阵风系数，对非直接承受风压的幕墙构件，阵风系数可适当降低。对于其他围护结构构件，出于传统设计经验，风荷载可仅通过局部风压体型系数予以增大而不考虑阵风系数。

7.1.2 基本风压 w_0 是根据全国各气象台站历年来的最大风速记录，按基本风压的标准要求，将不同风仪高度和时次时距的年最大风速，统一换算为离地 10m 高，自记 10min 平均年最大风速（m/s）。根据该风速数据，按附录 D 的规定，经统计分析确定重现期为 50 年的最大风速，作为当地的基本风速 v_0。再按贝努利公式

$$w_0 = \frac{1}{2}\rho v_0^2 \quad (7.1.2)$$

确定基本风压。以往，国内的风速记录大多数根据风压板的观测结果，刻度所反映的风速，实际上是统一根据标准的空气密度 $\rho=1.25\text{kg/m}^3$ 按上述公式反算而得，因此在按该风速确定风压时，可统一按公式 $w_0 = v_0^2/1600$（kN/m²）计算。

鉴于通过风压板的观测，人为的观测误差较大，再加上时次时距换算中的误差，其结果就不太可靠，当前各气象台站已累积了较多的根据风杯式自记风速仪记录的 10min 平均年最大风速数据，因此在这次数据处理时，基本上是以自记的数据为依据。因此在确定风压时，必须考虑各台站观测当时的空气密度，当缺乏资料时，也可参考附录 D 的规定采用。

与雪荷载相同，规范将基本风压的重现期由以往的 30 年统一改为 50 年，这样，在标准上将与国外大部分国家取得一致。但经修改后，各地的基本风压并不是全在原有的基础上提高 10%，而是根据新的风速观测数据，进行统计分析后重新确定的。为了能适应不同的设计条件，风荷载也可采用与基本风压不同的重现期，附录 D 给出相应的换算公式。

资料表明，修订后的基本风压值与原规范的取值相比，总体上虽已提高了 10%，但对风荷载比较敏感的高层建筑和高耸结构，以及自重较轻的钢木主体结构，其基本风压值仍可由各结构设计规范，根据结构的自身特点，考虑适当提高其重现期；对于围护结构，其重要性与主体结构相比要低些，可仍取 50 年；对于其他设计情况，其重现期也可由有关的设计规范另行规定，或由设计人员自行选用。

7.2 风压高度变化系数

7.2.1 在大气边界层内，风速随离地面高度而增大。当气压场随高度不变时，风速随高度增大的规律，主要取决于地面粗糙度和温度垂直梯度。通常认为在离地面高度为 300~500m 时，风速不再受地面粗糙度的影响，也即达到所谓"梯度风速"，该高度称之梯度风高度。地面粗糙度等级低的地区，其梯度风高度比等级高的地区为低。

原规范将地面粗糙度等级由过去的陆、海两类改成 A、B、C 三类，但随着我国建设事业的蓬勃发展，城市房屋的高度和密度日益增大，因此，对大城市中心地区，其粗糙程度也有不同程度的提高。考虑到大多数发达国家，诸如美、英、日等国家的规范，以及国际标准 ISO 4354 和欧洲统一规范 EN 1991—2—4 都将地面粗糙度等级划分为四类，甚至于五类（日本）。为适应当前发展形势，这次修订也将由三类改成四类，其中 A、B 两类的有关参数不变，C 类指有密集建筑群的城市市区，其粗糙度指数 α 由 0.2 改为 0.22，梯度风高度 H_G 仍取 400m；新增添的 D 类，指有密集建筑群且有大量高层建筑的大城市市区，其粗糙度指数 α 取 0.3，H_G 取 450m。

根据地面粗糙度指数及梯度风高度，即可得出风压高度变化系数如下：

$$\mu_z^A = 1.379\left(\frac{z}{10}\right)^{0.24}$$

$$\mu_z^B = 1.000\left(\frac{z}{10}\right)^{0.32}$$

$$\mu_z^C = 0.616\left(\frac{z}{10}\right)^{0.44} \quad (7.2.1)$$

$$\mu_z^D = 0.318\left(\frac{z}{10}\right)^{0.60}$$

在确定城区的地面粗糙度类别时，若无 α 的实测可按下述原则近似确定：

1 以拟建房 2km 为半径的迎风半圆影响范围内的房屋高度和密集度来区分粗糙度类别，风向原则上应以该地区最大风的风向为准，但也可取其主导风；

2 以半圆影响范围内建筑物的平均高度 $\bar{h}$ 来划分地面粗糙度类别，当 $\bar{h}>18m$，为 D 类，$9m<\bar{h}\leqslant 18m$，为 C 类，$\bar{h}<9m$，为 B 类；

3 影响范围内不同高度的面域可按下述原则确定，即每座建筑物向外延伸距离为其高度的面域内均为该高度，当不同高度的面域相交时，交叠部分的高度取大者；

4 平均高度 $\bar{h}$ 取各面域面积为权数计算。

7.2.2 对于山区的建筑物，原规范采用系数对其基本风压进行调整，并对山峰和山坡也是根据山麓的基本风压，按高差的风压高度变化系数予以调整。这些规定缺乏根据，没有得到实际观测资料的验证。

关于山区风荷载考虑地形影响的问题，目前能作为设计依据的，最可靠的方法是直接在建设场地进行与邻近气象站的风速对比观测，但这种做法不一定可行。在国内，华北电力设计院与中国气象科学研究院合作，采用 Taylor-Lee 的模型，结合华北地区的山峰风速的实测资料，对山顶与山下气象站的风速关系进行研究（见电力勘测 1997/1），但其成果仍有一定的局限性。

国外的规范对山区风荷载的规定一般有两种形式：一种也是规定建筑物地面的起算点，建筑物上的风荷载直接按规定的风压高度变化系数计算，这种方法比较陈旧。另一种是按地形条件，对风荷载给出地形系数，或对风压高度变化系数给出修正系数。这次修订采用后一种形式，并参考加拿大、澳大利亚和英国的相应规范，以及欧洲钢结构协会 ECCS 的规定（房屋与结构的风效应计算建议），对山峰和山坡上的建筑物，给出风压高度变化系数的修正系数。

7.3 风荷载体型系数

7.3.1 风荷载体型系数是指风作用在建筑物表面上所引起的实际压力（或吸力）与来流风的速度压的比值，它描述的是建筑物表面在稳定风压作用下的静态压力的分布规律，主要与建筑物的体型和尺度有关，也与周围环境和地面粗糙度有关。由于它涉及的是关于固体与流体相互作用的流体动力学问题，对于不规则形状的固体，问题尤为复杂，无法给出理论上的结果，一般均由试验确定。鉴于原型实测的方法对结构设计的不现实性，目前只能采用相似原理，在边界层风洞内对拟建的建筑物模型进行测试。

表 7.3.1 列出 38 项不同类型的建筑物和各类结构体型及其体型系数，这些都是根据国内外的试验资料和外国规范中的建议性规定整理而成，当建筑物与表中列出的体型类同时可参考应用。有关本规范中列出的各类建筑物体型的体型系数的说明，可参见《建筑结构荷载规范》GBJ 9—87 的条文说明。

这次修订将原第 26 项封闭式皮带通廊取消；原第 34 项塔架的内容，为了便于计算，将原来的按单片桁架的体型系数改为整体塔架的体型系数；将原第 40 项高层建筑改为封闭式房屋和构筑物，并将其中的矩形平面用原第 37 项（封闭式正方形及多边形构筑物）的内容代替。

必须指出，表 7.3.1 中的系数是有局限性的，这次修订强调了将风洞试验作为抗风设计辅助工具的必要性，尤其是对于体型复杂而且性质重要的房屋结构。

7.3.2 当建筑群，尤其是高层建筑群，房屋相互间距较近时，由于旋涡的相互干扰，房屋某些部位的局部风压会显著增大，设计时应予注意。对比较重要的高层建筑，建议在风洞试验中考虑周围建筑物的干扰因素。

根据国内有关资料（张相庭：《工程抗风设计计算手册》，中国建筑工业出版社，1998，第 72～73 页），提供的增大系数，是根据国内试验研究报告取较低的下限而得出，其取值基本上与澳大利亚规范接近。当与邻近房屋的间距小于 3.5 倍的迎风面宽度且两栋房屋中心连线与风向成 45°时，可取大值；当房屋连线与风向一致时，可取小值；当与风向垂直时不考虑；当间距大于 7.5 倍的迎风面宽度时，也可不考虑。

7.3.3 风力作用在高层建筑表面，与作用在一般建筑物表面上一样，压力分布很不均匀，在角隅、檐口、边棱处和在附属结构的部位（如阳台、雨篷等外挑构件），局部风压会超过按表 7.3.1 所得的平均风压。<u>局部风压体型系数是考虑建筑物表面风压分布不均匀而导致局部部位的风压超过全表面平均风压的实际情况而作出的调整。</u>

根据风洞实验资料和一些实测结果，并参考国外的风荷载规范，对负压区可根据不同部位分别取体型系数为 $-1.0\sim-2.2$。

对封闭式建筑物，考虑到建筑物内实际存在的个别孔口和缝隙，以及机械通风等因素，室内可能存在正负不同的气压，参照国外规范，大多取 $\pm(0.2\sim 0.25)$ 的压力系数，现取 ± 0.2。

<u>由于局部部位面积的大小不同，修正的程度也应有所不同，本规范参考国外规范的资料给出插值公式以予适当的调整。</u>

7.4 顺风向风振及风振系数

7.4.1 参考国外规范及我国抗风振工程设计和理论研究的实践情况，当结构基本自振周期 $T\geqslant 0.25s$ 时，以及对于高度超过 30m 且高宽比大于 1.5 的高柔房屋，由风引起的结构振动比较明显，而且随着结构自振周期的增长，风振也随着增强，因此在设计中应考虑风振的影响，而且在原则上还应考虑多个振型的影响；对于前几个频率比较密集的结构，例如桅杆、屋盖等结构，需要考虑的振型可多达10个及以上。对此都应按结构的随机振动理论进行计算。

对于$T<0.25s$的结构和高度小于30m或高宽比小于1.5的房屋，原则上也应考虑风振影响，但经计算表明，这类结构的风振一般不大，此时往往按构造要求进行设计，结构已有足够的刚度，因而一般不考虑风振影响也不至于会影响结构的抗风安全性。

关于在设计中可以不考虑风振系数的结构，按以往的经验，仅限于基本自振周期不大于0.25s的高耸结构和高度不大于30m或高宽比不大于1.5的房屋。但是对大跨度的屋盖结构（包括悬挑屋盖结构）的风振问题过去没有明确，这次修订予以补充，这里的大跨度屋盖是指跨度在36m以上的屋盖（不包括索结构）。

7.4.2～7.4.6 对于一般悬臂型结构，例如框架、塔架、烟囱等高耸结构，高度大于30m且高宽比大于1.5且可以忽略扭转的高柔房屋，由于频谱比较稀疏，第一振型起到绝对的影响，此时可以仅考虑结构的第一振型，并通过风振系数来表达，计算可按结构的随机振动理论进行，条文中给出有关的公式和计算用表。

对于外形和重量沿高度无变化的等截面结构，如只考虑第一振型影响，可导出沿高度z处的风振系数：

$$\beta_z = 1 + \frac{\xi \nu \varphi_z}{\mu_z} \quad (7.4.2\text{-}1)$$

风振动力系数ξ如取Davenport建议的风谱密度经验公式，并把响应近似取静态分量及窄带白噪声共振响应分量之和，则可得到：

$$\xi = \sqrt{1 + \frac{x^2 \pi/6\zeta}{(1+x^2)^{4/3}}} \quad (7.4.2\text{-}2)$$

式中　　$x = \frac{1200 f_1}{v_0} \approx \frac{30}{\sqrt{v_0 T_1^2}}$

ζ——结构的阻尼比；对钢结构取0.01，对有墙体材料填充的房屋钢结构取0.02，对钢筋混凝土及砖石砌体结构取0.05；

v_0——基本风压，但应按表7.4.3注的要求给以修正；

T_1——结构的基本自振周期。

式（7.4.2-1）中的φ_z为结构的振型系数，理应在结构动力分析时确定，为了简化，在确定风荷载时，可采用近似公式。按结构变形特点，对高耸构筑物可按弯曲型考虑，采用下述近似公式：

$$\varphi_z = \frac{6z^2 H^2 - 4z^3 H + z^4}{3H^4} \quad (7.4.2\text{-}3)$$

对高层建筑，当以剪力墙的工作为主时，可按弯剪型考虑，采用下述近似公式：

$$\varphi_z = \text{tg}\left[\frac{\pi}{4}\left(\frac{z}{H}\right)^{0.7}\right] \quad (7.4.2\text{-}4)$$

对高层建筑也可进一步考虑框架和剪力墙各自的弯曲和剪切刚度，根据不同的综合刚度参数λ，给出不同的振型系数，附录F对高层建筑给出前四个振型系数，它是假设框架和剪力墙均起主要作用时的情况，即取$\lambda=3$。综合刚度参数λ可按下式确定：

$$\lambda = \frac{C}{\eta}\left(\frac{1}{EI_W} + \frac{1}{EI_N}\right)H^2 \quad (7.4.2\text{-}5)$$

式中　C——建筑物的剪切刚度；

EI_W——剪力墙的弯曲刚度；

EI_N——考虑墙柱轴向变形的等效刚度；

$$\eta = 1 + \frac{C_f}{C_w}$$

C_f——框架剪切刚度；

C_w——剪力墙剪切刚度；

H——房屋总高。

式（7.4.2-1）中的ν为考虑风压脉动及其相关性的脉动影响系数，对于无限自由度体系，可按下述公式确定：

$$\nu = \frac{\int_0^H \mu_f \mu_z \varphi_z dz}{\int_0^H \varphi_z^2 dz} \eta \quad (7.4.2\text{-}6)$$

对有限自由度体系，可按下述公式确定：

$$\nu = \frac{\sum_{i=1}^{n} \mu_{fi} \mu_{zi} \varphi_{1i} \Delta h_i}{\sum_{i=1}^{n} \varphi_{1i}^2 \Delta h_i} \eta \quad (7.4.2\text{-}7)$$

式中η是考虑风压脉动空间相关性的折算系数，可由随机振动理论导出，它的表达式为多重积分，需通过计算机计算确定，其中涉及的相关性系数，一般都采用简单的指数衰减规律。

脉动系数μ_f是根据国内实测数据，并参考国外规范资料取：

$$\mu_f = 0.5 \times 35^{1.8(\alpha-0.16)} \left(\frac{z}{10}\right)^{-\alpha} \quad (7.4.2\text{-}8)$$

式中α为地面粗糙度指数，对应于A、B、C和D四类地貌，分别取0.12、0.16、0.22和0.30。

很多高耸构筑物的截面沿高度是有变化的，此时在应用公式（7.4.2）时应注意如下问题：对于结构进深尺寸比较均匀的构筑物，即使迎风面宽度沿高度有变化，计算结果表明，与按等截面计算的结果十分接近，故对这种情况仍可公式（7.4.2）计算风振系数；对于进深尺寸和宽度沿高度按线性或近似于线性变化，而重量沿高度按连续规律变化的构筑物，例如截面为正方形或三角形的高耸塔架及圆形截面的烟囱，计算结果表明，必须考虑外形的影响。此时，除在公式（7.4.2）中按变截面取结构的振型系数外，并对脉动影响系数也要按第 7.4.4 条的规定予以修正。

7.5 阵风系数

7.5.1 计算围护结构的风荷载时所采用的阵风系数，是参考国外规范的取值水平，按下述公式确定：

$$\beta_{gz} = k(1+2\mu_f) \quad (7.5.1-1)$$

式中 μ_f——脉动系数，按式（7.4.2-8）确定；
　　　k——地面粗糙度调整系数，对 A、B、C、D 四种类型，分别取 0.92、0.89、0.85、0.80。

对于低矮房屋的围护结构，按本规范提供的阵风系数确定的风荷载，与某些国外规范专为低矮房屋制定的规定相比，有估计过高的可能。考虑到近地面湍流规律的复杂性，在取得更多资料以前，规范暂时不明确低矮房屋围护结构风荷载的具体规定，但容许设计者参照国外对低矮房屋的边界层风洞试验资料或有关规范的规定进行设计。

7.6 横风向风振

7.6.1 当建筑物受到风力作用时，不但顺风向可能发生风振，而且在一定条件下，也能发生横风向的风振。横风向风振都是由不稳定的空气动力形成，其性质远比顺风向更为复杂，其中包括旋涡脱落 Vortex-shedding、驰振 Galloping、颤振 Flutter、扰振 Buffeting 等空气动力现象。

对圆截面柱体结构，当发生旋涡脱落时，若脱落频率与结构自振频率相符，将出现共振。大量试验表明，旋涡脱落频率 f_s 与风速 v 成正比，与截面的直径 D 成反比。同时，雷诺数 $Re = \dfrac{vD}{\nu}$（ν 为空气运动粘性系数，约为 $1.45\times10^{-5}\,\text{m}^2/\text{s}$）和斯脱罗哈数 $St = \dfrac{f_s D}{v}$ 在识别其振动规律方面有重要意义。

当风速较低，即 $Re \leq 3\times10^5$ 时，一旦 f_s 与结构自振频率相符，即发生亚临界的微风共振，对圆截面柱体，$St \approx 0.2$；当风速增大而处于超临界范围，即 $3\times10^5 \leq Re < 3.5\times10^6$ 时，旋涡脱落没有明显的周期，结构的横向振动也呈随机性；当风更大，$Re \geq 3.5\times10^6$，即进入跨临界范围，重新出现规则的周期性旋涡脱落，一旦与结构自振频率接近，结构将发生强风共振。

一般情况下，当风速在亚临界或超临界范围内时，只要采取适当构造措施，不会对结构产生严重影响，即使发生微风共振，结构可能对正常使用有些影响，但也不至于破坏，设计时，只要按规范本条文的要求控制结构顶部风速即可。

当风速进入跨临界范围内时，结构有可能出现严重的振动，甚至于破坏，国内外都曾发生过很多这一类的损坏和破坏的事例，对此必须引起注意。

计算临界风速的公式（7.6.1-1）中的结构自振周期，应考虑不同的振型情况，虽然对亚临界的微风共振验算，只要考虑第一振型，但是在验算临界强风共振时，必须考虑不同的振型。

原公式（7.6.1-2）中的风荷载分项系数 γ_w，实际上是在考虑跨临界强风共振时，为了在设计中不致低估横风向的风振影响而设置的，主要是考虑结构在强风共振时的严重性及试验资料的局限性，一些国外规范如 ISO 4354 就要求考虑增大验算风速。为了不致与分项系数的原意相混淆，现将原公式（7.6.1-2）中的风荷载分项系数 γ_w 取消，而在跨临界振的验算条件的顶部风速增大 1.2 倍。

计算雷诺数 Re 公式 $Re = 69000vD$ 中，风速 v 沿着结构高度是变化的，对亚临界的微风共振验算，v 取得愈小愈不利，但对于跨临界强风共振验算，v 取得愈大愈易发生强风共振。但是为了设计上的方便，这里将二者统一取为 v_{cr} 值。当在应用时如有需要提高要求时，也可对跨临界强风共振将 v 取为 v_H 值。

7.6.2 对跨临界的强风共振，设计时必须按不同振型对结构予以验算，规范公式（7.6.2-1）中的计算系数 λ_j 是对 j 振型情况下考虑与共振区分布有关的折算系数，若临界风速起始点在结构底部，整个高度为共振区，它的效应为最严重，系数值最大；若临界风速起始点在结构顶部，不发生共振，也不必验算横风向的风振荷载。根据国外资料和我们的计算研究，认为一般考虑前 4 个振型就足够了，但以前两个振型的共振为最常见。公式中的临界风速 v_{cr} 计算时，应注意对不同振型是不同的。

公式（7.6.2-1）中的计算系数 λ_j 是根据起始高度为 H_1，终止高度近似取结构全高 H 的条件下算出，并列入表 7.6.2，当在结构上计算得出起始高度位置很低，而终止高度远低于全高时，可按临界速度的锁住区计算终止高度 $H_2 = H(1.3v_{cr}/v_H)^{1/\alpha}$，再按 $\lambda_j = \lambda_j(H_1) - \lambda_j(H_2)$ 确定。

7.6.3 在风荷载作用下，同时发生的顺风向和横风向风振，其结构效应应予以矢量叠加。一般情况下，当发生强风共振时，横风向的影响起主要的作用。

7.6.4 对于非圆截面的柱体，同样也存在旋涡脱落等空气动力不稳定问题，但其规律更为复杂，国外的风荷载规范逐渐趋向于也按随机振动的理论建立计算模型，目前，规范仍建议对重要的柔性结构，应在风洞试验的基础上进行设计。

2

砌体和钢木结构

2

肺体病和木舌病

中华人民共和国国家标准

砌体结构设计规范

Code for design of masonry structures

GB 50003—2001

条 文 说 明

目　次

1　总则 …………………………………… 2—1—3
3　材料 …………………………………… 2—1—3
　　3.1　材料强度等级 ………………… 2—1—3
　　3.2　砌体的计算指标 ……………… 2—1—3
4　基本设计规定 ………………………… 2—1—4
　　4.1　设计原则 ……………………… 2—1—4
　　4.2　房屋的静力计算规定 ………… 2—1—5
5　无筋砌体构件 ………………………… 2—1—5
　　5.1　受压构件 ……………………… 2—1—5
　　5.2　局部受压 ……………………… 2—1—5
　　5.5　受剪构件 ……………………… 2—1—5
6　构造要求 ……………………………… 2—1—6
　　6.1　墙、柱的允许高厚比 ………… 2—1—6
　　6.2　一般构造要求 ………………… 2—1—6
　　6.3　防止或减轻墙体开裂的主要措施 … 2—1—6
7　圈梁、过梁、墙梁及挑梁 …………… 2—1—7
　　7.1　圈梁 …………………………… 2—1—7
　　7.2　过梁 …………………………… 2—1—7
　　7.3　墙梁 …………………………… 2—1—7
　　7.4　挑梁 …………………………… 2—1—9
8　配筋砖砌体构件 ……………………… 2—1—9
9　配筋砌块砌体构件 …………………… 2—1—9
　　9.4　配筋砌块砌体剪力墙构造规定 … 2—1—10
　　　Ⅰ　钢筋 ………………………… 2—1—10
　　　Ⅱ　配筋砌块砌体剪力墙、连梁 … 2—1—10
　　　Ⅲ　配筋砌块砌体柱 …………… 2—1—11
10　砌体结构构件抗震设计 ……………… 2—1—11
　　10.1　一般规定 …………………… 2—1—11
　　10.2　无筋砌体构件 ……………… 2—1—11
　　10.3　配筋砖砌体构件 …………… 2—1—11
　　10.4　配筋砌块砌体剪力墙 ……… 2—1—11
　　10.5　墙梁 ………………………… 2—1—12

1 总 则

1.0.1~1.0.2 本规范的修编仍根据国家有关政策，特别是墙改节能政策，并结合砌体结构的特点，砌体结构类别和应用范围较原规范（GBJ3—88）有所扩大，增加的主要内容有：

1. 组合砖墙，配筋砌块砌体剪力墙结构；
2. 地震区的无筋和配筋砌体结构构件设计。

应当指出，为确保砌块结构，特别是配筋砌块砌体剪力墙结构的工程质量、整体受力性能，应采用高粘结、工作性能好和强度较高的专用砂浆及高流态、低收缩和高强度的专用灌孔混凝土。我国为此起草了《混凝土小型空心砌块砌筑砂浆》（JC860—2000）和《混凝土小型空心砌块灌孔混凝土》（JC861—2000）国家建材行业标准。

1.0.3~1.0.4 由于本规范较大地扩充了砌体材料类别及其相应的结构体系，因而列出了尚需同时参照执行的有关标准规范，包括施工及验收规范。

3 材 料

3.1 材料强度等级

本条文根据建材标准 GB13544~13545—2000 将承重粘土空心砖改为烧结多孔砖。烧结多孔砖是以粘土、页岩、煤矸石为主要原料，经焙烧而成的承重多孔砖。根据 GB/T 5101—1998 烧结普通砖标准，取消了 MU7.5 强度等级。

对硅酸盐类砖中应用较多的蒸压灰砂砖和蒸压粉煤灰砖列出了强度等级。根据建材指标，蒸压灰砂砖、蒸压粉煤灰砖不得用于长期受热200℃以上、受急冷急热和有酸性介质侵蚀的建筑部位，MU15 和 MU15 以上的蒸压灰砂砖可用于基础及其他建筑部位，蒸压粉煤灰砖用于基础或用于受冻融和干湿交替作用的建筑部位必须使用一等砖。

为适应砌块建筑发展，增加了MU20的混凝土砌块强度等级，承重砌块取消了 MU3.5 的强度等级。

根据《混凝土小型空心砌块砌筑砂浆和灌孔混凝土》JC860/861—2000国家建材行业标准，引入了砌块专用砂浆（Mb）和专用灌孔混凝土（Cb）。

根据石材的应用情况，取消石材 MU15 和 MU10 的强度等级。

砂浆强度等级作了调整，取消了低强度等级砂浆。

3.2 砌体的计算指标

根据《建筑结构可靠度设计统一标准》可靠度调整的要求，本规范将 γ_f 由 1.5 调整为 1.6 后，砌体的强度指标比 GBJ 3—88 相应降低 1.5/1.6。施工质量控制等级 B 级相当于 $\gamma_f=1.6$。关于施工质量控制等级的内容和解释参见本规范第 4.1.5 条及相应条文说明。

3.2.1 本条文增加了蒸压灰砂砖、蒸压粉煤灰砖和轻骨料混凝土砌块砌体的抗压强度指标，并对单排孔且孔对孔砌筑的混凝土砌块砌体灌孔后的强度作了修订。取消了一砖厚砌体空斗砌体和混凝土中型砌块砌体的计算指标。

1. 本条文说明可参照 GBJ 3—88 条文说明，仅 γ_f 由 1.5 调整为 1.6。
2. 蒸压灰砂砖砌体强度指标系根据湖南大学、重庆市建筑科学研究院和长沙市城建科研所的蒸压灰砂砖砌体抗压强度试验资料，以及《蒸压灰砂砖砌体结构设计与施工规程》CECS 20：90 的抗压强度指标确定的。根据试验统计，蒸压灰砂砖砌体抗压强度试验值 f' 和烧结普通砖砌体强度平均值公式 f_m 的比值（f'/f_m）为 0.99，变异系数为 0.205。本次修订将蒸压灰砂砖砌体的抗压强度指标取用烧结普通砖砌体的抗压强度指标。

蒸压粉煤灰砖砌体强度指标依据四川省建筑科学研究院的蒸压粉煤灰砖砌体抗压强度试验资料，并参考有关单位的试验资料，粉煤灰砖砌体的抗压强度相当或略高于烧结普通砖砌体的抗压强度。本次修订将蒸压粉煤灰砖的抗压强度指标取用烧结普通砖砌体的抗压强度指标。本次修订未列入蒸养粉煤灰砖砌体。

应该指出，蒸压灰砂砖砌体和蒸压粉煤灰砖砌体的抗压强度指标系采用同类砖为砂浆强度试块底模时的抗压强度指标。当采用粘土砖底模时砂浆强度会提高，相应的砌体强度达不到规范的强度指标，砌体抗压强度约降低10%左右。

3. 随着砌块建筑的发展，本次修订，补充收集了近年来混凝土砌块砌体抗压强度试验数据，比 GBJ 3—88 有较大的增加，共 116 组 818 个试件，遍及四川、贵州、广西、广东、河南、安徽、浙江、福建八省。本次修订，按以上试验数据采用 GBJ 3—88 强度平均值公式拟合，当材料强度 $f_1 \geqslant 20$MPa，$f_2 \geqslant 15$MPa 时，以及当砂浆强度高于砌块强度时，GBJ3—88 强度平均值公式的计算值偏高，应用 GBJ3—88 强度平均值公式在该范围不安全，表明在该范围 GBJ3—88 强度平均值公式不能应用。当删除了这些试验数据后按 94 组统计，抗压强度试验值 f' 和抗压强度平均值公式的计算值 f_m 的比值为 1.121，变异系数为 0.225。为适应砌块建筑的发展，本次修订增加了 MU20 强度等级。根据现有高强砌块砌体的试验资料，在该范围其砌块砌体抗压强度试验值仍较强度平均值公式的计算值偏低。本次修订采用降低砂浆强度对 GBJ3—88 抗压强度平均值公式进行修正，修正后的砌体抗压强度平均值公式为：

$$f_m = 0.46 f_1^{0.9} (1+0.07f_2)(1.1-0.01f_2) \quad (f_2 > 10\text{MPa})$$

对 MU20 的砌体适当降低了强度值。

本次修订增加了单排孔且孔对孔砌筑轻骨料混凝土砌块砌体的抗压强度设计值。修正后的抗压强度平均值公式的适用范围为：块体强度等级≤MU20，且≥砂浆强度等级。本次修订收集了 15 组 195 个水泥煤渣混凝土砌块砌体的抗压强度试验值，主要是四川、福建和安徽三省的试验数据。试验值 f' 和平均值公式计算值的比值为 1.229，变异系数为 0.267，f'/f_m 比值较混凝土砌块砌体的高，但变异系数较大。根据可靠度分析，该类轻骨料混凝土砌块砌体的抗压强度指标可取用混凝土砌块砌体的抗压强度指标，其他轻骨料单排孔且孔对孔砌筑的砌块砌体强度指标应根据试验确定。

4. 对单排孔且孔对孔砌筑的混凝土砌块灌孔砌体，建立了较为合理的抗压强度计算方法。GBJ 3—88 灌孔砌体抗压强度提高系数 ϕ_1 按下式计算：

$$\phi_1 = \frac{0.8}{1-\delta} \leqslant 1.5 \tag{1}$$

该式规定了最低灌孔混凝土强度等级为 C15，且计算方便。本次修订收集了广西、贵州、河南、四川、广东共 20 组 82 个试件的试验数据和近期湖南大学 4 组 18 个试件以及哈尔滨建筑大学 4 组 24 个试件的试验数据，试验数据反映 GBJ3—88 的 ϕ_1 值偏低，且未考虑不同灌孔混凝土强度对 ϕ_1 的影响，根据湖南大学等单位的研究成果，本次修订经研究采用下式计算：

$$f_{gm} = f_m + 0.63\alpha f_{cu,m} \quad (\rho \geqslant 33\%) \tag{2}$$

$$f_g = f + 0.6\alpha f_c \tag{3}$$

同时为了保证灌孔混凝土在砌块孔洞内的密实，灌孔混凝土应采用高流动性、低收缩的细石混凝土。由于试验采用的块体强度、灌孔混凝土强度，一般在 MU10~MU20、C10~C30 范围，同时少量试验表明高强度灌孔混凝土砌块达不到公式（2）的

f_{gm}，经对试验数据综合分析，本次修订对灌实砌体强度提高系数作了限制 $f_g/f \leqslant 2$。同时根据试验试件的灌孔率（ρ）均大于33%，因此对公式灌孔率适用范围作了规定。灌孔混凝土强度等级规定不应低于 Cb20。灌孔混凝土性能应符合《混凝土小型空心砌块灌孔混凝土》JC861—2000 的规定。

5 多排孔轻骨料混凝土砌块在我国寒冷地区应用较多，特别是我国吉林和黑龙江地区已开始推广应用，这类砌块材料目前有火山渣混凝土、浮石混凝土和陶粒混凝土，多排砌块主要考虑节能要求，排数有二排、三排和四排，孔洞率较小，砌块规格各地不一致，块体强度等级较低，一般不超过 MU10，为了多排孔轻骨料混凝土砌块建筑的推广应用，《混凝土砌块建筑技术规程》JGJ/T 14—95 列入了轻骨料混凝土砌块建筑的设计和施工规定。本次修订应用了 JGJ/T 14—95 收集的砌体强度试验数据。

本次修订应用的试验资料为吉林、黑龙江两省火山渣、浮石、陶粒混凝土砌块砌体强度试验数据 48 组 243 个试件，其中多排孔单砌砌体试件共 17 组 109 个试件，多排孔组砌砌体 21 组 70 个试件，单排孔砌体 10 组 64 个试件。多排孔单砌砌体强度试验值 f' 和公式平均值 f_m 比值为 1.615，变异系数为 0.104。多排孔组砌砌体强度试验值 f' 和公式平均值 f_m 比值为 1.003，变异系数为 0.202。从统计参数分析，多排孔单砌强度较高，组砌后明显降低，考虑多排孔砌块砌体强度和单排孔砌块砌体强度有差别，同时偏于安全考虑，本次修订对孔洞率不大于 35% 的双排孔或多排孔轻骨料混凝土砌块砌体的抗压强度设计值，按单排孔混凝土砌块砌体强度设计值乘以 1.1 采用。对组砌的砌体的抗压强度设计值乘以 0.8 采用。

6~7 除毛料石砌体和毛石砌体的抗压强度设计值比 GBJ 3—88 作了适当降低外，条文未作修改。

8 关于施工控制等级的内容和解释参见本规范第 4.1.5 条及相应条文说明。

3.2.2 本条文增加了蒸压灰砂砖、蒸压粉煤灰砖以及孔洞率不大于 35% 的双排孔或多排孔轻集料混凝土砌块砌体的抗剪强度。

蒸压灰砂砖砌体抗剪强度系根据湖南大学、重庆市建筑科学研究院和长沙市城建科研所的通缝抗剪强度试验资料，以及《蒸压灰砂砖砌体结构设计与施工规程》CECS 20:90 的抗剪强度指标确定的。灰砂砖砌体的抗剪强度各地区的试验数据有差异，主要原因是各地区生产的灰砂砖所用砂的细度和生产工艺不同，以及采用的试验方法和砂浆试块采用的底模砖不同引起。本次修订以双剪试验方法和以灰砂砖作砂浆试块底模的试验数据为依据，并考虑了灰砂砖砌体通缝抗剪强度的变异。根据试验资料，蒸压灰砂砖砌体的抗剪强度设计值较烧结普通砖砌体的抗剪强度有较大的降低。本次修订蒸压灰砂砖砌体的抗剪强度取砖砌体抗剪强度的 0.70 倍。

蒸压粉煤灰砖砌体抗剪强度取值依据四川省建筑科学研究院的研究报告，其抗剪强度较烧结普通砖砌体的抗剪强度有较大降低，本次修订，蒸压粉煤灰砖砌体抗剪强度设计值取烧结普通砖砌体抗剪强度的 0.70 倍。

轻骨料混凝土砌块砌体的抗剪强度指标系根据黑龙江、吉林等地区抗剪强度试验资料。共收集 16 组 89 个试验数据，试验值 f' 和混凝土砌块抗剪强度平均值 $f_{v,m}$ 的比值为 1.41。本次修订对于孔洞率小于或等于 35% 的双排孔或多排孔砌块砌体的抗剪强度按混凝土砌块砌体抗剪强度乘以 1.1 采用。

单排孔且孔对孔砌筑混凝土砌块灌孔砌体的通缝抗剪强度是本次修订中增加的内容，主要依据湖南大学 36 个试件和辽宁建科院 66 个试件的试验资料，试件采用了不同的灌孔率、砂浆强度和砌块强度，通过分析，灌孔后通缝抗剪强度和灌孔率、灌孔砌体的抗压强度有关，回归分析的抗剪强度平均值公式为：

$$f_{vg,m} = 0.32 f_g^{0.55}$$

试验值 $f'_{v,m}$ 和公式值 $f_{vg,m}$ 的比值为 1.061，变异系数为 0.235。

灌孔后的抗剪强度设计值公式为：$f_{vg} = 0.208 f_g^{0.55}$，取 $f_{vg} = 0.20 f_g^{0.55}$。

3.2.3 本条修订对跨度不小于 7.5m 的梁下混凝土块、蒸压灰砂砖、蒸压粉煤灰砖砌体强度乘 γ_a 修正，γ_a 为 0.9。对于多孔砖砌体，考虑达到极限状态后，破坏现象严重，且剩余承载力小于烧结普通砖砌体，也作了同样的规定。本条对用水泥砂浆砌筑的砌体的 γ_a，根据试验由 0.85、0.75 调整为 0.9 和 0.8。另外，对配筋砌体强度调整系数 γ_a 也作了明确规定。对施工质量控制等级为 C 级时，γ_a 取 0.89，0.89 为 B 级和 C 级 γ_f 的比值。

3.2.4 本条增加了配筋砌体不得用掺盐砂浆施工的规定。

3.2.5 本条对单排孔对孔砌筑的混凝土砌块灌孔砌体弹性模量作了补充，采用以灌孔砌体强度值，按式 3.2.5-1 计算灌孔砌体的弹性模量。

对于灌孔砌体弹性模量，广西建筑科学研究院、四川省建筑科学研究院和湖南大学进行了试验研究，灌孔砌体的应力-应变关系符合对数规律，湖南大学等单位的研究表明，由于芯柱混凝土参与工作，砂浆强度等级不同时，水平灰缝砂浆的变形对该砌体变形的影响不明显，故均取 $E = 1700 f_g$。本次修订的灌孔砌体弹性模量取值与试验值相比偏低。

本条增加了砌体的收缩率，因国内砌体收缩试验数据少。本次修订主要参考了块体的收缩、国内已有的试验数据，并参考了 ISO/TC 179/SCI 的规定，经分析确定的。砌体的收缩与块体的上墙含水率、砌体的施工方法等有密切关系。如当地有可靠的砌体收缩率的试验数据，亦可采用当地试验数据。

4 基本设计规定

4.1 设计原则

4.1.1~4.1.5 根据《建筑结构可靠度设计统一标准》GB 50068，结构设计仍采用概率极限状态设计原则和分项系数表达的计算方法。本次修订，根据我国国情适当提高了建筑结构的可靠度水准；明确了结构和结构构件的设计使用年限的含义、确定和选择；并根据建设部关于适当提高结构安全度的指示，在第 4.1.5 条作了几个重要改变：

1 砌体结构材料性能分项系数 γ_f 从原来的 1.5 提高到 1.6；

2 针对以自重为主的结构构件，永久荷载的分项系数增加了 1.35 的组合，以改进自重为主构件可靠度偏低的情况；

3 引入了"施工质量控制等级"的概念。

我国长期以来，设计规范的安全度未和施工技术、施工管理水平等挂钩。而实际上它们对结构的安全度影响很大，因此，为保证规范规定的安全度，有必要考虑这种影响。发达国家在设计规范中明确地提出了这方面的规定，如欧共体规范、国际标准。我国在学习国外先进管理经验的基础上，并结合我国的实际情况，首先在《砌体工程施工及验收规范》（GB 50203—98）中规定了砌体施工质量控制等级。它根据施工现场的质保体系、砂浆和混凝土的强度、砌筑工人技术等级方面的综合水平划为 A、B、C 三个等级。但因当时砌体规范尚未修订，它无从与现行规范相对应，故其规定的 A、B、C 三个等级，只能与建筑物的重要性程度相对应，这容易引起误解。而实际的内涵是在不同的施工控制水平下，砌体结构的安全度不应该降低，它反映了施工技术、管理水平和材料消耗水平的关系。因此，新修订的《砌体规范》引入了施工质量控制等级的概念，考虑到一些具体情况，砌体规范只规定了 B 级和 C 级施工控制等级。当采用 C 级时，砌体强度设计值应乘 3.2.3 条的 γ_a，$\gamma_a = 0.89$；当采用 A 级施工控制等级时，可将表中砌体强度设计值提高 5%。施工控制等级的选择主要根据设计和建设单位商定，并在工程设计图中明确设计采用的施工控制等级。

在本规范报批期间，《砌体工程施工及验收规范》GB 50203—98已完成其修编稿，并更名为《砌体工程施工质量验收规范》GB 50203，预计于2001年批准。该规范中的施工质量控制等级则与《砌体规范》中的施工质量控制等级完全具有对应的关系。

因此《砌体规范》中的A、B、C三个施工质量控制等级应按《砌体工程施工质量验收规范》GB50203中对应的等级要求进行施工质量控制。

但是考虑到我国目前的施工质量水平，对一般多层房屋宜按B级控制，对配筋砌体剪力墙高层建筑，设计时宜选用B级的砌体强度指标，而在施工时宜采用A级的施工质量控制等级。这样做是有意提高这种结构体系的安全储备。

4.1.6 在验算整体稳定性时，永久荷载效应与可变荷载效应符号相反。而前者对结构起有利作用。因此，若永久荷载分项系数仍取同号效应时相同的值，则将影响构件的可靠度。为了保证砌体结构和结构构件具有必要的可靠度，故当永久荷载对整体稳定有利时，取 $\gamma_G = 0.8$。

4.2 房屋的静力计算规定

本节除下列条文作了相应的修改外，其余条文均同原规范的相应部分，不再赘述。

1 4.2.5 第3款将梁端支承力的位置由原规范的两种情况，即屋面梁和楼盖梁简化为一种。计算表明，因屋盖梁下砌体承受的荷载一般较楼盖梁小，承载力裕度较大，当采用楼盖梁的支承长度后，对其承载力影响很小。这样做以简化设计计算。

2 4.2.5 新增第4款，即对于梁跨度大于9m的墙承重的多层房屋，应考虑梁端约束弯矩影响的计算。

试验表明上部荷载对梁端的约束随局压应力的增大呈下降趋势，在砌体局压临破坏时约束基本消失。但在使用阶段对于跨度比较大的梁，其约束弯矩对墙体受力影响应予考虑。根据三维有限元分析，$a/h = 0.75$，$l = 5.4m$，上部荷载 $\sigma_0/f_m = 0.1$、0.2、0.3、0.4时，梁端约束弯矩与按框架分析的梁端弯矩的比值分别为0.28、0.377、0.449、0.511。为了设计方便，将其替换为梁端约束弯矩与梁固端弯矩的比值 K，分别为8.3%、12.2%、16.6%、21.4%。为此拟合成公式（4.2.5）予以反映。

本方法也适用于上下墙厚不同的情况。

3 取消了原规范第3.2.8条上刚下柔多层房屋的静力计算方案及原附录的计算方法。这是考虑到这种结构存在着显著的刚度突变，在构造处理不当或偶发事件中存在着整体失效的可能性。况且通过适当的结构布置，如增加横墙，可成为符合刚性方案的结构，既经济又安全的砌体静力方案。

4 4.2.6 根据表4.2.6所列条件（墙厚240mm）验算表明，由风荷载引起的应力仅占竖向荷载的5%以下，可不考虑风荷载影响。并补充了墙厚为190mm时的砌块房屋的外墙的情况，如表4.2.6的注。

5 无筋砌体构件

5.1 受压构件

5.1.1、5.1.5 无筋砌体受压构件承载力的计算，在保留原规范公式具有的一系列特点的基础上作了如下修改：

1 原规范规定轴向力的偏心距按荷载标准值计算，与建筑结构设计统一标准的规定不符，使用上也不方便。新规范规定在承载力计算时，轴向力的偏心距按荷载设计值计算。在常遇荷载情况下，直接采用其设计值代替标准值计算偏心距，由此引起承载力的降低不超过6%；

2 原规范承载力影响系数 φ 的公式，是基于 $e/h > 0.3$ 时计算值与试验结果的符合程度较差而引入修正系数 $\left[1 + 6\dfrac{e}{h}\left(\dfrac{e}{h} - 0.2\right)\right]$。新规范要求 $e \leqslant 0.6y$，因而在承载力影响系数 φ 的公式中删去了上述修正系数，不仅符合试验结果，且使 φ 的计算得到简化。

综合上述1和2的影响，新规范受压构件承载力与原规范的承载力基本接近，略有下调；

3 增加了双向偏心受压构件承载力的计算方法。计算公式按附加偏心距分析方法建立，与单向偏心受压构件承载力的计算公式相衔接，并与试验结果吻合较好。湖南大学48根短柱和30根长柱的双向偏心受压试验表明，试验值与本方法计算值的平均比值，对于短柱为1.236，长柱为1.329，其变异系数分别为0.103和0.163。而试验值与前苏联规范计算值的平均比值，对短柱为1.439，对于长柱为1.478，其变异系数分别为0.163和0.225。此外，试验表明，当 $e_b > 0.3b$ 和 $e_h > 0.3h$ 时，随着荷载的增加，砌体内水平裂缝和竖向裂缝几乎同时产生，甚至水平裂缝较竖向裂缝出现早，因而设计双向偏心受压构件时，对偏心距的限值较单向偏心受压时偏心距的限值规定得小些是必要的。分析还表明，当一个方向的偏心率（如 e_b/b）不大于另一个方向的偏心率（如 e_h/h）的5%时，可简化按另一方向的单向偏心受压（如 e_h/h）计算，其承载力的误差小于5%。

5.1.2～5.1.4 同原规范的相应条文，未作修改。

5.2 局 部 受 压

本节除下列条文作了部分修改或补充外，其余条文均同原规范的相应部分，不再赘述。

5.2.4 关于梁端有效支承长度 a_0 的计算公式，原规范提供了 $a_0 = 38\sqrt{\dfrac{N_l}{bf\mathrm{tg}\theta}}$，和简化公式 $a_0 = 10\sqrt{\dfrac{h_c}{f}}$，如果前式中 $\mathrm{tg}\theta$ 取1/78，则也成了近似公式，而且 $\mathrm{tg}\theta$ 取为定值后反而与试验结果有较大误差。考虑到两个公式计算结果不一样，容易在工程应用上引起争端，为此规范明确只列后一个公式。这在常用跨度梁情况下和精确公式误差约在15%左右，不致影响局部受压安全度。

5.2.5 补充了刚性垫块上表面梁有效支承长度的计算公式。原规范修订时因未做这方面的工作，所以没有明确规定，一般均以梁与砌体接触时的 a_0 值代替，这与实际情况显然是有差别的。试验和有限分析表明，垫块上表面 a_0 较小，这对于垫块下局压承载力计算影响不是很大（有垫块时局压应力大为减小），但可能对其下的墙体受力不利，增大了荷载偏心距，因此有必要补充垫块上表面梁端有效支承长度 a_0 计算方法。根据试验结果，考虑与现浇垫块局部承载力相协调，并经分析简化也采用公式（5.2.4-5）的形式，只是系数另外作了具体规定。

对于采用与梁端现浇成整体的刚性垫块与预制刚性垫块下局压有些区别，但为简化计算，也可按后者计算。

5.2.6 柔性垫梁局压计算，原规范只考虑局压荷载对垫梁是均匀的中心作用的情况，如果梁搁置在圈梁上则存在出平面不均匀的局部受压情况，而且这是大多数的受力状态。经过计算分析补充了柔性垫块不均匀局压情况，给出 $\delta_2 = 0.8$ 的修正系数。

此时 a_0 可近似按刚性垫块情况计算。

5.3、5.4 同原规范条文

5.5 受 剪 构 件

5.5.1 根据试验和分析，砌体沿通缝受剪构件承载力可采用复合受力影响系数的剪摩理论公式进行计算。

1 公式（5.5.1-1）～（5.5.1-3）适用于烧结的普通砖、多孔砖、蒸压的灰砂砖和粉煤灰砖以及混凝土砌块等多种砌体构件水平抗剪计算。该式系由重庆建筑大学在试验研究基础上对包

件水平抗剪计算。该式系由重庆建筑大学在试验研究基础上对包括各类砌体的国内19项试验数据进行统计分析的结果。此外，因砌体竖缝抗剪强度很低，可将阶梯形截面近似按其水平投影的水平截面来计算。

2 公式（5.5.1）的模式系基于剪压复合受力相关性的两次静力试验，包括 M2.5、M5.0、M7.5 和 M10 等四种砂浆与 MU10 页岩砖共 231 个数据统计回归而得。此相关性亦为动力试验所证实。研究结果表明：砌体抗剪强度并非如摩尔和库仑两种理论随 σ_0/f_m 的增大而持续增大，而是在 $\sigma_0/f_m = 0 \sim 0.6$ 区间增长逐步减慢；而当 $\sigma_0/f_m > 0.6$ 后，抗剪强度迅速下降，以致 $\sigma_0/f_m = 1.0$ 时为零。整个过程包括了剪摩、剪压和斜压等三个破坏阶段与破坏形态。当按剪摩公式形式表达时，其摩擦系数 μ 非定值而为斜直线方程，并适用于 $\sigma_0/f_m = 0 \sim 0.8$ 的近似范围。

3 根据国内 19 份不同试验共 120 个数据的统计分析，实测抗剪承载力与按有关公式计算值之比值的平均值为 0.960，标准差为 0.220，具有 95%保证率的统计值为 0.598（≈0.6）。又取 $\gamma_f = 1.6$ 而得出（5.5.1）公式系列。

4 式中修正系数 a 系通过对常用的砖砌体和混凝土空心砌块砌体，当用于四种不同开间及楼（屋）盖结构方案时可能导致的最不利承重墙，采用（5.5.1）公式与原砌体结构设计规范和抗震设计规范公式抗剪强度之比较分析而得出的，并根据 $\gamma_G = 1.2$ 和 1.35 两种荷载组合以及不同砌体类别而取用不同的 a 值。引入 a 系意在考虑试验与工程实验的差异，统计数据有限以及与现行两本规范衔接过渡，从而保持大致相当的可靠性水准。

5 简化公式中 σ_0 定义为永久荷载设计值引起的水平截面压应力。根据不同的荷载组合而有了 $\gamma_G = 1.2$ 和 1.35 相应的 (5.5.1-2) 及 (5.5.1-3) 等不同 μ 值计算公式。同时尚列出关于 $\sigma\mu$ 值的计算表格（表 5.5.1），以备查用。

6 公式与表格的适用范围为 $\sigma_0/f = 0 \sim 0.8$，较试验结果之 σ_0/f_m（$= 0 \sim 0.8$）、甚至 σ_0/f_k 更偏于安全（后两者 σ_0 实为 σ_{0k}，且 f_m 和 f_k 均大于 f）

6 构造要求

6.1 墙、柱的允许高厚比

6.1.1 本条取消了原规范注①，因该项计算高度在表 5.1.3 中已有规定。其余同原规范条文。

6.1.2 墙中设钢筋混凝土构造柱时可提高墙体使用阶段的稳定性和刚度，本次修编提出了设构造柱在使用阶段的允许高厚比提高系数 μ_c，μ_c 的计算公式是在对设构造柱的各种砖墙、砌块墙和石砌墙的整体稳定性和刚度进行分析后提出的偏下限公式。为与组合砖墙承载力计算相协调，规定 $b_c/l > 0.25$（即 $l/b_c < 4$）时取 $l/b_c = 4$；当 $b_c/l < 0.05$（即 $l/b_c > 20$）时，取 $b_c/l = 0$。表明构造柱间距过大，对提高墙体稳定性和刚度作用已很小。

由于在施工过程中大多是先砌筑墙体后浇注构造柱，应注意采取措施保证设构造柱墙在施工阶段的稳定性。

6.1.3 本条注 2 条为新增加的内容，用厚度小于 90mm 的砖或块材砌筑的隔墙，当双面用较高强度的砂浆粉刷时，工程实践表明，其稳定性满足使用要求。

6.1.4 同原规范相应条文。

6.2 一般构造要求

6.2.1、6.2.2 从房屋的耐久性出发，对其中一些材料的最低强度等级较原规范进一步提高了要求。如第 6.2.1 条将砌块由 MU5 提高到 MU7.5，石材由 MU20 提高到 MU30，砂浆由 M2.5 提高到 M5。对安全等级为一级或设计使用年限大于 50 年的房屋，根据其对材料的耐久性要求更高作出的规定。

6.2.3、6.2.4 同原规范相应条文。

6.2.5 补充了梁下砌体墙厚为 180mm 时的梁的跨度，其余同原规范相应条文。

6.2.6 根据各地工程实践经验（特别是砌块房屋的实践经验），对预制钢筋混凝土板支承在墙上，与支承在钢筋混凝土圈梁上的最小长度加以区别对待。利用板端预留钢筋和在板缝内浇灌混凝土形成的支座整体性更好，因而其支承长度可以适当减少，许多地方的标通图采用了这种构造。

6.2.7 同原规范相应条文关于梁下不同材料支承墙体时的规定。

6.2.8、6.2.9 对原规范相应条文作了局部修改。如第 6.2.9 条中强调了屋面构件与山墙的拉结。

6.2.10 本规范取消了中型砌块，其余均同原规范相应条文。

6.2.11 本条根据工程实践将砌块墙与后砌隔墙交接处的拉结钢筋片的构造具体化，并加密了该网片沿墙高设置的间距（400mm）。

6.2.12 为增强混凝土砌块房屋的整体性和抗裂能力和工程实践经验提出了本规定。为保证灌实质量，要求其坍落度为 160～200mm 的专用灌孔混凝土（Cb）。

6.2.13 除将挑梁下支承砌块墙体灌实混凝土的高度由原规范的 400mm 改为 600mm 外，其余同原规范相应条文。

6.2.14 在砌体中留槽及埋设管道对砌体的承载力影响较大，故本条规定了有关要求。

6.2.15、6.2.16 为适应我国建筑节能要求，作为高效节能墙体的多叶墙，即夹芯墙的设计亟待完善。我国的一些科研单位，如中国建筑科学研究院、哈尔滨建筑大学等先后作了一定数量的夹芯墙静力和伪静力试验（包括钢筋拉结和丁砖拉结的两种构造方案），并提出了相应的构造措施和计算方法。试验表明，在竖向荷载作用下，连接件能协调内、外叶墙的变形，为内叶墙提供了一定的支持作用，提高了内叶墙的承载力和增加了叶墙的稳定性。在往复荷载作用下，钢筋拉结件能在大变形情况下防止外叶墙失稳破坏，使内外叶墙变形协调，共同工作。因此钢筋拉结件对防止已开裂墙体在地震作用下不致脱落倒塌有重要作用。另外两种连接方案对比试验表明，采用钢筋拉结件的夹芯墙片，不仅破坏较轻，并且其变形能力和承载能力的发挥也较好。

夹心墙中的钢筋拉结件的防腐处理，是确保夹心墙耐久性的重要措施，国外一般采用重镀锌或不锈拉结件，我国一般用防锈涂料，也有用镀锌的。从更耐久角度应用不锈钢最保险。因此对安全等级为一级或设计使用年限大于 50 年的房屋，提出了第 6.2.16 条的注。

这两条是根据我国的试验并参照国外规范的有关规定制定的。

6.3 防止或减轻墙体开裂的主要措施

6.3.1 为防止或减轻砌体房屋因长度过大由于温差和砌体干缩引起墙体竖向整体裂缝，规定了伸缩缝的最大间距。本次修编时考虑了石砌体、灰砂砖、混凝土砌块和烧结砖等砌体材料性能的差异，根据国内外有关资料和工程实践经验对上述砌体伸缩缝的最大间距予以折减。此外，由于砌体房屋墙体裂缝成因的复杂性，根据目前的技术经济水平，尚不能完全防止和杜绝由于钢筋混凝土屋盖的温度变形和砌体干缩变形引起的墙体局部裂缝。合理地选择和应用本节提出的这些措施，可以做到使砌体房屋墙体的裂缝的产生和发展达到可接受的程度。

6.3.2、6.3.3 为防止或减轻由于钢筋混凝土屋盖的温度变化和砌体干缩变形以及其他原因引起的墙体裂缝，本次修编将国内外比较成熟的一些措施列出，使用者可根据自己的具体情况选用。

防止或减轻墙体裂缝的措施尚在不断总结和深化，故不限于所列方法。当有实践经验时，也可采用其他措施。

6.3.4 墙体转角处和纵横墙交接处既能增强结构的空间刚度，又成为墙体变形的约束部位，增加一定的拉结钢筋或网片，对防止墙体温度或干缩变形引起的墙体开裂和整体性有一定作用。本条是根据工程实践提出的。

6.3.5 本条主要是考虑到蒸压灰砂砖、混凝土砌块和其他非烧结砌体的干缩变形较大，当实体墙长超过5m时，往往在墙体中部出现两端小、中间大的竖向收缩裂缝，为防止或减轻这类裂缝的出现，而提出的一条措施。

6.3.6 本条是根据混凝土砌块房屋在这些部位易出现裂缝，并参照一些工程设计经验和标通图，提出的有关措施。

6.3.7 关于控制缝的概念主要引自欧、美规范和工程实践。它主要针对高收缩率砌体材料，如非烧结砖和混凝土砌块，其干缩率为0.2~0.4mm/m，是烧结砖的2~3倍。因此按对待烧结砌体结构的温度区段和抗裂措施是远远不够的。因此在本规范6.3节的不少条的措施是针对这个问题的，但还是不够的。按照欧美规范，如英国规范规定，对粘土砖砌体的控制间距为10~15m，对混凝土砌块和硅酸盐砖（本规范指的是蒸压灰砂砖、粉煤灰砖等）砌体一般不应大于6m；美国混凝土协会（ACI）规定，无筋砌体的最大控制缝间距为12~18m，配筋砌体的控制缝间距不超过30m。这远远超过我国砌体规范温度区段的间距。这也是按本规范的温度区段和有关抗裂构造措施不能消除在砌体房屋中裂缝的一个重要原因。控制缝的引入是个新概念，有个认识过程，它是根据砌体材料的干缩特性，把较长的砌体房屋的墙体划分成若干个较小的区段，使砌体因温度、干缩变形引起的应力或裂缝很小，而达到可以控制的地步，故称控制缝（control joint）。控制缝为单墙设缝，不同我国普遍采用的双墙温度缝。该缝沿墙长方向能自己伸缩，而在墙体出平面则能承受一定的水平力。因此该缝材料还对防水密封有一定要求。关于在房屋纵墙上，按本条规定设缝的理论分析是这样的：房屋墙体刚度变化、高度变化均会引起变形突变，正是裂缝的多发处，而在这些位置设置控制缝就解决了这个问题，但随之提出的问题是，留控制缝后对砌体房屋的整体刚度有何影响，特别是对房屋的抗震影响如何，是个值得关注的问题。为此本规范的参编单位之一的哈尔滨工业大学对一般七层砌体住宅，在顶层按10m左右在纵墙的门或窗洞部位设置控制缝进行了抗震分析，其结论是：控制缝引起的墙体刚度降低很小，至少在低烈度区，如≤7度情况下，是安全可靠的。控制缝在我国因系新作法，在实施上需结合工程情况设置控制缝和适合的嵌缝材料。这方面的材料可参见《现代砌体结构—全国砌体结构学术会议论文集》，中国建筑工业出版社2000，ISBN 7-112-04487-1。

6.3.8 蒸压灰砂砖、混凝土砌块和其他非烧结砖砌筑时采用传统的砌筑粘土砖的混合砂浆，从实践经验看是不适当的。国外均有适合各种材料自身特性的砂浆。我国已编制了《混凝土小型空心砌块砌筑砂浆》标准。粘结性能好的砂浆不但能提高块材与砂浆之间的粘结强度，改善砌体的力学特性，而且还能减少墙体的裂缝。

7 圈梁、过梁、墙梁及挑梁

7.1 圈 梁

7.1.1~7.1.5 根据近年来工程反馈信息和住房商品化对房屋质量要求的不断提高，加强了多层砌体房屋圈梁的设置和构造。这有助于提高砌体房屋的整体性、抗震和抗倒塌能力。考虑到钢筋砖圈梁在工程中应用很少，本节取消有关规定。

7.1.6 由于预制混凝土楼、屋盖普遍存在裂缝，许多地区采用了现浇混凝土楼板，为此增加本条的规定。

7.2 过 梁

7.2.1 本条及相关条文仍保留钢筋砖过梁和砖砌平拱的规定。但对工程应用范围作了更严格的限制。

7.2.3 砌有一定高度墙体的钢筋混凝土过梁按受弯构件计算严格说是不合理的。试验表明过梁也是偏拉构件。过梁与墙梁并无明确分界定义，主要差别在于过梁支承平行的墙体上，且支承长度较长；一般跨度较小，承受的梁板荷载较小。当过梁跨度较大或承受较大梁板荷载时，应按墙梁设计。

7.3 墙 梁

7.3.1 考虑墙体与托梁组合作用的墙梁设计方法是原规范根据我国工程实践需要和科研成果增加的内容，但主要包括简支墙梁，并对单跨框支墙梁设计作了简单规定。本规范根据近年来科研成果和工程经验，将墙梁设计方法进一步应用于连续墙梁和框支墙梁。到目前为止，各有关单位已进行258个（无洞159个、有洞99个）简支墙梁、21个连续墙梁和28个框支墙梁试件的试验研究和近2000个构件的有限元分析及两栋设置墙梁的多层房屋的实测。考虑墙梁组合作用可使墙梁设计更加安全可靠、经济合理。

7.3.2 本条规定墙梁设计应满足的条件。关于墙体总高度、墙梁跨度的规定，主要根据工程经验。$\frac{h_w}{l_{0i}} \geq 0.4 \left(\frac{1}{3}\right)$的规定是为了避免墙体发生斜拉破坏。托梁是墙梁的关键构件，限制$\frac{h_b}{l_{0i}}$不致过小不仅从承载力方面考虑，而且较大的托梁刚度对改善墙体抗剪性能和托梁支座上部砌体局部受压性能也是有利的，对承重墙梁改为$\frac{h_b}{l_{0i}} \geq \frac{1}{10}$。但随着$\frac{h_b}{l_{0i}}$的增大，竖向荷载向跨中分布，而不是向支座集聚，不利于组合作用充分发挥，因此，不应采用过大的$\frac{h_b}{l_{0i}}$。洞宽和洞高限制是为了保证墙体整体性并根据试验情况作出的。偏开洞口对墙梁组合作用发挥是极不利的，洞口外墙肢过小，极易剪坏或被推出破坏，限制洞距a_i及采取相应构造措施非常重要。对边支座改为$a_i \geq 0.15 l_{0i}$；增加中支座$a_i \geq 0.07 l_{0i}$的规定。此外，国内、外均进行过混凝土砌块砌体和轻质混凝土砌块砌体墙梁试验，表明其受力性能与砖砌体墙梁相似。故采用混凝土砌块砌体墙梁可参照使用。而大开间墙梁模型拟动力试验和深梁试验表明，对称开两个洞的墙梁和偏开一个洞的墙梁受力性能类似。对多层房屋的纵向连续墙梁每跨对称开两个窗洞时也可参照使用。

7.3.3 本条给出与第7.3.1条相应的计算简图。计算跨度取值系根据墙梁为组合深梁，其支座应力分布比较均匀而确定的。墙体计算高度仅取一层层高是偏于安全的，分析表明，当$h_w > l_0$时，主要是$h_w = l_0$范围内的墙体参与组合作用。H_0取值基于轴拉力作用于托梁中心，h_f限值系根据试验和弹性分析并偏于安全确定的。

7.3.4 本条分别给出使用阶段和施工阶段的计算荷载取值。承重墙梁在托梁顶面荷载作用下不考虑组合作用，仅在墙梁顶面荷载作用下考虑组合作用。有限元分析及2个两层带翼墙的墙梁试验表明，当$\frac{b_f}{l_0} = 0.13~0.3$时，在墙梁顶面已有30%~50%上部楼面荷载传至翼墙。墙梁支座处的落地混凝土构造柱同样可以分担35%~65%的楼面荷载。但本条不再考虑上部楼面荷载的折减，仅在墙体受剪和局压计算中考虑翼墙的有利作用，以提高墙梁的可靠性，并简化计算，1~3跨7孔框支墙梁的有限元分析表明，墙梁顶面以上各层集中力可按作用的跨度近似化为均布荷载（一般不超过该层该跨荷载的30%），再按本节方法计算墙梁承载力是安全可靠的。

7.3.5 试验表明，墙梁在顶面荷载作用下主要发生三种破坏形态，即：由于跨中或洞口边缘处纵向钢筋屈服，以及由于支座上部纵向钢筋屈服而产生的正截面破坏；墙体或托梁斜截面剪切破坏以及托梁支座上部砌体局部受压破坏。为保证墙梁安全可靠地工作，必须进行本条规定的各项承载力计算。计算分析表明，自承重墙梁可满足墙体受剪承载力和砌体局部受压承载力的要求，无需验算。

7.3.6 试验和有限元分析表明，在墙梁顶面荷载作用下，无洞口简支墙梁正截面破坏发生在跨中截面，托梁处于小偏心受拉状态；有洞口简支墙梁正截面破坏发生在洞口内边缘截面，托梁处于大偏心受拉状态。原规范基于试验结果给出考虑墙梁组合作用，托梁按混凝土偏心受拉构件计算的设计方法及相应公式。其中，内力臂系数 γ 基于 56 个无洞口墙梁试验，采用与混凝土深梁类似的形式，$\gamma=0.1$ $(4.5+l_0/H_0)$，计算值与试验值比值的平均值 $\mu=0.885$，变异系数 $\delta=0.176$，具有一定的安全储备。但原规范方法过于繁琐。本规范在无洞口和有洞口简支墙梁有限元分析的基础上，直接给出托梁弯矩和轴力计算公式。既保持考虑墙梁组合作用，托梁按混凝土偏心受拉构件设计的合理模式，又简化了计算，并提高了可靠度。托梁弯矩系数 α_M 计算值与有限元值之比：对无洞口墙梁 $\mu=1.644$，$\delta=0.101$；对有洞口墙梁 $\mu=2.705$，$\delta=0.381$；与原规范值之比，对无洞口墙梁 $\mu=1.376$，$\delta=0.156$；对有洞口墙梁 $\mu=0.972$，$\delta=0.18$。托梁轴力系数 η_N 计算值与有限元值之比：$\mu=1.146$，$\delta=0.023$；对有洞口墙梁，$\mu=1.153$，$\delta=0.262$；与原规范值之比，对无洞口墙梁 $\mu=1.149$，$\delta=0.093$；对有洞口墙梁 $\mu=1.564$，$\delta=0.237$。对于直接作用在托梁顶面的荷载 Q_1、F_1 将由托梁单独承受而不考虑墙梁组合作用，这是偏于安全的。

连续墙梁是本规范新增加的内容，是在 21 个连续墙梁试验基础上，根据 2 跨、3 跨、4 跨和 5 跨等跨无洞口和有洞口连续墙梁有限元分析提出的。对于跨中截面，直接给出托梁弯矩和轴拉力计算公式，按混凝土偏心受拉构件设计，与简支墙梁托梁的计算模式一致。对于支座截面，有限元分析表明其为大偏心受压构件，忽略轴压力按受弯构件计算是偏于安全的。弯矩系数 α_M 是考虑各种因素在通常工程应用的范围变化并取最大值，其安全储备是较大的。在托梁顶面荷载 Q_1、F_1 作用下，以及在墙梁顶面荷载 Q_2 作用下均采用一般结构力学方法分析连续托梁内力，计算较简便。

原规范规定单跨框支墙梁近似按简支墙梁计算，计算框架柱时考虑墙梁顶面荷载引起的附加弯矩 $M_c=q_2l_0^2/60$，这一规定过于简单。本规范在 9 个单跨框支墙梁试验基础上，根据单跨无洞口和有洞口框支墙梁有限元分析，对托梁跨中截面直接给出弯矩和轴拉力公式，并按混凝土偏心受拉构件计算，也与简支墙梁托梁计算模式一致。框支墙梁在托梁顶面荷载 Q_1、F_1 和墙梁顶面荷载 Q_2 作用下分别采用一般结构力学方法分析框架内力，计算较简便。原规范未包括多跨框支墙梁设计条文。本规范在 19 个双跨框支墙梁试验基础上，根据 2 跨、3 跨和 4 跨无洞口和有洞口框支墙梁有限元分析，对托梁跨中截面也直接给出弯矩和轴拉力按混凝土偏心受拉构件计算，与单跨框支墙梁协调一致。托梁支座截面也按受弯构件计算。

为简化计算，连续墙梁和框支墙梁采用统一的 α_M 和 η_N 表达式。边跨跨中 α_M 计算值与有限元值之比，对连续墙梁，无洞口时，$\mu=1.251$，$\delta=0.095$，有洞口时，$\mu=1.302$，$\delta=0.198$；对框支墙梁，无洞口时，$\mu=2.1$，$\delta=0.182$，有洞口时，$\mu=1.615$，$\delta=0.252$。η_N 计算值与有限元值之比，对连续墙梁，无洞口时，$\mu=1.129$，$\delta=0.039$，有洞口时，$\mu=1.269$，$\delta=0.181$；对框支墙梁，无洞口时，$\mu=1.047$，$\delta=0.181$，有洞口时，$\mu=0.997$，$\delta=0.135$。中支座 α_M 计算值与有限元值之比，对连续墙梁，无洞口时，$\mu=1.715$，$\delta=0.245$，有洞口时，$\mu=1.826$，$\delta=0.332$；对框支墙梁，无洞口时，$\mu=2.017$，$\delta=0.251$，有洞口时，$\mu=1.844$，$\delta=0.295$。

7.3.7 有限元分析表明，多跨框支墙梁存在边柱之间的大拱效应，使边柱轴压力增大，中柱轴压力减少，故在墙梁顶面荷载 Q_2 作用下当边柱轴压力增大不利时应乘以 1.2 的修正系数。框架柱的弯矩计算不考虑墙梁组合作用。

7.3.8 试验表明，墙梁发生剪切破坏时，一般情况下墙体先于托梁进入极限状态而剪坏。当托梁混凝土强度较低，箍筋较少时，或墙体采用构造框架约束砌体的情况下托梁可能稍后剪坏。故托梁与墙体应分别计算受剪承载力。原规范对托梁受剪承载力计算规定过于烦琐，而 Q_2 作用下剪力 V_2 折减过多，使可靠度偏低。本规范规定托梁受剪承载力统一按受弯构件计算。剪力系数 β_V 按不同情况取值且有较大提高。因而提高了可靠度，且简化了计算。简支墙梁 β_V 计算值与有限元值之比，对无洞口墙梁 $\mu=1.102$，$\delta=0.078$；对有洞口墙梁 $\mu=1.397$，$\delta=0.123$；与原规范计算值之比，对无洞口墙梁 $\mu=1.5$，$\delta=0$，对有洞口墙梁 $\mu=1.558$，$\delta=0.226$。β_V 计算值与有限元值之比，对连续墙梁边支座，无洞口时 $\mu=1.254$、$\delta=0.135$，有洞口时 $\mu=1.404$、$\delta=0.159$，中支座，无洞口时 $\mu=1.094$、$\delta=0.062$，有洞口时 $\mu=1.098$、$\delta=0.162$。对框支墙梁边支座，无洞口时 $\mu=1.693$、$\delta=0.131$，有洞口时 $\mu=2.011$、$\delta=0.31$；中支座，无洞口时 $\mu=1.588$、$\delta=0.093$，有洞口时 $\mu=1.659$、$\delta=0.187$。

7.3.9 试验表明：墙梁的墙体剪切破坏发生在 $h_w/l_0<0.75\sim0.80$，托梁较强，砌体相对较弱的情况下。当 $h_w/l_0<0.35\sim0.40$ 时发生承载力较低的斜拉破坏，否则，将发生斜压破坏。原规范根据砌体在复合应力状态下的剪切强度，经理论分析得出墙体受剪承载力公式并进行试验验证。并按正交设计方法找出影响显著的因素 h_b/l_0 和 a/l_0；根据试验资料回归分析，给出 $V_2 \leqslant \xi_2$ $(0.2+h_b/l_0)$ hh_wf。计算值与 47 个简支无洞口墙梁试验结果比较，$\mu=1.062$，$\delta=0.141$；与 33 个简支有洞口墙梁试验结果比较，$\mu=0.966$，$\delta=0.155$。工程实践表明，由于此式给出的承载力较低，往往成为墙梁设计中的控制指标。试验表明，墙梁顶面圈梁（称为顶梁）如同放在砌体上的弹性地基梁，能将楼层荷载部分传至支座，并和托梁一起约束墙体横向变形，延缓和阻滞斜裂缝开展，提高墙体受剪承载力。本规范根据 7 个设置顶梁的连续墙梁剪切破坏试验结果，给出考虑顶梁作用的墙体受剪承载力公式 (7.3.9)，计算值与试验值之比，$\mu=0.844$，$\delta=0.084$。工程实践表明，墙梁顶面以上集中荷载占各层荷载比值不大，且经各层传递至墙梁顶面已趋均匀，故本规范取消系数 ξ_3，将墙梁顶面以上各层集中荷载均除以跨度近似化为均布荷载计算。由于翼墙或构造柱的存在，使多层墙梁楼盖荷载向翼墙或构造柱卸荷而减少墙体剪力，改善墙体受剪性能，故采用翼墙影响系数 ξ_1。为了简化计算，单层墙梁洞口影响系数 ξ_2 不再采用公式表达，和多层墙梁一样给出定值。

7.3.10 试验表明，当 $h_w/l_0>0.75\sim0.80$，且无翼墙，砌体强度较低时，易发生托梁支座上方因竖向正应力集中而引起的砌体局部受压破坏。为保证砌体局部受压承载力，应满足 $\sigma_{ymax}h \leqslant \gamma hf$（$\sigma_{ymax}$ 为最大竖向压应力，γ 为局压强度提高系数）。令 $C=\sigma_{ymax}h/Q_2$ 称为应力集中系数，则上式变为 $Q_2\leqslant \gamma fh/C$。令 $\zeta=\gamma/C$，称为局压系数，即得到本规范 (7.3.10-1) 式。根据 16 个发生局压破坏的无翼墙墙梁试验结果，$\zeta=0.31\sim0.414$；若取 $\gamma=1.5$，$C=4$，则 $\zeta=0.37$。翼墙的存在，使应力集中减少，局部受压有较大改善；当 $b_f/h=2\sim5$ 时，$C=1.33\sim2.38$，$\zeta=0.475\sim0.747$。则根据试验结果确定本规范 (7.3.10-2) 式。近年来采用构造框架约束砌体的墙梁试验和有限元分析表明，构造柱对减少应力集中，改善局部受压的作用更明显，应力集中系数可降至1.6左右。计算分析表明，当$b_f/h \geqslant 5$或设构造柱时，可不验算砌体局部受压承载力。

7.3.11 墙梁是在托梁上砌筑砌体墙形成的。除应限制计算高度范围内墙体每天的可砌高度，严格进行施工质量控制外，尚应进行托梁在施工荷载作用下的承载力验算，以确保施工安全。

7.3.12 为保证托梁与上部墙体共同工作，保证墙梁组合作用的正常发挥，本条对墙梁基本构造要求作了相应的规定。

7.4 挑 梁

本节第7.4.2条中对原规范计算倾覆点，针对$l_1 \geqslant 2.2h_b$时的两个公式，经分析采用近似公式（$x_0=0.3h_b$），与弹性地基梁公式（$x_0=0.25\sqrt[3]{h_b^3}$）相比，当$h_b=250mm \sim 500mm$时，$\mu=1.051, \delta=0.064$；并对挑梁下设有构造柱时的计算倾覆点位置作了规定（取$0.5x_0$），其余条文说明均同原规范。

8 配筋砖砌体构件

本章规定了二类配筋砌体构件的设计方法。第一类为网状配筋砖砌体构件，即原规范相应的条文内容。第二类为组合砖砌体构件，又分为砖砌体和钢筋混凝土面层或钢筋砂浆面层组成的组合砖砌体构件，也即原规范相应的条文内容；砖砌体和钢筋混凝土构造柱组成的组合砖墙。砖砌体和钢筋混凝土柱组合砖墙是新增加的内容。

8.2.7 在荷载作用下，由于构造柱和砖墙的刚度不同，以及内力重分布的结果，构造柱分担墙体上的荷载。此外，构造柱与圈梁形成"弱框架"，砌体受到约束，也提高了墙体的承载力。设置构造柱砖墙与组合砖砌体构件有类似之处，湖南大学的试验研究表明，可采用组合砖砌体轴心受压构件承载力的计算公式，但引入强度系数以反映前者与后者的差别。

8.2.8 有限元分析和试验结果表明，设有构造柱的砖墙中，边柱处于偏心受压状态，设计时宜适当增大边柱截面及增大配筋。如可采用240mm×370mm，配4ϕ14钢筋。

在影响设置构造柱砖墙承载力的诸多因素中，柱间距的影响最为显著。理论分析和试验结果表明，对于中间柱，它对柱两侧砌体的影响长度约为1.2m；对于边柱，其影响长度约为1m。构造柱间距为2m左右时，柱的作用得到充分发挥。构造柱间距大于4m时，它对墙体受压承载力的影响很小。

为了保证构造柱与圈梁形成一种"弱框架"，对砖墙产生较大的约束，因而本条对钢筋混凝土圈梁的设置作了较为严格的规定。

9 配筋砌块砌体构件

9.1.1 本条规定了配筋砌块剪力墙结构内力及位移分析的基本原则。

9.2.2 由于配筋灌孔砌体的稳定性不同于一般砌体的稳定性，根据欧拉公式和灌心砌体受压应力—应变关系，考虑简化并与一般砌体的稳定系数相一致，给出公式9.2.2-2。该公式也与试验结果拟合较好。

9.2.3 按我国目前混凝土砌块标准，砌块的厚度为190mm，标准最大孔率为46%，孔洞尺寸120mm×120mm的情况下，孔洞中只能设置一根钢筋。因此配筋砌块砌体墙在平面外的受压承载力，按无筋砌体构件受压承载力的计算模式是一种简化处理。

9.2.1、9.2.4 国外的研究和工程实践表明，配筋砌块砌体的力

学性能与钢筋混凝土的性能非常相近，特别在正截面承载力的设计中，配筋砌体采用了与钢筋混凝土完全相同的基本假定和计算模式。如国际标准《配筋砌体设计规范》、《欧共体配筋砌体结构统一规则》EC6和美国建筑统一法规（UBC）—《砌体规范》均对此作了明确的规定。我国哈尔滨建筑大学、湖南大学、同济大学等的试验也验证了这种理论的适用性。但是在确定灌孔砌体的极限压应变时，采用了我国自己的试验数据。

9.2.5 表9.2.5中翼缘计算宽度取值引自国际标准《配筋砌体设计规范》，它和钢筋混凝土T形及倒L形受弯构件位于受压区的翼缘计算宽度的规定和钢筋混凝土剪力墙有效翼缘宽度的规定非常接近。但保证翼缘与腹板共同工作的构造是不同的。对钢筋混凝土结构，翼墙和腹板是由整浇的钢筋混凝土进行连接的；对配筋砌块砌体，翼墙和腹板是通过在交接处块体的相互咬砌、连接钢筋（或连接铁件），或配筋带进行连接的，通过这些连接构造，以保证承受腹板和翼墙共同工作时产生的剪力。

9.3.1 试验表明，配筋灌孔砌块砌体剪力墙的抗剪受力性能，与非灌实砌块砌体墙有较大的区别：由于灌孔混凝土的强度较高，砂浆的强度对墙体抗剪承载力的影响较少，这种墙体的抗剪性能更接近于钢筋混凝土剪力墙。

配筋砌块砌体剪力墙的抗剪承载力除材料强度外，主要与垂直正应力、墙体的高宽比或剪跨比，水平和垂直配筋率等因素有关：

1 正应力σ_0，也即轴压比对抗剪承载力的影响，在轴压比不大的情况下，墙体的抗剪能力、变形能力随σ_0的增加而增加。湖南大学的试验表明，当σ_0从1.1MPa提高到3.95MPa时，极限抗剪承载力提高了65%，但当$\sigma_0>0.75f_m$时，墙体的破坏形态转为斜压破坏，σ_0的增加反而使墙体的承载力有所降低。因此应对墙体的轴压比加以限制。国际标准《配筋砌体设计规范》规定，$\sigma_0=N/bh_0 \not> 0.4f$，或$N \not> 0.4bhf$。本条根据我国试验，控制正应力对抗剪承载力的贡献不大于$0.12N$，这是偏于安全的，而美国规范为$0.25N$。

2 剪力墙的高宽比或剪跨比（λ）对其抗剪承载力有很大的影响。这种影响主要反映在不同的应力状态和破坏形态，小剪跨比试件，如$\lambda \leqslant 1$，则趋于剪切破坏，而$\lambda > 1$，则趋于弯曲破坏，剪切破坏的墙体的抗侧承载力远大于弯曲破坏墙体的抗侧承载力。

关于两种破坏形式的界限剪跨比（λ），尚与正应力σ_0有关。目前收集到的国内外试验资料中，大剪跨比试验数据较少。根据哈尔滨建筑大学所作的7个墙片数据认为$\lambda=1.6$可作为两种破坏形式的界限值。根据我国沈阳建工学院、湖南大学、哈尔滨建筑大学、同济大学等试验数据，统计分析提出的反映剪跨比影响的关系式，其中的砌体抗剪强度，是在综合考虑混凝土砌块、砂浆和混凝土注芯率基础上，用砌体的抗压强度的函数（$\sqrt{f_g}$）表征的。这和无筋砌体的抗剪模式相似。国际标准和美国规范也均采用这种模式。

3 配筋砌块砌体剪力墙中的钢筋提高了墙体的变形能力和抗剪能力。其中水平钢筋（网）在通过斜截面上直接受拉抗剪，但它在墙体开裂前几乎不受力，墙体开裂直至达到极限荷载时所有水平钢筋均参与受力并达到屈服。而竖向钢筋主要通过销栓作用抗剪，极限荷载时该钢筋达不到屈服，墙体破坏时部分竖向钢筋可屈服。据试验和国外有关文献，竖向钢筋的抗剪贡献为$0.24f_{yv}A_{sv}$。本公式未直接反映竖向钢筋的贡献，而是通过综合考虑正应力的影响，以无筋砌体部分承载力的调整给出的。根据41片墙体的试验结果：

$$V_{g,m} = \frac{1.5}{\lambda+0.5}(0.143\sqrt{f_{g,m}}+0.246N_k)+f_{yh,m}\frac{A_{sh}}{s}h_0 \quad (1)$$

$$V_g = \frac{1.5}{\lambda+0.5}(0.13\sqrt{f_g}bh_0+0.12N\frac{A_w}{A})+0.9f_{yh}\frac{A_{sh}}{s}h_0 \quad (2)$$

试验值与按上式计算值的平均比值为 1.188, 其变异系数为 0.220。现取偏下限值, 即将上式乘 0.9, 并根据设定的配筋砌体剪力墙的可靠度要求, 得到上列的计算公式。

上列公式较好地反映了配筋砌块砌体剪力墙抗剪承载力主要因素。从砌体规范本身来讲是较理想的系统表达式。但考虑到我国规范体系的理论模式的一致性要求, 经与《混凝土结构设计规范》GB50010 和《建筑抗震设计规范》GB50011 协调, 最终将上列公式改写成具有钢筋混凝土剪力墙的模式, 但又反映砌体特点的计算表达式。这些特点包括:

1 砌块灌孔砌体只能采用抗剪强度 f_{vg}, 而不能像混凝土那样采用抗拉强度 f_t。

2 试验表明水平钢筋的贡献是有限的, 特别是在较大剪跨比的情况下更是如此。因此根据试验并参照国际标准, 对该项的承载力进行了降低。

3 轴向力或正应力对抗剪承载力的影响项, 砌体规范根据试验和计算分析, 对偏压和偏拉采用了不同的系数: 偏压为 $+0.12$, 偏拉为 -0.22。我们认为钢筋混凝土规范对两者不加区别是欠妥的。

现将上式中由抗压强度模式表达的方式改为抗剪强度模式的转换过程进行说明, 以帮助了解该公式的形成过程:

①由 $f_{vg} = 0.208 f_g^{0.55}$ 则有 $f_g^{0.55} = \frac{1}{0.208} f_{vg}$;

②根据公式模式的一致性要求及公式中砌体项采用 $\sqrt{f_g}$ 时, 对高强砌体材料偏低的情况, 也将 $\sqrt{f_g}$ 调为 $f_g^{0.55}$;

③将 $f_g^{0.55} = \frac{1}{0.208} f_{vg}$ 代入公式 (2) 中, 则得到砌体项的数值 $\frac{0.13}{0.208} f_{vg} = 0.625 f_{vg}$, 取 $0.6 f_{vg}$;

④根据计算, 将式 (2) 中的剪跨比影响系数, 由 $\frac{1.5}{\lambda + 0.5}$ 改为 $\frac{1}{\lambda - 0.5}$, 则完成了如公式 (9.3.1-2) 的全部转换。

9.3.2 主要参照国际标准《配筋砌体设计规范》、《钢筋混凝土高层建筑结构设计与施工规程》和配筋混凝土砌块砌体剪力墙的试验数据制定的。

配筋砌块砌体连梁, 当跨高比较小时, 小于 2.5, 即所谓"深梁"的范围, 而此时的受力更像小剪跨比的剪力墙, 只不过 σ_0 的影响很小; 当跨高比大于 2.5 时, 即所谓的"浅梁"范围, 而此时受力则更像大剪跨比的剪力墙。因此剪力墙的连梁除满足正截面承载力要求外, 还必须满足受剪承载力要求, 以避免连梁产生受剪破坏后导致剪力墙的延性降低。

对连梁截面的控制要求, 是基于这种构件的受剪承载力应该具有一个上限值, 根据我国的试验, 并参照混凝土结构的设计原则, 取为 $0.25 f_g bh_0$。在这种情况下能保证连梁的承载能力发挥和变形处在可控的工作状态之内。

另外, 考虑到连梁受力较大、配筋较多时, 配筋砌块砌体连梁的布筋和施工要求较高, 此时只要按材料的等强原则, 也可将连梁部分设计成混凝土的, 国内的一些试点工程也是这样作的, 虽然在施工程序上增加一定的模板工作量, 但工程质量是可保证的。故本条增加了这种选择。

9.4 配筋砌块砌体剪力墙构造规定
I 钢 筋

9.4.1～9.4.6 从配筋砌块砌体对钢筋的要求看, 和钢筋混凝土结构对钢筋的要求有很多相同之处, 但又有其特点, 如钢筋的规格要受到孔洞和灰缝的限制; 钢筋的接头宜采用搭接或非接触搭接接头, 以便于先砌墙后插筋、就位绑扎和浇灌混凝土的施工工艺; 钢筋的混凝土保护层厚度不考虑砌体块体壁厚的有利影响等。

对于钢筋在砌体灌孔混凝土中锚固的可靠性, 人们比较关注, 为此我国沈阳建筑工程学院和北京建筑工程学院作了专门锚固试验, 表明, 位于灌孔混凝土中的钢筋, 不论位置是否对中, 均能在远小于规定的锚固长度内达到屈服。这是因为灌孔混凝土中的钢筋处在周边有砌块壁形成约束条件下的混凝土所致, 这比钢筋在一般混凝土中的锚固条件要好。国际标准《配筋砌体设计规范》ISO9652-3 中有砌块约束的混凝土内的钢筋锚固粘结强度比无砌块约束 (不在块体孔内) 的数值 (混凝土强度等级为 C10～C25 情况下), 对光面钢筋高出 85%～20%; 对变形钢筋高出 140%～64%。

试验发现对于配置在水平灰缝中的受力钢筋, 其握裹条件较灌孔混凝土中的钢筋要差一些, 因此在保证足够的砂浆保护层的条件下, 其搭接长度较其他条件下要长。灰缝中砂浆的最小保护层要求, 是基于在正常条件下, 钢筋不会锈蚀和保证需要的握裹力发挥而确定的。在灌孔混凝土中钢筋的保护层, 基本同普通混凝土中的钢筋保护层要求, 但它的条件要更好些, 因为有一层砌块外壳的保护, 国外规范规定抗渗砌块的钢筋保护层可以减少。

根据安全等级为一级或设计使用年限大于 50 年的房屋, 对耐久性的要求更高的原则, 提出了第 9.4.6 条的注 (含第 9.4.7 条)。

9.4.7 根据配筋砌块剪力墙用于中高层结构需要较多层更高的材料等级作的规定。

II 配筋砌块砌体剪力墙、连梁

9.4.8 这是根据承重混凝土砌块的最小厚度规格尺寸和承重墙支承长度确定的。最通常采用的配筋砌块砌体墙的厚度为 190mm。

9.4.9 这是配筋砌块砌体剪力墙的最低构造钢筋要求。它加强了孔洞的削弱部位和墙体的周边, 规定了水平及竖向钢筋的间距和构造配筋率。

剪力墙的配筋比较均匀, 其隐含的构造含钢率约为 0.05%～0.06%。据国外规范的背景材料, 该构造配筋率有两个作用: 一是限制砌体干缩裂缝, 二是能保证剪力墙具有一定的延性, 一般在非地震设防地区的剪力墙结构应满足这种要求。对局部灌孔砌体, 为保证水平配筋带 (国外叫系梁) 混凝土的浇注密实, 提出竖筋间距不大于 600mm, 这是来自我国的工程实践。

9.4.10 本条参照美国建筑统一法规——《砌体规范》的内容。和钢筋混凝土剪力墙一样, 配筋砌块砌体剪力墙随着墙中洞口的增大, 变成一种由抗侧力构件 (柱) 与水平构件 (梁) 组成的体系。随窗间墙与连接构件的变化, 该体系近似于壁式框架结构体系。试验证明, 砌体壁式框架是抵抗剪力与弯矩的理想结构。如比例合适、构造合理, 此种结构具有良好的延性。这种体系必须按强柱弱梁的概念进行设计。

对于按壁式框架设计和构造, 混凝土砌块剪力墙 (肢), 必须孔洞全部灌注混凝土, 施工时需进行严格的监理。

9.4.11 配筋砌块砌体剪力墙的边缘构件, 即剪力墙的暗柱, 要求在该区设置一定数量的竖向构造钢筋和横向箍筋或等效的约束件, 以提高剪力墙的整体抗弯能力和延性。美国规范规定, 只有在墙端的应力大于 $0.4 f_m$, 同时其破坏模式为弯曲形的条件下才应设置。该规范未给出弯曲破坏的标准。但规定了一个"塑性铰区", 即从剪力墙底部到等于墙长的高度范围, 即我国混凝土剪力墙结构底部加强区的范围。

根据我国哈尔滨建筑大学、湖南大学作的剪跨比大于 1 的试验表明, 当 $\lambda = 2.67$ 时呈现明显的弯曲破坏特征, $\lambda = 2.18$ 时, 其破坏形态有一定程度的剪切破坏成分, $\lambda = 1.6$ 时, 出现明显的 X 裂缝, 仍为压区破坏, 剪切破坏成分呈现得十分明显, 属弯剪型破坏, 可将 $\lambda = 1.6$ 作为弯剪破坏的界限剪跨比。据此本条将 $\lambda = 2$ 作为弯曲破坏对应的剪跨比。其中的 $0.4 f_{g,m}$ 换算为

我国的设计值约为 $0.8f_g$。

关于边缘构件构造配筋，美国规范未规定具体数字，但其条文说明借用混凝土剪力墙边缘构件的概念，只是对边缘构件的设置原则仍有不同观点。本条是根据工程实践和参照我国有关规范的有关要求，及砌块剪力墙的特点给出的。

另外，在保证等强设计的原则，并在砌块砌筑、混凝土浇注质量保证的情况下，给出了砌块砌体剪力墙端采用混凝土柱为边缘构件的方案。这种方案虽然在施工程序上增加模板工序，但能集中设置竖向钢筋，水平钢筋的锚固也易解决。

9.4.12 本条和第 9.3.2 条相对应，规定了当采用混凝土连梁时的有关技术要求。

9.4.13 本条是参照美国规范和混凝土砌块的特点以及我国的工程实践制定的。

混凝土砌块砌体剪力墙连梁由 H 型砌块或凹槽砌块组砌（当采用钢筋混凝土与配筋砌块组合连梁时可受此限制），并应全部浇注混凝土，是确保其整体性和受力性能的关键。

Ⅲ 配筋砌块砌体柱

9.4.14 本条主要根据国际标准《配筋砌体设计规范》ISO 9652-3制定的。

采用配筋混凝土砌块砌体柱或壁柱，当轴向荷载较小时，可仅在孔洞配置竖向钢筋，而不需配置箍筋，具有施工方便、节省模板的优点，在国外应用很普遍，而当荷载较大时，则按照钢筋混凝土柱类似的方式设置构造箍筋。从其构造规定看，这种柱是预制装配整体式钢筋混凝土柱，适用于荷载不太大砌块墙（柱）的建筑，尤其是清水墙砌块建筑。

10 砌体结构构件抗震设计

10.1 一般规定

10.1.2、10.1.3 国外的研究、工程实践和震害表明，配筋混凝土砌块剪力墙结构是具有强度高、延性好、抗震性能好的结构体系，是"预制装配整体式的混凝土剪力墙结构"，其受力性能和现浇混凝土剪力墙结构很相似。如美国抗震规范把配筋混凝土砌块剪力墙结构和配筋混凝土剪力墙结构划分为同样的适用范围。

我国自 20 世纪 80 年代以来所进行的较大数量的试验研究、工程实践也完全验证了这种结构体系的上述性能。

本规范在确定该体系的高度限值时，还对限定范围内的建筑、试点建筑进行计算分析，包括弹塑性分析、技术经济分析等。这样，在规定的限值范围内，可以做到使建筑具有足够的强度和规范需要的变形能力。而且这种高度更能体现配筋砌块砌体结构施工和经济优势，填补了砌体结构和混凝土剪力墙结构间的一个中高层的空缺。另外考虑到配筋砌体对配套材料和施工质量的要求较高和我国工程实践相对较少，高度限值较国外规范控制严得多，不足钢筋混凝土剪力墙结构高度限值的一半，而对高烈度规定了更严的适用范围。它比钢筋混凝土框架房屋的高度范围还低，这应该说在初期推广是合适的。但是这仅为适用范围，在有进行研究和加强构造措施的条件下，表 10.1.2 中限值可以提高，因为和国外相比其发展潜力还很大。

结构的四个抗震等级的划分，是基于不同烈度及相同烈度下不同的结构类型、不同的高度有不同的抗震要求，是从对结构的抗震性能，包括考虑结构构件的延性和耗能能力，在抗震要求上分很严格、严格、较严格、一般四个级别。

配筋砌块砌体剪力墙和配筋混凝土剪力墙房屋一样，其抗震设计，对不同的高度有不同的抗震要求，如较高的房屋地震反应大、延性要求也较高，即相应的构造措施也较强。本条是参照建筑抗震设计规范和配筋砌体高层结构的特点划分抗震等级的。

10.1.4 作为中高层、高层配筋砌块砌体剪力墙结构应和钢筋混凝土剪力墙结构一样需对地震作用下的变形进行验算，参照钢筋混凝土剪力墙结构和配筋砌体材料结构的特点，规定了层间弹性位移角的限值。

10.1.5 本条根据建筑抗震设计规范对砌体结构构件的承载力抗震调整系数作了规定。

10.1.6 由于本次修订规范普遍对砌体材料的强度等级作了上调，以利砌体建筑向轻质高强发展。砌体结构构件抗震设计对材料的最低强度等级要求，也应随之提高。

10.1.7 这是参照钢筋混凝土结构并结合配筋砌体的特点，提出的受力钢筋的锚固和接头要求。配筋砌体与钢筋混凝土二者在这方面的要求很相似。根据我国的试验研究，在配筋砌体灌孔混凝土中的钢筋锚固和搭接，远远小于本条规定的长度就能达到屈服或流限，不比在混凝土中锚固差，一种解释是位于砌体灌孔混凝土中的钢筋的锚固受到的周围材料的约束更大些。

10.1.8 蒸压灰砂砖、粉煤灰砖砌体，其抗剪强度是粘土砖砌体的 0.7 倍低，我国曾对其进行过很多试验，曾专门编制了《蒸压灰砂砖砌体结构设计与施工规定》CECS20:90。四川建科院曾对蒸压粉煤灰砖砌体结构作过系统试验，这二类砌体性能类似。但其抗震构造措施与粘土砖砌体基本相同。考虑到其抗剪强度较低，在确定其适用高度时控制得严于烧结砖砌体房屋。

10.2 无筋砌体构件

本节见《建筑抗震设计规范》GB50011 第 7.2 节的有关条文说明。

10.3 配筋砖砌体构件

10.3.1 见《建筑抗震设计规范》GB50011 第 7.2 节的有关条文说明。

10.3.2 对于砖砌体和钢筋混凝土构造柱组合墙，截面抗震承载力的计算公式有多种，但计算结果有的差别较大，主要原因是这些方法所考虑的截面抗震承载力影响因素不同，且有的方法在概念上不尽合理，如砌体受压弹性模量低的组合墙的抗震承载力反而比砌体受压弹性模量高的要大。本条采用的公式考虑了砌体受混凝土柱的约束、作用于墙体上的垂直压应力、构造柱混凝土和纵向钢筋参与受力等影响因素，较为全面，公式形式合理，概念清楚。14 片组合墙的抗侧承载力试验值与公式的计算值比较，其平均比值为 1.333，变异系数为 0.186，偏于安全。经协调最终采用了与《建筑抗震设计规范》GB50011 相同的公式。

10.4 配筋砌块砌体剪力墙

10.4.2 为保证配筋砌块砌体剪力墙强剪弱弯的要求，在底部加强区（H/6 及两层）范围内，规定了按抗震等级划分的剪力增幅。为简化且偏于安全对一级抗震 V_W 取为 1.6V，二级抗震取 1.4V，三级为 1.2V，四级为 1.0V。而美国 UBC 规范均为 1.5V。

10.4.3、10.4.4 配筋砌块砌体剪力墙反复加载的受剪承载力比单调加载有所降低，其降低幅度和钢筋混凝土剪力墙很接近。因此，将静力承载力乘以降低系数 0.8，作为抗震设计中偏心受压时剪力墙的斜截面受剪承载力计算公式。根据湖南大学等单位不同轴压比（或不同的正应力）的墙片试验表明，限制正应力对砌体的抗侧能力的贡献在适合的范围是合适的。如国际标准《配筋砌体设计规范》ISO 9652-3，限制 $N \leqslant 0.4fbh$，美国规范为 0.25N，我国混凝土规范为 $0.2f_c bh$。本规范从偏于安全亦取 $0.2f_g bh$。

10.4.5 钢筋混凝土剪力墙在偏心受压和偏心受拉时斜截面承

载力计算公式中 N 项取用了相同系数，我们认为欠妥。此时 N 虽为作用效应，但属抗力项，当 N 为拉力时应偏于安全取小。根据可靠度要求，配筋砌块剪力墙偏心受拉时斜截面受剪承载力取用了与偏心受压不同的形式。

10.4.7 配筋砌体剪力墙的连梁的设计原则是作为剪力墙结构的第一道防线，即连梁破坏应先于剪力墙，而对连梁本身则要求其斜截面的抗剪能力 高于正截面的抗弯能力，以体现"强剪弱弯"的要求。对配筋砌块连梁，试算和试设计表明，对高烈度区和对较高的抗震等级（一、二级）情况下，连梁超筋的情况比较多，而对砌块连梁在孔中配置钢筋的数量又受到限制。在这种情况下，一是减小连梁的截面高度（应在满足弹塑性变形要求的情况下），二是连梁设计成混凝土的。本条是参照建筑抗震设计规范和砌块剪力墙房屋的特点规定的剪力调整幅度。

10.4.8 剪力墙的连梁的受力状况，类似于两端固定但同时存在支座有竖向和水平位移的梁的受力，也类似层间剪力墙的受力，其截面控制条件类同剪力墙。

10.4.9 多肢配筋砌块砌体剪力墙的承载力和延性与连梁的承载力和延性有很大关系。为了避免连梁产生受剪破坏后导致剪力墙延性降低，本条规定跨高比大于 2.5 的连梁，必须满足受剪承载力要求。对跨高比小于 2.5 的连梁，已属混凝土深梁。在第 10.4.7 条已作了说明，在较高烈度和一级抗震等级出现超筋的情况下，宜采取措施，使连梁的截面高度减小，来满足连梁的破坏先于与其连接的剪力墙，否则应对其承载力进行折减。考虑到当连梁跨高比大于 2.5 时，相对截面高度较小，局部采用混凝土连梁对砌块建筑的施工工作量增加不多，只要按等强设计原则，其受力仍能得到保证，也易于设计人员的接受。故给出了本条的注。

10.4.10 根据目前国家产品标准，混凝土砌块的厚度为 190mm。

10.4.11 本条是在参照国内外配筋砌块砌体剪力墙试验研究和经验的基础上规定的。美国 UBC 砌体部分和美国抗震规范规定，对不同的地震设防烈度，有不同的最小含钢率要求。如在 7 度以内，要求在墙的端部、顶部和底部，以及洞口的四周配置竖向和水平构造钢筋，钢筋的间距不应大于 3m。该构造钢筋的面积为 130mm^2，约一根 $\phi 12 \sim \phi 14$ 钢筋，经折算其隐含的构造含钢率约为 0.06%；而对≥8 度时，剪力墙应在竖向和水平方向均匀设置钢筋，每个方向钢筋的间距不应大于该方向长度的 1/3 和 1.20m，最小钢筋面积不应小于 0.07%，两个方向最小含钢率之和也不应小于 0.2%。根据美国规范条文解释，这种最小含钢率是剪力墙最小的延性和抗裂要求。

为什么配筋混凝土砌块砌体剪力墙的最小构造含钢率比混凝土剪力墙的小呢，根据背景解释：钢筋混凝土要求相当大的最小含钢率，因为它在塑性状态浇灌，在水化过程中产生显著的收缩。而在砌体施工时，作为主要部分的块体，尺寸稳定，仅在砌体中加入了塑性的砂浆和灌孔混凝土。因此在砌体墙中可收缩的材料要比混凝土中少得多。这个最小含钢率要求，已被规定为混凝土的一半。但在美国加利福尼亚建筑师办公室要求则高于这个数字，它规定，总的最小含钢率不小于 0.3%，任一方向不小于 0.1%（加利福尼亚是美国高烈度区和地震活跃区）。根据我国进行的较大数量的不同含钢率（竖向和水平）的伪静力墙片试验表明，配筋能明显提高墙体在水平反复荷载作用下的变形能力。也就是说在本条规定的这种最小含钢率情况下，墙体具有一定的延性，裂缝出现后不会立即发生剪切倒塌。本规范仅在抗震等级为四级时将 μ_{min} 定为 0.07%，其余均≥0.1%，比美国规范要高一些，也约为我国混凝土规范最小含钢率的一半以上。

10.4.12、10.4.13 配筋砌块砌体剪力墙的布置，其基本原则同混凝土剪力墙。本条中约束区，即混凝土剪力墙的暗柱，竖向配筋是根据砌块孔洞，并参照混凝土剪力墙的暗柱配筋给出的。

美国 UBC 和我国建筑抗震设计规范，虽规定了约束区的横向钢筋的构造要求，但对约束区内的竖向钢筋的构造配筋未作规定。我国哈尔滨建筑大学、湖南大学等单位，对较大剪跨比配筋砌块墙片试验表明，端部集中配筋对提高构件的抗弯能力和延性作用很明显。通过试点工程，这种约束区的构造配筋率有相当的覆盖面。这种含钢率也考虑能在约 120mm×120mm 孔洞中放得下：对含钢率为 0.4%、0.6%、0.8%，相应的钢筋直径为：3ϕ14、3ϕ18、3ϕ20，而约束箍筋的间距只能在砌块灰缝或带凹槽的系梁块中设置，其间距只能最小为 200mm。对更大的钢筋直径并考虑到钢筋在孔洞中的接头和墙体中水平钢筋，很容易造成浇灌混凝土的困难。当采用 290mm 厚的混凝土空心砌块时，这个问题就可解决了，但这种砌块的重量过大，施工砌筑有一定难度，故我国目前的砌块系列也在 190mm 范围以内。另外，考虑到更大的适应性，增加了混凝土柱作边缘构件的方案。

10.4.14 本条是根据国内外试验研究成果和经验提出的。砌块砌体剪力墙的水平钢筋，当采用围绕墙端竖向钢筋 180°加 12d 延长段锚固时，对施工造成较大的难度，而一般作法是将该水平钢筋在末端弯钩锚于灌孔混凝土中，弯入长度为 200mm，在试验中发现这样的弯折锚固长度已能保证该水平钢筋能达到屈服。因此，考虑不同的抗震等级和施工因素，给出该锚固长度规定。对焊接网片，一般钢筋直径较细均在 ϕ5 以下，加上较密的横向钢筋锚固较好，在末端弯折并锚入混凝土后更增加网片的锚固作用。

10.4.15 本条是根据国内外试验研究成果和经验，并参照钢筋混凝土剪力墙连梁的构造要求和砌块的特点给出的。配筋混凝土砌块砌体剪力墙的连梁，从施工程序考虑，一般采用凹槽或 H 型砌块砌筑，砌筑时按要求设置水平构造钢筋，而横向钢筋或箍筋则需砌到楼层高度和达到一定强度后方能在孔中设置。这是和钢筋混凝土剪力墙连梁不同之点。

10.4.16 配筋砌块砌体柱的构造要求基本同钢筋混凝土柱。它是预制装配整体式钢筋混凝土柱。先以砌块作模板，砌筑时按要求在灰缝中或孔槽边缘设置水平箍筋，砌到层高待达一定强度后，设置竖向钢筋和浇灌混凝土，由于受块型影响，横向钢筋间距、直径受到一定的限制，因此这种柱一般用于受力较小的构件。

10.4.17 这是为进一步确保内外叶墙在地震区的整体性和共同工作而作的规定。

10.4.18 配筋砌块砌体剪力墙房屋与钢筋混凝土剪力墙房屋一样均要求楼、屋盖有足够的刚度和整体性。

10.4.19 在墙体和楼盖的过渡层或结合层处，设置钢筋混凝土圈梁可进一步增加这种结构的整体性，同时该圈梁也可作为建筑竖向尺寸调整的手段。

10.4.20 配筋砌块砌体剪力墙竖向受力钢筋的焊接接头到现在仍是个难题。主要是由施工程序造成的，要先砌墙或柱，后插钢筋，并在底部清扫孔中焊接，由于狭小的空间，只能局部点焊，满足不了受力要求，因此目前大部采用搭接。可否采用工具式接头，由于也要在孔洞中进行，尚未实践过。此条宜采用机械连接或焊接是一种很高的要求，鼓励设计与施工者去实践。

10.5 墙 梁

10.5.1 支承简支墙梁和连续墙梁的砌体墙、柱抗震性能较差，不宜用于按抗震设计的墙梁结构，但支承在砌体墙、柱上的简支墙梁或连续墙梁可用于按抗震设计的多层房屋的局部部位。采用框支墙梁的多层房屋（简称框支墙梁房屋），在重力荷载作用下沿纵向可近似按连续墙梁计算。

国家地震局工程力学研究所、中国建筑科学研究院抗震所、同济大学、西安建筑科技大学、大连理工大学、哈尔滨建筑大学等进行了 30 余个框支墙梁墙片拟静力试验和 8 个框支墙梁房屋模型的震动台和拟动力试验。22个框支墙梁拟静力试验表明，在水平低周反复荷载作用下，墙梁墙体的斜裂缝走向和竖向荷载下斜裂缝走向基本一致，即水平作用并不影响竖向荷载按组合拱体系的传力，或影响很小。在恒定竖向荷载下并施加水平低周反复荷载，托梁端部将形成塑性铰，墙体沿交叉阶梯斜裂缝剪坏（包括部分构造柱剪坏）；框支墙梁只要不倒塌，仍能继续承担较大的竖向荷载（试验中继续加荷到恒定竖向荷载的1.4～2.3倍），说明即使框支墙梁发生水平剪切破坏后仍具有一定的墙梁组合作用。设置抗震墙的框支墙梁房屋模型振动台试验表明，地震破坏为底层抗震墙的剪切或弯曲破坏，框架柱大偏压破坏和上层构造框架约束墙体的剪切破坏。水平地震作用使托梁增加的附加应力很小，未发现显著的新裂缝，框支墙梁房屋能满足抗震设防三水准的要求。因此，框支墙梁的抗震性能是可靠的，可用于抗震设计；底层框架——抗震墙上层为砌体墙的多层房屋抗震设计中，竖向荷载作用下考虑墙梁组合作用也是完全可行的。

框支墙梁房屋的抗震结构体系和布置，抗震计算原则和主要抗震措施均与抗震规范关于底层框架——抗震墙多层砌体房屋抗震设计的有关规定一致。本节对框支墙梁的抗震设计作一些补充规定。本条关于框支墙梁房屋的层数和高度限值与抗震规范一致。

10.5.2 震害表明，框支墙梁房屋（即抗震规范所指的底层框架砖房）由于上刚下柔和头重脚轻，对抗震不利而产生地震破坏。沿纵向和横向均匀、对称布置一定数量的抗震墙就从抗震体系上大大改善了框支墙梁的抗震性能。本条关于抗震墙的设置规定，以及第二层与底层侧向刚度比的限值与抗震规范一致。底层设置一定数量抗震墙的框支墙梁房屋模型振动台试验表明，其抗震性能不仅不比同样层数的多层房屋低，甚至还要好些。

10.5.3 本条进一步明确对上层墙体布置的要求。同时对托梁上一层墙体中构造柱设置提出更高要求，以提高框支墙梁抗震性能并改善墙体受剪和局部受压性能，更有利于竖向荷载传递。对托梁上一层墙体的上、下层楼盖处圈梁设置提出更高要求，以提高框支墙梁抗震性能和墙体抗剪能力。

10.5.4 底层设置抗震墙，使框支墙梁房屋质量和刚度沿高度分布比较均匀，且以剪切变形为主，可采用底部剪力法进行抗震计算。这已为框支墙梁模型振动台试验证实。底层地震作用效应的调整，并全部由该方向抗震墙承担与抗震规范的规定一致。

10.5.5 本条规定的框支柱地震剪力和附加轴力确定的方法与抗震规范的有关规定一致。

10.5.6 计算重力荷载代表值引起的框支墙梁内力应考虑墙梁组合作用，按本规范第7.3节的规定计算。并与地震剪力引起的框支墙梁内力组合进行抗震承载力计算。重力荷载代表值则应按现行国家标准《建筑抗震设计规范》GB50011中第5.1.3条的有关规定计算，即取全部重力荷载不另行折减。本条考虑水平地震作用使墙体裂缝对墙梁在竖向荷载作用下组合作用的影响，当抗震等级为一、二级时，适当增大托梁弯矩系数 α_M 和剪力系数 β_V。这是一个使框支墙梁抗震设计与非抗震设计协调一致的，可靠合理，且便于操作的方法。

10.5.7 墙梁刚度即使考虑裂缝，也比框架柱刚度大得多，在水平地震剪力作用下框架柱反弯点应位于距柱底（1/2～2/3）且接近1/2倍柱高。根据有限元分析及试验结果，取反弯点距柱底 $0.55H_c$ 是合理的。如底层柱按框架分析取反弯点，则反弯点可能取高了，使框架柱上端截面弯矩算小了，因而偏于不安全。

10.5.8 试验表明，由于墙梁组合作用，重力荷载产生的墙梁墙体中正应力 σ_0 比计算值小，导致墙体水平截面抗震抗剪承载力的降低，比落地墙低10%左右。故采用公式（10.3.2）或（10.2.2）计算时，公式右边应乘以降低系数0.9。

10.5.9～10.5.11 对框支墙梁抗震构造提出要求。在满足抗震规范和混凝土结构规范构造规定条件下，根据框支墙梁抗震试验和工程实践经验作一些补充规定。

中华人民共和国行业标准

混凝土小型空心砌块建筑技术规程

JGJ/T 14—2004

条 文 说 明

前 言

《混凝土小型空心砌块建筑技术规程》(JGJ/T 14—2004),经建设部2004年4月30日以建设部第235号公告批准、发布。

本规程第一版的主编单位是四川省建筑科学研究院,参加单位是哈尔滨建筑大学、辽宁省建筑科学研究院、浙江大学建筑设计院、贵州省建筑设计院、广西区建筑科学研究设计院、广西区建筑工程总公司、四川省崇州市建筑科学研究勘测设计院。

为便于广大设计、施工、科研、学校等单位有关人员在使用本规程时能正确理解和执行条文规定,《混凝土小型空心砌块建筑技术规程》编制组按章、节、条顺序编制了本规程的条文说明,供使用者参考。在使用中如发现本条文说明有不妥之处,请将意见函寄四川省建筑科学研究院(地址:成都市一环路北三段55号;邮政编码:610081)。

目 次

1 总则 ·· 2—2—4
3 材料和砌体的计算指标 ······················· 2—2—4
 3.1 材料强度等级 ································ 2—2—4
 3.2 砌体的计算指标 ······························ 2—2—4
4 建筑设计与建筑节能设计 ······················· 2—2—5
 4.1 建筑设计 ······································ 2—2—5
 4.2 建筑节能设计 ································ 2—2—6
5 静力设计 ··· 2—2—8
 5.1 设计基本规定 ································ 2—2—8
 5.2 受压构件承载力计算 ························ 2—2—9
 5.3 局部受压承载力计算 ························ 2—2—9
 5.4 受剪构件承载力计算 ························ 2—2—9
 5.5 墙、柱的允许高厚比 ························ 2—2—9
 5.6 一般构造要求 ································ 2—2—9
 5.7 小砌块墙体的抗裂措施 ····················· 2—2—9
 5.8 圈梁、过梁、芯柱和构造柱 ·············· 2—2—9
6 抗震设计 ··· 2—2—10
 6.1 一般规定 ······································ 2—2—10
 6.2 地震作用和结构抗震验算 ·················· 2—2—10
 6.3 抗震构造措施 ································ 2—2—11
7 施工及验收 ······································ 2—2—12
 7.1 材料要求 ······································ 2—2—12
 7.2 砌筑砂浆 ······································ 2—2—12
 7.3 施工准备 ······································ 2—2—13
 7.4 墙体砌筑 ······································ 2—2—13
 7.5 芯柱施工 ······································ 2—2—15
 7.6 构造柱施工 ··································· 2—2—15
 7.7 雨、冬期施工 ································ 2—2—15
 7.8 安全施工 ······································ 2—2—16
 7.9 工程验收 ······································ 2—2—16

1 总 则

1.0.1～1.0.2 混凝土小型空心砌块已成为我国发展的一种主导墙体材料。《混凝土小型空心砌块建筑技术规程》JGJ/T 14—95 自 1995 年颁布实行以来，对我国混凝土小型空心砌块建筑的发展，起到了巨大的推动作用。近几年来，有关科研单位、大专院校对混凝土小型空心砌块砌体静力和动力性能以及抗震性能进行了深入的科学研究并获得丰硕成果；设计和施工单位也积累了丰富的工程实践经验。JGJ/T 14—95 已不能满足我国砌块建筑发展的需要，为此，很有必要对原规程进行修改。这次增加的主要内容：

(1) 混凝土小型空心砌块建筑与建筑节能设计；

(2) 增补了混凝土小型空心砌块建筑防裂、抗渗构造措施；

(3) 增补了有关抗震措施；

(4) 对施工部分作了较大的调整，补充了近几年来全国有关地区在工程实践中积累的行之有效的经验。

3 材料和砌体的计算指标

3.1 材料强度等级

3.1.1 小砌块的材性指标，根据产品标准，按毛截面计算。

小砌块强度等级为 MU20、MU15、MU10、MU7.5 和 MU5.0。本次修订对用于承重的砌块取消了 MU3.5 的强度等级。

根据我国目前应用的火山渣、浮石、煤渣等轻骨料混凝土小砌块抗压强度的统计值，其强度等级一般在 MU7.5 和 MU7.5 以下，轻骨料小砌块常用于外墙保温的自承重墙和轻质隔墙。用轻骨料混凝土小砌块作为承重墙体时，其强度等级、构造要求应符合本规程的规定。

本条砂浆和灌孔混凝土，其强度等级等同于对应的砂浆强度等级（Mb）和灌孔混凝土强度等级（Cb）的强度指标。本规程为多层砌块房屋，砌筑砂浆的分层度、稠度和灌孔混凝土的坍落度宜按第七章的要求采用。也可参照建材行业标准《混凝土小型空心砌块砌筑砂浆》JC 860—2000 和《混凝土小型空心砌块灌孔混凝土》JC 861—2000 的规定。

确定掺有 15%以上粉煤灰的小砌块强度等级时，应按当地试验的砌块抗压强度和碳化系数资料，将砌块抗压强度乘以碳化系数。碳化系数采用人工碳化系数乘以 1.15 时，碳化系数取值不应大于 1。

砂浆试模采用不同底模时对砂浆的试块强度有影响，由于砌块种类较多和考虑墙体的实际情况，本条注 3 规定了确定砂浆强度等级时，应采用同类砌块为砂浆强度试块底模。

3.2 砌体的计算指标

随着我国经济的发展和人民生活水平的提高，以及我国砌体结构设计规范与国际发达国家规范相比，砌体结构可靠度水平偏低，根据《建筑结构可靠度设计统一标准》GB 50068—2001 可靠度调整的要求，本次修订对规程的可靠度进行了调整。述及砌体计算指标部分，是对材料性能分项系数 γ_f 进行了调整，将 $\gamma_m=1.5$ 调整为 1.6，调整后的强度指标比 JGJ/T 14—95 相应降低 1.5/1.6。

我国长期以来，设计规范的可靠度未和施工技术、施工管理水平等挂钩，实际上它们对结构可靠度影响很大。为保证规范的可靠度，有必要考虑这种影响。《砌体工程施工质量验收规范》GB 50203—2002 中规定了砌体施工质量控制等级，规定为 A、B、C 三个等级。本次修订引入了施工质量控制等级，考虑到一些具体情况，规程修订只规定了 B 级和 C 级施工质量控制等级。本节的强度指标为 B 级质量控制等级的材料计算指标。当采用 C 级时，砌体强度设计值应乘以砌体强度设计值调整系数 0.89。一般情况应采用 B 级。

3.2.1 本条规定的强度指标和《砌体结构设计规范》GB 50003—2001 一致。

(1)《砌体结构设计规范》GBJ 3—88，统一了各类砌体抗压强度计算公式的形式，给出的砌块砌体的抗压平均强度公式为：

$$f_m = 0.46 f_1^{0.9} (1+0.07 f_2) k_2$$

当 $f_2=0$ 时，$k_2=0.8$

该公式适用于砌块强度等级小于等于 MU15 和砂浆强度等级小于等于 M10 的情况。

为了适应砌块建筑的发展，在编制《混凝土小型空心砌块建筑技术规程》JGJ/T 14—95 时，增加了 MU20 的强度等级，根据收集的砌块抗压强度统计资料，应用《砌体结构设计规范》GBJ 3—88 的抗压平均强度公式，当在 f_1 大于 15MPa，f_2 大于 10MPa 范围内应用，公式计算值高于试验值，偏于不安全。其次，当砂浆强度高于砌块强度时，公式计算值也偏高，因此 JGJ/T 14—95 对以上情况在规程抗压强度设计值表中作了限制。

新编的《砌体结构设计规范》GB 50003—2001，在补充了部分高强砌块资料后对 GBJ 3—88 的抗压平均强度公式进行了修正，修正后的砌体平均强度公式为：

$$f_m = 0.46 f_1^{0.9} (1+0.07 f_2)$$
$$(f_2 \leqslant 10\text{MPa})$$
$$f_m = 0.46 f_1^{0.9} (1+0.07 f_2)(1.1-0.01 f_2)$$
$$(f_2 > 10\text{MPa})$$

同时规定采用MU20砌块的砌体应乘系数0.95，且应满足f_1大于等于f_2。表3.2.1-1已作了修正。

本次规程修订采用《砌体结构设计规范》GB 50003—2001的砌块砌体抗压平均强度公式。

（2）对孔砌筑的单排孔混凝土砌块砌体，灌孔后的灌孔砌体抗压强度JGJ/T 14—95采用强度提高系数φ提高其强度，公式为：

$$\varphi = \frac{0.8}{1-\delta} \leq 1.5$$

随着我国砌块建筑的发展，高层砌块建筑已在我国开始应用，灌孔砌块砌体应用面将扩大，《砌体结构设计规范》GB 50003—2001在编制时，收集了原规程广西、贵州、河南、四川、广东以及近期湖南大学、哈尔滨工业大学的试验资料，得到了灌孔砌体抗压平均强度$f_{g,m}$的公式：

$$f_{g,m} = f_m + 0.63\alpha f_{cu,m} (\rho \geq 33\%)$$

换算为设计强度f_g为：

$$f_g = f_m + 0.6\alpha f_c$$

同时为了保证灌孔混凝土在砌块孔洞内的密实，灌孔混凝土应采用高流动性、低收缩的细石混凝土。由于试验采用的块体强度和灌孔混凝土强度一般在MU10～MU20、C10～C30范围内，同时少量试验表明高强度灌孔混凝土砌体的强度达不到上述的公式的$f_{g,m}$，经试验数据综合分析，对灌孔砌体强度提高系数作了限制，

$$\frac{f_g}{f} \leq 2$$

同时根据试验试件的灌孔率均大于33%，因此对公式灌孔率适用范围作了规定，灌孔率不应小于33%。灌孔混凝土强度等级规定不应低于C20。

计算灌孔砌体抗压强度时，混凝土砌块的孔洞率取砌块横截面的最小孔洞面积和砌块毛截面的比值。

（3）多排孔轻骨料混凝土砌块在我国寒冷地区应用较多，这类砌块目前有火山渣混凝土、浮石混凝土和陶粒混凝土，多排孔砌块主要考虑节能要求，排数有二排、三排、四排，孔洞率较小，砌块规格各地不一致，块体强度较低，一般不超过MU7.5。《混凝土小型空心砌块建筑技术规程》JGJ/T 14—95列入了轻骨料混凝土砌块砌体设计和施工的规定，本次修订轻骨料混凝土砌块砌体的砌体计算指标沿用了原规程的计算指标，仅因γ_f由1.5改为1.6，砌体的计算指标作了调整。

3.2.2 《砌体结构设计规范》GB 50003—2001增加了对孔砌筑单排孔混凝土砌块砌体灌孔砌体的抗剪强度设计指标，回归分析的抗剪强度平均值公式为：

$$f_{vg,m} = 0.32 f_{g,m}^{0.55}$$

试验值和公式值的比值为1.06，变异系数为0.235。灌孔后的抗剪强度设计值公式为：

$$f_{vg,m} = 0.2 f_g^{0.55}$$

本次修订引入GB 50003—2001灌孔砌块砌体的抗剪强度计算指标。

4 建筑设计与建筑节能设计

4.1 建筑设计

4.1.1 混凝土小型空心砌块是一种新型墙体材料，是作为替代实心黏土砖的主导墙体材料之一。在进行建筑设计时，除遵守本规程外，还应遵守国家颁布的有关建筑设计标准的规定。

（1）小砌块的主规格是390mm×190mm×190mm，是2M，辅助及配套块可扩大到1M。不应采用小于1M的分模数。墙的分段净长度（如墙间墙，填充墙的墙段）也应合模。这样也可减少砌块种类，方便生产和施工。再则，模数协调也是住宅产业化的前提条件。

（2～3）在施工前要做平面和立面的排块设计，这是混凝土小砌块建筑不同于其他砌体建筑的特殊要求，它可以保证芯柱的位置及数量，保证设备管线的预留和敷设，保证设计规定的洞口、开槽和预埋件的位置，避免了在砌好的墙体上凿槽或孔洞。由于尽可能采用了主规格，可减少辅助块的种类和数量。

在排块设计时，应着重解决好转角墙、丁字墙和十字墙的排块。

（4）从节能要求看，建筑物的体形系数宜小不宜大。《民用建筑节能设计标准（采暖居住建筑部分）》JGJ 26—95中要求建筑物体形系数宜控制在0.3及0.3以下，《夏热冬冷地区居住建筑节能设计标准》JGJ 134—2001中要求条式建筑物的体形系数不应超过0.35，点式建筑物的体形系数不应超过0.4。

混凝土小砌块的热工性能较实心黏土砖差，减少外墙面积就显得更重要。且平面规整，体形简洁对小砌块建筑的抗震有利。

（5）设控制缝对于防止小砌块墙体开裂是一项有作用的"放"的措施。在国外早有报道，在国内近几年来也有采用，如上海恒隆广场。北京市试用图《普通混凝土小型空心砌块建筑墙体构造》京99SJ35中也有建筑设计沿外墙设控制缝的做法。

根据国内外经验，非配筋砌体控制缝间距与在水平灰缝内设钢筋网片的间距有关，控制缝在墙体薄弱和应力集中处，如墙体高度和厚度突变处，门窗洞口的一侧或两侧设置，并与抗震缝、沉降缝、温度变形缝及楼地面、屋面的施工缝合并设置。控制缝与结构抗震应结合考虑。

在单排砌块墙或夹心墙内叶墙上设控制缝，在室内会有缝出现。若室内装修允许设缝，则可按室内变形缝做法做盖缝处理。若内墙上不希望有缝，则应作

盖缝粉刷，例如可在缝口用聚合物胶结剂贴耐碱玻纤网格布，再用防裂砂浆粉刷。

（6）多层住宅建筑的公共部分只有门厅、楼梯间和公共走道，特别在单元式的多层住宅中，公共走道也没有了，户门是直接开在楼梯间里。在门厅和楼梯间里要安排下住宅公共设备的管道井和各种表箱，特别是七层的单元式住宅，超过六层的塔式住宅、通廊式住宅、底层设有商业网点的单元式住宅，还应在此设室内消防给水设施。

门厅、楼梯间面积小，墙面少，而且是住宅交通和紧急疏散的要道。为了保证楼梯间墙的耐火极限，200mm厚的墙还不能因安置表箱而减薄（即表箱嵌墙设置），否则应另加防火措施。根据《建筑设计防火规范》在安置管道井和表箱后，走道的净宽不应小于1.1m。故在设计中应加大门厅和楼梯间的尺寸。对于人员是从楼梯间中一侧进入住户的，楼梯间开间宜≥2.6m。

4.1.2 防水设计的措施都是做在容易漏水的部位，这样做效果明显。在夹心墙夹层中有可能会产生冷凝水，故设排水孔以便随时排出。

4.1.3 耐火极限的规定。

混凝土小砌块墙体的耐火极限取值是根据近几年来国内各地一些厂家和科研单位测试数值并参考了美国、加拿大等国的有关标准来确定的。考虑到各地小砌块生产的水平有高低，取值比实测值略有降低，以保证安全。

当190mm厚小砌块墙体双面抹水泥砂浆或混合砂浆各20mm厚时，其耐火极限可提高到大于2.5h。根据《建筑设计防火规范》可作为耐火等级为二级的建筑物的承重墙、楼梯间、电梯井的墙。

如在190mm厚小砌块墙体孔洞内填砂石、页岩陶粒或矿渣时，其耐火极限可大于4.0h，根据防火规范，可作为耐火等级为一、二级的建筑物的防火墙。

表1 混凝土小型空心砌块墙体耐火极限

序号	小砌块种类	小砌块规格（长×厚×高）(mm)	孔内填充情况	墙面粉刷情况	耐火极限
1	普通混凝土小砌块（承重）	390×190×190	无	无粉刷	2.43h
2	普通混凝土小砌块（承重）	390×190×190	灌芯	无粉刷	>4h
3	普通混凝土小砌块（承重）	390×190×190	孔内填充	双面各抹10mm厚砂浆	>4h

4.1.4 混凝土小砌块的空气声计权隔声量取值是根据近几年来国内许多厂家及科研单位提供的测试数据确定的。

根据《民用建筑隔声设计规范》GBJ 118—88，住宅、学校等大量的民用建筑，其分户墙及隔墙的空气声计权隔声量要求较高标准的为一级，隔声量为50dB，一般标准为二级，隔声量为45dB，最低标准为三级，隔声量为40dB。

190mm厚混凝土小砌块的空气声计权隔声量为43～47dB，能满足一般隔声标准，若将墙内孔洞填实，其空气声计权隔声量就可达50dB以上。

4.1.5 可防止或减轻屋顶因温度变化而引起小砌块房屋顶层墙体开裂。

对防止顶层墙体开裂有利的是无钢筋混凝土基层的有檩挂瓦坡屋面。坡屋面宜外挑出墙面。

表2 190mm厚混凝土小砌块的计权隔声量

序号	小砌块种类	小砌块规格（长×厚×高）(mm)	粉刷情况	墙体总厚(mm)	计权隔声量(dB)
1	普通混凝土小砌块 MU15	390×190×190	两面各抹15mm厚水泥砂浆	220	51
2	普通混凝土小砌块 MU10	390×190×190	两面各抹15mm厚水泥砂浆	220	50
3	轻骨料混凝土小砌块 MU7.5	390×190×190	两面各抹15mm厚水泥砂浆	220	48
4	轻骨料混凝土小砌块 MU5.0	390×190×190	两面各抹15mm厚水泥砂浆	220	46

4.2 建筑节能设计

4.2.1 目前实施的《民用建筑节能设计标准（采暖居住建筑部分）》JGJ 26—95和《夏热冬冷地区居住建筑节能设计标准》JGJ 134—2001（以下简称《标准》），主要是针对居住建筑。小砌块建筑的建筑节能设计除墙体的主体结构是小砌块砌体以外，与其他墙体结构体系建筑的建筑节能设计基本上是相同的，关键是在于突出小砌块砌体结构体系的特点，采取适宜的平、剖、立面布局与设计形式和构造做法。为此，必须在建筑的体形系数、窗墙面积比及窗的传热系数、遮阳系数和空气渗透性能等方面，均应符合本地区建筑节能设计标准的规定；围护结构各部分的热工性能，除应符合本地区居住建筑节能设计标准的规定外，其构造措施尚应满足建筑结构整体性和变形能力要求，以保证整个建筑结构构造的完整性、安全性、经济性和可操作性；特别是墙体和楼地板的建筑热工节能设计，应同时考虑建筑装饰工程与设备节能工程的需要，对管线及设备埋设、安装和维修的要求，以保证墙体和楼板的保温隔热设计构造措施不受破坏。

4.2.2 小砌块建筑外墙的建筑热工节能设计要求

（1）小砌块砌体的热阻（R_b）和热惰性指标（D_b）是建筑节能热工设计计算中的基本参数。小砌块砌体是带有空洞，而不是带有空气间层的砌体，它包含混凝土肋壁、孔洞和砌筑砂浆三部分，是一个均值，必须通过一定的计算和实测予以确定。表4.2.2是综合国内各地区的测试与计算结果，列出的小砌块砌体的计算热阻（R_b）和计算热惰性指标（D_b），热工设计时可直接采用。

如果实际工程应用中的小砌块孔型、厚度或孔隙率与表4.2.2所列不同，要求通过规定的试验检测方法，或根据《民用建筑热工设计规范》GB 50176—93的计算方法计算确定。

在小砌块孔洞中内填、内插不同类型的轻质保温材料，是改善小砌块砌体热工性能的一个措施，如附录A，但不是适宜的保温隔热措施。因为混凝土肋壁的传热较大，砌体的热阻值增加很有限。而且多为手工操作，工序多，施工速度慢，效率低。特别是如表3所示，尽管内插或内填轻质保温材料后的外墙主体部位的传热系数$K_p \leq 1.50$ [W/（m²·K）]，但其热惰性指标$D_p \geq 3$，不符合《夏热冬冷地区居住建筑节能设计标准》的规定。所以，不宜在空心砌块孔洞中采用内插或内填轻质保温材料的措施，来提高混凝土小砌块外墙的保温隔热性能。

表3　小砌块孔洞中内插、内填保温材料构造做法的小砌块墙体主体部位的热工性能

编号	构造做法	K_p [W/（m²·K）]	D_p
1	1　20mm厚水泥砂浆外抹灰 2　单排空心砌块孔洞内插25厚发泡聚苯小板 3　20mm厚石膏聚苯碎粒保温砂浆内抹灰	1.5	2.29
2	1　20mm厚水泥砂浆外抹灰 2　单排孔空心砌块孔洞内满填膨胀珍珠岩 3　20mm厚石膏聚苯碎粒保温砂浆内抹灰	1.33	2.52

在附录B中列出了部分轻骨料混凝土成型的小砌块砌体的热工性能参数，建筑热工节能设计时，可直接采用。

（2）外墙的热工性能包含主体部位和结构性冷（热）桥部位两大部分，《夏热冬冷地区居住建筑节能设计标准》中规定外墙的传热系数和热惰性指标应取平均传热系数和平均热惰性指标，并且在该标准的附录中都列出了相应的计算方法。

平均传热系数（K_m）也是南方炎热地区选择居住建筑窗墙面积比的一个重要参数，必须了解和熟悉其概念与计算方法。它是由外墙中主体部位的K_p与D_p和结构性冷（热）桥部位的K_B与D_B，以及它们在外墙上的面积F_p和F_B加权计算求得，计算方法简单、明确。在本规程的附录C中针对小砌块外墙列出了计算单元和计算方法。

（3）小砌块外墙的主体部位就是指未经混凝土或钢筋混凝土填实的外墙部位。主体部位的传热系数和热惰性指标分别用K_p和D_p表示。$K_p = 1/R_p$，R_p是外墙主体部位的传热阻 [（m²·K）/W]。

在传热系数K_p和热惰性指标D_p的计算中，要求考虑材料的使用位置和湿环境的影响。因为湿度会使材料的导热系数和蓄热系数增大，应采用修正后的计算导热系数λ_c和计算蓄热系数S_c，修正系数按照《民用建筑热工设计规范》GB 50176—93附表4.2查取。

（4）由混凝土或钢筋混凝土填实的芯柱、构造柱、圈梁、门窗洞口边框，以及外墙与女儿墙、阳台、楼地板等构件连接的实体部位，都属结构性冷（热）桥部位，与主体部位比较，其传热（或冷）损失和热稳定性都较大，也是产生表面冷凝的敏感部位，要求分别计算这些部位的热工性能参数，并做适宜的构造处理，以满足热工性能指标的要求。结构性冷（热）桥部位的传热系数和热惰性指标分别以K_B和D_B表示，计算方法仍与主体部位K_p和D_p的计算相同。

进行建筑设计时首先要尽量减少结构性冷（热）桥部位的数量和面积。

为保证结构性冷（热）桥部位的内表面在冬季采暖期间不致产生结露，其最小传热阻$R_{0,min}$（或最大允许的传热系数$K_{B,max}$），应根据地区的室内外气候计算参数，按照《民用建筑热工设计规范》GB 50176—93第4.1.1条规定的计算方法计算确定。

（5）由于小砌块墙体有孔洞存在，孔洞中空气的蓄热系数近似为0。加之轻质保温材料的蓄热系数也很小，如表3所示，将导致小砌块外墙的建筑热工性能设计计算结果，往往是外墙的传热系数能满足《夏热冬冷地区居住建筑节能设计标准》JGJ 134—2001第4.0.8条规定的$K \leq 1.50$ [W/（m²·K）]，而热惰性指标D不能满足第4.0.8条规定的$D \geq 3.0$。出现这种情况时，在《夏热冬冷地区居住建筑节能设计标准》的表4.0.8中注明：应按照《民用建筑热工设计规范》GB 50176—93第5.1.1条来验算隔热设计要求。应当指出，《民用建筑热工设计规范》GB 50176—93第5.1.1条是指房间在自然通风良好的使用条件下规定的隔热指标验算方法，不符合节能住宅的居室是在门窗关闭的使用条件下。而且没有提出具体的外墙表面最高温度允许值，也无法用第5.1.1条的计算公式和计算方法进行验算。本规程根据《四川省夏热冬冷地区居住建筑节能设计标准》DB 51/T 5027—2002规定的居住建筑外墙内表面最高温度$\theta_{i,max} \leq 31.5℃$的要求，提出用热阻抗隔热指数$G_1$和热稳定隔热指数$G_2$及其限值验算小砌块建筑外墙和屋顶的隔热性能。计算公式概念明确，计算方法简单，易于被设计人员掌握和应用。更主要的是，G_1 和 G_2 包含了影响外墙和屋顶隔热性能的诸因素，如结构本身的热阻 R、热惰性指标 D，以及结构两侧表面材料的热物理性能和边界层的空气状态，全面而直观地表征了外隔热是改善外墙和屋顶隔热性能的有效措施，为采取适宜的外隔热措施提供了计算依据。这是本规程的创新之处。

（6）大量的热工性能实测和计算结果表明，仅有双面抹灰层的小砌块墙体，不管在北方和南方，都不能满足现行标准中规定的室内热舒适环境和建筑节能标准对外墙、楼梯间内墙和分户墙的热工性能指标要求。也不能满足《民用建筑热工设计规范》GB 50176—93 规定的在自然通风条件下，房屋外墙内表面最高温度 $\theta_{i,max}$ 应小于或等于地区室外最高计算温度 $t_{e,max}$ 的要求。要采取一定的保温隔热措施提高其热工性能。也正是因为过去不重视小砌块墙体的保温隔热措施这一重要环节，形成了房屋建成后居民普遍有"热"的反映，严重地影响了小砌块墙体及小砌块建筑的进一步推广应用。

适宜于小砌块外墙的保温隔热措施，是在其外侧直接复合保温层，或在其内侧和外侧设置带有空气间层和不带空气间层的复合保温构造做法。理论分析与实践证明，在外侧设置空气层，还有很好的隔潮作用。

无论采用哪种保温构造技术及饰面做法，都要根据本地区的建筑节能标准要求和室内外气候计算参数，计算确定其热工性能指标要求的保温层厚度。考虑到保温材料在安装敷设中可能受损，以及环境湿作用的影响使保温材料的保温性能削弱，在热工计算中，其计算导热系数和蓄热系数，一般可用实际标定的导热系数和蓄热系数乘以修正系数 1.2。对于吸湿性强的保温材料，应按照《民用建筑热工设计规范》GB 50176—93 中的附表 4.2，根据其使用场合及影响因素，选择适宜的修正系数值，以确保墙体在正常使用时的保温性能不致削弱。

（7）在寒冷地区，建筑的外围护结构保温设计，都要进行内部冷凝受潮验算，确定是否设置隔气层，对于寒冷地区的小砌块建筑外墙，应根据《民用建筑热工设计规范》第六章的规定，在外墙的保温设计时，应进行外墙内部冷凝受潮验算，确定是否设置隔气层。若需设置隔气层，应保证其施工质量，并有与室外空气相通的排湿措施。目前在夏热冬冷地区的个别城市，也有参照国外严寒地区的外墙外保温技术设置隔气层和排潮措施的工程。是否适宜，应根据计算确定，否则会造成不必要的经济损失。对于夏热冬冷地区的小砌块建筑外墙，一般可不用进行冷凝受潮验算，也不用设置隔气层。

（8）理论研究和实践经验证明，外反射、外遮阳、外通风及外蒸发散热，是夏热冬冷和夏热冬暖地区外墙与屋顶最适宜和最有效的外隔热措施。建筑热工节能设计时，可根据附录 E 中的隔热设计指标验算方法的规定，按照公式 E.0.1 的隔热指数计算公式及表 E.0.2 的隔热指数限值和《民用建筑热工设计规范》GB 50176—93 附表 2.6 选择 ρ 值较小的外饰面材料，或增大 α_e 值改善外墙的隔热性能。

（9）小砌块外墙的保温隔热措施，必须与屋顶、楼地板和门窗等构件的连接部位有联系，这些连接部位也是传热敏感部位，除了做好这些部位的保温措施外，尚应保持构造上的连续性和可靠性。

4.2.3 小砌块建筑屋顶的建筑热工节能设计要求

（1）小砌块建筑屋顶的建筑热工节能设计，与其他墙体结构体系建筑的屋顶设计基本相同，首先应符合建筑节能设计标准的规定，并选择适宜的保温隔热构造做法，重视结构性冷（热）桥部位的构造设计和处理措施。

在夏热冬冷地区，由于轻质保温材料的应用，往往会出现屋顶的传热系数满足《夏热冬冷地区居住建筑节能设计标准》的规定，而热惰性指标不能满足《夏热冬冷地区居住建筑节能设计标准》规定的情况。如同 4.2.2 的第（5）条说明，本规程在附录 E 中，提出按隔热指标 G 的概念和计算方法验算外墙和屋顶的隔热性能。如设计屋顶的 G_1 和 G_2 小于或等于表 E.0.2 的限值，即可认为在夏季空调制冷条件下，屋顶的内表面最高温度 $\theta_{i,max} \leqslant 31.5℃$，符合居室热环境设计指标与建筑节能设计指标的要求。

（2）与外墙外保温技术一样，倒置式屋顶与正置式屋顶（即保温层在防水层之下）比较，有很多优点，但需采用憎水型的保温材料。保温层的厚度要求根据地区的气候条件、室内外气候计算参数和节能要求的热工性能指标计算确定，计算时应采用材料的计算导热系数和计算蓄热系数，即应乘以修正系数。憎水型保温材料的修正系数可取 1.2，多孔吸湿保湿材料的修正系数可取 1.5。

（3）应重视结构性冷（热）桥部位的保温隔热构造设计与处理。对于小砌块建筑，由于要保证墙体顶部与屋顶之间是柔性连结，更应采取适宜的保温隔热构造措施，以避免冷（热）桥的出现。

（4）在夏热冬冷或夏热冬暖地区，屋顶采用浅色饰面，采用绿色植物屋顶或有保温材料基层的架空通风屋顶，都是有效而可行的屋顶外隔热措施。采用绿色植物屋顶或架空通风屋顶时，应按照屋面防水规范的要求，保证防水层的设计和施工质量。

5 静力设计

5.1 设计基本规定

5.1.1～5.1.4 砌块砌体结构仍然采用以概率理论为

基础的极限状态设计方法，但根据国家要求结构可靠度水平做了适当提高。砌块砌体受压、受剪构件可靠指标已达到 4.0 以上，且与新修订的国家标准《砌体结构设计规范》GB 50003—2001 保持一致。

5.1.5 将梁端支承力的位置由原规程的两种情况简化为一种，均按 $0.4a_0$ 以方便设计应用。

5.2 受压构件承载力计算

5.2.1～5.2.4 与原规程相比主要有 2 个变动：(1) 轴向力的偏心距改为按内力设计值计算；(2) 偏心距 e 的限值由 $0.7y$ 改为 $0.6y$ 并与《砌体结构设计规范》GB 50003 一致。

计算影响系数 φ 时，小砌块砌体构件的高厚比 β 应乘以 1.1 系数，附录 F 的 φ 值，其表中数值是按 1.1β 编制的。

5.3 局部受压承载力计算

5.3.1～5.3.7

(1) 为避免空心砌块砌体直接承受局部荷载时可能出现的内肋压溃提前破坏，所以强调对未灌实的空心砌块砌体局部抗压强度提高系数 γ 为 1.0。要求采取灌实一皮砌块的构造措施后才能按局压强度提高系数计算。

(2) 关于梁端有效支承长度 a_0 计算，原规程列了两个计算公式，即 $a_0 = 38\sqrt{\dfrac{N_c}{bf\tan\theta}}$ 和简化公式 $a_0 = 10\sqrt{\dfrac{h_c}{f}}$，为避免工程应用上引起争端，并且为简化计算；取消前一个公式，只保留简化公式。工程实践表明，应用简化公式并未出现安全问题。

(3) 根据哈尔滨工业大学的试验，提出了刚性垫块上梁端有效支承长度的计算方法，为简化计算也用简化公式形式表达，其系数考虑了常用进深梁的各种情况，上部荷载的影响以及与无垫块局压的协调。为了简化计算将与梁现浇的垫块也按刚性垫块计算，对比分析结果，其误差在工程应用允许范围内。

(4) 进深梁支承于圈梁的情况在砌块房屋中经常遇到，因而增加了柔性垫梁下砌体局压的计算方法，根据哈尔滨工业大学的分析研究提出了考虑砌体局压应力三维分布时的实用计算方法，并与《砌体结构设计规范》GB 50003 相一致。

5.4 受剪构件承载力计算

5.4.1 根据重庆建筑大学的试验和分析，提出了考虑复合受力影响的剪摩理论公式。该式亦能适合砌块砌体构件的抗剪计算，能较好地反映在不同轴压比下的剪压相关性和相应阶段的受力工作机理，克服了原公式的局限性。

5.5 墙、柱的允许高厚比

5.5.1～5.5.3 砌块墙体的加强一般可以利用其天然的竖向孔洞配筋灌实芯形成芯柱，也可采用设钢筋混凝土构造柱（集中配筋）来加强。墙体中设有构造柱时可提高使用阶段墙体的稳定性和刚度，因此增加了配构造柱情况下墙体允许高厚比的提高系数 μ_c 的计算公式，其余部分基本上同原规程。

5.6 一般构造要求

5.6.1～5.6.8 砌块房屋的合理构造是保证房屋结构安全使用和耐久性的重要措施，根据设计和应用经验在下列几个关键问题上给予加强：(1) 受力较大、环境条件差（潮湿环境）、材料最低强度等级给予明确规定；(2) 对一些受力不利的部位强调用混凝土灌孔；(3) 加强一些构件的连接构造；(4) 墙体中预留槽洞设管道的构造措施。以上措施比原规程有所加强。

5.6.9～5.6.10 为适应建筑节能要求，北方地区砌块房屋的外墙往往采用复合墙型式，即由内叶墙承重外叶墙保护，中间填以高效保温材料（岩棉、苯板等）。这种墙体也称夹心墙，哈尔滨工业大学等单位做过试验，试验表明两叶墙之间的拉结件能在一定程度上协调内、外墙的变形，外叶墙的存在对内叶墙的稳定性以及水平荷载下脱落倒塌有一定的支撑作用。本规程只是在夹心墙的构造上提高一些具体规定。

5.7 小砌块墙体的抗裂措施

随着砌块建筑的推广应用和住房商品化进程的推进，小砌块房屋的裂缝问题显得十分突出，受到比较广泛的关注。因此，本规程根据迄今国内外的研究成果和建设经验，按照治理墙体裂缝"防、放、抗"相结合，设计、施工、材料综合防治的基本思路，较多地充实了砌块墙体的防裂措施。

5.7.1 针对小砌块砌体线膨胀系数比砖砌体大的事实，直接规定小砌块房屋伸缩缝的最大间距，大约是砖砌体的 80%。

5.7.2～5.7.4 针对小砌块房屋产生裂缝的性质（温差、干缩、地基沉降）和容易出现裂缝的部位（顶层、底层、中部）提出较系统的防裂措施，虽然尚不能做到非常明确的针对性，但确实对防裂是比较有效的。

5.8 圈梁、过梁、芯柱和构造柱

5.8.1～5.8.4

(1) 为加强小砌块房屋的整体刚度，保证垂直荷载能较均匀地向下传递，考虑到砌块砌体抗剪、抗拉强度较低的特点，根据各地的实践经验，本规程对圈梁设置作了较严格的规定。

（2）根据小砌块房屋的砌筑特点，提出了板平面梁槽型底模的具体要求。

（3）对过梁上的荷载取值作了规定。由于过梁上墙体内拱的卸荷作用，当梁、板下的墙体高度大于过梁净跨时，梁、板荷载及墙体自重产生的过梁内力很小，过梁设计由施工阶段的荷载控制，荷载取本条规定的一定高度的墙体均匀自重作为当量荷载。

5.8.5～5.8.8

（1）设置混凝土及钢筋混凝土芯柱是一种构造措施，主要是为了提高小砌块房屋的整体工作性能，不必进行强度计算。

（2）提出了芯柱构造和施工的具体要求，以保证芯柱发挥作用。

（3）当小砌块房屋中采用钢筋混凝土构造柱加强时，应满足构造要求。

6 抗 震 设 计

6.1 一 般 规 定

6.1.1 抗震设防地区的小砌块房屋抗震设计，首先要在满足静力设计要求的基础上进行，应对结构进行抗震地震力复核验算。

6.1.2～6.1.3 小砌块房屋抗震设计时应共同遵守的原则和要求，对于刚性较大的砌体结构基本都是一样的。对于结构布置也应按照优先采用横墙承重或纵横墙混合承重的结构体系，以利于房屋整体的抗震要求。

6.1.4 承重小砌块的最低强度等级应根据房屋层数和强度大小而确定。本条规定的最低强度等级是适合多层和低层小砌块房屋的要求。

6.1.5 小砌块房屋一般属不配筋和约束砌体范畴，因此，地震作用时对它的破坏与房屋的层数和高度成正比。因此，要控制房屋的层数和高度，以避免遭到严重破坏或倒塌。根据有关科研资料和抗震设计规范的规定，混凝土小砌块的多层房屋基本与其他砌体结构持平；对轻骨料小砌块考虑到强度等方面因素，应比一般混凝土砌块降低一至二层；对底部框架-抗震墙和内框架结构，均取与一般砌体房屋相同的层数和高度。横墙较少指同一楼层内开间大于4.20m的房间占该层总面积的40％以上。

对于房屋层数和高度的设计规定，均同《建筑抗震设计规范》GB 50011—2001。

6.1.6 对要求设置大开间的多层砌块房屋，在符合横墙较少条件的情况下，通过多方面的加强措施，可以弥补大开间带来的削弱作用，而使多层小砌块房屋不降低层数和总高度。

6.1.7 对抗震设防地区房屋的高宽比限制，主要是为了减少验算工作量，只要符合规定的高宽比要求，就不必进行整体弯曲验算。

6.1.8 小砌块房屋的主要抗震构件是各道墙体。因此，作为横向地震作用的主要承力构件就是横墙。横墙的分布决定了横向的抗震能力。为此，要求限制横墙的最大间距，以保证横向地震作用的满足。

横墙的最大间距的规定，基本同一般砌体结构的最大间距。

6.1.9 小砌块房屋的局部尺寸规定，主要是为防止由于局部尺寸的不足引起连锁反应，导致房屋整体破坏倒塌。当然，小砌块的局部墙垛尺寸还要符合自身的模数；当局部尺寸不能满足规定要求，也可以采取增加构造柱或芯柱及增大配筋来弥补。

6.1.10 底部框架-抗震墙房屋和多排柱内框架结构，当上层砌体部分采用小砌块墙体时，其结构布置及有关构造要求应与其他砌体结构一致，所不同的仅是小砌块砌体材料。而试验资料已经表明，小砌块代替其他砌体材料，具有更多的优点，如可以配置较多的钢筋，使底框架和内框架的材料与小砌块材料更为接近等，有利于变形及动力特性的一致。

6.2 地震作用和结构抗震验算

6.2.1 根据《建筑结构可靠度设计统一标准》GB 50068—2001的规定，发生地震时荷载与其他重力荷载可能组合结果称为抗震，设计重力荷载代表值G_E，即永久荷载标准值与有关的可变荷载组合值之和。组合值系采用《建筑抗震设计规范》GB 50011—2001规定的数值。

6.2.2～6.2.3 小砌块房屋层数和高度已有限制，刚度沿高度分布一般也比较均匀，变形以剪切变形为主。因此，符合采用基底剪力法的条件。对突出于顶层的部分，按《建筑抗震设计规范》GB 50011—2001乘以3倍地震作用进行本层的强度验算。

6.2.4～6.2.5 地震作用于房屋是任意方向的，但均可用力的分解为两个主轴方向。抗震验算时分别沿房屋的两个主轴方向作用。当房屋的质量和刚度有明显不均匀时，或采用了不对称结构，此时应考虑地震作用导致的扭转影响，进行扭转验算。

6.2.6 根据《建筑抗震设计规范》GB 50011—2001结构构件的地震作用效应和其他荷载效应的基本组合的规定，直接规定了结构楼层水平地震剪力设计值的计算。

6.2.7～6.2.8 在各楼层的各墙段间进行地震剪力与配筋截面验算时，可根据墙段的高宽比，分别按剪切变形、弯曲变形或同时考虑弯剪变形区别对待进行验算。计算墙段时可按门窗洞口划分。

一般情况下，抗震验算可只选择纵、横向不利墙段进行截面验算。

墙段的高宽比指层高与墙长之比，对门窗洞边的小墙段指洞净高与洞侧墙宽之比。

6.2.9 地震作用下的砌体材料强度指标难以求得。小砌块砌体强度主要通过试验，采用调整静强度的办法来表达。

由于小砌块砌体的静强度 f_v 较低，σ_0/f_v 相对较大，根据试验资料，砌体强度正应力影响的系数由剪摩公式得到。对普通小砌块的公式是：

$$\zeta_N = \begin{cases} 1+0.25\sigma_0/f_v & (\sigma_0/f_v \leq 5) \\ 2.25+0.17(\sigma_0/f_v-5) & (\sigma_0/f_v > 5) \end{cases}$$

6.2.10~6.2.12 多层小砌块墙体截面的抗震抗剪承载能力，采用《建筑抗震设计规范》GB 50011—2001 的规定。相应的承载力抗震调整系数也均取一致的数值。

对设置芯柱的小砌块墙体截面抗震抗剪承载力计算，主要是依靠有关的试验资料统计确定的。

当墙段中既设有芯柱，又设有构造柱时，根据北京市建筑设计研究院数十片墙体试验结果统计分析，可以将构造柱钢筋和混凝土截面作为芯柱截面按 6.2.11 公式计算，也可按式 6.2.12 直接给出公式计算。

6.2.13 底部框架-抗震墙和多层内框架房屋的抗震验算，要求按《建筑抗震设计规范》GB 50011—2001 规定进行。

6.3 抗震构造措施

6.3.1 在小砌块房屋中，国外和国内以往的做法中均采用芯柱，即在规定的部位内，设置若干个芯柱来加强砌块墙段的抗压、抗剪以及整体性，对于抗震而言，可以增大变形能力和延性。

但是，芯柱做法存在要求设置的数量多，施工浇灌混凝土不易密实，浇灌的混凝土质量难以检查，多排孔砌块无法做芯柱等不足，因此有待改进和完善这种构造做法。

经过近几年来的试验研究，如北京市建筑设计研究院进行的数十片墙的芯柱、构造柱对比试验，以及六层芯柱体系和九层构造柱体的 1/4 比例模型正弦波激振试验。结果表明，小砌块房屋中采用构造柱做法比芯柱做法具有下列优点：（1）减少现浇混凝土量，减少芯柱的数量，在墙体连接中可用一个构造柱替代多个芯柱；（2）构造柱替代芯柱，可节约混凝土浇灌量和竖向钢筋；（3）构造柱做法容易检查浇灌混凝土的质量，比芯柱质量有保证，施工亦较方便；（4）根据试验结果，构造柱比芯柱体系的变形能力有较大提高，结构能耗特性两者相差 1.6 倍，延性系数从 2 可提高到 3 以上。

根据有关试验和工程实践，本次修订过程中提出采用部分构造柱代替芯柱做法的要求是结合了我国工程实践和经济条件的特点，符合我国国情。

6.3.2 构造柱作为一种约束墙体的构件，在一定的墙段长度范围内，可以起到约束作用。但如果超过一定长度，构造柱的约束作用将大为减弱。因此，规程规定了在房屋达到或接近限定层数和高度时，在纵、横墙内应另设加强的构造柱或芯柱。其主要的目的是为保证对砌块墙体的约束和边框作用。

6.3.3 多层小砌块房屋中设置的构造柱需符合砌块墙的特点，包括构造柱截面尺寸及与墙的拉结。考虑到构造柱与小砌块墙的马牙槎截面较大，因此 6 度区可采用加强的拉结钢筋来代替；同时，对 7、8 度区亦应区别对待。

小砌块墙要先砌墙后浇灌构造柱，以保证构造柱与砌块墙的连接性能。

除规定设置构造柱的部位以外，对一般门窗洞口、墙段中部等部位，仍可设置芯柱加强。

6.3.4~6.3.5 多层小砌块房屋采用芯柱做法时，对芯柱的设置要求，基本沿用了 1995 年规程的要求，但对芯柱的间距要求有所增加，主要的目的在于减少墙体裂缝的发生。因此，特别对房屋顶层底部一、二层墙体的芯柱间距，更为严格，以减少相应部位的墙体开裂。

6.3.6 小砌块多层房屋楼层要设置现浇钢筋混凝土圈梁，不允许采用槽形砌块代替现浇圈梁。

现浇圈梁的设置要求基本保持与 1995 年规程相同。

6.3.7 小砌块墙体交接处，不论采用芯柱做法还是构造柱做法，为了加强墙体之间的连接，沿墙高设置拉结钢筋网片，以保持房屋有较好的整体性。

6.3.8 小砌块多层房屋，在房屋层数相对较高时，为了防止小砌块房屋在顶层和底层墙体发生开裂现象，因此，要求在顶层和底层窗台标高处，沿纵、横向设置通长的现浇钢筋混凝土带，截面高度不小于 60mm，纵筋不小于 2ϕ10，混凝土强度等级不低于 C20，此时也可以利用小砌块开槽的做法现浇混凝土。

6.3.9 楼梯间墙体是抗震的薄弱环节，为了保证其安全，提出了对楼梯间墙体的特殊要求。如休息平台或楼层半高处设置钢筋混凝土现浇带，加强楼梯间段的连接，加大楼梯间梁的支承长度等措施。

6.3.10 坡屋顶房屋逐年增加，做法亦不尽相同。对于采用框架形式的坡屋顶房屋，要求顶层设置圈梁，并将屋架可靠地锚固在圈梁上。同样，对于檩条或屋面板应与墙或屋架有可靠连接，以保证坡屋顶的整体性能。

对于房屋出入口处的檐口瓦，为防止地震时首先脱落，应与屋面构件有可靠锚固。

对于硬山搁檩的坡屋顶房屋，为了保持各道山墙的侧面稳定和抗震安全，要求在山墙两侧增砌踏步式的扶墙垛。

6.3.11 悬挑预制阳台要求与现浇的圈梁和楼板有可靠连接。

6.3.12 小砌块女儿墙高度超过 0.5m 时，应在女儿墙中增设构造柱或芯柱做法。并在女儿墙顶设压顶圈梁，与构造柱或芯柱相连，保证女儿墙地震时的安全。

6.3.13 同一结构单元的基础宜采用同一类型的基础形式，底标高亦宜一致。否则必须按1∶2的台阶放坡。

6.3.14 对于横墙较少的多层小砌块住宅，由于开间加大，横墙减少，各道墙体的承载面积加大要求抗侧能力相应提高。为此，除限定最大开间为6.6m以外，还要相应增大圈梁和构造柱的截面和配筋；限定一个单元内横墙错位数量不宜大于总墙数的1/3，连续错位墙不宜多于两道等措施，以保持横墙较少的小砌块房屋可以不降低层数和高度。

6.3.15~6.3.16 底部框架-抗震墙小砌块房屋，当上部采用小砌块墙体时，应对上部各层墙体中按6.3.1条规定设置构造柱。此外，对底部框架的过渡层砌块墙，还应采取加强措施，以保证上下层的抗侧移刚度的变化不宜过大。

上部砌块抗震墙的轴线应尽量与底部框架梁或抗震墙的轴线基本重合，构造柱与框架柱上下贯通。对不能对齐的上部抗震墙应落在次梁上，并应采取加强措施，此类墙不应超过总横墙数的1/3。

6.3.17~6.3.22 底部框架抗震墙小砌块房屋，对于楼、屋、托墙梁、抗震墙以及其他有关抗震构造措施，均与其他砌体结构相类似，可以参照《建筑抗震设计规范》。

6.3.23~6.3.24 多排柱内框架利用小砌块作外墙时，宜采用构造柱做法加强外墙砌块。本条是具体构造柱的设置部位及构造要求补充规定。当采用芯柱做法加强墙体时，可参照《建筑抗震设计规范》中的有关条文。

多排柱内框架房屋的其他抗震构造措施，应按《建筑抗震设计规范》GB 50011—2001中的有关规定执行。

7 施工及验收

7.1 材料要求

7.1.1 小砌块强度等级是保证砌体强度最基本的因素，故要求符合设计要求。

7.1.2 小砌块产品合格证明书应包括型号、规格、产品等级、强度等级、密度等级、相对含水率、生产日期等内容。主规格小砌块即标准块应进行尺寸偏差和外观质量的检验以及强度等级的复验。辅助规格小砌块仅做尺寸偏差和外观质量的检验，但应有保证强度等级的产品质量证明书。同一单位工程不宜使用两个厂家小砌块，这是为避免墙体收缩裂缝对产品提出的要求。

7.1.3 干燥收缩是小砌块的特征，而影响收缩的因素又较多。在正常生产工艺条件下，小砌块收缩值达到0.37mm/m，经28d养护后收缩值可完成60%。因此，适当延长养护时间，能减少因小砌块收缩过多而引起的墙体裂缝。

7.1.4 产品包装可减少小砌块搬运、堆放过程中的损耗，并为现场创建文明工地提供方便和条件。

7.1.5 小砌块产品等级按国家标准分三级，主要是外形尺寸、缺棱掉角方面有差别。为保证工程质量，防止外墙渗水等弊病，条文对小砌块使用范围作了相应规定。

国外资料介绍，小砌块墙具有良好的耐火性，能阻止火势蔓延。在建筑物遭受火灾后，墙体仍能保持其承载能力。

7.1.6 水泥质量要求符合国家标准，并要求复试合格方可使用，这是保证工程质量的重要措施。

不同水泥混合使用，会产生强度降低或材性变化，所以强调不同品种、不同强度等级的水泥不能混堆储存与使用。

7.1.7 砌筑砂浆与低于C20混凝土用砂一般以中砂为宜。对使用人工砂、山砂与特细砂的地区应按相应的技术规范并结合当地施工经验采用。

7.1.8 由于芯柱孔洞较小，灌注芯柱混凝土的浇灌高度一般大于2m，为防止粗骨料被卡住，粒径以5~15mm为宜。构造柱混凝土用的粗骨料可按一般混凝土构件要求。

7.1.9 生石灰熟化成石灰膏时，应用筛网过滤，并使其充分熟化。沉淀池中储存的石灰膏，应防止干燥、冻结和污染。脱水硬化的石灰膏已失去化学活性，对砌筑砂浆保水性与和易性会有影响，故不得使用。

7.1.10 鉴于市场上有机塑化剂与外加剂品牌较多，为保证砌筑砂浆质量，应经有关法定的检验机构试验合格后方可应用于工程。

7.1.11 现城市中一般使用自来水拌制砌筑砂浆和混凝土。若用河水或其他水源，应符合混凝土用水标准。

7.1.12 芯柱钢筋、构造柱钢筋、拉结筋和钢筋网片的材质要求符合现行相关国家标准，并按《混凝土结构工程施工质量验收规范》GB 50204的规定抽取试样做力学性能试验，合格后方可使用。

7.2 砌筑砂浆

7.2.1 砌筑砂浆强度等级也是保证砌体强度的最基本因素之一，故要求符合设计要求。

7.2.2 砌筑砂浆的操作性能对小砌块砌体质量影响较大，它不仅影响砌体的抗压强度，而且对砌体抗剪和抗拉强度影响较为明显。砂浆良好的保水性、稠度及粘结力对防止墙体渗漏、开裂与消除干缩裂缝有一定的成效。

7.2.3 用水泥砂浆砌筑小砌块基础砌体是地下防潮要求,并应将小砌块孔洞全部填实C20混凝土。

　　对于地下室室内的填充墙等墙体可用水泥混合砂浆砌筑。水泥混合砂浆的保水性较好,易于砌筑,有利砌体质量,在无防潮要求的情况下应首先使用。

7.2.4 砂浆配料时不严格称量是造成砌筑砂浆达不到设计强度等级或超出规定强度等级过多的原因,离散性相当大。既浪费了材料又影响了质量。因此,本条文规定砂浆配合比应根据计算和试配确定,并按重量比控制。

7.2.5 施工单位一般多采用机械拌制砂浆,但有些地区仍存在用手工拌制的情况。显然,手工不易拌和均匀,影响砂浆质量。因此,条文强调采用机械拌制。

　　施工时,砂浆放置时间过长会产生泌水现象,致使砂浆和易性变差,操作困难,灰缝不易饱满,影响砂浆与小砌块的粘结力。因此,砌筑前应再次拌合。

7.2.6 预拌砂浆的推广应用有利于小砌块墙体砌筑质量的提高,也为现场实现文明施工创造了条件。

7.2.7 为统一砌筑砂浆试块取样方法,使其具有代表性和可比性,条文作出的规定与《建筑砂浆基本性能试验方法》JGJ 70有明显的差别。

7.2.8 现行《砌体工程施工质量验收规范》GB 50203—2002对砌筑砂浆试块的制作、养护及抗压强度取值等均有明确规定,应照此执行。

7.2.9 本条规定与现行《砌体工程施工质量验收规范》GB 50203—2002规定一致。

7.2.10 不同搅拌机拌制的砂浆质量状况不完全相同,所以应分别取样检查砂浆强度。不同强度等级的砂浆及材料、配合比变化也都应取样检查,使试块的试验数据能反映工程实际情况,具有代表性。

7.2.11 为保证小砌块砌体质量,对条文中所规定的三种情况应进行砌体原位检测。

7.3 施 工 准 备

7.3.1 为防止小砌块砌筑前受潮湿,堆放场地要设有排水设施。小砌块属薄壁空心制品,堆放不当或搬运中翻斗倾卸与抛掷,极易造成小砌块缺棱掉角而不能使用,故应推广小砌块包装化,以利施工现场文明管理,同时,又可减少小砌块损耗。

7.3.2 编制小砌块排块图是施工作业准备的一项首要工作,也是保证小砌块墙体工程质量的重要技术措施。尤其是初次接触小砌块施工更应编制排块图。在编制时,水电管线安装人员与土建施工人员共同商定,使排块图真正起到指导施工的作用。

7.3.3 由于小砌块墙体的特殊性,如与门窗连接的预制块,局部墙体为填实块,暗敷水平管线的凹形块,砌入墙体的钢筋网片和拉结筋等都要求在施工准备阶段先行加工并分类、分规格存放,以备砌筑时使用。

7.3.4 干缩是小砌块的重要特征。在自然条件下,混凝土收缩一般需要180d后才趋于稳定,养护28d的混凝土仅完成收缩值的60%,其余收缩将在28d后完成,故在生产厂室内或棚内的停置时间应越长越好。这样对减少小砌块上墙后的收缩裂缝有好处。考虑到工厂堆放场地有限,条文规定了严禁使用龄期不足28d的小砌块进行砌筑。

7.3.5 清理小砌块表面的污物是为了使小砌块与砌筑砂浆或粉刷层之间粘结得更好。小砌块在制造中形成孔洞周围的水泥砂浆毛边使孔洞缩小,用于芯柱将引起柱断面颈缩,影响芯柱质量。因此,要求在砌筑前清除。同时,也便于芯柱混凝土浇灌。

7.3.6～7.3.7 基础工程质量将影响上部砌体工程及整个建筑工程的质量。因此,要求坚持上道基础工序未经验收,下道砌筑工序不得施工的原则。

7.3.8 本条文是最新规定。为了逐步和国际上同类标准接轨,参照国际标准的有关内容,结合我国工程建设的特点、管理方式、施工技术水平、质量等级评定标准等,提出了小砌块砌体施工质量控制等级。小砌块砌体施工质量控制等级的确定应由建设、设计、工程监理等单位共同商定。

7.4 墙 体 砌 筑

7.4.1 皮数杆是保证小砌块砌体砌筑质量的重要措施。它能使墙面平整,砌体水平灰缝平直并厚度一致,故施工中应坚持使用。

7.4.2 规定小砌块墙体日砌筑高度有利于已砌筑墙体尽快形成强度使其稳定,有利于墙体收缩裂缝的减少。因此,适当控制每天的砌筑速度是必要的。

7.4.3 浇过水的小砌块与表面明显潮湿的小砌块会产生膨胀和日后干缩现象,砌筑上墙易使墙体产生裂缝,所以严禁使用。考虑到气候特别炎热干燥时,砂浆铺摊后会失水过快,影响砌筑砂浆与小砌块间的粘结。因此,可根据施工情况稍喷水湿润。

7.4.4 以主规格小砌块为主砌筑可提高砌筑工效,并可减少砌筑砂浆量。

　　小砌块底面的铺灰面较大,有利于铺摊砂浆,易保证水平灰缝饱满度,对小砌块受力也有利。

7.4.5 小砌块是混凝土制成的薄壁空心墙体材料。块体强度与黏土砖等其他墙体材料不等强,而且两者间的线膨胀值也不一致。混砌极易引起砌体裂缝,影响砌体强度。所以,即使混砌也应采用与小砌块材料强度同等级的预制混凝土块。

7.4.6 单排孔小砌块孔肋对齐、错缝搭砌,主要保证墙体传递竖向荷载的直接性,避免产生竖向裂缝,影响砌体强度。同时,也可使墙体转角部位和交接处等需浇灌芯柱混凝土的孔洞贯通。但由于设计原因,不易做到完全对孔，因此，允许最小搭接长度不得小于 90mm，即主规格小砌块块长的 1/4。否则，应在此水平灰缝中加设 φ4 钢筋网片，以保证小砌块壁肋均匀受力。

多排孔小砌块主要用于设构造柱的墙，无对孔砌筑要求，但上下皮小砌块仍应搭接，并不得小于 90mm。多排孔小砌块设芯柱要求使用多排孔、单排孔混合块型，并对孔砌筑。

7.4.7 190mm 厚内外墙同时砌筑可保证墙体结构整体性，提高小砌块建筑抗震性能。

留直槎的墙体不利于房屋抗震，并且往往是墙体受害破坏的部位，故严禁留直槎。

小砌块墙厚 190mm 并有孔洞，从墙体稳定性考虑，斜槎长度与高度比例不同于黏土砖，因此作了调整。

7.4.8 为避免因温度作用使屋面板变形，从而拉动隔墙引起墙体开裂的状况，故顶层内隔墙不得与屋面板底接触，砌筑时应预留一定的间隙，再用石灰砂浆或弹性材料填塞。

7.4.9 小砌块砌体是薄壁空心墙，水平缝铺灰面积较小，撬动或碰动了已砌筑的小砌块会影响砌体质量。因此，新砌筑的砌体，不宜采用黏土砖墙的敲击法来矫正，而应拆除重砌。

7.4.10 小砌块不应浇水砌筑，为防止砂浆中水分被小砌块吸收，以随铺随砌为宜。

垂直灰缝饱满度对防止墙体裂缝和渗水至关重要，故要求饱满度不宜低于 90%。

7.4.11 随砌随匀缝可使墙体灰缝密实不渗水。凹缝便于粉刷层与墙体基层连接。

7.4.12 砌入小砌块墙体的 4×4 钢筋点焊网片，若纵横向钢筋重叠为 8mm 厚则有露筋的可能。因此，要求钢筋点焊应在同一平面内。

7.4.13 砌一皮填一皮隔热、隔声材料可避免漏放的情况。目前市场上内外保温隔热材料较多，施工方法也不相同，因此，应按现行相关标准与要求进行。

7.4.14 砌筑中注意上下左右的保温夹芯层相互衔接成一体，避免冷（热）桥现象，以提高墙体保温效果。

7.4.15 拉结件的防腐与埋设关系到两叶墙的稳定与安全，施工中应予注意。

7.4.16 考虑支模需要，同时防止在已砌好的墙体上打洞，特提出本条措施。当外墙利用侧砌的小砌块孔洞支模时，应防止该部位存在渗水隐患。

7.4.17 为使梁板安装平整，不因支座不平发生断裂，故强调了找平后再灌浆的操作步骤。

7.4.18 为了使门窗洞口两侧芯柱贯通，窗台梁与芯柱交接处要求预留孔洞。现浇时，应将窗台梁与窗台以下的两侧芯柱一起浇灌，并预留与上部芯柱连接的插筋，搭接长度为钢筋直径的 45 倍，并不得小于 500mm。

7.4.19 木门与小砌块墙体连接方式采用混凝土包木砖，再用钉子相连。这种传统连接的可靠度已为工程实践所证实。也可直接将木框固定在实心小砌块上。塑料门窗和铝合金门窗可用射钉或膨胀螺栓连接固定。

7.4.20 门窗与实心混凝土墙体连接安装可按第 7.4.19 条提供的方法施工，但木门框安装应先钻洞，然后塞入四周涂满粘结剂的木榫（木桩），再用钉子连接。

7.4.21~7.4.22 因为小砌块是薄壁空心材料，砌好后打洞、凿槽会损坏小砌块的壁和肋，影响砌体强度，甚至产生微裂缝。因此，在编制小砌块排块图时要求将土建施工与水电安装统盘考虑，做到预留、预埋。施工时，负责水电安装的施工员应时时跟随现场，密切配合土建施工进度，做好管线暗敷和空调、脱排油烟机等家电设备留设工作，仅个别考虑不周的部位方可凿，以确保墙体工程质量。

7.4.23 小砌块建筑均宜设管道井或集中设置在楼梯间、出入口等部位，便于检修管理。

条文对各种管线、各类表箱、上下水管道及插座、开关盒的埋设与安装都作了规定。

7.4.24 小砌块墙体装修打洞宜用筒钻成孔。当孔洞较大时，可先沿大孔周长钻若干个小孔，再将小孔连成大孔。

7.4.25 因小砌块属薄壁空心材料，沿水平方向凿槽将危及墙体结构安全，因此严格禁止。

7.4.26 为防止管道安装处的墙面产生裂缝而采取的措施。

7.4.27 为组织流水施工，房屋变形缝和门窗洞口是划分施工工作段的最佳位置。构造柱将墙体分隔成几个独立部分，因此，也是施工工作段的划分位置。同时，出于墙体稳定性考虑，规定相邻施工工作段高差不得超过一个楼层高度，也不应大于 4m。

7.4.28 缝内有了砂浆、碎块等杂物就限制了房屋建筑的变形，使变形缝起不到应有的作用。

7.4.29 这是保证整幢房屋建筑和每一层墙体质量的一项有效的施工技术措施。

7.4.30 小砌块属薄壁空心材料，墙上留设脚手孔洞将使墙体承受局压。事后镶砌也难以使该部位砂浆饱满密实。多年施工实践证实，小砌块墙体施工可完全做到不设脚手孔洞，因此，条文作了严格规定。

7.4.31 施工实践证实，顶层内抹灰待屋面保温隔热层完工后进行可减少甚至避免因温差影响而产生的墙体裂缝。

7.4.32 待房屋外墙稍稳定并且顶上几层砌筑砂浆终凝完成后再做外抹灰，有利于外抹灰与墙体基层间粘结，墙面不致产生不规则裂缝或龟裂。

7.4.33 涂刷有机胶或界面剂有利于抹灰材料与钢丝

网及墙体基层间粘结。

7.4.34 小砌块墙面抹灰前一般不需要洒水。当使用有机胶或界面剂时更不应洒水。

7.4.35 分层抹灰有利于防止抹灰层空壳和裂纹等质量弊病。外墙抹灰分三道工序可提高抹灰质量。施工实践证实，外墙面使用带弹性的中高档涂料有利于外墙面防渗。当使用瓷砖、面砖饰面材料时，应选用专用粘贴和嵌缝材料。若粘贴不周、施工马虎会引起外墙渗水，应引起注意。

厨房、卫生间等较潮湿房间的墙体第一皮小砌块孔洞应采用C20混凝土填实。墙面底层抹灰应采用掺防水剂的水泥砂浆，再做水泥砂浆找平层外贴瓷砖或面砖。

7.4.36 多年工程实践表明，小砌块砌体检验项目与尺寸和位置的允许偏差值合理、可行，是验收砌体质量的重要依据。

7.5 芯柱施工

7.5.1 凡有芯柱之处应设清扫口，一是用于清扫孔道内杂物，二是便于上下芯柱钢筋绑扎固定。

施工时，芯柱清扫口可用 U 型砌块做成。但仅用一种单孔 U 型块竖砌将在此部位发生两皮同缝的状况。为避免此现象，应与双孔 E 型块同用为宜。L型小砌块用于墙体 90°转角部位，可使转角芯柱底部相互贯通。

7.5.2 芯柱孔洞内有杂物将影响混凝土质量。内壁的砂浆将使芯柱断面缩小。因此，在砌筑时应随砌随将从灰缝中挤出的砂浆刮干净。

7.5.3 因芯柱孔洞较小，使用带肋钢筋可省却两端弯钩占去的空间，有利于芯柱混凝土浇筑。

7.5.4 由于灌注芯柱混凝土的流动度较大，为保证混凝土密实，所以要求有严密封闭清扫口的措施，防止漏浆。

7.5.5 先浇 50mm 厚与芯柱混凝土成分相同的水泥砂浆，可防止芯柱底部的混凝土显露粗骨料。

7.5.6 当砌筑砂浆未达到规定强度浇灌、振捣芯柱混凝土会使墙体位移。因此，施工时应予注意。

实行定量浇灌芯柱可初步估测芯柱混凝土密实度。

7.5.7 芯柱细石混凝土坍落度应比一般混凝土大，有利于浇筑，稍许振捣即可密实。但非商品混凝土的坍落度过大会给施工现场带来一定的困难。

7.5.8 为使芯柱混凝土有较好的整体性，应实行连续浇灌，直浇至离该芯柱最上一皮小砌块顶面 50mm 止，使层层圈梁与每根芯柱交接处均形成凹门形暗键，以增强房屋的抗震能力。

7.5.9 芯柱混凝土试件取样、制作、养护与抗压强度评定应按《混凝土结构工程施工及验收规范》GB 50204 的规定。

目前，锤击法听其声音是最简单的方法。若有异疑可随机抽查，凿开芯柱外壁观察。超声法属无损伤检验，方法科学可靠，但费用稍大，不宜作为常规检测手段，仅对芯柱质量有争议时使用。

7.6 构造柱施工

7.6.1 先砌墙后浇柱的施工顺序有利构造柱与墙体的结合，施工中应切实遵守。

7.6.2 为避免构造柱因混凝土收缩而导致柱墙脱开状况，小砌块墙体与构造柱之间要求设马牙槎。但由于小砌块块体较大，马牙槎槎口尺寸也相应较大，一般为 100mm×200mm，否则小砌块不易排列。

7.6.3 为保证构造柱混凝土密实，构造柱模板要求紧贴墙面不漏浆。

7.6.4 为便于振捣浇灌，混凝土坍落度以 50～70mm 为宜。

7.6.5 由于小砌块马牙槎较大，凹形槎口的腋部混凝土不易密实，故浇灌、振捣构造柱混凝土时要引起注意。

7.6.6 构造柱轴线从基础到顶层应对准、垂直，其尺寸的允许偏差见表 7.6.6。在逐层安装模板前，应按柱轴线随时校正竖向钢筋的位置和垂直度。

7.7 雨、冬期施工

7.7.1 雨期施工的规定。

1 小砌块被雨水淋湿将会产生湿胀，日后上墙因干缩缘故易使墙体开裂，所以对堆放在室外的小砌块应有防雨覆盖设施。

2 当雨量为小雨及以上时，若继续往上砌筑，常因已砌好砌体的灰缝砂浆尚未凝固而使墙体发生偏斜。

3 砌筑砂浆稠度应视气温和天气情况变化而定。雨期不利小砌块砌筑。因此，日砌筑高度也应适当减小。

7.7.2 冬期施工的规定。

1 条文是我国对冬期施工期限界定的较新规定，和其他国家基本一致，并体现了我国气候的特点。详见《建筑工程冬期施工规程》JGJ 104。

2 小砌块遇水受冻后会降低与砌筑砂浆间的粘结强度，故冬期施工中不得使用。

普通硅酸盐水泥早期强度增长较快，有利于砂浆在冻结前即具有一定强度，应优先选用。

为使砌筑砂浆和混凝土的强度在冬期施工中能有效增长，故对石灰膏、砂石等原材料也分别提出要求。

砂浆的现场运输与储存应按当地技术标准的有关规定，并结合施工现场的实际情况，采取相应的御寒防冻措施。

3 本条文规定是为了保证砌体冬期砌筑的质量。

4 冬期施工期间适当提高砌筑砂浆强度等级有利于砌体质量。

5 记录条文规定内容的数据和情况，便于日后施工质量检查。

6 为避免重复，对芯柱、构造柱混凝土冬期施工要求，应遵守现行有关规范的规定。

7 为保证在冻胀性地基上基础施工的质量，作出此规定。

8 因小砌块砌体的水平灰缝中有效铺灰面较小，若采用冻结法施工在解冻期间施工中易产生墙体稳定问题，故不予取之。

掺有氯盐的砂浆对未经防腐处理的钢筋、网片易造成腐蚀，故也不应采用。

9 现市场上防冻剂产品较多，为保证砂浆质量，使其在负温下强度能缓慢增长，应关注产品的适用条件并符合《混凝土外加剂应用技术规范》GB 50119中有关规定，实际掺量由试验确定。

10 暖棚法施工可使砌体中砂浆强度始终在大于5℃的气温状态下得到增长而不遭冻结的一项施工技术措施。

11 表中数值是最少养护期限，如果施工要求强度能较快增长，可以提高棚内温度或适当延长养护时间。

7.8 安 全 施 工

7.8.1 除应遵守现行的建筑工程安全技术规定外，小砌块墙体安全施工尚需按本节要求进行。

7.8.2 为防止小砌块在垂直吊运过程中因受碰动或其他因素的影响从高空坠落伤人，因此要求用尼龙网罩围护小砌块。

7.8.3 在楼面上倾倒和抛掷小砌块或其他物料，易造成小砌块破碎、楼板断裂及脚手架不稳定，故应予以制止。

7.8.4 主要防止堆载超过楼板或屋面板的允许承载能力而突然断裂，造成重大安全事故。

7.8.5 站在墙上操作既不符合安全施工要求，又影响砌体砌筑质量，故有必要制止。

7.8.6 本规定引自《砌体工程施工及验收规范》GB 50203，并结合小砌块组砌的截面尺寸对墙（柱）厚度进行了调整。

7.8.7 主要防止施工中随意留设施工洞口，以确保人身安全。

7.8.8 射钉枪保管使用不当有误伤他人的可能，施工时应予重视，并切实遵守有关部门规定。

7.9 工 程 验 收

7.9.1 关于小砌块砌体工程验收应按一般规定、主控项目、一般项目等项要求进行验收，故应执行现行《砌体工程施工质量验收规范》GB 50203 相应规定。

中华人民共和国行业标准

多孔砖砌体结构技术规范

JGJ 137—2001（2002年版）

条 文 说 明

前 言

《多孔砖砌体结构技术规范》(JGJ 137—2001)，经建设部 2001 年 10 月 10 日以建标［2001］号文批准，业已发布。

为便于广大设计、施工、科研、学校等有关人员在使用本规范时能正确理解和执行条文规定，《多孔砖砌体结构技术规范》编制组按章、节、条顺序编制了本标准的条文说明，供使用者参考。在使用中，如发现本条文说明有欠妥之处，请将意见函寄中国建筑科学研究院工程抗震研究所（地址：北京市北三环东路 30 号　邮编：100013）。

目 次

1 总则 …………………………… 2—3—4
2 术语、符号 …………………… 2—3—4
3 材料和砌体的计算指标 ……… 2—3—4
4 静力设计 ……………………… 2—3—5
  4.1 基本设计规定 …………… 2—3—5
  4.2 受压构件承载力计算 …… 2—3—5
  4.3 墙、柱的允许高厚比 …… 2—3—5
  4.4 一般构造要求 …………… 2—3—5
  4.5 圈梁、过梁 ……………… 2—3—6
  4.6 预防和减轻墙体裂缝措施 … 2—3—6
5 抗震设计 ……………………… 2—3—6
  5.1 一般规定 ………………… 2—3—6
  5.2 地震作用和抗震承载力验算 … 2—3—7
  5.3 抗震构造措施 …………… 2—3—8
6 施工和质量检验 ……………… 2—3—9
  6.1 施工准备 ………………… 2—3—9
  6.2 施工技术要求 …………… 2—3—9
  6.3 安全措施 ………………… 2—3—10
  6.4 工程质量检验 …………… 2—3—11
  6.5 工程验收 ………………… 2—3—11

1 总则

1.0.1 烧结多孔砖，比普通实心粘土砖节省烧砖用土，节省土地资源，节省烧砖能耗。多孔砖墙体保温隔热性能较好。目前，国家正在开展墙体材料改革，限制使用实心粘土砖，因此开发烧结多孔砖及其在墙体中的应用，将是势之必行。《多孔砖（KP_1型）建筑抗震设计与施工规程》(JGJ 68—90)自1990年实施以来，对墙体材料改革，对多孔砖建筑的发展，起到了很大的推动作用。P型多孔砖（即KP_1型多孔砖）在地震区也有了广泛的应用。这为M型多孔砖的建筑应用及抗震性能的试验研究，为多孔砖砌体结构技术规范的编制，提供了前提条件。

M型多孔砖的特点是：由主砖及少量配砖构成，砌墙不砍砖，基本墙厚为190mm。墙厚可根据结构、抗震和热工要求，按半模数差变化。这无疑在节省墙体材料上比实心砖和P型多孔砖更加合理。其缺点是给施工带来不便。目前是两种砖并存。

为了使P型砖和M型砖均得到应用。本规范列入了这两种型号的砖。

1.0.2 这一条是指出本规范的适用范围。就地区而言，适用于非抗震设防区和抗震设防烈度为6度至9度的地区，以P型和M型模数烧结多孔砖为墙体材料的多层砌体结构的设计和施工。

本规范一般略去"设防烈度"字样，如"设防烈度为6度、7度、8度、9度"简称为"6度、7度、8度、9度"。

2 术语、符号

2.1.1 本条文烧结多孔砖的定义，是根据《砖和砌块名词术语》(GB 5348—85)而提出。

目前，在一些设计文件和施工文件中，时而称空心砖，时而称承重空心砖。且易与不承重的大孔空心粘土砖造成混乱，都是不严密的。

2.1.2~2.1.4

P型多孔砖（亦称KP_1型多孔砖）和M型多孔砖均已列入国家定型产品，它们的区别是砖的外形尺寸。其孔形设置和孔洞率控制没有区别。配砖由于用量少未列入正式产品，生产厂家可根据设计施工要求，配合生产供应。

2.1.5 硬架支模是近年来多层砖房现浇圈梁的一种较为成熟的施工方法。其优点是施工方便，不影响工期，使楼板与圈梁整体连接好，最适用于墙厚为190mm的M型多孔砖墙体。因为190mm厚砖墙的楼板的搁置长度不够。硬架支模通过现浇和钢筋整体连接可克服这一不足。

3 材料和砌体的计算指标

3.0.1 多孔砖的强度等级和外观质量按现行国家标准《烧结多孔砖》(GB 13544)检验。多孔砖砌体抗压试验表明，砌体在破坏过程中，具有较普通砖砌体更为显著的脆性破坏特征；同一批砖材，由于抽样方法欠标准等因素的影响，多次抽检的强度等级检验结果，往往相差一个等级；在相同条件下，M型砖墙的承载力（以1m宽墙段计算）比普通砖墙约低30%；砌体工程施工系手工操作，砌体强度的离散性较大，是工程事故较多的原因之一。基于以上四条原因，对砖和砂浆的强度等级最低值做出有别于普通砖墙体的规定，即砖的强度等级不应低于MU10，砌筑砂浆的强度等级不应低于M5。对低层建筑和平房，表中也列入了有关M2.5的设计计算参数。

3.0.2、3.0.3 多孔砖砌体的抗压强度设计值和抗剪强度设计值，根据全国众多单位的试验研究结果，综合统计分析，均可采用普通砖砌体的相应指标。

编制行业标准《多孔砖（KP_1型）建筑抗震设计与施工规程》(JGJ 68—90)时，编制组曾组织四个单位进行了P型砖的砌体抗压、抗剪试验，各单位相同条件下的对比试验结果，两项指标均相当或略高于普通砖砌体（详见该规程的条文说明）。

模数多孔砖与建筑应用试验研究课题组（中国建筑科学研究院工程抗震研究所为负责单位）进行的对比试验分别见表1和表2。对表1两列比值数据进行显著性区别的t检验，结果表明，在给定危险率为0.05时，不拒绝两列数据平均值（即1.17和1.25）相等的假设。对表2中16组成对测试值进行t检验，有7组存在显著性差别，均是M型砖砌体的抗剪强度显著高于普通砖砌体；其余9组则没有显著差别。

近年来，四川省建筑科学研究院和哈尔滨建筑大学进行的M型多孔砖砌体和普通砖砌体抗压及抗剪对比试验，其结果均无显著性差别。

3.0.4 本条系参照现行国家标准《砌体结构设计规范》(GB 50003)编写的。但考虑到多孔砖砌体具有较普通砖砌体更为显著的脆性破坏特征，对承受较大集中荷载的墙体（以梁的跨度不小于7.2m为控制指标），规定其抗压强度设计值乘以0.9的调整系数。

3.0.6 根据理论分析和实测结果，多孔砖砌体的自重，可按式(3.0.6)计算。

表1 多孔砖（M型）砌体与普通砖砌体的强度比较之一

序号	M型砖砌体						普通砖砌体						试验单位
	n	f_1	f_2	f'_m	δ	f'_m/f_{88}	n	f_1	f_2	f'_m	δ	f'_m/f_{88}	
1	3	10	4.12	4.77	0.210	1.50	3	10	4.12	5.80	0.030	1.83	武汉工大
2	6	15	5.5	3.85		0.91	3	15	5.5	2.69		0.64	陕西建科院

2—3—4

续表1

序号	M型砖砌体					普通砖砌体					试验单位
	n	f_1	f_2	f'_m	δ	f'_m/f_{88}	n	f_1	f_2	f'_m	δ	f'_m/f_{88}	

序号	n	f_1	f_2	f'_m	δ	f'_m/f_{88}	n	f_1	f_2	f'_m	δ	f'_m/f_{88}	试验单位
3	3	15	6.0	4.84	0.038	1.30	3	10	6.0	4.64	0.038	1.33	北京设计院
4	3	15	6.84	5.55	0.123	1.24	3	15	6.84	6.22	0.118	1.70	武汉工大
5	3	15	9.0	5.68	0.161	1.15	3	10	9.0	4.03	0.128	1.01	北京设计院
6	3	15	10.4	5.27		1.00	3	10	10.4	3.69		0.71	陕西建科院
7	3	15	11.75	5.94	0.192	1.08	3	10	11.75	6.81	0.230	1.51	武汉工大
合计	24					1.17	21					1.25	

表2 M型砖与普通砖砌体 f_v 值 t 检验

序号	M型多孔砖砌体			烧结普通砖砌体			t检验（显著性区别）
	n	f_{VM} (MPa)	s	n	f_{VP} (MPa)	s	
1	6	0.303	0.0670	3	0.273	0.0254	无
2	9	0.302	0.0549	9	0.251	0.0620	f_M 大
3	9	0.220	0.0783	9	0.230	0.0819	无
4	15	0.190	0.0304	15	0.160	0.0320	f_M 大
5	3	0.588	0.1223	3	0.470	0.1217	无
6	9	0.130	0.0474	9	0.120	0.0352	无
7	9	0.310	0.0487	9	0.290	0.0896	无
8	6	0.563	0.1689	6	0.270	0.0834	f_M 大
9	9	0.320	0.0576	9	0.280	0.0554	无
10	18	0.350	0.0480	18	0.220	0.0480	f_M 大
11	9	0.414	0.0762	9	0.222	0.0664	f_M 大
12	18	0.370	0.0400	18		0.0650	无
13	6	0.903	0.0786	6	0.490	0.0551	f_M 大
14	9	0.216	0.0730	9	0.159	0.0580	无
15	9	0.360	0.0731	9	0.290	0.0960	无
16	18	0.400	0.1040	18	0.320	0.0541	f_M 大
合计	162			123			

注：1 在总计16个对比组中，无显著区别者有9组，有显著区别者有7组；
2 资料来源：《模数多孔砖建筑抗震性能的试验研究》（综合报告，执笔人：董竟成）。

4 静力设计

4.1 基本设计规定

4.1.1～4.1.6 按照现行国家标准《建筑结构设计统一标准》（GBJ 68）、《砌体结构设计规范》（GB 50003）的规定编写这6条。

目前，多孔砖砌体结构多用在住宅、办公楼、学校等建筑，个别也有用于小跨度的无吊车厂房、仓库等建筑中，这类建筑结构按二级安全等级设计。表4.1.2注中的特殊建筑是指重要的纪念建筑和重要文物建筑。

4.1.7 P型多孔砖砌体结构房屋以控制在8层及其以下为宜，M型模数多孔砖砌体结构房屋以控制在7层及其以下为宜。这主要是从当前多孔砖强度等级及外观质量等方面考虑，使墙体所占面积及基础造价等较为合理。当底层采用钢筋混凝土框架或框架-剪力墙结构底层形成空旷房屋时，总层数更不宜超过上述限值。

4.1.8 底层为砖柱或组合砖柱的多层砌体房屋，底层空间刚度较差，故规定在底层应布设适当数量的纵横墙，以增强房屋的整体性和稳定性，并隐含了尽量采用刚性方案或刚弹性方案的要求。

4.1.9～4.1.12 设计人员在进行砌体工程设计时，往往忽略了这几条所述部位的静力结构计算，故重点指出应特别关注这几条所指定部位的结构计算。

4.2 受压构件承载力计算

4.2.1～4.2.4 本规范编制组在编制工作期间，进行了M型砖的砌体偏心影响系数 α 试验和长柱轴向稳定系数 ψ_0 试验。试验结果表明，这两项指标均与普通砖砌体相当，故本规范的受压构件承载力计算公式与现行国家标准《砌体结构设计规范》（GB 50003）完全一致。

4.2.5 多孔砖砌体偏心受压试验表明，当相对偏心距 e/y 为0.4时，砌体受压较小的一边首先出现水平裂缝，即出现拉应力，继之受压较大的一边出现竖向裂缝进而破坏。砖墙、砖柱的受力特点是抗压承载力较高而抗拉能力很低，设计砖房时应充分利用其优点回避缺点。本规范将 e/y 的限值从以往的0.7降为不宜大于0.4，且不应大于0.6。

4.2.6 多孔砖砌体局部受压的承载力，国内尚无系统的试验资料，现暂套用普通砖砌体的有关规定。考虑到多孔砖劈裂破坏特点，当砌体孔洞不能填实时，局压强度不提高。

4.3 墙、柱的允许高厚比

多孔砖墙柱的允许高厚比 $[\beta]$ 值，较普通砖墙柱的 $[\beta]$ 值略为降低，主要是考虑M型砖墙较薄，且工程应用实例尚少，从严控制，作此规定。以M型砖190mm厚墙为例，允许高厚比 $[\beta]$ 值为24，考虑门窗洞口因素，取降低系数 μ_2 为0.7，则墙的计算高度 H_0 可达3.19m，能够满足一般多层房屋层高的要求。

4.4 一般构造要求

4.4.1、4.4.2 这两条的规定均严于普通砖砌体。针对多孔砖砌体承受局部集中荷载的能力略低于普通砖砌体，即更容易出现局部受压裂缝，需要采取必要的加强措施。

4.4.3、4.4.4 对于设板底圈梁的190mm砖墙，预制板的支承长度尚能满足要求；当无板底圈梁时，则应采取其他加强构造措施。

参照现行行业标准《设置钢筋混凝土构造柱多层砖房抗震技术规程》（JGJ/T 13），需采用锚固件与墙、柱上垫块锚固的梁，其跨度由普通砖墙、柱要求的9m改为6.6m。

4.4.5、4.4.6 以往俗称的"骨架房屋"，提法欠严谨，现改为专业用词"框架房屋"。

4.4.7 此条为加强M型砖房屋整体性的构造措施。

4.4.8 做水泥砂浆抹面以防止碰坏砖墙。

4.4.9 随着居住生活水平的提高和办公条件的改善，一般宿舍楼、办公楼的暗埋管线越趋增多，随意打凿墙体或预留沟槽的现象比比皆是，严重削弱了墙体的整体性能和受力性能，本规定力图对这一不良现象予以限制。

4.4.10 此条为加强房屋整体性的措施，也限制了住户随意打掉洞口两侧墙体有损主体结构的错误做法。

4.4.11 在房屋±0.000以下，较潮湿或易受地下水浸泡，使多孔砖的强度下降并降低砖的耐久性。故不宜用于±0.000以下。

4.5 圈梁、过梁

参照普通砖房屋的设计规定并考虑多孔砖的厚度为90mm的特点，做出本节关于圈梁高度不宜小于200mm的规定。

4.6 预防和减轻墙体裂缝措施

工程调查表明，多孔砖房屋易出现裂缝的部位和裂缝特点，与普通砖房并无区别，其防裂措施可采用普通砖房的相应规定。

5 抗震设计

5.1 一般规定

5.1.1 处在6~9度地震区的多孔砖多层房屋，除了满足静力设计要求外，还应满足抗震设计中的基本要求。进行抗震验算和采取构造措施。

5.1.2 抗震设计的基本要求，从整体上减轻地震灾害。不利的场地和地段，会造成建筑的破坏，例如，地表错动与地裂，地基土的不均匀沉陷、滑坡和粉砂土液化等。简单、对称的平、立面布置，容易估计其地震时的反应，容易采取构造措施和局部处理。"规则"包含了对建筑的平、立面外形尺寸、墙体布置、质量分布直至强度分布等诸多因素的综合要求。例如，沿高度方面突出屋面建筑和局部缩进的尺寸不宜过大，墙体上、下连续，不错位，且横截面面积变化缓慢，相邻层质量、刚度和强度的变化不超过某个限值；沿平面局部突出的尺寸不宜过大。墙体在本层平面内基本对称，纵横墙呈基本正交。同一轴线的窗间墙宽变化过大，会引起较宽的墙体先破坏。

楼梯间墙体缺少各层楼板的侧向支承，其顶层墙体有一层半楼层的高度震害加重。因此在建筑布置时楼梯间应尽量不设在尽端和转角处。

错层房屋在错层部位传递地震力处于复杂情况，而多孔砖砌体是一种脆性材料，抗剪能力低，较易破坏，所以本条规定房屋不宜有错层。

据历次地震震害经验表明，纵墙承重的结构布置，因横向支承较少，纵墙较易受弯曲破坏而导致倒塌，所以要优先选用横墙承重方案。

多孔砖建筑抗震主要构造措施，是设置构造柱和布置圈梁，能有效的约束墙体，改善砖砌体的脆性性能。

5.1.3 构造柱、圈梁作用是约束砖砌体，其强度不宜过低，使墙体开裂后裂缝不易发展到构造柱、圈梁部位，使其工作在弹性阶段更好发挥约束开裂后墙体的作用。

5.1.4 多层多孔砖房屋限制其总高度与层数，是一条重要的抗震设计基本要求。参照了多层砌体房屋的高度限制规定，考虑到P型砖已经过多年的工程实践，其设计与施工技术较成熟，其高度与层数与普通粘土砖房屋持平。本条文中M型砖是新型墙体材料，对其房屋的总高度和层数，根据有限的墙体和基本材性试验资料进行工程判断做出了规定。因此应组织进一步整体模型动力试验，以利于更科学地判断M型砖房屋的抗震性能。

条文中说的横墙较少，是指同一层内，开间大于4.20m的房间占该层总面积的40%以上。

5.1.5 抗震横墙是多层多孔砖房屋中负担横向地震力的构件。在多层多孔砖房屋抗震设计中，抗震横墙的承载力和延性必须得到保证。作用在横墙上的地震力是由楼层的水平构件楼（屋）盖来传送，这样楼（屋）盖必须具有一定的水平刚度。本条规定是为了满足楼盖对传递水平地震力所需的刚度要求。本规范区别3种不同楼、屋盖的类别，分别规定了相应的最大间距。厚度为190mm抗震横墙的间距，考虑到较薄的墙体厚度对楼盖水平刚度的不利因素，比240mm厚度横墙的最大间距减少3m。

5.1.6 多层多孔砖房屋中的墙体局部尺寸限值，主要是参照《建筑抗震设计规范》（GB 50011）中多层砌体房屋中的有关规定。

局部尺寸的限制，以保证这些部位具有足够的抗剪能力，防止因局部尺寸不足而导致局部破坏，有时也会引起连续破坏的后果。在多层多孔砖房屋中更应引起注意和重视。

多层多孔砖房屋的局部尺寸，主要指下列部位的最小宽度尺寸：承重窗间墙的最小宽度；尽端的承重外墙至门窗洞边的最小距离；非承重的外纵墙尽端至门窗洞边的最小距离以及内墙的阳角至门窗洞边最小距离等。根据抗震设防烈度，提出了不同的最小尺寸。

当然，局部尺寸的要求还应当经过竖向荷载的截面验算以及抗震验算，此处仅是从抗震构造措施上提出了最低要求。

对于无锚固的女儿墙的最大高度限值，也是参考了多层砌体房屋确定，一般应尽量降低无锚固女儿墙的设置高度或采取设置构造柱、压顶梁等锚固措施。

如从房屋的使用要求出发，使得局部尺寸偏小，而满足不了抗震要求时，可采取局部加强措施来弥补。

5.1.7 砌体结构的抗震验算按各层墙体受剪考虑，不作整体弯曲验算，但对房屋总高与宽度比值有一个限制。本规范所列数据基本与地震区多层砌体房屋保持一致。

5.1.8 设置防震缝的目的，在于避免或减少地震时房屋相邻各部分因振动不协调而引起的破坏现象。通过防震缝的设置，把复杂的建筑分割成独立、规则的抗震单元。考虑到抗震规范对设置防震缝的原则和作法，都有明确的规定，故本规范的作法与抗震规范取得一致。

5.1.9 烟道、风道、垃圾道等洞口减薄了墙体的厚度，特别在 190mm 厚度的墙体情况，形成薄弱处，在地震中易破坏。应采取在砌体中加配筋、预制管道构件等加强措施。

5.2 地震作用和抗震承载力验算

5.2.1 本条明确多孔砖房屋考虑地震作用方向和抗震承载力验算。在建筑结构的两个主轴方向分别考虑水平地震作用，并进行抗震承载力验算的原则，其前提是建筑平面对称，质量和刚度中心对称，质量沿建筑高度分布均匀。对于地震区的多孔砖房屋应尽可能满足这种要求。否则应考虑水平地震作用的扭转影响。

5.2.2 对于多层砌体房屋基础的抗震设计，在一般地基状况下，经过大量的试算和砌体建筑的实际宏观震害调查，证明可不必进行抗震承载力验算，一般均能满足抗震要求。多孔砖砌体房屋基础的抗震设计，参照了《建筑抗震设计规范》（GB 50011）的有关规定不作抗震承载力验算。

5.2.3 6 度区的大多数建筑，地震作用在结构设计中基本不起控制作用，而且震害经验证明了这一点，故可不做截面的抗震验算，但应满足有关的抗震构造措施规定。

5.2.4 是《建筑抗震设计规范》（GB 50011）第 4.1.3 条的引用。按《建筑结构设计统一标准》（GBJ 68）的原则规定，将地震发生时恒荷载与其他重力荷载可能的遇合结果，总称为"计算地震作用时的重力荷载代表值"。相当于恒荷载标准值和其他活荷载准永久值的组合，但考虑地震作用的特点做了局部调整，使之基本同规范的组合值一致。考虑到藏书库等活荷载在地震时遇合的概率较大，规定按等效楼面均布荷载计算活荷载时，其组合值系数为 0.8。

5.2.5 结构总水平地震作用，是水平地震动作用下按结构弹性分析得到的总水平地震作用（标准值），其数值相当于作用于结构底部的总水平剪力。

多孔砖房屋和实心砖房屋一样，高度不超过 40m，以剪切变形为主，其质量和刚度沿高度分布比较均匀。按照建筑抗震设计规范的规定，采用底部剪力法计算，其地震作用沿高度的分布可按第一振型的倒三角形分布。

关于地震影响系数 α，在建筑抗震设计规范中规定，多层砖房的地震影响系数取地震影响系数（$\alpha-T$）曲线的最大值。这是因对不同层数的各种多层砖房曾进行过动力特性的实测，结果发现，其自振周期一般均小于 0.3s，故在采用反应谱理论计算其地震作用时，α 均取谱曲线的平台值，即最大值。实测 P 型多孔砖房屋的振型曲线也表明，这类房屋的振型基本上是剪切型。

多质点体系采用底部剪力法进行简化分析时，视结构为等效单质点系，存在一个等效质量问题，为简化计，取总重力荷载代表值的 85%。

5.2.6 本条直接引用了建筑抗震设计规范的条文，主要是考虑突出屋面部分所受地震力的放大问题。震害经验表明，突出屋顶面的附属小构筑物（如屋顶间、女儿墙、烟囱等）都遭到严重破坏，而且它们的破坏往往带来次生灾害。理论分析也证明在这类小构筑物的根部高振型影响很大，即有明显的应力集中现象。故本条规定，这类小构筑物的水平地震作用为第 5.2.5 条规定计算结果的 3 倍。

5.2.7 结构楼层水平地震在剪力抗侧力构件之间的分配是由楼盖刚度决定的。

1 现浇和装配整体钢筋混凝土楼屋盖的房屋，可视为不变形的刚性体，按变形协调条件，地震力按抗侧力构件的刚度分配；

2 对于木楼盖等柔性楼盖，视作简支于每道横墙上的板。分配给各抗侧力构件的地震力，按抗侧力构件两边相邻的抗侧力构件之间一半面积重力代表值的比例分配；

3 普通预制板的装配式钢筋混凝土楼屋盖，既不是不变形的刚体，又不是简支于每道横墙上的柔性木楼板，可视作介于二者之间，取上述两种分配结果的平均值。

多孔砖建筑的横向和纵向地震剪力，分别由横墙和纵墙各自承担。

5.2.8 在对纵、横墙截面进行抗震验算时，根据一般的经验，不利墙段为：
1 承担地震作用较大的墙段；
2 竖向压应力较小的墙段；
3 局部截面较小的墙垛。

根据建筑抗震设计规范的原则和宏观震害经验，多层砌体房屋一般不须作墙体的整体弯曲验算。

5.2.9 本条直接引用建筑抗震设计规范相关条文内容。在墙段间进行地震剪力的分配和截面验算时，根据房间墙段的不同高宽比（h/b），分别按剪切或弯剪变形同时考虑。

5.2.10 地震作用下砌体材料的强度指标，因不同于静力，宜单独给出。其中砖砌体强度是按震害综合反算并参照部分试验给出的。为了方便，当前仍继续沿用静力的指标。但是，强度设计值和标准值的关系则是针对抗震设计的特点，按《建筑结构设计统一标准》（GBJ 68）可靠度分析得到的，并采用调整静力设计强度的形式。

当前，砌体结构抗剪强度的计算，有两种半理论半经验的方法——主拉和剪摩。在砂浆强度等级 $M>2.5\text{MPa}$ 且在 $1<\frac{\sigma_0}{f_v}<4$ 时，两种方法结果相似。

P 型砖曾做过 150 多个试件试验，其抗剪强度指标与普通砖相当或略高。M 型砖做过 300 多个试件试验，由于砌筑砂浆进入砖的孔洞内，其砌体通缝抗剪强度比按砌体规定计算值平均高出 14%。

P 型砖，一共收集 136 片墙体抗震试验资料。M 型砖，进行了 46 片墙体抗震抗剪承载力试验。试验表明与普通砖墙体具有相同的破坏机制和相近的承载能力。

建筑抗震设计规范统一采用正应力影响系数表达式，所以本规范也采用了同样形式，其正应力影响系数可表达为下式：

$$\zeta_N = \frac{1}{1.2}\sqrt{1+0.45\frac{\sigma}{f_v}}$$，并根据不同的 $\frac{\sigma_0}{f_v}$ 列入本规范表 5.2.10 中。表中数据与建筑抗震规范中实心砖数据是一致的。必须说明，表中数据对孔洞率为 25% 的多孔砖墙体进行过验证适用。

5.2.11 墙体截面抗震承载力验算，是按照《建筑结构设计统一标准》（GBJ 68）和《建筑抗震设计规范》（GB50011）的要求，采用基于概率可靠度的极限状态设计表达式 $S \leq R/\gamma_{RE}$。

对于多孔砖建筑，即为验算墙体的抗剪强度是否大于设计地震作用下，墙体遭受的地震剪力，即《建筑抗震设计规范》（GB 50011）中的墙体剪力设计值 V，其作用效应表达式为：

$V = \gamma_{Eh} G_{Eh} F_{Ek}$，即《建筑抗震设计规范》（GB 50011）中的（5.2.11-2）式。

墙体抗震抗剪强度表达式为

$\frac{f_{VE} A}{\gamma_{RE}} \eta_k$ 即《建筑抗震设计规范》（GB 50011）中的（5.2.11-1）式右项。

以上二式的符号，在本规范中都有说明，这里仅就地震作用效应系数和承载力抗震调整系数作一些补充说明：

地震作用效应系数：

根据抗震规范的要求，作用效应组合是建立在弹性分析迭加原理基础上的。水平地震作用效应，是墙体的水平地震作用下所受到的剪力，与产生该剪力的水平地震作用值的比值。由物理量之间的关系确定。考虑到抗震计算模型的简化和塑性内力分布与弹性内力分布的差异等因素，对于突出屋面建筑，地震作用效应还应乘以增大系数或调整系数。

承载力抗震调整系数：

承载力抗震调整系数，反映了多孔砖墙体在众值烈度地震作用"不坏"的承载力极限状态的可靠指标。素墙和带构造柱墙的试验结果，较好地反映了这一情况。

自承重墙体（如横墙承重方案中的纵墙等），如按常规抗侧力验算，往往比承重墙还要厚，但抗震安全性要求可以考虑降低，为此，利用 γ_{RE} 作适当调整。

多孔砖砌体孔洞效应折减系数：

当多孔砖孔洞率在 20%～30% 之间时，考虑到其抗压、抗剪强度下降，应乘以折减系数。

5.3 抗震构造措施

5.3.1、5.3.2 抗震设计的重要组成部分是抗震构造措施。通过构造措施，改善多孔砖房屋墙体的变形能力和加强连接是提高房屋大震下抗倒塌能力的重要步骤。

根据唐山地震时多层砌体房屋的震害经验总结，对砌体结构，采用在墙体中设置钢筋混凝土构造柱的做法，可以防止房屋在大地震下突然倒塌。试验研究也表明，在多孔砖墙体中设置构造柱能增强墙体的变形能力，增加延性，与每层的抗震圈梁结合，可以约束开裂破坏后的墙体，而免于丧失竖向承载能力。

本条所列对于不同烈度，不同层数时设置构造柱要求是参照建筑抗震设计规范中多层砌体房屋相应规定制订的。考虑到墙厚 190mm 的墙体，承受的竖向荷载与水平地震力较大，应适当提高其设置要求。对设置部位依然遵照抗震设计规范的规定，但在较低的层数上采取相应的设置。

5.3.2 条文中的"教学楼、医院等横墙较少的房屋"其定义与本规范条文说明的 5.1.4 条说明相同。

5.3.3 构造柱主要是对墙体起约束作用，其断面不必很大，但要保证构造柱与墙体的连接。构造柱不需按受力构件计算，其配筋满足本条规定即可，也无需单独设置基础。为了提高构造柱与圈梁相交节点附近的抗剪能力，对柱内箍筋应加密，以延缓墙体裂缝发展到柱内。

5.3.4 加强后砌的非承重砌体隔墙与承重墙或柱的拉接。

5.3.5、5.3.6 圈梁能增强房屋的整体性，提高房屋的抗震能力，是抗震的有效措施。给出了具体设置圈梁的部位，以及对圈梁要求闭合，无横墙处用板缝中现浇板带替代圈梁。

5.3.7、5.3.8 楼板搁置长度，楼板与圈梁、墙体的拉接，屋架（梁）与墙、柱的锚固、拉接等，沿用了《建筑抗震设计规范》（GB50011）相应规定。

当采用190mm厚墙体时，楼板搁置长度，不能满足要求时，应采用硬架支模做法，加强楼板拉接。

5.3.10 楼梯间由于比较空旷，常常破坏严重，必须采取一系列有效措施。包括在墙体内配置水平筋，设置钢筋混凝土水平带。不采用墙中悬挑式踏步；突出屋顶的楼，电梯间构造柱、圈梁设置等措施，都是根据大量震害经验作出的。

6 施工和质量检验

6.1 施工准备

6.1.1 在砌体工程中，只有应用合格的材料才可能砌筑出符合质量要求的工程。因此，作为多孔砖砌体主要材料的多孔砖应按现行国家标准进行检验和验收。

6.1.2 用于清水墙、柱的多孔砖，根据砌体外观质量的需要，应边角整齐、色泽均匀。

6.1.3 多孔砖在运输装卸中，如倾倒或抛掷，容易破损，破损的多孔砖难以使用，并造成浪费损失。据有关单位测定，人工二次倒运的多孔砖破损率是实心砖的2～3倍。堆置高度过高，则取砖不方便，也易造成倾倒损失。

6.1.4 多孔砖在砌筑前进行浇水湿润是一道很重要的工序，因为它对砌体质量和砌筑效率都会产生直接的影响。试验结果表明，砌筑时含水率越大越有利于砖与砂浆的粘结，但是，如果砖浇得过湿，或在砌筑前临时浇水，砖表面容易形成水膜，而影响砌体质量。

6.1.5 为了避免水泥变质、混杂而引起质量事故或材料浪费，本条对水泥保管及使用方面提出了要求。

6.1.6 采用中砂拌制砂浆，既能满足和易性要求，又能节约水泥，因此建议优先采用。砂过筛，可筛去泥团、石子、杂草等，以确保砂浆质量。砂中含泥量过大，不但会增加砂浆的水泥用量，还可能使砂浆的收缩加大，耐久性降低，影响砌体质量。对水泥砂浆，当砂子含泥量过大时，又对砂浆强度不利。

6.1.7 为使石灰能充分熟化，根据各地施工经验规定，块状生石灰制备石灰膏的熟化时间不得少于7d；对于磨细生石灰粉，其熟化时间不得少于2d。另外，为了保证石灰膏的质量，要求石灰膏应防止干燥、冻结和污染，脱水硬化的石灰膏及消石灰粉因不能起塑化作用又影响砂浆强度，故不应使用。

为了使粘土或亚粘土制备的粘土膏达到所需细度，从而起到塑化作用，因此规定要用搅拌机搅拌，且宜过筛。粘土中有机物含量过高会降低砂浆质量，因此用比色法鉴定合格后方可使用。

粉煤灰、建筑生石灰、建筑生石灰粉在砌筑砂浆中的作用，为了保证砌筑砂浆的质量，均应符合国家现行标准的质量要求。

6.1.8 试验结果表明，在水泥砂浆中当掺入有机塑化剂时，与同强度的水泥混合砂浆相比，应考虑砌体抗压强度降低10%的不利影响，并依此重新考虑砂浆的配合比。

6.1.9 考虑到目前水污染比较普遍，当水中含有有害物质时，不但会影响水泥的正常凝结，还可能对钢筋产生锈蚀作用，故对拌制砂浆和混凝土的水质作了规定。

6.1.10 构造柱断面尺寸不大，且混凝土浇捣高度也比较大，为保证构造柱混凝土的施工质量，故对石子粒径做了相应规定。

6.1.11 砂浆材料配合比不准确，将影响砂浆的强度和造成砂浆强度的离散性过大。按体积计量，水泥因操作方法不同，其密度变化幅度约为900～1200 kg/m³；砂因含水量不同，其密度变化达20%以上。这样必然大大影响砂浆配料的精确度。因此，为了保证砌筑砂浆的质量，必须采用重量比。为统一砌筑砂浆的技术条件和配合比的设计，做到经济合理，确保砌筑砂浆质量，其配制应按行业标准《砌筑砂浆配合比设计规程》（JGJ98）确定。

6.1.12 混凝土配合比设计，常采用计算与试验相结合的方法，并进行调整，得出施工所需要的混凝土配合比。混凝土配合比计量时，应以重量计，以确保混凝土配合比的准确和混凝土的质量。

6.1.13 目前，我国用于砂浆和混凝土的外加剂种类较多，使用广泛，同时也已显示出很好的效果，并制订了有关技术标准。应用时，应遵守有关技术标准的规定，还应通过试验确定其掺量，以确保使用效果。

6.2 施工技术要求

6.2.1 一顺一丁、梅花丁等砌筑形式在砌体施工中采用较多，且整体性较好，而砌体上下错缝、内外搭砌也是为了保证砌体的整体性。砖柱采用包心砌法，质量难以保证，且不便检查，故规定不得采用。

6.2.2 灰缝横平竖直关系到砌体的质量和美观。水平灰缝厚度过薄和过厚，都会降低砌体强度，灰缝厚度过薄还会影响灰缝内配置钢筋，故对水平灰缝厚度做出本条文的规定。竖向灰缝宽度也根据多年的施工经验做出相同规定。

6.2.3 水平灰缝砂浆饱满度不得低于80%的规定，沿用已久。根据四川省建筑科学研究院试验结果，当水平灰缝的砂浆饱满度达到73.6%时，砌体的实际抗压强度可满足设计规范所规定的值，故仍保留这一规定。竖向灰缝砂浆饱满度的优劣对砌体的抗剪强度、弹性模量都产生直接影响，据四川省建筑科学研究院试验得到，竖缝无砂浆砌体的抗剪强度要比竖缝有砂浆砌体的抗剪强度低23%，故本条文规定了竖向灰缝宜采用加浆填实的方法，严禁用水冲浆灌缝，以保证竖缝的饱满。

"三一"砌砖法即一铲灰、一块砖、一揉压的砌筑方法。这种方法不论对水平灰缝还是竖向灰缝的砂浆饱满度都是有利的，从而对砌体的整体性和强度也是有利的，故对抗震设防地区砌体施工应采用此砌筑法。当采用铺浆法砌筑砌体时，铺浆长度过长则不易保证砖块与砂浆间的粘结和水平灰缝砂浆的饱满度，故在铺浆长度上作了限制。

6.2.4 多孔砖的孔洞垂直于受压面是为了确保块体具有最大的有效受压面积，有利于块体受力，同时孔洞垂直水平灰缝，部分砂浆深入孔洞壁内，可提高砌体的抗剪强度。砌筑前试摆是为了确定合适的组砌方式，并通过调整灰缝大小的办法使砌体平面尺寸和块体尺寸相协调。

6.2.5 由于人工拌合砂浆不易搅拌均匀，而目前一般施工企业基本上均备有砂浆搅拌机，故规定砂浆应采用机械拌合。保证砂浆拌合质量，对不同砂浆品种分别规定了最少拌合时间。

6.2.6 根据湖南、山东、广东、四川、陕西等地的试验结果，在一般气温情况下，水泥砂浆和水泥混合砂浆在3h和4h内使用完及在施工温度超过30℃时，在2h和3h内使用完，砂浆强度降低一般不超过20%。经计算，在MU10砖和M5砂浆情况下，按全部砂浆强度均降低20%计，砌体抗压强度降低7.7%。因大部分砂浆是在规定时间之内陆续使用完毕的，故对整个砌体强度来讲，其影响很小。

6.2.7 当砂浆存放时间较长，会产生分层泌水现象，这样将使操作不便，且不容易保证灰缝砂浆的饱满度，影响砂浆的粘结力，故要求在砌筑前进行二次拌合。二次拌合可人工拌合，拌合时应使砂浆稠度符合施工要求。

6.2.8 砌体的转角处和交接处同时砌筑，对保证砌体整体性能有益。陕西省建筑科学研究设计院曾专门进行过砖砌体临时间断处留槎形式的试验研究，其结论是：斜槎、直槎加连接筋、直槎不加连接筋的留槎形式的砌体抗拉强度分别为同时砌筑砌体的抗拉强度的93%、85%和72%。由于直槎连接效果不好，因此，本规定不允许采用留直槎的连接形式。

临时间断处高度差的限定，主要是考虑施工的方便和控制刚砌好的砌体的变形和倒塌。

6.2.9 是为了确保接槎处砌体的整体性和美观。

6.2.10~6.2.13 构造柱是建筑物抗震设防的重要构造措施。为保证构造柱与墙体可靠的连接，使构造柱能充分发挥其作用而提出了这几条施工要求。

6.2.14 由于砖砌体水平灰缝厚度过薄和过厚，会降低砌体强度，因此，砌体的标高偏差宜通过调整上部灰缝厚度逐步校正。

6.2.15 采取本措施除了保证预制板和墙砌体均匀受力外，还可使板面较平整、减少抹灰用工用料。

6.2.16 板平圈梁的硬架支模工艺自80年代初出现以来，目前，已广泛采用，已为一种成熟的施工技术。它有如下优点：

1 简化施工工序，可缩短楼层工期50%；
2 楼板安装平整、牢固，增强了结构的整体性，提高了稳定墙、板节点的施工质量；
3 减少浇注混凝土损失20%~30%，文明施工。

6.2.17 勾缝深度过大，会降低砌体的强度。

6.2.18 砌体及混凝土的冬期施工应符合行业标准《建筑工程冬期施工规程》(JGJ104)的质量。

6.2.19 该条规定，是为了保证砌体的整体性和受力可靠性。

6.3 安全措施

6.3.1 砌完基础后及时填，一是对基础的保护，二是为了场地平整，方便施工。鉴于基础工程的重要性，在回填土的施工时，应遵守现行国家标准《土方和爆破工程及施工验收规范》(GBJ201)的有关规定。

6.3.2 为了替留置斜槎创造有利条件，并有利于保证墙体的稳定性和组织流水施工，故规定砌体相邻工作段的高度差不得超过一个楼层的高度，且不宜大于3.6m。

6.3.3 表6.3.3的数值系根据我国1956年《建筑安装工程施工及验收暂行技术规范》第二篇中表一规定推算而得。验算时，为偏安全，略去了墙或柱底部砂浆与楼板（或下部墙体）间的粘结作用，只考虑砌体的自重，进行抗倾覆验算。经验算，原表的安全系数在1.1至1.5之间。应当指出，鉴于一般砖混结构层数有限，故表注（1）的最小影响系数只取到0.75。但对于超过施工处标高超过20m以上的情形，应再参照现行国家标准《建筑结构荷载规范》(GB50009)的风载随高度变化的修正情况作进一步验算。

6.3.4 基槽灌水会造成基础沉降，并引起砌体开裂，故应避免。雨水冲刷砂浆，除会影响灰缝砂浆的饱满度外，还会冲去水泥浆，从而降低砂浆强度。砂浆稠度的适当减少及每日砌筑高度的限制是为了保证砌体的垂直度、平整度和灰缝的尺寸等。

6.3.5 在墙体上留置临时洞口，施工中常会遇到，但留洞不当，必须削弱墙体的整体性，或造成洞口砌体变形。因此，本条文对留洞位置和洞口顶部处理都做出了相应规定。

6.3.6 砖浇水湿润程度对砌体强度影响较大，特别对抗剪强度的影响十分明显。对于抗震设防烈度为9度的建筑物，所应承受的地震作用很大，其砌体的强度在冬期施工中当砖不能浇水湿润时，是很难保证的。

6.4 工程质量检验

6.4.1 在施工中，有时采用多台搅拌机拌制砂浆，而每台搅拌机的配料和搅拌情况都不完全相同，故规定每台搅拌机都要取样。为使砂浆试块具有代表性，还规定了每一楼层或250m³砌体中的各种强度等级的砂浆至少取一组试块。基础可按一个楼层计。

6.4.2 现行国家标准《砌体结构设计规范》(GB50003)对砂浆的强度等级是按砂浆试块抗压强度平均值确定的，并考虑砂浆强度降低25%的条件确定砌体的强度值。并且《建筑工程质量检验评定标准》(GBJ301)将此评定条件已应用多年，实践证明，可满足结构可靠性的要求。

6.4.3 砌体中水平灰缝砂浆饱满度对砌体强度影响十分明显，故应在施工过程中随时抽查。此条规定，取自于现行国家标准《建筑工程质量检验评定标准》(GBJ301)。

6.4.6、6.4.7 允许偏差分别取自于国家现行标准《砌体工程施工及验收规范》(GB50203)和《设置钢筋混凝土构造柱多层砖房抗震技术规程》(JGJ/T13)，这些规定是为了保证其施工质量。

6.5 工程验收

6.5.1 为多孔砖砌体应验收的隐蔽项目。其他隐蔽项目包括防潮层、支承垫块等。

6.5.2 为工程必要的验收资料和文件。

6.5.3 工程验收时，除要进行资料检查外，还要进行外观抽查，才具有代表性和真实性。

中华人民共和国行业标准

蒸压加气混凝土建筑应用技术规程

JGJ/T 17—2008

条 文 说 明

前 言

《蒸压加气混凝土建筑应用技术规程》JGJ/T 17—2008，经住房和城乡建设部 2008 年 11 月 14 日以第 153 号公告批准发布。

本标准第一版的主编单位是北京市建筑设计院、哈尔滨市建筑设计院，参加单位是清华大学、中国建筑东北设计院、北京加气混凝土厂等共 16 个单位。

为便于广大设计、施工、科研、学校等单位有关人员在使用本标准时能正确理解和执行条文规定，《蒸压加气混凝土建筑应用技术规程》编制组按章、节、条顺序编制了本标准的条文说明，供使用者参考。在使用中如发现本条文说明有不妥之处，请将意见函寄主编单位北京市建筑设计研究院（地址：北京市南礼士路 62 号，邮编 100045）。

目 次

1 总则 ·················· 2—4—4
3 一般规定 ············· 2—4—4
4 材料计算指标 ········· 2—4—5
5 结构构件计算 ········· 2—4—6
6 围护结构热工设计 ····· 2—4—9
7 建筑构造 ············· 2—4—9
8 饰面处理 ············· 2—4—11
9 施工与质量验收 ······· 2—4—11

1 总 则

1.0.1 蒸压加气混凝土的生产和应用在我国尽管已有40多年的历史，但就全国范围来看，大量建厂生产加气混凝土还是近十多年的事情。

从加气混凝土制品在各类建筑中的应用效果来看，技术经济效益较好，受到设计、施工和建设单位的好评。特别是近些年来国家提出墙体改革和节约能源的政策以来，更使加气混凝土材料有用武之地。

但是，在推广应用过程中，也暴露出应用技术与之不相适应的问题，如设计、施工不尽合理，辅助材料不够配套，以致在房屋的施工和使用中不断出现一些质量问题，影响加气混凝土更快更广泛地推广应用。

为了更好地推广和应用加气混凝土制品，充分发挥这种材料的优点，扬长避短，确保建筑的质量和安全，是本规程的编制目的。

1.0.2 我国是一个多地震的国家，6度和6度以上地震区占全国国土面积2/3以上。因此，任何一种材料要广泛用于房屋建筑中，必须了解它的抗震性能和适用范围。

本规程针对加气混凝土砌块和屋面板等构件应用于抗震设防地区及非地震区作出相应规定。

加气混凝土制品的原材料主要是硅、钙两种成分，如当前国内主要生产两个品种的加气混凝土，即水泥、石灰、砂加气混凝土和水泥、石灰、粉煤灰加气混凝土。过去所进行的材性和构性试验中，以干密度为B05级、强度为A2.5级的水泥矿渣砂加气混凝土制品较多。后来大量发展干密度为B06级、强度为A3.5级的水泥、石灰、粉煤灰加气混凝土制品，又做了大量的材性试验工作。最近又开发作为保温用的B03级和B04级的制品，这类制品仅作为保温材料使用。故本规程适用于水泥、石灰、砂以及水泥、石灰、粉煤灰两种加气混凝土制品以及有可靠检测数据的其他硅、钙为原材料的加气混凝土制品。从实验室的试验来看，它们之间的材性基本上是相似的，因此制定本条，扩大了本规程的应用对象。对于其差异之处，将引入不同的设计参数加以区别对待。对配筋板材，为提高其刚度和钢筋的粘结力，要求强度等级在A3.5以上。

对于非蒸压加气混凝土制品，由于其强度低、收缩大，只能作为保温隔热材料使用。不属于本规程范围。

1.0.3 加气混凝土制品的质量应符合《蒸压加气混凝土板》GB 15762和《蒸压加气混凝土砌块》GB 11968的要求，这两个产品质量标准是最低的质量要求。为了确保建筑质量，对于不符合质量要求的产品，不应在建筑上使用。

1.0.4 本规程是现行设计和施工标准的补充文件，规程仅根据加气混凝土的特性作了一些必要的补充规定。在设计、施工和装修中还应符合国家现行的有关标准的要求。

3 一 般 规 定

3.0.1 从应用效果来看，在民用房屋建筑和一般工业厂房的围护结构中用加气混凝土墙板、砌块、屋面板和保温材料是适宜的，它充分利用了体轻和保温效果好的优点，技术经济效果比较好。但应结合本地区和建筑物的具体情况进行方案比较，做到"物尽其用"。

3.0.2 多年的实践已经取得许多经验。但对于砌块作为承重墙体用于地震区，还缺乏宏观震害经验，出于安全考虑，参考其他砌体材料，对以横墙承重的房屋，限制其总层数及总高度是必要的。

表3.0.2给出加气混凝土砌块的强度等级与干密度的对应关系，是根据现行国家标准《蒸压加气混凝土砌块》GB 11968和《蒸压加气混凝土板》GB 15762的规定。如B05级产品即干密度小于等于500kg/m³的产品，其他级别产品以此类推。

3.0.3 加气混凝土制品长期处于受水浸泡环境，会降低强度。在可能出现0℃以下的地区，易发生局部冻融破坏。对浓度较大的二氧化碳以及酸碱环境下也易于破坏。其耐火性能较好，但长期在高温环境下采用承重制品如墙、屋面板应慎重，因其在长期高温环境下易开裂。

3.0.4 控制加气混凝土制品在砌筑或安装时的含水率是减少收缩裂缝的一项有效措施，这已为工程实践证明。首先控制上房含水率，不得在饱和状态下上房；其次控制墙体抹灰前含水率，墙体砌筑完毕后不宜立即抹灰，一般控制在15%以内再进行抹灰工艺。通过试验研究证明，对粉煤灰加气混凝土制品以及相对湿度较高的地区，制品含水率可适当放宽，但亦宜控制在20%左右。

3.0.5 实践证明，采用普通水泥砂浆或混合砂浆砌筑加气混凝土砌块，如无切实可行的措施，不能保证缝隙砂浆饱满及两者粘结良好，这是墙体开裂的主要原因之一。因此承重墙体宜采用专用砌筑砂浆。

3.0.6 工程调查的结果表明，没有做饰面的加气混凝土墙面（尤其是外墙），经过数年后，由于干湿、冻融循环等自然条件影响，均有不同程度的损坏。因此，做外饰面是保护加气混凝土制品耐久性的重要措施。

3.0.7 震害经验表明，地震区采用横墙承重的结构体系其抗震性能优于其他结构布置形式。为此，加气混凝土砌块作为承重墙体时，应尽量采用横墙承重体系。同时，参考其他砌体房屋的震害经验，其横墙间距取较小的数值。

3.0.8 加气混凝土砌块承重房屋的抗震性能还取决于它的整体性。为了加强砌块墙体内外墙的连接，按照不同烈度设置拉结钢筋。

构造柱是砌体结构防止地震时突然倒塌的有效抗震措施，对于加气混凝土砌块承重的房屋，设置钢筋混凝土构造柱是十分必要的。

3.0.9 在加气混凝土砌块作为承重结构时，虽在非地震区建造，但也应加强房屋结构的整体性。因此，在一般在房屋顶层应设置现浇圈梁；房屋四角应有钢筋混凝土构造柱等。

3.0.10 隔声和耐火性能仅做过干密度为 500～600kg/m³ 的加气混凝土制品的试验。其他干密度制品目前仅能根据理论推算，有待各厂家逐步完善，经试验后补充数据。

4 材料计算指标

4.0.1 加气混凝土强度等级的定义是：

1 考虑到加气混凝土生产的特点，为了方便生产检验和准确地标定加气混凝土强度，由原规程的气干状态（含水率 10%）检验强度改为出釜状态（含水率 35%～40%）检验强度。

2 在出釜状态随机抽取远离侧模边 250mm 以上的 3 块砌块，在每个砌块发气方向的中间部位切割 3 个边长 100mm 立方体试块构成 1 组，用标准试验方法测得的、具有 95% 保证率的立方体抗压强度平均值作为加气混凝土抗压强度等级的标准值。

3 加气混凝土强度等级（亦称标号）的代表值（A2.5、A3.5、A5.0、A7.5），系指在出釜状态立方体抗压强度检验时 3 个试块为 1 组的平均值，应等于或大于强度等级（A2.5、A3.5、A5.0 和 A7.5）代表值（且其中 1 个试块的立方体抗压强度不得低于代表值的 85%），以确保加气混凝土在应用时的安全度。

4 加气混凝土在出釜状态时的强度等级代表值 $f^A_{cu\cdot 15}$，是本规程加气混凝土各项力学指标的基本代表值。

4.0.2 按照国家现行标准《建筑结构可靠度设计统一标准》GB 50068，并参照《混凝土结构设计规范》GB 50010 的要求，依据原《蒸压加气混凝土应用技术规程》JGJ 17—84 的编制背景材料《我国加气混凝土主要力学性能统计分析研究报告》（哈尔滨市建筑设计院 1982 年 10 月）和《加气混凝土构件的计算及其试验基础》（清华大学抗震抗爆工程研究室科学研究报告集第二集 1980 年）所提供的试验资料数据，并考虑到目前我国加气混凝土在气干状态（含水率 10%）时的实际强度，对加气混凝土的抗压、抗拉强度标准值、设计值按下述原则和方法确定。

1 抗压强度：按正态分布曲线统计分析确定。

1) 抗压强度标准值 f_{ck}：

取其概率分布的 0.05 分位数确定，保证率为 95%。

$$f_{ck} = 0.88 \times 1.10 f^A_{cu\cdot 15} - 1.645\sigma \quad (1)$$

式中 f_{ck}——抗压强度标准值（N/mm²）；

0.88——考虑结构中加气混凝土强度与试件强度之间的差异对试件强度的修正系数；

1.10——出釜强度换算成气干强度的调整系数；

$f^A_{cu\cdot 15}$——加气混凝土出釜强度等级代表值（N/mm²）；

σ——标准差（N/mm²）。

按正态分布曲线统计规律，加气混凝土强度的变异系数 $\delta_f = \sigma / f^A_{cu\cdot 15}$ 为 0.10～0.18，取 $\delta_f = 0.15$ 确定标准差 σ 后，代入（1）式得出本规程加气混凝土抗压强度标准值（见表 4.0.2-1）。

2) 抗压强度设计值 f_c：

参照《混凝土结构设计规范》GB 50010 及其条文说明的可靠度分析，根据安全等级为二级的一般建筑结构构件，按脆性破坏，要求满足可靠度指标 $\beta = 3.7$。经综合分析后，对于板构件加气混凝土抗压强度设计值由加气混凝土抗压强度标准值除以加气混凝土材料分项系数 γ_f 求得，加气混凝土材料分项系数取 $\gamma_f = 1.40$。加气混凝土抗压强度设计值为：

$$f_c = \frac{1}{\gamma_f} f_{ck} \quad (2)$$

按（2）式得出本规程加气混凝土抗压强度设计值（见表 4.0.2-2）。

2 抗拉强度：与抗压强度处于同一正态分布曲线，变异系数相同，按抗拉强度与抗压强度相关规律：

1) 抗拉强度标准值 $\quad f_{tk} = 0.09 f_{ck} \quad (3)$

2) 抗拉强度设计值 $\quad f_t = 0.09 f_c \quad (4)$

由此得表 4.0.2-1 和表 4.0.2-2 中的相应值。

4.0.3 加气混凝土的弹性模量仍按原规程的定义和方法确定。

1 水泥矿渣砂加气混凝土和水泥石灰砂加气混凝土取为：

$$E_c = 310 \sqrt{1.10 f^A_{cu\cdot 15} \times 10} \quad (5)$$

2 水泥石灰粉煤灰加气混凝土取为：

$$E_c = 280 \sqrt{1.10 f^A_{cu\cdot 15} \times 10} \quad (6)$$

按（5）、（6）式得出本规程加气混凝土弹性模量（见表 4.0.3）。

4.0.4 加气混凝土的泊松比、线膨胀系数系参照国内的科研成果和国外标准而定。

4.0.5 砌体的抗压强度、抗剪强度和弹性模量。

本条是根据国内北京、哈尔滨、重庆等地有关单位的科研成果而定的。

国内目前生产的块材尺寸，一般的高度为 250～

300mm，长度为400～600mm，厚度按使用要求和承载能力确定。影响砌体强度的主要因素是砌块的强度和高度，本标准以块高250～300mm作为标准给出砌体强度。

砂浆为广义名称，包括水泥砂浆、混合砂浆、胶粘剂和保温砂浆等，砌筑加气混凝土应优先采用专用砂浆。由于加气混凝土砌块强度不高，试验表明采用高强度等级的砂浆对其砌体强度增长得不多，强度太低的砂浆又不易保证较大砌块的砌体整体工作性能，故只给出M2.5和M5.0两个砂浆强度等级作为砌体强度正常选用指标，高于M5.0的砂浆强度等级仍按M5.0砂浆采用。

表4.0.5-1中的砌体抗压强度系按国内的科研成果，以高250mm、长600mm砌块为准，按砌体强度与砌块材料立方强度的线性关系给定的。

当砂浆强度等级为M2.5时，砌体抗压强度标准值为$f_k=0.6f_{ck}$，f_{ck}为加气混凝土砌块材料立方抗压强度标准值。

当砂浆强度等级为M5.0时，砌体抗压强度标准值为$f_k=0.65f_{ck}$。

砌体的材料分项系数由原规程的$\gamma_f=1.55$，提高到$\gamma_f=1.6$，将砌体抗压强度标准值除以此材料分项系数即得砌体抗压强度设计值：

当砂浆为M2.5时，$f=f_k/\gamma_f=0.375f_{ck}$；当砂浆为M5.0时，$f=f_k/\gamma_f=0.406f_{ck}$。

按上式得出砌体抗压强度设计值见表4.0.5-1。

当砌块高度小于250mm、大于180mm，长度大于600mm时，其砌体抗压强度按块形变动，需乘以块形修正系数C进行调整。

块形修正系数：

$$C=0.01\frac{h_1^2}{l_1}\leqslant 1.0 \qquad (7)$$

只取小于1的C值进行修正。

式中 h_1——砌块高度（mm）；
 l_1——砌块长度（mm）。

砌体沿通缝的抗剪强度，系规程编制组采用普通砂浆砌体试验的科研成果而标定的，见表4.0.5-2。采用专用砂浆时的抗剪强度，因离散性较大不便统一规定。

砌体的弹性模量取压应力等于砌体抗压强度40%时的割线模量，按原来试验统计公式，当砂浆强度等级M2.5～M5.0时为：

$$E=\alpha\sqrt{R_a} \qquad (8)$$

$$\alpha=\frac{1.06\times 10^6}{\frac{1550}{\sqrt{R_1}}+\frac{450}{\sqrt{R_2}}} \qquad (9)$$

式中 E——加气混凝土砌体弹性模量（kg/cm²）；
 α——系数；
 R_a——加气混凝土砌体的抗压强度值 $R_a=0.6R_1$

(kg/cm²)；
 R_1——砌块的抗压强度（kg/cm²）；
 R_2——砂浆强度（kg/cm²）。

将上述公式中各项的单位，由kg/cm²变换为N/mm²，并将本规程的加气混凝土强度等级和砂浆强度等代入，经计算调整后得表4.0.5-3所列值。

4.0.6 加气混凝土配筋构件的钢筋强度取值是按国内科研成果并参照《混凝土结构设计规范》GB 50010给出的。配筋构件的钢筋，宜采用HPB235级钢，其抗拉、抗压强度设计值取210N/mm²。

经过机械调直和蒸养时效的HPB235级钢筋，屈服强度可提高。通过规程编制组的试验和各主要生产厂的采样分析，其提高值离散性较大。有的生产厂机械调直设备完善，管理较好，质量控制较严，机械调直能起冷加工作用，调直蒸压后的钢筋抗拉强度提高较多，且性能稳定。有的生产厂机械调直设备陈旧，型号较杂，管理较差，钢筋机械调直后的强度变化不大。鉴于此种情况不宜作统一规定。如果生产厂能保证钢筋调直后提高强度，且有可靠试验根据时，当钢筋直径等于或小于12mm时，调直蒸压后的钢筋抗拉强度可取250N/mm²，但抗压强度均为210N/mm²。

4.0.7 规程对钢筋防腐处理明确提出要有严格的保证，这是配筋构件的关键性技术要求。工程实践表明加气混凝土配筋构件的钢筋防腐如果处理不好，将是造成构件破坏或不能使用的主要原因，因此强调钢筋防腐必须可靠，在产品标准中给以严格的保证。

本规程提出的涂有防腐剂的钢筋与加气混凝土的粘着力不得小于0.8N/mm²（A2.5）和1N/mm²（A5.0），这是最低要求，并不作为产品标准的依据。产品标准应提高保证数据，储存可靠的安全度。

4.0.8 将砌体和配筋构件的重量综合在一起进行标定。主要是考虑加气混凝土的密度小，各类构件密度差的绝对值不大。为了便于应用和简化，以加气混凝土干密度为准，给定一个综合增重系数1.4，考虑了使用阶段的超密度、较大含水率、钢筋量、胶结材料超重等因素。各地可根据所采用的加气混凝土制品干密度指标乘以增重系数，切合实际而又灵活。在目前国内各生产厂产品密度离散性较大的情况下，不宜给出统一标定的设计密度绝对指标。

5 结构构件计算

5.1 基本计算规定

5.1.1 我国颁布《建筑结构可靠度设计统一标准》GB 50068后，统一了结构可靠度和表达式形式，各种设计规范都根据此标准所规定的原则相继地进行修订。与本规程密切相关的有：《建筑结构荷载规范》GB 50009，《砌体结构设计规范》50003，《混凝土结构设计规范》GB 50010 和《建筑抗震设计规范》GB 50011 等。

本规程的原版本 JGJ 17—84 是此前制定的，因此也必须进行相应的修订。本规程中结构构件计算部分遵循的修订原则如下：

1 根据统一标准 GB 50068 规定的原则，采用了以概率理论为基础的极限状态设计法和分项系数表达的计算式；

2 在实际工程中，加气混凝土构件常常和钢筋混凝土、砖砌体构件等结合使用。同一建筑物内各构件的设计可靠度应该相等或相近。在确定加气混凝土的材料强度和弹性模量的设计值，以及砌体强度设计值时，采用了与混凝土或砖砌体相同或略高的可靠度指标（β 值）；

3 设计人员对常用的荷载、混凝土结构和砖砌体结构等的设计规范都很熟悉，本规程中构件计算公式的形式和符号都与同类受力构件（如板受弯、砌体受压）在相应规范中的计算式基本一致，以方便使用、避免混淆；

4 考虑到加气混凝土材质的特点和差异，以及构件在运输或建造过程中可能受到损伤等不利因素，在构件承载能力的极限状态设计基本公式（5.1.2）中，在承载力设计值 R 一边引入一个调整系数（γ_{RA}）。

在原规程 JGJ 17—84 中，基于同样的考虑在确定加气混凝土构件的设计安全系数 K 值时就比原混凝土结构和砖砌体结构规范所要求的安全系数有一定提高（表 1）。为了使两本规程很好地衔接，也注意到近年加气混凝土配筋板材的质量有所提高，本规程对于配筋板和砌体采取相同的承载力调整系数值 $\gamma_{RA}=1.33$，相当于对加气混凝土构件的安全系数提高 1.33 倍。此值与表 1 中原规程的安全系数提高值相当。

表 1 原规程与相关规范安全系数的比较

构件种类	配筋板		砌 体	
受力种类	受弯	受剪	受压	受剪
加气混凝土应用规程 JGJ 17—84	2.0	2.2	3.0	3.3
钢筋混凝土规范 TJ 10—74	1.4	1.55		
砖砌体规范 GBJ 3—73			2.3	2.5
加气混凝土构件的安全系数提高比	1.43	1.42	1.30	1.32

原规程在工程实践中使用已二十多年，表明设计安全系数取值合理。本规程按上述修改后，对典型构件进行对比计算，构件可靠度与原规程的计算结果基本相同，故构件可靠度有切实保证，且比原规程略有改进。

关于构件的极限承载力和变形等性能的计算方法和参数值的确定，在原规程 JGJ 17—84 的编制说明中已经列举了试验依据和分析。在制定本规程时如无重大补充和修改，将不再重复。

5.1.2 承载能力极限状态设计的一般计算式按照《建筑结构可靠度设计统一标准》GB 50068 的原则确定。承载力调整系数 γ_{RA} 及其数值专为加气混凝土构件而设定。

5.1.3 关于构件的正常使用极限状态，由于加气混凝土的弹性模量值低，需验算受弯板材的变形。

试验证明，由于制造过程中形成的初始自应力和加气混凝土的抗折强度较高等原因，适配受弯板材的开裂弯矩与极限弯矩的比值约为 $M_{cr}/M_u=0.5\sim0.7$，远大于普通混凝土构件的相应值。因此，加气混凝土板材在使用荷载下一般不会出现受弯裂缝，而且钢筋外表有防腐涂层可防止锈蚀，故不需作抗裂验算。

5.1.4 本条用以计算板材截面上网的配筋数量。板材的自重分项系数根据生产经验由原规程的 1.1 增加至 1.2。

5.2 砌体构件的受压承载力计算

5.2.1 轴心和偏心受压构件的承载力计算式与原规程中的相同，也与现行《砌体结构设计规范》GB 50003 的同类计算式相似。受压构件的纵向弯曲系数 φ 和轴向力的偏心影响系数 α 分列，系数 0.75 即承载力调整系数（$\gamma_{RA}=1.33$）的倒数值（下列有关计算式中同此）。

5.2.2 加气混凝土砌体的偏心受压试验表明，大小偏心受压破坏的界限偏心距在 $e=(0.48\sim0.51)y$ 范围内。当 $e>0.5y$ 时，砌体的一侧出现拉应力，极限承载力很低，且破坏突然，设计时宜加以限制。

5.2.3 长柱砌体的试验结果表明，加气混凝土砌体的纵向弯曲系数 φ 与砖砌体（砂浆 M2.5）的数值相近。本条根据构件高厚比 β 值确定系数 φ 的方法，以及表 5.2.3 中的 φ 值同原规程，也与《砌体结构设计规范》GB 50003 中的相应条款相同。

β 的修正值取为 1.1，系参考了规范 GB 50003 的规定，并通过试算和对比试验结果后确定。构件的计算高度 H_0，按规范 GB 50003 中的有关规定取用。

5.2.4 加气混凝土短柱砌体的偏心受压试验证明，偏心影响系数 α 值与砌体和砂浆强度的关系不大，且与砖砌体的相应值吻合，故可采用规范 GB 50003 中相应的计算式，即式（5.2.4-1）。

5.2.5 由于加气混凝土本身强度较低，梁端下应设置刚性垫块。加气混凝土砌体的试验表明，其局部承压强度较砌体抗压强度（f）提高有限，计算式（5.2.5）中仍取后者。

5.3 砌体构件的受剪承载力计算

按照统一标准 GB 50068 的原则，原规程的公式变换成本规程公式（5.3.1），其中 σ_k 前的系数值推导如下：

由 JGJ 17—84 的 $KQ=(R_{qj}+0.6\sigma_0)A$
以 $K=3.3$ 代入得：

$$Q=\frac{1}{3.3}(R_{qj}+0.6\sigma_0)A \quad (10)$$

本规程的表述为 $\overline{V}_k=0.75(f_v+x\sigma_k)A$

以平均荷载系数 $\overline{\gamma}=1.24$ 代入得：

$$V_k=\frac{0.75}{1.24}(f_v+x\sigma_k)A \quad (11)$$

在式（5.3.1）中 $Q=V_k$，$\sigma_0=\sigma_k$，为使本规程和原规程的计算安全度相同，必须符合：

$$f_v=\frac{1.24}{0.75}\cdot\frac{1}{3.3}R_{qj}=0.501R_{qj} \quad (12)$$

$$x=\frac{1.24}{0.75}\cdot\frac{0.6}{3.3}=0.301\approx 0.3 \quad (13)$$

5.4 配筋受弯板材的承载力计算

5.4.1 正截面承载力的基本计算公式（5.4.1-1）、(5.4.1-2) 由原规程的公式按统一标准的原则和符号改写，且与现行《混凝土结构设计规范》GB 50010 中的有关公式一致。系数 0.75 即承载力调整系数（$\gamma_{RA}=1.33$）的倒数值。

式（5.4.1-3）、(5.4.1-4) 分别为界限受压区相对高度的限制条件和适筋受弯破坏的最大配筋率。由于《混凝土结构设计规范》GB 50010 在计算受弯构件时，改用了平截面假定，本规程随之作相应变化。

根据已有试验结果（详见"加气混凝土构件的计算及其试验基础"，清华大学，1980），配筋加气混凝土板在弯矩作用下的截面应变符合平截面假定，适筋破坏时压区加气混凝土的最大应变为 $2\times 10^{-3}\sim 4\times 10^{-3}$，平均值为 2.8×10^{-3}。由此得界限受压区相对高度：

$$\xi=\frac{0.0028}{0.0028+\frac{f_y}{E_s}}=\frac{1}{1+\frac{f_y}{0.0028E_s}} \quad (14)$$

而等效矩形应力图的相对高度为：

$$\xi_b=0.75\xi=\frac{0.75}{1+\frac{f_y}{0.0028E_s}} \quad (15)$$

所以

$$\mu_{max}=\xi_b\frac{f_c}{f_y}\times 100\% \quad (16)$$

本规程中钢筋屈服强度 $f_y=210(250)\text{N/mm}^2$，$E_s=2.0\times 10^5\text{N/mm}^2$，代入式 (15) 得：

$$\xi_b=0.545(0.5185) \quad (17)$$

与试验结果（见前面同一文献）$\xi_b=0.5$ 相一致。

故本规程建议采用 $\mu_{max}=0.5\dfrac{f_c}{f_y}\times 100\%$。

5.4.2 原规程的计算式中，板材抗剪承载力取为 $0.055f_cbh_0$，是根据板材均布荷载和集中荷载试验结果所得的最小抗剪能力。改写成本规程的表达式，并将加气混凝土的抗压强度转换成抗拉强度（$f_t=0.09f_c$），故：

$$\frac{1}{\gamma_{RA}}0.055f_cbh_0=\frac{1}{1.33}0.055\frac{f_t}{0.09}bh_0=0.458f_tbh_0$$

取整后即得式（5.4.2）。

5.5 配筋受弯板材的挠度验算

5.5.1 这是一般的方法，同普通混凝土构件的计算。

5.5.2 加气混凝土板材的试验表明，在使用荷载的短期作用下，一般不出现受弯裂缝，且抗弯刚度（B_s）接近常值。为简化计算，将换算截面的弹性刚度 E_cI_0 予以折减，系数值 0.85 比实测值（0.81～1.04，平均为 0.94）偏小，计算结果可偏安全。

5.5.3 计算公式同《混凝土结构设计规范》GB 50010。

水泥矿渣砂加气混凝土板的长期荷载试验中，实测得 6 年后挠度增长 1.4～1.7 倍。据其发展规律推算，在 20 年和 30 年后将分别达 1.886 和 2.063，故暂取 $\theta=2.0$。

5.6 构造要求

5.6.1～5.6.2 验算高厚比 β 的计算式同原规程，也同《砌体结构设计规范》GB 50003。允许高厚比 $[\beta]$ 值（表 5.6.1）参照该规范和工程经验确定。

5.6.3 控制房屋伸缩缝的间距是减轻砌体裂缝现象的重要措施之一。最大距离 40m 约可安排 3 个住宅单元。

5.6.4 砌筑墙体所用的砂浆，由原规程建议的混合砂浆改为"粘结性能良好的专用砂浆"，以保证砌块的粘结强度和砌体质量（砌体强度）。

5.6.5 加气混凝土砌块由于强度偏低，不宜直接承担局部受压荷载，因此要采用垫块或圈梁作为过渡。

5.6.6 为增强房屋的整体性，对加气混凝土砌块承重的底层和顶层窗台标高处，设置通长的现浇混凝土条带。

5.6.7 楼、屋盖处的梁或屋架，必须与相对应位置的墙、柱或圈梁有可靠的连接，以增强房屋的整体性能，提高其抗震能力。

5.6.8 承重加气混凝土砌块房屋，门窗洞口的过梁应采用钢筋砌块过梁（跨度≤900）或钢筋混凝土过梁（跨度较大时）。支承长度均不应小于 240mm。

5.6.9 加气混凝土砌块墙长大于层高的 1.5 倍时，为了保持砌块墙体出平面外的稳定性，应在墙中段设置起稳定作用的钢筋混凝土构造柱。

5.6.10 加气混凝土与钢筋的粘结强度较低，板材中的钢筋网片和骨架都要加焊接，以充分地发挥钢筋的受力作用。钢筋上、下网片之间设连接箍筋，以加强板材的压区和拉区的整体联系作用。

加气混凝土的透气性大，为防止钢筋锈蚀，板材内所有的钢筋（网片）都必须经过可靠的防腐处理。

5.6.11 板材内钢筋直径和数量的限制，参照国内外的有关试验研究和工程经验制定。试验证明，当主筋末端焊接 3 根相同直径的横向锚固筋，可保证受弯板材的跨中主筋屈服时端部不产生滑移。

根据工程经验，主筋末端到板端部的距离，由原规程要求的小于等于 15mm，改为小于等于 10mm。

5.6.12 当板材起吊时，上网纵向钢筋受拉，因此，上网钢筋不得少于 2 根，并与下网受力主筋相连。

5.6.13 为增强地震区加气混凝土屋盖结构的整体刚度，对加气混凝土屋面板与板之间加强连接是十分必要的。为此，在板内埋设预埋铁件，并在吊装后加以焊接。由于加气混凝土强度等级较低，因此，预埋件应与板主筋或架立筋焊接。

5.6.14 若板材的支承长度过小，不仅安装困难，还易发生局部损坏，影响承载力。本条的限制值是根据板材主筋的长度、板材试验和工程经验而确定。

6 围护结构热工设计

6.1 一般规定

6.1.1 本条是加气混凝土围护结构热工设计的基本原则和方法的规定，在同一地区同一建筑中，从满足保温、隔热和节能要求出发，求得的加气混凝土外墙和屋面的保温层厚度可能不同，实际使用时，应取其中的最大厚度。

6.1.2 根据目前加气混凝土生产及应用中有代表性的密度等级、使用情况、有无灰缝影响及含水率等，对加气混凝土围护结构材料热工性能有主要影响的计算参数——导热系数和蓄热系数计算值的规定，以便使计算结果具有可比性和一定程度的准确性，并更接近实际应用效果。

在根据保温隔热和节能要求计算确定加气混凝土围护结构或加气混凝土保温隔热层厚度时，正确确定和选用加气混凝土材料导热系数和蓄热系数的计算值，是十分重要的。这是因为如果计算值的确定和选用不当（偏高或偏低）则将影响计算结果的正确性，使计算结果与实际效果偏离较大，或在实际上不能满足保温隔热和节能要求。

计算值的确定应具有代表性，亦即材料的品种、密度，以及在围护结构中所处的状况（潮湿和灰缝影响等）应具有代表性，本规程表 6.1.2 中所列的 4 种密度（400、500、600、700kg/m³）、2 种构造（单一结构和复合结构）、3 种状况（单一结构中，体积含水率 3% 的正常含水率和灰缝影响；复合结构中，铺设在密闭屋面内和浇筑在混凝土构件中所受潮湿和灰缝的影响），具有代表性，且与《民用建筑热工设计规范》GB 50176 的取值接近。按本表计算值采用，基本上能够反映实际情况。

6.2 保温和节能设计围护结构热工设计

6.2.1 对加气混凝土围护结构（主要包括外墙和屋面）的传热系数 K 值和热惰性指标 D 值，应符合国家现行节能设计标准的有关规定，因近年来我国建筑节能迅速发展，对围护结构保温、隔热的要求不断提高，有些城市（如北京、天津等）已先行实施节能 65% 的居住建筑节能设计标准，适用于我国严寒、寒冷、夏热冬冷和夏热冬暖地区的节能 50% 的居住建筑节能设计行业标准目前正在修订中，《公共建筑节能设计标准》GB 50189 也已实施。为了适应这种不断发展变化的形势需要，作出本条规定。满足相关节能标准要求的保温厚度，以及满足《民用建筑热工设计规范》GB 50176 要求的低限保温、隔热厚度的规定。

6.2.2 本条规定了加气混凝土外墙和屋面传热系数 K 值、热惰性指标 D 值，以及外墙中存在钢筋混凝土梁、柱等热桥情况下外墙平均传热系数的计算方法。

6.2.3 本表所列为干密度 600kg/m³ 的加气混凝土外墙砌筑和粘结不同做法的传热系数 K 值和热惰性指标 D 值，供参考选用。

6.2.4 本表所列为干密度 600kg/m³ 的加气混凝土单一材料屋面板的传热系数 K 值和热惰性指标 D 值，供参考选用。

6.2.5 加气混凝土外墙中常存在钢筋混凝土梁、柱等热桥部位，如果不在这些热桥部位的外侧作保温处理，则将严重影响整体的保温效果，并有在这些部位的内表面结露长霉的危害，故作出本条规定。

6.2.6 本条从我国许多地区夏季有隔热的要求出发，对加气混凝土外墙和屋面能够满足《民用建筑热工设计规范》GB 50176 隔热要求的厚度列出数据，但还应与满足建筑节能设计标准要求的计算厚度进行比较，取其中的最大厚度。

6.2.7 为避免加气混凝土复合墙体冬季内部冷凝受潮，降低保温效果，并引起结构损坏，作出本条规定。

6.2.8 为避免加气混凝土复合屋面冬季内部冷凝受潮，降低保温效果，并引起防水层损坏，作出本条规定。

6.2.9 本条还有另一种做法，即在屋面板上先做找坡层和防水层，再将加气混凝土块铺设在防水层上面，然后再做刚性防水层或其他防水层，实质上是一种倒置屋面。这种做法有利于加气混凝土内部潮湿的散发，对改善屋面的保温、隔热性能和保护防水层有利。

7 建筑构造

7.1 一般规定

7.1.1 在低温下，加气混凝土外表受潮结冰，体积增大 1.09 倍，在实际使用过程中，一般均外层结冰，这样就封闭了内部水分向外迁移的通道。当加气混凝土的内部水分向表面迁移时，在表层产生较大破坏应力，加气混凝土抗拉强度低，只有 0.3～0.5MPa，所以局部冻融容易产生分层剥离。

7.1.2 加气混凝土系多孔材料，出釜含水率为 35%～40%，使用过程中，水分不可能全部蒸发；其次在潮湿季节中，它也会吸入一部分水分；三是加气混凝土属于中性材料，pH 值在 9～11 之间。上述因素对未经处理的铁件均会起锈蚀作用，所以进入加气混凝土中的铁件应作防锈处理。

7.1.3 加气混凝土屋面板上镂划沟槽容易破坏钢筋保护层，所以一般不宜镂划，横向镂划会减小板材的受力面积，而且如施工不当，有可能伤及更多的纵向钢筋，所以不宜横向镂划。沿纵向镂划的，其深度应小于等于 15mm，以不触及钢筋保护层为原则。

7.2 屋 面 板

7.2.1 加气混凝土屋面板是兼有保温和结构双重功能的构件，并由于机械钢丝切割，厚度精确，只要安装精确可不必在其上表面做找平层，如支座处坡，则支座必须平整。在荷载允许情况下在屋面板上部可做找坡层。在地震区屋面必须有两个要求，板内上下网片应有连接和板上应设预埋件，构造方法如图 7.2.1 所示，或采用其他行之有效的连接方法。

7.2.2 加气混凝土屋面板强度偏低，在屋盖体系中，不应考虑作为水平支撑，因此应对屋架上部支撑予以适当加强。

7.2.3 沿板长和板宽方向不得出挑过多，以避免上部受拉产生裂缝，参考国外有关资料，其挑出长度给予限制，并采取相应构造连接措施。

7.2.4 板两端为受力钢筋的锚固区，不能在此范围内开洞，如需切断钢筋时，要对板的承载力进行验算。在正常情况下，只能按图 7.2.4 允许的范围内开洞。加气混凝土屋面板两端有横向锚固钢筋，因此严禁切断使用。需要纵向切锯的板材要与厂方协商，经计算后采用特殊配筋，专门生产允许切锯的板材。

7.2.5 加气混凝土屋面板因用切割机切割，一般两面都比较平整。如用支座找坡，只要支座处平整，屋面上下都会十分平整，可不做找平层，直接铺卷材防水层。如屋面板上须做找坡层和找平层，则在设计时应验算板的上部荷载，不要超过设计荷载。

加气混凝土屋面板因宽度较窄（600mm）刚度差，当铺好卷材防水层后，如其上部有施工荷载或温差伸缩变形时，易于将端头缝防水层处拉裂，尤其当满铺时更易拉裂。因此为防止端头缝开裂，除采取板材预埋件相互焊接外，还应在防水层做法上采取一定措施。在端头缝处干铺一条卷材的作用：一是加强作用，二是允许滑动；花撒和点铺的作用，均是允许有

伸缩余地，以免在薄弱部位拉裂。

7.2.6 加气混凝土易受局部冻融破坏，同时也易受干湿循环破坏，所以在一些经常有可能处于干湿交替部位如檐口、窗台等排水部位应做滴水处理。

7.2.7 坯体经钢丝切割后，在制品表面有一些鱼鳞状的渣末，在使用过程中相当一段时间，会有掉落现象，因此，在其底面必须进行处理，一般以刮腻子喷浆为宜，因板表面抹灰较难保证质量，不做抹灰。对卫生要求较高的建筑，以及公共建筑等一般均做吊顶。

7.3 砌 块

7.3.1 加气混凝土保温性能好，在寒冷地区宜作为单一材料墙体，其用材厚度要比传统材料薄，如与其他材料处于同一表面，如外露混凝土构件（圈梁、柱或门窗过梁），则在采暖地区在该部位易产生"热桥"，同时两种材料密度不同，收缩值和温度变形不一，外露在同一表面易在交接处产生裂缝。所以无论在采暖或非采暖地区，在构件外表面均应有保温构造。由于在严寒地区其墙厚比传统墙体减薄，相应的灰缝距离也短，易于在灰缝处出现"热桥"，所以应采用保温砂浆砌筑，但有的产品精确度高，灰缝可控制在 3mm 以下，则灰缝产生"热桥"的可能性较小。

7.4 外 墙 板

7.4.1 加气混凝土用作外墙板，因其强度偏低，不宜将每层墙板层层叠压到顶。根据多年的实践经验，以分层承托为宜，尤其在地震区的高层建筑中，必须各层分别承托本层的重量。

7.4.2 外墙拼装大板是由过梁板、窗下板和洞口两边板三部分组合，洞口两边宽度和过梁板高度不宜太窄，否则在板材组装运输和吊装过程中易于损坏。外墙板一般为对称双面布筋每面 4 根，如要切锯成过梁板，最小宽度不宜小于 300mm，以使切锯后的板内保持有 4 根钢筋，并根据洞口大小经结构验算后方可使用，也可与厂方协商生产专用板材。

7.5 内 隔 墙 板

7.5.1 一般民用建筑隔墙的平面较为复杂，垂直安装的灵活性比较大，为保证隔墙板的牢固，在地震区梁（或板）下应设预埋件将板上部卡住。为防止上部结构产生挠度或地震时结构变形，将板压坏，在板顶部应放柔性材料。板材安装时其下部用楔子将板往上顶紧，楔子应顺板宽方向打入，这样使板之间越挤越紧，不能从厚度方向对楔。当然同时也应采用上部固定方式。板缝间打入金属片的目的，是板之间用胶粘后的补强措施，一旦发生振动而不致开胶。

7.5.3 加气混凝土强度低、板材薄，如在民用建筑墙板上安装卫生设备、暖气片、热水器、吊柜等重

物，或在工业建筑中固定管道支架时，应采用加强措施，如穿墙螺栓夹板锚固等。

8 饰面处理

8.0.1 加气混凝土的饰面不仅是美观要求，主要是保护加气混凝土墙体耐久性必不可少的措施。良好的饰面是提高抗冻、抗干湿循环和抗自然碳化的有效方法，对有可能受磕碰和磨损部位，如底层外墙、墙体阳角、门窗口、窗台板、踢脚线等要适当提高抹灰层的强度，当做完基层处理后，头道底灰一般抹强度与制品强度接近的混合砂浆。待头道抹灰初凝后，再抹强度较高的面层。

8.0.2 加气混凝土的吸水特性与传统的砖或混凝土不同，它的毛细作用较差，形似一种"墨水瓶"结构，其单端吸水试验表明，是先快后慢，吸水时间长，24h内吸水速度快，以后渐缓，直到10d以上才能达到平衡，但量不多。所以如基层不做处理，将不断吸收砂浆中的水分，使砂浆在未达到强度前就失去水化条件，造成抹灰开裂空鼓。根据德国标准，对加气混凝土饰面层的基层，其吸水率的要求是 $A=0.5kg/(m^2 \cdot h)$，所以宜采用专用抹灰砂浆或在粉刷前做界面处理封闭气孔。减少吸水量，并使抹灰层与加气混凝土有较好的粘结力。

8.0.3 因加气混凝土本身强度较低，故抹底灰层的强度应与加气混凝土的强度、弹性模量和收缩值等相适应，以避免抹灰开裂。

8.0.4 根据8.0.3条原则加气混凝土的底灰强度不宜过高，如表面要做强度较高的砂浆，则应采取逐层过渡、逐层加强的原则。

8.0.5 在设计中力求避免两种不同材料在同一表面。如遇此情况，则应对该缝隙或界面进行处理，如用聚合物砂浆及玻纤网格布加强。但采用聚合物砂浆所用水泥必须用低碱水泥，玻纤网格布一定要用耐碱和涂塑的，其性能应符合相关标准要求。

8.0.6 这是防止抹灰层开裂的措施之一，尤其是住宅的山墙，工业厂房的外墙，都是窗户小、墙面大。

8.0.7 在卫生间使用时，其墙面应做防水层，一般采用防水涂料一直做到上层顶板底部，表面粘贴饰面砖。

8.0.8 目前国内有些厂家已能达到这一标准。

9 施工与质量验收

9.1 一般规定

9.1.1 因加气混凝土砌块本身强度较低，要求在搬动和堆放过程中尽量减少损坏，有条件的应采用包装运输。

9.1.2 板材如不采取捆绑措施，在运输过程中易产生倾倒损坏或发生安全事故。板材运输采用专用车辆和包装运输，其目的是使板材在运输和装卸过程中避免受损。

9.1.3 墙板均按构造配筋，如平放易造成板材断裂，因此规定墙板应侧立放置。堆放高度限值是从安全考虑。屋面板可平放，其堆放规定是参照瑞典、日本的做法。

9.1.4 加气混凝土制品系气孔结构，孔内如渗入水分、受冻、膨胀，易于破坏制品，干湿循环易于使制品开裂，或产生盐析破坏。

9.1.5 因目前加气砌块砌体冬期施工的经验尚少，为慎重起见，暂规定承重砌块砌体不宜进行冬期施工。

9.1.6 在加气混凝土的墙体、屋面上钻孔镂槽，一定要使用专用工具，如乱剔、乱凿易于破坏制品及其受力性能。

9.2 砌块施工

9.2.1 砌块砌筑时，错缝搭接是加强砌体整体性、保证砌体强度的重要措施，要求必须做到。

9.2.2~9.2.3 承重砌块内外墙体同时砌筑是加强砌块建筑整体性的重要措施，在地震区尤为必要，根据工程实际调查，砌块砌筑在临时间断处留"马牙槎"，后塞砌块的竖缝大部分灰浆不饱满。留成斜槎可避免此不足。

砌体灰缝要求饱满度，是墙体有良好整体性的必要条件，而采用专用砂浆更能使灰缝饱满得到可靠保证；对于灰缝的宽度，取决于砌块尺寸的精确度。精确砌块可控制在小于等于3mm。

灰缝厚度的规定是参照砖石结构规范和砌块尺寸的特点而拟定的，灰缝太大，易在灰缝处产生热桥，且影响砌体强度。

砌块的吸水特性与黏土砖不同，它的初始吸水高于砖。因持续吸水时间较长，因此，用普通砂浆砌筑前适量浇水，能保证砌筑砂浆本身硬化过程的水化作用所必要的条件，并使砂浆与砌块有良好的粘结力，浇水多少与遍数视各地气候和制品品种不同而定。如采用精确砌块、专用胶粘剂密缝砌筑则可不用浇水。

9.2.4 砌块墙砌筑后灰缝会受压缩变形，一定要等灰缝压缩变形基本稳定后再处理顶缝，否则该缝隙会太宽影响墙体稳定性。

9.2.5 针对目前施工中不采用专用工具而用斧子任意别凿，造成砌块不应有的破损。尤其是门窗洞口两侧，因门窗开闭经常受撞击，要求其两侧不得用零星小块。

9.2.6 砌筑加气砌块墙体不得留脚手眼的原因有两点：

1 加气砌块不允许直接承受局部荷载，避免加气砌块局部受压；

  2 一般加气砌块墙体较薄，留脚手眼后用砂浆或砌块填塞，很难严实且极易在该部位产生开裂缝或造成"热桥"。

9.3 墙板安装

9.3.1 内外墙板安装时需有专用的机具设备，如夹具、无齿锯、手电钻、手工刀锯和特制撬棍等。外墙拼接缝如灌缝和粘结不严，如在雨期有风压时，雨水就有可能侵入缝内。墙板板侧如有油污应该除净，以保证板之间的粘结良好。

9.3.2 如内隔墙板由两端向中间安装，最后安装的中间条板很难使粘结砂浆饱满，致使在该处产生裂缝。因而规定了从一端向另一端依次安装，边缝作特殊处理。如有门洞，则从门洞处向两端安装。门洞处因需固定门框，宜用整板。

9.3.3~9.3.4 控制拼缝厚度和粘结砂浆饱满，以及施工中尽量减少墙面和楼层振动是防止板缝出现裂缝的几项主要措施。

9.4 屋面工程

9.4.1 针对目前施工中不采用专用工具如吊装不用夹具而用钢丝索起吊，撬板用普通撬杠调整使屋面板受到不同程度的损坏，特制定本条。

9.4.2 为确保施工安全，施工荷载应予控制，一般不得在加气屋面板上推小车等，否则应在板下采用临时支撑等措施。

9.4.3 为保证屋面板之间以及屋面板与支座之间的有效连接，以保证有效地抵抗地震力的破坏，故相互之间的焊接一定要认真进行。

9.5 内外墙抹灰

9.5.1 加气混凝土制品为封闭型的气孔结构，表面因钢丝切割破坏了原来的气孔，并有许多渣末存在。其表面的初始吸水快，而向制品内的吸水速度缓慢，因此在做饰面前应作界面处理，方法是多样的，如可以刷界面处理剂，也可以采用专用砂浆刮糙。界面处理的作用是不使加气混凝土制品过多地吸取抹灰砂浆中的水分，而使砂浆在未充分水化前失水而形成空鼓开裂，同时也能增强抹灰层与加气墙的粘结力。工程实践表明，在界面处理前，一般在墙面均用水稍加湿润。这一工序能收到较好的效果。同时，一次性抹灰厚度较厚易于开裂，分层抹可以避免开裂。为控制加气混凝土墙含水率太高引起的收缩裂缝，因此建议控制墙体抹灰前的含水率，在墙体砌筑完毕后不应立即抹灰，因砌筑好的墙最利于排除块内水分，加速完成收缩过程，各地可根据不同气候条件确定抹灰前墙体含水率，一般宜控制在 15%~20%，也不排斥根据各地的实际情况控制墙体抹灰前的含水率。

9.5.2 这是避免不同材料之间变形而产生裂缝的较为有效的措施，但聚合物砂浆和玻纤网格布的质量至关重要，应符合有关标准。

9.5.3~9.5.4 在施工中，对抹灰砂浆配比、计量、混料应严格要求，从实际情况看，所以引起墙面抹灰开裂，其主要原因之一是用料不当，计量不准，操作工艺不规范，如采用过高标号的水泥、配比不计量、砂子含泥量高、掺入外加剂后搅拌时间不够等等，使原设计的砂浆面目全非，这在施工中要特别注意。

9.5.5 基于加气混凝土制品的材性特点，除注意基面处理、抹灰强度、控制一次抹灰厚度等措施外，对其养护也是十分重要，水硬性材料一般可采用喷水养护，亦可采取养护剂养护。如采用气硬性和石膏类抹灰，则没有必要养护。

9.6 工程质量验收

9.6.1 验收指标是参照砖石砌体施工验收规范中有关条文和国内部分地区工程实践调查总结而得。

9.6.2 屋面板相邻平整度偏差不得超过3mm，这是根据加气混凝土屋盖上不做找平层而直接做防水层的要求，这不仅与施工质量有关，而且受加气屋面板外观尺寸的影响较大，因此符合质量标准的板方可上房使用，当然支座的平整度也很重要。

中华人民共和国国家标准

钢 结 构 设 计 规 范

GB 50017—2003

条 文 说 明

目 次

1 总则 ·················· 2—5—3
2 术语和符号 ············ 2—5—3
  2.1 术语 ················ 2—5—3
  2.2 符号 ················ 2—5—3
3 基本设计规定 ·········· 2—5—3
  3.1 设计原则 ············ 2—5—3
  3.2 荷载和荷载效应计算 ··· 2—5—4
  3.3 材料选用 ············ 2—5—5
  3.4 设计指标 ············ 2—5—7
  3.5 结构或构件变形的规定 ·· 2—5—8
4 受弯构件的计算 ········ 2—5—9
  4.1 强度 ················ 2—5—9
  4.2 整体稳定 ············ 2—5—9
  4.3 局部稳定 ············ 2—5—12
  4.4 组合梁腹板考虑屈曲后
       强度的计算 ·········· 2—5—13
5 轴心受力构件和拉弯、压弯构件
   的计算 ················ 2—5—13
  5.1 轴心受力构件 ········ 2—5—13
  5.2 拉弯构件和压弯构件 ·· 2—5—16
  5.3 构件的计算长度和容许长细比 ·· 2—5—18
  5.4 受压构件的局部稳定 ·· 2—5—20
6 疲劳计算 ·············· 2—5—21
  6.1 一般规定 ············ 2—5—21
  6.2 疲劳计算 ············ 2—5—22
7 连接计算 ·············· 2—5—23
  7.1 焊缝连接 ············ 2—5—23
  7.2 紧固件（螺栓、铆钉等）连接 ·· 2—5—24
  7.3 组合工字梁翼缘连接 ·· 2—5—25
  7.4 梁与柱的刚性连接 ···· 2—5—26
  7.5 连接节点处板件的计算 ·· 2—5—26
  7.6 支座 ················ 2—5—28
8 构造要求 ·············· 2—5—28
  8.1 一般规定 ············ 2—5—28
  8.2 焊缝连接 ············ 2—5—29
  8.3 螺栓连接和铆钉连接 ·· 2—5—30
  8.4 结构构件 ············ 2—5—31
  8.5 对吊车梁和吊车桁架（或类似结构）
      的要求 ·············· 2—5—32
  8.6 大跨度屋盖结构 ······ 2—5—33
  8.7 提高寒冷地区结构抗脆断能力
      的要求 ·············· 2—5—33
  8.8 制作、运输和安装 ···· 2—5—33
  8.9 防护和隔热 ·········· 2—5—34
9 塑性设计 ·············· 2—5—34
  9.1 一般规定 ············ 2—5—34
  9.2 构件的计算 ·········· 2—5—34
  9.3 容许长细比和构造要求 ·· 2—5—35
10 钢管结构 ············· 2—5—35
  10.1 一般规定 ··········· 2—5—35
  10.2 构造要求 ··········· 2—5—35
  10.3 杆件和节点承载力 ··· 2—5—36
11 钢与混凝土组合梁 ····· 2—5—39
  11.1 一般规定 ··········· 2—5—39
  11.2 组合梁设计 ········· 2—5—39
  11.3 抗剪连接件的计算 ··· 2—5—40
  11.4 挠度计算 ··········· 2—5—40
  11.5 构造要求 ··········· 2—5—40

1 总　　则

1.0.1 本条是钢结构设计时应遵循的原则。
1.0.2 本条明确指出本规范仅适用于工业与民用房屋和一般构筑物的普通钢结构设计,不包括冷弯薄壁型钢结构。
1.0.3 本规范的设计原则是根据现行国家标准《建筑结构可靠度设计统一标准》GB 50068 的规定修订的。
1.0.4 本条提出设计中应具体考虑的一些注意事项。
1.0.5 本条提出在设计文件(如图纸和材料订货单等)中应注明的一些事项,这些事项都是与保证工程质量密切相关的。其中钢材的牌号应与有关钢材的现行国家标准或其他技术标准相符;对钢材性能的要求,凡我国钢材标准中各牌号能基本保证的项目可不再列出,只须附加保证和协议要求的项目,而当采用其他尚未形成技术标准的钢材或国外钢材时,必须详列出有关钢材性能的各项要求,以便据此进行检验。而检验这些钢材时,试件的数量不应小于 30 个。试验结果中屈服点的平均值 μ_{fy} 乘以试验影响系数 μ_{k0}(对 Q235 类钢可取 0.9,对 Q345 类钢可取 0.93)与钢材标准中屈服点 f_y 规定值的比值 $\mu_{fy}\mu_{k0}/f_y$ 不宜小于 1.09(对 Q235 类钢)和 1.11(Q345 类钢),变异系数 $\delta_{KM} = \sqrt{(\delta_{k0})^2 + (\sigma_{fy}/\mu_{fy})^2}$ 不宜大于 0.066,式中 δ_{k0} 可取 0.011,σ_{fy} 为屈服点试验值的标准差。对符合上述统计参数的钢材,且其尺寸的误差标准不低于我国相应钢材的标准时,即可采用本规范规定的钢材抗力分项系数 γ_R。焊缝的质量等级应根据构件的重要性和受力情况按本规范第 7.1.1 条的规定选用。对结构的防护和隔热措施等其他要求亦应在设计文件中加以说明。
1.0.6 对有特殊设计要求(如抗震设防要求、防火设计要求等)和在特殊情况下的钢结构(如高耸结构、板壳结构、特殊构筑物以及受有高温、高压或强烈侵蚀作用的结构等)尚应符合国家现行有关专门规范的规定。

2 术语和符号

本章所用的术语和符号是参照我国现行国家标准《工程结构设计基本术语和通用符号》GBJ 132 和《建筑结构设计术语和符号标准》GB/T 50083 的规定编写的,并根据需要增加了一些内容。

2.1 术　　语

本规范给出了 32 个有关钢结构设计方面的专用术语,并从钢结构设计的角度赋予其特定的涵义,但不一定是其严密的定义。所给出的英文译名是参考国外某些标准拟定的,亦不一定是国际上的标准术语。

2.2 符　　号

本规范给出了 151 个常用符号并分别作出了定义,这些符号都是本规范各章节中所引用的。
2.2.1 本条所用符号均为作用和作用效应的设计值,当用于标准值时,应加下标 k,如 Q_k 表示重力荷载的标准值。

3 基本设计规定

3.1 设计原则

3.1.1 GBJ 17—88 规范采用以概率理论为基础的极限状态设计法,其中设计的目标安全度是按可靠指标校准值的平均值上下浮动 0.25 进行总体控制的(有关设计理论参见全国钢委《钢结构研究论文报告选集》第二册,李继华、夏正中:钢结构可靠度和概率极限状态设计)。

遵照《建筑结构可靠度设计统一标准》GB 50068,本规范继续沿用以概率理论为基础的极限状态设计方法并以应力形式表达的分项系数设计表达式进行设计计算,但设计目标安全度指标不再允许下浮 0.25,即设计各种基本构件的目标安全度指标不得低于校准值的平均值。根据《建筑结构荷载规范》GB 50009 的修订内容以及现有的可统计资料所做的分析,本规范所涉及的钢结构基本构件的设计目标安全度总体上符合 GB 50068 要求(详见《土木工程学报》2003 第 4 期,戴国欣等:结构设计荷载组合取值变化及其影响分析)。

关于钢结构连接,试验和理论分析表明,GBJ 17—88 采用的转化换算处理方式是合理可行的(参见《建筑结构学报》1993 年第 6 期,戴国欣等:钢结构角焊缝的极限强度及抗力分项系数;《工业建筑》1997 年第 6 期,曾波等:高强度螺栓连接的可靠性评估)。本规范钢结构连接的计算规定满足概率极限状态设计法的要求。

关于钢结构的疲劳计算,由于疲劳极限状态的概念还不够确切,对各种有关因素研究不够,只能沿用过去传统的容许应力设计法,即将过去以应力比概念为基础的疲劳设计改为以应力幅为准的疲劳强度设计。

3.1.2 承载能力极限状态可理解为结构或构件发挥允许的最大承载功能的状态。结构或构件由于塑性变形而使其几何形状发生显著改变,虽未到达最大承载能力,但已彻底不能使用,也属于达到这种极限状态。

正常使用极限状态可理解为结构或构件达到使用功能上允许的某个限值的状态。例如,某些结构必须控制变形、裂缝才能满足使用要求,因为过大的变形会造成房屋内部粉制层剥落、填充墙和隔断墙开裂,以及屋面积水等后果,过大的裂缝会影响结构的耐久性,同时过大的变形或裂缝也会使人们在心理上产生不安全感觉。

3.1.3 建筑结构安全等级的划分,按《建筑结构可靠度设计统一标准》GB 50068 的规定应符合表 1 的要求。

表 1 建筑结构的安全等级

安全等级	破坏后果	建筑物类型
一级	很严重	重要的房屋
二级	严重	一般的房屋
三级	不严重	次要的房屋

注:1 对特殊的建筑物,其安全等级应根据具体情况另行确定。
　　2 对抗震建筑结构,其安全等级应符合国家现行有关规范的规定。

对一般工业与民用建筑钢结构,按我国已建成的房屋,用概率设计方法分析的结果,安全等级多为二级,但跨度等于或大于 60m 的大跨度结构(如大会堂、体育馆和飞机库等的屋盖主要承重结构)的安全等级宜取为一级。

3.1.4 荷载效应的组合原则是根据《建筑结构可靠度设计统一标准》GB 50068 的规定,结合钢结构的特点提出来的。对荷载效应的偶然组合,统一标准只作出原则性的规定,具体的设计表达式及各种系数应符合专门规范的有关规定。对于正常使用极限状态,钢结构一般只考虑荷载效应的标准组合,当有可靠依据和实践经验时,亦可考虑荷载效应的频遇组合。对钢与混凝土组合梁,因需考虑混凝土在长期荷载作用下的蠕变影响,故除应考虑荷载效应的标准组合外,尚应考虑准永久组合(相当于原标准 GBJ 68—84 的长期效应组合)。

3.1.5 根据《建筑结构可靠度设计统一标准》GB 50068,结构或构件的变形属于正常使用极限状态,应采用荷载标准值进行计算;而强度、疲劳和稳定属于承载能力极限状态,在设计表达式中均考虑了荷载分项系数,采用荷载设计值(荷载标准值乘以荷载分项系数)进行计算,但其中疲劳的极限状态设计目前还处在研究阶段,所以仍沿用原规范 GBJ 17—88 按弹性状态计算的容许应力幅的设计方法,采用荷载标准值进行计算。钢结构的连接强度虽然统计数据有限，尚无法按可靠度进行分析，但已将其容许应力用校准的方法转化为以概率理论为基础的极限状态设计表达式（包括各种抗力分项系数），故采用荷载设计值进行计算。

3.1.6 结构或构件的位移（变形）属于静力计算的范畴，故不应乘动力系数；而疲劳计算中采用的计算数据多半是根据实测应力或通过疲劳试验所得，已包含了荷载的动力影响，故亦不再乘动力系数。因为动力影响和动力系数是两个不同的概念。

在吊车梁的疲劳计算中只考虑跨间内起重量最大的一台吊车的作用，是因为根据大量的实测资料统计，实际运行中吊车梁的最大等效应力幅常低于设计中按起重量最大的一台吊车满载和处于最不利位置时所得的最大计算应力幅。

将吊车梁及吊车桁架的挠度计算由过去习惯上考虑两台吊车改为明确规定按起重量最大的一台吊车进行计算的原则符合正常使用的概念，并和国外大多数国家相同，亦满足了跨间内只有一台吊车的情况。

3.2 荷载和荷载效应计算

3.2.1 结构重要性系数 γ_0 应按结构构件的安全等级、设计工作寿命并考虑工程经验确定。对设计工作寿命为25年的结构构件，大体上属于替换性构件，其可靠度可适当降低，重要性系数可按经验取为 0.95。

在现行国家标准《建筑结构荷载规范》GB 50009 中，将屋面均布活载标准值规定为 $0.5kN/m^2$，并注明"对不同结构可按有关设计规范将标准值作 $0.2kN/m^2$ 的增减"。本规范参考美国荷载规范 ASCE 7-95 的规定，对支承轻屋面的构件或结构，当受荷的水平投影面积超过 $60m^2$ 时，屋面均布活载标准值取为 $0.3kN/m^2$。这个取值仅适用于只有一个可变荷载的情况，当有两个及以上可变荷载考虑荷载组合值系数参与组合时（如尚有灰荷载），屋面活荷载仍应取 $0.5kN/m^2$，否则，将比原规范降低安全度（因为原荷载规范规定无风组合时不考虑荷载组合值系数）。

3.2.2 本条对原规范中关于吊车横向水平荷载的增大系数 α 进行了修改（详见"重级工作制吊车横向水平力计算的建议"赵熙元，《钢结构》1992年第2期）。该系数源出于前苏联《冶金工厂重级工作制厂房钢结构设计技术条件》TY-104-53。但在1972年及以后的前苏联钢结构设计规范中已不再使用 α 系数，而在建筑法规《荷载及其作用》СНИП II-6-74 中，对重级工作制吊车的侧向力，不论计算吊车梁或连接均统一规定为 $T_H \approx 0.1 P_H$（P_H 为吊车最大轮压的标准值），并认为 T_H 的作用方向是可逆的，且不与小车的制动力同时考虑。这种将吊车的横向水平力（俗称卡轨力，下同）与吊车轮压成正比的表达方式和德国的研究成果是一致的，理论上亦比较合理，日本1998年规范也是这样考虑的。因为卡轨力与吊车主动轮的牵引力成正比，而牵引力又与轮压成正比。原规范的表达方式似乎卡轨力仅与小车制动力有关，这在概念上是有问题的，因为制动力是由小车制动而产生，卡轨力则在大车运行时发生，两者的起因截然不同。另外，对没有小车的特殊吊车（如桥式螺旋式卸车机），按原规范就算不出卡轨力，显然是很不合理。

要精确计算卡轨力是十分困难的，世界各国所采用的计算方法都是半经验半理论性的。目前，欧、美及日本各国在计算卡轨力时都不区分构件和连接。这次修订时，亦采用统一的卡轨力值。

本条在计算卡轨力时采用了 $H_k = \alpha P_{k,max}$ 的表达式，其中 α 系数的取值，是针对我国有代表性的9种重级工作制吊车，采用不同的计算方法（包括我国原规范、前苏联和美国的方法）算出的卡轨力，经过对比分析而得出来的。用本规范的公式（3.2.2）算出的卡轨力除 A8 吊车是接近于按原规范计算构件的以外，其余吊车均接近于按原规范计算连接时的力，而与美国的计算结果相近。亦即 A6 和 A7 级吊车按本规范算得的卡轨力约为原规范计算构件时卡轨力的2倍。从调查研究可知，过去设计的吊车梁在上翼缘附近的损伤仍然较多，因此加大卡轨力看来是合适的。根据试设

计的结果，由此而带来的吊车梁钢材消耗量的增值一般约为5%。

本条的"注"中，提出了在一般情况下本规范所指的重级、中级及轻级工作制吊车的含义。《起重机设计规范》GB/T 3811 规定吊车工作级别为 A1～A8 级，它是按利用等级（设计寿命期内总的工作循环次数）和载荷谱系数综合划分的。为便于计算，本规范所指的工作制与现行国家标准《建筑结构荷载规范》GB 50009 中的载荷状态相同，即轻级工作制（轻级载荷状态）吊车相当于 A1～A3 级，中级工作制相当于 A4、A5 级，重级工作制相当于 A6～A8 级，其中 A8 为特重级。这样区分在一般情况下是可以的，但不有全面反映工作制的含义，因为吊车工作制与其利用等级关系很大。故设计人员在按工艺专业提供的吊车级别来确定吊车的工作制时尚应根据吊车的具体操作情况及实践经验来考虑，不要死套本条"注"的说明，必要时可作适当调整。例如，轧钢车间主电室的吊车是检修吊车，过去一直按轻级工作制设计，按载荷状态很可能用 A4 级吊车，便属于中级工作制。若按中级工作制吊车来设计厂房结构，显然不合理，此时可仍将其定为轻级工作制。

3.2.3 本条规定的屋盖结构悬挂吊车和电动葫芦在每一跨间每条运行线路上考虑的台数，是按设计单位的使用经验确定的。

3.2.7 梁柱连接一般采用刚性连接和铰接连接。半刚性连接的弯矩-转角关系较为复杂，它随连接形式、构造细节的不同而异。进行结构设计时，这种连接形式的实验数据或设计资料必须足以提供较为准确的弯矩-转角关系。

3.2.8 本条对框架结构的内力分析方法作出了具体规定，即所有框架结构（不论有无支撑结构）均可采用一阶弹性分析法计算框架杆件的内力，但对于 $\frac{\sum N \cdot \Delta u}{\sum H \cdot h} > 0.1$ 的框架结构则推荐采用二阶弹性分析法确定杆件内力，以提高计算的精确度。当采用二阶弹性分析时，为配合计算的精度，不论是精确计算或近似计算，亦不论有无支撑结构，均应考虑结构和构件的各种缺陷（如柱子的初倾斜、初偏心和残余应力等）对内力的影响。其影响程度可通过在框架每层柱的柱顶作用有附加的假想水平力（概念荷载）H_{ni} 来综合体现，见图1。

图1 假想水平力 H_{ni}

研究表明，框架层数越多，构件缺陷的影响越小，且每层柱数的影响亦不大。通过与国外规范的比较分析，并考虑钢材强度的影响，本规范提出了 H_{ni} 值的计算公式（3.2.8-1）。

至于柱子的计算长度则应根据不同类型的框架和内力分析方法，以及支撑结构的抗侧移刚度按本规范第5.3.3条的规定计算确定。

本条对无支撑纯框架在考虑侧移对内力的影响采用二阶弹性分析时，提出了框架杆件端弯矩 M_{II} 的近似计算方法。

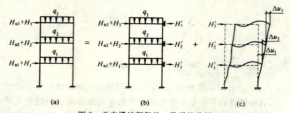

图2 无支撑纯框架的一阶弹性分析

当采用一阶分析时（图2），框架杆件端弯矩 M_I 为：

$$M_1 = M_{1b} + M_{1s}$$

当采用二阶近似分析时，杆端弯矩 M_{II} 为：

$$M_{II} = M_{1b} + \alpha_{2i} M_{1s}$$

式中 M_{1b}——假定框架无侧移时（图 2b）按一阶弹性分析求得的各杆杆端弯矩；

M_{1s}——框架各节点侧移时（图 2c）按一阶弹性分析求得的杆件端弯矩；

α_{2i}——考虑二阶效应第 i 层杆件的侧移弯矩增大系数；

$$\alpha_{2i} = \frac{1}{1 - \frac{\sum N \cdot \Delta u}{\sum H \cdot h}}$$

其中 $\sum H$ 系指产生层间侧移 Δu 的所计算楼层及以上各层的水平荷载之和，不包括支座位移和温度的作用。

上述二阶弹性分析的近似计算法与国外的规定基本相同。经西安建筑科技大学陈绍蕃教授提出，湖南大学舒兴平教授以单跨 1～3 层无支撑纯框架为例，用二阶弹性分析精确法进行验证，结果表明：

1 此近似法不仅可用于二阶弯矩的计算，还可用于二阶轴力及剪力的计算。

2 在式（3.2.8-3）中，当 $\frac{\sum N \cdot \Delta u}{\sum H \cdot h} \leq 0.25$ 时，该近似法精确度较高，弯矩的误差不大于 7%；而当 $\frac{\sum N \cdot \Delta u}{\sum H \cdot h} > 0.25$（即 $\alpha_{2i} > 1.33$）时，误差较大，应增加框架结构的侧向刚度，使 $\alpha_{2i} \leq 1.33$。

另外，当 $\frac{\sum N \cdot \Delta u}{\sum H \cdot h} \leq 0.1$ 时，说明框架结构的抗侧移刚度较大，可忽略侧移对内力分析的影响，故可采用一阶分析法来计算框架内力，当然也就不再考虑假想水平力 H_{ni}，为判别计算方便，式中 Δu 可用层间侧移容许值 $[\Delta u]$ 来代替。

3.3 材料选用

3.3.1 本条着重提出了防止脆性破坏的问题，这对钢结构来说是十分重要的，过去在这方面不够明确。脆性破坏与结构形式、环境温度、应力特征、钢材厚度以及钢材性能等因素有密切关系。

为扩大高强度结构钢在建筑工程中的应用，本条列入了在九江长江大桥中已成功使用的 Q420 钢（15MnVN）。《高层建筑结构用钢板》YB 4104 是最近为高层建筑或其他重要建（构）筑物用钢板制定的行业标准，其性能与日本《建筑结构用钢材》JIS G3136-1994 相近，而且质量上还有所改进。

3.3.2 本条关于钢材选用中的温度界限与原规范相同，考虑了钢材的抗脆断性能，是我国实践经验的总结。虽然连铸钢材没有沸腾钢，考虑到目前还有少量模铸，且现行国家标准《碳素结构钢》GB/T 700 中仍有沸腾钢，故本规范仍保留 Q235·F 的应用范围。因沸腾钢脱氧不充分，含氧量较高，内部组织不够致密，硫、磷的偏析大，氮是以固溶氮的形式存在，故冲击韧性较低，冷脆性和时效倾向亦大。因此，需对其使用范围加以限制。由于沸腾钢在低温时和动力荷载作用下容易发生脆断，故本条根据我国多年的实践经验，规定了不能采用沸腾钢的具体界限。

本条用"需要验算疲劳"的结构以及"直接承受动力荷载或振动荷载"的结构来代替原规范中的"吊车梁及类似结构"显得更合理，涵盖面更广，不单指工业厂房。何况，在材料选用方面以是否"需要验算疲劳"来界定结构的工作状态，更符合实际情况。

在 1 款 2)项中增加了"承受静力荷载的受弯和受拉的重要承重结构."，理由如下：

1 脆断主要发生在受拉区，且危险性较大；

2 与国外规范比较协调，如前苏联 1981 年的钢结构设计规范的钢材选用表中，将受静力荷载的受拉和受弯焊接结构列入第 2 组。在环境温度 $T \geq -40°C$ 的条件下，均采用镇静钢或半镇静钢，而不用沸腾钢。

为考虑经济条件，这次修订仅限于对重要的受拉或受弯的焊接结构要求提高钢材质量。所谓"重要结构"系指损坏后果严重的重要性较大的结构构件，如桁架结构、框架横梁、楼屋盖主梁以及其他受力较大、拉应力较高的类似结构。

关于工作温度即室外工作温度的定义，原规范定义为"冬季计算温度"（即冬季空气调节室外计算温度），从理论上说这是欠妥的，因为空气调节计算温度是为空调采暖用的计算温度，是受经济政策决定的，也就是人为的；而结构的工作温度应该是客观存在的，由自然条件决定的，两者不能混淆。国外规范对结构的工作温度亦未看到用空调计算温度，如前苏联是"最冷 5 天的平均温度"，Eurocode 3 和美国有关资料上都使用"最低工作温度"（但定义不详）。为与"空调计算温度"在数值上差别不太大，建议采用《采暖通风与空气调节设计规范》GBJ 19—87（2001 年版）中所列的"最低日平均温度"。

3.3.3 本条规定了承重结构的钢材应具有力学性能和化学成分等合格保证的项目，分述如下：

1 抗拉强度。钢材的抗拉强度是衡量钢材抵抗拉断的性能指标，它不仅是一般强度的指标，而且直接反映钢材内部组织的优劣，并与疲劳强度有着比较密切的关系。

2 伸长率。钢材的伸长率是衡量钢材塑性性能的指标。钢材的塑性是在外力作用下产生永久变形时抵抗断裂的能力。因此，承重结构用的钢材，不论在静力荷载或动力荷载作用下，以及在加工制作过程中，除了应具有较高的强度外，尚应要求具有足够的伸长率。

3 屈服强度（或屈服点）。钢材的屈服强度（或屈服点）是衡量结构的承载能力和确定强度设计值的重要指标。碳素结构钢和低合金结构钢在受力时达屈服强度（或屈服点）以后，应变急剧增长，从而使结构的变形迅速增加以致不能继续使用。所以钢结构的强度设计值一般都是以钢材屈服强度（或屈服点）为依据而确定的。对于一般非承重或由构造决定的构件，只要保证钢材的抗拉强度和伸长率即能满足要求；对于承重的结构则必须具有钢材的抗拉强度、伸长率、屈服强度（或屈服点）三项合格的保证。

4 冷弯试验。钢材的冷弯试验是塑性指标之一，同时也是衡量钢材质量的一个综合性指标。通过冷弯试验，可以检验钢材颗粒组织、结晶情况和非金属夹杂物分布等缺陷，在一定程度上也是鉴定焊接性能的一个指标。结构在制作、安装过程中要进行冷加工，尤其是焊接结构焊后变形的调直等工序，都需要钢材有较好的冷弯性能。而非焊接的重要结构（如吊车梁、吊车桁架、有振动设备或有大吨位吊车厂房的屋架、托架，大跨度重型桁架）以及需要弯曲成型的构件等，亦要求具有冷弯试验合格的保证。

5 硫、磷含量。硫、磷都是建筑钢材中的主要杂质，对钢材的力学性能和焊接接头的裂纹敏感性都有较大影响。硫生成易于熔化的硫化铁，当热加工或焊接的温度达到 800～1200℃ 时，可能出现裂纹，称为热脆；硫化铁又能形成夹杂物，不仅促使钢材起层，还会引起应力集中，降低钢材的塑性和冲击韧性。硫又是钢中偏析最严重的杂质之一，偏析程度越大越不利。磷是以固溶体的形式溶解于铁素体中，这种固溶体很脆，加以磷的偏析比硫更严重，形成的富磷区促使钢变脆（冷脆），降低钢的塑性、韧性及可焊性。因此，所有承重结构对硫、磷的含量均应有合格保证。

6 碳含量。在焊接结构中，建筑钢的焊接性能主要取决于碳含量，碳的合适含量宜控制在 0.12%～0.2% 之间，超出该范围的幅度愈多，焊接性能变差的程度愈大。因此，对焊接承重结构尚应具有碳含量的合格保证。

近来，一些建设单位希望在焊接结构中用 Q235-A 代替 Q235-B，这显然是不合适的。国家标准《碳素结构钢》GB/T 700 及其第 1 号修改通知单（自 1992 年 10 月 1 日起实行）都明确规定

A级钢的碳含量不作为交货条件，但应在熔炼分析中注明。从法规意义上讲，不作为交货条件就是不保证，即使在熔炼分析中的碳含量符合规定要求，亦只能被认为仅供参考，可能离散性较大焊接质量就不稳定。也就是说若将Q235-A·F钢用于重要的焊接结构上发生事故后，钢材生产厂在法律上是不负任何责任的，因为在交货单上明确规定碳含量是不作为交货条件的。现在世界各国钢材质量普遍提高，日本最近专门制定了建筑钢材的系列（SN钢）。为了确保工程质量，促使提高钢材质量，防止建筑市场上以次充好的不正常现象，故建议对焊接结构一定要保证碳含量，即在主要焊接结构中不能使用Q235-A级钢。

3.3.4 本条规定了需要验算疲劳的结构的钢材应具有的冲击韧性的合格保证。冲击韧性是衡量钢材断裂时做功的指标，其值随金属组织和晶状态的改变而急剧变化。钢中的非金属夹杂物、带状组织、脱氧不良等都将给钢材的冲击韧性带来不良影响。冲击韧性是钢材在冲击荷载或多向拉应力下具有可靠性能的保证，可间接反映钢材抵抗低温、应力集中、多向拉应力、加荷速率（冲击）和重复荷载等因素导致脆断的能力。钢结构的脆性破坏问题已普遍引起注意，按断裂力学的观点应用断裂韧性K_{IC}来表示材料抵抗裂纹失稳扩展的能力。但是，对建筑钢结构来说，要完全用断裂力学的方法来分析判断脆断问题，目前在具体操作上尚有一定困难，故国际上仍以冲击韧性作为抗脆断能力的主要指标。因此，对需要验算疲劳的结构的钢材，本条规定了应具有在不同试验温度下冲击韧性的合格保证。关于试验温度的划分是在总结我国多年实践经验的基础上，根据结构的不同连接方式（焊接或非焊接），结合我国现行的钢材标准并参考有关的国外规范确定的。

根据上述原则，本条对原规范中钢材冲击韧性的试验温度作了调整，增加了0℃冲击韧性的要求，并将Q345钢和Q235钢取用相同的试验温度，理由如下：

1 关于冲击韧性试验温度的间隔，国外一般为10～20℃，并均有0℃左右的冲击性能要求（前苏联除外）。原规范温度间隔偏大，达40～60℃。现根据新的钢材标准进行调整，统一取20℃。为使钢结构在不同工作温度下具有相应的抗脆断性能，增加了在0℃≥T>−20℃时对钢材冲击韧性的要求。

2 原规范依据的钢材标准与本规范不同。不同钢材标准对钢材冲击韧性的要求见表2。

表2 不同钢材标准对冲击韧性的要求

钢号	试验温度	钢材标准 原规范 GB 700—79 GB 1591—79	本规范 GB/T 700—88 GB/T 1591—94
3号钢（Q235钢）	+20℃	$a_{ku}\geq 7\sim 10$ kg·m/cm²，相当于$A_{kv}=31\sim 44$J	$A_{kv}\geq 27$J
	0℃	—	$A_{kv}\geq 27$J
	−20℃	$a_{ku}\geq 3$ kg·m/cm²，相当于$A_{kv}=13$J	$A_{kv}\geq 27$J
16Mn钢（Q345钢）15MnV钢（Q390钢）	+20℃	$a_{ku}\geq 6$ kg·m/cm²，相当于$A_{kv}=26$J	$A_{kv}\geq 34$J
	0℃		$A_{kv}\geq 34$J
	−20℃		$A_{kv}\geq 34$J
	−40℃	$a_{ku}\geq 3$ kg·m/cm²，相当于$A_{kv}=13$J	$A_{kv}\geq 27$J

由表2可见，对Q235钢常温冲击功的要求，旧标准高于新标准15%～63%，因此，在$T>−20℃$时若仍按原规范只要求常温冲击，显然降低了对A_{kv}的要求，偏于不安全。看来，对Q235钢增加0℃时对冲击功的要求是合适的。在$T=−20℃$时新标准的A_{kv}值约为旧标准的1倍，故当$T<−20℃$时比原规范更安全。而对Q345钢冲击功的要求，新标准普遍高于旧标准，常温时高出约31%，$T=−40℃$时高出约100%。对基本上属同一质

量等级的钢材来说，试验温度与A_{kv}规定值是有一定关系的，A_{kv}的增大相当于试验温度的降低。根据GB 1591—79，16Mn钢的试验温度相差60℃时，A_{kv}的规定值相差约100%，如Q345-D在−20℃时的A_{kv}规定值为34J，则在−40℃试验时，其A_{kv}值估计为34J/1.33=25.6J，仍大于旧标准的13J。故一般可不再要求Q345钢在−40℃的冲击韧性。由此，本规范规定对Q345钢的试验温度与Q235钢相同。至于Q390钢，虽然其冲击功的规定值和Q345钢一样普遍提高，但考虑其强度高，接近于前苏联的C52/40号钢，塑性稍差，使用经验又少，故仍按原规范不变。而对Q420钢，是新钢种，应从严考虑，故与Q390钢的试验温度相同。

对其他重要的受拉和受弯焊接构件，由于有焊接残余拉应力存在，往往出现多向拉应力场，尤其是构件的板厚较大时，轧制次数少，钢材中的气孔和夹渣比薄板多，存在较多缺陷，因而有发生脆性破坏的危险。国外对此种构件的钢材，一般均有冲击韧性合格的要求。根据我国钢材标准，焊接构件应至少采用Q235的B级钢材（因Q235-A的含碳量不作为交货条件，这是焊接结构所不容许的）常温冲击韧性自然满足，不必专门提出。所以，我们建议当采用厚度较大的Q345钢材制作此种构件时，宜提出具有冲击韧性的合格保证（具体厚度尺寸可参见有关国内外资料，如《美国钢结构设计规范》AISC 1999和《欧洲钢结构设计规范》EC 3等）。

至于吊车起重量Q≥50t的中级工作制吊车梁，则根据已往的经验，仍按原规范的原则，对钢材冲击韧性的要求与需要验算疲劳的焊接构件相同。

关于需要验算疲劳的非焊接结构亦要保证冲击韧性的要求，这是考虑到既受动力荷载，钢材就应该具有相应的冲击韧性，不管是焊接或非焊接结构都是一样的。前苏联1972年和1981年规范中对这类结构都要求保证冲击韧性的，美国关于公路桥梁的资料中对焊接或非焊接桥梁结构亦都要求保证冲击韧性的，仅是对冲击值的指标略有差别而已。这类结构对冲击韧性要求的标准略低于焊接结构，这和上述国外规范亦是协调的，只是降低的方式和量级有所不同而已。如美国公路钢桥的资料中对焊接结构的冲击值有所提高。而前苏联的规范则基本上是调整冲击试验时的温度，如前苏联1981年规范规定对非焊接结构按提高一个组别（即降低一个等次）的原则来选用钢材。因为我国钢材标准中的冲击值是定值，故建议对需验算疲劳的非焊接结构所用钢材的冲击韧性可提高其试验温度。

3.3.6 在钢结构制造中，由于钢材质量和焊接构造等原因，厚板容易出现层状撕裂，这对沿厚度方向受拉的接头来说是很不利的。为此，需要采用厚度方向性能钢板。关于如何防止层状撕裂以及确定厚度方向所需的断面收缩率ψ_z等问题，可参照原国家机械工业委员会重型机械局企业标准《焊接设计规范》JB/ZZ 5—86或其他有关标准进行处理。

我国建筑抗震设计规范和建筑钢结构焊接技术规程中均规定厚度大于40mm时应采用厚度方向性能钢板。

3.3.7 上海宝钢集团亦已开发出一种"耐腐蚀的结构用热轧钢板及钢带"，其企业标准号为Q/BQB 340—94，其耐候性为普通钢的2～8倍。

3.3.8 本条为钢结构的连接材料要求。

1 手工焊接时焊条型号中关于药皮类型的确定，应按结构的受力情况和重要性区别对待。对受动力荷载需要验算疲劳的结构，为减少焊缝金属中的含氢量防止冷裂纹，并使焊缝金属脱硫减小形成热裂纹的倾向，以综合提高焊缝的质量，应采用低氢型碱性焊条；对其他结构可采用普通焊条。

2 自动焊或半自动焊所采用的焊丝和焊剂应符合设计对焊缝金属力学性能的要求。在焊接材料的选用中，过去习惯使用焊剂的牌号（如HJ 431），现在我国已陆续颁布了焊丝和焊剂的国家

标准《熔化焊用钢丝》GB/T 14957、《气体保护电弧焊用碳钢、低合金钢焊丝》GB/T 8110、《碳钢药芯焊丝》GB/T 10045、《低合金钢药芯焊丝》GB/T 17493、《埋弧焊用碳钢焊丝和焊剂》GB/T 5293、《低合金钢埋弧焊用焊剂》GB/T 12470 等。因此,应按上述国家标准来选用焊丝和焊剂的型号,国标中焊剂的型号是将所选用的焊剂和焊丝写在一起的组合表示法(国外亦有这种表示方法)。但应注意,在设计文件中书写低合金钢埋弧焊用焊剂的型号时,可省略其中的焊剂渣系代号 X_4,写成"$FX_1X_2X_3(\times)$-H$\times\times$",而焊剂的渣系则由施工单位根据 $FX_1X_2X_3$ 组合并通过焊接工艺评定试验来确定。

3 高强度螺栓。按现行国家标准,大六角头高强度螺栓的规格为 M12~M30,其性能等级分为 8.8 级和 10.9 级,8.8 级高强度螺栓推荐采用的钢号为 40B 钢、45 号钢和 35 号钢,10.9 级高强度螺栓推荐采用的钢号为 20MnTiB 钢和 35VB 钢;扭剪型高强度螺栓的规格为 M16~M24,其性能等级只有 10.9 级,推荐采用的钢号为 20MnTiB 钢。

4 圆柱头焊钉的性能等级相当于碳素钢的 Q235 钢,屈服强度 $f_y = 240$ N/mm²。

3.4 设计指标

3.4.1 本条对原规范规定的设计指标作了局部补充和修正,其原因是:

1 钢材的抗力分项系数 γ_R 有所调整。制定 GBJ 17—88 规范时,曾根据对 TJ 17—74 规范的校准 β 值和荷载分项系数用优化方法求得钢构件的抗力分项系数。此次对各牌号钢材的抗力分项系数 γ_R 值作出如下调整:对 Q235 钢,取 $\gamma_R = 1.087$,与 GBJ 17—88 规范相同;对 Q345 钢、Q390 钢、Q420 钢,统一取 $\gamma_R = 1.111$。这是由于当前的 Q345 钢(包括原标准中厚度较大的 16Mn 钢)、Q390 钢和 Q420 钢的力学性能指标仍然处于统计资料不够充分的状况,此次修订时将原 GBJ 17—88 规范中 16Mn 钢的 γ_R 值由 1.087 改为 1.111。

2 钢材和连接材料的国家标准已经更新。其中影响较大的变动是:现行钢材标准中按屈服强度不同的厚度分组已经改变,镇静钢的屈服强度已不再高于沸腾钢,其取值相同而各钢号的抗拉强度最小值 f_u 与厚度无关(旧标准的 f_u 按不同厚度取值),普通螺栓已有国家标准,其常用钢号为 4.6 级和 4.8 级(C 级)和 5.6 级与 8.8 级(A、B 级),不再用 3 号钢制作普通螺栓等等。

本规范中表 3.4.1-1~表 3.4.1-5 的各项强度设计值是根据表 3 的换算关系并取 5 的整倍数而得。现将改变的主要内容介绍如下:

表 3 强度设计值的换算关系

材料和连接种类		应力种类		换算关系
钢材		抗拉、抗压和抗弯	Q235 钢	$f = f_y / \gamma_R = \dfrac{f_y}{1.087}$
			Q345 钢、Q390 钢、Q420 钢	$f = f_y / \gamma_R = \dfrac{f_y}{1.111}$
		抗剪		$f_v = f/\sqrt{3}$
		端面承压(刨平顶紧)	Q235 钢	$f_{ce} = f_u / 1.15$
			Q345 钢、Q390 钢、Q420 钢	$f_{ce} = f_u / 1.175$
焊缝	对接焊缝	抗压		$f_c^w = f$
		抗拉	焊缝质量为一级、二级	$f_t^w = f$
			焊缝质量为三级	$f_t^w = 0.85 f$
		抗剪		$f_v^w = f_v$
	角焊缝	抗拉、抗压和抗剪	Q235 钢	$f_f^w = 0.38 f_u$
			Q345 钢、Q390 钢、Q420 钢	$f_f^w = 0.41 f_u$
铆钉连接		抗剪	Ⅰ类孔	$f_v^r = 0.55 f_u^r$
			Ⅱ类孔	$f_v^r = 0.46 f_u^r$
		承压	Ⅰ类孔	$f_c^r = 1.20 f_u$
			Ⅱ类孔	$f_c^r = 0.98 f_u$
		拉脱		$f_t^r = 0.36 f_u^r$

续表 3

材料和连接种类			应力种类	换算关系
螺栓连接	普通螺栓	C 级螺栓	抗拉	$f_t^b = 0.42 f_u$
			抗剪	$f_v^b = 0.35 f_u$
			承压	$f_c^b = 0.82 f_u$
		A 级 B 级 螺栓	抗拉	$f_t^b = 0.42 f_u$ (5.6 级) $f_t^b = 0.50 f_u$ (8.8 级)
			抗剪	$f_v^b = 0.38 f_u$ (5.6 级) $f_v^b = 0.40 f_u$ (8.8 级)
			承压	$f_c^b = 1.08 f_u$
	承压型高强度螺栓		抗拉	$f_t^b = 0.48 f_u$
			抗剪	$f_v^b = 0.30 f_u$
			承压	$f_c^b = 1.26 f_u$
	锚栓		抗拉	$f_t^a = 0.38 f_u^b$
钢铸件			抗拉、抗压和抗弯	$f = 0.78 f_y$
			抗剪	$f_v = f/\sqrt{3}$
			端面承压(刨平顶紧)	$f_{ce} = 0.65 f_u$

注:1 f_y 为钢材或钢铸件的屈服点;f_u 为钢材或钢铸件的最小抗拉强度;f_u^r 为铆钉的抗拉强度;f_u^b 为螺栓的抗拉强度(对普通螺栓为公称抗拉强度,对高强度螺栓为最小抗拉强度);f_u^w 为熔敷金属的抗拉强度。

2 见条文说明 7.2.3 条第 3 款。

1)将钢材厚度扩大到 100mm,这是由于厚板使用日益广泛,同时亦与轴压稳定的 d 曲线相呼应,因 d 曲线用于 $t \geq 40$mm 的构件。但是厚板力学性能的统计资料尚不充分,在工程中使用时应注意厚板力学性能的复验。

2)焊缝强度设计值中,取消对接焊缝的"抗弯"强度设计值,这是因为抗弯中的受压部分属"抗压",受拉部分按"抗拉"强度设计值取用。另外,E50 型焊条熔敷金属的 $f_u^w = 490$N/mm² 已正好等于 Q390 钢的最小 f_u 值。按理 Q390 钢可用 E50 型焊条,但基于熔敷金属强度要略高于基本金属的原则,故规定 Q390 钢仍采用 E55 型焊条。Q420 钢的 $f_u = 520$N/mm²,用 E55 型焊条正合适。

表 3.4.1-3 注 2 是因为现行国家标准《钢焊缝手工超声波探伤方法和探伤结果分级》GB 11345—89 仅适用于厚度不小于 8mm 的钢材,施工单位亦认为厚度小于 8mm 的钢材,其对接焊缝用超声波检验的结果不大可靠。此时应采用 X 射线探伤,否则,$t < 8$mm 钢材的对接焊缝其强度设计值只能按三级焊缝采用。

3)普通螺栓由于钢号改变,C 级螺栓的 f_u 由 370N/mm² 改为 400N/mm²,其抗剪和抗拉强度设计值是参照前苏联 1981 年规范确定的。C 级螺栓的抗剪和承压强度设计值系指两个及以上螺栓的平均强度而言;当仅有一个螺栓时,其强度设计值可提高 10%。A 级与 B 级螺栓的等级(5.6 级与 8.8 级)及其抗剪和抗拉强度设计值(一个或多个螺栓)亦是参照前苏联 1981 年规范取用的。

表 3.4.1-4 注 1 是为了提醒使用人员注意,根据现行国家标准 GB/T 5782—2000 将 A 级和 B 级螺栓的适用范围补上的。

4)增加了承压型连接高强度螺栓的抗拉强度设计值,其取值方法与普通螺栓相同。

5)铆钉连接在现行国家标准《钢结构工程施工质量验收规范》GB 50205 中已无有关条文。鉴于在旧结构的修复工程中或有特殊需要处仍有可能遇到铆钉连接,故本规范予以保留。原规范(GBJ 17—88)在确定铆钉连接的承压强度 f_c^r 时,认为只与构件钢材强度有关,取 $f_c^r = 1.20 f_u$(Ⅰ类孔)或 $0.98 f_u$(Ⅱ类孔)了为了避免钉杆先于孔壁破坏,故承压强度只列出构件为 3 号钢和 16Mn 钢的值。考虑到现行钢材标准中 Q345 钢的 $f_u=470\text{N/mm}^2$,Q390 钢的 $f_u=490\text{N/mm}^2$,按此计算 Q390 钢Ⅰ类孔的 $f_c^b=590\text{N/mm}^2$,还小于原规范中 16Mn 钢($t\leqslant16\text{mm}$)的 $f_c^b=610\text{N/mm}^2$,故这次将 Q390 钢增加列入。

另外,表3.4.1中的数值是根据 BL2 铆钉($f_u^r=335\text{N/mm}^2$)算得的,BL3 铆钉($f_u^r=370\text{N/mm}^2$)虽然强度较高,但塑性较差,在工程中亦不常用,为安全计,将其强度设计值取与 BL2 铆钉相同。

有关铆钉孔的分类,因无新的规定,仍按原规范不变。

其中碳钢铸件的强度设计值,由于资料不足,近来未见新的科研成果,故仍按原规范不变。所引国家标准 GB/T 11352—89 中虽还有 ZG 340—640 的牌号,但因其塑性太差($\delta_5=10\%$),冲击功亦低($A_{kv}=10\text{J}$),故未列入。

3.4.2 第 3.4.1 条所规定的强度设计值是结构处于正常工作情况下求得的,对一些工作情况处于不利的结构构件或连接,其强度设计值应乘以相应的折减系数,兹说明如下:

1 单面连接的受压单角钢稳定性。实际上,单面连接的受压单角钢是双向压弯的构件。为计算简便起见,习惯上将其作为轴心受压构件来计算,并用折减系数以考虑双向压弯的影响。

近年来,根据开口薄壁杆件几何非线性理论,应用有限单元法,并考虑残余应力、初弯曲等初始缺陷的影响,对单面连接的单角钢进行弹塑性阶段的稳定分析。这一理论分析方法得到了一系列实验结果的验证,证明具有足够的精确性。根据这一方法,可以得到本规范条文中规定的折减系数,即:

等边角钢:$0.6+0.0015\lambda$,但不大于 1.0;
短边相连的不等边角钢:$0.5+0.0025\lambda$,但不大于 1.0;
长边相连的不等边角钢:0.70。

按上述规定的计算结果与理论值相比较见表 4。

表 4 单面连接单角钢压杆强度设计值折减系数与理论值的比较

	$\lambda=\left(\dfrac{0.9l}{i_{min}}\right)$	22	62	96	119	145	176	222
等边角钢	按双向压弯理论:$\dfrac{N_{理论}}{Af_y}$	0.584	0.520	0.408	0.334	0.260	0.200	0.140
	按本规范公式:$\dfrac{N_{本规范}}{Af_y}$	0.610	0.552	0.432	0.344	0.267	0.202	0.144
	$\dfrac{N_{本规范}}{N_{理论}}$	1.045	1.062	1.059	1.030	1.027	1.010	1.029
短边相连的不等边角钢	$\lambda=\left(\dfrac{0.9l}{i_{min}}\right)$	23.4	66	103	126	153	187	237
	按双向压弯理论:$\dfrac{N_{理论}}{Af_y}$	0.437	0.354	0.298	0.246	0.205	0.168	0.173
	按本规范公式:$\dfrac{N_{本规范}}{Af_y}$	0.527	0.405	0.340	0.290	0.239	0.191	0.131
	$\dfrac{N_{本规范}}{N_{理论}}$	1.206	1.40	0.833	1.179	1.166	0.735	0.757
长边相连的不等边角钢	$\lambda=\left(\dfrac{0.9l}{i_{min}}\right)$	12	47	66	103	126	153	237
	按双向压弯理论:$\dfrac{N_{理论}}{Af_y}$	0.752	0.580	0.470	0.312	0.252	0.198	0.090
	按本规范公式:$\dfrac{N_{本规范}}{Af_y}$	0.691	0.556	0.467	0.460	0.249	0.190	0.092
	$\dfrac{N_{本规范}}{N_{理论}}$	0.92	0.96	1.02	1.01	0.99	0.96	1.02

(有关单面连接的受压单角钢研究参见沈祖炎写的"单角钢压杆的稳定计算",载于《同济大学学报》,1982 年 3 月)。

2 无垫板的单面施焊对接焊缝。一般对接焊缝都要求两面施焊或单面施焊后再补焊根。若受条件限制只能单面施焊,则应将坡口处留足间隙并加垫板(对钢管的环形对接焊缝则加垫环)才容易保证焊满焊件的全厚度。当单面施焊不加垫板时,焊缝将不能保证焊满,其强度设计值应乘以折减系数 0.85。

3 施工条件较差的高空安装焊缝和铆钉连接。当安装的连接部位离开地面或楼面较高,而施工时又没有临时的平台或吊框设施等,施工条件较差,焊缝和铆钉连接的质量难以保证,故其强度设计值需乘以折减系数 0.90。

4 沉头和半沉头铆钉连接。沉头和半沉头铆钉与半圆头铆钉相比,其承载力较低,特别是其抵抗拉脱时的承载力较低,因而其强度设计值要乘以折减系数 0.80。

3.5 结构或构件变形的规定

3.5.1 钢结构的正常使用极限状态主要指影响正常使用或外观的变形和影响正常使用的振动。所谓正常使用系指设备的正常运行、装饰物与非结构构件不受损坏以及人的舒适感等。本条主要针对结构和构件变形的限值作出了相应的规定。一般结构在动力影响下发生的振动可以通过限制变形或杆件的长细比来控制;对有特殊要求者(如高层建筑或支承振动设备的结构等)应按专门规程进行设计。

附录 A 中所列的变形容许值是在原规范 GBJ 17—88 规定的基础上,根据国内的研究成果和国外规范的有关规定加以局部修改和补充而成。所规定的变形限值都是多年来实践经验的总结,是行之有效的。在一般情况下宜遵照执行,但众所周知,影响变形容许值的因素很多,有些很难定量,不像承载力计算那样有较明确的界限。国内外各规范、规程对同类构件变形容许值的规定亦不尽相同。国内亦有少数车间柱子水平侧移的计算值超出原规范的规定值而未影响正常使用者。因此,本条着重提出,当有实践经验或用户有特殊要求(如新的使用情况)时,可根据不影响正常使用和外观的原则进行适当地调整,欧洲钢规对此亦有类似的规定。

对原规范所列变形容许值的主要修改内容:

1 将吊车梁及吊车桁架的挠度容许值由过去习惯上考虑两台吊车改为按结构自重和起重量最大的一台吊车进行计算(详见"工业建筑"1991 年第 8 期"关于钢吊车梁设计中几个问题的探讨",赵熙元、吴志超)。

通过调查研究和实践证明,若按两台吊车考虑,原规范的规定值大体上是合适的。表 A.1.1 中提出的吊车梁挠度限值是根据不同吊车和不同跨度的吊车梁按一台吊车考虑并与按两台吊车计算时进行对比分析后换算而得的相应值。其中手动吊车时,因原规范的数值与日本及前苏联的规定(均按一台吊车考虑)相同,故未作改变。

2 在表 A.1.1 中分别列出了由全部荷载标准值产生的挠度(如有起拱应减去拱度)容许值$[v_T]$和由可变荷载标准值产生的挠度容许值$[v_Q]$,这是因为$[v_T]$主要反映观感而$[v_Q]$则主要反映使用条件。在一般情况下,当$[v_T]$大于$l/250$后将影响观瞻,故在项次 4 的楼(屋)盖梁或桁架和平台梁中分别规定了两种挠度容许值,具体数值是参照 Eurocode 3 1993 确定的。

表 A.1.1 中项次 5 的墙架构件是指围护结构(建筑物各面的围挡物,包括墙板及门窗)的支承构件,不属于围护结构。为避免误解,故特别注明计算时可不考虑《建筑结构荷载规范》GB 50009 中规定的阵风系数,而可按习惯取该处的风载体型系数为 1.0。

3 在框架结构的水平位移容许值中,参考 Eurocode 3 1993 和北美的经验,增加了在风荷载作用下无桥式吊车和有桥式吊车的单层框架(或排架)的柱顶水平位移限值。其中 Eurocode 没有说明荷载情况,为略偏于安全,仍按原规范的精神,统一规定为风荷载作用下的水平位移限值。

4 控制重级工作制厂房柱在吊车梁顶面处的横向变位(即保证厂房的刚度)是为了保证桥式吊车的正常运行,提高吊车及厂房结构的耐久性,避免外围结构的损坏,使操作人员在吊车运行中不致产生不适应的感觉等因素而确定的。

对原规范规定的重级工作制吊车的吊车梁或吊车桁架制动结构的水平挠度,以及设有重级工作制吊车的厂房柱,在吊车梁或吊车桁架的顶面标高处的计算变形值,国内有些单位认为规定偏严,希望适当放宽。由于上述内容牵涉面广,试验研究的工作量很大,目前很难确定定量,只能参照前苏联 1981 年钢结构设计规范的修改通知,缩小上述变形的验算范围,即仅限于冶金工厂及类似车间中设有 A7、A8 级吊车的跨间,才需进行上述横向变形的验算。但对于厂房柱的纵向位移，则凡设有重级工作制吊车（A6～A8级）的厂房均需进行验算。

3.5.2 由于孔洞对整个构件抗弯刚度的影响一般很小，故习惯上均按毛截面计算。

3.5.3 起拱的目的是为了改善外观和符合使用条件，因此起拱的大小应视实际需要而定，不能硬性规定单一的起拱值。例如，大跨度吊车梁的起拱度应与安装吊车轨道时的平直度要求相协调，位于飞机库大门上面的大跨度桁架的起拱度，应与大门顶部的吊挂条件相适应等等。但在一般情况下，起拱度可以用恒载标准值加1/2活载标准值所产生的挠度来表示。这是国内外习惯用的，亦是合理的。按照这个数值起拱，在全部荷载作用下构件的挠度将等于$\frac{1}{2}V_Q$，而可变荷载产生的挠度将围绕水平线在$\pm\frac{1}{2}V_Q$范围内变动。当然，用这个方法计算起拱度往往比较麻烦，有经验的设计人员可以参考某些技术资料用简化方法处理，例如对跨度$L\geq 15m$的三角形屋架和$L\geq 24m$的梯形或平行弦桁架，其起拱度可取为$L/500$。

4 受弯构件的计算

4.1 强度

4.1.1 计算梁的抗弯强度时，考虑截面部分发展塑性变形，因此在计算公式（4.1.1）中引进了截面部分塑性发展系数γ_x和γ_y。γ_x和γ_y的取值原则是：①使截面的塑性发展深度不致过大；②与第5章压弯构件的计算规定表5.2.1相衔接。双轴对称工字形组合截面梁对强轴弯曲时，全截面发展塑性时的截面塑性发展系数γ_u与截面的翼缘和腹板面积比b_1t_1/h_0t_w及梁高和翼缘厚度比h/t_1有关。当面积比为0.5和高厚比为100时，$\gamma_u=1.136$，当高厚比为50时，$\gamma_u=1.148$；当面积比为1，高厚比为100时，$\gamma_u=1.082$，当高厚比为50时，$\gamma_u=1.093$。现考虑部分发展塑性，取用$\gamma_x=1.05$，在面积比为0.5时，截面每侧的塑性发展深度约各为截面高度的11.3%；当面积比为1时，此深度约各为截面高度的22.6%。因此，当考虑截面部分发展塑性时，宜限制面积比$b_1t_1/h_0t_w<1$，使截面的塑性发展深度不致过大；同时为了保证翼缘不丧失局部稳定，受压翼缘自由外伸宽度与其厚度之比应不大于$13\sqrt{235/f_y}$。

原规范对梁抗弯强度的计算是否考虑截面塑性发展有两项附加规定：一是控制受压翼缘板的宽厚比，以免翼缘板沿纵向屈服后宽厚比太大可能在失去强度之前失去局部稳定，这项是必要的；二是规定直接承受动力荷载只能按弹性设计，这项似乎不够合理。世界上大多数国家的规范，并没有明确区分是否直接受动力荷载。国际标准化组织（ISO）的钢结构设计标准1985年版本对采用塑性设计作了两条规定：一是塑性设计不能用于出现交变塑性，即相继出现受拉屈服和受压屈服的情况；二是对承受行动荷载的结构，设计荷载不能超过安定荷载。所谓安定，是指结构不会由于塑性变形的逐渐积累而破坏，也不会因为交替发生受拉屈服和受压屈服使材料产生低周疲劳破坏。对通常承受动力荷载的梁来说，不会出现交变应力。而且荷载达到最大值后卸载，只要以后的荷载不超过最大荷载，梁就会弹性地工作，无塑性变形积累问题，因而总是安定的。直接承受动力荷载的梁也可以考虑塑性发展，但为了可靠，对需要计算疲劳的梁还是以不考虑截面塑性发展为宜。因此现将梁抗弯强度计算不考虑塑性发展的范围由"直接承受动力荷载"缩小为"需要计算疲劳"的梁。

考虑腹板屈曲后强度时，腹板弯曲受压区已部分退出工作，其抗弯强度另有计算方法，故本条注明"考虑腹板屈曲后强度者参见本规范第4.4.1条"。

4.1.2 考虑腹板屈曲后强度的梁，其抗剪承载力有较大的提高，不受公式（4.1.2）的抗剪强度计算控制，故本条也提出"考虑腹板屈曲后强度者参见本规范第4.4.1条"。

4.1.3 计算腹板计算高度边缘的局部承压强度时，集中荷载的分布长度l_z，参考国内外其他设计标准的规定，将集中荷载未通过轨道传递时改为$l_z=a+5h_y$，通过轨道传递时改为$l_z=a+5h_y+2h_R$。

4.1.4 验算折算应力的公式（4.1.4-1）是根据能量强度理论保证钢材在复杂受力状态下处于弹性状态的条件。考虑到需验算折算应力的部位只是梁的局部区域，故公式中取β_1为大于1的系数。当σ和σ_c同号时，其塑性变形能力低于σ和σ_c异号时的数值，因此对前者取$\beta_1=1.1$，而对后者取$\beta_1=1.2$。

4.2 整体稳定

4.2.1 钢梁整体失去稳定性时，梁将发生较大的侧向弯曲和扭转变形，因此为了提高梁的稳定承载能力，任何钢梁在其端部支承处都应采取构造措施，以防止其端部截面的扭转。当有铺板密铺在梁的受压翼缘上并与其牢固相连、能阻止受压翼缘的侧向位移时，梁就不会丧失整体稳定，因此也不必计算梁的整体稳定性。

对H型钢或等截面工字形简支梁不需验算整体稳定时的最大l_1/b_1值，影响因素很多，例如荷载类型及其在截面上的作用点高度、截面各部分的尺寸比例等都将对l_1/b_1值有影响，为了便于应用，并力求简单，因此表4.2.1中所列数值带有一定的近似性。该表中数值系根据双轴对称截面工字形简支梁当$\varphi_b=2.5$（相应于$\varphi_b'=0.95$）时导出，认为当$\varphi_b=2.5$时，梁的截面将由强度条件控制而不是由稳定条件控制。根据工程实际中可能遇到的截面各部分最不利尺寸比值，由附录B的有关公式分别导出最大的l_1/b_1值。对跨中无侧向支承点的梁，应按满跨均布荷载计算；对跨中有侧向支承点的梁，按纯弯曲计算，并将其临界弯矩乘以增大系数1.2。

4.2.2 对附录B中的整体稳定系数φ_b和φ_b'说明如下：

B.1 H型钢或等截面工字形简支梁的稳定系数：

梁的整体稳定系数φ_b为临界应力与钢材屈服点的比值。影响临界应力的因素极多，主要的因素有：①截面形状及其尺寸比值；②荷载类型及其在截面上的作用点位置；③跨中有无侧向支承和端部支承的约束情况；④初始变形、加载偏心和残余应力等初始缺陷；⑤各截面塑性变形发展情况；⑥钢材性能等。而实际工程中所遇到的情况是多种多样的，规范中不可能全部包括，附录B中所列整体稳定系数导自一些典型情况。使用本规范时应按最接近的采用。

本节条文中选用的典型荷载为满跨均布荷载和跨度中点一个集中荷载，分别考虑荷载作用在梁的上翼缘或下翼缘，以及梁端承受不同端弯矩等五种情况。还考虑了跨中无侧向支承和有侧向支承两种支承情况。典型截面形状为双轴对称工字形截面、热轧H型钢、加强受压翼缘的单轴对称工字形截面和加强受拉翼缘的单轴对称工字形截面等几种情况。实际梁中存在的初始缺陷是降低梁整体稳定的临界应力，根据数值分析，在弹性阶段时，残余应力影响很小，而初始变形和加载偏心有一定影响，但没有非弹性阶段显著。由于考虑初始缺陷影响将使弹性阶段整体稳定系数计算更加繁冗，不便应用。因此，在按弹性阶段计算的整体稳定系数φ_b中未考虑初始缺陷影响，同时也不考虑实际梁端支承必然存在的或多或少的约束作用，一律按简支端考虑来适当补偿初始缺陷的不利影响。

1 弹性阶段整体稳定系数φ_b。根据弹性稳定理论，在最大刚度主平面内受弯的单轴对称截面简支梁的临界弯矩和整体稳定系数（图3）为：

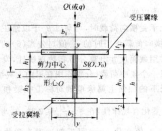

图3 单轴对称工字形截面

$$M_{cr}=\beta_1\frac{\pi^2 EI_y}{l^2}\left[\beta_2 a+\beta_3 B_y+\sqrt{(\beta_2 a+\beta_3 B_y)^2+\frac{I_\omega}{I_y}\left(1+\frac{l^2 GJ}{\pi^2 EI_\omega}\right)}\right] \quad (1)$$

$$\varphi_b=\frac{M_{cr}}{W_x f_y} \quad (2)$$

$$B_y=\frac{1}{2I_x}\int_A y(x^2+y^2)\mathrm{d}A-y_0 \quad (3)$$

式中 EI_y、GJ、EI_ω——分别为截面的侧向抗弯刚度、自由扭转刚度和翘曲刚度;

β_1、β_2、β_3——系数,随荷载类型而异,其值见表5;

y_0——剪力中心的纵坐标,$y_0=-\frac{I_1 h_1-I_2 h_2}{I_y}$;

I_1、I_2——分别为受压翼缘和受拉翼缘对 y 轴的惯性矩;

a——集中荷载 Q 或均布荷载 q 在截面上的作用点 B 的纵坐标与剪力中心 S 纵坐标的差值。

表5 不同荷载类型的 β_1、β_2、β_3

荷载类型	β_1	β_2	β_3
跨度中点集中荷载	1.35	0.55	0.40
满跨均布荷载	1.13	0.46	0.53
纯弯曲	1.00		

公式(1)计算较繁,不便于应用,本条文对此式进行如下简化:

1)选取纯弯曲时的公式(1)作为基本情况,并作了两点简化假定:

a. 在常用截面尺寸时,截面不对称影响系数公式(3)中的积分项与 y_0 相比,数值不大,因此取用:

$$B_y\approx -y_0\approx\frac{h}{2}\cdot\frac{I_1-I_2}{I_y}=\frac{h}{2}(2\alpha_b-1)=0.5\eta_b h \quad (4)$$

式中 $\alpha_b=\frac{I_1}{I_1+I_2}=\frac{I_1}{I_y}$

$\eta_b=2\alpha_b-1=\frac{I_1-I_2}{I_y}$

根据数值分析,对加强受压翼缘的单轴对称工字形截面,$B_y\approx 0.4\alpha_b h$,因此在本条文中对这种截面改用了 $\eta_b=0.8(2\alpha_b-1)$。

b. 对截面的自由扭转惯性矩作如下简化:

$$J=\frac{1.25}{3}(b_1 t_1^3+b_2 t_2^3+h_0 t_w^3)\approx\frac{1}{3}(b_1 t_1+b_2 t_2+h_0 t_w)t_1^2$$

$$=\frac{1}{3}A t_1^2 \quad (5)$$

式中 A——梁的截面面积;
t_1——受压翼缘的厚度。

上式的简化可看作取 $t_1=t_2=t_w$。通常的梁截面中受压翼缘厚度 t_1 常为最大,即 $t_1\geq t_2\geq t_w$,今取三者相等将使 J 值加大,于是取消系数1.25作为补偿以减小误差。

将公式(4)、公式(5)和 $I_\omega=\frac{I_1 I_2}{I_y}h^2=\alpha_b(1-\alpha_b)I_y h^2$ 及Q235钢的 $f_y=235\text{N/mm}^2$、$E=206\times 10^3\text{N/mm}^2$ 和 $G=79\times 10^3\text{N/mm}^2$ 代入公式(1),即可求得纯弯曲时的整体稳定系数为:

$$\varphi_b=\frac{4320}{\lambda_y^2}\cdot\frac{Ah}{W_x}\left[\sqrt{1+\left(\frac{\lambda_y t_1}{4.4h}\right)^2}+\eta_b\right] \quad (6)$$

式中 λ_y——梁对 y 轴的长细比。当采用其他钢材时,可乘以 $\frac{235}{f_y}$ 予以修正。

2)当梁上承受横向荷载时,可乘以 β_b 予以修正。β_b 为根据公式(1)求得的横向荷载作用时的 φ_b 值与公式(6)的 φ_b 值的比值。根据较多的常用截面尺寸电算分析和数理统计,发现满跨均布荷载和跨度中点一个集中荷载(分别作用在梁的上翼缘和下翼缘)等四种荷载情况下的加强上翼缘单轴对称工字梁和双轴对称工字梁,比值 β_b 的变化有规律性,在 $\xi=\frac{lt_1}{b_1 h}\leq 2$ 时,β_b 与 ξ 间有线性关系,在 $\xi>2$ 时,β_b 值变化不大,可近似地取为常数,如图4所示。

对不同截面,随着 $\alpha_b=\frac{I_1}{I_1+I_2}$ 的变化,图4中的 β_b 方程也将不同。规范附录B表B.1中项次1~4所给出的 β_b 式是通过大量计算分析后所取用的平均值。

通过对1694条不同截面尺寸和跨度的梁的整体稳定系数 φ_b 的计算,与理论公式(1)相比,误差均在±5%以内(详细情况可参见卢献荣、夏志斌写的"验算钢梁整体稳定的简化方法",载于全国钢结构标准技术委员会编写的《钢结构研究论文报告选集》第二册)。

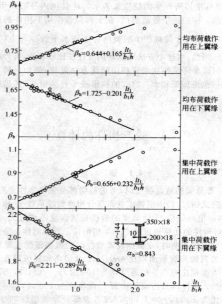

图4 $\beta_b-\frac{lt_1}{b_1 h}$ 拟合直线($\alpha_b=0.843$)

对跨中有侧向支承的梁,其整体稳定系数 φ_b 按跨中有等间距的侧向支承点数目、荷载类型及其在截面上的作用点位置,分别用能量法求出各种情况下梁的 φ_b 和相应情况下承受纯弯曲的 φ_b,前者和后者的比值取为 β_b。不同 α_b 时的比值见表6,然后选用适当的比值作为表B.1中第5~9项的 β_b 值,适用于任何单轴对称和双轴对称工字形截面。在推导 β_b 时,假定侧向支承点处梁截面无侧向转动和侧向位移。

表6 有侧向支承点时 φ_b 的提高系数 β_b

跨间侧向支点数目	荷载形式及作用位置		当 $\alpha_b=I_1/(I_1+I_2)$ 等于						采用值
			1.00	0.95	0.80	0.50	0.05	0.00	
一个	集中荷载	上翼缘	1.769	1.785	1.823	1.881	1.932	1.985	1.75
		下翼缘							
	均布荷载	上翼缘	1.136	1.146	1.166	1.173	1.145	1.126	1.15
		下翼缘	1.590	1.476	1.424	1.407	1.464	1.566	1.40
两个	集中荷载	上翼缘	1.182	1.298	1.382	1.553	1.771	1.853	1.20
		下翼缘	1.500	1.542	1.568	1.731	2.016	2.271	1.40
	均布荷载	上翼缘	1.205	1.220	1.251	1.286	1.320	1.327	1.20
		下翼缘	1.414	1.404	1.399	1.405	1.477	1.543	1.40
三个	集中荷载	上翼缘	1.560	1.589	1.660	1.811	1.960	1.970	1.20
		下翼缘							1.40
	均布荷载	上翼缘	1.220	1.236	1.273	1.321	1.384	1.347	1.20
		下翼缘	1.339	1.348	1.571	1.393	1.480	1.440	1.40

当跨中无侧向支承的梁两端承受不等弯矩作用时,可直接应用Salvadori建议的修正系数公式(详见 M. G. Salvadori, "Lateral Buckling of Eccentrically Loaded I-Columns",《Trans. ASCE》, Vol. 121, 1956),即表B.1中第10项的 β_b,亦即:

$$\beta_b=1.75-1.05\left(\frac{M_2}{M_1}\right)+0.3\left(\frac{M_2}{M_1}\right)^2\leq 2.3 \quad (7)$$

2 非弹性阶段整体稳定系数 φ_b。所有上述公式的推导都是假定梁处于弹性工作阶段，而大量中等跨度的梁整体失稳时往往处于弹塑性工作阶段。在焊接梁中，由于焊接残余应力很大，一开始加荷，梁实际上也就进入弹塑性工作阶段，因此附录 B 中又规定当按公式(B.1-1)算得的 φ_b 大于 0.6 时，应按公式 B.1-2 计算相应的弹塑性阶段的整体稳定系数 φ'_b 来代替 φ_b 值，这是因为梁在弹塑性工作阶段的整体稳定临界应力将有明显降低之故。所列出的弹塑性整体稳定系数 φ'_b 曲线，见图 5。

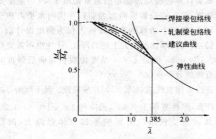

图 5 建议曲线和包络线

图 5 是根据双轴对称焊接和轧制工字形截面简支梁承受纯弯曲的理论和试验研究得出的，研究中考虑了包括初弯曲、加载初偏心和残余应力等初始缺陷的等效残余应力的影响，所提曲线可用于规范附录图 B.1 中所示的几种截面。根据纯弯曲所得的 φ'_b，用于跨间有横向荷载的情况，结果将偏于安全方面。$\varphi_b>0.6$ 时需用 φ'_b 代替，这是因为所得的非弹性 φ'_b 曲线刚好在 $\varphi_b=0.6$ 时与弹性的 φ_b 曲线相交，使 $\varphi_b=0.6$ 成为弹性与非弹性整体稳定的分界点，不能简单理解为钢材的比例极限等于 $0.6f_y$（有关焊梁的非弹性整体稳定问题的研究可参见张显杰、夏志斌编写的"钢梁屈曲试验的计算机模拟"，载于全国钢结构标准技术委员会编的《钢结构研究论文报告选集》第二册和夏志斌、潘有昌、张显杰编写的"焊接工字钢梁的非弹性侧扭屈曲"，载于《浙江大学学报》，1985 年增刊）。

还需指出，$\varphi_b>0.6$ 时采用的 φ'_b 原为 $\varphi'_b=1.1-\dfrac{0.4646}{\varphi_b}+\dfrac{0.1269}{\varphi_b^{1.5}}$，现根据武汉水电学院的建议，与薄钢规范协调，改为 $\varphi'_b=1.07-0.282/\varphi_b$，两者计算结果误差在 3.5% 以下。

用于梁的 H 型钢多为窄翼缘型（HN 型），其翼缘的内外边缘平行。它是成品钢材，比焊接工字钢节省制造工作量且降低残余应力和残余变形；比内翼缘有斜坡的轧制普通工字钢截面抗弯效能高，且易于与其他构件连接，是一种值得大力推广应用的钢材。由于其截面形式与双轴对称的焊接工字形截面相同，故可按公式(B.1-1)计算其稳定系数 φ_b。

B.2 轧制普通工字钢简支梁的稳定系数：

轧制普通工字钢虽属于双轴对称截面，但其简支梁的 φ_b 不能按附录 B 中公式(B.1-1)计算。因轧制工字钢的内翼缘有斜坡，翼缘与腹板交接处有圆角，其截面特性不能按三块钢板的组合工字形截面同样计算，否则误差较大。附录 B 中表 B.2 已直接给出按梁的自由长度、荷载情况和工字钢型号，可直接查用。表中数值系按理论公式算出后适当归并，既使表格不致分过庞大以便于应用，又使因此引起的误差不致过大。

B.3 轧制槽钢简支梁的稳定系数：

槽钢截面是单轴对称截面，若横向荷载不通过槽钢简支梁的剪力中心轴，一受荷载，梁即发生扭转和弯曲，因此其整体稳定系数 φ_b 较难精确计算。由于槽钢截面不是梁的主要截面形式，因此附录 B 中对其 φ_b 的计算采用近似公式。按纯弯曲一种荷载情况来考虑实际上可能遇到的其他荷载情况，同时再将纯弯曲临界应力公式加以简化。

纯弯曲时槽钢简支梁的临界应力理论公式为：

$$f_{cr}=\dfrac{\pi}{lW_x}\sqrt{EI_yGJ}\cdot\sqrt{1+\dfrac{\pi^2EI_\omega}{l^2GJ}} \qquad(8)$$

上式第二个根号内 $\pi^2EI_\omega/(l^2GJ)$ 值与 1 相比，其值甚小，可略去不计，则得：

$$f_{cr}=\dfrac{\pi}{lW_x}\sqrt{EI_yGJ}$$

再采用下列近似简化和替代：

$$I_y=\dfrac{1}{6}tb^3;\quad I_x=bt\dfrac{h^2}{2};\quad W_x=bth;\quad J=\dfrac{2}{3}bt^3$$

并取 $f_y=235\text{N/mm}^2$，$E=206\times10^3\text{N/mm}^2$，$G=79\times10^3\text{N/mm}^2$，代入 $\varphi_b=f_{cr}/f_y$，即得附录 B 中公式(B.3)。当不是 Q235 钢时，公式末尾再乘以 $235/f_y$。

B.4 双轴对称工字形等截面悬臂梁的稳定系数：

其公式来源与焊接工字形等截面简支梁相同。

B.5 受弯构件整体稳定系数的近似计算：

所列近似公式仅适用于侧向长细比 $\lambda_y\leqslant 120\sqrt{235/f_y}$ 时受纯弯曲的受弯构件。公式(B.5-1)和公式(B.5-2)系导自公式(B.1-1)。由于长细比小的受弯构件，都处于非弹性工作阶段屈曲，所算得的 φ_b 误差即使较大，经换算成 φ'_b 后，误差就大大减小，因此有条件写出公式(B.5-1)和公式(B.5-2)。

适用于 T 形截面的近似公式，是在选定典型截面后直接按非弹性屈曲求得各长细比下的 φ'_b 后经整理得出。焊接 T 形截面的典型截面是翼缘的宽厚比 $b_1/t=20$，腹板的高厚比 $h_w/t_w=18$；双角钢 T 形截面采用两个等边角钢。分析时考虑了残余应力的影响。

由于 T 形截面的中和轴接近翼缘板，当弯矩的方向使翼缘受压时，受压翼缘的弯曲应力到达临界应力前，腹板下端的受拉区早已进入塑性，因而其 φ'_b 值一般较低。当弯矩方向使翼缘受拉时则相反，φ'_b 值一般较大，在保证受压腹板局部稳定的前提下 φ'_b 值接近 1.0。

由于一般情况下，梁的侧向长细比都大于 $120\sqrt{235/f_y}$，本节所列近似公式主要将用于压弯构件的平面外稳定验算，使压弯构件的验算可以简单些。

4.2.3 在两个主平面内受弯的构件，其整体稳定性计算很复杂，本条所列公式(4.2.3)是一个经验公式。1978 年国内曾进行过少数几根双向受弯梁的荷载试验，分三组共 7 根，包括热轧工字钢 I 18 和 I 24a 与一组单轴对称加强上翼缘的焊接工字梁。每组梁中 1 根为单向受弯，其余 1 根或 2 根为双向受弯（最大刚度平面内受纯弯和跨度中点上翼缘处受一水平集中力）以资对比。试验结果表明，双向受弯梁的破坏荷载都比单向低，三组梁破坏荷载的比值各为 0.91、0.90 和 0.88。双向受弯梁跨度中点上翼缘的水平位移和跨度中点截面扭转角也都远大于单向受弯梁。

用上述少数试验结果验证本条公式(4.2.3)，证明是可行的。公式左边第二项分母中引进绕弱轴的截面塑性发展系数 γ_y，并不意味绕弱轴弯曲出现塑性，而是适当降低第二项的影响，并使公式与本章(4.1.1)式和(4.2.2)式形式上相协调。

4.2.4 对箱形截面简支梁，本条直接给出了其应满足的最大 h/b_0 和 l_1/b_0 比值。满足了这些比值，梁的整体稳定性就得到保证，因此在本规范附录 B 中就不需要给出求箱形截面梁整体稳定系数 φ_b 的公式。由于箱形截面的抗侧向弯曲刚度和抗扭转刚度远远大于工字形截面，整体稳定性很强，本条规定的 h/b_0 和 l_1/b_0 值很易得到满足（有关单轴对称箱形简支梁整体稳定性问题的研究可参见潘有昌写的"单轴对称箱形简支梁的整体稳定性"，载于全国钢结构标准技术委员会编的《钢结构研究论文报告选集》第二册）。

4.2.5 将对"梁的支座处，应采取构造措施，以防止梁端截面的扭转"的要求由"注"改为独立条文，以表示其重要性。

4.2.6 原规范把减小梁受压翼缘自由长度的侧向支撑力取为将翼缘视为压杆的偶然剪力，在概念上欠妥。现改为"其支撑力应将梁的受压翼缘视为轴心压杆按 5.1.7 条计算"。具体计算公式及来源见 5.1.7 条及其说明。

4.3 局部稳定

本节对梁腹板局部稳定计算有较大变动,主要是：

1 对原来按无限弹性计算的腹板各项临界应力作了弹塑性修正；

2 修改了设置横向加劲肋的区格在几种应力共同作用下的临界条件；

3 无局部压应力且承受静力荷载的工字形截面梁推荐按新增的 4.4 节利用腹板屈曲后强度。

4 对轻、中级工作制吊车梁,为了适当考虑腹板局部屈曲后强度的有利影响,故吊车轮压设计值可乘以折减系数 0.9。

4.3.2 需要配置纵向加劲肋的腹板高厚比,由原来硬性规定的界限值改为根据计算需要配置。但仍然给出高厚比的限值,并按梁受压翼缘扭转受到约束与否分为两档,即：$170\sqrt{235/f_y}$ 和 $150\sqrt{235/f_y}$；还增加了在任何情况下高厚比不应超过 250 的规定,以免高厚比过大时产生焊接翘曲。

4.3.3 多种应力作用下原用的临界条件公式来源于完全弹性条件。新的公式(4.3.3-1)参考了澳大利亚规范等资料,适合于弹塑性修正后的临界应力。

单项临界应力 σ_{cr}、τ_{cr}、$\sigma_{c,cr}$ 各有三个计算公式,如 σ_{cr} 为(4.3.3-2a、b、c)三个式子(图 6)。其中第一个为临界应力等于强度设计值；第三个为完全弹性的临界应力,而第二个则为弹性屈曲到屈服之间的过渡。虽然三个公式在形式上以钢材强度设计值 f(或 f_v)为准,但第三个式子的 f(或 f_v)乘以 1.1 后相当于 f_y(或 f_{vy}),亦即不计抗力分项系数。弹性和非弹性范围区别对待的原因,是当板处于弹性范围时存在较大的屈曲后强度,安全系数可以小一些,只保留荷载分项系数就够了。早在编制 TJ 17—74 规范时,一般安全系数为 1.41,而腹板稳定的安全系数为 1.25,相当于前者的 1/1.13。第三个式子采用系数 1.1,才能使本规范的弹性临界应力不低于 74 和 88 规范。

公式采用国际上通行的表达方式,即以通用高厚比(正则化宽厚比)：

$$\lambda_b = \sqrt{f_y/\sigma_{cr}}, \text{或 } \lambda_s = \sqrt{f_{vy}/\tau_{cr}}$$

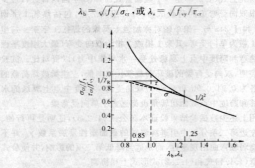

图 6 临界应力与通用高厚比关系曲线

作为参数使同一公式通用于各个牌号的钢材。它和压杆稳定计算的 $\lambda_n = \frac{\lambda}{\pi}\sqrt{f_y/E}$ 具有同样性质。以弯曲正应力为例,在弹性范围临界应力即为 $\sigma_{cr} = f_y/\lambda^2$,用强度设计值表达,可取 $\sigma_{cr} = 1.1 f/\lambda^2$。把临界应力

$$\sigma_{cr} = \frac{\chi k \pi^2 E}{12(1-\nu^2)}\left(\frac{t_w}{h_0}\right)^2$$

代入,并取 $E=206000 \text{N/mm}^2, \nu=0.3$,则：

$$\lambda = \frac{h_0/t_w}{28.1\sqrt{\chi k}}\sqrt{\frac{f_y}{235}} \tag{9}$$

对于受弯腹板,$k=23.9$,并取嵌固系数 $\chi=1.66$ 和 1.23(分别

当于梁翼缘扭转受约束和未受约束),代替原来的单一系数 1.61,得：

$$\lambda_b = \frac{h_0/t_w}{177}\sqrt{\frac{f_y}{235}} \text{ 和 } \lambda_b = \frac{h_0/t_w}{153}\sqrt{\frac{f_y}{235}}$$

对没有缺陷的板,当 $\lambda_b=1$ 时临界应力等于屈服点。考虑残余应力和几何缺陷影响,取 $\lambda_b = 0.85$ 为弹塑性修正的上起始点,相应的高厚比为：

$$h_0/t_w = 150\sqrt{235/f_y} \text{ 和 } h_0/t_w = 130\sqrt{235/f_y}$$

此高厚比 4.3.2 条是否需要设置纵向加劲肋的高厚比限值小。这是由于需要计算腹板局部稳定的通常是吊车梁(一般梁推荐利用屈曲后强度,可不必设置纵向加劲肋),在横向水平力和竖向荷载共同作用下,腹板上边缘的弯曲压力仅为强度设计值 f 的 $0.8\sim0.85$ 倍,腹板高厚比未达到上述高厚比,往往也不需要设置纵向加劲肋。$\lambda_b = 0.85$ 也是 4.4.1 条考虑腹板屈曲后强度时截面是否全部有效的分界点。

弹塑性过渡段采用直线式(4.3.3-2b)比较简便。其下起始点参照梁整体稳定计算,弹性界限为 $0.6f_y$,相应的 $\lambda = \sqrt{1/0.6}=1.29$。考虑到腹板局部屈曲受残余应力影响不如整体屈曲大,故取 $\lambda_b = 1.25$。

腹板在弯矩作用下屈曲,是压应力引起的。因此,对单轴对称的工字形截面梁,在计算 λ_b 时以 $2h_c$ 代替 h_0。

τ_{cr}、$\sigma_{c,cr}$ 情况和 σ_{cr} 类似,但单轴对称截面仍以 h_0 为准。这两个临界应力的计算公式中,嵌固系数也保留原规范的数值,故不区分受压翼缘扭转是否受到约束。

4.3.4 有纵向加劲肋时,多种应力作用下的临界条件也有改变。受拉翼缘和纵向加劲肋之间的区格,相关公式和仅设横向加劲肋者形式上相同,而受压翼缘和纵向加劲肋之间的区格则在原公式的基础上对局部压应力项加上平方。这一区格的特点是高度比宽度小很多,σ_c 和 σ(或 τ)的相关曲线上凸得比较显著。单项临界应力的计算公式都和仅设横向加劲肋时一样,只是由于屈曲系数不同,通用高厚比的计算公式有些变化。

在公式(9)中,代入屈曲系数 $k=5.13$,并取 $\chi=1.4$ 和 1.0(分别相当于翼缘扭转受到约束和未受约束),即得 λ_{b1} 计算式[规范公式(4.3.4-2a、b)]中分母

$$28.1\sqrt{k\chi} = 75 \text{ 和 } 64$$

代入 $k=47.6$ 和 $\chi=1.0$,则得 λ_{b2} 表达式[规范公式(4.3.4-5)]中分母

$$28.1\sqrt{47.6} = 194$$

对局部横向压应力作用下,原规范对板段 II 中 $\sigma_{c,cr2}$ 的计算公式(附 2.12)与仅有横向肋时的 $\sigma_{c,cr}$ 计算公式(附 2.3)形式一致,只是区格高度不同。因此,修改后的 $\sigma_{c,cr2}$ 也采用与 $\sigma_{c,cr}$ 相同的计算公式,但把 h_0 改为 h_2。但原规范对板段 I 中 $\sigma_{c,cr1}$ 的计算公式和仅有横向肋时 $\sigma_{c,cr}$ 的计算公式没有联系且比较复杂,算得的结果都大于屈服点,需要另觅计算公式。由于区格 I 宽高比常在 4 以上,宜作为上下两边支承的均匀受压板看待,取腹板有效宽度为 h_1 的 2 倍。当受压翼缘扭转未受到约束时,上下两端均视为铰支,计算长度为 h_1；扭转受到完全约束时,则计算长度取 $0.7h_1$。规范公式(4.3.4-3a、b)就是这样得出的。

4.3.5 在受压翼缘与纵向加劲肋之间设置短加劲肋使腹板上部区格宽度减小,对弯曲压应力的临界值并无影响。对剪应力的临界值虽有影响,仍可用仅设横向加劲肋的临界应力公式计算。计算时以区格高度 h_1 和宽度 a_1 代替 h_0 和 a。影响最大的是横向局部压应力的临界值,需要用式(4.3.5)代替(4.3.4-3)来计算 σ_{c1},原因是仅设纵向加劲肋时,腹板区格为一窄条,接近两边支承板,而设置短加劲肋后成为四边支承板,压应力临界值得到提高。当 $a_1/h_1 \leq 1.2$ 时,式(9)中的 k 可取常数 6.8；当 $a_1/h_1 > 1.2$ 时,则 k 呈直线变化。χ 系数按受压翼缘扭转有无约束分别取 1.4

和1.0。

4.3.6 为使梁的整体受力不致产生人为的侧向偏心，加劲肋最好两侧成对配置。但考虑到有些构件不得不在腹板一侧配置横向加劲肋的情况（见图7），故本条增加了一侧配置横向加劲肋的规定。其外伸宽度应大于按公式(4.3.6-1)算得值的1.2倍，厚度应大于其外伸宽度的1/15。其理由如下：

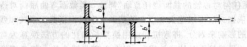

图7 横向加劲肋的配置方式

钢板横向加劲肋成对配置时，其对腹板水平轴($z-z$轴)的惯性矩 I_z 为：

$$I_z \approx \frac{1}{12}(2b_s)^3 t_s = \frac{2}{3}b_s^3 t_s$$

一侧配置时，其惯性矩为：

$$I_z' \approx \frac{1}{12}(b_s')^3 t_s' + b_s' t_s' \left(\frac{b_s'}{2}\right)^2 = \frac{1}{3}(b_s')^3 t_s'$$

两者的线刚度相等，才能使加劲效果相同。即：

$$\frac{I_z}{h_0} = \frac{I_z'}{h_0}$$

$$(b_s')^3 t_s' = 2 b_s^3 t_s$$

取：

$$t_s' = \frac{1}{15} b_s'$$

$$t_s = \frac{1}{15} b_s$$

则：

$$(b_s')^4 = 2 b_s^4$$

$$b_s' = 1.2 b_s$$

纵向加劲肋截面对腹板竖直轴线的惯性矩，本规范规定了分界线 $a/h_0 = 0.85$。当 $a/h_0 \leq 0.85$ 时，用公式(4.3.6-4a)计算；当 $a/h_0 > 0.85$ 时，用公式(4.3.6-4b)计算。

对短加劲肋外伸宽度及其厚度均提出规定，其根据是要求短加劲肋的线刚度等于横向加劲肋的线刚度。即：

$$\frac{I_z}{h_0} = \frac{I_{zs}}{h_1}$$

$$\frac{2b_s^3 t_s}{3 h_0} = \frac{2 b_{ss}^3 t_{ss}}{3 h_1}$$

取 $t_{ss} = \frac{b_{ss}}{15}$，$t_s = \frac{b_s}{15}$，$\frac{h_1}{h_0} = \frac{1}{4}$

得：$b_{ss} = 0.7 b_s$

故规定短加劲肋外伸宽度为横向加劲肋外伸宽度的 $0.7 \sim 1.0$ 倍。

本条还规定了短加劲肋最小间距为 $0.75 h_1$，这是根据 $a/h_2 = 1/2$，$h_2 = 3h_1$，$a_1 = a/2$ 等常用边长之比的情况导出的。

4.3.8 明确受压翼缘外伸宽厚比分为两档，以便和4.1.1条相配合。

4.4 组合梁腹板考虑屈曲后强度的计算

本节条款暂不适用于吊车梁，原因是多次反复屈曲可能导致腹板边缘出现疲劳裂纹。有关资料还不充分。

利用腹板屈曲后强度，一般不再考虑设置纵向加劲肋。对Q235钢来说，受压翼缘扭转受到约束的梁，当腹板高厚比达到200时(或受压翼缘扭转未受约束的梁，当腹板高厚比达到175时)，抗弯承载力与按全截面有效的梁相比，仅下降5%以内。

4.4.1 工字形截面梁考虑腹板屈曲后强度，包括单纯受弯、单纯受剪和弯剪共同作用三种情况。就腹板强度而言，当边缘正应力达到屈服点时，还可承受剪力 $0.6 V_u$。弯剪联合作用下的屈曲后强度与此有些类似，剪力不超过 $0.5 V_u$ 时，腹板抗弯屈曲后强度不下降。相关公式和欧洲规范EC 3相同。

梁腹板受弯屈曲后强度的计算是利用有效截面的概念。腹板受压区有效高度系数 ρ 和局部稳定计算一样以通用高厚比作为参数。ρ 值也分为三个区段，分界点和局部稳定计算相同。梁截面模量的折减系数 α_e 的计算公式是按截面塑性发展系数 $\gamma_x = 1$ 得出的偏安全的近似公式，也可用于 $\gamma_x = 1.05$ 的情况。如图8所示，忽略腹板受压屈曲后梁中和轴的变动，并把受压区的有效高度 ρh_c 等分在两边，同时在受拉区也和受压区一样扣去 $(1-\rho)h_c t_w$。在计算腹板有效截面的惯性矩时不计扣除截面绕自身形心轴的惯性矩。算得梁的有效截面惯性矩为：

$$I_{xe} = \alpha_e I_x$$

$$\alpha_e = 1 - \frac{(1-\rho) h_c^3 t_w}{2 I_x}$$

此式虽由双轴对称工字形截面得出，也可用于单轴对称工字形截面。

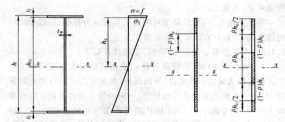

图8 梁截面模量折减系数简化计算简图

梁腹板受剪屈曲后强度计算是利用拉力场概念。腹板的极限剪力大于屈曲剪力。精确确定拉力场剪力值需要算出拉力场宽度，比较复杂。为简化计算，条文采用相当于下限的近似公式。极限剪力计算也以相应的通用高厚比 λ_n 为参数。计算 λ_n 时保留了原来采用的嵌固系数1.23。拉力场剪力值参考了欧盟规范的"简单屈曲后方法"。但是，由于拉力带还有弯曲应力，把欧盟的拉力场乘以0.8。欧盟不计嵌固系数，极限剪应力并不比我们采用的高。

4.4.2 当利用腹板受剪屈曲后强度时，拉力场对横向加劲肋的作用可以分成竖向和水平两个分力。对中间加劲肋来说，可以认为两相邻区格的水平力由翼缘承受。因此，这类加劲肋只按轴心压力计算其在腹板平面外的稳定。

对于支座加劲肋，当和它相邻的区格利用屈曲后强度时，则必须考虑拉力场水平分力的影响，按压弯构件计算其在腹板平面外的稳定。本条除给出此力的计算公式和作用部位外，还给出多加一块封头板时的近似计算公式。

5 轴心受力构件和拉弯、压弯构件的计算

5.1 轴心受力构件

5.1.1 本条为轴心受力构件的强度计算要求。

从轴心受拉构件的承载能力极限状态来看，可分为两种情况：

1 毛截面的平均应力达到材料的屈服强度，构件将产生很大的变形，即达到不适于继续承载的变形的极限状态，其计算式为：

$$\sigma = \frac{N}{A} \leq \frac{f_y}{\gamma_R} = f \qquad (10)$$

式中 γ_R——抗力分项系数；对Q235钢，$\gamma_R = 1.087$；对Q345、Q390和Q420钢，$\gamma_R = 1.111$。

2 净截面的平均应力达到材料的抗拉强度 f_u，即达到最大承载能力的极限状态，其计算式为：

$$\sigma = \frac{N}{A_n} \leq \frac{f_u}{\gamma_{uR}} = \frac{\gamma_R}{\gamma_{uR}} \cdot \frac{f_u}{f_y} \cdot \frac{f_y}{\gamma_R} \approx 0.8 \frac{f_u}{f_y} \cdot f \qquad (11)$$

由于净截面的孔眼附近应力集中较大，容易首先出现裂缝，因此其抗力分项系数 γ_{uR} 应予提高。上式中参考国外资料取 $\gamma_R / \gamma_{uR} = 0.8$，即 γ_{uR} 比 γ_R 增大25%。

本规范为了简化计算，采用了净截面处应力不超过屈服强度的计算方法[即规范中公式(5.1.1-1)]：

$$\sigma = \frac{N}{A_n} \leq \frac{f_y}{\gamma_R} = f \tag{12}$$

对本规范推荐的 Q235、Q345、Q390 和 Q420 钢来说，其屈强比均小于或很接近于 0.8，因此一般是偏于安全的。如果今后采用了屈强比更大的钢材，宜用公式(10)和公式(11)来计算，以确保安全。

摩擦型高强度螺栓连接处，构件的强度计算公式是从连接的传力特点建立的。规范中的公式(5.1.1-2)为计算由螺栓孔削弱的截面(最外列螺栓处)，在该截面上考虑了内力的一部分已由摩擦在孔前传走。公式中的系数 0.5 即为孔前传力系数。根据试验，孔前传力系数大多数情况可取 0.6，少数情况 0.5。为了安全可靠，本规范取 0.5。

在某些情况下，构件强度可能由毛截面应力控制，所以要求同时按公式(5.1.1-3)计算毛截面强度。

5.1.2 本条为轴心受压构件的稳定性计算要求。

1 轴心受压构件的稳定系数 φ，是按柱的最大强度理论用数值方法算出大量 φ-λ 曲线（柱子曲线）归纳确定的。进行理论计算时，考虑了截面的不同形式和尺寸，不同的加工条件及相应的残余应力图式，并考虑了 1/1000 杆长的初弯曲。在制定 GBJ 17—88 规范时，根据大量数据和曲线，选择其中常用的 96 条曲线作为确定 φ 值的依据。由于这 96 条曲线的分布较为离散，若用一条曲线来代表这些曲线，显然不合理，所以进行了分类，把承载能力相近的截面及其弯曲失稳对应轴合为一类，归纳为 a、b、c 三类。每类中柱子曲线的平均值（即 50%分位值）作为代表曲线。

关于轴心压杆的计算理论和算出的各曲线值，参见李开禧、肖允徽等写的"逆算单元长度法计算单轴失稳时钢压杆的临界力"和"钢压杆的柱子曲线"两篇文章（分别载于《重庆建筑工程学院学报》，1982 年 4 期和 1985 年 1 期）。

由于当时计算的柱子曲线都是针对组成板件厚度 $t<40$mm 的截面进行的，规范表 5.1.2-1 的截面分类表就是按上述依据略加调整确定的。

2 组成板件 $t \geq 40$mm 的构件，残余应力不但沿板宽度方向变化，在厚度方向的变化也比较显著。板件外表面往往以残余压应力为主，对构件稳定的影响较大。在制定原规范时对此研究不够，只提出了"板件厚度大于 40mm 的焊接实腹截面属 c 类截面"。后经西安建筑科技大学等单位研究，对组成板件 $t \geq 40$ 的工字形、H 形截面和箱形截面的类别作了专门规定，并增加了 d 类截面的 φ 值。在表 5.1.2-2 中提出的组成板件厚度 $t \geq 40$mm 的轧制 H 形截面的截面类别，实际我国目前尚未生产这种型钢，这是指进口钢材而言。

我国的《高层建筑钢结构设计与施工规程》GJG 99—98 和上海市的同类规程都已经在研究工作的基础上制订了这类稳定系数。前者计算了四种焊接 H 形厚壁截面的稳定系数曲线，并取一条中间偏低的曲线作为 d 类系数。后者计算了三种截面的稳定系数曲线，并取其平均值作为 d 类系数。两者所取截面只有一种是共同的，因而两曲线有些差别，不过在常用的长细比范围内差别不大。基于这一情况，综合两条 d 曲线取一条新的曲线，其 φ 值的比较见表 7。

表 7 d 类 φ 曲线比较

λ_n	0.1	0.2	0.3	0.4	0.5	0.6	0.7	0.8	0.9
本规范曲线	0.987	0.946	0.866	0.789	0.716	0.648	0.584	0.525	0.472
高层曲线	0.978	0.913	0.841	0.774	0.709	0.647	0.588	0.532	0.494
上海曲线	0.990	0.962	0.884	0.804	0.721	0.642	0.572	0.509	0.455
λ_n	1.0	1.2	1.4	1.6	1.8	2.0	2.5	3.0	
本规范曲线	0.424	0.354	0.298	0.251	0.213	0.181	0.156	0.126	0.092
高层曲线	0.456	0.383	0.320	0.268	0.224	0.191	0.153	0.132	0.095
上海曲线	0.406	0.327	0.273	0.231	0.196	0.168	0.145	0.118	0.087

注：λ_n 为正则化长细比（通用长细比），$\lambda_n = \frac{\lambda}{\pi}\sqrt{f_y/E}$；$\lambda$ 为构件长细比。

3 单轴对称截面绕对称轴的稳定性是弯扭失稳问题。原规范认为对等边单角钢截面、双角钢 T 形截面和翼缘宽度不等的工字形截面绕对称(y 轴)的弯扭失稳承载力比弯曲失稳承载力低得不多，φ 值未超出所属类别的范围。仅轧制 T 形、两板焊接 T 形以及槽形截面绕对称轴弯扭屈曲承载力较低，降低为 c 类截面而未计及弯扭。以上处理弯扭失稳问题的办法，难免粗糙，尤其是将"无任何对称轴的截面绕任意轴"都按 c 类截面弯曲屈曲对待更缺少依据。故本规范表 5.1.2 的截面类别只根据截面形式和残余应力的影响来划分，将弯扭屈曲用换算长细比的方法换算为弯曲屈曲。虽然换算是按弹性进行，但由于弯曲屈曲的 φ 值考虑了非弹性和初始缺陷，这就相当于弯扭屈曲也间接考虑了非弹性和初始缺陷。

根据弹性稳定理论，单轴对称截面绕对称轴（y 轴）的弯扭屈曲临界力 N_{yz} 和弯曲屈曲临界力 N_{Ey} 及扭转屈曲临界力 N_z 之间的关系由下式表达：

$$(N_{Ey} - N_{yz})(N_z - N_{yz}) - \frac{e_0^2}{i_0^2}N_{yz}^2 = 0 \tag{13}$$

$$N_z = \frac{1}{i_0^2}\left(GI_t + \frac{\pi^2 EI_\omega}{l_\omega^2}\right) \tag{14}$$

式中 e_0——截面剪心在对称轴上的坐标；
I_t、I_ω——构件截面抗扭惯性矩和扇性惯性矩；
i_0——对于剪心的极回转半径；
l_ω——扭转屈曲的计算长度。

令 $N_{Ey} = \frac{\pi^2 EA}{\lambda_y^2}$，$N_z = \frac{\pi^2 EA}{\lambda_z^2}$，$N_{yz} = \frac{\pi^2 EA}{\lambda_{yz}^2}$

代入公式(13)可得：

$$\lambda_{yz}^2 = \frac{1}{2}(\lambda_y^2 + \lambda_z^2) + \frac{1}{2}\sqrt{(\lambda_y^2 + \lambda_z^2)^2 - 4\left(1 - \frac{e_0^2}{i_0^2}\right)\lambda_y^2\lambda_z^2} \tag{15}$$

上式即为规范公式(5.1.2-3)。而式中

$$\lambda_z^2 = \frac{i_0^2 A}{\dfrac{I_t}{25.7} + \dfrac{I_\omega}{l_\omega^2}} \qquad i_0^2 = e_0^2 + i_x^2 + i_y^2$$

对 T 形截面（轧制、双板焊接、双角钢组合）、十字形截面和角形截面可近似取 $I_\omega = 0$，因而这些截面的

$$\lambda_z^2 = 25.7A \frac{i_0^2}{I_t} \tag{16}$$

为了方便计算，对单角钢和双角钢组合 T 形截面给出简化公式。简化过程中，对截面特性如回转半径和剪心坐标都采用平均近似值。例如等边单角钢对两个主轴的回转半径分别取 0.385b 和 0.195b，剪心坐标 $b/3$；另外取 $I_t = At^3/3$。

双角钢组合 T 形截面连有填板，其抗扭性能有较大提高。图 9 所示的等边角钢组合截面，无填板部分（图 9a）的抗扭惯性矩为：

$$I_{t1} = At^3/3$$

有填板部分（图 9b），设并肢与填板的总厚度为 $2.75t$，抗扭惯性矩为：

$$I_{t2} = \frac{2(b-t)t^3}{3} + \frac{b(2.75t)^3}{3} \approx 1.95At^2$$

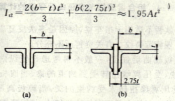

图 9 双角钢组合 T 形截面

设有填板（和节点板）部分占杆件总长度的 15%，则杆件综合抗扭惯性矩可取：

$$I_t = 0.85I_{t1} + 0.15I_{t2} = 0.58At^2$$

不等边双角钢组合 T 形截面也可用同类方法进行计算，推导所得的换算长细比的实用公式均为简单的线性公式。例如等边双角钢截面 λ_{yz} 的实用公式有如下两个：

当 $b/t \leq 0.58l_{0y}/b$ 时，

$$\lambda_{yz} = \lambda_y\left(1 + \frac{0.475b^4}{l_{0y}^2 t^2}\right)$$

当 $b/t > 0.58 l_{0y}/b$ 时：
$$\lambda_{yz} = 3.9 \frac{b}{t}\left(1 + \frac{l_{0y}^2 t^2}{18.6 b^4}\right)$$

其他的双角钢组合 T 形截面和等边单角钢截面都可按此方法得到简单实用计算式。

4 对双轴对称的十字形截面构件（图 10），其扭转屈曲换算长细比为 λ_z，按公式（16）得：

$$\lambda_z^2 = 25.7 \frac{A i_0^2}{I_t} = 25.7 \frac{I_p}{I_t}$$

$$= 25.7 \times \frac{2 \times \frac{1}{12} t (2b)^3}{\frac{1}{3} \times 4 b t^3} = 25.7 \left(\frac{b}{t}\right)^2$$

$$\lambda_z = 5.07 b/t$$

因此规定 "λ_y 或 λ_z 取值不得小于 $5.07 b/t$"，以避免发生扭转屈曲。

图 10 双轴对称的十字形截面

5 根据构件的类别和长细比 λ（或换算长细比）即可按规范附录 C 的各表查出稳定系数 φ，表中 $\lambda \sqrt{f_y/235}$ 的根号为考虑不同钢种对长细比 λ 的修正。

为了便于使用电算，采用非线性函数的最小二乘法将各类截面的理论 φ 值拟合为 Perry 公式形式的表达式：

当正则化长细比 $\lambda_n = \frac{\lambda}{\pi}\sqrt{f_y/E} > 0.215$ 时：

$$\varphi = \frac{1}{2\lambda_n^2}\left[(\alpha_2 + \alpha_3 \lambda_n + \lambda_n^2) - \sqrt{(\alpha_2 + \alpha_3 \lambda_n + \lambda_n^2)^2 - 4\lambda_n^2}\right]$$

式中 α_2、α_3——系数，根据截面类别按附录 C 表 C-5 取用。

当 $\lambda_n \le 0.215$ 时（相当于 $\lambda \le 20\sqrt{235/f_y}$），Perry 公式不再适用，采用一条近似曲线使 $\lambda_n = 0.215$ 与 $\lambda_n = 0$（$\varphi = 1.0$）衔接，即

$$\varphi = 1 - \alpha_1 \lambda_n^2$$

对 a、b、c 及 d 类截面，系数 α_1 值分别为 0.41、0.65、0.73 和 1.35。

经可靠度分析，采用多条柱子曲线，在常用的 λ 值范围内，可靠指标基本上保持均匀分布，符合《建筑结构可靠度设计统一标准》GB 50068 的要求。

图 11 为采用的柱子曲线与我国的试验值的比较情况。由于试件的厚度较小，试验值一般偏高，如果试件的厚度较大，有组成板件超过 40mm 的试件，自然就会有接近于 d 曲线的试验点。

5.1.3 对实腹构件，剪力对弹性屈曲的影响很小，一般不予考虑。但是格构式轴心受压构件，当绕虚轴弯曲时，剪切变形较大，对弯曲屈曲临界力有较大影响，因此计算时应采用换算长细比来考虑此不利影响。

换算长细比的计算公式是按弹性稳定的理论公式，经简化而得：

1 双肢缀板组合构件，对虚轴的临界力可按下式计算：

$$N_{cr} = \frac{\pi^2 EA}{\lambda^2} \frac{1}{1 + \frac{\pi^2 EA}{\lambda^2}\left(\frac{a^2}{24 EI_1} + \frac{ca}{12 EI_b}\right)} = \frac{\pi^2 EA}{\lambda_0^2} \quad (17)$$

即换算长细比为：

$$\lambda_0 = \sqrt{\lambda^2 + \frac{\pi^2}{12} \frac{0.5 A a^2}{I_1}\left(1 + 2 \frac{c I_1}{I_b a}\right)}$$

$$= \sqrt{\lambda^2 + \frac{\pi^2}{12} \lambda_1^2 \left(1 + 2 \frac{i_1}{i_b}\right)} \quad (18)$$

式中 a——缀板间的距离；
c——构件两分肢的轴线距离；
I_1——分肢截面对其弱轴的惯性矩；
I_b——两侧缀板截面惯性矩之和；
i_1——分肢的线刚度；
i_b——两侧缀板线刚度之和。

根据本规范第 8.4.1 条的规定，$i_b/i_1 \ge 6$。将 $i_b/i_1 = 6$ 代入公式（18）中，得：

$$\lambda_0 \approx \sqrt{\lambda^2 + \lambda_1^2} \quad (19)$$

2 双肢缀条组合构件，对虚轴的临界力可按下式计算：

$$N_{cr} = \frac{\pi^2 EA}{\lambda^2} \frac{1}{1 + \frac{\pi^2 EA}{\lambda^2}\left(\frac{1}{EA_1 \sin^2\alpha \cdot \cos\alpha}\right)} = \frac{\pi^2 EA}{\lambda_0^2} \quad (20)$$

即换算长细比为：

$$\lambda_0 = \sqrt{\lambda^2 + \frac{\pi^2}{\sin^2\alpha \cdot \cos\alpha} \cdot \frac{A}{A_1}} \quad (21)$$

式中 α——斜缀条与构件轴线间的夹角；
A_1——一个节间内两侧斜缀条截面积之和。

本规范条文注 2 中规定为：α 角应在 $40°\sim70°$ 范围内。在此范围时，公式（21）中：

$$\frac{\pi^2}{\sin^2\alpha \cdot \cos\alpha} \approx 27 \quad (22)$$

因此双肢缀条组合构件对虚轴的换算长细比取为：

$$\lambda_0 = \sqrt{\lambda^2 + 27 \frac{A}{A_1}} \quad (23)$$

当 α 角不在 $40°\sim70°$ 范围，尤其是小于 $40°$ 时，上式中的系数值将大于 27 的甚多，公式（23）是偏于不安全的，此种情况的换算长细比应改用公式（21）计算。

3 四肢缀板组合构件换算长细比的推导方法与双肢构件类似。一般说来，四肢构件截面总的刚度比双肢的差，构件截面形状保持不变的假定不一定能完全做到，而且分肢的受力也较不均匀，因此换算长细比宜取值偏大一些。根据分析，λ_1 按角钢的截面最小回转半径计算，可以保证安全。

4 对四肢缀条组合构件，考虑构件截面总刚度差、四肢受力不均匀等影响，将双肢缀条组合构件中的系数 27 提高到 40。

5 三肢缀条组合构件的换算长细比是参照国家现行标准《冷弯薄壁型钢结构技术规范》GB 50018 的规定采用的。

5.1.4 对格构式受压构件的分肢长细比 λ_1 的要求，主要是为了不使分肢先于构件整体失去承载能力。

对缀条组合的轴心受压构件，由于初弯曲等缺陷的影响，构件受力时呈弯曲状态，使两分肢的内力不等。条文中规定 $\lambda_1 \le 0.7\lambda_{max}$ 是在考虑构件几何和力学缺陷（总的等效初弯曲取构件长度 1/500）的条件下，经计算分析而得的。满足此要求时，可不计算分肢的稳定性。

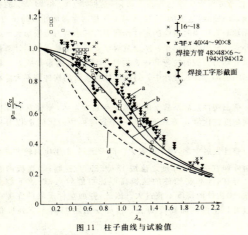

图 11 柱子曲线与试验值

如果缀条组合的轴心受压构件的 $\lambda_1 > 0.7\lambda_{max}$，就需要对分肢进行计算，但计算时应计入上述缺陷的影响。

对缀板组合的轴心受压构件，与缀条组合的构件类似，在一定的等效初弯曲条件下，经计算分析认为，当 $\lambda_1 \leqslant 40$ 和 $0.5\lambda_{max}$ 时，基本上可使分肢不先于整体构件失去承载能力。

5.1.5 双角钢或双槽钢构件的填板间距规定为：对于受压构件是为了保证一个角钢或一个槽钢的稳定；对于受拉构件是为了保证两个角钢和两个槽钢共同工作并受力均匀。由于此种构件两分肢的距离很小，填板的刚度很大，根据我国多年的使用经验，满足本条要求的构件可按实腹构件进行计算，不必对虚轴采用换算长细比。

5.1.6 轴心受压构件的剪力 V，分析时取构件弯曲后为正弦曲线（图12）。

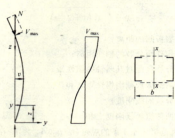

图12 剪力 V 的计算

设：
$$y = v\sin\frac{\pi z}{l} \quad (24)$$

则：
$$M = Ny = Nv\sin\frac{\pi z}{l}$$

$$V = \frac{dM}{dz} = Nv\frac{\pi}{l}\cos\frac{\pi z}{l}$$

$$V_{max} = \frac{\pi}{l}Nv \quad (25)$$

按边缘屈服准则：
$$\frac{N}{A} + \frac{Nv}{I_x} \cdot \frac{b}{2} = f_y \quad (26)$$

令 $I_x = Ai_x^2$、$\frac{N}{A} = \varphi f_y$，代入公式(26)可得：
$$v = \frac{2(1-\varphi)i_x^2}{b\varphi} \quad (27)$$

将此 v 值代入公式(25)中，并使 $i_x \approx 0.44b$，$l/i_x = \lambda_x$，得：
$$V_{max} = \frac{0.88\pi(1-\varphi)}{\lambda_x} \cdot \frac{N}{\varphi} = \frac{N}{\alpha\varphi} \quad (28)$$

$$\alpha = \frac{\lambda_x}{0.88\pi(1-\varphi)} \quad (29)$$

对格构柱，稳定系数 φ 应根据边缘屈服准则求出，或近似地按换算长细比由规范 b 类截面的表查得。

计算证明，在常用的长细比范围，α 值的变化不大，可取定值，即取：

Q235 钢　　　　$\alpha = 85$
Q345 钢　　　　$\alpha = 70$
Q390 钢　　　　$\alpha = 65$
Q420 钢　　　　$\alpha = 62$

这些数值恰好与 $\alpha = 85\sqrt{235/f_y}$ 较为吻合，因此建议轴心受压构件剪力的表达式为：

$$V = \frac{N}{85}\sqrt{\frac{f_y}{235}} \quad (30)$$

为了便于计算，令公式(30)中的 $N/\varphi = Af$，即得规范的公式(5.1.6)：

$$V = \frac{Af}{85}\sqrt{\frac{f_y}{235}} \quad (31)$$

对格构式构件，此剪力由两侧缀材面平均分担，其中三肢柱缀材分担的剪力还应除以 $\cos\theta$（θ 角见本规范图5.1.3）。

实腹式构件中，翼缘与腹板的连接，有必要时可按此剪力进行计算。

5.1.7 重新规定了减小受压构件自由长度的支撑力，不再借用受压构件的偶然剪力。

1 当压杆的长度中点设置一道支撑时（图13），设压杆有初弯曲 δ_0，受压力后增大到 $\delta_0 + \delta$，增加的挠度 δ 应等于支撑杆的轴向变形。根据变形协调关系即可得支撑力（参见陈绍蕃《钢结构设计原理》第二版，科学出版社）。当压杆长度中点有一道支撑时，支撑力 $F_{b1} \approx \frac{N}{60}$，与原规范规定的偶然剪力相比，当压杆长细比 $\lambda > 77$（对 Q235 钢）或41（对 Q345 钢）时，F_{b1} 小于偶然剪力。

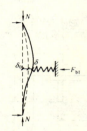

图13 压杆的支撑力

2 当一道支撑支于距柱端 αl 时，则支撑力 $F_{b1} = \frac{N}{240\alpha(1-\alpha)}$。当 $\alpha = 0.4$ 时，$F_{b1} = \frac{N}{57.6}$ 与 $N/60$ 相比仅相差 4%。因此对不等间距支承，若间距与平均间距相比相差不超过 20% 时，可认为是等间距支承。

3 支承多根柱的支撑力取为 $F_{bn} = \frac{\sum N_i}{60}(0.6 + \frac{0.4}{n})$，式中 n 为被撑柱的根数，$\sum N_i$ 为被撑柱同时存在的轴心压力设计值之和。

支撑多根柱的支撑，往往承受较大的支撑力，因此不能再只按容许长细比选择截面，需要按支撑力进行计算，且一道支撑架在一个方向所撑柱数不宜超过 8 根。

4 本条中还明确提出下列两项：

1）支撑力可不与其他作用产生的轴力叠加，取两者中的较大值进行计算。

2）支撑轴线应通过被撑构件截面的剪心[对双轴对称截面，剪心与形心重合；对单轴对称的 T 形截面（包括双角钢组合 T 形）及角形截面，剪心在两组成板件轴线相交点，其他单轴对称和无对称轴截面剪心位置可参阅有关力学或稳定理论资料]。

5.2 拉弯构件和压弯构件

5.2.1 在轴心力 N 和弯矩 M 的共同作用下，当截面出现塑性铰时，拉弯或压弯构件达到强度极限，这时 N/N_p 和 M/M_p 的相关曲线是凸曲线（这里的 N_p 是无弯矩作用时全截面屈服的压力，M_p 是无轴心力作用时截面的塑性铰弯矩），其承载力极限值大于按直线公式计算所得的结果。本规范对承受静力荷载或不需计算疲劳的承受动力荷载的拉弯和压弯构件，用塑性发展系数的方式将此有影响的部分计入设计中。对需要计算疲劳的构件则不考虑截面塑性的发展。

截面塑性发展系数 γ 的数值是与截面形式、塑性发展深度和截面高度的比值 μ、腹板面积与一个翼缘面积的比值 α、以及应力状态有关。

塑性发展愈深，则 γ 值愈大。但考虑到：①压应力较大翼缘的自由外伸宽度与其厚度之比按 $13\sqrt{235/f_y}$ 控制；②腹板内有剪应力存在；③有些构件的腹板高厚比可能较大，以致不能全部有效；④构件的挠度不宜过大。因此，截面塑性发展的深度以不超过 0.15 倍的截面高度为宜。这样 γ 值可归纳为下列取值原则：

(1) 对有平翼缘板的一侧，γ 取为 1.05；
(2) 对无翼缘板的一侧，γ 取为 1.20；
(3) 对圆管边缘，γ 取为 1.15；
(4) 对格构式构件的虚轴弯曲时，γ 取为 1.0。

根据上述原则得出了规范条文中表 5.2.1 的 γ_x、γ_y 数值。表中八种截面塑性发展系数的计算公式推导可参见罗邦富写的"受压构件的纵向稳定性"（载于全国钢结构标准技术委员会编的《钢结构研究论文报告选集》第一册）。

本规范与原规范相比，本条内容没有大的改变，只是将"直接承受动力荷载时取 $\gamma_x = \gamma_y = 1.0$"，改为"需要计算疲劳的拉弯、压弯构件，宜取 $\gamma_x = \gamma_y = 1.0$"。理由参见 4.1.1 条的说明。

5.2.2 压弯构件的（整体）稳定，对实腹构件来说，要进行弯矩作用平面内和弯矩作用平面外稳定计算。

1 弯矩作用平面内的稳定。

1) 理论依据。实腹式压弯构件，当弯矩作用在对称轴平面内时（绕 x 轴），其弯矩作用平面内的稳定性应按最大强度理论进行分析。

压弯构件的稳定承载力极限值，不仅与构件的长细比 λ 和偏心率 ε 有关，且与构件的截面形式和尺寸、构件轴线的初弯曲、截面上残余应力的分布和大小、材料的应力-应变特性以及失稳的方向等因素有关。因此，本规范采用了考虑这些因素的数值分析法，对 11 种常用截面形式，以及残余应力、初弯曲等因素，在长细比为 20、40、60、80、100、120、160、200，偏心率为 0.2、0.6、1.0、2.0、4.0、10.0、20.0 等情况时的承载力极限值进行了计算，并将这些理论计算结果作为确定实用计算公式的依据。

上述理论分析和计算结果可参见李开禧、肖允徽写的"逆算单元长度法计算单轴失稳时钢压杆的临界力"和"钢压杆的柱子曲线"两篇文章（分别载于《重庆建筑工程学院学报》1982 年 4 期和 1985 年 1 期）。

2) 实用计算公式的推导。两端铰支的压弯构件，假定构件的变形曲线为正弦曲线，在弹性工作阶段当截面受压最大边缘纤维应力达到屈服点时，其承载能力可按下列相关公式来表达：

$$\frac{N}{N_p} + \frac{M_x + Ne_0}{M_e(1-N/N_{Ex})} = 1 \qquad (32)$$

式中 N、M_x —— 轴心压力和沿构件全长均布的弯矩；
e_0 —— 各种初始缺陷的等效偏心矩；
N_p —— 无弯矩作用时，全截面屈服的承载力极限值，$N_p = Af_y$；
M_e —— 无轴心力作用时，弹性阶段的最大弯矩，$M_e = W_{1x} f_y$；
$1/(1-N/N_{Ex})$ —— 压力和弯矩联合作用下弯矩的放大系数；
N_{Ex} —— 欧拉临界力。

在公式 (32) 中，令 $M_x = 0$，则式中的 N 即为有缺陷的轴心受压构件的临界力 N_0，得：

$$e_0 = \frac{M_e(N_p-N_0)(N_{Ex}-N_0)}{N_p N_0 N_{Ex}} \qquad (33)$$

将此 e_0 代入公式 (32)，并令 $N_0 = \varphi_x N_p$，经整理后可得：

$$\frac{N}{\varphi_x N_p} + \frac{M_x}{M_e\left(1-\varphi_x \frac{N}{N_{Ex}}\right)} = 1 \qquad (34)$$

考虑抗力分项系数并引入弯矩非均匀分布时的等效弯矩系数 β_{mx} 后，上式即成为：

$$\frac{N}{\varphi_x A} + \frac{\beta_{mx} M_x}{W_{1x}\left(1-\varphi_x \frac{N}{N_{Ex}'}\right)} \leq f \qquad (35)$$

式中 N_{Ex}' —— 参数，$N_{Ex}' = N_{Ex}/1.1$；相当于欧拉临界力 N_{Ex} 除以抗力分项系数 γ_R 的平均值 1.1。

此式是由弹性阶段的边缘屈服准则导出的，必然与实腹式压弯构件考虑塑性发展的理论计算结果有差别。经过多种方案比较，发现实腹式压弯构件仍可借用此种形式。不过为了提高其精度，可以根据理论计算值对它进行修正。分析认为，实腹式压弯构件采用下式较为优越：

$$\frac{N}{\varphi_x A} + \frac{\beta_{mx} M_x}{\gamma_x W_{1x}\left(1-\eta_1 \frac{N}{N_{Ex}'}\right)} \leq f \qquad (36)$$

式中 γ_x —— 截面塑性发展系数，其值见规范表 5.2.1；
η_1 —— 修正系数。

对于规范表 5.2.1 第 3、4 项中的单轴对称截面（即 T 形和槽形截面）压弯构件，当弯矩作用在对称轴平面内且使翼缘受压时，无翼缘端有可能由于拉应力较大而首先屈服。为了使其塑性不致深入过大，对此种情况，尚应对无翼缘侧进行计算。计算式可写成为：

$$\left|\frac{N}{A} - \frac{\beta_{mx} M_x}{\gamma_x W_{2x}\left(1-\eta_2 \frac{N}{N_{Ex}'}\right)}\right| \leq f \qquad (37)$$

式中 W_{2x} —— 无翼缘端的毛截面抵抗矩；
η_2 —— 压弯构件受拉侧的修正系数。

3) 实用公式中的修正系数 η_1 和 η_2 值。由实腹式压弯构件承载力极限值的理论计算值 N，可以得到压弯构件稳定系数的理论值 $\varphi_p = N/N_p$；从实用计算公式 (36) 和公式 (37) 可以推算相应的稳定系数 φ_p'。修正系数 η_1 和 η_2 值的选择原则，是使各种截面的 φ_p/φ_p' 都尽可能接近于 1.0。经过对 11 种常用截面形式的计算比较，结果认为，修正系数的最优值是：$\eta_1 = 0.8$，$\eta_2 = 1.25$。这样取定 η_1 和 η_2 值后，实用公式的计算值 φ_p' 接近于理论值 φ_p。

4) 关于等效弯矩系数 β_{mx}。对有端弯矩但无横向荷载的两端支承的压弯构件，设端弯矩的比值为 $\alpha = M_2/M_1$，其中 $|M_1| \geq |M_2|$。当弯矩使构件产生同向曲率时，M_1 与 M_2 取同号；产生反向曲率时，M_1 与 M_2 取异号。

在不同 α 值的情况下，压弯构件的承载力极限值是不同的。采用数值计算方法可以得到不同的 N/N_p-M/M_p 相关曲线。根据对宽翼缘工字钢的 N/N_p-M/M_p 相关曲线图的分析，若以 $\alpha = 1.0$ 的曲线图为标准，取相同 N/N_p 值时的 (M/M_p) 与 $(M/M_p)_{\alpha_1}$ 值的比值，可以画出图 (14)。图中的 $\alpha = -1$、-0.5、0、0.5、1.0 时的竖直线表示 β_{mx} 值的范围。规范采用的等效弯矩系数（图 14）的斜直线：

$$\beta_{mx} = 0.65 + 0.35\alpha \qquad (38)$$

是偏于安全方面的。

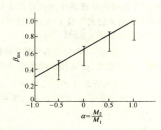

图 14 不等端弯矩时的 β_{mx}

至于其他荷载情况和支承情况的等效弯矩系数 β_{mx} 值，则采用二阶弹性分析，分别用三角函数收敛求得数值解的方法求得。

对本规范的等效弯矩系数，还需说明下列三点：

① 按本规范 3.2.8 条的规定无支撑多层框架一般用二阶分析，因此不分有侧移和无侧移均取用相同的 β_{mx} 值。但考虑到仍有用一阶分析的情况，所以又提出："分析内力未考虑二阶效应的无支撑纯框架和弱支撑框架柱，$\beta_{mx} = 1.0$"。

②参考国外最新规范,取消 β_{mx} 和 β_{tx} 原公式中不得小于 0.4 的规定。

③无端弯矩但有横向荷载作用,不论荷载为一个或多个均取 $\beta_{mx}=1.0$(取消跨中有一个集中荷载 $\beta_{mx}=1-0.2N/N_{Ex}$ 的规定)。

2 弯矩作用平面外的稳定性。 压弯构件弯矩作用平面外的稳定性计算的相关公式是以屈曲理论为依据导出的。对双轴对称截面的压弯构件在弹性阶段工作时,弯扭屈曲临界力 N 应按下式计算此式:

$$(N_y-N)(N_\omega-N)-(e^2/i_p^2)N^2=0 \quad (39)$$

式中 N_y——构件轴心受压时对弱轴(y 轴)的弯曲屈曲临界力;
N_ω——绕构件纵轴的扭转屈曲临界力;
e——偏心距;
i_p——截面对弯心(即形心)的极回转半径。

因受均布弯矩作用的屈曲临界弯矩 $M_0=i_p\sqrt{N_yN_\omega}$,且 $M=Ne$,代入公式(39),得:

$$\left(1-\frac{N}{N_y}\right)\left(1-\frac{N}{N_\omega}\right)-\left(\frac{M}{M_0}\right)^2=0 \quad (40)$$

根据 N_ω/N_y 的不同比值,可画出 N/N_y 和 M/M_0 的相关曲线。对常用截面,N_ω/N_y 均大于 1.0,相关曲线是上凸的(图 15)。在弹塑性范围内,难以写出 N/N_y 和 M/M_0 的相关公式,但可通过对典型截面的数值计算求出 N/N_y 和 M/M_0 的相关关系。分析表明,无论在弹性阶段和弹塑性阶段,均可偏安全地采用直线相关公式,即:

$$\frac{N}{N_y}+\frac{M}{M_0}=1 \quad (41)$$

对单轴对称截面的压弯构件,无论弹性或弹塑性的弯扭计算均较为复杂。经分析,若近似地按公式(41)的直线式来表达其相关关系也是可行的。

考虑抗力分项系数并引入等效弯矩系数 β_{tx} 之后,公式(41)即成为规范公式(5.2.2-3)。

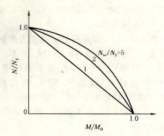

图 15 弯扭屈曲的相关曲线

关于压弯构件弯扭屈曲计算的详细内容可参见陈绍蕃写的"偏心压杆弯扭屈曲的相关公式"(载于全国钢结构标准技术委员会编的《钢结构研究论文报告选集》第一册)。

规范公式(5.2.2-3)中,φ_b 为均匀弯曲的受弯构件整体稳定系数,对工字形截面和 T 形截面,φ_b 可按本规范附录 B 第 B.5 节中的近似公式确定。本来这些近似公式仅适用于 $\lambda_y\leqslant 120\sqrt{235/f_y}$ 的受弯构件,但对压弯构件来说,φ_b 值对计算结果相对影响较小,故 λ_y 略大于 $120\sqrt{235/f_y}$ 也可采用。

对箱形截面,原规范取 $\varphi_b=1.4$,这是由于箱形截面的抗扭承载力较大,采用 $\varphi_b=1.4$ 更接近理论分析结果。当轴心力 N 较小时,箱形截面压弯构件将由强度控制设计。这次修订规范改在 M_x 项的前面加截面影响系数 η(箱形截面 $\eta=0.7$,其他截面 $\eta=1.0$),而将箱形截面的 φ_b 取等于 1.0,这样可避免原规范箱形截面取 $\varphi_b=1.4$,在概念上的不合理现象。

对单轴对称截面公式(5.2.2-3)中的 φ_y 值,按理应考虑扭转效应的 λ_{yz} 查出。

5.2.3 弯矩绕虚轴作用的格构式压弯构件,其弯矩作用平面内稳定性的计算适宜采用边缘屈服准则,因此采用了(35)的计算式。此式已在第 5.2.2 条的说明中作了推导,这里从略。

弯矩作用平面外的整体稳定性不必计算,但要求计算分肢的稳定性。这是因为受力最大的分肢平均应力大于整个构件的平均应力,只要分肢在两个方向的稳定性得到保证,整个构件在弯矩作用平面外的稳定也可以得到保证。

5.2.5 双向弯矩的压弯构件,其稳定承载力极限值的计算,需要考虑几何非线性和物理非线性问题。即使只考虑问题的弹性解,所得到的结果也是非线性的表达式(参见吕烈武、沈士钊、沈祖炎、胡学仁写的《钢结构稳定理论》,中国建筑工业出版社出版,1983 年)。规范采用的线性相关公式是偏于安全的。

采用此种线性相关公式的形式,使双向弯矩压弯构件的稳定计算与轴心受压构件、单向弯曲压弯构件以及双向弯曲构件的稳定计算都能互相衔接。

5.2.6 对于双肢格构式压弯构件,当弯矩作用在两个主平面内时,应分两次计算构件的稳定性。

第一次按整体计算时,把截面视为箱形截面,只按规范公式(5.2.6-1)计算。若令式中的 $M_y=0$,即为弯矩绕虚轴(x 轴)作用的单向压弯构件整体稳定性的计算公式,即规范公式(5.2.3)。

第二次按分肢计算时,将构件的轴心力 N 和弯矩 M_x 按桁架弦杆那样换算为分肢的轴心力 N_1 和 N_2,即:

$$N_1=\frac{y_2}{h}N+\frac{M_x}{h} \quad (42)$$

$$N_2=\frac{y_1}{h}N+\frac{M_x}{h} \quad (43)$$

式中 h——两分肢轴线间的距离,$h=y_1+y_2$,见本规范图 5.2.6。

按上述公式计算分肢轴心力 N_1 和 N_2 时,没有考虑构件整体的附加弯矩的影响。

M_y 在分肢中的分配是按照与分肢对 y 轴的惯性矩 I_1 和 I_2 成正比,与分肢至 x 轴的距离 y_1 和 y_2 成反比的原则确定的,这样可以保持平衡和变形协调。

在实际工程中,M_y 往往不是作用于构件的主平面内,而是正好作用在一个分肢的轴线平面内,此时 M_y 应视为全部由该分肢承受。

分肢的稳定性应按单向弯矩的压弯构件计算(见本规范第 5.2.2 条)。

5.2.7 格构式压弯构件缀材计算时取用的剪力值:按道理,实际剪力与构件有初弯曲时导出的剪力是有可能叠加的,但考虑到这样叠加的机率很小,规范规定取两者的较大值还是可行的。

5.2.8 压弯构件弯矩作用平面外的支撑,应将压弯构件的受压翼缘(对实腹式构件)或受压分肢(对格构式构件)视为轴心压杆按本规范第 5.1.7 条计算各自的支撑力。第 5.1.7 条的轴心力 N 为受压翼缘或分肢所受应力的合力。应注意到,弯矩较小的压弯构件往往在两侧翼缘或两侧分肢均受压;另外,框架柱和墙架柱等压弯构件,弯矩有正反两个方向,两侧翼缘或两侧分肢都有受压的可能性。这些情况的 N 应取为两侧翼缘或两侧分肢压力之和。最好设置双片支撑,每片支撑按各自翼缘或分肢的压力进行计算。

5.3 构件的计算长度和容许长细比

5.3.1 本条明确说明表 5.3.1 中规定的计算长度仅适用于桁架杆件有节点板连接的情况。无节点板时,腹杆计算长度均取等于几何长度。但根据网架设计规程,未采用节点板连接的钢管结构,其腹杆计算长度也需要折减,故注明"钢管结构除外"。

对有节点板的桁架腹杆,在桁架平面内,端部的转动受约束,相交于节点的拉杆愈多,受到的约束就愈大。经分析,对一般腹杆计算长度 l_{0x} 可取为 $0.8l$(l 为腹杆几何长度)。在斜平面,节点板的刚度不如在桁架平面内,故取 $l_0=0.9l$。对支座斜杆和支座竖杆,端部节点板所连拉杆少,受到的杆端约束可忽略不计,故取 $l_{0x}=l$。

在桁架平面外,节点板的刚度很小,不可能对杆件端部有所约束,故取$l_{0y}=l$。

当桁架弦杆侧向支承点之间相邻两节间的压力不等时,通常按较大压力计算稳定,这比实际受力情况有利。通过理论分析并加以简化,采用了公式(5.3.1)的折减计算长度办法来考虑此有利因素的影响。

关于再分式腹杆体系的主斜杆和K形腹杆体系的竖杆在桁架平面内的计算长度,由于此种杆件的上段与受压弦杆相连,端部的约束作用较差,因此规定该段在桁架平面内的计算长度系数采用1.0而不采用0.8。

5.3.2 桁架交叉腹杆的压杆在桁架平面外的计算长度,参考德国规范进行了修改,列出了四种情况的计算公式,适用两杆长度和截面均相同的情况。

现令N为所计算杆的压力,N_0为另一杆的内力,均为绝对值。l为节点中心间距离(交叉点不作节点考虑)。假设$|N_0|=|N|$时,各种情况的计算长度l_0值如下:

另杆N_0为压力,不中断:$l_0=l$(与原规范相同);
另杆N_0为压力,中断搭接:$l_0=1.35l$(原规范不允许);
另杆N_0为拉力,不中断:$l_0=0.5l$(与原规范相同);
另杆N_0为拉力,中断搭接:$l_0=0.5l$(原规范为$0.7l$)。

5.3.3 本规范附录D表D-1和D-2规定的框架柱计算长度系数,所根据的基本假定为:

1 材料是线弹性的;
2 框架只承受作用在节点上的竖向荷载;
3 框架中的所有柱子是同时丧失稳定的,即各柱同时达到其临界荷载;
4 当柱子开始失稳时,相交于同一节点的横梁对柱子提供的约束弯矩,按柱子的线刚度之比分配给柱子;
5 在无侧移失稳时,横梁两端的转角大小相等方向相反;在有侧移失稳时,横梁两端的转角不但大小相等而且方向亦相同。

根据以上基本假定,并为简化计算起见,只考虑直接与所研究的柱子相连的横梁约束作用,略去不直接与该柱子连接的横梁约束影响,将框架按其侧向支承情况用位移法进行稳定分析,得出下列公式:

对无侧移框架:

$$[\phi^2+2(K_1+K_2)-4K_1K_2]\phi\sin\phi-2[(K_1+K_2)\phi^2+4K_1K_2]\cos\phi+8K_1K_2=0 \quad (44)$$

式中 ϕ——临界参数,$\phi=h\sqrt{\dfrac{F}{EI}}$;其中$h$为柱的几何高度,$F$为柱顶荷载,$I$为柱截面对垂直于框架平面轴线的惯性矩;

K_1、K_2——分别为相交于柱上端、柱下端的横梁线刚度之和与柱线刚度之和的比值。

对有侧移框架:

$$(36K_1K_2-\phi^2)\sin\phi+6(K_1+K_2)\phi\cos\phi=0 \quad (45)$$

本规范附录D表D-1和D-2的计算长度系数μ值($\mu=\pi/\phi$),就是根据上列公式求得的。

有侧移框架柱和无侧移框架柱的计算长度系数表仍是沿用原规范的,仅有下列局部修改:

1 将相交于柱上端、下端的横梁远端为铰接或为刚性嵌固时,横梁线刚度的修正系数列入表注;

2 对底层框架柱:柱与基础铰接时$K_2=0$,但根据实际情况,平板支座并非完全铰接,故注明"平板支座可取$K_2=0.1$";柱与基础刚接时,考虑到实际难于做到完全刚接,故取$K_2=10$(原规范取$K_2=\infty$)。

3 表D-1和D-2的表注中还新增了考虑与柱刚接横梁所受轴心压力对其线刚度的影响,这些线刚度的折减系数值可用弹性分析求得。

4 将框架分为无支撑的纯框架和有支撑框架,后者又分为强支撑框架和弱支撑框架。

无支撑的纯框架即原规范所指的有侧移框架。强支撑框架的判定条件改为"支撑结构(支撑桁架、剪力墙、电梯井等)"的侧移刚度S_b满足下式的框架:

$$S_b\geq 3(1.2\sum N_{bi}-\sum N_{0i})$$

式中 $\sum N_{bi}$、$\sum N_{0i}$——分别为第i层为层间所有框架柱,按表D-1的无侧移和表D-2的有侧移计算的轴压承载力之和。

弱支撑框架为支撑结构的$S_b<3(1.2\sum N_{bi}-\sum N_{0i})$的框架。

对无支撑纯框架的规定为:

1)采用一阶弹性计算内力时,框架柱计算长度系数μ按有侧移框架柱的表D-2确定。

2)采用二阶弹性分析计算内力时,取$\mu=1.0$,但每层柱顶应附加考虑公式(3.2.8-1)的假想水平荷载(概念荷载)。

5.3.4 本条对单层厂房阶形柱计算长度的取值,是根据以下考虑进行分析对比得来的:

1 考虑单层厂房框架柱荷载不相等的影响。单层厂房阶形柱主要承受吊车荷载,一个柱达到最大竖直荷载时,相对的另一柱竖直荷载较小。荷载大的柱要丧失稳定,必然受到荷载小的柱的支承作用,从而较按独立柱求得的计算长度要小。对长度较小的单跨厂房,或长度虽较大但系轻型屋盖且沿两侧又未设置通长的屋盖纵向水平支撑的单跨厂房,以及有横梁的露天结构(如落锤车间等),均只考虑两柱相对柱荷载不等的影响,将柱的计算长度进行折减。

2 考虑厂房的空间工作。对沿两侧设置有通长屋盖纵向水平支撑的长度较大的轻型屋盖单跨厂房,或未设置上述支撑的长度较大的重型屋盖单跨厂房,以及轻型屋盖的多跨(两跨或两跨以上)厂房,除考虑两柱相对柱荷载不等的影响外,还考虑了结构的空间工作,将柱的计算长度进行折减。

3 对多跨厂房。当设置有刚性盘体的屋盖,或沿两侧有通长的屋盖纵向水平支撑,则按框架柱柱顶为不动铰支承,对柱的计算长度进行折减。

以上阶形柱计算长度的取值,无论单阶柱或双阶柱,当柱上端与横梁铰接时,均按相应的上端为自由的独立柱的计算长度进行折减;当柱上端与横梁刚接时,则按相应的上端可以滑移(只能平移不能转动)的独立柱的计算长度进行折减。数据是根据理论分析计算所得结果进行对比得出的。

5.3.5 由于缀材或腹杆变形的影响,格构式柱和桁架式横梁的变形比具有相同截面惯性矩的实腹式构件大,因此计算框架的格构式柱和桁架式横梁的线刚度时,所用截面惯性矩要根据上述变形增大影响进行折减。对于截面高度变化的横梁或柱,计算线刚度时习惯采用截面高度最大处的截面惯性矩,根据同样理由,也应对其数值进行折减。

5.3.6 本条为新增条文。

1 附有摇摆柱的框(刚)架柱(图16),其计算长度应乘以增大系数η。多跨框架可以把一部分柱和梁组成框体系来抵抗侧力,而把其余的柱做成两端铰接。这些不参与承受侧力的柱称为摇摆柱,它们的截面较小,连接构造简单,从而降低造价。不过这种上下均为铰接的摇摆柱承受荷载的倾覆作用必然由支持它的刚(框)架来抵抗,使刚(框)架柱的计算长度增大。公式(5.3.6)表达的增大系数η为近似值,与按弹性稳定导得的值较近且略偏安全。

2 本款是考虑同层和上下层各柱稳定承载力有富余时对所计算柱的支承作用,使其计算长度减小。这是原则性条文,具体计算方法可参见有关钢结构构件稳定理论的书籍。

3 梁与柱半刚性连接,是指梁与柱连接构造既非铰接又非刚接,而是在二者之间。由于构造比刚性连接简单,用于某些框架可以降低造价。确定柱的计算长度时,应考虑节点特性,问题比较复杂,实用的简化计算方法可参见陈绍蕃著的《钢结构设计原理》第二版(科学出版社出版)。

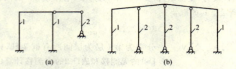

图16 附有摇摆柱的有侧移框架
1—框架柱 2—摇摆柱

5.3.7 在确定框架柱沿房屋长度方向的计算长度时,把框架柱平面外的支承点视为框架柱在平面外屈曲时变形曲线的反弯点。

5.3.8 构件容许长细比值的规定,主要是避免构件柔度太大,在本身重力作用下产生过大的挠度和运输、安装过程中造成弯曲,以及在动力荷载作用下发生较大振动。对受压构件来说,由于刚度不足产生的不利影响远比受拉构件严重。

调查证明,主要受压构件的容许长细比值取为150,一般的支撑压杆取为200,能满足正常使用的要求。考虑到国外多数规范对压杆的容许长细比值均较宽,一般不分压杆受力情况均规定为200,经研究并参考国外资料,在注中增加了桁架中内力不大于承载能力50%的受压腹杆,其长细比可放宽到200。

5.3.9 受拉构件的容许长细比值,基本上保留了我国多年使用经验所规定(即原规范的规定)的数值。

在5.3.8和5.3.9条中,增加对跨度等于和大于60m桁架杆件的容许长细比的规定,这是根据近年大跨度桁架的实践经验作的补充规定。

5.4 受压构件的局部稳定

5.4.1 在轴心受压构件中,翼缘板的自由外伸宽度b与其厚度t之比的限值,是根据三边简支板(板的长度远远大于宽度b)在均匀压应力作用下,其屈曲应力等于构件的临界应力确定的。板在弹性状态的屈曲应力为:

$$\sigma_{cr} = \frac{0.425\pi^2 E}{12(1-\nu^2)}\left(\frac{t}{b}\right)^2 \quad (46)$$

板在弹塑性状态失稳时为双向异性板,其屈曲应力为:

$$\sigma_{cr} = \frac{0.425\sqrt{\eta}\pi^2 E}{12(1-\nu^2)}\left(\frac{t}{b}\right)^2 \quad (47)$$

式中 η——弹性模量折减系数,根据轴心受压构件局部稳定的试验资料,η可取为:

$\eta = 0.1013\lambda^2(1-0.0248\lambda^2 f_y/E)f_y/E$。

由$\sigma_{cr} = \varphi f_y$,并取本规范附录C中的$\varphi$值即可得到$\lambda$与$b/t$的关系曲线。为便于设计,本规范采用了公式(5.4.1-1)所示直线公式代替。

对压弯构件,b/t的限值应该由受压最大翼缘板屈曲应力决定,这时弹性模量折减系数η不仅与构件的长细比有关,而且还与作用于构件的弯矩和轴心压力值有关,计算比较复杂。为了便于设计,可以采用定值法来确定η值。对于长细比较大的压弯构件,可取$\eta = 0.4$,翼缘的平均应力可取$0.95 f_y$,代入公式(47)中,得:

$$\frac{b}{t} = \pi\sqrt{\frac{0.425\sqrt{0.4}E}{12(1-\nu^2)0.95 f_y}} = 15\sqrt{\frac{235}{f_y}} \quad (48)$$

对于长细比小的压弯构件,η值较小,所得到的b/t就会小于$15\sqrt{235/f_y}$。

为了与受弯构件协调,规范采用公式(5.4.1-2)的值作为压弯构件翼缘板外伸宽度与其厚度之比的限值。但也允许$13\sqrt{235/f_y} < b/t \leq 15\sqrt{235/f_y}$,此时,在压弯构件的强度计算和整体稳定计算中,对强轴的塑性系数γ_x取为1.0。

5.4.2 对工字形或H形截面的轴心受压构件,腹板的高厚比h_0/t_w是根据两边简支两边弹性嵌固的板在均匀压应力作用下,其屈曲应力等于构件的临界应力得到的。板的嵌固系数取1.3。在弹塑状态屈曲时,腹板的屈曲应力为:

$$\sigma_{cr} = \frac{1.3 \times 4\sqrt{\eta}\pi^2 E}{12(1-\nu^2)}\left(\frac{t_w}{h_0}\right)^2 \quad (49)$$

弹性模量折减系数η仍按公式(48)取值。由$\sigma_{cr} = \varphi f_y$,并用本规范附录C中的$\varphi$值代入,可得到$h_0/t_w$与$\lambda$的关系曲线。为了便于设计,用本规范公式(5.4.2-1)的直线式代替(可参见何保康写的"轴心压杆局部稳定试验研究"一文,载于《西安冶金建筑学院学报》,1985年1期)。

在压弯构件中,腹板高厚比h_0/t_w的限值是根据四边简支板在不均匀压应力σ和剪应力τ的联合作用下屈曲时的相关公式确定的。压弯构件在弹性状态发生弯矩作用平面内失稳时,根据构件尺寸和力的作用情况,腹板可能在弹性状态下屈曲,也可能在弹塑性状态下屈曲。

腹板在弹性状态下屈曲时(图17),其临界状态的相关公式为:

$$\left(\frac{\tau}{\tau_0}\right)^2 + \left[1-\left(\frac{\alpha_0}{2}\right)^5\right]\frac{\sigma}{\sigma_0} + \left(\frac{\alpha_0}{2}\right)^5\left(\frac{\sigma}{\sigma_0}\right)^2 = 1 \quad (50)$$

式中 α_0——应力梯度,$\alpha_0 = \frac{\sigma_{max} - \sigma_{min}}{\sigma_{max}}$;

τ_0——剪应力τ单独作用时的弹性屈曲应力,$\tau_0 = \beta_\tau\frac{\pi^2 E}{12(1-\nu^2)}\left(\frac{t_w}{h_0}\right)^2$,取$a = 3h_0$,则屈曲系数$\beta_\tau = 5.784$;

σ_0——不均匀应力σ单独作用下的弹性屈曲应力,$\sigma_0 = \beta_\sigma\frac{\pi^2 E}{12(1-\nu^2)}\left(\frac{t_w}{h_0}\right)^2$,屈曲系数$\beta_\sigma$取决于$\alpha_0$和剪应力的影响。

由公式(50)可知,剪应力将降低腹板的屈曲应力。但当$\alpha_0 \leq 1$时,τ/σ_m(σ_m为弯曲压应力)值的变化对腹板的屈曲应力影响很少。根据压弯构件的设计资料,可取$\tau/\sigma = 0.3$作为计算腹板屈曲应力的依据。

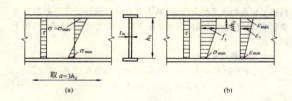

图17 腹板的应力和应变

在正应力与剪应力联合作用下,腹板的弹性屈曲应力,可用下式表达:

$$\sigma_{cr} = \beta_c\frac{\pi^2 E}{12(1-\nu^2)}\left(\frac{t_w}{h_0}\right)^2 \quad (51)$$

式中 β_c——正应力与剪应力联合作用时的弹性屈曲系数。

现在我们利用公式(51)来求出h_0/t_w的最大限值。当$\alpha_0 = 2$(无轴心力)和$\tau/\sigma_m = 0.3$时,即$\tau/\sigma = 0.15\sigma_m$时,可由相关公式(50)求得弹性屈曲系数$\beta_c = 15.012$。将此值代入公式(51)中,并取$\sigma_{cr} = \sigma_{max} = 0.95 f_y$,得$h_0/t_w = 111.79\sqrt{235/f_y}$。但是当$\alpha_0 = 2$且$\sigma_{max}$为最大值时,剪应力$\tau$通常较小,可取$\tau/\sigma_m = 0.2$,得$\beta_c = 18.434$;仍取$\sigma_{cr} = 0.95 f_y$,则$h_0/t_w = 124\sqrt{235/f_y}$。所以,压弯构件中以$h_0/t_w \approx 120\sqrt{235/f_y}$作为弹性腹板的最大限值是适宜的。

在很多压弯构件中,腹板是在弹塑性状态屈曲的(图17b),应根据板的弹塑性屈曲理论进行计算,其屈曲应力σ_{cr}可用下式表达:

$$\sigma_{cr} = \beta_p\frac{\pi^2 E}{12(1-\nu^2)}\left(\frac{t_w}{h_0}\right)^2 \quad (52)$$

式中 β_p为四边简支板在不均匀压应力与剪应力联合作用下

的弹塑性屈曲系数,其值取决于应力比 τ/σ、应变梯度 $\alpha = \dfrac{\varepsilon_{\max}-\varepsilon_{\min}}{\varepsilon_{\max}}$ 和板边缘的最大割线模量 E_s,而割线模量又取决于腹板的塑性发展深度 μh_0。当 $\mu \leqslant (2-\alpha)/\alpha$ 时,由图17b中的几何关系,$E_s = (1-\alpha\mu)E$;当 $\mu > (2-\alpha)/\alpha$ 时,$E_s = 0.5(1-\mu)E$。

E_s 与 β_p 之间的关系见表8。在计算 τ、σ 和 α_0 时都是按无限弹性板考虑的。

表8 四边简支板的弹塑性屈曲系数 β_p(当 $\tau/\sigma_m=0.3$ 时)

E_s/E α_0	1.0	0.9	0.8	0.7	0.6
0	4.000	3.003	2.683	2.369	2.047
0.2	4.435	3.393	3.036	2.665	2.300
0.4	4.970	3.874	3.465	3.050	2.630
0.6	5.640	4.477	4.006	3.527	3.042
0.8	6.467	5.222	4.681	4.126	3.561
1.0	7.507	6.152	5.536	4.892	4.233
1.2	8.815	7.317	6.629	5.886	5.117
1.4	10.393	8.671	7.944	7.117	6.238
1.6	12.150	10.080	9.391	8.526	7.576
1.8	13.800	11.322	10.812	9.985	8.997
2.0	15.012	11.988	11.651	10.951	10.079

在压弯构件中,μh_0 取决于构件的长细比 λ 和应变梯度 α(或应力梯度 α_0)。显然计算 E_s/E 的过程比较复杂。对于工字形截面,可将 μ 取为定值,用 $\mu = 0.25$,即可得到与 α_0 对应的 E_s/E 和 β_p。由下式可以算得 h_0/t_w 的限值:

$$\sigma_{cr} = \beta_p \frac{\pi^2 E}{12(1-\nu^2)}\left(\frac{t_w}{h_0}\right)^2 = f_y \qquad (53)$$

h_0/t_w 与 α_0 的关系是曲线形式。为了便于计算采用两根直线代替:

当 $0 \leqslant \alpha_0 \leqslant 1.6$ 时:

$$\frac{h_0}{t_w} = (16\alpha_0 + 50)\sqrt{\frac{235}{f_y}} \qquad (54)$$

当 $1.6 < \alpha_0 \leqslant 2.0$ 时:

$$\frac{h_0}{t_w} = (48\alpha_0 - 1)\sqrt{\frac{235}{f_y}} \qquad (55)$$

但是此四边简支板是压弯构件的腹板,其受力大小应与构件的长细比 λ 有关,而且当 $\alpha_0 = 0$ 时 h_0/t_w 的限值应与轴心受压构件的腹板相同;当 $\alpha_0 = 2$ 时,h_0/t_w 应与受弯构件及剪应力影响的腹板高厚比基本一致。因此采用规范公式(5.4.2-2)和公式(5.4.2-3)来确定压弯构件腹板的高厚比(详细推导可参见李从勤写的"对称截面偏心压杆腹板的屈曲",载于《西安冶金建筑学院学报》,1984年1期)。

5.4.3 箱形截面的轴心压杆:翼缘和腹板都可认为是均匀受压的四边支承板。计算屈曲应力时,认为板件之间没有嵌固作用。计算方法与本规范第5.4.2条中的轴心受压构件腹板相同。但为了便于设计,近似地将宽厚比限值取为定值,没有和长细比发生联系。

箱形截面的压弯构件,腹板屈曲应力的计算方法与工字形截面的腹板相同。但是考虑到腹板的嵌固条件不如工字形截面,两块腹板的受力状况也可能不完全一致,为安全计,采用本规范公式(5.4.2-2)或公式(5.4.2-3)的限值乘以0.8。

5.4.4 T形截面腹板的悬伸宽厚比通常比翼缘大得多。当为轴心受压构件时,腹板局部屈曲受到翼缘的约束。原规范对此腹板采用与工字形截面翼缘相同的限值,过分保守。经过理论分析(详见陈绍蕃"T形截面压杆的腹板局部屈曲",《钢结构》2001年2期)和试验验证,将腹板宽厚比限值适当放宽。考虑到焊接T形截面几何缺陷和残余应力都比热轧T型钢不利,采用了相对低一些的限值。

对T形截面的压弯构件,当弯矩使翼缘受压时,腹板处于比轴心压杆更有利的地位,可以采用与轴压相同的高厚比限值。但当弯矩使腹板自由边受压时,腹板处于较为不利的地位。由于这方面未做新的研究工作,仍保留GBJ 17—88规范的规定。

5.4.5 受压圆管管壁在弹性范围局部屈曲临界应力理论值很大。但是管壁局部屈曲与板件不同,对缺陷特别敏感,实际屈曲应力比理论值低得多。参考我国薄壁型钢规范和国外有关规范的规定,不分轴心或压弯构件,统一采用 $d/t \leqslant 100(235/f_y)$。

5.4.6 对于H形、工字形和箱形截面的轴心受压构件和压弯构件,当腹板的高厚比不满足本规范第5.4.2条或第5.4.3条的要求时,可以根据腹板屈曲后强度的概念,取与翼缘连接处的一部分腹板截面作为有效截面。

6 疲劳计算

6.1 一般规定

6.1.1 本条阐明本章的适用范围是直接承受动力荷载重复作用的钢结构,当其荷载产生应力变化的循环次数 $n \geqslant 5 \times 10^4$ 时的高周疲劳计算。需要进行疲劳计算的循环次数,原规范规定为 $n \geqslant 10^5$ 次,考虑到在某些情况下可能不安全,参考国外规定并结合建筑钢结构的实际情况,改为 $n \geqslant 5 \times 10^4$ 次。

6.1.2 本条说明本章的适用范围为在常温、无强烈腐蚀作用环境中的结构构件和连接。

对于海水腐蚀环境、低周-高应变疲劳等特殊使用条件中疲劳破坏的机理与表达式各有特点,分别另属专门范畴;高温下使用和焊后经回火消除焊接残余应力的结构构件及其连接则有不同于本章的疲劳强度值,均应另行考虑。

6.1.3 本章采用荷载标准值按容许应力幅进行计算,是因为现阶段对不同类型构件连接的疲劳裂缝形成、扩展以至断裂这一全过程的极限状态,包括其严格的定义和影响发展过程的有关因素都还研究不足,掌握的疲劳强度数据只是结构抗力表达式中的材料强度部分,为此现仍按容许应力法进行验算。

为适应焊接结构在钢结构中日趋优势的状况,本章采用目前已为国际上公认的应力幅计算表达式。多年来国内外的试验研究和理论分析证实:焊接及随后的冷却,构成不均匀热循环过程,使焊接结构内部产生自相平衡的内应力,在焊缝附近出现局部的残余拉应力高峰,横截面其余部分则形成残余压应力与之平衡。焊接残余拉应力最高峰值往往可达到钢材的屈服强度。此外,焊接连接部位因截面改变原状,总会产生不同程度的应力集中现象。残余应力和应力集中两个因素的同时存在,使疲劳裂缝发生于焊缝熔合线的表面缺陷处或焊缝内部缺陷处,然后沿垂直于外力作用方向扩展,直到最后断裂。产生裂缝部位的实际应力状态与名义应力有很大差别,在裂缝形成过程中,循环内应力的变化是以高达钢材屈服强度的最大内应力为起点,往下波动应力幅 $\Delta\sigma = \sigma_{\max} - \sigma_{\min}$ 与该处应力集中系数的乘积。此处 $\sigma_{\max}$ 和 $\sigma_{\min}$ 分别为名义最大应力和最小应力,在裂缝扩展阶段,裂缝扩展速率主要受控于该处的应力幅值。各国试验数据相继证明,多数焊接连接类别的疲劳强度当用 $\Delta\sigma$ 表示式进行统计分析时,几乎是与名义的最大应力比根本无关,因此与过去用最大名义应力 $\sigma_{\max}$ 相比,焊接结构采用应力幅 $\Delta\sigma$ 的计算表达式更为合理。

试验证明,钢材静力强度的不同,对大多数焊接连接类别的疲劳强度并无显著差别,仅在少量连接类别(如轧制钢材的主体金属、经切割加工的钢材和对接焊缝经严密检验和细致的表面加工时)的疲劳强度有随钢材强度提高稍增加的趋势,而这些连接类别一般不在构件疲劳计算中起控制作用。因此,为简化表达式,可认为所有类别的容许应力幅都与钢材静力强度无关,即疲劳强度所控制的构件,采用强度较高的钢材是不经济的。

连接类别是影响疲劳强度的主要因素之一,主要是因为它将引起不同的应力集中(包括连接的外形变化和内在缺陷影响)。设计中应注意尽可能不采用应力集中严重的连接构造。

容许应力幅数值的确定,是根据疲劳试验数据统计分析而得,在试验结果中已包括了局部应力集中可能产生屈服区的影响,因而整个构件可按弹性工作进行计算。连接形式本身的应力集中不予考虑,其他因断面突变等构造产生应力集中应另行计算。

按应力幅概念计算,承受压应力循环与承受拉应力循环是完全相同的,而国外试验资料中也有在压应力区发现疲劳开裂的现象,但鉴于裂缝形成后,残余应力即自行释放,在全压应力循环中裂缝不会继续扩展,故可不予验算。

6.2 疲劳计算

6.2.1 本条文提出常幅疲劳验算公式(6.2.1-1)和验算所需的疲劳容许应力幅计算公式(6.2.1-2)。

常幅疲劳系指重复作用的荷载值基本不随时间随机变化,可近似视为常量,因而在所有的应力循环次数内应力幅恒等。验算时只需将应力幅与所需循环次数对应的容许应力幅比较即可。

考虑到非焊接构件和连接与焊接者之间的不同,即前者一般不存在很高的残余应力,其疲劳寿命不仅与应力幅有关,也与名义最大应力有关。因此,在常幅疲劳计算公式内,引入非焊接部位折算应力幅,以考虑 σ_{max} 的影响。折算应力幅计算公式为:

$$\Delta\sigma = \sigma_{max} - 0.7\sigma_{min} \leq [\Delta\sigma] \quad (56)$$

若按 σ_{max} 计算的表达式为:

$$\sigma_{max} \leq \frac{[\sigma_0^p]}{1-k\dfrac{\sigma_{min}}{\sigma_{max}}} \quad (57)$$

即:

$$\sigma_{max} - k\sigma_{min} \leq [\sigma_0^p] \quad (58)$$

式中 k——系数,按 TJ 17—74 规范规定:对主体金属:3号钢取 $k=0.5$,16Mn 钢取 $k=0.6$;角焊缝:3号钢取 $k=0.8$,16Mn 钢取 $k=0.85$;

$[\sigma_0^p]$——应力比 $\rho(\rho=\sigma_{min}/\sigma_{max})=0$ 时的疲劳容许拉应力,其值与 $[\Delta\sigma]$ 相当。

在 TJ 17—74 规范中,$[\sigma_0^p]$ 考虑了欠载效应系数 1.15 和动力系数 1.1,故其值较高。但本条仅考虑常幅疲劳,应取消欠载系数,且 $[\Delta\sigma]$ 是试验值,已包含动载效应,所以亦不考虑动力系数。因此 $[\Delta\sigma]$ 的取值相当于 $[\sigma_0^p]/(1.15\times 1.1)=0.79[\sigma_0^p]$。另外,规范 GBJ 17—88 以高强度螺栓摩擦型连接和带孔试件为代表,将试验数据统计分析,取 $k=0.7$。因此得:

$$\Delta\sigma = \sigma_{max} - 0.7\sigma_{min} \quad (59)$$

常幅疲劳容许应力幅[本规范公式(6.2.1-2)和表 6.2.1]是基于两方面的工作,一是收集和汇总各种构件和连接形式的疲劳试验资料;二是以几种主要的形式为出发点,把众多的构件和连接形式归纳分类,每种具体连接以其所属类别给出疲劳曲线和有关系数。为进行统计分析工作,汇集了国内现有资料,个别连接形式(如 T 形对接焊等)适当参考国外资料。

根据不同钢号、不同尺寸的同一连接形式的所有试验资料,汇总后按应力幅计算式重新进行统计分析,以 95% 置信度取 2×10^6 次疲劳应力幅下限值。例如,用工字腹梁中起控制作用的横向加劲肋予以说明,共收集了九批试验资料,包括 3 号钢、16Mn 钢、15MnV 钢三种钢号,板厚从 12~50mm 的试件和部分小梁,统计结果得 200 万次平均疲劳强度为 $132N/mm^2$,保证 95% 置信度的下限为 $100N/mm^2$。疲劳曲线在双对数坐标中斜率为 -3.16 的直线。这几个基本参数是确定连接分类及其特征 $[\Delta\sigma]$-N 曲线的依据和出发点。

按各种连接形式疲劳强度的统计参数[非焊接连接形式考虑了最大应力(应力比)实际存在的影响],以构件主体金属、高强度螺栓连接、带孔、翼缘焊缝、横向加劲肋、横向角焊缝连接和节点板连接等几种主要形式为出发点,适当照顾 $[\Delta\sigma]$-N 曲线族的等间隔设置,把连接方式和受力特点相似、疲劳强度相近的形式归成同一类,最后如本规范附录 E 所示,构件和连接分类有八种。分类后,需要确定疲劳曲线斜率值,根据试验结果,绝大多数焊接连接的斜率在 -3.0~-3.5 之间,部分介于 -2.5~-3.0 之间,构件主体金属和非焊接连接则按斜率小于 -4,为简化计算取用 $\beta=3$ 和 $\beta=4$ 两种,而在 $n=2\times 10^6$ 次疲劳强度取值上略予调整,以免在低循环次数出现疲劳强度过高的现象。$[\Delta\sigma]$-N 曲线族确定后(本规范表 6.2.1),可据此求出任何循环次数下的容许应力幅 $[\Delta\sigma]$。

这次修订仅将原规范的"构件和连接分类"表中项次 5 梁翼缘连接焊缝附近主体金属的类别作了补充和调正。

6.2.2 实际结构中重复作用的荷载,一般并不是固定值,若能预测或估算结构的设计应力谱,则按本规范第 6.2.3 条对吊车梁的处理手法,也可将变幅疲劳转换为常幅疲劳计算。在缺乏可用资料时,则只能近似地按常幅疲劳验算。

6.2.3 本条文提出适用于重级工作制吊车梁和重级、中级工作制吊车桁架的疲劳计算公式(6.2.3)。

为掌握吊车梁的实际应力情况,我们实测了一些有代表性车间,根据吊车梁应力测定资料,按雨流法进行应力幅频次统计,得到几种主要车间吊车梁的设计应力谱以及用应力循环次数表示的结构预期寿命。

设计应力谱包括应力幅水平 $\Delta\sigma_1$、$\Delta\sigma_2$……$\Delta\sigma_i$……及对应的循环次数 n_1、n_2……n_i……(统计分析时应力幅水平分级一般取为 10,即 $i\rightarrow 10$),然后按目前国际上通用的 Miner 线性累积损伤原理进行计算,其原理如下:

连接部位在某应力幅水平 $\Delta\sigma_i$ 作用有 n_i 次循环,常幅疲劳对应 $\Delta\sigma_i$ 的疲劳寿命为 N_i,则在 $\Delta\sigma_i$ 应力幅所占损伤率为 n_i/N_i,对设计应力谱内所有应力幅均作相同计算,则得:

$$\sum \frac{n_i}{N_i} = \frac{n_1}{N_1} + \frac{n_2}{N_2} + \cdots\cdots + \frac{n_i}{N_i} + \cdots\cdots$$

从工程应用角度,粗略地可认为当 $\sum \dfrac{n_i}{N_i}=1$ 时产生疲劳破坏。现设想另有一常幅疲劳,应力幅为 $\Delta\sigma_e$,应力循环 $\sum n_i$ 次后也产生疲劳破坏,若连接的疲劳曲线为:

$$N[\Delta\sigma]^\beta = C$$

对每一级应力幅水平均有:

$$N_i[\Delta\sigma_i]^\beta = C$$

同理有:

$$\sum n_i \cdot [\Delta\sigma_e]^\beta = C$$

代入 $\sum \dfrac{n_i}{N_i}=1$ 计算式,简化得到:

$$\Delta\sigma_e = \left[\frac{\sum n_i (\Delta\sigma_i)^\beta}{\sum n_i}\right]^{1/\beta}$$

此公式即是变幅疲劳的等效应力幅计算式[即本规范公式(6.2.2-2)]。

计算累积损伤时还涉及 $[\Delta\sigma]$-N 曲线形状及截止应力问题。众所周知,各类连接在常幅疲劳情况下存在各自的疲劳极限,参照国外有关标准的建议,可把 $n=5\times 10^6$ 次视为各类连接疲劳极限对应的循环次数。但在变幅疲劳计算中,常幅疲劳的疲劳极限并不适用,需另行考虑。其原因是随着疲劳裂缝的扩展,一些低于疲劳极限的低应力幅也将陆续成为扩展应力幅而加速疲劳损伤。与高应力幅不同,低应力幅的扩展作用不是一开始就有的。考虑低应力幅作用的处理手法较多,有取用分段 $\Delta\sigma$-N 曲线,有另行确定低于疲劳极限的截止应力,以及延长 $\Delta\sigma$-N 曲线取截止应力为零等。经对比计算表明(选择 7 种设计寿命和 8 种应力谱型,共计 56 种情况):考虑低应力幅损伤作用最简便方法是取截止应力为零,即将高低应力幅不加区别地同等对待,这样处理的结果在精度上也是令人满意的,与某些精确方法相比,相对误差小于5%,且偏于安全。

按上述原理推算各类车间实测吊车梁的等效应力幅 $\alpha_f \Delta\sigma$,此处 $\Delta\sigma$ 为设计应力谱中最大的应力幅;α_f 为变幅荷载的欠载效应系数。因不同车间实测的应力循环次数不同,为便于比较,统一以 $n=2\times10^6$ 次疲劳强度为基准,进一步折算出相对的欠载系数 α_f,结果如表9所示:

表9 不同车间的欠载效应等效系数

车间名称	推算的50年内应力循环次数	欠载效应系数 α_f	以 $n=2\times10^6$ 次为基准的欠载效应等效系数 α_f
某钢厂850车间(第一次测)	9.68×10^6	0.56	0.94
某钢厂850车间(第二次测)	12.4×10^6	0.48	0.88
某钢厂炼钢车间	6.81×10^6	0.42	0.64
某钢厂炼钢厂	4.83×10^6	0.60	0.81
某重机厂水压机车间	9.90×10^6	0.40	0.68

分析测定数据时,都将最大实测值视为吊车满负荷设计应力 $\Delta\sigma$,然后划分应力幅水平级别。事实上,实测应力与设计应力相比,随车间生产工艺不同(吊车吊重物后,实际运行位置与设计采用的最不利位置不完全相符)而有悬殊差异。例如均热炉车间正常的最大实测应力为设计应力的80%以上,炼钢车间吊车为设计应力的50%左右,而水压机车间仅为设计应力的30%。

考虑到实测条件中的应力状态,难以包括长期使用时各种错综复杂的状况,忽略这一部分欠载效应是偏于安全的。

根据实测结果,提出本规范表6.2.3-1的 α_f 值:硬钩吊车取用1.0,重级工作制软钩吊车为0.8。有关中级工作制吊车桁架需要进行疲劳验算的规定,是由于实际工程中确有使用尚属频繁而满负荷率较低的一些吊车(如机械工厂的金工、锻工等车间),特别是当采用吊车桁架时,有补充疲劳验算的必要,故根据以往分析资料(中级工作制欠载约为重级工作制的1.3倍)推算出相应于 $n=2\times10^6$ 次的 α_f 值为0.5。至于轻级工作制吊车梁和吊车桁架以及大多数中级工作制吊车梁,根据多年来使用的情况和设计经验,可不进行疲劳计算。

7 连接计算

7.1 焊缝连接

7.1.1 本条是为适应实际需要而新增的条款。条文对焊缝质量等级的选用作了较具体的规定,这是多年实践经验的总结。众所周知,焊缝的质量等级是《钢结构工程施工及验收规范》GBJ 205—83首先规定的。该规范及其修订说明颁布施行以来,很多设计单位即参照该施工规范修订说明第3.4.11条中对焊缝质量等级选用的建议和魏明钟教授编著的《钢结构设计新规范应用讲评》(1991年版)中对焊缝质量等级选用的意见进行设计的,但仍有一些设计人员由于对规范理解不深,在施工图中往往对焊缝质量提出不合理的要求,给施工造成困难。为避免设计中的某些模糊认识,特新增加本条的规定。本条内容实质上是对过去工程实践经验的系统总结,并根据规范修订过程中收集到的意见加以补充修改而成。条文所遵循的原则为:

1 焊缝质量等级主要与其受力情况有关,受拉焊缝的质量等级要高于受压或受剪的焊缝;受动力荷载焊缝的质量等级要高于受静力荷载的焊缝。

2 凡对接焊缝,除非作为角焊缝考虑的部分熔透的焊缝外,一般都要求熔透并与母材等强,故需要进行无损探伤。因此,对接焊缝的质量等级不宜低于二级。

3 在建筑钢结构中,角焊缝一般不进行无损探伤检验,但外观缺陷的等级(见现行国家标准《钢结构工程施工质量验收规范》GB 50205 附录A)可按实际需要选用二级或三级。

4 根据现行国家标准《焊接术语》GB/T 3375—94,凡T形、十字或角接接头的对接焊缝基本上都没有焊脚,这不符合建筑钢结构对这类接头焊缝截面形状的要求。为避免混淆,对上述对接焊缝应一律按《焊接术语》书写为"对接和角接组合焊缝"(下同)。

最后需强调的是本条规定与本规范表3.4.1-3的关系问题。本条是供设计人员如何根据焊缝的重要性、受力情况、工作条件和设计要求等对焊缝质量等级的选用作出原则和具体规定,而表3.4.1-3则是根据对焊缝的不同质量等级对各种受力情况下的强度设计值作出规定,这是两种性质不同的规定。在表3.4.1-3中,虽然受压和受剪的对接焊缝不论其质量等级如何均具有相同的强度设计值,但不能据此就误认为这种焊缝可以不考虑其重要性和其他条件而一律采用三级焊缝。正如质量等级为一、二级的受拉对接焊缝虽具有相同的强度设计值,但设计时不能据此一律选用二级焊缝的情况相同。

另外,为了在工程质量标准上与国际接轨,对要求熔透的与母材等强的对接焊缝(不论是承受动力荷载或静力荷载,亦不论是受拉或受压),其焊缝质量等级均不宜低于二级,因为在《美国钢结构焊接规范》AWS对上述焊缝的质量均要求进行无损探伤,而我国规范对三级焊缝是不进行无损探伤的。

7.1.2 凡要求等强的对接焊缝施焊时均应采用引弧板和引出板,以避免焊缝两端的起、落弧缺陷。在某些特殊情况下无法采用引弧板和引出板时,计算每条焊缝长度时应减去2t(t为焊件的较小厚度),因为缺陷长度与焊件的厚度有关,这是参照前苏联钢结构设计规范的规定。

7.1.3 角焊缝两焊脚边夹角为直角的称为直角角焊缝,两焊脚边夹角为锐角或钝角的称为斜角角焊缝。本条文规定的计算方法仅适用于直角角焊缝的计算。

角焊缝按它与外力方向的不同可分为侧面焊缝、正面焊缝、斜焊缝以及由它们组合而成的围焊缝。由于角焊缝的应力状态极为复杂,因而建立角焊缝计算公式要靠试验分析。国内外的大量试验结果证明,角焊缝的强度和外力的方向有直接关系。其中,侧面焊缝的强度最低,正面焊缝的强度最高,斜焊缝的强度介于二者之间。

国内对直角角焊缝的大批试验结果表明:正面焊缝的破坏强度是侧面焊缝的1.35~1.55倍。并且通过有关的试验数据,通过加权回归分析和偏于安全方面的修正,对任何方向的直角角焊缝的强度条件可用下式表达(图18):

$$\sqrt{\sigma_\perp^2+3(\tau_\perp^2+\tau_\parallel^2)}\leq\sqrt{3}f_f^w \tag{60}$$

式中 $\sigma_\perp$——垂直于焊缝有效截面($h_e l_w$)的正应力;
$\tau_\perp$——有效截面上垂直焊缝长度方向的剪应力;
$\tau_\parallel$——有效截面上平行于焊缝长度方向的剪应力;
f_f^w——角焊缝的强度设计值(即侧面焊缝的强度设计值)。

公式(60)的计算结果与国外的试验和推荐的计算方法是相符的。

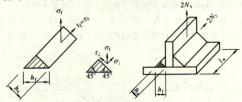

图18 角焊缝的计算

现将公式(60)转换为便于使用的计算式,如图18所示,令 σ_f 为垂直于焊缝长度方向按焊缝有效截面计算的应力:

$$\sigma_f=\frac{N_x}{h_e l_w}$$

它既不是正应力也不是剪应力,但可分解为:

$$\sigma_\perp=\frac{\sigma_f}{\sqrt{2}},\quad \tau_\perp=\frac{\sigma_f}{\sqrt{2}}$$

又令 τ_f 为沿焊缝长度方向按焊缝有效截面计算的剪应力,显然

$$\tau_{\parallel}=\tau_{\mathrm{f}}=\frac{N_y}{h_e l_w}$$

将上述 $\sigma_{\perp}$、$\tau_{\perp}$、$\tau_{\parallel}$ 代入公式(60)中,得:

$$\sqrt{\left(\frac{\sigma_{\mathrm{f}}}{\beta_{\mathrm{f}}}\right)^2+\tau_{\mathrm{f}}^2}\leqslant f_{\mathrm{f}}^w \quad (61)$$

式中 β_{f}——正面角焊缝强度的增大系数,$\beta_{\mathrm{f}}=1.22$。

对正面角焊缝,$N_y=0$,只有垂直于焊缝长度方向的轴心力 N_x 作用:

$$\sigma_{\mathrm{f}}=\frac{N_x}{h_e l_w}\leqslant\beta_{\mathrm{f}} f_{\mathrm{f}}^w \quad (62)$$

对侧面角焊缝,$N_x=0$,只有平行于焊缝长度方向的轴心力 N_y 作用:

$$\tau_{\mathrm{f}}=\frac{N_y}{h_e l_w}\leqslant f_{\mathrm{f}}^w \quad (63)$$

以上就是规范中公式(7.1.3-1)至公式(7.1.3-3)的来源。对承受静力荷载和间接承受动力荷载的结构,采用上述公式,令 $\beta_{\mathrm{f}}=1.22$,可以保证安全。但对直接承受动力荷载的结构,正面角焊缝强度虽高但刚度较大,应力集中现象也较严重,又缺乏足够的试验依据,故规定取 $\beta_{\mathrm{f}}=1.0$。

当垂直于焊缝长度方向的应力有分别垂直于焊缝两个直角边的应力 $\sigma_{\mathrm{f}x}$ 和 $\sigma_{\mathrm{f}y}$ 时(图19),可从公式(60)导出下式:

$$\sqrt{\frac{\sigma_{\mathrm{f}x}^2+\sigma_{\mathrm{f}y}^2-\sigma_{\mathrm{f}x}\sigma_{\mathrm{f}y}}{\beta_{\mathrm{f}}^2}+\tau_{\mathrm{f}}^2}\leqslant f_{\mathrm{f}}^w \quad (64)$$

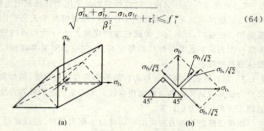

图19 角焊缝 $\sigma_{\mathrm{f}x}$、$\sigma_{\mathrm{f}y}$ 和 τ_{f} 共同作用

式中对使用焊缝有效截面受拉的 $\sigma_{\mathrm{f}x}$ 或 $\sigma_{\mathrm{f}y}$ 取为正值,反之取负值。

由于此种受力复杂的角焊缝我们还研究得不够,在工程实践中又极少遇到,所以未将此种情况列入规范。不过我们建议,这种角焊缝宜采用不考虑应力方向的计算式进行计算,即:

$$\sqrt{\sigma_{\mathrm{f}x}^2+\sigma_{\mathrm{f}y}^2+\tau_{\mathrm{f}}^2}\leqslant f_{\mathrm{f}}^w \quad (65)$$

另外,角焊缝的计算长度在这次修订时改为实际长度减去 $2h_{\mathrm{f}}$(原规范为10mm),这不仅更符合实际且与《冷弯薄壁型钢结构技术规范》GB 50018 相一致。

7.1.4 在T形接头直角和斜角角焊缝的强度计算中,原规范忽略了在接头处根部间隙 $b>1.5$mm 后对焊缝计算厚度 h_e 带来的影响,另外,对两焊脚边夹角 α 又没有加以限制,不合理。今参照美国焊接规范(AWS)并与我国《建筑钢结构焊接技术规程》JGJ 81 进行协调后,对条文进行了修改。规定锐角角焊缝 $\alpha \geqslant 60°$,钝角 $\alpha \leqslant 135°$(见 8.2.6 条),并参照 AWS 1998 附录Ⅱ的计算公式,T形接头焊缝的计算厚度应按图20中的 h_{e1} 或 h_{e2} 取用。

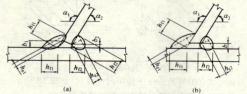

图20 T形接头的根部间隙和焊缝截面
b—根部间隙;h_{f}—焊脚尺寸;h_e—焊缝计算厚度

由图20中几何关系可知

在锐角 α_2 一侧,$h_{e2}=\left[h_{\mathrm{f}2}-\dfrac{b(\text{或}b_2)}{\sin\alpha_2}\right]\dfrac{\cos\alpha_2}{2}$ (66a)

在钝角 α_1 一侧,$h_{e1}=\left[h_{\mathrm{f}1}-\dfrac{b(\text{或}b_1)}{\sin\alpha_1}\right]\dfrac{\cos\alpha_1}{2}$ (66b)

由此可得斜角角焊缝计算厚度 h_{ei} 的通式:

$$h_{ei}=\left[h_{\mathrm{f}i}-\frac{b(\text{或}b_1,b_2)}{\sin\alpha_i}\right]\frac{\cos\alpha_i}{2} \quad (67)$$

当 $b_i \leqslant 1.5$mm 时,可取 $b_i=0$,代入公式(67)后,即得 $h_{ei}=h_{\mathrm{f}i}\cos\alpha_i/2$。

当 $b_i \geqslant 5$mm 时,焊缝质量不能保证,应采取专门措施解决。一般是图20(a)中的 b_1 可能大于 5mm,则可将板边切成图20(b)的形式,并使 $b \leqslant 5$mm。

对于斜T形接头的角焊缝,在设计图中应绘制大样,详细标明两侧角焊缝的焊脚尺寸。

7.1.5 部分焊透的对接焊缝,包括图7.1.5c 的部分焊透的对接与角接组合焊缝(按《焊接术语》GB/T 3375—94),其工作情况与角焊缝类似,仍按本规范公式(7.1.3-1)至公式(7.1.3-3)计算焊缝强度,但取 $\beta_{\mathrm{f}}=1.0$,即不考虑应力方向。

考虑到 $\alpha \geqslant 60°$ 的V形坡口,焊缝根部可以焊满,故取 $h_e=s$;当 $\alpha<60°$ 时,取 $h_e=0.75s$ 是考虑焊缝根部不易焊满和在熔合线上强度较低的情况。

这次修订时,参照 AWS 1998,并与《建筑钢结构焊接技术规程》JGJ 81 相协调,将单边V形和K形坡口(图7.1.5b、c),从V形坡口中分离出来,单独立项,并补充规定了这种焊缝计算厚度的计算方法。

严格说,上述各种焊缝的计算厚度应根据焊接方法、坡口形式及尺寸和焊缝位置的不同分别确定,详见《建筑钢结构焊接技术规程》JGJ 81。由于差别较小,本条采用了简化的表达方式,其计算结果与焊接技术规程基本相同。

另外,由于熔合线上的焊缝强度比有效截面处低约10%,所以规定为:当熔合线处焊缝截面边长等于或接近于最小距离 s 时,抗剪强度设计值应按角焊缝的强度设计值乘以 0.9。对于垂直于焊缝长度方向受力的不予焊透对接焊缝,因取 $\beta_{\mathrm{f}}=1.0$,已具有一定的潜力,此种情况不再乘 0.9。

在垂直于焊缝长度方向的压力作用下,由于可以通过焊件直接传递一部分内力,根据试验研究,可将强度设计值乘以1.22,相当于取 $\beta_{\mathrm{f}}=1.22$,而且不论熔合线处焊缝截面边长是否等于最小距离 s,均可如此处理。

7.2 紧固件(螺栓、铆钉等)连接

7.2.1 公式(7.2.1-8)和公式(7.2.1-10)的相关公式是保证普通螺栓或铆钉的杆轴不致在剪力和拉力联合作用下破坏;公式(7.2.1-9)和公式(7.2.1-11)是保证连接板件不致因承压强度不足而破坏。

7.2.2 本条为高强度螺栓摩擦型连接的要求。

1 高强度螺栓摩擦型连接是靠被连接板叠间的摩擦阻力传递内力,以摩擦阻力刚被克服作为连接承载能力的极限状态。摩擦阻力值取决于板叠间的法向压力即螺栓预拉力 P、接触表面的抗滑移系数 μ 以及传力摩擦面数目 n_{f},故一个摩擦型高强度螺栓的最大受剪承载力为 $n_{\mathrm{f}}\mu P$ 除以抗力分项系数1.111,即得:

$$N_v^b=0.9n_{\mathrm{f}}\mu P \quad (68)$$

2 关于表 7.2.2-1 的抗滑移系数,这次修订时增加了 Q420 钢的 μ 值,一般来说,钢材强度愈高 μ 值越大。另外,通过近十余年的实践经验证明,原规范规定的当接触面处理为喷砂(丸)或喷砂(丸)后生赤锈时对 Q345 钢、Q390 钢所取的 $\mu=0.55$ 过高,在实际工程中常达不到,现在改为 $\mu=0.5$(含 Q420 钢)。

考虑到酸洗除锈在建筑结构上很难做到,即使小型构件能用酸洗,但往往有残存的酸液会继续腐蚀摩擦面,故未列入。

在实际工程中,还可能采用砂轮打磨(打磨方向应与受力方向垂直)等接触面处理方法,其抗滑移系数应根据试验确定。

另外,按规范公式(7.2.2-1)计算时,没有限定板束的总厚度和连接板叠的块数,当总厚度超出螺栓直径的10倍时,宜在工程中进行试验以确定施工时的技术参数(如转角法的转角)以及抗剪

承载力。

3 关于高强度螺栓预拉力 P 的取值：高强度螺栓的预拉力 P 值原规范是基于螺栓的屈服强度确定的。因 8.8 级螺栓的屈服强度 $f_y=660N/mm^2$，所算得的 P 值低于国外规范的相应值，以致 8.8 级螺栓摩擦型连接的承载力有时（$\mu\leqslant 0.4$ 时）甚至低于相同直径普通螺栓的抗剪承载力。考虑到高强度螺栓没有明显的屈服点，这次修订时参照国外经验改为预拉力 P 值以螺栓的抗拉强度为准，再考虑必要的系数，用螺栓的有效截面计算确定。

拧紧螺栓时，除使螺栓产生拉应力外，还产生剪应力。在正常施工条件下，即螺母的螺纹和下支承面涂黄油润滑剂的条件下，或在供货状态原润滑剂未干的情况下拧紧螺栓时，试验表明可考虑对应力的影响系数为 1.2。

考虑螺栓材质的不均匀性，引进一折减系数 0.9。

施工时为了补偿螺栓预拉力的松弛，一般超张拉 5%～10%，为此采用一个超张拉系数 0.9。

由于以螺栓的抗拉强度为准，为安全起见再引入一个附加安全系数 0.9。

这样高强度螺栓预拉力值应由下式计算：

$$P=\frac{0.9\times 0.9\times 0.9}{1.2}f_u A_e \quad (69)$$

式中 f_u——螺栓经热处理后的最低抗拉强度；对 8.8 级，取 $f_u=830N/mm^2$，对 10.9 级取 $f_u=1040N/mm^2$；

A_e——螺纹处的有效面积。

规范表 7.2.2-2 中的 P 值就是按公式(69)计算的（取 5kN 的整倍数值），计算结果与现行国家标准《冷弯薄壁型钢结构技术规范》GB 50018 相协调，但小于国外规范的规定值，AISC 1999 和 Eurocode 3 1993 均取预拉力 $P=0.7A_e f_u^b$，日本的取值亦与此相仿（《钢构造限界状态设计指针》1998）。

扭剪型螺栓虽然不存在超张拉问题，但国标中对 10.9 级螺栓连接副紧固轴力的最小值与本规范表 7.2.2-2 的 P 值基本相等，而此紧固轴力的最小值（即 P 值）却为其公称值的 0.9 倍。

4 关于摩擦型连接的高强度螺栓，其杆轴方向受拉的承载力设计值 $N_t^b=0.8P$ 问题：试验证明，当外拉力 N_t 过大时，螺栓将发生松弛现象，这样亦丧失了摩擦型连接高强度螺栓的优越性。为避免螺栓松弛并保留一定的余量，因此规范规定为：每个高强度螺栓在其杆轴方向的外拉力的设计值 N_t 不得大于 $0.8P$。

5 同时承受剪力 N_v 和栓杆轴向外拉力 N_t 的高强度螺栓摩擦型连接，其承载力可以采用直线相关公式表达如下［即本规范公式(7.2.2-2)］：

$$\frac{N_v}{N_v^b}+\frac{N_t}{N_t^b}\leqslant 1$$

式中 N_v^b——一个高强度螺栓抗剪承载力设计值，$N_v^b=0.9n_f\mu P$［即本规范公式(7.2.2-1)］；

N_t^b——一个高强度螺栓抗拉承载力设计值，$N_t^b=0.8P$（见本条说明第 4 款）。

将 N_v^b 和 N_t^b 代入本规范公式(7.2.2-2)，即可得到与 GBJ 17—88 相同的结果，$N_{v,t}^b=0.9n_f\mu(P-1.25N_t)$（GBJ 17—88 规范第 7.2.2 条，1～3 款）。

7.2.3 本条为高强度螺栓承压型连接的计算要求。

1 目前制造厂生产供应的高强度螺栓无用于摩擦型连接和承压型连接之分。当摩擦面处理方法相同且用于使螺栓受剪的连接时，从单个螺栓受剪的工作曲线（图 21）可以看出：当以曲线上的"1"作为连接受剪承载力的极限时，即仅靠板叠间的摩擦阻力传递剪力，这就是摩擦型的计算准则。但实际上此连接尚有较大的承载潜力。承压型高强度螺栓是以曲线的最高点"3"作为连接承载力极限，因此更加充分利用了螺栓的承载能力，按理可以节约 50%以上的螺栓。这次修订时降低了承压型连接对摩擦面的要求，即除应清除油污和浮锈外，不再要求做其他处理。其工作性质与

原先要求接触面处理与摩擦型连接相同时有所区别。

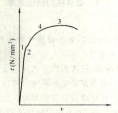

图 21 单个螺栓受剪时的工作曲线

因高强度螺栓承压型连接的剪切变形比摩擦型的大，所以只适于承受静力荷载或间接承受动力荷载的结构中。另外，高强度螺栓承压型连接在荷载设计值作用下将产生滑移，也不宜用于承受反向内力的连接。

2 由于高强度螺栓承压型连接是以承载力极限值作为设计准则，其最后破坏形式与普通螺栓相同，即栓杆被剪断或连接板被挤压破坏，因此其计算方法也与普通螺栓相同。但要注意：当剪切面在螺纹处时，其受剪承载力设计值应按螺栓螺纹处的有效面积计算（普通螺栓的抗剪强度设计值是根据连接的试验数据统计而定的，试验时不分剪切面是否在螺纹处，故普通螺栓没有这个问题）。

3 当承压型连接高强度螺栓沿杆轴方向受拉时，本规范表 3.4.1-4 给出了螺栓的抗拉强度设计值 $f_t^b\approx 0.48f_u^b$，抗拉承载力的计算公式与普通螺栓相同，本款亦适用于未施加预拉力的高强度螺栓沿杆轴方向受拉连接的计算。

4 同时承受剪力和杆轴方向拉力的高强度螺栓承压型连接：当满足规范公式(7.2.3-1)、(7.2.3-2)的要求时，可保证栓杆不致在剪力和拉力联合作用下破坏。

规范公式(7.2.3-2)是保证连接板件不因承压强度不足而破坏。由于只承受剪力的连接中，高强度螺栓对板叠有强大的压紧作用，使承压的板件孔前区形成三向压应力场，因而其承压强度设计值比普通螺栓的要高得多。但对受有杆轴方向拉力的高强度螺栓，板叠之间的压紧作用随外拉力的增加而减小，因而承压强度设计值也随之降低。承压型高强度螺栓的承压强度设计值是随外拉力的变化而变化的。为了计算方便，规范规定只要有外拉力作用，就将承压强度设计值除以 1.2 予以降低。所以规范公式(7.2.3-2)中右侧的系数 1.2 实质上是承压强度设计值的降低系数。计算 N_c^b 时，仍应采用本规范表 3.4.1-4 中的承压强度设计值。

5 由于已降低了承压型连接对摩擦面处理的要求，故原规范第 7.2.3 条第五款的要求即可取消。何况，此时在螺栓连接滑移时一般已不会发生响声。

7.2.4 当构件的节点处或拼接接头的一端，螺栓（包括普通螺栓和高强度螺栓）或铆钉的连接长度 l_1 过大时，螺栓或铆钉的受力很不均匀，端部的螺栓或铆钉受力最大，往往首先破坏，并将依次向内逐个破坏。因此规定当 $l_1>15d_0$ 时，应将承载力设计值乘以折减系数。

7.2.6 本条提出了为连接薄钢板用的新式连接件（紧固件），如自攻螺钉、拉铆钉和近年来由国外引进并已广泛应用于我国建筑业构件连接中为剪力连接件等用的射钉等。鉴于这些紧固件的设计计算及构造要求，在现行《冷弯薄壁型钢结构技术规范》GB 50018 中均有具体规定，故本条不再赘述。

7.3 组合工字梁翼缘连接

7.3.1 本条所列公式是工程中习用的方法，引入系数 β_f 是为了区分因荷载状态的不同使焊缝连接的承载力有差异。

对直接承受动力荷载的梁（如吊车梁），取 $\beta_f=1.0$；对承受静力荷载或间接承受动力荷载的梁（当集中荷载处无支承加劲肋时），取 $\beta_f=1.22$。

7.3.2 在公式(7.3.2)的等号右侧，原规范为 N_{min}^r，漏掉了紧固件的数目 n_1，现改为 $\leqslant n_1 N_{min}^r$，式中 n_1 为计算截面处的紧固件数。

7.4 梁与柱的刚性连接

本节为新增内容。

7.4.1 梁与柱刚性连接时，如不设置柱腹板的横向加劲肋，对柱腹板和翼缘厚度的要求是：

1 在梁受压翼缘处，柱腹板的厚度应满足强度和局部稳定的要求。公式(7.4.1-1)是根据梁受压翼缘与柱腹板在有效宽度 b_e 范围内等强的条件来计算柱腹板所需的厚度。计算时忽略了柱腹板向轴向(竖向)内力的影响，因为在主框架节点内，框架梁的支座反力主要通过柱翼缘传递，而连于柱腹板上的纵向梁的支座反力一般较小，可忽略不计。日本和美国均不考虑柱腹板竖向应力的影响。

公式(7.4.1-2)是根据柱腹板在梁受压翼缘集中力作用下的局部稳定条件，偏安全地采用的柱腹板宽厚比的限值。

2 柱翼缘板按强度计算所需的厚度 t_c 可用规范公式(7.4.1-3)表示，此式源于AISC，其他各国亦沿用之。现简要推演如下(图22):

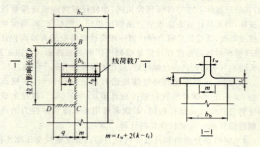

图22 柱翼缘在拉力下的受力情况

在梁受拉翼缘处，柱翼缘板受到梁翼缘传来的拉力 $T = A_{ft} f_b$ (A_{ft}为梁受拉翼缘截面积，f_b 为梁钢材抗拉强度设计值)。T 由柱翼缘板的三个组成部分承担，中间部分(分布长度为 m)直接传给柱腹板的力为 $f_c t_w m$，其余各由两侧 $ABCD$ 部分的板件承担。根据试验研究，拉力在柱翼缘板上的影响长度 $p \approx 12 t_c$，并可将此受力部分视为三边固定一边自由的板件，在固定边将因受弯而形成塑性铰。因此可用屈服线理论导出此板的承载力设计值为 $P = C_1 f_c t_c^2$，式中 C_1 为系数，与几何尺寸 $p、h、q$ 等有关。对实际工程中常用的宽翼缘梁和柱，$C_1 = 3.5 \sim 5.0$，可偏安全地取 $P = 3.5 f_c t_c^2$。这样，柱翼缘板受拉时的总承载力为：$2 \times 3.5 f_c t_c^2 + f_c t_w m$。考虑到翼板中间和两侧部分的抗拉刚度不同，难以充分发挥共同工作，可乘以0.8的折减系数后再与拉力 T 相平衡。

$$0.8(7 f_c t_c^2 + f_c t_w m) \geq A_{ft} f_b$$

$$\therefore \quad t_c \geq \sqrt{\frac{A_{ft} f_b}{7 f_c} \left(1.25 - \frac{f_c t_w m}{A_{ft} f_b} \right)}$$

在上式中 $\frac{f_c t_w m}{A_{ft} f_b} = \frac{f_c t_w m}{b_b t_b f_b} = \frac{f_c m}{f_b b_b}$，$m/b_b$ 愈小，t_c 愈大。按统计分析，$f_c m/(f_b b_b)$ 的最小值约为0.15，以此代入，即得

$$t_c \geq 0.396 \sqrt{\frac{A_{ft} f_b}{f_c}}，\text{即} \ t_c \geq 0.4 \sqrt{\frac{A_{ft} f_b}{f_c}}$$

7.4.2 当梁柱刚性连接处不满足本规范7.4.1条的要求时，应设置柱腹板的横向加劲肋。在以柱翼缘和横向加劲肋为边界的节点腹板域，所受的剪力为(图23):

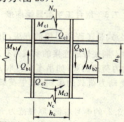

图23 节点腹板域受力状态

$$V = \frac{M_{b1} + M_{b2}}{h_b} - \frac{Q_{c1} + Q_{c2}}{2}$$

剪应力应满足：

$$\tau = \frac{M_{b1} + M_{b2}}{h_b h_c t_w} - \frac{Q_{c1} + Q_{c2}}{2 h_c t_w} \leq f_v$$

实际上节点腹板域的周围有柱翼缘和加劲肋提供的约束，使抗剪承载力大大提高。试验证明可将节点域的抗剪强度提高到 $\frac{4}{3} f_v$。另外，在节点域设计中弯矩的影响最大，当略去中剪力项的有利影响，则求得的剪应力 τ 偏于安全且使算式简化，因此上式即成为：

$$\tau = \frac{M_{b1} + M_{b2}}{h_b h_c t_w} \leq \frac{4}{3} f_v$$

式中 t_w 为柱腹板厚度，令 $h_b h_c t_w = V_p$，为节点腹板域的体积；对箱形截面柱，考虑两腹板受力不均的影响，取 $V_p = 1.8 h_b h_c t_w$。

在上述节点板域的抗剪强度计算中同样没有考虑柱腹板轴力的影响，这是因为抗剪强度提高到 $\frac{4}{3} f_v$ 后仍留有较大的余地，而且略去剪力项后使算得的剪应力偏高20%~30%，而柱腹板的轴压力对抗剪强度的影响系数为 $\sqrt{1-(N/N_y)^2}$ (N 为柱腹板轴压力设计值，N_y 为柱腹板的屈服轴压承载力)。当影响系数为0.83~0.77(相当于略去剪力项后使剪应力计算值增加20%~30%)时，$N/N_y = 0.55 \sim 0.64$。而框架节点以承受弯矩为主，只要柱截面在 $N_c、M_c$ 作用下不产生拉应力，N/N_y 将小于0.5，$\sqrt{1-(N/N_y)^2} > 0.87$，可以忽略。

节点腹板域除应按式(7.4.2-1)验算强度外，还应按式(7.4.2-2)验算局部稳定。式(7.4.2-2)与现行国家标准《建筑抗震设计规范》GB 50011 对高层钢结构的规定相同，采用了美国的建议，是在强震作用下不产生弹塑性剪切失稳的条件。但我国的初步研究则认为在轴力与剪力共同作用下保证不失稳的条件应为 $(h_b + h_c)/t_w \leq 70$。考虑到在抗震规范中对高层钢结构因柱截面尺寸较大已采用了公式(7.4.2-2)，为与其协调，并将其作为最低限值，故本规范亦采用式(7.4.2-2)。

当柱腹板节点域不满足公式(7.4.2-1)的要求时，应采取加强措施。其中贴焊补强板的措施有两种，在国外均有应用实例。至于斜向加劲肋则主要用于轻型结构，因它对抗震耗能不利，而且与纵向梁连接时构造上亦有困难。

7.5 连接节点处板件的计算

本节为新增内容。

7.5.1 连接节点处板件在拉、剪共同作用下的强度计算公式是根据我国对双角钢杆件桁架节点板的试验研究中拟合出来的，它同样适用于连接节点处的其他板件，如规范中图7.5.1。

我们试验的桁架节点板大多数是弦杆和腹杆均为双角钢的K形节点，仅少数是竖杆为工字钢的N形节点。抗拉试验共有6种不同形式的16个试件。所有试件的破坏特征均为沿最危险的线段撕裂破坏，即图24中的 $\overline{BA}—\overline{AC}—\overline{CD}$ 三折线撕裂，其中 $\overline{AB}$、$\overline{CD}$ 与节点板的边界线基本垂直。

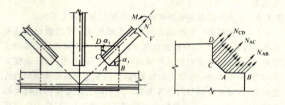

图24 节点板受拉计算简图

规范公式(7.5.1)的推导过程如下：

在图24中，沿 $BACD$ 撕裂线割取自由体，由于板内塑性区的

发展引起的应力重分布，假定在破坏时撕裂面上各线段的应力 σ'_i 在线段内均匀分布且平行于腹杆轴力，当各撕裂段上的折算应力同时达到抗拉强度 f_u 时，试件破坏。根据平衡条件并忽略很小的 M 和 V，则

$$\sum N_i = \sum \sigma'_i \cdot l_i \cdot t = N$$

式中 l_i 为第 i 撕裂段的长度，t 为节点板厚度。设 α_i 为第 i 段撕裂线与腹杆轴线的夹角，则第 i 段撕裂面上的平均正应力 σ_i 和平均剪应力 τ_i 为：

$$\sigma_i = \sigma'_i \sin\alpha_i = \frac{N_i}{l_i t}\sin\alpha_i$$

$$\tau_i = \sigma'_i \cos\alpha_i = \frac{N_i}{l_i t}\cos\alpha_i$$

$$\sigma_{red} = \sqrt{\sigma_i^2 + 3\tau_i^2} = \frac{N_i}{l_i t}\sqrt{\sin^2\alpha_i + 3\cos^2\alpha_i} = \frac{N_i}{l_i t}\sqrt{1+2\cos^2\alpha_i} \leq f_u$$

$$N_i \leq \frac{1}{\sqrt{1+2\cos^2\alpha_i}} l_i t f_u$$

令 $\eta_i = 1/\sqrt{1+2\cos^2\alpha_i}$，则：

$$N_i \leq \eta_i l_i t f_u = \eta_i A_i f_u$$
$$\sum N_i = \sum \eta_i A_i f_u \geq N_u \quad (70)$$

按极限状态设计法，即：$\sum \eta_i A_i f \geq N$

式中 f——节点板钢材的强度设计值；
N——斜腹杆的轴向内力设计值；
A_i——为第 i 段撕裂面的净截面积。

公式(70)符合破坏机理，其计算值与试验值之比平均为 87.5%，略偏于安全且离散性较小。

7.5.2 考虑到桁架节点板的外形往往不规则，用规范公式(7.5.1)计算比较麻烦，加之一些受动力荷载的桁架需要计算节点板的疲劳，该公式更不适用，故参照国外多数国家的经验，建议对桁架节点板可采用有效宽度法进行承载力计算。所谓有效宽度即为腹杆轴力 N 将通过连接件在节点板内按照某一个应力扩散角度传至连接件端部与 N 相垂直的一定宽度范围内，该一定宽度即称为有效宽度 b_e。

在试验研究中，假定 b_e 范围内的节点板应力达到 f_u，并令 $b_e t f_u = N_u$（N_u 为节点板破坏时的腹杆轴力），按此法拟合的结果：当应力扩散角 $\theta = 27°$ 时精度最高，计算值与试验值的比值平均为 98.9%；当 $\theta = 30°$ 时此比值为 106.8%。考虑到国外多数国家对应力扩散角均取 30°，为与国际接轨且误差较小，故亦建议取 $\theta = 30°$。

有效宽度法计算简单，概念清楚，适用于腹杆与节点板的多种连接情况，如侧焊、围焊和铆钉、螺栓连接等（当采用铆钉或螺栓连接时，b_e 应取为有效净宽度）。

当桁架弦杆或腹杆为 T 形钢或双板焊成 T 形截面时，节点构造方式有所不同，节点内的应力状态更加复杂，故规范公式(7.5.1)和(7.5.2)均不适用。

用有效宽度法可以制作腹杆内力 N 与节点板厚度 t 的关系表，我们先制作了 $N-\frac{t}{b}$ 表，反映了影响有效宽度的斜腹杆连接肢宽度 b 和侧焊缝焊脚尺寸 h_{f1}、h_{f2} 的作用，因而该表比以往的 $N-t$ 表更精确。但因表形较复杂且参数 b 和 h_f 的可变性较大，使用不便。为方便设计，便在 $N-\frac{t}{b}$ 表的基础上按不同参数组合下的最不利情况整理出 $N-t$ 包络图表（表10），使该表具有较充分的依据，而且在常用不同参数 b、h_f 下亦是安全的。

表10 单壁式桁架节点板厚度选用表

桁架腹杆内力或三角形屋架弦杆端节间内力 N(kN)	≤170	171～290	291～510	511～680	681～910	911～1290	1291～1770	1771～3090
中间节点板厚度 t(mm)	6	8	10	12	14	16	18	20

注：1 本表的适用范围为：

1) 适用于焊接桁架的节点板强度验算，节点板钢材为 Q235，焊条 E43；
2) 节点板边缘与腹杆轴线之间的夹角应不小于 30°；
3) 节点板与腹杆用侧焊缝连接，当采用围焊时，节点板的厚度应通过计算确定；
4) 对有竖腹杆的节点板，当 $c/t \leq 15\sqrt{235/f_y}$ 时，可不验算节点板的稳定；对无竖腹杆的节点板，当 $c/t \leq 10\sqrt{235/f_y}$ 时，可将受压腹杆的内力乘以增大系数1.25后再查表求节点板厚度，此时亦可不必验算节点板的稳定；式中 c 为受压腹杆连接肢端面中点沿腹杆轴线方向至弦杆的净距离。

2 支座节点板的厚度宜较中间节点板增加 2mm。

7.5.3 本条为桁架节点板的稳定计算要求。

1 共作了 8 个节点板在受压斜腹杆作用下的试验，其中有无竖腹杆的各 4 个试件。试验表明：

1) 当节点板自由边长度 l_f 与其厚度 t 之比 $l_f/t > 60\sqrt{235/f_y}$ 时，节点板的稳定性很差，将很快失稳，故此时应沿自由边加劲。

2) 有竖腹杆的节点板或 $l_f/t \leq 60\sqrt{235/f_y}$ 的无竖腹杆节点板在斜腹杆压力作用下，失稳均呈 $\overline{BA}$—$\overline{AC}$—$\overline{CD}$ 三折线屈折破坏，其屈折线的位置和方向，均与受拉时的撕裂线类同。

3) 节点板的抗压性能取决于 c/t 的大小（c 为受压斜腹杆连接肢端面中点沿腹杆轴线方向至弦杆的净距，t 为节点板厚度），在一般情况下，c/t 愈大，稳定承载力愈低。

① 对有竖腹杆的节点板，当 $c/t \leq 15\sqrt{235/f_y}$ 时，节点板的抗压极限承载力 $N_{R,c}$ 与抗拉极限承载力 $N_{R,t}$ 大致相等，破坏的安全度相同，故此时可不进行稳定验算。当 $c/t > 15\sqrt{235/f_y}$ 时，$N_{R,c} < N_{R,t}$，应按本规范附录 F 的近似法验算稳定；当 $c/t > 22\sqrt{235/f_y}$ 时，近似法算出的计算值将大于试验值，不安全，故规定 $c/t \leq 22\sqrt{235/f_y}$。

② 对无竖腹杆的节点板，$N_{R,c} < N_{R,t}$，故一般应该验算稳定，当 $c/t > 17.5\sqrt{235/f_y}$ 时，节点板用近似法的计算值将大于试验值，不安全，故规定 $c/t \leq 17.5\sqrt{235/f_y}$。

3) $l_f/t > 60\sqrt{235/f_y}$ 的无竖腹杆节点板沿自由边加劲后，在受压斜腹杆作用下，节点板呈 $\overline{BA}$—$\overline{AC}$ 两折线屈折，这是由于 $\overline{CD}$ 区因加劲加强后，稳定承载力有较大提高所致。但此时 $N_{R,c} < N_{R,t}$，故仍需验算稳定，不过，仅需验算 $\overline{BA}$ 区和 $\overline{AC}$ 区而不必算 $\overline{CD}$ 区。

2 本规范附录 F 所列桁架节点板在斜腹杆轴压力作用下的稳定计算公式是根据 8 个试件的试验结果拟合出来的。根据破坏特征，节点板失稳时的屈折线主要是 $\overline{BA}$—$\overline{AC}$—$\overline{CD}$ 三折线形（见本规范附录 F 图 F.0.1）。为计算方便且与实际情况基本相符，假定 $\overline{BA}$ 平行于弦杆，$\overline{CD} \perp \overline{BA}$。

从试验可知，在斜腹杆压力 N 作用下，节点板内存在三个受压区，即 $\overline{BA}$ 区（FBGHA 板件）、$\overline{AC}$ 区（AIJC 板件）和 $\overline{CD}$ 区（CKMP 板件）。当其中某一个受压区先失稳后，其他各区立即相继失稳，因此有必要对三个区分别进行验算。其中 $\overline{AC}$ 区往往起控制作用。

计算时要先将腹杆轴压力 N 分解为三个平行分力各自作用于三个受压区屈折线的中点。平行分力的分配比例假定为各屈折线段在有效宽度线（在本规范附录 F 图 F.0.1 中为 $\overline{AC}$ 的延长线）上投影长度 b_i 与 $\sum b_i$ 的比值。然后再将此平行分力分解为垂直于各屈折线的力 N_i，N_i 应小于或等于各受压区板件的稳定承载力。而受压区板件则可假定为宽度等于屈折线长度的钢板，按轴压构件计算其稳定承载力。钢板长度取为板件的中线长度 c_i，计算长度系数经拟合后取为 0.8，长细比 $\lambda_i = \frac{l_{0i}}{i} = \frac{0.8c_i}{t/\sqrt{12}} = 2.77\frac{c_i}{t}$。

这样各受压板区稳定验算的表达式为：

$\overline{BA}$ 区： $N_1(N_{BA}) = \frac{b_1}{b_1+b_2+b_3} N\sin\theta_1 \leq l_1 t \varphi_1 f$

$\overline{AC}$ 区： $N_2(N_{AC}) = \frac{b_2}{b_1+b_2+b_3} N \leq l_2 t \varphi_2 f$

$\overline{CD}$区： $N_3(N_{CD}) = \dfrac{b_3}{b_1+b_2+b_3} N\cos\theta_1 \leqslant l_3 t \varphi_3 f$

其中l_1、l_2、l_3分别为各区屈折线$\overline{BA}$、$\overline{AC}$、$\overline{CD}$的长度；b_1、b_2、b_3为各屈折线在有效宽度线上的投影长度；t为板厚；φ_i为各受压板区的轴压稳定系数，按λ_i计算。

对$l_1/t>60\sqrt{235/f_y}$且沿自由边加劲的无竖腹杆节点板失稳时，一般呈$\overline{BA}$—$\overline{AC}$两屈折线屈曲，显然，在$\overline{CD}$区因加劲后其稳定承载力大为提高，已不起控制作用，故只需用上述方法验算$\overline{BA}$区和$\overline{AC}$区的稳定。

用上述拟合的近似法计算稳定的结果表明，试件的极限承载力计算值$N_{R,c}^c$与试验值$N_{R,k}^e$之比平均为85%，计算值偏于安全。

3 为了尽量缩小稳定计算的范围，对于无竖腹杆的节点板，我们利用国家标准图梯形钢屋架（G511）和钢托架（G513）中的16个节点，用同一根斜腹杆对节点板作稳定和强度计算，并进行对比以达到用强度计算的方法来代替稳定计算的目的。对比结果表明：

当$c/t \leqslant 10\sqrt{235/f_y}$时，大多数节点的$N_c^c$大于$0.9N_t^c$（$N_c^c$、$N_t^c$为节点板的稳定和强度计算承载力），仅少数节点为$N_c^c=(0.83\sim 0.9)N_t^c$，此时的斜腹杆倾角$\theta_1$大多接近$60°$，这说明$\theta_1$的大小对稳定承载力的影响较大。

因为强度计算时的有效宽度$b_e=\overline{AC}+(l_{f1}+l_{f2})\tan 30°$，而稳定计算中假定斜腹杆轴压力$N$分配的有效宽度$\sum b_i = b_e' = \overline{AC}+(l_{f1}+l_{f2})\sin\theta_1\cos\theta_1$（式中$l_{f1}$、$l_{f2}$为斜腹杆两侧角焊缝的长度）。当$\theta_1=60°$或$30°$时，$\sin\theta_1\cos\theta_1=0.433$，与$\tan30°(=0.577)$相差最大，此时的稳定计算承载力亦最低。设$\overline{AC}=k(l_{f1}+l_{f2})$，经统计，$k \doteq 0.356$，因此，当$\theta_1=60°$或$30°$时的$b_e'$、$b_e$值分别为：

$b_e' = (k+0.433)(l_{f1}+l_{f2}) = 0.789(l_{f1}+l_{f2})$
$b_e = (k+0.577)(l_{f1}+l_{f2}) = 0.933(l_{f1}+l_{f2})$

由本规范附录F公式（F.0.2-2）有$N_c^c = l_2 t \varphi_2 f(b_1+b_2+b_3)/b_2$
$\because l_1=b_2, b_1+b_3=b_e'$
$\therefore N_c^c = b_e' t f \varphi_2$

当$c/t=10$时，$\lambda_2=27.71$，$\varphi_2=0.944$（Q235钢）和0.910（Q420钢），这样，稳定承载力计算值N_c^c与受拉计算抗力N_t^c之比为：

$\dfrac{N_c^c}{N_t^c} = \dfrac{b_e' t f \varphi_2}{b_e t f} = \dfrac{0.789}{0.933} \times 0.944(或0.910) \approx 0.798 \sim 0.770$，平均为0.784。

因此，对无竖腹杆的节点板，当$c/t \leqslant 10\sqrt{235/f_y}$且$30° \leqslant \theta_1 \leqslant 60°$时，可将按强度计算[公式（70）]的节点板抗力乘以折减系数0.784作为稳定承载力。考虑到稳定计算公式偏安全近15%，故可将折减系数取为0.8（0.8/0.784=1.020），以方便计算。

当然，必要时亦可专门进行稳定计算，若$c/t>10\sqrt{235/f_y}$时，则应按近似公式计算稳定。

7.6 支 座

7.6.1 本条为新增加的内容，对工程中最常用的平板支座的设计作出了具体规定。

7.6.2 弧形支座和辊轴支座中，圆柱形表面与平板的接触表面的承压应力，根据原规范 GBJ 17—88 的计算公式（7.4.2）和（7.4.3）合并为一式：

$$\sigma = \dfrac{25R}{ndl} \leqslant f \tag{71}$$

式中 R——支座反力设计值；
l——弧形表面或辊轴与平板的接触长度；
d——辊轴直径（对辊轴支座）或弧形表面半径的2倍（对弧形支座）；
n——辊轴数目，对弧形支座$n=1$。

本规范参考国内外有关规范的规定，认为从发展趋势来看，这两种支座接触面的承载力应与钢材的f^2成正比，故建议用下式表达：

$$R \leqslant 40ndl f^2/E \tag{72}$$

上式即本规范公式（7.6.2），可以写成为：

$$\dfrac{R}{40ndl} \cdot \dfrac{E}{f} \leqslant f$$

对 Q235 钢，$E=206\times 10^3 \text{N/mm}^2$，$f=215 \text{N/mm}^2$，则变成为

$$\dfrac{24R}{ndl} \leqslant f$$

这与原规范的计算式（7.4.2）和（7.4.3）合并后的式（71）基本一致，但对用高强度钢作成的支座，则本规范公式（7.6.2）的承载力有提高，这与国内外的研究成果相吻合。

7.6.3 公式（7.6.3）原为$\sigma = \dfrac{1.6R}{dl} \leqslant [\sigma_{cj}]$，$[\sigma_{cj}]$为圆柱形枢轴局部紧接承压许用应力，$[\sigma_{cj}] \approx 0.75[\sigma]$，再将其换算为极限状态设计表达式即得公式（7.6.3）。

7.6.4、**7.6.5** 这两条为新增加的内容。为了适应受力复杂或大跨度结构在支座处有较大位移（包括水平位移和不同方向的角位移）的要求，提出了采用橡胶支座和万向球形支座或双曲线支座。双曲线支座的两个互交方向的曲率不同，如果两曲率相同则为球形支座。

橡胶支座有板式和盆式两种，板式承载力小，盆式承载力大，构造简单，安装方便。盆式橡胶支座除压力外还可承受剪力，但不能承受较大拔力，不能防震，容许位移值可达150mm。但橡胶易老化，各项指标不易确定且随时间改变。

万向球形钢支座和新型双曲型钢支座可分为固定支座和可移动支座，其计算方法按计算机程序进行。在地震区则可采用相应的抗震、减震支座，其减震效果可由计算得出，最多能降低地震力10倍以上。这种支座可承受压力、拔力和各向剪力，其抗拔力可达20000kN。以上各类新型支座由北京建筑结构研究所开发，衡水宝力工程橡胶有限公司、上海彭浦橡胶制品总厂生产。经鉴定后，已在北京首都四机位飞机库、上海虹桥飞机库、哈尔滨飞机库、乌鲁木齐飞机库、广州体育馆、南京长江二桥等数10处国家重点工程中使用。

8 构 造 要 求

8.1 一 般 规 定

8.1.1 本条着重提出"避免材料三向受拉"，是在构造上防止脆断的措施。

8.1.3 钢材是否需要在焊前预热和焊后热处理，钢材厚度不是惟一的条件，还要根据构件的约束程度、钢材性质、焊接工艺、焊接材料性能和施焊时的气温情况等综合考虑来决定。预热的目的是避免构件在焊接时产生裂纹；而形成冷裂纹的因素是多方面的（如上述的约束程度，钢材的淬硬组织和氢积聚程度等），故设计时可按具体情况综合考虑采取措施，以避免冷裂纹的出现，预热只是其中的一种手段。其中钢材性能亦是一个重要因素，如低合金钢有一定的淬硬性，有冷裂的倾向，板厚宜从严控制。但最近日本新开发一种超低碳素贝氏体的非调质 TS 570MPa 级厚型高强度钢板，在厚度$t \geqslant 75\text{mm}$的情况下施焊时完全不用预热。焊后热处理的目的是为了改善热影响区的金属晶体组织、消除焊接残余应力，这往往是出于"结构性能要求"，如热风炉壳顶是为了避免晶间应力腐蚀而要求整体退火，以消除焊接残余应力。

这次修订时删去了原规范对焊件厚度的建议，这是因为从防止脆断的角度出发，焊件的厚度限值与结构形式、应力特征、工作温度以及焊接构造等多种因素有关，很难统一提出某个具体数值。

8.1.4 为了保证结构的空间工作,提高结构的整体刚度,承担和传递水平力,防止杆件产生过大的振动,避免压杆的侧向失稳以及保证结构安装时的稳定,本条对钢结构设置支撑提出了原则规定。

8.1.5 根据理论计算及已有建筑物的经验,特别是1974年以来的经验,原规范将采暖房屋和非采暖地区的房屋的纵向温度区段长度由180m增大至220m,将热车间和采暖地区的非采暖房屋的纵向温度区段长度由150m增大至180m。

横向框架中,在相同温度变形的情况下,横梁与柱铰接时的温度应力比横梁与柱刚接时的温度应力降低较多。根据理论分析,可将铰接时的横向温度区段长度加大25%,并列入规范表8.1.5内。

根据分析,柱间支撑的刚度比单独柱大很多,因此厂房纵向温度变形的不动点必然接近于柱间支撑的中点(两道柱间支撑时,为两支撑距离的中央)。本条表中规定的数值是基于温度区段长度等于2倍不动点到温度区段端部的距离确定的。因此从理论分析和实践经验,规定为:柱间支撑不对称布置时,柱间支撑的中点(两道柱间支撑时为两支撑距离的中央)至温度区段端部的距离不宜大于表8.1.5纵向区段长度的60%。实际上我国有较多钢结构厂房未满足此项要求,除少数情况外,一般未发现问题。

此外,在计算纵向温度区段长度时,考虑到吊车梁与柱一般用C级螺栓连接,能够产生滑移,因而可减少温度应力和变形,若大部分吊车梁与柱的连接不能产生滑移,则纵向温度区段长度应减少20%~30%。

另外,当温度区段长度未超过表8.1.5中的数值时,在一般情况下,可不考虑温度应力和温度变形对结构内力的影响(即$P-\Delta$效应)。

8.2 焊缝连接

8.2.1 根据试验,Q235钢与Q345钢钢材焊接时,采用E50××型焊条时,焊缝强度比用E43××型焊条时提高不多,设计时只能取用E43××型焊条的焊缝强度设计值。此外,从连接的韧性和经济方面考虑,故规定宜采用与低强度钢材相适应的焊接材料。

8.2.2 焊缝在施焊后,由于冷却引起了收缩应力,施焊的焊脚尺寸愈大,则收缩应力愈大,故规定焊脚尺寸不要过分加大。

为防止焊接时钢板产生层状撕裂,参照ISO国际标准第8.9.2.7条,补充规定当焊件厚度$t>20$mm(ISO为$t\geqslant 16$mm,前苏联为25mm,建议取$t>20$mm)的角焊缝应采用收缩时不易引起层状撕裂的构造(图25)。

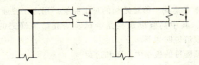

图25 适宜的角接焊缝

在大面积板材(如实腹梁的腹板)的拼接中,往往会遇到纵横两个方向的拼接焊缝。过去这种焊缝一般采用T形交叉,有意避开十字形交叉。但根据国内有关单位的试验研究和使用经验以及两种焊缝形式机械性能的比较,十字形焊缝可以应用于各种结构的板材拼接中。从焊缝应力的观点看,无论十字形或T形,其中只有一条后焊焊缝的内应力起主导作用,先焊好的一条焊缝在焊缝交叉点附近受后焊焊缝的热影响已释放了应力。因此可采用十字形或T形交叉。当采用T形交叉时,一般将交叉点的距离控制在200mm以上。

8.2.3 对接焊缝的坡口形式可按照国家现行标准《建筑钢结构焊接技术规程》JGJ 81的规定采用。

8.2.4 根据美国AWS的多年经验,凡不等厚(宽)焊件对接连接时,均在较厚(宽)焊件上做成坡度不大于1:2.5(ISO第8.9.6.1条为不大于1:1)的斜角。使截面和缓过渡以减小应力集中。为减少加工工作量,对承受静态荷载的结构,将原规范规定的斜角坡度不大于1:4改为不大于1:2.5,而对承受动态荷载的结构仍为不大于1:4,不作改变。因为根据我国的试验研究,不论改变宽度或厚度,坡度用1:8~1:4接头的疲劳强度与等宽、等厚的情况相差不大。

当一侧厚度差不大于4mm时,焊缝表面的斜度已足以满足和缓传递的要求,因此规定当板厚一侧相差大于4mm时才需做成斜角。

考虑到改变厚度时对钢板的切削很费事,故一般不宜改变厚度。

8.2.5 对受动力荷载的构件,当垂直于焊缝长度方向受力时,未焊透处的应力集中会产生不利的影响,因此规定不宜采用。但当外荷载平行于焊缝长度方向时,例如起重机臂的纵向焊缝(图26b),吊车梁下翼缘焊缝等,只受剪应力,则可用于受动力荷载的结构。

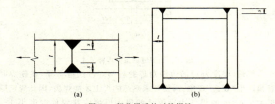

图26 部分焊透的对接焊缝

部分焊透对接焊缝的计算厚度$h_e\geqslant 1.5\sqrt{t}$的规定与角焊缝最小厚度h_f的规定相同,这是由于两者性质是近似的。

板件有部分焊透的焊缝(图26a),若按$1.5\sqrt{t}$算得的h_e值大于板件厚度t的1/2,则此焊缝应按焊透的对接焊缝考虑。

8.2.6 两焊缝边夹角$\alpha>135°$(原规范为120°)时,焊缝表面较难成型,受力状况不良;而$\alpha<60°$时,焊缝施焊条件差,根部将留有空隙和焊渣;已不能用本规范第7.1.4条的规定来计算这类斜角角焊缝的承载力,故规定这种情况只能用于不受力的构造焊缝。但钢管结构有其特殊性,不在此限。

8.2.7 本条为角焊缝的尺寸要求。

1 关于角焊缝的最小厚度。焊缝最小厚度的限值与焊件厚度密切相关,为了避免在焊缝金属中由于冷却速度快而产生淬硬组织,根据调查分析及参考国内外资料,现规定$h_f\geqslant 1.5\sqrt{t}$(计算时小数点以后均进为1mm,t为较厚板件的厚度)。此式简单便于记忆,与国内外用表格形式的规定出入不大。表11为板厚的规定与前苏联规范СНИП Ⅱ-23-81相比较的情况。从表中对比可知,对于厚板本规范偏严,但根据我国的实践经验是合适的。与美国的AWS相比亦比较接近。

但参照AWS,当采用低氢型焊条时,角焊缝的最小焊脚尺寸可由较薄焊件的厚度经计算确定,因低氢型焊条渣层厚、保温条件较好。

表11 角焊缝的最小焊脚尺寸

角焊缝最小焊脚尺寸 (mm)	较厚焊件的厚度 t(mm)	
	СНИП Ⅱ-23-81 ($f_y\leqslant 431.5$N/mm²)	本规范
4	4~5	5~7
5	6~10	8~11
6	11~16	12~16
7	17~22	17~21
8	23~32	22~28
9	33~40	29~36
10	41~80	37~45
11		46~54
12		55~64

条文中对自动焊和T形连接的规定系参考国外资料确定的。

　　2 角焊缝的焊脚尺寸过大，易使母材形成"过烧"现象，使构件产生翘曲、变形和较大的焊接应力，按照国内外的经验，规定不宜大于较薄焊件的1.2倍（图27）。

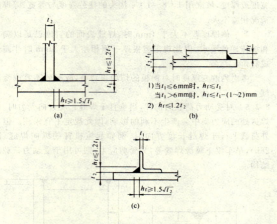

图27　角焊缝的最大焊脚尺寸

　　焊件（厚度为t）的边缘角焊缝若与焊件边缘等厚，在施焊时容易产生"咬边"现象，需要技术熟练的焊工才能焊满，因此规定厚度大于6mm的焊件边缘焊缝的最大厚度应比焊件厚度小$1\sim2$mm（图27b）；当焊件厚度等于或小于6mm时，由于一般采用小直径焊条施焊，技术较易掌握，可采用与焊件等厚的角焊缝。

　　关于圆孔或槽孔内的角焊缝焊脚尺寸系根据施工经验确定的，若焊脚尺寸过大，焊接时产生的焊渣就能把孔槽堵塞，影响焊接质量，故焊脚尺寸与孔径应有一定的比例。

　　3 关于不等焊脚边的应用问题。这是为了解决两焊件厚度相差悬殊时（图27c），用等焊脚边无法满足最大、最小焊缝厚度规定的矛盾。

　　4 关于侧面角焊缝最小计算长度的规定。主要针对厚度大而长度小的焊缝，为了避免焊件局部加热严重且起落弧的弧坑相距太近，以及可能产生的缺陷，使焊缝不够可靠。此外，焊缝集中在一很短距离，焊件的应力集中也较大。在实际工程中，一般焊缝的最小计算长度约为$(8\sim10)h_f$，故将焊缝最小计算长度规定为$8h_f$，且不得小于40mm。

　　国外在这方面的规定是：欧美为$4h_f$和40mm，日本为$10h_f$和40mm。

　　5 关于侧面角焊缝的最大计算长度。侧面角焊缝沿长度方向受力不均，两端大而中间小，故一般均规定其有效长度（即计算长度）。原规范对此是按承受荷载状态的不同区别对待的，受动力荷载时取$40h_f$，受静力荷载时取$60h_f$。后来经我国的试验研究证明可以不加区别，统一取某个规定值。现在国际上亦都不考虑荷载状态的影响，但是，各国对侧面角焊缝最大计算长度的规定值却有所不同。前苏联1981年规范为$60h_f$，AISC 1999为$100h_f$，日本1998年为$50h_f$，美国和日本还规定当长度超过此限值时应予折减。本条根据我国的实践经验，仍规定为不超过$60h_f$。

　　8.2.8 在受动力荷载的结构中，为了减少应力集中，提高构件的抗疲劳强度，焊缝形式以凹形为最好，但手工焊成凹形极为费事，因此采用手工焊时，焊缝做成直线形较为合适。当用自动焊时，由于电流较大，金属熔化速度快、熔深大，焊缝金属冷却后的收缩自然形成凹形表面。为此规定在直接承受动力荷载的结构（如吊车梁）、角焊缝表面做成凹形或直线形均可。

　　对端焊缝，因其刚度较大，受动力荷载时焊成平坡式，习用规定直角边的比例为1:1.5。根据国内外疲劳试验资料，若满足疲劳要求，端焊缝的比值宜为1:3，某些国外规范对此要求亦较

为严格。但施工单位反映，焊缝坡度小不易施焊，一般需二次堆焊才能形成，为此本条仍规定端焊缝的直角边比例为1:1.5。

　　8.2.9 断续焊缝是应力集中的根源，故不宜用于重要结构或重要的焊接连接。这次修订时又补充了断续角焊缝焊段的最小长度以便于操作，亦和本规范第8.2.7条第4款呼应。

　　8.2.10 当钢板端部仅有侧面角焊缝时，规定其长度$l\geqslant b$，是为了避免应力传递的过分弯折而使构件中应力不均匀。规定$b\leqslant16t$（$t>12$mm）或190mm（$t\leqslant12$mm），是为了避免焊缝横向收缩时引起板件的拱曲太大（图28）。当宽度b超过此规定时，应加正面角焊缝，或加槽焊或电焊钉。

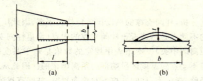

图28　宽板的焊接变形

　　8.2.11 围焊中有端焊缝和侧焊缝，端焊缝的刚度较大，弹性模量$E\approx1.5\times10^6$；而侧焊缝的刚度较小，$E\approx(0.7\sim1)\times10^6$，所以在弹性工作阶段，端焊缝的实际负担要高于侧焊缝；但在围焊试验中，在静力荷载作用下，届临塑性阶段时，应力渐趋于平均，其破坏强度与仅有侧焊缝时差不多，但其破坏较为突然且塑性变形较小。此外从国内几个单位所做的动力试验证明，就焊缝本身来说围焊比侧焊的疲劳强度为高，国内某些单位曾在桁架的加固中使用了围焊，效果尚较好。但从"焊接桁架式钢吊车梁下弦及腹杆的疲劳性能"的研究报告中，认为当腹杆端部采用围焊时，对桁架节点板受力不利，节点板有开裂现象，故建议在直接承受动力荷载的桁架腹杆中，节点板应适当加大或加厚。鉴于上述情况，故这次的规定改为：宜采用两面侧焊，也可用三面围焊。

　　围焊的转角处是连接的重要部位，如在此处熄火或起落弧会加剧应力集中的影响，故规定在转角处必须连续施焊。

　　8.2.12 使用绕角焊时可避免起落弧的缺陷发生在应力集中较大处，但在施焊时必须在转角处连续焊，不能断弧。

　　8.2.13 本条目的是为了减少收缩应力以及因偏心在钢板与连接件中产生的次应力。此外，根据实践经验，增加了薄板搭接长度不得小于25mm的规定。

8.3　螺栓连接和铆钉连接

　　8.3.1 根据实践经验，允许在组合构件的缀条中采用1个螺栓（或铆钉）。某些塔桅结构的腹杆已有用1个螺栓的。

　　8.3.4 本条是基于铆接结构的规定而统一用之于普通螺栓和高强度螺栓，其中高强度螺栓是经试验研究结果确定的，现将表8.3.4的取值说明如下：

　　1 紧固件的最小中心距和边距。

　　1)在垂直于作用力方向：

　　①应使钢材净截面的抗拉强度大于或等于钢材的承压强度；

　　②尽量使毛截面屈服先于净截面破坏；

　　③受力时避免在孔壁周围产生过度的应力集中；

　　④施工时的影响，如打铆时不振松邻近的铆钉和便于拧紧螺帽等。过去为了便于拧紧螺帽，螺栓的最小间距习用为3.5d，在编制规范时，征求工人意见，认为用3d亦可以，高强度螺栓用套筒扳手，间距3d亦无问题，因此将螺栓的最小间距改为3d，与铆钉相同。

　　2)顺内力方向，按母材抗挤压和抗剪切的原则而定：

　　①端距2d是考虑钢板在端部不致被紧固件撕裂；

　　②紧固件的中心距，其理论值约为2.5d，考虑上述其他因素取为3d。

2 紧固件最大中心距和边距。

1）顺内力方向：取决于钢板的紧密贴合以及紧固件间钢板的稳定。

2）垂直内力方向：取决于钢板间的紧密贴合条件。

这次修订时参考我国《铁路桥涵钢结构设计规范》TB 10002.2 和美国 AISC 1989，对原规范表 8.3.4 进行了局部修改，内容如下：

1 原规范表中"任意方向"涵义不清，现参照桥规明确为"沿对角线方向"。

2 原规范表中对中间排的中心间距没有明确"垂直内力方向"的情况，现参照桥规补充了这一项。

3 原规范表中的边距区分为切割边和轧制边两类，这和前苏联的规定相同（我国桥规亦如此）。但美国 AISC 却始终区分为剪切边（shear cut）和轧制边或气割（gas cut）与锯割（saw cut）两类。意即气割及锯割和轧制是属于同一类的，我们认为从切割方法对钢材边缘质量的影响来看，美国规范是比较合理的，现从我国国情出发，将手工气割归于剪切边一类。

8.3.5 C 级螺栓与孔壁间有较大空隙，故不宜用于重要的连接。例如：

1 制动梁与吊车梁上翼缘的连接：承受着反复的水平动力和卡轨力，应优先采用高强度螺栓，其次是低氢型焊条的焊接，不得采用 C 级螺栓。

2 制动梁或吊车梁上翼缘与柱的连接：由于传递制动梁的水平支承反力，同时受到反复的动力荷载作用，不得采用 C 级螺栓。

3 在柱间支撑处吊车梁下翼缘与柱的连接，柱间支撑与柱的连接等承受剪力较大的部位，均不得用 C 级螺栓承受剪力。

8.3.6 防止螺栓松动的措施中除用双螺帽外，尚有用弹簧垫圈，或将螺帽和螺杆焊死等方法。

8.3.7 因型钢的抗弯刚度大，用高强度螺栓不易使摩擦面贴紧。

8.3.9 因撬力很难精确计算，故沿螺轴方向受拉的螺栓（铆钉）连接中的端板（法兰板），应采取构造措施（如设置加劲肋等）适当增强其刚度，以免有时撬力过大影响紧固件的安全。

8.4 结构构件

（Ⅰ）柱

8.4.1 缀条柱在缀材平面内的抗剪与抗弯刚度比缀板柱好，故对缀材面剪力较大的格构式柱宜采用缀条柱。但缀板柱构造简单，故常用作轴心受压构件。当用型钢（工字钢、槽钢、钢管等）代替缀板时，型钢横杆的线刚度之和（双肢柱的两侧均有型钢横杆时，为两个横杆线刚度之和，若用一根型钢代替两块缀板时，则为一根横杆单线刚度）不小于柱单肢线刚度的 6 倍。根据分析，这样使缀板柱的换算长细比 λ_0 的计算误差在 5% 以下，使轴心受压构件的稳定系数 φ 的误差在 2% 以下。

8.4.3 在格构式柱和大型实腹柱中设置横隔是为了增加抗扭刚度，根据我国的实践经验，本条对横隔的间距作了具体规定。

（Ⅱ）桁架

8.4.4 条文规定对焊接结构，以杆件形心线为轴线，但为方便制作，宜取以 5mm 为倍数，即四舍五入是可以的。

对于桁架弦杆截面变化引起形心线偏移问题，过去习惯是不超过截面高度 5% 时，可不考虑偏心影响。原苏联 1981 年规范改为 1.5%，从实际考虑很难做到，因为若改变钢材的截面高度，偏心均超过 1.5%，故只适用于厚度变化，但拼接构造比较困难。经用双角钢组成的重型桁架，分别按轴线偏差 1.5% 和 5% 计算对比，结果是：轴线偏差 1.5% 时，由偏心所产生的附加应力约占主应力的 5%；而偏心为 5% 时，约占 10%。作为次应力，其数值较小，可忽略不计。因此取 5% 较为合适。对钢管结构，见本规范第 10.1.5 条的规定。

8.4.5 采用双角钢 T 形截面为桁架弦杆的工业与民用建筑过去

均不考虑次应力。随着宽翼缘 H 型钢等截面在桁架杆件中应用，次应力的影响不可引起注意。结合理论分析及试验研究以及参照国内外一些有关规定，考虑桁架杆件因节点刚性而产生的次应力时允许将杆件抵抗强度提高等因素，认为将可以忽略不计的次应力影响限制在 20% 左右比较合适，并以此控制截面高跨比的限值。由此得出，对杆件为单角钢、双角钢或 T 形截面的桁架结构且为节点荷载时，可忽略次应力的影响，对杆件的线刚度（或 h/l 值）亦不加限制；对杆件为 H 形或其他组合截面的桁架结构，在桁架平面内的截面高度与杆件几何长度（节点中心间的距离）之比，对弦杆不宜大于 1/10，对腹杆不宜大于 1/15，当超过上述比值时，应考虑节点刚性所引起的次弯矩。对钢管结构，见本规范第 10.1.4 条的规定。

8.4.6 在桁架节点处各相交杆件连接焊缝之间宜留有一定的净距，以利施焊和改善焊缝附近钢材的抗脆断性能。本条根据我国的实践经验对节点处相邻焊缝之间的最小净距作出了具体规定。管结构相贯连接节点处的焊缝连接另有较详细的规定（见本规范第 10.2 节），故不受此限制。

8.4.8 跨度大于 36m 的桁架要考虑由于下弦的弹性伸长，使桁架在水平方向产生较大的位移，对柱或托架产生附加应力。如 42m 桁架的水平位移达 26mm，国外的有关资料中亦提到类似的情况。

考虑到端斜杆为上承式的简支屋架，其下弦杆与柱子的连接是可伸缩的；下弦杆的弹性伸长也就不会对柱子产生推力，而上弦杆的弹性压缩和拱脚的向外推移大致可以抵消，亦可不必考虑。

（Ⅲ）梁

8.4.9 多层板焊接组成的焊接梁，由于其翼缘板间是通过焊缝连接，在施焊过程中将会产生较大的焊接应力和焊接变形，且受力不均匀，尤其在翼缘变截面处内力线突变，出现应力集中，使梁处于不利的工作状态，因此推荐采用一层翼缘板。当荷载较大，单层翼缘板无法满足强度或可焊性的要求时，可采用双层翼缘板。

当外层翼缘板不通长设置时，理论截断点处的外伸长度 l_1 的取值是根据国内外的试验研究结果确定的。在焊接双层翼缘板梁中，翼缘板内的实测应力与理论计算值是有差别的，在端部差别最大，往里逐渐缩小，直至距端部 l_1 处及以后，两者基本一致。l_1 的大小与有无端焊缝、焊缝厚度与翼缘板厚度的比值等因素有关。

8.4.11 为了避免三向焊缝交叉，加劲肋与翼缘板相接处应切成斜角，但直接承受动力荷载的梁（如吊车梁）的中间加劲肋下端不宜与受拉翼缘焊接，一般在距受拉翼缘不少于 50mm 处断开，故对此类梁的中间加劲肋，切角尺寸的规定仅适用于与受压翼缘相连接处。

8.4.12 从钢材小试件的受压试验中看到，当高厚比不大于 2 时，一般不会产生明显的弯扭现象，应力超过屈服点时，试件虽明显缩短，但压力尚能继续增加。所以突缘支座的伸出长度不大于 2 倍端加劲肋厚度时，可用端面承压的强度设计值 f_{ce} 进行计算。否则，应将伸出部分作为轴心受压构件来验算其强度和稳定性。

（Ⅳ）柱 脚

8.4.13 按我国习惯，柱脚锚栓不考虑承受剪力，特别是有靴梁的锚栓更不能承受剪力。但对于没有靴梁的锚栓，国外有两种意见，一种认为可以承受剪力，另一则不考虑（见 G. BALLIO, F. M. MAZZOLANI 著《钢结构理论与设计》，冶金部建筑研究总院译，1985 年 12 月）。另外，在我国亦有资料建议，在抗震设计中可用半经验半理论的方法适当考虑外露式钢柱脚（不管有无靴梁）受压侧锚栓的抗剪作用，因此，将原规范的"不应"改为"不宜"。至于摩擦系数的取值，现国内外已普遍采用 0.4，故列入。

8.4.15 当钢柱直接插入混凝土杯口基础内用二次浇灌层固定时，即为插入式柱脚（见图 29）。近年来，北京钢铁设计研究总院和重庆钢铁设计研究院等单位均对插入式钢柱脚进行过试验研究，并曾在多项单层工业厂房工程中使用，效果较好，并不影响安装调整。这种柱脚构造简单、节约钢材、安全可靠。本条规定是参照北京钢铁设计研究总院土建三室于1991年6月编写的"钢柱杯口式柱脚设计规定"（土三结规2—91）提出来的，同时还参考了有关钢管混凝土结构设计规程，其中钢柱插入杯口的最小深度与我国电力行业标准《钢—混凝土组合结构设计规程》DL/T 5085—1999的插入深度比较接近，而国家建材局《钢管混凝土结构设计与施工规程》JCJ 01—89中对插入深度的取值过大，故未予采用。另外，本条规定的数值大于预制混凝土柱插入杯口的深度，这是合适的。

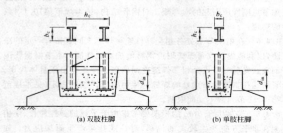

图29 插入式柱脚

对双肢柱的插入深度，北京钢铁设计研究总院原取为$(1/3\sim1/2)h_c$，而混凝土双肢柱为$(1/3\sim2/3)h_c$，并说明当柱安装采用缆绳固定时才用$1/3h_c$。为安全计，本条将最小插入深度改为$0.5h_c$。

8.4.16 将钢柱直接埋入混凝土构件（如地下室墙、基础梁等）中的柱脚称为埋入式柱脚；而将钢柱置于混凝土构件上又伸出钢筋，在钢柱四周外包一段钢筋混凝土者为外包式柱脚，亦称为非埋入式柱脚。这两种柱脚（见图30）常用于多、高层钢结构建筑物。本条规定与国家现行标准《高层民用建筑钢结构技术规程》JGJ 99—98以及《钢骨混凝土结构设计规程》YB 9082—97中相类似的构造要求相协调。

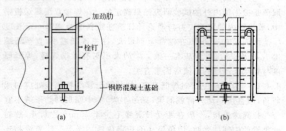

图30 埋入式柱脚和外包式柱脚

关于对埋入深度或外包高度的要求，高钢规程中规定为柱截面高度的2～3倍（大于插入式柱脚的插入深度），是引用日本的经验，对抗震有利。而在钢骨混凝土规程中对此没有提出要求。因此，本条没有对埋深或外包高度提出具体要求。

8.5 对吊车梁和吊车桁架（或类似结构）的要求

8.5.1 双层翼缘板的焊接吊车梁在国内尚缺乏使用经验，虽于1980年进行了静力和疲劳性能试验，鉴于试验条件与实际受力情况有一定差别，因此规定外层翼缘板要通长设置及两层翼缘板紧密接触的措施。在中、重级工作制焊接吊车梁中使用，应慎重考虑。

8.5.2 根据调研，在重级工作制吊车桁架或制动桁架中，凡节点连接是铆钉或高强度螺栓，经长期生产考验，一般使用均属正常，但在类似的夹钳吊车或刚性料耙等硬钩吊车的吊车桁架或制动桁架中，则有较多的破坏现象，故作此规定。分析其原因是桁架式结构荷载的动力作用常聚集于各节点，尤其是上弦节点破坏较多。若用全焊桁架，节点由于有焊接应力、次应力等形成复杂的应力场

和应力集中，因而疲劳强度低，亦将导致节点处过早破坏。

8.5.3 本条所列各项构造要求，系根据国内试验成果确定的。

1 节点板的腹杆端部区域是杆件汇合的地方，焊缝多且较集中，应力分布复杂，焊接残余应力的影响也较大，根据试验及有关资料的建议，吊车桁架节点板处，腹杆与弦杆之间的间隙以保持在50～60mm为宜，此时节点板焊接影响较少。

节点板两侧与弦杆连接处采用圆弧过渡，可以减小应力集中，圆弧半径r愈大效果愈好，经试验及查阅有关资料，r值不小于60mm为宜。

节点板与腹杆轴线的夹角θ不小于30°，其目的在于使节点板有足够的传力宽度，受力较均匀，以保证节点板的正常工作能力。

2 焊缝的起落弧点往往有明显咬肉等缺陷，引起较大的应力集中而降低杆件疲劳强度，为此规定起落弧点距节点板（或填板）边缘应至少为5mm。

根据试验，用小锤敲击焊缝两端可以消除残余应力的影响。

3 图8.5.3-2是新增加的桁架杆件采用轧制（或焊接）H型钢制成的全焊接吊车桁架的节点示意图。北京钢铁设计研究总院采用这种在重级工作制吊车作用下的吊车桁架已有15～20年的使用经验。

8.5.4 焊接吊车梁和焊接吊车桁架的工地拼接应采用焊接，当有必要时亦可采用高强度螺栓摩擦型连接（桥梁钢结构的工地拼接亦正在扩大焊接拼接的范围），其中吊车梁的上翼缘更宜采用对接焊缝拼接。但在采用焊接拼接时，必须加强对焊缝质量的检验工作。

8.5.5 吊车梁腹板与上翼缘的连接焊缝，除承受剪应力外，尚承受轮压产生的局部压应力，且轨道偏心也给连接焊缝带来很不利的影响，尤其是重级工作制吊车梁，操作频繁，上翼缘焊缝容易疲劳破坏。对起重量大于或等于50t中级工作制吊车，因轮压很大，且实际上同样有疲劳问题，故亦要求焊透，至于吊车桁架中节点板与上弦的连接焊缝，因其受力情况复杂，同样亦规定应予焊透。

此外，腹板边缘宜机械加工坡口，其坡口角度应按腹板厚度以焊透要求为前提，由施工单位做焊透试验来确定，但宜满足图8.5.5中规定的焊脚尺寸的要求。

8.5.6 关于焊接吊车梁中间横向加劲肋端部是否与受压翼缘焊接的问题，国外有两种不同意见，一种认为焊接后几年就出现开裂，故不主张焊接；另一种认为没有什么问题，可以相焊。根据我国的实践经验，若仅顶紧不焊，则当横向加劲肋与腹板焊接后，由于温度收缩而使加劲肋脱离翼缘，顶不紧了，只好再补充焊接。使用中亦没有发现什么问题，故本条规定中间横向加劲肋可与受压翼缘相焊。

试验研究证明，吊车梁中间横向加劲肋与腹板的连接焊缝，若在受拉区端部留有起落弧，则容易在腹板上引起疲劳裂痕。条文规定不宜在加劲肋端部起落弧，采用绕角焊、围焊或其他方法应与施工单位具体研究确定。总之，在加劲肋端部的焊缝截面不能有突变，亦有因焊质量不好而出问题的（后改用风铲加工），所以宜由高级焊工施焊。

吊车梁的疲劳破坏一般是从受拉区开裂开始。因此，中、重级工作制吊车梁的受拉翼缘与支撑的连接采用焊接是不合适的，采用C级螺栓比采用焊缝方便，故建议采用螺栓连接。

同样理由，规定中间横向加劲肋端部不应与受拉翼缘相焊，也不应另加零件与受拉翼缘焊接，加劲肋宜在距受拉翼缘不少于50～100mm处断开。

本条适用于简支和连续吊车梁。

8.5.7 直接铺设轨道的吊车桁架上弦，其工作性质与连续吊车梁相近，而原规范要求"与吊车梁相同"，不够确切，新规范作了改正。

8.5.8 吊车梁（或吊车桁架）上翼缘与制动结构及柱相互间的连接，一般采用搭接。其中主要是吊车梁上翼缘与制动结构的连接

和吊车梁上翼缘与柱的连接。

1 在重级工作制吊车作用下,吊车梁(或吊车桁架)上翼缘与制动桁架的连接,因动力作用常集中于节点,加以桁架节点处有次应力,受力情况十分复杂,很容易发生损坏,故宜采用高强度螺栓连接。而吊车梁上翼缘与制动梁的连接,重庆钢铁设计研究院和重庆大学从1988年到1992年曾对此进行了专门的研究,通过静力、疲劳试验和理论分析,科学地论证了只要能保证焊接质量和控制焊接变形仅用单面角焊缝连接的可行性,并在攀钢、成都无缝钢管厂和宝钢等工程中应用,效果良好,没有发现什么问题。设计中,制动板与吊车梁上翼缘之间还增加了按构造布置的C级普通螺栓连接,以改善安装条件和焊缝受力情况。用焊缝连接不仅可节约大量投资,而且可以提高工效1~2倍。故本条规定亦可采用焊缝连接。当然,对特重级工作制吊车来说,仍宜采用高强度螺栓摩擦型连接。

2 关于吊车梁上翼缘与柱的连接,既要传递水平力,又要防止因构造欠妥使吊车梁在垂直平面内弯曲时形成端部的局部嵌固作用而产生较大的负弯矩,导致连接件开裂。故宜采用高强度螺栓连接。国内有些设计单位采用板铰连接的方式,效果较好。因此本条建议设计时应尽量采取措施减少这种附加应力。

8.5.9 吊车梁辅助桁架和水平、垂直支撑系统的设置范围,系根据以往设计经验确定的,但有不同意见,故规定为:宜设置辅助桁架和水平、垂直支撑系统。

为了使吊车梁(或吊车桁架)和辅助桁架(或两吊车梁)之间产生的相对挠度不会导致垂直支撑产生过大的内力,垂直支撑应避免设置在吊车梁的跨度中央,应设在梁跨度的约1/4处,并对称设置。

对吊车桁架,为了防止其上弦因轨道偏心而扭转,一般在其高度范围内每隔约6m设置空腹或实腹的横隔。

8.5.10 重级工作制吊车梁的受拉翼缘,当用手工气割时,边缘不能平直并有缺陷,在用切割机切割时,边缘有冷加工硬化区,这些缺陷在动力荷载作用下,对疲劳不利,故要求沿全长刨边。

8.5.11 在疲劳试验中,发现试验梁在制作时,在受拉翼缘处打过火,疲劳破坏就从打火处开始,至于焊接夹具就更不恰当了,故本条规定不宜打火。

8.5.12 钢轨的接头有平接、斜接、人字形接头和焊接等。平接简便,采用最多,但有缝隙,冲击很大。斜接、人字形接头,车轮通过较平稳,但加工极费事,采用不多。目前已有不少厂采用焊接长轨,效果良好。焊接长轨要保证轨道在温度作用下能沿纵向伸缩,同时不损伤固定件,日本在钢轨固定件与轨道间留有约1mm空隙,西德经验约为2mm,我国使用的约为1mm。为此建议压板与钢轨间接触应留有一定的空隙(约1mm)。

此外,在调研中发现焊接长轨用钩头螺栓固定时,在制动板一侧的钩头螺栓不能沿吊车梁纵向移动而将钩头螺栓拉弯或拉断,故在焊接长轨中不应采用钩头螺栓固定。

8.6 大跨度屋盖结构

本节是新增加的内容,是我国大跨度屋盖结构建设经验的总结,并明确规定跨度$L \geqslant 60m$的屋盖为大跨度屋盖结构。

本节重点介绍了大跨度桁架结构的构造要求,其他结构形式(如空间结构、拱形结构等)见专门的设计规程或有关资料。

8.6.3 关于大跨度屋架的挠度容许值,是根据我国的实践经验,并参照国外资料规定的。

8.7 提高寒冷地区结构抗脆断能力的要求

本节是新增加的内容,是为了使设计人员重视钢结构可能发生脆断(特别是寒冷地区)而提出来的。内容主要来自前苏联的资料(见"钢结构脆性破坏的研究",清华大学王元清教授的研究报告),同时亦参考了其他国内外的有关资料。这些资料在定量的规定上差别较大,很难直接引用,但在定性方面即概念设计中都有一些共同规律,可供今后设计中参照:

1 钢结构的抗脆断性能与环境温度、结构形式、钢材厚度、应力特征、钢材性能、加荷速率以及重要性(破坏后果)等多种因素有关。工作温度愈低、钢材愈厚、名义拉应力愈大、应力集中及焊接残余应力愈高(特别是有多向拉应力存在时)、钢材韧性愈差、加荷速率愈快的结构愈容易发生脆断。重要性愈大的结构对抗脆断性能的要求亦愈高。

2 钢材在相应试验温度下的冲击韧性指标,目前仍被视作钢材抗脆断性能的主要指标。

3 对低合金高强度结构钢的要求比碳素结构钢严,如最大使用厚度更小,冲击试验温度更低等,而且钢材强度愈高,要求愈严。

至于钢材厚度与结构抗脆断性能在定量上的关系,国内外均有研究,有的已在规范中根据结构的不同工作条件,对不同牌号的钢材规定了最大使用厚度(Eurocode 3 1993 表3.2)。但由于我们对国产建筑钢材在不同工作条件下的脆断问题还缺乏深入研究,故这次修订时尚无法对我国钢材的最大使用厚度作出具体规定,只能参照国外资料,在构造上作出一些规定,以提高结构的抗脆断能力。

8.7.1 根据前苏联对脆断事故调查的结果,格构式桁架结构占事故总数的48%,而梁结构仅占18%,板结构占34%,可见桁架结构容易发生脆断。但从我国的调研结果看,脆断情况并不严重,故规定在工作温度$T \leqslant -30℃$的地区的焊接结构,建议采用较薄的组成板件。

8.7.2、8.7.3 所列内容除引自王元清的研究报告外,还参考了其他有关资料。其中对受拉构件钢材边缘加工要求的厚度限值($\leqslant 10mm$),是根据前苏联1981年规范表84中在空气温度$T \geqslant -30℃$地区,令考虑脆断的应力折减系数$\beta = 1.0$而得出的。

虽然在我国的寒冷地区过去很少发生脆断问题,但当时的建筑物都不大,钢材亦不太厚。根据"我国低温地区钢结构使用情况调查"(《钢结构设计规范》材料二组低温冷脆分组,1973年1月),所调查构件的钢材厚度为:吊车梁不大于25mm,柱子不大于20mm,屋架下弦不大于10mm。随着今后大型建(构)筑物的兴建,钢材厚度的增加以及对结构安全重视程度的提高,钢结构的防脆断问题理应在设计中加以考虑。我们认为若能在构造上采取本节所提出的措施,对提高结构抗脆断的能力肯定是有利的,从我国目前的国情看,亦是可以做得到的,不会增加多少投资。同时,为了缩小应用范围以节约投资,建议在$T \leqslant -20℃$的地区采用之。在$T > -20℃$的地区,对重要结构亦宜在受拉区采用一些减少应力集中和焊接残余应力的构造措施。

8.8 制作、运输和安装

8.8.1~8.8.3 结构的安装连接构造,除应考虑连接的可靠性外,还必须考虑施工方便,多数施工单位的意见是:

1 根据连接的受力和安装误差情况分别采用C级螺栓、焊接或高强度螺栓,其选用原则为:

1)凡沿螺栓杆轴方向受拉的连接或受剪力较小的次要连接,宜用C级螺栓;

2)凡安装误差较大的,受静力荷载或间接受动力荷载的连接,可优先选用焊接;

3)凡直接承受动力荷载的连接,或高空施焊困难的重要连接,均宜采用高强度螺栓摩擦型连接。

2 梁或桁架的铰接支承,宜采用平板支座直接支于柱顶或牛腿上。

3 当梁或桁架与柱侧面连接时,应设置承力支托或安装支托。安装时,先将构件放在支托上,再上紧螺栓,比较方便。此外,这类构件的长度不能有正公差,以便于插接,承力支托的焊接,计算时应考虑施工误差造成的偏心影响。

4 除特殊情况外，一般不要采用铆钉连接。

因钢构件安装时有多种定位方法，故第 8.8.3 条仅作原则规定"应考虑定位措施将构件临时固定"，而没有规定具体的定位方法，如设置定位螺栓等等。

8.9 防护和隔热

8.9.1 钢结构防腐的主要关键是制作时将铁锈清除干净，其次应根据不同的情况选用高质量的油漆或涂层以及妥善的维修制度。钢材的除锈等级与所采用的涂料品种有关，详见《工业建筑防腐蚀设计规范》GB 50046 及其他有关资料。

除上述问题外，在构造中应避免难于检查、清刷和油漆之处以及积留湿气、大量灰尘的死角和凹槽，例如尽可能将角钢的肢尖向下以免积留大量灰尘，大型构件应考虑设置维护时通行人孔和走道，露天结构应着重避免构件间未贴紧的缝隙，与砖石砌体或土壤接触部分应采取特殊保护措施。另外，应将管形构件两端封闭不使空气进入。

在调研中曾发现凡是漏雨、飘雨之处，锈蚀均较严重，应引起重视，在建筑构造处理上加以注意，并应规定坚持定期维修制度，确保安全使用。

考虑到钢结构的建筑物和构筑物所处的环境，在抗腐蚀要求上差别很大，因此规定除特殊需要外，不应因考虑锈蚀而再加大钢材截面的厚度。

8.9.2 不能重新刷油的部位取决于节点构造形式和所处的位置。所谓采取特殊的防锈措施是指：在作防锈考虑时，应改进结构构造形式，减少零部件的数量，选用抗锈能力强的截面，即截面面积与周长之比值较大的形式，如用封闭截面等，避免采用双角钢组成的 T 形截面，此外，亦可选择抗锈能力强的钢材或针对侵蚀性介质的性质选用相应的质量高的油漆或其他有效涂料，必要时亦可适当加厚截面的厚度。

8.9.3 在调研中发现，凡埋入土中的钢柱，其埋入部分的混凝土保护层未伸出地面者或柱脚底面与地面的标高相同时，皆因柱身（或柱脚）与地面（或土壤）接触部位的四周易积聚水分和尘土等杂物，致使该部位锈蚀严重，故本条规定钢柱埋入土中部分的混凝土保护层或柱脚底板均应高出地面一定距离，具体数据是根据国内外的实践经验确定的。

在调研中，有的化工厂埋入土中的钢柱，虽有包裹混凝土，但因电离子极化作用，锈蚀仍很严重，故在土壤中，有侵蚀性介质作用的条件下，柱脚不宜埋入地下。

8.9.5 对一般钢材来说，温度在 200℃ 以内强度基本不变，温度在 250℃ 左右产生蓝脆现象，超过 300℃ 以后屈服点及抗拉强度开始显著下降，达到 600℃ 时强度基本消失。另外，钢材长期处于 150～200℃ 时将出现低温回火现象，加剧其时效硬化，若和塑性变形同时作用，将更加快时效硬化速度。所以规定为：结构表面长期受辐射热达 150℃ 以上时应采取防护措施。从国内有些研究院对各种热车间的实测资料来看，高炉出铁场和转炉车间的屋架下弦、吊车梁底部和柱子表面及均热炉车间钢锭车道旁的柱子等，温度都有可能达到 150℃ 以上，有必要用悬吊金属板或隔热层加以保护，甚至在个别温度很高的情况时，需要采用更为有效的防护措施（如用水冷板）。

熔化金属的喷溅在结构表面的聚结和烧灼，将影响结构的正常使用寿命，因此应予保护。另外在出铁口、出钢口或注锭口等附近的结构，当生产发生事故时，很可能受到熔化金属的烧灼，如不加保护就很容易被烧断而造成重大事故，所以要用隔热层加以保护。一般的隔热层使用红砖砌体，四角镶以角钢，以保护其不受机械损伤，使用效果良好。

9 塑性设计

9.1 一般规定

9.1.1 本条明确指出本章的适用范围是超静定梁、单层框架和两层框架。对两层以上的框架，目前我国的理论研究和实践经验较少，故未包括在内。两层以上的无支撑框架，必须按二阶理论进行分析或考虑 $P-\Delta$ 效应。两层以上的有支撑框架，则在支撑构件的设计中，必须考虑二阶（轴力）效应。如果设计者掌握了二阶理论的分析和设计方法，并有足够的依据时，也不排除在两层以上的框架设计中采用塑性设计。

9.1.2 简单塑性理论是指假定材料为理想弹塑性体，荷载按比例增加。计算内力时，考虑发生塑性铰而使结构转化成破坏机构体系。

9.1.3 本条系将原规范条文说明中有关钢材力学性能的要求经修正后列为正文，即：
1 强屈比 $f_u/f_y \geqslant 1.2$；
2 伸长率 $\delta_5 \geqslant 15\%$；
3 相应于抗拉强度 f_u 的应变 ε_u 不小于 20 倍屈服点应变 ε_y。

这些都是为了截面充分发展塑性的必要要求。上述第 3 项要求与原规范不同，原规范为屈服台阶末端的应变 $\varepsilon_u \geqslant 6\varepsilon_p$（$\varepsilon_p$ 指弹性应变），也就是要求钢材有较长的屈服台阶。但有些低合金高强度钢，如 15MnV 就达不到此项要求，而根据国外规范的有关规定，15MnV 可用于塑性设计。现根据欧洲规范 EC3-ENV-1993，将此项要求改为 $\varepsilon_u \geqslant 20\varepsilon_y$（见陈绍蕃编写的《钢结构设计原理》第二版）。

9.1.4 塑性设计要求某些截面形成塑性铰并能产生所需的转动，使结构形成机构，故对构件中的板件宽厚比应严加控制，以避免由板件局部失稳而降低构件的承载能力。

工字形翼缘板沿纵向均匀受压，可按正交异性板的屈曲问题求解，或用受约束的矩形板的扭转屈曲问题求解。当不考虑腹板对翼缘的约束时（考虑约束提高临界力 3% 左右），上述两种求解方法有相同的结果：

$$\sigma_{cr} = \left(\frac{t}{b}\right)^2 G_{st}$$

式中 b, t——翼缘板的自由外伸宽度和厚度；
G_{st}——钢材剪切应变硬化模量，其值按非连续屈服理论求得：

$$G_{st} = \frac{2G}{1 + \frac{E}{4(1+\nu)E_{st}}}$$

E_{st}——钢材的应变硬化模量。

以 Q235 钢为例，取 $E = 206 \times 10^3 \text{N/mm}^2$；$E_{st} = 5.6 \times 10^3 \text{N/mm}^2$；$G = E/2.6$；令 $\sigma_{cr} = f_y = 235 \text{N/mm}^2$，即可求得 $b/t = 9.13$，因此建议 $b/t \leqslant 9\sqrt{235/f_y}$。

箱形截面的翼缘板以及压弯构件腹板的宽厚比均可按理论方法求得。本条表 9.1.4 所建议的宽厚比参考了有关规范或资料的规定。

9.2 构件的计算

9.2.1 构件只承受弯矩 M 时，截面的极限状态应为：$M \leqslant W_{pn}f_y$，考虑抗力分项系数后，即为公式（9.2.1）。W_{pn} 为净截面塑性模量，是按截面全部进入塑性求得的，与本规范第 4、5 章采用的 γW 不同，γW 的取值仅是考虑部分截面进入塑性。

原规范规定，进行塑性设计时钢材和连接的强度设计值应乘以折减系数 0.9。依据是二阶（P-Δ）效应没有考虑，并且假定荷载按比例增加，都使算得的结构承载能力偏高。后来的分析表明，单层和二层框架的二阶效应很小，完全可以由钢材屈服后的强化特性来弥补，加载顺序影响荷载—位移曲线的中间过程，并不影响框架的极限荷载。因此，这次修订取消了0.9系数。

9.2.2 在受弯构件和压弯构件中，剪力的存在会加速塑性铰的形成。在塑性设计中，一般将最大剪力的界限规定为等于腹板截面的剪切屈服承载力，即 $V \leqslant A_w f_v$（A_w 为腹板截面积）。

在满足公式（9.2.2）要求的前提下，剪力的存在实际上并不降低截面的弯矩极限值，即仍可按本规范公式（9.2.1）计算。因为钢材实际上并非理想弹—塑性体，它的塑性变形发展是不均匀的，一旦有应变硬化阶段，当弯矩和剪力值都很大时，截面的应变硬化很快出现，从而使弯矩极限值并无降低。详细的论述和国内外有关试验分析见梁启智写的"关于钢梁设计中考虑塑性的问题"（载《华南工学院学报》第6卷第4期，1978年）。

9.2.3 同时承受压力和弯矩的构件，弯矩极值是随压力的增加而减少。图31为弯矩绕强轴的工字形截面的相关曲线。这些曲线与翼缘面积和腹板面积之比 A_f/A_w 有关，常用截面一般为 $A_f/A_w \approx 1.5$，因此我们取 $A_f/A_w = 1.5$。而将此曲线简化为两段直线，即当 $N/(A_n f_y) \leqslant 0.13$ 时，$M = W_{pn} f_y$；当 $N/(A_n f_y) > 0.13$ 时，$M = 1.15[1 - N/(A_n f_y)]W_{pn} f_y$。

本条的公式（9.2.3-1）和公式（9.2.3-2）即由此得来。箱形截面可看作是由两个工字形截面组成的，因此可按上述近似公式进行计算。

当 $N \leqslant 0.6 A_n f_y$ 时，将相关曲线简化为直线带来的误差一般不超过5%，少数区域误差较大，但偏于安全。

在压弯构件中，N 愈大，产生二阶效应的影响也就愈大，因此限制 $N \leqslant 0.6 A_n f_y$。当 N 超过 $0.6 A_n f_y$ 时，按二阶理论考虑刚架的整体稳定所得到的实际承载能力将比按简单塑性理论算得承载能力降低得较多。

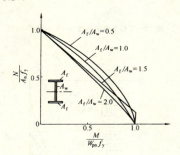

图31 压弯构件 $\dfrac{N}{A_n f_y} \cdot \dfrac{M}{W_{pn} f_y}$ 关系曲线

9.2.4 压弯构件的稳定计算采用本规范第5章第5.2.2条类似的方法，不同之处，仅在于用 W_{px} 代替了 $\gamma_x W_{1x}$。

9.3 容许长细比和构造要求

9.3.1 采用塑性设计的框架柱，如果长细比过大也会使二阶效应带来的影响加大，因此本条规定了比本规范第5章稍严的容许长细比值。

9.3.2 已形成塑性铰的截面，在结构尚未达到破坏机构前必须继续变形，为了使塑性铰处在转动过程中能保持受弯极限值的能力，不但要避免板件的局部屈曲，而且必须避免构件的侧向扭转屈曲，要使构件不发生侧向扭转屈曲，应在塑性铰处及其附近适当距离处设置侧向支承。本条文规定的侧向支承点间的构件长细比限制，是根据理论和试验研究的结果，再加以简化得出的。

试验结果表明：侧向支承点间的构件长细比 λ_y，主要与 M_1/M_p 的数值有关，且对任一确定的 M_1/M_p 值[加上抗力分项系数后]，该比值就变为本规范公式（9.2.3-1）中的 $M_1/W_{px} f$，均可找到相应的 λ_y。根据国内的部分分析结果并参考国外的规定，加以简化

后得到关系式（9.3.2-1）和（9.3.2-2）。

9.3.3 本条文与本规范第4章第4.2.6条的方法相同，详见该条文说明。

9.3.4 本条文规定节点及其连接的设计，应按所传递弯矩的1.1倍和 $0.25 W_{px} f$ 二者中较大者进行计算，是为了使节点强度稍有余量，以减少在连接处产生永久变形的可能性。

所有连接应具有足够的刚度，以保证在达到塑性弯矩之前，所被连接构件间的夹角不变。为了达到这个目的，采用螺栓的安装接头应避开梁和柱的交接线，或者采用扩大式接头和加腋等。

9.3.5 为了保证在出现塑性铰处有足够的塑性转动能力，该处的构件加工应避免采用剪切。当采用剪切加工时，应刨去边缘硬化区域。另外在此位置制作孔洞时，应采用钻孔或先冲后扩钻孔，避免采用单纯冲孔。这是因为剪切边和冲孔周围带来的金属硬化，将降低钢材的塑性，从而降低塑性铰的转动能力。

10 钢管结构

10.1 一般规定

10.1.1 钢管结构一般包括圆管和方管（或矩形管）两种截面形式，通常采用平面或空间桁架结构体系。管结构节点类型很多，本规范只限于在节点处直接焊接的钢管结构。由于轧制无缝钢管价格较贵，宜采用冷弯成型的高频焊接钢管。方管和矩形管多为冷弯成型的高频焊接钢管。由于此类管材通常存在残余应力和冷作硬化现象，用于低温地区的外露结构时，应进行专门的研究。

本章适用于不直接承受动力荷载的钢管结构。对于承受交变荷载的钢管焊接连接节点的疲劳问题，远较其他型钢杆件节点受力情况复杂，设计时要慎重处理，并需参考专门规范的规定。

10.1.2 限制钢管的径厚比或宽厚比是为了防止钢管发生局部屈曲。其中圆钢管的径厚比与本规范第5.4.5条相同，矩形管翼缘与腹板的宽厚比略偏安全地取与轴压构件的箱形截面相同。本条规定的限值与国外第3类截面（边缘纤维达到屈服，但局部屈曲阻碍全塑性发展）比较接近。

10.1.3 本条规定了本章内容的适用范围，因为目前国内外对钢管节点的试验研究工作中，其钢材的屈服强度均小于 $355 N/mm^2$，屈强比均不大于0.8，而且钢管壁厚大于 25mm 时，将很难采用冷弯成型方法制造。

10.1.4、10.1.5 根据国外的经验（参见欧洲规范 Eurocode 3 1993），当满足这两条的规定时，可忽略节点刚性和偏心的影响，按铰接体系分析桁架杆件的内力。

10.2 构造要求

10.2.1~10.2.3 这三条是有关钢管节点构造的规定，主要是参考国外规范并结合我国施工情况而制定的，用以保证节点连接的质量和强度。在节点处主管应连续，支管端部应精密加工，直接焊于主管外壁上，而不得将支管穿入主管壁。主管和支管、或两支管轴线之间的夹角 θ 不得小于30°的规定是为了保证施焊条件，使焊根熔透。

管节点的连接部位，应尽量避免偏心。有关研究表明，当因构造原因在节点处产生的偏心满足本规范公式（10.1.5）的要求时，可不考虑其对节点承载力的影响。

由于断续焊接易产生咬边、夹渣等焊缝缺陷，以及不均匀热影响区的材质缺陷，恶化焊缝的性能，故主管和支管的连接焊缝应沿全周连续焊接。焊缝尺寸应大小适中，形状合理，并与母材平滑过渡，以充分发挥节点强度，并防止产生脆性破坏。

支管端部形状及焊缝坡口形式随支管和主管相交位置、支管壁厚不同以及焊接条件变化而异。根据现有条件,管端切割及坡口加工应尽量使用自动切管机,以充分保证装配和焊接质量。

10.2.4 因为搭接支管要通过被搭接支管传递内力,所以被搭接支管的强度应不低于搭接支管的。

10.2.5 一般支管的壁厚不大,宜采用全周焊缝与主管连接。当支管壁厚较大时,宜沿焊缝长度方向部分采用角焊缝、部分采用对接焊缝。由于全部对接焊缝在某些部位施焊困难,故不予推荐。

角焊缝的焊脚尺寸,若按本规范第 8.2.7 条的规定不得大于 $1.2t_i$,对钢管结构,当支管受拉时势必产生因焊缝强度不足而加大壁厚的不合理现象,故根据实践经验及参考国外规范,规定 $h_i \le 2t_i$。一般支管壁厚 t_i 较小,不会产生过大的焊接应力和"过烧"现象。

10.2.6 钢管构件承受较大横向集中荷载的部位,工作情况较为不利,因此应采用适当的加强措施。如果横向荷载是通过支管施加于主管的,则只要满足本规范第 10.3.3 和 10.3.4 条的规定,就不必对主管进行加强。

10.3 杆件和节点承载力

10.3.2 根据本规范第 10.2.5 条的规定,支管与主管连接焊缝可沿全周采用角焊缝,也可部分采用对接焊缝。由于坡口角度、焊根间隙都是变化的,对接焊缝的焊根又不能清渣及补焊,考虑到这些原因及方便计算,故参考国外规范的规定,连接焊缝计算时可视为全周角焊缝按本规范公式(7.1.3-1)计算,取 $\beta_f = 1$。

焊缝的长度实际上是支管与主管相交线长度,考虑到焊缝传力时的不均匀性,焊缝的计算长度 l_w 均不大于相交线长度。因主、支管均为圆管的节点焊缝传力较为均匀,焊缝的计算长度取为相交线长度,该相交线是一条空间曲线。若将曲线分为 $2n$ 段,微小段 Δl_i 可取空间折线代替空间曲线。则焊缝的计算长度为:

$$l_w = 2\sum_{i=1}^{n}\Delta l_i = K_s d_i \tag{73}$$

式中 K_s——相交线率,它是 d_i/d 和 θ 的函数,即:

$$K_s = 2\int_0^{\pi} f(d_i/d, \theta)d\theta$$

经采用回归分析方法,提出了规范中的公式(10.3.2-1)和公式(10.3.2-2)。两式精度较高,计算也较方便。

圆管节点焊缝有效厚度 h_e 沿相交线是变化的。第 Δl_i 区段的焊缝有效厚度为:

$$h_i = h_f \cos\frac{\alpha_{i+1/2}}{2} \tag{74}$$

式中 $\alpha_{i+1/2}$——第 Δl_i 段中点支管外壁切平面与主管外壁切平面的夹角。

沿焊缝长度有效厚度平均值:

$$h_e = Ch_f$$

$$C = \frac{2\sum_{i=1}^{n}\Delta l_i \cos\frac{\alpha_{i+1/2}}{2}}{l_w}$$

C 值与 d_i/d 和 θ 有关,经电算分析,一般 $C > 0.7$,最低为 0.6079。C 值小于 0.7 都发生在 $\theta > 60°$ 的情况,考虑到这时支管与主管的连接焊缝基本上属于端焊缝,它的强度将比侧焊缝强度规定值高 30%,故取 $C=0.7$ 是安全的。目前国际上对角焊缝的计算考虑外荷载方向,这样经电算分析其有效厚度平均系数 C 均大于 0.7,最高可达 0.8321。故取 $h_e = 0.7h_f$ 还是合适的。

矩形管节点支管与主管的相交线是直线,计算方便,但考虑到主管顶面板件沿相交线周围在支管轴力作用下刚度的差异和传力的不均匀性,相交焊缝的计算长度 l_w 将不等于周长,需由试验研究而得。本条公式(10.3.2-3~10.3.2-5)引自《Design Guide For Rectangular Hollow Section (RHS) Joints Under Predominantly Static Loading》,Verlag Tüv Rheinland,1992,p19~20 和《空心管结构连接设计指南》J. A. Packer,科学出版社,1997 年版,第 246~249 页。该公式是在试验研究基础上归纳出来的,既简单又可靠。

10.3.3 本条为圆管节点的承载力适用范围和要求。

原规范对保证钢管节点处主管强度的支管轴心承载力设计值的公式是比较、分析国外有关规范和国内外有关资料的基础上,根据近 300 个各类型管节点的承载力极限值试验数据,通过回归分析归纳得出承载力极限经验公式,然后采用校准法换算得到的。

X 形和 T、Y 形节点的承载力极限值与试验值比较见图 32、图 33。图中纵坐标用无量纲系数表达。图 32、图 33 中也给出了美国石油学会 API RP-2A 规范和日本《钢管结构设计施工指南》中所采用的计算曲线,以便比较。对于 X 形节点,从图 32 可看出:d/t 对节点强度影响不大,故采用单一曲线公式已有足够的精度。对 T、Y 形节点,本规范采用折线型公式,并以 $(d/t)^{0.2}$ 计及径厚比对节点强度的影响。由图 33 可见,其计算值与试验结果吻合较好。

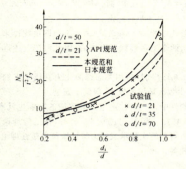

图 32 X 形节点的强度($\sigma = 0, \theta = 90°$)

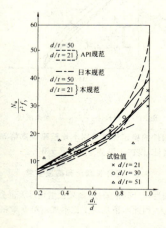

图 33 T、Y 形节点的强度($\sigma = 0, \theta = 90°$)

K 形节点强度的几何影响因素较多,情况也较复杂。一般说来由于两支管受力(拉压)性质不同,限制了节点局部变形,提高了节点强度。API 规范和欧洲《钢结构规范》对 K 形节点公式的计算误差较大,一般偏于保守。本规范对 K 形节点公式是采用将 T、Y 形节点强度乘上提高系数 ψ_n 得到的。节点强度的提高值体现在 ψ_n 中三个代数式的乘积,它分别反映了间隙比 a/d、径厚比 d/t 和直径比 $\beta = d_i/d$ 的影响。这三个代数式是通过对有关试验资料的回归分析确定的。图 34 给出了 K 形节点的计算值和试验值的比较。图中也给出了日本规范的曲线。

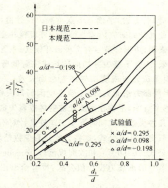

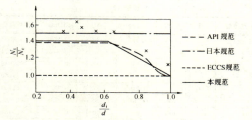

图36 T、Y形节点的 N_t/N_c 值

图34 K形节点的强度($\sigma=0,\theta=60°,d/t=31$)

由于K形节点的强度对各种随机因素的敏感性较强,试验值本身的离散性较大,在一般情况下本条公式的取值也略低一些。对于搭接节点,规定仍按$a=0$计算,稍偏保守。这是考虑到搭接节点相交线几何形状更为复杂,而目前加工、焊接、装配经验不足,另外也是为了进一步简化计算。从与试验值对比的统计计算结果看,这样计算的结果比采用精确而烦琐的公式计算,离散度的增加并不明显,仅2%左右。

除了几何因素影响外,管节点强度与节点受力状态关系很大,如支管与主管的夹角θ、支管受压还是受拉,以及主管轴向应力情况等。

试验表明,支管轴心力垂直于主管方向的分力是造成节点破坏的主要因素。支管倾角θ越小,支管轴心力的垂直分力也越小,节点承载力就越高。由于支管倾斜使相交线加长和支管轴心力的水平分力分别会对节点强度产生有利和不利的影响。但由于其影响相较小,并相互抵消,为计算方便起见,公式中未予考虑。公式中用$1/\sin\theta$来表达支管倾角θ对节点强度的影响,也就是说仅考虑支管轴力垂直分力作用。

圆管节点的破坏多由于节点处在大的局部变形而引起的。当主管受轴向压应力时,将促使节点的局部变形,节点强度随主管压应力增大而降低,而当主管受轴向拉应力时,可减小节点局部变形,此时节点承载力比主管$\sigma=0$约提高3%~4%,如图35所示。本公式中在$\sigma<0$时,ψ_n采用二次抛物线;而当$\sigma>0$时,为简化计算近似取$\sigma=0$时的值,即$\psi_n=1$。这样基本与试验结果

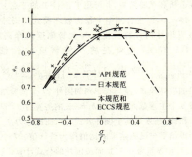

图35 主管轴向应力σ的影响

符合。

当支管承受压力时,节点的破坏主要是由于主管壁的局部屈曲引起的,而支管承受拉力时主要是强度破坏。大量试验得出结论:支管受拉时承载力的数据离散性大,大约比受压时大1.4~1.7倍。对X形节点,经分析,用规范公式(10.3.3-2)进行计算。对T、Y形节点,由图36中的试验点可看出:当β大于0.6时,N_t/N_c值由1.4逐步下降,公式中采用直线下降,当β趋近于1.0时,节点的破坏已趋近于强度破坏的性质,无论支管受压还是受拉,其强度差别不大。

原规范在确定圆钢管节点承载力极限值公式时,以经过筛选的日本和欧美大量的试验数据为依据,对日本、欧洲、美国规范中的公式和本规范采用的公式进行了统计分析比较。由统计离散度看,除K形搭接节点外,均较日本、欧洲、美国公式计算精度有所提高或相当,K形搭接节点也接近于日本公式的结果。

这次对管节点承载力设计值计算公式的修订工作,是根据同济大学的研究成果进行的。除对平面管节点承载力的计算公式作局部修正外,还增加了空间管节点承载力的计算方法。

随着钢结构的发展,应用到结构中的钢管节点的尺寸越来越大;由于试件的尺寸效应对节点试验承载力有影响,因此先前节点尺寸过小的试验数据被删除,新的试验数据得到了补充,一个包含1546个圆钢管节点试验结果和790个圆钢管节点有限元分析结果的数据库建立了起来。根据不断补充的试验数据,一些国家和组织如日本和国际管结构研究和发展委员会(CIDECT)从20世纪80年代起,对节点强度计算公式作了不同程度的修改。

对于圆钢管节点强度计算公式的修正是对照新建立的管节点数据库中的试验结果(由于不少试验的破坏模式为支管破坏,分析时只采用属于节点破坏的试验结果),比较原规范中平面管节点强度公式的计算结果得出的。同时又将GBJ 17—88公式、日本建筑学会(AIJ)公式、国际管结构研究和发展委员会(CIDECT)公式和本规范修订后的公式与试验数据进行了比较后得出来的。其对比结果如表12所示。

表12 有关圆管节点承载力设计值公式计算结果与试验数据的比较

节点类型	试件数	统计量	GBJ 17—88	AIJ	CIDECT	本规范公式
X形支管受压	156	max	1.0844	1.0835	1.0347	1.0844
		min	0.3442	0.3585	0.3284	0.3442
		m	0.7762	0.8188	0.7378	0.7763
		σ	0.1362	0.1442	0.1291	0.1363
		v	0.1755	0.1761	0.1749	0.1755
		cl	89.89%	84.83%	93.31%	89.88%
X形支管受拉	76	max	1.3595	1.4057	0.7686	1.2818
		min	0.3204	0.3898	0.2038	0.3555
		m	0.6563	0.7711	0.4162	0.7032
		σ	0.1962	0.2086	0.1206	0.1903
		v	0.2990	0.2706	0.2897	0.2706
		cl	87.48%	80.12%	97.81%	86.37%
T形和Y形支管受压	142	max	1.6887	1.0219	1.4182	1.6037
		min	0.5652	0.3380	0.4669	0.4064
		m	0.8971	0.5647	0.7844	0.8401
		σ	0.1674	0.1067	0.1493	0.1560
		v	0.1866	0.1889	0.1903	0.1858
		cl	70.93%	98.94%	87.14%	80.53%
T形和Y形支管受拉	47	max	1.7307	1.7276	1.1942	1.6436
		min	0.3473	0.3424	0.2185	0.3298
		m	0.6762	0.7915	0.4642	0.6422
		σ	0.3026	0.3452	0.2278	0.2874
		v	0.4475	0.4362	0.4906	0.4475
		cl	76.53%	68.37%	86.26%	78.80%

续表12

节点类型	试件数	统计量	GBJ 17—88	AIJ	CIDECT	本规范公式
K形	325	max	1.5108	1.3788	1.2097	1.4335
		min	0.3622	0.5236	0.3422	0.3411
		m	0.8351	0.8367	0.7249	0.7916
		σ	0.1754	0.1433	0.1349	0.1666
		v	0.2100	0.1713	0.1861	0.2104
		cl	78.38%	82.98%	93.03%	83.90%
TT形	20	max	—	0.9051	0.8630	0.9464
		min	—	0.3403	0.4455	0.4969
		m	—	0.6296	0.6823	0.7547
		σ	—	0.1499	0.1147	0.1092
		v	—	0.2381	0.1681	0.1447
		cl	—	94.01%	97.06%	95.50%
KK形	58	max	—	1.3200	1.1700	1.2381
		min	—	0.3900	0.1800	0.5910
		m	—	0.8382	0.7398	0.8437
		σ	—	0.1794	0.1689	0.1366
		v	—	0.2140	0.2284	0.1620
		cl	—	77.52%	87.27%	83.28%

注：表中 m 为规范公式计算值与试验值比值的平均值，σ 为方差，v 为离散度，cl 为置信度。

对修改各点说明如下：

1 将 d/t 的取值范围从 $d/t\leqslant50$ 改为 $d/t\leqslant100$。由于钢管节点试验的尺寸越来越大，d/t 值也已超过 50，K、T、X 形试验节点的 d/t 都达到 100，因此公式适用范围可由原来的 $d/t\leqslant50$ 扩大到 $d/t\leqslant100$，日本规范也已扩大到 100。这一扩大也与本规范第 5.4.5 条一致。

2 对于 X 形节点，支管受压情形下 GBJ 17—88 的计算结果置信度和均值皆较适中，且介于 AIJ 和 CIDECT 之间，故未作调整；支管受拉情形下 GBJ 17—88 的计算结果均值偏低，改为式 (10.3.3-2) 后，均值提高为 0.7032，置信度仅微有降低，比修正前更合理。

3 由于 T、Y 形节点支管受压情形下 GBJ 17—88 的计算结果置信度偏低，故将承载力设计值降低 5%，即将原规范式中的 12.12 改为本规范公式 (10.3.3-3) 中的 11.51，修正后的计算结果置信度提高至 80.53%，比修正前更合理；相应地，T、Y 形节点支管受拉情形下修正后的计算结果置信度提高至 78.80%。

4 由于 T、Y 形节点是 K 形节点在间隙 a 为无穷大时的特例，K 形节点受压情形下 GBJ 17—88 的计算公式中 12.12 也相应地改为 11.51［见本规范公式 (10.3.3-6)］，修正后的计算结果置信度和均值皆较适中，且介于 AIJ 和 CIDECT 之间，因而是可行的。

5 GBJ 17—88 没有空间管节点强度计算公式，而目前国内的空间管结构中已大量出现 KK 形节点和 TT 形节点，增加相应的计算公式是必要的。本规范公式 (10.3.3-9)、(10.3.3-10) 及第 5 款的规定是对试验结果进行数据分析得出的，这些公式比 AIJ 和 CIDECT 的计算公式更为合理。

6 试验数据中 TT 形和 KK 形管节点支管的横向夹角 ϕ 分布在 $60°\sim120°$ 之间，故 ϕ 限定在该范围内，同时 ϕ 确定后支管的横向间距 g 即可相应地确定。

7 由于 XX 形管节点的数据较少，AIJ 和 CIDECT 计算公式的计算结果与试验结果吻合情况也不甚理想，而这种节点类型目前在实际应用中较少用到，故本规范内未予列入。

8 在规范公式 (10.3.3-1) 中，将主管轴力影响系数 ψ_n 表达式中对主管轴向应力 σ 的定义由原来的"最大轴向应力 (拉应力为正，压应力为负)"改为"节点两侧主管轴心压应力的较小绝对值"是为了使用方便，不易混淆，且与国外资料相符。由于采用了绝对值，故将 ψ_n 的公式改为：$\psi_n=1-0.3\dfrac{\sigma}{f_y}-0.3\left(\dfrac{\sigma}{f_y}\right)^2$

当节点一侧的主管受压另一侧受拉时，可将 σ 取为零，此时 $\psi_n=1.0$。

10.3.4 矩形管（含方管）平面管节点承载力设计值计算公式，是根据哈尔滨工业大学的研究成果并结合国外资料补充的。

试验研究表明，矩形管节点有 7 种破坏模式：主管平壁因形成塑性铰线而失效；主管平壁因冲切而破坏或主管侧壁因剪切而破坏；主管侧壁因受拉屈服或受压局部失稳而失效；受拉支管被拉坏；受压支管因局部失稳而失效；主管平壁因局部失稳而失效；有间隙的 K、N 形节点中，主管在间隙处被剪切或丧失轴向承载力而破坏等。有时几种失效模式同时发生。国外已针对不同破坏模式给出了节点承载力的计算公式，这些公式只有少数是理论推出的，大部分是经验公式。CIDECT 和欧洲规范（Eurocode 3）均采用了这些公式作为节点的承载力设计值公式，没有给出正常使用极限状态的验算公式。

国外的新近研究成果指出，对于以主管平壁形成塑性铰线为破坏模式，应考虑两种极限状态的验算。建议取令主管表面的局部凹（凸）变形达主管宽度 b 的 3% 时的支管内力为节点的极限承载力（承载力极限状态）；取局部变形为 $0.01b$ 的支管内力为节点正常使用极限状态的控制力。至于由哪个极限状态起控制作用，应视承载力极限状态的承载力与正常使用极限状态的控制力的比值 K 而定。若 K 值小于折算的总安全系数，则承载力极限状态起控制作用，反之由正常使用极限状态起控制作用。欧洲规范的总安全系数是 1.5，因此当 $K>1.5$ 时，应验算正常使用状态。分析表明，当 $\beta<0.6$、$b/t>15$ 时，一般由正常使用极限状态即局部变形 $(\delta=0.01b)$ 控制。目前尚没有简单的变形计算公式可供应用。

根据哈尔滨工业大学的管节点试验和考虑几何和材料非线性的有限元分析结果，以及国内外收集到的其他试验结果，对 CIDECT 和欧洲规范的公式进行了局部修订，得到了本规范的承载力设计值公式。具体修改如下：

1 考虑到在以主管平壁形成塑性铰线为破坏模式的某些情况下，节点将由正常使用极限状态控制，为避免复杂的变形验算，将相应公式乘以 0.9 的系数予以降低，作为节点的极限承载力设计值［即得本规范公式 (10.3.4-1) 和 (10.3.4-6)］。经大量有限元分析表明，采取上述处理方法后可不必再验算节点的正常使用极限状态。

2 将主管因受轴心压力使节点承载力降低的参数表达式改为：$\psi_n=1.0-\dfrac{0.25}{\beta}\cdot\dfrac{\sigma}{f}$，与国外的相关公式比较，该式没有突变，符合有限元分析和试验结果，并可用于 $\beta=1.0$ 的节点。

3 对 $\beta=1.0$，以主管侧壁失稳为破坏模式的国外公式进行了修订。将假想柱的计算长度由与主管侧壁的净高有关改为与净高的 $1/2$ 有关，也就是将主管侧壁的长细比 λ 由 $3.46\left(\dfrac{h}{t}-2\right)\left(\dfrac{1}{\sin\theta_i}\right)^{0.5}$ 改为 $1.73\left(\dfrac{h}{t}-2\right)\left(\dfrac{1}{\sin\theta_i}\right)^{0.5}$。这一修改符合试验结果的破坏模式，经与收集到的国外 27 个试验结果和哈尔滨工业大学 5 个主管截面高宽比 $h/b\geqslant2$ 的等臂 T 形节点的有限元分析结果相比，精度远高于国外公式。以屈服应力 f_y 代入修订后的公式所得结果与试验结果的比值作为统计值，27 个试验的平均值 $=0.830$，其方差为 0.111，而按国外的公式计算，这两个值分别为 0.531 和 0.195。在本规范修订过程中，还考虑了 1.25 倍的附加安全系数和主管受压时节点承载力降低的参数 ψ_n，使本规范公式 (10.3.4-2) 的计算值不致较国外公式提高的太多。

4 对 $\beta=1.0$ 的 X 形节点侧壁抗剪验算的规范公式 (10.3.4-3) 补充了限制条件：当 $\theta_i<90°$ 且 $h\geqslant h_i/\cos\theta_i$ 时，尚应验算主管侧壁的抗剪承载力。该条件排除了支管壁可能帮助抗剪的情况。

5 矩形管节点其他破坏模式的计算公式均与 CIDECT 和欧洲规范的相同，仅将国外公式中的 f_y 用 f 代替。国外节点承载力设计值的表达式可简写为：

$$\gamma'_s Q_k \leqslant N^* \tag{75}$$

式中 γ'_s——平均荷载系数,其值约为我国平均荷载系数 γ_s 的 1.1 倍;

Q_k——荷载效应标准值;

N^{pl}——以 f_y 表达的节点极限承载力设计值。

若将 N^{pl} 公式中的 f_y 用 f_y 乘以抗力分项系数 r_R 代替,则

$$N^* = \gamma_R N^{pl}$$

考虑

$$\gamma'_s \approx 1.1 \gamma_s = \gamma_R \gamma_s$$

将上述二式代入公式(75)后,即可得本规范的表达通式:

$$\gamma_s Q_k \leqslant N^{pl}$$

由此可见,除以塑性铰线失效模式控制的承载力公式(10.3.4-1)和(10.3.4-6)以外,国内外管节点的承载力设计值的安全系数大体相当。

11 钢与混凝土组合梁

11.1 一般规定

11.1.1 考虑目前国内对组合梁在动力荷载作用下的试验资料有限,本章的条文是针对不直接承受动力荷载的一般简支组合梁及连续组合梁而确定的。其承载能力可采用塑性分析方法进行计算。对于直接承受动力荷载或钢梁中受压板件的宽厚比不符合塑性设计要求的组合梁,则应采用弹性分析法计算。对于处于高温或露天条件的组合梁,除应满足本章的规定外,尚应符合有关专门规范的要求。

组合梁混凝土翼板可用现浇混凝土板或混凝土叠合板,或压型钢板混凝土组合板。混凝土叠合板翼板由预制板和现浇混凝土层组成,按《混凝土结构设计规范》GB 50010 进行设计,在混凝土预制板表面采取拉毛及设置抗剪钢筋等措施,以保证预制板和现浇混凝土层形成整体。

11.1.2 组合梁混凝土翼板可以带板托,也可以不带板托。一般而言,不带板托的组合梁施工方便,带板托的组合梁材料较省,但板托构造复杂。

组合梁混凝土翼板的有效宽度,系现行国家标准《混凝土结构设计规范》GB 50010 的规定采用的。但规范公式(11.1.2)中的 b_e 值,世界各国(地区)的规范取值不一致。如美国 AISC $b_2 \leqslant 0.1l$(一侧有翼板);英国水泥及混凝土协会 $b_2 \geqslant 0.1\ l_s-0.5b_0$(集中荷载作用);日本 AIJ $b_2 = 0.2l$(简支组合梁);即 b_2 取值与梁跨度间的关系相差较大。同时与板厚有关与否也不尽统一。

在计算混凝土翼板有效宽度时关于板厚的取值问题,原规范的规定是针对现浇混凝土而言的。对预制混凝土叠合板,当按《混凝土结构设计规范》GB 50010 的有关规定采取相应的构造措施后,可取为预制板加现浇层的厚度;对压型钢板混凝土组合板,若用薄弱截面的厚度将过于保守,参照试验结果和美国资料,可采用有肋处板的总厚度。

严格说来,楼盖边部无翼板时,其内侧的 b_2 应小于中部两侧有翼板的 b_2,集中荷载作用时的 b_2 值应小于均布荷载时的 b_2 值,连续梁的 b_2 值应小于简支梁的该值。

11.1.3 组合梁的变形计算可按弹性理论进行,原因是在荷载的标准组合作用下产生的截面弯矩小于组合梁在弹性阶段的极限弯矩,即此时的组合梁在正常使用阶段仍处于弹性工作状态。其具体计算方法是假定钢和混凝土都是理想的弹塑性体,而将混凝土翼板的有效截面除以钢与混凝土弹性模量的比值 α_E(当考虑混凝土在荷载长期作用下的徐变影响时,此比值应为 $2\alpha_E$)换算为钢截面(为使混凝土翼板的形心位置不变,将翼板的有效宽度除以 α_E 或 $2\alpha_E$ 即可),再求出整个梁截面的换算截面刚度 EI_{eq} 以计算组合梁的挠度。分析还表明,由混凝土翼板与钢梁间相对滑移引起的附加挠度在 10%~15% 以下,国内的一些试验结果约为 9%,原规范认为可以忽略不计。但近来国内外的试验研究表明,采用栓钉等柔性连接件(特别是部分抗剪连接件时)该滑移效应对挠度的影响不能忽视,否则将偏于不安全。因此,这次修订时就规定要对换算截面刚度进行折减。

对连续组合梁,因负弯矩区混凝土翼板开裂后退出工作,所以实际上是变截面梁。故欧洲规范 ECCS 规定:在中间支座两侧各 $0.15l$(l 为一个跨间的跨度)的范围内确定梁的截面刚度时,不考虑混凝土翼板而只计入翼板有效宽度 b_e 范围内负弯矩钢筋截面对截面刚度的影响,在其余区段不应取组合梁的换算截面刚度而应取其折减刚度,按变截面梁来计算其变形,计算值与试验结果吻合良好。连续组合梁除需验算变形外,还应验算负弯矩区混凝土翼板的裂缝宽度。因为负弯矩区混凝土翼板的工作性能很接近钢筋混凝土轴心受拉构件,因此可根据《混凝土结构设计规范》GB 50010 按轴心受拉构件来验算混凝土翼板最大裂缝宽度 w_{max},其值不得大于《混凝土结构设计规范》GB 50010 所规定的限值。在验算混凝土裂缝时,可仅按荷载的标准组合进行计算,因为在荷载标准组合下计算裂缝的公式中已考虑了荷载长期作用的影响。

因为板托对组合梁的强度、变形和裂缝宽度的影响很小,故可不考虑其作用。

11.1.4 组合梁的受力状态与施工条件有关。对于施工时钢梁下无临时支承的组合梁,应分两个阶段进行计算:

第一阶段在混凝土翼板强度达到 75% 以前,组合梁的自重以及作用在其上的全部施工荷载由钢梁单独承受,此时按一般钢梁计算其强度、挠度和稳定性,但按弹性计算的钢梁强度和梁的挠度均应留有余地。梁的跨中挠度除满足本规范附录 A 的要求外,尚不应超过 25mm,以防止梁下凹增加混凝土的用量和自重。

第二阶段当混凝土翼板的强度达到 75% 以后所增加的荷载全部由组合梁承受。在验算组合梁的挠度以及按弹性分析方法计算组合梁的强度时,应将第一阶段和第二阶段计算所得的挠度或应力相叠加。在第二阶段计算中,可不考虑钢梁的整体稳定性。而组合梁按塑性分析法计算强度时,则不必考虑应力叠加,可不分阶段按照组合梁一次承受全部荷载进行计算。

如果施工阶段梁下设有临时支承,则应按实际支承情况验算钢梁的强度、稳定及变形,并且在计算使用阶段组合梁承受的续加荷载产生的变形时,应把临时支承点的反力反向作为续加荷载。如果组合梁的设计是变形控制时,可考虑将钢梁起拱等措施。不论是弹性分析或塑性分析有无临时支承对组合梁的极限抗弯承载力均无影响,故在计算极限抗弯承载力时,可以不分施工阶段,按组合梁一次承受全部荷载进行计算。

11.1.5 部分抗剪连接组合梁是指配置的抗剪连接件数量少于完全抗剪连接所需要的抗剪连接件数量,如压型钢板混凝土组合梁等,此时应按照部分抗剪连接计算其抗弯承载力。国内外研究成果表明,在承载力和变形都能满足要求时,采用部分抗剪连接组合梁是可行的。由于梁的跨度愈大对连接件柔性性能要求愈高,所以用这种方法设计的组合梁其跨度不宜超过 20m。

11.1.6 组合梁按截面进入全塑性计算抗弯强度时,GBJ 17—88 根据原第九章"塑性设计"的规定,将钢梁材料的强度设计值 f 乘以折减系数 0.9。本规范已取消此规定,故本章规定"钢梁钢材的强度设计值 f 应按本规范第 3.4.1 条和 3.4.2 条的规定采用",即不乘以折减系数 0.9。

尽管连续组合梁负弯矩区是混凝土受拉而钢梁受压,但组合梁具有较好的内力重分布性能,故仍然具有较好的经济效益。负弯矩区可以利用负钢筋和钢梁共同抵抗负弯矩,通过弯矩调幅后可使连续组合梁的结构高度进一步减小。试验证明,弯矩调幅系数取 15% 是可行的。

11.2 组合梁设计

11.2.1 完全抗剪连接组合梁是指混凝土翼板与钢梁之间具有可靠的连接,抗剪连接件按计算需要配置,以充分发挥组合梁截面的

抗弯能力。组合梁设计可按简单塑性理论形成塑性铰的假定来计算组合梁的抗弯承载力能力。即：

1 位于塑性中和轴一侧的受拉混凝土因为开裂而不参加工作，板托部分亦不予考虑，混凝土受压区假定为均匀受压，并达到轴心抗压强度设计值；

2 根据塑性中和轴的位置，钢梁可能全部受拉或部分受压部分受拉，但都假定为均匀受力，并达到钢材的抗拉或抗压强度设计值。其次，假定梁的剪力全部由钢梁承受并按钢梁的塑性抗剪承载力进行验算，且亦不考虑剪力对组合梁抗弯承载力的影响。当塑性中和轴在钢梁腹板内时，钢梁受压区板件宽厚比应符合本规范第 9 章"塑性设计"的要求。此外，忽略钢筋混凝土翼板受压区中钢筋的作用。用塑性设计法计算组合梁最终承载力时，可不考虑施工过程中有无支撑及混凝土的徐变、收缩与温度作用的影响。

11.2.2 当抗剪连接件的设置受构造等原因影响不能全部配置，因而不足以承受组合梁上最大弯矩点和邻近零弯矩点之间的剪跨区段内总的纵向水平剪力时，可采用部分抗剪连接设计法。对于单跨简支梁，是采用简化塑性理论按下列假定确定的：

1 在所计算截面左右两个剪跨内，取连接件抗剪设计承载力设计值之和 $n_r N_v^c$ 中的较小值，作为混凝土翼板中的剪力；

2 抗剪连接件必须具有一定的柔性，即理想的塑性状态（如栓钉直径 $d \leqslant 22mm$、杆长 $l \geqslant 4d$），此外，混凝土强度等级不能高于 C40，栓钉工作时全截面进入塑性状态；

3 钢梁与混凝土翼板间产生相对滑移，以致在截面的应变图中混凝土翼板与钢梁有各自的中和轴。

部分抗剪连接组合梁的抗弯承载力计算公式，实际上是考虑最大弯矩截面到零弯矩截面之间混凝土翼板的平衡条件。混凝土翼板等效矩形应力块合力的大小，取决于最大弯矩截面到零弯矩截面之间抗剪连接件能够提供的总剪力。

为了保证部分抗剪连接的组合梁能有较好的工作性能，在任一剪跨区内，部分抗剪连接时连接件的数量不得少于按完全抗剪连接设计时该剪跨距内所需抗剪连接件总数 n_f 的 50%，否则，将按单根钢梁计算，不考虑组合作用。

11.2.3 试验研究表明，按照本规范公式（9.2.2）计算组合梁的抗剪承载力是偏于安全的，因为混凝土翼板的抗剪作用亦较大。

11.3 抗剪连接件的计算

11.3.1 连接件的抗剪承载力设计值是通过推导与试验所决定的。

1 圆柱头焊钉（栓钉）连接件：试验表明，栓钉在混凝土中的抗剪工作类似于弹性地基梁，在栓钉根部混凝土受局部承压作用，因而影响抗剪承载力的主要因素有：

1）栓钉的直径 d（或栓钉的截面积 $A_s = \pi d^2 / 4$）；

2）混凝土的弹性模量 E_c；

3）混凝土的强度等级。

当栓钉长度为直径 4 倍以上时，栓钉抗剪承载力为：

$$N_v^c = 0.5 A_s \sqrt{E_c f_c^{实际}} \tag{76}$$

该公式既可用于普通混凝土，也可用于轻骨料混凝土。

考虑可靠度的因素后，公式（76）中的 $f_c^{实际}$ 除应以混凝土的轴心抗压强度 f_c 代替外，尚应乘以折减系数 0.85，这样就得到条文中的栓钉抗剪承载力设计值公式（11.3.1-1）。

试验研究表明，栓钉的抗剪承载力并非随着混凝土强度的提高而无限地提高，存在一个与栓钉抗拉强度有关的上限值。根据欧洲钢结构协会 1981 年组合结构规范等资料，其承载力的限制条件是 $0.7 A_s f_u$，约相当于栓钉的极限抗剪强度。但在编制 GBJ 17—88 规范时，认为经验不足，将 f_u（抗拉强度）改为 f_y（屈服强度），再引入抗力分项系数成为 f。GBJ 17—88 规范发行以来，设计者发现 N_v^c 均由 $0.7 A_s f$ 控制，导致使用栓钉数量过多。现本规范改为"$\leqslant 0.7 A_s \cdot \gamma f$"。

γ 为栓钉材料抗拉强度与屈服强度（均用最小规定值）之比。

按国标《圆柱头焊钉》GB/T 10433，当栓钉材料性能等级为 4.6 级时，$\gamma = \dfrac{f_u}{f_y} = \dfrac{400}{240} = 1.67$。

2 槽钢连接件：其工作性能与栓钉相似，混凝土对其影响的因素亦相同，只是槽钢连接件根部的混凝土局部承压区限于槽钢上翼缘下表面范围内。各国规范中采用的公式基本上是一致的，我国在这方面的试验也极为接近，即：

$$N_v^c = 0.3(t + 0.5 t_w) l_c \sqrt{E_c f_c^{实际}} \tag{77}$$

考虑可靠度的因素后，公式（77）中的 $f_c^{实际}$ 除应以混凝土的轴心抗压强度设计值 f_c 代替外，尚应再乘以折减系数 0.85，这样就得到条文中的抗剪承载力设计值公式（11.3.1-2）。

3 弯筋连接件：弯起钢筋的抗剪作用主要是通过与混凝土锚固而获得的，当弯起钢筋的锚固长度在构造上满足要求后，影响抗剪承载力的主要因素便是弯起钢筋的截面面积和弯起钢筋的强度等级。试验与分析表明，当弯起钢筋的弯起角度为 35°～55° 时，弯起角度的因素可以忽略不计，其抗剪承载力设计值为：

$$N_v^c = A_{st} f_y \tag{78}$$

试验表明，实测结果与按公式（78）计算结果之比在 1.2 以上，故其抗剪承载力设计值的计算公式除将弯起钢筋的屈服强度 f_y 改用抗拉强度设计值 f_{st} 外，不再乘折减系数，这样就得到条文中的抗剪承载力设计值计算公式（11.3.1-3）。

11.3.2 用压型钢板混凝土组合板时，其抗剪连接件一般用栓钉。由于栓钉需穿过压型钢板而焊接到钢梁上，且栓钉根部周围没有混凝土的约束，当压型钢板肋垂直于钢梁时，由压型钢板的波纹形成的混凝土肋是不连续的，故对栓钉的抗剪承载力应予折减。本条规定的折减系数是根据试验分析而得出的。

11.3.3 当栓钉位于负弯矩区时，混凝土翼板处于受拉状态，栓钉周围的混凝土对其约束程度不如正弯矩区的栓钉受到周围混凝土约束程度高，故位于负弯矩区的栓钉抗剪承载力亦应予折减。

11.3.4 试验研究表明，栓钉等柔性抗剪连接件具有很好的剪力重分布能力，所以没有必要按照剪力图布置连接件，这给设计和施工带来了极大的方便。对于简支组合梁，可以按照 11.3.4 条所计算的连接件个数均匀布置在最大正弯矩截面至零弯矩截面之间。对于连续组合梁，可以将按照 11.3.4 条所计算的连接件个数分别在 m_1、$(m_2 + m_3)$、$(m_4 + m_5)$ 区段内均匀布置，但应注意在各区段内混凝土翼板隔离体的平衡。

11.4 挠度计算

11.4.1 组合梁的挠度计算与钢筋混凝土梁类似，需要分别计算在荷载标准组合及荷载准永久组合下的截面折减刚度并以此来计算组合梁的挠度，其最大值应符合本规范第 3.5 节的要求。

11.4.2、11.4.3 国内外试验研究表明，采用栓钉、槽钢等柔性抗剪连接件的钢-混凝土组合梁，连接件在传递钢梁与混凝土翼板交界面的剪力时，本身会发生变形，其周围的混凝土亦会发生压缩变形，导致钢梁与混凝土翼板的交界面产生滑移应变，引起附加曲率，从而引起附加挠度。可以通过对组合梁的换算截面抗弯刚度 EI_{eq} 进行折减的方法来考虑滑移效应。规范公式（11.4.2）是考虑滑移效应的组合梁折减刚度的计算方法，它既适用于完全抗剪连接组合梁，也适用于部分抗剪连接组合梁和钢梁与压型钢板混凝土组合板构成的组合梁。对于后者，抗剪连接件刚度系数 k 应按本规范 11.3.2 条予以折减。

本条所列的挠度计算方法，详见聂建国"考虑滑移效应的钢-混凝土组合梁变形计算的折减刚度法"，《土木工程学报》，1995 年第 5 期。

11.5 构造要求

11.5.1 组合梁的高跨比一般为 $h/l \geqslant 1/15 \sim 1/16$，为使钢梁的抗剪强度与组合梁的抗弯强度相协调，故钢梁截面高度 h_s 宜大于

组合梁截面高度 h 的 1/2.5，即 $h_c \leqslant 2.5 h_s$。

11.5.4 本条为抗剪连接件的构造要求。

1 圆柱头焊钉钉头下表面或槽钢连接件上翼缘下表面应高出混凝土底部钢筋 30mm 的要求，主要是为了：①保证连接件在混凝土翼板与钢梁之间发挥抗掀起作用；②底部钢筋能作为连接件根部附近混凝土的横向配筋，防止混凝土由于连接件的局部受压作用而开裂。

2 连接件沿梁跨度方向的最大间距规定，主要是为了防止在混凝土翼板与钢梁接触面间产生过大的裂缝，影响组合梁的整体工作性能和耐久性。

11.5.5 本条中关于栓钉最小间距的规定，主要是为了保证栓钉的抗剪承载力能充分发挥作用。

中华人民共和国行业标准

高层民用建筑钢结构技术规程

JGJ 99—98

条 文 说 明

编 制 说 明

本行业标准是根据建设部（89）建标计字第 8 号文，由中国建筑技术研究院建筑标准设计研究所会同北京市建筑设计研究院、哈尔滨建筑大学、冶金部建筑研究总院、清华大学、同济大学、西安建筑科技大学、中国建筑科学研究院结构所、中国建筑科学研究院抗震所、武警学院、中国建筑西北设计院、北京建筑机械厂、北京市机械施工公司、沪东造船厂、中国建筑总公司第三工程三局共同编制的，送审时名为《高层建筑钢结构设计与施工规程》，现改名为《高层民用建筑钢结构技术规程》。

本标准在编制过程中，编制组进行了广泛的调查研究，总结了 80 年代在我国建造的基本上由国外设计的约十幢高层建筑钢结构的设计施工经验，参考了有关的国外先进标准，并借鉴了某些国外工程的经验，由我部会同有关部门于 1991 年 9 月进行审查定稿。其后，又反复进行了修改。

鉴于本标准系初次编制，国内对高层建筑钢结构的设计经验不多，在施行过程中，希望各单位结合工程实践和科学研究，认真总结经验。如发现有需要修改和补充之处，请将意见和有关资料寄交中国建筑技术研究院建筑标准设计研究所《高层民用建筑钢结构技术规程》管理组（北京车公庄大街 19 号，邮政编码 100044），以供今后修改时参考。

建设部
1997 年 7 月

目 次

第一章　总则 ································ 2—6—4
第二章　材料 ································ 2—6—4
第三章　结构体系和布置 ········· 2—6—5
  第一节　结构体系和选型 ········ 2—6—5
  第二节　结构平面布置 ············· 2—6—5
  第三节　结构竖向布置 ············· 2—6—5
  第四节　结构布置的其他要求 ··· 2—6—5
  第五节　地基、基础和地下室 ··· 2—6—5
第四章　作用 ································ 2—6—6
  第一节　竖向作用 ······················ 2—6—6
  第二节　风荷载 ·························· 2—6—6
  第三节　地震作用 ······················ 2—6—7
第五章　作用效应计算 ··············· 2—6—7
  第一节　一般规定 ······················ 2—6—7
  第二节　静力计算 ······················ 2—6—8
  第三节　地震作用效应验算 ······ 2—6—9
  第四节　作用效应组合 ············ 2—6—10
  第五节　验算要求 ···················· 2—6—10
第六章　钢构件设计 ··················· 2—6—10
  第一节　梁 ································ 2—6—10
  第二节　轴心受压柱 ·················· 2—6—11
  第三节　框架柱 ·························· 2—6—11
  第四节　中心支撑 ······················ 2—6—12
  第五节　偏心支撑 ······················ 2—6—12
第七章　组合楼盖 ······················· 2—6—13
  第一节　一般要求 ······················ 2—6—13
  第二节　组合梁设计 ·················· 2—6—13
  第三节　压型钢板组合楼板设计 ··· 2—6—14
  第四节　组合梁和组合板的构造要求 ··· 2—6—14
第八章　节点设计 ······················· 2—6—14
  第一节　设计原则 ······················ 2—6—14
  第二节　连接 ······························ 2—6—15
  第三节　梁与柱的连接 ············ 2—6—15
  第四节　柱与柱的连接 ············ 2—6—16
  第五节　梁与梁的连接 ············ 2—6—16
  第六节　钢柱脚 ·························· 2—6—16
  第七节　支撑连接 ······················ 2—6—17
第九章　幕墙与钢框架的连接 ··· 2—6—17
  第一节　一般要求 ······················ 2—6—17
  第二节　连接节点的设计和构造 ··· 2—6—17
  第三节　施工要点 ······················ 2—6—18
第十章　制作 ································ 2—6—18
  第一节　一般要求 ······················ 2—6—18
  第二节　材料 ······························ 2—6—18
  第三节　放样、号料和切割 ······ 2—6—19
  第四节　矫正和边缘加工 ········ 2—6—19
  第五节　组装 ······························ 2—6—19
  第六节　焊接 ······························ 2—6—19
  第七节　制孔 ······························ 2—6—21
  第八节　摩擦面的加工 ············ 2—6—21
  第九节　端部加工 ······················ 2—6—21
  第十节　防锈、涂层、编号和发运 ··· 2—6—21
  第十一节　构件验收 ·················· 2—6—22
第十一章　安装 ··························· 2—6—22
  第一节　一般要求 ······················ 2—6—22
  第二节　定位轴线、标高和地脚螺栓 ··· 2—6—22
  第三节　构件的质量检查 ········ 2—6—22
  第四节　构件的安装顺序 ········ 2—6—23
  第五节　构件接头的现场焊接顺序 ··· 2—6—23
  第六节　钢构件的安装 ············ 2—6—23
  第七节　安装的测量校正 ········ 2—6—23
  第八节　安装的焊接工艺 ········ 2—6—24
  第九节　高强度螺栓施工工艺 ··· 2—6—25
  第十节　结构的涂层 ·················· 2—6—25
  第十一节　安装的竣工验收 ···· 2—6—25
第十二章　防火 ··························· 2—6—25
  第一节　一般要求 ······················ 2—6—25
  第二节　防火保护材料及保护层厚度的确定 ··· 2—6—26
  第三节　防火构造与施工 ········ 2—6—26
例题 ··· 2—6—26
  一、附录二例题——建筑物偏心率计算 ··· 2—6—26
  二、附录六例题——带竖缝混凝土剪力墙板的计算 ··· 2—6—27
  三、附录七例题——钢构件防火保护层计算 ··· 2—6—28

第一章 总则

第1.0.1条 本条是建筑工程设计和施工必须遵循的总方针。

第1.0.2条 本规程主要对象是高层民用建筑钢结构，也涉及有混凝土剪力墙的钢结构。根据我国建筑设计防火规范，居住建筑10层以下和其他民用建筑24m以下为多层建筑。本规程不规定适用高度的下限，是考虑到在特定情况下在多层民用建筑中采用钢结构的可能性。表1.0.2的适用高度考虑了90年代初国内外高层建筑的实践，也考虑到我国在高层建筑钢结构设计方面经验还较少，以及高度过大可能带来的其他问题。

第1.0.3条 本条是高层建筑钢结构选型和设计的一般原则，对不同类型的高层建筑结构，这些原则是共同的。

第1.0.4条 本规程根据现行国家标准《建筑结构设计统一标准》(GBJ 68)的原则制定，采用以概率理论为基础的极限状态设计法，并按作用和抗力分项系数表达式进行计算；符号和基本术语符合现行国家标准《工程结构设计基本术语和通用符号》(GBJ 132)的要求。

本规程是根据现行国家标准《建筑结构荷载规范》(GBJ 9)、《建筑抗震设计规范》(GBJ 11)、《建筑地基基础设计规范》(GBJ 7)、《钢结构设计规范》(GBJ 17)、《钢结构工程施工及验收规范》(GB 50205)、《高层民用建筑设计防火规范》(GB 50045)等，并结合高层钢结构的特点编制的，和这些标准配套使用。本规程编制过程中，考虑了我国在80年代兴建的一批高层建筑钢结构取得的实践经验，参考了美、日、欧共体等国家和地区的有关设计规范，利用了我国近年开展的高层钢结构研究的一些成果。

第1.0.5条 抗震设防的高层民用建筑钢结构的分类，完全执行现行国家标准《建筑抗震设防分类标准》(GB 50233)的规定，此处不再重述。

第1.0.6条 本条在现行国家标准《建筑抗震设防分类标准》(GB50233)的基础上，对各类高层建筑钢结构，特别是6度设防的高层建筑钢结构的设计要求，作了进一步的规定。

第二章 材料

第2.0.1条 高层建筑钢结构的钢材选用标准，主要依据近年修订和颁布的国家标准《钢结构设计规范》(GBJ 17)、《碳素结构钢》(GB 700)和《低合金高强度结构钢》(GB/T 1591)，同时结合我国80年代在北京、上海、深圳三市已建成的十余座高层钢结构大厦采用的钢材特点，提出Q235等级B、C、D级的碳素结构钢和Q345等级B、C、D、E的低合金结构钢以及相应的连接材料。

在现行国家标准《碳素结构钢》(GB 700)中，Q235钢（原3号钢）按其检验项目的内容和要求分成A、B、C、D四个等级。A级钢不要求任何冲击试验值，并只在用户有要求时才进行冷弯试验，且不保证焊接要求的含碳量，故不能用于高层钢结构；B、C、D等级钢分别满足不同的化学成分和不同温度下的冲击韧性要求，C、D等级钢的碳硫磷含量较低，尤其适用于重要焊接结构。在现行国家标准《低合金高强度结构钢》(GB/T 1591)中，Q345钢（包括原16Mn钢）分为A、B、C、D、E五个等级，其屈服点和抗拉强度相同，伸长率超过20%，A级不保证冲击韧性要求，故不宜用于高层钢结构；B、C、D、E级钢分别保证在+20℃、0℃、−20℃和−40℃时具有规定的冲击韧性，其化学成分中硫、磷含量的百分率递减，D、E级的碳含量0.18%低于A、B、C级，可根据需要选用。

Q390（原15MnV）钢及其桥梁钢的伸长率不符合本节第2.0.3条的要求，故不宜用于高层钢结构。原16Mnq钢在现行国家标准《低合金高强度结构钢》(GB/T 1591)中未列入，且其伸长率不能满足本规程第2.0.3条的要求，故本规程未列入。

第2.0.2条 现行国家标准《钢结构设计规范》(GBJ 17)规定，承重结构的钢材应具有抗拉强度、伸长率、屈服点和硫磷含量合格的保证，对焊接结构尚应具有碳含量的合格保证。承重结构的钢材，必要时尚应具有冷弯试验的合格保证。鉴于高层钢结构建筑的重要性，本规程区别于现行钢结构设计规范的，是将必要时保证冷弯性能的要求改为基本要求之一，这符合《钢结构设计规范》(GBJ 17)在条文说明中提到的对重要钢结构的钢材应满足冷弯试验合格的要求。现行国家标准《碳素结构钢》(GB 700)规定了Q235的B、C、D等级钢应具有规定的冲击韧性；现行国家标准《低合金高强度结构钢》(GB/T1591)规定了Q345的B、C、D、E级钢材应具有规定的冲击韧性。鉴于高层钢结构大量采用厚钢板，且一般要求抗震，故规定要求冲击韧性合格。

钢材另一重要的基本要求，即化学成分含量限制，将直接影响可焊性。在现行国家标准《碳素结构钢》(GB 700)中，已规定应同时满足化学成分和力学性能要求，而不是按过去的标准按甲、乙、特三类钢供货。Q235钢和Q345钢的上述等级，其规定的化学成分可满足高层钢结构的要求。

第2.0.3条 抗震高层钢结构所用钢材的性能，应满足较高的延性要求。拟定本条时，参考了美国加州规范等的有关规定。其中，伸长率为标距50mm试件拉伸时得出的，可焊性指能顺利进行焊接、不产生因材料原因引起的焊接缺陷，而且能在焊后保持材料的非弹性性能。美国加州规范还规定屈服强度超过50ksi（350N/mm²）的钢材，要经过充分研究证明其性能符合要求后，才能采用。由此可见，对于高强度钢材在抗震高层钢结构中的应用，应持慎重态度。

欧共体规范要求抗震结构采用的钢材，其屈服点上限不得超过屈服点规定值的10%，以避免塑性铰转移。日本东京都新都厅舍大厦，也规定了采用的钢材屈服强度平均值不应超过规定值的10%。由于此要求能否实现，取决于钢材供应之可能，故本条未作规定。

第2.0.4条 对外露承重结构，应根据使用环境（包括气温、介质等）参照有关标准选择相应钢种及其配套涂层材料。

第2.0.5条 本条规定是鉴于高层钢结构经常使用厚钢板，而厚钢板的轧制过程存在各向异性（x、y、z 三方向的屈服点、抗拉强度、伸长率、冷弯、冲击值等各指标，以z向试验最差，尤其是塑性和冲击功值）。

国家标准《厚度方向性能钢板》(GB 5313)适用于造船、海上石油平台、锅炉和压力容器等重要焊接结构，它将厚度方向的断面收缩率分为Z15、Z25、Z35三个等级，并规定了试件取材方法和试件尺寸。高层钢结构在梁柱连接和箱形柱角部焊缝等处，由于局部构造，形成高约束，焊接时容易引起层状撕裂。本条规定高层钢结构采用的钢材，当符合现行国家标准(GB/T 1591—94)的要求时，其厚度等于或大于50mm时，尚应满足该标准Z15级的断面收缩率指标，它相当于硫的含量不超过0.01%。

第2.0.6条 各组钢材的强度设计值，由材料屈服强度标准值除以抗力分项系数而定。各钢种的抗力分项系数与现行国家标准《钢结构设计规范》(GBJ 17)的取值一致，即Q235钢为1.087，Q345钢（原16Mn钢）钢为1.111（也可取为1.087）。不同受力方式之间的换算关系，可参见现行国家标准《钢结构设计规范》(GBJ 17)的条文说明。

第2.0.7条 钢材物理性能可参见现行国家标准《钢结构设

计规范》(GBJ 17)，此处不再重复。

第2.0.8、2.0.9条 关于连接材料的规定，均可参见现行国家标准《钢结构设计规范》(GBJ 17)，此处不再重复。

第三章 结构体系和布置

第一节 结构体系和选型

第3.1.1条 本条列举的，是高层钢结构和有混凝土剪力墙的高层钢结构最常用的结构体系。

第3.1.2条 当高层钢结构的侧向刚度不能满足设计要求时，通常要采用腰桁架和（或）帽桁架。腰桁架和帽桁架与刚性伸臂配合使用。刚性伸臂需横贯楼层连续布置。为了不在建筑的使用上带来不便，这些桁架照例设在设备层。

第3.1.3条 偏心支撑和带竖缝的剪力墙板在弹性阶段有很大刚度，在弹塑性阶段有良好的延性和耗能能力，用于抗震设防烈度较高的高层建筑钢结构，是一种较理想的抗侧力构件。50层的北京京城大厦采用了混凝土板内藏的偏心支撑，52层的北京京广中心采用了带竖缝剪力墙板，是非常适合的选择。中心支撑在保证稳定的情况下具有较大刚度，在用偏心支撑的时候，高度较大的第一层往往布置中心支撑。美国加州规范（1988）规定，若偏心支撑的第一层能表明其弹性承载力比该框架中其上部任一层的承载力高出至少50%，则该第一层可采用中心支撑。它有利于减小结构的变位。

第3.1.4条 高层建筑钢结构的选型，应注意概念设计。本条一至四款引自现行国家标准《建筑抗震设计规范》(GBJ 11)。减轻结构自重对减小结构地震作用有重要意义。

第3.1.5条 结构高宽比对结构的整体稳定性和人在建筑中的舒适感等有重要影响，应谨慎对待。西尔斯大厦、纽约世界贸易中心、芝加哥汉考克大厦等100层以上建筑的高宽比都不超过6.5，据此将筒体结构非抗震设防时的高宽比适用高度限值定为6.5，其他情况下也大致作了相应规定，设计中不宜超过本条规定。

第二节 结构平面布置

第3.2.1条 本条给出了高层建筑钢结构平面布置的基本要求。矩形平面框筒结构的边长，一般说来，不宜超过45m，太长了会因剪力滞后效应而变得很不经济。

柱距太大会导致柱截面过大，钢板太厚，给钢材供应、结构制作、现场焊接带来困难，柱轴力太大还会给地基处理带来困难，因此规定板厚不宜超过100mm。

第3.2.2条 本条关于平面不规则性的规定，是参考美国加州规范（1988）、日本规定和欧共体规范拟定的。本规程第一款按加州规范是将结构一端偏离轴线的值大于两端平均层间位移1.2倍时，视为扭转不规则，要先作结构分析，然后才能判断是否属扭转不规则；而日本的规定是偏心率大于0.15即视为扭转不规则，用起来方便得多，欧共体规范也采用了此项规定，故将此款改为按日本的规定拟定。根据日本规定，计算偏心率时不包括附加偏心矩，使用时应注意。第二款按加州规范为15%，本条参考欧共体规范拟定为25%。本条其余二款均参照加州规范采用。根据美国的调查，结构传力途径不规则和布置不规则，是结构在强震中破坏的主要原因，在结构设计上，应采取相应的计算和构造措施。

第3.2.3条 风荷载对超高层建筑结构有重要影响，往往起控制作用，在体型上选用风压较小的形状有重要意义。邻近高层建筑对待建房屋风压的影响不可忽视，必要时应按规定进行风洞试验。

高层钢结构建筑一般高度较大，为塔形建筑，外墙墙面往往很光滑，当具有圆形或接近圆形的断面且高宽比较大时，容易产生涡流脱出的横风向振动，建筑设计应注意避免或减小其效应。

第3.2.4条 高层建筑不宜设置防震缝，因此对防震缝宽度未作规定，若必需设置，原则上应使缝的两侧在大震时相对侧移不碰撞。高层建筑钢结构高度较大，其平面尺寸一般达不到需要设置伸缩缝的程度，设缝会引起建筑构造和结构构造上的很多麻烦。若缝不够宽或缝的功能不能发挥，地震时可能因缝两侧的部分撞击而引起破坏，1985年墨西哥地震时就有不少撞击倒塌的例子。日本高层建筑一般都不设伸缩缝。在特殊情况下需设伸缩缝时，抗震设防的高层建筑钢结构的伸缩缝，应满足防震缝的要求。

第三节 结构竖向布置

第3.3.1条 本条第一款和第三款引自现行国家标准《建筑抗震设计规范》(GBJ 11)，其余各款参考加州规范拟定。

第3.3.2条 抗剪支撑在竖向连续布置，结构的受力和层间刚度变化都比较均匀，现有工程中基本上都采用竖向连续布置的方法。建筑底部的楼层刚度可较大，顶层不受层间刚度比规定的限制，这是参考国外有关规定制订的。在竖向支撑桁架与刚性伸臂相交处，照例都是保持刚性伸臂连续，以发挥其水平刚臂的作用。

第四节 结构布置的其他要求

第3.4.1条 压型钢板现浇钢筋混凝土楼板，整体刚度大，施工方便，是高层钢结构楼板的主要结构形式。预应力叠合板在钢筋混凝土高层建筑中应用较多，当保证楼板与钢梁有可靠连接时，也可考虑在高层钢结构中采用。预制钢筋混凝土楼板整体刚度较差，在高层钢结构中不宜采用。

第3.4.2条 转换楼层剪力较大，洞口较多的楼层平面内刚度有较大削弱，必需采用现浇钢筋混凝土楼板。在多功能的高层建筑中，上部常常要求设置旅馆或公寓，但这类房间的进深不能太大，因而必需设置天庭。在中庭上下端设置水平桁架，是参照北京京城大厦等工程的做法提出的。

第五节 地基、基础和地下室

第3.5.1条 筏基、箱基、桩基和复合基础，是高层建筑常用的基础形式，可根据具体情况选用。

第3.5.2~3.5.3条 增加基础埋深有利于建筑物抗震，地下部分的复土对建筑物在地震作用下的振动起耗衰减作用，故高层建筑宜设地下室，抗震设防的建筑基础埋深不宜太浅。

桩基的埋深一般不宜小于 $H/18$。

第3.5.5条 高层钢结构下部若干层采用钢骨混凝土结构是日本的作法，它将上部钢结构与钢混凝土基础连成整体，使传力均匀，并使框架柱下端完全固定，对结构受力有利。我国京城大厦地下部分有4层钢骨混凝土，京广中心地下部分有3层钢骨混凝土，北京国贸中心地下1层和地上1层为钢骨混凝土。

第3.5.6条 支撑桁架（含剪力墙板）在地下部分以剪力墙形式延伸至基础，对于将水平力传至基础是很重要的，不可缺少。建筑物周边设钢筋混凝土墙，是参考日本建筑中心《高层建筑耐震建筑计算指针》（日本建设省，1982）的建议，沿筒体周边布置钢筋混凝土墙，是根据很多工程的实际做法，用以增大高层建筑地下部分的整体刚度。

第四章 作 用

第一节 竖向作用

第4.1.1条 本条补充了现行国家标准《建筑结构荷载规范》(GBJ 9)中未给出的一般高层办公楼、旅馆、公寓中所需要的酒吧间、屋顶花园等的最小屋顶活荷载标准值。当与实际情况不符时，应按实际情况采用。

第4.1.2条 高层建筑中活荷载值与永久荷载相比，是不大的，不考虑活荷载的不利分布可简化计算。

第4.1.3条 本条关于直升机平台活荷载的规定，系根据荷载规范编制组的建议拟定。

第4.1.4条 结构设计要考虑施工时的情况，对结构进行验算。

第二节 风 荷 载

第4.2.1条 风荷载w_k的表达式，采用了现行国家标准《建筑结构荷载规范》(GBJ 9)的风荷载标准值计算公式的表达形式。

第4.2.2条 现行国家标准《建筑结构荷载规范》(GBJ 9)的风荷载对一般建筑结构的重现期为30年，并规定对高层建筑采用的重现期为50年，因而基本风压值要有所提高，取荷载规范的30年重现期基本风压w_0乘1.1，对于特别重要和有特殊要求的高层建筑，重现期可取100年，则应乘系数1.2。

第4.2.3条 风压高度变化系数也可参考现行国家标准《建筑结构荷载规范》(GBJ 9)的下列修订草案采用，它与原规定相比，增加了适用于有密集建筑群且房屋较高的城市市区（D类地貌）的风压高度变化系数，对原规范规定中的C类地貌的系数也作了相应修改，但此规定尚未正式批准，今后仍应以修订后正式公布的国家标准《建筑结构荷载规范》(GBJ 9)的规定为准。

风压高度变化系数与地面粗糙度有关，可按表C4.2.3的规定采用。

风压高度变化系数　　　　表C4.2.3

离地面（或海面）高度(m)	地面粗糙度类别			
	A	B	C	D
5	1.17	0.80	0.45	0.21
10	1.38	1.00	0.62	0.32
15	1.52	1.14	0.74	0.41
20	1.63	1.25	0.84	0.48
30	1.80	1.42	1.00	0.62
40	1.92	1.56	1.13	0.73
50	2.03	1.67	1.25	0.84
60	2.12	1.77	1.35	0.93
70	2.20	1.86	1.45	1.02
80	2.27	1.95	1.54	1.11
90	2.34	2.02	1.62	1.19
100	2.40	2.09	1.70	1.27
150	2.64	2.38	2.03	1.61
200	2.83	2.61	2.30	1.92
250	2.99	2.80	2.54	2.19
300	3.12	2.97	2.75	2.45
350	3.12	3.12	2.94	2.68
400	3.12	3.12	3.12	2.91
≥450	3.12	3.12	3.12	3.12

注：A类指近海海面、海岛、海岸、湖岸及沙漠地区；
B类指田野、乡村、丛林、丘陵以及房屋比较稀疏的乡镇和城市郊区；
C类指有密集建筑群的城市市区；
D类指有密集建筑群且房屋较高的城市市区。

第4.2.4条 关于风荷载体型系数，有以下几点说明：

1. 关于单个高层建筑，除项次1～6是"自荷载规范"摘录者外，本条还补充了项次7～12的体型系数，这些体型系数已多次在国内工程设计中应用，是可以信赖的。

2. 关于邻近建筑的影响，当邻近有高层建筑产生互相干扰时，对风荷载的影响是不容忽视的。邻近建筑的影响是一个复杂问题，这方面的试验资料还较少，最好的办法是用建筑群模拟，通过边界层风洞试验确定。一般说来，无论邻近有无高层建筑，高度超过200m的建筑物风荷载，应按风洞试验确定。

3. 局部风载体型系数，是参照"荷载规范"修订条文给出的。

第4.2.5条 当采用条文说明第4.2.3条的风压高度变化系数时，沿高度等截面的高层建筑钢结构的顺风向风振系数，宜按下列规定采用。

高层建筑钢结构的风振系数β_z　　表C4.2.5

$\frac{z}{H}$	$w_0 T_1^2$															
	0.5				1.0				5.0				≥10.0			
	地面粗糙度				地面粗糙度				地面粗糙度				地面粗糙度			
	A	B	C	D	A	B	C	D	A	B	C	D	A	B	C	D
1.0	1.65	1.74	1.92	2.22	1.64	1.74	1.91	2.14	1.60	1.67	1.76	1.92	1.56	1.59	1.67	1.78
0.9	1.60	1.68	1.86	2.15	1.58	1.69	1.85	2.08	1.55	1.61	1.71	1.85	1.51	1.54	1.62	1.74
0.8	1.55	1.63	1.81	2.11	1.54	1.61	1.80	2.02	1.50	1.56	1.65	1.79	1.47	1.50	1.59	1.71
0.7	1.50	1.58	1.75	2.06	1.51	1.55	1.74	1.99	1.46	1.52	1.61	1.74	1.43	1.46	1.55	1.67
0.6	1.45	1.53	1.70	2.00	1.46	1.51	1.69	1.93	1.42	1.48	1.57	1.70	1.39	1.43	1.51	1.64
0.5	1.41	1.49	1.65	1.95	1.42	1.46	1.65	1.87	1.38	1.44	1.53	1.65	1.36	1.39	1.47	1.61
0.4	1.36	1.45	1.60	1.89	1.37	1.42	1.61	1.82	1.35	1.41	1.49	1.60	1.33	1.35	1.44	1.59
0.3	1.32	1.40	1.55	1.84	1.33	1.38	1.56	1.76	1.31	1.36	1.45	1.56	1.30	1.32	1.40	1.56
0.2	1.28	1.35	1.50	1.79	1.29	1.33	1.52	1.71	1.27	1.33	1.41	1.51	1.26	1.28	1.37	1.53
0.1	1.23	1.31	1.45	1.74	1.26	1.29	1.47	1.66	1.24	1.29	1.37	1.47	1.22	1.25	1.33	1.51
	1.18	1.25	1.41	1.68	1.20	1.25	1.43	1.61	1.20	1.25	1.33	1.43	1.19	1.20	1.29	1.50

注：w_0为高层建筑基本风压，不同地貌引起的影响表已计及；T_1为结构基本自振周期；H为建筑总高度；z为所在点的计算高度。

风振系数β_z，系根据"荷载规范"所列出的公式，再考虑国外的周期与高度的经验公式，$T_1=(0.02\sim 0.033)H$，减少部分参数后，由能直接导出各点（或相对高度z/H处）风振系数的公式确定。经验算，与"荷载规范"公式计算结果比较，误差约在3%以下，可以符合精度要求。

由于本规程所列计算用表，是根据周期经验公式$T_1=(0.02\sim 0.033)H$范围作出的，其他条件均未作变动，因此应用该表时，可检查一下所设计建筑是否在此范围内，若超出此范围，将有3%的误差，但实际工程的周期都在此范围内。例如，一座200m高的高层建筑钢结构周期为5s，基本风压$w_0=0.5$kN/m²，B类地区，按"荷载规范"得每十分点的风振系数为(1.61, 1.57, 1.52, 1.48, 1.44, 1.40, 1.36, 1.31, 1.26, 1.20)，而由本规范所列的表查得为(1.63, 1.58, 1.54, 1.49, 1.45, 1.41, 1.37, 1.32, 1.27, 1.21)，二者非常接近，总效应误差仅1%左右。这是因为周期是在近似公式范围之内，即$T_1=4\sim 6.6$s。但如果其他条件不变，$T_1=1$s，则二者将有较大误差，因为$T_1=1$s与按经验公式所得$4\sim 6.6$s相差甚远。应该指出，$T_1=1$s的$H=200$m高层建筑钢结构是不存在的，所以本规程所列计算用表适用绝大多数的实际情况。

第4.2.6条 当高层建筑顶部有小体型的突出部分（如伸出屋顶的电梯间、屋顶了望塔建筑等）时，设计应考虑鞭梢效应。计算表明，当$T_u \leq T_t/3$时，为了简化计算，可以假定从地面到突出部分的顶部为一等截面高层建筑，按表4.2.5计算风振系数。这种简化并无大的误差。鞭梢效应约为1.1，若要使鞭梢效应接近1，则可将适用于简化计算的顶部结构自振周期范围减少到$T_u \leq T_t/4$。当$T_u \geq T_t/3$时，应按梯形体型结构用风振理论进行分析计算。

鞭梢效应一般与上下部分质量比、自振周期比及承风面积比有关，研究表明，在T_u大于T_t约一倍半范围内，盲目增大上部结构刚度，反而起着相反效果，这一点应特别引起设计工作者的注意。另外，盲目减小上部承风面积，在$T_u<T_t$范围内，其作用也不明显。

第三节 地 震 作 用

第 4.3.1 条 根据"小震不坏，中震可修，大震不倒"的抗震设计目标，及现行国家标准《建筑抗震设计规范》(GBJ 11)提出的多遇地震作用及罕遇地震作用两阶段的抗震要求，本规程明确提出了高层钢结构抗震设计的两阶段设计方法。多遇地震相当于 50 年超越概率为 63.2% 的地震，罕遇地震相当于 50 年超越概率为 2%～3% 的地震，本节给出了两阶段设计所要求的地震作用和罕遇地震作用的计算方法。

第 4.3.2 条 本条各项要求基本上是按照现行国家标准《建筑抗震设计规范》(GBJ 11) 所提出的要求制定的，有两点要说明。一是在需要考虑水平地震作用扭转影响的结构中，应考虑结构偏心引起的扭转效应，而不考虑扭转地震作用。二是对于平面很不规则的结构，一般仍规定仅按一个方向的水平地震作用计算，包括考虑最不利的水平地震作用方向，而对不规则性带来的影响，则由充分考虑扭转来计及，这样处理使计算较简便，且较符合我国目前的情况。

第 4.3.3 条 理论分析和实际地震记录计算地震影响系数的统计结果表明，不同阻尼比的地震影响系数是有差别的，随着阻尼比的减小、地震影响系数增大，而其增大的幅度则随周期的增大而减小。

高层钢结构的阻尼比为 0.02，高层钢结构地震影响系数的确定，是在统计分析的基础上，通过计算比较，采用了在现行国家标准《建筑抗震设计规范》(GBJ 11) 阻尼比为 0.05 的地震影响系数基础上，乘以修正系数 $\zeta(T)$ 的方案。修正系数 $\zeta(T)$ 反映了 $0.1T_g \sim 2T_g$ 范围内，阻尼比对地震影响系数的影响较大，而在大于 $2T_g$ 之后，影响呈逐渐减小的趋势。

采用阻尼比为 0.02 的地震影响系数，各类场地的地震影响系数进入下限的周期 T_c 列于表 C4.3.3 中。

周期 T_c(s)   表 C4.3.3

T_g	0.2	0.25	0.30	0.40	0.55	0.65	0.85
T_c	3.9	4.0	4.1	4.3	4.6	4.8	5.2

自振周期超过 6s 的高层建筑钢结构，也宜按本条规定采用。

第 4.3.4 条 通过若干典型高层钢结构的振型分解反应谱法计算，高而较柔的钢结构水平地震作用沿高度分布，与现行国家标准《建筑抗震设计规范》(GBJ 11) 中所给的分布公式略有区别。为了使用方便，仍然沿用该抗震规范中沿高度分布的规律，即按本条的（4.3.4-2）式计算各楼层的等效地震作用，但改变了顶部附加地震作用值。本条的式（4.3.3-3）所计算的顶部附加地震作用系数，随周期增大而减小，当 T_1 小于 2s 时，顶部附加作用系数可用 0.15。

底部剪力法只需要用基本自振周期计算底部水平地震作用，使用比较方便。通过与振型分解反应谱法的比较，底部剪力法所得底部剪力在大多数情况下偏于安全。

在底部剪力法中，顶部突出物的地震作用可按所在高度作为一个质量，按其实际定量计算所得水平地震作用放大 3 倍后，设计该突出部分的结构。

根据中国建筑科学研究院抗震所的研究，20 层以上的建筑可取 $G_{eq}=0.76 G_E$，为方便可取 $0.8 G_E$，而 10 层以下的建筑应采用 $G_{eq}=0.85 G_E$。

第 4.3.5 条 根据现行国家标准《建筑抗震设计规范》(GBJ 11) 条文制定。

第 4.3.6 条 由于非结构构件及计算简图与实际情况存在差别，结构实际周期往往小于弹性计算周期，根据 35 幢国内外高层钢结构统计，其实测周期与计算值比较，平均值为 0.75，在设计时，计算地震作用的周期应略高于实测值，设增长系数为 1.2，建议计算周期的修正系数用 0.9。

第 4.3.7 条 式（4.3.7）是半经验半理论得到的近似计算基本自振周期的顶点位移公式，它适用于具有弯曲型、剪切型或弯剪变形的一般结构。由于 u_T 是由弹性计算得到的，并且未考虑非结构构件的影响，故公式中也有修正系数 ξ_T。

第 4.3.8 条 是根据 35 幢国内外高层建筑钢结构脉动实测自振周期统计值，乘以增长系数 1.2 得到的。

第 4.3.9～4.3.11 条 目前高层建筑功能复杂、体型趋于多样化，在复杂体型或不能按平面结构假定进行计算时，宜采用空间协同计算（二维）或空间计算（三维），此时应考虑空间振型（x、y、θ）及其耦连作用，考虑结构各部分产生的转动惯量及由式（4.3.9-2）计算的振型参与系数，还应采用完全二次根法进行振型组合。在计算振型相关系数 ρ_{jk} 时，式（4.3.11-6）作了简化，假定所有振型阻尼比均相等。条文中建议阻尼比取 0.02，条文还给出了地震作用方向与 x 轴有夹角时的计算式。由于高层民用钢结构建筑多属塔式建筑，无限刚性楼盖居多，对楼盖为有限刚性的情况未给出计算公式，属于此种情况者应采用相应的计算公式。

第 4.3.12 条 按现行国家标准《建筑抗震设计规范》(GBJ 11) 提出，大跨度和长悬臂结构的地震作用可不传给其支承结构。

第 4.3.13 条 本条是根据现行国家标准《建筑抗震设计规范》(GBJ 11) 的精神，为便于实施而具体化提出的。不同地震波会使相同结构出现不同的反应，这与地震波的频谱、幅值及持续时间长短有关。鉴于目前我国的条件，不可能都具备当地的强震记录，经常用 El Centre、Taft 或其他一些容易找到数据的波形，这些波有时与当地条件并不吻合。因此，提出至少用四条波，并应尽可能包括本地区的强震记录，如不可能，则应找与建筑物场地地质条件类似地区的强震记录，或采用根据当地地震危险性分析获得的人工模拟地震波，使地震波的频谱特性能反映当地场地土性质。

第 4.3.14 条 表 4.3.14 中给出的第一阶段弹性分析及第二阶段弹塑性分析两个水准的加速度峰值，它们分别相应于多遇地震及罕遇地震下的地震波加速度峰值。

鉴于目前国内条件，本规程要求输入地震波采用加速度标准化处理，在有条件时也可采用速度标准化处理。

加速度标准化处理 $\quad a_t' = \dfrac{A_{max}}{a_{max}} a_t$

速度标准化处理 $\quad a_t' = \dfrac{V_{max}}{v_{max}} a_t$

式中 $\quad a_t'$——调整后输入地震波各时刻的加速度值；

a_t、a_{max}、v_{max}——分别为地震波原始记录中各时刻的加速度值、加速度峰值及速度峰值；

A_{max}——表 4.3.14 中规定的输入地震波加速度峰值；

v_{max}——按烈度要求输入地震波速度峰值。

本条列出的第二阶段加速度峰值与第一阶段加速度峰值之比，与抗震规范中第二阶段与第一阶段的 a_{max} 值之比，是一致的。

第五章 作用效应计算

第一节 一 般 规 定

第 5.1.1 条 目前国内结构设计规范均用弹性分析求结构的作用效应，而在截面设计时考虑弹塑性影响，所以高层建筑钢结构的计算原则仍然采用弹性设计。考虑到抗震设防的"大震不倒"原则,规定了抗震设防的高层钢结构尚应验算在罕遇地震作用下结构的层间位移和层间位移延性比,此时允许结构进入弹塑性状态,要进行弹塑性分析。

第5.1.2条 高层建筑钢结构通常采用现浇组合楼盖,其在自身平面内的刚度是相当大的,通常假设具有绝对刚性,与国内其他规范的假设是一致的。当不能保证楼盖整体刚度时,则不能用此假设。

第5.1.3条 在弹性计算时,由于楼板和钢梁连接在一起,故可考虑协同工作。在弹塑性计算时,楼板可能严重开裂,故不宜考虑共同工作。

框架计算时,组合梁的惯性矩计算,参考了日本的有关规定。

第5.1.4条 本条说明计算模型的选取原则,所述三种情况都是常见的。

第5.1.5条 高层建筑钢结构梁柱构件的跨度与截面高度之比,一般都较小,因此作为杆件体系进行分析时,应该考虑剪切变形的影响。此外,高层钢框架柱轴向变形的影响也是不可忽视的。梁的轴力很小,而且与楼板组成刚性楼盖,分析时通常视为无限刚性,通常不考虑梁的轴向变形,但当梁同时作为腰桁架或帽桁架的弦杆或支撑桁架的杆件时,轴向变形不能忽略。由于钢框架节点域较薄,其剪切变形对框架侧移影响较大,应该考虑,详见第5.2.8条。

第5.1.6条 在钢结构设计中,支撑内力一般按两端铰接的计算图形求得,其端部连接的刚度则通过支撑构件的计算长度加以考虑。偏心支撑的耗能梁段在大震时将首先屈服,由于它的受力性能不同,应按单独单元计算。

第5.1.7条 现浇钢筋混凝土剪力墙的计算方法,是钢筋混凝土结构设计中大家熟悉的。至于嵌入式剪力墙的计算,最常用的方法是折算成等效交叉支撑或等效剪切板,也可用其他简便的计算模型作分析。

第5.1.8条 构件的差异缩短通常在钢结构施工详图阶段解决。

第二节 静 力 计 算

第5.2.1条 高层钢结构的静力分析,可按第5.1.4条所述模型用矩阵位移法计算,第5.2.2至5.2.7条的近似方法,仅能用于高度小于60m的建筑或在方案设计阶段估算截面之用。

第5.2.2条 框架内力可用分层法或D值法进行在竖向荷载或水平荷载下的近似计算,这些方法是常用的。

第5.2.3条 框架支撑体系高层钢结构的简化计算,可用本条所述方法或其他有效的简化方法,带竖缝的钢筋混凝土剪力墙也可变换成等效支撑或等效剪切板。

第5.2.4条 本条所述方法在结构分析时是常用的。

第5.2.5条 用等效截面法计算外框筒的构件截面尺寸时,外框筒可视为平行于荷载方向的两个等效槽形截面(图C5.2.5),其翼缘有效宽度可取下列三者中之最小值:

(1) $b \leqslant L/3$;
(2) $b \leqslant B/2$;
(3) $b \leqslant H/10$。

式中,L 和 B 分别为筒体截面的长度和宽度,H 为结构高度。框筒在水平荷载下的内力,可用材料力学公式作简化计算。

第5.2.6条 在抗震设计中,结构的偏心矩设计值主要取决于以下几个因素:(1)地面的扭转运动;(2)结构的扭转动力效应;(3)计算模型和实际结构之间的差异;(4)恒荷载和活荷载实际上的不均匀分布;(5)非结构构件引起的结构刚度中心的偏移。表达式 $e_d = e_0 + 0.05L$,考虑了我国在钢筋混凝土中的习惯用法和外国的常用取值。

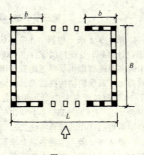

图C5.2.5

(a)　　　　　(b)

图C5.2.6

式(5.2.6)系参照南斯拉夫等国的抗震规范拟定,该式按静力法计算扭转效应,适用于小偏心结构(图C5.2.6)。

在 F 作用下　$\delta_0 = F/\Sigma K_i$(平移)

在 Fe 作用下　$\varphi = Fe/K_T$(转动)

$$\delta_i = \delta_0 + r_i \varphi = \delta_0 \left(1 + \frac{er_i}{K_T/\Sigma K_i}\right)$$

$$\delta_0 = \left(1 + \frac{er_i \Sigma K_i}{\Sigma K_i r_i^2}\right)$$

第5.2.7条 美、英、委、日等国的抗震设计规范,对等效静力计算的倾覆力矩,考虑了不同的折减系数。倾覆力矩折减系数的定义是,在动力底部剪力与静力底部剪力相同的条件下,动力底部倾覆力矩与静力底部倾覆力矩的比值。在这方面的主要影响因素,为地震力沿高度的分布及基础转动的影响。分析表明,弯曲型结构的折减幅度随自振周期的增大而增大,剪切型结构的折减幅度变化较小。此外,阻尼越大则折减越小。

美国 ATC3—06(1978)建议:上部10层不折减,即折减系数 $k=1$;由顶部楼层算起的10~20层,折减系数 $k=1 \sim 0.8$;上部20层以下,$k=0.8$。本条文参考 ATC3—06 拟定,仅将原来的上部20层改为上部60m。

暂限于在用底部剪力法估算高层钢框架构件截面时,考虑对倾覆力矩折减。

第5.2.8、5.2.9条 高层建筑钢结构节点域不加厚时,根据武藤清著《结构物动力设计》(北京:中国建筑工业出版社1984)和计算结果,其剪切变形对结构侧移的影响可达10%~20%,甚至更大。用精确方法计算比较麻烦,在工程设计中采用近似方法考虑其影响。第5.2.8条中的近似方法只适用于钢框架结构。根据同济大学对约160个从5层到40层工形柱钢框架结构的示例计算分析,节点域剪切变形对结构水平位移的影响较大,影响程度主要取决于梁的抗弯刚度 EI_b、节点域剪切刚度 K、梁腹板高度 h 以及梁与柱的刚度之比。经过算例分析结果的归纳,给出了第5.2.9条的修正公式,当 $\eta > 5$ 时应进行修正,使节点域剪切变形引起的侧移增加值不超过5%。至于节点域剪切变形对内力的影响,一般在10%以内,影响较小,因而可不需对内力进行修正。当框架结构有支撑时,分析研究表明,节点域剪切变形会随支撑体系侧向刚度增加而锐减。采用箱形柱的京城大厦,在第一阶段抗震设计中考虑了节点域剪切变形对侧移的影响;采用箱形柱的京广中心,在设计中未考虑此效应。

第5.2.10条 稳定分析主要是计及二阶效应的结构极限承

载力计算。二阶效应主要是指 P-Δ 效应和梁柱效应，根据理论分析和实例计算，若将结构的层间位移、柱的轴压比和长细比限制在一定范围内，就能控制二阶效应对结构极限承载力的影响。综合参考约翰逊，B.J. 主编（董其震等译）《金属结构稳定设计准则解说》（北京：中国铁道出版社．1981）、九国抗震规范和 1976 年日本建筑学会（李和华译）《钢结构塑性设计指南》（北京：中国建筑工业出版社．1981）等文献中的有关分析，给出了本条可不进行结构稳定计算的条件，其中第一款主要考虑梁柱效应，第二款主要考虑 P-Δ 效应。

第 5.2.11 条 研究表明，对于无侧移的结构，用有效长度法计算结构的稳定，可获得较好的精度，但对于有侧移的结构，有效长度法偏于保守，因为它不能直接反映 F-u（P-Δ）效应的影响。有支撑的结构，且 δ/h≤1/1000，可认为是属于无侧移的结构。无支撑的结构和 δ/h>1/1000 的有支撑的结构，可认为是属于有侧移的结构，为此应按能反映 F-u（P-Δ）效应的二阶分析法计算。下面介绍一种 F-u（P-Δ）分析法的计算步骤。

1. 计算在使用荷载下每一楼层水平面上各柱轴向荷载的总和 ΣF；
2. 按一阶分析所得的每层楼层处的水平位移 u，或按预先确定的楼层水平位移 u，确定由楼层柱子的轴力作用于变形结构上而产生的附加水平力；

$$V_i = \alpha \frac{\Sigma F_i}{h_i}(u_{i+1} - u_i)$$

式中 V_i——由侧移引起的第 i 层处的附加水平力；
ΣF_i——在第 i 层所有柱子轴向力之和；
α——放大系数，取 1.05～1.2；
h_i——第 i 层的楼层高度；
u_{i+1}、u_i——分别为第 i+1 层和第 i 层楼盖的水平位移。

求得的水平位移应不大于规定的限值。

3. 取每一楼层附加水平力的代数和，作为楼层水平面上的侧向力（图 C5.2.11）；

$$H_i = V_{i+1} - V_i$$

4. 将侧向力 H_i 和其他水平荷载相加，按合并后的水平力连同竖向荷载进行一阶弹性分析，得出各节点的位移量；
5. 验算在第 2 步骤中得出的所有楼层水平位移的精度，即在迭代过程前后两次所得楼层水平位移误差是否在允许范围内，如果不满足，按第 2 步骤到第 4 步骤继续迭代，如果计算精度满足要求，用迭代后所得的内力对各杆进行截面验算，此时柱的有效长度系数取 1.0。

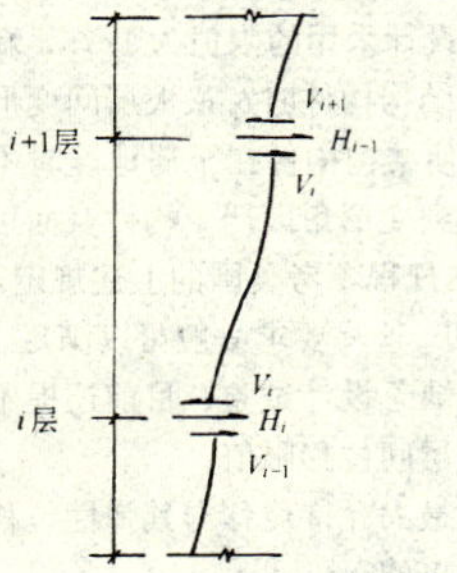

在侧向刚度较大的结构中，楼层水平位移收敛较快，只需迭代 2～3 次。若上述计算在迭代 5～6 次后仍不收敛，说明结构的侧向刚度很可能不够，需重新选择截面。

图 C5.2.11

第三节　地震作用效应验算

第 5.3.1 条 本条是根据"小震不坏，大震不倒"的抗震设计原则提出来的，我国现行国家标准《建筑抗震设计规范》（GBJ 11）中提出了抗震设防三水准和二阶段的设计要求，本条根据我国抗震规范的要求拟定。

第 5.3.2 条 一般情况下，结构越高基本自振周期越长，结构高阶振型对结构的影响越大，而底部剪力法只考虑结构的一阶振型，因此底部剪力法不适用于很高的建筑结构计算，其适用高度，日本为 45m，印度为 40m，我国现行国家标准《建筑抗震设计规范》（GBJ 11）规定高度不超过 40m 的规则结构可用该规范规定的底部剪力法计算。本规程中的底部剪力法，已近似地考虑了部分高振型的影响，因此将其底部剪力法的适用高度放宽到 60m。

振型分解反应谱法实际上已是一种动力分析方法，基本上能够反映结构的地震反应，因此将它作为第一阶段弹性分析时的主要方法。

时程分析法是完全的动力分析方法，能够较真实地描述结构地震反应的全过程，但时程分析得到的只是一条具体地震波的结构反应，具有一定的"特殊性"，而结构地震反应受地震波特性（如频谱）的影响是很大的，因此，在第一阶段设计中，仅建议作为竖向特别不规则建筑和重要建筑的补充计算。

第 5.3.3 条 本条系参考美国加州规范中有关条文拟定。本条的含义，是在框架-支撑结构中，当框架部分所分配得到的剪力小于结构总底部剪力的 25% 时，框架部分应按能承受总底部剪力的 25% 计算，将其在地震作用下的内力进行调整，然后与其他荷载产生的内力组合。

第 5.3.4 条 在地震时，结构在两个方向同时受地震作用，对于较规则的结构，仅按单方向受地震作用进行设计，但对于角柱和两个互相垂直的抗侧力构件上所共有的柱，应考虑同时受双向地震作用的效应，本条采用简化方法，将一个方向的荷载产生的柱内力提高 30%。

第 5.3.5 条 美国 ATC3—06 建议，设计基础时按等效静力计算的倾覆力矩可折减 35%。参考此资料，并考虑在罕遇地震作用下基础的稳定，采用倾覆力矩折减系数 0.8。此外，基础埋深也有一定的有利条件。

第 5.3.6 条 底部剪力法和振型分解反应谱法只适用于结构的弹性分析，进行第二阶段抗震设计时，结构一般进入弹塑性状态，故只能采用时程分析法计算。

结构的计算模型，可采用杆系模型或层模型。用杆系模型作弹塑性时程分析，可以了解结构的时程反应，计算结果较精确，但工作量大，耗费机时，费用高。用层模型可以得到各层的时程反应，虽然精确性不如杆系模型，但工作量小，费用低，结果简明，易于整理。地震作用是不确定的、复杂的，许多问题还在研究中，而且结构构件的强度有一定的离散性。另外，第二阶段设计的目的，是验算结构在大震时是否会倒塌，从总体上了解结构在大震时的反应，因此工程设计中，大多采用层模型。

第 5.3.7 条 用时程分析法计算结构的地震反应时，时间步长的运用与输入加速度时程的频谱情况和所用计算方法等有关。一般说来，时间步长取得越小，计算结果越精确，但计算工作量越大。最好的办法是用几个时间步长进行计算，步长逐渐减小（例如每次步长减小一半），到计算结果无明显变化时为止，但需重复计算，这在必要时可采用。一般情况下，可取时间步长不超过输入加速度主要周期的 1/10，而且不大于 0.02s。

结构阻尼比的实测值很分散，因为它与结构的材料和类型、连接方法和试验方法等有关。钢结构的阻尼比一般比钢筋混凝土结构的阻尼比小，钢筋混凝土结构的阻尼比通常取 0.05。根据一些实测资料，在弹塑性阶段，钢结构的阻尼比可取 0.05。

第 5.3.8 条 进行高层钢结构的弹塑性地震反应分析时，如采用杆系模型，需先确定杆件的恢复力模型；如采用层模型，需先确定层间恢复力模型。恢复力模型一般可参考已有资料确定，对新型、特殊的杆件和结构，则宜进行恢复力特性试验。

第 5.3.9 条 用静力弹塑性法计算层间恢复力模型骨架线的方法，可参阅武藤清《结构物动力设计》。

第 5.3.10 条 大震时的 P-Δ 较大，是不可忽视的。

第四节 作用效应组合

第 5.4.1 条 本条是将现行国家标准《建筑结构荷载规范》(GBJ 9)中关于非地震作用组合和现行国家标准《建筑抗震设计规范》(GBJ 11)中关于地震作用时的组合,加以综合而成。

非地震作用组合的式(5.4.1-1)中,考虑高层建筑荷载特点(高层钢结构主要用于办公室、公寓、饭店),只列入了永久荷载、楼面使用荷载及雪荷载三项竖向荷载,水平荷载只有风荷载。如果建筑物上还有其他活荷载,可参照"荷载规范"要求进行组合。对于高层建筑,风是主要荷载,因此组合系数取为 1.0。根据重庆建筑大学的研究,此时不仅高层钢结构的可靠度指标可满足现行国家标准《建筑结构设计统一标准》(GBJ 68)的要求,而且分布比较均匀。

有地震作用组合的式(5.4.1-2)与现行国家标准《建筑抗震设计规范》(GBJ 11)中有关公式相同,其中 G_E 为重力荷载代表值,它是指在地震作用下可能产生惯性力的重量,也按现行国家标准《建筑抗震设计规范》(GBJ 11)的规定取值。

第 5.4.2 条 表 5.4.2 给出了高层钢结构各种可能的荷载效应组合情况,与荷载规范及抗震规范的规定基本一致,但非地震组合情况只有一种,因为在高度很大的高层钢结构中,只有竖向荷载的组合,不可能成为不利组合,因此未包括无风荷载的组合情况。在有地震作用组合情况中,高度大于 60m 的建筑主要用了第 3 种情况(按 7 度、8 度设防)及第 6 种情况(按 9 度设防)。

第 5.4.3 条 位移计算应采用荷载或作用的标准值,故取各荷载和作用的分项系数为 1.0。

第 5.4.4 条 第二阶段设计因考虑受罕遇地震作用,故既不考虑风荷载,荷载和作用的分项系数也都取 1。因为结构处于弹塑性阶段,叠加原理已不适用,故应先将考虑的荷载和作用都施加到结构模型上,再进行分析。

第五节 验算要求

第 5.5.1 条 根据现行国家标准《建筑结构荷载规范》(GBJ 9),非抗震设防的建筑应满足式(5.5.1-1)。而抗震设防的建筑可能全部或部分地受不考虑地震作用的效应组合控制,此时显然也应满足式(5.5.1-1)。有地震作用的效应组合不再考虑重要性系数,是根据现行国家标准《建筑抗震设计规范》(GBJ 11)的规定,可参见其条文说明。

本条对结构构件的安全等级不作具体规定,由设计人酌情选定。

高层钢结构在风荷载下的顶点位移和层间位移限值,系参考现行国家标准《钢结构设计规范》(GBJ 17)的规定采用,对建筑高度较低的规则结构以及采取减振措施时,可适当放宽。对钢框架核心筒等水平力主要由混凝土结构承受的高层建筑,规定了应按国家现行标准《钢筋混凝土高层建筑结构设计与施工规程》(JGJ 3)的规定,但考虑到该规程的规定对混合结构可能太严,允许在主体结构不开裂和装修材料不出现较大破坏的前提下适当放宽。不出现较大破坏,意味着容许装修材料在大震时出现轻微至中等破坏,其数值由设计人员自行选定。

结构顶点位移是指顶点质心的位移。在验算顶点位移时,结构平面端部的最大位移不得超过质心位移的 1.2 倍。此规定根据设计经验提出,对非抗震计算适用。

高层建筑中人体的舒适度,是一个比较复杂的问题,国外实例和一些研究表明,在超高层建筑特别是超高层钢结构建筑中,必须考虑,不能以水平位移控制来代替。

本条文中的顶点最大加速度限值,是综合分析了国外有关规范和资料,主要参考了加拿大国家建筑规范,再结合我国国情而作出的限值规定。加拿大规范规定,暂定加速度限值 1%~3%g,重现期取 10 年,公寓建筑取低限,办公高层建筑取高限。根据我国目前的实际情况,只对顺风向和横风向加速度作了规定,而未对建筑物整体扭转的角加速度限制予以规定,工程中暂不考虑。

顺风向顶点最大加速度计算公式(5.5.1-4)系按照我国现行国家标准《建筑结构荷载规范》(GBJ 9)中风荷载公式的动力部分,再经推导后得到的。经验算,与国外有关公式的计算结果较为接近,在使用该公式时,若遇体型较复杂的建筑,应参照一般高层建筑的作法,将公式中的 $\mu_s A$ 换成 $\Sigma \mu_{si} A_i$ 进行计算,并取绝对值之和。这里,μ_{si} 代表迎风面或背风面第 i 部分的体型系数,A_i 代表与之对应的迎风面或背风面面积。

横风向顶点加速度计算理论较为复杂,也缺乏足够的资料,因此式(5.5.1-5)采用了加拿大国家建筑规范中的有关公式。横风向振动的临界阻尼比一般可取 0.01~0.02,视具体情况选用。

圆筒形高层建筑有时会发生横风向的涡流共振现象,此种振动较为显著,但设计是不允许出现横风向共振的,应予避免。一般情况下,设计中用高层建筑顶部风速来控制,如果不能满足这一条件,一般可采用增加刚度使自振周期减小来提高临界风速,或者进行横风向涡流脱落共振验算,其方法可参考风振著作,本条文不作规定。

第 5.5.2 条 抗震设防的高层钢结构构件承载力验算表达式(5.5.2-1),与现行国家标准《建筑抗震设计规范》(GBJ 11)规定的公式相同。式中,构件和连接的承载力抗震调整系数,是中国建筑科学研究院抗震所根据可靠度指标要求,考虑本规程规定的高层建筑钢结构的地震作用、材料抗力标准值和设计值等因素,通过对几幢高层钢结构的实例分析,用概率统计方法求得的。

结构在弹性阶段的层间位移限值,日本建筑法施行令定为层高的 1/200。1988 年美国加州规范规定,基本自振周期大于 0.7s 的结构,弹性阶段的层间位移限值为层高的 1/250 或 $0.03/R_w$ (R_w 为结构的延性指标),参考以上规定,本规程取层高的 1/250。

规定了结构平面端部构件最大侧移不可超过质心位移的 1.3 倍,是考虑地震作用相对暂短。

第 5.5.3 条 美国 ATC3—06 规定,Ⅱ类地区危险度建筑(接纳人员较多的一般高层建筑)的层间最大变形角为 1/67,系虑在罕遇地震作用下,结构出现弹塑性交变时的允许值,日本规定罕遇地震时的层间变形角限值为 1/100,在工程设计中也有用得更大时,如日本设计的京广中心设计采用的限值为 1/75;新西兰抗震规范规定,采用可分离的非结构构件时,最大层间变形角允许为 1/100。这些规定都是为了使结构构件在罕遇地震时不脱落。显然,美国的规定较宽。考虑到变形角太严,构件截面可能受罕遇地震控制,这将很不经济,本规程参考美国的上述规定,采用 1/70 作为变形角限值,试算表明,这一要求一般可以满足。这一限值对按杆系模型考虑为偏严。由于缺乏设计试验,目前还提不出适用于杆系模型的罕遇地震作用下层间位移限值。

层间位移延性比限值,是层间最大允许位移与其弹性位移之比,系参考有关文献和算例结果提出的。

第六章 钢构件设计

第一节 梁

第 6.1.1 条 高层建筑钢结构除在罕遇地震下出现一系列塑性铰外,在多遇地震下应保证不破坏和不需修理。现行国家标准《钢结构设计规范》(GBJ 17)对一般的梁都允许出现少量塑性,即在计算强度时引进大于 1 的截面塑性发展系数 γ,但对直接承受动荷载的梁,取 $\gamma=1$。基于上述原因,抗震设计的梁取 $\gamma=1$。

按照日本的设计做法,在垂直荷载下的梁弯矩取节点弯矩,在水平力作用下的梁弯矩取柱面弯矩。

第 6.1.2～6.1.4 条 梁的整体稳定性通常通过刚性铺板或支撑体系加以保证，使其不控制设计。地震区高层钢结构的梁和柱形成抗侧力刚架时，更需要保证梁不致失稳。

对按 6 度抗震设防和非抗震设防的结构，梁的整体稳定可按现行国家标准《钢结构设计规范》(GBJ 17) 第 4.2.1 条规定考虑。这里需要指出，单纯压型钢板做成的铺板，必需在平面内具有相当的抗剪刚度时，才能视为刚性铺板，这一要求按照德国 DIN 18800-Ⅱ 的规定是

$$K \geqslant \left(EI_w \frac{\pi^2}{l_1^2} + GI_t + EI_y \frac{\pi^2}{l_1^2} \frac{h^2}{4} \right) \frac{70}{h^2}$$

式中，K 是压型钢板每个波槽都和梁相连接时面板内的抗剪刚度，即 $K = V/\gamma$，可由试验确定；I_w、I_t、I_y、l_1 和 h 分别为梁的翘曲常数、自由扭转常数、绕弱轴的惯性矩、自由长度和高度（图 C6.1.3）。

支座处仅以腹板与柱相连的梁，在梁端截面不能保证完全没有扭转。在需要验算整体稳定时，φ_b 应乘以 0.85 的降低系数，详见陈绍蕃著：《钢结构设计原理》（北京：科学出版社，1987)。按 7 度或高于 7 度抗震设防的结构，由于罕遇地震下出现塑性，在可能出现塑性铰的部位（如梁端和集中荷载作用点）应有侧向支承点。由于地震力方向变化，塑性铰弯矩的方向也变化，要求梁上下翼缘均有支撑，这些支撑和相

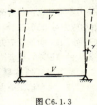

图 C6.1.3

邻支撑点间的距离，应满足现行国家标准《钢结构设计规范》(GBJ17—88) 第 9.3.2 条对塑性设计的结构要求。在强烈地震作用下，梁弯矩的梯度很大，此时在现行国家标准《钢结构设计规范》(GBJ 17) 的式 (9.3.2-1)，即式

$$\lambda_y \leqslant \left(60 - \frac{40 M_1}{W_{px} f} \right) \sqrt{235/f_y}$$

中，f 可用 f_y 代替。在 $-1 \leqslant M_1/(W_{px} f) \leqslant 0.5$ 范围内，λ_y 在 $100 \sqrt{235/f_y}$ 至 $40 \sqrt{235/f_y}$ 之间变化。美国加州规范 (1988) 规定 $\lambda_y \leqslant 96$，但美国 AISC (1986) 极限状态设计 (LRFD) 规范却对出高烈度地震区 $\lambda_y \leqslant 25 \sqrt{235/f_y}$，与前者出入甚大，两者分别大体接近现行国家标准《钢结构设计规范》(GBJ17—88) 规范式 (9.3.2-1) 和 (9.3.2-2) 的最大和最小值。

第 6.1.5 条 本条按现行国家标准《钢结构设计规范》(GBJ 17) 拟定，补充了框架梁端部截面的抗剪强度计算公式。

第 6.1.6 条 梁板件宽厚比应随截面塑性变形发展的程度而满足不同要求。形成塑性铰前需要实现较大转动者，要求最严格，按 7 度或 7 度以上抗震设防的结构中，梁可能出现塑性铰的区段，应满足表 6.1.5 的要求，此时转动能力达弹性转动能力的 7～9 倍。该表的规定与现行国家标准《钢结构设计规范》(GBJ17—88) 表 9.1.4 的规定相同。

对于非地震区和设防烈度为 6 度的地震区，当框架梁中可能出现塑性铰时，梁的塑性铰截面转动能力不如强震区高，满足表 6.1.5 中 6 度和非抗震设防的宽厚比限值时，截面非弹性转动能力可达弹性转动的 3 倍，已经够用。$b/t \leqslant 11$ 是参照美国 AISC (LRFD) 规范确定的，$h_0/t_w \leqslant 90$ 比它稍严。

兼充支撑系统横杆的梁，在受弯的同时受有轴力。若抗震设防的梁端部有可能出现塑性铰，则腹板宽厚比应符合压弯构件塑性设计要求，计算公式见现行国家标准《钢结构设计规范》(GBJ17—88) 表 9.1.4。

第 6.1.7 条 美国加州规范 (1988) 考虑倾复力矩对传力不连续部位的柱进行竖向荷载组合时，对地震作用 E 按 $3(R_w/8) E$ 考虑，设计柱截面时容许应力乘 1.7。当 $R_w \approx 10$ 时，大约将地

震作用乘以 2。结合我国具体情况，建议对这些部位的地震作用乘以大于 1.5 的增大系数。

第二节 轴心受压柱

第 6.2.1 和 6.2.2 条 高层建筑中的轴心受压柱一般不涉及抗震问题，柱的主要特点是钢材厚度可能超过 40mm，有时甚至超过 100mm。厚壁柱设计有两个不同于一般轴心受压柱的问题：一是强度设计值 f 的取值，二是稳定系数 φ 的取值。

本规程第二章系根据现行国家标准《碳素结构钢》(GB/T700) 和《低合金结构钢》(GB/T1591) 的规定编写的，其中包括了 Q235 和 Q345 钢厚板的屈服点标准值，而抗力分项系数则应有一定的实验统计资料作为依据。

当工字形截面翼缘厚度超过 40mm 时，残余应力沿厚度变化，使稳定承载力不同于厚度较薄者。欧洲钢结构协会 1978 年的《钢结构设计建议》(ECCS European Recommendation for steel construction) 规定，厚度超过 40mm 的热轧 H 型钢 φ 系数，用比 a、b、c 三条曲线都低的 d 曲线，但后来的研究表明，这一规定偏于保守。因此，欧共体的官方规范 Eurocode 3 (1983 草案) 把 40mm 改为 80mm。德国稳定规范 DIN 18800—Ⅱ 1988 年试行本也规定，厚度不超过 80mm 者 φ 系数不予降低。鉴于这一更改有充分根据，我们采用了以 80mm 分界的规定。

厚壁焊接 H 型和箱型截面柱，还未见到国外发表的研究资料。关于焊接工字形截面，欧共体 Eurocode 3 和德国 DIN 18800—Ⅱ 都以 40mm 分界，而箱型截面则以板件宽度比是否小于 30mm 分界。箱形截面 $b/t \geqslant 30$ 者用 b 曲线，$b/t < 30$ 者用 c 曲线，这是因为宽厚比小者残余应力大，不过焊缝大小对 φ 系数有很大关系，如果箱型截面壁板间的焊缝是部分熔透而非全熔透，那么 b 曲线的适用范围还可扩大。

我们对轧制厚板组成的焊接工字形截面和焊接箱型截面的残余应力分布，进行了理论分析，并通过对 600mm×600mm×70mm 的箱型截面残余应力的实测，验证了残余应力的计算模型，在此基础上完成了多个焊接工字形和箱型截面的 φ 系数计算，计算结果证实厚壁箱型截面的 φ 系数可以按现行国家标准《钢结构设计规范》(GBJ17—88) 规定的 b 类和 c 类截面采用，不过分界可取 $b/t = 20$ 而不是 30。计算也表明，轧制厚板焊接工字形截面绕弱轴的稳定计算，需要比 d 类还低的曲线，不过残余应力的最大值取决于截面积与焊接输入热量的比值，而不是板的厚度。这一比值，可近似地用面积 A 和腹板厚度 t_w 的比值来取代。因此，对于这类焊接工字形截面的 φ 值不必区分板厚是否大于 80mm，而可将厚度 40mm 以上的截面弱轴都归入 d 截面，强轴都归入 c 类截面。d 类 φ 曲线和 a、b、c 三类用同一公式描述，系数 α_1、α_2、α_3 大体根据三种不同尺寸工字形截面的平均 φ 值确定。目前，高层建筑的焊接工字形截面柱的翼缘板，常用精密火焰切割加工成需要的宽度，由于焰割板边缘有很高的残余拉应力，柱的 φ 系数可和 $t \leqslant 40mm$ 者一样，对强轴和弱轴都取 b 曲线。

第三节 框 架 柱

第 6.3.1 条 框架柱的强度和稳定，依第五章算得的内力按现行国家标准《钢结构设计规范》(GBJ 17) 第五章和第九章的公式计算，但柱计算长度、截面塑性抵抗矩和板件宽厚比，应满足本节各项规定的要求。在罕遇地震作用下，结构整体倒塌和层间极限变形的验算，可以揭示框架体系柱截面是否适当，因此本条还规定柱截面应能满足第 5.5.3 条的要求。

第 6.3.2 条 框架柱的计算长度应根据具体情况区别对待。当不考虑水平荷载作用时，框架柱计算长度按现行国家标准《钢结构设计规范》(GBJ 17) 一般规定确定柱计算长度系数 μ，这里给出 μ 的两个近似公式，即式 (6.3.2-1) 和 (6.3.2-2)，它们具

有较好的精度。由于是代数式,比"钢结构设计规范"中的超越方程简便。

当计入风力及多遇地震引起的内力时,框架失稳属于极值型问题。在满足整个建筑整体稳定的情况下,位移符合层间位移限制时,柱计算长度系数介于无侧移和有侧移两种情况之间,故可取为 $\mu=1.0$。若层间位移甚小,也可考虑按无侧移法确定 μ 值,这里限于层间位移小于 $0.001h$(相当于安装垂直度允许误差),这时侧移影响可以忽略。

第 6.3.3 条 本条公式(6.3.3-1)是为了实现强柱弱梁的设计概念,使塑性铰出现在梁端而不是出现在柱端。梁和柱的抗弯能力,即塑性铰弯矩,分别为:

$$M_{pb}=W_{pb}f_{yb}$$
$$M_{pc}=1.15W_{pc}(f_{yc}-\sigma_N) \quad (当 N/A_cf_{yc}>0.13 时)$$

式中 W_{pb}、W_{pc}——分别为梁和柱截面的塑性抵抗矩;
f_{yb}、f_{yc}——分别为梁和柱钢材的屈服强度标准值;
σ_N——轴力产生的柱压应力,$\sigma_N=N/A_c$。

强柱弱梁条件是在柱节点上
$$\Sigma M_{pc} > \Sigma M_{pb}$$

这里偏于安全地略去了系数 1.15,得到式(6.3.3-1)。塑性铰本应在强烈地震下才出现,但式(6.3.3-1)中的 σ_N 取多遇地震作用的组合,原因是如果控制过严,往往不经济或很难实现,且柱出现少量塑性并不致引起倒塌。在实际工程设计中,如果能做到式(6.3.3-1)左端比右端大得稍多,是有利的。

但在实际工程中,特别是采用框筒结构时,甚至式(6.3.3-1)也往往难以普遍满足,若为此加大柱截面,使工程的用钢量增加较多,是很不经济的。此时允许改按式(6.3.3-2)验算柱的轴压比,该式引自现行国家标准《钢结构设计规范》(GBJ 17)第九章。日本在北京京城大厦和京广中心的高层钢结构设计中,规定柱的轴压比不大于 0.67,不要求控制强柱弱梁。美国加州规范规定必需满足强柱弱梁,而一般不要求控制轴压比。本条强调强柱弱梁的重要性,要求在设计中尽可能考虑,但也重视节约钢材。

第 6.3.4 条 按 6 度抗震设防和非抗震设防的结构,柱不会出现塑性铰,其板件宽厚比可按现行国家标准《钢结构设计规范》(GBJ 17)第五章的规定确定。

按 7 度和 7 度以上抗震设防的结构,按照强柱弱梁的要求,柱一般不会出现塑性铰,但是考虑到材料性能变异、截面尺寸偏差以及未计及的竖向地震作用等因素,柱在某些情况下也可能出现塑性铰。因此,柱的板件宽厚比也应考虑按塑性发展来加以限制,不过不需要像梁那样严格,因为柱即使出现了塑性铰,也不致于有较大转动,本条所规定的宽厚比就是这样考虑确定的,对 7 度设防地区比对 8、9 度设防地区更宽容一些。

第 6.3.5 条 本条式(6.3.5)的目的是在强大的地震作用下,使工字形截面柱和梁连接的节点域腹板不致失稳,以利于吸收地震能量。该式是美国加州规范提出的,由试验资料得来。节点域的抗剪强度需另行计算。式(6.3.5)也适用于箱型柱节点域。

第 6.3.6 条 柱长细比越大,其延性越差,所以地震区柱长细比不应太大。

第 6.3.7 条 参见第 6.1.7 条的条文说明。

第四节 中心支撑

第 6.4.1 条 K 形支撑体系在地震作用下,可能因受压斜杆屈曲或受拉斜杆屈服,引起较大的侧向变形,使柱发生屈曲甚至造成倒塌,故不应在抗震结构中采用。

第 6.4.2 条 地震作用下支撑体系的滞回性能,主要取决于其受压行为,支撑长细比大者,滞回圈小,吸收能量的能力较弱。本条考虑了美国加州规范规定抗震支撑长细比不大于 $120\sqrt{235/f_y}$,也注意到了日本关于高层建筑抗震支撑长细比应

小于 $50/\sqrt{f_y}$(此处 f_y 以 t/cm^2 为单位)的极严要求,根据支撑长细比小于 $40\sqrt{235/f_y}$ 左右时才能避免在反复拉压作用下承载力显著降低的研究结果,对不同设防烈度下的支撑最大长细比作了不同规定。

第 6.4.3 条 板件局部失稳影响支撑斜杆的承载力和消能能力,其宽厚比需要加以限制。有些试验资料表明,板件宽厚比取得比塑性设计要求更小一些,对支撑抗震有利。哈尔滨建筑大学试验研究也证明了这种看法,根据试验结果提出本条建议。

试验还表明,双角钢组合 T 形截面支撑杆绕截面对称轴失稳时,会因弯扭屈曲和单肢屈曲而使滞回性能下降,故不宜用于设防烈度大于等于 7 度的地区。

第 6.4.4 条 由于高层建筑在水平荷载下变形较大,常需考虑 $P-\Delta$ 效应。它是由两部分引起的,包括楼层安装初始倾斜率的影响和水平荷载下楼层侧移的影响,式(6.4.4-1)中的系数包括了初始倾斜率和其他不利因素的影响。

柱压缩变形对十字交叉斜杆产生的压缩力不可忽视,其情况和十字交叉缀条体系的格构柱类似,这一附加应力可用式(6.4.4-2)计算,人字形和 V 形支撑也因柱压缩变形而受压,附加压力可按式(6.4.4-3)计算,但在楼层梁刚度不大的情况下,后者附加压力没有十字交叉斜杆严重。该二式系参考〔原苏联〕E.N. Беляя 著,颜景田译,《金属结构》(哈尔滨:哈尔滨工业大学出版社,1985)及其他文献。

第 6.4.5 条 人字支撑斜杆受压屈曲后,使横梁产生较大变形,并使体系的抗剪能力发生较大退化。有鉴于此,将其地震作用引起的内力乘以放大系数 1.5,以提高斜撑的承载力,此系数按美国加州规范的规定采用。

第 6.4.6 条 在罕遇地震下斜杆反复受拉压,且屈曲后变形增长很大,转为受拉时变形不能完全拉直,这就造成再次受压时承载力降低,即出现退化现象,长细比越大,退化现象越严重,这种现象需要在计算支撑斜杆时予以考虑。式(6.4.6)是由美国加州规范的公式加以改写得出,计算时仍以多遇地震为准。此式中的 η 和中国建筑科学研究院工程抗震研究所编《抗震验算和构造措施》(上、下册,北京:1986)钢压杆非弹性工作阶段综合折减系数 k 相当接近,见表 6.4.6。

折减系数的比较 表 6.4.6

λ	50	70	90	120
η (Q235)	0.84	0.79	0.75	0.69
k	0.90	0.80	0.70	0.65

第 6.4.7 条 为了不加重人字支撑和 V 形支撑的负担,与这类支撑相连的楼盖横梁,应在相连节点处保持连续,在计算梁截面时不考虑斜撑起支点作用,按简支梁跨中受竖向集中荷载计算,这是参考美国加州规范提出的。

第 6.4.8 条 这条要求是根据已有的双角钢支撑在循环荷载下的试验资料提出的。根据国外有关研究,若按一般要求设置填板,则两填板间的单肢变形较大,缩小填板间距离,可防止这种变形。

第 6.4.9 条 目前世界各国都在研究各种形式的消能装置,带有摩擦耗能装置的中心支撑就是有效方法之一。这里列上这一条,意在提倡这类支撑的研制和应用。

第五节 偏心支撑

第 6.5.1 条 偏心支撑框架的每根支撑,至少应有一端交在梁上,而不是交在梁与柱的交点或相对方向的另一支撑节点上。这样,在支撑与柱之间或支撑与支撑之间,有一段梁,称为耗能段。耗能梁段是偏心支撑框架的"保险丝",在大震作用下通过耗

能梁段的非弹性变形耗能,而支撑不屈曲。因此,每根支撑至少一端必须与耗能梁段连接。

第6.5.2～6.5.3条 美国加州规范规定,梁的抗剪承载力取 $V=0.55fdt_w$,d 为梁截面高度,t_w 为腹板厚度。本条文中 $V=0.58fh_0t_w$ 与我国现行国家标准《钢结构设计规范》(GBJ 17)一致。

耗能梁段的折减抗弯承载力,即式(6.5.2-3),考虑了轴力对抗弯承载力的降低,此式取自美国加州规范,比我国现行国家标准《钢结构设计规范》(GBJ 17)的规定少了1.15,偏于安全。当耗能梁段的轴力较大时,对非弹性变形有影响。以往并没有做过较大轴力试验,建议在设置耗能梁段时应尽量避免。

当存在轴力时,腹板的折减塑性受剪承载力 V_{pc} 可按下式计算:

$$V_{pc}=\sqrt{1-(N/N_y)^2}\cdot V_p$$

式中,N 为梁段的轴力;$N_y=Af_y$ 为梁的轴向屈服承载力,但该式缺少试验根据,且第6.5.4条规定,净长 $a<2.2M_p/V_p$ 的梁段,轴力由翼缘承担,故该式未列入条文。

第6.5.4条 净长 $a\leqslant 1.6M_p/V_p$ 的耗能梁段为短梁段,其非弹性变形主要为剪切变形,属剪切屈服型;净长 $a>1.6M_p/V_p$ 的为长梁段,其非弹性变形主要为弯曲变形,属弯曲屈服型。试验研究表明,剪切屈服型耗能梁段对偏心支撑框架抵抗大震特别有利。一方面,能使其弹性刚度与中心支撑框架接近;另一方面,其耗能能力和滞回性能优于弯曲屈服型。耗能梁段净长最好不超过 $1.3M_p/V_p$,不过梁段越短,塑性变形越大,有可能导致过早的塑性破坏。弯曲屈服型耗能梁段不宜用于支撑与柱之间的原因,是目前还没有合适的节点连接。本规程图8.7.3-1的节点适用于短梁段,同样的节点连接用于长梁段时,性能很差,非弹性变形还没有充分发展,即在翼缘连接处出现裂缝。

第6.5.5条 耗能梁段的强度设计,包括腹板和翼缘的抗力。腹板承担剪力,设计剪力不超过受剪承载力的80%,使其在多遇地震下保持弹性。可以认为,净长 $a<2.2M_p/V_p$ 的耗能梁段,腹板完全用来抗剪,轴力和弯矩只能由翼缘承担。而净长 $a>2.2M_p/V_p$ 的梁段,腹板和翼缘共同抵抗轴力和弯矩。

第6.5.6条 偏心支撑框架的设计意图是提供耗能梁段,当地震作用足够大时,耗能梁段屈服,而支撑不屈曲。能否实现这一意图,取决于支撑的承载力。支撑的设计抗轴压能力,至少应为耗能梁段达屈服强度时支撑轴力的1.6倍,才能保证梁段进入非弹性变形而支撑不屈曲。若偏心支撑为人字形或V形支撑,则不应按第6.4.6条的规定再乘增大系数1.5。设置适当的加劲肋后,耗能梁段的极限受剪承载力超过 $0.9f_yh_0t_w$,为设计受剪承载力 $0.58fh_0t_w$ 的1.63倍,故系数1.6为最小系数。建议具体设计时,支撑截面适当取大一些。

第6.5.7条 强柱弱梁的设计原则同样适用于偏心支撑框架。考虑到梁钢材的屈服强度可能会提高,为了使塑性铰出现在梁而不是柱上,可将柱的设计内力适当提高。但本条文的要求并不保证底层的柱脚不出现塑性铰,当水平位移足够大时,作为固定端的底层柱脚有可能屈服。

第6.5.8条 试验表明,焊在耗能梁段上的贴板并不能充分发挥作用。若在腹板上开洞,将使耗能梁段的性能复杂化,使偏心支撑的性能不好预测。梁段板件宽厚比的要求,比一般框架梁的要高些。

第6.5.9条 高层钢结构顶层的支撑与 $(n-1)$ 层上的耗能梁段连接,即使顶层不设耗能梁段,满足强度要求的支撑仍不会屈曲,而且顶层的地震力较小。

第七章 组合楼盖

第一节 一般要求

第7.1.1条 组合梁混凝土翼板的有效宽度,系按现行国家标准《混凝土结构设计规范》(GBJ 10)的规定采用。高层钢结构中的组合楼板一般不用板托,故本条仅对无板托的组合梁作出规定。

第7.1.2条 塑性设计要求控制钢梁截面的板件宽厚比,避免因板件局部失稳而降低构件承载力。

第7.1.3条 国内外试验表明,符合本条规定条件的连续组合梁某些截面,能形成塑性铰,产生所需的转动,实现内力重分配。力比 γ 小于0.5是根据哈尔滨建筑大学的试验和国内外资料分析提出的。

第7.1.4条 在试算时,若假定中间支座两侧负弯矩区受拉翼板开裂区长度,分别为相应跨度的0.15倍,则可参考有关资料列出的柔性系数及荷载项进行内力分析。欧共体组合结构规程认为,距中间支座 $0.15l$ 范围内(l 为梁的跨度)确定梁截面刚度时,不应考虑混凝土翼板的存在,但翼板中的钢筋应计入。考虑变截面影响进行内力分析,除可较真实地反映梁的实际受力情况外,还不致对支座截面的负弯矩值计算过高。

第7.1.5条 组合梁的变形计算,是根据现行国家标准《建筑结构设计统一标准》(GBJ 68)的规定,按荷载的长短期效应组合考虑。对于长期效应组合,用 $2\alpha_E$ 确定换算截面,这主要是考虑混凝土在长期荷载下的徐变影响。

第7.1.6条 本条说明混凝土翼板计算厚度在不同情况下的取值,均符合实际情况。

第7.1.7条 组合板施工阶段设计时仅考虑压型钢板的强度和变形,如果不满足要求,可加临时支护以减小板跨,设计跨度可按临时支护的跨度考虑;但使用阶段设计时,跨度必需按拆除临时支护后的设计跨度考虑。若压型钢板仅作为模板,则此时不应考虑它的承载作用。目前在高层钢结构中,大多仅作为施工模板,因此时不需作防火保护层,总造价较经济。

第7.1.8条 挠曲效应是由于压型钢板变形而增加的混凝土厚度。当挠度 w 小于20mm时,可假定在1kN/m² 的均布施工荷载中考虑此效应;当挠度大于20mm时,应附加 $0.7w$ 厚度的混凝土重量。

第7.1.9条 本条参照欧共体《组合板设计规程》(1981)、英国《压型钢板楼板设计与施工规程》(1982)和欧共体编制的《钢和混凝土组合结构统一标准》(1985)拟定。

第7.1.10～7.1.12条 参照日本建筑学会《钢铺板结构设计与施工规范》(1970)拟定。

第二节 组合梁设计

第7.2.1条 组合梁截面抗弯能力计算符合简化塑性理论假定的截面情况是:(1)塑性中和轴位于钢梁腹板上的第二类截面,或连续组合梁在支座处负弯矩区段的截面,当截面符合第7.1.1条的规定时,(2)塑性中和轴位于混凝土受压翼缘内的第一类截面;(3)混凝土翼板与钢梁具有完全抗剪连接。

第7.2.2条 与现行国家标准《钢结构设计规范》(GBJ 17)相比,这里增加了负弯矩作用时的截面抗弯能力计算,是连续组合梁设计所需要的。

第7.2.5条 拟定本条款是为了适应连续组合梁设计的需要,便于在相应的剪跨区段内配置抗剪连接件。

第7.2.8条 栓钉受剪承载力设计值 N_v^c 的计算式,是通过推出试验或梁式试验结果推导出来的。连接件的破坏形式与混凝土的强度等级和品种有关，有时还取决于连接件的型号和材质。栓钉承载力与栓钉长度有关，随长度而增大，但当栓钉长度与其直径之比大于 4 后，承载力的增加就很少了。若栓钉长度太短，不仅承载力很低，而且会出现拉脱破坏。

式（7.2.8-1）和式（7.2.8-2），引自现行国家标准《钢结构设计规范》(GBJ 17)，但对式 (7.2.8-2) 作了适当修改。计算表明，在一般情况下，式 (7.2.8-2) 均小于式 (7.2.8-1)，使得按前者计算变得没有意义，不少使用单位反映，栓钉数量过多，对此提出意见。应该指出，欧洲钢结构协会 1981 年的组合结构规范中，对于高径比为 4.2 的栓钉，其承载力的限制条件为 $0.7A_sf_u$；美国 AISC 的 LRFD 规范 (1986) 规定的承载力限制条件为 A_sf_u。这两本极限状态设计规范都采用极限抗拉强度最小值 f_u。经报请建设部主管部门同意，在式 (7.2.8-2) 中采用了 f_u。

第 7.2.9 条 当压型钢板肋与钢梁平行时，栓钉受剪承载力设计值 N_v^c 按式 (7.2.8) 计算，但当 $b/h_p<1.5$ 时，应乘以折减系数。

第 7.2.10～7.2.11 条 部分抗剪连接的组合梁，一般用于组合截面抗弯强度可以不充分发挥的情况，例如，施工时钢梁下无临时支护的组合梁，其钢梁截面受施工荷载控制，或截面受挠度控制的构件。这时，在极限弯曲状态下的混凝土翼板和钢梁各有自身的中和轴，为此，抗剪连接件必须具有一定的柔性，才能在受纵向剪力作用时产生较大的相对滑移。

具有一定的柔性连接件条件是：圆柱头栓钉直径不能超过 22mm，其杆长不小于 4 倍栓钉直径；浇注的混凝土强度等级不能高于 C30。除非满足这些条件，或已由试验表明，该连接件的变形性能满足理想塑性性能的假定，否则均应视为刚性连接件。

第 7.2.12、7.2.13 条 均为简化计算公式。

第 7.2.14～7.2.17 条 关于纵向界面横向钢筋的设计方法，系参照欧洲钢结构协会（ECCS）组合结构设计规程拟定。

第 7.2.18 条 根据现行国家标准《建筑结构荷载规范》(GBJ 9) 和《建筑结构设计统一标准》(GBJ 68)，对组合梁的挠度应进行长、短期荷载效应组合下的挠度计算，取其中较大者。

第 7.2.19 条 组合梁混凝土裂缝宽度的计算，参考了现行国家标准《混凝土结构设计规范》(GBJ 10) 的规定。国内试验资料表明，公式 (7.2.19) 是可信的。

第 7.2.21 条 组合梁在正弯矩区，钢梁受压翼缘与混凝土板相连，不存在失稳问题。在负弯矩区段，下翼缘受压，虽然钢梁上翼缘与混凝土板相连，但下翼缘仍应设置，参见本规程第 6.1.4 条的条文说明，其具体做法可参见本规程第 8.5.4 条。

第三节 压型钢板组合楼板设计

第 7.3.1 条 组合板的端部锚固，是保证组合板抗剪作用的必要手段，在任何情况下，均应设置端部锚固件。

第 7.3.3 条 考虑到作为受拉钢筋的压型钢板没有混凝土保护层，以及中和轴附近材料强度发挥不充分等原因，对压型钢板和混凝土的强度设计值予以折减。冶金部建筑研究总院对组合楼板试验得出的抗弯能力试验值，与按本条公式得出的计算值作比较，建议按本条的公式计算。

第 7.3.4 条 本条所列公式，为根据试验结果得出的经验公式。冶金部建筑研究总院进行了多种国产板型的压型钢板组合板试验，采用了焊接横向钢筋的组合方式，通过正交设计试验研究，得出这种组合板的纵向抗剪能力，与其跨度 l_v、平均肋宽 b、有效高度 h 和压型钢板厚度有密切关系，所得经验公式经国内专家鉴定认可。

1972 年，美国 M.L.Porter 和 G.E.Ekbery 主要根据压痕板试验，提出纵向抗剪能力计算公式，除在美国《组合楼板设计与施工准则》中采用外，近几年已成为国际通用公式。该式为：

$$V_u=\varphi\left[\frac{d_s}{s}\left(m\frac{A_s}{l_v}+kB\sqrt{f_c}\right)+\frac{\gamma g_1 l}{2}\right]$$

式中，φ 为材料强度折减系数，取 0.8；s 为剪力筋间距，对压痕板为 1；A_s 为肋节距宽度内压型钢板截面面积，l_v 为剪跨，B 为组合板肋节距宽度；f_c 为混凝土轴心抗压强度设计值；g_1 为混凝土板单位长度自重；γ 为临时支撑影响系数；l 为简支组合板跨度；m、k 分别为试验结果线性回归线的斜率和截距。若采用带压痕的或闭合式（非开口式）的压型钢板，建议采用 Porter 公式。

第 7.3.5 和 7.3.6 条 参照欧共体《组合板设计规程》、英国标准《压型钢板楼板设计施工规程》、欧共体《钢和混凝土组合结构统一标准》和我国现行国家标准《混凝土结构设计规范》(GBJ 10) 等拟定。

第 7.3.7 条 根据现行国家标准《建筑结构设计统一标准》(GBJ 68) 和《建筑结构荷载规范》(GBJ 9) 的规定，组合板的挠度应按长期和短期荷载效应组合进行计算，取其较大者。允许挠度值可按现行国家标准《混凝土结构设计规范》(GBJ 10) 的规定。日本规定为板跨的 1/360。

第 7.3.7 条 参照日本压型钢板结构设计施工规范的规定采用。

第四节 组合梁和组合板的构造要求

第 7.4.1 条 本条参考欧共体组合结构设计规程拟定。

第 7.4.2 条 组合板试验表明，剪力筋设置在剪跨区内的效果，与全跨设置的效果相近。

第 7.4.7 条 组合板试验表明，板端锚固可阻止压型钢板与混凝土之间的滑移。栓钉锚固件应设置在简支组合板端部支座处或连续组合板各跨端部。

第 7.4.8 条 组合板中的压型钢板，当支承在砖墙或砌体上时，其支承长度不应小于 75mm。

第八章 节点设计

第一节 设计原则

第 8.1.1 条 抗震设防的高层钢结构的节点设计，主要参考日本钢结构节点设计手册、美国加州规范和欧共体抗震规范等拟定。节点连接的承载力要高于构件本身的承载力，是各国结构抗震设计遵循的共同原则。要求抗震设防但受风荷载控制的结构，在设计工程中是常见的，也应符合抗震设计的构造规定。

第 8.1.2 条 梁柱构件塑性区的长度是参照日本的规定提出的。节点设计应验算的项目，也是参考日本设计手册拟定。

第 8.1.3 条 节点连接的最大承载力要高于构件本身的全塑性受弯承载力，是考虑构件的实际屈服强度可能高于屈服强度标准值，在罕遇地震作用下构件出现塑性铰时，结构仍能保持完整，继续发挥承载作用。本条参考国外规定并结合我国目前情况，增大系数取 1.2，受剪时考虑跨中荷载的影响取 1.3。

工字形截面绕强轴弯曲的塑性设计公式，系引自现行国家标准《钢结构设计规范》(GBJ 17) 第九章。工字形截面绕弱轴弯曲的塑性设计公式，系参考日本《钢结构塑性设计指南》提出。

第 8.1.4 条 详见第 6.1.4 条的条文说明。

第 8.1.5 条 层状撕裂主要出现在 T 形接头、十字形接头和角部接头中，这些地方的约束程度使得母材在厚度方向引起应变，由于延性有限而无法调整，应采用合理的连接构造。

第 8.1.7 条 柱的工地接头位置，要便于工人现场操作。柱带悬臂梁段的悬伸长度，除考虑受力条件外，尚应考虑运输尺寸限制和便于装车运输。

第二节 连 接

第 8.2.1 条 焊接的传力最充分，不会滑移，良好的焊接构造和焊接质量可提供足够的延性，但要求对焊缝进行探伤检查，此外，焊接有残余应力。高强度螺栓施工较方便，但连接或拼接全部采用高强度螺栓，会使接头尺寸过大，板材消耗较多，且螺栓价格也较贵，此外，螺栓连接不能避免在大震时滑移。在高层钢结构的工程实践中，柱的拼接总是用全焊接，而抗震支撑的连接或拼接，为了施工方便，大多用高强度螺栓连接。

栓焊混合连接应用比较普遍，即翼缘用焊接，腹板用螺栓连接。先用螺栓安装定位然后对翼缘施焊，具有施工上的优点。试验表明，其滞回曲线与完全焊接时的相近。翼缘焊接对螺栓预拉力有一定影响，试验表明，可使螺栓预拉力平均降低约10%，因此腹板连接用的高强度螺栓，其实际应力宜留有裕度。

第 8.2.3 条 板边开坡口，对于保证焊缝全截面焊透十分重要，必需符合焊接工艺的要求，随着坡口角度的减小，焊根开口宽度要增大。也可采用大坡口和小焊根开口，但焊根开口宽度较小，根部熔化很困难，必需采用细焊条，焊接进度也要放慢。若根部开口过宽，要多用焊条，且将增加焊缝收缩量。

为了焊透和焊满，应设置焊接衬板和引弧板。

焊缝的坡口形式和尺寸，除国标规定者外，也可采用其他适用的行之有效的做法。在建筑钢结构中，通常用 V 形坡口，较少采用 U 形坡口。

第 8.2.4 条 焊缝金属与母材相适应，是根据抗拉强度考虑的。焊缝的屈服点通常要比母材高出不少，在满足承载力要求的前提下，应采用屈服强度较低的焊条，使焊缝具有较好的延性。两种不同强度的材料焊接时，应按强度较低的材料选用焊条。

第 8.2.5 条 摩擦型高强度螺栓连接，依靠被连接构件间摩擦阻力传力，节点连接的变形小。高层钢结构要承受风荷载和地震的反复作用，当采用螺栓连接时，应选用摩擦型高强度螺栓，可避免在使用荷载下产生滑移。

第 8.2.6 条 高强度螺栓连接的最大抗剪承载力，是考虑在罕遇地震下连接间的摩擦力被克服，此时连接的抗剪承载力取决于螺栓的抗剪能力。式 (8.2.6) 是参考日本规定采用的。根据日本文献的说明，考虑到螺栓连接中部分螺栓的破坏出现在螺栓杆而不是螺纹处，使螺栓连接的最大抗剪承载力在整体上有所提高，故式中用 0.75 代替通常的 0.58。

第三节 梁与柱的连接

第 8.3.1 条 梁与柱的刚性连接，分为柱贯通式和巨形框架和梁贯通式两种。在工程实例中，采用梁贯通式的较少，见于箱型梁与柱的连接中。

在框架结构中，要求柱在框架平面内有较大的惯性矩，而在截面面积相同的情况下工字形柱绕弱轴的惯性矩比箱形截面的惯性矩小；因此在互相垂直的方向都组成框架的柱，宜采用箱形截面。十字形截面柱虽然在两个方向都具有较大惯性矩，但仅适用于钢骨混凝土柱。

第 8.3.2 条 本条指出，梁与柱刚接的节点必需验算的项目，抗震设防的结构尚应验算节点域的稳定及其大震下的屈服程度，详见第 8.3.9 条。抗震设防的结构中，柱的水平加劲肋厚度一般要求与对应的梁翼缘等厚，故不必计算。

第 8.3.3 条 常用的梁与柱刚性连接的形式有：(1) 全部焊接；(2) 栓焊混合连接；(3) 全部用高强度螺栓连接（大多通过 T 形连接件连接）。全部焊接适用于工厂连接，不适用于工地连接。全部螺栓连接费用太高。我国大多采用栓焊混合的现场连接形式。

第 8.3.4 条 梁与工字形柱弱轴连接时，梁翼缘与柱横向加劲肋要用全熔透焊缝焊接，以免在地震作用下框架往复变形而破坏。根据美国的研究，此时连接板（即柱横向加劲肋）宜伸出柱外约 100mm，以免该板在与柱翼缘的连处因板件宽度突变而破裂。

第 8.3.5 条 梁翼缘与柱焊接的坡口、焊根开口宽度、扇形切角的加工以及引弧板的设置，对于保证焊接的质量和连接的抗震性能，都是非常重要的。改变扇形切角端部与梁翼缘连接处的圆弧半径，是参照了日本在坂神地震后发表的《铁骨工事技术指针》(1996) 提出的。该端与梁端翼缘焊缝间应保持 10mm 以上，梁下翼缘板反面与柱翼缘相接处，易引发裂缝，宜适当焊接。考虑仰焊困难，可仅在下翼缘焊接，用焊脚为 6mm 左右的角焊缝，长度不小于梁翼缘宽度之半。

第 8.3.6 条 抗震设防结构中，梁与柱连接处加劲肋与梁翼缘等厚，是参考日本的设计经验采用的。日本甚至规定加劲肋的厚度应比梁翼缘的厚度大一级，因该加劲肋十分重要，厚度加大一级是考虑钢板有负公差，并认为即使保守一点，因材料用量有限，是值得的。考虑到柱腹板实际上要走是一部分力，故本条规定与梁翼缘等厚。在非抗震设防的结构中，对该加劲肋厚度也根据设计经验作了限制性规定。

第 8.3.7 条 水平加劲肋（隔板）与柱翼缘（箱形柱壁板）的连接焊缝，当框架受水平地震往复作用时，要经受角变形，故应作成全熔透焊缝。

熔化咀电渣焊要求在箱型柱截面的对称位置同时施焊，以防止构件变形。

第 8.3.8 条 柱腹板加劲肋的位置应与梁翼缘齐平。当柱两侧的主梁不等高时，应按本条规定处理。条文中未规定当两端梁高不等时采用斜向加劲肋，因在高层钢结构中较少采用。

第 8.3.9 条 工字形柱与梁连接的节点域，除应满足第 6.3.6 规定外，尚应按本条规定验算其剪切强度，对于抗震设防的结构，尚应验算其在大震时的屈服程度。

节点域在周边弯矩和剪力的作用下，其剪应力为

$$\tau = \frac{M_{b1} + M_{b2}}{h_b h_c t_p} - \frac{V_{c1} + V_{c2}}{2h_c t_p}$$

或

$$\tau = \frac{M_{c1} + M_{c2}}{h_b h_c t_p} - \frac{V_{b1} + V_{b2}}{2h_b t_p}$$

式中 M_{c1} 和 M_{c2} 分别为与节点域相连的上下柱传来的弯矩，V_{c1} 和 V_{c2} 分别为上下柱传来的剪力 V_{c1} 和 V_{c2} 分别为左右梁传来的剪力，其余符号的意义参见规程条文。在本规程取第一式，工程设计中为了简化计算通常略去式中的第二项，计算表明，这样使所得剪应力偏高 20%～30%。试验表明，节点域的实际抗剪屈服强度因边缘构件的存在而有较大提高，本条参照日本规定。

式 (8.3.9-1) 未考虑柱轴力对节点域强度的影响，是考虑到系数 4/3 留有较大的余地，日本在工程设计中也不考虑柱轴力对板域强度的影响，这是日本专家解释的。

在抗震设防的结构中，若节点域厚度太大，将使其不能吸收地震能量，若太小，又使框架的水平位移太大。根据日本的研究，使节点域的屈服承载力为框架梁构件屈服承载力的 0.7～1.0 倍是适合的，计算公式宜取 0.7。式 (8.3.9-2) 验算在梁达到全塑性弯矩的 0.7 倍（此时节点域即将达到塑性）时，节点域的剪应力是否超过钢材抗剪强度设计值。该式系参考日本鹿岛出版社 1988 年出版《建筑构造计算实例集》(2) 提出。为了避免由此引起节点域过厚导致多用钢材，对于我国广大的 7 度设防地区，本条规定取 0.6。

若按式 (8.3.9-2) 得出的节点域厚度大于柱腹板的厚度，根据日本的经验，宜采用对节点域局部加厚的办法，即将该部分柱腹板在制作时用较厚钢板，与邻接的柱腹板进行工厂拼接，以便于焊垂直方向的构件连接板，而不宜加焊贴板。若为 H 型钢柱，只能焊贴板补强。

第 8.3.10 条 箱型柱 V_p 的计算式中，受力不均匀系数 0.9（双腹板为 1.8）是根据哈尔滨建筑大学在高层钢结构课题试验中得出的，所得不均匀系数在 0.85 至 0.99 之间，其平均值大于 0.9，日本在有关规定中取 8/9，现行国家标准《钢结构设计规范》（GBJ 17）规定用 0.8。

第 8.3.11 条 偏心弯矩是支承点反力对螺栓连接产生的。

第四节 柱与柱的连接

第 8.4.1 条 当高层钢结构底部有钢骨混凝土结构层时，工字形截面钢柱延伸至钢骨混凝土中仍为工字形截面，而箱型柱延伸至钢骨混凝土中，应改用十字形截面，以便与混凝土结成整体。

第 8.4.2 条 箱型柱的组装焊缝通常采用 V 形坡口部分熔透焊缝，其有效熔深不宜小于板厚的 1/3，对抗震设防的结构不宜小于板厚的 1/2。作为实例，深圳发展中心大厦（未考虑抗震）取 $t/3$，上海希尔顿酒店取 $t/4+3mm$，北京京城大厦（按 8 度抗震设防）取 $t/2$，t 为柱的板厚。

柱在主梁上下各 600mm 范围内，应采用全熔透焊缝，是考虑该范围柱段在大震时将进入塑性区。600mm 是日本在工程设计中通常采用的数值，当柱截面较小时也有采用 500mm 的。

第 8.4.3 条 箱型柱的耳板宜仅设置在一个方向，对工地施焊比较方便。

第 8.4.4 条 美国 AISC 规范规定，当柱支承在承压板上或在拼接处端部铣平承压时，应有足够螺栓或焊缝使所有部件均可靠就位，接头应能承受由规定的侧向力和 75% 的计算恒荷载所产生的任何拉力。日本规范规定，在不产生拉力的情况下，端部紧密接触可传递 25% 的压力和 25% 的弯矩。我国现行国家标准《钢结构设计规范》（GBJ 17）规定，轴心受压柱或压弯柱的端部为铣平端时，柱身的最大压力由铣平端传递，其连接焊缝、铆钉及螺栓应按最大压力的 15% 计算。考虑到高层建筑的重要性，本条文规定，上下柱接触面可直接传递压力和弯矩各 25%。

非抗震设防的结构中，在不产生拉力的情况下，考虑端面直接传力可简化连接，但在高层钢结构中尚未见到应用的实例。

第 8.4.5 条 当按内力设计柱的拼接时，可按本条规定设计。但在抗震设防的结构中，应按第 8.1.3 条的规定设计。

第 8.4.6 条 图 8.4.6 所示箱形柱的工地接头，是日本在高层建筑钢结构中采用的典型构造方式，在我国已建成的高层钢结构中已被广泛采用。下柱横隔板应与柱壁板焊接一定深度，使周边铣平后不致将焊根露出。

第 8.4.7 条 当柱需要改变截面时，宜将变截面段设于主梁接头部位，使柱在层间保持等截面。变截面段的坡度不宜过大，例如，不宜超过 1:4，上海锦江分馆采用 1:6，取决于工程的具体情况。柱变截面处，宜在柱上带悬臂段，把不规则的连接留到工厂去做，以保证施工质量。为避免焊缝重叠，柱变截面上下接头的标高，应距离开梁翼缘连接焊缝至少 150mm。

第 8.4.8 条 伸入长度参考日本规定采用。十字形截面柱的接头，在抗震结构中应采用焊接。十字形柱与箱形柱连接处的过渡段，位于主梁之下，紧靠主梁。伸入箱形柱内的十字形柱腹板，通过专用的长臂工艺装备焊接。

第 8.4.9 条 在钢结构向钢骨混凝土结构过渡的楼层，为了保证传力平稳和提高结构的整体性，栓钉是不可缺少的。但由于受力情况较复杂，试验表明，对栓钉设置还提不出明确要求，一般认为，混凝土部分内力应由栓钉传递，且箱形柱变为十字形柱后钢柱截面减小引起的内力差，也应由栓钉传递。高层钢结构常用栓钉直径为 19mm。在组合梁中栓钉间距沿轴线方向不得小于 5d，列距不得小于 4d，边距不得小于 35mm，此规定可参考。

第五节 梁与梁的连接

第 8.5.1 条 在本条所述的连接形式中，第一种应用最多。

第 8.5.2 条 按本条规定设计时，应结合第 8.1.3 条及其条文说明综合考虑。

第 8.5.3 条 次梁与主梁的连接，一般为次梁简支于主梁，次梁腹板通过高强度螺栓与主梁连接。次梁与主梁的刚性连接用于梁的跨度较大、要求减小梁的挠度时。图 8.5.3 为次梁与主梁刚性连接的构造举例。

第 8.5.5 条 本条提出的梁腹板开洞时孔口及其位置的尺寸规定，主要参考美国钢结构标准节点构造大样。

用套管补强有孔梁的承载力时，可根据以下三点考虑：(1) 可分别验算受弯和受剪时的承载力；(2) 弯矩仅由翼缘承受；(3) 剪力由套管和梁腹板共同分担，即

$$V = V_s + V_w$$

式中 V_s——套管的抗剪承载力，

V_w——梁腹板的抗剪承载力。

补强管的长度一般等于梁翼缘宽度或稍短，管壁厚度宜比梁腹板厚度大一级。角焊缝的焊脚长度可取 $0.7t_w$，t_w 为梁腹板厚度。

第六节 钢柱脚

第 8.6.1 条 高层钢框架柱与基础的连接，一般采用刚性柱脚，轴心受压柱可设计成铰接柱脚。条文中没有对铰接柱脚作专门规定，设计时应使其底板有足够尺寸，防止基础混凝土在压力下早期破坏；应采用屈服强度较低的材料作锚栓，以保证柱脚转动时锚栓的变形能力。在高层建筑钢结构设置地下室以及在地下室中设置钢骨混凝土结构层的情况下，柱脚承受的地震力较小，且不易准确确定，故本条规定此时可按弹性阶段设计规定进行设计。

第 8.6.2 条 埋入式柱脚埋深是参考日本有关规定提出的。

第 8.6.3 条 埋入式柱脚的构造比较合理，易于安装就位，柱脚的嵌固性容易保证，当柱脚的埋入深度超过一定数值后，柱的全塑性弯矩可以传递给基础。根据日本的研究，在埋入式柱脚中，力的传递主要通过混凝土对钢柱翼缘的承压力所产生的抵抗矩承受的，栓钉传力机制在这种柱脚中作用不明显，但为了保证柱脚的整体性，仍应设置栓钉。

式（8.6.3）系参考日本秋山宏著《铁骨柱脚の耐震设计》（东京：技报堂，1985）一书拟定的，为日本目前采用的计算公式。该式的推导如下：

根据力的平衡条件（图 8.6.3-2），可得以下二式

$$b_f x \sigma(d-x) - V(h_0 + d/2) = 0$$
$$b_f (d-x)\sigma - b_f x \sigma - V = 0$$

消去 x，即可得式（8.6.3）。

第 8.6.4 条 V_1 为柱下端的剪力，计算时不考虑钢柱与混凝土间的粘结力和底板的抗弯能力，计算简图如图 8.6.4-3 所示。以上部反力合力 V_2 处为支点，其距基础梁顶面的距离为 d_c，下部反力合力为 V_1，根据 $V_2 > V_1$ 的条件，取 V_1 距钢柱底部距离为 $d/4$，是偏于安全的，它大于柱脚的设计剪力 V。根据日本的研究，此处混凝土的抗剪强度设计值宜取混凝土的抗拉强度设计值。保护层厚度也参考了日本规定。

第 8.6.5 条 M_0 为作用于钢柱埋入处顶部的弯矩，V 为作用于钢柱埋入处顶部的水平剪力，M 为作用于钢柱脚底部的弯矩。本条参考李和华主编《钢结构连接节点设计手册》（北京：中国建筑工业出版社，1992）拟定。

第 8.6.6 条 外包式柱脚的轴力，通过钢柱底板传至基础，剪力和弯矩主要由外包混凝土承担，通过箍筋传给外包混凝土及其中的主筋，再传至基础。与埋入式柱脚不同，在外包式柱脚中，栓

钉起重要的传力作用。

本条及上条的设计规定，主要参考日本秋山宏著《铁骨柱脚の耐震设计》，一书提出。

第8.6.7条 采用外露式柱脚时，柱脚刚性难以完全保证，若内力分析时视为刚接柱脚，应考虑反弯点下移引起的柱顶弯矩增大。当柱脚底板尺寸较大时，应采用靴梁式柱脚。

第七条 支撑连接

第8.7.1条 高强度螺栓连接应计算每个螺栓的最大受剪承载力、支撑板件或节点板的挤压抗力、节点板的净截面最大抗拉承载力和节点板与构件连接焊缝的最大承载力，其方法在任何钢结构教程中都有规定，此处不拟赘述。计算螺栓连接的最大承载力时，螺栓的抗剪承载力应按本章节8.2.6条的规定采用。

为了安装方便，有时将支撑两端在工厂与框架构件焊在一起，支撑中部设工地拼接，此时拼接仍应按式（8.1.3-3）计算。

第8.7.2条 采用支托式连接时的支撑平面外计算长度，是参考日本的试验研究结果和有关设计规定提出的。工形截面支撑腹板位于框架平面内时的计算长度，是根据主梁上翼缘有混凝土楼板、下翼缘有隅撑以及楼层高度等情况提出来的。

第8.7.3条 根据偏心支撑框架的设计要求，与耗能梁段相连的支撑端和长梁段的抗弯承载力之和，应超过耗能梁段端的最大弯矩。试验也表明，支撑端的弯矩较大，支撑与梁段的连接应考虑这一因素。支撑直接焊在梁段上的节点连接特别有效。

一般说来，支撑轴线与梁轴线的交点应在耗能梁段的端点，但支点位于梁端内，可使支撑连接的设计更灵活。

第8.7.4条 试验表明，耗能梁段在端头设置加劲肋是必要的。净长小于 $2.6M_p/V_p$ 的耗能梁段，非弹性变形很大，为了防止翼缘屈曲，在距端部 b_f 处应设置腹板加劲肋。

对于剪切型梁段，腹板屈曲降低了梁的非弹性往复抗剪能力，腹板上设置加劲肋，可以防止腹板过早屈曲，使腹板充分发挥抗剪能力，同时减少由于腹板反复屈曲变形而产生的刚度退化。

第8.7.5条 试验表明，腹板的加劲肋只需与梁的腹板及下翼缘焊接。为了保证耗能梁段能充分发挥非弹性变形能力，还是要求三面焊接。

耗能梁段净长小于 $1.6M_p/V_p$ 时为剪切型，大于 $2.6M_p/V_p$ 时为弯曲型，前者要求的加劲肋间距较小。当小于 $2.2M_p/V_p$ 或虽大于此值但剪力较大时，其加劲肋间距比弯曲型时为小，除两端设置加劲肋外，还要求设置中间加劲肋。

第8.7.6条 耗能梁段两端的上下翼缘应设置水平侧向支撑，以保证梁段和支撑斜杆的稳定。楼板不能看作侧向支撑。梁段两端在平面内有较大竖向位移，侧向支撑应尽量不影响梁端的竖向位移。因此应当将侧向支撑设在梁端头的一侧。侧向支撑中的轴力可能大于条文规定的值，可以设计得保守一些。

美国加州建议，侧向支撑的轴力为耗能梁段达 V_p 或 M_{pc} 时，支撑点翼缘中力的较小者的1%。本条文按现行国家标准《钢结构设计规范》（GBJ 10）第五章的规定采用，偏于安全。

第九章 幕墙与钢框架的连接

第一节 一般要求

第9.1.1条 高层钢结构设计中，非承重幕墙虽不是承重构件，但它与钢框架的连接有其特殊要求，若连接遭到破坏，导致幕墙构件脱落，将会造成重大经济损失和人员伤亡，因此应予以应有的重视。

非承重幕墙一般有金属幕墙、玻璃幕墙和预制钢筋混凝土幕墙（即挂板）三类，我国现有高层钢结构多数采用玻璃幕墙，较少采用铝合金幕墙和预制钢筋混凝土幕墙。铝合金幕墙造价较高，预制钢筋混凝土幕墙重量大，刚度大，在设计、制作、安装等方面都较前两者复杂，对混凝土幕墙的节点连接，必须采取周密的构造措施，避免产生钢框架与幕墙之间设计未考虑的相互不利影响。

其他非结构构件主要是内隔墙。目前，内隔墙较多采用轻钢龙骨石膏板，这种内隔墙一般有较好的适应变形的能力，不需特殊处理。其他整体刚度较大的内隔墙，可按本章所定原则采取相应的构造措施。

第9.1.2条 有关幕墙本身的设计，在国家现行标准《玻璃幕墙工程技术规范》（JGJ 102—96）中，对玻璃幕墙的设计已有规定，混凝土幕墙可按类似原则根据现行国家标准《混凝土结构设计规范》（GBJ 10）进行设计。

第9.1.3条 在地震作用或风荷载下，幕墙构件不互相碰撞，不脱落，是对幕墙的基本要求之一。幕墙允许的最大变形角为1/150，介于多遇地震和罕遇地震下层间位移变形角容许值之间，也就是说，可以保证在多遇地震时不碰撞、不脱落，但不能保证在罕遇地震时不破坏或脱落，日本也是这样规定的。

第9.1.4条 本条规定与节点连接无直接关系，但分离缝合适与否，直接关系到幕墙是否会在层间位移不超过层高位移限值时互相碰撞，因为节点连接有可能因附加的碰撞力而破坏。

分离缝之间应填塞压缩性好的弹性填充材料和密封材料，如海棉橡胶、硅酮膏等，以便在可能出现碰撞时起缓冲作用，并满足建筑功能上的密封要求。

分离缝的宽度是根据京城大厦和其他一些建筑的设计规定提出的。玻璃幕墙由于玻璃间隙能吸收一定的层间变位量，因而玻璃幕墙之间的纵横向分离缝允许小于本条规定值。

第二节 连接节点的设计和构造

第9.2.1条 幕墙构件与钢框架的连接节点，应具备承重、固定和可动三种功能。三种功能可分别设置三种节点，必要时也可由一个节点同时具备固定和承重两种功能。典型构造举例见表9.2.1。

承重点主要承受幕墙的竖向荷载，并具有调整标高的功能。固定节点的作用是将幕墙固定在主体结构上，主要承受侧向荷载和平面外荷载，节点受力复杂。可动节点是能适应较大层间变位的主体结构与幕墙构件连接的一种特殊节点，当主体结构产生层间位移时，可动节点能吸收设计允许的层间随动变位。

综上所述，在水平荷载下，幕墙构件与钢框架连接的可靠性，将由节点连接强度和随动变位功能双重控制。

连接方式举例　　　　表9.2.1

构成	名称	实际随动性	固定度	连接方式	原理图
板式	滑动式（与梁底部连接）	水平移动	上部长圆孔下部铰接	螺栓连接	
板式	转动式	旋转	上部长圆孔下部长圆孔	螺栓连接暗销	

注：△—支座；○—铰接；→—长圆孔连接；↑—允许向上位移的支座

第9.2.2条 由于幕墙构件仅通过节点的紧固件和连接件与钢框架连接，因此应采用延性好的钢材作紧固件和连接件，以避免出现突然的脆性破坏。

第9.2.3条 本条所列为幕墙的常遇荷载,若工程中还需考虑特殊荷载,宜按实际情况采用。

第9.2.4条 本条所列幕墙构件风荷载,与现行行业标准《玻璃幕墙工程技术规范》(JGJ 102)所采用的一致。

第9.2.5条 本条与第四章第三节相比,补充了平面外水平地震作用。这是根据幕墙节点受力特点补充的。

第9.2.6条 本条是考虑幕墙热胀相碰引起的附加作用力,若使 $\alpha\Delta T = (2c-d)/l$,就可消除温度应力的影响。从连接点看,还要考虑由于幕墙和钢结构的材料热胀系数不同引起的内力。

第9.2.7条 本条规定取自本规程第5.4.1条,温度效应取值参考了国外资料。不考虑平面内和平面外地震作用同时出现,是参考国外的设计规定提出的。

第9.2.8条 连接节点设计,应符合现行国家标准《钢结构设计规范》(GBJ 17)的规定。本条规定了紧固件的设计内力要乘以不小于2.5的增大系数,是参考美国UBC关于连接墙板与主体结构的紧固件应有不小安全系数等于4的规定,结合我国的设计规定提出的。

第9.2.9条 与现行国家标准《钢结构设计规范》(GBJ 17)的规定一致。

第9.2.10条 螺栓、角钢的最小构造尺寸,系综合国内外若干高层钢结构工程中幕墙与连接件的构造,并参考国外资料提出的。

第9.2.11~9.2.15条 这五条都是可动节点的构造措施。可动节点示意图见规图9.2.11,其位置举例可参见表9.2.1。由于我国高层钢结构是80年代才开始发展,关于可动节点的构造措施,积累的经验和资料不多,本规程列出的构造措施,是在汇集我们已有经验的基础上,参考了国外经验(主要是日本的资料)提出的。这些构造措施的目的是:(1)使可动节点在设计相对变位值范围内具有良好的位移性能。为了减少相对运动时的摩擦力,在可动节点部位设置了滑移垫片。垫片一般以1mm厚薄片,可采用聚四氟乙烯、氟化树脂、不锈钢等材料。为适应水平滑移或转动需要,在连接铁件上开设长圆孔,其长向孔径可按第9.2.12和9.2.13的要求确定。(2)是为了便于安装和控制安装正确度。在连接铁件上开设大孔径的连接孔,在长圆孔的长向孔径中考虑了施工误差,都为便于安装创造条件,又可能吸收一定的施工误差。但安装时,预埋螺栓必须尽量位于长孔径的中心位置,施工的尺寸误差必须小于允许误差,否则将影响可动节点的变位性能,严重的甚至可能在层间变位小于层高的1/150时,连接点破坏,使幕墙脱落。

第三节 施工要点

第9.3.1条 本规程强调了从幕墙构件制作到安装的过程中,对节点预埋件的要求。这些要求尤其需要向各道工序的直接操作人员交底,并请质检部门严格把关。强调这些要求是实践经验的总结,因为幕墙构件全靠螺栓连接固定,若某道工序违反操作规程,因敲打碰撞螺栓使其受到损伤,就会留下隐患,轻则降低节点连接的安全度,甚至可能导致严重后果。万一实际工程中由于各道工序误差积累,造成较大偏差而又难以纠正,也只能由设计人员提出补救措施,而决不容许采取损伤预埋件的错误行为。

第9.3.2条 对可动节点长圆孔内的螺栓提出紧固时的控制扭矩要求,是为了使节点具有设计规定的相对变位功能。据国外资料,对预制钢筋混凝土构件,其扭矩以控制在3000~5000N·cm范围内为宜。对玻璃幕墙,可按有关规定采用。习惯的拧紧度远远超过这个要求,过大的紧固力将使滑移垫片受到过大的挤压力,从而增大了摩擦力。试验表明,这会降低幕墙的随动功能,并且容易损坏滑移垫片。不容许活动孔内螺栓焊接固定,是考虑到滑移垫片在高温下有可能遭到破坏,不便于更换已损伤的滑移垫片。

第9.3.3条 可动节点内不要使用不合格的滑移垫片,是为了保证其随动变位性能。要求连接铁件和紧固件的材料规格和精度,符合设计要求和有关规定,是保证连接功能的基本条件之一,不容忽视。

第9.3.4条 安装尺寸允许偏差根据国外规定(主要是日本规定)提出。从我国实际看,只要每道工序严格把关,也是可以做到的。

第9.3.5条 节点的连接铁件和紧固件,都必需事先作表面防锈处理,安装后要求再次作表面防锈处理,是考虑到安装过程中防锈层可能因焊接等原因被局部破坏。节点的防火也应予以应有重视,但需注意不要因此降低了可动节点的随动功能。

第9.3.6条 幕墙施工中的安全要求,应遵照有关标准的规定,其细则在本章中不可能一一列举。

第十章 制 作

第一节 一般要求

第10.1.1条 高层钢结构的施工详图,应由承担制作的钢结构制作厂负责绘制。编制施工详图时,设计人员应详细了解并熟悉最新的工程规范,以及工厂制作和工地安装的专业技术。

监理工程师是指合同文件明确规定可以代表业主的人。由于高层建筑钢结构施工详图的数量很大,为保证工期,制作单位的图纸应分别提交审批。施工详图已经审批认可后,由于材料代用、工艺或其他原因,通常总是需要进行修改的。修改时应向原设计单位申报,并签署文件后才能生效,作为施工的依据。

第10.1.2条 高层钢结构的制作是一项很严密的流水作业过程,应当根据工程特点编制制作工艺。制作工艺应包括:施工中所依据的标准,制作厂的质量保证体系,成品的质重量保证体系和为保证成品达到规定的要求而制定的措施,生产场地的布置,采用的加工、焊接设备和工艺装备,焊工和检查人员的资质证明,各类检查项目表格,生产进度计算表。一部完整的考虑周密的制作工艺是保证质量的先决条件,是制作前期工作的重要环节。

第10.1.3条 在制作构造复杂的构件时,应根据构件的组成情况和受力情况确定其加工、组装、焊接等的方法,保证制作质量,必要时应进行工艺性试验。

第10.1.4条 本条规定了对钢尺和其他主要测量工具的检测要求,测量部门的校定是保证质量和精度的关键。校定得出的钢卷尺各段尺寸的偏差表,在使用中应随时依照调整。由于高层钢结构工程施工周期较长,随着气温的变化,会使量具产生误差,特别是在大量工程测量中会更为明显,各个部门要按气温情况来计算温度修正值,以保证尺寸精度。

第10.1.5条 对节点构造复杂的钢结构,出厂前应在制作厂进行预拼装,并应有详细记录作为调整的依据。对受到运输条件限制而需要在工厂分段制作的大型构件,也应根据情况进行预拼装。

第二节 材 料

第10.2.1条 本条对采用的钢材必须具有质量证明书并符合各项要求,做出了明确规定,对质量有疑义的钢材应抽样检查。这里的"疑义"是指对有质量证明书的材料有怀疑,而不包括无质量证明书的材料。

对国内材料,考虑其实际情况,对材质证明中有个别指标缺项者,可允许补作试验。

第10.2.2条 本条款提到的各种焊接材料、螺栓、防腐涂料,为国家标准规定的产品或设计文件规定使用的产品,故均应符合国家标准之规定和设计要求,并应有质量证明书。

选用的焊接材料,应与构件所用钢材的强度相匹配,必要时应通过试验确定。下面给出的选用表仅作参考,选用时应根据焊接工艺的具体情况做出适当的修正。厚板的焊接,特别是当低合金结构钢的板厚大于25mm时,应采用碱性低氢焊条,若采用酸性焊条,会使焊缝金属大量吸收氢,甚至引起焊缝开裂。

焊条选用表   表C10.2.2-1

钢号	焊条型号		备 注
	国标	牌号	
Q235	E4303	J422	厚板结构的焊条宜选用低氢型焊条
	E4316	J426	
	E4315	J427	
	E4301	J423	
Q345	E5016	J506	主要承重构件、厚板结构及应力较大的低合金结构钢的焊接,应选用低氢型焊条,以防氢脆
	E5016	J507	
	E5003	J502	
	E5001	J503	

自动焊、半自动焊的焊丝和焊剂选用表   表C10.2.2-2

钢号	埋弧焊丝+焊剂牌号	CO_2焊丝
Q235	H08A+HJ431	H08Mn2Si
	H08A+HJ430	
	H08MnA+HJ230	
Q345	H08MnA+HJ431	H08Mn2SiA
	H08MnA+HJ430	
	H10Mn2+HJ230	

本条款对焊接材料的贮存和管理做了必要的规定,编写时参考了国家现行标准《焊接质量管理规程》(JB 3228)、焊接材料产品样本等资料。由于各种资料提法不一,本规程仅对两项指标进行了一般性的规定。焊接材料保管的好坏对焊缝质量影响很大,因此在条件许可时,应从严控制各项指标。

螺栓的质量优劣对连接部位的质量和安全以及构件寿命的长短都有影响,所以应严格按规定存放、管理和使用。扭矩系数是高强度螺栓的重要指标,若螺栓破伤、混批,扭矩系数就无法保证,因此有以上问题的高强度螺栓应禁用。

在腐蚀损失中,钢结构的腐蚀损失占有重要份额,因此对高层建筑钢结构采用的防腐涂料的质量,应给予足够重视。对防腐涂料应加强管理,禁止使用失效涂料,以保证涂装质量。

第三节 放样、号料和切割

第10.3.1条 为保证高层建筑钢结构的制作质量,凡几何形状不规则的节点,均应按1:1放足大样,核对安装尺寸和焊缝长度,并根据需要制作样板或样杆。

焊接收缩量可根据分析计算或参考经验数据确定,必要时应作工艺试验。

第10.3.2条 高层建筑钢框架柱的弹性压缩量,应根据经常作用的荷载引起的柱轴力确定。压缩量与分担的荷载面积有关,周边柱压缩量较小,中间柱压缩量较大,因此,各柱的压缩量是不等的。根据日本《超高层建筑》构造篇的介绍,弹性压缩需要的长度增量在相邻柱间相差不超过5mm时,对梁的连接在容许范围之内,可以采用相同的增量。这样,可以按此原则将柱子分为若干组,从而减少增量值的种类。在钢结构和混凝土混合结构高层建筑中,混凝土剪力墙的压应力较低,而柱的压应力很高,二者的压缩量相差颇大,应予以特别重视。

第10.3.3条 关于号料和切割的要求,要注意下列事项:

一、弯曲件的取料方向,一般应使弯折线与钢材轧制方向垂直,以防止出现裂纹;

二、号料工作应考虑切割的方法和条件,要便于切割下料工序的进行;

三、高层建筑钢结构制作中,宽翼缘型钢等材料采用锯切下料时,切割面一般不需再加工,从而可大大提高生产效率,宜普遍推广使用,但有端部铣平要求的构件,应按要求另行铣端。由于高层钢结构构件的尺寸精度要求较高,下料时除锯切外,还应尽量使用自动切割、半自动切割、切板机等,以保证尺寸精度。

第四节 矫正和边缘加工

第10.4.1条 对矫正的要求可说明如下:

一、本条规定了矫正的一般方法,强调要根据钢材的特性、工艺的可能性以及成形后的外观质量等因素,确定矫正方法;

二、普通碳素钢和低合金结构钢允许加热矫正的工艺要求,在现行国家标准《钢结构工程施工及验收规范》(GB 50205)中已有具体规定,故本条只提出原则要求;

第10.4.2条 对边缘加工的要求,可说明如下:

一、精密切割与普通火焰切割的切割机具和切割工艺过程基本相同,但精密切割采用精密割咀和丙烷气,切割后断面的平整和尺寸精度均高于普通火焰切割,可完成焊接坡口加工等,以代替刨床加工,对提高切割质量和经济效益有很大益处。本条规定的目的,是提高制作质量和促进我国钢结构制作工艺的进步;

二、高层钢结构的焊接坡口形式较多,精度要求较高,采用手工方法加工难以保证质量,应尽量使用机械加工;

三、使用样板控制焊接坡口尺寸及角度的方法,是方便可行的,但要时常检验,应在自检、互检和交检的控制下,确保其质量;

四、本条参考了现行国家标准《钢结构工程施工及验收规范》(GB 50205)的规定,并增加了被加工表面的缺口、清渣及坡度的要求,为了更为明确,以表格的形式表示。

在表10.4.2中,边线是指刨边或铣边加工后的边线,规定的容许偏差是根据零件尺寸或不经划线刨边和铣边的零件尺寸的容许偏差确定的,弯曲矢高的偏差不得与尺寸偏差叠加。

第五节 组 装

第10.5.1条 对组装的要求,可作如下说明:

一、构件的组装工艺要根据高层钢结构的特点来考虑。组装工艺应包括:组装次序、收缩量分配、定位点、偏差要求、工装设计等;

二、零部件的检查应在组装前进行,应检查编号、数量、几何尺寸、变形和有害缺陷等。

第10.5.2条 表10.5.2的组装允许偏差,参考日本《建筑工程钢结构施工验收规范》(JASS6),根据对我国高层钢结构施工的调查,将其中某些项目的允许偏差值做了必要的修改。

第六节 焊 接

第10.6.1条 高层建筑钢结构的焊接与一般建筑钢结构的焊接有所不同,对焊工的技术水平要求更高,特别是几种新的焊接方法的采用，使得焊工的培训工作显得更为重要。因此，在施工中焊工应按照其技术水平从事相应的焊接工作，以保证焊接质量。

停焊时间的增加和技术的老化，都将直接影响焊接质量。因此，对焊工应每三年考核一次，停焊超过半年的焊工应重新进行考核。

第10.6.2条 首次采用是指本单位在此以前未曾使用过的钢材、焊接材料、接头形式及工艺方法，都必须进行工艺评定。工艺评定应对可焊性、工艺性和力学性能等方面进行试验和鉴定，达到规定标准后方可用于正式施工。在工艺评定中应选出正确的工艺参数指导实际生产，以保证焊接质量能满足设计要求。

第10.6.3条 高层建筑钢结构对焊接质量的要求比对其他结构要高，厚板较多、新的接头形式和焊接方法的采用，都对工艺措施提出更严格的要求。因此，焊接工作必须在焊接工程师的指导下进行，并应制定工艺文件，指导施工。

施工中应严格按照工艺文件的规定执行，在有疑义时，施工人员不得擅自修改，应上报技术部门，由主管工程师根据情况进行处理。

第10.6.4条 由于生产的各个焊条厂都有各自的配方和工艺流程，控制含水率的措施也有差异，因此本规程对焊条的烘焙温度和时间未做具体规定，仅规定按产品说明书的要求进行烘培。

低氢型焊条和烘焙次数过多，药皮中的铁合金容易氧化，分解碳酸盐，易老化变质，降低焊接质量，所以本规程对反复烘焙次数进行了控制，以不超过二次为限。

本条款的制定，参考了国家现行标准《焊条质量管理规程》(JB 3228)、《建筑钢结构焊接规程》(JGJ 81) 和美国标准《钢结构焊接规范》(ANSI/AWS D1.1—88)。

第10.6.5条 为了严格控制焊剂中的含水量，焊剂在使用前必须按规定进行烘焙。焊丝表面的油污和锈蚀在高温作用下会分解出气体，易在焊缝中造成气孔和裂纹等缺陷，因此，对焊丝表面必须仔细进行清理。

第10.6.6条 本条选自原国家机械委员会颁布的《二氧化碳气体保护焊工艺规程》(JB 2286—87)，用于二氧化碳气体保护焊的保护气体，必须满足本条款之规定数值，方可达到良好的保护效果。

第10.6.7条 焊接场地的风速大时，会破坏二氧化碳气体对焊接电弧的保护作用，导致焊缝产生缺陷。因此，本规程给出了风速界限，超过此限时应设置防护装置。

第10.6.8条 装配间隙过大会影响焊接质量，降低接头强度。定位焊的施焊条件较差，出现各种缺陷的机会较多。焊接区的油污、锈蚀在高温作用下分解出气体，易造成气孔、裂纹等缺陷。据此，特对焊前进行检查和修整做出规定。

第10.6.9条 本条对一些较重要的焊缝应配置引弧板和引出板做出的具体规定。焊缝通过引板过渡升温，可以防止构件端部未焊透、未熔合等缺陷，同时也对消除熄弧处弧坑有利。为保证焊接质量稳定，要求引板的材质和坡口形式同于焊件，必要时可做试验确定。

第10.6.10条 在焊区以外的母材上打火引弧，会导致被烧伤母材表面应力集中，缺口附近的断裂韧性值降低，承受动荷载时的疲劳强度也将受到影响，特别是低合金结构钢对缺口的敏感性高于普通碳素钢，故更应避免"乱打弧"现象。

第10.6.11条 本条款的制定参考了现行国家标准《钢结构工程施工及验收规范》(GB 50205) 和部分国内高层钢结构制作的有关技术资料。钢板厚度越大，散热速度越快，焊接热影响区易形成组织硬化，生成焊接残余应力，使焊缝金属和熔合线附近产生裂纹。当板厚超过一定数值时，用预热的办法减慢冷却速度，有利于氢的逸出和降低残余应力，是防止裂纹的一项工艺措施。

本条款仅给出了环境温度为0℃以上时的预热温度，对于环境温度在0℃以下者未做具体规定，制作单位应通过试验确定适当的预热温度。

第10.6.12条 后热处理也是防止裂纹的一项措施，一般与预热措施配合使用。后热处理使焊件从焊后温度过渡到环境温度的过程延长，即降低冷却速度，有利于焊缝中氢的逸出，能较好地防止冷裂纹的产生，同时能调整焊接收缩应力，防止收缩应力裂纹。考虑到高层建筑钢结构厚板较多，防止裂纹是关键问题之一，故将后热处理列入规程条款中。因各工程的具体情况不同，各制作单位的施焊条件也不同，所以未做硬性规定，制作单位应通过工艺评定来确定工艺措施。

第10.6.13条 高层建筑钢结构的主要承力节点中，要求全熔透的焊缝较多，清根则是保证焊缝熔透的措施之一。清根方法以碳弧气刨为宜，清根工作应由培训合格的人员进行，以保证清根质量。

第10.6.14条 层状撕裂的产生是由于焊缝中存在收缩应力，当接头约束度过大时，会导致沿板厚度方向产生较大的拉力，此时若钢板中存在片状硫化夹杂物，就易产生层状撕裂。厚板在高层建筑钢结构中应用较多，特别是大于50mm超厚板的使用，潜在着层状撕裂的危险。因此，防止沿厚度方向产生层状撕裂是梁柱接头中最值得注意的问题。根据国内外一些资料的介绍和一些制作单位的经验，本条款综合给出了几个方面可采取的措施。由于裂纹的形成是错综复杂的，所以施工中应采取那些措施，需依据具体情况具体分析而定。

碳当量法是将各种元素相折当于含碳量的作用总合起来，碳是各种合金元素中对钢材淬硬、冷裂影响最明显的因素，国际焊接学会推荐的碳当量为 $C_{eq}=C+Mn/6+(Ni+Cu)/15+(Cr+Mo+V)/5$ (%)，C_{eq} 值越高，钢材的淬硬倾向越大，需较高的预热温度和严格的工艺措施。

焊接裂纹敏感系数是日本提出和应用的，它计入钢材化学成份，同时考虑板厚和焊缝含氢量对裂纹倾向的影响，由此求出防裂纹的预热温度。焊接裂纹敏感系数 $P_{cm}=C+Si/30+Mn/20+Cu/20+Ni/60+Cr/20+Mo/15+V/10+5B+$板厚$/600+H/60$ (%)，预热温度 $T℃=1440P_{cm}-392$。

第10.6.15条 消耗熔嘴电渣焊在高层建筑钢结构中的应用是一门较新的技术，由熔嘴电渣焊的施焊部位是封闭的，消除缺陷相当困难，因此要求改善焊接环境和施焊条件，当出现影响焊接质量的情况时，应停止焊接。

为保证焊接工作的正常进行，对垫板下料和加工精度应严格要求，并应严格控制装配间隙。间隙过大易使熔池铁水泄漏，造成缺陷。当间隙大于1mm时，应进行修整和补救。

焊接时应由两台电渣焊机在构件两侧同时施焊，以防焊件变形。因焊接电压随焊接过程而变化，施焊时应随时注意调整，以保持规定数值。

焊接过程中应使焊件处于赤热状态，其表面温度在800℃以上时熔合良好，当表面温度不足800℃时，应适当调整焊接工艺参数，适量增加渣池的总热能。

第10.6.16条 栓钉焊接面上的水、锈、油等有害杂质对焊接质量有影响，因此，在焊接前应将焊接面上的杂质仔细清除干净，以保证栓焊的顺利进行。从事栓钉焊的焊工应经过专门训练，栓钉焊所用电源应为专门电源，在与其他电源并用时必须有足够的容量。

第10.6.17条 栓钉焊是近些年发展起来的特种焊接方法，其检查方法不同于其他焊接方法，因此，本规程将栓钉焊的质量检验作为一项专门条款给出。本条款的编制主要参考了日本的有关标准和资料。

栓钉焊缝外观应全部检查，其焊肉形状应整齐，焊接部位应全部熔合。

需更换不合格栓钉时，在去掉旧栓钉以后，焊接新栓钉之前，应先修补母材，将母材缺损处磨修平整，然后再焊新栓钉，更换过的栓钉应重新做弯曲试验，以检验新栓钉的焊接质量。

第10.6.18条 本条款对焊缝质量的外观检查时间进行了规定，这里考虑延迟裂纹的出现需要一定的时间，而高层建筑钢结构构件采用低合金结构钢及厚板较多，存在延迟断裂的可能性更大，对构件的安全存在着潜在的危险，因此应对焊缝的检查时间进行控制。考虑到实际生产情况，将全部检查项目都放到24h后进行有一定困难，所以仅对24h后应对裂纹倾向进行复验做出了规定。

本条款在严禁的缺陷一项中，增加了熔合性飞溅的内容。当熔合性飞溅严重时，说明施焊中的焊接热能量过大，由此造成施焊区温度过高，接头韧性降低，影响接头质量，因此，对焊接中出现的熔合性飞溅要严加控制。

焊缝质量的外观检验标准大部分均由设计规定，设计无规定者极少。本规程给出的表10.6.18仅用于设计无规定时。该表的编制，参考了现行国家标准《钢结构工程施工及验收规范》（GB 50205）、日本《建筑工程钢结构施工验收规范》以及国内部分有关资料。

第10.6.19条 高层建筑钢结构节点部位中，有相当一部分是要求全熔透的，因此，本规程特将焊缝的超声波检查探伤作为一个专门条款提出。

按照现行国家标准《钢结构工程施工及验收规范》（GB 50205）的规定，焊缝检验分为三个等级，一级用于动荷载或静荷载受拉，二级用于动荷载或静荷载受压，三级用于其他角焊缝。本条款给出的超检数量，参考了该规范的规定。在《钢焊缝手工超声波检验方法和探伤结果分级》（GB 11345—89）中，按检验的完善程度分为A、B、C三个等级。A级最低，B级一般，C级最高。评定等级分为Ⅰ、Ⅱ、Ⅲ、Ⅳ四个等级，Ⅰ级最高，Ⅳ级最低。根据高层钢结构的特点和要求以及施工单位的建议，本条款比照《钢焊缝手工超声波检验方法和探伤结果分级》（GB 11345—89）的规定，给出了高层建筑钢结构受拉、受压焊缝应达到的检验等级和评定等级。

本条款给出的超声波检查数量和等级标准，仅限于设计文件无规定时使用。

第10.6.20条 为保证焊接质量，应对不合格焊缝的返修工作给予充分重视，一般应编制返修工艺。本规程仅对几种返修方法做出了一般性规定，施工单位还应根据具体情况做出返修方法的规定。

焊接裂纹是焊接工作中最危险的缺陷，也是导致结构脆性断裂的原因之一。焊缝产生裂纹的原因很多，也很复杂，一般较难分辨清楚。因此，焊工不得随意修补裂纹，必须由技术人员制定出返修措施后再进行返修。

本条款对低合金结构钢的返修次数做出了明确规定，因低合金结构钢在同一处返修的次数过多，容易损伤合金元素，在热影响区产生晶粒粗大和硬脆过热组织，并伴有较大残余应力停滞在返修区段，易发生质量事故。

第七节 制 孔

第10.7.1条 制孔分零件制孔和成品制孔，即组装前制孔和组装后制孔。

保证孔的精度可以有很多方法，目前国外广泛使用的多轴立式钻床、数控钻床等，可以达到很高精度，消除了尺寸误差，但这些设备国内还不普及，所以本规程推荐模板制孔的方法。正确使用钻模制孔，可以保证高强度螺栓组装孔和工地安装孔的精度。采用模板制孔应注意零件、构件与模板贴紧，以免铁屑进入钻套。零件、构件上的中心线与模板中心线要对齐。

第10.7.2条 本条根据现行国家标准《钢结构工程施工及验收规范》（GB 50205）的规定，针对高层钢结构的生产特点，作了相应修改。

第10.7.3条 本条与现行国家标准《钢结构工程施工及验收规范》（GB 50205）的规定相同，所以不另做说明。

第八节 摩擦面的加工

第10.8.1条 高强度螺栓结合面的加工，是为了保证连接接触面的抗滑移系数达到设计要求。结合面加工的方法和要求，应按国家现行标准《钢结构高强度螺栓连接的设计及验收规程》（JGJ 82）执行。

第10.8.2条 本条参考现行国家标准《钢结构工程施工及验收规范》（GB 50205），规定了喷砂、喷（抛）丸和砂轮打磨等方法，是为方便施工单位根据自己的条件选择。但不论选用那一种方法，凡经加工过的表面，其抗滑移系数值必须达到设计要求。

本条文去掉了酸洗加工的方法，是因为现行国家标准《钢结构设计规范》（GBJ 17）已不允许采用酸洗加工，而且酸洗在建筑结构上很难做到，即使小型构件能用酸洗，残存的酸液往往会继续腐蚀连接面。

第10.8.3条 经过处理的抗滑移面，如有油污或涂有油漆等物，将会降低抗滑移系数值，故对加工好的连接面必须加以保护。

第10.8.4条 本条规定了制作厂进行抗滑移系数实验的时间和试验报告的主要内容。一般说来，制作厂宜在钢结构制作前进行抗滑移系数试验，并将其纳入工艺，指导生产。

第10.8.5条 本条规定了高强度螺栓抗滑移系数试件的制作依据和标准。考虑到我国目前高层建筑钢结构施工有采用国外标准的工程，所以本文中也允许按设计文件规定的制作标准制作试件。

第九节 端部加工

第10.9.1条 有些构件端部要求磨平顶紧以传递荷载，这时端部要精加工。为保证加工质量，本条规定构件要在矫正合格后才能进行端部加工。表10.9.1是根据现行国家标准《钢结构工程施工及验收规范》（GB 50205）的规定制定的。

第十节 防锈、涂层、编号和发运

第10.10.1、10.10.2条 参照现行国家标准《钢结构工程施工及验收规范》（GB 50205）的规定制定。

第10.10.3条 本条指出了防锈涂料和涂层厚度的依据标准，强调涂料要配套使用。

第10.10.4条 本条规定了不涂漆表面的处理要求，以保证构件和外观质量，对有特殊要求的，应按设计文件的规定进行。

第10.10.5条 本条规定在涂层完毕后对构件编号的要求。由于高层钢结构构件数量多，品种多，施工场地相对狭小，构件编号是一件很重要的工作。编号应有统一规定和要求，以利于识别。

第10.10.6条 包装对成品质量有直接影响。合格的产品，如果发运、堆放和管理不善，仍可能发生质量问题，所以应当引起重视。一般构件要有防止变形的措施，易碰部位要有适当的保护措施；节点板、垫板等小型零件宜装箱保存；零星构件及其他部件等，都要按同一类别用螺栓和铁丝紧固成束；高强度螺栓、螺母、垫圈应配套并有防止受潮等保护措施；经过精加工的构件表面和有特殊要求的孔壁要有保护措施等。

第10.10.7条 高层建筑钢结构层数多，施工场地相对狭小，如果存放和发运不当，会给安装单位造成很大困难，影响工程进度和带来不必要的损失，所以制作厂应与吊装单位根据安装施工组织设计的次序，认真编制安装程序表，进行包装和发运。

第10.10.8条 由于高层建筑钢结构数量大、品种多，一旦管理不善，造成的后果是严重的，所以本条规定的目的是强调制作单位在成品发运时，一定要与定货单位作好交接工作，防止出现构件混乱、丢失等问题。

第十一节 构件验收

第10.11.1条 本规程所指验收，是构件出厂验收，即对具备出厂条件的构件按照工程标准要求检查验收。

表10.11.1~表10.11-4的允许偏差，是参考了现行国家标准《钢结构工程施工及验收规范》(GB 50205)和日本《建筑工程钢结构施工验收规范》编制的，根据我国高层建筑钢结构施工情况，对其中各项做了补充和修改，补充和修改的依据是通过一些新建高层建筑钢结构的施工调查取得的。

第10.11.2条 本条是在现行国家标准《钢结构工程施工及验收规范》(GB 50205)规定的基础上，结合高层建筑钢结构的特点制定的，增加了无损检验和必要的材料复检要求。

本条规定的目的，是要制作厂为安装单位提供在制作过程中变更设计、材料代用等的资料，以便据以施工，同时也为竣工验收提供原始资料。

第十一章 安　装

第一节 一般要求

第11.1.1条 编制施工组织设计或施工方案是组织高层建筑钢结构安装的重要工作，应按结构安装施工组织设计的一般要求，结合高层建筑钢结构的特点进行编制，其具体内容这里不拟一一列举。

第11.1.3条 安装用的焊接材料、高强度螺栓和栓钉等，必须具有产品出厂的质量证明书，并符合设计要求和有关标准的要求，必要时还应对这些材料进行复检，合格后方能使用。

第11.1.4条 高层建筑钢结构工程安装工期较长，使用的机具和工具必须进行定期检验，保证达到使用要求的性能及各项指标。

第11.1.5条 安装的主要工艺，在安装工作开始前必须进行工艺试验（也叫工艺考核），以试验得出的各项参数指导施工。

第11.1.6条 高层建筑钢结构构件数量很多，构件制作尺寸要求严，对钢结构加工质量的检查，应比单层房屋钢结构构件要求更严格，特别是外形尺寸，要求安装单位在构件制作时就派员到构件制作厂进行检查，发现超出允许偏差的质量问题时，一定要在厂内修理，避免运到现场再修理。

第11.1.7条 土建施工单位、钢结构制作单位和钢结构安装单位三家使用的钢尺，必须是由同一计量部门由同一标准鉴定的。原则上，应由土建施工单位（总承包单位）向安装单位提供鉴定合格的钢尺。

第11.1.8条 高层建筑钢结构是多单位、多机械、多工种混合施工的工程，必须严格遵守国家和企业颁发的现行环境保护和劳动保护法规以及安全技术规程。在施工组织设计中，要针对工程特点和具体条件提出环境保护、安全施工和消防方面的措施。

第二节 定位轴线、标高和地脚螺栓

第11.2.1条 安装单位对土建施工单位提出的高层建筑钢结构安装定位轴线、水准标高、柱基础位置线、预埋地脚螺栓位置线、钢筋混凝土基础面的标高、混凝土强度等级等各项数据，必需进行复查，符合设计和规范的要求后，方能进行安装。上述各项的实际偏差不得超过允许偏差。

第11.2.2条 柱子的定位轴线，可根据现场场地宽窄，在建筑物外部或建筑物内部设辅助控制轴线。

现场比较宽敞、钢结构总高度在100m以内时，可在柱子轴线的延长线上适当位置设置控制桩位，在每条延长线上设置两个桩位，供架设经纬仪用；现场比较狭小、钢结构总高度在100m以上时，可在建筑物内部设辅助线，至少要设3个点，每2点连成的线最好要垂直，因此，三点不得在一条直线上。

钢结构安装时，每一节柱子的定位轴线不得使用下一节柱子的定位轴线，应从地面控制轴线引到高空，以保证每节柱子安装正确无误，避免产生过大的积累偏差。

第11.2.3条 地脚螺栓（锚栓）可选用固定式或可动式，以一次或二次的方法埋设。不管用何种方法埋设，其螺栓的位置、标高、丝扣长度等应符合设计和规范的要求。

第11.2.4条 地脚螺栓的紧固力一般由设计规定，可按表C11.2.4采用。

地脚螺栓紧固力　　　　　表C11.2.4

地脚螺直径(mm)	紧固轴力(kN)
30	60
36	90
42	150
48	160
56	240
64	300

地脚螺栓螺母的止退，一般可用双螺母，也可在螺母拧紧后将螺母与螺栓杆焊牢。

第11.2.5条 高层建筑钢结构安装时，其标高控制可以用两种方法：一是按相对标高安装，柱子的制作长度偏差只要不超过规范规定的允许偏差±3mm即可，不考虑焊缝的收缩变形和荷载引起的压缩变形对柱子的影响，建筑物总高度只要达到各节柱制作允许偏差总和以及柱压缩变形总和就算合格；另一种是按设计标高安装，（不是绝对标高，不考虑建筑物沉降），即按土建施工单位提供的基础标高安装，第一节柱子底面标高和各节柱子累尺寸的总和，应符合设计要求的总尺寸，每节柱接头产生的收缩变形和建筑物载荷引起的压缩变形，应加到柱子的加工长度中去，钢结构安装完后时，建筑物总高度应符合设计要求的总高度。

第11.2.6条 底层第一节柱安装时，可在柱子底板下的地脚螺栓上加一个螺母，螺母上表面的标高调整到与柱底板标高齐平，放上柱子后，利用底板下的螺母控制柱子的标高，精度可达±1mm以内，用以代替在柱子的底板下做水泥墩子的老办法。柱子底板下预留的空隙，可以用无收缩砂浆以捻浆法填实。使用这种方法时，对地脚螺栓的强度和刚度应进行计算。

第三节 构件的质量检查

第11.3.1条 安装单位应派有检查经验的人员深入到钢结构制作厂，从构件制作过程到构件成品出厂，逐个进行细致检查，并作好书面记录。

第11.3.2条 对主要构件，如梁、柱、支撑等的制作质量，在构件运到现场后仍应进行复查（前面检查得再细，总会有漏检的项目)，凡是质量不符合要求的，都应在地面修理。如果构件吊到高空发现问题再吊回地面修理，就会严重影响安装进度。

第11.3.3条 对端头用坡口焊缝连接的梁、柱、支撑等构件，在检查其长度尺寸时，应将焊缝的收缩值计入构件的长度。如设计标高进行安装时，还要将柱子的压缩变形值计入构件的长度。

制作厂在构件加工时，应将焊缝收缩值和压缩变形值计入构件长度。

第11.3.4条 在检查构件外形尺寸、构件上的节点板、螺栓孔等位置时，应以构件的中心线为基准进行检查，不得以构件的棱边、侧面对准基准线进行检查，否则可能导致误差。

第四节　构件的安装顺序

第11.4.1条　高层建筑钢结构的安装顺序对安装质量有很大影响，为了确保安装质量，应遵循本条规定的步骤。

第11.4.2条　流水区段的划分要考虑本条列举的诸因素，区段内的结构应具有整体性和便于划分。

第11.4.3条　每节柱高范围内全部构件的安装顺序，不论是柱、梁、支撑或其他构件，平面上应从中间向四周扩展安装，竖向要由下向上逐件安装，这样在整个安装过程中，由于上部和周边处于自由状态，构件安装进档和测量校正都易于进行，能取得良好的安装效果。

有一种习惯，即先安装一节柱子的顶层梁。但顶层梁固定了，将使中间大部分构件进档困难，测量校正费力费时，增加了安装的难度。

第11.4.4条　高层建筑钢结构构件的安装顺序，要用图和表格的形式表示，图中标出每个构件的安装顺序，表中给出每一顺序号的构件名称、编号，安装时需用节点板的编号、数量、高强度螺栓的型号、规格、数量，普通螺栓的规格和数量等。从构件质量检查、运输、现场堆到结构安装，都使用这一表格，可使高层建筑钢结构安装有条不紊，有节奏、有秩序地进行。

第五节　构件接头的现场焊接顺序

第11.5.1条　构件接头的现场焊接顺序，比构件的安装顺序更为重要，如果不按合理的顺序进行焊接，就会使结构产生过大的变形，严重的会将焊缝拉裂，造成重大质量事故。本条规定的作业顺序必须严格执行，不得任意变更。高层建筑钢结构构件接头的焊接工作，应在一个流水段的一节柱范围内，全部构件的安装、校正、固定、预留焊缝收缩量（也考虑温度变化的影响）和弹性压缩均已完成并经质量检查部门检查合格后方能开始，因焊接后再发现大的偏差将无法纠正。

第11.5.2条　构件接头的焊接顺序，在平面上应从中间向四周并对称扩展焊接，使整个建筑物外形尺寸得到良好的控制，焊缝产生的残余应力也较小。

柱与柱接头和梁与柱接头的焊接以互相协调为好，一般可以先焊一节柱的顶层梁，再从下往上焊各层梁与柱的接头；柱与柱的接头可以先焊也可以最后焊。

第11.5.3条　焊接顺序编完后，应绘出焊接顺序图，列出焊接顺序表，表中注明构件接头采用那种焊接工艺，标明使用的焊条、焊丝、焊剂的型号、规格、焊接电流，在焊接工作完成后，记入焊工代号，对于监督和管理焊接工作有指导作用。

第11.5.4条　构件接头的焊接顺序按照参加焊接工作的焊工人数进行分配后，应在规定时间内完成焊接，如不能按时完成，就会打乱焊接顺序。而且，焊工不得自行调换焊接顺序，更不允许改变焊接顺序。

第六节　钢构件的安装

第11.6.1条　柱子的安装工序应该是：(1) 调整标高；(2) 调整位移（同时调整上柱和下柱的扭转）；(3) 调整垂直偏差。如此重复数次。如果不按这样的工序调整，会很费时间，效率很低。

第11.6.2条　当构件截面较小，在地面将几个构件拼成扩大单元进行安装时，吊点的位置和数量应由计算或试吊确定，以防因吊点位置不正确造成结构永久变形。

第11.6.3条　柱子、主梁、支撑等各类构件都有连接板等附件，有的节点板很大很重，人力搬不动，如果不和构件一起吊上去，起重机单独安装很不经济，也很不安全，所以要随构件一起吊。为了在高空组拼方便，可以用铰链把节点板连接在构件上，到达安全位置后，旋转过来就能对正，方便安装。

第11.6.4条　构件上设置的爬梯或轻便走道，是供安装人员高空作业使用的，应在地面就牢固地连接在构件上，和构件一起起吊；如到高空再设置，既不安全更不经济。

第11.6.5条　柱子、主梁、支撑等主要构件安装时，应在就位并临时固定后，立即进行校正，并永久固定（柱接头临时耳板用高强度螺栓固定，也是永久固定的一种）。不能使一节柱子高度范围内的各个构件都临时连接，这样在其他构件安装时，稍有外力，该单元的构件都会变动，钢结构尺寸将不易控制，安装达不到优良的质量，也很不安全。

第11.6.6条　安装上的构件，要在当天形成为稳定的空间体系。安装工作中任何时候，都要考虑安装好的构件是否稳定牢固，因为随时可能会由于停电、刮风、下雨、下雪等而停止安装。

第11.6.7条　安装高层建筑钢结构使用的塔式起重机，有外附在建筑物上的，随着建筑物增高，起重机的塔身也要往上接高，起重机塔身的刚度要靠与钢结构的附着装置来维持。采用内爬式塔式起重机时，随着建筑物的增高，要依靠钢结构一步一步往上爬升。塔式起重机的爬升装置和附着装置及其对钢结构的影响，都必须进行计算，根据计算结果，制定相应的技术措施。

第11.6.8条　楼面上铺设的压型钢板和楼板的模板，承载能力比较小，不得在上面堆放过重的施工机械等集中荷载。安装活荷载必须限制或经过计算，以防压坏楼梁和压型钢板，造成事故。

第11.6.9条　一节柱的各层梁安装完毕后，宜随即把楼梯安装上，并铺好梁面压型钢板。这样的施工顺序，既方便下一道工序，又保证施工安全。国内有些高层建筑钢结构的楼梯和压型钢板施工，与钢结构错开6～10层，施工人员上下要从塔式起重机上爬行，既不方便，也不安全。

第11.6.10条　采用外墙板做围护结构时，因外墙板重量较大，而钢结构重量较轻，在挂外墙板时应对称均匀安装，使建筑物不致偏心荷载，并使其压缩变形比较均匀。

第11.6.11条　楼板对建筑物的刚度和稳定性有重要影响，楼板还是抗扭的重要结构，因此，要求钢结构安装到第六层时，应将第一层楼板的钢筋混凝土浇完，使钢结构安装和楼板施工相距不超过5层。如果因某些原因超过5层或更多层数时，应由现场责任工程师会同设计和质量监督部门研究解决。

第11.6.12条　一个流水段一节柱子范围的构件要一次装齐并验收合格，再开始安装上面一节柱的构件，不要造成上下数节柱的构件都不装齐，结果东补一根构件，西补一根构件，既延长了安装工期，又不能保证工程质量，施工也很不安全。

第七节　安装的测量校正

第11.7.1条　高层建筑钢结构安装中，楼层高度的控制可以按相对标高，也可以按设计标高，但在安装前要先决定采用哪一种方法，可会同建设单位、设计单位、质量检查部门共同商定。

第11.7.2条　柱子安装时，垂直偏差一定要校正到±0.000，先不留焊缝收缩量。在安装和校正柱与柱之间的主梁时，再把柱子撑开，留出接头焊接收缩量，这时柱子产生的内力，在焊接完成和焊缝收缩后也就消失。

第11.7.3条　高层建筑钢结构对温度很敏感，日照、季节温差、焊接等产生的温度变化，会使它的各种构件在安装过程中不断变动外形尺寸，安装中要采取可调整这种偏差的技术措施。

如果在日照变化小的早中晚或阴天进行构件的校正工作，由于高层钢结构平面尺寸较小，又要分流水段，每节柱的施工周期很短，这样做的结果就会因测量校正工作拖了安装进度。

另一种方法是不论在什么时候，都以当时经纬仪的垂直平面为垂直基准，进行柱子的测量校正工作。温度的变化会使柱子的垂直度发生变化，这些偏差在安装柱与柱之间的主梁时，用外力强制复位，使回到要求的位置（焊接接头别忘了留焊缝收缩量），这时柱子内会产生30～40N/mm²的温度应力，试验证明，它比由于构件加工偏差进行强制校正时产生的内应力要小得多。

第11.7.4条 用缆风绳或支撑校正柱子时，在松开缆风绳或支撑时，柱子能保持±0的垂直状态，才能算校正完毕。

如果缆风绳或支撑的力量很大，柱子就有很大的安装内力，松开缆风绳或支撑，柱子的位置就变化了，这样也会使结构产生较大的变形，此时不能算校正完毕。

第11.7.5条 上柱和下柱发生较大的扭转偏差时，可以在上柱和下柱耳板的不同侧面加垫板，通过用连接板夹紧，就可以达到校正这种扭转偏差的目的。

第11.7.6条 仅对被安装的柱子本身进行测量校正是不够的，柱子一般有多层梁，一节柱有二层、三层，甚至四层梁，柱和柱之间的主梁截面大，刚度也大，在安装主梁时柱子会变动，产生超出规定的偏差。因此，在安装柱和柱之间的主梁时，还要对柱子进行跟踪校正；对有些主梁连系的隔跨甚至隔两跨的柱子，也要一起监测。这时，配备的测量人员也要适当增加，只有采取这样的措施，柱子的安装质量才有保证。

第11.7.7条 在楼面安装压型钢板前，梁面上必须先放出压型钢板的位置线，按照图纸规定的行距、列距顺序排放。要注意相邻二列压型钢板的槽口必须对齐，使组合楼板钢筋混凝土下层的主筋能顺利地放入压型钢板的槽内。

第11.7.8条 栓钉也要按图纸的规定，在钢梁上放出栓钉的位置线，使栓钉焊完后在钢梁上排列整齐。

第11.7.9条 各节柱的定位轴线，一定要从地面控制轴线引上来，并且要在下一节柱的全部构件安装、焊接、栓接并验收合格后进行引线工作；如果提前将线引上来，该层有的构件还在安装，结构还会变动，引上来的线也会变动，这样就保证不了柱子定位轴线的准确性。

第11.7.10条 结构安装的质量检查记录，必须是构件已安装完成，而且焊接、栓接等工作也已完成并验收合格后的最后一次检查记录，中间检查的各次记录不能作为安装的验收记录。如柱子的垂直度偏差检查记录，只能是在安装完毕，且柱间梁的安装、焊接、栓接也已完成后所作的测量记录。

第八节 安装的焊接工艺

第11.8.1条 高层建筑钢结构柱子和主梁的钢板，一般都比较厚，材质要求也较严，主要接头要求用焊缝连接，并达到与母材等强。这种焊接工作，工艺比较复杂，施工难度大，不是一般焊工能够很快达到所要求技术水平的。所以在开工前，必须针对工程具体要求，进行焊接工艺试验，以便一方面提高焊工的技术水平，一方面取得与实际焊接工艺一致的各项参数，制定符合高层建筑钢结构焊接施工的工艺规程，指导安装现场的焊接施工。

第11.8.2条 焊接用的焊条、焊丝、焊剂等焊接材料，在选用时应与母材强度等级相配，并考虑钢材的焊接性能等条件。钢材焊接性能可参考下列碳当量公式选用：$C_{eq}=C+Mn/6+Si/24+Ni/40+Cr/5+Mo/4+V/14<0.44\%$，引弧板的材质必须与母材一致，必要时可通过试验选用。

第11.8.3条 焊接工作开始前，焊口应清理干净，这一点往往为焊工所忽视。如果焊口清理不干净，垫板又不密贴，会严重影响焊接质量，造成返工。

第11.8.4条 定位点焊是焊接构件组拼时的重要工序，定位点焊不当会严重影响焊接质量。定位点焊的位置、长度、厚度应由计算确定，其焊接质量应与焊缝相同。定位点焊的焊工，应该是具有点焊技能考试合格的焊工，这一点往往被忽视。由装配工任意进行点焊是不对的。

第11.8.5条 框架柱截面一般较大，钢板又较厚，焊接时应由两个焊工在柱子两个相对边的对称位置以大致相等的速度逆时针方向施焊，以免产生焊接变形。

第11.8.6条 柱子接头用引弧板进行焊接时，首先焊接的相对边焊缝不宜超过4层，焊毕应清理焊根，更换引弧板方向，在另两边连续焊8层，然后清理焊根和更换引弧板方向，在相垂直的另两边焊8层，如此循环进行，直到将焊缝全部焊完，参见图C11.8.7b。

第11.8.7条 柱子接头不加引弧板焊接时，两个焊工在对面焊接，一个焊工焊两面，也可以两个焊工以逆时针方向转圈焊接。前者要在第一层起弧点和第二层起弧点相距30～50mm开始焊接（图C11.8.7a）。每层焊道要认真清渣，焊到柱棱角处要放慢焊条运行速度，使柱棱成为方角。

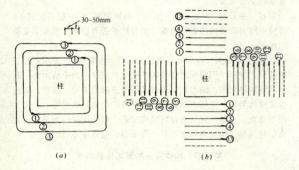

图C11.8.7 柱接头焊接顺序
(a) 焊道起点的错位；(b) 焊接顺序；

第11.8.8条 梁与柱接头的焊缝在一条焊缝的两个端头加引弧板（另一侧为收弧板）。引弧板的长度不小于30mm，其坡口角应与焊缝坡口一致。焊接工作结束后，要等焊缝冷却再割去引弧板，并留5～10mm，以免损伤焊缝。

第11.8.9条 梁翼缘与柱的连接焊缝，一般宜先焊梁的下翼缘再焊上翼缘。由于在荷载下梁的下翼缘受压，上翼缘受拉，故认为先焊下翼缘最合理。

一根梁两个端头的焊缝不宜同时焊接，宜先焊一端头，再焊另一端头。

第11.8.10条 柱与柱、梁与柱接头的焊接收缩值，可用试验的方法，或按公式计算，或参考经验公式确定，有条件时最好用试验的方法。制作厂将焊接收缩值加到构件制作长度中去。

第11.8.11条 规定焊接时的风速是为了保证焊接质量，5m/s时是三级风，气象特征为树叶与小树枝摇动不息，旗帜展开，基本风压为$6.8\sim17.15N/m^2$；3m/s是二级风，气象特征是人面感觉有风，树叶有微响，风向标能转动，基本风压为$1.51\sim6.41N/m^2$。

工厂规定的风速值较小，是因为厂房内风速一般较小。

第11.8.12条 焊接工作完成后，焊工应在距焊缝5～10mm的明显位置上打上焊工代号钢印，此规定在施工中必须严格执行。焊缝的外观检查和超声波探伤检查的各次记录，都应整理成书面形式，以便在发现问题时便于分析查找原因。

第11.8.13条 一条焊缝重焊如超过二次，母材和焊缝将不能保证原设计的要求，此时应更换母材。如果设计和检验部门同意进行局部处理，是允许的，但要保证处理质量。

第11.8.14条 母材由于焊接产生层状撕裂时，若缺陷严重，要更换母材；若缺陷仅发生在局部，经设计和质量检验部门同意，可以局部处理。

第11.8.15条 栓钉焊有直接焊在钢梁上和穿透压型钢板焊在钢梁上两种型式。施工前必须进行试焊，焊点处有铁锈、油污等脏物时，要用砂轮清除锈污，露出金属光泽。焊接时，焊点处不能有水和结露。压型钢板表面有锌层必须除去以免产生铁锌共晶体熔敷金属。栓钉焊的地线装置必须正确，防止产生偏弧。

第九节 高强度螺栓施工工艺

第11.9.2条 高强度螺栓长度按下式计算：
$$L = A + B + C + D$$
式中，L为螺杆需要的长度；A为接头各层钢板厚度总和；B为垫圈厚度；C为螺母厚度；D为拧紧螺栓后丝扣露出2～3扣的长度。

统计出各种长度的高强度螺栓后，要进行归类合并，以5或10mm为级差，种类应越少越好。表11.9.2列出的数值，是根据上列公式计算的结果。

第11.9.4条 高强度螺栓节点上的螺栓孔位置、直径等超过规定偏差时，应重新制孔，将原孔用电焊填满磨平，再放线重新打孔。安装中遇到几层钢板的螺孔不能对正时，只允许用铰刀扩孔。扩孔直径不得超过原孔径2mm。绝对禁止用气割扩高强度螺栓孔，若用气割扩高强度螺栓孔时应按重大质量事故处理。

第11.9.5条 高强度螺栓按扭矩系数使螺杆产生额定的拉力。如果螺栓不是自由穿入而是强行打入，或用螺母把螺栓强行拉入螺孔内，则钢板的孔壁与螺栓杆产生挤压力，将使扭矩转化的拉力很大一部被抵消，使钢板压紧力达不到设计要求，结果达不到高强度螺栓接头的安装质量，这是必须注意的。

高强度螺栓在一个接头上的穿入方向要一致，目的是为了整齐美观和操作方便。

第11.9.6条 高层钢结构中，柱与梁的典型连接，是梁的腹板用高强度螺栓连接，梁翼缘用焊接。这种接头的施工顺序是，先拧紧腹板上的螺栓，再焊接梁翼缘板的焊缝，或称"先栓后焊"。焊接热影响使高强度螺栓轴力损失约5%～15%（平均损失10%左右），这部分损失在螺栓连接设计中通常忽略不计。

第11.9.8条 高强度螺栓初拧和复拧的目的，是先把螺栓接头各层钢板压紧；终拧则使每个螺栓的轴力比较均匀。如果钢板不预先压紧，一个接头的螺栓全部拧完后，先拧的螺栓就会松动。因此，初拧和复拧完毕要检查钢板密贴的程度。一般初拧扭矩不能得太小，最好用终拧扭矩的89%。

第11.9.9条 高强度螺栓拧紧的次序，应从螺栓群中部向四周扩展逐个拧紧，无论是初拧、复拧还是终拧，都要遵守这一规则，目的是使高强度螺栓接头的各层钢板达到充分密贴，避免产生弹簧效应。

第11.9.10条 拧紧高强度螺栓用的定扭矩搬子，要定期进行定扭矩值的检查，每天上下午上班前都要校核一次。高强度螺栓使用扭矩大，搬手在强大的扭矩下工作，原来调好的扭矩值也容易变动，所以检查定扭矩搬子的额定扭矩值，是十分必要的。

第11.9.11条 高强度螺栓从安装到终拧要经过几次拧紧，每遍都不能少，为了明确拧紧的次数，规定每拧一遍都要做上记号。用不同记号区别初拧、复拧、终拧，是防止漏拧的较好办法。

第十节 结构的涂层

第11.10.1～11.10.4条 高层建筑钢结构都要用防火涂层，因此钢结构加工厂在构件制作时只作防锈处理，用防锈涂层刷两道，不涂刷面层。但构件的接头，不论是焊接还是螺栓连接，一般是不刷油漆和各种涂料的，所以钢结构安装完成后，必补刷这些部位的涂层工作。钢结构安装后补刷涂层的部位，包括焊缝周围、高强度螺栓及摩擦面外露部分，以及构件在运输安装时涂层被擦伤的部位。

高层建筑钢结构安装补刷涂层工作，必须在整个安装流水段内的结构验收合格后进行，否则在刷涂层后再作别的项目工作，还会损伤涂层。涂料和涂刷工艺应和钢结构加工时所用相同。露天、冬季涂刷，还要制定相应的施工工艺。

第十一节 安装的竣工验收

第11.11.1～11.11.3条 高层建筑钢结构的竣工验收工作分为二步：第一步是每个流水区段一节柱子的全部构件安装、焊接、栓接等各单项工程，全部检查合格后，要进行隐蔽工程验收工作，这时要求这一段内的原始记录应齐全。第二步是在各流水区段的各项工程全部检查合格后，进行竣工验收。竣工验收按照本节规定的各条，由各有关单位办理。

高层建筑钢结构的整体偏差，包括整个建筑物的平面弯曲、垂直度、总高度允许偏差等，虽然作了具体规定，但执行起来很困难，还有待专门研究，提出符合实际和便于执行的办法。

第十二章 防 火

第一节 一般要求

第12.1.1条 高层钢结构建筑既有一般高层建筑的消防特点，又有钢结构在高温条件下的特有规律，故高层建筑钢结构的防火设计应符合现行国家标准《高层民用建筑设计防火规范》、(GB 50045)、《建筑设计防火规范》(GBJ 16)以及本规程的有关补充规定。

高层建筑的防火特点，在现行国家标准《高层民用建筑设计防火规范》(GB 50045)的编写说明中已作了详细论述，这里不再赘述。

钢结构在高温条件下的特有规律，主要是强度降低和蠕变。对于建筑用钢来说，在260℃以前其强度不降低，260～280℃开始下降，达到400℃时屈服现象消失，强度明显降低，当达到450～500℃时，钢材内部再结晶使强度急速下降，进而失去承载力。蠕变在较低温度时也会发生，但只有高于$0.3T_f$（以绝对温度表示的金属熔点）时才比较明显，对于碳素钢来说，该温度大体为300～350℃；对于合金来说，该温度大体为400～450℃。温度越高，蠕变越明显，而建筑物的火灾温度可高达900～1000℃，所以经受火灾的钢结构应考虑蠕变的影响。

第12.1.2条 本条对高层建筑钢结构的主要承重构件及钢板剪力墙、抗剪支撑、吊顶、防火墙等构件的燃烧性能及耐火极限作了规定，其根据如下：

楼板是水平承重构件，根据火灾统计资料及建筑构件的实际构造情况，其耐火极限一级定为1.50h，二级定为1.00h，是合适的；楼板将荷载传递给梁，梁的耐火极限比楼板略高也是应该的，梁和楼板的耐火极限仅对该层有较大影响，与其他楼层关系不大。而柱则不然，在高层建筑结构体系中，下面的柱支承上面的柱，下面的柱如果发生意外，将直接影响上面诸层的安危，从这一点看，下面的柱比上面的柱重要，尤其是十几层以下的柱更重要，所以把柱的耐火极限按其所处的不同位置分别提出不同要求，这样处理既满足了消防和结构上的要求，又降低了工程造价。

抗剪支撑和钢板剪力墙，按风和地震作用组合引起的内力设计，考虑到火灾和大风同时发生的机会很小，故将其耐火极限定为比柱的耐火极限稍低的档次。

在表2.1.2中附加了三条注释，对设在钢梁上的防火墙、中庭桁架及设有自动灭火设备的楼梯的耐火极限，分别做了放宽规定。

日本建筑基准法施行令规定，自顶层算起的4层内，防火极限为1.00h；5～14层耐火极限为2.00h；14层以下为3.00h。本条在编制时也参考采用。

第12.1.3条 建筑物内存放可燃物的平均重量超过2kN/m²的房间，一般都是火灾荷载较大的房间，当室内火灾荷载较大时,一旦失火则往往使火灾的燃烧持续时间也长。

火灾燃烧持续时间与火灾荷载及燃烧条件的关系如下式:

$$T = \frac{qA}{(550-600)A_0\sqrt{H}}$$

式中,T 为燃烧持续时间(min);q 为火灾荷载,即单位等效可燃物量(kN/m^2);A 为室内地板面积(m^2);A_0 为房间开口面积(m^2);H 为开口高度(m)。

第二节 防火保护材料及保护层厚度的确定

第12.2.1条 未加保护的钢结构的耐火极限一般为 0.25h,必须采取适当的防火保护措施才能达到第 12.1.2 条的要求。

目前,大多数钢结构采用了钢结构防火涂料喷涂保护,也有采用板型材和现浇混凝土保护的。在防火涂料中,薄涂型的涂层厚度为 2~7mm,当加热至 150~350℃时,所含树脂和防火剂(此外为无机填料)发生物理化学变化,使涂层膨胀增厚,从而起到防火保护作用,但是其耐火极限不超过 1.5h。厚涂型则是以水泥、水玻璃、石膏为胶结料,掺膨胀蛭石、膨胀珍珠岩、空心微珠和岩(矿)棉而成,涂层厚度在 8mm 以上,改变厚度可满足不同的耐火极限要求。板型材常见的有石膏板、水泥蛭石板、硅酸钙板和岩(矿)棉板,使用时需通过粘结剂或紧固件固定在构件上。现浇混凝土表观密度大,遇火易爆裂,应用上受到一定限制。

选用防火保护材料的基本原则是:
(1) 良好的绝热性,导热系数小或热容量大;
(2) 在装修、正常使用和火灾升温过程中,不开裂,不脱落,能牢固地附着在构件上,本身又有一定的结构强度,并且粘结强度大或有可靠的固定方式;
(3) 不腐蚀钢材,呈碱性且氯离子含量低;
(4) 不含危害人体健康的石棉等物质。

材料的上述性能只有通过理化、力学性能测试数据,耐火试验观测报告,以及长期使用情况调查,才能反映出来,生产厂家应提供这方面的技术资料。

我国现行标准《钢结构防火涂料应用技术规程》(CECS 24—90) 对防火涂料的技术指标已有明确规定,而板型材的防火保护技术和消防专业标准尚待开发。

第12.2.2条 防火保护材料选好之后,保护层厚度的确定十分重要。由于影响因素较多,如材料的种类、钢构件的截面形状和尺寸、荷载形式与大小,以及要求的耐火极限等。因此,确定厚度的最好办法,是进行构件的耐火试验。试验用实际构件或标准钢梁的尺寸、试验条件与方法、判定条件等,应符合国家现行标准《建筑构件耐火性能试验方法》(GB 9978) 和《钢结构防火涂料应用技术规程》(CECS 24—90) 的规定,柱以及标准钢柱的判定条件急待建立。

国家现行标准《钢结构防火涂料应用技术规程》(CECS 24—90) 附录三中的推算公式如下:

$$d_1 = \frac{g_1/H_{p1}}{g_2/H_{p2}} \times d_2 \times k$$

式中 d_1 为防火涂层厚度(mm);g 为钢梁单位长度的重量(N/m);H_p 为钢梁防火涂层接触面周长(mm);k 为系数,对钢梁为 1.0,对相应楼层钢柱的保护层厚度为 1.25,下标 1、2 分别代表实际钢梁和试验标准钢梁。

附录七的试验公式来源于欧共体的钢结构防火规程和设计手册,仅适用于厚涂型钢结构防火涂料和板型材保护的热轧非组合构件。

薄型防火涂料遇火膨胀增厚,性能相应改变,宜以耐火试验确定其厚度值。

第12.2.3条 国内已做过钢筋混凝土楼板的耐火试验,设计单位可以从现行国家标准《高层民用建筑设计防火规范》(GB 50045)、《建筑设计防火规范》(GBJ 16) 以及消防单位编制的"建筑构件耐火试验数据手册"中查阅有关数据。

压型钢板组合楼板的厚度规定引自英国标准,待国内积累试验数据再作修改补充。

第三节 防火构造与施工

第12.3.1条 钢结构防火保护的效果,除选择合适的保护材料与厚度外,还与施工质量、管理水平密切相关,因此要求具备这方面的知识和经验的专业施工队来实施,在完工后进行交工验收。

防火涂层的施工与验收按《钢结构防火涂料应用技术规程》(CECS 24—90) 进行,板型材则应把重点放在板的固定和接缝部位的处理上。

第12.3.2条 此条既照顾了不同品种材料的特性,也利于材料新品种、新技术的引进和开发。

第12.3.3条 潮湿与侵蚀性环境会加剧钢材的锈蚀过程,尤其是锈层的膨胀将导致防火保护层的开裂、剥落,从而失去防火保护作用,因此,应按有关规定,对钢结构作防腐蚀处理。

第12.3.4~12.3.7条 根据美国高层钢结构文献、英国防火规范、我国现行国家标准《高层民用建筑设计防火规范》(GB 50045) 及其他标准、德国手册等文献整理而成。

一、防火涂料保护。目前国内已发展了十余种防火涂料,年产量在 5000t 以上,其主要品种的技术性能也已达到国际上 80 年代先进水平,同时积累了丰富的实践经验,并制定了钢结构防火涂料两个国家标准,为这一防火保护方法的推广应用创造了有利条件。

当涂层内设置钢丝网时,必须使钢丝网以某种方式固定在钢结构上,固定点的间距以 400mm 为宜。钢丝网的接口至少有 40mm 宽的重叠部分,且重叠不得超过三层,并保持钢丝网与构件表面的净距在 6mm 左右。

该法的特点是施工技术简便,故应用较广,不足之处是喷涂时污染环境,材料损耗较大,装饰效果也不理想。

二、板型材包复。北京香格里拉饭店的钢结构,曾采用这种保护方法,该法虽然具有干法施工、不受气候条件限制、融防火保护和装修为一体等优点,但板的裁切加工、安装固定、接缝处理等,技术要求高,应用不及防火涂料广泛。

三、水冷却。水冷却的方式有两种:一种是将空心的钢柱和钢梁连成管网,其内装有抗冻剂和防锈剂的水溶液,通过泵或水受热时的温差作用使水循环。从理论上讲,此法防火保护效果最佳,但技术难度较大,国外只有少数应用实例,故本规程未列入。另一种是采用自动水喷淋系统,一旦火灾发生,传感元件动作,将水喷洒在构件表面上,此法主要适用于钢屋架的防火保护。设计时,可采用中级危险级闭式系统,并按现行国家标准《自动喷水灭火系统设计规范》(GBJ 84) 的有关规定执行。

例 题

一、附录二例题——建筑物偏心率计算

某楼层按 D 值法求得的剪力分布系数如例图 1 所示。令坐标原点位于建筑的左下端,取该平面的正中为重心位置(实际应为该平面垂直构件轴力合力的位置),偏心距为

$$e_x = |857.1 - 900| = 42.9 \text{cm}$$
$$e_y = |562.5 - 500| = 62.5 \text{cm}$$

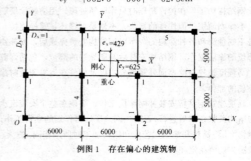

例图 1 存在偏心的建筑物

围绕刚心的扭转刚度之 x 分量为

$$\Sigma(K_x \cdot y^2) = (1 \times 2 + 5) \times 437.5^2 + 1 \times 62.5^2 + (1 \times 3 + 2) \times 562.5^2 = 2.94 \times 10^6$$

$$\Sigma(K_y \cdot x^2) = 1 \times 3 \times 857.1^2 + (1 + 4) \times 257.1^2 + 1 \times 3 \times 342.9^2 + 1 \times 3 \times 942.9^2 = 5.55 \times 10^6$$

$$K_T = \Sigma(K_x \cdot y^2) + \Sigma(K_y \cdot x^2) = 2.94 \times 10^6 + 5.55 \times 10^6 = 8.40 \times 10^6$$

据此得

$$r_{ex} = \sqrt{\frac{K_T}{\Sigma K_x}} = \sqrt{\frac{8.49 \times 10^6}{16}} = 728 \text{cm}$$

$$r_{ey} = \sqrt{\frac{K_T}{\Sigma K_y}} = \sqrt{\frac{8.49 \times 10^6}{14}} = 779 \text{cm}$$

因此，偏心率分别为

$$\varepsilon_{ex} = \frac{e_y}{r_{ex}} = \frac{62.5}{728} = 0.086$$

$$\varepsilon_{ey} = \frac{e_x}{r_{ey}} = \frac{42.9}{779} = 0.055$$

二、附录六例题——带竖缝混凝土剪力墙板的计算

1. 设计基本条件

基本几何尺寸：$h = 3000$mm，$l = 4060$mm，$n_s = 7$，$l_1 = 580$mm，$h_1 = 1300$mm。

总剪力：$F_v = 1350$kN

材料：C30 混凝土，缝间墙纵筋采用 II 级钢筋，板中分布筋采用 I 级钢筋。

2. 墙板基本几何尺寸校核与确定

$h_1 = 1300$mm $< 0.45h = 0.45 \times 3000 = 1350$mm 可以

$\frac{l_1}{h_1} = \frac{580}{1300} = 0.446 > 0.4$，且 < 0.6，可以

$h_{sol} = (h - h_1)/2 = (3000 - 1300)/2 = 850$mm $> l_1 = 580$mm 可以。

为确定墙板厚度，首先假定 $t = 150$mm，$\rho_{sh} = 0.006$

$$\rho_2 = \rho_{sh} \frac{f_{shy}}{f_{cm}} = 0.006 \times \frac{210}{16.5} = 0.076$$

$$I = tl_1^3/12 = 150 \times 580^3/12 = 2.44 \times 10^9 \text{mm}^4$$

$$I_{os} = 1.08 I = 1.08 \times 2.44 \times 10^9 = 2.63 \times 10^9 \text{mm}^4$$

$$\omega = \frac{2}{1 + \frac{0.4 I_{os}}{t l_1^2 h_1 \rho_2}} = \frac{2}{1 + \frac{0.4 \times 2.63 \times 10^9}{150 \times 580^2 \times 1300 \times 0.076}}$$

$$= 1.65$$

故可得

$$t = \frac{F_v}{\omega \rho_{sh} l f_{shy}} = \frac{1350000}{1.65 \times 0.006 \times 4060 \times 210} = 159.9 \text{mm}$$

取 $t = 160$mm

3. 缝间墙截面承载能力计算

1) 缝间墙内力

$$V_1 = \frac{F_v}{n_1} = \frac{1350}{7} = 192.86 \text{kN}$$

$$M = V_1 \frac{h_1}{2} = 192.86 \times \frac{1.3}{2} = 125.36 \text{kN}$$

$$N = 0.9 \frac{h_1}{l_1} V_1 = 0.9 \times \frac{1.3}{0.58} \times 192.86 = 389.1 \text{kN}$$

2) 缝间墙正截面承载力计算

$$e_0 = \frac{M}{N} = \frac{125.36}{389.1} = 0.322 \text{m}$$

$$\Delta e = 0.003 h = 0.003 \times 3.0 = 0.009 \text{m}$$

取 $a_1 = 0.1 l_1 = 0.1 \times 580 = 58$mm

则 $e = e_0 + \Delta e + l_1/2 - a_1 = 322 + 9 + 580/2 - 58 = 563.0$mm

$x = N/(t f_{cm}) = 389100/(160 \times 16.5) = 147.4$mm

$$A_s = \frac{N(e - h_0 + x/2)}{f_{sy}(h_0 - a_1)} = \frac{389100 \times (563 - 522 + 147.4/2)}{310(522 - 58)}$$

$$= 310.27 \text{mm}^2$$

取 $2\phi 14$，其 $A_s = 308$mm^2，实际配筋量与计算值相差不超过 5%。

3) 缝间墙斜截面承载力验算

$\eta_v \cdot V_1 = 1.2 \times 192.86 = 231.4$kN

$0.18 t(l_1 - a_1) f_c = 0.18 \times 160 \times (580 - 58) \times 15 = 225500$N
$= 225.5$kN

负偏差不超过 5%，满足要求。

4) 实体墙斜截面承载能力验算

$$\lambda = 0.8 \frac{n_1 - 1}{n_1} = 0.8 \times \frac{7 - 1}{7} = 0.686$$

$$k_s = \frac{\lambda \beta (l_1/h_1)}{\beta^2 + (l_1/h_1)^2 [h/(h - h_1)]^2}$$

$$= \frac{0.686 \times 0.9 \times (580/1300)}{0.9^2 + (580/1300)^2 \times [3000/(3000 - 1300)]^2} = 0.192$$

则 $\eta_v V_1 = 231.4$kN $< k_s t l_1 f_c = 0.192 \times 160 \times 580 \times 15 = 267200$N
满足要求

4. 墙板 V-u 曲线

1) 缝间墙纵筋屈服时的抗剪承载力 V_{y1} 和墙板总体侧移 u_y

$$V_{y1} = \mu \frac{l_1}{h_1} A_s f_{syk} = 3.41 \times \frac{580}{1300} \times 308 \times 335 = 157000 \text{N}$$

$$= 157.0 \text{kN}$$

$$\rho = \frac{A_s}{t(l_1 - a_s)} = \frac{308}{160 \times (580 - 58)} = 0.0036$$

$$B_1 = \frac{E_s A_s (l_1 - a_1)^2}{1.35 + 6(E_s/E_c) \rho}$$

$$= \frac{2 \times 10^5 \times 308 \times (580 - 58)^2}{1.35 + 6(2.0 \times 10^5)/(3.0 \times 10^4) \times 0.0036}$$

$$= 1.123 \times 10^{13} \text{N/mm}^2$$

$\rho_1 = \rho \cdot f_{sy}/f_{cm} = 0.0036 \times 310/16.5 = 0.068$

$$\xi = \left[35 \rho_1 + 20 \left(\frac{l_1 - a_1}{h_s}\right)^2\right] \left(\frac{h - h_1}{h}\right)^2$$

$$= \left[35 \times 0.068 + 20 \times \left(\frac{580 - 58}{1300}\right)^2\right] \times \left(\frac{3000 - 1300}{3000}\right)^2 = 1.8$$

$$K_y = \frac{12}{\xi h_1^3} B_1 = \frac{12}{1.8 \times 1300^3} \times 1.123 \times 10^{13} = 34080 \text{N/mm}$$

$u_y = V_{y1}/K_y = 157000/34080 = 4.6$mm

2) 缝间墙弯压破坏时的最大抗剪承载力 V_{u1} 和墙板的极限总体侧移 u_u

$A = t f_{cmk} = 160 \times 22 = 3520$N/mm

$B = e_1 + \Delta e - l_1/2 = (580/1.8) + 9.0 - (580/2) = 41.2$mm

$C = A_s f_{syk} (l_1 - 2a_1) = 308 \times 335 \times (580 - 2 \times 58)$
$= 47876000$N-mm

$x = [-AB + \sqrt{(AB)^2 + 2AC}]/A$

$= [-3520 \times 41.2 + \sqrt{(3520 \times 41.2)^2 + 2 \times 3520 \times 47876000}]$
$\div 3520 = 128.8$mm

于是

$V_{u1} = 1.1 t x f_{cmk} l_1/h_1 = 1.1 \times 160 \times 128.8 \times 22 \times 580/1300$
$= 222500$N $= 222.5$kN

$K_u = 0.2 K_y = 0.2 \times 34080 = 6810$N/mm

$u_u = u_y + (V_{u1} - V_{y1})/K_u = 4.6 + (222500 - 157000)/6816$
$= 14.2$mm

3) 墙板的极限侧移值 $u_{\max}$

$$u_{\max} = \frac{h}{\sqrt{\rho_1}} \cdot \frac{h_1}{l_1 - a_1} \cdot 10^{-3} = \frac{3000}{\sqrt{0.068}} \cdot \frac{1300}{580 - 58} \cdot 10^{-3}$$

$$= 28.7 \text{mm}$$

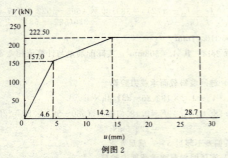

例图 2

5. 墙板横向分布钢筋的确定

取横向分布钢筋为 2φ8@100，且因 $V_1=192.86kN \approx 1.2V_{y.1}$
$=1.2 \times 157.0=188.4kN$

$$\rho_{sh} = \frac{A_{sh}}{ts} = \frac{2 \times 50.3}{160 \times 100} = 0.0063$$

$\rho_{sh} > 0.6 \times V_{u1}/(tl_1 f_{shyk}) = 0.6 \times 222500/(160 \times 580 \times 235)$
$= 0.0062$ 可以

三、附录七例题——钢构件防火保护层计算

【例一】 设有一受均布荷载的工字形截面连续梁（二次超静定），已知：跨度 $l=6m$；梁的截面系数 $A_i/V=139m^{-1}$；梁的截面塑性抵抗矩 $W_p=628 \times 10^3 mm^3$；钢材屈服强度 $f_y=235N/mm^2$；梁的布荷载 $w=36kN/m$；喷涂防火保护材料，其导热系数为 $\lambda=0.1W/m°C$。求耐火极限为 1.5h 时的保护层厚度。

(1) 计算荷载等级 C

梁在火灾时的设计弯矩为
$$S = wl^2/16 = 36 \times 6^2/16 = 81kN\text{-}m$$

梁在室温下的最大抗弯承载力为
$$R = M_p = W_p f_y = 628 \times 235 \times 10^3 = 147.6kN\text{-}m$$

由 $S/R=81/147.6=0.55$，查附表 7.1，得 $\xi=0.66$，故荷载等级为
$$C = kS/R = 0.66 \times 0.55 = 0.363$$

(2) 确定临界温度。根据 $C=0.363$，查附表 7.2，得 $T_s=558°C$。

(3) 计算保护层厚度 a
$$a = 0.0104 \times \frac{\lambda A_i}{V}\left(\frac{T}{T_s-140}\right)^{1.3}$$
$$= 0.0104 \times 0.1 \times 139 \times [90/(558-140)]^{1.3}$$
$$= 19.6mm$$

【例二】 设有一用重含水隔热材料作箱形包裹的中心受压柱，已知：柱高 $=3.50m$，一端固定，一端铰支；柱截面 $A=14.9 \times 10^3 mm^2$，构件截面系数用表面积与体积的比值表示，$A_i/V=80.5m^{-1}$；截面回转半径 $i=75.8$，钢材室温屈服点 $f_y=235N/mm^2$；作用荷载 $S=1700kN$；防火保护材料性能：材料导热系数 $\lambda=0.2W/m°C$，$\rho=800kg/m^3$，比热 $1.7kJ/kg°C$，含水率 $w=20\%$（按重量计）。

求耐火极限为 2.5h 的保护层厚度。

(1) 计算荷载等级 C

取柱的长细比 $\lambda=0.7h/i=0.7 \times 3500/75.6=32.3$，查现行国家标准《钢结构设计规范》(GBJ 17) 附表 3.3，得 $\varphi=0.868$，故柱的临界屈曲荷载为
$$R = 235 \times 0.886 \times 14.9 = 3102kN$$

由附表 7.1 查得柱的欠载系数 $\xi=0.85$，因此，荷载等级为
$$C = \xi S/R = 0.85 \times 1700/3102 = 0.466$$

(2) 确定临界温度 T_s。

根据 $C=0.466$，查附表 7.2，得 $T_s=507°C$。

(3) 计算保护层厚度 a
$$a = 0.0104 \times \frac{\lambda A_i}{V}\left(\frac{T}{T_s-140}\right)^{1.3}$$
$$= 0.0104 \times 0.2 \times 80.5 \times [150/(507-140)]^{1.3}$$
$$= 52.3mm$$

(4) 厚度修正值

1) $c_s\rho_s = 0.520 \times 7850 = 4082$
$2c\rho A_i/V = 2 \times 1.7 \times 800 \times 0.0523 \times 80.5 = 11451$
$2c\rho A_i/V > c_s\rho_s$，故属重型防火保护材料

$$\left(\frac{A_i}{V}\right)_{mod} = \frac{A_i}{V} \cdot \frac{c_s\rho_s}{c_s\rho_s+c\rho A_i/2V}$$
$$= 80.5 \times \frac{4082}{4082+1.7 \times 800 \times 0.0523 \times 80.5/2}$$
$$= 47.3m^{-1}$$

用 $47.3m^{-1}$ 代替 $80.5m^{-1}$，重新计算厚度，得
$$a' = 0.0104 \times 0.2 \times 47.3 \times [150/(507-140)]^{1.3} = 30.7mm$$

2) 根据含水率的厚度修正
$$t_1 = \frac{w\rho a^2}{5\lambda} = \frac{20 \times 800 \times 0.0307^2}{5 \times 0.2} = 15min$$

重新设计算厚度
$$a = 0.0104 \times 0.2 \times 47.3 \times [135/(507-140)]^{1.3} = 26.8mm$$

中华人民共和国国家标准

冷弯薄壁型钢结构技术规范

GB 50018—2002

条 文 说 明

目　次

1　总则 ·· 2—7—3
3　材料 ·· 2—7—3
4　基本设计规定 ································· 2—7—3
　4.1　设计原则 ···································· 2—7—3
　4.2　设计指标 ···································· 2—7—4
　4.3　构造的一般规定 ··························· 2—7—4
5　构件的计算 ···································· 2—7—4
　5.1　轴心受拉构件 ······························ 2—7—4
　5.2　轴心受压构件 ······························ 2—7—4
　5.3　受弯构件 ···································· 2—7—5
　5.4　拉弯构件 ···································· 2—7—6
　5.5　压弯构件 ···································· 2—7—6
　5.6　构件中的受压板件 ······················· 2—7—6
6　连接的计算与构造 ··························· 2—7—9
　6.1　连接的计算 ································· 2—7—9
　6.2　连接的构造 ································ 2—7—10

7　压型钢板 ······································· 2—7—11
　7.1　压型钢板的计算 ··························· 2—7—11
　7.2　压型钢板的构造 ··························· 2—7—11
8　檩条与墙梁 ···································· 2—7—11
　8.1　檩条的计算 ································· 2—7—11
　8.2　檩条的构造 ································· 2—7—12
　8.3　墙梁的计算 ································· 2—7—12
9　屋架 ·· 2—7—13
　9.1　屋架的计算 ································· 2—7—13
　9.2　屋架的构造 ································· 2—7—13
10　刚架 ··· 2—7—13
　10.1　刚架的计算 ································ 2—7—13
　10.2　刚架的构造 ································ 2—7—14
11　制作、安装和防腐蚀 ······················· 2—7—14
　11.1　制作和安装 ································ 2—7—14
　11.2　防腐蚀 ······································ 2—7—14

1 总 则

1.0.2 本条明确指出本规范仅适用于工业与民用房屋和一般构筑物的经冷弯（或冷压）成型的冷弯薄壁型钢结构的设计与施工，而热轧型钢的钢结构设计应符合现行国家标准《钢结构设计规范》GB 50017 的规定。

1.0.3 本条对原规范"不适用于受有强烈侵蚀作用的冷弯薄壁型钢结构"有所放宽，虽然本次修订仍保持原规范钢材壁厚不宜大于 6mm 的规定，锈蚀后果比较严重，但随着钢材材质及防腐涂料的改进，冷弯型钢的应用范围日益扩大，目前我国已能生产壁厚 12.5mm 或更厚的冷弯型钢，与普通热轧型钢已无多大区别，故适当放宽。但受强烈侵蚀介质作用的薄壁型钢结构，必须综合考虑其防腐蚀的特殊要求。现行国家标准《工业建筑防腐蚀设计规范》GB 50046 中将气态介质、腐蚀性水、酸碱盐溶液、固态介质和污染土对建筑物长期作用下的腐蚀性分为四个等级，在有强烈侵蚀作用的环境中一般不采用冷弯薄壁型钢结构。

3 材 料

3.0.1 本规范仍仅推荐现行国家标准《碳素结构钢》GB/T 700 中规定的 Q235 钢和《低合金高强度结构钢》GB/T 1951 中规定的 Q345 钢，原因是这两种牌号的钢材具有多年生产与使用的经验，材质稳定，性能可靠，经济指标较好，而其他牌号的钢材或因产量有限、性能尚不稳定，或因技术经济效果不佳、使用经验不多，而未获推荐应用。但本条中加列了"当有可靠根据时，可采用其他牌号的钢材"的规定。此外，在现行国家标准《碳素结构钢》中提出："A 级钢的含碳量可以不作交货条件"，由于焊接结构对钢材含碳量要求严格，所以 Q235A 级钢不宜在焊接结构中使用。

3.0.6 本条提出在设计和材料订货中应具体考虑的一些注意事项。

4 基本设计规定

4.1 设计原则

4.1.3 新修订的国家标准《建筑结构可靠度设计统一标准》GB 50068 对结构重要性系数 γ_0 做了两点改变：其一，γ_0 不仅仍考虑结构的安全等级，还考虑了结构的设计使用年限；其二，将原标准 γ_0 取值中的"等于"均改为"不应小于"，给予不同投资者对结构安全度设计要求选择的余地。对于一般工业与民用建筑冷弯薄壁型钢结构，经统计分析其安全等级多为二级，其设计使用年限为 50 年，故其重要性系数不应小于 1；对于设计使用年限为 25 年的易于替换的构件（如作为围护结构的压型钢板等），其重要性系数适当降低，取为不小于 0.95；对于特殊建筑物，其安全等级及设计使用年限应根据具体情况另行确定。

4.1.5 本条系参照现行国家标准《建筑结构荷载规范》GB 50009 规定对于正常使用极限状态，应根据不同的设计要求，采用荷载的标准组合、频遇值组合或准永久组合。对于冷弯薄壁型钢结构来说，只考虑荷载效应的标准组合，采用荷载标准值和容许变形进行计算。

4.1.9 构件的变形和各种稳定系数，按理也应分别按净截面、有效截面或有效净截面计算，但计算比较繁琐，为了简化计算而作此规定，采用毛截面计算其精度在允许范围内。

4.1.10 现场实测表明，具有可靠连接的压型钢板围护体系的建筑物，其承载能力和刚度均大于按裸骨架算得的值。这种因围护墙体在自身平面内的抗剪能力而加强了的结构整体工作性能的效应称为受力蒙皮作用。考虑受力蒙皮作用不仅能节省材料和工程造价，还能反映结构的真实工作性能，提高结构的可靠性。

连接件的类型是发挥受力蒙皮作用的关键。用自攻螺钉、抽芯铆钉（拉铆钉）和射钉等紧固件可靠连接的压型钢板和檩条、墙梁等支承构件组成的蒙皮组合体具有可观的抗剪能力，可发挥受力蒙皮作用。采用挂钩螺栓等可滑移的连接件组成的组合体不具有抗剪能力，不能发挥受力蒙皮作用。

受力蒙皮作用的大小与压型钢板的类型、屋面和墙面是否开洞、支承檩条或墙梁的布置形式以及连接件的种类和布置形式等因素有关，为了对结构进行整体分析，应由试验方法对上述各部件组成的蒙皮组合体（包括开洞的因素在内）开展试验研究，确定相应的强度和刚度等参数。

图 1a 表示有蒙皮围护的平梁门式刚架体系在水平风荷载作用下的变形情况，整个屋面像平放的深梁一样工作，檐口檩条类似上、下弦杆，除受弯外，还承受轴向压、拉作用。

为把风荷载传给基础，山墙处可设墙梁蒙皮体系，也可设交叉支撑体系。图 1b 表示有蒙皮围护的山形门式刚架体系，在竖向屋面荷载作用下的变形情况。两侧屋面类似于斜放的深梁受弯，屋脊檩条受压，檐口檩条受拉。为保证受力蒙皮作用，山墙柱顶水平处应设置拉杆。当承受水平风荷作用时，也有类似于图 1a 的受力情况。因此脊檩、檐口檩条和山墙部位是关键部位，设计中应予重视。

由于考虑受力蒙皮作用，压型钢板及其连接等就成了整体受力结构体系的重要组成部分，不能随便

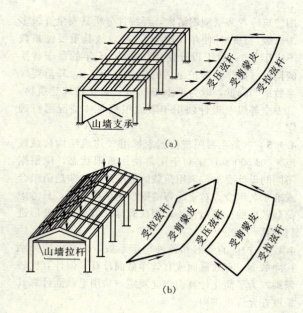

图1 受力蒙皮作用示意图

拆卸。

4.2 设计指标

4.2.1、4.2.4、4.2.5 本规范对钢材的强度设计值、焊缝强度设计值仍按原规范取值，但 4.2.5 条中普通粗制螺栓，改为 C 级普通螺栓并对构件钢材为 Q345 钢中螺栓的承压强度设计值 f_c^b 之值有所降低。

4.2.2 （含附录 C）冷弯薄壁型钢系由钢板或钢带经冷加工成型的。由于冷作硬化的影响，冷弯型钢的屈服强度将较母材有较大的提高，提高的幅度与材质、截面形状、尺寸及成型工艺等项因素有关，原规范利用塑性理论导得了此冷弯效应的理论公式，并经试验证实作了简化处理以方便使用。由于 80 年代方、矩形钢管的成型方式均为先将钢板经冷弯高频焊成圆管，然后再冲成方、矩形钢管（即圆变方）形成两次冷加工，故其与屈服强度提高因素有关的成型方式系数 η 取 1.7，对于圆管和其他开口型钢 η 取 1.0。近年来冷弯成型方式不断改进，由圆变方的已不是唯一的成型方式，可以由钢板一次成型成方、矩管，即少了一道冷加工工序，故本规范规定其他方式成型的方矩管 $\eta=1.0$。

4.2.3 经退火、焊接和热镀锌等热处理的冷弯薄壁型钢构件其冷弯硬化的影响已不复存在，故作此规定。

4.3 构造的一般规定

4.3.1 本条仍保持了原规范对壁厚不宜大于 6mm 的限制。由于冷弯型钢结构与普通钢结构的主要区别在于结构材料成型方式的不同以及由此导致截面特性、材性及计算理论等方面的差异，按理不宜对冷弯型钢的壁厚加以限制，且随着冷弯型钢生产状况的改善及设备生产能力的日益发展，我国已能生产壁厚 12.5mm（部分生产厂的可达 22mm、国外为 25.4mm）的冷弯型钢，但由于实验数据不足及使用经验不多，所以仍保留壁厚的限制，但如有可靠依据，冷弯型钢结构的壁厚可放宽至 12.5mm。

5 构件的计算

5.1 轴心受拉构件

5.1.1 轴心受拉构件中的高强度螺栓摩擦型连接处，应按公式 5.1.1-2 和 5.1.1-3 计算其强度。这是因为高强度螺栓摩擦型连接系藉板间摩擦传力，而在每个螺栓孔中心截面处，该高强度螺栓所传递的力的一部分已在孔前传走，原规范考虑孔前板间的接触面可能存在缺陷，孔前传力系数可能不足一半，为安全起见，取孔前传力系数为 0.4，但根据试验，孔前传力系数大多数情况为 0.6，少数情况为 0.5，同时，为了与现行国家标准《钢结构设计规范》GB 50017 协调一致，故在公式 5.1.1-2 中取孔前传力系数为 0.5。此外由于 $\left(1-0.5\dfrac{n_1}{n}\right)N<N$，因此，除应按公式 5.1.1-2 计算螺栓孔处构件的净截面强度外，尚需按公式 5.1.1-3 计算构件的毛截面强度。

5.1.2 当轴心拉力不通过截面弯心（或不通过 Z 形截面的扇性零点）时，受拉构件将处于拉、扭组合的复杂受力状态，其强度应按下式计算：

$$\sigma = \dfrac{N}{A_n} \pm \dfrac{B}{W_\omega} \leqslant f \qquad (1)$$

式中 N——轴心拉力；
　　A_n——净截面面积；
　　B——双力矩；
　　W_ω——毛截面的扇性模量。

有时，公式（1）中第 2 项翘曲应力 $\sigma_\omega(=B/W_\omega)$ 可能占总应力的 30% 以上，在这种情况下，不计双力矩 B 的影响是不安全的。

但是，双力矩 B 及截面弯扭特性（除有现成图表可查者外）的计算比较繁冗，为了简化设计计算，对于闭口截面、双轴对称开口截面等的轴心受拉构件，则可不计双力矩的影响，直接按第 5.1.1 条的规定计算其强度。

由于轴心受压构件、拉弯及压弯构件均有类似情况，故亦一并列入本条。

5.2 轴心受压构件

5.2.1 当轴心受压构件截面有所削弱（如开孔或缺口等）时，应按公式 5.2.1 计算其强度，式中 A_{en} 为有效净截面面积，应按下列规定确定：

1 有效截面面积 A_e 按本规范第 5.6.7 条中的规定算得；

2 若孔洞或缺口位于截面的无效部位，则 $A_{en}=A_e$；若孔洞或缺口位于截面的有效部位，则 $A_{en}=A_e-$ （位于有效部位的孔洞或缺口的面积）。

3 开圆孔的均匀受压加劲板件的有效宽度 b'_e，可按下列公式确定：

当 $d_0/b \leqslant 0.1$ 时：
$$b'_e = b_e$$

当 $0.1 < d_0/b \leqslant 0.5$ 时：
$$b'_e = b_e - \frac{0.91 d_0}{\lambda_c^2}$$

当 $0.5 < d_0/b \leqslant 0.7$ 时：
$$b'_e = b_e - \frac{1.11 d_0}{\lambda_c^2}$$

$$\lambda_c = 0.53 \frac{b}{t} \cdot \sqrt{\frac{f_y}{E}}$$

式中 d_0——孔径；

b_e——相应未开孔均匀受压加劲板件的有效宽度，按第 5.6 节的规定计算；

b、t——板件的实际宽度、厚度；

f_y——钢材的屈服强度；

E——钢材的弹性模量。

若轴心受压构件截面没有削弱，则仅需按公式 5.2.2 计算其稳定性而毋须计算其强度。

5.2.2 轴心受压构件应按公式 5.2.2 计算其稳定性。

通过理论分析和对各类开口、闭口截面冷弯薄壁型钢轴心受压构件的试验研究，证实轴心受压杆件的稳定性可采用单一柱子曲线进行计算。根据对现有试验结果的统计分析和计算比较，柱子曲线可由基于边缘屈服准则的 Perry 公式计算，式中之初始相对偏心率 ε_0 系按试验结果经分析比较确定。

5.2.3 闭口截面、双轴对称开口截面的轴心受压构件多系在刚度较小的主平面内弯曲失稳。不卷边的等边单角钢轴心受压构件系单轴对称截面，由于截面形心和剪心不重合，因此在轴心压力作用下，此类构件有可能发生弯扭屈曲。但若能保证等边单角钢各外伸肢截面全部有效，则在轴心压力作用下此类构件的扭转失稳承载能力比弯曲失稳承载能力降低不多。鉴于在冷弯薄壁型钢结构中，单角钢通常用于支撑等较为次要的构件，为避免计算过于繁琐，故近似将其归入本条。

对于受力较大的不卷边等边单角钢压杆，则宜作为单轴对称开口截面按第 5.2.4 条的规定计算。

5.2.4、5.2.5 近年来，国内有关单位对单轴对称开口截面轴心受压构件弯扭失稳问题所进行的更为深入的理论分析和试验研究表明，采用"换算长细比法"来计算此类构件的整体稳定性是可行的，故本规范仍沿用原规范的规定，但对其中扭转屈曲计算长度和约束系数 β 的取值作了更明确的定义，以使有关规定的物理意义更为明晰。

5.2.6 实腹式轴心受压直杆的弹性屈曲临界力通常均可不考虑剪切的影响，据计算，因剪切所致附加弯曲仅使此类构件的欧拉临界力降低约 0.3% 左右。但是，对于格构式轴心受压构件来说，当其绕截面虚轴弯曲时，剪切变形较大，对构件弯曲屈曲临界力有显著影响，故计算此类构件的整体稳定性时，对虚轴应采用换算长细比来考虑剪切的影响。

本条根据理论推导，列出了几种常用的以缀板或缀条连接的双肢或三肢格构式构件换算长细比的计算公式。

本条有关格构式轴心受压构件单肢长细比 λ_1 的要求是为了保证单肢不先于构件整体失稳。

5.2.7 格构式轴心受压构件应能承受按公式 5.2.7 算得的剪力。

格构式轴心受压构件由于在制作、运输及安装过程中会产生初始弯曲（通常假定构件的初始挠曲为一正弦半波，构件中点处的最大初挠曲值不大于构件全长的 1/750），同时，轴心力的作用存在着不可避免的初始偏心（根据实测统计分析，一般可取此初始偏心值为 0.05ρ，ρ 系此构件的截面核心距），在轴心力作用下，此格构式轴心受压构件内将会产生剪力，以受力最大截面边缘屈服作为临界条件，即可求得公式 5.2.7 所示之杆内最大剪力 V。

5.3 受 弯 构 件

5.3.1～5.3.4 内容与原规范第 4.5.1 条～第 4.5.4 条基本相同。为了方便使用，在下述 3 个方面做了修订：

1 在计算梁的整体稳定系数时，一般都是对 x 轴（强轴）进行计算，而且本规范中的 x 轴大都是对称轴，因此对薄壁型钢梁而言，主要是计算 φ_{bx}，故在附录 A 中第 A.2.1 条列出了 x 轴为对称轴的 φ_{bx} 计算公式，而 x 轴为非对称轴的情况，在梁中也可能碰到，在压弯杆件中常用，故在第 A.2.2 条列出了 x 轴为非对称轴时 φ_{bx} 的计算方法。以上本来都是写成一个公式，这次把一个公式分两条，突出了 x 轴是对称轴时的计算，也考虑了 x 轴为非对称轴时的情况，最大的好处是避免了可能出现的误解。

2 有时还要计算截面绕 y 轴（弱轴）弯曲时梁的整体稳定系数 φ_{by}。一般都不写出 φ_{by} 的计算公式，而是由计算者自己按计算 φ_{bx} 的公式采代换其中相应的几何特性，不仅使用不方便，而且可能出错。故在第 A.2.3 条列出了 φ_{by} 的计算公式，不仅解决了上述问题，而且可以提高计算工效。

3 以往在计算梁的整体稳定系数时，还要用到

一个计算系数 ξ，对于承受横向荷载的梁它小于1。现在按更完善的理论分析和试验证明，它的值可取为1，它在梁的整体稳定系数计算中不起任何作用，故取消了这个计算系数，更简化了计算。

5.4 拉弯构件

5.4.1 冷弯薄壁型钢结构构件的设计计算均不考虑截面发展塑性，而以边缘屈服作为其承载能力的极限状态，故本条规定，在轴心拉力和2个主平面内弯矩的作用下，拉弯构件应按公式 5.4.1 计算强度，式中的截面特性均以净截面为准。考虑到在小拉力、大弯矩情况下截面上可能出现受压区，故在条文中加列了这种情况下净截面算法的规定。

5.5 压弯构件

5.5.1 在轴心压力和2个主平面内弯矩的共同作用下，压弯构件的强度应按公式 5.5.1 计算，考虑到构件截面削弱的可能性，式中的截面特性均应按有效净截面确定。

5.5.2 双轴对称截面的压弯构件，当弯矩作用于对称平面内时，计算其弯矩作用平面内稳定性的相关公式 5.5.2-1 是根据边缘屈服准则，假定钢材为理想弹塑性体，构件两端简支，作用着轴心压力和两端等弯矩，并考虑了初弯曲和初偏心的综合影响，构件的变形曲线为半个正弦波，这些理想条件均满足的前提下导得的，在此基础上，引入计算长度系数来考虑其他端部约束条件的影响，以等效弯矩系数 β_m 来表征其他荷载情况（如不等端弯矩，横向荷载等）的影响，此外，公式 5.5.2-1 还考虑了轴心力所致附加弯矩的影响，因此，该式可用于各类双轴对称截面压弯构件弯矩作用平面内稳定性的计算。

双轴对称截面的压弯构件，当弯矩作用在最大刚度平面内时，应按公式 5.5.2-2 计算弯矩作用平面外的稳定性，此式系按弹性稳定理论导出的直线相关公式（对双轴对称截面的压弯构件，一般是偏于安全的），与轴心受压构件及受弯构件整体稳定性的计算公式自然衔接，且考虑了不同截面形状（开口或闭口截面）、荷载情况及侧向支承条件的影响，适用范围较为广泛。

5.5.4 对于图 2 所示的单轴对称开口截面压弯构件，当弯矩作用于对称平面内时，除应按公式 5.5.2-1 计算其弯矩作用平面内的稳定性外，尚应按公式 5.2.2 计算其弯矩作用平面外的稳定性，但式中的轴心受压构件稳定系数 φ 应按由单轴对称开口截面压弯构件弯扭屈曲理论算得的用公式 5.5.4-1 表述的换算长细比 λ 确定。近年来所进行的大量较为系统的试验结果证实，上述"换算长细比法"是可行的。此外，考虑到横向荷载作用位置对构件平面外稳定性的影响，在公式 5.5.4-2 中加列了 $\xi_2 e_a$ 项，其中 ξ_2 是

横向荷载作用位置的影响系数，e_a 系横向荷载作用点到弯心的距离，规定当横向荷载指向弯心时，e_a 为负值，横向荷载离开弯心时，e_a 为正值。

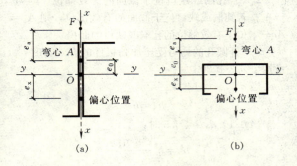

图 2 单轴对称开口截面压弯构件示意图

理论计算和试验研究表明，对于常用的单轴对称开口截面压弯构件而言，若作用于对称平面内的弯矩所致等效偏心距位于截面弯心一侧，且其绝对值不小于 $\dfrac{e_0}{2}$（e_0 为截面形心至弯心距离）时，构件将不会发生弯扭屈曲，故本条规定此时毋需计算其弯矩作用平面外的稳定性，以方便设计计算。

5.5.5 公式 5.5.1-1 和公式 5.5.5-2 均系半经验公式，是考虑到与轴心受压构件及受弯构件的整体稳定性计算公式的自然衔接和协调，并与有限试验结果做了分析、比较后确定的。

5.5.6 双轴对称截面的双向压弯构件稳定性的计算公式 5.5.6-1 和公式 5.5.6-2 均系半经验式，是考虑到和轴心受压构件、受弯构件及单向压弯构件的稳定性计算公式的衔接和协调，且与有关理论研究成果及少量试验资料作了对比分析后确定的。

5.5.7、5.5.8 格构式压弯构件，除应计算整个构件的强度和稳定性外，尚应计算单肢的强度和稳定性，以保证单肢不致先于整体破坏。

计算缀板和缀条的内力时，不考虑实际剪力和由构件初始缺陷所产生的剪力（由本规范第 5.2.7 条确定）的叠加作用（因为两者叠加的概率是很小的），而取两者的较大剪力较为合理。

5.6 构件中的受压板件

5.6.1 本条所指的加劲板件即为两纵边均与其他件相连接的板件；部分加劲板件即为一纵边与其他件相连接，另一纵边由符合第 5.6.4 条要求的卷边加劲的板件；非加劲板件即为一纵边与其他板件相连接，另一纵边为自由边的板件。例如箱形截面构件的腹板和翼板都是加劲板件；槽形截面构件的腹板是加劲板件，翼缘是非加劲板件；卷边槽形截面构件的腹板是加劲板件，翼缘是部分加劲板件。

根据上海交通大学、湖南大学和南昌大学对箱形

截面、卷边槽形截面和槽形截面的轴心受压、偏心受压板件的 132 个试验所得数据的分析，发现不论是哪一类板件都具有屈曲后强度，都可以采用有效截面的方式进行计算。因此本次修改不再采用原规范第 4.6.4 条关于非加劲板件及非均匀受压的部分加劲板件应全截面有效的规定。

板件按有效宽厚比计算时，有效宽厚比除与板件的宽厚比、所受应力的大小和分布情况、板件纵边的支承类型等因素有关外，还与邻接板件对它的约束程度有关。原规范在确定板件的有效宽厚比时，没有考虑邻接板件的约束影响。本条对此做了修改，增加了邻接板件的约束影响。

以上两点是本次修改时根据试验结果对本条所做的主要修改。

由于考虑相邻板件的约束影响后，确定板件有效宽厚比的参数数目又有增加，如仍采用列表的方式确定板件的有效宽厚比，表格量将大幅增加，于使用不便，因此本条采用公式确定板件的有效宽厚比。

根据对试验数据的分析，对于加劲板件、部分加劲板件和非加劲板件的有效宽厚比的计算，都可以采用一个统一的公式，即公式 5.6.1-1 至公式 5.6.1-3，公式中的计算系数 ρ 考虑了相邻板件的约束影响、板件纵边的支承类型和板件所受应力的大小和分布情况。

$$\rho = \sqrt{\frac{205 k_1 k}{\sigma_1}} \qquad (2)$$

式中 k——板件受压稳定系数，与板件纵边的支承类型和板件所受应力的分布情况有关；

k_1——板组约束系数，与邻接板件的约束程度有关；

σ_1——受压板件边缘的最大控制应力（N/mm²），与板件所受力的各种情况有关。

如计算中不考虑板组约束影响，可取板组约束系数 $k_1=1$，此时计算得到的有效宽厚比的值与原规范的基本相符。

目前国际上已有不少国家采用统一的公式计算加劲板件、部分加劲板和非加劲板件的有效宽厚比，而统一公式的表达形式因各国依据的实验数据而有所不同。

本次修改对受压板件有效截面的取法及分布位置也做了修改（见第 5.6.5 条），规定截面的受拉部分全部有效，有效宽度按一定比例分置在受压的两侧。因此，有效宽厚比计算公式 5.6.1-1 至公式 5.6.1-3 的右侧为板件受压区的宽度 b_c，即有效宽厚比用受压区宽厚比的一部分来表示。

有效宽厚比的计算公式由三段组成：第一段为当 $b/t \leqslant 18\alpha\rho$ 时，板件全部有效；第三段为当 $b/t \geqslant 38\alpha\rho$ 时，板件的有效宽厚比为一常数 $25\alpha\rho \frac{b_c}{b}$；第二段即 $18\alpha\rho < b/t < 38\alpha\rho$ 时为过渡段，衔接第一段与第三段。对于均匀受压的加劲板件（即 $\alpha=1$，$\rho=2$，$b_c=b$），当 $b/t \leqslant 36$ 时，板件全部有效；当 $b/t \geqslant 76$ 时，板件有效宽厚比为常数 50。原规范为当 $b/t \leqslant 30$ 时，板件全部有效；当 $b/t \geqslant 60$ 时，板件有效宽厚比为常数 45；但当 $b/t \geqslant 130$ 后，板件有效宽厚比又有增加。原规范的数值是根据当时所做试验结果制订的，当时箱形截面试件是由两槽形截面焊接而成。由于焊接应力较大，使数值有所降低。考虑到目前型材供应的改善，焊接应力会相应降低，这次修改对数值适当提高。美国和欧洲规范的数值为：当 $b/t \leqslant 38$ 时，板件全部有效；当 b/t 很大时，板件有效宽厚比渐近于 56.8；当 $b/t=76$ 时，有效宽厚比为 47.5，相当于本规范的 95%。因此，本规范的数值与美国和欧洲规范的比较接近。

5.6.2 本条给出了第 5.6.1 条有关公式中需要的板件受压稳定系数 k 的计算公式。这些公式均为根据薄板稳定理论计算的结果经过回归得到的。

5.6.3 本条给出了第 5.6.1 条有关公式中需要的板组约束系数 k_1 的计算公式。板组约束系数与构件截面的形式、截面组成的几何尺寸以及所受的应力大小和分布情况等有关。根据上海交通大学、湖南大学和南昌大学对箱形截面、带卷边槽形截面和槽形截面的轴心受压、偏心受压构件 132 个试验所得数据的分析，发现不同的截面形式和不同的受力状况时，板组约束系数是有区别的，但对于常用的冷弯薄壁型钢构件的截面形式和尺寸其变化幅度不大。考虑到构件的有效截面特性与板组约束系数的关系并不十分敏感，为了使用上的方便，对加劲板件、部分加劲板件和非加劲板件采用了统一的板组约束系数计算公式。

板件的弹性失稳临界应力为：

$$\sigma_{cr} = \frac{\pi^2 E k}{12(1-\mu^2)} \cdot \left(\frac{t}{b}\right)^2 \qquad (3)$$

式中 k——板件的受压稳定系数；

E——弹性模量；

μ——泊桑系数；

b——板件的宽度；

t——板件的厚度。

式（3）表明板件的临界应力与稳定系数 k 和宽厚比 b/t 有关，为了简便，式（3）可表示为：

$$\sigma_{cr} = A \frac{k}{\left(\frac{b}{t}\right)^2} \qquad (4)$$

图 3 表示一由板件组成的卷边槽形截面，腹板宽度为 w，翼缘宽度为 f，厚度均为 t。作用于腹板的板组约束系数用 k_{1w} 表示，作用于翼缘的板组约束系数用 k_{1f} 表示，腹板的弹性临界应力 σ_{crw} 和翼缘的弹性临界应力 σ_{crf} 可分别用下式表示：

$$\sigma_{crw} = A \frac{k_w k_{1w}}{\left(\frac{w}{t}\right)^2} \qquad (5)$$

$$\sigma_{crf} = A \frac{k_f k_{1f}}{\left(\frac{f}{t}\right)^2} \quad (6)$$

当考虑板组稳定时，应有 $\sigma_{crw} = \sigma_{crf}$，将式（5）和式（6）代入，则有：

$$\frac{k_{1f}}{k_{1w}} = \left(\frac{f}{w}\sqrt{\frac{k_w}{k_f}}\right)^2 \quad (7)$$

令

$$\xi_w = \frac{f}{w}\sqrt{\frac{k_w}{k_f}} \quad (8)$$

得

$$\frac{k_{1f}}{k_{1w}} = \xi_w \quad (9)$$

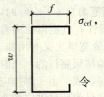

图 3 卷边槽形截面

式（9）表示按板组弹性失稳时，两块相邻板的板组约束系数之间的应有关系，即翼缘的板组约束系数 k_{1f} 和腹板的板组约束系数 k_{1w} 之间应有的关系。

本条在根据试验数据拟合板组约束系数 k_1 的计算公式（3）至公式（5）时，也考虑了公式（9）所表示的关系。

表 1 至表 6 是试验数据与按第 5.6.1 条至第 5.6.3 条的规定计算得到的理论结果的比较，表中还列出了按原规范和按美国规范的计算结果。比较结果表明，这次修改是比较满意的。

表 1 34 根箱形截面试件的试验结果 N_t 与各种方法计算结果 N_c 的比较 N_t/N_c

方法\指标	本规范方法考虑板组约束	本规范方法不考虑板组约束（$k_1=1$）	原规范方法（GBJ 18—87）	美国规范方法
平均值	1.14	1.14	1.06	1.20
均方差	0.199	0.195	0.240	0.200
最大值	1.72	1.72	1.72	1.72
最小值	0.88	0.85	0.77	0.89

表 2 13 根短柱、22 根长柱卷边槽形截面最大压应力在支承边的试件的试验结果 N_t 与各种方法计算结果 N_c 的比较 N_t/N_c

方法\指标	本规范方法考虑板组约束		本规范方法不考虑板组约束（$k_1=1$）		原规范方法（GBJ 18—87）		美国规范方法	
	短柱	长柱	短柱	长柱	短柱	长柱	短柱	长柱
平均值	1.018	1.113	0.991	1.080	1.024	1.072	0.881	0.907
均方差	0.188	0.102	0.159	0.075	0.156	0.095	0.083	0.068
最大值	1.318	1.361	1.202	1.268	1.211	1.259	1.054	1.031
最小值	0.740	0.910	0.727	0.967	0.754	0.902	0.732	0.749

表 3 8 根短柱、7 根长柱卷边槽形截面最大压应力在卷边边的试件的试验结果 N_t 与各种方法计算结果 N_c 的比较 N_t/N_c

方法\指标	本规范方法考虑板组约束		本规范方法不考虑板组约束（$k_1=1$）		原规范方法（GBJ 18—87）		美国规范方法	
	短柱	长柱	短柱	长柱	短柱	长柱	短柱	长柱
平均值	1.028	1.035	0.985	0.993	0.878	0.940	0.783	0.854
均方差	0.168	0.189	0.147	0.176	0.160	0.184	0.124	0.124
最大值	1.305	1.360	1.215	1.294	1.110	1.247	0.995	1.053
最小值	0.756	0.709	0.743	0.702	0.638	0.786	0.592	0.683

表 4 14 根槽形截面最大压应力在支承边的试件的试验结果 N_t 与各种方法计算结果 N_c 的比较 N_t/N_c

方法\指标	本规范方法考虑板组约束	本规范方法不考虑板组约束（$k_1=1$）	原规范方法（GBJ 18—87）	美国规范方法
平均值	1.138	1.106	1.993	1.480
均方差	0.141	0.143	0.250	0.498
最大值	1.349	1.356	2.480	2.510
最小值	0.879	0.873	1.640	0.900

表 5 24 根槽形截面最大压应力在自由边的试件的试验结果 N_t 与各种方法计算结果 N_c 的比较 N_t/N_c

方法\指标	本规范方法考虑板组约束	本规范方法不考虑板组约束（$k_1=1$）	原规范方法（GBJ 18—87）	美国规范方法
平均值	1.097	1.180	2.227	1.318
均方差	0.199	0.246	0.655	0.471
最大值	1.591	1.763	4.091	2.348
最小值	0.800	0.785	1.276	0.675

表 6 10 根槽形截面腹板非均匀受压试件的试验结果 N_t 与各种方法计算结果 N_c 的比较 N_t/N_c

方法\指标	本规范方法考虑板组约束	本规范方法不考虑板组约束（$k_1=1$）	原规范方法（GBJ 18—87）	美国规范方法
平均值	0.967	0.967	1.261	0.989
均方差	0.136	0.137	0.400	0.150
最大值	1.190	1.194	1.806	1.245
最小值	0.758	0.762	0.762	0.802

表 1 至表 6 表明，与试验结果相比考虑板组约束

与不考虑板组约束的计算结果在平均值与均方差方面差别不大，但在某些情况下，两者可以有较大差别，不考虑板组约束有时会偏于不安全，有时则会偏于过分保守，可由下列两例看出。

例1：箱形截面，轴心受压。
1. 不考虑板组约束。
$k=4, k_1=1, \sigma_1=205, \rho=2 \quad b/t=120$
短边：$b/t=20<18\rho=36, b_e/t=20 \quad \boxed{b/t=20}$
长边：$b/t=120>38\rho=76, b_e/t=50$
故：$A_e=(2\times20+2\times50)t^2=140t^2$

2. 考虑板组约束。
$k=4, k_c=4, \psi=1, b_c=b, \alpha=1, \sigma_1=205$
k_1 计算：
长边：$\xi=20/120=1/6, k_1=1/\sqrt{\xi}=2.5>1.7$，取 1.7。
短边：$\xi=120/20=6, k_1=0.11+0.93/(\xi-0.05)^2=0.136$
b_e/t 计算：
长边：$\rho=\sqrt{k_1 k}=2.6, b/t=120>38\rho=99, b_e/t=25\rho=65$
短边：$\rho=\sqrt{k_1 k}=0.74, 18\rho=13<b/t=20<38\rho=28$
$b_e/t=\left(\sqrt{\dfrac{21.8\rho}{b/t}}-0.1\right)\cdot\dfrac{b_c}{t}=16$
故：$A_e=(2\times16+2\times65)t^2=162t^2$
结论：不考虑板组约束过于保守。

例2：箱形截面，轴心受压。
1. 不考虑板组约束。
$k=4, k_1=1, \sigma_1=205, \rho=2$
短边：$b/t=76=38\rho, b_e/t=25\rho=50$
长边：$b/t=120>38\rho=76, b_e/t=50 \quad b/t=180$
故：$A_e=(2\times50+2\times50)t^2=200t^2 \quad \boxed{b/t=76}$

2. 考虑板组约束。
$k=4, k_c=4, \psi=1, b_c=b, \alpha=1, \sigma_1=205$
k_1 计算：
长边：$\xi=76/180=0.422, k_1=1/\sqrt{\xi}=1.54$
短边：$\xi=180/76=2.368, k_1=0.11+0.93/(\xi-0.05)^2=0.283$
b_e/t 计算：
长边：$\rho=\sqrt{k_1 k}=2.48, b/t=180>38\rho=94, b_e/t=25\rho=62$
短边：$\rho=\sqrt{k_1 k}=1.06, b/t=76>38\rho=40.28, b_e/t=25\rho=26.5$
故：$A_e=(2\times26.5+2\times62)t^2=177t^2$
结论：不考虑板组约束偏于不安全。

对于其他截面形式及受力状况也都有这种情况，不再列举。从以上例子可以看出，考虑板组约束作用是合理的。

5.6.4 本条规定的卷边高厚比限值是按其作为边加劲的最小刚度要求以及在保证卷边不先于平板局部屈曲的基础上确定的。

5.6.5 本条规定了受压板件有效截面的取法及位置。原规范为了方便设计计算，采用了将有效宽度平均置于板件两侧的方法。但当板件上的应力分布有拉应力时，往往会出现截面中受拉应力作用的部位也不一定全部有效，这不尽合理。本条做了修改，规定截面的受拉部分全部有效，板件的有效宽度则按一定比例分置在受压部分的两侧。

5.6.6 本条规定了轴心受压圆管构件保证局部稳定的圆管外径与壁厚之比的限值，该限值是按理想弹塑性材料推导得到的。

5.6.7 轴心受压构件截面上承受的最大应力是由压杆整体稳定控制的，其值为 φf。因此，在确定截面上板件的有效宽度时，宜将 φf 作为板件的最大控制应力 σ_1。

5.6.8 构件中板件的有效宽厚比与板件所受的压应力分布不均匀系数 ψ 及最大压应力 σ_{max} 有关。本条规定是关于拉弯、压弯和受弯构件中受压板件不均匀系数 ψ 和最大压应力值的计算，并据此按照第 5.6.1 条的规定计算受压板件的有效宽厚比。

压弯构件在受力过程中由于压力的 $P—\Delta$ 效应，其受力具有几何非线性性质，使截面上的内力和应力分布的计算比较复杂，为了简化计算，同时考虑到压弯构件一般由稳定控制，计及 $P—\Delta$ 效应后截面上的最大应力大多是用足的或相差不大，因此本条规定截面上最大控制应力值可取为钢材的强度设计值 f，同时截面上各板件的压应力分布不均匀系数 ψ 可取按构件毛截面作强度计算时得到的值，不考虑双力矩的影响。各板件中的最大控制应力则由截面上的强度设计值 f 和各板件的应力分布不均匀系数 ψ 推算得到。

受弯及拉弯构件因没有或可以不考虑 $P—\Delta$ 效应，截面上各板件的应力分布下不均匀系数 ψ 及最大压应力值均取按构件毛截面作强度计算得到的值，不考虑双力矩的影响。

6 连接的计算与构造

6.1 连接的计算

6.1.2 以美国康奈尔大学为主的 AWS 结构焊接委员会第 11 分委员会，在试验研究的基础上，于 1976 年提出了薄板结构焊接标准的建议，其中给出了喇叭形焊缝的设计方法。试验证明，当被连板件的厚度 $t\leqslant4.5mm$ 时，沿焊缝的横向和纵向传递剪力的连接的破坏模式均为沿焊缝轮廓线处的薄板撕裂。

美国 1986 年《冷弯型钢结构构件设计规范》规定，当被连板件的厚度 $t\leqslant 4mm$ 时，单边喇叭形焊缝端缝受剪时，考虑传力有一定的偏心，取标准强度为 $0.833F_u$；喇叭形焊缝纵向受剪时考虑了两种情况：当焊脚高度和被连板厚满足 $t\leqslant 0.7h_f<2t$，或当卷边高度小于焊缝长度时，卷边部分传力甚少，薄板为单剪破坏，标准强度为 $0.75F_u$；当焊脚高度满足 $0.7h_f\geqslant 2t$，或卷边高度大于焊缝长度时，卷边部分也可传递较大的剪力，能在焊缝的两侧发生薄板的双剪破坏，标准强度成倍增长为 $1.5F_u$。该规范的安全系数取为 2.5，则上述各种情况的相应允许强度分别为：$0.333F_u$、$0.3F_u$ 和 $0.6F_u$。该规范还规定，当被连板件的厚度 $t>4mm$ 时，尚应按一般角焊缝进行验算。

在制定本规范条文时，参考美国 86 规范，按着相同的安全系数，转化为我国的表达形式。设 $[R]$ 为美国规范所给的允许强度，R_k 为按我国规范设计时的标准强度，则有：

$$\frac{R_k}{\gamma_s \cdot \gamma_R} = [R] \quad (10)$$

式中 γ_s 和 γ_R 分别为我国的荷载平均分项系数和钢材的抗力分项系数。

将上式写成我国规范的强度设计表达式，有：

$$\frac{R_k}{\gamma_R} = \gamma_s[R]$$

或

$$\frac{R_k}{\gamma_R} = [R]\frac{f}{f_u} \cdot \gamma_s \cdot \gamma_R \cdot \frac{f_u}{f_y} \quad (11)$$

由（11）式，将美国规范 $[R]$ 中的 F_u 用 f 代换后得到转化为我国设计强度的转化系数为 $\gamma_s \cdot \gamma_R \cdot \frac{f_u}{f_y}$。近似取平均荷载分项系数 $\gamma_s=1.3$，钢材的抗力分项系数 $\gamma_R=1.165$。对 Q235 钢，最小强屈比为 1.6，则转化系数为 2.423，相应的设计强度分别为 $0.81f$、$0.71f$ 和 $1.42f$，取整数即分别为 $0.8f$、$0.7f$ 和 $1.4f$；对板厚小于 4mm 的 Q345 钢，其最小强屈比为 1.5，相应的转化系数为 2.272，设计强度分别为 $0.76f$、$0.68f$ 和 $1.36f$。考虑到喇叭形焊缝在我国的研究和应用尚不充分，在本条文的编写中，偏于安全的将双剪破坏的设计强度按单剪取值。同时将 Q345 钢的相应设计强度表达式近似为 Q235 钢的相应式子。

6.1.4 为了与其他机械式连接件的承载力设计值表达式相协调，将普通螺栓连接强度的应力表达式改为单个螺栓的承载力设计值表达式。

6.1.7 用于压型钢板之间和压型钢板与冷弯型钢等支承构件之间的紧固件连接的承载力设计值，一般应由生产厂家通过试验确定。欧洲建议（Recommendations for Steel Construction ECCSTC7, The Design and Testing of Connections in Steel Sheetingand Sections）对常用的抽芯铆钉、自攻螺钉和射钉等的连接强度做过大量试验研究工作，总结出保证连接不出现脆性破坏的构造要求和偏于安全的计算方法。

大量试验表明，承受拉力的压型钢板与冷弯型钢等支承构件间的紧固件有可能被从基材中拔出而失效；也可能被连接的薄钢板沿连接件头部被剪脱或拉脱而失效。后者在承受风力作用时有可能出现疲劳破坏，因此欧洲建议中规定，遇风组合作用时，连接件的抗剪脱和抗拉脱的抗拉承载力设计值取静荷作用时的一半。建议还采用不同的折减系数，考虑连接件在压型钢板波谷的不同部位设置时，可能产生的杠杆力和两个连接件传力不等而带来的不利影响。

试验表明传递剪力的连接不存在遇风组合的疲劳问题，抗剪连接的破坏模式主要以被连接板件的撕裂和连接件的倾斜拔出为主。单个连接件的抗剪承载力设计值仅与被连接板件的厚度和其屈服强度的标准值以及连接件的直径有关。

我国一些单位也对抽芯铆钉和自攻螺钉连接做过试验研究，并证实了欧洲建议所建议的公式是偏于安全保守的。因此本规范采用了这些公式，只做了强度设计值的代换。

欧洲建议规定：永久荷载的荷载分项系数为 1.3，活荷载的为 1.5，与薄钢板连接的紧固件的抗力分项系数为 $\gamma_m=1.1$，因此当取平均荷载分项系数为 1.4 时，欧洲建议在连接的承载力设计值之外的安全系数为 $1.4\times 1.1=1.54$。我国的相应平均荷载分项系数为 1.3，取连接的抗力分项系数与钢材的相同，即 $\gamma_R=1.165$，则相应的安全系数为 $1.3\times 1.165=1.52$。可见中、欧双方在冷弯薄壁型钢结构方面的安全系数基本相当。欧洲建议中所用的屈服强度的设计值 σ_e 相当于我国的钢材标准强度 f_y，因此取 $\gamma_R f=1.165f=\sigma_e$，对公式进行代换。也就是说对欧洲建议的公式的右侧均乘以 1.165，并用 f 取代 σ_e，即得规范中的相应公式。需要说明的是，为了简化公式，将抽芯铆钉的抗剪强度设计值计算表达式取与自攻螺钉相当的表达式。

6.2 连接的构造

6.2.1 本条补充了直接相贯的钢管节点的角焊缝尺寸可放大到 $2.0t$ 的规定。由于这种节点的角焊缝只在钢管壁的外侧施焊，不存在两侧施焊的过烧问题，是可以被接受的。另外，在具体设计中应参考现行国家标准《钢结构设计规范》GB 50017 中有关侧面角焊缝最大计算长度的规定。

6.2.5、6.2.6、6.2.8、6.2.9 这四条的规定来源于欧洲建议，这些构造规定是 6.1.7 条中各公式的适用条件，因此必须满足。

6.2.7 被连板件上安装自攻螺钉（非自钻自攻螺钉）用的钻孔孔径直接影响连接的强度和柔度。孔径的大小应由螺钉的生产厂家规定。1981年的欧洲建议曾以表格形式给出了孔径的建议值。本规范采用了由归纳出的公式形式给出的预制孔建议值。

7 压型钢板

7.1 压型钢板的计算

7.1.6 τ_{cr} 计算公式 7.1.6-1 和 7.1.6-3 分别为腹板弹塑性和弹性剪切屈曲临界应力设计值。

7.1.7 楼面压型钢板施工期间,可能出现较大的支座反力或集中荷载,由于压型钢板的腹板厚度 t 相对较薄,在局部集中荷载作用下,可能出现一种称之为腹板压跛(Web Crippling)现象。腹板压跛涉及因素较多,很难用理论精确分析,R_w 计算公式 7.1.7-2 是根据大量试验后给出的。该式取自欧洲建议。但公式 7.1.7-2 是取 $r=5t$ 代入欧洲建议公式得出的。

7.1.8 支座反力处同时作用有弯矩的验算的相关公式 7.1.8,是欧洲各国做了 1500 余个试件试验整理给出的。欧洲规范 EC3—ENV1993—1—3,1996 也取用该相关公式。

7.1.9 弯矩 M 和剪力 V 共同作用截面验算的相关公式 7.1.9 取自欧洲规范 EC3—ENV1993—1—3,1996。

7.1.10 集中荷载 F 作用下的压型钢板计算,根据国内外试验资料分析,集中荷载主要由荷载作用点相邻的槽口协同工作,究竟由几个槽口参与工作,这与板型、尺寸等有关,目前尚无精确的计算方法,一般根据试验结果确定。规范给出的将集中荷载 F 沿板宽方向折算成均布线荷载 q_{re}(公式 7.1.10)是一个近似简化公式,该式取自欧洲建议,式中折算系数 η 由试验确定,若无试验资料,欧洲建议规定取 $\eta=0.5$。此时,用该式的计算方法,近似假定为集中荷载 F 由两个槽口承受,这对多数压型钢板的板型是偏安全的。

屋面压型钢板上的集中荷载主要是施工或使用期间的检修荷载。按我国荷载规范规定,屋面板施工或检修荷载 $F=1.0kN$;验算时,荷载 F 不乘荷载分项系数,除自重外,不与其他荷载组合。但当施工期间的施工集中荷载超过 1.0kN,则应按实际情况取用。

7.1.11 屋面和墙面压型钢板挠度控制值是根据近十多年我国实践经验给出的。近几年,压型钢板出现不少新的板型,对特殊异形的压型钢板,建议其承载力、挠度通过试验确定。

7.2 压型钢板的构造

7.2.1~7.2.9 这些条文均是关于屋面、墙面和作为永久性模板的楼面压型钢板的构造要求规定。条文中增加了近几年在实际工程中采用的压型钢板侧向扣合式和咬合式连接方式,这两种连接方法,连接件隐藏在压型钢板下面,可避免渗漏现象。此外,近几年勾头螺栓在工程中已很少采用,因此,条文中对于压型钢板连接件主要选用自攻螺栓(或射钉),但这类连接件必须带有较好的防水密封胶垫材料,以防连接点渗漏。

8 檩条与墙梁

8.1 檩条的计算

8.1.1 实腹式檩条在屋面荷载作用下,系双向受弯构件,当采用开口薄壁型钢(如卷边 Z 形钢和槽形钢)时,由于荷载作用点对截面弯心存在偏心,因而必须考虑弯扭双力矩的影响,严格说来,应按规范公式 5.3.3-1 验算截面强度,即:

$$\sigma = \frac{M_x}{W_{enx}} + \frac{M_y}{W_{eny}} + \frac{B}{W_\omega} \leqslant f$$

但是,在实际工程中,由于屋面板与檩条的连接能阻止或部分阻止檩条的侧向弯曲和扭转,M_y 和 B 的数值相应减少,如按上式计算,则算得的檩条应力过大,偏于保守;如果根据试验数据反算 M_y 和 B 的折减系数,又由于屋面和檩条的形式多样,很难定出恰当的系数,因此,本规范仍采用公式 8.1.1-1 作为强度计算公式,即:

$$\sigma = \frac{M_x}{W_{enx}} + \frac{M_y}{W_{eny}} \leqslant f$$

采用上式的根据是:

1 利用 M_y/W_{eny} 一项来包络由于侧向弯曲和双力矩引起的应力,按照近年来工程实践的检验,一般是偏于安全的同时也简化了计算,便于设计者使用;

2 根据对收集到的 Z 形薄壁檩条试验数据的统计分析,当活载效应与恒载效应之比为 0.5、1、2、3 时,用一次二阶矩概率方法,算得其可靠度指标 β 均大于 3.2(Q345 钢平均为 3.287,Q235.F 钢平均为 3.378;Q235 钢平均为 4.044),可见该公式是可靠的;

3 只有屋面板材与檩条有牢固的连接,即用自攻螺钉、螺栓、拉铆钉和射钉等与檩条牢固连接,且屋面板材有足够的刚度(例如压型钢板),才可认为能阻止檩条侧向失稳和扭转,可不验算其稳定性。

对塑料瓦材料等刚度较弱的瓦材或屋面板材与檩条未牢固连接的情况,例如卡固在檩条支架上的压型钢板(扣板),板材在使用状态下可自由滑动,即屋面板材与檩条未牢固连接,不能阻止檩条侧向失稳和扭转,应按公式 8.1.1-2 验算檩条的稳定性,即:

$$\frac{M_x}{\varphi_b W_{ex}} + \frac{M_y}{W_{ey}} \leqslant f$$

8.1.2 实腹式檩条在风荷载作用下，下翼缘受压时受压下翼缘将产生侧向失稳和扭转，虽然与屋面牢固连接的上翼缘对受压下翼的失稳和扭转有一定的约束作用，但受力较复杂。本规范仍按公式8.1.1-2 验算其稳定性。

8.1.3 平面格构式檩条（包括桁架式与下撑式）上弦受力情况比较复杂，一般除了轴心力 N 和弯矩 M_x、M_y 以外，还有双力矩 B 的影响，因此，计算比较繁琐。为了简化计算，通过对收集到的已建成工程的调查资料及大量试验数据的研究、分析，规范推荐公式 5.5.1 和 8.1.3-1 来计算其强度和稳定性，但对公式中的 N、M_x、M_y 的计算作了具体规定，使之能包络双力矩 B 的影响。此外，在构造上，则建议平面格构式檩条的上弦节点采用缀板与腹杆连接，以减少上弦杆的弯扭变形，减小双力矩 B 的影响。

通过近20根各种平面格构式檩条的试验资料表明，这两个计算公式具有足够的可靠度。

8.1.4 平面格构式檩条，过去主要用于较重屋面，风吸力使下弦内力变号问题不突出，广泛采用压型钢板屋面后，对于跨度大、檩距大等不宜采用实腹檩条的情况，格构式檩条仍具有一定的用途。本条规定平面格构式檩条在风吸力作用下下弦受压时下弦应采用型钢。同时为确保下弦平面外的稳定，应在下弦平面内布置必要的拉条和撑杆。

8.1.5 平面格构式檩条受压弦杆平面外计算长度应取侧向支承点间的距离（拉条可作为侧向支承点）。通常为了减少檩条在使用阶段和施工过程中的侧向变形和扭转，在其两侧都设置了拉条，而拉条又与端部的刚性构件（如钢筋混凝土天沟或有刚性撑杆的桁架）相连，故拉条可作为侧向支承点。

8.1.6 檩条的容许挠度限值属于正常使用极限状态，其值主要根据使用条件而定。为了保证屋面的正常使用，避免因檩条挠度过大致使屋面瓦材断裂而出现漏水现象，必须控制檩条的挠度限值。

本条所列檩条挠度限值与原规范基本相同，通过对实际工程使用情况的调查和檩条的挠度试验，均表明这些限值基本上是合适的。新增加的压型钢板虽属轻屋面，但因这种板材屋面坡度较小，通常均小于1/10，为了防止由于檩条过大变形导致板面积水，加速钢板的锈蚀，故对其作出了较为严格的规定，将这种屋面檩条的容许挠度值提高为1/200。

8.2 檩条的构造

8.2.1 实腹式檩条目前常用截面形式为Z形钢、槽钢和卷边槽钢，其截面重心较高，在屋面荷载作用下，常产生较大的扭矩，使檩条扭转和倾覆。因此，条文规定在檩条两端与屋架、刚架连接处宜采用檩托，并且上、下用两个螺栓固定，使檩条的端部形成对扭转的约束支座，籍以防止檩条在支座处的扭转变形和倾覆，并保证檩条支座范围内腹板的稳定性。当檩条高度小于100mm时，也可只用一排两个螺栓固定。

8.2.2 通常平面格构式檩条的高度与跨度及荷载有关。根据调查，目前工业厂房的檩条跨度 l 大多为6m，当为中等屋面荷载（檩距为1.5m的钢丝网水泥瓦）时，檩条高度 h 一般采用 300mm，即 $h/l=1/20$；当为重屋面荷载（檩距为3m的预应力钢筋混凝土单槽瓦）时，檩条高度一般采用500mm，即 $h/l=1/12$，这些檩条的实测挠度在 1/250～1/500 之间，可以满足正常使用的要求。故本规范仍采用平面格构式檩条的高度可取跨度的 1/12～1/20 的规定。

此外，平面格构式檩条的试验结果表明，端部受压腹杆如采用型钢，不但其承载能力高，而且也易于保证施工质量，因此，本条明确规定端部受压腹杆应采用型钢，以确保质量。

第8.1.4条规定风荷载作用下，平面格构式檩条下弦受压时，下弦应采用型钢，但下弦平面外的稳定应在下弦平面上设置支承点，一般宜用拉条和撑杆组成。支撑点的间距以不大于3m为宜。

8.2.3 拉条和撑杆的布置，系参照多年来的工程实践经验提出的，它能够起到提高檩条侧向稳定与屋面整体刚度的作用，故仍维持原规范的规定。

实腹檩条下翼缘在风荷载作用下受压时，布置在靠近下翼缘的拉条和撑杆可作为受压下翼缘平面外的侧向支承点。但此时上翼缘应与屋面板材牢固连接。

当前有较多的工程为了保温或隔热或建筑需要，在檩条上下翼缘上均设压型钢板（双层构造）。当上下压型钢板均与檩条牢固连接时，这种构造可保证檩条的整体稳定，可不设拉条和撑杆。但安装压型钢板时，应采取临时措施，以防施工过程中檩条失稳。

8.2.4 利用檩条作屋盖水平支撑压杆时，檩条的最大长细比应满足本规范第4.3.3条的规定，即 $\lambda \leqslant 200$，这时檩条的拉条和撑杆可作为平面外的侧向支承点。当风荷载或吊车荷载作用时檩条应按压弯构件验算其强度和稳定性。

8.3 墙梁的计算

8.3.1 墙梁的强度按公式 5.3.3-1 计算，是构造上能保证墙梁整体稳定的情况。例如墙梁两侧均设置墙板或一侧设置墙板另一侧设置可阻止其扭转变形的拉杆和撑杆时，可认为构造上能保证墙梁整体稳定性。且可不计弯扭双力矩的影响，即 $B=0$。

8.3.2 构造上不能保证墙梁的整体稳定，系指第8.3.1以外的情况。例如墙板未与墙梁牢固连接或采用挂板形式；拉条或撑杆在构造上不能阻止墙梁侧向扭转等情况，均应按公式 5.3.3-2 验算其整体稳定性。

8.3.3 窗顶墙梁的挠度规定比其他墙梁的挠度严

格，主要保证窗和门的开启，以及墙梁变形时门窗玻璃不致损坏。

9 屋架

9.1 屋架的计算

9.1.1 由于屋架上弦杆件一般都是连续的，屋架节点并非理想铰接，因此，必然存在着次应力的影响，有时还是相当大的，但通常屋架的计算都忽略了次应力的影响，按节点为铰接考虑，一般都能达到应有的安全度，在实际工程中也未发现因简化计算出现安全事故。为了避免次应力的繁琐计算，采用按屋架各节点均为铰接的简化计算方法，是切实可行的，故本规范仍沿用原规范的规定。至于特别重要的工业与民用建筑中的屋架，则应在计算中考虑次应力的影响。

9.1.2 根据现行国家标准《钢结构设计规范》GB 50017 的规定，桁架腹杆（支座竖杆与支座斜杆除外）的计算长度，在屋架平面内应取 $0.8l$（l 为节点中心间的距离）。这是考虑到一般钢结构腹杆与弦杆的连接，均采用节点板或其他加劲措施，能使腹杆端部在屋架平面内的转动受到弦杆的约束，故应予折减。而冷弯薄壁型钢结构中腹杆与弦杆的连接，大都采用顶接方式，仅能起到一定的约束作用，所以，仍采用节点中心间的距离作为腹杆的计算长度。

在屋架平面外，弦杆的计算长度一般取侧向支承点间的距离。如等间距的受压弦杆或腹杆之侧向支承点为节点长度的 2 倍，且内力不等时，则可根据压弯构件或拉弯构件弹性曲线的一般方程，利用初参数法来确定其临界力及计算长度。

公式 9.1.2-1 系简化公式，其计算结果与精确公式相当接近。

9.2 屋架的构造

9.2.1 冷弯薄壁型钢屋架平面内的刚度还是比较好的，一般均能满足正常使用要求，但为了消除由于视差的错觉所引起之屋架下挠的不安全感，确保屋架下弦与吊车顶部的净空尺寸，15m 以上的屋架均宜起拱。大量试验数据证明，在设计荷载作用下相对挠度的实测值均小于跨度的 1/500，因此，规定屋架的起拱高度可取跨度的 1/500。

9.2.2 为了保证屋盖结构的空间工作，提高其整体刚度，承担或传递水平力，避免压杆的侧向失稳，以及保证屋盖在安装和使用时的稳定，应分别根据屋架跨度及其载荷的不同情况设置横向水平支撑、纵向水平支撑、垂直支撑及系杆等可靠的支撑体系。

9.2.3 为了充分发挥冷弯型钢断面性能和提高冷弯型钢屋架杆件的防腐能力及便于维修，规范推荐冷弯型钢屋架采用封闭断面。

9.2.4 屋架杆件的接长主要指弦杆。屋架拼装接头的数量和位置，应结合施工及运输的具体条件确定。拼装接头可采用焊接或螺栓连接。

9.2.5 本条主要是指在设计屋架节点时，构造上应注意的有关事项。

10 刚 架

10.1 刚架的计算

10.1.1 刚架梁是以承受弯矩为主、轴力为次的压弯构件，其轴力随坡度的减小而减小（对于山形门式刚架，斜梁轴力沿梁长是逐渐改变的），当屋面坡度不大于 1：2.5 时，由于轴力很小，可仅按压弯构件计算其在刚架平面内的强度（此时轴压力产生的应力一般不超过总应力的 5%），而不必验算其在刚架平面内的稳定性。

刚架在其平面内的整体稳定，可由刚架柱的稳定计算来保证，变截面柱（通常为楔形柱）在刚架平面内的稳定验算可以套用等截面压弯构件的计算公式。

刚架梁、柱在刚架平面外的稳定性可由檩条和墙梁设置隅撑来保证，设置隅撑的间距可参照现行国家标准《钢结构设计规范》GB 50017 中受弯构件不验算整体稳定性的条件来确定。

10.1.2 刚架的失稳有无侧移失稳和有侧移失稳之分，而有侧移失稳一般具有最小的临界力，实际工程中，门式刚架通常在刚架平面内没有侧向支撑，且刚架梁、柱线刚度比并不太小，因此在确定刚架柱在刚架平面内的计算长度时，只考虑有侧移失稳的情况。表 A.3.1 适用于梁、柱均为等截面的单跨刚架，表 A.3.2 适用于等截面梁、楔形柱的单跨刚架。当刚架横梁为变截面时，不能采用上述方法，本条给出的计算公式有相当好的精度。

由于常用的柱脚构造并不能完全做到理想铰接或完全刚接的要求，考虑到柱脚的实际约束情况，对柱的计算长度系数予以修正。

10.1.3 多跨刚架的中间柱多采用摇摆柱，此时，摇摆柱自身的稳定性依赖刚架的抗侧移刚度，作用于摇摆柱中的轴力将起促进刚架失稳的作用，因此，边柱的计算长度系数按第 10.1.2 条的规定计算时，应乘以放大系数。而摇摆柱的计算长度系数应取 1.0。

10.1.4 在刚架平面外，实腹式梁和柱的计算长度，应取侧向支承点间的距离。作为侧向支承点的檩条、墙梁必须与水平支撑、柱间支撑或其他刚性杆件相连，否则，一般不能作为侧向支承点。但当屋面板、墙面板采用压型钢板、夹芯板等板材，而板与檩条、墙梁有可靠连接时，檩条、墙梁可以作为侧向支承点。当梁（或柱）两翼缘的侧向支承点间的距离不等时，为安全起见，应取最大受压翼缘侧向支承点间的距离。

10.1.6 为了保证刚架有足够的刚度以及屋面、墙面以及吊车梁的正常使用，必须限制刚架梁的竖向挠度和柱顶水平位移（侧移）。根据国内的研究结果并参考国外的有关资料，规范给出了表 10.1.6-1 和表 10.1.6-2 的规定。当屋面梁没有悬挂荷载时，刚架梁垂直于屋面的挠度一般均能满足表 10.1.6-1 的要求而不必验算。表 10.1.6-2 是按照平板式铰接柱脚的情况给出的，平板式柱脚按刚接计算时，表 10.1.6-2 中所列限值尚应除以 1.2。

10.2 刚架的构造

10.2.2 刚架梁的最小高度与其跨度之比的建议值，是根据工程经验给出的，但只是建议值，并非硬性规定。

10.2.3 门式刚架基本上是作为平面刚架工作的，其平面外刚度较差，设置适当的支撑体系是极为重要的，因此本规范这次修订对此作了原则规定。

支撑体系的主要作用有：平面刚架与支撑一起组成几何不变的空间稳定体系；提高其整体刚度，保证刚架的平面外稳定性；承担并传递纵向水平力；以及保证安装时的整体性和稳定性。

支撑体系包括屋盖横向水平支撑、柱间支撑及系杆等。

支撑桁架的弦杆为刚架梁（或柱），斜腹杆为交叉支撑，竖腹杆可以是檩条（或墙梁），为了保持檩条（或墙梁）的规格一致，或当刚架间距较大，为了保证安装时有较大的整体刚度，竖腹杆及刚性系杆亦可用另加的焊接钢管、方管、H 型钢或其他截面形式的杆件。位于温度区段或分期建设区段两端的支撑桁架竖腹杆或刚性系杆按所传递的纵向水平力或所支撑构件轴力的 $1/\left(80\sqrt{\dfrac{235}{f_y}}\right)$ 之较大者设计（当所支撑构件为实腹梁的翼缘时，其轴力为 $A \cdot f$）。

11 制作、安装和防腐蚀

11.1 制作和安装

11.1.3 钢材和构件的矫正：

1 钢材的机械矫正，一般应在常温下用机械设备进行，矫正后的钢材，在表面上不应有凹、凹痕及其他损伤。

2 对冷矫正和冷弯曲的最低环境温度进行限制，是为了保证钢材在低温情况下受到外力时不致产生冷脆断裂。在低温下钢材受到外力脆断要比冲孔和剪切加工时而断裂更敏感，故环境温度应作严格限制。

3 碳素结构钢和低合金结构钢，允许加热矫正，但不得超过正火温度（900℃）。低合金结构钢在加热矫正后，应在自然状态下缓慢冷却，缓慢冷却是为了防止加热区脆化，故低合金结构钢加热后不应强制冷却。

11.1.4 构件用螺栓、高强度螺栓、铆钉等连接的孔，其加工方法有钻孔、冲孔等，应根据技术要求合理选择加工方法。钻孔是一种机械切削加工，孔壁损伤小，加工质量较好。冲孔是在压力下的剪切加工，孔壁周围会产生冷作硬化现象，孔壁质量较差，但其生产效率较高。

11.1.5 焊接构件组装后，经焊接矫正后产生收缩变形，影响构件的几何尺寸的正确性，因此在放组装大样或制作组装胎模时，应根据构件的规格、焊接、组装方法等不同情况，预放不同的收缩余量。对有起拱要求的构件，除在零件加工时做出起拱外，在组装时还应按规定做好起拱。

构件的定位焊是正式缝的一部分，因此定位焊缝不允许存在最终熔入正式焊缝的缺陷，定位焊采用的焊接材料型号，应与焊接材质相同匹配。

11.2 防腐蚀

11.2.3 钢材表面的锈蚀度和清洁度可按现行国家标准《涂装前钢材表面锈蚀等级和除锈等级》GB 8923，目视外观或做样板、照片对比。

11.2.4 化学除锈方法在一般钢结构制造厂已逐步淘汰，因冷弯薄壁型钢结构部分构件尚在应用化学处理方法进行表面处理，如喷（镀）锌、铝等，故本规范仍将其列入。

11.2.6 对涂覆方法，一般不作具体限制要求，可用手刷，也可采用无气或有气喷涂，但从美观看，高压无气喷涂漆面较为均匀。

11.2.8 本条规定涂装时的环境温度以 5～38℃ 为宜，只适合在室内无阳光直射情况。如在阳光直射情况下，钢材表面温度会比气温高 8～12℃，涂装时漆膜的耐热性只能在 40℃ 以下，当超过漆膜耐热性温度时，钢材表面上的漆膜就容易产生气泡而局部鼓起，使附着力降低。

低于 0℃ 时，室外钢材表面涂装容易使漆膜冻结不易固化，湿度超过 85% 时，钢材表面有露点凝结，漆膜附着力变差。

涂装后 4h 内不得淋雨，是因漆膜表面尚未固化，容易被雨水冲坏。

中华人民共和国行业标准

网架结构设计与施工规程

JGJ 7—91

条 文 说 明

前 言

根据城乡建设部（86）城科字 263 号文的要求，由中国建筑科学研究院、浙江大学会同有关单位共同编制的《网架结构设计与施工规程》JGJ 7—91，经建设部 1991 年 9 月 29 日以建标字 [1991] 648 号文批准发布。

为便于广大设计、施工、科研、学校等有关单位人员在使用本规程时能正确理解和执行条文规定，《网架结构设计与施工规程》编制组根据建设部编制标准、规范条文说明的统一要求，按《网架结构设计与施工规程》的章、节、条的顺序，编制了《规程条文说明》，供国内各有关部门和单位参考。在使用中如发现本条文说明有欠妥之处，请将意见函寄中国建筑科学研究院《网架结构设计与施工规程》管理组（地址：北京安外小黄庄，邮政编码 100013）。

本《条文说明》由建设部标准定额研究所组织出版发行，仅供有关部门和单位执行本规程时使用，不得外传和翻印。

目 次

第一章　总则 ………………………………… 2—8—4
第二章　设计的一般规定 …………………… 2—8—4
第三章　网架结构的计算 …………………… 2—8—5
 第一节　一般计算原则 …………………… 2—8—5
 第二节　空间桁架位移法的计算
    原则 ………………………………… 2—8—6
 第三节　简化计算法 ……………………… 2—8—6
 第四节　地震、温度作用下的内力
    计算原则 …………………………… 2—8—7
 第五节　组合网架结构的计算原则 ……… 2—8—7
第四章　杆件和节点的设计与
   构造 ………………………………… 2—8—7
 第一节　杆件 ……………………………… 2—8—7
 第二节　焊接钢板节点 …………………… 2—8—8
 第三节　焊接空心球节点 ………………… 2—8—9
 第四节　螺栓球节点 ……………………… 2—8—9
 第五节　支座节点 ………………………… 2—8—10
 第六节　组合网架结构的节点构造 ……… 2—8—10
第五章　制作与安装 ………………………… 2—8—10
 第一节　一般规定 ………………………… 2—8—10
 第二节　制作与拼装要求 ………………… 2—8—11
 第三节　高空散装法 ……………………… 2—8—11
 第四节　分条或分块安装法 ……………… 2—8—11
 第五节　高空滑移法 ……………………… 2—8—11
 第六节　整体吊装法 ……………………… 2—8—12
 第七节　整体提升法 ……………………… 2—8—12
 第八节　整体顶升法 ……………………… 2—8—12
 第九节　组合网架结构的施工 …………… 2—8—12
 第十节　验收 ……………………………… 2—8—12

第一章 总 则

第1.0.2条 根据近年来国内外工程实践与科学研究的经验，平板型网架结构（简称网架结构）不但适用于建筑屋盖，也适用于楼层。因此在修订本规程时，将网架结构的应用范围也加以扩大。至于屋盖跨度不大于120m与楼层跨度不大于40m的限制，这是由于本规程的各项要求是在总结我国已建成的各种跨度网架结构工程设计与施工经验的基础上制定的，其中屋盖结构最大跨度为110m，楼层结构最大跨度为34m。

第1.0.4条 关于网架结构是否适宜悬挂吊车直接承受动力荷载问题，从受力状态分析，当悬挂吊车荷载作用于网架下弦节点时，由于空间作用其传力范围要比平面桁架大，杆件内力分布也比较均匀，这是有利的一面。但动力荷载作用却带来杆件和节点的抗疲劳问题（尤其是焊接网架），目前这方面的实践经验和试验资料还不多，故本规程规定对承受中级或重级工作制的悬挂吊车荷载的网架，可由设计人根据工程具体情况，如动力荷载的大小与重复次数，结构负荷程度等，经过专门的试验来确定其疲劳强度与构造。

第二章 设计的一般规定

第2.0.1条 网架类型甚多并不断有所发展，原规定中列举的12种类型是国内外较常用的形式，在我国都有建成的工程实例。根据近几年的发展情况，国内又建造了不少单向折线形网架并取得了实践经验，因此在修订时又增加了这种类型，归纳在平面桁架系组成的一类网架中。

第2.0.2条 网架选型恰当与否直接影响网架结构的技术经济指标、制作安装和施工进度的快慢。影响网架选型的因素是多方面的，因此必须根据实用与经济的原则进行综合分析确定最佳网架型式。本规程主要考虑了网架用钢量和施工制作这二个因素。

各种类型网架当其处于某种支承方式时，可能出现结构几何可变，在布置网架杆件时，应给予足够的重视。

第2.0.3条、2.0.4条 在满足工程的使用要求条件下，网架的用钢指标高低是衡量网架选型好坏的重要标志之一。对平面形状为矩形、周边支承的各类网架，通过优化计算表明，跨度大小对网架选型影响不大，而平面边长比的不同，对网架选型有较大影响。即：（1）当平面形状为方形或接近方形时，斜放四角锥网架比其它类型网架的用钢量省。因为网架在垂直荷载作用下，一般是上弦受压，下弦受拉，斜放四角锥网架的上弦网格小，杆件短，材料有效利用率高；受拉下弦网格大，杆件和节点数量少，故用钢量省。（2）当平面形状比较狭长（如边长比为1.5～2.5）时，则正放类型的网架，如两向正交正放、正放四角锥、正放抽空四角锥网架，在相同条件下比斜放类型网架的用钢量省些，网架挠度也小得多。

抽空网架的用钢量一般比不抽空网架的用钢量少些，但抽空网架的杆件内力比不抽空时大些，设计时要求选择较大的杆件与节点。此外，当网架下弦有吊顶时，采用抽空网架也有一定困难。

对于一般单层工业厂房和库房等具有狭长平面的建筑物，网架以单向受力为主，规程推荐可采用单向折线形网架。这类网架在国内已有工程实践，并取得一定经验和较好的经济指标。

本规程这两条中的有关网架选型的排列顺序，就是依据上述技术经济指标的优劣并考虑施工制作难易而确定的。

第2.0.5条 平面形状为矩形，三边支承一边开口的网架，其开口边通常有两种处理方法：一种是在网架的开口边局部增加层数（如图2.0.5所示），通常称为加反梁。另一种方法是将整个网架的高度较周边支承时的高度适当加高，开口边杆件适当加大。根据48m×48m平面三边支承一边开口的两向正交正放网架、两向正交斜放网架、斜放四角锥网架、正放四角锥和正放抽空四角锥网架等五种网架的计算结果表明，加反梁和不加反梁两种方法的用钢量及挠度都相差不多，故上述支承条件的中小跨度网架，上述两种方法都可采用。当跨度较大或平面形状比较狭长时，则在开口边加反梁的方法较为有利。设计时应注意在开口边形成边桁架，以加强整体性。

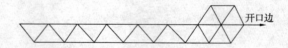

图2.0.5 网架开口边加反梁示意

第2.0.6条 对平面形状为矩形多点支承的网架，选用两向正交正放、正放四角锥或正放抽空四角锥网架较为合适，因为多点支承时，这种正放类型网架的受力性能比斜放类型合理，挠度也小。对四点支承网架的计算表明，两向正交正放网架与两向正交斜放网架的内力比为5∶7，挠度比为6∶7。

第2.0.7条 平面形状为圆形、正六边形和接近正六边形的多边形且周边支承的网架，大多应用于大中跨度的公共建筑中。从平面布置及建筑造型看，比较适宜选用三向网架、三角锥网架和抽空三角锥网架。特别是当平面形状为正六边形时，这几种网架的网格规整，杆件种类少，施工较方便。经计算表明，三向网架、三角锥和抽空三角锥网架的用钢量和挠度较为接近，故在规程中予以推荐采用。

表 2.0.7　正六边形时网架计算用钢量和挠度比较表

网架形式	三角锥	抽空三角锥	三向	三角锥	抽空三角锥	三向
跨度（m）	49	49	49	84	84	84
计算用钢量（kg/m²）	14.08	13.78	15.00	20.15	20.00	20.78
最大挠度（cm）	12.90	13.84	12.88	30.40	31.30	30.60
挠跨比	1/380	1/354	1/380	1/276	1/268	1/275

蜂窝形三角锥网架计算用钢量较省，建筑造型也好，适用于各种有规则的平面形状。但其上弦网格是由六边形和三角形交叉组成，屋面构造较为复杂，整体性也差些，目前国内在大跨度屋盖中还缺少实践经验，故建议在中小跨度屋盖中采用。

第 2.0.8 条　以钢筋混凝土板代替上弦的组合网架结构国内已建成近 20 幢。用于楼层中的新乡百货大楼售货大厅楼层网架，平面几何尺寸为 34m×34m；用于屋盖中的抚州体育馆网架，平面几何尺寸为 58m×45.5m，都取得了较好的技术经济效果。规程中规定组合网架用于楼层中跨度不大于 40m；用于屋盖中跨度不大于 60m 是以上述实践为依据的。

第 2.0.9 条　网架结构一般采用上弦支承方式。当因建筑功能要求采用下弦支承时，应在网架的四周支座边形成竖直或倾斜的边桁架，以确保网架的几何不变形性，并可有效地将上弦垂直荷载和水平荷载传至支座。

第 2.0.10 条　原规定中所列网架的网格尺寸和高度系根据国内已建成的网架工程统计分析所得的经验数值。近年来通过对周边支承网架结构优化设计所得的结果表明：网架的最优网格数不仅与跨度有关，而且与网架类型与屋面体系也有关系；网架的最优跨高比则主要取决于屋面体系，基本上为恒值，并有较宽的最优高度带。规程中所列的计算网格数与跨高比的公式是根据网架优化结果通过回归分析而得。优化时以造价为目标函数，综合考虑了杆件、节点、屋面与墙面的影响，因而具有比较科学的依据。

第 2.0.11 条　多点支承网架，由于支承柱较少，柱子周围杆件的内力一般很大。在柱顶设置柱帽可减少网架的支承跨度，并分散柱子周围杆件内力，节点构造也较易处理，所以多点支承网架一般宜在柱顶设置柱帽。柱帽形式可结合建筑功能（如通风、采光等）要求而采用不同形式。

第 2.0.12 条　多点支承网架设计时选取合适的悬臂长度。可使跨中正弯矩和挠度减少，并使杆件内力分布较为均匀。通过计算表明，单跨多点支承时悬臂长度取跨度的 1/3，多跨多点支承时悬臂长度取跨度的 1/4 较为合适。

第 2.0.13 条　利用再分式腹杆来减少网架上弦压杆的计算长度是一种有效的措施，我国在大跨度的平面桁架系网架上曾多次采用。在四角锥体网架上采用再分式腹杆则取自国外的经验。设计再分式腹杆应注意网架被再分的受压杆件在空间任何方向都应予以约束。如平面桁架系网架的再分杆只能保证桁架在平面内的稳定，而在出平面方向就要依靠檩条或另设水平支撑来保证其稳定性。又如四角锥体网架在中间部分的网格，再分式腹杆可在空间相互约束，而在周围网格靠端部的再分式腹杆就不起约束作用，需另外采取措施来保证上弦杆的稳定。

第 2.0.14 条　网架屋面排水坡度的形成方式，过去大多采用在上弦节点上加小立柱形成排水坡。但当网架跨度较大时，小立柱自身高度也随之增加，引起小立柱自身的稳定问题。近年来为克服上述缺点，多采用变高度网架形成排水坡。这种做法不但节省了小立柱，而且网架内力也趋于均匀。缺点是网架杆件种类增多，给网架制作增加一定麻烦。

第 2.0.15 条　国内已建成的网架，有的起拱，有的不起拱。起拱给网架制作增加麻烦，故一般网架可以不起拱。当要求起拱时，拱度可取小于或等于网架短向跨度的 1/300。此时网架杆件内力变化一般不超过 5～10%，设计时可按不起拱计算。

第 2.0.16 条　网架自重的估算公式是一个近似的经验公式。国内工程实践表明其结果能满足工程要求。

第 2.0.17 条　网架结构的计算容许挠度，用作屋盖时规定不得超过网架短向跨度的 1/250，这是综合近年来国内外的设计与使用经验而定的，一般情况下，按强度控制而选用的网架杆件不会因为这样的刚度要求而加大截面。至于一些跨度特别大的网架，即使采用了较小的高度（如跨高比为 1/16），只要选择恰当的网架形式，其挠度仍可满足小于 1/250 跨度的要求。当网架用作楼层时则参考混凝土结构设计规范，容许挠度取跨度的 1/300。

第三章　网架结构的计算

第一节　一般计算原则

第 3.1.1 条　网架结构主要应对使用阶段在竖向荷载作用下进行内力、位移计算，并据此进行杆件截面设计。此外，在地震、温度变化、支座沉降及施工安装荷载等作用下，应根据具体情况进行内力、位移计算。各种荷载的取值与组合按现行荷载规范确定。

第 3.1.2 条　网架结构的计算模型可假定为空间铰接杆系结构，忽略节点刚度的影响，不计次应力。模型试验和工程实践都已说明这个假定是完全许的，所带来的误差可忽略不计，现已为国内外分析计算平板型网架结构时普遍采用。

第3.1.3条 网架结构的计算方法较多，列入本规程的四种计算方法是比较常用的或有效的方法，即空间桁架位移法、交叉梁系差分法、拟夹层板法和假想弯矩法。原网架规定中还列入交叉梁系梁元法。但近年来在网架工程设计中已基本上不再采用，因此本规程中不再推荐这种简化计算方法。

空间桁架位移法是目前网架分析中的较精确方法，国内大多数电算通用程序都是采用这种方法编制的。该法的适用范围不受网架类型、平面形状、支承条件和刚度变化的影响，其主要计算工作，甚至包括截面设计等辅助性的计算工作都可由电子计算机来完成。它的计算精度也是现在所有计算方法中最高的。并常以此法作为比较各种简化计算方法精度的基础。

交叉梁系差分法可用于由平面桁架系组成的网架及正放四角锥网架的计算。国内在没有大量采用通用程序电算网架之前，遇到由平面桁架系组成的网架计算，几乎都普遍采用了这种简化为梁系的差分分析法。就最大内力和挠度的计算结果而言，与精确法相比，该法的误差约为10～20%，故建议在跨度为40m以下的网架计算中可采用。国内已采用此法编制了一些计算图表，查用方便。

拟夹层板法可用于由平面桁架系或角锥体组成的网架计算，基本方程式中可考虑网架剪切变形和刚度变化的影响。与精确法相比，此法算得最大内力和挠度的误差约为5～10%。采用该法计算网架结构时，可直接查用图表，比较简便，容易掌握，不必借助于电子计算机。本规程将该法建议在跨度为40m以下的网架计算中可采用。

假想弯矩法是计算斜放四角锥网架和棋盘形四角锥网架的一种非常方便的简化计算法。我国已建成的不少中、小跨度的斜放四角锥网架，都曾采用此法计算，不少单位也编有供计算用的假想弯矩系数表，便于查用手算。但因该法的计算精度是网架简化计算法中最差的一种，目前，已不同70年代那时得到广泛采用，故在本规程修订时，建议将该法列为可在网架估算时参用。

以上各种方法可由设计人员根据网架类型、设计阶段、精度要求、工程情况、当地条件等具体情况而选用之。

第3.1.4条 网架结构的支承条件对网架的计算结果有较大的影响，支座节点在哪些方向有约束或为弹性连接要根据支承结构的刚度和支座节点的连接构造来确定。

第二节 空间桁架位移法的计算原则

第3.2.1条 空间桁架位移法即是空间铰节杆系的有限单元法，以节点的三个线位移为未知数，一般

都采用由矩阵方法表达的分析方法，适合于电子计算机运算。我国在各种类型的电子计算机上都已编制了网架结构分析的通用程序。

第3.2.2条，3.2.3条 为了简化计算，节省计算机的容量，在采用空间桁架位移法计算时，应尽量利用结构的对称条件，并在对称面上增设相应的约束。例如平面为矩形的双轴对称网架结构，在对称荷载作用下只须计算1/4网架即可。在平行于YOZ（或XOZ）的对称面内网架节点的反对称位移 u（或 v）应为零，计算时应在相应方向予以约束，因此作为结构分析的一种处理手法，将被对称面切断的单根杆件上所增设的节点在空间三个方向予以约束。位于对称面内的交叉腹杆或人字腹杆的交点在两个水平方向予以约束，以确保被截取的网架计算单元为几何不变体。计算表明在小挠度理论范畴内，这样处理所得的结果与网架整体分析所得结果是吻合的。类似地，在反对称荷载作用下对称面内网架节点的竖向位移 w 应为零，计算时在相应方向予以约束。

第3.2.4条 采用空间桁架位移法分析网架时，可根据经验或简化计算方法估算初选杆件截面。计算后应根据所得内力重新配选截面；截面改变了又需重新计算内力和位移。这种重复计算宜进行3～4次。应注意分析次数过多将使结构刚度过分集中。

第三节 简化计算法

第3.3.1条、第3.3.2条 交叉梁系差分法曾是国内应用较广的方法之一。它不仅适用于平面桁架系组成的网架结构，也适用于正放四角锥网架结构。目前已有不少著作和手册介绍此法，并有现成表格可供设计人员使用，故条文中仅提供该法的折算刚度和杆件内力计算公式。

该法系将网架化成相应的交叉梁系的近似计算方法，在计算中忽略了等代梁的轴向变形、剪切变形和刚度变化等因素影响，在计算中仅考虑代梁相交处的挠度 w 作为基本未知量，所以计算工作量较小（未知量的数目约为空间桁架位移法的1/6）。它仅能计算竖向荷载作用下的杆件内力和挠度，在网架大部分区域内其计算精度尚能满足工程设计要求，可作为初步设计和较小跨度工程中应用。

第3.3.3条 网架结构的拟夹层板法计算，系指把网架连续化为由上、下表层（即上、下弦杆）和夹心层（即腹杆）组成的正交异性或各向同性的夹层板，采用考虑剪切变形的、具有三个广义位移的平板理论的分析方法。一般情况下，由平面桁架系或角锥体组成的网架结构，都可采用这种方法来计算。通过分析比较，拟夹层板法的计算精度在通常情况下能满足工程的要求。

第3.3.4条 本规程对两向正交正放网架、正放四角锥网架、正放抽空四角锥等三种网架，给出了采

用拟夹层板法计算时所需的抗弯刚度、抗剪刚度以及由拟板内力换算成网架各类杆件内力的计算公式（详见附录二）。同时给出了边长比 λ（L_1/L_2）为 $1.0\sim 1.4$ 时的内力、挠度计算用表和内力、挠度修正系数表，以备具体应用（详见附录三）。由于 $\lambda>1.4$ 时拟夹层板法的计算精度有所降低，故本规程未给出 $\lambda>1.4$ 时的计算用表。

此外，本规程比原规定作下列修改，使计算更为方便。

1. 斜杆与竖杆的内力计算公式用拟夹层板的弯矩差分式来表示，而不用剪力来表示，故可取消附录三中的无量纲剪力系数。

2. 考虑网架剪切变形和刚度变化影响的修正系数 η_{mx}、η_{my}、η_w，已通过分析编制出计算用表（附表3.1及附表3.2b～3.6b），故取消原规定附录中的近似计算公式。

第四节 地震、温度作用下的内力计算原则

第 3.4.1 条 网架结构是水平长跨结构，应主要考虑竖向地震作用。根据用反应谱法对一些网架的分析表明，在设防烈度为7度的地震区，竖向地震作用的影响不大，因此可不必进行竖向抗震验算。

抗震验算时应考虑荷载组合，按现行荷载规范和抗震设计规范的具体规定确定。

本条中所列的竖向地震作用系数取自《建筑抗震设计规范》GBJ 11—89 对周边支承的网架，如需分别计算杆件竖向地震内力，则可按附录四所建议的方法进行。该方法的基础是采用反应谱法和时程法对不同跨度，不同形式的周边支承网架进行了在竖向地震作用下的计算机分析，从而得出内力的分布规律，并由此提出了一个简化计算方法。

第 3.4.2 条 关于网架结构可不进行水平抗震验算范围的规定是考虑了以下几个因素：

1. 实践证明网架结构具有良好的抗震性能。
2. 对网架结构的前几阶振型模态分析表明，网架的竖向振型分量是主要的。
3. 考虑网架钢材的塑性。
4. 网架支承结构的水平抗侧力刚度一般都不大，对一些周边支承的网架所进行的理论分析表明，当设防烈度为8度时，水平地震作用所引起的杆件内力并不大，一般不需要加大杆件截面。

当设防烈度为9度时，由于地震反应显著增加，故对各种网架均应进行水平地震作用的验算。

当进行网架的水平抗震验算时，支承结构对网架的作用应按弹性约束来考虑，并应注意下部支承结构的质量所产生的作用。

第 3.4.4 条 网架温度应力是指在均匀温度场变化作用下产生的应力，温度场变化范围应取施工安装完毕时的气温与当地常年最高或最低气温之差。本条文中一些规定取 $\Delta t=\pm 30℃$。

其次，网架温度应力主要由支座节点阻碍网架温差变形而产生，其中，支承平面的弦杆受影响最大，应作为控制网架是否考虑温度应力的依据。支承平面弦杆的布置情况，依网架的类型而定，基本上归纳为三类，即正交正放、正交斜放、三向等。

再者，在不同区域中，支承平面弦杆的温度应力也不同。计算表明，边缘区域比中间区域大，考虑到边缘区域杆件大部分由构造决定，有较富裕的强度储备。本条将支承平面弦杆的跨中区域最大温度应力小于 $0.038f$（f 为钢材设计强度）作为不必进行温度应力验算的依据，条文中一些规定经计算均满足这一要求。

第五节 组合网架结构的计算原则

第 3.5.1 条、第 3.5.2 条 组合网架结构的分析目前主要采用离散型的计算模型来进行计算。一是采用杆元、梁元、板壳元组合结构的有限元法，一是把带肋平板等代为上弦杆，仍用空间桁架位移法作简化计算。本规程把这两种计算方法均推荐为分析组合网架结构时采用。

按空间桁架位移法简化计算组合网架的具体步骤，等代上弦杆截面积的确定及反算平板中的薄膜内力均在规程的附录五中作了阐述。该法计算简便，已在上海高桥石油采购供应站仓库、长沙歌舞剧院、新乡百货大楼、长沙纺织大厦等多项工程的网架屋盖及楼层中采用，能满足工程计算精度的要求。

第四章 杆件和节点的设计与构造

第一节 杆 件

第 4.1.1 条 本条强调了采用高频电焊钢管或无缝钢管，主要考虑网架管材不一定要用无缝钢管，也可采用高频电焊管，因为无缝钢管价格较贵。

第 4.1.2 条 网架压杆计算长度，过去多取几何长度，即视杆件两端为铰接，偏于保守。实际上杆件两端支承情况比较复杂，多数杆件内力都没有达到钢材的强度设计值，或是一端拉杆数目较多，这些对稳定是有利的，因此计算长度的折减系数应取小于1的系数。不同的节点也应分别取不同的系数。

国外理论研究和有关手册规定以及我国对网架压杆计算长度的试验研究均证明此点。对螺栓球节点，因杆两端接近铰接，计算长度取几何长度（节点至节点的距离）。对空心球节点杆件计算长度，弦杆取 $0.9l$ 而腹杆则仍按普通钢结构的规定取 0.8（原取 0.75）。对板节点为偏于安全，仍按一般平面桁架的规定。

第 4.1.3 条 网架杆件长细比过大容易产生附加

挠度，引起二阶力的影响，对杆件受力不利，故有容许长细比的规定。国际上多数国家容许长细比大于200，如英国为200，美国也为200，法国则为250，日本规范至今始终是250。因此规程中定为180是适宜的。原规定施工阶段取200，考虑到过去网架在吊装时常出现压杆压屈的情况，这次修订对施工阶段就不再放宽。受拉杆件仍取400；但对支座附近处拉杆，因边界条件复杂，杆件内力有时产生变号，故从严取300。

第4.1.4条 按原规定普通型钢一般不宜采用小于∠45×3或∠56×36×3角钢，根据国内这几年的实践，网架杆件不宜过小，故改为不宜小于∠50×3角钢和不宜小于φ48×2的钢管。

第二节 焊接钢板节点

第4.2.1条 焊接钢板节点一般由十字节点板和盖板组成。盖板除了在有些节点中考虑传递弦杆内力外，还可以起到加强节点水平刚度的作用。国内大部分网架当选用焊接钢板节点方案时，均设置盖板，但对于跨度较小的网架，为简化节点构造，节省钢材，在受拉节点中也有不设置盖板的情况（如南京军区政治部宣传站体育馆网架，平面尺寸为33.6m×42m）。工程实践和试验表明，对于小跨度网架的受拉节点不设置盖板是可行的。

对于组合网架的下弦节点，当采用焊接钢板节点时，为增加节点刚度，以设置盖板为宜。

为便于施焊和保证焊接质量，节点板应与杆件选用相同型号的钢材。

第4.2.2条 由于节点构造的限制，焊接钢板节点国内多在两向网架中应用，有时也在四角锥网架中应用。

规程附录六列出的常用焊接钢板节点构造参考图是根据国内一些工程实践的典型节点加以整理汇编的，供设计者参考。各节点构造的特点、适用范围以及已经使用的工程名称说明见表4.2.2。

表4.2.2

图号		构造特点	适用范围	使用工程
附图6.1	a	节点由十字节点板和盖板组成，但弦杆仅与十字节点板相连	较小跨度的两向网架	武汉体育学院乒乓馆、杭州艮山港客运站候船厅
	b	节点只有十字节点板，无盖板	小跨度网架中的受拉节点	南京军区宣传站体育馆
	c	节点由十字节点板和盖板组成，一向弦杆统长，另一向弦杆与十字节点板和盖板共同连接，杆件与节点板间以高强度螺栓连接	大跨度两向网架中各拼装单元间的连接	首都体育馆、巴基斯坦伊斯兰堡体育馆

续表4.2.2

图号		构造特点	适用范围	使用工程
附图6.2	a	节点由十字节点板和盖板组成，一向弦杆通长，另一向弦杆与盖板连接，除肢尖角焊缝外，增设槽焊加强	正放四角锥网架（采用分块安装法时尤为适宜）	上海师范学院篮球房、上海电视台演播厅
	b	预制四角锥单元的上弦为单角钢，腹杆为双角钢，单元体拼装后，公共顶点用十字节点板和盖板连成一个完整节点	由预制四角锥单元体组成的正放四角锥网架	石家庄铁路工程段机修车间

第4.2.4条 焊接钢板节点是在平面桁架节点的基础上发展起来的，由于考虑到在平面桁架中节点板受力比较复杂，局部应力也可能较大，为简化节点构造，一般均设置统长弦杆或另设拼接构件予以补强。而网架结构为空间结构，杆件多向交汇，如仍按此要求则节点构造将更复杂。为简化节点构造，可使弦杆与十字节点板直接相连，由十字节点板单独传递弦杆内力。对于较小跨度的网架（一般在40m以下），从工程实践和试验情况看，这种做法还是可以的。但对于较大跨度的网架，由于十字节点板受力复杂，焊缝集中，局部应力较大，这种做法就不可取，同时国内对此尚无工程实践和成熟经验。因此，在这种情况下应使弦杆与盖板和十字节点板共同连接。

为了解盖板在节点中的传力情况，对此曾进行过一些试验。试验结果表明，弦杆如不与盖板直接连接，当节点处于弹性工作阶段时，盖板传递的弦杆内力仅15%左右，而弦杆与盖板和十字节点板共同连接时，盖板可传递60%左右的弦杆内力。为此本规程对弦杆的连接，针对不同跨度提出了相应的构造要求。

第4.2.6条 网架杆件与节点板一般均采用高强度螺栓或角焊缝连接。但在由四角锥体组成的网架中，如仍采用角焊缝连接，将由于构造原因造成肢背无法施焊。国内很多工程往往通过在连接杆件与盖板间增设塞焊或槽焊的办法予以补强。通过工程实践与有关试验表明，此类焊缝受力不好，且难以保证施工质量。因此，在必须采用此类焊缝时，建议只采用槽焊，且应注意其开孔尺寸与位置，使槽焊与肢尖处的角焊缝共同工作。一般情况下它可作为加强角焊缝的构造措施，如需考虑槽焊受力时，其强度应经试验确定。

第4.2.7条 十字节点板的竖向焊缝是整个节点中的一个关键焊缝，由于它处于双向受力状态，加之十字节点板上的应力情况较为复杂，目前尚无成熟的计算方法。因此条文中仅提出十字节点板的竖向焊缝应具有足够的承载力，以引起注意。目前国内对于竖向焊缝大多采用 V 型或 K 型坡口焊，但有的工程也采用角焊缝。

试验表明，在双向受力时，坡口焊缝要比角焊缝有利。因此，条文中规定宜采用坡口焊的对接焊缝。

第三节 焊接空心球节点

第 4.3.1 条 对加肋空心球除平台外增加了加凸台做法，这主要是为了拼制方便而采取的一种有效措施，国内已有多年的实践经验，国外如西德也是采用凸台做法。为了焊透起见凸台厚度不宜过高，一般以 1mm 为宜。

第 4.3.2 条 空心球的受压容许承载能力计算公式是一经验公式。根据一定数量的空心球试验结果，经过数据整理，选出与空心球承载能力有关的主要因素，确定了 X、Y 坐标参数，使试验值在坐标图上形成规律曲线，再将规律曲线进行回归分析，求得了较准确的空心球破坏公式。原规定是根据已建成的一些实际工程所使用的安全度，确定了空心球的安全系数 K。由于目前所有设计均应按照《建筑结构设计统一标准》采用以概率理论为基础的极限状态设计方法，即以多项分项系数来代替单一安全系数，在空心球计算公式中的安全系数 K 包含有抗力分项系数 γ_R 以及永久荷载和可变荷载的分项系数 γ_G、γ_Q。

即

$$K = \frac{\gamma_G G_K + \gamma_Q Q_K}{G_K + Q_K} \cdot \gamma_R$$

由于目前尚没有足够的数据来推导统计 γ_R，在修订时只能按原公式的 K 值和网架中所常用的荷载分项系数来反求 γ_R 值。本条中的 (4.3.2-1) 式是将原公式按荷载分项系数为 1.233、抗力分项系数为 1.622 重新换算而得。这相当于活载为 500N/m²、恒载为 2500N/m² 的情况，对于一般网架工程来说是偏于安全的。

空心球的受拉承载能力计算公式也是根据空心球受拉试验结果，经过数据综合整理得出。原规定中是以空心球与钢管外径接触的环形截面积乘以容许应力和折减系数，求得空心球受拉容许承载力的计算公式。修订后则应按极限状态设计方法来表达，(4.3.2-2) 式的形式没有改变，但公式左边已是承载力设计值，包括了荷载分项系数，右边的 f 则为钢材抗拉强度设计值，包含了材料性能分项系数。为统一起见，设计强度仍按钢结构规范取值。这样总的安全系数比原规定有所降低，加之，目前生产的钢板大都为负公差，第 5.2.3 条中所要求的壁厚减薄量由 10% 放宽至 13%，此外，焊接球的生产质量也不够稳定，因此将原公式中的系数 0.6 适当降低到 0.55。

试验表明空心球加肋后其承载能力均有所提高，尤其是受压时效果更为显著，空心球加肋承载力提高系数 η_c 与 η_t 是按试验数据综合整理而得出。

第 4.3.3 条 空心球外径与壁厚的比值是综合了国内已建成的几十个工程而确定的。原规定为 30～45，修订后改为 25～45，空心球壁厚一般应比钢管最大壁厚为大，两者之比规定为：1.2～2.0，修订后又增加空心球厚度一般不宜小于 4mm 的要求。

第 4.3.4 条 为了使空心球能有效地布置可连接的管材，可先利用规程中简单公式 (4.3.4) 估算求出空心球直径，然后验算其承载力，故增加此公式。原规定球面上网架相邻杆件之间的缝隙一般不小于 20mm，通过实践表明此距离可以减小，因此，修订后改为不宜小于 10mm。

第 4.3.5 条 钢管杆件与空心球连接焊缝应与钢管等强，本条规定钢管一定要开坡口，焊缝一定要焊透。为了保证质量和拼装方便，提出了钢管端部加套管的办法，经国内大量工程实践应用，证明是可行的。本条对焊缝高度也做了具体规定，这是根据国内网架的施工经验而确定的。

第四节 螺栓球节点

第 4.4.2 条 螺栓的材料一般希望采用高强度钢，以减少节点用钢量。按我国有关标准所推荐的材料为 45 号钢、40Cr 钢、40B 钢和 20MnTiB 钢，过去国内根据资源情况多采用 40B 钢，但是 40B 钢的淬透性较差，大直径螺栓的芯部硬度很难达到技术条件要求。20MnTiB 钢目前国内多用于小于 M24 的螺栓，主要是冷墩性能好。40Cr 钢淬透性较好，因而目前大直径螺栓已大量采用，最大螺栓直径达到 M56，试验证明螺栓质量能够达到设计强度要求。

第 4.4.3 条 钢球直径的计算公式，原来是假定同一个钢球上的连接螺栓直径相等而推导出来的，而实际工程使用中，同一个钢球上的连接螺栓直径并不一定相等，因此，现在的计算公式是按不同直径的螺栓相关关系推导出来的，适用于任何螺栓直径的组合。

第 4.4.4 条 本条对高强度螺栓按性能提出要求，主要是考虑到我国钢结构用的高强度螺栓标准已参照采用国际标准 ISO/DIS 7412《高强度结构螺栓》统一使用性能表示，所以本规程也采用统一的表示方法。

原规定中高强度螺栓抗拉是按容许承载能力表达的，采用了单一的安全系数 K。修订后则应按极限状态设计方法采用多项分项系数，上述安全系数 K 中包含有荷载分项系数与抗力分项系数，并应大于 2.8，现取荷载分项系数为 1.228，相当于活载为 500N/m²、恒载为 3000N/m²，抗力分项系数 γ_R = 2.8/1.228 = 2.28。本条中高强度螺栓的抗拉设计强

度即采用上述 γ_R 值而求得，这时 40Cr 钢、40B 钢与 20MnTiB 钢的极限抗拉强度均取 $1000N/mm^2$，45 号钢为 $850N/mm^2$。

原规定中对螺栓的安全系数尚考虑到大直径的高强度螺栓不易淬透以及制造上其他不稳定因素，采用了分别对待的原则，即当螺栓直径 $d\leqslant M30$ 时，因已作为标准件大批量生产，采用 $K\geqslant 2.8$ 与目前国内一般受拉 C 级（粗制）螺栓的安全系数接近；当螺栓直径 $d\geqslant M33$ 时，采用 $K\geqslant 3$，在修订时，相应采用一直径影响系数 ψ。为防止微裂缝存在，大直径螺栓宜逐个进行外观检查。

第 4.4.5 条 受压杆件端部主要是通过套筒传递压力，螺栓只起连接作用，所以螺栓不必按与钢管等强选用，可按该杆件内力绝对值求得螺栓直径后适当减小，建议减小幅度不多于表 4.4.4 中螺栓直径系列的三个级差。但是套筒的任何截面的承压能力一定要满足实际受力要求，此时套筒的规格及做法可能与一般的套筒不同。

第 4.4.7 条 封板和锥头的材料，宜与杆件一致以便于焊接。如何保证钢管端部与锥头或封板的连接焊缝强度与钢管等强，这是设计与施工的一个关键问题，故应采取有效措施保证焊缝强度。

封板的设计目前尚无成熟的经验，建议采用塑性理论进行设计。根据试验结果分析，封板厚度不宜太薄，特别是采用薄壁钢管时，其封板即使计算出来厚度很薄，从刚度要求看也不应小于钢管外径的 1/5。

第五节 支 座 节 点

第 4.5.2 条、第 4.5.3 条 条文中对常用压力支座与拉力支座分别给出一些构造型式，并按网架跨度的大小和支承情况分别说明它们的适用范围，供设计时参考。其中板式橡胶支座，在我国桥梁上已得到推广应用，目前国内在网架结构的支座节点中也开始采用了这种支座形式，并取得了较好的技术经济效果。如多点支承的芜湖某维修厂（3 跨 36m×39.6m），周边支承的淮阴体育馆（45.12m×45.12m），芜湖市委礼堂（30.4m×37.6m）等工程以及北京新建的一些体育设施的网架结构等。因此在修订时增加了这种支座形式。

板式橡胶支座是由多层橡胶片与薄钢板（一般厚度为 2mm）粘合压制而成，它的强度足以承受网架支座节点的竖向反力（经试验，支座的抗压安全系数可达 6 以上，而竖向压缩变形仅为支座高度的 4～6%），同时它可以产生较大的剪切变形（经试验，支座剪切变形可以超过 0.7 倍橡胶层厚度），能较好地适应网架结构由于温度变形或地震作用在支座节点上所产生的水平位移。板式橡胶支座具有良好的弹性，可适应网架结构在支座处的转动，而且具有构造简单、安装方便、节省钢材等特点。因此对于竖向反力较大且具有水平位移及转动的网架支座节点采用板式橡胶支座可比其它形式的支座节点取得更好的效果。

附录八列出的板式橡胶支座橡胶材料性能及有关计算与构造要点，系参考国内试验资料和有关制造厂家提供的技术资料而整理的，可供设计参考，现对其中若干问题说明如下：

1. （附 8.3）式是根据橡胶层剪切变位条件而导出的，由于温度变化等原因在网架支座处引起的水平位移应小于或等于橡胶层的容许剪切变形即 $u\leqslant[u]$。根据试验资料，橡胶层的容许剪切变形约为橡胶层厚度的 0.7 倍（相当于橡胶垫板的上表层相对于下表层滑动的极限角为 35°），即

$$[u] = 0.7d_0$$
$$d_0 \geqslant 1.43u$$

（附 8.4）式的规定是为避免橡胶层厚度太大，而产生过大的竖向压缩变形，故将橡胶层总厚度限制在 1/5 的橡胶垫板短边尺寸以内。

2. 为避免橡胶垫板产生过大的压缩变形，《公路桥函设计规范》（试行）规定竖向压缩变形值应不超过支座厚度的 5%，本规程取不超过橡胶层厚度的 5%，同时为保证支座转动后不致出现局部承压的情况，在（附 8.6 式）中亦给出了竖向压缩变形的下限要求。

第六节 组合网架结构的节点构造

第 4.6.1 条、第 4.6.2 条 组合网架结构是由钢筋混凝土带肋板、钢腹杆和下弦杆组合而成的空间结构。两种基本构件的连接点——上弦节点是能否保证这两种不同材料的构件共同工作的关键所在。根据实践经验和试验研究成果，本规程中提出了能保证共同工作、传达内力的节点构造要求，并在附录七中提供了组合网架结构上弦节点构造参考图。

附录七中组合网架结构上弦节点是从网架结构的焊接十字板节点发展而来的。由于交口较多，节点本身的焊接量虽较大，但它具有一般钢屋架节点所具有的特点，加工制作方便，各地都有成熟的经验，因而被经常采用。这种节点可用于正放四角锥、斜放四角锥、正放抽空四角锥、星形四角锥、两向正交正放的组合网架屋盖及楼层结构中，适用范围较宽。

第五章 制 作 与 安 装

第一节 一 般 规 定

第 5.1.1 条 网架结构的钢材材质，要引起足够的重视。由于材质不清或采用可焊性差的合金钢材常造成焊接质量等隐患，甚至造成返工的工程事故，因此，必须加强对材质的检验。

第 5.1.3 条 网架结构系一种空间结构体系，制

作时控制几何尺寸精度难度较大，而且精度要求比一般平面结构高，故所用钢尺必须统一。其方法可经计量单位检验，当有困难时，可选择一把钢尺为标准，其他钢尺以此尺为准进行校核。

第5.1.4条 由于近年来某些地区和单位对焊工技术考核有所放松，以致焊缝质量有所下降，故明确规定焊工级别及其职责，避免混乱。当工厂焊接中遇有全位置焊接时，对焊工要求同现场焊接。

第5.1.5条 六种安装方法的主要内容和区别如下：

1. 高空散装法是指网架的杆件和节点直接总拼或预先拼成小拼单元在高空网架的设计位置进行总拼的一种方法。拼装时一般要搭设满堂脚手架，最好用局部悬挑拼装，则可搭设部分脚手架。

2. 分条（分块）安装法是将整个网架的平面分割成若干条状或块状单元，吊装就位后再在高空拼成整体。分条一般是在网架的长向跨上分割，分割的大小视起重能力而定。

3. 高空滑移法是将网架条状单元在建筑物上空进行水平或倾斜滑移的一种方法。它比分条安装法具有网架安装与室内土建施工平行作业的优点，因而缩短工期、节约拼装支架，起重设备也容易解决。斜放类网架分成条状单元后，对不连续的弦杆必须设置临时加固杆件，增加了施工费用，故不推荐应用高空滑移法。

4. 整体吊装中小型网架时，一般采用多台吊车抬吊或拔杆起吊，大型网架由于重量较大及起吊高度较高，则宜用多根拔杆吊装，在高空作移动或转动就位安装。

5. 整体提升或整体顶升方法只能作垂直起升不能作水平移动。提升与顶升的区别是：当网架在起重设备的下面称为提升；当网架在起重设备的上面称为顶升。由于网架的重心和提（顶）升力作用点的相对位置不同，其施工特点也有所不同。

施工时应特别注意由于顶升时的不同步等原因而引起的偏移，应采取措施尽量减少其偏移，而对提升法来说则不是主要问题。因此，起升、下降的同步控制，顶升法要求更严格。

第5.1.6条 选择吊点时首先应使其位置与网架支座相接近；其次应使各台起重设备的负荷尽量接近，避免由于起重设备负荷悬殊而引起起升时过大的升差。在大型网架安装中应加强对起重设备的维修管理，达到安装过程中确保安全可靠的要求，当采用升板机或滑模千斤顶安装网架时，还应考虑个别设备出故障而加大邻近设备负荷的因素。

第5.1.7条 安装阶段的动力系数是在正常施工条件下，在现场实测所得，当用履带式或汽车式起重机吊装时，应选择同型号的设备，起吊时并应采用最低档的起重速度，严禁高速起升和急刹车。

第二节 制作与拼装要求

第5.2.3条 由于当前钢板厚度公差较大，原规定焊接球节点壁厚不均匀度指标改为减薄量，并将绝对值控制放大至1.5mm。

本条新增加了螺栓球节点球中心至螺孔端面距离偏差及螺孔角度允许偏差，以确保网架安装的精度要求。

第5.2.6条 多跨连续点支承网架，由于支柱支点偏心允许偏差较小（参照第5.8.6条执行），故提高几何尺寸精度。

第5.2.7条 总拼应采取合理的施焊顺序，尽量减少焊接变形和焊接应力。总拼时的施焊顺序应从中间向两端或从中间向四周发展。因为网架在向前拼接时有一端是可以自由收缩的，焊工可在前端随时调整尺寸（如预留收缩量的调整等），既保证网架尺寸又使焊接应力较小。

第5.2.8条 对焊缝质量的检验，首先应对全部焊缝进行外观检查。无损探伤检验的取样部位以设计单位意见为主，与施工单位协商确定，此时应注意首先检验应力最大以及支座附近的拉杆。无损探伤的抽样数应至少取焊口总数的20%，每一焊口系指钢管与球节点连接处的一圈焊缝。

第5.2.9条 螺栓球节点拧紧螺栓后如不加任何填嵌密封及防腐处理时，接头与大气相通，其中高强度螺栓和钢管、锥头等内壁容易锈蚀，因此施工后必须认真执行密封防腐要求。

第三节 高空散装法

原规定中第88条因规定过细，故予以取消。

第5.3.2条 对于重大工程或当缺乏经验时，对所设计的支架应进行试压，以检验其强度、刚度及有无不均匀沉陷等。

第四节 分条或分块安装法

第5.4.1条 当网架分割成条状或块状单元后，对于正放类网架，一般来说在自重作用下自身如能形成稳定体系，可不考虑加固措施。而对于斜放类网架，分割后往往形成几何可变体系，因而需要设置临时加固杆件。各种加固杆件在网架形成整体后即可拆除。

第5.4.2条 网架被分割成条（块）状单元后，在合拢处所产生的挠度值一般均超过网架形成整体后该处的自重挠度值。因此，在总拼前应采用千斤顶等设备调整其挠度，使之与网架形成整体后该处挠度相同，然后进行总拼。

第五节 高空滑移法

第5.5.2条 滑轨接头处如不垫实，当网架滑移到该处时，滑轨接头处会因承受重量而下陷，未下陷端就会挡住滑移中网架支座而"卡轨"。

第六节 整体吊装法

第 5.6.2 条 根据大型网架吊装时现场实测资料，当相邻吊点间高差达吊点间距离的 1/400 时，网架各吊点反力约增加 15～30%，因此本条将提升高差允许值予以限制。

第 5.6.6 条（原规定第 105 条） 为防止在起吊和旋转过程中拔杆端部偏移过大，应加大缆风绳的预紧力，缆风绳的初始拉力应取该缆风绳受力时的 60%。

第七节 整体提升法

第 5.7.3 条 在提升过程中，由于设备本身的因素、施工荷载的不均匀以及操作方面等原因，会出现升差。当升差超过某一限值时，会对网架杆件产生不允许的附加应力，甚至使杆件内力变号，还会使网架产生较大的偏移。因此，必须严格控制网架两相邻提升点及最高与最低点的允许升差。

第 5.7.4 条 为防止起升时网架晃动，故对提升设备的合力点及其偏移值作出规定。

第八节 整体顶升法

第 5.8.4 条 整体顶升法规定允许升差值的理由同 5.7.3 条，由于整体顶升法大多用于支点较少的多点支承网架，一般跨度较大，因此允许升差值的具体数值有所不同。

第九节 组合网架结构的施工

第 5.9.1 条～第 5.9.3 条 组合网架结构中的钢筋混凝土板的混凝土质量、钢筋材质要求、预制板的几何尺寸及灌缝混凝土要求等均应符合现行混凝土结构工程施工及验收规范。

为增强预制板灌缝后的整体性，灌缝混凝土应连续浇筑，不留设施工缝。

第十节 验 收

第 5.10.2 条 当网架结构在地面拼成整体，采用整体吊装提升、顶升等安装方法时，应以设计的几何尺寸为准，量测安装后网架支座与柱顶预埋件、圈梁预埋件之间的偏差，并满足本条中对偏差允许值的要求。如支座标高产生偏差，可用钢板垫实。如支座轴线位置产生偏差，在允许范围内时，则让其在自然状态下就位。如支座标高或轴线偏差超出允许值时，严禁用倒链等强行就位。应由设计、施工、建设单位共同研究解决方法。

第 5.10.3 条 网架结构的挠度是对设计和施工的质量的综合反映。故必须观测其挠度值，并作好记录存档。

中华人民共和国行业标准

网壳结构技术规程

JGJ 61—2003

条 文 说 明

前　言

《网壳结构技术规程》JGJ 61—2003，经建设部 2003 年 3 月 21 日以第 130 号公告批准、发布。

为便于广大设计、施工、科研、学校等单位的有关人员在使用本规程时能正确理解和执行条文规定，《网壳结构技术规程》编制组按章、节、条顺序编制了本规程的条文说明，供使用者参考。在使用中如发现本条文说明有不妥之处，请将意见函寄中国建筑科学研究院（地址：北京市北三环东路 30 号；邮政编码：100013）。

目 次

1 总则 ·· 2—9—4
3 设计的基本规定 ································ 2—9—4
4 结构计算 ·· 2—9—4
　4.1 一般计算原则 ································ 2—9—4
　4.2 静力计算 ····································· 2—9—5
　4.3 稳定性计算 ··································· 2—9—5
　4.4 地震作用下的内力计算 ···················· 2—9—6
5 杆件和节点的设计与构造 ···················· 2—9—6
　5.1 杆件 ·· 2—9—6
　5.2 焊接空心球节点 ····························· 2—9—7
　5.3 螺栓球节点 ··································· 2—9—8
　5.4 嵌入式毂节点 ································ 2—9—9
　5.5 支座节点 ····································· 2—9—9
6 制作与安装 ······································ 2—9—10
　6.1 一般规定 ····································· 2—9—10
　6.2 制作与安装要求 ····························· 2—9—10
　6.3 高空散装法 ··································· 2—9—10
　6.4 分条或分块安装法 ·························· 2—9—10
　6.5 滑移法 ·· 2—9—11
　6.6 综合安装法 ··································· 2—9—11
　6.7 验收 ·· 2—9—11

1 总 则

1.0.1 本条是网壳结构设计和施工必须遵循的原则。

1.0.2 本条将网壳结构明确定为以钢杆件组成的曲面形网格结构，因国内有些文献中称之为网架结构。网壳结构在国内外工业与民用建筑中已得到广泛的应用。目前国外跨度最大的球面网壳达到213m，我国已建成的球面网壳跨度也有121m。根据我国工程实践与科学研究的经验，已取得的有关网壳设计、构造与施工的技术完全可推广用于跨度更大的结构。实际上，不论网壳跨度大小，其设计都要受到承载能力与稳定的约束，其构造与施工的原理也是相同的，因此本规程对网壳适用的跨度不做限制。

在当前的网壳结构中，有采用预应力技术做成预应力网壳，有将网壳做成局部单层、局部双层，也有将钢筋混凝土屋面板与钢杆件组成组合网壳，本规程中的有关章节仍可适用于这一类网壳的设计与施工。

1.0.3 当双层网壳结构上悬挂吊车时，动力荷载会使杆件和节点产生疲劳，例如钢管杆件连接锥头或空心球的焊缝、焊接空心球本身以及高强度螺栓等。目前这方面的实践经验和试验资料还不多，故本规程规定对承受中级或重级工作制的悬挂吊车荷载的网壳，可由设计人员根据工程具体情况，视应力变化的循环次数，经过专门的试验来确定其容许应力幅度及构造。

3 设计的基本规定

3.0.2 网壳结构的曲面形式多种多样，能满足不同建筑造型的要求。本规程中仅列出一般常用的典型几何曲面，即圆柱面、球面、椭圆抛物面与双曲抛物面。这些曲面都可以几何学方程表达。此外，网壳也可能采用非典型曲面，往往是在给定的边界与外形条件下，采用多项式的数学方程来拟合其曲面，或者采用链线、膜等实验手段来寻求曲面。

3.0.3 单层网壳的杆件布置方式变化多端，本条中仅给出一些最常用的方式供设计中选用。设计者也可以参照现有的布置方式进行变换。在国内外文献中对网壳结构的命名极不统一，本规程根据网格的形成方式对不同形式的网壳统一命名，例如联方型，国外称Lamella，用于圆柱面网壳时早期多为木梁构成的菱形网格，节点为刚性连接，从而保证壳体几何不变。用于钢网壳时也应注意此点，并设置水平刚度大的边缘构件。在实际构造中往往还有纵向的屋面檩条而形成三角形网格，这样就由联方网格演变为三向网格。

如在球面网壳中，对肋环斜杆型，国外都是以这种形式网壳的提出者Schwedler的名字命名，称为施威德勒穹顶。又如扇形三向网格与葵花形网格在国外往往都列为联方型穹顶，如果杆件按放射状曲线，自球中心开始将球面分成大小不等的菱形，即形成本条的葵花形网格球面网壳。如果将圆形平面划分为若干个扇形（一般是6或8个），再以平行肋分成大小相等的菱形网格。这种形式国外以其创始人Kiewitt的名字命名，称为凯威特穹顶，为了在屋面上放檩条而设置了环肋，这样就划分为三角形网格。本规程统一称为扇形三向网格球面网壳。

3.0.5 网壳结构由于本身特有的曲面而具有较大的刚度，因而有可能做成单层，这是它不同于平板型网架的一个特点。从构造上来说，网壳可分为单层与双层两大类，其外形虽然相似，但计算分析与节点构造截然不同，单层网壳是刚接杆件体系，必须采用刚性节点，双层网壳是铰接杆件体系，可采用铰接节点。

3.0.6 网壳的支承构造，包括其支座节点与边缘构件，是十分重要的。如果不能满足所必需的边缘约束条件，有时会造成网壳杆件内力的变化，甚至内力产生反号，因此本条特地对不同形式网壳提出了相应的支承方式和应满足的约束条件。

3.0.7、3.0.8 通过对网壳的几种典型几何曲面进行组合或切割，又可形成新的外形以适应不同的平面形状与立体造型。作为网壳设计的重要工具，本条将几种常用的组合与切割方法引以为例。

3.0.9～3.0.12 各条分别对圆柱面网壳、球面网壳、椭圆抛物面网壳及双曲抛物面网壳的构造尺寸以及单层网壳的适用跨度做了规定，这是根据国内外已建成的网壳工程统计分析所得的经验数值。

各类双层网壳厚度的取值，当跨度较小时可取跨度的1/20，当跨度较大时可取1/50。厚度是指网壳上下弦形心之间的距离。

双层网壳的矢高以其支承面确定，如网壳支承在下弦，则矢高从下弦曲面算起。

3.0.14 将网壳结构的最大计算位移规定不得超过短向跨度的1/400，这是综合近年来国内外的设计与使用经验而定的。由于网壳的竖向刚度较大，一般情况下均能满足此要求。计算中一般考虑由于网壳自重及活荷载产生的位移，但由于风荷载的吸力，也可能产生向上的位移，例如悬挑网壳就可能出现这种情况。

4 结构计算

4.1 一般计算原则

4.1.1 网壳结构主要应对使用阶段的外荷载（包括竖向和水平向）进行内力、位移计算，对单层网壳通常要进行稳定性计算，并据此进行杆件截面设计。此外，对地震、温度变化、支座沉降及施工安装荷载，应根据具体情况进行内力、位移计算。

4.1.2 网壳结构的各种荷载取值与组合按现行荷载

规范及抗震设计规范确定。

网壳结构内力和位移计算时认为材料是线弹性的，不考虑弹塑性及塑性的影响；网壳结构的稳定性计算由于位移较大要考虑结构几何非线性的影响。

4.1.3 风荷载往往对网壳的内力和变位有很大影响，当在现行《建筑结构荷载规范》GB 50009 找不到风荷载体形系数时，应进行模型风洞试验以确定风荷载体型系数。

4.1.4 双层网壳的计算模型可假定为空间铰接杆系结构，忽略节点刚度的影响，不计次应力；单层网壳的计算模型可假定为空间刚接梁系结构，每根杆件要承受轴力、弯矩（包括扭矩）和剪力。

作用在网壳杆件上的局部荷载在分析时先按静力等效原则换算成节点荷载做整体计算，然后考虑局部弯曲内力的影响。

4.1.5 双层网壳按铰接杆系结构每个节点有三个线位移来确定支承条件；单层网壳按刚接梁系结构每个节点有三个线位移和三个角位移来确定支承条件。因此，单层网壳支承条件的形式比双层网壳的要多。

4.1.6 对采用如悬挑拼装施工的网壳结构，其支承边界条件与使用状态下网壳的边界条件不完全一样。此时应特别注意施工安装阶段全过程内力变位分析计算，并可作为网壳的初内力和初应变而残留在网壳内。

4.1.7 网壳结构的计算方法较多，列入本规程的只是比较常用的和有效的计算方法，即空间杆系有限元法、空间梁系有限元法和拟壳分析法共三种。

空间杆系有限元法即空间桁架位移法，如同计算网架结构那样，可用来计算各种形式的双层网壳结构。

空间梁系有限元法即空间刚架位移法，主要用于单层网壳的内力、位移和稳定性计算。

拟壳分析法物理概念清晰，有时计算也很方便，常与有限元法互为补充，但计算精度不如有限元法，故本规程建议在网壳的结构方案选择和初步设计时采用。

4.2 静力计算

4.2.1～4.2.2 有限单元法是将网壳的每个杆件作为一个单元，采用矩阵位移法进行计算。单层网壳以杆件节点的三个线位移和三个角位移为未知数，双层网壳以节点的三个线位移为未知数。无论是理论分析及模型试验乃至工程实践均表明，这种杆系的有限单元法是迄今为止分析网壳结构最为有效、适用范围最为广泛且相对而言精度也是最高的方法。目前这个方法在国内外已被普遍应用于网壳结构的设计计算中，因此在本规程中被列为分析网壳结构的主要方法。

有限单元法可以用来分析不同类型、具有任意平面和几何外形、具有不同的支承方式及不同的边界条件、承受不同类型外荷载的网壳结构。有限单元法不仅可用于网壳结构的静力分析，还可用于动力分析、抗震分析以及非线性稳定全过程分析。这种方法适合于在计算机上进行运算。我国已编制了一些网壳结构分析与设计的计算机程序可供使用。由于杆系和梁系有限单元法在不少书本中已有详尽的论述，本规程仅列出其基本方程。

4.2.3 大部分网壳结构可通过连续化的计算模型等代为正交异性，甚至各向同性的薄壳结构，并根据边界条件求解等效薄壳的微分方程式而得出薄壳的位移和内力，然后可返回计算网壳杆件的内力。

4.2.4 正三角形网格的网壳结构可等代为一个各向同性的薄壳结构，在忽略网壳杆件抗扭刚度时，其等代的物理常数为三个：等效厚度 t_e、等效抗弯刚度 D_e、等效泊松比 $\nu=1/3$。本条给出 t_e、D_e 和双层网壳的相应三向交叉桁架拱的折算截面积 A_a 和折算惯性矩 I_a 的关系式。

4.2.5 在求得拟壳结构的薄膜内力和弯曲内力后，对正三角形网格的网壳，可通过内力等效的原则，返回计算网壳杆件的轴力、弯矩和剪力。对于双层网壳进而可由相应公式计算上、下弦杆和腹杆的内力。对于接近正三角形网格的网壳结构，仍可由相应公式来估算网壳杆件的内力。

4.3 稳定性计算

4.3.1 单层网壳和厚度较小的双层网壳均存在总体失稳（包括局部壳面失稳）的可能性；设计某些单层网壳时，稳定性还可能起控制作用，因而对这些网壳应进行稳定性计算。对于双曲抛物面网壳（包括单层网壳）的全过程分析表明，从实用角度出发，可以不考虑这类网壳的失稳问题。作为一种替代保证，结构刚度应该是设计中的主要考虑因素，而这是在常规计算中已获保证的。

4.3.2 以非线性有限元分析为基础的结构荷载-位移全过程分析可以把结构强度、稳定乃至刚度等性能的整个变化历程表示得十分清楚，因而可以从最精确的意义上来研究结构的稳定性问题。仅考虑几何非线性的荷载-位移全过程分析方法已相当成熟，包括对初始几何缺陷、荷载分布方式等因素影响的分析方法也比较完善。因而现在完全有可能要求对实际大型网壳结构进行考虑几何非线性的荷载-位移全过程分析，在此基础上，确定其稳定性承载力。如果全过程分析中还要进一步考虑材料的弹塑性能，方法就繁复得多，目前还不宜对多数工程提出这一要求。少数算例表明，材料弹塑性能对网壳稳定性承载力的影响随结构具体条件变化，尚无规律性的结果可循。本规程中这一影响放在4.3.4条规定的系数 K 中考虑。当然，有必要和可能时，应鼓励进行考虑双重非线性的全过程分析。

4.3.3 设网壳受恒载 g（kN/m²）和活载 q（kN/m²）作用，且其稳定性承载力以 $(g+q)$ 来衡量，则大量实例分析表明，荷载的不对称分布（实际计算中取活载的半跨分布）对球面网壳的稳定性承载力无不利影响，对四边支承的柱面网壳当其长宽比 $L/B \leqslant 1.2$ 时，活载的半跨分布对网壳稳定性承载力有一定影响。对椭圆抛物面网壳和两端支承的圆柱面网壳，这种影响则较大，应在计算中考虑。

初始几何缺陷对各类网壳的稳定性承载力均有较大影响，应在计算中考虑。网壳缺陷包括节点位置的安装偏差、杆件的初弯曲、杆件对节点的偏心等，后面两项是与杆件有关的缺陷。我们在分析网壳稳定性时有一个前提，即在强度设计阶段网壳所有杆件都已经过设计计算保证了强度和稳定性。这样，与杆件有关的缺陷对网壳总体稳定性（包括局部壳面失稳问题）的影响就自然地被限制在一定范围内，而且在相当程度上可以由关于网壳初始几何缺陷（节点位置偏差）的讨论来覆盖。

节点安装位置偏差沿壳面的分布是随机的。通过实例进行的研究表明：当初始几何缺陷按最低阶屈曲模态分布时，求得的稳定性承载力是可能的最不利值。这也就是本规程推荐采用的方法。至于缺陷的最大值，按理应采用施工中的容许最大安装偏差；但大量实例表明，当缺陷达到跨度的 1/300 左右时，其影响往往才充分展现；从偏于安全角度考虑，本条规定了"按网壳跨度的 1/300"作为理论计算的取值。

4.3.4 确定系数 K 时考虑到下列因素：(1) 荷载等外部作用和结构抗力的不确定性可能带来的不利影响；(2) 计算中未考虑材料弹塑性可能带来的不利影响；(3) 结构工作条件中的其他不利因素。关于这一系数的取值，尚缺少足够统计资料做进一步论证，暂时沿用目前的经验值。

4.3.5 本条给出的稳定性实用计算公式是由大规模参数分析的方法求出的，即结合不同类型的网壳结构，在其基本参数（几何参数、构造参数、荷载参数等）的常规变化范围内，应用非线性有限元分析方法进行大规模的实际尺寸网壳的全过程分析，对所得到的结果进行统计分析和归纳，得出网壳结构稳定性的变化规律，最后用拟合方法提出网壳稳定性的实用计算公式。总计对 2800 余例球面、圆柱面和椭圆抛物面网壳进行了全过程分析。所提出的公式形式简单，便于应用，然而是建立在精确分析方法的基础之上的。

给出实用计算公式的目的是为了广大设计部门应用方便；然而，尽管所进行的参数分析规模较大，但仍然难免有某些疏漏之处，简单的公式形式也很难把复杂的实际现象完全概括进来，因而条文中对这些公式的应用范围作了适当限制。

4.4 地震作用下的内力计算

4.4.1 根据对数百个双层圆柱面网壳及单层球面网壳进行地震反应分析结果，总结出常用的网壳杆件地震内力与静内力的比例关系及沿壳面分布规律。此外，还研究了数十个单块双曲抛物面网壳的地震反应。对于以上三类常用网壳均考虑了不同网格类型、矢高、宽度、厚度与跨度之比、支座约束刚度、场地类别等参数变化。研究结果表明，各类网壳大部分主要受力杆的水平地震反应均远大于竖向地震反应，且随矢跨比增大水平地震作用系数也不断增大。因此本条要求 7 度设防时亦需进行网壳水平地震反应分析。

4.4.2 对于周边固定铰支的网壳结构，抗震分析时阻尼比可取 0.02，这是对国内外多个钢结构的实测与试验结果经统计分析而得出的数值。当网壳支承在钢或混凝土结构体系时，其阻尼比与支承体系刚度、网壳矢跨比以及网壳刚度等参数有关，数值变化范围在 0.020~0.035 之间。当考虑下部支承结构影响而假定为弹性支座，或是将网壳与下部支承结构按整体进行抗震计算时，其阻尼比可按理论计算确定。如近似地将阻尼比取为 0.02，则计算结果是偏于安全的。

4.4.8~4.4.10 为了减少 7 度和 8 度设防烈度时网壳结构设计的工作量，在大量实例分析基础上，给出承受均布荷载的几种常用网壳杆件地震轴向力系数 ξ 值，便于设计人员直接采用。对于单层球面网壳，考虑了各类杆件各自为等截面情况。对于单层双曲抛物面网壳，考虑了弦杆和斜杆均为等截面情况，仅抬高端斜拉杆由于受力较大要另行设计。对于圆柱面网壳，仅考虑纵向弦杆与腹杆分别为等截面情况。对于上述跨度不大、受力均匀的网壳，当同类杆件静内力与动内力分布均匀或受力很小按构造设计时，则按等截面设计，取最大静内力乘地震系数即可。

由于双层柱面网壳横向弦杆、腹杆、纵向弦杆地震反应规律不同，故分别给出不同的地震内力系数。对于纵向弦杆，其地震内力分布较均匀，考虑到多种因素影响，统一按纵向弦杆最大静内力乘以地震内力系数来计算地震内力。

5 杆件和节点的设计与构造

5.1 杆 件

5.1.1 本条明确规定网壳杆件的材质应符合现行《钢结构设计规范》GB 50017 的有关规定，避免采用非结构用钢管。此外，本条还强调使用薄壁管材，这是因为网壳结构杆件主要不是由强度控制，没有必要采用厚壁管材，而应尽量采用有利于减小杆件长细比的薄壁管材。

5.1.2 双层网壳的节点一般可视为铰接。过去在设计网壳时，其杆件计算长度多参考现行《网架结构设计与施工规程》JGJ 7 的有关规定，但由于双层网壳中大多数上、下弦杆均受压，它们对腹杆的转动约束要比网架小，因此对焊接空心球节点和板节点的双层网壳的腹杆计算长度做了调整，其计算长度取 $0.9l$，而上、下弦杆与螺栓球节点的双层网壳杆件的计算长度仍取为几何长度。

单层网壳在壳体曲面内、外的屈曲模态不同，因此其杆件在壳体曲面内、外的计算长度也不同。

在壳体曲面内，壳体屈曲模态类似于无侧移的平面刚架。由于空间汇交的杆件较少，且相邻环向（纵向）杆件的内力、截面都较小，因此相邻杆件对压杆的约束作用不大，这样其计算长度主要取决于节点对杆件的约束作用。根据我国的试验研究，考虑焊接空心球节点对杆件的约束作用时，杆件计算长度可取为 $0.9l$，而毂节点在壳体曲面内对杆件的约束作用很小，杆件的计算长度可取为几何长度。

在壳体曲面外，壳体有整体屈曲和局部凹陷两种屈曲模态，在规定杆件计算长度时，仅考虑了局部凹陷一种屈曲模态。由于网壳环向（纵向）杆件可能受压、受拉或内力为零，因此其横向压杆的支承作用不确定，在考虑压杆计算长度时，可以不计其影响，而仅考虑压杆远端的横向杆件给予的弹性转动约束，经简化计算，并适当考虑节点的约束作用，取其计算长度为 $1.6l$。

5.1.3 我国钢结构规范编制组通过大量工程资料统计得出钢结构主要受力构件的容许长细比 $[\lambda]$ 一般不大于 150；统计已建成的单层网壳其压杆的计算长细比一般在 60～150 之间。考虑到网壳结构主要由受压杆件组成，压杆太柔会造成杆件初弯曲等几何初始缺陷，对网壳的整体稳定形成不利影响；另外杆件初始弯曲，会引起二阶力的作用，因此，单层网壳杆件长细比按照现行《钢结构设计规范》GB 50017 的有关规定取 $[\lambda] \leqslant 150$。

我国现已建成的双层网壳，其杆件长细比一般都参照《网架结构设计与施工规程》的有关规定，考虑到这些成功经验，此处不再严格控制，仍取 $[\lambda] \leqslant 180$。

受拉杆件在网壳结构中比较少，这些较少的拉杆除要保证自身强度外，还要为压杆提供一定的约束，因此要求拉杆截面也不能太小，取 $[\lambda] \leqslant 300$；当双层网壳悬挂吊车时，可参照现行《网架结构施工规程》JGJ 7 的有关规定，取 $[\lambda] \leqslant 250$。

5.1.4 本条根据多年来网壳的工程实践规定了网壳杆件截面的最小尺寸。但这并不是说，所有网壳工程都可以采用本条规定的最小截面尺寸，这里明确指出，杆件最小截面尺寸必须根据实际工程中网壳的跨度和网格大小以及荷载大小确定。

5.1.5 本条规定提醒设计人员注意细部构造设计，避免给施工和维护造成困难。

5.2 焊接空心球节点

5.2.2 焊接空心球在我国已广泛用作网架结构的节点，设计与制作、安装的技术都比较成熟，这种节点在构造上比较接近于刚接计算模型，近年来在我国单层网壳中也得到了应用，并取得了一定的经验。

过去《网架结构设计与施工规程》JGJ 7—91 曾提出直径为 120～500mm 空心球的受压、受拉承载力设计值的计算公式。原公式是以大量空心球的试验结果为依据，通过数理统计方法进行回归分析而得到的经验公式，由于当时所试验的空心球直径多在 500mm 以下，原公式只适用在此直径范围以内，随着网架与网壳结构跨度的不断增大，在工程实践中出现了直径大于 500mm 的空心球，通过一些实物试验表明，原公式已不能反映直径更大空心球的承载力，为此，曾对直径大于 500mm 空心球的承载力进行了理论分析。由于节点破坏时，钢管与球体连接处已进入塑性状态，并产生较大的塑性变形，分析中采用了以弹塑性理论为基础的非线性有限元方法。

焊接空心球节点是一种闭合的球形壳体，对于受压为主的空心球节点，其破坏机理一般属于壳体稳定问题，而以受拉为主的空心球节点，其破坏机理则属于强度破坏问题。本规程是通过构造要求避免了空心球节点受压时的失稳破坏，从而将其转化为主要是强度问题。空心球节点的强度破坏具有冲剪破坏的特征，因此球体的受拉、受压承载力均主要与钢材的抗剪强度及杆、球相连处的环形冲剪面积等因素有关，当空心球及与之相连的杆件的几何尺寸相同时，空心球节点的受压与受拉承载力也应当一致，计算时可采用同一公式。

根据以往的试验结果和理论分析结果，在保证材料质量、制作工艺及精确度和焊接质量的前提下，影响空心球节点承载力的因素主要是：空心球节点的壁厚 t、空心球节点的外径 D、与空心球相连接的钢管外径 d。空心球节点的承载力 N 与各个影响因素之间存在着如下关系：即随空心球壁厚 t 的增大而增大，随空心球外径 D 的增大而降低，随管径 d 的增大而增大。

以大量的试验结果和有限元分析结果为依据，根据试验所得到的相关因素的关系，通过数理统计方法进行回归分析，得到了可应用于直径在 120～900mm 的空心球节点受拉和受压承载力的统一公式。该公式不仅与现有试验资料基本吻合，而且覆盖了《网架结构设计与施工规程》JGJ 7—91 中的原设计公式，将应用范围扩大到直径在 500mm 以上的空心球。

由于单层网壳的杆端除承受轴向力外，尚有弯矩、扭矩及剪力作用。精确计算空心球节点在这种内力状态下的承载力比较复杂。为简化计算，将空心球承载力的原计算公式乘以一考虑受弯影响的系数，作为其在压弯或拉弯状态下的承载力设计值。

在单层球面及柱面网壳中，由于弯矩作用在杆与球接触面产生的附加正应力在不同部分出入较大，一般可增加20%～50%左右，而且单层网壳计算多为稳定控制，因此杆件截面的内力都较小。由于稳定要求，往往会增大杆件的钢管直径，这将导致空心球承载力提高，使空心球壁厚减薄，这对单层网壳假定节点为刚接的计算模型十分不利。考虑上述因素，在承载力的计算公式中乘以0.8的受弯影响系数。

5.2.3 本条中所提出的一些构造要求是为了避免空心球在受压时会由于失稳而破坏。为了使钢管杆件与空心球连接焊缝做到与钢管等强，规定钢管应开坡口，焊缝要焊透。根据大量工程实践的经验，钢管端部加套管是保证焊缝质量、拼装方便的好办法，此外对焊缝高度也做了具体规定。

5.3 螺栓球节点

5.3.1 利用高强度螺栓将钢管杆件与螺栓球连接而成的螺栓球节点，在构造上比较接近于铰接计算模型，因此适用于双层网壳中钢管杆件的连接。

5.3.2 螺栓球节点的材料在选用时考虑以下因素：

钢球上沿各汇交杆件的轴向设有相应螺孔，当分别拧入杆件中的高强度螺栓后即形成网架整体。钢球的硬度可略低于螺栓的硬度，材料强度也较螺栓低一级，因而球体材料选用45号钢，且不进行热处理是可以满足设计要求和便于加工。球体原坯宜采用锻造成型。

锥头或封板是钢管杆件与钢球连接的过渡部件，它与杆件焊成一体，因此其材料钢号宜与杆件一致，以方便施焊。

套筒主要传递压力，因此对于与较小直径高强度螺栓（≤M33）相应的套筒，可取Q235钢。对于与较大直径高强度螺栓（≥M36）相应的套筒，为避免由于套筒承压面积的增大而加大钢球直径，宜选用Q345钢或45号钢。

高强度螺栓的钢材应确保其抗拉强度、屈服强度与淬透性能满足设计技术条件的要求。结合目前国内钢材的供应情况和实际使用效果，推荐采用40Cr钢、35CrMo钢，同时考虑到多年使用和厂家习惯用材，对于M12～M24的高强度螺栓还可采用20MnTiB钢，M27～M36的高强度螺栓还可采用35VB钢。

螺钉或销子也宜选用高强度钢材，以免拧紧螺栓而被剪断。

5.3.4 国家标准《钢网架螺栓球节点用高强度螺栓》GB/T 16939将高强度螺栓的性能等级按照其直径大小分为10.9S及9.8S两个等级，这是根据我国高强度螺栓生产的实际情况而确定的。

高强度螺栓在制作过程中要经过热处理，使成调质钢。热处理的方式是先淬火，再高温回火。淬火可以提高钢材强度，但降低了它的韧性，再回火可恢复钢的韧性。对于采用规程推荐材料的高强度螺栓，影响其能否淬透的主要因素是螺栓直径的大小。当螺栓直径较小（M12～M36）时，其截面芯部能淬透，因此在此直径范围内的高强度螺栓性能等级定为10.9S。对大直径高强度螺栓（M39～M64×4），由于芯部不能淬透，从稳妥、可靠、安全出发将其性能等级定为9.8S。

《网架结构设计与施工规程》JGJ 7—91对10.9S的高强度螺栓经热处理后的抗拉强度设计值定为430N/mm²，本规程仍采用此值不变，为使9.8S的高强度螺栓与其具有相同的抗力分项系数，其抗拉强度设计值相应定为385N/mm²。由于本规程中已考虑了螺栓直径对性能等级的影响，在计算高强度螺栓抗拉设计承载力时，不必再乘以螺栓直径对承载力的影响系数。

高强度螺栓的最高性能等级采用10.9S，即经过热处理后的钢材极限抗拉强度f_u达1040～1240N/mm²，规定不低于1000N/mm²。屈服强度与抗拉强度之比为0.9，以防止高强度螺栓发生延迟断裂。所谓延迟断裂是指钢材在一定的使用环境下，虽然使用应力远低于屈服强度，但经过一段时间后，外表可能尚未发现明显塑性变形，钢材却发生了突然脆断现象。导致延迟断裂的重要因素是应力腐蚀，而应力腐蚀则随高强度螺栓抗拉强度的提高而增加。因此性能等级为10.9S与9.8S的高强度螺栓，其抗拉强度的下限值分别取1000N/mm²与900N/mm²，可使螺栓保持一定的断裂韧度。

5.3.5 根据螺栓球节点连接受力特点可知，杆件的轴向压力主要是通过套筒端面承压来传递的，螺栓主要起连接作用。因此对于受压杆件的连接螺栓可不作验算。但从构造上考虑，连接螺栓直径也不宜太小，设计时可按该杆件内力绝对值求得螺栓直径后适当减小，建议减小幅度不大于表5.3.4中螺栓直径系列的三个级差。减少螺栓直径后的套筒应根据传递的压力值验算其承压面积，以满足实际受力要求，此时套筒可能有别于一般套筒，施工安装时应予注意。

5.3.7 钢管端部的锥头或封板以及它们与钢管间的连接焊缝均为杆件的重要组成部分，必须确保锥头或封板以及连接焊缝与钢管等强，一般封板用于连接直径小于76mm的杆件，锥头用于连接直径大于或等于76mm的杆件。

封板与锥头的计算可考虑塑性的影响，其底板厚度都不应太薄，否则在较小荷载作用下即可能使塑性区在底板处贯通，从而降低承载力。表5.3.7推荐的底部厚度系根据一些生产厂家的试验结果与实践经验而确定的。

锥头底板厚度和锥壁厚度变化应与内力变化协

调，锥壁两端与锥头底板及钢管交接处应和缓变化，以减少应力集中。

5.4 嵌入式毂节点

5.4.1 嵌入式毂节点是 20 世纪 80 年代我国自行开发研制的装配式节点体系。对嵌入式毂节点的足尺模型及采用该节点装配成的单层球面网壳的试验结果证明结构本身具有足够的强度、刚度和稳定性。

十多年来，我国用嵌入式毂节点已建造近 50 个单层球面及圆柱面网壳，面积达十余万平方米。曾应用于展览馆、娱乐中心、食堂等建筑的屋盖和 20000m³ 以上储油罐顶盖中。这些已建成的工程经过多年来的应用证明了这种节点的安全性和可靠性。

5.4.2 杆端嵌入件的形式比较复杂，嵌入榫的倾角也各不相同，采用机械加工工艺难于实现，一般铸钢件又不能满足精度要求，故选择精密铸造工艺生产嵌入件。

5.4.4 嵌入件是嵌入式毂节点的重要传力部件。设计中必须保证它各部位的强度大于等于杆件的抗拉强度。为此应满足以下条件：（1）颈部截面应大于或等于所连接的杆件截面；（2）嵌入件嵌入榫的抗剪强度与杆件截面的抗拉强度等强；（3）嵌入件嵌入榫的最小承压面积的承压强度与杆件截面抗拉强度等强。

5.4.6 毂体是嵌入式毂节点的主体部件，毛坯可用热轧大直径棒料，经机械加工而成。为保证汇交于毂体的杆件牢固地连接在一起，毂体必须具有足够的强度和刚度，嵌入槽的尺寸精度应保证各嵌入件能顺利嵌入并良好吻合。毂体直径是根据以下原则确定的：

（1）槽孔开口处的抗剪强度大于杆件截面的抗拉强度；（2）保证两槽孔间有足够的强度；（3）相临两杆不能相碰。

5.5 支座节点

5.5.1 网壳结构支座节点的构造应与结构分析所取的边界条件相符，否则将使结构的实际内力与计算内力出现较大差异，并可能因此而危及网壳结构的整体安全。

5.5.2 由于网壳结构的下部支承结构（如框架、砖墙等）在垂直于平面投影方向常具有较大的支承刚度，同时支座本身也具有较大的竖向刚度，因此一般可认为沿边界的竖向为固定约束。而在边界的水平方向，随着支承结构水平刚度的不同，可能存在各种水平约束条件（如表 1 所示）。如下部支承结构具有较强的抗侧刚度，边界取为法向约束，则可使网壳的边界条件与网壳支座的工作状态相吻合。如果放松边界的法向约束，结构的支座节点会沿边界法向产生较大的水平位移，杆件内力可能由上、下弦均受压转变为上弦受压、下弦受拉，网壳也就改变了受力特性。因此网壳的支座节点必须根据结构分析所假定的边界条件合理地选择节点型式。

5.5.3 固定铰支座容许节点可以转动而不能产生线位移。因此，它只能传递轴向力和剪力，而不能传递弯矩与扭矩，是网壳结构中应用较广的一种支座节点型式。

表 1 网壳边界水平约束条件

下部结构支承条件	直接落地			支承于框架或砖墙上		
支座水平刚度条件	固定铰	弹性支承	滚轴支座	固定铰	弹性支承	滚轴支座
边界水平刚度条件	二向固定	二向弹性	法向自由	法向弹性	二向弹性	法向自由

图 5.5.3a 所示球铰支座是将一个固定在支承面顶板或过渡板上的实心半球与一个连接于支座底板上的半球凹槽相嵌合，并以四根锚栓固定（锚栓螺母下加设弹簧）而形成的一种典型的固定铰支座。这种节点与固定铰计算较吻合，但构造较复杂，适用于大跨度或点支承的网壳结构。

图 5.5.3b 所示弧形铰支座是将单面弧形垫板倒置，放在设置于支座面顶板或过渡板上的弧形浅槽内，节点可沿边界法向自由转动，不产生线位移。

采用图 5.5.3a 与图 5.5.3b 两种支座时，一般应将支座底板斜置，使底板平面垂直于支座反力的合力方向，以减少支座转动而引起的附加弯矩。

图 5.5.3c 所示双向弧形铰支座，是由两个弧形支座组合而成。它可以使支座节点不产生任何线位移，而有效地传递支座水平反力。为使节点能作转动，两块弧形垫板应位于以节点中心为圆心的同心圆上。图 5.5.3d 是采用橡胶垫板代替弧形支座来达到同样的目的。

5.5.4 弹性支座一般用于对水平推力有限制或需释放温度应力的网壳结构中。图 5.5.4 所示弹性支座是通过在支座底板与支承面顶板或过渡钢板间加设橡胶垫板而实现的。由于橡胶垫板具有良好的弹性和较大的剪切变位能力，因而支座既可转动又可在水平方向产生一定的弹性变位。为防止橡胶垫板产生过大的水平变位，可将支座底板与支承面顶板或过渡钢板加工成"盆"型，或在节点周边设置其他限位装置。支座底板与支承面顶板或过渡钢板由贯穿橡胶垫板的锚栓连成整体，锚栓的螺母下也应设置压力弹簧以适应支座的转动。为适应支座的水平变位，支座底板与橡胶垫板上应开设相应的圆形或椭圆形锚孔，以防锚栓阻止支座的水平变位。

采用橡胶垫板的板式橡胶支座在我国网架结构中已得到了普遍的应用，效果良好。附录 B 列出橡胶垫板的材料性能及有关计算与构造要点，可供设计

5.5.5 刚性支座节点既能传递轴向力，又能传递弯矩和剪力。因此这种支座节点除本身具有足够刚度外，支座的下部支承结构也应具有较大刚度，使下部结构在支座反力作用下所产生的位移和转动都能控制在设计容许范围内。

图 5.5.5 表示空心球节点刚性支座。它是将刚度较大的支座节点板直接焊于支承顶面的预埋钢板上，并将十字节点板与节点球体焊成整体，利用焊缝传力。锚栓设计时应考虑支座节点弯矩的影响。

5.5.6 滚轴支座在网壳结构中应用较少，一般仅在扁平曲面的网壳结构中考虑采用。当采用滚轴支座时，边界在水平方向不受约束，支座将不承受水平推力。图 5.5.6a 是网架结构中常见的单面弧形支座，由于底板与弧形垫块间为线接触，摩擦力很小，因此它在水平方向有移动的可能。图 5.5.6b 所示橡胶垫板滑动支座，在支座底板与橡胶垫板间加设了一层不锈钢板或聚四氟乙烯板，力求减小摩擦力，以便支座与橡胶垫板间能产生相对滑移。

5.5.7 由于网壳结构的支座节点常存在水平反力，为减少由此而产生的附加弯矩，应尽量减少支座球节点中心至支座底板间的距离。

支座底板与十字节点板厚度根据支座反力进行验算，确保其强度与稳定性满足设计要求。

6 制作与安装

6.1 一般规定

6.1.1 网壳结构施工首先必须加强对材质的检验，经验表明，由于材质不清或采用可焊性差的合金钢材常造成焊接质量等隐患，甚至造成返工等工程事故。

6.1.2 网壳结构制作时控制几何尺寸精度的难度较大，而且精度要求比一般平面结构严格，故所用钢尺必须统一，且经过计量检验合格。

6.1.3 为了保证网壳施工的焊接质量，故明确规定焊工应经过考核。当工厂焊接中遇有全位置焊接时，对焊工要求同现场焊接。

6.1.5 根据我国工程实践，网壳安装有以下几种方法：

1 高空散装法是指网壳的杆件和节点直接总拼，或预先拼成小拼单元在高空的设计位置进行总拼的一种方法，拼装时一般要搭设满堂脚手架，也可采用移动或滑动支架。有条件时应采用少支架的悬挑拼装，以尽量减少脚手架。

2 分条（分块）安装法是将整个网壳的平面分割成若干条状或块状单元，吊装就位后再在高空拼成整体。分条一般是在网壳的长向跨上分割。

3 滑移法是将网壳条状单元进行水平滑移的一种方法。它比分条安装具有网壳安装与室内土建施工平行作业的优点，因而缩短工期、节约拼装支架，起重设备也容易解决。

4 综合安装法是结合某些网壳几何形状外低中高的特点分别采用不同的安装方法。如圆球面网壳可分为若干环带，沿外围几圈可采用小拼单元在地面预制后，吊到空中拼装。而距地面较高的中心部分则在地面拼装，采用整体吊装到位，在高空与外圈连成整体。

6.2 制作与安装要求

6.2.6 多跨连续点支承网壳，由于支柱支点偏心容许偏差较小，故提高其几何尺寸精度。

6.2.7 总拼应采取合理的施焊顺序，尽量减少焊接变形和焊接应力。总拼时的施焊顺序应从中间向两端或从中间向四周发展。由于网壳拼装时有一端可以自由收缩，焊工可随时调整尺寸（如预留收缩量的调整等），既保证网壳尺寸又使焊接应力较小。

按照本规程 4.4.3 条，对网壳稳定性进行全过程分析时考虑初始曲面安装偏差，计算值可取网壳跨度的 1/300。实践表明，这种在计算中的假定作为施工安装偏差是偏大的。实际上，安装偏差不单单由稳定计算控制，还应考虑屋面排水、美观等因素，因此将此值定为随跨度变化（跨度的 1/1500）并给予一最大限值 40mm。

6.2.8 对焊接质量的检验，首先应对全部焊缝进行外观检查。无损探伤检验的取样部位以设计单位意见为主，与施工单位协商确定。此时应注意首先检验应力最大以及支座附近的杆件。无损探伤的抽样数应至少取焊口总数的 20%，每一焊口系指钢管与球节点连接处的一圈焊缝。

6.2.9 螺栓球节点拧紧螺栓后不加任何填嵌密封及防腐处理时，接头与大气相通，其中高强度螺栓及钢管、锥头等内壁容易锈蚀，因此施工后必须认真执行密封防腐要求。

6.3 高空散装法

6.3.2 对于重大工程或当缺乏经验时，对所设计的支架应进行试压，以检验其强度、刚度及有无不均匀沉陷等。

6.4 分条或分块安装法

6.4.1 当网壳分割成条状或块状单元后，对于正放类网壳，在自重作用下若能形成稳定体系，可不考虑加固措施。而对于斜放类网壳，分割后往往形成几可变体系，因而需要设置临时加固杆件。各种加固杆件在网壳形成整体后即可拆除。

6.4.2 网壳被分割成条（块）状单元后，在合拢处产生的挠度值一般均超过网壳形成整体后该处的自重挠度值。因此，在总拼前应用千斤顶等设备调整其挠度，使之与网壳形成整体后该处挠度相同，然后进行总拼。

6.5 滑 移 法

6.5.2 滑轨接头处如不垫实，当网壳滑移到该处时，滑轨接头处会因承受重量而下陷，未下陷端就会挡住滑移中网壳支座而"卡轨"。

6.6 综合安装法

6.6.1 网壳结构由于其曲面而形成部分低部分高的外形，给安装带来了困难。在安装网架结构时所采用的行之有效的地面拼装、整体起吊就位方法也难以实现。根据网壳结构的特点，在不同部位采用不同的安装方法，实践证明这种综合安装法是可行的，并取得了良好的效果。

6.7 验 收

6.7.3 网壳结构若干控制点的竖向位移是对设计和施工的质量的综合反映，故必须测量这些数值的变化并做好记录存档。本条中容许实测值可大于设计值（最多不超过15%）是考虑到材料性能与计算上可能产生的偏差。

中华人民共和国国家标准

铝合金结构设计规范

GB 50429—2007

条 文 说 明

目　　次

1　总则 …………………………………… 2—10—3
2　术语和符号 …………………………… 2—10—3
　2.1　术语 ……………………………… 2—10—3
　2.2　符号 ……………………………… 2—10—3
3　材料 …………………………………… 2—10—3
　3.1　结构铝 …………………………… 2—10—3
　3.2　连接 ……………………………… 2—10—3
　3.3　热影响区 ………………………… 2—10—4
4　基本设计规定 ………………………… 2—10—5
　4.1　设计原则 ………………………… 2—10—5
　4.2　荷载和荷载效应计算 …………… 2—10—6
　4.3　设计指标 ………………………… 2—10—7
　4.4　结构或构件变形的规定 ………… 2—10—11
　4.5　构件的计算长度和容许长细比 … 2—10—11
5　板件的有效截面 ……………………… 2—10—11
　5.1　一般规定 ………………………… 2—10—11
　5.2　受压板件的有效厚度 …………… 2—10—12
　5.3　焊接板件的有效厚度 …………… 2—10—12
　5.4　有效截面的计算 ………………… 2—10—13
6　受弯构件的计算 ……………………… 2—10—13
　6.1　强度 ……………………………… 2—10—13
　6.2　整体稳定 ………………………… 2—10—15
7　轴心受力构件的计算 ………………… 2—10—15
　7.1　强度 ……………………………… 2—10—15
　7.2　整体稳定 ………………………… 2—10—16
8　拉弯构件和压弯构件的计算 ………… 2—10—17
　8.1　强度 ……………………………… 2—10—17
　8.2　整体稳定 ………………………… 2—10—17
9　连接计算 ……………………………… 2—10—19
　9.1　紧固件连接 ……………………… 2—10—19
　9.2　焊缝连接 ………………………… 2—10—21
10　构造要求 …………………………… 2—10—22
　10.1　一般规定 ……………………… 2—10—22
　10.2　螺栓连接和铆钉连接 ………… 2—10—22
　10.3　焊缝连接 ……………………… 2—10—22
　10.4　防火、隔热 …………………… 2—10—22
　10.5　防腐 …………………………… 2—10—22
11　铝合金面板 ………………………… 2—10—23
　11.1　一般规定 ……………………… 2—10—23
　11.2　强度 …………………………… 2—10—23
　11.3　稳定 …………………………… 2—10—23
　11.4　组合作用 ……………………… 2—10—23
　11.5　构造要求 ……………………… 2—10—23

1 总 则

1.0.2 本条文中工业与民用建筑系指不包括高温、有强烈腐蚀性气体及有强烈振源的工业与民用建筑。

2 术语和符号

本章所用的术语和符号是参照我国现行国家标准《工程结构设计基本术语和通用符号》GBJ 132 和《建筑结构设计术语和符号标准》GB/T 50083 的规定编写的，并根据需要增加了相关内容。

2.1 术 语

本规范给出了 23 个有关铝合金设计方面的专用术语，并从铝合金结构设计的角度赋予其特定的涵义，但不一定是其严谨的定义。所给出的英文译名是参考国外某些标准确定的，不一定是国际上的标准术语。

2.2 符 号

本规范给出了 110 个常用符号并分别作出了定义，这些符号都是本规范各章节中所引用的。

2.2.1 本条所用符号均为作用和作用效应的设计值，当用于标准值时，应加下标 k，如 Q_k 表示重力荷载的标准值。

2.2.2 $f_{0.2}$ 相当于铝合金材料国家标准中的 $\sigma_{p0.2}$。

3 材 料

3.1 结 构 铝

3.1.1、3.1.2 本条是根据我国冶金部门编制的国家标准中所包括的变形铝及铝合金的各类规格及其可能在结构上的应用制订的，铝合金结构材料的选用充分考虑了结构的承载能力和防止在一定条件下结构出现脆性破坏的可能性。

关于铝合金名称的术语及其定义见国家标准《变形铝及铝合金牌号表示方法》GB/T 16474、《变形铝及铝合金状态代号》GB/T 16475、《铝及铝合金术语》GB 8005 中的相关规定。与本规范相关铝合金材料的基础状态定义见表 1。

表 1 基础状态代号、名称及说明与应用

代号	名 称	说明与应用
F	自由加工状态	适用于在成型过程中，对于加工硬化和热处理条件无特殊要求的产品，该状态产品的力学性能不作规定
O	退火状态	适用于经完全退火获得最低强度的加工产品
H	加工硬化状态	适用于通过加工硬化提高强度的产品，产品在加工硬化后可经过（也可不经过）使强度有所降低的附加热处理
T	热处理状态（不同于 F、O、H 状态）	适用于热处理后，经过（或不经过）加工硬化达到稳定状态的产品

续表 1

3.2 连 接

3.2.1 本条为铝合金结构螺栓连接材料要求。

1 根据现行国家标准，螺栓的品种、规格及技术要求见表 2。

表 2 螺栓的品种、规格及技术要求

国家标准	规格范围	产品等级	材料及性能等级	表面处理
《六角头螺栓 C 级》GB/T 5780	M5～M64	C 级	钢：$d \leqslant 39mm$；3.6、4.6、4.8；$d > 39mm$：按协议	① 不经处理 ② 电镀 ③ 非电解锌粉覆盖层
《六角头螺栓》GB/T 5782	M1.6～M64	A 级 B 级*	钢：$d<3$：按协议；$3 \leqslant d \leqslant 39mm$：5.6、8.8、10.9；$3 \leqslant d \leqslant 16mm$：9.8；$d>39mm$：按协议	① 氧化 ② 电镀 ③ 非电解锌粉覆盖层
			不锈钢：$d \leqslant 24mm$：A2-70、A4-70；$24mm < d \leqslant 39mm$：A2-50、A4-50；$d>39mm$：按协议	简单处理
			有色金属：Cu2、Cu3、Al4	

注：* A 级用于 $d \leqslant 24mm$ 和 $l \leqslant 10d$ 或 $l \leqslant 150mm$（按较小值）的螺栓。
B 级用于 $d>24mm$ 或 $l>10d$ 或 $l>150mm$（按较小值）的螺栓。

2 国外几种主要的铝合金结构规范关于螺栓材料选用的规定：欧洲铝合金结构设计规范（prEN 1999-1-1：2002，下文简称欧规）允许使用铝合金螺栓、不锈钢螺栓和钢螺栓，并规定了这 3 类材料的力学性能值；英国铝合金结构设计规范（BS 8118：1991，下文简称英规）允许使用铝合金螺栓、不锈钢螺栓和钢螺栓，但未规定不锈钢螺栓和钢螺栓的力学性能值；美国铝合金结构设计规范（Specifications and guidelines for aluminum structures：1994，下文简称美规）仅允许使用铝合金螺栓。参考以上国外规范，本规范规定宜采用铝合金、不锈钢螺栓，也可采用钢螺栓。由于未作表面保护的钢螺栓同铝合金构件之间会发生电化学腐蚀，故使用钢螺栓时，必须做好表面处理，且表面镀层应保证具有一定的厚度。

3 铝合金结构连接中采用有预拉力的高强度螺栓应符合一定的适用条件，欧规和英规均规定了构件材料的名义屈服强度 $f_{0.2}$ 的最低值，欧规为 200N/mm²，英规为 230N/mm²。如不符合这一条件，则高强度螺栓连接节点的强度就应由试验来测定。而在美规中只允许使用普通螺栓，对高强度螺栓未作相应规定。

根据有关文献研究，当高强度螺栓的抗拉强度 f_u^b 超过铝合金构件抗拉强度 f_u 的 3 倍时，如不采取特别的构造措施（如采用较大直径的硬质垫圈），则螺栓内强大的预拉力会造成与螺栓头或螺母相接触的铝合金构件表面损伤，进而引起螺栓松弛和预拉力损失。在极端温度变化或连接较长时，由于铝合金构件与钢螺栓具有不同的热传导系数，将会引起摩擦面抗滑移系数的变化，进而影响连接节点的强度。此外，不作任何处理的铝合金构件表面的抗滑移系数很低，根据有关文献研究约为 0.10~0.15；而对铝合金材料摩擦面的处理方法目前尚无相应的国家标准，也缺乏试验数据和统计资料。

因此，综合以上原因，本规范不推荐使用有预拉力的高强度螺栓连接。如在实际应用中确有条件，高强度螺栓应符合现行国家标准《栓接结构用大六角头螺栓》GB/T 18230.1、《栓接结构用大六角螺母》GB/T 18230.3、《栓接结构用平垫圈》GB/T 18230.5 的规定。当铝合金构件材料的名义屈服强度 $f_{0.2}\geqslant$ 200N/mm² 时，可采用第 9.1.2~9.1.3 条中的设计公式计算连接节点的强度。当不符合这一条件时，应通过试验测定连接节点的强度。此外，在极端温度变化或连接较长时，无论铝合金构件材料的名义屈服强度 $f_{0.2}$ 是否大于等于 200N/mm²，均应通过试验来测定连接节点的强度。

4 遵照以上原则，列入本规范条文并规定其强度设计值的螺栓材料、级别有：普通螺栓宜采用 2B11、2A90 铝合金螺栓和 A2-50、A4-50、A2-70、A4-70 不锈钢螺栓，也可采用具有可靠表面处理的 4.6 级、4.8 级 C 级钢螺栓。高强度螺栓可采用具有可靠表面处理的 8.8 级、10.9 级钢螺栓，但在规范条文中对其强度设计值不作具体规定，当需采用时可参照相应的规范、标准。应注意，A2-50 和 A4-50 不锈钢螺栓不应用于游泳池结构及直接与海水接触的结构。

3.2.2 本条为铝合金结构铆钉连接材料要求。

1 有国家标准的铆钉可分为 3 种类型：普通铆钉、抽芯铆钉和击芯铆钉。根据国内应用现状，抽芯铆钉和击芯铆钉主要应用在厚度很薄的铝合金面板连接中，用于铝合金承重结构连接的铆钉主要为普通铆钉。目前制定国家标准的普通铆钉有 12 个品种，半圆头铆钉的应用最为广泛，其他种类的铆钉例如沉头铆钉、平头铆钉，用于结构连接需考虑强度折减，由于缺乏试验资料和统计数据，因此暂不列入规范条文中。

2 根据国家标准《铆钉技术条件》GB 116，普通铆钉可用以下材料制成：碳素钢、特种钢、铜及其合金、铝及其合金。国外铝合金结构规范中关于铆钉材料选用的规定：欧规和美规仅允许使用铝合金铆钉；英规允许使用铝合金铆钉、不锈钢铆钉和钢铆钉，但未规定不锈钢铆钉和钢铆钉的力学性能值。参考国外规范，本规范仅允许采用铝合金铆钉用于结构连接。

3 列入本规范条文并规定其强度设计值的铆钉级别为：铝合金铆钉 5B05-HX8、2A01-T4、2A10-T4。《铆钉用铝及铝合金线材》GB 3196 中规定的另两种铆钉材料 1035-HX8、3A21-HX8 由于其抗剪强度过低，不予选用。

3.2.3 本条为铝合金结构焊丝材料及焊接工艺要求。

1 铝合金焊丝材料的选用，国家标准《铝及铝合金焊丝》GB 10858 提供了较多种类的选择。结合国内外应用，对于 5×××和 6×××系列合金，应用最为广泛的焊丝主要有 2 种：含镁 5% 的标准型铝镁焊丝 5356 和含硅 5% 的铝硅焊丝 4043，即国家标准《铝及铝合金焊丝》GB 10858 中的 SAlMG-3（5356）和 SAlSi-1（4043），故推荐优先选用。

2 根据国内外应用现状，在铝合金结构焊接中，通常采用两种惰性气体保护电弧焊，即 MIG 焊和 TIG 焊。由于 TIG 焊使用永久钨极，电流大小受钨极直径的限制，故仅适用于较薄构件的焊接连接；而 MIG 焊电极为焊丝本身，可以使用比 TIG 焊大得多的电流，对于构件的厚度就没有限制，可用于厚度 50mm 以内构件的焊接连接。本条参照欧规的相关条文，规定 TIG 焊仅适用于厚度小于或等于 6mm 的构件焊接。

3.3 热影响区

3.3.1 本条是强制性条文，规定了焊接热影响区的一般设计要求。根据国内外研究资料，对于除 O、T4 或 F 状态的铝合金焊接结构，由于热输入的影响，在临近焊缝的区域存在材料强度降低的现象，该区域称为焊接热影响区。焊接热影响效应对焊接结构的承载力将带来非常不利的影响。

热影响区材料强度的降低可采用单一的折减系数 ρ_{haz} 来考虑，该系数代表热影响区范围内材料强度同母材原始强度的比值。一般来说，热影响区材料的名义屈服强度 $f_{0.2}$ 的折减程度比抗拉强度 f_u 的折减程度更大一些。根据同济大学所完成的采用MIG和TIG焊接工艺,母材为6061-T6合金的对接焊缝硬度试验,得到的折减系数平均值为0.59,由拉伸试验得到的$f_{0.2}$的折减系数平均值为0.43,f_u的折减系数平均值为0.62。欧洲规范给出的6061-T6合金$f_{0.2}$及f_u的折减系数分别为0.48和0.60。英国规范对$f_{0.2}$及f_u的折减不作区分,6061-T6合金的热影响区折减系数取0.50。由此可见,对于6061-T6合金,试验结果同欧规和英规的规定符合较好。因缺乏其他合金材料的试验数据,并由于英规的规定比欧规偏于安全,故表3.3.1中6×××系列合金及5083合金的ρ_{haz}主要根据英规的规定值给出。在10℃以上的环境温度下至少存放3d的要求,是保证材料有最低限度的自然时效。

3×××合金在焊接后强度折减非常严重,根据工程经验焊接后热影响区的强度仅能达到初始强度的20%,因此表3.3.1中3003及3004合金的ρ_{haz}取0.20。建议3×××系列合金不宜采用焊接连接。

对于表3.3.1未列出的其他材料,可由试验或参考其他国家设计规范确定其ρ_{haz}值。

3.3.2 本条规定了铝合金结构焊接热影响区的范围。

1 规定了对接焊缝和几种角焊缝连接的热影响区范围,因缺乏相关研究资料,对较厚焊件热影响区沿厚度方向的分布,偏保守地一律取热影响区边界垂直于焊件表面。

2 本条规定主要依据同济大学完成的对接焊缝连接试验结果,该结果稍大于欧规的规定。对于采用6061-T6合金的对接焊缝连接,当采用MIG焊接工艺时,随焊件厚度增大,热影响区范围也随之增大;采用TIG焊接工艺的焊件,其热影响区范围和同厚度的采用MIG焊接工艺的焊件基本相同,因此本条规定同样适用于MIG焊和TIG焊。由于试验焊件的最大厚度为16mm,因此仅规定了厚度在16mm以内焊件的热影响区范围。对于厚度超过16mm的焊件,实际应用中如需采用,可根据硬度试验结果确定。当退火温度较高时,热影响区的范围会随之增大,增大系数α的规定来自欧规。

3.3.3 本条规定了铝合金结构中考虑焊接热影响效应的设计计算方法。

在焊缝连接计算中,需要校核热影响区范围内的应力不得超过其强度设计值,因此通常采用强度折减的方法来考虑热影响效应。在焊接构件承载力计算中,热影响区范围内材料强度降低带来的不利影响,通常采用将热影响区范围内材料强度取值同母材,但对截面进行折减的方法来考虑。

4 基本设计规定

4.1 设计原则

4.1.1 遵照《建筑结构可靠度设计统一标准》GB 50068,本规范采用以概率理论为基础的极限状态设计方法,用分项系数设计表达式进行计算。对于铝合金结构的疲劳计算,本规范不予考虑。

4.1.2 本条提出的在设计文件中应注明的内容,是与保证工程质量密切相关的。其中铝合金材料的牌号应与有关铝合金材料的现行国家标准或其他技术标准相符;对铝合金材料性能的要求,凡我国铝合金材料标准中各牌号能基本保证的项目可不再列出,只提附加保证和协议要求的项目,而当采用其他尚未形成技术标准的铝合金材料或国外铝合金材料时,必须详细列出有关铝合金材料性能的各项要求。

4.1.3 承载能力极限状态可理解为结构或构件发挥允许的最大承载功能的状态。正常使用极限状态可理解为结构或构件达到使用功能上允许的某个限值的状态。

4.1.4 荷载效应的组合原则是根据《建筑结构可靠度设计统一标准》GB 50068的规定,结合铝合金结构的特点提出的。对荷载效应的偶然组合,统一标准只作出原则性的规定,具体的设计表达式及各种系数应符合专门规范的有关规定。对于正常使用极限状态,铝合金结构一般只考虑荷载效应的标准组合,当有可靠依据和实践经验时,亦可考虑荷载效应的频遇组合,当考虑长期效应时,可采用准永久组合。

4.1.6 铝合金材料具有优良的负温工作性能,在低温条件下其强度及延性均有所提高,所以不必规定铝合金结构的负温临界工作温度。但铝合金耐高温性能差,150℃以上时迅速丧失强度,这也是可以通过挤压工艺生产型材的主要原因。文献《铝及铝合金材料手册》(武恭等编,科学出版社,1994)给出了常用建筑型材6063-T6和6061-T6合金在不同温度下的典型抗拉力学性能,见表3所示。

表3 6061-T6合金与6063-T6合金在不同温度下的典型抗拉性能

温度 (℃)	6061-T6			6063-T6		
	抗拉强度 f_u (MPa)	名义屈服强度 $f_{0.2}$ (MPa)	伸长率 δ (%)	抗拉强度 f_u (MPa)	名义屈服强度 $f_{0.2}$ (MPa)	伸长率 δ (%)
-196	414	324	22	324	248	24
-80	338	290	18	262	228	20
-28	324	283	17	248	221	19

续表3

温度 (℃)	6061-T6 抗拉强度 f_u (MPa)	6061-T6 名义屈服强度 $f_{0.2}$ (MPa)	6061-T6 伸长率 δ (%)	6063-T6 抗拉强度 f_u (MPa)	6063-T6 名义屈服强度 $f_{0.2}$ (MPa)	6063-T6 伸长率 δ (%)
24	310	276	17	241	214	18
100	290	262	18	214	193	15
149	234	214	20	145	133	20
204	131	103	28	62	45	40
260	51	34	60	31	24	75
316	32	19	85	23	17	80
371	24	12	95	16	14	105

4.2 荷载和荷载效应计算

4.2.1 国内外目前对铝合金结构抗震设计的研究还不深入。铝合金结构抗震设计时，对幕墙结构可以按照现行有关国家行业标准的规定执行；对其他结构，抗震设计参数可以按照现行抗震规范中的钢结构的有关参数取用。

4.2.3 梁柱连接一般采用刚性和铰接连接。半刚性连接的弯矩-转角关系较为复杂，它随连接形式、构造细节的不同而异。进行结构设计时，这种连接形式的实验数据或设计资料必须足以提供较为准确的弯矩-转角关系。

4.2.4 一阶分析是针对未变形的结构进行平衡分析，不考虑变形对外力效应的影响。在分析结构内力以进行强度计算时，除少数特殊结构外，按一阶分析通常可以获得足够精确的结果。二阶效应是指结构变形对力的效应，如结构水平位移对竖向力的效应$P-\Delta$、杆件挠度对轴力作用的效应$P-\delta$、杆件伸长或缩短产生的效应、弯曲使弦长减小的效应以及初始弯曲、初始倾斜产生的效应等。结构的变形将会在结构中引起附加内力，而附加内力的产生将会导致进一步的附加变形，如此往复。考虑二阶效应的方法是用二阶分析考虑变形对外力效应的影响，针对已变形的结构来进行平衡分析。铝合金框架结构的精确分析应考虑二阶效应。

对于侧移不是很大的框架或者计算精度要求不是很高的框架，其内力计算均可采用一阶弹性分析的方法。一阶弹性计算的结果对于一般的结构足够精确。

对于侧移很大的框架或者计算精度要求很高的框架，其内力计算应当采用二阶弹性分析的方法。

本条对铝合金框架结构的内力分析方法作出了具体规定，即所有框架结构（不论有无支撑结构）均可采用一阶弹性分析方法计算框架杆件的内力，但对于$\frac{\sum N \cdot \Delta u}{\sum H \cdot h}>0.1$的框架结构则推荐采用二阶弹性分析确定，以提高计算精度。

当采用二阶弹性分析时，为配合计算精度，不论是精确计算或近似计算，亦不论有无支撑结构，均应考虑结构和构件的各种缺陷（如柱子的初倾斜、初偏心和残余应力等）对内力的影响。其影响程度可通过在框架每层柱的柱顶作用有附加的假想水平力（概念荷载）H_{ni}来综合体现，见图1。

研究表明，框架层数越多，构件缺陷的影响越小。通过数值分析及与国外规范的比较，本规范采用了公式（4.2.4-1）计算H_{ni}。

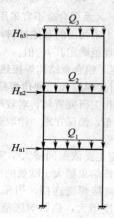

图1 假想水平力 H_{ni}

本条对无支撑纯框架在考虑侧移对内力影响采用二阶弹性分析时，提出了框架杆件端弯矩的计算方法。

当采用一阶分析时（图2），框架杆端弯矩 M_I 为：

$$M_I = M_{Ib} + M_{Is} \qquad (1)$$

当采用二阶分析时，框架杆端弯矩 M_{II} 为：

$$M_{II} = M_{Ib} + \alpha_{2i} M_{Is} \qquad (2)$$

式中 M_{Ib}——假定框架无侧移时（图2b）按一阶弹性分析求得的各杆杆端弯矩；

M_{Is}——框架各节点侧移时（图2c）按一阶弹性分析求得的各杆杆端弯矩；

α_{2i}——考虑二阶效应第 i 层杆件的侧移弯矩增大系数 $\alpha_{2i} = \dfrac{1}{1-\dfrac{\sum N \cdot \Delta u}{\sum H \cdot h}}$。其中

$\sum H$ 系指产生层间侧移 Δu 的所计算楼层及以上各层的水平荷载之和，不包括支座位移和温度的作用。

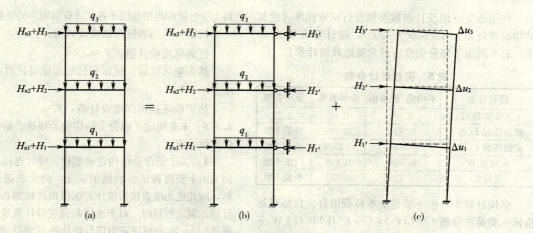

图 2 无支撑纯框架的一阶弹性分析

上述二阶弹性分析的近似计算方法与国外的规定基本相同。该计算方法不仅可用于二阶弯矩的计算，还可以用于二阶轴力及剪力的计算。经过大量具体实例验算证明该方法具有较高的精度。数值计算表明，当 $\frac{\sum N \cdot \Delta u}{\sum H \cdot h} \leqslant 0.25$ 时，该近似方法比较精确，弯矩的误差不大于10%；而当 $\frac{\sum N \cdot \Delta u}{\sum H \cdot h} > 0.25$（即 $\alpha_{2i} > 1.33$）时，误差较大，应适当增加框架结构的侧移刚度，使 $\alpha_{2i} \leqslant 1.33$。

另外，当 $\frac{\sum N \cdot \Delta u}{\sum H \cdot h} \leqslant 0.1$ 时，说明框架结构的抗侧移刚度较大，可忽略侧移对内力分析的影响，故可采用一阶分析法来计算框架内力，当然也不必考虑假象水平力 H_{ni}。

4.3 设计指标

4.3.1、4.3.2 本条遵照现行国家标准《建筑结构荷载规范》GB 50009 和《建筑结构可靠度设计统一标准》GB 50068 的规定，铝合金强度设计值根据强度标准值除以抗力分项系数求得，其中抗力分项系数根据以概率理论为基础的极限状态设计方法确定。

考虑到目前铝合金材料力学性能指标的统计资料尚不充分，且大部分经过热处理和冷加工硬化处理后的合金材料强屈比较低，破坏时极限伸长率较小，安全储备普遍低于钢材，在计算铝合金结构构件的抗力分项系数时目标可靠指标参照钢结构构件承载能力极限状态并相应提高一个等级，按 $\beta = 3.7$ 采用。

按文献《建筑结构概率极限状态设计》（李继华等，中国建筑工业出版社，1990），采用概率方法计算时，极限状态方程为：

$$R - S_G - S_Q = 0 \qquad (3)$$

式中 R——结构抗力；
S_G——恒载效应；
S_Q——可变荷载效应（可为楼面活载效应 S_L 或风荷载效应 S_W 等）。

影响结构构件抗力 R 的因素主要有：材料性能的不确定性 Ω_m，几何参数的不确定性 Ω_a，计算模式的不确定性 Ω_p。其中：

1 材料性能的不确定性。主要取决于：
1) 试件的材料性能，按试件实测数据采用；
2) 构件材料性能与试件材料性能的差异。根据本规范编制组提供的 1042 根 6061-T6 合金试件以及来自日本的 28 根 5083-H112 合金试件的拉伸试验结果，经分析后得出其材性统计参数为：

合金 6061-T6：$\mu_{\Omega m} = 1.0738$，$\delta_{\Omega m} = 0.0992$；
合金 5083-H112：$\mu_{\Omega m} = 1.2985$，$\delta_{\Omega m} = 0.1374$。

2 几何参数的不确定性。主要取决于现有型材的生产工艺水平；由于缺乏充分的统计资料，计算中主要参考《铝合金建筑型材》GB/T 5237 对截面尺寸允许偏差要求，按普通级标准，取方管和 H 形两种型材计算截面几何参数统计特性，得 $\mu_{\Omega a} = 1.00$，$\delta_{\Omega a} = 0.05$。

3 计算模式的不确定性。考虑到铝合金结构计算理论与钢结构计算理论的近似性，计算模式 Ω_p 的统计特性可取：

轴心受拉：$\mu_{\Omega p} = 1.05$，$\delta_{\Omega p} = 0.07$；
轴心受压：$\mu_{\Omega p} = 1.03$，$\delta_{\Omega p} = 0.07$；
偏心受压：$\mu_{\Omega p} = 1.12$，$\delta_{\Omega p} = 0.10$。

综合上述三种主要因素，挤压铝合金构件抗力的统计参数可按下式计算：

抗力均值：$\mu_R = \mu_{\Omega p} \cdot \mu_{\Omega m} \cdot \mu_{\Omega a}$
抗力变异系数：$\delta_R = \sqrt{\delta_{\Omega p}^2 + \delta_{\Omega m}^2 + \delta_{\Omega a}^2}$

由此计算得到的不同材料、不同受力状态下的抗力统计特性见表 4 所示。

表 4 铝合金构件抗力统计特性

材料 \ 受力状态	轴心受拉		轴心受压		偏心受压	
	μ_R	δ_R	μ_R	δ_R	μ_R	δ_R
6061-T6	1.127	0.1313	1.106	0.1313	1.203	0.149
5083-H112	1.3634	0.1621	1.3375	0.1621	1.4543	0.177

作用效应 S 的统计参数参照现行国家标准《建筑结构荷载规范》GB 50009—2001，设计基准期为50年，表5列出了部分调整后的常见荷载统计参数。

表5　荷载统计参数

荷载分类	平均值/标准值	变异系数	分布类型
永久荷载 G	1.06	0.07	正态
楼面活载 L(办)	0.524	0.288	极值Ⅰ型
楼面活载 L(住)	0.644	0.2326	极值Ⅰ型
风荷载 W	0.908	0.193	极值Ⅰ型
雪荷载	1.139	0.225	极值Ⅰ型

结构计算中，恒+活是基本荷载组合。目标可靠指标主要是在分析 $G+L$(办)、$G+L$(住) 和 $G+W$ 三种荷载效应组合的基础上经优化方法确定的；其中 G 表示恒载，L 表示活载，W 表示风荷载。由于办公楼和住宅活载的统计参数不同，所以分开考虑。表6列出了采用优选法按不同合金牌号、不同受力状态计算的抗力分项系数 γ_R。计算中考虑了 $G+L$(办)、$G+L$(住) 和 $G+W$ 三种荷载效应组合，荷载效应比值取 $\rho=S_{QK}/S_{GK}=0.25$，0.5，1.0，2.0四种情况。

表6　抗力分项系数 γ_R

铝合金牌号	轴心受拉	轴心受压	偏心受压
6061-T6	1.1755	1.1978	1.1574
5083-H112	1.0613	1.0819	1.0412

考虑到铝合金材性实验的统计数据有限，为安全起见，统一取铝合金结构构件的抗力分项系数 γ_R 为1.2。

考虑到在计算局部强度时计算模式不确定性的变异性更大，并且目标可靠指标也应适当提高，偏于安全地取抗力分项系数 γ_R 为1.3。

4.3.3　现行国家标准给出的各牌号及状态下铝合金板材、带材、棒材、挤压型材（管材）、拉制管材的材料强度标准值可能略有不同，设计中可根据具体情况按附录A采用，或按相应的国家标准采用。

附录A表A-1中铝合金的力学性能参照以下国家标准：《铝及铝合金轧制板材》GB/T 3880—1997；《铝及铝合金冷轧带材》GB/T 8544—1997。附录A表A-2中铝合金的力学性能参照以下国家标准：《铝及铝合金挤压棒材》GB/T 3191—1998；《铝及铝合金拉（轧）制无缝管》GB/T 6893—2000；《铝合金热挤压管》GB/T 4437—2000；《铝合金建筑型材》GB 5237—2000；《工业用铝及铝合金热挤压型材》GB/T 6892—2000。附录A表A-3中铝合金的化学成分参照《变形铝及铝合金化学成分》GB/T 3190—1996。

4.3.4　表4.3.4中的材料强度设计值是根据材料的力学性能标准值除以抗力分项系数得到的，为便于设计应用，将得到的数值取5的整数倍。当采用附录A中的其他锻造铝合金材料时，强度设计值应按附录A给出的材料力学性能标准值按以下各式计算后取5的整数倍采用：

抗拉、抗压和抗弯强度设计值：$f=f_{0.2}/1.2$

抗剪强度设计值：$f_v=f/\sqrt{3}$

热影响区抗拉、抗压和抗弯强度设计值：$f_{u,haz}=\rho_{haz}f_u/1.3$

热影响区抗剪强度设计值：$f_{v,haz}=f_{u,haz}/\sqrt{3}$

4.3.5　本条规定了铝合金结构普通螺栓、铆钉连接的强度设计值。

1　关于铝合金结构普通螺栓、铆钉连接的可靠度研究由于资料和试验数据的缺乏，尚无法进行统计分析，因此也无法直接按统计方法得出连接的各项强度设计值。制定钢规时，对于连接的强度设计值是采用旧规范 TJ 17—74 的容许应力进行转化换算而得到的，同时根据当时的研究成果并参照前苏联1981年钢结构规范进行了局部调整。因为国内没有关于铝合金结构的规范，连接材料的种类、级别相当繁杂，原始资料和试验数据几乎没有，确定出适当的连接强度设计值就更为困难。因此，本规范中铝合金结构普通螺栓、铆钉连接强度设计值的确定方法，是采用比较国外几种主要的铝合金结构规范，即欧规、英规、美规以及钢规设计公式的形式和设计强度指标的取值，并通过比较普通螺栓、铆钉的强度设计值与材料机械性能值的关系式得出的。

2　普通螺栓、铆钉连接强度设计值与材料机械性能值的相关关系式：

1）钢规：普通螺栓、铆钉连接强度设计值与材料机械性能值的关系，如表7所示。

表7　普通螺栓、铆钉连接强度设计值与材料机械性能关系（钢规）

连接类型 材料级别	普通螺栓（钢）			铆钉（钢）	
	C级 4.6、 4.8	A、B级 5.6	A、B级 8.8	Ⅰ类孔	Ⅱ类孔
抗剪强度设计值 $f_v^{b(r)}$	$0.35f_u^b$	$0.38f_u^b$	$0.40f_u^b$	$0.55f_u^r$	$0.46f_u^r$
抗拉强度设计值 $f_t^{b(r)}$	$0.42f_u^b$	$0.42f_u^b$	$0.50f_u^b$	$0.36f_u^r$	$0.36f_u^r$
承压强度设计值 $f_c^{b(r)}$	$0.82f_u$	$1.08f_u$	$1.08f_u$	$1.20f_u$	$0.98f_u$

注：1　f_u^b 普通螺栓抗拉强度（公称值）；f_u^r 铆钉抗拉强度；f_u 钢材抗拉强度（最小值）。

2　因钢规设计公式未考虑撬力的影响，表中 $f_t^{b(r)}$ 的取值考虑了20%的折减。

3　$f_c^{b(r)}$ 与构件受力性质和螺栓（铆钉）孔洞端距有关，钢规是根据受拉构件且端距 $=2d_0$ 确定的。

2）欧规：参照欧规内容，经调整得出与钢规相同的形式。欧规中各项强度设计值与材料机械性能值的关系式，如表8所示。

3）英规：参照英规内容，经调整得出与钢规相同的形式。英规中各项强度设计值与材料机械性能值的关系式，如表9所示。

表8 普通螺栓、铆钉连接强度设计值与材料机械性能关系
（欧规变换为钢规设计公式形式）

连接类型材料级别或牌号	普通螺栓			铆钉
	钢	不锈钢	铝合金	铝合金
	4.6 5.6 6.8 8.8 10.9	A4-50 A4-70	5019 5754 6082	5019 5754 6082
抗剪强度设计值 $f_v^{b(r)}$	0.48f_u^b 0.40f_u^b	0.40f_u^b	0.40f_u^b	0.48f_u^r
抗拉强度设计值 $f_t^{b(r)}$	0.58f_u^b 0.58f_u^b	0.38f_u^b	0.38f_u^b	不推荐使用
承压强度设计值 $f_c^{b(r)}$	1.16f_u	1.16f_u	1.16f_u	1.16f_u

注：1 f_u^b普通螺栓抗拉强度（最小值）；f_u^r铆钉抗拉强度（最小值）；f_u铝合金抗拉强度（最小值）。
　　2 欧规在计算沿杆轴方向受拉的连接时，除需要验算螺栓的抗拉强度外，还需验算螺栓头、螺母对铝合金构件的抗冲切强度；由于铝合金构件的强度可能会比螺栓的强度低很多，因此抗冲切验算是很有必要的。但为了仍可采用类似钢规设计公式的形式，本次规范条文将抗冲切验算单独提出，并且为便于同表7中各项进行比较，将表中$f_t^{b(r)}$也作了20%的折减以补偿未考虑撬力的不利影响。
　　3 欧规中构件承压强度的计算较为复杂，同螺栓（铆钉）孔洞端距、中距，以及螺栓（铆钉）和铝合金构件的抗拉强度比值有关；一般情况下螺栓（铆钉）的抗拉强度均远大于铝合金的抗拉强度，可不必考虑这一因素的影响；表中$f_c^{b(r)}$取值是按照构造要求的最小容许距离：即端距=$2d_0$、中距=$2.5d_0$确定的。

表9 普通螺栓、铆钉连接强度设计值与材料机械性能关系
（英规变换为钢规设计公式形式）

连接类型材料级别或牌号	普通螺栓				铆钉	
	钢	不锈钢		铝合金	钢	铝合金
	C级	A、B级	A、B级	A、B级		
抗剪强度设计值 $f_v^{b(r)}$	0.50f_y^b	0.55f_y^b	0.55f_p^b	0.27f_u^b	0.58f_y^r	0.28f_u^r
抗拉强度设计值 $f_t^{b(r)}$	0.83f_y^b	0.83f_y^b	0.83f_p^b	0.28f_u^b	0.83f_y^r	0.28f_u^r
承压强度设计值 $f_c^{b(r)}$	1.25f_p	1.25f_p	1.25f_p	1.25f_p	1.25f_p	1.25f_p

注：1 $f_u^{b(r)}$铝合金螺栓（铆钉）抗拉强度（最小值）；$f_y^{b(r)}$钢螺栓（铆钉）屈服强度（最小值）；f_p^b不锈钢螺栓强度代表值，f_p^b= min [0.5 ($f_{0.2}^b+f_u^b$)，1.2$f_{0.2}^b$]。
　　2 f_p铝合金强度代表值，f_p= min [0.5 ($f_{0.2}+f_u$)，1.2$f_{0.2}^b$]。
　　3 英规中抗拉强度设计值取值较低，是因为其已经考虑了撬力作用的不利影响。
　　4 英规中构件承压强度的计算较为复杂，同螺栓（铆钉）孔洞端距、构件与螺栓（铆钉）杆直径比值有关；当端距=$2d_0$时，表中所列为$f_c^{b(r)}$的最小值。

4）美规：参照美规内容，经调整得出与钢规相同的形式。根据美规 Part-1 铝合金结构设计：容许应力设计法，包括荷载分项系数在内的螺栓、铆钉抗剪承载力和抗拉承载力的总安全系数为2.34。根据我国荷载规范，如作用在结构上的荷载分项系数平均值取1.35，则可以得出螺栓、铆钉抗剪和抗拉强度的材料分项系数为1.73。螺栓、铆钉的抗剪强度设计值与抗拉强度设计值与材料机械性能值的相关关系，如表10所示。

表10 普通螺栓、铆钉连接强度设计值与材料机械性能关系（美规变换为钢规设计公式形式）

连接类型材料牌号	普通螺栓（铝合金）	铆钉（铝合金）
	2024-T4 6061-T6 7075-T73	1100-H14 2017-T4 2117-T4 5056-H32 6053-T61 6061-T6 7050-T7
抗剪强度设计值 $f_v^{b(r)}$	0.58f_u^b	0.58f_u^r

续表10

连接类型材料牌号	普通螺栓（铝合金）	铆钉（铝合金）
	2024-T4 6061-T6 7075-T73	1100-H14 2017-T4 2117-T4 5056-H32 6053-T61 6061-T6 7050-T7
抗拉强度设计值 $f_t^{b(r)}$	0.46f_u^b	无规定

注：1 f_u^b普通螺栓抗拉强度；f_v^b普通螺栓抗剪强度；f_s^r铆钉抗剪强度。

　　2 $f_t^{b(r)}$取值作了20%的折减以补偿未考虑撬力的不利影响。

　　3 欧规明确规定铆钉连接应设计为可传递剪力和压力，并要求尽量避免使铝合金铆钉承受拉力；英规明确规定铝合金铆钉不得承受拉力荷载；美规中仅给出了铝合金铆钉的抗剪强度设计值。因此，参考以上国外规范，本规范规定铝合金铆钉只可用于受剪连接中，故对铝合金铆钉的抗拉强度设计值不作规定。

4 根据表7～表10各国规范中普通螺栓、铆钉连接强度设计值与材料机械性能值的计算式，本规范按表11计算普通螺栓、铆钉的强度设计值。表中铝合金、不锈钢螺栓强度设计值计算式依据欧规，钢螺栓强度设计值计算式依据钢规，铝合金铆钉强度设计值计算式依据美规，构件承压强度设计值计算式取值依据欧规。表11中的材料机械性能指标取自表4.3.4铝合金材料的室温力学性能值以及现行国家标准《紧固件机械性能 有色金属制造的螺栓、螺钉、螺柱和螺母》GB/T 3098.10、《紧固件机械性能 不锈钢螺栓、螺钉和螺柱》GB/T 3098.6、《紧固件机械性能 螺栓、螺钉和螺柱》GB/T 3098.1、现行国家标准《铆钉用铝及铝合金线材》GB 3196，计算所得的强度设计值均取5的整数倍。6063A-T5和6063A-T6的抗拉强度均取厚度大于10mm时的较小值。

表11 普通螺栓、铆钉连接的强度设计值（N/mm²）

螺栓的材料、性能等级和构件铝合金的牌号			抗剪强度设计值 $f_v^{b(r)}$	抗拉强度设计值 f_t^b	承压强度设计值 $f_c^{b(r)}$
普通螺栓	铝合金	2B11	$0.40 f_u^b$	$0.38 f_u^b$	—
		2A90	$0.40 f_u^b$	$0.38 f_u^b$	—
	不锈钢	A2-50 A4-50	$0.40 f_u^b$	$0.38 f_u^b$	—
		A2-70 A4-70	$0.40 f_u^b$	$0.38 f_u^b$	—
	钢	4.6、8级	$0.35 f_u^b$	$0.42 f_u^b$	—
铆钉	铝合金	5B05-HX8	$0.58 f_s^r$	—	—
		2A01-T4	$0.58 f_s^r$	—	—
		2A10-T4	$0.58 f_s^r$	—	—
构件	铝合金	6061-T4	—	—	$1.16 f_u$
		6061-T6	—	—	$1.16 f_u$
		6063-T5	—	—	$1.16 f_u$
		6063-T6	—	—	$1.16 f_u$
		6063A-T5	—	—	$1.16 f_u$
		6063A-T6	—	—	$1.16 f_u$
		5083-O/H112	—	—	$1.16 f_u$

4.3.6 本条规定了铝合金结构焊缝的强度设计值。

1 欧规中规定的焊缝金属特征强度值如表12所示，焊缝金属特征强度的抗力分项系数为1.25。英规中规定的焊缝金属特征强度值如表13所示，表中未区分焊缝金属的不同：对6061、6063合金，表中值是采用4043A或5356焊丝得到的焊缝金属特征强度值；对5083合金，表中值是采用5556A或5356焊丝得到的焊缝金属特征强度值，焊缝金属特征强度的抗力分项系数为1.3。英规中还规定，如焊接工艺及过程不符合BS 4870标准的要求，则抗力分项系数应提高到1.6。以上两种规范均未区分MIG和TIG焊接工艺对焊缝强度的影响。

表12 焊缝金属特征强度值（N/mm²）（欧规）

特征强度	焊缝金属	母材合金牌号								
		3103	5052	5083	5454	6060	6005A	6061	6082	7020
f_w (N/mm²)	5356	—	170	240	220	160	180	190	210	260
	4043A	95	—	—	—	150	160	170	190	210

注：
1 对于采用6060-T5合金的挤压型材及厚度5mm<t<25mm的材料，上述值应减小为140 N/mm²。
2 对于5754合金可采用5454合金的设计值，对于6063合金可采用6060合金的设计值。
3 如果焊缝金属为5056A、5556A，或5183合金可采用焊缝金属为5356合金的设计值。
4 如果焊缝金属为4047A或3103合金可采用焊缝金属为4043A合金的设计值。
5 对于两种不同种类合金的焊接，焊缝金属的特征强度应采用较小值。

表13 焊缝金属特征强度值（N/mm²）（英规）

特征强度	母材合金牌号								
	非热处理合金						热处理合金		
	1200	3103 3105	5251	5454	5154A	5083	6063	6061 6082	7020
f_w (N/mm²)	55	80	200	190	210	245	150	190	255

注：对于两种不同种类合金的焊接，焊缝金属的特征强度应采用较小值。

2 对于特定的母材与焊缝金属的组合，欧规和英规仅规定了焊缝金属的强度特征值，并通过具体的设计公式来体现对接焊缝与角焊缝设计强度的区别。本规范在形式上以参照钢规为基本原则，因此分别给出对接焊缝和角焊缝的强度设计值。

3 同一种铝合金母材选用不同的焊缝金属，焊缝的强度设计值是不同的。对于6061、6063及6063A合金，通常情况下按强度要求宜选用SAlMG-3（5356）焊丝，该种焊接组合焊缝强度较高。但由于6×××系列合金具有较强的裂纹热敏感性，当首先需要考虑控制裂纹数量和尺寸，以及耐腐蚀的要求较高时，宜选用抗热裂性能较好的SAlSi-1（4043）焊丝。但应注意，选用4043焊丝，焊缝金属在阳极氧化后呈灰黑色，铝合金母材在阳极氧化后呈银白色，二者色差较为明显，当要求结构美观时应慎用。而当母材为5083合金时，焊接时只能采用SAlMG-3（5356）焊丝。

4 根据同济大学完成的母材为6061-T6，焊丝分别采用5356及4043的铝合金结构对接焊缝和角焊缝试验，得到的焊缝特征强度平均值均稍大于欧规及英规的规定值。这说明在国内的材料生产和焊接加工条件下，采用欧规或英规的焊缝特征强度值，是可以保证安全的。因此，参考表12和表13，可得焊缝的强度设计值，如表14所示。表中强度设计值取欧规和英规的较小值，并取5的整数倍。

表 14 焊缝的强度设计值（N/mm²）

铝合金母材牌号及状态	焊丝型号	对接焊缝强度设计值 f_t^w		
		欧规	英规	本规范取值
6061-T4 6061-T6	5356	190/1.25＝152	190/1.3＝146	145
	4043	170/1.25＝136	190/1.3＝146	135
6063-T5 6063-T6 6063A-T5 6063A-T6	5356	160/1.25＝128	150/1.3＝115	115
	4043	150/1.25＝120	150/1.3＝115	115
5083O/F/H112	5356	240/1.25＝192	245/1.3＝188	185

注：1 对接焊缝抗压强度设计值 $f_c^w = f_t^w$；
  2 对接焊缝抗剪强度设计值 $f_v^w = f_t^w / \sqrt{3}$；
  3 角焊缝抗拉、抗压和抗剪强度设计值 $f_f^w = f_v^w$。

5 关于焊缝质量等级和工艺评定可参考现行国家行业标准《铝及铝合金焊接技术规程》HGJ 222。

4.4 结构或构件变形的规定

4.4.1 本条规定了结构或构件变形的容许值。欧规中规定承受高标准装修的梁的变形容许值为 $L/360$。欧规中规定在风荷载标准值作用下，框架柱顶水平位移不宜超过 $H/300$。钢规中规定在风荷载标准值作用下，框架柱顶水平位移不宜超过 $H/400$。因此，本条规定在风荷载标准值作用下，框架柱顶水平位移不宜超过 $H/300$。围护结构构件的容许值是根据行业标准《玻璃幕墙工程技术规范》JGJ 102 采用的，铝合金屋面板和墙面板是指连续支承的大面积结构面板，其挠度控制值是根据板的强度和建筑要求，同时结合我国实践经验给出的限值。墙面装饰铝板不在本规范范围内，其挠度控制值根据《玻璃幕墙工程技术规范》JGJ 102 和《金属与石材幕墙工程技术规范》JGJ 133 的规定取值。

4.5 构件的计算长度和容许长细比

4.5.1、4.5.2 构件的计算长度与构件的支承条件有关，在材料弹性状态下，铝合金结构的构件计算长度参照国家标准《钢结构设计规范》GB 50017 中有关内容编写。

4.5.3 铝合金平板网架和曲面网架是指采用铰接节点的网格结构，铝合金单层网壳是指采用刚接节点的网格结构。

4.5.4、4.5.5 条文参照国家标准《钢结构设计规范》GB 50017 中有关内容编写。

4.5.6 在铝合金结构中，当构件长细比大于 150 时，稳定系数 φ 值很小，在网架结构的实际工程中，构件长细比大于 150 的情况比较少。考虑以上情况并参照国家标准《钢结构设计规范》GB 50017 关于柱、桁架的受压构件容许长细比，本规范规定平板网架杆件的容许长细比为 150。

5 板件的有效截面

5.1 一般规定

5.1.1 因铝合金弹性模量小，局部稳定问题突出。若限制受压板件的宽厚比，保证构件整体破坏前不发生局部屈曲，即不利用板件的屈曲后强度，则受压板件应满足较小的宽厚比限值（约为钢板件宽厚比的 1/2，参考条文第 5.2.1 条），设计出的截面不很经济；另外，考虑到目前国内多数厂家提供的铝合金幕墙型材均较薄，不能满足上述宽厚比限值。在借鉴发达国家铝合金结构设计规范编制经验的基础上（如欧规和英规都容许利用板件的屈曲后强度），本规范容许利用受压板件的屈曲后强度，并按有效截面法考虑局部屈曲对构件整体承载力的影响，以便更好地发挥材料性能。

5.1.2 本规范采用有效截面法考虑焊接热影响效应对构件承载力的不利影响。

5.1.3 铝合金构件多为挤压型材，截面形状复杂，加劲形式多样，采用有效宽度法计算有效截面时涉及到有效宽度在截面中如何分布的问题，这将导致计算更加复杂，所以本规范参考欧规和英规的编制经验，采用有效厚度法计算铝合金构件的有效截面。另外，采用有效厚度法便于统一计算原则，因为板件有效厚度的概念既可以用于考虑局部屈曲的影响，也可以用于考虑焊接热影响效应。但是应该指出：对于非轴心受压构件，即使采用同样的有效截面折算系数 $\rho = t_e/t = b_e/b$，由于按各自简化模型确定的截面中和轴位置和有效截面模量等参数有所不同，求得的截面承载力也会略有差异，如图 3 所示；经比较，按有效厚度法计算出的构件承载力略高于有效宽度法的计算结果，但两者均低于数值分析的结果。

5.1.4 板件分类主要依据《冷弯薄壁型钢结构技术规范》GB 50018 的板件分类法，并参考了欧规的相关规定。

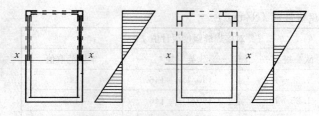

图 3 分别按有效厚度法（左）及有效宽度法（右）确定的有效截面

5.2 受压板件的有效厚度

5.2.1 本条给出了受压板件全部有效的宽厚比限值，当板件宽厚比小于上述限值时，板件全截面有效，构件承载力不受局部屈曲的影响。该限值主要受材料硬化性能、名义屈服强度、板件应力梯度、加劲肋形式的影响。

目前，铝合金材料的本构关系广泛采用 Ramberg-Osgood 模型，该模型中的指数 n 是描述应变硬化的参数，n 值越小应变硬化程度越高。国内外的研究成果表明，n 值可以较好地反映铝合金材料的力学特性，因此可利用参数 n 将铝合金材料分为弱硬化合金和强硬化合金以考虑铝合金材性对构件力学性能的影响。本规范在受压板件宽厚比限值、有效厚度、受弯构件整体稳定、轴心受压构件稳定和压弯构件稳定等计算中验证了这种分类方法。欧规也采用弱硬化合金和强硬化合金的分类方法。

n 值应由材性试验确定，目前各国规范一般都不提供 n 值。这样，直接利用 n 值来区分弱硬化合金和强硬化合金很难实现。不过，n 值主要是由铝合金材料的状态决定的，热处理合金的 n 值一般较大。本规范采用欧规的相应公式计算了附录 A 中各种铝合金材料的 n 值，结果表明以铝合金材料的状态代替 n 值来区分弱硬化合金和强硬化合金是较为合适的，即规定状态为 T6 的铝合金材料为弱硬化合金，状态为除 T6 以外的其他铝合金材料为强硬化合金。

5.2.3 本条中式（5.2.3-1）由受压板件有效宽度的 winter 公式转换推导而得。根据国外研究成果并参考欧规，确定了计算系数 α_1，α_2；通过与国外的铝合金薄壁柱试验数据和大量的数值分析结果比较，表明该公式完全适用于铝合金受压板件的计算。考虑到轴压非双轴对称构件中的非加劲板件或边缘加劲板件（例如槽形截面或 C 形截面的翼缘以及角形截面的外伸肢）受压屈曲后，截面形心及剪心均有所偏移，形成次弯矩促进构件稳定承载力的进一步降低，故本规范不考虑利用该类板件的屈曲后强度，其有效厚度按本条式（5.2.3-2）计算。

参考国外铝合金结构设计规范，本规范没有给出受压板件的最大宽厚比限值。

5.2.4、5.2.5 受压板件局部稳定系数计算公式参考了《冷弯薄壁型钢结构技术规范》GB 50018 和《欧洲钢结构设计规范》EC3。需要指出的是：涉及到如何考虑应力梯度对不均匀受压板件有效厚度的影响时，本规范与欧规及英规的处理方法略有差异。本规范采用以压应力分布不均匀系数 ψ 计算屈曲系数 k 的方法；而在欧规及英规中采用以压应力分布不均匀系数 ψ 计算换算宽厚比的方法。两种方法只是在公式表述形式上有所不同，本质上仍是一致的。

5.2.6、5.2.7 加劲肋修正系数 η 用于计算加劲肋对受压板件局部屈曲承载力的提高作用。第 5.2.6 条给出了常见三种加劲形式 η 的计算公式，该公式来自于 $\eta=\sigma_{cr}/\sigma_{cr0}=k/k_0$，其中 σ_{cr} 为带加劲肋单板的弹性屈曲应力理论解，k 为屈曲系数。以边缘加劲板件为例，图 4 绘出了加劲肋厚度与板件厚度相同时板件宽厚比 $\beta=15$ 和 $\beta=30$ 两种情况下，屈曲系数 k 与加劲肋高厚比 c/t 的关系。由图可见，屈曲系数与板件屈曲波长有关。当屈曲半波较长时，增大加劲肋的高厚比，不能显著地提高边缘加劲板件的屈曲系数，也即不能显著提高板件的临界屈曲应力。然而，考虑到实际构件中板件屈曲的相关性，其屈曲半波长度一般不超过 7 倍板宽，通常可以取屈曲半波长度与宽度的比值 $l/b=7$ 来确定边缘加劲板件的屈曲系数 k。图 5 是板件屈曲半波长度等于 7 倍板宽时，板件宽厚比等于 10、20、30、40 四种情况下，边缘加劲板件的屈曲系数与加劲肋高厚比的关系。由图可见，式（5.2.6-2）给出了相对保守的计算结果。

对于更复杂的加劲形式，一般很难通过弹性屈曲理论分析获得屈曲系数 k 和加劲肋修正系数 η。在此情况下，η 应按式（5.2.6-5）计算，其中 σ_{cr} 为假定加劲边简支的情况下，该复杂加劲板件的临界屈曲应力；可以按有限元法或有限条分法计算。σ_{cr0} 为假定加劲边简支的情况下，不考虑加劲肋作用，同样尺寸的加劲板件的临界屈曲应力，可按公式（5.2.6-1）计算，并取 $\eta=1.0$。在公式（5.2.6-5）中取指数为 0.8 而非 1.0，这样做是偏于保守的。在缺乏计算依据或不能按式（5.2.6-5）计算时，建议忽略加劲肋的加劲作用，即取 $\eta=1.0$。

5.2.8 当中间加劲板件或边缘加劲板件的加劲肋高厚比过大时，加劲肋本身可能先于板件局部屈曲，这时应将加劲肋视为非加劲板件，将子板件视为加劲板件分别计算其有效厚度 t_e，加劲肋和子板件的最终有效厚度应取上述有效厚度和将其作为整体按第 5.2.3 条计算的有效厚度这两者中的较小值。

5.3 焊接板件的有效厚度

5.3.1、5.3.2 对于焊接铝合金构件，采用有效厚度法计算有效截面时，通常采用假定热影响区内母材强度不变而折减厚度的方法考虑热影响区内的材料强度降低效应。

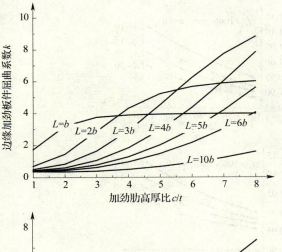

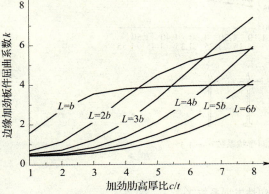

图 4 加劲肋高厚比与加劲系数的关系
（上图板件宽厚比 $\beta=15$，下图板件宽厚比 $\beta=30$）

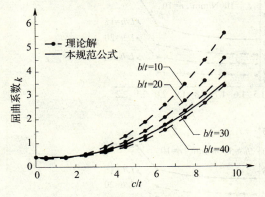

图 5 边缘加劲板件在不同宽厚
比情况下的屈曲系数

5.4 有效截面的计算

5.4.3 受弯构件或压弯构件中，不均匀受压加劲板件的有效厚度依赖于压应力分布不均匀系数 ψ，而计算 ψ 首先应确定截面中和轴位置，但中和轴位置又取决于各板件有效厚度在全截面中的分布，因此，需要通过迭代计算确定中和轴位置后才可以计算其他有效截面参数。当中和轴位于截面形状发生变化部分的附近时（例如工字形截面腹板和翼缘交界处），迭代计算可能发生振荡不易收敛。因中和轴附近受压区域的板件实际应力很小，不易发生局部屈曲，迭代计算时可不考虑该区域板件的厚度折减以保证计算的收敛性。

有效截面特性按下述迭代方法进行计算：

1 计算受压翼缘的有效截面。

2 假定腹板全部有效（不考虑局部屈曲影响，但对于焊接情况，仍应考虑焊接热影响效应，按第 5.4.1 条第 2 款确定腹板有效截面）确定中和轴位置。

3 根据中和轴位置计算腹板的压应力分布不均匀系数 ψ，并按第 5.4.1 条第 3 款确定腹板的有效截面。

4 根据第 3 步确定的腹板有效截面再次计算中和轴位置。

5 重复步骤第 3、4 步直至两次计算的腹板有效截面厚度及中和轴位置近似相等。

6 根据最后确定的中和轴位置及各受压板件的有效截面计算有效截面惯性矩 I_e 及有效截面模量 W_e，W_e 为距中和轴较远的受压侧有效截面模量。

6 受弯构件的计算

6.1 强 度

6.1.1 计算梁的抗弯强度时，考虑截面可以部分地发展塑性，故式（6.1.1）中引进了截面塑性发展系数 γ_x，γ_y。但是应该指出：对于铝合金结构而言，截面抵抗弯矩不仅取决于截面塑性抵抗矩，还与材料的非弹性性能有关。文献《铝合金结构》（意大利 马佐拉尼 著）的研究认为：γ_x，γ_y 的取值原则应是：保证梁在均匀弯曲作用下，跨中残余挠度 v_r 小于其跨长的 1‰。当采用材料名义屈服强度计算截面抵抗弯矩时，即按下式

$$M=\gamma'Wf_{0.2}=\gamma'M_{0.2} \qquad (4)$$

确定的截面塑性发展系数 γ'_x，γ'_y 往往小于 1。这是因为根据铝合金材料的 $\sigma\sim\varepsilon$ 关系，应力区间 $f_p<\sigma<f_{0.2}$ 是在非弹性范围内的。当截面边缘应力达到 $f_{0.2}$ 再卸载时，结构已经发生残余变形。按上述原则确定的工字截面的塑性发展系数 γ' 如图 6、图 7 所示。图中 L 为梁长，h 为梁高度，$\alpha_p=W_p/W$ 为截面形状系数，W_p 为塑性截面模量，W 为弹性截面模量。由图可见，在跨高比较大，形状系数较小和材料为弱硬化合金的情况下，满足跨中残余挠度要求的 γ'_x 往往小于 1。但考虑到式（6.1.1）中采用了强度设计值 $f=f_{0.2}/\gamma_R$，而变形验算针对正常使用极限状态，通常采用强度标准值，故最后确定的截面塑性发展系数可适当放宽，即当塑性发展系数小于 1 时取 1。

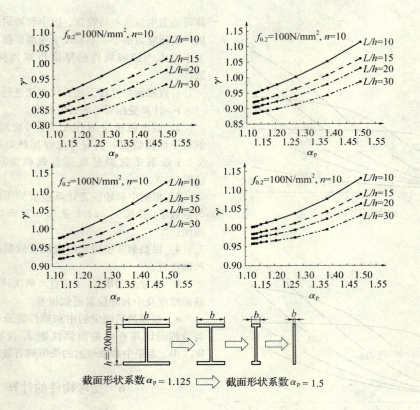

图6 工字形截面绕强轴的塑性发展系数 γ'_x

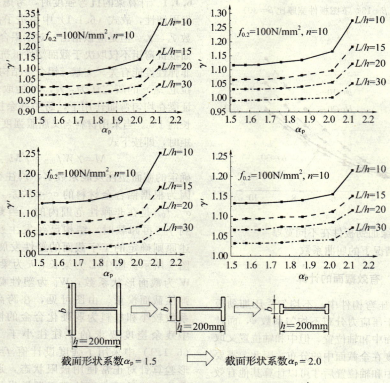

图7 工字形截面绕弱轴的塑性发展系数 γ'_y

6.2 整体稳定

6.2.1 当有铺板密铺在梁的受压翼缘上并与其牢固连接,能阻止受压翼缘的侧向位移时,梁就不会丧失整体稳定,因此也不必计算梁的整体稳定性。对于工字形截面不需要验算整体稳定时的 l/b 值主要参考钢规并结合铝合金材料性能给出。

6.2.2 铝合金梁的弯扭稳定系数 φ_b 为弯扭屈曲应力与材料名义屈服强度的比值,由 Perry 公式给出,这样梁与柱的稳定曲线有统一的表达形式;式中 η 为计及构件几何缺陷的 Perry-Robertson 系数,可以采用不同的取值方法,其中欧规建议的缺陷系数形式为:

$$\eta = \alpha_b (\bar{\lambda}_p - \bar{\lambda}_{0,b}) \tag{5}$$

式中,参数 α_b、$\bar{\lambda}_{0,b}$ 对稳定系数 φ_b 有着不同的影响:当 α_b 不变时,$\bar{\lambda}_{0,b}$ 越大,受弯构件在较小长细比情况下的稳定系数越高;而当 $\bar{\lambda}_{0,b}$ 不变时,α_b 越小,构件在中等长细比情况下的稳定系数越高。

分析表明,影响弯扭屈曲应力的因素主要有:①合金材料性能,②构件的截面形状及其尺寸比,③荷载类型及其在截面上的作用点位置,④跨中有无侧向支承和端部约束情况,⑤初始变形、加载偏心和残余应力等初始缺陷,⑥截面的塑性发展性能等。本规范根据不同合金材料、不同荷载作用形式下各类工字形截面、槽形截面、T形截面梁的数值模拟计算结果,经统计分析后得出 α、$\bar{\lambda}_0$ 的取值,从而确定梁的弹塑性弯扭稳定系数计算公式。图 8 和图 9 给出了同济大学完成的 10 根跨中集中力作用下工字形截面梁和 10 根槽形截面梁的弯扭稳定试验结果、有限元计算值、本规范公式以及欧规公式的计算结果。对于槽形梁,考虑其截面受压部分局部屈曲的影响,按有效截面模量进行计算。由图可知:本规范给出的公式与有限元计算值和试验实测值基本吻合并偏于安全;对于工字形截面,由于本规范在计算其弯扭稳定时未考虑截面的塑性发展,故给出的计算结果较欧规计算结果偏小。

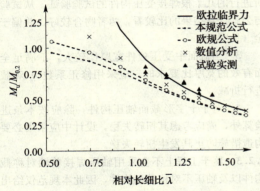

图 8 工字形截面梁弯扭稳定
极限承载力曲线比较

本条给出的临界弯矩计算公式适用于对称截面以及单轴对称截面绕对称轴弯曲的情况。但对于绕非对称轴弯曲的截面,如单轴对称工字形截面绕强轴弯曲时,临界弯矩计算式中 β_1、β_2、β_3 的取值存在一定争议,见《薄壁钢梁稳定性计算的争议及其解决》(童根树,建筑结构学报,2002)。本条给出的 β_1、β_2、β_3 均参考欧规。

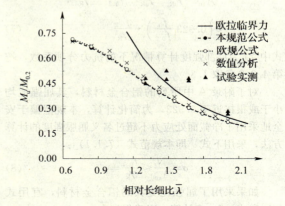

图 9 槽形截面梁弯扭稳定
极限承载力曲线比较

本条中给出的翘曲计算长度系数 $\mu_\omega = 1.0$ 适用于端部夹支的边界约束条件;对于端部有端板固定或端部支座有加劲肋板的情况,虽然翘曲约束有所增强,但根据文献《钢结构设计原理》(陈绍蕃)的分析以及欧规的规定,除非端部加劲板的厚度用得很大,否则其对梁端翘曲的约束作用在计算中可以忽略,故这里仍采用 $\mu_\omega = 1.0$。

用作减小梁侧向计算长度的跨间侧向支撑应具有足够的侧向刚度并与受压翼缘相连,以提供足够的支撑力阻止受压翼缘的侧向位移。采用多道支撑时,偏于安全按跨中一道支撑考虑,取计算长度系数为 0.5。

6.2.3 铝合金梁整体失稳时,梁将发生较大的侧向弯曲和扭转变形,因此为了提高梁的稳定承载能力,任何梁在其端部支承处都应采取构造措施,以防止其端部截面的扭转。

7 轴心受力构件的计算

7.1 强 度

7.1.1 本条为轴心受拉构件的强度计算要求。

从轴心受拉构件的承载能力极限状态来看,可分为两种情况:

1 毛截面的平均应力达到材料的名义屈服强度,构件将产生很大的变形,即达到不适于继续承载的变形的极限状态。其计算式为:

$$\sigma = \frac{N}{A} \leqslant \frac{f_{0.2}}{\gamma_R} = f \tag{6}$$

式中抗力分项系数 γ_R 按第 4.3.2 条取 1.2。

2 考虑焊接热影响的净截面的平均应力达到材料的抗拉强度 f_u,即达到最大承载能力的极限状态,其计算式为:

$$\sigma = \frac{N}{A_{en}} \leqslant \frac{f_u}{\gamma_{uR}} = \frac{\gamma_R}{\gamma_{uR}} \cdot \frac{f_u}{f_{0.2}} \cdot \frac{f_{0.2}}{\gamma_R}$$

$$\approx \left(0.923 \frac{f_u}{f_{0.2}}\right) \cdot \frac{f_{0.2}}{\gamma_R} \tag{7}$$

式中 γ_{uR} 为局部强度计算情况下的抗力分项系数,按第 4.3.2 条取 1.3。

对于附录 A 中所列的铝合金材料,其屈强比均小于或很接近于 0.923,为简化计算,本规范偏于安全地采用了净截面处应力不超过名义屈服强度的计算方法,采用下式 [即本规范式 (7.1.1)]:

$$\sigma = \frac{N}{A_{en}} \leqslant \frac{f_{0.2}}{\gamma_R} = f \tag{8}$$

如果采用了屈强比更大的铝合金材料,宜用式 (6) 和式 (7) 来计算,以确保安全。

7.1.2 当轴心受压构件截面有所削弱(如开孔或缺口等)时,应按式 (7.1.2) 计算其强度,式中 A_{en} 为有效净截面面积,应根据考虑局部屈曲及焊接影响的有效厚度计算有效截面,再减去截面孔洞面积得到有效净截面面积 A_{en}。

7.1.3 摩擦型高强度螺栓连接处,构件的强度计算公式是从连接的传力特点建立的。规范中的式 (7.1.3-1) 为计算最外排螺栓处由螺栓孔削弱的截面,在该截面上考虑了内力的一部分已由摩擦力在孔前传递。式中的系数 0.5 即为孔前传力系数。孔前传力系数大多数情况可取为 0.6,少数情况为 0.5。为了安全可靠,本规范取 0.5。某些情况下,构件强度可能由毛截面应力控制,所以要求同时按式 (7.1.3-2) 计算毛截面强度。

7.2 整体稳定

7.2.1、7.2.2 本条为轴心受压构件的稳定性计算要求。

1 轴心受压构件的稳定系数 φ 是根据构件的长细比 λ 按规范附录 B 的各表查出,表中 $\lambda\sqrt{f_{0.2}/240}$ 为考虑不同铝合金材料对长细比 λ 的修正。采用非线性函数的最小二乘法将各类截面的理论 φ 值拟合为 Perry-Roberson 公式形式的表达式:

$$\varphi = \left(\frac{1}{2\bar{\lambda}^2}\right)\left\{(1+\eta+\bar{\lambda}^2) - [(1+\eta+\bar{\lambda}^2)^2 - 4\bar{\lambda}^2]^{1/2}\right\}, \text{且 } \varphi \leqslant 1 \tag{9}$$

式中 $\eta = \alpha(\bar{\lambda} - \bar{\lambda}_0)$ 为构件考虑初始弯曲及初偏心的系数。对于弱硬化材料构件:$\alpha = 0.2$,$\bar{\lambda}_0 = 0.15$;对于强硬化材料构件:$\alpha = 0.35$,$\bar{\lambda}_0 = 0.1$。$\bar{\lambda} = (\lambda/\pi)$ $\sqrt{f_{0.2}/E}$ 为相对长细比。

图 10 为弱硬化合金柱子曲线与国内试验值的比较情况。图 11 为强硬化合金柱子曲线与试验值的比较情况,由于国内未进行强硬化合金的试验研究,该试验值来自于国外的试验结果。从试验值与公式计算结果的比较看,两者吻合较好。

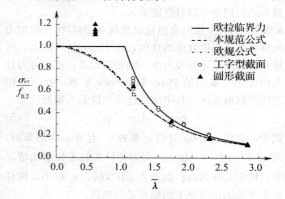

图 10 柱子曲线与试验值(弱硬化合金)

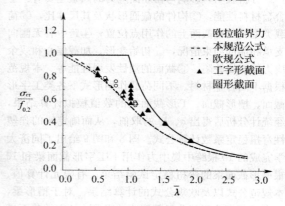

图 11 柱子曲线与试验值(强硬化合金)

2 焊接缺陷影响系数 η_{haz} 考虑了焊接对受压构件承载力的降低作用。η_{haz} 是根据 F. M. 马佐拉尼等人大量的数值模拟结果及在列日大学所进行的试验研究的基础上得出的;并经过了在同济大学结构试验室所进行的几十根焊接受压构件的试验验证。从试验值与公式计算结果的比较看,两者吻合较好,并偏于安全(见图 12)。

3 当截面中受压板件宽厚比较大,不满足全截面有效的宽厚比要求时,应采用修正系数 η_e 对截面进行折减。

4 对于十字形截面轴压构件,除应按本条进行验算外,尚应考虑其扭转失稳,设计中应采用必要的构造措施防止其发生扭转失稳。

7.2.3 鉴于工程上不会采用轴压焊接单轴对称截面构件以及轴压不对称截面构件,因此本规范仅给出了非焊接单轴对称截面的稳定计算公式。

系数 η_{as} 为构件截面非对称性影响系数,该系数

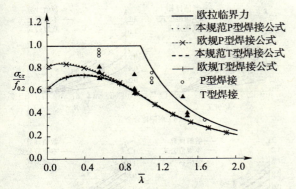

图 12 修正柱子曲线与试验值（弱硬化合金）

注：P型焊接：将两块挤压T型截面和一块作为腹板的轧制平板焊接组成H型截面；T型焊接：将三块轧制平板焊接组成H型截面。

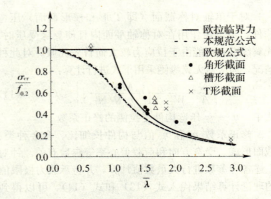

图 13 构件弯扭稳定试验值与规范公式比较

是在欧规相应计算公式基础上经数值分析验证给出的。

根据弹性稳定理论，对于两端简支的轴心受压构件，其弯扭屈曲荷载为：

$$P_{y\omega}=\frac{(P_y+P_\omega)-\sqrt{(P_y+P_\omega)^2-4P_yP_\omega[1-(e_0/i_0)^2]}}{2[1-(e_0/i_0)^2]}P_y \quad (10)$$

构件发生弹性弯扭屈曲的条件是$P_{y\omega}$应小于绕截面非对称轴的弯曲屈曲荷载$P_x=\pi^2EI_x/l^2$，而且截面的应力小于比例极限。

将 $P_y=\dfrac{\pi^2EA}{\lambda_y^2}$，$P_\omega=\dfrac{\pi^2EA}{\lambda_\omega^2}$ 和 $P_{y\omega}=\dfrac{\pi^2EA}{\lambda_{y\omega}^2}$ 代入公式（10），可得：

$$\lambda_{y\omega}=\left\{\frac{1}{2}\left[\lambda_y^2+\lambda_\omega^2+\sqrt{(\lambda_y^2+\lambda_\omega^2)^2-4\lambda_y^2\lambda_\omega^2(1-e_0^2/i_0^2)}\right]\right\}^{\frac{1}{2}} \quad (11)$$

上式即为规范公式（7.2.3-2），其中，

λ_y——构件绕对称轴长细比，$\lambda_y=l_{0y}/i_y$；

λ_ω——扭转屈曲等效长细比，由式 $P_\omega=\dfrac{\pi^2EA}{\lambda_\omega^2}$ 及

弹性扭转屈曲承载力公式 $P_\omega=\dfrac{1}{i_0^2}$

$\left(\dfrac{\pi^2EI_\omega}{l_\omega^2}+GI_t\right)$ 可得：$\lambda_\omega=\sqrt{\dfrac{i_0^2A}{\dfrac{GI_t}{\pi^2E}+\dfrac{I_\omega}{l_\omega^2}}}$。

图 13 为单轴对称截面弱硬化合金柱子曲线与我国试验值的比较情况。从试验值与公式计算结果的比较看，总体上在考虑弯扭失稳后两者吻合较好。在中等长细比情况下，构件的试验值偏高。

7.2.4 对于端部为焊接连接的构件，即使其端部连接为刚接，但由于焊接热影响效应的存在使其刚度大大降低，故在计算受压构件长细比时，其计算长度取值应偏保守的按铰接考虑。由于状态O、F和T4的铝合金材料焊接后强度不下降，因此不用考虑焊接热影响效应对构件计算长度产生的影响。

8 拉弯构件和压弯构件的计算

8.1 强 度

8.1.1 在轴力和弯矩的共同作用下，如按边缘纤维屈服准则，N-M 相关曲线应为直线。考虑截面内的塑性发展后，截面强度计算值大于按边缘纤维屈服准则得到的值，即 N-M 相关曲线呈凸曲线。这时，按线性相关公式计算是偏于安全的。本规范采用塑性发展系数来考虑截面的部分塑性发展，取值与受弯构件相一致。

8.2 整体稳定

8.2.1 压弯构件的整体稳定要进行弯矩作用平面内和弯矩作用平面外稳定计算。

1 弯矩作用平面内的稳定。压弯构件的稳定承载力极限值，不仅与构件的长细比λ和偏心率ε有关，且与构件的截面形式和尺寸、构件轴线的初弯曲、截面上残余应力的分布和大小、材料的应力-应变特性、端部约束条件以及荷载作用方式等因素有关。因此，本规范采用了考虑上述各种因素的数值分析法，并将承载力极限值的理论计算结果作为确定实用计算公式的依据。

考虑抗力分项系数并引入弯矩非均匀分布时的等效弯矩系数后，由弹性阶段的边缘屈服准则可以导出下式：

$$\frac{N}{\varphi_xA}+\frac{\beta_{mx}M_x}{W_{1x}(1-\varphi_xN/N'_{Ex})}\leqslant f \quad (12)$$

式中 N'_{Ex}——参数，$N'_{Ex}=N_{Ex}/1.2$；相当于欧拉临界力 N_{Ex} 除以抗力分项系数 $\gamma_R=1.2$。

对于满足截面宽厚比限值的压弯构件可以考虑截面部分塑性发展。此时压弯构件采用下式较为合理：

$$\frac{N}{\varphi_xA}+\frac{\beta_{mx}M_x}{W_{1x}(1-\eta_1N/N'_{Ex})}\leqslant f \quad (13)$$

式中 η_1——修正系数。

对于单轴对称截面（即 T 形和槽形截面）压弯构件，当弯矩作用在对称轴平面内且使翼缘受压时，无翼缘端有可能由于拉应力较大而首先屈服。对此种情况，尚应对无翼缘侧采用下式进行计算：

$$\left|\frac{N}{A}-\frac{\beta_{mx}M_x}{W_{2x}(1-\eta_2 N/N'_{Ex})}\right|\leqslant f \quad (14)$$

式中　η_2——压弯构件受拉侧的修正系数。

修正系数 η_1 和 η_2 值与构件长细比、合金种类、截面形式、受弯方向和荷载偏心率等参数有关。针对上述各种参数进行大量数值计算，并将承载力极限值的理论计算结果代入式（13）和式（14），可以得到一系列 η_1 和 η_2 值。分析表明，η_1 和 η_2 值与铝合金的材料类型关系较大，根据弱硬化合金和强硬化合金对 η_1 和 η_2 分别取值较为合适。

与轴压构件相同，压弯构件当截面中受压板件的宽厚比大于表 5.2.1-1 或表 5.2.1-2 规定时，还应考虑局部屈曲的影响。本规范还考虑了截面非对称性和焊接缺陷的影响。在引入轴压构件稳定计算系数 $\overline{\varphi}_x$ 后，相关式（13）和式（14）成为：

$$\frac{N}{\varphi_x A}+\frac{\beta_{mx}M_x}{\gamma_x W_{1ex}(1-\eta_1 N/N'_{Ex})}\leqslant f \quad (15)$$

$$\left|\frac{N}{A_e}-\frac{\beta_{mx}M_x}{\gamma_x W_{2ex}(1-\eta_1 N/N'_{Ex})}\right|\leqslant f \quad (16)$$

式（15）和式（16）即为规范式（8.2.1-1）和式（8.2.1-2）。

同济大学针对铝合金压弯构件弯矩平面内的稳定做了相关试验，包括 6 根绕弱轴受弯的偏压试件和 6 根绕强轴受弯的偏压试件，均为双轴对称 H 形截面弱硬化合金。图 14 为上述试验所得稳定承载力与数值计算结果的比较情况，可见两者吻合得较好。图 15 为规范式（8.2.1-1）与数值计算结果和欧洲规范相应公式的比较情况，可见本规范公式是偏于安全的。

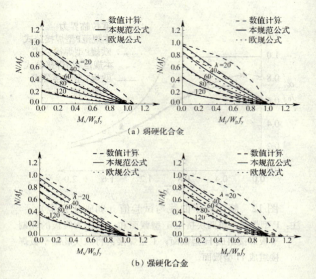

图 15　本规范结果与数值计算结果和欧规结果的对比

（x 为强轴，y 为弱轴）

弯矩作用平面外的稳定性。规范采用的由弹性稳定理论导出的线性相关公式是偏于安全的，与轴心受压构件和受弯构件整体稳定计算相衔接，并与理论分析结果和同济大学做的试验结果作了对比分析后确定的。

同济大学针对铝合金压弯构件弯矩平面外的稳定做了相关试验，为 6 根绕强轴受弯的双轴对称 H 形截面弱硬化合金偏压试件。图 16 为该试验所得稳定承载力与数值计算结果和欧洲规范相应公式的比较情况，可见本规范公式是偏于安全的。

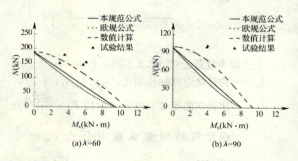

图 16　本规范结果与试验结果、数值计算结果以及欧规结果的对比

鉴于对单轴对称截面压弯构件弯矩作用平面外稳定性的研究还不充分，暂定规范式（8.2.1-3）仅适用于双轴对称实腹式工字形（含 H 形）和箱形（闭口）截面的压弯构件。

8.2.2　双向弯曲的压弯构件，其稳定承载力极限值的计算较为复杂，一般仅考虑双轴对称截面的情况。规范采用的半经验性质的线性相关公式形式简单，可使双向弯曲压弯构件的稳定计算与轴心受压构件、单向弯曲压弯构件以及双向弯曲受弯构件的稳定计算都能互相衔接，并经研究表明是偏于安全的。

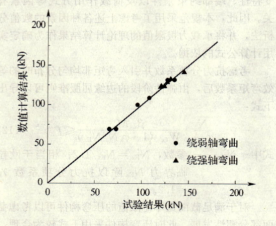

图 14　面内失稳试验结果与数值计算结果的对比

2　弯矩作用平面外的稳定。双轴对称截面的压弯构件，当弯矩作用在最大刚度平面内时，应校核其

9 连接计算

9.1 紧固件连接

9.1.1 本条规定了铝合金结构普通螺栓和铆钉连接的计算方法。

1 关于普通螺栓或铆钉受剪连接的计算，欧规和英规的计算公式均可转化为同钢规相同的形式，即分别计算紧固件的受剪承载力和连接构件的承压承载力，并取其较小值作为受剪连接的承载力设计值。钢规中规定的单个螺栓抗剪强度设计值是由实验数据统计得出的，未区分受剪面是在栓杆部位还是在螺纹部位。而本规范条文中单个螺栓抗剪强度设计值是参照国外铝合金结构规范并比较强度设计值与材料机械性能值的相关关系式得出的，因此在计算公式中必须区分不同受剪部位剪切面积不同的影响。欧规中，连接构件承压承载力计算公式中考虑了紧固件端距与孔洞直径比值、中距与孔洞直径比值、紧固件抗拉强度与连接构件抗拉强度比值等参数的影响，计算公式较为复杂。如将欧规中规定的最小端距 $2d_0$、常用中距 $2.5d_0$ 代入，则计算得到的连接构件承压强度设计值为连接材料抗拉强度的 1.16 倍，基本相当并略高于钢规的规定。钢规的构件承压强度设计值是根据受拉构件且端距为 $2d_0$ 得到的试验统计值，因此可从简仍采用钢规的公式形式，不再考虑以上参数的影响，并规定 $2d_0$ 为允许端距的最小值。英规关于承压承载力的计算不仅要验算连接构件的承压强度，还要求验算紧固件的承压强度，按照该公式对本次规范中所规定的几种紧固件材料进行验算，由于紧固件的抗拉强度一般均大于铝合金连接构件的抗拉强度，因此不会发生紧固件先于构件被挤压坏的现象，故此，本规范计算公式中也不考虑验算紧固件承压强度。综上所述，受剪连接的计算公式，采用钢规的形式，可保证满足欧规、英规相应规定的安全性要求。

2 见条文说明第 4.3.5 条第 3 款，此处单独列出以强调其重要性。

3 关于普通螺栓杆轴方向受拉连接的计算，欧规明确要求在设计中应考虑因撬力作用引起的附加力的影响，即应采用适当的方法分析计算撬力的大小。在钢规中，不要求计算撬力，而仅将螺栓的抗拉强度设计值降低 20%，这相当于考虑了 25% 的撬力。这样虽然简化了设计计算，但在某些情况下撬力与节点承受的轴向拉力的比值很可能会超过 25%，在设计中不考虑撬力作用是不安全的，因此作出本条规定。同时考虑到缺乏充分的理论和实验研究，为保证结构的安全，螺栓抗拉强度设计值仍按降低 20% 取值。

撬力作用是否显著，主要与连接板抗弯刚度和螺栓杆轴向抗拉刚度的比值有关，该比值越小，则撬力引起的不利影响越大。此外，撬力大小还与受拉型连接节点的形式、螺栓数目和位置等因素有关。对于如图 17 所示的双 T 形轴心受拉连接，给出其极限承载力的计算公式，以供参考。

图 17 中所示的由 4 个螺栓连接的双 T 形节点，在轴心拉力 P 的作用下，随 T 形构件翼缘板抗弯刚度和螺栓杆轴抗拉刚度比值的不同，可能会发生 3 种不同的破坏模式，见图 18。图 18 中黑色圆点代表翼缘出现塑性铰的位置，下面所示为翼缘板的弯矩图。

破坏模式 1：T 形构件螺栓孔洞处及 T 形构件腹板与翼缘交接处产生塑性铰破坏。极限承载力为：$P_1 = 4M_p/a_1$。其中，$M_p = 0.25Bt^2 f$ 为 T 形构件翼缘板的塑性抵抗弯矩，f 为翼缘材料的抗弯强度设计值，其余符号参见图 17。

破坏模式 2：T 形构件腹板与翼缘交接处产生塑性铰，同时螺栓被拉断。极限承载力为：$P_2 = (2M_p + \sum N_t^b \cdot c)/(c + a_1)$。其中，$c \leqslant 1.25 a_1$，$\sum N_t^b$ 为全部螺栓的受拉承载力。

破坏模式 3：螺栓被拉断。极限承载力为：$P_3 = \sum N_t^b$。

连接节点的承载力应取 P_1、P_2 和 P_3 的最小值。当 T 形构件的翼缘板较薄时，节点容易发生模式 1 的破坏，撬力 Q 是非常显著的。上述公式来源于

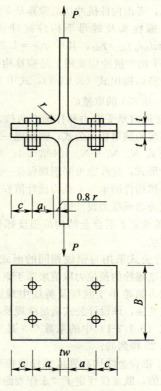

图 17 双 T 形受拉连接

《欧洲钢结构规范》EC3，并经在同济大学完成的铝合金双T形受拉节点试验研究，证明同样适用于铝合金结构的计算。对于其他类型的受拉型螺栓连接，在设计中应结合实际情况采用适当的方法分析计算撬力的大小。

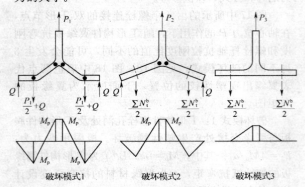

图18　双T形受拉连接的破坏模式

4　关于普通螺栓沿杆轴方向受拉连接的计算，欧规中除规定应验算螺栓的抗拉承载力外，还提出应验算螺栓头及螺母下构件的抗冲切承载力，并将二者中的较小值作为受拉螺栓连接的承载力设计值。英规中不考虑构件抗冲切承载力的验算，美规也无此项要求。对铝合金结构而言，当所采用螺栓材料的抗拉强度超出铝合金连接构件的名义屈服强度较多时，如螺栓杆中的拉应力较大，螺栓头或螺母对连接构件的压紧应力有可能引起构件表面损伤进而使构件发生冲切破坏。因此，考虑构件抗冲切的验算是必要的。参考欧规公式，螺栓头及螺母下构件抗冲切承载力为 $B_{p,RD}=0.6\pi d_m t_p f_{0.2}/\gamma_{M2}$，其中 $\gamma_{M2}=1.25$ 为抗力分项系数。由于构件抗冲切实质上是验算构件的抗剪强度，故经变换后提出式（9.1.1-7），式中 0.8 来源于 $0.6\sqrt{3}/\gamma_{M2}=0.831$ 的取整值。

5　关于同时承受剪力和杆轴方向拉力的普通螺栓计算，英规为圆形相关公式，同钢规一致；欧规为直线相关公式 $N_v/N_v^b+N_t/1.4N_t^b\leq 1$。本规范依据英规的设计形式，这样也可同钢规保持一致，同时应验算满足连接构件的承压承载力设计值和螺栓头及螺母下构件抗冲切承载力设计值。

9.1.2　本条规定了铝合金结构高强度螺栓摩擦型连接的计算方法。

1　设计公式采用与钢规相同的形式。表 9.1.2 中一个高强度螺栓的预拉力取值来源于钢规的相应规定，该预拉力值略小于欧规及英规中规定的预拉力值。经公式变换，该设计公式满足欧规及英规的安全度要求。式（9.1.2-1）中的系数 0.8 是考虑了抗力分项系数 1.25 得到的。

2　关于铝合金结构高强度螺栓摩擦型连接的抗滑移系数取值，欧规仅规定了"未作表面保护的标准轻度喷砂处理摩擦面"的抗滑移系数值，该值与连接板的总厚度有关，具体数值见表 15。采用表中数值时，摩擦面的表面处理应符合 ISO 468/1302 N10a 的规定。对于采用其他的表面处理方法，欧规规定均应通过标准试件试验得出抗滑移系数值。

表15　铝合金摩擦面抗滑移系数
（N10a 标准轻度喷砂处理）

连接板总厚度(mm)	12≤Σt<18	18≤Σt<24	24≤Σt<30	30≤Σt
μ	0.27	0.33	0.37	0.40

英规仅规定了符合英国标准 BS 2451 规定要求的"喷铝砂处理摩擦面"的抗滑移系数值；对于其他的表面处理方法，规定均应通过标准试件试验得出抗滑移系数值。美规中只允许使用普通螺栓，对采用有预拉力的高强度螺栓未作相应规定。日本《铝合金建筑结构设计规范（2002年）》规定：当摩擦面的表面处理符合日本铝合金建筑结构协议会制定的《铝合金建筑结构制作要领》的要求，并且板厚在螺栓直径的 1/4 以上时，抗滑移系数可取 0.45。对于单面摩擦的连接，板厚在螺栓直径的 1/4 以上 1/2 以下时，抗滑移系数取 0.3。此处的板厚指上下两层板厚度之和与中间板的厚度中的较小值。无表面处理以及采用其他表面处理方法时，单面摩擦、双面摩擦的抗滑移系数都取 0.15。

由于铝合金材料种类繁多，已有的试验数据表明不同材料在同一种摩擦面处理条件下其抗滑移系数和摩擦抗力是有差别的。因此，摩擦连接时不论其处理方法如何，事先进行摩擦抗力试验，确保设计的安全度是一条基本原则。因缺乏充足的试验数据和统计资料，对铝合金构件的表面处理方法也缺少相应的国家标准，国外规范中的摩擦面处理方法在实际应用中也很难具体实施，故对高强度螺栓摩擦型连接的抗滑移系数，本规范未作出具体规定，如需采用应根据标准试件的试验测定结果确定。

9.1.3　本条规定了铝合金结构高强度螺栓承压型连接的计算方法，设计公式采用同钢规相同的形式。同普通螺栓相同，也要求验算螺栓头及螺母下构件抗冲切承载力设计值。

9.1.4　当构件的节点处或拼接接头的一端，螺栓或铆钉的连接长度 l_1 过大时，螺栓或铆钉的受力很不均匀，端部的螺栓或铆钉受力最大，往往首先破坏，并将依次向内逐个破坏。因此对长连接的抗剪承载力应进行适当折减。关于折减系数的规定，欧规为 $\beta_{Lf}=1-\dfrac{L_j-15d}{200d}$ 且 $0.75\leq\beta_{Lf}\leq 1.0$，长连接的折减区段为 $15d\sim 65d$。该公式来源于《欧洲钢结构规范》EC3，同钢规公式相比，稍偏于不安全，因此，本条款参照钢规公式制定。应注意本条规定不适用于沿连接的长度方向受力均匀的情况，如梁翼缘同腹板的紧固件连接。

9.1.5 关于借助填板或其他中间板件的紧固件连接，当填板较厚时，应考虑连接的抗剪承载力折减。本条款参照欧规公式制定。

9.1.6 单面连接会引起荷载的偏心，使紧固件除受剪力之外还受到拉力的作用，因此明确规定不得采用铆钉连接形式，且对螺栓连接应进行适当的抗剪承载力折减，螺栓数目按计算增加10%的规定参考了钢规相应条款。

9.1.7 当紧固件的夹紧厚度过大时，由于紧固件弯曲变形引起的抗剪承载力折减不应被忽视。英规明确规定，铆钉连接的铆合总厚度不得超过铆钉孔径的5倍。钢规对铆合总厚度超过铆钉孔径5倍时，规定应按计算适当增加铆钉的数目，且铆合厚度不得超过铆钉孔径的7倍。美规规定的夹紧厚度过大时的强度折算不仅适用于铆钉连接，也适用于螺栓连接，规定当紧固件的夹紧厚度超过铆钉孔径或螺栓直径的4.5倍时，紧固件的抗剪承载力应当乘以折减系数$\left(\dfrac{1}{0.5+G/(9d)}\right)$，其中$G$为紧固件的夹紧厚度，$d$为铆钉孔径或螺栓直径，并规定一般情况下夹紧厚度不应超过$6d$。

9.2 焊缝连接

9.2.1 本条规定了焊缝连接计算的一般原则。

1 同钢结构相比，焊接铝合金结构在热影响区内材料强度的降低在设计中是不容忽视的。铝合金焊缝连接的破坏，很可能发生在热影响区。因此，在焊缝连接计算中，必须验算热影响区的强度。

2 根据同济大学完成的铝合金对接焊缝连接的试验结果，当焊缝连接的破坏发生在热影响区处，试件破坏前有较大的变形，属于延性破坏；当焊缝连接的破坏发生在焊缝区域，试件破坏前的变形较小，属于脆性破坏。因此，铝合金构件与焊缝金属之间合理的组合宜满足焊缝的强度设计值大于铝合金构件热影响区的强度设计值。这样可明显改善焊接节点在荷载作用下的变形性能。

9.2.2 本条规定了对接焊缝的强度计算。

1 不采用引弧板时，焊缝有效长度为焊缝全长减去2倍焊缝有效厚度，是考虑到焊缝起、落弧处的缺陷对强度的影响。

2 折算应力强度验算公式（9.2.2-5）参考欧规和英规的相关规定。

9.2.3 本条规定了直角角焊缝的强度计算。

1 角焊缝两焊脚边夹角为直角的称为直角角焊缝，两焊脚边夹角为锐角或钝角的称为斜角角焊缝。鉴于铝合金焊接斜角角焊缝试验数据和统计资料的缺乏，且欧规、美规中均未规定斜角角焊缝。因此，本规范也暂不列入斜角角焊缝的强度计算公式。

2 关于直角角焊缝的计算，欧规、英规的计算公式实质上同钢规一致。以上规范均认为角焊缝的强度非常接近45°焊喉截面（焊缝有效截面）的强度，即在进行角焊缝设计时把45°焊喉截面作为设计控制截面。在大量试验的基础上，国际标准化组织推荐的角焊缝抗拉强度公式为$\sqrt{\sigma_\perp^2+k_w(\tau_\perp^2+\tau_{//}^2)}=f_w$，式中$k_w$是与金属材料有关的值，一般在1.8~3之间变化，$f_w$为焊缝金属的特征强度。欧规和英规均采用$k_w=3$，这样略偏于安全并且可同母材金属的强度理论相一致。在引入抗力分项系数后，并注意到$f_f^w=f_t^w/\sqrt{3}$，因此可得规范式（9.2.3-1）。式中有效截面上的应力$\sigma_\perp$、$\tau_\perp$、$\tau_{//}$如图19所示。

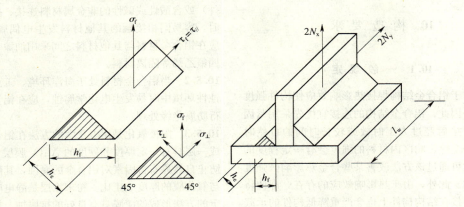

图19 角焊缝有效截面应力分布

3 由式（9.2.3-1）可推导出在特定荷载作用下的角焊缝设计公式（9.2.3-2）~式（9.2.3-4）。如图19所示，令σ_f为垂直于焊缝长度方向按焊缝有效截面计算的应力：$\sigma_f=\dfrac{N_x}{h_e l_w}$。$\sigma_f$既不是正应力也不是剪应力，但可分解为：$\sigma_\perp=\sigma_f/\sqrt{2}$，$\tau_\perp=\sigma_f/\sqrt{2}$。又令$\tau_f$为沿焊缝长度方向按焊缝有效截面计算的剪应力，显然：$\tau_{//}=\tau_f=\dfrac{N_y}{h_e l_w}$。将上述$\sigma_\perp$、$\tau_\perp$、$\tau_{//}$代入公式

(9.2.3-1)，可得：$\sqrt{\left(\dfrac{\sigma_\mathrm{f}}{\beta_\mathrm{f}}\right)^2+\tau_\mathrm{f}^2}\leqslant f_\mathrm{f}^w$，即公式（9.2.3-4），式中 $\beta_\mathrm{f}=1.22$，称为正面角焊缝强度的增大系数。

对正面角焊缝，$N_y=0$，只有垂直于焊缝长度方向的轴心力 N_x 作用，可得：$\sigma_\mathrm{f}=\dfrac{N_x}{h_e l_w}\leqslant \beta_\mathrm{f} f_\mathrm{f}^w$，即公式（9.2.3-2）。

对侧面角焊缝，$N_x=0$，只有平行于焊缝长度方向的轴心力 N_y 作用，可得：$\tau_\mathrm{f}=\dfrac{N_y}{h_e l_w}\leqslant f_\mathrm{f}^w$，即公式（9.2.3-3）。

4 关于直角角焊缝的计算厚度 h_e，欧规和英规中均规定若整条焊缝能保证具有统一、确定的熔深时，深熔角焊缝的计算厚度可以加上熔深。在焊接质量较高的自动焊中，熔深较大，考虑熔深将计算厚度增大，无疑会带来较大的经济效益。钢规中对直角角焊缝不考虑熔深的作用，计算偏于保守。但由于国内铝合金结构的焊接经验尚少，故本次规范制定暂不考虑熔深对焊缝计算的有利影响。

5 钢规中允许采用部分焊透的对接焊缝和 T 形对接与角接组合焊缝，并按直角角焊缝的公式计算。而欧规中明确规定，铝合金受力构件的连接应采用完全焊透的对接焊缝，部分焊透的对接焊缝仅能用于次要的受力构件或非受力构件中。由于对部分焊透的对接焊缝和 T 形对接与角接组合焊缝在铝合金结构中尚缺乏足够的试验研究，因此，本规范暂不考虑这两类焊缝形式。

9.2.4 构件在临近焊缝的焊接热影响区发生强度弱化现象，因此需对该处的强度进行验算。计算公式参考欧规相关条款。

10 构造要求

10.1 一般规定

10.1.5 由于铝合金结构焊接热影响效应使构件强度降低很大，因此，铝合金结构的连接宜优先采用紧固件连接。焊接后经过人工时效或较长时间的自然时效，某些合金热影响区内材料的强度会有一定程度的恢复，因此可通过该方法改善某些合金热影响区强度降低的影响。此外，由于热影响效应的存在，即使将次要部件焊接在结构构件上也会严重降低构件的承载力。例如对于梁的设计，次要部件的焊接位置宜靠近梁的中和轴，或低应力区，并尽量远离弯矩较大的位置。

10.2 螺栓连接和铆钉连接

10.2.1 关于螺栓和铆钉的最大、最小容许距离，主要参考国内外有关规范的相关条款并结合我国钢结构设计规范的形式而制定。

10.2.2 在普通螺栓、高强度螺栓或铆钉连接中，当板厚过小时，在局部压力作用下板件会发生面外变形从而导致承压承载力下降。高强度螺栓连接时，板厚过小还会导致板件局部应力过大，摩擦面处理过程中板件容易发生变形而使得摩擦系数下降。本规范参考日本《铝合金建筑结构设计规范（2002年）》，规定了用于螺栓连接和铆钉连接的板件最小厚度。

10.2.4 本条规定了连接节点的最少紧固件数，要求紧固件宜不少于 2 个，理由为：仅有一个紧固件将使连接处产生转动并给安装带来极大困难，但对于小型非结构构件允许采用一个紧固件。

10.2.5 增强刚度的措施可采用设加劲肋、增加板厚等方法。

10.3 焊缝连接

10.3.1~10.3.5 本节关于焊缝连接的构造要求，主要参考国内外有关规范的相关条款制定。

10.4 防火、隔热

10.4.2 铝合金结构的防火措施，目前通常采用有效的水喷淋系统来进行防护，防火涂料对铝合金材料影响较大，铝合金材料容易与其他材料发生电化腐蚀，一般采用较少。

10.4.3 铝合金结构在受辐射热温度达到 80℃ 时，铝合金材料的强度开始下降，超过 100℃ 时，铝合金材料的强度明显下降，故要控制辐射热的温度。

10.5 防腐

10.5.1 当铝合金材料同其他金属材料（除不锈钢外）或含酸性或碱性的非金属材料连接、接触或紧固时，容易同相接触的其他材料发生电偶腐蚀。这时，应在铝合金材料与其他材料之间采用油漆、橡胶或聚四氟乙烯等隔离材料。

10.5.2 当铝合金材料处于海洋环境、工业环境等腐蚀性环境中时易发生电化学腐蚀，应在铝合金表面进行防腐绝缘处理。

10.5.3 阳极氧化是用电化学的方法在铝合金表面形成一层具有一定厚度和硬度的 Al_2O_3 膜层，该膜层能防止自然界有害因素对铝合金的腐蚀，其耐腐蚀性能与氧化膜的厚度成正比。粉末涂层是静电喷涂，经规定的方法形成的漆膜具有良好的抗腐蚀、抗冲击、耐磨等特点。由于近年来新型的防腐涂料不断出现和推广应用，产品不断更新发展，因此对防腐涂料和防腐方法不做具体规定，只要求进行有效的防腐处理，可按《铝合金建筑型材》GB 5237 的规定执行。

10.5.4 铝合金表面的清洗，在选用清洗剂时，要注意清洗剂的有效期、适用范围，避免由此而产生对铝合金表面膜的不良影响。在清洗过程中不允许用混合清洗剂清洗铝合金表面，避免清洗剂之间产生不良化学反应。用滴、流方式清洗会使铝合金表面出现由于清洗的厚度不一，清洗的浓度不同而影响清洗的结果。在清洗中如果温度超过控制范围，会影响清洗效果。在清洗过程中应避免清洗剂长时间接触铝合金表面，在节点、接缝处要彻底清除清洗剂，避免清洗剂在节点和接缝处对材料表面的影响。

11 铝合金面板

11.1 一般规定

11.1.1 本规范仅考虑起结构作用的面板，不考虑仅起建筑装饰作用的板材。

11.1.6 近年来，出现了不少新的铝合金面板板型，对特殊异形的铝合金面板，建议通过实验确定其承载力和挠度。

11.2 强 度

11.2.1 集中荷载 F 作用下的铝合金面板计算与板型、尺寸等有关，目前尚无精确的计算方法，一般根据试验结果确定。规范给出的将集中荷载 F 沿板宽方向折算成均布线荷载 q_{re}［式（11.2.1）］是一个近似的简化公式，该式取自国外文献和《冷弯薄壁型钢结构技术规范》GB 50018，式中折算系数 η 由试验确定，若无试验资料，可取 $\eta=0.5$，即近似假定集中荷载 F 由两个槽口承受，这对于多数板型是偏于安全的。

铝合金屋面板上的集中荷载主要是施工或使用期间的检修荷载。按我国荷载规范规定，屋面板施工或检修荷载 $F=1.0$kN；验算时，荷载 F 不乘以荷载分项系数，除自重外，不与其他荷载组合。但如果集中荷载超过 1.0kN，则应按实际情况取用。

11.2.4 T形支托和面板的连接强度受材料性质及连接构造等许多因素影响，目前尚无精确的计算理论，需根据试验分别确定面板在受面外拉力和压力作用下的连接强度。

11.3 稳 定

11.3.1 式（11.3.1-1）和（11.3.1-2）分别为腹板弹塑性和弹性剪切屈曲临界应力设计值。

1 腹板弹性剪切屈曲应力。

根据弹性屈曲理论，腹板弹性剪切屈曲应力公式如下：

$$\tau_{cr} = \frac{k_s \pi^2 E}{12(1-\nu^2)(h/t)^2} \quad (17)$$

式中 h/t——腹板的高厚比；

k_s——四边简支板的屈曲系数，按如下取值：

当 $a/h<1$ 时，$k_s = 4 + \dfrac{5.34}{(a/h)^2}$ （18）

当 $a/h>1$ 时，$k_s = 5.34 + \dfrac{4}{(a/h)^2}$ （19）

当腹板无横向加劲肋时，板的长宽比将是很大的，屈曲系数可取 $k_s = 5.34$，代入公式（17）并考虑抗力分项系数 $\gamma_R = 1.2$，可得：

$$\tau_{cr} \approx \frac{280000}{(h/t)^2} \quad (20)$$

2 腹板塑性剪切屈曲应力。

根据结构稳定理论，弹塑性屈曲应力可按下式计算：

$$\tau'_{cr} = \sqrt{\tau_p \tau_{cr}} \quad (21)$$

式中 τ_p——剪切比例极限，取 $0.8\tau_y$；

τ_y——剪切屈服强度，取 $f_{0.2}/\sqrt{3}$。

将式（17）代入式（21），同时取 $k_s = 5.34$，并考虑抗力分项系数 $\gamma_R = 1.2$，可得：

$$\tau'_{cr} \approx 320 \frac{\sqrt{f_{0.2}}}{h/t} \quad (22)$$

11.3.2 腹板局部承压涉及因素较多，很难精确分析。R_w 的计算式（11.3.2）是取 $r=5t$ 代入欧规公式得出的。

11.3.3、11.3.4 铝合金面板T形支托的稳定性可按等截面模型进行简化计算。支托端部受到板面的侧向支撑，根据面板侧向支撑情况，支托的计算长度系数 μ 的理论值范围为 0.7～2.0。同济大学进行的 0.9mm 厚、65mm 高、400mm 宽的铝合金面板（图11.1.1a）实验中，量测了T形支托破坏时的支座反力值，表16为按本规范公式（11.3.3）计算得到的承载力标准值（取 μ 为 1.0、f 为 $f_{0.2}$）和试验值。考虑到实验得到的支托破坏数据有限，而板厚板型对支托侧向支撑的影响又比较复杂，本规范建议根据实验确定计算长度值。

表 16 T形支托承载力标准值和试验值的比较（kN）

承载力标准值 μ 取 1.0	试验值 1	试验值 2	试验值 3	试验值 4	试验值 5	试验值 6
承载力 6.38	6.585	5.819	6.154	6.341	5.15	5.29
状态 —	破坏	未破坏	未破坏	未破坏	破坏	未破坏

11.4 组合作用

11.4.1 支座反力处同时作用有弯矩的验算相关公式取自欧规。

11.5 构造要求

11.5.1 铝合金屋面板和墙面板的基本构造如图20。

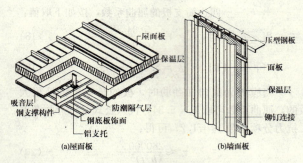

图20 铝合金面板基本构造

铝合金挤压板件的厚度一般为0.6～1.2mm，而非挤压板件的厚度目前可以达到3.0mm。因此，本规范规定铝合金屋面板和墙面板的厚度宜取0.6～3.0mm。

为了避免出现焊接搭接，铝合金面板应尽量通长布置。若面板确需焊接搭接，为了避免火灾隐患，焊接部位下的垫块应满足一定耐火等级的要求。

铝合金屋面板可通过自身的强度承受竖向荷载，也可通过屋面板下满铺的附加面支撑承受荷载。屋面板宜根据受力、防水、立面装饰等方面的要求，采用不同的承载方式。对于挤压成形的铝合金屋面板，当波高较小、板宽较大时，为保证施工及使用阶段的受力要求和屋面板的平整性，建议采用附加面支撑受力体系。

11.5.2～11.5.4 这些条文均是关于铝合金屋面、墙面的构造要求规定。条文中增加了近年来在实际工程中采用的铝合金板扣合式和咬合式连接方式，这两种连接方法均隐藏在铝合金板下面，可避免渗漏现象。对于使用自攻螺栓和射钉的连接，必须带有较好的防水密封胶垫材料，以防连接处渗漏。

中华人民共和国国家标准

木结构设计规范

GB 50005—2003

条 文 说 明

目 次

1 总则 ·················· 2—11—3
2 术语与符号 ············ 2—11—3
3 材料 ················· 2—11—3
4 基本设计规定 ·········· 2—11—6
5 木结构构件计算 ········ 2—11—9
6 木结构连接计算 ········ 2—11—12
7 普通木结构 ············ 2—11—14
8 胶合木结构 ············ 2—11—17
9 轻型木结构 ············ 2—11—18
10 木结构防火 ············ 2—11—20
11 木结构防护 ············ 2—11—22
附录 P 轻型木结构楼、屋盖抗侧力设计 ···· 2—11—22
附录 Q 轻型木结构剪力墙抗侧力设计 ······ 2—11—22

1 总则

1.0.1 本条主要阐明制订本规范的目的。

就木结构而言，除应做到保证安全和人体健康、保护环境及维护公共利益外，还应大力发展人工林，合理使用木结构，充分发挥木结构在建筑工程中的作用，改变过去由于对生态保护重视不够，我国森林资源破坏严重，导致被动地限制木结构在建筑工程中的正常使用的状态，做到合理地使用木材（天然林材、速生林材），以促进我国木结构发展。

1.0.2 关于本规范的适用范围：

1 根据建设部就《木结构设计规范》修编任务提出的"积极总结和吸收国内外设计和应用木结构的成熟经验，特别是现代木结构的先进技术，使修订后的规范满足和适应当前经济和社会发展的需要"的要求，本规范在建筑中的适用范围为住宅、单层工业建筑和多种使用功能的大中型公共建筑；

2 由于本规范未考虑木材在临时性工程和工具结构中的应用问题，因此，本规范不适用于临时性建筑设施以及施工用支架、模板和桅杆等工具结构的设计。

1.0.3 由于《建筑结构可靠度设计统一标准》GB 50068（以下简称《统一标准》）对建筑结构设计的基本原则（结构可靠度和极限状态设计原则）作出了统一规定，并明确要求各类材料结构的设计规范必须予以遵守（见该标准第 1 章）。因此，本规范以《统一标准》为依据，对木结构的设计原则作出相应的具体规定。

1.0.4 本条如下说明：

1 使用条件中所规定的"宜在正常温度和湿度环境下"，一般可理解为温度和湿度仅随天气变化的室内环境中。强调了以"通风良好"为前提；对长期处于某一定温度工作环境中的承重木结构，若温度、湿度较高，将会对木材强度造成累积性损伤，降低其承载能力，故应根据使用对有关强度设计值及弹性模量采用温度、湿度影响系数进行修正。

2 在经常、反复受潮且不易通风的环境中，木构件最容易腐朽，因而，不应采用木结构。至于露天木结构，要求必须经过防潮和防腐处理。

1.0.5 由于我国常用树种的木材资源不能满足需要，须扩大树种利用。一些速生树种如速生杉木、速生冷杉，进口的速生材如辐射松等将会进入建筑市场，这是符合可持续发展方向的，木结构技术应努力适应这种发展形势。

1.0.6 主要明确规范应配套使用。

2 术语与符号

2.1 术语

本规范这次修订增加了术语一节，在我国惯用的木结构术语基础上，列出了新术语，主要是根据《木材科技词典》及参照国际上木结构技术常用术语进行编写。例如，规格材、轻型木结构等。

2.2 符号

在原《木结构设计规范》GBJ 5-88 的符号基础上，根据本次修订内容的需要，增加了若干新的符号。例如，受弯构件的侧向稳定系数等有关符号。

3 材料

3.1 木材

3.1.1 承重结构用木材，首次增加了"规格材"。

3.1.2 我国对普通承重结构所用木材的分级，历来按其材质分为三级。这次修订规范未对该材质标准进行修改。

3.1.3 为了便于使用，现就板、方材的材质标准中，如何考虑木材缺陷的限值问题作如下简介：

1 木节

由图 1 可见，外观相同的木节对板材和方材的削弱是不同的。同一大小的木节，在板材中为贯通节，在方木中则为锥形节。显然，木节对方木的削弱要比板材小，方木所保留的未割断的木纹也比板材多，因此，若将板、方材的材质标准分开，则方木木节的限值，便可在不降低构件设计承载力的前提下予以适当放宽。为了确定具体放宽尺度，规范组曾以云南松、杉木、冷杉和马尾松为试件，进行了 158 根构件试验，并根据其结构制订了材质标准中方木木节限值的规定。

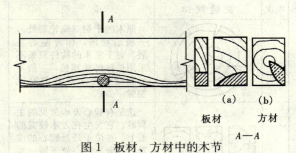

图 1 板材、方材中的木节

2 斜纹

我国材质标准中斜纹的限值，早期一直沿用前苏联的规定。过去修订规范时曾对其使用效果进行了调查。结果表明：

1) 有不少树种木材，其内外纹理的斜度不一致，往往当表层纹理接近限值时，其内层纹理的斜度已略嫌大；

2) 如木材纹理较斜、木构件含水率偏高，在干燥过程中就会产生扭翘变形和斜裂缝，而对构件受力不利。

因此，有必要适当加严木材表面斜纹的限值。

为了估计标准中斜纹限值加严后对成批木材合格率的影响，规范修订组曾对斜纹材较多的落叶松和云南松进行抽样调查。其结果表明，按现行标准的斜纹限值选材并不显著影响合格率（见表1）。

表1 仅按斜纹要求选材在成批来料中的合格率

树种名称	材质等级		
	Ⅰ$_a$	Ⅱ$_a$	Ⅲ$_a$
落叶松	78.4%	92.2%	97.2%
云南松	71.8%～82.2%	77.8%～91.2%	91.0%～94.1%

3 髓心

现行材质标准对方木有髓心应避开受剪面的规定。这是根据以前北京市建筑设计院和原西南建筑科学研究所对木材裂缝所作的调查，以及该所对近百根木材所作的观测的结果制定的。因为在有髓心的方木上最大裂缝（以下简称主裂缝）一般生在较宽的面上，并位于离髓心最近的位置，逐渐向着髓心发展（见表2）。一般从髓心所在位置，即可判定最大裂缝将发生在哪个面的哪个部位。若避开髓心即意味着在剪面上避开了危险的主裂缝。因此，这也是防止裂缝危害的一项很有效的措施。

另外，在板材截面上，若有髓心，不仅将显著降低木板的承载能力，而且可能产生危险的裂缝和过大的截面变形，对构件及其连接的受力均甚不利。因此，在板材的材质标准中，作了不允许有髓心规定。多年来的实践证明，这对板材的选料不会造成很大的损耗。

表2 木材干缩裂缝位置与髓心的关系

项次	裂缝规律	说明
1		原木的干裂（除轮裂外），一般沿径向，朝着髓心发展，对于原木的构件只要不采用单排螺栓连接，一般不易在受剪面上遇到危险性裂缝
2		这是有髓心方木常见的主裂缝。它发生在方木较宽的面上。并位于最近髓心的位置（一般与髓心处于同一水平面上），故应使连接的受剪面避开髓心
3		这三种干缩裂缝多发生在原木未解锯前。锯成方木后，有时还会稍稍发展，但对螺栓连接无甚影响，值得注意的是这种裂缝，若在近裂缝一侧刻齿槽，可能对齿连接的承载能力稍有影响
4		若将近裂缝的一面朝下，齿槽刻在远离裂缝一侧，就避免了裂缝对齿连接的危害

4 裂缝

裂缝是影响结构安全的一个重要因素，材质标准中应当规定其限值。试验结果表明，裂缝对木结构承载能力的影响程度，随着裂缝所在部位的不同以及木材纹理方向的变化，相差十分悬殊。一般说来，在连接的受剪面上，裂缝将直接降低其承载能力，而位于受剪面附近的裂缝，是否对连接的受力有影响，以及影响的大小，则在很大程度上取决于木材纹理是否正常。至于裂缝对受拉、受弯以及受压构件的影响，在木纹顺直的情况下，是不明显的。但若木纹的斜度很大，则其影响将显得十分突出，几乎随着斜纹的斜度增大，而使构件的承载力呈直线下降；这以受拉构件最为严重，受弯构件次之，受压构件较轻。

综上所述，规范以加严对木材斜纹的限制为前提，作出了对裂缝的规定：一是不容许连接的受剪面上有裂缝；二是对连接受剪面附近的裂缝深度加以限制。至于"受剪面附近"的含义，一般可理解为：在受剪面上下各30mm的范围内。

3.1.4 近几年来，我国每年从国外进口相当数量的木材，其中部分用于工程建设。考虑到今后一段时期，木材进口量还可能增加，故在本条中增加了进口木材树种。考虑到这方面的用途，对材料的质量与耐久性的要求较高，而目前木材的进口渠道多，质量相差悬殊，若不加强技术管理，容易使工程遭受不应有的经济损失，甚至发生质量、安全事故。因此，有必要对进口木材的选材及设计指标的确定，作出统一的规定，以确保工程的安全、质量与经济效益。

3.1.5 由于我国常用树种的木材资源已不能满足需要，过去一些不常用的树种木材，特别是阔叶材中的速生树种，在今后木材供应中将占一定的比例。

过去修订规范时，曾组织了对这方面问题的调查研究和专题科研工作，其主要情况如下：

1 从16个省（市、自治区）的调查结果来看，以往阔叶材主要用于传统的民居建筑，并且主要是用作柱子、搁栅、檩条和中国式梁架结构的构件。后来才逐渐在地方工业小厂房和民用建筑中用作构件，但跨度一般都比较小。

2 由于木材主要用于受压和受弯，一般所选的截面尺寸也较大，所以受木材干缩裂缝等缺陷的影响不甚显著。但有些软质阔叶材，例如杨木之类在长期荷载作用下，其挠度远比针叶材大，故使用单位多建议规范应适当降低这类木材的弹性模量。

3 各地对使用阔叶材都有一条共同的经验，即保证工程质量的关键在于能否做好防腐和防虫处理。过去在维修民居建筑中遇到的也几乎都是因腐朽和虫蛀而发生的问题。因此，多年来中国林业科学研究院木材工业研究所、热带林业研究所、铁道部铁道科学研究院、广东省建筑科学研究所、福建省建筑科学研究所和广东、福建等省的有关单位在这方面都做了大量研究工作,对防腐防虫药剂有一定的创新。

根据调查和有关试验研究的成果,经讨论认为:

1 对于扩大树种利用的问题,应持积极、慎重的态度,坚持一切经过试验的原则。使用前,必须经过荷载试验和试点工程的考验。只有在取得成熟经验后,才能逐步扩大其应用范围。

2 由于过去主要是民间使用,因而在当前工程建设中应作为新利用树种木材对待。在规范中应与常用木材分开,另作专门规定,列入附录中。

3 迄今为止只有在受压和受弯构件中应用的经验较多,作为受拉构件尚嫌依据不足,为确保工程质量,现阶段仅推荐在木柱、搁栅、檩条和较小跨度的钢木桁架中使用。

4 考虑到设计经验不足和过去民间建筑用料较大等情况,在确定新利用树种木材的设计指标时,不宜单纯依据试验值,而应按工程实践经验作适当降低的调整。

5 规范应强调防腐和防虫的重要性,并从通风防潮和药剂处理两方面采取措施,以保证使用的安全。

根据以上讨论,制订了列入本规范附录 B 的内容。

3.1.6 前一时期,工程建设所需的进口木材,在其订货、商检、保存和使用等方面,均因缺乏专门的技术标准,无法正常管理,而存在不少问题。例如:有的进口木材,由于订货时随意选择木材的树种与等级,致使应用时增加了处理工作量与损耗;有的进口木材,不附质量证书或商检报告,使接收工作增加很多麻烦;有的进口木材,由于管理混乱,木材的名称与产地不详,给使用造成困难。此外,有些单位对不熟悉的树种木材,不经试验便盲目使用,以至造成了一些不应有的工程事故,鉴于以上情况,提出了这些基本规定,要求工程结构的设计、施工与管理人员执行。

3.1.8、3.1.9 关于胶合用材等级及其材质标准

胶合用材材质标准的可靠性,曾经委托原哈尔滨建筑工程学院按随机取样的原则,做了 30 根受弯构件破坏试验,其结果表明,按现行材质标准选材所制成的胶合构件,能够满足承重结构可靠度的要求。同时较为符合我国木材的材质状况,可以提高低等级木材在承重结构中的利用率。

3.1.10 本条对轻型木结构中使用的木基结构板材、工字形木搁栅和结构复合材的材料作了规定。

1 木基结构板材应满足集中荷载、冲击荷载以及均布荷载试验要求。同时,考虑到在施工过程中,会因天气、工期耽误等因素,板材可能受潮,这就要求木基结构板材应有相应的耐潮湿能力、搁栅的中心间距以及板厚等要求,均应清楚地表明在板材上。

2、3 当国内尚无国家标准,经研究,可采用有关的国际标准。例如,对于工字形木搁栅,可采用 ASTMD5055;对于结构复合材,可采用 ASTMD5456。

3.1.11、3.1.12 轻型木结构用规格材主要根据用途分类。分类越细越经济,但过细又给生产和施工带来不便。我国规格材定为七等,规定了每等的材质标准与我国传统方法一样采用目测法分等,与之相关的设计值,应通过对不同树种,不同等级规格材的足尺试验确定。

3.1.13 规定木材含水率的理由和依据如下:

1 木结构若采用较干的木材制作,在相当程度上减小了因木材干缩造成的松弛变形和裂缝的危害,对保证工程质量作用很大。因此,原则上应要求木材经过干燥。考虑到结构用材的截面尺寸较大,只有气干法较为切实可行,故只能要求尽量提前备料,使材在合理堆放和不受曝晒的条件下逐渐风干。根据调查,这一工序即使时间很短,也能收到一定的效果。

2 原木和方木的含水率沿截面内外分布很不均匀。原西南建筑科学研究所对 30 余根云南松木材的实测表明,在料棚气干的条件下,当木材表层 20mm 深处的含水率降到 16.2%～19.6%时,其截面平均含水率均为 24.7%～27.3%。基于现场对含水率的检验只需一个大致的估计,引用了这一关系作为检验的依据。但应说明的是,上述试验是以 120mm×160mm 中等规格的方木进行测定的。若木材截面很大,按上述关系估计其平均含水率就会偏低很多;这是因为大截面的木材内部水分很难蒸发之故。例如,中国林业科学研究院曾经测得:当大截面原木的表层含水率已降低到 12%以下时,其内部含水率仍高达 40%以上。但这个问题并不影响使用这条补充规定,因为对大截面木材来说,内部干燥总归很慢,关键是只要表层干到一定程度,便能收到控制含水率的效果。

3.1.14 本规范根据各地历年来使用湿材总结的经验教训,以及有关科研成果,作了湿材只能用于原木和方木构件的规定(其接头的连接板不允许用湿材)。因为这两类构件受木材干裂的危害不如板材构件严重。

湿材对结构的危害主要是:在结构的关键部位,可能引起危险性的裂缝,促使木材腐朽易遭虫蛀,使节点松动,结构变形增大等。针对这几方面问题,规范采取了下列措施:

1 防止裂缝的危害方面:除首先推荐采用钢木结构外,在选材上加严了斜纹的限值,以减少斜裂缝的危害;要求受剪面避开髓心,以免裂缝与受剪面重合;在制材上,要求尽可能采用"破心下料"的方法,以保证方木的重要受力部位不受干缩裂缝的危害;在构造上,对齿连接的受剪面长度和螺栓连接的端距均予以适当加大,以减小木材开裂的影响等。

2 减小构件变形和节点松动方面,将木材的弹性模量和横纹承压的计算指标予以适当降低,以减小湿材干缩变形的影响,并要求桁架受拉腹杆采用圆钢,以便于调整。此外,还根据湿材在使用过程中容易出现的问题,在检查和维护方面作了具体的规定。

3 防腐防虫方面,给出防潮、通风构造示意图。

"破心下料"的制作方法作如下说明:

因为含髓心的方木,其截面上的年层大部分完整,内外含水率梯度又很大,以致干缩时,弦向变形受到径向约束,边材的变形受到心材约束,从而使内应力过大,造成木材严重开裂。为了解除这种约束,可沿髓心剖开原木,然后再锯成方材,就能使木材干缩时变形较为自由,显然减小了开裂程度。原西南建筑科学研究院进行的近百根木材的试验和三个试点工程,完全证明了其防裂效果。但"破心下料"也有其局限性,既要求原木的径级至少在320mm以上,才能锯出屋架规格的方木,同时制材要在髓心位置下锯,对制材速度稍有影响。因此规范建议仅用于受裂缝危害最大的桁架受拉下弦,尽量减小采用"破心下料"构件的数量,以便于推广。

3.2 钢 材

3.2.1、3.2.2 本规范在钢结构设计规范有关规定的基础上,进一步明确承重木结构用钢宜以Q235钢材为主。这种钢材有长期生产和使用经验,具有材质稳定、性能可靠、经济指标较好、供应也较有保证等优点。

3.2.3 有的工地乱用焊条的情况时有发生,容易导致工程安全事故的发生,因而有必要加以明确。

3.2.4 主要明确在钢材质量合格保证的问题上,不能因用于木结构而放松了要求。

另外,考虑到钢木桁架的圆钢下弦、直径$d \geqslant 20mm$的钢拉杆(包括连接件)为结构中的重要构件,若其材质有问题,易造成重大工程安全事故,因此,有必要对这些钢构件作出"尚应具有冷弯试验合格保证"的补充规定。

3.3 结构用胶

3.3.1~3.3.2 胶合结构的承载能力首先取决于胶的强度及其耐久性。因此,对胶的质量要有严格的要求:

1 应保证胶缝的强度不低于木材顺纹抗剪和横纹抗拉的强度

因为不论在荷载作用下或由于木材胀缩引起的内力,胶缝主要是受剪应力和垂直于胶缝方向的正应力作用。一般说来,胶缝对压应力的作用总是能够胜任的。因此,关键在于保证胶缝的抗剪和抗拉强度。当胶缝的强度不低于木材顺纹抗剪和横纹抗拉强度时,就意味着胶连接的破坏基本上沿着木材部分发生,这也就保证了胶连接的可靠性;

2 应保证胶缝工作的耐久性

胶缝的耐久性取决于它的抗老化能力和抗生物侵蚀能力。因此,主要要求胶的抗老化能力应与结构的用途和使用年限相适应。但为了防止使用变质的胶,故提出对每批胶均应经过胶结能力的检验,合格后方可使用。

所有胶种必须符合有关环境保护的规定。

对于新的胶种,在使用前必须提出经过主管机关鉴定合格的试验研究报告为依据,通过试点工程验证后,方可逐步推广应用。

4 基本设计规定

4.1 设计原则

4.1.1 根据《统一标准》GB 50068规定,本规范仍采用以概率理论为基础的极限状态设计方法。

在本次修订过程中,重新对目标可靠指标β_0进行了核准。校准所需要的荷载统计参数(表3)及影响木结构抗力的主要因素的统计参数(表4),分别由建筑结构荷载规范管理组和木结构设计规范管理组提供。这些参数的数据是通过调查,实测和试验取得的(木结构部分参见《木结构抗力统计参数的研究》一文)。在统计分析中,还参考了国内外有关文献所推荐的、经过实践检验的方法。因而,不论从数据来源或处理上均较可靠,可以用于木结构可靠度的计算。

表3 荷载(或荷载效应)的统计参数

荷载种类	平均值/标准值	变异系数
恒荷载	1.06	0.07
办公楼楼面活荷载	0.524	0.288
住宅楼面活荷载	0.644	0.233
雪荷载	1.14	0.22

表4 木构件抗力的统计参数

构件受力类		受 弯	顺纹受压	顺纹受拉	顺纹受剪
天然缺陷	K_{Q1}	0.75	0.80	0.66	—
	δ_{Q1}	0.16	0.14	0.19	—
干燥缺陷	K_{Q2}	0.85	—	0.90	0.82
	δ_{Q2}	0.04	—	0.04	0.10
长期荷载	K_{Q3}	0.72	0.72	0.72	0.72
	δ_{Q3}	0.12	0.12	0.12	0.12
尺寸影响	K_{Q4}	0.89	—	0.75	0.90
	δ_{Q4}	0.06	—	0.07	0.06
几何特性偏差	K_A	0.94	0.96	0.96	0.96
	δ_A	0.08	0.06	0.06	0.06
方程精确性	P	1.00	1.00	1.00	0.97
	δ_P	0.05	0.05	0.05	0.08

假定主要的随机变量服从下列分布：
恒荷载：正态分布；
楼面活荷载、风荷载、雪荷载：极值Ⅰ型分布；
抗力：对数正态分布。

根据上述计算条件，反演得到按原规范设计的各类构件，其可靠指标 β 如下：

受弯	3.8
顺纹受压	3.8
顺纹受拉	4.3
顺纹受剪	3.9

按照《统一标准》的规定，一般工业与民用建筑的木结构，其安全等级应取二级，其可靠指标 β 不应小于下列规定值：

对于延性破坏的构件	3.2
对于脆性破坏的构件	3.7

由此可见，β 均符合《统一标准》要求。

4.1.2～4.1.5 根据《统一标准》作出的规定。

4.1.6、4.1.8 承载能力极限状态可理解为结构或结构构件发挥允许的最大承载功能的状态。结构构件由于塑性变形而使其几何形状发生显著改变，虽未达到最大承载能力，但已彻底不能使用，也属于达到或超过这种极限状态。因此，当结构或结构构件出现下列状态之一时，即认为达到或超过承载能力极限状态：

1 整个结构或结构的一部分作为刚体失去平衡（如倾覆等）；

2 结构构件或连接因材料强度被超过而破坏（包括疲劳破坏），或因过度的塑性变形而不适于继续承载；

3 结构转变为机动体系；

4 结构或结构构件丧失稳定（如压屈等）。

正常使用极限状态可理解为结构或结构构件达到或超过使用功能上允许的某个限值的状态。例如：某些构件必须控制变形、裂缝才能满足使用要求，因过大的变形会造成房屋内粉刷层剥落，填充墙和隔墙开裂及屋面漏水等后果。过大的裂缝会影响结构的耐久性，过大的变形、裂缝也会造成用户心理上的不安全感。因此，当结构或结构构件出现下列状态之一时，即认为达到或超过了正常使用极限状态：

1 影响正常使用或外观的变形；

2 影响正常使用或耐久性能的局部损坏（包括裂缝）；

3 影响正常使用的振动；

4 影响正常使用的其他特定状态。

根据协调，有关结构荷载的规定，一律由《建筑结构荷载规范》GB 50009（以下简称荷载规范）制订。本条文仅为规范间衔接的需要作些原则规定，其中需要说明的是：

1 荷载按国家现行荷载规范施行，应理解为：除荷载标准值外，还包括荷载分项系数和荷载组合系数在内，均应按该规范所确定的数值采用，不得擅自改变。

2 对于正常使用极限状态的计算，由于资料不足，研究不够充分，仍沿用多年以来使用的方法，按荷载的标准值进行计算，并只考虑荷载的短期效应组合，而不考虑长期效应的组合。

4.1.7 建筑结构的安全等级主要按建筑结构破坏后果的严重性划分。根据《统一标准》的规定分类三级。大量的一般工业与民用建筑定为二级。从过去修订规范所作的调查分析可知，这一规定是符合木结构实际情况的，因此，本规范作了相应的规定。但应注意的是，对于人员密集的影剧院和体育馆等建筑应按重要建筑物考虑。对于临时性的建筑则可按次要建筑物考虑。至于纪念性建筑和其他有特殊要求的建筑物，其安全等级可按具体情况另行确定，不受《统一标准》约束。结构重要性系数综合《统一标准》第1.0.5条和第1.0.8条因素来确定。

4.2 设计指标和允许值

4.2.1～4.2.3 本规范和原规范一样只保留荷载分项系数，而将抗力分项系数隐含在强度设计值内。因此，本章所给出的木材强度设计值，应等于木材的强度标准值除以抗力分项系数。但因对不同树种的木材，尚需按规范所划分的强度等级，并参照长期工程实践经验，进行合理的归类，故实际给出的木材强度设计值是经过调整后的，与直接按上述方法算得的数值略有不同。现将新规范在木材分级及其设计指标的确定上所作的考虑扼要介绍如下：

1 木材的强度设计值

主要考虑以下几点：

1） 原规范的考虑是：应使归入每一强度等级的树种木材，其各项受力性质的可靠指标 β 等于或接近于本规范采用的目标可靠性指标 β_0。所谓"接近"含义，是指该树种木材的可靠性指标 β 应满足下列界限值的要求：

$$\beta_0 - 0.25 \leqslant \beta \leqslant \beta_0 + 0.25$$

《统一标准》取消了不超过 ±0.25 的规定，取 $\beta \geqslant \beta_0$。

2） 对自然缺陷较多的树种木材，如落叶松、云南松和马尾松等，不能单纯按其可靠性指标进行分级，需根据主要使用地区的意见进行调整，以使其设计指标的取值，与工程实践经验相符。

3） 对同一树种有多个产地试验数据的情况，其设计指标的确定，系采用加权平均值作为该树种的代表值。其"权"数按每个产地的木材蓄积量确定。

根据上述原则确定的强度设计值，可在材料总用量基本不变的前提下，使木构件可靠指标的一致性得到显著的改善。

另外，有关本条的规定还需说明以下几点：

1) 由于本规范已考虑了干燥缺陷对木材强度的影响，因而表 4.2.1-3 所给出的设计指标，除横纹承压强度设计值和弹性模量须按木构件制作时的含水率予以区别对待外，其他各项指标对气干材和湿材同样适用，而不必另乘其他折减系数。但应指出的是，本规范做出这一规定还有一个基本假设，即湿材做的构件能在结构未受到全部设计荷载作用之前就已达到气干状态。对于这一假设，只要设计能满足结构的通风要求，是不难实现的。

2) 对于截面短边尺寸 $b \geqslant 150$mm 方木的受弯，以及直接使用原木的受弯和顺纹受压，曾根据有关地区的实践经验和当时设计指标取值的基准，作出了其容许应力可提高 15% 的规定。前次修订规范，对强度设计值的取值，改以目标可靠指标为依据，其基准也作了相应的变动。根据重新核算结果，$b \geqslant 150$mm 的方木以提高 10% 较恰当。

2 木材的弹性模量

原规范通过调查研究，曾总结了下列情况：

1) 178 种国产木材的试验数据表明，木材的 E 值不仅与树种有关，而且差异之大不容忽视，以东北落叶松与杨木为例，前者高达 12800N/mm^2，而后者仅为 7500N/mm^2。

2) 英、美、澳、北欧等国的设计规范，对于木材的 E 值一向按不同树种分别给出。

3) 我国南方地区从长期使用原木檩条的观察中发现，其实际挠度比方木和半圆木为小。原建筑工程部建筑科学研究院的试验数据和湖南省建筑设计院的实测结果证实了这一观察结果。初步分析认为是由于原木的纤维基本完整，在相同的受力条件下，其变形较小的缘故。

4) 原建筑工程部建筑科学研究院对 10 根木梁在荷载作用下，其木材含水率由饱和变至气干状态所作的挠度实测表明，湿材构件因其初始含水率高、弹性模量低而增大的变形部分，在木材干燥后不能得到恢复。因此，在确定使用湿材作构件的弹性模量时，应考虑含水率的影响，才能保证木构件在使用中的正常工作，这一结论已为四川、云南、新疆等地的调查数据所证实。

根据以上情况，对弹性模量的取值仍按原规范作了如下规定：

1) 区别树种确定其设计值；
2) 原木的弹性模量允许比方木提高 15%；
3) 考虑到湿材的变形较大，其弹性模量宜比正常取值降低 10%。

这次修订规范，结合木结构可靠度课题的调研工作，重新考核了上述规定，认为是符合实际的，因此，予以保留。但对木材弹性模量的基本取值，则根据受弯木构件在正常使用极限状态设计条件下可靠度的校准结果作了一些调整。表 4.2.1-1 中的弹性模量设计值就是根据调整结果给出的。

3 木材横纹承压设计指标 $f_{c,90}$

根据各地反映，按我国早期规范设计的垫木和垫板的尺寸偏小，往往在使用中出现变形过大的迹象。为此，原规范修订组曾在四川、福建、湖南、广东、新疆、云南等地进行过调查实测。其结果基本上可以归纳为两种情况。一是因设计不合理所造成的；另一是因使用湿材变形增大所导致的。为了验证后一种情况，原西南建筑科学研究院曾以云南松和冷杉做了 6 组试验。其结果表明，湿材的横纹承压变形不仅较大，而且不能随着木材的干燥和强度的提高而得到恢复。

基于以上结论，对前一种情况，采取了给出合理的计算公式予以解决；对后一种情况，根据试验结果和四川、内蒙、云南等地的设计经验，取用一个降低系数（0.9）以考虑湿材对构件变形的影响。

4 增加了进口材的树种和设计指标：主要来源于"进口木材在工程上应用的规定"，并由规范组根据新的资料，按我国分级原则，进行了局部调整。

4.2.4～4.2.5 进口规格材的指标，本规范仅对确定方法作了原则规定。仅对北美规格材设计指标进行了换算，其他国家进口规格材的指标将根据需要按下列要求逐步换算规定。

对标有目测分级和机械分级的进口木材规格材，其设计值的取值不应直接采用规格材上的标注值，而应遵循下列规定确定取值：

1 应由本规范管理机构对规格材所在国的负责分级的机构进行调查认可，经过认可的机构所做的分级才能进入本规范使用；

2 应对该进口木材的分级规格、设计值确定方法及相关标准的关系进行审查，确定该进口材设计值与本规范木材设计值之间的换算关系，并加以换算。

4.2.7 在木屋盖结构中，木檩条挠度偏大一直是使用单位经常反映的问题之一。早期的研究多认为是我国规范对木材弹性模量设计取值不合理所致，为此，在实测和试验基础上，对木材弹性模量设计值作了较全面的修订。同时借助于概率法，对 GBJ 5-88 按正常使用极限状态设计的可靠指标进行校准，校准是在下列工作基础上进行的：

1 用广义的结构构件抗力 R 和综合荷载效应 S 这两个相互独立的综合随机变量，对影响正常使用极限状态的各变量进行归纳。

2 假定 R、S 均服从对数正态分布。

校准采用了下列简化公式

$$\beta = \frac{\ln\left(K \times \dfrac{R_R}{R_S}\right)}{\sqrt{\delta_R^2 + \delta_S^2}}$$

其中：

1) K 为正常使用极限状态下构件的安全系

数。原规范规定的允许挠度值（如檩条为 $L/200$），实际上是设计时的容许值，并非正常使用极限状态的极限值，调查表明，当 $L>3.3m$ 的檩条、搁栅和吊顶梁其挠度达 $L/150$ 时（对 $L<3.3m$ 的檩条为 $L/120$ 时），便不能正常使用，故可将 $L/150$ 视为挠度极限值，而 $L/150$ 和 $L/200$ 之差即为正常使用极限状态的安全裕度。或可认为，挠度极限值与允许挠度值之比，为正常使用极限状态下的安全系数。各种受弯构件的值见表5。

表 5　β 值的校准结果

构件分类	檩条 $L>3.3m$			檩条 $L\leqslant 3.3m$			搁栅		吊顶梁
荷载组合	$G+S$	$G+S$	$G+S$	$G+S$	$G+S$	$G+S$	$G+L_1$	$G+L_2$	G
Q_N/G_K	0.2	0.3	0.5	0.2	0.3	0.5	1.5	1.5	0
K	1.33	1.33	1.33	1.67	1.67	1.67	1.67	1.67	1.67
R_R	0.83	0.83	0.83	0.83	0.83	0.83	0.83	0.83	1.04
δ_R	0.14	0.14	0.14	0.14	0.14	0.14	0.14	0.14	0.14
R_S	1.074	1.079	1.088	1.074	1.079	1.088	0.844	0.94	1.06
δ_S	0.07	0.076	0.091	0.07	0.076	0.091	0.15	0.13	0.07
β	0.18	0.14	0.087	1.63	1.57	1.45	2.42	2.03	3.15
m_β	0.14			1.55			2.22		3.15

2) R_R 为广义构件抗力 R 的平均值 μ_R 与其标准值 R_K 之比，即 $R_R=\mu_R/R_K$，δ_R 为 R 的变异系数。

弹性模量的标准值虽是用小试件弹性模量值为代表，但实际上构件弹性模量与小试件弹性模量有下列不同：小试件弹性模量以短期荷载作用下、高跨比较大的、无疵清材小试件进行试验得来的。而构件则承受长期荷载、高跨比较小且含有木材天然缺陷，以及由于施工制作的误差，其截面惯矩也有较大的变异。这些因素均使构件广义抗力不同于用小试件弹性模量确定的标准抗力。通过试验研究和大量调查计算所确定的各种受弯构件的 R_R 和 δ_R 列于表5。

3) R_S 为综合荷载效应 S 的平均值 μ_S 与其标准值 S_K 之比，即 $R_S=\mu_S/S_K$，δ_S 为 S 的变异系数。根据表4.2.7的数据和不同的恒、活荷载比值，算得的 R_S、δ_S 见表4.2.7。

从表4.2.7的校准结果可知：

1 跨度 $L\leqslant 3.3m$ 的檩条和搁栅的可靠指标符合《统一标准》的要求。

2 吊顶梁的可靠指标较高，这也是合适的，因为吊顶梁是以恒荷载为主的构件，应有较高的可靠指标。

3 跨度 $L>3.3m$ 的檩条的可靠指标显著偏低，究其原因，主要是相应的挠度容许值定得偏大。

显而易见，对于檩条挠度偏大的问题，以采取局部修订受弯构件控制值的办法解决最为合理、有效。

因此，将檩条挠度限值的规定分为两档：一档（$L\leqslant 3.3m$）为 $L/200$；另一档（$L>3.3m$）为 $L/250$。

根据挠度限值计算得到跨度 $L>3.3m$ 的檩条的可靠指标 $\beta=1.55$，较好地满足了《统一标准》的要求。

4.2.8 当确定屋架上弦平面外的计算长度时，虽可根据稳定验算的需要自行确定应锚固的檩条根数和位置，但下列檩条，在任何情况下均须与上弦锚固：

1 桁架上弦节点处的檩条；

2 用作支撑系统杆件的檩条。

另外，应注意的是锚固方法，必须符合本规范7.6.2条的要求，否则不能算作锚固。

4.2.9 受压构件长细比限值的规定，主要是为了从构造上采取措施，以避免单纯依靠计算，取值过大而造成刚度不足。对于这个限值，在这几年发布的国外标准中，除前苏联外，一般规定都比较宽。例如，美国标准 173（$L_0/h\leqslant 50$）；北欧五国和 ISO 的标准均为 170（次要构件为 200）。由于我国尚缺乏这方面的实践经验，因此，有待今后做工作后再考虑。

4.2.10 我国 20 世纪 50 年代的规范曾参照前苏联的规定，将原木直径变化率取为每米 10mm，但由于没有明确标注原木直径时以大头还是小头为准，以致在执行中出现过一些争议。以前修订规范，通过调查实测了解到：我国常用树种的原木，其直径变化率大致在每米 9~10mm 之间，且习惯上多以小头为准来标注原木的直径。因此，在明确以小头为准的同时，规定了原木直径变化率可按每米 9mm 采用。这样确定的设计截面的直径，一般偏于安全。

4.2.11~4.2.12 有关木结构中的钢材部分，应按国家标准《钢结构设计规范》的规定采用。只有遇到特殊问题时，才由本规范作出补充规定。

两根圆钢共同受拉是钢木桁架常见的构造。为了考虑其受力不均的影响，本规范根据有关单位的实测数据和长期的设计经验，作出了钢材的强度设计值应乘以 0.85 的调整系数的补充规定。

5　木结构构件计算

5.1　轴心受拉和轴心受压构件

5.1.1 考虑到受拉构件在设计时总是验算有螺孔或齿槽的部位，故将考虑孔槽应力集中影响的应力集中系数，直接包含在木材抗拉强度设计值的数值内，这样不但方便，也不至于漏乘。

计算受拉构件的净截面面积 A_n 时，考虑有缺孔木材受拉时有"迂回"破坏的特征（图2），故规定应将分布在150mm长度上的缺孔投影在同一截面上扣除，其所以定为150mm，是考虑到与附录表 A.1.1中有关木节的规定相一致。

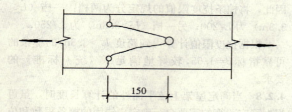

图 2 受拉构件的"迂回"破坏示意图

计算受拉下弦支座节点处的净截面面积 A_n 时,应将槽齿和保险螺栓的削弱一并扣除(图3)。

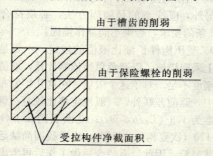

图 3

5.1.2～5.1.3 对轴心受压构件的稳定验算,当缺口不在边缘时,构件截面的计算面积 A_n 的取值规定说明如下:

根据建筑力学的分析,局部缺孔对构件的临界荷载的影响甚小。按照建筑力学的一般方法,有缺孔构件的临界力为 N_{cr}^h,可按下式计算:

$$N_{cr}^h = \frac{\pi^2 EI}{l^2}\left[1 - \frac{2}{l}\int_0^l \frac{I_h}{I}\sin^2\frac{\pi z}{l}dz\right]$$

式中 I——无缺孔截面惯性矩;
　　I_h——缺孔截面惯性矩;
　　l——构件长度。

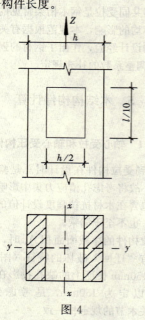

图 4

当缺孔宽度等于截面宽度的一半(按本规范第7.1.5条所规定的最大缺孔情形),长度等于构件长度的1/10(图4)时,根据上式并化简可求得临界力为:

对 x-x 轴
$$N_{crx}^h = 0.975 N_{crx}$$

对 y-y 轴
$$N_{cry}^h = 0.9 N_{cry}$$

式中 N_{crx}、N_{cry}——对 x 轴或对 y 轴失稳时无缺孔构件的临界力。

因此,为了计算简便,同时也不影响结构安全,对于缺孔不在边缘时一律采用 $A_0 = 0.9A$。

5.1.4 1973年修订规范,因考虑到新的材质标准及设计参数,基本上均按我国自己的试验实测数据确定,在这种情况下,轴心受压构件的稳定系数 φ 值仍然沿用前苏联的公式计算是否妥当,有必要加以验证。为此,曾先后进行了三个树种共84根有木节与无木节的构件试验。其结果表明,前苏联规范中的 φ 值,由于是按无木节的材料确定的,因而在 $\lambda<100$ 时,要比实测值显著偏高,应予调低。但在讨论中有两种不同意见:一种意见认为,在过去实际工程中,未见受压构件发生过这类质量事故,若要调低应作慎重考虑;另一种意见认为,过去设计的受压构件一般多属构造要求控制其截面尺寸的情况,以致反映不出 φ 值偏高的影响。但这与过去所采用的结构型式较为单一,今后若采用其他型式的结构,则受压构件的设计就可能遇到不是由构造控制的情况,因此,还是应当酌情调低为好。经反复磋商,最后一致同意,一方面继续做工作,另一方面可结合偏心受压构件计算公式简化工作对 φ 值调低的要求,在小范围内作些调整。因此,实际上没有解决这个问题(只调低了3%～6%)。

1988年修订规范前,由于开展木结构可靠度课题的研究,需对原规范轴心受压构件的可靠度进行反演分析,因而又从另一角度发现了中等长细比构件的可靠指标 β 值的偏低问题。为了解决这个问题,规范管理组除委托原重庆建筑工程学院和四川省建筑科学研究院再进行一批冷杉木材的构件试验外,还同时组织广东、新疆两省区的建筑科学研究所和华南工学院等单位作了阔叶材树种木材的构件试验。这次试验的试件数共计249根,连同1973年修订规范所做的试验,试件总数达333根。根据这些试验结果整理分析得到的稳定系数 φ 值,除证实存在着上述的偏低问题外,还发现 φ 值与树种有一定关系。这与国外若干结论在本质上是一致的。例如,丹麦 Anker Engelund 在1947年就提出临界应力与 l/i 的关系曲线,应按不同树种和含水率分别给出。又如国际标准化组织 ISO 制订的木结构规范,在稳定验算中,也按不同强度等级的木材给出不同的弹性模量 E_0 与抗压强度设计值

f_c 的比值。因此，1988年修订规范决定按不同强度等级的树种木材给出不同的 φ 的值曲线。最初拟给出 A、B、C 三条曲线，后经反复核算结果，认为以给出两条曲线较为合理。一条是保留原规范（GBJ 5-73）的曲线（图 5-A），它适用于 TC17、TC15 及 TB20 三个强度等级；另一条是1988年修订规范安全度课题建议调低的曲线（图 5-B），它适用于 TC13、TC11、TB17、TB15、TB13 及 TB11 强度等级。经可靠度验算，1988年规范及1973年规范受压构件按稳定设计的可靠指标及其标准差的数值列于表6。

表6 受压木构件按稳定验算的可靠指标比较

项目名称	GBJ 5-88			GBJ 5-73
	采用公式(4.1.4-1)及公式(4.1.4-2)的树种木材（曲线 A）	采用公式(4.1.4-3)及公式(4.1.4-4)的树种木材（曲线 B）	总体情况	
平均可靠指标 m_β	3.16	3.43	3.34	2.75
标准差 S_β	0.075	0.198	0.210	0.376

注：S_β 值越小，表示 β 的一致性越好。

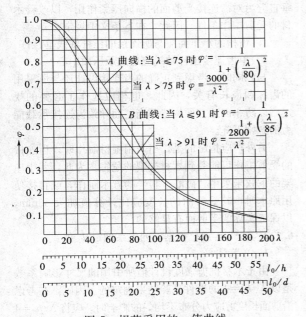

图 5 规范采用的 φ 值曲线

从表列数值可知，1988年规范不仅解决了原规范按稳定设计的可靠指标偏低问题，而且显著地改善了可靠指标的一致性程度。这里值得指出的是，在1988年规范中采用 B 曲线树种木材的平均可靠指标之所以比采用 A 曲线的高，是因为其中有些树种的缺陷比较多，其设计指标曾根据使用地区的要求作了较大的降低调整，因此，使平均可靠指标有所提高。

另外，需要说明的是 A 曲线的 φ 值公式，虽然仍沿用原规范的公式，但为了统一起见，改写为 B 曲线公式的形式。

5.1.5 本条具体明确"不论构件截面上有无缺口"，其长细比 λ 均按同一公式计算。因此，当有缺口时，构件的回转半径 i 也应按全面积和全惯性矩计算。

5.2 受弯构件

5.2.1 受弯构件的弯曲强度验算，一般应满足下述条件：

$$\sigma_s \leqslant k_{\text{ins}} f_m$$

式中 k_{ins}——考虑侧向稳定的强度降低系数（$k_{\text{ins}} \leqslant 1$）。

若支座处有可靠锚固，且受弯构件的长细比

$$\lambda_m = \sqrt{f_m/\sigma_{mc}} \leqslant 0.75$$

则可忽略上述强度降低的影响，即取 $k_{\text{ins}} = 1$。在上式中，σ_{mc} 是按古典稳定理论算得的临界弯曲应力。

在本规范中，由于规定了截面高宽比的限值和锚固要求（参见本规范第 7.2.3、7.2.5 及 8.3.9 条的规定），已从构造上满足了受弯构件侧向稳定的要求。当需验算受弯构件的侧向稳定时，参照美国规范提供了本规范附录 L。

5.2.2 在一般情况下，受弯木构件的剪切工作对构件强度不起控制作用，设计上往往略去了这方面的验算。由于实际工程情况复杂，且曾发生过因忽略验算木材抗剪强度而导致的事故，因此，还是应当注意对某些受弯构件的抗剪验算，例如：

1 当构件的跨度与截面高度之比很小时；
2 在构件支座附近有大的集中荷载时；
3 当采用胶合工字梁或 T 形梁时。

5.2.3、5.2.4、5.2.5 鉴于此次规范增加了有关胶合木结构和轻型木结构等内容，参考美国、加拿大规范增加了这三条。

5.2.6 受弯构件的挠度验算，属于按正常使用极限状态的设计。在这种情况下，采用弹性分析方法确定构件的挠度通常是合适的。因此，条文中没有特别指出挠度的计算方法。

5.2.7 早期规范对双向受弯构件的挠度验算未作明确的规定，因而在实际设计中，往往只验算沿截面高度方向的挠度，这是不正确的，应按构件的总挠度进行验算，以保证斜放檩条的正常工作。

5.3 拉弯和压弯构件

5.3.1 本条虽给出拉弯构件的承载力验算公式，但应指出的是木构件同时承受拉力和弯矩的作用，对木材的工作十分不利，在设计上应尽量采取措施予以避免。例如，在三角形桁架的木下弦中，就可以采取净截面对中的办法，以防止受拉构件的最薄弱部位——有缺口的截面上产生弯矩。

5.3.2 1973年版规范采用的雅辛斯基公式，虽然避免了边缘应力公式在相对偏心率 m 较小的情况下出现的矛盾，但它本身也存在着一些难以克服的缺陷。例如：

1 未考虑轴向力与弯矩共同作用所产生的附加挠度的影响，不能全面反映压弯构件的工作特性。

2 该公式的准确性，在很大程度上取决于稳定系数 φ 的取值。然而 φ 值却是根据轴心受压构件的试验结果确定的。因此，很难同时满足轴心受压与偏心受压两方面的要求。

3 属于单一参数的经验公式结构，对数据拟合的适应性差。

1988年修订规范，由于对 φ 值公式和木材抗弯、抗压强度设计值的取值方法都作了较大的变动，致使本已很难调整的雅辛斯基公式变得更难以适应新的情况。试算结果表明，与过去设计值相比，其最大偏差可达+12%和-26%。为此，决定改用根据设计经验与试验结果确定的双 φ 公式验算压弯构件的承载能力，即：

$$\frac{N}{\varphi \varphi_m A_n} \leqslant f_c$$

式中 φ_m——为考虑轴心力和横向弯矩共同作用的折减系数（参见本规范第5.3.2条）；

φ——为稳定系数。

由于公式有两个参数进行调整与控制，容易适应各种条件的变化。为了具体考察公式的适用性，曾以不同的相对偏心率 m 和长细比 λ，对不同强度等级的木构件进行了试验，并与相同条件下的边缘应力公式计算值、雅辛斯基公式计算值、国内外试验值以及经验设计值等进行了对比，其结果表明：

1 在常用的相对偏心率 m 和长细比 λ 的区段内，所有计算、试验和设计的结果均甚接近。

2 在较小的相对偏心率的区段内，例如当 $m \leqslant 0.1$ 时，公式的部分计算结果虽比边缘应力公式的计算值低很多，但与试验值相比，却较为接近。这也进一步说明了公式的合理性。因为正是在这一区段内，边缘应力公式存在着固有的缺陷，致使所算得的压弯构件的承载能力反而比轴心受压还要高。

3 在相对偏心率和长细比都很大的区段内，例如当 $m=10$，$\lambda=120\sim150$ 时，公式的计算结果要比边缘应力公式计算值低约14%（个别值可低达17%）；比试验值低约8%（个别值可低达12%）。但这样大偏心距与长细比的构件，在工程中实属罕遇。即使遇到，也应在设计上作偏于安全的处理。

综上所述，公式从总体情况来看是合理的、适用的。尽管在局部情况中，可能使木材的用量略有增加，但从木结构可靠度的校准结果来看，是有必要的。

在2002年修订规范时，考虑到压弯构件和偏压构件具有不同的受力性质，偏压构件的承载能力要低一些，前苏联新规范的压弯构件计算中对偏压构件的情况补充了附加验算公式，此附加验算公式完全是根据压弯和偏压的对比试验求得的。而此试验值又和我国的理论公式相一致，为全面地反映压弯和偏压以及介于其间的构件受力性质，将GBJ 5-88中的 φ_m 公式修订为本规范公式（5.3.2-4～5.3.2-6）。

5.3.3 GBJ 5-88关于压弯构件或偏心受压构件在弯矩作用平面外的稳定性验算，是不考虑弯矩的影响，仅在弯矩作用平面外按轴心压杆稳定验算。在2002年修订规范时，经验算发现在弯矩较大的情况下偏于不安全，故按一般力学原理提出验算公式（5.3.3）。

6 木结构连接计算

6.1 齿 连 接

6.1.1 齿连接的可靠性在很大程度上取决于其构造是否合理。因此，尽管齿连接的形式很多，本规范仅推荐采用正齿构造的单齿连接和双齿连接。所谓正齿，是指齿槽的承压面正对着所抵承的承压构件，使该构件传来的压力明确地作用在承压面上，以保证其垂直分力对齿连接受剪面的横向压紧作用，以改善木材的受剪工作条件。因此，在本条文中规定：

1 齿槽的承压面应与所连接的压杆轴线垂直；

2 单齿连接压杆轴线应通过承压面中心。

与此同时，考虑到正确的齿连接设计还与所采用的齿深和齿长有关，因此，也相应地作了必要的规定，以防止因这方面构造不当，而导致齿连接承载能力的急剧下降。

另外，应指出的是，当采用湿材制作时，齿连接的受剪工作可能受到木材端裂的危害。为此，若干屋架的下弦未采用"破心下料"的方木制作，或直接使用原木时，其受剪面的长度应比计算值加大50mm，以保证实际的受剪面有足够的长度。

6.1.2 1988年规范根据下列关系确定 ψ_v 值：

1 单齿连接

由于木材抗剪强度设计值所引用的尺寸影响系数是以 $l_v/h_c=4$ 的试件试验结果确定的。因此，在考虑沿剪面长度剪应力分布不均匀的影响时，应将 $l_v/h_c=4$ 的 ψ_v 值定为1.0。据此，将试验曲线进行了平移，并得到当 $l_v/h_c \geqslant 6$ 的 ψ_v 值关系式为：

$$\psi_v = 1.155 - 0.064 l_v/h_c$$

1988规范即按此式确定 $l_v/h_c \geqslant 6$ 时的 ψ_v 值。至于 $l_v/h_c=4.5$ 及 $l_v/h_c=5$ 的 ψ_v 取值，则按 $l_v/h_c=4$ 和 $l_v/h_c=6$ 的 ψ_v 值的连线确定。

2 双齿连接

对试验曲线作同上的平移后得到当 $l_v/h_c \geqslant 6$ 时的

ψ_v 值的关系式为：
$$\psi_v = 1.435 - 0.0725 l_v/h_c$$

根据 ψ_v 值和有关的抗力统计参数，计算了齿连接的可靠指标，其结果可以满足目标可靠指标的要求（参见表7）。

表7 齿连接可靠指标 β 及其一致性比较

连接形式	GBJ 5-88	
	m_β	S_β
单 齿	3.86	0.39
双 齿	3.86	0.39

注：S_β 越小表示 β 的一致性越好。

6.1.4 在齿连接中，木材抗剪属于脆性工作，其破坏一般无预兆。为防止意外，应采取保险的措施。长期的工程实践表明，在被连接的构件间用螺栓予以拉结，可以起到保险的作用。因为它可使齿连接在其受剪面万一遭到破坏时，不致引起整个结构的坍塌，从而也就为抢修提供了必要的时间。因此，本规范规定桁架的支座节点采用齿连接时，必须设置保险螺栓。

为了正确设计保险螺栓，本规范对下列问题作了统一规定：

1 构造符合要求的保险螺栓，其承受的拉力设计值可按本规范推荐的简便公式确定。因为保险螺栓的受力情况尽管复杂，但在这种情况下，其计算结果与试验值较为接近，可以满足实用的要求。

2 考虑到木材的剪切破坏是突然发生的，对螺栓有一定的冲击作用，故规定宜选用延性较好的钢材（例如：Q235 钢材）制作。但它的强度设计值仍可乘以 1.25 的调整系数，以考虑其受力的短暂性。

3 关于螺栓与齿能否共同工作的问题，原建筑工程部建筑科学研究院和原四川省建筑科学研究所的试验结果均证明：在齿未破坏前，保险螺栓几乎是不受力的。故明确规定在设计中不应考虑二者的共同工作。

4 在双齿连接中，保险螺栓一般设置两个。考虑到木材剪切破坏后，节点变形较大，两个螺栓受力较为均匀，故规定不考虑本规范第 4.2.12 条的调整系数。

6.2 螺栓连接和钉连接

6.2.1 螺栓连接和钉连接的承载能力受木材剪切、劈裂、承压以及螺栓和钉的弯曲等条件的控制，其中以充分利用螺栓和钉的抗弯能力最能保证连接的受力安全。另外，许多试验表明，在很薄构件的连接（特别是受拉接头）中，其破坏多从销槽处木材劈裂开始。而施工也发现，拼合很薄构件连接时，木材容易被敲劈。因此，规范规定了螺栓连接和钉连接中木构件的最小厚度，以便从构造上保证连接受力的合理性与可靠性。

1988 年修订规范，仅对螺栓直径 $d \geqslant 18$mm 的情况，作了补充规定，要求其边部构件或单剪连接中较薄构件的厚度 a 不应小于 $4d$，以避免因木构件劈裂而降低螺栓连接的承载能力。

6.2.2 按照本规范公式（6.2.2）确定螺栓连接或钉连接的设计承载力时，其连接的构造必须符合本规范第 6.2.1 条和第 6.2.5 条的要求。

6.2.3 由于在单剪连接中，有可能遇到木构件厚度 c 不满足本规范表 6.2.1 最小厚度要求的情况，因而需要作这一补充验算。

6.2.4 本规范表 6.2.4 中的 ψ_a 值，虽然称为"考虑木材斜纹承压的降低系数"，但实质上给出的是该系数的平方根值，因此，应用时应直接与本规范公式（6.2.2）中的设计承载力 V 相乘，而不与木材顺纹承压强度设计值相乘。

6.2.5～6.2.6 本规范表 6.2.5 和表 6.2.6 的最小间距的规定，主要是为了从构造上采取措施，以保证螺栓连接和钉连接的承载力不受木材剪切工作的控制，以保证连接受力的安全。

在 2002 年修订规范时，补充了横纹受力时螺栓排列的规定。

6.3 齿板连接

6.3.1～6.3.2 齿板为薄钢板制成，受压承载力极低，故不能将齿板用于传递压力。为保证齿板质量，所用钢材应满足条文规定的国家标准要求。由于齿板较薄，生锈会降低其承载力以及耐久性。为防止生锈，齿板应由镀锌钢板制成且对镀锌层质量应有所规定。考虑到条文规定的镀锌要求在腐蚀与潮湿环境仍然是不够的，故不能将齿板用于腐蚀以及潮湿环境。

6.3.3 齿板存在三种基本破坏模式。其一为板齿屈服并从木材中拔出；其二为齿板净截面受拉破坏；其三为齿板剪切破坏。故设计齿板时，应对板齿承载力、齿板受拉承载力与受剪承载力进行验算。另外，在木桁架节点中，齿板常处于剪-拉复合受力状态。故尚应对剪-拉复合承载力进行验算。

板齿滑移过大将导致木桁架产生影响其正常使用的变形，故应对板齿抗滑移承载力进行验算。

6.3.4～6.3.8 鉴于我国缺乏齿板连接的研究与工程积累，故齿板承载力计算公式主要参考加拿大木结构设计规范提出。考虑到中、加两国结构设计规范的不同，作了适当调整。

6.3.9 齿板为成对对称设置，故被连接构件厚度不能小于齿嵌入深度的两倍。齿板与弦杆、腹杆连接尺寸过小易导致木桁架在搬运、安装过程中损坏。

6.3.10 齿板安装不正确则不能保证齿板连接承载力达到设计要求。考虑到《木结构工程施工质量验收规范》GB 50206 未给出齿板的有关施工质量要求，故特列本条。

7 普通木结构

7.1 一般规定

7.1.1 选用合理的结构型式和构造方法，可以保证木结构的正常工作和延长结构的使用年限，能够收到良好的技术经济效果。因此，对木结构选型和构造作了如下考虑。

1 推荐采用以木材为受压或受弯构件的结构型式。虽然工程实践表明，只要选材符合标准，构造处理得当，即使在跨度很大的桁架中，采用木材制作的受拉构件，也能安全可靠地工作，但问题在于木材的天然缺陷对构件受拉性能影响很大，必须选用优质并经过干燥的材料才能胜任。从材料供应情况来看，几乎很难办到。因此，宜推荐采用钢木桁架或撑托式结构。在这类结构中，木材仅作为受压或压弯构件，它们对木材材质和含水率的要求均较受拉构件为低，可收到既充分利用材料，又确保工程质量的效果。

2 为合理利用缺陷较多、干燥中容易翘裂的树种木材（如落叶松、云南松等），由于这类木材的翘裂变形，过去在跨度较大的房屋中使用，问题比较多。其原因虽是多方面的，但关键在于使用湿材，而又未采取防止裂缝的措施。针对这一情况，并根据有关科研成果和工程使用经验，规定了屋架跨度的限值，并强调应采取有效的防止裂缝危害的措施。

3 胶合木结构能更好的满足造型要求，有利于小规格木材和低等级木材的使用，从而促进人工速生林木材的发展，所以建议尽量创造条件使用胶合木结构，以利于推广这种先进技术。

4 多跨木屋盖房屋的内排水，常由于天沟构造处理不当或检修不及时产生堵水渗透，致使木屋架支座节点易于受潮腐朽，影响屋盖承重木结构的安全，因此推荐采取外排水的结构型式。

木制天沟经常由于天沟刚度不够，变形过大，或因油毡防水层局部损坏，致使天沟腐朽、漏水，直接危害屋架支座节点。有些工程曾出过这样的质量事故，因此在规范中规定"不应采用木制天沟"。

5 木结构的防腐和防虫是保证结构安全使用的重要问题。必须从设计构造上采用通风防潮措施，使木结构各部分通风干燥，防止腐朽虫蛀，因此，在本条文中强调这一问题的重要性。

6 木结构具有较好的延性、对抗震是有利的，但是在设计中应注意加强构件之间和结构与支承物之间的连接。

7.1.2 为了减少风灾对木结构的破坏影响，在总结沿海地区经验的基础上，本规范提出一些构造要求，以加强木结构房屋的抗风能力。

造成风灾危害除因设计计算考虑不周外，一般均由于构造处理不当所引起，根据浙江、福建、广东等地调查，砖木结构建筑物因台风造成的破坏过程一般是：迎风面的大部分门窗框先被破坏或屋盖的山墙出檐部分先被掀开缺口，接着大风直贯室内，瓦、屋面板、檩条等相继被刮掉，最后造成山墙和屋架呈悬臂孤立状态而倒塌。

构造措施方面应注意以下几点：

1 为防止瞬间风吸力超过屋盖各个部件的自重，避免屋瓦等被掀揭，宜采用增加屋面自重和加强瓦材与屋盖木基层整体性的办法（如压砖、坐灰、瓦材加以固定等）。

2 应防止门窗扇和门窗框被刮掉。因为这将使原来封闭的建筑变为局部开敞式，改变了整个建筑的风载体型系数，这是造成房屋倒塌的重要因素。因此，除使用应注意经常维修外，规范有必要强调门窗应予锚固。

3 应注意局部构造处理以减少风力的作用。例如，檐口处出檐与不出檐，檐口封闭与不封闭，其局部表面的风力体型系数相差甚大。因此，出檐要短或作成封闭出檐；山墙宜做成硬山以及在满足采光和通风要求下尽量减少天窗的高度和跨度等，都是减少风害的有效措施。

4 应加强房屋的整体性和锚固措施，锚固可采用不同的构造方式，但其做法应足以抵抗风力。

7.1.3 隔震和消能是建筑结构减轻地震灾害的一项新技术，是抵御地震对建筑破坏的有效方法，尤其是在高烈度地区使用效果十分明显。现代木结构型式、节点刚性程度和整体刚度多样，相差较大，可根据实际情况选择和采用隔震、消能方法减轻结构的震害。

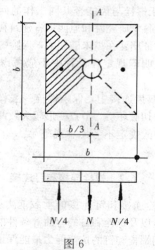

图 6

7.1.4 这是根据工程教训与试验结论而作出的规定。在我国木结构工程中，曾发生过数起因采用齿连接与螺栓连接共同受力而导致齿连接超载破坏的事故，值得引起注意。

7.1.6 调查发现，一些工程中有拉力螺栓钢垫板陷入木材的情况。其主要原因之一是钢垫板未经计算，选用的尺寸偏小所致。因此在规范中提出了钢垫板应经计算的要求。为了设计方便,规范中列入了方形钢垫板的计算公式。

假定 $N/4$ 产生的弯矩,由 $A-A$ 截面承受(参见图6),并忽略螺栓孔的影响,则钢垫板面积 A 为:

$$A=\frac{拉杆轴向拉力设计值}{垫板下木材横纹承压强度设计值}=\frac{N}{f_{c,90}}$$

而由 $\frac{b}{3}\times\frac{N}{4}=\frac{1}{6}bt^2f$,可得垫板厚度 t 为:

$$t=\sqrt{\frac{N}{2f}}$$

式中 f——钢垫板的抗弯强度设计值。

计算垫板尺寸时注意以下两点:

1 若钢垫板不是方形,则不能套用此公式,应根据具体情况另行计算。

2 当计算支座节点或脊节点的钢垫板时,考虑到这些部位的木纹不连续,垫板下木材横纹承压强度设计值应按本规范表4.2.1-3中局部表面及齿面一栏的数值确定。

7.1.7 根据工程实践经验,对较重要的圆钢构件采用双螺帽,拧紧后能防止意外的螺帽松脱事故,在有振动的场所,其作用尤为显著。

7.1.8 由于木材固有的缺陷,即使设计和施工都很良好的木结构,也会因使用不当、维护不善而导致木材受潮腐朽、连接松弛、结构变形过大等问题发生,直接影响到结构的安全和寿命。因此,为了保证木结构的安全工作并延长使用寿命,必须加强对木结构在使用过程中的检查与维护工作。

本规范附录D的检查和维护要点,是根据各地木结构使用经验以及工程结构检查和调查中发生的问题总结出来的。

7.2 屋面木基层和木梁

7.2.1 设计屋面板或挂瓦条时,是否需要计算,可根据屋面具体情况和当地长期使用的实践经验决定。

7.2.2 对有锻锤或其他较大振动设备的房屋需设置屋面板的规定。主要是针对过去某些工程,由于厂房振动较大,造成屋面瓦材滑移或掉落的事故而采取的措施。

7.2.3 对本条的规定,需作如下四点说明:

1 方木檩条截面高宽比的规定,是根据调查实测结果提出的。其目的是为了从构造上防止檩条沿屋面方向的变形过大,以保证其正常工作。这对楞摊瓦的屋面尤为重要,应在设计中予以重视。

2 正放檩条可节约木材,其构造也比较简单,故推荐采用。

3 钢木檩条受拉钢筋下折处的节点容易摆动,应采取措施保证其侧向稳定。有些工程用一根钢筋(或木条)将同开间的钢木檩条下折处连牢,以增加侧向稳定,使用效果较好,也不费事,故在条文中提出这一要求。

7.2.4 对8度和9度地震区的屋面木基层设计,提出了必要的加强措施,以利于抗震。

7.2.5 考虑到木梁设计虽较简单,但应注意保证其侧向稳定,因此,在本条中增加了这方面的构造要求。

7.3 桁 架

7.3.1 桁架的选型主要决定于屋面材料、木材的材质与规格。本规范作了如下考虑:

1 钢木桁架具有构造合理,能避免斜纹、木节、裂缝等缺陷的不利影响,解决下弦选材困难和易于保证工程质量等优点,故推荐在桁架跨度较大或采用湿材或采用新利用树种时应用。

2 三角形原木桁架采用不等节间的结构形式比较经济。根据设计经验,当跨度在15~18m之间,开间在3~4m的相同条件下,可比等节间桁架节约木材10%~18%。故推荐在跨度较大的原木桁架中应用。

7.3.2 桁架的高跨比过小,将使桁架的变形过大。过去在工程中曾发生过这方面引起的质量事故。因此,根据国内外长期使用经验,对各类型木桁架的最小高跨比作出具体规定。经进行系统的验算表明,如将高跨比放宽一档,将使桁架的相对挠度增加13.2%~27.7%,桁架上弦应力增大12.8%~32.2%。这不仅使得桁架的刚度大为削弱,而且使得木材的用量增加7.7%~12.5%。

7.3.3 为了保证屋架不产生影响人的安全感的挠度,不论木屋架和钢木屋架,在制作时均应加以起拱。对于起拱的数值,是根据长期使用经验决定的,并应在起拱的同时调整上下弦,以保证屋架的高跨比不变。

7.3.4 木桁架的下弦受拉接头、上弦受压接头和支座节点均是桁架结构中的关键部位。为了保证其工作的可靠性,设计时应注意三个要点:一是传力明确;二是能防止木材裂缝的危害;三是接头应有足够的侧向刚度。本条规定的构造措施,就是根据这三点要求,在总结各地实践经验的基础上提出的。其中需要加以说明的有以下几点:

1 在受拉接头中,最忌的是受剪面与木材的主裂缝重合(裂缝尚未出现时,最忌与木材的髓心所在面重合)。为了防止出现这一情况,最佳的办法是采用"破心下料"锯成的方木;或是在配料时,能通过方位的调整,而使螺栓的受剪面避开裂缝或髓心。然而这两项措施并非在所有情况下都能做到的。因此,规范必须在推荐上述措施的同时,进一步采取必要的保险措施,以使接头不至于发生脆性破坏。这些措施包括:

1)规定接头每端的螺栓数目不宜少于6个,

以使连接中的螺栓直径不致过粗，这就从构造上保证了接头受力具有较好的韧性。

2）规定螺栓不得排成单行，从而保证了半数以上螺栓的剪面不会与主裂缝重合，其余的螺栓，虽仍有可能遇到裂缝，但此时的主裂缝已不位于截面高度的中央，很难有贯通之可能，提高了接头工作的可靠性。

3）规定在跨度较大的桁架中，采用较厚的木夹板，其目的在于保证螺栓处于良好的受力状态，并使接头具有较大的侧向刚度。

2 在上弦接头中，最忌的是接头位置不当和侧向刚度差。为此，本条文对这两个关键问题都作了必要的规定。强调上弦受压接头"应锯平对接"，其目的在于防止采用"斜搭接"。因为斜搭接不仅不易紧密抵承，而且更主要的是它的侧向刚度差，容易使上弦鼓出平面外。

3 在桁架的支座节点中采用齿连接，只要其受剪面能避开髓心（或木材的主裂缝），一般就不会出安全事故。因此，本条文规定：对于这一构造措施应在施工图中注明。

4 对木桁架的最大跨度问题，由于各地使用的树种不同，经验也不同，要规定一个统一的限值较为困难。况且，大跨度木桁架的主要问题是下弦接头多，致使桁架的挠度大。为了减小桁架的变形，本条文作出了"下弦接头不宜多于两个"的规定。由于商品材的长度有限，因而这一规定本身已间接地起到了限制木桁架跨度的作用。

7.3.5 钢木桁架具有良好的工作性能，可以解决大跨度木结构以及在木结构工程中使用湿材的许多涉及安全的技术问题。因此，得到了广泛的应用，但由于设计、施工水平不同，在应用中也发生了一些不应发生的工程质量事故。调查表明，这些事故几乎都是由于构造不当所造成的，而不是钢木桁架本身的性能问题。为了从构造上采取统一的技术措施，以确保钢木桁架的质量，曾组织了"钢木桁架合理构造的试验规定"这一重点课题的研究，本规范根据其研究成果，将其与安全有关的结论作出必要的规定。

7.3.6 调查的结果表明，尽管各地允许采用的吊车吨位不同，但只要采取了必要的技术措施，其运行结果均未对结构产生危及安全和正常使用的影响。因此，本条文仅从保证承重结构的工作安全出发，对桁架其支撑的构造提出设计要求，而未具体限制吊车的最大吨位。

7.3.8 对8度和9度地震区的屋架设计，提出了必要的加强措施，以利于抗震。

7.4 天 窗

7.4.1～7.4.3 天窗是屋盖结构中的一个薄弱部位。若构造处理不当，容易发生质量事故。根据调查，主要有以下几个问题：

1 天窗过于高大，使屋面刚度削弱很多，兼之天窗重心较高，更易导致天窗侧向失稳。

2 如果采用大跨度的天窗，而又未设中柱，仅靠两边柱将荷载集中地传给屋架的两个节点，致使屋架的变形过大。

3 仅由两根天窗柱传力的天窗本身不是稳定的结构，不能正常工作。

4 天窗边柱的夹板通至下弦，并用螺栓直接与下弦系紧，致使天窗荷载在边柱上与上弦抵承不良的情况下传给下弦，从而导致下弦的木材被撕裂。因此，规定夹板不宜与桁架下弦直接连接。

5 有些工程由于天窗防雨设施不良，引起其边柱和屋架的木材受潮腐朽，从而危及承重结构的安全。

针对以上存在的问题，制定了本节的条文，以便从构造上消除隐患，保证整个屋盖结构的正常工作。

7.5 支 撑

7.5.1～7.5.2 规范对保证木屋盖空间稳定所作的规定，是在总结工程实践、试验实测结果以及综合分析各方面意见的基础上制订的。从试验研究和理论分析结果来看，这些规定比较符合实际情况。

1 关于屋面刚度的作用

实践和试验证明，不同构造方式的屋面有不同的刚度。普通单层密铺屋面板有相当大的刚度，即使是楞摊瓦屋面也有一定的刚度。例如，原规范编制组曾对一楞摊瓦屋面房屋进行了刚度试验。该房屋采用跨度为15m的原木屋架，下弦标高4m，屋架间距3.9m，240mm山墙（三根490mm×490mm壁柱），稀铺屋面板（空隙约60%）。当取掉垂直支撑后（无其他支撑），在房屋端部屋架节点的檩条上加纵向水平荷载。当每个节点水平荷载达2.8kN时，屋架脊节点的瞬时水平变位为：端起第1榀屋架为6.5mm；第6榀为4.9mm；第12榀为4.4mm。这说明楞摊瓦屋面也有一定的刚度，并且能将屋面的纵向水平力传递相当远的距离。

由于屋面刚度对保证上弦出平面稳定、传递屋面的纵向水平力都起相当大的作用，因此，在考虑木屋盖的空间稳定时，屋面刚度是一个不可忽视的因素。

2 关于支撑的作用

支撑是保证平面结构空间稳定的一项措施，各种支撑的作用和效果因支撑的形式、构造和外力特点而异。根据试验实测和工程实践经验表明：

1）垂直支撑能有效地防止屋架的侧倾，并有助于保持屋盖的整体性，因而也有助于保证屋盖刚度可靠地发挥作用，而不致遭到不应有的削弱。

2）上弦横向支撑在参与支撑工作的檩条与屋架有可靠锚固的条件下，能起着空间桁架的作用。

3）下弦横向支撑对承受下弦平面的纵向水平力比较直接有效。

  综上所述，说明任何一种支撑系统都不是保证屋盖空间稳定的惟一措施，但在"各得其所"的条件下，又都是重要而有效的措施。因此，在工程实践中，应从房屋的具体构造情况出发，考虑各种支撑的受力特点，合理地加以选用。而在复杂的情况下，还应把不同支撑系统配合起来使用，使之共同发挥各自应有的作用。

  例如，在一般房屋中，屋盖的纵向水平力主要是房屋两端的风力和屋架上弦出平面而产生的水平力。根据试验实测，后一种水平力，其数值不大，而且力的方向又不是一致的。因此在风力不大的情况下，需要支撑承担的纵向水平力亦不大，采用上弦横向支撑或垂直支撑均能达到保证屋盖空间稳定的要求，但若为圆钢下弦的钢木屋架，则以选用上弦横向支撑，较容易解决构造问题。

  若房屋跨度较大，或有较大的风力和吊车振动影响时，则以选用上弦横向支撑和垂直支撑共同工作为好。对"跨度较大"的理解，有的认为指跨度大于或等于15m的房屋，有的认为若屋面荷载很大，跨度为12m的房屋就应算"跨度较大"。在执行中各地可根据本地区经验确定。

7.5.3 关于上弦横向支撑的设置方法，规范侧重于房屋的两端，因为风力的作用主要在两端。当房屋跨度较大，或为楞摊瓦屋面时，为保证房屋中间部分的屋盖刚度，应在中间每隔20～30m设置一道。在上弦横向支撑开间内设置垂直支撑，主要是为了施工和维修方便，以及加强屋盖的整体作用。

7.5.4 工程实测与试验结果表明，只有当垂直支撑能起到竖向桁架体系的作用时，才能收到应有的传力效果。因此，本规范规定，凡是垂直支撑均应加设通长的纵向水平系杆，使之与锚固的檩条、交叉的腹杆（或人字形腹杆）共同构成一个不变的桁架体系。仅有交叉腹杆的"剪刀撑"不算垂直支撑。

7.5.5 本条所述部位均需设置垂直支撑。其目的是为了保证这些部位的稳定或是为了传递纵向水平力。这些垂直支撑沿房屋纵向的布置间距可根据具体情况决定，但应有通长的系杆互相联系。

7.5.6 在执行本条文时，应注意以下两点：
  1 若房屋中同时有横向支撑与柱间支撑时，两种支撑应布置在同一开间内，使之更好地共同工作。
  2 在木柱与桁架之间设有抗风斜撑时，木柱与斜撑连接处的截面强度应按压弯构件验算。

7.5.7 明确规定屋盖中可不设置支撑的范围，其目的虽然是为了考虑屋面刚度和两端房屋刚度对屋盖空间稳定的作用，但也为了防止擅自扩大不设置支撑的范围。条文中有关界限值的规定，主要是根据实践经验和调查资料确定的。

7.5.8 有天窗时屋盖的空间稳定问题，主要是天窗架的稳定和天窗范围内主屋架上弦的侧向稳定问题。

  在实际调查中发现，有的工程在天窗范围内无保证屋架上弦侧向稳定的措施，致使屋架上弦向平面外鼓出。各地经验认为一般只要在主屋架的脊节点处设置通长的水平系杆，即可保证上弦的侧向稳定。但若天窗跨度较大，房屋两端刚度又较差时，则宜设置天窗范围内的主屋架上弦横向支撑（不论房屋有无上弦横向支撑，在天窗范围内均应设置）。

7.5.9 根据抗震设防烈度不同对木结构支撑的设置要求也不同，对8度和9度区的木结构房屋支撑系统作了相应的加强。

7.5.10 由于木柱房屋在柱顶与屋架的连接处比较薄弱，因此，规定在地震区的木柱房屋中，应在屋架与木柱连接处加设斜撑并作好连接。

7.6 锚 固

7.6.1 本节所述的锚固，是指檩条与桁架（或墙）、桁架与墙（或柱）、柱与基础的连接。桁架及柱的锚固主要是防止风吸力影响以及起固定桁架和柱的作用。檩条的锚固主要是使屋面与桁架连成整体，以保证桁架上弦的侧向稳定及抵抗风吸力的作用。当采用上弦横向支撑时，檩条的锚固尤为重要，因为在无支撑的区间内，防止桁架的侧倾和保证上弦的侧向稳定，均需依靠参加支撑工作的通长檩条。

7.6.2 檩条与屋架上弦的连接各地做法不同，多数地区采用钉连接。有的地区当屋架跨度较大时，则将节点檩条用螺栓锚固。

  檩条锚固方法，除应考虑是否需要承受风吸力外，还应考虑屋盖所采用的支撑形式。当采用垂直支撑时，由于每榀屋架均与支撑有联系，檩条的锚固一般采用钉连接即能满足要求。当有振动影响或在较大跨度房屋中采用上弦横向支撑时，支撑节点处的檩条应用螺栓、暗销或卡板等锚固，以加强屋面的整体性。

7.6.3 就一般情况而言，桁架支座均应用螺栓与墙、柱锚固。但在调查中发现有若干地区，仅在桁架跨度较大的情况下，才加以锚固。故本规范规定为9m及其以上的桁架必须锚固。至于9m以下的桁架是否需要锚固，则由各地自行处理。

7.6.4 这是根据工程实践经验与教训作出的规定，在执行时只能补充当地原有的有效措施，而不能削减本条文所规定的锚固。

8 胶合木结构

8.1 一般规定

8.1.1 本规范关于胶合木结构的条文，只适用于由木板胶合而成的承重构件以及由木板胶合构件组成的承重结构，而不适用于由胶合板和木板组合而成的胶合板结构。这是考虑到这种结构使用经验还不多，其性能还有待于进一步研究。

制作胶合木构件的木板厚度要求是根据木材类别、构件形状（直接或曲线）的不同而规定的，以适应不同的成型要求，保证胶合质量。

8.1.2 本条对胶合木构件制作要求做了规定。制作胶合木构件所用的木板应有材质等级的正规标注，并应按本规范表3.1.8根据构件不同受力要求和用途选材。为了使各层木板在整体工作时协调，要求各层木板的木纹与构件长度方向一致。

8.1.3 胶合木在建筑工程中的采用，是合理和优化使用木材、发展现代木结构的重要方向。胶合木构件具有构造简单、制作方便、强度较高及耐火极限高且能以短小材料制作成几十米、上百米跨度的形式多样、造型美观大方的各种构件的优点，因而国际上大量用于大体量、大跨度和对防火要求高的各种大型公共建筑、体育建筑、会堂、游泳场馆、工厂车间及桥梁等民用与工业建筑、构筑物。技术和经验成熟，在我国有广泛的应用前景和市场。在中、小跨度建筑中，胶合木构件可取代实木构件，节省大径木材。

8.1.4 胶合木构件截面形状的选取，在满足设计要求的情况下，同时也要考虑制作是否方便。对于直线形胶合木构件，通常采用矩形和工字形截面；而对于曲线形胶合木构件，工字形截面在制作上相对就较为困难，一般均采用矩形截面，方便制作，也有利于胶合。对于大跨度情况，一般都采用直线形或曲线形桁架。

8.1.5 这是为了保证制作胶合木构件按照设计要求生产合格产品。

8.2 构件设计

8.2.1 本条仍沿用GBJ 5-88的规定。一般来说，胶合木的强度高于实木，国外的标准对胶合木的设计强度规定都有别于实木，我国在这方面系统的实验工作和大量数据还缺乏，如果引用国际上的强度设计值，也还需要做大量的转换工作，需要一定的时间。目前，在暂时沿用原规范的同时，将进一步在这方面继续做研究工作。

8.2.2 本规范表8.2.2的修正系数是参照前苏联建筑法规 СНиП II-B.4 的取值确定的。在纳入我国木结构规范前，曾由原建筑工程部建筑科学研究院组织有关单位进行了验证性试验。

对工字形和T形截面胶合木构件，抗弯强度设计值除乘以本规范表8.2.2的修正系数外，尚应乘以截面形状修正系数0.9的规定，是根据本规范第8.3.8条构造要求确定的，即腹板厚度不应小于80mm，且不应小于翼缘板宽度的一半。若不符合这一规定，将会由于腹板过薄而造成胶合木构件受力不安全。

8.3 设计构造要求

8.3.1 制作胶合木构件所用木板的厚度根据材质不同而有所不同，这是为了确保加压时各层木板压平，胶缝密合，从而保证胶合质量。

8.3.2 弧形胶合木构件制作时需要弯曲成型，板的厚度对弯曲难易有直接影响，因此规定不论硬质木材或软质木材，木板的厚度均不应超过30mm，且不大于构件曲率半径1/300。

8.3.3 荷载作用下，桁架会产生变形。为了保证屋架不产生可见的垂度和影响桁架的正常工作，在制作时，采用预先起拱办法。

8.3.4 制作胶合木构件的木板的接长方式，本规范这次修订时不再保留"当不具备指接条件时，可采用斜搭接。……还可采用对接代替部分斜搭接，……"的规定。这是考虑到，当时，GBJ 5-88做出这一规定，是基于过去由于受技术、制作条件的限制，在指接技术的掌握和加工设备普遍具备方面还存在一定困难这种实际情况。随着我国经济的发展、技术水平的提高和制作手段的进步，采用指接已不再是困难的事了。

8.3.5~8.3.7 该三条对胶合木构件中接头布置的规定，其原则是既保证构件工作的可靠性，又尽可能充分利用短料。

由于接指具有很好的传力性能，当各层木板全部采用指接接头时，国际标准只规定上、下两侧最外层木板上的接头间距不得小于1.5m，其余中间层木板的接头只要求适当错开，而并不规定相邻木板接头间的距离限制。考虑到我国使用指接接头于工程的经验较少，仍规定间距不得小于$10t$（t为板厚），以保证安全。今后，随着使用经验的积累将逐步向国际标准靠拢。

8.3.8 关于是否设置加劲肋的规定，主要是为了保证构件受力时的平面外稳定。本条沿用原规范规定，因为这些限制有理论分析的依据，同时也为使用经验所证实。

8.3.9 为了确保线性变截面构件制作时截面尺寸的准确，作为控制尺寸，有必要规定变截面构件坡度开始和终止处的截面高度。

8.3.10 为了确保曲线形构件制作时形状的准确，规定设计时应注明曲线形构件相应的曲率半径或曲线方程，制作时有据可依。

9 轻型木结构

9.1 一般规定

9.1.1 轻型木结构是一种将小尺寸木构件按不大于

600mm 的中心间距密置而成的结构形式。结构的承载力、刚度和整体性是通过主要结构构件（骨架构件）和次要结构构件（墙面板，楼面板和屋面板）共同作用得到的。轻型木结构亦称"平台式骨架结构"，这是因为施工时，每层楼面为一个平台，上一层结构的施工作业可在该平台上完成，其基本构造如图7。

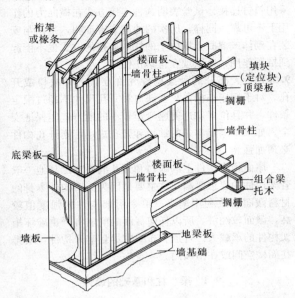

图7 轻型木结构基本构造示意图

本章的规定参考了加拿大建筑规范中住宅和小型建筑一章以及《美国建筑规范》2000年版（International Building Code）中轻型木结构设计的有关内容。此外，还参考了《加拿大轻型木结构工程手册》1995年版（Canadian Engineering Guide for Wood Frame Construction）、《美国地震灾害预防委员会规范》1996年版（NEHRP）和美国林纸协会《木结构设计规范》1997年版（National Design Specification for Wood Construction）的有关规定。

9.1.2 轻型木结构的结构性能不仅与设计方法正确与否有关，还与材料和连接件是否符合有关的产品标准有直接的关系。所有的结构材料，包括用于规格材和结构面板的材料，都必须附有相应的等级标识或证明。

附录 N 给出的规格材截面尺寸是为了使轻型木结构的设计和施工标准化。但是，目前大部分进口规格材的尺寸是按英制生产的，所以本规范允许在采用进口规格材时，其截面尺寸只要与表列规格材尺寸相差不大于2mm，在工程中视作等同。为避免对构件的安装和工程维修造成影响，在一幢建筑中不应将不同规格系列的规格材混用。

9.1.4 与其他建筑材料的结构相比，轻型木结构相对质量较轻，因此在地震和风荷载作用下具有很好的延性。尽管如此，对于不规则建筑和有大开口的建筑，仍应注意结构设计的有关要求。所谓不规则建筑，除了指建筑物的形状不规则外，还包括结构本身的刚度和质量的分布不均匀。轻型木结构是一种具有高次超静定的结构体系，这个优点使得一些非结构构件也能起到抗侧向力的功能。但是这种高次超静定的结构使得结构分析非常复杂。所以，许多情况下，设计上往往采用经过长期工程实践证明的可靠构造。

9.2 设计要求

9.2.1 在抗侧力设计可按构造要求的轻型木结构中，承受竖向荷载的构件（板、梁、柱及桁架等），仍应按本规范有关要求进行计算。

9.2.2 结构基本自振周期估算经验公式取用于《美国地震灾害预防委员会规范》（NEHRP）1996年版。

9.2.6 本条规定了建筑物本身和使用的限制条件，包括楼面面积、每层墙体高度、跨度、使用荷载、抗震设防烈度和最大基本风压等。这些限制条件并不是对轻型木结构使用的限制，它是指满足这些限制条件的建筑物可以采用本章的构造设计法进行设计和施工。

9.3 构造要求

9.3.1 轻型木结构墙骨柱的竖向荷载承载力与墙骨柱本身截面的高度、墙骨柱之间的间距以及层高有关。竖向荷载作用下的墙骨柱的侧向弯曲和截面宽度与墙骨柱的高度比值有关。如果截面高度方向与墙面垂直，则墙体面板约束了墙骨柱侧向弯曲，同截面高度方向与墙面平行布置的方式相比，承载力大许多。所以，除了在荷载很小的情况下，例如在阁楼的山墙面，墙骨柱可按截面高度方向与墙面平行的方向放置，否则墙骨柱的截面高度方向必须与墙面垂直。在地下室中，如用墙体代替柱和梁而墙体表面无面板时，应在墙骨柱之间加横撑防止墙骨柱的侧向弯曲。

开孔两侧的双墙骨柱是为了加强开孔边构件传递荷载的能力。

9.3.4 如果外墙维护材料直接固定在墙体骨架材料上（或固定在与面板上连接的木筋上），面板采用何种材料对钉的抗拔力影响不大。但是，如果当维护材料直接固定在面板上时，只有结构胶合板和定向木片板才能提供所需的钉的抗拔力。这时，面板的厚度根据所需维护材料的要求而定。

本条给出的墙面板材是针对根据板材的生产标准生产并适合室外用的结构板材，包括结构胶合板和定向木片板。最小厚度是指板材的名义厚度。

9.3.5 设计搁栅时，搁栅在均布荷载作用下，受荷面积等于跨度乘以搁栅间距。因为大部分的楼盖体系中，互相平行的搁栅数量大于3根。3根以上互相平行、等间距的构件在荷载作用下，其抗弯强度可以提高。所以在设计楼盖搁栅的抗弯承载力时，可将抗弯强度设计值乘以1.15的调整系统（见本规范附录J有关规定）。当按使用极限状态设计楼盖时，则不需考虑构件的共同作用。设计根据结构的变形要求进行。

9.3.6 如果搁置长度不够，会导致搁栅或支座的破坏。最小搁置长度的要求也是搁栅与支座钉连接的要求。搁栅底撑、间撑和剪刀撑用来提高楼盖体系抗变形和抗振动能力。如采用其他工程木产品代替规格材搁栅，则构件之间可采用不同的支撑方式。

9.3.7 在楼梯开孔周围，被截断的搁栅的端部应支承在封头搁栅上，封头搁栅应支承在楼盖搁栅或封边搁栅上。封头搁栅所承受的荷载值根据所支承的被截断的搁栅数量计算，被截断搁栅的跨度越大，承受的荷载越大。封头搁栅或封边搁栅是否需要采用双层加强或通过计算单独设计，都取决于封头搁栅的跨度。一般来说，开孔时，为降低封头搁栅的跨度，一般将开孔长边布置在平行于搁栅的方向。

9.3.8 一般来讲，位于搁栅上的非承重隔墙引起的附加荷载较小，不需要另外增加加强搁栅。但是，如果平行于搁栅的隔墙不位于搁栅上时，隔墙的附加荷载可能会引起楼面板变形。在这种情况下，应在隔墙下搁栅间，按1.2m中心间距布置截面40mm×90mm，长度为搁栅净距的填块，填块两端支承在搁栅上，并将隔墙荷载传至搁栅。

对于承重墙，墙下搁栅可能会超出设计承载力。当承重隔墙与搁栅平行时，承重隔墙应由下层承重墙体或梁承载。当承重隔墙与搁栅垂直时，如隔墙仅承担上部阁楼荷载，承重隔墙与支座的距离不应大于900mm。如隔墙承载上部一层楼盖时，承重墙与支座的距离不应大于600mm。

9.3.10 本条给出的楼面板材是针对根据板材的生产标准生产的结构板材，包括结构胶合板和定向木片板。最小厚度是指板材的名义厚度。

铺设板材时，应将板的长向与搁栅长度方向垂直。

9.3.16 施工时应采用正确的施工方法保证剪力墙和楼、屋盖能满足设计承载力要求。

当用木基结构板材时，为了适应板材变形，板材之间应留有3mm空隙。板材随着含水率的变化，空隙的宽度会有所变化。

面板上的钉不得过度打入。这是因为钉的过度打入会对剪力墙的承载力和延性有极大的破坏。所以建议钉距板和框架材料边缘至少10mm，以减少框架材料的可能劈裂以及防止钉从板边被拉出。

剪力墙和楼、屋盖的单位抗剪承载力通过板材的足尺试验得到。试验发现，过度使用窄长板材会导致剪力墙和楼、屋盖的抗剪承载力降低。所以为了保证最小抗剪承载力，窄板的数量应有所限制。

足尺试验还表明，如果剪力墙两侧安装同类型的木基结构板材，墙体的抗剪承载力约是墙体只有单面墙板的2倍。为了达到这一承载力，板材接缝应互相错开；当墙体两侧的面板拼缝不能互相错开时，墙骨柱的宽度必须至少为65mm（或用两根截面为40mm宽的构件组合在一起）。

9.3.17 木构件和砌体或混凝土构件之间的连接不得采用斜钉连接。试验表明这种连接方式在横向力的作用下不可靠。同样，历次的地震灾害证明，采用与安装在砌体或混凝土墙体上的托木连接的方式也不能起到抗震作用，所以现在也禁止使用。

9.3.18 大部分的骨架构件允许在其上开缺口或开孔。对于搁栅和椽条只要缺口和开孔尺寸不超过限定条件，并且位置靠近支座弯矩较小的地方就能保证安全。如果不满足本条的缺口和开孔规定，则开孔构件必须加强。

屋面桁架构件上的缺口和开孔的要求比其他一般骨架构件的要求要高，这主要是因为桁架构件本身的材料截面有效利用率高。单个桁架构件的强度值较高，截面较经济，所以任何截面的削弱将严重破坏桁架构件的承载力。管道和布线应尽量避开构件，安排在阁楼空间或在吊顶内。

9.4 梁、柱和基础的设计

9.4.3 承受均布荷载的等跨连续梁，最大弯矩一般出现在支座和跨中，在每跨距支座1/4点附近的弯矩几乎为零，所以接缝位置最好设在每跨的1/4点附近。

同一截面上的接缝数量应有限制以保证梁的连续性。除此之外，单根构件的接缝数量在任何一跨内不能超过一个，这也是为了保证梁的连续性。横向相邻构件的接缝不能出现在同一点。

9.4.9 当木构件置于砌体或混凝土构件上而这些砌体或混凝土构件与地面直接接触时，如果木构件不作防腐处理或其他的防腐办法阻止有害生物的侵袭，木构件就会腐烂。未经防腐处理的木材置于混凝土板或基础上时（如地下室木隔墙或木柱），必须采用防潮层（例如聚乙烯薄膜等）将木构件与混凝土分开。当底层木梁或搁栅置于混凝土基础墙的预留槽内时，尤其当梁底比室外地坪低的时候，应在木构件和支座之间加上防潮层，同时在构件端部预留槽内留出空隙，防止木构件和混凝土接触并保持空气的流动。空隙之间不得填充保温材料。

10 木结构防火

10.1 一般规定

10.1.1 本条规定木结构防火设计的适用范围以及与《建筑设计防火规范》之间的关系。对于本章未规定的部分，按《建筑设计防火规范》中四级耐火等级建筑的规定执行。

10.2 建筑构件的燃烧性能和耐火极限

10.2.1 本条参考1999年美国国家防火协会（NFPA）标准220、2000年美国的《国际建筑规范》（IBC）以及1995年《加拿大国家建筑规范》中对于木结构建筑的燃烧性能和耐火极限的有关规定，结合《建筑设计防火规范》以及我国其他有关防火试验标准对于材料燃烧性能和耐火极限的要求而制定的。本规范中所采用的数据多为加拿大国家研究院建筑科学研究所提供的实验数据。

木结构建筑火灾发生之后的明显特点之一是容易产生飞火，古今实例颇多，仅以我国2002年海南木结构别墅群火灾为例，燃烧过程中不断有燃烧着的木块飞向四周，引起草地起火，连续烧毁40多栋。为此，专门提出屋顶表层需采用不燃材料。美、加建筑亦作如此规定。

当一座木结构建筑有不同的高度时，考虑到较低的部分发生火灾时，火焰会向较高部分的外墙蔓延，所以要求此时较低部分的屋盖的耐火极限不得低于一小时。

10.3 建筑的层数、长度和面积

10.3.1 本条的规定是根据下列情况制定的：

1 尽管木结构建筑没有划分耐火等级，但从其构件的耐火性能比较，它的耐火等级介于《建筑设计防火规范》中所规定的三级和四级之间。《建筑设计防火规范》规定，四级耐火等级的建筑只允许建两层，其针对的主要对象是我国以前的传统木结构，而现在，在重新修订编制的《木结构设计规范》有关防火条文的严格约束下，构件耐火性能优于四级的木结构建筑建三层是安全的。

2 本规范表10.3.1，是在吸收国外有关规范数据的基础上，并对我国《建筑设计防火规范》中的有关条文进行分析比较作出的相应规定。

10.4 防火间距

10.4.1 本条中木结构与木结构之间、木结构与其他耐火等级的建筑之间的防火间距，是在充分分析了国内外相关建筑法规基础之上，根据木结构和其他建筑结构的耐火等级的情况制定。

10.4.2～10.4.3 参考了2000年美国《国际建筑规范》（IBC）以及1995年《加拿大国家建筑规范》中的有关要求，结合我国具体情况制订。

火灾试验证明，发生火灾的建筑对相邻建筑的影响与该建筑物外墙的耐火极限和外墙上的门窗开孔率有直接关系。

2000年美国的《国际建筑规范》（IBC）中规定了有防火保护的木结构建筑外墙的耐火极限。建筑物类型以及和防火间距之间的关系如表8：

表8 建筑物类型以及和防火间距之间的关系

防火间距(m)	耐火极限(h)		
	火灾危险性高的建筑（H类）	火灾危险性中等的厂房(F-1类)，商业类建筑（M类主要包括商店、超市等）和火灾危险性中等的仓库(S-1)	其他类型建筑，包括火灾危险性低的厂房、仓库、居住和其他商业建筑
0～3	3	2	1
3～6	2	1	1
6～12	1	1	1
12以上	0	0	0

另外，根据外墙上门窗开孔率的大小IBC给出了开孔率大小和防火间距之间的关系。如表9：

表9 开孔率大小和防火间距之间的关系

开孔分类	防火间距 a（m）						
	$0<a\leq2$	$2<a\leq3$	$3<a\leq6$	$6<a\leq9$	$9<a\leq12$	$12<a\leq15$	$15<a\leq18$	$a>18$
无防火保护	不允许开孔	不允许开孔	10%	15%	25%	45%	70%	不限制
有防火保护	不允许开孔	15%	25%	45%	75%	不限制	不限制	不限制

如果相邻建筑的外墙无洞口，并且外墙能满足1h的耐火极限，防火间距可减少至4m。

考虑到有些建筑防火间距不足，完全不开门窗比较困难，允许每一面外墙开孔率不超过10%时，其防火间距可减少至6.0m，但要求外墙的耐火极限不小于1h，同时每面外墙的围护材料必须是难燃材料。

10.5 材料的燃烧性能

10.5.1 我国对建筑材料的燃烧性能有比较严格的要求，各项技术指标都必须符合《建筑材料难燃性试验方法》GB 8625的要求，木结构用材亦不例外。

10.5.2～10.5.4 由于木结构建筑构件为可燃或难燃材料，所以对建筑内部装修材料的防火性能必须有较为严格的要求，尽量延缓火势过快地突破装饰层这道防线。《建筑内部装修设计防火规范》GB 50222 "总则"中明确规定："本规范不适用于古建筑和木结构建筑的内部装修设计。"故而，本章参照1998《加拿大全国房屋法规》做出了具体规定。

10.6 车 库

10.6.1 参照1998《加拿大全国房屋法规》第6.3.3.6条规定，经过分析，认为科学合理，故予采纳。对车库大小，加拿大是以停放机动车辆数为标准，我们认为定位不够准确。结合我国居住水平，作出以面积为限定标准。

10.7 采暖通风

10.7.1 为控制木结构建筑火灾发生率,作本条规定。

10.7.2 保留原规范内容,并根据具体情况作了合理修订。

10.8 烹饪炉

10.8.1 参照 1998 年《加拿大全国房屋法规》第 6.1.6.1 条,经分析,认为科学合理,予以采用。

10.9 天　窗

10.9.1 本条主要是为了防止火灾时,火焰不致迅速烧穿天窗而蔓延到较高外墙面上。采取自动喷水灭火设施或防火门窗,可以有效地防止火焰的蔓延。

10.10 密闭空间

10.10.1 本条主要是针对轻型木结构中的密闭空间,一旦密闭空间内发生火灾,通过隔火措施,将火限制在一定的密闭空间,阻止火烟、火热蔓延。

11 木结构防护

11.0.1 木材的腐朽,系受木腐菌侵害所致。在木结构建筑中,木腐菌主要依赖潮湿的环境而得以生存与发展,各地的调查表明,凡是在结构构造上封闭的部位以及易经常受潮的场所,其木构件无不受木腐菌的侵害,严重者甚至会发生木结构坍塌事故。与此相反,若木结构所处的环境通风干燥良好,其木构件的使用年限,即使已逾百年,仍然可保持完好无损的状态。因此,为防止木结构腐朽,首先应采取既经济又有效的构造措施。只有在采取构造措施后仍有可能遭受菌害的结构或部位,才需用防腐剂进行处理。

建筑木结构构造上的防腐措施,主要是通风与防潮。本条的内容便是根据各地工程实践经验总结而成。

这里应指出的是,通过构造上的通风、防潮,使木结构经常保持干燥,在很多情况下能对虫害起到一定的抑制作用,因此,应与药剂配合使用,以取得更好的防虫效果。

11.0.2 这是根据工程实践的教训而作出的规定。对于隐蔽工程和装配后无法检验的部位,一定要注意做好每道工序的质量检查与评定工作,以免因局部漏检而造成工程返工。

11.0.3 本条所指出的五种情况,均是在构造上采取了通风防潮的措施后,仍需采取药剂处理的木构件和若干结构部位。但在这些情况下,应选用哪种药剂以及如何处理才能达到防护的要求,则由国家标准《木结构工程施工质量验收规范》GB 50206 做出规定。

11.0.5～11.0.7 此三条均是根据木结构防腐防虫工程的实践经验编写的。为了保证工程的安全和质量,应严格执行这些条文中规定的程序与技术要求。

附录 P　轻型木结构楼、屋盖抗侧力设计

楼、屋盖长宽比限制小于或等于 4:1 是为了保证水平力作用下所有剪力墙同时达到设计承载力。

附录 Q　轻型木结构剪力墙抗侧力设计

剪力墙肢高宽比限制为 3.5:1 是为了保证所有的墙肢当达到极限承载力时以剪切变形为主。当墙肢的高宽比增加时,墙肢的结构表现接近于悬臂梁。

中华人民共和国国家标准

木骨架组合墙体技术规范

GB/T 50361—2005

条 文 说 明

目 次

1 总则 …………………………………… 2—12—3
3 基本规定 ……………………………… 2—12—3
　3.1 结构组成 …………………………… 2—12—3
　3.2 设计基本规定 ……………………… 2—12—4
4 材料 …………………………………… 2—12—4
　4.1 木材 ………………………………… 2—12—4
　4.2 连接件 ……………………………… 2—12—4
　4.3 保温隔热材料 ……………………… 2—12—4
　4.4 隔声吸声材料 ……………………… 2—12—4
　4.5 材料的防火性能 …………………… 2—12—5
　4.6 墙面材料 …………………………… 2—12—5
5 墙体设计 ……………………………… 2—12—5
　5.1 设计的基本要求 …………………… 2—12—5
　5.2 木骨架结构设计 …………………… 2—12—5
　5.3 连接设计 …………………………… 2—12—5
　5.4 建筑热工与节能设计 ……………… 2—12—5
　5.5 隔声设计 …………………………… 2—12—6
　5.6 防火设计 …………………………… 2—12—6
　5.7 墙面设计 …………………………… 2—12—6
　5.9 特殊部位设计 ……………………… 2—12—6
6 施工和生产 …………………………… 2—12—7
　6.2 施工要求 …………………………… 2—12—7
7 质量和验收 …………………………… 2—12—7
　7.1 质量要求 …………………………… 2—12—7
　7.3 工程验收 …………………………… 2—12—7
8 维护管理 ……………………………… 2—12—7
　8.1 一般规定 …………………………… 2—12—7
　8.2 检查与维修 ………………………… 2—12—7

1 总 则

1.0.1 本条主要阐明制定本规范的目的。为了与现行国家标准《木结构设计规范》GB 50005 相协调,并考虑到木骨架组合墙体的特点,规范除了规定应做到技术先进、安全适用和确保质量外,还特别提出应保证人体健康。

1.0.2 本条规定了本技术规范的使用范围。考虑到木骨架组合墙体的燃烧性能只能达到难燃级,所以本条将其使用范围限制在普通住宅建筑和火灾荷载与住宅建筑相当的办公楼。另外,考虑到《建筑设计防火规范》GBJ 16 规定的丁、戊类工业建筑主要用来储存、使用和加工难燃烧或非燃烧物质,其火灾危险性相对较低,所以本条允许其使用木骨架组合墙体作为其非承重外墙和房间隔墙。

1.0.3 木骨架组合墙体的设计应考虑自重、地震荷载和风荷载,一般情况下,墙体用作外墙时,对墙体起控制作用的是风荷载,墙体中的木骨架及其连接必须具有足够的承载能力,能承受风荷载的作用,荷载取值应按现行国家标准《建筑结构荷载规范》GB 50009 的规定执行。

1.0.4 与木骨架组合墙体材料的选用以及墙体的设计与施工密切相关的还有下列现行国家标准或行业标准:《木结构设计规范》GB 50005、《建筑抗震设计规范》GB 50011、《民用建筑节能设计标准(采暖居住建筑部分)》JGJ 26、《民用建筑热工设计规范》GB 50176、《外墙内保温板质量检验评定标准》DBJ 01—30、《建筑设计防火规范》GBJ 16、《高层民用建筑设计防火规范》GB 50045、《建筑内部装修设计防火规范》GB 50222、《夏热冬暖地区居住建筑节能设计标准》JGJ 75、《民用建筑隔声设计规范》GBJ 118、《纸面石膏板产品质量标准》GB/T 9775、《绝热用岩棉、矿渣棉及其制品》GB/T 11835、《民用建筑工程室内环境污染控制规范》GB 50325、《建筑材料燃烧性能分级方法》GB 8624 等,其相关的规定也应参照执行。

3 基本规定

3.1 结构组成

3.1.2 木骨架组合墙体的结构组成有以下几种:

1 一般分户墙及房间隔墙的结构组成(图1、图2):

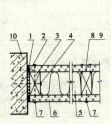

图1 分户墙及房间隔墙水平剖面图
图2 分户墙及房间隔墙竖向剖面图

1) 密封胶;
2) 聚乙烯密封条;
3) 木龙骨;
4) 混凝土自钻自攻螺钉或螺栓;
5) 岩棉毡(密度≥28kg/m³);
6) 墙面板——纸面石膏板;
7) 墙面板连接螺钉;
8) 墙面板连接缝密封材料——石膏粉密封膏或弹性密封膏;
9) 墙面板连接缝密封纸带;
10) 建筑物的混凝土柱、楼板。

隔声房间隔墙的结构组成(图3、图4)除同图1、图2相同的1)~10)外,还有:

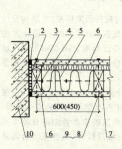

图3 隔声内墙水平剖面图　图4 隔声内墙竖向剖面图

11) 防声弹性木条;
12) 螺纹钉子或螺钉;
13) 岩棉毡(密度≥28kg/m³)。

2 一般外墙的结构组成(图5、图6):

1)~3)同图1、图2;
4) 岩棉毡,密度≥40kg/m³;
5) 外墙面板——防水型纸面石膏板;
6) 外挂装饰板:彩色钢板、铝塑板、彩色聚乙烯板等;
7)~10)同图1、图2;
11) 销钉 $\phi 10 \times 300$mm;
12) 塑料垫,厚≥10mm;
13) 自钻自攻螺钉或螺栓;
14) 木骨架定位螺钉;

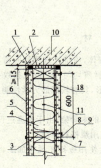
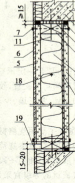

图5 外墙水平剖面图　图6 外墙竖向剖面图

15) 塑料薄膜;
16) 内墙面板——石膏板;
17) 隔汽层——塑料薄膜;
18) 混凝土自钻自攻螺钉或螺栓;
19) 通风气缝。

3.1.3 用于制作木骨架组合墙体的规格材,在根据设计要求选定其规格和截面尺寸时,应考虑墙体要适应工业化制作,以及便于墙面板的安装,因此,同一块墙体中木骨架边框和中部的骨架构件应采用截面高度相同的规格材。

3.1.4 木骨架竖立布置主要是方便整个墙体的制作和施工。当有特殊要求时,也可采用构件水平布置的木骨架。

由于墙面板采用的板材平面标准尺寸一般为1200mm×2400mm,因此,木骨架组合墙体中木骨柱的间距允许采用600mm或400mm两种尺寸;当采用900mm×2400mm的纸面石膏板时,立柱的间距应为

450mm。这样,墙面板的连接缝正好能位于木骨柱构件的截面中心位置处,能较好地固定和安装墙面板。为了保证墙面板的固定和安装,当墙体上需要开门窗洞口时,规范规定了木骨架构件在墙体中布置的基本要求。当墙体设计要求必须采用其他尺寸的间距时,应尽量减少尺寸的改变对整个墙体的施工和制作带来的不利影响。

3.2 设计基本规定

3.2.1 本规范的基本设计方法应与现行国家标准《木结构设计规范》GB 50005 一致。《木结构设计规范》GB 50005 的设计方法采用现行国家标准《建筑结构可靠度设计标准》GB 50068 统一规定的"以概率理论为基础的极限状态设计法",故本规范应采用该方法进行设计。

3.2.2 现行国家标准《木结构设计规范》GB 50005 规定,一般建筑物安全等级均定为二级,建筑物中各类结构构件的安全等级,宜与整个结构的安全等级相同,故本规范确定木骨架组合墙体安全等级为二级。建筑物安全等级按一级设计时,木骨架组合墙体的安全等级,亦应定为一级。

3.2.3~3.2.5 木骨架组合墙体虽然是非承重墙体,但应有足够的承载能力。因此,应满足一系列要求——强度、刚度、稳定性、抗震性能等。同时,木骨架组合墙体不管是整块制作后吊装还是现场组装,均应与主体结构有可靠的、正确的连接,才能保证墙体正常、安全地工作。

3.2.6、3.2.7 本条提供木骨架组合墙体承载能力极限状态和正常使用极限状态的基本计算公式,与现行国家标准《木结构设计规范》GB 50005 一致。一般情况时,结构重要性系数 $\gamma_0 \geqslant 1$。

3.2.8 木材设计指标和构件的变形限值等,均应执行现行国家标准《木结构设计规范》GB 50005 的有关规定。如果现行国家标准《木结构设计规范》GB 50005 未予规定,可参照最新版本的《木结构设计手册》的相关内容选用。

4 材 料

4.1 木 材

4.1.1 作为具有一定承载能力的墙体,应优先选用针叶树种,因为针叶树种的树干长直、纹理平顺、材质均匀、木节少、扭纹少、能耐腐朽和虫蛀、易干燥、少开裂和变形,具有较好的力学性能,木质较软而易加工。

4.1.2 国外主要用规格材作为墙体的木骨架,由于是通过设计确定木骨架的尺寸,故本规范不限制使用规格材等级。

国内取材时,相当一段时间还会使用板材在现场加工,此时,明确规定板材的等级宜采用Ⅱ级。

4.1.3 与现行国家标准《木结构设计规范》GB 50005 规定的规格材含水率一致,规格材含水率不应大于 20%。在我国使用墙体时,考虑到我国的现状,经常会采用未经工厂干燥的板材在现场制作木骨架,为保证质量,故对板材的含水率作了更为严格的规定。

4.1.4 鉴于木骨架的使用环境,我国一些易虫蛀和腐朽的木材在使用时不仅要经过干燥处理,还一定要经过药物处理,否则一旦虫蛀、腐朽发生,又不易检查发现,后果会相当严重。

4.2 连 接 件

4.2.1、4.2.2 木骨架组合墙体构件间的连接以及墙体与主体结构的连接,是整个墙体工程中十分重要的组成部分,墙体连接的可靠性决定了墙体是否能满足使用功能的要求,是否能保证墙体的安全使用。因此,要求连接采用的各种材料应有足够的耐久性和可靠性,能保证墙体的连接符合设计要求。在实际工程中,连接材料的品种和规格很多,以及许多连接件的新产品不断进入建筑市场,因此,木骨架组合墙体所采用的连接件和紧固件应符合现行国家标准及符合设计要求。当所采用的连接材料为新产品时,应按国家标准经过性能和强度的检测,达到设计要求后才能在工程中使用。

4.2.3 木骨架组合墙体用于外墙时,经常受自然环境不利因素的影响,如日晒、雨淋、风沙、水汽等作用的侵蚀。因此,要求连接材料应具备防风雨、防日晒、防锈蚀和防撞击等功能。对连接材料,除不锈钢和耐候钢外,其他钢材应采用有效的防腐、防锈处理,以保证连接材料的耐久性。

4.3 保温隔热材料

4.3.1 岩棉、矿棉和玻璃棉是目前世界上最为普通的建筑保温隔热材料,这些材料具有以下优点:
1 导热系数小,既隔热又防火,保温隔热性能优良;
2 材料有较高的孔隙率和较小的表观密度,一般密度不大于 $100kg/m^3$,有利于减轻墙体的自重;
3 具有较低的吸湿性,防潮,热工性能稳定;
4 造价低廉,成型和使用方便;
5 无腐蚀性,对人体健康不造成直接影响。

因此,采用岩棉、矿棉和玻璃棉作为木骨架组合墙体保温隔热材料。

4.3.2 松散保温隔热材料在墙体内部分布不均匀,将直接影响墙体的保温隔热性和隔声效果。采用刚性、半刚性成型保温隔热材料,解决了松散材料松填墙体所造成的墙体内部分布不均匀的问题,保证了空气间层厚度均匀,能充分发挥不同材料的性能,还具有施工方便等优点。

4.3.3、4.3.4 对影响岩棉、矿棉和玻璃棉的质量以及木骨架组合墙体性能的主要物理性能指标作出了规定,同时要求纸面石膏板,岩棉、矿棉和玻璃棉等材料应符合国家相关的产品技术标准。例如,设计时应控制岩棉、矿棉和玻璃棉的热物理性能指标,需符合表 1 和表 2 的规定,这样基本能保证墙体的热工节能性能。

表 1 岩棉、矿棉的热物理性能指标

产品类别	导热系数[W/(m·K)],(平均温度 20±5℃)	吸湿率
棉	≤0.044	
板	≤0.044	≤5%
毡	≤0.049	

表 2 玻璃棉的热物理性能指标

产品类别	导热系数[W/(m·K)],(平均温度 20±5℃)	含水率
棉	≤0.042	
板	≤0.046	≤1%
毡	≤0.043	

4.4 隔声吸声材料

4.4.1 纸面石膏板具有质量轻,并具有一定的保温隔热性,石膏板的导热系数约为 $0.2W/(m·K)$。石膏制品的主要成分是二水石膏,含 21% 的结晶水,遇火时,结晶水释放产生水蒸气,消耗热能,且水蒸气又不利于火势蔓延,防火效果较好。

石膏制品为中性,不含对人体有害的成分,因石膏对水蒸气的呼吸性能,可调节室内湿度,使人感觉舒适,是国家倡导发展的绿色建材。而且石膏板加工性能好,材料尺寸稳定,装饰美观,可锯、可钉、可粘结,可做各种理想、美观、高贵、豪华的造型;它不受虫害、鼠害,使用寿命长,具有一定的隔声效果,是理想的木骨架组合墙体墙面板。

石膏板、岩棉、矿棉、玻璃棉材料作为隔声、吸声材料是由它的构造特征和吸声机理所决定的,表 3、表 4 和表 5 是国内有关研究单位对石膏板、岩棉、矿棉、玻璃棉材料的声学测试指标。

表3 纸面石膏板隔声量指标

板材厚度 (mm)	面密度 (kg/m²)	隔声量(dB)						
		125Hz	250Hz	500Hz	1000Hz	2000Hz	4000Hz	$\bar{R}$
9.5	9.5	11	17	22	28	27	27	22
12.0	12.0	14	21	26	31	30	30	25
15.0	15.0	16	24	28	33	32	32	27
18.0	18.0	17	23	29	33	34	33	28

表4 岩(矿)棉吸声系数

厚度 (mm)	表观密度 (kg/m³)	吸声系数						
		100Hz	125Hz	250Hz	500Hz	1000Hz	2000Hz	4000Hz
50	120	0.08	0.11	0.30	0.75	0.91	0.89	0.97
50	150	0.11	0.11	0.33	0.73	0.90	0.91	0.97
75	80	0.21	0.28	0.59	0.87	0.83	0.91	0.97
75	150	0.23	0.33	0.58	0.81	0.87	0.91	0.96
100	80	0.27	0.35	0.64	0.89	0.94	0.96	0.98
100	100	0.33	0.41	0.65	0.77	0.78	0.96	0.95
100	120	0.33	0.38	0.62	0.82	0.86	0.91	0.96

表5 玻璃棉吸声系数

材料名称	板材厚度 (mm)	密度 (kg/m²)	吸声系数					
			125Hz	250Hz	500Hz	1000Hz	2000Hz	4000Hz
超细玻璃棉	5	20	0.15	0.35	0.85	0.85	0.86	0.86
	7	20	0.22	0.55	0.89	0.81	0.93	0.84
	9	20	0.32	0.80	0.73	0.78	0.86	—
	15	20	0.50	0.85	0.85	0.87	0.86	0.85
	5	25	0.15	0.35	0.83	0.83	0.85	0.87
	7	25	0.23	0.55	0.77	0.77	0.86	—
	9	25	0.32	0.85	0.70	0.80	0.89	—
	9	30	0.28	0.57	0.54	0.70	0.82	0.85
玻璃棉毡	5~50	30~40	平均 0.65			0.8		

在人耳可听的主要频率范围内(常用中心频率从125Hz至4000Hz 的6个倍频带所反映出的墙体隔声性能随频率的变化),纸面石膏板、岩棉、矿棉和玻璃棉等材料在宽频带围内具有吸声系数较高,吸声性能长期稳定、可靠的隔声吸声特性。

4.4.2 为了使设计、施工人员在设计施工中更为方便、简单,鼓励采用新型材料,对其他适合作木骨架组合墙体隔声的板材规定了单层板最低平均隔声量。

4.5 材料的防火性能

4.5.1 本条对与木骨架组合墙体有关的各种材料的质量作出了总体规定,从而保证整个墙体能够达到一定的质量标准。

4.5.2 木骨架组合墙体覆面材料的燃烧性能对整个墙体的燃烧性能有着重要影响。国外比较成熟的此类墙体的覆面材料多数使用纸面石膏板,因此本技术规范推荐使用纸面石膏板。该墙体体系的覆面材料也可以使用其他材料,但其燃烧性能必须符合现行国家标准《建筑材料燃烧性能分级方法》GB 8624关于A级材料的要求,从而保证整个墙体能够达到本规范规定的燃烧性能。《建筑设计防火规范》GBJ 16—87对四级耐火等级建筑物的最高层数和防火分区最大允许建筑面积都作了相关规定,并且其构件的耐火极限要求相对较低,所以本条允许其墙面材料的燃烧性能为 B_1 级。

4.5.3 为了保证整个墙体体系的防火性能,本技术规范规定其填充材料必须是不燃材料,如岩棉、矿棉。

4.6 墙面材料

4.6.1 纸面石膏板常用的规格有以下几种:
纸面石膏板厚度分为:9.5mm、12mm、15mm、18mm;
纸面石膏板长度分为:1.8m、2.1m、2.4m、2.7m、3.0m、3.3m、3.6m;
纸面石膏板宽度分为:900mm、1200mm。

5 墙体设计

5.1 设计的基本要求

5.1.1 对木骨架组合墙体用作内、外墙时各种功能要求作出规定,设计人员在设计时,应满足这些功能要求。

5.1.2~5.1.4 木骨架组合墙体的功能,除承受荷载外,主要是保温隔热、隔声和防火功能,根据功能的具体要求,分别分为4级、7级和4级,这里是原则的提示,具体要求见后面各节。

5.1.5 对分户墙及房间隔墙的设计步骤,作出明确规定,指导设计人员设计,不致漏项。

5.1.6 对外墙的设计步骤,作出明确规定,指导设计人员设计,不致漏项。

5.2 木骨架结构设计

5.2.1 本条规定的木骨架在静力荷载及风载作用下,设计应遵守的基本原则和步骤,这些规定与现行国家标准《木结构设计规范》GB 50005是一致的。

5.2.2 这是对垂直于墙平面的均匀水平地震作用标准值作出的规定,主要用于外墙,这条基本与现行国家标准《玻璃幕墙工程技术规范》JGJ 102相关规定一致。

5.3 连接设计

5.3.1 木骨架是木骨架组合墙体的主要受力构件,因此木骨架构件之间及木骨架组合墙体与主体结构之间的连接承载能力应满足使用要求。

5.3.2 木骨架布置形式以竖立布置为主,竖立布置的木骨架将所受荷载传递到上、下边框,上、下边框成为主要受力边,因此,墙体与主体结构的连接方式,应以上下边连接方式为主;当外墙高度大于3m时,由于所受风荷载较大,规范规定应采用四边连接方式,即通过侧边木骨架分担部分墙面荷载,以减小上、下边框的受力。

5.3.3 分户墙及房间隔墙一般情况下主要承受重力荷载、地震荷载作用,由于所受载较小,通常按构造进行连接设计即可满足要求。

5.3.5 木骨架构件之间的直钉连接通常在墙体预制情况下采用和用于木骨架内部节点;而斜钉连接常用于现场施工连接。

5.3.6 在木骨架上预先钻导孔,是防止连接件钉入木骨架时造成木材开裂。

5.3.11 有关墙体细部构造是参照北欧有关标准的构造规定而确定的。外墙直角的保护也可采用金属、木材、塑料或其他加强材料。

5.4 建筑热工与节能设计

5.4.1 我国已经编制了北方严寒和寒冷地区、夏热冬冷地区和南方夏热冬暖地区的居住建筑节能设计标准,并已先后发布实施。公共建筑节能设计标准也即将颁布。以上节能标准对建筑围护结构建筑热工指标作了明确的规定,因此,木骨架组合墙体作为一种不同形式的建筑围护结构,也应遵守国家有关建筑节能相关标准的规定。

5.4.2 我国幅员辽阔,地形复杂,各地气候差异很大。为了建筑物适应各地不同的气候条件,在进行建筑的节能设计时,应根据建筑物所处城市的建筑气候分区和5.4.1条中相关标准,确定建筑围护结构合理的热工性能参数,为了使设计人员在设计中更方便、简单,因而把木骨架组合外墙墙体,按表5.4.2-1、5.4.2-2分为5级，供设计人员选择。

5.4.3 木骨架组合墙体的外墙体保温隔热材料不能满填整个木骨架空间时，在墙体内保温隔热材料与空气间层之间，由于受温度梯度分布影响，将产生空气和蒸汽渗透迁移现象，对保温隔热材料这种比较疏散多孔材料的防潮作用和保温隔热性能有较大的影响。空气间层中的空气在保温隔热材料中渗入渗出，直接带走了热量，在渗入渗出的线路上的空气升温降湿和降温升湿，会使某些部位保温隔热材料受潮甚至产生凝结，使材料的热绝缘性降低。因此，在保温隔热材料与空气间层之间应设允许蒸汽渗透，不允许空气渗透的隔空气膜层，能有效地防止空气的渗透，又可让水蒸气渗透扩散，从而保证了墙体内部保温隔热材料不受潮，保持其热绝缘性。

5.4.4 当建筑围护结构内、外表面出现温差时，建筑围护结构内部的湿度将会重新分布，温度较高的部位有较高的水蒸气分压，这个压力梯度会使水蒸气向温度低的方向迁移。同时，在温度较低的区域材料有较大的平衡湿度，在围护结构中将出现平衡湿度的梯度，湿度迁移的方向从低温指向高温，表明液态水将会从低温侧向高温方向迁移，大量的理论和实验研究以及工程实践表明，这是建筑热工领域中建筑围护结构热湿迁移的基本理论。

在建筑热工工程应用领域，利用在围护结构中出现温度梯度的条件下，湿平衡会使高温方向的水蒸气与低温方向的液态水进行反向迁移，使高温方向的水蒸气重湿度和低温方向的液态水重湿度都有减少的趋势这一原理，在建筑围护结构的低温侧设空气间层，切断了保温材料层与其他材料层的联系，也切断了液态水的通路。相应空气间层的高温侧所形成的相对湿度较低的空气边界环境，可干燥它所接触的保温材料，所以木骨架组合墙体的外墙体空气间层应布置在建筑围护结构的低温侧。

5.4.5 在木骨架组合墙体外墙的外饰面层宜设防水、透气的挡风防潮纸的主要原因是：

1 因外墙面材料主要为纸面石膏板，设挡风防潮纸可防止外墙表面受雨、雪等侵蚀受潮。

2 由于冬季木骨架组合墙体的外墙在室内温度大于室外气温时，墙体内水蒸气将从室内水蒸气分压高的高温侧向室外水蒸气分压低的低温侧迁移，在木骨架组合墙体外墙的外饰面层设透气的挡风防潮纸来允许渗透，使墙体内水蒸气在保温隔热材料层不产生积累，防止结露，从而保证了墙体内保温隔热材料的热绝缘性。

5.4.6 由于木骨架组合外墙体内填充的是保温隔热材料，为了防止蒸汽渗透在墙体保温隔热材料内部产生凝结，使保温材料或墙体受潮，因此，高温侧应设隔汽层。

5.4.7 木骨架组合外墙是装配式建筑围护结构，为了防止墙体出现施工所产生的间隙、孔洞，防止室外空气渗透，使墙体保温隔热材料内部产生凝结，墙体受潮，影响墙体的保温隔热性能和质量从而增加建筑能耗，本条对之作出了相关的条文规定。

5.5 隔声设计

5.5.1 木骨架组合墙体是轻质围护结构，这些墙体的面密度较小，根据围护结构隔声质量定律，它们的隔声性能较差，难以满足隔声的要求。为了保证建筑的物理环境质量，隔声设计也就显得很重要，因此，本标准必须考虑建筑的隔声设计。

5.5.2 为了在设计过程中比较方便、简单地选择木骨架组合墙体的隔声性能，使条文具有可操作性，根据木骨架组合墙体不同构造形式的隔声性能，将木骨架组合墙体隔声性能按表5.5.2-1分为7级，从25dB至55dB每5dB为一个级差，基本能满足本规范所适用范围的建筑不同围护结构隔声的要求。表6为几种墙体性能和构造措施参考表，设计时按照现行国家标准《民用建筑隔声设计规范》GBJ 118的规定，根据建筑的不同功能要求，选择围护结构的不同隔声级别。

表6 几种墙体隔声性能和构造措施

隔声级别	计权隔声量指标(dB)	构造措施
I$_n$	≥55	1. M140 双面双层板（填充保温材料140mm）；2. 双排 M65 墙骨柱（每侧墙骨柱之间填充保温材料65mm），两排墙骨柱间距 25mm，双面双层板
II$_n$	≥50	M115 双面双层板（填充保温材料115mm）
III$_n$	≥45	M115 双面单层板（填充保温材料115mm）
IV$_n$	≥40	M90 双面双层板（填充保温材料90mm）
V$_n$	≥35	1. M65 双面单层板（填充保温材料65mm）；2. M45 双面双层板（填充保温材料45mm）
VI$_n$	≥30	1. M45 双面单层板（填充保温材料45mm）；2. M45 双面双层板
VII$_n$	≥25	M45 双面单层板

注：表中 M 表示木骨架立柱高度，单位为 mm。

5.5.3、5.5.4 设备管道穿越墙体或布置有设备管道、安装电源盒、通风换气等设备开孔时，会使墙体出现施工所产生的间隙、孔洞，设备、管道运行所产生的噪声，将直接影响墙体的隔声性能，为了保证建筑的声环境质量，使墙体的隔声指标真正达到国家设计标准的要求，必须对管道穿越空隙以及墙与墙连接部位的接缝间隙进行墙体隔声处理，对设备管道应设有相应的防振、隔噪声措施。

5.6 防火设计

5.6.1 考虑到木骨架组合墙体很难达到国家现行标准《建筑设计防火规范》GBJ 16 规定的不燃烧体，所以本技术规范除了对该墙体的适用范围作了限制外，还对采用该墙体的建筑物层数和高度作了限制。本条的部分内容是依据《高层民用建筑设计防火规范》GB 50045—95 中的有关条款制定的。

5.6.2、5.6.3 第 5.6.2 条只对木骨架组合墙体的耐火极限作出了规定。因为本墙体最多只能做到难燃烧体，所以在表 5.6.2 和表 5.6.3 中没有重复。根据《建筑设计防火规范》GBJ 16—87（2001 年版）表 2.0.1 的规定，一、二、三级耐火等级建筑物的非承重外墙和一、二级耐火等级建筑物的房间隔墙都必须是不燃烧体，但鉴于本墙体无法达到不燃烧体标准，所以表 5.6.2 中对该墙体的燃烧性能适当放松，但严格限制其适用范围，以保证整个建筑的安全性。同时，表 5.6.3 还对该类墙体的覆面材料作了更细化的规定。

因为一级耐火等级的工业、办公建筑物对防火的要求相对较高，所以表 5.6.2 的注将该类建筑物内房间隔墙的耐火极限提高了 0.25h，以保证该类建筑物的防火安全。

5.6.4 本条是为了保证整个墙体的防火性能，防止火灾从一个空间穿过管道孔洞或管线传播到其他空间。

5.6.5 本条对石膏板的安装作了详细规定。墙体的防火性能取决于多方面的因素，如石膏板的层数、石膏板的类型、质量和石膏板的安装方法以及填充岩棉的质量和方法等。

5.7 墙面设计

5.7.4 有关墙面板固定的构造要求是研究和吸收北欧相关标准的构造措施后，作出的规定。

5.9 特殊部位设计

5.9.1 电源插座盒与墙面板之间采用石膏抹灰并密封，其目的是为了隔声。

5.9.2 对于隔声要求大于 50dB 的隔墙，如果在墙板上开孔穿管，所形成的间隙即使采用密封胶密封，墙体隔声也难以满足大于 50dB 的要求，因此，对于隔声要求大于 50dB 的隔墙不允许开孔穿过设备管线。

5.9.3 悬挂物固定方式是参照北欧有关标准参数而确定。

6 施工和生产

6.2 施工要求

6.2.6 经切割过的纸面石膏板的直角边,安装前应将切割边倒角并打光,以备密封,如图7所示。

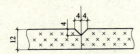

图7 纸面石膏板的倒角

外墙面板的下端面与建筑物构件表面间应留有10～20mm的缝隙,以便外墙体通风、水汽出入,防止墙体内部材料受潮变形。

外墙面板在存放和施工中严禁与水接触或受潮,这一点很重要,必须十分注意。

7 质量和验收

7.1 质量要求

7.1.1 木骨架组合墙体的质量要求都作出了明确的数量指标,以便作为工程质量与验收的依据。

7.1.4 木骨架组合墙体的主要性能指标应在工程施工前所做的样品试验测试时提供可靠的检测报告,以备工程验收时参考。故各地区采用木骨架组合墙体时,必须根据当地的气候条件和建筑要求标准,设计适当的墙体厚度,特别是保温隔热层厚度,选择经济合理的设计方案,以满足建筑节能、隔声和防火要求。

7.3 工程验收

7.3.2 本条款列出的应提交的工程验收资料是木骨架组合墙体工程验收时必不可少的。但在实际操作中,墙体的验收可能与整个建筑工程一起进行,其应提交的技术文件、报告、记录等可一起提交,以备建筑工程统一验收时使用。

8 维护管理

8.1 一般规定

8.1.1 为了使木骨架组合墙体在使用过程中能达到和保持设计要求的预定功能,保证墙体的安全使用,要求墙体承包商向业主提供《木骨架组合墙体使用维护说明书》,其目的主要是让业主清楚地了解该墙体的有关性能和指标参数,能做到正确使用和进行一般的维护。

8.2 检查与维修

8.2.2 一般情况下,木骨架组合墙体在工程竣工使用一年后,墙体采用的材料和配件的一些缺陷均有不同程度的暴露,这时,应对木骨架组合墙体进行一次全面检查和维护。此后,业主或物业管理部门应根据当地气候特点,在容易对木骨架组合墙体造成破坏的雪季、雨季和风季前后,每5年进行一次日常检查。日常检查和维护一般由业主或物业管理部门自行组织实施。

3

混凝土结构

岩土力学

中华人民共和国国家标准

混凝土结构设计规范

GB 50010—2002

条 文 说 明

目 次

1 总则 …………………………………… 3—1—3
2 术语、符号 …………………………… 3—1—3
3 基本设计规定 ………………………… 3—1—3
4 材料 …………………………………… 3—1—5
5 结构分析 ……………………………… 3—1—7
6 预应力混凝土结构构件计算
  要求 …………………………………… 3—1—9
7 承载能力极限状态计算 ……………… 3—1—10
8 正常使用极限状态验算 ……………… 3—1—21
9 构造规定 ……………………………… 3—1—23
10 结构构件的基本规定 ………………… 3—1—26
11 混凝土结构构件抗震设计 …………… 3—1—33
附录 A 素混凝土结构构件计算 ……… 3—1—40

附录 B 钢筋的公称截面面积、计算
       截面面积及理论重量 ………… 3—1—40
附录 C 混凝土的多轴强度和本构
       关系 …………………………… 3—1—40
附录 D 后张预应力钢筋常用束
       形的预应力损失 ……………… 3—1—41
附录 E 与时间相关的预应力
       损失 …………………………… 3—1—41
附录 F 任意截面构件正截面
       承载力计算 …………………… 3—1—42
附录 G 板柱节点计算用等效
       集中反力设计值 ……………… 3—1—42

1 总 则

1.0.1～1.0.3 为实现房屋、铁路、公路、港口和水利水电工程混凝土结构共性技术问题设计方法的统一,本次修订组的组成包括了各行业的混凝土结构专家,以求相互沟通,使本规范的共性技术问题能为各行业规范认可。实现各行业共性技术问题设计方法统一是必要的,但它是一个过程,本次修订是向这一目标迈出的第一步。根据建设部标准定额司的指示,现阶段各行业混凝土结构设计规范仍保持相对的完整性,以利于平稳过渡。

当结构受力的情况、材料性能等基本条件与本规范的编制依据有出入时,则需根据具体情况,通过专门试验或分析加以解决。

应当指出,对无粘结预应力混凝土结构,其材料及正截面受弯承载力及裂缝宽度计算等均与有粘结预应力混凝土结构有所不同。这些内容由专门规程作出规定。对采用陶粒、浮石、煤矸石等为骨料的混凝土结构,应按有关标准进行设计。

设计下列结构时,尚应符合专门标准的有关规定:

1 修建在湿陷性黄土、膨胀土地区或地下采掘区等的结构;

2 结构表面温度高于100℃或有生产热源且结构表面温度经常高于60℃的结构;

3 需作振动计算的结构。

2 术语、符号

2.1 术 语

术语是本规范新增的内容,主要是根据现行国家标准《工程结构设计基本术语和通用符号》GBJ 132、《建筑结构设计术语和符号标准》GB/T 50083、《建筑结构可靠度设计统一标准》GB 50068、《建筑结构荷载规范》GB 50009 等给出的。

2.2 符 号

符号主要是根据《混凝土结构设计规范》GBJ 10—89(以下简称原规范)规定的。有些符号因术语的改动而作了相应的修改,例如,本规范将长期效应组合改称为准永久组合,所以原规范符号 N_l 相应改为本规范符号 N_q。

3 基本设计规定

3.1 一 般 规 定

3.1.1 本规范按现行国家标准《建筑结构可靠度设计统一标准》GB 50068 采用荷载分项系数、材料性能分项系数(为了简便,直接以材料强度设计值表达)、结构重要性系数进行设计。

本规范中的荷载分项系数应按现行国家标准《建筑结构荷载规范》GB 50009 的规定取用。

3.1.2 对极限状态的分类,系根据现行国家标准《建筑结构可靠度设计统一标准》GB 50068 的规定确定。

3.1.3～3.1.5 对结构构件的计算和验算要求,与原规范基本相同。增加了漂浮验算,对疲劳验算修改较大。

《建筑结构荷载规范》GBJ 9—87 中的吊车,分为轻级、中级、重级和超重级工作制。现荷载规范修订组根据国家标准《起重机设计规范》GB 3811 中吊车的利用等级 U 和载荷状态 Q,将吊车分为 A1～A8 八个工作级别,将原荷载规范的四级工作制改为八级工作级别,本规范作了相应的修订。

原规范中有关疲劳问题,包括轻级、中级和重级工作制吊车,不包括超重级工作制吊车。本规范中所述吊车,仍未包括超重级工作制吊车。当设计直接承受超重级工作制吊车的吊车梁时,建议根据工程经验采用钢结构。

在具有荷载效应谱和混凝土及钢筋应力谱的情况下,可按专门标准的有关规定进行疲劳验算。

3.1.6 当结构发生局部破坏时,如不引发大范围倒塌,即认为结构具有整体稳定性。结构的延性、荷载传力途径的多重性以及结构体系的超静定性,均能加强结构的整体稳定性。设置竖直方向和水平方向通长的钢筋系杆将整个结构连系成一个整体,是提供结构整体稳定性的方法之一。另一方面,按特定的局部破坏状态的荷载组合进行设计,也是保证结构整体稳定性的措施之一。

当偶然事件产生特大的荷载时,要求按荷载效应的偶然组合进行设计(见第 3.2.3 条)以保持结构的完整无缺,往往经济上代价太高,有时甚至不现实。此时,可采用允许局部爆炸或撞击引起结构发生局部破坏,但整个结构不发生连续倒塌的原则进行设计。

3.1.7 各类建筑结构的设计使用年限是不应统一的,应按《建筑结构可靠度设计统一标准》的规定取用,相应的荷载设计值及耐久性措施均应依据设计使用年限确定。

3.1.8 结构改变用途和使用环境将影响其结构性能及耐久性,因此必须经技术鉴定或设计许可。

3.2 承载能力极限状态计算规定

3.2.1 关于本规范表 3.2.1 建筑结构安全等级选用问题,设计部门可根据工程实际情况和设计传统习惯选用。大多数建筑物的安全等级均属二级。

3.2.2 由于《建筑结构荷载规范》GB 50009 中新增

的由永久荷载效应控制的组合，使承受恒载为主的结构构件的安全度有所提高，并且本规范取消了原规范混凝土弯曲抗压强度 f_{cm}，统一取用抗压强度 f_c，使以混凝土受压为主的结构构件的安全度有所提高，所以取消了原规范对屋架、托架、承受恒载为主的柱安全等级应提高一级的规定。

工程实践表明，由于混凝土结构在施工阶段容易发生质量问题，因此取消了原规范对施工阶段预制构件安全等级可降低一级的规定。

3.2.3 符号 S 在《建筑结构荷载规范》GB 50009 中为荷载效应组合的设计值；在《建筑抗震设计规范》GB 50011 中为地震作用效应与其他荷载效应的基本组合，又称结构构件内力组合的设计值。

当几何参数的变异性对结构性能有明显影响时，需考虑其不利影响。例如，薄板的截面有效高度的变异性对薄板正截面承载力有明显影响，在计算截面有效高度时宜考虑施工允许偏差带来的不利影响。

3.3 正常使用极限状态验算规定

3.3.1 对正常使用极限状态，原规范规定按荷载的持久性采用两种组合，即荷载的短期效应组合和长期效应组合。本规范根据《建筑结构可靠度设计统一标准》GB 50068 的规定，将荷载的短期效应组合、长期效应组合改称为荷载效应的标准组合、准永久组合。在标准组合中，含有起控制作用的一个可变荷载标准值效应；在准永久组合中，含有可变荷载准永久值效应。这就使荷载效应组合的名称与荷载代表值的名称相对应。

对构件裂缝宽度、构件刚度的计算，本规范采用按荷载效应标准组合并考虑长期作用影响进行计算，与原规范的含义相同。

3.3.2 表 3.3.2 中关于受弯构件挠度的限值保持原规范的规定。悬臂构件是工程实践中容易发生事故的构件，设计时对其挠度需从严掌握。

3.3.3～3.3.4 本规范将裂缝控制等级划分为一级、二级和三级。等级是对裂缝控制严格程度而言的，设计人员需根据具体情况选用不同的等级。关于构件裂缝控制等级的划分，国际上一般都根据结构的功能要求、环境条件对钢筋的腐蚀影响、钢筋种类对腐蚀的敏感性和荷载作用的时间等因素来考虑。本规范在裂缝控制等级的划分上考虑了以上因素。

1 本规范在具体划分裂缝控制等级和确定有关限值时，主要参考了下列资料：(1) 1974 年混凝土结构设计规范及原规范有关规定的历史背景；(2) 工程实践经验及国内常用构件的实际设计抗裂度和裂缝宽度的调查统计结果；(3) 耐久性专题研究组对国内典型地区工程调查的结果，长期暴露试验与快速试验的结果；(4) 国外规范的有关规定。

2 对于采用热轧钢筋配筋的混凝土结构构件的裂缝宽度限值的确定，考虑了现行国内外规范的有关规定，并参考了耐久性专题研究组对裂缝的调查结果。

室内正常环境条件下钢筋混凝土构件最大裂缝剖形观察结果表明，不论其裂缝宽度大小、使用时间长短、地区湿度高低，凡钢筋上不出现结露或水膜，则其裂缝处钢筋基本上未发现明显的锈蚀现象；国外的一些工程调查结果也表明了同样的观点。

对钢筋混凝土屋架、托架、主要屋面承重结构构件，根据以往的工程经验，裂缝宽度限值宜从严控制。

对钢筋混凝土吊车梁的裂缝宽度限值，原规范对重级和中级工作制吊车分别规定为 0.2 和 0.3mm，现在重级和中级的名称已被取消，所以对需作疲劳验算的吊车梁，统一规定为 0.2mm。

对处于露天或室内潮湿环境条件下的钢筋混凝土构件，剖形观察结果表明，裂缝处钢筋都有不同程度的表皮锈蚀，而当裂缝宽度小于或等于 0.2mm 时，裂缝处钢筋上只有轻微的表皮锈蚀。根据上述情况，并参考国内外有关资料，规定最大裂缝宽度限值采用 0.2mm。

对使用除冰盐的环境，考虑到锈蚀试验及工程实践表明，钢筋混凝土结构构件的受力垂直裂缝宽度，对耐久性的影响不是太大，故仍允许存在受力裂缝。参考国内外有关规范，规定最大裂缝宽度限值为 0.2mm。

3 在原规范中，对采用预应力钢丝、钢绞线及热处理钢筋的预应力混凝土构件，考虑到钢丝直径较小和热处理钢筋对锈蚀比较敏感，一旦出现裂缝，会严重影响结构耐久性，故规定在室内正常环境下采用二级裂缝控制，在露天环境下采用一级裂缝控制。鉴于这方面的规定偏严，故在 1993 年原规范的局部修订中提出：各类预应力混凝土构件，在有可靠工程经验的前提下，对抗裂要求可作适当放宽。

4 根据工程实际设计和使用经验，主要是最近十多年来现浇后张法预应力框架和楼盖结构在我国的大量推广应用的经验，并参考国内外有关规范的规定；同时，还考虑了部分预应力混凝土构件的发展趋势，本次修订对预应力混凝土结构的裂缝控制，着重于考虑环境条件对钢筋腐蚀的影响，并考虑结构的功能要求以及荷载作用时间等因素作出规定。同时，取消了原规范的混凝土拉应力限制系数和受拉区混凝土塑性影响系数，以尽可能简化计算。对原规范室内正常环境下的一般构件，从二级裂缝控制等级放松为三级（楼板、屋面板仍为二级）；对原规范露天环境下的构件，从一级裂缝控制等级放松为二级（吊车梁仍为一级）；对原规范未涉及的三类环境下的构件，新增加规定为一级裂缝控制等级。

3.4 耐久性规定

3.4.1 本条规定了混凝土结构耐久性设计的基本原则，按环境类别和设计使用年限进行设计。表 3.4.1 列出的环境类别与 CEB 模式规范 MC-90 基本相同。表中二类环境 a 与 b 的主要差别在于有无冰冻。三类环境中的使用除冰盐环境是指北方城市依靠喷洒盐水除冰化雪的立交桥及类似环境，滨海室外环境是指在海水浪溅区之外，但其前面没有建筑物遮挡的混凝土结构。四类和五类环境的详细划分和耐久性设计方法由《港口工程技术规范》及《工业建筑防腐蚀设计规范》GB 50046 等标准解决。

关于严寒和寒冷地区的定义，《民用建筑热工设计规程》JGJ 24—86 规定如下：

严寒地区：累年最冷月平均温度低于或等于 $-10℃$ 的地区。

寒冷地区：累年最冷月平均温度高于 $-10℃$、低于或等于 $0℃$ 的地区。

累年系指近期 30 年，不足 30 年的取实际年数，但不得少于 10 年。各地可根据当地气象台站的气象参数确定所属气候区域，也可根据《建筑气象参数标准》提供的参数确定所属气候区域。

3.4.2 本条对一类、二类和三类环境中，设计使用年限为 50 年的混凝土结构的混凝土作出了规定。

表 3.4.2 中水泥用量为下限值，适宜的水泥用量应根据施工情况确定。混凝土中碱含量的计算方法参见《混凝土碱含量限值标准》CECS53：93 的规定。

3.4.3 本条对于设计使用年限为 100 年且处于一类环境中的混凝土结构作了专门的规定。

根据国内混凝土结构耐久性状态的调查，一类环境设计使用年限为 50 年基本可以得到保证。但国内一类环境实际使用年数超过 100 年的混凝土结构极少。耐久性调查发现，实际使用年数在 70～80 年一类环境中的混凝土构件基本完好，这些构件的混凝土立方体抗压强度在 $15N/mm^2$ 左右，保护层厚度 15～20mm。因此，对混凝土中氯离子含量加以限制；适当提高混凝土的强度等级和保护层厚度；特别是规定需定期进行维护，一类环境中的混凝土结构设计使用年限 100 年可得到保证。

3.4.4 二、三类环境的情况比较复杂，要求在设计中：限制混凝土的水灰比；适当提高混凝土的强度等级；保证混凝土抗冻性能；提高混凝土抗渗透能力；使用环氧涂层钢筋；构造上注意避免积水；构件表面增加防护层使构件不直接承受环境作用等，都是可采取的措施，特别是规定维修的年限或局部更换，都可以延长主体结构的实际使用年数。

3.4.5～3.4.6 混凝土的抗冻性能和抗渗性能试验方法、等级划分及配合比限制按有关的规范标准执行。混凝土抗渗和抗冻的设计可参考《水工混凝土结构设计规范》DL/T 5057 及《地下工程防水技术规范》GB 50108 的规定。

3.4.7 环氧树脂涂层钢筋是采用静电喷涂环氧树脂粉末工艺，在钢筋表面形成一定厚度的环氧树脂防腐涂层。这种涂层可将钢筋与其周围混凝土隔开，使侵蚀性介质（如氯离子等）不直接接触钢筋表面，从而避免钢筋受到腐蚀。

鉴于建设部已颁布行业标准《环氧树脂涂层钢筋》JG 3042，该产品在工程中应用也已取得了一定的使用经验，故本次修订增加了环氧树脂涂层钢筋应用的规定。

4 材 料

4.1 混 凝 土

4.1.1 混凝土强度等级的确定原则为：混凝土强度总体分布的平均值减去 1.645 倍标准差（保证率 95%）。混凝土强度等级由立方体抗压强度标准值确定，立方体抗压强度标准值是本规范混凝土各种力学指标的基本代表值。

4.1.2 本条对混凝土结构的最低混凝土强度等级作了规定。基础垫层的混凝土强度等级可采用 C10。

4.1.3～4.1.4 我国建筑工程实际应用的混凝土平均强度等级和钢筋的平均强度等级，均低于发达国家。我国结构安全度总体上比国际水平低，但材料用量并不少，其原因在于国际上较高的安全度是靠较高强度的材料实现的。为扭转这种情况，本规范在混凝土方面新增加了有关高强混凝土的内容。

1 混凝土抗压强度

本规范将原规范的弯曲抗压强度 f_{cmk}、f_{cm} 取消。

棱柱强度与立方强度之比值 α_{c1} 对普通混凝土为 0.76，对高强混凝土则大于 0.76。本规范对 C50 及以下 $\alpha_{c1}=0.76$，对 C80 取 $\alpha_{c1}=0.82$，中间按线性规律变化。

本规范对 C40 以上混凝土考虑脆性折减系数 α_{c2}，对 C40 取 $\alpha_{c2}=1.0$，对 C80 取 $\alpha_{c2}=0.87$，中间按线性规律变化。

考虑到结构中混凝土强度与试件混凝土强度之间的差异，根据以往的经验，并结合试验数据分析，以及参考其他国家的有关规定，对试件混凝土强度修正系数取为 0.88。

本规范的轴心抗压强度标准值与设计值分别按下式计算：

$$f_{ck}=0.88\alpha_{c1}\alpha_{c2}f_{cu,k}$$
$$f_c=f_{ck}/\gamma_c=f_{ck}/1.4$$

本规范的 f_c 是在下列四项前提下确定的：

1) 按荷载规范规定，新增由永久荷载效应控制的组合；

2) 取消原规范对屋架、托架，以及对承受恒载为主的轴压、小偏压柱安全等级提高一级的规定；
3) 保留附加偏心距 e_a 的规定；
4) 混凝土材料分项系数 γ_c 取为 1.4。

2 混凝土抗拉强度

本规范的轴心抗拉强度标准值与设计值分别按下式计算：

$$f_{tk}=0.88\times 0.395 f_{cu,k}^{0.55}(1-1.645\delta)^{0.45}\times \alpha_{c2}$$

$$f_t = f_{tk}/\gamma_c = f_{tk}/1.4$$

式中，系数 0.395 和指数 0.55 是根据原规范确定抗拉强度的试验数据再加上我国近年来对高强混凝土研究的试验数据，统一进行分析后得出的。

基于 1979~1980 年对全国十个省、市、自治区的混凝土强度的统计调查结果，以及对 C60 以上混凝土的估计判断，本规范对混凝土立方体强度采用的变异系数如下表：

$f_{cu,k}$	C15	C20	C25	C30	C35	C40	C45	C50	C55	C60~C80
δ	0.21	0.18	0.16	0.14	0.13	0.12	0.12	0.11	0.11	0.10

4.1.5 根据高强混凝土专题研究结果，高强混凝土弹性模量仍可采用原规范计算公式。本规范的混凝土弹性模量按下式计算：

$$E_c = \frac{10^5}{2.2+\frac{34.7}{f_{cu,k}}} \quad (N/mm^2)$$

式中 $f_{cu,k}$ 以混凝土强度等级值（按 N/mm^2 计）代入，可求得与立方体抗压强度标准值相对应的弹性模量。

4.1.6 本规范取消了弯曲抗压强度 f_{cm}，所以混凝土的疲劳抗压强度修正系数 γ_ρ 相应提高 10%。但考虑到原规范混凝土疲劳强度修正系数 γ_ρ 是由考虑将《钢筋混凝土结构设计规范》TJ 10—74 中的疲劳强度设计值 $\gamma_\rho R_f$ 改为 $\gamma_\rho f_t$，且 $R_f/f_t \approx 1.5$，又考虑到《建筑结构荷载规范》GBJ 9—87 的吊车动力系数比荷载规范 TJ 9—74 约降低 7%这些因素。因此原规范中的 γ_ρ 比设计规范 TJ 10—74 提高 40%，即按 $R_f/(f_t\times 1.07)=1.4$ 进行调整。这仅适用于混凝土抗拉疲劳强度，而抗压疲劳强度的修正系数也提高到 1.4 倍是不合适的。另外考虑到在正常配筋情况下，混凝土的抗压疲劳强度一般不起控制作用。所以综合考虑上述因素，为便于设计，没有分别给出混凝土抗压和抗拉强度的疲劳强度修正系数，而仍按原规范规定取用 γ_ρ 值。

国内疲劳专题研究及国外对高强度混凝土的疲劳强度的试验结果表明，高强混凝土的疲劳强度折减系数与普通混凝土的疲劳强度折减系数无明显差别，所以本规范将普通混凝土的疲劳强度修正系数扩大应用于高强混凝土，且与试验结果符合较好。根据疲劳专题研究的试验结果，本规范增列了高强混凝土的疲劳变形模量。

疲劳指标（包括混凝土疲劳强度设计值、混凝土疲劳变形模量和钢筋疲劳应力幅限值）是指等幅疲劳二百万次的指标，不包括变幅疲劳。

4.2 钢 筋

4.2.1 本规范在钢筋方面提倡用 HRB400 级（即新Ⅲ级）钢筋作为我国钢筋混凝土结构的主力钢筋；用高强的预应力钢绞线、钢丝作为我国预应力混凝土结构的主力钢筋，推进在我国工程实践中提升钢筋的强度等级。

原规范颁布实施以来，混凝土结构用钢筋、钢丝、钢绞线的品种和性能有了进一步的发展，研制开发成功了一批钢筋新品种，对原有钢筋标准进行修订。主要变动有：以屈服点为 400 N/mm^2 的钢筋替代原屈服点为 370 N/mm^2 的钢筋；调整了预应力混凝土用钢丝、钢绞线的品种和性能。

本规范所依据的钢筋标准

项 次	钢 筋 种 类	标 准 代 号
1	热轧钢筋	GB 1499—98 GB 13013—91 GB 13014—91
2	预应力钢丝	GB/T 5223—95
3	预应力钢绞线	GB/T 5224—95
4	热处理钢筋	GB 4463—84

表中所列预应力钢丝包括了原规范中的消除应力的光面碳素钢丝及新列入的螺旋肋钢丝及三面刻痕钢丝。

近年来，我国强度高、性能好的预应力钢筋（钢丝、钢绞线）已可充分供应，故冷拔低碳钢丝和冷拉钢筋不再列入本规范，冷轧带肋钢筋和冷轧扭钢筋亦因已有专门规程而不再列入本规范。不列入本规范不是不允许使用这些钢筋，而是使用冷拔低碳钢丝、冷轧带肋钢筋、冷轧扭钢筋和焊接钢筋网时，应符合专门规程《冷拔钢丝预应力混凝土构件设计与施工规程》JGJ 19、《冷轧带肋钢筋混凝土结构技术规程》JGJ 95、《冷轧扭钢筋混凝土构件技术规程》JGJ 115 和《钢筋焊接网混凝土结构技术规程》JGJ/T 114 的规定。使用冷拉钢筋时，其冷拉后的钢筋强度采用原规范（1996 局部修订）的规定。

4.2.2 根据 4.2.1 说明中列出的钢筋标准，对钢筋种类，规格和强度标准值相应作了修改。

4.2.3 HPB 235 级钢筋、HRB 400 级钢筋的设计值按原规范取用。HRB 335 级钢筋的强度设计值改为 300 N/m^2，使这三个级别钢筋的材料分项系数 γ_s 取值相一致，都取为 1.10。

对预应力用钢丝、钢绞线和热处理钢筋，原规范取用 $0.8\sigma_b$（σ_b 为钢筋国家标准的极限抗拉强度）作为条件屈服点，本规范改为 $0.85\sigma_b$，以与钢筋的国家标准相一致。钢筋材料分项系数 γ_s 取用 1.2。例如 $f_{ptk}=1770\text{N/mm}^2$ 的预应力钢丝，强度设计值 $f_{py}=1770\times0.85/1.2=1253\text{N/mm}^2$，取整为 1250N/mm^2，较原规范（1996 局部修订）的 1200N/mm^2 提高约 4%。

4.2.5 根据国内外的疲劳试验的资料表明：影响钢筋疲劳强度的主要因素为钢筋疲劳应力幅，即 $\sigma_{max}^f - \sigma_{min}^f$，所以本规范根据原规范的钢筋疲劳强度设计值，给出考虑应力比的钢筋疲劳应力幅限值。

钢绞线的疲劳应力幅限值是这次新增的内容，主要参考了我国《铁路桥涵钢筋混凝土和预应力混凝土结构设计规范》TB 10002.3—99。该规范中规定的疲劳应力幅限值为 140 N/mm^2，其试验依据为 $f_{ptk}=1860\text{N/mm}^2$ 的高强钢绞线，考虑到本规范中钢绞线强度还有 $f_{ptk}=1570\text{N/mm}^2$ 的等级以及预应力钢筋在曲线管道中等因素的影响，故采用偏安全的表中的限值。

普通钢筋疲劳应力幅限值表 4.2.5-1 中的空缺，是因为尚缺乏有关的试验数据。

5 结 构 分 析

本章为新增内容，弥补了我国历来混凝土结构设计规范中结构分析内容方面的不足。所列条款反映了我国混凝土结构的设计现状、工程经验和试验研究等方面所取得的进展，同时也参考了国外标准规范的相关内容。

本规范只列入了结构分析的基本原则和各种分析方法的应用条件。各种结构分析方法的具体内容在有关标准中有更详尽的规定时，可遵照执行。

5.1 基 本 原 则

5.1.1 在所有的情况下均应对结构的整体进行分析。结构中的重要部位、形状突变部位以及内力和变形有异常变化的部分（例如较大孔洞周围、节点及其附近、支座和集中荷载附近等），必要时应另作更详细的局部分析。

对结构的两种极限状态进行结构分析时，应采取相应的荷载组合。

5.1.2 结构在不同的工作阶段，例如预制构件的制作、运输和安装阶段，结构的施工期、检修期和使用期等，以及出现偶然事故的情况下，都可能出现多种不利的受力状况，应分别进行结构分析，并确定其可能最不利的作用效应组合。

5.1.3 结构分析应以结构的实际工作状况和受力条件为依据。结构分析的结果应有相应的构造措施作保证。例如：固定端和刚节点的承受弯矩能力和对变形的限制；塑性铰的充分转动能力；适筋截面的配筋率或压区相对高度的限制等。

结构分析方法应有可靠的依据和足够的计算准确程度。

5.1.4 所有结构分析方法的建立都基于三类基本方程，即力学平衡方程、变形协调（几何）条件和本构（物理）关系。其中力学平衡条件必须满足；变形协调条件对有些方法不能严格符合，但应在不同程度上予以满足；本构关系则需合理地选用。

5.1.5 现有的结构分析方法可归纳为五类。各类方法的主要特点和应用范围如下：

1 线弹性分析方法是最基本和最成熟的结构分析方法，也是其他分析方法的基础和特例。它适用于分析一切形式的结构和验算结构的两种极限状态。至今，国内外的大部分混凝土结构的设计仍基于此方法。

结构内力的线弹性分析和截面承载力的极限状态设计相结合，实用上简易可行。按此设计的结构，其承载力一般偏于安全。少数结构因混凝土开裂部分的刚度减小而发生内力重分布，可能影响其他部分的开裂和变形状况。

考虑到混凝土结构开裂后的刚度减小，对梁、柱构件分别取用不等的折减刚度值，但各构件（截面）刚度不随荷载效应的大小而变化，则结构的内力和变形仍可采用线弹性方法进行分析。

2 考虑塑性内力重分布的分析方法设计超静定混凝土结构，具有充分发挥结构潜力、节约材料、简化设计和方便施工等优点。

3 塑性极限分析方法又称塑性分析法或极限平衡法。此法在我国主要用于周边有梁或墙支承的双向板设计。工程设计和施工实践经验证明，按此法进行计算和构造设计简便易行，可保证安全。

4 非线性分析方法以钢筋混凝土的实际力学性能为依据，引入相应的非线性本构关系后，可准确地分析结构受力全过程的各种荷载效应，而且可以解决一切体形和受力复杂的结构分析问题。这是一种先进的分析方法，已经在国内外一些重要结构的设计中采用，并不同程度地纳入国外的一些主要设计规范。但这种分析方法比较复杂，计算工作量大，各种非线性本构关系尚不够完善和统一，至今应用范围仍然有限，主要用于重大结构工程如水坝、核电站结构等的分析和地震下的结构分析。

5 结构或其部分的体形不规则和受力状态复杂，又无恰当的简化分析方法时，可采用试验分析方法。例如剪力墙及其孔洞周围，框架和桁架的主要节点，构件的疲劳，平面应变状态的水坝等。

5.1.6 结构设计中采用电算分析的日益增多，商业的和自编的电算程序都必须保证其运算的可靠性。而且，每一项电算的结果都应作必要的判断和校核。

5.2 线弹性分析方法

5.2.2 由长度大于3倍截面高度的构件所组成的结构，可按杆系结构进行分析。

这里所列的简化假设是多年工程经验证实可行的。有些情况下需另作考虑，例如有些空间结构体系不能或不宜于分解为平面结构分析，高层建筑结构不能忽略轴力、剪力产生的杆件变形对结构内力的影响，细长和柔性的结构或杆件要考虑二阶效应等。

5.2.3 计算图形宜根据结构的实际形状、构件的受力和变形状况、构件间的连接和支承条件以及各种构造措施等，作合理的简化。例如，支座或柱底的固定端应有相应的构造和配筋作保证；有地下室的建筑底层柱，其固定端的位置还取决于底板（梁）的刚度；节点连接构造的整体性决定其按刚接或铰接考虑等。

5.2.4 按构件全截面计算截面惯性矩时，既不计钢筋的换算面积，也不扣除预应力钢筋孔道等的面积。

T形截面梁的惯性矩值按截面矩形部分面积的惯性矩进行修正，比给定翼缘有效宽度进行计算更为简捷。

计算框架在使用阶段的侧移时，构件刚度折减系数的取值参见《钢筋混凝土连续梁和框架考虑内力重分布设计规程》CECS 51：93。

5.2.5 电算程序一般按准确分析方法编制，简化分析方法适合于手算。

5.2.7 各种结构体系和不同支承条件、荷载状况的双向板都可采用线弹性方法分析。结构体系布置规则的双向板，按周边支承板和板柱体系两种情况，分别采用第5.3.2条和第5.3.3条所列方法进行计算，更为简捷方便。

5.2.8 二维和三维结构通过力学分析或模型试验可获得内部应力分布，但不是截面内力（弯矩、轴力、剪力、扭矩），其承载能力极限状态宜由受拉区配设钢筋和受压区验算混凝土多轴强度作保证。前者参见《水工混凝土结构设计规范》DL/T 5057，但一般不考虑混凝土的抗拉强度，后者见本规范附录C。结构的线弹性应力分析与配筋的极限状态计算相结合，其承载力设计结果偏于安全。

5.3 其他分析方法

5.3.1 弯矩调幅法是钢筋混凝土结构考虑塑性内力重分布分析方法中的一种。该方法计算简便，已在我国广为应用多年。弯矩调幅法的原则、方法和设计参数等参见《钢筋混凝土连续梁和框架考虑内力重分布设计规程》CECS 51：93，但应注意应用这种方法的限制条件。

5.3.2 周边有梁或墙支承的钢筋混凝土双向板，可采用塑性铰线法（极限分析的上限解）进行分析，根据板的极限平衡基本方程和两方向单位极限弯矩的比值，依次计算各区格板的弯矩值或者直接利用相应的计算图表确定弯矩值。条带法是极限分析的下限解，已知荷载即可根据平衡条件确定板的弯矩设计值，按此法设计总是偏于安全的。

5.3.3 结构布置规则的板柱体系可直接采用弯矩系数法计算柱上板带和跨中板带的各支座和跨中截面的弯矩值。当结构布置不规则时，可将计算图形取为平面等代框架进行分析，再按柱上板带和跨中板带分配各支座和跨中截面的弯矩值。

5.3.4 杆系（一维）结构和二、三维结构的非线性分析可根据结构的类型和形状，要求的计算精度等，选择分析方法。应根据情况采用不同的离散尺度；确定相应的本构关系，如一点的应力—应变关系、杆件截面的弯矩—曲率关系、杆件的内力—变形关系、不同形状有限单元的本构关系等，并以此为基础推导基本方程和确定计算过程。

进行结构非线性分析时，其各部尺寸和材料性能指标必须预先设定。若采用的混凝土和钢筋的材料性能指标（如强度、弹性模量、峰值应变和屈服应变），或者二者的性能比与实际结构中的相应值有差别时，受力全过程的计算结果，包括结构的应力分布、变形、破坏形态和极限荷载等都会产生不同程度的偏差。

在确定混凝土和钢筋的材料本构关系和强度、变形值时，宜事先进行试验测定。无试验条件时，可采用经过验证的数学模型（如附录C），其参数值应经过标定或有可靠依据。材料的强度和特征变形值宜取平均值，可按附录C的公式计算或表列值采用。

与材料性能指标的取值相适应，当验算结构的承载能力极限状态时，应将荷载效应的基本组合设计值乘以修正系数，其数值根据结构或构件的受力特点和破坏形态确定，但不宜小于下值：

受拉钢筋控制破坏（如轴拉、受弯、偏拉、大偏压等）　　　　　　1.4；
受压混凝土或斜截面控制破坏（如轴压、小偏压、受剪、受扭等）1.9。

验算正常使用极限状态时，可取荷载效应的标准组合，一般不作修正。

结构分析中的应力、应变、曲率、变形、裂缝间距和宽度等都可取为一定长度或面积范围内的平均值，以简化计算。混凝土受拉开裂后，在确定构件的变形（曲率）和刚度时，宜考虑混凝土的受拉刚化效应。

结构非线性分析的电算程序，除了严格进行理论考证外，还应有一定的试验验证。

5.3.5 混凝土结构的试验应经专门的设计。对试件的形状、尺寸和数量，材料的品种和性能指标，支承和边界条件，加载的方式、数值和过程，量测项目和测点布置等作出周密考虑,以确保试验结果的有效和准确。

在结构的试验过程中,对量测并记录的各种数据和现象应及时整理和判断。试验结束后应进行分析和计算以确定试件的各项性能指标值和所需的设计参数值,并对试验的准确度作出估计,引出合理的结论。

5.3.6 混凝土的温度－湿度变形和收缩、徐变等因素主要影响结构的正常使用极限状态和耐久性,对结构承载能力极限状态的影响较小,必要时需加分析和验算。温度应力分析参见《水工混凝土结构设计规范》DL/T 5057。

6 预应力混凝土结构构件计算要求

6.1 一般规定

6.1.1 预应力混凝土构件对于承载能力极限状态下的荷载效应基本组合及对于正常使用极限状态下荷载效应的标准组合（原规范的短期效应组合）和准永久组合（长期效应组合）,是根据《建筑结构荷载规范》GB 50009 的有关规定并加入了预应力效应项而确定的。预应力效应设计值将在本规范有关章节计算公式中具体给出。预应力效应包括预加力产生的次弯矩、次剪力。在承载能力极限状态下,预应力作用分项系数应按预应力作用的有利或不利,分别取 1.0 或 1.2。当不利时,如后张法预应力混凝土构件锚头局压区的张拉控制力,预应力作用分项系数应取 1.2。在正常使用极限状态下,预应力作用分项系数通常取 1.0。以上保留了原规范的规定,并注意了与国外有关规范的协调。

对承载能力极限状态,当预应力效应列为公式左端项参与荷载效应组合时,根据工程经验,对参与组合的预应力效应项,通常取结构重要性系数 γ_0＝1.0。

6.1.2 本条采用了配置预应力钢筋及非预应力普通钢筋的混合配筋设计方法,以及部分预应力混凝土的设计原理。

6.1.3 后张法预应力钢筋的张拉控制应力值 σ_{con} 的限值对消除应力钢丝、钢绞线比原规范提高了 $0.05 f_{ptk}$。原因是张拉过程中的高应力在预应力锚固后降低很快,以及这类钢筋的材质较稳定,因而一般不会引起预应力钢筋在张拉过程中拉断的事故。目前国内已有不少单位采用比原规范限值高的 σ_{con}。国外一些规范,如美国 ACI 318 规范的 σ_{con} 限值也较高。所以为了提高预应力钢筋的经济效益,σ_{con} 的限值可适当提高。但是 σ_{con} 增大后会增加预应力损失值,因此合适的张拉控制应力值应根据构件的具体情况确定。

6.1.5 在后张法预应力混凝土超静定结构中存在支座等多余约束。当预加力对超静定梁引起的结构变形受到支座约束时,将产生支座反力,并由该反力产生次弯矩 M_2,使预应力钢筋的轴线与压力线不一致。因此,在计算由预加力在截面中产生的混凝土法向应力时,应考虑该次弯矩 M_2 的影响。

约束构件如柱子或墙对梁、板预应力效果的不利影响,宜在设计中采取适当措施予以解决。

6.1.6 当预应力混凝土构件配置非预应力钢筋时,由于混凝土收缩和徐变的影响,会在这些非预应力钢筋中产生内力。这些内力减少了受拉区混凝土的法向预压应力,使构件的抗裂性能降低,因而计算时应考虑这种影响。为简化计算,假定非预应力钢筋的应力取等于混凝土收缩和徐变引起的预应力损失值。但严格地说,这种简化计算当预应力钢筋和非预应力钢筋重心位置不重合时是有一定误差的。

6.1.7～6.1.8 通常对预应力钢筋由于布置上几何偏心引起的内弯矩 $N_p e_{pn}$ 以 M_1 表示,由该弯矩对连续梁引起的支座反力称为次反力,由次反力对梁引起的弯矩称为次弯矩 M_2。在预应力混凝土超静定梁中,由预加力对任一截面引起的总弯矩 M_r 为内弯矩 M_1 与次弯矩 M_2 之和,即 $M_r = M_1 + M_2$。

国内外学者对预应力混凝土连续梁的试验研究表明,对预应力混凝土超静定结构,在进行正截面和斜截面抗裂验算时,应计入预应力次弯矩、次剪力对截面内力的影响,次弯矩和次剪力的预应力分项系数取 1.0。在正截面抗裂验算中,为计及次弯矩的作用,可近似取预加力（扣除相应阶段预应力损失后并考虑非预应力钢筋影响）的等效荷载在结构截面引起的总弯矩进行计算。在进行正截面受弯承载力计算时,在弯矩设计值中次弯矩应参与组合;在进行斜截面受剪承载力计算时,在剪力设计值中次剪力应参与组合。当参与组合的次弯矩、次剪力对结构不利时,预应力分项系数取 1.2;对结构有利时取 1.0。

近些年来,国内开展了后张法预应力混凝土连续梁内力重分布的试验研究,并探讨次弯矩存在对内力重分布的影响。这些试验规律为制定本条款提供了依据。

据上述试验研究及有关文献的分析和建议,对存在次弯矩的后张法预应力混凝土超静定结构,其弯矩重分布规律可描述为:$(1-\beta)M_d + \alpha M_2 \leq M_u$,其中,$\alpha$ 为次弯矩消失系数。

直接弯矩的调幅系数定义为:$\beta = 1 - M_a/M_d$,此处,M_a 为调整后的弯矩值,M_d 为按弹性分析算得的荷载弯矩设计值;它的变化幅度是:$0 \leq \beta \leq \beta_{max}$,此处,$\beta_{max}$ 为最大调幅系数。次弯矩随结构构件刚度改变和塑性铰转动而逐步消失,它的变化幅度是:$0 \leq \alpha \leq 1.0$,且当 $\beta = 0$ 时,取 $\alpha = 1.0$;当 $\beta = \beta_{max}$ 时,可取 α 接近为 0。且 β 可取其正值或负值,当取 β 为正值时,表示支座处的直接弯矩向跨中调幅;当取 β 为负值时，表示跨中的直接弯矩向支座处调幅。在上述试验结果与分析研究的基础上，规定对预应力混凝土框架梁及连续梁在重力荷载作用下，当受压区高度 x ≤$0.30h_0$ 时，可允许有限量的弯矩重分配，其调幅值最大不得超过 10%；同时可考虑次弯矩对截面内力的影响，但总调幅值不宜超过 20%。

6.1.9 对刻痕钢丝、螺旋肋钢丝、三股和七股钢绞线的预应力传递长度，均在原规范规定的预应力传递长度的基础上，根据试验研究结果作了调整，并采用公式由其有效预应力值计算预应力传递长度。预应力钢筋传递长度的外形系数取决于与锚固有关的钢筋的外形。

6.1.11～6.1.13 为确保预应力混凝土结构在施工阶段的安全，明确规定了在施工阶段应进行承载能力极限状态验算。对截面边缘的混凝土法向应力的限值条件，是根据国内外相关规范校准并吸取国内的工程设计经验而得的。其中，对混凝土法向应力的限值，均按与各施工阶段混凝土抗压强度 f'_{cu} 相应的抗拉强度及抗压强度标准值表示。

对预拉区纵向钢筋的配筋率取值，原则上与本规范第 9.5.1 条的最小配筋率相一致。

6.1.14 对先张法及后张法预应力混凝土构件的受剪承载力、受扭承载力及裂缝宽度计算，均需用到混凝土法向预应力为零时的预应力钢筋合力 N_{p0}，故此作了规定。

6.2 预应力损失值计算

6.2.1 预应力混凝土用钢丝、钢绞线的应力松弛试验表明，应力松弛损失值与钢丝的初始应力值和极限强度有关。表中给出的普通松弛和低松弛预应力钢丝、钢绞线的松弛损失值计算公式，是按钢筋标准 GB/T 5223 及 GB/T 5224 中规定的数值综合成统一的公式，以便于应用。当 σ_{con}/f_{ptk} ≤ 0.5 时，实际的松弛损失值已很小，为简化计算取松弛损失值为零。热处理钢筋的应力松弛损失值，根据现有的少量试验资料看，取规范规定的松弛损失值是偏于安全的，待今后进行系统试验后再作更为精确的规定。

6.2.2 锚固阶段张拉端预应力筋的内缩量允许值，原规范对带螺帽的锚具、钢丝束的镦头锚具、钢丝束的钢质锥形锚具、JM12 锚具及单根冷拔低碳钢丝的锥形锚夹具作了规定，但不能包括所有的锚具。现根据锚固原理的不同，将锚具分为支承式、锥塞式和夹片式三类，对每类作出规定。

在原规范中，未给出 QM、XM、OVM 等群锚的锚具变形和钢筋内缩值。而这些锚具及 JM 锚具均属于夹片式锚具，故本次修订按有顶压或无顶压分别给出了该类锚具的规定值。

6.2.4 预应力钢筋与孔道壁之间的摩擦引起的预应力损失，包括沿孔道长度上局部位置偏移和曲线弯道摩擦影响两部分。在计算公式中，x 值为从张拉端至计算截面的孔道长度，但在实际工程中，构件的高度和长度相比常很小，为简化计算，可近似取该段孔道在纵轴上的投影长度代替孔道长度；θ 值应取从张拉端至计算截面的长度上预应力钢筋弯起角（以弧度计）之和。

研究表明，孔道局部偏差的摩擦系数 κ 值与下列因素有关：预应力钢筋的表面形状；孔道成型的质量状况；预应力钢筋接头的外形；预应力钢筋与孔壁的接触程度（孔道的尺寸，预应力钢筋与孔壁之间的间隙数值和预应力钢筋在孔道中的偏心距数值情况）等。在曲线预应力钢筋摩擦损失中，预应力钢筋与曲线弯道之间摩擦引起的损失是控制因素。

根据国内的试验研究资料及多项工程的实测数据，并参考国外规范的规定，补充了预埋金属波纹管、预埋钢管孔道的摩擦影响系数。当有可靠的试验数据时，本规范表 6.2.4 所列系数值可根据实测数据确定。

6.2.5 根据国内对混凝土收缩、徐变的试验研究表明，应考虑预应力钢筋和非预应力钢筋配筋率对 σ_{l5} 值的影响，其影响可通过构件的总配筋率 ρ（$\rho=\rho_p+\rho_s$）反映。在公式（6.2.5-1）至（6.2.5-4）中，分别给出先张法和后张法两类构件受拉区及受压区预应力钢筋处的混凝土收缩和徐变引起的预应力损失。公式中反映了上述各项因素的影响，此计算方法比仅按预应力钢筋合力点处的混凝土法向预应力计算预应力损失的方法更为合理。本次修订考虑到现浇后张预应力混凝土施加预应力的时间比 28d 龄期有所提前等因素，对上述收缩和徐变计算公式中的有关项在数值上作了调整。调整的依据为：预加力时混凝土龄期，先张法取 7d，后张法取 14d；理论厚度均取 200mm；预加力后至使用荷载作用前延续的时间取 1 年，并与附录 E 计算结果进行校核得出。同时，删去了原规范中构件从预加应力时起至承受外荷载的时间对混凝土收缩和徐变损失值影响的系数 β 的计算公式。

7 承载能力极限状态计算

7.1 正截面承载力计算的一般规定

7.1.1 明确指出了本章第 7.1 节至 7.4 节的适用条件，同时，指出了深受弯构件应按本规范第 10.7 节的规定计算。

7.1.2～7.1.3 对正截面承载力计算方法的基本假定作了具体规定：

1 平截面假定

试验表明，在纵向受拉钢筋的应力达到屈服强度之前及达到的瞬间，截面的平均应变基本符合平截面假定。因此，按照平截面假定建立判别纵向受拉钢筋是否屈服的界限条件和确定屈服之前钢筋的应力 σ_s 是合理的。平截面假定作为计算手段,即使钢筋已达屈服,甚至进入强化段时,也还是可行的,计算值与试验值符合较好。

引用平截面假定可以将各种类型截面(包括周边配筋截面)在单向或双向受力情况下的正截面承载力计算贯穿起来,提高了计算方法的逻辑性和条理性,使计算公式具有明确的物理概念。引用平截面假定为利用电算进行全过程分析及非线性分析提供了必不可少的变形条件。

世界上一些主要国家的有关规范,均采用了平截面假定。

2 混凝土的应力-应变曲线

随着混凝土强度的提高,混凝土受压时应力-应变曲线将逐渐变化,其上升段将逐渐趋向线性变化,且对应于峰值应力的应变稍有提高;下降段趋于变陡,极限应变有所减少。为了综合反映低、中强度混凝土和高强混凝土的特性,在原规范的应力-应变曲线的基础上作了修改补充,并参照国外有关规范的规定,本规范采用了如下的表达形式:

上升段 $\sigma_c = f_c \left[1 - \left(1 - \dfrac{\varepsilon_c}{\varepsilon_0}\right)^n \right]$

$(\varepsilon_c \leqslant \varepsilon_0)$

下降段 $\sigma_c = f_c$ $(\varepsilon_0 < \varepsilon_c \leqslant \varepsilon_{cu})$

根据国内中低强混凝土和高强混凝土偏心受压短柱的试验结果,在条文中给出了有关参数:n、ε_0、ε_{cu},它们与试验结果较为接近。考虑到与国际规范接轨和国内规范统一,同时顾及适当提高正截面承载力计算的可靠度,本规范取消了弯曲抗压强度 f_{cm},峰值应力 σ_0 取轴心抗压强度 f_c。

在承载力计算中,可采用合适的压应力图形,只要在承载力计算上能与可靠的试验结果基本符合。为简化计算,本规范采用了等效矩形压应力图形,此时,矩形应力图的应力取 f_c 乘以系数 α_1,矩形应力图的高度可取等于按平截面假定所确定的中和轴高度 x_n 乘以系数 β_1。对中低强混凝土,当 $n=2$、$\varepsilon_0=0.002$、$\varepsilon_{cu}=0.0033$ 时,$\alpha_1=0.969$,$\beta_1=0.824$;为简化计算,取 $\alpha_1=1.0$,$\beta_1=0.8$。对高强混凝土,用随混凝土强度提高而逐渐降低的系数 α_1、β_1 值来反映高强混凝土的特点,这种处理方法能适应混凝土强度进一步提高的要求,也是多数国家规范采用的处理方法。上述的简化计算与试验结果对比大体接近。应当指出,将上述简化计算的规定用于三角形截面、圆形截面的受压区,会带来一定的误差。

3 对纵向受拉钢筋的极限拉应变规定为 0.01,作为构件达到承载能力极限状态的标志之一。对有物理屈服点的钢筋,它相当于钢筋应变进入了屈服台阶;对无屈服点的钢筋,设计所用的强度是以条件屈服点为依据的,极限拉应变的规定是限制钢筋的强化强度,同时,它也表示设计采用的钢筋,其均匀伸长率不得小于 0.01,以保证结构构件具有必要的延性。对预应力混凝土结构构件,其极限拉应变应从混凝土消压时的预应力钢筋应力 σ_{p0} 开始算起。

对非均匀受压构件,混凝土的极限压应变达到 ε_{cu} 或者受拉钢筋的极限拉应变达到 0.01,即这两个极限应变中只要具备其中一个,即标志构件达到了承载能力极限状态。

7.1.4 构件达到界限破坏是指正截面上受拉钢筋屈服与受压区混凝土破坏同时发生时的破坏状态。对应于这一破坏状态,受压边混凝土应变达到 ε_{cu};对配置有屈服点钢筋的钢筋混凝土构件,纵向受拉钢筋的应变取 f_y/E_s。界限受压区高度 x_b 与界限中和轴高度 x_{nb} 的比值为 β_1,根据平截面假定,可得截面相对界限受压区高度 ξ_b 的公式(7.1.4-1)。

对配置无屈服点钢筋的钢筋混凝土构件或预应力混凝土构件,根据条件屈服点的定义,应考虑 0.2% 的残余应变,普通钢筋应变取 $(f_y/E_s+0.002)$,预应力钢筋应变取 $[(f_{py}-\sigma_{p0})/E_s+0.002]$。根据平截面假定,可得公式(7.1.4-2)和公式(7.1.4-3)。

无屈服点的普通钢筋通常是指细规格的带肋钢筋,无屈服点的特性主要取决于钢筋的轧制和调直等工艺。

7.1.5 钢筋应力 σ_s 的计算公式,是以混凝土达到极限压应变 ε_{cu} 作为构件达到承载能力极限状态标志而给出的。

按平截面假定可写出截面任意位置处的普通钢筋应力 σ_{si} 的计算公式(7.1.5-1)和预应力钢筋应力 σ_{pi} 的计算公式(7.1.5-2)。

为了简化计算,根据我国大量的试验资料及计算分析表明,小偏心受压情况下实测受拉边或受压较小边的钢筋应力 σ_s 与 ξ 接近直线关系。考虑到 $\xi=\xi_b$ 及 $\xi=\beta_1$ 作为界限条件,取 σ_s 与 ξ 之间为线性关系,就可得到公式(7.1.5-3)、(7.1.5-4)。

按上述线性关系式,在求解正截面承载力时,一般情况下为二次方程。

分析表明,当用 β_1 代替原规范公式中的系数 0.8 后,计算钢筋应力的近似公式,对高强混凝土引起的误差与普通混凝土大致相当。

7.2 正截面受弯承载力计算

7.2.1~7.2.6 基本保留了原规范规定的实用计算方法。根据本规范第 7.1 节的规定,将原规范取用的混凝土弯曲抗压强度设计值 f_{cm} 统一改为混凝土轴心抗压强度设计值 f_c 乘以系数 α_1。

7.3 正截面受压承载力计算

7.3.1 基本保留了原规范的规定。为保持与偏心受压构件正截面承载力计算具有相近的可靠度,在正文公式（7.3.1）右端乘以系数 0.9。

当需用公式计算 φ 值时，对矩形截面也可近似用 $\varphi=\left[1+0.002\left(\dfrac{l_0}{b}-8\right)^2\right]^{-1}$ 代替查表取值。当 l_0/b 不超过 40 时，公式计算值与表列数值误差不致超过 3.5%。对任意截面可取 $b=\sqrt{12}i$，对圆形截面可取 $b=\sqrt{3}d/2$。

7.3.2 基本保留了原规范的规定，并根据国内外的试验结果，当混凝土强度等级大于 C50 时，间接钢筋对混凝土的约束作用将会降低，为此，在 $50\text{N}/\text{mm}^2 < f_{cu,k} \leqslant 80\text{N}/\text{mm}^2$ 范围内，给出折减系数 α 值。基于与第 7.3.1 条相同的理由，在公式（7.3.2-1）右端乘以系数 0.9。

7.3.3 由于工程中实际存在着荷载作用位置的不定性、混凝土质量的不均匀性及施工的偏差等因素，都可能产生附加偏心距。很多国家的规范中都有关于附加偏心距的具体规定，因此参照国外规范的经验，规定了附加偏心距 e_a 的绝对值与相对值的要求，并取其较大值用于计算。

7.3.4 矩形截面偏心受压构件

1 对非对称配筋的小偏心受压构件，当偏心距很小时，为了防止 A_s 产生受压破坏，尚应按公式（7.3.4-5）进行验算，此处，不考虑偏心距增大系数，并引进了初始偏心距 $e_i=e_0-e_a$，这是考虑了不利方向的附加偏心距。计算表明，只有当 $N>f_c bh$ 时，钢筋 A_s 的配筋率才有可能大于最小配筋率的规定。

2 对称配筋小偏心受压的钢筋混凝土构件近似计算方法

当应用偏心受压构件的基本公式（7.3.4-1）、（7.3.4-2）及公式（7.1.5-1）求解对称配筋小偏心受压构件承载力时，将出现 ξ 的三次方程。第 7.3.4 条第 4 款的简化公式是取 $\xi\left(1-\dfrac{1}{2}\xi\right)\dfrac{\xi_b-\xi}{\xi_b-\beta_1}\approx 0.43\dfrac{\xi_b-\xi}{\xi_b-\beta_1}$，使求解 ξ 的方程降为一次方程，便于直接求得小偏压构件所需的配筋面积。把原规范的系数 0.45 改为 0.43 是为了使公式也能适用于高强混凝土。

同理，上述简化方法也可扩展用于 T 形和 I 形截面的构件。

7.3.5 在原规范相应条文的基础上，给出了 I 形截面偏心受压构件正截面受压承载力计算公式，对 T 形、倒 T 形截面则可按条文注的规定进行计算；同时，对非对称配筋的小偏心受压构件，给出了验算公式及其适用的近似条件。

7.3.6 沿截面腹部均匀配置纵向钢筋（沿截面腹部配置等直径、等间距的纵向受力钢筋）的矩形、T 形或 I 形截面偏心受压构件，其正截面承载力可根据第 7.1.2 条中一般计算方法的基本假定列出平衡方程进行计算。但由于计算公式较繁，不便于设计应用。为此，作了必要的简化，给出了公式（7.3.6-1）至公式（7.3.6-4）。

根据第 7.1.2 条的基本假定，均匀配筋的钢筋应变到达屈服的纤维距中和轴的距离为 $\beta h_0/\beta_1$，此处，$\beta=f_{yw}/(E_s\varepsilon_{cu})$。分析表明，对常用的钢筋 β 值变化幅度不大，而且对均匀配筋的内力影响很小。因此，将按平截面假定写出的均匀配筋内力 N_{sw}、M_{sw} 的表达式分别用直线及二次曲线近似拟合，即给出公式（7.3.6-3）、公式（7.3.6-4）两个简化公式。

计算分析表明，在两对边集中配筋与腹部均匀配筋呈一定比例的条件下，本条的简化计算与精确计算的结果相比误差不大，并可使计算工作量得到很大简化。

7.3.7～7.3.8 环形及圆形截面偏心受压构件正截面承载力计算。

均匀配筋的环形、圆形截面的偏心受压构件，其正截面承载力计算可采用第 7.1.2 条的基本假定列出平衡方程进行计算，但计算过于繁琐，不便于设计应用。公式（7.3.7-1）至公式（7.3.7-6）及公式（7.3.8-1）至公式（7.3.8-4）是将沿截面梯形应力分布的受压及受拉钢筋应力简化为等效矩形应力图，其相对钢筋面积分别为 α 及 α_t，在计算时，不需判断大小偏心情况，简化公式与精确计算的结果相比误差不大。对环形截面，当 α 较小时实际受压区为环内弓形面积，简化公式可能会低估了截面承载力，此时可按圆形截面公式计算。

7.3.9 二阶效应泛指在产生了层间位移和挠曲变形的结构构件中由轴向压力引起的附加内力。以框架结构为例，在有侧移框架中，二阶效应主要是指竖向荷载在产生了侧移的框架中引起的附加内力，通常称为 $P\text{-}\Delta$ 效应。在这类框架的各个柱段中，$P\text{-}\Delta$ 效应将增大柱端控制截面中的弯矩；在无侧移框架中，二阶效应是指轴向压力在产生了挠曲变形的柱段中引起的附加内力，通常称为 $P\text{-}\delta$ 效应，它有可能增大柱段中部的弯矩，但除底层柱底外，一般不增大柱端控制截面的弯矩。由于我国工程中的各类结构通常按有侧移假定设计，故本规范第 7.3.9 条至第 7.3.12 条主要涉及有侧移假定下的二阶效应问题。对于工程中个别情况下出现的无侧移情况，仍可按第 7.3.10 条的规定对其二阶效应进行计算。

二阶效应计算本属结构分析的内容。但因在考虑二阶效应的结构分析中需描述各杆件的挠曲变形状态，在未能形成适用于工程设计的考虑二阶效应的结构内力分析方法之前，只能采用近似方法在偏心受压构件的截面承载力设计中考虑二阶弯矩的不利影响。原规范在偏心受压构件的截面设计中，采用由标准偏心受压柱（两端铰支等偏心距的压杆）求得的偏心距增大系数 η 与结构柱段计算长度 l_0 相结合来估算二阶弯矩的方法就属于这类近似方法，这一方法也称 η

l_0 方法。随着计算机技术的发展，利用结构分析的弹性杆系有限元法，再以构件在所考虑极限状态下的经过折减的弹性刚度近似代替其初始弹性刚度，使之能反映承载能力极限状态下钢筋混凝土结构变形的特点，可以较精确计算出包含二阶内力在内的结构各杆件内力，且可克服采用 ηl_0 法时在相当一部分情况下存在的不准确性。这种方法在本规范中称为考虑二阶效应的弹性分析方法。用这种方法求得在各类荷载组合下的最不利内力值后，可直接用于各构件的截面设计，而不需在截面设计中另行考虑二阶效应问题。

修订后的二阶效应条文（第 7.3.9 条至第 7.3.12 条）与原规范的主要区别是，从只推荐 ηl_0 近似法过渡到同时给出 ηl_0 近似法和较准确的考虑二阶效应的弹性分析法，以供设计选用。

7.3.10 本条对偏心受压构件承载力设计中采用 ηl_0 近似法考虑二阶效应影响时的有关计算内容作出了规定。

在 ηl_0 近似法中，η 定义为标准偏心受压柱高度中点截面的偏心距增大系数，其含义为：

$$\eta = \frac{M+\Delta M}{M} = \frac{M/N+\Delta M/N}{M/N} = \frac{e_0+a_f}{e_0} = 1+\frac{a_f}{e_0}$$

其中 M 为不考虑二阶弯矩的柱高中点弯矩，即标准偏心受压柱的轴压力 N 与柱端偏心距 e_0 的乘积；ΔM 是轴向压力在挠曲变形柱的高度中点产生的附加弯矩，即轴压力 N 与柱高度中点侧向挠度 a_f 的乘积。

结构各柱段的计算长度 l_0 则是与所计算的结构柱段实际受力状态相对应的等效标准柱长度。或者说，用一根长度为 l_0 且轴向压力、杆端偏心距和截面特征与所考虑的结构柱段控制截面完全相同的标准柱计算出的 η，应能反映所考虑柱段控制截面中 $(M+\Delta M)$ 与 M 的实际比值。因此，计算长度 l_0 相当于一个等效长度。

本条的偏心距增大系数继续沿用原规范的计算公式。该公式反映了与偏心受压构件达到其最大轴向压力时的"极限曲率"所对应的偏心距增大系数，其基本表达式为：

$$\eta = 1+\frac{1}{e_i}\left(\frac{l_0^2}{\beta r_c}\right)\zeta_1\zeta_2$$

式中，e_i 为初始偏心距，它已由本规范第 7.3.4 条作出了规定；$\left(\frac{l_0^2}{\beta r_c}\right)\zeta_1\zeta_2$ 为与构件极限曲率对应的侧向挠度；其中，β 为与柱挠曲线形状有关的系数，对两端铰支柱，试验挠曲线基本上符合正弦曲线，故可取 $\beta=\pi^2\approx 10$。

分析结果表明，对于偏心距不同的大偏心受压构件，"极限曲率" $\frac{1}{r_c}$ 均可近似取为：

$$\frac{1}{r_c} = \frac{\phi \varepsilon_{cu}+\varepsilon_y}{h_0}$$

其中，ε_{cu} 和 ε_y 分别为截面受压边缘混凝土的极限压应变和受拉钢筋的屈服应变。为了与原规范保持一致，取 $\varepsilon_{cu}=0.0033$，ε_y 则取与 HRB335 级钢筋抗拉强度标准值对应的应变，此应变值介于 HPB235 级和 HRB400 级钢筋的应变值之间，为简化计算，对钢种不再作出区别规定。上式中的 ϕ 为徐变系数。需要指出的是，在实际工程中，一般有侧移框架的侧向位移是由短期作用的风荷载或地震作用引起的，故在二阶弯矩中不需要考虑水平荷载长期作用使侧移增大的不利影响，即取 $\phi=1.0$；只有当框架侧移是由静水压力或土压力等长期作用的水平荷载引起时，方应考虑大于 1.0 的徐变系数 ϕ。为了简化计算，修订后的条文不分水平荷载作用时间长短，仍按原规范规定，偏安全地统一取 $\phi=1.25$。将以上数值代入上述 $1/r_c$ 表达式，并取 $\beta=10$ 和 $h/h_0=1.1$ 后，即可由前面给出的 η 基本表达式得到规范公式（7.3.10-1）的实用表达式。

对小偏心受压构件，其纵向受拉钢筋的应力达不到屈服强度，且受压区边缘混凝土的应变值可达到或小于 ε_{cu}，为此，引进了截面曲率修正系数 ζ_1，参考国外规范和试验分析结果，原则上可采用下列表达式：

$$\zeta_1 = \frac{N_b}{N}$$

此处，N_b 为受压区高度 $x=x_b$ 时的构件界限受压承载力设计值；为了实用起见，本规范近似取 $N_b=0.5f_c A$，就可得出公式（7.3.10-2）。

此外，为考虑构件长细比对截面曲率的影响，引入修正系数 ζ_2，根据试验结果的分析，给出了公式（7.3.10-3）。

值得指出，公式（7.3.10-1）对 $l_0/h \leqslant 30$ 时，与试验结果符合较好；当 $l_0/h > 30$ 时，因控制截面的应变值减小，钢筋和混凝土达不到各自的强度设计值，属于细长柱，破坏时接近弹性失稳，采用公式（7.3.10-1）计算，其误差较大；建议采用模型柱法或其他可靠方法计算。

本条的公式曾用国内大量的矩形截面偏心受压构件的试验验证是合适的；对 I 形、T 形截面构件，该公式的计算结果略偏安全；对圆形截面构件，国外已通过模型柱法计算，论证了它也是适用的；对预应力混凝土偏心受压构件，在一般情况下是偏于安全的。

原规范曾规定，当构件长细比 l_0/h（或 l_0/d）$\leqslant 8$ 时，可不考虑二阶效应的影响，即取 $\eta=1.0$。本次修订，根据与有关规范的协调，参考国外有关规范的做法，并结合我国规范对 l_0 取值的特点，将不考虑二阶效应的界限条件修改为 l_0/h（或 l_0/d）$\leqslant 5.0$，广义的界限条件取 $l_0/i \leqslant 17.5$，以适应不同的截面形状。经验算表明，当满足这个条件时，构件截面中由二阶效应引起的附加弯矩平均不会超过截面一阶弯矩的 5%。

7.3.11 原规范对排架柱计算长度的规定引自1974年的规范（TJ 10—74），其计算长度值是在当时的弹性分析和工程经验基础上确定的。从多年使用情况看，所规定的计算长度值还是可行的。近年对排架柱计算长度取值未做过更精确的校核工作，故本条表7.3.11-1继续沿用原规范的规定。

国内外近年来对框架结构中二阶效应规律的分析研究表明，由竖向荷载在发生侧移的框架中引起的$P-\Delta$效应只增大由水平荷载在柱端控制截面中引起的一阶弯矩M_h，原则上不增大由竖向荷载在该截面中引起的一阶弯矩M_v。因此，框架柱端控制截面中考虑了二阶效应后的总弯矩应表示为：

$$M=M_v+\eta_s M_h$$

式中的η_s为反映二阶效应增大M_h幅度的弯矩增大系数，它所采用的计算长度原则上可以取用由无侧向支点且竖向荷载作用在梁柱节点上的框架在其失稳临界状态下挠曲线反弯点之间的距离，其近似表达式即为本条公式（7.3.11-1）和公式（7.3.11-2），并取两式中的较小值。但原规范所用的传统ηl_0法则是用η同时增大水平荷载弯矩和竖向荷载弯矩，即

$$M=\eta(M_v+M_h)$$

这表明，要使所求的总弯矩相同，η就必然要取为小于η_s，与η对应的l_0也就必然小于与η_s对应的由公式（7.3.11-1）和公式（7.3.11-2）表达的l_0。

验算结果表明，当M_v与M_h的比值为工程中常用多层框架结构中的比例，且框架各节点处的柱梁线刚度比（在节点处交汇的各柱段线刚度之和与交汇的各梁段线刚度之和的比值）为工程中常用的多层框架中常见比值时，用原规范第7.3.1条第一款第1项给出的一般有侧移框架柱计算长度简化取值方案计算出的η和$M=\eta(M_v+M_h)$所求得的总弯矩，与只用η_s增大M_h时所求得的总弯矩差异不大。因此，为了简化设计，仍继续取用原规范的有侧移框架的计算长度，也就是本条表7.3.11-2的计算长度l_0来计算η，而且仍然采用以η统乘(M_v+M_h)的方法确定总弯矩。这一做法虽然概念不很准确，但计算简便，而且省去了由于η_s只对应于$\eta_s M_h$所引起的截面曲率增量必须按M_v与M_h的比例来调整偏心距增大系数的烦琐步骤。但是当M_v与M_h的比值明显小于或明显大于在确定表7.3.11-2中的计算长度时所考虑的工程常用的M_v与M_h的比值时，这种计算总弯矩的方法必然带来过大误差；当M_v与M_h之比值小时，误差是偏不安全的。因此，在本条计算长度取值规定中给出第3项规定，要求在这种情况下取用公式（7.3.11-1）和公式（7.3.11-2）中的较小值作为计算长度的取值依据，以消除M_v与M_h比值过小时使用表7.3.11-2的计算长度所带来的不安全性。

由于我国钢筋混凝土多层、高层房屋结构在设计中通常均按有侧移假定进行结构分析，故取消了原规范第7.3.1条第2款第2项中对侧向刚度相对较大结构取用更小计算长度的规定，这也是因为这项规定从理论上说是不严密的。

由于规范仍采用η统乘(M_v+M_h)的做法是不尽合理的，而且在确定l_0取值时未考虑柱梁线刚度比的影响，因此采用ηl_0法在有些情况下会导致较大的误差。除去前述的在M_v相对较小时可以通过改用公式（7.3.11-1）和公式（7.3.11-2）确定计算长度l_0来减小ηl_0法在这种情况下导致的不安全性之外，本条的ηl_0近似法还将在下列情况下产生较明显的误差：

1 因本条表7.3.11-2中的计算长度l_0取值仅大致适用于一般多层框架常用截面尺寸的情况，当柱梁线刚度比过大或过小时，都会使l_0取值不符合实际情况。其中，当柱梁线刚度比过大时，使用ηl_0法是偏于不安全的。

2 由于ηl_0法中的η是按各柱控制截面分别计算的，未考虑满足同层各柱侧移相等的基本条件，因此在框架各跨跨度不等、荷载不等而导致各柱列竖向荷载之间的比例与常规情况有较大差异时，采用ηl_0法亦将导致较大误差。

3 在复式框架等复杂框架结构中采用ηl_0法亦将在部分构件截面中导致较大误差。

4 在框架-剪力墙结构或框架-核心筒结构中，由于框架部分的层间位移沿高度的分布规律已不同于一般规则框架结构，故采用ηl_0法亦可能导致较大误差。验算表明，与较精确分析结构相比，用ηl_0法求得的柱端控制截面总弯矩在部分截面中误差可能会达到25%以上。

在以上这些误差较大的情况下，采用本规范第7.3.12条规定的考虑二阶效应的弹性分析法将是显著减小误差的有效办法。

7.3.12 考虑二阶效应的弹性分析法是近年来美国、加拿大等国规范推荐的一种精度和效率较高的考虑二阶效应的方法。这种考虑了几何非线性的杆系有限元法是一种理论上严密的分析方法，由它算得的各杆件控制截面最不利内力可直接用于截面设计，而不再需要通过偏心距增大系数η来增大相应截面的初始偏心距e_i，但是在截面设计中仍要另外考虑本规范第7.3.3条规定的附加偏心距e_a。

由于第7.3.9条规定的两种考虑二阶效应的方法均从属于承载能力极限状态，故在考虑二阶效应的弹性分析法中对结构构件应取用与该极限状态相对应的刚度。考虑到钢筋混凝土结构各类构件不同截面中刚度变化规律的复杂性，本方法对所有的框架梁（包括剪力墙洞口连梁）、所有的框架柱、所有的剪力墙肢均分别取用统一的刚度折减系数对其弹性刚度进行折减（弹性刚度中的截面惯性矩仍按不考虑钢筋的混凝土毛截面计算）。对不同类型构件取用不同的刚度折

减系数，是为了反映不同类型构件在承载能力极限状态下的不同刚度折减水平。刚度折减系数的确定原则是，使结构在不同的荷载组合方式下用折减刚度的弹性分析求得的各层层间位移值及其沿高度的分布规律与按非线性有限元分析法所得结果相当；同时，用这两种方法求得的各构件内力也应相近。这就保证了这种方法既能反映结构在承载力极限状态下的实际内力分布规律，又能反映结构在该极限状态下的变形规律和二阶效应规律。

由于剪力墙肢在底部截面开裂前和开裂后刚度变化较大，而实际工程中的剪力墙肢在承载能力极限状态下有可能开裂，也有可能不开裂，为了避免每次设计必须验算剪力墙是否开裂，在条文中统一按已开裂剪力墙给出刚度折减系数（取接近开裂后刚度的综合估计值），这样处理从总体上偏于安全。同时在本条注中说明，如验算表明剪力墙肢不开裂，则可改取条注中较大的折减后刚度。

7.3.14 本条对对称双向偏心受压构件正截面承载力的计算作了规定：

1 当按本规范附录F的一般方法计算时，本条规定了分别按 x、y 轴计算 e_i 和 η 的公式；有可靠试验依据时，也可采用更合理的其他公式计算。

2 给出了双向偏心受压的倪克勤（N. V. Nikitin）公式，并指明了两种配筋形式的计算原则。

7.4 正截面受拉承载力计算

7.4.1~7.4.4 保留了原规范的相应条文。

对沿截面高度或周边均匀配置的矩形、T形或I形截面以及环形和圆形截面，其正截面承载力基本符合 $\frac{N}{N_{u0}} + \frac{M}{M_u} = 1$ 的变化规律，且略偏于安全；此公式改写后即为公式（7.4.4-1），试验表明，它也适用于对称配筋矩形截面钢筋混凝土双向偏心受拉构件。公式（7.4.4-2）是原规范在条文说明中提出的公式。

7.5 斜截面承载力计算

7.5.1 本规范对受剪截面限制条件仍采用原规范的表达形式，考虑了高强混凝土的特点，引入随混凝土强度提高对受剪截面限制值降低的折减系数 β_c。

规定受弯构件的截面限制条件，其目的首先是防止发生斜压破坏（或腹板压坏），其次是限制在使用阶段的斜裂缝宽度，同时也是斜截面受剪破坏的最大配箍率条件。

本规范给出了划分普通构件与薄腹构件截面限制条件的界限，以及两个截面限制条件的过渡办法。

7.5.2 本条所指的剪力设计值的计算截面，在一般情况下是较易发生斜截面破坏的位置，它与箍筋和弯起钢筋的布置有关。

7.5.3~7.5.4 由于混凝土受弯构件受剪破坏的影响因素众多，破坏形态复杂，对混凝土构件受剪机理的认识尚不足，至今未能像正截面承载力计算一样建立一套较完整的理论体系。国外各主要规范及国内各行业规范中斜截面承载力计算方法各异，计算模式也不尽相同。

原规范斜截面计算方法形式简单、使用方便，但在斜截面受剪承载力计算中，还存在着如下的问题：首先，混凝土强度设计指标采用 f_c 对高强混凝土构件计算偏不安全，将其改用混凝土抗拉强度 f_t 为主要参数，就可适应从低强到高强混凝土构件受剪承载力的变化；其次，还宜考虑纵向受拉钢筋配筋率、截面高度尺寸效应等因素的影响；此外，原规范公式对连续构件计算取值偏高。

针对上述问题，通过对试验资料的分析以及对剪力传递机理的进一步研究，并考虑到本规范的箍筋抗拉强度设计值提高到 360N/mm^2 的特点，在原规范计算方法的基础上，对混凝土受弯构件斜截面受剪承载力计算方法作了调整，适当地提高了可靠度。

下面对第7.5.3~7.5.4条中进行修订的内容作具体说明：

1 无腹筋受弯构件斜截面承载力计算公式

1） 根据收集到大量的均布荷载作用下无腹筋简支浅梁、无腹筋简支短梁、无腹筋简支深梁以及无腹筋连续浅梁的试验数据以支座处的剪力值为依据进行分析，可得到承受均布荷载为主的无腹筋一般受弯构件受剪承载力 V_c 偏下值的计算公式如下：

$$V_c = 0.7\beta_h \beta_p f_t b h_0$$

2） 试验表明，剪跨比对集中荷载作用下无腹筋梁受剪承载力的影响明显。根据收集到在集中荷载作用下的无腹筋简支浅梁、无腹筋简支短梁、无腹筋简支深梁以及无腹筋连续浅梁、无腹筋连续深梁的众多试验数据，考虑影响无腹筋梁受剪承载力的混凝土抗拉强度 f_t、剪跨比 a/h_0、纵向受拉配筋率 ρ 和截面高度尺寸效应等主要因素后，对原规范的公式作了调整，提出受剪承载力 V_c 偏下值的计算公式如下：

$$V_c = \frac{1.75}{\lambda + 1} \beta_h \beta_p f_t b h_0$$

式中剪跨比的适用范围扩大为：$0.25 \leq \lambda \leq 3.0$，以适应浅梁和深梁的不同要求。在受弯构件中采用计算截面剪跨比 $\lambda = \frac{a}{h_0}$ 而未采用广义剪跨比 $\lambda = \frac{M}{Vh_0}$，主要是考虑计算方便、且偏于安全。对跨高比不小于5的受弯构件，其适用范围为 $1.5 \leq \lambda \leq 3.0$。

3） 综合国内外的试验结果和规范规定，对不配置箍筋和弯起钢筋的钢筋混凝土板的受剪承载力计算中，合理地反映了截面尺寸效应的影响。在第7.5.3条的公式中用系数 $\beta_h=(800/h_0)^{\frac{1}{4}}$ 来表示；同时给出了截面高度的适用范围，当截面有效高度超过2000mm后，其受剪承载力还将会有所降低，但对此试验研究尚不充分，未能作出进一步规定。

对第7.5.3条中的一般板类受弯构件，主要指受均布荷载作用下的单向板和双向板需按单向板计算的构件。试验研究表明，对较厚的钢筋混凝土板，除沿板的上、下表面按计算或构造配置双向钢筋网之外，如按本规范第10.1.11条的规定，在板厚中间部位配置双向钢筋网，将会较好地改善其受剪承载性能。

  4) 根据试验分析，纵向受拉钢筋的配筋率 ρ 对无腹筋梁受剪承载力 V_c 的影响可用系数 $\beta_\rho=(0.7+20\rho)$ 来表示；通常在 ρ 大于1.5%时，纵向受拉钢筋的配筋率 ρ 对无腹筋梁受剪承载力的影响才较为明显，所以，在公式中未纳入系数 β_ρ。

  5) 这里应当说明，以上虽然分析了无腹筋梁受剪承载力的计算公式，但并不表示设计的梁不需配置箍筋。考虑到剪切破坏有明显的脆性，特别是斜拉破坏，斜裂缝一旦出现梁即告剪坏，单靠混凝土承受剪力是不安全的。除了截面高度不大于150mm的梁外，一般梁即使满足 $V\leqslant V_c$ 的要求，仍应按构造要求配置箍筋。

  2 仅配有箍筋的钢筋混凝土受弯构件的受剪承载力

对仅配有箍筋的钢筋混凝土受弯构件，其斜截面受剪承载力 V_{cs} 计算公式仍采用原规范两项相加的形式表示：

$$V_{cs}=V_c+V_s$$

式中　V_c——混凝土项受剪承载力；

　　　V_s——箍筋项受剪承载力。

由于配置箍筋的构件，混凝土项受剪承载力受截面高度的影响减弱，故在采用无腹筋受弯构件的受剪承载力计算公式 V_c 项时不再考虑 β_h 的影响；为适当提高可靠度，经综合试验分析，并考虑了 f_{yv} 取值可提高到360N/mm² 以及在正常使用极限状态下控制斜裂缝宽度的要求，箍筋项受剪承载力 V_s 的系数较原规范的公式降低了约20%，这项调整对集中荷载作用下的受弯构件，它既考虑了简支梁的计算，也顾及了连续梁的计算；同时，V_s 的系数不是表述斜裂缝水平投影长度大小的参数，而是表示在配有箍筋的条件下，计算受剪承载力可以提高的程度。

  3 预应力混凝土受弯构件的受剪承载力

试验研究表明，预应力对构件的受剪承载力起有利作用，这主要是预压应力能阻滞斜裂缝的出现和开展，增加了混凝土剪压区高度，从而提高了混凝土剪压区所承担的剪力。

根据试验分析，预应力混凝土梁受剪承载力的提高主要与预加力的大小及其作用点的位置有关。此外，试验还表明，预加力对梁受剪承载力的提高作用应给予限制。

预应力混凝土梁受剪承载力的计算，可在非预应力梁计算公式的基础上，加上一项施加预应力所提高的受剪承载力设计值 $V_p=0.05N_{p0}$，且当 $N_{p0}>0.3f_cA_0$ 时，只取 $N_{p0}=0.3f_cA_0$，以达到限制的目的。同时，它仅适用于预应力混凝土简支梁，且只有当 N_{p0} 对梁产生的弯矩与外弯矩相反时才予以考虑。对于预应力混凝土连续梁，尚未作深入研究；此外，对允许出现裂缝的预应力混凝土简支梁，考虑到构件达到承载力时，预应力可能消失，在未有充分试验依据之前，暂不考虑预应力的有利作用。

  4 公式适用范围

本规范公式（7.5.4-2）适用于矩形、T形和I形截面简支梁、连续梁和约束梁等一般受弯构件；公式（7.5.4-4）适用于集中荷载作用下（包括作用有多种荷载，其中集中荷载对支座边缘截面或节点边缘所产生的剪力值大于总剪力值的75%的情况）的矩形、T形和I形截面的独立梁，而不再仅限于原规范规定的矩形截面独立梁，故本规范公式较原规范公式的适用范围有所扩大。这里所指的独立梁为不与楼板整体浇筑的梁。应当指出，当框架结构承受水平荷载（如风荷载等）时，由其产生的框架独立梁剪力值也归属于集中荷载作用产生的剪力值。

应当指出，在本规范中，凡采用"集中荷载作用下"的用词时，均表示包括作用有多种荷载，其中集中荷载对支座截面或节点边缘所产生的剪力值占总剪力值的75%以上的情况。

7.5.5～7.5.6 试验表明，与破坏斜截面相交的非预应力弯起钢筋和预应力弯起钢筋可以提高斜截面受剪承载力，因此，除垂直于构件轴线的箍筋外，弯起钢筋也可以作为构件的抗剪钢筋。公式（7.5.5）给出了箍筋和弯起钢筋并用时，斜截面受剪承载力的计算公式。考虑到弯起钢筋与破坏斜截面相交位置的不定性，其应力可能达不到屈服强度，在公式（7.5.5）中引入了弯起钢筋应力不均匀系数0.8。

由于每根弯起钢筋只能承受一定范围内的剪力，当按第7.5.6条的规定确定剪力设计值并按公式（7.5.5）计算弯起钢筋时，其构造应符合本规范第10.2.8条的规定。

7.5.7 试验表明，箍筋能抑制斜裂缝的发展，在不配置箍筋的梁中，斜裂缝突然形成可能导致脆性的斜拉破坏。因此，本规范规定当剪力设计值小于无腹筋梁的受剪承载力时，要求按本规范第10.2节的有关规定配置最小用量的箍筋；这些箍筋还能提高构件抵抗超载和承受由于变形所引起应力的能力。

7.5.8 受拉边倾斜的受弯构件，其受剪破坏的形态与等高度的受弯构件相类同；但在受剪破坏时，其倾斜受拉钢筋的应力可能发挥得比较高，它在受剪承载力值中将占有相当的比例。根据试验结果的分析，提出了公式（7.5.8-2），并与等高度的受弯构件受剪承载力公式相匹配，给出了公式（7.5.8-1）。

7.5.9～7.5.10 受弯构件斜截面的受弯承载力计算是在受拉区纵向受力钢筋达到屈服强度的前提下给出的，此时，在公式（7.5.9-1）中所需的斜截面水平投影长度 c，可由公式（7.5.9-2）确定。

当遵守本规范第 9～10 章的相关规定时，即可满足第 7.5.9 条的计算要求，因此可不进行斜截面受剪承载力计算。

7.5.11～7.5.14 试验研究表明，轴向压力对构件的受剪承载力起有利作用，这主要是轴向压力能阻滞斜裂缝的出现和开展，增加了混凝土剪压区高度，从而提高混凝土所承担的剪力。在轴压比的限值内，斜截面水平投影长度与相同参数的无轴压力梁相比基本不变，故对箍筋所承担的剪力没有明显的影响。

轴向压力对受剪承载力的有利作用也是有限度的，当轴压比 $N/(f_cbh)=0.3\sim0.5$ 时，受剪承载力达到最大值；若再增加轴向压力，将导致受剪承载力的降低，并转变为带有斜裂缝的正截面小偏心受压破坏，因此应对轴向压力的受剪承载力提高范围予以限制。

基于上述考虑，通过对偏压构件、框架柱试验资料的分析，对矩形截面的钢筋混凝土偏心构件的斜截面受剪承载力计算，可在集中荷载作用下的矩形截面独立梁计算公式的基础上，加一项轴向压力所提高的受剪承载力设计值：$V_N=0.07N$，且当 $N>0.3f_cA$ 时，只能取 $N=0.3f_cA$，此项取值相当于试验结果的偏下值。

对承受轴向压力的框架结构的框架柱，由于柱两端受到约束，当反弯点在层高范围内时，其计算截面的剪跨比可近似取 $\lambda=H_n/(2h_0)$，而对其他各类结构的框架柱宜取 $\lambda=M/Vh_0$。

偏心受拉构件的受力特点是：在轴向拉力作用下，构件上可能产生横贯全截面的初始垂直裂缝；施加横向荷载后，构件顶部裂缝闭合而底部裂缝加宽，且斜裂缝可能直接穿过初始垂直裂缝向上发展，也可能沿初始垂直裂缝延伸再斜向发展。斜裂缝呈现宽度较大，倾角也大，斜裂缝末端剪压区高度减小，甚至没有剪压区，从而它的受剪承载力要比受弯构件的受剪承载力有明显的降低，根据试验结果并从稳妥考虑，减一项轴向拉力所降低的受剪承载力设计值：$V_N=0.2N$。此外，对其总的受剪承载力设计值的下限值和箍筋的最小配筋特征值作了规定。

对矩形截面钢筋混凝土偏心受压和偏心受拉构件受剪要求的截面限制条件，取与第 7.5.1 条的规定相同，这较原规范的规定略为加严。

偏心受力构件斜截面受剪承载力计算公式与原规范公式比较，只对原规范计算公式中的混凝土项作了改变，并将适用范围由矩形截面扩大到 T 形和 I 形截面，且箍筋项的系数取为 1.0。本规范偏心受压构件受剪承载力计算公式（7.5.12）及偏心受拉构件受剪承载力计算公式（7.5.14）与试验数据的比较，计算值也是取试验结果的偏下值。

7.5.15 在分析了国内外一定数量圆形截面受弯构件试验数据的基础上，借鉴国外规范的相关规定，提出了采用等惯性矩原则确定等效截面宽度和等效截面高度的取值方法，从而对圆形截面受弯和偏心受压构件，可直接采用配置垂直箍筋的矩形截面受弯和偏心受压构件的受剪承载力计算公式进行计算。

7.5.16～7.5.18 试验表明，矩形截面钢筋混凝土柱在斜向水平荷载作用下的抗剪性能与在单向水平荷载作用下的受剪性能存在着明显的差别，根据国外的研究资料以及国内配置周边箍筋试件的试验结果分析表明，受剪承载力大致服从椭圆规律：

$$\left(\frac{V_x}{V_{ux}}\right)^2+\left(\frac{V_y}{V_{uy}}\right)^2=1$$

本规范第 7.5.17 条的公式（7.5.17-1）和公式（7.5.17-2），实质上就是由上面的椭圆方程式转化成在形式上与单向偏心受压构件受剪承载力计算公式相当的设计表达式。在复核截面时，可直接按公式进行验算；在进行截面设计时，可近似选取公式（7.5.17-1）和公式（7.5.17-2）中的 V_{ux}/V_{uy} 比值等于 1.0，而后再进行箍筋截面面积的计算。设计时宜采用封闭箍筋，必要时也可配置单肢箍筋。当复合封闭箍筋相重叠部分的箍筋长度小于截面周边箍筋长边或短边长度时，不应将该箍筋较短方向上的箍筋截面面积计入 A_{svx} 或 A_{svy} 中。

第 7.5.16 条和第 7.5.18 条同样采用了以椭圆规律的受剪承载力方程式为基础并与单向偏心受压构件受剪的截面要求相衔接的表达式。

7.6 扭曲截面承载力计算

7.6.1～7.6.2 扭曲截面承载力计算的截面限制条件是以 $h_w/b\leqslant6$ 的试验为依据的。公式（7.6.1-1）、公式（7.6.1-2）的规定是为了保证构件在破坏时混凝土不首先被压碎。包括高强混凝土构件在内的超配筋纯扭构件试验研究表明，原规范相应公式的安全度略低，为此，在公式（7.6.1-1）、（7.6.1-2）中的纯扭构件截面限制条件取用 $T=(0.16\sim0.2)f_cW_t$；当 $T=0$ 的条件下，公式（7.6.1-1）、公式（7.6.1-2）可与本规范第 7.5.1 条的公式相协调。

在原规范规定的基础上，给出了公式（7.6.2-1）、公式（7.6.2-2），其中增加了箱形截面构件截面限制条件以及按构造要求配置纵向钢筋和箍筋的条件等有关内容。

7.6.3 本条对常用的 T 形、I 形和箱形截面受扭塑性抵抗矩的计算方法作了具体规定。

T 形、I 形截面划分成矩形截面的方法是：先按截面总高度确定腹板截面，然后再划分受压翼缘和受拉翼缘。

本条提供的截面受扭塑性抵抗矩公式是近似的，主要是为了方便受扭承载力的计算。

7.6.4 公式（7.6.4-1）是根据试验统计分析后，取用试验数据的偏下值给出的。经对高强混凝土纯扭构件的试验验证，该公式仍然适用。

试验表明，当 ζ 值在 0.5～2.0 范围内，钢筋混凝土受扭构件破坏时其纵筋和箍筋基本能达到屈服强度。为稳妥起见，取限制条件为：$0.6 \leqslant \zeta \leqslant 1.7$。当 $\zeta > 1.7$ 时，取 $\zeta = 1.7$；当 $\zeta = 1.2$ 左右时为钢筋达到屈服的最佳值。因截面内力平衡的需要，对不对称配置纵向钢筋截面面积的情况，在计算中只取对称布置的纵向钢筋截面面积。

预应力混凝土纯扭构件的试验表明，预应力提高受扭承载力的前提是纵向钢筋不能屈服，当预加力产生的混凝土法向压应力不超过规定的限值时，纯扭构件受扭承载力可提高 $0.08 \frac{N_{p0}}{A_0} W_t$。考虑到实际上应力分布不均匀性等不利影响，在条文中取提高值为 $0.05 \frac{N_{p0}}{A_0} W_t$，且仅限于偏心距 $e_{p0} \leqslant h/6$ 的情况；在计算 ζ 时，不考虑预应力钢筋的作用。

试验还表明，预应力对承载力的有利作用，应有所限制，因此当 $N_{p0} > 0.3 f_c A_0$ 时，应取 $N_{p0} = 0.3 f_c A_0$。

7.6.6 对受纯扭作用的箱形截面构件，试验表明，一定壁厚箱形截面的受扭承载力与实心截面是类同的。在公式（7.6.6）中的混凝土项受扭承载力与实心截面的取法相同，即取箱形截面开裂扭矩的 50%，此外，尚应乘以箱形截面壁厚的影响系数 $\alpha_h = 2.5 t_w / b_h$；钢筋项受扭承载力取与实心矩形截面相同。通过国内外试验结果比较，公式（7.6.6）的取值是稳妥的。

7.6.7 试验研究表明，轴向压力对纵筋应变的影响十分显著；由于轴向压力能使混凝土较好地参加工作，同时又能改善混凝土的咬合作用和纵向钢筋的销栓作用，因而提高了构件的受扭承载力。在本条公式中考虑了这一有利因素，它对受扭承载力的提高值偏安全地取为 $0.07 N W_t / A$。

试验表明，当轴向压力大于 $0.65 f_c A$ 时，构件受扭承载力将会逐步下降，因此，在条文中对轴向压力的上限值作了稳妥的规定。

7.6.8 无腹筋剪扭构件试验表明，无量纲剪扭承载力的相关关系可取四分之一圆的规律；对有腹筋剪扭构件，假设混凝土部分对剪扭承载力的贡献与无腹筋剪扭构件一样，也可取四分之一圆的规律。

本条公式适用于钢筋混凝土和预应力混凝土剪扭构件，它是根据有腹筋构件的剪扭承载力为四分之一圆的相关曲线作为校准线，采用混凝土部分相关、钢筋部分不相关的近似拟合公式，此时，可找到剪扭构件混凝土受扭承载力降低系数 β_t，其值略大于无腹筋构件的试验结果，采用此 β_t 值后与有腹筋构件的四分之一圆相关曲线较为接近。

经分析表明，在计算预应力混凝土构件的 β_t 时，可近似取与非预应力构件相同的计算公式，而不考虑预应力合力 N_{p0} 的影响。

7.6.9 本条规定了 T 形和 I 形截面剪扭构件承载力计算方法。腹板部分要承受全部剪力和分配给腹板的扭矩，这样的规定可与受弯构件的受剪承载力计算相协调；翼缘仅承受所分配的扭矩，但翼缘中配置的箍筋应贯穿整个翼缘。

7.6.10 根据钢筋混凝土箱形截面纯扭构件受扭承载力计算公式（7.6.6）并借助第 7.6.8 条剪扭构件的相同方法，可导出公式（7.6.10-1）至公式（7.6.10-3），经与箱形截面试件的试验结果比较，所提供的方法是相当稳妥的。

7.6.11 对弯剪扭构件，当 $V \leqslant 0.35 f_t b h_0$ 或 $V \leqslant 0.875 f_t b h_0 / (\lambda + 1)$ 时，剪力对构件承载力的影响可不予考虑，此时，构件的配筋由正截面受弯承载力和受扭承载力的计算确定；同理，$T \leqslant 0.175 f_t W_t$ 或 $T \leqslant 0.175 \alpha_h f_t W_t$ 时，扭矩对构件承载力的影响可不予考虑，此时，构件的配筋由正截面受弯承载力和斜截面受剪承载力的计算确定。

7.6.12 分析表明，按照本条规定的配筋方法，其受弯承载力、受剪承载力与受扭承载力之间具有相关关系，且与试验的结果大致相符。

7.6.13～7.6.15 在钢筋混凝土矩形截面框架柱受剪扭承载力计算中，考虑了轴向压力的有利作用。经分析表明，在 β_t 计算公式中可不考虑轴向压力的影响，仍可按公式（7.6.8-5）进行计算。

当 $T \leqslant (0.175 f_t + 0.035 N/A) W_t$ 时，可忽略扭矩对框架柱承载力的影响。

7.6.16 钢筋混凝土结构的扭转，应区分两种不同的类型：

1 平衡扭转：由平衡条件引起的扭转，其扭矩在梁内不会产生内力重分布。

2 协调扭转：由于相邻构件的弯曲转动受到支承梁的约束，在支承梁内引起的扭转，其扭矩会由于支承梁的开裂产生内力重分布而减小，条文给出了宜考虑内力重分布影响的原则要求。

由试验可知，对独立的支承梁，当取扭矩调幅不超过40%时，按承载力计算满足要求且钢筋的构造符合本规范第10.2.5条和第10.2.12条的规定时，相应的裂缝宽度可满足规范规定的要求。

为了简化计算，国外一些规范常取扭转刚度为零，即取扭矩为零的方法进行配筋。此时，为了保证支承构件有足够的延性和控制裂缝的宽度，就必须至少配置相当于开裂扭矩所需的构造钢筋。

7.7 受冲切承载力计算

7.7.1～7.7.2 原规范的受冲切承载力计算公式，形式简单，计算方便，但与国外规范进行对比，在多数情况下略显保守，且考虑因素不够全面。根据不配置箍筋或弯起钢筋的钢筋混凝土板试验资料的分析，参考国内外有关规范的合理内容，本规范在保留原规范公式形式的基础上，对原规范作了以下几个方面的修订和补充：

1 把原规范公式中的系数0.6提高到0.7

对大量的国内外不配置箍筋或弯起钢筋的钢筋混凝土板及基础的试验数据所进行的可靠度分析表明，按公式（7.7.1）计算的效果均比原规范公式有所改进，即将原规范公式中混凝土项的系数0.6提高到0.7以后，本规范受冲切承载力公式的可靠指标比原规范有所降低，但仍满足规定的目标可靠指标的要求。

2 对截面高度尺寸效应作了补充

对于厚板来说，本规范补充了截面高度尺寸效应对受冲切承载力的影响。为此，在公式（7.7.1）中引入了截面高度影响系数β_h，以考虑这种不利的影响。

3 补充了预应力混凝土板受冲切承载力的计算

试验研究表明，双向预应力对板柱节点的冲切承载力起有利作用，这主要是由于预应力的存在阻滞了斜裂缝的出现和开展，增加了混凝土剪压区的高度。本规范公式（7.7.1）主要是参考美国ACI318规范和我国《无粘结预应力混凝土结构技术规程》的作法，对预应力混凝土板受冲切承载力的计算作了规定。与国内外试验数据进行比较表明，公式（7.7.1）的取值是偏于安全的。

对单向预应力混凝土板，由于缺少试验数据，暂不考虑预应力的有利作用。

4 参考美国ACI318等有关规范的规定，给出了公式（7.7.1-2）、公式（7.7.1-3）两个调整系数η_1、η_2。对矩形形状的加载面积边长之比作了限制，因为边长之比大于2后，受冲切承载力有所降低，为此，引进了调整系数η_1。同时，基于稳妥的考虑，对加载面积边长之比作了不宜大于4的必要限制。此外，当临界截面相对周长u_m/h_0过大时，同样会引起对受冲切承载力的降低。有必要指出，公式（7.7.1-2）是在美国ACI规范的取值基础上略作调整后给出的。公式（7.7.1-1）的系数η只能取η_1、η_2中的较小值，以确保安全。

5 考虑了板中开孔的影响

为满足建筑功能的要求，有时要在柱边附近设置垂直的孔洞，板中开孔减小冲切的最不利周长，从而降低板的受冲切承载力。在参考了国外规范的基础上给出了本条规定。

应该指出，对非矩形截面柱（异形截面柱）的临界截面周长，宜选取周长u_m的形状要呈凸形折线，其折角不能大于180°，由此可得到最小的周长，此时在局部周长区段离柱边的距离允许大于$h_0/2$。

本节中所指的临界截面是为了简明表述而设定的截面，它是冲切最不利的破坏锥体底面线与顶面线之间的平均周长u_m处板的垂直截面；对等厚板为垂直于板中心平面的截面；对变高度板为垂直于板受拉面的截面。

7.7.3 当混凝土板的厚度不足以保证受冲切承载力时，可配置抗冲切钢筋。试验表明，配有抗冲切钢筋的钢筋混凝土板，其破坏形态和受力特性与有腹筋梁相类似，当抗冲切钢筋的数量达到一定程度时，板的受冲切承载力几乎不再增加。为了使抗冲切箍筋或弯起钢筋能够充分发挥作用，本规范规定了板的受冲截面限制条件公式（7.7.3-1），相当于配置抗冲切钢筋后的冲切承载力不大于不配置抗冲切钢筋的混凝土板抗冲切承载力的1.5倍；同时，这实际上也是对抗冲切箍筋或弯起钢筋数量的限制，以避免其不能充分发挥作用和使用阶段在局部荷载附近的斜裂缝过大。由试验结果比较可知，本规范对配置抗冲切钢筋板的受冲切承载力计算公式的取值偏于安全。

试验表明，在冲切荷载作用下，钢筋混凝土板斜裂缝形成的方式与梁基本相同，大约在试验极限荷载的65%左右出现斜裂缝。在配有抗冲切钢筋的钢筋混凝土板中，由于斜向开裂的结果，使混凝土项的受冲切能力有所降低。与原规范相同，公式（7.7.3-2）和（7.7.3-3）中混凝土项的抗冲切承载力取为不配置抗冲切钢筋板极限承载力的一半。

7.7.4 阶形基础的冲切破坏可能会在柱与基础交接处或基础变阶处发生，这与阶形基础的形状、尺寸有关，因此在本条中作出了计算规定。对于阶形基础受冲切承载力计算公式中也引进了第7.7.1条的截面高度影响系数β_h。在确定基础的F_l时，取用最大的地基反力，这样做是偏于安全的。

7.7.5 对板柱节点存在不平衡弯矩时的受冲切承载力计算，由于板柱节点传递不平衡弯矩时，其受力特性及破坏形态更为复杂。为安全起见，借鉴美国ACI318规范和我国的《无粘结预应力混凝土结构技术规程》的规定，在本条中提出了原则规定，在附录G给出具体规定。

7.8 局部受压承载力计算

7.8.1 本条对配置间接钢筋的混凝土结构构件局部受压区截面尺寸规定了限制条件，因为：

1 试验表明，当局压区配筋过多时，局压板底面下的混凝土会产生过大的下沉变形；当符合公式（7.8.1-1）时，可限制下沉变形不致过大。为适当提高可靠度，将右边抗力项乘以系数 0.9，式中系数 1.35 系由原规范公式中的系数 1.5 乘以 0.9 而给出。

2 为了反映混凝土强度等级提高对局部受压的影响，引入了混凝土强度影响系数 β_c。

3 在计算混凝土局部受压时的强度提高系数 β_l（也包括本规范第 7.8.3 条的 β_{cor}）时，不应扣除孔道面积，经试验核校，此种计算方法比较合适。

4 在预应力锚头下的局部受压承载力的计算中，按本规范第 6.1.1 条的规定，当预应力作为荷载效应且对结构不利时，其荷载效应的分项系数取为 1.2。

7.8.2 计算底面积 A_b 的取值采用了"同心、对称"的原则。要求计算底面积 A_b 与局压面积 A_l 具有相同的重心位置，并呈对称；沿 A_l 各边向外扩大的有效距离不超过受压板短边尺寸 b（对圆形承压板，可沿周边扩大一倍 d），此法便于记忆。

对各类型垫板的局压试件的试验表明，试验值与计算值符合较好，且偏于安全。试验还表明，当构件处于边角局压时，β_l 值在 1.0 上下波动且离散性较大，考虑使用简便、形式统一和保证安全（温度、混凝土的收缩、水平力对边角局压承载力的影响较大），取边角局压时的 $\beta_l = 1.0$ 是适当的。

7.8.3 对配置方格网式或螺旋式的间接钢筋的局部受压承载力计算，试验表明，它可由混凝土项承载力和间接钢筋项承载力之和组成。间接钢筋项承载力与其体积配筋率有关；且随混凝土强度等级的提高，该项承载力有降低的趋势，为了反映这个特性，公式中引入了系数 α。为便于使用且保证安全，系数 α 与本规范第 7.3.2 条的取值相同。基于与本规范第 7.8.1 条同样的理由，在公式（7.8.3-1）也考虑了系数 0.9。

本条还规定了 $A_{cor} > A_b$ 时，在计算中只能取 $A_{cor} = A_l$ 的要求。此规定用以保证充分发挥间接钢筋的作用，且能确保安全。

为避免长、短两个方向配筋相差过大而导致钢筋不能充分发挥强度，对公式（7.8.3-2）规定了配筋量的限制条件。

7.9 疲劳验算

7.9.1 保留了原规范的基本假定，它为试验所证实，并作为第 7.9.5 条和第 7.9.12 条建立钢筋混凝土和预应力混凝土受弯构件正截面承载力疲劳应力公式的依据。

7.9.2 本条是根据本规范第 3.1.4 条和吊车出现在跨度不大于 12m 的吊车梁上的可能情况而作出的规定。

7.9.3 本条明确规定，钢筋混凝土受弯构件正截面和斜截面疲劳验算中起控制的部位需作相应的应力或应力幅计算。

7.9.4 国内外试验研究表明，影响钢筋疲劳强度的主要因素为应力幅，即 $(\sigma_{max} - \sigma_{min})$，所以在本节中涉及钢筋的疲劳应力时均按应力幅计算。

7.9.5～7.9.6 按照第 7.9.1 条的基本假定，具体给出了钢筋混凝土受弯构件正截面疲劳验算中所需的截面特征值及其相应的应力和应力幅公式。

7.9.7～7.9.9 钢筋混凝土受弯构件斜截面的疲劳验算分为两种情况：第一种情况，当按公式（7.9.8）计算的剪应力 τ_f 符合公式（7.9.7-1）时，表示截面混凝土可全部承担，仅需按构造配置箍筋；第二种情况，当剪应力 τ_f 不符合公式（7.9.7-1）时，该区段的剪应力应由混凝土和垂直箍筋共同承担。试验表明，受压区混凝土所承担的剪应力 τ_c^f 值，与荷载值大小、剪跨比、配筋率等因素有关，在公式（7.9.9-1）中取 $\tau_c^f = 0.1 f_t^f$ 是较稳妥的。

对上述两种情况，按照我国以往的经验，对 $(\tau_f - \tau_c^f)$ 部分的剪应力应由垂直箍筋和弯起钢筋共同承担。但国内的试验表明，同时配有垂直箍筋和弯起钢筋的斜截面疲劳破坏，都是弯起钢筋首先疲劳断裂；按照 45°桁架模型和开裂截面的应变协调关系，可得到密排弯起钢筋应力 σ_{sb} 与垂直箍筋应力 σ_{sv} 之间的关系式：

$$\sigma_{sb} = \sigma_{sv} (\sin\alpha + \cos\alpha)^2$$

此处，α 为弯起钢筋的弯起角。显然，由上式可得 $\sigma_{sb} > \sigma_{sv}$ 的结论。

为了防止配置少量弯起钢筋而引起其疲劳破坏，由此导致垂直箍筋所能承担的剪力大幅度降低，本规范不提倡采用弯起钢筋作为抗疲劳的抗剪钢筋（密排斜向箍筋除外），所以在第 7.9.9 条仅提供配有垂直箍筋的应力幅计算公式。

7.9.10～7.9.12 基本保留了原规范对要求不出现裂缝的预应力混凝土受弯构件的疲劳强度验算方法，对非预应力钢筋和预应力钢筋，则改用应力幅的验算方法。由于本规范第 3.3.4 条规定需进行疲劳验算的预应力混凝土吊车梁应按不出现裂缝的要求设计，故本规范删去了原规范中对允许出现裂缝的预应力混凝土受弯构件的疲劳强度验算公式。

按条文公式计算的混凝土应力 $\sigma_{c,min}^f$ 和 $\sigma_{c,max}^f$，是指在截面同一纤维计算点处一次循环过程中的最小应力和最大应力，其最小、最大以其绝对值进行判别，且拉应力为正、压应力为负；在计算 $\rho_c^f = \sigma_{c,min}^f / \sigma_{c,max}^f$ 中，应注意应力的正负号及最大、最小应力的取值。

8 正常使用极限状态验算

8.1 裂缝控制验算

8.1.1 根据本规范第3.3.4条的规定,具体给出了钢筋混凝土和预应力混凝土构件裂缝控制的验算公式。

有必要指出,按概率统计的观点,符合公式(8.1.1-2)情况下,并不意味着构件绝对不会出现裂缝;同样,符合公式(8.1.1-4)的情况下,构件由荷载作用而产生的最大裂缝宽度大于最大裂缝限值大致会有5%的可能性。

8.1.2 本规范最大裂缝宽度的基本公式仍采用原规范的公式:

$$w_{\max} = \tau_l \tau_s \alpha_c \psi \frac{\sigma_{sk}}{E_s} l_{cr}$$

对各类受力构件的平均裂缝间距的试验数据进行了统计分析,当混凝土保护层厚度 c 不大于65mm时,对配置带肋钢筋混凝土构件的平均裂缝间距可按下列公式计算:

$$l_{cr} = \beta\left(1.9c + 0.08\frac{d}{\rho_{te}}\right)$$

此处,对轴心受拉构件,取 $\beta=1.1$;对其他受力构件,均取 $\beta=1$。

当配置不同钢种、不同直径的钢筋时,式中 d 应改为等效直径 d_{eq},可按正文公式(8.1.2-3)进行计算确定,其中考虑了钢筋混凝土和预应力混凝土构件配置不同的钢种,钢筋表面形状以及预应力钢筋采用先张法或后张法(灌浆)等不同的施工工艺,它们与混凝土之间的粘结性能有所不同,这种差异将通过等效直径予以反映。为此,对钢筋混凝土用钢筋,根据国内有关试验资料;对预应力钢筋,参照欧洲混凝土桥规范 ENV 1992—2(1996)的规定,给出了正文表8.1.2-2的钢筋相对粘结特性系数。对有粘结的预应力钢筋 d_i 的取值,可按照 $d_i = 4A_p/u_p$ 求得,其中 u_p 本应取为预应力钢筋与混凝土的实际接触周长;分析表明,按照上述方法求得的 d_i 值与按预应力钢筋的公称直径进行计算,两者较为接近。为简化起见,对 d_i 统一取用公称直径。对环氧树脂涂层钢筋的相对粘结特性系数是根据试验结果确定的。

根据试验规律,给出受弯构件裂缝间距纵向受拉钢筋应变不均匀系数的基本公式:

$$\psi = \omega_1\left(1 - \frac{M_{cr}}{M_k}\right)$$

作为规范简化公式的基础,并扩展应用到其他构件。式中系数 ω_1 与钢筋和混凝土的握裹力有一定关系,对光圆钢筋,ω_1 则较接近1.1。根据偏拉、偏压构件的试验资料,以及为了与轴心受拉构件的计算公式相协调,将 ω_1 统一为1.1。同时,为了简化计算,并便于与偏心受力构件的计算相协调,将上式展开并作一定的简化,就可得到以钢筋应力 σ_{sk} 为主要参数的公式(8.1.2-2)。

反映裂缝间混凝土伸长对裂缝宽度影响的系数 α_c,根据试验资料分析,统一取 $\alpha_c=0.85$。

短期裂缝宽度的扩大系数 τ_s,根据试验数据分析,对受弯构件和偏心受压构件,取 $\tau_s=1.66$;对偏心受拉和轴心受拉构件,取 $\tau_s=1.9$。扩大系数 τ_s 的取值的保证率约为95%。

根据试验结果,给出了考虑长期作用影响的扩大系数 $\tau_l=1.5$。

试验表明,对偏心受压构件,当 $e_0/h_0 \leq 0.55$ 时,裂缝宽度较小,均能符合要求,故规定不必验算。

在计算平均裂缝间距 l_{cr} 和 ψ 时引进了按有效受拉混凝土面积计算的纵向受拉配筋率 ρ_{te},其有效受拉混凝土面积取 $A_{te} = 0.5bh + (b_f - b)h_f$,由此可达到 ψ 公式的简化,并能适用于受弯、偏心受拉和偏心受压构件。经试验结果校准,尚能符合各类受力情况。

鉴于对配筋率较小情况下的构件裂缝宽度等的试验资料较少,采取当 $\rho_{te}<0.01$ 时,取 $\rho_{te}=0.01$ 的办法,限制计算最大裂缝宽度的使用范围,以减少对最大裂缝宽度计算值偏小的情况。

必须指出,当混凝土保护层厚度较大时,虽然裂缝宽度计算值也较大,但较大的混凝土保护层厚度对防止钢筋锈蚀是有利的。因此,对混凝土保护层厚度较大的构件,当在外观的要求上允许时,可根据实践经验,对本规范表3.3.4中所规定的裂缝宽度允许值作适当放大。

对沿截面上下或周边均匀配置纵向钢筋的构件裂缝宽度计算,研究尚不充分,本规范未作明确规定。但必须指出,在荷载的标准组合下,这类构件的受拉钢筋应力很高,甚至可能超过钢筋抗拉强度设计值。为此,当按公式(8.1.2-1)计算时,关于钢筋应力 σ_{sk} 及 A_{te} 的取用原则等应按更合理的方法计算。

8.1.3 本条给出的钢筋混凝土构件的纵向受拉钢筋应力和预应力混凝土构件的纵向受拉钢筋等效应力,均是指在荷载效应的标准组合下构件裂缝截面上产生的钢筋应力,下面按受力性质分别说明:

1 对钢筋混凝土轴心受拉和受弯构件,钢筋应力 σ_{sk} 仍按原规范的方法计算。受弯构件裂缝截面的内力臂系数,仍取 $\eta_b=0.87$。

2 对钢筋混凝土偏心受拉构件,其钢筋应力计算公式(8.1.3-2)是由外力与截面内力对受压区钢筋合力点取矩确定,此即表示不管轴向力作用在 A_s 和 A'_s 之间或之外,均近似取内力臂 $z = h_0 - a'_s$。

3 对预应力混凝土构件的纵向受拉钢筋等效应力，是指在该钢筋合力点处混凝土预压应力抵消后钢筋中的应力增量，可视它为等效于钢筋混凝土构件中的钢筋应力 σ_{sk}。

预应力混凝土轴心受拉构件的纵向受拉钢筋等效应力的计算公式（8.1.3-9）就是基于上述的假定给出的。

4 对钢筋混凝土偏压构件和预应力混凝土受弯构件，其纵向受拉钢筋的应力和等效应力可根据相同的概念给出。此时，可把预应力及非预应力钢筋的合力 N_{p0} 作为压力与弯矩值 M_k 一起作用于截面上，这样，预应力混凝土受弯构件就等效于钢筋混凝土偏心受压构件。对后张法预应力混凝土超静定结构中的次弯矩 M_2 的影响，与本规范第 6.1.7 条相协调，在公式（8.1.3-10）、（8.1.3-11）中作了反映。

对裂缝截面的纵向受拉钢筋应力和等效应力，由建立内、外力对受压区合力取矩的平衡条件，可得公式（8.1.3-4）和公式（8.1.3-10）。

纵向受拉钢筋合力点至受压区合力点之间的距离 $z = \eta h_0$，可近似按第 7 章第 7.1 节的基本假定确定。考虑到计算的复杂性，通过计算分析，可采用下列内力臂系数的拟合公式：

$$\eta = \eta_b - (\eta_b - \eta_0)\left(\frac{M_0}{M_e}\right)^2$$

式中 η_b ——钢筋混凝土受弯构件在使用阶段的裂缝截面内力臂系数；
η_0 ——纵向受拉钢筋截面重心处混凝土应力为零时的截面内力臂系数；
M_0 ——受拉钢筋截面重心处混凝土应力为零时的消压弯矩；对偏压构件，取 $M_0 = N_k \eta_b h_0$；对预应力混凝土受弯构件，取 $M_0 = N_{p0}(\eta_b h_0 - e_p)$；
M_e ——外力对受拉钢筋合力点的力矩；对偏压构件，取 $M_e = N_k e$；对预应力混凝土受弯构件，取 $M_e = M_k + N_{p0} e_p$ 或 $M_e = N_{p0} e$。

上述公式可进一步改写为：

$$\eta = \eta_b - \alpha\left(\frac{h_0}{e}\right)^2$$

通过分析，适当考虑了混凝土的塑性影响，并经有关构件的试验结果校核后，本规范给出了以上述拟合公式为基础的简化公式（8.1.3-5）。当然，本规范不排斥采用更精确的方法计算预应力混凝土受弯构件的内力臂 z。

对钢筋混凝土偏心受压构件，当 $l_0/h > 14$ 时，试验表明应考虑构件挠曲对轴向力偏心距的影响，近似取第 7 章第 7.3.10 条确定承载力计算用的曲率的 1/2.85，且不考虑附加偏心距，由此可得公式（8.1.3-8）。

8.1.4 在抗裂验算中，边缘混凝土的法向应力计算公式是按弹性应力给出的。

8.1.5 从裂缝控制要求对预应力混凝土受弯构件的斜截面混凝土主拉应力进行验算，是为了避免斜裂缝的出现，同时按裂缝等级不同予以区别对待；对混凝土主压应力的验算，是为了避免过大的压应力导致混凝土抗拉强度过大地降低和裂缝过早地出现。

8.1.6~8.1.7 在第 8.1.6 条提供了混凝土主拉应力和主压应力的计算方法。在 8.1.7 条提供了考虑集中荷载产生的混凝土竖向压应力及对剪应力分布影响的实用方法，这是依据弹性理论分析加以简化并经试验验证后给出的。

8.1.8 对先张法预应力混凝土构件端部预应力传递长度范围内进行正截面、斜截面抗裂验算时，采用本条对预应力传递长度范围内有效预应力 σ_{pe} 按近似的线性变化规律的假定后，可利于简化计算。

8.2 受弯构件挠度验算

8.2.1 在正常使用极限状态下混凝土受弯构件的挠度，主要取决于构件的刚度。规范假定在同号弯矩段内的刚度相等，并取该区段内最大弯矩处所对应的刚度；对于允许出现裂缝的构件，它就是该区段内的最小刚度，这样做是偏于安全的。当支座截面刚度与跨中截面刚度之比在规范规定的范围内时，采用等刚度计算构件挠度，其误差不致超过 5%。

8.2.2 在受弯构件短期刚度 B_s 基础上，仅考虑荷载效应准永久组合的长期作用对挠度增大的影响，由此给出公式（8.2.2）。

8.2.3 本条提供的钢筋混凝土和预应力混凝土受弯构件的短期刚度是在理论与试验相结合的基础上提出的。

1 钢筋混凝土受弯构件的短期刚度

截面刚度与曲率的理论关系式为：

$$\frac{M_k}{B_s} = \frac{\varepsilon_{sm} + \varepsilon_{cm}}{h_0}$$

式中 ε_{sm} ——纵向受拉钢筋的平均应变；
ε_{cm} ——截面受压区边缘混凝土的平均应变。

根据裂缝截面受拉钢筋和受压区边缘混凝土各自的应变与相应的平均应变，可建立下列关系：

$$\varepsilon_{sm} = \psi \frac{M_k}{E_s A_s \eta h_0}$$

$$\varepsilon_{cm} = \frac{M_k}{E_c b h_0^2 \zeta}$$

将上述平均应变代入前式，即可得短期刚度的基本公式：

$$B_s = \frac{E_s A_s h_0^2}{\frac{\psi}{\eta} + \frac{\alpha_E \rho}{\zeta}}$$

公式中的系数由试验分析确定：

1) 系数 ψ，采用与裂缝宽度计算相同的公式，当 $\psi<0.2$ 时，取 $\psi=0.2$，这将能更好地符合试验结果。

2) 根据试验资料回归，系数 $\alpha_E\rho/\zeta$ 可按下列公式计算：

$$\frac{\alpha_E\rho}{\xi}=0.2+\frac{6\alpha_E\rho}{1+3.5\gamma_f'}$$

对力臂系数 η，近似取 $\eta=0.87$。

将上述系数与表达式代入上述 B_s 公式，即得公式 (8.2.3-1)。

2 预应力混凝土受弯构件的短期刚度

1) 不出现裂缝构件的短期刚度，统一取 $0.85E_cI_0$，在取值上较稳妥。

2) 允许出现裂缝构件的短期刚度

对使用阶段已出现裂缝的预应力混凝土受弯构件，假定弯矩与曲率（或弯矩与挠度）曲线是由双折直线组成，双折线的交点位于开裂弯矩 M_{cr} 处，则可求得短期刚度的基本公式为：

$$B_s=\frac{E_cI_0}{\frac{1}{\beta_{0.4}}+\frac{\frac{M_{cr}}{M_k}-0.4}{0.6}\left(\frac{1}{\beta_{cr}}-\frac{1}{\beta_{0.4}}\right)}$$

式中 $\beta_{0.4}$ 和 β_{cr} 分别为 $\frac{M_{cr}}{M_k}=0.4$ 和 1.0 时的刚度降低系数。对 β_{cr}，取 $\beta_{cr}=0.85$；对 $\frac{1}{\beta_{0.4}}$，根据试验资料分析，取拟合的近似值，可得：

$$\frac{1}{\beta_{0.4}}=\left(0.8+\frac{0.15}{\alpha_E\rho}\right)(1+0.45\gamma_f)$$

将 β_{cr} 和 $\frac{1}{\beta_{0.4}}$ 代入上述公式 B_s，并经适当调整后即得本规范公式 (8.2.3-3)。

8.2.4 对混凝土截面抵抗矩塑性影响系数 γ 值略作了调整，本条与原规范的基本假定不同仅在本条取受拉区混凝土应力图形为梯形而不是矩形，其他均相同。为了简化计算，参照水工结构行业规范的规定并作校准后，给出了常用截面形状的 γ 近似值，以供查用。

8.2.5～8.2.6 钢筋混凝土受弯构件考虑荷载长期作用对挠度增大的影响系数 θ 是根据国内一些单位长期试验结果并参考国外规范的规定而给出。

预应力混凝土受弯构件在使用阶段的反拱计算中，短期反拱值的计算以及考虑预加力长期作用对反拱增大的影响系数仍保留原规范取为 2.0 的规定。由于它未能反映混凝土收缩、徐变损失以及配筋率等因素的影响，因此，对长期反拱值，如有专门的试验分析或根据收缩、徐变理论进行计算分析，则可不遵守条文的规定。

9 构 造 规 定

9.1 伸 缩 缝

9.1.1 根据多年的工程实践经验，未发现表 9.1.1 的伸缩缝最大间距规定对混凝土结构的承载力和裂缝开展有明显不利影响，故伸缩缝最大间距按原规范未作改动。但根据调研，近年来混凝土强度等级有所提高，流动性加大，混凝土凝固过程具有快硬、早强、发热量大的特点，混凝土体积收缩呈增大趋势，因此对伸缩缝间距的要求由原规范的"可"改为"宜"。

本次修订对原规范的表注作了以下修改：

1 增加了表注 1 关于装配整体式结构房屋和表注 2 关于框架-剪力墙结构和框架-核心筒结构房屋伸缩缝间距的规定。

2 为防止温度裂缝，表注 4 新增加了对露天挑檐、雨罩等外露结构的伸缩缝间距的要求。

9.1.2 本条列出了温度变化和混凝土收缩对结构产生更不利影响的几种情况，提出了需要在表 9.1.1 规定基础上适当减小伸缩缝间距的要求。

9.1.3 本条为新增内容，指出允许适当增大伸缩缝最大间距的情况、条件和应注意的问题。

在结构施工阶段采取防裂措施是国内外通用的减小混凝土收缩不利影响的有效方法。我国常用的做法是设置后浇带。根据工程实践经验，通常后浇带的间距不大于 30m；浇灌混凝土的间隔时间通常在两个月以上。这里所指的后浇带是将结构构件混凝土全部临时断开的做法。还应注意，合理设置有效的后浇带，并有可靠经验时，可适当增大伸缩缝间距，但不能用后浇带代替伸缩缝。

对结构施加相应的预应力可以减小因温度变化和混凝土收缩而在混凝土中产生的拉应力，以减小或消除混凝土开裂的可能性。本条所指的"预加应力措施"是指专门用于抵消温度、收缩应力的预加应力措施。

本条中的其他措施是指：加强屋盖保温隔热措施，以减小结构温度变形；加强结构的薄弱环节，以提高其抗裂性能；对现浇结构，在施工中切实加强养护以减小收缩变形；采用可靠的滑动措施，以减小约束结构变形的摩擦阻力；合理选择材料以减少混凝土的收缩等。

此外，对墙体还可采用设置控制缝以调节伸缩缝间距的措施。控制缝是在建筑物的线脚、饰条、凹角等处通过预埋板条等方法引导收缩裂缝出现，并用建筑构造处理从外观上加以遮掩，并做好防渗、防水处理的一种做法。其间距一般在 10m 左右，根据建筑处理设置。对设有控制缝的墙体，伸缩缝间距可适当加大。

本条还特别强调"当增大伸缩缝间距时,尚应考虑温度变化和混凝土收缩对结构的影响"。这是因为温度变化和混凝土收缩这类间接作用引起的变形和位移对于超静定混凝土结构可能引起很大的约束应力,导致结构构件开裂,甚至使结构的受力形态发生变化。设计者不能简单地采取某些措施就草率地增大伸缩缝间距,而应通过有效的分析或计算慎重考虑各种不利因素对结构内力和裂缝的影响,确定合理的伸缩缝间距。

对本条中的"充分依据",不应仅理解为"已经有了少量未发现问题的工程实例",而是指对各种有利和不利因素的影响方式和程度作出有科学依据的分析和判断,并由此确定伸缩缝间距的增减。

9.1.4 本条规定,为设置伸缩缝而形成的双柱,因基础受温度收缩影响很小,故其独立基础可以不设缝。工程实践证明这种做法是可行的。

9.2 混凝土保护层

9.2.1 保护层厚度的规定是为了满足结构构件的耐久性要求和对受力钢筋有效锚固的要求。本条对保护层厚度给出了更明确的定义。混凝土保护层厚度的规定比原规范略有增加。

考虑耐久性要求,本条对处于环境类别为一、二、三类的混凝土结构规定了保护层最小厚度。与原规范比较作了以下改动:

1 一类及二 a 类环境分别与原规范中"室内正常环境"及"露天及室内高湿度环境"相近;考虑冻融及轻度腐蚀环境的影响,增加了二 b 类环境及三类环境。

2 表中保护层厚度的数值是参考我国的工程经验以及耐久性要求规定的,要求比原规范稍严;表中相应的混凝土强度等级范围有所扩大。

3 注中增加了基础保护层厚度的规定,这是根据长期工程实践经验确定的。对处于有侵蚀性介质作用环境中的基础,其保护层厚度应符合有关标准的规定。

9.2.2 本条对预制构件中钢筋保护层厚度的规定与原规范相同,多年工程实践证明是可行的。

9.2.3 板、墙、壳中的分布钢筋以及梁、柱中的箍筋及构造钢筋的保护层厚度规定基本同原规范,但根据环境条件稍有加严。构造钢筋是指不考虑受力的架立筋、分布筋、连系筋等。工程实践证明,本条规定对保证结构耐久性是有效的。

9.2.4 对梁、柱中纵向受力钢筋保护层厚度大于 40mm 的情况,提出应采取有效的防裂构造措施。通常是在混凝土保护层中离构件表面一定距离处全面增配由细钢筋制成的构造钢筋网片。此外,增加了在处于露天环境中悬臂板的上表面采取保护措施的要求,这是由于该处受力钢筋因混凝土开裂更易受腐蚀而提出的。

9.2.5 环境类别为四、五类的情况属非共性问题,港口工程中的这类情况应符合《港口工程混凝土和钢筋混凝土结构设计规范》JTJ 267 的有关规定,工业建筑中的这类情况应符合《工业建筑防腐蚀设计规范》GB 50046 的有关规定。

为了满足建筑防火要求,保护层厚度还应满足《建筑防火规范》GBJ 16 和《高层民用建筑设计防火规范》GB 50045 的要求。

9.3 钢筋的锚固

9.3.1 原规范锚固设计采用查表方法,按以 $5d$ 为间隔取整的方式取值,不能较准确地反映锚固条件变化对锚固强度的影响,且难与国际惯例协调。我国钢筋强度不断提高,外形日趋多样化,结构形式的多样性也使锚固条件有了很大的变化,用表格的方式已很难确切表达。根据近年来系统试验研究及可靠度分析的结果并参考国外标准,规范给出了以简单计算确定锚固长度的方法。应用时,由计算所得基本锚固长度 l_a 应乘以对应于不同锚固条件的修正系数加以修正,且不小于规定的最小锚固长度。

基本锚固长度 l_a 取决于钢筋强度 f_y 及混凝土抗拉强度 f_t,并与钢筋外形有关,外形影响反映于外形系数 α 中。公式(9.3.1-1)为计算锚固长度的通式,其中分母项反映混凝土的粘结锚固强度的影响,用混凝土的抗拉强度表示;但混凝土强度等级高于 C40 时,仍按 C40 考虑,以控制高强混凝土中锚固长度不致过短。表 9.3.1 中不同钢筋的外形系数 α 是经对各类钢筋进行系统粘结锚固试验研究及可靠度分析得出的。

为反映带肋钢筋直径较大时相对肋高减小对锚固作用降低的影响,直径大于 25mm 的粗直径钢筋的锚固长度应适度加大,乘以修正系数 1.1。

为反映环氧树脂涂层钢筋表面状态对锚固的不利影响,其锚固长度应乘以修正系数 1.25,这是根据试验分析结果并参考国外标准的有关规定确定的。

施工扰动对锚固的不利影响反映于施工扰动的影响系数中,与原规范数值相当,取 1.1。

带肋钢筋常因外围混凝土的纵向劈裂而削弱锚固作用。当混凝土保护层厚度或钢筋间距较大时,握裹作用加强,锚固长度可适当减短。经试验研究及可靠度分析,并根据工程实践经验,当保护层厚度大于锚固钢筋直径的 3 倍且有箍筋约束时,适当减小锚固长度是可行的,此时锚固长度可乘以修正系数 0.8。

配筋设计时,实际配筋面积往往因构造原因而大于计算值,故钢筋实际应力小于强度设计值。因此,当有确实把握时,受力钢筋的锚固长度可以缩短,其数值与配筋余量的大小成比例。国外规范也采取同样的方法。但其适用范围有一定限制,即不得用于抗震设计及直接承受动力荷载的构件中。

当采用骤然放松预应力钢筋的施工工艺时，其锚固长度起点应考虑端部受损的可能性，内移 $0.25l_{tr}$。

上述各项修正系数可以连乘，但出于构造要求，修正后的受拉钢筋锚固长度不能小于最低限度（最小锚固长度），其数值在任何情况下不应小于按公式（9.3.1）计算值的 0.7 倍及 250mm。

9.3.2 机械锚固是减少锚固长度的有效方式。根据试验研究及我国施工习惯，推荐了三种机械锚固形式：加弯钩、焊锚板及贴焊锚筋。机械锚固的总锚固长度修正系数 0.7 是由试验及可靠度分析确定的，与国外规范的有关取值相当且偏于安全。为了对机械锚固区混凝土提供约束，以维持其锚固能力，增加了锚固区配箍直径、间距及数量的构造要求。保护层厚度很大时锚固约束作用较强，故可对配箍不作要求。

9.3.3 柱及桁架上弦等构件中受压钢筋也存在锚固问题。受压钢筋的锚固长度为相应受拉锚固长度的 0.7 倍，这是根据试验研究及可靠度分析并参考国外规范确定的。

9.3.4 根据长期工程实践经验规定了承受重复荷载预制构件中钢筋的锚固措施。

9.4 钢筋的连接

9.4.1 由于钢筋通过连接接头传力的性能总不如整根钢筋，故设置钢筋连接的原则为：接头应设置在受力较小处；同一根钢筋上应少设接头。为了反映技术进步，对原规范的内容进行了补充，增加了机械连接接头。机械连接接头的类型和质量控制要求见《钢筋机械连接通用技术规程》JGJ 107，焊接连接接头的种类和质量控制要求见《钢筋焊接规程》JGJ 18。

9.4.2 根据工程经验及接头性质，本条限定了钢筋绑扎搭接接头的应用范围：受拉构件不应采用绑扎搭接接头，大直径钢筋不宜采用绑扎搭接接头。

9.4.3 用图及文字明确给出了属于同一连接区段钢筋绑扎搭接接头的定义。这比原规范"同一截面的搭接接头"的提法更为准确。搭接钢筋接头中心间距不大于 1.3 倍搭接长度，或搭接钢筋端部距离不大于 0.3 倍搭接长度时，均属位于同一连接区段的搭接接头。搭接钢筋错开布置时，接头断面位置应保持一定间距。首尾相接式的布置会在相接处引起应力集中和局部裂缝，应予以避免。条文对梁、板、墙、柱类构件的受拉钢筋搭接接头面积百分率提出了控制条件。粗、细钢筋搭接时，按粗钢筋截面积计算接头面积百分率，按细钢筋直径计算搭接长度。

本条还规定了受拉钢筋绑扎搭接接头搭接长度的计算方法，其中反映了接头面积百分率的影响。这是根据有关的试验研究及可靠度分析，并参考国外有关规范的做法确定的。搭接长度随接头面积百分率的提高而增大，是因为搭接接头受力后，相互搭接的两根钢筋将产生相对滑移，且搭接长度越小，滑移越大。为了使接头充分受力的同时，刚度不致过差，就需要相应增大搭接长度。本规定解决了原规范对搭接接头面积百分率规定过严的缺陷，对接头面积百分率较大的情况，采用加大搭接长度的方法处理，便于设计和施工。

9.4.4 受压钢筋的搭接长度规定为受拉钢筋的 0.7 倍，解决了梁受压区及柱中受压钢筋的搭接问题。这一规定沿用了原规范的做法。

9.4.5 搭接接头区域的配箍构造措施对保证搭接传力至关重要。本条在原规范条文的基础上，增加了对搭接连接区段箍筋直径的要求。此外提出了在粗钢筋受压搭接接头端部须增加配箍的要求，以防止局部挤压裂缝，这是根据试验研究结果和工程经验提出的。

9.4.6 本条规定了机械连接的连接区段长度为 $35d$。同时规定了其应用的原则：接头宜互相错开并避开受力较大部位。由于在受力最大处受拉钢筋传力的重要性，机械连接接头在该处的接头面积百分率不宜大于 50%。

9.4.7 本条给出了机械连接接头用于承受疲劳荷载构件时的应用范围及设计原则。

9.4.8 本条为机械连接接头保护层厚度及钢筋间距的要求。由于机械连接套筒直径加大，对保护层厚度及间距的要求作了适当放宽，由一般对钢筋要求的"应"改为对套筒的"宜"。

9.4.9 本条给出了焊接接头连接区段的定义。接头面积百分率的要求同原规范，工程实践证明这些规定是可行的。

9.4.10 本条提出承受疲劳荷载吊车梁等有关构件中受力钢筋焊接的要求，与原规范的有关内容相同，工程实践证明是可行的。

9.5 纵向受力钢筋的最小配筋率

9.5.1 我国建筑结构混凝土构件的最小配筋率较长时间沿用原苏联 60 年代规范的规定。其中，各类构件受拉钢筋最小配筋率的规定与其他国家相比明显偏低，远未达到受拉区混凝土开裂后受拉钢筋不致立即屈服的水平。原规范虽曾对受拉钢筋最小配筋率作了小幅度提高，但未能从根本上改变最小配筋率偏低的状况。

本次修订规范适当提高了受弯构件、偏心受拉构件和轴心受拉构件的受拉钢筋最小配筋率，并采用了配筋特征值（f_t/f_y）相关的表达形式，即最小配筋率随混凝土强度等级的提高而相应增大，随钢筋受拉强度的提高而降低；同时规定了受拉钢筋最小配筋率的取值下限。

规定受压构件最小配筋率的目的是改善其脆性特征，避免混凝土突然压溃，并使受压构件具有必要的刚度和抗偶然偏心作用的能力。本次修订规范对受压构件纵向钢筋最小配筋率只作了小幅度上调，即受压构件一侧纵筋最小配筋率保持 0.2%不变，只将受压构件全部纵向钢筋最小配筋率由 0.4%上调至 0.6%。对受压构件最小配筋率未采用特征值的表达方式，但考虑到强度等级偏高时混凝土脆性特征更为明显，故规定当混凝土强度等级为 C60 及以上时，最小配筋率上调 0.1%；当纵筋使用 HRB400 级和 RRB400 级钢筋时，最小配筋率下调 0.1%。应注意的是，这种调整只针对截面全部纵向钢筋，受压构件一侧纵向钢筋的最小配筋率仍保持不小于 0.2%的要求。

9.5.2 卧置于地基上的钢筋混凝土厚板，其配筋量多由最小配筋率控制。根据实际受力情况，最小配筋率可适当降低，但规定了最低限值 0.15%。

9.5.3 本条规定了预应力构件中各类预应力受力钢筋的最小配筋率。其基本思路为"截面开裂后受拉预应力筋不致立即失效"的原则，目的是为了使试件具有起码的延性性质，避免无预兆的脆性破坏。

9.6 预应力混凝土构件的构造规定

9.6.1 当先张法预应力构件中的预应力钢丝采用单根配置有困难时，可采用并筋的配筋形式。并筋为国外混凝土结构中常见的配筋形式，一般用于配筋密集区域布筋困难的情况。并筋对锚固及预应力传递性能的影响由等效直径反映。并筋的等效直径取与其截面积相等的圆截面的直径：对双并筋为 $\sqrt{2}d$；对三并筋为 $\sqrt{3}d$，其中 d 为单根钢丝的直径；取整后近似为 1.4 倍及 1.7 倍单根钢丝直径，即 $1.4d$ 及 $1.7d$。并筋的保护层厚度、钢筋间距、锚固长度、预应力传递长度、挠度和裂缝宽度验算等均按等效直径考虑。上述简化处理结果与国外标准、规范的数值相当，且计算更为简便。

根据我国的工程实践，预应力钢丝并筋不宜超过 3 根。对热处理钢筋及钢绞线因工程经验不多，需并筋时应采取可靠的措施，如加配螺旋筋或采用缓慢放张预应力的工艺等。

9.6.2 根据先张法预应力钢筋的锚固及预应力传递性能，提出了配筋净间距的要求，其数值是根据试验研究及工程经验确定的。

9.6.3 先张法预应力传递长度范围内局部挤压造成的环向拉应力容易导致构件端部混凝土出现劈裂裂缝。因此端部应采取构造措施，以保证自锚端的局部承载力。本条单根预应力钢筋包括单根钢绞线或单根并筋束所提出的措施为长期工程经验和试验研究结果的总结。

9.6.4～9.6.6 为防止预应力构件端部及预拉区的裂缝，根据多年工程实践经验及原规范的执行情况，这几条对各种预制构件（槽板、肋形板、屋面梁、吊车梁等）提出了配置防裂钢筋的措施。

9.6.7 预应力锚具应根据《预应力筋用锚具、夹具和连接器》GB/T 14370 标准的有关规定选用，并满足相应的质量要求。

9.6.8 为防止后张法预应力构件在施工阶段受力后发生沿孔道的裂缝和破坏，对后张法预制构件及框架梁等提出了相应构造措施。其中规定的控制数值及构造措施为我国多年工程经验的总结。

9.6.9～9.6.10 后张法预应力混凝土构件端部锚固区和构件端面中部在施工张拉时常会出现纵向水平裂缝。为了控制这些裂缝的开展，在试验研究的基础上，在条文中作出了加强配筋的具体规定。其中，要求合理布置预应力钢筋，尽量使锚具沿构件端部均匀布置，以减少横向拉力。当难于做到均匀布置时，为防止端面出现宽度过大的裂缝，根据理论分析和试验结果，提出了限制裂缝的竖向附加钢筋截面面积的计算公式以及相应的构造措施。原规范限定附加钢筋仅用光面钢筋，本次修订允许采用强度较高的热轧带肋钢筋，对计算公式中的钢筋强度设计值及系数作了相应的调整。

9.6.11 为保证端面有局部凹进的后张法预应力混凝土构件端部锚固区的强度和裂缝控制性能，根据试验和工程经验，规定了增设折线构造钢筋的防裂措施。

9.6.12 本条指出了用有限元分析方法作为解决特殊构件端部设计的途径。

9.6.13 曲线预应力布筋的曲率半径不宜小于 4m，是根据工程经验给出的。

9.6.14～9.6.15 对后张法预应力构件的预拉区、预压区、预应力转折处、端面预埋钢板及外露锚具等，根据局部挤压，施工工艺及耐久性的要求，提出了相应的构造措施。

10 结构构件的基本规定

10.1 板

10.1.1 本条给出的只是从构造角度要求的现浇板的最小厚度。现浇板的合理厚度应在符合承载力极限状态和正常使用极限状态要求的前提下，按经济合理的原则选定，并考虑防火、防爆等要求，但不应小于表 10.1.1 的规定。

10.1.2 分析结果表明，四边支承板长短边长度比大于等于 3.0 时，板可按沿短边方向受力的单向板计算；此时，沿长边方向配置本规范第 10.1.8 条规定的分布钢筋已经足够。当长短边长度比在 2～3 之间时，板虽仍可按沿短边方向受力的单向板计算，但沿长边方向按分布钢筋配筋尚不足以承担该方向弯矩，应适度增大配筋量。当长短边长度比小于等于 2 时，应按双向板计算和配筋。

10.1.3 单向板和双向板可采用分离式配筋或弯起式

配筋。分离式配筋因施工方便，已成为工程中主要采用的配筋方式。本条给出了分离式配筋的构造原则。

10.1.4 本条根据工程经验规定了在一般情况下板中受力钢筋的间距。

10.1.5 本条规定了支座处钢筋的锚固长度。条文强调了当连续板内温度、收缩应力较大时，宜适当加长板下部纵向钢筋伸入支座的长度。

10.1.6 本条根据工程经验规定了梁板交界处构造钢筋的配置方法。

10.1.7 本条规定了当现浇板周边支承在钢筋混凝土梁上、墙上或嵌固在承重砌体墙内时，板边构造钢筋的配置方法。当有截面较大的柱或墙的阳角突出到板内时，亦应沿突出在板内的柱周边和阳角墙边按同样规定设置板边构造钢筋，否则板可能沿柱边或阳角墙边开裂。本条目的是为了控制沿板周边或角部的负弯矩裂缝。

10.1.8 考虑到现浇板中存在温度、收缩应力，根据工程经验将分布钢筋与受力钢筋截面面积之比由原规范的 10%提高到 15%，增加了分布钢筋截面面积不小于板截面面积 0.15%的规定，将分布钢筋的最大间距由 300mm 减为 250mm，增加了分布钢筋直径不宜小于 6mm 的要求。同时提请设计者注意，对集中荷载较大的情况，应适当增加分布钢筋用量。

10.1.9 近年来，现浇板的裂缝问题比较严重。重要原因是混凝土收缩和温度变化在现浇楼板内引起的约束拉应力。设置温度收缩钢筋有助于减少这类裂缝。鉴于受力钢筋和分布钢筋也可以起到一定的抵抗温度、收缩应力的作用，故主要应在未配钢筋的部位或配筋数量不足的部位沿两个正交方向（特别是温度、收缩应力的主要作用方向）布置温度收缩钢筋。板中温度、收缩应力目前尚不易准确计算。本条根据工程经验给出了配置温度收缩钢筋的原则和最低数量规定。如有计算温度、收缩应力的可靠经验，计算结果亦可作为确定附加钢筋用量的参考。

本规范第 10.1.5 条、第 10.1.7 条、第 10.1.8 条和本条的规定所形成的板的综合构造措施，目的都是为了减少现浇混凝土板因温度、收缩而开裂的可能性。

10.1.10 国内外试验研究结果表明，在与板的冲切破坏面相交的部位配置弯起钢筋或箍筋，能提高板的抗冲切承载力。本条构造规定的目的是为了保证弯起钢筋和箍筋能充分发挥强度。

10.1.11 在混凝土厚板中沿厚度方向以一定间隔配置平行于板面的钢筋网片，不仅可减少大体积混凝土温度收缩的影响，而且有利于提高构件的抗剪承载力。

10.1.12 本次修订规范未列入有关焊接骨架和焊接网的规定。当使用焊接网时，应符合《钢筋焊接网混凝土结构技术规程》JGJ/T 114 的有关规定。

10.2 梁

10.2.1 绑扎骨架梁的配筋构造规定基本同原规范，工程实践证明是有效的。

10.2.2 对混合结构房屋中支承在砖墙、砖柱混凝土垫块上的钢筋混凝土梁简支支座或预制钢筋混凝土梁的简支支座，给出了在支座处锚固长度的要求及在支座范围内配置箍筋的规定。

10.2.3 在连续梁和框架梁的跨内，支座负弯矩受拉钢筋在向跨内延伸时，可根据弯矩图在适当部位截断。当梁端作用剪力较大时，在支座负弯矩钢筋的延伸区段范围内将形成由负弯矩引起的垂直裂缝和斜裂缝，并可能在斜裂缝区前端沿该钢筋形成劈裂裂缝，使纵筋拉应力由于斜弯作用和粘结退化而增大，并使钢筋受拉范围相应向跨中扩展。国内外试验研究结果表明，为了使负弯矩钢筋的截断不影响它在各截面中发挥所需的抗弯能力，应通过两个条件控制负弯矩钢筋的截断点。第一个控制条件（即从不需要该批钢筋的截面伸出的长度）是使该批钢筋截断后，继续前伸的钢筋能保证过截断点的斜截面具有足够的受弯承载力；第二个控制条件（即从充分利用截面向前伸出的长度）是使负弯矩钢筋在梁顶部的特定锚固条件下具有必要的锚固长度。根据近期对分批截断负弯矩纵向钢筋情况下钢筋延伸区段受力状态的实测结果，对原规范规定作了局部调整。

当梁端作用剪力较小（$V \leqslant 0.7f_tbh_0$）时，控制钢筋截断点位置的两个条件仍按原规范取用。

当梁端作用剪力较大（$V > 0.7f_tbh_0$），且负弯矩区相对长度不大时，原规范给出的第二控制条件可继续使用；第一控制条件在原规范从不需要该钢筋截面伸出长度不小于 $20d$ 的基础上，增加了同时不小于 h_0 的要求。

若负弯矩区相对长度较大，按以上二条件确定的截断点仍位于与支座最大负弯矩对应的负弯矩受拉区内时，延伸长度应进一步增大。增大后的延伸长度分别为从充分利用截面伸出的长度及从不需要该批钢筋的截面伸出的长度两者中的较大值。

10.2.4 试验表明，在作用剪力较大的悬臂梁内，因梁全长受负弯矩作用，临界斜裂缝的倾角明显偏小，因此不宜截断负弯矩钢筋。此时，负弯矩钢筋可以按弯矩图分批向下弯折，但必须有不少于两根钢筋伸至梁端，并向下弯折锚固。

10.2.5 受扭纵筋最小配筋率的规定是以纯扭构件受扭承载力计算公式（7.6.4-1）和剪扭条件下不需进行承载力计算而仅按构造配筋的控制条件为基础拟合给出的。本条还给出了受扭纵向钢筋沿截面周边的布置原则和在支座处的锚固要求。对箱形截面构件，偏安全地采用了与实心截面构件相同的构造要求。

10.2.6 本条根据工程经验给出了在按简支计算，但实际受有部分约束的梁端上部配置纵向钢筋的构造规定。

10.2.7～10.2.8 原规范中有关弯起钢筋弯起点或弯终点位置、角度、锚固长度等构造要求是有效的，故维持不变。

10.2.9 对按计算不需要配置箍筋的梁的构造配箍要求作出了规定。本条维持原规范的规定不变。

10.2.10 与本规范第7.5节对斜截面受剪承载力计算公式的调整（适度调高抗剪箍筋用量）相适应，梁中受剪箍筋的最小配筋率亦较原规范适度增大。

10.2.11 本条规定了梁中箍筋直径的要求。

10.2.12 与本规范第10.2.10条对受剪箍筋最小配筋率的适度提高相呼应，剪扭箍筋的最小配筋率也适度调高。对箱形截面构件，偏安全地采用了与实心截面构件相同的构造要求。

10.2.13 当集中荷载在梁高范围内或梁下部传入时，为防止集中荷载影响区下部混凝土拉脱和弥补间接加载导致的梁斜截面受剪承载力的降低，应在集中荷载影响区 s 范围内加设附加横向钢筋。在设计中，不允许用布置在集中荷载影响区内的受剪箍筋代替附加横向钢筋。此外，当传入集中力的次梁宽度 b 过大时，宜适当减小由 $3b+2h_1$ 所确定的附加横向钢筋布置宽度。当次梁与主梁高度差 h_1 过小时，宜适当增大附加横向钢筋的布置宽度。当主梁、次梁均承担有由上部墙、柱传来的竖向荷载时，附加横向钢筋宜在本条规定的基础上适当增大。

当梁下部作用有均布荷载时，可参照本规范第10.7.12条确定深梁悬吊钢筋的方法确定附加悬吊钢筋的数量。

当有两个沿梁长度方向相互距离较小的集中荷载作用于梁高范围内时，可能形成一个总的拉脱效应和一个总的拉脱破坏面。偏安全的做法是，在不减少两个集中荷载之间应配附加钢筋数量的同时，分别适当增大两个集中荷载作用点以外的附加横向钢筋数量。

本次修订还对原规范规定作了以下补充：

1 当采用弯起钢筋作附加钢筋时，明确规定公式中的 A_{sv} 应为左右弯起段截面面积之和。

2 弯起式附加钢筋的弯起段应伸至梁上边缘，且其尾部应按本规范第10.2.7条的规定设置水平锚固段。

10.2.14 对受拉区有内折角的梁的构造规定作了局部调整，将原规范"未伸入受压区的纵向受拉钢筋"改为"未在受压区锚固的纵向受拉钢筋"。这里所指的"在受压区锚固"应是根据钢筋在受压区的锚固方式（直线锚固或带弯折锚固）分别按本规范第9.3.1条或10.4.1条确定其锚固长度。受压区高度则可取为按计算确定的实际受压区高度。

10.2.15 对梁架立筋的直径作出了规定，这是由工程经验确定的，与原规范相同。

10.2.16 当梁的截面尺寸较大时，有可能在梁侧面产生垂直于梁轴线的收缩裂缝。为此，应在梁两侧沿梁长度方向布置纵向构造钢筋。此次修订规范针对工程中使用大截面尺寸现浇混凝土梁日益增多的情况，根据工程经验对纵向构造钢筋的最大间距和最小配筋率给出了较原规范更为严格的规定。纵向构造钢筋的最小配筋率按扣除了受压及受拉翼缘的梁腹板截面面积确定。

10.2.17 本条对薄腹梁及需作疲劳验算的梁规定了加强下部纵向钢筋的构造措施，与原规范相同。

10.3 柱

10.3.1 本条增加了圆柱纵向钢筋最低根数和圆柱纵向钢筋宜沿截面周边均匀布置的规定。

10.3.2 当柱全部纵向钢筋的配筋率大于3%时，箍筋建议采用与抗震柱中箍筋末端相同的做法（135°弯钩，弯钩末端平直段长度不小于 $10d$）或采用焊接封闭环式箍筋；但对焊接封闭环式箍筋，应避免在施工现场焊接而伤及受力钢筋，宜采用闪光接触对焊等可靠的焊接方法，以确保焊接质量。

10.3.3 当采用螺旋箍时，考虑其间接作用，对相应的构造措施作出了规定。具体规定同原规范。

10.3.4 增大了I形截面柱翼缘和腹板的最小厚度。当腹板开孔时，对孔边附加钢筋最小截面面积作了规定。

10.3.5 对腹板开孔的I型截面柱根据开孔大小给出了不同的设计计算原则，与原规范相同。

10.4 梁柱节点

10.4.1 在框架中间层端节点处，根据柱截面高度和钢筋直径，梁上部纵向钢筋可采用直线锚固或端部带90°弯折段的锚固方式。当柱截面不足以设置直线锚固段，而采用带90°弯折段的锚固方式时，强调梁筋应伸到柱对边再向下弯折。试验研究表明，这种锚固端的锚固能力由水平段的粘结能力和弯弧与垂直段的弯折锚固作用所组成。在承受静力荷载为主的情况下，水平段的粘结能力起主导作用。国内外试验结果表明，当水平段投影长度不小于 $0.4l_a$，垂直段投影长度为 $15d$ 时，已能可靠保证梁筋的锚固强度和刚度，故取消了要满足总锚长不小于受拉锚固长度的要求。

在原规范的1992年局部修订内容中，曾允许当在90°弯弧内侧设置横向短钢筋时，可将水平投影长度减小15%。但近期试验表明，该横向短钢筋在弯弧段钢筋未明显变形的一般受力情况下并不起作用，故本规范不再采用这种在90°弯弧内侧设置横向短钢筋以减小水平锚固段长度的做法。

当框架中间层端节点处有悬臂梁外伸，且悬臂顶面与框架梁顶面处在同一标高时，可将需要用作悬臂梁负弯矩钢筋使用的部分框架梁钢筋直接伸入悬臂梁，其余框架梁钢筋仍按10.4.1条的规定锚固在端节点内。当在其他标高处有悬臂梁或短悬臂（牛腿）自框架柱伸出时，悬臂梁或短悬臂（牛腿）的负弯矩筋亦应按框架梁上部钢筋在中间层端节点处的锚固规定锚入框架柱内，即水平段投影长度不小于$0.4l_a$，弯后竖直段投影长度取$15d$。

10.4.2 中间层中间节点和中间层端节点处的下部梁筋，以及顶层中间节点和顶层端节点处的下部梁筋，其在相应节点中的锚固要求仍基本沿用原规范有关梁纵向钢筋在不同受力情况下的规定。当梁下部钢筋根数较多，且分别从两侧锚入中间节点时，将造成节点下部钢筋拥挤，故增加了中间节点下部梁筋贯穿节点，并在节点以外梁弯矩较小处搭接的做法。

当中间层中间节点左、右跨梁的上表面不在同一标高时，左、右跨梁的上部钢筋可分别按第10.4.1条的规定锚固在节点内。

当中间层中间节点左、右梁端上部钢筋用量相差较大时，除左、右数量相同的部分贯穿节点外，多余的梁筋亦可按第10.4.1条的规定锚固在节点内。

10.4.3 伸入顶层中间节点的全部柱筋及伸入顶层端节点的内侧柱筋应可靠锚固在节点内。同时强调柱筋应伸至柱顶。当顶层节点高度不足以容下柱筋直线锚固长度时，柱筋可在柱顶向节点内弯折，或在有现浇板时向节点外弯折。当充分利用柱筋的受拉强度时，试验表明，其锚固条件不如水平钢筋，因此弯折前柱筋锚固段的竖向投影长度不应小于$0.5l_a$，弯折后的水平投影长度不宜小于$12d$，以保证可靠受力。

10.4.4 在承受以静力荷载为主的框架中，顶层端节点处的梁、柱端均主要受负弯矩作用，相当于一段90°的折梁。当梁上部钢筋和柱外侧钢筋数量匹配时，可将柱外侧处于梁截面宽度内的纵向钢筋直接弯入梁上部，作梁负弯矩钢筋使用。亦可使梁上部钢筋与柱外侧钢筋在顶层端节点附近搭接。规范推荐了两种搭接方案。其中设在节点外侧和梁端顶面的带90°弯折搭接做法（规范图10.4.4a）适用于梁上部钢筋和柱外侧钢筋数量不致过多的民用或公共建筑框架。其优点是梁上部钢筋不伸入柱内，有利于在梁底标高设置柱混凝土施工缝。但当梁上部和柱外侧钢筋数量过多时，该方案将造成节点顶部钢筋拥挤，不利于自上而下浇注混凝土。此时，宜改用梁、柱筋直线搭接，接头位于柱顶部外侧的搭接做法（规范图10.4.4b）。

在顶层端节点处不允许采用将柱筋伸至柱顶，将梁上部钢筋按本规范第10.4.1条的规定锚入节点的做法，因这种做法无法保证梁、柱筋在节点区的搭接传力，使梁、柱端无法发挥出所需的正截面受弯承载力。

10.4.5 试验表明，当梁上部和柱外侧钢筋配筋率过高时，将引起顶层端节点核心区混凝土的斜压破坏，故应通过本条规定对相应的配筋率作出限制。

试验表明，当梁上部钢筋和柱外侧钢筋在顶层端节点外上角的弯弧半径过小时，弯弧下的混凝土可能发生局部受压破坏，故对钢筋的弯弧半径最小值做了相应规定。

10.4.6 非抗震框架梁柱节点配置水平箍筋的构造规定是根据我国工程经验并参考国外有关规范给出的。当节点四边有梁时，由于除四角以外的节点周边柱纵向钢筋不存在过早压屈的危险，故可不设复合箍筋。

10.5 墙

10.5.1 本条规定截面长度大于其厚度4倍的构件方按"墙"进行截面设计和考虑配筋构造；否则应按柱进行截面设计和考虑配筋构造。本条规定是根据工程经验并参照国外有关规范给出的。

10.5.2～10.5.7 原规范的这部分规定，其中包括剪力墙最小厚度、剪力墙截面设计规定和剪力墙洞口连梁的截面设计规定都是参照《钢筋混凝土高层建筑结构设计与施工规程》JGJ 3—79根据试验结果作出的规定，并吸取国内设计经验制订的，本次修订未作变动。因仍缺乏足够的跨高比不大于2.5的洞口连梁的试验研究结果，其受剪承载力计算公式、受剪截面限制条件及配筋构造等均只能继续空缺，在注中作了说明。

10.5.8 本条规定了墙两端纵向钢筋及沿该纵向钢筋设置拉筋的构造要求，还给出了洞口上、下纵向钢筋的最低配置数量和锚固要求。

10.5.9～10.5.11 这里规定的剪力墙水平和竖向分布钢筋最小配筋率仅为按构造要求配置的最小配筋率。对以下两种情况宜分别适度提高剪力墙分布钢筋的配筋率：

1 结构重要部位的剪力墙 主要指框架-剪力墙结构中的剪力墙和框架-核心筒结构中的核心筒墙体，宜根据工程经验适度提高墙体分布钢筋的配筋率。

2 温度、收缩应力 这是造成墙体开裂的主要原因。对于温度、收缩应力可能较大的剪力墙或剪力墙的某些部位，应根据工程经验提高墙体分布钢筋，特别是水平分布钢筋的配筋率。

本条还对水平和竖向分布钢筋的直径、间距和配筋方式等作出了具体规定。

10.5.12 对剪力墙水平分布钢筋在墙端和墙角翼墙内的锚固或搭接做出了规定。具体做法和要求是根据工程经验和有关试验结果确定的。

10.5.13～10.5.14 本条给出了剪力墙水平和竖向分布钢筋搭接连接的方法和对剪力墙洞口连梁的构造规定。

10.5.15 当采用钢筋焊接网片配筋时，应符合现行标准《钢筋焊接网混凝土结构技术规程》JGJ/T 114

的有关规定。

10.6 叠合式受弯构件

10.6.1 叠合式受弯构件主要用于装配整体式结构。依施工和受力特点的不同可分为在施工阶段加设可靠支撑的叠合式受弯构件（亦称"一阶段受力叠合构件"）和在施工阶段不设支撑的叠合式受弯构件（亦称"二阶段受力叠合构件"）两类。

一阶段受力叠合构件除应按叠合式受弯构件进行斜截面受剪承载力和叠合面受剪承载力计算和使其叠合面符合本节第 10.6.14 条和第 10.6.15 条的构造要求外，其余设计内容与一般受弯构件相同。二阶段受力叠合构件则应按本规范第 10.6.2 条到第 10.6.15 条的规定进行设计。

预制构件高度与叠合构件高度之比 $h_1/h < 0.4$ 的二阶段受力叠合构件，受力性能和经济效果均较差，不建议采用。

10.6.2 本条给出"二阶段受力叠合式受弯构件"在叠合层混凝土达到设计强度前的第一阶段和达到设计强度后的第二阶段所应考虑的荷载。在第二阶段，因为叠合层混凝土达到设计强度后仍可能存在施工活荷载，且其产生的荷载效应可能大于使用阶段可变荷载产生的荷载效应，故应按这两种荷载效应中的较大值进行设计。

10.6.3 本条给出了预制构件和叠合构件的正截面受弯承载力计算方法。当预制构件高度与叠合构件高度之比 h_1/h 较小时，预制构件正截面受弯承载力计算中可能出现 $\xi > \xi_b$ 的情况，此时纵向受拉钢筋的 f_y、f_{py} 应用 σ_s、σ_p 代替。σ_s、σ_p 应按本规范第 7.1.5 条计算，也可取 $\xi = \xi_b$ 进行计算。

10.6.4 由于二阶段受力叠合梁的斜截面受剪承载力试验研究尚不够充分，本规范规定叠合梁斜截面受剪承载力仍按普通钢筋混凝土梁受剪承载力公式计算。在预应力混凝土叠合梁中，因预应力效应只影响预制构件，故在斜截面受剪承载力计算中暂不考虑预应力的有利影响。在受剪承载力计算中，混凝土强度偏安全地取预制梁与叠合层中的较低者；同时，受剪承载力应不低于预制梁的受剪承载力。

10.6.5 叠合构件叠合面有可能先于斜截面达到其受剪承载能力极限状态。叠合面受剪承载力计算公式是以剪摩擦传力模型为基础，根据叠合构件试验结果和剪摩擦试件试验结果给出的。叠合式受弯构件的箍筋应按斜截面受剪承载力计算和叠合面受剪承载力计算得出的较大值配置。

不配筋叠合面的受剪承载力离散性较大，故本规范用于这类叠合面的受剪承载力计算公式暂不与混凝土强度等级挂钩，这与国外规范的处理手法类似。

10.6.6～10.6.7 考虑到叠合式受弯构件经受施工阶段和使用阶段的不同受力状态，本次修订适度提高了预应力混凝土叠合式受弯构件的抗裂要求，即规定应分别对预制构件和叠合构件进行抗裂验算，要求其抗裂验算边缘的混凝土应力不大于预制构件的混凝土抗拉强度标准值。由于预制构件和叠合层可能选用强度等级不同的混凝土，故在正截面抗裂验算和斜截面抗裂验算中应按折算截面确定叠合后构件的弹性抵抗矩、惯性矩和面积矩。

10.6.8 由于叠合构件在施工阶段先以截面高度小的预制构件承担该阶段全部荷载，使得受拉钢筋中的应力比假定用叠合构件全截面承担同样荷载时大。这一现象通常称为"受拉钢筋应力超前"。当叠合层混凝土达到强度从而形成叠合构件后，整个截面在使用阶段荷载作用下除去在受拉钢筋中产生应力增量和在受压区混凝土中首次产生压应力外，还会由于抵消预制构件受压区原有的压应力而在该部位形成附加拉力。该附加拉力虽然会在一定程度上减小受力钢筋中的应力超前现象，但仍将使叠合构件与同样截面普通受弯构件相比钢筋拉应力及曲率偏大，并有可能使受拉钢筋在弯矩标准值 $M_k = M_{1Gk} + M_{2k}$ 作用下过早达到屈服。这种情况在设计中应予以防止。为此，根据试验结果给出了公式（10.6.8-1）的受拉钢筋应力控制条件。该条件属叠合式受弯构件正常使用极限状态的附加验算条件。该验算条件与裂缝宽度控制条件和变形控制条件不能相互代。

10.6.9 以普通钢筋混凝土受弯构件裂缝宽度计算公式为基础，结合二阶段受力叠合式受弯构件的特点，经局部调整，提出了用于钢筋混凝土叠合式受弯构件的裂缝宽度计算公式。其中考虑到若第一阶段预制构件所受荷载相对较小，受拉区弯曲裂缝在第一阶段不一定出齐；在随后由叠合截面承受 M_{2k} 时，由于叠合截面的 ρ_{te} 相对偏小，有可能使最终的裂缝间距偏大。因此当计算叠合式受弯构件的裂缝间距时，应对裂缝间距乘以扩大系数 1.05。这相当于将本规范公式（8.1.2-1）中的 α_{cr} 由普通钢筋混凝土梁的 2.1 增大到 2.2。此外，还要用 $\rho_{te1}\sigma_{s1k} + \rho_{te}\sigma_{s2k}$ 取代普通钢筋混凝土梁 ψ 计算公式中的 $\rho_{te}\sigma_{sk}$，以近似考虑叠合构件二阶段受力特点。

10.6.10 叠合式受弯构件的挠度应采用公式（10.6.10-1）给出的考虑了二阶段受力特征的当量刚度 B、按荷载效应标准组合并考虑荷载长期作用影响进行计算。当量刚度 B 的公式是在假定荷载对挠度的长期影响均发生在受力第二阶段的前提下，根据第一阶段和第二阶段的弯矩曲率关系导出的。

10.6.11～10.6.13 钢筋混凝土二阶段受力叠合式受弯构件第二阶段短期刚度，是在一般钢筋混凝土受弯构件短期刚度计算公式的基础上，考虑了二阶段受力对叠合截面的受压区混凝土应力形成的滞后效应后经简化得出的。对要求不出现裂缝的预应力混凝土二阶段受力叠合式受弯构件，第二阶段短期刚度公式中的系数 0.7 是根据试验结果确定的。

给出了负弯矩区段内的第二阶段短期刚度以及使用阶段预应力反拱值的计算原则。

10.6.14～10.6.15 叠合式受弯构件的叠合受剪承载力是通过叠合面的骨料咬合效应和穿过叠合面的箍筋在叠合面产生滑动后对叠合面形成的张紧力来保证的。为此，要求预制构件上表面混凝土振捣后不经抹平而形成自然粗糙面，且应选择骨料粒径，以形成本条规定的凹凸程度。在配有横向钢筋的叠合面处，应通过箍筋伸入叠合层的长度以及叠合层混凝土的必要厚度和强度等级保证箍筋有效地锚固在叠合层混凝土内。

10.7 深受弯构件

10.7.1 根据分析及试验结果，国内外均将 $l_0/h \leqslant 2.0$ 的简支梁和 $l_0/h \leqslant 2.5$ 的连续梁视为深梁，并对其截面设计方法和配筋构造给出了专门规定。近期试验结果表明，l_0/h 大于深梁但小于 5.0 的梁（国内习惯称为"短梁"），其受力特点也与 $l_0/h \geqslant 5.0$ 的一般梁有一定区别，它相当于深梁与一般梁之间的过渡状态，也需要对其截面设计方法作出不同于深梁和一般梁的专门规定。

本条将 $l_0/h < 5.0$ 的受弯构件统称为"深受弯构件"，其中包括深梁和"短梁"。在本节各条中，凡冠有"深受弯构件"的条文，均同时适用于深梁和"短梁"，而冠有"深梁"的条文则不适用于"短梁"。

在本规范第 10.7.3 条至第 10.7.5 条中，为了简化计算，在计算公式中一律取深梁与"短梁"的界限为 $l_0/h = 2.0$。第 10.7.1 条规定的 $l_0/h \leqslant 2.0$ 的简支梁和 $l_0/h \leqslant 2.5$ 的连续梁为深梁的定义只在第 10.7.2 条选择内力分析方法时和在第 10.7.6 条到第 10.7.13 条中界定深梁时使用。

10.7.2 简支深梁的内力计算与一般梁相同，连续深梁的内力值及其沿跨度的分布规律与一般连续梁不同，其跨中正弯矩比一般连续梁偏大，支座负弯矩偏小，且随跨高比和跨数而变化。在工程设计中，连续深梁的内力应由二维弹性分析确定，且不宜考虑内力重分布。具体内力值可采用弹性有限元方法或查根据二维弹性分析结果制作的连续深梁内力表确定。

10.7.3 深受弯构件的正截面受弯承载力计算采用内力臂表达式，该式在 $l_0/h = 5.0$ 时能与一般梁计算公式衔接。试验表明，水平分布筋对受弯承载力的贡献约占 10%～30%。在正截面计算公式中忽略了这部分钢筋的作用。这样处理偏安全。

10.7.4 本条给出了适用于 $l_0/h < 5.0$ 的全部深受弯构件的受剪截面控制条件。该条件在 $l_0/h = 5$ 时与一般受弯构件受剪截面控制条件相衔接。

10.7.5 在深受弯构件受剪承载力计算公式中，混凝土项反映了随 l_0/h 的减小，剪切破坏模式由剪压型向斜压型过渡，且混凝土项在受剪承载力中所占的比重不断增大的变化规律。而竖向分布筋和水平分布筋项则分别反映了从 $l_0/h = 5.0$ 时只有竖向分布筋（箍筋）参与受剪，过渡到 l_0/h 较小时只有水平分布筋能发挥有限受剪作用的变化规律。在 $l_0/h = 5.0$ 时，该式与一般梁受剪承载力计算公式相衔接。

在主要承受集中荷载的深受弯构件的受剪承载力计算公式中，含有跨高比 l_0/h 和计算剪跨比 λ 两个参数。对于 $l_0/h \leqslant 2.0$ 的深梁，统一取 $\lambda = 0.25$。但在 $l_0/h \geqslant 5.0$ 的一般受弯构件中剪跨比上、下限值分别为 3.0 和 1.5。为了使深梁、短梁、一般梁的受剪承载力计算公式连续过渡，本条给出了深受弯构件在 $2.0 < l_0/h < 5.0$ 时，λ 的上、下限值的线性过渡规律。

应注意的是，由于深梁中水平及竖向分布钢筋对受剪承载力的作用有限，当深梁受剪承载力不足时，应主要通过调整截面尺寸或提高混凝土强度等级来满足受剪承载力要求。

10.7.6 试验表明，随着跨高比的减小，深梁斜截面抗裂能力有一定提高。为了简化计算，本条防止深梁出现斜裂缝的验算条件是按试验结果偏下限给出的，与修订前的规定相比作了合理的放宽。当满足本条公式（10.7.6）的要求时，可不再按本规范第 10.7.5 条进行受剪承载力计算。

10.7.7 深梁支座的支承面和深梁顶集中荷载作用面的混凝土都有发生局部受压破坏的可能性，应进行局部受压承载力验算，在必要时还应配置间接钢筋。按本规范第 10.7.8 条的规定，将支承深梁的柱伸到深梁顶能有效降低深梁支座传力面发生局部受压破坏的可能性。

10.7.8 为了保证深梁出平面稳定性，本条对深梁的高厚比（h/b）或跨厚比（l_0/b）作了限制。此外，简支深梁在顶部、连续深梁在顶部和底部应尽可能与其他水平刚度较大的构件（如楼盖）相连接，以进一步加强其出平面稳定性。

10.7.9 在弹性受力阶段，连续深梁支座截面中的正应力分布规律随深梁的跨高比变化。当 $l_0/h > 1.5$ 时，受压区约在梁底以上 $0.2h$ 的高度范围内，再向上为拉应力区，最大拉应力位于梁顶；随着 l_0/h 的减小，最大拉应力下移；到 $l_0/h = 1.0$ 时，较大拉应力位于从梁底算起 $0.2h$ 到 $0.6h$ 的范围内，梁顶拉应力相对偏小。达到承载力极限状态时，支座截面因开裂导致的应力重分布使深梁支座截面上部钢筋拉力增大。本条图 10.7.9-3 给出的支座截面负弯矩受拉钢筋沿截面高度的分区布置规定，比较符合正常使用极限状态支座截面的受力特点。水平钢筋数量的这种分区布置规定，虽未充分反映承载力极限状态下的受力特点，但更有利于正常使用极限状态下支座截面的裂缝控制，同时也不影响深梁在承载力极限状态下的安全性。本条保留了原规范对从梁底算起 $0.2h$ 到 $0.6h$ 范围内水平钢筋最低用量的控制条件，以减少支座截面在这一高度范围内过早开裂的可能性。

10.7.10 深梁在垂直裂缝以及斜裂缝出现后将形成拉杆拱传力机制，此时下部受拉钢筋直到支座附近仍拉力较大，应在支座中妥善锚固。鉴于在"拱肋"压力的协同作用下，钢筋锚固端的竖向弯钩很可能引起深梁支座区沿深梁中面的劈裂，故钢筋锚固端的弯折建议改为平放，并按弯折180°的方式锚固。

10.7.11 试验表明，当仅配有两层钢筋网，而网与网之间未设拉筋时，由于钢筋网在深梁出平面方向的变形未受到专门约束，当拉杆拱拱肋内斜向压力较大时，有可能发生沿深梁中面劈开的侧向劈裂型斜压破坏。故应在双排钢筋网之间配置拉筋。而且，在本规范第10.7.9条图10.7.9-1和图10.7.9-2深梁支座附近由虚线标示的范围内应适当增配拉筋。

10.7.12 深梁下部作用有集中荷载或均布荷载时，吊筋的受拉能力不宜充分利用，其目的是为了控制悬吊作用引起的裂缝宽度。当作用在深梁下部的集中荷载的计算剪跨比 $\lambda > 0.7$ 时，按本条规定设置的吊筋和按本规范第10.7.13条规定设置的竖向分布钢筋仍不能完全防止斜拉型剪切破坏的发生，故应在剪跨内适度增大竖向分布钢筋数量。

10.7.13 深梁的水平和竖向分布钢筋对受剪承载力所起的作用虽然有限，但能限制斜裂缝的开展。当分布钢筋采用较小直径和较小间距时，这种作用就越发明显。此外，分布钢筋对控制深梁中温度、收缩裂缝的出现也起作用。本条给出的分布钢筋最小配筋率是构造要求的最低数量，设计者应根据具体情况合理选择分布筋的配置数量。

10.7.14 本条给出了对介于深梁和浅梁之间的"短梁"的一般性构造规定。

10.8 牛　腿

10.8.1 牛腿（短悬臂）的受力特征可以用由顶部水平纵向受力钢筋形成的拉杆和牛腿内的混凝土斜压杆组成的简单桁架模型描述。竖向荷载将由水平拉杆拉力和斜压杆压力承担；作用在牛腿顶部向外的水平拉力则由水平拉杆承担。

因牛腿中要求不致因斜压杆压力较大而出现平行于斜压杆方向的斜裂缝，故牛腿截面尺寸通常以不出现斜裂缝为条件，即由本条公式（10.8.1）控制，并通过公式中的 β 系数考虑不同使用条件对牛腿的不同抗裂要求。公式中的 $(1-0.5F_{hk}/F_{vk})$ 项是按牛腿在竖向力和水平拉力共同作用下斜裂缝宽度不超过0.1mm为条件确定的。

符合公式（10.8.1）要求的牛腿不需再作受剪承载力验算，这是因为通过在 $a/h_0 < 0.3$ 时取 $a/h_0 = 0.3$，以及控制牛腿上部水平钢筋的最小配筋率，已能保证牛腿具有足够的受剪承载力。

在公式（10.8.1）中还对沿下柱边的牛腿截面有效高度 h_0 作了限制，这是考虑到当 α 大于45°时，牛腿的实际有效高度不会随 α 的增大而进一步增大。

10.8.2 本条规定了承受竖向力的受拉钢筋截面面积及承受水平力的锚固钢筋截面面积的计算方法，同原规范。

10.8.3 与原规范相比，本条更明确规定了牛腿上部纵向受拉钢筋伸入柱内的锚固要求，以及当牛腿设在柱顶时，为了保证牛腿顶面受拉钢筋与柱外侧纵向钢筋的可靠传力而应采取的构造措施。

10.8.4 牛腿中配置水平箍筋，特别是在牛腿上部配置一定数量的水平箍筋，能有效减少在该部位过早出现斜裂缝的可能性。在牛腿内设置一定数量的弯起钢筋是我国工程界的传统做法。但试验表明，它对提高牛腿的受剪承载力和减少斜向开裂的可能性都不起明显作用。此次修订规范决定仍保留在牛腿中按构造布置弯起钢筋的做法，但适度减少了弯起钢筋的数量。

10.9 预埋件及吊环

10.9.1 预埋件的锚筋计算公式及构造要求，经工程实践证明是有效的，本次修订未作改动。

承受剪力的预埋件，其受剪承载力与混凝土强度等级、锚筋抗拉强度、锚筋截面面积和直径等有关。在保证锚筋锚固长度和锚筋到构件边缘合理距离的前提下，根据试验结果提出了确定锚筋截面面积的半理论半经验公式。其中通过系数 α_r 考虑了锚筋排数的影响；通过系数 α_v 考虑了锚筋直径以及混凝土抗压强度与锚筋抗拉强度比值 f_c/f_y 的影响。承受法向拉力的预埋件，其钢板一般都将产生弯曲变形。这时，锚筋不仅承受拉力，还承受钢板弯曲变形引起的剪力，使锚筋处于复合受力状态。通过折减系数 α_b 考虑了锚板弯曲变形的影响。

承受拉力和剪力以及拉力和弯矩的预埋件，根据试验结果，锚筋承载力均可按线性相关关系处理。

只承受剪力和弯矩的预埋件，根据试验结果，当 $V/V_{u0} > 0.7$ 时，取剪弯承载力线性相关；当 $V/V_{u0} \leqslant 0.7$ 时，可按受剪承载力与受弯承载力不相关处理。其中 V_{u0} 为预埋件单独受剪时的承载力。

承受剪力、压力和弯矩的预埋件，其锚筋截面面积计算公式偏于安全。由于当 $N < 0.5 f_c A$ 时，可近似取 $M - 0.4Nz = 0$ 作为压剪承载力和压弯承载力计算的界限条件，故本条相应计算公式即以 $N \leqslant 0.5 f_c A$ 为前提条件。本条公式（10.9.1-3）不等式右侧第一项中的系数0.3反映了压力对预埋件抗剪能力的影响程度。与试验结果相比，其取值偏安全。

承受剪力、法向拉力和弯矩的预埋件，其锚筋截面面积计算公式中拉力项的抗力均乘了折减系数0.8，这是考虑到预埋件的重要性和受力复杂性，而对承受拉力这种更不利的受力状态采取的提高安全储备的措施。

10.9.2 当预埋件由对称于受力方向布置的直锚筋和弯折锚筋共同承受剪力时，所需弯折锚筋的截面面积可由下式计算：

$$A_{sb} \geq (1.1V - \alpha_v f_y A_s)/0.8 f_y$$

上式意味着从作用剪力中减去由直锚筋承担的剪力即为需要由弯折锚筋承担的剪力。上式经调整后即为本条公式（10.9.2）。根据国外有关规范和国内对钢与混凝土组合结构中弯折锚筋的试验结果，弯折锚筋的角度对受剪承载力影响不大。考虑到工程中的一般做法，在本条注中给出了弯折锚筋的角度宜取为15°到45°。在这一弯折角度范围内，可按上式计算锚筋截面面积，而不需对锚筋抗拉强度作进一步折减。上式中乘在作用剪力项上的系数 1.1 是直锚筋与弯折锚筋共同工作时的不均匀系数 0.9 的倒数。预埋件也可以只设弯折钢筋来承担剪力，此时可不设或只按构造设置直锚筋，并在计算公式中取 $A_s = 0$。

10.9.3～10.9.6 针对常用的预埋件形式，根据工程经验给出了预埋件的构造要求。这些构造规定也是建立预埋件锚筋截面面积计算公式的基本前提。

10.9.7 对于同时承受拉力、剪力和弯矩作用的预埋件，当其锚筋的锚固长度按本规范第 9.3.1 条的受拉锚固长度设置确有困难时，允许采用其他有效锚固措施。当采用较小的锚固长度时，可将本规范第 10.9.1 条公式（10.9.1-1）和公式（10.9.1-2）不等式右端 N、M 项分母中的 f_y 改用 $\alpha_e f_y$ 代替，其中 α_e 为锚固折减系数（取实际锚固长度与本规范第 9.3.1 条规定的受拉钢筋锚固长度的比值），其值不应小于 0.5，且锚固长度不得小于本条规定的受剪和受压直锚筋的锚固长度 $15d$。但此方法不得用于直接承受动力作用或地震作用的预埋件。

10.9.8 确定吊环钢筋所需面积时，钢筋的抗拉强度设计值应乘以折减系数。在折减系数中考虑的因素有：构件自重荷载分项系数取为 1.2，吸附作用引起的超载系数取为 1.2，钢筋弯折后的应力集中对强度的折减系数取为 1.4，动力系数取为 1.5，钢丝绳角度对吊环承载力的影响系数取为 1.4，于是，当取 HPB235 级钢筋的抗拉强度设计值为 $f_y = 210 \text{N/mm}^2$ 时，吊环钢筋实际取用的允许拉应力值为：$210/(1.2 \times 1.2 \times 1.4 \times 1.5 \times 1.4) = 210/4.23 \approx 50 \text{N/mm}^2$。

10.10 预制构件的连接

10.10.1～10.10.6 根据我国工程经验给出了预制构件连接接头的原则性规定。多年来的工程实践证明，这些构造措施是有效的，故仍按原规范规定采用。其中装配整体式接头处的钢筋连接宜采用传力比较可靠的机械连接形式。而当采用焊接连接形式时，应考虑焊接应力对接头的不利影响。

10.10.7 根据试验研究及工程实践经验，并参考了国外类似结构的成功设计方法，提出了增强预制装配式楼盖整体性的配套措施。这些措施包括：在板侧边形式中淘汰斜平边和单齿边而改用双齿边或其他能有效传递剪力的形式；板间拼缝灌筑材料淘汰水泥砂浆而采用强度不低于 C20 的细石混凝土；适当加大拼缝宽度并采用微膨胀混凝土灌缝；在拼缝内配置构造钢筋；板端伸出锚固钢筋与周边支承结构实现可靠连接或锚固；在板面上增设现浇层并铺设钢筋网片以增加板与周边构件及互相之间的连接等。采取这些措施后，预制装配式楼盖的整体性可以得到显著加强。

11 混凝土结构构件抗震设计

11.1 一般规定

11.1.1 我国是多地震国家，需对建筑结构考虑抗震设防的地域较广。混凝土结构是我国建筑结构中应用最广的结构类型，应充分重视其抗震设计。

本规范第 11 章主要对用于抗震设防烈度 6 度～9 度地区的混凝土结构主要构件类型的抗震承载力计算和抗震构造措施做出规定，其中包括钢筋混凝土结构中的框架梁、框架柱、梁柱节点、剪力墙、单层房屋排架柱以及预应力混凝土梁。在进行钢筋混凝土结构的抗震设计时，尚应遵守现行国家标准《建筑抗震设计规范》GB 50011 的有关规定。

11.1.2 《建筑抗震设计规范》规定，对抗震设防烈度为 6 度的建筑结构，只需满足抗震措施要求，不需进行结构抗震验算。但对于 6 度设防烈度Ⅳ类场地上的较高的高层建筑，其地震影响系数有可能高于同一结构在 7 度设防烈度Ⅱ类场地条件下的地震影响系数，因此要求对这类条件下的建筑结构仍应进行结构抗震验算和构件的抗震承载力计算。为此，在本章各类结构构件的抗震承载力计算规定中考虑了这种情况的需要。

11.1.3 本次修订给出了不同抗震设防烈度下现浇钢筋混凝土房屋最大适用高度的规定。所规定的房屋高度限值是当该结构的抗震设计符合《建筑抗震设计规范》GB 50011 的有关规定，且结构构件承载力计算及构造措施符合本章要求时房屋允许达到的最大高度。当所设计的房屋高度超过本条规定时，其设计方法应符合有关标准的规定或经专门研究确定。

11.1.4 根据设防烈度、结构类型和房屋高度将各类抗震建筑结构划分为一级、二级、三级、四级四个抗震等级。根据抗震等级不同，对不同类型结构中的各类构件提出了相应的抗震性能要求，其中主要是延性要求，同时也考虑了耗能能力的要求。一级抗震等级的要求最严，四级抗震等级的要求最轻。各抗震等级所提要求的差异主要体现在"强柱弱梁"措施中柱和剪力墙弯矩增大系数的取值和确定方法的不同、"强剪弱弯"措施中梁、柱、墙及节点中剪力增大措施的不同以及保证各类结构构件延性和塑性耗能能力构造措施的不同。

不同抗震等级的具体要求是根据我国和国外历年来的地震灾害经验、研究成果和工程经验，并参考国外有关规范制定的。

本次修订在现浇钢筋混凝土结构的抗震等级表中增加了筒体结构的抗震等级规定。

11.1.5 本条对各种结构体系中的剪力墙，以及部分框支剪力墙结构中落地剪力墙底部加强部位的高度做出了规定。为简化规定，其中只考虑了高度因素。规范除规定底部加强部位的高度可取墙肢总高度的 1/8 外，考虑到层数较少的结构，其加强部位的高度不宜过小，因此，对各种结构体系中的剪力墙，还规定需不小于底部两层的高度。对部分框支剪力墙结构的落地剪力墙还需满足加强部位高度不小于框支加框支层以上两层高度的要求。另外，考虑到高层建筑的特点，还增加了底部加强部位的高度不超过 15m 的规定。

11.1.6 表 11.1.6 中各类构件的承载力抗震调整系数是根据《建筑抗震设计规范》GB 50011 的规定给出的。表中各类构件的承载力抗震调整系数是在该规范采用的常遇地震下的地震作用取值和地震作用分项系数取值的前提下，使考虑常遇地震作用组合的各类构件承载力具有适宜的安全性水准而采取的对抗力项进行必要调整的措施。

11.1.7 在较强地震作用过程中，梁、柱端截面和剪力墙肢底部截面中的纵向受力钢筋可能处于交替拉、压的状态下。根据试验结果，这时钢筋与其周围混凝土的粘结锚固性能将比单调受拉时不利。因此，根据不同的抗震等级给出了增大钢筋受拉锚固长度的规定。受拉钢筋搭接长度也相应增大。

由于梁、柱端和剪力墙肢底部截面可能出现塑性铰的部位纵向受力钢筋在屈服后可能产生很大的塑性变形，且拉、压屈服可能交替出现，加之塑性铰区受力比较复杂，在强震下可能形成一定损伤，因此建议钢筋的各类连接接头应尽量避开构件端部的箍筋加密区。当出于工程原因不能避开时，仅允许采用机械连接接头，且应对该接头提出严格质量要求，同时规定在同一连接区段内有接头钢筋的截面面积不应大于全部钢筋截面面积的 50%。

11.1.8 对箍筋末端弯钩的构造要求，是保证箍筋对混凝土核心起到有效约束作用的必要条件。

11.2 材 料

11.2.1 根据混凝土的基本材料性能，提出构件抗震要求的最高和最低混凝土强度等级的限制条件，以保证构件在地震力作用下有必要的承载力和延性。近年来国内对高强混凝土完成了较多的试验研究，也积累了一定的工程经验。基于高强度混凝土的脆性性质，对地震高烈度区高强混凝土的应用应有所限制。

11.2.2 结构构件中纵向受力钢筋的变形性能直接影响结构构件在地震力作用下的延性。本条规定有抗震设防要求的框架梁、框架柱、剪力墙等结构构件的纵向受力钢筋宜选用 HRB400 级、HRB335 级热轧钢筋；箍筋宜选用 HRB335 级、HRB400 级、HPB235 级热轧钢筋。

11.2.3 按一、二级抗震等级设计的各类框架，当采用普通钢筋配筋时，要求按纵向受力钢筋检验所得的强度实测值确定的强屈比不应小于 1.25，目的是使结构某个部位出现塑性铰以后有足够的转动能力；同时，要求钢筋屈服强度实测值与钢筋的强度标准值的比值不应大于 1.3，不然，"强柱弱梁"、"强剪弱弯"的设计要求不易保证。

11.3 框 架 梁

11.3.1 试验资料表明，在低周反复荷载作用下，框架梁的正截面受弯承载力与一次加载的正截面受弯承载力相近，因此，地震作用组合的正截面受弯承载力可按静力公式除以相应的承载力抗震调整系数计算。

设计框架梁时，控制混凝土受压区高度的目的是控制梁端塑性铰区有较大的塑性转动能力，以保证框架梁有足够的曲率延性。根据国内的试验结果和参考国外经验，当相对受压区高度控制在 0.25 至 0.35 时，梁的位移延性系数可达到 3~4。在确定混凝土受压区高度时，可把截面内的受压钢筋计算在内。

11.3.2 框架结构设计中，应力求做到在罕遇地震作用下的框架中形成以梁端塑性铰为主的塑性耗能机构。这就需要尽可能避免梁端塑性铰区在充分塑性转动之前发生脆性剪切破坏。为此，对框架梁提出了"强剪弱弯"的设计概念。

为了实现以上要求，首先是在剪力设计值的确定中，考虑了梁端弯矩的增大。同时，对 9 度设防烈度的各类框架和一级抗震等级的框架结构，还考虑了工程设计中梁端纵向受拉钢筋有超配的可能，要求梁左、右端取用实配钢筋截面面积和强度标准值。考虑承载力抗震调整系数的受弯承载力值所对应的弯矩值 M_{bua} 则可按下式计算：

$$M_{bua} = \frac{M_{buk}}{\gamma_{RE}} \approx \frac{1}{\gamma_{RE}} f_{yk} A_s^a (h_0 - a_s')$$

其他抗震等级框架梁剪力设计值的确定，则直接取用梁端考虑地震作用组合的弯矩设计值的平衡剪力值，并乘以不同的增大系数。

11.3.3 矩形、T 形和 I 形截面框架梁，其受剪要求的截面控制条件是在静力受剪要求的基础上，考虑反复荷载作用的不利影响确定的。在截面控制条件中还对较高强度的混凝土考虑了混凝土强度影响系数。

11.3.4 国内外低周反复荷载作用下钢筋混凝土连续梁和悬臂梁受剪承载力试验表明，低周反复荷载作用使梁的斜截面受剪承载力降低，其主要原因是混凝土剪压区剪切强度降低，以及斜裂缝间混凝土咬合力及纵向钢筋暗销力的降低。箍筋项承载力降低不明显。为此，仍以截面总受剪承载力试验值的下包线作为计算公式的取值标准，其中将混凝土项取为非抗震情况下混凝土受剪承载力的 60%，而箍筋项则不考虑反复荷载作用的降低。同时，为便于设计应用，对各抗震等级均取用相同的抗震受剪承载力计算公式。

11.3.5 为了保证框架梁对框架节点的约束作用，框架梁的截面宽度不宜过小。为了减少在非线性反应时，框架梁发生侧向失稳的危险，对梁的截面高宽比作了限制。

考虑到净跨与梁高的比值小于 4 的梁，适应较大塑性变形的能力较差，因此，对框架梁的跨高比作了限制。

11.3.6 本次规范修订，对非抗震设计的受弯构件提高了纵向受拉钢筋最小配筋率的取值，并引入了与混凝土抗拉强度设计值和钢筋抗拉强度设计值相关的特征值参数（f_t/f_y）。由此，抗震设计按纵向受拉钢筋在梁中的不同位置和不同抗震等级，给出了相对于非抗震设计留有不同裕度的纵向受拉钢筋最小配筋率的规定。

在梁端箍筋加密区内，下部纵向钢筋不宜过少，下部和上部钢筋的截面面应符合一定的比例。这是考虑由于地震作用的随机性，在较强地震下梁端可能出现较大的正弯矩，该正弯矩有可能明显大于考虑常遇地震作用的梁端组合正弯矩。若梁端下部纵向钢筋配置过少，将可能发生下部钢筋的过早屈服甚至拉断。提高梁端下部纵向钢筋的数量，也有助于改善梁端塑性铰区在负弯矩作用下的延性性能。本条规定的梁端下部钢筋的最小配置比例是根据我国试验结果及设计经验并参考国外规范规定确定的。

框架梁的抗震设计除应满足计算要求外，梁端塑性铰区箍筋的构造要求极其重要。本规范对梁端箍筋加密区长度、箍筋最大间距和箍筋最小直径的要求作了规定，其目的是从构造上对框架梁塑性铰区的受压混凝土提供约束，并约束纵向受压钢筋，防止它在保护层混凝土剥落后过早压屈，以保证梁端具有足够的塑性铰转动能力。

11.3.7~11.3.9 沿梁全长需配置一定数量的通长钢筋是考虑框架梁在地震作用过程中反弯点位置可能变化。这里"通长"的含义是保证梁各个部位的这部分钢筋都能发挥其受拉承载力。

考虑到梁端箍筋过密，难于施工，本次规范修订对梁箍筋加密区长度内的箍筋肢距规定作了适当放松，且考虑了箍筋直径与肢距的相关性。

沿梁全长箍筋的配筋率 ρ_{sv}，在原规范 1993 年局部修订中解释为"承受地震作用为主的框架梁，应满足配筋率 ρ_{sv} 的规定"。考虑到此规定在概念上不太明确，本次规范修订规定沿梁全长箍筋的配筋率 ρ_{sv} 应符合规范要求，其值在非抗震设计要求基础上适当增加。

11.4 框架柱及框支柱

11.4.1 考虑地震作用的框架柱，与框架梁在正截面计算上采用相同的处理方法，即其正截面偏心受压、偏心受拉承载力计算方法与不考虑地震作用的框架柱相同，但在计算公式右边均应除以承载力抗震调整系数。

11.4.2 由于框架柱受轴向压力作用，其延性通常比梁的延性小，如果不采取"强柱弱梁"的措施，柱端不仅可能提前出现塑性铰，而且有可能塑性转动过大，甚至形成同层各柱上、下端同时出现塑性铰的"柱铰机构"，从而危及结构承受竖向荷载的能力。因此，在框架柱的设计中，有目的地增大柱端弯矩设计值，降低柱屈服的可能性，是保证框架抗震安全性的关键措施。

考虑到原规范给出的柱弯矩增大措施偏弱，本次修订适度提高了各类抗震等级的柱弯矩增大系数。但因 8 度设防烈度框架柱未按梁端实际配筋截面面积确定 M_{bua} 和柱端调整后的弯矩，而是用考虑地震作用梁端弯矩设计值直接乘以增大系数的方法确定调整后的柱端弯矩，因此，当梁端由于构造原因实际配筋数量比计算需要超出较多时，实现"强柱弱梁"的柱弯矩增大系数应取用进一步适当增大的数值。

考虑到高层建筑底部柱的弯矩设计值的反弯点可能不在柱的层高范围内，柱端弯矩设计值可直接按考虑地震作用组合的弯矩设计值乘以增大系数确定。

11.4.3 为了推迟框架结构底层柱下端截面、框支柱顶层柱上端和底层柱下端截面出现塑性铰，在设计中，对此部位柱的弯矩设计值采用直接乘以增大系数的方法，以增大其正截面承载力。

11.4.4 由于按我国设计规范规定的柱弯矩增大措施，只能适度推迟柱端塑性铰的出现，而不能避免出现柱端塑性铰，因此，对柱端也应提出"强剪弱弯"要求，以保证在柱端塑性铰达到预期的塑性转动之前，柱端塑性铰区不出现剪切破坏。对 9 度设防烈度的各类框架和一级抗震等级的框架结构，考虑了柱端纵向钢筋的实配情况和材料强度标准值，要求柱上、下端取用考虑承载力抗震调整系数的正截面抗震受弯承载力值所对应的弯矩值 M_{cua}，$M_{cua} = \frac{1}{\gamma_{RE}} M_{cuk}$。$M_{cuk}$ 为柱的正截面受弯承载力标准值，取实配钢筋截面面积和材料强度标准值并按第 7 章的有关公式计算。

对称配筋矩形截面大偏心受压柱柱端考虑承载力抗震调整系数的正截面受弯承载力值 M_{cua}，可按下列公式计算：

由 $\Sigma x=0$ 的条件，得出

$$N = \frac{1}{\gamma_{RE}} \alpha_1 f_c bx$$

由 $\Sigma M=0$ 的条件，得出

$$Ne = N[\eta_i + 0.5(h_0 - a'_s)]$$
$$= \frac{1}{\gamma_{RE}} [\alpha_1 f_{ck} bx(h_0 - 0.5x) + f'_{yk} A^a_s (h_0 - a'_s)]$$

以上二式消除 x，并取 $h = h_0 + a_s$，$a_s = a'_s$，可得

$$M_{cua} = \frac{1}{\gamma_{RE}} \left[0.5 \gamma_{RE} Nh \left(1 - \frac{\gamma_{RE} N}{\alpha_1 f_{ck} bh}\right) + f'_{yk} A^a_s (h_0 - a'_s) \right]$$

式中 N——重力荷载代表值产生的柱轴向压力设计值；

f_{ck}——混凝土轴心受压强度标准值；

f'_{yk}——普通受压钢筋强度标准值；

A^a_s——普通受压钢筋实配截面面积。

对其他配筋形式或截面形状的框架柱，其 M_{cua} 值可参照上述方法确定。

11.4.5~11.4.6 为保证框支柱能承受一定量的地震剪力，规定了框支柱承受的最小地震剪力应满足的条件。同时对一、二级抗震等级的框支柱，规定由地震作用引起的附加轴力应乘以增大系数，以保证框支柱的受压承载力。

11.4.7 对框架角柱，考虑到在历次强震中其震害相对较重，加之，角柱还受有扭转、双向剪切等不利影响，在设计中，其弯矩、剪力设计值应取经调整后的弯矩、剪力设计值乘以不小于 1.1 的增大系数。

11.4.8 本条规定了框架柱的受剪承载力上限值，也就是从受剪的要求提出了截面尺寸的限制条件，它是在非抗震受剪要求基础上考虑反复荷载影响得出的。

11.4.9 国内有关反复荷载作用下偏压柱塑性铰区的受剪承载力试验表明，反复加载使构件的受剪承载力比单调加载降低约 10%~30%，这主要是由于混凝土受剪承载力降低所致。为此，按框架梁相同的处理原则，给出了混凝土项抗震受剪承载力相当于非抗震情况下混凝土受剪承载力的 60%，而箍筋项受剪承载力与非震情况相比不予降低的考虑地震作用组合的框架柱受剪承载力计算公式。

11.4.10 框架柱出现拉力时，斜截面承载力计算中，考虑了拉力的不利作用。

11.4.11 从抗震性能考虑，给出了框架柱合理的截面尺寸限制条件。

11.4.12 框架柱纵向钢筋最小配筋率是工程设计中较重要的控制指标。此次修订适当提高了框架柱纵向受力钢筋最小配筋率的取值。同时，考虑到高强混凝土对柱抗震性能的不利影响，规范规定对不低于 C60 的混凝土，最小配筋百分率应提高 0.1；对 HRB400 级钢筋，最小配筋百分率应降低 0.1。但为防止每侧的配筋过少，故要求每侧钢筋配筋百分率不小于 0.2。

为了提高柱端塑性铰区的延性、对混凝土提供约束、防止纵向钢筋压屈和保证受剪承载力，对柱上、下端箍筋加密区的箍筋最大间距、箍筋最小直径做出了规定。

11.4.13 为防止纵筋配置过多，对框架柱的全部纵向受力钢筋的最大配筋率根据工程经验做出了规定。

柱净高与截面高度的比值为 3~4 的短柱试验表明，此类框架柱易发生粘结型剪切破坏和对角斜拉型剪切破坏。为减少这种脆性破坏，柱中纵向钢筋的配筋率不宜过大。因此，对一级抗震等级，且剪跨比不大于 2 的框架柱，规定其每侧的纵向受拉钢筋配筋率不大于 1.2%。对其他抗震等级虽未作此规定，但也宜适当控制。

11.4.14~11.4.15 框架柱端箍筋加密区的长度，是根据试验及震害所获得的柱端塑性铰区的长度适当增大后确定的，在此范围内箍筋需加密。同时，对箍筋肢距也做出了规定，以提高塑性铰区箍筋对混凝土的约束作用。

11.4.16 国内外的试验研究表明，受压构件的位移延性随轴压比增加而减小。为了满足不同结构类型的框架柱、框支柱在地震作用组合下位移延性的要求，本章规定了不同结构体系的柱轴压比限值要求。

在结构设计中，轴压比直接影响柱截面尺寸。本次修订以原规范的限值为依据，根据不同结构体系进行适当调整。考虑到框架-剪力墙结构、筒体结构，主要依靠剪力墙和内筒承受水平地震作用，因此，作为第二道防线的框架，反映延性要求的轴压比可适度放宽；而框支剪力墙结构中的框支柱则必须提高延性要求，其轴压比应加严。

近年来，国内外的试验研究表明，通过增加柱的配箍率、采用复合箍筋、螺旋箍筋、连续复合矩形螺旋箍筋以及在截面中设置矩形核心柱，都能增加柱的位移延性。这是因为配置复合箍筋、螺旋箍筋、连续复合矩形螺旋箍筋加强了箍筋对混凝土的约束作用，提高了柱核心混凝土的抗压强度，增大了其极限压应变，从而改善了柱的延性和耗能能力。而柱截面中设置矩形核心柱不仅增加了柱的受压承载力，也可提高柱的变形能力，且有利于在大变形情况下防止倒塌，在某种程度上类似于型钢混凝土结构中型钢的作用。为此，本次规范修订考虑了这些改善柱延性的有效措施，在原则上不降低柱的延性要求的基础上，对柱轴压比限值适当给予放宽。但其箍筋加密区的最小体积配箍率，应满足放宽后轴压比的箍筋配箍率要求。

对 6 度设防烈度的一般建筑，规范允许不进行截面抗震验算，其轴压比计算中的轴向力，可取无地震作用组合的轴力设计值；对于 6 度设防烈度、建造于 Ⅳ 类场地上较高的的高层建筑，在进行柱的抗震设计时，轴压比计算则应采用考虑地震作用组合的轴向力

设计值。

11.4.17 为增加柱端加密区箍筋对混凝土的约束作用，对其最小体积配筋率做出了规定。本次规范修订给出了柱轴压比在 0.3～1.05 范围内的箍筋最小配箍特征值再按下式，即 $\rho_v = \lambda_v f_c / f_{yv}$，计算箍筋的最小体积配筋率，以考虑不同强度等级的混凝土和不同等级钢筋的影响。

11.4.18 本条规定了框架柱箍筋非加密区的箍筋配置要求。

11.5 铰接排架柱

11.5.1～11.5.2 国内的地震震害调查表明，单层厂房屋架或屋面梁与柱连接的柱顶和高低跨厂房交接处柱牛腿损坏较多，阶形柱上柱的震害往往发生在上下柱变截面处（上柱根部）和与吊车梁上翼缘连接的部位。为了避免排架柱在上述区段内产生剪切破坏并使排架柱在形成塑性铰后有足够的延性，在这些区段内的箍筋应加密。按此构造配箍后，铰接排架柱在一般情况下可不进行抗震受剪承载力计算。

根据排架结构的受力特点，对排架结构柱不需要考虑"强柱弱梁"措施和"强剪弱弯"措施。对设有工作平台等特殊情况，剪跨比较小的铰接排架柱，斜截面受剪承载力可能起控制作用。此时，可按本规范公式（11.4.9）进行抗震受剪承载力计算。

11.5.3 震害调查表明，排架柱头损坏最多的是侧向变形受到限制的柱，如靠近生活间或披屋的柱、或有横隔墙的柱。这种情况改变了柱的侧移刚度，使柱头处于短柱的受力状态。由于该柱的侧移刚度大于相邻各柱，当受水平地震作用的屋盖发生整体侧移时，该柱实际上承受了比相邻各柱大得多的水平剪力，使柱顶产生剪切破坏。对屋架与柱顶连接节点进行的抗震性能试验结果表明，不同的柱顶连接型式仅对节点的延性产生影响，不影响柱头本身的受剪承载力；柱顶预埋钢板的大小和其在柱顶的位置对柱头的水平承载力有一定影响。当柱顶预埋钢板长度与柱截面高度相等时，水平受剪承载力大约是柱顶预埋钢板长度为柱截面高度一半时的 1.65 倍。故在条文中规定了对柱顶预埋钢板长度和直锚筋的要求。试验结果还表明，沿水平剪力方向的轴向力偏心距对受剪承载力亦有影响，要求不得大于 $h/4$。当 $h/6 \leq e_0 \leq h/4$ 时，一般要求柱头配置四肢箍，并按不同的抗震等级，规定不同的体积配筋率，以此来满足受剪承载力要求。

11.5.4 不等高厂房支承低跨屋盖的柱牛腿（柱肩梁）亦是震害较重的部位之一，最常见的是支承低跨的牛腿被击裂。试验结果与工程实践均证明，为了改善牛腿和肩梁抵抗水平地震作用的能力，可在其顶面钢垫板下设水平锚筋，直接承受并传递水平力，这是一种比较好的构造措施。承受竖向力所需的纵向受拉钢筋和承受水平拉力的水平锚筋的截面面积，仍按公式（10.8.2）计算；其锚固长度及锚固构造可按本规范第10.8节的规定取用，但应以受拉钢筋抗震锚固长度 l_{aE} 代替 l_a。

11.6 框架梁柱节点及预埋件

11.6.1～11.6.2 地震震害分析表明，不同烈度地震作用下，钢筋混凝土框架节点的破坏程度不同。对于未按抗震要求进行设计的节点，在 7 度地震作用下，破坏较少；在 8 度地震作用下，部分节点尤其是角柱节点发生程度不同的破坏；在 9 度以上地震作用下，多数框架节点震害严重。因此，对节点应提出不同的抗震受剪承载力要求以使其适应与其相连接的梁端和柱端塑性铰区的塑性转动要求。条文规定，对一、二级抗震等级的框架节点必须进行抗震受剪承载力计算，而三、四级抗震等级的框架节点按照规定配置构造箍筋，不再进行抗震受剪承载力计算。

对于纵横向框架共同交汇的节点，可以按各自方向分别进行节点计算。

地震作用对节点产生的剪力与框架的延性及耗能程度有关。对于延性要求很严格的 9 度设防烈度的各类框架以及一级抗震等级的框架结构，考虑到节点侧边梁端已出现塑性铰，节点的剪力应完全由梁端实际的屈服弯矩所决定，在其剪力设计值的计算中梁端弯矩应取实际的抗震受弯承载力所对应的弯矩值。

11.6.3～11.6.6 规定节点截面限制条件，是为了防止节点截面太小，核心区混凝土承受过大的斜压应力，致使节点混凝土首先被压碎而破坏。

框架节点的抗震受剪承载力由混凝土斜压杆和水平箍筋两部分受剪承载力组成。

依据试验，节点核心区内混凝土斜压杆截面面积虽然可随柱端轴力的增加而稍有增加，使得在节点剪力较小时，柱轴压力的增大对节点抗震性能起一定有利作用；但当节点剪力较大时，因核心区混凝土斜向压应力已经较高，轴压力的增大反而会对节点抗震性能产生不利影响。本次修订综合考虑上述因素后，适度降低了轴压力的有利作用。

节点在两个正交方向有梁时，增加了对核心区混凝土的约束，因而提高了节点的受剪承载力。但若两个方向的梁截面较小，则其约束影响就不明显。因此，规定在两个正交方向有梁，梁的宽度、高度都能满足一定要求且有现浇板时，才可考虑梁与现浇板对节点的约束影响，并对节点的抗震受剪能力乘以大于 1.0 的约束系数。对于梁截面较小或只有一个方向有直交梁的中间节点以及边节点、角节点均不考虑梁对节点的约束影响。

根据国外资料，对圆柱截面框架节点提出了抗震受剪承载力计算方法。

11.6.7 本条对抗震框架节点的配筋构造规定作了如下修改和补充：

1 近期国内足尺节点试验表明，当非弹性变形较大时，仍不能避免梁端的钢筋屈服区向节点内渗透，贯穿节点的梁筋粘结退化与滑移加剧，从而使框架刚度和耗能性能进一步退化。这一结论与国外试验结果相符。为此，要求贯穿节点的每根梁筋直径不宜大于柱截面高度的 1/20。同时补充了圆柱节点纵筋直径与贯穿长度比值的限制条件。

2 原规范对伸入框架中间层端节点的梁上部钢筋建议当水平锚固长度不足时，可以在 90°弯弧内侧加设横向短粗钢筋。经近期国内试验证明，这种钢筋只能在水平锚固段发生较大粘结滑移时方能发挥部分作用，故取消。另经国内近期试验证实，水平锚固长度取为 $0.4l_{aE}$ 能够满足对抗震锚固端的承载力和刚度要求，故将水平锚固长度由不小于 $0.45l_{aE}$ 改为不小于 $0.4l_{aE}$。

3 在顶层中间节点处，塑性铰亦允许且极有可能出在柱端（因顶层中间柱上端轴压力小而弯矩相对较大）。故根据近期国内试验结果给出了柱筋在顶层中间节点处的锚固规定，要求柱纵向钢筋宜伸到柱顶，当采用直线锚固方式时，自梁底边算起，满足 l_{aE} 要求；当直线锚固长度不足时，要求柱纵向钢筋伸至柱顶，且满足 $0.5l_{aE}$ 要求后可向内弯折 $12d$；当楼板为现浇混凝土，且混凝土强度等级不低于 C20，板厚不小于 80mm 时，可向外弯折 $12d$。

经近期国内顶层中间节点试验证明，贯穿顶层中间节点的上部梁筋较之贯穿中间层中间节点的上部梁筋更易发生粘结退化和滑移，在地震引起的结构非弹性变形较大时，将明显降低节点区的耗能能力。为此采用比中间层中间节点更严的限制钢筋直径的办法。

4 根据国内足尺顶层端节点抗震性能试验结果，给出了对顶层端节点的相应构造措施。当梁上部纵向钢筋与柱外侧纵向钢筋在节点处搭接时，提出两种做法供工程设计应用。一种做法是将梁上部钢筋伸到节点外边，向下弯折到梁下边缘，同时将不少于外侧柱筋的 65% 的柱筋伸到柱顶并水平伸入梁上边缘。从梁下边缘经节点外边到梁内的折线搭接长度不应小于 $1.5l_{aE}$。此处为钢筋 100% 搭接，其搭接长度之所以较小，是因为梁柱搭接钢筋在搭接长度内均有 90°弯折，这种弯折对搭接传力的有效性发挥了较重要作用。采用这种搭接做法时，节点处的负弯矩塑性铰将出在柱端。这种搭接做法梁筋不伸入柱内，有利于施工。另一种做法是将外侧柱筋伸到柱顶，并向内水平弯折不小于 $12d$，梁上纵筋伸到节点外边向下弯折，与柱外侧钢筋形成足够的直线搭接长度后截断。试验证明，此处直线搭接长度应取为不小于 $1.7l_{aE}$。这一方案的优点是，柱顶水平纵向钢筋数量较少（只有梁筋），便于自上向下浇注混凝土。顶层端节点内侧柱筋和下部梁筋在节点中的锚固做法与顶层中间节点处柱纵向钢筋和中间层端节点处梁上部纵向钢筋相同。另外，需要强调的是，在顶层端节点处不能采用如同上部梁筋在中间层端节点处的锚固做法，因为这种做法不能满足顶层端节点处抗震受弯承载力的要求。

11.6.8 本条对节点核心区的箍筋最大间距和箍筋最小直径以及节点箍筋的配箍特征值和最小配筋率做了规定，其目的是从构造上保证在地震和竖向荷载作用下节点核心区剪压比偏低时为节点核心区提供必要的约束，以及在未预计的不利情况使节点保持基本抗剪能力。

11.6.9 预埋件反复荷载作用试验表明，弯剪、拉剪、压剪情况下锚筋的受剪承载力降低的平均值在 20% 左右。对预埋件，规定取 $\gamma_{RE}=1.0$，故考虑地震作用组合的预埋件的锚筋截面积应比本规范第 10 章的计算值增大 25%。构造上要求在靠近锚板的锚筋周围设置一根直径不小于 10mm 的封闭箍筋，以起到约束端部混凝土、提高受剪承载力的作用。

11.7 剪 力 墙

11.7.1 剪力墙结构的试验研究表明：反复荷载作用下大偏心受压剪力墙的正截面受压承载力与单调荷载作用下的正截面受压承载力比较接近，因此，考虑地震作用组合的剪力墙，其正截面抗震承载力和局部受压承载力仍按本规范第 7 章有关公式计算，但应除以相应的承载力抗震调整系数。

11.7.2 规范规定对一级抗震等级剪力墙墙肢截面组合弯矩设计值应进行调整，其目的是通过配筋迫使塑性铰区位于墙肢的底部。以往要求底部加强部位以上的剪力墙肢截面组合弯矩设计值按线性变化。这种做法对于较高的房屋会导致一部分剪力墙截面的弯矩值增加过多。为简化设计，本次修订规定，底部加强部位及以上一层的弯矩设计值均取墙底部截面的组合弯矩设计值，其他部位均采用墙肢截面组合弯矩设计值乘以增大系数 1.2。

11.7.3 基于剪力墙"强剪弱弯"的要求，底部加强部位的剪力设计值应予以增大。9 度设防烈度，除考虑弯矩增大系数外，并取墙底部出现塑性铰时受弯承载力所对应的弯矩值 M_{wua} 与弯矩设计值的比值来增大剪力设计值。对不同抗震等级的非 9 度设防烈度的情况，底部加强部位的剪力设计值，取地震作用组合的剪力设计值 V 乘以不同的增大系数。

11.7.4 剪力墙的受剪承载力应该有一个上限值。国内外剪力墙承载力试验表明，剪跨比 λ 大于 2.5 时，大部分墙的受剪承载力上限接近于 $0.25f_cbh_0$，在反复荷载作用下，考虑受剪承载力上限下降 20%。

11.7.5 通过剪力墙的反复和单调加载受剪承载力对比试验表明，反复加载的受剪承载力比单调加载降低 15%~20%。因此，将非抗震受剪承载力计算公式乘以降低系数 0.8，作为抗震设计中偏心受压剪力墙的斜截面受剪承载力计算公式。鉴于对高轴压力作用下的受剪承载力缺乏试验研究,公式中对轴压力的有利作用给予必要的限制,即当 $N>0.2f_cbh$ 时,取 $N=0.2f_cbh$。

11.7.6 偏心受拉剪力墙的抗震受剪承载力未进行试验,根据受力特性,参照偏心受压剪力墙的受剪承载力计算公式,给出了偏心受拉剪力墙的抗震承载力计算公式。

11.7.7 水平施工缝处的竖向钢筋配置数量需满足受剪要求。根据水平缝剪摩擦理论,及对剪力墙施工缝滑移问题的试验研究,参照国外有关规范的规定提出本条要求。

11.7.8 多肢剪力墙的承载力和延性与洞口连梁的承载力和延性有很大关系。为了避免连梁产生受剪破坏后导致剪力墙延性降低,规定跨高比大于 2.5 的连系梁,除应满足正截面抗震承载力要求外,还必须满足抗震受剪承载力的要求。对跨高比不大于 2.5 的连系梁,因目前试验研究成果不够充分,其计算和构造要求可暂按专门标准采用。

试验表明,在剪力墙洞口连梁中配置斜向交叉钢筋对提高连梁的抗震性能效果较为明显。对一、二级抗震等级的筒体结构,当连梁跨高比不大于 2.0,而连梁截面宽度不小于 400mm 时,宜设置斜向交叉暗柱配筋,全部剪力由暗柱承担;而对一、二级抗震等级的一般剪力墙,当连梁跨高比不大于 2.0 时,也可配置斜向交叉构造钢筋,以改善连梁的抗剪性能。

11.7.9 为保证剪力墙的承载力和侧向稳定要求,给出了各种结构体系的剪力墙厚度的规定。

端部无端柱或翼墙的剪力墙相对于端部有端柱或翼墙的剪力墙在正截面受力性能、变形能力以及侧向稳定上减弱很多,试验表明,极限位移将减小一半,耗能能力降低 20% 左右,因此,此次修订适度加大了一、二级抗震等级墙端无端柱或翼墙的剪力墙底部加强部位的墙厚,规定不小于层高的 1/12。

11.7.10 为了提高剪力墙侧向稳定和受弯承载力,规定剪力墙厚度大于 140mm 时,应采用双排钢筋。

11.7.11 根据试验研究和设计经验,并参考国外有关规范的规定,按不同的结构体系和不同的抗震等级规定了水平和竖向分布钢筋最小配筋率的限值。本次修订,适度增大了剪力墙分布钢筋的最小配筋率。对框架-剪力墙结构取 0.25%。

11.7.12~11.7.16 试验表明,剪力墙在周期反复荷载作用下的塑性变形能力,与截面纵向钢筋的配筋、端部边缘构件范围、端部边缘构件内纵向钢筋及箍筋的配置,以及截面形状、截面轴压比大小等因素有关,而墙肢的轴压比则是更重要的影响因素。当轴压比比较小时,即使在墙端部不设约束边缘构件,剪力墙也具有较好的延性和耗能能力;而当轴压比超过一定值时,不设约束边缘构件的剪力墙,其延性和耗能能力降低。因此,对一、二级抗震等级的各种结构体系中的剪力墙,在塑性铰可能出现的底部加强部位,规定了在重力荷载代表值作用下的墙肢轴压比限值。

为了保证剪力墙肢底部塑性铰区的延性性能以及耗能能力,规定了一、二级抗震等级下,当剪力墙底部可能出现塑性铰的区域内轴压比较大时,应通过约束边缘构件为墙肢两端的混凝土提供足够的约束。而墙肢的其他部位及三、四级抗震等级的剪力墙肢,则可通过构造边缘构件对墙肢两端混凝土提供适度约束。

由于内筒或核心筒的角部在地震斜向作用下处在更为不利的受力状态,其四角的约束边缘构件的尺寸应比一般墙肢更大,箍筋所提供的约束也应更强。

11.7.17 框架-剪力墙结构中的带边框剪力墙是该类结构中的主要抗侧力构件,它承受着大部分地震作用。为保证其延性和承载力,对边框柱和边框梁的截面尺寸作了规定。并给出了墙身洞口周边的构造措施。

11.8 预应力混凝土结构构件

11.8.1 原规范中未曾提及地震区使用预应力混凝土结构问题。随着近年来对预应力结构抗震性能的研究,以及对震害的调查证明,预应力混凝土结构只要设计得当,仍可获得较好的抗震性能。采用部分预应力混凝土;选择合理的预应力强度比和构造;重视概念设计;有保证延性的措施;精心施工,预应力混凝土结构就可以在地震区使用。因此,此次修订增加了抗震预应力结构构件的设计内容,规定预应力混凝土结构可用于设防烈度为 6 度、7 度、8 度地区。考虑到 9 度设防烈度地区,地震反应强烈,对预应力结构使用应慎重对待。故当 9 度地震区需要采用预应力混凝土结构时,应专门研究,采取保证结构具有必要延性的有效措施。

11.8.2 框架梁是框架结构的主要承重构件,应保证其必要的承载力和延性。同时,试验表明,在预应力混凝土框架梁中采用配置一定数量非预应力钢筋的混合配筋方式,对改善裂缝分布,提高承载力和延性的作用是明显的。为此规定地震区的框架梁,宜采用后张有粘结预应力,且应配置一定数量的非预应力钢筋。

11.8.3 为保证预应力混凝土框架梁在抗震设计中的延性要求,根据试验研究结果,应对梁的混凝土截面相对受压区高度 x 和纵向受拉钢筋配筋率作一定的限制。纵向受拉钢筋配筋率限值的规定是根据 HRB400 级钢筋的抗拉强度设计值折算得出的;当采用 HRB335 级钢筋时,其限值可放松到 3.0%。

11.8.4 预应力强度比对框架梁的抗震性能有重要影响,对其选择要结合工程具体条件,全面考虑使用阶段和抗震性能两方面要求。从使用阶段看,该比值大一些好;从抗震角度,其值不宜过大。研究表明:

采用中等预应力强度比（0.5～0.7），梁的抗震性能与使用性能较为协调。因此，建议对一级抗震等级，该比值不大于0.55，二、三级抗震等级不大于0.75。本条要求是在相对受压区高度、配箍率、非预应力筋面积 A_s、A'_s 等得到满足的情况下得出的。

11.8.5 梁端箍筋加密区内，梁端下部纵向非预应力钢筋和上部非预应力钢筋的截面面积应符合一定的比例，其理由同非预应力抗震框架。规范对预应力混凝土框架梁端下部非预应力钢筋和上部非预应力钢筋的面积比限值的规定，是参考了已有的试验研究和本规范有关钢筋混凝土框架梁的规定，经综合分析后确定的。

附录 A 素混凝土结构构件计算

本附录的内容与原规范附录二基本相同，但对素混凝土轴心抗压和轴心抗拉强度设计值作了修改。

原规范钢筋混凝土偏心受压构件正截面承载力计算中用 f_{cm}，本规范改用 f_c；原规范钢筋混凝土轴心受压构件正截面承载力计算中用 f_c，本规范也用 f_c 且在计算公式中乘系数 0.9；这些修改提高了钢筋混凝土结构的安全度。素混凝土结构的安全度也作了相应提高，原规范 f_{cc} 取 $0.95f_c$，本规范 f_{cc} 取 $0.85f_c$ 等修改，使素混凝土结构与钢筋混凝土结构的安全度的提高幅度相当。

附录 B 钢筋的公称截面面积、计算截面面积及理论重量

本附录根据现行国家标准增加了预应力钢绞线和钢丝方面的内容。

附录 C 混凝土的多轴强度和本构关系

本附录为新增内容，专用于混凝土结构的非线性分析和二维、三维结构的承载力验算。所给的计算方程和参数值，以我国的试验研究成果为依据，也与国外的试验结果相符合。

C.1 总 则

C.1.1 由于混凝土材料的地方性、现场进行配制，以及其强度和变形性能的离散性较大，确定其强度和本构关系的方法宜按本条所列先后作为优选次序。

C.1.2 混凝土的强度和本构关系都是基于正常环境下的短期试验结果。若结构混凝土的材料种类、环境和受力条件等与标准试验条件相差悬殊，例如采用轻混凝土或重混凝土、全级配或大骨料的大体积混凝土、龄期变化、高温、截面非均匀受力、荷载长期持续、快速加载或冲击荷载作用等情况，混凝土的强度和本构关系都将发生不同程度的变化。应自行试验测定或参考有关文献做相应的修正。

C.1.3 采用线弹性方法进行分析的结构，在验算承载能力极限状态或正常使用极限状态时，混凝土的强度和变形指标可按本规范第5.2.8条取值。

在结构的非线性分析中，为了保证计算的准确性，混凝土的强度和变形指标宜取为实测值或平均值，详见本规范第5.3.4条和相应的条文说明。

C.2 单轴应力-应变关系

本节的内容主要用于杆系结构的非线性分析，也可作为混凝土多轴本构关系中的等效单轴应力-应变关系。

C.2.1 混凝土单轴受压应力-应变曲线分作上升段和下降段，二者在峰点连续。理论曲线的几何特征与试验曲线的完全符合。两段曲线方程中各有一个参数，可适合不同强度等级混凝土的曲线形状变化。

曲线的参数值，即峰值压应变（ε_c）、上升段和下降段参数（α_a、α_d）、下降段应变（ε_u）等都随混凝土的单轴抗压强度值（f_c^*，N/mm²）而变化，计算式如下：

$$\varepsilon_c = (700 + 172\sqrt{f_c^*}) \times 10^{-6}$$

$$\alpha_a = 2.4 - 0.0125 f_c^*$$

$$\alpha_d = 0.157 f_c^{*0.785} - 0.905$$

$$\frac{\varepsilon_u}{\varepsilon_c} = \frac{1}{2\alpha_d}(1 + 2\alpha_d + \sqrt{1 + 4\alpha_d})$$

结构中的混凝土常受到横向和纵向应变梯度、箍筋约束作用、纵筋联系变形等因素的影响，其应力-应变关系与混凝土棱柱体轴心受压试验结果有差别，可根据构件或结构的力学性能试验结果对混凝土的抗压强度和峰值应变值以及曲线形状（α_a、α_d）作适当修正。

C.2.2 混凝土单轴受拉应力-应变曲线也分上升段和下降段给出。峰值拉应变（ε_t）和下降段参数（α_t）的计算式如下：

$$\varepsilon_t = f_t^{*0.54} \times 65 \times 10^{-6}$$

$$\alpha_t = 0.312 f_t^{*2}$$

式中 f_t^* 为混凝土的单轴抗拉强度（N/mm²）。

C.3 多轴强度

C.3.1 混凝土的多轴强度（f_i，$i=1\sim3$）按其与单

轴强度（f_c' 或 f_t^*）的比值给出，单轴强度的取值见本规范第 C.1.3 条。

结构按线弹性或非线性方法分析的结果，均可采用本规范公式（C.3.1）进行验算。

C.3.2 混凝土的二轴强度包络图确定为简单的折线形，取值比试验结果偏低，可保证安全。包络图的压-压区和拉-拉区与 Tasuji-Slate-Nilson 准则相同，拉-压区的强度稍作调整，与 Kupfer-Gerstle 准则相近。

C.3.3 混凝土三轴抗压强度（f_3，图 C.3.3）的取值显著低于试验值，且略低于一些国外设计规范所规定的值，又有最高强度（$5f_c^*$）的限制，用于承载力验算可确保结构安全。

为了简化计算，三轴抗压强度未计及中间主应力（σ_2）的影响。如需更充分地利用混凝土的三轴抗压强度，可按本规范第 C.4.1 条所列破坏准则另行计算。

混凝土的三轴抗压强度也可按下列公式计算：

$$\frac{-f_3}{f_c^*} = 1.2 + 33\left(\frac{\sigma_1}{\sigma_3}\right)^{1.8}$$

C.3.4 混凝土的三轴拉-拉-压和拉-压-压强度受中间主应力（σ_2）的影响不大（<10%），可按二轴拉-压强度（$\sigma_2 = 0$），即本规范图 C.3.2 的拉—压区计算。

混凝土的三轴受拉应力状态在实际结构中罕见，试验数据也极少，取 $f_1 = 0.9 f_t^*$ 约为试验平均值。

C.4 破坏准则和本构模型

C.4.1 所列混凝土破坏准则（本规范公式 C.4.1）的几何特征与试验包络曲面一致，建议的参数值系依据国内外的、全应力范围内大量试验数据所标定。对于特定的混凝土材料、或者结构的应力范围较窄时，可根据混凝土的多轴强度试验值或给定的特征强度值用迭代法另行计算其中的参数值，以提高计算的准确度。

此混凝土破坏准则计算式为一超越方程，难有显式解，可用计算机计算多轴强度。

C.4.2 混凝土的非线性本构模型见诸文献者种类多样、概念和形式迥异、简繁程度悬殊、计算结果的差别不小，难以求得统一。至今，各国的设计规范中，惟有 CEB—FIP MC90 模式规范给出了具体的混凝土本构模型，即 Ottosen（三维）和 Darwin-Pecknold（二维）模型，二者均属非线弹性类模型。此类模型比较简明实用，但有一定局限性，在某些应力范围内有一定误差。

本条文原则上建议采用非线弹性的正交异性类本构模型，其优点是以试验结果为依据、概念简明、符合混凝土的材性和受力特点。其他本构模型可由设计和分析人员研究选用。

附录 D 后张预应力钢筋常用束形的预应力损失

后张法构件的曲线预应力钢筋放张时，由于锚具变形和钢筋内缩引起的预应力损失值，必须考虑曲线预应力钢筋受到曲线孔道上反摩擦力的阻止，按变形协调原理，取张拉端锚具的变形和预应力钢筋内缩值等于反摩擦力引起的钢筋变形值，求出预应力损失值 σ_{l1} 的范围和数值。在不同条件下，同一根曲线预应力钢筋不同位置处的 σ_{l1} 各不相同。在原规范中，仅对常用的圆弧形曲线预应力钢筋给出了计算公式。该公式在推导时，假定正向摩擦与反向摩擦系数相等，并且未考虑在预应力钢筋张拉端有一直线段的情况。

本次修订增补了预应力钢筋在端部为直线、直线长度等于 l_0 而后由两条圆弧形曲线组成的曲线筋及折线筋的预应力损失 σ_{l1} 的计算公式。该计算公式适用于忽略长度 l_0 中摩擦损失影响的情况。

附录 E 与时间相关的预应力损失

考虑预加力时的龄期、理论厚度等多因素影响的混凝土收缩、徐变引起的预应力损失计算方法，是参考"部分预应力混凝土结构设计建议"的计算方法，并经过与本规范公式（6.2.5-1）至（6.2.5-4）计算结果分析比较后给出的。所采用的方法考虑了非预应力钢筋对混凝土收缩、徐变所引起预应力损失的影响，考虑预应力钢筋松弛对徐变损失计算值的影响，将徐变损失项按 0.9 折减。考虑预加力时的龄期、理论厚度影响的混凝土收缩应变和徐变系数终极值，以及松弛损失和收缩、徐变中间值系数取自《铁路桥涵钢筋混凝土和预应力混凝土结构设计规范》TB10002.3。一般适用于水泥用量为 400～500kg/m³、水灰比为 0.34～0.42、周围空气相对湿度为 60%～80% 的情况。在年平均相对湿度低于 40% 的条件下使用的结构，收缩应变和徐变系数终极值应增加 30%。当无可靠资料时，混凝土收缩应变和徐变系数终极值可按表 E.0.1 采用。对坍落度大的泵送混凝土，或周围空气相对湿度为 40%～60% 的情况，宜根据实际情况考虑混凝土收缩和徐变引起预应力损失值增大的影响，或采用其他可靠数据。

对受压区配置预应力钢筋 A_p' 及非预应力钢筋 A_s' 的构件，可近似地按公式（E.0.1-1）计算，此时，取 $A_p' = A_s' = 0$；σ_{l5}' 则按公式（E.0.1-2）求出。在计算公式（E.0.1-1）、（E.0.1-2）中的 σ_{pc} 及 σ_{pc}' 时，应采用全部预加力值。本附录 E 所列混凝土收缩和徐变引起的预应力损失计算方法，供需要考虑施加预应力时混凝土龄期、理论厚度影响，以及需要计算松弛及收缩、徐变损失随时间变化中间值的重要工程设计使用。

附录 F 任意截面构件正截面承载力计算

本附录给出了任意截面任意配筋的构件正截面承载力计算的一般公式。

随着计算机的普遍使用，对任意截面、外力和配筋的构件，正截面承载力的一般计算方法，可按第7.1.2条的基本假定，用数值积分通过反复迭代进行计算。在计算各单元的应变时，通常应通过混凝土极限压应变为 ε_{cu} 的受压区顶点作一与中和轴平行的直线；在另一种情况下，尚应通过最外排纵向受拉钢筋极限拉应变 0.01 为顶点作一与中和轴平行的直线，然后再作一与中和轴垂直的直线，以此直线作为基准线按平截面假定确定各单元的应变及相应的应力。

在建立公式时，为使公式形式简单，坐标原点取在截面重心处；在具体进行计算或编制计算程序时，可根据计算的需要，选择合适的坐标系。

附录 G 板柱节点计算用等效集中反力设计值

G.0.1 在垂直荷载、水平荷载作用下，板柱结构节点传递不平衡弯矩时，其等效集中反力设计值由两部分组成：

1 由柱所承受的轴向压力设计值减去冲切破坏锥体范围内板所承受的荷载设计值，即 F_l；

2 由节点受剪传递不平衡弯矩而在临界截面上产生的最大剪应力经折算而得的附加集中反力设计值，即 $\tau_{max} u_m h_0$。

本条的公式（G.0.1-1）、公式（G.0.1-3）、公式（G.0.1-5）就是根据上述方法给出的。

竖向荷载、水平荷载对图 G.0.1 中的轴线 2 产生的不平衡弯矩，取等于竖向荷载、水平荷载产生的对轴线 1 的不平衡弯矩与 $F_l e_g$ 之代数和，此处 e_g 是轴线 1 与轴线 2 的距离。本条的公式（G.0.1-2）、公式（G.0.1-4）就是按此原则给出的。在应用上述公式中应注意两个弯矩的作用方向，当两者相同时，应取加号；当两者相反时，应取减号。

G.0.2～G.0.3 条文中提供了图 G.0.1 所示的中柱、边柱和角柱处临界截面的几何参数计算公式。这些参数是按《无粘结预应力混凝土结构技术规程》的规定给出的，其中对类似惯性矩的计算公式中，忽略了 h_0^3 项的影响，即在公式（G.0.2-1）、公式（G.0.2-5）中略去了 $\alpha_t h_0^3/6$ 项；在公式（G.0.2-10）、公式（G.0.2-14）中略去了 $\alpha_t h_0^3/12$ 项，这表示忽略了临界截面上水平剪应力的作用，对通常的板柱结构的板厚而言，这样近似处理是可以的。

G.0.4 当边柱、角柱部位有悬臂板时，在受冲切承载力计算中，可能是取边柱、角柱的临界截面周长，也可能是如中柱的冲切破坏而形成的临界截面周长，应通过计算比较，以取其不利者作为设计计算的依据。

中华人民共和国行业标准

高层建筑混凝土结构技术规程

JGJ 3—2002

条 文 说 明

前 言

《高层建筑混凝土结构技术规程》JGJ 3—2002 经建设部 2002 年 6 月 3 日以建标〔2002〕138 号文批准,业已发布。

原规程《钢筋混凝土高层建筑结构设计与施工规程》JGJ 3—91 的主编单位是中国建筑科学研究院,参加单位是北京市建筑设计院、清华大学、北京市建筑工程总公司、中京建筑事务所、上海市建筑科学研究所、上海市民用建筑设计院、广东省建筑设计研究院。

为便于广大设计、施工、科研、教学等单位的有关人员在使用本规程时能正确理解和执行条文规定,规程编制组按章、节、条的顺序,编制了本规程的条文说明,供使用者参考。在使用过程中,如发现本规程条文说明有不妥之处,请将意见函寄中国建筑科学研究院《高层建筑混凝土结构技术规程》管理组(邮政编码:100013,地址:北京北三环东路 30 号)。

目 次

1 总则 ············ 3—2—4
2 术语和符号 ············ 3—2—4
3 荷载和地震作用 ············ 3—2—4
  3.1 竖向荷载 ············ 3—2—4
  3.2 风荷载 ············ 3—2—5
  3.3 地震作用 ············ 3—2—6
4 结构设计的基本规定 ············ 3—2—8
  4.1 一般规定 ············ 3—2—8
  4.2 房屋适用高度和高宽比 ············ 3—2—9
  4.3 结构平面布置 ············ 3—2—9
  4.4 结构竖向布置 ············ 3—2—11
  4.5 楼盖结构 ············ 3—2—12
  4.6 水平位移限值和舒适度要求 ············ 3—2—12
  4.8 抗震等级 ············ 3—2—13
  4.9 构造要求 ············ 3—2—14
5 结构计算分析 ············ 3—2—14
  5.1 一般规定 ············ 3—2—14
  5.2 计算参数 ············ 3—2—15
  5.3 计算简图处理 ············ 3—2—16
  5.4 重力二阶效应及结构稳定 ············ 3—2—16
  5.5 薄弱层弹塑性变形验算 ············ 3—2—17
  5.6 荷载效应和地震作用
      效应的组合 ············ 3—2—17
6 框架结构设计 ············ 3—2—17
  6.1 一般规定 ············ 3—2—17
  6.2 截面设计 ············ 3—2—18
  6.3 框架梁构造要求 ············ 3—2—18
  6.4 框架柱构造要求 ············ 3—2—19
  6.5 钢筋的连接和锚固 ············ 3—2—19
7 剪力墙结构设计 ············ 3—2—19
  7.1 一般规定 ············ 3—2—19
  7.2 截面设计及构造 ············ 3—2—21
8 框架-剪力墙结构设计 ············ 3—2—23
  8.1 一般规定 ············ 3—2—23
  8.2 截面设计及构造 ············ 3—2—24
9 筒体结构设计 ············ 3—2—24
  9.1 一般规定 ············ 3—2—24
  9.2 框架-核心筒结构 ············ 3—2—24
  9.3 筒中筒结构 ············ 3—2—24
10 复杂高层建筑结构设计 ············ 3—2—25
  10.1 一般规定 ············ 3—2—25
  10.2 带转换层高层建筑结构 ············ 3—2—25
  10.3 带加强层高层建筑结构 ············ 3—2—27
  10.4 错层结构 ············ 3—2—27
  10.5 连体结构 ············ 3—2—28
  10.6 多塔楼结构 ············ 3—2—28
11 混合结构设计 ············ 3—2—29
  11.1 一般规定 ············ 3—2—29
  11.2 结构布置和结构设计 ············ 3—2—29
  11.3 型钢混凝土构件的构造要求 ············ 3—2—30
12 基础设计 ············ 3—2—31
  12.1 一般规定 ············ 3—2—31
  12.2 筏形基础 ············ 3—2—32
  12.3 箱形基础 ············ 3—2—32
  12.4 桩基础 ············ 3—2—32
13 高层建筑结构施工 ············ 3—2—32
  13.1 一般规定 ············ 3—2—32
  13.2 施工测量 ············ 3—2—33
  13.3 模板工程 ············ 3—2—33
  13.4 钢筋工程 ············ 3—2—34
  13.5 混凝土工程 ············ 3—2—34
  13.6 预制构件安装 ············ 3—2—34
  13.7 深基础施工 ············ 3—2—34
  13.8 施工安全要求 ············ 3—2—34

1 总则

1.0.1 20世纪90年代以来，我国混凝土结构高层建筑迅速发展，钢筋混凝土结构体系积累了很多工程经验和科研成果，钢和混凝土的混合结构体系也积累了不少工程经验和研究成果。此次规程修订，除对钢筋混凝土高层建筑结构的条款进行补充修订外，又增加了钢和混凝土的混合结构设计规定，并将原规程名称《钢筋混凝土高层建筑结构设计与施工规程》更改为《高层建筑混凝土结构技术规程》。

1.0.2 原规程规定适用于8层及8层以上的高层民用建筑结构，此次修订改为适用于10层及10层以上或房屋高度超过28m的高层民用建筑结构。原规程制订时，我国高层建筑的层数，一般为8～30层，个别建筑层数较高。近年来，我国高层建筑发展十分迅速，各地兴建的高层建筑层数已普遍增加，房屋高度在150m以上的高层建筑已超过100幢。国际上诸多国家和地区对高层建筑的界定多在10层以上。为适应我国高层建筑发展的形势并与国际诸多国家的界定相适应，此次修订中将规程适用范围定为10层及10层以上的高层民用建筑结构，其房屋的最大适用高度和结构类型应符合本规程的专门条款。考虑到有些钢筋混凝土结构建筑，其层数虽未达到10层，但其房屋高度较高，为适应设计需要，此次修订中将房屋高度超过28m的民用建筑也纳入了本规程的适用范围。

对于房屋层数少于10层或房屋高度小于28m但接近10层或28m的民用建筑，也可参照本规程的规定进行结构设计。

本条还规定，本规程不适用于建造在危险地段场地的高层建筑，这是此次修订中增加的内容。大量地震震害及其他自然灾害表明，在危险地段场地建造房屋和构筑物较难幸免灾祸，在危险地段场地应避免建造高层建筑。我国没有在危险地段场地建造高层建筑的工程实践经验，也没有相应的研究成果，本规程也没有专门条款。

1.0.5 本条规定应注重结构的概念设计，应保证结构的整体性，这是国内外历次大地震及风灾的重要经验总结。概念设计及结构整体性能是决定高层建筑结构抗震、抗风性能的重要因素，若结构严重不规则、整体性差，则按目前的结构设计及计算技术水平，较难保证结构的抗震、抗风性能，尤其是抗震性能。

2 术语和符号

本章是根据标准编制要求新增加的，术语一节是新内容，符号一节是在原规程JGJ 3—91"主要符号"的基础上修改而成的。

"高层建筑"的定义，大多根据不同的需要和目的而确定，国际、国内的定义不尽相同。国际上诸多国家和地区对高层建筑的界定多在10层以上，我国不同标准有不同的定义。本规程主要是从结构设计的角度考虑的。

本规程中的"剪力墙（shearwall）"，在现行国家标准《建筑抗震设计规范》GB 50011中称抗震墙，在现行国家标准《建筑结构设计术语和符号标准》GB/T 50083中称结构墙（structural wall）。"剪力墙"既用于抗震结构也用于非抗震结构，这一术语在国外应用已久，在国家标准《混凝土结构设计规范》GB 50010中和国内建筑工程界也一直应用。

"筒体结构"尚包括框筒结构、束筒结构等，本规程主要涉及框架-核心筒结构和筒中筒结构。

"混合结构"包括内容较多，本规程主要涉及高层建筑中常用的钢框架或型钢混凝土框架与钢筋混凝土筒体（或剪力墙）所组成的共同承受竖向和水平作用的高层建筑结构。

其他一些相关的术语，如多塔楼结构、连体结构、错层结构等，目前尚无比较确切的定义，本规程暂未列入。

3 荷载和地震作用

3.1 竖向荷载

3.1.1 竖向荷载按现行国家标准《建筑结构荷载规范》GB 50009有关规定采用。GB 50009与原GBJ 9—87相比，有较大的改动，使用时应予注意：

1 对楼面均布活荷载作部分的调整和增项

1) 办公楼、住宅和宿舍等项目，其建设量在近期比较大，而且其荷载性质存在变化的可能性，应工程界的普遍要求，将其荷载标准值提高到$2.0kN/m^2$。

2) 其他用途的民用项目，除个别有调整外，大部分仍保持原有水平。为了便于工程人员能在一般情况下确定荷载，对民用建筑楼面可根据在楼面上活动的人和设施的不同，将取值分成八个档次：

① 活动的人很少　　　　$L_k=1.5kN/m^2$
② 活动的人较多　　　　$L_k=2.0kN/m^2$
③ 活动的人更多且有较多设备
　　　　　　　　　　　$L_k=2.5kN/m^2$
④ 活动的人很多且有较重设备
　　　　　　　　　　　$L_k=3.0kN/m^2$
⑤ 活动的人很集中，有时很拥挤或有较重设备　　　　　$L_k=3.5kN/m^2$
⑥ 活动的性质比较剧烈　$L_k=4.0kN/m^2$
⑦ 贮存物品的仓库　　　$L_k=5.0kN/m^2$
⑧ 有大型的机械设备　　$L_k=6.0kN/m^2$

3) 通风机房和电梯机房是新增的,根据有关资料和意见反馈,暂时定为 $6.0kN/m^2$。

4) 增添的车道荷载与车库荷载的性质相同,除客车与原定规范相同外,增加了考虑消防车的楼面活荷载,客车不包括 9 人以上的大型客车,消防车系指 30t 级的大型车,当用途不符要求时,可按实际轮压参考荷载规范附录 B 的规定换算。

5) 书库活荷载一般仍按原规范采用,但书架超过 2m 时,应按每米书架高度不小于 $2.5kN/m^2$ 确定。

6) 增加了非固定隔墙的荷载,取隔墙每延米自重(kN/m)的 1/3 作为楼面活荷载的附加值(kN/m^2),并规定该值不小于 $1.0kN/m^2$。

2 对屋面均布活荷载中不上人屋面的取值也作了部分调整,参照国外规范,采用 $0.5kN/m^2$,但当施工荷载较大时,仍应按实际情况采用,或在施工中采取特殊措施。考虑到有些结构规范,在采用该规定时,有可能与原规范相差较大,为此在附注中给出允许做 $0.2kN/m^2$ 的增减。屋顶花园的荷载标准值取 $3.0kN/m^2$,但不包括花圃土石材料的自重。

屋面还应考虑可能出现的积水荷载,必要时应按积水的可能深度确定。

3.1.5 直升机平台的活荷载是根据现行国家标准《建筑结构荷载规范》GB 50009 的有关规定确定的。部分直升机的有关参数见表 1。

表 1 部分轻型直升机的技术数据

机型	生产国	空重(kN)	最大起飞重(kN)	旋翼直径(m)	机长(m)	机宽(m)	机高(m)
Z-9(直9)	中国	19.75	40.00	11.68	13.29		3.31
SA360 海豚	法国	18.23	34.00	11.68	11.40		3.50
SA315 美洲驼	法国	10.14	19.50	11.02	12.92		3.09
SA350 松鼠	法国	12.88	24.00	10.69	12.99	1.08	3.02
SA341 小羚羊	法国	9.17	10.00	11.00	11.97		3.15
BK-117	德国	16.50	28.50	11.00	13.00	1.60	3.36
BO-105	德国	12.56	24.00	9.84	8.56		3.00
山猫	英、法	30.70	45.35	12.80	12.06		3.66
S-76	美国	25.40	46.70	13.41	13.22	2.13	4.41
贝尔-205	美国	22.55	43.09	14.63	17.40		4.42
贝尔-206	美国	6.60	14.51	10.16	9.50		2.91
贝尔-500	美国	6.64	14.51	8.05	7.49	2.71	2.59
贝尔-222	美国	22.04	35.60	12.12	12.50	3.18	3.25
A109A	意大利	14.66	24.50	11.00	13.05	1.42	3.30

注:直 9 机主轮距 2.03m,前后轮距 3.61m。

3.2 风 荷 载

3.2.1 风荷载计算的原则采用现行国家标准《建筑结构荷载规范》GB 50009 的规定。对于主要承重结构,风荷载标准值的表达可有两种形式,其一为平均风压加上由脉动风引起结构风振的等效风压;另一种为平均风压乘以风振系数。由于结构的风振计算中,往往是受力方向基本振型起主要作用,因而我国与大多数国家相同,采用后一种表达形式,即采用风振系数 β_z。它综合考虑了结构在风荷载作用下的动力响应,其中包括风速随时间、空间的变异性和结构的阻尼特性等因素。

基本风压 w_0 是根据全国各气象台站历年来的最大风速记录,按基本风压的标准要求,将不同测风仪高度和时次时距的年最大风速,统一换算为离地 10m 高,自记式风速仪 10min 平均年最大风速(m/s)。根据该风速数据统计分析确定重现期为 50 年的最大风速,作为当地的基本风速 v_0。再按贝努利公式确定基本风压。

3.2.2 现行国家标准《建筑结构荷载规范》GB 50009 将基本风压的重现期由以往的 30 年改为 50 年,这样,在标准上将与国外大部分国家取得一致。但经修改后,各地的基本风压并不全是在原有的基础上提高 10%,而是根据新的风速观测数据,进行统计分析后重新确定的。为了能适应不同的设计条件,风荷载计算可采用与基本风压不同的重现期。规程 JGJ 3—91 对高层建筑的基本风压乘以 1.1 的增大系数采用,现因基本风压的重现期已由 30 年改为 50 年,所以对于一般高层建筑不需再乘以 1.1 的增大系数。但对于特别重要的高层建筑或对风荷载比较敏感的高层建筑,应考虑 100 年重现期的风压值较为妥当。当没有 100 年一遇的风压资料时,也可近似将 50 年一遇的基本风压值乘以增大系数 1.1 采用。

对风荷载是否敏感,主要与高层建筑的自振特性有关,目前尚无实用的划分标准。一般情况下,房屋高度大于 60m 的高层建筑可按 100 年一遇的风压值采用;对于房屋高度不超过 60m 的高层建筑,其基本风压是否提高,可由设计人员根据实际情况确定。

3.2.3 风压高度变化系数按现行国家标准《建筑结构荷载规范》GB 50009 采用。对原规范的 A、B 两类,其有关参数保持不变;C 类系指有密集建筑群的城市市区,其粗糙度指数系数由 0.2 提高到 0.22,梯度风高度仍取 400m;新增加的 D 类系指有密集建筑群且有大量高层建筑的大城市市区,其粗糙度指数系数取 0.3,梯度风高度取 450m。

在大气边界层内,风速随离地面高度而增大。当气压场随高度不变时,风速随高度增大的规律,主要取决于地面粗糙度和温度垂直梯度。通常认为在离地面高度为 300~500m 时,风速不再受地面粗糙度的影响,也即达到所谓"梯度风速",该高度称之梯度风高度。地面粗糙度等级低的地区,其梯度风高度比等级高的地区为低。

在确定城区的地面粗糙度类别时，若无地面粗糙度指数实测结果，可按下述原则近似确定：

1 以拟建房屋为中心、2km为半径的迎风半圆影响范围内的房屋高度和密集度来区分粗糙度类别，风向原则上应以该地区最大风的风向为准，但也可取其主导风向；

2 以半圆影响范围内建筑物的平均高度来划分地面粗糙类别。当平均高度不大于9m时为B类；当平均高度大于9m但不大于18m时为C类；当平均高度大于18m时为D类；

3 影响范围内不同高度的面域可按下述原则确定，即每座建筑物向外延伸距离等于其高度的面域内均为该高度，当不同高度的面域相交时，交叠部分的高度取大者；

4 平均高度取各面域面积为权数计算。

3.2.4 对于山区的高层建筑，原来采用系数对其基本风压进行调整，并对山峰和山坡也是根据山麓的基本风压，按高差的风压高度变化系数予以调整。这些规定依据尚不充分，还没有得到实际观测资料的验证。

国外的规范对山区风荷载的规定一般两种形式：一种也是规定建筑物地面为起算点，建筑物上的风荷载直接按规定的风压高度变化系数计算，这种方法比较陈旧。另一种是按地形条件，对风荷载给出地形系数，或对负压高度变化系数给出修正系数。现行国家标准《建筑结构荷载规范》GB 50009采用后一种形式，并参考加拿大、澳大利亚和英国的相应规范，以及欧洲钢结构协会ECCS的规定《房屋与结构的风效应计算建议》，对山峰和山坡上的建筑物，给出风压高度变化系数的修正系数。

3.2.5 风荷载体型系数是指风作用在建筑物表面上所引起的实际压力（或吸力）与来流风的速度压的比值，它描述的是建筑物表面在稳定风压作用下静态压力的分布规律，主要与建筑物的体型和尺度有关，也与周围环境和地面粗糙度有关。由于它涉及的是关于固体与流体相互作用的流体动力学问题，对于不规则形状的固体，问题尤为复杂，无法给出理论上的结果，一般均应由试验确定。鉴于真型实测的方法对结构设计的不现实性，目前只能采用相似原理，在边界层风洞内对拟建的建筑物模型进行测试。

现行国家标准《建筑结构荷载规范》GB 50009 表7.3.1列出38项不同类型的建筑物和各类结构的体型系数，这些都是根据国内外的试验资料和外国规范中的建议性规定整理而成，当建筑物与表中列出的体型类同时可参考应用。

本条的规定是对《建筑结构荷载规范》GB 50009 表7.3.1的简化和整理，以便于高层建筑结构设计时应用，如需较详细的数据，也可按本规程附录A采用。

3.2.6 本条给出的风振系数是仅指顺风向振动时的风振系数。由于风速的随机性，风振系数应根据随机振动理论导出，但对于外形和刚度沿高度变化不大的建筑结构，可近似只考虑基本振型影响，按公式(3.2.6)计算风振系数。对质量和刚度沿建筑高度分布均匀的弯剪型结构，基本振型系数也可近似采用振型计算点高度z与房屋高度H的比值，这即是原规程JGJ 3—91的算法。

3.2.7 对建筑群，尤其是高层建筑群，当房屋相互间距较近时，由于旋涡的相互干扰，房屋某些部位的局部风压会显著增大，设计时应予注意。对比较重要的高层建筑，建议在风洞试验中考虑周围建筑物的干扰因素。

本条和第3.2.8条所说的风洞试验是指边界层风洞试验。

3.2.9 风力作用在高层建筑表面，与作用在一般建筑物表面上一样，压力分布很不均匀，在角隅、檐口、边棱处和在附属结构的部位（如阳台、雨篷等外挑构件），局部风压会超过按本规程3.2.5条体型系数计算的平均风压。

根据风洞实验资料和一些实测结果，并参考国外的风荷载规范，对水平外挑构件，取用局部体型系数为-2.0。

3.2.10 建筑幕墙设计时所采用的基本风压，应按现行行业标准《玻璃幕墙工程技术规范》JGJ 102 和《金属及石材幕墙工程技术规范》JGJ 133的有关规定采用。

3.3 地震作用

3.3.1 本条主要引用了现行国家标准《建筑抗震设防分类标准》GB 50223 和《建筑抗震设计规范》GB 50011的规定。对甲类建筑的地震作用，增加了"应按高于本地区抗震设防烈度计算，其值应按批准的地震安全性评价结果确定"的规定。对于乙、丙类建筑，规定应按本地区抗震设防烈度计算。规程JGJ 3—91曾规定，6度抗震设防时，除Ⅳ类场地上的较高建筑外，可不进行地震作用计算。本次修订，鉴于高层建筑比较重要且结构计算分析软件应用较为普遍，因此规定6度抗震设防时也应进行地震作用计算。通过计算，可与无地震作用效应组合进行比较，并可采用有地震作用组合的柱轴压力设计值计算柱的轴压比。

3.3.2 某一方向水平地震作用主要由该方向抗侧力构件承担，如该构件带有翼缘，尚应包括翼缘作用。有斜交抗侧力构件的结构，当交角大于15°时，应考虑斜向地震作用。对质量和刚度明显不均匀、不对称的结构考虑双向地震作用下的扭转影响。本条第3款的大跨度和长悬臂结构，如结构转换层中的转换构件、跨度大于24m的楼盖或屋盖、悬挑大于2m的水平悬臂构件等，在8度和9度抗震设防时竖向地震作用的影响比较明显，设计中应予考虑。

3.3.3 国外多数抗震设计规范规定需考虑由于施工、使用或地震地面运动的扭转分量等因素所引起的偶然偏心的不利影响。即使对于平面规则（包括对称）的建筑结构也规定了偶然偏心；对于平面布置不规则的结构，除其自身已有的偏心外，还要加上偶然偏心。现行国家标准《建筑抗震设计规范》GB 50011 中，对平面规则的结构，采用增大边榀结构地震内力的简化方法考虑偶然偏心的影响。对于高层建筑而言，增大边榀结构内力的简化方法不尽合宜。因此，本条规定直接取各层质量偶然偏心为 $0.05L_i$（L_i 为垂直于地震作用方向的建筑物总长度）来计算单向水平地震作用。实际计算时，可将每层质心沿主轴的同一方向（正向或负向）偏移。

采用底部剪力法计算地震作用时，也应考虑质量偶然偏心的不利影响。

当计算双向地震作用时，可不考虑质量偶然偏心的影响。

3.3.4 不同的结构采用不同的分析方法在各国抗震规范中均有体现，振型分解反应谱法和底部剪力法仍是基本方法。对高层建筑结构主要采用振型分解反应谱法（包括不考虑扭转耦联和考虑扭转耦联两种方式），底部剪力法的应用范围较小。弹性时程分析法作为补充计算方法，在高层建筑结构分析中已得到比较普遍的应用。

本条第 3 款对于需要采用弹性时程分析法进行补充计算的高层建筑结构作了具体规定，这些结构高度较高或质量和刚度沿竖向分布不规则或属于特别重要的甲类建筑。

3.3.5 进行时程分析时，鉴于各条地震波输入进行时程分析的结果不同，本条规定根据小样本容量下的计算结果来估计地震效应值。通过大量地震加速度记录输入不同结构类型进行时程分析结果的统计分析，若选用不少于二条实际记录和一条人工模拟的加速度时程曲线作为输入，计算的平均地震效应值不小于大样本容量平均值的保证率在 85% 以上，而且一般也不会偏大很多。所谓"在统计意义上相符"指的是，其平均地震影响系数曲线与振型分解反应谱法所用的地震影响系数曲线相比，在各个周期点上相差不大于 20%。计算结果的平均底部剪力一般不会小于振型分解反应谱法计算结果的 80%。

3.3.7～3.3.8 弹性反应谱理论仍是现阶段抗震设计的最基本理论，本规程的设计反应谱以地震影响系数曲线的形式给出：

1 设计反应谱周期延至 6s。根据地震学研究和强震观测资料统计分析，在周期 6s 范围内，有可能给出比较可靠的数据，也基本满足了国内绝大多数高层建筑和长周期结构的抗震设计需要。对于周期大于 6s 的结构，抗震设计反应谱应进行专门研究；

2 理论上，设计反应谱存在两个下降段，即：速度控制段和位移控制段，在加速度反应谱中，前者衰减指数为 1，后者衰减指数为 2。设计反应谱是用来预估建筑结构在其设计基准期内可能经受的地震作用，通常根据大量实际地震记录的反应谱进行统计并结合工程经验判断加以规定。为保持规范的延续性，在 $T\leqslant 5T_g$ 范围内与《建筑抗震设计规范》GBJ 11—89 相同，在 $T>5T_g$ 的范围把《建筑抗震设计规范》GBJ 11—89 的下平台改为倾斜段，使 $T>5T_g$ 后的反应谱值有所下降，不同场地类别的最小值不同，较符合实际反应谱的统计规律。在 T 等于 $6T_g$ 附近，新的反应谱比《建筑抗震设计规范》GBJ 11—89 约增加 15%，其余范围取值的变动更小；

3 为了与我国地震动参数区划图接轨，根据设计地震分组和不同场地类别确定反应谱特征周期 T_g，即特征周期不仅与场地类别有关，而且还与设计地震分组有关，同时反映了震级大小、震中距和场地条件的影响。设计地震分组中的一组、二组、三组分别反映了近、中、远震的不同影响。为了适当调整和提高结构的抗震安全度，各分区中Ⅰ、Ⅱ、Ⅲ类场地的特征周期值较《建筑抗震设计规范》GBJ 11—89 的值约增大了 0.05s。同理，罕遇地震作用时，特征周期 T_g 值也适当延长。这样处理比较接近近年来得到的大量地震加速度资料的统计结果。

4 现阶段仍采用抗震设防烈度所对应的水平地震影响系数最大值 α_{max}，多遇地震烈度和罕遇地震烈度分别对应于 50 年设计基准期内超越概率为 63% 和 2%～3% 的地震烈度，也就是通常所说的小震烈度和大震烈度。为了与新的地震动参数区划图接口，表 3.3.7-1 中的 α_{max} 除沿用《建筑抗震设计规范》GBJ 11—89 的 6、7、8、9 度所对应的设计基本加速度值外，对于 7～8 度、8～9 度之间各增加一档，用括号内的数字表示，分别对应于设计基本地震加速度为 $0.15g$ 和 $0.30g$ 的地区。

5 考虑到不同结构类型建筑的抗震设计需要，提供了不同阻尼比（0.01～0.20）地震影响系数曲线相对于标准的地震影响系数（阻尼比为 0.05）的修正方法。根据实际强震记录的统计分析结果，这种修正可分段进行：在反应谱平台段（$a=\alpha_{max}$），修正幅度最大；在反应谱上升段（$T<0.1s$）和下降段（$T>T_g$），修正幅度变小；0s 时不修正。

对应于不同阻尼比计算地震影响系数的衰减指数和调整系数见表 2。条文中规定，当 η_2 小于 0.55 时应取 0.55；当 η_1 小于 0 时应取 0。

表 2　不同阻尼比时的衰减指数和调整系数

ζ	η_2	γ	η_1
0.01	1.54	0.97	0.025
0.02	1.34	0.95	0.024
0.05	1.00	0.90	0.020
0.10	0.75	0.85	0.014
0.20	0.56	0.80	0.001

3.3.10～3.3.11 引用现行国家标准《建筑抗震设计规范》GB 50011的规定。增加了考虑双向水平地震作用下的地震效应组合方法。根据强震观测记录的统计分析，两个方向水平地震加速度的最大值不相等，二者之比约为 1：0.85；而且两个方向的最大值不一定发生在同一时刻，因此采用平方和开平方计算两个方向地震作用效应的组合。条文中的 S_x 和 S_y 是指在两个正交的 X 和 Y 方向地震作用下，在每个构件的同一局部坐标方向上的地震作用效应，如 X 方向地震作用下在局部坐标 x 方向的弯矩 M_{xx} 和 Y 方向地震作用下在局部坐标 x 方向的弯矩 M_{xy}。

作用效应包括楼层剪力、弯矩和位移，也包括构件内力（弯矩、剪力、轴力、扭矩等）和变形。

本规程条文（包括第 5.1.13 条）中建议的振型数是对质量和刚度分布比较均匀的结构而言的。对于质量和刚度分布很不均匀的结构，振型分解反应谱法所需的振型数一般可取为振型参与质量达到总质量的 90% 时所需的振型数。

3.3.12 底部剪力法在高层建筑水平地震作用计算中应用较少，但作为一种方法，本规程仍予以保留，因此列于附录中。对于规则结构，采用本条方法计算水平地震作用时，仍应考虑偶然偏心的不利影响。

3.3.13 由于地震影响系数在长周期段下降较快，对于基本周期大于 3s 的结构，由此计算所得的水平地震作用下的结构效应可能偏小。而对于长周期结构，地震地面运动速度和位移可能对结构的破坏具有更大影响，但是规范所采用的振型分解反应谱法尚无法对此做出估计。出于结构安全的考虑，增加了对各楼层水平地震剪力最小值的要求，规定了不同烈度下的楼层地震剪力系数（即剪重比），结构水平地震作用效应应据此进行相应调整。对于竖向不规则结构的薄弱层的水平地震剪力应按本规程第 5.1.14 条的规定乘以 1.15 的增大系数，并应符合本条的规定，即楼层最小剪力系数不应小于 1.15λ。

本条表 3.3.13 中所说的扭转效应明显的结构，是指楼层最大水平位移（或层间位移）大于楼层平均水平位移（或层间位移）1.2 倍的结构。

3.3.14 结构的竖向地震作用的精确计算比较繁杂，本规程保留了原规程 JGJ 3—91 的简化计算方法。

3.3.15 高层建筑结构中的长悬挑结构、大跨度结构以及结构上部楼层外挑的部分对竖向地震作用比较敏感，应考虑竖向地震作用进行结构计算。为简化计算，将竖向地震作用取为重力荷载代表值的百分比，直接加在结构上进行内力分析。

3.3.16 高层建筑结构内力位移分析时，只考虑了主要结构构件（梁、柱、剪力墙和筒体等）的刚度，没有考虑非承重结构的刚度，因而计算的自振周期较实际的长，按这一周期计算的地震力偏小。为此，本条规定应考虑非承重墙体的刚度影响，对计算的自振周期予以折减。

3.3.17 大量工程实测周期表明：实际建筑物自振周期短于计算的周期。尤其是有实心砖填充墙的框架结构，由于实心砖填充墙的刚度大于框架柱的刚度，其影响更为显著，实测周期约为计算周期的 0.5～0.6 倍；剪力墙结构中，由于砖墙数量少，其刚度又远小于钢筋混凝土墙的刚度，实测周期与计算周期比较接近。据此本条对采用砖填充墙的框架、框架-剪力墙和剪力墙结构提出了计算自振周期的折减系数。其他工程情况由设计人员根据具体情况考虑。

4 结构设计的基本规定

4.1 一般规定

4.1.1 高层建筑结构应根据房屋高度和高宽比、抗震设防类别、抗震设防烈度、场地类别、结构材料和施工技术条件等因素考虑其适宜的结构体系。

目前，国内大量的高层建筑结构采用四种常见的结构体系：框架、框架-剪力墙、剪力墙和筒体，因此本规程有若干章节对这四种结构体系的设计作了详细的规定，以适应量大面广工程设计的需要。框架结构不包括板柱结构（无剪力墙或井筒），因为这类结构侧向刚度和抗震性能较差，不适宜用于高层建筑；由 L 形、T 形、Z 形或十字形截面（截面厚度一般为 180～300mm）构成的异形柱框架结构，目前一般适用于 6、7 度抗震设计或非抗震设计、12 层以下的建筑中，本规程暂未列入。剪力墙结构包括部分框支剪力墙结构（有部分框支柱）、具有较多短肢剪力墙且带有筒体或一般剪力墙的剪力墙结构。

板柱-剪力墙结构的板柱指无内部纵梁和横梁的无梁楼盖结构。由于在板柱框架体系中加入了剪力墙或井筒，主要由剪力墙构件承受侧向力，侧向刚度也有很大的提高。这种结构目前在高层建筑中有较多的应用，但其适用高度宜低于一般框架结构。震害表明，板柱结构的板柱结构破坏较严重，包括板的冲切破坏或柱压坏。

筒体结构在 20 世纪 80 年代后在我国已广泛应用于高层办公建筑和高层旅馆建筑。由于其刚度较大、有较高承载能力，因而在层数较多时有较大优势。多年来，已经积累了许多工程经验和科研成果，在本规程中作了较详细的规定。

一些较新颖的结构体系（如巨型框架结构、巨型桁架结构、悬挂和悬挑结构和隔震减振结构等），目前工程较少、经验还不多，宜针对具体工程研究其设计方法，待积累较多经验后再上升为规程的内容。

4.1.2～4.1.3 这两条强调了高层建筑结构概念设计原则，宜采用规则的结构，不应采用严重不规则的结构。

规则结构一般指：体型（平面和立面）规则，结构平面布置均匀、对称并具有较好的抗扭刚度；结构竖向布置均匀，结构的刚度、承载力和质量分布均匀、无突变。

实际工程设计中，要使结构方案规则往往比较困难，有时会出现平面或竖向布置不规则的情况。本规程第 4.3.3～4.3.7 条和 4.4.2～4.4.5 条分别对结构平面布置及竖向布置的不规则性提出了限制条件。若结构方案中仅有个别项目超过了条款中规定的"不宜"的限制条件，此结构虽属不规则结构，但仍可按本规程有关规定进行计算和采取相应的构造措施；若结构方案中有多项超过了条款中规定的"不宜"的限制条件，此结构属特别不规则结构，应尽量避免；若结构方案中有多项超过了条款中规定的"不宜"的限制条件，而且超过较多，或者有一项超过了条款中规定的"不应"的限制条件，则此结构属严重不规则结构，这种结构方案不应采用，必须对结构方案进行调整。

无论采用何种结构体系，结构的平面和竖向布置都应使结构具有合理的刚度和承载力分布，避免因局部突变和扭转效应而形成薄弱部位；对可能出现的薄弱部位，在设计中应采取有效措施，增强其抗震能力；宜具有多道防线，避免因部分结构或构件的破坏而导致整个结构丧失承受水平风荷载、地震作用和重力荷载的能力。

4.1.4 本章主要对普通钢筋混凝土高层建筑结构的设计做出一般规定，复杂高层建筑结构尚应符合本规程第 10 章的要求；钢-混凝土混合结构设计，尚应符合本规程第 11 章的要求。

4.2 房屋适用高度和高宽比

4.2.2 A 级高度钢筋混凝土高层建筑指符合表 4.2.2-1 高度限值的建筑，也是目前数量最多，应用最广泛的建筑。当框架-剪力墙、剪力墙及筒体结构超出表 4.2.2-1 的高度时，列入 B 级高度高层建筑。B 级高度高层建筑的最大适用高度不宜超过表 4.2.2-2 的规定，并应遵守本规程规定的更严格的计算和构造措施。为保证 B 级高度高层建筑的设计质量，抗震设计的 B 级高度的高层建筑，需按有关行政法规的规定进行超限高层建筑的抗震审查复核。

对于房屋高度超过 A 级高度高层建筑最大适用高度的框架结构、板柱-剪力墙结构以及 9 度抗震设计的各类结构，因研究成果和工程经验尚显不足，在 B 级高度高层建筑中未予列入。

具有较多短肢剪力墙的剪力墙结构的抗震性能有待进一步研究和工程实践检验，本规程第 7.1.2 条规定其最大适用高度比剪力墙结构适当降低，7 度时不应大于 100m、8 度时不应大于 60m；B 级高度高层建筑及 9 度时的 A 级高度高层建筑不应采用这种结构。

高度超出表 4.2.2-2 的特殊工程，则应通过专门的审查、论证，补充多方面的计算分析，必要时进行相应的结构试验研究，采取专门的加强构造措施，才能予以实施。

框架-核心筒结构中，除周边框架外，内部带有部分仅承受竖向荷载的柱与无梁楼板时，不属于本条所说的板柱-剪力墙结构。

本规程最大适用高度表中，框架-剪力墙结构的高度均低于框架-核心筒结构的高度，其主要原因是，本规程的框架-核心筒结构的核心筒相对于框架-剪力墙结构的剪力墙较强，核心筒成为主要抗侧力构件。

4.2.3 高层建筑的高宽比，是对结构刚度、整体稳定、承载能力和经济合理性的宏观控制。表 4.2.3-1 大体上保持了 JGJ 3—91 规程的规定。从目前大多数常规 A 级高度高层建筑来看，这一限值是各方面都可以接受的，也是比较经济合理的。

本条增加了表 4.2.3-2 对于 B 级高度高层建筑高宽比的规定。鉴于本规程对 B 级高度高层建筑规定了更严格的计算分析和构造措施要求，考虑到实际情况，B 级高度高层建筑的高宽比略大于 A 级高度高层建筑，目前国内超限高层建筑中，高宽比超过这一限制的是极个别的，例如上海金茂大厦（88 层，420m）为 7.6，深圳地王大厦（81 层，320m）为 8.8。

在复杂体型的高层建筑中，如何计算高宽比是比较难以确定的问题。一般场合，可按所考虑方向的最小投影宽度计算高宽比，但对突出建筑物平面很小的局部结构（如楼梯间、电梯间等），一般不应包含在计算宽度内；对于不宜采用最小投影宽度计算高宽比的情况，应有设计人员根据实际情况确定合理的计算方法；对带有裙房的高层建筑，当裙房的面积和刚度相对于其上部塔楼的面积和刚度较大时，计算高宽比的房屋高度和宽度可按裙房以上部分考虑。

4.3 结构平面布置

4.3.1 参阅本规程第 4.1.3～4.1.4 条的说明。

4.3.2 高层建筑承受较大的风力。在沿海地区，风力成为高层建筑的控制性荷载，采用风压较小的平面形状有利于抗风设计。

对抗风有利的平面形状是简单规则的凸平面，如圆形、正多边形、椭圆形、鼓形等平面。对抗风不利的平面是有较多凹凸的复杂形状平面，如 V 形、Y 形、H 形、弧形等平面。

4.3.3 平面过于狭长的建筑物在地震时由于两端地震波输入有位相差而容易产生不规则振动，产生较大的震害，表 4.3.3 给出了 L/B 的最大限值。在实际工程中，L/B 在 6、7 度抗震设计的最好不超过 4；在 8、9 度抗震设计时最好不超过 3。

平面有较长的外伸时，外伸段容易产生局部振动而引发凹角处破坏，外伸部分 l/b 的限值在表 4.3.3 中已列出，但在实际工程设计中最好控制 l/b 不大于 1。

角部重叠和细腰形的平面图形（图 1），在中央部位形成狭窄部分，在地震中容易产生震害，尤其在凹角部位，因为应力集中容易使楼板开裂、破坏，不宜采用。如采用，这些部位应采取加大楼板厚度、增加板内配筋、设置集中配筋的边梁、配置 45°斜向钢筋等方法予以加强。

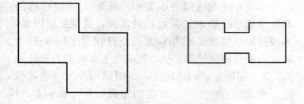

图 1 对抗震不利的建筑平面

4.3.4 本规程对 B 级高度钢筋混凝土结构及混合结构的最大适用高度已放松到比较高的程度，与此相应，对其结构的规则性要求必须严格；本规程第 10 章所指的复杂高层建筑结构，其竖向布置已不规则，对这些结构的平面布置的规则性应严格要求。因此，本条规定对上述结构的平面布置应做到简单、规则，减小偏心。

4.3.5 本条规定，主要是限制结构的扭转效应。国内、外历次大地震震害表明，平面不规则、质量与刚度偏心和抗扭刚度太弱的结构，在地震中受到严重的破坏。国内一些振动台模型试验结果也表明，扭转效应会导致结构的严重破坏。

对结构的扭转效应需从两个方面加以限制。1）限制结构平面布置的不规则性，避免产生过大的偏心而导致结构产生较大的扭转效应。本条对 A 级高度高层建筑、B 级高度高层建筑、混合结构及本规程第 10 章所指的复杂高层建筑，分别规定了扭转变形的下限和上限，并规定扭转变形的计算应考虑偶然偏心的影响（详见本规程第 3.3.3 条）。B 级高度高层建筑、混合结构及本规程第 10 章所指的复杂高层建筑的上限值 1.4 比现行国家标准《建筑抗震设计规范》GB 50011 的规定更加严格，但与国外有关标准（如美国规范 IBC、UBC、欧洲规范 Eurocode-8）的规定相同。2）限制结构的抗扭刚度不能太弱。关键是限制结构扭转为主的第一自振周期 T_t 与平动为主的第一自振周期 T_1 之比。当两者接近时，由于振动耦联的影响，结构的扭转效应明显增大。若周期比 T_t/T_1 小于 0.5，则相对扭转振动效应 $\theta r/u$ 一般较小（θ、r 分别为扭转角和结构的回转半径，θr 表示由于扭转产生的离质心距离为回转半径处的位移，u 为质心位移），即使结构的刚度偏心很大，偏心距 e 达到 $0.7r$，其相对扭转变形 $\theta r/u$ 值亦仅为 0.2。而当周期比 T_t 大于 0.85 以后，相对扭振效应 $\theta r/u$ 值急剧增加。即使刚度偏心很小，偏心距 e 仅为 $0.1r$，当周期比 T_t/T_1 等于 0.85 时，相对扭转变形 $\theta r/u$ 值可达 0.25；当周期比 T_t/T_1 接近 1 时，相对扭转变形 $\theta r/u$ 值可达 0.5。由此可见，抗震设计中应采取措施减小周期比 T_t/T_1 值，使结构具有必要的抗扭刚度。如周期比 T_t/T_1 不满足本条规定的上限值时，应调整抗侧力结构的布置，增大结构的抗扭刚度。

扭转耦联振动的主方向，可通过计算振型方向因子来判断。在两个平动和一个转动构成的三个方向因子中，当转动方向因子大于 0.5 时，则该振型可认为是扭转为主的振型。

4.3.6 目前在工程设计中应用的多数计算分析方法和计算机软件，大多假定楼板在平面内不变形，平面内刚度为无限大，这对于大多数工程来说是可以接受的。但当楼板平面比较狭长、有较大的凹入和开洞而使楼板有较大削弱时，楼板可能产生显著的面内变形，这时宜采用考虑楼板变形影响的计算方法，并应采取相应的加强措施。

楼板有较大凹入或开有大面积洞口后，被凹口或洞口划分开的各部分之间的连接较为薄弱，在地震中容易相对振动而使削弱部位产生震害，因此对凹入或洞口的大小加以限制。设计中应同时满足本条规定的各项要求。以图 2 所示平面为例，L_2 不宜小于 $0.5L_1$，a_1 与 a_2 之和不宜小于 $0.5L_2$ 且不宜小于 5m，a_1 和 a_2 均不应小于 2m，开洞面积不宜大于楼面面积的 30%。

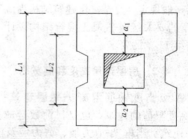

图 2 楼板净宽度要求示意

4.3.7 高层住宅建筑常采用十字形、井字形平面以利于通风采光，而将楼电梯间集中配置于中央部位。楼电梯间无楼板而使楼面产生较大削弱，此时应将楼电梯间周边的剩余楼板加厚，并加强配筋。外伸部分形成的凹槽可加拉梁或拉板，拉梁宜宽扁放置并加强配筋，拉梁和拉板宜每层均匀设置。

4.3.9 在地震作用时，由于结构开裂、局部损坏和进入弹塑性变形，其水平位移比弹性状态下增大很多。因此，伸缩缝和沉降缝的两侧很容易发生碰撞。唐山地震中，调查了 35 幢高层建筑的震害，除新北京饭店（缝净宽 600mm）外，许多高层建筑都是有缝必碰，轻的装修、女儿墙碰碎，面砖剥落，重的顶层结构损坏。天津友谊宾馆（8 层框架）缝净宽达

150mm 也发生严重碰撞而致顶层结构破坏。加之设缝后，带来建筑、结构及设备设计上许多困难，基础防水也不容易处理。近年来，国内较多的高层建筑结构，从设计和施工等方面采取了有效措施后，不设或少设缝，从实践上看来是成功的、可行的。抗震设计时，如果结构平面或竖向布置不规则且不能调整时，则宜设置防震缝将其划分为较简单的几个结构单元。

4.3.10 为防止建筑物在地震中相碰，防震缝必须留有足够宽度。防震缝净宽度原则上应大于两侧结构允许的地震水平位移之和。本条规定的防震缝宽度要求与现行国家标准《建筑抗震设计规范》GB 50011 是一致的。

在抗震设计时，建筑物各部分之间的关系应明确：如分开，则彻底分开；如相连，则连接牢固。不宜采用似分不分，似连不连的结构方案。天津友谊宾馆主楼（8层框架）与单层餐厅采用了餐厅层屋面梁支承在主框架牛腿上加以钢筋焊接，在唐山地震中由于振动不同步，牛腿拉断、压碎，产生严重震害，证明这种连接方式是不可取的。

4.3.11 抗震设计时，伸缩缝和沉降缝应留有足够的宽度，满足防震缝的要求。无抗震设防时，沉降缝也应有一定的宽度，防止因基础倾斜而顶部相碰的可能性。

4.3.12 本条是依据现行国家标准《混凝土结构设计规范》GB 50010 而制定的。考虑到近年来高层建筑伸缩缝间距已有许多工程超出了表中规定（如北京昆仑饭店为剪力墙结构，总长114m；北京京伦饭店为剪力墙结构，总长138m），所以规定在有充分依据或有可靠措施时，可以适当加大伸缩缝间距。当然，一般情况下，无专门措施时则不宜超过表中数值。

如屋面无保温、隔热措施，或室内结构在露天中长期放置，在温度变化和混凝土收缩的共同影响下，结构容易开裂；工程中采用收缩性较大的混凝土（如矿渣水泥混凝土等），则收缩应力较大，结构也容易产生开裂。因此这些情况下伸缩缝的间距均应比表中数值适当减小。

4.3.13 提高配筋率可以减小温度和收缩裂缝的宽度，并使其分布较均匀，避免出现明显的集中裂缝。

在普通外墙设置外保温层是减少主体结构受温度变化影响的有效措施。

施工后浇带的作用在于减少混凝土的收缩应力，并不直接减少温度应力，而提高它对温度应力的耐受能力。所以通过后浇带的板、墙钢筋应断开搭接，以便两部分的混凝土各自自由收缩；梁主筋断开问题较多，可不断开。后浇带应从受力影响小的部位通过（如梁、板1/3跨度处，连梁跨中等），不必在同一截面上，可曲折而行，只要将建筑物分开为两段即可。

混凝土收缩需要相当时间才能完成，一般在60天后再浇灌后浇带，此时收缩大约可以完成70%，能更有效地限制收缩裂缝。

4.4 结构竖向布置

4.4.1 历次地震震害表明：结构刚度沿竖向突变、外形外挑或内收等，都会产生某些楼层的变形过分集中，出现严重震害甚至倒塌。所以设计中应力求使结构刚度自下而上逐渐均匀减小，体形均匀、不突变。1995年阪神地震中，大阪和神户市不少建筑产生中部楼层严重破坏的现象，其中一个原因就是结构侧向刚度在中部楼层产生突变。有些是柱截面尺寸和混凝土强度在中部楼层突然减小，有些是由于使用要求使剪力墙在中部楼层突然取消，这些都引发了楼层刚度的突变而产生严重震害。柔弱底层建筑物的严重破坏在国内外的大地震中更是普遍存在。

竖向布置严重不规则结构的说明可参阅本规程第4.1.3条。

4.4.2 正常设计的高层建筑下部楼层侧向刚度宜大于上部楼层的侧向刚度，否则变形会集中于刚度小的下部楼层而形成结构薄弱层，所以下层侧向刚度不宜小于上部相邻楼层的70%，或其上相邻三层侧向刚度平均值的80%。

楼层的侧向刚度可取该楼层剪力和该楼层层间位移的比值。

4.4.3 楼层抗侧力结构的承载能力突变将导致薄弱层破坏，本规程针对高层建筑结构提出了限制条件，B级高度高层建筑的限制条件比现行国家标准《建筑抗震设计规范》GB 50011 的要求更加严格。

4.4.4 抗震设计时，若结构竖向抗侧力构件上、下不连续，则对结构抗震不利，属于竖向不规则结构。在南斯拉夫斯可比耶地震（1964年）、罗马尼亚布加勒斯特地震（1977年）中，底层全部为柱子、上层为剪力墙的结构大都严重破坏，因此在地震区不应采用这种结构。部分竖向抗侧力构件不连续，也易使结构形成薄弱部位，抗震设计时应采取有效措施。本规程所述底部带转换层的大空间结构就属于竖向不规则结构，应按本规程第10章的有关规定进行设计。

4.4.5 中国建筑科学研究院的计算分析和试验研究表明，当结构上部楼层相对于下部楼层收进时，收进的部位越高、收进后的平面尺寸越小，结构的高振型反应越明显，因此对收进后的平面尺寸加以限制。当上部结构楼层相对于下部楼层外挑时，结构的扭转效应和竖向地震作用效应明显，对抗震不利，因此对其外挑尺寸加以限制，设计上应考虑竖向地震作用影响。

4.4.6 顶层取消部分墙、柱而形成空旷房间时，其楼层侧向刚度和承载力可能比其下部楼层相差较多，是不利于抗震的结构，应进行详细的计算分析，并采取有效的构造措施。如采用弹性时程分析进行补充计算、柱子箍筋应全长加密配置、大跨度屋面构件要考虑竖向地震产生的不利影响等。

4.4.7 震害调查表明：有地下室的高层建筑的破坏较轻，而且有地下室对提高地基的承载力有利，一般情况下宜设地下室。

4.5 楼盖结构

4.5.1 在目前高层建筑结构计算中，一般都假定楼板在自身平面内的刚度无限大，在水平荷载作用下楼盖只有刚性位移而不变形。所以在构造设计上，要使楼盖具有较大的平面内刚度。再者，楼板的刚性可保证建筑物的空间整体性能和水平力的有效传递。房屋高度超过 50m 的高层建筑采用现浇楼盖比较可靠。

4.5.3 框架-剪力墙结构由于框架和剪力墙侧向刚度相差较大，因而楼板变形更为显著；主要抗侧力结构剪力墙的间距较大，水平荷载要通过楼面传递，因此框架-剪力墙结构中的楼板应有更良好的整体性。

当抗震设防烈度为 8、9 度时，应当采用现浇楼板（包括叠合式楼板），以保证地震力的可靠传递。房屋高度小于 50m 且为非抗震设计和 6、7 度抗震设计时，允许采用加现浇钢筋混凝土面层的装配整体式楼板，而且现浇面层应满足较严格的构造要求，以保证其整体工作。

4.5.4 房屋高度 50m 以下的框架结构或剪力墙结构，允许采用装配式楼面。框架结构和剪力墙结构采用装配式楼面时，要拉开板缝，配置板缝钢筋，采用高于楼板混凝土强度的混凝土灌缝，必要时可以设置现浇配筋板带。

唐山地震（1976 年）震害调查表明：提高装配式楼面的整体性，可以减少在地震中预制楼板坠落伤人的震害。加强填缝是增强装配式楼板整体性的有效措施。为保证板缝混凝土的浇筑质量，板缝宽度不应过小。在较宽的板缝中放入钢筋，形成板缝梁，能有效地形成现浇与装配结合的整体楼面，效果显著。

楼面板缝应浇筑质量良好、强度等级不低于 C20 的混凝土，并填充密实。严禁用混凝土下脚料或建筑垃圾填充。

4.5.5 重要的、受力复杂的楼板，应比一般层楼板有更高的要求。屋顶、转换层楼板以及开口过大的楼板应采用现浇板以增强其整体性。顶层楼板应加厚并采用现浇，以抵抗温度应力的不利影响，并可使建筑物顶部约束加强，提高抗风、抗震能力。转换层楼盖上面是剪力墙或较密的框架柱，下部转换为部分框架、部分落地剪力墙，转换层上部抗侧力构件的剪力要通过转换层楼板进行重分配，传递到落地墙和框支柱上去，因而楼板承受较大的内力，因此要用现浇楼板并采取加强措施。一般楼层的现浇楼板厚度在 100～140mm 范围内，不应小于 80mm，楼板太薄不仅容易因上部钢筋位置变动而开裂，同时也不便于敷设各类管线。

4.5.6 采用预应力平板可以减小楼面结构高度，压缩层高并减轻结构自重；大跨度平板可以增加使用面积，容易适应楼面用途改变。预应力平板近年来在高层建筑楼面结构中应用比较广泛。

为了确定板的厚度，必须考虑挠度、抗冲切承载力、防火及钢筋防腐蚀要求等。

在初步设计阶段，为控制挠度通常可按跨高比得出板的最小厚度。但仅满足挠度限值的后张预应力板可能相当薄，对柱支承的双向板若不设柱帽或托板，板在柱端可能冲切承载力不够。因此，在设计中应验算所选板厚是否有足够的抗冲切能力。

4.5.7 楼板是与梁、柱和剪力墙等主要抗侧力结构连接在一起的，如果不采取措施，则施加楼板预应力时，不仅压缩了楼板，而且大部分预应力将加到主体结构上去，楼板得不到充分的压缩应力，而又对梁柱和剪力墙附加了侧向力，产生位移且不安全。为了防止或减小主体结构刚度对施加楼盖预应力的不利影响，应考虑合理的预应力施工方案。

4.6 水平位移限值和舒适度要求

4.6.1 高层建筑层数多、高度大，为保证高层建筑结构具有必要的刚度，应对其层位移加以控制。这个控制实际上是对构件截面大小、刚度大小的一个相对指标。

国外一般对层间位移角（剪切变形角）加以限制，它不包括建筑物整体弯曲产生的水平位移，而且数值较宽松。

在正常使用条件下，限制高层建筑结构层间位移的主要目的有两点：

1）保证主结构基本处于弹性受力状态，对钢筋混凝土结构来讲，要避免混凝土墙或柱出现裂缝；同时，将混凝土梁等楼面构件的裂缝数量、宽度和高度限制在规范允许范围之内。

2）保证填充墙、隔墙和幕墙等非结构构件的完好，避免产生明显损伤。

迄今，控制层间变形的参数有三种：即层间位移与层高之比（层间位移角）；有害层间位移角；区格广义剪切变形。其中层间位移角是过去应用最广泛、最为工程技术人员所熟知的，原规程 JGJ 3—91 也采用了这个指标。

1）层间位移与层高之比（简称层间位移角）
$$\theta_i = \frac{\Delta u_i}{h_i} = \frac{u_i - u_{i-1}}{h_i} \quad (1)$$

2）有害层间位移角
$$\theta_{id} = \frac{\Delta u_{id}}{h_i} = \theta_i - \theta_{i-1} = \frac{u_i - u_{i-1}}{h_i} - \frac{u_{i-1} - u_{i-2}}{h_{i-1}} \quad (2)$$

式中，θ_i，θ_{i-1} 为 i 层上、下楼盖的转角，即 i 层、$i-1$ 层的层间位移角。

3) 区格的广义剪切变形（简称剪切变形）

$$\gamma_{ij} = \theta_i - \theta_{i-1,j} = \frac{u_i - u_{i-1}}{h_i} + \frac{v_{i-1,j} - v_{i-1,j-1}}{l_j} \quad (3)$$

式中，γ_{ij} 为区格 ij 剪切变形，其中脚标 i 表示区格所在层次，j 表示区格序号；$\theta_{i-1,j}$ 为区格 ij 下楼盖的转角，以顺时针方向为正；l_j 为区格 ij 的宽度；$v_{i-1,j-1}$、$v_{i-1,j}$ 为相应节点的竖向位移。

如上所述，从结构受力与变形的相关性来看，参数 γ_{ij} 即剪切变形较符合实际情况；但就结构的宏观控制而言，参数 θ_i 即层间位移角又较简便。

考虑到层间位移控制是一个宏观的侧向刚度指标，为便于设计人员在工程设计中应用，本规程采用了层间最大位移与层高之比 $\Delta u/h$，即层间位移角 θ 作为控制指标。

4.6.2 高层建筑结构是按弹性阶段进行设计的。地震按小震考虑；结构构件的刚度采用弹性阶段的刚度；内力与位移分析不考虑弹塑性变形。因此所得出的位移相应也是弹性阶段的位移。它比在大震作用下弹塑性阶段的位移小得多，因而位移的控制值也比较小。

4.6.3 本规程采用层间位移角 $\Delta u/h$ 作为刚度控制指标，不扣除整体弯曲转角产生的侧移，即直接采用内力位移计算的位移输出值。

高度不大于 150m 的常规高度高层建筑的整体弯曲变形相对影响较小，层间位移角 $\Delta u/h$ 的限值按不同的结构体系在 1/550~1/1000 之间分别取值。但当高度超过 150m 时，弯曲变形产生的侧移有较快增长，所以超过 250m 高度的建筑，层间位移角限值按 1/500 作为限值。150~250m 之间的高层建筑按线性插入考虑。

本条层间位移角 $\Delta u/h$ 的限值指最大层间位移与层高之比，第 i 层的 $\Delta u/h$ 指 i 层和第 $i-1$ 层在楼层平面各处位移差 $\Delta u_i = u_i - u_{i-1}$ 中的最大值。由于高层建筑结构在水平力作用下几乎都会产生扭转，所以 Δu 的最大值一般在结构单元的尽端处。

4.6.4 震害表明，结构如果存在薄弱层，在强烈地震作用下，结构薄弱部位将产生较大的弹塑性变形，会引起结构严重破坏甚至倒塌。本条对不同高层建筑结构的薄弱层弹塑性变形验算提出了不同要求，第 1 款所列的结构应进行弹塑性变形验算，第 2 款所列的结构必要时宜进行弹塑性变形验算，这主要考虑到高层建筑结构弹塑性变形计算的复杂性和目前尚缺乏比较成熟的实用计算软件。

4.6.5 弹塑性位移限值与现行国家标准《建筑抗震设计规范》GB 50011 相同。

4.6.6 高层建筑物在风荷载作用下将产生振动，过大的振动加速度将使高楼内居住的人们感觉不舒适，甚至不能忍受，两者的关系如表 3。

表 3　舒适度与风振加速度关系

不舒适的程度	建筑物的加速度
无感觉	$<0.005g$
有感	$0.005g \sim 0.015g$
扰人	$0.015g \sim 0.05g$
十分扰人	$0.05g \sim 0.15g$
不能忍受	$>0.15g$

对照国外的研究成果和有关标准，与我国现行行业标准《高层民用建筑钢结构技术规程》JGJ 99—98 相协调，要求高层建筑混凝土结构应具有更好的使用条件，满足舒适度的要求，按现行国家标准《建筑结构荷载规范》GB 50009 规定的 10 年一遇的风荷载取值计算或专门风洞试验确定的结构顶点最大加速度 a_{max} 不应超过本规程表 4.6.6 的限值，对住宅、公寓 a_{max} 不大于 0.15m/s^2，对办公楼、旅馆 a_{max} 不大于 0.25m/s^2。

高层建筑风振反应加速度包括顺风向最大加速度、横风向最大加速度和扭转角速度。关于顺风向最大加速度和横风向最大加速度的研究工作虽然较多，但各国的计算方法并不统一，互相之间也存在明显的差异。建议可按现行行业标准《高层民用建筑钢结构技术规程》JGJ 99—98 的规定计算。

4.8 抗震等级

4.8.1~4.8.3 抗震设计的钢筋混凝土高层建筑结构，根据设防烈度、结构类型、房屋高度区分为不同的抗震等级，采用相应的计算和构造措施，抗震等级的高低，体现了对结构抗震性能要求的严格程度。特殊要求时则提升至特一级，其计算和构造措施比一级更严格。

抗震等级是根据国内外高层建筑震害、有关科研成果、工程设计经验而划分的。

在结构受力性质与变形方面，框架-核心筒结构与框架-剪力墙结构基本上是一致的，尽管框架-核心筒结构由于剪力墙组成筒体而大大提高了抗侧力能力，但周边稀柱框架较弱，设计上的处理与框架-剪力墙结构仍是基本相同的。对其抗震等级的要求不应降低，个别情况要求更严。

框架-剪力墙结构中，由于剪力墙部分刚度远大于框架部分的刚度，因此对框架部分的抗震能力要求比纯框架结构可以适当降低。当剪力墙部分的刚度相对较少时，则框架部分的设计仍应按普通框架考虑，不应降低要求。

基于上述的考虑，A 级高度的高层建筑结构，应按表 4.8.2 确定其抗震等级。甲类建筑 9 度设防时，应采取比 9 度设防更有效的措施；乙类建筑 9 度设防时，抗震等级提升至特一级。B 级高度的高度建筑，其抗震等级应有更严格的要求,按表4.8.3采用。特一级构件除符合一级抗震要求外,尚应采取4.9.2条规定的措施。

4.9 构造要求

4.9.1 当房屋高度大、层数多、柱距大时,由于单柱轴向力很大,受轴压比限制而使柱截面过大,不仅加大自重和材料消耗,而且妨碍建筑功能。减小柱截面尺寸通常有采用型钢混凝土柱、钢管混凝土柱和高强混凝土这三条途径。

采用高强度混凝土可以减小柱截面面积。C60混凝土已广泛采用,取得了良好的效益。

型钢混凝土柱截面含型钢5%～10%,可使柱截面面积减小30%～40%。由于型钢骨架要求钢结构的制作、安装能力,因此目前较多用在高层建筑的下层部位柱,转换层以下的支承柱;也有个别工程全部采用型钢混凝土梁、柱。

钢管混凝土可使柱混凝土处于有效侧向约束下,形成三向应力状态,因而延性很大,承载力提高很多,通常钢管壁厚为柱直径的1/70～1/100。钢管混凝土柱如用高强混凝土浇筑,可以使柱截面减小至原截面面积的50%左右。但目前某些钢管混凝土柱与钢筋混凝土梁的节点构造较难满足8度设防的抗震性能要求,设计时应引起重视。

4.9.2 特一级是比一级抗震等级更严格的构造措施。这些措施主要体现在,采用型钢混凝土或钢管混凝土构件提高延性;增大构件配筋率和配箍率;加大强柱弱梁和强剪弱弯的调整系数;加大剪力墙的受弯和受剪承载力;加强连梁的配筋构造等。框架角柱的弯矩和剪力设计值仍应按本规程第6.2.4条的规定,乘以不小于1.1的增大系数。

4.9.3 非荷载作用指温度变化、混凝土收缩和徐变、支座沉降等对结构或结构构件的影响。本条对减小混凝土徐变的措施未作具体规定,但在较高的钢筋混凝土高层建筑结构设计中应考虑混凝土徐变变形的不利影响。

4.9.4 高层建筑层数较多,减轻填充墙的自重是减轻结构总重量的有效措施;而且轻质隔墙容易实现与主体结构的柔性连接,防止主体结构发生灾害。除传统的加气混凝土制品、空心砌块外,室内隔墙还可以采用玻璃、铝板和不锈钢板等轻质隔墙材料。

4.9.5 高度较高的高层建筑的温度应力比较明显。幕墙包覆主体结构而使主体结构免受外界温度变化的影响,有效地减少了主体结构的温度应力,解决了主体结构的竖向温度应力问题。幕墙是外墙的一种非承重结构形式,它必须同时具备以下特点:

  1 幕墙是由面板、横梁和立柱组成的完整结构系统;

  2 幕墙应包覆整个主体结构;

  3 幕墙应悬挂在主体结构上,相对于主体结构应有一定的活动能力。

由于幕墙是独立完整的外围护结构,因此它承受作用于其上的重力、风力和地震力,但不分担主体结构的受力。幕墙可以相对于主体结构变位,主体结构在风力和地震力作用下产生层间位移时,幕墙应不破损,维持正常的建筑功能。

由于面板材料的不同,建筑幕墙可以分为玻璃幕墙、铝板或钢板幕墙、石材幕墙和混凝土幕墙。实际工程中可采用多种材料的混合幕墙。

为避免主体结构变形时室内填充墙、门窗等非结构构件损坏,较高建筑中的非结构构件应能采取有效的连接措施来适应主体结构的变形。例如,外墙门窗采用柔性密封胶条或耐候密封胶嵌缝;室内隔墙选用金属板或玻璃隔墙、柔性密封胶填缝等。

5 结构计算分析

5.1 一般规定

5.1.3 目前国内规范体系是采用弹性方法计算内力,在截面设计时考虑材料的弹塑性性质。因此高层建筑结构的内力与位移仍按弹性方法计算,框架梁及连梁等构件可考虑局部塑性变形引起的内力重分布,即本规程第5.2.1和5.2.3条的规定。

5.1.4 高层建筑结构是复杂的三维空间受力体系,计算分析时应根据结构实际情况,选取能较准确地反映结构中各构件的实际受力状况的力学模型。对于平面和立面布置简单规则的框架结构、框架-剪力墙结构宜采用空间分析模型,可采用平面框架空间协同模型;对剪力墙结构、筒体结构和复杂布置的框架结构、框架-剪力墙结构应采用空间分析模型。目前国内商品化的结构分析软件所采用的力学模型主要有:空间杆系模型、空间杆-薄壁杆系模型、空间杆-墙板元模型及其他组合有限元模型。

目前,国内计算机和结构分析软件应用十分普及,原规程JGJ 3—91第4.1.4条和4.1.6条规定的简化方法和手算方法未再列入本规程。如需要采用简化方法或手算方法,设计人员可参考有关设计手册或书籍。

5.1.5 高层建筑的楼屋面绝大多数为现浇钢筋混凝土楼板和有现浇面层的预制装配式楼板,进行高层建筑内力与位移计算时,可视其为水平放置的深梁,具有很大的面内刚度,可近似认为楼板在其自身平面内为无限刚性。采用这一假设后,结构分析的自由度数目大大减少,可能减小由于庞大自由度系统而带来的计算误差,使计算过程和计算结果的分析大为简化。计算分析和工程实践证明,刚性楼板假定对绝大多数高层建筑的分析具有足够的工程精度。采用刚性楼板假定进行结构计算时，设计上应采取必要措施保证楼面的整体刚度。比如，平面体型宜符合本规程4.3.3条的规定；宜采用现浇钢筋混凝土楼板和有现浇面层的装配整体式楼板，局部削弱的楼面，可采取楼板局部加厚、设置边梁、加大楼板配筋等措施。

楼板有效宽度较窄的环形楼面或其他有大开洞楼面、有狭长外伸段楼面、局部变窄产生薄弱连接的楼面、连体结构的狭长连接体楼面等场合，楼板面内刚度有较大削弱且不均匀，楼板的面内变形会使楼层内抗侧刚度较小的构件的位移和受力加大（相对刚性楼板假定而言），计算时应考虑楼板面内变形的影响。根据楼面结构的实际情况，楼板面内变形可全楼考虑、仅部分楼层考虑或仅部分楼层的部分区域考虑。考虑楼板的实际刚度可以采用将楼板等效为剪切水平梁的简化方法，也可采用有限元法进行计算。

当需要考虑楼板面内变形而计算中采用楼板面内无限刚性假定时，应对所得的计算结果进行适当调整。具体的调整方法和调整幅度与结构体系、构件平面布置、楼板削弱情况等密切相关，不便在条文中具体化。一般可对楼板削弱部位的抗侧刚度相对较小的结构构件，适当增大计算内力，加强配筋和构造措施。

5.1.6 高层建筑按空间整体工作计算时，不同计算模型的梁、柱自由度是相同的：梁的弯曲、剪切、扭转变形，当考虑楼板面内变形时还有轴向变形；柱的弯曲、剪切、轴向、扭转变形。当采用空间杆-薄壁杆系模型时，剪力墙自由度考虑弯曲、剪切、轴向、扭转变形和翘曲变形；当采用其他有限元模型分析剪力墙时，剪力墙自由度考虑弯曲、剪切、轴向、扭转变形。

高层建筑层数多、重量大，墙、柱的轴向变形影响显著，计算时应考虑。

构件内力是与位移向量对应的，与截面设计对应的分别为弯矩、剪力、轴向、扭矩等。

5.1.8 目前国内钢筋混凝土结构高层建筑由恒载和活载引起的单位面积重力，框架与框架-剪力墙结构约为 $12\sim14kN/m^2$，剪力墙和筒体结构约为 $13\sim16kN/m^2$，而其中活荷载部分约为 $2\sim3kN/m^2$，只占全部重力的15%～20%，活载不利分布的影响较小。另一方面，高层建筑结构层数很多，每层的房间也很多，活载在各层间的分布情况极其繁多，难以一一计算。

如果活载较大，其不利分布对梁弯矩的影响会比较明显，计算时应予考虑。除进行活荷载不利分布的详细计算分析外，也可将未考虑活荷载不利分布计算的框架梁弯矩乘以放大系数予以近似考虑，该放大系数通常可取为1.1～1.3，活载大时可选用较大数值。近似考虑活载不利分布影响时，梁正、负弯矩应同时予以放大。

5.1.9 高层建筑结构是逐层施工完成的，其竖向刚度和竖向荷载（如自重和施工荷载）也是逐层形成的。这种情况与结构刚度一次形成、竖向荷载一次施加的计算方法存在较大差异。因此对于层数较多的高层建筑，其重力荷载作用效应分析时，柱、墙轴向变形宜考虑施工过程的影响。施工过程的模拟可根据需要采用适当的方法考虑。如结构竖向刚度和竖向荷载逐层形成、逐层计算的方法，或结构竖向刚度一次形成、竖向荷载逐层施加的计算方法。

5.1.10 高层建筑结构进行水平风荷载作用效应分析时，除对称结构外，结构构件在正反两个方向的风荷载作用下效应一般是不相同的，按两个方向风效应的较大值采用，是为了保证安全的前提下简化计算；体型复杂的高层建筑，应考虑多方向风荷载作用，进行风效应对比分析，增加结构抗风安全性。

5.1.11 在内力与位移计算中，型钢混凝土和钢管混凝土构件宜按实际情况直接参与计算。对结构中只有少量型钢混凝土和钢管混凝土构件时，也可等效为混凝土构件进行计算，比如可采用等刚度原则。构件的截面设计应按现行有关规范进行。

5.1.12 体型复杂、结构布置复杂的高层建筑结构的受力情况复杂，采用至少两个不同力学模型的结构分析软件进行整体计算分析，以保证力学分析的可靠性。

5.1.13 带加强层的高层建筑结构、带转换层的高层建筑结构、错层结构、连体和立面开洞结构、多塔楼结构等，属于体形复杂的高层建筑结构，其竖向刚度变化大、受力复杂、易形成薄弱部位；B级高度的高层建筑结构的工程经验不多，因此整体计算分析时应从严要求。本条第4款的要求主要针对甲类建筑、相邻层侧向刚度或承载力相差悬殊的竖向不规则高层建筑结构。

5.1.14 对竖向不规则结构，其薄弱层按地震作用标准值计算的楼层剪力应乘以1.15的增大系数，同时仍应满足本规程第3.3.13条关于楼层最小地震剪力系数（剪重比）的规定，以提高薄弱层的抗震能力。

5.1.15 对受力复杂的结构构件，如竖向布置复杂的剪力墙、加强层构件、转换层构件、错层构件、连接体及其相关构件等，除结构整体分析外，尚应按有限元等方法进行局部应力分析，并可根据需要，按应力分析结果进行截面配筋设计校核。

5.1.16 在计算机和计算机软件广泛应用的条件下，除了要选择使用可靠的计算软件外，还应对软件产生的计算结果从力学概念和工程经验等方面加以分析判断，确认其合理性和可靠性。

5.2 计算参数

5.2.1 高层建筑结构构件均采用弹性刚度参与整体分析，但抗震设计的框架-剪力墙或剪力墙结构中的连梁刚度相对墙体较小，而承受的弯矩和剪力很大，配筋设计困难。因此，可考虑在不影响其承受竖向荷载能力的前提下，允许其适当开裂（降低刚度）而把内力转移到墙体上。通常，设防烈度低时可少折减一些（6、7度时可取0.7），设防烈度高时可多折减一些（8、9度时可取0.5）。折减系数不宜小于0.5，以保证连梁承受竖向荷载的能力。

对框架-剪力墙结构中一端与柱连接、一端与墙连接的梁以及剪力墙结构中的某些连梁，如果跨高比较大（比如大于5）、重力作用效应比水平风或水平地震作用效应更为明显，此时应慎重考虑梁刚度的折减问题，必要时可不进行梁刚度折减，以控制正常使用阶段梁裂缝的发生和发展。

5.2.2 现浇楼面和装配整体式楼面的楼板作为梁的有效翼缘形成T形截面，提高了楼面梁的刚度，结构计算时应予考虑。当近似以梁刚度增大系数考虑时，应根据梁翼缘尺寸与梁截面尺寸的比例予以确定。通常现浇楼面的边框架梁可取1.5，中框架梁可取2.0；有现浇面层的装配式楼面梁的刚度增大系数可适当减小。当框架梁截面较小而楼板较厚或者梁截面较大而楼板较薄时，梁刚度增大系数可能会超出1.5～2.0的范围，本次修订调整为1.3～2.0。

5.2.3 在竖向荷载作用下，框架梁端负弯矩很大，配筋困难，不便于施工。因此允许考虑塑性变形内力重分布对梁端负弯矩进行适当调幅。钢筋混凝土的塑性变形能力有限，调幅的幅度必须加以限制。框架梁端负弯矩减小后，梁跨中弯矩应按平衡条件相应增大。

截面设计时，为保证框架梁跨中截面底钢筋不至于过少，其正弯矩设计值不应小于竖向荷载作用下按简支梁计算的跨中弯矩之半。

5.2.4 高层建筑结构楼面梁受楼板（有时还有次梁）的约束作用，无约束的独立梁极少。当结构计算中未考虑楼盖对梁扭转的约束作用时，梁的扭转变形和扭矩计算值过大，抗扭设计比较困难，因此可对梁的计算扭矩予以适当折减。计算分析表明，扭矩折减系数与楼盖（楼板和梁）的约束作用和梁的位置密切相关，折减系数的变化幅度较大，应根据具体情况确定。

5.3 计算简图处理

5.3.1 高层建筑是三维空间结构，构件多，受力复杂；结构计算分析软件都有其适用条件，使用不当，则可能导致结构设计的不安全。因此，结构分析时应结合结构的实际情况和所采用的计算软件的力学模型要求，对结构进行力学上的适当简化处理，使其既能比较正确地反映结构的受力性能，又适应于所选用的计算分析软件的力学模型，从根本上保证分析结果的可靠性。

5.3.3 密肋板楼盖简化计算时，可将密肋梁均匀等效为柱上框架梁，其截面宽度可取被等效的密肋梁截面宽度之和。

平板无梁楼盖的面外刚度由楼板提供，计算时必须考虑。当采用近似方法考虑时，其柱上板带可等效为框架梁计算，等效框架梁的截面宽度可取等代框架方向板跨的3/4及垂直于等代框架方向板跨的1/2两者的较小值。

5.3.4 当构件截面相对其跨度较大时，构件交点处会形成相对的刚性节点区域。刚域尺寸的合理确定，会在一定程度上影响结构的整体分析，本条给出的计算公式是近似公式，但在实际工程中已有多年应用，有一定的代表性。确定计算模型时，壁式框架梁、柱轴线可取为剪力墙连梁和墙肢的形心线。

5.3.5～5.3.6 对复杂高层建筑结构，在结构内力与位移整体计算中，可对其局部做适当的和必要的简化处理，但不应改变结构的整体变形和受力特点。整体计算后应对作简化处理的局部结构或结构构件进行补充计算分析（比如有限元分析），保证局部构件计算分析的可靠性。

5.4 重力二阶效应及结构稳定

5.4.1 在水平力作用下，带有剪力墙或筒体的高层建筑结构的变形形态为弯剪型，框架结构的变形形态为剪切型。计算分析表明，重力荷载在水平作用位移效应上引起的二阶效应（重力P-Δ效应）有时比较严重。对混凝土结构，随着结构刚度的降低，重力二阶效应的不利影响呈非线性增长。因此，对结构的弹性刚度和重力荷载的关系应加以限制。本条公式使结构按弹性分析的二阶效应对结构内力、位移的增量控制在5%左右；考虑实际刚度折减50%时，结构内力增量控制在10%以内。如果结构满足本条要求，重力二阶效应的影响相对较小，可忽略不计。

公式（5.4.1-1）与德国设计规范（DIN 1045）及原规程JGJ 3—91第4.3.1条的规定基本一致。

结构的弹性等效侧向刚度EJ_d，可近似按倒三角形分布荷载作用下结构顶点位移相等的原则，将结构的侧向刚度折算为竖向悬臂受弯构件的等效侧向刚度。假定倒三角形分布荷载的最大值为q，在该荷载作用下结构顶点质心的弹性水平位移为u，房屋高度为H，则结构的弹性等效侧向刚度EJ_d可按下式计算：

$$EJ_d = \frac{11qH^4}{120u} \quad (4)$$

5.4.2～5.4.3 混凝土结构在水平力作用下，如果侧向刚度不满足本规程第5.4.1条的规定，应考虑重力二阶效应（P-Δ效应）对结构构件的不利影响。但重力二阶效应产生的内力、位移增量宜控制一定范围，不宜过大。考虑二阶效应后计算的位移仍应满足本规程第4.6.3条的规定。

重力 P-Δ 效应的考虑方法很多，比如可按简化的弹性方法近似考虑。一般可根据楼层重力和楼层在水平力作用下产生的层间位移，计算出等效的荷载向量，利用结构力学方法求解其影响。

增大系数法是一种简单可行的考虑重力 P-Δ 效应的方法。本规程规定，在位移计算时不考虑结构刚度的折减；在内力计算时，结构构件的弹性刚度考虑0.5倍的折减系数，结构内力增量控制在20%以内。按本条的规定，考虑重力 P-Δ 效应的结构位移可采用未考虑重力二阶效应的结果乘以位移增大系数，但位移限制条件不变；考虑重力 P-Δ 效应的结构构件（梁、柱、剪力墙）端部的弯矩和剪力值，可采用未考虑重力二阶效应的结果乘以内力增大系数。

5.4.4 研究表明，高层建筑混凝土结构仅在竖向重力荷载作用下产生整体失稳的可能性很小。高层建筑结构的稳定设计主要是控制在风荷载或水平地震作用下，重力荷载产生的二阶效应（重力 P-Δ 效应）不致过大，以致引起结构的失稳倒塌。结构的刚度和重力荷载之比（刚重比）是影响重力 P-Δ 效应的主要参数。如结构的刚重比满足本条公式（5.4.4-1）或（5.4.4-2）的规定，则重力 P-Δ 效应可控制在20%之内，结构的稳定具有适宜的安全储备。若结构的刚重比进一步减小，则重力 P-Δ 效应将会呈非线性关系急剧增长，直至引起结构的整体失稳。在水平力作用下，高层建筑结构的稳定应满足本条的规定，不应再放松要求。如不满足本条的规定，应调整并增大结构的侧向刚度。

当结构的设计水平力较小，如计算的楼层剪重比（楼层剪力与其上各层重力荷载代表值之和的比值）小于0.02时，结构刚度虽能满足水平位移限值要求，但往往不能满足本条规定的稳定要求。

5.5 薄弱层弹塑性变形验算

5.5.1～5.5.3 本节关于在罕遇地震作用下结构薄弱层（部位）弹塑性变形验算的规定，与现行国家标准《建筑抗震设计规范》GB 50011 的要求基本相同。这里强调对满足本规程第5.4.4条规定但不满足本规程第5.4.1条规定的结构，计算弹塑性变形时也应考虑重力二阶效应的不利影响；如果计算中未考虑重力二阶效应，可近似地将计算的弹塑性变形乘以增大系数1.2。

5.6 荷载效应和地震作用效应的组合

5.6.1～5.6.4 荷载效应和地震作用效应的组合是根据现行国家标准《建筑结构荷载规范》GB 50009 第3.2节和《建筑抗震设计规范》GB 50011 第5.4节的有关规定，结合高层建筑的自身特点制定的。

无地震作用效应组合且永久荷载效应起控制作用（永久荷载分项系数取1.35）时，仅考虑楼面活荷载效应参与组合，组合值系数一般取0.7，风荷载效应不参与组合（组合值系数取0.0）；无地震作用效应组合且可变荷载效应起控制作用（永久荷载分项系数取1.2）的场合，当风荷载作为主要可变荷载、楼面活荷载作为次要可变荷载时，其组合值系数分别取1.0、0.7；对书库、档案库、储藏室、通风机房和电梯机房等楼面活荷载较大且相对固定的情况，其楼面活荷载组合值系数应由0.7改为0.9。当楼面活荷载作为主要可变荷载、风荷载作为次要可变荷载时，其组合值系数分别取1.0和0.6。

有地震作用效应组合时，当本规程有规定时，地震作用效应标准值应首先乘以相应的调整系数，然后再进行效应组合。如框架-剪力墙结构有关地震剪力的调整、薄弱层剪力增大、楼层最小地震剪力系数（剪重比）调整、框支柱地震轴力的调整等。

5.6.5 对非抗震设计的高层建筑结构，应按（5.6.1）式计算荷载效应的组合；对抗震设计的高层建筑结构，应同时按（5.6.1）式和（5.6.3）式计算荷载效应和地震作用效应组合，并按本规程的有关规定（如强柱弱梁、强剪弱弯等），对组合内力进行必要的调整。同一构件的不同截面或不同设计要求，可能对应不同的组合工况，应分别进行验算。

6 框架结构设计

6.1 一般规定

6.1.2 震害调查表明，单跨框架结构，尤其是多层及高层者，震害较重。1999年台湾集集地震即是一例。因此本条规定，抗震设计的框架结构不宜采用单跨框架。

6.1.3 在实际工程中，框架梁、柱中心线不能重合，产生偏心的实例较多，需要有一个解决问题的方法。

本条是根据国内外试验的综合结果。根据试验结果，采用水平加腋方法，能明显改善梁柱节点的承受反复荷载性能。因此将其列入规程，供设计人选用。9度抗震设计时，不应采用梁柱偏心较大的结构。

6.1.4 框架结构如采用砌体填充墙，当布置不当时，常能造成结构竖向刚度变化过大；或形成短柱；或形成较大的刚度偏心。由于填充墙是由建筑专业布置，结构图纸上不予给出，容易被忽略。国内外皆有由此而造成的震害例子。本条提出此点，目的是提醒结构工程师注意防止砌体（尤其是砖砌体）填充墙对结构设计的不利影响。

6.1.6 框架结构与砌体结构是两种截然不同的结构体系，其抗侧刚度、变形能力等相差很大，将这两种结构在同一建筑物中混合使用，而不以防震缝将其分开，对建筑物的抗震能力将产生很不利的影响。

6.1.7 框架结构中，有时仅在楼、电梯间或其他部位设置少量钢筋混凝土剪力墙。由于剪力墙与框架协同工作，使框架的上部受力增加，因此在结构分析时，应考虑这部分剪力墙与框架的协同工作。设置少量剪力墙的框架结构，因剪力墙承受的底部倾覆力矩较小，因此框架部分的抗震等级仍应按框架结构采用。

6.2 截面设计

6.2.1 由于框架柱的延性通常比梁的延性小，一旦框架柱形成了塑性铰，就会产生较大的层间侧移，并影响结构承受垂直荷载的能力。因此，在框架柱的设计中，有目的地增大柱端弯矩设计值，体现了"强柱弱梁"的设计概念。对 9 度设防烈度和一级抗震等级的框架结构，上、下柱端弯矩和的取值，除弯矩增大系数以外，还考虑梁端真正出现塑性铰时的受弯承载力值 M_{bua}。

6.2.2 框架柱和框支柱的底层柱下端、框支柱与转换构件相连的柱上端不能按本规程第 6.2.1 条的规定增大柱端弯矩，为了推迟这些柱端塑性铰的出现，在设计中对此部位的弯矩设计值直接乘以增大系数，以加强底层柱下端和框支柱的实际受弯承载力。

6.2.3 框架柱、框支柱设计时应满足"强剪弱弯"的要求。在设计中，有目的地增大剪力设计值，对 9 度设防烈度和一级抗震等级的框架结构，考虑了柱端纵向钢筋的实配情况，要求柱上、下端取用考虑承载力抗震调整系数的实际受弯承载力值 M_{cua}，即

$$M_{cua} = M_{cuk}/\gamma_{RE} \qquad (5)$$

式中，γ_{RE} 为偏心受压柱的截面承载力抗震调整系数；M_{cuk} 为柱的正截面受弯承载力标准值，可取实配钢筋截面面积和材料强度标准值并按现行国家标准《混凝土结构设计规范》GB 50011 第 7 章的有关公式计算。

对其他情况的一级和所有二、三级抗震等级的框架柱、框支柱端部截面组合的剪力设计值，则直接取用与柱端考虑地震作用组合的弯矩设计值平衡的剪力值，乘以不同的增大系数（强剪系数）。框支柱尚应符合本规程第 10 章的有关规定。

6.2.4 对一、二、三级抗震等级的框架结构，考虑到角柱承受双向地震作用，扭转效应对内力影响较大，且受力复杂，在设计中宜另外增大其弯矩、剪力设计值。

6.2.5 框架结构设计中，应力求做到在地震作用下的框架呈现梁铰型延性机构，为减少梁端塑性铰区发生脆性剪切破坏的可能性，对框架梁提出了梁端的斜截面受剪承载力应高于正截面受弯承载力的要求，即"强剪弱弯"的设计概念。

梁端斜截面受剪承载力的提高，首先是在剪力设计值的确定中，考虑了梁端弯矩的增大，以体现"强剪弱弯"的要求。对 9 度设防烈度和一级抗震等级的框架结构，还考虑了工程设计中梁端纵向受拉钢筋有超配的情况，要求梁左、右端取用考虑承载力抗震调整系数的实际受弯承载力值 M_{bua}，它可按下式计算：

$$M_{bua} = M_{buk}/\gamma_{RE} \approx f_{yk} A_s^a (h_0 - a_s')/\gamma_{RE} \qquad (6)$$

式中 M_{buk}——梁正截面受弯承载力标准值；
f_{yk}——钢筋强度标准值；
A_s^a——梁纵向钢筋实际配筋面积。

对其他情况的一级和所有二、三级抗震等级的框架梁的剪力设计值的确定，则根据不同抗震等级，直接取用梁端考虑地震作用组合的弯矩设计值的平衡剪力值，乘以不同的增大系数。

6.2.7 规程 JGJ 3—91 第 5.2.1 条规定梁、柱混凝土强度级差不宜大于 5MPa，如超过时，梁、柱节点区施工时应作专门处理。目前，许多情况下，框架柱混凝土强度等级比梁板高出较多，此条规定在工程施工中较难做到。由于对该问题有效的研究工作和实践经验尚不充分，因此本规程对此不作具体的规定。但应注意，凡是梁柱节点之混凝土强度低于柱混凝土强度较多者，皆必须仔细验算节点区的承载力，包括受剪、轴心受压、偏心受压等，并采取有效的构造措施。节点区的混凝土轴压比一般不需验算。

6.3 框架梁构造要求

6.3.1 过去规定框架主梁的截面高度为计算跨度的 1/8～1/12，此规定已不能满足近年来大量兴建的高层建筑对于层高的要求。

近来我国一些设计单位，已大量设计了梁高较小的工程，对于 8m 左右的柱网，框架主梁截面高度为 450mm 左右，宽度为 350～400mm 的工程实例也较多。

国外规范规定的框架梁高跨比，较我们更小。例如美国 ACI 318—99 规定梁的高度为：

支承情况　简支梁　一端连续梁　两端连续梁
高跨比　　1/16　　1/18.5　　　1/21

以上数字适用于钢筋屈服强度 420MPa 者，其他钢筋，此数字应乘以 $(0.4 + f_{yk}/700)$。

新西兰 DZ 3101—94 之规定为：

　　　　　　　简支梁　一端连续梁　两端连续梁
钢筋 300MPa　1/20　　1/23　　　　1/26
钢筋 430MPa　1/17　　1/19　　　　1/22

从以上数据可以看出，我们规定的高跨比下限 1/18，比国外规范要严得多。因此，不论从国内已有的工程经验以及与国外规范相比较，这次规定的 1/10～1/18，是可行的。我们提出的数值，在选用时，上限 1/10 仅适用于荷载较大的情况。当设计人确有可靠依据，且工程上有需要时，梁的高跨比也可小于 1/18。

在工程中，如果梁的荷载较大，可以选择较大的高跨比。在计算挠度时，可考虑梁受压区有效翼缘的作用，并可将梁的合理起拱值从其计算所得挠度中扣除。

6.3.2 抗震设计中，要求框架梁端的纵向受压与受拉钢筋的比例 A'_s/A_s 不小于 0.5（一级）或 0.3（二、三级），因为梁端有箍筋加密区，箍筋间距较密，这对于发挥受压钢筋的作用，起了很好的保证作用。所以在验算本条的规定时，可以将受压区的实际配筋计入，则受压区高度 x 不大于 $0.25h_0$（一级）或 $0.35h_0$（二、三级）的条件较易满足。

6.3.3 本条第 2 款的规定主要是防止梁在反复荷载作用时钢筋滑移。

6.3.6 梁的纵筋与箍筋、拉筋等作十字交叉形的焊接时，容易使纵筋变脆，对于抗震不利，因此作此规定。国外规范，如美国 ACI 318—99 规范，也在抗震设计一章中增加了类似的条文。钢筋与构件端部锚板可采用焊接。

6.4 框架柱构造要求

6.4.2 抗震设计时，限制框架柱的轴压比主要是为了保证柱的延性要求。本次修订中，对不同结构体系中的柱提出了不同的轴压比限值；根据国内外的研究成果，当配箍量、箍筋形式满足一定要求，或在柱截面中部设置配筋芯柱且配筋量满足一定要求时，柱的延性性能有不同程度的提高，因此对柱的轴压比限值适当放宽。

本规程所说的"较高的高层建筑"是指，高于 40m 的框架结构或高于 60m 的其他结构体系的混凝土房屋建筑。

6.4.5 本条之理由，同本规程第 6.3.6 条。

6.4.7 规程 JGJ 3—91 仅给出了柱最小体积配箍率，本次修订给出了箍筋的配箍特征值，可适应钢筋和混凝土强度的变化，更合理的采用高强钢筋；同时，为了避免由此计算的配箍率过低，还规定了最小体积配箍率。

本条给出的箍筋最小配箍特征值，除与柱抗震等级和轴压比有关外，还与箍筋形式有关。井式复合箍、螺旋箍、复合螺旋箍、连续复合螺旋箍对混凝土具有更好的约束性能，因此其配箍特征值可比普通箍、复合箍低一些。本条所提到的柱箍筋形式举例如图 3 所示。

6.4.8～6.4.9 规程 JGJ 3—91 曾规定：当柱内全部纵向钢筋的配筋率超过 3%时，应将箍筋焊成封闭箍。考虑到此种要求在实施时，常易将箍筋与纵筋焊在一起，使纵筋变脆，如 6.3.6 条的解释；同时每个箍皆要求焊接，费时费工，增加造价，于质量无益而有害。目前，国际上主要结构设计规范，皆无类似规定。

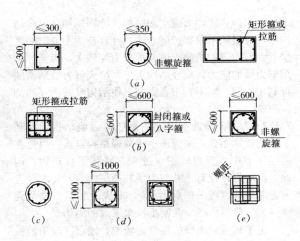

图 3　柱箍筋形式示例
(a) 普通箍；(b) 复合箍；(c) 螺旋箍；
(d) 复合螺旋箍；(e) 连续复合螺旋箍

因此本规程对柱纵向钢筋配筋率超过 3%时，未作必须焊接的规定。抗震设计以及纵向钢筋配筋率大于 3%的非抗震设计的柱，其箍筋只需做带 135°弯钩之封闭箍，箍筋末端的直段长度不应小于 $10d$。

在柱截面中心，可以采用拉条代替部分箍筋。

6.4.10 为使梁、柱纵向钢筋有可靠的锚固条件，框架梁柱节点核心区的混凝土应具有良好的约束。考虑到节点核心区内箍筋的作用与柱端有所不同，其构造要求与柱端有所区别。

6.5 钢筋的连接和锚固

6.5.1～6.5.3 关于钢筋的连接，本次修订与过去相比，有较大的变化：

1 过去对于结构的关键部位，钢筋的连接皆要求焊接，现在改为宜采用机械连接。这是因为目前焊接质量较难保证，而机械连接技术已比较成熟，质量和性能比较稳定。另外，1995 年日本阪神地震震害中，观察到多处采用气压焊的柱纵向钢筋在焊接部位拉断的情况。

2 采用搭接接头时，对非抗震设计，允许在构件同一截面 100%搭接，但搭接长度应适当加长。这对于柱纵筋的搭接接头较为有利。此外，对于后浇带内的钢筋，也可以在同一截面搭接而无需像过去某些做法那样，对钢筋逐根焊接。

6.5.4 本条 6.5.4 梁顶面负弯矩钢筋的延伸长度，当相邻梁的跨度相差较大时，应根据实际受力情况另行确定。

7 剪力墙结构设计

7.1 一 般 规 定

7.1.1 高层建筑应有较好的空间工作性能，剪力墙结构应双向布置，形成空间结构。特别强调在抗震结构中，应避免单向布置剪力墙，并宜使两个方向刚度接近。剪力墙的抗侧刚度及承载力均较大，为充分利用剪力墙的能力，减轻结构重量，增大剪力墙结构的可利用空间，墙不宜布置太密，使结构具有适宜的侧向刚度。

7.1.2~7.1.3 近年兴起的短肢剪力墙结构，有利于住宅建筑布置，又可进一步减轻结构自重。但是在高层住宅中，剪力墙不宜过少、墙肢不宜过短，因此，不应设计仅有短肢剪力墙的高层建筑，要求设置剪力墙筒体（或一般剪力墙），形成短肢剪力墙与筒体（或一般剪力墙）共同抵抗水平力的结构。

由于短肢剪力墙抗震性能较差，地震区应用经验不多，为安全起见，本条中对这种结构抗震设计的最大适用高度、使用范围、抗震等级、筒体和一般剪力墙承受的地震倾覆力矩、墙肢厚度、轴压比、截面剪力设计值、纵向钢筋配筋率作了相应规定。

对于非抗震设计，除要求建筑最大适用高度适当降低外，对墙肢厚度和纵向钢筋配筋率也作了限制，目的是使墙肢不致过小。

一字形短肢剪力墙延性及平面外稳定均十分不利，因此规定不宜布置单侧楼面梁与之平面外垂直或斜交，同时要求短肢剪力墙尽可能设置翼缘。

7.1.4 剪力墙洞口的布置，会极大地影响剪力墙的力学性能。规则开洞，洞口成列、成排布置，能形成明确的墙肢和连梁，应力分布比较规则，又与当前普遍应用程序的计算简图较为符合，设计结果安全可靠。错洞剪力墙应力分布复杂，计算、构造都比较复杂和困难。剪力墙底部加强部位，是塑性铰出现及保证剪力墙安全的重要部位，一、二和三级不宜采用错洞布置。其他情况如无法避免错洞墙，宜控制错洞墙洞口间的水平距离不小于2m，设计时应仔细计算分析，并在洞口周边采取有效构造措施（图4a、b）。一、二、三级抗震设计的剪力墙不宜采用叠合错洞墙；当无法避免叠合错洞布置时，应按有限元方法仔细计算分析并在洞口周边采取加强措施（图4c）或采用其他轻质材料填充将叠合洞口转化为规则洞口（图4d，其中阴影部分表示轻质填充墙体）。

错洞墙的内力和位移计算应符合本规程第5章的有关规定。对结构整体计算中采用杆系、薄壁杆系模型或对洞口作了简化处理的其他有限元模型时，应对不规则开洞墙的计算结果进行分析、判断，并进行补充计算和校核。目前除了平面有限元方法外，尚没有更好的简化方法计算错洞墙。采用平面有限元方法得到应力后，可不考虑混凝土的抗拉作用，按应力进行配筋，并加强构造措施。

7.1.5 剪力墙结构应具有延性，细高的剪力墙（高宽比大于2）容易设计成弯曲破坏的延性剪力墙，从而可避免脆性的剪切破坏。当墙的长度很长时，为了满足每个墙段高宽比大于2的要求，可通过开设洞口将长墙分成长度较小、较均匀的联肢墙或整体墙，洞口连梁宜采用约束弯矩较小的弱连梁（其跨高比宜大于6），使其可近似认为分成了独立墙段。此外，墙段长度较小时，受弯产生的裂缝宽度较小；墙体的配筋能够较充分地发挥作用。因此墙段的长度（即墙段截面高度）不宜大于8m。

7.1.6 剪力墙布置对结构的抗侧刚度有很大影响，剪力墙沿高度不连续，将造成结构沿高度刚度突变。

7.1.7 剪力墙的特点是平面内刚度及承载力大，而平面外刚度及承载力都相对很小。当剪力墙与平面外方向的梁连接时，会造成墙肢平面外弯矩，而一般情况下并不验算墙的平面外的刚度及承载力。当梁高大于2倍墙厚时，梁端弯矩对墙平面外的安全不利，因此应当采取措施，以保证剪力墙平面外的安全。

本条所列措施，均可增大墙肢抵抗平面外弯矩的能力。另外，对截面较小的楼面梁可设计为铰接或半刚接，减小墙肢平面外弯矩。铰接端或半刚接端可通过弯矩调幅或梁变截面来实现，此时应相应加大梁跨中弯矩。

7.1.8 跨高比小于5的连梁，竖向荷载下的弯矩所占比例较小，水平荷载作用下产生的反弯使它对剪切变形十分敏感，容易出现剪切裂缝。本章针对连梁设计作了一些规定。当连梁跨高比不小于5时，竖向荷载作用下的弯矩所占比例较大，宜按框架梁设计。

7.1.9 抗震设计时，为保证出现塑性铰后剪力墙具

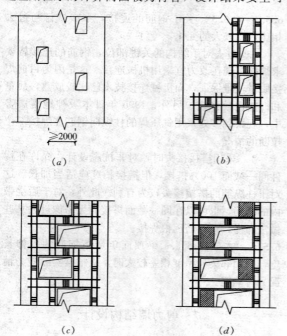

图 4 剪力墙洞口不对齐时的构造措施
(a) 一般错洞墙；(b) 底部局部错洞墙；
(c) 叠合错洞墙构造之一；(d) 叠合错洞墙构造之二

有足够的延性，该范围内应当加强构造措施，提高其抗剪切破坏的能力。由于剪力墙底部塑性铰出现都有一定范围，因此对其作了规定。一般情况下单个塑性铰发展高度为墙底截面以上墙肢截面高度 h_w 的范围，为安全起见，本条规定的加强部位范围适当扩大。

7.1.10 楼板主梁支承在连梁或框架梁上时，一方面主梁端部约束达不到要求，另一方面对支承梁不利，因此要尽量避免。楼板次梁支承在连梁或框架梁上时，次梁端部可按铰接处理。

7.1.11 梁与墙的连接有两种情况：当梁与墙在同一平面内时，多数为刚接，梁钢筋在墙内的锚固长度应与梁、柱连接时相同。当梁与墙不在同一平面内时，多数为半刚接，梁钢筋锚固应符合锚固长度要求；当墙截面厚度较小时，可适当减小梁钢筋锚固的水平段，但总长度应满足非抗震或抗震锚固长度要求。

7.2 截面设计及构造

7.2.1 为了保证剪力墙的承载能力及变形能力，剪力墙混凝土的强度等级不宜太低。

7.2.2 本条第1、2、3款规定剪力墙最小厚度的目的是保证剪力墙出平面的刚度和稳定性能。当墙平面外有与其相交的剪力墙时，可视为剪力墙的支承，有利于保证剪力墙出平面的刚度和稳定性能，因而可在层高及无支长度二者中取较小值计算剪力墙的最小厚度。无支长度是指沿剪力墙长度方向没有平面外横向支承墙的长度。而两端无翼墙和端柱的一字形剪力墙，只能按层高计算墙厚，最小厚度也要加大。如果无法满足本条1、2、3的厚度要求，可按本规程附录D作墙体稳定计算。

一般剪力墙井筒内分隔空间的墙数量多而长度不大，两端嵌固好，为了减轻结构自重，第5款规定其墙厚可减小。

第6款给出的限制条件，目的是规定剪力墙截面尺寸的最小值，或者说限制了剪力墙截面的最大名义剪应力值。剪力墙的名义剪应力值过高，会在早期出现斜裂缝，抗剪钢筋不能充分发挥作用，即使配置很多抗剪钢筋，也会过早剪切破坏。

7.2.3 高层建筑的剪力墙厚度大，为防止混凝土表面出现收缩裂缝，同时使剪力墙具有一定的出平面抗弯能力，高层建筑的剪力墙不允许单排配筋。当剪力墙厚度超过400mm时，如仅采用双排配筋，形成中间大面积的素混凝土，会使剪力墙截面应力分布不均匀，因此本条提出了可采用三排或四排配筋方案，所需的设计配筋可均匀分布在各排中，或靠墙面的配筋略大。

7.2.4 一般情况下主要验算剪力墙平面内的承载力，当平面外有较大弯矩时，也应验算平面外的抗弯承载力。

7.2.5 在剪力墙结构中截面高厚比不大于5的独立墙肢，往往是薄弱部位，一、二、三级抗震等级均应控制墙肢轴压比。剪力墙截面的高厚比小于3时，其受力性能与柱类似，构造措施从严。

7.2.6 一级抗震等级的剪力墙，应按照设计意图控制塑性铰出现部位，在其他部位则应保证不出现塑性铰，因此对一级抗震等级的剪力墙的设计弯矩包线作了近似的规定。

7.2.7 如果双肢剪力墙中一个墙肢出现小偏心受拉，该墙肢可能会出现水平通缝而失去抗剪能力，则由荷载产生的剪力将全部转移到另一个墙肢而导致其抗剪承载力不足。当墙肢出现大偏心受拉时，墙肢易出现裂缝，使其刚度降低，剪力将在墙肢中重分配，此时，可将另一墙肢按弹性计算的剪力设计值增大（乘以1.25系数），以提高其抗剪承载力。

7.2.8～7.2.9 钢筋混凝土剪力墙正截面受弯计算公式是依据现行国家标准《混凝土结构设计规范》GB 50010中偏心受压和偏心受拉构件的假定及有关规定，又根据中国建筑科学研究院结构所等单位所做的剪力墙试验进行了简化。试验研究表明，在墙体发生破坏时，剪力墙腹板中受压区的分布钢筋应力仍然很小，因此在计算时忽略受压区分布筋作用。

按照平截面假定，不考虑受拉混凝土的作用，受压区混凝土按矩形应力图块计算。大偏压时受拉区分布钢筋应力及受拉、受压端部钢筋都达到屈服，在1.5倍受压区范围之外，假定受拉区分布钢筋全部屈服；小偏压时端部受拉钢筋屈服，而受拉分布钢筋及端部钢筋均未屈服。

条文中分别给出了工字形截面的两个基本平衡公式（$\Sigma N=0$，$\Sigma M=0$），由此可得到各种情况下的设计计算公式。偏心受拉正截面计算公式直接采用了现行国家标准《混凝土结构设计规范》GB 50010 的有关公式。

7.2.10 抗震设计时，为体现强剪弱弯的原则，剪力墙底部加强部位的剪力设计值要乘以增大系数，按一、二、三、四级的不同要求，增大系数不同。9度抗震设计时，剪力墙底部加强部位要求用实际配筋计算的抗弯承载力计算其剪力增大系数。

7.2.11～7.2.12 在剪力墙设计时，通过构造措施防止发生剪拉破坏和斜压破坏，通过计算确定墙中水平钢筋，防止发生剪切破坏。

偏压构件中，轴压力有利于抗剪承载力，但压力增大到一定程度后，对抗剪的有利作用减小，因此对轴力的取值加以限制。

偏拉构件中，考虑了轴向拉力的不利影响。

7.2.13 按一级抗震等级设计的剪力墙，要防止水平施工缝处发生滑移。考虑了摩擦力的有利影响后，要验算通过水平施工缝的竖向钢筋是否足以抵抗水平剪力，已配置的端部和分布竖向钢筋不够时，可设置附加插筋，附加插筋在上、下层剪力墙中都要有足够的锚固长度。

7.2.14～7.2.15 由于高层建筑的高度不断增高，钢筋混凝土剪力墙的高度也逐渐加大，其轴压应力也随之加大。清华大学结构工程研究所及国内外其他研究单位所做试验表明，当偏心受压剪力墙轴力较大时，压区高度增大，与钢筋混凝土柱相同，其延性下降。研究表明，剪力墙的边缘构件（暗柱、明柱、翼柱）有横向钢筋约束，可改善混凝土受压性能，增大延性；以前对于剪力墙边缘构件的规定过于笼统，以致在某些情况下不够安全，在另外一些情况下又过于保守。为了保证在地震作用下的钢筋混凝土剪力墙具有足够的延性，本规程增加了有关剪力墙轴压比的规定。

首先，第7.2.14条对一、二级抗震等级的剪力墙底部加强部位（一般为塑性铰区）的最大轴压比作了限制。因为要简化设计计算，规程采用了重力荷载代表值作用下的轴力设计值（不考虑地震作用组合），即考虑重力荷载分项系数后的最大轴力设计值，计算剪力墙的名义轴压比。

应当说明的是，截面受压区高度不仅与轴压力有关，而且与截面形状有关，在相同的轴压力作用下，带翼缘的剪力墙受压区高度较小，延性相对要好些，矩形截面最为不利。但为了简化设计规定，条文中未区分工形、T形及矩形截面，在设计时，对矩形截面剪力墙墙肢（或墙段）应从严掌握其轴压比。

当一、二级抗震等级底部加强部位轴压比小于限值（表7.2.14）时，需要设置约束边缘构件，其长度及箍筋配置量都需要进行计算，并从加强部位顶部向上延伸一层。其他情况都可按构造要求设置剪力墙构造边缘构件，包括一、二级抗震等级的其他部位和三、四级抗震等级的全部以及非抗震设计剪力墙的全部。

7.2.16 对剪力墙设置的约束边缘构件提出了要求，主要措施是加大边缘构件的长度 l_c 及其体积配箍率 ρ_v，体积配箍率 ρ_v 由配箍特征值 λ_v 计算，ρ_v 的计算范围及边缘构件中的纵向钢筋配置范围即图7.2.16中的阴影部分。

当墙肢轴压比达到或接近本规程表7.2.14的限值时，约束边缘构件的配箍特征值 λ_v 按本规程表7.2.16采用；当墙肢轴压比较小时，约束边缘构件的配箍特征值 λ_v 可适当降低。

对于十字形剪力墙，可按两片墙分别在端部设置边缘约束构件，交叉部位只要按构造要求配置暗柱。

约束边缘构件中的纵向钢筋宜采用 HRB335 或 HRB400 钢筋。

7.2.17 剪力墙构造边缘构件按构造要求设置。第3、4、5款分别规定了抗震设计剪力墙与非抗震设计剪力墙的构造要求。设计时需注意计算边缘构件竖向最小配筋所用的面积 A_c 的取法和配筋范围。构造边缘构件中的纵向钢筋宜采用 HRB335 或 HRB400 钢筋。

抗震设计时，对于复杂高层建筑结构、混合结构、框架-剪力墙结构、筒体结构以及B级高度的剪力墙结构中的剪力墙（筒体），因为剪力墙（筒体）比较重要或者房屋高度较高，所以其构造边缘构件的最小配筋比一般剪力墙结构中的剪力墙适当加强，宜采用箍筋或箍筋与拉筋相结合，不宜全部采用拉筋。

7.2.18 为了防止混凝土墙体在受弯裂缝出现后立即达到极限抗弯承载力，配置的竖向分布钢筋必须大于或等于最小配筋百分率。同时为了防止斜裂缝出现后发生脆性的剪拉破坏，规定了水平分布钢筋的最小配筋百分率。本条所说的"一般剪力墙"不包括部分框支剪力墙底部加强部位，后者比全部落地剪力墙更为重要，其分布钢筋最小配筋率应符合本规程第10章的有关规定。

7.2.20 房屋顶层墙、长矩形平面房屋的楼电梯间墙、山墙和纵墙的端开间等是温度应力可能较大的部位，应当适当增大其分布钢筋配筋量，以抵抗温度应力的不利影响。

7.2.21 钢筋的锚固与连接要求有所不同。本条主要依据现行国家标准《混凝土结构设计规范》GB 50010 的有关规定制定。

7.2.22～7.2.24 连梁应与剪力墙取相同的抗震等级。连梁是对剪力墙结构抗震性能影响较大的构件，根据清华大学及国内外的有关试验研究得到：连梁截面内平均剪应力大小对连梁破坏性能影响较大，尤其在小跨高比条件下，如果平均剪应力过大，在箍筋充分发挥作用之前，连梁就会发生剪切破坏。因此本规程对小跨高比连梁在截面平均剪应力及斜截面受剪承载力验算上规定更加严格。为了实现连梁的强剪弱弯、推迟剪切破坏、提高延性，7.2.22条给出了连梁剪力设计值的增大系数，9度抗震设计时要求用连梁实际抗弯配筋反算该增大系数。

7.2.25 剪力墙连梁对剪切变形十分敏感，其名义剪应力限制比较严，在很多情况下计算时经常出现超筋情况，本条给出了一些处理方法。此处特别对第2款提出的塑性调幅再作一些说明：连梁塑性调幅可采用两种方法，一是按照本规程5.2.1条的方法，在内力计算前就将连梁刚度进行折减；二是在内力计算之后，将连梁弯矩和剪力组合值乘以折减系数。两种方法的效果都是减小连梁内力和配筋。无论用什么方法，连梁调幅后的弯矩、剪力设计值不应低于使用状况下的值，也不宜低于比设防烈度低一度的地震作用组合所得的弯矩设计值，其目的是避免在正常使用条件下或较小的地震作用下连梁上出现裂缝。因此建议一般情况下，可掌握调幅后的弯矩不小于调幅前弯矩（完全弹性）的 0.8 倍（6~7 度）和 0.5 倍（8~9 度）。

当第 1、2 款的措施不能解决问题时，允许采用第 3 款的方法处理，即假定连梁在大震下破坏，不再能约束墙肢。因此可考虑连梁不参与工作，而按独立墙肢进行第二次结构内力分析，这时就是剪力墙的第二道防线，这种情况往往使墙肢的内力及配筋加大，以保证墙肢的安全。

7.2.26 一般连梁的跨高比都较小，容易出现剪切斜裂缝，为防止斜裂缝出现后的脆性破坏，除了减小其名义剪应力，并加大其箍筋配置外，本条规定了在构造上的一些特殊要求，例如钢筋锚固、箍筋加密区范围、腰筋配置等。

7.2.27 当开洞较小，在整体计算中不考虑其影响时，应将切断的分布钢筋集中在洞口边缘补足，以保证剪力墙截面的承载力。连梁是剪力墙中的薄弱部位，应重视连梁中开洞后的截面抗剪验算和加强措施。

8 框架-剪力墙结构设计

8.1 一般规定

8.1.1 本章重点对框架-剪力墙结构的布置做出了规定，除应予遵守外，还应遵守第 5 章计算分析的有关规定，以及第 4 章、第 6 章和第 7 章对框架-剪力墙结构最大高度、高宽比的规定和对框架与剪力墙各自的有关规定。

墨西哥地震等震害表明，板柱框架破坏严重，其板与柱的连接节点为薄弱点。因而在地震区必需加设剪力墙（或筒体）以抵抗地震作用，形成板柱-剪力墙结构。板柱-剪力墙结构受力特点与框架-剪力墙结构类似，故把这种结构纳入本章，并专门列出一些条文规定其计算和构造的有关要求。

8.1.2 框架-剪力墙结构由框架和剪力墙组成，以其整体承担荷载和作用。其组成形式较灵活，本条仅列举了一些常用的组成形式，设计时可根据工程具体情况选择适当的组成形式和适量的框架和剪力墙。

8.1.3 抗震设计时，如果按框架-剪力墙结构进行设计，剪力墙的数量须要满足一定的要求。当基本振型地震作用下剪力墙部分承受的倾覆力矩小于结构总倾覆力矩的 50% 时，意味着结构中剪力墙的数量偏少，框架承担较大的地震作用，此时结构的抗震等级和轴压比应按框架结构的规定执行；其最大适用高度和高宽比限值不宜再按框架-剪力墙结构的要求执行，但可比框架结构的要求适当放松。最大适用高度和高宽比限值比框架结构放松的幅度，可视剪力墙的数量及剪力墙承受的地震倾覆力矩来确定。

非抗震设计时，框架-剪力墙结构中剪力墙的数量和布置，应使结构满足承载力和位移要求。

8.1.4 框架-剪力墙结构在水平地震作用下，框架部分计算所得的剪力一般都较小。为保证作为第二道防线的框架具有一定的抗侧力能力，需要对框架承担的剪力予以适当的调整。这种做法在本规程历次的版本中都有所规定。91 版规程的规定对于框架柱沿竖向的数量变化不大的情况是合适的。随着建筑形式的多样化，框架柱的数量沿竖向有时会有较大的变化，这种情况下按原来规定的调整方法会使某些楼层的柱承担过大的剪力，这显然是不合理的。本条增补了对框架柱的数量沿竖向有规律分段变化时可分段调整的规定，以适应更多的场合。对框架柱数量沿竖向变化更复杂的情况，设计时应专门研究框架柱剪力的调整方法。

框架剪力的调整应在楼层满足本规程第 3.3.13 条关于楼层最小地震剪力系数（剪重比）的前提下进行。

8.1.7 本条主要指出框架-剪力墙结构中在结构布置时要处理好框架和剪力墙之间的关系，遵循这些要求，可使框架-剪力墙结构更好地发挥两种结构各自的作用并且使整体合理地工作。

8.1.8 长矩形平面或平面有一方向较长（如 L 形平面中有一肢较长）时，如横向剪力墙间距较大，在侧向力作用下，因不能保证楼盖平面的刚性而会增加框架的负担，故对剪力墙的最大间距作出规定。当剪力墙之间的楼板有较大开洞时，对楼盖平面刚度有所削弱，此时剪力墙的间距宜再减小。纵向剪力墙布置在平面的尽端时，会造成对楼盖两端的约束作用，楼盖中部的梁板容易因混凝土收缩和温度变化而出现裂缝，故宜避免。

8.1.9 板柱结构由于楼盖基本没有梁，可以减小楼层高度，对使用和管道安装都较方便，因而板柱结构在工程中时有采用。但板柱结构抵抗水平力的能力很差，特别是板柱连结点是非常薄弱的环节，对抗震尤为不利。为此，本规程规定抗震设计时，高层建筑不能单独使用板柱结构，而必须设置剪力墙（或剪力墙组成的筒体）来承担水平力。本规程除在第 4 章对其适用高度及高宽比严格控制外，这里尚做出结构布置的有关要求。8 度设防时宜采用托板式柱帽，托板处总厚度不小于 16 倍柱纵筋直径是为了保证板柱节点的抗弯刚度。当板厚不满足冲切承载力要求而又不能设置柱帽时，可采用由抗冲切箍筋或弯起钢筋形成的剪力架抵抗冲切。有关抗冲切箍筋和弯起钢筋的构造要求应符合现行国家标准《混凝土结构设计规范》GB 50010 的有关规定。

8.1.10 抗震设计时，按多道设防的原则，规定全部地震剪力要由剪力墙承担，但各层板柱部分除应符合计算要求外，仍应能承担不少于该层相应方向 20% 的地震剪力。

8.2 截面设计及构造

8.2.1 框架-剪力墙结构、板柱-剪力墙结构中的剪力墙是承担水平风荷载或水平地震作用的主要构件，因此要保证其竖向、水平分布钢筋的配筋率和构造要求。

8.2.3 为防止无柱帽板柱结构的楼板在柱边开裂后楼板脱落，穿过柱截面板底两个方向钢筋的受拉承载力应满足该柱承担的该层楼面重力荷载代表值所产生的轴压力设计值。

8.2.4 板柱-剪力墙结构中，地震作用虽由剪力墙全部承担，但结构在整体工作时，板柱部分仍会承担一定的水平力。由柱上板带和柱组成的板柱框架中的板，受力主要集中在柱的连线附近，故抗震设计且无柱帽时应沿柱轴线设置暗梁，目的在于加强板与柱的连接，较好地起到板柱框架的作用，此时柱上板带的钢筋也比较集中在暗梁部位。当无梁板有局部开洞时，除满足图 8.2.4 的要求外，冲切计算中应考虑洞口对冲切能力的削弱，具体计算及构造应符合现行国家标准《混凝土结构设计规范》GB 50010 的有关规定。

9 筒体结构设计

9.1 一般规定

9.1.1~9.1.2 筒体结构具有造型美观、使用灵活、受力合理，以及整体性强等优点，适用于较高的高层建筑。目前全世界最高的一百幢高层建筑约有三分之二采用筒体结构；国内百米以上的高层建筑约有一半采用钢筋混凝土筒体结构，所用形式大多为框架-核心筒结构和筒中筒结构，本章条文主要针对这二类筒体结构，其他类型的筒体结构可参照使用。

研究表明，筒中筒结构的空间受力性能与其高宽比有关，当高宽比小于 3 时，就不能较好地发挥结构的空间作用。

9.1.3~9.1.4 由于筒体结构的层数多、重量大，混凝土强度等级不宜过低，以免柱的截面过大影响建筑的有效使用面积；转换梁的高跨比不宜过小，以确保梁的刚度和强度。

9.1.5 筒体结构的双向楼板在竖向荷载作用下，四周外角要上翘，但受到剪力墙的约束，加上楼板混凝土的自身收缩和温度变化影响，使楼板外角可能产生斜裂缝。为防止这类裂缝出现，楼板外角顶面和底面配置双向钢筋网，适当加强。

9.1.7~9.1.9 核心筒或内筒是筒体结构的主要承重和抗震构件，在抗震设计时，应注意局部加强和轴压比控制等构造措施。具体规定大多同剪力墙结构，考虑到筒体角部是保证核心筒整体抗震性能的关键部位，其边缘构件应适当加强。

为防止核心筒或内筒中出现小墙肢等薄弱环节，墙面应尽量避免连续开洞，对个别无法避免的小墙肢，应控制最小截面高度，并按柱的抗震构造要求配置箍筋和纵向钢筋，以加强其抗震能力。

9.1.10 在筒体结构中，大部分水平剪力由核心筒或内筒承担，框架柱或框筒柱所受剪力远小于框架结构中的柱剪力，剪跨比明显增大，因此其轴压比限值可比框架结构适当放松，可按框架-剪力墙结构的要求控制柱轴压比。

9.1.11 楼盖主梁搁置在核心筒的连梁上，会使连梁产生较大剪力和扭矩，容易产生脆性破坏，宜尽量避免。

9.2 框架-核心筒结构

9.2.1 核心筒是框架-核心筒结构的主要抗侧力结构，应尽量贯通建筑物全高。一般来讲，当核心筒的宽度不小于筒体总高度的 1/12 时，筒体结构的层间位移就能满足规定。

9.2.2 核心筒的外墙厚度不应过小，对一、二级抗震设计的底部加强部位不宜小于层高的 1/16，并至少配置双排钢筋，以保证墙体具有足够的强度、刚度和稳定。对高度较高的连层墙，墙厚不满足层高的 1/16 或 1/20 时，应按本规程附录 D 计算墙体稳定，必要时可增设扶壁柱或扶壁墙。

9.2.4 实践证明，纯无梁楼盖会影响框架-核心筒结构的整体刚度和抗震性能，因此，在采用无梁楼盖时，必须在各层楼盖的周边设置框架梁。

9.3 筒中筒结构

9.3.1~9.3.5 研究表明，筒中筒结构的空间受力性能与其平面形状和构件尺寸等因素有关，选用圆形和正多边形等平面，能减小外框筒的"剪力滞后"现象，使结构更好地发挥空间作用，矩形和三角形平面的"剪力滞后"现象相对较严重，矩形平面的长宽比大于 2 时，外框筒的"剪力滞后"更突出，应尽量避免；三角形平面切角后，空间受力性质会相应改善。

除平面形状外，外框筒的空间作用的大小还与柱距、墙面开洞率，以及洞口高宽比与层高/柱距之比等有关，矩形平面框筒的柱距越接近层高、墙面开洞率越小，洞口高宽比与层高和柱距之比越接近，外框筒的空间作用越强；在 9.3.5 条中给出了矩形平面的柱距，以及墙面开洞率的最大限值。由于外框筒在侧向荷载作用下的"剪力滞后"现象，角柱的轴向力约为邻柱的 1~2 倍，为了减小各层楼盖的翘曲，角柱的截面可适当放大，必要时可采用 L 形角墙或角筒。

9.3.7~9.3.8 在水平地震作用下，框筒梁和内筒连梁的端部反复承受正、负弯矩和剪力，而一般的弯起钢筋无法承担正、负剪力，必须要加强箍筋或在梁内设置交叉暗撑；当梁内设置交叉暗撑时，全部剪力可由暗撑承担，此时箍筋的间距可由 100mm 放宽至 150mm。

10 复杂高层建筑结构设计

10.1 一般规定

10.1.1 为适应体型、结构布置比较复杂的高层建筑发展的需要，并使其结构设计质量、安全得到基本保证，本章增加了复杂高层建筑结构设计内容，包括带转换层的结构、带加强层的结构、错层结构、连体结构和多塔楼结构等。

10.1.2 带转换层的结构、带加强层的结构、错层结构、连体结构、多塔楼结构等属不规则结构，在竖向荷载、风荷载或水平地震作用下受力复杂，抗震设计时应采用至少两个不同力学模型的结构分析软件进行整体计算，以资分析、对比，合理进行结构构件设计；同时在构造上应采取有效措施，保证结构有良好的抗震性能。9 度抗震设计时，这些结构目前缺乏研究和工程实践经验，不应采用。

10.1.3 本规程涉及的错层结构，一般包含框架结构、框架-剪力墙结构和剪力墙结构。筒体结构因建筑上一般无错层要求，本规程也没有对其做出相应的规定。错层结构受力复杂，地震作用下易形成多处薄弱部位，而本规程第 4 章规定的框架-剪力墙结构和剪力墙结构的最大适用高度较高，因此规定了 7 度、8 度抗震设计时，高度分别大于 80m、60m 的剪力墙结构高层建筑不宜采用错层结构；高度分别大于 80m、60m 的框架-剪力墙结构高层建筑不应采用错层结构。连体结构的连接体部位易产生严重震害，房屋高度越高，震害加重。因此，B 级高度高层建筑不宜采用连体结构。抗震设计时，底部带转换层的筒中筒结构 B 级高度高层建筑，当外筒框支层以上采用壁式框架时，其抗震性能比密柱框架更为不利，因此其最大适用高度应比本规程表 4.2.2-2 规定的数值适当降低。

10.1.4 本章所指的各类复杂高层建筑结构均属不规则结构。在同一个工程中采用两种以上这类复杂结构，在地震作用下易形成多处薄弱部位。为保证结构设计的安全性，规定 7 度、8 度抗震设计时的高层建筑不宜同时采用两种以上本章所指的复杂结构。

10.1.5 一般高层建筑设计，采用合适的计算分析程序进行整体计算，按各构件承受的内力进行截面设计与配筋构造；而复杂高层建筑结构则要求在进行整体计算后，对其中某些受力复杂部位，宜用有限元法等方法进行详细的应力分析，了解应力分布情况，并按应力进行配筋校核。

10.1.6 转换层楼盖传递很大的剪力，其刚度大小直接决定其变形，并影响大空间层竖向构件的内力分配，因此应加强转换层楼盖的刚度和承载力。

10.2 带转换层高层建筑结构

10.2.1 底部带转换层的高层建筑设置的水平转换构件，近年来除转换梁外，转换桁架、空腹桁架、箱形结构、斜撑、厚板等均已采用，并积累了一定设计经验，故本章增加了一般可采用的各种转换构件设计的条文。由于转换厚板在地震区使用经验较少，本条文规定仅在非地震区和 6 度设防的地震区采用。对于大空间地下室，因周围有约束作用，地震反应不明显，故 7、8 度抗震设计时可采用厚板转换层。

10.2.2 带转换层的底层大空间剪力墙结构于 20 世纪 80 年代中开始采用，90 年代初《钢筋混凝土高层建筑结构设计与施工规程》JGJ 3—91 列入该结构体系及抗震设计有关规定。90 年代的十年间，底部带转换层的大空间剪力墙结构迅速发展，在地震区许多工程的转换层位置已较高，一般做到 3～6 层，有的工程转换层位于 7～10 层。中国建筑科学研究院在原有研究的基础上，研究了转换层高度对框支剪力墙结构抗震性能的影响，研究得出，转换层位置较高时，更易使框支剪力墙结构在转换层附近的刚度、内力发生突变，并易形成薄弱层，其抗震设计概念与底层框支剪力墙结构有一定差别。转换层位置较高时，转换层下部的落地剪力墙及框支结构易于开裂和屈服，转换层上部几层墙体易于破坏。转换层位置较高的高层建筑不利于抗震，规定 9 度区不应采用；7 度、8 度地区可以采用，但限制部分框支剪力墙结构转换层设置位置：7 度区不宜超过第 5 层，8 度区不宜超过第 3 层。如转换层位置超过上述规定时，应作专门分析研究并采取有效措施，避免框支破坏。对底部带转换层且外围为框架的筒体结构，因其侧向刚度突变比部分框支剪力墙结构有所改善，其转换层位置可适当提高。

10.2.3 关于底部大空间剪力墙结构布置和设计的基本要求是根据中国建筑科学研究院结构所等进行的底层大空间剪力墙结构 12 层模型拟动力试验和底部为 3～6 层大空间剪力墙结构的振动台试验研究、清华大学土木系的振动台试验研究、近年来工程设计经验及计算分析研究成果而提出来的，满足这些设计要求，可以满足 8 度及 8 度以下抗震设计要求。

在水平荷载作用下，当转换层上、下部楼层的结构侧向刚度相差较大时，会导致转换层上、下部结构构件内力突变，促使部分构件提前破坏；当转换层位置相对较高时，这种内力突变会进一步加剧。因此本条规定，控制转换层上、下层结构等效刚度比满足附录 E 的要求：当底部大空间为 1 层时，转换层上、下结构的变形以剪切变形为主，可近似用转换层上、下层结构等效剪切刚度比 γ 表示转换层上、下层结构刚度的变化，非抗震设计时γ不应大于3，抗震设计时γ不应大于2（附录E.0.1条）；当底部大空间层数大于1层时，转换层上部楼层和下部楼层的等效侧向刚度比γ,宜接近1，非抗震设计时不应大于2，抗震设计时不应大于1.3（附录E.0.2条），以缓解构件内力和变形的突变现象。当采用本规程附录E.0.2条的规定时，要强调转换层上、下两个计算模型的高度宜相等或接近的要求，且上部计算模型的高度不大于下部计算模型的高度。当底部大空间为1层的部分框支剪力墙结构符合上述计算模型的高度要求时，也可采用本规程附录E.0.2条的规定。转换层上、下部结构等效侧向刚度计算时宜综合考虑各构件的剪切、弯曲和轴向变形对结构侧移的影响。

转换层结构除应满足等效剪切刚度比或等效侧向刚度比的要求外，还应满足本规程附录E规定的楼层侧向刚度比要求；当转换层设置在3层及3层以上时，其楼层侧向刚度尚不应小于相邻上部楼层侧向刚度的60%。该规定与美国规范IBC2000关于严重不规则结构的规定是一致的。

由于转换层位置不同，对长矩形平面建筑中落地剪力墙间距作了不同的规定；并规定了落地剪力墙与相邻框支柱的距离，以满足底部大空间层楼板的刚度要求，使转换层上部的剪力能有效地传递给落地剪力墙，框支柱只承受较小的剪力。

10.2.4 由于转换层位置的增高，结构传力路径复杂、内力变化较大，规定剪力墙底部加强范围亦增大，可取框支层加上框支层以上两层的高度及墙肢总高度的1/8二者的较大值。这里的剪力墙包括落地剪力墙和转换构件上部的剪力墙。

10.2.5 高位转换对结构抗震不利，特别是部分框支剪力墙结构。因此规定部分框支剪力墙结构转换层的位置设置在3层及3层以上时，其框支柱、落地剪力墙的底部加强部位的抗震等级应按本规程表4.8.2、表4.8.3的规定提高一级采用（已经为特一级时可不再提高），提高其抗震构造措施。而对于底部带有转换层的框架-核心筒结构和外围为密柱框架的筒中筒结构，因其受力情况和抗震性能比部分框支剪力墙结构有利，故其抗震等级不必提高。

10.2.6 带转换层的高层建筑，转换层的下部楼层由于设置大空间的要求，其部分竖向抗侧力构件不连续，侧向刚度会产生突变，一般比转换层上部楼层的刚度小，设计时应采取措施减少转换层上、下楼层结构侧向刚度及承载力的变化，以保证满足抗风、抗震设计的要求。为保证转换构件的设计安全度并具有良好的抗震性能，本条规定底部带转换层结构的薄弱层的地震剪力应乘以1.15的增大系数，同时应符合楼层最小地震剪力系数（剪重比）要求；特一、一、二级转换构件在水平地震作用下的计算内力应分别乘以增大系数1.8、1.5、1.25，并且8度抗震设计时除考虑竖向荷载、风荷载或水平地震作用外，还应考虑竖向地震作用的影响。转换构件的竖向地震作用，可采用反应谱方法或动力时程分析方法计算；作为近似考虑，也可将转换构件在重力荷载标准值作用下的内力乘以增大系数1.1。

10.2.7 在转换层以下，一般落地剪力墙的刚度远远大于框支柱的刚度，落地剪力墙几乎承受全部地震剪力，框支柱的剪力非常小。考虑到在实际工程中转换层楼面会有显著的面内变形，从而使框支柱的剪力显著增加。12层底层大空间剪力墙住宅模型试验表明：实测框支柱的剪力为按楼板刚性无限大计算值的6~8倍；且落地剪力墙出现裂缝后刚度下降，也导致框支柱剪力增加。所以按转换层位置的不同，框支柱数目的多少，对框支柱剪力的调整增大做了不同的规定。

10.2.9 分析结果说明，框支梁多数情况下为偏心受拉构件，并承受较大的剪力。框支梁上墙体开有边门洞时，往往形成小墙肢，此小墙肢的应力集中尤为突出，而边门洞部位框支梁应力急剧加大。在水平荷载作用下，上部有边门洞框支梁的弯矩约为上部无边门洞框支梁弯矩的3倍，剪力也约为3倍，因此除小墙肢应加强外，边门洞部位框支梁的抗剪能力也应加强，箍筋应加密配置。当洞口靠近梁端且剪压比不满足规定时，也可采用梁端加腋提高其抗剪承载力，并加密配箍（图5）。

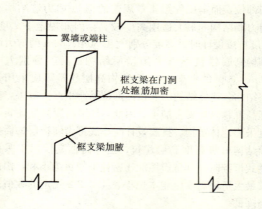

图5 框支梁上墙体有边门洞时梁的构造要求

框支梁不宜开洞，开洞时应做局部应力分析，要求开洞部位远离框支柱边，开洞部位要加强配筋构造。

10.2.10 带转换层的高层建筑，当上部平面布置复杂而采用框支主梁承托剪力墙并承托转换次梁及其上剪力墙时，这种多次转换传力路径长，框支主梁将承受较大的剪力、扭矩和弯矩，一般不宜采用。中国建筑科学研究院抗震所进行的试验表明，框支主梁易产生受剪破坏。当需采用多次转换时，应进行应力分析，按应力校核配筋，并加强配筋构造措施；条件许可时，可采用箱形转换层。

10.2.11~10.2.12 抗震设计时，框支柱截面主要由轴压比控制并要满足剪压比的要求。为增大框支柱的安全性，有地震作用组合时，一级、二级框支柱由地震作用引起的轴力值应分别乘以增大系数 1.5、1.2，但计算柱轴压比时可不考虑该增大系数。同时为推迟框支柱的屈服，以免影响整个结构的变形能力，规定一、二级框支柱与转换构件相连的柱上端和底层柱下端截面的弯矩组合值应分别乘以 1.5、1.25，剪力设计值也应按规定调整。由于框支柱为重要受力构件，本条对柱截面尺寸、柱内竖向钢筋总配筋率、箍筋配置等提出了相应的要求。当采用大截面钢筋混凝土柱时，宜在截面中部配置附加纵向受力钢筋，并配置附加箍筋。

10.2.13 根据中国建筑科学研究院结构所等单位的试验及有限元分析，在竖向及水平荷载作用下，框支边柱上墙体的端部，中间柱上 $0.2l_n$（l_n 为框支梁净跨）宽度及 $0.2l_n$ 高度范围内有较大的应力集中，因此在这些部位配筋应予加强。

10.2.14 为加强落地剪力墙的底部加强部位，规定特一、一、二级落地剪力墙底部加强部位的弯矩设计值应分别按墙底截面有地震作用组合的弯矩值乘以增大系数 1.8、1.5、1.25 采用；其剪力设计值应按规定进行强剪弱弯调整。

10.2.15~10.2.16 为增大剪力墙底部加强部位的抗力和延性，因此剪力墙底部加强部位墙体水平和竖向分布钢筋最小配筋率的要求比本规程第 7.2.18 条中规定的数值再提高 0.05%，抗震设计时尚应在墙体两端设置约束边缘构件。这两条中，对非抗震设计的框支剪力墙结构，也规定了剪力墙底部加强部位的增强措施。

10.2.17 当地基土较弱或基础刚度和整体性较差，在地震作用下剪力墙基础可能产生较大的转动，对框支剪力墙结构的内力和位移均会产生不利影响。因此落地剪力墙基础应有良好的整体性和抗转动的能力。

10.2.18~10.2.20 框支层楼板是重要的传力构件，因此规定了框支层楼板截面尺寸要求、抗剪截面验算、楼板平面内受弯承载力验算以及构造配筋要求。

10.2.21 箱形转换构件设计时要保证其整体受力作用，规定箱形转换结构上、下楼板厚度不宜小于 180mm，并且在配筋时要考虑自身平面内的拉力和压力及局部弯矩的影响。

10.2.22 根据中国建筑科学研究院进行的厚板试验及 TBPL 厚板程序的计算分析，非地震区及 6 度设防地震区采用厚板转换工程的设计经验，规定了本条关于厚板的设计原则。

7度、8度抗震设计时转换厚板的应用缺乏设计使用经验，需进一步进行研究。

10.2.24 根据已有设计经验，空腹桁架作转换层时，一定要保证其整体作用，根据桁架各杆件的不同受力特点进行相应的设计构造，上、下弦杆应考虑轴向变形的影响。

10.3 带加强层高层建筑结构

10.3.1 根据近年来高层建筑的设计经验及理论分析研究，当框架-核心筒结构的侧向刚度不能满足设计要求时，本节规定了设置加强层的要求及加强层构件的类型，以加强核心筒与周边框架柱、角柱与边柱的连系。

10.3.2 根据中国建研院等单位的理论分析，带加强层的高层建筑，加强层的设置位置和数量要如果比较合理，则有利于减少结构的侧移。本条第 1 款的规定供设计人员参考。结构模型振动台试验及研究分析表明：由于加强层的设置，刚度突变，伴随着结构内力的突变，以及整体结构传力途径的改变，从而使结构在地震作用下，其破坏和位移容易集中在加强层附近，即形成薄弱层。因此本条规定的带加强层结构设计的原则中，对设置水平伸臂构件的楼层在计算时宜考虑楼板平面内的变形，并注意加强层及相邻层的结构构件的配筋加强措施，加强各构件的连接锚固。

10.3.3 带加强层的高层建筑结构，为避免结构在加强层附近形成薄弱层，使结构在罕遇地震作用下能呈现强柱弱梁、强剪弱弯的延性机制，要求设置加强层后，带加强层高层建筑的抗震等级可按本规程 4.8 节的规定确定，但加强层及其相邻层的框架柱和核心筒剪力墙的抗震等级应提高一级采用；并必须注意加强层上、下外围框架柱的强度及延性设计，框架柱箍筋应全柱段加密，轴压比从严控制。

10.4 错层结构

10.4.1 中国建筑科学研究院抗震所等单位对错层剪力墙结构做了两个模型振动台试验。试验研究表明，平面规则的错层剪力墙结构使剪力墙形成错洞墙，结构竖向刚度不规则，对抗震不利，但错层对抗震性能的影响不十分严重；平面布置不规则、扭转效应显著的错层剪力墙结构破坏严重。错层框架结构或框架-剪力墙结构尚未见试验研究资料，但从计算分析表明，这些结构的抗震性能要比错层剪力墙结构更差。因此，高层建筑宜避免错层。

10.4.2 错层结构应尽量减少扭转效应，错层两侧宜设计成侧向刚度和变形性能相近的结构方案，以减小错层处墙、柱内力，避免错层处结构形成薄弱部位。

10.4.3 当采用错层结构时，为了保证结构分析的可靠性，相邻错开的楼层不应归并为一个楼层计算。目前，国内开发的三维空间分析程序 TBSA、TBWE、TAT、SATWE、TBSAP 等均可进行错层结构的计算。

10.4.4~10.4.5 错层结构在错层处的构件（图 6）

要采取加强措施。这两条规定了错层处柱截面高度、剪力墙截面厚度、剪力墙分布钢筋配筋率以及混凝土强度等级的最小值，并规定平面外受力的剪力墙应设置与其垂直的墙肢或扶壁柱，抗震设计时，错层处的框架柱和平面外受力的剪力墙的抗震等级应提高一级采用，以免该类构件先于其他构件破坏。如果错层处混凝土构件不能满足设计要求，则需采取有效措施。框架柱采用型钢混凝土柱或钢管混凝土柱，剪力墙内设置型钢，可改善构件的抗震性能。

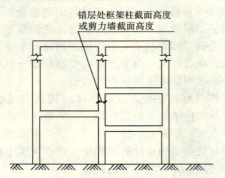

图 6 错层结构加强部位示意

10.5 连 体 结 构

10.5.1 连体结构各独立部分宜有相同或相近的体型、平面和刚度，宜采用双轴对称的平面形式，否则在地震中将出现复杂的 X、Y、θ 相互耦联的振动，扭转影响大，对抗震不利。

10.5.2 连体结构的连接体对竖向地震的反应比较敏感，8 度抗震设计时应考虑竖向地震的影响。近似考虑时，竖向地震作用标准值可取连接体部分重力荷载代表值的 10%，并按各构件所分担的重力荷载代表值的比例进行分配。

10.5.3~10.5.5 日本坂神地震和我国台湾集集地震的震害表明，连体结构破坏严重，连接体本身塌落较多，同时使主体结构中与连接体相连的部分结构严重破坏，尤其当两个主体结构层数和刚度相差较大时，采用连体结构更为不利。由连体结构的计算分析及同济大学进行的振动台试验说明：连体结构自振振型较为复杂，前几个振型与单体建筑有明显不同，除顺向振型外，还出现反向振型，因此要进行详细的计算分析；连体结构总体为一开口薄壁构件，扭转性能较差，扭转振型丰富，当第一扭转频率与场地卓越频率接近时，容易引起较大的扭转反应，易使结构发生脆性破坏。连体结构的连接体及与连接体相连的结构构件受力复杂，易形成薄弱部位，因此必须予以加强。

根据这些受力特点，为满足抗震要求，规定了连接体与主体结构的连接形式、连接体及其相邻的结构构件的抗震等级及加强的构造措施。

10.6 多塔楼结构

10.6.1 中国建筑科学研究院结构所等单位的试验研究和计算分析表明，多塔楼结构振型复杂，且高振型对结构内力的影响大，当各塔楼质量和刚度分布不均匀时，结构扭转振动反应大，高振型对内力的影响更为突出。因此本条规定多塔楼结构各塔楼的层数、平面和刚度宜接近，塔楼对底盘宜对称布置，减小塔楼和底盘的刚度偏心。大底盘单塔楼结构的设计，也应符合本条关于塔楼与底盘刚度偏心的规定，以及本规程第 10.6.2~10.6.4 条的有关规定。

10.6.2 震害和计算分析表明，转换层宜设置在底盘楼层范围内，不宜设置在底盘以上的塔楼内（图 7）。若转换层设置在底盘屋面的上层塔楼内时，易形成结构薄弱部位，不利于结构抗震，设计中应尽量避免；否则应采取有效的抗震措施，包括增大构件内力、提高抗震等级等。

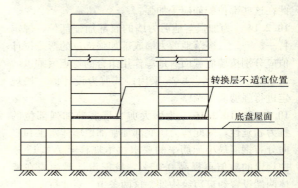

图 7 多塔楼结构转换层不适宜位置示意

10.6.3 为保证结构底盘与塔楼的整体作用，裙房屋面板应加厚并加强配筋，板面负弯矩配筋宜贯通；裙房屋面上、下层结构的楼板也应加强构造措施。

10.6.4 为保证多塔楼建筑中塔楼与底盘整体工作，塔楼之间裙房连接体的屋面梁以及塔楼中与裙房连接体相连的外围柱、墙，从固定端至出裙房屋面上一层的高度范围内，在构造上应予以特别加强（图 8）。

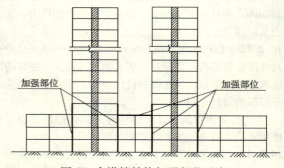

图 8 多塔楼结构加强部位示意

11 混合结构设计

11.1 一般规定

11.1.1～11.1.2 混合结构体系是近年来在我国迅速发展的一种新型结构体系，由于其在降低结构自重、减少结构断面尺寸、加快施工进度等方面的明显优点，已引起工程界和投资商的广泛关注。目前已经建成了一批高度在150～200m的建筑，如上海森茂大厦、国际航运大厦、大连远洋大厦、世界金融大厦、陕西信息大厦、新金桥大厦、深圳发展中心、北京京广中心等，还有一些高度超过300m的高层建筑也采用或部分采用了混合结构。除设防烈度为7度的地区外，8度区也已开始建造。

混合结构主要是以钢梁、钢柱（或型钢混凝土梁、型钢混凝土柱）代替混凝土梁柱，因此原则上除板柱-剪力墙结构外，本规程第4章所列出的结构体系都可以设计成混合结构体系，但考虑到国内实际已积累的工程经验，本章中只列入了钢框架-混凝土筒体和型钢混凝土框架-混凝土筒体两种体系。钢框架-混凝土筒体房屋的最大适用高度是根据现有经验偏安全地确定的，型钢混凝土框架-混凝土筒体房屋的最大适用高度比B级高度钢筋混凝土框架-核心筒结构的略高。

11.1.3～11.1.4 本章所述的混合结构体系高层建筑，其主要抗侧力体系仍然是钢筋混凝土筒体，因此其高宽比限值和层间位移限值均参照钢筋混凝土结构体系的要求进行个别调整。

11.1.5 在钢-混凝土混合结构体系中，在地震作用下，由于钢筋混凝土抗震墙抗侧刚度较钢框架大很多，因而承担了绝大部分的地震力，但钢筋混凝土抗震墙的弹性极限变形值很小，约为1/3000，在达到规范限定的变形时，钢筋混凝土抗震墙已经开裂，而此时钢框架尚处于弹性阶段，地震作用在抗震墙和钢框架之间会实行再分配，钢框架承受的地震力会增加，而且钢框架是重要的承重构件，它的破坏和竖向承载力的降低，将危及房屋的安全，因而有必要对钢框架承受的地震力作严格的要求，以使钢框架能适应强地震时的大变形且保有一定的安全度。

11.2 结构布置和结构设计

11.2.2 从抗震的角度提出了建筑的平面应简单、规则、对称的要求，从方便制作、减少构件类型的角度提出了开间及进深宜尽量统一的要求。

11.2.3 国内外的震害表明，结构沿竖向刚度或抗侧承载力变化过大，会导致薄弱层的变形和构件应力过于集中，造成严重震害。竖向刚度变化时，不但刚度变化的楼层受力增大，而且上下邻近楼层的内力也会增大，所以加强时，应包括相邻楼层在内。对于型钢钢筋混凝土框架与钢框架交接的楼层及相邻楼层的柱子，应设置剪力栓钉，加强连接，另外，钢-混凝土混合结构的顶层型钢混凝土柱也需设置栓钉，因为一般来说，顶层柱子的弯矩较大。

偏心支撑的设置应能保证塑性铰出现在梁端，在支撑点与梁柱节点之间的一段梁应形成耗能梁段，其在地震荷载作用下，会产生塑性剪切变形，因而具有良好的耗能能力，同时保证斜杆及柱子的轴向承载力不至于降低很多。偏心支撑一般以双向布置为好，并且应伸至基础。还有另外一些耗能支撑，主要通过增加结构的阻尼来达到使地震力很快衰减的目的，这种支撑对于减少建筑物顶部加速度及减少层间变形较为有效。

11.2.4 钢框架-混凝土筒体结构体系中的混凝土筒体一般均承担了85%以上的水平剪力，所以必须保证混凝土筒体具有足够的延性，配置了型钢的混凝土筒体墙在弯曲时，能避免发生平面外的错断，同时也能减少钢柱与混凝土筒体之间的竖向变形差异产生的不利影响。

型钢柱的设置可放在楼面钢梁与混凝土筒体的连接处，混凝土筒体的四角及混凝土筒体剪力墙的大开口两侧。试验表明，钢梁与混凝土筒体的交接处，由于存在一部分弯矩及轴力，而筒体剪力墙的平面外刚度又较小，很容易出现裂缝。因而在筒体剪力墙中以设置型钢柱为好，同时也能方便钢结构的安装，混凝土筒体的四角因受力较大，设置型钢柱能使筒体剪力墙开裂后的承载力下降不多，防止结构的迅速破坏。因为筒体剪力墙的塑性铰一般出现在高度的1/8范围内，所以在此范围内，筒体剪力墙四角的型钢柱宜设置栓钉。

11.2.5 保证筒体的延性可采取下列措施：（1）通过增加墙厚控制筒体剪力墙的剪应力水平；（2）筒体剪力墙配置多层钢筋；（3）剪力墙的端部设置型钢柱，四周配以纵向钢筋及箍筋形成暗柱；（4）连梁采用斜向配筋方式；（5）在连梁中设置水平缝；（6）保证混凝土筒体角部的完整性并加强角部的配筋；（7）筒体剪力墙的开洞位置尽量对称均匀。

11.2.6 外框架采用梁柱刚接，能提高外框架的刚度及抵抗水平荷载的能力。如在混凝土筒体墙中设置型钢时，宜采用楼面钢梁与混凝土筒体刚接，当混凝土筒体墙中无型钢柱时，可采用铰接，刚度发生突变的层次采用刚接主要是为了增加框架部分的空间刚度，使层间变形不致过大。

11.2.7 将柱截面强轴布置在框架平面内，主要是为了增加框架平面内的刚度，减少剪力滞后。角柱为双向受力构件，采用方形、十字形等主要是为了方便连接，且受力合理。

11.2.8～11.2.9　采用外伸桁架主要是将筒体剪力墙的弯曲变形转换成框架柱的轴向变形以减小水平荷载下结构的侧移，所以必须保证外伸桁架与剪力墙刚接。外柱相对桁架杆件来说，截面尺寸较小，而轴向力又较大，故不宜承受很大的弯矩，因而外柱与桁架宜采用铰接。外柱承受的轴向力要传至基础，故外柱必须上、下连续，不得中断。由于外柱与混凝土内筒存在的轴向变形不一致，会使外挑桁架产生很大的附加内力，因而外伸桁架宜分段拼装。在设置多道外伸桁架时，本外伸桁架可在施工上一个外伸桁架时予以封闭；仅设一道外伸桁架时，可在主体结构完成后再安装封闭，形成整体。

11.2.10　压型钢板与钢梁连接可采用剪力栓钉，栓钉数量应通过计算确定。

11.2.12　对型钢混凝土构件，实际设计一般先确定型钢尺寸，然后按型钢混凝土构件进行配筋。整体计算分析时，型钢混凝土构件可采用刚度迭加的方法，同时也可近似采用将型钢折算成混凝土后进行计算，再按型钢混凝土构件进行配筋。

11.2.13　从国内外工程的经验来看，一般主梁均考虑楼板的组合作用，而次梁则不予考虑，原因主要是经济性及安全性。次梁作为直接受力构件应有足够的安全储备，而且次梁的栓钉一般较稀，所以一般不考虑楼板的组合作用。

11.2.14　混合结构在内力和位移计算中，如采用楼板平面内无限刚假定，则外伸桁架的弦杆轴向力无法得出，弦杆的轴向变形也无法计算，对外伸桁架而言是偏于不安全的。

11.2.15～11.2.16　由于内筒与外柱的轴向变形不一，在长期荷载作用下，会使顶部楼面梁产生很大的支座位移，由此而在楼面梁产生的附加内力不宜忽略。混凝土筒体先于钢框架施工时，必须控制混凝土筒体超前钢框架安装的层次，否则在风荷载及其他施工荷载作用下，会使混凝土筒体产生较大的变形和应力。

11.2.19　试验表明，钢框架-混凝土筒体结构在地震作用下，破坏首先出现在混凝土筒体底部，因此钢框架-混凝土筒体结构中筒体应较混凝土结构中的筒体采取更为严格的构造措施，对其抗震等级应适当提高，以保证混凝土筒体的延性；型钢混凝土柱-混凝土筒体结构的最大适用高度已较B级高度钢筋混凝土框架-核心筒结构的略高，对其抗震等级要求应适当提高。

11.2.22　试验表明：由于混凝土及腰筋和箍筋对型钢的约束作用，在型钢混凝土中的型钢的宽厚比可较纯钢结构适当放宽，型钢混凝土中型钢翼缘的宽厚比可取为纯钢结构的1.5倍，腹板可取为纯钢结构的2倍，填充式箱形钢管混凝土可取为纯钢结构的1.5～1.7倍。

11.3　型钢混凝土构件的构造要求

11.3.1　本条分别说明如下：

1　规定型钢混凝土梁的混凝土强度等级和粗骨料的最大直径主要是为了保证外包混凝土与型钢有较好的粘结强度和方便混凝土的浇筑；

3　规定型钢的保护层厚度主要为了保证型钢混凝土构件的耐久性以及保证型钢与混凝土的粘结性能，同时也是为了方便混凝土的浇筑；

4　型钢混凝土梁纵筋超过两排时，钢筋绑扎及混凝土浇筑将产生困难；

5　由于型钢混凝土梁中钢筋直径一般较大，应避免梁钢筋穿柱翼缘，如穿过腹板时，应考虑进行补强，如果需锚固在柱中，为满足锚固长度，钢筋应伸过柱中心线并弯折在柱内；

6　型钢混凝土梁上开洞高度按梁截面高度和型钢尺寸双重控制，对钢梁开洞超过0.7倍钢梁高度时，抗剪能力会急剧下降，对一般混凝土梁则同样限制开洞高度为混凝土梁高的0.3倍，同时进一步限制开洞位置不应位于梁端剪力较大的位置；

7　型钢混凝土悬臂梁端无约束，而且挠度也较大，为保证混凝土与型钢的共同变形，应设置栓钉以抵抗混凝土与型钢之间的纵向剪力。

11.3.2　关于箍筋的最小限值，一方面是为了增强钢筋混凝土部分的抗剪能力，另一方面是为了加强对箍筋内部混凝土的约束，防止型钢的局部失稳和主筋压曲。

11.3.3　本条分别说明如下：

1　型钢混凝土柱的轴向力大于0.5倍柱子的轴向承载力时，柱子的延性也将显著下降，但型钢混凝土柱有其特殊性，在一定轴力的长期作用下，随着轴向塑性的发展以及长期荷载作用下混凝土的徐变收缩会产生内力重分布，钢筋混凝土部分承担的轴力逐渐向型钢部分转移，根据型钢混凝土柱的试验结果，考虑长期荷载下徐变的影响，得出 $N_k = n_k (f_{ck} A_c + 1.28 f_{ss} A_{ss})$，换算成强度设计值 $n = 0.8$，考虑钢筋未必能全部发挥作用，且强柱弱梁的要求未作规定以及钢筋的有利作用未计入，因此对一、二、三抗震等级的框架柱分别取为0.7、0.8、0.9；

2　如采用Q235钢作为型钢混凝土柱中的内含型钢，则轴压比限值表达式有所差异，轴压比限值应较采用Q345钢的柱轴压比限值有所降低；

3　参照日本规范的轴压比控制水平，日本规范中柱轴压比为0.4，相当于我国规范中为0.6～0.65左右。

11.3.5　本条分别说明如下：

1　主要是考虑型钢混凝土柱的耐久性、防火性、良好的粘结性及方便混凝浇筑；

4　型钢最小含钢率主要是考虑当柱子含钢率太

小时，没有必要采用型钢混凝土构件，同时根据目前我国钢结构发展水平及型钢混凝土构件的浇筑可能，一般型钢混凝土构件的总含钢率也不宜大于8%，一般来说比较常用的含钢率为4%左右；

5 箍筋做成135°弯钩且弯钩直段长度取10d（d为箍筋直径）主要是满足抗震要求。在某些情况下，箍筋弯钩直段长度取10d会与内置型钢相碰，此时，也可考虑采用焊接箍筋。

11.3.6 型钢混凝土柱箍筋的最小限值主要是为了增强混凝土部分的抗剪能力及加强对箍筋内部混凝土的约束，防止型钢失稳和主筋压曲，从型钢混凝土柱的受力性能来看，不配箍筋或少配箍筋的型钢混凝土柱在大多数情况下是出现型钢与混凝土之间的粘结破坏，特别是型钢高强混凝土构件，更应配置足够数量的箍筋，并宜采用高强度箍筋，以保证箍筋有足够的约束能力。

11.3.7 本条分别说明如下：

1 规定节点箍筋的间距一方面是为了不使钢梁腹板开洞削弱过大，另一方面也是为了方便施工；

2 一般情况下应在柱中型钢腹板上开纵筋贯通孔，应避免在型钢翼缘上开纵筋贯通孔，翼缘上的孔对柱抗弯十分不利，也不能直接将钢筋焊在翼缘上。

11.3.8 楼面梁与混凝土筒体的连接节点是非常重要的节点。当采用楼面无限刚假定进行分析时，梁只承受剪力和弯矩。试验研究表明这些梁实际上还存在轴力，而且在试验中往往在节点处引起早期损坏，因此节点设计中必须考虑轴向力的有效传递。

11.3.9 日本阪神地震的经验教训表明：非埋入式柱脚、特别在地面以上的非埋入式柱脚在地震区容易产生破坏，因此钢柱或型钢混凝土柱宜采用埋入式柱脚。若在刚度较大的地下室范围内，当有可靠的措施时，型钢混凝土柱也可考虑采用埋入式柱脚

11.3.11 混合结构的混凝土筒体是主要抗侧力构件，对墙体和连梁采取比普通剪力墙结构更严格的构造措施。

12 基础设计

12.1 一般规定

12.1.1 本条是基础设计的原则规定。高层建筑基础设计应因地制宜，做到技术先进、安全合理、经济适用。

高层建筑基础设计时，对相邻建筑的相互影响应有足够的重视。并了解掌握邻近地下构筑物及各类地下设施的位置和标高，以便设计时合理确定基础方案及提出施工时保证安全的必要措施。

12.1.2 在地震区建造高层建筑，宜选择有利地段，避开不利地段，这不仅关系到建造时采取必要措施的费用，而且由于地震的不确定性，一旦发生地震将带来不可预计的震害。

12.1.3 高层建筑的基础设计，根据上部结构和地质状况，从概念设计上考虑地基基础与上部结构相互影响是必要的。

高层建筑深基坑，施工期间的防水及护坡，既要保证本身的安全，同时必须注意对邻近建筑物、构筑物、地下设施的正常使用和安全。

12.1.4 高层建筑采用天然地基的筏形基础是比较经济的。当采用天然地基，承载力或沉降不能完全满足需要时，可采用复合地基。目前国内在高层建筑中采用复合地基已经有比较成熟的经验，在原地基承载力不足时可根据需要把地基承载力提高到300～500kPa，满足一般高层建筑的需要。

现在多数高层建筑的地下室，用做汽车库、机电用房等大空间，采用整体性好和刚度大的筏形基础，因此，没有必要强调采用箱形基础，除非有特殊要求。

当地质条件好、荷载较小、且能满足地基承载力和变形要求时，高层建筑采用交叉梁基础也是可以的。地下室外墙一般均为钢筋混凝土，因此，交叉梁基础的整体性和刚度也是很好的。

12.1.5 高层建筑由于质心高、荷载重，对基础底面一般难免有偏心。建筑物在沉降的过程中，其总重量对基础底面形心将产生新的倾覆力矩增量，而此倾覆力矩增量又产生新的倾斜增量，倾斜可能随之增长，直至地基变形稳定为止。因此，为减少基础产生倾斜，应尽量使结构竖向荷载重心与基础平面形心相重合，当偏心难以避免时，应对其偏心距加以限制。

基础是否发生倾斜是高层建筑是否安全的关键因素。在基础下沉的过程中，若上部结构荷载重心相对基底形心偏心过大，随着沉降量的增加，基础的倾斜随之增大。若基础的总体沉降量较小，即使上部结构荷载重心相对基底形心有偏心，也不会导致基础的明显倾斜。因此，其实质是基础的倾斜角应满足现行有关国家标准的规定，至于均匀沉降量的大小，只要不影响建筑的使用功能（包括有关管线的安全和正常使用），是不会威胁结构安全的。本条是从偏心控制的角度来限制基础的倾斜程度。对低压缩性地基或端承桩基的基础，由于绝对沉降量相对较小，倾斜量也相对较小，因此可适当放宽偏心距的限制。

12.1.6 为使高层建筑结构在水平力和竖向荷载作用下，其地基压应力不致过于集中，对基础底面压应力较小一端的应力状态作了限制。同时，满足本条规定时，高层建筑结构的抗倾覆能力具有足够的安全储备，不需再验算结构的倾覆问题。因此，本次修订中未再列入原规程 JGJ 3—91 第 4.3.2 条关于倾覆计算的规定。

对裙楼和主楼质量偏心较大的高层建筑，裙楼与

主楼可分别进行基底应力计算。

12.1.7 地震作用下结构的动力效应与基础埋置深度关系较大，软弱土层时更为明显，因此，高层建筑的基础应有一定的埋置深度。当抗震设防烈度高、场地差时，宜采用较大埋置深度，以抗倾覆和滑移，确保建筑物的安全。

根据我国高层建筑发展情况，层数越来越多，高度不断增高，按原来的经验规定天然地基和桩基的埋置深度分别不小于房屋高度的 1/12 和 1/15，对一些较高的高层建筑而使用功能又无多层地下室要求时，对施工不便且不经济。因此，本次修订中对基础埋置深度作了调整。同时，在满足承载力、变形、稳定以及上部结构抗倾覆要求的前提下，埋置深度的限值可适当放松。基础位于岩石地基上，当可能产生滑移时，还应验算地基的滑移。

12.1.8 带裙房的大底盘高层建筑，现在全国各地应用较普遍，高层主楼与裙房之间根据使用功能要求多数不设永久缝。我国从 80 年代初以来，对多栋带有裙房的高层建筑沉降观测表明：地基沉降曲线在高低层连接处是连续的，不会出现突变。高层主楼地基下沉，由于土的剪切传递，高层主楼以外的地基随之下沉，其影响范围随土质而异。因此，裙房与主楼连接处不会发生突变的差异沉降，而是在裙房若干跨内产生连续性的差异沉降。

高层建筑主楼基础与其相连的裙房基础，若采取有效措施的，或经过计算差异沉降量引起的抗弯承载力满足要求的，裙房与主楼连接处可以不设沉降缝，也可不考虑裙房各跨差异沉降对结构的内力影响。否则，必须考虑差异沉降的影响。

12.1.11 有窗井的箱形基础或筏形基础地下室，窗井外墙实为地下室外墙，设置分隔墙与主体基础外墙连接，既减少了窗井外墙的水平计算跨度，又增大了整体刚度。窗井外墙应计算侧向土压产生的内力及配筋。

12.1.12 本条是依据现行国家标准《粉煤灰混凝土应用技术规范》GBJ 146，为充分利用粉煤灰混凝土的后期强度而规定的。

12.2 筏形基础

12.2.2 平板式筏基的板厚，应能满足受冲切承载力的要求。计算时应考虑作用在冲切临界截面重心上的不平衡弯矩所产生的附加剪力，其计算方法应按《高层建筑箱形与筏形基础技术规范》JGJ 6—99 的有关规定执行。筏板弯曲对板厚不起控制作用。

12.2.4 按本条倒楼盖法计算时，地基反力可视为均布，其值应扣除底板及地面自重，并可仅考虑局部弯曲作用。

当地基比较复杂、上部结构刚度较差，或柱荷载及柱间距变化较大时，筏基内力宜按弹性地基板方法进行分析。

12.2.6 梁板式筏基的梁截面，应满足正截面受弯及斜截面受剪承载力，并应验算底层柱下的基础梁顶面局部受压承载力。基础梁的截面剪压比，即 $V \leqslant 0.25\beta_c f_c b h_0$ 起控制作用。

12.2.7 筏形基础，当周边或内部有钢筋混凝土墙时，墙下可不再设基础梁，墙按一般梁或深梁进行截面设计。周边有墙时，当基础底面已满足地基承载力，筏板可不外伸，有利外包防水操作。当需要外伸挑扩大时，应按悬臂板考虑其承载力。

12.3 箱形基础

12.3.2 本条要求箱形基础高度不宜小于基础长度的 1/20，且不宜小于 3m，旨在要求箱形基础具有一定的刚度，能适应地基的不均匀沉降，满足使用功能上的要求，减少不均匀沉降引起的上部结构附加应力。

12.3.6 当箱形基础的土层及上部结构符合本条所列诸条件时，底板反力可假定为均布，可仅考虑局部弯曲作用计算内力，整体弯曲的影响在构造上加以考虑。这样规定主要是来源于工程实际观测及研究成果，可参见有关规范的说明。

12.4 桩基础

12.4.1 桩基的设计应因地制宜，各地区对桩的选型、成桩工艺、承载力取值有各自的成熟经验，不少省、市有地区规范。当工程所在地有地区性地基设计规范时，可依据该地区规范进行桩基设计。

12.4.3 本条中的甲级设计等级、乙级设计等级，系指现行国家标准《建筑地基基础设计规范》GB 50007—2002 第 3.0.1 条所规定的地基基础设计等级。

12.4.5 为保证桩与承台的整体性及水平力和弯矩可靠传递，桩顶嵌入承台应有一定长度，桩纵向钢筋应可靠地锚固在承台内。

13 高层建筑结构施工

13.1 一般规定

13.1.1 施工单位应认真熟悉图纸。在设计单位向施工单位进行设计交底后，应认真研究，向设计单位反馈意见和建议，并向施工操作人员进行交底。在条件许可时，宜参加结构方案等研究，使设计更臻完善。

13.1.2 针对高层建筑施工特点，列举施工方案的重点内容和进行方案比较、择优选定的原则。季节施工一般包括冬期、暑期、雨季施工等。

13.1.3 合理选择主要施工机具，并对支承机具的结构物或地基应进行结构验算和必要的加固处理。

13.1.4 高层建筑自身特点是层数多、空间大、施工工期长，采用平行流水、立体交叉作业，可提高工效，缩短工期，节约投资。

13.2 施工测量

13.2.1 施工测量方案应根据实际情况确定，一般应包括以下内容：

（1）工程概况：场地位置、面积与地形情况，工程总体布局、建筑面积、层数与高度，结构类型，施工工期、本工程的特点与对施工的特殊要求。

（2）施工测量基本要求：场地、建筑物与建筑红线的关系，定位条件及工程设计、施工对测量精度与进度的要求。

（3）场地准备测量：根据设计总平面图与施工现场总平面布置图，确定拆迁次序与范围，测定需要保留的原有地下管线、地下建（构）筑物与名贵树木的树冠范围，场地平整与暂设工程定位放线工作内容。

（4）起始依据校测：对起始依据点（包括建筑红线桩点、水准点）或原有地上、地下建（构）筑物，均应进行校测。

（5）场区控制网测设：根据场区情况、设计与施工的要求，按照便于施工、控制全面又能长期保留的原则，测设场区平面控制网与高程控制网。

（6）建筑物定位与基础施工测量：建筑物定位与主要轴线控制桩、扩坡桩、基桩的定位与监测，基础开挖与±0.000以下各层施工测量。

（7）±0.000以上施工测量：首层、非标准层与标准层的结构测量放线、竖向控制与标高传递。

（8）室内、外装饰与安装测量：会议室、大厅、外饰面、玻璃幕墙等室内外装饰测量。各种管线、电梯、旋转餐厅等的安装测量。

（9）竣工测量与变形观测：竣工现状总图的编绘与各单项工程竣工测量，根据设计与施工要求的变形观测的内容、方案及要求。

（10）验线工作：明确各分项工程测量放线后，应由哪一级验线与验线的内容。

（11）施工测量工作的组织与管理：根据施工安排制定施工测量工作进度计划、使用仪器型号、数量，附属工具、记录表格等用量计划，测量人员与组织等。

13.2.2 平面控制应包括定位依据点、依据方位和建筑物的主轴线。建筑物主轴线，一般指建筑物定位的十字线。建筑物的定位依据有以下几种：

（1）城市规划部门给定的城市测量平面控制点或建筑红线；

（2）场区控制网或建筑物控制网；

（3）原有建（构）筑物或道路中心线。

建筑物定位的条件，应当是能惟一确定建筑物位置的几何条件。最常用的定位条件是能惟一确定建筑物的一个点位与一个边的方向。

（1）当以城市测量控制点或场区控制网定位时，应选择精度较高的点位和方向为依据；

（2）当以建筑红线定位时，应选择沿主要街道的建筑红线为依据，并以较长的已知边测设较短的边；

（3）当以原有建（构）筑物或道路中心线定位时，应选择外廓（或中心线）规整的永久性建（构）筑物为依据。

表13.2.2的技术指标与《工程测量规范》GB 50026中有关规定一致，等级分类标准可参照《高层民用建筑设计防火规范》GB 50045的有关规定。

13.2.3 表13.2.3基础放线尺寸的允许偏差取自《砌体工程施工质量验收规范》GB 50203的有关规定。

13.2.4 高层建筑结构施工，要逐层向上投测轴线，尤其是对结构四廓轴线的投测直接影响结构的竖向偏差。测量偏差根据目前国内高层建筑施工已达到的水平，本条的规定可以达到。竖向投测前，应对建筑物轴线控制桩事先进行校测，确保其位置准确。

竖向投测的方法，当建筑高度在50m以下时，宜使用在建筑物外部施测的外控法；当建筑高度高于50m时，宜使用在建筑物内部施测的内控法，内控法宜使用激光经纬仪或激光铅直仪。

13.2.6 附合测法是根据一个已知标高点引测到场地后，再与另一个已知标高点附合校核，以保证引测标高的准确性。

13.2.7 标高竖向传递可采用钢尺直接量取，或采用测距仪量测。施工层抄平之前，应先校测由首层传递上来的三个标高点，当其标高差值小于3mm时，以其平均点作为标高引测水平线；抄平时，宜将水准仪安置在测点范围的中心位置。

建筑物下沉与地层土质、基础构造、建筑高度等有关，下沉量一般在基础设计中有预估值，若能在基础施工中预留下沉量（即提高基础标高），有利于工程竣工后建筑与市政工程标高的衔接。

13.2.9 对于深基础施工的护坡桩倾斜，以及因降水而引起附近建（构）筑物的下沉与倾斜等的变形观测，均应在施工组织设计中和现场的安全监测中按有关规程技术要求进行。

13.3 模板工程

原规程JGJ 3—91第三节至第七节按不同的体系分别叙述施工，各节内容多有重复，亦有缺项。新规程将此部分改按模板、钢筋、混凝土和预制构件安装4个分项工程分成4节集中表述。

13.3.1 强调现浇混凝土应选用工具式模板，清水混凝土应满足装饰要求。

13.3.2 列举模板工程应符合的有关标准和对模板的基本要求。

13.3.3 阐明现浇梁、板、柱模板的基本要求。为提高工效，模板宜整体或分片预制安装和脱模。

13.3.4 列举现浇混凝土墙体施工的主要模板。

13.3.5～13.3.7 分别阐述大模板、液压滑动模板和爬升模板的适用范围和施工要点，爬升模板为新增内容，参照了1991年度土木建筑国家级相关工法。模板隔离剂宜采用非溶剂型；其各部件进入现场后，应按施工组织设计及有关图纸验收合格后才能安装。模板制作、安装允许偏差参照了相关标准的规定。

大模板宜用于标准层现浇墙体，采用逐层分段流水施工，减少模板一次投入量。大模板可分为平模和筒子模，并可组成隧道模。大模板通常由板面、骨架、支撑系统和附件组成，宜采用螺栓或铰接连接。可按照工程需要组合成各种尺寸的大模板，并达到拆模后墙面平整、基本不抹灰的要求。模板的组装校正应严格按施工程序进行，确保大模板的稳定。

液压滑动模板宜用于高耸的构筑物、建筑物，对圆形、弧形的平面尤为适用。液压滑升设备必须工作可靠，运转良好，能保证结构的施工质量和安全。液压机具和配件等应有足够的储备。施工中，门窗洞口、预埋件等位置应符合设计要求。

爬升模板宜用于筒体结构、现浇外墙外模和电梯井筒内模等。模板高度采用标准层层高加100～300mm，用于与下层已浇筑墙体的搭接，并固定模板；模板下端增加橡胶衬垫，以防止漏浆。爬升前，应试爬，验收合格后方可使用；爬升时，不应被其他构件卡住，并应避免大幅度摆动和碰撞。拆除爬升板应有拆除方案，经技术负责人审查通过，并向有关人员交底后方可实施。

13.3.8 阐述现浇楼板模板的选用要点。选用早拆模板体系，可加速模板的周转，节约投资。作为永久性模板的混凝土薄板，一般包括预应力混凝土板、双钢筋混凝土板和冷轧扭钢筋混凝土板。

13.4 钢筋工程

13.4.1 现场钢筋施工宜采用预制安装；以保证质量，提高效率。

13.4.2 规程 JGJ 3—91 钢筋连接突出焊接，本规程优先采用机械连接，与本规程6.5节一致。本条列举了钢筋连接应符合的有关标准。

13.4.3 采用点焊钢筋网片应符合的有关标准。

13.4.4 采用新品种钢筋应符合的有关标准。

13.4.5 钢筋的加工、安装等应符合的有关标准。

13.5 混凝土工程

13.5.1 高层建筑基础深、层数多，需要混凝土质量高、数量大，应尽量采用预拌泵送混凝土。

13.5.2 高性能混凝土以耐久性为基本要求，并根据不同用途强化某些性能，形成补偿收缩混凝土、自密实免振混凝土等。

13.5.3 列举混凝土工程应符合的主要标准。

13.5.4 强调混凝土应及时有效养护及养护覆盖的主要方法。

13.5.5 列举现浇预应力混凝土应符合的技术规程。

13.5.6 冬期混凝土受冻的临界强度和高空作业的挡风保温措施。

13.5.7 高层建筑不同强度的梁、柱节点混凝土浇筑需要有关单位具体商议解决。

13.5.8 混凝土施工缝留置的具体位置和浇筑应符合本规程和有关现行国家标准的规定。

13.5.9 如工程需要适当提前浇筑后浇带混凝土，应采取有效措施，并取得设计单位同意。

13.5.10 混凝土结构允许偏差主要根据《混凝土结构工程施工质量验收规范》GB 50204 有关规定，其中截面尺寸和表面平整的抹灰部分系指采用中、小型模板的允许偏差，不抹灰部分系指采用大模板及爬模工艺的允许偏差。

13.6 预制构件安装

13.6.1 预制构件必须有可靠连接，外墙挂板与主体结构宜采用柔性连接。

13.7 深基础施工

13.7.1 深基础施工影响整个工程质量和安全，必须详细掌握地下水文地质资料、场地环境，按照设计图纸和有关规范要求，调查研究，进行方案比较，确定地下施工方案。

13.7.2 列举深基础施工应符合的有关标准。

13.7.3 土方开挖前应采取降低水位措施，将地下水降到低于基底设计标高500mm以下。当含水丰富、降水困难时，宜采用截水措施，形成帷幕。

13.7.4 指明基坑周围土体在必要时可采取的加固措施。

13.7.5 列举深基坑支护结构选型原则。

13.7.6～13.7.9 分别阐述排桩、地下连续墙、土钉墙和逆作拱墙的施工要点和质量要求。

13.7.10 指明深基础信息化施工的基本程序。

13.7.11 阐述大体积混凝土施工要点和检验标准。

13.8 施工安全要求

13.8.1 高层建筑施工安全应遵照的技术规范、规程，并应根据工程特点编制安全施工措施。

13.8.2 近年，高层建筑施工所使用的外脚手架发生重大伤亡事故，本条就此提出应注意的问题。可根据工程实际情况和场地、地区等条件，选用各类附着升降脚手架（爬架）、挑架、挂架和支承于地面的扣件式、碗扣式、门式等钢管外脚手架。

13.8.3 列举高处作业所必须采取的措施。

13.8.4 列举严防高空坠落的措施。

13.8.5～13.8.6 针对大模板、升板施工的不同工艺提出安全要求。

13.8.7～13.8.8 针对高层建筑施工中上下楼层通讯联系、防止火灾和消防设施提出要求。

中华人民共和国国家标准

混凝土结构耐久性设计规范

GB/T 50476—2008

条 文 说 明

目　次

1　总则 …………………………………… 3—3—3
2　术语和符号 …………………………… 3—3—3
3　基本规定 ……………………………… 3—3—4
4　一般环境 ……………………………… 3—3—8
5　冻融环境 ……………………………… 3—3—9
6　氯化物环境 …………………………… 3—3—10
7　化学腐蚀环境 ………………………… 3—3—12
8　后张预应力混凝土结构 ……………… 3—3—14
附录 A　混凝土结构设计的耐久性
　　　　极限状态 ……………………… 3—3—15
附录 B　混凝土原材料的选用 ………… 3—3—15

1 总 则

1.0.1 我国1998年颁布的《建筑法》规定："建筑物在其合理使用寿命内，必须确保地基基础工程和主体结构的质量"(第60条)，"在建筑物的合理使用寿命内，因建筑工程质量不合格受到损害的，有权向责任者要求赔偿"(第80条)。所谓工程的"合理"寿命，首先应满足工程本身的"功能"(安全性、适用性和耐久性等)需要，其次是要"经济"，最后要体现国家、社会和民众的根本利益如公共安全、环保和资源节约等需要。

工程的业主和设计人应该关注工程的功能需要和经济性，而社会和公众的根本利益则由国家批准的法规和技术标准所规定的最低年限要求予以保证。所以设计人在工程设计前应该首先听取业主和使用者对工程合理使用寿命的要求，然后以合理使用寿命为目标，确定主体结构的合理使用年限。受过去计划经济年代的长期影响，我国设计人员习惯于直接照搬技术标准中规定的结构最低使用年限要求，而不是首先征求业主意见来共同确定是否需要采取更长的合理使用年限作为主体结构的设计使用年限。在许多情况下，结构的设计使用年限与工程的经济性并不矛盾，合理的耐久性设计在造价不明显增加的前提下就能大幅度提高结构物的使用寿命，使工程具有优良的长期使用效益。

建筑物的使用寿命是土建工程质量得以量化的集中表现。建筑物的主体结构设计使用年限在量值上与建筑物的合理使用年限相同。通过耐久性设计保证混凝土结构具有经济合理的使用年限(或使用寿命)，体现节约资源和可持续发展的方针政策，是本规范的编制目标。

1.0.2 本条确定规范的适用范围。本规范适用的工程对象除房屋建筑和一般构筑物外，还包括城市市政基础设施工程，如桥梁、涵洞、隧道、地铁、轻轨、管道等。对于公路桥涵混凝土结构，可比照本规范的有关规定进行耐久性设计。

本规范仅适用于普通混凝土制作的结构及构件，不适用于轻骨料混凝土、纤维混凝土、蒸压混凝土等特种混凝土，这些混凝土材料在环境作用下的劣化机理与速度不同于普通混凝土。低周反复荷载和持久荷载的作用也能引起材料性能劣化，与结构强度直接相关，有别于环境作用下的耐久性问题，故不属于本规范考虑的范畴。

本规范不涉及工业生产的高温高湿环境、微生物腐蚀环境、电磁环境、高压环境、杂散电流以及极端恶劣自然环境作用下的耐久性问题，也不适用于特殊腐蚀环境下混凝土结构的耐久性设计。特殊腐蚀环境下混凝土结构的耐久性设计可按现行国家标准《工业建筑防腐蚀设计规范》GB 50046 等专用标准进行，但需注意不同设计使用年限的结构应采取不同的防腐蚀要求。

1.0.3 混凝土结构耐久性设计的主要目标，是为了确保主体结构能够达到规定的设计使用年限，满足建筑物的合理使用年限要求。主体结构的设计使用年限虽然与建筑物的合理使用年限源于相同的概念但数值并不相同。合理使用年限是一个确定的期望值，而设计使用年限则必须考虑环境作用、材料性能等因素的变异性对于结构耐久性的影响，需要有足够的保证率，这样才能做到所设计的工程主体结构满足《建筑法》规定的"确保"要求(参见附录A)。设计人员应结合工程重要性和环境条件等具体特点，必要时应采取高于本规范条文的要求。由于环境作用下的耐久性问题十分复杂，存在较大的不确定和不确知性，目前尚缺乏足够的工程经验与数据积累。因此在使用本规范时，如有可靠的调查类比与试验依据，通过专门的论证，可以局部调整本规范的规定。此外，各地方宜根据当地环境特点与工程实践经验，制定相应的地方标准，进一步细化和具体化本规范的相关规定。

1.0.4 本条明确了本规范与其他相关标准规范的关系。

我国现行标准规范中有关混凝土结构耐久性的规定，在一些方面并不能完全满足结构设计使用年限的要求，这是编制本规范的主要目的，并建议混凝土结构的耐久性设计按照本规范执行。对于本规范未提及的与耐久性设计有关的其他内容，按照国家现有技术标准的有关规定执行。

结构设计规范中的要求是基于公共安全和社会需要的最低限度要求。每个工程都有自身的特点，仅仅满足规范的最低要求，并不总能保证具体设计对象的安全性与耐久性。当不同技术标准规范对同一问题规定不同时，需要设计人员结合工程的实际情况自行确定。技术规范或标准不是法律文件，所有技术规范的规定(包括强制性条文)决不能代替工程人员的专业分析判断能力和免除其应承担的法律责任。

2 术语和符号

2.1.17 大掺量矿物掺合料混凝土的水胶比通常不低于0.42，在配制混凝土时需要延长搅拌时间，一般需在90s以上。这种混凝土从搅拌出料入模(仓)到开始加湿养护的施工过程中，应尽量避免新拌混凝土的水分蒸发，缩小暴露于干燥空气中的工作面，施工操作之前和操作完毕的暴露表面需立即用塑料膜覆盖，避免吹风；在干燥空气中操作时宜在工作面上方喷雾以增加环境湿度并起到降温的作用。

本规范中所指的大掺量矿物掺合料混凝土为：在硅酸盐水泥中单掺粉煤灰量不小于胶凝材料总重的

30%、单掺磨细矿渣量不小于胶凝材料总重的50%;复合使用多种矿物掺合料时,粉煤灰掺量与0.3的比值加上磨细矿渣掺量与0.5的比值之和大于1。

2.1.21 本规范所指配筋混凝土结构中的筋体,不包括不锈钢、耐候钢或高分子聚酯材料等有机材料制成的筋体,也不包括纤维状筋体。

3 基 本 规 定

3.1 设 计 原 则

3.1.1 混凝土结构的耐久性设计可分为传统的经验方法和定量计算方法。传统经验方法是将环境作用按其严重程度定性地划分成几个作用等级,在工程经验类比的基础上,对于不同环境作用等级下的混凝土结构构件,由规范直接规定混凝土材料的耐久性质量要求(通常用混凝土的强度、水胶比、胶凝材料用量等指标表示)和钢筋保护层厚度等构造要求。近年来,传统的经验方法有很大的改进:首先是按照材料的劣化机理确定不同的环境类别,在每一类别下再按温、湿度及其变化等不同环境条件区分其环境作用等级,从而更为详细地描述环境作用;其次是对不同设计使用年限的结构构件,提出不同的耐久性要求。

在结构耐久性设计的定量计算方法中,环境作用需要定量表示,然后选用适当的材料劣化数学模型求出环境作用效应,列出耐久性极限状态下的环境作用效应与耐久性抗力的关系式,可求得相应的使用年限。结构的设计使用年限应有规定的安全度,所以在耐久性极限状态的关系式中应引入相应的安全系数,当用概率可靠度方法设计时应满足所需的保证率。对于混凝土结构耐久性极限状态与设计使用年限安全度的具体规定,可见本规范的附录A。

目前,环境作用下耐久性设计的定量计算方法尚未成熟到能在工程中普遍应用的程度。在各种劣化机理的计算模型中,可供使用的还只局限于定量估算钢筋开始发生锈蚀的年限。在国内外现行的混凝土结构设计规范中,所采用的耐久性设计方法仍然是传统方法或改进的传统方法。

本规范仍采用传统的经验方法,但进行了改进。除了细化环境的类别和作用等级外,规范在混凝土的耐久性质量要求中,既规定了不同环境类别与作用等级下的混凝土最低强度等级、最大水胶比和混凝土原材料组成,又提出了混凝土抗冻耐久性指数、氯离子扩散系数等耐久性参数的量值指标;同时从耐久性要求出发,对结构构造方法、施工质量控制以及工程使用阶段的维修检测作出了比较具体的规定。对于设计使用年限所需的安全度,已隐含在规范规定的上述要求中。

本规范中所指的环境作用,是直接与混凝土表面接触的局部环境作用。同一结构中的不同构件或同一构件中的不同部位,所处的局部环境有可能不同,在耐久性设计中可分别予以考虑。

3.1.2 本条提出混凝土结构耐久性设计的基本内容,强调耐久性设计不仅是确定材料的耐久性能指标与钢筋的混凝土保护层厚度。适当的防排水构造措施能够非常有效地减轻环境作用,应作为耐久性设计的重要内容。混凝土结构的耐久性在很大程度上还取决于混凝土的施工养护质量与钢筋保护层厚度的施工误差,由于国内现行的施工规范较少考虑耐久性的需要,所以必须提出基于耐久性的施工养护与保护层厚度的质量验收要求。

在严重的环境作用下,仅靠提高混凝土保护层的材料质量与厚度,往往还不能保证设计使用年限,这时就应采取一种或多种防腐蚀附加措施(参见2.1.20条)组成合理的多重防护策略;对于使用过程中难以检测和维修的关键部件如预应力钢绞线,应采取多重防护措施。

混凝土结构的设计使用年限是建立在预定的维修与使用条件下的。因此,耐久性设计需要明确结构使用阶段的维护、检测要求,包括设置必要的检测通道,预留检测维修的空间和装置等;对于重要工程,需预置耐久性监测和预警系统。

对于严重环境作用下的混凝土工程,为确保使用寿命,除进行施工建造前的结构耐久性设计外,尚应根据竣工后实测的混凝土耐久性能和保护层厚度进行结构耐久性的再设计,以便发现问题及时采取措施;在结构的使用年限内,尚需根据实测的材料劣化数据对结构的剩余使用寿命作出判断并针对问题继续进行再设计,必要时追加防腐措施或适时修理。

3.2 环境类别与作用等级

3.2.1 本条根据混凝土材料的劣化机理,对环境作用进行了分类:一般环境、冻融环境、海洋氯化物环境、除冰盐等其他氯化物环境和化学腐蚀环境,分别用大写罗马字母Ⅰ～Ⅴ表示。

一般环境(Ⅰ类)是指仅有正常的大气(二氧化碳、氧气等)和温、湿度(水分)作用,不存在冻融、氯化物和其他化学腐蚀物质的影响。一般环境对混凝土结构的腐蚀主要是碳化引起的钢筋锈蚀。混凝土呈高度碱性,钢筋在高度碱性环境中会在表面生成一层致密的钝化膜,使钢筋具有良好的稳定性。当空气中的二氧化碳扩散到混凝土内部,会通过化学反应降低混凝土的碱度(碳化),使钢筋表面失去稳定性并在氧气与水分的作用下发生锈蚀。所有混凝土结构都会受到大气和温湿度作用,所以在耐久性设计中都应予以考虑。

冻融环境(Ⅱ类)主要会引起混凝土的冻蚀。当混凝土内部含水量很高时,冻融循环的作用会引起内部或表层的冻蚀和损伤。如果水中含有盐分,还会加重损伤程度。因此冰冻地区与雨、水接触的露天混凝土构件应按冻融环境考虑。另外，反复冻融造成混凝土保护层损伤还会间接加速钢筋锈蚀。

海洋、除冰盐等氯化物环境（Ⅲ和Ⅳ类）中的氯离子可从混凝土表面迁移到混凝土内部。当到达钢筋表面的氯离子积累到一定浓度（临界浓度）后，也能引发钢筋的锈蚀。氯离子引起的钢筋锈蚀程度要比一般环境（Ⅰ类）下单纯由碳化引起的锈蚀严重得多，是耐久性设计的重点问题。

化学腐蚀环境（Ⅴ类）中混凝土的劣化主要是土、水中的硫酸盐、酸等化学物质和大气中的硫化物、氮氧化物等对混凝土的化学作用，同时也有盐结晶等物理作用所引起的破坏。

3.2.2 本条将环境作用按其对混凝土结构的腐蚀影响程度定性地划分成6个等级，用大写英文字母A～F表示。一般环境的作用等级从轻微到中度（Ⅰ-A、Ⅰ-B、Ⅰ-C），其他环境的作用程度则为中度到极端严重。应该注意，由于腐蚀机理不同，不同环境类别相同等级（如Ⅰ-C、Ⅱ-C、Ⅲ-C）的耐久性要求不会完全相同。

与各个环境作用等级相对应的具体环境条件，可分别参见本规范第4～7章中的规定。由于环境作用等级的确定主要依靠对不同环境条件的定性描述，当实际的环境条件处于两个相邻作用等级的界限附近时，就有可能出现难以判定的情况，这就需要设计人员根据当地环境条件和既有工程劣化状况的调查，并综合考虑工程重要性等因素后确定。在确定环境对混凝土结构的作用等级时，还应充分考虑环境作用因素在结构使用期间可能发生的演变。

由于本规范中所指的环境作用是指直接与混凝土表面接触的局部环境作用，所以同一结构中的不同构件或同一构件中的不同部位，所承受的环境作用等级可能不同。例如，外墙板的室外一侧会受到雨淋受潮或干湿交替为Ⅰ-B或Ⅰ-C，但室内一侧则处境良好为Ⅰ-A，此时内外两侧钢筋所需的保护层厚度可取不同。在实际工程设计中，还应从施工方便和可行性出发，例如桥梁的同一墩柱可能分别处于水中区、水位变动区、浪溅区和大气区，局部环境作用最严重的应是干湿交替的浪溅区和水位变动区，尤其是浪溅区；这时整个构件中的钢筋保护层最小厚度和混凝土的最大水胶比与最低强度等级，一般就要按浪溅区的环境作用等级Ⅲ-E或Ⅲ-F确定。

3.2.3 一般环境（Ⅰ类）的作用是所有结构构件都会遇到和需要考虑的。当同时受到两类或两类以上的环境作用时，通常由作用程度较高的环境类别决定或控制混凝土构件的耐久性要求，但对冻融环境（Ⅱ类）或化学腐蚀环境（Ⅴ类）有例外，例如在严重作用等级的冻融环境下可能必须采用引气混凝土，同时在混凝土原材料选择、结构构造、混凝土施工养护等方面也有特殊要求。所以当结构构件同时受到多种类别的环境作用时，原则上均应考虑，需满足各自单独作用下的耐久性要求。

3.2.4 混凝土中的碱（Na_2O和K_2O）与砂、石骨料中的活性硅会发生化学反应，称为碱-硅反应（Aggregate-Silica Reaction，简称ASR）；某些碳酸盐类岩石骨料也能与碱起反应，称为碱-碳酸盐反应（Aggregate-Carbonate Reaction，简称ACR）。这些碱-骨料反应在骨料界面生成的膨胀性产物会引起混凝土开裂，在国内外都发生过此类工程损坏的事例。环境作用下的化学腐蚀反应大多从表面开始，但碱-骨料反应却是在内部发生的。碱-骨料反应是一个长期过程，其破坏作用需要若干年后才会显现，而且一旦在混凝土表面出现开裂，往往已严重到无法修复的程度。

发生碱-骨料反应的充分条件是：混凝土有较高的碱含量；骨料有较高的活性；还要有水的参与。限制混凝土含碱量、在混凝土中加入足够掺量的粉煤灰、矿渣或沸石岩等掺合料，能够抑制碱-骨料反应；采用密实的低水胶比混凝土也能有效地阻止水分进入混凝土内部，有利于阻止反应的发生。混凝土含碱量的规定见附录B.2。

混凝土钙矾石延迟生成（Delayed Ettringite Formation，简写作DEF）也是混凝土内部成分之间发生的化学反应。混凝土中的钙矾石是硫酸盐、铝酸钙与水反应后的产物，正常情况下应该在混凝土拌合后水泥的水化初期形成。如果混凝土硬化后内部仍然剩有较多的硫酸盐和铝酸三钙，则在混凝土的使用中如与水接触可能会再起反应，延迟生成钙矾石。钙矾石在生成过程中体积会膨胀，导致混凝土开裂。混凝土早期蒸养过度或内部温度较高会增加延迟生成钙矾石的可能性。防止延迟生成钙矾石反应的主要途径是降低养护温度、限制水泥的硫酸盐和铝酸三钙（C_3A）含量以及避免混凝土在使用阶段与水分接触。在混凝土中引气也能缓解其破坏作用。

流动的软水能将水泥浆体中的氢氧化钙溶出，使混凝土密实性下降并影响其他含钙水化物的稳定。酸性地下水也有类似的作用。增加混凝土密实性有助于减轻氢氧化钙的溶出。

3.2.5 冲刷、磨损会削弱混凝土构件截面，此时应采用强度等级较高的耐磨混凝土，通常还需要将可能磨损的厚度作为牺牲厚度考虑在构件截面或钢筋的混凝土保护层厚度内。

不同骨料抗冲磨性能大不相同。研究表明，骨料的硬度和耐磨性对混凝土的抗冲磨能力起到重要作用，铁矿石骨料好于花岗岩骨料，花岗岩骨料好于石灰岩骨料。在胶凝材料中掺入硅灰也能有效地提高混凝土的抗冲磨性能。

3.3 设计使用年限

3.3.1 本条对混凝土结构的最低设计使用年限作出了规定。结构的设计使用年限和我国《建筑法》规定的合理使用年限（寿命）的关系见 1.0.1 和 1.0.3 的条文说明。

结构设计使用年限是在确定的环境作用和维修、使用条件下，具有规定保证率或安全裕度的年限。设计使用年限应由设计人员与业主共同确定，首先要满足工程设计对象的功能要求和使用者的利益，并不低于有关法规的规定。

我国现行国家标准《工程结构可靠性设计统一标准》GB 50153 对房屋建筑、公路桥涵、铁路桥涵以及港口工程规定了使用年限，应予遵守；对于城市桥梁、隧道等市政工程按照表 3.3.1 的规定确定结构的设计使用年限。

3.3.2 在严重（包括严重、非常严重和极端严重）环境作用下，混凝土结构的个别构件因技术条件和经济性难以达到结构整体的设计使用年限时（如斜拉桥的拉索），在与业主协商同意后，可设计成易更换的构件或能在预期的年限进行大修，并应在设计文件中注明更换或大修的预期年限。需要大修或更换的结构构件，应具有可修复性，能够经济合理地进行修复或更换，并具备相应的施工操作条件。

3.4 材料要求

3.4.1 根据结构物所处的环境类别和作用等级以及设计使用年限，规范分别在第 4～7 章中规定了不同环境中混凝土材料的最低强度等级和最大水胶比，具体见本规范的 4.3.1 条、5.3.2 条、6.3.2 条、7.3.2 条的规定。在附录 B 中规定了混凝土组成原材料的成分限定范围。原材料的限定范围包括硅酸盐水泥品种与用量、胶凝材料中矿物掺合料的用量范围、水泥中的铝酸三钙含量、原材料中有害成分总量（如氯离子、硫酸根离子、可溶碱等）以及粗骨料的最大粒径等。具体见本规范的附录 B.1、B.2 和 B.3。

通常，在设计文件中仅需提出混凝土的最低强度等级与最大水胶比。对于混凝土原材料的选用，可在设计文件中注明由施工单位和混凝土供应商根据规定的环境作用类别与等级，按本规范的附录 B.1、B.2 和 B.3 执行。对于大型工程和重要工程，应在设计阶段由结构工程师会同材料工程师共同确定混凝土及其原材料的具体技术要求。

3.4.2 常用的混凝土耐久性指标包括一般环境下的混凝土抗渗等级、冻融环境下的抗冻耐久性指数或抗冻等级、氯化物环境下的氯离子在混凝土中的扩散系数等。这些指标均由实验室标准快速试验方法测定，可用来比较胶凝材料组分相近的不同混凝土之间的耐久性能高低，主要用于施工阶段的混凝土质量控制和质量检验。

如果混凝土的胶凝材料组成不同，用快速试验得到的耐久性指标往往不具有可比性。标准快速试验中的混凝土龄期过短，不能如实反映混凝土在实际结构中的耐久性能。某些在实际工程中耐久性能表现优良的混凝土，如低水胶比大掺量粉煤灰混凝土，由于其成熟速度比较缓慢，在快速试验中按标准龄期测得的抗氯离子扩散指标往往不如相同水胶比的无矿物掺合料混凝土；但实际上，前者的长期抗氯离子侵入能力比后者要好得多。

抗渗等级仅对低强度混凝土的性能检验有效，对于密实的混凝土宜用氯离子在混凝土中的扩散系数作为耐久性能的评定指标。

3.4.3 本条规定了混凝土结构设计中混凝土强度的选取原则。结构构件需要采用的混凝土强度等级，在许多情况下是由环境作用决定的，并非由荷载作用控制。因此在进行构件的承载能力设计以前，应该首先了解耐久性要求的混凝土最低强度等级。

3.4.4 本条规定了耐久性需要的配筋混凝土最低强度等级。对于冻融环境的Ⅱ-D、Ⅱ-E 等级，表 3.4.4 给出的强度等级为引气混凝土的强度等级；对于冻融环境的Ⅱ-C 等级，表 3.4.4 同时给出了引气和非引气混凝土的强度等级。

表 3.4.4 的耐久性强度等级主要是对钢筋混凝土保护层的要求。对于截面较大的墩柱等受压构件，如果为了满足钢筋保护层混凝土的耐久性要求而需要提高全截面的混凝土强度，就不如增加钢筋保护层厚度或者在混凝土表面采取附加防腐蚀措施的办法更为经济。

3.4.5 素混凝土结构不存在钢筋锈蚀问题，所以在一般环境和氯化物环境中可按较低的环境作用等级确定混凝土的最低强度等级。对于冻融环境和化学腐蚀环境，环境因素会直接导致混凝土材料的劣化，因此对素混凝土的强度等级要求与配筋混凝土要求相同。

3.4.6～3.4.7 冷加工钢筋和细直径钢筋对锈蚀比较敏感，作为受力主筋使用时需要相应提高耐久性要求。细直径钢筋可作为构造钢筋。

3.4.8 本条所指的预应力筋为在先张法构件中单根使用的预应力钢丝，不包括钢绞线中的单根钢丝。

3.4.9 埋在混凝土中的钢筋，如材质有所差异且相互的连接能够导电，则引起的电位差有可能促进钢筋的锈蚀，所以宜采用同样牌号或代号的钢筋。不同材质的金属埋件之间（如镀锌钢材与普通钢材、钢材与铝材）尤其不能有导电的连接。

3.5 构造规定

3.5.1 本条提出环境作用下混凝土保护层厚度的确定原则。对于不同环境作用下所需的混凝土保护层最小厚度，可见本规范的 4.3.1 条、5.3.2 条、6.3.2 条和 7.3.2 条中的具体规定。

混凝土构件中最外侧的钢筋会首先发生锈蚀，一般是箍筋和分布筋，在双向板中也可能是主筋。所以本规范对构件中各类钢筋的保护层最小厚度提出相同的要求。欧洲 CEB-FIP 模式规范、英国 BS 规范、美国混凝土学会 ACI 规范以及现行的欧盟规范都有这样的规定。箍筋的锈蚀可引起构件混凝土沿箍筋的环向开裂，而墙、板中分布筋的锈蚀除引起开裂外，还会导致保护层的成片剥落，都是结构的正常使用所不允许的。

保护层厚度的尺寸较小，而钢筋出现锈蚀的年限大体与保护层厚度的平方成正比，保护层厚度的施工偏差会对耐久性造成很大的影响。以保护层厚度为 20mm 的钢筋混凝土板为例，如果施工允许偏差为 ±5mm，则 5mm 的允许负偏差就可使钢筋出现锈蚀的年限缩短约 40%。因此在耐久性设计所要求的保护层厚度中，必须计入施工允许负偏差。1990 年颁布的 CEB-FIP 模式规范、2004 年正式生效的欧盟规范，以及英国历届 BS 规范中，都将用于设计计算和标注于施工图上的保护层设计厚度称为"名义厚度"，并规定其数值不得小于耐久性要求的最小厚度与施工允许负偏差的绝对值之和。欧盟规范建议的施工允许偏差对现浇混凝土为 5～15mm，一般取 10mm。美国 ACI 规范和加拿大规范规定保护层的最小设计厚度已经包含了约 12mm 的施工允许偏差，与欧盟规范名义厚度的规定实际上相同。

本规范规定保护层设计厚度的最低值仍称为最小厚度，但在耐久性所要求最小厚度的取值中已考虑了施工允许负偏差的影响，并对现浇的一般混凝土梁、柱取允许负偏差的绝对值为 10mm，板、墙为 5mm。

为保证钢筋与混凝土之间粘结力传递，各种钢筋的保护层厚度均不应小于钢筋的直径。按防火要求的混凝土保护层厚度，可参照有关的防火设计标准，但我国有关设计规范中规定的梁板保护层厚度，往往达不到所需耐火极限的要求，尤其在预应力预制楼板中相差更多。

过薄的混凝土保护层厚度容易在混凝土施工中因新拌混凝土的塑性沉降和硬化混凝土的收缩引起顺筋开裂；当顶面钢筋的混凝土保护层过薄时，新拌混凝土的抹面整平工序也会促使混凝土硬化后的顺筋开裂。此外，混凝土粗骨料的最大公称粒径尺寸与保护层的厚度之间也要满足一定关系（见附录 B.3），如果施工不能提供规定粒径的粗骨料，也有可能需要增大混凝土保护层的设计厚度。

3.5.2 预应力筋的耐久性保证率应高于普通钢筋。在严重的环境条件下，除混凝土保护层外还应对预应力筋采取多重防护措施，如将后张预应力筋置于密封的波形套管中并灌浆。本规范规定，对于单纯依靠混凝土保护层防护的预应力筋，其保护层厚度应比普通钢筋的大 10mm。

3.5.3 工厂生产的混凝土预制构件，在保护层厚度的质量控制上较有保证，保护层施工偏差比现浇构件的小，因此设计要求的保护层厚度可以适当降低。

3.5.4 本条所指的裂缝为荷载造成的横向裂缝，不包括收缩和温度等非荷载作用引起的裂缝。表 3.5.4 中的裂缝宽度允许值，更不能作为荷载裂缝计算值与非荷载裂缝计算值两者叠加后的控制标准。控制非荷载因素引起的裂缝，应该通过混凝土原材料的精心选择、合理的配比设计、良好的施工养护和适当的构造措施来实现。

表面裂缝最大宽度的计算值可根据现行国家标准《混凝土结构设计规范》GB 50010 或现行行业标准《公路钢筋混凝土及预应力混凝土桥涵设计规范》JTG D62 的相关公式计算，后者给出的裂缝宽度与保护层厚度无关。研究表明，按照规范 GB 50010 公式计算得到的最大裂缝宽度要比国内外其他规范的计算值大得多，而规定的裂缝宽度允许值却偏严。增大混凝土保护层厚度虽然会加大构件裂缝宽度的计算值，但实际上对保护钢筋减轻锈蚀十分有利，所以在 JTG D62 中，不考虑保护层厚度对裂缝宽度计算值的影响。

此外，不能为了减少裂缝计算宽度而在厚度较大的混凝土保护层内加设没有防锈措施的钢筋网，因为钢筋网的首先锈蚀会导致网片外侧混凝土的剥落，减少内侧箍筋和主筋应有的保护层厚度，对构件的耐久性造成更为有害的后果。荷载与收缩引起的横向裂缝本质上属于正常裂缝，如果影响建筑物的外观要求或防水功能可适当填补。

3.5.6 棱角部位受到两个侧面的环境作用并容易造成碰撞损伤，在可能条件下应尽量加以避免。

3.5.7 混凝土施工缝、伸缩缝等连接缝是结构中相对薄弱的部位，容易成为腐蚀性物质侵入混凝土内部的通道，故在设计与施工中应尽量避让局部环境作用比较不利的部位，如桥墩的施工缝不应设在干湿交替的水位变动区。

3.5.8 应避免外露金属部件的锈蚀造成混凝土的胀裂，影响构件的承载力。这些金属部件宜与混凝土中的钢筋隔离或进行绝缘处理。

3.6 施工质量的附加要求

3.6.1 本条给出了保证混凝土结构耐久性的不同环境中混凝土的养护制度要求，利用养护时间和养护结束时的混凝土强度来控制现场养护过程。养护结束时的强度是指现场混凝土强度，用现场同温养护条件下的标准试件测得。

现场混凝土构件的施工养护方法和养护时间需要考虑混凝土强度等级、施工环境的温、湿度和风速、构件尺寸、混凝土原材料组成和入模温度等诸多因素。应根据具体施工条件选择合理的养护工艺，可参考中国土木工程学会标准《混凝土结构耐久性设计与施工指南》CCES01-2004（2005年修订版）的相关规定。

3.6.3 本条给出了在不同环境作用等级下，混凝土结构中钢筋保护层的检测原则和质量控制方法。

4 一般环境

4.1 一般规定

4.1.1 正常大气作用下表层混凝土碳化引发的内部钢筋锈蚀，是混凝土结构中最常见的劣化现象，也是耐久性设计中的首要问题。在一般环境作用下，依靠混凝土本身的耐久性质量、适当的保护层厚度和有效的防排水措施，就能达到所需的耐久性，一般不需考虑防腐蚀附加措施。

4.2 环境作用等级

4.2.1 确定大气环境对配筋混凝土结构与构件的作用程度，需要考虑的环境因素主要是湿度（水）、温度和CO_2与O_2的供给程度。对于混凝土的碳化过程，如果周围大气的相对湿度较高，混凝土的内部孔隙充满溶液，则空气中的CO_2难以进入混凝土内部，碳化就不能或只能非常缓慢地进行；如果周围大气的相对湿度很低，混凝土内部比较干燥，孔隙溶液的量很少，碳化反应也很难进行。对于钢筋的锈蚀过程，电化学反应要求混凝土有一定的电导率，当混凝土内部的相对湿度低于70%时，由于混凝土电导率太低，钢筋锈蚀很难进行；同时，锈蚀电化学过程需有水和氧气参与，当混凝土处于水下或湿度接近饱和时，氧气难以到达钢筋表面，锈蚀会因为缺氧而难以发生。

室内干燥环境对混凝土结构的耐久性最为有利。虽然混凝土在干燥环境中容易碳化，但由于缺少水分使钢筋锈蚀非常缓慢甚至难以进行。同样，水下构件由于缺乏氧气，钢筋基本不会锈蚀。因此表4.2.1将这两类环境作用归为Ⅰ-A级。在室内外潮湿环境或者偶尔受到雨淋、与水接触的条件下，混凝土的碳化反应和钢筋的锈蚀过程都有条件进行，环境作用等级归为Ⅰ-B级。在反复的干湿交替作用下，混凝土碳化有条件进行，同时钢筋锈蚀过程由于水分和氧气的交替供给而显著加强，因此对钢筋锈蚀最不利的环境条件是反复干湿交替，其环境作用等级归为Ⅰ-C级。

如果室内构件长期处于高湿度环境，即使年平均湿度高于60%，也有可能引起钢筋锈蚀，故宜按Ⅰ-B级考虑。在干湿交替环境下，如混凝土表面在干燥阶段周围大气相对湿度较高，干湿交替的影响深度很有限，混凝土内部仍会长期处于高湿度状态，内部混凝土碳化和钢筋锈蚀程度都会受到抑制。在这种情况下，环境对配筋混凝土构件的作用程度介于Ⅰ-C与Ⅰ-B之间，具体作用程度可根据当地既有工程的实际调查确定。

4.2.2 与湿润土体或水接触的一侧混凝土饱水，钢筋不易锈蚀，可按环境作用等级Ⅰ-B考虑；接触干燥空气的一侧，混凝土容易碳化，又可能有水分从临水侧迁移供给，一般应按Ⅰ-C级环境考虑。如果混凝土密实性好、构件厚度较大或临水表面已作可靠防护层，临水侧的水分供给可以被有效隔断，这时接触干燥空气的一侧可不按Ⅰ-C级考虑。

4.3 材料与保护层厚度

4.3.1 表4.3.1分别对板、墙等面形构件和梁、柱等条形构件规定了混凝土的最低强度等级、最大水胶比和钢筋的保护层最小厚度。板、墙、壳等面形构件中的钢筋，主要受来自一侧混凝土表面的环境因素侵蚀，而矩形截面的梁、柱等条形构件中的角部钢筋，同时受到来自两个相邻侧面的环境因素作用，所以后者的保护层最小厚度要大于前者。对保护层最小厚度要求与所用的混凝土水胶比有关，在应用表4.3.1中不同使用年限和不同环境作用等级下的保护层厚度时，应注意到对混凝土水胶比和强度等级的不同要求。

表4.3.1中规定的混凝土最低强度等级、最大水胶比和保护层厚度与欧美的相关规范相近，这些数据比照了已建工程实际劣化现状的调查结果，并用材料劣化模型作了近似的计算校核，总体上略高于我国现行的混凝土结构设计规范的规定，尤其在干湿交替的环境条件下差别较大。美国ACI设计规范要求室外淋雨环境的梁柱外侧钢筋（箍筋或分布筋）保护层最小设计厚度为50mm（钢筋直径不大于16mm时为38mm），英国BS8110设计规范（60年设计年限）为40mm（C40）或30mm（C45）。

4.3.2 本条给出了大截面墩柱在符合耐久性要求的前提下，截面混凝土强度与钢筋保护层厚度的调整方法。一般环境下对混凝土提出最低强度等级的要求，是为了保护钢筋的需要，针对的是构件表层的保护层混凝土。但对大截面墩柱来说，如果只是为了提高保护层混凝土的耐久性而全截面采用较高强度的混凝土，往往不如加大保护层厚度的办法更为经济合理。相反，加大保护层厚度会明显增加梁、板等受弯构件的自重，宜提高混凝土的强度等级以减少保护层厚度。

4.3.3 本条所指的建筑饰面包括不受雨水冲淋的石灰浆、砂浆抹面和砖石贴面等普通建筑饰面；防水饰面包括防水砂浆、粘贴面砖、花岗石等具有良好防水性能的饰面。除此之外，构件表面的油毡等一般防水层由于防水有效年限远低于构件的设计使用年限，不宜考虑其对钢筋防锈的作用。

5 冻融环境

5.1 一般规定

5.1.1 饱水的混凝土在反复冻融作用下会造成内部损伤,发生开裂甚至剥落,导致骨料裸露。与冻融破坏有关的环境因素主要有水、最低温度、降温速率和反复冻融次数。混凝土的冻融损伤只发生在混凝土内部含水量比较充足的情况。

冻融环境下的混凝土结构耐久性设计,原则上要求混凝土不受损伤,不影响构件的承载力与对钢筋的保护。确保耐久性的主要措施包括防止混凝土受湿、采用高强度的混凝土和引气混凝土。

5.1.2 冰冻地区与雨、水接触的露天混凝土构件应按冻融环境进行耐久性设计。环境温度达不到冰冻条件(如位于土中冰冻线以下和长期在不结冻水下)的混凝土构件可不考虑抗冻要求。冰冻前不饱水的混凝土且在反复冻融过程中不接触外界水分的混凝土构件,也可不考虑抗冻要求。

本规范不考虑人工造成的冻融环境作用,此类问题由专门的标准规范解决。

5.1.3 截面尺寸较小的钢筋混凝土构件和预应力混凝土构件,发生冻蚀的后果严重,应赋予更大的安全保证率。在耐久性设计时应适当增加厚度作为补偿,或采取表面附加防护措施。

5.1.4 适当延迟现场混凝土初次与水接触的时间实际上是延长混凝土的干燥时间,并且给混凝土内部结构发育提供时间。在可能情况下,应尽量延迟混凝土初次接触水的时间,最好在一个月以上。

5.2 环境作用等级

5.2.1 本规范对冻融环境作用等级的划分,主要考虑混凝土饱水程度、气温变化和盐分含量三个因素。饱水程度与混凝土表面接触水的频度及表面积水的难易程度(如水平或竖向表面)有关;气温变化主要与环境最低温度及年冻融次数有关;盐分含量指混凝土表面受冻时冰水中的盐含量。

我国现行规范中对混凝土抗冻等级的要求多按当地最冷月份的平均气温进行区分,这在使用上有其方便之处,但应注意当地气温与构件所处地段的局部温度往往差别很大。比如严寒地区朝南构件的冻融次数多于朝北的构件,而微冻地区可能相反。由于缺乏各地区年冻融次数的统计资料,现仍暂时按当地最冷月的平均气温表示气温变化对混凝土冻融的影响程度。

对于饱水程度,分为高度饱水和中度饱水两种情况,前者指受冻前长期或频繁接触水体或湿润土体,混凝土体内高度饱水;后者指受冻前偶受雨淋或潮湿,混凝土体内的饱水程度不高。混凝土受冻融破坏的临界饱水度约为85%~90%,含水量低于临界饱水度时不会冻坏。在表面有水的情况下,连续的反复冻融可使混凝土内部的饱水程度不断增加,一旦达到或超过临界饱水度,就有可能很快发生冻坏。

有盐的冻融环境主要指冬季喷洒除冰盐的环境。含盐分的水溶液不仅会造成混凝土的内部损伤,而且能使混凝土表面起皮剥蚀,盐中的氯离子还会引起混凝土内部钢筋的锈蚀(除冰盐引起的钢筋锈蚀按Ⅳ类环境考虑)。除冰盐的剥蚀作用程度与混凝土湿度有关;不同构件及部位由于方向、位置不同,受除冰盐直接、间接作用或溅射的程度也会有很大的差别。

寒冷地区海洋和近海环境中的混凝土表层,当接触水分时也会发生盐冻,但海水的含盐浓度要比除冰盐融雪后的盐水低得多。海水的冰点较低,有些微冻地区和寒冷地区的海水不会出现冻结,具体可通过调查确定;若不出现冰冻,就可以不考虑冻融环境作用。

5.2.2 埋置于土中冰冻线以上的混凝土构件,发生冻融交替的次数明显低于暴露在大气环境中的构件,但仍要考虑冻融损伤的可能,可根据具体情况适当降低环境作用等级。

5.2.3 某些结构在正常使用条件下冬季出现冰冻的可能性很小,但在极端气候条件下或偶发事故时有可能会遭受冰冻,故应具有一定的抗冻能力,但可适当降低要求。

5.2.4 竖向构件底部侧面的积雪可引发混凝土较严重的冻融损伤。尤其在冬季喷洒除冰盐的环境中,道路上含盐的积雪常被扫到两侧并堆置在墙柱和栏杆底部,往往造成底部混凝土的严重腐蚀。对于接触积雪的局部区域,也可采取局部的防护处理。

5.3 材料与保护层厚度

5.3.1 本条规定了冻融环境中混凝土原材料的组成与引气工艺的使用。使用引气剂能在混凝土中产生大量均布的微小封闭气孔,有效缓解混凝土内部结冰造成的材料破坏。引气混凝土的抗冻要求用新拌混凝土的含气量表示,是气泡占混凝土的体积比。冻融越严重,要求混凝土的含气量越大;气泡只存在于水泥浆体中,所以混凝土抗冻所需的含气量与骨料的最大粒径有关;过大的含气量会明显降低混凝土强度,故含气量应控制在一定范围内,且有相应的误差限制。具体可参照附录C的要求。

矿物掺合料品种和数量对混凝土抗冻性能有影响。通常情况下,掺加硅粉有利于抗冻;在低水胶比前提下,适量掺加粉煤灰和矿渣对抗冻能力影响不大,但应严格控制粉煤灰的品质,特别要尽量降低粉煤灰的烧失量。具体见规范附录B的规定。

严重冻融环境下必须引气的要求主要是根据实验

室快速冻融试验的研究结果提出的，50多年来工程实际应用肯定了引气工艺的有效性。但是混凝土试件在标准快速试验下的冻融激烈程度要比工程现场的实际环境作用严酷得多。近年来，越来越多的现场调查表明，高强混凝土用于非常严重的冻融环境即使不引气也没有发生破坏。新的欧洲混凝土规范EN206-1：2000虽然对严重冻融环境作用下的构件混凝土有引气要求，但允许通过实验室的对比试验研究后不引气；德国标准DIN1045-2/07.2001规定含盐的高度饱水情况需要引气，其他情况下均可采用强度较高的非引气混凝土；英国标准8500-1：2002规定，各种冻融环境下的混凝土均可不引气，条件是混凝土强度等级需达到C50且骨料符合抗冻要求。北欧和北美各国的规范仍规定严重冻融环境作用下的混凝土需要引气。由于我国国内在这方面尚缺乏相应的研究和工程实际经验，本规范现仍规定严重冻融环境下需要采用引气混凝土。

5.3.2　表5.3.2中仅列出一般冻融（无盐）情况下钢筋的混凝土保护层最小厚度。盐冻情况下的保护层厚度由氯化物环境控制，具体见第6章的有关规定；相应的保护层混凝土质量则要同时满足冻融环境和氯化物环境的要求。有盐冻融条件下的耐久性设计见条文6.3.2的规定及其条文说明。

5.3.3　对于冻融环境下重要工程和大型工程的混凝土，其耐久性质量除需满足第5.3.2条的规定外，应同时满足本条提出的抗冻耐久性指数要求。表5.3.3中的抗冻耐久性指数由快速冻融循环试验结果进行评定。美国ASTM标准定义试件经历300次冻融循环后的动弹性模量的相对损失为抗冻耐久性指数DF，其计算方法见表注1。在北美，认为有抗冻要求的混凝土DF值不能小于60%。对于年冻融次数不频繁的环境条件或混凝土现场饱水程度不很高时，这一要求可能偏高。

混凝土的抗冻性评价可用多种指标表示，如试件经历冻融循环后的动弹性模量损失、质量损失、伸长量或体积膨胀等。多数标准都采用动弹性模量损失或同时考虑质量损失来确定抗冻级别，但上述指标通常只用来比较混凝土材料的相对抗冻性能，不能直接用来进行结构使用年限的预测。

6　氯化物环境

6.1　一般规定

6.1.1　环境中的氯化物以水溶氯离子的形式通过扩散、渗透和吸附等途径从混凝土构件表面向混凝土内部迁移，可引起混凝土内钢筋的严重锈蚀。氯离子引起的钢筋锈蚀难以控制、后果严重，因此是混凝土结构耐久性的重要问题。氯盐对于混凝土材料也有一定的腐蚀作用，但相对较轻。

6.1.2　本条规定所指的海洋和近海氯化物包括海水、大气、地下水与土体中含有的来自海水的氯化物。此外，其他情况下接触海水的混凝土构件也应考虑海洋氯化物的腐蚀，如海洋馆中接触海水的混凝土池壁、管道等。内陆盐湖中的氯化物作用可参照海洋氯化物环境进行耐久性设计。

6.1.3　除冰盐对混凝土的作用机理很复杂。对钢筋混凝土（如桥面板）而言，一方面，除冰盐直接接触混凝土表层，融雪过程中的温度骤降以及渗入混凝土的含盐雪水的蒸发结晶都会导致混凝土表面的开裂剥落；另一方面，雪水中的氯离子不断向混凝土内部迁移，会引起钢筋锈蚀。前者属于盐冻现象，有关的耐久性要求在第5章中已有规定；后者属于钢筋锈蚀问题，相应的要求由本章规定。

降雪地区喷洒的除冰盐可以通过多种途径作用于混凝土构件，含盐的融雪水直接作用于路面，并通过伸缩缝等连接处渗漏到桥面板下方的构件表面，或者通过路面层和防水层的缝隙渗漏到混凝土桥面板的顶面。排出的盐水如渗入地下土体，还会侵蚀混凝土基础。此外，高速行驶的车辆会将路面上含盐的水溅射或转变成盐雾，作用到车道两侧甚至较远的混凝土构件表面；汽车底盘和轮胎上冰冻的含盐雪水进入停车库后融化，还会作用于车库混凝土楼板或地板引起钢筋腐蚀。

地下水土（滨海地区除外）中的氯离子浓度一般较低，当浓度较高且在干湿交替的条件下，则需考虑对混凝土构件的腐蚀。我国西部盐湖和盐渍土地区地下水土中氯盐含量很高，对混凝土构件的腐蚀作用需专门研究处理，不属于本规范的内容。对于游泳池及其周围的混凝土构件，如公共浴室、卫生间地面等，还需要考虑氯盐消毒剂对混凝土构件腐蚀的作用。

除冰盐可对混凝土结构造成极其严重的腐蚀，不进行耐久性设计的桥梁在除冰盐环境下只需几年或十几年就需要大修甚至被迫拆除。发达国家使用含氯除冰盐融化道路积雪已有40年的历史，迄今尚无更为经济的替代方法。考虑今后交通发展对融化道路积雪的需要，应在混凝土桥梁的耐久性设计时考虑除冰盐氯化物的影响。

6.1.4　当环境作用等级为非常严重或极端严重时，按照常规手段通过增加混凝土强度、降低混凝土水胶比和增加混凝土保护层厚度的办法，仍然有可能保证不了50年或100年设计使用年限的要求。这时宜考虑采用一种或多种防腐蚀附加措施，并建立合理的多重防护策略，提高结构使用年限的保证率。在采取防腐蚀附加措施的同时，不应降低混凝土材料的耐久性质量和保护层的厚度要求。

常用的防腐蚀附加措施有：混凝土表面涂刷防腐面层或涂层、采用环氧涂层钢筋、应用钢筋阻锈剂等。环氧涂层钢筋和钢筋阻锈剂只有在耐久性优良的混凝土材料中才能起到控制构件锈蚀的作用。

6.1.5 定期检测可以尽快发现问题，并及时采取补救措施。

6.2 环境作用等级

6.2.1 对于海水中的配筋混凝土结构，氯盐引起钢筋锈蚀的环境可进一步分为水下区、潮汐区、浪溅区、大气区和土中区。长年浸没于海水中的混凝土，由于水中缺氧使锈蚀发展速度变得极其缓慢甚至停止，所以钢筋锈蚀危险性不大。潮汐区特别是浪溅区的情况则不同，混凝土处于干湿交替状态，混凝土表面的氯离子可通过吸收、扩散、渗透等多种途径进入混凝土内部，而且氧气和水交替供给，使内部的钢筋具备锈蚀发展的所有条件。浪溅区的供氧条件最为充分，锈蚀最严重。

我国现行行业标准《海港工程混凝土结构防腐蚀技术规范》JTJ 275 在大量调查研究的基础上，分别对浪溅区和潮汐区提出不同的要求。根据海港工程的大量调查表明，平均潮位以下的潮汐区，混凝土在落潮时露出水面时间短，且接触的大气的湿度很高，所含水分较难蒸发，所以混凝土内部饱水程度高、钢筋锈蚀没有浪溅区显著。但本规范考虑到潮汐区内进行修复的难度，将潮汐区与浪溅区按同一作用等级考虑。南方炎热地区温度高，氯离子扩散系数增大，钢筋锈蚀也会加剧，所以炎热气候应作为一种加剧钢筋锈蚀的因素考虑。

海洋和近海地区的大气中都含有氯离子。海洋大气区处于浪溅区的上方，海浪拍击产生大小为0.1～20μm 的细小雾滴，较大的雾滴积聚于海面附近，而较小的雾滴可随风飘移到近海的陆上地区。海上桥梁的上部构件离浪溅区很近时，受到浓重的盐雾作用，在构件混凝土表层内积累的氯离子浓度可以很高，而且同时又处于干湿交替的环境中，因此处于很不利的状态。在浪溅区与其上方的大气区之间，构件表层混凝土的氯离子浓度没有明确的界限，设计时应该根据具体情况偏安全地选用。

虽然大气盐雾区的混凝土表面氯离子浓度可以积累到与浪溅区的相近，但浪溅区的混凝土表面氯离子浓度可认为从一开始就达到其最大值，而大气盐雾区则需许多年才能逐渐积累到最大值。靠近海岸的陆上大气也含盐分，其浓度与具体的地形、地物、风向、风速等多种因素有关。根据我国浙东、山东等沿海地区的调查，构件的腐蚀程度与离岸距离以及朝向有很大关系，靠近海岸且暴露于室外的构件应考虑盐雾的作用。烟台地区的调查发现，离海岸100m 内的室外混凝土构件中的钢筋均发生严重锈蚀。

表6.2.1中对靠海构件环境作用等级的划分，尚有待积累更多调查数据后作进一步修正。设计人员宜在调查工程所在地区具体环境条件的基础上，采取适当的防腐蚀要求。

6.2.2 海底隧道结构的构件维修困难，宜取用较高的环境作用等级。隧道混凝土构件接触土体的外侧如无空气进入的可能，可按 Ⅲ-D 级的环境作用确定构件的混凝土保护层厚度；如在外侧设置排水通道有可能引入空气时，应按Ⅲ-E 级考虑。隧道构件接触空气的内侧可能接触渗漏的海水，底板和侧墙底部应按Ⅲ-E 级考虑，其他部位可根据具体情况确定，但不低于Ⅲ-D 级。

6.2.3 近海和海洋环境的氯化物对混凝土结构的腐蚀作用与当地海水中的含盐量有关。表6.2.1的环境作用等级是根据一般海水的氯离子浓度（约18～20g/L）确定的。不同地区海水的含盐量可能有很大差别，沿海地区海水的含盐量受到江河淡水排放的影响并随季节而变化，海水的含盐量有可能较低，可取年均值作为设计的依据。

河口地区虽然水中氯化物含量低于海水，但是对于大气区和浪溅区，混凝土表面的氯盐含量会不断积累，其长期含盐量可以明显高于周围水体中的含盐浓度。在确定氯化物环境的作用等级时，应充分考虑到这些因素。

6.2.4 对于同一构件，应注意不同侧面的局部环境作用等级的差异。混凝土桥面板的顶面会受到除冰盐溶液的直接作用，所以顶面钢筋一般应按Ⅳ-E 的作用等级设计，保护层至少需60mm，除非在桥面板与路面铺装层之间有质量很高的防水层；而桥面板的底部钢筋通常可按一般环境中的室外环境条件设计，板的底部不受雨淋，无干湿交替，作用等级为Ⅰ-B，所需的保护层可能只有25mm。桥面板顶面的氯离子不可能迁移到底部钢筋，因为所需的时间非常长。但是桥面板的底部有可能受到从板的侧边流淌到底面的雨水或伸缩缝处渗漏水的作用，从而出现干湿交替、反复冻融和盐蚀。所以必须采取相应的排水构造措施，如在板的侧边设置滴水沿、排水沟等。桥面板上部的铺装层一般容易开裂渗漏，防水层的寿命也较短，通常在确定钢筋的保护层厚度时不考虑其有利影响。设计时可根据铺装层防水性能的实际情况，对桥面板顶部钢筋保护层厚度作适当调整。

水或土体中氯离子浓度的高低对与之接触并部分暴露于大气中构件锈蚀的影响，目前尚无确切试验数据，表6.2.4注1中划分的浓度范围可供参考。

6.2.5 与混凝土构件的设计使用年限相比，一般防水层的有效年限要短得多，在氯化物环境下只能作为辅助措施，不应考虑其有利作用。

6.3 材料与保护层厚度

6.3.1 低水胶比的大掺量矿物掺合料混凝土，在长期使用过程中的抗氯离子侵入的能力要比相同水胶比的硅酸盐水泥混凝土高得多，所以在氯化物环境中不宜单独采用硅酸盐水泥作为胶凝材料。为了增强混凝土早期的强度和耐久性发展，通常应在矿物掺合料中加入少量硅灰，可复合使用两种或两种以上的矿物掺合料，如粉煤灰加硅灰、粉煤灰加矿渣加硅灰。除冻融环境外，矿物掺合料占胶凝材料总量的比例宜大于40%，具体规定见附录B。不受冻融环境作用的氯化物环境也可使用引气混凝土，含气量可控制在4.0%～5.0%，试验表明，适当引气可以降低氯离子扩散系数，提高抗氯离子侵入的能力。

使用大掺量矿物掺合料混凝土，必须有良好的施工养护和保护为前提。如施工现场不具备本规范规定的混凝土养护条件，就不应采用大掺量矿料混凝土。

6.3.2 表6.3.2规定的混凝土最低强度等级大体与国外规范中的相近，考虑到我国的混凝土组成材料特点，最大水胶比的取值则相对较低。表6.3.2规定的保护层厚度根据我国海洋地区混凝土工程的劣化现状调研以及比照国外规范的数据而定，并利用材料劣化模型作了近似核对。表6.3.2提出的只是最低要求，设计人员应该充分考虑工程设计对象的具体情况，必要时采取更高的要求。对于重要的桥梁等生命线工程，宜在设计中同时采用防腐蚀附加措施。

受盐冻的钢筋混凝土构件，需要同时考虑盐冻作用（第5章）和氯离子引起钢筋锈蚀的作用（第6章）。以严寒地区50年设计使用年限的跨海桥梁墩柱为例：冬季海水冰冻，据表5.2.1冻融环境的作用等级为Ⅱ-E，所需混凝土最低强度等级为Ca40，最大水胶比0.45；桥梁墩柱的浪溅区混凝土干湿交替，据表6.2.1海environments氯化物环境的作用等级为Ⅲ-E，所需保护层厚度为60mm（C45）或55mm（≥C50）；由于按照表5.2.1的要求必须引气，表6.3.2要求的强度等级可降低5N/mm²，成为60mm（Ca40）或55mm（≥Ca45），且均不低于环境作用等级Ⅱ-E所需的Ca40；故设计时可选保护层厚度60mm（混凝土强度等级Ca40，最大水胶比0.45），或保护层厚度55mm（混凝土强度等级Ca45，最大水胶比0.40）。

从总体看，如要确保工程在设计使用年限内不需大修，表6.3.2规定的保护层最小厚度仍可能偏低，但如配合使用阶段的定期检测，应能具有经济合理地被修复的能力。国际上近年建成的一些大型桥梁的保护层厚度都比较大，如加拿大的Northumberland海峡大桥（设计寿命100年），墩柱的保护层厚度用75～100mm，上部结构50mm（混凝土水胶比0.34）；丹麦Great Belt Link跨海桥墩用环氧涂层钢筋，保护层厚度75mm，上部结构50mm（混凝土水胶比0.35），同时为今后可能发生锈蚀时采取阴极保护预置必要的条件。

6.3.3 大掺量矿物掺合料混凝土的定义见2.1.17条。氯离子在混凝土中的扩散系数会随着龄期或暴露时间的增长而逐渐降低，这个衰减过程在大掺量矿物掺合料混凝土中尤其显著。如果大掺量矿物掺合料与非大掺量矿物掺合料混凝土的早期（如28d或84d）扩散系数相同，非大掺量矿物掺合料混凝土中钢筋就会更早锈蚀。因此在Ⅲ-E和Ⅲ-F环境下不能采用大掺量矿物掺合料混凝土时，需要提高混凝土强度等级（如10～15N/mm²）或同时增加保护层厚度（如5～10mm），具体宜根据计算或试验研究确定。

6.3.4 与受弯构件不同，增加墩柱的保护层厚度基本不会增大构件材料的工作应力，但能显著提高构件对内部钢筋的保护能力。氯化物环境的作用存在许多不确定性，为了提高结构使用年限的保证率，采用增大保护层厚度的办法要比附加防腐蚀措施更为经济。

墩柱顶部的表层混凝土由于施工中混凝土泌水等影响，密实性相对较差。这一部位又往往受到含盐渗漏水影响并处于干湿交替状态，所以宜增加保护层厚度。

6.3.6 本条规定氯化物环境中混凝土需要满足的氯离子侵入性指标。

氯化物环境下的混凝土侵入性可用氯离子在混凝土中的扩散系数表示。根据不同测试方法得到的扩散系数在数值上不尽相同并各有其特定的用途。D_{RCM}是在实验室内采用快速电迁移的标准试验方法（RCM法）测定的扩散系数。试验时将试件的两端分别置于两种溶液之间并施加电位差，上游溶液中含氯盐，在外加电场的作用下氯离子快速向混凝土内迁移，经过若干小时后劈开试件测出氯离子侵入试件中的深度，利用理论公式计算得出扩散系数，称为非稳态快速氯离子迁移扩散系数。这一方法最早由唐路平提出，现已得到较为广泛的应用，不仅可以用于施工阶段的混凝土质量控制，而且还可结合根据工程实测得到的扩散系数随暴露年限的衰减规律，用于定量估算混凝土中钢筋开始发生锈蚀的年限。

本规范推荐采用RCM法，具体试验方法可参见中国土木工程学会标准《混凝土结构耐久性设计与施工指南》CCES01-2004（2005年修订版）。混凝土的抗氯离子侵入性也可以用其他试验方法及其指标表示。比如，美国ASTM C1202快速电量测定方法测量一段时间内通过混凝土试件的电量，但这一方法用于水胶比低于0.4的矿物掺合料混凝土时误差较大；我国自行研发的NEL氯离子扩散系数快速试验方法测量饱盐混凝土试件的电导率。表6.3.6中的数据主要参考近年来国内外重大工程采用D_{RCM}作为质量控制指标的实践，并利用Fick模型进行了近似校核。

7 化学腐蚀环境

7.1 一般规定

7.1.1 本规范考虑的常见腐蚀性化学物质包括土中

和地表、地下水中的硫酸盐和酸类等物质以及大气中的盐分、硫化物、氮氧化合物等污染物质。这些物质对混凝土的腐蚀主要是化学腐蚀，但盐类侵入混凝土也有可能产生盐结晶的物理腐蚀。本章的化学腐蚀环境不包括氯化物，后者已在第 6 章中单独作了规定。

7.2 环境作用等级

7.2.1 本条根据水、土环境中化学物质的不同浓度范围将环境作用划分为 V-C、V-D 和 V-E 共 3 个等级。浓度低于 V-C 等级的不需在设计中特别考虑，浓度高于 V-E 等级的应作为特殊情况另行对待。化学环境作用对混凝土的腐蚀，至今尚缺乏足够的数据积累和研究成果。重要工程应在设计前作充分调查，以工程类比作为设计的主要依据。

水、土中的硫酸盐对混凝土的腐蚀作用，除硫酸根离子的浓度外，还与硫酸盐的阳离子种类及浓度、混凝土表面的干湿交替程度、环境温度以及土的渗透性和地下水的流动性等因素有很大关系。腐蚀混凝土的硫酸盐主要来自周围的水、土，也可能来自原本受过硫酸盐腐蚀的混凝土骨料以及混凝土外加剂，如喷射混凝土中常使用的大剂量钠盐速凝剂等。

在常见的硫酸盐中，对混凝土腐蚀的严重程度从强到弱依次为硫酸镁、硫酸钠和硫酸钙。腐蚀性很强的硫酸盐还有硫酸铵，此时需单独考虑铵离子的作用，自然界中的硫酸铵不多见，但在长期施加化肥的土地中则需要注意。

表 7.2.1 规定的土中硫酸根离子 SO_4^{2-} 浓度，是在土样中加水溶出的浓度（水溶值）。有的硫酸盐（如硫酸钙）在水中的溶解度很低，在土样中加酸则可溶出土中含有的全部 SO_4^{2-}（酸溶值）。但是，只有溶于水中的硫酸盐才会腐蚀混凝土。不同国家的混凝土结构设计规范，对硫酸盐腐蚀的作用等级划分有较大差别，采用的浓度测定方法也有较大出入，有的用酸溶法测定（如欧盟规范），有的则用水溶法（如美国、加拿大和英国）。当用水溶法时，由于水土比例和浸泡搅拌时间的差别，溶出的量也不同。所以最好能同时测定 SO_4^{2-} 的水溶值和酸溶值，以便于判断难溶盐的数量。

硫酸盐对混凝土的化学腐蚀是两种化学反应的结果：一是与混凝土中的水化铝酸钙起反应形成硫铝酸钙即钙矾石；二是与混凝土中氢氧化钙结合形成硫酸钙（石膏），两种反应均会造成体积膨胀，使混凝土开裂。当含有镁离子时，同时还能和 $Ca(OH)_2$ 反应，生成疏松而无胶凝性的 $Mg(OH)_2$，这会降低混凝土的密实性和强度并加剧腐蚀。硫酸盐对混凝土的化学腐蚀过程很慢，通常要持续很多年，开始时混凝土表面泛白，随后开裂、剥落破坏。当土中构件暴露于流动的地下水中时，硫酸盐得不断补充，腐蚀的产物也被带走，材料的损坏程度就会非常严重。相反，在渗透性很低的黏土中，当表面浅层混凝土遭硫酸盐腐蚀后，由于硫酸盐得不到补充，腐蚀反应就很难进一步进行。

在干湿交替的情况下，水中的 SO_4^{2-} 浓度如大于 200mg/L（或土中 SO_4^{2-} 大于 1000mg/kg）就有可能损害混凝土；水中 SO_4^{2-} 如大于 2000mg/L（或土中的水溶 SO_4^{2-} 大于 4000mg/kg）则可能有较大的损害。水的蒸发可使水中的硫酸盐逐渐积累，所以混凝土冷却塔就有可能遭受硫酸盐的腐蚀。地下水、土中的硫酸盐可以渗入混凝土内部，并在一定条件下使得混凝土毛细孔隙水溶液中的硫酸盐浓度不断积累，当超过饱和浓度时就会析出盐结晶而产生很大的压力，导致混凝土开裂破坏，这是纯粹的物理作用。

硅酸盐水泥混凝土的抗酸腐蚀能力较差，如果水的 pH 值小于 6，对抗渗性较差的混凝土就会造成损害。这里的酸包括除硫酸和碳酸以外的一般酸和酸性盐，如盐酸、硝酸等强酸和其他弱的无机、有机酸及其盐类，其来源于受工业或养殖业废水污染的水体。

酸对混凝土的腐蚀作用主要是与硅酸盐水泥水化产物中的氢氧化钙起反应，如果混凝土骨料是石灰石或白云石，酸也会与这些骨料起化学反应，反应的产物是水溶性的钙化物，其可以被水溶液浸出（草酸和磷酸形成的钙盐除外）。对于硫酸来说，还会进一步形成硫酸盐造成硫酸盐腐蚀。如果酸、盐溶液能到达钢筋表面，还会引起钢筋锈蚀，从而造成混凝土顺筋开裂和剥落。低水胶比的密实混凝土能够抵抗弱酸的腐蚀，但是硅酸盐水泥混凝土不能承受高浓度酸的长期作用。因此在流动的地下水中，必须在混凝土表面采取涂层覆盖等保护措施。

当结构所处环境中含有多种化学腐蚀物质时，一般会加重腐蚀的程度。如 Mg^{2+} 和 SO_4^{2-} 同时存在时能引起双重腐蚀。但两种以上的化学物质有时也可能产生相互抑制的作用。例如，海水环境中的氯盐就可能会减弱硫酸盐的危害。有资料报道，如无 Cl^- 存在，浓度约为 250mg/L 的 SO_4^{2-} 就能引起纯硅酸盐水泥混凝土的腐蚀，如 Cl^- 浓度超过 5000mg/L，则造成损害的 SO_4^{2-} 浓度要提高到约 1000mg/L 以上。海水中的硫酸盐含量很高，但有大量氯化物存在，所以不再单独考虑硫酸盐的作用。

土中的化学腐蚀物质对混凝土的腐蚀作用需要通过溶于土中的孔隙水来实现。密实的弱透水土体提供的孔隙水量少，而且流动困难，靠近混凝土表面的化学腐蚀物质与混凝土发生化学作用后被消耗，得不到充分的补充，所以腐蚀作用有限。对弱透水土体的定量界定比较困难，一般认为其渗透系数小于 10^{-5}m/s 或 0.86m/d。

7.2.2 部分暴露于大气中而其他部分又接触含盐水、土的混凝土构件应特别考虑盐结晶作用。在日温差剧烈变化或干旱和半干旱地区，混凝土孔隙中的盐溶液容易浓缩并产生结晶或在外界低温过程的作用下析出结晶。对于一端置于水、土而另一端露于空气中的混凝土构件，水、土中的盐会通过混凝土毛细孔隙的吸附作用上升，并在干燥的空气中蒸发，最终因浓度的不断提高产生盐结晶。我国滨海和盐渍土地区电杆、墩柱、墙体等混凝土构件在地面以上 1m 左右高度范围内常出现这类破坏。对于一侧接触水或土而另一侧暴露于空气中的混凝土构件，情况也与此相似。

表 7.2.2 注中的干燥度系数定义为：

$$K = \frac{0.16 \Sigma t}{\gamma}$$

式中 K——干燥度系数；

Σt——日平均温度≥10℃稳定期的年积温（℃）；

γ——日平均温度≥10℃稳定期的年降水量（mm），取 0.16。

我国西部的盐湖地区，水、土中盐类的浓度可以高出表 7.2.1 值的几倍甚至 10 倍以上，这些情况则需专门研究对待。

7.2.4 大气污染环境的主要作用因素有大气中 SO_2 产生的酸雨，汽车和机车排放的 NO_2 废气，以及盐碱地区空气中的盐分。这种环境对混凝土结构的作用程度可有很大差别，宜根据当地的调查情况确定其等级。含盐大气中混凝土构件的环境作用等级见第 7.2.5 条的规定。

7.2.5 处于含盐大气中的混凝土构件，应考虑盐结晶的破坏作用。大气中的盐分会附着在混凝土构件的表面，环境降水可溶解混凝土表面的盐分形成盐溶液侵入混凝土内部。混凝土孔隙中的盐溶液浓度在干湿循环的条件下会不断增高，达到临界浓度后产生巨大的结晶压力使混凝土开裂破坏。在常年湿润（植被地带的最大蒸发量和降水量的比值小于1）地区，孔隙水难以蒸发，不会发生盐结晶。

7.3 材料与保护层厚度

7.3.1 硅酸盐水泥混凝土抗硫酸盐以及酸类物质的化学腐蚀的能力较差。硅酸盐水泥水化产物中的 $Ca(OH)_2$ 不论在强度上或化学稳定性上都很弱，几乎所有的化学腐蚀都与 $Ca(OH)_2$ 有关，在压力水、流动水尤其是软水的作用下 $Ca(OH)_2$ 还会溶析，是混凝土抗腐蚀的薄弱环节。

在混凝土中加入适量的矿物掺合料对于提高混凝土抵抗化学腐蚀的能力有良好的作用。研究表明，在合适的水胶比下，矿物掺合料及其形成的致密水化产物可以改善混凝土的微观结构，提高混凝土抵抗水、酸和盐类物质腐蚀的能力，而且还能降低氯离子在混凝土中的扩散系数，提高抵抗碱-骨料反应的能力。所以在化学腐蚀环境下，不宜单独使用硅酸盐水泥作

为胶凝材料。通常用标准试验方法对 28d 龄期混凝土试件测得的混凝土抗化学腐蚀的耐久性能参数，不能反映这种混凝土的性能在后期的增长。

化学腐蚀环境中的混凝土结构耐久性设计必须有针对性，对于不同种类的化学腐蚀性物质，采用的水泥品种和掺合料的成分及合适掺量并不完全相同。在混凝土中加入少量硅灰一般都能起到比较显著的作用；粉煤灰和其他火山灰质材料因其本身的 Al_2O_3 含量有波动，效果差别较大，并非都是掺量越大越好。因此当单独掺加粉煤灰等火山灰质掺合料时，应当通过实验确定其最佳掺量。在西方，抗硫酸盐水泥或高抗硫酸盐水泥都是硅酸盐类的水泥，只不过水泥中铝酸三钙（C_3A）和硅酸三钙（C_3S）的含量不同程度地减少。当环境中的硫酸盐含量异常高时，最好是采用不含硅酸盐的水泥，如石膏矿渣水泥或矾土水泥。但是非硅酸盐类水泥的使用条件和配合比以及养护等都有特殊要求，需通过试验确定后使用。此外，要注意在硫酸盐腐蚀环境下的粉煤灰掺合料应使用低钙粉煤灰。

8 后张预应力混凝土结构

8.1 一般规定

8.1.1 预应力混凝土结构由混凝土和预应力体系两部分组成。有关混凝土材料的耐久性要求，已在本规范第 4～7 章中作出规定。

预应力混凝土结构中的预应力施加方式有先张法和后张法两类。后张法还分为有粘结预应力体系、无粘结预应力体系、体外预应力体系等。先张预应力筋的张拉和混凝土的浇筑、养护以及钢筋与混凝土的粘结锚固多在预制工厂条件下完成。相对来说，质量较易保证。后张法预应力构件的制作则多在施工现场完成，涉及的工序多而复杂，质量控制的难度大。预应力混凝土结构的工程实践表明，后张预应力体系的耐久性往往成为工程中最为薄弱的环节，并对结构安全构成严重威胁。

本章专门针对后张法预应力体系的钢筋与锚固端提出防护措施与工艺、构造要求。

8.1.2 对于严重环境作用下的结构，按现有工艺技术生产和施工的预应力体系，不论在耐久性质量的保证或在长期使用过程中的安全检测上，均有可能满足不了结构设计使用年限的要求。从安全角度考虑，可采用可更换的无粘结预应力体系或体外预应力体系，同时也便于检测维修；或者在设计阶段预留预应力孔道以备再次设置预应力筋。

8.2 预应力筋的防护

8.2.1 表 8.2.1 列出了目前可能采取的预应力筋防

护措施，适用于体内和体外后张预应力体系。为方便起见，表中使用的序列编号代表相应的防护工艺与措施。这里的预应力筋主要指对锈蚀敏感的钢绞线和钢丝，不包括热轧高强粗钢筋。

涉及体内预应力体系的防护措施有 PS1、PS2、PS2a、PS3、PS4 和 PS5；涉及体外预应力体系的防护措施有 PS1、PS2、PS2a、PS3、PS3a。这些防护措施的使用应根据混凝土结构的环境作用类别和等级确定，具体见 8.2.2 条。

8.2.2 本条给出预应力筋在不同环境作用等级条件下耐久性综合防护的最低要求，设计人员可以根据具体的结构环境、结构重要性和设计使用年限适当提高防护要求。

对于体内预应力筋，基本的防护要求为 PS2 和 PS4；对于体外预应力，基本的防护要求为 PS2 和 PS3。

8.3 锚固端的防护

8.3.1 表 8.3.1 列出了目前可能采取的预应力锚固端防护措施，包括了埋入式锚头和暴露式锚头。为方便起见，表中使用的序列编号代表相应的防护工艺与措施。

涉及埋入式锚头的防护措施有 PA1、PA2、PA2a、PA3、PA4、PA5；涉及暴露式锚头的防护措施有 PA1、PA2、PA2a、PA3、PA3a。这些防护措施的使用应根据混凝土结构的环境类别和作用等级确定，参见 8.3.2 条。

8.3.2 本条给出预应力锚头在不同环境作用等级条件下耐久性综合防护的最低要求，设计人员可以根据具体的结构环境、结构重要性和设计使用年限适当提高防护要求。

对于埋入式锚固端，基本的防护要求为 PA4；对于暴露式锚固端，基本的防护要求为 PA2 和 PA3。

8.4 构造与施工质量的附加要求

8.4.2 本条规定的预应力套管应能承受的工作内压，参照了欧盟技术核准协会（EOTA）对后张法预应力体系组件的要求。对高密度聚乙烯和聚丙烯套管的其他技术要求可参见现行行业标准《预应力混凝土桥梁用塑料波纹管》JT/T 529—2004 的有关规定。

8.4.3 水泥基浆体的压浆工艺对管道内预应力筋的耐久性有重要影响，具体压浆工艺和性能要求可参见中国土木工程学会标准《混凝土结构耐久性设计与施工指南》CCES 01—2004（2005 年修订版）附录 D 的相关条文。

8.4.4 在氯化物等严重环境作用下，封锚混凝土中宜外加阻锈剂或采用水泥基聚合物混凝土，并外覆塑料密封罩。对于桥梁等室外预应力构件，应采取构造措施，防止雨水或渗漏水直接作用或流过锚固封堵端的外表面。

附录 A 混凝土结构设计的耐久性极限状态

A.0.2 这三种劣化程度都不会损害到结构的承载能力，满足 A.0.1 条的基本要求。

A.0.3 预应力筋和冷加工钢筋的延性差，破坏呈脆性，而且一旦开始锈蚀，发展速度较快。所以宜偏于安全考虑，以钢筋开始发生锈蚀作为耐久性极限状态。

A.0.4 适量锈蚀到开始出现顺筋开裂尚不会损害钢筋的承载能力，钢筋锈蚀深度达到 0.1mm 不至于明显影响钢筋混凝土构件的承载力。可以近似认为，钢筋锈胀引起构件顺筋开裂（裂缝与钢筋保护层表面垂直）或层裂（裂缝与钢筋保护层表面平行）时的锈蚀深度约为 0.1mm。两种开裂状态均使构件达到正常使用的极限状态。

A.0.5 冻融环境和化学腐蚀环境中的混凝土构件可按表面轻微损伤极限状态考虑。

A.0.6 环境作用引起的材料腐蚀在作用移去后不可恢复。对于不可逆的正常使用极限状态，可靠指标应大于 1.5。欧洲一些工程用可靠度方法进行环境作用下的混凝土结构耐久性设计时，与正常使用极限状态相应的可靠指标一般取 1.8，失效概率不大于 5%。

A.0.7 应用数学模型定量分析氯离子侵入混凝土内部并使钢筋达到临界锈蚀的年限，应选择比较成熟的数学模型，模型中的参数取值有可靠的试验依据，可委托专业机构进行。

A.0.8 从长期暴露于现场氯离子环境的混凝土构件中取样，实测得到构件截面不同深度上的氯离子浓度分布数据，并按 Fick 第二扩散定律的误差函数解析公式（其中假定在这一暴露时间内的扩散系数和表面氯离子浓度均为定值）进行曲线拟合回归求得的扩散系数和表面氯离子浓度，称为表观扩散系数和表观的表面氯离子浓度。表观扩散系数的数值随暴露期限的增长而降低，其衰减规律与混凝土胶凝材料的成分有关。设计取用的表面氯离子浓度和扩散系数，应以类似工程中实测得到的表观值为依据，具体可参见中国土木工程学会标准《混凝土结构耐久性设计与施工指南》CCES01—2004（2005 年修订版）。

附录 B 混凝土原材料的选用

B.1 混凝土胶凝材料

B.1.1 根据耐久性的需要，单位体积混凝土的胶凝材料用量不能太少，但过大的用量会加大混凝土的收缩，使混凝土更加容易开裂，因此应控制胶凝材料的最大用量。在强度与原材料相同的情况下，胶凝材料用量较小的混凝土，体积稳定性好，其耐久性能通常要优于胶凝材料用量较大的混凝土。泵送混凝土由于工作度的需要，允许适当加大胶凝材料用量。

B.1.2 本条规定了不同环境作用下，混凝土胶凝材料中矿物掺合料的选择原则。混凝土的胶凝材料除水泥中的硅酸盐水泥外，还包括水泥中具有胶凝作用的混合材料（如粉煤灰、火山灰、矿渣、沸石岩等）以及配制混凝土时掺入的具有胶凝作用的矿物掺合料（粉煤灰、磨细矿渣、硅灰等）。对胶凝材料及其中矿物掺合料用量的具体规定可参考中国土木工程学会标准《混凝土结构耐久性设计与施工指南》CCES01—2004（2005年修订版）的表4.0.3进行。为方便查阅，将该表在条文说明中列出。

不同环境作用下胶凝材料品种与矿物掺合料用量的限定范围

环境类别与作用等级		可选用的硅酸盐类水泥品种	矿物掺合料的限定范围（占胶凝材料总量的比值）	备注
Ⅰ	Ⅰ-A（室内干燥）	PO, PⅠ, PⅡ, PS, PF, PC	$W/B=0.55$ 时，$\frac{\alpha_f}{0.2}+\frac{\alpha_s}{0.3} \leqslant 1$ $W/B=0.45$ 时，$\frac{\alpha_f}{0.3}+\frac{\alpha_s}{0.5} \leqslant 1$	保护层最小厚度 $c \leqslant 15mm$ 或 $W/B>0.55$ 的构件混凝土中不宜含有矿物掺合料
	Ⅰ-A（水中） Ⅰ-B（长期湿润）	PO, PⅠ, PⅡ, PS, PF, PC	$\frac{\alpha_f}{0.5}+\frac{\alpha_s}{0.7} \leqslant 1$	
	Ⅰ-B（室内非干湿交替）（露天非干湿交替）	PO, PⅠ, PⅡ, PS, PF, PC	$W/B=0.5$ 时，$\frac{\alpha_f}{0.2}+\frac{\alpha_s}{0.3} \leqslant 1$ $W/B=0.4$ 时，$\frac{\alpha_f}{0.3}+\frac{\alpha_s}{0.5} \leqslant 1$	保护层最小厚度 $c \leqslant 20mm$ 或水胶比 $W/B>0.5$ 的构件混凝土中胶凝材料中不宜含有掺合料
	Ⅰ-C（干湿交替）	PO, PⅠ, PⅡ		
Ⅱ	Ⅱ-C, Ⅱ-D, Ⅱ-E	PO, PⅠ, PⅡ	$W/B=0.5$ 时，$\frac{\alpha_f}{0.2}+\frac{\alpha_s}{0.3} \leqslant 1$ $W/B=0.4$ 时，$\frac{\alpha_f}{0.3}+\frac{\alpha_s}{0.4} \leqslant 1$	
Ⅲ	Ⅲ-C, Ⅲ-D, Ⅲ-E, Ⅲ-F	PO, PⅠ, PⅡ	下限：$\frac{\alpha_f}{0.25}+\frac{\alpha_s}{0.4}=1$ 上限：$\frac{\alpha_f}{0.42}+\frac{\alpha_s}{0.8}=1$	当 $W/B=0.4\sim0.5$ 时，需同时满足Ⅰ类环境下的要求；如同时处于冻融环境，掺合料用量的上限尚应满足Ⅱ类环境要求
Ⅳ	Ⅳ-C, Ⅳ-D, Ⅳ-E			
Ⅴ	Ⅴ-C, Ⅴ-D, Ⅴ-E	PⅠ, PⅡ, PO, SR, HSR	下限：$\frac{\alpha_f}{0.25}+\frac{\alpha_s}{0.4}=1$ 上限：$\frac{\alpha_f}{0.5}+\frac{\alpha_s}{0.8}=1$	当 $W/B=0.4\sim0.5$ 时，矿物掺合料用量的上限需同时满足Ⅰ类环境下的要求；如同时处于冻融环境，掺合料用量的上限尚应满足Ⅱ类环境要求

表中水泥品种符号说明如下：PⅠ——硅酸盐水泥，PⅡ——掺混合材料不超过5%的硅酸盐水泥，PO——掺混合材料6%～15%的普通硅酸盐水泥，PS——矿渣硅酸盐水泥，PF——粉煤灰硅酸盐水泥，PP——火山灰质硅酸盐水泥，PC——复合硅酸盐水泥，SR——抗硫酸盐硅酸盐水泥，HSR——高抗硫酸盐水泥。

表中的矿物掺合料指配制混凝土时加入的具有胶凝作用的矿物掺合料（粉煤灰、磨细矿渣、硅灰等）与水泥生产时加入的具有胶凝作用的混合材料，不包括石灰石粉等惰性矿物掺合料。但在计算混凝土配合比时，要将惰性掺合料计入胶凝材料总量中。表中公式中 α_f，α_s 分别表示粉煤灰和矿渣占胶凝材料总量的比值。当使用PⅠ、PⅡ以外的掺有混合材料的硅酸盐类水泥时，矿物掺合料中应计入水泥生产中已掺入的混合料，在没有确切水泥组分的数据时不宜使用。

表中用算式表示粉煤灰和磨细矿渣的限定用量范围。例如一般环境中干湿交替的Ⅰ-C作用等级，如混凝土的水胶比为0.5，有 $\dfrac{\alpha_f}{0.2}+\dfrac{\alpha_s}{0.3}\leqslant 1$。如单掺粉煤灰，$\alpha_s=0$，$\alpha_f\leqslant 0.2$，即粉煤灰用量不能超过胶凝材料总重的20%；如单掺磨细矿渣，$\alpha_f=0$，$\alpha_s\leqslant 0.3$，即磨细矿渣用量不能超过胶凝材料总重的30%。双掺粉煤灰和磨细矿渣，如粉煤灰掺量为10%，则从上式可得矿渣掺量需小于15%。

B.2 混凝土中氯离子、三氧化硫和碱含量

B.2.1 混凝土中的氯离子含量，可对所有原材料的氯离子含量进行实测，然后加在一起确定；也可以从新拌混凝土和硬化混凝土中取样化验求得。氯离子能与混凝土胶凝材料中的某些成分结合，所以从硬化混凝土中取样测得的水溶氯离子量要低于原材料氯离子总量。使用酸溶法测量硬化混凝土的氯离子含量时，氯离子酸溶值的最大含量限制对于一般环境作用下的钢筋混凝土构件可大于表 B.2.1 中水溶值的 1/4～1/3。混凝土氯离子量的测试方法见附录 D。

重要结构的混凝土不得使用海砂配制。一般工程由于取材条件限制不得不使用海砂时，混凝土水胶比应低于 0.45，强度等级不宜低于 C40，并适当加大保护层厚度或掺入化学阻锈剂。

B.2.4 矿物掺合料带入混凝土中的碱可按水溶性碱的含量计入，当无检测条件时，对粉煤灰，可取其总碱量的 1/6，磨细矿渣取 1/2。对于使用潜在活性骨料并常年处于潮湿环境条件的混凝土构件，可参考国内外相关预防碱-骨料反应的技术规程，如国内北京市预防碱-骨料反应的地方标准、铁路、水工等部门的技术文件，以及国外相关标准，如加拿大标准 CSA C23.2-27A 等。加拿大标准 CSA C23.2-27A 针对不同使用年限构件提出了具体要求，包括硅酸盐水泥的最大含碱量、矿物掺合料的最低用量，以及粉煤灰掺合料中的 CaO 最大含量。

中华人民共和国行业标准

轻骨料混凝土结构技术规程

JGJ 12—2006

条 文 说 明

前　言

《轻骨料混凝土结构技术规程》JGJ 12—2006，经建设部2006年3月8日以第414号公告批准发布。

本规程第一版为《钢筋轻骨料混凝土结构设计规程》JGJ 12—82，主编单位是中国建筑科学研究院，参加单位是上海市建筑科学研究所、辽宁省建筑科学研究所、黑龙江省低温建筑科学研究所、天津市建筑设计院、东北建筑设计院、西安市建筑设计院、同济大学、浙江大学、哈尔滨建筑工程学院、甘肃工业大学、太原工学院、西安冶金建筑学院。

本规程第二版为《轻骨料混凝土结构设计规程》JGJ 12—99，主编单位是中国建筑科学研究院，参加单位是上海市建筑科学研究院、辽宁省建设科学研究院、天津市建筑设计院、哈尔滨建筑大学、天津大学、太原工业大学、浙江大学。

为便于广大设计、施工、科研、学校等单位有关人员在使用本标准时能正确理解和执行条文规定，《轻骨料混凝土结构技术规程》编制组按章、节、条顺序编制了本标准的条文说明，供使用者参考。在使用中如发现本条文说明有不妥之处，请将意见函寄中国建筑科学研究院（邮编：100013；地址：北京市北三环东路30号；E-mail：buildingcode@vip.sina.com）。

目 次

1 总则
2 术语、符号
  2.1 术语
  2.2 符号
3 材料
  3.1 轻骨料混凝土
  3.2 钢筋
4 基本设计规定
  4.1 一般规定
  4.2 耐久性规定
  4.3 预应力计算
5 承载能力极限状态计算
  5.1 正截面承载力计算的一般规定
  5.2 受弯构件
  5.3 受压构件
  5.4 受拉构件
  5.5 受扭构件
  5.6 受冲切构件
  5.7 局部受压构件
6 正常使用极限状态验算
  6.1 裂缝控制验算
  6.2 受弯构件挠度验算
7 构造及构件规定
  7.1 构造规定
  7.2 构件规定
8 轻骨料混凝土结构构件抗震设计
  8.1 一般规定
  8.2 材料
  8.3 框架梁、框架柱及节点
  8.4 剪力墙
9 施工及验收
  9.1 一般规定
  9.2 施工控制
  9.3 质量验收

1 总 则

1.0.1～1.0.4 本规程适用于工业与民用房屋和一般构筑物中钢筋轻骨料混凝土和预应力轻骨料混凝土承重结构的设计、施工及验收。轻骨料素混凝土承重结构在实际工程中很少应用，不再列入本规程。与原规程相比，本规程增加了施工及验收的规定。

轻骨料混凝土在其材料性能上与普通混凝土有所不同，编制本规程的目的是为了在设计与施工中掌握其性能特点，使轻骨料混凝土在我国的工程结构中得到合理的应用。

本规程所采用的轻骨料混凝土主要指页岩陶粒混凝土、粉煤灰陶粒混凝土、黏土陶粒混凝土、自燃煤矸石混凝土及火山渣（浮石）混凝土。

在国外，陶粒轻骨料混凝土已有80多年的应用历史，美国、前苏联、欧洲、日本等都有大量应用，前苏联陶粒产量曾居世界首位。特别是从20世纪60年代开始在世界各地陆续建成一些有代表性的高层建筑和桥梁工程。近些年，高强、高性能轻骨料混凝土更是国内外的发展方向，有的国外标准将陶粒混凝土的强度等级定至LC80级。由于陶粒性能稳定、耐久性良好，是承重结构轻骨料混凝土的首选骨料。我国研究、应用陶粒混凝土已有40多年历史，并建成一批工业与民用房屋和桥梁工程，对高强陶粒也取得了比较成熟的生产和应用经验。

我国为世界产煤大国，煤矸石累计堆存量达几十亿吨，其中有部分经过自燃后成为"自燃煤矸石"，这种石材质轻、有害杂质减少，可用作轻骨料混凝土的粗、细骨料。综合利用自燃煤矸石有利于减少环境污染、少占良田，达到资源综合利用之目的。我国对自燃煤矸石混凝土结构已做了大量的基本性能试验研究，部分地区建成一些高层建筑。在自燃煤矸石的使用过程中，应注意加强对骨料的选择及检验。

火山渣（浮石）是火山爆发时形成的多孔轻质岩石，是一种廉价而性能良好的建筑材料。我国很多地方蕴藏着大量的火山渣资源，部分地区已建成一些火山渣混凝土高层建筑。火山渣混凝土在民用建筑的楼板及承重（或承重兼保温）墙体中得到一定应用，而应用最多的为火山渣混凝土小砌块。由于火山渣表面开孔，强度较其他轻骨料偏低，用于制作强度不超过LC30级的轻骨料混凝土是经济合理的。

承重结构轻骨料混凝土较普通混凝土轻20%～25%，应用于高层、大跨度结构可明显降低结构自重，从而减少下部结构的工程量，减少结构材料用量，提高结构的抗震性能，具有较好的综合经济效益。

本规程主要对轻骨料混凝土结构在材料、结构性能上与普通混凝土结构的不同之处做出规定，而不再大量重复与国家标准《混凝土结构设计规范》GB 50010—2002相同的内容。在轻骨料混凝土结构的设计、施工及验收中，除应符合本规程的规定外，在荷载取值、结构构件设计、抗震设计、轻骨料质量控制和施工、验收等方面，尚应符合国家现行有关标准的规定。

当结构受力情况、材料性能、使用环境与本规程编制依据有出入时，需根据具体情况，通过试验或参照有关工程实践经验加以解决。

2 术语、符号

2.1 术 语

术语是本次修订新增加的内容，主要是根据国家现行标准《建筑结构设计术语和符号标准》GB/T 50083、《轻骨料混凝土技术规程》JGJ 51等给出的。

本节所列术语是根据本规程内容的需要而设置的。其他较为常用和重要的术语在相关标准中均有规定，此处不再重复。

本规程所指轻骨料为用于承重结构的轻骨料，故不包括可浮于水的浮石。火山渣不浮于水，但在我国部分地区也习惯称作"浮石"，在应用时应加以区别。

轻骨料混凝土的胶凝材料包括水泥和矿物掺合料等。

一般而言，轻骨料混凝土结构可分为轻骨料素混凝土结构、钢筋轻骨料混凝土结构和预应力轻骨料混凝土结构。本规程未包括轻骨料素混凝土结构的有关内容。

2.2 符 号

本节符号是根据有关标准的规定和一般的应用规则而设置的。本节所列的符号为本规程内容表述需要的主要符号。

3 材 料

3.1 轻骨料混凝土

3.1.1 目前国内膨胀矿渣珠混凝土的生产和使用很少，不再列入本规程。本条所列的三种陶粒混凝土均由人工煅烧的陶粒制成。

3.1.2 用于自承重兼保温的轻骨料混凝土结构构件，其强度等级可适当降低。

3.1.3 根据国内的生产经验，要达到LC15及以上的强度等级，轻骨料混凝土密度等级一般不低于1200级，故将结构轻骨料混凝土的最低密度等级定为1200级。配筋轻骨料混凝土包括钢筋轻骨料混凝土和预应力轻骨料混凝土。

3.1.4 根据原规程编制时的统计结果，陶粒混凝土轴心抗拉强度的标准值可取与普通混凝土相同，自燃煤矸石混凝土比普通混凝土低13%，而火山渣混凝土则要低20%。据此，轻骨料混凝土轴心抗拉强度标准值可采用：陶粒混凝土取与普通混凝土相同；自燃煤矸石、火山渣混凝土分别取普通混凝土的85%和80%。

本规程适用于轻骨料混凝土承重结构，故不再列出LC7.5和LC10两个用于自承重结构构件轻骨料混凝土的强度等级。根据轻骨料混凝土的技术发展状况，规程增加了LC55和LC60两个强度等级。值得注意的是，不是所有品种的轻骨料都能配制出表3.1.4中所列的全部强度等级的轻骨料混凝土。

3.1.5 本规程在进行轻骨料混凝土的受剪承载力等计算时，以抗拉强度设计值替代原规程中的抗压强度设计值。构件试验结果统计表明，对不同轻骨料制作的轻骨料混凝土结构构件，采用本条规定的抗拉强度设计值进行受剪承载力等计算时，具有较好的一致性。表注2中承载能力极限状态计算包括本规程第5章、第8章中受剪、受扭、受冲切等承载力计算；构造计算包括本规程第7章、第8章的锚固长度、最小配筋率计算。

3.1.6 轻骨料混凝土密度、强度和原材料等的变化对弹性模量 E_{LC} 均有一定影响。当有可靠试验依据时，弹性模量值可根据实测数据确定。试验所用原材料及配合比应与工程实际情况相同，弹性模量测试应按现行国家标准《普通混凝土力学性能试验方法标准》GB/T 50081的规定进行。

表3.1.6的数值与行业标准《轻骨料混凝土技术规程》JGJ 51的规定基本一致，系按照公式 $E_{LC} = 2.02\rho\sqrt{f_{cu,k}}$ 计算而得，其中 ρ 为轻骨料混凝土的干表观密度（单位：kg/m³），$f_{cu,k}$ 为轻骨料混凝土的立方体抗压强度标准值（单位：N/mm²）。

本次修订对轻骨料混凝土弹性模量较原规程有所提高。自燃煤矸石混凝土弹性模量的相关试验数据与修订后的弹性模量数值较为接近，故不再对自燃煤矸石混凝土弹性模量提高20%。

3.1.7、3.1.8 轻骨料混凝土的泊松比和剪变模量，随轻骨料混凝土龄期、强度和骨料品种的不同而变化。泊松比在0.16~0.25范围内变化，平均为0.2；剪变模量可按弹性理论关系式 $G_{LC} = \dfrac{E_{LC}}{2(1+\nu_c)}$ 求得，其中 E_{LC} 为轻骨料混凝土弹性模量，ν_c 为轻骨料混凝土泊松比。

3.1.9 根据国外标准，轻骨料混凝土线膨胀系数的上限值一般取 $9\times10^{-6}/℃$。本次修订据此做了相应修改。

3.2 钢 筋

3.2.1 轻骨料混凝土结构用普通钢筋和预应力钢筋的选用原则与国家标准《混凝土结构设计规范》GB 50010—2002相同，钢筋的强度标准值、强度设计值和弹性模量等材料性能指标也按该标准确定。

4 基本设计规定

4.1 一般规定

4.1.1 目前世界各国对轻骨料混凝土结构的设计原则，基本上采用与普通混凝土结构相同的规定。本规程仍采用与普通混凝土结构相同的基本设计规定。

本规程采用荷载分项系数、材料性能分项系数（为了简便，直接以材料强度设计值表达）和结构重要性系数进行设计。荷载分项系数按现行国家标准《建筑结构荷载规范》GB 50009的规定取用。

当进行结构构件抗震设计时，除应符合本规程第8章的有关规定外，尚应符合现行国家标准《建筑抗震设计规范》GB 50011中的相应规定。

4.1.2 对结构构件承载能力极限状态与正常使用极限状态的要求，即关于承载能力极限状态计算规定和正常使用极限状态验算规定，均应符合国家标准《混凝土结构设计规范》GB 50010—2002中第3.1~3.3节的有关规定。

轻骨料混凝土结构构件的疲劳验算及深受弯构件的应用等问题，由于国内目前缺乏实践经验，因此本规程暂未包括这方面的规定。此处深受弯构件系指垂直荷载作用下跨高比小于5的钢筋轻骨料混凝土受弯构件。由于钢筋轻骨料混凝土牛腿应用较少，本次修订删除了相关内容。

4.1.3 结构设计时，需要根据结构用途、使用环境等因素确定结构构件的尺寸、配筋及相应的构造。未经技术鉴定或设计许可而改变结构的用途或使用环境，可能影响结构的可靠性。

4.2 耐久性规定

4.2.1 本规程对环境的分类采用国家标准《混凝土结构设计规范》GB 50010—2002的规定。当同一结构的不同构件或同一构件的不同部位所处的局部环境条件有差异时，宜区别对待。

4.2.2 合理掺用矿物掺合料对轻骨料混凝土的耐久性有利，其掺量可参考有关标准规范确定。工程中常用的矿物掺合料有粉煤灰、磨细矿渣、硅粉、沸石粉等。

与普通混凝土相比，轻骨料混凝土的最大胶凝材料总量一般稍有增加。但合理减少单方轻骨料混凝土中胶凝材料用量有利于减少轻骨料混凝土的收缩和开裂，所以宜限制胶凝材料的最高用量。

4.2.3 本条取值综合参考国家标准《混凝土结构设计规范》GB 50010—2002、行业标准《轻骨料混凝土技术规程》JGJ 51—2002 和美国规范 ACI 318—05 的规定。

净水胶比，或称有效水胶比，指轻骨料混凝土拌合物中扣除轻骨料吸水量后的拌合水量与胶凝材料用量的质量比。

本条规定的最大净水胶比参考 ACI 318—05 的取值。JGJ 51 的最大净水灰比参考的也是 ACI 318 中的取值，但 ACI 318 的旧版本中规定的水灰比在其新版本中已经改为水胶比。根据矿物掺合料的典型掺量，按本条规定的最大净水胶比取值换算得到的净水灰比与国家标准《混凝土结构设计规范》GB 50010—2002 的规定接近。需要注意的是，为了达到同样的强度等级，轻骨料混凝土实际所用的水胶比一般比普通混凝土低。

参考 JGJ 51 的规定，考虑到同样的强度等级下，轻骨料混凝土的净水胶比一般比普通混凝土低，为了保证同样的工作性，轻骨料混凝土的胶凝材料用量一般比普通混凝土高，因此将最小水泥用量相对国家标准《混凝土结构设计规范》GB 50010—2002 中对普通混凝土的要求适当增加。

迄今尚未发现实际工程中的轻骨料混凝土产生碱骨料反应问题，故根据国家标准《混凝土结构设计规范》GB 50010—2002 的规定，从耐久性的角度对轻骨料混凝土的最大碱含量可不作要求。

海水环境中的轻骨料混凝土结构，其耐久性要求应严于本条，可按有关标准的规定执行。

4.2.4 本条对一类环境中设计使用年限为 100 年结构轻骨料混凝土的规定系参考国家标准《混凝土结构设计规范》GB 50010—2002 提出的。

4.2.5 本条综合采用行业标准《轻骨料混凝土技术规程》JGJ 51—2002、美国规范 ACI 318—05 和欧洲规范 EN 206—1∶2000 的相关规定。

轻骨料混凝土的抗冻性与含气量、气泡间隔系数有关。考虑国内工程实践的实际情况，本条仅对轻骨料混凝土的含气量和抗冻等级作出规定。

根据国内外的大量试验，采用未经预湿的干燥轻骨料配制混凝土时，混凝土的抗冻性明显改善，因此对含气量的要求可适当降低。

4.3 预应力计算

4.3.1、4.3.2 除收缩、徐变引起的预应力损失外，其他各项预应力损失计算以及各阶段预应力损失值的组合等与普通混凝土结构相同，应按国家标准《混凝土结构设计规范》GB 50010—2002 的有关规定执行。

轻骨料混凝土由于收缩、徐变比同强度等级的普通混凝土偏大，由此而引起的预应力损失值也相应偏大。预应力总损失值的最低限值较普通混凝土增加 30N/mm²。

4.3.3、4.3.4 规程专题组曾对陶粒、自燃煤矸石、火山渣三个主要轻骨料混凝土品种，在国内 5 个地区，共制作了 135 个预应力轻骨料混凝土试件，按照统一方法，分别进行了试验研究。根据每种轻骨料混凝土试件的试验结果分别进行了统计回归，得出了经验公式。本规程公式形式与原规程相同，但对公式（4.3.3-1）和（4.3.3-2）中的参数 a、b 作了调整。这是由于原规程的参数 a、b 系根据预加力时起至使用荷载作用的时间是按 120d 的试验结果统计得到。本规程将预加力时起至使用荷载作用的时间改为 365d，预应力损失值统计亦按 365d 考虑。

原规程时间影响系数，当 $t=120d$ 时，取 $\beta=1$；本规程当 $t=365d$ 时，取 $\beta=1$。因此，相应的系数 δ、ζ 也作了调整。其他如环境湿度影响系数 φ_1 和体积表面积比影响系数 φ_2，仍保持原规程的规定。

5 承载能力极限状态计算

5.1 正截面承载力计算的一般规定

5.1.2、5.1.3 对正截面承载力计算方法的基本假定作了具体规定：

1 平截面假定

试验表明，在纵向受拉钢筋达到屈服强度以前，截面的平均应变基本符合平截面假定。根据平截面假定来建立判别纵向受拉钢筋是否屈服的界限条件以及确定钢筋屈服之前的应力是合适的。

引用平截面假定提供的变形协调条件作为正截面强度的计算手段，使计算值与试验值符合较好。同时，亦为利用电算进行全过程分析和非线性分析提供了必不可少的变形条件。

引用平截面假定可以将各种类型截面在单向或双向受力情况下的正截面承载力计算统一起来，使计算公式具有明确的物理概念。

世界上一些主要国家的有关结构设计规范，大多采用了平截面假定。

2 不考虑轻骨料混凝土的抗拉强度

对于极限状态下的强度计算而言，受拉区轻骨料混凝土的作用相对很弱。为简化计算，不考虑轻骨料混凝土的抗拉强度。

3 轻骨料混凝土受压的应力-应变关系曲线

随着轻骨料混凝土强度的提高，轻骨料混凝土受压时应力-应变关系曲线将逐渐变化；同时由于轻粗骨料品种的不同，轻骨料混凝土受压时的应力-应变关系曲线将有所不同。为便于工程应用，同时考虑继承既往、且与普通混凝土相协调，本规程在试验结果分析的基础上，统一了各骨料品种的轻骨料混凝土受压时的应力-应变关系曲线，并采用了如下的表达式：

当 $\varepsilon \leqslant \varepsilon_0$ 时

$$\sigma_c = f_c \left[1.5 \left(\frac{\varepsilon_c}{\varepsilon_0} \right) - 0.5 \left(\frac{\varepsilon_c}{\varepsilon_0} \right)^2 \right]$$

当 $\varepsilon_0 < \varepsilon \leqslant \varepsilon_{cu}$ 时

$$\sigma_c = f_c$$

基于对试验结果的分析，条文中给出了 ε_0、ε_{cu} 的取值。

根据给定的应力-应变关系曲线，折算成等效矩形应力图形，根据压区合力点位置不变，图形面积相等的原则，分析得到 α_1、β_1 的取值见本规程表 5.1.3。

4 关于钢筋极限拉应变

纵向受拉钢筋的极限拉应变取为 0.01，作为构件达到承载能力极限状态的标志之一。对于有屈服点的钢筋，其值相当钢筋应变达到了屈服台阶；对于无屈服点的钢筋或钢丝，此极限拉应变的规定是限制钢筋强化强度的利用幅度；同时，这也意味着钢筋的最大力总伸长率不得小于 0.01，以保证构件具有必要的延性。

对于非均匀受压构件，轻骨料混凝土的极限压应变达到 0.0033 或受拉钢筋拉应变达到 0.01，在这两个条件中只要达到其中一个条件，即标志构件达到了承载能力极限状态。

5.1.4 构件达到界限破坏是指正截面上受拉钢筋屈服与受压区轻骨料混凝土破坏同时发生的破坏状态。此时，取 $\varepsilon_{cu} = 0.0033$；对有屈服点钢筋，纵向受拉钢筋的应变取 f_y/E_s。界限受压区高度 x_b 与界限中和轴高度 x_{nb} 的比值为 β_1，根据平截面假定，可得截面相对界限受压区高度 ξ_b 的公式 (5.1.4-1)。

对无屈服点钢筋，根据条件屈服点的定义，应考虑 0.2% 的残余应变，普通钢筋应变取 (f_y/E_s + 0.002)、预应力钢筋应变取 [$(f_{py} - \sigma_{p0})/E_s$ + 0.002]。根据平截面假定，可得公式 (5.1.4-2) 和公式 (5.1.4-3)。

原规程定义界限受压区高度 x_b 与界限中和轴高度 x_{nb} 的比值为 0.75，而本规程定义为 β_1。故与原规程相比，公式 (5.1.4-1)、公式 (5.1.4-2) 和公式 (5.1.4-3) 的变化主要是用 β_1 代替 0.75。

5.1.5 钢筋应力 σ_s 的计算公式，是以轻骨料混凝土达到极限压应变 ε_{cu} 作为构件达到了承载能力极限状态标志而给出的。

与原规程相比，本条增加了按平截面假定计算截面任意位置处的普通钢筋应力 σ_{si} 的计算公式 (5.1.5-1) 和预应力钢筋应力 σ_{pi} 的计算公式 (5.1.5-2)。

为了简化计算，根据试验资料，在小偏心受压情况下实测受拉边或受压较小边的钢筋应力 σ_s 与 ξ 接近线性关系，考虑到界限条件，当 $\xi = \xi_b$ 时，$\sigma_s = f_y$ 以及 $\xi = \beta_1$ 时，$\sigma_s = 0$。通过这二点，可取 σ_s 与 ξ 间为线性关系，得公式 (5.1.5-3)、(5.1.5-4)。

由于本规程定义界限受压区高度 x_b 与界限中和轴高度 x_{nb} 的比值为 β_1。故与原规程相比，公式 (5.1.5-3) 和公式 (5.1.5-4) 的变化主要是用 β_1 代替 0.75。

5.2 受弯构件

5.2.1 轻骨料混凝土受弯构件的正截面承载力计算，在考虑到轻骨料混凝土的特点后，采取与国家标准《混凝土结构设计规范》GB 50010—2002 相同的计算方法。除矩形应力图的系数 α_1、β_1、相对界限受压区高度 ξ_b、纵向钢筋应力 σ_{si}、σ_{pi} 按本规程第 5.1.3 条、第 5.1.4 条、第 5.1.5 条确定外，其余均按国家标准《混凝土结构设计规范》GB 50010—2002 中有关条款执行。

5.2.2～5.2.6 轻骨料混凝土受弯构件斜截面承载力的计算公式、截面限制条件采用与国家标准《混凝土结构设计规范》GB 50010—2002 相同的形式。按照轻骨料混凝土受弯构件斜截面抗剪与普通混凝土受弯构件斜截面抗剪可靠度一致的原则，分析轻骨料混凝土受弯构件斜截面抗剪的试验结果表明，轻骨料混凝土受弯构件斜截面抗剪承载力计算公式可在国家标准《混凝土结构设计规范》GB 50010—2002 公式的基础上对混凝土项及预应力项的承载力乘以 0.83 的折减系数。本规程进一步考虑到公式系数的简洁，对 0.83 的折减系数略作调整，选取 0.85 作为轻骨料混凝土受弯构件斜截面抗剪的折减系数。

因此本规程受弯构件斜截面抗剪承载力的计算是在国家标准《混凝土结构设计规范》GB 50010—2002 公式的基础上，对混凝土项及预应力项的承载力乘以 0.85 的折减系数，其余均与国家标准《混凝土结构设计规范》GB 50010—2002 的有关条款相同。

5.3 受压构件

5.3.1 钢筋轻骨料混凝土轴心受压构件正截面强度计算公式与国家标准《混凝土结构设计规范》GB 50010—2002 的相应计算公式相同，为保持与偏心受压构件正截面承载力计算具有相近的可靠度，其公式右端乘以系数 0.9。但构件的稳定系数 φ 应按本规程表 5.3.1 的规定采用，其值与原规程相同，是根据国内试验结果并参照国外标准和我国现行规范，同时又考虑了荷载长期作用的不利影响等因素而制定的。

5.3.2 根据轻骨料混凝土轴心受压构件的试验结果，并参考挪威等国标准的规定，当配置螺旋式或焊接环式间接钢筋时，不考虑间接配筋对受压承载力的提高。

5.3.3 轻骨料混凝土偏心受压构件的正截面承载力计算，在考虑到轻骨料混凝土的特点后，矩形应力图的系数 α_1、β_1 和相对界限受压区高度 ξ_b 按本规程第 5.1.3 条、第 5.1.4 条确定，其余均按国家标准《混凝土结构设计规范》GB 50010—2002 第 7.3.3～7.3.6 条、第 7.3.9～7.3.14 条执行。

本条与原规程相比作了较大的简化，直接引用国家标准《混凝土结构设计规范》GB 50010—2002 的相应条款，便于本规程与该国家标准相协调。

5.3.4~5.3.6 轻骨料混凝土偏心受压构件斜截面承载力的计算公式、截面限制条件采用与国家标准《混凝土结构设计规范》GB 50010—2002 相同的形式。结合轻骨料混凝土的特点，在分析轻骨料混凝土和普通混凝土的试验结果后，对公式（5.3.5）右边的第1项和第3项以及公式（5.3.6）右边的第1项和第2项在国家标准《混凝土结构设计规范》GB 50010—2002 相关公式的基础上乘以 0.85 的折减系数，其余均与上述规范的有关条款相同。

5.3.7~5.3.9 矩形截面钢筋轻骨料混凝土柱双向受剪的计算公式、截面限制条件是在国家标准《混凝土结构设计规范》GB 50010—2002 的基础上，结合轻骨料混凝土的特点而给出的。公式（5.3.7-1）和公式（5.3.7-2）的右边是在普通混凝土截面限制条件的基础上乘以 0.85 的折减系数得到的。

试验表明，双向受剪承载力大致符合椭圆规律，因此本规程给出了公式（5.3.8）的单位圆复核公式（用相对坐标 $\frac{V_x}{V_{ux}}$ 和 $\frac{V_y}{V_{uy}}$ 表示）作为钢筋轻骨料混凝土柱双向受剪的计算公式。设计时宜采用封闭箍筋，必要时也可配置单肢箍筋。当复合封闭箍筋相互叠部分的箍筋长度小于截面周边箍筋长边或短边长度时，不应将该箍筋较短方向上的箍筋截面面积计入 A_{svx} 或 A_{svy} 中。

5.4 受拉构件

5.4.1 轻骨料混凝土受拉构件包括轴心受拉构件，矩形截面轻骨料混凝土偏心受拉构件，以及沿截面腹部均匀配置纵向钢筋的矩形、T 形或 I 形截面钢筋轻骨料混凝土偏心受拉构件。其正截面承载力计算采用与国家标准《混凝土结构设计规范》GB 50010—2002 相同的计算公式，其中矩形应力图的系数 α_1、β_1、相对界限受压区高度 ξ_b、纵向钢筋应力 σ_{si}、σ_{pi} 按本规程第 5.1.3 条、第 5.1.4 条、第 5.1.5 条确定。

5.4.2、5.4.3 轻骨料混凝土偏心受拉构件斜截面承载力的计算公式、截面限制条件采用与国家标准《混凝土结构设计规范》GB 50010—2002 相同的形式。结合轻骨料混凝土的特点，在分析轻骨料混凝土和普通混凝土的试验结果后，对公式（5.4.3）右边的第 1 项在国家标准《混凝土结构设计规范》GB 50010—2002 相关公式的基础上乘以 0.85 的折减系数。

$f_{yv}\dfrac{A_{sv}}{s}h_0$ 值不得小于 $0.36 f_t b h_0$，是取受拉构件的最小配箍率为受弯构件的最小配箍率的 1.5 倍后得到的，最小配箍率的取值同时考虑了实际工程的配箍要求。

5.5 受扭构件

5.5.1 本条给出了在弯矩、剪力和扭矩作用下构件（$h_w/b<6$ 时）的截面限制条件，公式（5.5.1-1）、公式（5.5.1-2）是为了保证构件在破坏阶段轻骨料混凝土不先于钢筋屈服而压碎。当 $T=0$ 的条件下，公式（5.5.1-1）、公式（5.5.1-2）可与本规程第 5.2.2 条的公式相协调。

5.5.2 本条给出了剪扭共同作用时构件的构造配筋界限，目的是保证构件低配筋时轻骨料混凝土不发生脆断。

5.5.3 公式（5.5.3-1）是根据试验统计分析得到的。试验表明，当 ζ 值在 0.5~2.0 范围内，钢筋轻骨料混凝土受扭构件破坏时其纵筋和箍筋基本能同时达到屈服强度，为稳妥起见，取限制条件为 $0.6\leqslant\zeta\leqslant 1.7$。在设计时，通常对 ζ 值在 1.2~1.5 之间取用，当取 $\zeta\geqslant 1.2$ 时，说明纵筋的用量较箍筋的用量多，这样便利于施工。对不对称配置纵向钢筋截面面积的情况，在计算中只取对称布置的纵向钢筋截面面积。预应力对纯扭构件受扭承载力的提高作用，考虑到轻骨料混凝土的特点，在普通混凝土的基础上乘以 0.85 的折减系数。

5.5.5 对轻骨料混凝土剪扭构件的试验研究和理论分析表明，当截面尺寸、材料及配筋条件相同，而剪跨比相近的构件，变化顶部与底部纵筋强度比值，其试验结果接近 1/4 圆曲线之上。当其他条件相同，变化剪跨比值，则试验点也接近 1/4 圆曲线之上。因此，可以认为轻骨料混凝土剪扭构件的剪扭强度相关曲线近似取为 1/4 圆是可以的。其受力性能及破坏形态也与普通混凝土基本相同。为设计方便，公式（5.5.5-1）~（5.5.5-5）采用与国家标准《混凝土结构设计规范》GB 50010—2002 相同的形式。结合轻骨料混凝土的特点，在分析轻骨料混凝土和普通混凝土的试验结果后，对公式（5.5.5-1）、（5.5.5-3）、（5.5.5-4）混凝土项的承载力在国家标准《混凝土结构设计规范》GB 50010—2002 相关公式的基础上乘以 0.85 的折减系数；预应力对剪扭构件承载力的提高作用，考虑到轻骨料混凝土的特点，在普通混凝土的基础上乘以 0.85 的折减系数。

5.5.6 考虑到轻骨料混凝土的特点，与国家标准《混凝土结构设计规范》GB 50010—2002 第 7.6.9 条相对应，给出了轻骨料混凝土 T 形和 I 形截面剪扭构件的受剪扭承载力的计算方法。本条中 T_w、W_{tw}、T'_f、W'_{tf}、T_f 及 W_{tf} 等参数按国家标准《混凝土结构设计规范》GB 50010—2002 第 7.6.3 条、第 7.6.5 条的有关规定计算。

5.5.7、5.5.8 考虑到轻骨料混凝土的特点，与国家标准《混凝土结构设计规范》GB 50010—2002 第 7.6.11 条、第 7.6.12 条相对应，给出了轻骨料混凝土矩形、T形和I形截面弯剪扭构件承载力的计算方法。

5.5.9～5.5.11 与国家标准《混凝土结构设计规范》GB 50010—2002 第 7.6.13 条～7.6.15 条相对应，给出了在轴向压力、弯矩、剪力和扭矩共同作用下的钢筋轻骨料混凝土矩形截面框架柱承载力的计算方法与计算公式。公式（5.5.9-1）和公式（5.5.9-2）是在国家标准《混凝土结构设计规范》GB 50010—2002 相关公式的基础上，考虑到轻骨料混凝土的受力特点，对混凝土项的承载力和轴力影响项的承载力乘以 0.85 的折减系数得到的。

5.6 受冲切构件

5.6.1、5.6.2 本次受冲切构件条文的修订主要是按照国家标准《混凝土结构设计规范》GB 50010—2002 相关条款进行，公式（5.6.1-1）、公式（5.6.2-1）～（5.6.2-3）采用与国家标准《混凝土结构设计规范》GB 50010—2002 相同的形式。结合轻骨料混凝土的特点，在分析轻骨料混凝土和普通混凝土的试验结果后，对公式（5.6.1-1）、公式（5.6.2-1）～（5.6.2-3）混凝土项的承载力在国家标准《混凝土结构设计规范》GB 50010—2002 相关公式的基础上乘以 0.85 的折减系数。公式（5.6.1-1）中 $\sigma_{pc,m}$ 的取值，对于单向预应力轻骨料混凝土板，由于缺少试验数据，暂不考虑预应力的有利作用。

5.7 局部受压构件

5.7.1、5.7.2 本次局部受压构件条文的修订主要是在 74 个轻骨料混凝土试件局部承压试验的基础上，参照国内外其他有关的试验，结合国家标准《混凝土结构设计规范》GB 50010—2002 的相关条款进行的。轻骨料混凝土局部承压试验结果表明，当 $A_b/A_l=9$ 时，开裂荷载 P_{cr} 与极限荷载 P_u 的比值，无筋试件为 0.98，配筋试件为 0.92，均大于一般认可的界限 0.85。分析又表明，当 $A_b/A_l \leqslant 7$ 时，开裂荷载 P_{cr} 与极限荷载 P_u 的比值可满足小于等于 0.85 的要求。

分析试验结果表明，公式（5.7.1-1）和（5.7.2-1）的试验保证率分别为 92% 和 100%，同时公式（5.7.1-1）和（5.7.2-1）与国家标准《混凝土结构设计规范》GB 50010—2002 的相关公式衔接较好，故本规程采用公式（5.7.1-1）和（5.7.2-1）作为轻骨料混凝土局部受压构件的截面尺寸限制条件和承载力计算公式。

局部受压试验结果表明，螺旋式配筋的试件破坏时脆性明显，承载力也较低。因此，当在矩形截面内配置用于局部承压的螺旋箍筋时，沿截面周边配置的矩形箍筋宜加密。

6 正常使用极限状态验算

6.1 裂缝控制验算

6.1.1 本条系根据国家标准《混凝土结构设计规范》GB 50010—2002 第 8.1.1 条的规定提出。公式中的轻骨料混凝土轴心抗拉强度标准值 f_{tk} 按本规程第 3.1.4 条取用。

6.1.2 最大裂缝宽度计算在原规程公式的基础上考虑与国家标准《混凝土结构设计规范》GB 50010—2002 的协调一致，按下列方法确定：

1 最大裂缝宽度的基本公式保持不变，即

$$w_{\max} = \tau_l \tau_s \alpha_c \psi \frac{\sigma_{sk}}{E_s} l_{cr}$$

2 基本公式中的系数确定如下：

1）裂缝间纵向受拉钢筋应变不均匀系数 ψ

原规程的 ψ 计算公式由试验数据回归分析而得，即

$$\psi = 1 - 0.3 f_{tk}/(\rho_{te}\sigma_{ss})$$

与国家标准《混凝土结构设计规范》GB 50010—2002 的公式

$$\psi = 1.1 - 0.65 f_{tk}/(\rho_{te}\sigma_{sk})$$

有一定差异。现采用浙江大学、西安冶金建筑科技大学、上海市建筑科学研究院三家的实测数据共 111 个，用上述两个公式进行验算，经统计其实测值与计算值比值：原规程公式的平均值为 1.011，标准差为 0.191；国家标准《混凝土结构设计规范》GB 50010—2002 公式的平均值为 1.065，标准差为 0.236。原规程公式和国家标准《混凝土结构设计规范》GB 50010—2002 公式的计算值与实测值均较接近，本规程采用了国家标准《混凝土结构设计规范》GB 50010—2002 的公式。

2）内力臂系数 η

σ_{sk} 计算中需要用到内力臂系数 η。原规程取值考虑低配筋梁，经研究分析确定如下：当 $\alpha_E \rho$ 为 0.05～0.1 时，$\eta = 1.03 - 2\alpha_E \rho$；当 $\alpha_E \rho \geqslant 0.1$ 时，取 $\eta = 0.83$。

实际应用的轻骨料混凝土结构构件，其配筋率 ρ 一般在 0.5%～3.0% 范围内，为了简化，本次修订经对原试验数据分析，取 η 为常数 0.85。

3）平均裂缝间距 l_{cr}

原规程公式根据试验数据回归分析而得，即：

$$l_{cr} = 62 + 0.037 d/\rho_{te}$$

该公式未考虑 l_{cr} 与保护层 c 的关系。原试验构件大部分保护层为 2.5～3.0cm，经复核和分析，取 $l_{cr} = 1.9c + 0.04 d/\rho_{te}$。对试验梁采用此公式进行计算，并与 73 个实测数据进行比较，实测值与计算值的平均值为 1.076，标准差为 0.162，符合尚好。

4) 反映裂缝间混凝土伸长对裂缝宽度影响的系数 α_c，本规程仍取 $\alpha_c=0.85$。

5) 短期裂缝宽度的扩大系数 τ_s 和考虑长期作用影响的扩大系数 τ_l

τ_s 是最大裂缝宽度与平均裂缝宽度之比。国家标准《混凝土结构设计规范》GB 50010—2002 对受弯构件和偏心受压构件取 $\tau_s=1.66$，τ_s 取值的保证率为 95%；在同样保证率条件下，根据轻骨料混凝土受弯构件裂缝发生、开展的特点，其 τ_s 应比普通混凝土小。根据试验数据统计分析，τ_s 可取为 1.485，本规程取 $\tau_s=1.5$。

τ_l 是长期荷载作用对裂缝扩展的影响系数。根据上海市建筑科学研究院的轻骨料混凝土受弯构件的长期试验数据分析，τ_l 约在 1.5~1.8 范围内，本规程取 $\tau_l=1.65$。

6) 钢筋轻骨料混凝土受弯构件受力特征系数 α_{cr}

$\alpha_{cr}=1.0\times0.85\times1.5\times1.65=2.104$，本规程取为 2.1。

综上所述，按荷载效应的标准组合并考虑长期作用影响的最大裂缝宽度计算公式确定如下：

$$w_{\max}=\alpha_{cr}\psi\frac{\sigma_{sk}}{E_s}\left(1.9c+0.04\frac{d_{eq}}{\rho_{te}}\right)$$

采用实测数据共 124 个，用上述公式进行验算，经统计其计算值与实测值比值：平均值为 1.148（带肋钢筋、陶粒混凝土），标准差为 0.48。

6.2 受弯构件挠度验算

6.2.2 在荷载效应的标准组合作用下，矩形、T 形、倒 T 形和 I 形截面受弯构件短期刚度 B_s 公式 (6.2.2-1) 以原规程的下列基本公式为基础：

$$B_s=\frac{E_sA_sh_0^2}{\dfrac{\psi}{\eta}+\dfrac{\alpha_E\rho}{\zeta}}$$

对有关参数如 ψ、η 作了调整，与裂缝宽度计算公式中的取值相同。

1 钢筋轻骨料混凝土受弯构件

公式 (6.2.2-1) 中 $\alpha_E\rho/\zeta$ 采用国家标准《混凝土结构设计规范》GB 50010—2002 中普通混凝土的 $0.2+[6\alpha_E\rho/(1+3.5\gamma_f')]$。经对矩形、T 形、倒 T 形截面钢筋陶粒混凝土受弯构件挠度进行验算，其中矩形截面试验数据共 220 个，计算值与实测值的平均值为 1.1，标准差为 0.138；T 形、倒 T 形截面试验数据共 40 个，计算值与实测值的平均值为 1.04，标准差为 0.217；矩形、T 形、倒 T 形截面试验数据共 260 个，计算值与实测值的平均值为 1.09，标准差为 0.153。由此可见，公式 (6.2.2-1) 是可行的。

2 预应力轻骨料混凝土受弯构件

对要求不出现裂缝的构件仍沿用原规程的公式，$B_s=0.85E_cI_0$；对允许出现裂缝的构件，其 B_s 公式 (6.2.2-3) 与原规程公式 (6.3.2-3) 相似，仅对表现形式作了调整，分子和分母各乘以 0.85，然后将分母项简化而得。将该公式计算值与天津市建筑设计院、上海市建筑科学研究院、北方交通大学、中国建筑科学研究院所做的预应力和部分预应力受弯构件共计 118 个挠度实测数据比较，实测值与计算值的平均值为 0.95，标准差为 0.126，基本可行。

7 构造及构件规定

7.1 构造规定

7.1.1、7.1.2 钢筋轻骨料混凝土结构伸缩缝间距的影响因素较多，如温差、结构形式、构造措施、施工条件和材料性能等。考虑到轻骨料混凝土的线膨胀系数较小，且轻骨料混凝土结构构件的裂缝多呈现细而密的状态，规程对受温差影响较大的露天结构伸缩缝间距在普通混凝土结构的基础上适当增大，规程伸缩缝最大间距的取值同原规程。近年轻骨料混凝土应用强度等级提高、泵送施工增多等因素会增大轻骨料混凝土的收缩，对伸缩缝间距的要求由原规范的"可"改为"宜"。

对于伸缩缝最大间距宜适当减小及可适当增大的条件，普通混凝土的规定同样适用于轻骨料混凝土。

7.1.3 保护层厚度的规定是为了满足结构构件的耐久性、钢筋锚固及建筑防火的要求。

试验研究及工程调查均证明，陶粒混凝土碳化速度与普通混凝土相近。国家标准《混凝土结构设计规范》GB 50010—2002 中钢筋保护层厚度的要求已较《混凝土结构设计规范》GBJ 10—89 有所增加，故本次规程修订中对陶粒混凝土的保护层厚度取为与普通混凝土相同。

试验研究表明，自燃煤矸石混凝土及火山渣混凝土的碳化速度都比普通碎石混凝土快，这主要是由于混凝土中轻骨料的活性物质与水泥的碱性水化产物发生了反应，降低了轻骨料混凝土的碱度，加快了碳化速度。本规程对自燃煤矸石混凝土及火山渣混凝土保护层厚度的要求为：对室内一类环境下同陶粒混凝土，即同普通混凝土的要求；在二类、三类环境下适当增大要求，比普通混凝土增加 5mm。实际工程的调查也验证了上述要求是能够满足耐久性要求的。

轻骨料混凝土的导热系数比普通混凝土小，能较好地防止温度过分升高导致轻骨料混凝土出现裂缝和碎裂。从耐火性的角度考虑，轻骨料混凝土的保护层厚度可以适当减少。

7.1.4~7.1.6 国内各单位先后对陶粒、自燃煤矸石、火山渣和普通石子四种骨料混凝土进行了拉拔试验和拟梁式粘结锚固试验，规程修订组也补充进行了高强陶粒混凝土锚固性能的试验研究。综合分析国内外的试验研究成果，轻骨料混凝土拉拔试验测得的粘结锚固强度与普通混凝土基本相当，但在反复荷载作用下轻骨料混凝土的锚固性能要弱于普通混凝土，尤其体现在节点破坏形态上。

参考试验研究和国外规范的规定，本规程采取在普通混凝土受拉钢筋锚固长度基础上乘以增大系数的方法，并针对砂轻、全轻混凝土锚固性能的不同给出了不同的增大系数。

轻骨料混凝土纵向受力钢筋的锚固、搭接长度的修正条件可按国家标准《混凝土结构设计规范》GB 50010—2002 第9.3节、第9.4节的规定执行。对受拉钢筋锚固长度、纵向受拉钢筋绑扎搭接接头的搭接长度及纵向受压钢筋绑扎搭接接头的搭接长度的最小值，本规程的规定均在普通混凝土的基础上增加50mm。

7.1.8 先张法预应力轻骨料混凝土构件的端部由于局部挤压造成的环向拉应力容易导致构件端部混凝土出现劈裂裂缝。参考普通混凝土的预应力构件规定，本条对端部的构造作出了要求，并结合轻骨料混凝土的受力特点适当增大了构造钢筋的数量。

7.1.10 近年来，采用轻骨料混凝土的叠合楼板、压型钢板组合楼板大量地应用于各种建筑结构中，具有较好的技术经济指标。

7.2 构件规定

7.2.1～7.2.6 考虑到轻骨料混凝土的锚固长度要大于普通混凝土，对钢筋构造锚固长度、延伸长度、弯折段长度等规定均适当增加。对各种构造措施的分界点，也按本规程第5.2节的规定由国家标准《混凝土结构设计规范》GB 50010—2002 的 $0.7f_tbh_0$、$0.7f_tbh_0+0.05N_{p0}$ 改为 $0.6f_tbh_0$、$0.6f_tbh_0+0.04N_{p0}$。

7.2.7 受扭纵筋的最小配筋率是在假定其与剪力（V）和扭矩（T）之间具有相同的相关规律的基础上，参考国家标准《混凝土结构设计规范》GB 50010—2002 的取值而得到的。

7.2.8 由于轻骨料混凝土骨料强度低于普通石子强度，为防止受剪破坏时沿骨料剪断，产生斜裂缝，对箍筋的间距适当加以控制，均较普通混凝土梁减小50～100mm。

7.2.9 轻骨料混凝土的受压弹性模量较低，在荷载作用下变形较大。相同强度等级条件下轻骨料混凝土中受压钢筋应力高于普通混凝土，因此须对纵向受压钢筋的直径进行限制。根据国内外工程实践经验及国外标准的有关规定，规定柱中纵向受力钢筋直径以不大于32mm为宜。

7.2.10 静力荷载作用下轻骨料混凝土梁柱节点受力性能与普通混凝土相差不大，故节点钢筋构造与国家标准《混凝土结构设计规范》GB 50010—2002 相同，应符合该规范第10.4节的规定。纵向受拉钢筋的锚固长度等应按本规程确定。

7.2.11～7.2.14 此部分内容为剪力墙的设计要求，条文参考了国家标准《混凝土结构设计规范》GB 50010—2002、行业标准《高层建筑混凝土结构技术规程》JGJ 3—2002 的内容，并考虑到轻骨料混凝土的抗剪特性及试验研究结果，对普通混凝土的计算公式作如下调整：

1 剪力墙截面控制公式在国家标准《混凝土结构设计规范》GB 50010—2002 公式的基础上乘以0.85的折减系数；

2 剪力墙偏心受压时的抗剪承载力计算公式中反映混凝土抗剪强度的第一项和反映轴力影响的第二项分别乘以0.85的折减系数；

3 轻骨料混凝土剪力墙的受力性能、破坏形态不同于小截面偏心受拉构件，剪力墙偏心受拉时的抗剪承载力计算公式中也同样对反映轻骨料混凝土抗剪强度的第一项和反映轴力影响的第二项分别乘以0.85的折减系数；

4 对连梁抗剪承载力计算公式中反映混凝土抗剪强度的第一项由 $0.7f_tbh_0$ 改为 $0.6f_tbh_0$。

8 轻骨料混凝土结构构件抗震设计

8.1 一般规定

8.1.1 轻骨料混凝土应用于有抗震设防要求的结构构件，抗震设计非常重要。本条阐明了抗震设计应遵守的原则，本章仅列出轻骨料混凝土结构构件抗震设计中与普通混凝土结构抗震设计的不同之处，其余的设计均应按国家标准《混凝土结构设计规范》GB 50010—2002 第11章进行。

8.1.2 试验研究表明，在低周反复荷载作用下，轻骨料混凝土框架梁、框架柱、梁柱节点、剪力墙的正截面受弯承载力与一次加载的正截面受弯承载力相近。地震作用组合的正截面受弯承载力可按静力公式除以相应的承载力抗震调整系数。

框架梁端轻骨料混凝土受压区高度及梁端纵向受拉钢筋配筋率应符合国家标准《混凝土结构设计规范》GB 50010—2002 的相关规定。

8.1.3 根据轻骨料混凝土结构构件的延性和耗能特性，参照国内、外轻骨料混凝土结构的工程实践经验、研究成果及震害状况，规定了不同结构类型的建筑物高度与结构抗震等级的关系。考虑到9度设防区及单层厂房铰接排架的工程实践不多，本规程未予列入。

8.1.4 轻骨料混凝土剪力墙结构具有较好的承载力及延性，适宜在 8 度地区应用。

8.1.5 轻骨料混凝土结构构件在反复荷载作用下，钢筋锚固性能衰减较快。根据相关试验，参考国外规范、标准的规定，本条规定按国家标准《混凝土结构设计规范》GB 50010—2002 的方式，对受拉钢筋的锚固长度按抗震等级乘以不同的增大系数，受拉钢筋的搭接长度也相应增大。

8.2 材 料

8.2.1 根据轻骨料混凝土的基本材料性能及国内外地震设防区工程应用实践，规定了构件抗震要求的最高和最低轻骨料混凝土强度等级的限制，以保证构件在地震力作用下的承载力和延性。考虑到高强轻骨料混凝土的脆性特性，对地震高烈度区使用高强轻骨料混凝土应有所限制。

8.2.2 根据我国多年来的试验研究成果，将轻骨料的强度标号要求列入本条。轻骨料出厂检验报告中应包括其强度标号指标。强度标号较高的轻骨料有利于改善结构构件的延性，保证结构的抗震能力。

8.3 框架梁、框架柱及节点

8.3.1 条文规定了框架梁的截面限制条件，是由国家标准《混凝土结构设计规范》GB 50010—2002 公式（11.3.3）乘以 0.85 的折减系数得来的。

8.3.2 矩形、T 形和 I 形截面框架梁，斜截面受剪承载力计算公式是参照国内外的试验研究成果，考虑到轻骨料混凝土在反复荷载作用下的不利因素制定的。钢筋轻骨料混凝土框架梁在反复荷载作用下，破坏形态与相应的普通混凝土梁相似，但是由于斜向交叉裂缝的急剧开展，梁顶面、底面混凝土剥落撕裂，降低了梁的受剪承载力。为此，本条有关一般框架梁斜截面受剪承载力计算公式，是在静载作用下梁受剪承载力计算公式（5.2.4-2）、（5.2.4-4）的基础上，对混凝土项乘以 0.6 的折减系数，箍筋项则不考虑折减。

8.3.3 本条从受剪的要求提出了轻骨料混凝土框架柱截面尺寸的限制条件，是由国家标准《混凝土结构设计规范》GB 50010—2002 公式（11.4.8）乘以 0.85 的折减系数得来的。

8.3.4 框架柱在弯、压、剪共同作用下受剪承载力计算公式是参照框架梁公式的折减原则制定的，计算公式是在静载作用下公式（5.3.5）的基础上，对混凝土项和轴力项分别乘以 0.6 和 0.8 的折减系数，箍筋项则不考虑折减。

8.3.5 框架柱出现拉力时，计算公式是在静载作用下公式（5.4.3）的基础上，对混凝土项乘以 0.6 的折减系数，箍筋项和轴力项则不考虑折减。

8.3.6、8.3.7 考虑地震作用组合的框架柱的轴压比 $N/(f_c A)$ 限值是根据试验及分析国内外有关资料后确定的。

国内进行的约束陶粒混凝土矩形截面柱的延性试验表明，柱的延性随轴压比的增加而减小，相同条件下陶粒混凝土柱的延性比普通混凝土柱差。参照国外有关标准和国内近期的研究成果，在普通混凝土相关规定的基础上对其轴压比限值、箍筋加密区最小配箍特征值作适当调整。

8.3.8 框架节点受剪水平截面限制条件，是为了防止因节点截面过小，核心区轻骨料混凝土承受过大的斜压应力导致节点混凝土被压碎。公式（8.3.8-1）参照普通混凝土节点截面限制条件乘以 0.85 的折减系数。

框架节点核心区抗震受剪承载力计算公式是考虑了轻骨料混凝土的受力特点，采用与国家标准《混凝土结构设计规范》GB 50010—2002 相同的表达形式。试验表明，轻骨料混凝土节点核心区混凝土的抗剪强度低于普通混凝土。综合考虑核心区轻骨料混凝土及箍筋的试验结果，节点核心区的受剪承载力计算公式（8.3.8-2）是在国家标准《混凝土结构设计规范》GB 50010—2002 公式（11.6.4-2）中混凝土项和轴力项乘以 0.75 的折减系数得到的。

为保证节点的延性，对中间层中间节点、顶层中间节点处梁纵向钢筋的直径较普通混凝土要求略为加严。

8.4 剪 力 墙

8.4.1 对考虑地震作用组合的轻骨料混凝土剪力墙受剪截面限制条件，参照国家标准《混凝土结构设计规范》GB 50010—2002 公式（11.7.4-1）、（11.7.4-2）乘以 0.85 的折减系数。

8.4.2 试验表明，普通混凝土剪力墙在反复荷载作用下的受剪承载力比单调荷载作用下的受剪承载力相差 20%，这在轻骨料混凝土剪力墙中仍适用，故在本规程公式（7.2.12）基础上乘以 0.8 的折减系数并除以 γ_{RE}。

8.4.3 偏心受拉剪力墙的抗震受剪承载力按本规程公式（7.2.13）右边乘以 0.8 折减系数并除以 γ_{RE}。

8.4.4 多肢剪力墙的承载力和延性有很大关系。本条参考了国家标准《混凝土结构设计规范》GB 50010—2002、行业标准《高层建筑混凝土结构技术规程》JGJ 3—2002 的有关规定，给出了剪力墙连梁的抗震受弯承载力计算方法、抗震受剪截面限制条件、抗震受剪承载力计算公式及相关构造要求。各公式的混凝土项均乘了 0.85 的折减系数。

8.4.5 轻骨料混凝土强度愈高，脆性愈显著，设置约束边缘构件是提高剪力墙受压区混凝土极限应变和剪力墙延性的主要措施。约束边缘构件配箍特征值的提高，有利于改善剪力墙延性。

9 施工及验收

9.1 一般规定

9.1.1 本章主要对轻骨料混凝土结构工程中混凝土分项工程的施工和验收作出规定，故除本章规定外，轻骨料混凝土结构的施工和验收尚应符合相关标准的规定。轻骨料混凝土结构实体检验也应符合现行国家标准《混凝土结构工程施工质量验收规范》GB 50204 的规定。

9.1.2 轻骨料出厂时，应按照现行国家标准《轻集料及其试验方法》GB/T 17431 的规定进行出场检验。该标准还对型式检验作了规定。进场时应提供这两种检验的报告，并进行复验。

9.1.3 本条规定了轻骨料进场检验的批量和检验项目。自燃煤矸石和火山渣的质量波动一般较人造轻骨料大，为加强质量控制，减小了检验批量，增加了检验频率。

自燃煤矸石的含碳量（通过烧失量反映）和三氧化硫含量对自燃煤矸石混凝土的耐久性能影响较大，本条提出了检验要求。

9.1.4 本条对轻骨料的运输和堆放作了规定。为保证轻骨料质量均匀，当堆场场地条件允许时，轻骨料的单批进货量宜尽量大。

9.1.5 轻骨料的预湿对轻骨料混凝土的工作性、抗裂性等均有利，但吸水饱和度（指预湿后含水率与饱和吸水率之比）较高时对混凝土的抗冻性不利，故应根据工程实际情况进行预湿处理。预湿可采用喷淋、浸泡等方法。对泵送施工，轻骨料预湿后含水率不应小于其 24h 吸水率，且吸水饱和度宜大于 70%。使用吸水率较小的轻骨料时，在配料和搅拌前可不专门进行预湿处理。

9.1.6 轻骨料混凝土自然状态下的表观密度、抗压强度和弹性模量对预应力张拉时的结构构件的反拱影响较大。参考铁路部门对预制混凝土桥梁构件的规定，本条提出了在预应力张拉前检验混凝土表观密度、抗压强度和弹性模量等指标的要求。抗压强度和弹性模量应采用与结构构件同条件养护的试件测试得到。

9.2 施工控制

9.2.1 在国际预应力混凝土联合会《FIP 轻骨料混凝土手册》第一版（1977 年）和第二版（1983 年）中，以及在美国联邦高速公路管理局的《轻骨料混凝土桥梁设计指南》（1985 年）中，都推荐优先采用绝对体积法设计结构用砂轻混凝土的配合比。

松散体积法既适用于全轻混凝土，也适用于砂轻混凝土，简便易行，特别适合在施工中及时、快速地调整配合比。

9.2.2 为了保证施工质量的稳定性，轻骨料混凝土生产单位在生产中应经常自检轻骨料和轻骨料混凝土拌合物的质量波动，掌握轻骨料的表观密度、堆积密度及轻骨料混凝土湿表观密度等情况，必要时对配合比作出调整。

轻骨料堆积密度的测试简便快捷，与表观密度的测试相配合，可同时反映级配的变化。轻骨料混凝土湿表观密度可反映原材料和实际配合比的变化情况，通过加强其测试可减少实际生产时混凝土性能的波动。湿表观密度目标值指在试验室内采用相同原材料配制出的轻骨料混凝土拌合物经捣实后的单位体积质量。

9.2.3 与砂轻混凝土相比，全轻混凝土在泵送过程中轻骨料吸水较多，泵送难度大。粉煤灰等矿物掺合料可改善轻骨料混凝土拌合物的和易性，并减少高水泥用量时的水化热。

9.2.4 轻骨料混凝土由于骨料轻，自落式搅拌机难以搅拌均匀，故应采用强制式搅拌机搅拌。

9.2.5 增黏剂（国外文献中一般称为黏性改善剂）能改善轻骨料混凝土的离析状况，但应用前应有充分的试验依据，并注意是否影响混凝土性能和与减水剂的相容性。

9.2.6 当采取有效措施（如充分预湿轻骨料、选用适当的减水剂）保证轻骨料混凝土坍落度不损失时，拌合物从搅拌机卸料起到浇入模内止的延续时间可适当延长。

9.2.7 当轻骨料的吸水率较大或预湿饱水度偏低时，坍落度宜选用较大值。

实际泵送过程中，轻骨料在泵管内压力作用下进一步吸水，试验室内较难模拟由此引起的轻骨料混凝土拌合物可泵性的变化，故对于轻骨料混凝土的泵送施工，试泵是必要的。

9.2.8 本条为避免混凝土离析的必要措施。

9.2.9 国内外已有免振捣自密实轻骨料混凝土的研究与实践，这种轻骨料混凝土特别适用于密集配筋情况。轻骨料混凝土振捣时，宜以轻骨料略有上浮作为振捣密实的标志，过度振捣将造成大量轻骨料上浮，构件上、下部位不均匀。

9.2.10 当柱的混凝土设计强度高于梁、板的设计强度，或柱和梁、板分别采用普通混凝土和轻骨料混凝土时，应对梁柱节点和接缝混凝土施工采取有效措施。

9.2.11 在有冻融循环的地区，当出于泵送施工需要而使用高饱水度的预湿轻骨料时，应采取措施避免轻骨料混凝土的冻融破坏。

9.2.12 轻骨料混凝土成型后，应特别注意防止表面失水，避免混凝土表面开裂。

9.3 质量验收

9.3.1 本条针对不同的混凝土生产量,规定了用于检查结构构件混凝土强度的试件的取样与留置要求。轻骨料混凝土强度的检验评定应符合现行国家标准《混凝土强度检验评定标准》GBJ 107 的规定。

同条件养护试件的留置组数除应考虑用于确定施工期间结构构件的混凝土强度外,还应考虑用于结构实体轻骨料混凝土强度的检验。

9.3.2 当设计提出轻骨料混凝土的耐久性要求时,应根据设计要求进行检验,或由设计、施工和监理单位共同商定检验方案。

中华人民共和国行业标准

冷拔钢丝预应力混凝土构件设计与施工规程

JGJ 19—92

条 文 说 明

前　言

根据原城乡建设环境保护部（88）城标字第141号文的要求，由中国建筑科学研究院和浙江省建筑科学研究所负责主编，对《冷拔低碳钢丝预应力混凝土中小构件设计与施工规程》JGJ 19—84和《冷拔中强钢丝预应力混凝土构件设计与施工建议》进行修订而成的《冷拔钢丝预应力混凝土构件设计与施工规程》JGJ 19—92，经中华人民共和国建设部以建标[1992] 120号文批准，业已发布。

为便于广大设计、施工、科研、学校等有关单位人员在使用本规程时能正确理解和执行条文规定，《冷拔钢丝预应力混凝土构件设计与施工规程》编制组根据编制标准条文说明的有关规定，按《冷拔钢丝预应力混凝土构件设计与施工规程》的章、节、条顺序，编制了本条文说明，供各有关单位参考。在使用中如发现本条文说明有欠妥之处，请将意见直接函寄给中国建筑科学研究院冷拔钢丝规程管理组（邮编100013）。

本条文说明由建设部标准定额研究所组织出版发行，仅供国内使用不得外传和翻印。

1992年3月

目　次

第一章　总则 ················ 3—7—4
第二章　材料 ················ 3—7—4
　第一节　钢丝 ················ 3—7—4
　第二节　混凝土 ·············· 3—7—4
第三章　构件设计 ············ 3—7—5
　第一节　一般规定 ············ 3—7—5
　第二节　正截面承载力计算 ···· 3—7—5
　第三节　斜截面承载力计算 ···· 3—7—5
　第四节　抗裂验算 ············ 3—7—6
　第五节　变形验算 ············ 3—7—7
　第六节　施工阶段验算 ········ 3—7—7

　第七节　构造规定 ············ 3—7—7
第四章　施工工艺 ············ 3—7—8
　第一节　台座 ················ 3—7—8
　第二节　模板 ················ 3—7—8
　第三节　机具及设备 ·········· 3—7—8
　第四节　钢丝的冷拔工艺 ······ 3—7—8
　第五节　钢丝的张拉工艺 ······ 3—7—9
　第六节　混凝土工艺 ·········· 3—7—10
　第七节　构件的运输、堆放、
　　　　　检验和安装 ·········· 3—7—10

第一章 总 则

第1.0.1条～第1.0.3条 本规程的适用范围与原规程相同。本规程所采用的冷拔钢丝系指光面的冷拔低碳钢丝或冷拔低合金钢丝（即中强钢丝）。

目前，冷拔钢丝主要用于一般工业与民用建筑中的中小型构件。这些构件在南方地区大多采用先张法长线生产，在北方地区长线生产和短线钢模模外张拉工艺兼而有之，故本规程以冷拔钢丝先张法预应力构件的设计和施工工艺为主。

本规程是根据国家标准《建筑结构设计统一标准》GBJ68-84规定的原则制订的。符号、计量单位和基本术语按照国家标准《建筑结构设计通用符号、计量单位和基本术语》GBJ83-85的规定采用。

按本规程设计时，荷载应按国家标准《建筑结构荷载规范》GBJ9-87的规定执行。材料和施工的质量应符合国家现行标准《混凝土结构工程施工及验收规范》及有关国家标准的要求。混凝土强度的检验评定应符合现行国家标准《混凝土强度检验评定标准》及有关国家标准的要求。

由于光面的冷拔钢丝与混凝土的粘结锚固性能较差，当无可靠试验或实践经验时，一般情况下，不宜用于直接承受动荷载作用的吊车梁、楼面板等构件。

处于侵蚀环境、结构表面温度高于100℃或有生产热源且结构表面温度经常高于60℃的结构不得采用冷拔钢丝预应力构件。

第二章 材 料

第一节 钢 丝

第2.1.1条 本规程的冷拔钢丝包括目前已大量采用的光面冷拔低碳钢丝和近几年试制成功并在国内许多工程上采用的冷拔低合金钢丝（即所谓中强钢丝）。

冷拔低合金钢丝目前国内生产主要有3个品种，即唐山钢铁公司生产的B20MnSi $\phi5$钢丝、鞍山钢铁公司生产的24MnTi $\phi5$钢丝和首都钢铁公司生产的21MnSi $\phi5$钢丝。

第2.1.2条 对无屈服点的冷拔钢丝，其强度标准值取极限抗拉强度。冷拔钢丝的强度标准值应具有不小于95%的保证率。

根据7省1市23049个（$\phi5$和$\phi4$）冷拔低碳钢丝试件的试验结果，目前生产的冷拔低碳钢丝大约55%以上符合甲级Ⅰ组要求，80%以上符合甲级Ⅱ组要求，即有80%以上的冷拔低碳钢丝可作预应力筋用。这对于经济合理使用钢材，发展冷拔低碳钢丝预应力构件有一定促进作用，比较符合当前实际情况。原规程甲级钢丝定为3个组别，考虑第Ⅲ组强度级别偏又兼组别太多，对同一单位易造成生产上的混乱和差错，因此，甲级钢丝规定二个组别。各生产单位可根据长期使用情况和检验结果，选定某一组强度值，对达不到该值要求的少数冷拔钢丝，可作非预应力筋用。

冷拔低碳钢丝强度标准值的取值仍维持原规程（JGJ19-84）的水平。

冷拔低合金钢丝，由于盘条中加入微量合金元素，机械性能显著改善，相当Ⅱ级钢水平，母材强度在550N/mm²以上，伸长率（δ_5）在23%以上。$\phi6.5$盘条经过二次冷拔成$\phi5$钢丝。表2.1.2给出39个炉号冷拔低合金钢丝（B20MnSi）的试验结果。

冷拔低合金钢丝试验结果　　表2.1.2

项　　目	条件屈服强度 (N/mm²)	抗拉强度 (N/mm²)	条件屈服强度 抗拉强度
平均值(m)	791.2	894.4	0.888
均方差(s)	41.843	38.958	
m-1.645s	722.4	830.3	
数量(根)	469	2400	469

冷拔低合金钢丝的强度标准值取平均值减1.645倍均方差，根据2400根钢丝试验结果为830.3N/mm²，规程定为800N/mm²。

第2.1.3条 冷拔钢丝强度设计值系根据原规程$K=1.5$及本规程采用综合荷载系数1.27这两个条件进行工程经验校准确定的。

冷拔钢丝的强度设计值定义为强度标准值除以钢丝材料分项系数γ_s。对于甲级冷拔低碳钢丝和冷拔低合金钢丝，在构件强度设计时本规程以0.8倍抗拉强度标准值作为设计上取用的条件屈服点，因此，材料分项系数$\gamma_s=1.25\times1.2=1.5$。对受压钢丝的强度设计值$f'_{py}$或$f'_y$，用钢丝应变$\varepsilon'_s=0.002$作为取值条件，根据$f'_y=\varepsilon'_s E_s$及$f'_y \leq f_y$两个条件确定。

对于乙级冷拔低碳钢丝：用于焊接骨架和焊接网时，$\gamma_s=1.7$；用于绑扎骨架和绑扎网时，$\gamma_s=2.2$。

第2.1.4条 根据山东、湖南、浙江3省329根$\phi3\sim\phi5$及四川省33根$\phi4$试验资料，冷拔低碳钢丝弹性模量在$1.8\times10^5\sim2.28\times10^5$N/mm²之间，平均为$2.03\times10^5$N/mm²，本规程定为$2.0\times10^5$N/mm²。根据468根$\phi5$未调直冷拔低合金钢丝试验结果，弹性模量平均值为$1.93\times10^5$N/mm²，规程取为$1.9\times10^5$N/mm²。

第二节 混 凝 土

第2.2.2条 混凝土强度标准值的确定。

一、轴心抗压强度标准值。混凝土棱柱体抗压强度平均值与边长为200mm立方体抗压强度平均值的关系式为：

$$\mu_{f_{pr1}} = 0.80\mu_{f_{cu,20}} \quad (2.2.2-1)$$

式中 $\mu_{f_{pr1}}$——棱柱体抗压强度平均值(N/mm²)；

$\mu_{f_{cu,20}}$——边长为200mm立方体抗压强度平均值(N/mm²)。

由于混凝土试件的标准尺寸改为150mm，考虑尺寸效应影响，上式改为：

$$\mu_{f_{pr1}} = 0.95\times0.80\mu_{f_{cu,15}} = 0.76\mu_{f_{cu,15}} \quad (2.2.2-2)$$

考虑到结构中混凝土强度与棱柱体强度之间的差异，参考以往的经验，试件强度修正系数取0.88，则结构中混凝土轴压强度平均值μ_{fc}为：

$$\mu_{fc} = 0.88\times0.76\mu_{f_{cu,15}} \approx 0.67\mu_{f_{cu,15}} \quad (2.2.2-3)$$

式中 $\mu_{f_{cu,15}}$——边长为150mm的立方体抗压强度平均值(N/mm²)。

在假定混凝土轴心抗压强度的变异系数与立方体抗压强度变异系数相等的条件下，则轴心抗压强度标准值为：

$$f_{ck} = 0.67 f_{cu,k} \quad (2.2.2-4)$$

式中 $f_{cu,k}$——立方体抗压强度标准值，即混凝土强度等级值(N/mm²)。

二、弯曲抗压强度标准值。原规程规定弯曲抗压强度与轴心抗压强度标准值的关系为：$f_{cmk}=1.25f_{ck}$ ($R^b_w=1.25R^b_a$)。根据近年来对偏压、受弯等构件承载力试验的综合分析，决定取用$f_{cmk}=1.1f_{ck}$。

三、轴心抗拉强度标准值。混凝土试件轴心抗拉强度平均值与边长150mm的立方体抗压强度平均值的关系式为：

$$\mu_{f_{t,sp}} = 0.27\mu_{f_{cu}}^{2/3} \text{(MPa)} \quad (2.2.2-5)$$

与轴压强度相同，取试件强度修正系数为 0.88，则结构中混凝土轴拉强度平均值为：

$$\mu_{f_t} = 0.23 \mu_{f_{cu}}^{2/3} \qquad (2.2.2-6)$$

在假定混凝土轴心抗拉强度的变异系数与立方体抗压强度变异系数相等的条件下，则混凝土轴心抗拉强度标准值为：

$$f_{tk} = 0.23 f_{cu,k}^{2/3} (1 - 1.645\delta_{f_{cu}})^{1/3} \qquad (2.2.2-7)$$

根据国内对混凝土强度的调查统计结果，得出不同强度等级的混凝土立方体强度变异系数，代入到上式中，同时考虑到高强混凝土的脆性破坏特征及工程经验不足，对 C45、C50 级混凝土按上式计算后再分别乘以 0.975 和 0.95 的折减系数，即得混凝土的轴心抗拉强度标准值。对轴心抗压及弯曲抗压强度也同样考虑了该项折减系数。

第 2.2.3 条 混凝土强度设计值采用可靠度分析法和工程经验校准法确定。

经综合分析后混凝土抗压强度设计值由混凝土强度标准值除以混凝土材料分项系数 γ_c 求得，混凝土材料分项系数取 1.35。混凝土抗拉强度设计值是根据原规程 $K=1.55$ 经工程经验校准后取 $\gamma_c=1.35$ 求得。混凝土弯曲抗压强度设计值取 $f_{cm}=1.1 f_c$。

第 2.2.4 条 混凝土受压或受拉时的弹性模量与原规程采用同一公式，仅考虑了标准试件尺寸和计量单位的改变，本规程采用下列经验公式：

$$E_c = \frac{10^5}{2.2 + \frac{34.7}{f_{cu}}} \quad (N/mm^2) \qquad (2.2.4)$$

本规程条文中表 2.2.4 的混凝土弹性模量值即是按上式求得的，式中 f_{cu} 以混凝土强度等级值（N/mm^2）代入，可求得与立方体抗压强度标准值相对应的弹性模量。

第三章 构件设计

第一节 一般规定

第 3.1.1 条、第 3.1.2 条 原规程采用基本安全系数与附加安全系数进行结构构件强度设计。本规程按国家标准《建筑结构设计统一标准》GBJ68-85 采用荷载分项系数、材料分项系数（为简化起见，直接以材料强度设计值表达）和结构重要性系数进行设计。

承载能力极限状态是对应于结构构件达到最大承载力或不适于继续承载的变形；正常使用极限状态是对应于结构构件达到正常使用或耐久性的某项规定限值。

本规程中的荷载取值按国家标准《建筑结构荷载规范》GBJ9-87 的规定取值。

第 3.1.4 条 原规程规定放松预应力钢丝时的混凝土立方体强度不宜低于混凝土设计标号的 70%。如以预应力板类构件以往常用的 300 号混凝土为校准点，放松时的混凝土强度为 $300 \times 0.7 = 210 kg/cm^2 \approx 21 N/mm^2$。根据混凝土双改方案，300 号相当于 C28，放松时混凝土强度为 $28 \times 0.75 = 21 N/mm^2$。因此，新规程与原规程关于放松预应力时对混凝土强度的要求是相同的。

第 3.1.7 条 表 3.1.7 中所列各项预应力损失值，其中 σ_{l1}、σ_{l3} 和 σ_{l4} 与原规程（JGJ19-84）的规定相同。

根据国内对调直后 $\phi 5$ 冷拔低合金钢丝的试验结果，在 $20 \pm 1°C$ 温度条件下，当张拉控制应力 σ_{con} 为 $(0.665 \sim 0.77) f_{ptk}$（$f_{ptk}$ 取 $750 N/mm^2$）时，1000h 的应力松弛损失值 σ_{l4} 为 $(0.0587 \sim 0.0632) \sigma_{con}$。

又根据对调直前 $\phi 5$ 冷拔低合金钢丝的试验结果，当张拉控制应力 σ_{con} 为 $(0.6 \sim 0.8) \sigma_b$（σ_b 为钢丝抗拉强度）时，1000h 的松弛损失值 σ_{l4} 为 $(0.0516 \sim 0.0751) \sigma_{con}$。

根据上述试验结果并考虑《冷拔中强钢丝预应力混凝土构件设计与施工建议》中对松弛的规定，对冷拔低合金钢丝应力松弛损失 σ_{l4} 取 $0.08 \sigma_{con}$。

考虑当前各地皆采用一次张拉的实际情况，因此，本规程中的松弛值为一次张拉松弛损失值。

混凝土收缩、徐变损失 σ_{l5} 按《混凝土结构设计规范》GBJ10-89 规定取值。

第二节 正截面承载力计算

第 3.2.1 条、第 3.2.2 条 本规程关于正截面承载力计算根据国家标准《混凝土结构设计规范》GBJ10-89 的计算假定也相应作了较大的修改。引进了平截面假定、混凝土应力应变关系曲线以及不考虑混凝土的抗拉强度等假定，作为正截面承载力计算的基本假定。

根据国内偏压及受弯构件专题组试验结果，非均匀受压的混凝土极限压应变 ε_{cu} 平均值约为 0.0033，当取 $\varepsilon_{cu}=0.0033$ 时，矩形截面等效矩形应力图块的受压区高度 x 与中和轴高度的比值 $\beta=0.823$，其等效矩形应力与应力曲线上最大值的比值 $\gamma=0.969$，为简化计算取 $\beta=0.8$，$\gamma=1.0$，即本规程第 3.2.2 条等效矩形应力图形受压区高度系数。

第 3.2.3 条、第 3.2.4 条 构件达到界限破坏是指截面上受拉钢丝和受压区混凝土同时达到各自强度条件的破坏，此时，取 $\varepsilon_{cu}=0.0033$，$\beta=0.8$。对无屈服点的冷拔钢丝，根据条件屈服点的定义，尚应考虑 0.2% 的残余应变，钢丝应变取 $(f_{py}-\sigma_{p0})/E_s + 0.002$，根据平截面假定，可得公式（3.2.3）。

根据平截面假定求出的相对界限受压区高度，随材料强度和预应力值而变化。在实际应用时为简化计算，可近似取为定值，当 f_{py} 为 $430 \sim 530 N/mm^2$，σ_{con}/f_{ptk} 为 $0.5 \sim 0.7$，σ_l 为 $100 \sim 150 N/mm^2$ 时，计算表明 ξ_b 在 $0.391 \sim 0.469$ 之间变化；当 $\sigma_l=100 N/mm^2$，$\sigma_{con}/f_{ptk}=0.65$ 或者 $\sigma_l=150 N/mm^2$，$\sigma_{con}/f_{ptk}=0.7$ 时，ξ_b 均在 0.45 左右。

根据本规程第 3.2.4 条公式计算，当 f_{py} 为 $430 \sim 530 N/mm^2$，σ_{con}/f_{ptk} 为 $0.4 \sim 0.7$，σ_l 为 $100 \sim 150 N/mm^2$ 时，计算表明：当 $\xi=0.45$，$\xi_b=0.4$ 时，不同控制应力下，钢筋应力的变化幅度为 $1.7\% \sim 9.3\%$，平均为 5.5%。在通常的情况下（σ_{con}/f_{ptk} 为 $0.6 \sim 0.7$）变化幅度为 $1.7\% \sim 5.58\%$，平均为 3.64%。这种钢筋应力估计的误差，对正截面承载力的影响是很小的。

对小偏心受压构件的计算表明，当 $\xi=0.45$ 时，取 $\xi_b=0.45$ 与取 $\xi_b=0.40$ 比较，承载力计算误差一般不超过 1%。

综上所述，为简化计算，对冷拔钢丝预应力受弯、偏心受压构件的界限相对受压区高度本规程取为定值 $\xi_b=0.45$。这与国内对 58 根冷拔低碳钢丝预应力混凝土受弯构件所作试验所得的界限相对受压区高度是吻合的。

第 3.2.12 条 本条所提出的偏心距增大系数 η 的计算公式，系引用《混凝土结构设计规范》GBJ10-89 的相应公式，它是根据国内钢筋混凝土偏心受压构件的试验结果给出的。

本条公式经国内大量的矩形截面偏心受压构件的试验验证是合适的；对 I 形、T 形截面构件则略偏于安全；对预应力混凝土偏心受压构件，在一般情况下是偏于安全的。

第三节 斜截面承载力计算

第 3.3.3 条、第 3.3.4 条 目前各地生产的冷拔钢丝预应力受弯构件，其斜截面的抗剪设计仅采用箍筋，未有用弯起钢筋的。其原因主要是这类构件多属于中、小型，受荷不大，为了简化构造和方便施工，各地常用箍筋解决斜截面的抗剪。因此，在条文的有关公式和构造中，均删去了弯起钢筋的设置和计算。

在板类构件中不考虑箍筋的作用。冷拔钢丝预应力构件多用在先张法生产的板类构件中，这种构件支承长度短（一般40～80mm），钢丝与混凝土的粘结力弱，端头又无弯钩或焊钢板等附加锚固措施，所以一旦支座附近出现斜裂缝，往往引起伸入支座的纵向预应力钢丝被拔出，造成粘结锚固破坏。根据国内对空心板的系统试验，此种破坏有两种类型：

一、弯曲型粘结破坏。其特点是在支座附近先出现垂直裂缝，再沿主应力方向发展成弯剪型斜裂缝，如果斜裂缝始端在预应力冷拔钢丝锚固范围之内，将导致弯曲型粘结破坏，其破坏强度一般较低，取决于斜截面抗弯强度。在设计中可通过控制最短板跨和最小跨的构造措施来解决。

二、剪切型粘结破坏。其特点是在支座附近梁腹中部首先出现斜裂缝，随之很快向上、向下发展成剪切型斜裂缝。如果该斜裂缝与预应力冷拔钢丝相交在锚固长度范围内，则发生剪切型粘结破坏，其破坏强度取决于斜截面抗裂强度，在设计中应通过计算来保证。所谓先张法冷拔钢丝预应力构件的抗剪强度，即指剪切型粘结破坏强度。

因为这两种破坏都取决于混凝土的抗拉强度和冷拔钢丝与混凝土间的粘结力，所以破坏总是典型的脆性破坏。一旦出现斜裂缝，预应力钢丝即被拔出导致破坏，因此，应绝对避免发生此种破坏。

由于在预应力冷拔钢丝锚固长度范围内板类构件的抗剪破坏强度取决于混凝土的抗拉强度，又伴随着梁端钢筋被拔出的粘结破坏，在破坏过程中形不成拱受力模型或桁架受力模型，所以，要提高构件的受剪承载力只有增加混凝土标号或增大构件截面尺寸，而不能采用增设箍筋的办法。因为斜裂缝出现前箍筋应力很小，而一旦斜裂缝出现，纵筋即被拔出，箍筋也发挥不了作用，因此本条规定，对于板类构件，当纵筋无可靠锚固时，不考虑箍筋的作用。

国内试验研究表明，预应力对构件的受剪承载力起有利作用。这主要是预应力能阻滞斜裂缝的出现和开展，增加了混凝土剪压区高度，从而提高了混凝土剪压区所承担的剪力。预应力梁受剪承载力的提高程度与预应力的大小有关，其次是预应力合力作用点的位置。

但是，对于广泛采用的冷拔钢丝预应力简支板类构件，由于预应力传递长度较长，计算截面一般在传递长度内且靠近构件端面，又兼光面钢丝粘结锚固性能较差，将使预应力对受剪承载力的提高大为降低，因此，在光面冷拔钢丝配筋的预应力板类构件中不考虑预应力对受剪承载力的有利影响。

第3.3.6条 根据专题组对181个直径4～5mm预应力冷拔低碳钢丝棱柱体拔出试验和54根预应力小梁锚固试验，得到临界锚固长度（见表3.3.6-1）。

冷拔低碳钢丝锚固长度试验结果 表3.3.6-1

	混凝土强度 (N/mm²)	25～30	30～35	35～40	≥50
棱柱体拔出试验	锚固长度	125～110d	110～90d	100～90d	90～70d
预应力混凝土小梁试验	混凝土强度 (N/mm²)	30		40	50
	锚固长度	100～90d		90～70d	70～60d

试验表明，混凝土强度对锚固长度影响较明显，钢丝直径对锚固长度影响不大，考虑设计方便，建议仅按混凝土强度分档。综合棱柱体拔出试验及小梁试验结果，冷拔低碳预应力钢丝的临界锚固长度 l_a 按表3.3.6-2取用。

冷拔低碳预应力钢丝临界锚固长度 l_a 表3.3.6-2

混凝土强度等级 (N/mm²)	C30、C35	≥C40
临界锚固长度	110d	100d

根据冷拔低合金钢丝专题组对65个冷拔低合金钢丝预应力棱柱体所作拔出试验结果，当混凝土强度为29～35.4N/mm²、锚固长度 $l_a ≥ 120d$ 以及混凝土强度为39.4～45.3N/mm²、锚固长度 $l_a ≥ 110d$ 时，钢丝的应力均超过强度标准值，即 $\sigma_p/f_{ptk} ≥ 1$；类似情况，对于44个梁式锚固试件，当混凝土强度为31.5N/mm²、锚固长度 $l_a ≥ 120d$ 以及混凝土强度为40.6N/mm²、锚固长度 $l_a ≥ 110d$ 时，钢丝所受应力均超过强度标准值。根据上述试验结果，表3.3.6-3给出的冷拔低合金钢丝的临界锚固长度设计值是安全可靠的。

冷拔低合金预应力钢丝临界锚固长度 l_a 表3.3.6-3

混凝土强度等级	C30、C35	≥C40
临界锚固长度	120d	110d

第四节 抗裂验算

第3.4.1条 考虑冷拔钢丝直径较细、耐锈蚀能力低于粗钢筋，因此，关于裂缝控制等级基本维持原规程的规定，不允许构件受拉边混凝土产生裂缝。裂缝控制等级分为二级：

一级——要求构件受拉边缘混凝土应力在荷载短期效应组合作用下，不出现拉应力（零应力或压应力），适用于严格要求不出现裂缝的构件。

二级——要求构件受拉边缘混凝土应力在荷载长期效应组合作用下，产生较低的拉应力，约为0.75～0.92N/mm²，在荷载短期效应组合作用下，构件受拉边缘混凝土允许出现拉应力，但其拉应力小于 $\alpha_{ct,s}\gamma f_{tk}$，即处于有限应力状态，随混凝土强度等级的不同，一般不超过1.8～2.2N/mm²，在这种情况下，构件在短期内出现裂缝的概率较小。

现以国内使用最多的冷拔钢丝预应力空心板为例，分析混凝土拉应力限制系数的取值问题。

按现行国家标准《混凝土结构设计规范》的有关公式，根据最小配筋率要求 $M_u ≥ M_{cr}$，由于 $M = M_u$，所以可改为：

$$M ≥ M_{cr} \qquad (3.4.1-1)$$

设 $M = \gamma_s M_s$，$M_{cr} = (\sigma_{pc} + \gamma f_{tk})W_0$，代入 (3.4.1-1) 式得：

$$\gamma_s M_s ≥ (\sigma_{pc} + \gamma f_{tk})W_0 \qquad (3.4.1-2)$$

对二级裂缝控制等级，设荷载短期效应组合下和长期效应组合下的拉应力限制系数分别以 $\alpha_{ct,s}$ 和 $\alpha_{ct,l}$ 表示，于是可得抗裂验算条件如下：

$$M_s ≤ (\sigma_{pc} + \alpha_{ct,s}\gamma f_{tk})W_0 \qquad (3.4.1-3)$$
$$M_l ≤ (\sigma_{pc} + \alpha_{ct,l}\gamma f_{tk})W_0 \qquad (3.4.1-4)$$

式中 M_s、M_l——分别为荷载短期效应组合、长期效应组合下的弯矩值。

根据全国空心楼板的统计平均结果：$\dfrac{\sigma_{pc}}{\gamma f_{tk}} = 0.786$，$\gamma_s = 1.3$，$\eta_l = 0.7$，经过分析，拉应力限制系数平均水平约为：$\alpha_{ct,s} = 0.586$，$\alpha_{ct,l} = 0.176$；在本规程中，取 $\alpha_{ct,s} = 0.60$，$\alpha_{ct,l} = 0.25$。

根据国内20个省市73块空心板的统计，得出构件实际的拉应力限制系数（$\alpha_{ct,s}$）与可变荷载（Q_k）的关系。当板的活荷载较小（$Q_k < 4kN/m^2$）时，在荷载短期效应组合下，构件实际的拉应力限制系数一般不大于0.60。根据20个省市72块空心板的统计，在荷载长期效应组合下，构件受拉边缘混凝土的实际拉应力限制系数（$\alpha_{ct,l}$）一般不超过0.25。

第3.4.5条 对于光面冷拔钢丝，传递长度主要取决于放松时的混凝土强度，钢丝表面粗糙度、放松方式、预应力值以及混凝土的振捣密实程度等。根据专题组所作 29 个试件的测定结果，预应力冷拔低碳钢丝的传递长度值，φ3 和 φ4 与设计规范（TJ10—74）的规定相当，φ5 则稍小一些。骤然放松（剪断）的传递长度较螺杆缓慢放松的数值为大，增大值与规范规定的 $0.25l_{tr}$ 相当。用剪断方法骤然放松，经第一个试件缓冲后的后面试件，其传递长度比《钢筋混凝土结构设计规范》TJ10—74 的缓慢放松数值略偏大一些。并丝比单根钢丝的传递长度稍有增加，按单丝的规定采用误差不大。

根据上述试验结果，考虑到不同直径对传递长度影响不大，对 φ4～φ5 的冷拔低碳钢丝，根据放松时混凝土强度的不同，传递长度按本规程第 3.4.5 条的规定值取用。

根据冷拔低合金钢丝专题组对 33 个冷拔低合金钢丝试件（φ5 钢丝）缓慢放松试验，得出传递长度与混凝土强度的关系。实测统计值略高于原规程的规定值，C40 混凝土增大 10.7%，C30 混凝土增大 7.5%，C20 混凝土不增加。冷拔低合金钢丝传递长度比冷拔低碳钢丝相应增加 $10d$，按本规程表 3.4.5 取值。

第五节 变形验算

第 3.5.1 条 受弯构件不需作挠度验算的最小截面高度是按均布荷载下的冷拔钢丝预应力简支受弯构件确定的。混凝土强度等级 C30，冷拔钢丝强度 $f_{py}=530\text{N}/\text{mm}^2$，结构构件重要性系数 $\gamma_0=1$，活荷载的准永久值系数 $\psi_q=0.5$，允许挠度值 $[a]=\dfrac{1}{200}$，同时还考虑了由于计算假定与实际的差异和预应力张拉准确性以及其它尚未估计的因素引起的误差，偏于安全考虑乘以系数 1.2。图表的编制还考虑了预加应力引起的反拱影响，构件的刚度按本规程第 3.5.3 条规定计算，挠度则按结构力学的有关公式进行。

对于 C30 混凝土，冷拔钢丝强度设计值 $f_{py}=530\text{N}/\text{mm}^2$，张拉控制应力 $\sigma_{con}\geq 0.65f_{ptk}$，承受均布荷载的矩形截面简支受弯构件，根据现行国家标准《建筑结构设计统一标准》，对通常的可变荷载效应的比值，现取用 $\dfrac{M_Q}{M_G}=0.1、0.25、0.5、1.0$ 和 2.05 种。

当 $\dfrac{M_Q}{M_G}=0.1$ 时：

$$\rho_p^2-0.0604\rho_p+0.00986\dfrac{h}{l_0}=0 \quad (3.5.1-1)$$

当 $\dfrac{M_Q}{M_G}=0.25$ 时：

$$\rho_p^2-0.0604\rho_p+0.01045\dfrac{h}{l_0}=0 \quad (3.5.1-2)$$

当 $\dfrac{M_Q}{M_G}=0.5$ 时：

$$\rho_p^2-0.0604\rho_p+0.01129\dfrac{h}{l_0}=0 \quad (3.5.1-3)$$

当 $\dfrac{M_Q}{M_G}=1.0$ 时：

$$\rho_p^2-0.0604\rho_p+0.0125\dfrac{h}{l_0}=0 \quad (3.5.1-4)$$

当 $\dfrac{M_Q}{M_G}=2.0$ 时：

$$\rho_p^2-0.0604\rho_p+0.014\dfrac{h}{l_0}=0 \quad (3.5.1-5)$$

根据公式 (3.5.1-1)～(3.5.1-5) 可制成附图 5.1 中的 5 条曲线。计算表明，当采用 C40 混凝土时，其误差为 +5.26%，偏于安全；当采用强度设计值 $f_{py}=460\text{N}/\text{mm}^2$ 的钢丝时，其误差为 +11.1%；对于钢丝强度设计值低于 $530\text{N}/\text{mm}^2$ 的冷拔钢丝构件，上述图表同样适用，且偏于安全。图表是根据矩形截面编制的，对于 T 形、倒 T 形及 I 形截面的受弯构件，则可取腹板宽度乘以截面高度来代替矩形面积。这样所得的截面刚度总是小于构件原来的截面刚度，而求得的挠度值总是较实际挠度值来得大。如果这个挠度值能够满足要求，则按实际截面高度计算时挠度将更小，故总是偏于安全的。

第六节 施工阶段验算

第 3.6.1 条 对截面边缘的混凝土法向应力的限值条件，是根据原规程的规定校准得到的，其中，对混凝土法向拉应力的限值，考虑了本规程对受拉区混凝土塑性影响系数已引进了截面高度修正的因素。

第七节 构造规定

第 3.7.1 条 预应力冷拔钢丝的混凝土保护层最小厚度的取值，主要取决于对构件耐久性的要求。耐久性要求的混凝土保护层最小厚度是按照构件在 50 年内使保护层内的钢筋不发生危及结构安全的锈蚀来确定的。

根据耐久性专题组的调查与试验表明，在一般室内环境下原规程（JGJ19—84）规定的最小保护层厚度（主筋 15mm、箍筋 10mm）能满足耐久性的要求。对室外暴露的板类构件，当混凝土强度等级为 C25～C30 时，50 年碳化深度约为 25mm，故以此作为一般板类构件混凝土保护层最小厚度的取值依据。考虑到冷拔钢丝直径较细以及施工时有可能出现的负偏差，因此，对于预应力冷拔钢丝构件，混凝土强度等级为 C30 时，最小保护层厚度取 25mm；当混凝土强度等级为 C40 及以上时，保护层厚度可减至 15mm，规程的规定偏于安全，可满足耐久性要求。

第 3.7.3 条、第 3.7.4 条 这两条提出的有关搁置长度的规定。是对原规程（JGJ19—84）第 3.6.4 条和 3.6.5 条的有关规定稍作修改得到的。

第 3.7.5 条 个别采用冷拔低碳钢丝的预应力构件在施工过程中曾出现过板类构件脆性断裂事故。为防止一出现裂缝便丧失承载能力，发生脆断现象，设计中应对构件的配筋率进行控制。最小配筋率的确定原则：基本上是考虑在此配筋率下构件的正截面受弯承载力不低于同截面预应力混凝土构件的抗裂承载力。同时根据原规程（JGJ19—84）执行以来的经验，注意到各地预应力空心板的配筋特点，特别是较低配筋率空心板的实际情况，对预应力冷拔钢丝构件的用钢量采用一个配筋率调整系数，使用钢量维持在与目前实际用量大致相当的水平。因此，在本规程公式 (3.7.5-1) 和 (3.7.6) 中采用 1.05 的配筋率调整系数。

参照原规程的规定，当构件的实际正截面受弯承载力等于或大于 1.4 倍弯矩设计值（M）时，可不遵守配筋率公式 (3.7.5-1) 的规定。

第 3.7.7 条 小跨度板在受弯破坏时，易发生钢丝滑移破坏，为了保证钢丝在自锚区的锚固强度，需验算自锚区的抗裂度。本条关于自锚区抗裂度的验算公式 (3.7.7) 的根据是：构件在外荷载作用下，跨中达到破坏弯矩 M_u 时，锚固区终点截面的弯矩值亦达到该截面的抗裂弯矩，使跨中受弯和锚固端钢丝的锚固同时达到破坏。由于钢丝的强度标准值与设计值之比为 1.5，因此预应力钢丝锚固终点截面处的弯矩值应乘以 1.5 倍系数，使自锚区的抗裂能力提高到足以保证抗弯截面强度的充分发挥。

第 3.7.11 条、第 3.7.12 条 根据钢筋混凝土结构构造和使用经验，并参照《钢筋混凝土结构设计规范》TJ10—74 和《混凝土结构设计规范》GBJ10—89 的规定，将原规程（JGJ19—84）规定的对不设置箍筋的梁高度限值 $h\leq 300\text{mm}$ 改为 $h\leq$

150mm。同时，对箍筋的配筋率也作了适当的提高。

第 3.7.13 条 先张法预应力混凝土构件放松预应力筋后，由于预加力的偏心作用，在构件端部常发现有纵向水平裂缝。为了控制这种端面裂缝的开展，在理论分析和试验研究的基础上，本条对在构件端部配置竖向钢筋作了具体规定。

第四章 施 工 工 艺

第一节 台 座

第 4.1.1 条、第 4.1.2 条 先张法墩式台座的承力台墩必须具有足够的强度和刚度，且不得倾覆和滑移。倾覆力矩主要由台墩自重及台墩后面的被动土压力平衡，要求抗倾覆系数不小于1.5。至于抗滑移问题，如将台座设计成台墩与台面共同受力，就可以防止滑移，故本条不提出抗滑移要求。

台座横梁及定位板的变形过大会产生一定的预应力损失，设计时应尽量提高这些部件的刚度。

台座长度在设计构件时一般均考虑 100m，本条提出以 100m 左右为宜，使实际产生的预应力损失尽量与设计取得一致。台座长度过小，由于夹具变形及钢丝滑移产生的预应力损失大，所以规定下限为 50m。若夹具变形及钢丝滑移为 5mm，由此产生的预应力损失 (σ_{l1}) 可达 $4.5\%\sigma_{con}$。增加台座长度不但可以减少预应力损失，还可以减少钢丝损耗，提高工效。在采用拉模工艺或挤压成型工艺时可减少设备搬移的次数。在确定台座长度时尚需考虑构件厂的生产能力，要求一条台座上的构件应在一天内浇筑完毕。至于台座过长，一端张拉时是否会产生张拉力不均匀的问题，根据浙江、江苏及湖南等省在 80～180m 长的台座上对钢丝张拉力的测定结果表明，固定端与张拉端钢丝的张拉力无明显的差异。

台座的台面由于温差变化会产生裂缝，所以每隔一定距离应设置伸缩缝。台座伸缩缝的间距应根据当地气温变化情况及台面构造而定，生产构件时不应跨过伸缩缝，以免构件在昼夜温差过大时被台面胀缩而拉裂。所以伸缩缝的间距还应根据常用构件的长度而定。目前有的厂在构件跨越伸缩缝时在下面垫隔离层，这种做法效果并不好。比较理想的办法是做成预应力滑动台面。

第 4.1.3 条 预应力滑动台座的做法是将台面与基层用隔离层隔开，在台面上配置预应力钢丝，这样一方面可以使台面的抗裂性提高，在气温变化时不致于拉裂，同时由于台面与基层脱离，当气温变化时可以自由滑动，减少对台面的摩阻力，但是隔离层必需要有可靠的隔离效果。另一方面在台墩与台面联接处应留有适当间隙，以免台座受热膨胀时产生大推力，使台面鼓起。

第二节 模 板

第 4.2.2 条 本条规定的模板安装的允许偏差基本与原规程同，仅对侧向弯曲、拼板表面高低差、钢丝保护层厚度、翘曲等项作了个别变动或补充。

第三节 机具及设备

第 4.3.1 条 张拉机是长线台座生产的主要设备，目前有不少构件厂的张拉机质量较差，测力装置误差较大，影响构件预应力的建立，原规程（JGJ19—84）要求张拉机的测力误差不得超过 2.5%，但目前张拉机的制造水平一般不易达到，为了做到既有严格要求，又切实可行，将测力误差改为 3%，同时又要校验设备的精度定为不得低于 2 级，这样可以做到配套。

目前有不少张拉机的测力装置与张拉机组装在一起，有的单位在校验时将测力装置（弹簧）拆下，安到拉力试验机上去校验，这样校验与使用状态不一致，以致校验结果不能反映生产时实际情况。为此，本条要求，如测力装置与张拉机组装在一起，应由整机进行校验。校验设备可采用符合精度要求的钢丝应力测定仪。

关于张拉设备的校验期限，《混凝土结构工程施工及验收规范》规定不宜超过半年，考虑到长线张拉机测力装置不够稳定，将校验期限缩短为 3 个月。但对短线张拉仍规定为半年，与《混凝土结构工程施工及验收规范》取得一致。

第四节 钢丝的冷拔工艺

第 4.4.1 条 对冷拔低碳钢丝的调查表明，目前钢丝强度不稳定的主要原因是原材料盘条规格不一、质量不够稳定、拔丝工艺（主要是总压缩率）不统一。根据 42903 个数据（其中包括 2455 盘同钢厂、同钢号、同总压缩率、同直径盘条的工艺试验）的统计分析，原材料盘条的强度与冷拔总压缩率是影响冷拔低碳钢丝强度的主要因素，因此为了稳定钢丝强度，对甲级冷拔低碳钢丝本规程在表 4.4.1（根据《碳素结构钢》GB700—88）中规定应采用 3 号甲类钢盘条拔制。

对于冷拔低合金钢丝用盘条，目前主要根据地方标准《预应力混凝土冷拔钢丝用热轧盘条》DB1300H44 5—87 由唐山钢铁公司生产的 B20MnSi φ6.5 热轧圆盘条为主要母材。根据 39 个炉号 3522 个试件的试验表明，影响冷拔低合金钢丝强度的主要因素仍然是盘条强度和冷拔总压缩率。

第 4.4.3 条 拔丝时控制总压缩率可使钢丝得到合理的强塑性指标。试验表明，冷拔次数对钢丝强度影响不大，一般情况拔丝次数不宜过多，否则影响生产效率，再是压缩率过大，钢丝塑性降低较多，影响伸长率；但拔丝次数过少易发生断丝和设备安全事故。因此，冷拔的最佳参数应根据钢材性质和设备条件确定。

为提高生产效率，可将盘条焊后冷拔。由于盘条质量的差异，造成两端钢丝强度不一，因此，要求只有同钢厂、同钢号、同直径的盘条才可进行对焊后拔丝。

拔丝前盘条是否除锈对钢丝强度影响不大，但对延伸率确有较大影响。冷拔低合金钢丝试验指出，未经机械除锈后拔制的钢丝极限延伸率（δ_{100}）平均降低 18% 左右。

第 4.4.4 条 冷拔低碳钢丝的极限延伸率（δ_{100}）仍维持原规定水平。

根据调查和试验结果，552 根 φ5 按伸长率不小于 3% 计，合格率为 85.5%；1446 根 φ4 按伸长率不小于 2.5% 计，合格率为 66.6%。少部分钢丝伸长率达不到规程的要求。试验表明，钢丝伸长率对构件在静荷下的承载力影响不大，但满足不了延性要求；在冲击荷载下表现出较明显的脆性。为了防止构件在正常使用条件下出现脆性破坏，本规程给出了最小配筋率的控制条件。鉴于目前冷拔低碳钢丝的材质水平和国内实际应用情况，钢丝的伸长率仍维持原规程水平。由于 φ3 冷拔低碳钢丝伸长率太低，不作为甲级预应力钢用。

冷拔低合金钢丝，由于盘条中加入微量合金元素，机械性能显著改善，相当Ⅱ级钢水平，φ6.5 盘条经过二次冷拔成 5 钢丝，根据 2089 根钢丝试验结果，伸长率（δ_{100}）平均值为 4.784%，在 95% 保证率下为 4.01%，最大均匀延伸率为 1.22%。

参考国外关于预应力钢丝伸长率的规定，冷拔低合金钢丝的伸长率（δ_{100}）定为 4.0%，最大均匀延伸率可达 1% 要求。

关于反复弯曲试验问题，根据山东、湖南、江苏、浙江、四川 5 省试验结果，绝大多数冷拔低碳钢丝反复弯曲（180°）均在 4 次以上，满足有关规范的要求。冷拔低合金钢丝反复弯曲次数一般达 7～9 次，完全满足要求。反复弯曲试验是检验钢丝塑性的一个间接指标，本规程对钢丝塑性的要求主要通过伸长率来保证。鉴于此，本条规定，冷拔钢丝的反复弯曲试验可分批抽检。以每 5t 为一批，从每批冷拔钢丝中任意抽取 5%的盘数（但不少于 5 盘），进行反复弯曲试验。

第五节 钢丝的张拉工艺

第 4.5.1 条 在张拉时，如在钢丝上沾上隔离剂，会影响钢丝与混凝土的粘结，严重影响构件的质量，所以应采用各种有效措施。当采用水性隔离剂时，应待隔离剂干燥后才可铺设钢丝，油性隔离剂虽然隔离效果较好，但不易干燥，所以最好不用（但是新台面在开始生产前先涂两遍废机油还是需要的）。隔离剂没有干燥前容易被雨水冲掉，如被冲掉，必须进行补涂。

第 4.5.2 条 钢丝接长应采用绑扎接头。但目前有的构件厂还在采用打结接头。据试验，打结接头的强度只相当于钢丝极限强度的 60%左右，在钢丝拉断前结头就已打滑。所以本条规定不得用打结接头。绑扎应用绑扎器密排绑扎，不得用手工绑扎（绑扎器的形式可参考附录一）。根据浙江、江苏等地 100 多个绑扎接头的抗拉试验结果，冷拔低碳钢丝的绑扎长度为 $40d$，冷拔低合金钢丝的绑扎长度为 $50d$，都具有足够的安全度。

第 4.5.3 条 采用镦头可节约锚具和钢丝，提高工效，短线生产时则必须采用镦头。至于采用热镦还是冷镦，过去没有统一规定。鉴于冷加工钢丝加热后因退火会降低强度，所以热镦镦头比冷镦镦头强度稍低，原规程 (19-84) 规定不得用热镦。根据冷拔低合金钢丝专题组对热镦与冷镦的中强钢丝进行对比试验，发现所有热镦镦头试件都是在热影响区内被拉断，未见镦头本身被破坏，可见热影响区内的强度确实低于钢丝的强度。冷镦镦头强度损失平均为 9.32%，热镦镦头强度损失平均为 10.56%。考虑到冷拔钢丝的张拉控制应力一般不超过 70%，所以只要镦头强度不低于钢丝强度标准值的 90%，镦头是有足够的安全储备的，不必去规定镦头机的种类。

第 4.5.4 条 冷拔钢丝采用一次张拉，这是由于用这种钢丝配筋的构件钢丝数量多，不可能采用两次张拉。

冷拔钢丝也采用超张拉，超张拉是为了补偿设计时没有考虑到的预应力损失，如：

一、张拉机的测力误差，按第 4.3.1 条规定可达 3%。

二、气温变化。当按下式计算：

$$\Delta\sigma = \alpha \cdot E_s \cdot \Delta t \quad (4.5.4)$$

若气温变化 10℃，则冷拔低碳钢丝的应力变化为：

$$\Delta\sigma = 1.2 \times 10^{-5} \times 2.0 \times 10^5 \times 10 = 24 \ (N/mm^2)$$

冷拔低合金钢丝为：

$$\Delta\sigma = 1.2 \times 10^{-5} \times 1.9 \times 10^5 \times 10 = 22.8 \ (N/mm^2)$$

相当于 $5\%\sigma_{con}$。

三、台座横梁及定位板刚度不足产生变形。若以 100m 长的台座计算，如定位板（包括横梁）变形为 2mm，由此而产生的应力损失可达 $4.0 N/mm^2$，相当于 $1\%\sigma_{con}$。

四、在实际生产时台座的长度与设计时考虑的不一致，设计时计算的 σ_{l1} 将有所增减。如果台座长度为 50m，则 σ_{l1} 比计算值增加 1 倍。

五、锚定时钢丝滑移过大，这时对短台座影响更大。

六、钢丝穿过定位板时产生弯折，由此而产生摩阻力。

对以上这些因素在施工时应采取措施，尽量减少其影响。如对张拉机定期进行校验，以保持要求精度；台座横梁及定位板要求有一定刚度，对台座长度规定一个下限；在锚定时如产生过大（超过 5mm）的滑移应重新张拉等。但总会产生一定的误差，虽然这些误差有正有负，可以抵消一部分，但总以负偏差居多。由于这些预应力损失在设计时很难估计，而各个厂的生产条件又不相同，所以本条规定可采用超张拉补偿这些损失。各厂可根据具体条件确定超张拉值，为了防止超张拉过多的不利影响，超张拉

值不宜超过 $5\%\sigma_{con}$，各生产厂应采取措施，减少施工中的各种预应力损失，不要以超张拉去迁就落后的生产工艺。

短线张拉由于多根钢丝一起张拉，镦头后钢丝长短不一，可使个别钢丝超应力过大，如再超张拉将会造成钢丝拉断，故不宜采用超张拉，但也不应为了防止钢丝拉断而降低张拉应力。

第 4.5.6 条 短线张拉采用定长下料两端分别镦头的工艺，但由于切断机及镦头机均有一定的偏差，钢丝长度不可能一致。根据北京、上海等构件厂抽查，每百根镦头后钢丝的长度极差最大可达 4～6.5mm。若以钢丝长度 4m 计算，如果钢丝长度极差为 1mm，由此可产生的张拉应力偏差约为 $10\%\sigma_{con}$，故本条规定镦头后钢丝的长度极差在一个构件内不得大于 2mm。在张拉以前应按镦头后钢丝长度分类，尽可能采取同样的长度。如果能够采用两台固定式镦头机固定在一定的间距内，钢丝切断后用两台镦头机同时镦头，则钢丝的长度基本上可保持一致。

第 4.5.7 条 钢丝预应力值的检测，现行的几本规范与规程都不统一，主要以下几方面：

一、关于检测的方法与数量。《钢筋混凝土工程施工及验收规范》GBJ204-83 只规定："张拉多根钢丝时应抽查钢丝的预应力值"，没有明确规定按什么比例抽查。《预制构件质量检验评定标准》TJ321-76 规定"实际建立的预应力值与设计规定偏差不应超过 5%"，没有规定检验方法与数量。《冷拔低碳钢丝预应力混凝土中小构件设计与施工规程》JGJ19-84 规定"长线张拉每一工作班至少抽查 1 条构件的全部钢丝，短线张拉抽查 5%的构件。"虽然比较明确，但从几年来执行的情况来看，多数小厂没有按此执行，这除了主观上对执行规程的严肃性认识不够，客观上缺乏价格低廉、携带与测试方便的检测仪器外，从规程本身来说，存在不论大厂、小厂每工作班都检测 1 条构件，抽样概率不一致，对大厂宽，对小厂严的情况。本条改为按每一工作班抽查构件数的 10%，但不少于 1 条。这样规定大厂应当多测几条，小厂至少每天测 1 条。

至于短线张拉原规程规定抽查 5%的构件，数量偏大，本条改为按 1%构件抽样。

二、关于检测时间。《规范》与《标准》均未规定何时检测。由于张拉后钢丝的松弛随着时间而增加，尤其在张拉后前几个小时松弛损失变化较大，所以不同时间检测的结果均不相同。根据冷拔低碳钢丝的试验结果，钢丝的松弛要到张拉后 1000h 才基本稳定。张拉后 0.5h 完成全部松弛的 40%，1h 为 45%，24h 为 70%，360h 为 90%。有的厂今天张拉，明天检测，若在张拉后 0.5h 检测与张拉后 24h 检测，钢丝的松弛可相差 30%，相当于 2%～$3\%\sigma_{con}$。原规程规定长线张拉在张拉完毕后的当天进行，短线张拉在平均张拉完毕后 0.5h（或 1h）进行检测，结果也不够正确。本条统一规定为张拉完毕后 1h 进行检测。

三、关于检测时对钢丝预应力值的要求。各规范都提出张拉值必须符合设计规定，但对设计规定值是多少，各人的理解不同。设计计算是按照构件的抗裂度要求，以实际建立的预应力计算，即张拉控制应力 (σ_{con}) 扣除全部的预应力损失。即使施工中产生的各种偏差可忽略不计，在设计时仍要考虑夹具的变形与钢丝的滑移 (σ_{l1}) 以及钢丝的松弛 (σ_{l4})，前者张拉完毕后已经完成，后者要在相当长的时间才能完成。这一部分预应力损失在检测时应予扣除，所以不能以 σ_{con} 作为设计要求。另外 σ_{l1} 还与钢丝的长度及钢丝直径有关。根据冷拔低碳钢丝的试验资料计算检测时的预应力损失见表 4.5.7-1 至 4.5.7-3。

不同长度冷拔低碳钢丝的 σ_{l1} 值（$\%\sigma_{con}$） 表 4.5.7-1

钢丝长度（m）	4	6	60	80	100	120
$\phi 4$ 钢丝	5.49	3.67	3.67	2.74	2.20	1.82
$\phi 5$ 钢丝	5.92	3.95	3.95	2.96	2.37	1.96
平均	5.71	3.81	3.81	2.85	2.29	1.89

不同时间的钢丝应力松弛（σ_{l4}）（%）　　表4.5.7-2

张拉后时间(h)	0.5	1	2	4	8	24	1000
相当于1000h	39.8	45.3	50.8	56.3	61.8	70.5	100.0
相当于σ_{con}	3.18	3.62	4.06	4.50	4.94	5.64	8.00

冷拔低碳钢丝在不同时间的预应力损失（%σ_{con}）　表4.5.7-3

张拉后时间(h) \ 钢丝长度(m)	4	6	60	80	100	120
0.5	8.89	6.99	—	—	—	—
1	9.33	7.43	7.43	6.47	5.91	5.51
2	9.77	7.87	7.87	6.91	5.94	5.94
4			8.31	7.35	6.79	6.39
8			8.75	7.79	7.23	6.83
24			9.45	8.49	7.93	7.53

注：$E_s = 2.0 \times 10^5 N/mm^2$；$\sigma_{con}=0.65 f_{ptk}$；$\sigma_{l4}=8\%\sigma_{con}$；$\sigma_{l1}$ 按 5mm（4m、6m 时，为0.5mm）计算；

松弛按下式计算：$Y = 3.4739 + 1.3992 \lg t$。

冷拔低合金钢丝在不同时间检测的预应力损失（%σ_{con}）经过计算见表4.5.7-4（$E_s = 1.9 \times 10^5 N/mm^2$）。两种钢丝的平均值见表4.5.7-5。

按照《预制混凝土构件质量检验评定标准》的规定"用于验算的标准预应力设计规定值应在图纸中注明"。为了便于检测，如设计没有规定时，可按表4.5.7-6取用。

在不同时间检测的冷拔低合金钢丝预应力损失（%σ_{con}）　表4.5.7-4

张拉后时间(h) \ 钢丝长度(m)	4	6	60	80	100	120
0.5	7.98	6.39	—	—	—	—
1	8.42	6.83	6.83	6.02	5.54	5.22
2	8.86	7.27	7.72	6.46	5.98	5.66
4			7.71	6.90	6.42	6.10
8			8.15	7.34	6.86	6.54
24			8.85	8.04	7.56	7.24

在不同时间检测的钢丝预应力损失（%σ_{con}）　表4.5.7-5

检测时间(h) \ 钢丝长度(m)	4	6	60	80	100	120
0.5	8.5	6.5	—	—	—	—
1	9.0	7.0	7.0	6.0	6.0	5.0
2	9.5	7.5	7.5	6.5	6.0	6.0
4			8.0	7.0	6.5	6.0
8			8.5	7.5	7.0	6.5
24			9.0	8.0	7.5	7.0

注：①钢丝长度为设计时采用的台座长度或钢丝长度，并不是施工时的台座长度；
②检测时间从张拉完毕后算起。

钢丝预应力检测时的设计规定值　　表4.5.7-6

张拉方法		检测时的设计规定值
长线张拉		$0.94\sigma_{con}$
短线张拉	钢丝长4m	$0.91\sigma_{con}$
	钢丝长6m	$0.93\sigma_{con}$

本条规定检测时间为张拉完毕后1h，长线台座长度基本按100m计算。

关于预应力值检测的允许偏差，按《建筑安装工程质量检验评定标准》（试用本）规定：机械张拉合格为±5%；电热张拉合格为+10%，－5%。考虑到以冷拔钢丝配筋的预应力构件张拉应力过高会影响构件的延性，为了防止构件脆断，将张拉值偏差的上限定为+5%为合适。

由于冷拔钢丝配筋的数量较多，张拉值的影响因素也多，施工时不易掌握，不可能要求每根钢丝的张拉值都达到允许偏差的要求。据调查，长线张拉单根钢丝预应力的极差往往超过10%σ_{con}，而短线张拉个别极差竟达 $345N/mm^2$。另一方面，对一个构件来说，只要全部钢丝的预应力总值达到要求，各根钢丝之间混凝土所受的预应力值可以重新分布，不致于对构件性能有很大影响，为此本条规定钢丝的预应力值的偏差可按一个构件中全部钢丝的平均值计算。

第六节　混凝土工艺

第4.6.1条～第4.6.10条 参照国家标准《混凝土结构工程施工及验收规范》有关条文，结合冷拔钢丝的具体情况引用。

第4.6.12条 长线台座预应力构件的成型应连续进行，不应中断，1条构件应尽可能在当天浇筑完毕。如因气候变化或其它原因必须间歇，应在前一个已成型构件的水泥初凝以前浇筑完毕，否则应间隔24h以上才可继续浇筑，气温较低时尚应适当延长。

第4.6.13条 构件成型时的主要关键：一是严格控制混凝土的水灰比，要求原浆抹平，不得任意在构件表面洒水或撒干水泥沙，为此混凝土的配合比必须选择适当，搅拌时计量要准确。二是振捣要密实，特别应注意构件两端的锚固区。

第4.6.14条 圆孔板的抽芯不当，会影响构件的质量，造成构件端部的混凝土疏松、开裂，为此要求先转动芯管，抽引力与孔道中心线重合，相邻芯管应间隔抽出。

第4.6.17条 太阳能养护是一种节能的养护方法，故本规程予以推荐。

第4.6.18条～第4.6.23条 参照现行国家标准《混凝土结构工程施工及验收规范》、《预制混凝土构件质量检验评定标准》及《混凝土强度检验评定标准》编写，并根据预应力构件的特点尽量给予统一。

第七节　构件的运输、堆放、检验和安装

第4.7.4条 考虑到冷拔钢丝预应力混凝土构件配筋率较低，混凝土预压应力不大等特点以及《混凝土结构设计规范》GBJ10-89允许这类构件裂缝控制要求可适当放宽的情况，经与《预制混凝土构件质量检验评定标准》管理组协商，补充了本条中关于按规定的 $\alpha_{ct,s}$ 值进行验算的正截面抗裂检验系数公式。

对大量的产品生产性检验，可按式（4.7.4-2）进行检验；当有专门要求时，可按式（4.7.4-3）进行检验。考虑到式（4.7.4-3）中乘了系数0.95后，在有些情况下，计算的〔γ_{cr}〕值小于式（4.7.4-2）的计算值，因此，又补充了一个条件，即由式（4.7.4-3）计算的结果不应小于式（4.7.4-2）的计算值。这样得出的计算结果，符合目前设计及构件检验的实际情况，同时也是考虑到与标准GBJ321-90中关于挠度验算条件相协调。

第4.7.5条 为了防止圆孔板在施工时受到冲击，或施工荷载超载而产生脆断，安装后应及时灌缝，施工时不应超载，并对集中荷载采取分散等措施。

中华人民共和国行业标准

无粘结预应力混凝土结构技术规程

JGJ 92—2004

条 文 说 明

前 言

《无粘结预应力混凝土结构技术规程》JGJ 92—2004，经建设部 2005 年 1 月 13 日以公告 306 号批准，业已发布。

为便于广大设计、施工、科研、学校等单位的有关人员在使用本规程时能正确理解和执行条文规定，规程编制组按章、节、条的顺序，编制了本规程的条文说明，供使用者参考。在使用过程中，如发现本规程条文说明有不妥之处，请将意见函寄中国建筑科学研究院《无粘结预应力混凝土结构技术规程》管理组（邮政编码：100013，地址：北京市北三环东路 30 号）。

目 次

1 总则 ·· 3—8—4
2 术语、符号 ································ 3—8—4
3 材料及锚具系统 ··························· 3—8—4
  3.1 混凝土及钢筋 ·························· 3—8—4
  3.2 无粘结预应力筋 ························ 3—8—5
  3.3 锚具系统 ································ 3—8—5
4 设计与施工的基本规定 ·················· 3—8—5
  4.1 一般规定 ································ 3—8—5
  4.2 防火及防腐蚀 ·························· 3—8—5
5 设计计算与构造 ··························· 3—8—6
  5.1 一般规定 ································ 3—8—6
  5.2 单向体系 ································ 3—8—8
  5.3 双向体系 ································ 3—8—8
  5.4 体外预应力梁 ·························· 3—8—11
6 施工及验收 ································· 3—8—11
  6.1 无粘结预应力筋的制作、包装
     及运输 ··································· 3—8—11
  6.2 无粘结预应力筋的铺放和浇
     筑混凝土 ································ 3—8—12
  6.3 无粘结预应力筋的张拉 ··············· 3—8—12
  6.4 体外预应力施工 ························ 3—8—12
  6.5 工程验收 ································ 3—8—13
附录 A 无粘结预应力筋数量
      估算 ···································· 3—8—13
附录 B 无粘结预应力筋常用束形
      的预应力损失 σ_{l1} ······················ 3—8—13
附录 C 等效柱的刚度计算及等代
      框架计算模型 ······················ 3—8—13
附录 D 无粘结预应力筋张拉
      记录表 ································ 3—8—13

1 总 则

1.0.1 目前国内无粘结预应力混凝土新技术发展较快，科研成果不断积累，设计与施工水平逐步提高，建筑面积正在迅速增加。制定本规程，是为了在确保工程质量前提下，大力发展该项新技术，获得更好的综合经济效益与社会效益，以利于加快建设速度。

1.0.2 本规程中的各项要求是在总结我国已建成的各种类型无粘结预应力混凝土结构，如单向板、双向板、简支梁、交叉梁、框架梁、板柱结构、筏板基础、储仓和消化池，以及体外预应力梁等的设计与施工经验的基础上制定的。本规程的条款也适用于后张预应力仅用于控制裂缝或挠度的情况。

本次修订结合我国建筑结构发展的需要，根据实践经验总结，并借鉴国外最新技术，增加编写配置无粘结预应力体外束梁的设计与施工条款。此外，在符合现行国家标准《混凝土结构设计规范》GB 50010 有关耐久性规定的基础上，对处于二、三类环境类别下的无粘结预应力混凝土结构，规定了锚固系统应采用全封闭防腐蚀体系的分类要求。

在设计下列结构时，尚应符合专门标准的有关规定：

1 修建在湿陷性黄土、膨胀土地区或地下采掘区等的结构；

2 结构表面温度高于100℃，或有生产热源且结构表面温度经常高于60℃的结构；

3 需作振动计算的结构。

1.0.3 本条着重指出了无粘结预应力混凝土结构设计与施工中采用合理的方案，以及质量控制与验收制度的重要性。

1.0.4 本规程按现行国家标准《建筑结构可靠度设计统一标准》GB 50068 的规定，取用无粘结预应力混凝土结构的设计使用年限，与其相应的结构重要性系数、荷载设计值及耐久性措施。若建设单位提出更高要求，也可按建设单位的要求确定。体外束及其锚固区的防腐蚀保护亦应满足设计使用年限的要求，在二类、三类环境类别下，体外束应按可更换的条件进行设计。

凡我国现行规范中已有明确条文规定的，本规程原则上不再重复。因此，在设计与施工中除符合本规程的要求外，还应满足我国现行强制性规范和规程的有关规定。无粘结预应力混凝土结构的抗震设计，应按现行行业标准《预应力混凝土结构抗震设计规程》JGJ 140 执行。

2 术语、符号

术语、符号主要根据现行国家标准《建筑结构设计术语和符号标准》GB/T 50083、《建筑结构可靠度设计统一标准》GB 50068 及《混凝土结构设计规范》GB 50010 等给出的。有些符号因术语改动而作了相应的修改，如本规程将短期效应组合、长期效应组合分别改称为标准组合、准永久组合，并将原规程符号 M_s、M_l 相应地改为本规程符号 M_k、M_q。

3 材料及锚具系统

3.1 混凝土及钢筋

3.1.1 由于无粘结预应力筋用的钢绞线强度很高，故要求混凝土结构的混凝土强度等级亦应相应地提高，这样才能达到更经济的目的。所以，规定无粘结预应力梁类构件的混凝土强度等级不应低于C40。因板中平均预压应力一般不高，并参考国内的应用经验，故将其混凝土强度等级规定为不应低于C30。

3.1.2～3.1.4 常用钢绞线的主要力学性能系参考现行国家标准《预应力混凝土用钢绞线》GB/T 5224 中有关条文制定的。在表 3.1.2 中，钢绞线的抗拉强度设计值是按现行国家标准《混凝土结构设计规范》GB 50010 的规定，取用 $0.85\sigma_b$（σ_b 为上述钢绞线国家标准的极限抗拉强度）作为条件屈服点，钢绞线材料分项系数 γ_s 取用 1.2 得出的。为方便施工和保证后张无粘结预应力混凝土的工程质量，本次修订不再列入由 7 根钢丝制作的无粘结预应力筋。当经过专门研究和试验取得可靠依据时，也可采用 $\phi15.2mm$ 模拔型钢绞线、或 $\phi17.8mm$ 等大直径预应力钢绞线制作无粘结预应力筋。

无粘结预应力筋用的钢绞线中的钢丝系采用高碳钢经多次拉拔而成，并经消除应力热处理，以提高其塑性、韧性。在以后形成的死弯处，由于变形程度大，有较高的残余应力，将使材料脆化，在张拉过程中易在该处发生脆断，故应将它切除。此外，由于高碳钢的可焊性差，在生产过程拉拔中及拉拔后的焊接接头质量不能保证，而采用机械连接接头体积又太大，不能满足张拉要求，故要求成型中的每根钢丝应该是通长的，只允许保留生产工艺拉拔前的焊接接头，接头距离应满足 GB/T 5224 有关条文的规定。

3.1.5 在无粘结预应力混凝土构件中，建议非预应力钢筋采用 HRB335 级或 HRB400 级热轧钢筋，是为了保证非预应力钢筋在构件达到破坏时能够屈服，且钢筋的抗拉强度设计值又不至于太低。国外规定非预应力钢筋的设计屈服强度不应大于 $400N/mm^2$。非预应力钢筋采用热轧钢筋，也有利于提高构件的延性，从抗裂的角度来说，非预应力钢筋采用变形钢筋比采用光面钢筋好，故宜采用 HRB335 级、HRB400 级热轧带肋钢筋。

3.2 无粘结预应力筋

3.2.1～3.2.3 根据国内外使用经验，本规程规定无粘结预应力筋外包层材料应采用高密度聚乙烯。由于聚氯乙烯在长期的使用过程中氯离子将析出，对周围的材料有腐蚀作用，故严禁使用。无粘结预应力筋的外包层材料及防腐蚀涂料层应具有的性能要求，是根据我国的气候及使用条件提出的，他们的成分和性能尚应符合第3.2.1条所指专门标准的规定。

3.3 锚具系统

3.3.1 无粘结预应力筋-锚具组装件的静载和疲劳锚固性能，是根据现行国家标准《预应力筋用锚具、夹具和连接器》GB/T 14370 对锚具的锚固性能要求制定的。

3.3.2 本条综合了国内外近些年来的使用经验，提供了选用无粘结预应力筋锚具的一般原则、方法及常用锚具的品种。参照现行国家标准《混凝土结构设计规范》GB 50010 中耐久性规定对环境类别的划分，本规程提出锚具系统的选用应考虑不同环境类别的防腐要求，并在第4.2节对防腐蚀要求作出具体规定，以便锚具生产厂家提供不同等级的锚固体系以满足不同环境条件下对防腐蚀的需求。

3.3.3、3.3.4 根据不同的建筑结构类型，提供了选用张拉端与固定端锚固系统的构造要求。在图中区分了张拉前的组装状态和拆除模板并完成张拉之后的状态，从而进一步明确了组装工艺与张拉施工工艺过程。

为保证锚具的防腐蚀性能，圆套筒锚具一般应采用凹进混凝土表面布置；当圆套筒锚具张拉端面布置于混凝土结构后浇带或室内一类环境条件时，也可采用凸出混凝土表面做法。

固定端的做法为一次组装成型，在组装合格后，应绑扎定位并浇筑在混凝土中，其系统构造图可参见第4.2.4条锚固区保护措施图。

3.3.5 向设计单位提供了夹片锚具系统的锚固性能及构件端面上的构造要求。在结构构件中，当采用多根无粘结预应力筋呈集团束或多根平行带状布筋及单根锚固工艺时，在构件张拉端可采用多根无粘结预应力筋共用的整体承压板，根据情况可采用整束或单根张拉无粘结预应力筋的工艺。

3.3.6 对锚具系统的锚固性能和外观质量检验，以及进场验收，提出了应符合的国家现行标准。

4 设计与施工的基本规定

4.1 一般规定

4.1.1 无粘结预应力混凝土结构构件在承载能力极限状态下的荷载效应基本组合及在正常使用极限状态下荷载效应的标准组合和准永久组合，是根据现行国家标准《建筑结构荷载规范》GB 50009 的有关规定，并加入了预应力效应项而确定的。预应力效应包括预加力产生的次弯矩、次剪力。本规程采用国内外有关规范的设计经验，规定在承载能力极限状态下，预应力作用分项系数应按预应力作用的有利或不利，分别取1.0或1.2。当不利时，如无粘结预应力混凝土构件锚头局压区的张拉控制力，预应力作用分项系数应取1.2。在正常使用极限状态下，预应力作用分项系数通常取1.0。预应力效应设计值除了在本规程中有规定外，应按照现行国家标准《混凝土结构设计规范》GB 50010 有关章节计算公式执行。

对承载能力极限状态，当预应力效应列为公式左端项参与荷载效应组合时，根据工程经验，对参与组合的预应力效应项，通常取结构重要性系数$\gamma_0 = 1.0$。

4.1.2 对无粘结预应力混凝土结构的裂缝控制，原则上按现行国家标准《混凝土结构设计规范》GB 50010 的规定分为三级，并根据结构功能要求、环境条件对钢筋腐蚀的影响及荷载作用的时间等因素，对各类构件的裂缝控制等级及构件受拉边缘混凝土的拉应力限值作出了具体规定。在一类室内正常环境条件下，对无粘结预应力混凝土连续梁和框架梁等，根据国内外科研成果和设计经验，本次修订从二级裂缝控制等级放松为三级（楼板、预制屋面梁等仍为二级）；对原规程未涉及的三类环境下的构件，本规程规定为一级裂缝控制等级。由于缺少实践经验，托梁、托架未列入表4.1.2。

4.1.3、4.1.4 当无粘结预应力筋的长度超过60m时，为了减少支承构件的约束影响，宜将无粘结预应力筋分段张拉和锚固。由于爆炸或强烈地震产生的灾害荷载，如使无粘结预应力混凝土梁或单向板一跨破坏，可能引起多跨结构中其他各跨连续破坏，避免这种连续破坏的有效措施之一，亦是将无粘结预应力筋分段锚固。

在国内工程经验的基础上，本条将无粘结预应力筋宜采用两端张拉的限制长度由25m放宽到了30m。

4.1.5 对无粘结预应力混凝土结构的疲劳性能，国内外均缺乏深入的研究。因此，对直接承受动力荷载并需进行疲劳验算的无粘结预应力混凝土结构，应结合工程实际进行专门试验，并在此基础上确定必须采取的技术措施。已有的试验表明，对承受疲劳作用的无粘结预应力混凝土受弯构件，应特别重视受拉区混凝土应力限制值的选择及锚具的疲劳强度。

4.2 防火及防腐蚀

4.2.1 在不同耐火极限下，无粘结预应力筋的混凝土保护层最小厚度的规定，是参考国外经验确定的。国外经验表明，当结构有约束时，其耐火能力能得到改善，故根据耐火要求确定的混凝土保护层最小厚度，按结构有无约束作了不同的规定。一般连续梁、板结构均可认为是有约束的。

4.2.2 锚固区的耐火极限主要决定于无粘结预应力筋在锚固处的保护措施和对锚具的保护措施。国外试验表明，无粘结预应力筋在锚固处的混凝土保护层最小厚度，应比其在锚固区以外的保护层厚度适当加厚，增加的厚度不宜小于 7mm；承压板的最小保护层厚度在梁中最小为 25mm，在板中最小为 20mm。

4.2.3 混凝土氯化物含量过高，会引起无粘结预应力筋的锈蚀，将严重影响结构构件的受力性能和耐久性，故应严格控制。本条对预应力混凝土中氯离子总含量的限值是按现行国家标准《混凝土质量控制标准》GB 50164 及美国 ACI 318 规范等作出具体规定的。

4.2.4～4.2.6 国外在房屋建筑的楼、屋盖结构中使用无粘结预应力混凝土已有 40 余年历史，研究和工程实践均表明只要采取了可靠措施，无粘结预应力混凝土的耐久性是可以保证的。至今为止，尚未发生过由于无粘结预应力筋的腐蚀而造成房屋倒塌的事故。但是近些年来在国外对无粘结预应力筋防腐蚀措施的规定，例如对防腐油脂和外包材料的材质要求、涂刷和包裹方式等，以及改进无粘结后张预应力系统防腐性能的对策都更趋于严格和具体化。可见国外对无粘结预应力结构的防腐蚀问题是很重视的。

为了检验无粘结预应力筋的耐久性，北京市建筑工程研究院曾对使用了 9 年的一幢采用无粘结预应力混凝土楼板的实验小楼进行了凿开检验。该楼的无粘结预应力筋采用 7ϕ5 钢丝束，防腐油脂采用长沙石油厂生产的"无粘结预应力筋用润滑防锈脂"，外包层用聚乙烯挤塑成型，采用镦头锚具，并用突出外墙面的后浇钢筋混凝土圈梁封闭保护。检查发现锚具无锈蚀，钢丝及其镦头擦去表面油脂后呈青亮金属光泽，无锈蚀，锚具内侧塑料保护套内油脂色状如新，锚杯内油脂则因水泥浆浸入呈灰黑色胶泥状；外包圈梁因施工时混凝土振捣不够密实，圈梁内箍筋锈蚀严重。

此后，在拆除使用 11 年的三层汽车库时，曾对该建筑无粘结预应力混凝土无梁楼盖平板进行了耐久性检验，同样得到了较好的结果，并进一步证实使用 11 年后油脂的性能保持良好，技术指标基本满足要求。

从这二实验得到如下的经验：

1 所采用的无粘结预应力筋专用防锈润滑脂具有良好的性能；

2 要保证防锈润滑脂对无粘结预应力筋及锚具的永久保护作用，外包材料应沿无粘结预应力筋全长及与锚具等连接处连续封闭，严防水泥浆、水及潮气进入，锚杯内填充油脂后应加盖帽封严；

3 应保证锚固区后浇混凝土或砂浆的浇筑质量和新、老混凝土或砂浆的结合，避免收缩裂缝，尽量减少封埋混凝土或砂浆的外露面。

在制定第 4.2.4 条～第 4.2.6 条中，吸取了国内外在施工过程及在室内正常环境下关于保证无粘结预应力筋及其锚具耐久性的经验。在实施这些条款时，应注意加强施工质量监督，并特别注意对锚固区的施工质量检查。鉴于现行国家标准《混凝土结构设计规范》GB 50010 对混凝土结构的环境类别已作出规定，锚具系统的选用亦应适应不同环境类别的防腐要求。国内外工程经验表明，应从无粘结预应力筋与锚具系统的张拉端及固定端组成的整体来考虑防腐蚀做法，故在图 4.2.4 中，按使用环境类别分为二种做法，即在一类室内正常环境条件下，主要以微膨胀混凝土或专用密封砂浆防护为主，并允许将挤压锚具完全埋入混凝土中的做法；在二类、三类易受腐蚀环境条件下，则采用二道防腐措施，即无粘结预应力锚固系统自身沿全长连续封闭，然后再以微膨胀混凝土或专用密封砂浆防护。

4.2.7 国外的应用经验表明，对处于二类、三类环境条件下的无粘结预应力锚固系统应采用全封闭体系。按我国在二类、三类易受腐蚀环境下应用无粘结预应力混凝土的需要，本次修订增加第 4.2.7 条，该条采纳国内工程应用经验，并参考美国 ACI 和 PTI 有关标准要求，对全封闭体系的技术要点及指标作出了规定。全封闭体系连接部位在 10kPa 静水压力下保持不透水的试验，要求该体系安装后在 10kPa 气压下，保持 5min 压力损失不大于 10%；具体漏气位置可用涂肥皂水等方法进行测试。

在二类、三类环境条件下，无粘结预应力锚固系统应形成连续封闭整体，但密封盖、锚具或垫板等金属组件均可与混凝土直接接触。当有特别需要，要求无粘结预应力锚固系统电绝缘时，各金属组件外表必须采取塑料覆盖等表面电绝缘处理，以形成电绝缘体系。

5 设计计算与构造

5.1 一般规定

5.1.1 对一般民用建筑，本条所规定的跨高比是根据国内已有工程的经验，并参考了国外采用无粘结预应力混凝土楼盖的设计规定，对原条文作了一些补充和归纳，并用表格形式表示以便于使用。对于工业建筑或活荷载较大的建筑，表中所列跨高比值应按实际情况予以调整。

5.1.2 国内外工程设计经验表明，当平衡荷载取全部恒载再加一半活荷载时，受弯构件在活荷载的一半作用下不受弯，也没有挠度。当全部活荷载移去时，可按活荷载的一半向上作用进行设计；当全部活荷载作用于结构时，则按活荷载的另一半向下作用考虑设计。当活荷载是持续性的，例如仓库、货栈等，上述取平衡荷载的原则是合理的。

对一般结构，由于规范规定的设计活荷载值会比实际值高而留有一定的裕度，所以平衡荷载除了取全部恒载外，只需平衡设计活荷载的一部分。另一方面，当采用混合配筋时，在满足裂缝控制等级要求下，平衡荷载也可略降，如仅平衡结构自重，以配置附加的非预应力钢筋来满足受弯承载力要求，这将有利于发挥构件的延性性能。

5.1.3～5.1.9 无粘结预应力筋预应力损失值的计算原则和公式按现行国家标准《混凝土结构设计规范》GB 50010 的有关规定执行。

无粘结预应力筋与塑料外包层之间的摩擦系数 μ，及考虑塑料外包层每米长度局部偏差对摩擦影响的系数 κ，是根据中国建筑科学研究院结构所和北京市建筑工程研究院等单位的试验结果及工程实测数据，并参考了国外的试验数据而确定的，本次修订适当减小了摩擦系数 μ 值。

由于现行国家标准《预应力混凝土用钢绞线》GB/T 5224 已取消普通松弛级的预应力钢绞线，故本规程仅列出低松弛级预应力钢绞线的应力松弛计算公式。

5.1.10 板的平均预压应力是指完成全部预应力损失后的总有效预加力除以混凝土总截面面积。规定下限值是为了避免在混凝土中产生过大的拉应力和裂缝，同时有利于增强板的抗剪能力；规定上限值是为了避免过大的弹性压缩和徐变。

5.1.11 影响无粘结预应力混凝土构件抗弯能力的因素较多，如无粘结预应力筋有效预应力的大小、无粘结预应力筋与非预应力钢筋的配筋率、受弯构件的跨高比、荷载种类、无粘结预应力筋与管壁之间的摩擦力、束的形状和材料性能等。因此，受弯破坏状态下无粘结预应力筋的极限应力必须通过试验求得。中国建筑科学研究院自 1978 年以来做过 5 批无粘结预应力梁（板）试验，预应力钢材为 ϕ5 碳素钢丝，得出无粘结预应力筋于梁破坏瞬间的极限应力，主要与配筋率、有效预应力、非预应力钢筋设计强度、混凝土的立方体抗压强度、跨高比以及荷载形式有关。湖南大学土木系和大连理工大学土木系等单位也对无粘结部分预应力梁的极限应力做了试验研究，积累了宝贵的数据。

本次修订结合近些年来国内的研究成果，表达式仍以综合配筋指标 ξ_0 为主要参数，提出了无粘结预应力筋应力考虑跨高比变化影响的关系式，公式是经与本规程原公式及美、英等国规范的相关公式比较后而提出的。公式克服了本规程原公式对跨高比这一影响因素不能连续变化的缺点，并调整了无粘结预应力筋应力设计值随 ξ_0 的变化梯度和取值。在设计框架梁时，无粘结预应力筋外形布置宜与弯矩包络图相接近，以防在框架梁顶部反弯点附近出现裂缝。

5.1.12 当预加力对超静定梁引起的结构变形受到支座约束时，会产生支座反力，并由该反力产生弯矩。通常对预加力引起的内弯矩 $N_p e_{pn}$ 称为主弯矩 M_1，由主弯矩对连续梁引起的支座反力称为次反力，由次反力对梁引起的弯矩称为次弯矩 M_2。在预应力超静定梁中，由预加力对任一截面引起的总弯矩 M_r 将为主弯矩 M_1 与次弯矩 M_2 之和，即 $M_r = M_1 + M_2$。

国内外学者对预应力混凝土连续梁的试验研究表明，对塑性内力重分布能力较差的预应力混凝土超静定结构，在抗裂验算及承载力计算时均应包括次弯矩。次剪力宜根据结构构件各截面次弯矩分布按结构力学方法计算。预应力次弯矩、次剪力参与组合时，对于预应力作用分项系数取值按本规程第 4.1.1 条的有关规定执行。

5.1.13 除了对张拉阶段构件中的锚头局压区进行局部受压承载力计算外，考虑到无粘结预应力筋在混凝土中是可以滑动的，故制定本条以避免无粘结预应力混凝土构件在使用过程中，发生锚头局压区过早破坏的现象。

本次修订对施工阶段的纵向压力值，仍取为 $1.2\sigma_{con}$ 未变，但补充考虑在正常使用状态下预应力束的应力达到条件屈服的可能，当进一步考虑承载能力极限状态下取大于 1.0 的分项系数，本规程取用 $f_{ptk}A_p$ 作为验算局部荷载代表值，并应取上述两个荷载代表值中的较大值进行计算，以确保锚头局部受压区的安全。

5.1.14、5.1.15 根据无粘结预应力筋与周围混凝土无粘结可互相滑动的特点，可将无粘结筋对混凝土的预压力作为截面上的纵向压力，其与弯矩一起作用于截面上，这样无粘结预应力混凝土受弯构件就可等同于钢筋混凝土偏心受压构件，计算其裂缝宽度。为求得无粘结预应力混凝土构件受拉区纵向钢筋等效应力 σ_{sk}，本条根据无粘结预应力筋与周围混凝土存在相互滑移而无变形协调的特点，将无粘结预应力筋的截面面积 A_p 折算为虚拟的有粘结预应力筋截面面积 $\eta_p A_p$，此处，η_p 为无粘结预应力筋换算为虚拟有粘结钢筋的换算系数。这样，可采用与有粘结部分预应力混凝土梁相类似的方法进行裂缝宽度计算。在计算中，裂缝间纵向受拉钢筋应变不均匀系数 ψ 值，仍按 1989 年《混凝土结构设计规范》取值：当 $\psi < 0.4$ 时，取 0.4；当 $\psi > 1$ 时，取 $\psi = 1$。

根据中国建筑科学研究院和大连理工大学等国内的科研成果，对 σ_{sk} 计算公式采取的简化方法为：① 鉴于国内试验多采用简支梁三分点加载的方案，故将无粘结预应力筋的截面面积 A_p 作折减时，进一步考虑无粘结预应力混凝土受弯构件弯矩图形的丰满度，取折减系数为 0.3；② 为考虑预应力混凝土截面为消压状态，近似取 M_k 扣除 $0.75M_{cr}$，以方便计算；③

对无粘结预应力混凝土超静定结构构件，需考虑次弯矩 M_2。

5.1.16～5.1.18 对不出现裂缝的无粘结预应力混凝土构件的短期刚度和长期刚度的计算，以及预应力反拱值计算，均按现行国家标准《混凝土结构设计规范》GB 50010 的有关规定进行计算。

对使用阶段已出现裂缝的无粘结预应力混凝土受弯构件，仍假定弯矩与曲率（或弯矩与挠度）曲线由双折直线组成，双折线的交点位于开裂弯矩 M_{cr} 处，则可导得短期刚度的基本公式为：

$$B_s = \frac{E_c I_0}{\frac{1}{\beta_{0.6}} + \frac{\frac{M_{cr}}{M_k} - 0.6}{0.4}\left(\frac{1}{\beta_{cr}} - \frac{1}{\beta_{0.6}}\right)}$$

式中，$\beta_{0.6}$ 和 β_{cr} 分别为 $\frac{M_{cr}}{M_k}=0.6$ 和 1.0 时的刚度降低系数。推导公式时，取 $\beta_{cr}=0.85$。

$\frac{1}{\beta_{0.6}}$ 根据试验资料分析，取拟合的近似值，可得：

$$\frac{1}{\beta_{0.6}} = \left(1.26 + 0.3\lambda + \frac{0.07}{\alpha_E \rho}\right)(1 + 0.45\gamma_f)$$

将 β_{cr} 和 $\frac{1}{\beta_{0.6}}$ 代入上述公式 B_s，并经适当调整后即得到本规程公式 (5.1.17-2)。此处，公式 (5.1.17-2) 仅适用于 $0.6 \leq \frac{M_{cr}}{M_k} \leq 1.0$ 的情况。

5.1.19 无粘结预应力混凝土结构当在现场进行张拉时，预应力可能消耗在使柱和墙产生弯曲和位移，并对板的变形产生影响，柱和墙可能阻止板的缩短，从而在板和支承构件中产生裂缝。设计中可采用有限单元法计算或根据工程经验，采取适当配置构造钢筋的方法计及混凝土的收缩、徐变早期体积改变和弹性压缩对楼板及柱的影响，从而避免在板和支承构件中产生裂缝。在北京市劳保用品公司仓库、永安公寓、北京科技活动中心多功能报告厅、广东 63 层国际大厦等工程的无粘结预应力板柱-剪力墙结构、板墙结构、平面交叉梁结构，以及筒体结构的设计与施工中，为防止张拉无粘结预应力筋引起支撑结构或板开裂，均采取了相应的技术措施，本条规定总结了上述工程实践及国内其他无粘结预应力混凝土结构的施工经验。

当板的长度较大时，应设临时施工缝或后浇带将结构分段施加预应力，分段的长度可根据工程实践经验确定，条文中的 60m 是根据一般施工经验确定的，不是定数。分段后预应力筋应截断，而非预应力钢筋是否截断，可根据具体情况确定。如截断发生在封闭施工缝或后浇带时，应按设计要求补上截断的钢筋。

5.2 单向体系

5.2.1 在无粘结预应力受弯构件的预压受拉区，配置一定数量的非预应力钢筋，可以避免该类构件在极限状态下呈双折线型的脆性破坏现象，并改善开裂状态下构件的裂缝性能和延性性能。

1 单向板的非预应力钢筋最小面积。在现行国家标准《混凝土结构设计规范》GB 50010 中，对钢筋混凝土受弯构件，规定最小配筋率为 0.2% 和 $45 f_t/f_y$ 中的较大值。美国华盛顿大学 Mattock 教授通过试验认为，在无粘结预应力受弯构件的受拉区至少应配置从受拉边缘至毛截面重心之间面积 0.4% 的非预应力钢筋。综合上述两方面的规定和研究成果，并结合以往的设计经验，作出了本规程对无粘结预应力混凝土板受拉区普通钢筋最小配筋率的限制。

2 梁在正弯矩区非预应力钢筋的最小面积。无粘结预应力梁的试验表明，按全部配筋的极限内力考虑，非预应力钢筋的拉力占到总拉力的 25% 或更多时，可更有效地改善无粘结预应力梁的性能，如裂缝分布、间距和宽度，以及变形性能，从而接近有粘结预应力梁的性能。所以，对无粘结预应力梁，本规程考虑适当增加非预应力钢筋的用量，在经济上也是合理可行的。

5.2.2 为防止无粘结预应力受弯构件开裂后的突然脆断，要求设计极限弯矩不小于开裂弯矩。

5.2.3 无粘结预应力受弯构件斜截面受剪承载力按现行国家标准《混凝土结构设计规范》GB 50010 第 7 章第 5 节有关条款的公式进行计算，但对无粘结预应力弯起筋的应力设计值取有效预应力值，是在目前试验数据少的情况下采用的设计方法。

5.2.4 无粘结预应力筋间距的限值，对张拉吨位较小的单根无粘结预应力筋，通常是受最小平均预压应力要求控制；对成束的无粘结预应力筋，通常则控制最大的预应力筋间距。

5.2.5 配置一定数量的支撑钢筋，是为了使无粘结预应力筋满足设计轮廓线要求。本条是在国内无粘结预应力工程实践的基础上制定的。

5.3 双向体系

5.3.1～5.3.3 无粘结预应力板柱体系是一种板柱框架，可按照等代框架法进行分析。决定计算简图的关键问题，在于确定板作为横梁的有效宽度。在通常的梁柱框架中，梁与柱在节点刚接的条件下转角是一致的，但在板柱框架中，只有板与柱直接相处或柱帽处，板与柱的转角才是一致的，柱轴线与其他部位的边梁和板的转角事实上是不同的。为了将边梁的转角变形反映到柱子的变形中去，应对柱子的抗弯转动刚度进行修正和适当降低，其等效柱的刚度计算列在本规程附录 C 中。

为了简化计算，在竖向荷载作用下，矩形柱网（长边尺寸和短边尺寸之比≤2 时）的无粘结预应力混凝土平板和密肋板按等代框架法进行内力计算。等代框架梁的有效宽度均取板的全宽，即取板的中心线

之间的距离 l_x 或 l_y。

在板柱体系的板面上，设作用有面荷载 q，荷载将由短跨 l_1 方向的柱上板带和长跨 l_2 方向的柱上板带共同承受。但是，长向柱上板带所承受的荷载又会传给区格板短向的柱上板带，这样，由长跨 l_2 传来的荷载加上直接由短跨 l_1 柱上板带承受的荷载，其总和为作用在板区格上的全部荷载；长跨 l_2 方向亦然。故对于柱支承的双向平板、密肋板以及对于板和截面高度相对较小、较柔性的梁组成的柱支承结构，计算中每个方向都应取全部作用荷载。

在侧向力作用下，应用等代框架法进行内力计算时，板的有效刚度要比取全宽计算所得的刚度小。国外试验表明，其有效宽度约为板跨度的 $25\% \sim 50\%$。第 5.3.3 条取上限值，即两向等距且无平托板时，等代框架梁的计算宽度只计算到柱轴线两侧各 1/4 跨度。

5.3.4

1 负弯矩区非预应力钢筋的配置。1973 年在美国得克萨斯州大学，进行了一个 1:3 的九区格后张无粘结预应力平板的模型试验。结果表明，只要在柱宽及两侧各离柱边 $1.5 \sim 2$ 倍的板厚范围内，配置占柱上板带横截面面积 0.15% 的非预应力钢筋，就能很好地控制和分散裂缝，并使柱带区域内的弯曲和剪切强度都能充分发挥出来。此外，这些钢筋应集中通过柱子和靠近柱子布置。钢筋的中到中间距应不超过 300mm，而且每一方向应不少于 4 根钢筋。对通常的跨度，这些钢筋的总长度应等于跨度的 1/3。中国建筑科学研究院结构所在 1988 年做的 1:2 无粘结部分预应力平板试验中，也证实在上述柱面积范围内配置的非预应力钢筋是适当的。本规范按式（5.3.4-1）对矩形板在长跨方向将布置较多的钢筋。

2 正弯矩区非预应力钢筋的配置。在正弯矩区，双向板在使用荷载下非预应力钢筋的最小面积，是参照现行国家标准《混凝土结构设计规范》GB 50010，对钢筋混凝土受弯构件最小配筋率的配置要求作出规定的。由于在使用荷载下，受拉区域不出现拉应力的情况较少出现，故不再列出其对非预应力钢筋最小量 A_s 的规定，克服温度、收缩应力的钢筋应按现行国家标准《混凝土结构设计规范》GB 50010 执行。

3 在楼盖的边缘和拐角处，设置钢筋混凝土边梁，并考虑柱头剪切作用，将该梁的箍筋加密配置，可提高边柱和角柱节点的受冲切承载力。

5.3.5、5.3.6 在无粘结预应力双向平板的节点设计中，板柱节点受冲切承载力计算问题是很重要的，在工程中可采取配置箍筋或弯起钢筋，抗剪锚栓，工字钢、槽钢等抗冲切加强措施。本规程在制定冲切承载力计算条款时，对一些问题，如无粘结预应力筋在抵抗冲切荷载时的有利影响，板柱节点配置箍筋或弯起钢筋时受冲切承载力的计算等，是按下述考虑的：

在现行国家标准《混凝土结构设计规范》GB 50010 中，已补充了预应力混凝土板受冲切承载力的计算。在计算中，对于预应力的有利影响与本规程 93 年版本中的规定是一致的，主要取预应力钢筋合力 N_p 这一主要因素，而忽略曲线预应力配筋垂直分量所产生向上分力的有利影响，并考虑到冲切承载力试验值的离散性较大，目前国内外试验数据尚不够多，取值 $0.15\sigma_{pc,m}$，$\sigma_{pc,m}$ 为混凝土截面上的平均有效预压应力。此外，上述国标还将原规范公式中混凝土项的系数 0.6 提高到 0.7；对截面高度尺寸效应作了补充；给出了两个调整系数 η_1、η_2，并对矩形形状的加载面积边长之比作了限制等。对配置或不配置箍筋和弯起钢筋无粘结预应力混凝土板的受冲切承载力计算，以及如将板柱节点附近板的厚度局部增大或加柱帽，以提高板的受冲切承载力，对板减薄处混凝土截面或对配置抗冲切的箍筋或弯起钢筋时冲切破坏锥体以外的截面，进行受冲切承载力验算的要求，本规程采用现行国家标准《混凝土结构设计规范》GB 50010 有关规定计算。

无粘结预应力筋穿过板柱节点的数量应有限制。中国建筑科学研究院的试验表明，当轴心受压柱中无粘结预应力筋削弱的截面面积不超过 30% 时，对柱的承载力影响不大；对偏心受压柱，当被无粘结预应力筋削弱的截面面积不超过 20% 时，对柱的承载力也不会造成影响。

5.3.7 由于普通箍筋竖肢的上下端均呈圆弧，当竖肢受力较大接近屈服时会产生滑动，故箍筋在薄板中使用存在着锚固问题，其抗冲切的效果不是很好。因此，加拿大规范 CSA-A23.3 规定，仅当板厚（包括托板厚度）不小于 300mm 时，才允许使用箍筋。美国 ACI318 规范对厚度小于 250mm 采用箍筋的板，要求箍筋是封闭的，并在箍筋转角处配置较粗的纵向钢筋，以利固定箍筋竖肢。

锚栓是一种新型的抗冲切钢筋，加拿大 Ghali 教授等对配置锚栓混凝土板的抗冲切性能和设计方法进行了广泛的试验研究。国内湖南大学和中国建筑科学研究院等单位对配置锚栓的混凝土板柱节点进行了试验与分析研究。研究表明，锚栓在节点中有很好的锚固性能，可以使锚杆截面上的应力达到屈服强度，并有效地限制了剪切斜裂缝的扩展，能有效地改善板的延性，且施工也较方便。本条是在国内外科研成果的基础上作出规定的。

5.3.8 型钢剪力架的设计方法参考了美国 Corley 和 Hawkins 的型钢剪力架试验，以及美国混凝土规范 ACI 318 有关条款规定，是按下述考虑的：

1 本规程图 5.3.8 中，板的受冲切计算截面应垂直于板的平面，并应通过自柱边剪力架每个伸臂端部距离为 $(l_v - b_c/2)$ 的 3/4 处，且冲切破坏截面

的位置应使其周长 $u_{m,de}$ 为最小,但离开柱子的距离不应小于 $h_0/2$。中国建筑科学研究院的试验研究表明,随冲跨比增加试件的受冲切承载力有下降的趋势。为了在抗冲切计算中适当考虑冲跨比对混凝土强度的影响,故本规程对配置抗冲切型钢剪力架的冲切破坏锥体以外的截面,在计算其冲切承载力时,取较低的混凝土强度值,按下列公式计算:

$$F_{l,eq} \leq 0.6 f_t \eta u_{m,de} h_0$$

由此可得:

$$u_{m,de} \geq \frac{F_{l,eq}}{0.6 f_t \eta}$$

式中 $F_{l,eq}$——距柱周边 $h_0/2$ 处的等效集中反力设计值;
$u_{m,de}$——设计截面周长;
η——考虑局部荷载或集中反力作用面积形状、临界截面周长与板截面有效高度之比的影响系数,应按现行国家标准《混凝土结构设计规范》GB 50010 的有关规定执行。

由此,可推导出工字钢焊接剪力架伸臂长度的计算公式(5.3.8-3)。公式(5.3.8-5)和(5.3.8-6)的要求,是为了使剪力架的每个伸臂必须具有足够的受弯承载力,以抵抗沿臂长作用的剪力。

板柱节点配置型钢剪力架时,可以考虑剪力架承担柱上板带的一部分弯矩。参考美国混凝土规范 ACI 318,有下列计算公式:

$$M_{ua} = \frac{\phi a_a F_{l,eq}}{2n} \left(l_a - \frac{h_c}{2} \right)$$

式中 ϕ——为抗剪强度折减系数;其余符号同正文第 5.3.8 条公式(5.3.8-5)的符号说明。

但 M_{ua} 不应大于下列诸值中的最小者:(1)柱上板带总弯矩的 30%;(2)在伸臂长度范围内,柱上板带弯矩的变化值;(3)由公式(5.3.8-5)算出的 M_{de} 值。

按本规程设计型钢剪力架时,未考虑剪力架所承担柱上板带的一部分弯矩。

2 为避免所配置的抗冲切钢筋或型钢剪力架不能充分发挥作用,或使用阶段在局部集中荷载附近的斜裂缝过大,根据国内外规范和工程设计经验,在板中配筋后的允许抗冲切承载力比混凝土承担的抗冲切承载力提高 50%,配型钢剪力架后允许提高的限值为 75%。此外,还可以考虑平均有效预压应力约 2.0 N/mm² 的有利影响,公式(5.3.8-7)的限制条件是这样作出的。

3 试验研究表明,当型钢剪力架用于边柱和角柱,以及板中存在不平衡弯矩作用的情况,由于扭转效应等原因,型钢剪力架应有足够的锚固,使每个伸臂能发挥其具有的抗弯强度,以抵抗沿臂长作用的剪力,并应验算焊缝长度和保证焊接质量。

北京市建筑设计院在设计北京市劳保用品公司仓库工程,商业部设计院在设计内蒙 3000t 果品冷藏库工程中,均采用过上述型钢剪力架的设计方法,该设计方法在我国的一些实际工程中已得到应用。

5.3.9 本次修订还补充了局部荷载或集中反力作用面邻近孔洞或自由边时临界截面周长的计算方法,是参考国内湖南大学研究成果及英国混凝土结构规范 BS 8110 作出规定的。

5.3.10、5.3.11 N. W. Hanson 和 N. M. Hawkins 等人的钢筋混凝土板及无粘结预应力混凝土板柱节点试验表明,板与柱子之间,由于侧向荷载或楼面荷载不利组合引起的不平衡弯矩,一部分是通过弯曲来传递的,另一部分则通过剪切来传递。这些科研成果的结论和计算方法,已被美国混凝土规范 ACI 318、新西兰标准 NZS 3101 等国家的设计规范所采用,其对侧向荷载在板支座处所产生弯矩的组合和配筋要求,板柱节点处临界截面剪应力计算以及不平衡弯矩在板与柱子之间传递的计算等均作出了规定。由于在现行国家标准《混凝土结构设计规范》GB 50010 中,对板柱节点冲切承载力计算原则上采用了上述计算方法,并作出改进,故本规程不再重复列入。

美国混凝土规范 ACI 318 剪应力表达式概念较明确,但考虑到我国规范前后表达式的统一,故改为按总剪力计算的表达式,以达到前后一致和便于对照计算的目的。由于板柱节点冲切计算在国内是一项尚需要继续进行深入研究的课题,希望设计单位在使用中提出意见。

5.3.12、5.3.13 对板柱体系楼板开洞要求及板内无粘结预应力筋绕过洞口的布置要求,系根据国内外的工程经验作出规定的。

5.3.14 在后张平板中,无粘结预应力筋的布置方式,可采取划分柱上板带和跨中板带来设置;也可取一向集中布置,另一向均匀布置。美国华盛顿的水门公寓建筑是世界上按第二种配筋方式建造的第一座建筑。从此以后,在美国的后张平板的设计中,主要采用在柱上呈带状集中布置无粘结预应力筋的方式。美国得克萨斯州大学曾对两种布筋方式做过对比模型试验。中国建筑科学研究院也作了九柱四板模型试验,无粘结预应力筋采用一向集中布置,另一向均匀布置。试验结果表明,该布筋方式在使用阶段结构性能良好,极限承载力满足设计要求。此外,施工简便,可避免无粘结预应力筋的编网工序,在施工质量上,易于保证无粘结预应力筋的垂度,并对板上开洞提供方便。

无粘结预应力筋还可以在两个方向均集中穿过柱子截面布置。此种布筋方式沿柱轴线形成暗梁支承内平板,对在板中开洞处理非常方便,并有利于提高板柱节点的受冲切承载能力。若在使用中板的跨度很大，可将钢筋混凝土内平板做成下凹形状，以减小板厚。此外，工程设计中也有采用不同方法在平板中制孔或填充轻质材料，以减轻平板混凝土自重的结构方案。设计人员可根据工程具体情况和设计经验，确定采用此类方案，并积累设计经验。

5.3.15 为改善基础底板的受力，提高其抗裂性能和受弯承载能力，消除因收缩、徐变和温度产生的裂缝，减少板厚，降低用钢量，国内外在一些多层与高层建筑中，采用了预应力技术。一些文献指出，在软土地基、高压缩土地基或膨胀土地基上，采用预应力基础，可以降低地基压力使之满足地基承载力的要求，减少不均匀沉降，并避免上部结构产生的次应力。

预应力混凝土基础的设计，一般也采用荷载平衡法，遵守部分预应力的设计概念。由于基础设计比上部结构复杂，平衡荷载的大小受上部荷载分布、地基情况以及设计意图制约，难以统一规定。因此，本条文规定预应力筋的数量根据实际受力情况确定。且尚应配置适量的非预应力钢筋，其数量应符合控制基础板温度、收缩裂缝的构造要求。首都国际机场新航站楼工程，在筏板基础与地界面间设置滑动层，用以减小摩擦，也有利于减少混凝土收缩裂缝。

此外，考虑到基础处于与水或土壤直接接触的环境，该环境比上部结构楼盖要恶劣得多，无粘结预应力筋及其锚具的防腐问题更为突出。本条文要求采取全封闭防腐蚀锚固系统等切实可靠的防腐措施。

5.4 体外预应力梁

5.4.1~5.4.4 无粘结预应力体外束多层防腐蚀体系，是将单根无粘结预应力筋平行穿入高密度聚乙烯管或镀锌钢管孔道内，张拉之前先完成灌浆工艺，由水泥浆体将单根无粘结筋定位或充填防腐油脂制成，两者均为可更换的体外束。体外束可通过设在两端锚具之间不同位置的转向块与混凝土构件相连接（如跨中，四分点或三分点），以达到设计要求的平衡荷载或调整内力的效果。且体外束的锚固点与弯折点之间或两个弯折点之间的自由段长度不宜太长，否则宜设置防振动装置，以避免微振磨损。如美国 AASHTO 规范规定，除非振动分析许可，体外预应力筋的自由段长度不应超过 7.5m。对转向块的设置要求，主要使梁在受弯变形的各个阶段，特别是在极限状态下梁体的挠度大时，尽量保持体外束与混凝土截面重心之间的偏心距保持不变，从而不致于降低体外束的作用，这样在设计中一般可不考虑体外束的二阶效应，按通常的方法进行计算。但是当有必要时，尚应考虑构件在后张预应力及所施加荷载作用下产生变形时，体外束相对于混凝土截面重心偏移所引起的二阶效应。

梁体上的体外束是通过固定在转向块鞍座上的导管变换方向的，这样在鞍座上的导管与预应力钢材的接触区域，将存在摩擦和横向力的挤压作用，对预应力钢材亦容易产生局部硬化和增大摩阻损失。因此，转向块的设计必须做到设计合理和构造措施得当，且转向块应确保体外束在弯折点的位置，在高度上应符合设计要求，避免产生附加应力，导管在结构使用期间也不应对预应力钢材产生任何损害。

因为体外预应力与体内无粘结预应力在原理上基本相同，故对配置预应力体外束的混凝土结构，一般可按照现行国家标准《混凝土结构设计规范》GB 50010 和本规程条款进行结构设计。预应力体外束的不同处在于仅通过锚具和弯折处转向块支撑装置作用于结构上，故体外束仅在锚固区及转向块处与结构有相同的变位，当梁体受弯变形产生挠度时除了会使体外束的有效偏心距减小，降低预应力体外束的作用；且在转向块与预应力筋的接触区域，由于横向挤压力的作用和预应力筋因弯曲后产生内应力，可能使预应力筋的强度下降。故对预应力钢绞线应按弯折转角为 20°的偏斜拉伸试验确定其力学性能，该试验方法详现行国家标准《预应力混凝土用钢绞线》GB/T 5224 附录 B。有关体外束曲率半径和弯折转角的规定，体外束锚固区和转向块的构造做法等是借鉴欧洲规范有关无粘结和体外预应力束应用的规定及国内的实践经验编写的。

体外束除应用于体外预应力混凝土矩形、T 形及箱形梁的设计，在既有混凝土结构上，设置体外束是提高混凝土结构构件承载力的有效方法，也可用于改善结构的使用性能，或两者兼顾之。所以，体外束也适用于既有结构的维修和翻新改造，并允许布置成各种束形。

5.4.5 体外束永久的防腐保护可以通过各种方法获得，所提供的防腐措施应当适用于体外束所处的环境条件。本规程吸收国内外的工程经验，采用单根无粘结预应力筋组成集束，外套高密度聚乙烯管或镀锌钢管，并在管内采用水泥灌浆或防腐油脂保护的工艺，十分适用于室内正常环境的工程。根据国际结构混凝土协会 fib 的工程经验，这种具有双层套管保护的体外束在三类室外侵蚀性环境下，亦可提供 10 年以上的使用寿命。此外，如果设置体外束不仅为了改善结构使用功能时，所采取的防腐措施尚应满足防火要求。

6 施 工 及 验 收

6.1 无粘结预应力筋的制作、包装及运输

6.1.1 无粘结预应力筋外包层的制作，在发展过程中有缠绕水密性胶带、外套聚乙烯套管、热封塑料包裹层及挤塑成型工艺等方法。本规程中的无粘结预应力筋，系指采用先进的挤塑成型工艺，由专业化工厂制作而成的。

对无粘结预应力筋的制作及涂包质量的要求等应符合国家现行标准《无粘结预应力钢绞线》JG 161的规定。

6.1.2～6.1.4 无粘结预应力筋的包装、运输和保管，以及对下料和组装的要求，是根据国内工程实践经验制定的。

6.2 无粘结预应力筋的铺放和浇筑混凝土

6.2.1 试验表明，无粘结预应力筋的外包层出现局部轻微破损，经过修补后，其张拉伸长值与完好的无粘结预应力筋张拉伸长值相同。故对外包层局部轻微破损的无粘结预应力筋，允许修补后使用。

6.2.4 无粘结预应力筋束形在支座、跨中及反弯点等主要控制点的竖向位置由设计图纸确定，在施工铺放时的竖向位置允许偏差是根据现行国家标准《混凝土结构工程施工质量验收规范》GB 50204作出规定的。

在板中铺放无粘结预应力筋时，处理好与各种管线的位置关系，确保所设计无粘结预应力筋的束形，是施工现场常遇到的问题。一般要避开各种管线沿无粘结预应力筋关键位置处的垂直方向同标高铺设，采取与无粘结预应力筋铺放方向呈平行或调整标高的方法铺设。

如果在铺放多根成束无粘结预应力筋时，出现各根之间相互扭绞的现象，必将影响预应力张拉效果。工程经验表明，可采用逐根铺放，最后合并成束的方法。

对大跨度无粘结预应力平板、扁梁及筒仓结构，在施工中可采用平行带状布束，每束由3～5根无粘结预应力筋组成，这样可以减少定位支撑钢筋用量，简化施工工艺，也不影响结构的整体预应力效果。

6.2.6 本条是总结国内建造无粘结预应力混凝土结构的施工安装工艺，并参考国外的应用经验而制定的。施工中应按环境类别和设计图纸要求，重视采用可靠和完善的锚具体系及配套施工工艺，以确保无粘结预应力混凝土施工质量。

近些年来，在现浇无粘结预应力结构设计与施工中，已较普遍地采用钢绞线制作的无粘结预应力筋，其相应的锚固系统包括夹片锚具和挤压锚具。曲线配置的无粘结预应力筋，在曲线段的起始点至锚固点，有一段不小于300mm的直线段的要求，主要考虑当张拉锚固端由于无粘结预应力筋曲率过大时，会造成局部摩擦对张拉的有效性和伸长值起不利影响。一般工程实践中，直线段的取值为300～600mm，此值大时有利。

在实际工程中，整个无粘结预应力筋的铺放过程，都要配备专职人员，负责监督检查无粘结预应力筋束形是否符合设计要求，张拉端和固定端安装是否符合工艺要求。对不符合要求之处，应及时进行调整。

6.2.7 承压板后面混凝土的浇筑质量，直接关系到无粘结预应力筋的张拉效果。工程实践表明，在个别工程中，当混凝土成型并经正常养护后，在该处发生过裂缝或空鼓现象，只有在无粘结预应力筋张拉之前进行修补后，才允许进行张拉操作。

6.3 无粘结预应力筋的张拉

6.3.1～6.3.7 这几条主要是根据现行国家标准《混凝土结构工程施工质量验收规范》GB 50204有关条款制定的。

在无粘结预应力混凝土施工中，由于多采用夹片式锚具，采用从零应力开始张拉至1.05倍预应力筋的张拉控制应力σ_{con}，持荷2min后卸荷至预应力筋张拉控制应力的张拉程序不易实现，也很少应用，故本次修订未列入。

在无粘结预应力筋张拉过程中，如发生断丝，应立即停止张拉，查明原因，以防止在单根无粘结预应力筋中发生连续断丝及相邻预应力筋出现断丝。

6.3.8 张拉时混凝土强度，指同条件养护下150mm立方体混凝土试件的抗压强度。

6.3.9 试验研究表明，无粘结预应力楼板在无顺序情况下张拉，对结构不会产生不利影响。但对梁式结构、预制构件及其他特种结构，无粘结预应力筋的张拉工艺顺序对结构受力是有影响的。

6.3.10 代替无粘结预应力筋两端同时张拉工艺，采取在一端张拉锚固，在另一端补足张拉力锚固工艺时，需观测另一端锚具夹片确有移动，经论证无误可以达到基本相同的预应力效果后，才可以使用。

6.3.12、6.3.13 这是总结国内建造无粘结预应力混凝土结构的施工张拉工艺，并参考国外的应用经验而制定的。

夹片锚具锚固时，目前有液压顶压、弹簧顶压以及限位三种形式，产生的锚具变形和钢筋内缩值各不相同。其值在事先测定后，并根据设计要求，选择其中一种。

必须指出，操作人员不得站在张拉设备的后面或建筑物边缘与张拉设备之间，因为在张拉过程中，有可能来不及躲避偶然发生的事故而造成伤亡。

6.3.14 电火花将损伤钢丝、钢绞线和锚具，为此不得采用电弧切断无粘结预应力筋。

6.4 体外预应力施工

6.4.1 无粘结预应力体外束多层防腐蚀体系由多根平行的无粘结预应力筋组成，外套高密度聚乙烯管或镀锌钢管，管内采用水泥灌浆或防腐油脂保护为双层套管防腐蚀的无粘结预应力体外束。其可以在工厂预制按成品束提供使用，也可以在施工现场进行穿束和灌浆制作成束。具有下述优点：第二层保护套不但能起防腐保护的作用，同时可抵御来自外界的损伤；采用多根平行的无粘结预应力筋组成集团束，可以提供大吨位预应力束，便于采用简单有效的转向块；抗疲劳荷载性能强；可以在一类室内正常环境、二类及三类易受腐蚀环境下使用；使用中除了可更换整根束，还可以更换单根无粘结预应力筋。

在一类室内正常环境下，国内也有采用体外无粘结预应力筋并在其塑料护套外浇筑混凝土保护层，或将多根平行裸钢绞线外套高密度聚乙烯管或镀锌钢管，采用在管道内灌水泥浆或防腐化合物加以保护。若采用镀锌钢绞线或环氧涂层钢绞线则可使用于二类、三类环境类别，环氧涂层钢绞线防腐效果更好些。

6.4.2～6.4.12 体外束的制作要求、施工工艺及质量控制的规定，是根据工程经验总结，并借鉴欧洲规范有关无粘结和体外预应力束应用的规定编写的。

6.5 工程验收

6.5.1～6.5.3 混凝土结构工程验收应按现行国家标准《混凝土结构工程施工质量验收规范》GB 50204的要求进行。无粘结预应力混凝土工程一般作为整个工程的分项工程，因此在工程施工过程中，可在这部分工程竣工后通过检查验收。验收时，应检查第6.5.1条中所规定的文件和记录是否符合本规程要求。对于外观应根据需要进行抽查。

附录A 无粘结预应力筋数量估算

设计经验表明，无粘结预应力筋的数量，常由结构构件的裂缝控制标准所决定，在附录A中，是按正截面裂缝控制验算要求进行估算的，并按均布荷载的标准组合或准永久组合计算的弯矩设计值，取所需有效预加力的较大值进行估算。此外，为了大致估计预应力对连续结构支座和跨中截面的有利和不利作用，对负弯矩截面和正弯矩截面的弯矩设计值，分别取系数0.9和1.2。

名义拉应力方法用于计算无粘结预应力混凝土受弯构件的裂缝宽度，是参考国内外规范及科研成果作出规定的。用于无粘结预应力混凝土，首先应满足本规程第5.2.1条非预应力钢筋最小截面面积的要求。

附录B 无粘结预应力筋常用束形的预应力损失 σ_{l1}

现行国家标准《混凝土结构设计规范》GB 50010有关锚具变形和钢筋内缩引起的预应力损失值 σ_{l1}，是假设 $\kappa x+\mu\theta$ 不大于0.2，摩擦损失按直线近似公式得出的。由于无粘结预应力筋的摩擦系数小，经过核算故将允许的圆心角放大为90°。此外，对无粘结预应力筋在端部为直线、初始长度等于 l_0 而后由两条圆弧形曲线组成时及折线筋的预应力损失 σ_{l1} 的计算中，未计初始直线段 l_0 中摩擦损失的影响。

附录C 等效柱的刚度计算及等代框架计算模型

在板柱框架中，柱子两侧抗扭构件（横向梁或板带）的边界可延伸至柱子两侧区格的中心线，其在水平板带与柱子间起传递弯矩的作用，但不如梁柱框架的柱子对梁的约束强，为反映该影响，采用等效柱的计算方法，是参考ACI318规范有关条文作出规定的。

上述板柱等代框架早先是为采用弯矩分配法设计的。为利用基于有限单元法的标准框架分析程序，根据国内外经验，在板柱等代框架中，板梁的杆件长度 $l_{s,b}$ 一般取等于柱中线之间的距离 l_1，在柱中线至柱边或柱帽边之间的截面惯性矩，宜取等于板梁在柱边或柱帽边处的截面惯性矩（若有平托板按T形截面计）除以 $(1-c_2/l_2)^2$，此处，c_2 和 l_2 分别为垂直于等代框架方向的柱宽度和跨度。柱的杆件长度 H_c 取等于层高，其截面惯性矩 I_c 可按毛截面计算，但等效柱的截面惯性矩 I_{ec} 应按上述等效柱的线刚度进行折减。在节点范围内（柱帽底至板顶）截面惯性矩可视为无穷大。

附录D 无粘结预应力筋张拉记录表

本表是在国内常用无粘结预应力筋张拉记录表的基础上，经适当补充修改后制订的。

中华人民共和国行业标准

冷轧带肋钢筋混凝土结构技术规程

JGJ 95—2003

条 文 说 明

前　言

《冷轧带肋钢筋混凝土结构技术规程》（JGJ 95—2003），经建设部 2003 年 3 月 21 日以第 131 号公告批准、发布。

为便于广大设计、施工、科研、学校等单位有关人员在使用本规程时能正确理解和执行条文规定，《冷轧带肋钢筋混凝土结构技术规程》编制组根据编制标准条文说明的有关规定，按本规程的章、节、条顺序，编制了本规程的条文说明，供使用者参考。在使用中如发现本条文说明有欠妥之处，请将意见函寄（邮编：100013）北京市北三环东路 30 号　中国建筑科学研究院结构所《冷轧带肋钢筋混凝土结构技术规程》管理组。

目　次

1 总则 ······················ 3—9—4
2 术语、符号 ············ 3—9—4
　2.1 术语 ················ 3—9—4
　2.2 符号 ················ 3—9—4
3 材料 ···················· 3—9—4
　3.1 钢筋 ················ 3—9—4
　3.2 混凝土 ············· 3—9—5
4 基本设计规定 ········· 3—9—5
　4.1 一般规定 ·········· 3—9—5
　4.2 预应力混凝土结构构件 ··· 3—9—5
5 结构构件设计 ········· 3—9—6
　5.1 正截面承载力计算 ···· 3—9—6
　5.2 斜截面承载力计算 ···· 3—9—6
　5.3 裂缝控制验算 ······ 3—9—6
　5.4 受弯构件挠度验算 ···· 3—9—6
　5.5 施工阶段验算 ······ 3—9—6
6 构造规定 ··············· 3—9—7
　6.1 一般规定 ·········· 3—9—7
　6.2 梁柱箍筋 ·········· 3—9—7
　6.3 板和墙 ············· 3—9—7
7 施工工艺 ··············· 3—9—8
　7.1 钢筋的检查验收 ···· 3—9—8
　7.2 钢筋的加工 ········ 3—9—8
　7.3 钢筋骨架的制作与安装 ··· 3—9—8
　7.4 预应力钢筋的张拉工艺 ··· 3—9—8
　7.5 结构构件检验 ······ 3—9—9
附录 A　预应力混凝土构件端部锚固区计算 ··· 3—9—9
附录 B　冷轧带肋钢筋的技术性能指标 ··· 3—9—9

1 总则

1.0.1～1.0.3 本规程主要适用于工业与民用房屋及一般构筑物采用冷轧带肋钢筋配筋的板类构件、墙体、梁柱箍筋等混凝土结构构件和先张法预应力混凝土中、小型结构构件的设计与施工。

本规程采用的冷轧带肋钢筋系指用普通低碳钢、高碳钢或低合金钢热轧圆盘条为母材，经冷轧减轻后在其表面冷轧成具有三面或二面月牙形横肋的钢筋。

自1995年以来，550级冷轧带肋钢筋代替Ⅰ级钢筋在普通钢筋混凝土楼板、地面、屋面板等得到广泛的应用。同时在梁、柱的箍筋及墙体中也得到一定的应用，扩大了直径12mm以下带肋钢筋的使用范围，取得了较好的经济效益。

冷轧带肋钢筋预应力混凝土中小型结构构件主要是指预应力空心板。这是国内近十多年来应用最普遍、量大面广的一种预应力构件。由于冷轧带肋钢筋与混凝土有很好的粘结锚固性能，钢筋延性的提高以及抗冲击性能的增加，使冷轧带肋钢筋预应力空心板的性能照比冷拔低碳钢丝预应力空心板有显著地改善。同时，由于制作预应力空心板几乎完全利用原有的工艺与设备，施工极为方便，具有很好的经济效益和社会效益。

预应力空心板在南方地区大多采用先张长线法生产，在北方地区长线法和短线钢模模外张拉工艺兼而有之，故本规程以先张法预应力中、小型结构构件的设计与施工为主。

800级以上的冷轧带肋钢筋除用作预应力空心板外，在水管、电杆中也得到应用。

根据国内试验研究结果并参照国外的有关规定，本规程对于承受动力荷载引起钢筋应力变化幅度不大的板类构件，给出了在疲劳荷载作用下的设计参数，以满足某些板类构件承受疲劳荷载的要求。

2 术语、符号

2.1 术语

本节所列的术语是参照冶金部门及建筑方面的有关标准术语制订的。

2.2 符号

本节所列的符号是按照现行国家标准《建筑结构设计术语和符号标准》GB/T 50083规定的原则制订的。共分为四部分，即：作用和作用效应；材料性能；几何参数；计算系数及其他。其中大部分符号与现行国家标准《混凝土结构设计规范》GB 50010（以下简称《规范》）所采用的相同。

钢筋的强度等级和伸长率方面的符号，与现行国家标准《冷轧带肋钢筋》GB 13788的规定相一致。

3 材料

3.1 钢筋

3.1.1 目前国内生产的冷轧带肋钢筋绝大部分采用被动式轧机经冷轧减经后在其表面冷轧成三面月牙形横肋的钢筋。另一种是采用主动式轧机经冷轧减经后冷轧成二面月牙形横肋的钢筋。冷轧带肋钢筋母材的选用应符合现行国家标准《冷轧带肋钢筋》GB 13788的规定。

3.1.2 对于550级钢筋主要用于钢筋混凝土结构，特别是板类构件的受力主筋及预应力混凝土结构中的非预应力钢筋，可采用绑扎、焊接网或焊接骨架型式；也可用作箍筋和构造钢筋。对于650级及其以上级别的钢筋主要用于先张法预应力构件的受力主筋。根据近年一些厂家生产和工程应用情况，在国标GB 13788中增加了970级和1170级二种预应力钢筋。

根据工程需要和材料实际情况，冷轧带肋钢筋在直径4～12mm范围内可采用0.5mm进级。

4mm的钢筋，由于直径偏细，从构件的长期耐久性考虑，不建议作为受力主筋。

3.1.3 冷轧带肋钢筋的强度标准值与现行国标《冷轧带肋钢筋》GB 13788中的抗拉强度 σ_b 相一致。对于无明显屈服点的冷轧带肋钢筋，从总体大子样统计，强度标准值取实际抗拉强度平均值减1.645倍标准差后取整确定的，即具有不小于95%的保证率。

550级钢筋作受力主筋直径为5～12mm，目前国内大量应用在钢筋混凝土现浇板中多为6mm以上。650级主要用于预应力空心板中，以5mm为主，小部分地区有6mm。800级钢筋，系采用直径6.5mm、强度为550N/mm² 的低合金钢盘条轧制，由于盘条直径为6.5mm一种规格，因此钢筋直径定为5mm一种。

根据近年国内的生产和工程应用情况，增加了直径5mm的970级和1170级二种预应力钢筋，主要用于较大跨度的预应力空心板和电杆、水管等构件。

3.1.4 冷轧带肋钢筋的强度设计值仍按原规程的规定取用。对于无明显屈服点的冷轧带肋钢筋，在构件强度设计时取0.8倍抗拉强度标准值作为设计上取用的条件屈服强度，在此基础上再除以1.2钢筋材料分项系数。例如，对于 $f_{ptk}=650\text{N/mm}^2$ 的冷轧带肋钢筋，强度设计值 $f_y=650\times0.8/1.2=433\text{N/mm}^2$，取整为430N/mm²。由于盘条质量的提高和轧制工艺的改进，多年生产实践表明，550级钢筋经过机械调直后，抗拉强度仍可满足550N/mm² 的要求。因此，取消了原规程550级钢筋经机械调直后，抗拉强度设计值应降低20N/mm² 的规定。

钢筋抗压强度设计值（f'_y或f'_{py}）的取值原则仍以钢筋压应变$\varepsilon'_s=0.002$作为取值条件，并按$f'_y=\varepsilon'_s E_s$和$f'_y=f_y$二者的较小值确定。

3.1.5 根据五种强度级别、直径4～12mm，总共500多个试件的实测结果，冷轧带肋钢筋的弹性模量变化范围为(1.89～2.06)×10^5N/mm^{2}之间，规程取弹性模量$E_s=1.9×10^5$N/mm^2。

3.1.7 冷轧带肋钢筋的疲劳性能，国外很早就开始进行试验研究。早在1972年德国钢筋产品标准DIN488(1)中规定，当满足200万次疲劳次数时，冷轧带肋钢筋（直条形式应用）的疲劳应力幅值不超过230N/mm^2。1978年德国钢筋混凝土结构规范DIN1045规定，在满足200万次疲劳情况下，冷轧带肋钢筋（直条）的应力幅不超过180N/mm^2。直至1988年，在相应的设计手册中一直采用此值。近些年，由于手工绑扎直条钢筋应用很少，而改用冷轧带肋钢筋焊接网，故在相应标准中直接给出冷轧带肋钢筋焊接网的疲劳设计指标。

国内的试验结果表明，冷轧带肋钢筋具有很好的抗疲劳性能，当考虑一些可能的不利影响因素后，取95%的保证率，满足200万次疲劳次数的条件下，钢筋的应力幅值仍可达200N/mm^{2}以上。

根据国外有关标准规定和大量试验研究结果以及国内的试验指出，冷轧带肋钢筋可用于疲劳荷载，主要限制疲劳应力幅值。为稳妥起见，仅限用于板类构件，且为同号应力、应力比$\rho_s^f>0.3$，同时限定钢筋的最大应力不超过300N/mm^{2}的情况下，冷轧带肋钢筋疲劳应力幅值规定不超过120N/mm^{2}是安全可靠的。

3.2 混 凝 土

3.2.1 根据国内多年工程实践表明，对于正常使用条件下的冷轧带肋钢筋混凝土结构，要求混凝土的强度等级不得低于C20。对于冷轧带肋钢筋预应力结构构件，考虑混凝土强度与钢筋强度的匹配以及预应力构件放张时避免端部裂缝，要求混凝土的强度等级不得低于C30。

多年工程使用经验表明，对于一类环境条件下的普通混凝土板、墙类结构构件，当混凝土强度等级不低于C20以及处于二、三类环境条件下的混凝土强度等级不低于C30且混凝土耐久性设计符合要求时，结构构件的耐久性可以满足要求。一、二、三类环境类别的具体条件与《规范》的规定相同。

4 基本设计规定

4.1 一 般 规 定

4.1.1 通过对二跨连续板和二跨连续梁的试验表明，冷轧带肋钢筋混凝土连续板具有较好的塑性性能，有明显的内力重分布现象，可以按塑性内力重分布理论进行内力计算。结合控制连续板在正常使用阶段裂缝宽度的限制条件，提出了冷轧带肋钢筋混凝土连续板的弯矩调幅限值定为不超过按弹性体系计算值的15%。

4.1.3～4.1.4 对于650级及以上级别的冷轧带肋钢筋预应力构件，不允许构件受拉边缘混凝土产生裂缝，根据使用要求不同，裂缝控制等级分为二级。

一级：对于严格要求不出现裂缝的构件，如露天或室内高湿度环境的构件，要求构件受拉边缘混凝土在荷载效应标准组合作用下，不出现拉应力（零应力或压应力），与原规程的规定相同。

二级：一般要求不出现裂缝的构件，即大量应用的二级抗裂构件，原规程规定的混凝土拉应力限制系数$\alpha_{ct,s}=0.6$，$\alpha_{ct,l}=0.25$。根据近些年各地编制冷轧带肋钢筋预应力空心板标准图的经验及有关的试验结果表明，预应力空心板按原规程计算的抗裂能力实际上有较大富裕。反算求得的拉应力限制系数可以增加，即$\alpha_{ct,s}$可由0.60增至0.65；$\alpha_{ct,l}$可由0.25增至0.30。而且原规程空心板的截面抵抗矩塑性影响系数γ是按1.5考虑的。根据十多年国内大面积的工程实践经验，冷轧带肋钢筋预应力空心板的抗裂性能十分良好，而且空心板卸载后具有很好的裂缝闭合能力。因此规定，在荷载效应标准组合下，构件受拉边缘混凝土拉应力不超过混凝土轴心抗拉强度标准值。此时构件出现裂缝的概率较低，即使出现裂缝，一般裂缝宽度也非常小。在荷载效应准永久组合下，构件受拉边缘混凝土拉应力不应超过0.4倍混凝土轴心抗拉强度标准值。这样，混凝土拉应力限值基本与原规程一致，裂缝控制可以满足使用要求，构件的用钢量也维持在原来水平。

4.2 预应力混凝土结构构件

4.2.1 预应力钢筋的张拉控制应力值σ_{con}，在满足抗裂要求的前提下，尽量采用较低的张拉控制应力值，以改善构件的塑性工作性能，张拉控制应力过高将导致最小配筋率的增加，并降低构件的延性。目前，用量最大的预应力空心板的张拉控制应力一般不超过$0.7f_{ptk}$，基本满足使用要求。结合国内近些年对预应力空心板的设计、使用经验，给出本条建议的张拉控制应力上、下限值。

4.2.2 混凝土强度偏低，过早地放松预应力筋会造成较大的预应力损失，同时也可能因局部压力过大造成混凝土顺筋裂缝和损伤。工程实践表明，一般情况下，对于混凝土强度等级不低于C30的预应力构件，75%设计混凝土强度放松预应力筋，构件受力状态和粘结锚固性能均满足要求。

4.2.3～4.2.4 预应力冷轧带肋钢筋的应力损失可按

表 4.2.3 的规定计算。但考虑到有些损失估计不准,偏于安全考虑,当预应力构件计算出的预应力总损失值小于 $100N/mm^2$ 时,应按 $100N/mm^2$ 取用。

预应力直线钢筋由于锚具变形和钢筋内缩引起的预应力损失 σ_{l1} 以及由于混凝土收缩、徐变引起的预应力损失值 σ_{l5} 仍按原规程规定。

对直径 5mm 的 650 级、800 级和 1170 级冷轧带肋钢筋（$20\pm1℃$，1000h）应力松弛损失 σ_{l4} 试验结果表明,当钢筋的控制应力为（0.5～0.8）σ_b 时,1000h 的应力松弛损失大致在 (4～7.4)%σ_{con} 的范围。

对三个强度级别 20 组试验结果,不同时间预应力冷轧带肋钢筋的应力松弛值与 1000h 松弛值的比值,大致是:

1h	10h	24h	100h	1000h
38%	60%	70%	80%	100%

根据上述三种冷轧带肋钢筋在控制应力 $\sigma_{con}=0.7\sigma_b$ 时的试验结果,偏于安全,取应力松弛损失值为 $0.08\sigma_{con}$。

4.2.5 根据棱柱体拔出试验得出的锚固长度较短,去掉端部搁置长度后,在支座外的锚固区更短,在一般情况下,端部锚固区的正截面和斜截面受弯承载力可不必计算。如需进行计算,可按本规程附录 A 的规定。

5 结构构件设计

5.1 正截面承载力计算

5.1.1～5.1.2 冷轧带肋钢筋混凝土受弯构件基本性能试验表明,试件的正截面应变分布基本符合平截面假定,试件破坏特征与配置普通钢筋的混凝土构件相近。在进行正截面承载力计算时,可按《规范》的正截面承载力计算的有关规定执行。

对于板类受弯构件,考虑其常用混凝土强度等级一般不超过 C50,为了简化计算,在求相对界限受压区高度 ξ_b 时,本条给出了简化计算公式。当超过 C50 时,可按《规范》的相应公式计算。

5.1.5 冷轧带肋钢筋用于疲劳荷载作用时,仅限于板类构件,对钢筋应力幅借鉴国外标准的有关规定和国内试验结果作了限制,且有较大的安全储备。

5.2 斜截面承载力计算

5.2.1～5.2.2 矩形、T形和I形截面的受弯构件,其受剪截面限制条件、斜截面受剪承载力计算和有关配置箍筋的构造要求等按《规范》的有关规定。

根据国内试验结果,当箍筋的强度设计值为 360MPa,其斜截面的裂缝宽度满足正常使用状态的要求。

5.3 裂缝控制验算

5.3.1 根据本规程第 4.1.3 条和第 4.1.4 条的规定,给出了钢筋混凝土和预应力混凝土构件裂缝控制的验算条件。

为简化计算,规程给出了在一类环境（室内正常环境）条件下板类受弯构件可不必作最大裂缝宽度验算的条件。

5.3.2 为解决裂缝宽度计算问题,规程编制组曾组织几个单位总共进行了 70 多个梁板构件试验,结果表明,冷轧带肋钢筋混凝土梁板构件具有很好的正常使用性能,本次修订最大裂缝宽度的基本公式仍采用原规程的计算公式:

$$w_{max} = \alpha_c \tau_s \tau_l \psi \frac{\sigma_{sk}}{E_s} l_{cr}$$

其中,反映裂缝间混凝土伸长对裂缝宽度影响的系数 α_c 取为 0.85；短期裂缝宽度扩大系数 τ_s,根据试验结果分析取为 1.5；考虑长期作用影响的裂缝宽度扩大系数 τ_l 取为 1.5。因此,构件受力特征系数 $\alpha_{cr} = \alpha_c \tau_s \tau_l = 0.85 \times 1.5 \times 1.5 \approx 1.9$。

裂缝间纵向受拉钢筋应变不均匀系数按公式 (5.3.2-2) 计算,根据试验结果分析,式中系数 α,对于一般钢筋混凝土梁取 1.1,对于板类构件取 1.05。这样在进行裂缝宽度和挠度验算时均可取得与试验值较好的符合。

对配置冷轧带肋钢筋混凝土受弯构件的平均裂缝间距可按下列公式计算:

$$l_{cr} = 1.9c + 0.08\frac{d}{\rho_{te}}$$

当配置不同直径、不同钢种的钢筋时,式中 d 应改为等效直径 d_{eq},可按规程公式 (5.3.2-4) 进行计算。

根据板类受弯构件试验,当公式 (5.3.2-1) 中的 c 值取实际值时,计算的裂缝宽度更接近试验结果。

5.4 受弯构件挠度验算

5.4.1～5.4.3 冷轧带肋钢筋混凝土和预应力混凝土受弯构件的长期刚度和短期刚度计算与普通钢筋混凝土构件基本相同。仅将冷轧带肋钢筋混凝土受弯构件短期刚度计算式中的系数值作了调整,采用与裂缝宽度计算公式相同的 ψ 值。

冷轧带肋钢筋受弯构件的挠度限值仍按原规程的允许值取用。

5.5 施工阶段验算

5.5.1 冷轧带肋钢筋先张法预应力构件施工阶段验算规定与《规范》第 6 章的有关规定相同。

6 构造规定

6.1 一般规定

6.1.1 混凝土保护层最小厚度的规定，主要取决于构件耐久性和受力钢筋粘结锚固的要求。本条规定的混凝土保护层厚度比原规程略有增加，混凝土强度等级范围也稍有扩大。其中对一类及二a类环境即相当原规程的"室内正常环境"及"露天及室内潮湿环境"所规定的混凝土保护层厚度与原规定基本接近。二b类环境及三类环境考虑严寒冻融及除冰盐等条件的影响保护层厚度稍有增加。预制构件中预应力钢筋的保护层厚度经国内多年大面积工程实践表明是合适的。增加了基础保护层厚度，系根据多年工程经验确定的。

6.1.2 冷轧带肋钢筋的粘结锚固主要靠钢筋的月牙形横肋与混凝土的咬合作用，锚固强度也与混凝土强度、保护层厚度、配箍约束情况等因素有关。考虑国内设计上的习惯规定与施工上的方便，仍按混凝土强度等级分档，以表格形式给出最小锚固长度。原规程的锚固长度值是根据国内多个单位进行的大量棱柱体拔出试验结果确定的。近些年，国内一些单位又对较大直径（10mm、12mm）的冷轧带肋钢筋进行了系统的试验研究。根据拔出试验的临界锚固长度值，在此基础上乘以1.8～2.2倍左右的增大系数作为设计上采用的最小锚固长度。

6.1.3 处于较强地震作用下的冷轧带肋钢筋配筋的构件，如剪力墙底部截面的墙面中的分布钢筋，可能处于交替拉、压状态下工作。此时，钢筋与其周围混凝土的粘结锚固性能将比单调受拉时不利，因此，对不同抗震等级给出了增加钢筋受拉锚固长度的规定。在此基础上乘以1.25倍增大系数，得出搭接接头面积百分率不超过25%时的纵向受拉钢筋绑扎接头的抗震搭接长度。

6.1.5 我国房屋建筑混凝土结构构件受拉钢筋的最小配筋率与国外相比明显偏低，这次修订按《规范》关于混凝土结构对最小配筋率修订的有关规定给出。

6.1.6～6.1.8 冷轧带肋钢筋预应力受弯构件纵向受拉钢筋最小配筋率的规定是个较复杂的问题，它与构件截面的几何特征、构件混凝土的抗拉强度、预应力钢筋的强度设计值以及钢筋的张拉控制应力值等因素有关。

对于无明显屈服点的冷轧带肋钢筋预应力受弯构件，当构件的配筋率过低时，在使用或施工过程中有可能出现构件脆断事故。为了防止出现这种情况，在设计中应考虑构件的最小配筋率问题。最小配筋率的确定原则是：在此配筋率下，预应力混凝土受弯构件的正截面受弯承载力设计值应不低于该构件的正截面开裂弯矩值。根据冷轧带肋钢筋预应力空心板十多年在国内大面积使用经验，当钢筋材性指标、设计及施工工艺符合相关标准要求的情况下，冷轧带肋钢筋预应力空心板一裂即断的情况已经解决，构件裂缝出现荷载与破坏荷载有较长一段距离。特别是由于高线盘条的普遍采用和冷轧工艺的完善，使钢筋的延性有较大的提高，钢筋的最大均匀伸长率在2.5%左右，比冷拔低碳钢丝的延性有显著提高。当采用较高强度的预应力冷轧带肋钢筋以及构件跨度稍大的情况，空心板的最终破坏形态多为裂缝或挠度控制。根据冷轧带肋钢筋预应力空心板多年的设计使用经验，对预应力受弯构件和轴拉构件在最小配筋率验算时采用一个配筋率调整系数，实质上即是钢筋应力提高系数，使用钢量维持在与目前实际用量大致相当的水平。仍采用原规程的最小配筋率验算公式，但应指出，公式（6.1.6-1）和（6.1.8）中钢筋应力增大系数1.05仅在验算最小配筋率时才考虑，在正截面强度设计时是不考虑的。

在满足构件抗裂要求的前提下，尽量降低张拉控制应力，有条件时宜优先采用强度级别较高的钢筋，对于提高预应力构件的延性都是有利的。

根据原规程第5.7.5条规定，当构件的强度安全储备较高时，可不考虑最小配筋率的规定，本规程仍维持原规程的折算承载力系数相当1.4的规定，即公式（6.1.7）。

6.2 梁柱箍筋

6.2.1～6.2.4 CRB550级冷轧带肋钢筋作梁柱箍筋，国内一些单位已进行过系统试验研究，结果表明，采用冷轧带肋钢筋作柱的箍筋，改善高强混凝土构件的延性，具有较好的塑性变形能力，提高抗震性能，尤其在高轴压比下更具优点。在反复周期荷载作用下，构件具有较好的滞回特性，当高强混凝土柱截面变形较大时，冷轧带肋箍筋具有较大的变形能力，充分发挥其约束效应。在各种条件相同的情况下冷轧带肋箍筋柱的延性不低于HPB235级箍筋柱，且有较好的节材效果。

冷轧带肋钢筋作箍筋对构件斜裂缝的约束作用明显优于HPB235级钢筋，根据梁抗剪试验结果，在承载能力阶段和正常使用阶段箍筋的作用均满足要求。

梁、柱箍筋的配筋构造要求应与《规范》的规定相同。

6.2.5 多层砌体房屋构造柱的箍筋配置系参照现行行业标准《设置钢筋混凝土构造柱多层砖房抗震技术规程》JGJ/T 13及现行国家标准《建筑抗震设计规范》GB 50011的有关规定。

6.3 板和墙

6.3.1 板中受力钢筋最小直径和钢筋间距的规定，

基本与原规程规定相同。

6.3.3 板下部纵向钢筋伸入支座的锚固长度值是根据冷轧带肋钢筋多年工程实践经验，考虑到冷轧带肋钢筋直径偏细，在原规程的锚固长度基础上进行了调整，符合现场的实际施工情况。

6.3.4～6.3.6 参照《规范》的有关规定制订的。

6.3.7～6.3.9 同原规程的规定，工程实践证明是合适的。

6.3.10～6.3.11 规程修订组专门组织了对冷轧带肋钢筋剪力墙的试验。结果表明，合理设置端部约束边缘构件，板面配筋满足规范要求，冷轧带肋钢筋作为剪力墙的分布筋，按现行规范计算的受剪承载力和受弯承载力与试验结果符合良好，具有较好的抗震性能，可用于高层建筑剪力墙墙面的分布筋。房屋的适用高度较混凝土结构设计规范中规定的适用最大高度作适当的降低。

试验指出，当矩形截面剪力墙设计轴压比为0.5及I形墙体设计轴压比为0.67时，位移延性比均不小于4.0。试件破坏时，剪力墙纵向分布钢筋的最大拉应变不超过0.011。结合试验，对4m和6m长的冷轧带肋钢筋焊接网剪力墙的计算结果表明，设置约束边缘构件的墙，轴压比不小于0.3、层间位移角不大于1/120时，受拉区最外侧冷轧带肋竖向分布钢筋的拉应变一般不超过0.015，最大达0.018。目前国内CRB550级冷轧带肋钢筋，当伸长率δ_{10}不低于8%时，最大均匀伸长率可达0.025以上。为慎重起见，当冷轧带肋钢筋用于一、二级剪力墙底部加强区且轴压比分别小于0.2、0.3时，对底部加强部位及相邻上一层墙两端和洞口两侧边缘构件沿墙肢的长度及配箍特征值都作了适当的加强。

6.3.13 CRB550级冷轧带肋钢筋宜优先以焊接网型式用作剪力墙的分布筋，具有显著提高工程质量、大量降低现场人工绑扎量及加快施工速度等优点。

7 施 工 工 艺

7.1 钢筋的检查验收

7.1.1 冷轧带肋钢筋的各项技术要求应符合现行国家标准《冷轧带肋钢筋》GB 13788的规定。

生产550级和650级冷轧带肋钢筋的母材应符合现行国家标准《低碳钢热轧圆盘条》GB/T 701的有关规定。生产800级及以上级别钢筋的盘条应符合现行国家标准《优质碳素钢热轧盘条》GB/T 4354或其他有关标准的规定。

650级及以上级别钢筋一般为成盘供应。最近若干年，国内大量应用的550级钢筋，一般都是根据施工图要求定尺直条成捆供货，以达到经济合理利用钢材的效果。但有时也可成盘供应。

7.1.2 冷轧带肋钢筋应分类堆放，不宜长时间在露天储存，以免过分锈蚀。钢筋表面的轻微浮锈是允许的。

7.1.3 进入现场的钢筋应成批验收。钢筋的外形尺寸、表面质量及重量偏差等，可按每批抽取一定的数量进行检验。对650级及以上级别钢筋的强度和伸长率应逐盘检验。对直条成捆供应的550级钢筋的力学性能和工艺性能，按符合本条第一款要求的钢筋以不大于10t为一批进行抽样检验。近些年，由于国内普遍应用性能优良的高线盘条为母材以及轧制工艺的不断完善改进，冷轧带肋钢筋的质量有较大提高，为了减少现场复检工作量，对于直条成捆供应的550级钢筋增大至10t为一检验批，符合当前的质量状况及现场的施工技术水平。

7.2 钢筋的加工

7.2.1 冷轧带肋钢筋经机械调直后表面常有轻微伤痕，一般不影响使用。当有明显伤痕时，应对调直机进行检修。弯曲度限值仍按原规程的规定。

7.2.2～7.2.4 工程实践表明，对钢筋弯折的有关规定，箍筋弯折及钢筋加工形状、尺寸的要求等，原规程的规定是可行的。本规程增加了对箍筋内净尺寸的要求。

7.3 钢筋骨架的制作与安装

7.3.1～7.3.2 仍按原规程的规定，是切实可行的。

7.3.3 受拉钢筋绑扎接头的搭接长度基本按原规程的规定，仍按混凝土强度等级分档，钢筋绑扎接头长度相当锚固长度的1.25倍左右。

7.4 预应力钢筋的张拉工艺

7.4.1～7.4.2 国内预应力混凝土构件生产厂家很多，各厂的张拉机具质量水平不一。本规程根据各生产单位设备的实际情况和技术管理水平，本着既严格要求，又切实可行的原则，规定了长线法、短线法生产用张拉设备的技术指标要求和校验规定。长线法锚定后钢筋的滑移限值与原规程相同，取5mm。

7.4.4 根据规程编制组及施工单位对直径5mm的650级和800级钢筋镦头的试验结果，钢筋经冷镦后在镦头附近3～6mm区域强度略有降低。650级钢筋镦头强度相当原材强度的96%以上；800级钢筋镦头强度相当原材强度的98%。上述二种钢筋的镦头强度均远超过90%钢筋强度标准值。表明冷轧带肋钢筋镦头的强度满足标准要求，且具有较大富裕。

7.4.5 根据国内多年工程实践表明，冷轧带肋钢筋采用一次张拉，可以满足设计要求。一般情况下不宜采用超张拉。当施工中确实产生设计未考虑的预应力损失时，可根据具体情况适当提高少量张拉值，但提高值不宜超过$0.05\sigma_{con}$。超张拉值过高将影响预应力构件的延性，不宜提倡。

7.4.6 短线生产时，一个构件中钢筋镦头后有限长度的极差控制在2mm比较合适，符合目前大部分构件厂的生产水平。

7.4.7 钢筋预应力值抽检数量，根据冷轧带肋钢筋预应力空心板多年生产经验总结，本条规定比较切实可行，除了规定最低抽检数量外，又根据生产量按一定比例增加抽检数量，对大厂或小厂均具有适当的宽严程度。检测时间也明确定为张拉完毕后1h进行。

7.4.8 本条仍采用原规程的规定值。预应力筋检测时的预应力规定值系按设计的张拉控制应力 σ_{con} 减去锚夹具变形损失和1h的钢筋松弛损失后确定的。锚夹具变形损失与钢筋长度有关，松弛损失与检测时间有关。规程表7.4.8主要根据上述二项损失计算结果并考虑适当的裕度而确定的。

7.5 结构构件检验

7.5.1～7.5.2 对冷轧带肋钢筋预应力混凝土构件进行检验评定时，构件的承载力、构件的挠度检验应符合现行国家标准《混凝土结构工程施工质量验收规范》GB 50204 的规定。构件的抗裂检验应按本条的有关规定进行。主要考虑对某些小跨度构件按国标GB 50204 计算的抗裂检验系数允许值过高，因此本规程作了适当修正，即增加了公式（7.5.2-1）。

对大量的产品生产性检验，可按公式（7.5.2-1）进行检验；当有专门要求时，可按公式（7.5.2-2）进行检验。在有些情况下，按公式（7.5.2-2）计算的 $[\gamma_{cr}]$ 值小于公式（7.5.2-1）的计算值时，应取用公式（7.5.2-1）的计算值。这样得出的计算结果，符合目前设计及构件检验的实际情况。

附录 A 预应力混凝土构件端部锚固区计算

A.0.1～A.0.2 当需对冷轧带肋钢筋先张法预应力构件端部锚固区的正截面和斜截面进行受弯承载力计算及抗裂验算时，本附录给出了预应力冷轧带肋钢筋最小锚固长度和在锚固区内钢筋抗拉强度取值的有关规定以及预应力钢筋在传递长度范围内有效预应力的变化。

原规程对预应力冷轧带肋钢筋的锚固长度和传递长度是根据直径5mm和4mm的650级和800级（包括三面肋和二面肋）钢筋在C20～C40混凝土棱柱体拔出试验和C20～C30混凝土传递长度试件的实测结果，考虑1.8～2.0倍左右的增大系数后取整确定的。

近期，根据对强度1170N/mm²、直径5mm的冷轧带肋钢筋在C30～C40混凝土中的粘结锚固试验结果，补充了1170级和970级预应力冷轧带肋钢筋的锚固长度和传递长度值。

附录 B 冷轧带肋钢筋的技术性能指标

本附录包括对三面肋和二面肋冷轧带肋钢筋的外形尺寸、重量及允许偏差等要求，应符合现行国家标准《冷轧带肋钢筋》GB 13788 的有关规定。钢筋伸长率值维持原标准不变。根据金属拉伸试验法中对测定数值修约的规定，将伸长率8％、4％分别修改为8.0％和4.0％。钢筋混凝土用的550级钢筋，应检验其弯曲性能，指标与原规程同。预应力混凝土结构用的650级及以上级别的钢筋，应检验其反复弯曲性能，反复弯曲次数为3次，反复弯曲半径随钢筋直径不同而变化。

根据近年国内大量工程应用和试验表明，对成盘供应的各级别钢筋调直后，其抗拉强度仍可满足标准值的要求。特别是550级钢筋，国内绝大部分为定尺直条供货，其抗拉强度均按550N/mm²要求。

中华人民共和国行业标准

冷轧扭钢筋混凝土构件技术规程

JGJ 115—2006

条 文 说 明

前 言

《冷轧扭钢筋混凝土构件技术规程》JGJ 115-2006 经建设部 2006 年 7 月 25 日以第 463 号公告批准、发布。

为便于广大设计、施工、科研、学校等有关单位人员在使用本规程时能正确理解和执行条文规定，《冷轧扭钢筋混凝土构件技术规程》编制组以章、节、条顺序，编制本条文说明，供使用者参考。如发现本条文说明有不妥之处，请将意见函寄主编单位（邮编：100045 北京南礼士路 62 号北京市建筑设计研究院科技质量部）。

目　次

1 总则 ……………………… 3—10—4
2 术语、符号 ……………… 3—10—4
3 材料 ……………………… 3—10—4
4 基本设计规定 …………… 3—10—4
5 承载能力极限状态计算 … 3—10—5
6 正常使用极限状态验算 … 3—10—5
7 构造规定 ………………… 3—10—6
8 冷轧扭钢筋混凝土构件的施工 … 3—10—7
9 预应力冷轧扭钢筋混凝土构件的
　施工工艺 ………………… 3—10—7

1 总 则

1.0.1～1.0.3 本规程主要适用于工业与民用房屋及一般构筑物采用冷轧扭钢筋配筋的混凝土构件和先张法中、小型预应力冷轧扭钢筋混凝土结构构件的设计与施工。对于抗震设防区的非抗侧力构件，如现浇和预制楼板、次梁、楼梯、基础及其他构造钢筋均可采用冷轧扭钢筋制作。

同时，所开发的Ⅱ、Ⅲ型冷轧扭钢筋，在梁、柱箍筋、墙体分布筋和其他构造钢筋以及制作焊网等亦可采用。

经过本规程编制组对各型号冷轧扭钢筋的材料和构件的试验研究，冷轧扭钢筋混凝土结构的工作机理，均符合现行国家标准《混凝土结构设计规范》GB 50010的条件。在构件设计、计算、施工中，凡本规程未作规定者，均应执行国家现行有关标准。

2 术语、符号

2.1～2.2 本章所列术语、符号，按现行国家标准《建筑结构设计术语和符号标准》GB/T 50083规定的原则制订，并与现行国家标准《混凝土结构设计规范》GB 50010相同。

钢筋的强度等级、伸长率等符号，与现行行业标准《冷轧扭钢筋》JG 190-2006的规定相一致。

3 材 料

3.1 混 凝 土

3.1.1、3.1.2 Ⅰ、Ⅱ、Ⅲ型冷轧扭钢筋的强度设计值均较HPB235、HRB335高，考虑混凝土强度与钢筋强度相匹配，规定混凝土强度等级不应低于C20，预应力构件不应低于C30。根据各型冷轧扭钢筋粘结锚固试验表明：当混凝土强度不低于C20时，试件不出现混凝土劈裂现象，可充分利用钢筋强度。混凝土材料的其他参数均同现行国家标准《混凝土结构设计规范》GB 50010。

3.2 冷轧扭钢筋

3.2.2、3.2.3 针对冷轧扭钢筋开发初期存在强度偏高，伸长率较小，对其加工工艺和有关参数进行优化试验研究，从材料的力学性能、加工工艺的可操作性以及耐久性等多方面综合考虑，取全国轧制不同规格的冷轧扭钢筋数千个试样，做了大量几何参数的力学性能试验和复检，本次修订又对550级Ⅱ、Ⅲ型和650级Ⅲ型预应力冷轧扭钢筋，进行了材性和构性（板、梁）的试验。对普通（非预应力）型的材性进行全面可靠性试验，按95%保证率取样计算，其中伸长率A（标距为$5.65\sqrt{S_0}$）有了较大的提高：$A=10\%\sim12\%$，并获得了冷轧扭钢筋力学性能$\sigma\varepsilon$的典型曲线如图3.2所示。

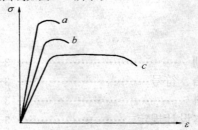

a—Ⅰ型；b—Ⅱ型；c—Ⅲ型
图3.2 冷轧扭钢筋$\sigma\varepsilon$曲线

从图3.2可见，钢筋应力达条件屈服点后仍有一段较长的塑性变形阶段。最大拉力下总伸长率试验的统计分析结果变化范围在1.5%～3.0%，均满足规范和工程应用要求。

3.2.4、3.2.5 鉴于冷轧扭钢筋属无明显屈服点的钢材，根据国家标准规定，其极限抗拉强度即为抗拉强度标准值。从总体大子样统计，强度标准值取实际抗拉强度平均值减1.645倍标准差后取整确定，即具有不小于95%的保证率。

冷轧扭钢筋强度设计值f_y以$0.80\sigma_b$（σ_b为钢筋的极限抗拉强度）作为条件屈服点，取钢筋材料分项系数$\gamma_s=1.2$而确立。例如Ⅲ型预应力冷轧扭钢筋$f_{ptk}=650\text{N/mm}^2$，其强度设计值$f_{py}=650\times0.80/1.2=433\text{N/mm}^2$，取整为430N/mm²。现行国家标准《混凝土结构设计规范》GB 50010规定，钢筋条件屈服点取$0.85\sigma_b$，本次修订未作变更，留有较大余量。

本次规程修订，将原有Ⅰ、Ⅱ型的强度等级由580N/mm²改为550N/mm²。这是因为产品开发初期设计强度取值$f_y=380\text{N/mm}^2$，规程审查时改为360N/mm²，原极限强度未作修改。极限强度的降低对于钢材的伸长率无疑是有利的。当$f_y=360\text{N/mm}^2$，$f_{yk}=550\text{N/mm}^2$时，其材料分项系数为$550\times0.85/360=1.3$，有较大的安全储备。

根据试验资料统计分析，按有95%保证率得$E_s=1.96\times10^5\text{N/mm}^2$。考虑各地方标准及相关规程，取$E_s=1.90\times10^5\text{N/mm}^2$。

4 基本设计规定

4.1 一般规定

4.1.1～4.1.9 冷轧扭钢筋混凝土结构的设计计算理

论和方法同现行国家标准《混凝土结构设计规范》GB 50010，在常用范围内，本规程列出受弯构件挠度及最大裂缝宽度允许值。

经过一定数量连续构件的试验，冷轧扭钢筋连续板具有较好的塑性性能，有明显的内力重分布现象，并有近10年的工程实践经验。结合控制冷轧扭钢筋混凝土连续板在正常使用阶段裂缝宽度的限制条件，其连续板支座负弯矩调幅值可取弹性体系计算值的15％，设计人员可根据应用部位或试验依据酌情取值，例如双向连续板的安全储备较大，调幅可适当放宽。

4.2 预应力冷轧扭钢筋混凝土结构构件

4.2.1 在不导致构件最小配筋率增加，又满足抗裂与刚度的前提下，预应力钢筋的控制应力值 σ_{con}，一般不超过 $0.7f_{ptk}$，能满足使用要求。结合国内近年来对预应力板类构件的设计使用经验，给出本条建议的张拉控制应力的上、下限值。

4.2.2 为保证预应力钢筋放张后不致引起沿构件方向的纵向劈裂、损伤和有效预应力值的较大损失，工程实践表明，一般情况下，对混凝土强度等级不低于C30的构件，当混凝土强度≥75％混凝土设计强度时放张，构件受力状态和钢筋的粘结锚固性能均满足要求。

4.2.3、4.2.4 预应力冷轧扭钢筋的应力损失可按表4.2.3的规定计算，亦可按具体工程施工的制作厂家，提供相关参数来进行计算。为保证结构的安全，计算出的预应力的总损失值不小于 $100N/mm^2$。

650级的预应力冷轧扭钢筋实测1000h的应力松弛损失在 $3.30\%\sim3.56\%\sigma_{con}$ 范围，张拉后1h的应力松弛率在1％左右。

为保证构件的安全，取应力松弛损失值上限为 $8\%\sigma_{con}$。

5 承载能力极限状态计算

5.1 正截面承载力计算

5.1.1 冷轧扭钢筋混凝土结构正截面承载力计算的基本理论，符合现行国家标准《混凝土结构设计规范》GB 50010的规定。原规程编制组所做的28个冷轧扭钢筋Ⅰ型梁板试验以及本次修订增补的21个冷轧扭钢筋Ⅱ、Ⅲ型梁板试验结果均表明，受拉冷轧扭钢筋的极限拉应变均超过0.01，结构构件在破坏前有明显的变形和预兆，均属延性破坏。因此，在进行正截面承载力计算时，可按现行国家标准《混凝土结构设计规范》GB 50010的正截面承载力计算的有关规定执行，其荷载挠度曲线如图5.1。

5.1.2 相对界限受压区高度 ξ_b 取值，可按国家标准

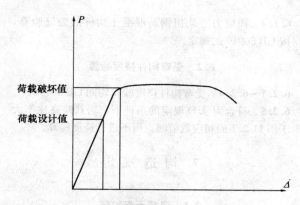

图 5.1 冷轧扭钢筋混凝土构件 P-Δ 曲线

《混凝土结构设计规范》GB 50010-2002 中公式（7.1.4-2）及（7.1.4-3）计算。

5.1.3、5.1.4 矩形、T形和工形截面的正截面受弯承载力计算的限制条件和相关构造要求等均按GB 50010的有关规定。

5.1.5、5.1.6 为设计应用方便，编制了附录B、附录C。Ⅰ型冷轧扭钢筋与HPB235钢筋单根抗拉强度的对应关系可直接代用。

5.2 斜截面承载力计算

5.2.1～5.2.4 常用截面的受弯构件，斜截面承载力的计算限制条件和有关配置箍筋的构造要求等均按GB 50010的有关规定。

6 正常使用极限状态验算

6.1 裂缝控制验算

6.1.1～6.1.3 原规程JGJ 115-97的裂缝计算公式是根据Ⅰ型冷轧扭钢筋的梁、板试验取钢筋表面系数0.85而得，本次修订补充了Ⅱ、Ⅲ型冷轧扭钢筋的梁、板试验。其实测裂缝宽度与计算值的比较如表1：

表 1 实测裂缝宽度与计算值比较

试验构件编号	实测裂缝宽	按 JGJ 115 计算裂缝值	按 GB 50010 计算裂缝值
梁1（Ⅱ型）	0.217	0.21	0.25
梁2（Ⅲ型）	0.160	0.20	0.22
板（Ⅲ型）	0.128	0.153	0.199

注：表中计算值分别按 JGJ 115-97 和 GB 50010-2002 公式计算。

从表1可知，采用GB 50010计算公式，计算裂缝宽度均大于实测值，为与国家规范协调一致，故取GB 50010计算公式。

6.1.4 预应力冷轧扭钢筋混凝土构件的裂缝验算，按 GB 50010 的规定。

6.2 受弯构件挠度验算

6.2.1～6.2.4 受弯构件挠度验算均同 GB 50010。

6.2.5 符合附录 D 规定的条件下，当其跨高比不大于图 D.0.1 的相应数值时，可不进行挠度验算。

7 构 造 规 定

7.1 混凝土保护层

7.1.1～7.1.3 混凝土保护层厚度的规定是为了满足结构构件的耐久性与对受力钢筋有效锚固的要求。对于 GB 50010 所规定的限值，冷轧扭钢筋混凝土构件也适用。并规定按冷轧扭钢筋截面的最外边缘起算。表 7.1.1 将各构件的保护层厚度，作了细化规定，对于二、三类环境下的悬臂板，应加大上表面的保护层厚度。

7.2 冷轧扭钢筋的锚固

7.2.1 Ⅰ型冷轧扭钢筋与混凝土之间的粘结锚固作用，在受力初期为胶结一摩阻作用，类似光圆钢筋，但因轧制表面粗糙而表面强度有所提高；在受力较大时，靠钢筋螺旋状侧面与混凝土的咬合挤压作用类似于变形钢筋，但因挤压面斜度较小，滑移稍大；在受力很大时，由于旋扭状的连续混凝土咬合齿不易被挤压破碎，且轧扁后与同截面圆钢相比，周长增大约 25%，因此冷轧扭钢筋不会发生锚固拔出破坏。受力后期锚固性能优于带肋钢筋。

由于冷轧扭钢筋不会发生锚固拔出破坏，故不存在承载力问题。根据控制滑移增长率不致过大的锚固刚度条件，确定锚固强度，通过对 22 组 174 个试件的试验结果进行统计回归，由滑移不过大而定义的锚固强度为 $\tau_s = \left[1.217 + 2.1 \dfrac{d}{l_a}\right] f_t$。式中 d 为标志直径，l_a 为锚固长度，f_t 为混凝土抗拉强度。在此基础上进行可靠度分析，取可靠指标 $\beta_a = 3.95$（相应时效概率为 $P_a = 4.0 \times 10^{-5}$）进行计算，得到具有相当可靠度的冷轧扭钢筋锚固长度，其取值与混凝土强度有关，强度等级较高时锚固长度减小。Ⅲ型冷轧扭钢筋则与带肋钢筋相同，Ⅱ型冷轧扭钢筋锚固性能略低于Ⅰ、Ⅲ型。故钢筋外形系数按光圆钢筋 $\alpha = 0.16$ 取用。根据工程实践经验和设计习惯，按 GB 50010 计算公式给出各类形冷轧扭钢筋不同混凝土强度等级的最小锚固长度的统一值，如表 7.2.1。

当构件中充分利用钢筋抗拉强度时，如悬挑板支座上部纵筋，必须满足上述最小锚固长度。简支板或连续板下部纵向钢筋伸入支座长度，或板边支座按简支计算时的支座上部钢筋，均不属此范畴，可按本规程 7.5 节取用。

7.3 冷轧扭钢筋的接头

7.3.1、7.3.2 冷轧扭钢筋不得采用焊接接头。在规定的搭接长度 $1.2l_a$ 区段内，有接头的受拉钢筋截面面积不应大于总钢筋截面面积的 25%，设置在受压区的接头不受此限。

7.4 冷轧扭钢筋最小配筋率

7.4.1、7.4.2 GB 50010 规定受弯构件的最小配筋率为 0.2% 和 $45 f_t / f_y$ 中的较大值。这是由适筋范围内钢筋屈服和受压混凝土应变同时达到极限状态而确定，并随钢筋强度的提高而下降，随混凝土强度等级的提高而上升。对于 C35 及以下混凝土强度等级，采用钢筋强度设计值为 360N/mm^2 时，计算的最小配筋百分率分别为 C35 为 0.196%，C30 为 0.18%，C25 为 0.16%，C20 为 0.14%，鉴于一般楼板混凝土强度等级在 C20～C35 左右，故确定当混凝土强度等于和小于 C35 时为 0.2%，大于 C35 时按 GB 50010 规定公式计算，可靠性满足工程需要。

7.4.3 预应力冷轧扭钢筋受弯构件受力钢筋的最小配筋率的规定，它涉及构件截面的几何特征、混凝土的抗拉强度等级、预应力钢筋的强度设计值和钢筋的控制应力等因素。

冷轧扭钢筋属于无明显屈服点的材料，当构件配筋率较低，混凝土强度等级较低，控制应力较高时，使用和施工不当时，结构构件极易产生损伤或断裂。为防止上述几种现象的发生，尤其在仅配置预应力受力钢筋时，在结构设计中必须满足构件的最小配筋率。为提高构件延性，宜适当加配非预应力筋。

7.5 板

7.5.1～7.5.9 现浇楼板是应用冷轧扭钢筋量大面广的构件，其构造要求应符合 GB 50010 的相关规定。根据实践经验，楼板中纵向受力冷轧扭钢筋的间距以 150mm 为宜，可有效控制板面裂缝。

7.5.10 当采用Ⅰ、Ⅱ型冷轧扭钢筋做支座上部钢筋时，由于其截面形状不便定尺成型，根据应用经验，可在一端弯 90°直钩，交错放置，用架立筋连成整体后，比同截面的圆钢有较好的架立刚度。

7.5.11 当板中采用Ⅲ型冷轧扭钢筋制作焊网时，由于目前试验依据不足，可按现行行业标准《钢筋焊接网混凝土结构技术规程》JGJ 114 中冷拔光面钢筋的相关规定取用。

7.6 梁

7.6.1～7.6.9 冷轧扭钢筋最大标志直径为 12mm，因此在梁内应用主要是小跨度的楼层次梁和过梁等非抗震构件，有关配筋构造应符合 GB 50010 要求。

7.6.10 Ⅰ、Ⅱ型冷轧扭钢筋的螺旋状截面不易定尺弯折，故不宜制作弯起钢筋。

Ⅲ型冷轧扭钢筋可用作箍筋和弯起钢筋。

8 冷轧扭钢筋混凝土构件的施工

8.1 冷轧扭钢筋产品的验收和复检

8.1.1～8.1.3 冷轧扭钢筋产品应加强质量管理，进入施工现场时，使用方应分批验收。如有异常现象，应对原材料中含碳量和其他有害成分进行化学成分的复检，控制好母材质量是十分重要的。

8.1.4～8.1.7 使用方在冷轧扭钢筋产品进场后均应分批做复检，以确保质量。冷轧扭钢筋质量主要从三方面检验：一是外观要求，包括表面清洁、无损伤、无腐蚀等；二是规格尺寸，包括轧制截面、节距、每延米重量等；三是力学性能，包括抗拉强度、延伸率、冷弯等。条文中均提出了具体要求，三方面均满足要求即为合格的冷轧扭钢筋。

8.2 冷轧扭钢筋混凝土构件的施工

8.2.1 冷轧扭钢筋混凝土构件的施工，对模板、混凝土工程要求同普通钢筋混凝土构件。

8.2.2 冷轧扭钢筋较同标志直径母材断面面积小而较同截面圆钢的周长大，对腐蚀较敏感，故严禁采用对钢筋有腐蚀作用的外加剂。

8.2.4、8.2.5 对冷轧扭钢筋的铺设绑扎提出了基本要求，与普通钢筋工程基本相同。

8.2.7 Ⅲ型冷轧扭钢筋（CTB550级）外型为圆形螺旋肋，可用于焊接网。

9 预应力冷轧扭钢筋混凝土构件的施工工艺

9.1 原材料及设备检验

9.1.1～9.1.4 对预应力冷轧扭钢筋的原材料、锚具、夹具等进行系统的外观检查和相关力学性能检验，是保证原材料质量的首要工作。对张拉机具设备、仪表应由专人负责使用，定期检查维修和按规定日期进行校验，对镦头锚所要求的几何直径，外观及抗拉强度等均应进行一一检验。

9.2 预应力冷轧扭钢筋的张拉

9.2.1～9.2.12 控制预应力值是通过对预应力的张拉而建立起来的。为保证其控制预应力值，要求张拉预应力时应变的起点值基本相等的条件下，保证预应力张拉时和在规定48h浇筑完混凝土的时段内，其环境温度不宜低于－10℃和大于20℃。为保证预应力钢筋在混凝土中的粘接锚固作用，严禁隔离剂对预应力筋的污染。对张拉后断裂和滑脱的预应力钢筋，浇筑混凝土前，必须更换，浇筑混凝土后失效的预应力钢筋的总量不得超过同一构件预应力钢筋总量的5%，且严禁相邻两根断裂或滑脱。

预应力冷轧扭钢筋锚定后，在长线生产中滑移值不得超过 5mm，在短线生产中，钢筋镦头后的有效长度偏差在同一个构件中不得大于 2mm。超过限值应重新张拉或采取补救措施。

在张拉和锚定预应力钢筋时，严禁操作人员在台座两端和跨越钢筋。注意张拉机具装置的失灵，加强原材料检验，防止不合格原材料钢筋混入。

9.3 预应力冷轧扭钢筋混凝土构件的制作

9.3.1～9.3.3 预应力冷轧扭钢筋混凝土构件一般在台座上制作，要求台座平整，铺设的预应力钢筋要平直。在构件与台面间设隔离层，连续浇注，加强养护等技术方法，以提高构件的抗裂性能。

9.4 预应力筋的放松

9.4.1、9.4.2 放松预应力钢筋是先张法预应力构件生产中的最后一道工序。放松预应力钢筋应在混凝土达到一定强度后，才能进行。如设计没有特殊要求，一般应在混凝土强度达到设计强度的75%时，方可进行。

放松预应力钢筋时要求：先放松受压钢筋，后放松受拉区钢筋，先两侧后中间，对称、同步、均匀、缓慢，严防放松对钢筋的突然冲击和扭力。

张拉端夹具变形和钢筋内缩值，应符合本规程的限值要求。

9.5 结构构件性能的检验

9.5.1、9.5.2 结构构件性能的检验，必须对构件的承载力、刚度和裂缝宽度进行全面的检验。当设计要求按实际的抗裂计算值进行检验时，可按公式 9.5.2-1 和公式 9.5.2-2 计算。

对于构件的检验和验算等应符合现行国家标准《混凝土结构工程施工质量验收规范》GB 50204 的有关规定。

中华人民共和国行业标准

钢筋焊接网混凝土结构技术规程

JGJ 114—2003

条 文 说 明

前　言

《钢筋焊接网混凝土结构技术规程》(JGJ 114—2003)，经建设部2003年7月11日以第161号公告批准、发布。

为便于广大设计、施工、科研、学校等单位有关人员在使用本规程时能正确理解和执行条文规定，《钢筋焊接网混凝土结构技术规程》编制组按章、节、条顺序，编制了本规程的条文说明，供使用者参考。

在使用中如发现本条文说明有欠妥之处，请将意见函寄（邮编：100013）北京市北三环东路30号　中国建筑科学研究院结构所《钢筋焊接网混凝土结构技术规程》管理组。

目 次

1 总则 ·· 3—11—4
2 术语、符号 ·· 3—11—4
　2.1 术语 ·· 3—11—4
　2.2 符号 ·· 3—11—4
3 材料 ·· 3—11—4
　3.1 钢筋焊接网 ···································· 3—11—4
　3.2 混凝土 ··· 3—11—5
4 设计计算 ··· 3—11—5
　4.1 一般规定 ······································ 3—11—5
　4.2 正截面承载力计算 ·························· 3—11—5
　4.3 斜截面承载力计算 ·························· 3—11—6
　4.4 裂缝宽度验算 ································ 3—11—6
　4.5 受弯构件挠度验算 ·························· 3—11—6
5 构造规定 ··· 3—11—6
　5.1 一般规定 ······································ 3—11—6
　5.2 板 ··· 3—11—7
　5.3 墙 ··· 3—11—8
　5.4 箍筋笼 ··· 3—11—8
6 施工 ·· 3—11—9
　6.1 钢筋焊接网的检查验收 ··················· 3—11—9
　6.2 钢筋焊接网的安装 ·························· 3—11—9
附录 A 定型钢筋焊接网型号 ··············· 3—11—9
附录 B 桥面铺装钢筋焊接网常
　　　用规格表 ································· 3—11—9
附录 C 箍筋笼的技术要求 ··················· 3—11—9
附录 D 钢筋焊接网的外观质量
　　　要求、几何尺寸和钢筋直径
　　　的允许偏差 ···························· 3—11—10
附录 E 钢筋焊接网的技术性
　　　能要求 ··································· 3—11—10

1 总则

1.0.1~1.0.3 本规程主要适用于工业与民用房屋建筑、市政工程及一般构筑物中采用冷轧带肋钢筋、热轧带肋钢筋或冷拔光面钢筋焊接网配筋的板类构件、墙体、桥面、路面、焊接箍筋笼的梁柱以及构筑物等混凝土结构工程的设计与施工。

本规程所涉及的钢筋焊接网系指在工厂制造、采用专门的设备、符合有关标准规定按一定设计要求进行电阻点焊而制成的焊接网。近些年，国内焊接网产量和厂家逐年增加，应用范围逐渐扩大，有大量工程实践，提供了丰富的设计施工经验和试验数据，又专门补充一定量的构件及材性试验，为规程修订提供充分依据。在编制过程中适当借鉴了国外的有关标准、规范，工程经验和科研成果。

本规程此次修订扩大了覆盖面，增加了焊接网在桥面铺装、桥台、钢筋混凝土路面、隧洞衬砌等方面的应用。在材料方面增加了HRB400级热轧带肋钢筋焊接网的内容。虽然热轧带肋钢筋焊接网在国外应用较少、时间不长，国内也只是刚刚起步，但考虑到此钢种今后将作为钢筋混凝土结构的一个主要钢种，在试验研究基础上增加了这方面的条文。在借鉴国外的有关标准规定和试验研究资料以及国内试验研究结果的基础上，增加了冷轧带肋钢筋焊接网混凝土板类构件在疲劳荷载作用下的设计参数。为了进一步提高钢筋工程的整体施工速度，免去现场绑扎箍筋时大量手工作业，参照国外工程实践经验，增加了梁柱箍筋笼内容。

另外，钢筋焊接网在国内的输水管道、游泳池、河道护坡、贮液池、船坞等工程中也得到应用。最近，国内个别城市开始采用压型钢板作底模上铺钢筋焊接网现浇成共同受力的整体楼板，也取得良好效果。

对于钢筋焊接网混凝土结构的技术要求，除应符合本规程的规定外，尚应符合国家现行有关设计、施工强制性标准、规范的规定。

2 术语、符号

2.1 术语

本节所列的术语，系考虑焊接网在工业与民用建筑及道桥工程设计和施工中的特点，根据国家及行业标准的术语并参照冶金行业产品标准的部分术语制定的。

2.2 符号

本节所列的符号是按照现行国家标准《建筑结构设计术语和符号标准》GB/T 50083制定的原则并参照《混凝土结构设计规范》GB 50010（以下简称《规范》）采用的符号制定的。共分为四部分：作用和作用效应，材料性能，几何参数，计算系数。

3 材料

3.1 钢筋焊接网

3.1.1 本规程所涉及的钢筋焊接网是指在工厂制造，采用符合现行国家标准《冷轧带肋钢筋》GB 13788规定的强度为CRB550级冷轧带肋钢筋、符合国家标准《钢筋混凝土用热轧带肋钢筋》GB 1499规定的HRB400级热轧带肋钢筋或符合本规程附录D及附录E要求的CPB550级冷拔光面钢筋并用专门设备按规定的网格尺寸进行电阻点焊制成的钢筋网片。热轧带肋钢筋焊接网为本次修订新增加的钢种。为了增加二面肋热轧钢筋的圆度，减少矫直难度，增加焊点强度，根据现行国家标准《钢筋混凝土用钢筋焊接网》GB/T 1499.3的规定，只要力学性能满足要求，征得用户同意，对于HRB400级钢筋可以取消纵肋。

光面钢筋焊接网，在国外有些国家的某些工程中仍在应用。我国早期的一些焊接网工程（如高层建筑）中，已采用一些这种焊接网。虽然近年冷轧带肋钢筋焊接网的应用占绝大多数，考虑我国地域广阔、工程的多样性，仍保留冷拔光面钢筋焊接网这个品种。

3.1.2 钢筋焊接网一般分为定型焊接网和定制焊接网两种。

定型焊接网有时也称为标准网，通用性较强，一般可在工厂提前预制。在国外，焊接网应用较多、较普遍的国家定型网占主要比例。定型网在网片的两个方向上钢筋的间距和直径可不同，但在同一个方向上的钢筋宜具有相同的直径、间距和长度。网格尺寸为正方形或矩形，网片的宽度和长度可根据设备生产能力或由工程设计人员确定。考虑到工程中板、墙构件的各种可能配筋情况，本规程附录A仅根据直径和网格尺寸推荐了包括10种直径及5种网格尺寸的定型钢筋焊接网。随着我国焊接网行业的发展和焊接网应用进一步普及，经过优化筛选，定出若干种包括网片长度和宽度的标准网片，以利于进行大规模工业化生产，降低成本。

定制焊接网一般根据具体工程而定，其形状、网格尺寸、钢筋直径等可根据布网要求，由供需双方协商确定。

3.1.3 钢筋焊接网是在工厂制造，质量控制较好，当用户或设计上有需要时，根据材料实际情况，冷加工钢筋直径在4~12mm范围内可采用0.5mm进级，这在国外的焊接网工程中早有采用。从构件耐久性考虑，直径5mm以下的钢筋不宜用作受力主筋。钢筋焊接网最大长度与宽度的限制，主要考虑焊网机的能力及运输条件的限制。焊接网沿制作方向的钢筋间距宜为50mm的整倍数，有时经供需双方商定也可采用其他间距（如25mm整倍数），制作方向的钢筋可采用两根并筋形式，在国外的焊接网中早已采用；与制作方向垂直的钢筋间距宜为10mm的整倍数，最小间距不宜小于100mm，最大间距不宜超过400mm。当双向板双层配筋时，非受力钢筋间距可增大，但不宜大于1000mm。

3.1.4 冷轧带肋钢筋的抗拉强度标准值 f_{stk} 与现行国家标准《冷轧带肋钢筋》GB 13788 规定的抗拉强度相一致，工厂生产的焊接网在出厂前的力学性能检查必须满足国家标准的要求。新增加的 HRB400 级热轧钢筋，强度标准取取国家标准 GB 1499 中的屈服点值。由于 HRB400 级钢筋焊接网在国内刚刚起步，考虑国内焊网机的实际技术性能和施工安装的特点，钢筋直径最大取为16mm。

冷拔光面钢筋抗拉强度标准值系根据极限抗拉强度确定，用 f_{stk} 表示。该种钢筋的力学性能和工艺性能见本规程表 E.0.3。

3.1.5 冷轧带肋钢筋焊接网的钢筋强度设计值仍按原规程的规定取用。对于无明显屈服点的冷轧带肋或冷拔光面钢筋，在构件强度设计时本规程以 0.8 倍抗拉强度标准值作为设计上取用的条件屈服点，在此基础上再除以钢筋材料分项系数 r_s，取用 1.2。例如，对于 $f_{stk}=550N/mm^2$ 的冷轧带肋钢筋，强度设计值 $f_y=550\times0.8/1.2=366N/mm^2$，取整为360N/mm²。对热轧 HRB400 级钢筋材料分项系数为 1.10。钢筋抗压强度设计值 f'_y 的取值原则，仍以钢筋压应变 $\varepsilon'_s=0.002$ 作为取值条件，并根据 $f'_y=\varepsilon'_s E_s$ 和 $f'_y=f_y$ 二者中的较小值确定。

3.1.8 在德国的钢筋产品标准 DIN 488（Ⅰ）和欧洲焊接网产品标准（草案）prEN 10080-5 中规定冷轧带肋钢筋焊接网的疲劳应力幅限值为100N/mm²。

德国钢筋混凝土规范 DIN 1045 一直规定在疲劳荷载作用下，冷轧带肋钢筋焊接网的应力幅值不超过80N/mm²。同时在相应的设计手册中规定最大应力不超过286N/mm²。

根据国外有关标准规定和大量试验研究结果以及国内试验验证指出，冷轧带肋钢筋焊接网可用于动荷载，主要限制疲劳应力幅值。为稳妥起见仅限用于板类构件，且为同号应力、应力比值 $\rho'_s > 0.3$，同时限定最大应力不超过280N/mm²的情况下，疲劳应力幅值规定不超过80N/mm²。其他种钢筋焊接网由于试验研究工作不多，暂未列入。

3.2 混 凝 土

3.2.1 国内多年工程实践表明，对于一类环境条件下的普通钢筋混凝土板、墙类结构构件，当混凝土强度等级不低于 C20 和处于二、三类环境中的混凝土强度等级不低于 C30 且混凝土耐久性设计符合要求时，结构构件的耐久性能够满足使用要求。一、二、三类环境类别的具体条件与《规范》的规定相同。

4 设 计 计 算

4.1 一 般 规 定

4.1.3 以焊接网为受力主筋的钢筋混凝土板类构件的跨度一般不会超过9m，因此原规程 $l_0 > 9m$ 的有关规定取消。

4.1.5 根据对二跨连续板和二跨连续梁的试验表明，冷轧带肋钢筋混凝土连续板具有较好的塑性性能，中间支座截面和跨中截面均有明显的内力重分布现象，可以考虑按塑性内力重分布理论进行内力计算。结合控制连续板在正常使用阶段对裂缝宽度的限制条件，提出冷轧带肋钢筋混凝土连续板的弯矩调幅限值定为不超过按弹性体系计算值的 15%。理论分析和试验结果表明，试件的跨高比、配筋率、支座形式以及混凝土和钢筋的强度等因素，对试件的内力重分布都有一定的影响。

热轧带肋钢筋焊接网配筋的混凝土连续板考虑塑性内力重分布的计算，尚应参照现行工程标准《钢筋混凝土连续梁和框架考虑内力重分布设计规程》CECS 51 的有关规定。

4.1.6 焊接网片或焊成三角形格构小梁形式的焊接骨架，用作叠合式构件的受力主筋在国外已大量应用。焊接网用作叠合板的配筋，其结构设计可参照《规范》中有关叠合构件的规定。

4.2 正截面承载力计算

4.2.1 采用焊接网配筋的混凝土受弯构件基本性能试验表明，构件的正截面应变规律基本符合平截面假定，构件破坏特征与普通钢筋混凝土构件相近，在进行正截面承载力计算时，可以采用与《规范》相同的基本假定。

4.2.2 在正截面承载力计算中，为简化计算，在求相对界限受压区高度 ξ_b 时，可将《规范》公式（7.1.4-2）中的钢筋应力 f_y 以强度设计值 $f_y=360N/mm^2$（对 CRB550 级和 CPB550 级）代入；同时将《规范》公式（7.1.4-1）中的钢筋应力 f_y 以 360N/mm²（对 HRB400 级）代入。然后，钢筋弹性模量以 $E_s=1.9\times10^5 N/mm^2$（对 CRB550 级）或 $2.0\times10^5 N/mm^2$（对 CPB550 级及 HRB400 级）代入，并取 $\varepsilon_{cu}=0.0033$，$\beta_1=0.8$，当混凝土强度等级不超过 C50 时，即得下列结果：

对冷加工钢筋焊接网 $\xi_b=0.37$；

对热轧带肋钢筋焊接网 $\xi_s=0.52$。

但是，国内的一些试验表明，有些小直径的HRB400级钢筋没有明显屈服点，应力-应变曲线具有明显的硬钢特点，此时，ξ_s的取值应按冷轧带肋钢筋焊接网的规定。

4.2.3 本规程承受疲劳荷载作用的构件仅限于冷轧带肋钢筋焊接网配筋的板类受弯构件。其疲劳验算可参照《规范》的有关规定。疲劳应力幅限值及疲劳最大应力的取值等应按本规程第3.1.8条的规定。对于其他种钢筋焊接网混凝土板类构件在疲劳荷载作用下的应用问题，由于试验研究资料不足，本规程暂未包括。

4.3 斜截面承载力计算

4.3.1 本条所指的焊接网配筋的混凝土结构受弯构件，包括不配置箍筋和弯起钢筋的一般板类受弯构件以及包括仅配置箍筋的矩形、T形和I形截面的一般受弯构件的两种情况：

1 不配置箍筋和弯起钢筋的焊接网配筋的一般板类受弯构件，主要指受均布荷载作用的单向板和双向板需按单向板计算的构件，其斜截面的受剪承载力计算及有关构造要求等，应符合《规范》的有关规定。

2 封闭式或开口式焊接箍筋笼以及单片式焊接网作为梁的受剪箍筋在国外已正式列入标准规范中，实际应用有较长时间。试验研究表明，当箍筋笼构造满足规定要求、控制合理的使用范围，其抗剪性能是有保证的。本规程第5.4节对箍筋笼作了具体规定。

4.3.2 冷轧带肋箍筋梁的抗剪性能试验表明，用变形钢筋做箍筋，对斜裂缝的约束作用明显地优于光面钢筋，试件破坏时箍筋可达到较高应力，其高强作用在抗剪强度计算时可以得到发挥，在正常使用阶段可提高箍筋的应力水平。带肋钢筋的箍筋抗拉强度设计值按本规程表3.1.5采用，在正常使用阶段，当剪跨比较小时一般不开裂，当剪跨比较大时裂缝宽度也小于0.2mm，满足正常使用要求。采用较高强度的CRB550级和HRB400级钢筋焊接网作受弯构件的箍筋是经济、有效的。

4.4 裂缝宽度验算

4.4.1 钢筋焊接网配筋的混凝土受弯构件，在正常使用状态下，一般应验算裂缝宽度。按荷载效应的标准组合并考虑长期作用影响计算的最大裂缝宽度不应超过本规程表4.1.4规定的限值。

为简化计算，规程给出了在一类环境条件下带肋钢筋焊接网板类构件，一般情况下可不作最大裂缝宽度验算的条件。

4.4.2 根据规程编制组对带肋钢筋焊接网和光面钢筋焊接网混凝土板刚度裂缝的试验研究结果表明，焊接网横筋具有提高纵筋与混凝土间的粘结锚固性能，

且横筋间距愈小，提高的效果愈大，从而可有效的抑制使用阶段裂缝的开展。规程对裂缝宽度的基本公式采用与原规程相近的计算公式，其中对热轧带肋钢筋焊接网混凝土板类构件的受力特征系数 α_{cr} 取与冷轧带肋钢筋焊接网混凝土板相同。根据板的试验结果，当计算最大裂缝宽度对混凝土保护层厚度 c 取实际值时，计算的裂缝宽度更接近试验值。对于直接承受重复荷载的构件 ψ 值取等于1.0。

4.5 受弯构件挠度验算

4.5.1～4.5.3 钢筋焊接网混凝土受弯构件的挠度验算等仍按原规程的有关规定。

5 构造规定

5.1 一般规定

5.1.1 钢筋保护层厚度的规定主要是保证钢筋有效受力和耐久性要求。本规程对保护层厚度的规定与原规程略有增加，在混凝土强度等级上略有提高。在本条表5.1.1的注中对梁柱箍筋、构造钢筋、箍筋笼以及基础中纵向受力钢筋的保护层给出最小厚度要求。

5.1.2 我国钢筋混凝土结构的受拉钢筋最小配筋率与世界各国相比明显偏低，这次修订按混凝土结构设计规范关于最小配筋率修订的有关规定给出。

5.1.3 参照《公路水泥混凝土路面设计规范》JTG D40的编制原则，确定钢筋的最小直径和最大间距。冷轧带肋钢筋的条件屈服强度高于光面钢筋的屈服强度，同时，焊接网的纵筋与横筋焊接形成网状结构共同起粘结锚固作用，与混凝土的粘结锚固性能优于光面钢筋，以此确定冷轧带肋钢筋焊接网用于钢筋混凝土路面的最大钢筋间距。

5.1.4 本条对混凝土桥面铺装用焊接网的构造要求，主要根据国内近几年在几百座市政桥面铺装和公路桥面铺装中的设计和工程应用经验确定。根据国内多年工程应用经验总结，本规程附录B给出了桥面铺装钢筋焊接网常用规格建议表。

5.1.5 主要参照《公路隧道设计规范》JTJ 026的有关规定确定。

5.1.7 带肋钢筋焊接网的基本锚固长度 l_a 与钢筋强度、焊点抗剪力、混凝土强度、截面单位长度锚固钢筋配筋量以及钢筋外形等有关。根据粘结锚固拔出试验结果得出临界锚固长度值，在此基础上采用1.8～2.2倍左右的安全储备系数作为设计上采用的最小锚固长度值。考虑国内设计与现场技术人员的习惯规定，锚固长度仍按混凝土强度等级分档。

当在锚固长度内有一根横向钢筋且此横筋至计算截面的距离不小于50mm时，由于横向钢筋的锚固作用，使单根带肋钢筋的锚固长度减少约在25%左右。

当锚固区内无横筋时，锚固长度按单根钢筋锚固长度取值。按构造要求，规程给出了锚固区内有横筋或无横筋时的最小锚固长度值。

5.1.8 冷拔光面钢筋焊接网的最小锚固长度是根据国内的锚固搭接试验结果并参照国外试验结果和有关规范确定的。对锚固长度的主要影响因素为焊点抗剪力、钢筋强度、混凝土强度等级，以及与钢筋间距等有关。当锚固区内有不少于二根横向钢筋且较近一根横向钢筋至计算截面的距离不少于50mm时，二根横筋将承担绝大部分拉力，余下由钢筋本身承担，即由钢筋与混凝土的粘结锚固强度承担。

冷拔光面钢筋焊接网的锚固长度内应有横向焊接钢筋，当无横向焊接钢筋时，应在端头作成弯钩，或采取其他附加锚固措施。

5.1.10 焊接网搭接处受力比较复杂，试验指出，试件破坏绝大部分发生在搭接区段，特别是当钢筋直径较大时更是如此。布网设计时必须避开在受力较大处设置搭接接头。应尽量在受力较小处设置搭接接头。在国外标准规范中也给出类似规定。

5.1.11 当采用叠搭法或扣搭法、计算中充分利用带肋钢筋的抗拉强度时，要求在搭接区内每张焊接网片至少有一根横向钢筋。为了充分发挥搭接区内混凝土的抗剪强度，两网片最外一根横向钢筋之间的距离不应小于50mm，两片焊接网钢筋末端之间的搭接长度不应小于1.3倍最小锚固长度且不小于200mm。试验结果表明，按规定的搭接长度值，对于带肋钢筋焊接网混凝土板，在最大弯矩区段发生破坏，构件的极限承载力满足设计要求。新老规程的搭接长度值基本一致，仅作少量调整。

搭接区内只允许一张网片无横向钢筋，此种情况一般出现在平搭法中，同时要求另一张网片在搭接区内必须有横向钢筋，由于横向钢筋的约束作用，将提高混凝土的粘结锚固性能。带肋钢筋采用平搭法可使受力主筋在同一平面内，构件的有效高度 h_0 相同，各断面承载力没有突变，当板厚度偏薄时，平搭法具有一定优点。搭接区内一张网片无横向钢筋，搭接长度约增加30%左右。试验表明，按第5.1.7条规定的锚固长度在此基础上确定的搭接长度值满足受力要求。

焊接网的搭接均是两张网片的所有钢筋在同一搭接处完成，国内外几十年的工程实践证明，这种处理方法是合适的，施工方便、性能可靠。

5.1.12 冷拔光面钢筋焊接网单向简支板的搭接试验表明，试件破坏均由两网片间的水平剪切裂缝与垂直的弯曲裂缝互相贯通而引起的，考虑到光面钢筋与混凝土的粘结锚固承担的拉力很少，主要靠焊点的抗剪力及二张网片的搭接长度与纵筋间距围成的剪切面承担拉力，光面钢筋焊接网的搭接长度取两片焊接网最外边横向钢筋间的距离，其长度为锚固长度的1.3倍，且不小于200mm，同时也不小于一个网格尺寸加50mm的搭接长度。按本条计算的搭接长度与国内的试验结果、国外的有关规定及试验结果基本接近。

计算时充分利用抗拉强度的光面钢筋焊接网，不应采用平搭法，如确有需要，必须采取可靠的附加锚固构造措施后方可采用。

5.1.14 带肋钢筋焊接网在非受力方向的分布钢筋的搭接，当采用叠搭法或扣搭法时，为保证搭接长度内钢筋强度及混凝土抗剪强度的发挥，要求每张网片在搭接区内至少应有一根受力主筋，并从构造要求上给出了最小搭接长度值。

当采用平搭法且一张网片在搭接区内无受力主筋时，分布钢筋的搭接长度应适当增加。

5.1.17 根据现行行业标准《公路水泥混凝土路面设计规范》JTG D40 的规定及国内近些年几百座桥面铺装采用焊接网的工程经验总结，多采用平搭法施工，减少钢筋所占的厚度，钢筋直径常用的在6～11mm范围，搭接长度对于一般常用的平搭法不应小于 $35d$，当采用叠搭法或扣搭法时不应小于 $25d$，且在任何情况下不应小于200mm。

5.1.18 处于较强地震作用下的钢筋焊接网配筋构件，如剪力墙底部截面的墙面中的纵向分布钢筋可能处于交替拉、压状态下工作。此时，钢筋与其周围混凝土的粘结锚固性能将比单调受拉时不利，因此，对不同抗震等级给出了增加钢筋受拉锚固长度的规定。在此基础上乘以1.3倍增大系数，得出相应的受拉钢筋搭接长度。

5.2 板

5.2.1 板中焊接网钢筋的直径和间距采用了《规范》中绑扎钢筋的有关规定。根据目前冷轧带肋钢筋原材料供应情况，板中冷轧带肋受力钢筋的最小直径可采用5mm。

5.2.2 在国外，有采用较灵活的焊接网搭接布网方式的情况，但其搭接长度较大，且受力条件也不尽合理。本条规定了板的钢筋焊接网布置的基本原则，有利于节省材料和网片的合理布置。

5.2.3 考虑到现场施工中可能出现的偏差，板下部纵向钢筋伸入梁中的锚固长度较原规程增加 $5d$，且不宜小于100mm。

5.2.6 嵌固在砌体墙内的现浇板沿嵌固边在板上部配置构造钢筋焊接网时，采用与手工绑扎钢筋同样的构造规定。根据冷轧带肋钢筋的特点，最小直径可采用5mm。

5.2.9 现浇双向板长跨方向需搭接时，应采用充分利用钢筋抗拉强度、按本规程第5.1.11条或第5.1.12条设置搭接接头，搭接接头灵活性较大，但仍应尽可能按第5.2.2条的布网原则进行。支座附近采用的附加网片伸入支座时，附加网片与主网片的搭接仍应按本规程第 5.1.11 条或第 5.1.12 条的规定。

5.2.10 根据国内外焊接网工程实践经验，给出两种现浇双向板底网减少搭接或不用搭接的布网方式。这些布网方式对发挥底网的整体作用较为有利。本条第 1 款布置方法的纵向网和横向网增加了焊接网成网时必需的分布筋（网片安装时分布筋可不搭接），与第 5.2.9 条的布置方法比较，用钢量可减少或持平。当钢筋间距为 2 倍原配筋间距时，焊点总数与第 5.2.9 条的布置方式相同。本条第 2 款的布置方法长跨方向的搭接宜采用平搭法。纵向网和横向网的计算高度相同，等于长跨方向钢筋的计算高度。安装时应使纵向网和横向网的钢筋均匀分布。第 2 款的布置方法用钢量最省，相当于或低于绑扎钢筋的用量。在短跨（短跨净跨≤2.5m）主受力钢筋无搭接时更具优势。

5.2.11 梁两侧有高差板的带肋钢筋焊接网的一般布置方法应采用如图 5.2.11 的形式。当板高差较小，若采用图 5.2.11 的布置方法，由于梁主筋位置的限制可能会出现低高程板的面网插入梁中而难于保证其准确位置，影响面网充分发挥作用，因此，建议采用弯折焊接网的布置方法。

5.2.12 采用图 5.2.12 布置方法时，面网在梁内的锚固钢筋用量较多。若按较大配筋侧钢筋布置跨梁面网时，材料用量的增加与按梁两侧分别布置面网的材料用量相当或略多一些，此时，亦可采用跨梁面网布置方式。

5.2.14 这是焊接网与柱的连接的一般方法，应根据施工现场的条件选择合适的连接方法。施工条件许可时（如柱主筋向上伸出长度不大时）宜采用整网套柱布置方式。

5.3 墙

5.3.1 规程修订组专门对冷轧带肋钢筋焊接网混凝土剪力墙进行了试验研究。结果表明，当合理设置端部约束边缘构件、边缘构件的纵筋采用热轧钢筋，轴压比不超过《规范》限值时，冷轧带肋钢筋作为分布筋的矩形截面剪力墙，变形能力满足抗震要求；I 形截面墙的变形能力优于矩形截面墙。试验指出，矩形墙体当设计轴压比为 0.5 及 I 形墙体设计轴压比为 0.67 时，位移延性比均不小于 4.0，位移角分别不小于 1/110 和 1/90。试件破坏时，受拉冷轧带肋竖向分布钢筋的最大拉应变不超过 0.011。结合试验对 4m 和 6m 长的冷轧带肋钢筋焊接网剪力墙计算分析表明，设置约束边缘构件的墙、轴压比不小于 0.3，层间位移角不大于 1/120 时，受拉区最外侧冷轧带肋竖向分布钢筋的拉应变一般不超过 0.015，最大达 0.018。计算结果表明，按现行规范计算的墙体受弯承载力与试验符合较好。墙体具有良好的抗震性能，可用于无抗震设防的房屋建筑的钢筋混凝土墙体，抗震设防烈度为 6 度、7 度和 8 度的丙类钢筋混凝土房屋的框架—剪力墙结构、剪力墙结构和部分框支剪力墙结构中的剪力墙，可采用冷轧带肋钢筋焊接网作为分布筋，抗震房屋的最大高度可比《规范》规定的适用最大高度低 20m；当采用热轧带肋钢筋焊接网时，抗震房屋的最大高度按《规范》的规定。

对筒体结构中的核心筒配筋和一级抗震等级剪力墙底部加强区的分布钢筋宜采用延性较大的热轧带肋钢筋焊接网。

手工绑扎的冷轧带肋钢筋及冷轧带肋钢筋焊接网用作剪力墙的分布筋，在国内的高层建筑中已有应用。

墙面分布筋为热轧 HRB400 级钢筋焊接网、约束边缘构件纵筋为热轧带肋钢筋、约束边缘构件的长度和配箍特征值符合规范规定的剪力墙，试验结果表明，墙体的破坏形态为钢筋受拉屈服、压区混凝土压坏，呈现以弯曲破坏为主的弯剪型破坏，计算值与实测值符合良好。轴压比设计值为 0.5 的矩形墙和工字形墙，位移延性系数分别不小于 3.0 和 4.0。热轧钢筋焊接网可用于抗震设防烈度不大于 8 度的丙类钢筋混凝土房屋剪力墙的分布钢筋。

5.3.4 为进一步慎重起见，对抗震等级为一、二级的冷轧带肋钢筋焊接网剪力墙，底部加强部位及相邻上一层墙两端及洞口两侧边缘构件沿墙肢的长度及其配箍特征值较《规范》的规定作了适当的加强处理。

5.3.7 在国内外的墙体焊接网施工中，竖向焊接网一般都按一个楼层高度划分为一个单元，在紧接楼面以上一段可采用平搭法搭接，下层焊接网在上部搭接区段不焊水平筋，然后，将下层网的竖向钢筋与上层网的钢筋绑扎牢固。

5.3.8 对于端部无暗柱的墙体，现场绑扎的附加钢筋宜选用冷轧带肋钢筋或热轧带肋钢筋。附加钢筋的间距宜与焊接网水平钢筋的间距相同，其直径可按等强度设计原则确定。

端部设置暗柱时，网片可插入暗柱内或置于暗柱外，但应采取有效措施，保证水平钢筋的锚固。

图 5.3.8 给出几种常用的焊接网在墙体端部的构造示意图。

剪力墙两端及洞口两侧设置的边缘构件的范围及配筋构造除应符合本规程的要求外，尚应符合《规范》的有关规定。

5.4 箍筋笼

5.4.1～5.4.2 焊接网片经弯折后形成箍筋笼，在国外的工程中应用较多，免去现场绑扎箍筋，提高施工速度。梁、柱焊接箍筋笼在国外已作过很多专门试验。本节推荐的箍筋笼是参照国外应用经验结合国内钢筋混凝土的构造规定而制定的。

6 施 工

6.1 钢筋焊接网的检查验收

6.1.1 对焊接网进场后的检查与验收作了具体规定。考虑到现场施工的实际情况，可将现场检查的部分内容由负责质检的专门人员提前在工厂内进行，以保证现场的施工进度。

焊网厂向施工现场供货时，一般根据现场实际需要，将同一原材料来源、同一生产设备并在同一连续时段内生产的、受力主筋为同一直径的焊接网组成一批，其重量不应大于30t。

为减少现场试验工作量，又达到质量控制的要求，对网片外观质量和几何尺寸的检查按每批5%（不少于3片）的数量抽检。

焊接网的直径（或重量偏差）应有控制，冷拔光面钢筋直接用游标卡尺测量直径，带肋钢筋以称重法检测直径。

焊接网的外观质量和几何尺寸应按本规程附录D的要求检查。

焊接网的拉伸、弯曲及抗剪试验应按本规程附录E的规定执行。

6.2 钢筋焊接网的安装

6.2.2 进场的焊接网堆放位置应考虑施工吊装顺序的要求，并在每张网片上配有明显的标牌。

6.2.4 对两端须插入梁内锚固的较细直径的焊接网，利用网片本身的可弯性能，先后将两端插入梁内的方法，简易可行。

6.2.5 双向板的底网（或面网）采用本规程第5.2.10条规定的双层配筋时，由于纵横向钢筋分开成网，因此两层网间宜作适当绑扎。

6.2.6 焊接网用作墙体配筋时，采用预制塑料卡控制混凝土保护层厚度是个有效的方法，在国外的工程中经常采用。焊接网作板的配筋，国内有的工程已在采用塑料卡。

附录A 定型钢筋焊接网型号

定型钢筋焊接网是一种通用性较强的焊接网，当网片外形尺寸确定后，可提前在工厂批量预制。在国外焊接网应用比较发达的国家，焊网厂均有大量提前预制的各种型号网片储存待用。

本附录表A.0.1给出了5种网格尺寸、10种直径的定型钢筋焊接网。直径14mm、16mm仅适用热轧HRB400级钢筋。定型网今后的发展方向是争取网片尺寸定型，只有这样，网片才能大规模、高度自动化、成批生产，降低成本。表中给出3种正方形网格和2种矩形网格，除国际上常用的200mm×200mm及100mm×100mm外，又结合工程需要增加了150mm×150mm网格尺寸。最近国内有的网厂又增加了以25mm为模数的125mm、175mm纵筋间距尺寸。定型焊接网在两个方向上的钢筋间距和直径可以不同，但在同一方向上的钢筋宜有相同的间距、直径及长度。在国外的工程应用中有时纵筋为较粗直径的热轧带肋钢筋而横筋为较细直径的冷轧带肋钢筋，这样，当两个方向直径相差较大时，可减少对较细直径焊接烧伤的影响。目前，国内定型焊接网的长度和宽度仍根据设备的生产能力以及由设计人员根据工程需求确定。

焊接网的代号是在纵向钢筋的直径数值前面冠以代表不同网格尺寸的英文大写字母构成，其中，A、B、D型考虑了与国际上有些国家的应用习惯相一致。

表A.0.1中给出的重量是根据纵、横向钢筋按表中的相应间距均匀布置时，计算的理论重量，工程应用时尚应根据网端钢筋伸出的实际长度计算网重。

附录B 桥面铺装钢筋焊接网常用规格表

钢筋焊接网用作桥面铺装层的配筋，可以有效的减轻混凝土的开裂程度，增强耐久性，提高混凝土桥面使用寿命。国内近几年应用逐渐增多，在部分路面工程中也开始应用。国外，在这方面已积累了丰富的使用经验。

本附录表B.0.1给出的桥面铺装用钢筋焊接网常用规格表，主要根据国内几百座在公路桥和市政桥的桥面铺装中多年的使用经验而制定的。

附录C 箍筋笼的技术要求

预制箍筋笼作梁、柱的箍筋在欧美及东南亚地区应用的很普遍。国外在这方面已进行较多的试验研究，积累较多的使用经验，在相关的标准规范中已有规定。

本附录对考虑抗震要求的梁的箍筋笼均应做成封闭式。对有抗震要求和无抗震要求梁的箍筋笼在角部的弯折角度及末端平直段的长度都提出了要求。在选材上宜采用带肋钢筋。箍筋笼的长度可根据梁长作成一段或几段，主要考虑运输和施工方便及安装效率，同时也兼顾弯折机的生产能力。有些国家在焊网厂将箍筋笼与梁主筋连成整体，一同运至施工现场安装，提高运输及安装效率。

当梁与板整体现浇、不考虑抗震要求且不需计算要求的受压钢筋亦不需进行受扭计算时，可采用带肋钢筋焊接的"U"型开口箍筋笼。在设计开口箍筋笼时,应使竖向钢筋尽量靠近构件的上下边缘,特别是箍筋上端应伸入板内,并尽量靠近板上表面,开口箍筋笼顶部区段一定布置有通常的、连续的焊接网片,以加强梁顶部的约束作用。"U"型开口箍筋笼在国外的预制构件和现浇梁板中均有应用。

附录 D 钢筋焊接网的外观质量要求、几何尺寸和钢筋直径的允许偏差

本附录规定了钢筋焊接网的外观质量要求、几何尺寸和直径的允许偏差以及钢筋焊接点开焊数量的限制。

本附录的有关规定是供现场检查验收用。为减少试验量,取样数量应按本规程第 6.1 节的规定。

网片的对角线偏差在大面积铺网工程中对铺网质量有直接影响,如果对角线偏差大,对网片间的准确搭接将有不良影响。

当网格尺寸均做成正偏差时,由于偏差的积累,有可能使钢筋根数比设计根数减少。为防止此种情况出现,规定在一张网片中,纵、横向钢筋的根数应符合原设计的要求。

附录 E 钢筋焊接网的技术性能要求

E.0.1 对钢筋焊接网的技术性能指标,除满足本附录的有关要求外,尚应符合现行国家标准《钢筋混凝土用钢筋焊接网》GB/T 1499.3 的有关规定。

E.0.3 目前光面钢筋焊接网仍有少量使用,本条仍保留了冷拔光面钢筋的力学性能和工艺性能要求。实践表明,在相同牌号母材条件下,冷拔光面钢筋的力学性能和工艺性能可达到冷轧带肋钢筋的要求。因此冷拔光面钢筋的性能指标取与冷轧带肋钢筋相同的指标。

E.0.5 从设计和使用考虑,对焊点抗剪力应有一定的要求,以保证横向钢筋通过焊点传递一定的纵向拉力。规定钢筋焊接网焊点的抗剪力应不小于 $0.3\sigma_{p0.2}$ (或 σ_s) 与 A (A 为较粗钢筋的横截面积)的乘积。这与国外的有关规定基本相同。试验表明,同一焊点取粗钢筋或细钢筋作为试样的受拉钢筋测得的焊点抗剪力可能会不同,主要是由于测试夹具造成的。试样粗钢筋受拉时不易弯曲,测得的焊点抗剪力更接近于真实情况。同时较粗钢筋一般为主要受力钢筋,因此规定焊点抗剪试样以较粗钢筋作为受拉钢筋。焊点抗剪力的影响因素较多,离散性较大,故以三个试样测得结果的平均值作为评定标准。

在截取试样时,不宜在纵向(制造)方向上同一根钢筋上截取 3 个试样,因纵向钢筋上的焊点是同一焊头所焊,施焊条件基本相同,达不到测试不同焊头施焊条件的焊点抗剪力的目的。

中华人民共和国行业标准

混凝土结构后锚固技术规程

JGJ 145—2004

条文说明

前 言

《混凝土结构后锚固技术规程》JGJ 145—2004，经建设部 2005 年 1 月 13 日以 307 号公告批准，业以发布。

为便于广大设计、施工、科研、学校等单位的有关人员在使用本规程时能正确理解和执行条文规定，《混凝土结构后锚固技术规程》编制组按章、节、条顺序编制了本规程的条文说明，供使用者参考。在使用中如发现本条文说明有不妥之处，请将意见函寄中国建筑科学研究院（主编单位）。

目 次

1 总则 ················ 3—12—4
2 术语和符号 ············ 3—12—4
3 材料 ················ 3—12—5
　3.1 混凝土基材 ·········· 3—12—5
　3.2 锚栓 ·············· 3—12—5
　3.3 锚固胶 ············ 3—12—5
4 设计基本规定 ············ 3—12—5
　4.1 锚栓分类及适用范围 ······ 3—12—5
　4.2 锚固设计原则 ········· 3—12—6
5 锚固连接内力分析 ·········· 3—12—7
　5.1 一般规定 ············ 3—12—7
　5.2 群锚受拉内力计算 ······· 3—12—8
　5.3 群锚受剪内力计算 ······· 3—12—8

6 承载能力极限状态计算 ········ 3—12—8
　6.1 受拉承载力计算 ········ 3—12—8
　6.2 受剪承载力计算 ········ 3—12—13
7 锚固抗震设计 ············· 3—12—13
8 构造措施 ··············· 3—12—14
9 锚固施工与验收 ············ 3—12—15
　9.1 基本要求 ············· 3—12—15
　9.2 锚孔 ··············· 3—12—15
　9.3 锚栓的安装与锚固 ········ 3—12—15
　9.4 锚固质量检查与验收 ······· 3—12—15
附录 A 锚固承载力现场检验
　　　方法 ············· 3—12—15

1 总 则

1.0.1 随着旧房改造的全面开展、结构加固工程的增多、建筑装修的普及，后锚固连接技术发展较快，并成为不可缺少的一种新型技术。顾名思义，后锚相应于先锚（预埋），具有施工简便、使用灵活等优点，国外应用已相当普遍，不仅既有工程，新建工程也广泛采用，欧洲、美国及日本已编有相应标准。相对而言，我国起步较晚，作为后锚固连接的主要产品——锚栓，品种较为单一，性能不够稳定。目前，德国、瑞士、日本等国的锚栓厂商已抢占了中国大半个锚栓市场，形成国产锚栓与进口产品激烈竞争与混用局面，整个锚栓市场缺乏标准、规范约束，致使生产与使用严重脱节，工程事故时有发生。为安全可靠及经济合理的使用，正确有序地引导我国后锚固技术的健康发展，特制定本规程。

1.0.2 后锚固连接的受力性能与基材的种类密切相关，目前国内外的科研成果及使用经验主要集中在普通钢筋混凝土及预应力混凝土结构，砌体结构及轻混凝土结构数据较少。本着成熟可靠原则，参考《欧洲技术指南——混凝土用（金属）锚栓》（ETAG），本规程限定其适用范围为普通混凝土结构基材，暂不适用于砌体结构和轻混凝土结构基材。

1.0.3 后锚固连接与预埋连接相比，可能的破坏形态较多且较为复杂，总体上说，失效概率较大；失效概率与破坏形态密切相关，且直接依赖于锚栓的种类和锚栓参数的设定。因此，后锚固连接设计必须考虑锚栓的受力状况（拉、压、弯、剪，及其组合）、荷载类型以及被锚固结构的类型和锚栓连接的安全等级等因素的综合影响。

1.0.4 本规程所用锚栓，是指满足相关产品标准并经国家权威机构检验认证的锚栓。目前，国内各厂家所生产的锚栓，大部分未经检验认证，也无系统的性能指标或指标不全，致使设计、施工无法直接采用。为确保使用安全，应坚决纠正。

2 术语和符号

2.1 术 语

本规程采用的术语及涵义，主要是参考《混凝土用锚栓欧洲技术批准指南》（ETAG）并结合了我国的习惯叫法确定的。

2.1.1 后锚固是相对于浇筑混凝土时预先埋设其中——先锚固而命名，是在已经硬化的既有混凝土结构上通过相关技术手段的锚固。

2.1.2～2.1.5 根据国际惯例，结合我国实际情况，本规程包容定义了膨胀型锚栓、扩孔型锚栓、化学植筋和长螺杆等类型，但就国际市场和发展趋势分析，锚栓品种远不止此。本着成熟可靠原则，它种锚栓有待规程修订时增补。

2.1.10 锚固破坏类型总体上可分为锚栓或植筋钢材破坏，基材混凝土破坏，以及锚栓或植筋拔出破坏三大类。分类目的在于精确地进行承载力计算分析，最大限度地提高锚固连接的安全可靠性及使用合理性。破坏类型与锚栓品种、锚固参数、基材性能及作用力性质等因素有关，其中锚栓品种及锚固参数最为直接。

2.1.11 锚栓或锚筋钢材破坏分拉断破坏、剪坏及拉剪复合受力破坏（图2.1.11），主要发生在锚固深度超过临界深度 h_{cr}，或混凝土强度过高或锚固区钢筋密集，或锚栓或锚筋材质强度较低或有效截面偏小时。此种破坏，一般具有明显的塑性变形，破坏荷载离散性较小。

2.1.12 膨胀型锚栓和扩孔型锚栓受拉时，形成以锚栓为中心的倒圆锥体混凝土基材破坏形式，称之为混凝土锥体破坏（图2.1.12）。混凝土锥体破坏是机械锚栓锚固破坏的基本形式，特别是粗短锚栓，锥顶一般位于锚栓膨胀扩大头处，锥径约为三倍锚深（$3h_{ef}$）。此种破坏表现出较大脆性，破坏荷载离散性较大。

2.1.13 化学植筋或粘结型锚栓受拉时，形成上部锥体及深部粘结拔出之混合破坏形式（图2.1.13）。当锚固深度小于钢材拉断之临界深度时（$h_{ef} < h_{cr}$），一般多发生混合型破坏；锥径约一倍锚深。

2.1.14 基材边缘锚栓受剪时，形成以锚栓轴为顶点的混凝土楔形体破坏形式（图2.1.14）。楔形体大小和形状与边距 c、锚深 h_{ef} 及锚栓外径 d_{nom} 有关。

2.1.15 基材中部锚栓受剪时，形成基材局部混凝土沿剪力反方向被锚栓撬坏的破坏形式（图2.1.15）。剪撬破坏一般发生在埋深较浅的粗短锚栓情况。

2.1.16 基材混凝土因锚栓的膨胀挤压，形成沿锚栓轴线或群锚轴线连线之胀裂破坏形式（图2.1.16），称为劈裂破坏。劈裂破坏与锚栓类型、边距 c、间距 s 及基材厚度 h 有关。

2.1.17 机械锚栓受拉时，整个锚栓从锚孔中被拉出的破坏形式（图2.1.17），称为拔出破坏。拔出破坏多发生在施工安装方法不当，如钻孔过大，锚栓预紧力不够等情况。拔出破坏承载力很低，离散性大，难于统计出有用的承载力指标。

2.1.18 膨胀型锚栓受拉时，锚栓膨胀锥从套筒中被拉出，而膨胀套筒（或膨胀片）仍留在锚孔中的破坏形式（图2.1.18），称为穿出破坏。穿出破坏是某些锚栓常见破坏现象，主要是锚栓膨胀套筒或膨胀片材质过软，壁厚过薄，接触表面过于光滑等，因缺乏系统试验统计数据，其承载力只能由厂家提供，且荷载变形曲线存在一定滑移。

2.1.19 化学植筋受拉时，沿胶粘剂与钢筋界面之拔出破坏形式（图2.1.19），称为胶筋界面破坏。胶筋界面破坏多发生在粘结剂强度较低，基材混凝土强度较高，锚固区配筋较多，钢筋表面较为光滑（如光圆钢筋）等情况。

2.1.20 化学植筋受拉时，沿胶粘剂与混凝土孔壁界面之拔出破坏形式（图2.1.20），称为胶混界面破坏。胶混界面破坏主要发生在锚孔表面处理不当，如未清孔（存在大量灰粉），孔道过湿，孔道表面被油污等。

2.2 符 号

2.2.1～2.2.4 本规程采用的符号及其意义，主要是根据现行国家标准《工程结构设计基本术语和通用符号》GBJ 132—90，并参考《混凝土用锚栓欧洲技术批准指南》ETAG制定的，即凡GBJ 132—90已规定的，一律加以引用，不再定义和说明，凡GBJ 132—90未规定的，本规程结合国际惯例自行给出定义和说明。

3 材 料

3.1 混凝土基材

3.1.1～3.1.3 作为后锚固连接的母体——基材，必须坚固可靠，相对于被连接件，应有较大的体量，以便获得较高锚固力。同时，基材结构本身尚应具有相应的安全余量，以承担被连接件所产生的附加内力。显然，存在严重缺陷和混凝土强度等级较低的基材，锚固承载力较低，且很不可靠。

3.2 锚 栓

3.2.1～3.2.3 锚栓材料性能等级及机械性能指标，系国家标准《紧固件机械性能——螺栓、螺钉和螺柱》GB 3098.1—82确定，为便于设计使用，本规程录用了相关项目和数据。

3.2.4 作为化学植筋使用的钢筋，一般以普通热轧带肋钢筋锚固性能最好，光圆钢筋较差。

3.3 锚固胶

3.3.1～3.3.3 化学植筋的锚固性能主要取决于锚固胶（又称胶粘剂、粘结剂）和施工方法，我国使用最广的锚固胶是环氧基锚固胶，因此，表3.3.3对环氧基锚固胶的性能指标及使用条件提出了要求。其他品种的锚固胶，主要指无机锚固胶和进口胶，其性能应由厂家通过专门的试验确定和认证。

4 设计基本规定

4.1 锚栓分类及适用范围

4.1.1 锚栓是一切后锚固组件的总称，范围很广。锚栓按其工作原理及构造的不同，锚固性能及适用范围存在较大差异，ETAG分为膨胀型锚栓、扩孔型锚栓及粘结型锚栓（包括变形钢筋）三大类，我国习惯分为膨胀型锚栓、扩孔型锚栓、粘结型锚栓及化学植筋四大类。新近出现了混凝土螺钉（Concrete Screws），制作简单，性能可靠，加之还有传统的射钉、混凝土钉等，皆因数据不够完整，暂未纳入。粘结型锚栓国外应用较多，但新近研究表明，性能欠佳，尤其是开裂混凝土基材，计算方法也不够成熟，破坏形态难于控制，故本规程也暂不列入。

锚栓的选用，除本身性能差异外，还应考虑基材是否开裂，锚固连接的受力性质（拉、压、中心受剪、边缘受剪），被连接结构类型（结构构件、非结构构件），有无抗震设防要求等因素的综合影响。

4.1.2 就国内外工程实践而言，除化学植筋外，现有各种机械定型锚栓，包括膨胀型锚栓、扩孔型锚栓、粘结型锚栓及混凝土螺钉等，绝大多数主要应用于非结构构件的后锚固连接，少数应用于受压、中心受剪（$c \geq 10h_{ef}$）、压剪组合之结构构件的后锚固连接，尚未发现应用于受拉、边缘受剪及拉剪复合受力之结构构件的后锚固连接工程实践。

4.1.3 膨胀型锚栓（图2.1.3），简称膨胀栓，是利用锥体与膨胀片（或膨胀套筒）的相对移动，促使膨胀片膨胀，与孔壁混凝土产生膨胀挤压力，并通过剪切摩擦作用产生抗拔力，实现对被连接件锚固的一种组件。膨胀型锚栓按安装时膨胀力控制方式的不同，分为扭矩控制式和位移控制式。前者以扭力控制，后者以位移控制。膨胀型锚栓由于定型较为粗短，埋深一般较浅，受力时主要表现为混凝土基材受拉破坏，属脆性破坏，因此，按我国《建筑结构可靠度设计统一标准》精神，不适用于受拉、边缘受剪（$c < 10h_{ef}$）、拉剪复合受力之结构构件及生命线工程非结构构件的后锚固连接。

扩孔型锚栓（图2.1.4），简称扩孔栓或切槽栓，是通过对钻孔底部混凝土的再次切槽扩孔，利用扩孔后形成的混凝土承压面与锚栓膨胀扩大头间的机械互锁，实现对被连接件锚固的一种组件。扩孔型锚栓按扩孔方式的不同，分为预扩孔和自扩孔。前者以专用钻具预先切槽扩孔；后者锚栓自带刀具，安装时自行切槽扩孔，切槽安装一次完成。由于扩孔型锚栓锚固拉力主要是通过混凝土承压面与锚栓膨胀扩大头间的顶承作用直接传递，膨胀剪切摩擦作用较小。尽管如此，但扩孔型锚栓在基材混凝土锥体破坏形态上并无质的改善与提高，故其适用范围与膨胀型锚栓一样，不适用于受拉、边缘受剪（$c<10h_{ef}$）、拉剪复合受力之结构构件的后锚固连接。

4.1.4 化学植筋及螺杆（图2.1.5），简称植筋，是我国工程界广泛应用的一种后锚固连接技术，系以化学胶粘剂——锚固胶，将带肋钢筋及长螺杆胶结固定于混凝土基材钻孔中，通过粘结与琐键（interlock）作用，以实现对被连接件锚固的一种组件。化学植筋锚固基理与粘结型锚栓相同，但化学植筋及长螺杆由于长度不受限制，与现浇混凝土钢筋锚固相似，破坏形态易于控制，一般均可以控制为锚筋钢材破坏，故适用于静力及抗震设防烈度≤8之结构构件或非结构构件的锚固连接。对于承受疲劳荷载的结构构件的锚固连接，由于实验数据不多，使用经验（特别是构造措施）缺乏，应慎重使用。

4.2 锚固设计原则

4.2.1 目前我国后锚固连接设计计算较为混乱，有经验法、容许应力法、总安全系数法及极限状态法等多种方法。本规程根据国家标准《建筑结构可靠度设计统一标准》GB 50068—2001，参考《混凝土用锚栓欧洲技术批准指南》（ETAG），采用了以试验研究数据和工程经验为依据，以分项系数为表达形式的极限状态设计方法。

4.2.2 我国后锚固连接多用于旧房改造，为与改造工程预期的后续使用寿命相匹配，使锚固设计更经济合理，故规定后锚固连接设计所采用的设计基准期T，应与整个被连接结构的设计基准期一致，显然，它比新建工程所规定的设计基准期短。

4.2.3 后锚固连接破坏型态多样且复杂，相对于结构，失效概率较大，故另设安全等级。混凝土结构后锚固连接的安全等级分为二级。所谓重要的锚固，是指后接大梁、悬臂梁、桁架、网架，以及大偏心受压柱等结构构件及生命线工程非结构构件之锚固连接，这些锚固连接一旦失效，破坏后果很严重，故定为一级。一般锚固，是指荷载较轻的中小型梁板结构，以及一般非结构构件的锚固连接，此种锚固连接失效，破坏后果远不如一级严重，故定为二级。锚固连接的安全等级宜与整个被连接结构的安全等级相应或略高，即锚固设计的安全等级及取值，应取被连接结构和锚固连接二者中的较高值。

4.2.4 锚固承载力设计表达式按我国《建筑结构可靠度设计统一标准》(GB 500068—2001)规定采用，左端作用效应引入了锚固重要性系数γ_A，$\gamma_A \geqslant \gamma_0$。右端锚固抗力设计值$R$与一般设计规范不完全相同，是按$R=R_k/\gamma_R$确定，$R_k$为锚固承载力标准值，$\gamma_R$为锚固承载力分项系数，而非材料性能分项系数；锚固承载力标准值R_k系直接由锚固抗力试验统计平均值及其离散系数确定，而非材料强度离散系数。

后锚固连接设计全过程，应按图1框图进行。基本程序为：分析基材性能特征→选定锚栓品种及相关锚固参数→锚栓内力分析→锚固抗力计算→承载力分析→锚固设计完成。为获得最佳方案，其中的个别环节，有时需要作多次反复调整和修正。

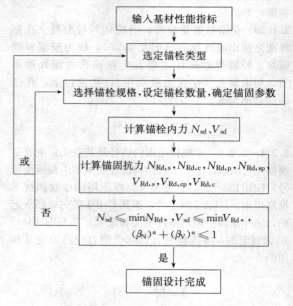

图1 后锚固连接设计全过程

4.2.5 后锚固连接破坏类型总体上可分为锚栓或锚筋钢材破坏，基材混凝土破坏，以及锚栓或锚筋拔出破坏三大类。分类目的在于精确地进行承载力计算分析，最大限度地提高锚固连接的安全可靠性及使用合理性。锚栓或锚筋钢材破坏分拉断破坏、剪断破坏及拉剪复合受力破坏（图2.1.11），主要发生在锚固深度超过临界深度h_{cr}时。此种破坏，一般具有明显的塑性变形，破坏荷载离散性较小。对于受拉、边缘受剪、拉剪复合受力之结构构件的后锚固连接设计，根据《建筑结构可靠度设计统一标准》精神，应控制为这种破坏形式。

膨胀型锚栓和扩孔型锚栓基材混凝土破坏，主要有四种形式。第一种是锚栓受拉时，形成以锚栓为中心的混凝土锥体受拉破坏，锥顶一般位于锚栓扩大头处，锥径约三倍锚深（$3h_{ef}$）（图2.1.12）。第二种是锚栓受剪时，形成以锚栓轴为顶点的混凝土楔形体受剪破坏（图2.1.14）。楔形体大小和形状与边距c、锚深h_{ef}及锚栓外径d_{nom}或d有关。第三种是锚栓中心受剪时，混凝土沿反方向被锚栓撬坏（图2.1.15）。第四种是群锚受拉时，混凝土受锚栓的胀力产生沿锚栓连线的劈裂破坏（图2.1.16）。基材混凝土破坏，尤其是第一、第二种破坏，是锚固破坏的基本形式，特别是短粗的机械锚栓；此种破坏表现出一定脆性，破坏荷载离散性较大。对于结构构件及生命线工程非结构构件后锚固连接设计,应避免这种破坏形式。

拔出破坏对机械锚栓有两种破坏形式,一种是锚栓从锚孔中整体拔出(图 2.1.17),另一种是螺杆从膨胀套筒中穿出(图 2.1.18)。前者主要是施工安装方法不当,如钻孔过大,锚栓预紧力不够;后者主要是锚栓设计构造不合理,如锚栓套筒材质过软,壁厚过薄,接触表面过于光滑等。整体拔出破坏,由于承载力很低,且离散性大,很难统计出有用的承载力设计指标,因此不允许发生。至于穿出破坏,偶发性检验表明虽具有一定承载力,但缺乏系统的试验统计数据供应用,且变形曲线存在较大滑移,对于受拉、边缘受剪、拉剪复合受力之锚固连接,宜避免发生,一旦发生应按附录 A 的方法,通过承载力现场检验予以评定,且检验数量加倍,以保证应有的安全可靠性。

化学植筋及长螺杆基材混凝土破坏,主要有三种形式。第一种是锚筋受拉,当锚深很浅($h_{ef}/d<9$)时,形成以基材表面混凝土锥体及深部粘结拔出之混合型破坏,这种破坏锥体一般较小,锥径约一倍锚深,锥顶位于约 $h_{ef}/3$ 处,其余 $2h_{ef}/3$ 为粘结拔出(图 2.1.13)。第二种是锚筋受剪时,形成以锚筋轴为顶点的一定深度的楔形体破坏,其情况与机械锚栓相似。第三种是锚筋受拉,当锚筋过于靠近构件边缘($c<5d$),或间距过小($s<5d$)时,会产生劈裂破坏。混凝土基材破坏表现出较大脆性,破坏荷载离散性较大,尤其是开裂混凝土基材。

化学植筋及长螺杆拔出破坏有两种形式:沿胶筋界面拔出和沿胶混界面拔出。正常情况,拔出破坏多发生在锚深过浅时,其性能远不如钢材破坏好。研究与实践表明,化学植筋及长螺杆因其锚固深度可任意调节,其破坏形态设计容易控制。因此,对于结构构件的后锚连接设计,根据我国《建筑结构可靠度设计统一标准》精神,可用控制锚固深度办法,严格限定为钢材破坏一种模式。

4.2.6 表 4.2.6 锚固承载力分项系数 γ_R,主要是参考《混凝土用锚栓欧洲技术批准指南》(ETAG)制定的,对于非结构构件的锚固设计,γ_R 取值与 ETAG 相同。问题是本规程锚栓应用范围已涉及到一般工程结构的后锚固连接,由于这方面国外工程经验的局限和国内经验的缺乏,加之我国结构设计思路与 ETAG 不完全一致,故对一般结构构件,本规程取值较 ETAG 普遍有所提高,提高幅度:钢材破坏时为 11%~12%,混凝土基材破坏时为 36%~44%。具体数值详见表 1,表 4.2.6 在此基础上进行了简化处理。

本规程取消了锚栓安装质量三个等级划分,仅保留了合格与不合格一个标准,原因是规程难于量化区分,工程中也很难掌握。但不可忽视施工质量高低的有利和不利影响。

表 1 锚固承载力分项系数 γ_R 取值对照

符号	名称及涵义		ETAG	本规程非结构构件	本规程结构构件
γ_c	混凝土强度分项系数		1.5		1.8
γ_1	混凝土抗拉强度附加系数		1.2		1.3
γ_2	锚栓安装质量附加系数	受拉 高精度	1.0		/
		标准精度	1.2		1.3
		可接受的低质量	1.4		/
		受剪	1.0		1.1
$\gamma_{RC,*}$	基材混凝土破坏分项系数($\gamma_{RC,N}$, $\gamma_{RC,V}$, γ_{RSP}, γ_{RCP})		γ_c	γ_1	γ_2
$\gamma_{RS,*}$	锚栓或植筋钢材破坏分项系数	受拉	$1.2 f_{stk}/f_{yk}$ ≥ 1.4		$1.3 f_{stk}/f_{yk}$ ≥ 1.55
		受剪	$1.2 f_{stk}/f_{yk}$ ≥ 1.25 ($f_{stk} \leq 800$MPa 且 $f_{yk}/f_{stk} \leq 0.8$)		$1.3 f_{stk}/f_{yk}$ ≥ 1.4 ($f_{stk} \leq 800$MPa 且 $f_{yk}/f_{stk} \leq 0.8$)

4.2.7 后锚固连接改变用途和使用环境将影响其安全可靠性和耐久性,因此必须经技术鉴定或设计许可。

5 锚固连接内力分析

5.1 一般规定

5.1.1 群锚锚固连接时,各锚栓内力是按弹性理论平截面假定进行分析,但若对锚固破坏类型加以控制,使之仅发生锚栓或植筋钢材破坏,且锚栓或植筋为低强(≤5.8 级)钢材时,则可按考虑塑性应力重分布的极限平衡理论进行简化计算,即与《混凝土结构设计规范》规定相似,拉区锚栓按均匀受力计算,压区混凝土近似按矩形应力图形计算。

除化学植筋外,一般机械锚栓是通过"膨胀—挤压—摩擦"而产生锚固力,反向则不能成立,故不能传递压力,因此,压区锚栓不考虑受力。

5.1.2 公式(5.1.2)在于精确判别基材混凝土是否开裂,以便对基材混凝土破坏锚固承载力进行相应(未裂与开裂)计算。σ_L 为外荷载在基材锚固区所产生的应力,拉为正,压为负;σ_R 为混凝土收缩、温度变化及支座位移所产生的应力。此判别式涵义是,不管什么原因，只要基材锚固区混凝土出现拉应力，均一律视为开裂混凝土。

5.2 群锚受拉内力计算

5.2.1～5.2.2 分别给出了按弹性理论分析时，群锚在轴心受拉、偏心受拉荷载下，受力最大锚栓的内力。

5.3 群锚受剪内力计算

5.3.1 群锚在剪切荷载 V 及扭矩 T 作用下，锚栓是否受力，应根据锚板孔径与锚栓直径的适配情况及边距大小而定。当锚栓与锚板孔紧密接触（$\Delta \leq [\Delta]$）且边距较大（$c \geq 10h_{ef}$）时，各锚栓平均分摊剪力，是理想的受力状态（图5.3.1-1）；反之，各锚栓受力很不均匀，因混凝土脆性而产生各个击破现象，参照ETAG规定，计算上仅考虑部分锚栓受力（图5.3.1-2）。有时，为使剪力分布更为合理，可进行人工干预，即将某些锚板孔沿剪力方向开设为长槽孔，则这些锚栓就不参与受力（图5.3.1-3）。

5.3.2～5.3.4 分别给出了按弹性理论分析时群锚在剪力 V 作用下、扭矩 T 作用下、剪力 V 与扭矩 T 共同作用下，参与工作的各锚栓所受剪力。

6 承载能力极限状态计算

6.1 受拉承载力计算

6.1.1 后锚固连接受拉承载力应按锚栓钢材破坏、锚栓拔出、混凝土锥体受拉破坏、劈裂破坏等4种破坏类型，及单锚与群锚两种锚固连接方式，共计8种情况分别进行计算（表6.1.1）。对于单锚连接，外力与抗力比较明确，计算较为简单。对于群锚连接，情况较为复杂：当为钢材破坏和拔出破坏时，破坏主要出现在某些受力最大锚栓（假定锚栓品种规格及参数均相同），因此，一般只计算受力最大（N_{Sd}^h）锚栓即可；当为混凝土锥体破坏或劈裂破坏时，主要表现为群锚基材整体破坏，因此很难区分和确定每根锚栓的抗力，故取 N_{Sd}^g 进行整体锚固计算。

6.1.2 参考ETAG，锚栓或植筋钢材破坏时的受拉承载力标准值 $N_{Rk,s}$，一律根据钢材的极限抗拉强度 f_{us}，取标准值 f_{stk} 计算，而未取 f_{yk}。主要考虑是：锚栓所用钢材，强度均较高，一般无明显屈服点，与拉断力直接对应的是 f_{us}，取 f_{stk} 更直接；机械锚栓是在较大预紧力下工作，其性能相当于预应力筋；普通化学植筋钢材虽有明显屈服点，但表4.2.6植筋钢材破坏分项系数已按 $\gamma_{Rs} = \alpha f_{stk}/f_{yk}$（$\alpha$ 为换算系数）进行了换算。

经用扩孔型锚栓及膨胀型锚栓对锚栓钢材破坏时的受拉承载力公式（6.1.2）进行了验证，锚固深度分别为 $h_{ef} = 125mm$ 和 $120mm$，$\geq h_{cr}$，均表现为锚栓拉断破坏，拉断承载力试验值与计算值之比 $N_{us}^0/N_{us} = N_{us}^0/A_s f_{us} = 1.00～1.11$。

6.1.3 单锚或群锚混凝土锥体受拉破坏是后锚固受拉破坏的基本形式，特别是膨胀型锚栓和扩孔型锚栓，影响因素众多，计算较为复杂。受拉承载力标准值 $N_{Rk,c}$ 公式（6.1.3-2），包含单根锚栓在理想状态下的承载力标准值 $N_{Rk,c}^0$ 及计算面积 $A_{c,N}^0$，单锚或群锚实际破坏面积 $A_{c,N}$，边距影响 $\psi_{s,N}$，钢筋剥离影响 $\psi_{re,N}$，荷载偏心影响 $\psi_{ec,N}$ 及未裂影响 $\psi_{ucr,N}$ 等项目。

6.1.4 单根锚栓在理想锚固状态下，混凝土基材受拉破坏承载力主要试验依据及验证情况如下：

1 受拉时混凝土锥体破坏承载力分布曲线

为检验单根锚栓受拉时混凝土锥体破坏承载力及其概率分布函数，采用膨胀型锚栓进行了锚固抗拔力试验。基材混凝土强度等级为C25，厚200mm，锚栓数量76根，锚固深度 $h_{ef} = 60mm$，螺杆为M12，拧紧扭矩 $T = 65Nm$。试验方法按ETAG附录A拉伸试验方法进行，支承环内径 $\geq 4h_{ef}$。承载力实测概率分布经整理后示于图2。由图示可知，该概率分布基本属于正态分布。76根锚栓的平均极限抗拔力 $mN_u = 36.3kN$，均为混凝土破坏，变异系数 $\delta = 10.7\%$，散布范围在28～46kN之间。平均值与众值十分接近。试验值 N_{uc}^0 与回归公式（1）相比，$N_{uc}^0/N_{uc} = 1.16$，偏于安全。

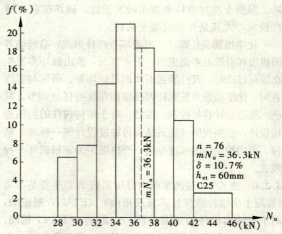

图2 膨胀型锚栓抗拔力概率分布图

2 膨胀锚栓受拉时，混凝土锥体破坏承载力回归公式

按ETAG规定，在无间距和边距影响的理想条件下，单根膨胀型锚栓或扩孔型锚栓受拉时，非开裂混凝土锥体破坏承载力统计公式为：

$$N_{uc} = 13.5 h_{ef}^{1.5} \sqrt{f_{cu}} \quad (1)$$

据此，就主变量锚固深度 h_{ef}（mm）及混凝土立方体强度 f_{cu}（MPa）对 N_{uc} 的影响，即公式（1）的适用性进行了检验。采用的锚栓为M10、M12、M18膨胀型锚栓和扩孔型锚栓，锚固深度 $h_{ef}=42.5\sim125$mm，混凝强度等级为 C25～C50。试验结果表明，锚深较浅、基材强度较低时，主要表现为混凝土锥体破坏，承载力 N_u 应按式(1)计算，试验值与计算值之比 $N_{uc}^0/N_{uc}=0.95\sim1.21$，试验值与公式(1)较为吻合。

锚固承载力计算，本规程基调是以开裂混凝土为主，因为按公式（5.1.2）判别，多数均属开裂混凝土。对于开裂混凝土锥体破坏承载力，ETAG 给定的统计公式为：

$$N_{uc}=9.5h_{ef}^{1.5}\sqrt{f_{cu}} \qquad (2)$$

变异系数 $\delta=0.15$，则标准值 $N_{Rk.c}^0$ 为：

$$N_{Rk.c}^0=(1-1.645\times0.15)$$
$$N_{uc}\approx7.0h_{ef}^{1.5}\sqrt{f_{cu,k}} \qquad (6.1.4)$$

为了检验国产锚栓对公式(1)的适用情况，分别对六个厂家计 8 种类型锚栓，进行了锚固抗拔力试验及抗剪试验。锚栓规格为 M10～M16，锚固深度 $h_{ef}=53\sim100$mm，基材为 C25 混凝土。试验结果表明，锚栓受拉时基本上为混凝土锥体破坏，极限抗拔力波动范围较大，$N_{uc}^0/N_{uc}=0.51\sim1.17$，但多数仍与公式(1)计算值吻合。

目前国内一些锚栓的主要问题是：品种单一，构造简单，加工粗糙，大多为唪粗螺杆与镀锌薄钢板套筒组成，拧紧时螺杆常一起转；螺母太薄，丝扣易损伤；受力时松弛滑移现象严重。如图 3，若以超出 5%的极限变形值（$\geqslant0.05\Delta_u$）作为不可接受的滑移量，那么，滑移荷载 N_1（或 V_1）与极限荷载 N_u（或 V_u）之比，$N_1/N_u=0.62\sim0.76$，$V_1/V_u=0.1\sim0.32$。这一现象表明，国产某些锚栓应加以改进，使用应当特别注意。

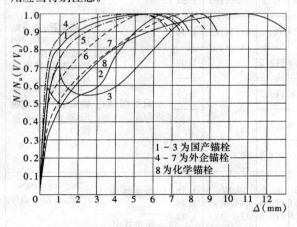

图 3 锚栓受拉载荷-位移曲线

3 化学植筋受拉时，混合型破坏承载力回归公式

按 ETAG 归类，化学植筋是粘结型锚栓的一种，但 ETAG 对化学植筋及粘结型锚栓锚固混凝土锥体破坏与粘结拔出之混合型破坏时的受拉承载力，并未给定计算公式，尽管国外进行过定量的试验研究。然而，化学植筋在我国建筑工程乃至整个土木工程中，应用极为普遍，量大面广。据此，本规程结合我国具

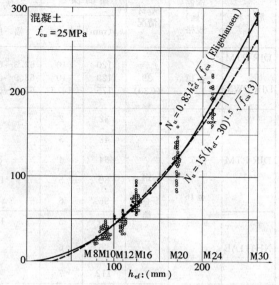

图 4 粘结型锚栓（筋）锚固未裂混凝土锥体组合型破坏受拉极限承载力与锚固深度的关系

体情况，对化学植筋的极限抗拔力进行了较为系统地试验研究，所用胶种型号较多，有 DJR-DWM 胶、XH130ABC 胶、XH111AB 胶、XH131ABC 胶、HX-JMG 胶、YS-JGN 胶、YJS-1 胶、ESA 胶、RM 管装胶、ZL-JGM 胶、汇丽锚固胶、管装 JCT 胶以及 JJK 型胶等；所用钢筋为 II 级 $\phi12\sim\phi20$ 及 RGM12×160 螺杆，锚固深度 $h_{ef}=32\sim215$mm（$h_{ef}/d=2\sim14.6$），基材混凝土为 C25～C30。试验结果列于表 2 和图 4。由列表数值可知，随着相对锚固深度 h_{ef}/d 的变化，破坏形态亦在发生变化，当 $h_{ef}/d<9$ 时，主要表现为混凝土锥体与钢筋拔出之混合型破坏（带锥拔出），当 $h_{ef}/d\geqslant9$ 时，则多表现为钢筋拉断破坏。就混合型破坏极限承载力而言，根据国内外有效试验数据，经统计分析，提出了回归公式如下：

$$N_{uc}=15(h_{ef}-30)^{1.5}\sqrt{f_{cu}} \quad (N) \qquad (3)$$

式中 h_{ef}——钢筋或螺杆锚固深度（mm）；
f_{cu}——混凝土立方体抗压强度（MPa）。

试验值与回归公式(3)计算值之比 $N_{uc}^0/N_{uc}=0.87\sim1.42$，表明按公式(3)计算偏于安全；螺杆与钢筋并无本质区别。

钢筋拉断时，$N_{us}^0/N_{us}=0.90\sim1.26$。

对于开裂混凝土，Eligehausen, R 和 Mallee, R 的研究表明，混凝土锥体组合型破坏承载力会大幅度降低，离散性会显著增大，降低系数近似取 0.41，变异系数近似取 $\delta=0.3$，则其标准值 $N_{Rk.C}^0$ 为：

$$N_{Rk.C}^0=3.0(h_{ef}-30)^{1.5}\sqrt{f_{cu,k}} \quad (N) \qquad (4)$$

式中 $f_{cu,k}$——混凝土立方体抗压强度标准值（MPa）。

表2 化学植筋（栓）抗拔力试验结果汇总

胶 种	钢筋(栓)规格	基材情况	锚固深度 h_{ef}(mm)	h_{ef}/d	试验破坏荷载 N_u^0(kN) 幅度	平均	计算破坏荷载 N_u(kN)	N_u^0/N_u	破坏特征	备 注
DJR-PTM	Φ12	f_{cu}=39 (C30)	120	10	63.3～64.7	64.2	58.8(s)	1.09	钢筋拉断或接近 N_{us}	N_{uc}=80kN
			120	10	63.9～65.4	64.5		1.10		
DJR-DWM			175	14.6	64.4～67.7	65.5		1.11	钢筋拉断	N_{uc}=163.6kN
DJR-PTM	Φ16	钢质套筒	32	2	37		39.9(pa)	0.93	钢筋拔出	以钢质套筒为基材，研究胶筋界面破坏拉力：$N_{u,pa}$=17.5$h_{ef}d\sqrt{f_v}$ f_v=19.85MPa
			48	3	63		59.9(pa)	1.05		
			64	4	82.6		79.8(pa)	1.04		
			80	5	101.2		99.8(pa)	1.01		
			96	6	118		119.8(pa)	0.98	钢筋拉断	
XH111AB			80	5	100.1		96.2(pa)	1.04	钢筋拔出	f_v=18.46MPa (钢-花岗岩)
			96	6	106		104.6(s)	1.01	拔出，但临近 N_{us}	
			112	7	109			1.04	钢筋拉断	
XH130ABC	Φ12	f_{cu}=39 (C30)	150	12.5	63.8～66.9	65.7	58.8(s)	1.12	钢筋拉断	N_{uc}=123.1kN
XH111AB			145	12.1	58.7～66.7	63.3		1.08		N_{uc}=115.5kN
XH131ABC			146	12.2	67.1～69.1	68.2		1.16		N_{uc}=117.0kN
XH130ABC	Φ20	f_{cu}=39 (C30)	160	8	161.8～163.2	162.4	138.8(c)	1.17	带锥拔出	
XH111AB			158	7.9	168.6～174.0	171.4	135.7(c)	1.26		
XH131ABC			160	8	166.8～190.0	176.1	138.8(c)	1.27		
A1A2A3	Φ25 D30	f_{cu}=30.91	150	6	142～149	145.5	140.1(pc)	1.04	钢筋拔出	
			200	8	185.5～187.1	186.3	186.8(pc)	1.00		
			250	10	229.7～236.1	233.5	233.5(pc)	1.00		
XH131ABC	Φ16 D20	f_{cu}=39 (C30)	48	3	54.2～56.2	55.2	33.6(pc)	1.64	钢筋拔出	深钻孔，部分粘接，150、200、250为底部粘结长度，研究胶混界面破坏拉拔力。加钢垫板约束破坏形态，研究胶混界面破坏拉拔力。
			64	4	70.0	70.0	44.8(pc)	1.56		
			96	6	110.0～114.4	112.5		1.08		
			112	7	98.0～116.8	110.2	104.6(s)	1.05	钢筋缩颈，达 N_{us}	
			128	8	115.6～117.8	116.7		1.16		
			144	9	96.2～112.0	104.1		1.00		
HX-JMG	Φ12 Φ16 Φ20	f_{cu}=39 (C30)	120	10	69.0～70.2	69.6	58.8(s)	1.18	钢筋断	N_{uc}=80.0kN N_{uc}=138.8kN
			160	10	118.8～120.1	119.6	104.6(s)	1.14		
			152	7.6	177.0～180.6	178.6	126.2(c)	1.42	带锥拔出	
YS-JGN	Φ12 Φ16 Φ20	f_{cu}=39 (C30)	120	10	66.8～68.9	67.9	58.8(s)	1.15	钢筋缩颈	N_{uc}=80.0kN N_{uc}=138.8kN
			160	10	115.8～116.5	116.1	104.6(s)	1.11		
			152	7.6	171.6～176.0	174.3	126.2(c)	1.38	带锥拔出	
YJS-1	Φ14 Φ20	f_{cu}=36.4 (C28)	140	10	70.9～90.5	84.3	78.5(s)	1.07	钢筋缩颈	N_{uc}=104.4kN N_{uc}=200.6kN
			200	10	162.5～176.3	171.0	163.4(s)	1.05		

续表2

胶种	钢筋(栓)规格	基材情况	锚固深度		试验破坏荷载 N_u^0(kN)		计算破坏荷载 N_u(kN)	N_u^0/N_u	破坏特征	备注
			h_{ef}(mm)	h_{ef}/d	幅度	平均				
ESA	Φ12 Φ14	f_{cu}=36.4 (C28)	130 170	10.8 12.1	58.2～67.5 111.6～112.7	63.9 112.2	58.8(s) 89.3(s)	1.09 1.26	钢筋缩颈	N_{uc}=90.5kN N_{uc}=149.9kN
RM胶管	RGM12×160	f_{cu}=33.9 (C25)	110	9.2	53.5～55.0	54.3	62.5(c)	0.87	带锥拔出	
ZL-JGN	Φ12 Φ14 Φ20	f_{cu}=39 (C30)	100 169 215	8.3 10.6 10.8	37.4～59.8 102.8～107.3 155.3～170.0	52.2 105.6 161.4	54.9(c) 104.6(s) 163.4(s)	0.95 1.01 0.99	带锥拔出 钢筋缩颈	N_{uc}=153.5kN N_{uc}=235.7kN
汇丽牌锚固胶 散装	Φ14	f_{cu}=39 (C30)	96 160 200	6.9 11.4 14.3	34.2～50.4 58.8～70.0 61.0～79.6	44.4 62.9 71.1	50.2(c) 69.9(s) 69.9(s)	0.88 0.90 1.02	带锥拔出 钢筋缩颈钢筋断	N_{us}=69.9kN 为实测值
汇丽牌锚固胶 管装	M12×160		80 100 120	6.7 8.3 10.0	40.6～55.8 42.6～52.5 49.6～57.1	46.6 48.7 52.7	33.1(c) 54.9(c) 50.6(c)	1.41 0.89 1.04	带锥拔出 钢筋缩颈	N_{uc}=80.0kN
JCT管装	M10×130 M12×170 M12×160	f_{cu}=39 (C30)	90 120 100	9 10 8.3	41.4～46.8 51.2～53.4 61.4～67.0	43.5 52.1 64.0	43.5(c) 56.2(s) 56.2(s)	1.00 0.93 1.14	带锥拔出 锚栓拉断 锚栓拉断	
JGN-31	Φ12 Φ16 Φ20	f_{cu}=39 (C30)	120 160 150～160	10 10 7.5～8	63.8～66.6 116.4～118.1 174～182.7	65.3 116.0 178.5	58.8(s) 104.6(s) 163.4(c)	1.11 1.11 1.09	钢筋断 钢筋断 钢筋断	

注：(s)表示钢材破坏，(c)表示混凝土锥体混合型破坏，(pa)表示胶筋界面拔出破坏，(pc)表示胶混界面拔出破坏。

6.1.7 锚栓受拉混凝土锥体破坏时，混凝土圆锥直径，从统计看是固定的，对于膨胀型锚栓，ETAG认定为$3h_{ef}$，本次检验结果大体相当。当锚栓位于构件边缘，其距离$c<1.5h_{ef}$时，破坏时就形不成完整的圆锥体，因此，承载力会降低。ETAG用下列系数$\psi_{s,N}$反映c的降低影响：

$$\psi_{s,N}=0.7+0.3\frac{c}{c_{cr,N}}\leqslant 1 \quad (6.1.7)$$

式中$c_{cr,N}$为临界边距，对于膨胀型锚栓$c_{cr,N}=1.5h_{ef}$。为检验公式（6.1.7）的适用性，选用了M12之膨胀型锚栓及粘结型锚栓进行边距的影响试验，边距c的变化范围为45mm～∞。试验结果表明，粘结型锚栓边距c对承载力N_u的影响很小或根本就无影响，$\psi_{s,N}=1$。究其原因，主要是粘结型锚栓无膨胀挤压力，破坏机理也不是完全的锥体理论。相反，膨胀型锚栓c对N_u的影响较大，公式（6.1.7）$\psi_{s,N}$基本上反映了这一影响，N_{uc}^0/N_{uc}，大多数为1.01～1.03，但个别为0.45～0.86，试验值比计算偏低较多。其原因有二：一是该种锚栓较为特殊，属于无套筒的简易锚栓；二是边距过小时（$c<c_{min}$），会直接产生边沿混凝土侧向胀裂破坏，而不是锥体受拉破坏，因此，边距最小值c_{min}限定很有必要。c_{min}应由厂家通过系统试验认证给定。

6.1.8 基材适量配筋，总体上说，对锚固性能有利。但配筋过多过密时，在混凝土锥体受拉破坏模式下，会因钢筋的隔离作用，而出现表层素混凝土壳（保护层）先行剥离，从而降低了有效锚固深度h_{ef}。系数$\psi_{re,N}$则反应了这一影响。

6.1.10 比较公式（1）与（2）可知，膨胀型锚栓及扩孔型锚栓未裂混凝土锥体破坏承载力大约为开裂混凝土时的1.4倍。若以开裂混凝土为基准，则未开裂混凝土提高系数$\psi_{ucr,N}=1.4$。同理，化学植筋及粘结型锚栓未裂混凝土混合型破坏承载力约为开裂混凝土时的2.44倍，故$\psi_{ucr,N}=2.44$。

6.1.11 基材混凝土劈裂破坏分两种情况，一种是发生在锚栓安装阶段，主要是预紧力所引起，另一种是使用阶段，主要是外荷载所造成。但其根源，二者均是由于膨胀侧压力所致。

当$c<c_{min}$、$s<s_{min}$、$h<h_{min}$时，易发生安装劈裂破坏，一旦发生，整个锚固系统就失去了继续承载的

能力，故不允许锚栓安装劈裂破坏现象发生。c_{min}、s_{min} 及 h_{min} 应由锚栓生产厂家委托国家法定检验单位，通过系统的试验分析提出。

当 $c≥c_{min}$，$s≥s_{min}$，$h≥h_{min}$，但不满足荷载劈裂条件时，随着锚栓所受外荷载的增大，锚栓对混凝土孔壁的膨胀挤压力会随之增加，此时的劈裂破坏则属荷载造成的劈裂破坏，其量值 $N_{Rk,sp}$ 与混凝土锥体破坏承载力 $N_{Rk,c}$ 大体相应，但 $A_{c,N}$、$A_{c,N}^0$ 计算中的 $c_{cr,N}$ 和 $s_{cr,N}$ 应由 $c_{cr,sp}$ 和 $s_{cr,sp}$ 替代，且多了一项构件相对厚度影响系数 $\psi_{h,sp}$。

关于机械锚栓穿出破坏，因缺乏系统试验资料，且性能欠佳，本规程除在适用条件给予严格控制外，未具体给定承载力计算值，其值应由厂家通过试验认证后提供。

化学植筋或粘结型锚栓受拉拔出破坏理论上有两种模式，一种是沿着胶体与钢筋界面破坏，另一种是沿着胶体与混凝土孔壁界面破坏。

以 DJR-PTM 胶和 XH131ABC 胶，植入 Φ16 钢筋进行了抗拔试验，其锚深与钢筋直径之比 $h_{ef}/d=2～7$。试验结果列于表 2。由表列数值可知，$h_{ef}/d=2～4$ 时，主要表现为拔出破坏，$h_{ef}/d=4～5$ 时，钢筋全部进入流限，$h_{ef}/d=6～7$ 时，绝大部分为钢筋拉断破坏。据此，可以近似得到胶筋界面破坏的受拉承载力计算公式如下：

$$N_{u,pa}=17.5h_{ef}d\sqrt{f_v} \quad (N) \quad (5)$$

式中 f_v——锚固胶的钢-钢粘结抗剪强度（MPa）；
d——钢筋直径（mm）。

$N_u^0/N_u=0.93～1.05$，表明试验值与计算值吻合（图 6）。

对于开裂混凝土，若承载力降低系数近似取 0.6，变异系数取 0.16，则可得到胶筋界面破坏时的受拉承载力标准值 $N_{Rk,pa}$ 为：

$$N_{Rk,pa}=7.7h_{ef}d\sqrt{f_{vk}} \quad (N) \quad (6)$$

式中 f_{vk}——锚固胶的钢-钢粘结抗剪强度标准值（MPa）。

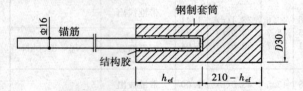

图 5 胶筋界面破坏试验简图

1 沿着锚固胶与钢筋界面拉剪破坏时，承载力主要取决于锚固胶与钢筋的粘结抗剪强度。为迫使破坏仅沿锚固胶与钢筋界面发生，要求基材强度足够高，可采用花岗岩和大理石，本试验采用钢质基材，如图 5 所示，即以钢棒钻孔（钢套筒）作为锚固体，

2 由于混凝土的抗剪强度比胶的粘结抗剪强度低，故沿着锚固胶与钻孔混凝土界面拉剪破坏时，承载力主要取决于混凝土的抗剪强度。为模拟胶混凝土界面破坏，哈尔滨工业大学采用深钻孔，仅底部局部灌胶粘结办法，植入 Φ25 钢筋（图 7a）；中国建筑科学研究院采用穿心式千斤顶，拉拔时套入一块孔径与钢筋直径一致的钢垫板，植入 Φ16 钢筋（图 7b）。二者均沿胶与混凝土界面拉剪破坏，故其结果（表 2）可认为是胶混凝土界面破坏的代表。根据其试验结果，可近似得到胶混凝土界面破坏的受拉承载力计算公式如下：

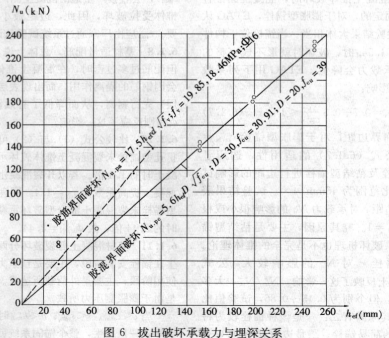

图 6 拔出破坏承载力与埋深关系

$$N_{u,pc} = 5.6 h_{ef} D \sqrt{f_{cu}} \quad (N) \tag{7}$$

式中 D——锚孔直径（mm）。

由表2可知，$N_u^0/N_u = 1.00 \sim 1.64$（图6）。

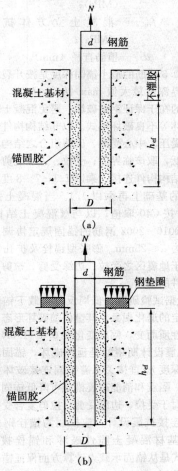

图7 胶混界面破坏试验简图
(a) 局部灌胶法；(b) 钢垫圈约束法

开裂混凝土情况与混凝土锥体混合型破坏相近，降低系数近似取 0.41，变异系数取 0.16，则胶混凝土界面破坏时的受拉承载力标准值 $N_{Rk,pc}$ 为：

$$N_{Rk,pc} = 1.7 h_{ef} D \sqrt{f_{cu,k}} \quad (N) \tag{8}$$

6.2 受剪承载力计算

6.2.1 后锚固连接受剪承载力应按锚栓钢材破坏、混凝土剪撬破坏、混凝土边缘楔形体破坏等3种破坏类型，以及单锚与群锚两种锚固方式，共计6种情况分别进行计算（表6.2.1）。对于群锚连接，当为钢材破坏时，主要表现为某根受力最大锚栓的破坏，故取 V_{Sd}^h 计算即可；当为边缘混凝土楔形体破坏及混凝土撬坏时，则主要表现为群锚整体破坏，故取 V_{Sd}^g 进行整体锚固计算。

6.2.2 锚栓钢材受剪破坏分纯剪和拉弯剪复合受力两种情况。对于无杠杆臂纯剪钢材破坏时的承载力标准值 $V_{Rk,s}$，参照 ETAG 取：

$$V_{Rk,s} = 0.5 A_S f_{stk} \tag{6.2.2-2}$$

但对延性较低的硬钢群锚，因各锚栓应力分布不可能很均匀，故乘以 0.8 降低系数。

为检验式（6.2.2-2），选用了M10和M12膨胀锚栓和粘结型锚栓进行抗剪试验，锚固深度在 50~90mm 之间。试验按 ETAG 附录A 剪切试验方法进行。试验结果可知，$N_u^0/N_u = 1.06 \sim 1.18$，式（6.2.2-2）偏于安全。

对于有杠杆臂的受剪，因锚栓处在拉、弯、剪的复合受力状态，根据钢材破坏强度理论，其折算受剪承载力标准值 $V_{Rk,s}$ 可由公式（6.2.2-3）、（6.2.2-4）和（6.2.2-5）联解获得。其中所谓无约束，是指被连接件锚板在受力过程中，既产生平移又发生转动（图6.2.2-2a），锚栓杆相当于悬臂杆，故弯矩较大；所谓全约束，是指被连接件锚板在受力过程中只产生平移，不发生转动（图6.2.2-2b），故弯矩亦较小。

6.2.3~6.2.11 构件边缘（$c < 10 h_{ef}$）受剪混凝土楔形体破坏时的受剪承载力标准值计算公式，主要是参考 ETAG 制定的，其中公式（6.2.4）中的锚栓有效长度 l_f，ETAG 未说明。从安全考虑，本规程近似取 $l_f \leq h_{ef}$ 且 $l_f \leq 8d$。此项规定主要针对的是植筋，因为植筋锚固深度一般较大，$h_{ef} = 17 \sim 29d$；而锚栓一般较短，锚固深度也较小，限定已失去意义。

6.2.12 基材混凝土剪撬破坏主要发生在中心受剪（$c \geq 10 h_{ef}$）之粗短锚栓埋深较浅情况，系剪力反方向混凝土被锚栓撬坏，承载力计算公式（6.2.12）系参考 ETAG 制定。

7 锚固抗震设计

7.0.1 地震作用是一个反复动力作用，从滞回性能和耗能角度分析，锚固连接破坏应控制为锚栓钢材破坏，避免混凝土基材破坏。化学植筋，因其锚固深度无限，且无膨胀挤压力，完全具备此项功能，因此，作为地震区应用的首选。膨胀型锚栓和扩孔型锚栓破坏型态主要为混凝土基材破坏和拔出破坏，抗震性能较差，故不得用于受拉、边缘受剪、拉剪复合受力之结构构件及生命线工程之非结构构件的后锚固连接。对于非结构构件锚固连接，以及受压、中心受剪、压剪复合受力之结构构件锚固连接，则不受其限制。

7.0.2 锚固连接的可靠性和锚固能力，除锚栓品种外，锚固基材的品质及应力状况至关重要，裂缝开展失控区及素混凝土区，一般均不应作为有抗震设防要求的锚固区。

7.0.3 植筋受拉存在钢材破坏、混凝土基材破坏及拔出破坏等模式，而混凝土混合型受拉破坏承载力

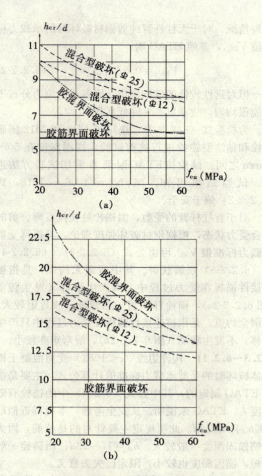

图8 植筋临界锚固深度比
(a) 未裂混凝土；(b) 开裂混凝土

N_{uc}式(3)、(4)及拔出破坏承载力$N_{u,pa}$式(5)、(6)和$N_{u,pc}$式(7)、(8)均与锚固深度h_{ef}直接相关，因此，由下列平衡关系可得h_{cr}，此时的锚固深度h_{cr}称为临界锚固深度$h_{cr,c}$，$h_{cr,pa}$，$h_{cr,pc}$：

$$N_{u,s}=N_{uc} \quad (9)$$

$$N_{u,s}=N_{u,pa} \quad (10)$$

$$N_{u,s}=N_{u,pc} \quad (11)$$

对于常用的Ⅱ级螺纹钢筋，相对临界锚固深度可按下列公式计算，其变化规律示于图8：

基材混凝土混合型受拉破坏

$$h_{cr,c}/d=0.1399\left[f_{us}\sqrt{d/f_{cu}}\right]^{0.6667}+30/d \text{（未裂混凝土）} \quad (12)$$

$$h_{cr,c}/d=0.2536\left[f_{us}\sqrt{d/f_{cu}}\right]^{0.6667}+30/d \text{（开裂混凝土）}$$

胶混界面拔出破坏

$$h_{cr,pc}/d=0.099 f_{us}/\sqrt{f_{cu}} \text{（未裂混凝土）} \quad (13)$$

$$h_{cr,pc}/d=0.24 f_{us}/\sqrt{f_{cu}} \text{（开裂混凝土）}$$

胶筋界面拔出破坏

$$h_{cr,pa}/d=0.049 f_{us}/\sqrt{f_v} \text{（未裂混凝土）} \quad (14)$$

$$h_{cr,pa}/d=0.075 f_{us}/\sqrt{f_v} \text{（开裂混凝土）}$$

上列公式中 f_{us}——植筋极限抗拉强度（MPa）；
f_v——锚固胶的钢-钢粘结抗剪强度（MPa）；
f_{cu}——混凝土立方体抗压强度（MPa）；
d——植筋直径（mm）。

表7.0.3植筋的最小锚固深度是按开裂混凝土上述三种临界深度最大值 max $\{h_{cr,c}, h_{cr,pa}, h_{cr,pc}\}$ 确定的，目的在于保证钢材破坏，避免混凝土基材破坏及拔出破坏等不良破坏形式。以非结构构件锚固连接及6度区受压、中心受剪、压剪组合之结构构件锚固连接为最低，取该临界值；受拉、边缘受剪、拉剪复合受力之结构构件连接，乘以1.1；7～8度区，分别在6度区的基础上再乘以1.1。当混凝土强度等级≥C40时，按C40取值，以与《混凝土结构设计规范》GB 50010—2002 钢筋的锚固规定协调。锚筋的直径限定为d≤25mm。膨胀型锚栓及扩孔型锚栓原则上不适于地震区之受拉、边缘受剪、拉剪复合受力之结构构件的锚固。

7.0.5 根据试验研究，低周反复荷载下锚固承载力呈现出一定的退化现象，其量值随破坏形态、锚栓类型及受力性质而变，幅度变化在0.6～1.0R之间。

7.0.6 抗震设计期望的是延性破坏，锚固参数，特别是锚固深度h_{ef}直接关系着锚固连接破坏类型及承载力量值，隔震和消能减震措施可降低锚固连接的地震反应。对于受拉、边缘受剪、拉剪复合受力之结构构件锚固连接抗震设计，应控制为锚栓钢材延性破坏，避免基材混凝土脆性破坏和锚栓拔出破坏，(7.0.6)式是从锚固承载力计算方面保证锚固连接仅发生钢材破坏。

7.0.7 膨胀型锚栓和扩孔型锚栓不能直接承受压力，但工程中的锚固连接在反向荷载下则可能产生压力，问题是此压力不能传给锚栓，必须通过构造措施，如锚板，传给混凝土基材。即或如此，基材在压缩变形下还会导致锚栓预紧力相应降低；另一方面，锚栓膨胀片在长期使用中也会产生松弛。为保证锚栓始终处在受拉状态，规定两种内力损失叠加后，锚栓的实有拉力最小值$N_{sk,min}$应满足公式(7.0.7)规定。

7.0.8 试验和经验表明，锚固区具有定量的钢筋，锚固性能可大为改善。与既有工程不同，新建工程有条件满足此项要求，为提高锚固连接的可靠性，减小基材混凝土破坏的可能性，可在预设的锚固区配置必要的钢筋网。

8 构造措施

8.0.1、8.0.2 与6.1.11条相应，锚固基材厚度、群锚间距及边距等最小值规定，除避免锚栓安装时或减小锚栓受力时基材混凝土劈裂破坏的可能性外，主要在于增强锚固连接基材破坏时的承载能力和安全可靠性，其值应通过系统性试验分析后给定。

8.0.3 基材结构由于增加了后锚固依附结构，其内力会发生变化，一般会增大，因此，原结构承载力应重新验算。作为简化计算，公式（8.0.3-1）是控制局部破坏，公式（8.0.3-2）是控制整体破坏。

8.0.4 作为基材锚固区的理想条件是，混凝土坚实可靠，且配有适量钢筋。混凝土保护层、建筑抹灰层及装修层等，因结构疏松或粘结强度低，均不得作为设置锚栓的锚固区。

8.0.5 处在室外条件下的被连接钢件，会因钢件与基材混凝土的温度差异和变化，而使锚栓产生较大的交变温度应力。为避免锚栓因温度应力过大而遭致疲劳破坏，故规定应从锚固方式采取措施，控制温度应力变幅 $\Delta\sigma = \sigma_{max} - \sigma_{min} \leqslant 100\mathrm{MPa}$。

8.0.6 外露后锚固连接件防腐措施应与其耐久性要求相适应，耐久性要求较高时可选用不锈钢件，一般情况可选用电镀锌及现场涂层法。外露后锚固连接件耐火措施应与结构的耐火极限相一致，有喷涂法、包封法等。

9 锚固施工与验收

9.1 基本要求

9.1.1~9.1.3 基本要求强调了三点，锚栓品质、基材性状及安装方法应符合设计及有关标准、规程的要求。

9.2 锚孔

9.2.1~9.2.3 锚孔对锚固质量影响较大，本节对各类锚栓锚孔尺寸偏差、清孔要求、废孔处理等，做了具体规定。

9.3 锚栓的安装与锚固

9.3.1 预插式安装（图9.3.1-1）是先安装锚栓后装被连接件，锚板与基材钻孔要求同心，但孔径不一定相同；穿透式安装（图9.3.1-2），锚板与基材一道钻孔（配钻），孔径相同，整个锚栓从外面穿过锚板插入基材锚孔，锚板钻孔与锚栓套筒紧密接触，多用于抗剪能力要求较高的锚固；离开基面的安装（图9.3.1-3），主要是指具有保温层或空气层的外饰面板安装，该安装所用锚栓杆头较长，采用三个螺母，先装锚栓，以第一道螺母紧固于基材，铺贴保温层，以第二道螺母调平，装饰面板，以第三道螺母拧紧固定。

9.3.3 扩孔型锚栓安装，应先按规定钻直孔，然后再分类扩孔安装。对于预扩孔，需另换专用钻头进行扩孔，安装时扭矩控制应准确。对于自扩孔，因锚栓自带刀头，只需将锚栓插入孔底，开动钻机转动锚栓，扩孔与膨胀同时完成。

9.3.4~9.3.5 化学植筋安装工艺流程为：钻孔→清孔→配胶→植筋→固化→质检。应按设计锚固深度钻孔，孔径 $D = d + (4~10)\ \mathrm{mm}$，小直径机械安装取低限，大直径灌注安装取高限，清孔应彻底。胶起着关键作用，应采用国家认证过的胶，使用前应进行现场试验和复检，胶称量应准确，搅拌应均匀，灌注应充实。

9.4 锚固质量检查与验收

9.4.1~9.4.4 锚固质量检查是确保后锚固连接工程可靠性的重要环节，应重点检查锚固参数、基材质量、尺寸偏差、抗拔力；对于化学植筋，尚应检查胶粘剂的性能。

附录 A 锚固承载力现场检验方法

A.1 基本规定

A.1.1、A.1.2 后锚固连接抗拔承载力现场检验，ETAG未作规定，西方国家大多着重原材料质量检验和施工程序控制，一般不作现场检验；但按我国《建筑工程质量验收统一标准》精神，则为必检项目。然而，破坏性检验会造成一定程度难于处理的基材结构的破坏，故本规程规定，承载力现场检验，对于一般结构及非结构构件，可采用非破坏性检验；对于重要结构及生命线工程非结构构件，应采用破坏性检验，并尽量选在受力较小的次要连接部位。

A.4 检验方法

A.4.1 加荷设备支撑环内径 $D_0 \geqslant 4h_{ef}$ 或 $D_0 \geqslant \max(12d, 250\mathrm{mm})$ 要求，主要考虑是基材混凝土破坏圆锥体直径，即锚栓的临界间距 $s_{cr,N}$，因为，环径过小就不可能产生锥体破坏，承载力会显著偏高。

A.4.3 非破坏性检验荷载取 $0.9A_s f_{yk}$，主要考虑的是钢材屈服；而取 $0.8N_{Rk,c}$，主要在于检验锚栓或植筋滑移及混凝土基材破坏前的初裂。

A.5 检验结果评定

A.5.1~A.5.3 根据试验及锚固承载力标准值取值，在非破坏检验荷载下，一般不应该出现钢筋屈服、滑移、基材裂缝及持荷不稳等征兆。但非破坏性检验对锚固承载力毕竟无法量化，为避免误判，规定当该检验不合格时，则应补作破坏性检验判定。除特殊情况下，现场破坏性检查，一般仅检查锚栓的极限抗拔力。因数量有限，评定方法采用双控，即极限抗拔力平均值应满足公式（A.5.2-1），最小值应≥标准值（A.5.2-2）。当检验不合格时，应采取专门措施处理。

中华人民共和国行业标准

混凝土异形柱结构技术规程

JGJ 149—2006

条 文 说 明

前　言

《混凝土异形柱结构技术规程》JGJ 149-2006 经建设部 2006 年 3 月 9 日以 415 号公告批准发布。

为便于广大设计、施工、科研、教学等单位有关人员在使用本规程时正确理解和执行条文规定，《混凝土异形柱结构技术规程》编制组按章、节、条顺序编制了本标准的条文说明，供使用者参考。在使用中如发现本条文说明有不妥之处，请将意见函寄天津大学（主编单位）。

（邮政编码：300072，地址：天津市南开区卫津路 92 号天津大学土木工程系）

目 次

1 总则 …………………………… 3—13—4
2 术语、符号 …………………… 3—13—4
3 结构设计的基本规定 ………… 3—13—4
4 结构计算分析 ………………… 3—13—7
5 截面设计 ……………………… 3—13—9
6 结构构造 ……………………… 3—13—11
7 异形柱结构的施工 …………… 3—13—13
附录A 底部抽柱带转换层的异形
　　　　柱结构 ………………… 3—13—13

1 总则

1.0.1 混凝土异形柱结构是以T形、L形、十字形的异形截面柱（以下简称异形柱）代替一般框架柱作为竖向支承构件而构成的结构，以避免框架柱在室内凸出，少占建筑空间，改善建筑观瞻，为建筑设计及使用功能带来灵活性和方便性；同时结合墙体改革，采用保温、隔热、轻质、高效的墙体材料作为框架填充墙及内隔墙，代替传统的烧结普通砖墙，以贯彻国家关于节约能源、节约土地、利用废料、保护环境的政策。

混凝土异形柱结构体系与一般矩形柱结构体系之间既存在着共性，也具有各自的特性。由于异形柱与矩形柱二者在截面特性、内力和变形特性、抗震性能等方面的显著差异，导致在异形柱结构设计与施工中一些不容忽视的问题，这些方面在目前我国现行规范、规程中尚未得到反映。随着异形柱结构在各地逐渐推广应用，迫切需要异形柱结构的行业标准作为指导异形柱结构设计施工、工程审查及质量监控的规程依据。近年来国内各高等院校、设计、研究单位对异形柱结构的基本性能、设计方法、构造措施及工程应用等方面进行了大量的科学研究与工程实践，包括：异形柱正截面、斜截面、梁柱节点的试验及理论研究、异形柱结构模型的模拟地震作用试验（振动台试验及低周反复水平荷载试验）研究、异形柱结构抗震分析及抗震性能研究、异形柱结构专用设计软件研究及异形柱结构标准设计研究等。一些省市制订并实施了异形柱结构地方标准，一些地方的国家级住宅示范小区中也建有异形柱结构住宅建筑，我国异形柱结构的科学研究成果不断充实，设计与施工的工程实践经验不断积累，为了在混凝土异形柱结构设计与施工中贯彻执行国家技术经济政策，做到安全适用、技术先进、经济合理、确保质量，特制订《混凝土异形柱结构技术规程》作为中华人民共和国行业标准。

1.0.2 混凝土异形柱结构体系原来主要用于住宅建筑，近年来逐渐扩展到用于平面及竖向布置较为规则的宿舍建筑等，工程实践表明效果良好。异形柱结构体系也可用于类似的较为规则的一般民用建筑。

由于我国目前尚无在8度（0.30g）及9度抗震设防地区异形柱结构的设计与施工工程实践经验，也没有相应的可资依据的研究成果，且考虑到异形柱结构的抗震性能特点，故未将抗震设防烈度为8度（0.30g）及9度抗震设计的建筑列入本规程适用范围。

1.0.3 本规程遵照现行国家标准《建筑结构可靠度设计统一标准》GB 50068、《建筑结构荷载规范》GB 50009、《混凝土结构设计规范》GB 50010、《建筑抗震设计规范》GB 50011、《混凝土结构工程施工质量验收规范》GB 50204及现行行业标准《高层建筑混凝土结构技术规程》JGJ 3等，并根据异形柱结构有关试验、理论的研究成果和工程设计、施工的实践经验编制而成。

2 术语、符号

2.1 术语

本规程的术语系根据现行国家标准《工程结构设计基本术语和通用符号》GBJ 132和《建筑结构设计术语和符号标准》GB/T 50083给出的。

2.2 符号

本规程的符号主要是根据现行国家标准《混凝土结构设计规范》GB 50010和《建筑抗震设计规范》GB 50011规定的。有些符号基于异形柱结构特点作了相应的调整和补充。

3 结构设计的基本规定

3.1 结构体系

3.1.1 长期以来，工程实际应用的主要是以T形、L形和十字形截面的异形柱构成的框架结构和框架-剪力墙结构体系，对柱的其他截面形式由于问题的复杂性及目前缺乏充分研究依据而未列入。

这里的异形柱框架结构体系包括全部由异形柱作为竖向受力构件组成的钢筋混凝土结构，也包括由于结构受力需要而部分采用一般框架柱的情形。

为满足在建筑物底部设置大空间的建筑功能要求，异形柱结构体系还可以采用底部抽柱带转换层的异形柱框架结构或异形柱框架-剪力墙结构，此时应遵守本规程附录A的规定。

框架-核心筒结构是框架-剪力墙结构中剪力墙集中布置于建筑平面核心部位的一种特殊情形，其核心筒具有较大的空间刚度和抗倾覆力矩的能力，其外围周边框架柱的抗扭能力相对薄弱，成为抗震的薄弱环节，现有的震害资料表明，框架-核心筒结构在强烈地震作用下，框架柱的损坏程度明显大于核心筒。目前对异形柱用于此类结构体系尚缺乏研究，故现阶段规程的异形柱结构中不包括此类结构体系。

3.1.2 对混凝土异形柱结构，从结构安全和经济合理等方面综合考虑，其适用的房屋最大高度应有所限制，我国现行有关标准中还没有对异形柱结构适用的房屋最大高度做出规定，为此，本规程针对混凝土异形柱框架及框架-剪力墙两种结构体系的一批代表性典型工程，主要考虑下列基本条件：①非抗震设计；②抗震设防烈度为6度、7度（0.10g，0.15g）及8

度（0.20g）的抗震设计；③不同场地类别；④不同开间柱网尺寸；⑤结构平均自重按 12～14kN/m²；⑥标准层层高按 2.9m。根据本规程及现行国家标准的有关规定，进行了系统的结构弹性及弹塑性分析计算，综合考虑异形柱结构现有的理论研究、试验研究成果及设计、施工的工程实践经验，由此归纳总结得到本规程关于异形柱结构适用的房屋最大高度的条文规定，并与现行国家标准相关规定的表达方式基本保持一致，用作工程设计的宏观控制。通过 25 项典型工程试设计的核验，认为本条关于异形柱结构适用的房屋最大高度的规定是合适的、可行的。

结构的顶层采用坡屋顶时适用的房屋最大高度在国家现行有关标准中未作具体规定，异形柱结构设计时可由设计人员根据实际情况合理确定。当檐口标高不设水平楼板时，总高度可算至檐口标高处；当檐口标高附近有水平楼板，即带阁楼的坡屋顶情形，此时高度可算至坡高的 1/2 高度处。

异形柱框架-剪力墙结构在基本振型地震作用下，框架部分承受的地震倾覆力矩若大于结构总地震倾覆力矩的 50%，其最大适用高度不宜再按框架-剪力墙结构的要求执行，但可比框架结构的要求适当放松，放松的幅度可根据剪力墙的数量及剪力墙承受的地震倾覆力矩确定。

平面和竖向均不规则的异形柱结构或Ⅳ类场地上的异形柱结构，适用的房屋最大高度应当降低，一般可降低 20%左右；底部抽柱带转换层异形柱结构，适用的房屋最大高度应符合本规程附录 A 的规定。

当异形柱结构中采用少量一般框架柱时，其适用的房屋最大高度仍按全部为异形柱的结构采用。

在异形柱结构实际工程设计中应综合考虑不同结构体系、结构设计方案、抗震设防烈度、场地类别、结构平均自重、开间尺寸、进深尺寸及结构布置的规则性等影响因素，正确使用本规程关于异形柱结构适用的房屋最大高度规定。当房屋高度超过表中规定的数值时，结构设计应有可靠的依据，并采取有效的加强措施。

3.1.3 高宽比是对结构刚度、整体稳定、承载能力和经济合理性的宏观控制。本规程对异形柱结构适用的最大高宽比的规定系根据异形柱结构的特性，比现行行业标准《高层建筑混凝土结构技术规程》JGJ 3 对应的规定有所加严。本条文适用于 10 层及 10 层以上或高度超过 28m 的情形，当层数或高度低于上述数值时，可适当放宽。

3.1.4 影响建筑结构安全的因素有三个层次：结构方案、内力效应分析和截面设计。结构方案虽属概念设计的范畴，但由此所决定的整体稳定性对结构安全的重要意义远超过其他因素。在异形柱结构设计中，应根据是否抗震设防、抗震设防烈度、场地类别、房屋高度和高宽比、施工技术等因素，通过安全、技术、经济和使用条件的综合分析比较，选用合理的结构体系，并宜通过增加结构体系的多余约束和超静定次数、考虑传力途径的多重性、避免采用脆性材料和加强结构的延性等措施来加强结构的整体稳定性，使结构当承受自然界的灾害或人为破坏等意外作用而发生局部破坏时，不至于引发连续倒塌而导致严重恶性后果。

异形柱结构体系除应符合现行国家标准《建筑抗震设计规范》GB 50011、《混凝土结构设计规范》GB 50010 及现行行业标准《高层建筑混凝土结构技术规程》JGJ 3 的有关规定外，尚应符合本规程的有关规定。

1 框架结构与砌体结构在抗侧刚度、变形能力、抗震性能方面有很大差异，将这两种不同的结构混合使用于同一结构中，会对结构的抗震性能产生不利的影响。现行行业标准《高层建筑混凝土结构技术规程》JGJ 3 对此做了强制性条文的规定，对异形柱结构同样必须遵守。

2 根据震害资料，多层及高层单跨框架结构震害严重，故本规程规定：抗震设计的异形柱结构不宜采用单跨框架结构。又基于对异形柱抗震性能特点的考虑，以及目前缺乏专门研究，规定异形柱结构不应采用多塔、连体和错层等复杂结构形式。

3 在结构设计中利用楼梯间、电梯井位置合理布置剪力墙，对电梯设备运行、结构抗震、抗风均有好处，但若剪力墙布置不合理，将导致平面不规则，加剧扭转效应，反而会对抗震带来不利影响，故这里强调"合理地布置剪力墙"。对高度不大的异形柱结构的楼梯间、电梯井，可采用一般框架柱。

4 在异形柱结构中异形柱的肢厚尺寸较小，相应地梁宽尺寸及梁柱节点核心区尺寸均较小，为保证异形柱结构的整体安全，对主要受力构件——柱、梁、剪力墙应采用现浇的施工方式。

3.1.5 国家有关部门已经发布专门文件，禁止使用烧结黏土砖，积极发展和推广应用新型墙体材料，是当前墙体材料革新的一项主要任务。异形柱结构体系就是 20 世纪 70 年代以来墙体材料革新推动下促进结构体系变革的产物，它属于框架-轻墙（填充墙、隔墙）结构体系，应优先采用轻质高效的墙体材料，不应采用烧结实心黏土砖，由此带来的效益不仅是改善建筑的保温、隔热性能，节约能源消耗，而且减轻了结构的自重，有利于节约基础建设投资，有利于减小结构的地震作用；采用工业废料制作轻质墙体，有利于利用废料，有利于环境保护，其综合效益值得重视。

异形柱结构的主要特点就是柱肢厚度与墙体厚度取齐一致，在工程实用中尚应综合考虑墙身满足保温、隔热、节能、隔声、防水及防火等要求，以满足建筑功能的需要。在此前提下根据不同条件选用合理经济的墙体形式——砌体或墙板。各地应根据当地实际条件，大力推进住宅产业现代化，解决好与异形柱结构体系配套的墙体材料产品，以确保质量，提高效率和降低成本。

3.2 结构布置

3.2.1 合理的结构布置（包括平面布置及竖向布置）无论在非抗震设计还是抗震设计中都具有非常重要的意义，结构的平面和竖向布置宜简单、规则、均匀，这就需要结构工程师与建筑师密切协调配合，兼顾建筑功能与结构功能的合理性。关于结构布置中对规则性的要求，本规程提出：异形柱结构宜采用规则的结构设计方案，抗震设计的异形柱结构应符合抗震概念设计的要求，不应采用特别不规则的结构设计方案，比现行国家标准《建筑抗震设计规范》GB 50011 对一般钢筋混凝土结构的有关规定有所加严，这是根据异形柱结构抗震性能和抗震设计特点而提出的。

关于"规则的结构设计方案"是指体型（平面和立面形状）简单，抗侧力体系的刚度和承载力上下连续均匀地变化，平面布置基本对称，即在平面、竖向的抗侧力体系或计算图形中没有明显的、实质的不连续（突变）；"特别不规则的结构设计方案"是指多项不规则指标均超过国家现行标准或本规程有关的规定，或某一项超过规定指标较多，具有较明显的抗震薄弱部位，将会导致不良后果者。

3.2.2 在异形柱结构抗震设计时，首先应对结构设计方案关于平面和竖向布置的规则性进行判别。对不规则异形柱结构的定义和设计要求，除应符合国家现行标准对一般钢筋混凝土结构的有关要求外，尚应符合本规程第 3.2.4 条和第 3.2.5 条的有关规定。

为方便异形柱结构的抗震设计，这里列出现行国家标准《建筑抗震设计规范》GB 50011 对平面不规则类型及竖向不规则类型的定义，作为对异形柱结构不规则类型判别的依据。

表 1　平面不规则的类型

不规则类型	定　　　　义
扭转不规则	楼层的最大弹性水平位移（或层间位移）大于该楼层两端弹性水平位移（或层间位移）平均值的 1.2 倍
凹凸不规则	结构平面凹进的一侧尺寸大于相应投影方向总尺寸的 30%
楼板局部不连续	楼板的尺寸和平面刚度急剧变化，例如，有效楼板宽度小于该层楼板典型宽度的 50%，或开洞面积大于该层楼面面积的 30%，或较大的楼层错层

表 2　竖向不规则的类型

不规则类型	定　　　　义
侧向刚度不规则	该层的侧向刚度小于相邻上一层的 70%，或小于其上相邻 3 个楼层侧向刚度平均值的 80%；除顶层外，局部收进的水平向尺寸大于相邻下一层的 25%
竖向抗侧力构件不连续	竖向抗侧力构件（柱、剪力墙）的内力由水平转换构件（梁、桁架等）向下传递
楼层承载力突变	抗侧力结构的层间受剪承载力小于相邻上一楼层的 80%

注：抗侧力结构的楼层层间受剪承载力是指所考虑的水平地震作用方向上，该层全部柱及剪力墙的受剪承载力之和。

3.2.3 本规程根据异形柱结构的特点及抗震概念设计原则，对结构平面布置提出应符合的要求。

本规程 3.2.1 条规定：异形柱结构宜采用规则的设计方案，相应地在对结构柱网轴线的布置方面，本条提出了纵、横柱网轴线宜分别对齐拉通的要求。震害表明，若柱网轴线不对齐，形不成完整的框架，地震中因扭转效应和传力路线中断等原因可能造成结构的严重震害，因此在设计中宜尽量使纵、横柱网轴线对齐拉通。

异形柱的肢厚较薄，其中心线宜与梁中心线对齐，尽量避免由于二者中心线偏移对受力带来的不利影响。

对异形柱框架-剪力墙结构中剪力墙的最大间距提出了限制要求，其限值较现行国家标准对一般钢筋混凝土结构的相关规定有所加严。底部抽柱带转换层异形柱结构的剪力墙间距宜符合本规程附录 A 的有关规定。

3.2.4 本规程根据异形柱结构的特点及抗震概念设计原则，对结构竖向布置提出应符合的要求。

异形柱结构体系中，除异形柱上下连续贯通落地的一般框架结构之外，根据建筑功能之需要尚可采用底部抽柱带转换层的异形柱框架-剪力墙结构，这种结构上部楼层的一部分异形柱根据建筑功能的要求，并不上下连续贯通落地（即底部抽柱），而是落在转换大梁上（即梁托柱），完成上部小柱网到底部大柱网的转换，以形成底部大空间结构，但剪力墙应上下连续贯通房屋全高。

3.2.5 当异形柱结构的扭转位移比（即楼层竖向构件的最大水平位移和层间位移与该楼层两端弹性水平位移和层间位移平均值之比）大于 1.20 时，根据现行国家标准《建筑抗震设计规范》GB 50011 的有关规定，可界定为"扭转不规则类型"，但本规程规定此时控制扭转位移比不应大于 1.45，较现行国家标准的规定有所加严。目的是为了限制结构平面布置的不规则性，避免过大的扭转效应。

当异形柱结构的层间受剪承载力小于相邻上一楼层的 80% 时，根据现行国家标准的有关规定，可界定为"楼层承载力突变类型"，其薄弱层的受剪承载力不应小于相邻上一楼层的 65%，且薄弱层的地震剪力应乘以 1.20 的增大系数，较现行国家标准的相应规定有所加严。

本规程中的底部抽柱带转换层异形柱结构，根据现行国家标准的有关规定，可界定为"竖向抗侧力构件不连续类型"，且该构件传递给水平转换构件的地震内力应乘以 1.25～1.5 的增大系数，但本规程建议此时可按该系数的较大值取用。

抗震设计时，对异形柱结构中处于受力复杂、不利部位的异形柱，例如结构平面柱网轴线斜交处的异形柱，平面凹进不规则等部位的异形柱，提出采用一般框架柱的要求，以改善结构的整体受力性能。

3.3 结构抗震等级

3.3.1 抗震设计的混凝土异形柱结构应根据抗震设防烈度、结构类型、房屋高度划分为不同的抗震等级，有区别地分别采用相应的抗震措施，包括内力调整和抗震构造措施。抗震等级的高低，体现了对结构抗震性能要求的严格程度。本规程的结构抗震等级系针对异形柱结构的抗震性能特点及丙类建筑抗震设计的要求制定的。

本条文表 3.3.1 注 2 和注 3 还明确了某些场地类别对抗震构造措施的影响。

3.3.2、3.3.3 条文系根据国家现行标准《建筑抗震设计规范》GB 50011 和《高层建筑混凝土结构技术规程》JGJ 3 的相应规定给出的。

4 结构计算分析

4.1 极限状态设计

4.1.1 按现行国家标准《混凝土结构设计规范》GB 50010 关于承载能力极限状态的计算规定，根据建筑结构破坏后果的严重程度，建筑结构划分为三个安全等级，采用混凝土异形柱结构的居住建筑属于"一般的建筑物"类，其破坏后果属于"严重"类，其安全等级应采用二级。当异形柱结构用于类似的较为规则的一般民用建筑时，其安全等级也可参照此条规定。

4.1.2 混凝土异形柱结构属于一般混凝土结构，根据现行国家标准《建筑结构可靠度设计统一标准》GB 50068 的规定，其设计使用年限为 50 年。

若建设单位对设计使用年限提出更长的要求，应采取专门措施，包括相应荷载设计值，设计地震动参数和耐久性措施等均应依据设计使用年限相应确定。

4.1.3 异形柱结构和一般混凝土结构一样，应进行承载能力极限状态和正常使用极限状态的计算和验算。

4.1.4 基于异形柱受力性能及设计、构造的特点，本条明确异形柱正截面、斜截面及梁-柱节点承载力应按本规程第 5 章的规定进行计算；其他构件的承载力计算应遵守国家现行相关标准。

4.2 荷载和地震作用

4.2.1、4.2.2 根据国家现行有关标准执行。

4.2.3 按现行国家标准《建筑抗震设计规范》GB 50011 的有关规定，"对乙、丙、丁类建筑，当抗震设防烈度为 6 度时可不进行地震作用计算"；且"6 度时的建筑（建造于 Ⅳ 类场地上的较高建筑除外），……，应允许不进行截面抗震验算"，但本规程将 6 度也列入应进行地震作用计算及结构抗震验算范围。这是基于异形柱抗震性能特点和要求而制定的。

4.2.4 异形柱结构对地震作用计算应符合的规定，基本按国家现行标准的有关规定，但考虑了异形柱结构的特点而有补充要求。

1 异形柱与矩形柱具有不同的截面特性及受力特性，试验研究及理论分析表明：异形柱的双向偏压正截面承载力随荷载（作用）方向不同而有较大的差异。在 L 形、T 形和十字形三种异形柱中，以 L 形柱的差异最为显著。当异形柱结构中混合使用等肢异形柱与不等肢异形柱时，则差异情况更为错综复杂，成为异形柱结构地震作用计算中不容忽视的问题。

《规程》编制组进行的典型工程试设计表明：按 45°方向水平地震作用计算所得的结构底部剪力，与 0°及 90°正交方向水平地震作用下的结构底部剪力相比，可能减小，也可能增大。即使结构底部剪力减小，有可能在某些异形柱构件出现内力增大的现象，甚至增幅不小，这种由于荷载（作用）不同方向导致内力变化的差异，除与柱截面形状、柱截面尺寸比例有关外，还与结构平面形状、结构布置及柱所在位置等因素有关。

要精确地确定异形柱结构中各异形柱构件对应的水平地震作用的最不利方向是一个很复杂的问题，具体设计中一般可以采取工程实用方法。编制组对异形柱结构的地震作用分析研究及典型工程试设计表明：对于全部采用等肢异形柱且较为规整的矩形平面结构布置情形，一般地震作用沿 45°、135°方向作用时，L 形柱要求的配筋量变化差异最大，比 0°、90°方向情形的增幅有时可达 10%～20%。由于 6 度、7 度（0.10g）抗震设计时异形柱的截面设计一般是由构造配筋控制的，其差异可能被掩盖，故本条文仅规定 7 度（0.15g）及 8 度（0.20g）抗震设计时才进行 45°方向的水平地震作用计算与抗震验算，着重注意结构底部、角部、负荷较大及结构平面变化部位的异形柱在水平地震作用不同方向情形的内力变化，从中选取最不利情形作为异形柱截面设计的依据，以增加异形柱结构抗震设计的安全性。对于更复杂的情形，例如具有较多不等肢异形柱情形，适当补充其他角度方向的水平地震作用计算，并通过分析比较从中选出最不利数据作为设计的依据是可取的。

  2 国内外历次大地震的震害、试验和理论研究均表明，平面不规则，质量与刚度偏心和抗扭刚度太弱的结构，扭转效应可能导致结构严重的震害，对异形柱结构尤其需要在抗震设计中加以重视。条文中所指"扭转不规则的结构"，可按现行国家标准《建筑抗震设计规范》GB 50011 有关规定的条件（即扭转位移比大于 1.20）来判别，此时异形柱结构的水平地震作用计算应计入双向水平地震作用下的扭转影响，并可不考虑质量偶然偏心的影响；而计算单向地震作用时则应考虑偶然偏心的影响。

4.2.5 异形柱结构地震作用计算的方法，根据现行国家标准《建筑抗震设计规范》GB 50011 的规定，振型分解反应谱法和底部剪力法都是地震作用计算的基本方法，但考虑到现今在结构设计计算中计算机应用日益普遍，和实际工程中大都存在着不同程度的不对称、不均匀等情况，已很少应用底部剪力法，故本条文中仅列考虑振型分解反应谱法；平面不规则结构的扭转影响显著，应采用扭转耦联振型分解反应谱法。

  本规程主要用于住宅建筑，突出屋面的大多为面积较小、高度不大的屋顶间、女儿墙或烟囱，根据现行国家标准《建筑抗震设计规范》GB 50011 的有关规定，当采用振型分解法时此类突出屋面部分可作为一个质点来计算；当结构顶部有小塔楼且采用振型分解反应谱法时，根据现行行业标准《高层建筑混凝土结构技术规程》JGJ3 的有关规定，无论是考虑或是不考虑扭转耦联振动影响，小塔楼宜每层作为一个质点参与计算。

4.3 结构分析模型与计算参数

4.3.1 无论是非抗震设计还是抗震设计，在竖向荷载、风荷载、多遇地震作用下混凝土异形柱结构的内力和变形分析，按我国现行规范体系，均采用弹性方法计算，但在截面设计时则考虑材料的弹塑性性质。在竖向荷载作用下框架梁及连梁等构件可以考虑梁端部塑性变形引起的内力重分布。

4.3.2 关于分析模型的选择方面，在当今计算机使用普及和讲求计算分析精度的情况下，且考虑到异形柱结构的特点，应采用基于空间工作的计算机分析方法及相应软件。平面结构空间协同计算模型虽然计算简便，其缺点是对结构空间整体的受力性能反映得不完全，现已较少应用，当规则结构初步设计时也可应用。

4.3.3 本规程适用的异形柱，其柱肢截面的肢高肢厚比限制在不大于 4 的范围，与矩形柱相比，其柱肢一般相对较薄，研究表明：这样尺度比例的异形柱，其内力和变形性能具有一般杆件的特征，并不满足划分为薄壁杆件的基本条件。故在计算分析中，异形柱应按杆系模型分析，剪力墙可按薄壁杆系或墙板元模型分析。

  按空间整体工作分析时，不同分析模型的梁、柱自由度是相同的；剪力墙采用薄壁杆系模型时比采用墙板元模型时多考虑翘曲变形自由度。

4.3.4 进行结构内力和位移计算时，可采取楼板在其自身平面内为无限刚性的假定，以使结构分析的自由度大大减少，从而减少由于庞大自由度系统而带来的计算误差，实践证明这种刚性楼板假定对绝大多数多、高层结构分析具有足够的工程精度，但这时应在设计中采取必要措施以保证楼盖的整体刚度。绝大多数异形柱结构的楼板采用现浇钢筋混凝土楼板，能够满足该假定的要求，但还应在结构平面布置中注意避免楼板局部削弱或不连续，当存在楼盖大洞口的不规则类型时，计算时应考虑楼板的面内变形，或对采用楼板面内无限刚性假定计算方法的计算结果进行适当调整，并采取楼板局部加厚、设置边梁、加大楼板配筋等措施。

4.3.5 计算系数根据现行国家标准按一般钢筋混凝土结构的有关规定采用。

4.3.6 框架结构中的非承重填充墙属于非结构构件，但框架结构中非承重填充墙体的存在，会增大结构整体刚度，减小结构自振周期，从而产生增大结构地震作用的影响。为反映这种影响，可采用折减系数 ψ_T 对结构的计算自振周期进行折减。

4.3.7 本规程对计算的自振周期折减系数 ψ_T 给出了一个范围，当按本规程第 3.1.5 条的规定采用的轻质填充墙时，可按所给系数范围的较大值取用。目前轻质填充墙体材料品种繁多，应根据工程实际情况，合理选定计算自振周期折减系数。

4.3.8 现有的一些结构分析软件，主要适用于一般钢筋混凝土结构，尚不能满足异形柱结构设计计算的需要。本规程颁布实施后，应从异形柱结构内力和变形计算到异形柱截面设计、构造措施，全面按照本规程及国家现行有关标准的要求编制异形柱结构专用的设计软件，确保设计质量。

4.4 水平位移限值

4.4.1～4.4.3 对结构楼层间位移的控制，实际上是对构件截面大小、刚度大小的控制，从而达到：保证主体结构基本处于弹性受力状态，保证填充墙、隔墙的完好，避免产生明显损伤。

  非抗震设计中风荷载作用下的异形柱结构处于正

常使用状态，此时结构应避免产生过大的位移而影响结构的承载力、稳定性和使用要求。为此，应保证结构具有必要的刚度。

抗震设计是根据抗震设防三个水准的要求，采用二阶段设计方法来实现的。要求在多遇地震作用下主体结构不受损坏，填充墙及隔墙没有过重破坏，保证建筑的正常使用功能；在罕遇地震作用下，主体结构遭受破坏或严重破坏但不倒塌。本规程对异形柱结构的弹性及弹塑性层间位移角限值的规定，系根据对一批异形柱结构设计中水平层间位移计算值的统计，并考虑已有的异形柱结构试验研究成果制定的，均比一般钢筋混凝土框架结构和框架-剪力墙结构有所加严。

5 截面设计

5.1 异形柱正截面承载力计算

5.1.1 通过对28个L形、T形、十字形柱在轴力与双向弯矩共同作用下的试验研究，结果表明：从加载至破坏的全过程，截面平均应变保持平面的假定仍然成立。混凝土受压应力-应变曲线、极限压应变 ε_{cu} 及纵向受拉钢筋极限拉应变 ε_{su} 的取用，均与现行国家标准《混凝土结构设计规范》GB 50010 一致。

5.1.2、5.1.3 采用数值积分方法编制的电算程序，对28个L形、T形、十字形截面双向偏心受压柱正截面承载力进行计算，结果表明：试验值与计算值之比的平均值为1.198，变异系数为0.087，彼此吻合较好。又通过对5个矩形截面双向偏心受拉试件承载力及矩形截面偏心受压构件 M～N 相关曲线的核算，均有很好的一致性。表明所提出的计算方法正确可行。

由于荷载作用位置的不定性，混凝土质量的不均匀性以及施工的偏差，可能产生附加偏心距 e_a。本规程 e_a 的取值基本与现行国家标准《混凝土结构设计规范》GB 50010 第7.3.3条中 e_a 的取值相协调。

5.1.4 试验研究及理论分析表明，在截面、混凝土的强度等级以及配筋已定的条件下，柱的长细比 l_0/r_a、相对偏心距 e_0/r_a 和弯矩作用方向角 α 是影响异形截面双向偏心受压柱承载力及侧向挠度的主要因素。为此，针对实际工程中常见的等肢 L 形、T 形、十字形柱，以两端铰接的基本长柱作为计算模型，对各种不同情况的 350 根 L 形、T 形、十字形截面双向偏心受压长柱（变化 10 种弯矩作用方向角，5 种长细比 $l_0/r_a=17.5\sim 90.07$，5 种相对偏心距 $e_0/r_a=0.346\sim 2.425$）进行了非线性全过程分析，得到了等肢异形柱承载力及侧向挠度的规律。电算分析表明：对于同一截面柱在相同的弯矩作用方向角下，异形柱的正截面承载能力及侧向挠度随计算长度 l_0 及偏心距 e_0 的变化而变化；在相同 l_0 及 e_0 情况下，由于各弯矩作用方向角截面的受力特性及回转半径的差异，承载力及侧向挠度迥然不同。经分析：沿偏心方向的偏心距增大系数 $\eta_a=1+e_0/f_a$ 主要与 l_0/r_a 及 e_0/r_a 有关，根据 350 个数据拟合回归得到偏心距增大系数 η_a 的计算公式（5.1.4-1）、（5.1.4-2）、（5.1.4-3），其相关系数 $\gamma=0.905$。

按公式（5.1.4-1）、（5.1.4-2）、（5.1.4-3）计算的偏心距增大系数 η_a 与 350 个等肢异形柱电算 η_a' 之比，其平均值为 1.013，均方差为 0.045；与 38 个不等肢异形柱电算 η_a' 之比，其平均值为 1.014，均方差为 0.025。因此式（5.1.4-1）、（5.1.4-2）、（5.1.4-3）也适用于一般不等肢异形柱（指短肢不小于 500mm，长肢不大于 800mm，肢厚小于 300mm 的异形柱）。

当 $l_0/r_a>17.5$ 时，应考虑侧向挠度的影响。当 $l_0/r_a\leqslant 17.5$ 时，构件截面中由二阶效应引起的附加弯矩平均不会超过截面一阶弯矩的 4.2%，满足现行国家标准《混凝土结构设计规范》GB 50010 的要求。但当 $l_0/r_a>70$ 时，属于细长柱，破坏时接近弹性失稳，本规程不适用。

5.1.5 框架柱节点上、下端弯矩设计值的增大系数，参照了现行国家标准《混凝土结构设计规范》GB 50010 第11.4.2条的有关规定，但二级抗震等级时，异形截面框架柱柱端弯矩增大系数则由 1.2 调整为 1.3，以提高框架强柱弱梁机制的程度。

5.1.6 为了推迟异形柱框架结构底层柱下端截面塑性铰的出现，设计中对此部位柱的弯矩设计值应乘以增大系数，以增大其正截面承载力。考虑到异形柱较薄弱，其增大系数大于现行国家标准《混凝土结构设计规范》GB 50010 第11.4.3条的规定值。

5.1.7 考虑到异形柱框架结构的角柱为薄弱部位，扭转效应对其内力影响较大，且受力复杂，因此规定对角柱的弯矩设计值按本规程第 5.1.5 和 5.1.6 条调整后的弯矩设计值再乘以不小于 1.1 的增大系数，以增大其正截面承载力，推迟塑性铰的出现。

5.1.8 承载力抗震调整系数按现行国家标准《混凝土结构设计规范》GB 50010 第11.1.6条规定采用。

5.2 异形柱斜截面受剪承载力计算

5.2.1 本条规定异形柱的受剪承载力上限值，即受剪截面限制条件。计算公式不考虑另一正交方向柱肢的作用，与现行国家标准《混凝土结构设计规范》GB 50010 第 7.5.11 条和第 11.4.8 条规定相同。

5.2.2 L 形柱和验算方向与腹板方向一致的 T 形柱的试验表明，外伸翼缘可以提高柱的斜截面受剪承载力。根据现行国家标准《混凝土结构设计规范》GB 50010 适当提高框架柱受剪可靠度的原则，并为简化计算，本规程采用了与现行国家标准《混凝土结构设计规范》GB 50010 相同的计算公式，即按矩形截面柱计算而不考虑与验算方向正交柱肢的作用。

按公式（5.2.1-1）、（5.2.2-1）计算与52个单调加载的L形、T形和十字形截面异形柱试件的试验结果比较，计算值与试验值之比的平均值为0.696，变异系数为0.148，基本吻合并有较大的安全储备。

按公式（5.2.1-2）、（5.2.1-3）和公式（5.2.2-2）计算与11个低周反复荷载作用的L形和T形截面异形柱试件的试验结果比较，计算值与试验值之比的平均值为0.609，是足够安全的。

公式（5.2.2-3）和公式（5.2.2-4）中轴向拉力对异形柱受剪承载力的影响项，由于缺乏试验资料，取与现行国家标准《混凝土结构设计规范》GB 50010的规定相同。

5.3 异形柱框架梁柱节点核心区受剪承载力计算

5.3.1 试验研究表明，异形柱框架梁柱节点核心区的受剪承载力低于截面面积相同的矩形柱框架梁柱节点的受剪承载力，是异形柱框架的薄弱环节。为确保安全，对抗震设计的二、三、四级抗震等级的梁柱节点核心区以及非抗震设计的梁柱节点核心区均应进行受剪承载力计算。在设计中，尚可采取各类有效措施，包括例如梁端增设支托或水平加腋等构造措施，以提高或改善梁柱节点核心区的受剪性能。

对于纵横向框架共同交汇的节点，可以按各自方向分别进行节点核心区受剪承载力计算。

5.3.2～5.3.4 公式（5.3.2-1）和公式（5.3.2-2）为规定的节点核心区截面限制条件，它是为避免节点核心区截面太小，混凝土承受过大的斜压力，导致核心区混凝土首先被压碎破坏而制定的。

公式（5.3.3-1）和公式（5.3.3-2）是节点核心区受剪承载力设计计算公式，参照现行国家标准《混凝土结构设计规范》GB 50010 第11.6.4条，取受剪承载力为混凝土项和水平箍筋项之和，并根据试验谨慎地考虑了柱轴向压力的有利影响。

针对异形柱框架的特点，由于正交方向梁的截面宽度相对较小且偏置（对T形、L形柱框架梁柱节点），正交梁对节点核心区混凝土的约束作用甚微，公式（5.3.2-1）、（5.3.2-2）和公式（5.3.3-1）、（5.3.3-2）均未考虑正交梁对节点的约束影响系数。

研究表明，肢高与肢厚相同的等肢异形柱框架梁柱节点核心区的水平截面面积可表达为 $\zeta_f b_j h_j = b_c h_c + h_f (b_f - b_c)$，取 $b_j = b_c$ 和 $h_j = h_c$，则有 $\zeta_f = 1 + \dfrac{h_f (b_f - b_c)}{b_j h_j}$，$\zeta_f$ 为翼缘全部有效利用时的翼缘影响系数。本规程建立计算公式所依据的基本试验试件有L形、T形和十字形三种截面，其 $(b_f - b_c)$ 值分别为300mm、270mm和360mm，计算求得的 ζ_f 分别为 1.625、1.560和1.654。

试验表明，在相同条件下，节点水平截面面积相等时，等L形、T形和十字形截面柱的节点受剪承载力分别比矩形柱节点降低33%、18%和8%左右，这主要是由于节点核心区外伸翼缘面积 $(b_f - b_c) h_f$ 在节点破坏时未充分发挥作用所致。为此，对于等肢异形柱框架梁柱节点，在公式（5.3.2-1）、（5.3.2-2）和公式（5.3.3-1）、（5.3.3-2）中，当 $(b_f - b_c)$ 等于300mm时，表5.3.4-1中翼缘影响系数 ζ_f 分别取为1.05、1.25和1.40。对于T形柱节点，当 $(b_f - b_c)$ 值由270mm增加到570mm时，试验得到的受剪承载力提高约30%，而用有限元分析得到的受剪承载力仅提高约12%。据此当 $(b_f - b_c)$ 等于600mm时，ζ_f 分别取为1.10、1.40和1.55。对于肢高与肢厚不相同的不等肢异形柱框架梁柱节点，表5.3.4-2中 $\zeta_{f,ef}$ 的取值是基于对等肢异形柱节点的分析并偏于安全给出的。

试验还表明，十字形截面柱中间节点在轴压比为0.3时的节点核心区受剪承载力较轴压比为0.1时提高约10%左右，但在轴压比为0.6时，其受剪承载力反而降低并接近轴压比为0.1时的数值。为此计算公式（5.3.2-2）和公式（5.3.3-2）引用轴压比影响系数 ζ_N 来反映轴压比对节点核心区受剪承载力的影响。

根据节点试件 h_j 为480mm和550mm的试验结果比较，以及 $h_j = 480 \sim 1200$mm 的有限元计算分析结果说明，节点核心区的受剪承载力并不随 h_j 呈线性增加的变化规律。为保证计算公式应用的可靠性，公式通过截面高度影响系数 ζ_h 予以调整。

通过对116个T形柱节点（$f_{cu} = 10 \sim 50 \text{N/mm}^2$，$\rho_v = 0 \sim 1.3\%$，$b_f$ 和 h_j 为480～1200mm）进行的有限元分析，并考虑试验结果及反复加载的影响，求得节点核心区混凝土首先被压碎破坏的受剪承载力计算公式为：$V_u = (0.232 + 0.56 \rho_v f_{yv}/f_c + 0.349/f_c) \zeta_f \zeta_h f_c b_j h_j$。若考虑在使用阶段节点核心区的裂缝宽度不宜大于0.2mm；根据12个试件的试验数据得到的 $P_{0.2}/P_u$ 变化范围在0.387～0.692之间，平均值为0.534，变异系数为0.157，假定按正态分布分析，取保证率93.3%，则得 $P_{0.2}/P_u = 0.408$。使用阶段用荷载和材料强度的标准值，在承载力计算时应分别乘以荷载和材料分项系数，合并近似取为1.55，则得 $1.55 \times 0.408 = 0.632$。最后将上式右边乘以0.632，从而 $V_u = (0.147 + 0.354 \rho_v f_{yv}/f_c + 0.221/f_c) \zeta_f \zeta_h f_c b_j h_j$。取常用的混凝土强度及框架节点核心区配箍特征最小值代入取整，引入轴压比影响系数 ζ_N 和承载力抗震调整系数 γ_{RE} 得到公式（5.3.2-2）。

对于无地震作用组合情况的公式（5.3.2-1）和公式（5.3.3-1）系取地震作用组合情况考虑反复荷载作用的受剪承载力为非抗震情况的80%条件（但箍筋作用项不予折减）得出，且不引入轴压比影响系数 ζ_N。

对低周反复荷载作用的 31 个异形柱框架节点试件的试验结果分析证明，本规程提出的考虑翼缘等因素的作用和影响的设计计算公式是可靠的。

5.3.5 当框架梁的宽度大于柱肢截面宽，且梁角部的纵向钢筋在本柱肢纵筋的外侧锚入梁柱节点核心区时，节点核心区的受剪承载力验算可偏安全地采用本规程第 5.3.2 条～第 5.3.4 条规定，取框架梁的宽度等于柱肢截面厚度即取 $b_j=b_c$ 而不计柱肢截面厚度以外部分作用的简化方法，亦可采用本条规定的后一种较准确的方法。

本条文规定的后一种方法主要是参考现行国家标准《建筑抗震设计规范》GB 50011 扁梁框架梁柱节点的规定，并根据类似的异形柱框架梁柱节点试验结果给出的。

6 结构构造

6.1 一般规定

6.1.2 混凝土强度等级不应超过 C50 的规定，主要是考虑到 C50 级以上的混凝土在力学性能、本构关系等方面与一般强度混凝土有着较大的差异。由这类混凝土所建造的异形柱的结构性能、计算方法、构造措施等方面尚缺乏深入的研究，故未列入采用范围。

6.1.3 梁截面高度太小会使柱纵向钢筋在节点核心区内锚固长度不足，容易引起锚固失效，损害节点的受力性能，特别是地震作用下的抗震性能。所以对框架梁的截面高度最小值给出了规定。

6.1.4 本规程适用的异形柱柱肢截面最小厚度为 200mm，最大厚度应小于 300mm。根据近年异形柱结构的工程实践，异形柱柱肢厚度小于 200mm 时，会造成梁柱节点核心区的钢筋设置困难及钢筋与混凝土的粘结锚固强度不足，故限制肢厚不应小于 200mm，以保证结构的安全及施工的方便。

抗震设计时宜采用等肢异形柱。当不得不采用不等肢异形柱时，两肢肢高比不宜超过 1.6，且肢厚相差不大于 50mm。

6.1.5 异形柱截面尺寸较小，在焊接连接的质量有保证的条件下宜优先采用焊接，以方便钢筋的布置和施工，并有利于混凝土的浇注。

6.1.6 较高的混凝土强度具有较好的密实性，且考虑到本规程第 7.0.9 条异形柱截面尺寸不允许出现负偏差的规定，给出一类环境且混凝土强度等级不低于 C40 时，保护层最小厚度允许减小 5mm 的规定。

6.2 异形柱结构

6.2.1 试验表明，异形柱在单调荷载特别在低周反复荷载作用下粘结破坏较矩形柱严重。对柱的剪跨比不应小于 1.5 的要求，是为了避免出现极短柱，减小

地震作用下发生脆性粘结破坏的危险性。为设计方便，当反弯点位于层高范围内时，本规定可表述为柱的净高与柱肢截面高度之比不宜小于 4，抗震设计时不应小于 3。

6.2.2、6.2.9 研究分析表明：对于 L 形、T 形及十字形截面双向压弯柱，截面曲率延性比 μ_φ 不仅与轴压比 μ_N、配箍特征值 λ_v 有关，而且弯矩作用方向角 α 有极重要的影响，因为在相同轴压比及配筋条件下，α 角不同，混凝土受压区图形及高度差异很大，致使截面曲率延性相差甚多。另外，控制箍筋间距与纵筋直径之比 s/d 不要太大，推迟纵筋压曲也是保证异形柱截面延性需求的重要因素。因此，针对各截面在不同轴压比情况时最不利弯矩作用方向角 α 区域，进行了 12960 根 L 形、T 形、十字形截面双向压弯柱截面曲率延性比 μ_φ 的电算分析，并拟合得到了 L 形、T 形、十字形截面柱的 μ_φ 计算公式。电算分析所用的参数为：常用的 15 种等肢截面（肢长 500～800mm，肢厚 200～250mm）；箍筋（HPB235）直径 $d_v=6、8、10mm$，箍筋间距 $s=70～150mm$；纵筋（HRB335）直径 $d=16～25mm$；混凝土强度等级 C30～C50；箍筋间距与纵筋直径之比 $s/d=4～7$。若抗震等级为二、三、四级框架柱的截面曲率延性比 μ_φ 分别取 9～10、7～8、5～6，则根据不同 λ_v，可由拟合的公式 $\mu_\varphi=f(\lambda_v,\mu_N)$ 反算出相应的轴压比 μ_N，据此提出异形柱在不同轴压比时柱端加密区对箍筋最小配箍特征值的要求，以保证异形柱在不利弯矩作用方向角域时也具有足够的延性。异形柱柱端加密区的最小配箍特征值如表 6.2.9 所示，与矩形柱的最小配箍特征值有着较大的差异。

考虑到实际施工的可操作性，体积配箍率 ρ_v 不宜大于 2%，通过核算对 L 形、T 形、十字形柱配箍特征值的上限值可分别取为 0.2、0.21、0.22，则可得到各抗震等级下异形柱的轴压比限值，如表 6.2.2 所示。研究表明，若不等肢异形柱肢长变化范围是 500～800mm，则各抗震等级下不等肢异形柱的轴压比限值仍可按表 6.2.2 采用。

6.2.3 对 L 形、T 形、十字形截面双向偏心受压柱截面上的应变及应力分析表明：在不同弯矩作用方向角 α 时，截面任一端部的钢筋均可能受力最大，为适应弯矩作用方向角的任意性，纵向受力钢筋宜采用相同直径；当轴压比较大，受压破坏时（承载力由 $\varepsilon_{cu}=0.0033$ 控制），在诸多弯矩作用方向角情形，内折角处钢筋的压应变可达到甚至超过屈服应变，受力也很大。同时还考虑此处应力集中的不利影响，所以内折角处也应设置相同直径的受力钢筋。

异形柱肢厚有限，当纵向受力钢筋直径太大（大于 25mm），会造成粘结强度不足及节点核心区钢筋设置的困难。当纵向受力钢筋直径太小时（小于 14mm），在相同的箍筋间距下，由于 s/d 增大，使柱

延性下降，故也不宜采用。

6.2.4 参照现行国家标准《混凝土结构设计规范》GB 50010 第 10.3.1 条规定给出。

6.2.5 异形柱纵向受力钢筋最小总配筋率的规定，是根据现行国家标准《混凝土结构设计规范》GB 50010 第 11.4 条和第 9.5.1 条的规定并考虑异形柱的特点做了一些调整。

柱肢肢端的配筋百分率按异形柱全截面面积计算。

6.2.6 异形柱肢厚有限，柱中纵向受力钢筋的粘结强度较差，因此将纵向受力钢筋的总配筋率由对矩形柱不大于 5% 降为不应大于 4%（非抗震设计）和 3%（抗震设计），以减少粘结破坏和节点处钢筋设置的困难。

6.2.10 异形柱柱端箍筋加密区的箍筋应根据受剪承载力计算，同时满足体积配箍率条件和构造要求确定。

研究表明，箍筋间距与纵筋直径之比 $\frac{s}{d}$，是异形柱纵向受压钢筋压曲的直接影响因素，$\frac{s}{d}$ 大，会加速受压纵筋的压曲；反之，则可延缓纵筋的压曲，从而提高异形柱截面的延性。因此为了保证异形柱的延性，根据对各抗震等级下最大轴压比时近 6000 根异形柱纵筋压曲情况的分析，当其箍筋加密区的构造要求符合表 6.2.10 的要求时，纵筋压曲柱的百分比可降到 5% 以下。

对箍筋合理配置的研究中发现，当体积配箍率 ρ_v 相同时，采用较小的箍筋直径 d_v 和箍筋间距 s 比采用较大的箍筋直径 d_v 和箍筋间距 s 的延性好；只增大箍筋直径来提高体积配箍率而不减小箍筋间距并不一定能提高异形柱的延性，只有在箍筋间距 s 对受压纵筋支撑长度达到一定要求时，增大体积配箍率 ρ_v 才能达到提高延性的目的。

6.3 异形柱框架梁柱节点

6.3.2 顶层端节点柱内侧的纵向钢筋和顶层中间节点处的柱纵向钢筋均应伸至柱顶，并可采用直线锚固方式或伸到柱顶后分别向内、外弯折，弯折前、后竖直和水平投影长度要求见本规程图 6.3.2。

根据现行国家标准《混凝土结构设计规范》GB 50010 第 11.6.7 条规定并考虑异形柱的特点，顶层端节点柱外侧纵向钢筋沿节点外边和梁上边与梁上部纵向钢筋的搭接长度增大到 $1.6l_{aE}$（$1.6l_a$），但伸入梁内的柱外侧纵向钢筋截面面积调整为不宜少于柱外侧全部纵向钢筋截面面积的 50%。

6.3.3 当梁的纵向钢筋在本柱肢纵筋的内侧弯折伸入节点核心区内时，若该纵向钢筋受拉，则在柱边折角处会产生垂直于该纵向钢筋方向的撕拉力。折角越大，撕拉力越大。为此，条文对折角起点位置和弯折坡度给出了规定，并采用增添附加封闭箍筋（不少于 2 根直径 8mm）来承受该撕拉力。当上部、下部梁角的纵向钢筋在本柱肢纵筋的外侧锚入柱肢截面厚度范围外的核心区时，为保证节点核心区的完整性，除要求控制从柱肢纵筋的外侧锚入的梁上部和下部纵向受力钢筋截面面积外，尚要求在节点处一倍梁高范围内的梁侧面设置纵向构造钢筋并伸至柱外侧。同时，为保证梁纵向钢筋在节点核心区的锚固，要求梁的箍筋设置到与另一向框架梁相交处。

6.3.4 异形柱的柱肢截面厚度小，为了保证梁纵向钢筋锚固的可靠性，采用直线锚固方式时，梁纵向钢筋要求伸至柱外侧。当水平直线段锚固长度不足时，梁纵向钢筋向上、下弯折位置应设置在柱外侧，弯折前、后的水平和竖直投影长度要求见本规程图 6.3.4。若梁纵向钢筋在柱筋外侧锚入节点核心区时，由于锚固条件较差，弯折前的水平投影长度由 $\geq 0.4l_{aE}$（$0.4l_a$）增加到 $\geq 0.5l_{aE}$（$0.5l_a$）。

6.3.5 本条规定了框架梁纵向钢筋在中间节点处的构造尚应满足的其他要求：

1 矩形柱框架的框架梁纵向钢筋伸入节点后，其相对保护层一般能满足 $c/d \geq 4.5$，而异形柱的 c/d 大部分仅为 2.0 左右，根据变形钢筋粘结锚固强度公式分析对比可知，后者的粘结能力约为前者的 0.7。为此，规定抗震设计时，梁纵向钢筋直径不宜大于该方向柱截面高度的 1/30。由于粘结锚固强度随混凝土强度的提高而提高，当采用混凝土强度等级在 C40 及以上时，可放宽到 1/25。且纵向钢筋的直径不应大于 25mm；

2 考虑异形柱的柱肢截面厚度较小，若中间柱两侧梁高度相等时，梁的下部钢筋均在节点核心区内满足 l_{aE}（l_a）条件后切断的做法会使节点区下部钢筋过于密集，造成施工困难并影响节点核心区的受力性能，故采取梁的上部和下部纵向钢筋均贯穿中间节点的规定；

3 当梁下部纵向钢筋伸入中间节点且弯折时，弯折前、后的水平和竖直投影长度要求见图 6.3.5（b）；

4 在地震作用组合内力作用下，梁支座处纵向钢筋有可能在节点一侧受拉，另一侧受压，对于异形柱框架梁柱节点易引起纵向钢筋在节点核心区锚固破坏。为保证梁的支座截面有足够的延性，对二、三级抗震等级，框架梁梁端的纵向受拉钢筋最大配筋率系根据单筋梁满足 $x \leq 0.35h_0$ 的条件给出。

6.3.6 为使梁、柱纵向钢筋有可靠的锚固，并从构造上对框架梁柱节点核心区提供必要的约束给出了本条文规定。条文中的第二款规定是参照本规程第 6.2.9 条和现行国家标准《建筑抗震设计规范》GB 50011 第 6.3.14 条给出的。

7 异形柱结构的施工

7.0.1～7.0.6 根据现行国家标准《混凝土结构施工质量验收规范》GB 50204 的规定，针对异形柱结构的特点，为了保证施工质量和结构安全，对模板、混凝土用粗骨料、钢筋和钢筋的连接等提出了控制施工质量的要求。

7.0.7 异形柱结构节点核心区较小、且钢筋密集，混凝土不易浇筑，在施工中应特别注意。本条强调当柱、楼盖、剪力墙的混凝土强度等级不同时，节点核心区混凝土应采用相交构件混凝土强度等级的最高值，以确保结构安全。

7.0.8 考虑异形柱结构截面尺寸较小、表面系数较大的特点，强调冬期施工时应采取有效的防冻措施。

7.0.9 由于异形柱结构截面尺寸较小，为保证结构的安全和钢筋的保护层厚度，要求截面尺寸不允许出现负偏差。

7.0.10 本规程编制的初衷之一是促进墙体改革，减轻建筑物自重。因此规定：在施工中遇有框架填充墙体材料需替换时，应形成设计变更文件，且规定墙体材料自重不得超过设计要求。

有抗震设防要求的异形柱结构，其墙体与框架柱、梁的连结应注意满足抗震构造要求。

7.0.11 异形柱框架柱肢尺寸较小，柱肢损坏对结构的安全影响较大。在水、电、燃气管道和线缆等的施工安装过程中应特别注意避让，不应削弱异形柱截面。

附录 A 底部抽柱带转换层的异形柱结构

A.0.1 国内已有一些采用梁式转换的底部抽柱带转换层异形柱结构的试验研究成果和工程实例资料，且积累了一定的设计、施工实践经验，而采用其他形式转换构件，尚缺乏理论、试验研究和工程实践经验的依据。梁式转换的受力途径是柱→梁→柱，具有传力直接、明确、简捷的优点，故本规程规定转换构件宜采用梁式转换，并对采用梁式转换的异形柱结构设计作了相应规定。

A.0.2 目前对底部抽柱带转换层异形柱结构的研究和工程实践经验主要限于非抗震设计及抗震设防烈度为 6 度、7 度（0.10g）的条件，又考虑到其结构性能特点，故本规程没有将底部抽柱带转换层异形柱结构纳入抗震设防烈度为 7 度（0.15g）及 8 度的使用范围。

A.0.3 高位转换对结构抗震不利，必须对地面以上大空间层数予以限制。考虑到工程实际情况，因此规定底部抽柱带转换层的异形柱结构在地面以上的大空间层数，非抗震设计时不宜超过 3 层；抗震设计时不宜超过 2 层。

A.0.4 底部抽柱带转换层的异形柱结构属不规则结构，故对其适用最大高度作了严格的规定。

A.0.5 振动台试验表明，异形柱结构在地震作用下的破坏呈现明显的梁铰机制，但由于平面布置不规则导致异形柱结构的扭转效应对异形柱较为不利，因此对底部大空间带转换层异形柱结构的平面布置要求应更严。本规程不允许剪力墙不落地，即仅允许底部抽柱转换。转换层下部结构框架柱应优先采用矩形柱，也可根据建筑外形需要采用圆形或六（八）角形截面柱。

A.0.6 底部抽柱带转换层异形柱结构，当转换层上、下部结构侧向刚度相差较大时，在水平荷载和水平地震作用下，会导致转换层上、下部结构构件的内力突变，促使部分构件提前破坏；而转换层上、下部柱的截面几何形状不同，则会导致构件受力状况更加复杂，因此本规程对底部抽柱带转换层异形柱结构的转换层上、下部结构侧向刚度比作了更严格的规定。工程实例和试设计工程的计算分析表明，当底部结构布置符合本规程第 A.0.5 条规定要求并合理地控制底部抽柱数量，合理地选择转换层上、下部柱截面，一般情况可以满足侧向刚度比接近 1 的要求。

本规程规定底部抽柱带转换层的异形柱框架结构和框架-剪力墙结构，仅允许底部抽柱，且采用梁式转换，因此，计算转换层上、下结构的刚度变化时，应考虑竖向抗侧力构件的布置和抗侧刚度中弯曲刚度的影响。现行行业标准《高层建筑混凝土结构技术规程》JGJ 3 附录 E 第 E.0.2 条规定的计算方法，综合考虑了转换层上、下结构竖向抗侧力构件的布置、抗剪刚度和抗弯刚度对层间位移量的影响。工程实例和试设计工程的计算分析表明，该方法也可用于本规程规定的底部大空间层数为 1 层的情况。

A.0.7 底部抽柱带转换层异形柱结构的托柱梁，是支托上部不落地柱的水平转换构件，托柱梁的设计应满足承载力和刚度要求。托柱梁截面高度除满足本条规定外，尚应满足剪压比的要求。托柱梁截面组合的最大剪力设计值应满足现行行业标准《高层建筑混凝土结构技术规程》JGJ 3 第 10.2.8 条，公式（10.2.9-1）和（10.2.9-2）的规定。

结构分析表明，托柱框架梁刚度大，其承受的内力就大。过大地增加托柱框架梁刚度，不仅增加了结构高度、不经济，而且将较大的内力集中在托柱框架梁上，对抗震不利。合理地选择托柱框架梁的刚度，可以有效地达到托柱框架梁与上部结构共同工作、有利于抗震和优化设计的目的。

A.0.8 转换层楼板是重要的传力构件，底部抽柱带转换层异形柱结构的振动台试验结果显示，转换层楼板角部裂缝严重，故本条给出了该部位构造措施要求，并做出了保证楼板面内刚度的相应规定。

A.0.9 本条规定转换层上部异形柱截面外轮廓尺寸不宜大于下部框架柱截面的外轮廓尺寸，转换层上部异形柱截面形心与转换层下部框架柱截面形心宜重合，主要从节点受力和节点构造考虑。

4

特种结构和混合结构

4

各种结构和混合结构

中华人民共和国国家标准

高耸结构设计规范

GB 50135—2006

条 文 说 明

目　次

1 总则 …………………………………… 4—1—3
2 术语和符号 …………………………… 4—1—3
3 基本规定 ……………………………… 4—1—3
4 荷载与作用 …………………………… 4—1—3
 4.1 荷载与作用分类 …………………… 4—1—3
 4.2 风荷载 ……………………………… 4—1—3
 4.3 覆冰荷载 …………………………… 4—1—5
 4.4 地震作用和抗震验算 ……………… 4—1—5
 4.5 温度作用及作用效应 ……………… 4—1—6
5 钢塔架和桅杆结构 …………………… 4—1—6
 5.1 一般规定 …………………………… 4—1—6
 5.2 钢塔桅结构的内力分析 …………… 4—1—6
 5.5 轴心受拉和轴心受压构件 ………… 4—1—6
 5.6 偏心受拉和偏心受压构件 ………… 4—1—6
 5.7 焊缝连接计算 ……………………… 4—1—6
 5.9 法兰盘连接计算 …………………… 4—1—6
 5.10 钢塔桅结构的构造要求 …………… 4—1—7
6 混凝土圆筒形塔 ……………………… 4—1—7
 6.1 一般规定 …………………………… 4—1—7
 6.2 塔身变形和塔筒截面内力计算 …… 4—1—7
 6.3 塔筒极限承载能力计算 …………… 4—1—7
 6.4 塔筒正常使用极限状态计算 ……… 4—1—7
 6.5 混凝土塔筒的构造要求 …………… 4—1—8
7 地基与基础 …………………………… 4—1—8
 7.1 一般规定 …………………………… 4—1—8
 7.2 地基计算 …………………………… 4—1—8
 7.3 基础设计 …………………………… 4—1—8
 7.4 基础的抗拔稳定和抗滑稳定 ……… 4—1—8
附录 A　材料及连接 …………………… 4—1—8
附录 B　轴心受压钢构件的
    稳定系数 ……………………… 4—1—9

1 总　则

1.0.2 本规范的适用范围扩大了两项：输电高塔和通信塔。关于输电高塔的定义可参见行业标准。

1.0.5 与本规范有关的现行国家标准有《建筑结构荷载规范》GB 50009、《钢结构设计规范》GB 50017、《混凝土结构设计规范》GB 50010、《建筑地基基础设计规范》GB 50007、《构筑物抗震设计规范》GB 50191 和《建筑抗震设计规范》GB 50011。

2 术语和符号

2.0.1 根据规范编制的统一标准及正文中出现的主要术语和符号重新编制本章。

2.0.2 本章中出现的符号、计量单位和基本术语是按现行国家标准《建筑结构设计术语和符号标准》GB/T 50083 的有关规定采用的。

3 基本规定

3.0.4 结构破坏可能产生的严重性后果主要体现在对人生命的危害、经济损失及社会影响等方面。

3.0.6 可变荷载组合值系数表 3.0.6-2 中关于覆冰荷载下风荷载的组合值系数 α 原规范中为 0.25。但根据电力部门的实测和与国外规范的对比，觉得原规范中取值偏小，因而综合实测和国外规范，此系数取为 0.25～0.7，由设计者根据实际调查选取。

安装检修荷载（包括结构的整个安装过程，尚未形成完整的结构体系时）下风的组合值系数与现行国家标准《建筑结构荷载规范》GB 50009 中风的组合值系数统一取为 0.6。

在温度作用下，风的组合值系数在北方地区实际较大，原规范取 0.25 显然太小。本规范考虑实际情况并与现行国家标准《建筑结构荷载规范》GB 50009 中风的组合值系数统一取值为 0.6。

对桅杆结构，不应简单套用式（3.0.6-1）先做各种荷载效应计算，再将各种效应做线性迭加，而应先将桅杆的荷载与作用做不利组合再计算非线性结构效应，然后与结构抗力比较。

3.0.8 本条参照现行国家标准《建筑结构荷载规范》GB 50009 的系数取值和高耸结构的特点明确列出高耸结构常见荷载的组合值系数、频遇值系数和准永久值系数，以便设计人员采用。

3.0.9 本条对各类高耸结构按正常使用极限状态设计时可变荷载代表值的选取作了明确规定。其中，既考虑了与现行国家标准《建筑结构荷载规范》GB 50009、《建筑地基基础设计规范》GB 50007 的协调，也考虑了高耸结构的特点。

3.0.10 高耸结构正常使用极限状态下的控制条件作了如下调整：

2　《高耸结构设计规范》GBJ 135（以下简称原规范）的风载计算中对风的标准值未明确定义。而工程技术人员在计算变形时往往不计动力系数，故对高耸结构在风载作用下的变形计算也不考虑风振系数。如对广播电视塔的计算，以广电总局《广播电视塔设计规程》为例。以此为条件，原规范限定高耸结构在风载作用下任意点的水平位移不得大于该点离地高度的 1/100。多年的工程实践证明这一限定条件是合理的，未因此造成高耸结构使用条件的不满足或者因变形影响结构的安全性。此次修编在本规范中明确风载标准值的定义，与现行国家标准《建筑结构荷载规范》GB 50009 一致，其中包括风振系数。因而计算变形时的荷载实际上加大了。为了与原规范基本连续，故根据统计将原定的水平变形限值由 $H/100$ 改为 $H/75$。对于桅杆结构的变形限值也作了类似的修改。

3　对于有游览设施或有人员值班的塔，本规范参见国内外的研究资料，当加速度幅值达到 $150mm/s^2$，就达到人不能忍受的程度，故明确限定在风载标准值作用下塔楼处振动加速度幅值 $A_k\omega_i^2$ 不应大于 $150mm/s^2$。

4　混凝土塔的筒身有可能是抗裂控制。在这种情况下，可采用预应力或部分预应力技术提高抗裂度，满足规范要求。

6　考虑到某些高耸结构的实际正常使用条件限制较宽（如输电塔，行业规程认定可不做变形计算）。对于这类高耸结构，限定变形的目的仅仅是为了限定非线性变形对结构的不利作用。若在计算中考虑非线性变形对结构的不利作用，则可将变形限制条件适当放宽。本规范因此而将按非线性方法计算的高耸结构的最大变形限值放宽为 $H/50$。当然前提是变形须满足使用工艺要求。对于单管塔，由于其用途很多，变形一般较大，在本规范中不宜给出一个统一的变形限度标准，故将这一问题留给使用单管塔的各行业标准制定者。

3.0.11 由于振动控制技术在国内高耸结构领域内已有一些应用，且通过实测对振动控制技术的有效性作了认定。故本规范本着实事求是的原则，提出在适当的条件下宜采用振动控制技术减小结构变形和加速度，以节约工程造价。

4 荷载与作用

4.1 荷载与作用分类

本节对高耸结构上的荷载分为永久荷载、可变荷载、偶然荷载三类，并对各类荷载包括的内容作出具体规定。

4.2 风 荷 载

4.2.1 对于主要承重结构，风荷载标准值的表达可有两种形式：一种为平均风压加上由脉动风引起的导致结构风振的等效风压；另一种为平均风压乘以风振系数。由于在结构的风振计算中，一般往往是第一振型起主要作用，因而我国与大多数国家一样，采用后一种表达形式，即采用风振系数 β_z。它综合考虑了结构在风荷载作用下的动力响应，其中包括风速随时间、空间的变异性和结构的阻尼特性等因素。

显然，随着建设的发展，新的高耸结构的体型复杂性大大增加，而计算机更普及到每个单位和个人，因而第一种方法将在风工程中普遍使用。

4.2.2 基本风压 w_0 是根据全国各气象台站历年的最大风速记录，按基本风压的标准要求，将不同风仪高度和时次时距的年最大风速，统一换算为离地 10m 高、自计 10min 平均年最大风速(m/s)。根据该风速数据，经统计分析确定重现期为 50 年的最大风速，作当地的基本风速 v_0。再按贝努利公式：$w_0 = \frac{1}{2}\rho v^2$ 确定基本风压。以往，国内的风速记录大多是根据风压板的观测结果和刻度所反映的风速，统一根据标准的空气密度 $\rho = 1.25 kg/m^3$ 按上述公式反算而得，因此在按该风速确定风压时，可统一按公式

$w_0 = v_0^2/1600 (\text{kN/m}^2)$ 计算。

鉴于当前各气象台站已累积了较多的根据风杯式自记风速仪记录的 10min 平均年最大风速数据，已具有合理计算的基础。但是要特别注意的是，按基本风压的标准要求，应以当地比较空旷平坦地面为计算依据。随着建设的发展，很多气象台站不再具备以比较空旷平坦地面为计算依据的条件，应用时应特别注意。

荷载规范将基本风压的重现期由以往的 30 年统一改为 50 年。这样，在标准上将与国外大部分国家取得一致。由于荷载规范对各地也给出 100 年重现期的值，不需要 50 年重现期的值乘以重现期调整系数，因而原重现期调整系数取消。

现行国家标准《建筑结构荷载规范》GB 50009 第 7.1.2 条规定："对高层建筑、高耸结构以及对风荷载比较敏感的其他结构，基本风压应适当提高，并应由有关的结构设计规范具体规定"。对于高耸结构，经大量的调查和研究认为应当把基本风压提高到不小于 0.35kN/m²。对于 w_0 在 0.35 kN/m² 及以上的风压，没有必要再另行增大 w_0。

4.2.4 对于山间盆地和谷地一般可按推荐系数的平均值取，当地形对风的影响很大时，应做具体调查后确定。对于与风向一致的谷口、山口，根据欧洲钢结构协会标准 ECCS/T12，如果山谷狭窄，其收缩作用使风产生加速度，为考虑这种现象，对最不利情况，相应的系数最大可取到 1.5。国内一些资料也到 1.4。规范建议应通过实地调查和对比观察分析确定，如因故未进行上述工作，也可取较大系数 1.4。

4.2.6 随着我国建设事业的蓬勃发展，城市房屋的高度和密度日益增大，因此，对大城市中心地区，其粗糙程度也有不同程度的提高。考虑到大多数发达国家，诸如美、英、日等国家的规范，以及国际标准 ISO 4354 和欧洲统一规范 EN 1991-2-4 将地面粗糙度等级划分为四类，甚至于五类（日本）。为适应当前发展形势，荷载规范已将地面粗糙度由三类改成四类，其中 A、B 两类的有关参数不变，C 类指有密集建筑群的城市市区，其粗糙度指数 α 由 0.2 改为 0.22，梯度风高度 H_G 仍取 400m；新增添的 D 类，指有密集建筑群且有大量高层建筑的大城市市区，其粗糙度指数 α 取 0.3，H_G 取 450m。

根据地面粗糙度指数及梯度风高度，即可得出风压高度变化系数如下：

$$\mu_z^A = 1.379\left(\frac{z}{10}\right)^{0.24}; \mu_z^B = 1.000\left(\frac{z}{10}\right)^{0.32};$$

$$\mu_z^C = 0.616\left(\frac{z}{10}\right)^{0.44}; \mu_z^D = 0.318\left(\frac{z}{10}\right)^{0.60};$$

在确定城区的地面粗糙度类别时，若无 α 的实测可按本条第 2 款的原则近似确定。

对于山区的建筑物，原规范采用系数对其基本风压进行调整，并对山峰和山坡也是根据山麓的基本风压，按高差的风压高度变化系数予以调整。这些规定缺乏根据，没有得到实际观测资料的验证。

关于山区荷载考虑地形影响的问题，目前能作为设计依据的最可靠的方法是直接在建设场地进行与邻近气象站的风速对比观测，但这种做法不一定可行。在国内，华北电力设计院与中国气象科学研究院合作，采用 Taylor-Lee 的模型，结合华北地区的山峰风速的实测资料，对山顶与山下气象站的风速关系进行研究（见《电力勘测》1997.1），但其成果仍有一定的局限性。

国外的规范对山区风荷载的规定一般有两种形式：一种也是规定建筑物地面的起算点，建筑物上的风荷载直接按规定的风压高度变化系数计算，这种方法比较陈旧。另一种是按地形条件，对风荷载给出地形系数，或对风压高度变化系数给出修正系数。荷载规范采用后一种形式，并参考澳大利亚、英国和加拿大的相应规范，以及欧洲钢结构协会 ECCS 的规定（房屋与结构的风效应计算建议），对山峰和山坡上的建筑物，给出风压高度变化系数的修正系数。由于 ECCS 规定是由国际著名的风工程专家 A. G. Daven-port 根据试验资料制定的，这里采用 ECCS 规定的数据制成计算用表列出。

4.2.7 风荷载体型系数涉及的是关于固体与流体相互作用的流体动力学问题，对于不规则形状的固体，问题尤为复杂，无法给出理论上的结果。由于用计算流体动力学分析目前尚未成熟，至今仍由试验确定。鉴于真型实测的方法对结构设计的不现实性，目前只能采用相似原理，在边界层风洞内对拟建的建筑物模型进行测试。

表 4.2.7 列出了不同类型的建筑物和各类结构体型及其体型系数，这些都是根据国内外的试验资料和外国规范中的建议性规定整理而成，当建筑物与表 4.2.7 中列出的体型类同时可参考应用。否则仍应由风洞试验确定。

在表 4.2.7 项次 3、4 中，挡风系数 ϕ 只到 0.5 为止。对于大于 0.5 的体型系数，如无参考资料，也可取 ϕ 为 0.5 时较大值的体型系数。

在表 4.2.7 项次 5 中，索线与地面夹角一般在 40°~60°之间，根据高耸结构实践，体型系数值与现行国家标准《建筑结构荷载规范》GB 50009 中体型系数项次 38 中的数值略有不同。

4.2.8 参考国外规范并结合我国当前的具体情况，当结构自振基本周期 $T \geq 0.25s$ 时，风振影响增大，应该考虑风振影响。

4.2.9 风振系数应根据随机振动理论导出。

规范列出的式 (4.2.9) 是根据荷载规范针对只考虑第一振型影响的结构的有关公式转换而来。应该说明，随着计算机的普及应用和结构形式愈来愈多样性和复杂性，只考虑第一振型影响已不能满足要求，而且也无必要，可根据基本原理考虑多振型影响进行电算。

表 4.2.9-3 中变化范围数字为 A 类地貌至 D 类地貌，例如 $z/H = 0.6$，$l_x(H)/l_x(0) = 0.5$ 时，B 类可取 $\varepsilon_2 = 0.54$ 或 0.55，C 类 $\varepsilon_2 = 0.58$。

4.2.10 拉绳钢桅杆风振系数根据随机振动理论导出。

考虑前 4 阶自振频率和振型，桅杆杆身的风振系数为：

$$\beta_z = 1 + \sqrt{\sum \xi_n^2 \varepsilon_{1w} \varepsilon_{2wn} \phi_n^2}$$

$$\varepsilon_{1w} = \frac{[\int_0^H \int_0^H \mu_s(z)\mu_s(z')\mu_z(z)\mu_z(z') \exp(-|z-z'|/60) zz'/H^2 dz dz']}{H\mu_z(H)}$$

$$\varepsilon_{2wn} = \frac{[\int_0^H \int_0^H \mu_s(z)\mu_s(z')\mu_z(z)\mu_z(z') \exp(-|z-z'|/60)\phi_n(z)\phi_n(z') dz dz']^{1/2}}{[\int_0^H \int_0^H \mu_s(z)\mu_s(z')\mu_z(z)\mu_z(z') \exp(-|z-z'|/60) zz'/H^2 dz dz']^{1/2}}$$

$$\cdot \frac{H}{\mu_z(z/H) \int_0^H \phi_n^2(z) dz}$$

其中，ξ_n 为 n 阶频率对应的脉动增大系数，按照表 4.2.9-1 采用；$\phi_n(z)$ 为 n 阶振型。

令各阶振型在悬臂端处数值 $\phi_n(H) = 1$，则悬臂端处风振系数为：

$$\beta_z(H) = 1 + \xi_1 \varepsilon_{1w} \varepsilon_{2w}$$

其中，

$$\varepsilon_{2w} = \sqrt{\sum_{n=1}^4 (\xi_n/\xi_1)^2 \varepsilon_{2wn}^2}$$

ε_{1w} 仅与地貌类别和结构高度有关，可以编制相应表格 4.2.10-1。

ε_{2w} 仅与结构频率和振型有关，考虑纤绳与杆身相对刚度的变化，求得相应数值，并编制表格 4.2.10-2。值得注意的是，当悬臂段较长时，鞭梢效应比较明显，因此考虑悬臂端不同相对长度的情况。而对于桅杆杆身其余部分，则根据第一振型在该处数值进行相应调整。

对于桅杆纤绳，统一考虑地貌类别、结构高度和振型的影响（即统一考虑 ε_1 和 ε_2 的影响），可以得到纤绳不同高度处的风振系数。考虑到工程应用中，仅关心纤绳动张力，因此可以将非均布动力风荷载等效为均布荷载，求得换算的均布荷载的风振系数，并编制相应表格 4.2.10-3。

4.2.11 当建筑物受到风力作用时，不但顺风向可能发生风振，而且也能发生横风向的风振。横风向风振都是由不稳定的空气动力形成，其性质远比顺风向更为复杂，其中包括旋涡脱落（vortex-shedding）、颤振（flutter）等空气动力现象。

对圆截面柱体结构，当发生旋涡脱落时，若脱落频率与结构自振频率相符，将出现共振。大量试验表明，旋涡脱落频率 f_s 与风速 v 成正比，与截面的直径 d 成反比。同时，雷诺数 $Re=\dfrac{vd}{\nu}\approx69000vd$（$\nu$ 为空气运动粘性系数，约为 $1.45\times10^{-5}\,\text{m}^2/\text{s}$），斯托罗哈数 $St=\dfrac{f_sd}{v}$，它们在识别其振动规律方面有重要意义。

当风速较低，即 $Re<3\times10^5$，一旦 f_s 与结构自振频率相符，即发生亚临界的微风共振，对圆截面柱体，$St\approx0.2$；当风速增大而处于超临界范围，即 $3\times10^5\leqslant Re\leqslant3.5\times10^6$ 时，旋涡脱落没有明显的周期，结构的横向振动也呈随机性；当风更大，$Re\geqslant3.5\times10^6$，即进入跨临界范围，重新出现规则的周期性旋涡脱落，一旦与结构自振频率接近，结构将发生强风共振。

一般情况下，当风速在亚临界或超临界范围内时，不会对结构产生严重影响，即使发生微风共振，结构可能对正常使用有些影响，但也不至于破坏。设计时，只要采取适当构造措施，或按微风共振控制要求控制结构顶部风速即可。

当风速进入跨临界范围内时，结构有可能出现严重的振动，甚至于破坏，国内外都曾发生过很多这类损坏和破坏的事例，对此必须引起注意。

4.2.12 对亚临界的微风共振，微风共振时结构会发生共振声响，但一般不会对结构产生破坏。此时可采用调整结构布置以使结构基本周期 T_1 改变而不发生微风共振，或者控制结构的临界风速 $v_{cr,1}$ 不小于 15m/s，以降低共振的发生率。

对跨临界的强风共振，设计时必须按不同振型对结构予以验算。规范式（4.2.12-4）中的计算系数 λ_j 是 j 振型情况下考虑与共振锁住区分布有关的折算系数。在临界风速 $v_{cr,j}$ 起始高度 H_1 以上至 $1.3v_{cr,j}$ 一段范围内均为锁住区，风速均为 $v_{cr,j}$。共振锁住区的终点高度 $H_2=H\times\left(\dfrac{1.3v_{cr,j}}{v_{H,\alpha}}\right)^{\frac{1}{\alpha}}$，式中 $v_{H,\alpha}$ 为该地貌的结构顶点的风速，H_2 一般常在顶点高度之上，故锁住区常取到结构顶点，计算系数 λ_j 就根据此点而作出。个别情况如 $H_2<H$，可根据实际情况进行计算，此时 λ_j 可按 $\lambda_j(H_1)-\lambda_j(H_2)$ 确定，如考虑安全，也可将 H_2 取至顶点。若临界风速起始点在结构底部，整个高度为共振锁住区，它的效应为最严重，系数值最大；若临界风速起始点在结构顶部，不发生共振，也不必验算横向的风振荷载。公式中的临界风速 $v_{cr,j}$，计算时，应注意对不同振型是不同的。根据国外资料和我们的计算研究，一般考虑前四个振型就够了，但前两个振型的共振最常见。还应注意到，对跨临界的强风共振验算时，考虑到结构强风共振的严重性及试验资料的局限性，应尽量提高验算要求。一些国外规范如 ISO 4354 就要求考虑增大风速验算。这里采用将顶部风速增大到 1.2 倍以扩大验算范围。

4.2.13 对于非圆截面的柱体，同样也存在旋涡脱落等空气动力不稳定问题，但其规律更为复杂，国外的风荷载规范逐渐趋向于也按随机振动的理论建立计算模型，目前，规范仍建议对重要的柔性结构，应在风洞试验的基础上进行设计。

4.2.14 在风荷载作用下，同时发生的顺风向和横风向风振，其结构效应应予以矢量迭加。当发生横向强风共振时，顺风向的风力可达到最大的设计风荷载，横向的共振临界风速起始高度 H_1 由式（4.2.12-5）可知为最小，此时横向共振影响最大。所以，当发生横风向强风共振时，横向风振的效应 S_L 和顺风向风荷载的效应 S_A 按矢量迭加即 $S=\sqrt{S_L^2+S_A^2}$ 组合而成的结构效应为不利。

4.2.15 对于电力行业架空送电线路，由于它的特殊性，可根据该行业的具体情况专列条文确定。

4.3 覆冰荷载

4.3.1～4.3.3 在原条文中补充了电力行业设计规程的相关内容。

在电力行业中，送电杆塔的导地线覆冰荷载比较复杂，且具有显著的行业特点，有行业的设计技术规程和规定。在电力行业中冰荷载习惯称"覆冰"，建议将"裹冰"改为"覆冰"。

4.4 地震作用和抗震验算

4.4.2 高耸钢塔中在塔楼、塔头部位经常有悬挑距离较大的桁架、梁等，这些部位竖向地震作用可能成为最不利作用，所以在此提出。

4.4.4 弹性反应谱理论仍是现阶段抗震设计的最基本理论，本规范的设计反应谱以地震影响系数曲线的形式给出，并有如下重要改进：

1 设计反应谱周期延至 6s。根据地震学研究和强震观测资料统计分析，在周期 6s 范围内，有可能给出比较可靠的数据，也基本满足了国内高耸结构的抗震设计需要。对于长周期大于 6s 的结构，抗震设计反应谱应进行专门研究。

2 理论上，设计反应谱存在两个下降阶段，即：速度控制段和位移控制段，在加速度反应谱中，前者衰减指数为 1，后者衰减指数为 2。设计反应谱是用来预估建筑结构在其设计基准期内可能经受的地震作用，通常根据大量实际地震记录的反应谱进行统计并结合工程经验判断加以规定。为保持规范的延续性，在 $T\leqslant5T_g$ 范围内与《建筑抗震设计规范》GBJ 11—89 相同，把《建筑抗震设计规范》GBJ 11—89 的下平台改为倾斜段，使 $T>5T_g$ 后的反应谱值有所下降，不同场地类别的最小值不同，较符合实际反应谱的统计规律。在 $T=6T_g$ 附近，新的反应谱比《建筑抗震设计规范》GBJ 11—89 约增加 15%，其余范围取值的变动更小。

3 为了与我国地震动参数区划图接轨，根据地震动参数区划的反应谱特征周期分区和不同场地类别确定反应谱特征周期 T_g，即特征周期不仅与场地类别有关，而且与特征周期 T_g 分区有关，同时反应了震级大小、震中距和场地条件的影响。T_g 分区中的一区、二区、三区分别反映了近、中、远震影响。为了适当调整和提高结构的抗震安全度，各分区中Ⅰ、Ⅱ、Ⅲ类场地的特征周期较《建筑抗震设计规范》GBJ 11—89 的值约增大了 0.05s。同理，罕遇地震作用时，特征周期 T_g 值也适当延长。这样处理比较接近近年来得到的大量地震加速度资料的统计结果。与《建筑抗震设计规范》GBJ 11—89 相比，安全度有一定提高。

4.4.5 考虑到不同结构类型的抗震设计需要，提供了不同阻尼比（0.01～0.20）地震影响系数曲线相对于标准的地震影响系数 α（阻尼比为 0.05）的修正方法。根据实际强度记录的统计分析结果，这种修正可分三段进行：在反应谱平台阶段（$\alpha=\alpha_{max}$），修正幅度最大；在反应谱上升段（$T<T_g$）和下降段（$T>T_g$），修正幅度变小；在曲线两端（0s 和 6s），不同阻尼比下的 α 系数趋向接近。表达式为：

上升段： $[0.45+10(\eta_2-0.45)T]\alpha_{max}$

水平段： $\eta_2\alpha_{max}$

下降段： $(T_g/T)^\gamma\eta_2\alpha_{max}$

倾斜段： $\left[0.2^\gamma-\dfrac{\eta_1}{\eta_2}(T-5T_g)\right]\eta_2\alpha_{max}$

对应于不同阻尼比计算地震影响系数的调整系数如表 1 所示，条文中规定，当 η_2 小于 0.55 时取 0.55；当 η_1 小于 0.0 时取 0.0。

表 1　对应于不同阻尼比计算地震影响系数的调整系数

ξ	η_2	γ	η_1
0.01	1.54	0.97	0.025
0.02	1.34	0.95	0.024
0.05	1.00	0.90	0.020
0.10	0.75	0.85	0.014
0.20	0.56	0.80	0.001

4.4.6 现阶段采用抗震设防烈度所对应的水平地震影响系数最大值 α_{max}，多遇地震烈度和罕遇地震烈度分别对应于 50 年设计基准期内超越概率为 63% 和 2%～3% 的地震烈度，也就是通常所说

的小震烈度和大震烈度。为了与新的地震动参数区划图接口,表4.4.6 中的 a_{max} 沿用《建筑抗震设计规范》GBJ 11—89 中 6、7、8、9 度所对应的设计基本加速度之外,对于 7~8 度、8~9 度之间各增加一档,用括号内的数字表示,分别对应于附录 A 中的 0.15g 和 0.30g。

高耸结构阻尼比的确定与现行国家标准《构筑物抗震设计规范》GB 50191 统一,明确其数值。由于本规范对高于 200m 以上的塔推荐使用振动控制技术,故此条规定加振动控制设备的高耸结构的阻尼比可按"等效阻尼比"取值。

对于周期大于 6.0s 的高耸结构所采用的地震影响系数应专门研究。

4.5 温度作用及作用效应

4.5.1 原规范对温度效应仅是提及,并不具体。经研究对高寒地区的多功能钢结构电视塔,其塔楼内外结构的温度效应须予考虑。此条确定了室外低温的计算标准值。

5 钢塔架和桅杆结构

5.1 一般规定

5.1.2 本条所指"钢材材质应符合现行国家标准《钢结构设计规范》GB 50017 的要求"是要求设计者根据钢结构设计的基本原理并结合高耸钢结构的特点来选择材料及辅助材料。

高耸钢结构是承受动力荷载(以风为主)的室外结构,而且绝大部分为焊接结构(小型角钢输电塔不在本规范覆盖范围之内)。所以在选择材料时应考虑以下几点:

1 应选用 Q235-B 及以上的钢材。
2 对于桅杆纤绳的拉耳设计,应考虑微风时扭转效应引起的疲劳荷载,材料和焊缝应比一般高耸钢结构提高一个等级。
3 对于高耸钢结构的悬臂天线段,应考虑鞭梢效应及高频振动作用,适当选用较好的材料或适当降低应力比。
4 对于寒冷地区的高耸钢结构,应考虑冷脆问题,适当提高材料等级。根据经验,冬季极限低温在 $-20\sim-40$ ℃ 的地区,可采用 C 级钢材。
5 钢材的选择应考虑经济性,并易于采购,易于管理。

5.1.3 由于规范适用范围增加了电力高塔,故电力高塔中常用的钢绞线的强度设计值亦予收录。国内电力系统使用螺栓品种、数量较钢结构建筑多,也对各类螺栓的承载能力进行大量试验,试验结果比现行《钢结构设计规范》GB 50017 提供的承载能力略大,故电力系统普遍采用的螺栓承载力与现行《钢结构设计规范》GB 50017 有所区别。为了尊重试验结果,本规范在基本仍采用现行国家标准《钢结构设计规范》GB 50017 数据的前提下,作出说明。即有大量可靠试验依据时,可根据行业内具体情况做适当修正,而修正须在行业内以行业标准形式统一定。

5.1.4 高耸结构处于室外,大气环境腐蚀影响较大。由于维护费用问题越来越突出,故目前对高耸结构一般均做长效防腐蚀处理。本条所列两种长效防腐蚀方法均已经过大量工程实践验证。其他长效防腐方法如氟碳涂层法、无机富锌涂层法等均有较好的应用前景,但尚需经过一定实际工程检验。

5.1.5 塔桅结构的防雷接地是普遍性的重要问题,且利用结构主体作为防雷引下线最为经济,防雷接地又与基础的设计与施工有关。故在此作为设计的一般规定。

5.2 钢塔桅结构的内力分析

5.2.1 上世纪 80 年代,塔架的内力分析采用平面桁架法或分层空间桁架法手算较多。但随着技术的进步,这些不太精确的方法已基本淘汰,精确的整体空间桁架法已被广泛采用。故修改中体现了这一变化,并提出对重要结构做动力分析的要求。

5.2.2 十年前桅杆的静力分析一般按弹性支座连续梁法计算,而目前这种方法已被非线性有限元法所取代。修编后的条文体现了这一技术上的进步。

5.2.3 由于风沿高耸结构高度方向的实际分布状况是多变的,而计算公式无法反映这种复杂的变化,所以当按照一般的方法计算塔架中某些斜杆的内力时,有时会得到非常小的内力值。而实际上当风的分布状况发生变化时,斜杆的内力会大大超过这一值。这一现象称为"埃菲尔效应"。国外塔架结构设计规范中已对这种不利效应作出对策。在本规范修编过程中,经过研究并与英国规范对比,得出这一条文。即对于计算结果中受力很小的斜杆,要控制其"最小内力",以免在实际工作状态下内力不稳定造成结构的破坏。

5.5 轴心受拉和轴心受压构件

5.5.3 表 5.5.3-2 根据近期的研究及电力系统的工程实践作了补充和修改。与表中数据所对应的连接状态是腹杆直接连接在塔柱角钢肢上。

5.5.6 塔桅结构一般作为空间桁架计算,其杆件均按二力杆计算,但实际上这些二力杆也会受到局部作用力而受弯,为避免不安全而提出。增加横向集中力。

5.6 偏心受拉和偏心受压构件

5.6.1 由于高耸钢结构的局部塑性变形会引起其上部位移增大,整体 P-Δ 效应增大,故不计塑性发展系数。

5.6.7 近几年来在国内通讯、输电及其他领域中大量出现了单管杆塔。其共同特点是使用对刚度要求较低,按径厚比 $D/t<100$ 设计时强度利用明显不足。而国外这类单管杆塔用得很多,其径厚比也已突破 100 的限定。修编组以美国规范相应条文为蓝本,进一步考虑单管塔固有的部分轴压力不利作用,对美国规范计算公式作了适当调整(更趋向于安全),得到本条文。在电力部门,美国规范的公式已在国内大量使用,未发生工程问题。那么本条文公式的使用应该更是可行的。而本条文的实施对与单管塔的建设可以节约大量材料和资金。

5.7 焊缝连接计算

5.7.1 一般高耸结构主要承受风载,不属疲劳荷载,但对于石油钻探塔等有长期机械作用的塔以及桅杆的纤绳拉耳部位,仍有疲劳作用。根据高耸结构的实际状况提出了焊缝形式及等级的确定原则,并要求做相应的检验。本条文根据现行国家标准《钢结构设计规范》GB 50017 的规定,焊缝形式和等级应在设计图中注明。条文中仅对工厂焊缝作出规定,说明高耸结构不提倡工地施焊,特殊情况必须工地施焊时,焊缝等级由设计者确定,但不宜过高等级。

5.9 法兰盘连接计算

I 刚性法兰盘的计算

5.9.1 式(5.9.1)考虑厚板的部分塑性发展作了调整,由 $t\geqslant\sqrt{\frac{6M_{max}}{f}}$ 改为 $t\geqslant\sqrt{\frac{5M_{max}}{f}}$。本条增加了对单位宽度最大弯矩值 M_{max} 的定义。

5.9.2 法兰连接受力较小时用普通螺栓,受力较大时用承压型高强螺栓,均不保证法兰面始终受压。本条公式根据强度极限状态条件推出。

Ⅱ 柔性法兰盘的计算

5.9.4～5.9.6 在工程实践中,为了简化钢结构连接制作,减少焊接变形,提高效率而用无加劲肋(柔性)法兰代替刚性法兰。为此进行了理论分析和大量试验。在此基础上提出了柔性法兰的设计方法,用以指导工程实践。

5.10 钢塔桅结构的构造要求

Ⅰ 一般规定

5.10.2 增加了热浸锌时锌液宜滞留的部位应设溢流孔的要求。

5.10.3 要求节点构造简单紧凑的目的主要是减小受风面积,同时也可以简化制作节约钢材。

5.10.5 对钢塔主要受力构件圆钢最小直径的限定由 $\phi12$ 改为 $\phi16$。

5.10.6 区分了按计算要求设横膈和按构造要求设横膈这两种不同情况。实际上横膈有时在计算中是必须的,如"K"形腹杆中点,必须有横膈支撑。

Ⅲ 螺栓连接

5.10.13 每一杆件在接头一边的螺栓数不宜少于2个,但对于相当于精制螺栓的销连接,可以只用一个螺栓。因这种连接螺栓(销)加工精度高,受力状态较理想化,质量可靠。而这在柔性杆连接中为常用构造。安装很方便,且节约节点用材。

5.10.15 增加规定受剪螺栓的螺纹不应进入剪切面,以提高螺栓抗剪的可靠性。本条还强调由于高耸钢结构受风振作用,故重要螺栓连接,特别是有可能受拉压循环作用的螺栓,必须要有防松措施。一般螺栓也要用扣紧螺母防松。

6 混凝土圆筒形塔

6.1 一般规定

6.1.1 本章适用于普通混凝土和预应力混凝土圆筒形塔的设计。原规范不包括预应力混凝土塔。近年来,塔形结构越来越高,为了减轻结构自重,减少塔身裂缝,提高塔身的刚度,在工程实践中,已建造了许多预应力混凝土塔,因此,在规范修订中,增加了预应力混凝土塔的设计内容。在施工条件允许的情况下,建议采用预应力混凝土塔。

6.2 塔身变形和塔筒截面内力计算

6.2.1 相邻质点间的塔身截面刚度取该区段的平均截面刚度,可不考虑开孔和局部加强措施(如洞口扶壁柱等)的影响。

6.2.6～6.2.12 塔身的附加弯矩计算,原规范在条文中仅给出理论公式(5.2.6),而将详细计算公式列于附录四。这次修订,将详细计算公式移至正式条文中。这些计算公式与现行国家标准《烟囱设计规范》GB 50051基本相同,仅增加了塔身上集中荷载,如塔楼等。

6.2.13 本条规定了塔身代表截面位置的选择。一般塔身是有坡度的,塔身的曲率沿高度也是变化的。为了计算简化,采用某一截面的变形曲率,代表塔身的实际曲率,然后按等曲率计算附加弯矩,这一截面定义为代表截面。代表截面的确定,是通过工程实例并预测工程的发展趋势,进行分析和计算后确定的。

用代表截面曲率计算出的塔顶变位,一般比实际曲率算得的塔顶变位大1.6%～15.2%。

如塔身不符合本条选择代表截面条件时,应按实际情况采用第6.2.6条计算附加弯矩。

6.3 塔筒极限承载能力计算

6.3.1 沿环形截面均匀配筋塔筒的极限承载能力计算,与现行国家标准《烟囱设计规范》GB 50051的计算原则相同。烟囱和电视塔筒,都属于大型环形截面,与现行国家标准《混凝土结构设计规范》GB 50010的环形截面沿截面均匀配筋的计算公式也是相同的。

现行国家标准《混凝土结构设计规范》GB 50010 一般是指小型构件,如电线杆等。其计算公式用于大型环形截面是否合适尚有疑问。在原《烟囱设计规范》GBJ 51修订之前,针对这个问题进行了大型构件模拟试验。

试验工作由包头钢铁设计研究总院与西安建筑科技大学合作完成。试验共做四个试件,试件尺寸均为:高度 $h=5.8m$,外直径 $d=1.3m$,壁厚160mm。配筋分为光面钢筋和变形钢筋各2个。试验是在荷载与温度共同作用下进行的。试件内表面加温至200℃,恒温24h后,分级加载直至破坏。

试件的破坏标志,其受压区最大压应变 $\varepsilon_c=0.0033$,受拉区钢筋拉应变 $\varepsilon_s=0.01$。本次4个试件,当受拉区钢筋应变 $\varepsilon_s=0.01$时,受拉区混凝土已严重开裂,裂缝宽度 $w\geq 2mm$,而受压区混凝土的最大压应变 ε_c 均小于0.002。在此情况下,再增加少量水平荷载(增大弯矩),混凝土受压区就发生崩溃。受压区崩溃后,荷载再加不上去了。

通过本次试验认为:其极限承载能力状态可取钢筋拉应变 $\varepsilon_s=0.01$,与此相对应的混凝土压应变 $\varepsilon_c<0.002$。

以上述变形为极限变形,试验所得的极限弯矩均大于原《烟囱设计规范》GBJ 51 及《高耸结构设计规范》GBJ 135 计算的极限承载能力计算值。试件的计算与试验情况列于表2中。

表2 试验与计算结果对比(kN·m)

试件 公式	1	2	3	4
《烟囱设计规范》GBJ 51—83	554	706	887	946
《高耸结构设计规范》GBJ 135—90	554	708	888	939
试验	869	999	1175	1315

可见,采用现行国家标准《混凝土结构设计规范》GB 50010的计算公式是完全可以的。

本规范与现行国家标准《混凝土结构设计规范》GB 50010的区别在于在塔身上有开设孔洞截面,并考虑在计算截面开设一个孔洞和两个孔洞的情况。本规范分别给出了计算公式。根据常规做法,配有预应力钢筋时,也在公式中给出了配有非预应力筋和同时配有预应力筋的通用公式。当不配预应力筋时,令预应力筋项的值为零即可。

应当指出:在计算公式中,当仅开设一个孔洞时,是按孔洞在受压区给出的。当开设两个孔洞时,其中较大的孔洞在受压区。

6.4 塔筒正常使用极限状态计算

6.4.1 预应力混凝土塔筒的抗裂验算,应按现行国家标准《混凝土结构设计规范》GB 50010 的有关规定进行计算。本规范未作新规定。

6.4.2 为计算混凝土和预应力混凝土塔筒的裂缝开展宽度,需要计算在正常使用极限状态下的混凝土压应力和钢筋拉应力。为此,应首先判别 $e_{0k} \leq r_{c0}$ 或 $e_{0k} > r_{c0}$。因为这两种不同情况,应力的计算公式是不同的。其中截面核心距 r_{c0},又分为截面无孔洞及有一个孔洞和两个孔洞等情况,应加以判断。本条给出了有关计算公式。

6.4.3 本条给出了当 $e_{0k} \leq r_{c0}$ 时,混凝土压应力的计算公式。由于 $e_{0k} \leq r_{c0}$,迎风侧钢筋拉应力小于零,此种状态,无需验算裂缝。

6.4.4 当 $e_{0k} > r_{c0}$ 时，应分别求出混凝土压应力和受拉区钢筋拉应力。求出钢筋拉应力才能验算裂缝开展宽度。本条计算公式与现行国家标准《烟囱设计规范》GB 50051 不同之处，在于增加了预应力钢筋。

6.4.5 本条给出了塔筒在标准荷载和温度共同作用下产生的水平裂缝宽度计算公式。裂缝开展宽度的计算公式与现行国家标准《混凝土结构设计规范》GB 50010 相同。但由于在自然温度作用下，筒壁的内侧与外侧有一定的温度差，此温度差使受拉钢筋增大了拉应力。由温度产生的钢筋拉应力，反映在式(6.4.5-2)中。

6.4.6 塔筒的竖向裂缝，仅由筒壁内外温度差产生。本条给出了有关计算公式。对于塔筒由于温度差较小，不像烟囱筒壁内外侧温度差很大，如有一定的环向配筋，一般裂缝不会很大。

6.5 混凝土塔筒的构造要求

6.5.1～6.5.12 本节的有关构造要求，与原规范相比，仅增加了有关预应力混凝土的一些要求。这些要求参考了现行国家标准《混凝土结构设计规范》GB 50010。

7 地基与基础

7.1 一般规定

7.1.1 根据现行国家标准《建筑地基基础设计规范》GB 50007 的规定及高耸结构的使用特点，增列了"可不做地基变形计算的高耸结构"。将地基变形的计算控制在合适的范围。其余要求同原规范。

7.1.3 增加了高耸结构地基基础设计前应进行岩土工程勘察的规定，以保证基础设计的科学性。

7.1.4 根据现行国家标准《建筑地基基础设计规范》GB 50007 的新规定，将设计高耸结构地基基础不同内容时所取用的荷载与作用的不同代表值，以及抗力的代表值作出明确规定，以免混淆。某些方面还考虑了高耸结构的特点。

7.1.5 提出要计算地下水浮力对基础及覆土的抗拔力的影响，并提出应调查地下水的腐蚀作用。

7.1.6 明确了地基土工程特征指标的三种代表值，以免使用时混淆。

7.2 地基计算

7.2.1 按现行国家标准《建筑地基基础设计规范》GB 50007，在地基计算中，用荷载效应标准组合为代表值，以特征值(承载力)为抗力代表值。其余同原规范。

7.2.2～7.2.4 与 7.2.1 作同样变化。

7.2.5 高耸结构地基变形允许值与现行国家标准《建筑地基基础设计规范》GB 50007 协调，并在分类上作适当变更。

7.2.6 对高耸结构内相邻基础间的沉降差作出限定。这样一是为了减小由于沉降差引起附加应力，二是为了防止沉降差造成使用状态的恶化及管线的损坏。这回总沉降差往往在井道基础和塔柱基础之间产生。

对于中低压缩性土，以压缩系数值 $\alpha < 0.5 \text{MPa}^{-1}$ 为标准，当 $\alpha \geq 0.5 \text{MPa}^{-1}$ 时为高压缩性土。

7.2.7 对山坡地上的高耸结构要分析地基的稳定性，并对此作出科学的评价。

7.3 基础设计

Ⅰ 一般规定

7.3.1 增加了高耸结构地基基础选型表，以利设计人员对方案做合适的选择。表 7.3.1 中关于中低压缩性和高压缩性土的意义同第 7.2.6 条条文说明。

Ⅱ 天然地基基础

7.3.3 提出了斜立式基础的适用范围及大致形式。

7.3.4 对构架式塔的独立基础加连系梁的基础形式的设计方法作了明确规定。这种基础在高耸钢结构中用得最多，而原规范中却没有列入。

7.3.5～7.3.7 重点阐述了原规范中的"板式基础"，即本规范中的"扩展基础"。此种基础在天然地基上的高耸结构基础中最为常见，有圆形、方形、环形等。公式 $\psi = -3.9 \times \left(\frac{r_1}{r_c}\right)^3 + 12.9 \times \left(\frac{r_1}{r_c}\right)^2 - 15.3 \times \frac{r_1}{r_c} + 7.3$ 根据图 7.3.5-3 曲线拟合而成。

7.3.8 提出高耸结构扩展基础的一个最重要特点，即在基础受拔力作用(靠自重、覆土重及土的抗剪切性能)时，底板反向受弯。因而在底板上表面也要做配筋验算。这种情况对其他结构相当独特，但在高耸结构中却很普遍，原规范中未提及。

7.3.9 高耸结构一般很少用"刚性基础"，即"无筋扩展基础"。故说明其使用范围后，将原规范中具体条文略去，仅用此条说明万一遇到该如何设计。

7.3.10 高耸钢结构的锚栓是上部结构与基础之间的重要连接件，设计时应考虑对钢结构和混凝土结构兼容。而两者的施工标准差异很大，本条根据高耸结构的特点及设计经验，提出了锚栓设计的具体要求。

Ⅲ 桩基础

7.3.11、7.3.12 对高耸结构桩基础的适用条件、形式、持力层选择、计算要求作一般规定。

7.3.13 本条对高耸结构中常见的承受水平力的桩及承台的具体设计方法及构造要求作了明确规定。

7.3.14 本条对高耸结构中常见而在其他结构中较少遇到的承受压力-拔力交变作用的桩及承台的具体设计方法、公式作出明确规定。

7.3.15 本条规定了高耸结构抗拔桩及承台的具体构造要求，这是原规范未涉及而实际设计中又经常要遇到的问题。

Ⅳ 岩石锚杆基础

7.3.16～7.3.20 对在岩石地基上的高耸结构所常用的锚杆基础的设计计算及构造要求作出具体规定。弥补了原规范的缺项。

7.4 基础的抗拔稳定和抗滑稳定

7.4.1～7.4.6 与原规范条文说明基本一致，仅对原规范公式中的代表值按新的标准作了注释。

附录 A 材料及连接

1 对表 A.1 的解释：

在高耸钢结构中，大量使用 20# 钢无缝管材，而这种材料的性能在现行国家标准《钢结构设计规范》GB 50017 中未列出。为适用工程需要，在备注中对 20# 钢的强度取值作了说明。根据机械工业部的标准，20# 钢的强度、延性、可焊性等主要结构参数均优于 Q235 钢，但属于同一强度等级，故为简化起见，规定 20# 钢的设计强度同 Q235 钢。

2 对表 A.3 的解释：

在大量的角钢塔中，螺栓强度等级不限于现行国家标准《钢结构设计规范》GB 50017 规定的 4.8 级、8.8 级、10.9 级，还有 6.8 级。为适应高耸结构工程的要求，特根据机械工业部标准，将 6.8 级列入本表。在锚栓设计中，Q235 锚栓强度低，Q345 圆钢又很难采购，故本规范按现行国家标准《钢结构设计规范》GB 50017 中关于锚栓设计强度的换算方法，并参照现行国家标准《优质碳素结构钢》GB/T 699 的规定，确定了 35#钢、45#钢锚栓的抗拉强度值，并规定对 35#钢不宜焊接，对 45#钢不应焊接。我国电力系统钢塔设计及施工中有大量使用优质碳素结构钢作锚栓的经验。

3 根据高耸结构设计的需要，增加了表 A.6～A.12，其内容为镀锌钢绞线、钢丝绳强度设计值以及混凝土、钢筋强度设计值和弹性模量。

附录 B 轴心受压钢构件的稳定系数

1 对表 B.1 的解释：

根据现行国家标准《钢结构设计规范》GB 50017 对截面的分类作了调整，然而真正用于高耸结构轴压构件的截面仍为 a、b 两类，其他均略去。

2 表 B.2、B.3 为 a、b 两类截面轴心受压构件的稳定系数，参照现行国家标准《钢结构设计规范》GB 50017。

3 关于圆筒形混凝土塔、烟囱的附录不必要，故取消。其余同原规范。

中华人民共和国国家标准

烟囱设计规范

GB 50051—2002

条 文 说 明

目　次

1　总则 ·· 4—2—3
3　材料 ·· 4—2—3
　　3.1　砖石 ································ 4—2—3
　　3.2　混凝土 ···························· 4—2—3
　　3.3　钢筋和钢材 ···················· 4—2—4
　　3.4　材料热工计算指标 ········· 4—2—5
4　设计基本规定 ······················ 4—2—5
　　4.1　设计原则 ························ 4—2—5
　　4.2　一般规定 ························ 4—2—6
　　4.3　烟囱受热温度允许值 ····· 4—2—6
　　4.4　钢筋混凝土烟囱筒壁的
　　　　规定限值 ························ 4—2—6
5　荷载与作用 ··························· 4—2—7
　　5.1　荷载与作用的分类 ········· 4—2—7
　　5.2　风荷载 ···························· 4—2—7
　　5.5　地震作用 ························ 4—2—8
　　5.6　温度作用 ························ 4—2—9
6　砖烟囱 ··································· 4—2—9
　　6.1　一般规定 ························ 4—2—9
　　6.2　水平截面计算 ················ 4—2—9
　　6.3　环箍计算 ························ 4—2—9
　　6.4　环筋计算 ······················ 4—2—10
　　6.5　竖向钢筋计算 ·············· 4—2—10
　　6.6　构造规定 ······················ 4—2—10
7　单筒式钢筋混凝土烟囱 ····· 4—2—10
　　7.1　一般规定 ······················ 4—2—10
　　7.2　附加弯矩计算 ·············· 4—2—10
　　7.3　烟囱筒壁承载能力极限
　　　　状态计算 ······················ 4—2—11
　　7.4　烟囱筒壁正常使用极限
　　　　状态计算 ······················ 4—2—11
8　套筒式和多管式烟囱 ········· 4—2—12
　　8.1　一般规定 ······················ 4—2—12
　　8.2　计算规定 ······················ 4—2—12
　　8.3　构造规定 ······················ 4—2—12
9　钢烟囱 ································ 4—2—12
　　9.2　塔架式钢烟囱 ·············· 4—2—12
　　9.3　自立式钢烟囱 ·············· 4—2—13
10　烟囱的防腐蚀 ··················· 4—2—13
　　10.1　一般规定 ···················· 4—2—13
　　10.2　排放腐蚀性烟气的烟囱结构
　　　　　型式选择 ···················· 4—2—13
　　10.3　砖烟囱的防腐蚀设计 ··· 4—2—13
　　10.4　单筒式钢筋混凝土烟囱的防
　　　　　腐蚀设计 ···················· 4—2—14
　　10.5　砖内筒的套筒式和多管式烟
　　　　　囱的防腐蚀设计 ········ 4—2—14
　　10.6　钢内筒的套筒式和多管式烟
　　　　　囱的防腐蚀设计 ········ 4—2—14
11　烟囱基础 ··························· 4—2—14
　　11.1　一般规定 ···················· 4—2—14
　　11.2　地基计算 ···················· 4—2—14
　　11.3　刚性基础计算 ············ 4—2—14
　　11.4　板式基础计算 ············ 4—2—14
　　11.5　壳体基础计算 ············ 4—2—15
12　烟道 ·································· 4—2—15
　　12.1　一般规定 ···················· 4—2—15
　　12.2　烟道的计算和构造 ····· 4—2—15
13　航空障碍灯和标志 ············ 4—2—16
　　13.1　一般规定 ···················· 4—2—16
　　13.2　障碍灯和标志 ············ 4—2—16
　　13.3　障碍灯的分布 ············ 4—2—16

1 总 则

1.0.2 本规范是原《烟囱设计规范》(GBJ 51—83)的修订本。在这次修订中，除了采用概率理论进行设计外，还增加了多管式和套筒式钢筋混凝土烟囱、钢烟囱、烟囱的防腐蚀和烟道等新的内容。其中多管式和套筒式钢筋混凝土烟囱，是 20 世纪 80 年代中后期才开始在工程（主要是电力工程）中采用的新式烟囱。这种烟囱形式不仅有了一定的工程实践经验，而且有较强的发展势头。钢烟囱近年来也采用较多，特别是在地基比较软弱地区和化工系统中的小型烟囱，采用钢烟囱较多。烟囱的防腐蚀是烟囱设计中的一项主要内容，近年来发现低温烟囱腐蚀现象比较严重且普遍。针对上述情况，在这次《烟囱设计规范》修订中，增加了这部分内容。

关于烟道我国尚无规范。在设计工作中一般均依据现有参考资料去做。在编制原《烟囱设计规范》(GBJ 51—83) 时，由于当时资料有限，也缺乏试验研究，因此没有列入规范。在这次规范修订中，根据现有资料及工程实践经验，增加了这部分内容。总的来看，新增加的这些内容，还有待于不断总结经验，使其逐步完善和提高。

1.0.4 《烟囱设计规范》涉及的现行规范较多，这些规范都是近年来对原规范修订而成。其中有些规定对原规范进行了较大修改。这些规范的修改内容，都直接影响本规范，有些还影响较大。在本规范修订时，与有关的现行规范均进行了协调，但发现现行规范中，有些规定并不完全适用于烟囱设计，本规范根据烟囱的特点做了一些特殊规定。

3 材 料

3.1 砖 石

3.1.1 砖烟囱筒壁材料的选用：

1 砖的强度等级，从对砖烟囱的调查研究发现，砖的强度等级低于或等于 MU7.5 时，砌体的耐久性差，容易风化腐蚀。特别是处于潮湿环境或具有腐蚀性介质作用时更为突出。故将砖的强度等级提高一级，规定其强度等级不应低于 MU10。

2 烟气中一般都含有不同程度的腐蚀介质，烟囱筒壁一般会受到烟气腐蚀的作用。在调查的砖烟囱中，发现砂浆被腐蚀后丧失强度，用手很容易将砂浆剥落。但砖仍具有一定的强度，说明砂浆的耐腐蚀性不如砖。从调研中还可以看到烟囱筒首部分腐蚀更为严重，砂浆疏松剥落。因此，从耐腐蚀上要求砂浆强度等级不应低于 M5。

通过对配筋砖烟囱调查发现：用 M2.5 混合砂浆砌筑配有环向钢筋的砖筒壁，由于砂浆强度低，密实性差，钢筋锈蚀严重，钢筋周围有褐色锈斑，钢筋与砂浆粘结不好，难以保证共同工作。而用 M5 混合砂浆砌筑的烟囱投产使用多年，烟囱外表无明显裂缝，凿开后钢筋锈蚀较轻，砂浆密实饱满。所以，从防止钢筋锈蚀和保证钢筋与砂浆共同工作出发，砖筒壁的砂浆强度等级也不应低于 M5。

3.1.2 烟囱及烟道内衬材料的规定：

在已投产使用的烟囱中，内衬开裂是比较普遍存在的问题。有的烟囱内衬在温度反复作用下，开裂长达几米或十几米，且沿整个壁厚贯通。内衬的开裂导致筒壁受热温度升高并产生裂缝，内衬已成为烟囱正常使用下的薄弱环节。开裂严重直接影响烟囱的正常使用。因此，在内衬材料的选择上应予以重视。

内衬直接受烟气温度及烟气中腐蚀性介质的作用，因此内衬材料应根据烟气温度及腐蚀程度选择，依据烟气温度，可选用烧结普通粘土砖或粘土质耐火砖做内衬；当烟气中含有较强的腐蚀性介质时，按正文第 10 章有关规定执行。

3.2 混 凝 土

3.2.1 钢筋混凝土烟囱筒壁混凝土的采用有以下考虑：

1 普通硅酸盐水泥和矿渣硅酸盐水泥除具有一般水泥特性外尚有抗硫酸盐侵蚀性好的优点。适合用于烟囱筒壁。但矿渣硅酸盐水泥抗冻性差，平均气温在 10℃ 以下时不宜使用。

2 对混凝土水灰比和水泥用量的限制是为了减少混凝土中水泥石和粗骨料之间在较高温度作用时的变形差。水泥石在第一次受热时产生较大收缩。含水量愈大，收缩变形愈大。骨料受热后则膨胀。而水泥石与骨料间的变形差增大的结果导致混凝土产生更大内应力和更多内部微细裂缝，从而降低混凝土强度。限制水泥用量的目的也是为了不使水泥石过多，产生过大的收缩变形。

3 对粗骨料粒径的限制也可减少它与水泥石之间的变形差。

3.2.2 原《烟囱设计规范》(GBJ 51—83) 对烟囱基础的混凝土强度等级规定偏低。在调研中发现当设有地下烟道的烟囱基础受到烟气温度作用后，混凝土开裂、疏松现象普遍，严重的已烧坏。并且作为高耸构筑物的基础，混凝土强度等级应高于一般基础。为此，本条作了适当提高。

3.2.3 原规范未列入混凝土在温度作用下的强度标准值。《建筑结构可靠度设计统一标准》(GB 50068) 要求："……在各类材料的结构设计与施工规范中，应对材料和构件的力学性能、几何参数等质量特征提出明确的要求。……"。为此，本规范作了补充。

温度作用下混凝土试件各类强度可以用下列随机

方程表达：

$$f_{xt} = \gamma_x f_x \quad (1)$$

式中 f_{xt}——温度作用下混凝土各类强度（轴心抗压 f_{ct} 和轴心抗拉 f_{tt}）试验值；

γ_x——温度作用下混凝土试件各类强度的折减系数；

f_x——常温下混凝土各类强度的试验值。

本规范根据国内外375个γ_x的试验子样按不同强度类别及不同温度进行参数估计和分布假设检验得到各项统计参数及判断——不拒绝韦伯分布。对随机变量f_x则全部采用了国家标准《混凝土结构设计规范》（GBJ 10—89）中的统计参数求得各种强度等级及不同强度类别的f_x的密度函数。根据γ_x及f_x的密度函数，采用统计模拟方法（蒙脱卡洛法）即可采集到f_{xt}的子样数据。再经统计检验得f_{xt}的各项统计参数及概率密度函数为正态分布。最后，混凝土在温度作用下的各类强度标准值按下式计算：

$$f_{xtk} = \mu_{fxt}(1 - 1.645\delta_{fxt}) \quad (2)$$

式中 f_{xtk}——温度作用下混凝土各类强度（轴心抗压 f_{ctk} 和轴心抗拉 f_{ttk}）的标准值；

μ_{fxt}——随机变量f_{xt}的平均值（见表1）；

δ_{fxt}——随机变量f_{xt}的变异系数（见表1）。

表3.2.3中的数值根据计算结果作了少量调整，见表1。

表1 温度作用下混凝土强度平均值及变异系数

强度类别	符号	温度(℃)	C15	C20	C25	C30	C35	C40
轴心抗压	μ_{fct}/δ_{fct}	60	13.83/0.24	17.38/0.21	20.90/0.20	23.53/0.18	27.08/0.17	30.47/0.16
		100	13.98/0.26	17.57/0.24	21.12/0.22	23.78/0.21	27.37/0.20	30.80/0.19
		150	12.83/0.25	16.12/0.23	19.38/0.21	21.83/0.19	25.11/0.19	28.26/0.18
		200	13.08/0.27	16.44/0.25	19.76/0.24	22.26/0.22	25.61/0.21	28.82/0.21
轴心抗拉	μ_{ftt}/δ_{ftt}	60	1.65/0.23	1.87/0.21	2.04/0.19	2.20/0.17	2.39/0.16	2.52/0.16
		100	1.53/0.25	1.73/0.23	1.89/0.21	2.03/0.19	2.21/0.18	2.33/0.18
		150	1.40/0.24	1.59/0.22	1.73/0.20	1.86/0.19	2.02/0.18	2.13/0.17
		200	1.16/0.27	1.33/0.25	1.45/0.23	1.55/0.22	1.69/0.21	1.78/0.21

3.2.5 本条对混凝土强度设计值的规定是按工程经验校准法计算确定的。

考虑烟囱竖向浇灌施工和养护条件与一般水平构件的差异，原《烟囱设计规范》（GBJ 51—83）规定的混凝土在温度作用下的轴心抗压设计强度乘以一个0.7的折减系数。由于施工工艺的改善与养护技术的提高，这一系数适当提高一些是必要的。本次规范修订将这一系数提高为0.8，据此进行工程经验校准，得到混凝土在温度作用下的轴心抗压强度材料分项系数为1.85。

3.2.6 本规范利用采集到的320个混凝土在温度作用下的弹性模量试验数据，用参数估计和概率分布的假设检验方法，取保证率为50%来计算弹性模量标准值。所得结果推算成折减系数与原《烟囱设计规范》（GBJ 51—83）比较接近，故不作变更。

3.3 钢筋和钢材

3.3.1 对钢筋混凝土筒壁未推荐采用HPB 235（光圆钢筋），因为在温度作用下光圆钢筋与混凝土的粘结力显著下降。如温度为100℃时，约为常温的3/4。温度为200℃时，约为常温的1/2。温度为450℃时，粘结力全部破坏。本规范对高强度钢筋HRB 400和RRB 400也未作推荐，因为当钢筋应力过高时，会引起裂缝宽度过大。为了减小裂缝宽度，采取了控制钢筋拉应力的措施。

3.3.2 国家标准《混凝土结构设计规范》（GB 50010）对热轧钢筋在常温下的标准值都已作出规定。而原《烟囱设计规范》（GBJ 51—83）对热轧钢筋在温度作用下的强度折减系数也已有规定。由于试验数据匮乏，无条件对钢筋在温度作用下的强度标准值作统计分析。本条所列的强度标准值的取值方法是常温下热轧钢筋的强度标准值乘以温度折减系数。

3.3.3 钢筋的强度设计值的分项系数是按工程经验校正法确定。

3.3.5 耐候钢的抗拉、抗压和抗弯强度设计值是以国家标准《焊接结构用耐候钢》（GB/T 4172）规定的钢材屈服强度除以抗力分项系数而得。其他则按国家标准《钢结构设计规范》（GB 50017）换算公式计算。本条对耐候钢的角焊缝强度设计值适当降低，相当于增加了一定的腐蚀裕度。

3.3.6 对Q235、Q345、Q390和Q420钢材强度设计值的温度折减系数是采用欧洲钢结构协会（ECCS）的规定值。这些数值我国过去一直沿用，而且与上海交通大学和同济大学对Q235和Q345的试验结果也比较接近。

对于耐候钢，由于试验资料匮乏，未作规定。我国济钢集团总公司对其生产的耐硫酸露点腐蚀钢12MnCuCr（V）（相当于Q295NH）钢材进行了性能试验，其可焊性和耐硫酸腐蚀性效果都较好。高温拉伸试验结果，其屈服强度的温度折减系数可作为设计参考，见表2。

表 2 在温度作用下 12MnCuCr（V）钢材屈服强度折减系数试验数据

温度（℃）牌号	20	100	150	200	250	300	350	400
12MnCuCr（V）	1.00	0.87	0.90	0.82	0.76	0.71	0.62	0.57

3.3.7 由于限制了钢筋混凝土筒壁和基础的最高受热温度不超过150℃，钢筋弹性模量降低很少。为使计算简化，本条规定了筒壁和基础的钢筋弹性模量不予折减。

钢烟囱的最高受热温度规定为400℃。因此钢材在温度作用下的弹性模量应予折减。为与屈服强度折减系数配套，本条也采用了欧洲钢结构协会（ECCS）的规定。

3.4 材料热工计算指标

3.4.1 隔热材料应采用重力密度小，隔热性能好的无机材料。隔热材料宜为整体性好、不易破碎和变形、吸水率低、具有一定强度并便于施工的轻质材料。根据烟气温度及材料最高使用温度确定材料的种类。常用的隔热材料有：硅藻土砖、膨胀珍珠岩、水泥膨胀珍珠岩制品、岩棉、矿渣棉等。

3.4.2 材料的热工计算指标离散性较大，应按所选用的材料实际试验资料确定。但有的生产厂家无产品性能指标试验资料提供时，可按正文表 3.4.2 采用。

导热系数是建筑材料的热物理特性指标之一，单位为瓦（特）每米开（尔文）[W/(m·K)]。说明材料传递热量的能力。导热系数除与材料的重力密度、湿度有关外，尚与温度有关。材料重力密度小，其导热系数小；材料湿度大，其导热系数就愈大。烟囱隔热层处于工作状态时，一般材料应为干燥状态。由于施工方法（如双滑或内砌外滑）或使用不当，致使隔热材料有一定湿度，应采取措施尽量控制材料的湿度，或根据实践经验考虑湿度对导热系数的影响。材料随受热温度的提高，导热系数增大。对烟囱来说，一般烟气温度较高，温度对导热系数的影响不能忽略。在计算筒身各层受热温度时，应采用相应温度下的导热系数。在烟囱计算中，按下式来表达：

$$\lambda = a + bT \tag{3}$$

式中 a——温度为 0℃时导热系数；
  b——系数，相当于温度增高 1℃时导热系数增加值；
  T——平均受热温度。

要准确地给出材料的导热系数是比较困难的，本规范给出的导热系数数值，参考了有关资料和规范，以及国内各生产厂和科研单位的试验数据加以分析整理后得出的，当无材料试验数据时可以采用。

4 设计基本规定

4.1 设计原则

4.1.1 根据国家标准《建筑结构可靠度设计统一标准》（GB 50068）的规定，并为使本规范与其他设计规范配套使用。本规范由原《烟囱设计规范》（GBJ 51—83）采用基本安全系数的半概率半经验极限状态设计法修改为采用荷载分项系数、组合值系数、材料分项系数和结构重要性系数的近似概率极限状态设计法。

4.1.2、4.1.3 烟囱设计根据国家标准《建筑结构可靠度设计统一标准》（GB 50068）的规定划分为两类极限状态——承载能力极限状态和正常使用极限状态。烟囱的承载能力极限状态设计包括截面抗震验算。单筒式钢筋混凝土烟囱的正常使用极限状态不要求控制变形，但增加了钢筋与混凝土的应力控制及裂缝宽度控制。

4.1.4 原《烟囱设计规范》（GBJ 51—83）按烟囱不同高度划分为三个等级，并相应乘以调整系数 1.0、1.1 和 1.2。这与国家标准《建筑结构可靠度设计统一标准》（GB 50068）按照结构破坏可能产生的严重性而划分三个等级的思路是一致的。但划分的层次上则不一样。考虑到烟囱属高耸结构，破坏后果均较严重，不存在次要结构的情况。为了使本规范与国家标准《建筑结构可靠度设计统一标准》（GB 50068）取得协调，把原《烟囱设计规范》（GBJ 51—83）的三个等级改划为二个等级。取消了次要结构这一个等级。

4.1.8 根据烟囱的工作特性，本条列出了烟囱可能发生的各种荷载效应和作用效应的基本组合情况。其中组合情况Ⅰ是普遍发生的；组合情况Ⅱ多发生于套筒式或多管式烟囱；组合情况Ⅲ多发生于塔架式或拉索式烟囱。

组合情况Ⅱ、Ⅲ的发生在时间上有明显的间断性。它们的时间特性是每次发生的持续时间相对于不发生的时间要短得多。根据随机过程概率理论，在发生安装检修荷载、裹冰荷载的短时间内，与之组合的风荷载代表值，显然不应等同于按 50 年一遇统计所得的值。经过计算与归纳，本条对各种组合情况中风荷载代表值的取值作了调整，对风荷载采用不同组合值系数。

附加弯矩属可变荷载，组合中应予折减。但由于缺乏统计数据且考虑到自重为其量值产生的主要因素，故按不变荷载，即取组合系数为 1.0。

4.1.9 本条所列截面抗震验算的表达式及所采用的系数，除增加了附加弯矩效应外，与国家标准《建筑抗震设计规范》（GB 50011）一致。在烟囱截面抗震验算中，钢筋混凝土烟囱必须考虑附加弯矩效应。

4.1.10 烟囱地基变形计算，主要包括基础最终沉降量计算及基础倾斜计算。在长期荷载作用下，地基所产生的变形主要是由于土中孔隙水的消散、孔隙水的减少而发生的。风荷载是瞬时作用的活荷载，在其作用下土中孔隙水一般来不及消散，土体积的变化也迟缓于风荷载，故风荷载产生的地基变形可按瞬时变形考虑。影响烟囱基础沉降和倾斜的主要因素，是作用于筒身的长期荷载、邻近建筑的相互影响以及地基本身的不均匀性，而瞬时作用的影响是很小的，故一般情况下，计算烟囱基础的地基变形时，可不考虑风荷载。但对于烟囱来讲，风荷载是主要活荷载，特殊情况下，即对于风玫瑰图严重偏心的地区，为确保结构的稳定性，应考虑风荷载。

4.2 一般规定

4.2.1 烟囱筒壁的材料选择，在一般情况下主要依据烟囱的高度和地震烈度。从目前国内情况看。烟囱高度大于 80m 时，一般采用钢筋混凝土筒壁。烟囱高度小于或等于 60m 时，多数采用砖烟囱。烟囱高度介于 60m 至 80m 之间时，除要考虑烟囱高度和地震烈度外，还宜根据烟囱直径、烟气温度、材料供应及施工条件等情况进行综合比较后确定。

砖烟囱的抗震性能较差。即使是配置竖向钢筋的砖烟囱，遇到较高烈度的地震仍难免发生一定程度的破坏。而且高烈度区砖烟囱的竖向配筋量很大，导致施工质量难以保证，而造价与钢筋混凝土烟囱相差不大。

4.2.2 烟囱内衬设置的主要作用是降低筒壁温度，保证筒壁的受热温度在限值之内，减少材料力学性能的降低和降低筒壁温度应力以减少裂缝开展。设置内衬还可减少烟气对筒壁的腐蚀和磨损。考虑上述因素，本条对内衬的设置区域、温度界限分别作了规定。

4.2.4 筒壁计算截面的选取，是以具有代表性、计算方便又偏于安全为原则而确定的。因烟囱的坡度、筒身各层厚度及截面配筋的变化都在分节处，同时筒身的自重、风荷载及温度也按分节进行计算。这样，在每节底部的水平截面总是该节的最不利截面。因而本规范规定在计算水平截面时，取筒壁各节的底截面。

垂直截面本可以选择任意单位高度为计算截面。因为各节底部截面的一些数据是现成的（如筒壁内外半径、内衬及隔热层厚度）。所以计算垂直截面时，也规定取筒壁各节底部单位高度为计算截面。

4.3 烟囱受热温度允许值

4.3.1 烟囱筒壁和基础的最高受热温度允许值仍与原《烟囱设计规范》（GBJ 51—83）的规定相同。即砖筒壁最高受热温度为 400℃，钢筋混凝土筒壁和基础为 150℃。补充规定了钢烟囱的最高受热温度允许值。

对于烧结普通粘土砖砌体的筒壁，限制最高使用温度，是依据在温度作用下材料性能的变化、温度应力的大小、筒壁使用效果等因素综合考虑的。砖砌体在 400℃ 温度作用下，强度有所降低（主要是砂浆强度降低）。由于筒壁的高温区仅在筒壁内侧，筒壁内的温度是由内向外递减的，平均温度要小于 400℃。从砖砌体材料性能上规定最高受热温度为 400℃ 是可以的。

钢筋混凝土及混凝土的受热温度允许值规定为 150℃，低于《冶金工业厂房钢筋混凝土结构抗热设计规程》（CYS 12—79）规定的 200℃。这是因为从烟囱的大量调查中发现，由于温度的作用，筒壁裂缝比较普遍，有些还相当严重。这是由于温度应力、混凝土的收缩及徐变、施工质量等综合因素造成的。另一方面，烟气的温度不仅长期作用，且由于在使用过程中受热温度还可能出现超温现象。超温现象除了因为烟气温度升高（事故或燃料改变）外，还与内衬及隔热层性能达不到设计要求有关。这些都将导致筒壁温度升高。综合以上因素，限制钢筋混凝土筒壁的设计最高受热温度为 150℃ 是合适的。

钢筋混凝土基础的设计最高受热温度，原《烟囱设计规范》（GBJ 51—83）未给出温度计算公式。实际调查中发现，高温烟气穿过基础时，基础有的出现严重酥碎，有的已全部烧坏。这是因为热量在土中不易散发，蓄积的热量使基础受热温度愈来愈高，导致混凝土解体。在本规范编制过程中，进行了大试件模拟试验。在试验的基础上，给出了温度计算公式。在试设计过程中发现，用上述公式计算，对烟气温度大于 350℃ 的基础，很难单用隔热的措施使基础受热温度降至 150℃ 以下。如果采取通风散热或改用耐热混凝土为基础材料等措施，尚缺乏工程实践经验。因此高温烟囱宜尽量避免采用地下烟道。

钢烟囱筒壁受热温度的适用范围摘自国家标准《钢制压力容器》（GB 150）。

4.4 钢筋混凝土烟囱筒壁的规定限值

4.4.1 本条给出了在正常使用极限状态计算时控制混凝土及钢筋的应力限值以防止混凝土和钢筋应力过大。在实际工程中发现，烟囱筒壁的实际裂缝宽度一般均大于计算值。有的相差一倍或几倍。裂缝间距也远大于计算值。为此，规范组进行了大试件模拟试验研究，对裂缝宽度计算公式进行了修正。但缺少实际使用经验。对混凝土及钢筋应力实施较严格控制，则是从另一个角度限制裂缝宽度的措施。

4.4.2 裂缝宽度限值原则上保留了原《烟囱设计规范》（GBJ 51—83）的规定。为与国家标准《混凝土结构设计规范》（GB 50010）统一，本条也区分了使用环境类别。并对裂缝宽度限值作了调整。由于裂缝宽度计算公式已作了修正,所以实质上对裂缝宽度的控制较原《烟囱设计规范》(GBJ 51—83)严格。

5 荷载与作用

5.1 荷载与作用的分类

5.1.1 荷载与作用的分类与国家标准《高耸结构设计规范》(GBJ 135)是一致的。与《高耸结构设计规范》相比,本规范有温度作用。对烟囱来讲,温度作用具有准永久性质。但从温度变化的幅度角度看,又具有较大的可变性。因此在荷载与作用的分类时,将温度作用划为可变荷载。

5.2 风荷载

5.2.2、5.2.3 塔架内有3个或4个排烟筒时,排烟筒的风荷载体型系数,目前有关资料很少,且缺乏通用性。因此,在条文中规定:应进行模拟试验来确定。

当然,这样规定将给设计工作带来一定困难,因此,在此介绍一些情况,可供设计时参考。

1 上海东方明珠电视塔塔身为3筒式,设计前进行了模拟风洞试验。试件直径30mm,高200mm,柱间净距$0.75d$,相当于$\varphi=0.727$,风速17m/s。测定结果如图1。

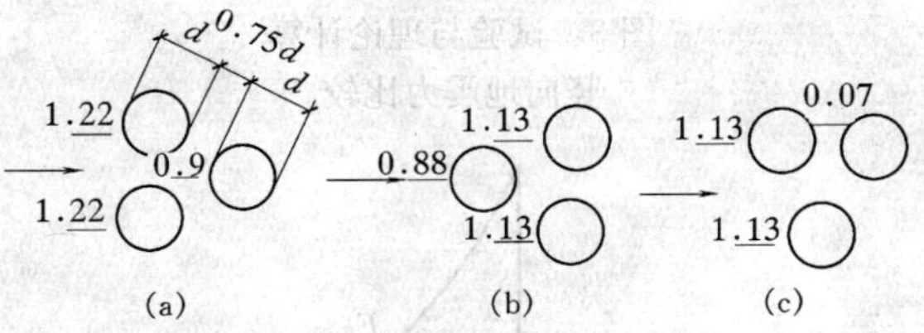

图1 3筒风洞试验

最大体型系数出现在(a)所示风向,以整体系数来表示,$\mu_s=3.34/2.75=1.21$。

根据各国的试验结果,当迎风面阻塞率$\varphi>0.5$时,μ_s值随着φ的增大而增大,特别是在$d·v\geqslant 6m^2/s$时,遵守这一规律,对3个排烟筒一般均属于$\varphi>0.5$,$d·v\geqslant 6m^2/s$的情况(d为管径,v为风速)。

因此,在无法进行试验的情况下,对3个排烟筒的整体风荷载体型系数,可取:

$$\mu_s=1+0.4\varphi \qquad (4)$$

2 4个排烟筒的情况,日本做过风洞试验。该试验是为某电厂200m塔架式钢烟囱而做的,排烟筒布置情况如图2。

经试验后确定排烟筒的体型系数$\mu_s=1.10$。这个数值比圆管塔架的μ_s要小一些,但有一定参考价值。在无条件试验时,4筒式排烟筒的μ_s值,可参考下式:

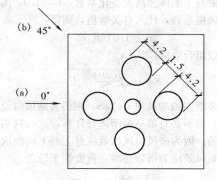

图2 4筒式布置

0°风攻角时: $\mu_s=1+0.2\varphi \qquad (5)$

45°风攻角时: $\mu_s=1.2(1+0.1\varphi) \qquad (6)$

3 关于排烟筒与塔架对μ_s的互相影响问题,各国规范均未考虑。冶金部建筑研究总院为宝钢200m塔架式钢烟囱所做的风洞试验,塔内为两个排烟筒的情况下,在某些风向下,塔架反而使烟囱体型系数有所增大。但一般情况,排烟筒体型系数大致降低0.09~0.13,平均降低0.11。因此,一般可不考虑塔架与排烟筒的相互作用。

5.2.4 本条对烟囱的横风向风振计算做了具体规定,在原《烟囱设计规范》(GBJ 51—83)中没有此项规定。近年来虽未发现由于横风向风振导致烟囱破坏,但在烟囱使用情况调查中,发现钢筋混凝土烟囱上部,普遍出现水平裂缝。这除了与温度作用有关外,也不能排除与横风向风振有关。对于钢烟囱,由于阻尼系数较小,横风向风振起控制作用的情况更容易发生。本规范增加了钢烟囱,因此考虑横风向风振是必要的。

当跨临界横风向风振发生时,并不能肯定横风向风振起控制作用。因此在条文中给出了判断第一振型横风向风振是否起控制作用的判别公式。本规范条文中(5.2.4-1)式,是根据在临界风速下,横风向风振的组合效应是否大于设计风速顺风效应推导出的。

推导过程为:

组合效应:

$$S=\sqrt{S_L^2+S_n^2} \qquad (7)$$

其中S_L为横风向风振产生的效应,用当量风压表示时:

$$S_L=w_L=\frac{u_{ij}v_{cr}^2 d}{2000\zeta} \qquad (8)$$

为比较,取$u_{ij}=1$,$d=1$,而$\mu_L=0.25$,则:

$$w_L=\frac{0.25v_{cr}^2}{2000\zeta}=\frac{0.2}{\zeta}w_{cr} \qquad (9)$$

临界风速下的顺风效应:

$$w_{\mathrm{h}}=\frac{\beta_{\mathrm{h}}v_{\mathrm{cr}}^{2}\mu_{\mathrm{s}}C^{2}}{1600} \quad (10)$$

μ_{s} 为风荷载体型系数，取 $\mu_{s}=0.6$，C 为风振锁住区下限与上限风速高度变化系数，$C=1.3$，β_{h} 为烟囱顶端风振系数，代入有关数值，则得：

$$w_{\mathrm{h}}=1.014\beta_{\mathrm{h}}w_{\mathrm{cr}} \quad (11)$$

所以组合效应：

$$S=w_{\mathrm{cr}}\sqrt{\frac{0.04}{\zeta^{2}}+\beta_{\mathrm{h}}^{2}} \quad (12)$$

如果烟囱顶端风压 $w_{\mathrm{h}}>S$，则仍为顺风向设计风压控制，可不必对第一振型进行计算，这一判别是偏于安全的。因为横风向风振效应自上而下成四次方递减，而顺风效应为指数递减，前者快于后者。

5.5 地震作用

5.5.2～5.5.5 由于国家标准《建筑抗震设计规范》（GB 50011）已不再包括烟囱内容，故将原国家标准《建筑抗震设计规范》（GBJ 11—89）中有关烟囱水平抗震内容纳入本规范。

5.5.6 本规范给出的烟囱在竖向地震作用下的计算方法，是根据冲量原理推导的。对于烟囱等高耸构筑物，根据上述理论，推导出的竖向地震作用计算公式为：

$$F_{\mathrm{Evik}}=\pm\eta\left(G_{\mathrm{iE}}-\frac{G_{\mathrm{iE}}^{2}}{G_{\mathrm{E}}}\right) \quad (13)$$

$$\eta=4(1+C)\kappa_{\mathrm{v}} \quad (14)$$

注：符号含义同规范条文。

用上述公式计算的竖向地震力的绝对值，沿高度的分布规律为：在烟囱上部和下部相对较小，而在烟囱中下部 $h/3$ 附近（在烟囱质量重心处）竖向地震力最大。

对（13）公式进行整理得：

$$\frac{F_{\mathrm{Evik}}}{G_{\mathrm{iE}}}=\pm\eta\left(1-\frac{G_{\mathrm{iE}}}{G_{\mathrm{E}}}\right) \quad (15)$$

由（15）公式可以看出，竖向地震力与结构自重荷载的比值，自下而上呈线性增大规律。这与地震震害及地震时在高层建筑上的实测结果是相符合的。

针对上述计算公式，规范组进行了验证性试验。做了180m 钢筋混凝土烟囱和45m 砖烟囱模拟试验，模型比例分别为 1/40 和 1/15。竖向地震力沿高度的分布规律，试验结果与理论计算结果吻合较好（见图3）。其最大竖向地震力的绝对值，发生在烟囱质量重心处，在烟囱的上部和下部相对较小。

为了偏于安全，本规范规定：烟囱根部取 $F_{\mathrm{Ev0}}=\alpha_{\mathrm{v}}G_{\mathrm{E}}$，而其余截面按（13）公式计算，但在烟囱下部，当计算的竖向地震力小于 F_{Ev0} 时，取等于 F_{Ev0}（见图4）。

用本规范提出的竖向地震力计算方法得到的竖向地震作用，与原国家标准《建筑抗震设计规范》（GBJ 11—89）计算的竖向地震作用对比如下：

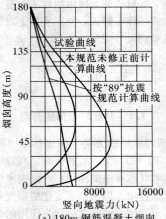

(a) 180m 钢筋混凝土烟囱

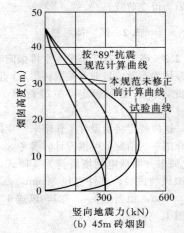

(b) 45m 砖烟囱

图3 试验与理论计算竖向地震力比较

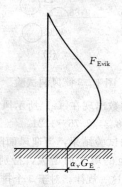

图4 本规范竖向地震力分布

1 国家标准《建筑抗震设计规范》（GBJ 11—89）给出的竖向地震力最大值在烟囱根部，数值为：

$$F_{\mathrm{Evk}}=\alpha_{\max}G_{\mathrm{eq}} \quad (16)$$

符号意义见该规范。同时该规范第 11.1.5 条规定，烟囱竖向地震作用效应的增大系数，采用 2.5。因此烟囱根部最大竖向地震力标准值为：

$$F_{Evk\,max} = 2.5\alpha_{v\,max} G_{eq}$$
$$= 2.5 \times 0.65\alpha_{max} \times 0.75 G_E$$
$$= 1.028 \frac{a}{g} G_E \qquad (17)$$

式中 a——设计基本地震加速度，见国家标准《建筑抗震设计规范》(GB 50011)；

g——重力加速度。

2 本规范最大竖向地震力标准值发生在烟囱中下部，数值为：

$$F_{Evk\,max} = (1+C)\kappa_v G_E$$
$$= 0.65(1+C)\frac{a}{g}G_E \qquad (18)$$

3 将结构弹性恢复系数代入公式(18)得到两种计算方法计算的竖向地震力最大值比较，见表3。

表3 两种计算方法得到的竖向
地震力最大值比较

烟囱类别	砖烟囱	混凝土烟囱	钢烟囱
竖向地震力比值 式(18)/式(17)	1.01	1.07	1.14

可见，对于砖烟囱和钢筋混凝土烟囱而言，两种计算方法所得竖向地震力最大值基本相等。两种计算方法的最大区别，在于竖向地震作用的最大值位置不在同一点，用本规范给出的计算方法计算的最大竖向地震力作用点，发生在大约距烟囱根部 $h/3$ 处。因此，在上部约 $2h/3$ 范围内，按本规范计算的竖向地震力较国家标准《建筑抗震设计规范》(GBJ 11—89)计算结果偏大，这是符合震害规律的。

5.6 温度作用

5.6.4 内衬、隔热层和筒壁任意点受热温度计算，原《烟囱设计规范》(GBJ 51—83)是按平壁法计算的，假定热流在稳定条件下传热，即随时间变化，烟气的温度及热流大小是常数，材料假定为匀质体，且四周为无限长的平面墙壁（平壁），根据热量平衡条件推导出温度计算公式。

烟囱实际是截头圆锥体，其直径在各个截面上均不一致，与习惯采用平面墙壁法，即四周无限长的平面假定不相符，致使温度计算结果有误差。

采用平壁法计算温度，对于高大的钢筋混凝土烟囱，筒壁外径大，相对来说筒壁厚度较小时，其计算结果误差较小。以高度180m钢筋混凝土烟囱为例，平壁法与环壁法温度计算结果一般相差小于5%。当烟囱高度低、外直径较小且壁较厚的砖烟囱，外直径与壁厚之比小于10时，平壁法温度计算结果误差过大，是设计上不允许的。原《烟囱设计规范》(GBJ 51—83)采用了修正系数进行调整。此次，采用环壁法计算温度可避免计算的误差或修正系数的调整。

6 砖 烟 囱

6.1 一般规定

6.1.1 本条与原《烟囱设计规范》(GBJ 51—83)相比，取消了两项内容：

1 取消了不配环箍或环筋的控制条件，即一律需要构造配置环箍或环筋。

原《烟囱设计规范》规定：当 $\Delta T \leqslant 55 r_2/r_1$ 时（r_2 为外半径，r_1 为内半径），可不配环箍或环筋。原规范认为满足上述条件时，筒壁不会出现裂缝。此时筒壁环向按砌体纯弯构件考虑，外侧拉应力不会超过抗拉强度。实际上在烟囱使用期间，烟气温度因各种原因（因燃料变化等）会产生变化。内衬或隔热层失效，也会导致筒壁内侧温度升高。筒壁外侧的拉应力，有可能超过砌体抗拉强度，造成筒壁开裂。根据有关资料介绍，有的烟囱在使用过程中，还会发生煤气爆炸现象，配有环箍的砖烟囱，出现局部炸裂情况。如果不配环箍或环筋，就有可能大范围炸裂。

因此，为了保证烟囱的安全使用，删除了原规范的规定，当计算不需要配环箍或环筋时，也一律按构造配置。

2 取消了环箍和环筋的应力验算公式，仅给出计算环箍和环筋截面积公式，避免重复。

6.2 水平截面计算

6.2.1 筒壁水平截面承载力极限状态计算，与国家标准《砌体结构设计规范》(GB 50003)进行了协调，由原《烟囱设计规范》(GBJ 51—83)的计算公式：

$$N \leqslant \varphi \alpha f A \qquad (19)$$

改成：

$$N \leqslant \varphi f A \qquad (20)$$

公式(19)中的 φ 为考虑偏心构件挠曲系数，α 为偏心距影响系数。公式(20)中的 φ 为考虑偏心距影响的构件挠曲系数，即考虑了公式(19)中的纵向挠曲和偏心距影响两因素。这样比原规范更符合构件的实际情况。

与原《烟囱设计规范》(GBJ 51—83)相比，承载能力有所降低，大致降低15%～30%。对砖烟囱来讲，一般很少由承载能力控制，所以承载能力降低，并不影响最终结果。

6.3 环箍计算

6.3.1 环箍截面积计算公式，对原《烟囱设计规范》(GBJ 51—83)进行了修改。原规范在公式中采用了受压区应力图形系数 $\omega=0.57$，来调整平截面假定之不足。本次修订采用了环形筒壁在温度差值作用下，计算环箍的理论公式（6.3.1-1）。

6.4 环筋计算

6.4.1 环筋的截面积计算与环箍计算原则相同。此次修订将原《烟囱设计规范》（GBJ 51—83）不统一的地方（如 ε_t）进行了统一。并将与配筋根数有关的系数（原规范为 m，本规范为 η）进行了修改。原规范当为一根钢筋时，取 $m=0.95$，两根钢筋时，取 $m=1.0$。其实配一根钢筋为正常情况，宜取 $m=1$，两根钢筋时，由于钢筋重心向中和轴方向靠近，对抗裂不利，应取 $m>1$。

本次改为：当为一根钢筋时，取 $\eta=1.0$；当为两根钢筋时，取 $\eta=1.05$。

6.5 竖向钢筋计算

6.5.1 竖向钢筋截面面积计算公式未进行修改，仅将《烟囱设计规范》（GBJ 51—83）（5.5.2）式中的砌体强度降低系数取消。在原规范编制时，确定强度降低系数为 0.8。当时取值依据不足。在这次修订时的试设计中，发现由于其他因素（如：竖向地震作用、材料强度等）的改变，如再考虑强度降低 0.8 倍，则配筋量将有较大幅度增加。而现有配筋砖烟囱一般在 7 度或 8 度地震区，并未发生破坏。因此，在此次修订中取消了强度降低系数。

6.6 构造规定

6.6.1 本规范编制过程中，对砖筒壁环形截面按极限状态设计表达式进行了可靠指标 β 值的计算。对砖砌体筒壁，按不同直径、壁厚和砌体强度共组合了 168 组环形截面。在计算中发现直径大而厚度小的截面其可靠指标 β 远小于规定值 3.7。如直径为 4m，壁厚为 24cm 的环形截面。可靠指标最小值仅为 2.08。其原因是偏心受压影响系数与壁厚成反比。壁厚小，受压影响系数反而大。为保证可靠度，对砖筒壁直径和厚度作了一定限制。由此得 β 平均值为 3.566，接近于规定值。

7 单筒式钢筋混凝土烟囱

7.1 一般规定

7.1.1 根据建设部令第 81 号《实施工程建设强制性标准监督规定》，凡建设高度大于 210m 的钢筋混凝土烟囱，应进行专项审查。

7.2 附加弯矩计算

7.2.2 在地震区的钢筋混凝土烟囱，应在极限状态承载能力计算中，考虑地震作用（水平和竖向）及风荷载、日照和基础倾斜产生的附加弯矩，称之为地震 $P-\Delta$ 效应，规范中定义为地震附加弯矩 M_{Eai}。

在水平地震作用下，烟囱的振型可能出现高振型（特别是高烟囱）。通过计算分析，烟囱多振型的组合振型位移 $(\sum_{j=1}^{n}\delta_{ij}^{2})^{1/2}$ 曲线，与第一振型的位移 δ_{ij} 曲线基本相吻合（图 5），其位移差对计算筒身的 $P-\Delta$ 效应影响甚小，可用曲率系数加以调整。因此，仍可按第一振型等曲率（地震作用终曲率）计算地震作用下的附加弯矩。

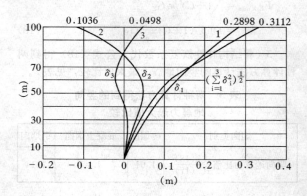

图 5 三个振型位移曲线

由于考虑竖向地震与水平地震共同作用，在竖向地震力项考虑了分项系数 γ_{Ev}。

7.2.3 本条给出了烟囱筒身折算线分布重力 q_i 值的计算公式。筒身（含筒壁、隔热层、内衬）重力荷载沿高度线分布 q_i 值是不规律的，虽是上小下大的分布形式，但呈非直线变化。为了简化计算，采用了呈直线分布代替其实际分布，使其计算结果基本等效(图 6)。

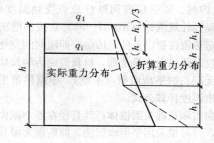

图 6 重力分布图

7.2.7 本条规定了筒身代表截面位置的选择方法。筒身的曲率沿高度是变化的。为了简化计算，采用某一截面的曲率，代表筒身的实际曲率，然后按等曲率计算附加弯矩。这个截面定义为代表截面。代表截面的确定，是以等曲率和实际曲率计算出的筒身顶部位移近似相等确定的。代表截面的确定，是通过对工程实例和预计烟囱的发展趋势，进行分析和计算后确定的。

用代表截面曲率计算出的筒顶位移，一般比实际曲率算得的筒顶位移大1.6%～15.2%。

7.3 烟囱筒壁承载能力极限状态计算

7.3.1 钢筋混凝土烟囱筒壁水平截面承载能力极限状态计算公式，与国家标准《混凝土结构设计规范》(GB 50010)、《高耸结构设计规范》(GB 50135)中的环形截面计算公式相同。与原《烟囱设计规范》(GBJ 51—83)有较大区别。其中最主要的差别是：原《烟囱设计规范》(GBJ 51—83)的计算公式，分为大偏心和小偏心两套计算公式，在两种偏心距交界处，两套计算公式计算结果不连续，出现跳动情况，从理论上无法解释。

现在采用的计算公式，不分大小偏心，均用一套公式计算，避免了原计算方法的缺陷。

国家标准《混凝土结构设计规范》(GB 50010)计算公式，是针对小型环形断面而言，即环壁厚度与环形截面半径之比是比较大的。而钢筋混凝土烟囱筒壁，为大型薄壁环形构件，直接采用国家标准《混凝土结构设计规范》(GB 50010)公式是否合适，是个关键问题。为此，在本规范正式进行修订之前，针对上述问题进行了大型模拟试验。

试验所得的极限弯矩均大于原《烟囱设计规范》(GBJ 51—83)及《高耸结构设计规范》(GBJ 135—90)的极限承载能力计算值。对比情况列于表4。

表4 试验与计算结果对比 (kN·m)

公式 \ 试件	RC2005	RC2010	RC5006	RC5010
GBJ 51—83	554	706	887	946
GBJ 135—90	554	706	888	939
试 验	869	999	1175	1315

通过试验可以看出：按《高耸结构设计规范》(GB 50135)(即本规范采用的)公式进行承载能力计算是偏于安全的。原《烟囱设计规范》(GBJ 51—83)的计算公式，在大偏心情况下，与原《规范》(GBJ 135—90)是基本一致的。

本条给出了在烟囱筒壁上开设一个和两个孔洞计算公式。在原《烟囱设计规范》(GBJ 51—83)中没有给出开设两个孔洞计算公式。本规范根据实际工程需要，增加了这项内容。

7.4 烟囱筒壁正常使用极限状态计算

7.4.1 正常使用极限状态的计算内容包括：在荷载标准值和温度共同作用下的水平截面背风侧混凝土及迎风侧钢筋的应力计算；垂直截面环向钢筋在温度作用下的应力及混凝土裂缝开展宽度计算。与原《烟囱设计规范》(GBJ 51—83)比较，本规范增加了适用于水平截面有两个孔洞与筒壁为双侧配筋的计算公式。

关于钢筋及混凝土的应力允许值，原《烟囱设计规范》(GBJ 51—83)是通过温度折减和考虑施工影响等因素来确定的。此次修改直接给出了允许值。与原《烟囱设计规范》(GBJ 51—83)相比较，平均差值小于1%，单值的最大差值小于10%。参照国外有关规范，其取值标准也大致相同。

7.4.2～7.4.5 在荷载标准值作用下，筒壁水平截面混凝土压应力及竖向钢筋拉应力的计算公式采用了以下假定：

1 全截面受压时，截面应力呈梯形或三角形分布。局部受压时，压区和拉区应力都呈三角形分布；

2 平均应变和开裂截面应变都符合平截面假定；

3 受拉区混凝土不参与工作；

4 考虑高温与荷载长期作用下对混凝土产生塑性的影响；

5 竖向钢筋按截面等效的钢筒考虑，其分布半径等于环形截面的平均半径。

7.4.6～7.4.9 在荷载标准值和温度共同作用下的筒壁水平截面应力值通常为正常使用极限状态起控制作用。计算公式采用了以下假定：

1 截面应变符合平截面假定；

2 温度单独作用下压区应力图形呈三角形；

3 受拉区混凝土不参与工作；

4 计算混凝土压应力时，不考虑截面开裂后钢筋的应变不均匀系数ψ_{st}，即$\psi_{st}=1$及混凝土应变不均匀系数，即$\psi_{ct}=1$。在计算钢筋的拉应力时考虑ψ_{st}但不考虑ψ_{ct}。

5 烟囱筒壁能自由伸缩变形但不能自由转动。因此温度应力只需计算由筒壁内外表面温差引起的弯曲约束下的应力值；

6 计算方法为分别计算温度作用和荷载标准值作用下的应力值后进行叠加。在叠加时考虑荷载标准值作用对温度作用下的混凝土压应力及钢筋拉应力的降低。荷载标准值作用下的应力值按本规范7.4.2～7.4.5条规定计算。

为验证钢筋混凝土烟囱筒壁在荷载标准值和温度共同作用下应力及裂缝计算公式的正确性，规范组进行了烟囱筒壁模型的检验性试验。试验结果表明，无论是在荷载标准值和温度共同作用下或是在温度单独作用下，受拉钢筋的应变实测值都与原《烟囱设计规范》(GBJ 51—83)建立的公式计算结果十分接近。说明原《烟囱设计规范》(CBJ 51—83)所建立的基本假设和理论推导都是合理的。

7.4.10 裂缝计算公式引用了国家标准《混凝土结构设计规范》(GB 50010)的公式。但公式中增加了一个大于1的工作条件系数k，其理由是：

1 烟囱处于室外环境及温度作用下，混凝土的收缩比室内结构大得多。在长期高温作用下，钢筋与混凝土间的粘结强度有所降低，滑移增大。这些均可导致裂缝宽度增加。

2 烟囱筒壁模型试验结果表明，烟囱筒壁外表面由温度作用造成的竖向裂缝并不是沿圆周均匀分布，而是集中在局部区域，应是由于混凝土的非匀质性引起的，而混凝土设计规范公式中，裂缝间距计算部分，与烟囱实际情况不甚符合，以致裂缝开展宽度的实测值大部分大于国家标准《混凝土结构设计规范》（GB 50010）公式的计算值。重庆电厂240m烟囱的竖向裂缝亦远非均匀分布，实测值也大于计算值。

3 模型试验表明，在荷载固定温度保持恒温时，水平裂缝仍继续增大。估计是裂缝间钢筋与混凝土的膨胀差所致。

4 根据西北电力设计院和西安建筑科技大学对国内4个混凝土烟囱钢筋保护层的实测结果，都大于设计值。即使施工偏差在验收规范许可范围内，也不能保证沿周长均匀分布，这必将影响裂缝宽度。

8 套筒式和多管式烟囱

8.1 一般规定

8.1.1 套筒式和多管式烟囱，国外于20世纪70年代就开始采用。而我国的第一座多管（四筒）烟囱，是80年代初建于秦岭电厂的高210m烟囱，内筒为分段支承的四筒烟囱。从那时起，在国内建了多座套筒式和多管式烟囱。内筒包括分段支承、自立式砖砌内筒及钢内筒等形式。套筒式和多管式烟囱，至今已有十几年实践经验，此次修订将该部分内容纳入规范。

8.1.2 多管烟囱各排烟筒之间的距离的确定主要从安装、维护及人员通行等方面考虑，不宜小于750mm。

8.1.4 套筒式和多管式烟囱的计算，分为外部承重筒和内部排烟筒两部分。外筒应进行承载能力极限状态计算和水平截面正常使用应力及裂缝宽度计算，不考虑温度作用。除增加了平台荷载外，与第7章的单筒式钢筋混凝土烟囱的计算相同。

内筒的计算则需根据内筒的形式，进行受热温度及承载能力极限状态等计算。

8.1.5 钢平台的荷载设计值，是指在进行平台各构件计算时应考虑的荷载。这种荷载均发生在施工或检修时。例如：分段支承的砖砌内筒，在施工时，砖将堆放在平台上。当内筒砌筑完成后，平台上的施工荷载消失，平台梁仅承受砖内筒荷载。即二者不宜同时考虑。在外筒计算时，也应注意此点。

8.2 计算规定

8.2.1 钢筋混凝土外筒计算时，需特别注意的是：平台荷载和吊装荷载。如采用分段支承式砖内筒，平台荷载较大，外筒壁要承受由平台梁传来的集中荷载。关于吊装荷载，是指钢内筒安装时，采用上部吊装方案而言。此项荷载应根据施工方案确定。有的施工单位采用下部顶升方案，此时便没有吊装荷载。

8.2.4 制晃装置加强环的计算公式，均为在实际工程设计中采用的公式，具有一定实践经验。

8.3 构造规定

8.3.1 钢筋混凝土外筒由于半径较大，且承受平台传来的荷载，所以，对筒壁的最小厚度，牛腿附近配筋的加强等规定与单筒式钢筋混凝土烟囱有所不同。

在本条内，除对有特殊要求的内容加以说明外，其余应按第7章单筒式钢筋混凝土烟囱的有关规定执行。

8.3.2 对套筒式和多管式烟囱，顶层平台有一些特殊要求，其功能主要起封闭作用。在此处积灰严重，烟囱在使用时应定期清灰。另外在多雨地区，必须考虑排水。一般应设置排水管。根据使用经验，排水管的直径应大于或等于300mm，否则易堵塞。

8.3.3 采用钢筋混凝土平台，梁和板的断面尺寸很大，平台的重量过大，且施工也十分困难。而钢平台自重轻且施工方便。

8.3.4 制晃装置仅用于钢内筒情况。因为烟囱很高，相对而言钢内筒较细，必须设置制晃装置，使外筒起到保持内筒稳定的作用。不管是采用刚性制晃装置，还是采用柔性制晃装置，均需要在水平方向起到约束作用。而在竖向，却要满足内筒在烟气温度作用下，能够自由伸缩。

9 钢烟囱

9.2 塔架式钢烟囱

9.2.1 在过去的设计中，常用的塔架截面形式主要有三角形和四边形，并优先选用三角形。因为三角形截面塔架为几何不变形状，整体稳定性好、刚度大、抗扭能力强，对基础沉降不敏感。

9.2.2 塔架在风荷载作用下，其弯矩图形近似于折线形。一般将塔架立面形式作成与受力情况相符的折线形，为了方便塔架的制作安装，塔面的坡度不宜过多，一般变坡以3~4个为宜。

根据《塔桅钢结构设计》一书，对塔架底部宽度按塔架高度的1/4至1/8范围内选用，多数按塔架高度的1/5至1/6决定其底部尺寸。在此范围内确定的塔架底部宽度，对控制塔架的水平位移，降低结构自振周期；减少基础的内力等都是有利的。

9.2.3 增设拉杆是为了减小塔架底部和节间的变形，并使底部节间有足够的刚度和稳定性。

9.2.4 排烟筒与塔架平台或横隔相连，在风荷载和地震作用下，排烟筒相当于一根连续梁，将风荷载和地震力通过连接点传给钢塔架。但应注意排烟筒在温度作用下可自由变形。

钢塔架与排烟筒采用整体吊装时，顶部吊点的上节间内力往往大于按承载能力极限状态设计时的内力，所以必须进行吊装验算。

9.2.5 对于设有火炬头的排烟筒，由于火炬头伸出塔顶10～20m高，对塔顶将产生较大的水平集中力，在塔架底部接近地面两个节间又较大的剪力，可能有扭矩产生。所以在塔架顶层和底层采用刚性K形腹杆，以保证塔架在这两部分具有可靠的刚度。组合截面作成封闭式，除提高杆件的强度和刚度外，更有利于防腐，提高杆件的防腐能力。

采用预加拉紧的柔性交叉腹杆，使交叉腹杆不受长细比的限制，能消除杆件的残余变形，可加强塔架的整体刚度，减小水平变位和横向变形。由于断面减小，降低了用钢量和投资。

钢管性能优越于其他截面，它各向同性，对受压受扭均有利，并具有良好的空气动力性能，风阻小，防腐涂料省，施工维修方便，对可能受压，也可能受扭的塔柱和K形腹杆选用钢管是合理的。

承受拉力的预加拉紧的柔性交叉腹杆，选用风阻小，抗腐蚀能力强，直径小面积大的圆钢，既经济又合理。

9.2.6 滑道式连接是将排烟筒体用滑道与平台梁相连，在垂直方向可自由位移，能抗水平力和扭矩。当排烟筒为悬挂式时，排烟筒底部或靠近底部处与平台梁连接应采用承托式，即将筒体支承在平台梁上。承托板须开椭圆螺栓孔，使筒体在水平方向有很小的间隙变位，而在垂直方向能向上自由伸缩。以上部位与平台梁的连接可采用滑道式。

9.3 自立式钢烟囱

9.3.2 强度和稳定性计算公式，基本参照国家标准《钢结构设计规范》（GB 50017）公式。只因钢烟囱一直较高温度下的不利环境中工作，没有考虑截面塑性发展，在强度和稳定性计算公式中取消了截面塑性发展系数 γ。等效弯矩系数 β_m 由于悬臂结构时为1，所以稳定性公式中取消了 β_m。

9.3.3 规定钢烟囱的最小厚度是为了保证刚度，以避免在制造、运输或吊装时产生变形。对薄壁钢烟囱，刚度不够时，除可增加壁厚外，也可设置加强圈。

9.3.4 温度超过425℃时，碳素钢要产生蠕变，在荷载作用下易产生永久变形。为了控制钢材使用温度，当温度达到400℃时，应设置隔热层，以降低钢筒壁的受热温度。

碳素钢的抗氧化温度上限为560℃，锚固件金属温度不应超过此界限，因为金属锚固件一旦超过抗氧化界限出现氧化现象，将造成连接松动，影响正常使用。

9.3.5 钢烟囱发生横风向风振（共振）现象在实际工程中有所发生，特别是在烟囱刚度较小，临界风速一般小于设计的最大风速，因此，临界风速出现的概率较大。一旦临界风速出现，涡流脱落的频率与烟囱的自振频率相同（或几乎相同），烟囱就要发生横风向共振。因此，在设计中，应尽量避免出现共振现象。如果调整烟囱的刚度难以达到目的时，在烟囱上部设置破风圈是很有效的方法。破风圈能够破坏旋涡脱落的规律性，可以避免发生共振。

10 烟囱的防腐蚀

10.1 一般规定

本章的主要编制依据是我国的工程实践经验。为了获得有关烟囱的运行情况，本规范编制单位西北电力设计院会同西北电力建设总公司，曾对10多座60～240m烟囱钻孔取样调查，取得一批实测数据。经过分析归纳，写成本章条文。

烟气温度低于150℃，不论是砖烟囱还是钢筋混凝土烟囱，都有腐蚀现象发生。腐蚀程度与燃煤的含硫量密切相关。含硫量超过0.75%时，烟气便具有腐蚀性。当燃煤中含硫量越高，烟气的腐蚀性越强。为了确定烟气的腐蚀等级，在条文中给出了弱腐蚀、中等腐蚀和强腐蚀的确定原则。

10.2 排放腐蚀性烟气的烟囱结构型式选择

烟囱结构型式的选择是防腐蚀措施的重要环节。近年来出现的套筒式和多管式烟囱，就是因为单筒式烟囱难以满足防腐蚀要求而出现的新式烟囱。根据十几年的实践经验，证实了套筒式和多管式烟囱，在防腐蚀处理方面，容易保证烟囱质量。当然，采用多管式烟囱，是在同时建设多台发电机组的前提下才能采用。

10.3 砖烟囱的防腐蚀设计

砖烟囱只能用于低烟囱。其主要防腐蚀措施是做好防腐蚀内衬。应根据烟气的腐蚀等级，选择内衬的材料及做法。实践证明水泥砂浆和石灰水泥砂浆是耐腐蚀性最差的。当受到腐蚀后，体积发生膨胀，使内衬的整体性和严密性遭到破坏。只有燃煤含硫量小于或等于1%时才可采用。

普通粘土砖耐腐蚀性也较差，受腐蚀后易出现表面掉皮现象。一般不宜用于强腐蚀情况。

10.4 单筒式钢筋混凝土烟囱的防腐蚀设计

过去设计的单筒式钢筋混凝土单筒式烟囱，一般均采用普通粘土砖和普通砂浆砌筑的内衬。在烟气温度低于或等于150℃的情况下，一般均腐蚀严重。从调查情况，筒壁的腐蚀厚度（1～50mm）不等。如果燃煤含硫量为3%，筒壁的腐蚀速度可达到每年1mm。因此，本章从防腐角度，除了强调内衬材料的选择、增加隔离层外，还规定了考虑腐蚀厚度裕度的要求及对烟气压力的限制等条件。

工程实践发现，单筒烟囱的腐蚀区段一般在中上部，这个范围正是烟气压力较大的区段。烟气正压力过大，不仅易腐蚀，而且烟气压力过大还会穿透内衬，造成筒壁受到烟气的侵蚀，因此，对烟气压力加以限制是必要的。

10.5 砖内筒的套筒式和多管式烟囱的防腐蚀设计

10.5.1、10.5.2 套筒式和多管式烟囱，当采用砖内筒时，内筒的防腐蚀，主要在于内筒的材料选择和控制烟气压力两个方面。内筒不应采用普通粘土砖和普通水泥砂浆（或普通石灰水泥砂浆）砌筑。在实际工程中已经积累了这方面的经验，如采用普通粘土砖及砂浆砌筑内筒，其腐蚀情况，与单筒式烟囱内衬的腐蚀情况相同。因此，本规范对内衬的材料及烟气压力做出了规定。

10.6 钢内筒的套筒式和多管式烟囱的防腐蚀设计

10.6.1～10.6.3 钢内筒的筒首是最易腐蚀的部位，一般采用不锈钢制造（一般按10m左右），筒首以下可采用普通钢板，但除了应进行防腐蚀处理外，还应考虑腐蚀厚度裕度。

钢内筒的防腐蚀措施，近年来已在实际工程中积累了一些经验，本规范引入了这些防腐蚀处理方法。

11 烟囱基础

11.1 一般规定

11.1.1～11.1.3 这一部分规定仍与原《烟囱设计规范》（GBJ 51—83）相同。仅增加了设置地下烟道的高温板式基础，需对基础进行受热温度计算。在原《烟囱设计规范》（GBJ 51—83）编制时，还无法给出地下温度计算的公式。在这次规范修编过程中，进行了此项试验，在规范中给出了计算公式。与原《烟囱设计规范》（GBJ 51—83）相比，前进了一步。

11.2 地基计算

11.2.1～11.2.3 这一节完全与原《烟囱设计规范》（GBJ 51—83）相同，仅是为与新的设计规范系列配套，将基本安全系数的计算方法改为半概率半经验的极限状态设计法，即以荷载分项系数、组合值系数、材料分项系数及结构重要性系数为表达式的近似概率极限状态设计法。

11.3 刚性基础计算

11.3.1 刚性基础在满足底面积的前提下，需确定合理的高度及台阶尺寸，公式（11.3.1-1～11.3.1-4）均与原《烟囱设计规范》（GBJ 51—83）相同，实践已经证明这些公式是合理的。

11.4 板式基础计算

11.4.1～11.4.11 给出板式基础外型尺寸的确定及环形和圆形板式基础的冲切和弯矩的计算公式。所有公式均与原《烟囱设计规范》（GBJ 51—83）相同。仅在计算基础底板上部弯矩时，环壁支承点位置的取值上，有所改变。原《烟囱设计规范》（GBJ 51—83）取 r_2 处为支承点，本规范改为在 r_z 处（图7）。所以，在计算公式中有的原为 r_2，本次改为 r_z。这种修改使计算更为合理，并使弯矩值有所降低。当环壁较厚时，可使弯矩降低10%以上。

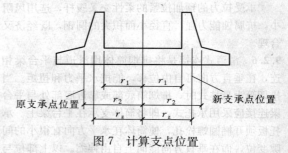

图7 计算支点位置

11.4.12 设置地下烟道的基础，将直接受到温度作用。由于基础周围为土壤，温度不易扩散，所以基础的温度很高。在原《烟囱设计规范》（GBJ 51—83）编制时，已发现冶金工厂的烟囱基础有烧酥现象，但由于当时未做地下温度试验，一时还提不出地下温度计算公式。故在《烟囱设计规范》（GBJ 51—83）中的第7.1.5条规定：考虑温度应力作用的影响，板式基础的底板和壳体基础，配筋宜增加10%～15%。

实际上增加配筋，并不能解决混凝土烧酥。有些高温基础，由于混凝土酥碎，基础开裂严重，已不能形成整体工作，给整个烟囱造成危险。

为了解决这个问题，本次规范修编时，进行了模拟地下温度场试验。给出了"计算土层厚度"的计算公式（11.4.12）。

这些简化计算公式计算结果，与试验值及工程实测值进行了对比,现将对比结果分别列于表5～表7。

表5 与基础试件(环壁外侧)对比

烟气温度(℃)	100	150	200
环壁外侧实测温度(℃)	77.5	106	132
(11.4.12)式计算温度(℃)	84.1	126.5	168.9

表6 与洛阳玻璃厂球窑烟囱基础土壤
温度对比(℃)

测点深度(m)	距环壁外侧距离(m)					
	0		0.5		1.0	
	计算	实测	计算	实测	计算	实测
0	49.5	48	42	41	39	34
0.44	72	64	54	48	42.6	44
0.88	94	91	69	71	59	56
1.32	120.5	124	88.6	79	73	74
1.76	136	138	102.5	98	85	86

表7 与洛阳玻璃厂烟囱底板下实测温度对比

距底板下表距离(m)	计算(平均)温度(℃)	实测温度(℃)
0	147	139
0.5	108	97
1.0	89.8	80
1.5	78.5	75
2.0	71.0	65

由表5～表7的对比结果可知,本规范所给出的温度计算公式,与实测值很接近,说明公式计算结果的可靠性。

在试设计中发现,当烟气温度超过350℃时,采用隔热层的措施,使基础混凝土的受热温度≤150℃,隔热层已相当厚。当烟气温度更高时,采用隔热的办法就更难满足混凝土受热的要求,此时可把烟气入口改在基础顶面以上或采用通风隔热措施以避免基础承受高温。曾考虑过采用耐热混凝土作为基础材料。但由于对耐热混凝土作为在高温(大于150℃)作用下的受力结构,国内还没有完整的试验结果和成熟的使用经验。因此未列入本规范。

11.4.14 地下基础在温度作用下,基础内外表面将产生温度差,即有温度应力产生。温度应力与荷载应力进行组合。由于板式基础在荷载作用下所产生的内力,是按极限平衡理论计算的。其计算假定:在极限状态下,基础已充分开裂,开裂成几个极限平衡体。在这种充分开裂的情况下,已无法求解整体基础的温度应力。所以,对于温度应力与荷载应力,本规范未给出应力组合计算公式。根据原《烟囱设计规范》(GBJ 51—83)的规定原则,仅在配筋数量上适当考虑温度作用的影响。本条所规定的考虑温度用所增加的配筋量没有突破《烟囱设计规范》(GBJ 51—83)

的数值。

11.5 壳体基础计算

11.5.1～11.5.5 与原《烟囱设计规范》(GBJ 51—83)相比较,对于壳体基础做了如下修改:一是取消了M型组合壳,二是对正倒锥组合壳的计算方法进行了简化。

正倒锥组合壳和M型组合壳,原《烟囱设计规范》(GBJ 51—83)中按弹性力学的有矩理论计算,公式繁琐,不便于应用。本次规范修订时,将正倒锥组合壳改为采用极限平衡理论,而M型组合壳采用该理论还不十分成熟,为了本规范自身的统一协调,故未列入M型组合壳。对于M型组合壳,设计人员可根据需要采用弹性理论或其他成熟计算方法进行设计。

本规范编制时,根据有关试验和实际工程设计经验,并参照《建筑地基基础设计规范》(GBJ 7—89),对正倒锥组合壳的"正截锥"(上下环梁之间的截锥体),按"无矩"理论计算。"倒截锥"(底板壳)按极限平衡理论进行内力计算。环梁按内力平衡条件计算。由于"正截锥"壳是按无矩理论计算的,忽略了壳的边缘效应(弯矩M,水平力V)对环梁的影响。但是,由于按无矩理论计算的薄膜径向力,大于按有矩理论的计算值,使两种计算方法的结果,在壳的边缘处比较接近。为了安全起见,在壳基础构造的11.6.12条,特别强调"上壳的上下边缘附近构造环向钢筋应适当加强"。

12 烟 道

12.1 一 般 规 定

12.1.1 本条是对实际工程经验的总结。由于烟道的材料、计算方法均与烟道的类型有关,故首先明确烟道从工艺角度分为地下烟道、地面烟道和架空烟道。架空烟道一般用于电厂烟囱。

12.1.5 地下烟道与地下构筑物之间的最小距离,是按已有工程经验确定的。在设计工作中满足此项规定的前提下,可根据实践经验确定。

12.2 烟道的计算和构造

12.2.1 地下烟道应对其受热温度进行计算,本条给出了地下温度场土层影响厚度的计算公式。土层影响厚度计算公式是根据试验确定的。计算出的温度应小于材料受热温度允许值。

12.2.6 地面烟道的计算(一般为砖砌烟道),一般按封闭框架考虑。拱形顶宜做成半圆形,因为半圆拱的水平推力较小。

12.2.7 架空烟道的计算中应考虑自重荷载、风荷载、积灰荷载和烟道内的烟气压力。在地震区还应考虑地震作用。其中积灰荷载和烟气压力是根据电厂烟囱给出的，根据"火力发电厂烟风煤粉管道设计技术规程"烟道内的烟气压力一般按±2.5kN/m² 考虑。其他工厂的烟气压力和积灰荷载应另行考虑。

在架空烟道的温度作用计算中，要求对烟道侧墙的温度差进行计算，可按本规范5.6节的平壁法计算温度差。当温度差大于12.2.7条第4款的规定时，应采用隔热措施，以免烟道开裂漏烟。

12.2.8 钢烟道胀缩，对多管式的钢内筒水平推力较大，在连接引风机和烟囱之间的一段钢烟道内设置补偿器，可减小钢烟道对钢内筒的推力，设置补偿器后，仅在构造上考虑钢内筒与基础的连接。

13 航空障碍灯和标志

13.1 一般规定

13.1.1 烟囱对空中航空飞行器视为障碍物，是造成飞行安全的隐患，因此烟囱应设置障碍标志。我国政府颁布的《民用航空法》国务院、中央军委发布的《关于保护机场净空》文件等一系列行政法规都规定了航空障碍灯应设置的场所和范围。民用机场净空保护区域是指在民用机场及其周围区域上空，依据《民用机场飞行区技术标准》（MH 5001）规定的障碍物限制面划定的空间范围。在该范围内的烟囱应设置航空障碍灯和标志。

13.2 障碍灯和标志

13.2.1～13.2.3 国际民用航空公约《附件十四》，针对烟囱尤其是高烟囱有严格的技术要求和规定。中国民用航空总局制定的《民用机场飞行区技术标准》和国务院、中央军委国发［2001］29号《军用机场净空规定》对障碍灯和标志都有明确规定。本节的制定参照了上述标准。

13.3 障碍灯的分布

13.3.1～13.3.7 航空障碍灯的分布及标志可参照图8进行设置。

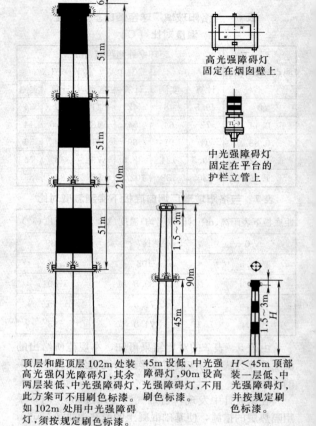

图8 烟囱设置航空障碍灯分布及标志

中华人民共和国国家标准

混凝土电视塔结构技术规范

GB 50342—2003

条 文 说 明

目 次

1 总则 ·· 4—3—3
3 材料 ·· 4—3—3
　3.1 混凝土 ··· 4—3—3
　3.2 钢材 ·· 4—3—3
4 基本规定 ··· 4—3—3
　4.1 一般规定 ·· 4—3—3
　4.2 承载能力极限状态计算规定 ············ 4—3—3
　4.3 正常使用极限状态验算规定 ············ 4—3—3
5 结构上的作用 ····································· 4—3—3
　5.1 作用分类 ·· 4—3—3
　5.2 风荷载 ··· 4—3—3
　5.3 裹冰荷载 ·· 4—3—3
　5.4 地震作用 ·· 4—3—3
　5.5 其他作用 ·· 4—3—3
6 塔楼 ·· 4—3—4
　6.1 一般规定 ·· 4—3—4
　6.2 塔楼内力和变形计算 ······················· 4—3—4
　6.3 构件和局部计算 ······························ 4—3—4
7 塔体 ·· 4—3—4
　7.1 一般规定 ·· 4—3—4
　7.2 塔体变形和内力计算 ······················· 4—3—4
　7.3 正截面承载能力计算的规定 ············ 4—3—4
　7.4 局部设计 ·· 4—3—4
8 地基与基础 ·· 4—3—4

　8.1 一般规定 ·· 4—3—4
　8.2 地基计算 ·· 4—3—4
　8.3 基础 ·· 4—3—5
9 构造规定 ··· 4—3—5
　9.1 钢筋混凝土 ····································· 4—3—5
　9.2 预应力混凝土 ································· 4—3—5
　9.4 塔楼 ·· 4—3—5
　9.5 塔体 ·· 4—3—5
　9.6 基础 ·· 4—3—5
10 其他 ·· 4—3—5
　10.1 防火 ··· 4—3—5
　10.3 钢结构防腐蚀规定 ························· 4—3—5
　10.4 混凝土耐久性 ································ 4—3—6
11 工程施工 ··· 4—3—6
　11.1 一般规定 ······································· 4—3—6
　11.2 施工测量 ······································· 4—3—6
　11.3 混凝土结构施工 ····························· 4—3—6
　11.4 钢结构施工 ···································· 4—3—6
　11.5 预应力施工 ···································· 4—3—6
　11.6 施工安全 ······································· 4—3—7
12 结构工程质量验收与评定 ·················· 4—3—7
　12.1 工程验收 ······································· 4—3—7
　12.2 结构工程的质量验评划分 ··············· 4—3—7

1 总 则

1.0.1 本条是混凝土电视塔结构设计和施工中必须遵守的原则。

1.0.2 本规范适用于各类混凝土电视塔结构的设计和施工。在采用时须针对不同条件采用相对应条款。

1.0.3 本规范是根据《建筑结构可靠度设计统一标准》GB 50068的规定,采用以概率理论为基础的极限状态设计法,并以分项系数表达式表达。

1.0.4 本规范是依据混凝土电视塔结构的特点编制,对现行有关规范可直接采用的部分多不再编入本规范,设计和施工时应执行其规定。当遇有关规范与本规范有区别时,须遵守本规范规定。

3 材 料

3.1 混凝土

3.1.1 根据国内外已建的混凝土电视塔采用的混凝土的强度等级状况确定的。

3.2 钢 材

3.2.1 预应力钢筋采用的钢绞线系指电视塔所采用的主要预应力筋,根据电视塔的实际情况,以采用钢绞线为宜。

3.2.2、3.2.3 主要受力钢构件,当冬季计算温度等于或低于-20℃时,不宜采用Q235沸腾钢,是根据电视塔中主要钢构件的重要性,参照《钢结构设计规范》GB 50017及《钢塔桅结构设计规程》GYJ 1采用。

4 基本规定

4.1 一般规定

4.1.1 混凝土电视塔多建于大、中城市,承担广播电视发射和节目传送、旅游观光等任务。设计时应和建筑等有关专业配合制定设计方案。结构选型应力求布置合理、受力明确、截面简单对称、减少风载并合理选材,通过计算分析优化结构。构造上应力求力的传递简捷,避免或减少局部效应。

4.1.2~4.1.4 引自《建筑结构可靠度设计统一标准》GB 50068。

4.2 承载能力极限状态计算规定

4.2.1 引自《建筑结构可靠度设计统一标准》GB 50068。

4.2.2、4.2.3 结构构件承载力极限状态设计表达式采用《建筑结构可靠度设计统一标准》GB 50068。可变作用组合取三组(见表4.2.3),在组合Ⅰ中温度作用即5.5.1条的日照作用。

4.2.4 结构抗震计算极限状态表达式采用《高耸结构设计规范》GBJ 135表达式。对地震作用分项系数和承载能力调整系数调至和《构筑物抗震设计规范》GB 50191相一致。

4.3 正常使用极限状态验算规定

4.3.1 正常使用极限状态,一般情况塔体只作短期效应组合设计。其他构件应依不同要求分别采用短期效应和长期效应组合进行设计。

4.3.2 本条仅列出电视塔正常使用控制条件的一般限值,对塔上设有游览设施(如瞭望平台、餐厅等)的塔,设计时应控制所在位置的风振位移加速度,其值宜控制在不大于 $0.2m/s^2$。

5 结构上的作用

5.1 作用分类

5.1.1 电视塔上的作用依《建筑结构荷载规范》GB 50009的分类原则和电视塔结构的特点,将作用分为永久作用和可变作用。

5.2 风荷载

5.2.1、5.2.2 这两条对电视塔设计中的风压取值给予规定,依《建筑结构可靠度设计统一标准》GB 50068风压统计50年一遇为标准;在无统计数据时可按《建筑结构荷载规范》GB 50009的数值采用,对一级电视塔可再加大10%。考虑电视塔的重要性,基本风压最小限值定为 $0.35kN/m^2$。

5.2.3、5.2.4 风压高度变化系数和风荷载体型系数按《建筑结构荷载规范》GB 50009的规定采用。根据电视塔特点增加了球形结构、塔上封闭建筑和设备平台的风载体型系数。对一级电视塔和外形较复杂的电视塔风载体型系数应通过风洞试验确定。

5.2.5~5.2.8 作用在电视塔结构上的风荷载,应考虑阵风脉动的作用。根据电视塔结构刚度有突变和局部集中较大质量的特点,其风荷载的计算将脉动风按随机振动理论分析,用振型分解法计算,计算中考虑脉动和空间相关。

5.3 裹冰荷载

5.3.1~5.3.3 电视塔裹冰主要集中在塔楼以上桅杆段,以雨松、雾松或两者间有形态出现使结构重力加大,挡风面积增加,设计中应予考虑。鉴于全国尚无较完整的裹冰分布资料,这里强调使用当地资料。

裹冰计算参照《高耸结构设计规范》GBJ 135列入。

5.4 地震作用

5.4.1 对设防烈度较低、场地土较好、根据设计经验地震作用组合不起控制作用的,本条列出可不进行抗震验算。

8度、9度场地上的电视塔,计算表明塔楼以上部分截面在竖向和水平地震的共同作用下呈大偏心压弯或拉弯受力状态的,其对设计起控制作用。

对处在8度和9度场地上的一级电视塔,考虑大的设防烈度和电视塔等级及建设经验等因素,塔的设计宜进行场区地震资料和结构抗震专门研究。

单筒型电视塔一般截面对称,计算时考虑两个主轴方向的水平地震作用。多筒型塔截面对称性较差,考虑到地震作用方向的随机性,故应增加考虑计算两个正交非主轴方向的水平地震作用。

5.4.2 本条根据现有的设计经验制定,对一级和二级电视塔增加时程分析。

5.4.3、5.4.4 按振型分解反应谱法计算水平地震作用时,水平地震影响系数,除8度和9度场地上的一级电视塔宜进行专门研究外,均按《构筑物抗震设计规范》GB 50191的规定采用。

5.4.5 竖向地震作用按《构筑物抗震设计规范》GB 50191规定,竖向地震影响系数最大值采用水平地震影响系数最大值的65%、结构等效总重力荷载代表值的75%,且对电视塔应乘以增大系数2.5。为简化表达,这里将前述三项规定值相乘(0.65×0.75×2.5),取整数为1.2,统一乘在地震影响系数上。

5.5 其他作用

5.5.1 日照温差根据有关单位实测值的平均值采用。

5.5.2 塔基不均匀沉降造成塔体中心轴线倾斜,其斜率计算时可统一取塔顶倾斜位移为 0.4m。

5.5.4 对设计施加预应力的塔段,因穿预应力钢筋的预埋管道位置偏差和部分预埋管道失效以及张拉偏差等造成全截面预应力总值偏离截面中心,这里按总值的5/100置截面一侧,以计入其影响。

6 塔 楼

6.1 一般规定

6.1.1 塔楼的结构形式可以是多样的,应根据使用和工艺要求、建筑造型、材料和施工条件综合确定。塔楼位于电视塔的上部,其质量大、外轮廓也大,在风和地震作用下,在塔体内产生的内力和变形很大,因此,宜优先采用自重轻的结构方案,并要求有良好的整体刚度和适当的安全度。

6.1.2 塔楼结构选用钢结构符合自重轻的要求。当塔楼的悬挑尺寸较小时,分层选用混凝土悬臂板较为经济合理。而当塔楼荷载大、悬挑尺寸也大时,宜选用混凝土倒锥壳作为整个塔楼的支承结构。楼层结构选用现浇混凝土楼板整体性好,并较为经济,而选用钢结构梁柱自重轻、截面小。

6.2 塔楼内力和变形计算

6.2.1 塔楼永久荷载除结构和构件自重外,还可能有擦窗机、微波天线、广告牌等附加设施的荷重。风荷载应选择最不利的荷载组合。

6.2.2、6.2.3 塔楼结构设计应按相应的结构设计规范进行极限状态计算和验算。选择计算简图时,塔楼结构在塔体上的支承应根据实际情况按固定或铰接支座考虑。

6.2.4 塔楼结构产生的水平拉力若作用在塔体结构上,将使塔体结构受力状态复杂化,从而增加其构造和配筋的复杂程度,故塔楼结构的水平拉力宜由其结构自身平衡,使塔楼结构受力简单明确。

6.3 构件和局部计算

6.3.2 采用混凝土倒锥壳作为塔楼承重结构时,倒锥壳顶面将产生水平拉力,为了避免塔体受到此水平力并减少倒锥壳的裂缝,宜在倒锥壳边缘施加环向预应力,以抵消此水平力。

6.3.3 塔楼楼层结构支承点处受力情况及应力比较复杂,故应进行局部验算,其节点构造设计应简单、受力明确。

6.3.4 楼板混凝土收缩、作用的不均匀分布、施加预应力及施工不对称,以及施工荷载等产生的附加应力,验算其对塔楼结构引起的不利影响。

7 塔 体

7.1 一般规定

7.1.1~7.1.4 这里列出电视塔塔体结构选型的一般规定,并就设计中进行承载能力和正常使用极限状态计算给出具体补充规定。对塔体加预应力与否,应依多种因素综合分析确定,根据设计经验如采用预应力方案,宜选择低预应力,其值宜不大于 1500 kN/m²。

7.2 塔体变形和内力计算

7.2.1 根据设计经验,这里给出塔体计算时质点设置的一般原则、质点质量和重力分配的规定,对设有内筒的塔,应视其构造计算内筒的影响。

7.2.2 计算塔体自振特性和抗震计算时,可视塔体为弹性体,本条给出塔体混凝土段的截面刚度取值。当正常使用极限状态塔体的截面刚度随截面受力状态的变化而变化时,根据设计经验可取 $0.65E_c I$ 值替代实有刚度。

7.2.5 电视塔因风载和水平地震的作用会产生较大水平位移,在重力的作用下产生附加弯矩 ΔM 不应忽略,且在计算时应计入由于 ΔM 造成截面总弯矩的变化对截面刚度的影响。

7.3 正截面承载能力计算的规定

7.3.1、7.3.2 根据《混凝土结构设计规范》GB 50010 和对大直径环形截面混凝土结构的试验及国外混凝土电视塔的设计经验,这里给出正截面承载能力计算的基本假定和计算承载能力极限状态的三个控制条件。

7.3.3 这里给出塔体正截面承载能力计算一般表达式,针对所计算截面,尚须按本规范第 4~7 章有关规定写出其具体表达式。

7.4 局部设计

7.4.1 塔体因造型或使用要求等使塔体截面突变,为提高突变处的刚度,一般设置横向板、环等横向构件。

7.4.2 塔体上的作用支点,往往承受较大力的作用,对作用支点附近的塔段均应进行局部计算,以满足其承载力和变形要求。内外筒连接一般为简支,其简支原则为水平位移时一致和竖向作用时分离。

8 地基与基础

8.1 一般规定

8.1.1 本条依据一般的地基条件提出几种经常采用的塔基础的型式,对湿陷性黄土、胀缩土、地震区可液化土等特殊地基和桩基础、锥壳基础等特种基础,应符合有关国家标准的规定。

8.1.3 塔受水平(荷载)作用时,地基产生的倾斜将对结构及基础的设计产生很大影响,但是迄今为止,水平(荷载)作用对地基沉降影响的实测记录却很少。基于混凝土结构电视塔以省级以上居多数,安全等级一级,为了确保塔的安全使用,应当提高地基变形允许值,基底压力的最小值 p_{min} 一般应大于或等于 0。

当基础压力最小值 p_{min} 等于 0 时,基础抗倾覆力矩与倾覆力矩的比值,对圆形基础和矩形基础分别为 4 和 3,此时基础抗倾覆稳定已能满足要求,可不必再作验算。

8.1.5 本条是参考了高层建筑设计的有关规定和经验制定的。高层建筑在水平(荷载)作用下,加大基础的埋置深度可减少基底的地震加速度,有利于提高地基土承载力、结构整体稳定性、抗倾覆安全度和抗滑稳定性。

根据经验,基础的埋置深度可取建筑物地面高度的1/20,因塔楼以上桅杆部分的质量相对于塔楼和塔体的质量较小,其高度不计入建筑物地面高度。

8.1.6 塔体和塔座建筑采用同一基础支承,有利于提高塔的稳定性,并使两者的沉降取得一致。

8.2 地基计算

8.2.1 在轴心(荷载)作用和偏心(荷载)作用时,地基承载力设计值 f_a 应按国家标准《建筑地基基础设计规范》GB 50007 的规定采用。当考虑地震作用时,采用地基土抗震承载力设计值 f_{aE} 代替 f_a,f_{aE} 等于 f_a 乘以地基土抗震承载力调整系数,调整系数应按国家标准《建筑抗震设计规范》GB 50011 的规定采用。

8.2.2 本条给出在各作用(荷载)的组合作用下,基础底面不脱开地基土的基底压力计算公式。

8.2.3、8.2.4 根据土力学理论,风载作用下所产生的地基变形可按瞬时变形考虑,即可用土的弹性模量进行地基最终沉降量计算。

有关风作用下地基变形的验算和实测资料都表明,对基础的沉降和倾斜起主要作用的是长期作用的荷载,风作用是很小的。国家标准《建筑结构荷载规范》GB 50009 第 6.1.7 条规定,当采用荷载的长期效应组合时,可不考虑风荷载,即风的准永久值系数 $\Psi_q=0$。

目前,国内的混凝土结构电视塔,特别是一些较高的塔都是近期建造的,缺少长期沉降实测资料作为本规范的编制依据。为了确保结构的稳定性,仍应计入风作用下的地基变形部分。地基变形允许值是根据设计经验和工艺要求,按国家标准《高耸结构设计规范》GBJ 135 的规定确定的。

8.3 基 础

8.3.1 板式基础可按本条内容确定基础外形尺寸的比例和基础底板的最小尺寸,公式分别为圆板和环板基础的优化外形。

在同样条件下,环板基础比圆板基础经济,宜优先采用。

当环板基础内半径 $r_1 \geqslant \Psi r_c$ 时,基础底版上部仅需按构造配筋。

根据国家标准《烟囱设计规范》编制组对矩形、条形基础底板的抗裂性试验分析,得出底板高宽比值不应大于 2.5,环(圆)板基础宽高比参考了上述试验结果。根据外、内悬挑扇形平面的固端弯矩分别大于和小于条形基础的固端弯矩的原理,环(圆)板基础外悬挑扇形平面的宽高比取 2.2,环(圆)板基础内悬挑扇形平面的宽高比分别比取 3.0 和 4.0。

当基础底板按等厚度(r_2 处板厚)配筋时,为控制计算配筋与实际配筋的误差在 5%以内,规定了 h 与 h_1、h_2 的关系式。

8.3.2、8.3.3 分别介绍矩形和圆(环)形基础的底板为变厚度板时,基础底板强度计算中基底压力的取值方法。

8.3.4 基础的抗滑稳定计算公式中,系数 1.3 为基础抗滑稳定系数,用以提高抗滑安全储备。

8.3.5 基础环壁是塔体在基础中的延伸部分,一般不与底板垂直,塔体轴力的水平分力在基础底板设计时应予考虑,并采取必要的措施。

9 构造规定

9.1 钢筋混凝土

9.1.1 考虑电视塔结构的特殊性,故规定受力钢筋的混凝土保护层比普通结构的混凝土保护层大。

9.1.2 电视塔的配筋往往比较多,而构件的截面尺寸相对较小,应保证钢筋与混凝土有可靠的粘和便于振捣混凝土。

9.1.3 构件截面突变,易产生应力集中,故截面改变尺寸宜渐变;当不可避免时,应在截面突变处配置构造钢筋。

9.2 预应力混凝土

9.2.1 电视塔塔体的预应力主要是竖向和环向布置的大吨位预应力筋群锚体系。除此以外,尚有少量局部使用的其他预应力形式,诸如无粘结预应力筋等的应用。

电视塔预应力的特点:(1)大吨位群锚;(2)超长埋管穿以及超长张拉;(3)环向预应力包角较大;(4)高空作业,操作空间小。

9.2.2 由于塔体竖向预应力管道长埋设,为保证其位置正确,施工过程不发生偏移或漏浆堵塞现象,以采用预埋镀锌钢管为宜。同时,从实验结果和实际工程的应用来看,钢管的摩擦力也较小。

9.2.3 为防止施工中可能造成的漏浆堵塞、管道变形、穿筋不利等因素,保证塔体预应力的有效建立,根据具体的构造形式和施工方法,预留一定数量的孔道是必要的。多伦多 CN 塔建造较早,电视塔预应力施工尚不成熟,预留 20%的孔道。国家广播电影电视总局设计院承担设计的预应力电视塔都根据具体情况预留了一定数量的预留孔道,一般以取总数的 10%左右且不少于 4~5 个孔。

9.2.5 大吨位预应力筋群锚体系的研究比较少,20 世纪 80 年代初,中国建筑科学研究院结构所、清华大学土木工程系对此问题作过大批试验研究,试验证明,在端部存在着高接触压力和纵向劈裂拉力(详见《钢筋混凝土结构报告选集》(2),1981 年,"大吨位预应力锚固区混凝土局部承压问题的研究"),本条根据电视塔的特点引用了该报告的数据。

9.2.6 试验表明,在转折点存在拉应力区。

9.2.8 用细石混凝土封护,既可防腐又可防火。

9.4 塔 楼

9.4.1 塔楼楼层结构为混凝土悬臂时,根部厚度的规定是限制挠度不要过大;端部因安装外围护结构如幕墙等,须埋设连接件,故其厚度也不能太小。

9.4.2 塔楼承重结构与塔体的连接宜按铰接节点设计,避免节点受力复杂,节点设计和安装也简单。

9.4.3 楼层柱子采用工字形截面,受力合理,施工安装简便。

9.5 塔 体

9.5.1 塔体一般为双层配筋,当混凝土厚度小于 200mm 时,将难于施工。

9.5.2~9.5.4 根据我国混凝土电视塔的建造经验,并参考《高耸结构设计规范》GBJ 135 制定。

9.5.5 此条参照《构筑物抗震设计规范》GB 50191 制定。钢筋的最小保护层,依混凝土耐久性并参考欧洲混凝土规范制定。

9.5.6 对单层配筋的筒壁,为提高抗竖向开裂而设双层横筋环带;当双层配筋时,须每 10~20m 设一环带,以加强塔体。

9.5.7、9.5.8 参照《构筑物抗震设计规范》GB 50191 制定。

9.6 基 础

9.6.1 《烟囱设计规范》GB 50051 编制组对环(圆)板基础底板所作的试验分别采用两种配筋方式,径向配筋和方格网配筋。试验结果表明,径环向配筋受力直接,径向起决定作用。改进后的配筋方式经试验证明:底板受力合理、承载力得到提高。

10 其 他

10.1 防 火

10.1.1 电视塔的分类、耐火等级、建筑构件的燃烧性能和耐火等级,应按《广播电视建筑设计防火规范》GY 5067 的有关规定执行。

10.1.3 塔楼、筒体和筒内各类管道、线缆较多,为防止火灾发生时烟火沿筒体向上蔓延,应设置竖向的防火分区,把筒体内的电缆井、管道井分成数段。防火分区可结合管线检修平台设置,每一平台设置高度须结合塔体结构,在每 15~30 m 的范围内设置。

10.3 钢结构防腐蚀规定

10.3.1~10.3.4 钢结构的除锈等级、涂装类型应综合结构的使用环境、构造及安装条件等因素确定。如处于露天环境中的塔架,当采用焊接整体吊装时,一般可采用喷涂类涂层+封闭涂料涂层;当采用部分焊接、螺栓拼装时,一般可采用热浸锌涂层+涂料涂层。

10.3.6 管形或封闭形截面的构件,采用热浸锌涂层时,若端部密封,热浸镀时可能引起封闭截面件的爆裂;采用涂料涂层时端部应密封,以防止管内因进气、进水而引起锈蚀或冻胀。

10.4 混凝土耐久性

10.4.1 由于受到环境条件的影响,混凝土中的钢筋易产生锈蚀,这种要求在预定的环境中和使用期内保持原设计使用性能的能力称之为混凝土耐久性。

10.4.2 混凝土耐久性与混凝土的配合比和原材料密切有关。配合比设计应当考虑满足耐久性要求所必要的水灰比及水泥用量。原材料包括水泥、粗细骨料、拌合用水和外加剂等,原材料的性能指标应符合国家标准《混凝土结构工程施工质量验收规范》GB 50204和其他有关规范。

10.4.3 处露天或高湿度环境中的混凝土构件,如果混凝土表面存在裂缝或空隙,将加快混凝土碳化过程,甚至引起钢筋的直接锈蚀。因此,混凝土保护层的最小厚度及最大裂缝宽度的合理取值,是保证混凝土耐久性的重要措施之一。

《混凝土结构设计规范》GB 50010 耐久性专题组的调查表明:对于暴露室外50年后的板类构件,标号为200号的混凝土,其平均碳化深度约为25mm;对处于露天或室内潮湿环境条件下的钢筋混凝土构件,剖开观察了使用10年至70年的30个钢筋混凝土构件中的45条裂缝的结果表明,裂缝处钢筋都有不同程度的表皮锈蚀,而当裂缝宽度小于或等于0.2 mm时,裂缝处钢筋上只有轻微的表皮锈蚀。

考虑到电视塔结构的受力特点,将最大裂缝宽度允许值取0.2mm较为合适。

10.4.4、10.4.5 环境中的侵蚀介质进入表层混凝土锈蚀钢筋、影响混凝土耐久性的过程取决于钢筋保护层的厚度以及表层混凝土的密实度,充分密实混凝土的渗透性很低,但混凝土的渗透性取决于浆体的渗透性,浆体的水泥用量愈高,水灰比愈低,则强度愈高、渗透性愈低。因此,在对耐久性有一定要求的混凝土配合比设计中,必须满足耐久性所要求的最大水灰比和最小水泥用量的规定。

过高的水泥用量会产生严重的水化热和收缩等问题。当水泥用量超过 $450\sim500 kg/m^3$ 限值以后,混凝土强度的提高作用减弱,粘性增大,泌水性也大,混凝土容易出现分层现象。

在掺混合料的硅酸盐水泥中,加入了一定数量或大量的活性与非活性矿物掺合料的性能和数量不一定符合配制有耐久性要求混凝土的规定。第10.4.4条要求选用纯度较高的硅酸盐水泥,并按要求在配制混凝土时,再加入规定数量的高质量掺合剂。

本条规定的混凝土浇筑水灰比系参考了表1的资料及经验确定的。

表1 不同环境条件下的混凝土浇筑水灰比

《标准》名称	环境条件	最大水灰比
ACI—301—72 (1975年重颁)	暴露于淡水中的结构混凝土	0.48
	暴露于海水中的结构混凝土	0.42
(英)结构混凝土的实用规范 CP 110∶1972	处于海水、沼泽水、暴雨、干湿交替和潮湿下冰冻遭受严重冷凝或侵蚀烟雾	0.50
中国行业标准《普通混凝土配合比设计规程》JGJ 55—2000	潮湿环境,经受冻害的室外部件	0.55

11 工程施工

11.1 一般规定

11.1.1 电视塔施工必须以满足设计的各项功能和总体效果为前提,工程的复杂性和重要性要求施工与设计密切配合。只有密切配合,才能更好地实现各项使用功能,实现施工单位效益与设计最佳效果的统一。

11.1.2~11.1.4 电视塔工程属于特殊构筑物,在设计要求与施工技术上有其特殊性,不能套用一般建筑物或构筑物的施工方法组织施工。这几条规定了电视塔工程施工组织设计和施工方案的编制,必须考虑电视塔的特殊性。

11.1.5 电视塔的施工,具有工程结构复杂、工期长、全是超高空作业的特点,且往往受到风雨、雷电、高温、严寒的影响,故必须结合施工方案制定季节性技术措施。

11.2 施工测量

11.2.1 电视塔施工的测量不同于一般的工程测量,必须根据电视塔工程的特殊要求与现场条件制定施工测量方案。

11.2.2~11.2.5 这几条列出了施工测量方案的具体内容及建立平面控制网、塔体中心控制、塔体高程监测的具体要求。

11.2.6~11.2.8 这几条规定了电视塔施工日照变形观测的主要内容、观测时间和观测方法,这是正确指导简体结构及其上部结构(塔楼、桅杆)施工和安装的重要技术保障条件。由于地理环境不同、季节不同、时间不同、结构特征不同,电视塔因日照而产生的变形规律也不同。因此,必须结合实际工程进行日照变形观测,找出阶段性塔体日照变形的动态规律,并制定克服和减少日照变形影响的施工方法,用以指导施工。

11.2.9 电视塔在施工中或竣工后,往往由于地基变形而引起建筑变形。为了掌握建筑变形和地基变化情况,在电视塔施工中或竣工后,应进行系统的建筑变形观察。

11.3 混凝土结构施工

11.3.1、11.3.2 这两条提出了基础底板混凝土的施工技术要求。基础底板混凝土宜采用整体浇筑方法施工,也可采用分层浇筑的施工方法。采取分层浇筑的层间施工缝必须按有关规范和设计要求处理。

11.3.3 本条系统总结了目前塔体结构施工的几种有效方法,并规定了模板系统和平台系统的设计原则。具体施工工艺的选择,应根据塔形特点和施工条件,以能满足建筑结构的功能要求及综合效益为主要原则。

11.3.4 本条是对模板和平台的提升系统选择的规定。

11.3.5 本条是对塔体钢筋施工方法的规定。

11.3.6 本条是对塔体混凝土配制的一些具体规定和要求。

11.3.7 本条是为防止混凝土浇筑层交接时间过长、混凝土对模板侧压力过大,以及对塔体扭转等问题而作的规定。

11.3.8 本条是塔体混凝土施工缝设置原则的规定。

11.3.9 本条为塔体混凝土标准试块留置组数的规定。

11.3.10 由于塔体的塔楼支承处、塔身顶部桅杆支承基座及顶部桅杆支承处的结构复杂,超高空作业,技术与安全的难度都较大,施工前必须单独编制施工方案。

11.4 钢结构施工

11.4.1 本条是对塔楼及桅杆所使用的钢结构材料及制作质量的原则规定。

11.4.2、11.4.3 这两条规定承接塔楼及桅杆钢结构制作、安装的企业与施工人员,都必须具备承制、安装的资质条件和上岗合格证,经验证合格后,方能上岗工作。

11.4.4、11.4.5 这两条为对钢构件验收的原则规定。

11.4.6 本条是对钢结构安装的具备条件、时间及所使用的机具、设备等技术要求的具体规定。

11.4.7 本条是对钢结构安装用的连接材料、涂料等的质量要求。

11.4.8 本条是对钢结构安装允许偏差的质量要求。

11.5 预应力施工

11.5.2 为保证管段间及管与端部承压板连接处不漏浆,应做好管接头。竖向管以丝扣管接头为宜;水平管可使用长度约200mm的薄铁皮套管。

11.5.4 管道弯曲加工,弯曲后管道变形,其短直径与长直径之比值不得小于0.9,更不能有死弯。

11.5.5 为保证预埋管位置正确,在施工过程中不发生位移和变形,必须有牢固的管道支架系统予以定位固定。使用钢管时,可每隔2.5m设一道支架;使用波纹管时,可每隔0.8m设一道支架。

11.5.7 下料严禁使用电、气焊切割,钢绞线的断料应用无齿锯,钢丝断料可用钢丝钳。

11.5.8 孔道束束,长度40 m以下的水平直线孔道,可用穿束机,也可用人工穿束;长度超过40m的水平曲折线孔道,可用慢速卷扬机牵引法穿束。

11.5.11 预应力张拉应根据设计的要求,预先进行预应力摩阻损失的测定,并与设计值进行比较。若与设计值相差过大,则应改进张拉方法,或与设计协商,调整张拉值;若与设计值相符,则经设计认可后进行正式张拉。

11.5.12 预应力张拉应按电视塔不同部位分批进行,每批张拉后,应尽快进行孔道灌浆。

11.5.13 灌浆应采用纯水泥浆,水泥浆应满足强度、流动度和泌水率的要求。为增加水泥浆的流动度和灌浆的密实度,水泥浆中可以掺入对预应力筋无腐蚀作用的适量外加剂。

11.5.18 灌浆用灌浆泵,其额定压力在1.5MPa以上。为提高灌浆的密实度,宜采用二次灌浆法。竖向孔道灌浆,由于水泥浆的泌水和收缩,浆体液面会下沉而出现孔隙,因此,应采取必要措施保证孔道中灌浆饱满、密实。

11.6 施工安全

11.6.2 本条规定了电视塔施工必须制定安全技术组织措施,这是确保这一特殊构筑物安全施工的首要条件。安全施工技术组织措施应包括:安全管理的组织机构和人员配备;安全管理的目标、内容和方法;安全管理岗位责任制;监督执法的标准和法规制度等内容。

11.6.3、11.6.4 这两条规定电视塔施工安全指挥的具体要求。

高空作业和高空立体交叉作业是电视塔施工的特点,高空施工作业应尽可能安排避开雷雨、大风及雾、雪天气。但由于情况复杂,不好规定必须停止施工的具体条件,故只强调遇雷、雨、雾或六级以上大风天气时,必须有措施防止事故发生。六级风是按天气预报所指的50m以下地面风力。

11.6.5 本条规定了危险区等级划分与相应的半径范围,并规定了对危险警戒区的主要安全管理事项。危险区的划分是根据国内电视塔施工的实践经验总结提出来的,是为便于管理而提出的一个相对概念,使用时可根据实际情况作适当调整。

11.6.7 本条规定了身体检查和严禁上塔作业的重要事项。

11.6.8 本条对操作平台、吊脚手架的安全使用作了规定。

11.6.9 本条对操作平台的施工荷载和防风措施作了规定。

11.6.10 本条对机械设备的安全使用作了规定。

11.6.11 本条对施工安全用电及照明作了规定。

11.6.12 本条对施工防雷击作了规定。

11.6.13 本条所指重大拆除工作,一般是指滑模装置、操作平台、吊脚手架、大型模板、大中型施工机械设备等的拆除工作。由于这些工作往往在高处进行,难度大,不安全因素多。因此,规定必须编制详细的施工方案,并履行审批手续后方可实施。

12 结构工程质量验收与评定

12.1 工程验收

12.1.2~12.1.5 这几条具体规定了电视塔工程竣工验收应有的验收资料、验收表格,以及验收的项目、内容与标准等。

12.2 结构工程的质量验评划分

12.2.1、12.2.2 这两条规定了电视塔结构工程质量验收评定的各分部工程名称及各分部工程的区段划分与所含分项工程的名称。

中华人民共和国国家标准

钢筋混凝土筒仓设计规范

GB 50077—2003

条 文 说 明

目 次

1 总则 ········· 4—4—3
2 术语、符号 ········· 4—4—3
　2.1 术语 ········· 4—4—3
3 布置原则及结构选型 ········· 4—4—4
　3.1 基本规定 ········· 4—4—4
　3.2 布置原则 ········· 4—4—4
　3.3 结构选型 ········· 4—4—5
4 结构上的荷载 ········· 4—4—6
　4.1 荷载分类及荷载效应组合 ········· 4—4—6
　4.2 贮料压力 ········· 4—4—7
5 结构计算 ········· 4—4—9
　5.1 一般规定 ········· 4—4—9
　5.2 仓顶、仓壁及仓底结构 ········· 4—4—10
　5.3 筒仓仓壁预应力 ········· 4—4—10
5.4 仓下支承结构及基础 ········· 4—4—10
6 构造 ········· 4—4—11
　6.1 圆形筒仓仓壁和筒壁 ········· 4—4—11
　6.2 矩形筒仓仓壁 ········· 4—4—11
　6.3 洞口 ········· 4—4—12
　6.4 漏斗 ········· 4—4—12
　6.5 柱和环梁 ········· 4—4—12
　6.6 内衬 ········· 4—4—12
　6.7 抗震构造措施 ········· 4—4—12
　6.8 预应力混凝土筒仓仓壁 ········· 4—4—13
附录 A 槽仓 ········· 4—4—13
附录 B 贮料的物理特性参数 ········· 4—4—13
附录 C 浅圆仓贮料压力计算公式 ········· 4—4—14
附录 E 星仓仓壁及洞口应力计算 ········· 4—4—14

1 总　则

1.0.2 本规范适用于贮存散料的钢筋混凝土及预应力混凝土筒仓，其散料的粒径、颗粒组成、含水量及其他物理力学特性均应符合散体理论的要求。对于平均粒径大于200mm小于1000mm的粗块状散体，不适用于深仓，只适用于低壁浅仓或斗仓。对于粒径更大的块体贮料，其物理力学特性已超出散料力学的研究范围，这种贮料既不适用于深仓也不适用于浅仓或斗仓。此外，本次修编增加了压缩空气混合粉料调匀仓的计算内容，对于采用压缩空气装、卸料的筒仓也可采用这种方法进行计算。槽仓属于平面外形为矩形的筒仓，在我国的工程建设中经常采用。本次修编在总结我国多年来槽仓设计经验的基础上增加了槽仓设计内容。在编制《钢筋混凝土筒仓设计规范》GBJ 77—85时，由于受到当时工程实践和技术条件之限，原"简规"中略去了预应力混凝土筒仓、砌块式筒仓、钢筒仓及筒仓抗震的设计内容。近年来，预应力混凝土筒仓在我国煤炭、水泥及电力等行业有了很大发展。尤其是对于直径较大的筒仓使用更为广泛。本次修编借鉴国外、总结国内预应力混凝土筒仓的设计施工经验，增加了这方面的内容。对于砌块式筒仓，已有中国工程建设标准化协会（CECS）标准《砖砌圆筒仓技术规范》CECS 08：89。（CECS）也在对钢筒仓制定标准。近年来，虽然钢纤维混凝土筒仓在国内也有建造，但设计及工程实践经验尚少。青饲料和湿法搅拌贮料的筒仓，其贮料的物理力学特性已不属于散体理论范畴。对于平面为多边形的筒仓、用壁板连接的群仓、设有内隔板的筒仓及筒中筒仓等，虽然国外已有这类筒仓工程，有些部门也反映希望列入这方面的内容，但在我国工程实践尚少。故上述几种筒仓均未纳入本规范修编的内容。修编后的本规范虽然增加了预应力混凝土筒仓的内容，本规范仍采用原"简规"的名称。

1.0.3 本次修编，为便于简化设计，筒仓仍划分为深仓和浅仓。各国对深浅仓的划分方法不尽相同。常用的划分方法有：

1 按圆形筒仓仓壁的高度与其直径之比或矩形筒仓的仓壁高度与其短边之比来划分，即 h/d_n 或 $h/b<1.5$ 时为浅仓，h/d_n 或 $h/b \geqslant 1.5$ 时为深仓。

2 按贮料的破裂面来划分，当贮料破裂面与贮料顶面相交时为浅仓，贮料破裂面与仓壁相交时为深仓，如图1所示。

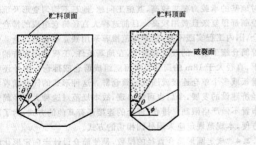

图 1　贮料破裂面示意

$$\theta = \frac{90° - \phi}{2} \tag{1}$$

式中　θ——贮料破裂角；
　　　ϕ——贮料内摩擦角。

深浅仓的划分是为了计算方便而人为设定的，人们按贮料对仓壁作用力的变化来划定一个界限。由于贮料在仓壁产生的摩擦力对其水平侧压力的影响，使贮料作用于仓壁上侧压力的分布规律出现线性与非线性之别。贮料深度越大，摩擦力的影响也就越大。作用于仓壁上的侧压力分布也就越接近非线性，反之则接近线性。按上述侧压力分布原则在结构计算时，将筒仓划分为深仓和浅仓。世界各国的筒仓设计规范对深浅仓的划分方法没有完全统一的划分规则。我国"简规"采用的划分方法基本可以满足上述压力的分布原则，与其他的方法相比较更为简便，同时也符合筒仓计算的要求。多年来我国的设计实践表明，选择第一种划分法是适宜的。

2　术语、符号

2.1　术　语

2.1.1 为统一筒仓设计用语，本次修编增加了术语符号内容。所列术语的英文名称是参照国外有关规范的常用词编入的。对于筒仓的术语及定义，国外筒仓设计规范的用语并不统一，hopper, bunker, bin 等单词来自英语，silo 来自法语。国际标准化组织（ISO）将 hopper, bunker, bin 统称为 silos，即我们所说的筒仓，本规范采纳国际标准化组织的规定，不再使用除 silo 以外的英文用词。该条中的直立容器，是指由柱或筒壁支承并由直立式仓壁封围的贮存贮料的容器，构成该容器的总体称为筒仓。其与仓体的长、高尺寸及其比值无关。这与中文中筒子的概念有所不同。也就是说，高度不大于横向尺寸的筒体也可以称为筒仓，其平面也不限定为圆形。这样就涵盖了平面为其他几何形状包括槽仓在内的贮仓也可称为筒仓。

2.1.2 筒仓贮料仓壁顶面以上的建筑物都可称为仓上建筑，按各种不同的贮料工艺设计，所采用的建筑结构形式也各不相同。

2.1.9 在多数国外文献中，深仓使用 deep bin，浅仓用 shallow 表示，浅圆仓只是平面为圆形的浅仓，实际上更像高壁大直径有顶盖的圆池。法国规范称其为 Magasins de stockage 或 Silo-reservoirs（浅圆仓），澳大利亚规范《Load on bulk solids containers》称其为 squat container，有人将其译为"矮仓"并不确切。矮的中文含义是高的反义词，而浅字除与高对应之外还与宽有关，国际标准化组织（ISO）目前还没有有关浅圆仓的确切用语，故本"简规"采用目前常用的 shallow 或 shallow bin "浅仓"（包括浅圆仓在内）一词更为严谨。

2.1.12 为区别于排仓，群仓应多于三个且不排在一条直线上。本规范中群仓相互间的连接方式均认定为仓壁相连。不包括壁板连接的群仓。仓间形成的空间称为星仓。

2.1.23、2.1.24 国际标准化组织（ISO）将筒仓贮料的流动状态分为整体流动（Mass flow 或 Core flow）、漏斗状流动（Funnel flow）、管状流动（Pipe flow）及扩张流动（Expanded flow），并将除整体流动以外的流动总称为漏斗状流动，事实上真正形似管子的流动状态很少出现。将 Funnel flow 译为汉语，既不应是漏斗也不是真正的管子，多数是上大下小长形喇叭状的管状流动较为确切，本规范简称为管状流动。在卸料过程中，仓内贮料颗粒间的相对位置不变，贮料按先进先出顺序靠重力卸出的流动称为整体流动。

2.1.25 筒仓的卸料方式很多。中心卸料是指仓内没有促流装置依靠重力且没有几何、力学及结构造成的非正常方式的卸料。

2.1.26 有些国外规范对仓内及仓下设有促流装置、仓下结构及漏斗卸料口非几何对称的筒仓卸料，称为非正常卸料或非中心卸料，本规范称为偏心卸料。

2.1.29 在《工程结构设计基本术语和通用符号》GBJ 132—90中已取消了变形缝术语。本规范仍采用变形缝术语，是根据中国工程建设标准化协会编制的《贮藏建筑物常用术语标准》CECS 11：89的规定。实践表明，在实际工程中，当有多种缝出现且需综合表达时，采用变形缝术语表述更为确切。

3 布置原则及结构选型

3.1 基本规定

本规范系根据现行国家标准《工程结构可靠度统一标准》GB 50153和《建筑结构可靠度设计统一标准》GB 50068的基本原则修订的。一般情况下，钢筋混凝土筒仓不作为临时建筑，也不是容易更换的建筑结构，设计使用年限都应在50年以上。按此标准本规范制定了第3.1.1～3.1.5条的规定。

3.1.1 按本节编原则，在工业企业贮运系统中，贮存原料及成品的筒仓，其结构的破坏可能给整个工业生产带来严重的后果，故筒仓的安全等级不应低于二级。用于严重影响国计民生的重要工业企业的筒仓，可根据具体情况调整其工程设计的安全等级，但也不应低于二级。筒仓结构通常都与其他生产工艺工业建筑组合或连接在一起。不管所连建（构）筑物的等级如何，筒仓设计仍按本条规定的等级执行。

3.1.6 筒仓防、泄爆的研究国内尚无定论，国外的研究也不完整。当筒仓必须采取防、泄爆措施时，可按工艺专业提供的泄爆面积在仓壁的顶部开洞，洞口可采用易破裂的材料封闭，以便有爆炸产生时及时泄爆，使爆炸力得到释放，从而减少爆爆对结构的破坏作用。除发生爆炸频繁的筒仓外，对发生爆炸几率很小的筒仓，筒仓设计完全没有必要按爆炸力的大小计算筒仓承载力，若工艺专业所提供的爆炸力不准确，反而给工程带来隐患或浪费。设计提前设置好泄爆设施，比没有把握的计算更可靠。

3.1.7 圆形筒仓施工时，由于沿筒仓仓壁圆周布置的纵向受力钢筋外形相同或相似，采用筒仓受力钢筋作为避雷引下线时，在混凝土分层浇注后，无法再找到原已施焊的钢筋继续施焊。未施焊的钢筋在混凝土震捣过程中极易错位，利用错位不连续施焊的钢筋做避雷引下线无法保证良好的导电性。众所周知，钢筋混凝土结构通常认为耐久性良好，有诸多优点，已成为建筑结构必用的重要材料之一，有的甚至超过了钢结构。但很多钢筋混凝土建筑结构在远没有达到设计使用年限之前就开始破坏了，混凝土结构破坏后的修复比钢结构还要困难。原国家建委组织的对重庆、南京、无锡等地一些使用30多年的建筑物调查表明，C18混凝土碳化深度一般达20～50mm。有些工程使用3～7年后，C38混凝土碳化深度达10mm，C28达15mm，C18达25mm。1995～1998年间，煤炭系对全国煤矿20世纪50年代至80年代后期建成的44项工程的调查，碳化厚度10～73mm。设计界以往采用的办法是加厚钢筋的保护层，然而混凝土的碳化主要是在外因条件影响下，内部发生变化造成的。混凝土碳化后，对其强度有所提高，但会使混凝土中的液体由强碱变为弱酸，从而不能再保护钢筋在混凝土浇注时在钢筋上形成的保护钢筋不被腐蚀的钝化膜。无论哪一种腐蚀都是由于混凝土中的氢氧化钙逐渐丧失，导致混凝土碳化后出现弱酸。在这种条件下，混凝土中所有化学反应都是带电离子的电化反映。避雷针引下线（导线）中的电流将改变混凝土钢筋钝化膜的电位差，使钢筋失去了保护而产生锈蚀。铁锈继续膨胀，混凝土被崩裂后结构遭破坏。混凝土碳化理论的研究表明，直接利用结构的受力钢筋作为避雷引下线，是促进混凝土碳化的重要原因之一。混凝土碳化将严重影响筒仓设计使用年限，故本规范规定，严禁使用受力钢筋作为避雷引下线，采用在筒仓结构外设置专用外引下线的传统做法。本条规定与其他规范有矛盾时，筒仓设计应按本规范执行。

3.1.8 实践表明，在仓壁内增加抹面，往往不能与仓壁混凝土牢固连接，而且还会给施工带来困难，一般情况下不应再做抹面。

3.1.9 为了提高混凝土早期强度、钢筋防锈及混凝土碳化后严重影响混凝土结构设计使用年限等原因，掺入混凝土的各种添加剂及涂料的使用，必须考虑到环保的要求，对于食品工业使用的筒仓尤为重要。筒仓结构设计者若需要在混凝土内加入添加剂或涂料时，除应保证不影响筒仓设计使用年限外，还应得到相关工艺专业的认可。以上内容本应在筒仓施工验收规范中做出规定，但鉴于我国目前尚无筒仓施工验收规范，故本规范特制定此条文。

3.1.10 一般情况下，筒仓工程都是工业建筑的特种构筑物，结构设计必须控制筒仓的变形或沉降，不能影响投产后的使用。为了监测、控制投产后的实际变形或沉降，应设沉降观测点。对于群仓应各组群单独设置。

3.1.11 筒仓与一般建筑结构相比，通常荷载大且比较集中，在软弱地基上筒仓沉降较大。与相邻建构筑物的沉降差，设计时应根据荷载及地基参数严格控制。投产后应按本规范第3.1.10条的要求设置的观测点实测资料与设计值进行比较，以便采取措施控制变形。所谓防止不均匀沉降的措施，主要是指两个方面的措施，一是预留沉降缝，二是对两个建（构）物之间的连接结构，采用简支结构或悬臂结构，使之适应因地基变形对其产生的影响，或增加地基处理措施，减少或控制地基的不均匀变形。

3.2 布置原则

3.2.2 图3.2.2只是排仓、群仓布置方式的示意图，在具体布置时，每组仓的组合个数可根据仓体的大小及变形缝区间的划分组合，不一定受此图表示个数的限制。圆形群仓只画出了正交布置形式。对于斜交布置，即筒仓间通过其中心线按非90°交角错位布置，其偏角可根据具体工程条件确定。斜交布置的优点是，在其平面受到工程条件限制时可以缩小一个方向的尺寸，缺点是在仓数不变的条件下加大了另一方向的尺寸，星仓的容积也将减小。

3.2.3 筒仓的平面形状有圆形、方形、矩形等，国内已建筒仓的实践证明，圆形筒仓与方形、矩形筒仓相比，具有体形合理、仓体结构受力明确、计算和构造简单、更便于滑模施工、仓内死料少、有效贮存率高等优点，因此经济效果显著。以煤仓为例，圆形筒仓吨煤的钢材、水泥消耗指标约为方形筒仓的一半。圆形群仓仓壁常用的连接方式，有外圆相切、中心线相切两种。外圆相切有利于群仓分组施工和钢筋配置，目前我国的筒仓设计，大部分采用这种连接方式。排仓、群仓的连接还有其他的方式，本规范规定应采用外圆相切的方式。

当筒仓与平面为矩形的其他车间或厂房合并布置时，筒仓的平面形状是否采用圆形可视仓房的布置条件确定。直径大于18m的圆形筒仓组成的群仓或排仓，尤其是深仓，其容积通常都很大，对地基的承载力要求较高，其施工问题、地基不均匀变形及沉降的控制都很复杂且费用较高。目前这种大直径筒仓组成的排仓或群仓，国内工程实践不多，故本规范推荐采用独立布置的筒仓。但随着筒仓施工条件的改进和发展，在地基条件、工程费用允许的条件下，直径大于18m的筒仓也有可能组成群仓或排仓。国外还有以壁板或多个单仓连接或围成的筒仓群。这种形式的筒仓随着我国经济建设的发展，今后也可能出现，故本规范对这种大直径筒仓的布置不做严格限制。排仓、群仓的连接还有其他方式，为了施工方便，本规范规定应采用外圆相切的方式。

3.2.4 规定圆形筒仓直径的模数，是使筒仓设计走向定形化的基本条件之一，直径确定后，有利于施工模具定型化和重复使用，也有利于提高设计套用率。本规范采用的模数，是按我国多年来已建筒仓的直径为依据的。

3.2.5 筒仓温度区段的划分是一个非常复杂的问题。我国大陆地区跨越30多个纬度，温度变化异常复杂。要解决该问题需要做大量的调查研究工作，目前人力物力均不具备。本条除根据我国已建筒仓的经验外，还参考了前苏联的规范。前苏联是一个温差变化较大的国家，借用他们的经验是可行的。该条修改的内容适于筒壁支承的圆形筒仓。柱支承的筒仓尤其是方仓接近于框架结构，温度区段的划分仍按原"筒规"的规定。仓上建筑物除圆筒形结构外可视其结构特性按相关规范设置温度区段。

3.2.6 一般碎石类、坚硬粘土类地基的压缩变形较小，但上部筒仓荷载较大时，尤其在筒仓的变形会影响到其下部建筑及上部建筑的使用时，如跨线仓下的铁路限界、地下通道及其设备运行、仓上筒仓结构与通廊或胶带机栈桥的连接及与其他建筑物的布置时，仍需视其具体土层的压缩模量及其他物理力学特性确定其是否需要验算地基变形。

3.2.7 对于跨双股道的圆形筒仓，当洞口或柱子的边缘距铁道中心线的距离大于2m时，筒仓的洞口将加大。又由于筒仓外边缘受到其他股道限界的限制，仓的下部与仓外股道的间距及整个铁路站场的占地面积将要加大，这将影响工业总平面的合理布置。对于直径在15m及以下并处于抗震设防区的筒仓，由于仓下开洞太大，筒壁有效支承面积太小将无法使用。事实上，调车作业在采用自动信号及列车限速的条件下，《限界—2》是可行的，否则将因此加大占地面积，浪费国家有限的土地资源，增加主体工业不必要的投资。

3.2.8 靠近筒仓堆放散料或其他物料时，这部分荷载会引起地基不均匀下沉，致使筒仓倾斜，尤其建在非坚硬粘土地基上的筒仓更为严重，甚至使筒仓与相邻建筑物脱开或相碰，从而造成破坏事故。例如徐州某矿及江苏某矿的原煤筒仓，在其一侧堆放原煤，引起地基不均匀下沉，支承在仓顶的走廊与筒仓之间明显脱开。因此，当必须在靠近筒仓的某侧设置堆料场时，应考虑堆料对地基及筒仓结构的不利影响，如计算地基下沉引起筒仓的倾斜率，使其限制在允许的范围内，并计算地基下沉引起仓体倾斜时对仓下支承结构产生的附加内力等。

3.2.9 在直径大于12m的筒仓上设置有振动设备的厂房时，其支承柱的间距不可能做的更大，这就需要仓顶结构增加复杂的构件作为厂房支柱的柱底支承构件。尤其支柱支承在仓壁上时，支柱与仓壁截面的大小不可能一样，从而使构造复杂传力不明确。但本规范不限定在仓顶平台上的构件直接设置有振动的设备。

3.2.10 外圆相切后的圆形筒仓之间，将形成一个很大的无用空间，利用该空间设置无中心柱的平面非整圆的分段半螺旋楼梯，是最有效的节约土地的平面设计。我国筒仓的实践证明，这种布置是科学的。若设置平行楼梯将增大筒仓的平面布置，尤其是铁路跨线筒仓的平行楼梯将影响筒仓与铁路的限界，从而影响工业场地的总平面布置。

3.2.11 本条规定的定位轴线表示法，在圆形筒仓工程制图及施工定位时，都是最简便的。单仓可采用筒仓中线定位，排仓及群仓应采用筒壁外表面的相切点作为定位轴线。

3.2.13 筒仓中的永久性爬梯，以往均为圆钢制作，因使用不频繁而对其经常检修的机会极少。工作人员因误用已锈蚀、被物料冲击及磨损的铁爬梯时，造成的伤亡事故屡见不鲜。若设计或使用不可能达到本规范的要求时，在使用中采用临时设置并经安全部门检查通过的设施，反而对人身安全更有保障。

3.2.15 由于筒仓的使用范围很广，仓下室内地面的用途各不相同，但作为工业建筑物的地面应包括面层、结构承力层及与岩土接触的垫层，有些地面还需在垫层上增加防水（潮）层。故无论哪一种工业筒仓的室内地面，都应与一般民用建筑的地面有所区别。该条中的最小厚度不包括结构持力层下的垫层。

3.2.16 仓内地面下的地道是否设置变形缝还应按其受力条件及仓内地道下的地基条件确定。

3.3 结构选型

3.3.1 筒仓结构六部分的划分，是为了在设计中进行技术比较时，有一个统一的技术口径。仓上建筑物，是指仓顶平台以上的建筑物，包括单层或两层及以上的厂房。仓顶是指仓顶平台或仓顶平台及与仓壁整体连接的钢筋混凝土梁板结构，用于大直径筒仓或筒壁落地的浅圆仓的截锥壳或截球壳、大跨钢结构及大跨空间结构。仓壁是指直接承受贮料水平压力的竖壁。仓底是指直接承受贮料竖向压力的，由平板、梁板式结构加填料及各种壳体形成的漏斗等结构。仓下支承结构是指仓底以下的筒壁、柱子或墙壁，是仓壁、仓底和基础之间起承上启下作用的支承结构。基础是指筒壁、柱子或墙壁以下的部分，图3.3.1只代表筒仓结构划分的示意。

3.3.2 公式3.2.2-1是选定圆形筒仓仓壁厚度的计算经验公式，按这个公式计算的壁厚，和我国已建成直径在15m及以下筒仓的实际壁厚基本一致，可以满足设计要求。直径大于15m或贮料重力密度较大的圆形筒仓，可在此基础上经过试算确定壁厚。

3.3.4 如何选择适当的仓底型式，是筒仓设计的重要环节之一。根据煤炭系统多年来建成筒仓的统计，圆形筒仓仓底结构的钢材消耗约占整个筒仓钢材消耗的17%～35%，平均约30%，而且在直径、贮量相同条件下由于仓底结构选型的差异、材料消耗指标变化的幅度很大。仓底结构的布置合理与否，例如仓底与仓壁的不同连接方式对于保证滑模施工的连续性以及对计算工作量的简化程度均有直接的影响。此外，仓底是否合理，对于卸料的畅通与否，影响也很大。

仓底选型的四项原则，是基于上述几个方面的情况，从筒仓设计经验中总结出来的，对筒仓设计具有指导意义。图3.3.4的几种常用的仓底型式，是结合国内外筒仓设计的实践，技术上比较成熟、行之有效、技术经济指标比较合理的常用普通仓底型式，它既有推荐的性质，同时又未作硬性规定，以利于今后设计中推陈出新。对于仓底与仓壁的连接方式，图3.3.4不代表现有筒仓的全部，在建材、水泥及电力等工业部门，为适应特殊卸料设备的需要还有其他的仓底结构型式，在这些工业部门也是行之有效的，本规范未全部列出。仓底与仓壁的连接方式，一般有两种连接方式：

一是整体连接，仓底与仓壁整体浇注，结构变形互为影响，在连接范围内，仓壁和仓底不仅有薄膜内力，而且还存在弯矩和剪力。对于小直径筒仓，大多数均采用这种连接方式，其优点是整体性好，缺点是不便于滑模施工，计算比较复杂。

二是非整体连接，仓底通过边梁或环梁支承于筒壁梁柱，或者与仓壁完全脱开，仓壁只产生薄膜内力。这种连接的主要优点是便于滑模施工、简化计算，在国外目前普遍采用这种连接方式，我国近年来在煤炭及其他行业的筒仓设计中也大量采用。直径15m以上的大型筒仓，采用非整体连接方式，施工后效果较好，深受施工单位欢迎。

3.3.5 筒仓仓底结构和基础所耗的钢材、水泥通常占整个筒仓钢材、水泥指标的60%以上，因此选用合理的仓底结构和基础型式，是体现筒仓设计经济合理的重要环节。当筒仓直径在15m以上时，如工艺允许，应优先考虑设内柱，以减少仓底和基础的结构跨度。

3.3.6 筒仓之间或筒仓与其他建（构）筑物之间连接结构的支座，采用简支形式受力最明确，有利于结构计算和施工。地震区应按防震要求设计其支座。

3.3.8 当筒仓直径较小时，仓顶结构一般采用钢筋混凝土梁板结构。对于大直径筒仓或大直径浅圆仓，再采用普通梁板结构既不可能也不经济。本条所列大直径筒仓仓顶结构形式，是近年来我国大直径筒仓仓顶结构设计中普遍采用的结构形式。用于筒仓仓顶由杆件为受力主体、薄壁面层为辅助材料组成的空间壳体或网架构成的空间结构，应为非机动体系或为非瞬间可变体系。钢结构杆件应验算其受力平面内、外的稳定。

3.3.10 多年来的实践证明，直径大于、等于21m尤其是贮料重力密度大并按裂缝控制配筋的深仓或浅仓，采用钢筋混凝土结构，设计和施工很难满足要求。故本条规定设计时应根据不同的贮料工艺采用预应力或部分预应力结构。

3.3.11 仓顶设置的厂房框架柱，直接作用于仓壁顶部的环梁上，有利于支柱承载力通过环梁将集中荷载分布在仓壁上。本条是总结合我国筒仓设计经验确定的。

3.3.12 筒仓的抗震能力，主要取决于仓下的支承结构。海城、唐山地震后，对两地区的煤炭、冶金及建材等系统筒仓震害调查表明，柱承式方仓震害严重，筒壁支承的圆形筒仓最轻。其中唐山地区柱支承筒仓的倒塌及严重损害率，在 9 度区约为 22.2%，10～11 度区约为 46.6%。其震害破坏部位大都在柱与其上部仓壁或与其基础的连接部位，筒壁支承筒仓的倒塌几乎没有。由此可见，筒壁支承或筒壁与内柱共同支承的仓下结构形式，其抗震性能优于柱支承的仓下结构形式。从结构特征上分析，筒壁因其为壳体结构，刚度较大、变形适应能力强、抗扭性能较好。地震时刚度大的结构耗能明显加大，对地震作用效应的消除作用有明显的效果。国内外研究表明，筒壁支承的筒仓，可靠性比柱支承的筒仓大，是震害较轻的原因之一。另外，仓体与仓下支承结构连接处，筒壁支承的筒仓与柱支承的筒仓相比截面变化缓和，不像柱支承筒仓那样发生巨大的刚度突变，从而消除了应力集中，减少地震作用效应对结构的破坏。此外，筒壁支承或筒壁与内柱共同支承筒仓，一般采用条形、环形或筏形基础，基础与地基接触面较大，相应的阻尼也大，筒仓整体稳定性好，这也都是筒壁支承抗震性能优于柱支承的有利条件。唐山 1976 年地震前，在唐山地区设计的筒仓是没有抗震设防的，震后的筒壁支承筒仓的破坏，如上所述是最轻的。由此可见筒壁支承的筒仓，其可靠度是相当大的。

对于柱支承的方仓或圆形筒仓，其结构形式是典型的上大下小、上重下轻的结构，造成仓下支柱的轴压比较大。大多为单独基础，仓体稳定性差。上部仓体与仓底支柱的连接处，刚度往往有较大的突变，使支柱的延性较差。在排仓或群仓贮料不对称时，地震的效应的扭转作用将会加剧筒仓的破坏。虽然柱承式筒仓的抗震能力差，但由于工艺设计的需要，也不能说在地震设防区不允许建造柱式筒仓。即使筒壁支承的筒仓，当仓下筒壁开洞过大时，也会影响筒仓的抗震能力。

仓顶建筑物在地震荷载作用下，受鞭梢效应的影响，有动力放大的作用，从实际震害中可以看到。在辽南地震中，建在 7、8 烈度设防区内的筒仓，不论采用何种材料，仓顶建筑物只要设计合理，绝大多数均未倒塌。在唐山地震中，由于地震烈度高至 9、10 度甚之更高，仓顶建筑物绝大多数倒塌，其中砖混结构破坏更为突出，而钢筋混凝土框架结构，特别是钢结构承重、轻型围护墙的仓顶建筑物，破坏程度明显减轻，有的还相当完好，因此应尽量采用轻质结构，依据上述原因制定本条规定。

4 结构上的荷载

根据《建筑结构可靠度统一设计标准》GB/T 50068 的规定，由各种原因在结构上产生的内力、应力、变形、裂缝及位移等称为结构上的效应。能使结构产生效应的各种原因称为结构上的作用(action)。施加在结构上的集中力或分布力为直接作用也称荷载。引起结构外加变形或约束变形的原因为间接作用，如温度变化、材料的收缩及徐变、地基变形及地面运动等，过去也统称为荷载。因为间接作用并不是以力的形式出现，统称为荷载后使两种不同的作用等于没有区别。新修订的国家标准《建筑结构荷载规范》GB 50009 只限于直接作用(荷载)的内容，直接作用是筒仓结构设计的控制作用，故也将其称为荷载。本规范中对于结构的短暂状态未做规定，应由相关的施工规范考虑。

4.1 荷载分类及荷载效应组合

4.1.1 永久荷载中的其他构件作用力，是指搭接在筒仓上的建(构)筑物如胶带输送机栈桥及通廊等传来的荷载。温度变化应为间接作用，不应称为荷载。但由于其对结构的作用效应持续时间较长，又不是筒仓结构的主要控制作用效应，单为此列项实无必要，故本规范将其列入直接作用的永久荷载。

筒仓的环境温度作用，包括季节温差、仓壁内外温差和日照温差。在我国煤炭系统建造的筒仓设计中，对温度作用的计算表明，内外温差的作用是主要的，不仅分布广泛而且影响配筋，由于温度作用的因素和计算比较复杂，对大直径筒仓，为了简化计算，本条将温度作用效应折算为环拉力。对温差变化较大、工况复杂的筒仓，应根据具体温度条件和实践经验进行验算。

可变荷载中的设备荷载除竖向作用的荷载外，尚应考虑作用于筒仓上的水平力，如胶带或强力胶带等对筒仓的拉力。

有设备的楼面活荷载应由工艺专业提供。

4.1.3 筒仓是以贮料荷载为主的特种结构，荷载组合时，应区别于一般建筑物，因此，本规范对荷载组合作了必要的简化。

由于筒仓用途及贮存的散料非常广泛，对于筒仓的使用功能严重影响整体工业生产，贮存的散料对环境、国防等有严重影响的筒仓，都可算做特殊用途的筒仓。

4.1.4 筒仓起控制作用的永久荷载主要是筒仓的自重，起控制作用的可变荷载主要是贮料。故本条在筒仓结构按承载能力极限状态计算的荷载效应组合中，需着重体现起控制作用的荷载。

可变荷载效应控制的组合中，当筒仓的高与外径之比 $H/D \geq 10$ 且有台风作用的地区应考虑风的作用，其他条件下可不计。

4.1.5、4.1.6 在本次对原"简规"修编之前，我们曾向全国煤炭、冶金、建材、电力及粮食行业的筒仓设计、使用及施工百余个单位发出函调，根据函调反馈的意见可以得出肯定的结论，按原"简规"设计的筒仓，经过多年的实践经验证明其可靠度是适当的。但原"简规"的荷载是按单系数计算的，与我国现行的其他规范所采用的多系数方法不统一。影响筒仓使用安全的主要控制荷载，是筒仓构件的重力及其贮料荷载。本次修订，是在其可靠度基本不变的条件下，我们对按原"简规"设计并已投入使用的筒仓进行复算后，求得相应的仓体重力和贮料荷载的分项系数。该系数在工程建设标准化协会贮藏构筑物委员会上，得到本规范参编各部门代表讨论后确定的。

4.1.7 当筒仓有顶盖时，仓内贮料容量会受到顶盖的限制，无顶盖的筒仓仓壁顶面以上，根据不同的设备及贮料特性可能存在不同的贮料容量，故应区别对待。

4.1.8 计算贮料水平地震作用时，由于贮料是散体，地震时颗粒之间及颗粒与仓壁的运动和摩擦，消耗一部分能量，使地震作用减少。但由于此种能量的损失是受贮料的物理特性、地震烈度、贮仓几何形状等多种因素的影响，现在还不能就各因素得出定量的分析，因此，为了设计上的方便，采用折减贮料质量的方法，以降低地震作用效应。考虑到贮料的种类繁多，只能近似地选取一个系数，经参考国内外有关资料，将此影响系数取 0.9。同时考虑到地震时贮料未必满仓，折减系数取 0.9，因此，这两次折减的结果为 $0.9 \times 0.9 \approx 0.8$ 即贮料总重力的 80%。

鉴于我国现行《建筑抗震设计规范》GB 50011 关于地震水平的计算公式中，含有结构基本自振周期水平地震影响系数 α，计算该系数用的自振周期多由计算求得，因此，为了设计方便，在周期计算中的质量取值也用 0.8 折减。当然，这样计算的周期与实测数值是有差异的，只是一个近似值，但考虑到最终计算地震荷载的综合结果，并不折减很多，还是可以采用的。

地震对于筒仓的作用，国内外的研究尚无完全统一的定论。有关的国外资料多数是将贮料及自重乘以地震系数，这种方法虽然简单但不一定代表地震的真正作用机理。在发生地震时非压密的贮料在仓内运动状态对仓体的作用效应是不同的。根据日本科学家以煤作为贮料进行的试验，地震时散体煤在仓内的运动对仓体的地震效应有一定的阻尼作用，其等效粘滞阻尼效应可达 40%。由散体煤产生的仓体底部剪力的 75%～80% 由仓壁承受。这一结果在某种程度上与本规范所取的折减系数相吻合。实验结论还认为,地震输入的加速度越高,圆形筒仓仓壁承受的单位输入加速度基底剪力值越小。贮料粒径及力学特性的改变对仓底剪力变化的影响可忽略不计。对预应力混凝土筒仓,地震产生的裂缝在震后基本可以再闭合。1976 年我国唐山地震后,筒仓的破坏调查也说明贮料具有阻尼作用。为此本规范取贮料总重力的 80%为有效重。对于其他不同的贮料,如有更精确的实验,可不受此限。

4.1.9 筒仓结构虽然高大,但按其高径比远没有烟囱等高耸建筑或构筑物大,故其破坏仍为第一振型,竖向地震破坏不是主要的,当需要验算时可参照现行《建筑抗震设计规范》GB 50011 计算。

4.1.10 直接作用于各平台梁板构件上的动力荷载应按本条及工艺设计的要求进行验算。

4.1.11 筒仓一般可不进行稳定计算。只有当高径比大、地基条件不良、空仓及又处于特大台风作用地区的筒仓,可按本条规定进行验算。

4.2 贮料压力

4.2.1 散料特性参数如重力密度、内摩擦角及贮料与仓壁之间的摩擦系数等采用的正确与否,对计算贮料压力有很大的影响。然而,影响散料特性参数的因素很多,即使同一种散料,由于颗粒级配、颗粒形状、含水量、装卸条件、外界温度和湿度以及贮存时间长短等条件的不同,散料的物理特性参数就有差异,因此,在选用各种参数时,必须慎重。

煤炭、冶金工业行业的各种散体贮料,种类繁多,且随着各种矿石的品位和开采条件的变化,其变异性很大,一般应通过试验并考虑各种变化因素综合分析确定。

各种筒仓都是功能性构筑物,都是为一定的生产工艺服务的。决定仓壁设计的主要因素是所贮散料作用于仓壁上的压力,真正掌握散料特性的人员,应是工艺专业的设计者。故在筒仓设计时应由工艺专业提供或认可,以确保筒仓压力计算的准确性。

4.2.2 关于贮料压力的计算问题,国内外已进行了长期和大量的研究工作,早在 1895 年,德国学者杨森(Janssen)提出,取筒仓内贮料的微厚元静力平衡条件,求得仓内贮料作用在仓壁上的压力。然而人们在筒仓卸料过程中发现,贮料在仓内的应力场及作用于仓壁上的压力与杨森的假定并不一致。国际上 Reimbert,Pieper,Walker,Jenike 等学者在筒仓贮料压力的研究方面做出的很多实验都证明,杨森公式算出的仓壁压力不能代表筒仓在卸料过程中,贮料作用于仓壁上的实际压力。正如许多筒仓学者所指出的,杨森公式假定在任一横截面上料层的垂直压力是均匀分布的,而事实上由于贮料与仓壁之间存在摩擦力,垂直压力并非均匀。又如公式中的侧压力系数 k 值的确定,直接采用了兰金(Rankine)公式而未考虑与仓壁接触贮料的屈服条件。由于散体理论本身的不完整性,各国在采用杨森公式的同时对其进行修正,所采用的修正系数也各不相同。目前国外各有关筒仓规范贮料压力的计算,仍采用各自修正后的杨森公式。这主要是使用该公式进行设计时比其他方法简便。在本次对原"筒规"修编以前,我们曾对我国除西藏、海南之外的各省的煤炭、电力、冶金、建材和粮食等行业的已建并投入使用的筒仓进行了书面调查,按原"筒规"设计的筒仓未发现问题,故本次修订仍采用原"筒规"贮料压力的表达公式。原"筒规"出版时公式中的印刷差错本次修编将一并改正。因此,我们可以舍繁就简,采用大家已很熟悉的杨森公式,作为本规范计算贮料压力的基本公式。

1 由杨森公式求得的贮料水平压力,只是基本上符合贮料静态时的压力,并没有考虑在使用过程中可能会出现的各种不利因素,因此,计算贮料水平压力时应乘以修正系数 C_h。该值主要包括卸料时的动态压力、贮料的崩塌以及贮料温度与室外最低计算温度之差不大于 100℃ 的水泥工业筒仓的温度影响等。但在一般情况下,这些最不利因素不可能同时出现,因此,该值应是多种因素的综合修正系数,而非超压系数。

如何确定较合理的 C_h 值是一项困难和复杂的任务,同时也是关系着筒仓结构是否安全可靠和经济合理的重要问题。本规范规定的 C_h 值是在总结国内大量筒仓实践经验的基础上,吸取了国内外筒仓的试验研究成果,并参考了各国的筒仓规范,经过综合分析而确定的。现分几个方面说明如下:

1) 卸料时的动态压力。

贮料的流动压力是确定修正系数 C_h 值的主要因素。贮料流动压力问题,既超出了一般散料静力学的课题,又不同于浆体流动,而是属于固体流动力学的范畴,涉及的因素繁多,虽有一些力学数学模型,但迄今为止,在世界范围内尚属未解决的研究课题。概括起来,目前各国的筒仓研究者对流动压力的机理、分布及定量分析均存在不同的认识,简介和分析如下:

贮料的流动形态,归纳起来可分为两种类型,一种属于整体流动,即卸料时整个贮料随之而动;另一种属于管状流动或称为漏斗状流动,即卸料时贮料从其内部形成的流动腔中流动。

筒仓卸料时在筒仓的不同区段,也有可能同时出现上述两种流动状态。各区段的范围,视不同散料的特性和筒仓的几何形状而定。通常粉状或具有粘性的贮料,管状流动腔向上扩大,甚至整个筒仓均形成管状流动。而颗粒均匀的块状贮料,管状流动腔向下缩小,即整体流动范围扩大。

贮料处于管状流动时所产生的流动压力,要大大小于整体流动时的压力。美国规范特别提到所规定的超压系数值,仅适用于管状流动状态,而前苏联规范和德国规范中均未明确分开。我们考虑到大多数筒仓中的贮料流型很难明显划分,同时还要考虑筒仓在使用期间可能产生的其他种压力增大因素,因此,本规范也采用不以流型划分的综合修正系数值。

流动压力的机理。对贮料处于流动状态时水平压力增大的事实,已被大家承认。但是,对其增大的机理,则有各种不同的见解,有的认为是贮料特性的改变,有的认为是贮料内部不断形成动力拱。目前欧美较为流行的一种看法,是美国学者詹尼克(Jenike)的观点,他认为是由于贮料内部应力场的改变。装料时贮料内部的主应力线接近于竖直方向即主动压力状态,卸料时,由于贮料失去支持,主应力线改变为接近水平方向即被动压力状态,并且在流动腔断面缩小处,产生很大的集中压力或称为转换力。

詹尼克根据上述基本假定,创建了一套计算水平力的理论,该理论仍借助散体静力学极限平衡的原理,来描述流动压力状态,因而也是十分粗略的。但是,他的基本观点,还是可以接受的。根据詹尼克的理论可以得出结论,越是易流动的散体,流动压力越大,整体流动的压力要大于管状流动,这些结论已被许多测试资料证实。

2) 多年来,随着测试技术的发展,对贮料流动压力的分布又有了新的认识,很多筒仓研究者一致认为,贮料在流动时压力沿筒仓截面和仓壁高度都呈不均匀分布状态。引起不均匀压力分布的因素很多,诸如贮料本身的不均匀、装卸料不均匀、筒仓结构本身的不均匀以及外界温、湿度变化引起的不均匀等。因此,严格地说任何一座筒仓都存在压力不均匀的现象。

由于不均匀压力的存在,使仓壁结构不仅要承受轴向拉力,而且还要承受弯矩,在前苏联规范中,已有这样的规定。但是,由于这种不均匀压力分布的变化错综复杂并具有随机性,目前我们所掌握的资料不足,很难给出确切的数字,故本规范未能对此做出具体规定,只是将这种不利影响包括在综合修正系数 C_h 范围内。

2 从国外资料看贮料的竖向压力,一般都认为静态时的竖向压力与杨森公式计算值基本相符。当贮料处于流动状态时竖向压力值应如何估算,则有不同的认识。一种认为竖向压力要减小,理由是由于卸料时水平压力要加大,在假定摩擦系数不变的条件下,传至仓壁上的总摩擦力将更大,因而使传至仓底的竖向压力减小。另一种观点认为,竖向压力基本上与静态时相同。根据我们所做的测试结果和对各种资料的分析,支持后一种观点,即贮料在静动态时仓底的竖向压力无太大的变化。但是,考虑到料拱的崩塌及贮料特性的不利变化等因素,仍应乘以竖向压力增大的修正系数C_v。

本规范的C_v值乃是参考了国外有关规范确定的,见表1。

表1 各国规范C_v值对照表

仓底结构	美国规范	前苏联规范	德国规范	中国规范
钢筋混凝土漏斗	1.35～1.5注1	1.54	装料压力	1.0～1.4
钢漏斗	1.5～1.75注1	2.5	装料压力	1.3～2.0
平板填料	1.35～1.5	1.0～1.54注2	装料压力	1.0～1.4注1

注:1 对于贮存无粘性散料的筒仓,该值应乘以0.75。变化幅度根据h_n/d_n不同而定。
   2 视填料厚度而定。

对于粮食混凝土筒仓的仓底,按我国多年来的实践经验并参考前苏联规范的规定C_v取1.0。

此外,按我国筒仓设计经验并参考美国和德国规范的规定,仓底的总竖向压力不应大于贮料的总重,即$p_v \leq \gamma h_n$。

4 偏心卸料是一个较普遍存在于筒仓设计中的问题。偏心卸料的贮料压力,在20世纪60年代以前,未引起人们的重视。此后,其重要性才逐渐被人们认识,并反映到各国规范中,法国规范称其为非正常卸料,也是一种贮料的不对称流动。在有多个卸料口的筒仓中,打开不同的卸料闸门卸料及筒仓仓形的几何不对称时,都会造成不对称或偏心卸料。有的筒仓为了不堵仓,根据工艺的需要专门设计成有偏心卸料功能的仓。

在偏心卸料时,贮料压力对筒仓的不利影响,实质上仍属于压力不均匀分布的范畴,但是,它要比一般的贮料不均匀情况严重,会对仓壁产生较大的附加侧压力,难以将此影响包括在综合修正系数C_h内,故本规范规定应予以考虑。本次修订增加了偏心卸料产生的附加压力计算公式。

各国学者虽一致认为偏心卸料问题不容忽视,但处理方法各不相同,各国规范对此也有不同的计算方法。最早研究偏心卸料问题的是德国皮珀教授,他根据在各种小型模型仓上所作的试验,提出了计算方法,并首先在德国规范中采用。原"筒规"认为,美国规范提出的经验公式,规定了仓壁下部壁高等于d_n的范围内,压力增值为一常量,这条规定使h_n/d_n较小的筒仓仓壁配筋量增加过大,很不合理。在综合分析比较了美国、德国规范的基础上,建议当$h_n/d_n < 1.5$或偏心值$e_0 < 0.2r$时,可不考虑偏心卸料的影响。偏心卸料时,仓底压力增值为$\Delta p_h = 0.25 e_0 p_h / r$,在贮料计算高度下部$h_n/3$范围内,$\Delta p_h$为一常数,其上至贮料计算高度的上端按直线变化渐减到零。假设增值Δp_h沿圆周均匀分布。这些假定也有一定的局限性。

本次修编,我们对不同的计算方法进行比较后认为Theimer的近似计算法是较为简捷实用的计算,故作为本条采用的依据。设计者可根据具体情况对仓壁进行验算。

5 仓壁单位周长上总的竖向摩擦力,与国外规范采用同样的公式,按此计算的结果与我们所做的测试基本相符。由于贮料处于静态或动态时的摩擦力变化不大,故不必乘以修正系数。

h_n值确定的正确与否,对贮料压力有很大影响。以往有些设计者,为了简化计算又要偏于安全,往往将贮料顶面高度算至仓顶层的楼面,而不考虑扣除一部分无法装料的无效高度,对高径比大的小直径筒仓,这样处理尚无不可,但对一些大直径筒仓或浅圆仓以及用单点或条形装料方式的筒仓,显然会造成很大的误差,因此,本规范规定了贮料计算高度h_n的上下端的位置。在下端,一般分三种情况,一种是无填料的漏斗或平板仓底,贮料压力作用于整个仓壁上,因此计算高度h_n应算至仓壁底部。另一种是有填料的情况,尽管填料可以由各种材料做成,但由于它们具有一定强度,本身可以承受贮料压力,故应考虑填料的有利影响,将计算高度h_n算至填料的表面。在筒仓中,填料表面与仓壁的交线往往不在同一水平上,为了计算简单,规定算至此交线的最低点处。第三种是钢筋混凝土漏斗,算至漏斗顶面。对于特大直径筒仓或浅圆仓可按附录C的公式计算。

4.2.5 本规范对杨森公式的修正,具体体现在表4.2.5中。以下是本规范确定修正系数值需要考虑的主要因素。

流动压力沿仓壁高度分布的大小,与贮料的流动腔密切相关。根据国内外的资料介绍,最大的流动压力发生在流动腔与仓壁相交处,该处位置的高低与贮料和筒仓特性有关,一般情况下最大流动压力大致位于仓壁的中部或下部,在仓壁上约1/3高度范围内,则影响不大且衰减较快。因此,本规范规定的修正系数,在下段2/3仓壁高度范围内均取大值,上段1/3高度范围取小值。

流动压力的增大值。关于流动压力要大于杨森理论值的论点已经没有分歧了,但是大多少却存在不同的估价。最早的测试资料提供的数据为1.3～4.0倍。从近几十年的测试资料来看,个别点可达十几倍,当然这种小面积上出现的压力峰值有可能是瞬间的,我们并不认为是必须考虑的数值。近来一些筒仓研究者更多地注意到整个筒仓中压力的变化规律,综合分析对仓壁内力的影响,以此来确定相应的增大值。

现将国内外当前确定流动压力增大值的情况综述如下:

前苏联在很多年间采用的最大修正系数值一直为2.0,对贮煤筒仓规定为1.0。但是,对适用于粮食的筒仓规范,改变了单一修正系数的方法,根据不同类型和贮料的筒仓,给出了不同的系数,折算后的修正系数,最大可达2.5左右。美国规范规定对适用于管状流动的最小超压系数值为1.65～1.86。德国规范的卸料压力,是通过改变散料物理特性参数而得,如将此折算为修正系数值,则上部约2.5,中部约为1.4,下部接近杨森理论值,形成上大下小的不合理状态。在该规范后来的修订稿中,已改为采用超压系数的办法,对于不同的贮料采用不同的系数,如小麦为1.5。此外,在计算基本贮料压力时,将侧压力系数改为采用$k = 1 - \sin\varphi$。日本在小麦筒仓设计中修正系数取3.0,我国在原"筒规"实施以前的筒仓设计中,大多数的工业筒仓所采用的修正系数为2.0。水泥和煤炭工业部门,曾经采用过小于2.0的系数。如水泥工业部门曾取为1.5～2.0。煤炭工业部门历来无统一规定,因人而异,取值范围为1.0～2.0。

本规范规定的基本修正系数C_h之值为2.0,其理由阐述如下:

国内的实践经验表明,在原"筒规"实施之前,筒仓建设在我国已有几十年的历史,建成各种类型的筒仓,在此基础上总结这些筒仓设计、建设及使用经验是很有必要的,也是本规范确定修正系数值的重要依据之一。据不完全统计,这些筒仓达数百座之多,遍布全国各地,其使用基本正常,并未发生过严重破坏事故,但是其中有相当一部分筒仓,在仓壁上出现不同程度的裂缝,裂缝大致出现在仓壁的中部或下部,有多座筒仓的裂缝宽度超过规范允许值,其中以水泥和煤炭工业的筒仓为多。当然,造成裂缝的因素很多,修正系数取值偏小是主要因素之一,我们曾对几座出现裂缝的圆形煤筒仓进行分析,按其实际配筋量折算的修正系数值都小于2.0,个别筒仓只有1.13。为了保证筒仓使用,提高其耐久性,基本修正系数之值不宜小于2.0。

使用实物和模型筒仓测试分析,也是确定修正系数值的方法之一。原煤炭工业部自上世纪70至80年代对贮煤实物圆形筒仓和模型筒仓进行压力测试,测试结果表明,卸料时的贮料压力要比杨森理论值大1.5～3.5倍。最大动压力往往发生在1/2的仓壁高度以下,并且作用时间较长。沿仓壁高度和水平截面周边呈不均匀分布,颗粒均匀的块煤要比含有末煤的混合煤压力大。综合分析以上结果,在正常使用情况下,仓壁不仅要承受轴向力而且还要承受弯矩，根据 $C_h=2.0$ 之值反算，各种筒仓能承担弯矩的能力为 $M_{max}=(0.01\approx0.017)p_hr^2$，该值与前苏联修订后的规范规定比较接近，但是与实测资料相比，显然还是偏小，这说明使用 $C_h=2.0$ 之值，并不是很富裕。

从国外资料分析看，德国规范求得的贮料压力，在仓壁的中、下段偏小，按此设计的粮食筒仓，建成使用后，曾发生多起破坏事故，因此，在该规范后来的修订稿中作了修改，采用了乘以超压系数的方法，增加了仓壁的配筋。美国以往的筒仓设计，忽略了贮料流动压力的影响，造成一些筒仓的崩塌和裂缝事故。美国制定的规范，虽然提供了最小的超压系数值，但是，仅限于管状流动，筒仓的流动形态很难预先确定，因此，在设计中往往采用大于规范规定的数值。上世纪80年代，美国为我国设计的贮煤筒仓，超压系数取为3.0。前苏联是研究流动压力最早的国家之一，在粮食、水泥筒仓等方面具有多年的实践经验，多年来修正系数值一直采用2.0。其修订的新规范也改变了单一考虑修正系数的办法，增加了考虑弯矩的因素，这样就使贮料压力与壁厚发生了关系，更趋合理。按此规范规定计算的仓壁配筋，与其修订前的规范相比，高径比大于3.0的筒仓，钢筋要有较大的增加。高径比小的筒仓，则基本与修订前的规范接近。至于前苏联规范对贮煤筒仓的修正系数规定为1.0是无法理解的。查阅历年的技术资料，前苏联在贮煤圆形筒仓方面的实践经验并不多，且缺乏研究。由此可见，将贮煤筒仓压力计算的修正系数确定为1.0是不正确的。

筒仓的种类繁多，不论何种筒仓，均采用同一个修正系数值，显然是不恰当的。近来在各国新的规范或正在修订的规范中，分别按筒仓的高径比和贮料品种给出不同的修正系数值。高径比大的要比小的流动压力影响大，应取大值。易流动的贮料要比不易流动的贮料的流动压力大，也应取大值。由于我们的试验和研究工作做得不多，尚不能分门别类给出确切数据，只能大致考虑这些影响，故本规范规定 $h_n/d_n>3$ 时，C_h 应乘以系数 1.1，而对流动性能较差的贮料，则应乘以系数 0.9。

仓壁上部 $h_n/3$ 范围内修正系数的取值。前苏联规范取值为1.0，以往我国各工业部门设计深仓时也都采用此值，近年来发现某些筒仓仓壁上出现裂缝。参考近期国外规范的规定，对该区段的修正系数都有所提高。考虑到实际存在的流动压力和热贮料引起的温度作用，本规范规定该区段的修正系数值取为 1.0～2.0。

对水泥工业贮存热贮料筒仓的温度影响，在装有贮料的部分，由于水泥或水泥熟料导热性能较差，通过贮料传导至仓壁上的热量较小，对仓壁影响不大。参照美国规范说明中建议的方法，按贮料温度为100℃、室外最低计算温度为-20℃的条件计算，因贮料温度应力需要增加的仓壁配筋量在仓壁下段，一般约为库森压力计算所需配筋量的5%～10%。在仓壁下段影响相对较大，但由于仓壁上段的贮料压力甚小，且已考虑了修正系数 1.0～2.0，故在此条件下，可将贮料温度的影响包括在修正系数 C_h 内。

对于筒仓最上端不装散料的空仓部分，可求出仓壁内外表面的温差，按《冶金工业厂房钢筋混凝土抗热设计规程》(YS 12—79)验算其温度影响，计算结果表明，当贮料温度与室外最低计算温度之差为100℃时，为了保证裂缝不超过容许宽度所需的配筋量，均超过了按本规范所规定的最小配筋率所算得的配筋量。在上述温度条件下，当仓壁的水平钢筋单侧的配筋率增加了0.2%即全截面总配筋率为0.4%时，就基本上满足裂缝开展宽度不大于0.2mm的要求。但设计还是应对具体工况进行分析，甚至包括仓顶楼板构件进行验算。

由于对冶金或其他工业部门的热贮料缺乏分析、研究，故本规范未包括水泥工业以外的热贮料筒仓。

近年来，为了贮料流卸通畅、防止起拱堵仓，往往在仓底设置多个吹气喷咀的促流装置。实践表明，这种促流装置，对筒仓的影响范围是局部的，对贮料压力也不大，故可不予单独考虑。

但是，对于在某些筒仓中设置的特殊促流装置，如破拱帽、高压气炮(blaster)及用于长列车(uni-train)筒仓，其拥有震动卸料能力的计量漏斗，每小时高速卸料可达5～6kt，出现高速整体流动状态。对这种卸料条件，本规范规定的贮料压力修正系数显然偏小，我们对其影响尚缺乏深入的研究，故设计时采用的修正系数需另行考虑，设计者可根据具体情况适当加大。

4.2.6 本规范对深、浅仓采用不同的计算公式，因此，当 $h_n/d_n=1.5$ 时，按深、浅仓计算所得的贮料水平压力，出现不衔接的现象，其比值可用下式来表达：

$$C=\frac{p_{hs}}{p_{hq}}=\frac{C_h(1-e^{-x})}{x} \quad (2)$$

式中 p_{hs}——深仓水平压力；
　　　p_{hq}——浅仓水平压力；
　　　$x=\mu k h_n/\rho$；
　　　当 $k=0.333,\mu=0.5,h_n/d_n=1.5,C_h=2.0,x=0.999$
　　　则 $C=1.26$。

由此可见，考虑修正系数后的深仓计算压力，要大于浅仓。因此，大型浅仓如按本条浅仓公式计算水平压力，就不一定安全可靠。此外，仓壁达到一定高度的浅仓，贮料对仓壁的摩擦荷载也不应忽视，故本规范规定当 $h_n \geq 15m$ 且 $d_n \geq 12m$ 时，仍需按深仓验算。

对于大型浅圆仓，其仓顶已不可能作成平顶，这不仅是结构设计问题，在仓顶单点装料的条件下为保持有效的仓容，仓顶大都需要作成锥体。在计算贮料对仓壁的压力时，应考虑仓壁顶面以上的贮料并按其内摩擦角形成的料堆产生的超压。料堆超压产生的压力计算方法很多，建议采用在本规范附录C给出的公式。

4.2.7 深仓中漏斗壁上的贮料法向压力，在国内外资料中有多种计算方法，如有的假定为随深度增加压力加大，呈上小下大的梯形分布；有的则假定随水力半径的减小而减小，呈上大下小的梯形分布。美国规范则采用上下均等的压力分布图形。我们综合比较了上述各种计算方法认为，美国规范的规定比较合理，且计算简便，故本规范采用此规定。

4.2.9 本次修编参考美国、法国及澳大利亚规范，增加了装有细颗粒物料且形成流态的筒仓压力计算公式。当物料在仓内流动状态不畅时，式中物料的重力密度应结合工艺专业进行调整。

4.2.10 气力输送产生的过剩气压，不但对仓底及仓壁产生压力，在筒仓设计时还应考虑对仓顶构件产生的压力。

4.2.12 原"筒规"中没有列出本条及第 4.2.9、4.2.10 及第 4.2.11 条的内容，但筒仓设计中经常会出现与此有关的问题，为此本次修编参考国外的资料将其列入。对于温差较大且工艺设计对裂缝控制较严的筒仓可按本条所列公式验算。

5 结构计算

5.1 一般规定

5.1.1 筒仓的仓体是多种构件组成的，仓顶、仓壁、仓底、筒壁多采用薄壁结构，由于筒仓贮料荷载和其他荷载是在不同方向作用于这些薄壁构件上的，考虑到这种受力特性，故在承载能力极限状态计算时，应与一般的混凝土梁板构件有所不同，即应对构件的水平、竖向和需要控制的截面进行强度计算，尚应按各种不同的作用效应控制截面。其他非薄壁构件可按一般钢筋混凝土构件进行计算。

壳体结构多为空间受力体，当其厚度与中面最小曲率半径之比小于1/20时，按薄壳计算。对于平板，其厚度与最小支承间的长度之比小于1/5时，按薄板计算。对其挠度值与板厚之比小于1/5时按小挠度理论计算。

5.1.4 对于圆形筒仓仓壁和圆锥形漏斗壁，其环向刚度很大，受荷后变形很小，故可不进行变形验算。对于矩形浅仓，其型式、容积的大小及散料的重力等，都是影响仓壁及漏斗壁变形的主要因素。当其壁厚符合本规范第3.3.2条的规定时，其变形值很小，故也可不进行变形验算。

对仓顶及平台、仓底梁板等构件，还应根据不同的工艺设计及其设备的运行要求，确定筒仓的正常使用极限状态条件进行变形验算。

5.1.5 钢筋混凝土筒仓的使用范围非常广泛，所处环境也非常复杂，各种工艺的使用要求也各不相同。因此，不能对筒仓构件裂缝宽度的控制采用同一个标准。本条根据我国的不同地理环境及贮料条件做了不同的规定。裂缝宽度的计算方法，按我国现行《混凝土结构设计规范》GB 50010 进行。

5.1.7 在我国的震害调查中，无论是圆形还是方形筒仓的仓壁和仓底，几乎没有破坏，破坏较严重者多为柱支承的筒仓。因此对仓壁和仓底可不进行抗震验算。对于筒仓这样的特种结构，地震作用的效应是很复杂的，目前尚无法用一个简单的表达式来表示。对震害较严重的柱支承筒仓建议按单质点方法计算。

5.1.8 筒仓结构本体几何不对称性及排仓、群仓不均匀的贮料，在地震时都可能使仓下柱产生扭转及弯曲。扭转增大系数可根据连接在一起的筒仓个数3～6及以上，选用1.1～1.25。柱端弯矩增大系数可根据7～9抗震设防烈度选用1.1～1.6，有实验依据时可不采用该系数值。

5.2 仓顶、仓壁及仓底结构

5.2.1 圆形筒仓的仓顶、仓壁及仓底结构的计算：

1 仓壁相连的圆形群仓，在其连接处的应力与按单仓计算时所得结果不同。通过计算表明，若将仓壁相连的圆形群仓简化为按单仓计算，对筒仓内力计算则有一定影响。然而，以往采用小直径群仓较多的设计部门，对该类仓的设计一直按单仓计算。在原"简规"编制时，排仓和群仓的仓径都不大，对于较小仓径的排仓和群仓，由于在设计时必须满足构造要求，因此在仓壁连接处按单仓计算一般是可以满足要求的，故对其没有提出明确的规定。随着群仓和排仓仓径的加大，在筒仓的连接处仓壁的刚度发生了很大的变化，对仓壁的变形产生了约束，按单仓计算已不能代表连接处的受力状态。本次修编经国外几种不同资料的对比后，选用了附录E的计算公式。

2 薄壳结构从理论上讲壳体都是有矩的，然而薄壁壳体由于其抗弯刚度很小，可按无矩理论的薄膜内力计算。但在各壳体的连接处，由于刚度变化对各壳体的近端将产生弯矩，对壳体远端有一定的影响但是有限的，这种影响称为边缘效应。以往设计筒仓时，大部分圆形筒仓壁或圆锥形漏斗仓壁均是按薄膜理论计算其内力的，这是一种近似计算方法。但随着筒仓使用范围越来越广泛，直径也越来越大，完全不考虑边缘效应，则计算出来的内力与在边缘附近的实际内力会相差很大。因此在设计大型圆形筒仓时，均应考虑边缘效应。国外一些规范和资料也提出要在筒仓设计中考虑边缘效应对筒仓内力的影响。从我们计算圆形贮煤筒仓的事例来看，无论是仓顶、仓壁或仓底，当考虑边缘效应时，在边缘附近由于有径向弯矩，仓壁的竖向钢筋及圆锥形漏斗壁的斜向钢筋均比只按薄膜内力所分配之钢筋要多。设计时，只要注意到此处的内力验算即可满足结构的安全要求。

3 柱支承筒仓仓壁的竖向内力可近似按弯曲深梁计算，大直径的圆形筒仓弯曲对深梁的影响不大，可近似按平面深梁计算。

4 当环梁与柱组合成内框架时可按框架计算。

5 在仓壁上开方洞将会在洞口的角点处产生应力集中，边长小于1m时可按构造配筋。对于较大的洞口仅按构造配筋不能满足要求。当无法进行精确计算时，可近似按本条的规定进行设计。

7 地道还应计算贮料在其侧壁上产生的被动压力，贮料被动压力应按贮料的破裂面滑动体的重力计算。

5.2.2 矩形筒仓仓壁及仓底结构的计算。

1 当矩形浅仓的仓壁、漏斗壁及边梁整体连接时，实际是一种由薄板、杆件组合为一个整体的空间结构，在贮料荷载作用下，各相邻构件通过变形协调而共同受力，因而各构件需考虑相邻构件对其变形的约束而引起的内力变化。

以往设计矩形浅仓时，一般采用近似的计算方法，将浅仓各构件分解成单独的板、梁，按平面构件进行内力分析，较少考虑各构件间的共同受力作用。对一些矩形浅仓内力的初步分析表明，按空间结构整体计算与按平面构件计算相比较，二者的内力值相差较大并影响到构件的配筋。但由于浅仓的结构形式较多，目前尚无一套简单、实用的按空间结构整体计算的方法。又由于各种条件的限制，直接利用计算程序对浅仓按空间结构整体进行内力分析，也还存在一定的困难。且以往设计矩形浅仓时大多按平面构件计算，故规范规定可按平面构件计算。

但有条件时，矩形筒仓的仓壁及角锥形漏斗也可按空间受力体系计算。

5.3 筒仓仓壁预应力

5.3.1 在本规范第4.1.1条第1款中已明确规定，将预应力作为永久荷载，故在结构验算时应予考虑。

5.3.2 原"简规"编制时，受当时条件所限，没有将预应力混凝土筒仓的内容编入。对于大容量且贮料重力密度较大的筒仓，采用普通钢筋混凝土结构已无法满足其要求。施加预应力可以解决筒仓设计中非预应力筋不能解决的仓壁抗裂及裂缝控制问题。由于使用条件不同，对于裂缝的控制要求也不同，故设计者可以根据不同的使用条件，选用不同级别的预应力。预应力分为全预应力、有限预应力及部分预应力。全预应力设计可保证在全部荷载作用下混凝土不受拉、不裂缝，与部分预应力结构相比具有抗裂性好、抗疲劳性强、结构刚度大、设计计算简单等优点。但也有一些严重的缺点，如结构的延性差抗震不利，有些部位的裂缝并不能完全消失且工程造价高。为此，在具体工程设计时，应按工艺要求确定。预应力强度比为总预应力值与总附加应力筋及非预应力筋的应力之和的比。近年来在煤炭、电力及建材等部门建造了容量较大的预应力混凝土筒仓，本条是根据这些筒仓的设计经验编写的。

5.3.4 预应力强度比在筒仓的不同高度有不同的控制值，设计时可分段试算，以确保预应力筋及非预应力筋配置合理。

5.4 仓下支承结构及基础

5.4.1 仓下支承结构的计算：

1 壁柱顶承受集中荷载时，由于壁柱与仓壁连成一个整体而共同受力，因而壁柱顶面的集中力可向筒壁两边扩散。其扩散角是参考钢筋混凝土基础的刚性角确定的。

3 本款是参考国外有关规范而定的，目的是保证两洞口间狭窄筒壁在荷载作用下有足够的强度和稳定性。

洞口间宽度不大于5倍壁厚的筒壁按柱计算时，其计算高度的确是一个复杂的问题。此处是假定狭窄筒壁底端为固定、上端为可动铰，近似取其计算高度为洞高的1.25倍。

4 筒仓是重心较高、荷载大的构筑物，当基础不均匀沉降引起仓体倾斜时，对于柱支承的筒仓，由于重心偏移必然给仓下支承柱一个附加弯矩和轴力，设计时应做验算。

对于筒壁支承的筒仓，由于其强度储备较大，故可不考虑此项附加内力。

5.4.2 按承载能力极限状态设计筒仓基础时，应符合下列规定：

1 由于动压力在由仓底经仓下支承结构传至基础时，已被仓底及仓下支承结构所吸收，基础不直接承受散料冲击所产生的动压力，因此可不考虑散料对基础的冲击作用。当筒仓的基础同时也是仓底时，应考虑大粒径贮料对基础的冲击作用。

3 筒仓结构由于其高径比通常不是很大,一般不属于高耸构筑物的范围。但基础底面与地基土的脱离原则上仍是不允许的,即在一般情况下,必须保证 $p_{min}\geq 0$,基底应处处都是压力区。若不能满足本条件规定,则应验算筒仓的整体抗倾覆。

5.4.3 一般高耸构筑物的基础倾斜率为:建筑物高为 $h\leq 20m$ 时,斜率小于等于 0.008,高度在 $20m<h\leq 50m$,斜率小于等于 0.006,高度在 $50m<h\leq 100m$ 时,斜率小于等于 0.005。筒仓高度大部分在 $20\sim 60m$ 范围内,斜率本应采用不小于 0.006 的限制值,但考虑到筒仓与其他高耸构筑物如水塔、烟囱等不同,它与邻近建、构筑物有联系。同时荷载较大,允许较大的倾斜率将会给仓下支承结构带来较大的附加内力,因此参考有关资料,将基础的倾斜率定为不应大于 0.004。

软弱地基经人工处理后,可达到设计要求,也就是说,处理后的地基已经能够保证结构的安全使用时,就不应该再利用贮料预压作为处理地基的重复手段,否则将造成极大的浪费。

由于筒仓的自重很大,建成后到投产通常有一定的时间间隔,在此期间,贮料以外的筒仓各种荷载对其地基的压缩,将促使岩土尽快固结,在计算地基变形时,应将岩土固结已完成的压缩变形计入总控制变形中。

5.4.4 当仓壁与仓底为整体连接时,它们的刚度较大,在地震时贮料振动对它们产生的动应力不大,不是筒仓的薄弱环节。在震害调查中,也极少有仓壁与仓底结构的破坏,因此,本规范不要求对整体相连的仓壁和仓底作抗震验算。同时,仓下筒壁的开洞面积不应过大,应限制在本条规定的范围内。

6 构 造

6.1 圆形筒仓仓壁和筒壁

6.1.1 混凝土的碳化是严重影响结构的设计使用年限的重要因素,促使混凝土碳化的重要原因之一,是大气中的酸性物质进入混凝土后,逐渐破坏水泥水化过程中附着在钢筋上的碱性保护膜,从而使钢筋在酸性状态下腐蚀生锈。目前最简单的办法,除减小混凝土的水灰比、提高混凝土的强度外,就是加大混凝土的保护层,故将它定为 30mm。施工中为了提高混凝土的早期强度及钢筋防锈的添加剂,凡是能促使混凝土碳化的应严禁使用。这本应是筒仓的施工验收规范中编写的内容,但为保证筒仓的设计使用年限,本规范作了明确的规定,同时也符合中华人民共和国国家标准《工业建筑防腐蚀设计规范》GB 50046—95 及预应力有关规范的规定,筒仓设计中也应明确限制使用。对使用条件较好的筒仓、结构使用年限较短的筒仓,可根据工艺要求或专业规范确定混凝土的强度等级、保护层厚度及筒仓壁厚。

6.1.3 对于圆形筒仓水平钢筋直径上限控制为 25mm,主要考虑施工要求,当直径超过 25mm 后,钢筋成型比较困难,尤其在滑模施工时,常常由于成型困难而影响施工速度。其次控制水平钢筋的直径也意味着,当筒仓直径较大,所需水平钢筋大于 25mm 时,采用普通钢筋混凝土结构就不尽合理。

本条修订是依据多年来施工及设计部门的反映,原"筒规"对钢筋直径的规定偏小。

6.1.4 当水平钢筋采用绑扎接头时,接头长度与《混凝土结构设计规范》GB 50010 的规定不同,这是因为筒仓结构与一般的混凝土梁板结构及框架结构有所不同。普通结构受其截面几何外形的限制,钢筋的搭接长度容易控制。对圆形筒仓水平钢筋在沿环向移动的可能性非常大,钢筋搭接长度的可变性不易控制。为此适当增加搭接长度,以弥补施工过程中由于水平钢筋沿环向移动而使钢筋的接头一端搭接过长,另一端却不满足搭接长度所造成的误差。前苏联筒仓规范、美国筒仓规范及其他国家的规范,对此也都有增加搭接长度的规定,但增加的值各国也不统一,我们规定的数值是与钢筋直径有关,直径越大增加的搭接长度也越大。这是因为我国的混凝土结构设计规范规定,钢筋的搭接长度以直径的倍数来表示,这样与该规范保持一致,使用上也比较习惯。其次钢筋直径的大小通常与内力成正比,所以按钢筋直径增加的搭接长度实际上也考虑了内力大小的因素。50 倍钢筋直径的数值是以总结我国筒仓建设中的实践经验为基础确定的。

水平钢筋接头采用焊接连接可以节省大量钢筋。但由于焊接数量太大,施工质量很难保证,故对钢筋的焊接接头没有采用强制性用语。

当仓底与仓壁非整体连接时,考虑到仓壁与筒壁的连续性,仓壁的环拉力不会在仓底处突然消失,因此需将仓壁底部的水平钢筋延续到仓底以下一定高度。6 倍壁厚是参照国外资料确定的。

6.1.6 筒仓仓壁和筒壁水平钢筋的最小配筋率,国外的规范规定的也不完全,美国规范仅对仓壁有规定,前苏联规范未作规定。仓壁在计算上是假定按中心受拉考虑的,实际上因为贮料压力分布不均匀及偏心卸料等影响,理想的中心受拉严格的讲是不存在的。我国现行《混凝土结构设计规范》GB 50010 规定,最小配筋率比该规范修订前有所提高。原"筒规"是从煤炭系统筒仓的统计仓壁和筒壁全截面水平钢筋的平均配筋率分别为 0.356% 和 0.329%,我们按照《混凝土结构设计规范》GB 50010 和设计实践为基础,除了贮存热贮料的水泥工业筒仓外,对其他筒仓的仓壁定为全截面的 0.3%,筒壁取全截面的 0.25%。本次修订认为,原"筒规"的规定是合理的,也得到本次此修订审查的通过,故仍按原"筒规"规定执行。

贮料对筒仓的配筋除按本条的规定外,对冷拉钢筋尚应依据贮料温度作用下钢筋强度的折减系数进行调整。

当温差大于 100℃ 时,筒仓的仓壁、仓顶及仓底的结构构件,除按本条规定外应按实际出现的温度效应计算配筋。在温度作用下按温度效应计算配筋时,应考虑混凝土、钢筋的设计强度及其弹性模量的折减系数。贮料入仓后的温度应由工艺专业确定。

6.1.8 仓壁在仓底以上 1/6 高度范围内,因仓壁所受荷载或支承条件的改变产生竖向弯矩,故其最小配筋率按压弯构件控制。以上按分布钢筋并考虑施工需要布放,筒壁按偏心或中心受压考虑。故规范规定仓壁的 1/6 高度范围内的总最小配筋率,为全面截面的 0.4%,其上部为 0.3%,筒壁为 0.4%。

6.1.10 筒仓仓壁及筒壁属薄壁结构,施工时保持结构截面及钢筋位置的准确度非常重要。为此,仓底与仓壁整体连接或非整体连接时,除了每隔 $2\sim 4m$ 设置一个两侧平行的焊接骨架外,在仓壁底部必须在两层钢筋间加连系筋。1/6 仓壁高度是参考国外资料确定的。

6.1.11 当竖向钢筋与水平钢筋的交叉点绑扎不牢或不绑扎时,钢筋常易错位,所以需要强调在交叉点绑扎的必要性。在交叉点及主筋搭接处,因普通电弧焊极易削弱主筋截面而无法确保设计要求,故不得采用焊接代替绑扎。本条中所指的特殊措施是,当其采用焊接时,其连接形式不会因施焊而削弱钢筋的有效截面并能保证提供 95% 以上的焊点,检测结果不消弱钢筋截面。

6.2 矩形筒仓仓壁

6.2.1 由于钢筋混凝土筒仓均为外露结构,使用环境复杂,为保证结构使用年限,加强对钢筋的保护是必要的。本规范对筒仓的混凝土强度等级及钢筋保护层的厚度均比原"筒规"的规定有所提高。对工艺使用及环境条件要求不严、有实践经验并对受力钢筋有特殊保护措施时,可适当减小保护层的厚度,但不应小于 25mm,混凝土强度等级也不应小于 C25。

6.2.2 矩形筒仓的仓壁及漏斗壁的设计,有些部门习惯在仓壁及漏斗壁的相交处采用加腋的连接方式。如筒仓截面能满足设计计算要求时也可采用不加腋的连接。

6.2.3 柱支承的矩形筒仓,柱子有伸到仓顶和不伸到仓顶两种布置方式，设计中多数采用伸到仓顶的布置方式。为了使仓壁的水平钢筋与柱内纵向钢筋不相碰，故要求在平面布置上，仓壁边离柱边的距离不小于 50mm。

6.2.4 本条及 6.2.5 条规定的矩形仓仓壁的配筋方式是多年来国内外通用的配筋形式，柱支承的矩形筒仓，由于仓壁与一般民用建筑深梁的受力条件不同，配筋方式也不同。故筒仓设计仍应采用本规范的规定作为仓壁深梁配筋的依据。

当仓壁与仓壁相交时本条各图中的 a_n、b_n 自仓壁的内边缘计算。

6.3 洞 口

6.3.1 在仓壁开设洞口时，规定的洞口尺寸是根据各地多年来设计中常用到的数据。洞口尺寸过大对薄壁构件的受力条件不利，故本条规定除筒壁直接落地的筒仓或浅圆仓外，不宜在仓壁上开设大洞。

在洞口四周配置的附加钢筋的面积、钢筋配置范围、锚固长度等构造措施，是在总结我国筒仓建设实践经验的基础上，参照国外有关资料确定的。为了使洞口高度范围内的环向力能传给洞口上下附加的水平钢筋，水平钢筋的锚固长度除满足 50 倍钢筋直径外，还与洞高有关，洞口越高锚固长度就越大。

6.3.2 筒壁洞口设扶壁柱的目的是为了增加宽度和高度均大于 3.0m 的洞口两侧筒壁的稳定性。

洞口是否需要设置扶壁柱，浅圆仓或仓壁直接落地的筒仓仓壁和筒壁的截面，若按洞口应力计算并能满足设计及工艺要求时，也可不设扶壁柱。因为扶壁柱的设置，将会使仓壁或筒壁的应力集中到刚度较大的扶壁柱上，从而造成扶壁柱的配筋量加大。国外一些较大的筒仓很少设置扶壁柱。但在筒仓设计使用程序计算有困难时，为简化计算，加设扶壁柱仍是一种简单的处理办法，也是对筒壁洞口消弱截面的补偿。

6.3.3 为保证狭窄筒壁的结构稳定性，洞口间的筒壁最小尺寸不应小于本条规定的尺寸。

6.4 漏 斗

6.4.1 本条修改的原因及限定条件与第 6.2.1 条相同。

6.4.6 由于角锥型漏斗的钢筋在锥板交接处都必须切断，伸入锚固区的长度往往不能满足设计要求，为此必须架设四角骨架筋。

6.4.8 钢筋混凝土筒仓的漏斗，除采用混凝土结构外，还大量采用钢漏斗。本条选用较安全的连接形式（图 6.4.8），作为本规范钢漏斗与仓壁连接的规定。图中预埋筋的锚固长度应计算确定，与预埋钢板的连接必须采用塞焊，组合环梁的截面尺寸应计算确定。

6.5 柱和环梁

6.5.1 当筒仓满载时，仓下钢筋混凝土柱的混凝土产生蠕变，使其应力有所降低，相应的荷载将转给钢筋来负担。当贮料瞬时卸空后，钢筋产生弹性复位，此时混凝土可能处于受拉状态，从而导致仓下钢筋混凝土柱出现水平裂缝。此外，在卸料过程中，如果钢筋与混凝土之间的粘结力很强，则同时会产生垂直裂缝，而且这种情况更加危险。因此控制仓下钢筋混凝土支承柱的最大配筋百分率是十分必要的。

6.5.2 当漏斗与仓壁非整体连接时，环梁的配筋应计算确定。

6.6 内 衬

6.6.1 根据筒仓内衬使用情况的调查，装贮不同散料的筒仓以及在同一筒仓内的不同部位，筒仓内表面的磨损程度是不相同的，这主要与贮料的重力密度、粒径、硬度、落料高差、进出料方式以及贮料的运动状态等因素有关。设计时应根据不同的情况采用不同的耐磨、助滑与防冲击层。筒仓内衬构造有很多，本规范的图示为几种常用的做法，设计时应按具体条件选用。

对无特殊要求的块材内衬还有其他可选建材，但实践表明选用压延微晶板材或铸石板材是成功的。多年来由于没有既经济又实用的建材作内衬，筒仓设计曾多使用铸石板。近年来，中国晶牛集团微晶公司生产的压延微晶板材在我国电力、钢铁、煤炭及其他行业普遍使用。用在煤炭行业的矸石仓、贮煤仓、翻车机房及选煤厂设备的耐磨内衬，火力发电厂的高温干灰仓、煤斗、炉前仓、干煤仓、卸煤沟，钢铁行业的高炉料仓、烧结仓、冲渣沟及各种磨耗大易腐蚀的工业设备。经调查，以此作内衬的部门使用效果极好，一般情况下其各项性能均优于其他类似材料。

压延微晶板材是利用高炉矿渣为主的材料经高温熔化、压延、晶化及退火而成的板材，化学稳定性好且耐高温。由于采用先进的压延生产工艺，与一般浇注的板材相比，其规格尺寸更有保证。耐磨性能比锰钢高 7~8 倍，比铸铁高 15~20 倍，耐腐蚀性比不锈钢高 10~25 倍。

压延微晶板材的磨耗量 0.03g/cm^2，冲击韧性 5.5kJ/m^2，弯曲强度 70.5 MPa，压强 80.7 MPa，热膨胀系数 10^{-7}/℃（20~300℃）。最高使用温度不宜大于 350℃，温差在气体介质中不大于 200℃。

对未经严格的科学检测并未经大量工业使用验证且未能确保筒仓内衬促流、抗磨、抗冲击、耐高温、不脱落及其他内衬功能质量要求的其他新型材料，不宜选作筒仓内衬。

6.6.2 本条主要是根据仓壁内侧耐磨层的实践经验而定的。这样做便于施工，表面层与结构层混凝土结合也好，同时也能满足对耐磨层要求不高的筒仓设计。

6.6.3 我国最早设计的钢筋混凝土筒仓，基本没有专设的内衬，通常是在仓内抹一层砂浆作为内衬。但砂浆的强度等级远没有混凝土高，且由于结合不好，用不了多久就会脱落，不但起不到内衬的作用，反而带来更多的麻烦。

可作内衬的建材种类很多，但不一定都是成功的。20 世纪 80 年代，美国给我国设计的贮煤筒仓，采用的是不锈钢内衬。这种做法在美国现在还在使用，但在我国，无论是当时还是现在都不可能采用。有些设计曾采用过金钢砂、石英砂、铁矿砂及近年来时兴起来的超高分子聚乙烯板材等都是不成功的材料。前几种建材已逐渐淘汰，超高分子量聚乙烯板材（UHMW-PE）曾有人使用，这种材料早期在纺织、造纸及食品等行业，后扩张到冶金、煤炭及电力等众多行业使用。这种材料当其分子量达到 150 万~170 万时，其较小的摩擦系数、较高的耐磨性及抗冲击性和化学稳定性才能出现。然而这种材料的缺点，在用作筒仓的内衬时却暴露无遗。其线膨胀系数为 2×10^{-4}，是钢材的 16 倍，混凝土的 20 倍，在常温下若气温变化 10℃这种内衬板就会伸长或缩短 2.0mm/m，在实际工程中的温差远大于 10℃。由于内衬与结构材料变形的不协调，衬板极易大面积脱落。该材料是一种可燃物，用普通打火机就可点燃。实验表明，在相同贮料条件下，其摩擦系数都低于铸石、玻璃及瓷砖，用小刀就可划出裂痕，可见其耐磨性并不可靠。在我国很多使用该材料作内衬的筒仓，出现火灾、大面积脱落的事故，由此造成严重的不可挽回的经济损失。为此，在本条中规定，筒仓设计不应再使用这种材料作内衬。

死料存内衬是使仓底免受直接冲击作用的有效措施之一，有时也是一种最廉价的内衬材料，故当条件允许时应优先考虑以死料作为内衬。这种做法在铁矿石等贮仓中采用较多。根据调查，仓顶进料口处的梁板结构易受贮料的冲磨作用，大块的矿石对进料口处梁板的冲磨更为严重，甚至由此而导致结构的破坏。比较有效的办法是加大进料口或将洞口梁外移，否则应对梁板表面采取防护措施。

6.7 抗震构造措施

6.7.1 柱支承的筒仓受地震破坏的主要原因，是柱截面强度不足,支承柱受破坏的主要部位是柱顶,受应力集中的影响,对震害实例的验算也发现实际震害的裂缝比计算的要大。为了提高柱的抗震能力,本条规定是参考美国、日本及有关规范制定的。

6.7.2 震害调查表明,柱支承的筒仓倒塌,无例外的都在柱头部位折断。在 7 度设防区的筒仓,在此部位出现水平裂缝。8 度设防区水平裂缝明显,甚至有压酥现象。9 度设防区出现混凝土明显压酥、挤碎、碎块脱落、钢筋被压弯呈灯笼状。唐山地震时,在 10 度和 11 度地区,该部位绝大部分为严重破坏甚至倒塌。柱底与基础交接处的破坏,一般较柱头稍轻,但也不可忽视,因此抗震设计中,对支承柱的柱头、柱脚这两个重要部位予以加强是十分重要的。

为了提高混凝土的抗压能力,改善其延性,必须控制仓下支柱的轴压比的限值,避免轴压比过大而延性太差,保证结构具有较好的变形能力。在控制仓下支柱的轴压比时,可参照现行《建筑抗震设计规范》GB 50011 的框架结构的有关规定,但应比一般框架结构的轴压比小些。为此,设计可采取增加柱的个数或截面面积,但不应形成短柱,短柱会改变柱的刚度,更易改变柱的柔性。

从构造上可采取配置附加横向封闭钢箍,形成"约束"混凝土,提高由此形成的核芯混凝土强度和极限压应变,从而使混凝土三向受力,阻止纵向钢筋的压屈。同时采用加密加粗箍筋的办法提高节点的强度和延性,封闭箍筋的体积配筋率选用较高值。

在地震力作用下,仓下支承柱承受较大的轴向力、剪力和弯矩。在地震力的反复作用下,应力变化较为复杂,提高仓下支柱的抗震能力是十分必要的,为此,支柱的纵向筋均应对称配置。

6.7.3 通过调查,筒壁支承的仓破坏比较轻微,但是单层配筋的筒壁支承仓比双层配筋的筒壁支承仓破坏明显加重,因此,规定筒壁必须采用双层配筋。

6.8 预应力混凝土筒仓仓壁

6.8.1 混凝土筒仓预应力在 20 世纪 80 年代,在煤炭行业的筒仓设计中就已采用。但当时的筒仓容积并不大,预应力技术也不高。在筒仓上采用钢丝缠绕非常困难,采用预应力粗钢筋在筒仓上施工受设备及其他条件的限制也很不便,甚至采用热张法预加应力,还要在预应力筋的外部再喷涂一层保护层。因此,这种预应力混凝土筒仓设计没有得到推广。为此,原"筒规"未将预应力筒仓编入规范条文。近年来,在煤炭、电力及建材等行业建造了很多大容量的预应力混凝土筒仓。本规范在总结各行业预应力混凝土筒仓设计施工经验的基础上制定了本节规定。

预应力的发展过程是先有先张,后有后张。后张法则是先有有粘接,后发展到无粘接。从发展过程看,有粘接在预留孔道、二次灌浆、孔道堵塞及灌浆质量检测上对施工技术要求较高,一旦有问题不易处理。对无粘接预应力,不存在预留孔道、二次灌浆等问题,防锈防腐隔离层使得预应力筋不与混凝土粘接,使张拉摩擦损失减小,因此,后张无粘接预应力,适用于包角大的预应力混凝土筒仓结构。设计可减少壁柱数量和张拉次数。目前在筒仓设计中这两种方法都在采用,选用哪种方法本条不做强制规定。

当入仓贮料温度大于 100℃、若采用无粘结预应力筋不能满足要求时,可选择其他的预应力筋。其钢筋的强度及预应力的损失值均应考虑温度影响进行调整。

6.8.3 掺和料除本条规定外还应满足本规范第 6.1.1 条的规定。

6.8.7 截断的预应力筋,当采用经检测合格的预应力筋连接器连接时不受此限。

6.8.8 筒仓设计时是否采用后张无粘接预应力,选择好预应力筋的外涂料是重要条件之一,设计者应在设计文件中明确标明采用涂料的技术要求。

6.8.11 为减少混凝土弹性压缩引起的预应力损失,预应力筋张拉时应错开一定的间距自下而上的隔根张拉。

6.8.14 本条中所指合格的锚具是指按中华人民共和国行业标准《预应力用锚具、夹具和连接器应用技术规程》JGJ 85—2002 J 219—2002有关规定检测合格产品。

6.8.17 多年来,筒仓预应力多用于单仓。随着工艺设计要求的变化,单仓设计已不能满足要求,为此本条示出了排仓和群仓的预应力布置方式。

6.8.18 筒仓预应力也可作成无壁柱的布置形式,无壁柱的筒仓外观整齐,但施工时须采用埋入式的接头,锚具应采用环形锚具,其构件由锚板、工作夹片、限位板、偏转器、过度块、延长筒等组成。偏转器组成的偏转角或圆弧的中心角为 40°,半径为 500mm,施工时可以向仓壁的内侧或外侧偏转。

6.8.20 筒仓仓壁在预应力作用下,其受力状况如同弹性地基梁,预应力可在仓壁上沿其高度方向在环向产生附加弯矩和剪力,这将会影响筒仓非预应力筋配置及预应力筋的布放间距。为使筒仓仓壁在施加预应力时受力均匀,预应力筋的布置,应在施工前按本条规定进行试算。

6.8.21 为使设计者在筒仓仓壁预应力之前确定仓壁厚度,本条参考国外规范给出了验算公式,设计时还须根据其他设计条件进行调整。

附录 A 槽 仓

槽仓最早出现在前苏联及德国文献中,在英美文献中对这种结构的称谓也不统一,通常在结构专业称槽仓为 trough bunker,工艺专业称槽仓为 wedge-shaped hopper 及 slotted hopper。本规范采用结构专业的英文用词。

平面对称性槽仓,具有良好的卸料功能且计算简便构造简单,钢筋按计算配置没有构造筋问题。自 20 世纪 50 年代由前苏联的工程设计引进我国以来,在冶金、煤炭等行业使用半个多世纪了,在其他行业也有应用。在使用过程中,我国设计工作者对按前苏联设计建造的槽仓工程出现仓壁裂缝等问题进行了分析研究,对槽仓设计计算、仓形几何尺寸的选定及构造不断进行改进,本附录是依据我国冶金系统多年来对实际工程设计及使用的实践经验总结编写的,可供槽仓设计使用。

本规范未包括壁板支承的及半地下槽仓的设计,但本规范的槽仓设计原则仍可作为这些槽仓的设计参考。

附录 B 贮料的物理特性参数

对贮料(散料)的物理特性参数值,原"筒规"主要是在总结多年来我国筒仓设计经验的基础上,参考了国内外有关资料并进行了一些必要的试验而制定的,本次修编仍继续采用。实际上筒仓贮料的品种达数百种之多,本表不可能将所有贮料的物理力学参数全部列入。即使同一种贮料,同地区或不同地区的产品都可能有不同的参数。不同的物理力学参数,将会给计算带来不同的结果。有些散料,如煤炭等,其物理特性参数值的可变性比较大,如颗粒级配、粒径和外在含水量等的不同,其参数值也随之而异。因此,表中给出的某些散料参数值有一定的幅度,结构设计者在无法进行设计时,应结合实际情况选用,并应得到工艺专业的认可。

对于有粘性的散料,其凝聚力对散料的内摩擦角 φ 值有很大的影响,采用时还是应通过试验验证。

附录 B 提供的品种只是常见散料的一部分。结构设计者计算时,仍应以工艺设计提供的试验测定值为准。

附录C 浅圆仓贮料压力计算公式

C.0.1 对于浅仓贮料压力的计算，以往是采用挡土墙主动土压力理论计算的。挡墙是假定墙体为无限长，墙背为光滑直立墙面为条件，也就是说，其曲率半径为无穷大，形成墙背散料压力的散体滑动体的水平投影是矩形平面，因此可取单位截条进行计算。在小型浅仓设计中尤其是对于矩形筒仓基本可以符合或满足要求，但对于大型浅圆仓再采用这种计算方法就与实际受力条件不符。浅圆仓或圆形筒仓的仓壁是圆柱曲面，其曲率半径再大也是有限的。对浅圆仓或大直径筒仓，由于其直径较大，仓顶结构已不可能再采用普通的梁板结构，一般都是大跨壳体或空间结构，筒仓的装料点也多为仓顶中心单点装料，因此在仓壁顶面以上的空间将形成较大的圆锥形料堆。这部分贮料对仓壁压力的计算是否正确，将影响筒仓的设计。圆形筒仓贮料滑动体破裂面过中心时，由于对称关系，上部贮料不能重复计算。仓壁单位弧长作用的贮料滑动体的水平投影是一个扇形平面，其与筒仓中心形成楔形滑动体，图C.0.1是该滑动体的剖视图。本条是按库伦理论建立该楔形滑动体作用于仓壁上的以破裂角为自变量的重力平衡方程并对其求导，令其等于零，得到贮料作用于仓壁单位弧长上压力的极大值，该值即为贮料作用筒仓仓壁上的总侧压力。

C.0.2 为贮料滑动体的破裂面不过中线且仓壁顶以上堆料为圆截锥体时，贮料作用于仓壁上的侧压力公式。

C.0.3 为仓壁顶面以上堆料为圆锥体破裂面不过中线时，贮料作用于仓壁上的侧压力公式。该两条的所列公式为在此条件下挡土墙侧压力的修正式。原公式选自铁道部第一设计院主编，人民铁道出版社1997年出版的《铁路工程技术设计手册》的各种边界条件下的库伦主动土压力公式中的第6式和第11式。由于挡墙公式与筒仓仓壁的受力条件不完全相同，故不能直接采用。本附录在采用时将倾斜挡墙改为直立仓壁，当贮料侧压力最大时应略去贮料对仓壁的摩擦作用，由于筒仓仓壁为圆柱形曲面，必须将投影面为矩形的贮料滑动体改为投影面为扇形的滑动体，为此在修改公式推导时以系数 η 进行修正。

对于因仓壁的边界条件产生的内力，在筒仓设计时可按力的叠加原理进行计算。大型浅圆仓的仓顶大跨壳体或空间结构与仓壁的连接应采用简支方式，使构件成为静定结构，以减少构件间的应力干扰。

附录E 星仓仓壁及洞口应力计算

E.0.1 当采用多列筒仓连接在一起的布置时，在圆形筒仓间就会形成星仓。星仓这个空间，除了用来贮存散料外，还可以用作楼梯间、电梯井、管道井及提升机井道等。星仓可以是曲线的、直线的，也可作成直线曲线组合的仓型。原"简规"受当时条件所限，未能列出有关星仓计算的规定。

由于星仓仓壁改变了单个筒仓仓壁的刚度，在不同的装料情况下，星仓仓壁将有不同的受力状态。如周边筒仓满仓将引起内壁受拉及弯曲，周边筒仓是空仓而星仓是满仓时，星仓曲线仓壁的两端可视作固定端，从而形成承受压力、弯曲和剪切的相似拱。筒仓和星仓都满仓时，若星仓仓壁为直壁，将产生最大的拉力，但弯矩和剪力相对要小些。

星仓的计算方法很多，由于受力条件复杂，各国学者都以不同的假定条件提出不同的计算方法，其计算结果也各不相同，几种主要计算方法的计算结果对比如表2。

表2 星仓计算结果对比

计算方法	弯矩(kg·m/m)		切向力(kg/m)	
	中点	支座	中点	支座
Ciesilsk	6185.9	−12649.3	−39214	−36137
Timm, Windels	14044	−27191.9	6732.4	0
Kellner. M	2327.6	−4470.7	−8296.87	−9408
波兰粮仓规范	1892.4	−3570.3	不考虑	不考虑
前苏联粮仓规范	1414.6	−3001	不考虑	不考虑

由表中可知，Timm法由于允许支座切向可移动，故相应支座处轴力为零，弯矩值就很大。Ciesilsk法切向力位移是与周边条件相关的值，因此计算出的内力接近实际受力条件，而且弯矩也要比Timm法的计算结果少一半多，但比起Kellner方法还是要大。而Kellner法与前苏联粮仓规范的计算结果相比仍然偏大，但他给出的内力要比前苏联粮仓规范给出的内力全面些。表中两本规范给出的公式虽然较粗糙，但已付诸实际使用，若其计算内力增大太多，会给设计带来不少的问题，而Kellner公式的计算结果要比表2中两规范给出的计算结果大，但差值幅度并不太大，给出的内力也较完全，操作应用也很简单，故本规范选择该公式作为星仓计算公式。

E.0.2 将圆形筒仓仓壁上被大洞口切断的纵横钢筋，采用在壁上处理小洞口的办法，以钢筋补偿的方式将其配置在洞口相应的各边上。但由于切断的钢筋数量太多而不可能，同时也不符合洞口的受力状态。圆形筒仓的仓壁是一个圆柱曲面，在贮料压力作用下，仓壁在其环向承受拉力，对于筒壁落地的大直径筒仓或浅圆仓仓壁上开设的大洞口，虽然尺寸较大，但其与仓壁的展开面积相比仍是相对较小的。在这种受力条件下，可近似地将其视为有洞口的平面受力体。为此，即可按弹性力学的方法，利用复变函数及包角变换，求解无限平面上洞口应力的微分方程及其应力函数。微分方程应力函数的解为边界收敛的幂级数，级数的取项越多洞口周边的应力值就越精确。由于级数收敛得很快，因此，在实际工程计算中只取级数的有限项即可得到满意的效果。由计算及本附录各表中数值分析可知，洞口周边的应力扰动只发生在矩形或方形洞口角点的有限范围内。因此，工程设计时，按本附录各表求得的洞口应力值及其分布规律而不是采用补偿办法合理配置洞口周边的钢筋，更符合大洞口的实际受力状态。由于筒仓仓壁上的洞口大多数为矩形或方形，因此，本附录按上述方法，将筒仓设计中几种常用边比的洞口应力与作用力的比值列入本条。至于洞口周边出现的其他作用力，可利用力的叠加原理进行处理。

中华人民共和国国家标准

架空索道工程技术规范

GB 50127—2007

条 文 说 明

目　次

1 总则 …………………………… 4—5—3
2 术语和符号 …………………… 4—5—3
　2.1 术语 ………………………… 4—5—3
　2.2 符号 ………………………… 4—5—4
3 索道设计基本规定 …………… 4—5—4
　3.1 一般规定 …………………… 4—5—4
　3.2 风雪荷载 …………………… 4—5—4
　3.3 线路和站址选择 …………… 4—5—4
　3.4 净空尺寸 …………………… 4—5—5
　3.5 支架 ………………………… 4—5—5
　3.6 站房设计 …………………… 4—5—5
　3.7 电气 ………………………… 4—5—5
　3.8 回运与营救 ………………… 4—5—6
4 双线循环式货运索道工程设计 … 4—5—6
　4.1 货车 ………………………… 4—5—6
　4.2 承载索与有关设备 ………… 4—5—7
　4.3 牵引索与有关设备 ………… 4—5—10
　4.4 牵引计算与驱动装置选择 … 4—5—11
　4.5 线路设计 …………………… 4—5—13
　4.6 站房设计 …………………… 4—5—13
　4.7 电气 ………………………… 4—5—15
　4.8 保护设施 …………………… 4—5—15
5 单线循环式货运索道
　 工程设计 ……………………… 4—5—16
　5.1 货车 ………………………… 4—5—16
　5.2 运载索与有关设备 ………… 4—5—16
　5.3 牵引计算与驱动装置选择 … 4—5—17
　5.4 线路设计 …………………… 4—5—17
　5.5 站房设计 …………………… 4—5—18
6 双线往复式客运索道工程设计 … 4—5—19
　6.1 客车 ………………………… 4—5—19
　6.2 承载索与有关设备 ………… 4—5—20
　6.3 牵引索、平衡索、辅助索与
　　　有关设备 …………………… 4—5—21
　6.4 牵引计算与驱动装置选择 … 4—5—21
　6.5 线路设计 …………………… 4—5—21
7 单线循环式客运索道工程设计 … 4—5—22
　7.1 客车 ………………………… 4—5—22
　7.2 运载索与有关设备 ………… 4—5—23
　7.3 牵引计算与驱动装置选择 … 4—5—23
　7.4 线路设计 …………………… 4—5—24
　7.5 站房设计 …………………… 4—5—24
8 索道工程施工 ………………… 4—5—24
　8.1 一般规定 …………………… 4—5—24
　8.2 钢结构安装 ………………… 4—5—25
　8.3 线路设备安装 ……………… 4—5—26
　8.4 钢丝绳安装 ………………… 4—5—26
　8.5 站内设备安装 ……………… 4—5—26
9 索道工程验收 ………………… 4—5—27
　9.1 试车 ………………………… 4—5—27

1 总 则

1.0.1 本条文指出了制定本规范的宗旨。

本次修订时，积极采用了国外同类标准中符合世界索道发展趋势并适合我国索道实际情况的技术内容，使其与国际标准接轨，以便更好地规范和指导我国的索道建设事业，从而提高我国索道的设计水平、技术经济指标和安全可靠性，使索道运输在国民经济中发挥更大的作用。

1.0.2 本规范适用于目前我国各种类型索道的设计、施工及验收工作。

单线脉动循环固定抱索器车组式、单线间歇循环固定抱索器车组式、双线往复固定抱索器车组式等客运索道和特种型式的货运索道的技术要求，未设单独章节进行规定，实施时可参照本规范有关条款执行。

1.0.3 为了保证索道工程建成后，能取得良好的经济效益、社会效益和环境效益，本条强调在工程进行可行性研究时，对总体方案必须从建设条件、技术条件等多方面论证其合理性，作为选择运输方案的依据。

建设条件，一般是指索道站址和线路通过区域地形、地貌、植被、景观、地质、气象等自然情况，以及水、电、路、通讯等基建时的外部情况。

技术条件，是指根据建设条件所采取的技术方案和技术措施，能否满足建设规模、建设周期、景观协调、安装运行、规程规范等技术要求。

1.0.4 本条提出了在索道设计、设备研制和设备出厂方面比较重要的要求。

由于客、货运索道涉及人身安全方面的环节较多，加上目前国内具备资质的设计单位和生产索道定型产品的制造厂家为数较少，因此，应对新开发的、关系到人身安全的设备提出严格的要求。

鉴于目前国内客运索道的技术水平领先于货运索道，因此，在工程设计中，应将客运索道中行之有效的新技术、新工艺、新设备、新材料，有目的、有选择、有步骤地运用到货运索道中来，从而迅速提高我国货运索道的技术水平。

1.0.5 本条规定了在风景名胜区建设客运索道应遵循的两项基本原则。

在确定索道线路和站址方案时，应以保护风景、方便旅游为原则，二者有主、有次，但必须兼顾。这是我国20多年来客运索道建设的基本经验。

1.0.6 虽然索道属于一种比较符合环保要求的交通运输工具，但在索道建设过程中，如果缺乏环保意识，不制定环保措施，仍然会对自然环境造成一定程度的影响甚至破坏。因此，在建设过程中对索道所在区域的环境保护问题，必须引起与工程有关的各方面人士的足够重视。

经验证明，索道工程对自然环境的影响或破坏，集中体现在施工期。不同的施工方法、不同的管理措施，将会产生不同的施工效果，或者说它会直接影响对自然环境的破坏程度。

索道施工结束后，索道沿线除少量施工痕迹难以迅速恢复外，其他受到影响或破坏的场所，应采取具体措施及时进行修复，尽快还大自然以本来的面目。

因此，索道工程建设的各个环节除强化环保意识外，还要把建设期间和建设期后各阶段的环保措施落到实处，以求索道建成后取得最佳的环境效益。

1.0.7 为了确保工程质量和安全运行，本条要求索道建设必须按照基建程序进行，各种形式的客、货运索道工程施工完成后，需经主管部门验收合格后，才能正式移交运营或运行。

1.0.8 本规范为专业性的全国通用规范。为了精简规范内容，凡引用或参照其他全国通用的设计标准、规范的内容，除必要的规定之外，本规范不再另设条文。

因此，本条规定了除执行本规范的规定外，还应符合国家现行有关标准、规范的要求。

2 术语和符号

2.1 术 语

2.1.1～2.1.8 主要解释索道类型、运载工具、抱索器等术语的含义。

索道从功能上分，有客运索道和货运索道两大类；从索系上分，有单线索道和双线索道两大类；从运行方式上分，有往复式、循环式、脉动循环式、间歇循环式等索道形式；从抱索器结构上分，有固定抱索器索道和脱挂抱索器索道两种；从运载工具上分，有车厢、车组、吊篮、吊椅、拖牵座等形式。

上述四大类别与各种结构形式，组成了名目繁多和用途广泛的架空索道。如单线循环脱挂抱索器车厢式客运索道、双线往复固定抱索器货运索道、单线脉动循环固定抱索器车组式客运索道等。

2.1.9～2.1.15 主要解释线路侧形、高差、进站角、索道运输能力等术语的含义。

为了真实反映索道的总体配置和索道与外界的关系，索道线路侧形图的绘制需注意以下事项：

1 高程和平距的比例必须一致。

2 在纵断面图中，应清楚地绘出地形、地物、站房、支架和需要控制最小垂直净空尺寸的各种障碍物。对于难以辨认的细小障碍物（例如，位于索道上方并与索道正交的电力线路），应绘出其位置，并加注文字说明。在各跨距内，宜采用细实线、粗实线、虚线和点划线分别绘出各跨的弦线、空索曲线、空载索曲线和重载索曲线。各站的上方应标出站名，各支架的上方应有编号。

3 必要时应绘出附有带状地形图的平面图，平面图的绘制可参照纵断面图的制图要求。

4 必要时应绘出站房放大图。

5 图中应标明站名、支架编号、钢丝绳标高、支架高度、跨距、累计平距、线路设备规格等名称和数据。

2.1.16～2.1.30 主要解释传动区段、拉紧区段、索道用钢丝绳专业名称、各种线路设备、线路设施等术语的含义。

钢丝绳的抗拉安全系数为钢丝绳最小破断拉力与最大工作拉力的比值。其中，钢丝绳最大工作拉力是指不计入惯性力的最大工作拉力。本规范中最大工作拉力需要计入惯性力时，应按有关条文执行。

2.1.31 当客运索道发生故障时，对滞留在线路上的乘客采用的营救方式主要有两种：一种是水平营救；另一种是垂直营救。采用何种营救方式，需根据不同的地形条件、实施的难易程度及营救时间的长短来选择。为了确保乘客安全，每条索道必须配备上述两种营救方式之一的设备，或同时配备两种营救方式的设备。

2.1.32～2.1.41 主要解释各种站房和站内设备术语的含义。

2.1.42～2.1.45 索道的主驱动、紧急驱动、辅助驱动和营救驱动，各有不同的使用功能并体现不同的装备水平，在确定索道工艺方案和设备选型时，应根据具体情况分别对待，真正发挥索道运输的经济效益、环境效益和社会效益。

2.2 符　号

2.2.1 本条列举了索道基本参数方面的主要符号，有些符号如驱动机功率、客车或货车单程运行时间等，本条中没有一一列入。

2.2.3、2.2.4 有些常用符号有多重性，在使用中请注意区别。如曲率半径符号 R，既可表示鞍座、垂直滚轮组和水平滚轮组的曲率半径，又可表示货车或客车每个行走轮作用在承载索上的轮压。又如 α 既可表示二点之间弦倾角，又可表示驱动轮上的包角等。

在索道设计工作中，通常采用 T_0、T_1、T_2、T_{max} 等符号代表承载索的各点拉力，采用 t_0、t_1、t_2、t_{max} 等符号代表牵引索的各点拉力，以示区别。

3 索道设计基本规定

3.1 一般规定

3.1.1 由于旅游事业的蓬勃发展和索道技术的不断进步，发展大运量索道已成为必然趋势，各种类型索道的运输记录不断刷新，因此修订时取消了对索道最大运输能力的限制。

3.1.2 从安全角度考虑，应限制索道的最高运行速度，但随着技术的发展，索道的运行速度也会不断提高。因此，修订时对索道的最高运行速度未作限制，而是从国内的实际情况出发，推荐了现阶段各类型索道的最高运行速度。

3.1.3 根据国内外生产实践经验，对货运索道的年工作日、每日工作小时数和运输不均衡系数，作出了具体规定。

客运索道和货运索道不同，其季节性很强，客流的高峰期各地区也不相同，因此，本规范对客运索道的工作制度不作具体规定。

3.1.4 对于双线循环式货运索道，国内过去有2.5、3.0和3.5m三种索距。考虑到采用高强度钢丝绳后可改善牵引索的工作条件，因此，取消了2.5m并增加了4.0m。货车容积与索距的匹配关系，根据国内外索道工程设计经验，进行了局部调整。

对于单线循环式货运索道，国内过去采用的索距和匹配关系均保持不变，为了适应大运量单线货运索道的发展需要，增加了允许采用大于3.5m索距的规定。

3.2 风雪荷载

3.2.1 由于国外各规范的风压取值不尽相同，本次修订时，采用了欧洲 CEN/TC 242 标准的风压值。执行时需注意：当计算钢丝绳侧向位移和校核承载索在鞍座上靠贴安全性时，风压的取值有所不同。

3.3 线路和站址选择

3.3.1 本条规定了各种类型索道线路选择的一些基本原则，目的是为了保证索道运行的安全可靠性并使索道建设获得较好的经济、社会和环境效益。

3.3.2 对站址选择作以下说明：

1 站址的选择是否合理和能否满足建站要求，关系到站房乃至整条索道工程基建费用的高低，并对基建施工和生产管理产生较大的影响。

2 在索道工程建设中，不占或少占农田，是必须遵守的一项基本原则。

3 站址要避开不良工程地质区域或采矿崩落等人为不良影响区域，并设在具有一定耐力的工程地质区。

4 索道钢丝进、出站角的要求：

1）双线货运索道承载索的进、出站角，宜为 0.05～0.10rad 的仰角或 0.05～0.10rad 的俯角；以 0.05～0.10rad 的俯角进、出站时，可不设站口滚轮组，以俯角小于 0.05rad 至仰角小于 0.10rad 进、出站时，可仅设 3～5 个垂直滚轮，这就最大限度地缩短了站口的长度，改善了牵引索的工作条件，提高了抱索器的挂结、脱开可靠性。

2）单线货运索道运载索的进站角，当采用四连杆式或鞍式抱索器时，不宜大于 0.10rad 的仰角。这样，既能减小抱索器钳口与运载索之间的摩擦，又能减轻货车车轮对站口轨道的冲击。出站角约为 0.10rad 的仰角时，抱索器与运载索的挂结效果最好。

3）运载索的出站角，当采用四连杆或鞍式抱索器时，不宜大于 0.10rad 的仰角；当采用弹簧式抱索器时，运载索以俯角出站时宜导平。

3.4 净空尺寸

3.4.1、3.4.2 这两条条文是参照国内外资料制定的，执行时应注意下列三点：

1 净空尺寸过去称为界限尺寸，但索道的净空尺寸与铁道的界限尺寸，是完全不同的两个概念。前者是指索道的最大轮廓线与障碍物表面之间的距离，即安全距离；后者是指轨道顶面或轨道中心线与障碍物表面之间的控制尺寸，必须减去车辆的轮廓尺寸，才能求出实际的安全距离。

2 从安全角度出发，当校验索道上方障碍物的最小垂直净空尺寸时，以索道顶部的最高静态位置为准；当校验索道下方障碍物的最小垂直净空尺寸时，索道底部的最低静态位置加上动态附加值，以最低位置为准。

3 客、货车与内、外障碍物之间的最小水平净空尺寸，是指已经考虑了客、货车或钢丝绳摆动之后的净空尺寸，此点在选用时请特别注意。

3.5 支 架

3.5.1～3.5.4 对这 4 条作以下几点说明：

1 钢支架具有结构轻巧、制造精确、拆卸容易、搬运方便、施工周期短、安装精度高等优点，因此，设计支架时应优先采用钢结构。

2 支架头部的操作台，过去设计时多半采用水平结构或坡度不大的台阶形结构。当钢丝绳的倾角较大、客车或货车产生纵向摆动时，往往会碰撞操作台，因此，要求将操作台设计成与钢丝绳倾角一致的台阶形。

3 支架基础的混凝土用量，在整条索道的混凝土用量中，占有相当大的比重。在山地条件下，材料运输非常困难，为了降低施工费用，设计时应优先采用体积较小的短柱式钢筋混凝土基础。

对于岩石类地基，经技术经济比较后，可采用梁式或锚杆式基础，以达到降低基建费用的目的。

4 本次修订时为了提高支架的设计水平，新增了支架顶部的允许变形等方面的规定。

3.6 站房设计

3.6.3、3.6.4 在过去设计的索道中，由于在高架站房的站口和站房边缘的悬空处，曾发生过工作人员或乘客坠落或被出站车辆撞落的事故。因此，本次修订时新增了设置安全网或其他安全防护设施的要求，从而，可有效防止类似事故的发生。

3.7 电 气

3.7.1 对索道供电作以下说明：

1 为了提高索道运输的安全可靠性，无论是客运索道还是货运索道，采用双回路电源供电是最佳的供电方式，但根据对国内供电情况的调查，采用双电路电源供电难度较大。因此，本条对此不作硬性规定。

2 由于客运索道对安全可靠性的特殊要求，对采用独立的双回路电源供电有困难的客运索道，当采用单回路电源供电时，应配备柴油发电机组或其他形式的内燃机，作为索道的应急电源或驱动源，其容量应满足至少能以低速回运全部客车的要求。

3.7.2 随着我国节能政策的推行和自动化控制技术的不断提高，国内索道，尤其是客运索道的主驱动系统大量采用调速性能好、运行平稳、安全可靠和维修方便的直流拖动或交流变频拖动的自动控制方式。根据国内外客货运索道的实践经验，本次修订时，对客运索道主驱动系统的电气传动，推荐采用具有四象限运行特性和无级调速性能的直流拖动或交流变频拖动的自动控制技术。对于有负力的货运索道，也应优先采用该技术。紧急驱动、辅助驱动和营救驱动系统，由于仅在应急情况下使用，考虑到技术经济原因，其电气传动多采用交流或液力传动方式，其电控多采用常规电气控制方式。

3.7.3 本条规定采用自动控制运行方式的索道还应同时具备半自动和手动控制运行方式，其原因有两点：一是索道在特定条件下或检修时，需要用到半自动或手动控制；二是一旦自动运行系统发生故障时，可改用半自动或手动控制方式。

3.7.4 安全电路的设计，是客运索道的重要设计环节。安全电路无论是常规继电器控制系统，还是 PLC 控制系统，都应该设计成静态-电流型回路，即各个安全装置的常闭接点在安全回路中为串联形式。当其中任何一个安全接点动作时，安全回路断电，安全继电器动作，并发出停车及报警信号。当索道停车后，只有在排除故障并且安全电路经人工复位后，索道方能重新启动，也就是说，安全电路应具有故障记忆功能。

3.7.6 对不涉及到人身安全和设备事故的一般性故障，如驱动装置的制动系统和润滑系统的油压、油位、油温等异常，宜发报警信号，提醒操作人员在本次人员运送完毕后，立即停机检查。

3.7.8 本条第 5 款所述的"风速达到 20m/s"是指与 $0.2kN/m^2$ 工作风压相对应的工作风速值。根据索道的实践经验，报警风速值一般设定在工作风速的

70%左右。当报警信号发出后，操作人员需采取降低运行速度等措施，以保证索道的安全运行。

3.7.11 由于绝大多数索道均建在山区和丘陵地带，因此，索道的防雷与接地显得更为重要。

索道最容易遭受雷击和雷电入侵的位置在站房、沿线支架、钢丝绳以及电源入户侧。在雷击频繁地区，除了站房的屋顶应设避雷带或避雷针外，在有条件的地方，宜在沿索道线路运载索或承载索的上方，设置单避雷线或平行双避雷线，并在电源进线侧（如电源进线柜）设置过电压吸收装置。此方法在索道的实际使用中效果很好。

为了防止雷电波形成的高电压从电源入户侧侵入，入户电源一般采用电缆穿钢管（或铠装电缆）进线，钢管及电缆金属外皮接地；架空入户电源应在距墙15m处换成电缆穿钢管（或铠装电缆）进线，钢管及电缆金属外皮接地。

从防雷效果考虑，防雷接地的电阻越小越好，但这意味着投资的增大和施工难度的加大。客运索道多半建在多山的风景区内，其建筑物和构筑物多建在高电阻率的岩石地基上，景区的植被和山地岩石又不容过多破坏。考虑到以上实际情况，并参考了建筑物防雷设计规范和欧洲CEN/TC 242标准，索道站房的防雷接地电阻以不大于5Ω，线路支架的防雷接地电阻以不大于30Ω比较合适。

3.8 回运与营救

3.8.1 本条为新增条文。

回运，是指当索道发生在较长时间内不能恢复运行的故障时，启动紧急驱动、辅助驱动和营救驱动系统，把滞留在线路上的乘客运回站内。

营救，是指当索道发生在较长时间内不能恢复运行的故障而且不能实施回运作业时，把滞留在线路上的乘客在原位置下放至地面或沿线路直接运回站内或转移到附近支架的下车平台上，再通过支架爬梯回到地面，所采用的技术措施。

回运与营救是客运索道设计工作中不可或缺的组成部分，本次修订时，强调了客运索道应有适当装备水平的回运设计和适合索道实际情况的营救设计。

3.8.3 本条为新增条文。

当索道发生在较长时间内不能恢复运行的故障时，采用回运方式将滞留在线路上的乘客送回站内，既省时又省力，还能更好地保证乘客的安全和减小乘客的心理压力，所以，应该优先采用这种方式。营救作业只有在合理的时限内不能实现回运作业的情况下，才能实施。

对于双牵引索道，即使能够利用另一根牵引索进行回运，也需要配备垂直营救装备。

3.8.4 对于单线循环固定抱索器吊椅或吊篮式索道，由于客车的离地高度不大，其营救作业比较简单。根据国内一些索道的实践经验，将拉紧轮向站口方向移动，使大部分吊椅降落地面，未降落地面的少数吊椅，借助爬梯、安全带等简单的营救工具，便能实施垂直营救作业。

对于单线循环脱挂抱索器车厢式索道，由于客车的离地高度较大和客车的数量较多，营救难度相对增大。然而，采用性能良好的、并由地上营救人员操作的缓降器进行垂直营救，整个营救过程还是比较省时省力的。

对于客车定员较多的双线往复车厢式索道，由于配备了乘务员，借助于性能优良的缓降器，在客车离地高度不大于100m的条件下，也能实施垂直营救作业。

3.8.5 对于单线循环脱挂抱索器车厢式索道，在运载索的上方，另外架设一条结构简单的营救索道，并配备营救小车。进行水平营救时，乘客由营救人员协助进入营救小车，将乘客转移到支架的下车平台上，再通过支架爬梯回到地面。

对于双线往复车厢式索道，在承载索的上方，另外架设辅助牵引系统，并配备营救小车。进行水平营救时，乘客由车厢进入营救小车内，将乘客营救到站内。

3.8.6 本条为新增条文。

水平营救与垂直营救各有不同的优缺点，对于某些条件特殊的索道，例如建在海拔很高、天气变化无常和地形起伏很大地区的索道和需要跨越原始森林、湍急河流、建筑群或高压输电线路的索道，单纯使用一种营救方法，很难奏效，此时，就应采用水平与垂直联合营救方式。

4 双线循环式货运索道工程设计

4.1 货 车

4.1.1 对本条作以下说明：

1 下部牵引式货车的牵引索位于承载索的下方，水平牵引式货车的牵引索位于承载索的侧边。两种牵引形式对各种线路侧形适应程度不同。

下部牵引式索道的地形适应能力较强，是国内外双线索道工程中的常用形式。

与采用下部牵引式货车的索道相比，采用水平牵引式货车的索道，在运行过程中牵引索的挠度和承载索基本一致，波动较小。承载索不受牵引索折角所引起的附加压力作用，承载索的工作寿命较长，货车运行平稳，因此，水平牵引式索道特别适用于凸起地形。但是，采用水平牵引式货车的索道要求牵引索和承载索在全线上保持大致相同的挠度，索道传动区段愈长、线路起伏变化愈大，挠度变化则愈不易控制。因此，牵引索拉得过紧或过松，就可能引起货车倾斜，甚至造成事故。同时，由于水平牵引式货车的抱索器是从上方抱住牵引索，一旦发生掉车事故，牵引索难以从抱索器中脱出，常常引起"一串货车"同时掉落。此外，水平牵引式货车不能自动转角，国内外还没有使用实例。综上所述，采用水平牵引式货车的索道只适用于凸起地形，线路长度较短（我国现有的几条采用水平牵引式货车的索道长度均没有超过2km），并且不需要转角的场合。

2 目前，广泛使用的重力式抱索器，可适应运输能力为300t/h（货车承载能力为2000kg）或稍大的索道工程。当货车承载能力达3200kg和运行速度超过3.6m/s时，重力式抱索器就难以保证货车与牵引索可靠地挂结和脱开，因此，应选用弹簧式抱索器。

3 翻转式货车结构简单且卸料方便，在货运索道中得到广泛应用，但是运输黏结性物料时，货箱因黏结造成卸料不干净，影响索道的运输能力。目前，尚无可靠的清理方法，多数索道采用人工敲打方法清理货箱，不仅劳动强度大，而且使货箱严重变形，诱发事故。因此，建议采取底卸式货车运输黏结性的物料。

4 生产实践证明，只有当运输性能特别好的松散物料（如粒度较小、含泥量低或洗干净的矿石）时，货车有效容积的利用系数才能采用1.0。运输黏结性物料时，可根据具体情况采用0.8～0.9的有效容积利用系数。

5 为了保证货车装卸顺利，防止堵料、撒料，应使货箱装料宽度与物料最大块度符合一定比例关系。回转式装料机对装载均匀性要求高，因此，该比值较一般固定装料设备高1倍。振动给料可以改善物料的流动性能，对块度较大的物料适应性较强，根据矿山实践经验，并结合索道装载特点，比值可适当减小。

4.1.2 为了适应国内发展大运量双线循环式货运索道的需要，本次修订时货车容积增加了2.0m³和2.5m³两种规格，承载能力增加了3200kg的规格。

4.1.3 本次修订时，速度系列增加了3.6、4.0、4.5和5.0m/s，并增加了对检修速度的要求。

提高运行速度是提高索道运输能力的主要手段。在运输能力相同条件下，提高索道运行速度可减少货车数量、减小牵引索直径和减轻相关设备的重量，从而获得较好的经济效益。国外货运索道采用客运索道的技术成果，已将双线货运索道的运行速度提高到5m/s。鉴于国内索道设计及制造水平的不断提高和采用客运索道的技术成果，将索道运行速度提高到5m/s是可行的。

由于货车在自动转角或自动迂回时不脱开牵引索，运行速度受水平滚轮组曲率半径或迂回轮直径的限制。根据国内外索道运行经验，规定了货车自动转角或自动迂回时的最高运行速度。

4.1.4 一般的装料机械对货车发车间隔时间有一定限制，时间太短则无法实现有效装载，当小于20s时，应考虑采用回转式装料机。

4.2 承载索与有关设备

4.2.1 对本条作以下说明：

1 密封钢丝绳具有平滑的圆柱形表面，密封性和抗腐蚀性好，表层丝断裂后不易翘起。一般选用这种钢丝绳做承载索。

规定公称抗拉强度不宜低于1370MPa的出发点是：减轻承载索的单位长度重量，使承载索的费用相应降低；减小承载索的挠度，以改善货车的运行条件。国产密封钢丝绳已不低于该值。

2 理论分析和使用经验证明，承载索的失效主要是由于疲劳断丝引起的。为使承载索具有足够的工作寿命，必须限制车轮横向载荷引起的弯曲应力。国内外多采用限制承载索初拉力（而不是最小拉力）与轮压比值的方法，来达到此目的。

公式（4.2.1-1）的值有的国家规定为45。本规范考虑到以下原因将该值提高到60。

1）对于三班作业的索道，每年通过承载索车轮的次数很高，实际上45一值对承载索的初拉力不起控制作用，只有对于每年通过承载索的车轮的次数较少的索道，该值才起作用。由于以前国内双线索道承载索的工作寿命普遍较低，因而，提高T_0与R的比值有利于改变这种状况。

2）随着承载索的制造技术日益进步，密封钢丝绳的公称抗拉强度不断提高，对于高强度钢丝，更应严格限制拉应力与弯曲应力的比值，才能得到较好的应用效果。

3）货运索道每年通过承载索的车轮的次数远远大于客运索道，OITAF文件规定，客运索道T_0与R的最小比值为80，这亦说明有必要提高货运索道承载索T_0与R的最小比值。

3 本次修订时，根据OITAF文件的规定，并结合国内的使用经验，将承载索的抗拉安全系数规定为不得小于3.0。

4.2.2 对承载索计算作以下说明：

1 计算每个车轮作用在承载索上的轮压时，对于下部牵引式货车应计入一个车距内的牵引索重力，以及货车通过支架时由于牵引索折角所产生的附加压力，其值为$2t\sin\frac{\varphi}{2}\approx t\varphi$，此处，$t$为牵引索的平均拉力（N）；$\varphi$为承载索在每个拉紧区段内各支架摇摆鞍座上的平均折角（rad）。对于水平牵引式货车，因牵引索由鞍座上的托索轮支承，其挠度与承载索大致相同，所以，计算货车每个车轮对承载索的轮压时，可不计牵引索的重力和附加压力。

2 在公式 4.2.2-3 和 4.2.2-4 中，对于整个拉紧区段内承载索摩擦力按同向叠加的总和 $\sum \Delta T$，可用下式表示：

$$\sum \Delta T = C_1 W + \mu \left[(q_c + q) L + 2W \sin \frac{\varphi}{2} + 2T_p \sin \frac{\varepsilon}{2} \right] \quad (1)$$

式中 C_1——拉紧索导向轮阻力系数，带滑动轴承的导向轮取 $0.05 \sim 0.06$；带滚动轴承的导向轮取 $0.03 \sim 0.04$；其中导向轮直径较大时取小值，反之取大值；

W——拉紧重锤重力（N）；

μ——承载索与鞍座的摩擦系数，见表 4.2.2-2；

q_c——承载索每米重力（N）；

L——拉紧区段的水平长度（m）；

φ——承载索在拉紧站偏斜鞍座上的水平折角（°）；

T_p——拉紧区段承载索的平均拉力（N）；

ε——锚固站站口第一跨弦线与拉紧站站内承载索之间的折角（°），凸起侧形为正号，凹陷侧形为负号；

q——线路均布载荷（N/m）；由下式确定：

$$q = \frac{Q}{\lambda} + q_0$$

Q——货车重力（N）；

λ——车距（m）；

q_0——牵引索每米重力（N/m）。

此近似公式在高阶段设计中应用比较方便，但其计算结果与依次从拉紧导向轮到各支架计算摩擦力累加的结果，不完全相等，设计时应予以注意。

3 计算承载索的最大与最小拉力时，假定每个鞍座上承载索均向拉紧端或锚固端滑动，这两种极端情况在索道运行过程中都是不可能发生的。这种偏于保守的设计方法，导致拉紧区段的长度过短，拉紧区段站增多，工程投资增加。

国内索道工程设计人员早就质疑这种方法的正确性，1958年，在辽宁杨家杖子矿务局索道，用人工方法对承载索摩擦力的非同向性系数进行了测试，提出用减小承载索沿鞍座摩擦系数的方法来考虑摩擦力的折减。但是这种方法不管支架与拉紧端之间的距离，一律采取减小摩擦系数的方法来计算承载索在各支架处的最大与最小拉力，有不足之处。

为了使拉紧区段的划分和承载索在各支架上的拉力计算更符合实际情况，原规范编制组曾委托昆明理工大学建工力学系，对摩擦力折减系数进行了专题计算研究和测试验证（详见专题报告《关于双线索道拉紧区段内承载索摩擦力非同向性系数的确定》）。

昆明理工大学在昆明钢铁厂上厂索道的6个拉紧区段内，对承载索摩擦力的非同向性系数 k'（摩擦力指向拉紧端或锚固端的支架数与拉紧区段内的支架数之比），进行了理论分析计算和实测验证。测试报告提出的 k' 值变化范围见表1：

表1 非同向性系数的变化范围

拉紧区段	承载索与鞍座之间的摩擦系数 $\mu=0.13$	承载索与鞍座之间的摩擦系数 $\mu=0.15$
Ⅰ区段重车侧	$0.462 \sim 0.231$	$0.385 \sim 0.231$
Ⅰ区段空车侧	$0.692 \sim 0.385$	$0.692 \sim 0.308$
Ⅱ区段重车侧	$0.571 \sim 0.143$	$0.429 \sim 0.143$
Ⅱ区段空车侧	$0.714 \sim 0.429$	$0.571 \sim 0.429$

根据测试报告，在本规范中摩擦力非同向性而形成的总摩擦力减小用折减系数 k 表示（暂且认为与 k' 近似相等），归纳成表4.2.2-1。

应用表 4.2.2-1 计算任意支架上的拉力时，k 取值方法推荐如下：

1) 从拉紧端算起，前3个支架上的 k 值取 1.0。

2) 从第四个支架开始，根据不同的侧形，从表的该栏取对应的合适 k 值（例如凸起侧形，取 $k=0.5$），一直计算到锚固端。

按照传统设计方法，拉紧区段长度仅为 $1.0 \sim 1.5$ km。考虑 k 值后的拉紧区段长度可增大1倍左右，既减少了设站环节，又降低建设费用。后来，国内多数索道按此方法设计，取得了良好的效果。

4.2.3 拉紧区段划分。

1 承载索拉紧区段的划分，是个比较复杂的问题。为减少设备安装总量和降低索道的建设费用，希望拉紧区段尽可能长，但由于高差影响和承载索在支架鞍座上的摩擦阻力作用，又不能将拉紧区段无限制地延长。规定承载索在鞍座上的摩擦阻力，以及拉紧索在导向轮上的阻力总和不超过重锤重力的25%，就是为了限制承载索拉力不因摩擦力影响而增加或减小太大的幅度，从而达到合理使用承载索的目的。这一规定参考了国外规范，同时 OITAF 文件中也有类似规定。

拉紧区段的最大水平长度可按下式计算：

$$L_{\max} = \frac{W \left[0.25 - k \left(C_1 - 2\mu \sin \frac{\varphi}{2} - 2\mu \sin \frac{\varepsilon}{2} \right) \right]}{k \mu (q_c + q)} \quad (2)$$

式中 $L_{\max}$——拉紧区段的最大水平长度（m）；

W——拉紧重锤重力（N）；

k——拉紧区段承载索摩擦力折减系数，见表 4.2.2-1；

C_1——拉紧索导向轮阻力系数，带滑动轴承的导向轮取 $0.05 \sim 0.06$；带滚动轴承的导向轮取 $0.03 \sim 0.04$；其中导向轮直径较大时取小值，反之取大值；

μ——承载索与鞍座的摩擦系数;

φ——承载索在拉紧站偏斜鞍座上的水平折角(°);

ε——锚固站站口第一跨弦线与拉紧站站内承载索之间的折角(°),凸起侧形为正号,凹陷侧形为负号;

q_c——承载索每米重力(N);

q——线路均布载荷(N/m);由下式确定:

$$q = \frac{Q}{\lambda} + q_0$$

Q——货车重力(N);

λ——车距(m);

q_0——牵引索每米重力(N/m)。

在一个传动区段内,可以拟定若干个划分拉紧区段方案供技术经济比较。在进行方案比较时,应注意以下问题:

1) 计算出最大水平长度后,端点所在地形不一定适于配置拉紧区段站,尚需调整位置。

2) 一个传动区段长度不可能是拉紧区段长度的整数倍,有时需采取一些措施来增大拉紧区段长度,从而更合理地配置拉紧区段站。例如,提高运行速度、提高承载索抗拉强度,以减轻线路载荷,改善鞍座衬垫材料性能以降低摩擦系数等。

2 拉紧站设在低端时,承载索为仰角进入,其在偏斜鞍座上的摩擦较小,可改善拉紧重锤对承载索拉力的调节作用。此外,拉紧重锤所需质量比设在高端小(减小 q_cH),拉紧索的规格可选小。所以,拉紧站一般应设在区段的低端,而锚固站设在高端。但在特殊情况下,当高差不大,因配置上的需要和为了降低站房高度,也可将拉紧站设在高端。

4.2.4 承载索拉紧与锚固。

1 承载索采用一端拉紧另一端锚固方式,可保证承载索在不同季节和不同线路载荷条件下,具有恒定的初拉力。

承载索两端锚固方式,已在往复式客运索道中得到推广应用,基于相同原理,只要承载索拉力可测可调,在货运索道中推广也是可行的。因此,本次修订时,新增了在承载索拉紧力可测可调的条件下,允许采用两端锚固方式的规定。

2 重锤拉紧是国内双线货运索道最常用的拉紧方式。不带导轨的、用混凝土块组装成的圆形重锤,不能限制承载索的扭转,安装、调整和使用都不方便,已逐渐被重锤箱所替代。

重锤箱一般用混凝土块或铸铁块充填,单块重量的设计,应考虑重锤箱容积合理利用以及搬运方便。当重锤配置受到空间限制而需要降低重锤架高度或重锤井深度时,重锤箱内充填物可选用铸铁块。

重锤架或重锤井宜考虑起吊装置以及爬梯,以便于拉紧系统的检查和维护。

3 拉紧区段采取可串绳的锚固方式,便于承载索安装,以及检修时切去损坏部位(线路套筒结合部和支架鞍座附近是承载索容易断丝的部位)。在我国夹块锚固方式最先应用于双线往复式客运索道。实践证明,这种锚固方式结构简单、安全可靠,应在货运索道中推广使用。

在四川攀枝花市许多索道上,圆筒锚固方式得以普遍使用。钢筋混凝土圆筒比较庞大,承载索安装以及串动调整劳动量较大。尽管圆筒锚固方式存在上述缺点,但在特定条件下,仍有一定的使用价值。因此,本次修订时,根据 OITAF 文件的有关规定,新增了圆筒锚固方式的有关内容。

夹楔锚固方式最初用于矿井提升装置,后来广东凡口索道也采用了夹楔锚固方式,取得了较好的使用效果。但由于结构上的限制和比压过大的缺点,当承载索直径或拉力较大时,不宜采用夹楔锚固方式。

4.2.6 为了保证承载索在索道运行过程中保持设计规定的初拉力,必须使拉紧重锤始终处于悬空状态。

重锤行程计算式为:

$$S = S_1 - S_2 + S_3 + S_4 + (0.5 \sim 1.0) \quad (3)$$

式中 S——重锤行程(m);

S_1——承载索从空索状态到重车或空车状态因挠度增大引起的几何长度变化(m);

S_2——承载索从空索状态到重车或空车状态因拉力变化引起的弹性伸长(m);

S_3——承载索的温差伸长(m);

S_4——承载索的结构性伸长(m)。

4.2.7 承载索连接。

1 在一个拉紧区段内采取整根密封钢丝绳,可以改善货车的运行条件,使承载索和货车的维修工作量减小。只要在钢丝绳供货和运输条件允许下,新建的双线索道应尽可能采用整根密封钢丝绳。

2 在承载索必须连接时,采用加楔线路套筒连接,即在连接锥形套筒内,打入楔钉和楔片固接承载索端部的钢丝。使用线路套筒的缺点是,货车通过时产生车轮冲击,套筒接口附近的承载索钢丝易断丝。如果线路套筒距离支架过近,牵引索在支架附近引起的较大附加压力,将加速套筒两端承载索的疲劳断丝过程。故在索道施工安装时,对线路套筒与支架的最小距离有相应的规定,详见本规范第 8.4.3 条。

4.2.8 对本条作以下说明:

1 鞍座设置尼龙衬垫有以下优点:

1) 与无衬鞍座相比,尼龙衬鞍座与承载索的摩擦系数减小 33%。

2) 承载索的运行条件得到改善,工作寿命延长。

3) 衬垫磨损时无需更换整个鞍座,仅需更换尼龙衬。

2 承载索在鞍座绳槽上的比压值与承载索在鞍座绳槽上的接触宽度密切相关,公式 4.2.8-1 中,承载索在鞍座绳槽上的接触宽度假定为 2/3 的承载索直径，该值不一定与厂家的试验条件一致，因此，厂家在提供衬垫材料的允许比压值时，应同时提供与该值对应的承载索在衬垫绳槽上的接触宽度。如果所提供的接触宽度值与假定值出入较大，设计者应进行必要的调整。

3 当货车通过支架鞍座时，易引起货箱摆动，故应对货车通过支架时产生的向心加速度作出规定。当把向心加速度限制在 $2m/s^2$ 以内时，即得公式 4.2.8-2。OITAF 文件建议，对于承载索在绳槽内移动的鞍座，其半径不小于承载索直径的 150 倍。在拉紧区段站，一般允许配置较长的固定鞍座（曲率半径 20m 以上的固定鞍座），有利于提高货车通过拉紧区段站的平稳性，并减小牵引索的附加压力，国内索道已有使用实例。

4.3 牵引索与有关设备

4.3.1 国内外货运索道牵引索使用的经验表明，线接触钢丝绳的工作寿命比点接触钢丝绳高出 1 倍左右，而面接触钢丝绳的寿命又比线接触钢丝绳高 1 倍以上（四川攀枝花市洗煤厂索道经验），为了提高货运索道牵引索的工作寿命，应采用线接触或面接触钢丝绳。

前苏联 д.г. 日特科夫所做的试验表明，在载荷相同条件下，当抗拉强度增大到 $\sigma_b = 1746MPa$ 时，钢丝绳的耐久限（即钢丝绳到破坏时在滑轮上的弯曲次数）增大，而当 σ_b 的数值继续增大时，钢丝绳的耐久限稍微下降。为了保证索引绳具有适当的工作寿命，在正常条件下，最好选用 $\sigma_b \geqslant 1670MPa$ 的钢丝绳，这种抗拉强度的钢丝绳国内早已生产。

在同等条件下，当钢丝绳出现断丝时，交互捻钢丝绳在绳轮上的可承受弯曲次数，要比同向捻钢丝绳少得多。国内索道曾用过交互捻钢丝绳作牵引索，使用寿命仅数月，因此，牵引索不得采用交互捻，而应采用同向捻钢丝绳。

本次修订时，对钢丝绳的表层丝径不做具体规定，但适当选用表层丝较粗的钢丝绳，可提高牵引索的耐磨性。

经过预拉紧处理的钢丝绳作为牵引索，除了具有结构性伸长量小的优点外，由于预拉紧处理过程已使钢丝间的应力分布更趋均匀，钢丝绳的疲劳寿命至少能提高 30%。

牵引索采用编接方式连接，并形成闭合环。由于在编接接头处，取掉了纤维芯用绳股充填，其刚性比非编接段大得多，最易发生磨损和疲劳断丝，因此，牵引索的维修工作主要集中在接头的维修上。为了减少牵引索的维修工作量，在选用钢丝绳时，应对其出厂长度提出要求，以尽可能减少接头数量。

4.3.2 OITAF 文件规定，钢丝绳破断拉力与运行中所出现的最大轴向拉力之比不小于 4.5，牵引索最小破断拉力与匀速运行时的最大工作拉力之比为 4.0。

总结国内外使用经验，本次修订时，将不计入惯性力的牵引索抗拉安全系数定为不得小于 4.5。

4.3.3 传动区段划分。

1 增大传动区段长度，可以降低索道的建设费用、延长牵引索的工作寿命和提高长距离索道的运行可靠性。因此，对于长距离、大高差索道，在可能条件下应尽量采用一段传动。在国外索道工程建设中，出现了传动区段增大的趋势，据报道，在苏丹和巴西先后建成传动区段长达 20km 和 15km 的两条索道。

采用一端驱动时，一个传动区段的最长水平距离或最大高差，可按下列公式计算：

$$L_{max} = \frac{q_0\left(\varepsilon\frac{\sigma_B}{n} - C_2\right)}{\left[\frac{A(1+\beta)}{0.367v} + q_0\right](\tan\alpha \pm f_0)} \quad (4)$$

$$H_{max} = \frac{q_0\left(\varepsilon\frac{\sigma_B}{n} - C_2\right)}{\left[\frac{A(1+\beta)}{0.367v} + q_0\right]\left(1 \pm \frac{f_0}{\tan\alpha}\right)} \quad (5)$$

式中 L_{max}——一个传动区段的最长水平距离（m）；
H_{max}——一个传动区段的最大高差（m）；
q_0——牵引索每米重力（N/m）；
ε——牵引索的结构系数；
σ_B——牵引索的公称抗拉强度（MPa）；
n——牵引索的抗拉安全系数；
C_2——牵引索最小拉力与其每米重力的比值；
A——索道小时运输能力（t/h）；
β——空车重力与有效载荷的比值；
v——货车的运行速度（m/s）；
α——传动区段全线的平均倾角（°）；
f_0——货车的运行阻力系数，见本规范第 4.4.2 条。动力型索道为正号，制动型索道为负号。

从上述公式可见，提高运行速度和增大牵引索的直径或公称抗拉强度可以达到增大 L_{max} 或 H_{max} 的目的。

在增大传动长度的实践方面，国外已出现过以下两种新形式：

1) 双轮驱动，即一台驱动装置带有 2 个驱动单元，用 2 台功率不同的电动机分别驱动。它的传动原理与胶带输送机的双滚筒驱动相似，其作用是解决传动区段长度增大时，单轮驱动黏着系数不足的问题。

前苏联于 20 世纪 60 年代初期建成的、运输石灰石的大运量（运输能力为 450t/h）双线索道，就是采用这种驱动方式，效果良好。

2) 两端驱动即在一个传动区段的 2 个端站内分

别设置一台驱动装置，它的动作原理与胶带输送机的头、尾滚筒驱动相似。使用两端驱动方式之所以能延长传动区段的长度，其原因也与双轮驱动相似。

两台驱动装置传递的功率可这样确定：终端驱动装置以重车侧阻力作为传递的圆周力，而始端驱动装置以空车侧阻力作为传递的圆周力。苏丹一条运输石灰石的、传动区段的水平长度达20km的单线索道，即采用这种驱动方式。

2 在设有转角站和采用多传动区段的索道中，将转角站和传动区段的中间站合并设计，可避免设置造价很高的自动转角站。

4.3.4 牵引索绕过导向轮承受交变的弯曲应力和接触应力，选择牵引索导向轮的直径时，应考虑这些应力对钢丝绳疲劳磨损的影响。此外，在其他条件相同情况下，钢丝绳的寿命随着钢丝绳在导向轮上包角的增大而减小。因此，参考了国内外有关资料，规定了导向轮直径与牵引索直径的比值。

4.3.5 对本条作以下说明：

1 由于双线循环式索道牵引索拉紧轮移动频繁而且行程较长，因此，采用重锤拉紧方式较为合适。

2 拉紧小车有单、双和4绳拉紧方式。

3 在现代索道工程设计中，为了便于牵引索的安装和维修，出现了增大拉紧小车行程的趋势，编接接头损坏截除再接后，拉紧小车位置仍在轨道行程内。但为了解决重锤行程与拉紧小车行程不一致的矛盾，采用了能够调节重锤箱在重锤架上位置的电动或手动绞车。

当重锤升降过快，影响索道正常运行时，可设阻尼装置。

4.3.6 拉紧轮的直径与索距相适应，可简化牵引索的导绕系统，减少导向轮数量，由此改善牵引索的运行条件、延长工作寿命。

拉紧轮的绳槽设软质耐磨衬垫，可减少牵引索磨损，提高牵引索的工作寿命。

4.3.7 由于双线循环式货运索道上的牵引索拉紧小车移动频繁，牵引索的拉紧索经常绕导向轮来回弯曲，所以，要求采用挠性好和耐挤压的钢丝绳，并且采用较大的轮绳比。

4.4 牵引计算与驱动装置选择

4.4.1 对牵引计算作以下说明：

1 从拉紧轮两侧的初拉力开始向驱动轮方向逐点计算各特征点牵引索的拉力。

在计算牵引索拉力时，主要应求出以下拉力：

1) 牵引索的最大拉力，用于验算其强度。
2) 牵引索的最小拉力，用于验算其挠度。
3) 驱动轮上入侧牵引索和出侧牵引索的拉力，用于确定电动机的功率和校验牵引索在驱动轮上的抗滑性能。

2 为了保证驱动装置电动机适应索道不同运行状况，应考虑本条第2款所述的三种载荷情况。动力型索道应计算1)、2)种载荷情况；对制动型索道应计算1)、3)种载荷情况；对介于动力型和制动型之间的索道，应同时计算三种载荷情况。

3 线路上局部缺车，是由于处理站内偶然事故停止发车或线路上发生掉车事故所引起的，间断发车时间一般不超过5辆货车。

4 牵引索通过导向轮的各种阻力，可简化为钢丝绳的刚性阻力系数和轴承摩擦阻力系数之和与导向轮入侧牵引索拉力的乘积。

5 对于索道各种导向轮的变位质量，也可按其2/3的重量计算。当索道长度超过3km时，由于驱动装置高速旋转部分的变位质量所占比例较小，也可忽略不计。

4.4.2 对于铸钢车轮的货车在承载索上的运行阻力系数，可用下式计算：

$$f_0 = \mu \frac{d}{D} + 2 \frac{R}{D} \tag{6}$$

式中 f_0——货车在承载索上的运行阻力系数；
  R——车轮的滚动摩擦系数，$R=0.3\sim 0.4$mm；
  d——车轮轴的直径（mm）；
  D——车轮直径（mm）；
  μ——车轮轴承摩擦系数，采用滚动轴承时$\mu=0.06\sim 0.10$。

前苏联起重运输机械研究所，根据d/D不同的比值对货车进行计算，f_0在0.005～0.006范围内变化。

对运行阻力系数进行了试验研究：直径为225mm的标准四轮货车，在经过润滑的、直径为35～48mm的密封钢丝绳上往复运行，试验结果为$f_0=0.0045\sim 0.0055$。

本规范根据以上资料，并为了使牵引计算偏于安全，推荐动力运行时取$f_0=0.0065$，而制动运行时$f_0=0.0045$。

此外，货车车轮设铸型尼龙衬垫时，车轮在承载索上滚动摩擦系数增大，f_0相应增大到0.0055或0.0075。

4.4.3 正确确定牵引索的最小拉力，对于合理选择牵引索直径和保证索道安全运行，都具有重要意义，牵引索的最小拉力过小，除可能引起在驱动轮上打滑外，对索道安全运行的影响主要反映在以下几个方面：

1 使货车进入拉紧站的速度变化很大，有时慢到近似停止，而有时又大大超过货车的额定运行速度。

2 重锤升降剧烈，可能引起撞坏重锤架的事故。

3 电动机的负荷不均。

4 货车在线路上的运行速度不均匀、运行不平稳,并引起牵引索拉力波动,严重时导致断索事故。

根据采用下部牵引式货车索道的设计和使用经验,车距内牵引索的挠度与车距之比取 $f_{max}/\lambda = 1/80$ 时,一般可保证货车在线路上平稳运行和限制进站速度的变化。

车距内牵引索分段的最大挠度为:

$$f_{max} = \frac{q_0 \lambda^2}{8t_{min}} \qquad (7)$$

式中 f_{max}——最大挠度(m);
　　　q_0——牵引索每米重力(N/m);
　　　λ——车距(m);
　　　t_{min}——牵引索的最小拉力(N)。

将 $\frac{f_{max}}{\lambda} = \frac{1}{80}$ 代入上式,即得:

$$t_{min} = 10\lambda q_0$$

4.4.4 驱动装置选择。

1 对于高架站房,立式驱动装置可设在站房下面的独立基础上,利用站房下部空间作为机房;对于单层站房,卧式驱动装置可直接设在站房内,简化牵引索的导绕系统并改善牵引索的工作条件。

2 与夹钳式驱动装置相比,摩擦式驱动装置具有对牵引索损伤小、工作可靠、维修方便、无噪声、费用低等一系列优点。因此,应优先选用摩擦式驱动装置。

3 牵引索与驱动轮衬垫之间的摩擦力不足,可能导致牵引索在驱动轮上打滑,严重时索道将无法正常运行。这类事故在国内客货运索道中都曾发生过。故在此强调,应根据索道在最不利载荷情况下启动或制动时进行抗滑验算。

关于抗滑安全系数,有两种表达方式:

$$\frac{t_{min} e^{\mu\alpha}}{t_{max}} \geq k' \qquad (8)$$

$$\frac{t_{min} e^{\mu\alpha} - t_{min}}{t_{max} - t_{min}} \geq k \qquad (9)$$

二者关系为:

$$k' = \frac{k}{e^{\mu\alpha} + (k-1)} e^{\mu\alpha} \qquad (10)$$

$k=1.25$,$\mu=0.2\sim0.25$ 时,当 $\alpha=\pi$,则 $k'=1.103\sim1.122$,而对于双线循环式货运索道常用的双槽驱动轮 $\alpha=2\pi$,则 $k'=1.167\sim1.188$。

《冶金矿山设计参考资料》和《采矿设计手册》第4卷采用和公式8相同的表达形式,动抗滑安全系数 k' 取1.1。对于单槽驱动机,用公式8与公式9计算结果(动抗滑安全系数 $k=1.25$)基本一致,而对于双槽驱动机则相差较大。原规范因采用和公式9相同的表示,但动抗滑安全系数采用1.1,则相差更大。

参照OITAF文件的规定,在最不利载荷并计入启、制动惯性力的情况下,驱动轮圆周力增大25%不打滑。本次修订时,将动抗滑安全系数 k 值从1.1 提高到1.25,这对保证货运索道的安全运行是有利的。

参照OITAF文件的规定,按等速运行时驱动轮最大拉力差的1.5倍进行抗滑验算。本次修订时将静抗滑安全系数 k 值从1.25 提高到1.5,并取消了原规范中静抗滑计算公式。校验静抗滑性能时可直接采用公式9。

4 牵引索在驱动轮绳槽上的比压值与牵引索在驱动轮绳槽上的接触宽度密切相关,公式4.4.4-2中,牵引索在驱动轮绳槽上的接触宽度假定为2/3的牵引索直径,该值不一定与厂家的试验条件一致,因此,厂家在提供衬垫材料的允许比压值时,应同时提供与该值对应的牵引索在衬垫绳槽上的接触宽度。如果所提供的接触宽度值与假定值出入较大,设计者应进行必要的调整。

4.4.5 驱动装置电动机选择。

1 对于动力型或负力较小的制动型索道,交流绕线型电动机能满足索道运转的要求。但对于侧形复杂、运行速度和负力都较大的索道,交流电动机在一般控制技术条件下,就难以满足安全运转的要求。

国内索道在驱动装置电动机的选型方面有很多经验教训,例如,广西大厂单线索道、辽宁杨家杖子3号索道、陕西耀县水泥厂索道,由于采用直流拖动,有效防止了索道的超速,避免了"飞车事故";四川攀枝花市大宝顶索道和绿水洞索道、广东大宝山索道以及山西孝义索道等索道的负力都较大(约40~50kN),采用交流拖动,曾因"飞车"损坏过多台电动机(单机容量155~185kW)。由"飞车"引起的损失,超过了因采用直流拖动所增加的费用。

2 制动型索道的电动机功率应留有较大余量,备用系数取上限值1.3,有利于其安全、可靠运转。

4.4.6 对驱动装置制动器作以下说明:

1 考虑到索道变位质量大、运输线路起伏以及承载和牵引钢丝绳的弹性,采用具有逐级加载性能的制动器,才能保证索道系统平稳地停车。

2 根据索道安全运行的要求,国内外索道工程设计都规定:制动型索道和停车后会倒转的索道,应设两套制动器,其中,安全制动器应安装在驱动轮的轮缘上;停车后不会倒转的动力型索道可仅设一套制动器,它可装在电动机的输出轴上。

3 制动型索道在严重过载或其他故障情况下,可能产生严重超速(即飞车)现象。为了避免酿成危及人身或厂房安全的重大事故,应采取紧急制动,这时工作制动器和安全制动器应能自动地相继投入工作。但是,如果制动减速度太大,又会使牵引系统剧烈跳动,引起大面积掉车事故。所以,应按减速度为 $0.5\sim1.0 \text{m/s}^2$ 的要求进行制动控制。

过去设计的块式液压制动器,不能适应负力很大的制动型索道。例如,广东大宝山索道和山西孝义索道，都发生过由于电源突然停电、制动器制动力不足而酿成严重飞车事故。盘式或夹钳式液压制动器具有结构紧凑、制动力矩可根据负荷大小来确定制动器数量的优点，现代索道应采用这种制动器。

4.5 线路设计

4.5.1 对本条作以下说明：

1 索道侧形的平滑程度，对于提高承载索的工作寿命和货车运行的平稳性，具有重要意义。索道侧形不应有过多、过大的起伏。

索道使用经验表明，凸起侧形处的承载索工作寿命要比凹陷侧形处的承载索工作寿命降低很多。因此，在条件许可时，采取开挖边坡、明槽或涵洞等措施，也可缓和侧形的凸起程度。

2 为了使货车顺利通过支架（特别是大跨距两端和凸起地段的支架），应将货车的附加压力限制在一定范围内。一方面应控制承载索在支架上的弦折角；另一方面应控制承载索受载后在支架上的最大折角。水平牵引式货车不受牵引索附加压力的作用，承载索在支架上的弦折角和最大折角可放大一些。

3 规定凸起地段的支架高度不小于5m，是考虑到即使有一个货车掉落也不会影响其余货车通过，防止事故扩大。

凸起地段的支架采取不小于20m跨距配置的主要目的在于，当货车通过凸起地段的支架时（特别是在缺车情况下），减小牵引索在抱索器上形成的折角，控制牵引索对货车抱索器的压力。

所谓总折角较大并受地形限制的凸起地段，是指按每个支架允许的弦折角计算所需的支架总数 $n=\varepsilon/\delta$（n 为所需支架总数，ε 为凸起地段的总折角，δ 为每个支架允许的弦折角），大于按20m等跨距所能配置的支架数。在此情况下，用带有凸形滚轮组的连环架代替支架群，可使牵引索的附加压力转移到凸形滚轮组上，减轻对承载索的压力。

4 本规范采用 OITAF 文件中的规定。该规定亦可解释为靠贴系数不小于1.3，即：

$$K=\frac{q_c(l_z/\cos\alpha_z+l_y/\cos\alpha_y)}{2T_{\max}|\sin\alpha_z+\sin\alpha_y|}\geq 1.3 \quad (11)$$

式中 q_c——承载索每米重力（N/m）；

l_z、l_y——左跨或右跨的跨距（m）；

α_z、α_y——左跨或右跨的弦倾角（°），以支架顶点引出的水平线为准，弦线位于水平线上方时取负号，弦线位于水平线下方时取正号；

$T_{\max}$——承载索的最大拉力（N）。

5 货车驶近支架时，其爬坡角达最大值，而通过支架之后，爬坡角将突然改变。如果线路上有大量货车同时驶过支架，将使牵引力和驱动装置的功率产生很大波动，导致索道运行不稳定。为此，应使跨距与车距的比值避开整数值。

6 为了减小站前第一跨牵引索的波动，从而保证货车和牵引索可靠挂结或平稳脱开，建议站前第一跨的跨距小于车距并不大于60m。

控制空承载索在站口端的倾角与站口段轨道的倾角，是为了缓和货车特别是重车进站时的冲击和降低噪音。

根据索道系列产品设计中偏斜鞍座在立面上的允许斜度，重车驶近站口时，承载索的倾角应不大于0.15rad。

4.5.2、4.5.3 计算钢丝绳在支架上的各种倾角时，我国索道界过去一直沿用 A.И. 杜盖尔斯基在20世纪40年代推导出来的正切函数计算公式。生产实践证明，采用这组公式时各种倾角的计算值普遍大于实际值。不仅如此，这组公式在力学原理方面也存在着一些值得商榷的问题。20世纪80年代，昆明有色冶金设计研究院的几位索道设计人员，采用不同的推导方法，先后推导出另一组正弦函数计算公式。两组公式虽然同属抛物线方程近似公式，但计算精度大不相同。

举例说明：某支架上钢丝绳的拉力为98067N，钢丝绳每米重力为49.426N/m；左跨的跨距为90m，其弦倾角为$-23°$；右跨的跨距为250m，其弦倾角为$18°55'$；试求钢丝绳在该支架上的最小折角和最小靠贴力。按正切函数计算公式求解，最小折角为$1°31'44''$，最小靠贴力为2617N。按正弦函数计算公式求解，最小折角为$0°49'41''$，最小靠贴力为1417N。再按悬链线方程准确公式求解并求出上述两式的计算误差，最小折角的准确值为$0°51'12''$，最小靠贴力的准确值为1460N。正切公式的计算误差为79%，正弦公式的计算误差为3%。正切公式不仅计算误差太大，而且容易产生最小靠贴力已经有足够的错觉，因而，在设计过程中就给拟建索道带来了发生脱索事故的安全隐患（详见专题报告《索道倾角计算公式》）。

本规范采用了计算方便和精度更高的正弦函数计算公式。

本次修订简要介绍了我国索道计算理论方面的部分研究成果，并举例说明了这些研究成果在索道设计工作方面的使用价值。

4.6 站房设计

4.6.1 索道站房按用途区分，主要有装载站、卸载站、拉紧区段站、转角站等，由于功能不同，其构造形式也不一样。

索道装载站和卸载站与相关车间或运输系统有联系，还须考虑它们的需要，来决定配置方式。

不同形式的站房都应根据站址地形进行合理的设计。除转角站外，站房的主轴线应尽量保持一条直线，并与地形的等高线大致平行，以减小工程量。为了延长牵引索的工作寿命,应尽量简化牵引索的导绕系统。

4.6.3 装载料仓容积的确定,与运输能力、工作制度、索道长度以及装载站所处地形条件等有关。一般不宜小于1个班的运量,当线路长或与衔接车间作业班次不同时,容量宜为1~2个班的运量。对于大运量索道,至少应考虑处理索道偶然事故和一般检修时间(2~4h)所需的缓冲容量。

卸载仓的有效容积,一般取决于与索道相衔接的生产车间的工艺要求,以及相衔接的外部运输设备的工作特点,例如:

1 索道卸载站与矿山选矿厂相衔接时,有效容积一般不超过索道3~4h的运输量。

2 卸载站与火车、汽车、船舶等运输工具衔接时,卸料仓的有效容积按照这些运输工具停止装运的最长时间确定。

3 卸载站与电厂的贮煤场或水泥厂的碎石库相衔接并直接建在它们上面时,贮煤场和碎石库的有效容积,即为卸料仓的有效容积。

4.6.4 货车的装载。

1 物料特性和装载设备的性能影响着装料速度,对索道运输能力有直接影响。

2 内侧装载由于货车吊架远离装载口一侧,因此,装载口可伸入货箱放料,可使装载不偏心,并且不易撒漏,所以,应尽量采取内侧装载方式。

4.6.5 货车的卸载与复位。

1 为了保证操作人员安全作业和防止货车坠入卸料仓,卸载口原则上都应设置格筛。但当货车采用机械推车、卸载区很长时,可不设格筛,其原因如下:

1) 因为机械推车时速度很慢,一般为0.3~0.4m/s左右,货车不太可能发生掉道而坠入料仓的事故。

2) 在料仓上方设置带栏杆的通道,既可满足操作需要,又可防止操作人员坠入料仓。

3) 料仓顶部设置格筛需用大量钢材。例如柱距6m的料仓,根据已有设计资料,1个仓格两侧格筛的总质量约为7t。与铁路相衔接的料仓一般至少长60m,即10个仓格,钢材总用量达70t,索道卸载站的投资因此而增加。

4) 卸载站与铁路相衔接的福建潘田、江西七宝山以及贵州长冲河索道,料仓全长达60m或60m以上,料仓顶部均未设格筛,而仅沿料仓的纵向轴线上设置了带栏杆的、宽1.2m的操作通道。多年的使用情况表明,由于货车在低速下运行卸载,从未发生过货车因车轮掉道而坠入料仓的事故。同时,由于未设格筛,不存在格筛上积料的问题,因此,避免了人工清理作业。

2 据观测,当货车在运动中卸载时,从打开闸板到卸载完毕,所需时间不超过3s。卸载口的长度按公式4.6.5计算,一般都可满足卸载要求。

4.6.6 站口设计。

1 在承载索以0.05~0.10rad的俯角出站的条件下,采用无垂直滚轮组的站口设计,可以借助调整站口进、出桁架不同的高度来补偿货车沿站内部分轨道自溜损失的高差,也使轨道和牵引索进、出站侧的坡度适应挂结器和脱开器几何尺寸的要求。

无垂直滚轮组的站口,已在云锡松官索道使用多年。使用经验表明,除了承载索进站坡度是采用无垂直滚轮组站口的基本条件以外,较大的车距(至少应大于站口长度与第一跨的跨距之和)亦是保证可靠使用的重要因素。

2 国内过去设计承载索以俯角出站的站口时,只设凸形滚轮组,因此,站口长度较短。但是没有解决由于抱索失误的货车滑向线路引起事故的问题。广东大宝山索道就曾多次发生抱索失误货车滑向线路引起掉车和撞坏支架的事故。在凸形滚轮组与挂结器之间设置一段凹形轨道,可有效地防止此类事故。

4.6.7 对本条作以下说明:

1 抱索器与牵引索挂结时,二者具有相同速度,不仅能提高挂结质量,而且可减小牵引索和抱索钳口的磨损。

采取在挂结器之前设置轨道加速段的方法,虽然能使货车产生自溜加速,但是货车的车轮沿轨道的运行阻力系数是变化的,难以保证抱索器与牵引索挂结时的速度完全一致。国外运行速度达4m/s的大运量货运索道和国内的单线客运索道,采用轮胎式的加速器,有效地解决了速度同步问题。

2 将轨道加速段和减速段的坡度限制在10%以下,目的在于防止因货车加速度或减速度过大所产生的较大摆动。

4.6.8 对本条作以下说明:

1 货车沿站内轨道曲线段运行时,由于受离心力作用引起横向摆动,横向摆动的大小与货车运行速度和轨道曲率半径有关。为了减小横向摆动,应采用适当的曲率半径。本规范根据国内索道工程设计和运行经验,规定了主轨的最小平面曲率半径。

2 为了使货车顺利通过反向弧轨道,反向弧之间应插入大于行走小车轴距的直线段,该段长度对四轮式货车一般不小于1.5m。

4.6.9 考虑到货车在站内的运行安全,等速段的自溜速度不宜大于2.0m/s。由于每辆货车的运行阻力系数不尽相同,加之运行阻力系数又随季节波动,为了保证货车顺利地自溜运行,规定了货车在直线段和曲线段上最小自溜速度和货车进入推车机前的自溜速度。

4.6.11 对本条作以下说明:

1 推荐牵引索作用在滚轮上的折角不大于3°。

主要从提高索道运转平稳性考虑。

2 牵引索作用在抱索器钳口上的水平力不大于10kN，是按货车系列化设计中，对吊架的强度要求而规定的，可用下式表述：

$$A = 2T_{max}\sqrt{\frac{2m}{R+2m}} < 10\text{kN} \quad (12)$$

式中 A——牵引索作用在抱索器钳口上的水平力（N）；

m——货车迂回水平滚轮组时，牵引索被抱索器拉开的距离（mm）；

T_{max}——牵引索在滚轮组处的最大工作拉力（N）；

R——水平滚轮组的曲率半径（mm）。

上式可用于验算水平滚轮组的曲率半径。

4.6.12 在距离水平滚轮组或迂回轮进出点的 5m 处，各设一个宽边垂直托辊。其作用及设计要求如下：

1 保证牵引索在运行过程中不脱索。

2 只有宽边托辊才能适应牵引索横向窜动的需要。

3 在宽边托辊上方所对应的轨道应有凸起过渡段，使货车通过时抱索器不碰宽边托辊。凸起过渡段两端的轨道用半径不小于 5m 的反向弧连接，反向弧之间插入不小于 1.5m 的直线段。

4 为了适应货车通过宽边托辊上方凸起过渡段轨道时，牵引索因水平滚轮组或迂回轮产生的偏角，宽边托辊距端部滚轮或迂回轮中心的距离应为 5m 左右。

由于货车以"外绕"或"内绕"方式通过水平滚轮组或迂回轮，在其进入前或离开后，轨道中心线和牵引索中心线在水平面上的投影，会形成 85mm 或 155mm 的尺寸变化，故对过渡段的要求是：反向弧的半径不小于 12m，反向曲线段之间插入不小于 1.5m 的直线段。

4.7 电 气

4.7.1 对本条作以下说明：

1 索道的启动与制动。

对于动力型索道，为了使变位质量很大的牵引索闭合环平稳启动，要求驱动装置的电动机具有恒定的启动转矩。

动力型索道一般采用交流绕线型电动机，并在电动机转子上串入频敏变阻器或金属电阻器启动。

当采用交流拖动时，对于负力较小的制动型索道，有采用制动器松闸后索道自行加速的启动方式，但这种启动方式不适用于负力较大的制动型索道；对于负力较大的制动型索道，则应采用动力制动的启动方式，这种索道在停车时也应采取动力制动配合机械刹车的制动方式。

2 索道正常启、制动时的加、减速度不宜过大，是因为加、减速度过大可能引起牵引索急剧跳动，从而导致掉车事故的发生。同时，由于加、减速度过大又可能引起驱动轮出侧或入侧牵引索的拉力变化过大，导致牵引索在驱动轮上滑动，使衬垫磨损加剧。其次，循环式索道启、制动的次数很少，加、减速度的大小即启、制动时间的长短并不影响索道的运输能力。因此，在设计中加、减速度一般取 0.1～0.15m/s²，当运行速度为 2.5～3.15m/s 时相应的加、减速时间为 15～30s。

3 为了保证货车特别是重车在多传动区段索道线路上的车距一致，需采取联锁控制设施，使各区段驱动装置的电动机同步启动和制动。

4 电动机的保护：

1）对于动力型索道，应设过电流继电器保护装置，其整定电流可根据有关规定确定。

山西桐木沟索道由于没有设置过电流继电器保护装置，曾发生过由于强风作用引起货车卡住，但驱动装置未及时停车，而酿成拉倒支架的严重事故。

制动型索道发生货车卡住事故时，电动机的电流的绝对值开始由大变小，过零后再逐渐增大，因此过电流保护不适用。为此，应采取零电流（即欠电流）继电器保护措施。其整定电流可按正常制动运行时额定电流的 40% 左右计算。

2）对电动机的超速保护要求是：当运行速度超过设计运行速度的 15% 时，应使索道紧急制动停车。

4.8 保护设施

4.8.1 保护设施设置。

1 保护设施形式的选择，取决于技术经济比较的结果。当保护范围较长、货车坠落高度较大时，采用保护网较为便宜。保护网可以利用索道支架或者专用支架贴近索道悬曲线架设，使货车坠落高度控制在合理范围之内。在沿其长度方向上的保护范围基本不受限制。而保护桥则适用于保护范围较小、货车坠落高度较小的场合。当索道线路在公路（或铁路）边坡的上方通过时，坠落的货车仍有可能从陡坡滚落到公路（或铁路）上，危及运输和人身安全。云锡索道就曾发生过坠落的货车滚到公路上伤人的事故。因此，应根据实地情况设置栏网。

2 保护网为柔性构件，当受货车冲击作用时，垂度明显增大。例如，某单跨 $l=90$m，单位面积重力 $q_1=100$N/m² 的保护网，在受货箱重力 2kN，有效载荷 14kN，最大坠落高度为 8m 的货车冲击作用下，计算垂度增大值达 2.26m。所以，应按受货车冲击条件校验保护网与跨越设施之间的净空尺寸。

3 考虑到货车掉落到保护设施上时，一般不会呈竖立状态，故运行中的货车底面与保护设施顶面之间的净空，按不小于货车最大横向尺寸进行校验，比较符合实际情况。特别是对于保护桥来说，应在保证货车自由通过的前提下，尽可能减小货车的下落高度。

4 当索道跨度大于250m时，承载索受风荷载引起的水平挠度明显增加，因此应按承载索和货车均受 $0.25kN/m^2$ 基本风压作用发生偏斜的条件校验。

4.8.2 对保护网作以下说明：

1 保护网的粗格网用于承载，应能防止坠落货车砸穿。

2 保护网的跨距不宜过小，因跨距过小时，支架数目必须增多。但是跨距亦不宜大于100m，跨距过大时，所需的钢丝绳破断拉力增大，直径增大，而且过大的挠度还可能引起保护网的支架增高、货车坠落高度增大。因此，应从经济和安全两方面合理确定保护网跨距。

杨家杖子3号索道靠近卸载站的区段，线路跨越商场、居民点、工业区、公路以及铁路等设施，设置了多跨总长超过300m的保护网，该保护网除了充分利用索道支架以外，又在较大跨距内增设了单独的保护网支架，其平均跨距为80～100m。索道运转30多年来，保证了这个区段的安全。

3 保护网的主索，在一般情况下仅承受静载荷的作用，在特殊情况下才承受冲击力。从这一情况出发，国内外设计保护网时，最大静拉力下安全系数均取不小于2.5。根据国外资料，计算保护网时，雪荷载与裹冰荷载不同时计入，并且不计风荷载对主索拉力的影响。计算时，雪荷载取当地最低环境温度，而裹冰荷载按－5℃条件计算。

保护网受货车冲击时主索拉力增大，以保护网跨距中间受冲击拉力达到最大值，最大冲击拉力应符合下式：

$$T_c \leqslant T_p/n \tag{13}$$

式中 T_c——允许最大冲击拉力（N）；
　　T_p——最大的冲击拉力（N）；
　　n——钢丝绳受最大冲击拉力作用时的安全系数，取1.1。

根据有关设计参考资料，由 T_c 值可以算出允许的货车坠落高度。如果允许坠落高度大大超过或者小于货车实际落差，则应重选主索。

两端被锚固的主索最大静拉力是在雪荷载、环境温度最低条件下或裹冰荷载、环境温度－5℃条件下算得的，因此，施工安装前应按当时温度计算安装拉力，以保证保护网主索安全。

4.8.3 为了减轻保护桥面所受的冲击载荷，一方面要尽量减小货车的坠落高度；另一方面应在桥面铺设一层煤渣、粗砂、锯屑、木板、竹筏或几种材料组合的吸振层。

尖顶式保护桥利用尖劈效应，能承受坠落高度很大的货车的冲击，并将货车滑向保护桥的两侧。这是结构简单而又经济实用的保护桥。

带有柔性网桥面的保护桥，综合了保护网和保护桥的特点。当跨距不大于15m、货车坠落高度不大于10m时，特别适合采用这种保护设施。江西画眉坳钨矿索道曾用这种保护桥保护矿区公路，取得了较好效果。

5 单线循环式货运索道工程设计

5.1 货 车

5.1.1 货车选择。

1 弹簧式抱索器广泛应用在国内外的单线循环式客运索道上，它能保证客车在爬坡角达45°的条件下安全运行。国内外使用经验证明，弹簧式抱索器用于货运索道，不仅技术上先进，而且安全可靠。然而，采用弹簧式抱索器索道的基建费用较高，但经营费用较低，有条件时可推广使用。

2 目前，尽管四连杆重力式抱索器仍是国内单线货运索道使用最多的抱索器形式，但使用该抱索器的单线索道掉车率普遍高达1/1000以上，这与其本身结构的缺点有关。这种抱索器理论上允许最大爬坡角为35°，但该数值未考虑这种抱索器的机械效率低以及夹持力随着钳口磨损而降低的情况。同时，由于其抱索力由货车重力产生，运行中若振动过大则会产生失重现象，容易发生掉车。因此，线路条件较差的索道，实际允许爬坡角大为降低，例如，广西大厂锡矿 $2^\#$ 索道实际使用的最大爬坡角不到29°。选择四连杆重力式抱索器时，应充分考虑不利因素，尽可能降低掉车率。国内这种抱索器在运行速度大于2.5m/s的索道上应用实例很少，故规定它仅在速度不大于2.5m/s和爬坡角为20°～30°的条件下使用。

3 鞍式抱索器是国外单线货运索道使用最广泛的抱索器形式，它与运载索挂结时，依靠前后2个钳口上的凸齿嵌入钢丝绳的绳沟内，因而爬坡角受到限制。鞍式抱索器的最大爬坡角一般不大于20°。

国内系列产品中鞍式抱索器的允许爬坡角为24°。但据现场观测，当货车驶近钢丝绳爬坡角为22°的支架时，抱索器有滑动现象，在爬坡角小于20°的支架处则可安全运行。由于鞍式抱索器结构简单、造价低、维修方便，自重较四连杆重力式抱索器轻，货车有效载重较大。因此，线路侧形平坦、爬坡角小于20°的单线货运索道，选用鞍式抱索器比较合适。

5.2 运载索与有关设备

5.2.1 运载索选择。

1 随着钢丝绳制造技术的进步，很多索道已使用公称抗拉强度不小于1670MPa的运载索，取得了良好的技术经济效果。

2 影响单线货运索道运载索工作寿命的主要因素之一是表层丝磨损。甘肃武山水泥厂索道使用直径 34.5mm 的钢丝绳作为运载索，其表层丝直径为 3.8mm，每条钢丝绳的实际运矿量达 100 万 t。该索道运载索工作寿命长的原因，除了侧形条件和接头质量好这两个因素以外，丝径较粗是更为主要的因素。但是应当指出，表层丝的直径不宜过粗，否则容易引起疲劳断丝。

综上所述，规定表层丝的直径不得小于 1.5mm。

3 鞍式抱索器 2 个钳口内的凸齿，必须嵌入运载索的绳沟内，才能可靠地卡住钢丝绳。因此，运载索的捻距应与鞍式抱索器 2 个钳口的中心距相适应。

5.2.3 本次修订时，新增了关于运载索导向轮选择方面的要求。

5.3 牵引计算与驱动装置选择

5.3.2 对于单线循环式货运索道的牵引计算或线路计算，通常把货车集中载荷折算成均布载荷进行计算。

阻力系数取值时应注意，货车随运载索升降起伏会导致部分能量损失，因此，阻力系数与索道侧形之间存在一定关系。对于动力型索道应考虑侧形对阻力系数的影响：侧形复杂时取上限值；侧形平坦时取下限值；线路上有压索轮组时亦取上限值。

单线货运索道有采用有衬托、压索轮组的发展趋势，因此，本次修订时，参考了国内外单线循环式客运索道阻力系数资料，取 $f_0=0.03\sim 0.04$。

5.3.3 对运载索的最小拉力作以下说明：

1 确定运载索最小拉力应考虑下列因素：

1) 限制运载索在集中载荷作用下产生的弯曲应力值，以保证运载索具有一定的工作寿命。

2) 限制运载索在货车集中载荷作用下的挠度，以保证货车平稳地运行。

3) 保证运载索在驱动轮上不打滑。

2 不同条件下 C_3 值的选取说明如下：

1) 采用单钳口抱索器时，运载索的承载条件较差，C_3 可取 10~12。

2) 采用鞍式抱索器时，运载索的承载条件较好，C_3 可取 8~10。

3) 运输能力较大、高差较大或车距较小时取小值，反之取大值。

运输能力较大，是指运输能力大于 150t/h 的单线索道。这时 C_3 取小值是为了适当限制运载索的直径；高差较大时，运载索在下站站外的倾角较大，经 2~3 跨后，运载索拉力就显著增大，即运载索的最小拉力区段的长度很短，因此，C_3 亦可取小值；车距小于 100m 时，可视为车距较小，此时线路均布载荷较大，运载索的拉力就逐渐增大，即运载索的最小拉力区段的长度较短，因此，C_3 取小值。对于不同条件组合的场合，可通过分析后确定 C_3 的取值。

3 根据实践经验，当线路侧形较复杂且最大跨度大于 300m 时，为了减小大跨运载索的"浮动"现象，建议最大跨的最大挠度与跨距之比不大于 1/14~1/16，宜按下式校核最小拉力（参阅起重运输机械杂志 1993 年第 3 期《单线货运索道承载-牵引索的浮动及其控制》一文）：

$$T_{min} \geq (1.75\sim 2.0)(Q/\lambda + q_0) L_{max} \quad (14)$$

式中 T_{min}——运载索的最小拉力（N）；
Q——重车重力（N）；
λ——发车间距（m）；
q_0——运载索单位长度的重力（N/m）；
L_{max}——最大跨的跨距（m）。

5.3.4 驱动装置选择。

1 卧式驱动装置结构简单、站房高度小，具有减少运载索弯曲次数、延长运载索的工作寿命及减小牵引阻力等优点，从而在工程中得到普遍应用。

2 选择卧式单轮双槽驱动装置同时传动 2 个区段，与 2 个区段单独设驱动装置的方案相比，具有以下优点：减少一套驱动装置和相应的辅助设施，配置紧凑，因此，设备费用大大降低；在相同负荷情况下，改善了驱动装置的运转状况；不需采用特殊装置就可使索道的 2 个传动段达到同步的目的。

同时传动 2 个区段的单轮双槽卧式驱动装置，曾在辽宁华铜索道、云南会泽索道和福建潘田索道等工程中得到应用，使用效果良好。由于 2 个传动段组合的负荷特征不同，共有 4 种不同的组合情况：

1) 2 个区段均为制动运行。

2) 2 个区段均为动力运行。

3) 第一区段为动力运行，而第二区段为制动运行。

4) 第一区段为制动运行，而第二区段为动力运行。

判断四种负荷组合是否适用联合驱动方式的依据是，运载索在驱动轮两侧的拉力比是否符合抗滑要求。有关不同负荷组合情况下抗滑性能的详细分析，可参阅《同时传动单线索道 2 个区段的双槽卧式驱动机》一文（《起重运输机械》1979 年第三期）。

分析计算表明，在第 3)、第 4) 两种负荷组合情况下采用联合驱动方案时，驱动装置的功率大大降低。以潘田索道为例。联合驱动方案用一台功率为 70kW 的电动机，而采取独立驱动方案时，则需功率各为 95kW 的两台电动机。在第 1)、第 2) 两种负荷组合情况下，因为最不利的线路载荷情况和功率备用系数没有重复计入，所以，联合驱动方案主电动机的功率并不是单独驱动方案功率的叠加。

5.4 线路设计

5.4.1 线路配置。

1 过去索道设计中，站前第一跨的跨距多采用 2～2.5m，由于跨距太小，直接影响到抱索器的挂结与脱开质量。故规定站前第一跨的跨距为 5～10m。

2 托索轮绳槽的磨损取决于运载索与托索轮之间的比压。配置支架和选择托索轮组时，应尽量做到每个托索轮承受的径向载荷大致相等，可使每个托索轮工作寿命大致相同，亦可延长运载索的工作寿命。

3 在平坦地段或者坡度均匀的倾斜地段上配置支架时，一般重车侧采用 4 轮托索轮组，空车侧采用 2 轮式托索轮组，为了使各支架上每个托索轮的径向载荷大致相等，各支架上的载荷应力求相等。

4 支架的最小高度应按照以下条件确定：在支架处已掉落一个货车，运行中的货车以货箱翻转状态通过时能够不受阻碍。单线索道货车呈翻转状态时，高度方向的最大外形尺寸不大于 3m，货箱高度为 0.8m，故支架最小高度取不小于 4m。

在凸起区段上，跨距受地形限制，设计时最小跨距一般取 15m。不能满足时，可选用 6 轮或 8 轮托索轮组。

5 最不利的载荷条件是由于线路缺车造成的，这时所考察支架的相邻跨无货车，而运载索的拉力达最大值。

由于影响运载索从凹陷区段上脱索的因素较多，而国内有些单线索道的脱索事故又较频繁，因此，从保证安全运行的观点出发，单线索道运载索的靠贴系数值，应大于双线索道承载索的靠贴系数值。必要时，可参照单线客运索道的方法校验最小靠贴力。

6 带导向翼的抱索器可以通过压索轮组，因此，允许采用压索式支架。压索式支架一般用于大凹陷区段，以便降低支架高度和减小支架跨距。压索式支架也可用于运载索仰角较大的站口，以达到把运载索压平的目的，使其坡度适应抱索器挂结和脱开的要求。在国内单线循环式客运索道中，有不少使用压索式支架的实例。

5.4.2 对本条以下说明：

1 为了便于设备标准化，规定了表 5.4.2 的托索轮允许径向载荷值。

无衬托索轮允许径向载荷，按下式计算：
$$P = 3.75 d D^{2/3} \quad (15)$$

式中 P——托索轮的允许径向载荷（N）；
d——运载索直径（mm）；
D——托索轮直径（mm）。

2 生产实践证明，如果不考虑每个支架处运载索拉力大小差异，每个托索轮的允许折角平均取 4°，将导致运载索拉力较大处托索轮磨损很快，对运载索的工作寿命也有不利影响。因此，应该按允许径向载荷和不同拉力的计算来确定不同支架上每个托索轮的允许折角。

3 6 轮、8 轮式托索轮组用于钢丝绳倾角较大的支架上时，因对应货箱长度的钢丝绳高差较大，而大平衡梁设在索轮正下方的 6 轮、8 轮式托索轮组整体的高度较大（例如 Φ600mm 的托索轮组，从大平衡梁底到托索轮顶面的高度为 700～800mm），容易与货箱相撞。以往采用 6 轮、8 轮式托索组的索道曾多次发生货车过支架碰撞大平衡梁的事故，所以，应改用大平衡梁设在托索轮内侧的 6 轮或 8 轮式托索轮组。

5.5 站房设计

5.5.2 挂结不良是掉车率高的主要原因之一。在总结单线索道设计经验的基础上，本条对运载索在挂结段的稳定措施、轨道设计、货车在挂结段的运行速度，做出了相应规定。

1 设置稳索轮的目的是为了防止运载索上下左右颤动，为抱索器与运载索准确挂结创造条件。

2 限制车轮的横向窜动不大于 2mm，是保证抱索器与运载索准确挂结的重要条件之一。

当抱索器挂结不良时，需要驱动装置反转将货车倒回站内。为了防止抱索器车轮碰撞轨道，要求轨道前端的曲率半径不小于 3m，采用扁形轨时，其头部应削尖，而采用槽形轨时，其头部应扩口。

要求挂结段轨道与运载索之间保持如下关系：运载索与钳口底部接触之前，钳口一直保持完全张开状态；运载索刚接触到钳口底部钳口即迅速关闭。

3 钳口定向器和可调式压板是四连杆重力式抱索器挂结段上两种必不可少的设备，前者的作用是使钳口呈前高后低的状态进入压板，使钳口的背部接触压板；后者的作用是对钳口施加一定压力，使其抱好并抱紧钢绳。为了调节压板与运载索的距离，以保持钳口所需的压紧力，压板应为可调式。同时，钳口定向器和可调式压板的配置宜相互靠近，使钳口拨正后直接进入压板。

货车在进入挂结段之前和在挂结段内，由于速度变化，在弯道上运行以及重心偏离钳口中心等因素，经常产生横向摆动。在挂结段双导向板设两个目的：防止货车产生横向摆动，为钳口中心对准运载索中心提供必要条件；配置双导向板时，应使货车重心恰好位于钳口中心的垂直线上，由此可消除因重心横移引起的偏斜，以及防止货车出站后产生大幅度的横向摆动。

要求货车进入挂结点的实际运行速度等于运载索运行速度，其目的在于：减小抱索器钳口相对运载索的滑动，最大限度地减轻二者的磨损，同时减小货车的纵向摆动。

使用四连杆重力式或鞍式抱索器时，通常设轨道加速段使货车加速。计算加速段的坡度时，应计入曲线轨道、直线轨道、导向板以及有关导轨的阻力损失。对于通过可调式压板的货车，尚应计入钳口对压板的冲击产生的能量损失。

使用带有摩擦板的弹簧式抱索器时，需采用轮胎式加减速装置。国内外单线循环式客运索道的使用经验证明，抱索器钳口的磨损在这种使用条件下微乎其微。

5.5.3 脱开段设计。

1 脱开段轨道端部形状的作用与挂结段轨道端部形状的作用一样，但由于货车进站速度较高，因此规定立面曲率半径不应小于5m。

2 脱开段轨道与运载索之间，应保持如下关系：钳口没有达到完全张开之前，运载索始终接触钳口底部；钳口刚达到最大开度，运载索即迅速脱出。

3 脱开段双导向板的作用与挂结段相似。但是为了减轻货车对导向板的冲击和防止冲击，应将双导向板的进口端做成曲率半径不小于5m的喇叭口形，并按货车纵、横向摆动限制条件进行校验。

4 为使进站货车的运行速度降低到站内自溜时所需的速度（≤2.0m/s）或者比推车机速度大30%～40%，应设置轨道减速段或者减速装置。脱开段减速装置的结构与挂结段加速装置的结构相似。

5.5.4 挂结段设置抱索状态监控装置，可以消除因抱索不良引起的掉车事故。货车通过脱开段抱索器不脱索，将酿成严重事故，因此，应设脱索状态监控装置。

5.5.5 站内轨道配置应保证脱挂安全可靠，尽可能减小货车的纵、横向摆动。广东云浮水泥厂站房采用运载索从轨道上方导出的配置方式，站内轨道可布置成一条直线。由于取消了反向弯曲段，货车在站内运行时没有横向摆动，挂结质量很高。因此，本次修订时推荐了这种配置方式。

5.5.6 转角站配置。

1 对称布置对设计、制造和安装均带来很大便利。

2 转角站有两种基本配置方式：一种是转角轮两端用压索轮组将运载索导平，中间由水平安装的转角轮转向；另一种是直接用倾斜安装的转角轮转向，无需在转角轮两端设置压索轮组。

3 转角站是货车通过站，为了保证货车在站内脱开、运行、挂结等过程连续平稳地进行，只能采取以较高速度（1.6～2.0m/s）自溜运行，不能采用人工推车。

转角站内的副轨用于停放发生故障的货车。

6 双线往复式客运索道工程设计

6.1 客 车

6.1.2 每位乘客的计算载荷，各国的规定颇不一致。本次修订时，参考了欧洲CEN/TC 242标准和OITAF文件并结合乘客体重增加的趋势，对原规范的计算载荷分别增加了50N。

值得注意的是：对于双线往复车厢或车组式索道，在进行工艺或设备设计时，每位乘客的计算载荷是一致的，这一点与单线循环式客运索道有所不同。

6.1.3 支架头部和末端套筒的销轴，均为客车上非常重要的零件。因此，本次修订时，参考了瑞士和日本的规定，新增了对吊架头部和末端套筒销轴抗拉安全系数的规定。

6.1.4 本次修订时根据我国索道工程的实践经验，对原条文内容进行了适当修改。

国内外双线往复式客运索道的实践经验证明，牵引索及平衡索与运行小车的连接处，是客车上最为薄弱的环节。本条虽然没有排斥浇铸套筒的连接方式，但为了安全起见，采用浇铸套筒连接牵引索或平衡索时，浇铸套筒在结构上应便于抽出检查浇铸质量，其锥体长度应为牵引索或平衡索直径的5～7倍，内部锥度应为1/6～1/3，内部小端直径应为牵引索直径的1.3倍。

缠绕套筒的连接，是指将铝合金丝缠绕在钢丝绳末端的外层上，紧密排列成与套筒锥度相一致的密实锥体的连接方法，这种方法克服了浇铸套筒的部分缺点。因此，本次修定时，新增了缠绕套筒的连接方法，有条件时可在工程中采用。

6.1.6 根据OITAF文件的规定，车厢的地板面积为$0.18n+0.6$（m^2）。日本则规定为每人的最小地板面积，车厢高度大于2m时为$0.16m^2$；小于2m时为$0.18m^2$。根据上述资料，结合我国的实际情况，做出本条规定。

6.1.7 客车制动器是双线往复式单牵引客运索道中保证安全运行的关键设备。因此，本次修定时，参考了欧洲CEN/TC 242和其他国家的有关标准并结合我国的实际情况，制定了本条。

1 客车制动器产生误动作，驱动装置上的工作制动器未能自动投入制动，将会导致恶性事故的发生。因此，将客车制动器制动时，驱动装置的工作制动器应能自动投入工作规定到条文内。

2 客车制动器制动力的大小，是个比较复杂的问题。制动力的大小，应综合考虑索道线路的坡度变化、客车的载荷变化、运行方向不同、运行速度的高低、制动材料的磨损情况和摩擦系数的变化等一系列因素后，合理确定。

3 在各国有关规定中，只有瑞士交通部规定了牵引索的最小拉力应保证在$1.2m/s^2$减速度紧急制动时，客车制动器不产生误动作。因为这条规定很重要，因此规定到条文内。

6.1.8 本条为新增条文。

客车制动器存在着结构复杂、保养麻烦、控制困难、制动不够可靠等难以解决的设计问题。客车上末端套筒处的牵引索比较容易断裂，牵引索断裂后，客车制动器制动失灵所造成的重大事故，即使在国内也能举出实例。由于客车制动器工作上的要求，鞍座的绳槽必须设计得既窄又浅，且难以设置防脱索装置，承载索脱索后所造成的车毁人亡事故，在国外屡次发生。对于高速度、大运量、长距离、多支架、大倾角或风力强的索道，采用客车制动器时，更是难以保证乘客的安全。鉴于上述情况，自然产生了取消客车制动器的设计理念。

研制无客车制动器双线往复式单牵引客运索道是借鉴了单线循环式客运索道的设计经验，其指导思想是为了彻底改善牵引索的工作条件，努力防止牵引索断裂，并在设计、制造、检验、施工、验收、运营等全过程中保证牵引索和承载索安全可靠。

本条所述的一系列防止牵引索断裂的设计措施主要包括：

1 将牵引索设计成封闭环形，定期移动客车在牵引索上的夹紧位置，避免夹紧部位的牵引索长期受到反复弯曲所造成的损伤。

2 设计一种类似脱挂式抱索器的夹索器，数量不得少于2个，其抗滑安全系数不小于4.0，其结构应便于夹紧或脱开牵引索，为牵引索的全面检查和探伤创造条件。

3 增大牵引索直径。

4 提高牵引索的抗拉安全系数。

5 按零件失效后的危害程度，将牵引索及其有关设备的零件分成三类（一类为非常重要零件，二类为重要零件，三类为一般零件）。一类零件必须在设计、制造、检验、安装、使用、探伤、报废等全过程中防止失效。

6 设置防止牵引索鞭打或缠绕承载索的监控装置。

7 线路托索轮组除了设置挡索器和捕索器之外，还应设置牵引索离位监控装置。

8 驱动轮、拉紧轮和各种导向轮应设置防脱索装置。

9 为了减小牵引索的动载荷，对驱动装置的加速、减速、超速、失速等实行完善的电气控制；对拉紧装置增设阻尼装置。

10 在客车运行过程时，对牵引索的实际拉力进行自动测定与显示，牵引索的实际拉力超过规定值时，即自动报警或自动停车。

本条所述的保证牵引索安全的操作规程主要包括：

1 客车的夹索器应在200个工作小时或90个工作日之内进行移位。同时，应对使用中的夹索器的零件和焊接件进行肉眼检查。

2 应按以下时间间隔用探伤仪对牵引索进行全面检查：

1）投入使用的第一年，应在200个工作小时或4个工作周之内检查一次。

2）投入使用的第二年至第十年，应在1000个工作小时或一年之内检查一次。

3）投入使用的第十年以后，应在200个工作小时或90个工作日之内检查一次。

4）停止运行3个月或更长的时间后，在重新投入运行前检查一次。

3 对牵引索的夹紧段进行探伤检查时，如发现牵引索的损伤达到或超过规定指标的一半时，夹索器的移位和用探伤仪对牵引索进行全面检查的间隔时间还应缩短。

4 夹索器应沿固定方向进行移位，移位的距离不得小于夹索器长度、夹索器两端附加装置的长度和牵引索2倍捻距三者的总和。

5 不允许在牵引索编结接头的绳股交叉点上固定客车。夹索器与绳股交叉点之间的距离，不得小于夹索器总长的2倍。

1985年，法国在阿尔卑斯山率先建成了大型的无客车制动器双线往复单牵引车厢式客运索道，客车定员多达160人，客车通过支架时的运行速度高达11m/s，创造了多项世界纪录。1997年，我国张家界黄石寨也建成了无客车制动器的双线往复单牵引车组式客运索道。

6.1.9 本条为新增条文。

为了克服末端套筒固有的缺点，夹索器首先在车厢式客运索道中采用，获得了很好的使用效果。近几年来，车组式客运索道逐渐采用了夹索器。因此，本次修订时，新增了对客车夹索器的有关要求。

6.1.10 本条为新增条文。

为了保证客车在线路上的安全运行和顺利进出站房，本次修订时新增了空车或重车对承载索中心铅垂线的向内或向外偏斜的规定。为了符合这条规定，客车设计与制造均应注意控制空车或重车的重心位置。

6.2 承载索与有关设备

6.2.1 本条是参考了欧洲CEN/TC 242标准和OITAF文件的有关规定而制定的。

1 密封钢丝绳具有表面平滑、接触面大、密封性好、表层丝断裂后不会翘起等一系列优点，因此，强调应选用密封钢丝绳作承载索。

2 本次修订时，将承载索的抗拉安全系数由原规范的不得小于3.5改为不得小于3.15。

6.2.2 鉴于近年来国内外承载索采用两端锚固或液压拉紧的索道日渐增多，本次修订时，新增了承载索两端锚固和液压拉紧的内容。两端锚固或液压拉紧方式，具有简化站房配置、缩小站房体积、降低基建费用等特点。

在采用两端锚固时，要计算承载索在不同温度下各种载荷时的拉力，确保其在最不利条件下的$T_{min}/$

R、T_{min}/Q 等参数符合本规范规定。

6.2.3 双重锚固方式曾在泰山、黄山、峨眉山、西樵山等索道工程中采用，生产实践证明，它具有结构简单、施工方便、管理容易、安全可靠、造价低廉等优点，是一种值得推广的锚固方式。为了便于检查承载索是否滑动，工作夹块组与备用夹块组之间应留出5mm的观察缝。

6.2.4 采用圆筒锚固方式时，承载索末端的工作夹块数量，各国的规定各异，OITAF为1副，瑞士为计算确定，日本则没有规定。这反映了承载索在圆筒上缠绕的圈数不同，工作夹块的数量也不相同。为了安全起见，本规范规定：承载索的尾部应采用至少3副夹块锚固在支座上，其中2副工作，1副备用。工作夹块与备用夹块之间，应留有5mm的观察缝。夹块的抗滑力不得小于剩余拉力的2倍。

6.2.5 根据多年的实践经验，本次修订时，新增了鞍座余量、鞍座润滑等方面的规定。

6.2.6 本条为新增条文。

为了防止承载索从支架鞍座上脱索后所造成的重大事故，特制定本条文。

承载索对鞍座的最小靠贴力，产生于承载索出现最大拉力和相邻两跨均无客车的载荷条件下。最小靠贴力所对应的靠贴弧称为最小靠贴弧。在正常情况下，防脱索装置不应承受承载索的上抬力，因此，规定该装置应设在最小靠贴弧的中部。

6.3 牵引索、平衡索、辅助索与有关设备

6.3.1 双线往复式客运索道牵引索、平衡索和辅助索通常使用的钢丝绳型号为：6×19S、6×25Fi、6×26SW、6×31SW、6×37S 等，不同型号的钢丝绳，具有不同的使用性能。在上述型号中，耐磨性依次降低，抗疲劳性则依次提高。设计时应按使用条件合理确定。

6.3.2 由于双线往复式客运索道的启动和制动比较频繁，因此，在计算牵引索、平衡索和辅助索的抗拉安全系数时，应计入正常启动或正常制动时的惯性力。

双牵引索道牵引索的抗拉安全系数，原规范规定为5.5，结合国内工程实践经验，本次修订时规定为5.4。

欧洲CEN/TC 242标准规定，无客车制动器单牵引索道牵引索的抗拉安全系数，比有客车制动器的提高了20%。因此，本次修订时，有客车制动器单牵引索道牵引索的抗拉安全系数仍为4.5，将无客车制动器单牵引索道牵引索的抗拉安全系数提高到5.4。

无极缠绕的辅助索，在运行时重锤减轻，其安全系数为4.5；在停运时重锤加重，因此，其安全系数为3.3。

6.3.3 牵引索、平衡索和辅助索的拉紧。

1 为了提高索道运行的平稳性，本次修订时，新增了当重锤移动速度较快时，应设阻尼装置的规定。

2 双牵引索道的牵引索分别设置调绳装置后，可减少牵引索的截绳次数，使客车在站内准确停靠，并使驱动装置的受力更为均衡。我国自行设计的双牵引索道，如长江索道、鹿泉索道、衡山索道都设有调绳装置，后两条索道的调绳装置使用效果很好。因此，本次修订时，新增了设置调绳装置的规定。

6.3.4 本次修订时，将导向轮直径与钢丝绳直径及表层丝直径之比的表格进行了简化，使其与现行的欧洲CEN/TC 242标准相吻合。

关于牵引索托索轮的直径，瑞士规定不得小于牵引索直径的10倍，前苏联规定不得小于牵引索直径的15倍，通过分析比较，本规范采用了与欧洲CEN/TC 242标准和OITAF文件一致的不得小于牵引索直径12倍的规定。

6.4 牵引计算与驱动装置选择

6.4.1 由于重车上行、空车下行和空车上行、重车下行这两种载荷情况的计算结果，已经能够满足牵引计算的要求，因此，在修订时，将原规范的四种载荷情况归纳为：重车上行、空车下行和空车上行、重车下行两种最不利的载荷情况。

6.4.3 对本条作以下说明：

1 紧急驱动系统的传动机构分为两种：一种是直接传动驱动轮；另一种是利用主驱动的传动机构带动驱动轮。设计时应尽可能采用前一种方式。

2 双牵引索道驱动装置设机械差动或电气同步装置的目的是为了使2根牵引索的速度相等。机械差动装置具有结构简单、使用可靠、管理方便等优点，国内外双牵引索道多半采用机械差动装置。

6.4.4 由于盘式制动器的特有性能，可以通过增减制动器的数量和改变液压站的控制方式，实现工作制动器和安全制动器的不同功能，因此，工作制动器也可直接设在驱动轮上。

6.5 线路设计

6.5.1、6.5.2 规定承载索和牵引索在支架上的靠贴条件，是为了确保承载索和牵引索在支架上有可靠的靠贴力，从而保证双线往复式客运索道的安全运行。

6.5.3 本条为新增条文。

由于旅游事业的蓬勃发展和索道技术的不断进步，大运量和大客车双线往复式客运索道，在我国有一定发展空间。定员不少于60人的客车，因其载荷较大，一根承载索已经难以承受这种载荷，此时，采用双承载方案比较合理。

当采用单承载方案时，如因承载索直径过大或长

度太长带来制造、运输、安装等困难,此时改用双承载方案更为合理。

鉴于上述情况,本规范新增了双承载索道的有关要求。

6.5.4 本条为新增条文。

在双承载索道中,采用支索器虽然可以缩短牵引索的拉紧行程和提高索道运行的平稳性,但存在维修困难、牵引索跑偏及脱槽等问题,设计时应注意加以解决。

7 单线循环式客运索道工程设计

7.1 客 车

7.1.1 本次修订时,参考了欧洲 CEN/TC 242 标准和 OITAF 文件的有关规定,并考虑到近年来客车大型化和乘客体重增加的趋势,对客车定员的划分和每位乘客的计算载荷进行了适当的调整。

客车定员不超过 15 人时,每位乘客的计算载荷,在工艺设计时取 740N,建议在设备设计时取 790N。这是因为,如果工艺设计时每位乘客的计算载荷取值略微增大,将会带来技术参数的较大变动,从而导致索道基建费用的明显增加。因此,本次修订时,对于每位乘客的计算载荷,在工艺设计和设备设计时,规定了不同的数值。

7.1.2 根据现代材料力学第三、第四强度理论,对于塑性材料的安全系数应按屈服点计算,因此,本条参考了 OITAF 文件的有关规定,并结合国内制造厂家的实践经验,规定了客车对屈服点的安全系数。

7.1.3 抱索器是保证单线客运索道安全运行的关键设备,为此,本次修订时,参照欧洲 CEN/TC 242 标准和 OITAF 文件的有关规定,对本条作了较大变动。

1 截止到 1995 年,大部分脱挂式抱索器都有单、双抱索器的区别。与双抱索器相比,单抱索器具有结构紧凑、维修方便、脱开和挂结更为可靠、运载索和加减速器轮胎磨损较小、过压索轮组时振动较小、过脱索轮组时钳口与运载索之间的贴合较好等优点。近 20 年来,单抱索器突破了只能用于 2 座客车的限制,相继应用在 4 座、6 座和 8 座客车上,并且取得了比较满意的使用效果。单、双抱索器之间的界限事实上已经不复存在,为此,本次修订时进行了相应的调整。尽管如此,对于客车定员较多和运载索倾角较大的索道,应特别注意脱挂式抱索器的抗滑力是否符合本条的有关要求。

2 在抱索器的抱索力方面,本次修订时,对力源的产生、弹簧在钢丝绳直径发生变化时能自动补偿或人工调整的性能、弹簧局部损坏时抱索力的允许减小量和弹簧的允许变形量,作出了具体要求。这些要求都是保证抱索器安全可靠性的主要技术手段。其中,力源的产生和弹簧局部损坏时抱索力的允许减小量,这两点规定尤其重要。

3 在抱索器的材料方面,由于建在高海拔或高纬度地区的单线循环式客运索道数量较多,因此,本次修订时,规定了在低温环境中工作的抱索器,其材料应具有良好的低温冲击韧性。此外,对内、外抱卡的材质及成型方法,也做出了具体规定。

根据抱索器导向翼和脱挂式抱索器车轮材料的工作条件,增加了对所用材料使用性能方面的要求。

4 固定式抱索器和脱挂式抱索器的钳口与钢丝绳之间的摩擦系数在实际应用中可考虑取不同的数值,因为前者在较长时间内始终与钢丝绳固定连接,因而钳口与钢丝绳之间的贴合比较紧密;固定式抱索器钳口与钢丝绳的包角较大,经推导计算后所得到的摩擦系数值也较大;此外,固定式抱索器的运行速度较低。因此,钳口与钢丝绳之间的摩擦系数的取值可略高一些。

在国内外一些索道中,采取研磨钳口、增大钳口与钢丝绳之间的包角、在钳口最大比压处开槽等特殊设计,来提高钳口与运载索之间的摩擦系数。国内一些索道的生产实践证明,无需润滑的钢丝绳能显著提高抱索器的抗滑能力,这也是提高摩擦系数的措施之一。

5 按零件失效后的危害程度进行分类,抱索器的内抱卡、外抱卡、弹簧、各种销轴等,都属于非常重要的一类零件。一类零件必须在设计、制造、检验、安装、使用、探伤、报废等全过程中防止失效。本次修订时,新增了对新抱索器进行无损探伤的要求,其目的是严格控制抱索器的产品质量。无损探伤时,应对各类零件的高应力部位进行仔细探伤。

7.1.4~7.1.6 为了确保索道的安全,本次修订时,对于车厢、吊篮和吊椅的设计,新增了材料选择、焊接质量、静力试验等方面的要求。

单线循环式客运索道约占我国客运索道总数的 90%,而且绝大多数都建在风景名胜区,因此,在设计车厢、吊篮和吊椅时,除了考虑具有足够的强度和刚度之外,其结构和造型的设计还要考虑新颖、美观大方、乘坐舒适并与自然景观相协调。

7.1.7 拖牵座设计。本条为新增条文。

拖牵式索道在国外早已广泛使用,索道总数约有 2 万条。近年来,随着我国滑雪运动的兴起,高山滑雪场的相继建成,拖牵式索道的建成条数逐年增多。因此,本次修订时参考了欧洲 CEN/TC 242 标准和 OITAF 文件的有关规定,新增了拖牵式索道的有关内容。

7.1.8 近十几年来,我国旅游索道的数量日益增加,滑雪索道和拖牵式索道也在逐年增多。为此,本次修订时参考了欧洲 CEN/TC 242 标准和 OITAF 文件的有关规定，对客车的最小发车间隔时间作了适当调整。

近几年来，采用固定式抱索器的索道，其吊椅座位数的差异越来越大，为了适应这种情况，本次修订时参照了欧洲 CEN/TC 242 标准的规定，改为以吊椅的座位数来确定最小发车间隔时间。

7.2 运载索与有关设备

7.2.1 对本条以下说明：

1 运载索的绳芯可采用合成纤维绳芯、天然纤维绳芯和钢绳芯。一般情况下推荐采用合成纤维芯；当对钢丝绳的结构性伸长有严格要求时，宜采用热压成型的尼龙棒芯；特殊需要时，可采用钢芯。这是因为：合成纤维芯具有比重小、韧性好、不吸水、耐酸、耐碱、耐腐蚀、耐挤压和耐磨损的特性，此外，还具有在动载荷条件下使用不易变形，保持绳径稳定等特点。目前，国内外索道多采用带合成纤维绳芯的钢丝绳。如果采用天然纤维芯，应选用较硬且防腐蚀的品种。

热压成型的尼龙棒芯钢丝绳的结构性伸长率约为合成纤维芯钢丝绳的 50%。绳芯为钢芯的钢丝绳承载能力较大、结构性伸长率最小，尽管在国内客运索道上使用得较少，但在国外单线脉动循环式索道和采用移动式站台的索道上应用较多。

2 推荐采用镀锌钢丝绳的原因如下：

1）采用镀锌钢丝绳可减少腐蚀断丝，延长钢丝绳的工作寿命。

2）采用无需润滑的镀锌钢丝绳可以提高钢丝绳与抱索器钳口或驱动轮衬垫之间的摩擦系数，从而提高了索道的安全可靠性。

3）采用无需润滑的镀锌钢丝绳可以延长单线客运索道唯一的易损件——轮衬的工作寿命，从而提高了索道的经济效益。

4）无需润滑的镀锌钢丝绳不仅美观，而且不污染乘客衣物、车厢顶部、支架平台和站房地面，可实现清洁生产和文明运营。

5）无需润滑的镀锌钢丝绳便于编结并可减少钢丝绳的维护工作量。

7.2.2 运载索的抗拉安全系数为钢丝绳的最小破断拉力即制造厂家提供的最小破断拉力与运载索最大工作拉力之比。确定运载索的最大拉力时，不计入索道启动或制动时的惯性力，并且不考虑拉紧系统的摩擦阻力对初拉力的影响。

参考了欧洲 CEN/TC 242 标准的有关要求，本次修订时，将运载索的抗拉安全系数由不得小于 5.0 修改为不得小于 4.5。理由如下：

1 随着索道设计水平和计算精度的提高，加之钢丝绳结构设计的改进、制造质量的提高和使用经验的增多，单线循环式客运索道断绳的几率已降低到 5×10^{-8} 以下。导致钢丝绳失效的主要原因，已从钢丝绳问世初期由于拉应力过大而造成断绳，演变为由于断丝总数达到报废标准而正常退役。钢丝绳的断丝主要分为疲劳断丝、腐蚀断丝和磨损断丝，三种断丝产生的原因都与钢丝绳的工作条件有很直接的关系，而与拉应力的关系相对较小。因此，适当减小钢丝绳抗拉安全系数，不会影响单线循环式客运索道的安全运行。

2 随着抗拉安全系数的降低，运载索的直径相应减小，使得所有与其相关的设备减轻，从而提高了索道的技术经济指标。

3 对钢丝绳耐久性的理论分析和实践证明，钢丝绳拉伸应力增大时，弯曲应力相对减小，有利于延长运载索的工作寿命。

4 索道在运载索较大拉力情况下运行时，钢丝绳产生的波动，特别是某些跨距内产生垂直波动的可能性减小；钢丝绳各跨的挠度、空车与重车的挠度差和索道启制动时的波幅都相应减小，从而提高了索道运行的平稳性。

5 随着运载索拉力的相对增大，客车行近支架时钢丝绳的倾角和重车与空车行近支架时钢丝绳的倾角之差，均相应减小，改善了运载索的工作条件，从而延长了运载索的工作寿命。

7.2.3 液压拉紧装置因其具有结构紧凑、性能优良、外形美观、配置方便、节省空间等优点，在工程中得到日益广泛的应用。因此，本次修订时增加了对液压拉紧装置的有关要求。

重锤拉紧装置因其具有结构简单、拉力恒定、反应迅速、维护方便、不需额外动力源等优点，在工程中仍有一定的使用价值。

7.2.4 拉紧轮和迂回轮均为非驱动端的大直径绳轮，但使用情况各不相同，当索道一个端站采用固定安装的驱动装置时，另一个端站则应采用可移动的、设在拉紧装置中拉紧小车上的拉紧轮。当索道一个端站采用可移动的驱动与拉紧联合装置时，另一个端站则应采用固定安装的迂回轮。

7.3 牵引计算与驱动装置选择

7.3.2 本条为新增条文。

抗拉安全系数是索道设计的重要参数。为了准确求出抗拉安全系数，必须准确地计算出运载索的最大工作拉力。

本次修订时，参考了欧洲 CEN/TC 242 标准和 OITAF 文件的有关规定，列举出运载索在最不利载荷情况下的最大工作拉力的各组成部分，其中，液压拉紧装置拉紧力的变化范围约为 ±10%，计算运载索的最大工作拉力时，应计入该拉紧装置拉紧力的增加值；重锤拉紧装置拉紧力的变化范围不超过 ±3%，因此，计算运载索的最大工作拉力时可忽略不计。与双线往复式客运索道相比，单线循环式客运索道的运行速度相对较低，启动和制动不算频繁，启、制动时的加、减速度相对较小，因此，在计算运载索的最大工作拉力时，可不计入启、制动时的惯性力。

7.3.3 运载索在橡胶衬托、压索轮组上的阻力系数，是单线客运索道牵引计算和线路计算中非常重要的基本参数。欧洲 CEN/TC 242 标准和 OITAF 文件规定：橡胶衬托、压索轮组的阻力，约为轮组径向载荷的 3%，该阻力已计入运载索通过轮组时的刚性阻力。结合我国的实际情况，将阻力系数定为 0.030。

执行时应注意：本条所规定的 0.030 的阻力系数，是按逐个站内阻力点和逐个线路支架计算的条件所采用的参数，若按均布载荷的近似计算方法计算时，应采用比 0.030 更大的阻力系数。

7.3.5 单槽卧式驱动装置具有体积小、重量轻、配置方便等特点。采用单槽卧式驱动装置时，能简化运载索的导绕系统，减少运载索的弯曲次数，延长运载索的工作寿命并能降低站房高度。因此，单槽卧式驱动装置几乎成了单线循环式客运索道唯一可以采用的形式。

索道的主驱动、紧急驱动、辅助驱动和营救驱动系统有各自不同的使用功能并体现着不同的装备水平。对于采用固定式抱索器的客运索道，由于索道长度较短、线路上乘客人数较少、客车离地高度较低等原因，除主驱动系统外，一般只需配备辅助驱动系统。对于长距离、高速度、大运量、客车离地高度较高和个别跨距内客车离地高度很高的脱挂式抱索器客运索道，除主驱动系统外，过去一般仅配备辅助驱动系统。但是，当主传动机构出现故障时，辅助驱动系统不能保证在合理的时间内将滞留在线路上的乘客回运至站内，因而，近几年来采用紧急驱动系统的索道逐渐增多，个别索道还另外配备了营救驱动系统。

7.4 线 路 设 计

7.4.2 在托、压索轮组上，设置挡索板、捕索器、运载索脱索时索道能自动停车的监控装置和运载索脱索后的二次保护装置，是保证单线客运索道安全运行的有效技术措施。

二次保护装置是设于压索支架横担上的挡臂。其作用是当运载索外脱索并越过捕索器后，能有效地挡住运载索，并使索道自动停车。工程实践证明，在压索支架上设置脱索二次保护装置是非常必要的，二次保护装置不仅能防止重大安全事故的发生，而且还能减少脱索后恢复索道正常运行的工作量。

7.4.3 运载索在支架上的托、压索轮组上的靠贴条件，直接关系到单线循环式客运索道的安全运行。在原规范中，运载索在每个托索轮上的最小靠贴力，仅规定为不得小于 500N，这一规定不仅数值偏小，而且无法适应不同轮缘直径的托、压索轮组。本次修订时，参考了欧洲 CEN/TC 242 标准和 OITAF 文件的有关要求，对运载索在每个托、压索轮组上的最小靠贴力改为由 7.4.3 式确定。

本次修订时，对运载索在每个托、压索式支架上的最小靠贴力，由原规范的半经验方法改为更为科学的风荷载计算方法进行控制。此外，本次修订时还对采用托索与压索联合轮组支架和拖牵式索道支架的最小靠贴力进行了规定。

实践证明，采用托索与压索联合轮组的支架不仅能减少线路上支架的数量，还能提高乘坐的舒适性，因而，有条件时应优先考虑采用该种形式的支架。

7.4.4 支架配置。

对于采用脱挂式抱索器的索道，规定当运载索俯角出站时，站前第一跨的运载索宜导平，且站前第一跨的跨距不得小于最大制动距离的 1.2 倍，是为了防止挂结失误的客车冲出支架滑向线路，造成重大事故，同时也便于将挂结不良的客车低速运回站内。

当客车通过压索式支架时，由于振动较大而影响到乘坐的舒适性。此外，压索轮的橡胶衬垫在实际使用中磨损严重，增大了索道的维修工作量并增加了索道的经营费用。因此，设计时应尽量减少压索式支架的数量。

7.5 站 房 设 计

7.5.1～7.5.3 拖牵式索道由于线路短和功能单一，其起点站和终点站几乎均采用无站房设计。此外，采用固定式抱索器的 2 座、4 座和 6 座滑雪专用吊椅索道，由于站台与滑雪道直接连接，乘客脚穿滑雪板乘坐索道，到站后立即滑向滑雪道，其上站也多采用无站房设计方案，即目前国外比较流行的"Ω"设计方案。为此，本次修订时新增了无站房设计方面的内容。

近年来，国外在推行无维修设计的同时，还出现了推行人性化设计的趋势。国内的人性化设计也逐渐提上了议事日程，因此，本次修订时，对乘客的保护、控制室的装备、上下车台的高度、站内的地面、设置各种标志等等，提出了更高的设计要求。

7.5.4 本条为新增条文。

拖牵式索道起点站和终点站的设计与普通索道的站房设计不大相同，本次修订时，参考了欧洲 CEN/TC 242 标准和 OITAF 文件的有关规定，增加了对拖牵式索道起点站和终点站设计的基本要求。

8 索道工程施工

8.1 一 般 规 定

8.1.1 安装工程开始之前，建设单位应将本条所列的技术文件提交施工单位，作为施工单位安装及维修的质量控制文件。

安装单位在索道安装过程中，应按设计文件进行施工。如有不同意见，应取得设计单位、建设单位和监理单位的同意，并按设计变更通知进行施工。

近十几年来，国内索道特别是客运索道的成套设备，均在制造厂内经过预组装和单机试车后才出厂，因此，本次修订时取消了原条文中关于试车合格证的要求。

8.1.2 索道施工具有以下特点：线路较长、地形复杂、设备分散、场地狭窄、运输困难，一般没有公路及专用电力线路，施工条件较差而施工质量要求较高。因此，施工单位应根据索道类别、建设规模、技术复杂程度、地形与气象条件、五通一平等情况，编制施工组织设计或施工方案，作为指导安装工作的主要技术文件。

我国对安全生产高度重视，并制定了《安全生产法》来规范生产安全。此外，由于客运索道多建在风景名胜区，因而，必要时应编制安全施工方案和环境保护方案。

对于规模不大且技术不太复杂的客、货运索道，可用施工方案代替施工组织设计。施工方案应以简明扼要的形式，解决施工组织设计基本内容中的有关问题，特别是在山地条件下安装钢丝绳、大型钢结构、各主要设备和在索道联动调试时的有关问题。

对于规模较大且技术复杂的客、货运索道，在施工组织设计中，应编写解决山地运输问题的施工专用索道的有关内容。

8.1.3 作为施工中的一般工序，安装单位开始安装前，建设单位应向安装单位提供索道土建部分的验收文件，安装单位依据土建部分的验收文件，对索道土建部分进行复验，以确认是否符合安装条件，否则不得进行安装。即使土建施工与安装施工为同一施工单位，复验工作也应照常进行。此项工作对提高验收质量、保证安装工作顺利进行、确保索道正常运行等，均具有非常重要的意义。

索道中心线是各种钢结构、各主要设备和所有钢丝绳安装时的基准，验收时必须对各中心标志进行检查。检查时应以原始测量桩点为基准进行一次性检查，以免产生较大的误差。

站房和线路基础应同时验收。施工单位在对与安装有关的土建部分验收时，如发现有超出设计或规范要求偏差的预埋件或基础，安装前应按设计单位的整改意见，在保证质量的前提下彻底纠偏后，方可安装。

表8.1.3中的第11项，设备基础的预埋螺栓之间的距离，应在各预埋螺栓的根部和顶部两处分别测量，其偏差均不得大于±2mm。预埋螺栓标高在本规范中均规定其偏差为零或正值，即露出部分只能大于设计值而不能小于设计值，故统一规定为+20mm。

表8.1.3中的第12项，预埋件标高涉及众多设备安装的标高及安装精度，故只规定负值方向的偏差，避免统一标高平面上的预埋件高低差过大，降低安装精度。

8.1.4 钢结构的运输与存放。

1 目前，由于国内施工专用索道的最大单件运输重量尚未超过4t，如果独立构件质量过重或体积过大，则应分解成便于运输的构件。

钢结构在交付安装前应先除锈后再作防腐处理。目前，我国许多客、货运索道钢结构安装前往往不除锈就涂底漆，安装校正合格后再涂面漆，这样对防腐不利，应尽量避免。

2 一般按照建设单位与安装单位共同商定的进场顺序，运至施工组织设计所规定的安装场地或距安装场地最近的堆放场地，以便缩短二次搬运的距离，减少运输过程中的变形，加快施工进度。

各构件应稳固地堆存放在垫块上，堆层高度不得超过2m。桁架应直立存放，各构件上不应积水。

8.1.5 安装单位在安装前应对设备及钢结构进行检查验收，对不符合设计要求的产品不得交付安装。钢丝绳在展开过程中，当发现制造、运输、保管等方面的缺陷时，不得继续安装。对发现的问题，需经有关单位提出妥善的处理意见并妥善解决后，方可继续施工，施工单位不得擅自处理。

8.1.6 机械设备（如：驱动装置的主轴装置、液压站、润滑站、电动机、减速器、液压制动器等；客、货车的抱索器、拖牵盒、防摆器、减振器，等等）在制造厂家调试合格后，按成套方式进行供应、运输、保管及安装，对保证施工质量和加快施工进度，具有重要的意义。因此，凡是能够整体运输的设备不应拆零。尺寸太大的设备，应按设计分解成便于运输的独立部分。在运输与保管过程中，应防止灰尘或杂物进入机械设备的运动部位，尽量避免在安装时解体检查和二次清洗。机械设备安装的通用部分，应按现行机械设备安装工程施工及验收规范的有关规定执行。

8.2 钢结构安装

8.2.1 采用螺栓连接的钢支架或高架钢站房，为了保证安装进度和在安装现场一次组装成功，在一般情况下，均要求每一个钢结构在制造现场进行立体预组装，并应出具预组装合格证。

由于索道的支架形式不尽相同，制造数量不是很多，制作厂家比较分散，很难形成批量生产，因此，本次修订时取消了原条文中当钢结构进行批量生产，制造精度得到保证且经过施工验证时，可不进行预组装的规定。

8.2.2 本条的目的是尽量减少零部件的起吊次数和高空作业工作量，并保证安装质量和安全生产。

在矫正构件的直线度时，其弯曲矢高的允许偏差应符合表8.2.5第7项的规定。

不论用什么安装方法，钢结构在起吊前，必须检查地脚螺栓和地脚螺栓孔的实际尺寸。如果偏差超过允许值时，应按设计单位的要求，重新开孔或重新制作底板。在没有解决这些问题之前，不能贸然起吊钢结构。

8.2.4 钢结构底板下的垫板，一般直接承受主要载荷，因此，应使用成对斜垫铁。应尽量减少每叠垫板的数量，一般不超过3块，放置垫板时，厚的放在下面，薄的放在中间，找平后互相焊牢，并与钢结构底板焊在一起。

8.2.5 桁架式钢结构支架，底层钢结构如不经校正就拧紧地脚螺栓，将无法防止上部安装时的累计偏差，对质量较大的支架也无法进行调整。

在检查相接触的两个平面是否有70%以上的面积紧贴时，采用0.3mm塞尺，插入深度的面积之和不得大于总面积的30%。两个平面边缘的最大间隙不得大于0.8mm。

8.2.6 对于高度很大的钢支架，风力、日照和温差所造成的支架顶部的变形较大，且变形的数值难以计算，因此，应在风力很小的清晨或阴天进行测量或校正。

8.2.9 二次灌浆层的厚度如果太小，则浇灌施工困难，且二次灌浆层不易密实；如果太大，则垫板太厚，既不经济又影响施工质量，一般以50mm左右为宜。随着技术的进步，有的钢结构设计中，底板与基础面之间不需二次灌浆层。

8.2.10 在运输、保管和安装过程中脱落的底漆以及安装连接处，应采用风铲、化学除锈剂或其他方法。彻底除锈后立即补涂底漆，再按设计规定的颜色及要求涂刷面漆数遍。对于湿热或气象多变地区的钢结构，更应严格执行本条要求。

为了防止未刷漆的连接面受到水、气的腐蚀，钢结构固定后，构件安装连接处可用腻子对其周围缝隙进行密封。

8.3 线路设备安装

8.3.1 由于托、压索轮组中，每个索轮的装配质量应由制造厂家保证，因此，本次修订时取消了原条文中对每个托、压索轮的径向跳动和端面跳动的要求。

8.3.2 目前，线路监控装置广泛采用针形开关，折断针形开关的力矩的偏差，与材料标号、制造方法及尺寸精度等密切相关，抽检前需先核对设备的技术文件和产品工艺卡片。

8.3.5 偏斜鞍座是承载索从线路过渡到站内的衔接设备，安装后需要用一辆货车进行通过性检查，弹性轨道应转动灵活；水平牵引式索道的偏斜鞍座，其托索轮应转动轻快、灵活。

8.4 钢丝绳安装

8.4.1 本条第3款，保持施工组织设计所规定的拉力，是为了尽量使钢丝绳腾空展开。但对于大直径钢丝绳，由于质量较大，放索时很难保持其处于腾空状态，放索时可根据实际情况，不一定始终保持腾空状态进行展开。

本条第5款，为了防止各种钢丝绳在展开过程中受到松散等意外损伤，钢丝绳的端部需要用钢丝、夹块或套筒进行夹紧。并在钢丝绳端部的合适位置设置防转器。

为了执行本条第6款的规定，在展开过程中，可隔一定距离或凸出地点，设置托滚、胶带、枕木或其他防护物，防止钢丝绳接触地面或摩擦构筑物。

为了防止各种钢丝绳在水中浸泡，钢丝绳在跨越水面时，可用吊索、浮箱、船只或其他设施防止钢丝绳接触水面。

8.4.2 承载索在起吊前需详细检查涂油情况，受到破坏的涂油层，应尽可能进行立即补涂，亦可在安装后用加油车进行补涂。

对于设有高支架的客运索道或堆货索道，为了防止从地上起吊承载索时产生过度弯曲，应创造条件使承载索支承在牵引索托索轮上展开。

8.4.3 浇铸后的锥体，从套筒中抽出进行检查时，发现下列情况之一者，为不合格品，必须重新浇铸：
1 铸件表面有较大蜂窝或麻面。
2 铸件表面出现裸露钢丝。
3 锥件的锥口与钢丝绳结合不好或出现空隙。

8.4.4 本条第1款，采用向锚固端方向拉紧，便于拉出多余的承载索，并有利于锚固施工，亦易于控制重锤的安装位置。

对于夹块所用的螺栓，应按设计要求用大型扭力扳手——拧紧。不应用大锤过度打击，防止螺栓或螺母受到疲劳损坏。

8.4.6 对于采用双牵引索的双线往复式客运索道，首先，要准确测量每根牵引索及平衡索的长度，做好截绳与挂绳的准备工作；其次，要控制每根平衡索的重锤的质量。当客车与牵引索及平衡索进行连接时，必须使2根牵引索的拉力接近相等；当索道进行空负荷试运行时，需通过牵引索调整装置，精确调整牵引索的长度，使2根牵引索的拉力相等。

8.5 站内设备安装

8.5.1、8.5.2 吊梁是吊钩或吊架的安装基础，所以，必须以索道中心线和测量桩点为基准，逐个测量各预埋件的平面位置和标高，偏差超过规定值时，安装前必须采取彻底的纠偏措施。

对于单线循环脱挂式抱索器客运索道，站内前后横梁如果安装偏差过大，则影响站内加、减速段及其大梁等设备的安装精度。因此，本次修订时，新增了对前后横梁的有关要求。

8.5.3 货运索道站内轨道的接头，目前，多采用焊接方式连接，因此，本次修订时，取消了对接头间隙的要求。

8.5.4 对本条作以下说明：

1 对于直线道岔，安装时直线段要和曲线段相切，搭接处不能有折曲现象；对于曲线道岔，安装时岔头要和基本轨道圆滑过渡。

2 道岔装好后，需保证客、货车通过时不产生冲击现象。

8.5.5 导向板安装后主要检查连接的可靠性，接头的平滑程度和其空间尺寸是否有利于客、货车的平稳运行。

8.5.7 对本条作以下说明：

1 驱动装置安装前要对基础进行检查，基础顶面要留出50mm左右的二次灌浆层的厚度。

2 在基础各部分尺寸都经过详细地校对后，才允许往基础上安装机座。首先，应按驱动机配置总图标定基础中心线，然后，按此中心线校对基础其他各部分尺寸，测量基础时，一律使用钢尺或钢卷尺。

3 安装机座时，基础顶面与机座之间要加垫板，垫板的表面应平整，垫板必须从地脚螺钉两侧施放。每组垫板块数不宜过多，通常以不超过3块为宜。

垫板要求垫放稳固，垫好后的垫板用小锤轻轻敲击检查，然后将垫板与机座焊牢。

机座找正后即可安装立架。

4 驱动轮的纵、横中心线应和设计中心线重合，经反复调整后的驱动轮，应保证其绳槽中心线与入侧或出侧牵引索的中心线相吻合。从动轮轮槽中心应该对正驱动轮出侧和入侧轮槽中心，并用拉线法检测。

驱动轮与从动轮调整定位后，即可进行二次浇灌水泥砂浆。

8.5.8 拉紧装置有两种安装形式，即下部支承和上部吊挂式。

1 安装前应对设备进行检查：

1）各紧固件必须紧固牢靠，剖分式拉紧轮的精制螺栓连接应接触紧密和定位可靠；

2）拉紧轮应转动灵活和无异常响声；

3）拉紧装置轨道中心线应与设计中心线吻合，轨道的标高和轨距偏差值，按本条的偏差值进行检查。

2 安装后，拉紧轮的绳槽中心线应与出侧和入侧牵引索或运载索的中心线吻合；拉紧装置的4个滚轮应该靠贴在轨道面上。

8.5.9 导向轮含垂直导向轮、水平导向轮和倾斜导向轮。其中垂直导向轮的轮轴必须水平安装，但支撑轮轴的轴承座的基础表面可与水平面成任意角度。为了防止支撑轴承座沿基础表面移动，安装校正后，在支撑轴承座的两端应加挡铁，并应将挡铁焊在基础垫板上。

安装完毕的导向轮应转动灵活，无阻滞现象。

8.5.10 货车迂回轮主要用于自动转角站或端站，本设备的绳轮为型钢焊接结构，由于运输条件限制，制造厂在预组装后拆成便于运输的构件，因此，现场组装后需矫正运输过程中可能产生的变形，使迂回轮直径的偏差不大于±6mm，径向圆跳动不大于8mm，端面圆跳动不大于10mm，以保证货车平稳通过迂回轮。

迂回轮安装校正合格后，底座应焊牢于站内支座上。

8.5.12 滚子链是双线往复式客运索道导绕承载索的设备，其结构分为无极式和有极式两种，如黄山太平索道采用的是无极式；而重庆长江索道采用的是有极式。承载索滚子链的安装要求如下：

1 安装前对滚子架的定位面和滚子架的安装基础，均需检查并校正。

2 需预先划出滚子架和基础预埋钢板的中心线，校正后点焊定位，其中心线与承载索设计中心线应吻合，偏差小于1mm。

3 整个滚子链安装好后，应以水平滚子顶面圆弧的半径制作长度不小于1500mm的弧形样板进行检查。任何一段内，滚子顶面应与样板密合，偏差不超过1mm。经检验合格后，将垫板与预埋钢板焊牢。

4 安装完毕后，需先慢后快，先轻后重，经过各种速度和载荷的试运转。

5 各滚轮轴和链条销轴需采用润滑脂润滑。

8.5.13 重锤或重锤框两侧的导向块或导向滚轮与导轨之间的间隙应该大致相等，否则应调整重锤块的位置，以保证升降过程中不得出现卡阻现象。

8.5.14 由于货车在运输和存放过程中比较容易产生变形，因此，要求在安装前逐辆检查脱挂式抱索器、吊架和货箱的功能尺寸。

为了保证挂结与脱开质量，在检查脱挂式抱索器的功能尺寸时，需采用专用检查工具，以轨道工作面的中点为基准点，检查钳口的定位尺寸和钳口的最大与最小开度，还需检查脱挂轮的定位尺寸和工作行程。

9 索道工程验收

9.1 试　车

9.1.2 对本条作以下说明：

1 索道无负荷试车由安装单位组织，建设单位派人参加，并且安装单位应做好无负荷试车的准备工作。

试车时需配备操作和维修人员，并制定必要的操作规程和安全技术措施。

2 索道负荷试车的指挥、操作和治保等工作，由建设单位负责，安装单位派人参加，并且建设单位应做好负荷试车的准备工作。

试车时需按岗位配备操作人员和保证供给运输物料、备品及生产与维修工具，并制定必要的操作规程和安全技术措施。

9.1.3 无负荷试车。

1 无负荷试车，包括单机调试、机组联动试车和牵引索或运载索试车3个步骤，必须按照要求逐级进行。

2 额定速度是指正常运行时的设计速度，试车时按额定速度运行的时间不能小于累计试车时间的60%。

3 无负荷试运行合格后，需签署无负荷试车合格证书。

9.1.4 客运索道负荷试车需注意以下几点：

1 客运索道需采用砂袋或其他重物进行负荷试车。

2 检查索道在自动、半自动和手动控制方式下各机电设备的工作情况。

3 在各种载荷情况下，检查启动、制动时间和加、减速度，并检查启动、匀速运行和制动时的电流变化情况。

4 观察在各种载荷情况下客车通过支架时的运行情况。

5 观察客车在最不利载荷情况下，启动和制动时的纵向摆动情况。

6 需测试站房和线路支架的接地电阻。

7 在站内乘客活动区、控制室和距离噪声源1m处需进行噪声测定。

8 负荷试车合格后，应签署负荷试车合格证书。

中华人民共和国行业标准

钢筋混凝土薄壳结构设计规程

Specification for Design of Reinforced
Concrete Shell Structures

JGJ/T 22—98

条 文 说 明

前 言

根据建设部建标〔1992〕227号文的要求,由中国建筑科学研究院会同清华大学、浙江大学共同修订的《钢筋混凝土薄壳结构设计规程》JGJ/T 22—98,经建设部1998年6月9日以建标〔1998〕126号文批准发布。

为了便于广大设计、施工、科研、学校等有关单位的人员在使用本规程时能正确理解和执行条文的规定,《钢筋混凝土薄壳结构设计规程》修订组按章、节、条的顺序编制了《钢筋混凝土薄壳结构设计规程条文说明》,供国内使用者参考。

在使用中如发现本条文说明有欠妥之处,请将意见和有关资料寄交中国建筑科学研究院计算中心(北京北三环东路30号,邮政编码100013)。

目　次

1 总则 …………………………… 4—6—4
2 术语和符号 …………………… 4—6—4
　2.1 术语 ………………………… 4—6—4
　2.2 符号 ………………………… 4—6—4
3 基本规定 ……………………… 4—6—4
　3.1 结构选型 …………………… 4—6—4
　3.2 计算原则 …………………… 4—6—4
　3.3 薄壳结构的内力和变形分析 … 4—6—4
　3.4 壳体的构造和配筋 ………… 4—6—7
　3.5 装配整体式壳体 …………… 4—6—7
　3.6 预应力薄壳结构 …………… 4—6—7
　3.7 孔洞 ………………………… 4—6—8
　3.8 温度影响 …………………… 4—6—8
4 圆形底旋转薄壳 ……………… 4—6—8
　4.1 计算方法 …………………… 4—6—8
　4.2 集中荷载和环形荷载作用下的
　　　计算和圆孔应力集中 ……… 4—6—8
　4.3 雪、风荷载作用下的计算
　　　和稳定验算 ………………… 4—6—8
　4.4 带肋壳的计算 ……………… 4—6—8
　4.5 壳体环梁的内力 …………… 4—6—8
　4.6 构造要求 …………………… 4—6—8
5 双曲扁壳 ……………………… 4—6—8
　5.1 几何尺寸 …………………… 4—6—8
　5.2 均布荷载作用下的内力计算 … 4—6—8
　5.3 法向集中荷载作用下的内力
　　　和位移计算 ………………… 4—6—9
　5.4 半边荷载、填充荷载和水平荷载
　　　作用下的内力和位移计算
　5.5 稳定验算 …………………… 4—6—9
　5.6 带肋壳的计算 ……………… 4—6—9
　5.7 边缘构件 …………………… 4—6—9
　5.8 构造和配筋 ………………… 4—6—9
6 圆柱面壳 ……………………… 4—6—9
　6.1 几何尺寸和计算 …………… 4—6—9
　6.2 带肋壳的计算 ……………… 4—6—9
　6.3 边缘构件 …………………… 4—6—9
　6.4 构造要求 …………………… 4—6—9
7 双曲抛物面扁扭壳 …………… 4—6—9
　7.1 几何尺寸 …………………… 4—6—9
　7.2 计算方法 …………………… 4—6—9
　7.3 边缘构件 …………………… 4—6—9
　7.4 构造要求 …………………… 4—6—9
8 膜型扁壳 ……………………… 4—6—9
　8.1 适用范围和几何尺寸 ……… 4—6—9
　8.2 成型计算 …………………… 4—6—9
　8.3 边缘构件 …………………… 4—6—10
　8.4 构造要求 …………………… 4—6—10
附录A　圆形底旋转薄壳的
　　　　计算公式 ………………… 4—6—10
　A.1 壳体边缘附近的内力修正值 … 4—6—10
　A.2 旋转薄壳的薄膜内力和位移
　　　计算公式 …………………… 4—6—10
附录B　双曲扁壳的内力和位移计算
　　　　及系数表 ………………… 4—6—10
　B.1 内力和位移控制方程的求解 … 4—6—10
　B.2 内力和位移的系数表 ……… 4—6—10
附录C　圆柱面壳内力的计算方法
　　　　及系数表 ………………… 4—6—10
　C.1 长壳内力的计算 …………… 4—6—10
　C.2 短壳内力的计算 …………… 4—6—10
附录D　双曲抛物面扁扭壳的内力
　　　　和位移计算
附加说明 ………………………… 4—6—10

1 总　　则

1.0.1　本条是钢筋混凝土薄壳结构设计必须遵循的原则。
1.0.2　本条明确给出了本规程的适用范围。
1.0.3～1.0.4　给出了本规程编制的依据和应遵守的有关标准。

2 术语和符号

2.1 术　　语

2.1.1～2.1.4　要注意区分壳板和壳体的含义。
2.1.5　薄壳结构的力学分析均以壳板中曲面为基础。
2.1.8～2.1.9　要注意壳体矢高和壳板矢高的区别。
2.1.33～2.1.34　给出本规程切向和法向两术语的定义。

壳板的内力和位移中，有些与壳坐标轴方向完全一致，有些是沿壳板中曲面的切线方向。为了不致混淆，后者采用"顺…方向"这个用语。

2.2 符　　号

本节给出了本规程采用的主要符号。凡一次性采用的符号均未列入，只在出现处加以注释。

3 基本规定

3.1 结构选型

3.1.1　本条规定了薄壳结构选型时应考虑的方面。薄壳结构具有丰富的建筑造型，比较节省材料，但施工相对比较复杂。钢筋混凝土薄壳结构的施工方法可分为现浇整体式和装配整体式，两者各有一套施工工艺，所需费用也不相同。因此结构选型时应综合考虑各方面因素，择优选用。
3.1.2～3.1.3　给出了根据覆盖的平面形状（矩形和圆形）而供选择的薄壳结构类型。
3.1.4　由于双曲扁壳、双曲抛物面扭壳及膜型扁壳属于双向受力构件，所以当这些薄壳采用周边支承并为矩形底面时，底面长、宽之比宜接近1.0。当长、宽之比大于2.0时，上述薄壳结构的受力性能将不再优越，故规定不宜采用。
3.1.5　膜型扁壳又称无拉力扁壳或无筋扁壳。这种壳体要求荷载基本均匀，且跨度不宜过大。

3.2 计算原则

3.2.1　由于薄壳结构的壳板厚度远小于其他两方面的尺寸，故分析壳体时可降低一维。因壳板分析是针对中曲面进行，因此壳板的计算曲率采用中曲率。
3.2.2　目前我国的混凝土结构设计规范系采用弹性方法计算作用效应，仅在截面设计时考虑材料的弹塑性性质，所以本规程的结构分析也采用弹性方法。

在本规程中，薄壳结构一般按简化弹性理论分析壳板及边缘构件的内力与位移。首先根据薄膜理论计算壳板中央部分的薄膜内力与位移，然后在壳板与边缘构件连接的局部区域考虑边缘扰力效应。本规程提供了简化计算公式及相应的图表。

薄壳结构分析也可采用其他半解析法和有限单元法，计算结果可互为校核。

按薄壳结构弹性分析结果进行壳板和边缘构件的截面设计时，应根据现行国家标准《混凝土结构设计规范》的规定，采用概率极限状态设计法，并以分项系数表达式表示。分项系数除本规程有规定者外，均按现行国家标准《混凝土结构设计规范》采用。

按现行国家标准《混凝土结构设计规范》的规定混凝土的泊松比 ν 应为0.2。在薄壳结构内力与位移分析时常用到 $1-\nu^2$，忽略 ν 不会引起大的误差，所以在壳体分析中可不考虑混凝土泊松比。

因为本规程中薄壳结构的设计仍采用弹性理论，所以各类壳体结构的计算基本沿用了原《钢筋混凝土薄壳顶盖及楼盖结构设计计算规程》BJG 16－65（以下简称原规程）的规定，仅按照新的相关规范进行了整理、补充。

3.2.3～3.2.5　这些条款给出了薄壳结构控制截面强度、变形和裂缝的基本要求。
3.2.6　壳体结构分析时采用曲面模型，因此自重应进行相应的折算，以便与计算模型相协调。
3.2.7　本条给出了非抗震设计和抗震设计时，壳体构件的设计公式及相应的分项系数取值。
3.2.8～3.2.10　根据现行国家标准《建筑结构荷载规范》对原规程进行了修订，给出了风荷载和雪荷载的计算公式。

一般壳体结构对风荷载不敏感，只有壳体边缘构件、旋转壳和壳面倾角大于30°的锯齿形壳必须考虑风荷载的影响。
3.2.11　根据工程实践经验和现行国家标准《建筑抗震设计规范》，分别给出了7度、8度和9度地区地震作用对薄壳结构的影响，以及薄壳结构的抗震验算方法。
3.2.13　边缘构件在其自身平面内应具有足够的刚度，使壳板的变形不致过大，以保证空间结构可靠地工作。
3.2.14　施工阶段验算非常重要，事故往往出在壳体结构尚未形成的施工阶段。

3.3 薄壳结构的内力和变形分析

3.3.1　本条给出了薄壳结构内力和变形的三种分析方法。现说明如下：

一、直接求解偏微分方程组法
一般扁壳的基本微分方程式为：

$$\left.\begin{array}{r}\Delta^2\varphi + C\Delta_k w = 0 \\ D\Delta^2 w - \Delta_k \varphi = q(x,y)\end{array}\right\} \quad (3-1)$$

式中　D——壳板截面单位长度的刚度；
　　　C——壳板的特征长度参数；
　　　φ——壳板的应力函数；
　　　w——壳板的法向位移；
　　　Δ——拉普拉斯算子，由下列公式表示：

$$\Delta = \frac{\partial^2}{\partial x^2} + \frac{\partial^2}{\partial y^2} \quad (3-2)$$

　　　Δ_k——带曲率的算子，由下式表示：

$$\Delta_k = k_2 \frac{\partial^2}{\partial x^2} + k_1 \frac{\partial^2}{\partial y^2} \quad (3-3)$$

　　　k_1、k_2——壳板中曲面的主曲率；
　　　$q(x,y)$——壳板上的外荷载。

如果考虑壳板的薄膜应力，则可令 D 等于零，壳的基本微分方程式变为：

$$\left.\begin{array}{r}\Delta^2\varphi + C\Delta_k w = 0 \\ -\Delta_k \varphi = q(x,y)\end{array}\right\} \quad (3-4)$$

带密肋的薄壳，在力学分析时一般可作连续化处理。
带肋扁壳连续化分析方法的基本假定为：
1. 肋的布置相当稠密；

2. 带肋壳的薄壳部分可作为上层壳，厚度不变；
3. 将肋连续可作为下层壳，其中曲面与肋的形心相重合；
4. 上、下层之间可传递剪力，共同工作。

取任一计算参考面，它与上、下层中面的距离分别为 x 轴方向的 e_{1a}、e_{1b}；y 轴方向的 e_{2a}、e_{2b}（图 3-1）。

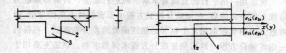

图 3-1 带肋壳的计算模型
1—实际壳板；2—肋的形心；3—肋；4—假想的壳板模型

从图 3-1 所示的计算模型出发，可得出带肋壳的基本微分方程式：

$$\left.\begin{array}{l} L_b \varphi + (L_k + \Delta_k)w = 0 \\ L_D w - (L_k + \Delta_k)\varphi = q(x,y) \end{array}\right\} \quad (3\text{-}5)$$

式中

$$L_b = b_{22} \frac{\partial^4}{\partial x^4} + (2b_{12} + b_{33}) \frac{\partial^4}{\partial x^2 \partial y^2} + b_{11} \frac{\partial^4}{\partial y^4} \quad (3\text{-}6)$$

$$L_k = K_{12}\left(\frac{\partial^4}{\partial x^4} + \frac{\partial^4}{\partial y^4}\right) + (K_{11} + K_{22} - 2K_{33}) \frac{\partial^4}{\partial x^2 \partial y^2} \quad (3\text{-}7)$$

$$L_D = D_{11} \frac{\partial^4}{\partial x^4} + 2(D_{12} + 2D_{33}) \frac{\partial^4}{\partial x^2 \partial y^2} + D_{22} \frac{\partial^4}{\partial y^4} \quad (3\text{-}8)$$

$$\Delta_k = k_y \frac{\partial^2}{\partial x^2} + k_x \frac{\partial^2}{\partial y^2} - 2k_t \frac{\partial^2}{\partial x \partial y} \quad (3\text{-}9)$$

公式（3-6）～（3-9）中参数的取值，对于常用的钢筋混凝土带肋扁壳，在假定混凝土的泊松比为零、肋的抗扭刚度为零，且计算参考面取在 T 形截面形心处时，由下列公式计算：

$$b_{11} = \frac{1}{E_c t_{1A}} \quad (3\text{-}10)$$

$$b_{22} = \frac{1}{E_c t_{2A}} \quad (3\text{-}11)$$

$$b_{33} = \frac{2}{E_c t} \quad (3\text{-}12)$$

$$b_{12} = 0 \quad (3\text{-}13)$$

$$D_{11} = \frac{E_c t_{11}^3}{12} \quad (3\text{-}14)$$

$$D_{22} = \frac{E_c t_{21}^3}{12} \quad (3\text{-}15)$$

$$D_{33} = \frac{E_c t^3}{24} \quad (3\text{-}16)$$

$$D_{12} = 0 \quad (3\text{-}17)$$

$$K_{11} = \frac{e_{1a} - e_{2a}}{2} \quad (3\text{-}18)$$

$$K_{22} = \frac{e_{1a} - e_{2a}}{2} \quad (3\text{-}19)$$

$$K_{12} = 0 \quad (3\text{-}20)$$

$$K_{33} = -e_a \quad (3\text{-}21)$$

$$e_a = \frac{e_{1a} + e_{2a}}{2} \quad (3\text{-}22)$$

式中 t_{11}、t_{21}——带肋壳壳板在 x、y 轴方向按截面惯性矩折算的厚度；

t_{1A}、t_{2A}——带肋壳壳板在 x、y 轴方向按截面面积折算的厚度。

此时公式（3-6）～（3-8）化为：

$$L_b = \frac{1}{E_c t_{2A}} \frac{\partial^4}{\partial x^4} + \frac{2}{E_c t} \frac{\partial^4}{\partial x^2 \partial y^2} + \frac{1}{E_c t_{1A}} \frac{\partial^4}{\partial y^4} \quad (3\text{-}23)$$

$$L_K = 2e_a \frac{\partial^4}{\partial x^2 \partial y^2} \quad (3\text{-}24)$$

$$L_D = \frac{E_c t_{11}^3}{12} \frac{\partial^4}{\partial x^4} + \frac{E_c t^3}{6} \frac{\partial^4}{\partial x^2 \partial y^2} + \frac{E_c t_{21}^3}{12} \frac{\partial^4}{\partial y^4} \quad (3\text{-}25)$$

$$L_K + \Delta_k = \left(e_a \frac{\partial^2}{\partial y^2} + k_y\right)\frac{\partial^2}{\partial x^2} - 2k_t \frac{\partial^2}{\partial x \partial y} + \left(e_a \frac{\partial^2}{\partial x^2} + k_x\right)\frac{\partial^2}{\partial y^2} \quad (3\text{-}26)$$

于是公式（3-5）可写为：

$$\left.\begin{array}{l} \left[\dfrac{1}{E_c t_{2A}} \dfrac{\partial^4}{\partial x^4} + \dfrac{2}{E_c t} \dfrac{\partial^4}{\partial x^2 \partial y^2} + \dfrac{1}{E_c t_{1A}} \dfrac{\partial^4}{\partial y^4}\right]\varphi + \\[4pt] \left[\left(e_a \dfrac{\partial^2}{\partial y^2} + k_y\right)\dfrac{\partial^2}{\partial x^2} - 2k_t \dfrac{\partial^2}{\partial x \partial y} + \left(e_a \dfrac{\partial^2}{\partial x^2} + k_x\right)\dfrac{\partial^2}{\partial y^2}\right]w = 0 \\[4pt] \left[\dfrac{E_c t_{11}^3}{12} \dfrac{\partial^4}{\partial x^4} + \dfrac{E_c t^3}{6} \dfrac{\partial^4}{\partial x^2 \partial y^2} + \dfrac{E_c t_{21}^3}{12} \dfrac{\partial^4}{\partial y^4}\right]w - \\[4pt] \left[\left(e_a \dfrac{\partial^2}{\partial y^2} + k_y\right)\dfrac{\partial^2}{\partial x^2} - 2k_t \dfrac{\partial^2}{\partial x \partial y} + \left(e_a \dfrac{\partial^2}{\partial x^2} + k_x\right)\dfrac{\partial^2}{\partial y^2}\right]\varphi = q(x,y) \end{array}\right\} \quad (3\text{-}27)$$

对周边简支扁壳，可取重级数的第一项来比较。由于 x、y 方向曲率可表示为下列公式：

$$\left.\begin{array}{l} k_x = \dfrac{8 f_a}{a^2} \\[4pt] k_y = \dfrac{8 f_b}{b^2} \end{array}\right\} \quad (3\text{-}28)$$

因此有下列公式：

$$\left.\begin{array}{l} k_x + e_a \dfrac{\partial^2}{\partial x^2} = \dfrac{8}{a^2}\left(f_a - \dfrac{\pi^2}{8} e_a\right) \\[4pt] k_y + e_a \dfrac{\partial^2}{\partial y^2} = \dfrac{8}{b^2}\left(f_b - \dfrac{\pi^2}{8} e_a\right) \end{array}\right\} \quad (3\text{-}29)$$

在通常情况下 $f_a \gg e_a$，$f_b \gg e_a$，因此可忽略 e_a 的影响，亦即可忽略微分算子 L_K 的影响，则公式（3-27）可简化为：

$$\left.\begin{array}{l} \left[\dfrac{1}{E_c t_{2A}} \dfrac{\partial^4}{\partial x^4} + \dfrac{2}{E_c t} \dfrac{\partial^4}{\partial x^2 \partial y^2} + \dfrac{1}{E_c t_{1A}} \dfrac{\partial^4}{\partial y^4}\right]\varphi + \\[4pt] \left[k_y \dfrac{\partial^2}{\partial x^2} - 2k_t \dfrac{\partial^2}{\partial x \partial y} + k_x \dfrac{\partial^2}{\partial y^2}\right]w = 0 \\[4pt] \left[\dfrac{E_c t_{11}^3}{12} \dfrac{\partial^4}{\partial x^4} + \dfrac{E_c t^3}{6} \dfrac{\partial^4}{\partial x^2 \partial y^2} + \dfrac{E_c t_{21}^3}{12} \dfrac{\partial^4}{\partial y^4}\right]w - \\[4pt] \left[k_y \dfrac{\partial^2}{\partial x^2} - 2k_t \dfrac{\partial^2}{\partial x \partial y} + k_x \dfrac{\partial^2}{\partial y^2}\right]\varphi = q(x,y) \end{array}\right\} \quad (3\text{-}30)$$

对于壳板矢高与壳板跨度之比不大于 1/5 的带肋圆柱面壳，若取壳长度方向为 x 轴、壳跨度方向为 y 轴，则存在 k_x 和 k_t 等于零，壳的基本微分方程式为：

$$\left.\begin{array}{l} \left[\dfrac{1}{E_c t_{2A}} \dfrac{\partial^4}{\partial x^4} + \dfrac{2}{E_c t} \dfrac{\partial^4}{\partial x^2 \partial y^2} + \dfrac{1}{E_c t_{1A}} \dfrac{\partial^4}{\partial y^4}\right]\varphi + k_y \dfrac{\partial^2}{\partial x^2} w = 0 \\[4pt] \left[\dfrac{E_c t_{11}^3}{12} \dfrac{\partial^4}{\partial x^4} + \dfrac{E_c t^3}{6} \dfrac{\partial^4}{\partial x^2 \partial y^2} + \dfrac{E_c t_{21}^3}{12} \dfrac{\partial^4}{\partial y^4}\right]w - k_y \dfrac{\partial^2}{\partial x^2} \varphi = q(x,y) \end{array}\right\} \quad (3\text{-}31)$$

或合并为对 F 的八阶微分方程式：

$$\left\{\left[\frac{E_c t_{11}^3}{12}\frac{\partial^4}{\partial x^4} + \frac{E_c t^3}{6}\frac{\partial^4}{\partial x^2 \partial y^2} + \frac{E_c t_{21}^3}{12}\frac{\partial^4}{\partial y^4}\right]\right.$$
$$\left[\frac{1}{E_c t_{2A}}\frac{\partial^4}{\partial x^4} + \frac{2}{E_c t}\frac{\partial^4}{\partial x^2 \partial y^2} + \frac{1}{E_c t_{1A}}\frac{\partial^4}{\partial y^4}\right]$$
$$\left. + k_y^2\frac{\partial^4}{\partial x^4}\right\} F = q(x,y) \quad (3-32)$$

其中

$$\varphi = -k_y \frac{\partial^2}{\partial x^2} F \quad (3-33)$$

$$w = \left[\frac{1}{E_c t_{2A}}\frac{\partial^4}{\partial x^4} + \frac{2}{E_c t}\frac{\partial^4}{\partial x^2 \partial y^2} + \frac{1}{E_c t_{1A}}\frac{\partial^4}{\partial y^4}\right] F \quad (3-34)$$

对简支带肋圆柱面壳，可采用薄膜理论的特解及有矩理论基本方程的齐次解叠加求得壳板的内力和变形。

对于带肋扁扭壳，存在 k_x 和 k_y 等于零，壳的基本微分方程式为：

$$\left\{\left[\frac{1}{E_c t_{2A}}\frac{\partial^4}{\partial x^4} + \frac{2}{E_c t}\frac{\partial^4}{\partial x^2 \partial y^2} + \frac{1}{E_c t_{1A}}\frac{\partial^4}{\partial y^4}\right]\varphi - 2k_t\frac{\partial^2}{\partial x \partial y} w = 0\right.$$
$$\left.\left[\frac{E_c t_{11}^3}{12}\frac{\partial^4}{\partial x^4} + \frac{E_c t^3}{6}\frac{\partial^4}{\partial x^2 \partial y^2} + \frac{E_c t_{21}^3}{12}\frac{\partial^4}{\partial y^4}\right] w + 2k_t\frac{\partial^2}{\partial x \partial y}\varphi = q(x,y)\right\}$$

$$(3-35)$$

对于带肋微弯扁壳，一般情况下 f_a/e_{1a} 和 f_b/e_{2a} 的数值在 $0 \sim 10$ 之间，不能忽略微分算子 L_K 的影响，壳的基本微分方程式应采用 (3-5) 或 (3-27)。求解后薄膜应变及弯曲内力的计算公式如下：

$$\varepsilon_1^m = \frac{1}{E_c t_{1A}}\frac{\partial^2 \varphi}{\partial y^2} + \frac{e_{1a} - e_{2a}}{2}\frac{\partial w}{\partial x} \quad (3-36)$$

$$\varepsilon_2^m = \frac{1}{E_c t_{2A}}\frac{\partial^2 \varphi}{\partial x^2} + \frac{e_{2a} - e_{1a}}{2}\frac{\partial w}{\partial y} \quad (3-37)$$

$$\gamma^m = -\frac{2}{E_c t}\frac{\partial^2 \varphi}{\partial x \partial y} - (e_{1a} + e_{2a})\frac{\partial w}{\partial x \partial y} \quad (3-38)$$

$$m_1 = \frac{e_{1a} - e_{2a}}{2}\frac{\partial^2 \varphi}{\partial y^2} - \frac{E_c t_{11}^3}{12}\frac{\partial w}{\partial x} \quad (3-39)$$

$$m_2 = \frac{e_{2a} - e_{1a}}{2}\frac{\partial^2 \varphi}{\partial x^2} - \frac{E_c t_{21}^3}{12}\frac{\partial w}{\partial y^2} \quad (3-40)$$

$$t = \frac{e_{1a} + e_{2a}}{2}\frac{\partial^2 \varphi}{\partial x \partial y} - \frac{E_c t^3}{12}\frac{\partial w}{\partial x \partial y} \quad (3-41)$$

二、半解析法

现对薄壳结构的半解析法择要分述如下：

1. 延拓康托洛维奇法

延拓康拓洛维奇法是康托洛维奇法的改进。该法是，首先按康托洛维奇法求得一个解答，然后将解析方向与近似方向互换，即将解析方向的解答形式固定，而放弃原近似方向设置的试函数，视其未知，并由另一轮康托洛维奇法确定。

该法具有一些独特的优点。首先，最终的解与初始试函数的选取无关，且不要求事先满足本质（位移）边界条件；其次，延拓迭代的收敛速度十分快，通常 $2 \sim 3$ 次即可，且与所含项数多少无关；再者，该法精度较高，一般取一项便可满足工程需要。该法主要用于规则区域上的问题。

2. 常微分方程求解器法

这是一种直接调用常微分方程求解器对常微分方程进行求解的方法。该方法适用于规则边界的薄壳结构，特别适用于工程中常见的旋转壳。若荷载是轴对称的，则可直接应用该法求解；若荷载是非轴对称的，则可按通常的做法将荷载沿环向展成三角级数，使问题转化为若干一维问题的叠加，而每一个一维子问题均可用该法求解。

求解器可采用程序 COLSYS 进行。该求解器对线性和非线性、单一的和联立的常微分方程均适用。将方程及边界条件输入求解器，并根据需要为解答设置一个误差限，即可求解。对于非线性问题，还须为求解器提供一个初始供迭代用。对于弹性稳定和自由振动等特征值问题，可使用一些变换技巧将问题转化为标准的非线性常微分方程问题之后，再用求解器分析求解。

3. 差分线法

该法用一组平行的直线对求解区域进行划分，将解离散为结线上的一元函数。在偏微分控制方程中保留结线方向的导数，而离散方向的导数则用几个相邻的结线函数的差分来近似，可得到一组常微分方程，然后用常微分方程求解器求解。该法主要用于规则区域上的问题，实施也较简单。该法的离散误差限于单方向，解答精度比全离散的差分法要高。为了提高解答的精度，可加密结线网格，或采用高精度的差分公式。另外，将结线放在真解变化复杂的方向，可使该法的优势得以更好的发挥。

4. 有限元线法

该法首先用一组结线对任意的求解区域进行划分，可得到若干个单元。根据需要结线可为直线或曲线，单元一般为四曲边条状形。单元可在公共结线处并排连接，也可在端边处对头搭接。然后，取结线位移为基本未知量，单元内部位移可由结线位移的插值得到。再利用能量变分原理，可以导出一组定义在结线上的常微分方程组，用求解器求出结线位移，作为原问题的近似解。

用该法构造的壳体单元主要基于下列三种理论：薄壳弯曲理论、考虑剪切变形的中厚壳理论、由三维弹性理论退化而得的退化壳理论。该法的离散误差主要来自单元上结线位移间的插值，而与真解沿结线方向的变化无关。因此，将结线沿解答变化剧烈的方向布置，可使本法的效力充分发挥。有两种途径可用来提高解答的精度：h 型方法和 p 型方法。h 型方法是通过对网格的细分加密（缩小单元尺寸 h）而使解答收敛，而 p 型方法是固定单元网格不变，通过提高各单元的阶数（即提高插值形函数的次数 p）来取得解答的收敛。p 型方法网格简单，收敛速度一般比 h 型方法快，高次单元又可有效地克服各种闭锁现象，是较为实用的方法。

该法可广泛应用于壳体的静力、稳定和振动分析。对局部荷载、边界效应、应力集中和孔洞等较难的问题效果更佳。

5. 基于广义函数理论的德来夫特方法

为了解决底面投影为任意形状的薄壳结构的内力与变形分析，可采用基于广义函数理论的德来夫特方法。该法引用广义函数理论首先求出薄壳结构控制偏微分方程的完备通解，再加上根据荷载条件所判定的特解以满足域内平衡方程与变形条件，然后在薄壳结构边界上进行配点以协调和满足壳体的边界条件，并可采用最小二乘求出上述完备通解的待定系数，其具体过程可参见本规程附录 B。

6. 加权残值法

加权残值法又称加权余量法，是一种求解微分方程的强有力的方法。加权残值法已在工程界得到广泛应用。

加权残值法的原理是直接从控制微分方程出发，采用一个较合理的带有未知参数的试函数作为未知函数的近似函数，代入控制微分方程左端，得到不为零的表达式，此式称为残值。将此残值乘以一定的权重，令残值与权重的乘积为零，得到残值方程。求解此残值方程，得到试函数的参数值，从而得到可代替真实函数的近似函数。

根据权重的形式，加权残值法可转化为配点法、最小二乘法、有限单元法和边界单元法等。

三、数值法

薄壳顶盖结构内力与变形分析的数值法，主要有能量差分法和有限元法。

1. 能量差分法

能量差分法是基于普通或广义变分原理的数值方法。该法直接从有关的变分原理推导出代数方程组来求解，即在泛函式中，导数用差分来近似,积分用有限和来代替,从而可将求泛函驻值问题转化为求多元函数驻值问题。显然,能量差分法实质上就是一种最简单的有限单元法。在国外,该法是应用很广的面向计算机解法之一,并已编制了有关程序,如 BOSOR 和 STAGS 等,可用于线性和非线性问题的分析。由于该法具有有限单元法的某些优点,因此 IASS 规程推荐这种方法。

2. 有限单元法

采用有限单元法对壳体进行力学分析,可采用国际上通用的多种有限单元大型程序,如 SAP 系列、NASTRAN 和 ADINA 等。这种方法适用于各种壳体形式和各种壳体边界条件。

当可采用解析法或半解析法进行力学分析时,对有限单元法的计算结果可进行校核,便于设计者掌握其力学性能。

对于任意形状壳体,有限单元的离散形式主要可分为:

(1) 平板型壳单元

早期单元每个结点有 5 个自由度,近期单元每个结点增加一个平面内转动自由度。采用平板型壳单元分析时,首先将壳体离散成由一系列平板型单元组成的单向或双向折板。对于任意形状壳体应采用三角形单元;对于柱壳可采用矩形单元;对于旋转壳可采用四边形单元。

(2) 基于壳体理论的曲面型壳单元(简称曲面型壳单元)

平板型壳单元具有以折面代替曲面的局限性,而基于壳体理论的曲面型壳单元的优点是:

(a) 壳体单元的几何形状更为合理;

(b) 在单个单元中已经体现了薄膜内力和弯曲内力的耦合作用。其缺点是:

(a) 壳体理论过于复杂,而且应变-位移关系有多种表达形式,目前还没有公认的统一形式;

(b) 当结点位移按刚体位移给定时,有的单元出现寄生的非零应变;

(c) 存在薄膜闭锁现象,有的还存在剪切闭锁现象。

(3) 基于三维弹性理论的退化型壳单元(简称退化型壳单元)

基于三维弹性理论与基于壳体理论的曲面型壳单元都属于曲形单元,二者的区别是:在曲面型壳单元中,首先用解析方法将三维弹性理论问题化为二维壳体理论问题,其中引入了内力和广义应变(如曲率、扭率等)的概念;然后,再将二维壳体理论问题进行有限元离散。在退化型壳单元中,首先用数值方法将三维弹性理论问题离散为三维有限元问题,其中仍采用应力和应变,不引入内力和广义应变;然后引入简化假定,将三维单元的位移场用中面结点位移来表述,化为二维问题。由于退化型壳单元摒弃了壳体理论中各种复杂关系式,从而使其构造方法较为简单,更具有一般性。

(4) 改进的平板型壳单元

精度高的板弯曲元除杂交单元和属于离散 Kirchhoff 理论 DKT 单元之外,还有拟协调单元和广义协调单元。在膜单元方面,近来提出的含有平面内转动自由度的膜单元,特别适用于构造平板型壳单元。

含转动自由度的膜单元与广义协调板弯曲单元的珠联璧合,可组合出性能优异的新型平板型壳单元。

(5) 截锥型旋转壳单元

对于旋转壳这类壳体,除可应用一般性壳单元外,还可利用结构的轴对称性质,采用特殊的截锥型单元,即不沿环向而只沿经线进行离散。这种单元实际上是一维单元,从而计算非常简单。

上述为常用的五种壳单元。推导单元时,应用最广的是位移法,混合杂交法也日益受到重视。分析薄壳时可忽略横向剪切变形的影响,而分析中厚壳和夹层壳时则要考虑其影响。

从实用的观点看,以改进的平板型壳单元分析任意形状壳体和以截锥型壳单元分析旋转壳最为简便。

3.3.2 本规程第 4~8 章分别对底面投影比较规则的圆形底旋转薄壳、双曲扁壳、圆柱面壳、双曲抛物面扭壳和膜型扁壳在均布荷载或比较规则的分布荷载作用下的内力与位移计算作了规定。这些计算公式大部分都是基于壳体控制方程的简化公式,有很好的精度,便于实际应用,还可以作为各种半解析法和有限元法计算结果的参照。

3.3.4 将壳体与支承结构乃至地基基础一起做整体分析,可以更好地了解壳体的力学性能。高性能计算机的大量普及和各种大型有限元分析软件的完善也使这种分析成为现实。

3.4 壳体的构造和配筋

3.4.1 本条给出了壳板厚度选择应考虑的原则。

3.4.2 在壳板边缘与边缘构件的连接部位,因存在边缘抗力产生的弯矩,所以应增加厚度,并增加抗弯钢筋数量。壳板厚度应逐渐增加,以避免应力集中。

3.4.3 本条给出了确定混凝土保护层厚度时应考虑的各个方面。混凝土保护层应能避免钢筋锈蚀,减少裂缝宽度和满足建筑防火要求。

3.4.4 本条主要依据 IASS 推荐规程:《Recommendations for Reinforced Concrete Shells and Folded Plates》,prepared by the working group on recommendations of the IASS, Madrid, 1979。使用时应注意符合我国现行国家标准《混凝土结构设计规范》的规定。

按照薄壳结构的特点,壳板中央大部分区域主要承受中曲面内的内力,壳板边缘与边缘构件连接处存在弯矩,孔洞周围有应力集中。因此,这些地方的钢筋应按受力特点来配置。

为了控制拉应变和裂缝开展,宜采用较小直径的钢筋并避免采用高强度钢筋。

按照我国现行国家标准《混凝土结构设计规范》的规定,绑扎钢筋的最小搭接长度为:受拉钢筋不应小于 $1.2l_a$,受压钢筋不应小于 $0.85l_a$。l_a 可根据现行国家标准《混凝土结构设计规范》GBJ 10-89 表 6.1.4 采用。

3.4.5 壳板与边缘构件连接部位增厚的范围和增厚的厚度,应与本规程第 3.4.2 条一起考虑,取其较大值。

在壳板增厚区域内,上下两层钢筋的锚固长度还应考虑现行国家标准《混凝土结构设计规范》的规定。上层钢筋锚固长度应取 30 倍钢筋直径和 l_a 的较大值;下层钢筋锚固长度取 15 倍钢筋直径和 $0.7l_a$ 的较大值。

3.4.6 本条给出了装配整体式壳体壳板和边缘构件的连接构造,其内容部分参照原苏联钢筋混凝土薄壁空间顶盖与楼盖设计规范,并结合了我国的工程实践。

3.5 装配整体式壳体

3.5.1 采用的方案要结合工程施工现场情况、施工方案、运输条件和综合经济成本等决定。

3.5.2、3.5.4 预制构件的划分,要尽可能减少拼缝和构件类型,并能简化接头处理。要便于施工、堆放、运输和安装,安装后的装配整体式壳体要符合壳体的整体空间受力特性。

3.5.6~3.5.10 对原规程条文重新进行整理。给出了壳板接缝的三种类型:混凝土接缝、钢筋混凝土接缝和预应力混凝土接缝,及其具体做法和适用范围。

3.6 预应力薄壳结构

3.6.1 本条给出了预应力的适用范围。采用预应力可提高薄壳结构的刚度和抗裂性,显著改善壳体的受力性能,降低壳体内钢筋的锈蚀程度,是一种值得提倡的结构技术。

3.6.2~3.6.7 对原规程条文重新进行了整理。

3.6.8 根据现行国家标准《混凝土结构设计规范》的规定,给出了预应力薄壳结构的基本构造的规定。

3.7 孔 洞

3.7.1～3.7.3 基本沿用原规程,但对条文重新进行了整理,以便于执行。

3.8 温度影响

3.8.1 本条给出了壳体伸缩缝的间距和构造要求,应符合现行国家标准《混凝土结构设计规范》的规定。

3.8.2～3.8.6 基本沿用原规程,但对条文重新进行了整理,以便于执行。

4 圆形底旋转薄壳

4.1 计算方法

4.1.1～4.1.2 本条给出了在轴对称荷载作用下,不带肋闭口或开口圆形底旋转薄壳壳板内力的计算公式。使用时应满足下列限制条件:
1. 荷载轴对称且沿经向没有突变;
2. 壳板厚度沿经向没有突变;
3. 壳板不带肋;
4. 满足下列要求:

$$C_a < \frac{1}{3}s_1 \quad (4-1)$$

壳板内力由薄膜内力和边界扰力产生的内力两部分组成。本条计算公式中的系数 η_i、$\bar{\eta}_i$, $i=1,2,3,4$ 由第 4.1.2 条的公式计算或由表查出;壳板薄膜内力由第 4.1.3 条的公式计算;壳板内、外环边缘内力修正值由本规程附录 A.1 公式计算。

本章中下标带有"a"或"o"的量,均表示在旋转壳外环或内环边缘处的值。

4.1.3 本条给出了圆形底旋转薄壳壳板在轴对称荷载作用下薄膜内力与位移的计算公式。

4.1.5 当扁球壳满足下列条件时:

$$C \geqslant \frac{1}{3}s_1 \quad (4-2)$$

在法向均布荷载作用下,内力和位移可采用表 4.1.5 所列公式计算。公式中的积分常数应根据壳板的边界条件确定。对于闭口壳,表中公式带有三个积分常数 C_1、C_2、C_6 应利用外环处三个边界条件求出;对于开口壳,表中公式带有六个积分常数 C_1、C_2、C_3、C_4、C_5、C_6,应利用内环与外环处各三个边界条件列出六个方程式联立求解。

4.1.6 本条具体给出了壳板内、外环边缘处的各种边界条件。

4.2 集中荷载和环形荷载作用下的 计算和圆孔应力集中

4.2.1 本条给出了圆形底旋转薄壳在多种集中荷载作用下壳板内力和位移的计算公式,并给出了有关 m 计算表格。

公式中所用的荷载采用设计值还是标准值,应根据是验算承载力还是变形来决定。

4.2.2 本条给出了扁球壳在轴对称环形均布荷载作用下壳板内力和位移的计算公式。限制条件是荷载作用点距壳板边缘的距离大于壳体特征长度的 3 倍。

第一款给出在荷载作用圈内的计算公式;第二款给出在荷载作用圈外的计算公式。

4.2.3 本条给出了扁球壳在轴对称环形均布荷载作用下,当不满足上列限制条件时壳板内力和位移的计算规定。

4.2.4 本条给出了开口球壳满足下限制条件时,在法向均布荷载及孔口竖向均布线荷载作用下壳板的最大经向弯矩和内环梁弯矩的计算公式。

限制条件为:

$$s_2 > 3C \quad (4-3)$$

$$\frac{r_0 + 3C}{4r_a} < \frac{1}{5} \quad (4-4)$$

4.2.5 本条给出了不满足上列规定,但在一定条件下可采用上列规定的几种场合。

4.3 雪、风荷载作用下的计算和稳定验算

4.3.1～4.3.3 根据现行有关规范的规定对原规程条文重新进行了整理,使之更清晰、明确,便于执行。

要注意荷载标准值和设计值在公式中的应用。

4.4 带肋壳的计算

4.4.1～4.4.3 基本沿用原规程,但根据现行有关规范的规定对条文重新进行了整理,使之更清晰、明确,便于执行。

对带肋旋转壳仍可采用薄膜理论加边界效应的方法进行计算。边界效应的齐次微分方程为:

$$\frac{d^4 v_{\varphi m}}{ds^4} + \frac{4}{C^4} v_{\varphi m} = 0 \quad (4-5)$$

式中

$$C = 0.76 \sqrt{t_{\varphi t} r_2 \sqrt{\frac{t_{\theta t}}{t_{\theta A}}}} \quad (4-6)$$

由此可知带肋壳特征长度参数与光面壳的差异。

4.5 壳体环梁的内力

4.5.1～4.5.6 基本沿用原规程,但根据现行有关规范的规定对条文重新进行了整理,使之更清晰、明确,便于执行。

4.6 构造要求

4.6.1～4.6.9 基本沿用原规程,但根据现行有关规范的规定对条文重新进行了整理,并删除了陈旧的环梁预加应力施工工艺要求。

5 双曲扁壳

5.1 几何尺寸

5.1.1 本条给出了双曲扁壳的基本组成部分和常用的形式。

5.1.2 双曲扁壳矢高与最小边长之比不应大于 1/5,也不宜太小,否则扁壳不能起空间结构的作用。

5.1.3 为了改善扁壳的力学性能,要求不等曲率双曲扁壳的较大曲率与较小曲率之比不大于 2、底面长边与短边之比不大于 2。

5.1.4 本条给出了双曲扁壳曲率近似表达式和曲面方程,供壳体分析之用。

5.2 均布荷载作用下的内力计算

5.2.1 本条给出了当双曲扁壳满足下列限制条件时,壳体在均布荷载作用下的内力计算公式。限制条件为:

$$\left. \begin{array}{l} \dfrac{a}{c_1} \geqslant 9 \\ \dfrac{b}{c_2} \geqslant 9 \end{array} \right\} \quad (5.1)$$

第一款给出了壳板内力计算的分区，边界扰力对不同区域的影响是不同的。

第二款给出了壳板各区域内轴向力和剪力的计算公式。

第三款给出了壳板各区域内弯矩、扭矩和竖向剪力的计算公式。

5.2.2 本条给出了在一般情况下双曲扁壳的内力和位移计算方法。

5.2.3 对于矩形底双曲扁壳，当$\frac{a}{c_1}$或$\frac{b}{c_2}$小于9时，内力计算可参考有关文献。

5.3 法向集中荷载作用下的内力和位移计算

5.3.1～5.3.4 基本沿用原规程，但按现行有关规范的规定对条文重新作了整理，对公式中的参数作了修订，还补充了表5.3.2。

5.4 半边荷载、填充荷载和水平荷载作用下的内力和位移计算

5.4.1～5.4.8 基本沿用原规程，但按现行有关规范的规定对条文重新作了整理。

5.5 稳定验算

5.5.1～5.5.2 基本沿用原规程，所用荷载为设计值。

5.6 带肋壳的计算

5.6.1 本条给出了带肋双曲扁壳按光面壳计算的限制条件及相应的参数计算公式。

5.6.2 本条给出了带肋双曲扁壳的稳定验算方法。

5.6.3 采用微分方程求解法计算带密肋双曲扁壳的内力与位移，可参见本规程第3.3.1条的说明。

5.7 边缘构件

5.7.1～5.7.3 基本沿用原规程。

5.8 构造和配筋

5.8.1 根据工程实践经验，删除了比较陈旧的边拱及节点做法。按现行有关规范的规定对原规程条文重新作了整理，并重新规定了整体式及装配整体式双曲扁壳的节点构造要求。

5.8.2 本条给出了双曲扁壳配筋的规定。

5.8.3 本条给出了装配整体式双曲扁壳预制壳板划分的规定。

6 圆柱面壳

6.1 几何尺寸和计算

6.1.1 本条给出了圆柱面壳的基本组成。

6.1.2 本条对长、短壳的定义作了修正。原规程定义圆柱面壳曲率半径与壳跨度之比在0.2~0.6之间的称为长壳，在0.6~4之间的称为短壳。新的定义以壳的宽度与跨度之比为参数，概念更为明确、合理。

6.1.3 本条给出了从几何尺寸上保证壳体强度和刚度的规定。

6.1.4 本条简要给出了圆柱面壳与边缘构件计算可简化的条件。

6.1.5 本条给出了多波圆柱面壳的计算原则。

6.1.6～6.1.9 基本沿用原规程，但按现行有关规范的规定对条文重新作了整理。

6.2 带肋壳的计算

6.2.1 本条给出了带肋圆柱面壳的计算原则。

6.2.2～6.2.3 给出了带肋圆柱面壳在各种情况下的稳定验算公式。应注意运用公式的限制条件。

6.3 边缘构件

6.3.1～6.3.4 基本沿用原规程，但对条文重新作了整理。

6.4 构造要求

6.4.1～6.4.7 基本沿用原规程，但按现行有关规范的规定对条文重新作了整理。

有关钢筋搭接长度和锚固长度应符合现行国家标准《混凝土结构设计规范》的规定。

当边梁施加预应力时，为减少对支柱的不利影响，要考虑对柱子的影响或采取相应的构造措施。

7 双曲抛物面扁扭壳

7.1 几何尺寸

7.1.1 本条给出了双曲抛物面扁扭壳的选型原则。

7.1.2 本条给出了多种形式双曲抛物面扁扭壳的中曲面表达式和扭曲率公式，供结构分析用。

7.1.3 本条给出了矩形底扭壳的尺寸要求。

7.2 计算方法

7.2.1 本条给出了双曲抛物面扁扭壳的计算原则。

7.2.2 本条给出了四边简支扭壳的边界条件。

7.2.3～7.2.4 四边简支扭壳在竖向均布荷载作用下的计算方法列入附录D。

7.2.5 连续型扁扭壳的受力特性较复杂。用有限元法进行整体分析可以更好地反映连续型扁扭壳的力学性能，也便于设计。

7.3 边缘构件

7.3.1～7.3.5 基本沿用原规程，但按现行有关规范的规定对条文重新作了整理。

7.4 构造要求

7.4.1～7.4.5 基本沿用原规程，但按现行有关规范的规定对条文重新作了整理。

8 膜型扁壳

8.1 适用范围和几何尺寸

8.1.1 本条给出了适用范围。

8.1.2 膜型扁壳的配筋量很小，比较节约材料，但破坏时延性不够，抗震性能较差，不宜用在9度地区。

8.1.3 本条给出了膜型扁壳平面尺寸的限制。

8.1.4 本条给出了膜型扁壳矢高的限制。

8.2 成型计算

8.2.1 本条给出了膜型扁壳成型计算的基本假定和基本方法。

8.2.2 本条给出了膜型扁壳中曲面的控制方程。

8.2.3 本条给出了矩形底膜型扁壳中曲面各相关参数的计算公式。其中表8.2.3-2是新修订的，采用级数前45000项。原表是采用级数前6项，精度不够。

8.2.4 本条给出了圆形底膜型扁壳中曲面各相关参数的计算公式。

8.3 边缘构件

8.3.1 本条给出了膜型扁壳在均布荷载作用下,边缘构件及其配筋的设计计算公式。

8.3.2 本条给出了膜型扁壳在填充荷载作用下的近似计算方法。

8.4 构造要求

8.4.1～8.4.3 基本沿用原规程,但删除了比较陈旧的构造做法。

附录 A 圆形底旋转薄壳的计算公式

A.1 壳体边缘附近的内力修正值

A.1.1～A.1.2 给出了壳体边缘附近在不同边界条件下的联立方程式,求解联立方程即可得出内力修正值。

壳体的内力和位移原则上可分为两部分:一部分由薄膜效应引起,另一部分由边缘扰力形成。

A.2 旋转薄壳的薄膜内力和位移计算公式

A.2.1～A.2.2 基本沿用原规程。根据不同验算情况,荷载应取设计值或标准值,应预注意。

附录 B 双曲扁壳的内力和位移计算及系数表

B.1 内力和位移控制方程的求解

B.1.1 本条给出了一般双曲扁壳结构分析的控制方程和求解途径,并给出了由应力函数计算壳内力和位移的计算公式。

B.2 内力和位移的系数表

B.2.1～B.2.2 基本沿用原规程,但对原规程表格全面进行了整理,改正了一些错误。

附录 C 圆柱面壳内力的计算方法及系数表

C.1 长壳内力的计算

C.1.1～C.1.14 对原规程条文重新进行了整理,详细地给出了圆柱面长壳内力的计算步骤和相应的图表。

C.2 短壳内力的计算

C.2.1～C.2.13 对原规程条文重新进行了整理,详细地给出了圆柱面短壳内力的计算步骤和相应的图表。

短壳内力的计算步骤与长壳相似,但应注意长壳取一项三角函数,短壳取两项三角函数;边缘扰力的选取也有所不同。

附录 D 双曲抛物面扁扭壳的内力和位移计算

D.0.1～D.0.2 基本沿用了原规程,但对原规程图表重新进行了整理。

附加说明

本规程主编单位、参加单位、主要起草人名单

主编单位:中国建筑科学研究院
参加单位:中国建筑科学研究院
　　　　　清华大学
　　　　　浙江大学
主要起草人:何广乾　龙驭球　董石麟　刘开国　林春哲　袁驷
　　　　　　包世华　张铜生　顾 承　周 游　董智力

中华人民共和国行业标准

型钢混凝土组合结构技术规程

JGJ 138—2001

条 文 说 明

前　言

《型钢混凝土组合结构技术规程》JGJ 138—2001 经建设部 2001 年 10 月 23 日以建标［2001］214 号文批准，业已发布。

为便于广大设计、施工、科研、学校等单位的有关人员在使用本规程时能正确理解和执行条文规定，《型钢混凝土组合结构技术规程》编制组按章、节、条顺序编制了本标准的条文说明，供使用者参考。在使用过程中如发现本条文说明有不妥之处，请将意见函寄中国建筑科学研究院结构所（100013）。

目 次

1 总则 ················· 4—7—4
2 术语、符号 ············ 4—7—4
3 材料 ················· 4—7—4
  3.1 型钢 ·············· 4—7—4
  3.2 钢筋 ·············· 4—7—4
  3.3 混凝土 ············ 4—7—4
4 设计基本规定 ·········· 4—7—4
  4.1 结构类型 ·········· 4—7—4
  4.2 设计计算原则 ······ 4—7—5
  4.3 一般构造 ·········· 4—7—5
5 型钢混凝土框架梁 ······ 4—7—5
  5.1 承载力计算 ········ 4—7—5
  5.2 裂缝宽度验算 ······ 4—7—5
  5.3 挠度验算 ·········· 4—7—6
  5.4 构造要求 ·········· 4—7—6
6 型钢混凝土框架柱 ······ 4—7—6
  6.1 承载力计算 ········ 4—7—6
  6.2 构造要求 ·········· 4—7—6
7 型钢混凝土框架梁柱节点 · 4—7—7
  7.1 承载力计算 ········ 4—7—7
  7.2 构造要求 ·········· 4—7—7
8 型钢混凝土剪力墙 ······ 4—7—7
  8.1 承载力计算 ········ 4—7—7
  8.2 构造要求 ·········· 4—7—7
9 连接构造 ············· 4—7—7
  9.1 梁柱节点连接构造 ·· 4—7—7
  9.2 柱与柱连接构造 ···· 4—7—8
  9.3 梁与梁连接构造 ···· 4—7—8
  9.4 梁与墙连接构造 ···· 4—7—8
  9.5 柱脚构造 ·········· 4—7—8
10 施工及质量要求 ······· 4—7—8
附录 A 配置十字形型钢的型钢混凝土柱
    正截面承载力简化计算 ······ 4—7—8

4—7—3

1 总 则

1.0.1 型钢混凝土组合结构是把型钢埋入钢筋混凝土中的一种独立的结构型式。由于在钢筋混凝土中增加了型钢，型钢以其固有的强度和延性，以及型钢、钢筋、混凝土三为一体地工作使型钢混凝土结构具备了比传统的钢筋混凝土结构承载力大、刚度大、抗震性能好的优点，与钢结构相比，具有防火性能好，结构局部和整体稳定性好，节省钢材的优点，有针对性地推广应用此类结构，对我国多、高层建筑的发展、优化和改善结构抗震性能都具有极其重要的意义。

本规程是在对型钢混凝土组合结构进行了系统的试验研究和大量工程试点的基础上，并参考了国外有关的技术规定制定的。

1.0.2～1.0.3 国内外试验表明，型钢混凝土组合结构在低周反复荷载作用下具有良好的滞回特性和耗能能力，尤其是配置实腹型钢的型钢混凝土组合结构构件的延性性能、承载力、刚度，更优于配置空腹型钢的型钢混凝土组合结构构件，因此，本规程主要针对配置实腹型钢的型钢混凝土组合结构构件的设计方法和连接构造作出规定，其适用范围为非地震区和设防烈度为6度至9度地震区。

基于对型钢混凝土梁的疲劳性能未作研究，本规程不适用于疲劳构件。

2 术语、符号

2.1 术 语

2.1.1 型钢混凝土组合结构指混凝土内配置轧制型钢或焊接型钢和钢筋的结构。

2.2 符 号

2.2.1～2.2.4 符号是根据现行国家标准《建筑结构设计通用符号、计量单位和基本术语》GBJ 83 的规定制定的。

3 材 料

3.1 型 钢

3.1.1 型钢混凝土组合结构构件中采用的型钢钢材的选用标准，是依现行国家标准《钢结构设计规范》GBJ 17、《碳素结构钢》GB 700和《低合金高强度结构钢》GB/T 1591规定的，型钢钢材的性能应与钢结构对钢材性能的要求相同。由于Q235—A级钢不要求任何冲击试验值，并只在用户有要求时才进行冷弯试验，因此，不适用于多、高层建筑结构中作为主要承重钢材。B、C、D等级钢是分别满足不同的化学成分和不同温度下的冲击韧性要求的钢材；C、D级钢的碳、硫、磷含量较低，更适用于重要的焊接构件。

3.1.2 基于型钢混凝土组合结构中的型钢是截面的主要承重部分，对钢材性能要求满足抗拉强度、伸长率、屈服点、硫磷含量、含碳量的要求，且将现行钢结构设计规范规定的"必要时保证冷弯性能"的要求，改为"应满足冷弯试验"的要求。另外，考虑到高层型钢混凝土组合结构常采用厚钢板，且大多数建筑考虑抗震，为此，规程中提出了冲击韧性合格的要求。

另外，国内的型钢混凝土组合结构工程中，大量采用焊接型钢，由此，在钢板交接处、梁柱节点和柱脚处的焊缝局部应力集中，焊接过程中容易形成撕裂，同时，厚钢板存在各向异性，Z轴向性能指标较差，为此，对采用厚度等于或大于50mm的钢板时，应满足现行国家标准《厚度方向性能钢板》GB 5313 中有关Z15级的断面收缩率指标的要求，它相当于硫含量不超过0.01%。

地震区钢材性能应具有较好的延性，因此，要求钢材的极限抗拉强度和屈服强度不能太接近，其强屈比不小于1.2。

3.1.3～3.1.6 钢材强度设计值是由钢材的屈服标准值除以材料分项系数确定的。对Q235钢和Q345钢，其分项系数分别取为1.087和1.111。钢材的物理性能指标、型钢焊接要求和焊缝度设计值的取值，按现行国家标准《钢结构设计规范》GBJ 17—88 规定取用。

3.1.7～3.1.8 在型钢混凝土组合结构构件中，采用作为抗剪连接件的栓钉，应该是符合现行国家标准《圆柱头焊钉》GB 10433规定的合格产品，不得用短钢筋代替栓钉。栓钉的力学性能指标不能低于表3.1.7规定。连接型钢的普通螺栓、高强螺栓、锚栓都应符合有关标准的要求。

3.2 钢 筋

3.2.1～3.2.2 纵向钢筋和箍筋宜采用延性较好的热轧钢筋。

3.3 混 凝 土

3.3.1～3.3.2 为了充分发挥型钢混凝土组合结构中型钢的作用，混凝土强度等级不宜过低，本规程规定了混凝土强度等级不宜小于C30。对于C70～C80高强度混凝土，考虑到目前对强度在C70以上的混凝土的型钢混凝土组合结构性能研究不够，因此，如通过试验研究，有可靠依据时，可采用C70～C80。

3.3.3 为便于混凝土的浇筑，需对混凝土最大骨料直径加以限制。

4 设计基本规定

4.1 结 构 类 型

4.1.1 型钢混凝土组合结构的结构性能，基本上是属于钢筋混凝土结构范畴，在多、高层建筑中可以全部结构构件采用型钢混凝土组合结构，也可某几层或框支层或某局部部位采用型钢混凝土组合结构。目前，国内高层建筑工程中，都是有针对性的在需要发挥型钢混凝土承载力大、延性好、刚度大的特点的部位采用，如在框架-剪力墙结构、筒体结构、框支剪力墙结构中的框支层采用型钢混凝土框架柱；在跨度较大的框架结构中采用型钢混凝土梁；根据受力要求，在一般剪力墙和筒体剪力墙中采用型钢混凝土剪力墙。

在多、高层建筑的各种体系中，型钢混凝土结构构件可以与钢筋混凝土结构构件组合，也可与钢结构构件组合，不同结构发挥其各自特点。在型钢混凝土结构设计中主要是处理好不同结构材料的连接节点，以及沿高度改变结构类型带来的承载力和刚度的突变。

对房屋的下半部分采用型钢混凝土，上半部分采用钢筋混凝土的框架柱，由日本的阪神地震震害表明，凡是刚度和强度突变处容易发生破坏，因此，在设计中应重视过渡层的构造。本规程对设防烈度为9度，又为一级抗震等级的框架柱，规定沿高度框架柱的全部结构构件应采用型钢混凝土组合结构。

4.1.2 试验表明，配置实腹式型钢的型钢混凝土柱具有良好的变形性能和耗能能力，适用于地震区采用。而配置空腹式型钢的型钢混凝土柱的变形性能及抗震承载力相对差一些，必须配置一定数量的斜腹杆，其变形性能才可改善。因此，本规程规定空腹斜腹杆焊接型钢宜用于非地震区或设防烈度为 6 度地区的建筑。

4.1.3 为提高型钢混凝土结构构件的承载力和刚度，型钢混凝土框架梁和框架柱的型钢配置，宜采用充满型宽翼缘实腹型钢。充满型实腹型钢，是指型钢上翼缘处于截面受压区，下翼缘处于截面受拉区，即设计中应考虑在满足型钢混凝土保护层要求和便于施工的前提下，型钢的上翼缘和下翼缘尽量靠近混凝土截面的近边。

4.1.4 为提高剪力墙的承载力和延性，宜在剪力墙两端或边柱中配置实腹型钢，而且，为了加强剪力墙的抗侧力，也可在剪力墙腹板内加设斜向钢支撑。

4.2 设计计算原则

4.2.1 型钢混凝土组合结构在选择合理的平面布置、竖向布置，以及在进行荷载和地震作用组合下的内力和位移计算等方面应遵守现行国家标准和有关技术规程的规定。

4.2.2 在进行弹性阶段的内力和位移计算中，除了需要型钢混凝土结构构件的截面换算弹性抗弯刚度外，在考虑构件的剪切变形、轴向变形时，还需要换算截面剪切刚度和轴向刚度。计算中采用了钢筋混凝土的截面刚度和型钢截面刚度叠加的方法。

4.2.3 基于型钢混凝土组合结构构件具有比钢筋混凝土结构构件更好的延性和耗能特性，为此，型钢混凝土组合结构和由它和混凝土结构组成的混合结构，其房屋最大适用高度可以比钢筋混凝土结构作不同程度的提高。对于全部结构构件均采用型钢混凝土结构时，房屋高度可提高 30%～40%，而其结构阻尼比的取值是考虑型钢混凝土组合结构的阻尼比略低于钢筋混凝土结构，因此，阻尼比采用 0.04。

4.2.4～4.2.5 型钢混凝土组合结构构件的两个极限状态的设计要求，与国家现行标准《混凝土结构设计规范》GBJ 10—89、《建筑抗震设计规范》GBJ 11—89 相一致。

4.2.6 抗震等级的划分主要根据不同的设防烈度，不同的结构类型，不同的房屋高度来确定的，因此，型钢混凝土组合结构或由它和混凝土结构组成的结构，其抗震等级的划分和选定基本上与现行国家标准《混凝土结构设计规范》GBJ 10—89 相同，只是增加了筒体结构的抗震等级要求。另外，允许型钢混凝土框支剪力墙结构在 8 度设防烈度地区建造，房屋高度可超过 80m，但不可超过 100m，抗震等级取一级。

4.2.7 考虑到型钢混凝土组合结构的延性和耗能能力的特点已在框架柱的轴压比限值中体现了，因此，对于正常使用极限状态下，按风荷载或地震作用组合的楼层层间位移、顶点位移的限值不作放松，要求满足现行行业标准《高层建筑结构设计与施工规程》JGJ 3—91 规定的限值要求。

4.2.8～4.2.9 型钢混凝土梁的最大挠度限值和最大裂缝宽度限值与国家现行标准《混凝土结构设计规范》GBJ 10—89 规定相一致。

4.3 一般构造

4.3.1～4.3.2 型钢混凝土组合结构是钢和混凝土两种材料的组合体，在此组合体中，箍筋的作用尤为突出，它除了增强截面抗剪承载力，避免结构发生剪切脆性破坏外，还起到约束核心混凝土，增强塑性铰区变形能力和耗能作用的作用，对型钢混凝土组合结构构件而言，更起到保证混凝土和型钢、纵筋整体工作的重要作用，因此，为保证在大变形情况下维持箍筋对混凝土的约束，箍筋应做成封闭箍筋，其末端应有 135°弯钩，弯钩平直段也应有一定长度，当采用拉结箍筋时，至少一端应有 135°弯钩。

4.3.3 在确定型钢的截面尺寸和位置时，宜满足型钢有一定的混凝土保护层厚度，以防止型钢不发生局部压屈变形，保证型钢、钢筋混凝土相互粘结而整体工作，同时，也是提高耐火性、耐久性的必要条件。

4.3.4 型钢混凝土结构构件中型钢板不宜过薄，以利于焊接和满足局部稳定要求。由于型钢受混凝土和箍筋的约束，不易发生局部压屈，因此，型钢钢板的宽厚比可以比现行行业标准《高层民用建筑钢结构技术规程》JGJ 99—98 的规定放松，参考日本有关资料，规定钢板宽厚比大致比纯钢结构放松 1.5～1.7 倍左右。

4.3.5 型钢上设置的抗剪栓钉，为发挥其传递剪力作用，栓钉的直径、长度、间距宜正确的选定。

5 型钢混凝土框架梁

5.1 承载力计算

5.1.1 型钢混凝土受弯构件试验表明，受弯构件在外荷载作用下，截面的混凝土、钢筋、型钢的应变保持平面，受压极限变形接近于 0.003、破坏形态以型钢上翼缘以上混凝土突然压碎、型钢翼缘达到屈服为标志，其基本性能与钢筋混凝土受弯构件相似，由此，建立了型钢混凝土框架梁的正截面受弯承载力计算的基本假定。

5.1.2 配置充满型实腹型钢的型钢混凝土框架梁的正截面受弯承载力计算，是把型钢翼缘也作为纵向受力钢筋的一部分，在平衡式中增加了型钢腹板受弯承载力项 M_{aw} 和型钢腹板轴向承载力项 N_{aw}。M_{aw}、N_{aw} 的确定是通过对型钢腹板应力分布积分，再做一定的简化得出的。根据平截面假定提出了判断适筋梁的相对界限受压区高度 ξ_b 的计算公式。

5.1.3 为使框架梁满足"强剪弱弯"要求，对不同抗震等级的框架梁剪力设计值 V_b 进行调整。调整原则与国家标准《混凝土结构设计规范》GBJ 10—89 相一致。

5.1.4 型钢混凝土梁的剪切破坏，随着剪跨比的不同主要是剪压破坏和斜压破坏两种形式。防止剪压破坏由受剪承载力计算来保证，斜压破坏由截面控制条件来保证。通过集中荷载作用下斜截面受剪承载力试验，建立了控制斜压破坏的截面控制条件，即给出了型钢混凝土梁受剪承载力的上限，此条件对均布荷载是偏于安全的。

5.1.5 型钢混凝土梁受剪承载力计算公式是在试验研究基础上，采用分别考虑型钢和钢筋混凝土二部分的承载力，通过 52 根试验梁数据回归分析和可靠度分析，得出了型钢部分对受剪承载力的贡献为型钢腹板部分的受剪承载力，其值与腹板强度、腹板含量有关，对集中荷载作用下的梁，还与剪跨比有关，而且近似假定型钢腹板全截面处于纯剪状态，即 $\tau_{xy} = \frac{\sigma_s}{\sqrt{3}} = 0.58 f_a$。

5.1.6 当梁的荷载较大，需要的截面高度较高时，为了节省钢材，减少自重，可采用桁架式空腹型钢的型钢混凝土梁，其承载力计算可把上、下弦型钢作为纵向受力钢筋，斜腹杆承载力的竖向分力作为受剪箍筋考虑。由于对型钢混凝土宽扁梁尚未进行试验研究，为此，规程规定的框架梁受剪承载力计算公式对宽扁梁不能直接采用，有待进一步研究。

5.2 裂缝宽度验算

5.2.1～5.2.2 型钢混凝土梁的裂缝宽度计算公式是基于把型钢

翼缘作为纵向受力钢筋，且考虑部分型钢腹板的影响，按国家标准《混凝土结构设计规范》GBJ 10—89的有关裂缝宽度计算公式的形式，建立了型钢混凝土梁在短期效应组合作用并考虑长期效应组合影响的最大裂缝宽度计算公式。

针对型钢混凝土梁裂缝宽度计算公式的建立，国内有关单位进行了大量的试验研究，也提出了基本思路较接近的计算方法，经分析研究确定了本规程给出的计算公式。所进行的8根试验梁，在（0.4～0.8）极限弯矩范围内，短期荷载作用下的裂缝宽度的计算值与试验值之比的平均值为1.011，均方差为0.24。

对长期荷载作用下的裂缝宽度计算，采用钢筋混凝土梁长期裂缝宽度的取值方法，即在短期荷载作用下的裂缝宽度计算公式基础上考虑长期影响的扩大系数1.5。

5.3 挠度验算

5.3.1～5.3.3 试验表明，型钢混凝土梁在加载过程中截面平均应变符合平截面假定，且型钢与混凝土截面变形的平均曲率相同，因此，截面抗弯刚度可以采用钢筋混凝土截面抗弯刚度和型钢截面抗弯刚度叠加的原则来处理。

$$B_s = B_{rc} + B_a$$

型钢在使用阶段采用弹性刚度：

$$B_a = E_a I_a$$

通过不同配筋率，混凝土强度等级，截面尺寸的型钢混凝土梁的刚度试验，认为钢筋混凝土截面抗弯刚度主要与受拉钢筋配筋率有关，经研究分析，确定了钢筋混凝土截面部分抗弯刚度的简化计算公式。

长期荷载作用下，由于压区混凝土的徐变、钢筋与混凝土之间的粘结滑移徐变，混凝土收缩等使梁截面刚度下降，根据现行国家标准《混凝土结构设计规范》GBJ 10—89的有关规定，引进了荷载长期效应组合对挠度的增大系数 θ，规定了长期刚度的计算公式。

5.4 构造要求

5.4.1 为保证框架梁对框架节点的约束作用，以及便于型钢混凝土梁的混凝土浇筑，框架梁的截面宽度不宜过小。另外，考虑到截面高度与宽度比值过大，对梁抗扭和侧向稳定不利，因此，对框架梁的高宽比作了规定。

5.4.2 为保证梁底部混凝土浇筑密实，梁中纵向受力钢筋宜不超过二排，如超过二排，施工上应采取措施，如分层浇筑等，以保证梁底混凝土密实；纵向受拉钢筋配筋率、直径、净距，以及纵筋与型钢净距的规定，是保证混凝土与钢筋与型钢有良好的粘结力，同时，也有利于框架梁在正常使用极限状态下的裂缝分布均匀和减小裂缝宽度。

5.4.3 梁两侧沿高度配置一定量的腰筋，其目的是有助于增加箍筋、纵筋、腰筋所形成的整体骨架对混凝土的约束作用。同时也有助于防止由于混凝土收缩引起的收缩裂缝的出现。

5.4.4 型钢混凝土梁在受有集中反力或集中力作用处，应设置对称加劲肋，以助于承受剪力。

5.4.5～5.4.7 考虑地震作用的框架梁端应设置箍筋加密区，是从构造上增强对梁端混凝土的约束，且保证梁端塑性铰区"强剪弱弯"的要求。同时为了便于施工，在满足箍筋配筋率的情况下，箍筋肢距可比普通钢筋混凝土梁的箍筋肢距适当放松，但设计中应尽量减小箍筋肢距。沿梁全长箍筋配筋率的规定，是在静力设计要求基础上适当给予增加。

5.4.8 转换层大梁和托柱梁荷载大、受力复杂，为增加混凝土和剪压区型钢上翼缘的粘结剪切力，宜在梁端1.5倍梁高范围内，型钢上翼缘增设栓钉。

5.4.9 对配置桁架式型钢的型钢混凝土梁，为保证桁架压杆的稳定性，其细长比宜小于120。

5.4.10 为保证开孔型钢混凝土梁开孔截面的受剪承载力，必须控制圆形孔的直径相对于梁高和型钢截面高度的比例不能过大，且由于孔洞周边存在应力集中情况，必须采取一定的构造措施。

5.4.11 圆形孔洞截面处的受剪承载力计算是参考了日本的计算方法，又结合国内试验研究确定的。计算方法中考虑了扣除开孔影响后截面上混凝土受剪承载力，以及孔洞周围补强钢筋和型钢腹板扣除孔洞后的受剪承载力。

6 型钢混凝土框架柱

6.1 承载力计算

6.1.1 型钢混凝土框架柱正截面偏心受压承载力计算的基本假定，是通过试验研究，在分析了型钢混凝土压弯构件的基本性能基础上提出的。其计算基本假定与受弯构件正截面受弯承载力的基本假定相同。

6.1.2～6.1.5 配置充满型实腹型钢的型钢混凝土框架柱的正截面偏心受压承载力计算公式，是在基本假定基础上，采用极限平衡方法，以及型钢腹板应力图形简化为拉压矩形应力图情况下，作出的简化计算方法，对于框架柱处于大偏压、或小偏压受力情况，给出了不同的腹板受弯承载力和腹板轴向承载力的计算式，其他计算参数，基本上参照钢筋混凝土偏心受压承载力计算公式中的参数。

对于配十字型、箱型截面型钢的型钢混凝土组合柱，其正截面偏心受压承载力计算在附录A中给出了简化计算方法。

6.1.6～6.1.8 考虑地震作用的框架柱上、下柱端、框架底层柱根、框支层柱两端的弯矩设计值，以及框架柱、框支柱的剪力设计值的确定，都与现行国家标准《混凝土结构设计规范》GBJ 10—89相一致。

6.1.9 框架柱的受剪截面控制条件与框架梁一致。

6.1.10 试验研究表明，型钢混凝土框架柱的斜截面受剪承载力可由钢筋混凝土和型钢二部分的斜截面受剪承载力组成，压力对受剪承载力也有有利的影响。计算公式中型钢部分对受剪承载力的贡献只考虑型钢腹板部分的受剪承载力。

6.1.11 型钢混凝土框架柱轴压比限值的规定是保证框架柱具有较好的延性和耗能性能的必要条件，通过不同轴压比情况下，承受低周反复荷载作用的型钢混凝土压弯构件试验表明，在相同的轴压比情况下，型钢混凝土柱比钢筋混凝土柱具有更好的滞回特性和延性性能，因此其轴压比计算中应考虑型钢的有利作用，即型钢混凝土柱的轴压比按 $\dfrac{N}{f_c A + f_a A_a}$ 计算。轴压比限值的确定，是在试验研究基础上，规定二级抗震等级的框架结构的轴压比限值为0.75，此控制值能保证框架柱延性系数达到3。对于其他不同抗震等级、不同结构体系的框架柱，其轴压比限值相应进行调整。

6.2 构造要求

6.2.1～6.2.2 对于型钢混凝土框架柱，为保证柱端塑性铰区有足够的箍筋约束混凝土，使框架柱有一定的变形能力，为此，柱端必须从构造上设置箍筋加密区，同时，满足一定的箍筋体配筋率要求。

6.2.3 型钢混凝土框架柱的型钢配筋率不宜过小，因为，配置一定量的型钢，才能使型钢混凝土构件具有比钢筋混凝土更高的承载力,更好的延性。同时,也必须配置一定数量的纵向钢筋,以便在混凝土、纵筋、箍筋的约束下的型钢能充分发挥其强度和塑性性能;对于作为构造措施要求配置的型钢数量,可不受此限制。

6.2.4 考虑到型钢混凝土柱承受的弯矩和轴力较大,因此,纵向钢筋直径不宜过小,同时,为便于浇注混凝土,钢筋间净距不宜过小。对于箍筋,要求必须与纵筋牢固连接,以便起到约束混凝土的作用。

7 型钢混凝土框架梁柱节点

7.1 承载力计算

7.1.1 型钢混凝土框架节点包括型钢混凝土柱与型钢混凝土梁组成的节点、型钢混凝土柱与钢筋混凝土梁或钢梁组成的节点,各类节点都需保证在梁端出现塑性铰后,节点不发生剪切脆性破坏。为此梁柱节点的剪力设计值需要调整,对一级抗震等级,采用考虑梁端实配钢筋、强度标准值对应的弯矩值的平衡剪力乘以增大系数;对二级抗震等级,采用梁端弯矩设计值的平衡剪力乘以增大系数。

7.1.2 规定节点截面限制条件,是为了防止混凝土截面过小,造成节点核心区混凝土承受过大的斜压应力,以致使节点混凝土被压碎。根据型钢混凝土小剪跨的静力剪切试验,确定节点的截面限制条件,对低周反复荷载作用下的节点截面限制条件,则乘以系数 0.8。

7.1.3 根据型钢混凝土梁柱节点试验,其受剪承载力由混凝土、箍筋和型钢组成,混凝土的受剪承载力,由于型钢约束作用,混凝土所承担的受剪承载力增大;另外,混凝土部受剪机理,可视为斜压杆受力,该斜压杆截面面积,随柱端轴压力增加而增大。但其轴压力的有利作用,限制在 $0.5f_cb_ch_c$ 范围内。对于一级抗震等级,考虑在大震情况下,柱轴力可能减小,甚至于出现受拉情况,为安全起见,不考虑轴压力有利影响。

基于型钢混凝土柱与各种不同类型的梁形成的节点,其梁端内力传递到柱的途径有差异,给出了不同的梁柱节点受剪承载力计算公式。公式中还考虑了中节点、边节点、顶节点节点位置的影响系数。

7.1.4 钢梁或型钢混凝土梁与型钢混凝土柱的连接节点的内力传递机理较复杂,根据日本的试验结果,当梁为型钢混凝土梁或钢梁时,如果型钢混凝土柱中的型钢过小,使型钢混凝土柱中的型钢部分与梁型钢的弯矩分配比在 40% 以下时,即不能充分发挥柱中型钢的抗弯承载力,且在反复荷载作用下,其荷载-位移滞回曲线将出现捏拢现象,由此设计中要求型钢混凝土柱中的型钢部分与梁型钢的弯矩分配比不小于 50%。同时,当梁为型钢混凝土梁时,设计要求柱中的混凝土部分与梁中的混凝土部分的弯矩分配比也不小于 50%。

当梁为钢筋混凝土梁、柱为型钢混凝土柱时,如果型钢混凝土柱的混凝土截面过小,同样使型钢混凝土柱中的钢筋混凝土的抗弯承载力不能充分发挥,在反复荷载作用下,其荷载-位移滞回曲线也将出现捏拢现象。由此设计中宜满足规范(7.1.4-2)式的要求。

7.2 构造要求

7.2.1~7.2.2 考虑到四边有梁约束的型钢混凝土框架节点,其受剪承载力和变形能力都优于钢筋混凝土节点,因此,框架节点的箍筋体积配筋率比钢筋混凝土框架节点可相应减少。

8 型钢混凝土剪力墙

8.1 承载力计算

8.1.1 通过两端配有型钢的钢筋混凝土剪力墙压弯承载力的试验表明,采用国家标准《混凝土结构设计规范》GBJ 10—89 中沿截面腹部均匀配置纵向钢筋的偏心受压构件的正截面受压承载力计算公式,来计算两端配有型钢的钢筋混凝土剪力墙的正截面偏心受压承载力是合适的。计算中把端部配置的型钢作为纵向受力钢筋一部分考虑。

8.1.2~8.1.3 考虑地震作用的型钢混凝土剪力墙的剪力设计值的确定和受剪截面控制条件与国家标准《混凝土结构设计规范》GBJ 10—89 相一致。

8.1.4 两端配有型钢的钢筋混凝土剪力墙的剪力试验表明,端部设置了型钢,由于型钢的暗销剪切作用和对墙体的约束作用,受剪承载力大于钢筋混凝土剪力墙,本规程所提出的剪力墙在偏心受压时的斜截面受剪承载力计算公式中,加入了端部型钢的暗销抗剪和约束作用这一项。

8.1.5~8.1.6 在框架-剪力墙结构中,周边有型钢混凝土柱和钢筋混凝土梁或型钢混凝土梁的现浇剪力墙,其斜截面受剪承载力是由考虑轴力有利影响的混凝土部分、水平分布钢筋、周边柱内型钢三部分的受剪承载力之和组成,混凝土项考虑了周边柱对混凝土墙体的约束系数 β_c。

8.2 构造要求

8.2.1~8.2.2 型钢混凝土剪力墙的厚度、水平和竖向分布钢筋的最小配筋率、端部暗柱、翼柱的箍筋、拉筋等构造要求与国家标准《混凝土结构设计规范》GBJ 10—89 和行业标准《钢筋混凝土高层建筑结构设计与规程》JGJ 3—91 的规定相一致,但为保证混凝土对型钢的约束作用,必须保证一定的混凝土保护层厚度;水平分布筋需穿过墙端型钢,以保证剪力墙整体作用。

8.2.3 有型钢混凝土周边柱的剪力墙,周边梁可采用型钢混凝土梁或钢筋混凝土梁,当不设周边梁时,也应在相应位置设置钢筋混凝土暗梁。另外,为保证现浇剪力墙与周边柱的整体作用,要求剪力墙中的水平分布钢筋绕过或穿过周边柱的型钢,且要满足钢筋锚固要求。

9 连 接 构 造

9.1 梁柱节点连接构造

9.1.1~9.1.4 型钢混凝土柱中型钢柱的加劲肋布置,除了按钢结构构造配置以外,为保证梁端内力更好地传递,型钢混凝土柱应在梁上、下边缘位置处设置水平加劲肋。型钢混凝土柱与各类梁的连接构造,必须从柱型钢截面形式和纵向钢筋的配置上,考虑到便于梁内纵向钢筋贯穿节点,以尽可能减少纵向钢筋穿过柱型钢的数量,且应尽量使梁内钢筋穿过型钢腹板,而不穿过型钢翼缘,因为,在有梁约束情况下的节点区,其抗剪承载力的储备较大,为此,规程规定了型钢腹板损失率的限值。关于采取在型钢柱上设置钢牛腿的方法,从试验中发现,在钢牛腿末端位置处,由于截面承载力和刚度突变,很容易发生混凝土挤压破坏,因此,要求钢牛腿的翼缘设计成变截面翼缘,改善上述情况的出现,另外,设置钢牛腿的办法,在吊装型钢柱时,施工上也有不便之处,不是一种很理想的节点连接构造。

9.1.5 型钢混凝土柱与型钢混凝土梁或钢梁的连接,其型钢柱与型钢梁的连接应采用刚性连接，且满足钢结构焊接要求。

9.1.6 当框架梁采用型钢混凝土结构，而框架柱采用钢筋混凝土结构时，若梁、柱节点为刚性连接，则必须对梁内型钢在支座处采取可靠的支承和锚固措施，以保证梁柱刚性节点的内力传递。在钢筋混凝土的框架柱中设置型钢构造柱是一种较好的措施。

9.2 柱与柱连接构造

9.2.1 结构竖向布置中，如下部若干层采用型钢混凝土结构，而上部各层采用钢筋混凝土结构，则应考虑避免这两种结构的刚度和承载力的突变，以避免形成薄弱层。日本1995年阪神地震中曾发生过此类震害。因此，设计中应设置过渡层。

9.2.2 在国内的高层钢结构工程中，结构上部采用钢结构柱，下部采用型钢混凝土柱，此两种结构类型的突变，同样必须设置过渡层。

9.2.3 型钢混凝土柱中，当型钢某层需改变截面时，宜考虑型钢截面承载力和刚度的逐步过渡，且需考虑便于施工操作。

9.3 梁与梁连接构造

9.3.1 梁与梁的连接，当二跨全是型钢混凝土梁时，则型钢梁的连接，应满足钢结构要求；对一侧为型钢混凝土梁，另一侧为钢筋混凝土梁时，为保证型钢的锚固和传递，应有相应的措施。

9.3.2 为保证型钢混凝土次梁和型钢混凝土主梁连接整体，要求次梁中的钢筋的锚固和传递，应满足相应的构造措施。

9.4 梁与墙连接构造

9.4.1 型钢混凝土梁垂直于现浇钢筋混凝土剪力墙的连接，应保证其内力传递。梁深入墙内的节点可以形成铰接和刚接，都应满足相应的构造要求。

9.5 柱脚构造

9.5.1~9.5.3 型钢混凝土柱的柱脚，采用埋入式柱脚相对于非埋入式柱脚更容易保证柱脚的嵌固，柱脚埋深的确定很重要，参考国外技术规程提出了埋置深度不宜小于3倍型钢柱截面高度的要求。规程规定自柱脚部位向上延伸一层范围的型钢柱宜设置栓钉，以保证型钢与混凝土整体工作。

10 施工及质量要求

10.0.1~10.0.11 为保证施工质量，对型钢制作、材质、焊接质量、吊装等做出规定。

附录A 配置十字形型钢的型钢混凝土柱正截面承载力简化计算

利用简化计算，可在确定的柱截面尺寸和型钢尺寸的情况下，根据已知外轴力 N，按表给出的计算系数，由公式A.0.1-1和A.0.1-3确定计算弯矩，最后判断计算弯矩是否大于外弯矩 M。

另外，也可根据已知的外弯矩、由表A.0.1-1、表A.0.1-2和公式A.0.1-1~A.0.1-4得出计算的配筋特征值 $\rho f_y/f_c$，最后判断计算的配筋特征值是否小于表A.0.1-1或表A.0.1-2中的配筋特征值。计算中要注意钢筋与型钢配置（面积、位置）的相似性。

5

地基基础

中华人民共和国国家标准

岩土工程基本术语标准

GB/T 50279—98

条 文 说 明

制 订 说 明

本标准是根据建设部（92）建标计第 10 号文的要求，由水利部负责管理，具体由华北水利水电学院研究生部会同铁道科学研究院、建设部综合勘察研究院、南京大学、华侨大学、武汉水利电力大学、南京水利科学研究院和中国水利水电科学研究院等单位共同编制而成。经建设部 1998 年 12 月 11 日以 252 号文批准，并会同国家质量技术监督局联合发布。

在编制过程中，编制组进行了广泛的调查研究，认真总结了我国有关术语的实践经验，并参考了有关国家标准，行业标准和国外先进标准，在听取了国内众多专家意见的基础上，经多次认真讨论，修改，最后由水利部会同有关部门审查定稿。

希望各单位在采用本标准的过程中，不断总结经验，积累资料。如发现需要修改和补充之处，请及时将意见和有关资料寄至北京紫竹院华北水利水电学院北京研究生部国家标准《岩土工程基本术语标准》管理组（邮编 100044），以供今后修订时参考。

一九九八年二月

目　次

1 总则 ·············· 5—1—4
2 一般术语 ·············· 5—1—4
3 工程勘察 ·············· 5—1—4
  3.1 地形、地貌 ·············· 5—1—4
  3.2 岩土、地质构造、不良
     地质现象 ·············· 5—1—4
  3.3 水文地质 ·············· 5—1—4
  3.4 勘察阶段、成果及评价 ·············· 5—1—4

  3.5 勘察方法及设备 ·············· 5—1—4
  3.6 原位试验与现场观测 ·············· 5—1—4
  3.7 天然建筑材料勘察 ·············· 5—1—5
4 土和岩石的物理力学性质 ·············· 5—1—5
5 岩体和土体处理 ·············· 5—1—5
6 土石方工程 ·············· 5—1—5
7 地下工程和支挡结构 ·············· 5—1—5

1 总　则

本标准是一本针对岩土工程的具有综合性和通用性的国家标准。

制订本标准的目的，是将与岩土工程紧密联系，包括勘察、试验、设计、施工、处理和观测的基本术语，在一定范围内使之统一。少数术语，尽管在岩土工程界习用已久，但考虑其定名与其原技术涵义不尽相符，容易产生误解，或与国家法定计量术语有矛盾，在制订本标准时，经认真讨论，给予了正名。名词术语合理地规范化，有利于岩土工程领域的国内外技术交流合作。

本标准参考采用了我国已有的和即将颁布的有关国家标准、部标准、行业标准和部分权威性的手册、词典等。也参考吸收了部分国外权威性标准。

本标准的章、节框架基本上是按岩土工程本身的技术系统而，不是按行业编制的，因为不同行业中有很多相同的工程，按后一体系编写有利于避免重复。在每一章中，首先包含了高层次的、综合性的基本术语，然后根据需要再往下延伸二、三个层级。不过有的术语，例如岩土测试和计算中的某些术语，层次虽低，但使用频率较高，且有必要加以解释，也被纳入了词条，如等时孔压线、应力水平、应力路径等。再有，土工合成材料是一种功能较多，国外已应用较广，国内推广也较快，有广阔开拓前景的新材料、新技术，我国岩土工程界不少人对其不熟悉，为了从一开始就统一理解，标准中专门为它列了一节。还有，环境岩土工程是一个新学科分支，因其涉及内容界限不易准确确定，加之它与一般岩土工程内容交叉甚多，其有关术语未予列入。此外，地基基础、地震与振动等方面的术语已包含在其它一些标准和规范中，本标准也未列入。本标准所列术语共有623条。

对于每个术语的编写，首先在中文术语后附列相应的、通用的英文术语，继而针对该术语给出其定义或必要的解释，一般不作过多延伸。但对少数术语，或因其内容较复杂，或其含义易被误解，或为新概念却用了较多文字，例如"赤平投影"、"归一化"、"土工模袋"等。为便于读者检索，对所有术语分别按它们的拼音和对应英语术语的字母顺序编制了索引，见附录A和附录B。

以下按章、节顺序对部分术语作必要说明。对一般的、人们熟悉的、不至引起误解的术语，不再作累赘的说明。

2　一般术语

"一般术语"这里是指与岩土工程密切相关的各学科内容的术语，共16条。

这些学科的术语与内容，读者比较熟悉，不存在什么争议。"岩石力学"一词有学者主张改为"岩体力学"，从学科内容看，这一主张是合理的。但纵观国内外有关著作和书刊，称"岩石力学"的仍为主流；另外，按此"土力学"也应改称"土体力学"等等，这就会引起不必要的麻烦。

3　工程勘察

3.1　地形、地貌

本节列入的仅由地表和地下水流造成的一级地形、地貌景观的术语。由河流作用形成的阶地仅列了"河谷阶地"一词，其它的如侵蚀阶地、堆积阶地、内叠阶地等次一级的术语就不再列入。又如由地表水和地下水作用，在可溶盐岩石地区形成了"喀斯特地貌"，对石林、石牙、孤峰等次一级术语也未列入。本节共列入术语6条。

3.2　岩土、地质构造、不良地质现象

岩、土是构成地壳的基础物质。当地壳经受内外应力作用，岩土体将产生褶曲、断裂等构造。同时随时间推移，岩土体不断产生风化、侵蚀、溶蚀和搬运再沉积等一系列的不良地质的循环作用。由于成因不同，形成了常见的各种土类和一些特殊土类。本节收集的是与岩土工程紧密相关的这类术语，共73条。

"岩体基本质量"rock mass basic quality (BQ)(3.2.57)这是国家标准《工程岩体分级标准》提出的新术语，它将岩体按其完整性和坚硬程度的定性与定量指标综合评价分为五级，质量最高时BQ>550，定为Ⅰ级；最低时BQ≤250，定为Ⅴ级。

"喀斯特"karst(3.2.69)"喀斯特"是前南斯拉夫西北部沿海地带的一个碳酸盐岩石高原，该名词一直为国际所通用。1966年我国第二届岩溶学术会议正式确定将"喀斯特"一词改为"岩溶"。为了向国际标准通用名词靠拢，《中国大百科全书》(地质卷)已将该词改回原来的"喀斯特"。故本标准亦将此术语改为"喀斯特"。

3.3　水文地质

涉及岩土工程的水文地质问题甚多。例如地下水位高低、影响基础埋深的合理选择、施工开挖方法和岩土坡稳定性；水位升降会影响地基承载力和沉降量等；为了满足工程选址、结构设计和施工设计等任务的需要，应进行不同深度、不同内容的水文地质勘察，以查明建筑场地的地下水类型、埋藏条件和变幅、补给和流向、土层保水性、有关水文地质参数和水质评价；为防止和消除地下水对工程和环境的危害以及工程和环境对地下水的影响，需要设置必要的地下水动态观测。

本节针对以上内容共列术语35条。

3.4　勘察阶段、成果及评价

勘察阶段与设计阶段是相互对应的。设计阶段一般分为规划、初步设计、技术设计和施工图。相应的有规划勘察、初步勘察、详细勘察和施工勘察。勘察结果要编制成必要图表和文件供工程设计采用。

本节共列词条11条。

"岩土工程分级"categorization of geotechnial projects (3.4.11)，此术语来自国家标准《岩土工程勘察规范》。分级在于指导各勘察阶段能按工程类别、场地和地基条件等区别对待，突出重点地进行。

3.5　勘察方法及设备

本节主要列出了工程地质测绘和工程地质勘探方面的基本术语，合计19条。

3.6　原位试验与现场观测

原位试验包括常见的同时是主要的各项现场试验，如静力触探试验、标准贯入试验、十字板剪切试验等土工测试。其中的"孔压静力触探试验"(CPTU)(3.6.11)条是一种较新的可以同时测取土中孔隙水压力的静力触探试验，功能较多，在西欧尤其是在荷兰应用较多，我国也生产了该设备，正推广使用。对于岩体则列有扁千斤顶法、应力解除法等原位试验项目。抽水试验、压水试验等是测定水文地质参数的原位试验。

现场观测方面，列出了观测土体和岩体中应力、孔隙水压力和水位、变形和位移等内容的常见术语。

本节共列术语33条。

3.7 天然建筑材料勘察

本节仅选列了天然土、石料储量估算方法方面的术语合计12条。

4 土和岩石的物理力学性质

本章内容包括土和岩石的物理、力学性状、测试技术、岩土力学理论与分析计算方面的术语，共289条。岩土工程中涉及土方工程的术语相对较多，加之土和岩石的性状、试验方法和分析手段等方面有众多相同或相似之处，故在术语安排上，以土的内容居先，为岩石独有的，方列入岩石的一节。另外，土和岩石测试方法有的比较简单，遂将其某些性状的定义、解释、试验和指标等合并在一个术语内编写，如"含水率"、"土粒比重"等条。相反，另一些比较复杂的，则将定义、试验等顺序分条阐述，如固结、固结试验、压缩曲线、固结曲线、压缩系数等。

以下对某些术语加以说明。

"吸着水"absorbed water（4.1.9）在国内外书刊中，常见有"吸着水"或"吸附水"（absorbed water 或 absorption water），都是指由于矿物颗粒表面作用力而被吸附在其表面的水。看来前者是国人的两种说法，后者则为外国人的不同说法。在本标准中将它们合而为一。

"塑性图"plasticity chart（4.1.10）卡沙格兰地塑性图中土的液限是用卡氏碟式液限仪测得的。我国现行的液限是以重76g、锥角30°的圆锥贯入仪测定的，但存在两个液限标准。一个是以锥头入土深度为17mm时土的含水率作为液限，另一个则取入土深度为10mm。我国水利部规范组曾按等效强度等原则，进行了碟式仪、圆锥贯入仪和小型十字板仪的比较试验，论证了上述17mm的液限相当于碟式仪液限，故若土的液限系由圆锥贯入仪的17mm入土深度时的含水率确定，则土分类时可直接采用卡氏塑性图。如取10mm时的含水率为液限，则应采用修正塑性图，它是根据碟式仪和圆锥贯入仪10mm液限的大量统计关系，经换算而得的塑性图。

粒组界限和土类（4.1.12～4.1.29和4.1.33）这些术语中的粒组界限和土类皆是按《土的分类标准》GBJ 145—90编写的。

"含水率"water content（4.2.1）以往长期称其为"含水量"，实际它表示土中水与土粒重量的比值，是相对含量，改称"含水率"更为合理，而且不至引起其它麻烦。

"等时孔压线"isochrone（4.2.59）以往土力学书刊中，多称其为"等时线"或"等时水坡线"等。考虑本词条的含义，是饱和土层固结过程中某一时刻沿其深度各点孔隙水压力的变化线，不同时刻有不同的变化线，定名为"等时孔压线"更能反映其确切含义。

"三轴伸长试验"triaxial extension test（4.2.83）在本试验中，试样发生轴向伸长变形，但作用的三个主应力却均为压应力。称它为"伸长"试验较"拉伸"试验更为合理。

"粘聚力"cohesion（4.2.92）对这一术语现有多种叫法：凝聚力、粘结力、内聚力、粘聚力等。经研究，建议统一采用"粘聚力"。

"岩石分类"rock classification（4.3.1）具体分类参阅国家标准《工程岩体分级标准》。

"太沙基固结理论"Terzaghi's consolidation theory（4.4.55）太沙基固结理论一般指它的一维固结理论，是在假设一点的总应力不随固结而改变的条件下获得的固结微分方程，故不出现曼代尔效应，常被称为"拟三维固结理论"，以区别于比奥三维固结理论。

5 岩体和土体处理

本章列出了常用的许多岩土体加固或处理方法，也包括一些新发展起来的工程材料和技术，如土工合成材料技术。共列出词条47条。

由于土工合成材料兴起的时间还不长，推广却相当快，不少岩土工程师对此较为生疏，故本标准中相对较多地列出了几种主要材料和个别的专门术语。关于材料测试、设计和施工等方面的低层次术语均未列入。

"土工合成材料"geosynthetics（5.5.1）它是以高分子聚合物制成的用于土木工程的各种产品的统称。早期的产品基本上是先将聚合物制成纤维或条带，然后制成透水的土工织物，包括织造型（有纺）、非织造型（无纺）织物。随着工程需要和材料制造工艺的提高，新产品层出不穷，生产出了例如土工模袋、土工格栅、土工席垫、不透水的土工膜以及由它们合成的复合材料。这样，原先的土工织物一词已不能概括所有产品，国际土工织物学会（IGS）曾称之为"土工织物、土工膜和相关产品"。但更多人主张采用"土工合成材料"。国际学会最近也已改名为"国际土工合成材料学会"（IGS，这里的"G"是将原来的 geotextile 改为 geosynthetics）。

"加筋土"reinforced earth（5.5.12）本世纪60年代由法国工程师维达尔（H. Vidal）发明的加筋土，是在土中放置金属条带（一般呈水平方向），依靠金属条带与土间的摩阻力，限制土体侧向位移，从而提高土强度。近十多年来，已愈来愈多地采用编织型土工织物、加筋带或土工格栅等土工合成材料来代替原先的金属条带。它们显著的优点是：抗腐蚀性强，与土可有较高的摩阻力，易于消散土中孔隙水压力，改善土强度。

6 土石方工程

本章首先列出了水利工程、铁路工程、公路机场和港湾船坞工程中与岩土工程有关的构筑物及它们的主要构件，还简要列出了施工技术和方法。共给出术语53条。

在构筑物中，较多术语是各种类型的坝及其细部，包括尾矿坝在内，因为坝与堤是最常见的土石方工程。另外，土石方施工技术和方法主要是开挖、填筑、降水和排水、爆破和打桩等。本章选列了这方面的基本术语。

7 地下工程和支挡结构

本章所列的主要是各种类型的挡墙结构、地下洞室、隧道及与其相关的一些基本术语，还包括少数有关洞室加固的术语。选收术语共计29条。

中华人民共和国国家标准

岩土工程勘察规范

GB 50021—2001
(2009年版)

条 文 说 明

目 次

1 总则 ………………………………… 5—2—3
2 术语和符号 ………………………… 5—2—3
　2.1 术语 ……………………………… 5—2—3
　2.2 符号 ……………………………… 5—2—4
3 勘察分级和岩土分类 ……………… 5—2—4
　3.1 岩土工程勘察分级 ……………… 5—2—4
　3.2 岩石的分类和鉴定 ……………… 5—2—4
　3.3 土的分类和鉴定 ………………… 5—2—5
4 各类工程的勘察基本要求 ………… 5—2—8
　4.1 房屋建筑和构筑物 ……………… 5—2—8
　4.2 地下洞室 ………………………… 5—2—10
　4.3 岸边工程 ………………………… 5—2—12
　4.4 管道和架空线路工程 …………… 5—2—12
　4.5 废弃物处理工程 ………………… 5—2—13
　4.6 核电厂 …………………………… 5—2—14
　4.7 边坡工程 ………………………… 5—2—15
　4.8 基坑工程 ………………………… 5—2—16
　4.9 桩基础 …………………………… 5—2—18
　4.10 地基处理 ………………………… 5—2—19
　4.11 既有建筑物的增载和保护 ……… 5—2—20
5 不良地质作用和地质灾害 ………… 5—2—21
　5.1 岩溶 ……………………………… 5—2—21
　5.2 滑坡 ……………………………… 5—2—22
　5.3 危岩和崩塌 ……………………… 5—2—23
　5.4 泥石流 …………………………… 5—2—23
　5.5 采空区 …………………………… 5—2—24
　5.6 地面沉降 ………………………… 5—2—25
　5.7 场地和地基的地震效应 ………… 5—2—26
　5.8 活动断裂 ………………………… 5—2—29
6 特殊性岩土 ………………………… 5—2—29
　6.1 湿陷性土 ………………………… 5—2—29
　6.2 红黏土 …………………………… 5—2—31
　6.3 软土 ……………………………… 5—2—31
　6.4 混合土 …………………………… 5—2—32
　6.5 填土 ……………………………… 5—2—32
　6.6 多年冻土 ………………………… 5—2—32
　6.7 膨胀岩土 ………………………… 5—2—33
　6.8 盐渍岩土 ………………………… 5—2—34
　6.9 风化岩和残积土 ………………… 5—2—35
　6.10 污染土 …………………………… 5—2—36
7 地下水 ……………………………… 5—2—38
　7.1 地下水的勘察要求 ……………… 5—2—38
　7.2 水文地质参数的测定 …………… 5—2—39
　7.3 地下水作用的评价 ……………… 5—2—40
8 工程地质测绘和调查 ……………… 5—2—41
9 勘探和取样 ………………………… 5—2—42
　9.1 一般规定 ………………………… 5—2—42
　9.2 钻探 ……………………………… 5—2—42
　9.3 井探、槽探和洞探 ……………… 5—2—43
　9.4 岩土试样的采取 ………………… 5—2—43
　9.5 地球物理勘探 …………………… 5—2—44
10 原位测试 …………………………… 5—2—45
　10.1 一般规定 ………………………… 5—2—45
　10.2 载荷试验 ………………………… 5—2—45
　10.3 静力触探试验 …………………… 5—2—47
　10.4 圆锥动力触探试验 ……………… 5—2—47
　10.5 标准贯入试验 …………………… 5—2—48
　10.6 十字板剪切试验 ………………… 5—2—49
　10.7 旁压试验 ………………………… 5—2—50
　10.8 扁铲侧胀试验 …………………… 5—2—51
　10.9 现场直接剪切试验 ……………… 5—2—52
　10.10 波速测试 ………………………… 5—2—53
　10.11 岩体原位应力测试 ……………… 5—2—53
　10.12 激振法测试 ……………………… 5—2—53
11 室内试验 …………………………… 5—2—54
　11.1 一般规定 ………………………… 5—2—54
　11.2 土的物理性质试验 ……………… 5—2—54
　11.3 土的压缩-固结试验 …………… 5—2—54
　11.4 土的抗剪强度试验 ……………… 5—2—54
　11.5 土的动力性质试验 ……………… 5—2—55
　11.6 岩石试验 ………………………… 5—2—55
12 水和土腐蚀性的评价 ……………… 5—2—55
　12.1 取样和测试 ……………………… 5—2—55
　12.2 腐蚀性评价 ……………………… 5—2—56
13 现场检验和监测 …………………… 5—2—57
　13.1 一般规定 ………………………… 5—2—57
　13.2 地基基础的检验和监测 ………… 5—2—57
　13.3 不良地质作用和地质灾害
　　　 的监测 …………………………… 5—2—57
　13.4 地下水的监测 …………………… 5—2—57
14 岩土工程分析评价和
　　成果报告 …………………………… 5—2—58
　14.1 一般规定 ………………………… 5—2—58
　14.2 岩土参数的分析和选定 ………… 5—2—58
　14.3 成果报告的基本要求 …………… 5—2—58
附录 G 场地环境类型 ………………… 5—2—59

1 总　　则

1.0.1　本规范是在《岩土工程勘察规范》(GB50021—94)(以下简称《94规范》)基础上修订而成的。《94规范》是我国第一本岩土工程勘察规范，执行以来，对保证勘察工作的质量，促进岩土工程事业的发展，起到了应有的作用。本次修订基本保持《94规范》的适用范围和总体框架，作了局部调整。加强和补充了近年来发展的新技术和新经验；改正和删除了《94规范》某些不适当、不确切的条款；按新的规范编写规定修改了体例；并与有关规范进行了协调。修订时，注意了本规范是强制性的国家标准，是勘察方面的"母规范"，原则性的技术要求，适用于全国的技术标准，应在本规范中体现；因地制宜的具体细节和具体数据，留给相关的行业标准和地方标准规定。

1.0.2　岩土工程的业务范围很广，涉及土木工程建设中所有与岩体和土体有关的工程技术问题。相应的，本规范的适用范围也较广，一般土木工程都适用，但对于水利工程、铁路、公路和桥隧工程，由于专业性强，技术上有特殊要求，因此，上述工程的岩土工程勘察应符合现行有关标准、规范的规定。

对航天飞行器发射基地，文物保护等工程的勘察要求，本规范未作具体规定，应根据工程具体情况进行勘察，满足设计和施工的需要。

《94规范》未包括核电厂勘察。近十余年来，我国进行了一批核电厂的勘察，积累了一定经验，故本次修订增加了有关核电厂勘察的内容。

1.0.3　先勘察，后设计、再施工，是工程建设必须遵守的程序，是国家一再强调的十分重要的基本政策。但是，近年来仍有一些工程，不进行岩土工程勘察就设计施工，造成工程安全事故或安全隐患。为此，本条规定："各项工程建设在设计和施工之前，必须按基本建设程序进行岩土工程勘察"。

20世纪80年代以前，我国的勘察体制基本上还是建国初期的前苏联模式，即工程地质勘察体制。其任务是查明场地或地区的工程地质条件，为规划、设计、施工提供地质资料。在实际工作中，一般只提出勘察场地的工程地质条件和存在的地质问题，而很少涉及解决问题的具体办法。所提资料设计单位如何应用也很少了解和过问，使勘察与设计施工严重脱节。20世纪80年代以来，我国开始实施岩土工程体制，经过20年的努力，这种体制已经基本形成。岩土工程勘察的任务，除了应正确反映场地和地基的工程地质条件外，还应结合工程设计、施工条件，进行技术论证和分析评价，提出解决岩土工程问题的建议，并服务于工程建设的全过程，具有很强的工程针对性。《94规范》按此指导思想编制，本次修订继续保持了这一正确的指导思想。

场地或其附近存在不良地质作用和地质灾害时，如岩溶、滑坡、泥石流、地震区、地下采空区等，这些场地条件复杂多变，对工程安全和环境保护的威胁很大，必须精心勘察，精心分析评价。此外，勘察时不仅要查明现状，还要预测今后的发展趋势。工程建设对环境会产生重大影响，在一定程度上干扰了地质作用原有的动态平衡。大填大挖，加载卸载，蓄水排水，控制不好，会导致灾害。勘察工作既要对工程安全负责，又要对保护环境负责，做好勘察评价。

1.0.3A　【修订说明】

原文均为强制性，考虑到"岩土工程勘察应按工程建设各勘察阶段的要求，正确反映工程地质条件，查明不良地质作用和地质灾害，精心勘察、精心分析，提出资料完整、评价正确的勘察报告"，是原则性、政策性规定，可操作性不强，容易被延伸。故本次局部修订分为两条，原文第一句保留为强制性条文；第二句另列一条，不列为强制性条文。

1.0.4　由于规范的分工，本规范不可能将岩土工程勘察中遇到的所有技术问题全部包括进去。勘察人员在进行工作时，还需遵守其他有关规范的规定。

2　术语和符号

2.1　术　　语

2.1.1　本条对"岩土工程勘察"的释义来源于2000年9月25日国务院293号令《建设工程勘察设计管理条例》。其总则第二条有关的原文如下：

"本条例所称建设工程勘察，是指根据建设工程的要求，查明、分析、评价建设场地的地质地理环境特征和岩土工程条件，编制建设工程勘察文件的活动。"

本条基本全文引用。但注意到，这里定义的是"建设工程勘察"，内涵较"岩土工程勘察"宽，故稍有删改，现作以下说明：

1　岩土工程勘察是为了满足工程建设的要求，有明确的工程针对性，不同于一般的地质勘察；

2　"查明、分析、评价"需要一定的技术手段，即工程地质测绘和调查、勘探和取样、原位测试、室内试验、检验和监测、分析计算、数据处理等；不同的工程要求和地质条件，采用不同的技术方法；

3　"地质、环境特征和岩土工程条件"是勘察工作的对象，主要指岩土的分布和工程特征，地下水的赋存及其变化，不良地质作用和地质灾害等；

4 勘察工作的任务是查明情况，提供数据，分析评价和提出处理建议，以保证工程安全，提高投资效益，促进社会和经济的可持续发展；

5 岩土工程勘察是岩土工程中的一个重要组成，岩土工程包括勘察、设计、施工、检验、监测和监理等，既有一定的分工，又密切联系，不宜机械分割。

2.1.3 触探包括静力触探和动力触探，用以探测地层，测定土的参数，既是一种勘探手段，又是一种测试手段。物探也有两种功能，用以探测地层、构造、洞穴等，是勘探手段；用以测波速，是测试手段。钻探、井探等直接揭露地层，是直接的勘探手段；而触探通过力学分层判定地层，物探通过各种物理方法探测，有一定的推测因素，都是间接的勘探手段。

2.1.5 岩土工程勘察报告一般由文字和图表两部分组成。表示地层分布和岩土数据，可用图表；分析论证，提出建议，可用文字。文字与图表互相配合，相辅相成，效果较好。

2.1.10 断裂、地震、岩溶、崩塌、滑坡、塌陷、泥石流、冲刷、潜蚀等等，《94规范》及其他书籍，称之为"不良地质现象"。其实，"现象"只是一种表现，只是地质作用的结果。勘察工作应调查和研究的不仅是现象，还包括其内在规律，故用现名。

2.1.11 灾害是危及人类人身、财产、工程或环境安全的事件。地质灾害是由不良地质作用引发的这类事件，可能造成重大人员伤亡、重大经济损失和环境改变，因而是岩土工程勘察的重要内容。

2.2 符　号

2.2.1 岩土的重力密度（重度）γ 和质量密度（密度）ρ 是两个概念。前者是单位体积岩土所产生的重力，是一种力；后者是单位体积内所含的质量。

2.2.3 土的抗剪强度指标，有总应力法和有效应力法，总应力法符号为 C、φ，有效应力法符号为 c'、φ'。对于总应力法，由于不同的固法条件和排水条件，试验成果各不相同。故勘察报告应对试验方法作必要的说明。

2.2.4 重型圆锥动力触探锤击数的符号原用 $N_{(63.5)}$，以便与标准贯入锤击数 $N_{63.5}$ 区分。现在，已将标准贯入锤击数符号改为 N，重型圆锥动力触探锤击数符号已无必要用 $N_{(63.5)}$，故改为 $N_{63.5}$，与 N_{10}、N_{120} 的表示方法一致。

3 勘察分级和岩土分类

3.1 岩土工程勘察分级

3.1.1 《建筑结构可靠度设计统一标准》（GB50068—2001），将建筑结构分为三个安全等级，《建筑地基基础设计规范》（GB50007）将地基基础设计分为三个等级，都是从设计角度考虑的。对于勘察，主要考虑工程规模大小和特点，以及由于岩土工程问题造成破坏或影响正常使用的后果。由于涉及各行各业，涉及房屋建筑、地下洞室、线路、电厂及其他工业建筑、废弃物处理工程等，很难做出具体划分标准，故本条做了比较原则的规定。以住宅和一般公用建筑为例，30层以上的可定为一级，7～30层的可定为二级，6层及6层以下的可定为三级。

3.1.2 "不良地质作用强烈发育"，是指泥石流沟谷、崩塌、滑坡、土洞、塌陷、岸边冲刷、地下水强烈潜蚀等极不稳定的场地，这些不良地质作用直接威胁工程安全；"不良地质作用一般发育"是指虽有上述不良地质作用，但并不十分强烈，对工程安全的影响不严重。

"地质环境"是指人为因素和自然因素引起的地下采空、地面沉降、地裂缝、化学污染、水位上升等。所谓"受到强烈破坏"是指对工程的安全已构成直接威胁，如浅层采空、地面沉降盆地的边缘地带、横跨地裂缝、因蓄水而沼泽化等；"受到一般破坏"是指已有或将有上述现象，但不强烈，对工程安全的影响不严重。

3.1.3 多年冻土情况特殊，勘察经验不多，应列为一级地基。"严重湿陷、膨胀、盐渍、污染的特殊性岩土"是指Ⅲ级和Ⅲ级以上的自重湿陷性土、Ⅲ级膨胀性土等。其他需作专门处理的，以及变化复杂，同一场地上存在多种强烈程度不同的特殊性岩土时，也应列为一级地基。

3.1.4 划分岩土工程勘察等级，目的是突出重点，区别对待，以利管理。岩土工程勘察等级应在工程重要性等级，场地等级和地基等级的基础上划分。一般情况下，勘察等级可在勘察工作开始前，通过搜集已有资料确定。但随着勘察工作的开展，对自然认识的深入，勘察等级也可能发生改变。

对于岩质地基，场地地质条件的复杂程度是控制因素。建造在岩质地基上的工程，如果场地和地基条件比较简单，勘察工作的难度是不大的。故即使是一级工程，场地和地基为三级时，岩土工程勘察等级也可定为乙级。

3.2 岩石的分类和鉴定

3.2.1～3.2.3 岩石的工程性质极为多样，差别很大，进行工程分类十分必要。《94规范》首先按岩石强度分类，再进行风化分类。按岩石强度分为极硬、次硬、次软和极软，列举了代表性岩石名称。又以新鲜岩块的饱和抗压强度30MPa为分界标准。问题在于，新鲜的未风化的岩块在现场有时很难取得，难以执行。

岩石的分类可以分为地质分类和工程分类。地质分类主要根据其地质成因、矿物成分、结构构造和风化程度，可以用地质名称（即岩石学名称）加风化程度表达，如强风化花岗岩、微风化砂岩等。这对于工程的勘察设计确是十分必要的。工程分类主要根据岩体的工程性状，使工程师建立起明确的工程特性概念。地质分类是一种基本分类，工程分类应在地质分类的基础上进行，目的是为了较好地概括其工程性质，便于进行工程评价。

为此，本次修订除了规定应确定地质名称和风化程度外，增加了岩块的"坚硬程度"、岩体的"完整程度"和"岩体基本质量等级"的划分。并分别提出了定性和定量的划分标准和方法，可操作性较强。岩石的坚硬程度直接与地基的承载力和变形性质有关，其重要性是无疑的。岩体的完整程度反映了它的裂隙性，而裂隙性是岩体十分重要的特性，破碎岩石的强度和稳定性较完整岩石大大削弱，尤其对边坡和基坑工程更为突出。

本次修订将岩石的坚硬程度和岩体的完整程度各分五级，二者综合又分五个基本质量等级。与国标《工程岩体分级标准》(GB50218—94)和《建筑地基基础设计规范》(GB50007—2002)协调一致。

划分出极软岩十分重要，因为这类岩石不仅极软，而且常有特殊的工程性质，例如某些泥岩具有很高的膨胀性；泥质砂岩、全风化花岗岩等有很强的软化性（单轴饱和抗压强度可等于零）；有的第三纪砂岩遇水崩解，有流砂性质。划分出极破碎岩体也很重要，有时开挖时很硬，暴露后逐渐崩解。片岩各向异性特别显著，作为边坡极易失稳。事实上，对于岩石地基，特别注意的主要是软岩、极软岩、破碎和极破碎的岩石以及基本质量等级为V级的岩石，对可取原状试样的，可用土工试验方法测定其性状和物理力学性质。

举例：

1 花岗岩，微风化：为较硬岩，完整，质量基本等级为Ⅱ级；

2 片麻岩，中等风化：为较软岩，较破碎，质量基本等级为Ⅳ级；

3 泥岩，微风化：为软岩，较完整，质量基本等级为Ⅳ级；

4 砂岩（第三纪），微风化：为极软岩，较完整，质量基本等级为Ⅴ级；

5 糜棱岩（断层带）：极破碎，质量基本等级为Ⅴ级。

岩石风化程度分为五级，与国际通用标准和习惯一致。为了便于比较，将残积土也列在表A.0.3中。国际标准ISO/TC 182/SC1也将风化程度分为五级，并列入残积土。风化带是逐渐过渡的，没有明确的界线，有些情况不一定能划分出五个完全的等级。一般花岗岩的风化分带比较完全，而石灰岩、泥岩等常常不存在完全的风化分带。这时可采用类似"中等风化-强风化""强风化-全风化"等语句表述。同样，岩体的完整性也可用类似的方法表述。第三系的砂岩、泥岩等半成岩，处于岩石与土之间，划分风化带意义不大，不一定都要描述风化。

3.2.4 关于软化岩石和特殊性岩石的规定，与《94规范》相同，软化岩石浸水后，其承载力会显著降低，应引起重视。以软化系数0.75为界限，是借鉴国内外有关规范和数十年工程经验规定的。

石膏、岩盐等易溶性岩石，膨胀性泥岩，湿陷性砂岩等，性质特殊，对工程有较大危害，应专门研究，故本规范将其专门列出。

3.2.5、3.2.6 岩石和岩体的野外描述十分重要，规定应当描述的内容是必要的。岩石质量指标RQD是国际上通用的鉴别岩石工程性质好坏的方法，国内也有较多经验，《94规范》中已有反映，本次修订作了更为明确的规定。

3.3 土的分类和鉴定

3.3.1 本条由《94规范》2.2.3和2.2.4条合并而成。

3.3.2 本条与《94规范》的规定一致。

3.3.3 本条与《94规范》的规定一致。

3.3.4 本条对于粉土定名的规定与《94规范》一致。

粉土的性质介于砂土和黏性土之间，较粗的接近砂土而较细的接近于黏性土。将粉土划分为亚类，在工程上是需要的。在修订过程中，曾经讨论过是否划分亚类，并有过几种划分亚类的方案建议。但考虑到在全国范围内采用统一的分类界限，如果没有足够的资料复核，很难把握适应各种不同的情况。因此，这次修订仍然采用《94规范》的方法，不在全国规范中对粉土规定亚类的划分标准，需要对粉土划分亚类的地区，可以根据地方经验，确定相应的亚类划分标准。

3.3.5 本条与《94规范》的规定一致。

3.3.6 本条与《94规范》的规定基本一致，仅增加了"夹层厚度大于0.5m时，宜单独分层"。各款举例如下：

1 对特殊成因和年代的土类，如新近沉积粉土，残坡积碎石土等；

2 对特殊性土，如淤泥质黏土，弱盐渍粉土，碎石素填土等；

3 对混合土，如含碎石黏土，含黏土角砾等；

4 对互层，如黏土与粉砂互层；对夹薄层，如黏土夹薄层粉砂

3.3.7 本条基本上与《94规范》一致，仅局部修改了土的描述内容。

有人建议，应对砂土和粉土的湿度规定划分标

准。《规范》修订组考虑，砂土和粉土取样困难，饱和度难以测准，规定了标准不易执行。作为野外描述，不一定都要有定量标准。至于是否饱和（涉及液化判别），地下水位上下是明确的界线，勘察人员是容易确定的。

对于黏性土和粉土的描述，《94规范》比较简单，不够完整。参照美国ASTM土的统一分类法，关于土的目力鉴别方法和《土的分类标准》（GBJ145）的简易鉴别方法，补充了摇振反应、光泽反应、干强度和韧性的描述内容。为了便于描述，给出了如表3.1所示的描述等级。

表 3.1　土的描述等级

	摇振反应	光泽反应	干强度	韧性
粉　土	迅速、中等	无光泽反应	低	低
黏性土	无	有光泽、稍有光泽	高、中等	高、中等

3.3.7【修订说明】

本条1～4款规定描述的内容，有时不一定全部需要，故将"应"改为"宜"。土的光泽反应、摇振反应、干强度和韧性的鉴定是现场区分粉土和黏性土的有效方法，但原文在执行中产生一些误解，以为必须描述，成为例行套话，故增加第7款，明确目力鉴别的用途。

3.3.8　对碎石土密实度的划分，《94规范》只给出了野外鉴别的方法，完全根据经验进行定性划分，可比性和可靠性都比较差。在实际工程中，有些地区已经积累了用动力触探鉴别碎石土密实度的经验，这次修订时在保留定性鉴别方法的基础上，补充了重型动力触探和超重型动力触探定量鉴别碎石土密实度的方法。现作如下说明：

1　关于划分档次

对碎石土的密实度，表3.3.8-1分为四档，表3.3.8-2分为五档，附录A表A.0.6分为三档，似不统一。这是由于$N_{63.5}$较N_{120}能量小，不适用于"很密"的碎石土，故只能分四档；野外鉴别很难明确客观标准，往往因人而异，故只能粗一些，分为三档；所以，野外鉴别的"密实"，相当于用N_{120}的"密实"和"很密"；野外鉴别的"松散"，相当于用动力触探鉴别的"稍密"和"松散"。由于这三种鉴别方法所得结果不一定一致，故勘察报告中应交待依据的是"野外鉴别"、"重型圆锥动力触探"还是"超重型圆锥动力触探"。

2　关于划分依据

圆锥动力触探多年积累的经验，是锤击数与地基承载力之间的关系；由于影响承载力的因素较多，不便于在全国范围内建立统一的标准，故本次修订只考虑了用锤击数划分碎石土的密实度，并与国标《建筑地基基础设计规范》（GB50007—2002）协调；至于如何根据密实度或根据锤击数确定地基承载力，则由地方标准或地方经验确定。

表3.3.8-1是根据铁道部第二勘测设计院研究成果，进行适当调整后编制而成的。表3.3.8-2是根据中国建筑西南勘察研究院的研究成果，由王顺富先生向本《规范》修订组提供的。

3　关于成果的修正

圆锥动力触探成果的修正问题，虽已有一些研究成果，但尚缺乏统一的认识；这里包括杆长修正、上覆压力修正、探杆摩擦修正、地下水修正等；作为国家标准，目前做出统一规定的条件还不成熟；但有一条原则，即勘察成果首先要如实反映实测值，应用时可以进行修正，并适当交待修正的依据。应用表3.3.8-1和表3.3.8-2时，根据该成果研制单位的意见，修正方法列在本规范附录B中；表B.0.1和表B.0.2中的数据均源于唐贤强等著《地基工程原位测试技术》（中国铁道出版社，1996）。为表达统一，均取小数点后二位。

3.3.9　砂土密实度的鉴别方法保留了《94规范》的内容，但在修改过程中，曾讨论过对划分密实度的标准贯入击数是否需要修正的问题。

标准贯入击数的修正方法一般包括杆长修正和上覆压力修正。本规范在术语中规定标准贯入击数N为实测值；在勘察报告中所提供的成果也规定为实测值，不进行任何修正。在使用时可根据具体情况采用实测值或修正后的数值。

采用标准贯入击数估计土的物理力学指标或地基承载力时，其击数是否需要修正应与经验公式统计时所依据的原始数据的处理方法一致。

用标准贯入试验判别饱和砂土或粉土液化时，由于当时建立液化判别式的原始数据是未经修正的实测值，且在液化判别式中也已经反映了测点深度的影响，因此用于判别液化的标准贯入击数不作修正，直接用实测值进行判别。

在《94规范》报批稿形成以后，曾有专家提出过用标准贯入击数鉴别砂土密实度时需要进行上覆压力修正的建议，鉴于当时已经通过审查会审查，不宜再进行重大变动，因此将这一问题留至本次修订时处理。

本次修订时，经过反复论证，认为应当从用标准贯入击数鉴别砂土密实度方法的形成历史过程来判断是否应当加以修正。采用标准贯入击数鉴别砂土密实度的方法最早由太沙基和泼克在1948年提出，其划分标准如表3.2所示。这一标准对世界各国有很大的影响，许多国家的鉴别标准大多是在太沙基和泼克1948年的建议基础上发展的。

我国自1953年南京水利实验处引进标准贯入试验后，首先在治淮工程中应用，以后在许多部门推广应用。制定《工业与民用建筑地基基础设计规范》

(TJ 7-74)时将标准贯入试验正式作为勘察手段列入规范,后来在修订《建筑地基基础设计规范》(GBJ 7-89)时总结了我国应用标准贯入击数划分砂土密实度的经验,给出了如表3.3所示的划分标准。这一标准将小于10击的砂土全部定为"松散",不划分出"很松"的一档;将10~30击的砂土划分为两类,增加了击数为10~15的"稍密"一档;将击数大于30击的统称为"密实",不划分出"很密"的密实度类型;而在实践中当标准贯入击数达到50击时一般就终止了贯入试验。

表3.2 太沙基和泼克建议的标准

标准贯入击数	<4	4~10	10~30	30~50	>50
密实度	很松	松散	中密	密实	很密

表3.3 我国通用的密实度划分标准

标准贯入击数	<10	10~15	15~30	>30
密实度	松散	稍密	中密	密实

从上述演变可以看出,我国目前所通用的密实度划分标准实际上就是1948年太沙基和泼克建议的标准,而当时还没有提出杆长修正和上覆压力修正的方法。也就是说,太沙基和泼克当年用以划分砂土密实度的标准贯入击数并没有经过修正。因此,根据本规范对标准贯入击数修正的处理原则,在采用这一鉴别密实度的标准时,应当使用标准贯入击数的实测值。本次修订时仍然保持《94规范》的规定不变,即鉴别砂土密实度时,标准贯入击数用不加修正的实测值N。

3.3.10 本条与《94规范》一致。

在征求意见的过程中,有意见认为粉土取样比较困难,特别是地下水位以下的土样在取土过程中容易失水,使孔隙比减小,因此不易评价正确,故建议改用原位测试方法评价粉土的密实度。在修订过程中曾考虑过采用静力触探划分粉土密实度的方案,但经资料分析发现,静力触探比贯入阻力与孔隙比之间的关系非常分散,不同地区的粉土,其散点的分布范围不同。如图3.1所示,分别为山东东营粉土、江苏启东粉土、郑州粉土和上海粉土,由于静力触探比贯入阻力不仅反映了土的密实度,而且也反映了土的结构性。由于不同地区粉土的结构强度不同,在散点图上各地的粉土都处于不同的部位。有的地区粉土具有很小的孔隙比,但比贯入阻力不大;而另外的地区粉土的孔隙比比较大,可是比贯入阻力却很大。因此,在全国范围内,根据目前的资料,没有可能用静力触探比贯入阻力的统一划分界限来评价粉土的密实度。但是在同一地区的粉土,如结构性相差不大且具备比较充分的资料条件,采用静力触探或其他原位测试手段

划分粉土的密实度具有一定的可能性,可以进行试划分以积累地区的经验。

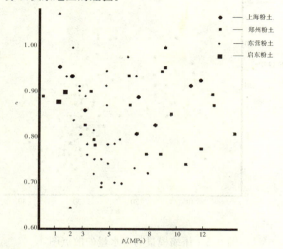

图3.1 孔隙比与比贯入阻力的散点图

有些建议认为,水下取土求得的孔隙比一般都小于0.75,不能反映实际情况,采用孔隙比鉴别粉土密实度会造成误判。由于取土质量低劣而造成严重扰动时,出现这种情况是可能的,但制定标准时不能将取土质量不符合要求的情况作为依据。只要认真取土,采取合格的土样,孔隙比的指标还是能够反映实际情况的。为了验证,随机抽取了粉土地区的勘察报告,对东营地区的粉土资料进行散点图分析。该地区地下水位2~3m,最大取土深度9~12m,取样点在地下水位上下都有,多数取自地下水位以下。考虑到压缩模量数据比较多,因此分析了压缩模量与各种物理指标之间的关系。

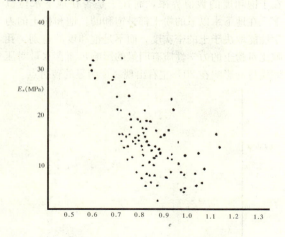

图3.2 压缩模量与孔隙比的散点图

图3.2显示了压缩模量与孔隙比之间存在比较好的规律性,孔隙比分布在0.55~1.0之间,大约有2/3的孔隙比大于0.75,说明无论是水上或水下,孔隙比都是反映粉土力学性能比较敏感的指标。如果用

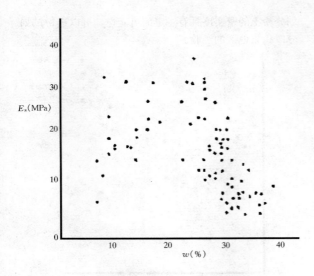

图 3.3 压缩模量与含水量的散点图

含水量来描述压缩模量的变化，则从图 3.3 可以发现，当含水量小于 20% 时，含水量增大，模量相应增大；但在含水量超过 20% 以后则出现相反的现象。在低含水量阶段，模量随含水量增大而增大的变化规律可能与非饱和土的基质吸力有关。采用饱和度描述时，在图 3.4 中，当土处于低饱和度时，压缩模量也随饱和度增大而增大；但当饱和度大于 80% 以后，压缩模量与饱和度之间则没有明显的规律性。对比图 3.2 和图 3.4，也说明地下水位以下处于饱和状态的粉土，影响其力学性质的主要因素是土的孔隙比而不是饱和度。

从散点图分析，可以说明对于粉土的描述，饱和度并不是一个十分重要的指标。鉴别粉土是否饱和不在于饱和度的数值界限，而在于是否在地下水位以下，在地下水以下的粉土都是饱和的。饱和粉土的力学性能取决于土的密实度，而不是饱和度的差别。孔隙比对粉土的力学性质有明显的影响，而含水量对压缩模量的影响在 20% 左右出现一个明显的转折点。

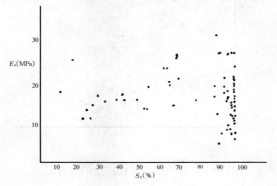

图 3.4 压缩模量与饱和度的散点图

鉴于上述分析，认为没有充分理由修改规范原来的规定，因此仍采用孔隙比和含水量描述粉土的密实度和湿度。

3.3.11 本条与《94 规范》的规定一致。

在修订过程中，也提出过采用静力触探划分黏性土状态的建议。对于这一建议进行了专门的研究，研究结果认为，黏性土的范围相当广泛，其结构性的差异比粉土更大，而黏性土中静力触探比贯入阻力的差别在很大程度上反映了土的结构强度的强弱而不是土的状态的不同。其实，直接采用静力触探比贯入阻力判别土的状态，并不利于正确认识与土的 Atterberg 界限有关的许多工程性质。静力触探比贯入阻力值与采用液性指数判别的状态之间存在的差异，反映了客观存在的结构性影响。例如比贯入阻力比较大，而状态可能是软塑或流塑，这正说明了土的结构强度使比贯入阻力比较大，一旦扰动结构，强度将急剧下降。可以提醒人们注意保持土的原状结构，避免结构扰动以后土的力学指标的弱化。

4 各类工程的勘察基本要求

4.1 房屋建筑和构筑物

4.1.1 本条主要对房屋建筑和构筑物的岩土工程勘察，在原则上规定了应做的工作和应有的深度。岩土工程勘察应有明确的针对性，因而要求了解建筑物的上部荷载、功能特点、结构类型、基础形式、埋置深度和变形限制的要求，以便提出岩土工程设计参数和地基基础设计方案的建议。不同的勘察阶段，对建筑结构了解的深度是不同的。

4.1.2 本规范规定勘察工作宜分阶段进行，这是根据我国工程建设的实际情况和数十年勘察工作的经验规定的。勘察是一种探索性很强的工作，总有一个从不知到知，从知之不多到知之较多的过程，对自然的认识总是由粗而细，由浅而深，不可能一步到位。况且，各设计阶段对勘察成果也有不同的要求，因此，分阶段勘察的原则必须坚持。但是，也应注意到，各行业设计阶段的划分不完全一致，工程的规模和要求各不相同，场地和地基的复杂程度差别很大，要求每个工程都分阶段勘察，是不实际也是不必要的。勘察单位应根据任务要求进行相应阶段的勘察工作。

岩土工程既然要服务于工程建设的全过程，当然应当根据任务要求，承担后期的服务工作，协助解决施工和使用过程中的岩土工程问题。

在城市和工业区，一般已经积累了大量工程勘察资料。当建筑物平面布置已经确定时，可以直接进行详勘。但对于高层建筑和其他重要工程，在短时间内不易查明复杂的岩土工程问题，并作出明确的评价，故仍宜分阶段进行。

4.1.4 对拟建场地做出稳定性评价，是初步勘察的主要内容。稳定性问题应在初步勘察阶段基本解决，不宜留给详勘阶段。

高层建筑的地基基础，基坑的开挖与支护，工程降水等问题，有时相当复杂，如果这些问题都留到详勘时解决，往往因时间仓促，解决不好，故要求初勘阶段提出初步分析评价，为详勘时进一步深入评价打下基础。

4.1.5 岩质地基的特征和土质地基很不一样，与岩体特征，地质构造，风化规律有关，且沉积岩与岩浆岩、变质岩，地槽区与地台区，情况有很大差别，本节规定主要针对平原区的土质地基，对岩质地基只作了原则规定，具体勘察要求应按有关行业标准或地方标准执行。

4.1.6 初勘时勘探线和勘探点的间距，《94规范》按"岩土工程勘察等级"分档。"岩土工程勘察等级"包含了工程重要性等级、场地等级和地基等级，而勘探孔的疏密则主要决定于地基的复杂程度，故本次修订改为按"地基复杂程度等级"分档。

4.1.7 初勘时勘探孔的深度，《94规范》按"岩土工程勘察等级"分档。实际上，勘探孔的深度主要决定于建筑物的基础埋深、基础宽度、荷载大小等因素，而初勘时又缺乏这些数据，故表4.1.7按工程重要性等级分档，且给了一个相当宽的范围，勘察人员可根据具体情况选择。

4.1.8 根据地质条件和工程要求适当增减勘探孔深度的规定，不仅适用于初勘阶段，也适用于详勘及其他勘察阶段。

4.1.10 地下水是岩土工程分析评价的主要因素之一，搞清地下水是勘察工作的重要任务。但只限于查明场地当时的情况有时还不够，故在初勘和详勘中，应通过资料搜集等工作，掌握工程场地所在的城市或地区的宏观水文地质条件，包括：

1 地下水的空间赋存状态及类型；

2 决定地下水空间赋存状态、类型的宏观地质背景；主要含水层和隔水层的分布规律；

3 历史最高水位，近3~5年最高水位，水位的变化趋势和影响因素；

4 宏观区域和场地内的主要渗流类型。

工程需要时，还应设置长期观测孔，设置孔隙水压力装置，量测水头随平面、深度和随时间的变化，或进行专门的水文地质勘察。

4.1.11 这两条规定了详细勘察的具体任务。到了详勘阶段，建筑总平面布置已经确定，面临单体工程地基基础设计的任务。因此，应当提供详细的岩土工程资料和设计施工所需的岩土参数，并进行岩土工程评价，提出相应的工程建议。现作以下几点说明：

1 为了使勘察工作的布置和岩土工程的评价具有明确的工程针对性，解决工程设计和施工中的实际问题，搜集有关工程结构资料，了解设计要求，是十分重要的工作；

2 地基的承载力和稳定性是保证工程安全的前提，这是毫无疑问的；但是，工程经验表明，绝大多数与岩土工程有关的事故是变形问题，包括总沉降、差异沉降、倾斜和局部倾斜；变形控制是地基设计的主要原则，故本条规定了应分析评价地基的均匀性，提供岩土变形参数，预测建筑物的变形特性；有的勘察单位根据设计单位要求和业主委托，承担变形分析任务，向岩土工程设计延伸，是值得肯定的；

3 埋藏的古河道、沟浜，以及墓穴、防空洞、孤石等，对工程的安全影响很大，应予查明；

4 地下水的埋藏条件是地基基础设计和基坑设计施工十分重要的依据，详勘时应予查明；由于地下水位有季节变化和多年变化，故规定应"提供地下水位及其变化幅度"，有关地下水更详细的规定见本规范第7章。

4.1.13 地下停车场、地下商店等，近年来在城市中大量兴建。这些工程的主要特点是"超补偿式基础"，开挖较深，挖土卸载量较大，而结构荷载很小。在地下水位较高的地区，防水和抗浮成了重要问题。高层建筑一般带多层地下室，需防水设计，在施工过程中有时也有抗浮问题。在这样的条件下，提供防水设计水位和抗浮设计水位成了关键。这是一个较为复杂的问题，有时需要进行专门论证。

4.1.13 【修订说明】

抗浮设防水位是很重要的设计参数，但要预测建筑物使用期间水位可能发生的变化和最高水位有时相当困难，不仅与气候、水文地质等自然因素有关，有时还涉及地下水开采、上下游水量调配、跨流域调水等复杂因素，故规定应进行专门研究。

地下工程的防水高度，已在《地下工程防水技术规范》（GB50108）中明确规定，不属于工程勘察的内容。该规范第3.1.3条规定：地下工程的防水设计，应考虑地表水、地下水、毛细管水等的作用，以及由于人为因素引起的附近水文地质改变的影响。单建式的地下工程应采用全封闭、部分封闭防排水设计，附建式的全地下或半地下工程的防水设防高度，应高出室外地坪高程500mm以上。

4.1.14 本条规定的指导思想与第4.1.5条一致。

4.1.15 本次修订时，除了改为按"地基复杂程度等级"分档外，根据近年来的工程经验，对勘探点间距的数值也作了调整。

4.1.16 建筑地基基础设计的原则是变形控制，将总沉降、差异沉降、局部倾斜、整体倾斜控制在允许的限度内。影响变形控制最重要的因素是地层在水平方向上的不均匀性，故本条第2款规定，地层起伏较大时应补充勘探点。尤其是古河道，埋藏的沟浜，基岩面的局部变化等。

勘探方法应精心选择，不应单纯采用钻探。触探可以获取连续的定量的数据，又是一种原位测试手段，井探可以直接观察岩土结构，避免单纯依据岩芯判断。因此，勘探手段包括钻探、井探、静力触探和动力触探，应根据具体情况选择。为了发挥钻探和触探的各自特点，宜配合应用。以触探方法为主时，应有一定数量的钻探配合。对复杂地质条件和某些特殊性岩土，布置一定数量的探井是很必要的。

4.1.17 高层建筑的荷载大，重心高，基础和上部结构的刚度大，对局部的差异沉降有较好的适应能力，而整体倾斜是主要控制因素，尤其是横向倾斜。为此，本条对高层建筑勘探点的布置作了明确规定，以满足岩土工程评价和地基基础设计的要求。

4.1.18、4.1.19 由于高层建筑的基础埋深和宽度都很大，钻孔比较深。钻孔深度适当与否，将极大地影响勘察质量、费用和周期。对天然地基，控制性钻孔的深度，应满足以下几个方面的要求：

1 等于或略深于地基变形计算的深度，满足变形计算的要求；

2 满足地基承载力和弱下卧层验算的需要；

3 满足支护体系和工程降水设计的要求；

4 满足对某些不良地质作用追索的要求。

以上各点中起控制作用的是满足变形计算要求。确定变形计算深度有"应力比法"和"沉降比法"，现行国家标准《建筑地基基础设计规范》(GB50007)—2002是沉降比法。但对于勘察工作，由于缺乏荷载和模量等数据，用沉降比法确定孔深是无法实施的。过去的办法是将孔深与基础宽度挂钩，虽然简便，但不全面。本次修订采用应力比法。经分析，第4.1.19条第1款的规定是完全可以满足变形计算要求的，在计算机已经普及的今天，也完全可以做到。

对于需要进行稳定分析的情况，孔深应根据稳定分析的具体要求确定。对于基础侧旁开挖，需验算稳定时，控制性钻孔达到基底下2倍基宽时可以满足；对于建筑在坡顶和坡上的建筑物，应结合边坡的具体条件，根据可能的破坏模式确定孔深。

当场地或场地附近没有可信的资料时，至少要有一个钻孔满足划分建筑场地类别对覆盖层厚度的要求。

建筑平面边缘的控制性钻孔，因为受压层深度较小，经过计算，可以适当减小。但应深入稳定地层。

4.1.18 【修订说明】

第5款如违反，不影响工程安全和质量，故改为非强制性条款。

本条指的是天然地基上的高层建筑。

4.1.20 由于土性指标的变异性，单个指标不能代表土的工程特性，必须通过统计分析确定其代表值，故本条第2款规定了原状土试样和原位测试的最少数量，以满足统计分析的需要。当场地较小时，可利用场地邻近的已有资料。

4.1.20 【修订说明】

取土试样和原位测试的数量以及试验项目，应由岩土工程师根据具体情况，因地制宜，因工程制宜。但从我国目前勘察市场的实际情况看，为了确保勘察质量，规范仍应控制取土试样和原位测试勘探孔的最少数量。因此在本条第1款增加规定取土试样和原位测试钻孔的数量，不应少于勘探孔总数的1/2，作为最低限度。合理数量应视具体情况确定，必要时可全部勘探孔取土试样或做原位测试。

规定钻探取土试样孔的最少数量也是必要的，否则无法掌握土的基本物理力学性质。

基岩较浅地区可能要多布置一些鉴别孔查基岩面深度，埋藏的河、沟、池、浜以及杂填土分布区等，为了查明其分布也需布置一些鉴别孔，不在此规定。

本条第2款前半句的意思与原文相同，作文字上的修改是为了更明确指的是试验或测试的数据，不合格或不能用的数据当然不包括在内，并且强调了取多少土样，做什么试验，应根据工程要求、场地大小、土层厚薄、土层在场地和地基评价中所起的作用等具体情况确定，6组数据仅是最低要求。本款前半句的原位测试，主要指标准贯入试验以及十字板剪切试验、扁铲侧胀试验等，不包括载荷试验，也不包括连续记录的静力触探和动力触探。载荷试验的数量要求本规范另有规定。本次修订增加了后半句，连续记录的静力触探或动力触探，每个场地不应少于3个孔。6组取土试验数据和3个触探孔两个条件至少满足其中之一。不同测试方法的数量不能相加，例如取土试样与标准贯入试验不能相加，静力触探与动力触探不能相加。

第4款为原则性规定，故改为非强制性条款。

4.1.23、4.1.24 地基承载力、地基变形和地基的稳定性，是建筑物地基勘察中分析评价的主要内容。鉴于已在有关国家标准中作了明确的规定，这两条强调了根据地方经验综合评定的原则，不再作具体规定。

4.2 地下洞室

4.2.2 国内目前围岩分类方法很多，国家标准有：《锚杆喷射混凝土支护技术规范》(GBJ86—85)、《工程岩体分级标准》(GB50218—94)和《地下铁道、轻轨交通岩土工程勘察规范》(GB50307—99)。另外，水电系统、铁路系统和公路系统均有自己的围岩分类。

本规范推荐国家标准《工程岩体分级标准》(GB50218—94)中的岩体质量分级标准和《地下铁道、轻轨交通岩土工程勘察规范》(GB50307—99)中的围岩分类。

前者首先确定基本质量级别，然后考虑地下水、主要软弱结构面和地应力等因素对基本质量级别进行修正，并以此衡量地下洞室的稳定性，岩体级别越高，则洞室的自稳能力越好。

后者则为了与《地下铁道设计规范》（GB50157—92）相一致，采用了铁路系统的围岩分类法。这种围岩分类是根据围岩的主要工程地质特征（如岩石强度、受构造的影响大小、节理发育情况和有无软弱结构面等）、结构特征和完整状态以及围岩开挖后的稳定状态等综合确定围岩类别。并可根据围岩类别估算围岩的均布压力。

而《锚杆喷射混凝土支护技术规范》（GBJ86—85）的围岩分类，则是根据岩体结构、受构造的影响程度、结构面发育情况、岩石强度和声波指标以及毛洞稳定性情况等综合确定。

以上三种围岩分类，都是国家标准，各有特点，各有用途，使用时应注意与设计采用的标准相一致。

4.2.2 【修订说明】

修订后只保留"地下洞室勘察的围岩分级应与地下洞室设计采用的标准一致"。将后面的文字删去。因为前一句意思已很明确，且《地下铁道、轻轨交通岩土工程勘察规范》（GB50307）所依据的是铁路规范对围岩类别的规定，现铁路规范已经修改。

4.2.3 根据多年的实践经验，地下洞室勘察分阶段实施是十分必要的。这不仅符合按程序办事的基本建设原则，也是由于自然界地质现象的复杂性和多变性所决定。因为这种复杂多变性，在一定的勘察阶段内难以全部认识和掌握，需要一个逐步深化的认识过程。分阶段实施勘察工作，可以减少工作的盲目性，有利于保证工程质量。《94规范》分为可行性与初步勘察、详细勘察和施工勘察三个阶段。但各阶段的勘察内容和勘察方法不够明确。本次修订，划分为可行性研究勘察、初步勘察、详细勘察和施工勘察四个阶段，并详细规定了各勘察阶段的勘察内容和勘察方法。当然，也可根据拟建工程的规模、性质和地质条件，因地制宜地简化勘察阶段。

可行性研究勘察阶段可通过搜集资料和现场踏勘，对拟选方案的适宜性做出评价，选择合适的洞址和洞口。

4.2.4～4.2.6 这三条规定了地下洞室初步勘察的勘察内容和勘察方法。规定初步勘察宜采用工程地质测绘，并结合工程需要，辅以物探、钻探和测试工作。

工程地质测绘的任务是查明地形地貌、地层岩性、地质构造、水文地质条件和不良地质作用，为评价洞区稳定性和建洞适宜性提供资料；为布置物探和钻探工作量提供依据。在地下洞室勘察中，工程地质测绘做好了，可以起到事半功倍的作用。

工程物探可采用浅层地震剖面勘探和地震CT等方法圈定地下隐伏体，探测构造破碎带；在钻孔内测定弹性波或声波波速，可评价岩体完整性，计算岩体动力参数，划分围岩类别等。

钻探工作可根据工程地质测绘的疑点和工程物探的异常点布置。本节第4.2.6条规定的勘探点间距和勘探孔深度是综合了《军队地下工程勘测规范》（GJB2813—1997）、《地下铁道、轻轨交通岩土工程勘察规范》（GB50307—99）和《公路隧道勘测规程》（JTJ063—85）等几本规范的有关内容制定的。

4.2.7～4.2.12 这六条规定的是详细勘察。

详细勘察阶段是地下洞室勘察的一个重要勘察阶段，其任务是在查明洞体地质条件的基础上，分段划分岩体质量级别或围岩类别，评价洞体和围岩稳定性，为洞室支护设计和确定施工方案提供资料。勘探方法应采用钻探、孔内物探和测试，必要时，还可布置洞探。工程地质测绘在详细阶段一般情况下不单独进行，只是根据需要作一些补充性调查。

试验工作除常规的以外，对地下铁道，尚应测定基床系数和热物理参数。

1 基床系数用于衬砌设计时计算围岩的弹性抗力强度，应通过载荷试验求得（参见本规范第10.2.6条）；

2 热物理参数用于地下洞室通风负荷设计，通常采用面热源法和热线比较法测定潮湿土层的导温系数、导热系数和比热容；热线比较法还适用于测定岩石的导热系数，比热容还可用热平衡法测定，具体测定方法可参见国家标准《地下铁道、轻轨交通岩土工程勘察规范》（GB50307—99）条文说明；

3 室内动力性质试验包括动三轴试验、动单剪试验和共振柱试验等；动力参数包括动弹性模量、动剪切模量、动泊松比。

4.2.13 地下洞室勘察，凭工程地质测绘、工程物探和少量的钻探工作，其精度是难以满足施工要求的，尚需依靠施工勘察和超前地质预报加以补充和修正。因此，施工勘察和地质超前预报关系到地下洞室掘进速度和施工安全，可以起到指导设计和施工的作用。

超前地质预报主要内容包括下列四方面：

1 断裂、破碎带和风化囊的预报；

2 不稳定块体的预报；

3 地下水活动情况的预报；

4 地应力状况的预报。

超前预报的方法，主要有超前导坑预报法、超前钻孔测试法和掌子面位移量测法等。

4.2.14 评价围岩稳定性，应采用工程地质分析与理论计算相结合的方法。两者不可偏颇。

本次删去了《94规范》中的围岩压力计算公式，理由是随着科技的发展，计算方法进步很快，而这些公式显得有些陈旧，继续保留在规范中，不利于新技术、新方法的应用，不利于技术进步和发展。

关于地下洞室围岩稳定性计算分析，可采用数值法或"弹性有限元图谱法"，计算方法可参照有关书籍。

4.3 岸边工程

4.3.1 本节规定主要适用于港口工程的岩土工程勘察，对修船、造船水工建筑物、通航工程和取水构筑物的勘察，也可参照执行。

4.3.2 本条强调了岸边工程勘察需要重点查明的几个问题。

岸边工程处于水陆交互地带，往往一个工程跨越几个地貌单元；地层复杂，层位不稳定，常分布有软土、混合土、层状构造土；由于地表水的冲淤和地下水动水压力的影响，不良地质作用发育，多滑坡、坍岸、潜蚀、管涌等现象；船舶停靠挤压力、波浪、潮汐冲击力、系缆力等均对岸坡稳定产生不利影响。岸边工程勘察任务就是要重点查明和评价这些问题，并提出治理措施的建议。

4.3.3~4.3.5 岸边工程的勘察阶段，大、中型工程分为可行性研究、初步设计和施工图设计三个勘察阶段；对小型工程、地质条件简单或有成熟经验地区的工程可简化勘察阶段。第4.3.3条~第4.3.5条分别列出了上述三个勘察阶段的勘察方法和内容的原则性规定。

4.3.6 本条列出的几种原位测试方法，大多是港口工程勘察经常采用的测试方法，已有成熟的经验。

4.3.7 测定土的抗剪强度方法应结合工程实际情况，例如：

1 当非饱和土在施工期间及竣工后可能受水浸泡成为饱和土时，应进行饱和状态下的抗剪强度试验；

2 当土的固结状态在施工期间或竣工后可能变化时，宜进行土的不同固结度的抗剪强度试验；

3 挖方区宜进行卸荷条件下的抗剪强度试验，填方区则可进行常规方法的抗剪强度试验。

4.3.8 各勘察阶段的勘探工作量的布置和数量可参照《港口工程勘察规范》（JTJ240）执行。

4.3.9 评价岸坡和地基稳定性时，应按地质条件和土的性质，划分若干个区段进行验算。

对于持久状况的岸坡和地基稳定性验算，设计水位应采用极端低水位，对有波浪作用的直立坡，应考虑不同水位和波浪力的最不利组合。

当施工过程中可能出现较大的水头差、较大的临时超载、较陡的挖方边坡时，应按短暂状况验算其稳定性。如水位有骤降的情况，应考虑水位骤降对土坡稳定的影响。

4.4 管道和架空线路工程
（Ⅰ）管道工程

4.4.1 本节主要适用于长输油、气管道线路及其穿、跨越工程的岩土工程勘察。长输油气管道主要或优先采用地下埋设方式，管道上覆土厚1.0~1.2m；自然条件比较特殊的地区，经过技术论证，亦可采用土堤埋设、地上敷设和水下敷设等方式。

4.4.2 管道工程勘察阶段的划分应与设计阶段相适应。大型管道工程和大型穿越、跨越工程可分为选线勘察、初步勘察和详细勘察三个阶段。中型工程可分为选线勘察和详细勘察两个阶段。对于小型线路工程和小型穿、跨越工程一般不分阶段，一次达到详勘要求。

4.4.3 选线勘察主要是搜集和分析已有资料，对线路主要的控制点（例如大中型河流穿、跨越点）进行踏勘调查，一般不进行勘探工作。选线勘察是一个重要的勘察阶段。以往有些单位在选线工作中，由于对地质工作不重视，没有工程地质专业人员参加，甚至不进行选线勘察，事后发现选定的线路方案有不少岩土工程问题。例如沿线的滑坡、泥石流等不良地质作用较多，不易整治。如果整治，则耗费很大，增加工程投资；如不加以整治，则后患无穷。在这种情况下，有时不得不重新组织选线。为此，加强选线勘察是十分必要的。

4.4.4 管道遇有河流、湖泊、冲沟等地形、地物障碍时，必须跨越或穿越通过。根据国内外的经验，一般是穿越较跨越好。但是管道线路经过的地区，自然条件不尽相同，有时因为河床不稳，要求穿越管线埋藏很深；有时沟深坡陡，管线敷设的工程量很大；有时水深流急施工穿越工程特别困难；有时因为对河流经常疏浚或渠道经常扩挖，影响穿越管道的安全。在这些情况下，采用跨越的方式比穿越方式好。因此应根据具体情况因地制宜地确定穿越或跨越方式。

河流的穿、跨越点选得是否合理，是关系到设计、施工和管理的关键问题。所以，在确定穿、跨越点以前，应进行必要的选址勘察工作。通过认真的调查研究，比选出最佳的穿、跨越方案。既要照顾到整个线路走向的合理性，又要考虑到岩土工程条件的适宜性。本条从岩土工程的角度列举了几种不适宜作为穿、跨越点的河段，在实际工作中应结合具体情况适当掌握。

4.4.5、4.4.6 初勘工作，主要是在选线勘察的基础上，进一步搜集资料，现场踏勘，进行工程地质测绘和调查，对拟选线路方案的岩土工程条件做出初步评价，协同设计人员选择出最优的线路方案。这一阶段的工作主要是进行测绘和调查，尽量利用天然和人工露头，一般不进行勘探和试验工作，只在地质条件复杂、露头条件不好的地段，才进行简单的勘探工作。因为在初勘时，还可能有几个比选方案，如果每一个方案都进行较为详细的勘察工作，工作量太大。所以，在确定工作内容时，要求初步查明管道埋设深度内的地层岩性、厚度和成因。这里的"初步查明"是指把岩土的基本性质查清楚，如有无流砂、软土和对工程有影响的不良地质作用。

穿、跨越工程的初勘工作，也以搜集资料、踏勘、调查为主，必要时进行物探工作。山区河流，河床的第四系覆盖层厚度变化大，单纯用钻探手段难以控制，可采用电法或地震勘探，以了解基岩埋藏深度。对于大中型河流，除地面调查和物探工作外，尚需进行少量的钻探工作。对于勘探线上的勘探点间距，未作具体规定，以能初步查明河床地质条件为原则。这是考虑到本阶段对河床地层的研究仅是初步的，山区河流同平原河流的河床沉积差异性很大，即使是同一条河流，上游与下游也有较大的差别。因此，勘探点间距应根据具体情况确定。至于勘探孔的深度，可以与详勘阶段的要求相同。

4.4.8 管道穿越工程详勘阶段的勘探点间距，规定"宜为30～100m"，范围较大。这是考虑到山区河流与平原河流的差异大。对山区河流而言，30m的间距，有时还难以控制地层的变化。对平原河流，100m的间距，甚至再增大一些，也可以满足要求。因此，当基岩面起伏大或岩性变化大时，勘探点的间距应适当加密，或采用物探方法，以控制地层变化。按现用设备，当采用定向钻方式穿越时，钻探点应偏离中心线15m。

（Ⅱ）架空线路工程

4.4.11 本节适用于大型架空线路工程，主要是高压架空线路工程，其他架空线路工程可参照执行。

4.4.13、4.4.14 初勘阶段应以搜集资料和踏勘调查为主，必要时可做适当的勘探工作。为了能选择地质、地貌条件较好，路径短、安全、经济、交通便利、施工方便的线路路径方案，可按不同地质、地貌情况分段提出勘察报告。

调查和测绘工作，重点是调查研究路径方案跨河地段的岩土工程条件和沿线的不良地质作用，对各路径方案沿线地貌、地层岩性、特殊性岩土分布、地下水情况也应了解，以便正确划分地貌、地质地段，结合有关文献资料归纳整理提出岩土工程勘察报告。对特殊设计的大跨越地段和主要塔基，应做详细的调查研究，当已有资料不能满足要求时，尚应进行适量的勘探测试工作。

4.4.15、4.4.16 施工图设计勘察是在已经选定的线路下进行杆塔定位，结合塔位进行工程地质调查、勘探和测试，提出合理的地基基础和地基处理方案、施工方法的建议等。下面阐述各地段的具体要求：

1 平原地区勘察，转角、耐张、跨越和终端塔等重要塔基和复杂地段应逐基勘探，对简单地段的直线塔基勘探点间距可酌情放宽；

根据国内已建和在建的500kV送电线路工程勘察方案的总结，结合土质条件、塔的基础类型、基础埋深和荷重大小以及塔基受力的特点，按有关理论计算结果，勘探孔深度一般为基础埋置深度下0.5～2.0倍基础底面宽度，表4.1可作参考；

表4.1 不同类型塔基勘探深度

塔型	勘探孔深度（m）		
	硬塑土层	可塑土层	软塑土层
直线塔	$d+0.5b$	$d+(0.5\sim1.0)b$	$d+(1.0\sim1.5)b$
耐张、转角、跨越和终端塔	$d+(0.5\sim1.0)b$	$d+(1.0\sim1.5)b$	$d+(1.5\sim2.0)b$

注：1 本表适用于均质土层。如为多层土或碎石土、砂土时，可适当增减；

2 d—基础埋置深度（m），b—基础底面宽度（m）。

2 线路经过丘陵和山区，应围绕塔基稳定性并以此为重点进行勘察工作；主要是查明塔基及其附近是否有滑坡、崩塌、倒石堆、冲沟、岩溶和人工洞穴等不良地质作用及其对塔基稳定性的影响；

3 跨越河流、湖沼勘察，对跨越地段杆塔位置的选择，应与有关专业共同确定；对于岸边和河中立塔，尚需根据水文调查资料（包括百年一遇洪水、淹没范围、岸边与河床冲刷以及河床演变等），结合塔位工程地质条件，对杆塔地基的稳定性做出评价。

跨越河流或湖沼，宜选择在跨距较短、岩土工程条件较好的地点布设杆塔。对跨越塔，宜布置在两岸地势较高、岸边稳定、地基土质坚实、地下水埋藏较深处；在湖沼地区立塔，则宜将塔位布设在湖沼沉积层较薄处，并需着重考虑杆塔地基环境水对基础的腐蚀性。

架空线路杆塔基础受力的基本特点是上拔力、下压力或倾覆力。因此，应根据杆塔性质（直线塔或耐张塔等），基础受力情况和地基情况进行基础上拔稳定计算、基础倾覆计算和基础下压地基计算，具体的计算方法可参照原水利电力部标准《送电线路基础设计技术规定》（SDGJ62）执行。

4.5 废弃物处理工程
（Ⅰ）一般规定

本节在《94规范》的基础上，有较大修改和补充，主要为：

1 《94规范》适用范围为矿山尾矿和火力发电厂灰渣，本次修订扩大了适用范围，包括矿山尾矿、火力发电厂灰渣、氧化铝厂赤泥等工业废料，还包括城市固体垃圾等各种废弃物；这是由于我国工业和城市废弃物处理的问题日益突出，废弃物处理工程的建设日益增多，客观上有扩大本节适用范围的需要；同时，各种废弃物堆场的特点虽各有不同，但其基本特征是类似的，可作为一节加以规定；

2 核废料的填埋处理要求很高，有核安全方面的专门要求，尚应满足相关规范的规定；

3 作为国家标准，本规范只对通用性的技术要求作了规定，具体的专门性的技术要求由各行业标准自行规定，与《94规范》比，条文内容更为简明；

4 《94规范》只规定了"尾矿坝"和"贮灰坝"的勘察；事实上，对于山谷型堆填场，不仅有坝，还有其他工程设施。除山谷型外，还有平地型、坑埋型等，本次修订作了相应补充；

5 需要指出，矿山废石、冶炼厂炉渣等粗粒废弃物堆场，目前一般不作勘察，故本节未作规定；但有时也会发生岩土工程问题，如引发泥石流，应根据任务要求和具体情况确定如何勘察。

4.5.3 本条规定了废弃物处理工程的勘察范围。对于山谷型废弃物堆场，一般由下列工程组成：

1 初期坝：一般为土石坝，有的上游用砂石、土工布组成反滤层；

2 堆填场：即库区，有的还设截洪沟，防止洪水入库；

3 管道、排水井、隧洞等，用以输送尾矿、灰渣，降水、排水，对于垃圾堆埋场，尚有排气设施；

4 截污坝、污水池、截水墙、防渗帷幕等，用以集中有害渗出液，防止对周围环境的污染，对垃圾填埋场尤为重要；

5 加高坝：废弃物堆填超过初期坝高后，用废渣材料加高坝体；

6 污水处理厂、办公用房等建筑物；

7 垃圾填埋场的底部设有复合型密封层，顶部设有密封层；赤泥堆场底部也有土工膜或其他密封层；

8 稳定、变形、渗漏、污染等的监测系统。

由于废弃物的种类、地形条件、环境保护要求等各不相同，工程建设运行过程有较大差别，勘察范围应根据任务要求和工程具体情况确定。

4.5.4 废弃物处理工程分阶段勘察是必要的，但由于各行业情况不同，各工程规模不同，要求不同，不宜硬性规定。废渣材料加高坝不属于一般意义勘察，而属于专门要求的详细勘察。

4.5.5 本条规定了勘探前需搜集的主要技术资料。这里主要规定废弃物处理工程勘察需要的专门性资料，未列入与一般场地勘察要求相同的地形图、地质图、工程总平面图等资料。各阶段搜集资料的重点亦有所不同。

4.5.6～4.5.8 洪水、滑坡、泥石流、岩溶、断裂等地质灾害，对工程的稳定有严重威胁，应予查明。滑坡和泥石流还可挤占库区，减小有效库容。有价值的自然景观包括，有科学意义需要保护的特殊地貌、地层剖面、化石群等。文物和矿产常有重要的文化和经济价值，应进行调查，并由专业部门评估，对废弃物处理工程建设的可行性有重要影响。与渗透有关的水文地质条件，是建造防渗帷幕、截污坝、截水墙等工程的主要依据，测绘和勘探时应着重查明。

4.5.9 初期坝建筑材料及防渗和覆盖用黏土的费用对工程的投资影响较大，故应在可行性勘察时确定产地，初步勘察时基本查明。

（Ⅱ）工业废渣堆场

4.5.10 对勘探测试工作量和技术要求，本节未作具体规定，应根据工程实际情况和有关行业标准的要求确定，以能满足查明情况和分析评价要求为准。

（Ⅲ）垃圾填埋场

4.5.16 废弃物的堆积方式和工程性质不同于天然土，按其性质可分为似土废弃物和非土废弃物。似土废弃物如尾矿、赤泥、灰渣等，类似于砂土、粉土、黏性土，其颗粒组成、物理性质、强度、变形、渗透和动力性质，可用土工试验方法测试。非土废弃物如生活垃圾，取样测试都较困难，应针对具体情况，专门考虑。有些力学参数也可通过现场监测，用反分析确定。

4.5.17 力学稳定和化学污染是废弃物处理工程评价两大主要问题，故条文对评价内容作了具体规定。

变形有时也会影响工程的安全和正常使用。土石坝的差异沉降可引起坝身裂缝；废弃物和地基土的过量变形，可造成封盖和底部密封系统开裂。

4.6 核电厂

4.6.1 核电厂是各类工业建筑中安全性要求最高、技术条件最为复杂的工业设施。本节是在总结已有核电厂勘察经验的基础上，遵循核电厂安全法规和导则的有关规定，参考国外核电厂前期工作的经验制定的，适用于各种核反应堆型的陆上商用核电厂的岩土工程勘察。

4.6.2 核电厂的下列建筑物为与核安全有关建筑物：

1 核反应堆厂房；

2 核辅助厂房；

3 电气厂房；

4 核燃料厂房及换料水池；

5 安全冷却水泵房及有关取水构筑物；

6 其他与核安全有关的建筑物。

除上列与核安全有关建筑物之外，其余建筑物均为常规建筑物。与核安全有关建筑物应为岩土工程勘察的重点。

4.6.3 本条核电厂勘察五个阶段划分的规定，是根据基建审批程序和已有核电厂工程的实际经验确定的。各个阶段循序渐进、逐步投入。

4.6.4 根据原电力工业部《核电厂工程建设项目可行性研究内容与深度规定》（试行），初步可行性研究阶段应对2个或2个以上厂址进行勘察，最终确定1～2个候选厂址。勘察工作以搜集资料为主，根据地质复杂程度，进行调查、测绘、钻探、测试和试验，满足初步可行性研究阶段的深度要求。

4.6.5 初步可行性研究阶段工程地质测绘内容包括地形、地貌、地层岩性、地质构造、水文地质以及岩溶、滑坡、崩塌、泥石流等不良地质作用。重点调查断层构造的展布和性质，必要时应实测剖面。

4.6.6、4.6.7 本阶段的工程物探要根据厂址的地质条件选择进行。结合工程地质调查，对岸坡、边坡的稳定性进行分析，必要时可做少量的勘察工作。

4.6.8 厂址和厂址附近是否存在能动断层是评价厂址适宜性的重要因素。根据有关规定，在地表或接近地表处有可能引起明显错动的断层为能动断层。符合下列条件之一者，应鉴定为能动断层：

1 该断层在晚更新世（距今约10万年）以来在地表或近地表处有过运动的证据；

2 证明与已知能动断层存在构造上的联系，由于已知能动断层的运动可能引起该断层在地表或近地表处的运动；

3 厂址附近的发震构造，当其最大潜在地震可能在地表或近地表产生断裂时，该发震构造应认为是能动断层。

根据我国目前的实际情况，核岛基础一般选择在中等风化、微风化或新鲜的硬质岩石地基上，其他类型的地基并不是不可以放置核岛，只是由于我国在这方面的经验不足，应当积累经验。因此，本节规定主要适用于核岛地基为岩石地基的情况。

4.6.10 工程地质测绘的范围应视地质、地貌、构造单元确定。测绘比例尺在厂址周边地区可采用1：2000，但在厂区不应小于1：1000。工程物探是本阶段的重点勘察手段，通常选择2～3种物探方法进行综合物探，物探与钻探应互相配合，以便有效地获得厂址的岩土工程条件和有关参数。

4.6.11 《核电厂地基安全问题》（HAF0108）中规定：厂区钻探采用150m×150m网格状布置钻孔，对于均匀地基厂址或简单地质条件厂址较为适用。如果地基条件不均匀或较为复杂，则钻孔间距应适当调整。对水工建筑物宜垂直河床或海岸布置2～3条勘探线，每条勘探线2～4个钻孔。泵房位置不应少于1个钻孔。

4.6.12 本条所指的水文地质工作，包括对核环境有影响的水文地质工作和常规的水文地质工作两方面。

4.6.14 根据核电厂建筑物的功能和组合，划分为4个不同的建筑地段，这些不同建筑地段的安全性质及其结构、荷载、基础形式和埋深等方面的差异，是考虑勘察手段和方法的选择、勘探深度和布置要求的依据。

断裂属于不良地质作用范畴，考虑到核电厂对断裂的特殊要求，单列一项予以说明。这里所指的断裂研究，主要是断裂工程性质的研究，即结合其位置、规模，研究其与建筑物安全稳定的关系，查明其危害性。

4.6.15 核岛是指反应堆厂房及其紧邻的核辅助厂房。对核岛地段钻孔的数量只提出了最低的界限，主要考虑了核岛的几何形状和基础面积。在实际工作中，可根据场地实际工程地质条件进行适当调整。

4.6.16 常规岛地段按其建筑物安全等级相当于火力发电厂汽轮发电机厂房，考虑到与核岛系统的密切关系，本条对常规岛的勘探工作量作了具体的规定。在实际工作中，可根据场地工程地质条件适当调整工作量。

4.6.17 水工建筑物种类较多，各具不同的结构和使用特点，且每个场地工程地质条件存在着差别。勘察工作应充分考虑上述特点，有针对性地布置工作量。

4.6.18 本条列举的几种原位测试方法是进行岩土工程分析与评价所需要的项目，应结合工程的实际情况予以选择采用。核岛地段波速测试，是一项必须进行的工作，是取得岩土体动力参数和抗震设计分析的主要手段，该项目测试对设备和技术有很高的要求，因此，对服务单位的选择、审查十分重要。

4.7 边坡工程

4.7.1 本条规定了边坡勘察应查明的主要内容。根据边坡的岩土成分，可分为岩质边坡和土质边坡，土质边坡的主要控制因素是土的强度，岩质边坡的主要控制因素一般是岩体的结构面。无论何种边坡，地下水的活动都是影响边坡稳定的重要因素。进行边坡工程勘察时，应根据具体情况有所侧重。

4.7.2 本条规定的"大型边坡勘察宜分阶段进行"，是指对大型边坡的专门性勘察。一般情况下，边坡勘察和建筑物的勘察是同步进行的。边坡问题应在初勘阶段基本解决，一步到位。

4.7.3 对于岩质边坡，工程地质测绘是勘察工作首要内容，本条指出三点：

1 着重查明边坡的形态和坡角，这对于确定边坡类型和稳定坡率是十分重要的；

2 着重查明软弱结构面的产状和性质，因为软弱结构面一般是控制岩质边坡稳定的主要因素；

3 测绘范围不能仅限于边坡地段，应适当扩大到可能对边坡稳定有影响的地段。

4.7.4 对岩质边坡，勘察的一个重要工作是查明结构面。有时，常规钻探难以解决问题，需辅用一定数量的探洞，探井，探槽和斜孔。

4.7.6 正确确定岩土和结构面的强度指标，是边坡稳定分析和边坡设计成败的关键。本条强调了以下几点：

1 岩土强度室内试验的应力条件应尽量与自然条件下岩土体的受力条件一致；

2 对控制性的软弱结构面，宜进行原位剪切试验，室内试验成果的可靠性较差；对软土可采用十字板剪切试验；

3 实测是重要的，但更要强调结合当地经验，并宜根据现场坡角采用反分析验证；

4 岩土性质有时有"蠕变"，强度可能随时间而降低，对于永久性边坡应予注意。

4.7.7 本条首先强调，"边坡的稳定性评价，应在确定边坡破坏模式的基础上进行"。不同的边坡有不同的破坏模式。如果破坏模式选错，具体计算失去基础，必然得不到正确结果。破坏模式有平面滑动、圆弧滑动、楔形体滑落、倾倒、剥落等，平面滑动又有沿固定平面滑动和沿（$45°+\varphi/2$）倾角滑动等。有的专家将边坡分为若干类型，按类型确定破坏模式，并列入了地方标准，这是可取的。但我国地质条件十分复杂，各地差别很大，尚难归纳出全国统一的边坡分类和破坏模式，可继续积累数据和资料，待条件成熟后再作修订。

鉴于影响边坡稳定的不确定因素很多，故本条建议用多种方法进行综合评价。其中，工程地质类比法具有经验性和地区性的特点，应用时必须全面分析已有边坡与新研究边坡的工程地质条件的相似性和差异性，同时还应考虑工程的规模、类型及其对边坡的特殊要求。可用于地质条件简单的中、小型边坡。

图解分析法需在大量的节理裂隙调查统计的基础上进行。将结构面调查统计结果绘成等密度图，得出结构面的优势方位。在赤平极射投影图上，根据优势方位结构面的产状和坡面投影关系分析边坡的稳定性。

1 当结构面或结构面交线的倾向与坡面倾向相反时，边坡为稳定结构；

2 当结构面或结构面交线的倾向与坡面倾向一致，但倾角大于坡角时，边坡为基本稳定结构；

3 当结构面或结构面交线的倾向与坡面倾向之间夹角小于45°，且倾角小于坡角时，边坡为不稳定结构。

求潜在不稳定体的形状和规模需采用实体比例投影。对图解法所得出的潜在不稳定边坡应计算验证。

本条稳定系数的取值与《94规范》一致。

4.7.8 大型边坡工程一般需要进行地下水和边坡变形的监测，目的在于为边坡设计提供参数，检验措施（如支挡、疏干等）的效果和进行边坡稳定的预报。

4.8 基 坑 工 程

4.8.1、4.8.2 目前基坑工程的勘察很少单独进行，大多是与地基勘察一并完成的。但是由于有些勘察人员对基坑工程的特点和要求不很了解，提供的勘察成果不一定能满足基坑支护设计的要求。例如，对采用桩基的建筑地基勘察往往对持力层、下卧层研究较仔细，而忽略浅部土层的划分和取样试验；侧重于针对地基的承载性能提供土质参数，而忽略支护设计所需要的参数；只在划定的轮廓线以内进行勘探工作，而忽略对周边的调查了解等等。因深基坑开挖属于施工阶段的工作，一般设计人员提供的勘察任务委托书可能不会涉及这方面的内容。此时勘察部门应根据本节的要求进行工作。

岩质基坑的勘察要求和土质基坑有较大差别，到目前为止，我国基坑工程的经验主要在土质基坑方面，岩质基坑的经验较少。故本节规定只适用于土质基坑。岩质基坑的勘察可根据实际情况按地方经验进行。

4.8.3 基坑勘察深度范围$2H$大致相当于在一般土质条件下悬臂桩墙的嵌入深度。在土质特别软弱时可能需要更大的深度。但一般地基勘察的深度比这更大，所以满足本条规定的要求不会有问题。但在平面扩大勘察范围可能会遇到困难。考虑这一点，本条规定对周边以调查研究、搜集原有勘察资料为主。在复杂场地和斜坡场地，由于稳定性分析的需要，或布置锚杆的需要，必须有实测地质剖面，故应适量布置勘探点。

4.8.4 抗剪强度是支护设计最重要的参数，但不同的试验方法（有效应力法或总应力法，直剪或三轴，UU或CU）可能得出不同的结果。勘察时应按照设计所依据的规范、标准的要求进行试验，提供数据。表4.2列出不同标准对土压力计算的规定，可供参考。

表4.2 不同规范、规程对土压力计算的规定

规范规程标准	计算方法	计算参数	土压力调整
建设部行标	采用朗肯理论 砂土、粉土水土分算，黏性土有经验时水土合算	直剪固快峰值c、φ或三轴c_{cu}、φ_{cu}	主动侧开挖面以下土自重压力不变
冶金部行标	采用朗肯或库伦理论按水土分算原则计算，有经验时对黏性土也可水土合算	分算时采用有效应力指标c'、φ'或用c_{cu}、φ_{cu}代替，合算时采用c_{cu}、φ_{cu}乘以0.7的强度折减系数	有邻近建筑物基础时$K_{ma}=(K_0+K_a)/2$；被动区不能充分发挥时$K_{mp}=(0.3\sim0.5)K_p$
湖北省规定	采用朗肯理论 黏性土、粉土水土合算，砂土水土分算，有经验时也可水土合算	分算时采用有效应力指标c'、φ'；合算时采用总应力指标c、φ；提供有强度指标的经验值	一般不作调整
深圳规范	采用朗肯理论 水位以上水土合算；水位以下黏性土水土合算，粉土、砂土、碎石土水土分算	分算时采用有效应力指标c'、φ'；合算时采用总应力指标c、φ	无规定

续表 4.2

规范规程标准	计算方法	计算参数	土压力调整
上海规程	采用朗肯理论，以水土分算为主，对水泥土围护结构水土合算	水土分算采用 c_{cu}、φ_{cu}，水土合算采用经验主动土压力系数 η_a	对有支撑的围护结构开挖面以下土压力为矩形分布。提出动用土压力概念，提高的主动土压力系数界于 $K_0 \sim (K_a+K_0)/2$ 之间，降低的被动土压力系数界于 $(0.5\sim0.9)K_p$ 之间
广州规定	采用朗肯理论，以水土分算为主，有经验时对黏性土、淤泥可水土合算	采用 c_{cu}、φ_{cu}，有经验时可采用其他参数	开挖面以下采用矩形分布模式

从理论上说基坑开挖形成的边坡是侧向卸荷，其应力路径是 σ_1 不变，σ_3 减小，明显不同于承受建筑物荷载的地基土。另外有些特殊性岩土（如超固结老黏性土、软质岩），开挖暴露后会发生应力释放、膨胀、收缩开裂、浸水软化等现象，强度急剧衰减。因此选择用于支护设计的抗剪强度参数，应考虑开挖造成的边界条件改变、地下水条件的改变等影响，对超固结土原则上取值应低于原状试样的试验结果。

4.8.5 深基坑工程的水文地质勘察工作不同于供水水文地质勘察工作，其目的应包括两个方面：一是满足降水设计（包括降水井的布置和井管设计）需要，二是满足对环境影响评估的需要。前者按通常供水水文地质勘察工作的方法即可满足要求，后者因涉及问题很多，要求更高。降水对环境影响评估需要对基坑外围的渗流进行分析，研究流场优化的各种措施，考虑降水延续时间长短的影响。因此，要求勘察对整个地层的水文地质特征作更详细的了解。具体的勘察和试验工作可执行本规范第 7 章及其他相关规范的规定。

4.8.5 【修订说明】
当已做的勘察工作比较全面，获取的水文地质资料已满足要求时，可不必再作专门的水文地质勘察。故增加"且已有资料不能满足要求时"。

4.8.7 环境保护是深基坑工程的重要任务之一，在建筑物密集、交通流量大的城区尤其突出。由于对周边建（构）筑物和地下管线情况不了解，就盲目开挖造成损失的事例很多，有的后果十分严重。所以一定要事先进行环境状况的调查，设计、施工才能有针对性地采取有效保护措施。对地面建筑物可通过观察访问和查阅档案资料进行了解，对地下管线可通过地面标志、档案资料进行了解。有的城市建立有地理信息系统，能提供更详细的资料。如确实搜集不到资料，应采用开挖、物探、专用仪器或其他有效方法进行探测。

4.8.9 目前采用的支护措施和边坡处理方式多种多样，归纳起来不外乎表 4.3 所列的三大类。由于各地地质情况不同，勘察人员提供建议时应充分了解工程所在地区经验和习惯，对已有的工程进行调查。

表 4.3　基坑边坡处理方式类型和适用条件

类　型	结　构　种　类	适　用　条　件
设置挡土结构	地下连续墙、排桩、钢板桩、悬臂、加内支撑或加锚	开挖深度大，变形控制要求高，各种土质条件
	水泥土挡墙	开挖深度不大，变形控制要求一般，土质条件中等或较好
土体加固或锚固	喷锚支护	
	土钉墙	
放坡减载	根据土质情况按一定坡率放坡，加坡面保护处理	开挖深度不大，变形控制要求不严，土质条件较好，有放坡减荷的场地条件

注：1　表中处理方式可组合使用；
　　2　变形控制要求应根据工程的安全等级和环境条件确定。

4.8.10 本条文所列内容应是深基坑支护设计的工作内容。但作为岩土工程勘察，应在岩土工程评价方面有一定的深度。只有通过比较全面的分析评价，才能使支护方案选择的建议更为确切，更有依据。

进行上述评价的具体方法可参考表 4.4。

表 4.4　不同规范、规程对支护结构设计计算的规定

规范规程标准	设计方法	稳定性分析	渗流稳定分析
建设部行标	悬臂和支点刚度大的桩墙采用被动区极限应力法，支点刚度小时采用弹性支点法，内力取上述两者中的大值，变形按弹性支点法计算	抗隆起采用 Prandtl 承载力公式，整体稳定用圆弧法分析	抗底部突涌验算，抗侧壁管涌验算
冶金部行标	采用极限平衡法计算入土深度，二、三级基坑采用极限平衡法计算内力，一级基坑采用土压力法计算内力和变形，坑边有重要保护对象时采用平面有限元法计算位移	用不排水强度 τ_0（$\varphi=0$）验算底部承载力，也可用小圆弧法验算坑底土的稳定，验算时可考虑桩墙的抗弯，整体稳定用圆弧法分析	抗底部突涌验算，抗侧壁管涌验算

续表 4.4

规范规程标准	设计方法	稳定性分析	渗流稳定分析
湖北省规定	采用极限平衡法计算入土深度，采用弹性抗力法计算内力和变形，有条件时可采用平面有限元法计算变形	抗隆起采用prandtl承载力公式，整体稳定用圆弧法分析	以抗底部突涌验算为主，抗侧壁管涌验算列有公式，但很少应用
深圳规范	悬臂、单支点采用极限土压力平衡法计算，用m法计算变形 多支点用极限土压力平衡法计算插入深度，用弹性支点杆系有限元法、m法计算内力和变形	抗隆起稳定性验算采用Caguot-Prandtl承载力公式，整体稳定用圆弧法分析	抗侧壁管涌验算
上海规程	以桩墙下段的极限土压力力矩平衡验算抗倾覆稳定性 板式支护结构采用竖向弹性地基梁基床系数法，弹性抗力分布有多种选择	Prandtl承载力公式，也可用小圆弧法，可考虑或不考虑桩墙的抗弯 整体稳定用圆弧法分析	抗底部突涌验算，抗侧壁管涌验算
广州规定	悬臂、单支点用极限土压力平衡法确定嵌固深度 多支点采用弹性抗力法	圆弧法 GB 50007—2002的折线形滑动面分析法	抗侧壁管涌用验算

注：1 稳定性分析的小圆弧法是以最下一层支撑点为圆心，该点至桩墙底的距离为半径作圆，然后进行滑动力矩和稳定力矩计算的分析方法；
2 弹性支点杆系有限元法，竖向弹性地基梁基床系数法，土抗力法实际上是指同一类型的分析方法，可简称弹性抗力法。即将桩墙视为一维杆件，承受主动区某种分布形式已知的土压力荷载，被动区的土抗力和支撑锚点的支反力则以弹簧模拟，认为抗力、反力值随变形而变化；在此假定下模拟桩墙与土的相互作用，求解内力和变形；
3 极限土压力平衡法是假定支护结构、被动侧的土压力均达到理论的极限值，对支护结构进行整体平衡计算的方法；
4 当坑底以下存在承压水含水层时进行抗突涌验算，一般只考虑承压水含水层上覆土层自重能否平衡承压水水头压力；当侧壁有含水层且依靠隔水帷幕阻隔地下水进入基坑时进行抗侧壁管涌验算，计算原则是按最短渗流路径计算水力坡降，与临界水力坡降比较。

降水消耗水资源。我国是水资源贫乏的国家，应尽量避免降水，保护水资源。降水对环境会有或大或小的影响，对环境影响的评价目前还没有成熟的得到公认的方法。一些规范、规程、规定上所列的方法是根据水头下降在土层中引起的有效应力增量和各土层的压缩模量分层计算地面沉降，这种粗略方法计算结果并不可靠。根据武汉地区的经验，降水引起的地面沉降与水位降幅、土层剖面特征、降水延续时间等多种因素有关；而建筑物受损害的程度不仅与动水位坡降有关，而且还与土层水平方向压缩性的变化和建筑物的结构特点有关。地面沉降最大区域和受损害建筑物不一定都在基坑近旁，而可能在远离基坑外的某处。因此评价降水对环境的影响主要依靠调查了解地区经验，有条件时宜进行考虑时间因素的非稳定流渗流场分析和压缩层的固结时间过程分析。

4.9 桩基础

4.9.1 本节适用于已确定采用桩基础方案时的勘察工作。本条是对桩基勘察内容的总要求。

本条第 2 款，查明基岩的构造，包括产状、断裂、裂隙发育程度以及破碎带宽度和充填物等，除通过钻探、井探手段外，尚可根据具体情况辅以地表露头的调查测绘和物探等方法。本次修订，补充应查明风化程度及其厚度，确定其坚硬程度、完整程度和基本质量等级。这对于选择基岩为桩基持力层时是非常必要的。查明持力层下一定深度范围内有无洞穴、临空面、破碎岩体或软弱岩层，对桩的稳定也是非常重要的。

本条第 5 款，桩的施工对周围环境的影响，包括打入预制桩和挤土成孔的灌注桩的振动、挤土对周围既有建筑物、道路、地下管线设施和附近精密仪器设备基础等带来的危害以及噪声等公害。

4.9.2 为满足设计时验算地基承载力和变形的需要，勘察时应查明拟建建筑物范围内的地层分布、岩土的均匀性。要求勘探点布置在柱列线位置上，对群桩应根据建筑物的体型布置在建筑物轮廓的角点、中心和周边位置上。

勘探点的间距取决于岩土条件的复杂程度。根据北京、上海、广州、深圳、成都等许多地区的经验，桩基持力层为一般黏性土、砂卵石或软土，勘探点的间距多数在 12～35m 之间。桩基设计，特别是预制桩，最为担心的就是持力层起伏情况不清，而造成截桩或接桩。为此，应控制相邻勘探点揭露的持力层层面坡度、厚度以及岩土性状的变化。本条给出控制持力层层面高差幅度为 1～2m，预制桩应取小值。不能满足时，宜加密勘探点。复杂地基的一柱一桩工程，往往采用大口径桩，荷载很大，一旦出事，无以补救，结构设计上要求更严。实际工程中，每个桩位都需有可靠的地质资料。

4.9.3 作为桩基勘察已不再是单一的钻探取样手段，桩基础设计和施工所需的某些参数单靠钻探取土是无法取得的。而原位测试有其独特之处。我国幅员广大，各地区地质条件不同，难以统一规定原位测试手段。因此，应根据地区经验和地质条件选择合适的原位测试手段与钻探配合进行。如上海等软土地基条件下,静力触探已成为桩基勘察中必不可少的测试手段。砂土采用标准贯入试验也颇为有效,而成都、北京等地区的卵石层地基中,重型和超重型圆锥动力触探为选择持力层起到了很好的作用。

4.9.4 设计对勘探深度的要求,既要满足选择持力层的需要,又要满足计算基础沉降的需要。因此,对勘探孔有控制性孔和一般性孔(包括钻探取土孔和原位测试孔)之分。勘探孔深度的确定原则,目前各地各单位在实际工作中,一般有以下几种:

1 按桩端深度控制:软土地区一般性勘探孔深度达桩端下 3~5m 处;

2 按桩径控制:持力层为砂、卵石层或基岩情况下,勘探孔深度进入持力层(3~5)d(d 为桩径);

3 按持力层顶板深度控制:较多做法是,一般软土地区持力层为硬塑黏性土、粉土或密实砂土时,要求达到顶板深度以下 2~3m;残积土或粒状土地区要求达到顶板深度以下 2~6m;而基岩地区应注意将孤石误判为基岩的问题;

4 按变形计算深度控制:一般自桩端下算起,最大勘探深度取决于变形计算深度;对软土,如《上海市地基基础设计规范》(GBJ 08—11)一般算至附加应力等于土自重应力的 20% 处;上海市民用建筑设计院通过实测,以各种公式计算,认为群桩中变形计算深度主要与桩群宽度 b 有关,而与桩长关系不大;当群桩平面形状接近于方形时,桩尖下压缩层厚度大约等于一倍 b;但仅仅将钻探深度与基础宽度挂钩的做法是不全面的,还与建筑平面形状、基础埋深和基底的附加压力有关;根据北京市勘察设计研究院对若干典型住宅和办公楼的计算,对于比较坚硬的场地,当建筑层数在 14、24、32 层,基础宽度为 25~45m,基础埋深为 7~15m,以及地下水位变化很大的情况下,变形计算深度(从桩尖算起)为 $(0.6~1.25)b$;对于比较软弱的地基,各项条件相同时,为 $(0.9~2.0)b$。

4.9.5 基岩作为桩基持力层时,应进行风干状态和饱和状态下的极限抗压强度试验,但对软岩和极软岩,风干和浸水均可使岩样破坏,无法试验,因此,应封样保持天然湿度,做天然湿度的极限抗压强度试验。性质接近土时,按土工试验要求。破碎和极破碎的岩石无法取样,只能进行原位测试。

4.9.6 从全国范围来看,单桩极限承载力的确定较可靠的方法仍为桩的静载荷试验。虽然各地、各单位有经验方法估算单桩极限承载力,如用静力触探指标估算等方法,也都与载荷试验建立相应关系后采用。根据经验确定桩的承载力一般比实际偏低较多,从而影响了桩基技术和经济效益的发挥,造成浪费。但也有不安全不可靠的,以致发生工程事故,故本规范强调以静载荷试验为主要手段。

对于承受较大水平荷载或承受上拔力的桩,鉴于目前计算的方法和经验尚不多,应建议进行现场试验。

4.9.7 沉降计算参数和指标,可以通过压缩试验或深层载荷试验取得,对于难以采取原状土和难以进行深层载荷试验的情况,可采用静力触探试验、标准贯入试验、重型动力触探试验、旁压试验、波速测试等综合评价,求得计算参数。

4.9.8 勘察报告中可以提出几个可能的桩基持力层,进行技术、经济比较后,推荐合理的桩基持力层。一般情况下应选择具有一定厚度、承载力高、压缩性较低、分布均匀,稳定的坚实土层或岩层作为持力层。报告中应按不同的地质剖面提出桩端标高建议,阐明持力层厚度变化、物理力学性质和均匀程度。

沉桩的可能性除与锤击能量有关外,还受桩身材料强度、地层特性、桩群密集程度、群桩的施工顺序等多种因素制约,尤其是地质条件的影响最大,故必须在掌握准确可靠的地质资料,特别是原位测试资料的基础上,提出对沉桩可能性的分析意见。必要时,可通过试桩进行分析。

对钢筋混凝土预制桩、挤土成孔的灌注桩等的挤土效应,打桩产生的振动,以及泥浆污染,特别是在饱和软黏土中沉入大量、密集的挤土桩时,将会产生很高的超孔隙水压力和挤土效应,从而对周围已成的桩和已有建筑物、地下管线等产生危害。灌注桩施工中的泥浆排放产生的污染,挖孔桩排水造成地下水位下降和地面沉降,对周围环境都可产生不同程度的影响,应予分析和评价。

4.10 地基处理

4.10.1 进行地基处理时应有足够的地质资料,当资料不全时,应进行必要的补充勘察。本条规定了地基处理时对岩土工程勘察的基本要求。

1 岩土参数是地基处理设计成功与否的关键,应选用合适的取样方法、试验方法和取值标准;

2 选用地基处理方法应注意其对环境和附近建筑物的影响;如选用强夯法施工时,应注意振动和噪声对周围环境产生不利影响;选用注浆法时,应避免化学浆液对地下水、地表水的污染等;

3 每种地基处理方法都有各自的适用范围、局限性和特点;因此,在选择地基处理方法时都要进行具体分析,从地基条件、处理要求、处理费用和材料、设备来源等综合考虑,进行技术、经济、工期等方面的比较,以选用技术上可靠,经济上合理的地基处理方法;

4 当场地条件复杂,或采用某种地基处理方法缺乏成功经验,或采用新方法、新工艺时,应进行现场试验,以取得可靠的设计参数和施工控制指标;当难以选定地基处理方案时，可进行不同地基处理方法的现场对比试验，通过试验选定可靠的地基处理方法；

5 在地基处理施工过程中，岩土工程师应在现场对施工质量和施工对周围环境的影响进行监督和监测，保证施工顺利进行。

4.10.2 换填垫层法是先将基底下一定范围内的软弱土层挖除，然后回填强度较高、压缩性较低且不含有机质的材料，分层碾压后作为地基持力层，以提高地基承载力和减少变形。

换填垫层法的关键是垫层的碾压密实度，并应注意换填材料对地下水的污染影响。

4.10.3 预压法是在建筑物建造前，在建筑场地进行加载预压，使地基的固结沉降提前基本完成，从而提高地基承载力。预压法适用于深厚的饱和软黏土，预压方法有堆载预压和真空预压。

预压法的关键是使荷载的增加与土的承载力增长率相适应。为加速土的固结速率，预压法结合设置砂井或排水板以增加土的排水途径。

4.10.4 强夯法适用于从碎石土到黏性土的各种土类，但对饱和软黏土使用效果较差，应慎用。

强夯施工前，应在施工现场进行试夯，通过试验确定强夯的设计参数——单点夯击能、最佳夯击能、夯击遍数和夯击间歇时间等。

强夯法由于振动和噪声对周围环境影响较大，在城市使用有一定的局限性。

4.10.5 桩土复合地基是在土中设置由散体材料（砂、碎石）或弱胶结材料（石灰土、水泥土）或胶结材料（水泥）等构成桩柱体，与桩间土一起共同承受建筑荷载。这种由两种不同强度的介质组成的人工地基称为复合地基。复合地基中的桩柱体的作用，一是置换，二是挤密。因此，复合地基除可提高地基承载力、减少变形外，还有消除湿陷和液化的作用。

复合地基适用于松砂、软土、填土和湿陷性黄土等土类。

4.10.6 注浆法包括粒状剂和化学剂注浆法。粒状剂包括水泥浆、水泥砂浆、黏土浆、水泥黏土浆等，适用于中粗砂、碎石土和裂隙岩体；化学剂包括硅酸钠溶液、氢氧化钠溶液、氯化钙溶液等，可用于砂土、粉土、黏性土等。作业工艺有旋喷法、深层搅拌、压密注浆和劈裂注浆等。其中粒状剂注浆法和化学剂注浆法属渗透注浆，其他属混合注浆。

注浆法有强化地基和防水止渗的作用，可用于地基处理、深基坑支挡和护底、建造地下防渗帷幕、防止砂土液化、防止基础冲刷等方面。

因大部分浆液有一定的毒性，应防止浆液对地下水的污染。

4.11 既有建筑物的增载和保护

4.11.1 条文所列举的既有建筑物的增载和保护的类型主要系指在大中城市的建筑密集区进行改建和新建时可能遇到的岩土工程问题。特别是在大城市，高层建筑的数量增加很快，高度也在增高，建筑物增层、增载的情况较多；不少大城市正在兴建或计划兴建地铁，城市道路的大型立交工程也在增多等。深基坑，地下掘进，较深、较大面积的施工降水，新建建筑物的荷载在既有建筑物地基中引起的应力状态的改变等是这些工程的岩土工程特点，给我们提出了一些特殊的岩土工程问题。我们必须重视和解决好这些问题，以避免或减轻对既有建筑物可能造成的影响，在兴建建筑物的同时，保证既有建筑物的完好与安全。

本条逐一指出了各类增载和保护工程的岩土工程勘察的工作重点，注意搞清所指出的重点问题，就能使勘探、试验工作的针对性强，所获的数据资料科学、适用，从而使岩土工程分析和评价建议，能抓住主要矛盾，符合实际情况。此外，系统的监测工作是重要手段之一，往往不能缺少。

4.11.2 为建筑物的增载或增层而进行的岩土工程勘察的目的，是查明地基土的实际承载能力（临塑荷载、极限荷载），从而确定是否尚有潜力可以增层或增载。

1 增层、增载所需的地基承载力潜力是不宜通过查以往有关的承载力表的办法来衡量的；这是因为：

  1）地基土的承载力表是建立在数理统计基础上的；表中的承载力只是符合一定的安全保证概率的数值，并不直接反映地基土的承载力和变形特性，更不是承载力与变形关系上的特性点；

  2）地基土承载力表的使用是有条件的；岩土工程师应充分了解最终的控制与衡量条件是建筑物的容许变形（沉降、挠曲、倾斜）；

因此，原位测试和室内试验方法的选择决定于测试成果能否比较直接地反映地基土的承载力和变形特性，能否直接显示土的应力-应变的变化、发展关系和有关的力学特性点；

2 下列是比较明确的土的力学特性点：

  1）载荷试验 s-p 曲线上的比例界限和极限荷载；

  2）固结试验 e-$\lg p$ 曲线上的先期固结压力和再压缩指数与压缩指数；

  3）旁压试验 V-p 曲线上的临塑压力 p_f 与极限压力 p_L 等。

静力触探锥尖阻力亦能在相当接近的程度上反映土的原位不排水强度。

根据测试成果分析得出的地基土的承载力与计划增层、增载后地基将承受的压力进行比较，并结合必要的沉降历时关系预测，就可得出符合或接近实际的岩土工程结论。当然，在作出关于是否可以增层、增载和增层、增载的量值和方式、步骤的最后结论之前，还应考虑既有建筑物结构的承受能力。

4.11.3 建筑物的接建、邻建所带来的主要岩土工程问题，是新建建筑物的荷载引起的、在既有建筑物紧邻新建部分的地基中的应力叠加。这种应力叠加会导致既有建筑物地基土的不均匀附加压缩和建筑物的相对变形或挠曲，直至严重裂损。针对这一主要问题，需要在接建、邻建部位专门布置勘探点。原位测试和室内试验的重点，如同第 4.11.2 条所述，也应以获得地基土的承载力和变形特性参数为目的，以便分析研究接建、邻建部位的地基土在新的应力状态下的稳定程度，特别是预测地基土的不均匀附加沉降和既有建筑物将承受的局部性的相对变形或挠曲。

4.11.4 在国内外由于城市、工矿地区开采地下水或以疏干为目的的降低地下水位所引起的地面沉降、挠曲或破裂的例子日益增多。这种地下水抽降与伴随而来的地面形变严重时，可导致沿江沿海城市的海水倒灌或扩大洪水淹没范围，成群成带的建筑物沉降、倾斜与裂损，或一些采空区、岩溶区的地面塌陷等。

由地下水抽降所引起的地面沉降与形变不仅发生在软黏性土地区，土的压缩性并不很高，但厚度巨大的土层也可能出现数值可观的地面沉降与挠曲。若一个地区或城市的土层巨厚、不均或存在有先期隐伏的构造断裂时，地下水抽降引起的地面沉降会以地面的显著倾斜、挠曲，以至有方向性的破裂为特征。

表现为地面沉降的土层压缩可以涉及很深处的土层，这是因为由地下水抽降造成的作用于土层上的有效压力的增加是大范围的。因此，岩土工程勘察需要勘探、取样和测试的深度很大，这样才能预测可能出现的土层累计压缩总量（地面沉降）。本条的第 2 款要求"勘探孔深度应超过可压缩地层的下限"和第 3 款关于试验工作的要求，就是这个目的。

4.11.5 深基坑开挖是高层建筑岩土工程问题之一。高层建筑物通常有多层地下室，需要进行深的开挖；有些大型工业厂房、高耸构筑物和生产设备等也要求将基础埋置很深，因而也有深基坑问题。深基坑开挖对相邻既有建筑物的影响主要有：

　　1 基坑边坡变形、位移，甚至失稳的影响；

　　2 由于基坑开挖、卸荷所引起的四邻地面的回弹、挠曲；

　　3 由于施工降水引起的邻近建筑物软基的压缩或地基土中部分颗粒的流失而造成的地面不均匀沉降、破裂；在岩溶、土洞地区施工降水还可能导致地面塌陷。

岩土工程勘察研究内容就是要分析上述影响产生的可能性和程度，从而决定采取何种预防、保护措施。本条还提出了关于基坑开挖过程中的监测工作的要求。对基坑开挖，这种信息法的施工方法可以弥补岩土工程分析和预测的不足，同时还可积累宝贵的科学数据，提高今后分析、预测水平。

4.11.6 地下开挖对建筑物的影响主要表现为：

　　1 由地下开挖引起的沿工程主轴线的地面下沉和轴线两侧地面的对倾与挠曲。这种地面变形会导致地面既有建筑物的倾斜、挠曲甚至破坏；为了防止这些破坏性后果的出现，岩土工程勘察的任务是在勘探测试的基础上，通过工程分析，提出合理的施工方法、步骤和最佳保护措施的建议，包括系统的监测；

　　2 地下工程施工降水，其可能的影响和分析研究方法同第 4.11.5 条的说明。

在地下工程的施工中，监测工作特别重要。通过系统的监测，不但可验证岩土工程分析预测和所采取的措施的正确与否，而且还能通过对岩土与支护工程性状及其变化的直接跟踪，判断问题的演变趋势，以便及时采取措施。系统的监测数据、资料还是进行科学总结，提高岩土工程学术水平的基础。

5 不良地质作用和地质灾害

5.1 岩　溶

5.1.1 岩溶在我国是一种相当普遍的不良地质作用，在一定条件下可能发生地质灾害，严重威胁工程安全。特别在大量抽吸地下水，使水位急剧下降，引发土洞的发展和地面塌陷的发生，我国已有很多实例。故本条强调"拟建工程场地或其附近存在对工程安全有影响的岩溶时，应进行岩溶勘察"。

5.1.2 本条规定了岩溶的勘察阶段划分及其相应工作内容和要求。

　　1 强调可行性研究或选址勘察的重要性。在岩溶区进行工程建设，会带来严重的工程稳定性问题；故在场址比选中，应加深研究，预测其危害，做出正确抉择；

　　2 强调施工阶段补充勘察的必要性；岩溶土洞是一种形态奇特、分布复杂的自然现象，宏观上虽有发育规律，但在具体场地上，其分布和形态则是无常的；因此，进行施工勘察非常必要。

岩溶勘察的工作方法和程序，强调下列各点：

　　1 重视工程地质研究，在工作程序上必须坚持以工程地质测绘和调查为先导；

　　2 岩溶规律研究和勘探应遵循从面到点、先地表后地下、先定性后定量、先控制后一般以及先疏后密的工作准则；

　　3 应有针对性地选择勘探手段，如为查明浅层岩溶，可采用槽探，为查明浅层土洞可用钎探，为查明深埋土洞可用静力触探等；

　　4 采用综合物探，用多种方法相互印证，但不宜以未经验证的物探成果作为施工图设计和地基处理的依据。

岩溶地区有大片非可溶性岩石存在时，勘察工作应与岩溶区段有所区别，可按一般岩质地基进行勘察。

5.1.3 本条规定了岩溶场地工程地质测绘应着重查明的内容，共 7 款，都与岩土工程分析评价密切有关。岩溶洞隙、土洞和塌陷的形成和发展，与岩性、构造、土质、地下水等条件有密切关系。因此，在工程地质测绘时，不仅要查明形态和分布，更要注意研究机制和规律。只有做好了工程地质测绘，才能有的放矢地进行勘探测试，为分析评价打下基础。

土洞的发展和塌陷的发生，往往与人工抽吸地下水有关。抽吸地下水造成大面积成片塌陷的例子屡见不鲜，进行工程地质测绘时应特别注意。

5.1.4 岩溶地区可行性研究勘察和初步勘察的目的，是查明拟建场地岩溶发育规律和岩溶形态的分布规律，宜采用工程地质测绘和多种物探方法进行综合判释。勘探点间距宜适当加密；勘探孔深度揭穿对工程有影响的表层发育带即可。

5.1.5 详勘阶段，勘探点应沿建筑物轴线布置。对地质条件复杂或荷载较大的独立基础应布置一定深度的钻孔。对一柱一桩的基础，应一柱一孔予以控制。当基底以下土层厚度不符合第 5.1.10 条第 1 款的规定时，应根据荷载情况，将部分或全部钻孔钻入基岩；当在预定深度内遇见洞体时，应将部分钻孔钻入洞底以下。

对荷载大或一柱多桩时，即使一柱一孔，有时还难以完全控制，有些问题可留到施工勘察去解决。

5.1.6 施工勘察阶段，应在已开挖的基槽内，布置轻型动力触探、钎探或静力触探，判断土洞的存在，桂林等地经验证明，坚持这样做十分必要。

5.1.7 土洞与塌陷对工程的危害远大于岩体中的洞隙，查明其分布尤为重要。但是，对单个土洞一一查明，难度及工作量都较大。土洞和塌陷的形成和发展，是有规律的。本条根据实践经验，提出在岩溶发育区中，土洞可能密集分布的地段，在这些地段上重点勘探，使勘察工作有的放矢。

5.1.8 工程需要时，应积极创造条件，更多地进行一些洞体顶板试验，积累资料。目前实测资料很少，岩溶定量评价缺少经验，铁道部第二设计院曾在高速行车的条件下，在路基浅层洞体内进行顶板应力量测，贵州省建筑设计院曾在白云岩的天然洞体上进行两组载荷试验，所得结果都说明天然岩溶洞体对外荷载具有相当的承受能力，据此可以认为，现行评价洞体稳定性的方法是有较大安全储备的。

5.1.9 当前岩溶评价仍处于经验多于理论、宏观多于微观、定性多于定量阶段。本条根据已有经验，提出几种对工程不利的情况。当遇所列情况时，宜建议绕避或舍弃，否则将会增大处理的工程量，在经济上是不合理的。

5.1.10 第 5.1.9 条从不利和否定角度，归纳出了一些条件，本条从有利和肯定的角度提出当符合所列条件时，可不考虑岩溶稳定影响的几种情况。综合两者，力图从两个相反的侧面，在稳定性评价中，从定性上划出去了一大块，而余下的就只能留给定量评价去解决了。本条所列内容与《建筑地基基础设计规范》(GB 50007—2002) 有关部分一致。

5.1.11 本条提出了如不符合第 5.1.10 条规定的条件需定量评价稳定性时，需考虑的因素和方法。在解决这一问题时，关键在于查明岩溶的形态和计算参数的确定。当岩溶体隐伏于地下，无法量测时，只能在施工开挖时，边揭露边处理。

5.2 滑 坡

5.2.1 拟建工程场地存在滑坡或有滑坡可能时，应进行滑坡勘察；拟建工程场地附近存在滑坡或有滑坡可能，如危及工程安全，也应进行滑坡勘察。这是因为，滑坡是一种对工程安全有严重威胁的不良地质作用和地质灾害，可能造成重大人身伤亡和经济损失，产生严重后果。考虑到滑坡勘察的特点，故本条指出，"应进行专门的滑坡勘察"。

滑坡勘察阶段的划分，应根据滑坡的规模、性质和对拟建工程的可能危害确定。例如，有的滑坡规模大，对拟建工程影响严重，即使为初步设计阶段，对滑坡也要进行详细勘察，以免等到施工图设计阶段再由于滑坡问题否定场址，造成浪费。

5.2.3 有些滑坡勘察对地下水问题重视不足，如含水层层数、位置、水量、水压、补给来源等未搞清楚，给整治工作造成困难甚至失败。

5.2.4 滑坡勘察的工作量，由于滑坡的规模不同，滑动面的形状不同，很难做出统一的具体规定。因此，应由勘察人员根据实际情况确定。本条只规定了勘探点的间距不宜大于 40m。对规模小的滑坡，勘探点的间距应慎重考虑，以查清滑坡为原则。

滑坡勘察，布置适量的探井以直接观察滑动面，并采取包括滑面的土样，是非常必要的。动力触探、静力触探常有助于发现和寻找滑动面，适当布置动力触探、静力触探孔对搞清滑坡是有益的。

5.2.7 本条规定采用室内或野外滑面重合剪，或取滑带土作重塑土或原状土多次重复剪，求取抗剪强度。试验宜采用与滑动条件相类似的方法，如快剪、饱和快剪等。当用反分析方法检验时，应采用滑动后实测主断面计算。对正在滑动的滑坡，稳定系数 F_s 可取 0.95～1.00，对处在暂时稳定的滑坡，稳定系数 F_s 可取 1.00～1.05。可根据经验，给定 c、φ 中的一个值，反求另一值。

5.2.8 应按本条规定考虑诸多影响因素。当滑动面为折线形时，滑坡稳定性分析，可采用如下方法计算稳定安全系数：

$$F_s = \frac{\sum_{i=1}^{n-1}(R_i \prod_{j=i}^{n-1} \psi_j) + R_n}{\sum_{i=1}^{n-1}(T_i \prod_{j=i}^{n-1} \psi_j) + T_n} \quad (5.1)$$

$$\psi_j = \cos(\theta_i - \theta_{i+1}) - \sin(\theta_i - \theta_{i+1})\tan\varphi_{i+1} \quad (5.2)$$

$$R_i = N_i \tan\varphi_i + c_i L_i \quad (5.3)$$

式中 F_s——稳定系数；
  θ_i——第 i 块段滑动面与水平面的夹角（°）；
  R_i——作用于第 i 块段的抗滑力（kN/m）；
  N_i——第 i 块段滑动面的法向分力（kN/m）；
  φ_i——第 i 块段土的内摩擦角（°）；
  c_i——第 i 块段土的黏聚力（kPa）；
  L_i——第 i 块段滑动面长度（m）；
  T_i——作用于第 i 块段滑动面上的滑动分力（kN/m），出现与滑动方向相反的滑动分力时，T_i 应取负值；
  ψ_j——第 i 块段的剩余下滑动力传递至 $i+1$ 块段时的传递系数（$j=i$）。

稳定系数 F_s 应符合下式要求：

$$F_s \geqslant F_{st} \quad (5.4)$$

式中 F_{st}——滑坡稳定安全系数，根据研究程度及其对工程的影响确定。

当滑坡体内地下水已形成统一水面时，应计入浮托力和动水压力。

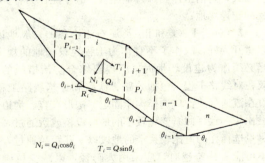

图 5.1 滑坡稳定系数计算

滑坡推力的计算，是滑坡治理成败以及是否经济合理的重要依据，也是对滑坡的定量评价。因此，计算方法和计算参数的选取都应十分慎重。《建筑地基基础设计规范》（GB 50007—2000）采用的滑坡推力计算公式，是切合实际的。本条还建议采用室内外试验反分析方法验证滑面或滑带上土的抗剪强度。

5.2.9 由于影响滑坡稳定的因素十分复杂，计算参数难以选定，故不宜单纯依靠计算，应综合评价。

5.3 危岩和崩塌

5.3.1、5.3.2 在山区选择场址和考虑总平面布置时，应判定山体的稳定性，查明是否存在危岩和崩塌。实践证明，这些问题如不在选择场址或可行性研究阶段及早发现和解决，会给工程建设造成巨大的损失。因此，本条规定危岩和崩塌勘察应在选择场址或初步勘察阶段进行。

危岩和崩塌的涵义有所区别，前者是指岩体被结构面切割，在外力作用下产生松动和塌落，后者是指危岩的塌落过程及其产物。

5.3.3 危岩和崩塌勘察的主要方法是进行工程地质测绘和调查，着重分析研究形成崩塌的基本条件，这些条件包括：

  1 地形条件：斜坡高陡是形成崩塌的必要条件，规模较大的崩塌，一般产生在高度大于 30m，坡度大于 45°的陡峻斜坡上；而斜坡的外部形状，对崩塌的形成也有一定的影响；一般在上陡下缓的凸坡和凹凸不平的陡坡上易发生崩塌；

  2 岩性条件：坚硬岩石具有较大的抗剪强度和抗风化能力，能形成陡峻的斜坡，当岩层节理裂隙发育，岩石破碎时易产生崩塌；软硬岩石互层，由于风化差异，形成锯齿状坡面，当岩层上硬下软时，上陡下缓或上凸下凹的坡面亦易产生崩塌；

  3 构造条件：岩层的各种结构面，包括层面、裂隙面、断层面等都是抗剪性较低的、对边坡稳定不利的软弱结构面。当这些不利结构面倾向临空面时，被切割的不稳定岩块易沿结构面发生崩塌；

  4 其他条件：如昼夜温差变化、暴雨、地震、不合理的采矿或开挖边坡，都能促使岩体产生崩塌。

危岩和崩塌勘察的任务就是要从上述形成崩塌的基本条件着手，分析产生崩塌的可能性及其类型、规模、范围，提出防治方案的建议，预测发展趋势，为评价场地的适宜性提供依据。

5.3.4 危岩的观测可通过下列步骤实施：

  1 对危岩及裂隙进行详细编录；

  2 在岩体裂隙主要部位要设置伸缩仪，记录其水平位移量和垂直位移量；

  3 绘制时间与水平位移、时间与垂直位移的关系曲线；

  4 根据位移随时间的变化曲线，求得移动速度。必要时可在伸缩仪上联接警报器，当位移量达到一定值或位移突然增大时，即可发出警报。

5.3.5 《94规范》有崩塌分类的条文。由于城市和乡村，建筑物与线路，崩塌造成的后果对不同工程很不一致，难以用落石方量作为标准来分类，故本次修订时删去。

5.3.6 危岩和崩塌区的岩土工程评价应在查明形成崩塌的基本条件的基础上，圈出可能产生崩塌的范围和危险区，评价作为工程场地的适宜性，并提出相应的防治对策和方案的建议。

5.4 泥 石 流

5.4.1、5.4.2 泥石流对工程威胁很大。泥石流问题若不在前期发现和解决，会给以后工作造成被动或在经济上造成损失，故本条规定泥石流勘察应在可行性研究或初步勘察阶段完成。

泥石流虽然有其危害性，但并不是所有泥石流沟谷都不能作为工程场地，而决定于泥石流的类型、规模，目前所处的发育阶段，暴发的频繁程度和破坏程度等，因而勘察的任务应认真做好调查研究，做出确切的评价，正确判定作为工程场地的适宜性和危害程度，并提出防治方案的建议。

5.4.3 泥石流勘察在一般情况下，不进行勘探或测试，重点是进行工程地质测绘和调查。测绘和调查的范围应包括沟口至分水岭的全部地段，即包括泥石流的形成区、流通区和堆积区。

现将工程地质测绘和调查中的几个主要问题说明如下：

1 泥石流沟谷在地形地貌和流域形态上往往有其独特反映，典型的泥石流沟谷，形成区多为高山环抱的山间盆地；流通区多为峡谷，沟谷两侧山坡陡峻，沟床顺直，纵坡梯度大；堆积区则多呈扇形或锥形分布，沟道摆动频繁，大小石块混杂堆积，垄岗起伏不平；对于典型的泥石流沟谷，这些区段均能明显划分，但对不典型的泥石流沟谷，则无明显的流通区，形成区与堆积区直接相连；研究泥石流沟谷的地形地貌特征，可从宏观上判定沟谷是否属泥石流沟谷，并进一步划分区段；

2 形成区应详细调查各种松散碎屑物质的分布范围和数量；对各种岩层的构造破碎情况、风化层厚度、滑坡、崩塌、岩堆等现象均应调查清楚，正确划分各种固体物质的稳定程度，以估算一次供给的可能数量；

3 流通区应详细调查沟床纵坡，因为典型的泥石流沟谷，流通区没有冲淤现象，其纵坡梯度是确定"不冲淤坡度"（设计疏导工程所必需的参数）的重要计算参数；沟谷的急湾、基岩跌水陡坎往往可减弱泥石流的流通，是抑制泥石流活动的有利条件；沟谷的阻塞情况可说明泥石流的活动强度，阻塞严重者多为破坏性较强的黏性泥石流，反之则为破坏性较弱的稀性泥石流；固体物质的供给主要来源于形成区，但流通区两侧山坡及沟床内仍可能有固体物质供给，调查时应予注意；

泥石流痕迹是了解沟谷在历史上是否发生过泥石流及其强度的重要依据，并可了解历史上泥石流的形成过程、规模，判定目前的稳定程度，预测今后的发展趋势；

4 堆积区应调查堆积区范围、最新堆积物分布特点等；以分析历次泥石流活动规律，判定其活动程度、危害性，说明并取得一次最大堆积量等重要数据。

一般地说，堆积扇范围大，说明以往的泥石流规模也较大，堆积区目前的河道如已形成了较固定的河槽，说明近期泥石流活动已不强烈。从堆积物质的粒径大小、堆积的韵律，亦可分析以往泥石流的规模和暴发的频繁程度，并估算一次最大堆积量。

5.4.4 泥石流堆积物的性质、结构、厚度、固体物质含量百分比，最大粒径、流速、流量、冲积量和淤积量等指标，是判定泥石流类型、规模、强度、频繁程度、危害程度的重要标志，同时也是工程设计的重要参数。如年平均冲出量、淤积总量是拦淤设计和预测排导沟沟口可能淤积高度的依据。

5.4.5 泥石流的工程分类是要解决泥石流沟谷作为工程场地的适宜性问题。本分类首先根据泥石流特征和流域特征，把泥石流分为高频率泥石流沟谷和低频率泥石流沟谷两类；每类又根据流域面积，固体物质一次冲出量、流量，堆积区面积和严重程度分为三个亚类。定量指标的具体数据是参照了《公路路线、路基设计手册》和原中国科学院成都地理研究所 1979 年资料，并经修改而成的。

5.4.6 泥石流地区工程建设适宜性评价，一方面应考虑到泥石流的危害性，确保工程安全，不能轻率地将工程设在有泥石流影响的地段；另一方面也不能认为凡属泥石流沟谷均不能兴建工程，而应根据泥石流的规模、危害程度等区别对待。因此，本条根据泥石流的工程分类，分别考虑建筑的适宜性。

1 考虑到 I_1 类和 II_1 类泥石流沟谷规模大，危害性大，防治工作困难且不经济，故不能作为各类工程的建设场地；

2 对于 I_2 类和 II_2 类泥石流沟谷，一般地说，以避开为好，故作了不宜作为工程建设场地的规定，当必须作为建设场地时，应提出综合防治措施的建议；对线路工程（包括公路、铁路和穿越线路工程）宜在流通区或沟口选择沟床固定、沟形顺直、沟道纵坡比较一致、冲淤变化较小的地段设桥或墩通过，并尽量选择在沟道比较狭窄的地段以一孔跨越通过，当不可能一孔跨越时，应采用大跨径，以减少桥墩数量；

3 对于 I_3 类和 II_3 类泥石流沟谷，由于其规模及危害性均较小，防治也较容易和经济，堆积扇可作为工程建设场地；线路工程可以在堆积扇通过，但宜用一沟一桥，不宜任意改沟、并沟，根据具体情况做好排洪、导流等防治措施。

5.5 采 空 区

5.5.1 由于不同采空区的勘察内容和评价方法不同，所以本规范把采空区划分为老采空区、现采空区和未来采空区三类。对老采空区主要应查明采空区的分布范围、埋深、充填情况和密实程度等，评价其上覆岩层的稳定性；对现采空区和未来采空区应预测地表移动的规律，计算变形特征值。通过上述工作判定其作为建筑场地的适宜性和对建筑物的危害程度。

5.5.2、5.5.3 采空区勘察主要通过搜集资料和调查访问，必要时辅以物探、勘探和地表移动的观测，以查明采空区的特征和地表移动的基本参数。其具体内容如第5.5.2条1～6款所列，其中第4款主要适用于现采空区和未来采空区。

5.5.4 由地下采煤引起的地表移动有下沉和水平移动，由于地表各点的移动量不相等，又由此产生三种变形：倾斜、曲率和水平变形。这两种移动和三种变形将引起其上建筑物基础和建筑物本身产生移动和变形。地表呈平缓而均匀的下沉和水平移动，建筑物不会变形，没有破坏的危险，但过大的不均匀下沉和水平移动，就会造成建筑物严重破坏。

地表倾斜将引起建筑物附加压力的重分配。建筑的均匀荷重将会变成非均匀荷重，导致建筑结构内应力发生变化而引起破坏。

地表曲率对建筑物也有较大的影响。在负曲率（地表下凹）作用下，使建筑物中央部分悬空。如果建筑物长度过大，则在其重力作用下从底部断裂，使建筑物破坏。在正曲率（地表上凸）作用下，建筑物两端将会悬空，也能使建筑物开裂破坏。

地表水平变形也会造成建筑物的开裂破坏。

《建筑物、水体、铁路及主要井巷煤柱留设与压煤开采规程》附录四列出了地表移动与变形的三种计算方法：典型曲线法、负指数函数法（剖面函数法）和概率积分法。岩土工程师可根据需要选用。

5.5.5 根据地表移动特征、地表移动所处阶段和地表移动、变形值的大小等进行采空区场地的建筑适宜性评价。下列场地不宜作为建筑场地：

1 在开采过程中可能出现非连续变形的地段，当采深采厚比大于25～30，无地质构造破坏和采用正规采矿方法的条件下，地表一般出现连续变形；连续变形的分布是有规律的，其基本指标可用数学方法或图解方法表示；在采深采厚比小于25～30，或虽大于25～30，但地表覆盖层很薄，且采用高落式等非正规开采方法或上覆岩层有地质构造破坏时，易出现非连续变形，地表将出现大的裂缝或陷坑；非连续变形是没有规律的、突变的，其基本指标目前尚无严密的数学公式表示；非连续变形对地面建筑的危害要比连续变形大得多；

2 处于地表移动活跃阶段的地段，在开采影响下的地表移动是一个连续的时间过程，对于地表每一个点的移动速度是有规律的，亦即地表移动都是由小逐渐增大到最大值，随后又逐渐减小直至零。在地表移动的总时间中，可划分为起始阶段、活跃阶段和衰退阶段；其中对地表建筑物危害最大的是地表移动的活跃阶段，是一个危险变形期；

3 地表倾斜大于10mm/m或地表曲率大于0.6mm/m^{2}或地表水平变形大于6mm/m的地段；这些地段对砖石结构建筑物破坏等级已达Ⅳ级，建筑物将严重破坏甚至倒塌；对工业构筑物，此值也已超过容许变形值，有的已超过极限变形值，因此本条作了相应的规定。

应该说明的是，如果采取严格的抗变形结构措施，则即使是处于主要影响范围内，可能出现非连续变形的地段或水平变形值较大（$\varepsilon=10\sim17$mm/m）的地段，也是可以建筑的。

5.5.6 小窑一般是手工开挖，采空范围较窄，开采深度较浅，一般多在50m深度范围内，但最深也可达200～300m，平面延伸达100～200m，以巷道采掘为主，向两边开挖支巷道，一般呈网格状分布或无规律，单层或2～3层重叠交错，巷道的高宽一般为2～3m，大多不支撑或临时支撑，任其自由垮落。因此，地表变形的特征是：

1 由于采空范围较窄，地表不会产生移动盆地。但由于开采深度小，又任其垮落，因此地表变形剧烈，大多产生较大的裂缝和陷坑；

2 地表裂缝的分布常与开采工作面的前进方向平行；随开采工作面的推进，裂缝也不断向前发展，形成互相平行的裂缝。裂缝一般上宽下窄，两边无显著高差出现。

小窑开采区一般不进行地质勘探，搜集资料的工作方法主要是向有关方面调查访问，并进行测绘、物探和勘探工作。

5.5.7 小窑采空区稳定性评价，首先是根据调查和测绘圈定地表裂缝、塌陷范围，如地表尚未出现裂缝或裂缝尚未达到稳定阶段，可参照同类型的小窑开采区的裂缝角用类比法确定。其次是确定安全距离。地表裂缝或塌陷区属不稳定阶段，建筑物应予避开，并有一定的安全距离。安全距离的大小可根据建筑物等级、性质确定，一般应大于5～15m。当建筑物位于采空区影响范围之内时，要进行顶板稳定分析，但目前顶板稳定性的力学计算方法尚不成熟。因此，本规范未推荐计算公式。主要靠搜集当地矿区资料和当地建筑经验，确定其是否需要处理和采取何种处理措施。

5.6 地面沉降

5.6.1 本条规定了本节内容的适用范围。

1 从沉降原因来说，本节指的是由于常年抽吸地下水引起水位或水压下降而造成的地面沉降；它往往具有沉降速率大，年沉降量达到几十至几百毫米和持续时间长（一般将持续几年到几十年）的特征。本节不包括由于以下原因所造成的地面沉降：

  1）地质构造运动和海平面上升所造成的地面沉降；

  2）地下水位上升或地面水下渗造成的黄土自重湿陷；

  3）地下洞穴或采空区的塌陷；

4）建筑物基础沉降时对附近地面的影响；
　　5）大面积堆载造成的地面沉降；
　　6）欠压密土的自重固结；
　　7）地震、滑坡等造成的地面陷落。
　　2　本节规定适用于较大范围的地面沉降，一般在 $100km^2$ 以上，不适用于局部范围由于抽吸地下水引起水位下降（例如基坑施工降水）而造成的地面沉降。

5.6.2　地面沉降勘察有两种情况，一是勘察地区已发生了地面沉降；一是勘察地区有可能发生地面沉降。两种情况的勘察内容是有区别的，对于前者，主要是调查地面沉降的原因，预测地面沉降的发展趋势，并提出控制和治理方案；对于后者，主要应预测地面沉降的可能性和估算沉降量。

5.6.3　地面沉降原因的调查包括三个方面的内容。即场地工程地质条件，场地地下水埋藏条件和地下水变化动态。

　　国内外地面沉降的实例表明，发生地面沉降地区的共同特点是它们都位于厚度较大的松散堆积物，主要是第四纪堆积物之上。沉降的部位几乎无例外地都在较细的砂土和黏性土互层之上。当含水层上的黏性土厚度较大，性质松软时，更易造成较大沉降。因此，在调查地面沉降原因时，应首先查明场地的沉积环境和年代，弄清楚冲积、湖积或浅海相沉积平原或盆地中第四纪松散堆积物的岩性、厚度和埋藏条件。特别要查明硬土层和软弱压缩层的分布。必要时尚可根据这些地层单元体的空间组合，分出不同的地面沉降地质结构区。例如，上海地区按照三个软黏土压缩层和暗绿色硬黏土层的空间组合，分成四个不同的地面沉降地质结构区，其产生地面沉降的效应也不一样。

　　从岩土工程角度研究地面沉降，应着重研究地表下一定深度内压缩层的变形机理及其过程。国内外已有研究成果表明，地面沉降机制与产生沉降的土层的地质成因、固结历史、固结状态、孔隙水的赋存形式及其释水机理等有密切关系。

　　抽吸地下水引起水位或水压下降，使上覆土层有效自重压力增加，所产生的附加荷载使土层固结，是产生地面沉降的主要原因。因此，对场地地下水埋藏条件和历年来地下水变化动态进行调查分析，对于研究地面沉降来说是至关重要的。

5.6.4　对地面沉降现状的调查主要包括下列三方面内容：
　　1　地面沉降量的观测；
　　2　地下水的观测；
　　3　对地面沉降范围内已有建筑物的调查。

　　地面沉降量的观测是以高精度的水准测量为基础的。由于地面沉降的发展和变化一般都较缓慢，用常规水准测量方法已满足不了精度要求。因此本条要求地面沉降观测应满足专门的水准测量精度要求。

　　进行地面沉降水准测量时一般需要设置三种标点。高程基准标，也称背景标，设置在地面沉降所不能影响的范围，作为衡量地面沉降基准的标点。地面沉降标用于观测地面升降的地面水准点。分层沉降标，用于观测某一深度处土层的沉降幅度的观测标。

　　地面沉降水准测量的方法和要求应按现行国家标准《国家一、二等水准测量规范》（GB 12897）规定执行。一般在沉降速率大时可用Ⅱ等精度水准，缓慢时要用Ⅰ等精度水准。

　　对已发生地面沉降的地区进行调查研究，其成果可综合反映到以地面沉降为主要特征的专门工程地质分区图上。从该图可以看出地下水开采量、回灌量、水位变化、地质结构与地面沉降的关系。

5.6.5　对已发生地面沉降的地区，控制地面沉降的基本措施是进行地下水资源管理。我国上海地区首先进行了各种措施的试验研究，先后采取了压缩用水量、人工补给地下水和调整地下水开采层次等综合措施，在上海市区取得了基本控制地面沉降的成效。在这三种主要措施中，压缩地下水开采量使地下水位恢复是控制地面沉降的最主要措施，这些措施的综合利用已为国内条件与上海类似的地区所采用。

　　向地下水进行人工补给灌注时，要严格控制回灌水源的水质标准，以防止地下水被污染，并要根据地下水动态和地面沉降规律，制定合理的采灌方案。

5.6.6　可能发生地面沉降的地区，一般是指具有以下情况的地区：
　　1　具有产生地面沉降的地质环境模式，如冲积平原、三角洲平原、断陷盆地等；
　　2　具有产生地面沉降的地质结构，即第四纪松散堆积层厚度很大；
　　3　根据已有地面测量和建筑物观测资料，随着地下水的进一步开采，已有发生地面沉降的趋势。

　　对可能发生地面沉降的地区，主要是预测地面沉降的发展趋势，即预测地面沉降量和沉降过程。国内外有不少资料对地面沉降提供了多种计算方法。归纳起来大致有理论计算方法、半理论半经验方法和经验方法等三种。由于地面沉降区地质条件和各种边界条件的复杂性，采用半理论半经验方法或经验方法，经实践证明是较简单实用的计算方法。

5.7　场地和地基的地震效应

5.7.1　本条规定在抗震设防烈度等于或大于6度的地区勘察时，应考虑地震效应问题，现作如下说明：
　　1　《建筑抗震设计规范》（GB 50011—2001）规定了设计基本地震加速度的取值，6度为 $0.05g$，7度为 $0.10（0.15）g$，8度为 $0.20（0.30）g$，9度为 $0.40g$；为了确定地震影响系数曲线上的特征周期值，通过勘察确定建筑场地类别是必须做的工作；

2 饱和砂土和饱和粉土的液化判别，6 度时一般情况下可不考虑，但对液化沉陷敏感的乙类建筑应判别液化，并规定可按 7 度考虑；

3 对场地和地基地震效应，不同的烈度区有不同的考虑，所谓场地和地基的地震效应一般包括以下内容：

1) 相同的基底地震加速度，由于覆盖层厚度和土的剪切模量不同，会产生不同的地面运动；
2) 强烈的地面运动会造成场地和地基的失稳或失效，如地裂、液化、震陷、崩塌、滑坡等；
3) 地表断裂造成的破坏；
4) 局部地形、地质结构的变异引起地面异常波动造成的破坏。

由国家批准，中国地震局主编的《中国地震动参数区划图》（GB 18306—2001）已于 2001 年 8 月 1 日实施。由地震烈度区划向地震动参数区划过渡是一项重要的技术进步。《中国地震动参数区划图》（GB 18306—2001）的内容包括"中国地震动峰值加速度区划图"、"中国地震动反应谱特征周期区划图"和"关于地震基本烈度向地震动参数过渡的说明"等。同时，《建筑抗震设计规范》（GB 50011—2001）规定了我国主要城镇抗震设防烈度、设计基本地震加速度和设计特征周期分区。勘察报告应提出这些基本数据。

5.7.2～5.7.4 对这几条做以下说明：

1 划分建筑场地类别，是岩土工程勘察在地震烈度等于或大于 6 度地区必须进行的工作，现行国家标准《建筑抗震设计规范》（GB 50011）根据土层等效剪切波速和覆盖层厚度划分为四类，当有可靠的剪切波速和覆盖层厚度值而场地类别处于类别的分界线附近时，可按插值方法确定场地反应谱特征周期。

2 勘察时应有一定数量的勘探孔满足上述要求，其深度应大于覆盖层厚度，并分层测定土的剪切波速；当场地覆盖层厚度已大致掌握并在以下情况时，为测量土层剪切波速的勘探孔可不必穿过覆盖层，而只需达到 20m 即可：

1) 对于中软土，覆盖层厚度能肯定不在 50m 左右；
2) 对于软弱土，覆盖层厚度能肯定不在 80m 左右。

如果建筑场地类别处在两种类别的分界线附近，需要按插值方法确定场地反应谱特征周期时，勘察时应提供可靠的剪切波速和覆盖层厚度值。

3 测量剪切波速的勘探孔数量，《建筑抗震设计规范》（GB 50011—2001）有下列规定：

"在场地初步勘察阶段，对大面积的同一地质单元，测量土层剪切波速的钻孔数量，应为控制性钻孔数量的 1/3～1/5，山间河谷地区可适量减少，但不宜少于 3 个；在场地详细勘察阶段，对单幢建筑，测量土层剪切波速的钻孔数量不宜少于 2 个，数据变化较大时，可适量增加；对小区中处于同一地质单元的密集高层建筑群，测量土层剪切波速的钻孔数量可适当减少，但每幢高层建筑不得少于一个"。

4 划分对抗震有利、不利或危险的地段和对抗震不利的地形，《建筑抗震设计规范》（GB 50011）有明确规定，应遵照执行。

5.7.2 【修订说明】

本条原文尚有应划分对抗震有利、不利或危险地段的规定，这是与《建筑抗震设计规范》（GB 50011—2001）协调而规定的。现该规范已修订，应根据该规范修订后的规定执行，本规范不再重复规定。

当场地位于抗震危险地段时，常规勘察往往不能解决问题，应提出进行专门研究的建议。

5.7.5 地震液化的岩土工程勘察，应包括三方面的内容，一是判定场地土有无液化的可能性；二是评价液化等级和危害程度；三是提出抗液化措施的建议。

地震震害调查表明，6 度区液化对房屋结构和其他各类工程所造成的震害是比较轻的，故本条规定抗震设防烈度为 6 度时，一般情况下可不考虑液化的影响，但为安全计，对液化沉陷敏感的乙类建筑（包括相当于乙类建筑的其他重要工程），可按 7 度进行液化判别。

由于甲类建筑（包括相当于甲类建筑的其他特别重要工程）的地震作用要按本地区设防烈度提高一度计算，当为 8、9 度时尚应专门研究，所以本条相应地规定甲类建筑应进行专门的液化勘察。

本节所指的甲、乙、丙、丁类建筑，系按现行国家标准《建筑物抗震设防分类标准》（GB 50223—95）的规定划分。

5.7.6、5.7.7 主要强调三点：

1 液化判别应先进行初步判别，当初步判别认为有液化可能时，再作进一步判别；

2 液化判别宜用多种方法综合判定，这是因为地震液化是由多种内因（土的颗粒组成、密度、埋藏条件、地下水位、沉积环境和地质历史等）和外因（地震动强度、频谱特征和持续时间等）综合作用的结果；例如，位于河曲凸岸新近沉积的粉细砂特别容易发生液化，历史上曾经发生过液化的场地容易再次发生液化等；目前各种判别液化的方法都是经验方法，都有一定的局限性和模糊性，故强调"综合判别"；

3 河岸和斜坡地带的液化，会导致滑移失稳，对工程的危害很大，应予特别注意；目前尚无简易的判别方法，应根据具体条件专门研究。

5.7.8 关于液化判别的深度问题，《94规范》和《建筑抗震设计规范》89版均规定为15m。在规范修订过程中，曾考虑加深至20m，但经过反复研究后认为，根据现有的宏观震害调查资料，地震液化主要发生在浅层，深度超过15m的实例极少。将判别深度普遍增加至20m，科学依据不充分，又加大了勘察工作量，故规定一般情况仍为15m，桩基和深埋基础才加深至20m。

5.7.9 说明以下三点：

1 液化的进一步判别，现行国家标准《建筑抗震设计规范》（GB 50011—2001）的规定如下：

当饱和土标准贯入锤击数（未经杆长修正）小于液化判别标准贯入锤击数临界值时，应判为液化土。液化判别标准贯入锤击数临界值可按下式计算：

$$N_{cr} = N_0[0.9 + 0.1(d_s - d_w)]\sqrt{\frac{3}{\rho_c}} \quad (d_s \leq 15)$$
(5.5)

$$N_{cr} = N_0(2.4 - 0.1d_w)\sqrt{\frac{3}{\rho_c}} \quad (15 < d_s \leq 20)$$
(5.6)

式中 N_{cr}——液化判别标准贯入锤击数临界值；

N_0——液化判别标准贯入锤击数基准值，应按表5.1采用；

d_s——饱和土标准贯入点深度（m）；

ρ_c——粘粒含量百分率，当小于3或为砂土时，应采用3。

表5.1 标准贯入锤击数基准值

设计地震分组	烈度		
	7	8	9
第一组	6（8）	10（13）	16
第二、三组	8（10）	12（15）	18

注：括号内数值用于设计基本地震加速度取0.15g和0.30g的地区。

2 《94规范》曾规定，采用静力触探试验判别，是根据唐山地震不同烈度区的试验资料，用判别函数法统计分析得出的，已纳入铁道部《铁路工程抗震设计规范》和《铁路工程地质原位测试规程》，适用于饱和砂土和饱和粉土的液化判别；具体规定是：当实测计算比贯入阻力 p_s 或实测计算锥尖阻力 q_c 小于液化比贯入阻力临界值 p_{scr} 或液化锥尖阻力临界值 q_{ccr} 时，应判别为液化土，并按下列公式计算：

$$p_{scr} = p_{s0} \alpha_w \alpha_u \alpha_p \quad (5.7)$$
$$q_{ccr} = q_{c0} \alpha_w \alpha_u \alpha_p \quad (5.8)$$
$$\alpha_w = 1 - 0.065(d_w - 2) \quad (5.9)$$
$$\alpha_u = 1 - 0.05(d_u - 2) \quad (5.10)$$

式中 p_{scr}、q_{ccr}——分别为饱和土静力触探液化比贯入阻力临界值及锥尖阻力临界值（MPa）；

p_{s0}、q_{c0}——分别为地下水深度 $d_w = 2m$，上覆非液化土层厚度 $d_u = 2m$ 时，饱和土液化判别比贯入阻力基准值和液化判别锥尖阻力基准值（MPa），可按表5.2取值；

α_w——地下水位埋深修正系数，地面常年有水且与地下水有水力联系时，取1.13；

α_u——上覆非液化土层厚度修正系数，对深基础，取1.0；

d_w——地下水位深度（m）；

d_u——上覆非液化土层厚度（m），计算时应将淤泥和淤泥质土层厚度扣除；

α_p——与静力触探摩阻比有关的土性修正系数，可按表5.3取值。

表5.2 比贯入阻力和锥尖阻力基准值 p_{s0}、q_{c0}

抗震设防烈度	7度	8度	9度
p_{s0}（MPa）	5.0～6.0	11.5～13.0	18.0～20.0
q_{c0}（MPa）	4.6～5.5	10.5～11.8	16.4～18.2

表5.3 土性修正系数 α_p 值

土 类	砂 土	粉 土	
静力触探摩阻比 R_f	$R_f \leq 0.4$	$0.4 < R_f \leq 0.9$	$R_f > 0.9$
α_p	1.00	0.60	0.45

3 用剪切波速判别地面下15m范围内饱和砂土和粉土的地震液化，可采用以下方法：

实测剪切波速 v_s 大于按下式计算的临界剪切波速时，可判为不液化；

$$v_{scr} = v_{s0}(d_s - 0.0133d_s^2)^{0.5}\left[1.0 - 0.185\left(\frac{d_w}{d_s}\right)\right]\left(\frac{3}{\rho_c}\right)^{0.5}$$
(5.11)

式中 v_{scr}——饱和砂土或饱和粉土液化剪切波速临界值（m/s）；

v_{s0}——与烈度、土类有关的经验系数，按表5.4取值；

d_s——剪切波速测点深度（m）；

d_w——地下水深度（m）。

表5.4 与烈度、土类有关的经验系数 v_{s0}

土 类	v_{s0}（m/s）		
	7度	8度	9度
砂土	65	95	130
粉土	45	65	90

该法是石兆吉研究员根据Dobry刚度法原理和我国现场资料推演出来的，现场资料经筛选后共68组砂土，其中液化20组，未液化48组；粉土145组，其中液化93组，不液化52组。有粘粒含量值的33

组。《天津市建筑地基基础设计规范》（TBJ1—88）结合当地情况引用了该成果。

5.7.10 评价液化等级的基本方法是：逐点判别（按照每个标准贯入试验点判别液化可能性），按孔计算（按每个试验孔计算液化指数），综合评价（按照每个孔的计算结果，结合场地的地质地貌条件，综合确定场地液化等级）。

5.7.11 强烈地震时软土发生震陷，不仅被科学实验和理论研究证实，而且在宏观震害调查中，也证明它的存在，但研究成果尚不够充分，较难进行预测和可靠的计算，《94规范》主要根据唐山地震经验提出的下列标准，可作为参考：

当地基承载力特征值或剪切波速大于表5.5数值时，可不考虑震陷影响。

表5.5 临界承载力特征值和等效剪切波速

抗震设防烈度	7度	8度	9度
承载力特征值 f_a（kPa）	>80	>100	>120
等效剪切波速 v_{sr}（m/s）	>90	>140	>200

根据科研成果，湿度大的黄土在地震作用下，也会发生液化和震陷，已在室内动力试验和古地震的调查中得到证实。鉴于迄今为止尚无公认的预测判别方法，故本次修订未予列入。

5.8 活动断裂

5.8.1 活动断裂的勘察和评价是重大工程在选址时应进行的一项重要工作。重大工程一般是指对社会有重大价值或者有重大影响的工程，其中包括使用功能不能中断或需要尽快恢复的生命线工程，如医疗、广播、通讯、交通、供水、供电、供气等工程。重大工程的具体确定，应按照国务院、省级人民政府和各行业部门的有关规定执行。大型工业建设场地或者《建筑抗震设计规范》（GB 50011）规定的甲类、乙类及部分重要的丙类建筑，应属于重大工程。考虑到断裂勘察的主要研究问题是断裂的活动性和地震，断裂主要在地震作用下才会对场地稳定性产生影响。因此，本条规定在抗震设防烈度等于或大于7度的地区应进行断裂勘察。

5.8.2 本条从岩土工程和地震工程的观点出发，考虑到工程安全的实际需要，对断裂的分类及其涵义作了明确的规定，既与传统的地质观点有区别，又保持了一定的连续性，更考虑到工程建设的需要和适用性。在活动断裂前冠以"全新"二字，并赋予较为确切的涵义。考虑到"发震断裂"与"全新活动断裂"的密切关系，将一部分近期有强烈地震活动的"全新活动断裂"定义为"发震断裂"。这样划分可以将地壳上存在的绝大多数断裂归入对工程建设场地稳定性无影响的"非全新活动断裂"中去。对工程建设有利。

5.8.3 考虑到全新活动断裂的规模、活动性质、地震强度、运动速率差别很大，十分复杂。重要的是其对工程稳定性的评价和影响也很不相同，不能一概而论。本条根据我国断裂活动的继承性、新生性特点和工程实践经验，参考了国外的一些资料，考虑断裂的活动时间、活动速率和地震强度等因素，将全新活动断裂分为强烈全新活动断裂，中等全新活动断裂和微弱全新活动断裂。

5.8.4、5.8.5 当前国内外地震地质研究成果和工程实践经验都较为丰富，在工程中勘察与评价活动断裂一般都可以通过搜集、查阅文献资料，进行工程地质测绘和调查就可以满足要求，只有在必要的情况下，才进行专门的勘探和测试工作。

搜集和研究厂址所在地区的地质资料和有关文献档案是鉴别活动断裂的第一步，也是非常重要的一步，在许多情况下，甚至只要搜集、分析、研究已有的丰富的文献资料，就能基本查明和解决有关活动断裂的问题。

在充分搜集已有文献资料和进行航空相片、卫星相片解译的基础上进行野外调查，开展工程地质测绘是目前进行断裂勘察、鉴别活动断裂的最重要、最常用的手段之一。活动断裂都是在老构造的基础上发生新活动的断裂，一般说来它们的走向、活动特点、破碎带特性等断裂要素与构造有明显的继承性。因此，在对一个工程地区的断裂进行勘察时，应首先对本地区的构造格架有清楚的认识和了解。野外测绘和调查可以根据断裂活动引起的地形地貌特征、地质地层特征和地震迹象等鉴别活动特征。

5.8.6 本条对断裂的处理措施作了原则的规定。首先规定了重大工程场地或大型工业场地在可行性研究中，对可能影响工程稳定性的全新活动断裂，应采取避让的处理措施。避让的距离应根据工程和活动断裂的情况进行具体分析和研究确定。当前有些标准已作了一些具体的规定，如《建筑抗震设计规范》（GB 50011—2001）在仅考虑断裂错动影响的条件下，按单个建筑物的分类提出了避让距离。《火力发电厂岩土工程勘测技术规程》（DL/T 5074—1997）提出了"大型发电厂与断裂的安全距离及处理措施"。

6 特殊性岩土

6.1 湿陷性土

6.1.1 湿陷性土在我国分布广泛，除常见的湿陷性黄土外，在我国干旱和半干旱地区，特别是在山前洪、坡积扇（裙）中常遇到湿陷性碎石土、湿陷性砂土等。这种土在一定压力下浸水也常呈现强烈的湿陷性。由于这类湿陷性土在评价方面尚不能完全沿用我国现行国家标准《湿陷性黄土地区建筑规范》（GB 50025）的有关规定，所以本规范补充了这部分内容。

6.1.2 这类非黄土的湿陷性土的勘察评价首先要判定是否具有湿陷性。由于这类土不能如黄土那样用室内浸水压缩试验，在一定压力下测定湿陷系数 δ_s，并以 δ_s 值等于或大于 0.015 作为判定湿陷性黄土的标准界限。本规范规定采用现场浸水载荷试验作为判定湿陷性土的基本方法，并规定以在 200kPa 压力作用下浸水载荷试验的附加湿陷量与承压板宽度之比等于或大于 0.023 的土应判定为湿陷性土，其基本思路为：

1 假设在 200kPa 压力作用下载荷试验主要受压层的深度范围 z 等于承压板底面以下 1.5 倍承压板宽度；

2 浸水后产生的附加湿陷量 ΔF_s 与深度 z 之比 $\Delta F_s/z$，即相当于土的单位厚度产生的附加湿陷量；

3 与室内浸水压缩试验相类比，把单位厚度的附加湿陷量（在室内浸水压缩试验即为湿陷系数 δ_s）作为判定湿陷性土的定量界限指标，并将其值规定为 0.015，即

$$\Delta F_s/z = \delta_s = 0.015 \quad (6.1)$$
$$z = 1.5b \quad (6.2)$$
$$\Delta F_s/b = 1.5 \times 0.015 \approx 0.023 \quad (6.3)$$

以上这种判定湿陷性的方法当然是很粗略的，从理论上说，现场载荷试验与室内压缩试验的应力状态和变形机制是不相同的。但是考虑到目前没有其他更好的方法来判定这类土的湿陷性，从《94规范》施行以来，也还没有收集到不同意见，所以本规范暂且仍保留 0.023 作为用 $\Delta F_s/b$ 值判定湿陷性的界限值的规定，以便进一步积累数据，总结经验。这个值与现行国家标准《湿陷性黄土地区建筑规范》（GB 50025）规定的载荷试验"取浸水下沉量（s）与承压板宽度（b）之比值等于 0.017 所对应的压力作为湿陷起始压力值"略有差异，现行国家标准《湿陷性黄土地区建筑规范》（GB 50025）的 0.017 大致相当于主要受压层的深度范围 z 等于承压板宽度的 1.1 倍。

6.1.3 本条基本上保留了《94规范》第 5.1.2 条的内容，突出强调了以下内容：

1 有这种土分布的勘察场地，由于地貌、地质条件比较特殊，土层产状多较复杂，所以勘探点间距不宜过大，应按本规范第 4 章的规定取小值，必要时还应适当加密；

2 控制性勘探孔深度应穿透湿陷土层；

3 对于碎石土和砂土，宜采用动力触探试验和标准贯入试验确定力学特性；

4 不扰动土试样应在探井中采取；

5 增加了对厚度较大的湿陷性土，应在不同深度处分别进行浸水载荷试验的要求。

6.1.4 本条内容与《94规范》相比，有了一些变动，主要为：

1 将湿陷性土的湿陷程度与地基湿陷等级两个不同的概念区别开来，湿陷程度主要按湿陷系数（也就是在压力作用下浸水时湿陷性土的单位厚度所产生的附加湿陷量）的大小来划分，为了与现行《湿陷性黄土地区建筑规范》（GB 50025）相适应，将湿陷程度分为轻微、中等和强烈三类；

2 从本规范第 6.1.2 条的基本思路出发，可以得出不同湿陷程度的土的载荷试验附加湿陷量界限值，如表 6.1 所示。

表 6.1 湿陷程度分类

湿陷程度	湿陷性黄土的湿陷系数 δ_s	与此相当的 $\Delta F_s/b$	附加湿陷量 ΔF_s (cm)	
			承压板面积 0.50m²	承压板面积 0.25m²
轻微	$0.015 \leq \delta_s \leq 0.03$	$0.023 \leq \Delta F_s/b \leq 0.045$	$1.6 \leq \Delta F_s \leq 3.2$	$1.1 \leq \Delta F_s \leq 2.3$
中等	$0.03 < \delta_s \leq 0.07$	$0.045 < \Delta F_s/b \leq 0.105$	$3.2 < \Delta F_s \leq 7.4$	$2.3 < \Delta F_s \leq 5.3$
强烈	$\delta_s > 0.07$	$\Delta F_s/b > 0.105$	$\Delta F_s > 7.4$	$\Delta F_s > 5.3$

6.1.5 与湿陷性黄土相似，本规范采用基础底面以下各湿陷性土层的累计总湿陷量 Δ_s 作为判定湿陷性地基湿陷等级的定量标准。

由于湿陷性土的湿陷性是用载荷试验附加湿陷量来表示的，所以总湿陷量 Δ_s 的计算公式中，引入附加湿陷量 ΔF_s，并对修正系数 β 值作了相应的调整。

1 基本思路是与现行国家标准《湿陷性黄土地区建筑规范》（GB 50025）的总湿陷量计算公式相协调，β 取值考虑两方面的因素，一是基础底面以下湿陷性土层的厚度一般都不大，可以按现行国家标准《湿陷性黄土地区建筑规范》（GB 50025）中基底下 5m 深度内的相应 β 值考虑；二是 β 值与承压板宽度 b 有关，可推导得出 β 是承压板宽度 b 的倒数，所以当承压板面积为 0.50m²（b=70.7cm）和 0.25m²（b=50cm）时，β 分别取 0.014cm^{-1} 和 0.020cm^{-1}；

2 由于载荷试验的结果主要代表承压板底面以下 1.5b 范围内土层的湿陷性；对于基础底面以下湿陷性土层厚度超过 2m 时，应在不同深度处分别进行浸水载荷试验。

6.1.6 湿陷性土地基的湿陷等级根据总湿陷量 Δ_s 按表 6.1.6 判定，需要说明的是：

1 湿陷性土地基的湿陷等级分为 Ⅰ（轻微）、Ⅱ（中等）、Ⅲ（严重）、Ⅳ（很严重）四级；

2 湿陷等级的分级标准基本上与现行国家标准《湿陷性黄土地区建筑规范》（GB 50025）相近；

3 由于缺乏非黄土湿陷性土的自重湿陷性资料，故一般不作建筑场地湿陷类型的判定，在确定地基湿陷等级时，总湿陷量 Δ_s 大于 30cm 时，一般可按照自重湿陷性场地考虑；

4 在总湿陷量 Δ_s 相同的情况下，基底下湿陷性土总厚度较小意味着土层湿陷性较为强烈，因此体现出表 6.1.6 中基底下湿陷性土总厚度小于 3m 的地

基湿陷等级按提高一级考虑。

6.1.7 在湿陷性土地区进行建设,应根据湿陷性土的特点、湿陷等级、工程要求,结合当地建筑经验,因地制宜,采取以地基处理为主的综合措施,防止地基湿陷。

6.2 红 黏 土

6.2.1 本节所指的红黏土是我国红土的一个亚类,即母岩为碳酸盐岩系(包括间夹其间的非碳酸盐岩类岩石),经湿热条件下的红土化作用形成的特殊土类。本条明确了红黏土包括原生与次生红黏土。以下各条规定均适用于这两类红黏土。按照本条的定义,原生红黏土比较易于判定,次生红黏土则可能具备某种程度的过渡性质。勘察中应通过第四纪地质、地貌的研究,根据红黏土特征保留的程度确定是否判定为次生红黏土。

6.2.2 本条着重指出红黏土作为特殊性土有别于其他土类的主要特征是:上硬下软、表面收缩、裂隙发育。地基是否均匀也是红黏土分布区的重要问题。本节以后各条的规定均针对这些特征作出。至于与其他土类具有共性的勘察内容,可按有关章节的规定执行,本节不予重复。为了反映上硬下软的特征,勘察中应详细划分土的状态。红黏土状态的划分可采用一般黏性土的液性指数划分法,也可采用红黏土特有含水比划分法。为反映红黏土裂隙发育的特征,应根据野外观测的裂隙密度对土体结构进行分类。红黏土的网状裂隙分布,与地貌有一定联系,如坡度、朝向等,且呈由浅到深递减之势。红黏土中的裂隙会影响土的整体强度,降低其承载力,是土体稳定的不利因素。

红黏土天然状态膨胀率仅 0.1%~2.0%,其胀缩性主要表现为收缩,线缩率一般 2.5%~8%,最大达 14%。但在缩后复水,不同的红黏土有明显的不同表现,根据统计分析提出了经验方程 $I'_r \approx 1.4 + 0.0066w_r$,以此对红黏土进行复水特性划分。划属Ⅰ类者,复水后随含水量增大而解体,胀缩循环呈现胀势,缩后土样高大于原始高,胀量逐次积累以崩解告终;风干复水,土的分散性、塑性恢复、表现出凝聚与胶溶的可逆性。划属Ⅱ类者,复水土的含水量增量微,外形完好,胀缩循环呈现缩势,缩量逐次积累,缩后土样高小于原始高;风干复水,干缩后形成的团粒不完全分离,土的分散性、塑性及 I_r 值降低,表现出胶体的不可逆性。这两类红黏土表现出不同的水稳性和工程性能。

红黏土地区地基的均匀性差别很大。如地基压缩层范围均为红黏土,则为均匀地基;否则,上覆硬塑红黏土较薄,红黏土与岩石组成的土岩组合地基,是很严重的不均匀地基。

6.2.3 红黏土地区的工程地质测绘和调查,是在一般性的工程地质测绘基础上进行的。其内容与要求可根据工程和现场的实际情况确定。条文中提及的五个方面,工作中可以灵活掌握,有所侧重,或有所简略。

6.2.4 由于红黏土具有垂直方向状态变化大,水平方向厚度变化大的特点,故勘探工作应采用较密的点距,特别是土岩组合的不均匀地基。红黏土底部常有软弱土层,基岩面的起伏也很大,故勘探孔的深度不宜单纯根据地基变形计算深度来确定,以免漏掉对场地与地基评价至关重要的信息。对于土岩组合的不均匀地基,勘探孔深度应达到基岩,以便获得完整的地层剖面。

基岩面上土层特别软弱,有土洞发育时,详细勘察阶段不一定能查明所有情况,为确保安全,在施工阶段补充进行施工勘察是必要的,也是现实可行的。基岩面高低不平,基岩面倾斜或有临空面时,嵌岩桩容易失稳,进行施工勘察是必要的。

6.2.5 水文地质条件对红黏土评价是非常重要的因素。仅仅通过地面的测绘调查往往难以满足岩土工程评价的需要。此时补充进行水文地质勘察、试验、观测工作是必要的。

6.2.6 裂隙发育是红黏土的重要特性,故红黏土的抗剪强度应采用三轴试验。红黏土有收缩特性,收缩再浸水(复水)时又有不同的性质,故必要时可做收缩试验和复浸水试验。

6.2.7 红黏土承载力的确定方法,原则上与一般土并无不同。应特别注意的是红黏土裂隙的影响以及裂隙发展和复浸水可能使其承载力下降。考虑到各种不利的临空边界条件,尽可能选用符合实际的测试方法。过去积累的确定红黏土承载力的地区性成熟经验,应予充分利用。

6.2.8 地裂是红黏土地区的一种特有的现象。地裂规模不等,长可达数百米,深可延伸至地表下数米,所经之处地面建筑无一不受损坏。故评价时应建议建筑物绕避地裂。

红黏土中基础埋深的确定可能面临矛盾。从充分利用硬层,减轻下卧软层的压力而言,宜尽量浅埋;但从避免地面不利因素影响而言,又必须深于大气影响急剧层的深度。评价时应充分权衡利弊,提出适当的建议。如果采用天然地基难以解决上述矛盾,则宜放弃天然地基,改用桩基。

6.3 软 土

6.3.1 软土中淤泥和淤泥质土,现行国家标准《建筑地基基础设计规范》(GB 50007—2002)已有明确定义。泥炭和泥炭质土中含有大量未分解的腐殖质,有机质含量大于 60% 为泥炭;有机质含量 10%~60% 为泥炭质土。

6.3.2 从岩土工程的技术要求出发,对软土的勘察应特别注意查明下列问题：

1 对软土的排水固结条件、沉降速率、强度增长等起关键作用的薄层理与夹砂层特征；

2 土层均匀性，即厚度、土性等在水平向和垂直向的变化；

3 可作为浅基础、深基础持力层的硬土层或基岩的埋藏条件；

4 软土的固结历史，确定是欠固结、正常固结或超固结土，是十分重要的。先期固结压力前后变形特性有很大不同，不同固结历史的软土的应力应变关系有不同特征；要很好确定先期固结压力，必须保证取样的质量；另外，应注意灵敏性黏土受扰动后，结构破坏对强度和变形的影响；

5 软土地区微地貌形态与不同性质的软土层分布有内在联系，查明微地貌、旧堤、堆土场、暗埋的塘、浜、沟、穴等，有助于查明软土层的分布；

6 施工活动引起的软土应力状态、强度、压缩性的变化；

7 地区的建筑经验是十分重要的工程实践经验，应注意搜集。

6.3.3 软土勘察应考虑下列问题：

1 对勘探点的间距，提出了针对不同成因类型的软土和地基复杂程度采用不同布置的原则；

2 对勘探孔的深度，不要简单地按地基变形计算深度确定，而提出根据地质条件、建筑物特点、可能的基础类型确定；此外还应预计到可能采取的地基处理方案的要求；

3 勘探手段以钻探取样与静力触探相结合为原则；在软土地区用静力触探孔取代相当数量的勘探孔，不仅减少钻探取样和土工试验的工作量，缩短勘察周期，而且可以提高勘察工作质量；静力触探是软土地区十分有效的原位测试方法；标准贯入试验对软土并不适用，但可用于软土中的砂土、硬黏性土等。

6.3.4 软土易扰动，保证取土质量十分重要，故本条作了专门规定。

6.3.5 本条规定了软土地区适用的原位测试方法，这是几十年经验的总结。静力触探最大的优点在于精确的分层，用旁压试验测定软土的模量和强度，用十字板剪切试验测定内摩擦角近似为零的软土强度，实践证明是行之有效的。扁铲侧胀试验和螺旋板载荷试验，虽然经验不多，但最适用于软土也是公认的。

6.3.6 试验样的初始应力状态、应力变化速率、排水条件和应变条件均应尽可能模拟工程的实际条件。故对正常固结的软土应在自重应力下预固结后再作不固结不排水三轴剪切试验。

6.3.7 软土的岩土工程分析与评价应考虑下列问题：

1 分析软土地基的均匀性，包括强度、压缩性的均匀性，注意边坡稳定性；

2 选择合适的持力层，并对可能的基础方案进行技术经济论证，尽可能利用地表硬壳层；

3 注意不均匀沉降和减少不均匀沉降的措施；

4 对评定软土地基承载力强调了综合评定的原则，不单靠理论计算，要以当地经验为主，对软土地基承载力的评定，变形控制原则十分重要；

5 软土地基的沉降计算仍推荐分层总和法，一维固结沉降计算模式并乘经验系数的计算方法，但也可采用其他新的计算方法，以便积累经验，提高技术水平。

6.4 混合土

6.4.1 混合土在颗粒分布曲线形态上反映出呈不连续状。主要成因有坡积、洪积、冰水沉积。

经验和专门研究表明：黏性土、粉土中的碎石组分的质量只有超过总质量的25%时，才能起到改善土的工程性质的作用；而在碎石土中，粘粒组分的质量大于总质量的25%时，则对碎石土的工程性质有明显的影响，特别是当含水量较大时。

6.4.2 本条是从混合土的特点出发，提出了勘察时应重点注意的问题。混合土大小颗粒混杂，故应有一定数量的探井，以便直接观察，采取试样。动力触探对粗粒混合土是很好的手段，但应有一定数量的钻孔或探井配合。

6.5 填 土

6.5.3 填土的勘察方法，应针对不同的物质组成，采用不同的手段。轻型动力触探适用于黏性土、粉土素填土，静力触探适用于冲填土和黏性土素填土，动力触探适用于粗粒填土。杂填土成分复杂，均匀性差，单纯依靠钻探难以查明，应有一定数量的探井。

6.5.4 素填土和杂填土可能有湿陷性，如无法取作室内试验，可在现场用浸水载荷试验确定。本条的压实填土指的是压实黏性土填土。

6.5.5 除了控制质量的压实填土外，一般说来，填土的成分比较复杂，均匀性差，厚度变化大，利用填土作为天然地基应持慎重态度。

6.6 多年冻土

6.6.1 我国多年冻土主要分布在青藏高原、帕米尔及西部高山（包括祁连山、阿尔泰山、天山等），东北的大小兴安岭和其他高山的顶部也有零星分布。冻土的主要特点是含有冰，本次修订时，参照《冻土地区建筑地基基础设计规范》（JGJ118—98），对多年冻土定义作了调整，从保持冻结状态3年或3年以上改为2年或2年以上。

多年冻土中如含易溶盐或有机质，对其热学性质和力学性质都会产生明显影响，前者称为盐渍化多年冻土，后者称为泥炭化多年冻土，勘察时应予注意。

6.6.2 多年冻土对工程的主要危害是其融沉性（或

称融陷性），故应进行融沉性分级。本次修订时，仍将融沉性分为五级，并参考《冻土地区建筑地基基础设计规范》（JGJ118—98），对具体指标作了调整。

6.6.3 多年冻土的设计原则有"保持冻结状态的设计"、"逐渐融化状态的设计"和"预先融化状态的设计"。不同的设计原则对勘察的要求是不同的。在多年冻土勘察中，多年冻土上限深度及其变化值，是各项工程设计的主要参数。影响上限深度及其变化的因素很多，如季节融化层的导热性能、气温及其变化、地表受日照和反射热的条件、多年地温等。确定上限深度主要有下列方法：

1 野外直接测定：

在最大融化深度的季节，通过勘探或实测地温，直接进行鉴定；在衔接的多年冻土地区，在非最大融化深度的季节进行勘探时，可根据地下冰的特征和位置判断上限深度。

2 用有关参数或经验方法计算：

东北地区常用上限深度的统计资料或公式计算，或用融化速率推算；青藏高原常用外推法判断或用气温法、地温法计算。

多年冻土的类型，按埋藏条件分为衔接多年冻土和不衔接多年冻土；按物质成分有盐渍多年冻土和泥炭多年冻土；按变形特性分为坚硬多年冻土、塑性多年冻土和松散多年冻土。多年冻土的构造特征有整体状构造、层状构造、网状构造等。多年冻土的冻胀性分级，按现行《冻土地区建筑地基基础设计规范》(JGJ118—98)执行。

6.6.4 多年冻土勘探孔的深度，应符合设计原则的要求。参照《冻土地区建筑地基基础设计规范》（JGJ118—98）做出了本条第1、2款的规定。多年冻土的上限深度，不稳定地带的下限深度，对于设计也很重要，亦宜查明。饱冰冻土和含土冰层的融沉量很大，勘探时应予穿透，查明其厚度。

6.6.5 对本条以下几点说明：

1 为减少钻进中摩擦生热，保持岩芯核心土温不变，钻速要低，孔径要大，一般开孔孔径不宜小于130mm，终孔孔径不宜小于108mm；回次钻进时间不宜超过5min，进尺不宜超过0.3m，遇含冰量大的泥炭或黏性土可进尺0.5m；

钻进中使用的冲洗液可加入适量食盐，以降低冰点；

2 进行热物理和冻土力学试验的冻土试样，取出后应立即冷藏，尽快试验；

3 由于钻进过程中孔内蓄存了一定热量，要经过一段时间的散热后才能恢复到天然状态的地温，其恢复的时间随深度的增加而增加，一般20m深的钻孔需一星期左右的恢复时间，因此孔内测温工作应在终孔7天后进行；

4 多年冻土的室内试验和现场观测项目，应根据工程要求和现场具体情况，与设计单位协商后确定；室内试验方法可按照现行国家标准《土工试验方法标准》(GB/T 50123)的规定执行。

6.6.6 多年冻土地基设计时，保持冻结地基与容许融化地基的承载力大不相同，必须区别对待。地基承载力目前尚无计算方法，只能根据载荷试验、其他原位测试并结合当地经验确定。除了次要的临时性的工程外，一定要避开不良地段，选择有利地段。

6.7 膨胀岩土

6.7.1 膨胀岩土包括膨胀岩和膨胀土。由于膨胀岩的资料较少，故本节只作了原则性的规定，尚待以后积累经验。

膨胀岩土的判定，目前尚无统一的指标和方法，多年来采用综合判定。本规范仍采用这种方法，并分为初判和终判两步。对膨胀土初判主要根据地貌形态、土的外观特征和自由膨胀率；终判是在初判的基础上结合各种室内试验及邻近工程损坏原因分析进行，这里需说明三点：

1 自由膨胀率是一个很有用的指标，但不能作为惟一依据，否则易造成误判；

2 从实用出发，应以是否造成工程的损害为最直接的标准；但对于新建工程，不一定有已有工程的经验可借鉴，此时仍可通过各种室内试验指标结合现场特征判定；

3 初判和终判不是互相分割的，应互相结合，综合分析，工作的次序是从初判到终判，但终判时仍应综合考虑现场特征，不宜只凭个别试验指标确定。

对于膨胀岩的判定尚无统一指标，作为地基时，可参照膨胀土的判定方法进行判定。因此，本节一般将膨胀岩土的判定方法相提并论。目前，膨胀岩作为其他环境介质时，其膨胀性的判定标准也不统一。例如，中国科学院地质研究所将钠蒙脱石含量5%～6%，钙蒙脱石含量11%～14%作为判定标准。铁道部第一勘测设计院以蒙脱石含量8%、或伊利石含量20%作为标准。此外，也有将粘粒含量作为判定指标的，例如铁道部第一勘测设计院以粒径小于0.002mm含量占25%或粒径小于0.005mm含量占30%作为判定标准。还有将干燥饱和吸水率25%作为膨胀岩和非膨胀岩的划分界线。

但是，最终判定时岩石膨胀性的指标还是膨胀力和不同压力下的膨胀率，这一点与膨胀土相同。

对于膨胀岩，膨胀率与时间的关系曲线以及在一定压力下膨胀率与膨胀力的关系，对洞室的设计和施工具有重要的意义。

6.7.2 大量调查研究资料表明，坡地膨胀岩土的问题比平坦场地复杂得多，故将场地类型划分为"平坦"和"坡地"是十分必要的。本条的规定与现行国家标准《膨胀土地区建筑技术规范》(GBJ 112—87)

一致，只是在表述方式上作了改进。

6.7.3 工程地质测绘和调查规定的五项内容，是为了综合判定膨胀土的需要设定的。即从岩性条件、地形条件、水文地质条件、水文和气象条件以及当地建筑损坏情况和治理膨胀土的经验等诸方面判定膨胀土及其膨胀潜势，进行膨胀岩土评价，并为治理膨胀岩土提供资料。

6.7.4 勘探点的间距、勘探孔的深度和取土数量是根据膨胀土的特殊情况规定的。大气影响深度是膨胀土的活动带，在活动带内，应适当增加试样数量。我国平坦场地的大气影响深度一般不超过5m，故勘察孔深度要求超过这个深度。

采取试样要求从地表下1m开始，这是因为在计算含水量变化值 Δw 需要地表下1m处土的天然含水量和塑限含水量值。对于膨胀岩中的洞室，钻探深度应按洞室勘察要求考虑。

6.7.5 本条提出的四项指标是判定膨胀岩土、评价膨胀潜势、计算分级变形量和划分地基膨胀等级的主要依据，一般情况下都应测定。

6.7.6 膨胀岩土性质复杂，不少问题尚未搞清。因此对膨胀岩土的测试和评价，不宜采用单一方法，宜在多种测试数据的基础上进行综合分析和综合评价。

膨胀岩土常具各向异性，有时侧向膨胀力大于竖向膨胀力，故规定应测定不同方向的胀缩性能，从安全考虑，可选用最大值。

6.7.7 本条规定的对建在膨胀岩土上的建筑物与构筑物应计算的三项重要指标和胀缩等级的划分，与现行国家标准《膨胀土地区建筑技术规范》(GBJ 112—87)的规定一致。不同地区膨胀岩土对建筑物的作用是很不相同的，有的以膨胀为主，有的以收缩为主，有的交替变形，因而设计措施也不同，故本条强调要进行这方面的预测。

膨胀岩土是否可能造成工程的损害以及损害的方式和程度，通过对已有工程的调查研究来确定，是最直接最可靠的方法。

6.7.8 膨胀岩土的承载力一般较高，承载力问题不是主要矛盾，但应注意承载力随含水量的增加而降低。膨胀岩土裂隙很多，易沿裂隙面破坏，故不应用直剪试验确定强度，应采用三轴试验方法。

膨胀岩土往往在坡度很小时就发生滑动，故坡地场地应特别重视稳定性分析。本条根据膨胀岩土的特点对稳定分析的方法做了规定。其中考虑含水量变化的影响十分重要，含水量变化的原因有：

  1 挖方填方量较大时，岩土体中含水状态将发生变化；

  2 平整场地破坏了原有地貌、自然排水系统和植被，改变了岩土体吸水和蒸发；

  3 坡面受多向蒸发，大气影响深度大于平坦地带；

  4 坡地旱季出现裂缝，雨季雨水灌入，易产生浅层滑坡；久旱降雨造成坡体滑动。

6.8 盐渍岩土

6.8.1 关于易溶盐含量的标准，《94规范》采用0.5%，是沿用前苏联的标准。根据资料，现在俄罗斯建设部门的有关规定，是对不同土类分别定出不同含盐量界限，其中最小的易溶盐含量为0.3%。我国石油天然气总公司颁发的《盐渍土地区建筑规定》也定为0.3%。我国柴达木、准噶尔、塔里木地区的资料表明："不少土样的易溶盐含量虽然小于0.5%，但其溶陷系数却大于0.01，最大的可达0.09；我国有些地区，如青海西部的盐渍土厚度很大，超过20m，浸水后累计溶陷量大。"(据徐攸在《盐渍土的工程特性、评价及改良》)。因此，将易溶盐含量标准由0.5%改为0.3%，对保证工程安全是必要的。

除了细粒盐渍土外，我国西北内陆盆地山前冲积扇的砂砾层中，盐分以层状或窝状聚集在细粒土夹层的层面上，形状为几厘米至十几厘米厚的结晶盐层或含盐砂砾透镜体，盐晶呈纤维状晶族(华遵孟《西北内陆盆地粗颗粒盐渍土研究》)。对这类粗粒盐渍土，研究成果和工程经验不多，勘察时应予注意。

6.8.2 盐渍岩当环境条件变化时，其工程性质亦产生变化。以含盐量指标确定盐渍岩，有待今后继续积累资料。盐渍岩一般见于湖相或深湖相沉积的中生界地层。如白垩系红色泥质粉砂岩、三叠系泥灰岩及页岩。

含盐化学成分、含盐量对盐渍土有下列影响：

  1 含盐化学成分的影响

  1) 氯盐类的溶解度随温度变化甚微，吸湿保水性强，使土体软化；

  2) 硫酸盐类则随温度的变化而胀缩，使土体变软；

  3) 碳酸盐类的水溶液有强碱性反应，使黏土胶体颗粒分散，引起土体膨胀；

表6.8.2-1采用易溶盐阴离子，在100g土中各自含有毫摩数的比值划分盐渍土类型；铁道部在内陆盐渍土地区多年工作经验，认为按阴离子比值划分比较简单易行，并将这种方法纳入现行行业标准《铁路工程地质技术规范》(TB10012—2001)；

  2 含盐量的影响

盐渍土中含盐量的多少对盐渍土的工程特性影响较为明显，表6.8.2-2是在含盐性质的基础上，根据含盐量的多少划分的，这个标准也是沿用了现行行业标准《铁路工程地质技术规范》(TB10012—2001)的标准；根据部分单位的使用，认为基本反映了我国实际情况。

6.8.3 盐渍岩土地区的调查工作是根据盐渍岩土的具体条件拟定的。

1 硬石膏（$CaSO_4$）经水化后形成石膏（$CaSO_4 \cdot 2H_2O$），在水化过程中体积膨胀，可导致建筑物的破坏；另外，在石膏-硬石膏分布地区，几乎都发育岩溶化现象，在建筑物运营期间内，在石膏-硬石膏中出现岩溶化洞穴，而造成基础的不均匀沉陷。

2 芒硝（Na_2SO_4）的物态变化导致其体积的膨胀与收缩；芒硝的溶解度，当温度在 32.4℃ 以下时，随着温度的降低而降低。因此，温度变化，芒硝将发生严重的体积变化，造成建筑物基础和洞室围岩的破坏。

6.8.4 为了划分盐渍土，应按表 6.8.4 的要求采取扰动土样。盐渍土平面分区可为总平面图设计选择最佳建筑场地；竖向分区则为地基设计、地下管道的埋设以及盐渍土对建筑材料腐蚀性评价等，提供有关资料。

据柴达木盆地实际观测结果，日温差引起的盐胀深度仅达表层下 0.3m 左右，深层土的盐胀由年温差引起，其盐胀深度范围在 0.3m 以下。

盐渍土盐胀临界深度，是指盐渍土的盐胀处于相对稳定时的深度。盐胀临界深度可通过野外观测获得。方法是在拟建场地自地面向下 5m 左右深度内，于不同深度处埋设测标，每日定时数次观测气温、各测标的盐胀量及相应深度处的地温变化，观测周期为一年。

柴达木盆地盐胀临界深度一般大于 3.0m，大于一般建筑物浅基的埋深，如某深度处盐渍土由温差变化影响而产生的盐胀压力，小于上部有效压力时，其基础可适当浅埋，但室内地面下需作处理。以防由盐渍土的盐胀而导致的地面膨胀破坏。

6.8.5 盐渍土由于含盐性质及含盐量的不同，土的工程特性各异，地域性强，目前尚不具备以土工试验指标与载荷试验参数建立关系的条件，故载荷试验是获取盐渍土地基承载力的基本方法。

氯和亚氯盐渍土的力学强度的总趋势是总含盐量（S_{DS}）增大，比例界限（p_0）随之增大，当 S_{DS} 在 10% 范围内，p_0 增加不大，超过 10% 后，p_0 有明显提高。这是因为土中氯盐在其含量超过一定的临界溶解含量时，则以晶体状态析出，同时对土粒产生胶结作用。使土的力学强度提高。

硫酸和亚硫酸盐渍土的总含盐量对力学强度的影响与氯盐渍土相反，即土的力学强度随 S_{DS} 的增大而减小。其原因是，当温度变化超越硫酸盐盐胀临界温度时，将发生硫酸盐盐体积的胀与缩，引起土体结构破坏，导致地基承载力降低。

6.9 风化岩和残积土

6.9.1 本条阐述风化岩和残积土的定义。不同的气候条件和不同的岩类具有不同风化特征，湿润气候以化学风化为主，干燥气候以物理风化为主。花岗岩类多沿节理风化，风化厚度大，且以球状风化为主。层状岩，多受岩性控制，硅质比黏土质不易风化，风化后层理尚较清晰，风化厚度较薄。可溶岩以溶蚀为主，有岩溶现象，不具完整的风化带，风化岩保持原岩结构和构造，而残积土则已全部风化成土，矿物结晶、结构、构造不易辨认，成碎屑状的松散体。

6.9.2 本条规定了风化岩和残积土勘察的任务，但对不同的工程应有所侧重。如作为建筑物天然地基时，应着重查明岩土的均匀性及其物理力学性质，作为桩基础时应重点查明破碎带和软弱夹层的位置和厚度等。

6.9.3 勘探点布置除遵循一般原则外，对层状岩应垂直走向布置，并考虑具有软弱夹层的特点。

勘探取样，规定在探井中刻取或采用双重管、三重管取样器，目的是为了保证采取风化岩样质量的可靠性。风化岩和残积土一般很不均匀，取样试验的代表性差，故应考虑原位测试与室内试验结合的原则，并以原位测试为主。

对风化岩和残积土的划分，可用标准贯入试验或无侧限抗压强度试验，也可采用波速测试，同时也不排除用规定以外的方法，可根据当地经验和岩土的特点确定。

6.9.4 对花岗岩残积土，为求得合理的液性指数，应确定其中细粒土（粒径小于 0.5mm）的天然含水量 w_f、塑性指数 I_P、液性指数 I_L，试验应筛去粒径大于 0.5mm 的粗颗粒后再作。而常规试验方法所作出的天然含水量失真，计算出的液性指数都小于零，与实际情况不符。细粒土的天然含水量可以实测，也可用下式计算：

$$w_f = \frac{w - w_A 0.01 P_{0.5}}{1 - 0.01 P_{0.5}} \quad (6.4)$$

$$I_P = w_L - w_P \quad (6.5)$$

$$I_L = \frac{w_f - w_P}{I_P} \quad (6.6)$$

式中 w——花岗岩残积土（包括粗、细粒土）的天然含水量（%）；

w_A——粒径大于 0.5mm 颗粒吸着水含水量（%），可取 5%；

$P_{0.5}$——粒径大于 0.5mm 颗粒质量占总质量的百分比（%）；

w_L——粒径小于 0.5mm 颗粒的液限含水量（%）；

w_P——粒径小于 0.5mm 颗粒的塑限含水量（%）。

6.9.5 花岗岩分布区，因为气候湿热，接近地表的残积土受水的淋滤作用，氧化铁富集，并具胶结状态，形成网纹结构，土质较坚硬。而其下强度较低，再下由于风化程度减弱强度逐渐增加。因此，同一岩性的残积土强度不一，评价时应予注意。

6.10 污染土

6.10.1 【修订说明】

本规范关于污染土定义的原有条文不包括环境评价。经广泛听取意见，多数专家认为，随着人们环境保护和生态建设意识的增强，污染对土和地下水造成的环境影响，尤其是对人体健康的影响日益受到重视，国际上环境岩土工程也已成为十分突出的问题。因此，本次修改对污染土的定义作了适当修改，不仅包括致污物质侵入导致土的物理力学性状和化学性质的改变，也包括致污物质侵入对人体健康和生态环境的影响。

6.10.2 【修订说明】

工业生产废水废渣污染，因生产或储存中废水、废渣和油脂的泄漏，造成地下水和土中酸碱度的改变，重金属、油脂及其他有害物质含量增加，导致基础严重腐蚀，地基土的强度急剧降低或产生过大变形，影响建筑物的安全及正常使用，或对人体健康和生态环境造成严重影响。

尾矿堆积污染，主要体现在对地表水、地下水的污染以及周围土体的污染，与选矿方法、工艺及添加剂和堆存方式等密切相关。

垃圾填埋场渗滤液的污染，因许多生活垃圾未能进行卫生填埋或卫生填埋不达标，生活垃圾的渗滤液污染土体和地下水，改变了原状土和地下水的性质，对周围环境也造成不良影响。

核污染主要是核废料污染，因其具有特殊性，故本节不包括核污染勘察。实际工程中如遇核污染问题时，应建议进行专题研究。

因人类活动所致的地基土污染一般在地表下一定深度范围内分布，部分地区地下潜水位高，地基土和地下水同时污染。因此在具体工程勘察时，污染土和地下水的调查应同步进行。

污染土勘察包括：对建筑材料的腐蚀性评价、污染对土的工程特性指标的影响程度评价以及污染土对环境的影响程度评价。考虑污染土对环境影响程度的评价需根据相关标准进行大量的室内试验，故可根据任务要求进行。

6.10.3 【修订说明】

污染土场地和地基的勘察可分为四种类型，不同类型的勘察重点有所不同。已受污染的已建场地和地基的勘察，主要针对污染土、水造成建筑物损坏的调查，是对污染土处理前的必要勘察，重点调查污染土强度和变形参数的变化、污染土和地下水对基础腐蚀程度等。对已受污染的拟建场地和地基的勘察，则在初步查明污染土和地下水空间分布特点的基础上，重点结合拟建建筑物基础形式及可能采用的处理措施，进行针对性勘察和评价。对可能受污染的场地和地基的勘察，则重点调查污染源和污染物质的分布、污染途径，判定土、水可能受污染的程度，为已建工程的污染预防和拟建工程的设计措施提供依据。

6.10.4 【修订说明】

本条列出污染土现场勘察的适用手段，其中现场调查和钻探（或坑探）取样分析是必要手段，强调污染土勘察以现场调查为主。根据已有工程经验，应先调查污染源位置及相关背景资料。如不重视先期调查，按常规勘察盲目布置很多勘察工作量，则针对性差，有可能遗漏和淡化严重污染地段，造成土、水试样采取量不足，以致影响评价结论的可靠性。

用于不同测试目的及不同测试项目的样品，其保存的条件和保存的时间不同。国家环保总局发布的《土壤环境监测技术规范》（HJ/T 166—2004）中对新鲜样品的保存条件和保存的时间规定如表 6.2 所示。

表 6.2 新鲜样品的保存条件和保存时间

测试项目	容器材质	温度（℃）	可保存时间(d)	备注
金属（汞和六价铬除外）	聚乙烯、玻璃	<4	180	—
汞	玻璃	<4	28	—
砷	聚乙烯、玻璃	<4	180	—
六价铬	聚乙烯、玻璃	<4	1	—
氰化物	聚乙烯、玻璃	<4	2	—
挥发性有机物	玻璃（棕色）	<4	7	采样瓶装满装实并密封
半挥发性有机物	玻璃（棕色）	<4	10	采样瓶装满装实并密封
难挥发性有机物	玻璃（棕色）	<4	14	

根据国外文献资料，多功能静力触探在环境岩土工程中应用已较为广泛。需要时，也可采用地球物理勘探方法（如电阻率法、电磁法等），配合钻探和其他原位测试，查明污染土的分布。

6.10.5 【修订说明】

本条即原规范第 6.10.6 条，内容未作修改。

6.10.6 【修订说明】

由于污染土空间分布一般具有不均匀、污染程度变化大的特点，勘察过程是一个从表面认知到逐步查明的过程，且勘察工作量与处理方法密切相关，因此污染土场地勘察宜分阶段进行，实际工程勘察也大多如此。第一阶段在承接常规勘察任务时，通过现场污染源调查、采取少量土样和地下水样进行化学分析，初步判定场地地基土和地下水是否受污染、污染的程度、污染的大致范围。第二阶段则在第一阶段勘察的基础上，经与委托方、设计方交流，并结合可能采用的基础方案、处理措施，明确详细的勘察方法并予以实施。第二阶段的勘察工作应有很强的针对性。

6.10.7【修订说明】

考虑到全国范围内污染物的侵入途径、污染土性质及处理方法差异均很大，勘察时应因地制宜，合理确定勘探点间距，不宜作统一规定。故本节对勘探点间距未作明确规定。

考虑污染土其污染的程度一般在深度方向变化较大，且处理方法也与污染土的深度密切相关，因此详细勘察时，划分污染土与非污染土界限时其取土试样的间距不宜过大。

6.10.8【修订说明】

为了查明污染物在地下水不同深度的分布情况，需要采取不同深度的地下水试样。不同深度的地下水试样可以通过布设不同深度的勘探孔采取；当在同一钻孔中采取不同深度的地下水样时，需要采取严格的隔离措施，否则所取水试样是混合水样。

6.10.9【修订说明】

污染土和水的化学成分试验内容，应根据任务要求确定。无环境评价要求时，测试的内容主要满足地基土和地下水对建筑材料的腐蚀性评价；有环境评价要求时，则应根据相关标准与任务委托时的具体要求，确定需要测试的内容。

工程需要时，研究土在不同类型和浓度污染液作用下被污染的程度、强度与变形参数的变化以及污染物的迁移特征等。主要用于污染源未隔离或未完全隔离情况下的预测分析。

6.10.10【修订说明】

对污染土的评价，应根据污染土的物理、水理和力学性质，综合原位和室内试验结果，进行系统分析，用综合分析方法评价场地稳定性和地基适宜性。

考虑污染土和水对建筑材料的腐蚀程度、污染对土的工程特性（强度、变形、渗透性）指标的影响程度、污染土和水对环境的影响程度三方面的判别标准不同，污染等级划分标准不同，且后期处理方法也有差异，勘察报告中宜分别评价。

污染土的岩土工程评价应突出重点：对基岩地区，岩体裂隙和不良地质作用要重点评价。如有些垃圾填埋场建在山谷中，垃圾渗滤液是否沿岩体裂隙特别是构造裂隙扩散或岩体滑坡导致污染扩散等；对松软土地区，渗透性、土的力学性（强度和变形）评价则相对重要。

评价宜针对可能采用的处理方法突出重点，如挖除法处理，则主要查明污染土的分布范围；对需要提供污染土承载力的地基土，则其力学性质（强度和变形参数）评价应作为重点；对污染源未隔离或隔离效果差的场地，污染发展趋势的预测评价是重点。

6.10.12【修订说明】

除对建筑材料的腐蚀性外，污染土的强度、渗透等工程特性指标是地基基础设计中重要的岩土参数，需要有一个污染对土的工程特性影响程度的划分标准。但污染土性质复杂，化学成分多样，化学性质有极性和非极性，有的还含有有机质，工程要求也各不相同，很难用一个指标概括。本次修订按污染前后土的工程特性指标的变化率判别地基土受污染影响的程度。"变化率"是指污染前后工程特性指标的差值与污染前指标之比，具体选用哪种指标应根据工程具体情况确定。强度和变形指标可选用抗剪强度、压缩模量、变形模量等，也可用标贯锤击数、静力触探、动力触探指标，或载荷试验的地基承载力等。土被污染后一般对工程特性产生不利影响，但也有被胶结加固，产生有利影响，应在评价时说明。尤其应注意同一工程，经受同样程度的污染，当不同工程特性指标判别结果有差异时，宜在分别评价的基础上根据工程要求进行综合评价。

当场地地基土局部污染时，污染前工程特性指标（本底值）可依据未污染区的测试结果确定；当整个建设场地地基土均发生污染时，其污染前工程特性指标（本底值）可参考邻近未污染场地或该地区区域资料确定。

6.10.13【修订说明】

污染土和水对环境影响的评估标准，可参照国家环境质量标准《土壤环境质量标准》（GB 15618）、《地下水质量标准》（GB/T 14848）和《地表水环境质量标准》（GB 3838）。值得注意的是我国环境质量标准与发达国家的同类标准有较大的差距。因此对环境影响评价应结合工程具体要求进行。

《土壤环境质量标准》（GB 15618—1995）中将土壤质量分为三类，分级标准分别为维持自然背景的土壤环境质量限制值、维持人体健康的土壤限制值、保障植物生长的土壤限制值。《地下水质量标准》（GB/T 14848—93）中将地下水质量分为五类，分别反映地下水化学成分天然低背景值、天然背景值、以人体健康基准值为依据、以农业及工业用水要求为依据、不宜饮用。《地表水环境质量标准》（GB 3838—2002）将地表水环境质量标准分为五类，分别主要适用于源头水及国家自然保护区、集中式生活饮用水地表水源地一级保护区、集中式生活饮用水地表水源地二级保护区、一般工业用水区、农业用水区及一般景观要求水域。根据上述标准可判定污染土和水对人体健康及植物生长等是否有影响。

根据《土壤环境监测技术规范》（HJ/T 166—2004），土壤环境质量评价一般以土壤单项污染指数、土壤污染超标率（倍数）等为主，也可用内梅罗污染指数划分污染等级（详见表6.3）。

其中：土壤单项污染指数＝土壤污染实测值/土壤污染物质量标准；

土壤污染超标率（倍数）＝（土壤某污染物实测值－某污染物质量标准）/某污染

物质量标准

内梅罗污染指数$(P_N) = \{[(Pl_{均}^2) + (Pl_{最大}^2)]/2\}^{1/2}$

式中$Pl_{均}$和$Pl_{最大}$分别是平均单项污染指数和最大单项污染指数。

表6.3 土壤内梅罗污染指数评价标准

等级	内梅罗污染指数	污染等级
Ⅰ	$P_N \leq 0.7$	清洁（安全）
Ⅱ	$0.7 < P_N \leq 1.0$	尚清洁（警戒限）
Ⅲ	$1.0 < P_N \leq 2.0$	轻度污染
Ⅳ	$2.0 < P_N \leq 3.0$	中度污染
Ⅴ	$P_N > 3.0$	重污染

6.10.14 【修订说明】

目前工程界处理污染土的方法有：隔离法、挖除换垫法、酸碱中和法、水稀释减低污染程度以及采用抗腐蚀的建筑材料等。总体要求是快速处理、成本控制、确保安全。需要注意的是污染土在外运处置时要防止二次污染的发生。

环境修复国外工程案例较多，修复方法包括物理方法（换土、过滤、隔离、电处理）、化学方法（酸碱中和、氧化还原、加热分解）和生物方法（微生物、植物），其中部分简单修复方法与目前我国工程界处理方法类同。生物修复历时较长，修复费用较高。仅从环境角度考虑修复方法时，不关注土体结构是否破坏，强度是否降低等岩土工程问题。

7 地 下 水

7.1 地下水的勘察要求

7.1.1～7.1.4 这4条都是在本次修订中增加的内容，归纳了近年来各地在岩土工程勘察，特别是高层建筑勘察中取得的一些经验。条文中的"主要含水层"，包括上层滞水的含水层。

随着城市建设的高速发展，特别是高层建筑的大量兴建，地下水的赋存和渗流形态对基础工程的影响日渐突出。表现在：

1 很多高层建筑的基础埋深超过10m，甚至超过20m，加上建筑体型往往比较复杂，大部分"广场式建筑（plaza）"的建筑平面内都包含有纯地下室部分，在北京、上海、西安、大连等城市还修建了地下广场；在抗浮设计和地下室外墙承载力验算中，正确确定抗浮设防水位成为一个牵涉巨额造价以及施工难度和周期的十分关键的问题；

2 高层建筑的基础，除埋置较深外，其主体结构部分多采用箱基或筏基；基础宽度很大，加上基底压力较大，基础的影响深度可数倍、甚至十数倍于一般多层建筑；在这个深度范围内，有时可能遇到2层或2层以上的地下水，比如北京规划区东部望京小区一带，在地面下40m范围内，地下水有5层之多；不同层位的地下水之间，水力联系和渗流形态往往各不相同，造成人们难于准确掌握建筑场地孔隙水压力场的分布；由于孔隙水压力在土力学和工程分析中的重要作用，对孔压的考虑不周将影响建筑沉降分析、承载力验算、建筑整体稳定性验算等一系列重要的工程评价问题；

3 显而易见，在基坑支护工程中，地下水控制设计和支护结构的侧向压力更与上述问题紧密相关。

工程经验表明，在大规模的工程建设中，对地下水的勘察评价将对工程的安全与造价产生极大影响。为适应这一客观需要，本次修订中强调：

1 加强对有关宏观资料的搜集工作，加重初步勘察阶段对地下水勘察的要求；

2 由于，第一、地下水的赋存状态是随时间变化的，不仅有年变化规律，也有长期的动态规律；第二、一般情况下详细勘察阶段时间紧迫，只能了解勘察时刻的地下水状态，有时甚至没有足够的时间进行本章第7.2节规定的现场试验；因此，除要求加强对长期动态规律的搜集资料和分析工作外，提出了有关在初勘阶段预设长期观测孔和进行专门的水文地质勘察的条文；

3 认识到地下水对基础工程的影响，实质上是水压力或孔隙水压力场的分布状态对工程结构影响的问题，而不仅仅是水位问题；了解在基础受压层范围内孔隙水压力场的分布，特别是在黏性土层中的分布，在高层建筑勘察与评价中是至关重要的；因此提出了有关了解各层地下水的补给关系、渗流状态，以及量测压力水头随深度变化的要求；有条件时宜进行渗流分析，量化评价地下水的影响；

4 多层地下水分层水位（水头）的观测，尤其是承压水压力水头的观测，虽然对基础设计和基坑设计都十分重要，但目前不少勘察人员忽视这件工作，造成勘察资料的欠缺，本次修订作了明确的规定；

5 渗透系数等水文地质参数的测定，有现场试验和室内试验两种方法。一般室内试验误差较大，现场试验比较切合实际，故本条规定通过现场试验测定，当需了解某些弱透水性地层的参数时，也可采用室内试验方法。

7.1.5 地下水样的采取应注意下列几点：

1 简分析水样取1000ml，分析侵蚀性二氧化碳的水样取500ml，并加大理石粉2～3g，全分析水样取3000ml；

2 取水容器要洗净，取样前应用水试样的水对水样瓶反复冲洗三次；

3 采取水样时应将水样瓶沉入水中预定深度缓慢将水注入瓶中，严防杂物混入，水面与瓶塞间要留

1cm 左右的空隙；

4 水样采取后要立即封好瓶口，贴好水样标签，及时送化验室。

7.2 水文地质参数的测定

7.2.1 测定水文地质参数的方法有多种，应根据地层透水性能的大小和工程的重要性以及对参数的要求，按附录 E 选择。

7.2.2、7.2.3 地下水位的量测，着重说明下列几点：

1 稳定水位是指钻探时的水位经过一定时间恢复到天然状态后的水位；地下水位恢复到天然状态的时间长短受含水层渗透性影响最大，根据含水层渗透性的差异，第 7.2.3 条规定了至少需要的时间；当需要编制地下水等水位线图或工期较长时，在工程结束后宜统一量测一次稳定水位；

2 采用泥浆钻进时，为了避免孔内泥浆的影响，需将测水管打入含水层 20cm 方能较准确地测得地下水位；

3 地下水位量测精度规定为±2cm 是指量测工具、观测等造成的总误差的限值，因此量测工具应定期用钢尺校正。

7.2.2【修订说明】

第 2 款在第 7.2.3 条中已作规定，故删去。第 3 款原文为，"对多层含水层的水位量测，应采取止水措施将被测含水层与其他含水层隔开"。事实上，第 7.1.4 条已规定，"当场地有多层对工程有影响的地下水时，应分层量测地下水位"。如只看强制性条文，未全面理解规范，可能造成执行偏差，修改后将第 7.1.4 条的意思加了进去，以免造成片面理解。

上层滞水常无稳定水位，但应量测。

7.2.4 对地下水流向流速的测定作如下说明：

1 用几何法测定地下水流向的钻孔布置，除应在同一水文地质单元外，尚需考虑形成锐角三角形，其中最小的夹角不宜小于 40°；孔距宜为 50～100m，过大和过小都将影响量测精度；

2 用指示剂法测定地下水流速，试验孔与观测孔的距离由含水层条件确定，一般细砂层为 2～5m，含砾粗砂层为 5～15m，裂隙岩层为 10～15m，对岩溶水可大于 50m；指示剂可采用各种盐类、着色颜料等，其用量决定于地层的透水性和渗透距离；

3 用充电法测定地下水的流速适用于地下水位埋深不大于 5m 的潜水。

7.2.5 本条是对抽水试验的原则规定，具体说明下列几点：

1 抽水试验是求算含水层的水文地质参数较有效的方法；岩土工程勘察一般用稳定流抽水试验即可满足要求，正文表 7.2.5 所列的应用范围，可结合工程特点、勘察阶段及对水文地质参数精度的要求选择；

2 抽水量和水位降深应根据工程性质、试验目的和要求确定；对于要求比较高的工程，应进行 3 次不同水位降深，并使最大的水位降深接近工程设计的水位标高，以便得到较符合实际的数据；一般工程可进行 1～2 次水位降深；

3 试验孔和观测孔的水位量测采用同一方法和器具，可以减少其间的相对误差；对观测孔的水位量测读数至毫米，是因其不受抽水泵和抽水时水面波动的影响，水位下降较小，且直接影响水文地质参数计算的精度；

4 抽水试验的稳定标准是当出水量和动水位与时间关系曲线均在一定范围内同步波动而没有持续上升和下降的趋势时即认为达到稳定；稳定延续时间，可根据工程要求和含水地层的渗透性确定；

5 试验成果分析可参照《供水水文地质勘察规范》(TJ27) 进行。

7.2.6 本条所列注水试验的几种方法是国内外测定饱和松散土渗透性能的常用方法。试坑法和试坑单环法只能近似地测得土的渗透系数。而试坑双环法因排除侧向渗透的影响，测试精度较高。试坑试验时坑内注水水层厚度常用 10cm。

7.2.7 本条主要参照《水利水电工程钻孔压水试验规程》(SL25—92) 及美国规范制定，具体说明下列几点：

1 常规性的压水试验为吕荣试验，该方法是 1933 年吕荣（M. Lugeon）首次提出，经多次修正完善，已为我国和大多数国家采用；成果表达采用透水率，单位为吕荣（Lu），当试段压力为 1MPa，每米试段的压入流量为 1L/min 时，称为 1Lu；

除了常规性的吕荣试验外，也可根据工程需要，进行专门性的压水试验；

2 压水试验的试验段长度一般采用 5m，要根据地层的单层厚度、裂隙发育程度以及工程要求等因素确定；

3 按工程需要确定试验最大压力、压力施加的分级数及起始压力；调整压力表的工作压力为起始压力；一般采用三级压力五个阶段进行，取 1.0MPa 为试验最大压力；每 1～2min 记录压入水量，当连续五次读数的最大值和最小值与最终值之差，均小于最终值的 10% 时，为本级压力的最终压入水量，这是为了更好地控制压入量的最终值接近极值，以控制试验精度；

4 压水试验压力施加方法应由小到大，逐级增加到最大压力后，再由大到小逐级减小到起始压力；并逐级测定相应的压入水量，及时绘制压力与压入水量的相关图表，其目的是了解岩层裂隙在各种压力下的特点，如高压堵塞、成孔填塞、裂隙张闭、周围井泉等因素的影响；

5 p-Q 曲线可分为五种类型：A 型（层流型）、B 型（紊流型）、C 型（扩张型）、D 型（冲蚀型）、E 型（充填型）；

6 试验时应经常观测工作管外的水位变化及附近可能受影响的坑、孔、井、泉的水位和水量变化，出现异常时应分析原因，并及时采取相应措施。

7.2.8 对孔隙水压力的测定具体说明以下几点：

1 所列孔隙水压力测定方法及适用条件主要参考英国规范及我国实际情况制定，各种测试方法的优缺点简要说明如下：

立管式测压计安装简单，并可测定土的渗透性，但过滤器易堵塞，影响精度，反应时间较慢；

水压式测压计反应快，可同时测定渗透性，宜用于浅埋，有时也用于在钻孔中量测大的孔隙水压力，但因装置埋设在土层，施工时易受损坏；

电测式测压计（电阻应变式、钢弦应变式）性能稳定、灵敏度高，不受电线长短影响，但安装技术要求高，安装后不能检验，透水探头不能排气，电阻应变片不能保持长期稳定性；

气动测压计价格低廉，安装方便，反应快，但透水探头不能排气，不能测渗透性；

孔压静力触探仪操作简便，可在现场直接得到超孔隙水压力曲线，同时测出土层的锥尖阻力；

2 目前我国测定孔隙水压力，多使用振弦式孔隙压力计即电测式测压计和数字式钢弦频率接收仪；

3 孔隙水压力试验点的布置，应考虑地层性质、工程要求、基础型式等，包括量测地基土在荷载不断增加过程中，新建筑物对临近建筑物的影响、深基础施工和地基处理引起孔隙水压力的变化；对圆形基础一般以圆心为基点按径向布孔，其水平及垂直方向的孔距多为 5～10m；

4 测压计的埋设与安装直接影响测试成果的正确性；埋设前必须经过标定。安装时将测压计探头放置到预定深度，其上覆盖 30cm 砂均匀充填，并投入膨润土球，经压实注入泥浆密封。泥浆的配合比为 4（膨润土）：8～12（水）：1（水泥）地表部分应有保护罩以防水灌入；

5 试验成果应提供孔隙水压力与时间变化的曲线图和剖面图（同一深度），孔隙水压力与深度变化曲线图。

7.3 地下水作用的评价

7.3.1 在岩土工程的勘察、设计、施工过程中，地下水的影响始终是一个极为重要的问题，因此，在工程勘察中应当对其作用进行预测和评估，提出评价的结论与建议。

地下水对岩土体和建筑物的作用，按其机制可以划分为两类。一类是力学作用；一类是物理、化学作用。力学作用原则上当是可以定量计算的，通过力学模型的建立和参数的测定，可以用解析法或数值法得到合理的评价结果。很多情况下，还可以通过简化计算，得到满足工程要求的结果。由于岩土特性的复杂性，物理、化学作用有时难以定量计算，但可以通过分析，得出合理的评价。

7.3.2 地下水对基础的浮力作用，是最明显的一种力学作用。在静水环境中，浮力可以用阿基米德原理计算。一般认为，在透水性较好的土层或节理发育的岩石地基中，计算结果即等于作用在基底的浮力；对于渗透系数很低的黏土来说，上述原理在原则上也应该是适用的，但是有实测资料表明，由于渗透过程的复杂性，黏土中基础所受到的浮托力往往小于水柱高度。在铁路路基设计规范中，曾规定在此条件下，浮力可作一定折减。由于这个问题缺乏必要的理论依据，很难确切定量，故本条规定，只有在具有地方经验或实测数据时，方可进行一定的折减；在渗流条件下，由于土单元体的体积 V 上存在与水力梯度 i 和水的重力密度 γ_w 呈正比的渗流力（体积力）J，

$$J = i\gamma_w V \tag{7.1}$$

造成了土体中孔隙水压力的变化，因此，浮力与静水条件下不同，应该通过渗流分析得到。

无论用何种条分极限平衡方法验算边坡稳定性，孔隙水压力都会对各分条底部的有效应力条件产生重大影响，从而影响最后的分析结果。当存在渗流条件时，和上述原理一样，渗流状态还会影响到孔隙水压力的分布，最后影响到安全系数的大小。因此条文对边坡稳定性分析中地下水作用的考虑作了原则规定。

验算基坑支护支挡结构的稳定性时，不管是采用水土合算还是水土分算的方法，都需要首先将地下水的分布搞清楚，才能比较合理地确定作用在支护结构上的水土压力。当渗流作用影响明显时，还应该考虑渗流对水压力的影响。

渗流作用可能产生潜蚀、流砂、流土或管涌现象，造成破坏。以上几种现象，都是因为基坑底部某个部位的最大渗流梯度 i_{max} 大于临界梯度 i_{cr}，致使安全系数 F_s 不能满足要求：

$$F_s = \frac{i_{cr}}{i_{max}} \tag{7.2}$$

从土质条件来判断，不均匀系数小于 10 的均匀砂土，或不均匀系数虽大于 10，但含细粒量超过 35% 的砂砾石，其表现形式为流砂或流土；正常级配的砂砾石，当其不均匀系数大于 10，但细粒含量小于 35% 时，其表现形式为管涌；缺乏中间粒径的砂砾石，当细粒含量小于 20% 时为管涌，大于 30% 时为流土。以上经验可供分析评价时参考。

在防止由于深处承压水水压力而引起的基底隆起，需验算基坑底不透水层厚度与承压水水头压力，见图 7.1 并按平衡式（7.3）进行计算：

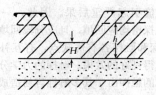

图 7.1 含水层示意图

$$\gamma H = \gamma_w \cdot h \qquad (7.3)$$

要求基坑开挖后不透水层的厚度按式（7.4）计算：

$$H \geqslant (\gamma_w/\gamma) \cdot h \qquad (7.4)$$

式中 H——基坑开挖后不透水层的厚度（m）；
　　　γ——土的重度；
　　　γ_w——水的重度；
　　　h——承压水头高于含水层顶板的高度（m）。

以上式子中当 $H = (\gamma_w/\gamma) \cdot h$ 时处于极限平衡状态，工程实践中，应有一定的安全度，但多少为宜，应根据实际工程经验确定。

对于地下水位以下开挖基坑需采取降低地下水位的措施时，需要考虑的问题主要有：1. 能否疏干基坑内的地下水，得到便利安全的作业面；2. 在造成水头差条件下，基坑侧壁和底部土体是否稳定；3. 由于地下水的降低，是否会对邻近建筑、道路和地下设施造成不利影响。

7.3.2 【修订说明】

本条无实质性修改，仅使文字表述更科学合理。

原文中的"动水压力"一词源于前苏联，词义不够准确。动水压力实际指的是渗透力，渗透力是一种体积力，不是面积力。地下水作用既可用体积力表达，如渗透力，也可用面积力表达，如静水压力，故对第2款作了相应修改。

静水压力是一种面积力，渗透力是一种体积力，二者应分开考虑，原文第4款写在一起易被误解，故作相应修改。

第5款中删去了"流砂"，因流砂一词表达不确切。

7.3.3 即使是在赋存条件和水质基本不变的前提下，地下水对岩土体和结构基础的作用往往也是一个渐变的过程，开始可能不为人们所注意，一旦危害明显就难以处理。由于受环境，特别是人类活动的影响，地下水位和水质还可能发生变化。所以在勘察时要注意调查研究，在充分了解地下水赋存环境和岩土条件的前提下做出合理的预测和评价。

7.3.4、7.3.5 要求施工中地下水位应降至开挖面以下一定距离（砂土应在0.5m以下，黏性土和粉土应在1m以下）是为了避免由于土体中毛细作用使槽底土质处于饱和状态，在施工活动中受到严重扰动，影响地基的承载力和压缩性。在降水过程中如不满足有关规范要求，带出土颗粒，有可能使基底土体受到扰动，严重时可能影响拟建建筑的安全和正常使用。

工程降水方法可参考表7.1选用。

表 7.1 降低地下水位方法的适用范围

技术方法	适用地层	渗透系数（m/d）	降水深度
明排井	黏性土、粉土、砂土	<0.5	<2m
真空井点	黏性土、粉土、砂土	0.1~20	单级<6m 多级<20m
电渗井点	黏性土、粉土	<0.1	按井的类型确定
引渗井	黏性土、粉土、砂土	0.1~20	根据含水层条件选用
管井	砂土、碎石土	1.0~200	>5m
大口井	砂土、碎石土	1.0~200	<20m

8 工程地质测绘和调查

8.0.1、8.0.2 为查明场地及其附近的地貌、地质条件，对稳定性和适宜性做出评价，工程地质测绘和调查具有很重要的意义。工程地质测绘和调查宜在可行性研究或初步勘察阶段进行；详细勘察时，可在初步勘察测绘和调查的基础上，对某些专门地质问题（如滑坡、断裂等）作必要的补充调查。

8.0.3 对本条以下几点说明：

1 地质点和地质界线的测绘精度，本次修订统一定为在图上不应低于3mm，不再区分场地内和其他地段，因同一张工程地质图，精度应当统一；

2 本条明确提出：对工程有特殊意义的地质单元体，如滑坡、断层、软弱夹层、洞穴、泉等，都应进行测绘，必要时可用扩大比例尺表示，以便更好地解决岩土工程的实际问题；

3 为了达到精度要求，通常要求在测绘填图中，采用比提交成图比例尺大一级的地形图作为填图的底图；如进行1:10000比例尺测绘时，常采用1:5000的地形图作为外业填图底图；外业填图完成后再缩成1:10000的成图，以提高测绘的精度。

8.0.4 地质观测点的布置是否合理，是否具有代表性，对于成图的质量至关重要。地质观测点宜布置在地质构造线、地层接触线、岩性分界线、不整合面和不同地貌单元、微地貌单元的分界线和不良地质作用分布的地段。同时，地质观测点应充分利用天然和已有的人工露头，例如采石场、路堑、井、泉等。当天然露头不足时，应根据场地的具体情况布置一定数量的勘探工作。条件适宜时，还可配合进行物探工作，探测地层、岩性、构造、不良地质作用等问题。

地质观测点的定位标测，对成图的质量影响很大，常采用以下方法：

 1 目测法，适用于小比例尺的工程地质测绘，该法系根据地形、地物以目估或步测距离标测；

 2 半仪器法，适用于中等比例尺的工程地质测绘，它是借助于罗盘仪、气压计等简单的仪器测定方位和高度，使用步测或测绳量测距离；

 3 仪器法，适用于大比例尺的工程地质测绘，即借助于经纬仪、水准仪等较精密的仪器测定地质观测点的位置和高程；对于有特殊意义的地质观测点，如地质构造线、不同时代地层接触线、不同岩性分界线、软弱夹层、地下水露头以及有不良地质作用等，均宜采用仪器法；

 4 卫星定位系统（GPS）：满足精度条件下均可应用。

8.0.5 对于工程地质测绘和调查的内容，本条特别强调应与岩土工程紧密结合，应着重针对岩土工程的实际问题。

8.0.6 测绘和调查成果资料的整理，本条只作了一般内容的规定，如果是为解决某一专门的岩土工程问题，也可编绘专门的图件。

 在成果资料整理中应重视素描图和照片的分析整理工作。美国、加拿大、澳大利亚等国的岩土工程咨询公司都充分利用摄影和素描这个手段。这不仅有助于岩土工程成果资料的整理，而且在基坑、竖井等回填后，一旦由于科研上或法律诉讼上的需要，就比较容易恢复和重现一些重要的背景资料。在澳大利亚几乎每份岩土工程勘察报告都附有典型的彩色照片或素描图。

8.0.7 搜集航空相片和卫星相片的数量，同一地区应有2~3套，一套制作镶嵌略图，一套用于野外调绘，一套用于室内清绘。

 在初步解译阶段，对航空相片或卫星相片进行系统的立体观测，对地貌和第四纪地质进行解译，划分松散沉积物与基岩的界线，进行初步构造解译等。

 第二阶段是野外踏勘和验证。核实各典型地质体在照片上的位置，并选择一些地段进行重点研究，作实测地质剖面和采集必要的标本。

 最后阶段是成图，将解译资料、野外验证资料和其他方法取得的资料，集中转绘到地形底图上，然后进行图面结构的分析。如有不合理现象，要进行修正、重新解译或到野外复验。

9 勘探和取样

9.1 一般规定

9.1.1 为达到理想的技术经济效果，宜将多种勘探手段配合使用，如钻探加触探，钻探加地球物理勘探等。

9.1.2 钻孔和探井如不妥善回填，可能造成对自然环境的破坏，这种破坏往往在短期内或局部范围内不易察觉，但能引起严重后果。因此，一般情况下钻孔、探井和探槽均应回填，且应分段回填夯实。

9.1.3 钻探和触探各有优缺点，有互补性，二者配合使用能取得良好的效果。触探的力学分层直观而连续，但单纯的触探由于其多解性容易造成误判。如以触探为主要勘探手段，除非有经验的地区，一般均应有一定数量的钻孔配合。

9.2 钻 探

9.2.1 选择钻探方法应考虑的原则是：

 1 地层特点及钻探方法的有效性；

 2 能保证以一定的精度鉴别地层，了解地下水的情况；

 3 尽量避免或减轻对取样段的扰动影响。

 正文表9.2.1就是按照这些原则编制的。现在国外的一些规范、标准中，都有关于不同钻探方法或工具的条款。实际工作中的偏向是着重注意钻进的有效性，而不太重视如何满足勘察技术要求。为了避免这种偏向，本条规定，为达到一定的目的，制定勘察工作纲要时，不仅要规定孔位、孔深，而且要规定钻探方法。钻探单位应按任务书指定的方法钻进，提交成果中也应包括钻进方法的说明。

9.2.3 美国金刚石岩芯钻机制造者协会的标准（简称DCDMA标准）在国际上应用最广，已有形成世界标准的趋势。国外有关岩土工程勘探、测试的规范标准以及合同文件中均习惯以该标准的代号表示钻孔口径，如Nx、Ax、Ex等。由于多方面的原因，我国现行的钻探管材标准与DCDMA比较还有一定的差别，故容许两种标准并行。

9.2.4 本条所列各项要求，是针对既要求直观鉴别地层，又要求采取不扰动土试样的情况提出的，如果勘察要求降低，对钻探的要求也可相应地放宽。

 岩石质量指标RQD是岩芯中长度在10cm以上的分段长度总和与该回次钻进深度之比，以百分数表示，国际岩石力学学会建议，量测时应以岩芯的中心线为准。RQD值是对岩体进行工程评价广泛应用的指标。显然，只有在钻进操作统一标准的条件下测出的RQD值才具有可比性，才是有意义的。对此本条按照国际通用标准作出了规定。

9.2.4 【修订说明】

 本条原文第6款有定向钻进的规定，定向钻进属于专门性钻进技术，对倾角和方位角的要求随工程而异，不宜在本规范中具体规定，故删去。

9.2.6 本条是有关钻探成果的标准化要求。钻探野外记录是一项重要的基础工作，也是一项相当难度的技术工作，因此应配备有足够专业知识和经验的人员来承担。野外描述一般以目测手触鉴别为主，结果往往因人而异。为实现岩土描述的标准化，除本条的原则规定外，如有条件可补充一些标准化定量化的鉴别方法，将有助于提高钻探记录的客观性和可比性，这类方法包括：使用标准粒度模块区分砂土类别，用孟塞尔（Munsell）色标比色法表示颜色；用微型贯入仪测定土的状态；用点荷载仪判别岩石风化程度和强度等。

9.3 井探、槽探和洞探

本节无条文说明。

9.4 岩土试样的采取

9.4.1 本条改变了过去将土试样简单划分为"原状土样"和"扰动土样"的习惯，而按可供试验项目将土试样分为四个级别。绝对不扰动的土样从理论上说是无法取得的。因此 Hvorslev 将"能满足所有室内试验要求，能用以近似测定土的原位强度、固结、渗透以及其他物理性质指标的土样"定义为"不扰动土样"。但是，在实际工作中并不一定要求一个试样做所有的试验，而不同试验项目对土样扰动的敏感程度是不同的。因此可以针对不同的试验目的来划分土试样的质量等级。采取不同级别土试样花费的代价差别很大。按本条规定可根据试验内容选定试样等级。

土试样扰动程度的鉴定有多种方法，大致可分以下几类：

1 现场外观检查　观察土样是否完整，有无缺陷，取样管或衬管是否挤扁、弯曲、卷折等；

2 测定回收率　按照 Hvorslev 的定义，回收率为 L/H；H 为取样时取土器贯入孔底以下土层的深度，L 为土样长度，可取土试样毛长，而不必是净长，即可从土试样顶端算至取土器刃口，下部如有脱落可不扣除；回收率等于 0.98 左右是最理想的，大于 1.0 或小于 0.95 是土样受扰动的标志；取样回收率可在现场测定，但使用敞口式取土器时，测定有一定的困难；

3 X 射线检验　可发现裂纹、空洞、粗粒包裹体等；

4 室内试验评价　由于土的力学参数对试样的扰动十分敏感，土样受扰动的程度可以通过力学性质试验结果反映出来；最常见的方法有两种：

1）根据应力应变关系评定　随着土试样扰动程度增加，破坏应变 ε_f 增加，峰值应力降低，应力应变关系曲线线型趋缓。根据国际土力学基础工程学会取样分会汇集的资料，不同地区对不扰动土试样作不排水压缩试验得出的破坏应变值 ε_f 分别是：加拿大黏土 1%；南斯拉夫黏土 1.5%；日本海相黏土 6%；法国黏性土 3%～8%；新加坡海相黏土 2%～5%；如果测得的破坏应变值大于上述特征值，该土样即可认为是受扰动的；

2）根据压缩曲线特征评定　定义扰动指数 $I_D = (\Delta e_0 / \Delta e_m)$，式中 Δe_0 为原位孔隙比与土样在先期固结压力处孔隙比的差值，Δe_m 为原位孔隙比与重塑土在上述压力处孔隙比的差值。如果先期固结压力未能确定，可改用体积应变 ε_v 作为评定指标：

$$\varepsilon_v = \Delta V/V = \Delta e/(1+e_0)$$

式中 e_0 为土样的初始孔隙比，Δe 为加荷至自重压力时的孔隙比变化量。

近年来，我国沿海地区进行了一些取样研究，采用上述指标评定的标准见表 9.1。

表 9.1　评价土试样扰动程度的参考标准

扰动程度 评价指标	几乎未扰动	少量扰动	中等扰动	很大扰动	严重扰动	资料来源
ε_f	1%～3%	3%～5%	5%～6%	6%～10%	>10%	上海
ε_f	3%～5%	3%～5%	5%～8%	>10%	>15%	连云港
I_D	<0.15	0.15～0.30	0.30～0.50	0.50～0.75	>0.75	上海
ε_v	<1%	1%～2%	2%～4%	4%～10%	>10%	上海

应当指出，上述指标的特征值不仅取决于土试样的扰动程度，而且与土的自身特性和试验方法有关，故不可能提出一个统一的衡量标准，各地应按照本地区的经验参考使用上述方法和数据。

一般而言，事后检验把关并不是保证土试样质量的积极措施。对土试样作质量分级的指导思想是强调事先的质量控制，即对采取某一级别土试样所必须使用的设备和操作条件做出严格的规定。

9.4.2 正文表 9.4.2 中所列各种取土器大都是国外常见的取土器。按壁厚可分为薄壁和厚壁两类，按进入土层的方式可分为贯入和回转两类。

薄壁取土器壁厚仅 1.25～2.00mm，取样扰动小，质量高，但因壁薄，不能在硬和密实的土层中使用。按其结构形式有以下几种：

1 敞口式，国外称为谢尔贝管，是最简单的一种薄壁取土器，取样操作简便，但易逃土；

2 固定活塞式，在敞口薄壁取土器内增加一个活塞以及一套与之相连接的活塞杆，活塞杆可通过取土器的头部并经由钻杆的中空延伸至地面；下放取土器时，活塞处于取样管刃口端部，活塞杆与钻杆同步下放，到达取样位置后，固定活塞杆与活塞，通过钻杆压入取样管进行取样；活塞的作用在于下放取土器时可排开孔底浮土，上提时可隔绝土样顶端的水压、气压、防止逃土，同时又不会像上提活阀那样产生过度的负压引起土样扰动；取样过程中，固定活塞还可以限制土样进入取样管后顶端的膨胀上凸趋势；因此，固定活塞取土器取样质量高，成功率也高；但因需要两套杆件，操作比较费事；固定活塞薄壁取土器是目前国际公认的高质量取土器，其代表性型号有 Hvorslev 型、NGI 型等；

3 水压固定活塞式，是针对固定活塞式的缺点而制造的改进型；国外以其发明者命名为奥斯特伯格取土器；其特点是去掉活塞杆，将活塞连接在钻杆底端，取样管则与另一套在活塞缸内的可动活塞联结，取样时通过钻杆施加水压，驱动活塞缸内的可动活塞，将取样管压入土中，其取样效果与固定活塞式相同，操作较为简便，但结构仍较复杂；

4 自由活塞式，与固定活塞式不同之处在于活塞杆不延伸至地面，而只穿过接头，并用弹簧锥卡予以控制；取样时依靠土试样将活塞顶起，操作较为简便，但土试样上顶活塞时易受扰动，取样质量不及以上两种。

回转型取土器有两种：

1 单动三重（二重）管取土器，类似岩芯钻探中的双层岩芯管，取样时外管旋转，内管不动，故称单动；如在内管内再加衬管，则成为三重管；其代表性型号为丹尼森（Denison）取土器。丹尼森取土器的改进型称为皮切尔（Pitcher）取土器，其特点是内管刃口的超前值可通过一个竖向弹簧按土层软硬程度自动调节，单动三重管取土器可用于中等以至较硬的土层；

2 双动三重（二重）管取土器，与单动不同之处在于取样内管也旋转，因此可切削进入坚硬的地层，一般适用于坚硬黏性土，密实砂砾以至软岩。

厚壁敞口取土器，系指我国目前大多数单位使用的内装镀锌铁皮衬管的对分式取土器。这种取土器与国际上惯用的取土器相比，性能相差甚远，最理想的情况下，也只能取得Ⅱ级土样，不能视为高质量的取土器。

目前，厚壁敞口取土器中，大多使用镀锌铁皮衬管，其弊病甚多，对土样质量影响很大，应逐步予以淘汰，代之以塑料或酚醛层压纸管。目前仍允许使用镀锌铁皮衬管，但要特别注意保持其形状圆整，重复使用前应注意整形，清除内外壁粘附的蜡、土或锈斑。

考虑我国目前的实际情况，薄壁取土器尚需逐步普及，故允许以束节式取土器代替薄壁取土器。但只要有条件，仍以采用标准薄壁取土器为宜。

9.4.4 有关标准为1996年10月建设部发布，中华人民共和国建设部工业行业标准《原状取砂器》（JG/T 5061.10—1996）。

9.4.5 关于贯入取土器的方法，本条规定宜用快速静力连续压入法，即只要能压入的要优先采用压入法，特别对软土必须采用压入法。压入应连续而不间断，如用钻机给进机构施压，则应配备有足够压入行程和压入速度的钻机。

9.5 地球物理勘探

本节内容仅涉及采用地球物理勘探方法的一般原则，目的在于指导非地球物理勘探专业的工程地质与岩土工程师结合工程特点选择地球物理勘探方法。强调工程地质、岩土工程与地球物理勘探的工程师密切配合，共同制定方案，分析判释成果。地球物理勘探方法具体方案的制定与实施，应执行现行工程地球物理勘探规程的有关规定。

地球物理勘探发展很快，不断有新的技术方法出现。如近年来发展起来的瞬态多道面波法、地震CT、电磁波CT法等，效果很好。当前常用的工程物探方法详见表9.2。

表9.2 地球物理勘探方法的适用范围

	方法名称	适用范围
电法	自然电场法	1 探测隐伏断层、破碎带； 2 测定地下水流速、流向
	充电法	1 探测地下洞穴； 2 测定地下水流速、流向； 3 探测地下或水下隐埋物体； 4 探测地下管线
	电阻率测深	1 测定基岩埋深，划分松散沉积层序和基岩风化带； 2 探测隐伏断层、破碎带； 3 探测地下洞穴； 4 测定潜水面深度和含水层分布； 5 探测地下或水下隐埋物体
	电阻率剖面法	1 测定基岩埋深； 2 探测隐伏断层、破碎带； 3 探测地下洞穴； 4 探测地下或水下隐埋物体
	高密度电阻率法	1 测定潜水面深度和含水层分布； 2 探测地下或水下隐埋物体
	激发极化法	1 探测隐伏断层、破碎带； 2 探测地下洞穴； 3 划分松散沉积层序； 4 测定潜水面深度和含水层分布； 5 探测地下或水下隐埋物体
电磁法	甚低频	1 探测隐伏断层、破碎带； 2 探测地下或水下隐埋物体； 3 探测地下管线
	频率测深	1 测定基岩埋深，划分松散沉积层序和风化带； 2 探测隐伏断层、破碎带； 3 探测地下洞穴； 4 探测河床水深及沉积泥沙厚度； 5 探测地下或水下隐埋物体； 6 探测地下管线
	电磁感应法	1 测定基岩埋深； 2 探测隐伏断层、破碎带； 3 探测地下洞穴； 4 探测地下或水下隐埋物体； 5 探测地下管线

续表9.2

方法名称		适用范围
电磁法	地质雷达	1 测定基岩埋深，划分松散沉积层序和基岩风化带； 2 探测隐伏断层、破碎带； 3 探测地下洞穴； 4 测定潜水面深度和含水层分布； 5 探测河床水深及沉积泥沙厚度； 6 探测地下或水下隐埋物体； 7 探测地下管线
	地下电磁波法（无线电波透视法）	1 探测隐伏断层、破碎带； 2 探测地下洞穴； 3 探测地下或水下隐埋物体； 4 探测地下管线
地震波法和声波法	折射波法	1 测定基岩埋深，划分松散沉积层序和基岩风化带； 2 测定潜水面深度和含水层分布； 3 探测河床水深及沉积泥沙厚度
	反射波法	1 测定基岩埋深，划分松散沉积层序和基岩风化带； 2 探测隐伏断层、破碎带； 3 探测地下洞穴； 4 测定潜水面深度和含水层分布； 5 探测河床水深及沉积泥沙厚度； 6 探测地下或水下隐埋物体； 7 探测地下管线
	直达波法（单孔法和跨孔法）	划分松散沉积层序和基岩风化带；
	瑞雷波法	1 测定基岩埋深，划分松散沉积层序和基岩风化带； 2 探测隐伏断层、破碎带； 3 探测地下洞穴； 4 探测地下隐埋物体； 5 探测地下管线
	声波法	1 测定基岩埋深，划分松散沉积层序和基岩风化带； 2 探测隐伏断层、破碎带； 3 探测含水层； 4 探测洞穴和地下或水下隐埋物体； 5 探测地下管线； 6 探测滑坡体的滑动面
	声纳浅层剖面法	1 探测河床水深及沉积泥沙厚度； 2 探测地下或水下隐埋物体
	地球物理测井（放射性测井、电测井、电视测井）	1 探测地下洞穴； 2 划分松散沉积层序及基岩风化带； 3 测定潜水面深度和含水层分布； 4 探测地下或水下隐埋物体

10 原位测试

10.1 一般规定

10.1.1 在岩土工程勘察中，原位测试是十分重要的手段，在探测地层分布，测定岩土特性，确定地基承载力等方面，有突出的优点，应与钻探取样和室内试验配合使用。在有经验的地区，可以原位测试为主。在选择原位测试方法时，应考虑的因素包括土类条件、设备要求、勘察阶段等，而地区经验的成熟程度最为重要。

布置原位测试，应注意配合钻探取样进行室内试验。一般应以原位测试为基础，在选定的代表性地点或有重要意义的地点采取少量试样，进行室内试验。这样的安排，有助于缩短勘察周期，提高勘察质量。

10.1.2 原位测试成果的应用，应以地区经验的积累为依据。由于我国各地的土层条件、岩土特性有很大差别，建立全国统一的经验关系是不可取的，应建立地区性的经验关系，这种经验关系必须经过工程实践的验证。

10.1.4 各种原位测试所得的试验数据，造成误差的因素是较为复杂的，由测试仪器、试验条件、试验方法、操作技能、土层的不均匀性等所引起。对此应有基本估计，并剔除异常数据，提高测试数据的精度。静力触探和圆锥动力触探，在软硬地层的界面上，有超前和滞后效应，应予注意。

10.2 载荷试验

10.2.1 平板载荷试验（plate loading test）是在岩土体原位，用一定尺寸的承压板，施加竖向荷载，同时观测承压板沉降，测定岩土体承载力和变形特性；螺旋板载荷试验（screw plate loading test）是将螺旋板旋入地下预定深度，通过传力杆向螺旋板施加竖向荷载，同时量测螺旋板沉降，测定土的承载力和变形特性。

常规的平板载荷试验，只适用于地表浅层地基和地下水位以上的地层。对于地下深处和地下水位以下的地层，浅层平板载荷试验已显得无能为力。以前在钻孔底进行的深层载荷试验，由于孔底土的扰动，板土间的接触难以控制等原因，早已废弃不用。《94规范》规定了螺旋板载荷试验，本次修订仍列入不变。

进行螺旋板载荷试验时，如旋入螺旋板深度与螺距不相协调，土层也可能发生较大扰动。当螺距过大，竖向荷载作用大，可能发生螺旋板本身的旋进，影响沉降的量测。上述这些问题，应注意避免。

本次修订增加了深层平板载荷试验方法，适用于地下水位以上的一般土和硬土。这种方法已经积累了一定经验，为了统一操作标准和计算方法，列入了本规范。

10.2.1 【修订说明】

本条原文的写法易被误解，故稍作调整。深层载荷试验与浅层载荷试验的区别，在于试土是否存在边载，荷载作用于半无限体的表面还是内部。深层载荷试验过浅，不符合变形模量计算假定荷载作用于半无限体内部的条件。深层载荷试验的条件与基础宽度、土的内摩擦角等有关，原规定3m偏浅，现改为5m。原规定深层载荷试验适用于地下水位以上，但地下水位以下的土，如采取降水措施并保证试土维持原来的饱和状态，试验仍可进行，故删除了这个限制。

例如：载荷试验深度为6m，但试坑宽度符合浅层载荷试验条件，无边载，则属于浅层载荷试验；反之，假如载荷试验深度为5.5m，但试井直径与承压板直径相同，有边载，则属于深层载荷试验。

浅层载荷试验只用于确定地基承载力和土的变形模量，不能用于确定桩的端阻力；深层载荷试验可用于确定地基承载力、桩的端阻力和土的变形模量。但载荷试验只是一种模拟，与实际工程的工作状态总是有差别的。深层载荷试验反映了土的应力水平，反映了侧向超载对试土承载力的影响，作为地基承载力，不必作深度修正，只需宽度修正，是比较合理的方法。但深层载荷试验的破坏模式是局部剪切破坏，而浅基础一般假定为整体剪切破坏，塑性区开展的模式也不同，因而工作状态是有差别的。桩基虽是局部剪切破坏，但与深层载荷试验的工作状态仍有差别。深层载荷试验时孔壁临空，而桩的侧壁限制了土体变形，桩与土之间存在法向力和剪力。此外，还有试土的代表性问题，试土扰动问题，试验操作造成的误差问题等，确定地基承载力和桩的端阻力仍需综合判定。

10.2.2 一般认为，载荷试验在各种原位测试中是最为可靠的，并以此作为其他原位测试的对比依据。但这一认识的正确性是有前提条件的，即基础影响范围内的土层应均一。实际土层往往是非均质土或多层土，当土层变化复杂时，载荷试验反映的承压板影响范围内地基土的性状与实际基础下地基土的性状将有很大的差异。故在进行载荷试验时，对尺寸效应要有足够的估计。

10.2.3 对载荷试验的技术要求作如下说明：

1 对于深层平板载荷试验，试井截面应为圆形，直径宜取 0.8~1.2m，并有安全防护措施；承压板直径取 800mm 时，采用厚约 300mm 的现浇混凝土板或预制的刚性板；可直接在外径为 800mm 的钢环或钢筋混凝土管柱内浇筑；紧靠承压板周围土层高度不应小于承压板直径，以尽量保持半无限体内部的受力状态，避免试验时土的挤出；用立柱与地面的加荷装置连接，亦可利用井壁护圈作为反力，加荷试验时应直接测读承压板的沉降；

2 对试验面，应注意使其尽可能平整，避免扰动，并保证承压板与土之间有良好的接触；

3 承压板宜采用圆形压板，符合轴对称的弹性理论解，方形板则成为三维复杂课题；板的尺寸，国外采用的标准承压板直径为 0.305m，根据国内的实际经验，可采用 0.25~0.5m²，软土应采用尺寸大些的承压板，否则易发生歪斜；对碎石土，要注意碎石的最大粒径；对硬的裂隙性黏土及岩层，要注意裂隙的影响；

4 加荷方法，常规方法以沉降相对稳定法（即一般所谓的慢速法）为准；如试验目的是确定地基承载力，加荷方法可以考虑采用沉降非稳定法（快速法）或等沉降速率法，但必须有对比的经验，在这方面应注意积累经验，以加快试验周期；如试验目的是确定土的变形特性，则快速加荷的结果只反映不排水条件的变形特性，不反映排水条件的固结变形特性；

5 承压板的沉降量测的精度影响沉降稳定的标准；当荷载沉降曲线无明确拐点时，可加测承压板周围土面的升降、不同深度土层的分层沉降或土层的侧向位移；这有助于判别承压板下地基土受荷后的变化，发展阶段及破坏模式，判定拐点；

6 一般情况下，载荷试验应做到破坏，获得完整的 p-s 曲线，以便确定承载力特征值；只试验目的为检验性质时，加荷至设计要求的二倍时即可终止；发生明显侧向挤出隆起或裂缝，表明受荷地层发生整体剪切破坏，这属于强度破坏极限状态；等速沉降或加速沉降，表明承压板下产生塑性破坏或刺入破坏，这是变形破坏极限状态；过大的沉降（承压板直径的 0.06 倍），属于超过限制变形的正常使用极限状态。

在确定终止试验标准时，对岩体而言，常表现为承压板上和板外的测表不停地变化，这种变化有增加的趋势。此外，有时还表现为荷载加不上，或加上去后很快降下来。当然，如果荷载已达到设备的最大出力，则不得不终止试验，但应判定是否满足了试验要求。

10.2.5 用浅层平板载荷试验成果计算土的变形模量的公式，是人们熟知的，其假设条件是荷载在弹性半无限空间的表面。深层平板载荷试验荷载作用在半无限体内部，不宜采用荷载作用在半无限体表面的弹性理论公式，式（10.2.5-2）是在 Mindlin 解的基础上推算出来的，适用于地基内部垂直均布荷载作用下变形模量的计算。根据岳建勇和高大钊的推导（《工程勘察》2002年1期），深层载荷试验的变形模量可按下式计算：

$$E_0 = I_0 I_1 I_2 (1-\mu^2) \frac{pd}{s} \quad (10.1)$$

式中，I_1 为与承压板埋深有关的系数，I_2 为与土的

泊松比有关的系数，分别为

$$I_1 = 0.5 + 0.23 \frac{d}{z} \quad (10.2)$$

$$I_2 = 1 + 2\mu^2 + 2\mu^4 \quad (10.3)$$

为便于应用，令

$$\omega = I_0 I_1 I_2 (1 - \mu^2) \quad (10.4)$$

则

$$E_0 = \omega \frac{pd}{s} \quad (10.5)$$

式中，ω 为与承压板埋深和土的泊松比有关的系数，如碎石的泊松比取 0.27，砂土取 0.30，粉土取 0.35，粉质黏土取 0.38，黏土取 0.42，则可制成本规范表 10.2.5。

10.3 静力触探试验

10.3.1 静力触探试验（CPT）（cone penetration test）是用静力匀速将标准规格的探头压入土中，同时量测探头阻力，测定土的力学特性，具有勘探和测试双重功能；孔压静力触探试验（piezocone penetration test）除静力触探原有功能外，在探头上附加孔隙水压力量测装置，用于量测孔隙水压力增长与消散。

10.3.2 对静力触探的技术要求中的主要问题作如下说明：

1 圆锥截面积，国际通用标准为 $10cm^2$，但国内勘察单位广泛使用 $15cm^2$ 的探头；$10cm^2$ 与 $15cm^2$ 的贯入阻力相差不大，在同样的土质条件和机具贯入能力的情况下，$10cm^2$ 比 $15cm^2$ 的贯入深度更大；为了向国际标准靠拢，最好使用锥头底面积为 $10cm^2$ 的探头。探头的几何形状及尺寸会影响测试数据的精度，故应定期进行检查；

以 $10cm^2$ 探头为例，锥头直径 d_e、侧壁筒直径 d_s 的容许误差分别为：

$$34.8 \leqslant d_e \leqslant 36.0mm;$$

$$d_e \leqslant d_s \leqslant d_e + 0.35mm;$$

锥截面积为 $10.00cm^2 \pm (3\% \sim 5\%)$；

侧壁筒直径必须大于锥头直径，否则会显著减小侧壁摩阻力；侧壁摩擦筒侧面积应为 $150cm^2 \pm 2\%$；

2 贯入速率要求匀速，贯入速率 (1.2 ± 0.3) m/min 是国际通用的标准；

3 探头传感器除室内率定误差（重复性误差、非线性误差、归零误差、温度漂移等）不应超过 $\pm 1.0\%$FS 外，特别提出在现场当探头返回地面时应记录归零误差，现场的归零误差不应超过 3%，这是试验数据质量好坏的重要标志；探头的绝缘度不应小于 500MΩ 的条件，是 3 个工程大气压下保持 2h；

4 贯入读数间隔一般采用 0.1m，不超过 0.2m，深度记录误差不超过 $\pm 1\%$；当贯入深度超过 30m 或穿过软土层贯入硬土层后，应有测斜数据；当偏斜度明显，应校正土层分层界线；

5 为保证触探孔与垂直线间的偏斜度小，所使用探杆的偏斜度应符合标准：最初 5 根探杆每米偏斜小于 0.5mm，其余小于 1mm；当使用的贯入深度超过 50m 或使用 15～20 次，应检查探杆的偏斜度；如贯入厚层软土，再穿过硬层、碎石土、残积土，每用过一次应作探杆偏斜度检查。

触探孔一般至少距探孔 25 倍孔径或 2m。静力触探宜在钻孔前进行，以免钻孔对贯入阻力产生影响。

10.3.3、10.3.4 对静力触探成果分析做以下说明：

1 绘制各种触探曲线应选用适当的比例尺。

例如：深度比例尺：1 个单位长度相当于 1m；

q_c（或 p_s）：1 个单位长度相当于 2MPa；

f_s：1 个单位长度相当于 0.2 MPa；

u（或 Δu）：1 个单位长度相当于 0.05 MPa；

$R_f = (f_s/q_c \times 100\%)$：1 个单位长度相当于 1；

2 利用静力触探贯入曲线划分土层时，可根据 q_c（或 p_s）、R_f 贯入曲线的线型特征、u 或 Δu 或 $[\Delta u/(q_c - p'_0)]$ 等，参照邻近钻孔的分层资料划分土层。利用孔压触探资料，可以提高土层划分的能力和精度，分辨薄夹层的存在；

3 利用静探资料可估算土的强度参数、浅基或桩基的承载力、砂土或粉土的液化。只要经验关系经过检验已证实是可靠的，利用静探资料可以提供有关设计参数。利用静探资料估算变形参数时，由于贯入阻力与变形参数间不存在直接的机理关系，可能可靠性差；利用孔压静探资料有可能评定土的应力历史，这方面还有待于积累经验。由于经验关系有其地区局限性，采用全国统一的经验关系不是方向，宜在地方规范中解决这一问题。

10.4 圆锥动力触探试验

10.4.1 圆锥动力触探试验（DPT）（dynamic penetration test）是用一定质量的重锤，以一定高度的自由落距，将标准规格的圆锥形探头贯入土中，根据打入土中一定距离所需的锤击数，判定土的力学特性，具有勘探和测试双重功能。

本规范列入了三种圆锥动力触探（轻型、重型和超重型）。轻型动力触探的优点是轻便，对于施工验槽、填土勘察、查明局部软弱土层、洞穴等分布，均有实用价值。重型动力触探是应用最广泛的一种，其规格标准与国际通用标准一致。超重型动力触探的能量指数（落锤能量与探头截面积之比）与国外的并不一致，但相近，适用于碎石土。

表中所列贯入指标为贯入一定深度的锤击数（如 N_{10}、$N_{63.5}$、N_{120}），也可采用动贯入阻力。动贯入阻力可采用荷兰的动力公式：

$$q_{\mathrm{d}} = \frac{M}{M+m} \cdot \frac{M \cdot g \cdot H}{A \cdot e} \tag{10.6}$$

式中 q_{d}——动贯入阻力（MPa）；
M——落锤质量（kg）；
m——圆锥探头及杆件系统（包括打头、导向杆等）的质量（kg）；
H——落距（m）；
A——圆锥探头截面积（cm²）；
e——贯入度，等于 D/N，D 为规定贯入深度，N 为规定贯入深度的击数；
g——重力加速度，其值为 $9.81\mathrm{m/s^2}$。

上式建立在古典的牛顿非弹性碰撞理论（不考虑弹性变形量的损耗）。故限用于：

1) 贯入土中深度小于 12m，贯入度 2～50mm。

2) $m/M < 2$。如果实际情况与上述适用条件出入大，用上式计算应慎重。

有的单位已经研制电测动贯入阻力的动力触探仪，这是值得研究的方向。

10.4.2 本条考虑了对试验成果有影响的一些因素。

1 锤击能量是最重要的因素。规定落锤方式采用控制落距的自动落锤，使锤击能量比较恒定，注意保持杆件垂直，探杆的偏斜度不超过 2%。锤击时防止偏心及探杆晃动。

2 触探杆与土间的侧摩阻力是另一重要因素。试验过程中，可采取下列措施减少侧摩阻力的影响：

1) 使探杆直径小于探头直径。在砂土中探头直径与探杆直径比应大于 1.3，而在黏土中可小些；

2) 贯入一定深度后旋转探杆（每 1m 转动一圈或半圈），以减少侧摩阻力；贯入深度超过 10m，每贯入 0.2m，转动一次；

3) 探头的侧摩阻力与土类、土性、杆的外形、刚度、垂直度、触探深度等均有关，很难用一固定的修正系数处理，应采取切合实际的措施，减少侧摩阻力，对贯入深度加以限制。

3 锤击速度也影响试验成果，一般采用每分钟 15～30 击；在砂土、碎石土中，锤击速度影响不大，则可采用每分钟 60 击。

4 贯入过程应不间断地连续击入，在黏性土中击入的间歇会使侧摩阻力增大。

5 地下水位对击数与土的力学性质的关系没有影响，但对击数与土的物理性质（砂土孔隙比）的关系有影响，故应记录地下水位埋深。

10.4.3 对动力触探成果分析作如下说明：

1 根据触探击数、曲线形态，结合钻探资料可进行力学分层，分层时注意超前滞后现象，不同土层的超前滞后量是不同的。

上为硬土层下为软土层，超前约为 0.5～0.7m，滞后约为 0.2m；上为软土层下为硬土层，超前约为 0.1～0.2m，滞后约为 0.3～0.5m。

2 在整理触探资料时，应剔除异常值，在计算土层的触探指标平均值时，超前滞后范围内的值不反映真实土性；临界深度以内的锤击数偏小，不反映真实土性，故不应参加统计。动力触探本来是连续贯入的，但也有配合钻探，间断贯入的做法，间断贯入时临界深度以内的锤击数同样不反映真实土性，不应参加统计。

3 整理多孔触探资料时，应结合钻探资料进行分析，对均匀土层，可用厚度加权平均法统计场地分层平均触探击数值。

10.4.4 动力触探指标可用于评定土的状态、地基承载力、场地均匀性等，这种评定系建立在地区经验的基础上。

10.5 标准贯入试验

10.5.1 标准贯入试验（SPT）(standard penetration test) 是用质量为 63.5kg 的穿心锤，以 76cm 的落距，将标准规格的贯入器，自钻孔底部预打 15cm，记录再打入 30cm 的锤击数，判定土的力学特性。

本条提出标准贯入试验仅适用于砂土、粉土和一般黏性土，不适用于软塑～流塑软土。在国外用实心圆锥头（锥角 60°）替换贯入器下端的管靴，使标贯适用于碎石土、残积土和裂隙性硬黏土以及软岩。但由于国内尚无这方面的具体经验，故在条文内未列入，可作为有待开发的内容。

10.5.2 正文表 10.5.2 是考虑了国内各单位实际使用情况，并参考了国际标准制定的。贯入器规格，国外标准多为外径 51mm，内径 35mm，全长 660～810mm。

贯入器内外径的误差，欧洲标准确定为 ±1mm 是合理的。

本规范采用 42mm 钻杆。日本采用 40.5、50、60mm 钻杆。钻杆的弯曲度小于 1%，应定期检查，剔除弯管。

欧洲标准，落锤的质量误差为 ±0.5kg。

10.5.2 【修订说明】

本表中关于刃口厚度的规定原文为 2.5mm，现修订为 1.6mm。我国其他标准一般不作规定，美国 ASTM D1586 (1967，1974 再批准) 为 1/16 英寸，ASTM D1586 (1999) 为 2.54mm，英国 BS 为 1.6mm，我国《水利电力部土工试验规程》(SD128-022-86) 为 0.8mm，本规范修订后与国际多数标准基本相当，与我国实际情况基本一致。

10.5.3 关于标准贯入试验的技术要求，作如下说明：

1 根据欧洲标准，锤击速度不应超过 30 击/min；

2 宜采用回转钻进方法，以尽可能减少对孔底土的扰动。钻进时注意：

　1）保持孔内水位高出地下水位一定高度，保持孔底土处于平衡状态，不使孔底发生涌砂变松，影响 N 值；

　2）下套管不要超过试验标高；

　3）要缓慢地下放钻具，避免孔底土的扰动；

　4）细心清孔；

　5）为防止涌砂或塌孔，可采用泥浆护壁；

3 由于手拉绳牵引贯入试验时，绳索与滑轮的摩擦阻力及运转中绳索所引起的张力，消耗了一部分能量，减少了落锤的冲击能，使锤击数增加；而自动落锤完全克服了上述缺点，能比较真实地反映土的性状。据有关单位的试验，N 值自动落锤为手拉落锤的 0.8 倍，为 SR-30 型钻机直接吊打时的 0.6 倍；据此，本规范规定采用自动落锤法；

4 通过标贯实测，发现真正传输给杆件系统的锤击能量有很大差异，它受机具设备、钻杆接头的松紧、落锤方式、导向杆的摩擦、操作水平及其他偶然因素等支配；美国 ASTM-D4633-86 制定了实测锤击的力-时间曲线，用应力波能量法分析，即计算第一压缩波应力波曲线积分可得传输杆件的能量；通过现场实测锤击应力波能量，可以对不同锤击能量的 N 值进行合理的修正。

10.5.5 关于标贯试验成果的分析整理，作如下说明：

1 修正问题，国外对 N 值的传统修正包括：饱和粉细砂的修正、地下水位的修正、土的上覆压力修正；国内长期以来并不考虑这些修正，而着重考虑杆长修正；杆长修正是依据牛顿碰撞理论，杆件系统质量不得超过锤重二倍，限制了标贯使用深度小于 21m，但实际使用深度已远超过 21m，最大深度已达 100m 以上；通过实测杆件的锤击应力波，发现锤击传输给杆件的能量变化远大于杆长变化时能量的衰减，故建议不作杆长修正的 N 值是基本的数值；但考虑到过去建立的 N 值与土性参数、承载力的经验关系，所用 N 值均经杆长修正，而抗震规范评定砂土液化时，N 值又不作修正；故在实际应用 N 值时，应按具体岩土工程问题，参照有关规范考虑是否作杆长修正或其他修正；勘察报告应提供不作杆长修正的 N 值，应用时再根据情况考虑修正或不修正，用何种方法修正；

2 由于 N 值离散性大，故在利用 N 值解决工程问题时，应持慎重态度，依据单孔标贯资料提供设计参数是不可信的；在分析整理时，与动力触探相同，应剔除个别异常的 N 值；

3 依据 N 值提供定量的设计参数时，应有当地的经验，否则只能提供定性的参数，供初步评定用。

10.6　十字板剪切试验

10.6.1 十字板剪切试验（VST）（vane shear test）是用插入土中的标准十字板探头，以一定速率扭转，量测土破坏时的抵抗力矩，测定土的不排水抗剪强度。

十字板剪切试验的适用范围，大部分国家规定限于饱和软黏性土（$\varphi \approx 0$），我国的工程经验也限于饱和软黏性土，对于其他的土，十字板剪切试验会有相当大的误差。

10.6.2 试验点竖向间隔规定为 1m，以便均匀地绘制不排水抗剪强度-深度变化曲线；当土层随深度的变化复杂时，可根据静力触探成果和工程实际需要，选择有代表性的点布置试验点，不一定均匀间隔布置试验点，遇到变层，要增加测点。

10.6.3 十字板剪切试验的主要技术标准作如下说明：

1 十字板头形状国外有矩形、菱形、半圆形等，但国内均采用矩形，故本规范只列矩形。当需要测定不排水抗剪强度的各向异性变化时，可以考虑采用不同菱角的菱形板头，也可以采用不同径高比板头进行分析。矩形十字板头的径高比 1∶2 为通用标准。十字板头面积比，直接影响插入板头时对土的挤压扰动，一般要求面积比小于 15%；十字板头直径为 50mm 和 75mm，翼板厚度分别为 2mm 和 3mm，相应的面积比为 13%～14%。

2 十字板头插入孔底的深度影响测试成果，美国规定为 5b（b 为钻杆直径），前苏联规定为 0.3～0.5m，原联邦德国规定为 0.3m，我国规定为（3～5）b。

3 剪切速率的规定，应考虑能满足在基本不排水条件下进行剪切；Skempton 认为用 0.1°/s 的剪切速率得到的 c_u 误差最小；实际上对不同渗透性的土，规定相应的不排水条件的剪切速率是合理的；目前各国规程规定的剪切速率在 0.1°/s～0.5°/s，如美国 0.1°/s，英国 0.1°/s～0.2°/s，前苏联 0.2°/s～0.3°/s，原联邦德国 0.5°/s。

4 机械式十字板剪切仪由于轴杆与土层间存在摩阻力，因此应进行轴杆校正。由于原状土与重塑土的摩阻力是不同的，为了使轴杆与土间的摩阻力减到最低值，使进行原状土和扰动土不排水抗剪强度试验时有同样的摩阻力值，在进行十字板试验前，应将轴杆先快速旋转十余圈。

由于电测式十字板直接测定的是施加于板头的扭矩，故不需进行轴杆摩擦的校正。

5 国外十字板剪切试验规程对精度的规定，美国为 1.3kPa，英国 1kPa，前苏联 1～2kPa，原联邦德国 2kPa，参照这些标准，以 1～2kPa 为宜。

10.6.4 十字板剪切试验的成果分析应用作如下说

明：

1 实践证明，正常固结的饱和软黏性土的不排水抗剪强度是随深度增加的；室内抗剪强度的试验成果，由于取样扰动等因素，往往不能很好反映这一变化规律；利用十字板剪切试验，可以较好地反映不排水抗剪强度随深度的变化。

2 根据原状土与重塑土不排水抗剪强度的比值可计算灵敏度，可评价软黏土的触变性。

3 绘制抗剪强度与扭转角的关系曲线，可了解土体受剪时的剪切破坏过程，确定软土的不排水抗剪强度峰值、残余值及剪切模量（不排水）。目前十字板头扭转角的测定还存在困难，有待研究。

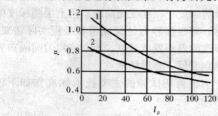

图 10.1 修正系数 μ

4 十字板剪切试验所测得的不排水抗剪强度峰值，一般认为是偏高的，土的长期强度只有峰值强度的 60%～70%。因此在工程中，需根据土质条件和当地经验对十字板测定的值作必要的修正，以供设计采用。

Daccal 等建议用塑性指数确定修正系数 μ（如图 10.1）。图中曲线 2 适用于液性指数大于 1.1 的土，曲线 1 适用于其他软黏土。

10.6.5 十字板不排水抗剪强度，主要用于可假设 $\varphi \approx 0$，按总应力法分析的各类土工问题中：

1 计算地基承载力

按中国建筑科学研究院、华东电力设计院的经验，地基容许承载力可按式（10.7）估算：

$$q_a = 2c_u + \gamma h \quad (10.7)$$

式中 c_u——修正后的不排水抗剪强度（kPa）；
γ——土的重度（kN/m³）；
h——基础埋深（m）；

2 地基抗滑稳定性分析；

3 估算桩的端阻力和侧阻力：

桩端阻力 $q_p = 9c_u$ （10.8）

桩侧阻力 $q_s = \alpha \cdot c_u$ （10.9）

α 与桩类型、土类、土层顺序等有关；

依据 q_p 及 q_s 可以估算单桩极限承载力；

4 通过加固前后土的强度变化，可以检验地基的加固效果；

5 根据 c_u—h 曲线，判定软土的固结历史：若 c_u—h 曲线大致呈一通过地面原点的直线，可判定为正常固结土；若 c_u—h 直线不通过原点，而与纵坐标的向上延长轴线相交，则可判定为超固结土。

10.7 旁压试验

10.7.1 旁压试验（PMT）(pressuremeter test) 是用可侧向膨胀的旁压器，对钻孔孔壁周围的土体施加径向压力的原位测试，根据压力和变形关系，计算土的模量和强度。

旁压仪包括预钻式、自钻式和压入式三种。国内目前以预钻式为主，本节以下各条规定也是针对预钻式的。压入式目前尚无产品，故暂不列入。旁压器分单腔式和三腔式。当旁压器有效长径比大于 4 时，可认为属无限长圆柱扩张轴对称平面应变问题。单腔式、三腔式所得结果无明显差别。

10.7.2 旁压试验点的布置，应在了解地层剖面的基础上进行，最好先做静力触探或动力触探或标准贯入试验，以便能合理地在有代表性的位置上布置试验。布置时要保证旁压器的量测腔在同一土层内。根据实践经验，旁压试验的影响范围，水平向约为 60cm，上下方向约为 40cm。为避免相邻试验点应力影响范围重叠，建议试验点的垂直间距至少为 1m。

10.7.3 对旁压试验的主要技术要求说明如下：

1 成孔质量是预钻式旁压试验成败的关键，成孔质量差，会使旁压曲线反常失真，无法应用。为保证成孔质量，要注意：

1) 孔壁垂直、光滑、呈规则圆形，尽可能减少对孔壁的扰动；
2) 软弱土层（易发生缩孔、坍孔）用泥浆护壁；
3) 钻孔孔径应略大于旁压器外径，一般宜大 2～8mm。

2 加荷等级的选择是重要的技术问题，一般可根据土的临塑压力或极限压力而定，不同土类的加荷等级，可按表 10.1 选用。

表 10.1 旁压试验加荷等级表

土的特征	加荷等级（kPa）	
	临塑压力前	临塑压力后
淤泥、淤泥质土、流塑黏性土和粉土、饱和松散的粉细砂	≤15	≤30
软塑黏性土和粉土、疏松黄土、稍密很湿粉细砂、稍密中粗砂	15～25	30～50
可塑—硬塑黏性土和粉土、黄土、中密—密实很湿粉细砂、稍密—中密中粗砂	25～50	50～100
坚硬黏性土和粉土、密实中粗砂	50～100	100～200
中密—密实碎石土、软质岩	≥100	≥200

3 关于加荷速率，目前国内有"快速法"和"慢速法"两种。国内一些单位的对比试验表明，两种不同加荷速率对临塑压力和极限压力影响不大。为提高试验效率，本规范规定使用每级压力维持 1min 或 2min 的快速法。在操作和读数熟练的情况下，尽

可能采用短的加荷时间；快速加荷所得旁压模量相当于不排水模量。

4 加荷后按 15s、30s、60s 或 15s、30s、60s 和 120s 读数。

5 旁压试验终止试验条件为：

1) 加荷接近或达到极限压力；
2) 量测腔的扩张体积相当于量测腔的固有体积，避免弹性膜破裂；
3) 国产 PY2-A 型旁压仪，当量管水位下降刚达 36cm 时（绝对不能超过 40 cm），即应终止试验；
4) 法国 GA 型旁压仪规定，当蠕变变形等于或大于 50cm³ 或量筒读数大于 600cm³ 时应终止试验。

10.7.4、10.7.5 对旁压试验成果分析和应用作如下说明：

1 在绘制压力（p）与扩张体积（ΔV）或（$\Delta V/V_0$）、水管水位下沉量（s）、或径向应变曲线前，应先进行弹性膜约束力和仪器管路体积损失的校正。由于约束力随弹性膜的材质、使用次数和气温而变化，因此新装或用过若干次后均需对弹性膜的约束力进行标定。仪器的综合变形，包括调压阀、量管、压力计、管路等在加压过程中的变形。国产旁压仪还需作体积损失的校正，对国外 GA 型和 GAm 型旁压仪，如果体积损失很小，可不作体积损失的校正。

2 特征值的确定：

特征值包括初始压力（p_0），临塑压力（p_f）和极限压力（p_L）：

1) p_0 的确定：按 M'enard，定为旁压曲线中段直线段的起始点或蠕变曲线的第一拐点相应的压力；按国内经验，该压力比实际的原位初始侧向应力大，因此推荐直接按旁压曲线用作图法确定 p_0；
2) 临塑压力 p_f 为旁压曲线中段直线的末尾点或蠕变曲线的第二拐点相应的压力；
3) 极限压力 p_L 定义为：
    (a) 量测腔扩张体积相当于量测腔固有体积（或扩张后体积相当于二倍固有体积）时的压力；
    (b) p-ΔV 曲线的渐近线对应的压力，或用 p-$(1/\Delta V)$ 关系，末段直线延长线与 p 轴的交点相应的压力。

3 利用旁压曲线的特征值评定地基承载力：

1) 根据当地经验，直接取用 p_f 或 p_f-p_0 作为地基土承载力；
2) 根据当地经验，取（p_L-p_0）除以安全系数作为地基承载力。

4 计算旁压模量：

由于加荷采用快速法，相当于不排水条件；依据弹性理论，对于预钻式旁压仪，可用下式计算旁压模量：

$$E_m = 2(1+\mu)\left(V_c + \frac{V_0+V_f}{2}\right)\frac{\Delta p}{\Delta V} \quad (10.10)$$

式中 E_m——旁压模量（kPa）；
  μ——泊松比；
  V_c——旁压器量测腔初始固有体积（cm³）；
  V_0——与初始压力 p_0 对应的体积（cm³）；
  V_f——与临塑压力 p_f 对应的体积（cm³）；
  $\Delta p/\Delta V$——旁压曲线直线段的斜率（kPa/cm³）。

国内原有用旁压系数及旁压曲线直线段计算变形模量的公式，由于采用慢速法加荷，考虑了排水固结变形。而本规范规定统一使用快速加荷法，故不再推荐旁压试验变形模量的计算公式。

对于自钻式旁压试验，仍可用式（10.10）计算旁压模量。由于自钻式旁压试验的初始条件与预钻式旁压试验不同，预钻式旁压试验的原位侧向应力经钻孔后已释放。两种试验对土的扰动也不相同，故两者的旁压模量并不相同，因此应说明试验所用旁压仪类型。

10.8 扁铲侧胀试验

10.8.1 扁铲侧胀试验（DMT）(dilatometer test)，也有译为扁板侧胀试验，系 20 世纪 70 年代意大利 Silvano Marchetti 教授创立。扁铲侧胀试验是将带有膜片的扁铲压入土中预定深度，充气使膜片向孔壁土中侧向扩张，根据压力与变形关系，测定土的模量及其他有关指标。因能比较准确地反映小应变的应力应变关系，测试的重复性较好，引入我国后，受到岩土工程界的重视，进行了比较深入的试验研究和工程应用，已列入铁道部《铁路工程地质原位测试规程》2002 年报批稿，美国 ASTM 和欧洲 EUROCODE 亦已列入。经征求意见，决定列入本规范。

扁铲侧胀试验最适宜在软弱、松散土中进行，随着土的坚硬程度或密实程度的增加，适宜性渐差。当采用加强型薄膜片时，也可应用于密实的砂土，参见表 10.2。

10.8.2 本条规定的探头规格与国际通用标准和国内生产的扁铲侧胀仪探头规格一致。要注意探头不能有明显弯曲，并应进行老化处理。探头加工的具体技术标准由有关产品标准规定。

可用贯入能力相当的静力触探机将探头压入土中。

10.8.3 扁铲侧胀试验成果资料的整理按以下步骤进行：

1 根据探头率定所得的修正值 ΔA 和 ΔB，现场试验所得的实测值 A、B、C，计算接触压力 p_0，膜片膨胀至 1.10mm 的压力 p_1 和膜片回到 0.05mm 的压力 p_2；

2 根据 p_0、p_1 和 p_2 计算侧胀模量 E_D、侧胀水平应力指数 K_D、侧胀土性指数 I_D 和侧胀孔压指数 U_D；

3 绘制上述 4 个参数与深度的关系曲线。

上述各种数据的测定方法和参数的计算方法，均与国内外通用方法一致。

表 10.2 扁铲侧胀试验在不同土类中的适用程度

土类 \ 土的性状	$q_c<1.5$MPa, $N<5$ 未压实填土	自然状态	$q_c=7.5$MPa, $N=25$ 轻压实填土	自然状态	$q_c=15$MPa, $N=40$ 紧密压实填土	自然状态
黏土	A	A	B	B	B	B
粉土	B	A	B	B	B	C
砂土	A	A	A	B	B	C
砾石	C	C	G	G	G	G
卵石	G	G	G	G	G	G
风化岩石	A	C	B	G	G	G
带状黏土	A	A	B	B	B	B
黄土	A	A	B	B	B	B
泥炭	A	A	B	B	B	B
沉泥、尾矿砂	A	—	B	—	B	—

注：适用性分级：A 最适用；B 适用；C 有时适用；G 不适用。

10.8.4 扁铲侧胀试验成果的应用经验目前尚不丰富。根据铁道部第四勘测设计院的研究成果，利用侧胀土性指数 I_D 划分土类，黏性土的状态，利用侧胀模量计算饱和黏性土的水平不排水弹性模量，利用侧胀水平应力指数 K_D 确定土的静止侧压力系数等，有良好的效果，并列入铁道部《铁路工程地质原位测试规程》2002 年报批稿。上海、天津以及国际上都有一些研究成果和工程经验，由于扁铲侧胀试验在我国开展较晚，故应用时必须结合当地经验，并与其他测试方法配合，相互印证。

10.9 现场直接剪切试验

10.9.1 《94 规范》中本节包括现场直剪试验和现场三轴试验，本次修订时，考虑到现场三轴试验已非常规，属于专门性试验，故不列入本规范。国家标准《工程岩体试验方法标准》(GB/T 50266—99) 也未包括现场三轴试验。现场直剪试验，应根据现场工程地质条件、工程荷载特点、可能发生的剪切破坏模式、剪切面的位置和方向、剪切面的应力等条件，确定试验对象，选择相应的试验方法。由于试验岩土体远比室内试样大，试验成果更符合实际。

10.9.2 本条所列的各种试验布置方案，各有适用条件。

图 10.2 中 (a)、(b)、(c) 剪切荷载平行于剪切面，为平推法；(d) 剪切荷载与剪切面成 α 角，为斜推法。(a) 施加的剪切荷载有一力臂 e_1 存在，使剪切面的剪应力和法向应力分布不均匀。(b) 使施加的法向荷载产生的偏心力矩与剪切荷载产生的力矩平衡，改善剪切面上的应力分布，使趋于均匀分布，但法向荷载的偏心矩 e_2 较难控制，故应力分布仍可能不均匀。(c) 剪切面上的应力分布是均匀的，但试验施工存在一定困难。

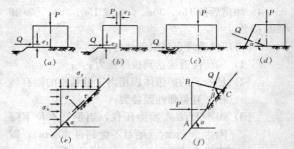

图 10.2 现场直剪方案布置

图 10.2 中 (d) 法向荷载和斜向荷载均通过剪切面中心，α 角一般为 15°。在试验过程中，为保持剪切面上的正应力不变，随着 α 值的增加，P 值需相应降低，操作比较麻烦。进行混凝土与岩体的抗剪试验，常采用斜推法，进行土体、软弱面（水平或近乎水平）的抗剪试验，常采用平推法。

当软弱面倾角大于其内摩擦角时，常采用楔形体 (e)、(f) 方案，前者适用于剪切面上正应力较大的情况，后者则相反。

图中符号 P 为竖向（法向）荷载；Q 为剪切荷载；σ_x、σ_y 为均布应力；τ 为剪应力；σ 为法向应力；e_1、e_2 为偏心距；(e)、(f) 为沿倾向软弱面剪切的楔形试体。

10.9.3 岩体试样尺寸不小于 50cm×50cm，一般采用 70cm×70cm 的方形体，与国际标准一致。土体试样可采用圆柱体或方柱体，使试样高度不小于最小边长的 0.5 倍；土体试样高度则与土中的最大粒径有关。

10.9.4 对现场直剪试验的主要技术要求作如下说明：

1 保持岩土样的原状结构不受扰动是非常重要的，故在爆破、开挖和切样过程中，均应避免岩土样或软弱结构面破坏和含水量的显著变化；对软弱岩土体，在顶面和周边加护层（钢或混凝土），护套底边应在剪切面以上；

2 在地下水位以下试验时，应先降低水位，安装试验装置恢复水位后，再进行试验；

3 法向荷载和剪切荷载应尽可能通过剪切面中心；试验过程中注意保持法向荷载不变；对于高含水量的塑性软弱层，法向荷载应分级施加，以免软弱层挤出。

10.9.5 绘制剪应力与剪切位移关系曲线和剪应力与垂直位移曲线。依据曲线特征，确定强度参数，见图 10.3。

1 比例界限压力定义为剪应力与剪切位移曲线直线段的末端相应的剪应力，如直线段不明显，可采用一些辅助手段确定：

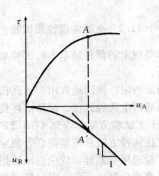

图 10.3 确定屈服
强度的辅助方法

1) 用循环荷载方法 在比例强度前卸荷后的剪切位移基本恢复，过比例极限后则不然；
2) 利用试体以下基底岩土体的水平位移与试样的水平位移的关系判断 在比例极限之前，两者相近；过比例界限后，试样的水平位移大于基底岩土的水平位移；
3) 绘制 τ-u/τ 曲线（τ-剪应力，u-剪切位移）在比例界限之前，u/τ 变化极小；过比例界限后，u/τ 值增大加快；

2 屈服强度可通过绘制试样的绝对剪切位移 u_A 与试样和基底间的相对位移 u_R 以及与剪应力 τ 的关系曲线来确定，在屈服强度之前，u_R 的增率小于 u_A，过屈服强度后，基底变形趋于零，则 u_A 与 u_R 的增率相等，其起始点为 A，剪应力 τ 与 u_A 曲线上 A 点相应的剪应力即屈服强度；

3 峰值强度和残余强度是容易确定的；

4 剪胀强度相当于整个试样由于剪切带发生体积变大而发生相对的剪应力，可根据剪应力与垂直位移曲线判定；

5 岩体结构面的抗剪强度，与结构面的形状、闭合、充填情况和荷载大小及方向等有关。

根据长江科学院的经验，对于脆性破坏岩体，可以采取比例强度确定抗剪强度参数；而对于塑性破坏岩体，可以利用屈服强度确定抗剪强度参数。

验算岩土体滑动稳定性，可以采取残余强度确定的抗剪强度参数。因为在滑动面上破坏的发展是累进的，发生峰值强度破坏后，破坏部分的强度降为残余强度。

10.10 波 速 测 试

10.10.1 波速测试目的，是根据弹性波在岩土体内的传播速度，间接测定岩土体在小应变条件下（$10^{-4}\sim10^{-6}$）动弹性模量。试验方法有跨孔法、单孔法（检层法）和面波法。

10.10.2 单孔波速法，可沿孔向上或向下检层进行测试。主要检测水平的剪切波速，识别第一个剪切波的初至是关键。关于激振方法，通常的做法是：用锤水平敲击上压重物的木板或混凝土板，作为水平剪切波的振源。板与孔口距离取 1～3m，板上压重大于 400kg，板与地面紧密接触。沿板的纵轴从两个相反方向敲击两端，记录极性相反的两组剪切波形。除地面激振外，也可在孔内激振。

10.10.3 跨孔法以一孔为激振孔，宜布置 2 个钻孔作为检波孔，以便校核。钻孔应垂直，当孔深较大，应对钻孔的倾斜度和倾斜方位进行量测，量测精度应达到 0.1°，以便对激振孔与检波孔的水平距离进行修正。在现场应及时对记录波形进行鉴别判断，确定是否可用；如不行，在现场可立即重做。钻孔如有倾斜，应作孔距的校正。

10.10.4 面波的传统测试方法为稳态法，近年来，瞬态多道面波法获得很大发展，并已在工程中大量应用，技术已经成熟，故列入了本规范。

10.10.5 小应变动剪切模量、动弹性模量和动泊松比，应按下列公式计算：

$$G_d = \rho v_s^2 \tag{10.11}$$

$$E_d = \frac{\rho v_s^2 (3v_p^2 - 4v_s^2)}{v_p^2 - v_s^2} \tag{10.12}$$

$$\mu_d = \frac{v_p^2 - 2v_s^2}{2(v_p^2 - v_s^2)} \tag{10.13}$$

式中 v_s、v_p——分别为剪切波波速和压缩波波速；
G_d——土的动剪切模量；
E_d——土的动弹性模量；
μ_d——土的动泊松比；
ρ——土的质量密度。

10.11 岩体原位应力测试

10.11.1 孔壁应变法测试采用孔壁应变计，量测套钻解除应力后钻孔孔壁的岩石应变；孔径变形法测试采用孔径变形计，量测套钻解除应力后的钻孔孔径的变化；孔底应变法测试采用孔底应变计，量测套钻解除应力后的钻孔孔底岩面应变。按弹性理论公式计算岩体内某点的应力。当需测求空间应力时，应采用三个钻孔交会法测试。

10.11.3 岩体应力测试的设备、测试准备、仪器安装和测试过程按现行国家标准《工程岩体试验方法标准》（GB/T50266）执行。

10.11.4 应力解除后的岩芯若不能在 24h 内进行围压试验，应对岩芯进行蜡封，防止含水率变化。

10.11.5 孔壁应变法、孔径变形法和孔底应变法计算空间应力、平面应力分量和空间主应力及其方向，可按《工程岩体试验方法标准》（GB/T50266）附录 A 执行。

10.12 激 振 法 测 试

10.12.1 激振法测试包括强迫振动和自由振动，用于测定天然地基和人工地基的动力特性。

10.12.2 具有周期性振动的机器基础，应采用强迫振动测试。由于竖向自由振动试验，当阻尼比较大时，特别是有埋深的情况，实测的自由振动波数少，很快就衰减了。从波形上测得的固有频率以及由振幅计算的阻尼比，都不如强迫振动试验准确。但是，当基础固有频率较高时，强迫振动测不出共振峰值的情况也是有的。因此，本条规定，"有条件时，宜同时采用强迫振动和自由振动两种测试方法"，以便互相补充，互为印证。

10.12.4 由于块体基础水平回转耦合振动的固有频率及在软弱地基土的竖向振动固有频率一般均较低，因此激振设备的最低频率规定为3~5Hz，使测出的幅频响应共振曲线能较好地满足数据处理的需要。而桩基础的竖向振动固有频率高，要求激振设备的最高工作频率尽可能地高，最好能达到60Hz以上，以便能测出桩基础的共振峰值。电磁式激振设备的工作频率范围很宽，但扰力太小时对桩基础的竖向振动激不起来，因此规定，扰力不宜小于600N。

为了获得地基的动力参数，应进行明置基础的测试，而埋置基础的测试是为获得埋置后对动力参数的提高效果，有了两者的动力参数，就可进行机器基础的设计。因此本条规定"测试基础应分别做明置和埋置两种情况的测试"。

10.12.5 强迫振动测试结果经数据处理后可得到变扰力或常扰力的幅频响应曲线。自由振动测试结果为波形图。根据幅频响应曲线上的共振频率和共振振幅可计算动力参数，根据波形图上的振幅和周期数计算动力参数。具体计算方法和计算公式按现行国家标准《地基动力特性测试规范》（GB/T50269）的规定执行。

11 室内试验

11.1 一般规定

11.1.1、11.1.2 本章只规定了岩土试验项目和试验方法的选取以及一些原则性问题，主要供岩土工程师所用。至于具体的操作和试验仪器规格，则应按有关的规范、标准执行。由于岩土试样和试验条件不可能完全代表现场的实际情况，故规定在岩土工程评价时，宜将试验结果与原位测试成果或原型观测反分析成果比较，并作必要的修正。

一般的岩土试验，可以按标准的、通用的方法进行。但是，岩土工程师必须注意到岩土性质和现场条件中存在的许多复杂情况，包括应力历史、应力场、边界条件、非均质性、非等向性、不连续性等等，使岩土体与岩土试样的性状之间存在不同程度的差别。试验时应尽可能模拟实际，使用试验成果时不要忽视这些差别。

11.2 土的物理性质试验

11.2.1 本条规定的都是最基本的试验项目，一般工程都应进行。

11.2.2 测定液限，我国通常用76g瓦氏圆锥仪，但在国际上更通用卡氏碟式仪，故目前在我国是两种方法并用，《土工试验方法标准》（GB/T50123—1999）也同时规定这两种方法和液塑限联合测定法。由于测定方法的试验成果有差异，故应在试验报告上注明。

土的比重变化幅度不大，有经验的地区可根据经验判定，误差不大，是可行的。但在缺乏经验的地区，仍应直接测定。

11.3 土的压缩—固结试验

11.3.1 采用常规固结试验求得的压缩模量和一维固结理论进行沉降计算，是目前广泛应用的方法。由于压缩系数和压缩模量的值随压力段而变，故本条作了明确的规定，并与现行国家标准《建筑地基基础设计规范》（GB 50007—2002）一致。

11.3.2 考虑土的应力历史，按$e\text{-}\lg p$曲线整理固结试验成果，计算压缩指数、回弹指数，确定先期固结压力，并按不同的固结状态（正常固结、欠固结、超固结）进行沉降计算，是国际上通用的方法，故本条作了相应的规定，并与现行国家标准《土工试验方法标准》（GB/T 50123—1999）一致。

11.3.4 沉降计算时一般只考虑主固结，不考虑次固结。但对于厚层高压缩性软土，次固结沉降可占相当分量，不应忽视。故本条作了相应规定。

11.3.5 除常规的沉降计算外，有的工程需建立较复杂的土的力学模型进行应力应变分析，试验方法包括：

1 三轴试验，按需要采用若干不同围压，使土试样分别固结后逐级增加轴压，取得在各级围压下的轴向应力与应变关系，供非线性弹性模型的应力应变分析用；各级围压下的试验，宜进行1~3次回弹试验；

2 当需要时，除上述试验外，还要在三轴仪上进行等向固结试验，即保持围压与轴压相等，逐级加荷，取得围压与体积应变关系，计算相应的体积模量，供弹性、非线性弹性、弹塑性等模型的应力应变分析用。

11.4 土的抗剪强度试验

11.4.1 排水状态对三轴试验成果影响很大，不同的排水状态所测得的c、φ值差别很大，故本条在这方面作了一些具体的规定，使试验时的排水状态尽量与工程实际一致。不固结不排水剪得到的抗剪强度最小，用其进行计算结果偏于安全，但是饱和软黏土的原始固结程度不高，而且取样等过程又难免一定的扰动影响，故为了不使试验结果过低，规定了在有效自重压力下进行预固结的要求。

11.4.2 虽然直剪试验存在一些明显的缺点，受力条件比较复杂，排水条件不能控制等，但由于仪器和操作都比较简单，又有大量实践经验，故在一定条件下仍可利用，但对其应用范围应予限制。

无侧限抗压强度试验实际上是三轴试验的一个特例，适用于 $\varphi \approx 0$ 的软黏土，国际上用得较多，故在本条作了相应的规定，但对土试样的质量等级作了严格规定。

11.4.3 测滑坡带上土的残余强度，应首先考虑采用含有滑面的土样进行滑面重合剪试验。但有时取不到这种土样，此时可用取自滑面或滑带附近的原状土样或控制含水量和密度的重塑土样做多次剪切。试验可用直剪仪，必要时可用环剪仪。

11.4.4 本条规定的是一些非常规的特种试验，当岩土工程分析有专门需要时才做，主要包括两大类：

1 采用接近实际的固结应力比，试验方法包括 K_0 固结不排水（CK_0U）试验、K_0 固结不排水测孔压（$CK_0\overline{U}$）试验和特定应力比固结不排水（CKU）试验；

2 考虑到沿可能破坏面的大主应力方向的变化，试验方法包括平面应变压缩（PSC）试验，平面应变拉伸（PSE）试验等。

这些试验一般用于应力状态复杂的堤坝或深挖方的稳定性分析。

11.5 土的动力性质试验

11.5.1 动三轴、动单剪、共振柱是土的动力性质试验中目前比较常用的三种方法。其他方法或还不成熟，或仅作专门研究之用。故不在本规范中规定。

不但土的动力参数值随动应变而变化，而且不同仪器或试验方法有其应变值的有效范围。故在提出试验要求时，应考虑动应变的范围和仪器的适用性。

11.5.2 用动三轴仪测定动弹性模量、动阻尼比及其与动应变的关系时，在施加动荷载前，宜在模拟原位应力条件下先使土样固结。动荷载的施加应从小应力开始，连续观测若干循环周数，然后逐渐加大动应力。

测定既定的循环周数下轴向应力与应变关系，一般用于分析震陷和饱和砂土的液化。

11.6 岩石试验

本节规定了岩土工程勘察时，对岩石试验的一般要求，具体试验方法按现行国家标准《工程岩体试验方法标准》（GB/T 50266）执行。

11.6.5 由于岩石对于拉伸的抗力很小，所以岩石的抗拉强度是岩石的重要特征之一。测定岩石抗拉强度的方法很多，但比较常用的有劈裂法和直接拉伸法。本规范推荐的是劈裂法。

11.6.6 点荷载试验和声波速度试验都是间接试验方法，利用试验关系确定岩石的强度参数，在工程上是很实用的方法。

12 水和土腐蚀性的评价

12.1 取样和测试

12.1.1 本条规定的目的是想减少一些不必要的工作量。一些地方规范也有类似的规定，如《北京地区建筑地基基础勘察设计规范》（DBJ01—501—92）规定："一般情况下，可不考虑地下水的腐蚀性，但对有环境水污染的地区，应查明地下水对混凝土的腐蚀性。"《上海地基基础设计规范》（DBJ08—11—89）规定："上海市地下水对混凝土一般无侵蚀性，在地下水有可能受环境水污染地段，勘察时应取水样化验，判定其有无侵蚀性。"

水、土对建筑材料的腐蚀危害是非常大的，因此除对有足够经验和充分资料的地区可以不进行水、土腐蚀性评价外，其他地区均应采取水、土试样，进行腐蚀性分析。

12.1.1【修订说明】

1 关于地方经验

混凝土和钢结构腐蚀的化学和电化学原理虽已比较清楚，但所处的水土环境复杂多变，目前还难以定量计算，只能根据影响腐蚀的主要因素进行腐蚀性分级，根据分级采取措施。在研究成果和数据积累尚不够的情况下，当地工程结构的腐蚀情况和防腐蚀经验应予充分重视。本条中的"当有足够经验或充分资料，认定场地的水或土对建筑材料为微腐蚀性时"，指的是有专门研究论证，并经地方主管部门组织审查认可，或地方规范规定，并非个别单位意见。

2 关于对钢结构的腐蚀性

土对钢结构的腐蚀性，并非每项工程勘察都有这个任务，故规定可根据任务要求进行。

钢结构在土中的腐蚀问题非常复杂，涉及因素很多，腐蚀途径多样，任务需要时宜专门论证或研究。

12.1.2 地下水位以上的构筑物，规定只取土样，不取水样，但实际工作中应注意地下水位的季节变化幅度，当地下水位上升，可能浸没构筑物时，仍应取水样进行水的腐蚀性测试。

12.1.2【修订说明】

本条对取样部位和数量作了规定，便于操作，与原有规定基本一致，但更加明确。本条第1、3款中规定，当混凝土结构处于地下水位以上和混凝土结构部分处于地下水位以上时，应采取土试样进行腐蚀性测试，但当地下水位很浅，且其上的土长年处于毛细带时可不取土样。

对盐类成分和含盐量分布不均匀的土类，如盐渍土，若仍按每个场地采取 2 件试样，可能缺乏代表性，故规定应分区、分层取样，每区、每层不应少于 2 件。土中含盐量在水平方向上分布不均匀时应分区，在垂直方向上分布不均匀时应分层。如分层不明显，呈渐变状，则应加密取样，查明变化规律。

当有多层地下水时，应分层采取水试样。

12.1.3 《94 规范》表 13.2.2-1 和表 13.2.2-2 中的测试项目和方法均相同，故将其合并为一个表，稍作调整，即现在的表 12.1.3。

序号 13～16 是原位测试项目，用于评价土对钢结构的腐蚀性。试验方法和评价标准可参见林宗元主编的《岩土工程试验监测手册》。

12.1.4 【修订说明】

本规范原将腐蚀等级分为弱、中、强三个等级，弱腐蚀以下为无腐蚀，并与《工业建筑防腐蚀设计规范》(GB 50046) 协调一致。该规范本次修改时认为，"无腐蚀"的提法不确切，在长期化学、物理作用下，总是有腐蚀的，因此将"无腐蚀"改为"微腐蚀"。并协调，水和土对材料的腐蚀等级判定由本规范规定，防腐蚀措施由《工业建筑防腐蚀设计规范》(GB 50046) 规定。为便于相关条文互相引用，本规范本次局部修订分为微、弱、中、强 4 个等级，但并不意味着多了一个等级，所谓"微腐蚀"即相当于原来的无腐蚀。

12.2 腐蚀性评价

12.2.1、12.2.2 场地环境类型对土、水的腐蚀性影响很大，附录 G 作了具体规定。不同的环境类型主要表现为气候所形成的干湿交替、冻融交替、日气温变化、大气湿度等。附录 G 第 G.0.1 条表注 1 中的干燥度，是说明气候干燥程度的指标。我国干燥度大于 1.5 的地区有：新疆（除局部）、西藏（除东部）、甘肃（除局部）、青海（除局部）、宁夏、内蒙（除局部）、陕西北部、山西北部、河北北部、辽宁西部、吉林西部，其他各地基本上小于 1.5。不能确认或需干燥度的具体数据时，可向各地气象部门查询。

在不同的环境类型中，腐蚀介质构成腐蚀的界限值是不同的。表 12.2.1 和表 12.2.2 是根据《环境水对混凝土侵蚀性判定方法及标准》专题研究组的研究成果编制的。专题研究组进行了下列工作：

1 调查研究了我国各地区混凝土的破坏实例，并分析了区域水化学分布状况，及其产生的自然地理环境条件，总结了腐蚀破坏的规律；

2 在新疆焉耆盆地盐渍土地区和青海红层盆地建立了野外试验点，进行了野外暴露试验；

3 在华北地区的气候条件下，进行室内、外长期的对比暴露试验；

4 调查研究了某些国家的腐蚀判定标准，并对我国各部门现行标准进行了对比分析研究。

表 12.2.1 中的数值适用于有干湿交替和不冻区（段）水的腐蚀性评价标准，对无干湿交替作用、冰冻区和微冻区，对土的腐蚀性评价，尚应乘以一定的系数，这在表注中已加以说明，使用该表时应予注意。

干湿交替是指地下水位变化和毛细水升降时，建筑材料的干湿变化情况。干湿交替和气候区与腐蚀性的关系十分密切。相同浓度的盐类，在干旱区和湿润区，其腐蚀程度是不同的。前者可能是强腐蚀，而后者可能是弱腐蚀或无腐蚀性。冻融交替也是影响腐蚀的重要因素。如盐的浓度相同，在不冻区尚达不到饱和状态，因而不会析出结晶，而在冰冻区，由于气温降低，盐分易析出结晶，从而破坏混凝土。

12.2.2 【修订说明】

本次局部修订仅对表注作了修改。注 3 删去了 A 中的"含水量 $w \geq 20\%$"和 B 中的"含水量 $w \geq 30\%$ 的"等文字。

12.2.4 表 12.2.4 水、土对钢筋混凝土结构中的钢筋的腐蚀性判定标准，引自前苏联《建筑物防腐蚀设计规范》(СНиП2—03—11—85)。

钢筋长期浸泡在水中，由于氧溶入较少，不易发生电化学反应，故钢筋不易被腐蚀；相反，处于干湿交替状态的钢筋，由于氧溶入较多，易发生电化学反应，钢筋易被腐蚀。

12.2.4 【修订说明】

本规范原有将 SO_4^{2-} 换算为 Cl^- 进行评价，这是前苏联的规定。欧美各国现行规范无此规定，故本次局部修订取消。

把土中氯的腐蚀环境由原来的定量指标改为定性指标，更符合实际情况。

根据我国港口工程的经验，将长期浸水的条件下，Cl^- 对钢筋混凝土中钢筋的腐蚀定为：微腐蚀 <10000mg/L，弱腐蚀 $10000 \sim 20000$mg/L，大于 20000mg/L，因缺乏工程经验，应专门研究。

12.2.5 表 12.2.5-1 和表 12.2.5-2 是参考了国外有关水、土对钢结构的腐蚀性评价标准，并结合我国实际情况编制的。这些标准有德国的 DIN50929 (1985)、前苏联的 ГОСТ9.015—74 (1984 年版本) 和美国的 ANSI/AWWAC105/A21.5—82。我国武钢 1.7m 轧机工程、上海宝钢工程和前苏联设计的一些火电厂等均由国外设计，腐蚀性评价均是按他们提供的标准进行测试和评价的。以上两表在近几年的工程实践中，进行了多次检验，对不同土质、环境，效果较好。

12.2.5 【修订说明】

由于本规范不包含地下水对井管等管道的腐蚀，因此本次局部修订删去了水对钢结构、钢管道的腐蚀性评价的内容。

本次局部修订对视电阻率指标作了调整。当有成熟地方经验时，可根据视电阻率的实测值，结合地方经验确定腐蚀等级。

12.2.6 水、土对建筑材料腐蚀的防护，国家标准《工业建筑防腐蚀设计规范》（GB 50046）和《建筑防腐蚀工程施工及验收规范》（GB 50212）已有详细的规定。为了避免重复，本规范不再列入"防护措施"。当水、土对建筑材料有腐蚀性时，可按上述规范的规定，采取防护措施。

13 现场检验和监测

13.1 一般规定

13.1.1 所谓有特殊要求的工程，是指有特殊意义的、一旦损坏将造成生命财产重大损失，或产生重大社会影响的工程；对变形有严格限制的工程；采用新的设计施工方法，而又缺乏经验的工程。

13.1.3 监测工作对保证工程安全有重要作用。例如：建筑物变形监测，基坑工程的监测，边坡和洞室稳定的监测，滑坡监测，崩塌监测等。当监测数据接近安全临界值时，必须加密监测，并迅速向有关方面报告，以便及时采取措施，保证工程和人身安全。

13.2 地基基础的检验和监测

13.2.1 天然地基的基坑（基槽）检验，是必须做的常规工作，通常由勘察人员会同建设、设计、施工、监理以及质量监督部门共同进行。下列情况应着重检验：

  1 天然地基持力层的岩性、厚度变化较大时；桩基持力层顶面标高起伏较大时；
  2 基础平面范围内存在两种或两种以上不同地层时；
  3 基础平面范围内存在异常土质，或有坑穴、古墓、古遗址、古井、旧基础时；
  4 场地存在破碎带、岩脉以及湮废河、湖、沟、浜时；
  5 在雨期、冬期等不良气候条件下施工，土质可能受到影响时。

检验时，一般首先核对基础或基槽的位置、平面尺寸和坑底标高，是否与图纸相符。对土质地基，可用肉眼、微型贯入仪、轻型动力触探等简易方法，检验土的密实度和均匀性，必要时可在槽底普遍进行轻型动力触探。但坑底下埋有砂层，且承压水头高于坑底时，应特别慎重，以免造成冒水涌砂。当岩土条件与勘察报告出入较大或设计有较大变动时，可有针对性地进行补充勘察。

13.2.2 桩长设计一般采用地层和标高双控制，并以勘察报告为设计依据。但在工程实践中，实际地层情况与勘察报告不一致是常有的事，故应通过试打试钻，检验岩土条件是否与设计时预计的一致，在工程桩施工时，也应密切注意是否有异常情况，以便及时采取必要的措施。

13.2.4 目前基坑工程的设计计算，还不能十分准确，无论计算模式还是计算参数，常常和实际情况不一致。为了保证工程安全，监测是非常必要的。通过对监测数据的分析，必要时可调整施工程序，调整支护设计。遇有紧急情况时，应及时发出警报，以便采取应急措施。本条规定的5款是监测的基本内容，主要从保证基坑安全的角度提出的。为科研积累数据所需的监测项目，应根据需要另行考虑。

监测数据应及时整理，及时报送，发现异常或趋于临界状态时，应立即向有关部门报告。

13.2.7 对于地下洞室，常需进行岩体内部的变形监测。可根据具体情况，在洞室顶部，洞壁水平部位，45°角部，采用机械钻孔埋设多点位移计，监测成洞时围岩的变形和成洞后围岩的蠕动。

13.3 不良地质作用和地质灾害的监测

13.3.3 岩溶对工程的最大危害是土洞和塌陷。而土洞和塌陷的发生和发展又与地下水的运动密切相关，特别是人工抽吸地下水，使地下水位急剧下降时，常常引发大面积的地面塌陷。故本条规定，岩溶土洞区监测工作的内容中，除了地面变形外，特别强调对地下水的监测。

13.3.4 滑坡体位移监测时，应建立平面和高程控制测量网，通过定期观测，确定位移边界、位移方向、位移速率和位移量。滑面位置的监测可采用钻孔测斜仪、单点或多点钻孔挠度计、钻孔伸长仪等进行，钻孔应穿过滑面，量测元件应通过滑带。地下水对滑坡的活动极为重要，应根据滑坡体及其附近的水文地质条件精心布置，并应搜集当地的气象水文资料，以便对比分析。

对滑坡地点和规模的预报，应在搜集区域地质、地形地貌、气象水文、人类活动等资料的基础上，结合监测成果分析判定。对滑坡时间的预报，应在地点预报的基础上，根据滑坡要素的变化，结合地面位移和高程位移监测、地下水监测，以及测斜仪、地音仪、测震仪、伸长计的监视进行分析判定。

13.3.6 现采空区的地表移动和建筑物变形观测工作，一般由矿产开采单位进行，勘察单位可向其搜集资料。

13.4 地下水的监测

13.4.1 地下水的动态变化，包括水位的季节变化和多年变化，人为因素造成的地下水的变化，水中化学成分的运移等，对工程的安全和环境的保护，常常是最重要最关键的因素，故本条作了相应的规定。

13.4.2 为工程建设进行的地下水监测，与区域性的地下水长期观测不同，监测要求随工程而异，不宜对监测工作的布置作具体而统一规定。

13.4.4 孔隙水压力和地下水压力的监测，应特别注意设备的埋设和保护，建立长期良好而稳定的工作状态。水质监测每年不少于4次，原则上可以每季度一次。

14 岩土工程分析评价和成果报告

14.1 一般规定

14.1.1 本条主要提出了岩土工程分析评价的总要求，说明与本规范各章的关系。

14.1.2 基本内容与《94规范》相同，仅修改了部分提法。

14.1.3 将《94规范》的定性分析和定量分析两条合并为一条，写法比较精炼。

14.1.6 将《94规范》中有关原型观测、足尺试验和反分析的主要规定综合而成。在《94规范》中关于反分析设了专门一节，在工程勘察中，反分析仅作为分析数据的一种手段，并不是勘察阶段的主要内容，与成果报告中其他节的内容也不匹配，因此不单独设节。

14.2 岩土参数的分析和选定

14.2.1 评价岩土参数的可靠性与适用性，在《94规范》规定的基础上，增加了测试结果的离散程度和测试方法与计算模型的配套性两个要求。

14.2.3 岩土参数的标准差可以作为参数离散性的尺度，但由于标准差是有量纲的指标，不能用于不同参数离散性的比较。为了评价岩土参数的变异特点，引入了变异系数 δ 的概念。变异系数 δ 是无量纲系数，使用上比较方便，在国际上是一个通用的指标，许多学者给出了不同国家、不同土类、不同指标的变异系数经验值。在正确划分地质单元和标准试验方法的条件下，变异系数反映了岩土指标固有的变异性特征，例如，土的重度的变异系数一般小于0.05，渗透系数的变异系数一般大于0.4；对于同一个指标，不同的取样方法和试验方法得到的变异系数可能相差比较大，例如用薄壁取土器取土测定的不排水强度的变异系数比常规厚壁取土器取土测定的结果小得多。

在《94规范》中给出了按参数变异性大小评价的标准，划分为很低、低、中等、高、很高五种变异性，目的是"按变异系数划分变异类型，有助于工程师定量地判别与评价岩土参数的变异特性，以便区别对待，提出不同的设计参数值。"但在使用中发现，容易将这一规定误解为判别指标是否合格的标准，对有些变异系数本身比较大的指标认为勘察试验有问题，这显然不是规范条文的原意。为了避免不必要的误解，修订时取消了这个评价岩土参数变异性的标准。

14.2.4 岩土参数标准值的计算公式与《94规范》的方法没有差异。

岩土参数的标准值是岩土工程设计的基本代表值，是岩土参数的可靠性估值。这是采用统计学区间估计理论基础上得到的关于参数母体平均值置信区间的单侧置信界限值：

$$\phi_k = \phi_m \pm t_\alpha \sigma_m = \phi_m(1 \pm t_\alpha \delta) = \gamma_s \phi_m \quad (14.1)$$
$$\gamma_s = 1 \pm t_\alpha \delta \quad (14.2)$$

式中 σ_m——场地的空间均值标准差

$$\sigma_m = \Gamma(L)\sigma_f \quad (14.3)$$

标准差折减系数 $\Gamma(L)$ 可用随机场理论方法求得，

$$\Gamma(L) = \sqrt{\frac{\delta_e}{h}} \quad (14.4)$$

式中 δ_e——相关距离（m）；

h——计算空间的范围（m）；

考虑到随机场理论方法尚未完全实用化，可以采用下面的近似公式计算标准差折减系数：

$$\Gamma(L) = \frac{1}{\sqrt{n}} \quad (14.5)$$

将公式（14.3）和（14.4）代入公式（14.2）中得到下式：

$$\gamma_s = 1 \pm t_\alpha \delta = 1 \pm t_\alpha \Gamma(L)\delta = 1 \pm \frac{t_\alpha}{\sqrt{n}}\delta \quad (14.6)$$

式中 t_α 为统计学中的学生氏函数的界限值，一般取置信概率 α 为95%。为了便于应用，也为了避免工程上误用统计学上的过小样本容量（如 $n=2$、3、4等）在规范中不宜出现学生氏函数的界限值。因此，通过拟合求得下面的近似公式：

$$\frac{t_\alpha}{\sqrt{n}} = \left\{\frac{1.704}{\sqrt{n}} + \frac{4.678}{n^2}\right\} \quad (14.7)$$

从而得到规范的实用公式（14.2.4-2）。

14.2.5 岩土工程勘察报告一般只提供岩土参数的标准值，不提供设计值，故本条未列岩土参数设计值的计算。需要时，当采用分项系数描述设计表达式计算时，岩土参数设计值 ϕ_d 按下式计算：

$$\phi_d = \frac{\phi_k}{\gamma} \quad (14.8)$$

式中 γ——岩土参数的分项系数，按有关设计规范的规定取值。

14.3 成果报告的基本要求

14.3.1 原始资料是岩土工程分析评价和编写成果报告的基础，加强原始资料的编录工作是保证成果报告质量的基本条件。这些年来，经常发现有些单位勘探测试工作做得不少，但由于对原始资料的检查、整理、分析、鉴定不够重视，因而不能如实反映实际情况，甚至造成假象，导致分析评价的失误。因此，本条强调，对岩土工程分析所依据的一切原始资料，均应进行整理、检查、分析、鉴定，认定无误后方可利用。

14.3.3、14.3.4　鉴于岩土工程的规模大小各不相同，目的要求、工程特点、自然条件等差别很大，要制订一个统一的适用于每个工程的报告内容和章节名称，显然是不切实际的。因此，本条只规定了岩土工程勘察报告的基本内容。

与传统的工程地质勘察报告比较，岩土工程勘察报告增加了下列内容：

　　1　岩土利用、整治、改造方案的分析和论证；

　　2　工程施工和运营期间可能发生的岩土工程问题的预测及监控、预防措施的建议。

14.3.7　本条指出，除综合性的岩土工程勘察报告外，尚可根据任务要求，提交专题报告。例如：

　　某工程旁压试验报告（单项测试报告）；

　　某工程验槽报告（单项检验报告）；

　　某工程沉降观测报告（单项监测报告）；

　　某工程倾斜原因及纠倾措施报告（单项事故调查分析报告）；

　　某工程深基开挖的降水与支挡设计（单项岩土工程设计）；

　　某工程场地地震反应分析（单项岩土工程问题咨询）；

　　某工程场地土液化势分析评价（单项岩土工程问题咨询）。

附录G　场地环境类型

G.0.1～G.0.3　【修订说明】

本次局部修订增加了注4。混凝土结构一侧与地表水或地下水接触，另一侧暴露在大气中，水通过渗透作用不断蒸发，如隧洞、坑道、竖井、地下洞室、路堑护面等，渗入面腐蚀轻微，而渗出面腐蚀严重。这种情况对混凝土腐蚀是最严重的，应定为Ⅰ类，大气越寒冷、越干燥，环境越恶劣。

由于冰冻区和冰冻段的概念不是很明确，也不便于操作，故本次局部修订删去了G.0.2和G.0.3两条。

中华人民共和国行业标准

高层建筑岩土工程勘察规程

JGJ 72—2004

条 文 说 明

前　言

《高层建筑岩土工程勘察规程》(JGJ 72—2004)，经建设部 2004 年 6 月 25 日以建标 [2004] 251 号文批准，业已发布。

本规程第一版的主编单位是机械电子工业部勘察研究院。

为便于广大设计、施工、科研、学校等单位的有关人员在使用本规程时能正确理解和执行条文规定，《高层建筑岩土工程勘察规程》编制组按章、节、条顺序编制了本规程的条文说明，供使用者参考。在使用中如发现本条文说明有不妥之处，请将意见函寄机械工业勘察设计研究院。

目 次

1 总则 ································· 5—3—4
2 术语和符号 ························· 5—3—4
   2.1 术语 ··························· 5—3—4
3 基本规定 ··························· 5—3—4
4 勘察方案布设 ······················ 5—3—6
   4.1 天然地基勘察方案布设 ········ 5—3—6
   4.2 桩基勘察方案布设 ············· 5—3—7
   4.3 复合地基勘察方案布设 ········ 5—3—8
   4.4 基坑工程勘察方案布设 ········ 5—3—9
5 地下水 ······························· 5—3—10
6 室内试验 ··························· 5—3—10
7 原位测试 ··························· 5—3—13
8 岩土工程评价 ······················ 5—3—15
   8.1 场地稳定性评价 ··············· 5—3—15
   8.2 天然地基评价 ·················· 5—3—16
   8.3 桩基评价 ······················· 5—3—22
   8.4 复合地基评价 ·················· 5—3—28
   8.5 高低层建筑差异沉降评价 ····· 5—3—29
   8.6 地下室抗浮评价 ··············· 5—3—29
   8.7 基坑工程评价 ·················· 5—3—30
9 设计参数检测、现场检验和
   监测 ································· 5—3—31
   9.1 设计参数检测 ·················· 5—3—31
   9.2 现场检验 ······················· 5—3—31
   9.3 现场监测 ······················· 5—3—32
10 岩土工程勘察报告 ················ 5—3—32
   10.1 一般规定 ······················ 5—3—32
   10.2 勘察报告主要内容和要求 ···· 5—3—32
   10.3 图表及附件 ··················· 5—3—33
附录 E 大直径桩端阻力载荷试验
       要点 ··························· 5—3—33
附录 F 用原位测试参数估算群桩
       基础最终沉降量 ·············· 5—3—33
附录 H 基床系数载荷试验要点 ····· 5—3—36
为本规程提供意见和资料的单位 ····· 5—3—37
参与审阅本规程的专家 ··············· 5—3—37

1 总 则

1.0.1 本条主要明确了制定本规程的目的和指导思想。制定本规程的目的在于在高层建筑岩土工程勘察中贯彻执行国家技术经济政策，合理统一技术标准，促进岩土工程技术进步；为高层建筑而进行的岩土工程勘察，在指导思想上应起好四个方面的桥梁作用：即"承上启下"的桥梁作用及地质体与结构体之间、工程地质与土木工程之间、勘察与设计之间的桥梁作用，且应在它们之间保证有足够的"搭接长度"。岩土工程勘察不仅是客观地反映工程地质条件，而是要为高层建筑的设计、施工和建设的全过程服务。在制定勘察方案、选择勘察手段和方法、进行岩土工程分析评价、提出勘察报告以及在建设期间的全过程都应做到技术先进、经济合理、安全适用、确保质量和保护环境。为达到上述目的，本次修订中加强了分析评价内容，并注意吸收了近十年来高层建筑岩土工程勘察中的新技术和新经验，尤其是原位测试技术的应用。

1.0.2 本条规定了本规程的适用范围。本规程中所指高层、超高层建筑系根据行业标准《民用建筑设计通则》JGJ 37 划分确定，该通则规定：1. 住宅建筑按层数划分为：1～3层为低层；4～6层为多层；7～9层为中高层；10层以上为高层；2. 公共建筑及综合性建筑高度超过 24m 为高层（不包括高度超过 24m 的单层主体建筑）；3. 建筑高度超过 100m 时，不论住宅或公共建筑均为超高层。本规程中的高耸构筑物系指烟囱、水塔、电视塔、双曲线冷却塔、石油化工塔、贮仓等民用与工业高耸结构物。

考虑到在勘察阶段划分、勘察手段、勘察方法和勘察评价方面，本规程可以满足所有高层建筑、高耸构筑物勘察的要求，因而本次修订时取消了原规程适用范围为 50 层以下高层建筑、100m 以下重要构筑物和 300m 以下高耸构筑物的限制。

1.0.3 本条提出了高层建筑岩土工程勘察的共性和原则性要求。高层建筑的特点是竖向和水平荷载均很大，基础埋置深，地基基础通常按变形控制设计，制定勘察方案和分析评价时应充分考虑这些特点。考虑到我国幅员宽广，地基条件差异性很大，故进行勘察时要重视地区经验，因地制宜布置勘察方案和进行分析评价；实践证明，只有在详细了解和摸清建设和设计要求情况下才能使勘察工作有较强的针对性，解决好设计和施工所关心的岩土工程问题，做到勘察评价有的放矢，勘察结论与建议切合工程实际，故本条强调了详细了解和研究建设、设计要求。原始资料的真实性是保证工程质量的基础，在 2000 年 1 月 30 日由国务院颁发的《建筑工程质量管理条例》中，就提出了"勘察成果必须真实准确"，故本规程的总则中规定"提出资料真实准确、评价确切合理的岩土工程勘察报告和工程咨询报告"。

1.0.4 在执行本规程时，尚应符合的现行国家标准主要包括：《岩土工程勘察规范》GB 50021、《建筑地基基础设计规范》GB 50007、《建筑抗震设计规范》GB 50011、《建筑边坡工程技术规范》GB 50330、《工程岩体分级标准》GB 50218、《土工试验方法标准》GB/T 50123 等，尤其是其中的强制性条文。

2 术语和符号

2.1 术 语

2.1.1 "岩土工程勘察"在国家标准《岩土工程勘察规范》GB 50021术语中及《岩土工程基本术语标准》GB/T 50279 中均有解释，本条文针对高层建筑特点强调两点：一是采用多种勘察手段和方法；二是勘察工作为解决高层建筑（含超高层建筑、高耸构筑物）建设中有关岩土工程问题而进行。

2.1.2 一般性勘探点是以查明地基主要受力层性质，满足评价地基（桩基）承载力等一般性问题为目的的勘探点。

2.1.3 控制性勘探点是以控制场地的地层结构，满足场地、地基、基坑稳定性评价及地基变形计算为目的的勘探点。

2.1.6 近年来随着高层建筑地下室的不断加深，地下室在地下水作用下的抗浮评价显得越来越重要，而抗浮评价中的重要内容之一就是要确定抗浮设防水位，抗浮设防地下水位的评价要以地下室抗浮评价计算的安全性、科学性和经济合理性为前提。

3 基 本 规 定

3.0.1 根据国家标准《岩土工程勘察规范》GB 50021的规定，岩土工程勘察等级系根据工程重要性等级、场地复杂程度等级和地基复杂程度等级来划分。对于所有高层建筑、超高层建筑和高耸构筑物（以下简称高层建筑）而言，按工程重要性等级划分，均应属一、二级工程，不存在三级工程，故高层建筑的岩土工程勘察等级只划分为甲、乙两级。因当工程重要性等级为一级时，即便是场地或地基复杂程度等级为三级（简单），按《岩土工程勘察规范》GB 50021 勘察等级的划分标准，亦应属于甲级；当工程重要性等级为二级时，即便是场地或地基复杂程度等级为三级（简单）时，其勘察等级亦应划分为乙级。有关场地和地基复杂程度的划分标准，均应按国家标准《岩土工程勘察规范》GB 50021执行，本规程不再作规定。

3.0.2 本次修订对高层建筑勘察阶段的合理划分更

变形特征，考虑到高层建筑的特殊性，和本规程提出的要起好"桥梁作用"的指导思想，且在计算机应用比较普及的今天和有地区经验的情况下，是有可能做到的。国家标准《岩土工程勘察规范》GB 50021强制性条文也提出了这一要求，故本规程对此作出了规定。

4 本条第5款规定提供桩的极限侧阻力和极限端阻力，这是因为桩的侧阻力和端阻力多是以基桩载荷试验的极限承载力为基础，且由于桩长和桩端进入持力层的深度不同，其桩侧阻力和桩端阻力发挥程度是不同的，亦即桩侧阻力特征值和桩端阻力特征值并非定值。因而勘察期间，在桩长和进入持力层深度未能最后确定情况下，只提供极限侧阻力和极限端阻力，或估算单桩极限承载力是合适的。

5 本条第6款规定要求提供"地质模型"的建议。所指"地质模型"是将场地勘察中所获得的各种地质信息资料，包括地貌、成因、地层结构和各种测试、试验数据通过分析研究、抽象、概化后提出一个有代表性的地层结构模型和相关的参数供设计计算使用。"地质模型 Geological model"这一概念早在1983年我国的工程地质学家孙玉科先生就提出"地质模式"的概念，1996年明确为"工程地质模型（简称地质模型）"。香港的准规范《Pile Design and Construction》GEO publication No. 1/96 中亦提出桩基工程设计前应首先由有经验的岩土工程师建立地质模型。本规程在第二次征求意见过程中，对要求在报告中为浅基础、桩基础变形计算、水文地质降水设计计算、基坑工程设计计算提供地质模型，有不同看法，考虑到目前岩土工程发展的现实情况，本规程只保留为基坑工程提供"地质模型"的要求。这是由于基坑工程设计中，地层结构、岩土性质将直接决定土压力大小，它就是施加于支护结构上的荷载，直接影响基坑工程的安全和工程的经济合理性，近年来在一些地区，由于地质模型和其配套的参数选择不当，造成事故和抢险加固的事例时有发生。为此在基坑工程中保留了这一要求。

3.0.8 推行岩土工程咨询设计是岩土工程勘察单位的发展方向，高层建筑设计施工过程中有许多岩土工程问题，在勘察期间不能完全提出，随着建设过程的推移，将会陆续提出。具有咨询设计资质的岩土工程勘察单位受委托方的要求，可以有偿承担和提供为解决本条所提出的各项岩土工程问题进行专门工程咨询和提出专题咨询报告。

3.0.9 本条是对各种观测工作提出建议。由于高层建筑基础埋置深，浅基础设计时，需要考虑基坑开挖卸荷后的回弹量，此时可在开挖施工前，埋设标点，以观测开挖后的回弹量；当需要了解地基的回弹再压缩量时，应在基础底板浇筑时设置标点，从基础底面起即进行观测，以测定回弹再压缩的全过程。

4 勘察方案布设

4.1 天然地基勘察方案布设

4.1.1 高层建筑采用天然地基时，控制横向倾斜至关重要，因而在宽度方向上地层的均匀性必须查清，本条1款规定，勘察方案布设应满足纵横方向对地层结构和地基均匀性的评价要求。

建筑场地整体稳定性，尤其是斜坡地带上建筑场地整体稳定性更加重要，勘察方案布设应满足稳定性分析的要求。

2款强调查清地基持力层和下卧层的起伏情况，这是高层建筑采用天然地基的关键，也是主楼和裙楼差异沉降分析的要求。现场工作时绘制地层剖面草图，发现地基持力层和下卧层变化较大时，应及时查清。

5款水文地质勘察是指布设专门查明地下水流速、流向、渗透系数、单井出水量等水文地质参数的勘探点，并进行现场试验工作，满足施工降水截水的设计要求。

4.1.2 提出了勘探点平面布设应考虑的原则和布设的数量，布设原则就是根据建筑物平面形状和荷载的分布情况，对如何布设作了一些具体规定：

1 是适应建筑体形做出的规定，当建筑平面为矩形时，应按双排布设，当为不规则形状时，应在突出部位的角点和凹进的阴角布设；

2 是针对建筑荷载差异做出的规定，即在层数、荷载和建筑体型变异较大位置处，应布设勘探点；

3 规定了对勘察等级为甲级的高层建筑要在中心点或电梯井、核心筒部位布设勘探点，因这些部位一般荷载最大，为计算建筑物这些部位的最大沉降，需查清这些部位的地层结构；

4 是对勘探点数量做了规定，对勘察等级为甲级的单幢高层建筑不少于5个，乙级不少于4个，同时规定了控制性勘探点的数量不应少于勘探点总数的1/3。该款规定比原《高层建筑岩土工程勘察规程》JGJ 72—90（以下简称原规程JGJ 72—90）适当放宽，主要是根据这些年高层建筑勘察经验做出的，有利于充分发挥岩土工程师的作用；

5 是针对高层建筑群做出的规定，目前，我国经济建设持续发展，高层建筑勘察往往不是一幢二幢，而是一个小区或数幢同时进行。该款规定比较灵活，既可按单幢高层建筑布设，亦可结合方格网布设，相邻建筑的勘探点可互相共用。

4.1.3 规定了勘探点间距和加密原则。根据多年来高层建筑勘察经验，勘探点间距15～35m，是适当的，合理的。既适用于单幢建筑，也适用于高层建筑予重视，划分的条件更为明确。考虑到对位于城市中少数重点的、勘察等级为甲级的高层建筑，往往是城市中有历史意义和深远影响的标志性建筑，对这些建筑的勘察工作，应留有足够的时间，投入必要的经费，充分论证场地和地基的安全性、稳定性和经济合理性，预测和解决有关岩土工程问题，为后续建设工程打好基础。为此，本条第 1 款规定了对这些工程宜分为可行性研究、初步勘察、详细勘察三阶段进行；第 2 款明确了分初步勘察、详细勘察两阶段进行的条件；第 3 款明确了可按一阶段进行勘察的条件。本次修订还进一步明确了应进行施工勘察的条件，对复杂场地和复杂地基，在施工中可能出现一些岩土工程问题，例如岩溶地区，施工中发现地质情况有异常；岩质基坑开挖后，各主要结构面才全面暴露，需进一步做工程地质测绘等施工地质工作，以便于处理；地基处理需进一步提供参数；复合地基需进行设计参数检测；建筑物平面位置有移动需要补充勘察等，为解决这些问题，都应重新委托进行施工勘察。此外还规定了勘察单位宜参与施工验槽，这在现行国家标准《建筑地基基础设计规范》GB 50007 和《岩土工程勘察规范》GB 50021 中均提出了这方面要求。

3.0.3 本条分别规定了在进行初步勘察或详细勘察前，详细了解建设方和设计方要求（任务委托书、合同等）基础上，应取得和搜集的资料，这些资料中有些是由委托方提供，有些是需通过委托方主动去搜集方能获得。详勘应取得的资料中包括荷载及荷载效应组合，这对荷载很大的高层建筑勘察的分析评价非常重要，国家标准《建筑地基基础设计规范》GB 50007 的强制性条文中特别提出地基基础设计时，所采用的荷载效应的最不利组合与相应的抗力限值的规定，岩土工程勘察人员在分析评价时应当了解设计人员所提出的下列荷载效应不利组合荷载的用途：

1 当计算分析地基承载力或单桩承载力特征值时，传至基础或承台底面上的荷载效应按正常使用极限状态下荷载效应的标准组合的荷载。相应的抗力采用地基承载力特征值或单桩承载力特征值。

2 计算分析地基变形时，传至基础底面上的荷载效应按正常使用极限状态下荷载效应的准永久组合的荷载，不应计入风荷载和地震作用。相应的限值应为地基变形允许值。

3 当计算挡土墙土压力、地基稳定、斜坡稳定或滑坡推力时，荷载效应应按承载能力极限状态下荷载效应的基本组合，但其分项系数均为 1.0。

3.0.4 此条系本次修订时提出。鉴于勘探点布设和勘察方案的经济合理性，很大程度上决定于场地、地基的复杂程度和对其了解及掌握程度，而岩土工程勘察人员对其最为了解，故应当由勘察或设计单位的注册岩土工程师在充分了解建筑设计要求，详细消化委托方所提供资料基础上结合场地工程地质条件按本规程规定布设。若设计或委托方提供了布孔图，可以作为布设主要依据。目前国内大多数地区的岩土工程勘察都是如此，但也有少数地区和境外工程项目并非这样，而是由委托方或设计方布孔并确定勘探深度，勘察单位只能"照打不误"，若因有障碍物稍有移动（2~3m），必须征得委托方同意并签证，且在报告中写明，否则作为不合格，此做法显然不合理，应当改变。

3.0.5 本条规定了高层建筑初步勘察阶段的目的和任务，对其中几个主要问题说明如下：

1 本条第 1 款提出要查明场地所在地貌单元，是因地貌形态是地质历史长期演变的结果，它是岩土时代、成因、地层结构、岩土特性的综合反映，对宏观判定场地稳定性、承载力、岩土变形特性等至关重要。

2 第 2 款中的抗震设防区是指抗震设防烈度等于大于 6 度的地区；抗震设防区应评价的内容和提供的参数是根据国家标准《建筑抗震设计规范》GB 50011 强制性条文的要求而提出，其中"设计需要时"系指当设计需要采用时程分析法补充计算的建筑。

3 高层建筑基础埋置深，很多情况下都要考虑地下室的抗浮和防水问题，勘察单位需要提供水位季节变化幅度和抗浮设防水位。在没有长期观测资料情况下，提供这些资料甚为困难，因而提出在初勘时，应设置地下水长期观测孔，初勘到地下室正式施工还有一段较长时间，取得一段时期的观测资料，对判定最高水位和变化幅度是有帮助的。

3.0.6 本条原则性地规定了高层建筑详细勘察阶段的目的与任务，应采取的勘察方法和应提供的资料和建议。多种手段系针对所需解决的岩土工程问题，而布设的钻探、物探、原位测试、室内试验和设计参数检测等手段，但应避免盲目求全。

3.0.7 本条较详细地规定了高层建筑详细勘察阶段应解决的主要岩土工程问题：

1 本条第 1 款提出，为岩质的地基和基坑工程设计应查明岩石坚硬程度、岩体完整程度、基本质量等级和风化程度，这是很有必要的，这些参数应根据国家标准《岩土工程勘察规范》GB 50021 的分类标准划分提出。

2 基础埋置深是高层建筑主要特点之一，由此往往会遇到地下水和与其相关的问题。地下室抗浮问题在高层建筑设计中比较突出，为此第 2 款中要求提供季节变化幅度、工程需要时提供抗浮设防水位。对基坑工程，要求提供控制地下水的降水或截水措施，当建议采用降水措施时，应充分估计到降水对周边已有建筑、道路、管线的影响。

3 高层建筑地基主要是按变形控制设计的原则，这是高层建筑的另一特点，为此第 4 款要求预测群。对于勘探点间距取值和加密作了一些具体规定。

4.1.4 对高层建筑勘探孔的深度作了具体规定：

1 款控制性勘探孔是为变形计算服务的，其深度应超过变形计算深度。有关变形计算深度可按应力比法亦可按应变比法进行计算。

2~3 款规定了控制性勘探孔的深度应适当大于地基变形计算深度，一般性勘探孔的深度应适当大于主要受力层的深度。在不具备变形计算深度条件时，可按式 $d_c = d + \alpha_c \beta b$，$d_g = d + \alpha_g \beta b$ 来计算；对于表 4.1.4 经验系数 α_c、α_g 值，根据多年的工程经验，并以实测数据为依据，是实用有效的，继续沿用。虽然，对深厚软土做天然地基可能性不大，但勘察时，控制性孔仍应穿过软土，故表 4.1.4 中仍保留软土一栏的 α_c、α_g 值。

上式中增加了 β 值：定义为与高层建筑层数或基底压力有关的经验系数，对勘察等级为甲级的高层建筑可取 1.1，乙级可取 1.0，因甲级与乙级高层建筑在地层结构和基础宽度一致的情况下，基底压力不同，其变形计算深度应有所不同，勘探孔的深度若一样显然是不合理的。因此，适当加大勘察等级为甲级的高层建筑的勘探孔深度。

关于控制性勘探孔的深度能否满足变形设计深度的要求，原规程 JGJ 72—90 的条文说明已作的论证是可以满足的。现再参考，张诚厚等编著的《高速公路软基处理》（中国建筑工业出版社 1997 年 3 月出版）中"沪宁高速公路昆山试验段软基加固试验研究总结报告"一文，压缩层厚度计算与实测深度对比见下表：

表 1 压缩层厚度计算与实测深度对比表（单位 m）

断 面	1号	2号	3号	4号	5号	6号	7号	8号	9号	10号
实测深度	10	15	12	11	13	10.4	≥10	≥15	≥20	≥14
$\Delta s \leq 0.025 \Sigma s_i$ 法计算深度	9.8	10.8	15	15.8	8.0	13.0	10.3	13.0	23.0	15.5
$\Delta p_i / \Delta p_{oi} \leq 0.1$ 法计算深度	31	36	30	32	32	51	47	57	50	44
$\Delta p_i / \Delta p_{oi} \leq 0.2$ 法计算深度	24	30	23	24	24	35	35	43	43	33
本规程计算深度	$\alpha_c \beta b = (1.0 \sim 1.5) \times 1 \times 20 = 20 \sim 30$									

该试验路段全长 1.6km，按双向六车道、路堤宽 b 取 20m，地面下地层结构为：① 亚黏土硬壳层，厚约 2m；② 淤泥质黏性土层，东侧（沪）3号、4号、5号、6号断面厚约 5~6m，西侧（宁）7号、8号、9号断面，最大厚度可达 25m，中部 1号、2号、10号断面，其厚度介于东西侧之间；③ 亚黏土层；④ 深层淤泥质黏性土；⑤ 亚砂土及粉砂。从上表可再次证明控制孔深度完全满足变形计算深度（即压缩层深度）的要求。

4.1.5 对采取不扰动土试样和原位测试勘探点的数量作了规定，即不宜少于勘探点总数的 2/3，这里的原位测试是指静力触探、动力触探、旁压试验、扁铲侧胀试验和标准贯入试验等。考虑到软土地区取样困难，原位测试能较准确地反映土性指标，因此可将原位测试点作为取土测试勘探点。

4.1.6 规定了采取不扰动土试样和进行原位测试的竖向间距，为了保证不扰动土试样和原位测试指标有一定数量，规定基础底面下 1.0 倍基础宽度内采样及试验点间距按 1~2m，以下根据土层变化情况适当加大距离，且在同一钻孔中或同一勘探点采取试样和原位测试宜结合进行。这里的原位测试主要是指标准贯入试验、旁压试验、扁铲侧胀试验等。

4.1.7 对每幢高层建筑各主要土层内采取不扰动土试样和原位测试的数量作了规定。需要指出的是不扰动土试样和原位测试的数量要同时满足，另外静力触探和动力触探是连续贯入，不能用次数来统计。

4.1.8 由于新修订的国家标准《岩土工程勘察规范》GB 50021，《建筑地基基础设计规范》GB 50007 均取消了承载力表，而载荷试验对确定地基承载力是比较可靠的方法，因此规定了对勘察等级为甲级的高层建筑或工程经验缺乏或研究程度较差的地区，宜布设载荷试验确定天然地基持力层的承载力特征值和变形参数。

4.2 桩基勘察方案布设

4.2.1 本条是对端承型桩基勘探点平面布设做出的规定：

1 勘探点间距 12~24m，是考虑柱距通常为 6m 的倍数而提出。

2 本款主要是规定勘探点的加密原则。原规程 JGJ 72—90 和《建筑桩基技术规范》JGJ 94 均规定，当相邻勘探点所揭露桩端持力层层面坡度超过 10% 时，宜加密勘探点；国家标准《岩土工程勘察规范》GB 50021 规定，相邻勘探点揭露持力层层面高差宜控制为 1~2m。当勘探点间距为 12~24m 时，按 10% 控制即为高差 1.2~2.4m，因而两者规定是一致的。对于复杂地基的一柱一桩工程，宜每柱设置勘探点，这里的复杂地基是指端承型桩端持力层岩土种类多，很不均匀，性质变化大的地基，且一柱一桩多为荷载很大，一旦出现差错或事故，将影响大局，难以弥补和处理，故规定按柱位布孔。

3 岩溶发育场地，溶沟、溶槽、溶洞很发育，显然属复杂场地，此时若以基岩作为桩端持力层，应按柱位布孔。但单纯钻探工作往往还难以查明其发育程度和发育规律，故应辅以有效地球物理勘探方法，近年来地球物理勘探技术发展很快，有效的方法有电法、地震法（浅层折射法或浅层反射法）及钻孔电磁波透视法等。连通性系指土洞与溶洞的连通性、溶洞本身的连通性和岩溶水的连通性。

4.2.2 本条是对摩擦型桩勘探点平面布设作出的规定：

1 摩擦型桩勘探点间距20～35m，系根据各勘察单位多年来积累的勘察经验，实践证明是经济合理的。

2 对于基础宽度大于35m的高层建筑不仅沿建筑物周边布孔，其中心宜布设勘探点，这主要是参照摩擦型桩用得很多的《上海地基基础设计规范》DBJ 08—11而规定的。

4.2.3 本条是对端承型桩勘探孔深度作出的规定：

1 本条1款所指作为桩端持力层的可压缩地层，包括硬塑、坚硬状态的黏性土；中密、密实的砂土和碎石土，还包括全风化和强风化岩。这些岩土按《建筑桩基技术规范》JGJ 94的规定，全断面进入持力层的深度不宜小于：黏性土、粉土$2d$（d为桩径），砂土$1.5d$，碎石土$1d$，当存在软弱下卧层时，桩基以下硬持力层厚度不宜小于$4d$；当硬持力层较厚且施工条件允许时，桩端全断面进入持力层的深度宜达到桩端阻力的临界深度，临界深度的经验值，砂与碎石土为$3d\sim10d$，粉土、黏性土为$2d\sim6d$，愈密实、愈坚硬临界深度愈大，反之愈小。因而，勘探孔进入持力层深度的原则是：应超过预计桩端全断面进入持力层的一定深度，当持力层较厚时，宜达到临界深度。为此，本条规定，控制性勘探孔应深入预计桩端下5～10m或$6d\sim10d$，《欧洲地基基础规范》（建设部综合勘察研究院印，1988年3月）规定，不小于10倍桩身宽度；一般性勘探孔应达到预计桩端下3～5m，或$3d\sim5d$，原规程JGJ 72—90规定勘探孔进入持力层的深度，控制孔为3～5m，一般孔为1～2m偏浅，本次修订作了上述调整。

2 本条2～5款是对嵌岩桩的勘探深度作出规定，由于嵌岩桩是指嵌入中等风化或微风化岩石的钢筋混凝土灌注桩，且系大直径桩，这种桩型一般不需考虑沉降问题，尤其是以微风化岩作为持力层，往往是以桩身强度控制单桩承载力。嵌岩桩的勘探深度与岩石成因类型和岩性有关。一般岩质地基系指岩浆岩、正变质岩及厚层状的沉积岩，这些岩体多系整体状结构和块状结构，岩石风化带明确，层位稳定，进入微风化带一定深度后，其下一般不会再出现软弱夹层，故规定一般性勘探孔进入预计嵌岩面以下$1d\sim3d$，控制性勘探孔进入预计嵌岩面以下$3d\sim5d$。花岗岩地区，在残积土和全、强风化带中常出现球状风化体，直径一般为1～3m，最大可达5m，岩性呈微风化状，钻探过程中容易造成误判，为此，第3款中对此特予强调，一般性和控制性勘探孔均要求进入微风化一定深度，目的是杜绝误判。

3 在具多韵律薄层状沉积岩或变质岩地区，常有强风化、中等风化、微风化呈互层或重复出现的情况，此时若要以微风化岩层作为嵌岩桩的持力层时，必须保证微风化岩层具有足够厚度，为此本条第5款规定，勘探孔应进入微风化岩厚度不小于5m方能终孔。

4.2.4 对于摩擦型桩虽然是以侧阻力为主，但在勘察时，还是应寻求相对较坚硬、较密实的地层作为桩端持力层，故规定一般性勘探孔的深度应进入预计桩端持力层或最大桩端入土深度以下不小于3m，此3m值是按以可压缩地层作为桩端持力层和中等直径桩考虑确定的；对高层建筑采用的摩擦型桩，多为筏基或箱基下的群桩，此类桩筏或桩箱基础除考虑承载力满足要求外，还要验算沉降，为满足验算沉降需要，提出了控制性勘探孔深度的要求。

4.2.5 以基岩作桩端持力层时，桩端阻力特征值取决于岩石的坚硬程度、岩体的完整程度和岩石的风化程度。岩石坚硬程度的定量指标为岩石单轴饱和抗压强度；岩体的完整程度定量指标为岩体完整性指数，它为岩体与岩块压缩波速度比值的平方；岩石风化程度的定量指标为波速比，它为风化岩石与新鲜岩石压缩波波速之比。因此在勘察等级为甲级的高层建筑勘察时宜进行岩体的压缩波波速测试，按完整性指数判定岩体的完整程度，按波速比判定岩石风化程度，这对决定桩端阻力和桩侧阻力的大小有关键性作用。

4.3 复合地基勘察方案布设

4.3.1 复合地基的类型很多，针对高层建筑特点，本规程所指复合地基，是在不良地基中设置竖向增强体（桩体），通过置换、挤密作用对土体进行加固，形成地基土与竖向增强体共同承担建筑荷载的人工地基。

表2 竖向增强体（桩）复合地基分类

按桩体刚度分类	按成桩材料分类	举例
柔性桩	散体土类桩	砂（石）桩、碎石桩、灰土桩
半刚性桩	水泥土类桩	水泥搅拌桩、旋喷桩
刚性桩	混凝土类桩	CFG（水泥、粉煤灰、砾石）桩、素混凝土桩

利用竖向增强体的高强度、低变形特性，可以改善天然地基土体在强度、变形方面的不足，也可以解决地基土液化、湿陷等工程问题，从而满足高层建筑对地基的要求。

目前，复合地基在许多地区得到了广泛的应用，取得了丰富的地区经验，采用复合地基方案的建筑物也由十九层、二十几层，发展到三十层左右，在此基础上，本次《高层建筑岩土工程勘察规程》修订增加了复合地基勘察方案布设（第4.3节）和评价（第8.4节）内容。

勘察前除了搜集一般工程勘察所需的基础资料

外，强调应注意收集地区经验。由于我国地域辽阔，工程地质与水文地质条件、建筑材料及施工机械与方法不尽相同，区域性很强，由此引发的工程问题复杂，应对措施也十分丰富，因此要强调依据规范和地区经验来编制复合地基勘察方案。需要解决的主要岩土工程问题包括建筑地基的强度、变形、湿陷性、液化等。

4.3.2 复合地基勘察方案布设有其特点，其勘探点平面布设和勘探点间距应按天然地基（4.1节）规定执行，勘探孔深度则应符合 4.2 节桩基勘察要求，重点是查明桩端持力层的地层分布和性状，当需要按变形控制设计时，还需查明下卧岩土层的性状。对某些桩端持力层起伏大的部位宜加密勘探点，查明桩端持力层顶板起伏及其厚度的变化。

4.3.3 本条对高层建筑常用复合地基类型的勘察方案布设提出相应的要求：

1 涉及土或灰土桩挤密法的规范有《灰土桩和土桩挤密地基设计施工及验收规程》DBJ 24—2、《湿陷性黄土地区建筑规范》GB 50025、《建筑地基处理技术规范》JGJ 79。

经验表明，土的含水量及干密度对采用土或灰土桩挤密法消除黄土湿陷性效果影响很大，成孔的好坏在于土的含水量，桩距大小在于土的干密度，当土的含水量大于 23% 及饱和度超过 0.65 时往往难以成孔，而且挤密效果差，为了达到消除黄土湿陷性效果，要求灰土的干密度 $\rho_d \geqslant 15kN/m^3$ 或者其压实系数 $\lambda \geqslant 0.9$。

2 采用砂石桩挤密法的复合地基，由于在成桩过程中桩间土受到多次预振作用、砂石桩的排水通道作用、成桩对桩间土的挤密、振密作用，有效地消散了由振动引起的超孔隙水压力，同时土的结构强度得以提高，从而使得地基土的抗液化能力得到提高，表现在标贯击数的增加、静力触探比贯入阻力的提高等方面。在地基勘察时应进行相关的试验，提供相应的测试结果，以对比和检验加固后的效果。

3 不同的地基加固方法，分别对地下水水位及流动状态、腐蚀性、pH 值、硫酸盐含量、土质及土中含水量、有机质含量等因素有着不同的要求和限制；有些加固方法只适用于地下水位以上的地层；水泥土的抗压强度随土层含水量的增加而迅速降低；土中有机质含量越高，水泥的加固效果就越差，甚至单用水泥无法对有机质含量高的土进行加固；地下水 pH 值高、硫酸盐含量高时，用水泥加固效果差等等。因此，应根据不同的地基加固方法结合地区性经验布设相应的勘察工作，提供设计所需的参数。

4.3.4 由于复合地基增强体类型多，受施工因素影响大，很难有较准确和符合实际的承载力计算表达式，且根据国家标准《建筑地基基础设计规范》GB 50007 强制性条文，强调要进行复合地基载荷试验的要求，为此作出了本条的规定。另规定在缺乏复合地基设计、施工经验的地区，尚应进行包括不同类型、不同桩长、不同桩距甚至各种桩型组合的复合地基原型试验，主要是使设计参数更为准确可靠和经济合理，同时也为积累地区经验。

复合地基的各种试验，应根据设计要求，首先做好合理的试验设计。

4.4 基坑工程勘察方案布设

4.4.1 近十年来基坑失稳出现的事故不少，为此各方都给予了高度重视，"基坑工程"已成为岩土工程领域中的一门专门学科。高层建筑基础埋置深，必然遇到基坑工程这一重要问题，本次修订时，从岩土工程勘察的角度将"基坑工程勘察方案布设"和"基坑工程评价"独立成节，对有关问题作出规定。

为基坑工程而进行的勘察工作是高层建筑岩土工程勘察的一个重要部分，故本条规定应与高层建筑勘察同步进行，并分别提出了初步勘察和详细勘察中应解决的重点问题。

4.4.2 周边环境是基坑工程的勘察、设计、施工中必须首先考虑的问题，在进行这些工作时应有"先人后己"的概念。周边环境的复杂程度是决定基坑工程设计等级、支护结构方案选型等最重要的因素之一，勘察最后的结论和建议亦必须充分考虑对周边环境影响而提出。为此，本条规定了勘察时，委托方应提供的周边环境的资料，当不能取得时，勘察人员应通过委托方主动向有关单位搜集有关资料，必要时，业主应专项委托勘察单位采用开挖、物探、专用仪器等进行探测。

4.4.3 勘察平面范围应适当扩到基坑边界以外，主要是因为基坑支护设置锚杆、降水、截水等都必须了解和掌握基坑边线外一定距离内的地质情况，但扩展外出的具体距离，各规范规定不尽完全一致，高层建筑多在城市中心位置，而业主一般都要将征地面积用足，地下室外墙边线往往靠近红线甚至压在红线上，要扩展到红线以外很远进行勘察工作有困难，通常只有依靠调查，搜集资料来解决，考虑这些因素，本规程定为"勘察范围宜达到基坑边线以外两倍以上基坑深度"，并规定"为查明某些专门问题可以在边线以外布设勘探点"。某些专门问题系指跨越不同地貌单元、斜坡边缘、填土分布复杂等。

4.4.4 关于勘探孔深度，两本国家标准均规定"宜为基坑深度的 2～3 倍"，本规程规定"勘探孔的深度不宜小于基坑深度 2 倍"，并规定控制性勘探孔应穿过软土层、穿过主要含水层进入隔水层一定深度等；在基坑深度内遇微风基岩时，一般性勘探孔应钻入微风化岩 1～3m，是因为有的地区强风化、中等风化、微风化岩呈互层出现，为避免微风化岩面误判，需进入一定深度。

4.4.5 现行的各基坑工程技术规范标准中，均没有岩质基坑工程勘察设计的规定，本条提出了为岩质基坑勘察时，应查明的主要内容。

4.4.6 本条是针对为基坑设计提供有关参数而应进行的原位测试项目提出的要求。其中在地下连续墙和排桩支护设计中，要按弹性地基梁计算，有时需要提供基床系数，故提出设计需要时，应进行基床系数试验，载荷试验测求基床系数的试验要点见附录 H。

4.4.7 本条是对室内试验的要求，其中要求对砂、砾、卵石层进行水上、水下休止角试验，主要是根据测得的天然休止角来预估这类土的内摩擦角。

4.4.8 地下水是影响基坑工程安全的重要因素，本条规定了基坑工程设计应查明场地水文地质条件的有关问题。当含水层为卵石层或含卵石颗粒的砂层时，强调要详细描述卵石颗粒的粒径和颗粒组成（级配），这是因为卵石粒径的大小，对设计施工时选择截水方案和选用机具设备有密切的关系，例如，当卵石粒径大，含量多，采用深层搅拌桩形成帷幕截水会有很大困难，甚至不可能。

5 地下水

5.0.1 本章为新增内容。本条规定了高层建筑勘察中对地下水的基本要求。在高层建筑勘察中地下水对基础工程和环境的影响问题越来越突出，如基础设计中的抗浮、基坑支护设计中侧向水压力、基坑开挖过程中管涌、突涌以及工程降水引起地面沉降等环境问题，大量工程经验表明，地下水作用对工程建设的安全与造价产生极大影响。因此，勘察中要求查明与工程有关的水文地质条件，评价地下水对工程的作用和影响，预测可能产生的岩土工程危害，为设计和施工提供必要的水文地质资料。

5.0.2～5.0.3 主要依据地区经验的丰富程度、场地的水文地质条件的复杂程度、地区有无地下水长期观测资料以及对工程影响程度，有针对性地区分地下水调查和现场勘察的两部分内容。在调查和专门的水文地质勘察中，从高层建筑工程勘察角度出发，侧重查明地下水类型、与工程有关的含水层分布、承压水水头、渗透性以及地下水与地表水的水力联系，尤其是地下水与江、河、湖、海水体的水力联系。

5.0.4 对工程有重大影响的多层含水层，在分层测水位时，应采取止水措施将被测含水层与其他含水层隔离。如较难实施时，可采用埋设孔隙水压力计进行量测，或采用孔压静力触探试验进行量测。搞清多层地下水水位，这对基础设计和基坑设计十分重要，并涉及到基坑施工的安全性问题，但目前不少勘察人员往往测量其混合水位，这可能造成严重不良后果。故本条文作了明确规定。

5.0.5 含水层的渗透系数等水文地质参数测定，有现场试验和室内试验两种方法，一般室内试验由于边界条件与实际相差太大（如在上海地区的黏性土中往往夹有薄层粉砂），室内与现场试验结果会差几个数量级，如选取参数不当，可能造成不安全的降水设计，故本条提出宜采用现场试验。

5.0.6 根据高层建筑基础埋深较大的特点，以及在工程建设中由于降水而引起的环境问题，本条文规定评价地下水对工程的作用和影响的内容。如地下水对结构的上浮作用，经济合理地确定抗浮设防水位将涉及工程造价、施工难度和周期等一些十分关键的问题；施工中降排水引起的潜水位或承压水头的下降，虽能减少水的浮托力，但增加了土体的有效压力，使土体产生附加沉降，在黏性土地层中也可能出现"流泥"现象，引起地面塌陷，造成不均匀沉降而对周围环境（邻近建筑物、地下管线等）产生不良影响等环境问题；当基坑下有承压含水层时，由于基坑开挖减少了基坑底部隔水土层的厚度，在承压水头压力作用下，基坑底部土体将会产生隆起或突涌等危险现象。

5.0.7 本条文规定采取降低地下水位的措施所要满足的要求。如施工中地下水位应保持在基坑底面下 0.5～1.5m，目的是为降低挖出土体的含水量、减少对坑底土扰动、增加坑底土被动压力并减少坑底土体回弹，也是为满足基础底板做防水施工时对岩土含水量的要求。

6 室内试验

6.0.1 本章仅包括高层建筑岩土工程勘察中特殊性室内试验要求。

6.0.2 为准确计算地基承载力，c、φ 值数据的选用非常重要，而抗剪强度试验的方法对 c、φ 值影响很大。高层建筑勘察比一般工程勘察更重要，故本规程只强调三轴压缩试验，未提直剪试验。

对饱和黏性土和深部的土样，为消除取土时应力释放和结构扰动的影响，在自重压力下固结后再进行剪切试验。

关于抗剪强度试验的方法，总的原则是应该与建筑物的实际受力状况以及施工工况相符合。对于施工加荷速率较快，地基土的排水条件较差的黏土、粉质黏土等，固结排水时间较长，如加荷速率较快，来不及达到完全固结，土已剪损，这种情况下宜采用不固结不排水剪（UU）。对于施工加荷速率较慢，地基土的排水条件较好，如经过预压固结的地基，实际工程中有充分时间固结，这种情况下可根据其固结程度采用固结不排水剪（CU）。原状砂土取样困难时可考虑采用冷冻法等取土技术。

对于软土地区，按 c、φ 的试验峰值强度计算地基承载力与工程经验相比偏大较多，应适当折减。

6.0.3 压缩试验方法应与所选用计算沉降方法相适

应，试验选用合适与否直接影响到计算沉降量的正确性。

1 本款是针对分层总和法进行的压缩试验而定。对高层建筑地基来说，不应按固定的 100～200kPa 压力段所求得的压缩模量。而应按土的自重压力至土自重压力与附加压力之和的压力段，取其相应压缩模量。这样的试验方法和取值与工程实际受力情况较符合，显然是合理的。

2 本款是针对考虑应力历史的固结沉降计算所需参数的试验方法，这种沉降计算需用先期固结压力 p_c、压缩指数 C_c 和回弹再压缩指数 C_r 等三个参数。为准确求得 p_c 值，最大压力应加至出现较长的直线段，必要时可加至 3000～5000kPa，否则难以在 $e-\log p$ 曲线上准确求得 p_c 和 C_c 值。p_c 值可按卡式图解法确定。C_r 值宜在预计的 p_c 值之后进行卸载回弹试验确定。卸荷回弹压力从何处开始过去不明确，本规程规定从所取土样处的上覆自重压力处开始，这是考虑取土后应力释放，在室内重新恢复其原始应力状态。对于超固结土应超过预估的先期固结压力，以不影响 p_c 值的选取。至于卸至何处？本应根据基坑开挖深度确定，但恐开挖深度浅，卸荷压力小，即回弹点太少难以正确确定 C_r 值，而且还不能卸荷至零点以超过仪器本身的标定压力。为试验方便，在确定自重压力时可分深度取整。开挖深度 10m 以内，土自重压力一般不会超过 200kPa，取最大压力为 200kPa 处分级卸荷，卸至 12.5kPa；当深度为 11～20m 时，一般考虑有地下水，取最大有效自重压力为 300kPa 处分级卸荷，卸至 25kPa；21～30m 时取 400kPa 处分级卸荷至 50kPa。

3 群桩深基础变形验算时，取对应实际不同压力段的压缩模量、压缩指数 C_c、回弹再压缩指数 C_r 等进行计算。

4 回弹模量和回弹再压缩模量的测求，可按照上述第 2 款说明的方法。对有效自重压力分段取整，获得回弹和回弹再压缩曲线，利用回弹曲线的割线斜率计算回弹模量，利用回弹再压缩割线斜率计算回弹再压缩模量。在实际工程中，若两者相差不大，也可以前者代替后者。

6.0.4 基坑开挖需降低地下水位时，可根据土性进行原位测试和室内渗透试验确定相应参数，必要时尚应进行现场抽水试验，以满足降水设计需要。为了估算砂土的内摩擦角，对于砂土应进行水上、水下的休止角试验。

6.0.5 在验算边坡稳定性以及基坑工程中的支挡结构设计时，土的抗剪强度参数应慎重选取。三轴压缩试验受力明确，又可控制排水条件，因此本规程规定宜采用三轴压缩试验方法。现对其中主要问题说明如下：

1 不同规范计算土压力时 c、φ 的取值规定为，行业标准《建筑基坑支护技术规程》JGJ 120；c、φ 应按照三轴固结不排水试验确定，当有可靠经验时，可采用直剪固快试验确定。上海市工程建设规范《上海地基基础设计规范》DBJ 08—11：水土分算时，c、φ 取固结不排水（CU）或直剪固快的峰值；水土合算时，c、φ 取直剪固快的峰值。其他部分行业规范和地方规范关于土压力计算时，c、φ 值的确定可参见《岩土工程勘察规范》GB 50021 相应条文说明。

2 对于饱和黏性土，本规程推荐采用三轴固结不排水（CU）强度参数计算土压力，其主要依据：一是饱和黏性土渗透性弱、渗透系数较小，宜采用三轴压缩试验总应力法（CU）试验；二是根据试算证明是安全和合适的。为了合理选取土的抗剪强度指标，本次修订时，进行了试算和对比。试算依据上海地铁工程三组软土场地同时完成的直剪固快试验、三轴不固结不排水（UU）试验、三轴固结不排水（CU）试验（由上海岩土工程勘察设计研究院提供），所得强度参数标准值按总应力法水土合算进行了土压力试算，对比详见表 3～表 5。

表 3 场地 1 主动土压力和被动土压力计算表

土层号	土层名	层厚 (m)	γ_i (kN/m³)	$\Sigma\gamma_i h_i$ (kN/m²)	固结不排水					不固结不排水					直剪固快					
					c_{cu} (kPa)	φ_{cu} (°)	K_{acu}	P_{acu} (kPa)	K_{pcu}	P_{pcu} (kPa)	c_{uu} (kPa)	φ_{uu} (°)	K_{auu}	P_{auu} (kPa)	K_{puu}	P_{puu} (kPa)	c (kPa)	φ (°)	K_a	P_a (kPa)	K_p	P_p (kPa)
③	淤泥质粉质黏土	3	17.4	52.2	10	18.5	0.518	0 / 12.65			22	0	1	0 / 8.20			12	20.5	0.481	0 / 8.44		
④₁	淤泥质黏土	7	16.7	169.1	11	13.8	0.615	14.85 / 86.74			25	0		2.20 / 119.10			14	12.0	0.656	11.56 / 88.25		
④₁	淤泥质黏土	11	16.7	183.7	11	13.8			1.98	35.02 / 399.66	25	0			1	50.00 / 233.70	14	12.0			1.80	41.80 / 372.18
基坑 10m 深处主动土压力和坑底下 11m 处被动土压力合力 (kN)					366.95				2390.74		426.48				1560.35		353.56				2276.89	

表4 场地2主动土压力和被动土压力计算表

土层号	土层名	层厚(m)	γ_i(kN/m³)	$\Sigma\gamma_i h_i$(kN/m²)	固结不排水						不固结不排水					直剪固快					
					c_{cu}(kPa)	φ_{cu}(°)	K_{acu}	P_{acu}(kPa)	K_{pcu}	P_{pcu}(kPa)	c_{uu}(kPa)	φ_{uu}(°)	K_{auu}	P_{auu}(kPa)	K_{puu}	P_{puu}(kPa)	c(kPa)	φ(°)	K_a	P_a(kPa)	K_p	P_p(kPa)
②	黏土	2	18.3	36.6	18	21.7	0.460	0			54	0	1	0			24	19.0	0.42	0		
③	淤泥质粉质黏土	3	17.6	89.4	10	17.0	0.548	0 / 34.19			33	0	1	0 / 23.40			12	21.5	0.66	0 / 25.10		
④₁	淤泥质黏土	10	16.6	255.4	10	14.0	0.610	38.91 / 140.17			19	0	1	51.40 / 217.40			14	12.5	0.61	35.11 / 142.03		
⑤₁₋₁	黏土	8	17.6	140.8	14	19.8		57.45 / 454.94	2.82		40	0		80.00 / 220.80	1		17	15.5		57.94 / 365.36	2183	
⑤₁₋₂	粉质黏土	12	17.8	354.4	14	26.3		701.23 / 1643.20	4.41		61	0		262.80 / 476.40	1		16	22.0		530.46 / 1224.70	3.25	
基坑15m深处主动土压力和坑底下20m处被动土压力合力 (kN)								946.70		16116.00				1358.63		5638.00				923.35		12224.00

表5 场地3主动土压力和被动土压力计算表

土层号	土层名	层厚(m)	γ_i(kN/m³)	$\Sigma\gamma_i h_i$(kN/m²)	固结不排水						不固结不排水					直剪固快					
					c_{cu}(kPa)	φ_{cu}(°)	K_{acu}	P_{acu}(kPa)	K_{pcu}	P_{pcu}(kPa)	c_{uu}(kPa)	φ_{uu}(°)	K_{auu}	P_{auu}(kPa)	K_{puu}	P_{puu}(kPa)	c(kPa)	φ(°)	K_a	P_a(kPa)	K_p	P_p(kPa)
②	黏土	2	17.8	35.6	18	16.8	0.552	0 / 0			47	0	1	0 / 0			20	15	0.589	0 / 0		
③₂	砂质粉土	3	18.6	91.4	4	31.0	0.320	0 / 24.72			37	0	1	0 / 17.40			4	31	0.32	0 / 24.72		
③₃	淤泥质粉质黏土	2	17.4	126.2	12	16.0	0.568	33.83 / 53.59			19	0	1	53.40 / 88.20			13	27.5	0.538	30 / 48.86		
④	淤泥质黏土	3	16.6	176.0	11	15.3	0.582	56.67 / 85.65			20	0	1	86.20 / 136.00			14	11.5	0.668	61.42 / 94.68		
⑤₁₋₁	淤泥质粉质黏土	3	17.5	228.5	9	19.0	0.509	76.74 / 103.46			22	0	1	132.00 / 184.50			12	19.5	0.499	70.87 / 97.07		
⑤₁₋₂	黏土夹粉质黏土	2	17.7	263.9	17	19.5	0.499	90.00 / 107.67			37	0	1	160.50 / 195.90			16	15.0	0.589	110.03 / 130.88		
⑤₁₋₂	黏土夹粉质黏土	12	17.7	212.4	17	19.5		68.82 / 656.63	2.77		37	0		74.00 / 286.40	1		16	15.0		53.38 / 503.66	2.12	
⑥	粉质黏土	6	19.4	328.8	42	18.6		719.45 / 1024.4	2.62		121	0		454.40 / 570.80	1		45	17		668.29 / 945.21	2.38	
基坑15m深处主动土压力和坑底下18m处被动土压力合力 (kN)								805.95		9660.90				1313.88		5238.00				842.91		8182.70

图1、图2为场地3不同试验参数主动土压力和被动土压力比较。从图表可以看出，用直剪固快和固结不排水（CU）强度参数计算所得的主动与被动土压力强度较为接近。二者与不固结不排水（UU）强度参数计算所得的土压力强度比较，在较浅的深度，UU计算的主动土压力强度偏小；在较深处，UU计算的主动土压力强度偏大；在计算深度范围内，UU所得的被动土压力强度均较CU小；从相同计算深度的合力相比，按UU计算的主动土压力合力虽较按CU计算者大1.16～1.63，但按UU计算的被动土压力合力则仅相当于按CU计算的0.35～0.65；被动土压力与主动土压力合力的比值，按UU计算为3.66～4.15，而按CU计算为6.51～11.99。因而总体说来，按CU参数计算是偏于安全和合适的。参考我国其他行业标准和地方标准，本规程规定，计算土压力可采用固结不排水（CU）试验，提供c_{cu}、φ_{cu}参数。当有可靠经验时，也可采用直剪固快试验指标。由于饱和黏性土，尤其是软黏土，原始固结度不高，且受到取土扰动的影响，为了不使试验结果过低，故规定了应在有效自重压力下进行预固结后再剪的试验要求。

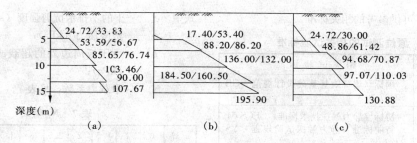

图 1 场地 3 主动土压力强度比较（单位：kPa）
(a) 固结不排水；(b) 不固结不排水；(c) 直剪固快

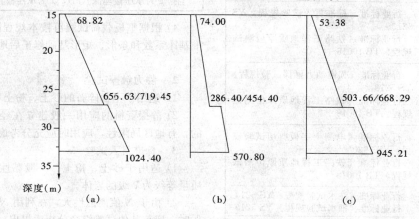

图 2 场地 3 被动土压力强度比较（单位：kPa）
(a) 固结不排水；(b) 不固结不排水；(c) 直剪固快

3 国家标准《建筑地基基础设计规范》GB 50007、建设部行业标准及湖北省、深圳市、广东省等基坑工程地方标准均规定对黏性土宜采用土水合算，对砂土宜采用土水分算；冶金部行业标准，上海市和广州市基坑工程标准则规定以土水分算为主，有经验时，对黏性土可采用土水合算，根据上述试算对比，其强度参数宜用总应力法的 CU 试验参数；当用土水分算时，其强度参数宜用三轴有效应力法、固结不排水孔隙压力（$\overline{CU}$）试验。

4 对于砂、砾、卵石土由于渗透性强，渗透系数大，可以很快排水固结，且这类土均应采用土水分算法，计算时其重度是采用有效重度，故其强度参数从理论上看，均应采用有效强度参数，即 c'、φ'，其试验方法应是有效应力法，三轴固结不排水测孔隙水压力（$\overline{CU}$）试验，测求有效强度。但实际工程中，很难取得砂、砾、卵石的原状试样而进行室内试验，采用砂土天然休止角试验和现场标准贯入试验可估算砂土的有效内摩擦角 φ'，一般情况下按 $\varphi' = \sqrt{20N} + 15°$ 估算，式中 N 为标准贯入实测击数。

5 对于抗隆起验算，一般都是基坑底部或支护结构底部有软黏土时才验算，因而应当采用饱和软黏土的 UU 试验方法所得强度参数，或采用原位十字板剪切试验测得的不固结不排水强度参数。对于整体稳定性验算亦应采用不固结不排水强度参数。

6.0.7 动三轴、动单剪和共振柱是土的动力性质试验中目前比较常用的三种方法。其他试验方法或还不成熟，或仅作专门研究之用，故本规程未作规定。

地基土动力参数不仅随动应变而变化，而且不同仪器或试验方法对试验结果也有影响。这主要是其应变范围不同所致，故本规程提出了各种试验方法的应变适用范围。

7 原 位 测 试

7.0.1 原位测试基本上是在原位应力条件下对岩土体进行试验，因其测试结果有较高的可靠性和代表性，是高层建筑岩土工程勘察中十分重要的手段，尤其在难以取得原状土样的地层更能发挥出它的优势，能解决高层建筑的承载力、沉降等问题，提供基坑工程设计等参数。但由于原位测试成果运用一般是建立在统计公式基础上的，有很强的地区性和土类的局限性，因此，在选择原位测试方法时应综合考虑岩土条件、设计对参数的要求、地区经验和测试方法的适用性等因素。

7.0.2 正是由于原位测试成果应用一般建立在统计经验公式上的，因此尤其需要积累经验，进行工程实测对比，综合分析，完善经验公式，将有助于缩短勘察工期，提高勘察质量。

7.0.3 各种原位测试均应遵照相应的试验规程进

行，下表列出了可供参考的相关标准。

表6　原位测试的相关试验标准

试验项目	相关试验标准
载荷试验	国标《建筑地基基础设计规范》GB 50007
静力触探试验	协标《静力触探技术标准》CECS 04 行业标准《静力触探试验规程》YS 5223 行业标准《铁路工程地质原位测试规程》TB 10018
标准贯入试验	行业标准《标准贯入试验规程》YS 5213 行业标准《铁路工程地质原位测试规程》TB 10018
动力触探试验	行业标准《圆锥动力触探试验规程》YS 5219 行业标准《铁路工程地质原位测试规程》TB 10018
十字板剪切试验	行业标准《电测十字板剪切试验规程》YS 5220 行业标准《铁路工程地质原位测试规程》TB 10018
现场渗透试验	行业标准《注水试验规程》YS 5214 行业标准《抽水试验规程》YS 5215
旁压试验	行业标准《旁压试验规程》YS 5224 行业标准《PY型预钻式旁压试验规程》JGJ 69 行业标准《铁路工程地质原位测试规程》TB 10018
扁铲侧胀试验	行业标准《铁路工程地质原位测试规程》TB 10018
波速测试	国标《地基动力特性测试规范》GB/T 50269
场地微振动测试	协标《场地微振动测试技术规程》CECS 74

1　平板载荷试验

1) 对于勘察等级为甲级的高层建筑，为比较准确地确定持力层或主要受力层地基承载力和变形模量，可进行平板载荷试验。平板载荷试验适用于基础影响范围内均一的土层，对非均质土或多层土，载荷试验反映的承压板影响范围内地基土的性状与实际基础下地基土的性状将有很大的差异，应充分考虑尺寸效应，并进行具体分析。

2) 载荷试验成果计算土的变形模量，浅层平板载荷试验是假设荷载作用在弹性半无限体的表面，而深层平板载荷试验是假设荷载作用在弹性半无限体的内部，其计算方法可参照国标《岩土工程勘察规范》GB 50021。

3) 对于饱和软黏性土，根据快速法载荷试验的极限压力 p_u，可按下式估算土的不排水抗剪强度：

$$c_u = (p_u - p_0)/N_c \tag{1}$$

式中　c_u——土的不排水抗剪强度（kPa）；
　　　p_u——极限压力（kPa）；
　　　p_0——承压板周边外的超载或土的自重压力（kPa）；
　　　N_c——承载力系数，见表7。

表7　N_c 值表

z/d	0	1	1.5	2	2.5	3	3.5	4	5	6
N_c	6.14	8.07	8.56	8.86	9.07	9.21	9.32	9.40	9.52	9.60

注：z 为承压板埋深（m），d 为承压板直径（m）。

4) 根据平板载荷试验可按本规程附录H计算基准基床系数和条形、矩形基础修正后地基土的基床系数。

2　静力触探试验

1) 适用于不含碎石的砂土、粉土和黏性土。

2) 静探资料的应用一般建立在经验关系基础上的，有地区局限性，应用时应充分考虑地方经验。

3　标准贯入试验

1) 适用于砂土、粉土、一般黏性土及岩体基本质量等级为Ⅴ级的岩体。

2) 由于 N 值离散性大，在利用 N 值解决工程问题时，应与其他试验综合分析后提出。

4　动力触探试验

1) 重型或超重型动力触探试验主要适用于砂土、碎石土及软岩；轻型动力触探试验主要适用于浅层黏性土和素填土。

2) 采用动力触探资料评价土的工程性能时，应建立在地区经验基础上。

5　十字板剪切试验

1) 适用于均质饱和黏性土，对夹粉砂或粉土薄层、或有植物根茎的饱和黏性土不宜采用。

2) 根据原状土的抗剪强度 c_u 和重塑土的抗剪强度 c'_u，按下式计算土的灵敏度 S_t：

$$S_t = c_u/c'_u \tag{2}$$

黏性土灵敏度分类见表8。

表8　黏性土灵敏度分类表

低灵敏度	中灵敏度	高灵敏度
$S_t<2$	$2 \leq S_t<4$	$4 \leq S_t<8$

6　现场渗透试验

是针对施工降水设计所需水文地质参数而进行的原位测试，现场渗透试验包括单孔或多孔（井）的抽（注）水试验和分层抽（注）水试验。

7　旁压试验

1) 适用于黏性土、粉土、砂土、碎石土、残积土、极软岩和软岩。

2) 分别按下式计算旁压模量 E_m 和剪变（切）模

量 G_m：

$$E_m = 2(1+\nu)\left(V_c + \frac{V_0 + V_f}{2}\right)\frac{\Delta p}{\Delta V} \quad (3)$$

$$G_m = \left(V_c + \frac{V_0 + V_f}{2}\right)\frac{\Delta p}{\Delta V} \quad (4)$$

式中 ν——土的泊松比；
V_c——旁压器固有的原始体积（cm^3）；
V_0——相应于旁压器接触孔壁所扩张的体积（cm^3）；
V_f——临塑压力 p_f 所对应的扩张体积（cm^3）；
p_0——旁压试验初始压力（kPa）；
P_f——旁压试验临塑压力（kPa）；
$\frac{\Delta p}{\Delta V}$——旁压曲线似弹性直线斜率；
E_m——旁压模量（kPa）；
G_m——旁压剪变（切）模量（kPa）。

3）按下式计算土的侧向基床系数 K_m：

$$K_m = \Delta p / \Delta r \quad (5)$$

式中 Δp——压力差；
Δr——Δp 对应的半径差。

4）按 R. J. Mair（1987）公式计算软黏性土不排水抗剪强度：

$$c_u = (p_L - p_0)/N_p \quad (6)$$

式中 p_L——旁压试验极限压力（kPa）；
N_p——系数，可取 6.18。

5）按 Me′nard（1970）公式计算砂性土的有效内摩擦角 φ'：

$$\varphi' = 5.77\ln\frac{p_L - p_0}{250} + 24 \quad (7)$$

8 扁铲侧胀试验

1）适用于黏性土、粉性土、松散—稍密的砂土和黄土等。

2）按下列公式计算钢膜片中心外移 0.05mm 时初始压力 p_0、外移 1.10mm 时压力 p_1 和钢膜片中心回复到初始外移 0.05mm 时的剩余压力 p_2：

$$p_0 = 1.05(A - Z_m + \Delta A) - 0.05(B - Z_m - \Delta B) \quad (8)$$

$$p_1 = B - Z_m - \Delta B \quad (9)$$

$$p_2 = C - Z_m + \Delta A \quad (10)$$

式中 Z_m——未加压时仪表的压力初读数（kPa）；
A——钢膜片中心外扩 0.05mm 时的压力（kPa）；
B——钢膜片中心外扩 1.10mm 时的压力（kPa）；
C——钢膜片中心外扩后回复到 0.05mm 时的压力（kPa）；
ΔA——率定时（无侧限），钢膜片中心膨胀至 0.05mm 时的气压实测值（kPa）；
ΔB——率定时（无侧限），钢膜片中心膨胀至 1.10mm 时的气压实测值（kPa）。

根据 p_0、p_1、p_2 计算下列扁铲指数：

$$I_D = (p_1 - p_0)/(p_0 - u_0) \quad (11)$$

$$K_D = (p_0 - u_0)/\sigma'_{vo} \quad (12)$$

$$E_D = 34.7(p_1 - p_0) \quad (13)$$

$$U_D = (p_2 - u_0)/(p_0 - u_0) \quad (14)$$

式中 I_D——侧胀土性指数；
K_D——侧胀水平应力指数；
E_D——侧胀模量（kPa）；
U_D——侧胀孔压指数；
u_0——静水压力（kPa）；
σ'_{vo}——试验点有效上覆压力（kPa）。

3）扁铲侧胀试验的应用尚不广泛，目前各地正处于试验阶段，应与其他测试方法配套使用，逐步形成成熟的地区经验。

9 波速测试

1）波速测试包括单孔法、跨孔法和面波法。

2）可按下式计算土层的动剪变（切）模量 G_d 和动弹性模量 E_d：

$$G_d = \rho v_s^2 \quad (15)$$

$$E_d = 2(1+\nu)\rho v_s^2 \quad (16)$$

式中 ν——土的泊松比；
ρ——土的质量密度，$\rho = \frac{\gamma}{g}$（γ 为土的天然重力密度，g 为重力加速度）（g/cm^3）；
v_s——剪切波速（m/s）。

3）可按下式计算场地地基土的卓越周期：

$$T = \sum_{i=1}^{n}\frac{4H_i}{v_{si}} \quad (17)$$

式中 T——场地地基土的卓越周期（s）；
H_i——第 i 层土的厚度（m）；
v_{si}——第 i 层土的剪切波速（m/s）；
n——准基岩面以上土层数。

8 岩土工程评价

8.1 场地稳定性评价

8.1.1 高层建筑其破坏后果是很严重的，因而应充分查明影响场地稳定性的不良地质作用，评价其对场地稳定性的影响程度，不良地质作用主要是指岩溶、滑坡、崩塌、活动断裂、采空区、地面沉降和地震效应等。

8.1.2 规定了对具有直接危害的不良地质作用地段，不应选作高层建筑建设场地。对具有不良地质作用，但危害较微，经技术经济论证可以治理且别无选择的地段，可以选做高层建筑场地，但应提出防治方案，采取安全可靠的治理措施。

8.1.3 本条提出了高层建筑场地稳定性评价应符合的要求：

1 参照了现行国家标准《建筑抗震设计规范》GB 50011 第 4.1.9 条内容。

2 规定了抗震设防烈度为 8 度和 9 度、场地内存在全新活动断裂和发震断裂，其土层覆盖厚度分别小于 60m 和 90m 时为浅埋断裂，高层建筑应避开，避让的最小距离应按现行国家标准《建筑抗震设计规范》GB 50011 的规定确定。

3 是对非全新活动断裂而言，可忽略发震断裂错动对高层建筑的影响，高层建筑场地可不用避开。但断裂破碎带情况，应查明并采取相应的地基处理措施。

4 高层建筑应避开活动地裂缝，在我国西安和大同等地区地裂缝活动强烈，地裂缝的安全距离和应采取的措施有地方专门性的勘察和设计规程，可供参照执行。

5 是关于地面沉降的，强调在地面沉降持续发展地区，应搜集已有资料，预测地面沉降发展趋势，提出应采取的措施。

8.1.4 是针对位于斜坡地段的高层建筑场地的稳定性评价；滑坡对工程安全具有严重威胁，滑坡能造成重大人身伤亡和经济损失，因此，明确规定高层建筑场地不应选在滑坡体上。拟建场地附近存在滑坡或有滑坡可能时，应进行专门滑坡勘察。

位于斜坡坡顶和坡脚附近的高层建筑，应考虑边坡滑动和崩塌的可能性，评价场地整体稳定性。确定安全距离，确保高层建筑安全。

8.1.5 本条所指的有利地段、不利地段或危险地段按现行国家标准《建筑抗震设计规范》GB 50011 的规定确定，高层建筑场地应选择在抗震有利地段，不应选择在抗震危险地段，避开不利地段，当不能避开时，应采取有效措施。

8.1.6 本条明确抗震设防地区应确定建筑场地类别，抗震设防烈度为 7～9 度地区，均应进行饱和砂土和粉土的液化判别和地基处理，6 度地区一般不进行判别和处理。

8.2 天然地基评价

8.2.1 本条明确了天然地基分析评价应包括的基本内容：

1 场地稳定性评价主要是指对各种不良地质作用，包括：断裂、地裂缝、滑坡、崩塌、岩溶、土洞塌陷、建筑边坡等影响场地整体稳定性的岩土工程问题进行评价，并作出明确结论；地基稳定性主要是指因地形、地貌或设计方案造成建筑地基侧限削弱或不均衡，而可能导致基础整体失稳；或软弱地基、局部软弱地基如暗浜、暗塘等，超过承载能力极限状态的地基失稳，此时应进行稳定性验算、或提请设计进行整体稳定性验算，并提供预防措施建议。

2 地基均匀性判断，是地基按变形控制设计的基础，故应根据本规程 8.2.4 条的规定，对地基均匀性作出定性和定量的评价。

3 根据地基条件、地下水条件、高层建筑的设计方案和可能采取的基础类型，采用载荷试验、理论计算、原位测试（静力触探、动力触探、旁压试验）等多种方法，结合地区经验提供各土层的地基承载力特征值，并明确其使用条件，如所提供承载力是否满足变形要求、软弱下卧层要求等。

4 预测建筑地基的变形特征，是因高层建筑地基设计主要是按变形控制的设计原则和国标《岩土工程勘察规范》GB 50021 强制性条文的要求提出，变形特征包括高层、低层建筑地基的总沉降量、差异沉降、倾斜等。通过变形特征的分析、预测，方可验证所提地基基础方案建议是否真正可行、所提各种变形参数是否切合实际。提供计算沉降的有关参数，具体的评价要求见本规程 8.5 节。

5 建议高层建筑地基基础方案主要包括地基基础类型、持力层和基础埋深等内容。在进行地基基础方案分析时，应当考虑满足承载力、变形和稳定性、包括抗震稳定性的允许值的要求，位于岩石地基上的高层建筑，其基础埋深应满足抗滑要求。

6 本款是根据国家标准《建筑抗震设计规范》GB 50011 的强制性条文对岩土工程勘察提出的要求。要求中的地震稳定性包括断裂、滑坡、崩塌、液化和震陷等。

7、8 两款的分析评价要求分别见本规程 8.6、8.7 两节。

8.2.2 在近十年的工程勘察实践中，只着眼于地基，忽略宏观的场区环境、地基整体稳定性分析评价的情况还不时出现，因此必须引起重视。

我国在 20 世纪 80 年代以前的"高层建筑"多数为 20 层以下的单体建筑，基础埋深往往不超过 10m，故地基分析的工况相对简单，我国 1990 年前后颁布的国家或地方标准基本以该时期的资料为依据。90 年代以来，现代城市建设中的高层建筑除高度显著增大，致使基础影响深度加大外，还常包括多层、低层附属建筑，以及纯地下建筑（如地下车库），由此造成建筑地基周围的应力边界条件发生变化；其次，基础埋深的显著增加，在某些地区有可能遇到多层地下水等以前未曾遇到的问题。因此，现代高层建筑的岩土工程分析必须有针对性地分析相关各种条件的变化，在工程分析中考虑其影响，才有可能正确地进行工程判断并提供有效的专业建议。应特别注意的一些明显问题在第 8.2.3～8.2.6 条中加以指明。

8.2.4 虽然地基均匀性判断不是精确的定量分析，而且随着计算机应用和分析软件的普及，差异沉降变形的分析都可方便快捷地进行，但地基均匀性评价仍有其积极的指导作用，尤其是地貌、工程地质单元和地基岩土层结构等条件具有重要的控制性影响，往往会被忽视或轻视。

地基明显不均匀将直接导致建筑的倾斜、影响电梯正常运行，即使采用桩基也发生过明显倾斜问题。

根据编制前征求的使用意见，本次修订取消了部分使用效果不理想的内容（如根据$\overline{E}_{s1}$、$\overline{E}_{s2}$的判断方法），并结合工程实践进行了适当补充。另根据征求意见，保留原规程 JGJ 72—90 的部分内容，如"直接持力层底面或相邻基底标高的坡度大于10%"、"直接持力层及其下卧层在基础宽度方向上的厚度差值大于 $0.05b$（b为基础宽度）"，强调中—高压缩性地基，因为将该标准用于低压缩性地基意义不大。

表 8.2.4 列出的"地基不均匀系数界限值 K"借鉴了北京地区的一种定性评价地基不均匀性的定量方法，可作为初判地基是否均匀、是否需要进一步做分析沉降变形的依据。在制定北京地区技术标准过程中，曾统计了 27 项在相同地貌和工程地质单元内建造的工程，最早是按照最大、最小沉降比值（S_{max}/S_{min}）评价地基的不均匀性，并确定了工程判断的临界值。因其获得的是经过建筑结构刚度调整后的数值，需要事先知道荷载分布和基础尺寸，还要进行协同计算，这在勘察阶段不能实现，故修订时改用压缩模量当量，并选择了 11 项工程进行了检验（包括多层—高层建筑和构筑物）。该不均匀系数 K 指地基土本身满足规定的勘察精度条件下的土的压缩性不均匀，不包括结构调整、设计计算和施工误差的影响。《北京地区建筑地基基础勘察设计规范》DBJ—01—501 中各钻孔压缩模量当量值 $\overline{E}_s$ 平均值的最高档原定为大于 15MPa，在应用中不够合理，故经对验算资料的情况分析，调整为大于 20MPa，偏于保守（严格）一侧。

8.2.5 因地基破坏模式的问题，目前高层建筑天然地基承载力的确定尚没有固定的模式或方法，因此本规程强调采用多种手段方法进行综合判断。当高层建筑设有多层、低层附属建筑和地下车库时，为减小差异沉降可能采用条形基础或独立基础，此时通过现场试验和对其地基极限承载力进行验证是很有必要的。

8.2.6 高层建筑周边的多层—低层附属建筑或纯地下车库的基底平均压力可能显著小于基底标高处的土体自重应力，使地基处于超补偿应力状态，从而造成高层建筑地基侧限（应力边界条件）的永久性削弱。因此，在地基承载力分析（深宽修正）、建筑地基整体稳定性分析时应注意考虑其影响。

如果高层建筑周边的低层裙房跨度不大、且与高层建筑有刚性连接，则高层建筑的荷载可以传递到裙房部分，使裙房基底压力接近或大于基底标高处的土体自重压力，计算裙房地基承载力时，应考虑其影响。

地基变形控制是绝大多数高层建筑确定地基承载力的首要原则。通过减小基础尺寸来加大附属建筑物基底压力，从而减小附属建筑与高层建筑之间的差异沉降是工程实践中的一种常规办法，但必须仔细核算其地基的极限承载力，确保地基不会发生强度破坏。

8.2.7 本条继续保留了评价计算地基极限承载力的方法（原规程 JGJ 72—90 式 6.2.3—1），这是因为：

1 它符合国际上通行的极限状态设计原则，例如《欧洲地基基础规范》EUROCODE7 就规定了承载力系数与本规程完全相同的极限承载力公式；但换算为设计承载能力时，不是除以总安全系数，而是根据材料特性除以分项安全系数 γ_m，对 $\tan\varphi$，$\gamma_m = 1.2 \sim 1.25$；对 c'、c_u，$\gamma_m = 1.5 \sim 1.8$，但计算是采用有效强度 c'、φ'。

2 对于高层建筑附属裙房或低层建筑的地下室，当采用条形基础或独立基础时，由于其埋深从室内地面高程算起埋深小，此时应验算其极限承载力能否满足要求。

3 验算地基稳定性和基坑工程抗隆起稳定性，实质上就是验算地基极限承载力能否满足要求。

4 本次修订对原规程 JGJ 72—90 极限承载力计算方法（列入附录 A）提出了以下补充和要求：

1）式（A.0.1）主要是计算实际基宽和埋深下的地基极限承载力。当需用地基极限承载力除以安全系数计算某土层的地基承载力、要与按浅层平板载荷试验所得地基承载力进行对比、以综合判定该土层的承载力特征值 f_{ak} 时，则宜按基础埋深 $d=0$m，基础宽度按承压板宽度，以模拟基底压力作用于半无限体表面的载荷试验，安全系数 K 可取 2。

2）对地基中有多层地下水时的土层重度计算问题。通过工程实际观测结果和经验判断，如果一律按表层地下水考虑，计算的地基承载力可能偏小、地基沉降偏大，造成结论不合理，导致不必要的投资浪费。

3）在进行深宽修正时，须结合具体的基础结构形式、侧限条件、土方工程施工顺序等考虑有关参数的确定。

4）由于高层建筑箱基和筏基平面尺度大，基础影响深度大，地基持力层往往并非单一土层，而可能是多层土的组合。在选取抗剪强度 c_k、φ_k 时，应从安全角度出发，综合考虑剪切面所经过各土层及"上硬下软"或"上软下硬"等情况后，取能代表组合持力层的、合理的代表值进行计算。

5）考虑到勘察等级为甲级的高层建筑的重要性，且根据国家标准《建筑地基基础设计规范》GB 50007，规定抗剪强度的试验方法应采用三轴压缩试验，并应考虑试验土层的排水条件，详见本规程 6.0.2 条，但用于计算的取值，不仅根据试验结果，还应考虑实际工况和地区经验。

基础形状修正系数 ζ_r、ζ_q、ζ_c 沿用原规程 JGJ 72—90 的系数，即 De Beer（1976）在试验基础上得出的结果。

8.2.8 西方国家采用旁压试验进行基础工程评价有较长的时间，不同国家的专家学者也提出过多种方法。但在天然地基承载力和地基沉降计算方面，外国的评价公式主要基于小尺寸的建筑基础，计算方式也较复杂。本次修订中经过比较，参照上海地区经验，选择了对极限压力和临塑压力的统计分析方法，与通过国内地基规范确定的地基承载力或已有经验进行对比，提出利用旁压试验结果分析确定单一岩性地层地基承载力特征值的建议。

旁压试验目前在国内使用得还不广泛，但更多地采用原位测试是勘察行业的一个发展方向。本次的统计资料源于上海、西安和北京地区12个在地基条件方面具有一定代表性的工程，尽管在统计规律上具有相似的规律性，但尚缺少西南、华南、东北等地区的代表性试验数据。因此，作为全国性的规程，本次修订时的分析结果的覆盖面还不是十分充分。有鉴于此，同时考虑地区经验亟待进一步积累和行业发展方向，一是提出具体承载力表的时机还不成熟，二是应鼓励岩土工程师的实践总结、发挥创造性，各地一方面应进一步积累旁压试验资料及工程使用中的经验，另一方面在使用旁压试验时应结合其他测试评价方法，综合验证工程判断。

在根据旁压试验成果的分析应用中，临塑压力法和极限压力法是目前国内常用的确定地基承载力的方法，不同地区在应用中不同程度地积累了一定的经验，如上海已纳入到新修编的上海地方标准《上海市岩土工程勘察规范》DBJ 08—37（以下简称上海规范）当中。一些行业规程中也有相应的规定或建议。本规程修订过程中，采用了临塑压力法和极限压力法，按照不同岩性、不同地区进行了综合统计分析和比较，也同已有的承载力标准值进行了对比。

条文中的旁压试验曲线上的初始压力 p_0，临塑压力 p_f 和极限压力 p_L 其物理意义见图3。

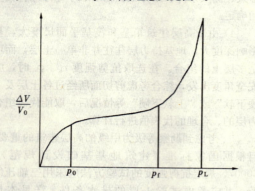

图3 旁压试验典型应力与应变关系曲线

1 本次修订过程中共搜集到上海地区、西安地区、北京地区12项工程的旁压试验资料，全部采用预钻式旁压仪。经筛选分析，纳入计算、统计、比较的旁压数据共278组，涉及的钻孔深度在1~100m。上述工程的地理位置和测试地层的地貌条件见表9和表10，旁压试验压力随深度变化散点图参见图4~图6。

表9 工程名称和地貌、地层条件

序号	工程名称	测试地貌地层条件	地区
1	中日友好医院	北京平原永定河冲洪积扇中—中下部	北京
2	外交部住宅楼		
3	昆仑饭店		
4	外交公寓楼		
5	浦东廿一世纪大厦	滨海河湖相	上海
6	上海龙腾广场		
7	上海地铁3号线		
8	上海国际金融大厦		
9	环球金融中心		
10	西安电缆厂高层住宅楼	渭河冲积阶地相	西安
11	西安大雁塔		
12	陕西省旅游学校校址		

表10 各工程旁压试验数量和深度

地点	工程项目数量	旁压数据量（组）	测试深度范围（m）
上海	5	112	2~100
西安	3	52	1~24
北京	4	114	2.5~46

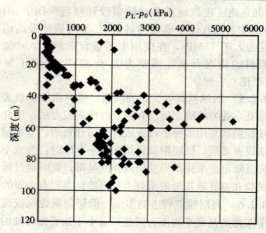

图4 上海地区（PMT可求出 p_L）

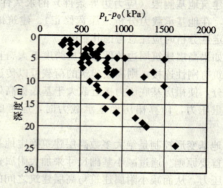

图5 西安地区（PMT未全部求出 p_L）

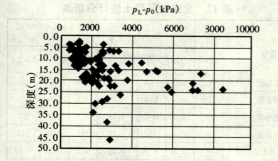

图 6 北京地区（PMT 可求出 p_L）

2 为求得临塑压力计算地基承载力特征值时的修正系数 λ 和通过旁压极限承载力分析地基承载力特征值时的安全系数 K，对三个地区的数据进行统计分析，主要结果如下：

1) 上海地区

上海数据分析情况：

① 上海规范对旁压试验确定地基承载力已有规定，即对于黏性土、粉土和砂土，λ 取值 0.7～0.9，K 取值 2.2～2.7。本次统计结果与上述规定基本吻合。

② 图 7～9 为针对不同土类，采用旁压临塑压力和旁压极限压力计算结果的对比图。根据对比图，黏性土 K 在 2.2～2.7，粉土和砂土的 K 值在 2.4～3.3。

③ 从本次统计结果看，根据旁压测试结果确定的上海地区砂土层的承载力较高，主要是由于本次所统计的测试数据相应的地层深度较大。所有统计样本中，小于 30m 的仅有 2 组，其余都超过了 30m，其中 30m 至 50m 的数据为 8 组，50m 以上的数据有 33 组。由于深层砂土的旁压试验结果值一般均很高，由此计算得出的承载力值也很高，因此除根据旁压测试外，尚应结合其他方法和地区经验综合确定承载力。

2) 西安地区

西安地区资料中的粉土测试数据较少且不够完整，故仅选取黏性土和砂土进行分析。

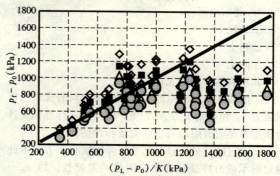

图 9 上海地区砂土

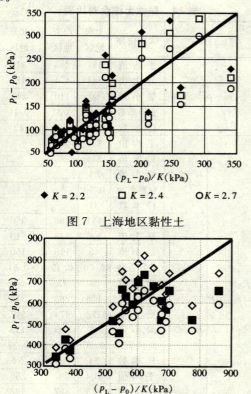

图 7 上海地区黏性土

图 8 上海地区粉土

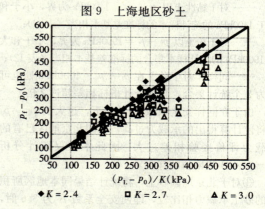

图 10 西安地区黏性土

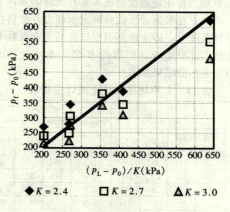

图 11 西安地区砂土

西安数据分析情况：

①从西安地区 3 个工程 52 组试验结果看，采用旁压试验确定地基承载力的规律性较好，黏性土承载力特征值在 100～500kPa，与原《建筑地基基础设计规范》GBJ 7 给出的黏性土承载力基本值的范围值基本一致。因此根据旁压临塑压力（取 $\lambda=1$）直接确定承载力特征值是可行的，根据旁压极限压力确定承载力特征值时，K 可取值为 2.7 左右。

②西安地区的砂土样本较少，并且与北京和上海地区相比较，测试深度浅，在 4～5m 以内，由此得出的承载力也低得多。

3）北京地区
①黏性土
②粉土
③砂土

北京数据分析情况：

①所搜集整理北京地区旁压试验资料的成果以极限压力 p_L 和初始压力 p_0 为主，因此本次计算和统计分析主要是对极限压力法的验证和评估。

②通过统计分析，北京地区旁压试验压力和由此确定的承载力特征值都具有明显的差异性。以 p_L-p_0 的结果为例：

——对于黏性土以 $p_L-p_0=1400$kPa 为界，小于和大于 1400kPa 的统计样本的标准差基本相当（表 11）；

——对于粉土以 $p_L-p_0=1900$kPa 为界，小于和大于 1900kPa 的统计样本集合的标准差基本相当（表 12）；

——同样，对于砂土在 $p_L-p_0=4000$kPa 处也可分为 2 个统计集合，且各统计指标相差超过 2 倍。

由于在同样安全系数 K 条件下，过大的 p_L-p_0 值将使计算得出的承载力过高，且同北京地区已有的承载力评价经验相差过大，因此本次仅统计分析 p_L-p_0 小于界限值的样本。

③对于北京地区砂土，将统计结果同本地区所积累的砂土承载力相比较，即使安全系数 K 为 3.6 时，根据旁压试验所得到的承载力仍然较高。由于北京地区砂土承载力是在定量控制地基差异沉降的条件下确定的，因此，在根据旁压试验确定承载力并严格控制地基差异沉降时，砂土地基需要较高的安全系数 K。

④按上述原则统计得到的 K 值与本次统计的上海及西安地区的结果基本一致。

表 11 北京地区黏性土统计分析表

统计指标	p_f-p_0 深度<30m	p_f-p_0 深度≥30m	p_L-p_0 <1400	p_L-p_0 ≥1400	$(p_L-p_0)/(p_f-p_0)$	$(p_L-p_0)<1400$时的 $f_{ak}=(p_L-p_0)/K$ $K=2.4$	$K=2.7$	$K=3.0$
平均值	310	779	842	1863	2.2	356	316	285
最大值	423	642	1370	2347	2.7	615	547	492
最小值	217	947	360	1477	1.9	150	133	120
标准差	59.3	—	257	291	0.26	112	99.6	89.6
变异系数	0.19	—	0.31	0.16	0.12	0.31	0.32	0.31
样本数	12	4	54	19	16	54	54	54

表 12 北京地区粉土统计分析表

统计指标	p_f-p_0 <1900	p_f-p_0 ≥1900	p_L-p_0 <1900	p_L-p_0 ≥1900	$(p_L-p_0)/(p_f-p_0)$	$(p_L-p_0)<1900$时的 $f_{ak}=(p_L-p_0)/K$ $K=2.7$	$K=3.0$	$K=3.3$
平均值	414	1173	1335	2349	2.12	495	445	405
最大值	—	1319	1830	2800	2.75	678	610	555
最小值	—	1039	665	1900	1.76	246	222	205
标准差	—	—	384	310	0.47	142	128	116
变异系数	—	—	0.29	0.13	0.22	0.29	0.29	0.29
样本数	1	3	14	5	4	14	14	14

表 13 北京地区砂土统计分析表

统计指标	p_f-p_0 <4000	p_f-p_0 ≥4000	p_L-p_0 <4000	p_L-p_0 ≥4000	$(p_L-p_0)/(p_f-p_0)$	$(p_L-p_0)<4000$时的 $f_{ak}=(p_L-p_0)/K$ $K=3.0$	$K=3.3$	$K=3.6$
平均值	1155	2912	2563	5665	2.06	854	777	712
最大值	1267	3888	3811	7645	2.60	1270	1155	1059
最小值	934	1944	1854	4060	1.71	618	562	515
标准差	—	—	630	1156	0.29	210	191	175
变异系数	—	—	0.25	0.20	0.14	0.25	0.25	0.25
样本数	3	4	11	10	7	11	11	11

3 综合上海、西安、北京三地资料，对不同岩性进行统计对比情况如表 14～表 16：

表 14 黏性土综合对比表

指 标	统计指标	上海地区	西安地区	北京地区
(p_f-p_0)	平均值	137	265	310
	最大值	341	474	423
	最小值	60	110	217
	变异系数	0.49	0.37	0.19
	样本数	34	42	12
$f_{ak}=(p_L-p_0)/K$	平均值	143		
$K=2.2$	最大值	334		
	最小值	53		
	变异系数	0.50		
	样本数	34		
$K=2.4$	平均值	131	296	356
	最大值	306	533	615
	最小值	48	115	150
	变异系数	0.50	0.35	0.31
	样本数	34	42	54
$K=2.7$	平均值	116	263	316
	最大值	272	474	547
	最小值	43	103	133
	变异系数	0.50	0.35	0.32
	样本数	34	42	54
$K=3.0$	平均值	104	237	285
	最大值	245	427	492
	最小值	39	92	120
	变异系数	0.50	0.35	0.31
	样本数	34	42	54

表15 粉土综合对比表

指标		统计指标	上海地区	西安地区	北京地区
(p_f-p_0)		平均值	594		414
		最大值	859		
		最小值	340		
		变异系数	0.23		
		样本数	18		1
$f_{ak}=$ $(p_L-p_0)/K$	$K=2.4$	平均值	641		556
		最大值	821		763
		最小值	388		277
		变异系数	0.20		0.29
		样本数	18		14
	$K=2.7$	平均值	570		495
		最大值	730		678
		最小值	344		246
		变异系数	0.22		0.29
		样本数	18		14
	$K=3.0$	平均值	513		445
		最大值	657		610
		最小值	310		222
		变异系数	0.20		0.29
		样本数	18		14
	$K=3.3$	平均值			405
		最大值			555
		最小值			205
		变异系数			0.29
		样本数			14

表16 砂土综合对比表

指标		统计指标	上海地区	西安地区	北京地区
(p_f-p_0)		平均值	1004	357	1155
		最大值	1759	640	1267
		最小值	345	200	934
		变异系数	0.35	0.44	—
		样本数	35	6	3
$f_{ak}=$ $(p_L-p_0)/K$	$K=2.7$	平均值	951	345	949
		最大值	1354	552	1411
		最小值	390	239	687
		变异系数	0.23	0.33	0.25
		样本数	35	6	11
	$K=3.0$	平均值	760	310	854
		最大值	1083	497	1270
		最小值	312	215	618
		变异系数	0.23	0.34	0.25
		样本数	35	6	11
	$K=3.3$	平均值	691		777
		最大值	984		1155
		最小值	283		562
		变异系数	0.23		0.25
		样本数	35		11
	$K=3.6$	平均值			712
		最大值			1059
		最小值			515
		变异系数			0.25
		样本数			11

由$(p_L-p_0)/(p_f-p_0)$得出K值的统计结果可比性较强，表明各地旁压曲线p_0、p_f和p_L之间的比例关系是基本一致的。

本次根据计算统计结果、已有的工程经验，建议在根据旁压试验极限压力分析地基承载力特征值时，安全系数K取值范围为2.0～4.0，不同土层岩性的K值范围值参见表17。由于统计工程的基础设计资料不完整，无法正确分析深宽修正后的地基承载力特征值f_a，因此上述K值不得低于2，并应根据各地情况、经验和其他评价方法不断总结，综合确定地基承载力。

表17 极限承载力安全系数 K 取值建议

土层岩性	K	土层岩性	K
黏性土	2.0～2.4	砂 土	2.7～4.0
粉 土	2.3～3.3		

上海规范对临塑修正系数（相当于λ）规定为0.7～0.9。因缺少对比资料，本次统计分析未对λ的取值进行分析，但认为按照不大于1计算是合理和安全的。

采用临塑压力法及极限压力法估算地基承载力特征值的方法可行，计算结果基本合理，说明旁压试验是综合评价地基承载力的一种有效方法之一，但在具体工程应用中，应采用多种不同方法进行对比分析，并积累各地区的地区经验。

除对地基承载力的确定的分析外，本次修订原拟研究各地E_m的统计规律，并通过计算来验证估算沉降的适用性。但目前所搜集的资料中，具体的建筑荷载、基础尺寸和埋深不甚清楚，更缺少必要的沉降观测数据，同时各地勘察资料中的常规压缩模量的试验方法也不统一，无法进行有效的归类的统计分析，故放弃了采用旁压试验结果直接或间接估算天然地基沉降的方法的研究。

8.2.9 当场地、地基整体稳定，高层建筑建于完整、较完整的中等风化—微风化岩体上时，可不进行地基变形验算，但岩溶、断裂发育等地区应仔细论证。

岩土层的渗透性关系到如何计算土层重力密度（即是否按浮重力密度考虑），将直接影响基底附加压力值的确定和计算出的地基沉降量，对此应注意分析总结。

8.2.10 关于按变形模量E_0计算地基沉降，是沿用了原规程JGJ 72—90的规定，本次修订作了一些修改后列入附录B，现对有关问题作如下说明：

1 式（B.0.1）是由前苏联 K.E 叶戈洛夫提出（见 Π.Γ 库兹明《土力学讲义》高等教育出版社，1959），该式的沉降应力系数是按刚性基础下，考虑了三个应力分量（σ_x、σ_y 和 σ_z）而得出，因而土的侧胀受一定条件的限制。高层建筑的箱形或筏形大基础，在与高层建筑共同作用下刚度很大，因而用该式计算沉降是合适的。由于是按刚性基础计算而得，计算所得地基沉降是平均沉降。对于一些不能准确取得压缩模量 E_s 值的岩土，如碎石土、砂土、粉土、含碎石、砾石的花岗岩残积土、全风化岩、强风化岩等，均可按本式进行计算。根据大量工程对比，计算结果与实测沉降比较接近，作为对国家标准《建筑地基基础设计规范》GB 50007 的补充列入本规程。

2 按式（B.0.1）计算时，采用基底平均压力 p，而不是用附加压力 p_0。这是考虑高层建筑的筏形、箱形基础埋置深，往往处于补偿或超补偿状态，即 p_0 很小，甚至 $p_0<0$，出现负值，但在平均压力 p 作用下并非不发生沉降。且往往会超过回弹再压缩量，且按 p 值计算结果与实测沉降接近。

3 关于地基变形模量 E_0 值，各地区对各类土都进行过大量载荷试验，或用标准贯入试验击数 N 与 E_0 值（广东省标准、深圳市标准《地基基础设计规范》），或圆锥动力触探击数 $N_{63.5}$ 与 E_0 建立了经验关系（辽宁省标准《建筑地基基础设计规范》），且国内许多岩土工程勘察单位均可按设计要求提供 E_0 值。本次修订时取消了原规程 JGJ 72—90 中对于一般黏性土、软土、饱和黄土，用反算综合变形模量计算沉降的公式，这主要考虑到这一关系式的代表性有限。原规程 JGJ 72—90 中，对于一般黏性土、软土、饱和黄土，当未进行载荷试验时，可用反算综合变形模量 $\overline{E_0}$ 按 $s=\frac{ph\eta}{\overline{E_0}}\sum_{i=1}^{n}(\delta_i-\delta_{i-1})$ 计算沉降，式中 $\overline{E_0}=\alpha\overline{E_s}$，$\overline{E_s}$ 为当量模量，α 系通过 25 栋高层建筑实测沉降分析统计而得，$\alpha=0.3855\overline{E_s}-0.1503$，相关系数 $\gamma=0.965$，$n=25$。各地区可按此方法建立本地区的经验关系式，或建立本地区的沉降经验系数 Ψ_s。

4 关于沉降计算深度 $Z_n=(Z_m+\zeta b)\beta$，是根据建研院已故何颐华先生《大基础地基压缩层深度计算方法的研究》一文而提出，该式的特点是考虑了土性不同对压缩层的影响，其计算的 Z_n 值与实测压缩层深度作过对比，并作过修正。按表 B.0.2—2 确定 β 值时，若地基土为多层土组成时，首先按 $Z_n=(Z_m+\zeta b)$ 确定其沉降计算深度，再按此深度范围内各土层厚度加权平均值确定 β 值。

本次修订时，增列了 $Z_n=b(2.5-0.4\ln b)$，该式是国标《建筑地基基础设计规范》GB 50007 以实测压缩层深度 Z_n 与基础宽度 b 的比值与 b 的关系分析统计而得，由于均是按实测压缩层深度分析后得到的，应该比较符合实际，故予列入，但经对比，后者较前者为深，在实际工程中需要考虑更为安全，可按后者计算。

8.2.11 通过标准固结试验指标、考虑土的应力历史计算土层的固结沉降是饱和土地区和国际上习惯的主要方法之一，为促进取样技术水平和土样质量的提高，满足国外设计企业越来越多地进入中国建设市场的需要，有必要继续采用该评价方法。

由于在瞬时（剪切变形）变形和次固结变形的评价方面，尚无统一的普遍适合各地区的方法，故本规程仅限于以主固结为主的地基条件。

关于正常固结的确定，不同学者的观点和考虑不尽相同（$OCR=1\sim2$）。综合考虑后按 OCR 略高于理论值（1.0）确定，并结合地区经验进行修正和判断，但在工程实践中，首要的影响因素是取样的质量（包括取样、包装、防护和运输条件）。

8.2.12 根据本次修订前征求的意见，原规程 JGJ 72—90 中 6.2.7 条建议的方法在实施时有困难（经验系数的确定）。实际工程中对倾斜的预测与很多因素有关，如地层分布、建筑荷载分布（包括大小和平面分布）及基础结构刚度、施工顺序等。由于近年计算机性能的快速提高和相关商业化软件的增多，可以在勘察阶段的沉降计算分析中考虑地层条件与建筑荷载条件，以较快捷地计算不同地层条件与荷载分布情况下基底不同位置的沉降。按照统计实测资料，结构刚度不同的基础整体挠度约在万分之一至万分之四，对沉降值影响较大，但对建筑整体倾斜的影响与地层及荷载的分布相比较小，故根据角点地基沉降计算建筑物整体倾斜可以作为一种判断的方法。重要的是要采用合理划分的地层及相关参数，在计算中考虑建筑荷载的分布（包括相邻建筑影响）。对建筑物整体倾斜的计算结果，应在地区实测资料进行对比的基础上进行判断。

8.3 桩基评价

8.3.1 主要提出桩基工程分析评价及计算所需的基本条件以及主要工作思路，特别指出土体的不均匀性、软土的时间效应和不同施工工况造成土性参数的不确定性的特点，强调搜集类似工程经验的重要性。

8.3.2 本条是对桩基分析评价的主要内容提出要求。其中第 1~4 款均为基本内容，一般勘察报告均应包括。

8.3.3 当工程需要且具备条件时，提倡按岩土工程要求进行桩基分析、评价和计算。分析评价中应结合场地的工程地质、工程性质以及周围环境等条件，做到重点突出、针对性强、评价结论有充分依据、确切合理、提供建议切实可行。

8.3.4~8.3.5 基本内容与原规程 JGJ 72—90 中第 6.3.1~6.3.2 条相同，仅修改了部分提法。

8.3.6 关于判断沉桩可能性，是桩基分析中常遇到的问题，如何分析评价，是一个复杂的问题，有岩土组成的力学特性、桩身强度、沉桩设备等诸多因素，一般宜在工程桩施工前进行沉桩试验，测定贯入阻力（指压入桩）、总锤击数、最后一米锤击数及贯入度

（指打入桩）或在沉桩过程中进行高应变动力法试验（指打入桩），测定打桩过程中桩身压应力和拉应力等，以评定沉桩可能性、桩进入持力层后单桩承载力的变化以及其他施工参数。

近年来沉桩工艺有所改变，大能量 D80、D100 柴油锤在工程中使用较多，常用的柴油锤性能及使用桩型等可参考表 18。

除常规的采用打入式外，在一些大城市采用静力压桩工艺沉桩，其优点避免了锤击沉桩的噪声、振动，同时由于目前压桩机械的改进和压桩能力提高，在上海等一些地区已有 900t 的全液压静力压桩机，部分液压静力压桩机的主要参数可参考表 19。

表 18 锤重选择参数表

锤 重		柴油锤（kN）						
		25	35	45	60	72	D80	D100
锤的动力性能	冲击部分重（kN）	25	35	45	60	72	80	100
	总重（kN）	65	72	96	150	180	170	200
	冲击力（kN）	2000~2500	2500~4000	4000~5000	5000~7000	7000~10000	>10000	>12000
	常用冲程（m）	1.8~2.3					2.1~3.1	
适用的桩规格	预制桩、预应力管桩的边长或直径（mm）	350~400	400~450	450~500	500~600	≥600	≥600	≥600
	钢管桩直径（mm）	400		600	≥600	≥600	≥600	≥600
持力层	黏性土 一般进入深度（m）	1.5~2.5	2~3	2.5~3.5	3~4	3~5		
	静力触探比贯入阻力 p_s 平均值（MPa）	4	5	>5	>5	>5		
	砂土 一般进入深度（m）	0.5~1.5	1~2	1.5~2.5	2~3	2.5~3.5	4~8	8~12
	标准贯入击数 $N_{63.5}$ 值（击）	20~30	30~40	40~45	45~50	>50	>50	>50
锤的常用控制贯入度（cm/10 击）		2~3		3~5	4~8		5~10	7~12
单桩极限承载力（kN）		800~1600	2500~4000	3000~5000	5000~7000	7000~10000	>10000	>10000

表 19 液压静力压桩机的主要技术参数

参数 项目		型号 单位	YZY-100	YZY-150	YZY-200	YZY-300	YZY-400	YZY-450	YZY-500	YZY-600	JNB-800	JNB-900
大身	横向行程（一次）	m	2.4	2.4	2.5	3	3	3	3	3	3	3
	纵向行程（一次）	m	0.6	0.6	0.6	0.5	0.5	0.5	0.5	0.5	0.5	0.6
	最大回转角	°	20	20	20	18	18	18	18	18	20	20
纵横向行走速度	前行	m/min	3	3	3	2	2	2	1.8	1.8	1.8	2
	回程	m/min	6	6	6	4.2	4.2	4.2	4	4	4	4.2
最大压入力（名义）		kN	1000	1500	2000	3000	4000	4500	5000	6000	8000	9000
最大锁紧力		kN	—	—	—	7600	9000	10000	10000	10000	10000	10000
压桩截面	最大	m²	0.3×0.3	0.35×0.35	0.4×0.4	0.45×0.45	0.5×0.5	0.5×0.5	0.55×0.55	0.55×0.55	0.60×0.60	0.60×0.60
	最小	m²	0.2×0.2	0.25×0.25	0.3×0.3	0.4×0.4	0.4×0.4	0.4×0.4	0.40×0.40	0.40×0.40	0.45×0.45	0.45×0.45
油泵	系统压力	MPa	31.5	31.5	31.5	31.5	31.5	31.5	31.5	31.5	31.5	31.5
	最大流量	l/min	100	100	143	143	143	143	154	167	175	175
电机总功率		kW	55	55	77	85	85	85	92	100	110	110
接地比压	大船	t/m²	7.6	9.5	9.5	9.2	12.3	13.8	13.8	14.2	15.8	15
	小船	t/m²	10.8	11.6	11.6	9.8	13.1	14.7	15.7	17.5	16.6	16
整机	外形尺寸 长×宽×高	m	6×7.6×12	7.15×7.6×12	8×8×3	10.6×9×8.6	10.6×9×9	10.6×9×9	11×9×9.1	11.1×10×9.1	11.1×10×10	11.1×10×10
	自重	t	60	80	100	150	180	190	200	200	230	250
	配重	t	40	70	100	180	250	290	340	430	570	650
大身	外形尺寸 长×宽×高	m	7×2.2×1.7	7×2.2×1.7	7×2.2×1.7	10×3.5×0.9	10×3.5×1	10×3.5×1	10×3.5×1	10×3.5×1	10×3.5×2.3	10×3.5×2.3
	装运重量（包括牛腿）	t	18	22	30	45	50	50	55	60	58	60

8.3.7～8.3.8 这两条主要考虑高层建筑在城市施工中沉（成）桩对周围环境的影响以及相应的防治措施，也是目前城市环境岩土工程中所需要分析评价和治理的问题。需要指出的是，由于人工挖孔桩存在受地质条件限制、工人劳动强度大、危险性高、大量抽水容易造成周边建筑损害等缺陷，在过去采用挖孔桩最多的广东省，已于2003年5月正式下文限制使用人工挖孔桩。

8.3.9 单桩承载力应通过现场静载荷试验确定。采用可靠的原位测试参数进行单桩承载力估算，其估算精度较高，并参照地质条件类似的试桩资料综合确定，能满足一般工程设计需要；在确保桩身不破坏的条件下，试桩加载尽可能至基桩极限承载力状态。

基桩在荷载作用下，由于桩长和进入持力层的深度不同，其桩侧阻力和桩端阻力的发挥程度是不同的，因而桩侧阻力特征值和桩端阻力特征值，并非定值，或者说是一个虚拟的值。且单桩承载力特征值，无论是从理论上或从工程实践上，均是以载荷试验的极限承载力为基础，因此，本规程只规定了估算单桩极限承载力的公式，并规定按极限承载力除以总安全系数K的常规方法来估算单桩竖向承载力特征值（R_a），即式（8.3.9），按本规程所提出公式估算R_a时，其K值均可取2。

8.3.10 采用静探方法确定单桩极限承载力，被勘察人员和设计人员广泛使用，其估算值与实测值较为接近，故本次未作大的修改，保留引用原规程JGJ 72—90第6.3.5条的规定。

8.3.11 由于预制桩基的持力层通常都是硬质黏性土、粉土、砂土、碎石土、全风化岩和强风化岩，这些岩土，除黏性土外均很难取得不扰动土样，通过室内试验求得其压缩性、密实性等工程特性指标，而标准贯入试验是国际上通用的测试手段，在国内已有相当丰富的经验，故本规程提出用标准贯入试验锤击数与打入、压入预制桩各类岩土的极限侧阻力和极限端阻力建立关系，避免了取土扰动和不能取得不扰动试样的影响。由于标准贯入试验锤击数的修正方法随地区和土性各异，很难找到比较符合实际的修正系数，故本规程建表采用实测锤击数，现行国标《岩土工程勘察规范》GB 50021亦规定不修正。

国内外早有人提出了用标准贯入试验锤击数计算单桩极限承载力的公式，如Meyerhof（1976）提出的公式见《加拿大岩土工程手册》和我国贾庆山提出的公式。但这些公式经核算侧阻力计算结果明显偏小，端阻力未考虑随深度增加的影响，本规程未予采纳。

本规程中提出标准贯入试验锤击数$\overline{N}$与极限端阻力q_p的关系，主要是依据广东省标准《大直径锤击沉管混凝土灌注桩技术规程》DBJ/T 15—17建立的表，这里的"大直径"系指桩管直径为560～700mm的桩，它实际上相当于《建筑桩基基础规范》JGJ 94中的中等直径桩$250mm<d<800mm$，也是预制桩的通常范围。该表系采用修正后的标准贯入试验锤击数，本规程作了调整。该表是根据大量试桩资料和工程实例建立的，对有明显挤土效应的预制桩是适合的。

本规程提出的标准贯入试验锤击数$\overline{N}$与基桩极限侧阻力q_{sis}的关系表，其$\overline{N}$与黏性土状态关系是根据《工程地质手册》（第三版）N（手）与I_L的关系作了适当调整，$\overline{N}$与砂土密实度关系是按国标《建筑地基基础设计规范》GB 50007的标准划分，$\overline{N}$与粉土密实度的关系是根据广东省标准《建筑地基基础设计规范》DBJ 15—31划分。黏性土的状态、砂土的密实度确定后再与原《建筑地基基础设计规范》GBJ 7摩擦力标准值表对比，局部作了调整而提出，由于《建筑地基基础设计规范》GBJ 7已沿用很长时间，基础是可靠的。通过47根打入式预应力管桩或预制桩的静载试验对比，获得总的极限侧阻力、极限端阻力和单桩竖向极限承载力的实测值/计算值比值的标准值分别为0.983、1.111、1.042，总体而言实测值接近或略大于计算值，说明本规程所提出的两张表是可行的，且是偏于安全的。实测与计算详细比较情况见表20和图12～图14。

表20 总极限侧阻力、极限端阻力、单桩极限承载力的实测/计算比较

统计项目	总极限侧阻力 实测/计算	极限端阻力 实测/计算	单桩极限承载力 实测/计算
统计件数	47	47	47
最小值	0.71	0.73	0.82
最大值	1.46	1.78	1.42
平均值	1.03	1.17	1.08
标准差	0.18	0.23	0.159
变异系数	0.18	0.20	0.14
标准值	0.983	1.111	1.042

从图12看出，实测/计算比值0.8～1.2范围内（即误差±20%）的桩数占70.2%。

从图13看出，实测/计算比值0.8～1.2范围内（即误差±20%）的桩数占60%。

从图14看出，实测/计算比值0.8～1.2范围内（即误差±20%）的桩数占75%。

8.3.12 本条所称嵌岩灌注桩指桩身下部嵌入中等风化、微风化岩石一定深度的挖孔、冲孔、钻孔形成的钢筋混凝土灌注桩。

1 从受力机理上看，这种桩型的抗力应包括桩身在土层中的侧阻力、在岩石中的侧阻力和桩底的端

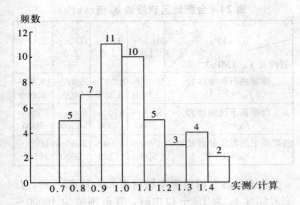

图12 47根桩单桩极限侧阻力实测与
计算比值频数分布

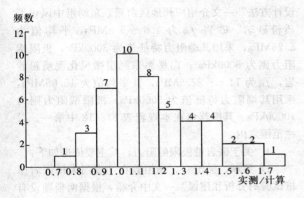

图13 47根桩单桩极限端阻力实测
与计算比值频数分布图

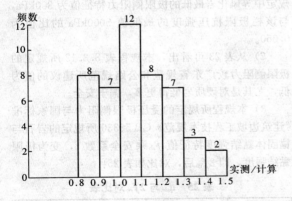

图14 47根桩单桩竖向极限承载力实测
与计算比值频数分布图

阻力三部分，故采用了式（8.3.12）的表达式。

2 岩石的侧阻力、端阻力决定于岩石风化程度、坚硬程度和完整程度三个因素。现根据深圳地区实测的559件岩样的饱和单轴极限抗压强度 f_{rk}，考查规程中表8.3.12所列三个因素是否合理、匹配。

表21 各类岩石饱和单轴抗压强度分类

风化程度	完整程度	岩石名称	岩石饱和单轴抗压强度 f_{rk}（MPa）		
			件数	范围值	标准值
中等风化	破碎	碎裂花岗岩、钙质砂岩	13	9.4～28.3	14.95
	较破碎	粗粒花岗岩	129	12.6～34.0	19.10
微风化未风化	较完整	粗粒花岗岩、花岗片麻岩、大理岩、砂砾岩、变质石英砂岩	328	19.9～71.6	40.87
	完整	粗粒花岗岩、大理岩	89	65.1～136.4	83.06

说明：1) 表中559件试样试验资料来源于广东省标准《建筑地基基础设计规范》DBJ 15—31条文说明所列资料；
2) 标准值系按国标《岩土工程勘察规范》GB 50021方法统计，即 $\varphi_k = \gamma_s \varphi_m$，$\gamma_s = 1 \pm \left[\frac{1.704}{\sqrt{n}} + \frac{4.678}{n^2}\right]\delta$。

从表21可看出，除中等风化、完整程度破碎岩一栏 f_{rk} 的标准值由于岩性为硬质岩、试件偏少，使其标准值偏大外，其余中等风化、较破碎，微风化、未风化较完整、完整栏的标准值均大致相当于该栏 f_{rk} 的范围值的中值，说明规程中表8.3.12考虑三个因素的分类是合理的，也基本上是相互匹配的，当三者之间出现矛盾时，宜按低档取值。

3 关于岩石极限端阻力 q_{pr}，主要是根据各地区的试验值和地区经验值规定的，其主要依据如下：

1)《深圳地区建筑地基基础设计试行规程》SJG 1，规定如表22：

表22 基岩极限端阻力 q_{pr}（kPa）

风化程度 \ 基岩名称	花岗岩	花岗片麻岩	硅化凝灰岩	硅化千枚岩
中等风化	10000～12000	10000～12000	9000～10000	9000～11000
微风化	16000～20000	16000～20000	15000～18000	15000～17000

说明：表中极限端阻力 q_{pr} 系按原规范所列端阻力标准值乘安全系数2后获得。

该规范已在深圳地区施行14年，其规定的值基本上是合适的。从上表可看出中等风化的硬质岩，其 q_{pr} 范围值为9000～12000kPa，微风化硬质岩 q_{pr} 范围值15000～20000kPa。其值与规程中表8.3.12规定的范围值是基本一致的，本规程表8.3.12中等风化 q_{pr} 范围值3000～18000kPa，微风化、未风化

18000~50000kPa 大体相当，但因本规程包括了软质岩，故范围值加宽，另表最后一栏中还包括了"未风化"，所以大值有所提高。

2）广东省标准《建筑地基基础设计规范》DBJ 15—31 有关桩端进入中等风化、微风化岩层的嵌岩桩，其单桩竖向承载力特征值系按下列公式计算：

$$R_a = R_{sa} + R_{ra} + R_{pa} = u\Sigma q_{sia} l_i \\ + u_p C_2 f_{rs} h_r + C_1 f_{rp} A_p \quad (18)$$

式中 f_{rs}、f_{rp}——分别为桩侧岩层和桩端岩层的岩样天然湿度单轴抗压强度；

C_1、C_2——系数，根据持力层基岩完整程度及沉渣厚度等因素确定，C_1 取 0.3~0.5，C_2 取 0.04~0.06，对于钻、冲孔桩乘以 0.8 折减。

现对 C_1、C_2 取其中值，即 C_1 取 0.4、C_2 取 0.05 并乘以 0.8 和 2 换算为极限值与本规程对比如表 23：

表 23 广东省标准与本规程的极限侧阻力、端阻力对比

岩石单轴极限抗压强度 f_{rk}（MPa）	极限端阻力（kPa）		极限侧阻力（kPa）	
	广东省标准	本规程	广东省标准	本规程
5~15	3200~9600	3000~9000	400~1200	300~800
15~30	9600~19200	9000~18000	1200~2400	800~1200
30~60	19200~38400	18000~36000	2400~4800	1200~2000
60~90	38400~57600	36000~50000	4800~7200	2000~2800

从上述对比可看出，本规程所规定的极限端阻力均略小于广东省标准。

3）彭柏兴、王文忠"利用原位试验确定红层嵌岩桩的端阻力"一文介绍长沙红层为第三系泥质粉砂岩，属陆相红色碎屑岩沉积，中等风化、天然状态 f_{rk} 为 1.91~5.80MPa，饱和状态 f_{rk} 为 0.5~6.5MPa，软化系数 0.04~0.57，其端阻力特征值推荐 3500~4500kPa，极限端阻力则为 7000~9000kPa；微风化、天然状态 f_{rk} 为 5.6~12.2MPa，饱和状态 f_{rk} 为 2.1~7.7MPa，软化系数 0.09~0.49，其端阻力特征值推荐为 5000~7000kPa，极限端阻力则为 10000~14000kPa，推荐值是根据深井载荷试验和高压旁压试验获得。上述值较本规程规定值为高。

4）查松亭、毛由田"软质岩嵌岩桩的应用"一文介绍，合肥地区的侏罗系、白垩系中风化—微风化岩石，经过十几组大直径嵌岩灌注桩的静载荷试验，求得并推荐其桩极限端阻力 q_{pr} 列于表 24：

表 24 合肥地区软质岩 q_{pr} 值（kPa）

岩性及 f_{rk}（MPa） \ h_r（m）	0.5~1.0	1.0~1.5	1.5~2.0	2.0~3.0
侏罗系石英细砂岩 f_{rk}=7~15	10000~12000	12000~15000	15000~18000	18000~20000
白垩系下统细砂岩 f_{rk}=3~7	5000~5500	5500~6000	6000~6500	6500~7000
白垩系上统泥质砂岩及泥岩 f_{rk}=1~2	4500~5000	5000~5500	5500~6000	6000~6500

上表中各栏相当于本规程表 8.3.12 第一栏，其嵌岩深度 h_r 为 1.0m 以内时，其范围值为 10000~12000kPa，较本规程规定的范围值 3000~9000kPa 为高。

5）林本海、刘玉树"具有软弱下卧层时桩基的设计方法"一文介绍广州地区白垩系东湖组中风化泥质粉砂岩、砂岩 f_{rk} 为 4.6~5.8MPa，平均值为 5.26MPa，采用其端阻力特征值为 3000kPa，极限端阻力则为 6000kPa；白垩系东湖组微风化泥质粉砂岩，f_{rk} 为 11.6~22.5MPa，其平均值为 15.65MPa，采用其端阻力特征值为 5000kPa，极限端阻力则为 10000kPa。其推荐值在本规程表 8.3.12 中第一、二栏范围之内。

4 关于嵌岩桩极限侧阻力，其主要依据如下：

1）吴斌、吴恒立、杨祖敦在"虎门大桥嵌岩压桩试验的分析和建议"一文中介绍，根据两根埋设有测试元件的专门试验，采用综合刚度法分析结果，对白垩系强风化泥质粉砂岩中钻孔灌注混凝土嵌岩压桩，可采用允许极限侧阻力为 280kPa。由此本规程规定中等风化岩最低的极限侧阻力特征值为 300kPa，与该栏极限抗压强度的最低值 5000kPa 的比值为 0.060。

2）从表 23 可看出，本规程表 8.3.12 所规定的极限侧阻力较广东省规范和公路规范所建议的值为低，尤其是对硬质岩低得更多，偏于安全。

3）本规程所规定的受压极限侧阻力与国家标准《建筑边坡工程技术规范》GB 50330 所规定的岩石与锚固体黏结强度特征值 f_{rb} 乘安全系数 2，变为极限黏结强度，即 $2f_{rb}$ 后，对比如表 25：

表 25 q_{sir} 与 $2f_{rb}$ 对比表

岩石类别	f_{rk}（MPa）	本规程 q_{sir}（kPa）	《边坡规范》$2f_{rb}$（kPa）
软岩	5~15	300~800	360~760
较软岩	15~30	800~1200	760~1100
较硬岩	30~60	1200~2000	1100~1800
坚硬岩	60~90	2000~2800	1800~2600

从表 25 对比可看出，本规程极限侧阻力 q_{sir}，除个别值外均较《建筑边坡工程技术规范》的 $2f_{rb}$ 值略

高。q_{sir}是受压桩周围岩石与C25～C30混凝土之间的侧阻力（亦可看成是黏结力），而$2f_{rb}$是受拉时周围岩石与M30砂浆强度的锚固体之间的极限黏结强度，显然前者高于后者是合理的。

5 本规程所规定的极限侧阻力、极限端阻力，再与行业标准《建筑桩基技术规范》JGJ 94对比如下：

该规范计算单桩嵌岩桩极限承载力标准值的公式（其中将桩周土总侧阻力省略）为：

$$Q_{uk} = Q_{rk} + Q_{pk} = \zeta_s f_{rk}\pi d h_r + \zeta_p f_{rk}\pi d^2/4$$
$$= f_{rk}\pi d^2(\zeta_s h_r/d + \zeta_p/4) = f_{rk}\pi d^2 \eta \quad (19)$$

表26 《建筑桩基技术规范》JGJ 94 η系数表

h_r/d	0	0.5	1.0	2.0	4.0	≥5.0
$\eta=\zeta_s h_r/d + \zeta_p/4$	0.125	0.1375	0.155	0.215	0.245	0.273	0.250

上述括弧中的系数随h_r/d的增大而增大，但在$h_r/d \geqslant 5.0$时则减小似不合理，故下述对比中将其略去。现假定桩径为$d=2.0$m，将按本规程与按《建筑桩基技术规范》JGJ 94计算的Q_{uk}值对比如表27：

表27 当$d=2.0$m时《建筑桩基技术规范》JGJ 94与本规程计算的Q_u对比

Q_{uk}(kN) 规范 f_{rk}(MPa)	桩规 h_r/d 0	本规程 h_r 0	桩规 h_r/d 0.5	本规程 h_r 1.0	桩规 h_r/d 1	本规程 h_r 2.0
5	7856	9425	8642	9725	9742	10025
15	23562	28274	25926	29094	29225	29874
30	47813	56549	51851	57749	58451	58949
60	94275	113097	103703	115097	116901	117097
90	141413	157080	155554	159880	175352	162080

Q_{uk}(kN) 规范 f_{rk}(MPa)	桩规 h_r/d 2	本规程 h_r 4.0	桩规 h_r/d 3	本规程 h_r 6.0	桩规 h_r/d 4	本规程 h_r 8.0
5	13513	10625	15398	11225	17158	11825
15	40538	31474	46195	33074	51474	34674
30	81077	61349	92390	63749	102948	66149
60	162153	121097	184779	125097	205897	129097
90	243230	168280	277169	173880	308845	179480

从表27对比可看出，当$h_r/d \leqslant 1$时，两本规范计算的单桩极限承载力Q_u是接近的，最大相差17%，当$h_r/d=1$时，两者最为接近，仅相差3%。随着h_r/d的比值增大相差愈多，最大时《建筑桩基技术规范》JGJ 94将比本规程大42%，这主要是《建筑桩基技术规范》JGJ 94中，由于h_r愈大，其侧阻力对单桩极限承载力贡献偏大，而本规程由于掌握实测资料不多，极限侧阻力取值较小偏于安全所致。考虑在实际工程设计中，很少用$h_r/d>2$，即若设计$d=2$m，桩要进入持力层>4.0m的情况，尤其是微风化、未风化岩更无必要。因而本规程所规定的值是合适的。

总的来讲，本规程所提出的式（8.3.12）和表8.3.12，作为在勘察期间估算单桩竖向极限承载力是合适、且偏于安全的。由于我国地域宽广、岩石性状变化大，表8.3.12所提供的范围值较大亦是合理的，供岩土工程勘察人员，根据地区经验选择安全、合理的值留有空间。

8.3.13 旁压试验方法既能获得土的强度特性，还可测得土的变形特性，其结果常常能直接用来预测地基土强度、变形特性，且适用性较广，采用旁压试验估算单桩垂直极限承载力在国外应用已相当普遍，法国1985年（SETRA-LCPC1985）规程中的建议方法较为适用，经适当修改，可估算桩极限侧阻力和桩极限端阻力标准值。

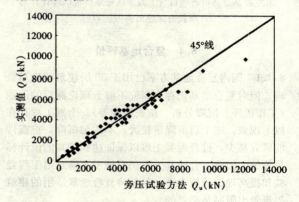

图15 实测值与旁压试验方法比较
（样本数79组）

本次收集了上海地区近三十项资料，通过旁压试验方法与静探方法得到的单桩极限承载力估算值（样本数342组）并与部分单桩静载荷试验实测值（样本数79组）比较，结果详见图15～图17。

由图表明：旁压试验成果估算单桩极限承载力与静力触探试验方法相比，其估算精度相当，与试桩结果相比，其相对误差一般小于15%，接近试桩的实测值。

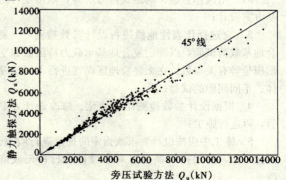

图16 静力触探方法与旁压试验方法计算结果比较（样本数342组）

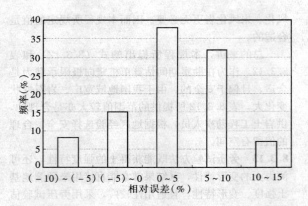

图 17 采用旁压试验方法估算单桩极限承载力的相对误差频图
(以上摘自上海岩土工程勘察设计研究院负责市建设技术发展基金会科研项目《上海地区密集群桩沉降计算与承载力课题研究报告》)

8.4 复合地基评价

8.4.1 国内复合地基方案已用于 35 层建筑的地基处理，但对复合地基仍存在研究不够、理论滞后的问题（工作机理、沉降分析、抗震性能等）。个别工程存在以下现象：竣工后沉降量较大，不均匀沉降，抗震性能研究甚少，桩身混凝土难以保证达到较高的设计标号等等，因此复合地基方案仍有待于不断总结工程经验和提高理论分析水平，目前将复合地基适用的建筑等级做出限制是必要的。

对勘察等级为甲级的高层建筑拟采用复合地基方案时，需极其谨慎，进行专门的研究与论证。

复合地基的勘察、试验、设计、施工等各方应紧密配合，宜按以下程序进行：

1 根据高层建筑上部结构对复合地基承载力、变形的要求，以及建筑场地工程地质和水文地质条件，设计应首先明确加固目的、加固深度和范围；

2 根据场地工程地质和水文地质条件、环境条件、机具设备条件和地区经验，选择合适的增强体（桩体）、增强体直径、间距及持力层等，做出复合地基方案设计；

3 宜选择代表性地段进行设计参数检测——复合地基载荷试验，以确定复合地基承载力特征值和变形模量等有关参数；在无经验地区尚宜进行不同增强体、不同间距的试验；

4 根据设计参数检测结果优化、修改设计方案后，再进行施工；

5 施工中应按设计要求或指定的规范进行监测、检验工作，并根据反馈信息对原设计进行补充或修改；

6 施工完成后应按设计要求或指定的规范进行验收检测工作。

8.4.2 本条文列出勘察阶段复合地基评价应包括的内容。随着勘察工作逐步向岩土工程的深入，发挥岩土工程师的专业特长，对地基基础进行深入分析计算，是勘察工作的发展方向，提高勘察工作的技术含量十分重要。

1 在对诸多加固方案（包括不同桩型、桩距、桩径、桩长、置换率）的初步对比筛选后，应对所建议的方案进行计算分析，在达到设计要求的基础上对复合地基方案提出建议。

2 第 3 款建议适宜的加固深度，是指确定增强体的桩顶及桩底高程，包括有效桩长以及保护桩长部分。

8.4.3 本条文规定了选择复合地基类型的一般原则，此外，尚应根据不同地区的地质条件、地区经验等情况选择适宜的增强体类型。

1 软土地层对散体材料增强体的侧限约束力很弱，桩体在上部高层建筑大荷载作用下将产生侧向挤出，达不到将荷载传递到深部地层的作用即达不到提高地基承载能力的目的，同时满足不了建筑对沉降变形的要求，在深厚软土地区，尤其建筑荷载较大时，不宜采用柔性散体材料增强体加固地基。

2 针对高层建筑荷载大、沉降要求严格的特点，采用刚性桩加固的复合地基，其承载能力高、变形小、设计施工质量可控性强、竣工检验方法成熟并有成功经验，故宜优先考虑采用此方法进行加固。

3 本款是考虑宜优先采用经验比较成熟的加固方法。针对高层建筑荷载大的特点，在处理湿陷性地基时，灰土桩挤密法较土桩挤密法更能满足高层建筑对地基的承载力要求，宜优先选用。

8.4.4 刚性桩（CFG桩、素混凝土桩）复合地基是高层建筑最常用的复合地基类型，其单桩竖向承载力特征值 R_a 首先应通过单桩载荷试验竖向极限承载力除以安全系数 2 的方法来确定，无条件时其复合地基承载力特征值可按现行行业标准《建筑地基处理技术规范》JGJ 79 式（9.2.5）和（9.2.6）估算。

式（9.2.5）中 f_{sk} 宜按下列方法取值：

1 当采用非挤土成桩工艺时，f_{sk} 可取天然地基承载力特征值 f_{ak}；

2 当采用挤土成桩工艺时，对可挤密的一般黏性土，f_{sk} 可取 1.1～1.2 倍天然地基承载力特征值，I_p 小、e 大时取高值；对挤密效果好的土，由于承载力提高幅度较大，宜由现场试验确定 f_{sk}；

3 对不可挤密土，若施工速度慢，$f_{sk}=f_{ak}$，若施工速度快宜由现场试验确定 f_{sk}；

4 对饱和软土应考虑施工荷载增长和土体强度恢复的快慢来确定 f_{sk}。

式（9.2.6）中 q_{sr}、q_p 当缺少经验时，可参照现行国家标准《建筑地基基础设计规范》GB 50007 或本规程中桩基的规定执行，按本规程算得的单桩极限承载力尚应除以安全系数 $K=2$。

8.4.6 复合地基变形计算过程中，对复合土层，压缩模量很高时，可能满足式 $\Delta s'_n \leq 0.025 \sum_{i=1}^{n} \Delta s'_i$ 的要求，若由此结束计算，就漏掉了桩端以下土层的变形量，尤其是存在软弱下卧层时，因此，计算深度必须大于复合土层的厚度。

8.4.7 复合地基竣工后，应对复合地基、桩间土、竖向增强体进行检验：

    1 第 3 款对重大工程和地基条件复杂或成桩质量可靠性较低的复合地基，可视情况采用钻取桩芯法或开挖观测法检验成桩质量，检测数量根据具体情况由设计确定。

    2 第 5 款复合地基在竣工后应分别对桩间土和增强体以及复合地基进行监测、检验工作。本款提出监测检验试验宜选择在不同的地质单元内进行，如：不同地形地貌单元内、不同年代、成因的地层范围内、古河道，暗沟暗浜等地层显著不均匀处；此外，监测、检验宜选择在建筑荷载显著差异处、建筑体形显著变化处等地基最不利位置和工程关键部位。

8.5 高低层建筑差异沉降评价

8.5.1 由于现代高层建筑的多样化设计，不均匀的地基变形并非只是地基本身不均匀造成的，如不均匀软土地基上不规则平面的建筑物（偏心）、大底盘上高低错落多栋建筑物造成的基底荷载差异等，都是岩土工程师要综合考虑的因素。针对近年常见的差异沉降问题，本条概括为四种需要注意加强沉降分析的工况，其中也包括单体建筑物，因为现代建筑常在底层和地下室有大开间的设计需要并多采用刚度相对较小的筏形基础，框筒、框剪结构建筑物的电梯井或角柱、组合柱部位的集中荷载会明显高于基底平均荷载。

8.5.2 我国很多地区或城市的勘察单位积累了丰富的资料，岩土工程勘察应充分利用这一资源，在事前做好策划，提高勘察设计的针对性，减少盲目性，预防潜在事故和损失。

8.5.3 由于在勘察阶段通常还不可能具备基础设计荷载的分布和结构刚度资料，故勘察阶段的差异沉降预测一般限于不同楼座之间的平均沉降差。估算建筑物重心、边角点的地基沉降量及结构到顶后的剩余沉降量，有助于判断不同楼座之间差异沉降的影响。

8.5.4 在近年工程实践中，由于基础设计分析与勘察之间会发生脱节现象（并不是由勘察单位承担基础设计分析），存在着勘察成果资料与数据不能有效满足基础工程设计分析的情况。因此，要求勘察单位必须做好前期策划，以确保能够在勘察阶段获取设计分析地质模型所需的特定参数和资料。在工程中，切忌将设计分析决策建立在不可靠的基础上，故一旦所提供的勘察成果在完整性和可靠性方面确实不能有效满足基础设计分析需要，应由勘察单位进行必要的补充勘测，提供正确、完整的数据资料输入。

8.5.5 基底附加压力越小、基坑深度越大，则地基回弹再压缩变形占地基沉降的比例越大，从而使以往规范建议的很多沉降计算方法不再适用。根据上海、北京的观测资料，建筑基坑开挖后的最大回弹量与基坑的深度有一定的对应关系（见表28），可作为判断地基回弹再压缩变形占地基总沉降比例的参考。此外，根据北京、上海的工程实践，如结构相连的相邻建筑（后浇带两侧）的后期沉降差在 3～4cm 范围内，有可能通过设计、施工措施加以调整。

表 28 基坑最大回弹量与基坑深度的比值

地基主要持力层土质	低压缩性砂土、碎石土	中低—中压缩性黏性土	中高—高压缩性黏性土
S_e/H	1‰～2‰	2‰～4‰	5‰～1%

注：S_e 为地基回弹再压缩变形，H 为基坑深度。

8.5.6 获取和选择合理的土工参数对地基基础工程的分析结果具有关键的影响，而土工参数与试验方法又是密切相关的，故在从勘察成果资料中选择土工参数指标时必须注意其试验方法。

    在通过结构—地基共同作用分析进行差异沉降分析时，通常要采取提高局部基底压力以加大沉降、减小差异沉降的设计措施，该措施应以不发生有关部位地基破坏为前提，为此还应进行相应的地基极限承载力验算。

8.6 地下室抗浮评价

8.6.1 高层建筑基础埋置较深，一般都有地下室抗浮问题，尤其是施工期间地下室刚做好而上部建筑还未施工时，如果遇暴雨，常发生地下室上浮等问题。例如位于深圳市布吉关口山坡上某高层建筑，二层地下室，底板直接浇筑在微风化花岗岩上，地下室建至地面后停工一年多，地下室由于长期受暴雨浸泡，于1998年发生上浮，整个底板与基岩被冲填了 10～50cm 厚泥沙，后来花费很大代价进行泥沙清理和基础加固。深圳南头某地下室位于花岗岩残积土上，天然地基，于 1997 年夏季台风暴雨期间发生上浮，整个地下室倾斜，高差达 70 余厘米。珠海拱北海关附近某高层建筑附属地下停车场，上部结构荷载较小，地下水水位接近地表，在上部结构尚未竣工时，1999 年底板上抬数厘米，造成地下室梁板严重开裂。类似事故较多，造成的损失较大，勘察期间就将此问题明确，且单独提出来，在岩土工程勘察报告中作专门论述，有利于避免地下室可能发生的上浮事故。

8.6.2 提供准确的抗浮设防水位是本节的重点。当地下水属潜水类型且无长期水位观测资料时，如果仅按勘察期间实测水位来确定抗浮设防水位，不够确切，应结合场地地形、地貌、地下水补给、排泄条件和含水层顶板标高等因素综合确定。我国南方滨海和滨江地区，经常发生街道水浸现象，抗浮设防水位可取室外地坪标高。若承压水和潜水有水力联系时，应分别实测其稳定水位，取其中的高水位作为抗浮设防水位。

8.6.3 考虑到某些地区地下水赋存条件复杂，补给和排泄条件在建筑使用期间可能发生较大改变，而地下水的抗浮设防水位是一个有如抗震设防一样的重要技术经济指标，较为复杂，故对于重要工程的抗浮设防水位应委托有资质的单位进行专门论证后提出。

8.6.4 地下室若处于斜坡地段或施工降水等原因产生稳定渗流场时，渗透压力在地下室底板将产生非均布荷载，勘察报告中宜提请抗浮设计人员注意这种非均布荷载对地下室结构的影响。

8.6.5 地下室所受浮力应按静水压力计算。即使在黏性土地基或地下室底板直接与基岩接触的情况下也不宜折减。因为地下室所受地下水的浮力是永久性荷载，不因黏性土的渗透性差而减小，即使地下室底板直接与基岩接触的情况下，由于基岩总是存在节理和裂隙等，且混凝土与基岩接触面也存在微裂隙，静水压力也不宜折减。如因暴雨等因素产生的临时高水位而引起的浮力，当地下室位于黏性土地基且地表水排泄条件良好时，可乘以 0.6～0.8 的折减系数，其他条件下不宜折减。

8.6.6 直接位于高层建筑主体结构下的地下室，主要是施工期间的临时抗浮稳定问题，一般可通过工程桩或基坑临时强排水等措施来解决；而对于附属的裙房或主楼以外独立结构的地下室，则属永久性抗浮问题，由于荷载小，仅需设置少数抗压桩，甚至不需设置基桩，故推荐采用抗浮锚杆较为经济合理。如果地质条件较差，地下水水位变化很大或地下室使用荷载变化较大、且变化频繁，此时可能在基底产生频繁的拉压循环荷载，且受压时地基承载力明显不足时，宜选用抗浮桩。

8.6.7 抗浮桩和抗浮锚杆的抗拔极限承载力，一般都应通过现场抗拔静载荷试验确定，抗拔静载荷试验应符合附录 G 的规定，考虑到地下水水位和地下室使用荷载是变化的，所以附录 G 中要求采用循环加卸荷方式进行试验，试验方法参考了行业标准《建筑桩基技术规范》JGJ 94、国家标准《建筑边坡工程技术规范》GB 50330 和国家标准《锚杆喷射混凝土支护技术规范》GB 50086 中有关桩基抗拔和锚杆抗拔试验相关规定后综合确定的。

8.6.8～8.6.10 抗浮桩抗拔承载力可按式（8.6.8）～（8.6.10）进行估算，如当地有较丰富的工程经验，也可按经验值进行估算，但正式施工前仍应进行抗拔静载荷试验进行验证。

8.6.11 抗浮锚杆应结合施工工艺进行锚杆抗拔试验，式（8.6.11）仅供初步设计估算时采用。

8.7 基坑工程评价

8.7.1 本条规定了基坑工程评价应包括的内容，对其中某些款项说明如下：

1 由于基坑工程设计首先要确定基坑工程安全等级，而安全等级很大程度上决定于周边环境和场地工程地质、水文地质条件，经勘察后，勘察人员对这方面最为了解，因而对采用等级应提出建议，当各侧边条件差异很大、且复杂时，每个侧边可建议不同的等级；

2 许多工程实践证明，采取基坑外降水往往会造成地面沉降，对邻近建筑、管线造成影响，因而本款提出，若需采取降水措施时，应提供水文地质计算的相应参数、预测降水及支护结构位移对周边环境可能造成的影响，建议设计计算周边地面下沉量和影响范围。

8.7.2 有关基坑工程等级，现行的行业标准、地方标准的基坑工程技术规范（规程），均有不同的划分，简繁不一，无统一标准。本规程提出按周边环境、破坏后果严重程度、基坑深度、工程地质和地下水条件等五个方面来划分基坑工程等级，比较周全，划分比较合理，可操作性强，且与国家计委、建设部 2002 年颁发的《工程勘察设计收费标准》划分基坑工程设计复杂程度的标准基本一致。

表 8.7.2 中环境条件复杂程度系按邻近已有建（构）筑物、管线、道路的重要性和邻近程度衡量；破坏后果包括对邻近建（构）筑物、管线、道路的破坏后果和对本工程的破坏后果；工程地质条件复杂程度系按侧壁的软土、砂层的性质和厚度衡量；地下水位很高系指接近地表；地下水位低，系指水位低于基坑深度。

8.7.3 基坑支护设计中，整体稳定性和支护结构的荷载是土、水压力，而土、水压力的大小则决定于地层结构剖面和计算参数（主要是 c、φ 值），也就是本规程所提出的"地质模型"，而过去此代表性的地质模型是由设计人员选定，不一定经济合理，现提出每侧边的地质模型由勘察人员提出建议。当条件简单时，亦可指定按某个勘探孔或地层剖面进行计算，并提供相应的计算参数。

8.7.4 勘察后所建议的各项参数，尤其是抗剪强度参数，将直接用于工程计算和设计，十分重要，而这些参数由于试验方法不同，得出的结果各异，它应当与采用的计算方法和安全度相匹配，为此，本条规定了基坑工程计算指标的试验方法，现对其中主要问题说明如下：

1 国家标准《建筑地基基础设计规范》GB 50007、建设部行业标准及湖北省、深圳市、广东省等基坑工程地方标准均规定对黏性土宜采用土水合算，对砂土宜采用土水分算；冶金部行业标准，上海市和广州市基坑工程标准则规定以土水分算为主，有经验时，对黏性土可采用土水合算。根据试算对比（详见 6.0.5 条条文说明），其强度参数宜用总应力法的固结不排水（CU）试验参数；当用土水分算时，其强度参数宜用三轴有效应力法、固结不排水测孔隙压力（$\overline{CU}$）试验。

2 对于砂、砾、卵石土由于渗透性强，渗透系数大，可以很快排水固结，且这类土均应采用土水分算法，计算时其重力密度是采用有效重力密度，故其强度参数从理论上看，均应采用有效强度参数，即 c'、φ'，其试验方法应是有效应力法，三轴固结不排水测孔隙水压力（$\overline{CU}$）试验，测求有效强度。但实际工程中，是很难取得砂、砾、卵石的原状试样而进行室内试验，故本条规定采用砂土天然休止角试验和现场标准贯入试验来估算砂土的有效内摩擦角 φ'，一般情况下可按 $\varphi'=(\sqrt{20N}+15)°$ 估算，式中 N 为标准贯入实测击数。

3 对于抗隆起验算，一般都是基坑底部或支护结构底部有软黏土时才验算，因而应当采用上述饱和软黏土的 UU 试验方法所得强度参数，或采用原位十字板剪切试验测得的不固结不排水强度参数。对于整体稳定性验算亦应采用不固结不排水强度参数。

4 对于静止土压力计算，公式规定应用有效强度参数 c'、φ' 值。

8.7.5 由于估算基坑涌水量、进行降水设计和预测降水对邻近建筑的影响等，这些均涉及比较专业的水文地质问题，一般的岩土工程设计人员有一定困难，而勘察人员比较了解，故本条规定在此情况下应提供水文地质计算有关参数，包括计算的边界条件、地层结构、渗透系数、影响半径等。

8.7.6 目前国内许多基坑工程均采用比较经济合理的土钉墙支护方案，但当基坑底部为饱和软土时，由于基坑底部隆起，侧壁整体失稳的事故很多，为此对有类似情况的工程，应建议设计进行抗隆起验算，验算的方法、公式和安全系数在《建筑地基基础设计规范》GB 50007 中已有规定，计算结果不能满足时，应采取坑底被动区加固、微型桩加强等措施；当基坑底部为砂土，尤其是粉、细砂地层和存在承压水时，应建议设计进行抗渗流稳定性验算，抗渗流稳定性验算包括：

1 当基坑底以下存在承压含水层时，应验算承压水头冲破不透水层产生管涌的可能性，可按《建筑地基基础设计规范》GB 50007 规定验算。

2 当基坑侧壁或底部存在砂土或粉土，且设置了帷幕截水时，应作抗渗流（管涌、流砂）稳定的验算，验算方法是计算水力坡度不应超过临界水力坡度。可按下式验算：

$$K = \frac{i_c}{i} \quad (20)$$

$$i = \frac{h_w}{l} \quad (21)$$

$$i_c = (G_s - 1)/(1 + e) \quad (22)$$

式中 K——安全系数，取 1.5～2.0；
i——计算水力坡度；
h_w——基坑内外水头差；
l——最短渗流长度；
i_c——临界水力坡度；
G_s——土颗粒相对密度（比重）；
e——土的天然孔隙比。

9 设计参数检测、现场检验和监测

针对高层建筑岩土工程勘察特点，本次修订将原规程 JGJ 72—90 第四章中监测的内容扩充后另设了本章，并增加了设计参数检测和现场检验两节。

9.1 设计参数检测

9.1.1 设计参数检测为新增内容，主要是指勘察结束后正式施工前的施工图设计期间，应在现场进行的各种与岩土工程有关的试验，目的是为地基基础设计、地下室抗浮设计和基坑支护设计等工程设计中所采用的重要参数进行检验、校核，对所采用施工工艺和控制施工的重要参数能否达到设计要求进行核定。从目前情况看，有些业务勘察单位并未开展起来，但从岩土工程发展来看，这些都是在高层建筑勘察设计中需要岩土工程师解决的问题，故在规范条文中列出这些试验项目，希望勘察单位能进一步拓展业务，积累工程经验。试验要点应按相关标准执行。

9.1.4 本规程提出的大直径桩端阻力载荷试验是模拟大直径桩的实际受力状态，采用的圆形刚性板直径 800mm，试井直径等于承压板直径，试井底部保留 3 倍承压板宽度，即在超载的情况下进行。

9.1.5 为更准确地确定复合地基承载力，有必要做两部分工作：一是对复合地基的增强体（柔性桩、半刚性桩、刚性桩）进行静载荷试验，二是对单桩或多桩承担的加固面积进行平板载荷试验。

9.1.6 对抗浮桩或抗浮锚杆，应根据其实际受力状况选择试验方法，本规程推荐均采用循环加、卸载法。

9.2 现场检验

9.2.1 现场检验为新增内容，是指在施工阶段对工程勘察成果和施工质量进行检查、复核，对出现的问题提出处理意见，主要包括基槽检验、桩基持力层检验和桩基检测等内容。

9.2.2 基槽检验工作是由建设方、施工方会同勘察、设计单位一起进行，主要对基槽揭露的地层情况进行检查，是否到了设计所要求的地基持力层，场地内是否存在尚未发现的暗浜等不良地质现象等。

9.2.3 由于桩基工程的重要性和隐蔽性，应在工程桩施工前进行试钻或试打，检验实际岩土条件与勘察成果的相符性。对大直径挖孔桩，应逐桩进行持力层检验。对桩身质量的检验，抽检数量应根据工程重要性、地质条件、基础形式、施工工艺等因素综合确定，从目前情况看，原规定总桩数的10%的抽检数量已不能满足要求，一般应大于总桩数的20%，抽检方式必须随机、均匀、有代表性，对重要工程及一柱一桩形式的工程宜100%检验。对于高应变确定单桩承载力应有静载的对比资料。

9.3 现场监测

9.3.1 现场监测是指在工程施工及使用过程中对岩土体性状、周边环境、相邻建筑、地下管线设施所引起的变化而进行的现场观测工作，并视其变化规律和发展趋势，提出相应的防治措施，达到信息化施工的要求。高层建筑监测的内容有基坑工程监测、沉桩施工监测、地下水长期观测和建筑物沉降观测等。

9.3.2 现场监测的内容主要取决于工程性质及周围环境的状况。本条文列出了应布置现场监测的几种情况，基于岩土工程的理论计算还不十分精确，具半经验半理论特点，为保证工程安全，监测是非常必要的，既能根据监测数据指导施工，也为岩土工程的反演计算研究提供资料。

9.3.3～9.3.5 正式监测前应做的准备工作。

9.3.6 监测资料应及时整理，监测报表应及时提交有关方，以指导以后施工。当监测值达到或超过报警值时，应有醒目的标识，并及时报警。

9.3.7～9.3.9 包含了基坑监测、沉桩施工监测和地下水长期观测的基本内容，具体实施时应根据需要选择监测项目。

9.3.10 建筑物沉降观测应符合条文规定，未尽事项可按现行行业标准《建筑变形测量规程》JGJ/T 8 的规定执行。关于沉降相对稳定标准：根据现行行业标准《建筑变形测量规程》JGJ/T 8，"一般观测工程，若沉降速度小于0.01～0.04mm/d，可认为已进入稳定阶段"；上海工程建设规范《上海地基基础设计规范》DBJ 08—11 的规定"半年沉降量不超过2mm，并连续出现两次"；很多城市规定沉降相对稳定标准为沉降速度小于0.01mm/d，所以对高层建筑取日平均沉降速率0.01～0.02mm/d 是合适的。

10 岩土工程勘察报告

10.1 一般规定

10.1.1 本条是对高层建筑岩土工程勘察报告总的要求，包括了四个方面，一是报告书要结合高层建筑的特点和各地区的主要岩土工程问题；二是对报告书的基本要求；三是强调报告书要因地制宜，突出重点，有工程针对性；四是说明文字报告与图表的关系。

10.1.2 本条是指通常的高层建筑岩土工程勘察报告书内容不能包括的特殊岩土工程问题（具体见10.2.12），宜进行专门岩土工程勘察评价，提交专题咨询报告，咨询费用应另行计算。

10.1.3 勘察报告、术语、符号、计量单位等常被忽视，但实际上它们均是报告书中非常重要的组成部分，直接影响报告书的质量，均应符合国家有关标准的规定。

10.2 勘察报告主要内容和要求

10.2.1 本条提出高层建筑初步勘察报告书的要求，报告书内容应回答建筑场地稳定性和建筑适宜性，高层建筑总平面图，选择地基基础类型，防治不良地质现象等问题，并满足高层建筑初步设计要求。

10.2.2 本条提出了高层建筑详细勘察报告书的服务对象，指出了详细勘察的报告书应解决高层建筑地基基础设计与施工中的主要问题。

10.2.3 本条强调了高层建筑岩土工程详细勘察报告与一般建筑详勘察报告相比应突出的七方面内容，包括拟建高层建筑的基本情况、场地及地基的稳定性与地震效应、天然地基、桩基、复合地基、地下水、基坑工程等。

10.2.4 高层建筑场地稳定性及不良地质作用的发育情况，如果已做过初勘并有结论，则在详勘中应结合工程的平面布置，评价其对工程的影响；如果没有进行初勘，则应在分析场地地形、地貌与环境地质条件的基础上进行具体评价，并作出结论。

10.2.5 详勘报告应明确而清楚地论述地基土层的分布规律，对地基土的物理力学性质参数及工程特性进行定性、定量评价，岩土参数的分析和选用应符合有关国家标准。

10.2.6 由于地下水在高层建筑设计中的作用和影响日益受到重视，因此在传统的查明水文地质条件和参数的前提下，本次修订还要求报告书对地下水抗浮设防水位、地下水对基础及边坡的不良影响，以及对地基基础施工的影响进行分析和评价。

10.2.7 详勘报告书对天然地基方案的分析，首先应着眼于对地基持力层和下卧层的评价，在归纳了勘察成果及工程条件的基础上，提出地基承载力和沉降计算所需的有关参数供设计使用。

10.2.8 详勘报告对桩基方案的分析，首先应着眼于桩型及桩端持力层（桩长）的建议，提出桩基承载力和桩基沉降计算所需的有关参数供设计使用，对各种可能方案进行比选，推荐最佳方案。

10.2.9 详勘报告对复合地基方案的分析，应在分析建筑物要求及地基条件的基础上提出可能的复合地基加固方案，确定加固深度，提出相关设计计算参数。

10.2.10 勘察报告要求，宜根据基坑规模及场地条件提出供设计计算使用的基坑各侧壁地质模型的建议，并建议基坑工程安全等级和支护方案。对地下水位高于基坑底面的基坑工程，还宜提出地下水控制方案的建议。

10.2.12 对高层建筑建设中遇到的一些特殊岩土工程问题，勘察期间高层建筑勘察有时难以解决，这些特殊问题主要包括：查明与工程有关的性质或规模不明的活动断裂及地裂缝、高边坡、地下采空区等不良作用，复杂水文地质条件下水文地质参数的确定或水文地质设计，特殊条件下的地下水动态分析及地下室抗浮设计，工程要求时的上部结构、地基与基础共同作用分析，地基基础方案优化分析及论证，地震时程分析及有关设计重要参数的最终检测、核定等等。针对这些问题要单独进行专门的勘察测试或技术咨询，并单独提出专门的勘察测试或咨询报告。

10.3 图表及附件

10.3.1 勘察报告所附图件应与报告书内容紧密结合，具体分两个层次，首先是每份勘察报告书都应附的图件及附件主要有四种，本次修订增加了"岩土工程勘察任务书"的附件，它是勘察工作的主要依据之一；另一个层次是根据场地工程地质条件或工程分析需要而宜绘制的图件，这是本次修订增加的内容，它是根据不同场地及工程的情况来选择，条文只列出四种，实际工作还可以选择和补充。

10.3.2 勘察报告所附表格和曲线，一方面要全面反映勘察过程中测试和试验的结果，另一个方面要为岩土工程分析评价和地基基础设计计算提供数据。条文也只列了四种，实际工作也可以进行选择和补充。

附录 E 大直径桩端阻力载荷试验要点

E.0.1 本附录是按原规程 JGJ 72—90 的"深井载荷试验要点"修订而成。制定本要点的目的是为测求大直径桩（包括扩底桩）的极限端阻力，以作为设计确定端阻力特征值的基础，不包括确定"埋深等于或大于 3m 的深部地基土的承载力"。为了不与现行国家标准《建筑地基基础设计规范》GB 50007 和《岩土工程勘察规范》GB 50021 中的"浅层平板载荷试验要点"和"深层平板载荷试验"产生矛盾和重复，将原规程 JGJ 72—90 中的"深井载荷试验要点"改为现名。

一般认为，载荷试验在各种原位测试中是最可靠的，并以此作为其他原位测试和试验结果的对比依据。但这一认识的正确性是有前提条件的，即基础影响深度范围内的土层变化应均一。实际地基土层往往是非均质土或多层土，当土层变化复杂时，荷载试验反映的承压板影响范围内地基土的性状与实际基础下地基土的性状将有很大的差异。故在进行载荷试验时，对尺寸效应要有足够的认识。

E.0.2 考虑到大直径桩的定义是 $d \geqslant 0.8m$ 的桩，故将原规程 JGJ 72—90 规定的承压板直径 798mm 改为 0.8m。

E.0.3 本试验装置的设置原则是为模拟大直径桩的实际受力状态，要求试井直径等于承压板直径，当试井直径大于承压板直径时，紧靠承压板周围土层高度不应小于 0.8m，以尽量保持承压板和荷载作用于半无限体内部的受力状态。加载时宜直接测量承压板的沉降，以避免加载装置变形的影响。

E.0.7 终止加载条件中的第 1 款判定极限端阻力的沉降量标准，原规程 JGJ 72—90 和现行国家标准《建筑地基基础设计规范》GB 50007 均规定为 $0.04d$。但考虑到对有些相对较软、沉降量较大的岩土，此限值可能较小，参照现行国家标准《岩土工程勘察规范》GB 50021 的规定，改为 $(0.04 \sim 0.06)d$。另根据现行行业标准《建筑桩基技术规范》JGJ 94 对大直径桩的规定为 $(0.03 \sim 0.06)D$（D 为桩端直径，大桩径取低值，小桩径取高值），而本试验要点规定的承压板直径为 800mm，是大直径桩中的最小桩径，故增加其范围值为 0.06。

E.0.9 本条第 3 款，原规程 JGJ 72—90 规定，当 $p \text{-} s$ 曲线上无明显拐点时，可取 $s=(0.005 \sim 0.01)d$ 所对应的 p 值，现参照现行国家标准《岩土工程勘察规范》GB 50021 和一些实测资料修改为 $s=(0.008 \sim 0.015)d$。

附录 F 用原位测试参数估算群桩基础最终沉降量

F.0.1 本条规定了用原位测试参数按经验关系换算土的压缩模量后，直接用原位测试参数估算群桩基础最终沉降量方法的适用范围和适用条件，尤其是在本条第 5 款中明确了用本附录的有关公式计算沉降时，应与本地区实测沉降进行统计对比和验证，确定合理的经验系数。

F.0.2 对无法或难以采取原状土样的土层，如砂土、深部粉土和黏性土等，可根据原位测试成果按规程中表 F.0.2 经验公式确定压缩模量 E_s 值。

对砂土和粉土，主要依据旁压试验 E_m 与单桥静力触探比贯入阻力 p_s、标准贯入试验 N 值建立相应统计关系（近一百项工程数据），如图 18～图 19 所示。

由图可见，E_m 与 p_s、N 值有良好的线性关系（相关系数分别为 0.83 和 0.96），由 E_s 与 E_m 相关关

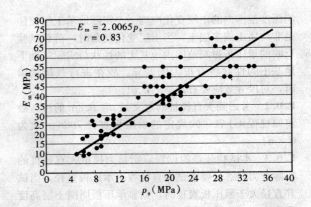

图18 旁压试验模量与静探比贯入
阻力 p_s 关系图

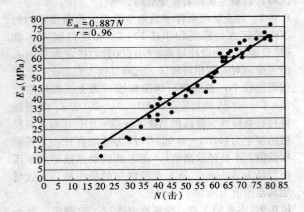

图19 旁压试验模量与标准贯入试验
击数 N 关系图

系[即 $E_s=(1.5\sim2.0)E_m$],可得到 $E_s=(3\sim4)p_s$ 或 $E_s=(1.33\sim1.77)N$,与目前勘察单位已使用经验公式基本一致,故表中对于砂质粉土和粉细砂采用经验公式 $E_s=(3\sim4)p_s$ 或 $E_s=(1.00\sim1.20)N$。

对深部黏性土,通过 p_s 值与室内试验 E_s 值建立相应经验关系见图20(约一百项工程数据)。

由图可见,E_s 与 p_s 值存在较好的相关性(相关系数约为0.86),考虑安全储备,对统计公式进行适

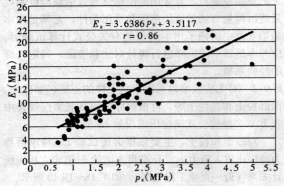

图20 压缩模量 E_s 与静探比贯入
阻力 p_s 关系图

当折减(乘0.9系数),求得经验公式 $E_s=3.3p_s+3.2$。

F.0.3~F.0.4 关于桩基最终沉降量估算及其计算指标。在详勘阶段,一般可采用实体深基础方法估算,如有详细荷载分布图和桩位图,可采用Mindlin应力分布解的单向压缩分层总和法估算。但通过大量工程沉降实测资料统计,其估算值精度仍不够理想,造成上述方法计算精度不高的原因有:

1 没有考虑桩侧土的作用,即沿桩身的压力扩散角,而实际上即便在软土地区,如上海浅层软土的内摩擦角已很小,但或多或少存在着一定的桩身摩擦力,且随桩的深度增加,土质渐变硬,摩擦力也增大。目前由于施工技术有了很大的提高,沉桩设备能量大的柴油锤已达D100,液压锤已有30t,静压桩设备最大压力已达900t,与十多年前情况完全不同,一般高层建筑物或超高层建筑物均穿过较硬黏性土、中密的砂土甚至穿过厚层粉细砂。这样导致计算所得的作用在实体深基础底面(即桩端平面处)的有效附加压力偏大,相应地桩端平面处以下土中的有效附加压力也偏大。

2 在计算桩端平面处以下土中的有效附加压力时,采用了弹性理论中的Mindlin或Boussinesq应力分布解,与土性无关(土层的软弱、土颗粒的粗细等)可能使实际土体中的应力与计算值不相符,也导致计算应力偏小或偏大,在软黏性土和密实砂土中尤为突出。

3 确定地基土的压缩模量是一个关键性的问题。据目前的勘察水平,深层地基土的压缩模量很难正确确定,因为不扰土样的采取受到很大的限制,特别是粉土、砂土扰动程度更大,导致地基土的压缩模量偏小或失真。

4 对沿海地区深层黏性土由于具有较长的地质年代,一般具有超压密性($OCR>1$),尤其是地质时代属 Q_3 的黏性土,据一些工程试验数据,由于取土扰动,使 OCR 明显偏小。

如不考虑这些因素,势必造成沉降量估算值偏大。为提高桩基沉降估算精度,桩基沉降估算经验系数应根据类似工程条件下沉降观测资料和经验确定;计算参数(如 E_s)宜通过原位测试方法取得或通过建立经验公式求得;当有工程经验时,可采用国际上通用的旁压试验等原位测试方法估算桩基沉降量,本次修订工作收集的上海地区近150项工程的沉降实测资料,在进行计算值与实测值的对比、分析、统计后,使计算值与实测值较为接近,提出采用原位测试成果计算桩基沉降量方法,在使用时应注意其经验性和适用条件。

本规程修订中推荐了两种方法,第一种按实体深基础假定的分层总和法($s=\eta\Psi_{s1}\Psi_{s2}\Sigma P_{oi}h_i/E_{si}$),通过对桩端入土深度、桩侧土性和桩端土性修正,以提

高桩基的计算精度。

本规程所提出的计算方法与实测值比较结果见图21和22。

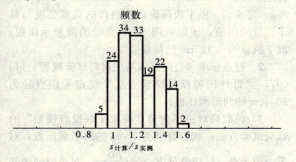

图 21　沉降量计算值与实测值之比频图

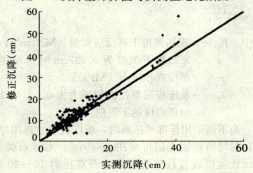

图 22　沉降量计算值与实测值散点图

由图可见，一般情况下，按建议方法计算的沉降量大于实测值，其平均值为1.2，变异系数为14%，计算值与实测值比值在0.9～1.3区间占到75%，其计算精度能满足工程设计要求。

但必须说明：本次修订工作所收集的近150项工程的沉降实测资料主要分布在上海地区，尚需全国其他地区的资料加以验证和补充。

第二种方法是采用静力触探试验或标准贯入试验方法估算桩基础最终沉降量。根据专题报告，收集上海地区120幢建筑物工程资料及其地质资料进行分析，按建议方法计算，与实测沉降比较如图23，相对误差频数分布如图24。

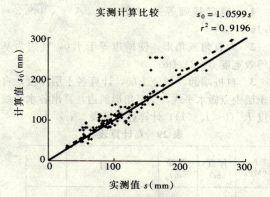

图 23　静力触探试验参数经验法计算与实测比较

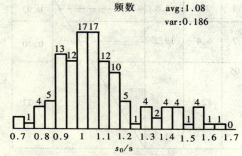

图 24　静力触探试验参数经验法相对误差频数分布

从图中可见，计算值与实测值比值平均值为1.08，标准偏差为0.19，偏于保守，按截距为0进行拟合的相对误差为6%（$r^2 = 0.92$）。相对误差在20%以内的有96项，占总数（120项）的80%。由此可见，静力触探方法计算简单，概念明确，计算精度能满足设计要求。

附工程计算实例：

某工程有三幢20层高层建筑，基础为半地下室加短桩，埋深1.7m，平面面积为489.3m²，箱基底板梁轴线下布置183根 0.4×0.4×7.5 钢筋混凝土预制桩，场地地质情况如图25。

按本方法计算沉降的步骤如下：

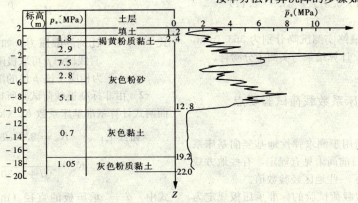

图 25　场地地质情况

1 确定基础等效宽度 $B = \sqrt{A} = \sqrt{489.3} = 22.1$m；

2 做直角三角形，使横边等于1.0，竖边为基础等效宽度 $B=22.1$m；

3 自桩端起，划分土层，计算各土层厚度，自各土层中点做水平线，交三角形斜边，算出各水平线长度 I_{si}（$0<I_{si}<1$），计算过程见表29；

表29 I_{si} 计算表

p_{si} (MPa)	厚度 (m)	埋深 (m)	简图	I_{si}
		9.2		1.0
5.1	3.6	12.8		0.92
0.7	6.4	19.2		0.70
1.05	12.1			0.27
		31.3		

4 按下式计算 $\bar{p}_s$：

$$\bar{p}_s = \sum_{i=1}^{n} p_{si} I_{si} h_i / \left(\frac{1}{2}B\right)$$
$$= (5.1\times0.92\times3.6 + 0.7\times0.7\times6.4 + 1.05\times0.27\times12.1)/(0.5\times22.1)$$
$$= 2.11 \text{(MPa)};$$

5 按式（F.0.4-1）计算最终沉降

取桩端有效附加应力 $p_0 = 20\times15 = 300$kPa，桩端地基土有效自重应力 $p_{cz} = 8.5\times9.2 = 78.2$kPa，桩端入土深度修正系数 $\eta = 1 - 0.5 p_{cz}/p_0 = 1 - 0.5\times78.2/300 = 0.87 > 0.3$；

最终沉降

$$s = \Psi_s \frac{p_0}{2} B\eta / (3.3\bar{p}_s) = 1.0\times300/2 \times 22.1\times0.87)/(3.3\times2.11)$$
$$= 414 \text{mm}$$

该工程三幢高层最终实测沉降分别为363.1mm，410.6mm，419.1mm，计算结果与实测十分吻合。

附录H 基床系数载荷试验要点

H.0.1 本试验要点适用于测求弹性地基竖向基床系数。对侧向基床系数目前尚未见有规定，有些地方规范（如上海）仅提供了一些地区经验数值。

H.0.5 用于基床系数载荷试验的标准承压板规定为圆形，其直径为0.30m是基于以下各点：

1 行业标准《铁路路基设计规范》TB 10001规定了相当于本规程基床系数的载荷试验方法，它命名为地基系数（Subgrade reaction coefficient）、符号为 K_{30}、定义为：由平板荷载试验测得的荷载强度与其下沉量的比值，规定采用30cm直径的圆形承压板，取下沉量为0.125cm的荷载强度；

2 行业标准《公路路面基层材料试验规程》JTJ 057，"野外回弹模量试验方法"规定采用直径为30.4cm的圆形承压板；

3 民航局对机场跑道"测求土基反应模量"的载荷试验方法，规定直径为75cm的圆形承压板，对于一般土基，反应模量 $K_u = \dfrac{pB}{0.00127}$，对于坚硬土基 $K_u = \dfrac{7.00}{l_B}$；

式中 K_u——现场测得土基反应模量（MN/m³）；

p——承载板下沉量为0.127cm时所对应的单位面积压力（MPa）；

l_B——承压板在单位面积压力为0.07（MPa）时所对应的下沉值（cm）。

当不能采用标准承压板时，承压板尺寸选用原则为：对均质密实土层可采用1000cm²；对碎石类土，承压板宽度或直径应为最大碎石直径的10～20倍；对新近沉积土和填土等不均匀土，承压板面积不宜小于5000cm²；一般宜用2500～5000cm²的承压板面积。

H.0.7 按式（H.0.7-1）计算的基准基床反力系数 K_v 一般不能直接用于计算，应作修正，一般按太沙基（Terzaghi，1955）建议的方法进行基础尺寸和形状的修正。对于砂性土地基，载荷试验得出基床反力系数仅需进行基础尺寸修正；对于黏性土地基，则需进行基础尺寸和基础形状两项修正。

采用非标准承压板时，必须将试验结果修正为基准基床反力系数 K_v（kN/m³），具体修正方法如下：

1 根据非标准板载荷试验 p-s 曲线，按下式计算载荷试验基床系数 K'_v（kN/m³）：

$$K'_v = \frac{p}{s} \quad (23)$$

式中 p——比例界限压力；如 p-s 关系曲线无初始直线段，p 可取极限荷载之半（kPa）；

s——为相应于该 p 值的沉降量（m）。

2 由非标准板载荷试验所得基床系数 K'_v，按下面两式计算基准基床系数 K_v（kN/m³）：

黏性土： $K_v = 3.28 d K'_v \quad (24)$

砂土： $K_v = \dfrac{4d^2}{(d-0.30)^2} K'_v \quad (25)$

式中 d——承压板的直径（m），当为方形承压板时，按其面积换算为等代直径。

为本规程提供意见和资料的单位

单位：（排名不分顺序）
港新工程建筑有限公司（香港）
机械工业第十一设计研究院
北京煤炭设计研究院
建设部标准定额研究所
北京市勘察设计研究院
中船勘察设计研究院
西北综合勘察设计研究院
辽宁省建筑设计研究院
中国有色金属工业西安勘察设计研究院
铁道部第三勘测设计院地质路基设计处
中国建筑西北设计研究院
机械工业勘察设计研究院
安徽省建筑工程勘察院
中兵勘察设计研究院
中元国际工程设计研究院
同济大学
上海岩土工程勘察设计研究院
中国建筑科学研究院
建设综合勘察研究设计院
天津市勘察院
中航勘察设计研究院
机械工业第三勘察研究院
中国建筑科学研究院地基基础研究所
深圳市勘察研究院
机械工业第四设计研究院勘察分院
广东省工程勘察院
核工业部第四勘察院
中国建筑西南勘察研究院
浙江省综合勘察研究院
江苏省工程勘测研究院
国家电力公司华东电力设计院
国家电力公司中南勘测设计研究院
云南省设计院勘察分院
江西省电力设计院勘测室
煤炭工业部武汉设计研究院
石家庄市勘察测绘设计研究院
杭州市勘测设计研究院
中国市政工程西北设计研究院勘察分院
广东省电力设计研究院
北京市建筑设计研究院
西安建筑科技大学土木工程学院
机械工业第六设计研究院
冶金工业部勘察研究总院
机械工业第五设计研究院
新疆综合勘察设计院
深圳市勘察测绘院
重庆市设计院
贵州省建筑设计研究院工程勘察院

参与审阅本规程的专家（以姓氏笔画为序）：
王钟琦 王允锷 王建成 卞昭庆 邓文龙 李登敏
李亚民 刘明振 刘官熙 刘金砺 张苏民 张在明
张文龙 张政治 沈励操 周 红 杨俊峰 吴永红
林在贯 林立岩 林颂恩 罗祖亮 钟龙辉 查松亭
项 勃 胡连文 高大钊 莫群欢 钱力航 顾宝和
翁鹿年 黄志仑 黄家愉 崔鼎九 温国炫 滕延京

中华人民共和国国家标准

冻土工程地质勘察规范

GB 50324—2001

条 文 说 明

目　　次

1　总则 …………………………………… 5—5—3
3　冻土分类和冻胀、融沉性分级 …… 5—5—3
　　3.1　冻土分类和定名 ………………… 5—5—3
　　3.2　土的冻胀和多年冻土融沉性
　　　　　分级 ………………………………… 5—5—3
4　冻土工程地质勘察基本要求 ……… 5—5—4
　　4.1　一般规定 …………………………… 5—5—4
　　4.2　冻土工程地质勘察的任务 ……… 5—5—5
　　4.3　冻土工程地质区划原则 ………… 5—5—5
　　4.4　冻土工程地质及其环境评价 …… 5—5—6
　　4.5　冻土工程地质勘察报告 ………… 5—5—6
5　冻土工程地质调查与测绘 ………… 5—5—7
　　5.1　一般规定 …………………………… 5—5—7
　　5.2　冻土现象调查与测绘 …………… 5—5—7
6　冻土工程地质勘探与取样 ………… 5—5—8
　　6.1　一般规定 …………………………… 5—5—8
　　6.2　钻探 ………………………………… 5—5—8
　　6.3　坑探、槽探 ………………………… 5—5—8
　　6.4　地球物理勘探 ……………………… 5—5—8
　　6.5　冻土取样与运送 ………………… 5—5—9
7　冻土试验与观测 ……………………… 5—5—9
　　7.1　一般规定 …………………………… 5—5—9
　　7.2　室内试验 …………………………… 5—5—9
　　7.3　原位测试 …………………………… 5—5—9
　　7.4　定位观测 …………………………… 5—5—9
8　工业与民用建筑冻土工程
　　地质勘察 ………………………………… 5—5—9
　　8.1　一般规定 …………………………… 5—5—9
　　8.2　可行性研究勘察 ………………… 5—5—9
　　8.3　初步勘察 …………………………… 5—5—10
　　8.4　详细勘察 …………………………… 5—5—10
9　铁路与公路冻土工程地质
勘察 …………………………………… 5—5—11
　　9.1　一般规定 …………………………… 5—5—11
　　9.2　工程可行性研究（踏勘）
　　　　　阶段勘察 ………………………… 5—5—12
　　9.3　初测阶段勘察 …………………… 5—5—12
　　9.4　定测阶段勘察 …………………… 5—5—13
10　水利水电冻土工程地质勘察 …… 5—5—13
　　10.1　一般规定 ………………………… 5—5—13
　　10.2　规划阶段勘察 …………………… 5—5—13
　　10.3　可行性研究和初步设计
　　　　　阶段勘察 ………………………… 5—5—14
　　10.4　技术设计和施工图设计
　　　　　阶段勘察 ………………………… 5—5—14
11　管道冻土工程地质勘察 ………… 5—5—14
　　11.1　一般规定 ………………………… 5—5—14
　　11.2　可行性研究（选线）勘察 ……… 5—5—15
　　11.3　初步勘察 ………………………… 5—5—15
　　11.4　详细勘察 ………………………… 5—5—15
12　架空线路冻土工程地质勘察 …… 5—5—15
　　12.1　一般规定 ………………………… 5—5—15
　　12.2　初步勘察 ………………………… 5—5—16
　　12.3　详细勘察 ………………………… 5—5—16
附录D　土的季节融化与冻结
　　　　　深度 ………………………………… 5—5—16
附录F　冻土融化压缩试验要点 …… 5—5—17
附录G　冻土力学指标原位试
　　　　　验要点 …………………………… 5—5—18
附录H　冻土地基静载荷试验
　　　　　要点 ……………………………… 5—5—19
附录L　冻土地温特征值计算 ……… 5—5—20

1 总　　则

1.0.1　《冻土工程地质勘察规范》是在我国国民经济发展的总方针指导下，充分体现国家的技术与经济政策，适应基本建设的需要，从生产实践出发，认真总结经验，广泛采用有关科学研究成果，借鉴国外先进技术标准，为提高勘察质量和经济效益，不断促使冻土工程地质勘察事业进一步发展而制定的。

1.0.2　由于本规范系首次进行编制，对于季节冻土和多年冻土地区那些专业性较强，在技术上有特殊性要求的工程（如高温建筑、地下建筑和大型采矿工程等），还未能编入本规范。因此，本规范只适用于工业与民用建筑、铁路、公路、水利、水电、管道和架空线路工程的冻土工程地质勘察，并以这些工程建设项目为基础，待本规范进行修订时，就可不断的将那些条件成熟的特殊工程项目编入本规范。

1.0.3　在季节冻土和多年冻土地区，由于地基在冻结与融化两种不同状态下，其力学性质、强度指标、变形特点与构造的热稳定性相差悬殊，并且从一种状态过渡到另一种状态时，在一般情况下将发生强度由大到小，变形则由小到大的巨大突变。因此，本规范规定，在进行建（构）筑物冻土工程地质勘察时，除应符合本规范的规定外，尚应符合国家现行有关标准、规范的规定，以确保工程安全与稳定。

3 冻土分类和冻胀、融沉性分级

3.1 冻土分类和定名

3.1.1　根据加拿大学者 R.J.E. 布朗（1974）编的"多年冻土术语"叙述，多年冻土术语中一个主要的语义学上的问题是"冻结"一词的使用。有两个不同的学派。一派认为"冻结"应该用于指温度低于0℃的土岩，而不管其中是否有冰（固态和可能为液态）存在。另一派则认为只有含有冰的土岩才能认为是"冻结"的。从工程角度出发，我们认为有些土，诸如：寒土、含盐土，其温度虽然低于0℃，但因含水量小或含盐量高而不含冰晶，结果其物理力学性质与含冰晶土的性质差异甚大，同时其中的物理过程也绝然不同。突出冻土与未冻土在性质上的差别，应取后者为冻土的定义。

我们将上述定义归纳成按冻土冻结状态持续时间，把我国冻土分为多年冻土、隔年冻土和季节冻土三大类（详见附录A）。从工程目的出发，冻土勘察的重点应为多年冻土和冻深＞0.5m的季节冻土。而隔年冻土则是一种过渡类型的冻土，可视情况按多年冻土或季节冻土进行处理。

3.1.2　按冻土基本物理性质的冻土分类和定名，对各工种及冻土学理论研究均适用。为了加强国际间冻土资料的可比性，1988年在英国诺丁汉召开的第五届国际地层冻结会议上，由美国、加拿大、意大利、联邦德国、日本和前苏联等六国共八名国际知名冻土专家组成的"人工冻土分类实验室试验"国际编写小组，联名提出把 Pihlainen and Johnston(1963)，Linell and Kaplar(1966) 的冻土分类系统用为人工冻土分类的建议。为了使我国新编制的"冻土工程地质勘察规范"尽可能向国际标准靠近，采用了该分类，并对该分类表进行了简化（附录B表B.0.1），在此基础上进行冻土的描述和定名。

为便于表 B.0.1 的推广和使用，表1列举了典型野外调查中关于冻土描述和定名的例子。冻土描述和定名资料的图示、推荐步骤包括列举土的类型所用的符号及冻结条件，随后是对土和包裹冰的特性进行描述，冰层也可进行类似鉴别和描述。为了简化冻结层位的鉴别，可在表1之左框边上画一条宽带。

典型野外调查中冻土描述和定名举例　　　　表1

深度① (cm)	符号	土的描述	含冰特性
0.0 ～ 0.15	OL	含有机质、砂质粉土、未冻	无
0.15 ～ 0.55	GW	棕色、级配良好砂砾石、中密、潮湿、未冻	无
0.55 ～ 0.13	GW N_f	棕色、级配良好砂砾石、冻结、强胶结	未见分凝冰，砾石上略有薄冰膜，且含大孔隙
0.13 ～ 1.65	GW N_{bn}	棕色、级配良好砂砾石、冻结、强胶结	未见分凝冰
1.65 ～ 2.35	ML V_s	黑色、层状、砂质粉土、冻结	水平层状冰透镜体，平均10cm长、发丝至6mm厚，间距12～18mm，可见剩冰约占总体积的20%。冰透镜体硬、清洁、无色
2.35 ～ 2.77	ICE	冰	硬、略浊、无色、含少量粉砂包裹体
2.77 ～ 3.20		黑棕色泥炭、冻结、强胶结、饱和度高	约5%可见冰
3.20 ～ 4.36	MH V_r	浅棕色粉土、冻结	网格状不规则定向冰透镜体、厚6～18mm。间距7.5～10cm，可见冰约占总体积的10%。冰软、多孔，呈灰白色
4.36 ～ 4.88	／／／ ≈≈≈ ／／／	基岩、层状由页岩顶部风化↓ 勘探底部	至4.88m的裂隙中有1.5mm厚的冰透镜体，以下未冻

注：① 为地面标高 293.6m。

3.1.3　冻土中的易溶盐含量和泥炭化程度的限界值超过本规范表 3.1.3-1 和表 3.1.3-2 中的数值时，将会强烈的影响冻土的强度特性。这是因为，由于地基土中的易溶盐被水溶解成不同浓度时，则可降低土的起始冻结温度，其未冻水量比一般冻土大得多，因此使盐渍化冻土的强度明显降低。例如当盐渍度为0.5%时，单独基础与桩尖的承载力降低1/5～1/3，基础侧向表面的冻结强度降低1/4～1/3。同样，泥炭化冻土的强度指标，在冻土工程地质勘察时，亦应慎重的按规定值或专门进行原位测试确定。

3.1.4　坚硬冻土在荷载作用下，表现出脆性破坏和不可压缩性，这时坚硬冻土的温度界限对分散度不高的粘性土为 $-1.5℃$，对分散度很高的粘性土为 $-5～-7℃$。但是，对于塑性冻土来说其负温值高于坚硬冻土，在外作用下具有很高的压缩性。因此，无论是压缩系数 $m_v \geq 0.001 MPa^{-1}$ 并为冰和水完全饱和的高压缩性冻土，或者是饱和度小于0.8的高温低压缩性冻土（$m_v \approx 0.01～0.001 MPa^{-1}$），都可以使地基基础产生明显沉降。所以，在冻土工程地质勘察时，应按本规范附录F的规定进行冻土融化压缩性试验。如无条件取得试验资料，可按本规范附录K的K.0.3条有关规定处理。

3.2 土的冻胀和多年冻土融沉性分级

3.2.1　关于土的冻胀性分级问题，我国多年来进行了大量实测和理论研究工作。有关工程部门根据冻胀对工程安全的危害程度，早在1973年就提出了土的冻胀性分级（中铁西北科学研究院、铁道第一勘测设计院和中国科学院寒区旱区环境与工程研究所冻土工程国家重点实验室共同编写的《青藏高原多年冻土地区铁路勘测设计细则》）。1982年吴紫汪研究员提出了综合冻土工程分类被铁路建筑规范采用。1989年《建筑地基基础设计规范》GBJ 17—89在1974年《地基基础设计规范》TJ 7—74的基础上，按冻胀率提出了四个地基土冻胀性等级。1991年水利水电行业标准《渠系工程抗冻设计规范》SL 23—91，按在具体工程条件下可能产生的冻胀量为指标，提出了五个地基土冻胀性等级。《冻土地区建筑地基基础设计规范》JGJ 118—98在《建筑地基基础设计规范》GBJ 17—89的基础上与《公路桥涵地基与基础设计规范》TJ 024—85相一致，并以冻胀率为指标将地基土冻胀性分为五个等级。因此，本规范经分析研究，采用《冻土地区建筑地基基础设计规范》JGJ 118—98中的地基土冻胀性分级。

为了使地基土冻胀性分级更为合理，本规范编制组进行了"粘性土地基冻胀性判别的可靠性"专题研究。研究表明：地基土冻胀，除与气温条件有关外，主要与土的类别、冻前含水率和地下水位有关。当粉、粘土颗粒增多时，土的冻胀性显著增大。如土中含水率超过起始冻胀含水率时，在没有地下水补给的情况下，土层仍有水份迁移现象存在，含水率发生重分布，并产生冻胀。

影响地基土冻胀的地下水主要深度是各类土毛细水高度有关的临界深度；粘土、粉质粘土为1.2～2.0m，粉土为1.0～1.5m，砂土为0.50m。当地下水位低于临界深度时，可不考虑地下水对冻胀的影响，仅考虑土中含水率的影响，属封闭系统情况。当地下水位高于临界深度时，可按开敞系统考虑，即考虑土中含水率和地下水补给的影响。如多年冻土活动层粘性土冻胀问题可按封闭系统处理，即在没有地下水补给的条件下，土中含水率和冻胀率间的关系为：

$$\eta = \frac{1.09\rho_d}{2\rho_w}(\omega - \omega_p) \approx 0.8(\omega - \omega_p) \quad (1)$$

式中 η——冻胀率(%)；
ρ_d——土的干密度，取 1.5g/cm³；
ρ_w——水的密度，取 1.0g/cm³；
$\omega、\omega_p$——分别为含水率和塑限含水率(%)。

但是，当季节冻土的冻胀性问题按开敞系统考虑时，即在有地下水补给情况下，冻胀性将会提高，如表3.2.1中当ω大于ω_p+15时为特强冻胀。

3.2.2 关于多年冻土的融沉性分级问题，我国的生产教学和科研部门作了大量工作，取得了可喜成果。如1984年前对多年冻土的融沉性，主要以土的类别、总含水率和融化后的潮湿程度为依据划分为：不融沉、弱融沉、融沉、强融沉四级(《工程地质试验手册》——中国铁道出版社 1984)。但是，随着生产发展和科学研究工作的深入，已经证明，多年冻土的融沉性应以融沉系数为指标进行分级是正确的。因为这在一定程度上反映了冻土的构造和力学特性(见表2)，并与设计原则有密切联系。为此，本规范采用了《冻土地区建筑地基基础设计规范》JGJ 118—98中多年冻土的融沉性分级(见本规范表3.2.1)。这也是本规范与国标《岩土工程勘察规范》GB 50021—94附录九多年冻土融沉性分级未能取得一致的原因。

冻土的融沉性与冻土强度及构造的对应关系　表2

级 别		Ⅰ	Ⅱ	Ⅲ	Ⅳ	Ⅴ
融沉评价	名 称	不融沉	弱融沉	融沉	强融沉	融陷
	融沉系数δ_0	<1	$1 \leq \delta_0 < 3$	$3 \leq \delta_0 < 10$	$10 \leq \delta_0 < 25$	$\delta_0 \geq 25$
强度评价	名 称	少冰冻土	多—富冰冻土		饱冰冻土	含土冰层
	相对强度值	<1.0	1.0		0.8～0.4	<0.4
冷生构造		整体构造	微层微网状构造	层状构造	斑状构造	基底状构造
界限含水量(粘性土)ω(%)		$\omega < \omega_p$	$\omega_p \leq \omega < \omega_p + 4$	$\omega_p + 4 \leq \omega < 15$	$\omega_p + 15 \leq \omega < \omega_p + 35$	$\omega > \omega_p + 35$

工业与民用建筑、铁路、公路和水利等工程对冻土地基的融沉性适应程度是不相同的。一般对第Ⅰ、Ⅱ级融沉($1 \leq \delta_0 < 3$)，建(构)筑物结构设计时，无须考虑多年冻土地基融沉影响。因为一般建(构)筑物的主要承重结构在设计和使用过程中都容许有一定变形量，以适应地基的融沉性。但是，当Ⅲ、Ⅳ、Ⅴ级融沉土的融沉量超过建(构)筑物的容许变形值时，对建筑物而言则必须采取相应的设计原则、适当的基础型式以及能适应不均匀沉降的柔性结构等特殊措施。对线性建筑物而言，除采用保持冻结状态的设计原则外，还必须保证有一个合理的路基最小填土高度，注意环境保护以及路基排水等措施是至关重要的。经多年研究和本规范的专题研究"大兴安岭北部多年冻土地区路基沉陷问题的研究"工作表明：高含冰冻土即包括富冰冻土、饱冰冻土和含土冰层地段的路基沉陷，如果工程影响下的季节融化深度大于多年冻土天然上限时，其融沉特点是：

(1)沉陷值较大(莫激公路测试路段达0.29～0.51m)。有时产生突陷，沉陷量可达1～2m。

(2)不均匀沉陷。因为相邻断面或同一横断面上的不同位置其沉陷量不同。

(3)沉陷量过程曲线无收敛趋势。这在饱冰冻土和含土冰层的路基地段，特别突出。

由以上可知，第Ⅲ、Ⅳ、Ⅴ融沉性土，从冻结至融化状态时的变形，是建(构)筑物设计、施工和使用过程中，需要认真对待的问题。为此，应注意采取以下几点措施：

(1)加强选址工作。

(2)根据冻土的冻结与融化状态，确定地基设计原则。

(3)提出地基土融沉变形不超过建筑物允许变形值的相应措施，或符合设计原则的其他正确措施。

4 冻土工程地质勘察基本要求

4.1 一般规定

4.1.1 冻土工程地质的研究对象是冻结的岩土体系，它的研究内容除了具有常规岩土的基本性质的研究、整治、改造和利用问题之外，还有其独特的性质；岩土体内水分的相变、温度的变化以及未冻水的动态变化都不断地改变着冻结岩土的工程性质。因此，它比非冻结的"岩土工程地质勘察"要复杂的多。它包含了冻土区的工程地质调查、测绘、勘探、取样、定位观测、原位测试和室内试验等内容。各个程序及其内容都具有特殊的要求，更重要的是对建筑场地的冻土工程地质条件作出评价和预报。这是由于冻土工程地质条件对人类工程活动的干扰具有特别的敏感性和脆弱性所致。本条规定主要侧重考虑：①冻结岩土具有特殊性和复杂性，非同一般；②在设计和施工中必须以建筑场地冻结岩土的实际状况作标准；③勘察成果评价中应该考虑到人类工程活动对冻土工程地质条件变化的预测及环境保护的方案；④强调对重大工程必须进行监测，特别注意冻土工程地质条件的变化，以保证建筑物的安全与稳定。

4.1.2 冻土工程地质的工作内容，主要取决于冻土工程地质条件的复杂程度、地基基础的特殊要求及人类工程活动(包括建筑物修建后)对冻土工程地质条件的影响。这三个因素不但对确定冻土工程地质勘察工作内容和工作量有关，而且也影响着工作方法的选择和程序化。因此，在进行冻土工程地质勘察之前，应该比非冻结的"岩土工程勘察"花费更多精力去搜集勘察区及邻近地区的有关资料，它包括区域性的气象及冻土资料、科研文献和勘察试验方法。编制工作大纲时，应明确该勘察区的主要冻土工程地质问题，确定取样部位及应测试的参数，给出试验参数的温度和环境条件。因为冻土工程地质问题及设计参数受冻土温度和环境条件的影响，且变化较大，在勘察报告中应特别说明。

4.1.4 建筑场地复杂程度等级划分，除了根据地形、地质及岩土等因素之外，应特别注意冻土条件(包括冻土工程类型及分布、季节冻结与季节融化深度、冻土的含冰量与温度状态、地表植被和雪覆盖状态等)的破坏情况，因为它们的存在及变化都直接影响着冻土工程地质条件的变化。因此，场地复杂程度等级划分时，主要考虑冻土工程地质条件，其中多年冻土的年平均地温直接影响和决定着多年冻土工程地质条件的稳定状态。按我国多年冻土年平均地温可分为四级：极不稳定状态(年平均地温高于－0.5℃)，不稳定状态(年平均地温为－0.5～1.0℃)、基本稳定状态(年平均地温为－1～－2℃)和稳定状态(年平均地温低于－2℃以下)。各种状态下的冻土工程地质条件稳定性相差甚大，它们对气候、地质、生态环境及人类工程活动的反应各不相同。不稳定状态下的多年冻土的反应极其敏感，以致完全改变冻土工程地质的全部性质，出现大量冻土工程地质问题。所以，冻土地区的场地复杂程度等级划分主要取决于冻土的含冰条件及年平均地温。

4.1.6、4.1.7　勘探点、线、网的布置是在常规工程地质勘探要求的基础上特别考虑和注意冻土及地下冰的分布特点，尤其是在岛状多年冻土地区和地下水分布不均匀的地段，可适当地加密勘探点、线间距和加深勘探孔的深度。目的是要获得建筑场地各个重要部位的冻土工程地质条件和设计参数。由于建筑物与冻结地基土相互作用的下介面是设计中沉降计算所必须考虑的深度，在控制孔地段增加钻孔的深度是为充分了解建筑物地基的冻土工程地质条件，以便正确地评价建筑场地的适宜性和稳定性。

4.1.8　冻土物理力学与热学性质的试验与测试是冻土工程地质勘察工作主要内容之一。在可行性研究阶段勘察，通常只简单地测定冻土的几个物理参数，如含水率、干密度及其颗粒成分等，在初勘与详勘阶段就应做一些原位的力学参数测定与试验。由于各种原因无法获得实测资料时，可按本规范附录K确定冻土的物理力学与热学参数。虽然根据土的物理指标选取计算冻土物理力学与热学参数是一种简捷近似的方法，但因地基土的矿物成分、有机质含量、粒度和结构构造及水分含量的差异，就可能造成有±5%～11%的均方差。同时，选用土物理指标的代表性和可靠性，直接影响计算与选用参数的正确性。有关土物理指标的选用问题应注意以下几点：

(1)在计算场地和地基土天然冻结或融化深度、温度场和力学强度等指标，应注意总含水率的瞬时测定值与平均值的关系，特别是地表以下0.5m深度内含水率变化甚大时，瞬时值不能代表平均值。

(2)计算相变时所用的总含水率指标，应以春融前的测定值为准；未冻水量的计算应以冻结期土体达到的最低温度为准。

(3)在确定冻土地基强度所需的温度值均以基础下持力层范围内建筑物使用期间内的最高温度为准。

(4)在计算冻土地基的融化下沉时所需的含水率及容重，应以基础下持力层范围内土体冻结期达到最低温度时的冻土含水率及干密度为准。

(5)在确定衔接多年冻区采暖建筑物基础埋置深度时，应考虑冻土融化后土体结构破坏(如多冰地段冻土融化后一般呈饱和或过饱和状态)。

(6)在确定保温层厚度时，应考虑选用的保温材料(如干草碳砌块或炉渣等)长期使用后受潮的可能性。同时还应注意选用大孔隙保温材料时，由于对流和辐射热交换对热参数的影响。

4.1.9　冻土地区场地与地基条件的复杂性主要反应在厚层地下冰分布以及冻土年平均地温的稳定地段。建筑物修建后改变冻土工程地质条件及温度和水分的扰动，导致冻结地基土发生冻胀与融化下沉等现象的产生和发展，影响建筑物的稳定性，甚至破坏。所以，在重要建(构)筑物中必须设立定位观测点，以监视和掌握建筑物下冻土工程地质条件及冻土年平均地温的变化状况和过程，以便及时采取措施，保持建筑物的稳定性。通常的观测项目应包括多年冻土地温、地基土的冻胀和融沉特性、人类工程活动及自然条件变化而引起的有关现象和变化过程，可按本规范有关规定执行。

4.2　冻土工程地质勘察的任务

4.2.1　多年冻土区的冻土工程地质勘察工作内容除了常规工程地质勘察要求外，特别在本条规定了十项内容。因为多年冻土及其分布特征决定着建筑物的设计原则、基础埋置深度、地基土的工程性质和冻土的稳定性；工程建筑的施工和运营都可能改变冻土工程地质条件与冻土环境，甚至可导致与原冻土工程地质条件相差巨大的变化。因此，冻土工程地质勘察的要求与内容就远比常规岩土工程地质勘察复杂，更重要的是本条规定的项目都直接涉及建筑物的安全和稳定性。由于未能了解上述内容而导致建筑物破坏的事例较多，本条规定的勘察内容可按勘察阶段及各工程的特殊要求选择和确定各项工作深度和广度。在进行冻土工程地质勘察时，可通过搜集资料、踏勘、现场的详细冻土测绘及勘探等方法来获得。

4.2.2　季节冻土区的冻土工程地质勘察工作在常规岩土工程地质勘察的基础上，加强对季节冻结土层厚度、含水与含冰特征、地下水位及其变化、冻土现象等内容的勘察与有关资料的搜集工作。同时，对地基土的冻胀性作出评价。如果采用浅基础设计方案时，必须对季节冻土的融化下沉特性作出评价。因为，季节冻土地区的主要冻土工程地质问题是地基土的冻胀性，浅基础设计时还有冻结地基土的融沉性。这些冻土工程地质问题及与气候、水文地质、地质-地理环境有着密切的关系。所以，季节冻土区进行工程地质勘察时必须查明本规定的六项内容。

4.3　冻土工程地质区划原则

4.3.1　冻土工程地质区划首先应反映勘察区内多年冻土或季节冻土分布的区域性和地带性特征；其次，在常规岩土工程地质区划原则的基础上，按地质构造、地貌特征、结合冻土地温的地带性和主要基本特征，再作分区；第三，依据冻土工程地质条件、主要物理力学热学特征、地下冰及冻土现象的分布，再进一步分区。该分区原则在通常情况下可按三级进行冻土工程地质区划。不论何级区划，各区划单元都必须充分地反映冻土的基本特征与主要自然环境因素的生存关系，同时应考虑不同建筑项目的要求和勘察阶段，便于工程建筑设计时使用，其比例尺可由工程项目要求及勘察阶段和所反应的区划内容决定。

4.3.2　冻土工程地质区划应分三级进行。原则上，可行性研究及规划阶段可给出一级分区，初步勘察作出二级分区，详细勘察阶段应该进行三级分区。特殊情况下，应按工程要求增减各级区划的内容。

本区划内容主要用于第四纪沉积物(包括基岩的强风化带)的冻土工程地质分类，对于冻结的完整坚硬基岩，其工程地质性质取决于基岩本身的性质。

地貌单元(如分水岭、山坡或河谷等)的多年冻土类型，表征它的形成条件和现阶段的存在条件。每一种地貌都反映了一定气候和地质条件下，土的共生或后生冻结、多年冻土的形成与厚度变化、多年冻土的冷生组构、气候转暖和变冷时多年冻土的局部或全部消融与冻结等特征。

冻结沉积物的成因决定了沉积物的成分、空间分布的不均匀性、组构、埋藏条件及石化程度，也决定着沉积物的共生或后生冻结类型及相应的冷生组构。

土的成分决定着冻土工程地质性质及冻结过程的重要特征。

冰包裹体的性质及分布决定着冻土的冷生组构。各种成因和构造不仅可以评价冻土的工程性质，还可以表征冻土融化时的状况和热融下沉量、冻土的强度特征及冻结过程中的有关现象。

显然，表征冻土稳定性的最重要的指标是多年冻土的年平均地温(T_{cp})，它决定了土的热交换动态，以及冻结过程的特点，并影响冻土的物理力学和热学性质。按多年冻土地温的稳定状态可分为四种类型：

(1) 稳定型多年冻土：T_{cp}低于$-2.0℃$，它的热状态较为稳定，水分迁移过程较弱，冰包裹体具有明显的脆性，冻土强度很高。

(2) 基本稳定型多年冻土：T_{cp}为$-1.0℃$至$-2.0℃$之间。它的热状态属稳定，它的工程性质介于稳定和不稳定型多年冻土之间。

(3) 不稳定型多年冻土：T_{cp}为$-0.5\sim1.0℃$，属于高温冻土。它的热状态不稳定，含有较多的未冻水。冻土强度较低，具有半塑性。

(4) 极不稳定型多年冻土：T_{cp}高于$-0.5℃$，属于高温冻土。含有大量的未冻水，在一年和多年的地温动态影响下，冻土中未冻水分会发生强烈的相变和迁移。存在的冰包裹体具有极大的塑性，它的热状态极不稳定，在气温变暖及人类工程活动影响下冰包裹体极易融化，具有较低的冻土强度。

冻土厚度不仅要考虑冻土地温带所特有的厚度变化范围，而且要考虑建筑物热作用下的变化特点，厚度为20m之内的多年冻土，在一般建筑物的热影响下，往往可在5～10年内全部融化；厚度为20～50m的多年冻土，在大型散热建筑物或建筑群的影响下，可能产生相当大的融化，通常情况下冻土可以保存下来；厚度为50～100m的多年冻土，在水工建筑物影响下会出现明显的融化，但不会影响冻土的存在；厚度大于100m以上的多年冻土，可以保持不变，仅出现自上而下的局部融化。可见，冻土厚度的变化与冻土地温带是相适应的。

冻土的埋藏条件，反映在20m深度内有无融化夹层、融区及季节融化层与下卧多年冻土层的衔接关系。如无融化夹层时可视为冻结地基，若不衔接和局部融区的多年冻土可视为冻结或融化地基。这取决于剖面上冻土与融土的比例、冻土含冰量与性质及所采取的施工方法和技术措施。

由此可见，冻土工程地质区划的内容必须反映冻土工程地质的基本特征，它是在常规工程地质区划的基础上突出了冻土特征，其相应的内容更明确、更具体。有关冻土的物理力学及热学性质，往往在图上难以表示时，必须列表叙述。

4.4 冻土工程地质及其环境评价

4.4.1 冻土工程地质及其环境评价除了按照建筑物设计所需的冻土工程地质条件及设计参数作出评价外。本条提出，由于人类工程活动或自然因素对冻土工程地质条件可能产生影响也要作出评价。实践经验表明，原始的冻土工程地质条件可能比较良好，但在建筑物修建和运营期间，冻土工程地质则发生明显的、乃至很大的改变，甚至恶化，导致建筑物破坏。这是由于冻土对自然条件、地表扰动、温度变化、地表水流的侵蚀和人类工程活动等影响都具有特别的敏感和表现出它的脆弱性。为此，第4.4.5条特别提出，在冻土工程地质评价中必须提出相应的保护冻土工程地质条件，以及预测其变化时应作出的超前或及时的防治措施。

4.4.2 冻土工程地质条件评价的内容必须与冻土工程地质区划的内容相对应，这是由于冻土的特殊性所要求的。依据以往许多工程事故与教训的总结，如对本条的内容都能作出较详细评价的话，不少的冻土工程地质条件变化是可以预见的，工程事故也可以减少。因此，本规范超出《岩土工程勘察规范》GB 50021—94 的要求，这样严格的要求是出自于以往的教训。

4.4.3、4.4.4 冻土带是地圈表层的重要组成部分之一，多年冻土带内部发育的冷生过程直接影响着地表和景观的稳定性。如地表的植被和雪盖被铲除、地表的开挖和再沉积作用、岩体的破坏、水文及水文地质条件的扰动等方面的变化都直接影响着冻土地区环境工程地质条件的稳定性。因此，冻土工程地质环境调查不仅仅应把它看成是环境保护的问题，更应当看作是冻土工程地质资源的合理利用问题。在冻土工程地质勘察过程中必须按照工程设计阶段，了解比选方案范围内的环境地质—冻土的现状，充分而合理地利用冻土工程地质资源，避免引起不良的后果。所以，用来布局各项工程建筑物的地基土和冻土工程地质条件等都应该看成是工程地质资源和自然环境资源的范畴，形成一个"工程建筑—地质环境"系统。

冻土现象对自然环境和人类工程活动干扰的反应表现极为敏感，因而应对冻土现象的形态、分布、形成与发育历史、原因和过程等作详细调查。同时，因工程修建后改变冻土工程地质条件引起新生的冻土现象作出预测和评价，并提出相应的环境保护措施建议。大量的工程实践证明，工程建筑物修建后完全或局部地改变了原地的冻土工程地质条件和水文地质条件，形成大量的冻胀丘、冰椎、融冻滑塌和融冻泥流等等，这都是由于在冻土工程地质勘察和设计时未能就自然与人类工程活动的影响提出正确评价及环境保护措施的结果。

引起冻土工程地质条件变化的最敏感部分是地形、植被及雪盖的扰动情况，与此相关联的因素还有冻土类型分布特征、冻土的地温稳定性、地下冰与埋藏特点。因此，冻土工程地质环境调查应与冻土工程地质勘察工作密切结合，这样可以减少许多重复工作。人类工程活动可能加剧了地表破坏和冻土地温的扰动，所以本条要求对建筑物修建后的冻土工程地质环境变化作出预测和评价，也是冻土工程地质环境调查比一般环境调查要求更高的原因。

4.4.5 冻土是在综合自然因素作用下生存与发展的。自然综合体是各种自然因素之间有着复杂的相互关联体系，一些因素的变化会引起另一些因素的变化。因此，由于工程作用造成的破坏，其结果是导致冻土生存的破坏，特别是清除自然覆盖物或改变覆盖物的性质，如清除植被、注地积水或疏干和排除地表积水、平整地形、清除或填充上部土层和建筑物的热作用等等，都可能改变冻土的存在条件，使地温升高，季节融化深度增大，冰包裹体融化等，从而引起地基下沉、山坡坍塌以及融冻泥流等现象出现。因此，本条强调对冻土环境保护作专门评价。

冻土地基的利用原则应该根据冻土的自然条件及变化后的冻土条件而定，局部因素的改变可以按合理的技术经济评价，提出利用和保护措施。对建筑物而言，应该根据建筑物的重要性、场地条件(特别是冻土的温度条件)、建筑物的热作用及冻土环境条件的变化等综合考虑，提出冻土地基的利用原则。

4.5 冻土工程地质勘察报告

4.5.1 由于冻土工程地质条件比较复杂和不均匀性，加强原始资料的编录工作是保证勘察成果报告质量的基本条件，也是冻土工程地质分析和编写成果报告的基础。过去在冻土地区的工程地质勘察测试工作做得不少，但多数都是按常规工程地质的勘察要求进行的，未能对冻土的特殊性加以注意，例如冻土中地下冰的分布情况、多年冻土上限的确定、冻土的地温变化、水文地质条件与冻土存在和发育的关系等等，因而不能如实地反映实际情况，导致分析评价的失误，造成建筑物失稳和破坏。因此，本条强调对冻土工程地质分析所依据的一切原始资料，均应进行整理、检查、分析、鉴定，确认无误后方可使用。

4.5.2 鉴于冻土地区的工程建设规模大小各不相同，各工程特点、勘察阶段、目的要求亦不尽一样，冻土区的自然条件和工程地质条件相差甚大，因而冻土工程地质勘察成果报告内容的详细程度也应该随着任务要求、勘察阶段而定。

4.5.3、4.5.4 所列的冻土工程地质勘察成果报告的基本内容是各个工程勘察报告所必须的，与常规的工程地质勘察成果报告相比，它突出和增加了下列内容：

(1) 突出冻土特征及其工程性质、冻土现象的描述和评价。

(2) 地基土冻胀性、融沉性、稳定性和适用性评价。

(3) 冻土参数的分析与选用。

(4) 场地的利用、整治、改造方案和建筑设计原则。

(5)工程施工和运营期间可能发生的冻土工程地质问题的预测、监控和预防措施的建议。

(6)在图件中增加冻土地温观测、冻土利用、整治、改造方案、冻土工程计算简图及计算成果等有关图表。

但是,由于各工程要求、勘察阶段不同,图件比例尺的要求也各不相同,无法制定一个统一的适用于每个工程的图件比例尺。所以,本条只规定勘察成果报告应附的基本图件,其比例尺应由各工程要求和勘察阶段来规定。

4.5.5 本条提出,除综合性的冻土工程地质勘察成果报告外,尚可根据任务要求,提交某一专题性的单项报告。如工程沉降观测报告,验槽报告,冻土融沉或承载力试验报告,浅埋基础设计,以及场地冻土环境工程地质评价等等。

5 冻土工程地质调查与测绘

5.1 一般规定

5.1.1 冻土工程地质调查与测绘是冻土工程地质勘察的基础工作,它的任务是查明对工程建设有较严重影响的各种冻土现象和场地的冻土工程地质条件,并为勘探、试验和专门性冻土工程地质问题进行必要的补充勘探提供依据。因此,冻土工程地质调查与测绘工作必须在可行性研究勘察和初步勘察阶段之前进行。然后对某些专门性的冻土工程地质问题(如厚层地下冰、热融滑塌和冻土沼泽等),在详细勘察阶段进行必要的补充工作。

5.1.2 关于冻土工程地质调查与测绘的范围,因本规范包括专业较多,所以仅将铁路、公路、架空线路和管道工程等线性工程的调查与测绘范围作了统一规定。对水利水电工程和工业与民用建筑工程的测绘与调查范围,除应包括建筑场地,我们把对该场地可能产生不利影响的地段(如融冻泥流地段等)也列入在调查与测绘的范围之内。

关于测绘所用地形图的比例尺,由于上述各专业性质不同,不能作统一规定,只能在各专业内按勘察阶段提出相应要求。由此可知,冻土工程地质测绘所选用地形图的比例尺,不仅取决于建(构)筑物的性质和重要性,而且还与勘察阶段、区域冻土和场地冻土工程地质条件的复杂程度密切相关。所以,本条特别规定,对冻土工程地质条件较复杂的场地和对工程安全影响较严重的冻土现象,比例尺可适当放大。

5.1.3 冻土工程地质调查与测绘的主要内容,本条首先列出了地貌、地貌与第四纪地质、岩性、构造、地表水、地下水和冻土现象的关系。因为这是划分地貌单元、评价冻土工程地质条件以及论证建筑物稳定性等方面的重要依据。

还应该强调的是在调查与测绘的内容上,必须将冻土的分布特征作为重要问题进行研究,这样才能达到除了常规性的调查与测绘目的外,查明冻土的区域自然条件及其相互关系,才能为建(构)筑物提出合理的设计原则、适宜的技术措施和建筑物在施工及其使用期间的稳定性预报,以便提高冻土工程地质勘察的水平。

5.2 冻土现象调查与测绘

5.2.1~5.2.3 冻土现象是冻土工程地质调查与测绘的主要内容之一。因为,在冻土地区由于土中水的冻结和融化,不断的发生着因冻融作用而形成的中、小型地形。这些冻土现象直接威胁着工程建筑物的安全,如冰椎和冻胀丘是冻土区最为引人注目的冻土现象。它可造成房屋裂缝、道路变形、桥涵破坏等现象,给工程建设带来极大损失。因此,可根据冻土现象对工程的危害性和地质条件的复杂程度,决定所采用的标测方法:

(1)目测法:该法一般在可行性研究勘察阶段,对冰椎、冻胀丘、融冻滑塌等冻土现象以目估或步量其规模的大小。

(2)半仪器法:在初步勘察阶段可借助罗盘仪、气压计和步数计(或测绳)等简便仪器设备测定冻土现象的方位、高度和距离。

(3)仪器法:在详细勘察阶段对专门性的地质问题如厚层地下冰和冻土沼泽等冻土现象进行补充测绘时,可使用经纬仪、水准仪等精密的仪器测定其位置和高程,如需了解和掌握地质资料,还可用适宜类型的钻机进行勘探。

5.2.4 冰椎是由河水或地下水在冬季流至冰面或地面以上随流随冻而形成的。它多分布在冻土区的山间洼地、河床、漫滩、阶地以及山麓的洪积扇边缘地带。但是,与冰椎相反,冻胀丘则是土层自上而下冻结时,地下水向冻结锋面迁移并不断形成冰层,使地表面隆胀为丘状体的现象。它多分布在冻土区的河漫滩、阶地、沼泽地、平缓山坡以及山麓地带。

但是,由于冰椎或冻胀丘的形成与分布具有独特的地质地貌条件,所以在进行调查与测绘时,其气象、植被、水文地质、工程地质以及对建筑物的危害性等等方面,都应列为主要因素。为了给工程勘察设计和施工提出最佳方案和可靠勘察资料,提出冰椎或冻胀丘的调查与测绘的范围和要求,是十分必要的。因为,工程建设在冰椎或冻胀丘的形成区范围以外进行,则是经济和安全的。如果工程建设必须设置在冰椎或冻胀丘的形成区范围以内,则必须采取相应的有效措施,其安全才会有保证。

5.2.5 在冻土地区地表面以下的任何一种冰,不论其成因或埋藏条件如何,统称地下冰。地下冰按其形成原因可分为构造冰、脉冰和埋藏冰等三种类型。随着科学技术的发展,地下冰还有其他一些分类方法。但是,厚层地下冰(冰层厚度大于0.3m)一旦融化,对工程建设的影响是极其严重的。因此,厚层地下冰是进行工程地质调查与测绘的主要对象。

地下冰形成和存在的特殊性,决定了进行其调查与测绘的范围,即除了厚层地下冰分布的具体地段外,其围岩部位也是调查与测绘的主要地带。要有效的在上述范围进行调查与测绘,应以钻探和物探相配合进行勘探,并进行钻孔测温和取冰样试验其物理化学指标,以评价厚层地下冰的稳定性与对工程的侵蚀性。

地下冰调查与测绘的内容与重点,最重要的是分凝冰、侵入冰以及埋藏冰等类型的厚层地下冰的埋藏深度、冰层厚度、温度和分布面积等主要因素。因为这些因素要求建筑物结构和技术条件有一定的适应性。

5.2.6 缓坡上的季节融化层(细颗粒土),在夏季融化至一定深度时,土中水分不能下渗,土壤呈饱和或流动状态时,沿着山坡向下蠕动,这种现象称为融冻泥流现象。表层泥流具有分布广、规模较小、流动较快的特点。深层泥流多呈阶梯状缓慢向下移动,其发生规模较大,对建筑物危害性强。但是热融滑塌现象常常发生在厚层地下冰分布的斜坡上,其原因可由气候转暖或人为活动因素所造成。与融冻泥流相反,热融滑塌现象是自下往上发展的,滑体多呈舌状或簸箕状。热融滑塌物常常流过路基、堵塞桥涵孔道,危害交通。

融冻泥流(滑塌)调查与测绘,除应查明融冻泥流或热融滑塌发生与发展的场地条件,及其发生原因和类型外,还应特别注意的是深层泥流的移动速度比较缓慢,肉眼不易观察,随着时间的推移,可能使建筑物遭到严重破坏。所以,应适当的布置融冻泥流或热融滑塌的移动标志,并定期进行观测,以便采取相应的防治措施。

融冻泥流或热融滑塌调查与测绘,应着重提出其形成区的季节融化特点、土颗粒成分、土壤渗透性以及冻土和地下冰的分布等方面的工程地质资料。另外还须对气候和人为活动条件的变化,以及融冻泥流或热融滑塌的移动速度提出预报。

5.2.7 热融湖塘(洼地)现象主要发生在塔头和沼泽等低洼积水地段,其原因是气候转暖或人为破坏地表植被,加大季节融化深度导致地下冰或高含冰量多年冻土局部融化所造成的结果。因此，进行热融湖塘(洼地)调查与测绘时，应将其形成区的地质地貌、水文地质条件、气候变化和人为活动等内容作为重点进行工作。

对热融湖塘(洼地)进行调查与测绘时，将其形成区及其影响范围包括进去是适宜的。同时，在勘探方面钻孔深度必须穿过多年冻土上限1～2m，主要是为了查清其分布范围、观测地温和评价其稳定性，以便为工程提供正确的设计原则和可靠措施。

热融湖塘(洼地)由于地表景观明显，调查与测绘范围比较直观，所以其调查与测绘的工作重点可放在勘探、观测以及预报等方面，以便为工程建设确定设计原则和应采取的安全措施创造条件。

5.2.8 冻土沼泽现象是在多年冻土区适宜的水热环境条件下形成。同时冻土沼泽的发育又促进冻土层形成。它可分为低位、中位和高位三种类型。在东北冻土区的泥炭沼泽多数由于下卧多年冻土或地下冰层的存在而形成，由于地面积水的温度很低，多生长塔头(苔草墩)和少量幼松等植物。但落叶松(幼体)常常因营养不良、生理干旱和低温而死亡。冻土沼泽现象在东北从低位到高位型均具有分布面积较大、季节融化深度小和泥炭层较厚等特点。相反在青藏高原冻土区仅形成类型单一的低位型泥炭沼泽。

冻土沼泽的调查与测绘应在冬、春季进行地质钻探和挖探工作，在夏季可以钎探获得季节融化深度资料。但是必须注意冻土沼泽形成区的多年冻土或地下冰和季节融化层的热平衡状况，以避免在人为条件下演变成为热融湖塘现象。为此，应进行地温观测，并及时地进行预报。

冻土沼泽现象多分布在河漫滩、阶地或台地上，与公路、铁路、桥梁等建(构)筑物的关系十分密切。因此，其调查与测绘的重点应突出冻土沼泽分布特征、地质勘探、试验和原位测试等方面。

6 冻土工程地质勘探与取样

6.1 一般规定

6.1.1、6.1.2 冻土工程地质勘探的手段和方法，可因工程类别和勘察阶段的不同而不尽相同。另外，勘探区的冻土特征、交通条件、气候变化以及地质地理环境等因素，都会影响勘探方法的选择和应用。

钻探、坑探是冻土区常用的冻土勘探方法。物探作为勘探工程的辅助手段，指导配合钻探工作，可起到提高勘探质量、缩短勘探周期、节省费用以及顺利完成任务的作用。

6.1.3 通过室内遥感判释、现场验证以及地质调查测绘和物探工作，在初步了解冻土分布特征和各种冻土现象的基础上，根据工程需要布置勘探点，以达到使勘探工作量满足冻土工程地质勘察要求。

6.1.4 勘探工作量的多少应视不同工程的需要而定，本规范第8～12章对此均有明确规定，应遵照执行。

6.2 钻 探

6.2.1 冻土钻探回次进尺在《铁路地质钻探技术规则》中定为5min，但不超过0.3m。根据经验冻土钻进进尺随含冰量的增加，土温降低而加大。但对含卵砾石较多的土层应少钻勤提，以避免冻土全部融化。实际上过去的冻土钻探对于富冰冻土、饱冰冻土和含土冰层回次进尺可达1.0m。对卵砾石含量较多的土层钻进0.1～0.2m即需提钻。在冻土钻进过程中，当土温较高或近似塑性冻土，或为了判定是否多年冻土，及钻探取样困难时，采用击入法取样可得较好效果。当冻土中含有碎(卵)石时，钻进时间过长，取出冻土样品困难，可加少量水取出。

6.2.2 钻孔开孔直径宜按钻机性能和冻土取样的需要采用最大口径，如100型钻机一般为130mm。为满足柱状土样直径80mm的要求，终孔直径应不小于91mm，以采用110mm为宜。

6.2.3 在冻土层钻探过程中，钻探所产生的热量破坏了原来冻土温度的平衡条件，引起冻土融化，孔壁坍塌或掉块，妨碍了正常钻探。为此，除采用泥浆护孔外，在冻土中采用金属套管下入孔内，防止孔壁坍塌或掉块现象是较适宜的措施。但是，必须有一定的孔口标高，以防止地表水或钻探用水流入孔内。

钻探期间对场地植被的破坏，都将引起冻土工程地质环境条件的变化，这关系到建筑物选择适宜的设计原则和基础类型及其结构形式等措施。因此，及时恢复破坏了的植被自然状态，保护冻土工程地质环境条件是极其重要的。

6.3 坑探、槽探

6.3.1、6.3.2 冻土层的浅部土层勘探，包括坑探、槽探、钎探和小螺旋钻等方法。其目的是为了查明地质构造线的产状、属性和形态；断面破碎带的宽度、充填情况；岩性分界以及冻土上限、冻土含冰情况，以及季节融化与冻结深度等内容。坑探、槽探一般使用人力、机械或爆破法进行。但是，必须采取适宜措施，保证勘探工作安全，并及时恢复自然环境状态。

在勘探期间利用坑探、槽探方法是查明季节冻结与融化深度的最好方法。另外除用直接观测方法(如A·H·丹尼林冻土器)或间接观测方法(如利用钻孔测地温)确定天然季节融化与冻结深度外，还可以利用钎探即用钢钎打入融土层中，直到冻土硬界面为止，再用专门工具将其拔出，这是实测季节融化深度最简单和最省力的方法，其效果也很好。钎探方法特别是在沼泽及泥炭化发育地区实测季节融化深度更为灵活。在未饱水的细颗粒土层中使用钎探时，可把塑性冻结状态的土层穿过直至坚硬冻土界面深度处。

虽然利用坑探、槽探方法可以直观冻土层中有无冰夹层、土层的胶结程度及其颜色的变化以确定季节冻结与融化深度，不过利用坑探、槽探方法，应注意适宜的挖探季节。一般在7、8月份进行最大季节融化深度的挖探，3、4月份进行最大季节冻结深度的挖探，这对工程建设是有用的主要数据之一。

6.4 地球物理勘探

6.4.1 物探是冻土工程地质勘察的重要方法。它配合测绘工作可迅速的探测冻土状况，为其布置勘探工作提供依据。在各勘察阶段的物探和钻探应紧密相结合，及时地用少量而适宜的钻探成果验证物探方法的有效性。随着勘察阶段的提高，以钻探为主，物探则作为勘探工程的辅助手段了。

6.4.2 根据冻土的物理特性及场地条件，合理选用电法勘探、震法勘探或地质雷达等方法，并紧密结合钻探工作以探测多年冻土的分布范围、上限、波速及动弹性模量等。同时，对厚层地下冰和地下水的类型、贮存条件与变化规律等方面的内容亦可进行物探工作。

6.4.3 除被探测对象的物理特性十分明显，可采用单一的物探方法外，一般应采用多种物探方法，互相验证和补充，以克服条件性、多解性和地区性等不利因素的影响。对重点工程和复杂的建筑应采用综合物探工作，以提高勘探与经济效益。

6.4.5 冻土物探参数是保证物探质量的关键因素，该资料是进行内业解释的重要依据，必须收集有关不同方法实测的冻土物理参数。当该资料缺乏时，应在测区实测，以满足工作需要。

6.4.6 由于测区冻土的自然环境不同，一般对不同环境中形成的多种物理现象(异常)的解释(除少数情况外)，难以得出单一的结论而形成多解性。因此，应采用多种物探方法，进行综合判释，以取得较好效果。对工程具有重要意义的地质问题，还必须进行钻探验证解释工作。

6.5 冻土取样与运送

6.5.1～6.5.3 在冻土工程地质勘察中，采取保持天然冻结状态，供试验室分析试验的土样，是钻探工作的主要目的之一，也是对冻土地基作出正确工程地质评价的基础。但是，按工程要求和现场条件，还可采取保持天然含水量和允许融化的冻结土样以及不受冻融影响的扰动土样。

保持天然冻结状态的土样采取，主要取决于钻进方法、取样方法以及取土工具三个环节。为取得保持天然冻结状态的土样，必须保证孔底取样，因不适当的钻进方法受到扰动或压力作用所产生的热影响。要求取样前应使孔底待取土样有恢复天然温度状态的时间（最好测量钻孔底部土壤温度），然后在接近取样深度时控制每一回次的进尺（深度视土层情况决定），以保证取出的土样仍保持冻结状态（粗颗粒土及大块碎石土除外）。取出的冻土样应及时装入具有保温性能的容器或专门的冷藏车内送验。如不能及时送验时，应在现场测定土样在冻结状态时的密度。

7 冻土试验与观测

7.1 一般规定

7.1.1 冻土的室内试验包括原状土和重塑土试验，野外现场试验指原位试验。

7.1.2 为了加强试验资料的可比性和通用性，地层冻结会议国际编写小组已提出《人工冻土的分类与实验室试验》的推荐意见，本规范力图向国际标准靠近，采用了其中单轴压缩试验的有关建议。因此，若《土工试验方法标准》GB/T 50123—1999 部颁试行标准与国际编写小组的建议有矛盾时，建议按后者执行。

7.1.3 有关冻土动力学特性等试验目前尚无统一试验标准，如工程需要进行诸如此类的试验时，应详细说明试验方法。

7.2 室内试验

7.2.2 勘察期间首先开展冻土物理性质试验，进行冻土分类。同时，为随后开展其他试验积累基本资料。季节冻土区应对土冻胀敏感性作出评价，随后根据需要，分别测定二的切向或法向冻胀力；多年冻土区则应根据设计原则（如保持地基土处于冻结状态或允许地基土融化等），选定有关试验项目。按保护多年冻土原则设计时，应侧重选择与冻土的温度状况、长期强度和蠕变性能有关的试验项目。按允许冻土融化原则设计时，则应侧重选择与冻土融化时的变形特性和融后强度特性有关的试验项目。

7.2.3 本条规定系根据《人工冻土分类和实验室试验》国际编写小组的建议提出，以加强试验方法的统一性及试验资料的可比性。

7.3 原位测试

7.3.1 "原位"系指在冻土内所处的原来位置，包括基本上原位状态和原位应力条件。原位测试已成为工程勘察中广为应用的重要测试手段。由于它在较大冻结岩土体的原位状态和原位应力条件下进行试验，因此测试结果更接近于冻结岩土体的实际情况。一般认为取土供室内试验及分析，均会受到各种人为因素的扰动与影响。岂不知绝大多数原位测试也都有其不同程度的扰动问题，同样存在一些不定因素。如应力条件、应变条件、时间条件、排水条件以及边界条件等等。但总的来说，原位测试的结果与取样进行室内试验相比，更接近实际。

7.3.2、7.3.3 有些单指标或单参数的原位测试比较简单和容易，可广泛应用。但有些项目虽然并不复杂，要求的时间周期却很长，如地基土的冻胀量、冻胀力和年平均地温等。取得一个数据需连续观测一个冬季，而年平均地温则需时一年。由于冻土地基的承载力高，需要加上大量荷重，又由于其强烈的流变性，稳定时间需要很久，所以荷载试验做起来费时、费工与费材料，一般很难大量进行，尤其是已建筑物基础的原位载荷试验更加困难，只有在万不得已的情况下进行。但桩基础的静载荷试验却相对容易。有些单指标、单参数的原位测试虽然在道理上讲完全可以从未冻土中移植过来，由于受到仪器设备的强度、容量、量程等的限制，还不能适应冻土强度高、变形小的特性，要想达到实用阶段尚需做大量试验对比工作。

7.3.4、7.3.5 进行原位测试最主要的一条即强调一个"原"字，也就是说原状地基土、原应力场、原温度场、原水分场，其试验荷载的性质尽量接近实际情况，否则失去原位的意义。

试验过程中对小尺寸、短时间的试验结果应考虑边界条件的不同，尺寸效应、时间效应、温度参数等的修正。

7.4 定位观测

7.4.1～7.4.3 定位观测的目的有两个，其一，是对重要建筑物观察其使用情况，对复杂地基或特殊建筑监视其质量情况；对所采用的新技术，为全面了解其地基土性状、作用，周围有无成熟经验可以借鉴以及拟采取的新措施、新设计、新试验的有效性，应建立定位观测站。前者是工程结束后开始建立，而后者则是从选址定点后即可开始。定位观测及观测大纲应由设计单位根据其对设计的成熟性，把握程度以及要取得何种数据与资料统一在设计文件中确定，否则定位观测很难立项和观测。

定位观测站的观测时间，应根据观测内容的不同而有所区别，有的可能很短时间即可完成，观测冻胀，冻胀力则需一个冬季，考虑其变异性一般连续三年。观测融化盘，当建筑物跨度稍大时，达到稳定的延续时间少则七八年，多则十几年才可获得一个数据。又由于冻土的强烈流变性，其沉降观测没有几年时间也不说明问题。为了积累资料，指导今后勘察设计工作更好地进行，其观测报告应留给勘察、设计单位参考。而建设单位保存则是作为说明工程质量情况的基本证明材料。

8 工业与民用建筑冻土工程地质勘察

8.1 一般规定

8.1.1 本章适用于冻土地区工业与民用建筑的冻土工程地质勘察。但对冻土地区的融土地段除应按本规范执行外，尚应符合《岩土工程勘察规范》GB 50021—94 或其他规范的有关规定。

8.1.2 勘察阶段的划分，应与设计阶段相适应，一般分为可行性研究勘察（选址勘察）、初步勘察和详细勘察三个阶段。施工勘察不作为一固定阶段，只在特殊情况下进行施工勘察。对冻土工程地质条件简单并且具有建筑经验的场地，可适当简化勘察阶段。

8.1.3 冻土工程地质勘察工作应符合各勘察阶段的技术要求，并在明确工程特点及任务要求的情况下，对综合考虑的几个因素，要求作定量的冻土工程分析和预测，提出冻土工程设计参数以及冻土地基基础设计原则和设计方案的建议。

8.2 可行性研究勘察

8.2.1、8.2.2 这两条内容是可行性研究勘察（选择场址勘察）应做的冻土工程地质工作。其中第8.2.2条对场址选择应尽量避开那些对建筑物有害的地段。场址方案应选择在对工程建筑有利,特别是融区面积大、第四纪砂砾石层透水性好以及前第四纪(基岩)埋藏浅的地段;碎石类土厚度大、分布广泛、多为少冰冻土地段,以及冻土工程地质条件均匀稳定的地段。

8.2.3 可行性研究阶段工程地质勘察报告的内容,应在收集资料和调查研究的基础上,结合必要的勘察和测试工作,对拟选场址的稳定性和适宜性进行技术经济论证,提出设计方案比选意见和建议。

8.3 初步勘察

8.3.4、8.3.5 勘探孔的数量与深度应根据建筑场地冻土工程地质条件复杂程度和工程要求适当增减。

关于冻土场地类型,表8.3.4划分三级:一级(复杂场地)是指冻土现象强烈发育,地层变化复杂,地下冰分布普遍为极不稳定场地,直接威胁到工程安全;二级(一般场地)是指冻土现象较发育,冻土含冰量较高,以富冰冻土和饱冰冻土为主,对工程安全影响不严重;三级(简单场地)指冻土现象不发育,岩土种类比较单一,地基土含冰量低,以少冰冻土为主,对工程无影响。

8.3.7 初步勘察阶段对不同地貌单元应设立地温观测孔,地温观测孔数量不应少于一个,但对于每个重要建筑场地不应少于两个。地温观测孔深度应大于地温年变化深度值,该深度在大兴安岭地区约为8~20m,青藏高原则为10~15m左右。

8.3.9 初步勘察报告的内容中,多年冻土地基利用原则有下列三种:

原则Ⅰ——多年冻土以冻结状态用作地基。在建筑物施工和使用期间地基始终保持冻结状态,适用于多年冻土年平均地温低于－1℃的场地或地基土处于坚硬冻结状态的场地。

原则Ⅱ——多年冻土以逐渐融化状态用作地基。在建筑物施工和使用期间地基土处于逐渐融化状态,适用于多年冻土年平均地温－0.5~－1.0℃的场地或地基土处于塑性冻结状态或在最大融化深度范围内的地基土为变形所容许的弱融沉土。

原则Ⅲ——多年冻土以预先融化状态用作地基。在建筑物施工之前使地基土融化至计算深度或全部融化,适用于多年冻土年平均地温不低于－0.5℃的场地或地基土处于塑性冻结状态或在最大融化深度范围内的地基土为融沉、强融沉或融陷土。若冻土层全部融化,可按《岩土工程勘察规范》GB 50021—94 规定,进行工程地质勘察。

8.4 详细勘察

8.4.3 详细勘察应进行的工作共有八款,内容较多,要求较细,特别是在塑性冻土地区,预测建筑物沉降,差异沉降或整体倾斜,预测施工运营期间地质环境可能发生的变化或影响,提出预防措施和建议方面。

8.4.4、8.4.5 详细勘察阶段对勘探点布置要求和勘探点间距应按冻土场地的复杂程度和建筑等级确定。冻土建筑物场地复杂程度除了地震、动力地质、地质环境等不稳定因素外,主要指冻土现象发育程度,在第8.3.4条已有说明。冻土场地条件和地基土质条件二者相互影响,如饱冰冻土、含土冰层直接威胁场地的安全,所以将两个条件综合起来划分冻土场地类型,考虑同一类型场地建筑物等级不能相同,因此每一场地分别列入三个建筑物安全等级。

8.4.6 详细勘察勘探孔的深度应考虑冻土类别和工程性质,对面积小荷重大的高耸建筑物(如烟囱、水塔等)应适当加深。另外对热影响较大的建筑物(如热电站、锅炉房等),如其融化盘较深,或者冻土层变化较大时,可适当增加勘探孔的深度。在实践工作中多年冻土年平均地温低于－0.5℃时,多利用多年冻土作为地基,所以在制定表8.4.6-1时,参阅了国内外有关规范,特别是前苏

联、加拿大、美国冻土规范的规定,以基础荷重不同确定勘探孔深度,尽量少破坏地表,保护周围环境,避免温度场有大的变化或破坏。

对于塑性冻土以融化状态用作地基时,可按《岩土工程勘察规范》GB 50021—94 第3.1.15款执行,但必须进行变形验算,即考虑融化盘的深度,又要满足冻土融化后计算基础沉降的需要。所以一定数量的勘探孔深度应达到计算的压缩层深度以下。在采用箱形基础或筏式基础时,弱融沉土和融沉土的地基上可采用经验公式(2)确定勘探孔深度:

$$Z = d + m_c + b \quad (2)$$

式中 Z——勘探孔深度(m);

d——箱基或筏基的埋置深度(m);

m_c——与土的压缩性有关的经验系数,与土的类别有关,按表8.4.6-2取值;

b——箱基或筏基基础底面宽度(m)。

压缩层的深度和经验公式以及融化盘的深度不是决定勘探孔深度的唯一依据,当钻孔达到预定深度遇有厚层地下冰时应适当加深或钻穿。

8.4.7 本条内容主要是对详细勘察取样和测试工作的要求。对重要工程建筑物或缺乏建筑经验的场地应进行定位观测,对有特殊要求的工程,应在建筑物施工和使用期间进行。观测温度场的变化,融化盘的稳定情况,地基土融化下沉性状,预报建筑物地基基础的稳定性及周围地质环境变化的影响。对冻土试验与观测按本规范第7章执行。

采暖房屋地基融化深度的计算是一个复杂的课题,国外冻土学者早就在进行试验研究,并提出了许多计算方法,但都有局限性。我国从70年代中期开始研究,也提出了一些计算公式,这些计算公式有待于今后实践中验证。地基土融化深度受采暖温度、冻土土质类型、冻土温度等因素的影响,而且是一个三维不稳定的温度场。其中热源是起主导作用的,由于建筑物在使用过程中热量传导作用,地基土融化是持续的,直到吸热和散热相对平衡,使得融深稳定在最大值,称稳定融化盘。这里仅推荐《冻土地区建筑地基基础设计规范》JGJ 118—98 中建筑物地基最大融化深度的计算公式:

$$H_{max} = \Psi_j \frac{\lambda_u T_b}{\lambda_u T_b - \lambda_f T_{cp}} \cdot B + \Psi_c h_c - \Psi_\Delta \cdot \Delta h$$

式中 Ψ_j——综合影响系数,由图1查取;

λ_u——融土(包括地板及保温层)导热系数;

λ_f——冻土的导热系数;

T_b——室内地面温度;

T_{cp}——多年冻土年平均地温;

B——房屋宽度;

Ψ_c——土质系数,由图2查取;

h_c——计算融深内粗粒土层厚度;

Δh——室内外高差;

Ψ_Δ——室内外高差影响系数,由图3查取。

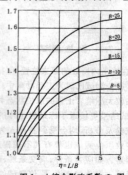

图1 土综合影响系数 Ψ_j 图
B——房屋宽度(cm);L——房屋长度(m)

8.4.8 桩基是多年冻土地区主要基础形式之一,根据沉桩方式分为:钻孔打入桩、钻孔插入桩和钻孔灌注桩。桩基必须采取架空通风地面保温措施,不破坏地表。桩基勘察内容包括:

(1)查明桩侧以及桩端以下压缩层计算深度范围内各类冻土埋藏条件、物理力学性质、热学性质,包括室内试验和原位测试的各项指标和参数,以满足桩基础设计和施工需要为原则。

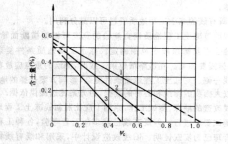

图 2 土质系数 Ψ_s 图
1—卵石;2—碎石;3—砂砾

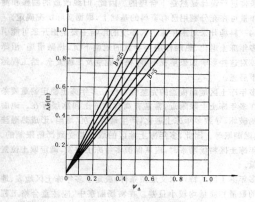

图 3 室内外高差影响系数 Ψ_Δ 图

(2)通过钻探、坑探、地球物理勘探、定位观测,掌握冻土地温年变化状态与季节融化层变化规律。

(3)查明地下水类型、埋藏条件、水位变化幅度、渗透性能,判别地下水对桩基材料的腐蚀性和对工程建筑的影响程度。

(4)查明基岩的顶板埋深,风化程度,特别是强风化带冻土发育情况,基岩构造、断裂、裂隙发育程度,破碎带的宽度和充填物等。

8.4.9 桩基础作为多年冻土地区建筑物基础,通过多年来在我国多年冻土地区基本建设中的实践,取得很多宝贵经验。因此只有符合冻土地基的客观规律,才能保证建筑物的安全和正常使用。桩基勘察工作量应满足设计与施工要求:

(1)勘探点的布置和间距应以查明建筑物范围内冻土分布规律为主。勘探点应布置在柱列线位置,对群桩基础应布置在建筑物中心、角点和周边的位置上。

(2)勘探点间距应根据场地冻土条件的复杂程度,持力层层面和持力层厚度变化的情况,一般采用 12～30m,不宜大于 30m。

(3)大口径桩、墩(≥800mm)承载力较高,当冻土条件复杂时,宜按每个桩(墩)布置一个勘探点。

(4)勘探点总数中应有 1/3～1/2 为控制点。

8.4.10 桩基勘察时勘探点深度要求,既考虑融化盘深度计算和基础沉降的需要,又要考虑桩尖平面算起压缩层深度的需要:

(1)勘探点深度的确定原则,除满足设计、施工要求外,尚应考虑不同建筑场地特点和桩尖平面以下冻土变化情况。对于基岩持力层,控制性勘探点的深度应深入微风化带 3～5m。一般勘探孔应深入持力层 1～2m,查清基岩顶面起伏变化情况。

(2)对塑性冻土按融化状态原则设计,控制性勘探孔深度应超过融化盘底面 3～5m,一般孔应等于融化盘深度。对需要进行变形验算的地基控制性勘探点深度应超过桩尖平面算起的压缩层深度,在实际工作中二者可进行比较验证。

8.4.11 冻土地区桩基勘察、原位测试和室内试验工作,为桩基设计提供物理、热学、力学技术参数。其中原位测试的主要内容为:季节冻层的分层冻胀与冻融过程以及桩基静载荷试验、融化压缩试验与冻胀力试验等。原位测试可根据地区经验、冻土条件和工程需要选择适宜的测试手段。室内试验应满足下列要求:为验算基础在切向冻胀力作用下的稳定性和强度,应作冻结强度的试验,以代替原位试验或补充原位试验的不足;为测定冻土融沉系数和融化压缩系数,应作冻土融化压缩试验;为验算冻土地基和边坡稳定性,应进行冻土抗剪强度试验;室内试验和原位试验可互相验证和补充,但对于部分物理试验项目,如冻土天然密度、冻土总含水量等,为减轻运送上的困难,可在野外直接试验。除了对常规的物理力学试验要求外,又强调了以下试验项目:

(1)季节冻土地区的建筑物桩基应根据实际需要进行冻胀性试验。因为,地基土冻结过程中,土中水部分转变成冰,土体膨胀(冻胀),基础侧面就产生了切向冻胀力作用,从而导致不均匀变形、上拔、冻裂或破坏。因此必须验算切向冻胀力作用下桩基稳定性及强度。试验方法为现场原位测试和室内模拟试验。一般现场原位测试数据比较可靠,但周期长、难度大、费用也较高。室内模拟试验,到目前为止,尚未得到统一认识。

(2)多年冻土地基中桩的承载能力由两部分组成,即桩侧冻结力和桩端反力。在桩的施工中,桩周的天然温度场受到干扰和破坏,桩侧冻结力还没有形成,不能承载。只有在桩周土体回冻后,桩才能承载。回冻时在相同回冻方法下,时间的长短与桩的种类和冻土条件有关,可参照有关地区的桩基试验确定其回冻时间。

试桩时间应选在夏末或冬初,因为此时多年冻土温度受到大气影响,使冻土抗压强度和冻结强度均达最小值。如试桩选在这个时候进行试验,则可以找出桩的最小承载力。

试载方法可采用慢速维持荷载法。近年来,为了缩短试验时间,在美国和前苏联采用快速维持荷载法。

(3)对有建筑经验的冻土地区,利用适当的原位测试和室内试验,系指掌握地基土类别及工程性质、地温观测、冻土总含水量及天然密度等物理特性,按本规范附录 K 查取冻土热学和强度指标。本款主要适用于二、三级冻土工程。

8.4.12 施工勘察不是一个固定的勘察阶段,主要解决与施工有关的工程地质问题,共有三款,遇其中之一的问题,就需进行补充工程地质勘察工作。

9 铁路与公路冻土工程地质勘察

9.1 一般规定

9.1.4 冻土工程地质图上地质点的数量和要求,应随工程的性质和冻土工程地质条件的不同而异。因为道路工程建筑有它的特点:即是一条线,同时又是一个狭长的面。在一段图幅内,冻土工程地质条件是不相同的。在条件简单的地段,可能需用复杂工程(如深挖、桥、隧)通过;而在条件复杂的地段,可能采用简易工程(如填方、浅挖、小桥涵)通过。因此,硬性规定地质点的密度,而不结合工程考虑,显然是不合理的。故在本条仅作了原则规定。

9.1.5 施工冻土工程地质工作应重点放在冻土现象发育地段,冻土条件复杂地段和重点工程上。应特别注意开挖过程中,冻土工程地质条件和水文地质条件的变化及其对建筑场地稳定的影响。施工冻土工程地质工作的具体任务有以下两点:

(1)根据开挖暴露的冻土地质情况,推断和预测冻土工程地质条件的变化。及时预报和指出施工进程中可能出现的冻土工程地质问题。

(2)根据开挖出来的实际冻土地质情况,修改和补充冻土工程地质资料。编制竣工图件中的冻土工程地质图件和说明,供运营、养护或改建、扩建使用。

9.1.6 铁路、公路运营期间冻土地质环境变化和冻土现象发生、发展过程的监测,是认识病害发生、发展规律,及时采取有效措施的基础。运营期间的系统监测资料是既有线改建和增建第二线时评价冻土工程地质条件的依据。运营铁路和公路冻土工程地质工作的具体任务如下:

(1)对沿线地质病害工点进行监测,做好病害工点履历登记。为维修养护及改建、扩建积累资料。

(2)对新产生的地质病害工点做到及早发现、及时调查、勘测,为病害整治设计提供必要的资料。

(3)对各项地质资料进行整理归档。

9.1.7 目前,我国基本建设工程的设计大体分为三种情况:即三阶段设计、两阶段设计和一阶段设计。

三阶段设计为初步设计、技术设计和施工图设计。

两阶段设计为扩大初步设计和施工图设计。扩大初步设计可参照三阶段设计的初步设计和技术设计内容编制设计文件。

一阶段设计可参照三阶段设计的初步设计和施工图设计的内容结合具体情况编制设计文件。

铁路、公路冻土工程地质工作应与设计阶段相适应。这里指的是不论采取哪种情况设计,均应按初测和定测进行。当采用三阶段设计时,为满足施工图设计,可以进行必要的"补充定测"工作。采用两阶段设计和一阶段设计时,冻土工程地质工作必须在初测的基础上,搞好方案比选。在确定了方案的前提下,再为施工图设计搜集地质资料。

9.1.11 多年冻土区现存的地表形态和地面覆盖是地质历史时期的产物。是一相对稳定的热平衡剖面。保持现有形态和现存地热平衡条件,则地基是稳定的。当这种平衡破坏时,则产生一系列冻土工程地质问题,如热融下沉和热融滑塌等。在多年冻土区进行工程建筑,不可避免地要引出许多冻土工程地质问题。我们在多年冻土区进行建筑的原则是:利用冷生过程的有利方面;尽量减少对多年冻土的热干扰;选择冻土条件良好的地段进行建筑;避开冻土现象发育地段;采用合适的建筑结构;减少和防止冻土现象的产生。

多年冻土区的建筑实践表明:挖方、零断面和高度小于1.0m的路堤,将对地基多年冻土带来严重干扰。多年冻土上限将下降,路基将严重热融下沉。而高于1.0m的路堤,可使其下多年冻土上限保持不变或上升。从而可消除多年冻土融化而引起的下沉,保持多年冻土地基的稳定。故在本条中提出"线路应避免挖方,并应减少零断面及高度小于1.0m的低填方"。

山岳、丘陵区的冻融坡积层,在其缓坡部分往往有较厚的地下冰层存在。当坡脚被破坏时,往往产生热融滑塌而使山坡失去稳定。故选线时,最好将线路布设在缓坡上部。当线路通过热融滑塌区时,应从滑塌体下方通过。这是因为热融滑塌是朔源发展的。滑塌体下方山坡是稳定的,不受滑塌过程的影响。

河谷地带的高阶地一般地下水不发育,地质条件较好,冻土现象不多见,多年冻土较稳定,故河谷线应选择在高阶地上。

多年冻土不稳定地段系指多年冻土边缘地带、融区和多年冻土区的过渡带以及高温多年冻土带。这些地带的共同特点是年平均地温较高,多年冻土处于不稳定状态。稍有热干扰,多年冻土就产生退化,从而引起一系列冻土工程地质问题。对路基和其他建筑物将产生不利影响。因此,线路经过这些地带时,应以最短距离通过。以减少不稳定多年冻土带对道路工程的危害。

冻土地基和融土地基的物理力学性能有着巨大差别,尤其在压缩下沉特性方面。因此,多年冻土区桥址选择时应查明桥渡区多年冻土的分布特点,力求保证桥梁地基的均匀性,避免将同一座桥的墩台设置在不同设计原则的地基上,以确保桥梁建筑的稳定。

9.1.13 旧线改造的冻土工程地质勘察具有如下特点:

(1)线路方向明确,冻土工程地质勘察沿旧线进行。

(2)既有工程建筑物多年冻土地基利用原则和工程建筑措施可以借鉴。

(3)既有线的冻土工程地质资料可以充分利用。

旧线改造冻土工程地质调查测绘的宽度可根据横断面轮廓、取土场地位置及堑顶排水范围确定。冻土工程地质条件复杂地段,应根据需要加宽。在铁路增建第二线时,测绘的重点应放在增建第二线一侧。对冻土工程地质条件复杂,影响方案选择的地段,应进行较大面积的测绘和必要的勘探,为方案比选提供依据。

旧线改造的勘探、测试工作,原则上应比照新线冻土工程地质勘探和测试要求进行。但既有线已经多年运营考验,各种工程设计是否合理已为实践证明。旧线改造设计中,采用和既有线相同的冻土地基利用原则、基础类型和埋置深度,一般说是合理的。但由于冻土地基的复杂性和运营期间冻土条件的变化,完全按既有线的条件进行设计显然是不合理的。因此,旧线改造的勘探和测试工作量可在充分利用已有资料的基础上,根据实际情况确定。

9.1.14 料场开采对多年冻土区环境的影响主要是指开采可能引起的多年冻土退化、热融作用等导致的地面下沉、热融滑塌、沼泽化等。对这些影响如果重视不够,将可能危及工程安全,给工程运营留下后患。

多年冻土区地面覆盖的完整性是保证多年冻土稳定的重要条件。在多年冻土上限附近,常常有高含冰冻土和冰层存在。地面覆盖的破坏,导致多年冻土融化,产生地面下沉、塌陷,形成热融洼地、热融湖塘等。因此,多年冻土地区的取土是受到严格限制的。在多年冻土区料场勘察时,应从保护多年冻土出发,确定取土位置和数量。

多年冻土区的特殊水文地质条件,决定了多年冻土区地表、地下水的数量和质量均较小且差。在料场勘察中,应注意合格工程及生活用水的调查。

9.2 工程可行性研究(踏勘)阶段勘察

9.2.1 区域冻土地质条件系指多年冻土分布、成分、冷生构造、年平均地温、地温年变化深度;融区的形态和成因;季节融化层和季节冻结层的成分、性质和深度;冷生过程和成因;多年冻土分布地区的地质构造等。

影响线路方案的主要冻土工程地质问题系指冻土现象的危害;多年冻土边缘地带和高温冻土带的冻土退化;高含冰量冻土分布地区的热融下沉以及地基基础严重冻胀等。

9.3 初测阶段勘察

9.3.3 地温年变化带多年冻土的温度状况和变化特性是多年冻土稳定与否的标志。年变化带深度是一般工程建筑的热力影响深度。因此,了解和掌握年变化带内多年冻土温度的状况和变化规律,对于评价多年冻土的稳定性是极其重要的。地温观测孔的深度不小于地温年变化带深度的规定就是基于上述理由提出的。10~20m的规定是根据东北和青藏高原多年冻土区地温年变化带深度值而提出的,必要时应在现场实测地温年变化深度。

在地温孔钻探时,钻具旋转切削所做的功有相当部分转变为热能,从而使多年冻土的温度状况破坏。当钻孔成孔后,应立即进行地温观测,以了解地温逐渐恢复平衡的全过程和评价冻土的稳定性。地温恢复大概时间除按现场资料外,可参照俄罗斯联邦建设委员会多年冻土地区建筑工程地质勘察规范的有关规定。

9.3.5 电法勘探、地震勘探和地质雷达等是近年发展起来的地质勘探新技术。它具速度快、精度高、使用操作方便等特点。据介绍:地质雷达的探测深度可达20～30m,分辨率达10～20cm。用它在最大融化季节探测多年冻土上限是十分理想的。与钻探配合可查清多年冻土成分、构造以及多年冻土上限在平面和剖面上的分布。

多年冻土的工程性质除取决于它的岩性成分外,更重要的还取决于它的含冰量、冷生构造和温度。因此,从工程角度看,多年冻土在平面和剖面上的变化较非多年冻土要复杂得多。为了查明多年冻土条件及其对工程的影响,其勘探孔(点)的数量和深度较之一般地区要大。路基勘探孔,地温观测孔以及房屋工程钻孔的数量和深度便是基于上述理由和多年来的实践提出的。

9.3.6 多年冻土区的工程实践表明:路基工程对多年冻土的热影响深度一般在1.0～3.0倍上限深度范围内。所以,在这里提出路基工程地质调查时,应查明路基基底下1.0～3.0倍上限深度范围内的多年冻土特征,以满足路基设计需要。

冻土地质环境的保护应给于足够重视,冻区地质环境是地质历史时期的产物,保护好地质环境就保护了多年冻土,从而保障多年冻土上工程建筑的稳定。在多年冻土区取土,减少了地面覆盖的热阻,因而通过地面传入地中的热量增加,多年冻土将产生退化。如果在高含冰冻土或厚层地下冰分布地段取土,多年冻土融化将引起地面严重下沉,并可能形成热融洼地或热融湖塘,这对工程建筑和生态环境将产生不利影响。因此,多年冻土区的取土和弃土都应从保护冻土地质环境出发,合理布置,严格控制。

在青藏公路改建工程中,由于在路基两侧取土,造成多年冻土融化,地面下沉,路基两侧积水,从而引起路基下沉破坏,这样的实例在青藏公路多年冻土区路段是很多的。各主要多年冻土国家的工程实践都证明:保护好冻土地质环境是多年冻土区工程稳定的先决条件。

9.3.7 多年冻土区的大河,一般均有融区存在。融区按贯通多年冻土层的情况和形态可分为贯通融区和非贯通融区。贯通融区是指融区已贯通多年冻土层,与多年冻土层下的融土连在一起。非贯通融区是指融区下仍有多年冻土存在。若为贯通融区或融区厚度很大的非贯通融区,桥梁的设计可按季节冻土区或一般地区考虑。但桥头引线设计应注意冻土向融土地段的过渡。若为一般非贯通融区,则应根据融区的厚度和其下多年冻土的特性确定桥梁基础的类型、结构以及埋置深度,并采取措施确保地基基础的稳定。

9.3.8 隧道通过地段的多年冻土及其水文地质条件是隧道工程地质调查与测绘的重点,据多年冻土区已有隧道工程建筑的经验,处理好地下水是保证多年冻土区隧道工程稳定的关键。从大兴安岭已通车的隧道病害情况看,地下水危害是主要的。由于地下水浸入隧道,造成衬砌开裂、掉落、洞顶挂冰、轨面积冰等。如牙林线(牙克石—满归)岭顶隧道,由于修建时未注意对地下水的处理,致使衬砌大量开裂,洞内积水挂冰无法通车。在查明地下水情况后,在隧道下方修建了泄水洞,消除了病害。又如嫩林线(嫩江—西林吉)西罗奇2号隧道和呼中支线翠岭2号隧道,都是由于地下水未处理好,致使洞内积水,衬砌开裂,严重妨碍行车。与此相反,在没有地下水时,多年冻土区隧道一般都没有病害。所以,在进行隧道工程地质调查时,应着重查明多年冻土及其水文地质条件,以便考虑是否改移线路位置或采取相应的防水措施。

9.3.10 沿线冻土工程地质说明是指对详细冻土工程地质图(1:2000～1:5000)的说明,是为了不需编制单独工点资料的地段,提供设计所需的工程地质资料。同时,也是进行方案局部改动的依据。所以应根据导线里程或纸上定线里程,按地形地貌或不同冻土工程地质条件分段认真编写。

9.4 定测阶段勘察

9.4.1 受冻土工程地质条件控制的地段,应根据地质纵、横断面及其他定线原则,综合确定线路位置。这里的其他定线原则是指第9.1.1条的规定和一般地区的定线要求。

多年冻土区沿线取土坑的取土与一般地区不同。在多年冻土区,取土坑可供取土的最大厚度一般为活动层厚度。活动层下的多年冻土一般不宜作为路基填料。为了减少对多年冻土的热干扰,保护冻土地质环境,取土厚度一般不宜超过2/3活动层深度。当取土坑下多年冻土为少冰冻土时,在不影响周围冻土地质环境的前提下,允许取土深度达活动层底部。在含土冰层和厚层地下冰分布地段,不允许取土。因此,在路基取土坑调查时,应查明取土地点多年冻土的特性,而后确定取土范围和深度。

多年冻土地区的建筑物宜采用柔性结构,以适应冻胀和下沉的不均匀性。多年冻土地基的利用原则一般可分为两种。

原则一:在建筑物施工和整个运营期间都保持地基土处于冻结状态。

原则二:允许地基土在施工和使用过程中逐渐融化或施工前预先融化。地基土利用原则应根据地基多年冻土的特点,经过经济技术比较确定。如果保持地基土处于冻结状态的措施是经济合理的,则可采用原则一。通常在坚硬冻土地区按原则一利用多年冻土。当地基中存在石质土或者其他低压缩性土,融化时其变形不超过建筑物的允许值,且从建筑物的技术和结构特性以及冻土条件看,采用保持地基冻结措施并不能保证要求的建筑可信度水平时,应采用第二种原则。

土的热改良措施包括:人工冷却地基措施和无源冷冻技术。前者指机械制冷系统、液氮冷冻和机械通风措施等,后者是指热桩冷冻技术、自然通风措施等。

地质环境恢复和保护措施包括:现场的恢复;交通管制;地表、地下排水的处理、取土控制等。

定位观测内容包括:多年冻土温度;季节融化和季节冻结动态;冷生地层的发育情况及其形成物的观测等。

10 水利水电冻土工程地质勘察

10.1 一般规定

10.1.1 多年冻土地区水利水电工程的冻土工程地质勘察是冻土工程地质勘察中的一个重要而特殊的组成部分。多年冻土的存在对工程地质条件和工程方案的选择具有不同程度的甚至是重大的影响。因此,在这样的地区进行工程地质勘察时,除应按常规要求外,还必须按不同的工程等级进行冻土勘察。一、二级和主体工程地段冻土条件复杂的三等水利水电工程均应按本章规定进行冻土工程地质勘察。对于季节冻土地区水利水电工程的冻土工程地质勘察应主要解决土的冻胀性问题。因此,勘察工作应满足水利水电工程的稳定和变形要求。

10.1.2 大中型水利水电工程,除水利枢纽工程外,还有内外交通区段和管线工程以及工业与民用建筑工程。所以,水利水电冻土工程地质勘察除应符合本规范外,尚应符合现行国家有关标准(规范)的规定。

10.2 规划阶段勘察

10.2.1 规划工作可以是整条河流的规划,也可能是先进行最有开发意义的河段,故冻土勘察亦在规划任务确定的河段的范围内进行。

10.2.2 规划阶段的冻土工程地质勘察工作要为制定梯级工程开发方案,选出第一期开发的水利枢纽服务。它是水利水电冻土工程地质勘察工作重要和工作量最大的阶段。因此,对河段的冻土条件作出总体评价,进行冻土分区和查明第一期地基冻土的主要问题是本阶段工程冻土勘察的主要任务。

10.2.3～10.2.6　规划阶段冻土工程地质勘察的基本目的是为制定规划方案提供所需的冻土分区及坝址区冻土资料。一般多年冻土分区图的制定主要是根据已有实际资料，在充分考虑气候分区的条件下依据地质构造、地貌和景观分区。但仅以此还不能达到上述工程规划的要求。因此，在进行本阶段的冻土工程地质勘察时，要分为两步进行。第一步是收集已有资料，进行综合整理分析，然后作出综合评价的报告，以便对河段冻土条件有一定基本的总体概念，并制定出进一步实际勘察的工作大纲。第二步是现场实现调查与勘察。在进行规划河段范围内和预选坝址的冻土一般性勘察的同时，重点应进行第一期开发工程的勘察工作。

10.2.7～10.2.9　河流规划的范围很大，特别是大河流可达数十万平方公里，河段长达数千公里。因此，在进行冻土分区的勘察时，一般以采用控制地段，并在河谷及其相邻的一定范围内进行一般性的冻土勘察和调查相结合的方法。

控制地段的选择应体现根据气候、地形地貌、河谷形态、河流特性等方面在总体上具有代表性的原则。这样，可以将控制地段的冻土勘察结果推行到同类地区。

控制地段应尽可能布置在已规划的水利枢纽区，这样既可以最充分和有效地利用工程地质勘察的钻孔和坑槽探，又最能直接和详细地说明水利枢纽的冻土条件。这对规划阶段制图比例尺较小的情况更是合理的。

由于水利枢纽范围较大，而且控制地段可包括几个地貌单元，加之规划阶段的测量比例尺较小，因此，提出控制地段的范围一般不小于5～10km为宜，制图的比例尺不小于1：500000为宜。

10.2.10　冻土的厚度和年平均地温是冻土状态和类型的代表性指标。因此，钻孔深度应超过地温年变化深度，并宜有一个以上钻孔穿过冻土层下限，用于计算或直接取得冻土层厚度。对于规划中的一般水利枢纽，钻孔数量根据冻土条件可取1个或数个，对于第一期开发工程应不少于2个，以便较详细地研究冻土状态。同时可配合布置一些浅孔和坑探，其中第一期开发工程中的数量亦应较其他规划工程相对增多。

10.2.11　建筑材料是工程地质勘察的重要组成部分。当料场位于多年冻土地带时，建筑材料的填筑性和开挖条件将受到影响。因此，在冻土勘察中应确定其冻土层的厚度和季节冻结和融化深度，以及冻结材料的物理力学性质，以便研究开采方法、开采的程序和时间、预计开挖可能出现的其他困难。

10.2.12　冻土分区图应根据实际掌握的资料和按补充调查勘察的资料编制，确定其比例尺。根据我国多年冻土地区的情况，冻土分区图的比例尺一般可取1：1000000，对于个别大河，可取1：2500000。

10.3　可行性研究和初步设计阶段勘察

10.3.1～10.3.3　本阶段的冻土工程地质勘察工作内容、数量和详细程度是在已确定的具体水利水电工程中进行的最主要的勘察阶段，其基本任务是要对最终设计方案的确定提供冻土工程地质依据。这几条是对本阶段工作任务和基本内容的规定。

10.3.4　各类建筑物地基与两岸接头的冻土条件是关系建筑物稳定、选择建筑原则和确定处理方法的主要依据。其中特别是修筑建筑物后冻土融化引起的沉陷和渗透性变化，对本阶段的冻土勘察应给予特别的注意。

10.3.5　可行性研究和初步设计阶段勘察中，由于冻土测绘比例尺较前一阶段加大，勘察数量相应加大。因此，钻孔和坑探数量一般都要增加。但在冻土条件较单一或在少冰冻土情况下，可考虑只补充一些坑探或浅层勘察工作量。

10.3.6　建筑物上下游的岸坡，特别是坡度较陡的情况下的稳定，修筑建筑物后可能发生变化。当岸坡处于多年冻结状态时，水库蓄水后回水的热量使坡脚融化而引起滑塌；当岸坡虽然不处于多年冻结状态，但由于水库蓄水影响含水量增大，在多次冻融和冻胀状态下引起滑坡。这些现象，特别是在进出水口区内，将严重影响建筑物的安全和正常进行。因此，应对这些部位的冻结条件进行调查和作出评价。

10.3.7、10.3.8　水库库区的工程冻土勘察主要是查明出现大型滑坡从而对周围环境造成影响的地段，应根据滑坡的危害程度进行具体的勘察和观测，必要时进行专门研究，为滑坡的治理提供依据。因此，库区的冻土勘察可结合非冻土工程地质勘察和调查工作并利用其钻孔及坑探进行，一般可不作专门的冻土勘察工作。冻土测绘的比例尺亦可与非冻土工程地质勘察一致。这样，在工作量和经济上也是合理的。

10.3.9　引水渠道开挖后可能因冻土融化出现滑坡、融陷等现象，影响渠道衬砌结构的稳定和正常运行。由于渠道各地段的冻胀性不同，因此应着重查明这些现象，并按冻胀和融沉性分段。

10.3.10　由于冻土（岩）的滑坡和渗透稳定问题较复杂，特别是冻土条件复杂的地段，一般冻土工程地质勘察工作往往不能完全查清和提供可靠的处理措施。因此，对冻土条件复杂地段，滑坡和渗透破坏性大和后果严重时应进行专门研究。

10.4　技术设计和施工图设计阶段勘察

10.4.1～10.4.5　技术设计和施工图设计阶段冻土工程地质勘察工作主要是在前二个阶段已进行的工作基础上，对所取得的主要资料和所作的主要结论作进一步查证，对未解决的问题作进一步的补充勘察或专门研究。施工过程中的地质工作主要是进行施工地质监理，根据施工过程，特别是地基开挖中发现的新问题进行补充勘察或专门研究。对发现的问题及时处理过程作出详细记录，以备今后建筑物运行过程中必要时查核之用。

10.4.6　冻土温度的变化是决定冻土动态的主要因素。在建筑物施工过程中，由于地基开挖、人类活动等的影响，冻土状态可能发生较大的变化。因此，在施工过程中对冻土温度的观测，并根据温度观测结果对冻土的稳定性进行检查评价是施工地质工作的重要内容。

10.4.7　冻土温度的变化有一个过程，而建筑物运行和水库蓄水对冻土温度将产生强烈影响。因此，在施工结束后应将原有的观测孔全部或部分保留，并移交给工程管理部门继续进行观测，用以长期监测冻土状态的变化及其对建筑物可能性的影响。

10.4.9　冻土工程地质工作是工程地质工作的一部分，但具有它本身的特殊性和要求。因此，在施工结束后应编写专门的冻土施工地质报告，并作为施工地质报告的一部分。

11　管道冻土工程地质勘察

11.1　一般规定

11.1.1　本章适用于冻土地区的输油、水、气管道线路及其穿、跨越工程的冻土工程地质勘察。其他如地下电缆线路等有关工程亦可参照执行。

冻土地区的管道敷设方式有三种：

（1）地上式：主要用于多年冻土中热敏感性很强的富冰、饱冰和含土冰层地带。美国的阿拉斯加输油管道即采用地上式管道，它采用柱、桩基础把管道架空起来，它涉及的问题是基础与冻土间的热交换计算、管道的保温层厚度、基础的冻胀与融沉变形等。为了减少油管热量通过桩、柱基础向冻土传热，采用热虹吸管作为管道的桩、柱基础，使冻土地基始终保持冻结状态，保证构筑物的稳定性。

（2）地面式：为地面平铺、路堤式。它所涉及的问题有：地基与管道间的热交换计算、管道保温层厚度、底垫层的隔热保温材料、地基土的热物理特性、堤高的确定及地基的冻胀与热融下沉。东北大兴安岭地区的许多输水管道都是采用路堤式。

(3)地下式:即埋入式。我国青藏高原的格尔木至拉萨的输油管道即采用埋入式。它所涉及的问题:冻土与管道之间的热交换计算、管道的保温层厚度计算、地基土的热物理参数、地形、季节冻结与季节融化深度(即多年冻土上限)的确定、管道的埋置深度、跨沟建筑物及管道周围土体的冻胀与融化下沉等。

11.1.2 本条勘察阶段的划分原则是参考行业标准《油气管道工程地质勘察规范》(SYJ 53—89)确定的。勘察阶段的划分应与设计阶段相适应。

11.1.3 冻土区的管道冻土工程地质勘察应着重调查的内容是:冻土的工程类型、分布、地下冰的埋藏与分布、冻土地基的融化下沉与地基土的冻胀性、冻土现象等。这些都是冻土区影响管道安全运营的主要问题。因为冻土中的厚层地下冰一旦产生融化,往往很难制止,需要成倍乃至几十倍的耗资去治理。因此,勘察工作中首先应特别注意冻土特征的调查。

11.2 可行性研究(选线)勘察

11.2.1 可行性研究勘察主要是搜集和分析已有的有关资料,对主要的线路控制点(例如大中型河流穿、跨越点)进行踏勘调查,一般可不进行勘察工作。由于冻土区的冻土工程地质条件的复杂性要比非冻土区大的多,冻土中地下冰的存在使得冻土工程地质条件变得更为复杂,地下冰的含量、分布及其工程类型往往是千变万化的,它在垂向或水平方向上的空间分布都是极不均匀的,特别是在多年冻土上限地带存在着大量的地下冰层,乃至是厚层地下冰;其次,多年冻土的年平均地温往往受各种自然地理——地质因素影响与控制,因而各个地段的冻土地温类型与稳定性不同;第三,多年冻土的环境工程地质稳定性将受自然条件和人类工程活动的强烈影响,例如地表的扰动、地表水与地下水的受蚀作用、场地的挖掘和植被的破坏、外来温度的热侵蚀作用等;第四,冻土现象的产生与发展将随着自然条件的变化和人类工程活动而变化,通常情况下会加剧。例如地基土的冻胀和冻土的融化下沉、融冻泥流和热融滑塌等。一旦这些冻土现象出现,往往不易整治,即使要整治,则耗资很大。所以,选线勘察是一个重要的勘察阶段,千万不可忽视,应有岩土工程人员参加选线工作。

11.2.2 选择线路的路径,除了一般的要求外,本条强调应从冻土工程地质条件出发,选择冻土类型为少冰冻土,多冰冻土的地段通过较好,因为这些地段的含冰量较少,即便产生融化,其融化下沉量也较少,而且这些地区的冻胀性也较弱,地基处理较为容易。但是,应特别注意具有强、弱融沉的两种冻土工程类型和强、弱冻胀性地基土交界处的沉降与冻胀变形对管道的影响。进行多种方案的比较,才能选择最佳的线路方案。

11.2.3 本条第11.2.3.3款中提出应按第4.2节的规定进行冻土工程地质勘察工作,这是由于冻土的工程地质条件比较复杂,调查的内容较多,而这些要求又是作为冻土工程地质勘察工作所必需的,不同建筑物工程的等级和设计阶段的要求深度各不相同。但它们的勘察内容基本相同,只是其详细程度有所差别,只有对这些内容的充分了解,才能作出评价和预测它们的变化。第11.2.3.4款提出要了解河流的冻土特征和冰情。这是由于多年冻土区的大河流中,往往存在有贯穿或非贯穿融区,而中、小河流则通常是非贯穿融区,它对线路方案的选择以及管道的稳定和安全有直接影响。

11.2.4 线路路径方案的选择是冻土工程地质勘察工作的重要内容之一。本条中对各比选方案的冻土工程地质条件作出评价和分析冻土地区影响线路选择的因素是复杂的,除应考虑节约投资和材料外,还要考虑安全和施工、管理的方便,在技术合理、安全经济的前提下,线路应尽可能地沿公路、铁路和交通方便的地方行进,以利于施工和管理。

11.3 初步勘察

11.3.1、11.3.2 初步勘察工作,主要是在选线勘察的基础上,进一步搜集资料,现场踏勘,进行冻土工程地质调查与测绘,对拟选线路方案的冻土工程地质条件作出初步评价,协同设计人员选出最优的线路方案。这一阶段的工作主要是进行冻土工程地质调查与测绘,其范围可限制在拟选线路两侧各100m。一方面是通过地貌及第四纪沉积物的调查,了解一般的地质和冻土工程地质条件,另一方面则要在不同的地貌单元和不同的沉积物类型地段进行坑探及少量的钻探工作。通常情况下,勘探点的间距和深度应按表11.4.3规定执行。

11.3.3 初步勘察的冻土工程地质勘察内容,主要是初步查明沿线路地段的冻土工程类型、分布及特征,地下冰的分布及含量,测定几个必要的设计参数,如冻土密度、含水量等;河流与沟谷中冻土特征,冰情等;冻土现象及井、泉与地下水情况等。在初步查明这些冻土特征的基础上作出冻土工程地质条件的评价。

11.3.4 穿、跨越工程的初步勘察工作,也是以搜集、踏勘、调查为主。由于河流、沟谷地段的冻土工程地质条件较为复杂,应进行少量的钻探工作,勘探的间距和深度应按表11.4.3规定执行。当钻探手段难以控制时,可采用物探方法,以达到初步查明河、沟的冻土工程地质条件。

11.4 详细勘察

11.4.1 详细勘察的任务是在初步勘察工作的基础上进一步具体化的对各段冻土工程地质问题进行详细勘察。一般情况下,勘探点的密度应按表11.4.3执行,为地基基础设计、地基处理加固、冻土现象的防治与工程设计提供可靠的冻土工程地质资料。

11.4.2、11.4.3 勘探点的间距与孔深,按表11.4.3规定执行,通常情况下是可以满足的。但是,在含土冰层、饱冰冻土及富冰冻土地段,由于地下冰分布极不均匀,应予加密,乃至100m一个孔,对于少冰与多冰冻土地段,视地形与地质情况可适当放宽。

采用地上架空式的敷设方法时,由于桩、柱基础的间距及其受力原因,勘探点间距应加密。

勘探孔深度的确定,主要是根据冻土上限及附近富含地下冰层的特点,当管道的埋置深度处于上限附近时,必须考虑到由于管道的散热影响。根据原苏联库德里雅夫采夫的资料计算,年平均温度为10℃,管壁温度较差为50℃的情况下,管道散热影响的融化深度可达2.0m左右,且得出结论,随着管道直径的增大,直径对融化深度的影响则减少。因此,只有了解管壁以下2~3m的冻土工程地质条件,才能确保管道的安全和稳定性。

11.4.4 取样与试验工作,这是详细勘察阶段中必须进行的工作。由于冻土中地下冰的水平和垂直方向分布具有极不均匀性,所以取样要比较密。通常情况下,每层冻土必须保证具有六项试验项目的数量。为了解冻土地下冰的垂直变化,起码应该高于一般情况下的非冻土区的工程地质勘察要求。

12 架空线路冻土工程地质勘察

12.1 一般规定

12.1.2 由于架空线路工程的设计分初步设计和施工图设计两个阶段,所以勘察阶段其相应也分为初步勘察(初勘选线)与详细勘察(终勘定位)两个阶段,但一般的小型线路工程可简化勘察阶段,进行一阶段勘察。

12.1.3 根据冻土工程地质及水文地质条件、年平均地温、施工条件以及上部结构形式等因素综合考虑确定基础型式。在季节冻土地区除考虑常规设计外,尚应验算在冻胀力作用下基础的稳定性,若不满足要求,或改变基础型式或采取相应的防冻害措施。在多年冻土地基中应考虑由于气温的改变、人为活动的影响而导致地温的变化,有无过大融沉的可能性。现浇基础,由于施工带入的热量较多(其中包括材料热量及水泥水化热),对冻土地基的热干扰大,同时混凝土硬化所需时间较长;钻孔灌注桩基础,与其他桩基础相比只需一台钻孔机,不用吊车,不用打桩机,不必运输,不必吊装,勿须更多的构造钢筋和较高强度等级的混凝土。但对地基土的热干扰大,混凝土的养生时间长,适用于坚硬冻土地基的冬期施工。钻孔插入桩基础,在多年冻土地基中应用广泛。

12.2 初步勘察

12.2.1～12.2.3 为了选择地质、地貌条件较好,路径短、经济、交通便利、施工方便的线路路径方案,应按不同地质及水文地质条件评价其稳定性,并推荐最优线路路径方案。冻土区的岩土工程师应参加选线组进行线路路径踏勘,重点是调查研究路径方案、跨河地段的冻土工程条件和沿线的冻土现象,对各路径方案沿线地貌、冻土性质、融沉等级、地温分布、水文地质情况、季节冻结层的冻胀性等应有新了解,以便正确划分地段,并结合有关文献资料归纳整理。对特殊设计的大跨越地段和主要塔基,应做详细的调查研究。

当已有资料不能满足要求,尚应作适量的勘探与测试工作。

12.2.4 线路路径方案的选择是冻土地质工程师的重要职责之一,线路应力求顺直,以缩短线路长度,这对节约投资和管理费用具有重要意义。但影响线路选择的因素是复杂的,除经济之外还要考虑安全和施工管理的方便。因此,在技术合理、安全经济的前提下,应尽量沿着公路、铁路和交通方便的地方选线;应力求减少同天然和人工障碍的交叉;线路选线应协同穿越大、中型河流的跨越点选择相结合,避开不利的地形地貌和地质条件,要尽量少占和不占农田好地。河流的跨越点选得是否合理,是关系到设计、施工和管理的关键问题。所以,在确定跨越点以前应进行必要的选址勘察工作,通过认真的调查研究工作,选出最佳的跨越方案。

12.3 详细勘察

12.3.1、12.3.2 详细勘察是在已选线路沿线进行塔位冻土工程地质调查、勘探与测试,以及必要的计算工作。并提出合理的地基基础方案及施工方法等。各勘察地段的具体要求为:

(1)平原地区勘察应明确规定转角、耐张、跨越和终端塔等重要塔基和复杂地段进行逐基勘探。对简单地段的直线塔可酌情放宽。

(2)线路经过丘陵与山区,要围绕稳定性并以此为重点来进行勘察工作。主要查明塔基及其附近是否有冰锥、冻胀丘、热融滑塌等冻土现象及其对塔基稳定性的影响。

(3)跨越河流、湖沼勘察,对跨越地段的杆塔位置选择,应与有关专业共同确定。对于岸边和河中立塔,尚应根据水文调查和验测资料(包括洪水、淹没、冲刷及河床辐变)结合塔位冻土工程地质条件,对杆塔地基的稳定性作出评价。为跨越河流或湖沼,宜选在跨距较短、冻土工程地质条件较好的地点才布设杆塔。对跨越的塔基宜布置在两岸地势较高,地层为坚硬冻土,或不融沉与弱融沉性土地段。

12.3.3 对季节冻土地基而言,其基础的型式与非冻土地基所考虑的内容差不多,所不同的是季节冻土的冻胀性问题。对不冻胀土可完全不必考虑,对冻胀性土则应计算法向、切向与水平冻胀力对基础的作用,并应进行"冻胀性土地基上基础的稳定性计算(验算)"。在满足各种要求之后,基础应尽量浅埋。

对多年冻土地基,可用装配式基础,因装配式基础不用施工机械,不必用专门的运输工具,比较简单、经济。由于施工时必须大开挖,所以对地基的热干扰大,宜在气温低于地温时施工,但又不在深冬,这样不但避免挖出大量的冻土方料,也不会将热量传入地基中。

钻孔灌注桩,在施工中需加入混凝土防冻剂,混凝土桩身的养生需要较长的时间,但它比预制桩节省大量钢材,而且也不需要运输与安装,但施工时的施工热与混凝土的水化热较大,不宜在高温冻土中使用。

钻孔插入桩,由于是预制桩插入泥浆中,回冻时间较短,承载力也不低,一般多被采用。

热桩、热棒基础是一种比较合理而有发展前途的基础型式,它可增加地基土的冻结稳定性,而一劳永逸(在热桩的寿命范围之内)。但直到目前,由于成本较高还不能普遍应用,仅适用于重点工程。

附录 D 土的季节融化与冻结深度

D.0.1 土的季节融化深度。

象地基土的冻结深度一样,地基土的融化深度也需规定一个统一的标准条件,即在衔接的多年冻土地基中,土质为非融沉性(冻胀性)的粘性土,地表平坦,裸露的空旷场地,实测多年(>10年)融化深度的平均值为融深的标准值。

在没有实测资料时,按 $Z_0^m = 0.195\sqrt{\sum T_m} + 0.882(m)$ 计算,该公式适用于高海拔的青藏高原地区。$Z_0^m = 0.134\sqrt{\sum T_m} + 0.882(m)$,该公式适用于高纬度的东北地区。由于高海拔多年冻土地区(青藏高原)与高纬度多年冻土地区(东北地区)的气候特点不同,例如两个地区的年平均气温相同,则高纬度地区的融化深度与融化指数的关系就有显著的区别,所以提出两个公式分别计算高原和东北地区。

融化深度与冻结深度,都属于热的传导问题,因此,凡是影响冻结深度的因素同样也影响融化深度,除了气温的影响之外尚有土质类别(岩性)不同的影响,土中含水程度的影响以及坡度的影响等。如前所述,当其他条件相同时,粗颗粒砂土的融化深度比粘性土的大,因粗颗粒土的导热系数比细颗粒土的大。土的含水量越多消耗于相变的热量就越多,虽然导热系数随含水量的增加而增大,但比相变耗热的增大缓慢得多,因此含水多的土层融化深度相对越小。

坡向和坡度对土层的季节融化深度的影响也是很大的,在其他条件相同的情况下,地表接受的日照辐射总量也不同,所以向阳坡,坡度越大,融化的深度越深(见表3)。

坡向对融深的影响系数 ψ_m^n 表3

数据来源	坡向	融深(cm)	ψ_m^n
苏联《普通冻土学》伊尔库特—贝加尔地区	北坡	68.0	0.88
	—	77.5	1.00
	南坡	87.0	1.12
《公路工程地质》2.2	阴坡	100.0	0.80
杨润田、林凤桐资料	—	125.0	1.00
大兴安岭地区	阳坡	150.0	1.20
规范推荐值	阴坡		0.90
	阳坡		1.10

根据中铁西北科学研究院、铁道第一勘测设计院、中国科学院寒区旱区环境与工程研究所等单位编制的《青藏高原多年冻土地区铁路勘测设计细则》和铁道第三勘测设计院编制的《东北多年冻土地区铁路勘测设计细则》对土质类别与融深的影响系数,经整理分析本规范提出了关于该系数的推荐值,土的类别对融深的影响系数见表4。

土的类别(岩性)对冻深的影响系数　　　　表4

青藏铁路勘测设计细则	粘性土	粉土、细、粉砂	中、粗、砾砂	大块碎石
影响系数 ψ_{zs}	1.00	1.12	1.20	1.45
东北铁路勘测设计细则	粉土	砂砾	卵石	碎石
影响系数 ψ_{zs}	1.00	1.00	2.03	1.44
本规范推荐值	粘性土	粉土、细、粉砂	中、粗、砾砂	大块碎石
ψ_{zs}	1.00	1.20	1.30	1.40

D.0.2 土的季节冻结深度。影响冻深的因素很多,最主要的是气温,除此之外尚有季节冻结层附近的地质(岩性)条件、水分状况以及地貌特征等等。在上述诸因素中,除山区外,只有气温属地理性指标,其他一些因素,在平面分布上都是彼此独立的,带有随机性,各自的变化无规律和系统,有些地方的变化还是相当大,它们属局部性指标,局部性指标用小比例尺的全国分布图来表示是不合适的。

标准冻深的定义为地下水位与冻结锋面之间的距离大于2m的非冻胀粘性土,在地表平坦、裸露和城市之外的空旷场地中,多年实测(不少于10年)最大冻深的平均值。标准冻深一般不用于设计中。冻深的影响系数有土质系数、温度系数、环境系数和地形系数等。

土质对冻深的影响是众所周知的,因岩性不同其热物理参数也不同,粗颗粒土的导热系数比细颗粒土的大。因此,当其他条件一致时,粗颗粒土比细颗粒土的冻深大,砂类土的冻深比粘性土的大。我国对这方面问题的实测数据不多,不系统,前苏联74和83《房屋及建筑物地基》设计规范中有明确规定,本规范采纳了他们的数据。

土的含水量和地下水位对冻深也有明显的影响,我国东北地区做了不少工作,这里将土中水分与地下水位都用土的冻胀性表示(见本规范土的冻胀性分级表,表3.2.1)。水分(湿度)对冻深的影响系数见表5。因土中水在相变时要放出大量的潜热,所以含水量越多,地下水位越高(冻结时向上迁移),参与相变的水量就越多,放出的潜热也就越多。由于冻胀土冻结的过程也是放热的过程,放热在某种程度上减缓了冻深的发展速度,因此冻深相对较浅。

坡向对冻深也有一定的影响,因坡向不同,接收日照的时间有长有短,得到的辐射热有多有少,向阳坡的冻深最浅,背阴坡的冻深最大。坡度的大小也有很大关系,同是向阳坡,坡度大者阳光光线的入射角相对较小,单位面积上的光照强度变大,接受的辐射热量就多,但是有关这方面的定量实测资料很少,现仅参照前苏联《普遍冻土学》中坡向对融化深度的影响系数。

水分对冻深的影响系数(含水量、地下水位)　　表5

资料出处	不冻胀	弱冻胀	冻胀	强冻胀	特强冻胀
黑龙江低温所 (同家岗站)	1.00	1.00	0.90	0.85	0.80
黑龙江低温所 (龙凤站)	1.00	1.00	0.95	0.85	0.77
大庆油田设计院 (让胡路站)	1.00	0.95	0.90	0.85	0.75
黑龙江低温所 (庆安站)	1.00	0.95	0.90	0.85	0.75
推荐值	1.00	0.95	0.90	0.85	0.80

注：土壤的含水量与地下水位深度都含在土的冻胀性表中,参见土的冻胀性分级表3.2.1。

城市的气温高于郊外,这种现象在气象学中称谓城市的"热岛效应",城市里的辐射受热状况改变了(深色的沥青屋顶及路面吸收大量阳光),高耸的建筑物吸收更多的阳光,各种建筑材料的容量和传热量大于松土。据计算,城市接受的太阳辐射量比郊外高出10%～30%,城市建筑物和路面传送热量的速度比郊外湿润的砂质土壤快3倍。工业设施排烟、放气、机动车辆排放尾气、人为活动等都放出很多热量,加之建筑群集中,风小对流差等,使周围气温升高。

目前无论国际还是国内对城市气候的研究越来越重视,该项研究已列为国家基金课题,对北京、上海、沈阳等十个城市进行了重点研究,已取得一批阶段成果。根据国家气象局气象科学研究院气候研究所和中国科学院、国家计委北京地理研究所气候室的专家提供的数据,经过整理列于表6中。"热岛效应"是一个比较复杂的问题,和城市人口数量、人口密度、年平均气温、风速、阴雨天气等诸多因素有关。根据观测资料与专家意见,作如下规定:20～50万人口的城市(市区),只考虑市区0.90的影响系数;50～100万人口的市区,可考虑5～10km范围内的近郊区0.95。大于100万人口的市区,可扩大考虑10～20km范围内的近郊区。此处所说的城市(市区)是指市民居住集中的市区,不包括郊区和市属县、镇。

"热岛效应"对冻深的影响　　　　表6

城　市	北　京	兰　州	沈　阳	乌鲁木齐
市区冻深 远郊冻深	52%	80%	85%	93%
规范推荐值	市区—0.90	近郊—0.95		村镇—1.00

关于冻深的取值,尽量应用当地的实测资料,要注意个别年份挖探一个、两个数据不能算实测数据,多年实测资料(不少于10年)的平均值才为实测数据(个体不能代表均值)。

附录F　冻土融化压缩试验要点

F.0.1　概述。

土冻结过程中由于水分迁移的结果,形成分凝冰,产生不同程度的冻胀变形。而当土融化时,由于土中冰的融化和一部分水从土中排出,使土体仅在土自重作用下就产生下沉。这种现象称之为冻土的热融沉陷,简称为融沉,这种融沉性往往是不均匀的,具有突陷性质。

目前我国常以融沉系数(融化下沉系数)来描述冻土的融沉性;而以融化体积压缩系数 m_v 表示冻土融化后在外荷载作用下的压缩变形。实际上孔隙比的变化与外压力的关系是非线性的,但在压力变化不大范围内,可近似地看成直线关系,而以融化体积压缩系数表示其压缩性的大小。

F.0.2～F.0.7　关于冻土的融化和压缩试验方法,有实验室试验及原位测定两种,其具体内容和要求为:

实验室所采用的冻土试样有两种:即原状冻土及用扰动融土配制的冻土试样。一般应采用原状土。但没条件采取原状冻土时,可从工程地点采取扰动土样,根据冻土天然构造及物理指标(含水率、密度)进行制备。

原状冻土试样根据建筑物对冻土地基的要求,按不同深度采取。由于冻土具有明显的各向异性及分布不均匀性,一般都要求加密取样,并在土样上标明层位方向。冻土还具有较大强度,用常规的环刀法难以切取。为此,可采用专门的冻土取样器来切取试样。取样时,冻土土温一般控制在-0.5～-1.0℃为好。因土温太低往往造成脆性破碎,太高时,即土温接近0℃的冻土在取样时表面要发生局部融化。试样制备或取出后立即置于负温的保温瓶中,并送到负温恒温箱保存。根据与原状冻土相同的土质、含水量的扰动土制成的冻土试样进行对比试验说明,扰动冻土的融沉系数小于原状土的融沉系数,其差值一般小于5%。因此,在没有条件采取原状冻土试样的情况下,采用扰动融土配制试样(人工回冻)进行融化压缩试验时,其 m_v 值应作适当的修正。

通过青藏高原、祁连山地区、东北大兴安岭地区和实验室试验所获得的大量资料发现,冻土的融沉性仅仅是冻土的固体颗粒、冰和未冻水之间的组合关系的函数,而与冻土分布地质、地理因素关系不大。

(1) 试验方法中几个问题的说明:

1) 为了模拟天然地基的融化过程,在试验过程中必须保持试样自上而下的单向融化。为此,实验室除用单向加热使试样产生自上而下融化外,还必须避免侧向传热而造成试样的侧向融化问题。

2) 国外的试样尺寸为高度 h 与直径 d 之比即 $h/d > 1/2$,最小直径采用 5cm,对于不均匀层状和网状构造的粘性土,$h/d=1/3 \sim 1/5$。国内曾采用的容器面积为 45、78cm^2 等面积,考虑到冻土融化压缩室内试验只适用粒径小于 2mm 的土,并考虑到试验仪器可以采用常规压缩仪改装,其试样及尺寸应尽量接近常规压缩仪。因此,冻土试样直径采用 8cm,高度采用 4cm,高度之比为 1:2。至于原位试验可用面积为 2500cm^2 的热压模板,试样土体高为 20~25cm。其比值大约亦为 1:2。

3) 试验中当融化速度超过天然条件下的排水速度时,融化土层不能及时排水,使融化下沉产生滞后现象。当遇到试验土层含冰(水)量较大时,融化速度过快,土体常产生崩解现象,土颗粒与水分一起挤出,使试验失败或 δ 值偏大。不论室内或室外,融化速度均用水温来控制。一般情况下,实验室试验水温控制在 40~50℃,现场原位试验水温不超过 80℃为好。加热时应注意由低逐渐升高,当土层含冰(水)量大时,可以适当降低水温,试验环境温度较高时,水温也要适当降低。总之实验室内控制在 2h 内使 4cm 高的土层融化完;原位试验约在 8h 内融化深度达 20~25cm 即可。

4) 测定 m_v 值时,规定预加荷载 10kPa,这主要考虑到土与仪器壁存在摩擦,冻土在融化过程中,有时单靠自重沉陷是困难的,所以施加很小的荷载后,融化固结能进行的较快些,而又不敢对已经融化土骨架产生过大的压密,对 m_v 值影响甚微。

(2) 原位试验方法介绍:

原位测定方法与融土地区原位荷载试验方法相似,即开始挖试坑后采用热压模板进行逐级荷载试验。这种方法可以得到各个土层的实际融沉系数及融化压缩系数,它可以适用于各种状态的冻土,但是由于此方法比较复杂,劳动强度也较大,一般仅用来测定实验室内难进行的冻结粗颗粒类土、含砾粘土及富冰土层。

原位试验装置是由带加热的压模板,加荷设备(千斤顶或荷重块)压力传感器(带压力表的千斤顶),变形测量设备(可用测针)和反压装置(横梁、锚固板等)组成,见图 4。

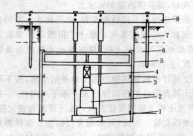

图 4 现场原位融化压缩试验示意图
1—热压模板;2—千斤顶;3—变位测针;4—压力传感器;
5—反压横梁;6—冻土;7—融土;8—测量支架

热压板的面积一般为 2500~5000cm^2,用金属制成圆形或方形的空腔板,下部具有透水孔,见图 5。

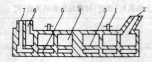

图 5 热压模板示意图
1—固定千斤顶螺丝;2—加热孔;3—压模板;
4—储水腔;5—透水板;6—排水孔;7—加水孔

试验前应测定土层冻结状态时的含水率及密度。然后在土层表面铺上 1~2cm 厚的细砂再放置压模板,调整热压板处于水平。安装完毕后,施加预估可能出现的最大荷载,检查试验装置是否牢固。然后加荷,预压 10kPa(包括压模板、千斤顶的重量)调整变形测量装置,即可加热进行试验。

加热方法可根据试验地点的条件确定。采用电热器或喷灯加热有导致压模板受热不均使试验土层产生不均匀融化沉陷的缺点,应加注意。

试样融沉开始时,可按 5、15、30min,此后每 30min 进行观测和记录。累计试验达 8h 后即可停止加热,但仍继续观测融化下沉变化,当相隔两小时变形量小于 0.5mm(对于细粒土)或 0.2mm(对于粗粒土)时,即可认为达到稳定。然后按工程需要分级加荷进行压缩试验。试验结束后,拆除试样装置,描述融土状态,用探针测量试验土层各个部位的融化深度,取其平均值。同时测定融化土层的含水量、密度等。然后清除融化土层,用上述方法进行下一土层试验。

附录 G 冻土力学指标原位试验要点

G.0.1 冻胀量试验。

冻胀量是判别地基冻胀性、计算各种冻胀力最基本的指标之一,用途广泛,观测土层内各深度处的冻胀量可算出冻胀率沿深深的分布规律。如果采用分层冻胀仪时要注意下述几点:①基准杆一定要稳固可靠,不得有上下位移;②各测杆要消除切向冻胀力,避免由上层土的冻胀而上移,使数据不准;③如果采用木质制做应经过浸油(刷油)处理,以免吸水膨胀,造成过大误差;④应至少在开始冻结前一个月安装完毕,并回填达到原状密实程度;⑤要与冻深器配合使用,以了解冻深的准确进程,分层冻胀仪由于复位能力很差,翌年必须取出后重新埋设。各测点之距离可大可小,一般宜每隔 20cm 放置一个。

水准测量法要注意使用精密水准仪与钢钢尺,要选择可靠点为水准基点或专做水准基点。埋设各测点时,距离拉得不可过大,应相对集中在一起,代表 1 个点,如果间距太大,土质不均匀时,容易出现无法解释的反常现象。水准测量法同样需要埋设冻土器以掌握冻深进程。

观测时间有两种:①为定时观测,如每 10 天或一星期观测一次;②每一定冻深观测一次,如每 10cm 或 20cm。由于地基土的冻结速率随时间有所不同,所以定时观测的冻深间距有变化,每一定冻深观测的时间不确定。

为了分析冻胀量最好同时观测地下水位的变化。

G.0.2 冻结强度试验。

冻结强度的原位试验实质上就是桩基础受压与抗拔摩擦桩的承载力试验,受压时桩端可悬空,也可埋设测试元件,在分析数据时扣除端承力,或用拔出法避免桩端的干扰。试验时一定要在施工完毕待周围冻土基本回冻后进行,最理想的是在地温最高季节,如果时间不允许,其结果应进行地温修正(修正带一定的近似性)。在试验过程中桩附近地表铺设保温层,确保地温的相对稳定性。

试验开始之前在试验基础附近安设地温管测温,以监视地温场变化。试验加荷分级、稳定标准、测读时间、终止条件、结果处理可参照《土工试验方法标准》GB/T 50123—1999,冻结强度试验执行。

G.0.3 切向冻胀力试验。

切向冻胀力的试验有两种方法:①荷载平衡法。②锚固梁法。荷载平衡法是在试验基础上先加少许荷载,待冻深发展到一定程度,切向冻胀力增长到一定数值,就将基础抬起少许,这表示荷重与切向冻胀力失去平衡,即刻继续加荷少许,随着冻深的继续加深,切向冻胀力的增长,新的平衡又被破坏,基础上抬,这样平衡—失衡—新的平衡,继续到结束。这种方法不是太好,因为等到发现失衡,基础已经上抬一定量了,加荷劳动强度不小,还不能保证不出偏心,这样发展到最后,累计上抬量是不小的位移值,对切向冻胀力有一定的松弛作用,在整个冬季观测次数很多,需时刻监视,要求精度也较高,而且在融化时基础容易倾覆。

目前多用锚梁法,即用锚桩、横梁,试验基础上安置荷重传感器。只要安装紧密(不留空隙)就可定时观测了,传感器应事先必须经过率定,同时考虑温度波动的影响。

试验切向冻胀力时基础侧壁的回填土一定要用原土质,而且回填的密度尽量接近原状,并要及时清除积雪等地面覆盖物。

这种锚梁法与实际基础稍有不同,在于它在冻胀力出现之前地基土除基础自重外别无其他,随着冻胀力的着长其反力才加在地基土中。实际基础上的受力是先由上部结构传下的荷重将地基土压实,其孔隙降低,含水率减少,因而冻胀性受到一定程度的削弱。这种因素对试验法向冻胀力影响较大,对切向冻胀力的试验也有或多或少的影响,但都是偏于安全的。

附录 H 冻土地基静载荷试验要点

H.0.1～H.0.8 冻土地基静载荷试验内容与要求:

(1)冻土是由固相(矿物颗粒、冰)、液相(未冻水)、气相(水气、空气)等介质所组成的多相体系。矿物颗粒间通过冰胶结在一起,从而产生较大的强度。由于冰和未冻水的存在,它在受荷下的变形具强烈流变特性。图6(a)为单轴应力状态和恒温条件下冻土典型蠕变曲线,图6(b)表示相应的蠕变速率-时间的关系。图中 OA 为瞬间应变,以后可以看到三个时间阶段,第Ⅰ阶段 AB 为不稳定的蠕变阶段,应变速率是逐渐减小的;第Ⅱ阶段 BC 为应变速率不变的稳定蠕变流,BC 段持续时间的长短,与应力大小有关;第Ⅲ阶段为应变速率增加的渐进流,最后地基丧失稳定性。因此可以认为 C 点的出现是地基进入极限应力状态。这样,不同的荷

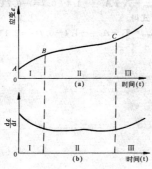

图6 冻土蠕变曲线示意图

载延续时间,对应于不同的抗剪强度。相应于冻土稳定流为无限长延续的长期强度,认为是土的标准强度,因为稳定蠕变阶段中,冻土是处于没有破坏而连续性的粘塑流动之中,只要转变到渐进流的时间超过建筑物的设计寿命以及总沉降量不超过建筑物地基

容许值,则所确定的地基强度是可以接受的。

(2)冻土抗剪强度不仅取决于影响融土抗剪强度的有关因素(如土的组成、含水率、结构等)还与冻土温度及外荷作用时间有关,其中负温度的影响是十分显著的。根据青藏高原风火山地区资料,在其他条件相同的情况下,冻土温度-1.5℃时的长期粘聚力 $C_1=82$kPa,而-2.3℃时 $C_1=134$kPa,相应的冻土极限荷载 P_u 为420kPa和690kPa。可见,在整个试验期间,保持冻土地基天然状态温度的重要性,并应在量测沉降同时,测读冻土地基在 $1\sim1.5b$ 深度范围内的温度(b 为基础宽度)。

(3)根据软土地区荷载试验资料,承压板宽度从50cm变化到300cm,所得到的比例极限相同,$P_{0.02}$ 变化范围在100~140kPa,说明土内摩擦角较小时,承压面积对地基承载力影响不大,冻土与软土一样,一般内摩擦角较小或接近零度。因而实用上也可忽略承压板面积大小对承载力的影响;另外冻土地基强度较高,增加承压板面积,使试验工作量增加。因此,本要点规定一般承压板面积为0.25m²。

(4)冻土地基荷载下稳定条件可以从两方面考虑。其一是根据冻土第Ⅰ蠕变阶段应变速率减小的变形特性,要点规定当后4h应变速率小于前4h的应变速率时认为在该级荷载下变形已经稳定,可以加下一级荷载。规定4h的应变速率是兼顾了试验精度和缩短试验周期。其二是根据地基有昼夜累计变形值。

1)中国科学院寒区旱区环境与工程研究所吴紫汪等的研究,认为单轴应力下冻土应力-应变方程可写成:

$$\varepsilon = d|T|^{-\gamma}t^\beta\sigma^a \tag{3}$$

式中 d——土质受荷条件系数,砂土 $d=10^{-3}$,粘性土 $d=(1.8\sim2.5)\times10^{-3}$;

T——冻土温度(℃);

γ——试验系数,$\gamma\approx2$;

t——荷载作用时间(min);

β——试验常数,$\beta=0.3$;

σ——应力(kPa);

a——非线性系数,一般 $a=1.5$。

半无限体三向应力作用时地基的应变 ε' 按弹性理论有:

$$\varepsilon' = \varepsilon\left(1-\frac{2\mu^2}{1-\mu}\right)w \tag{4}$$

式中 μ——冻土泊松比,取 $\mu=0.25$;

w——刚性承压板沉降系数,方形 $w=\frac{\sqrt{\pi}}{2}$,圆形 $w=\pi/4$。

近似地取1.5倍承压板宽度 b 作为载荷试验影响深度 h,则承压板沉降值 s 为:

$$s = 0.8982 \cdot \varepsilon' \cdot h \tag{5}$$

式中0.8982为考虑半无限体应力扩散后1.5b范围内的平均应力系数,应力 σ 取预估极限荷载 P_u 的1/8。

按式(4.5)计算加载24h后的沉降值见表7。

2)美国陆军部冷区研究与工程实验室提供的计算第Ⅰ蠕变阶段冻土地基蠕变变形经验公式为:

$$\text{应变}=\varepsilon=\left[\frac{\sigma T^\lambda}{w(\theta-1)^K}\right]^{\frac{1}{m}}+\varepsilon_0 \tag{6}$$

式中 ε_0——瞬时应变,预估时可不计;

θ——温度低于水的冰点的度数(℉);

σ——土体应力,取预估极限荷载 P_u 的1/8。

λ、m、K、w——取决于土性质常数,对表8中几种土查出 λ、m、K 和 w 的典型值。

T——时间(h)。

求得应变 ε 值后,仍用式(5)计算加载24h后冻土地基沉降 s 值计算结果见表7。

荷载试验加载 24h 沉降值 s(mm)　　　表7

温度(℃) 土类	−0.5	−1.0	−2.5	−4.0	注
粗　砂	27.7	10.3	3.1	1.6	按式(3)～式(5)
细　砂	12.9	5.0	1.8	0.9	
粗砂(渥太华)	0.9	0.8	0.6	0.5	按式(5)～式(6)
细砂(曼彻斯特)	0.6	0.5	0.4	0.3	
粘　土	23.2	8.1	2.6	1.0	按式(3)～式(5)
含有机质粘土	15.0	5.8	2.1	1.4	
粘土(苏菲尔德)	5.2	4.6	3.3	1.8	按式(5)～式(6)
粘土(巴特拜奥斯)	2.5	1.9	1.7	1.0	

分析上述两种预估冻土地基加载 24h 后的沉降值,对砂土取 0.5mm,对粘性土取 1.0mm 是能保证地基处于第Ⅰ蠕变阶段工作。

对应于式(6)土性质常数典型值　　　表8

土　类	λ	m	K	w	注
粗砂(渥太华)	0.35	0.78	0.97	5500	—
细砂(曼彻斯特)	0.24	0.38	0.97	285	—
粘土(苏菲尔德)	0.14	0.42	1.0	93	—
粘土(巴特拜奥斯)	0.18	0.40	0.97	130	维亚洛夫(1962)资料

附录 L　冻土地温特征值计算

L.0.1 根据傅利叶第一定律,在无内热源的均匀介质中,温度波的振幅随深度按指数规律衰减,并可按下式计算:

$$A_z = A_0 \exp(-z\sqrt{\pi/at}) \quad (7)$$

式中　A_z——Z 深度处的温度波振幅(℃);
　　　A_0——介质表面的温度波振幅(℃);
　　　a——介质的导温系数(m²/h);
　　　t——温度波动周期(h)。

将上式用于冻土地温特征值的计算是基于以下假设:
(1)土中水无相变,即不考虑土冻结融化引起的地温变化。
(2)土质均匀,不同深度的年平均地温随深度按线性变化,地温年振幅按指数规律衰减。
(3)活动层底面的年平均地温绝对值等于该深度处的地温年振幅。

L.0.2、L.0.3　算例

已知:内蒙古满归镇 3 号测温孔多年冻土上限深度为 2.3m;根据地质资料查(条文)附录 K 求得冻土加权平均导温系数为 0.00551m²/h,1973 年 10 月实测地温数据如下:

深度(m)	2.3	4.0	5.0	6.0	7.0	8.0	9.0	10.0	11.0	12.0	13.0	15.0	20.0
地温(℃)	0.0	−0.7	−0.9	−1.1	−1.3	−1.4	−1.5	−1.6	−1.6	−1.7	−1.8	−1.8	−2.0

计算步骤:
(1)计算上限处的地温特征
由本规范附录 L 中 L.0.2-2 式得
$$\Delta T_{2.3} = (T_{20} - T_{15}) \times (20 - 2.3)/5$$
$$= (-2.0 + 1.8) \times 17.7/5 = -0.7$$

由 L.0.2-3 式得
$$\Delta T_{2.3} = T_{20} - \Delta T_{2.3} = -2.0 - (-0.7) = -1.3℃$$

根据假设(3)得
$$A_{2.3} = (T_{2.3}) = 1.3℃$$

由 L.0.2-5 式得
$$T_{2.3max} = T_{2.3} - A_{2.3} = -1.3 + 1.3 = 0℃$$

由 L.0.2-6 式得
$$T_{2.3min} = T_{2.3} - A_{2.3} = -1.3 - 1.3 = -2.6℃$$

(2)计算地温年变化深度和年平均地温
由 L.0.2-7 式得
$$H_z = \sqrt{at/\pi}\ln(A_{u(f)}/0.1)$$
$$= \sqrt{0.00551 \times 8760/3.14}\ln(1.3/0.1)$$
$$= 10.1m$$
$$H_3 = H_2 + h_{u(f)} = 10.1 + 2.3 = 12.4m$$

由 L.0.2-2 式得
$$\Delta T_{12.4} = (-2.0 + 1.8) \times (20 - 12.4)/5$$
$$= -0.2 \times 7.6/5 = -0.3℃$$

由 L.0.2-3 式得
$$T_{cp} = T_{20} - T_{12.4} = -2.0 - (-0.3)$$
$$= -1.7℃$$

(3)计算上限以下任意深度的地温特征值
例如:计算 $H_1 = 5m$ 处的地温特征值
由 L.0.2-1 式得
$$H = H_1 - h_{u(f)} = 5 - 2.3 = 2.7m$$

由 L.0.2-2 式得
$$\Delta T_5 = (T_{20} - \Delta T_{15}) \times (20 - 5)/5$$
$$= (-2.0 + 1.8) \times 15/5 = -0.6℃$$

由 L.0.2-3 式得
$$T_5 = T_{20} - \Delta T_5 = -2.0 - (-0.6) = -1.4℃$$

由 L.0.2-4 式得
$$A_5 = 1.3\exp(-2.7\sqrt{3.14/0.00551 \times 8760}$$
$$= 0.7℃$$

由 L.0.2-5 式得
$$T_{5max} = T_5 + A_5 = -1.4 + 0.7 = -0.7℃$$

由 L.0.2-6 式得
$$T_{2.3min} = T_5 - A_5 = -1.4 - 0.7 = -2.1℃$$

中华人民共和国国家标准

土工试验方法标准

GB/T 50123—1999

条 文 说 明

目　次

1　总则 ………………………………………… 5—6—4
3　试样制备和饱和 ………………………… 5—6—4
　　3.1　试样制备 ………………………… 5—6—4
　　3.2　试样饱和 ………………………… 5—6—4
4　含水率试验 ……………………………… 5—6—4
5　密度试验 ………………………………… 5—6—4
　　5.1　环刀法 …………………………… 5—6—4
　　5.2　蜡封法 …………………………… 5—6—5
　　5.3　灌水法 …………………………… 5—6—5
　　5.4　灌砂法 …………………………… 5—6—5
6　土粒比重试验 …………………………… 5—6—5
　　6.1　一般规定 ………………………… 5—6—5
　　6.2　比重瓶法 ………………………… 5—6—5
　　6.3　浮称法 …………………………… 5—6—5
　　6.4　虹吸筒法 ………………………… 5—6—5
7　颗粒分析试验 …………………………… 5—6—5
　　7.1　筛析法 …………………………… 5—6—5
　　7.2　密度计法 ………………………… 5—6—5
　　7.3　移液管法 ………………………… 5—6—6
8　界限含水率试验 ………………………… 5—6—6
　　8.1　液、塑限联合测定法 …………… 5—6—6
　　8.2　碟式仪液限试验 ………………… 5—6—7
　　8.3　滚搓法塑限试验 ………………… 5—6—7
　　8.4　收缩皿法缩限试验 ……………… 5—6—7
9　砂的相对密度试验 ……………………… 5—6—7
　　9.1　一般规定 ………………………… 5—6—7
　　9.2　砂的最小干密度试验 …………… 5—6—7
　　9.3　砂的最大干密度试验 …………… 5—6—7
10　击实试验 ……………………………… 5—6—9
11　承载比试验 …………………………… 5—6—9
12　回弹模量试验 ………………………… 5—6—9
　　12.1　杠杆压力仪法 …………………… 5—6—9
　　12.2　强度仪法 ………………………… 5—6—10
13　渗透试验 ……………………………… 5—6—10
　　13.1　一般规定 ………………………… 5—6—10
　　13.2　常水头渗透试验 ………………… 5—6—10
　　13.3　变水头渗透试验 ………………… 5—6—10
14　固结试验 ……………………………… 5—6—10
　　14.1　标准固结试验 …………………… 5—6—10
　　14.2　应变控制连续加荷固结试验 …… 5—6—11
15　黄土湿陷试验 ………………………… 5—6—11
　　15.1　一般规定 ………………………… 5—6—11
　　15.2　湿陷系数试验 …………………… 5—6—11
　　15.3　自重湿陷系数试验 ……………… 5—6—11
　　15.4　溶滤变形系数试验 ……………… 5—6—11
　　15.5　湿陷起始压力试验 ……………… 5—6—12
16　三轴压缩试验 ………………………… 5—6—12
　　16.1　一般规定 ………………………… 5—6—12
　　16.2　仪器设备 ………………………… 5—6—12
　　16.3　试样制备和饱和 ………………… 5—6—12
　　16.4　不固结不排水剪试验 …………… 5—6—12
　　16.5　固结不排水剪试验 ……………… 5—6—12
　　16.6　固结排水剪试验 ………………… 5—6—13
　　16.7　一个试样多级加荷试验 ………… 5—6—13
17　无侧限抗压强度试验 ………………… 5—6—13
18　直接剪切试验 ………………………… 5—6—13
　　18.1　慢剪试验 ………………………… 5—6—13
　　18.2　固结快剪试验 …………………… 5—6—13
　　18.3　快剪试验 ………………………… 5—6—13
　　18.4　砂类土的直剪试验 ……………… 5—6—14
19　反复直剪强度试验 …………………… 5—6—14
20　自由膨胀率试验 ……………………… 5—6—14
21　膨胀率试验 …………………………… 5—6—14
　　21.1　有荷载膨胀率试验 ……………… 5—6—14
　　21.2　无荷载膨胀率试验 ……………… 5—6—15
22　膨胀力试验 …………………………… 5—6—15
23　收缩试验 ……………………………… 5—6—15
24　冻土密度试验 ………………………… 5—6—15
　　24.1　一般规定 ………………………… 5—6—15
　　24.2　浮称法 …………………………… 5—6—15
　　24.3　联合测定法 ……………………… 5—6—15
25　冻结温度试验 ………………………… 5—6—16
26　未冻含水率试验 ……………………… 5—6—16
27　冻土导热系数试验 …………………… 5—6—16
28　冻胀量试验 …………………………… 5—6—16
29　冻土融化压缩试验 …………………… 5—6—17
　　29.1　一般规定 ………………………… 5—6—17

29.2	室内冻土融化压缩试验 ……	5—6—17	31.6 硫酸根的测定——比浊法 ……	5—6—18
29.3	现场冻土融化压缩试验 ……	5—6—17	31.7 钙离子的测定 ……………………	5—6—18
30	酸碱度试验 …………………………	5—6—17	31.8 镁离子的测定 ……………………	5—6—18
31	易溶盐试验 …………………………	5—6—17	31.9 钙离子和镁离子的原子吸收分光	
31.1	浸出液制取 …………………………	5—6—17	光度测定 ……………………	5—6—18
31.2	易溶盐总量测定 ……………………	5—6—17	31.10 钠离子和钾离子的测定 …………	5—6—18
31.3	碳酸根和重碳酸根的测定 …………	5—6—17	32 中溶盐（石膏）试验 …………………	5—6—18
31.4	氯根的测定 …………………………	5—6—18	33 难溶盐（碳酸钙）试验 ………………	5—6—18
31.5	硫酸根的测定——EDTA 络合		34 有机质试验 ……………………………	5—6—19
	容量法 …………………………	5—6—18	35 土的离心含水当量试验 ………………	5—6—19

1 总则

1.0.1 《土工试验方法标准》GBJ 123-88（以下简称"原标准"）自1989年实施以来，已有7年多时间，在这期间，岩土工程有一定的发展，要求提供更多、更可靠的计算参数和判定指标，同时，测试技术也有进步，因此，有必要对原标准进行修改，使各系统的土工试验有一个能满足岩土工程发展需要的试验准则，使所有的试验及试验结果具有一致性和可比性。

1.0.2 水利、公路、铁路、冶金等系统均有相应的土工试验规程，基本内容与本标准相同，但有些试验方法使用条件不同，为此在一些具体的参数或规定上有特殊要求时，允许以相应的专业标准为依据。

1.0.3 现行国家标准《土的分类标准》GBJ 145属专门分类标准，内容包括对土类进行鉴别，确定其名称和代号，并给以必要的描述。本标准中将土分成粗粒土和细粒土两大类。土的名称和具体分类按现行国家标准《土的分类标准》GBJ 145确定。土的工程分类试验是土工试验的内容之一，故分类试验应遵照本标准有关试验项目中规定的方法和要求进行。

1.0.4 土工试验资料的分析整理，对提供准确可靠的土性指标是十分重要的。内容涉及成果整理、土性指标的选择，并计算相应的标准差、变异系数或绝对误差与精度指标等。根据误差分析，对不合理的数据进行研究、分析原因，或条件时，进行一定的补充试验，以便决定对可疑数据的取舍或改正。为此，列入附录A。

1.0.5 土工试验所用的仪器应符合现行国家标准《土工仪器的基本参数及通用技术条件》GB/T15406规定。根据国家计量法的要求，土工试验所用的仪器、设备应定期检定或校验。对通用仪器设备，应按有关检定规程进行，对专用仪器设备可参照国家现行标准《土工试验专用仪器校验方法》SL110~118进行校验。

1.0.6 执行本标准过程中，有些要求应符合现行国家标准《建筑地基基础设计规范》GBJ7、《湿陷性黄土地区建筑规范》GBJ25、《膨胀土地区建筑技术规范》GBJ112、《土的分类标准》GBJ 145和《岩土工程基本术语标准》GB/T 50275中的规定。

3 试样制备和饱和

3.1 试样制备

3.1.1 本标准所规定的试验方法，仅适用于颗粒粒径小于60mm的原状土和扰动土，对粒径等于、大于60mm的土应按有关粗粒料的试验方法进行。

3.1.2 原标准中第2.0.2至2.0.4条规定的试验所需土样的数量以及取土要求等列入附录B"土样的要求与管理"。

同一组试样间的均匀性主要表现在密度和含水率的均匀性方面，规定密度和含水率的允许差值，使试验结果的离散性减小，避免力学性指标之间相互矛盾的现象。

3.1.4 原状土试样制备过程中，应先对土样进行描述，了解土样的均匀程度、含夹杂质等情况后，才能保证物理性试验的试样和力学性试验所选用的试样一致，避免产生试验结果相互矛盾的现象，并作为统计分层的依据。

用环刀切取试样时，规定环刀必须垂直下压，因环刀不垂直切取的试样层次倾斜，与天然结构不符；其次，试样与环刀内壁之间容易产生间隙，切取试样时要防止扰动，否则均会影响测试结果。

3.1.5 扰动土试样备样过程中对含有机质的土样规定采用天然含水率状态下的代表性土样，供颗粒分析、界限含水率试验，因为这些土在105~110℃温度下烘干后，胶体颗粒和粘粒会胶结在一起，试验中影响分散，使测试结果有差异。

3.1.6 扰动土试样制备时所需的加水量要求均匀喷洒在土样上，润湿一昼夜，目的是使制备含水率均匀，达到密度的差异小。击样法制备试样时，若分层击样，每层试样的密度也要均匀。

3.2 试样饱和

3.2.2 毛细管饱和法：原标准中选用叠式或框式饱和器，现修改成用框式饱和器，因为毛细管饱和，水面不宜将试样淹没，而叠式饱和器达不到该要求，否则上层试样浸不到水。

3.2.3 抽气饱和法：原标准中没有说明用何种饱和器，仅列出真空饱和装置，本次修改时，条文中明确规定采用叠式或框式饱和器。

4 含水率试验

4.0.1 原标准中为含水量试验，虽然名称通用，但与定义不符，根据现行国家标准《岩土工程基本术语标准》GB/T 50279的规定改成含水率试验。

土的含水率定义为试样在105~110℃温度下烘至恒量时所失去的水质量和达恒量后干土质量的比值，以百分数表示。

4.0.3 含水率试验方法有多种，但能确保质量，操作简便又符合含水率定义的试验方法仍以烘干法为主，故本标准规定以烘干法为标准方法。烘干温度采用105~110℃，这是因为取决于土的水理性质，以及目前国际上一些主要试验标准，例如美国ASTM、英国BS、日本JIS、德国DIN，烘干温度在100~115℃之间，且多数采用105~110℃为标准，故本标准用105~110℃。对含有机质超过干土质量5%的土，规定烘干温度为65~70℃，因为含有机质在105~110℃温度下，经长时间烘干后，有机质特别是腐植酸会在烘干过程中逐渐分解而不断损失，使测得的含水率比实际的含水率大，土中有机质含量越高误差就越大。

试样烘干至恒量所需的时间与土的类别及取土数量有关。本标准取代表性试样15~30g，对粘土、粉土烘干时间不少于8h，是根据多年来比较试验而定的，对砂土不少于6h，由于砂土持水性差，颗粒大小相差悬殊，含水率易于变化，所以试样应多取一些，本标准规定取50g。采用环刀中试样测定含水率更具有代表性。

4.0.5、4.0.6 对层状和网状构造的冻土的含水率试验，因试样均匀程度所取试样数量相差较大，且试验过程中需待冻土融化后进行，为此另列条说明。

4.0.7 对层状和网状构造的冻土含水率平行测定的允许误差因均匀性放宽至3%。

5 密度试验

5.1 环刀法

5.1.1 环刀法是测定土样密度的基本方法，本方法在测定试样密度的同时，可将试样用于固结和直剪试验。

5.1.2 环刀的尺寸是根据现行国家标准《土工仪器的基本参数及通用技术条件》GB/T 15406的规定选用内径61.8mm和79.8mm，高20mm。

5.2 蜡封法

5.2.3 蜡封法密度试验中的蜡液温度，以蜡液达到熔点以后不出现气泡为准。蜡液温度过高，对土样的含水率和结构都会造成一定的影响，而温度过低，蜡溶解不均匀，不易封好蜡皮。

蜡封试样在水中的质量，与水的密度有关，水的密度随温度而变化，条文中规定测定水温的目的是为了消除因水密度变化而产生的影响。因各种蜡的密度不相同，试验前应测定石蜡的密度。

5.3 灌水法

5.3.3 灌水采用的塑料薄膜袋材料为聚氯乙烯，薄膜袋的尺寸应与试坑大小相适应。

开挖试坑时，坑壁和坑底应规则，试坑直径与深度只能略小于薄膜塑料袋的尺寸，铺设时应使薄膜塑料袋紧贴坑壁，否则测得的容积就偏小，求得偏大的密度值。

5.4 灌砂法

5.4.1 灌砂法比较复杂，需要一套量砂设备，且能准确的测定试坑的容积，适用于我国半干旱、干旱的西部和西北部地区。

5.4.3 标准砂的粒径选用 0.25～0.5mm，因为在此范围内，标准砂的密度变化较小。

6 土粒比重试验

6.1 一般规定

6.1.1 土粒比重定义为土粒在 105～110℃ 温度下烘至恒量时的质量与同体积 4℃ 时纯水质量的比值。根据现行国家标准《岩土工程基本术语标准》GB/T 50279 仍使用"土粒比重"这个无量纲的名词，作为土工试验中的专用名词。

6.1.2 当试样中既有粒径大于 5mm 的土颗粒，又含有粒径小于 5mm 的土颗粒时，工程中采用平均比重，取粗细颗粒比重的加权平均值。

6.2 比重瓶法

6.2.1、6.2.2 颗粒小于 5mm 的土用比重瓶法测定比重，比重瓶有 100mL 和 50mL 两种，经比较试验认为瓶的大小对比重成果影响不大，因用 100mL 的比重瓶可多取些试样，使试样的代表性和试验准确度可以提高。第 6.2.5 条条文中采用 100mL 的比重瓶，也允许采用 50mL 的比重瓶。

6.2.3 比重瓶的校正有称量校正法和计算校正法，前一种方法准确度较高，后一种方法引入了某些假设，但一般认为对比重影响不大，本标准以称量校正法为准。

6.2.5 试样规定用烘干土，认为可减少计算中的累计误差，也适合于含有机质、可溶盐、亲水性胶体等的土用中性液体测定。

试验用水规定为纯水，要求水质纯度高，不含任何被溶解的固体物质。一般规定有机质含量小于 5% 时，可用纯水，超过 5% 时用中性液体。土中易溶盐含量等于、大于 0.5% 时用中性液体测定。

排气方法条文中规定用煮沸法，此法简单易行，效果好。如需用中性液体时，应采用真空抽气法。砂土煮沸时砂粒容易跳出，亦允许用真空抽气法代替煮沸法。

6.3 浮称法

6.3.1 浮称法所测结果较为稳定，但大于 20mm 的粗粒较多时，用本方法将增加试验设备，室内使用不便，故条文规定粒径大于 5mm 的试样中 20mm 的颗粒小于 10% 时使用浮称法。

6.4 虹吸筒法

6.4.1 虹吸筒法测定比重的结果不稳定，因为粗颗粒的实体积测不准，测得的比重值一般偏小。只在粒径大于 5mm 的试样中 20mm 的颗粒等于、大于 10% 时，使用虹吸筒法。用虹吸筒法测定比重时，要特别注意排气，因粗颗粒内部包含着封闭孔隙。

若要测定粗粒土饱和面干比重亦采用虹吸筒法。

7 颗粒分析试验

7.1 筛析法

7.1.2 筛析法颗粒分析试验在选用分析筛的孔径时，可根据试样颗粒的粗细情况灵活选用。

7.1.5 当大于 0.075mm 的颗粒超过试样总质量的 10% 时，应先进行筛析法试验，然后经过洗筛过 0.075mm 筛，再用密度计法或移液管法进行试验。

7.2 密度计法

7.2.1 原标准中适用于粒径小于 0.074mm 的土，现行国家标准《土的分类标准》GBJ 145 中将粒径 0.074mm 已改成 0.075mm，为此，本标准洗筛改成 0.075mm。

7.2.2 密度计制造过程中刻度往往不易准确，使用前须进行刻度及弯液面校正，土粒有效沉降距离的校正，但这些校正工作较繁重，目前国内已有生产厂制造甲种密度计准确至 0.5°，乙种密度计准确至 0.0002 的刻度，并对土粒有效沉降距离及弯液面在出厂前都已进行校正的产品，如果采用此种标准的密度计，且备有检定合格证书，在使用前不需进行密度计校正。其他密度计均需在使用前按有关《密度计校正规程》进行校正。

7.2.4 试样的洗盐：本试验规定了当试样中易溶盐含量大于 0.5% 时，须经过洗盐手续才能进行密度计法颗粒分析试验，试样中含有易溶盐会影响试验成果，见表 1。

表 1 盐渍土洗盐与不洗盐的比较

省区	土样号	含盐量(%)	粉粒含量(%) 0.050～0.005mm		粘粒含量(%) <0.005mm	
			洗盐前	洗盐后	洗盐前	洗盐后
新疆	146	5.26	22.33	6.0	9.08	18.61
	147	14.66	17.23	13.10	40.04	41.17
甘肃	133	2.1	62.20	47.50	1.50	14.00
	142	2.19	54.50	43.50	5.00	14.00
	143	1.11	24.99	22.47	17.99	21.34
	149	5.13	20.79	7.21	5.25	16.52
	156	0.88	41.50	34.70	9.50	18.00

注：按密度计法测定。

从表 1 中可见，未经洗盐的试样与洗盐后的试样的颗粒分析，前者粉粒含量高，粘粒含量低；后者粉粒含量低，粘粒含量高。为此，本试验规定对易溶盐含量大于 0.5% 的试样，应进行洗盐。

含盐量的检验方法，本试验采用电导率法和目测法以供选用，电导率法具有方便、快速估计试样含盐状况的优点。它的原理是根据电导率在低浓度溶液范围内，与悬液中易溶盐浓度成正比关系，电导率因盐性不同而异，但根据实验证明，K_{20} 小于 $1000\mu S/cm$ 时，相应的含盐量不会大于 0.5%。因此，本试验规定用电导率法检验洗盐应洗到溶液的 K_{20} 小于 $1000\mu S/cm$。并规定当试样溶液

的 K_{20} 大于 $2000\mu S/cm$ 时应将含盐量计入，否则会影响试验计算结果。

目测法是比较简易的方法，当没有电导率仪时可采用目测法检验试样溶液是否含盐。

1）试样的分散标准。粘性土的土粒可分成原级颗粒和团粒两种。对于颗粒分析的分散标准，有的主张用全分散法，理由是颗粒分析本身应该反映土的各种真实原级颗粒的组成；有的主张用半分散法或微集成法，即不加任何分散剂使其在水中自然分散，以符合实际土未被完全分散的情况。

对照国内外有关标准对分散标准选择的调查，本试验采用了半分散法，用煮沸加化学分散剂来达到土粒既能充分分散，又不破坏土的原级颗粒及其聚合体。这些分散方法比较符合工程实际，基本上可以使土结构单元在不受任何破坏时，求得土的粒组所占土总质量的百分数。

2）分散剂品种问题。国内对土的分散剂品种选用问题有不少争论，主要反映在：从不同土类的角度出发，选用不同的合适的分散剂；从不同的分散理论角度出发，如有的从土悬液 pH 值大小来考虑，有的从粘土的离子交换容量能力来考虑，选用合适的分散剂。

从目前国际上的趋势看，分散剂的品种有采用强分散剂而不再考虑对不同土用不同分散剂的趋势，以便统一标准和方法。美国的 ASTM-82 已用六偏磷酸钠的搅拌方法。英国 BS1377-75 也改用六偏磷酸钠加硅酸钠振荡 4h 的方法。德国 DIN18123-71 是采用 5%焦磷酸钠 25mL 后搅拌 10min 的方法。前苏联 ГОСТ 12536-67，则未作硬性规定，而在一般情况下，采用浓度 25%氨水 10mL 煮沸的方法，如有凝聚现象，才加入焦磷酸钠作为稳定剂。

国内大多数规程也均用钠盐作为分散剂，以六偏磷酸钠使用最广，使用偏磷酸钠和焦磷酸钠的也不少，还有一些单位使用 25%氨水作分散剂。

3）分散剂的选择，应考虑各种不同土类的粘粒矿物组成，结晶性质及浓度，同时又要考虑到试验资料的可比性及国内外交流的需要。根据我国以往对分散剂使用的现状及我国土类分布的多样性，本标准规定了对一般易分散的土用浓度 4%六偏磷酸钠作为分散剂。至于特殊的土类，应按工程实际需要及土类的特点选择不同的合适的分散剂。如土中易溶盐含量超过 0.5%，则需经洗盐手续。

7.3 移液管法

7.3.1 移液管法颗粒分析试验适用于粒径小于 0.075mm 而比重大的土，虽然操作不如密度计法简单和迅速，仍然得到较广泛的应用。

8 界限含水率试验

8.1 液、塑限联合测定法

8.1.1 目前国际上测定液限的方法是碟式仪法和圆锥仪法。各国采用的碟式仪和圆锥仪规格不尽相同，对试验结果有影响，利用碟式仪和我国采用的 76g 锥入土深度 10mm 圆锥仪进行比较，结果是随着液限的增大，两者所测得的差值增大。一般情况下碟式仪测得的液限大于圆锥仪液限。鉴于国际上对液限的测定没有统一的标准，为了使本标准向国际通用标准靠拢。制订本标准时认为与美国 ASTM 碟式仪标准等效是合适的。根据圆锥仪的特点和我国几十年的使用实践，认为圆锥仪操作简单，所测数据比较稳定，标准易于统一，所以本标准中圆锥仪法和碟式仪法均列入。

塑限的测定长期采用滚搓法，该法最大的缺点是人为因素影响大。十多年来，我国一些试验单位用圆锥仪测定塑限，已找出与塑限相对应的下沉深度求得的塑限与滚搓法基本一致，该法定名为液、塑限联合测定法。其主要优点是易于掌握，采用电磁落锥可减少人为因素影响。水利部、交通部公路系统、原冶金工业部和原地质矿产部的土工试验规程中均将该法列入。为此，本标准中规定使用圆锥仪时，采用液、塑限联合测定法；使用碟式仪时，采用滚搓法测定塑限。联合测定法的理论基础是圆锥下沉深度与相应含水率在双对数坐标纸上具有直线关系。

8.1.2 本标准中图 8.1.2 液、塑限联合测定示意图，实际使用时读数显示有光电式、游标式和百分表式，目前仅光电式有定型产品，故绘制的是液、塑限联合测定仪示意图。

8.1.3 试验标准：液限是试样从牛顿液体（粘滞液体）状态变成宾哈姆体（粘滞塑性）状态时的含水率，在该界限值时，试样出现一定的流动阻力，即最小可量度的抗剪强度，理论上是强度"从无到有"的分界点。这是采用各种测定方法等效的标准。根据以往的研究，卡萨格兰特（Casagrande）得到土在液限状态时的不排水强度约为 2～3kPa。而使用 76g 圆锥，下沉深度 10mm 时测得土的强度为 5.4kPa，比其他液限标准下的强度高几倍（见表 2），实际上，用 76g 锥，下沉深度 10mm 对应的试样含水率不是土的真正液限，不能反映土的真正物理状态，因此，必须改进，使液限标准向国际上通用标准靠拢。本试验采用与碟式仪测得液限时土的抗剪强度相一致的方法来确定圆锥仪的入土深度，作为液限标准。

表 2 碟式仪液限土的不排水强度

基座材料	抗剪强度 c_u (kPa)	资 料 来 源	
硬橡胶	2.55	Seed 等人	(1964)
胶 木	2.04～3.00	Casagrande	(1958)
	1.12～2.35	Norman	(1958)
	1.33～2.45	Ycussef 等人	(1965)
	0.51～4.08	Karisson	(1977)
英国标准橡胶	0.82～1.68	Norman	(1958)
	0.71～1.48	Skempton Northey	(1952)
	1.02～3.06	Skopek Ter-Stepanian	(1975)

交通部公路系统在制订标准时，用不同质量的圆锥仪（76g，80g，100g）对 1000 多个土样进行对比试验表明，锥质量 100g，锥角 30°，下沉深度 20mm 时的含水率作为液限精度最高。原水利电力部制订规程时，对 16 种不同土类，用 76g，80g，100g 质量的圆锥仪进行比较，测定不同下沉深度下土的十字板剪切强度和无侧限抗压强度的结果表明，以 76g 锥下沉深度 17mm 和 100g 锥下沉深度 20mm 时的含水率作为液限与美国 ASTM D423 碟式液限仪测得液限时土的强度（平均值）一致，说明这两种标准与 ASTM 标准等效，鉴于目前使用 76g 锥较多，本标准将 76g 锥，下沉深度 17mm 时的含水率作为液限标准。尽管过去用 76g 圆锥仪，下沉深度 10mm 测定液限时土的强度偏高，但由于 50 年代以来一直使用这个标准，需要有一个过渡时期，从实用出发，本标准既采用 76g 锥下沉深度 17mm 时的含水率定为液限标准，又采用下沉深度 10mm 时的含水率定为 10mm 液限标准。使用于不同目的，当确定土的液限值用于了解土的物理性质及塑性图分类时，应采用碟式仪法或 17mm 时的含水率确定液限；现行国家标准《建筑地基基础设计规范》GBJ 7 确定粘性土承载力标准值时，按 10mm 液限计算塑性指数和液性指数，是配套的专门规定。

使用圆锥仪测定塑限，是以滚搓法作为比较的，制订过程中，交通部公路系统进行了大量对比试验得出了不同土类塑限时的下沉深度和液限含水率的关系曲线，提出对粘性土用双曲线确定塑

限时锥的下沉深度 h_p，对砂类土用正交三次多项式曲线确定 h_p 值（图1），然后根据 h_p 值从本标准图8.1.5查得含水率即为塑限。原水利电力部经过对比试验，绘制圆锥下沉深度与塑限时抗剪强度的关系曲线有一剧烈的变化段（图2），引两直线的交点，该点的下沉深度约为1.8mm，相对应抗剪强度约130kPa，与国外塑限时的强度接近，认为该点的含水率即为塑限。为此，建议76g锥，下沉深度2mm时的含水率定为塑限。

通过实践，有的单位发现，对于粉土用液、塑限联合测定法测得的液、塑限偏低，因此，对下沉深度提出疑问，通过分析认为，本标准的规定有个平均值的概念，同时，由于粉土的液、塑限状态，本身就难以确定，加之下沉速度影响下沉深度不稳定，因此，对粉土进行试验时应特别注意控制下沉深度，本次修订时，鉴于目前积累的资料尚不足以说明此问题，本标准中的塑限仍以圆锥下沉深度2mm时的含水率为标准，待积累更多资料后再作修改。

原标准中液、塑限联合测定采用三皿法，即制备3份不同含水率的试样进行测定，根据试验发现，3份试样取得不匀时影响试验结果。为此，本标准修订时改用一皿法。

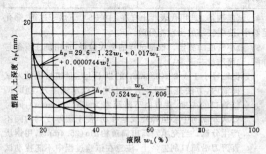

图1 圆锥下沉深度与液限关系曲线

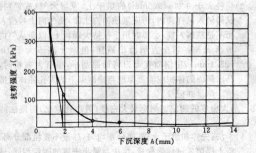

图2 圆锥下沉深度与塑限时抗剪强度关系

8.2 碟式仪液限试验

8.2.1 碟式仪测定液限时，由于底座材料和槽刀规格不同，所测得液限时相应的强度是不同的，见表2。卡萨格兰特得到液限时的不排水抗剪强度为2～3kPa，为此，本标准中使用美国ASTM D423所采用的碟式仪规格，便于国际技术交往和对外资工程的开发。

8.2.3 槽刀尖端宽度应为2mm，如磨损应更换。

8.2.5 槽底试样的合拢长度可用槽刀的一端量测。

8.3 滚搓法塑限试验

8.3.1 长期以来，国内外采用滚搓法测定塑限，该法的缺点主要是标准不易掌握，人为因素影响较大，对低塑性土影响尤其，往往得出偏大的结果，本标准中已列入液限、塑限联合法可以替代滚搓法，考虑到与碟式仪配套，故仍作为一种试验方法列入本标准。

8.3.3 滚搓法测定塑限时，各国的搓条方法不尽相同，土条断裂时的直径多数采用3mm，美国ASTM D424规定为1/8in（约3.2mm），我国一直使用3mm，故本标准规定为3mm。对于某些

低液限粉质土，始终搓不到3mm，可认为塑性极低或无塑性，可按细砂处理。

8.4 收缩皿法缩限试验

8.4.1 原标准中为土的缩限试验，为与前三节标题统一，改为收缩皿法缩限试验。即用收缩皿法测定土的缩限。本试验区别于原状试样的收缩试验。

9 砂的相对密度试验

9.1 一般规定

9.1.1 相对密度是砂类土紧密程度的指标。对于土作为材料的建筑物和地基的稳定性，特别是在抗震稳定性方面具有重要的意义。

相对密度试验适用于透水性良好的无粘性土，对含细粒较多的试样不宜进行相对密度试验，美国ASTM规定0.074mm土粒的含量不大于试样总质量的12%。

相对密度试验中的三个参数即最大干密度，最小干密度和现场干密度（或填土密度）对相对密度都很敏感，因此，试验方法和仪器设备的标准化是十分重要的。然而目前尚没有统一而完善的测定方法，故仍将原法列入。从国外情况看，最大干密度用振动台法测定，而国内振动台没有定型产品，为此，将美国ASTM D2049标准的仪器设备和试验方法附在条文说明中，供各试验室参阅。

9.2 砂的最小干密度试验

9.2.1 目前国际上对砂的最大孔隙比即最小干密度的测定一般用漏斗法。该法是用小的管径控制砂样，使其均匀缓慢地落入量筒，以达到最疏松的堆积，但由于受漏斗管径的限制，有些粗颗粒受到阻塞，加大管径又不易控制砂样的缓慢流出，故适用于较小颗粒的砂样。

9.2.2 用量筒倒转法时，采用慢速倒转，虽然细颗粒下落慢，粗颗粒下落快，粗细颗粒稍有分离现象，但能达到较松的状态，测得最小干密度，故本标准中以慢速倒转法作为测定最小干密度的一种方法。原标准中将漏斗法和量筒法两种方法分开写，实际试验时，是可以结合在一起进行的，修订时考虑便于使用，将两种方法合并在一起。

9.3 砂的最大干密度试验

9.3.1 制订原标准时，曾用振动锤击法和振动台法进行比较，结果表明：振动锤击法测得的最大干密度比振动台法测得的密度大（见表3），振动台法是按照美国ASTM D2049标准的规定，用一定的频率、振幅、时间和加重块，用两种仪器分别进行了干法和湿法试验，表3中标准砂是均匀的中砂，黄砂是级配良好的砂。试验结果表明振动锤击法的干法所测得的干密度最大，故本标准仍以振动锤击法为标准。鉴于国际上采用振动台法较多，而国内又无定型设备，为此，将《美国材料试验学会无凝聚性土相对密度标准试验方法(ASTM D2049-69)介绍》附在此，供参阅。

表3 不同方法测得的最大干密度(g/cm³)

土 类	振 动 台 法		振 动 锤 击 法	
	干法	湿法	干法	湿法
标准砂	1.65	1.72	1.78	1.72
黄 砂	1.88	1.94	2.04	1.96

9.3.2 用振动锤击法测定砂的最大干密度时，需尽量避免由于振

击功能不同而产生的人为误差,为此,在振击时,击锤应提高到规定高度,并自由下落,在水平振击时,容器周围均有相等数量的振击点。

〔附〕美国材料试验学会无凝聚性土相对密度标准试验方法(ASTM D 2049-69)介绍

1 适用范围。 本法用于测定无凝聚性、能自由排水的砂土的相对密度,凡用击实试验不能得出明确的含水率与干密度关系曲线,而且最大密度比振动法得到的最大密度小的粗粒土,其中细粒含量($<$0.075mm)不大于12%,且有自由排水性能的土,均可用本法测定。本法利用振动压实求其最大密度,用倒转法求最小密度。

2 仪器设备。 仪器总装置图见图A,各部件及辅助设备如下:

1)震动台:带有座垫的钢质震动台面板,尺寸约为30in×30in(762mm×762mm),由半无声式电磁震动机启动,净重超过100 lb(45.4kg),频率为3600r/min,振幅在250 lb(113.5kg)荷重下由0.002in(0.05mm)至0.025in(0.64mm),交流电压230V。

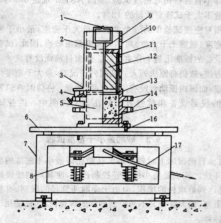

图A 仪器总装置图

1—起吊把手;2—约1″(2.5cm);3—焊接;4—夹具;5—0.1ft(3.05cm)试样筒;6—底板;7—震动台;8—震动机;9—9.5mm钢杆;10—套筒;11—加重铅;12—加重物;13—加重底板;14—导向瓦;15—试样;16—固定螺丝;17—电线

2)试样筒:圆筒容积为0.1ft³与0.5ft³(2830cm³与14160cm³),尺寸要求如表A-1。

表A-1 试样筒尺寸及所需试样质量

土粒最大尺寸		所需试样质量		最小密度试验采用的倒注设备	试样筒所需尺寸	
in	(mm)	lb	(kg)		ft³	(cm³)
3	(76.2)	100	(45.3)	铲或特大勺	0.5	(14160)
1$\frac{1}{2}$	(38.1)	25	(11.3)	勺	0.1	(2830)
3/4	(19.1)	25	(11.3)	勺	0.1	(2830)
3/8	(9.5)	25	(11.3)	漏斗管径(25.4mm)	0.1	(2830)
3/16	(4.76)	25	(11.3)	漏斗管径(12.7mm)	0.1	(2830)

3)套筒:每种尺寸的试样筒有一个套筒,它带有固定夹具。

4)加重底板:每种尺寸的试样筒有一厚$\frac{1}{2}$in(12.7mm)的底板。

5)加重物:每种尺寸的试样筒有一加重物,对于所用的试样筒加重底板与加重物的总重力相当于2 lb/in²(14kPa)。

6)加重底板把手:每一加重底板有一个。

7)量表架及量表:量表量程2in(50.8mm),精度0.001in(0.025mm)。

8)校正杆:金属制3in×12in×$\frac{1}{8}$in(76.2mm×304.8mm×3.2mm)。

9)倒注设备:装有漏斗状管嘴的金属罐,管嘴直径为$\frac{1}{2}$in(12.7mm)和1in(25.4mm);罐径6in(152.4mm),罐高12in(304.8mm)。

10)其他设备:搅拌盘、台秤、起重机(起重力至少1.36kN)等。

3 试样筒体积的率定。 利用直接测量试样筒尺寸来计算其体积。量测时精确到0.001in(0.025mm),对筒体积计算准确至0.0001ft³(2.83cm³),对大筒体积准确至0.001ft³(28.3cm³)。再用水校核,测定时要保证水充满筒内,将筒内水称量,测水温t℃,再以t℃下每克水的体积(mL)乘水质量即得筒体积。不同温度下每克水的体积见表A-2。

表A-2 不同温度下每克水的体积(mL/g)

温度	℃	12	14	16	18	20	22	24	26	28	30	32
	°F	53.6	57.2	60.8	64.4	68.0	71.6	75.2	78.8	82.4	86.0	89.6
水的体积(mL/g)		1.00048	1.00073	1.00103	1.00138	1.00177	1.00221	1.00268	1.00320	1.00375	1.00435	1.00497

4 试样制备。 选用代表性土样在110±5℃下烘干过筛,筛孔要足够小,使弱胶结的土粒能分散。

5 最小密度的测定。 根据试样的最大粒径,选用倒注设备与试样筒,称筒质量并记录:

1)把粒径小于3/8in(9.5mm)的烘干土尽量疏松地放入试样筒内,方法是用漏斗管把土均匀稳定地注入,随时调整管口的高度,使自由下落距离为1in(25.4mm),同时要从外侧向中心呈螺旋线地移动,使土层厚度均匀而不产生分选。当充填到高出筒顶约1in(25.4mm),用钢质直刃刀沿筒口刮去余土,注意在试验过程中不能扰动试样筒。称量并记录。

2)粒径大于3/8in(9.5mm)的烘干土,应用大勺(或铲)将试样铲入试样筒内,勺应挨筒内土面,使勺内土粒滑入而不是跌落入筒。必要时用手扶持大颗粒土,以免从勺内滚落入筒。填土直至溢出筒顶,但余土高不大于1in(25.4mm),用钢质直刃刀将筒面刮平,当有大颗粒时,凸出筒面的体积应能近似地与筒面以下的大孔隙体积抵消。称量并记录。

6 最大密度的测定。 测定最大密度(最小孔隙比)用湿法或干法。

1)干法:先拌和烘干土样,使分布均匀,尽量不要粗细分离。将土样填入试样筒称量,填法与最小密度的测定相同,通常情况是直接用最小密度试验中装好的筒不再重装。装上套筒,把加重底板放到土面上,加重物放到加重底板上。将震动机调到最大振幅,将此加重的试样震动8min,卸除荷重与套筒,测读量表读数,算出试样体积。如震动过程中细粒土有损失时,需再称量并记录。

2)湿法:有些土在饱和状态时可得最大密度。因此,在试验开始时应同时用干法与湿法作比较,确定何者较大(只要超过1%)。湿法是将烘干试料中充分加水,至少浸泡半小时,最好用天然湿土。装土时充分加水,使有少量自由水积于土面。装完后立即震动6min,在此期间要减小振幅,以防止某些土过分的土沸。在震动的最后几分钟,要吸除土面上的水,再装上套筒,放加重底板,加重物,震动8min。震完后卸除加重物与套筒,测读量表读数,烘干试样并称量记录。

7 最大、最小密度计算:

最小密度 $\rho_{min}=\dfrac{m_d}{V_c}$

最大密度 $\rho_{max}=\dfrac{m_d}{V}$

式中 m_d ——干土质量(lb)(g);
V_c ——试样筒率定后的体积(ft³)(cm³);
V ——土体积 $=V_c-[(R_f-R_i)/12]\times A$ (ft³)(cm³);
R_f ——震后在加重底板上的读数(in)(mm);
R_i ——开始读数(in)(mm);
A ——试样筒断面积(ft²)(cm²)。

10 击实试验

10.0.1 室内扰动土的击实试验一般根据工程实际情况选用轻型击实试验和重型击实试验。我国以往采用轻型击实试验比较多，水库、堤防、铁路路基填土均采用轻型击实试验，高等级公路土和机场跑道等采用重型击实较多。重型击实仪的击实筒内径大，最大粒径可以允许达到20mm。原标准定为40mm，按5层击样超高太大，按3层击样可允许达到40mm。

10.0.2 单位体积击实功能是将作用于土面上的总的功除以击实筒容积而得。本标准单位体积功能计算中 g 采用 $9.81 m/s^2$，若按10换算即得 $604 kJ/m^3$ 与国外通用标准一致，与交通部公路规程的功能也是相同的。

10.0.3 击实试验所用的主要仪器。原标准采用文字叙述，考虑到列表比较清楚，修订中改为表格式，将主要的击实筒、击锤和护筒尺寸列出。其他的主要仪器中，因重型击实试验土料用量多，所以将台秤从5kg改为10kg；增加了标准筛一项，考虑到标准筛亦属计量仪器，也是属于主要的仪器，故增加此项。

10.0.4 本条为击实试验的试样制备。本次修改重点补充了重型击实试验的有关内容，原标准条文中内容偏重于轻型击实试验。试样制备的具体操作和本标准第3.1.5条相同，因此条文中没有详细叙述。

由于击实曲线一定要出现峰值点，由经验可知，最大干密度的峰值往往都在塑限含水率附近，根据土的压实原理，峰值点就是孔隙比最小的点，所以建议2个含水率高于塑限，有2个含水率低于塑限，以使试验结果不需补点就能满足要求。

注：重型击实试验最优含水率较轻型的小，所以制备含水率可以较小方向移。

10.0.5 试样击实后总会有部分土超过筒顶高，这部分土柱称为余土高度。标准击实试验所得的击实曲线是指余土高度为零时的单位体积击实功能下土的干密度和含水率的关系曲线。也就是说，此关系曲线是以击实筒容积为体积的等单位功能曲线，由于实际操作中总是存在或多或少的余土高度，如果余土高度过大，则关系曲线上的干密度就不再是一定功能下的干密度，试验结果的误差会增大。因此，为了控制人为因素造成的误差，根据比较结果及有关资料，本标准规定余土高度不应超过6mm。

10.0.9 对轻型击实试验，试样中含有粒径大于5mm颗粒的试验结果的校正。土样中常掺杂有较大的颗粒，这些颗粒的存在对最大干密度与最优含水率均有影响。由于仪器尺寸的限制，必须将试样过5mm筛，因此，就产生了对含有粒径大于5mm颗粒试样试验结果的校正。一般情况下，在粘性土料中，大于5mm以上的颗粒含量占总土量的百分数是不大的，大颗粒间的孔隙能被细粒土所填充，可以根据土料中大于5mm的颗粒含量和该颗粒的饱和面干比重，用过筛后土料的击实试验结果来换算总土料的最大干密度和最优含水率。如果大于5mm粒径的含量超过30%时，此时大颗粒土间的孔隙将不能被细粒土所填充，应使用其他试验方法。

11 承载比试验

11.0.1 本试验主要参考美国 ASTM D1883-78 和 AASHTO-74 规程编制。承载比试验是由美国加州公路局首先提出来的，简称CBR(California Bearing Ratio的缩写)试验。日本也把CBR试验纳入全国工业规格土质试验方法规程(JIS A1211-70)。所谓CBR值，是指采用标准尺寸的贯入杆贯入试样中2.5mm时，所需的荷载强度与相同贯入量时标准荷载强度的比值。标准荷载与贯入量之间的关系如表4所示。

表4 不同贯入量时的标准荷载强度和标准荷载

贯入量 (mm)	标准荷载强度 (kPa)	标准荷载 (kN)
2.5	7000	13.7
5.0	10500	20.3
7.5	13400	26.3
10.0	16200	31.3
12.5	18300	36.0

标准荷载强度与贯入量之间的关系用下式表示：
$$P=162\times l^{0.61} \quad (1)$$

式中 P ——标准荷载强度(kPa);
l ——贯入量(mm)。

承载比(CBR)是路基和路面材料的强度指标，是柔性路面设计的主要参数之一。

本试验方法只适用于室内扰动土的CBR试验。由于击实筒高为166mm，除去垫块的高度50mm，实际试样高度是116mm，按5层击实，与重型击实的击实筒相同，只能适用粒径小于20mm的土，若按3层击样，可采用40mm，为此，本次修订改成20mm或40mm。

11.0.3 本试验制备试样采用风干法，按四分法备料，先根据重型击实试验方法求得试样最优含水率后，再按最优含水率制备所需试样，使试样的干密度与含水率保持与施工时一致。

11.0.5 进行CBR试验时，应模拟试料在使用过程中处于最不利状态，贯入试验前一般将试样浸水饱和4昼夜作为设计状态，国内外的标准均以浸水4昼夜作为浸水时间，当然也可根据不同地区、地形、排水条件、路面结构等情况适当改变试样的浸水方法和浸水时间，使CBR试验更符合实际情况。

为了模拟地基的上复压力，在浸水膨胀和贯入试验时，试样表面需要加荷载块，尽管希望能施加与实际荷载或设计荷载相同的力，但对于粘性土来说，特别是上复压力较大时，荷载块的影响是无法达到要求的，因此，本次修订规定施加4块荷载块(5kg)作为标准方法。

在加荷装置上安装好贯入杆后，需使杆端面与试样表面充分接触，所以先要在贯入杆上加施加45N的预压力，将此荷载作为试验时的零荷载，并将该状态的贯入量为零点。

绘制单位压力 P 和贯入量 l 的关系曲线时，如发现曲线起始部分呈反弯，则表示试验开始时贯入杆端面与土表面接触不好，应对曲线进行修正，以O'点作为修正后的原点。

11.0.6 公式中的分母7000和10500是原标准以 kgf/cm^2 表示时的70和105乘以换算系数 $(1kgf/cm^2\approx 100kPa)$ 而得。

当制备3个干密度试样时，使击实后的干密度控制在最大干密度的95%～100%。

12 回弹模量试验

12.1 杠杆压力仪法

12.1.1 在采用杠杆压力仪法时，当压力较大时，加卸载将比较困难，因此，主要适用于含水率较大，硬度较小的土。

12.1.2 本标准将承载板的直径定为50mm，是根据交通部公路土工试验规程的规定，因此杠杆压力仪的加压球座直径也相应定为 50mm。目的是与现场承载板试验结果较好地一致。原尺寸 37.4mm 的室内承载板试验得出的回弹模量往往比现场试验偏大很多，为减轻质量，承载板用空心圆柱体。

室内试验回弹变形很小，尤其在加载初始阶段，估读误差大，故测定变形的量表采用千分表。

12.1.4 由于加载开始时的土样塑性变形，得出的 $p-l$ 曲线有可能与纵坐标轴相交于原点以下的位置，如果仍按读数值计算回弹变形，其中将包括一部分塑性变形，故应对读数进行修正。

12.2 强度仪法

12.2.1 强度仪法适用于各种湿度、密度的土和加固土。对于硬度较大的土用本法尤为方便。

12.2.2 本标准所用的击实筒，仅需在一般击实试验和 CBR 试验所用的试样筒上钻一直径 5mm、深 5mm 的螺丝孔。

强度仪法和杠杆压力仪法所用的承载板相同，两种仪器通用。

12.2.3 加载后由于土样的微小变形可能会使测力计发生轻微卸载，对于较硬的土卸载很小可以忽略不计；当土样较软时，可用手稍稍触动强度仪摇把，补上卸掉的微小压力。

13 渗透试验

13.1 一般规定

13.1.1 渗透是液体在多孔介质中运动的现象，渗透系数是表达这一现象的定量指标，由于影响渗透系数的因素十分复杂，目前室内和现场用各种方法所测定的渗透系数，仍然是个比较粗略的数值。

测定土的渗透系数对不同的土类应选用不同的试验方法。试验类型分为常水头渗透试验和变水头渗透试验，前者适用于砂土，后者适用于粘土和粉土。

13.1.2 关于试验用水问题。水中含气对渗透系数的影响主要由于水中气体分离，形成气泡堵塞土的孔隙，致使渗透系数逐渐降低，因此，试验中要求用无气水，最好用实际作用于土中的天然水。本标准规定采用的纯水要脱气，并规定水温高于室温 3～4℃，目的是避免水进入试样因温度升高而分解出气泡。

13.1.3 水的动力粘滞系数随温度而变化，土的渗透系数与水的动力粘滞系数成反比，因此在任一温度下测定的渗透系数应换算到标准温度下的渗透系数。关于标准温度，目前各国不统一，美国采用 20℃，日本采用 15℃，前苏联采用 10℃，考虑到标准温度应有标准温度的定义去解释，而国内各系统采用的标准均为 20℃，为此，本标准以 20℃作为标准温度。

13.1.4 由于渗透系数的测值不够正确，试验中应多测几次，取在允许差值范围内的平均值作为实测值。

13.1.5 土的渗透性是水流通过土孔隙的能力，显然，土的孔隙大小，决定着渗透系数的大小，因此测定渗透系数时，必须说明与渗透系数相适应的土的密度状态。

13.2 常水头渗透试验

13.2.1 用于常水头渗透试验的仪器有多种，常用的有 70 型渗透仪和土样管渗透仪，这些仪器设备，操作方法和量测技术等方面与国外大同小异，国内各单位通过多年来的工作实践认为是可行的。为此，本标准中没有规定采用何种仪器类型，只要求仪器结构简单，试验成果可靠合理。

13.2.2 试样安装时，在滤网上铺 2cm 厚的粗砂作为过滤层，试样顶面铺 2cm 厚的砾石作为缓冲层，过滤层和缓冲材料的渗透系数应恒大于试样的渗透系数。

13.2.3 常水头渗透系数的计算公式是根据达西定律推导的，求得的渗透系数为测试温度下的渗透系数。计算时需要校正到标准温度下的渗透系数。

13.3 变水头渗透试验

13.3.1 变水头渗透试验使用的仪器设备除应符合试验结果可靠合理、结构简单外，要求止水严密，易于排气。仪器形式常用的是 55 型渗透仪，负压式渗透仪，为适应各试验室的设备，仪器形式不作具体规定。

13.3.3 试样饱和是变水头渗透试验中的重要问题，土样的饱和度愈小，土的孔隙内残留气体愈多，使土的有效渗透面积减小。同时，由于气体因孔隙水压的变化而胀缩，因而饱和度的影响成为一个不定的因素，为了保证试验准确度，要求试样必须饱和。采用真空抽气饱和法是有效的方法。

13.3.4 变水头渗透系数的计算公式是根据达西定律利用同一时间内经过土样的渗流量与水头量管流量相等推导而得，求得的渗透系数也是测试温度下的渗透系数，同样需要校正到标准温度下的渗透系数。

14 固结试验

14.1 标准固结试验

14.1.1 本试验以往在国内的土工试验规程中定名为压缩试验，国际上通用的名称是固结试验(Consolidation Test)，为了与国际通用的名称一致，本标准将该项试验定名为固结试验，同时表明本试验是以泰沙基(Terzaghi)的单向固结理论为基础的，故明确规定适用于饱和土。对非饱和土仅作压缩试验提供一般的压缩性指标，不能用于测定固结系数。

14.1.2 固结试验所用固结仪的加荷设备，目前常用的是杠杆式和磅秤式。近年来，随着工程建设的发展，以及测定先期固结压力，需要高压力、高精度的压力设备，目前国内也有用液压式和气压式等加荷设备，本标准没有规定具体形式。仪器准确度应符合现行国家标准 GB 4935 及 GB/T15406 的技术条件。垂直变形量测设备一般用百分表，随着仪器自动化（数据自动采集），应采用准确度为全量程 0.2% 的位移传感器。

14.1.3 固结仪在使用过程中，各部件在每次试验时是装拆的，透水石也易磨损，为此，应定期率定和校验。

14.1.4 试样尺寸。在国外资料中，对试样的径高比作了规定，实践证明，在相同的试验条件下，高度不同的试样，所反映的各固结阶段的沉降量以及时间过程均有差异。由于国内的仪器，环刀直径均为 61.8mm 和 79.8mm，高度为 20mm，为此，试样尺寸仍用规定的统一尺寸，径高比接近国外资料。

14.1.5 关于荷重率。固结试验中一般规定荷重率等于 1。由于荷重率对确定土的先期固结压力有影响，特别是软土，这种影响更为明显，因此，条文中规定：如需测定土的先期固结压力，荷重率宜小于 1，可采用 0.5 或 0.25，在实际试验中，可根据土的状态分段采用不同的荷重率，例如在孔隙比与压力的对数关系曲线最小曲率半径出现前，荷重率应小些，而曲线尾部直线段荷重率等于 1 是合适的。

稳定标准。目前国内外的土工试验标准（或规程）大多采用每级压力下固结 24h 的稳定标准，一方面考虑土的变形能达到稳定，另一方面也考虑到每天在同一时间施加压力和测记变形读数。本标准规定每级荷重下固结 24h 为稳定标准。试验中仅测定压缩系数时，施加每级压力后，每小时变形量达 0.01mm 时作为稳定标准,满足生产需要。前一标准与国际上通用标准一致。对于要求次固结压缩量的试样,可延长稳定时间。一小时快速法由于缺乏理论根据,标准中不列入。

14.1.15 土的先期固结压力用作图法确定,该法属于经验方法,亦是国际上通用的方法。在作图时,绘制孔隙比与压力的对数关系曲线,纵横坐标比例的选择直接影响曲线的形状和 p_c 值的确定,为了使确定的 p_c 值相对稳定,作图时应选择合适的纵横坐标比例。日本标准(JIS)中规定,在纵轴上取 $\Delta e=0.1$ 时的长度与横轴上取一个对数周期长度比值为 0.4～1.0。我国有色金属总公司和原冶金工业部合编的土工试验规程中规定为 0.4～0.8,试验者在实际工作中可参考使用。

14.1.16 固结系数的确定方法有多种,常用的有时间平方根法、时间对数法和时间对数坡度法。按理,在同一组试验结果中,用3种方法确定的固结系数应比较一致,实际上却相差甚大,原因是这些方法是利用理论和试验的时间与变形关系曲线的形状相似性,以经验配合法,找某一固结度 U 下,理论曲线上时间因数 T,相当于试验曲线上某一时间的 t 值,但实际试验的变形和时间关系曲线的形状因土的性质、状态及荷载历史而不同的,不可能得出一致的结果。一致认为,按时间对数坡度法确定 t_{68},求得的 C_v 值误差较大。因此,本标准仅列入时间平方根法和时间对数法,在应用时,宜先用时间平方根法,如不能准确定出开始的直线段则用时间对数法。

14.2 应变控制连续加荷固结试验

14.2.1 应变控制加荷法是连续加荷固结试验方法之一。它是在试样上连续加荷,随时测定试样的变形量和底部孔隙水压力。按控制条件,连续加荷固结试验除等应变加荷(CRS)外,尚有等加荷率(CRL)和等孔隙水压力梯度(CGC)试验。

连续加荷固结试验的理论依据仍然是太沙基固结理论。要求试样完全饱和或实际上接近完全饱和。由于在试样底部测孔隙水压力,试样底部相当于标准试验中试样的中间平面。

14.2.2 试验过程中,在试样底部测定孔隙水压力,要求仪器结构应符合试样与环刀、环刀及护环、底部与刚性底座之间密封良好,且易于排除滞留于底部的气泡。

控制的等应变速率是通过加压设备的测力系统传递的,因此,要求测力系统有相应的准确度。

测量孔隙水压力的传感器,要求体积因数(单位孔隙水压力下的体积变化)小,使从试样底部孔隙水的排出可以忽略,而较及时测定试样中的孔隙水压力变化。体积因数采用三轴试验所规定的标准。该试验中,孔隙水压力一般不超过轴向压力的30%,要求传感器的准确度为全量程的0.5%。

14.2.3 固结容器在使用过程中,各部件在每次试验时是装拆的,为此应定期校验。

14.2.4 从已有的试验资料表明,应变速率对一般土(液限低、活动性小)的压缩性指标和固结系数影响不大,但对高液限土(液限大于100),应变速率大的试验结果表明,土的压缩量偏小(与标准固结试验相比)。因此,为了使不同方法所得的结果有可比性,要求试验过程中,试样底部孔隙水压力不超过轴向压力 σ 的某一值,通过对不同应变速率条件下试样底部孔隙水压力值变化的试验结果表明,对于正常固结土,在加荷过程中试样底部孔隙水压力 u_b 达到稳定值时,其比值 u_b/σ 一般在20%～30%,本标准采用ASTM4186-82的规定,u_b/σ 取值范围为3%～20%,根据该范围估计的应变速率如本条文中表14.2.4,对于特殊土,根据经验可以修正估计值。

数据采集时间间隔的规定基于以下理由:
1 试验开始时,试样底部孔隙水压力迅速增大;
2 取足够的读数确定应力应变曲线,当试验数据发生重大变化时,增加读数。

14.2.7 计算有效压力时,假定试样中的孔隙水压力处于稳定状态,沿试样的分布为一抛物线。

15 黄土湿陷试验

15.1 一般规定

15.1.1 黄土为第四纪沉积物,由于成因的不同、历史条件、地理条件的改变以及区域性自然气候条件的影响,使黄土的外部特性、结构特性、物质成分以及物理、化学、力学特性均不相同。本标准将原生黄土、次生黄土、黄土状土及新近堆积黄土统称为黄土类土。因为它们具有某些共同的变形特性,需要通过压缩试验来测定。

15.1.2 湿陷变形是指黄土在荷重和浸水共同作用下,由于结构遭破坏产生显著的湿陷变形,这是黄土的重要特性。湿陷系数大于或等于0.015时,称为湿陷性黄土,当湿陷系数小于0.015时,称非湿陷性黄土。

黄土受水浸湿后,在土的自重压力下发生湿陷的,称为自重湿陷性黄土,在土的自重压力下不发生湿陷的,称为非自重湿陷性黄土。

渗透溶滤变形是指黄土在荷重及渗透水长期作用下,由于盐类溶滤及土中孔隙继续被压密而产生的垂直变形,实际上是湿陷变形的继续,一般很缓慢,在水工建筑物地基是常见的。

黄土在荷重作用下,受水浸湿后开始出现湿陷的压力,称为湿陷起始压力。黄土湿陷试验对房屋地基来说,主要是测定自重湿陷系数、起始压力和规定压力下的湿陷系数,而对水工建筑物来说,主要是测定施工和运用阶段相应的湿陷性指标,包括本试验的所有内容。

15.1.5 稳定标准。黄土粘性机理与粘土不同,例如水源来自河流、渠道、塘库则自上而下,若是地下水位上升则自下而上。黄土的变形稳定标准规定为每小时变形量不大于0.01mm。对于渗透溶滤变形,由于变形特性除粒间应力引起的缓慢塑性变形以外,也取决于长期渗透时盐类溶滤作用,故规定3d的变形量不大于0.01mm。

15.2 湿陷系数试验

15.2.1 浸水压力和湿陷系数是划分湿陷等级的主要指标,为了对比地基优劣情况,需要在同一条件即规定某一浸水压力下求得湿陷系数。本次修改时,浸水压力是根据现行国家标准《湿陷性黄土地区建筑规范》GBJ 25中的规定。而水工建筑物的地基,必须考虑土体的压力强度与结构强度被破坏的作用,分级加荷至浸水时的压力应是恰好代表土层中断面上所受的实际荷重。在实际荷重下沉降稳定后,根据工程实际情况用自上而下或自下而上的方式,使试样浸水,确定土的湿陷变形。

15.3 自重湿陷系数试验

15.3.1 土的饱和自重压力应分层计算,以工程地质勘察分层为依据,当工程未提供分层资料时,才允许按取样深度和试样密度粗略的划分层次。

饱和自重压力大于50kPa时,应分级施加,每级压力不大于50kPa。每级压力时间视变形情况而定,为使试验时有个参考,本条文中规定不小于15min,参考原冶金部规程。

15.4 溶滤变形系数试验

15.4.1 溶滤变形系数是水工建筑物施工和运用阶段所要求的湿陷性指标。一般在实际荷重下进行试验,浸水后长期渗透求得溶滤变形。

15.5 湿陷起始压力试验

15.5.1 湿陷起始压力利用湿陷系数和压力关系曲线求得。测定湿陷起始压力（或不同压力下的湿陷系数）国内外都沿用单线、双线两种方法。从理论上和试验结果来说，单线法比双线法更适用于黄土变形的实际情况，如果土质均匀可以得出良好的结果。双线法简便，工作量少，但与变形的实际情况不完全符合，为与现行国家标准《湿陷性黄土地区建筑规范》GBJ 25一致，本标准改成单线法、双线法并列，供试验人员根据实际情况选用。进行双线法时，保持天然湿度施加压力的试样，在完成最后一级压力后仍要求浸水测定湿陷系数，其目的在于与浸水条件下最后一级压力的湿陷系数比较，以便二者进行校核。

16 三轴压缩试验

16.1 一般规定

16.1.2 三轴压缩试验根据排水情况不同分为三种类型；即不固结不排水剪（UU）试验、固结不排水剪（CU）测孔隙水压力（$\overline{CU}$）试验和固结排水剪（CD）试验，以适应不同工程条件而进行强度指标的测定。

16.1.3 本标准规定三轴压缩试验必须制备 3 个以上性质相同的试样，在不同周围压力下进行试验。周围压力宜根据工程实际确定。在只要求提供土的强度指标时，浅层土可采用较小压力 50、100、200、300kPa，10m 以下采用 100、200、300、400kPa。

16.2 仪器设备

16.2.1 原标准将仪器设备列入不固结不排水试验，考虑到其他类型试验使用仪器设备相同，而安装试样等有差别，故将仪器设备抽出单列一节。

应变控制式三轴仪中的加压设备和测量系统均没有规定采用何种方式，因为三轴仪生产至今在不断改进，前后生产的形式只要符合试验要求均可采用。

16.2.2 试验前对仪器必须进行检查，以保证施加的周围压力能保持恒压。孔隙水压量测系统应无气泡，保证测量准确度。仪器管路应畅通，但无漏水现象。本试验中规定橡皮膜用充气方法检查，亦允许使用其他方法检查。

16.3 试样制备和饱和

16.3.1 三轴压缩试验试样制备和饱和与其他力学性试验的试样制备不完全相同，因为试样采用圆柱体，有其一套制样设备，另外有特制的饱和器。3 种类型试验均有试样制备和饱和的问题，为此，抽出单列一节。

试样的尺寸及最大允许粒径是根据国内现有的三轴仪压力室尺寸确定的。国产的三轴仪试样尺寸为 ϕ39.1mm、ϕ61.8mm 和 ϕ101mm，但从国外引进的三轴仪试样尺寸最小的为 ϕ35mm，故本条文规定试样直径为 ϕ35～ϕ101mm。试样的最大允许粒径参考国内外的标准，规定为试样直径的 1/10 和 1/5，以便扩大适用范围。

16.3.2、16.3.3 试样制备。原状试样制备用切土器切取即可。对扰动土试样可以采用压样法和击样法。压样法制备的试样均匀，但时间较长，故通常采用击样法制备，击样法制样时建议击锤的面积应小于试样的面积。击实分层是为使试样均匀，层数多，效果好，但分层过多，一方面操作麻烦，另一方层与层之间的接触面太多，操作不注意会影响土的强度，为此，本条文规定：粉土为 3～5 层，粘土为 5～8 层。

16.3.5 原状试样由于取样时应力释放，有可能产生孔隙中不完全充满水而不饱和，试验时采用人工方法使试样饱和，扰动土试样也需要饱和。饱和方法有抽气饱和、水头饱和、反压力饱和，根据不同的土类和要求饱和程度而选用不同的方法。

当采用抽气饱和和水头饱和试样不能完全饱和时，在试样上应对试样施加反压力。反压力是人为地对试样同时增加孔隙水压力和周围压力，使试样孔隙内的空气在压力下溶解于水，对试样加反压力的大小与试样起始饱和度有关。当起始饱和度过低时，即使施加很大的反压力，不一定能使试样饱和，加上受三轴仪压力的限制，为此，当试样起始饱和度低时，应首先进行抽气饱和，然后再加反压力饱和。

16.4 不固结不排水剪试验

16.4.1 本试验是在对试样施加周围压力后，即施加轴向压力，使试样在不固结不排水条件下剪切。因不需要排水，试样底部和顶部均放置不透水板或不透水试样帽，当需要测定试样的初始孔隙水压力系数或施加反压力时，试样底部和顶部需放置透水板。

16.4.2 轴向加荷速率即剪切应变速率是三轴试验中的一个重要问题，它不仅关系到试验的历时，而且也影响成果，不固结不排水剪试验，因不测孔隙水压力，在通常的速率范围内对强度影响不大，故可根据试验方便来选择剪切应变速率，本条文规定采用每分钟应变 0.5%～1.0%。

16.4.6 破坏标准的选择是正确运用土的抗剪强度参数的关键；由于不同土类的破坏特性不同，不能用一种标准来选择破坏值。从实践来看，以主应力差 $(\sigma_1-\sigma_3)$ 的峰值作为破坏标准是可行的，而且易被接受，然而有些土很难选择到明显的峰值，为了简便，主应力差无峰值时采用应变 15%时的主应力差作为破坏值。

16.5 固结不排水剪试验

16.5.1 为加快固结排水和剪切试样时孔隙水压力均匀，规定在试样周围贴湿滤纸条，通常用上下与透水板相连的滤纸条，如对试样施加反压力，宜采用间断式（滤纸条上部与透水板间断 1/4 或试样中部间断 1/4）的滤纸条，以防止反压力与孔隙水压力测量直接连通。滤纸条的宽度与试样尺寸有关。对直径 ϕ39.1mm 的试样，一般采用 6mm 宽的滤纸条 7～9 条；对直径 ϕ61.8mm 和 ϕ101mm 的试样，可用 8～10mm 宽的滤纸条 9～11 条。

在试样两端涂硅脂可以减少端部约束，有利于试样内应力分布均匀，孔隙水压力传递快，国外标准将其列入条文，国内也有单位使用，为使试验时有所选择，以便积累资料和改进试验技术，本条文编制时考虑这一内容，并规定测定土的应力应变关系时，应该涂硅脂。

16.5.2 排水固结稳定判别标准有两种方法：一种是以固结排水量达到稳定作为固结标准；另一种是以孔隙水压力完全消散作为固结标准。在一般试验中，都以孔隙水压力消散度来检验固结完成情况，故本条文规定以孔隙水压力消散 95%作为判别固结稳定标准。

16.5.3 剪切时，对不同的土类应选择不同的剪切应变速率，目的是使剪切过程中形成的孔隙水压力均匀增长，能得到比较符合实际的孔隙水压力。在三轴固结不排水剪试验中，在试样底部测定孔隙水压力，在剪切过程中，试样剪切区的孔隙水压力是通过试样或滤纸条逐渐传递到试样底部的，这需要一定时间。剪切应变速率较快时，试样底部的孔隙水压力将产生明显的滞后，测得的数值偏低。由于粘土和粉土的剪切速率相差较大，故本条文对粘土和粉土分别作规定。

16.5.4～16.5.6 试样固结后的高度及面积可根据实际的垂直变形量和排水量两种方法计算，因为在试验过程中，装样时有剩余水存在，且垂直变形也不易测准，为此，本标准采用根据等向应变条件下推导而得的公式，并认为饱和试样固结前后的质量之差即为体积之差，剪切过程中的校正面积按平均断面积计算剪损面积。

16.5.10～16.5.14 固结不排水剪试验的破坏标准除选用主应力差的峰值和轴向应变15%所对应的主应力差作为破坏值外，增加了有效主应力比的最大值和有效应力路径的特征点所对应的主应力差作为破坏值。以有效主应力比最大值作为破坏值是可以理解的，也符合强度定义。而应力路径的实质是应力圆顶点的轨迹。应用有效应力路径配合孔隙水压力的变化进行分析，往往可以对土体的破坏得到更全面的认识。整理试验成果能较好地反映试样在整个过程中的剪胀性和超固结程度。有效应力路径和孔隙水压力变化曲线配合使用，还可以验证固结不排水剪试验和排水剪试验的成果。为此，将应力路径线上的特征点作为选择破坏值的一种方法。

16.6 固结排水剪试验

16.6.1 固结排水剪试验是为了求得土的有效强度指标，更有意义的是测定土的应力应变关系，从而研究各种土类的变形特性。为使试样内部应力均匀，应消除端部约束，为此，装样时应在试样两端与透水板之间放置中间涂有硅脂的双层圆形乳胶膜，膜中心应留有1cm的圆孔排水。

固结排水剪试验的剪切应变速率对试验结果的影响，主要反映在剪切过程中是否存在孔隙水压力，如剪切速度较快，孔隙水压力不完全消散，就不能得到真实的有效强度指标。通过比较采用每分钟应变0.003%～0.012%的剪切应变速率基本上可满足剪切过程中不产生孔隙水压力的要求，对粘土可能仍有微量的孔隙水压力产生，但对强度影响不大。

16.7 一个试样多级加荷试验

16.7.1 三轴压缩试验中遇到试样不均匀或无法切取3～4个试样时，允许采用一个试样多级加荷的三轴试验。由于采用一个试样避免了试样不均匀而造成的应力圆分散，各应力圆可切于强度包线，但一个试样的代表性低于多个试样的代表性，且土类的适用性问题没有解决，为此，本条文规定一个试样多级加荷试验只限于无法切取多个试样的特殊情况下采用，并不建议替代作为常规方法采用。

16.7.2 试样剪切完后，须退除轴向压力（测力计调零），使试样恢复到等向受力状态，再施加下一级周围压力，这样可消除固结时偏应力的影响，不致产生轴向蠕变变形，以保持试样在等压力下固结，故本条文作了退除轴向压力的规定。

一个试样多级加荷试验过程中，往往会出现前一级周围压力下的破坏大主应力大于下一级周围压力，这样试样受到"预压力"的作用，使受力条件复杂，为消除这一影响，规定后一级压力应等于或大于前一级周围压力下试样破坏时的大主应力。

试样的面积校正与多个试样试验方法相同。

16.7.3 固结不排水剪试验，试样在每级周围压力下固结，为使试样恢复到等向固结状态，必须退去上一级剪切时施加的轴向压力。

试样的面积校正，应按分级计算方法进行，即第一级周围压力下试样剪切终了时的状态作为下一级周围压力下试样的初始状态。本条文提到的计算规定，是指本标准16.5.6条计算公式中的A_c应为本级周围压力下固结后试样的计算面积，ε_1为本级压力下的剪切变形（不累计）。

17 无侧限抗压强度试验

17.0.1 无侧限抗压强度是试样在侧面不受任何限制的条件下承受的最大轴向应力。试验的适用范围以往规定为"能切成圆柱状，且在自重作用下不发生变形的饱和软粘土"。美国ASTM标准规定"适用于那些具有足够粘性，而允许在无侧限状态下进行试验的饱和粘性土"。因为无侧限抗压强度试验的主要目的是快速取得土样抗压强度的近似定量值。英国BS1377标准规定"适用于饱和的无裂隙的粘性土"。为此，本条文的适用范围规定为饱和粘性土，但需具有两个条件：一个是在不排水条件下，即要求试验时有一定的应变速率，在较短的时间内完成试验；另一个是试样在自重作用下能自立不变形，对塑性指数较小的土加以限制。

17.0.4 本试验明确规定应变速率和剪切时间，目的是针对不同试样，控制剪切速率，防止试验过程中试样发生排水现象及表面水分蒸发。

测定土的灵敏度是判别土的结构受扰动对强度的影响程度，因此，重塑试样除了不具有原状试样的结构外，应保持与原状试样相同的密度和含水率。天然结构的土经重塑后，它的结构粘聚力已全部消除，但放置一段时间后，可以恢复一部分，放置时间愈长，恢复程度愈大，所以需要测定灵敏度时，重塑试样试验应立即进行。

17.0.8 试样受压破坏时，一般有脆性破坏及塑性破坏两种，脆性破坏有明显的破坏裂面，轴向压力具有峰值，破坏值容易选取，对塑性破坏的试样，应力无峰值，选应变为15%的抗压强度为破坏值，与三轴压缩试验一致，但试验应进行到应变达20%。重塑试样的取值标准与原状试样相同即峰值或15%轴向应变所对应的轴向应力为无侧限抗压强度。

18 直接剪切试验

18.1 慢剪试验

18.1.1 直接剪切试验是最直接的测定抗剪强度的方法。仪器结构简单，操作方便。由于应力条件和排水条件受仪器结构的限制，国外仅用直剪仪进行慢剪试验。本标准规定慢剪试验为主要方法，并适用于细粒土。

18.1.2 采用应变控制式直剪仪，为适应不同试验方法的需要，宜配置变速箱和电动剪切装置，便于试验。

18.1.3 关于固结稳定标准。考虑到不同土类的固结稳定时间不同，因此，本条文规定对粘土和粉土采用垂直变形每小时不大于0.005mm为稳定标准。

慢剪试验的剪切速率应保证在剪切过程中试样能充分排水，测得的慢剪强度指标稳定，以往资料表明，剪切速率在0.017～0.024mm/min范围内，试样能充分排水，为此本条文规定采用0.02mm/min的剪切速率。也可用本条式(18.1.3)估算。

为绘制完整的剪应力与剪切位移的关系曲线，易于确立破坏值，剪切过程中测力计读数有峰值时，应继续剪切至剪切位移达4mm，测力计无峰值时，应剪切至剪切位移达6mm。

18.2 固结快剪试验

18.2.1 由于仪器结构的限制，无法控制试样的排水条件，仅以剪切速度的快慢来控制试样的排水条件，实际上对渗透性大的土类还是要排水的，测得的强度参数φ值就偏大，为此，本条文规定渗透系数小于10^{-6}cm/s的土类，才允许利用直剪仪进行固结快剪试验测定土的固结快剪的强度参数。对渗透系数大于10^{-6}cm/s的土应采用三轴仪进行试验。

18.2.3 固结快剪试验的剪切速率规定为0.8mm/min，要求在3～5min内剪损，其目的是为了在剪切过程中尽量避免试样有排水现象。

18.3 快剪试验

18.3.1 快剪试验适用于土体上施加荷重和剪切过程中都不发生

固结和排水的情况，这一点在直剪仪是很难达到的。为此，只能对土类加以限制，仅适用于渗透系数小于 10^{-6} cm/s 的细粒土。

18.3.3 快剪试验的剪切速率规定为 0.8mm/min，要求在 3～5min 内剪损，实际上即使加快速率也难免排水，对于渗透系数大于 10^{-6} cm/s 的土类，应在三轴仪上进行。

18.4 砂类土的直剪试验

18.4.3 影响砂土抗剪强度除颗粒大小、形状外，试样的密实度是主要因素，为此，制备试样时，同一组的密度要求尽量相同。

砂土的渗透性较大，剪切速率对强度几乎无影响，因此，可采用较快的剪切速率。

19 反复直剪强度试验

19.0.1 反复直剪强度试验是测定试样残余强度。残余强度是指粘性土试样在有效应力作用下进行排水剪切，当强度达到峰值强度以后，随着剪切位移的增大，强度逐渐减小，最后达到稳定值。残余强度的测定是随着具有泥化夹层的地基工程、硬裂隙粘土坡的长期稳定、古滑坡地区的工程研究而提出的，故本条文规定适用于粘土和泥化夹层。

19.0.2 测定残余强度的仪器除直剪仪外，还有环剪仪等，目前国内测定该项指标的仪器尚少，常用直剪仪进行排水反复直剪强度试验。本条文采用应变控制式反复直剪仪，即在直剪仪上增加反推装置、变速装置和可逆电动机。

19.0.3 测定土的残余强度，制备试样时要求软弱面或泥化夹层处于试样高度的中部，即正好是剪切面，目的是测得符合工程实际情况的强度值。

测定土的残余强度要求在剪切过程中土中孔隙水压力得到完全消散，因此，必须采用排水剪，且剪切速率要求缓慢。国内曾先后对粘土、粉质粘土进行了不同剪切速率的对比试验，得出高液限粘土宜采用 0.02mm/min，低液限粘土宜采用 0.06mm/min 的剪切速率。肯尼(Kermey)曾采用 0.017～0.024mm/min 的速率在直剪仪上进行，并指出，在此剪切速率范围内测得的强度值变化不大。日本曾用单面直剪仪对"丸の内粘土"用 7 种不同的剪切速率进行试验，试验表明，当剪切速率小于 0.027mm/min 时，抗剪强度稳定。国外测定残余强度的最快速率均小于 0.06mm/min。根据以上资料，本条文规定粘土采用 0.02mm/min，粉土采用 0.06mm/min 的剪切速率。反推速率要求不严格，只是复位，不测剪应力，故规定为 0.6mm/min。

残余强度的稳定值的基本要求是剪切面上颗粒充分定向排列。采用环剪仪进行试验时，剪切至剪应力稳定即可停止试验，而采用反复直剪试验时，强度是随着剪切次数的增加而逐渐降低，颗粒逐渐达到定向排列，最后强度达到稳定值。斯开普顿(Skempton)对伦敦粘土试样剪切 6 次获得残余强度，他认为当强度达到峰值后，继续剪切至位移达 25～50mm 可降低到稳定值。诺布尔(H.L.Noble)在直剪仪上以 0.004mm/min 的速率进行试验，每次剪切 2.5mm，反复剪 10～15 次，总位移达 50～75mm，可达到稳定值。国内有单位以 0.025mm/min 的速率反复剪切，试验结果表明，不同颗粒组成的试样，所需要的总位移是不一样的，一般讲粘粒含量大的试样，所需的总位移量小些，反之亦然，粉土一般需要 40～48mm，粘土 24～32mm，为此，本条除规定最后二次剪切时测力计读数接近外，对粉质粘土要求总剪切位移量达 40～50mm，粘土总剪切位移量达 30～40mm。

19.0.5 关于试样面积的校正。用直剪仪测定土的残余强度时，由于每次剪切位移较大，上半块试样与仪器下盒铜壁边缘接触的部分随着剪切位移增加而增大，剪切过程中所测的剪应力包括了试

样与试样间，试样与仪器盒之间两部分，根据比较试验资料，以仪器盒与土的摩擦代替土与土的摩擦所产生的误差不大，故一般可不作校正，本条文中没有考虑校正，如遇到某些土类影响较大，则参考有关资料进行校正。

20 自由膨胀率试验

20.0.1 本试验的目的是测定粘土在无结构力影响下的膨胀潜势，初步评定粘土的胀缩性。自由膨胀率是反映土的膨胀性的指标之一，它与土的粘土矿物成分、胶粒含量、化学成分和水溶液性质等有着密切的关系。自由膨胀率是指用人工制备的烘干土，在纯水中膨胀后增加的体积与原体积之比值，用百分数表示。

20.0.2 国内各工厂生产的量筒，刻度不够准确，对计算成果影响甚大，故规定试验前必须进行刻度校正。

20.0.3 自由膨胀率试验中的试样制备是非常重要的，首先是土样过筛的孔径大小，用不同孔径过筛的试样进行比较试验，其结果是过筛孔径越小，10mL 容积的土越轻，自由膨胀率越小。不同分散程度也会引起粘粒含量的差异，为了取得相对稳定的试验条件，本条文规定采用 0.5mm 过筛，用四分对角法取样，并要求充分分散。

试样以体积法量取，紧密或疏松会影响自由膨胀率的大小，为消除这个影响因素，规定采用漏斗和支架，固定落距，一次倒入的方法，并将量杯的内径统一规定为 20mm，高度略大于内径，便于在装土、刮平时避免或减轻自重和振动的影响。

搅拌的目的是使悬液中土粒分散，充分吸水膨胀，搅拌的方法有量筒反复倒转和上下来回搅拌两种。前者操作困难，工作强度大；后者有随搅拌次数增加，读数增大的趋势，故本条文规定上下各搅拌 10 次。

粘土颗粒在悬液中有时有长期混浊的现象，为了加速试验，用加凝聚剂的方法，但凝聚剂的浓度和用量实际上对不同土类有不同反映，为了增强可比性，本条文统一规定采用浓度为 5% 的氯化钠溶液 5mL。

21 膨胀率试验

21.1 有荷载膨胀率试验

21.1.1 有荷载膨胀率是指试样在特定荷载及有侧限条件下浸水膨胀稳定后试样增加的高度（稳定后高度与初始高度之差）与试样初始高度之比，用百分比表示。

21.1.2 仪器在压力下的变形会影响试验结果，应予校正。对于固结仪可利用按本标准第 14.1.3 条规定率定的校正曲线。

21.1.3 有荷载膨胀率试验会发生沉降或胀升，安装量表时予以考虑。

一次连续加荷是指将总荷重分几级一次连续加完，也可以根据砝码的具体条件，分级连续加荷，目的是为了使土体在受压时有个时间间歇，同时避免荷重太大产生冲击力。

为保持试样始终浸在水中，要求注水至试样顶面以上 5mm。为了便于排气，采取逐步加水。同一种试样，荷载越大，稳定越快；无荷载时，膨胀稳定越慢。对不同试样，则反映出膨胀率越大，稳定越慢，历时越长，因此，本条文规定 2h 的读数差值不超过 0.01mm，作为稳定标准是可行的，但防止因试样含水率过高或荷载过大产生的假稳定，因此，本条文规定测定试样试验前、后的含水率、计算孔隙比，根据计算的饱和度推断试样是否已充分吸水膨胀。

21.2 无荷载膨胀率试验

21.2.1 无荷载膨胀率试验是指试样在无荷载有侧限条件下浸水后的膨胀量与初始高度之比,用百分比表示。

21.2.3 试样尺寸对膨胀率是有影响的。在统一的膨胀稳定标准下,膨胀率随试样的高度增加而减小,随直径的增大而增大。为了在无荷载条件下试验时间不致拖得太长,选用高度为20mm的试样。

膨胀率与土的自然状态关系非常密切,初始含水率、干密度都直接影响试验成果,为了防止透水石的水分影响初始读数,要求先将透水石烘干,再埋置在切削试样剩余的碎土中1h,使其大致具备与试样相同的湿度。

无荷载膨胀率试验中,有些规程规定不放滤纸,以排除滤纸变形对试验结果的影响,但有时透水石会沾带试样表层土,使试验后物理指标的测定受到影响,国内有单位采用薄型滤纸(似打字纸中间的垫纸),在不同压力下量测其浸水前后的变形量,结果见表5。

表5 滤纸浸水前后的变形量

压力(kPa)	50		100		200		400	
浸水前百分表读数(mm)	0.129	0.089	0.169	0.009	0.159		0.319	0.249
浸水后百分表读数(mm)	0.129	0.090	0.169	0.011	0.159		0.319	0.250
浸水前后百分表读数差值(mm)	0	0.001	0	0.002	0		0	0.001

由表可见这种滤纸浸水前后的变形量相差很小,可以忽略对试验的影响。

稳定标准规定每隔2h百分表读数差值不大于0.01mm,与有荷载膨胀试验一致。

22 膨胀力试验

22.0.1 膨胀力是粘土遇水膨胀而产生的内应力。在伴随此力的解除时,土体发生膨胀,从而使土基上建筑物与路面等遭受到破坏。根据实测,当不允许土体发生膨胀时,某些粘土的膨胀力可达1600kPa,所以对膨胀力的测定是有现实意义的。在室内测定膨胀力的方法和仪器有多种,国内外采用最多的是以外力平衡内力的方法,即平衡法。本条文亦规定采用平衡法。但在现场应尽量接近原位情况。

22.0.3 平衡法的允许变形标准,在平衡法试验中,平衡不及时或加了过量的压力都会影响到土的潜能势的发挥。表6中试验资料表明,膨胀力随允许膨胀量的增大而增加,当允许膨胀量由0.01增至0.1mm时,膨胀力将提高50%左右。为了提高试验准确度,允许膨胀量应限制到0.005mm。但由于仪器本身的变形和量测准确度不够,引起操作上的困难,所以本条文规定允许膨胀量为0.01mm。

试验资料表明,达到最大膨胀力的时间并不长,浸水后在短时间内变化较大,以后则趋于平缓,为此规定加荷平衡后2h不再膨胀作为稳定是可行的。

表6 试样允许膨胀量与膨胀力的关系

允许变形值(mm)	密度(g/cm³)	孔隙比	试验前含水率(%)	试验后含水率(%)	膨胀力(kPa)
0.01	2.0	0.61	16.9	22.3	119
0.05	2.0	0.61	16.9	22.3	140
0.10	2.0	0.61	16.8	22.1	182
0.20	2.0	0.61	16.6	21.9	208

23 收缩试验

23.0.1 收缩试验的目的是测定原状土试样和击实土试样在自然风干条件下的线缩率、体缩率、缩限及收缩系数等指标。

23.0.3 扰动土的收缩试验,分层装填试样时,要切实注意不断挤压拍击,以充分排气。否则不符合体积收缩等于水分减小的基本假定,而使计算结果失真。

23.0.7 随着土体含水率的减小,土的收缩过程大致分为三个阶段,即直线收缩阶段(Ⅰ),其斜率为收缩系数;曲线过渡阶段(Ⅱ),随土质不同,曲率各异;近水平直线阶段(Ⅲ),此时土体积基本上不再收缩。

24 冻土密度试验

24.1 一般规定

24.1.1、24.1.2 冻土密度是冻土的基本物理指标之一。它是冻土地区工程建设中计算土的冻结或融化深度、冻胀或融沉、冻土热学和力学指标、验算冻土地基强度等需要的重要指标。测定冻土的密度,关键是准确测定试样的体积。本条文规定的4种方法是目前常用的方法。

24.1.3 考虑到国内不少单位没有低温试验室,故规定无负温环境时应保持试验过程中试样表面不得发生融化,以免改变冻土的体积。

24.2 浮称法

24.2.1 浮称法是根据物体浮力等于排开同等体积液体的质量这一原理,通过称取冻土试样在空气和液体中的质量算出浮力,并换算出试样体积,求得冻土密度,因此,对于不同土质、结构、含冰状况的各类冻土均可采用。

24.2.3 浮称法试验中所用的液体常用的是煤油,有时用0℃的纯水。为避免液体温度与试样温度差过大造成试样表面可能发生融化,煤油温度应接近试样温度;使用0℃纯水时应快速测定。

煤油的密度与温度的关系较大,也与其品种有关,故所用的煤油应进行不同温度下的密度率定。

24.2.7 冻土的基本构造有整体状、层状和网状,不同构造的冻土,均匀性差别较大。因此,冻土密度平行试验的差值较之融土密度平行试验的差值要大。整体状冻土的结构一般比较均匀,故要求平行试验差值为0.03g/cm³,与融土试验的规定一致,而层状和网状构造冻土的结构均匀性差,平行试验的差值往往大于0.03g/cm³,此时,可以提供试验值的范围。

24.3 联合测定法

24.3.1 由于前述冻土结构的不均匀性,用一般方法分别取试样测定密度和含水率时,往往出现二个指标不协调。例如用分别测定的含水率和密度指标计算出的饱和度,有时大于100%,这就与指标的物理意义相矛盾。联合测定法是采用一个体积较大的试样同时测定密度和含水率,从而解决了上述分别测定中存在的问题。

整体状构造的粘质冻土,特别是高塑性粘土在水中不易搅散,土孔隙中的气体不能完全排出,因而影响试验准确度,故规定本试验适用于砂质冻土和层状、网状构造的冻土。

24.3.3 试验过程中,排液筒中水面的稳定对试验成果的准确度至关重要。为了做到这一点,台秤要稳固地安放在水平台面上,排液筒要放在称盘的固定位置,称重加砝码和充水排水时均应平稳,不致造成称盘上下剧烈晃动。

25 冻结温度试验

25.0.1 冻结温度是判别土是否处于冻结状态的指标。纯水的结冰温度为0℃,土中水分由于受到土颗粒表面能的束缚且含有化学物质,其冻结温度均低于0℃。土的冻结温度主要取决于土颗粒的分散度、土中水的化学成分和外加荷。

25.0.2 本试验采用热电偶测温法,因此需要零温瓶和低温瓶。若采用贝克曼温度计分辨度为0.05℃,量程为-10～+20℃,测温,则可省略零温瓶、数字电压表和热电偶。

25.0.3 土中的液态水变成固态的冰这一结晶过程大致要经历三个阶段:先形成很小的分子集团,称为结晶中心或称生长点(germs);再由这种分子集团生长变成大一些团粒,称为晶核(nuclei),最后由这些小团粒结合或生长,产生冰晶(icecrystal)。冰晶生长的温度称为水的冻结温度或冰点,结晶中心是在比冰点更低温度下才能形成,所以土中水冰结的时间过程一般须经历

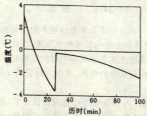

图3 土中水冻结的时间过程

过冷、跳跃、恒定和递降4个降低(图3)。当出现跳跃时,电势会突然减小,接着稳定在某一数值,此即为开始冻结。

土中水的过冷及其持续时间主要取决于土的含水率和冷却速度。土温接近0℃时,土中水可长期处于不结晶状态。土温低于0℃且快速冷却时,过冷温度高且结束时间早。当土的含水率低于塑限后,过冷温度降低。室内试验中,当土的含水率大于塑限时,土柱端面温度控制为-4℃,一般过冷时间在半小时之内即可结束。

26 未冻含水率试验

26.0.1 土体冻结后并非土中所有的液态水全部冻结成冰,其中始终保持一定数量的未冻水。未冻含水率不但是热工计算的必需指标,而且是冻土物理力学性质变化的主导因子。未冻含水率主要取决于土的分散度、矿物成分、土中水的化学成分及温度和外载。对于给定土质,未冻含水率始终与温度保持动态平衡关系,即随温度升高,未冻含水率增大,随温度降低,未冻含水率减少。

26.0.5 未冻含水率的测定方法有许多种,诸如量热法、核磁共振法、时域反射计法和超声波法等。这些方法大都需要复杂而昂贵的仪器,一般单位难以采用。本试验方法是依据未冻含水率与负温为指数函数规律,采用已知含水率的试样,测定其冻结温度,推求未冻含水率,此法具有快速、简便等优点,其平行差值稍大于融土,为此纳入本试验方法标准。

27 冻土导热系数试验

27.0.3 导热系数的测定方法分两大类:稳定态法和非稳定态法。稳定态法测定时间较长,但试验结果的重复性较好;非稳定态法具有快速特点,试验结果重复性较差。因此,本试验采用稳定态法。稳定态法中,通常使用热流计法,但国产热流计的性能欠佳,故采用比较法,以石蜡作为标准原件,可认为其导热系数是稳定的。

操作中应注意铜板平整且接触紧密,否则会影响试验结果。

基于稳定态比较法应遵循测点温度不随时间而变化的原则,但实际中很难做到测点温度绝对不变,因此规定连续3次同一点测温差值小于0.1℃,则认为已满足方法原理。

28 冻胀量试验

28.0.1 土体不均匀冻胀是寒区工程大量破坏的重要因素之一。因此,各项工程开展之前,必须对工程所在地区的土体作出冻胀敏感性评价,以便采取相应措施,确保工程构筑物的安全可靠。因为原状土和扰动土的结构差异极大,为对冻胀敏感性作出正确评价,试验一般应采用原状土进行。若条件不允许,非采用扰动土不可时,应在试验报告中予以说明。本试验方法与目前美国、俄罗斯等国所用方法基本一致。所得数据用于评价该种土的冻胀量略偏大,从工程设计上偏安全。

28.0.3 土体冻胀量是土质、温度和外载条件的函数。当土质已确定且不考虑外载时,温度条件就至关重要。其中起主导作用的因素是降温速度。冻胀量与降温速度大致呈抛物线型关系。考虑到自然界地表温度是逐渐下降的,在本试验中规定底板温度粘土以0.3℃/h,砂土以0.2℃/h的速度下降,是照顾各类土的特点并处于试验所得冻胀量较大的情况。

28.0.6 在特定条件下,土的冻胀量是确定的,但是在土的冻胀性评价方法和等级划分标准上,目前国内外不尽一致,例如俄罗斯国家建筑委员会颁布的标准(ГОСТ 28622-90)按表7划分;美国寒区研究和工程实验室是规定冻胀速度为1.3cm/d的条件下,用平均冻胀速度按表8进行分级;我国国家现行标准《冻土地区建筑地基基础设计规范》JTJ 118的分级如表9;国家现行标准《水工建筑物抗冰冻设计规范》SL 211则按冻胀量进行划分(见表10)。

表7 冻胀性分级表
(ГОСТ 28622-90)

冻胀率(%)	$\eta \leq 1$	$1 < \eta \leq 4$	$4 < \eta \leq 7$	$7 < \eta \leq 10$	$\eta > 10$
冻胀等级	不冻胀	弱冻胀	冻胀	强冻胀	特强冻胀

表8 冻胀性分级表
(美国寒地研究和工程实验)

平均冻胀速度(mm/d)	$V_v < 0.5$	$0.5 < V_v \leq 2.0$	$2.0 < V_v \leq 4.0$	$4.0 < V_v \leq 8.0$	$V_v > 8.0$
冻胀等级	不冻胀	弱冻胀	冻胀	强冻胀	特强冻胀

表9 冻胀性分级表
(《冻土地区建筑地基基础设计规范》)

冻胀率(%)	$\eta \leq 1$	$1 < \eta \leq 3.5$	$3.5 < \eta \leq 6$	$6 < \eta \leq 12$	$\eta > 12$
冻胀等级	不冻胀	弱冻胀	冻胀	强冻胀	特强冻胀

表10 冻胀性分级表
(《水工建筑物抗冰冻设计规范》)

冻胀性级别	I	II	III	IV	V
冻胀量Δh(mm)	$\Delta h \leq 20$	$20 < \Delta h \leq 50$	$50 < \Delta h \leq 120$	$120 < \Delta h \leq 220$	$\Delta h > 220$

分析国内外现有的冻胀划分方法和标准,并考虑到冻胀率与冻胀量之间存在$\eta = \Delta h / H_f$的关系,可以根据室内试验所得的冻

胀率按天然土层的冻深换算冻胀量,故本文规定可按冻胀率作为评价指标,在数值上暂取与国家现行标准《冻土地区建筑地基基础设计规范》JTJ 118 一致。

29 冻土融化压缩试验

29.1 一般规定

29.1.1 冻土融化时在荷载作用下将同时发生融化下沉和压密。在单向融化条件下,这种沉降量完全符合普通土力学中的一维沉降关系。融化下沉是在土体自重作用下发生的,而压缩沉降则与外部压力有关。目前国内外在进行冻土融化压缩试验时首先是在微小压力下测出冻土融化后的沉降量,计算冻土的融沉系数,然后分级施加荷载测定各级荷载下的压缩沉降,并取某压力范围计算融化压缩系数。由此可以计算冻土融化压缩的总沉降量。已有试验证明,在一定压力范围内,孔隙比与外压力基本呈线性关系,这个压力值大致为 $0\sim0.4$MPa,因此,在一般实际应用和试验条件下,在这个压力范围内按线性关系确定的融化压缩系数可以有足够的精度。

29.2 室内冻土融化压缩试验

29.2.3 冻土融化压缩试验的试样尺寸,国外取高度(h)与直径(d)之比 $h/d\geqslant1/2$,最小直径取 5cm,对于不均匀的层状和网状构造的粘土,则根据其构造情况加大直径,使 $h/d=1/3\sim1/5$。国内曾采用的试样环面积为 45cm^2、78cm^2,试样高度有 2.5cm、4cm。考虑到便于采用本条文中固结仪改装融化压缩仪,故规定可取试样环直径与固结仪大直径(7.98cm)一致,高度则考虑冻土构造的不均匀性,取 4cm,这样高度与直径之比基本为 1:2。

为了模拟天然地基土的融化过程,在试验过程中使试样满足单向融化至为重要。为此,除采用循环热水单向加热外,试样环应采用导热性较低的非金属材料(胶木、有机玻璃等)制作,并在容器周围加保温套,试验时在负温环境下或较低室温下进行,以保证试样不发生侧向融化。

29.2.5 试验中当融化速度超过天然条件下的排水速度时,融化土层不能及时排水,使融化下沉发生滞后现象。当遇到试样含冰(水)率较大时,若融化速度过快,土体常发生崩解现象,使土颗粒与水分一起挤出,导致试验失败或融沉系数 a_0 值偏大。因此,循环热水的温度应加以控制。根据已有试验,本条文规定水温控制在 $40\sim50$℃。加热循环水应畅通,水温要逐渐升高。当试样含冰(水)率大或试验环境温度较高时,可适当降低水温,以控制 4cm 高度的试样在 2h 内融化完为宜。

测定融沉系数 a_0 值时,本条文规定施加 1kPa 的荷载。这主要是考虑克服试样与环壁之间的摩擦力。而且,冻土在融化过程中单靠自重下沉的过程往往很长,所以,施加这一小量荷载可以加快下沉速度,又不致对融化土骨架产生过大的压缩,对 a_0 的影响甚微。

29.3 现场冻土融化压缩试验

29.3.1 本试验与暖土荷载试验方法相似。这种方法可适用于除漂石($d>200$mm)以外的各种冻土,可以逐层进行试验,取得建筑场地预计融化深度内冻土的融化压缩性质即融沉系数和压缩系数,但由于这种方法试验设备和操作比较复杂,劳动强度大,因此,一般只对较重要的工程或室内试验难于进行的含巨粒土、粗粒土和富冰冻土才采用这种方法。

29.3.4 传压板面积小于 5000cm^2 时,试验误差较大,故规定不宜小于此面积。形状可为圆形(直径 798mm)或正方形(边长 707mm)。

30 酸碱度试验

30.0.1 酸碱度通常以氢离子浓度的负对数,即 pH 表示。pH 值的测定可用比色法、电测法,但比色法不如电测法方便、准确。因此,本条文选用电测法。电测法实际上是一种以 pH 值标记的电位计,故称为酸度计。

30.0.2 酸度计是由选择性玻璃电极、甘汞参比电极和二次仪表电位计组成。作为电极产品玻璃电极和甘汞电极一般是分开出售,复合电极是将这两种电极合并为一支电极,只是形式不同。其测定原理实际上是一样的。

30.0.3 标准缓冲溶液,如果能够买到市售 pH 标准缓冲试剂,可按说明书配制以代替本条文的 pH 标准缓冲液的配制。

30.0.5 试样悬液的制备,土水比例大小对测定结果有一定影响。土水比例究竟以多大适宜,目前尚无一致结论。国内外以用土水比例 1:5 较多,故本条文也采用 1:5,振荡 3min,静置 30min。

31 易溶盐试验

31.1 浸出液制取

31.1.3 用水浸提易溶盐时,土水比例和浸提时间的选择,是力求将易溶盐从土中完全溶解出来,而又能尽量减少中、难溶盐的溶解。关于土水比例,根据各种盐类在水中溶解度不同,合理地控制土水比就有可能将易溶盐与中、难溶盐分开,即土水比例愈小,中、难溶盐被浸出的可能性愈小。如有采用 1:2.5、1:1 等土水比例的,但土水比愈小,会给操作带来困难度大。因此,国内普遍选用 1:5 的土水比例。关于浸提时间,在同一土水比例下,浸提时间不同,试验结果亦有差异。浸提时间愈长,中、难溶盐被溶解的可能性愈大,土粒和水溶液间离子交换反应亦显著。所以浸提时间宜短不宜长。研究表明,浸提时间在 $2\sim3$min 即可。为了统一试验条件,本条文采用 1:5 土水比例,浸提时间为 3min。

浸出液过滤,在试验中经常遇到过滤困难,特别是粘土,需要很长时间才能获得所需的滤液数量,而且不易得到清澈的滤液。因此,本条文推荐采用抽气过滤方法效果较好,操作也简便,过滤速度快。如果滤液混浊,则应改用离心或超级滤心过滤。

31.2 易溶盐总量测定

31.2.4 易溶盐总量测定,本条文采用烘干法。由于此法不需特殊仪器设备,测定结果比较精确,故在室内试验中应用广泛。国内外有资料推荐电导法,虽然简单快速,但是易溶盐属多盐性混合物,其摩尔电导率因盐性不同而异。因此,测得电导率与实际含量,因盐性不定比例而存在着不稳定的差异,故本标准未列。

加 2%碳酸钠(Na_2CO_3)的目的,是使钙离子(Ca^{2+})、镁离子(Mg^{2+})的硫酸盐、氯盐转化为碳酸盐以除去大量结晶水,此残渣应在 180℃烘干,才能得到较稳定的试验结果。

31.3 碳酸根和重碳酸根的测定

31.3.4 碳酸根和重碳酸根的测定应在土浸出液过滤后立即进行,否则将会由于大气中二氧化碳(CO_2)的侵入或浸出液 pH 的变化引起二氧化碳释出而影响试验结果。

本条文使用的双指示剂是采用酚酞和甲基橙指示剂,滴定终点 pH 值分别为 8.3 和 4.4。目前有些单位采用混合指示剂代替甲基橙指示剂,目的是为提高滴定终点的分辨效果,但是混合指示剂的配方并不统一,因此,本条文未采用混合指示剂。

31.3.5 根据现行国家标准《岩土工程勘察规范》GB50021 有关土对混凝土腐蚀性判定(以 mg/kg 土表示)和盐渍土分类规定:盐渍土按含盐性质分类,是采用含盐质量摩尔浓度的比值进行分类的。盐渍土按含盐量分类,是采用含盐质量分数进行分类的,因此试验成果必须分别计算提供两个不同量的名称和单位。

质量摩尔浓度,过去采用计量单位为 mmol/100g 土,按照国家法定计量单位,单位中不得含有数值,因此,本条采用计量单位为 mmol/kg 土,与现行国家标准《量和单位》GB3102.8 的规定一致。

含盐量的计算为说明各数值的定义而分别列出,在实际工作中可以将公式简化,直接将数值代入。

31.4 氯根的测定

31.4.4 氯根的测定,除采用硝酸银容量法之外,还有采用硝酸汞滴定法、硫氰酸汞光度法以及近来建立的离子色谱法等。但是这些方法一般仅适用于氯根浓度较低的试样,操作也不如硝酸银容量法简便,有些还需要专门的仪器设备。因此,本条文选用被广泛采用的硝酸银容量法。

31.4.5 见本标准第 31.3.5 条的条文说明。

31.5 硫酸根的测定
——EDTA 络合容量法

31.5.1 硫酸根常量的测定方法,最经典的是硫酸钡质量法,此方法虽然准确,但操作烦琐,设备笨重,近年逐步地已被 EDTA 络合容量法所替代,我国环保部门的水质监测和矿泉饮用水等均已认定 EDTA 络合容量法为标准方法。因此,本条文也认定此方法为常量的测定方法。

关于含盐度质量分数 w_B(%)按土水比为 1:5 计算与质量浓度 ρ_B(g/L)的关系为:

$$w_B : \rho_B = \frac{V_B C_B M_B \times 500}{V_s} : \frac{V_c C_B M_B \times 1000}{V_s} \quad (2)$$

$$w_B / \rho_B = \frac{500}{1000} = \frac{1}{2} \quad (3)$$

式中 V_B、C_B、M_B ——分别为物质 B 的体积、浓度和摩尔质量(V_B:L,C_B:mmol/L,M_B:kg/mol)
V_s——取试液的体积(L)。

所以 0.025(%)相当于 0.050g/L(50mg/L)。

31.5.5 见本标准第 31.3.5 条的条文说明。

31.6 硫酸根的测定
——比浊法

31.6.1 低含量硫酸根的测定方法很多,其中有硫酸钡比浊法、铬酸钡光度法、原子吸收光度法、离子色谱法等。在这些方法中以比浊法最为简便,其准确性亦基本可满足这一指标的实际要求。国内多数单位的仪器设备容易满足。因此,本条对低含量的硫酸根测定,选用硫酸钡比浊法。

31.6.5 见本标准第 31.3.5 条的条文说明。但比浊法测定结果是硫酸根百分含量,因此,质量摩尔浓度必须由百分含量换算而得。

31.7 钙离子的测定

31.7.1 钙的测定方法很多,但是钙的常量测定目前采用最普遍的是 EDTA 容量法,它具有设备简单、操作方便的特点。因此,本条文选用此方法。

31.7.3 本方法测定钙的指示剂,可用钙指示剂(Calconcarboxyic Acid)或紫尿酸铵(Murexide),在强碱介质中与钙离子络合终点由红变蓝色,与紫尿酸铵络合终点由红变紫色,两者的终点指示效果,后者不如前者指示效果好,故本条文选用钙指示剂。

31.7.4 当土浸出液中镁离子(Mg^{2+})含量高时,将生成大量氢氧化镁[$Mg(OH)_2$]沉淀,影响终点判别,遇此情况时,可先滴定一定量 EDTA 标准溶液(不得过量)后,加 1 mol/L 氢氧化钾(KOH)溶液,放置片刻,再加 0.5%氰化钾(KCN)和 1%盐酸羟胺和指示剂,然后继续滴定至终点,可获得比较好的指示效果。

31.7.5 见本标准第 31.3.5 条的条文说明。

31.8 镁离子的测定

31.8.1 常量镁离子的测定方法也很多,但目前被广泛采用的为 EDTA 容量法,同钙一样具有快速、简便,不需专用设备的优点。因此本条文采用此方法。

31.8.4 EDTA 测定镁,实际上是先测定钙、镁离子合量再减去 Ca^{++}含量。所以,本方法为求得镁离子含量,必须同时测定钙离子的含量。测定钙、镁离子合量的指示剂,可用铬黑 T(Eriochrome black T)或铬蓝黑(Eriochrome blue black),两者的滴定终点均由红变为蓝色,但是前者比后者的终点指示更为灵敏,故本条文选用铬黑 T 指示剂。

31.8.5 见本标准第 31.3.5 条的条文说明。

31.9 钙离子和镁离子的原子吸收分光光度测定

31.9.1 低含量钙、镁离子的测定,可用原子吸收法或火焰光度计法,鉴于原子吸收分光光度计已普遍应用,成为化学分析的常规仪器,它的操作快速、简便,灵敏度又比火焰光度计法高,故本条选用原子吸收分光光度计法。

31.9.5 见本标准第 31.3.5 条和第 31.6.5 条的条文说明。

31.10 钠离子和钾离子的测定

31.10.1 钠、钾离子的测定,以往是采用差减法计算钠、钾离子总含量,而不能将钠、钾离子含量分开计算,同时由于种种因素带来的误差较大,故本标准未列入。鉴于火焰光度计测定钠、钾离子的方法已得到普遍应用,该方法还具有操作简便、快速、灵敏度高,又能同时对钠、钾离子含量分开测定等优点,故本条文列入火焰光度计法。

31.10.5 见本标准第 31.3.5 条和第 31.6.5 条的条文说明。

32 中溶盐(石膏)试验

32.0.1 中溶盐含量测定,也可用 EDTA 容量法,该法虽然设备简单、操作快速,但难溶盐大量共存对测定有影响,故本条文仍采用经典的标准方法,酸浸提——质量法。

32.0.4 本条文是以石膏($CaSO_4 \cdot 2H_2O$)代表土中中溶盐的含量。对酸不溶物的测定未列入。如属石膏土,需要测定酸不溶物。可将本试验酸浸提过滤残渣进行烘干、称量,计算而得。

33 难溶盐(碳酸钙)试验

33.0.1 难溶盐测定除用气量法外,还可用中和法(适用于难溶盐含量高的土)和碱吸收法(适用于较精密的测定),但这两种方法都各具有其局限性,而气量法则具有操作简便,又能满足土中难溶盐实际含量的测定范围,因而被普遍采用。故本条文选用气量法。

33.0.5 气量法的计算是以测量产生的二氧化碳体积为基础,它与测量时的温度和大气压力关系密切,本条文表 33.0.5 提供二氧化碳密度仅适用于大气压力大于或等于 98.925kPa 范围,对地处海拔高的地区,大气压力一般小于 98.925kPa。遇此情况则不能用本条文式(33.0.5-1)计算,因此,本条文增列式(33.0.5-2)以满足海拔高,大气压力小于 98.925kPa 地区的需要。

34 有机质试验

34.0.1 有机质的测定方法很多,如有质量法、容量法、比色法、双氧水氧化法等。这些方法经过反复比较认为以重铬酸钾容量法为最好,它具有操作简便、快速、再现性好,不受大量碳酸盐存在的干扰,设备简单,适合于批量试样的试验,在土工试验中已广泛采用。因此,本条文选用重铬酸钾容量法。但是采用此法测得有机质偏低,一般只有有机质实际含量的 90%,因此,有的资料认为对测定结果要乘以 1.1 校正因数加以校正。也有人建议以灼烧减量估计有机质含量。但是灼烧的结果不仅烧去有机质,而且还烧去结合水和挥发性盐类,从而使测定结果偏高,偏高大小与土中存在的结合水和挥发性盐类的多少有很大关系。一般比容量法可高出数十倍不等,因此,本条文未列入。如果土中含有大量粗有机质,在一定条件下,也可考虑采用灼烧减量法。

34.0.2 有关资料介绍油浴可采用石蜡、硫酸、磷酸等,但这些介质都不理想,均具有污染环境,烟雾具有腐蚀剂刺激性,有害健康。本条文选用植物油相对地说比较安全。

34.0.3 本试验用指示剂种类有二苯胺、邻啡锣啉等。二苯胺虽然便宜,但配制麻烦,对环境污染,对健康不利,近来已广泛采用较昂贵的邻啡锣啉为指示剂。它具有易配制、安全和滴定终点易掌握等优点,故本条文采用该指示剂。

34.0.4 消煮温度范围和时间必须严格控制,这是本试验方法规定的统一条件,否则将对试验结果产生很大影响。

35 土的离心含水当量试验

35.0.1 土的离心含水当量试验是应用离心技术测定土的离心含水当量,用于近似地估算土的空气孔隙比和滞留率(或滞水能力)。本试验参照美国 ASTM 岩土工程试验标准编制。

35.0.3 本条文规定离心试验后称坩埚和湿土(土样表面出现自由水不允许倒掉)总质量,而后将坩埚放入烘箱内,烘至其质量不变,再称坩埚和干土总质量,以此计算土的离心含水当量。而美国规定离心试验后将试样取出,放入铝盒后称量,这样对试样的含水率会有影响。

35.0.4 原公式中有湿滤纸和干滤纸质量,本次修改时将滤纸取掉后称量,故现公式中不计其质量。

中华人民共和国国家标准

工程岩体试验方法标准

GB/T 50266—99

条 文 说 明

制 订 说 明

本标准是根据国家计委计综 [1986] 2630 号文的要求,由电力工业部负责主编,具体由电力工业部水电水利规划设计总院会同成都勘测设计研究院、中国水利水电科学研究院、长沙矿冶研究院、煤炭科学研究院、武汉岩体土力学研究所、长江科学院、黄河水利委员会勘测规划设计院、昆明勘测设计研究院、东北勘测设计院和铁道科学研究院西南研究所等单位共同编制而成,经建设部 1999 年 1 月 22 日以建标 [1999] 25 号文批准,并会同国家质量技术监督局联合发布。

在本标准的编制过程中,编制组进行了广泛的调查研究,认真总结了 40 多年来国内各部门的大量实验数据,综合分析了国内外已有的岩石试验规程,吸收了新的科研成果和国外先进技术,并广泛征求了全国有关单位的意见。最后由电力工业部会同有关部门审查定稿。

鉴于本标准系初次编制,在执行过程中,希望各单位结合工程实践和科学研究,认真总结经验,注意积累资料,如发现需要修改和补充之处,请将意见和有关资料寄交水电水利规划设计总院(北京市安德路六铺炕,邮政编码 100011),以供今后修订时参考。

本《条文说明》仅供国内有关部门和单位执行本标准时使用。

电力工业部
一九九七年二月

目　次

1　总则 …………………………………… 5—7—4
2　岩块试验 ……………………………… 5—7—4
　2.1　含水率试验 ……………………… 5—7—4
　2.2　颗粒密度试验 …………………… 5—7—4
　2.3　块体密度试验 …………………… 5—7—4
　2.4　吸水性试验 ……………………… 5—7—4
　2.5　膨胀性试验 ……………………… 5—7—4
　2.6　耐崩解性试验 …………………… 5—7—4
　2.7　单轴抗压强度试验 ……………… 5—7—4
　2.8　单轴压缩变形试验 ……………… 5—7—5
　2.9　三轴压缩强度试验 ……………… 5—7—5
　2.10　抗拉强度试验 …………………… 5—7—5
　2.11　直剪试验 ………………………… 5—7—5
　2.12　点荷载强度试验 ………………… 5—7—5
3　岩体变形试验 ………………………… 5—7—5
　3.1　承压板法试验 …………………… 5—7—5
　3.2　钻孔变形试验 …………………… 5—7—6
4　岩体强度试验 ………………………… 5—7—6
　4.1　岩体结构面直剪试验 …………… 5—7—6
　4.2　岩体直剪试验 …………………… 5—7—6
5　岩体应力测试 ………………………… 5—7—6
　5.1　孔壁应变法测试 ………………… 5—7—6
　5.2　孔径变形法测试 ………………… 5—7—6
　5.3　孔底应变法测试 ………………… 5—7—6
6　岩体原位观测 ………………………… 5—7—7
　6.1　地下洞室围岩收敛观测 ………… 5—7—7
　6.2　钻孔轴向岩体位移观测 ………… 5—7—7
　6.3　钻孔横向岩体位移观测 ………… 5—7—7
7　岩石声波测试 ………………………… 5—7—7
　7.1　岩块声波速度测试 ……………… 5—7—7
　7.2　岩体声波速度测试 ……………… 5—7—7

1 总　　则

1.0.1 岩石试验的成果，既取决于岩石本身的特性，又受试验方法、试件形态、测试条件和试验环境等的影响。本标准就上述内容作了统一规定，有利于提高岩石试验成果的质量，增强同类岩石试验成果的可比性。

1.0.2 本条规定了本标准的适用范围。考虑到各行业对工程岩体试验技术标准的特殊要求，各行业可根据自己的经验和要求，在本标准的基础上，制定适应本行业的具体试验方法标准。

2 岩块试验

2.1 含水率试验

2.1.1 岩石含水率是试件在105~110℃下烘至恒量时所失去的水的质量与试件干质量的比值，以百分数表示。

（1）岩石含水率试验，主要用于测定粘土岩类岩石在天然状态下的含水率。其它试验要求的烘干试件，仍按试验规定的烘干标准执行。

（2）对于含有结晶水矿物的岩石，含水率试验应降低烘干温度，在未取得充分论证之前，对这类岩石的含水率试验，可用烘干温度60±5℃，或者用抽气干燥缸在真空压力表读数为100kPa及23~60℃的温度范围内使之干燥。

2.1.5 本试验采用称量控制，将试件反复烘干至称量达到恒量为止。如果在对某些岩石作了烘干研究，取得论证后，也可改用时间控制。

2.2 颗粒密度试验

2.2.1 岩石颗粒密度是岩石固相物质的质量与其体积的比值。该试验即为原比重试验。

2.2.2 本条对试件作了以下规定：

（1）颗粒密度试验的试件采用块体密度试验后的试件破碎成岩粉，其目的是减少岩石不均一性的影响。

（2）试件粉碎后的最大粒径，应不含闭合裂隙。国内外有关规定中，除个别采用最大粒径不超过0.125mm外，绝大多数规定过0.25mm筛。根据实测资料，当最大粒径为1mm时，对试验成果影响甚微。根据我国现有的技术条件，本试验规定岩石粉碎成岩粉后，需全部通过0.25mm筛孔。

2.2.4 本标准只采用容积为100ml的短颈比重瓶，是考虑了岩石的不均一性和我国现有的实际条件。

2.2.6 纯水密度可查物理手册，煤油密度应实测。

2.3 块体密度试验

2.3.1 岩石块体密度是试件质量与试件体积的比值。根据岩石的含水状态，岩石块体密度可分为干密度、饱和密度和湿密度等。选择试验方法时应注意：

（1）选择岩石块体密度的试验方法时，主要应考虑试件制备的难度和水对岩石的影响。

（2）对于粘土类岩石，将试件置于熔蜡中会引起含水率的变化；若先烘干试件，又将产生干缩，使试件体积缩小，都会使岩石块体密度受到影响，这是蜡封法测定粘土类岩石块体密度的最大弱点。高分子涂料法可在常温下封闭试件，可以确保试验过程中试件含水率和试件体积恒定不变，在取得经验的基础上，允许用高分子涂料法代替蜡封法测定岩石块体密度。

2.3.2 用量积法测定岩石块体密度，能适用于制成规则试件的各类岩石，方法简易，计算成果准确，而且不受试验环境的影响，但采用量积法时，应保证试件制备具有足够的精度。

2.3.3 蜡封法一般用不规则试件，试件表面有明显棱角或缺陷时，对测试成果有一定影响，因此试件应加工成浑圆状。

2.3.7、2.3.8 用量积法测定岩石块体密度时，对于具有干缩湿胀的岩石，试件体积量测在烘干前进行，避免试件烘干对计算密度的影响；用蜡封法测定岩石块体密度时，应掌握好熔蜡温度，温度高容易使蜡液浸入试件缝隙中，温度低了会使试件封闭不均，不易形成完整蜡膜。因此，本试验规定的熔蜡温度略高于石蜡的熔点（约57℃）。石蜡密度变化较大，在进行蜡封法试验时，需对石蜡的密度测定，其方法与岩石块体密度试验中水中称量法相同。

2.3.10 鉴于岩石属不均质体，并受节理裂隙等结构面的影响，不可能使同组岩石的每个试件试验成果都一致。在试验成果中，应列出每一试件的试验值，不必求平均值。

2.4 吸水性试验

2.4.1 岩石吸水率是试件在大气压力和室温条件下吸入水的质量与试件固体质量的比值，以百分数表示；岩石饱和吸水率是试件在强制状态下的最大吸水量与试件固体质量的比值，以百分数表示。

2.4.2 试件形态对岩石吸水率的试验成果有影响，不规则试件的吸水率可以为规则试件的两倍多，这和试件与水的接触面积大小有很大关系。本试验规定用单轴抗压强度试验试件作为吸水性试验的标准试件，只有在试件制备有困难时，才允许采用不规则的浑圆形试件。采用单轴抗压强度试验试件作为本试验的标准试件，是因为岩石的吸水性能和单轴抗压强度对岩石的风化程度及岩石中微裂隙的发育程度较为敏感，采用抗压试件使资料成果更趋完整。

2.4.6 本条说明同第2.3.10条的说明。

2.5 膨胀性试验

2.5.1 岩石膨胀性试验是测定天然状态下含易吸水膨胀矿物岩石的膨胀性质，如粘土岩类岩石，其它岩石也可采用本标准。主要包括下列内容：

（1）岩石自由膨胀率是岩石试件在浸水后产生的径向和轴向变形分别与试件直径和高度之比，以百分数表示。

（2）岩石侧向约束膨胀率是岩石试件在有侧限条件下，轴向受有限荷载时，浸水后产生的轴向变形与试件原高度之比，以百分数表示。岩石膨胀压力是试件浸水后保持原形体积不变所需的压力。

2.5.6 侧向约束膨胀率试验仪中的金属套环高度不应小于试件高度与二块透水板厚度之和，不得由于金属套环高度不够，引起试件浸水饱和后出现三向变形。

2.5.9 岩石膨胀压力试验中为使试件变形始终不变，应随时调节所加的荷载：采用杠杆式加压系统，应随时调整砝码重量；采用螺杆式加压系统，应随时调整测力钢环或压力传感器的读数。膨胀压力试验仪必须进行各级压力下仪器自身变形的率定，并在加压扣除仪器变形，使试件变形始终为零。

2.5.10 本条说明同第2.3.10条的说明。

2.6 耐崩解性试验

2.6.1 岩石耐崩解性试验是测定试件在经过干燥和浸水两个标准循环后，试件残留的质量与原质量之比，以百分数表示。岩石耐崩解性试验主要适用于粘土岩类岩石和风化岩石，对于坚硬完整岩石一般不需进行此项试验。

2.7 单轴抗压强度试验

2.7.1 岩石单轴抗压强度试验是试件在无侧限条件下，受轴向力作用破坏时,单位面积上所承受的荷载。本试验采用直接压坏试件的方法来求得岩石单轴抗压强度,也可在进行岩石单轴压缩变形试验的同时,测定岩石单轴抗压强度。

2.7.3 鉴于圆形试件具有轴对称特性,应力分布均匀,而且试件可直接取自钻孔岩心,在室内加工程序简单,本试验推荐圆柱体作为标准试件的形状。

2.7.9 加荷速度对岩石强度测定有一定影响。本试验所规定的每秒 $0.5\sim1.0$ MPa 的加荷速度,与当前国内外习惯使用的加荷速度一致。在试验中,可根据岩石强度的高低选用上限或下限,对软弱岩石,加荷速度宜再适当降低。

2.7.10 本条说明同第2.3.10条的说明。

2.8 单轴压缩变形试验

2.8.1 岩石单轴压缩变形试验是测定试件在单轴压缩应力条件下的纵向及横向应变值,据此计算岩石弹性模量和泊松比。本试验采用电阻片法测定岩石试件的变形参数,也可采用千分表或其它量测元件测定岩石变形,在计算中应将变形换算成应变。

2.8.5 试验时宜采用分点测量,这样有利于判断试件受力状态的偏心程度,以便及时调整试件位置。

2.8.6 本试验用两种方法计算岩石弹性模量和泊松比,即岩石平均弹性模量与岩石割线弹性模量及相对应的泊松比。根据需要,也可确定任何应力下的岩石弹性模量和泊松比。在试验成果中,应列出每一试件的试验值,不必求平均值。

2.9 三轴压缩强度试验

2.9.1 岩石三轴压缩强度试验是测定一组岩石试件在不同侧压条件下的三向压缩强度,据此计算岩石在三轴压缩条件下的强度参数。本试验采用等侧压条件下的三轴压缩试验,是指适用于三向应力状态中的特殊情况,即 $\sigma_2=\sigma_3$。在进行三轴压缩试验的同时,应进行岩石单轴抗压强度、抗拉强度试验。

2.9.5 侧压力值的选定,主要依据三轴试验机的性能和岩石性质。试件采取防油措施的原因,是为了避免因油液渗入试件而影响试验成果。

2.10 抗拉强度试验

2.10.1 岩石抗拉强度试验是在试件直径方向上,施加一对线性荷载,使试件沿直径方向破坏,间接测定岩石的抗拉强度。本试验采用劈裂法进行抗拉试验,属间接拉伸法。

2.10.5 垫条可采用直径为 4mm 左右的钢丝或胶木棍,其长度应大于试件厚度。垫条的硬度应与试件硬度相匹配,垫条硬度过大,易对试件发生贯入现象;垫条硬度过低,垫条本身将严重变形,两者都影响试验成果。凡试件最终破坏未贯穿整个试件截面,而是局部脱落,应视为无效试件。

2.10.6 本条说明同第2.3.10条的说明。

2.11 直剪试验

2.11.1 岩石直剪试验是将同一类型的一组岩石试件,在不同的法向荷载下进行剪切,根据库伦表达式确定岩石的抗剪强度参数。本试验采用应力控制式的平推法直剪试验。对于完整坚硬的岩石,宜采用三轴试验。

2.11.9 预定应力或预定压力,一般是指工程设计应力或工程设计压力。在确定试验应力或试验压力时,还应考虑岩石或岩体的强度、岩体的应力状态以及设备的精度或出力。

2.11.12 当剪位移量不大时,剪切面积可直接采用试件剪切面积,剪位移量过大而影响计算精度时,应采用最终的重叠剪切面积;确定剪切阶段特征点时,按现在常用的有比例极限、屈服极限、峰值强度,在提供抗剪强度参数时,必须提供抗剪断的峰值强度参数值。

2.12 点荷载强度试验

2.12.1 岩石点荷载强度试验是将试件置于上下一对球端圆锥之间,施加集中荷载直至破坏,据此求得岩石点荷载强度和其各向异性指数。

2.12.7 点荷载试验仪的加荷球端圆锥压头的顶角应为 60°,球端曲率半径为 5mm。

2.12.8 当试件中存在弱面时,加荷方向应分别垂直弱面或平行弱面,以求得各向异性岩石的最大和最小的点荷载强度。

2.12.9 修正指数 $m=2(1-n)$,其中 n 为 $\log P \sim \log D_e^2$ 关系曲线的斜率。

3 岩体变形试验

3.1 承压板法试验

3.1.1 本条说明了该试验的适用范围。

(1)承压板法岩体变形试验是通过刚性或柔性承压板施力于半无限空间岩体表面,量测岩体变形,按弹性理论公式计算岩体变形参数。

(2)本试验采用圆形承压板,特殊情况下,允许采用方形或矩形承压板,但应分别采用相应的计算公式计算,并在试验记录中加以说明。

(3)采用刚性承压板或柔性承压板,可按岩体强度和设备拥有情况选用,坚硬完整岩体宜用柔性承压板,半坚硬和软弱岩体宜用刚性承压板。

(4)本试验适用于在试验平洞或井巷中进行。在露天进行试验时,反力装置可采用地锚法或压重法,但必须注意试验时的环境温度变化,以免影响试验成果。

3.1.2 在开挖试验平洞时,应采取防震措施,尽可能减少对岩体的扰动。一般可采用打防震孔或小药量爆破等方式。利用勘探平洞或井巷进行试验时,应清除岩体表面受爆破扰动的岩层。

3.1.9 本条规定了试验必要的仪器和设备。

3.1.12 布置测表时,对均质完整岩体,板外测点可按平行和垂直试验洞轴线布置;对有明显结构面的岩体,可按平行和垂直主要结构面走向布置。

3.1.13 为缩短混凝土的养护期,可在混凝土中加适量的速凝剂。一般采用的速凝剂有氯化钙、氯化钠等。

3.1.14 逐级一次循环加压时,每一循环压力应退零,使岩体充分回弹。当加压方向与地面不相垂直时,考虑安全的原因,允许保持一小压力,这时岩体回弹是不充分的,所计算的岩体弹性模量值可能偏大,应在记录中预以说明。

柔性承压板中心孔法变形试验中,当承压板直径大于 80cm 时,由于岩体中应力传递至深部,需要一定时间过程,稳定读数时间应适当延长,各测表应同时读取变形稳定值。应注意保护钻孔轴向位移计的引出线,不得有异物掉入孔内。

3.1.15 当试点距洞口的距离大于 30m 时,一般可不考虑外部气温变化对试验值的影响,但必须避免由于人为因素(人员、照明、取暖等)造成洞内温度变化幅度过大。通常要求试验期间温度变化不宜大于 ±1℃。当试点距洞口较近时,还应采取设置隔温门等措施。

3.1.17 本条规定了试验成果整理的内容,现就在成果整理时注意的主要问题作如下说明:

当测表因量程不足而需调表时,必须读取调表前后的稳定读数值,并在计算中减去稳定读数值之差。如在试验中,因掉块等原因引起碰动,也可按此方法进行。

刚性承压板法试验,应用 4 个测表的平均值作为岩体变形计算值。当其中 1 个测表因故障或其它原因被判断为失效时,应采用另一对称的 2 个测表的平均值作为岩体变形计算值,并予以说明。

3.2 钻孔变形试验

3.2.1 岩体钻孔变形试验是通过放入岩体钻孔中的压力计或膨胀计,施加径向压力于钻孔孔壁,量测钻孔径向岩体变形,按弹性理论公式计算岩体变形参数。

3.2.2 由于钻孔变形试验的探头依靠自重在钻孔中上下移动,本试验只适宜在铅直孔中进行试验,要求孔斜不超过 5°。为使钻孔孔壁平直光滑,宜采用金刚石钻头钻进。当孔壁存在长度大于加压段 1/3、深度大于 1cm 的空穴或孔壁有尖锐的岩块存在时,都可能使橡皮囊破裂,凡遇此类情况,均应进行处理,然后进行试验。

3.2.3 为合理地布置测点,应对钻孔岩心进行全面的地质描述,特别要注意钻孔岩体中软弱部位情况的描述。

3.2.5 钻孔变形试验适用于孔内能注满水的钻孔,如果钻孔漏水严重,则应进行灌浆,待水泥浆凝固后再钻孔,然后注水进行试验。

3.2.7 试验的最大压力应根据岩体强度、工程设计需要和仪器设备条件确定。

4 岩体强度试验

4.1 岩体结构面直剪试验

4.1.1 岩体结构面直剪试验是将同一类型岩体结构面的一组试体,在不同的法向荷载下进行剪切,根据库伦表达式确定岩体结构面的抗剪强度参数。岩体结构面直剪试验可分为:在结构面未扰动情况下进行的第一次剪断,通称抗剪断试验;剪断后,沿剪断面继续进行剪切的试验,通称抗剪试验。

4.1.3 本条规定了试体的规格和制备要求。

(1)试体可分为方形(矩形)体和楔形体,本试验推荐方形(矩形)体。在结构面倾角比较陡等特殊情况下可采用楔形体,但在制备试体时,应采取必要措施,防止试体下滑;在试验过程中,应保持法向应力不变。

(2)对于具有一定厚度粘土充填的弱面,为能在试验中可以承受较大的法向荷载,而不致挤出夹泥,可采用加大剪切面积的措施。

(3)对于具有一定厚度粘土充填的膨胀性大的结构面,在试体制备时,可采用限制夹泥膨胀的措施。一般可用:切断地下水来源,尽量避免试体在制备过程中浸泡在水中;在试体顶部,浇筑与试体面积相同的、厚约 10cm 的钢筋混凝土盖板,待初凝后在其上部施加预定法向荷载,然后向下切割使试体成型;通过在试体内部或外部埋设锚筋对试体施加锚固力,预加锚固力的大小,一般以能限制夹泥膨胀为限,在切割试体时,应注意不使锚固力损失,在对试体施加预定法向荷载后,应及时拆除锚筋。

4.1.10 斜向荷载施力方向与剪切面的夹角 α 一般可在 12°~25° 范围内选用。

4.1.13 最大法向应力的确定除考虑预定施加应力的大小外,还应考虑所施加的应力不宜引起结构面中充填物挤出。

对于具有含水率大的高塑性充填物的结构面,法向荷载要分级缓慢施加,否则会因剧烈触变而破坏其结构,影响试验成果。本标准对不同性质的结构面,分别规定了各自达到压缩稳定的时间,使试验的固结阶段应满足剪切前结构面在预定应力作用下,其中的孔隙水压力能够全部消散。按照本标准规定,可以认为基本达到固结。试验中,应绘制法向位移与时间对数关系曲线,据此估测主固结时间 t_{100}。

4.1.14 本标准采用的分级连续施加剪切荷载相当于排水剪,按所规定的剪切速率达到峰值强度的全部剪切时间,一般超过固结曲线所确定的 t_{100} 的 6 倍。对于具有含水率大的高塑性充填物的结构面,可以降低剪切速率,以满足要求。

4.1.15 当结构面中可能有多个剪切面时,试后对剪切面的描述要首先确定实际剪切面。试件通常都沿着凝聚力最小的面剥离,合理地确定实际剪切面,能正确地评价结构面的性质及其抗剪强度参数。实际剪切面一般可按剪切面中擦痕的长度和分布情况,或泥面的连续性及其厚度加以确定。

4.1.16 由于平推法和斜推法二种试验方法的最终成果无明显差别,本标准将二种试验方法并列,一般可根据设备条件和经验选用。

4.2 岩体直剪试验

4.2.1 岩体直剪试验是将同一类型岩体的一组试体,在不同法向荷载下进行剪切,根据库伦表达式确定岩体本身的抗剪强度参数。对于完整坚硬的岩体,宜采用室内三轴试验。

4.2.2 剪切缝的宽度,一般为推力方向试体长度的 5%,能够满足一般岩石的要求。

4.2.6 试验过程中,应及时记录试体中的响声和试体周围裂缝开展的情况,以作成果整理时参考。

5 岩体应力测试

5.1 孔壁应变法测试

5.1.1 孔壁应变法测试是采用孔壁应变计,量测套钻解除后钻孔孔壁的岩石应变,按弹性理论建立的应变与应力之间的关系式,求出岩体内某点的空间应力。本测试适用于各向同性岩体的应力测试。

5.1.2 如需测试原岩应力时,测点深度应超过应力扰动影响区。在地下洞室中进行测试时,测点深度应超过洞室直径(或相应尺寸)的 2 倍。

5.1.3 由于工程区域构造应力场、岩体特性及边界条件等对应力测试成果有直接影响,因此要注意收集上述有关资料。

5.1.7 套钻钻孔的最终深度,应使测试元件安装位置超出孔底应力集中影响区。这样得到的读数,并据以计算该点岩体应力时,才不致引起很大误差。

5.1.8 解除后的岩心如不能在 24h 内进行围压试验时,应立即包封,防止干燥。在进行围压试验时,应注意不得移动测试元件位置,以保证测试成果的准确性。

5.1.9 为保证测试精度,在同一钻孔内测试次数不应少于 3 次。当测试数据离散性较大时,应增加测试次数。

5.2 孔径变形法测试

5.2.1 孔径变形法测试是采用孔径变形计,量测套钻解除后的钻孔孔径变化,按弹性理论建立的孔径变化与应力之间的关系式,求出岩体某点的应力。需测求岩体空间应力时,应采用 3 个钻孔交会测试,即实交会法。特殊情况下,可采用虚交会法,但应予以说明。

5.3 孔底应变法测试

5.3.1 孔底应变法测试是采用孔底应变计,量测套钻解除后的钻孔孔底岩面应变,按弹性理论公式计算岩体内某点的应力。需测求岩体空间应力时,应采用 3 个钻孔交会测试。

6 岩体原位观测

6.1 地下洞室围岩收敛观测

6.1.1 地下洞室围岩收敛观测是用收敛计量测围岩表面两点在连线(基线)方向上的相对位移,即收敛值。本标准也适用于岩体表面两点间距离变化的观测。

6.1.2 本条规定了观测断面和观测点的布置原则。

(1)根据实测资料分析,一般情况下,当开挖掌子面距观测断面1.5~2.0倍洞径后,"空间效应"即掌子面的约束作用所产生的影响基本消除。因此,要求测点埋设应尽可能接近掌子面,距掌子面不宜大于1.0m。

(2)"时间效应"是指在掌子面约束作用解除后,收敛值随时间的延长而增大的现象。

(3)测点宜布置在位移较大的部位。

6.1.7 本条规定了观测的步骤。对观测过程中应注意的问题作如下说明:

(1)观测应由固定的人员进行操作,以减少人为误差。

(2)所有观测资料,应在24h以内进行整理,并对异常数据作出相应分析、判断和处理建议。

(3)第一次观测时间应尽早进行,宜在掌子面开挖后立即埋设测点并进行观测。

(4)观测时间间隔根据开挖情况和收敛值变化的大小来确定,一般在洞室开挖或支护后的半月内,每天应观测1~2次;当掌子面推进到距观测断面大于2倍洞径的距离后,每2天观测1次;当变形稳定后,长期观测一般每月观测1~2次。

当在观测断面附近进行开挖时,爆破前后均应观测1次;在观测断面进行支护或加固处理时,应增加观测次数。

当测值出现异常时,应增加观测次数,以便正确地进行险情预报和获得关键性资料。

6.1.8 采用收敛计观测的围岩位移,只是两个测点间的距离变化,若需求出各测点的位移,可以通过近似计算求得。在选择计算方法时,应考虑方法的假定是否接近所测洞室的实际情况。

6.2 钻孔轴向岩体位移观测

6.2.1 钻孔轴向岩体位移观测是通过钻孔轴向位移计量测孔壁岩体不同深度与钻孔轴线方向一致的位移。

6.2.7 本条说明同第6.1.7条的说明。

6.3 钻孔横向岩体位移观测

6.3.1 本条说明了该观测方法的适用范围。

(1)钻孔横向岩体位移观测是通过测斜仪量测孔壁岩体不同深度与钻孔轴线垂直的位移。

(2)本观测方法采用单向伺服加速度计式滑动测斜仪。

(3)当采用双向伺服加速度计式滑动测斜仪和固定式测斜仪时,可参照本标准。

6.3.2 测斜应有足够的深度,以保证至少有5m以上的导管位于滑动面以下的稳定的岩体内,以便得到可靠的位移测量基准点。假如测斜管末端以下的岩体发生移动,则必须采用其它精确的测量方法,并在孔口设基准点。

6.3.6~6.3.7 本条规定了测斜管安装的要求。对安装过程中应注意的问题作如下说明。

(1)应尽可能使测斜管连接成一直线。当深度大于30m时,应用测扭仪测定导槽的扭曲度,以备校正位移值。

(2)浆液固化后的力学性质宜与钻孔周围岩体的力学性质相似,为此应预先进行浆液配比试验。

(3)在岩体位移突变段,可用砂或其它措施充填测斜管与钻孔孔壁间隙,以防止由于岩体位移过大造成测斜管的折裂或剪断,保证测头顺利通过。

(4)观测间距,一般指测头上下两组导轮之间的距离,这样可使每一测段测量结果衔接。

(5)每次观测时,测头应严格保持在相应深度的同一位置上,并由固定人员进行操作。

(6)所有观测资料,应在24h以内整理,并对异常数据作出相应分析、判断和处理。

7 岩石声波测试

7.1 岩块声波速度测试

7.1.1 岩块声波速度测试是测定超声波的纵、横波在试件中传播的时间,据此计算岩块声波速度。

7.1.5 采用直透法布置换能器时,需将换能器安放在试件的两个端面上,使换能器的中心在试件的轴线上;平透法的两换能器应布置在试件的同一侧面;采用切变振动模式的换能器测横波时,收发换能器的振向必须保持一致。换能器置于试件上后,应将多余的凡士林或黄油挤出,以减少耦合介质对测试成果的影响。

7.1.6 由于岩块不是均质体,并受节理裂隙等结构面的影响,因此同组岩块每个试件的试验成果不可能完全一致。在整理测试成果时,应引出每一试件的测试值,不必求平均值。

7.2 岩体声波速度测试

7.2.1 岩体声波速度测试是利用电脉冲、电火花、锤击等方式激发声波,测试声波在岩体中的传播时间,据此计算声波在岩体中的传播速度。

7.2.6 孔间穿透测试时,两钻孔在同一平面且互相平行时,孔内任意深度的距离等于两孔口中心点的距离,否则必须进行孔距校正。在仰孔中测试时,应使用出水设备。两测孔间距较大或岩体破碎时,岩体表面测试宜采用锤击振源,孔间测试宜采用电火花振源。

7.2.8 在测试过程中,可按下列原则和方法判别横波:

(1)在岩体介质中,横波出现在纵波之后,它们的速度之比约 $\dfrac{V_p}{V_s} = \dfrac{t_s}{t_p} \geqslant 1.7$。

(2)接收到的纵波频率应大于横波频率($f_p > f_s$)。

(3)横波的振幅应比纵波的振幅大($A_s > A_p$)。

(4)采用锤击法时,改变锤击的方向;采用换能器发射时,改变发射电压的极性。此时,接收到的纵波相位不变,横波相位改变180°。

(5)反复调整仪器放大器的增益和衰减挡,在萤光屏上可见到较为清晰的横波,然后加大增益,可较准确测出横波初至时间。

(6)利用专用横波换能器测定横波。

中华人民共和国国家标准

建筑地基基础设计规范

GB 50007—2002

条 文 说 明

目　　次

1 总则 ······················· 5—8—3
2 术语和符号 ············· 5—8—3
3 基本规定 ················ 5—8—3
4 地基岩土的分类及工程特性
　指标 ······················· 5—8—4
　4.1 岩土的分类 ········· 5—8—4
　4.2 工程特性指标 ······ 5—8—5
5 地基计算 ················ 5—8—6
　5.1 基础埋置深度 ······ 5—8—6
　5.2 承载力计算 ········· 5—8—12
　5.3 变形计算 ············ 5—8—14
6 山区地基 ················ 5—8—17
　6.3 压实填土地基 ······ 5—8—17
　6.6 土质边坡与重力式挡墙 ··· 5—8—19
　6.7 岩石边坡与岩石锚杆挡墙 ··· 5—8—19
7 软弱地基 ················ 5—8—21
　7.2 利用与处理 ········· 5—8—21
7.5 大面积地面荷载 ······ 5—8—21
8 基础 ······················· 5—8—23
　8.1 无筋扩展基础 ······ 5—8—23
　8.2 扩展基础 ············ 5—8—23
　8.3 柱下条形基础 ······ 5—8—24
　8.4 高层建筑筏形基础 ··· 5—8—25
　8.5 桩基础 ··············· 5—8—28
9 基坑工程 ················ 5—8—32
　9.1 一般规定 ············ 5—8—32
　9.2 设计计算 ············ 5—8—33
　9.3 地下连续墙与逆作法 ··· 5—8—35
10 检验与监测 ··········· 5—8—36
　10.1 检验 ················· 5—8—36
　10.2 监测 ················· 5—8—37
附录 G 地基土的冻胀性分类及建
　　　筑基底允许残留冻土层最
　　　大厚度 ··············· 5—8—37

1 总 则

1.0.1 《建筑结构设计统一标准》对结构设计应满足的功能要求作了如下规定：一、能承受在正常施工和正常使用时可能出现的各种作用；二、在正常使用时具有良好的工作性能；三、在正常维护下具有足够的耐久性能；四、在偶然事件发生时及发生后，仍能保持必需的整体稳定。按此规定根据地基工作状态地基设计时应当考虑：

　　1 在长期荷载作用下，地基变形不致造成承重结构的损坏；

　　2 在最不利荷载作用下，地基不出现失稳现象。

　　因此，地基基础设计应注意区分上述两种功能要求。在满足第一功能要求时，地基承载力的选取以不使地基中出现长期塑性变形为原则，同时还要考虑在此条件下各类建筑可能出现的变形特征及变形量。由于地基土的变形具有长期的时间效应，与钢、混凝土、砖石等材料相比，它属于大变形材料。从已有的大量地基事故分析，绝大多数事故皆由地基变形过大且不均匀所造成。故在规范中明确规定了按变形设计的原则、方法；对于一部分地基基础设计等级为丙级的建筑物当按地基承载力设计基础面积及埋深后，其变形亦同时可满足要求时才不进行变形计算。

1.0.2 由于地基土的性质复杂。在同一地基内土的力学指标离散性一般较大，加上暗塘、古河道、山前洪积、溶岩等许多不良地质条件，必需强调因地制宜原则。本规范对总的设计原则、计算均作出了通用规定，也给出了许多参数。各地区可根据土的特性、地质情况作具体补充。此外，设计人员必须根据具体工程的地质条件，采用优化设计方法，以提高设计质量。

1.0.4 地基基础设计中，作用在基础上的各类荷载及其组合方法按现行《建筑结构荷载规范》执行。在地下水位以下时应扣去水的浮力。否则，将使计算结果偏差很大而造成重大失误。在计算土压力、滑坡推力、稳定性时尤应注意。

　　本规范只给出各类基础基底反力、力矩、挡墙所受的土压力等。至于基础断面大小及配筋量尚应满足抗弯、冲切、剪切、抗压等要求，设计时应根据所选基础材料按照有关规范规定执行。

2 术语和符号

2.1.3 由于土为大变形材料，当荷载增加时，随着地基变形的相应增长，地基承载力也在逐渐加大，很难界定出一个真正的"极限值"；另一方面，建筑物的使用有一个功能要求，常常是地基承载力还有潜力

可挖，而变形已达到或超过按正常使用的限值。因之，地基设计是采用正常使用极限状态这一原则，所选定的地基承载力是在地基土的压力变形曲线线性变形段内相应于不超过比例界限点的地基压力值，即允许承载力。

　　根据国外有关文献，相应于我国规范中"标准值"的含义可以有特征值、公称值、名义值、标定值四种，在国际标准《结构可靠性总原则》ISO2394中相应的术语直译为"特征值"（characteristic value），该值的确定可以是统计得出，也可以是传统经验值或某一物理量限定的值。

　　本次修订采用"特征值"一词，用以表示正常使用极限状态计算时采用的地基承载力和单桩承载力的值，其涵义即为在发挥正常使用功能时所允许采用的抗力设计值，以避免过去一律提"标准值"时所带来的混淆。

3 基 本 规 定

3.0.1 建筑地基基础设计等级是按照地基基础设计的复杂性和技术难度确定的，划分时考虑了建筑物的性质、规模、高度和体型；对地基变形的要求；场地和地基条件的复杂程度；以及由于地基问题对建筑物的安全和正常使用可能造成影响的严重程度等因素。

　　地基基础设计等级采用三级划分，如表3.0.1。现对该表作如下重点说明：

　　在地基基础设计等级为甲级的建筑物中，30层以上的高层建筑，不论其体型复杂与否均列入甲级，这是考虑到其高度和重量对地基承载力和变形均有较高要求，采用天然地基往往不能满足设计需要，而须考虑桩基或进行地基处理；体型复杂、层数相差超过10层的高低层连成一体的建筑物是指在平面上和立面上高度变化较大、体型变化复杂，且建于同一整体基础上的高层宾馆、办公楼、商业建筑等建筑物。由于上部荷载大小相差悬殊、结构刚度和构造变化复杂，很易出现地基不均匀变形，为使地基变形不超过建筑物的允许值，地基基础设计的复杂程度和技术难度均较大，有时需要采用多种地基和基础类型或考虑采用地基与基础和上部结构共同作用的变形分析计算来解决不均匀沉降对基础和上部结构的影响问题；大面积的多层地下建筑物存在深基坑开挖的降水、支护和对邻近建筑物可能造成严重不良影响等问题，增加了地基基础设计的复杂性，有些地面以上没有荷载或荷载很小的大面积多层地下建筑物，如地下车库、商场、运动场等还存在抗地下水浮力设计等问题；复杂地质条件下的坡上建筑物是指坡体岩土的种类、性质、产状和地下水条件变化复杂等对坡体稳定性不利的情况，此时应作坡体稳定性分析，必要时应采取整治措施；对原有工程有较大影响的新建建筑物是指在

原有建筑物旁和在地铁、地下隧道、重要地下管道上或旁边新建的建筑物，当新建建筑物对原有工程影响较大时，为保证原有工程的安全和正常使用，增加了地基基础设计的复杂性和难度；场地和地基条件复杂的建筑物是指不良地质现象强烈发育的场地，如泥石流、崩塌、滑坡、岩溶土洞塌陷等，或地质环境恶劣的场地，如地下采空区、地面沉降区、地裂缝地区等，复杂地基是指地基岩土种类和性质变化很大、有古河道或暗浜分布、地基为特殊性岩土，如膨胀土、湿陷性土等、以及地下水对工程影响很大需特殊处理等情况，上述情况均增加了地基基础设计的复杂程度和技术难度。对在复杂地质条件和软土地区开挖较深的基坑工程，由于基坑支护、开挖和地下水控制等技术复杂、难度较大，也列入甲级。

表3.0.1所列的设计等级为丙级的建筑物是指建筑场地稳定，地基岩土均匀良好、荷载分布均匀的七层及七层以下的民用建筑和一般工业建筑物以及次要的轻型建筑物。

由于情况复杂，设计时应根据建筑物和地基的具体情况参照上述说明确定地基基础的设计等级。

3.0.2 本条规定了地基设计的原则

1 各类建筑物的地基计算均应满足承载力计算的要求。

2 设计等级为甲、乙级的建筑物均应按地基变形设计，这是由于因地基变形造成上部结构的破坏和裂缝的事例很多，因此控制地基变形成为地基设计的主要原则，在满足承载力计算的前提下，应按控制地基变形的正常使用极限状态设计。

3 本次修订增加了对地下水埋藏较浅，而地下室或地下构筑物存在上浮问题时，应进行抗浮验算的规定。

3.0.3 本条规定了对地基勘察的要求

1 在地基基础设计前必须进行岩土工程勘察。

2 对岩土工程勘察报告的内容作出规定。

3 对不同地基基础设计等级建筑物的地基勘察方法，测试内容提出了不同要求。

4 强调应进行施工验槽，如发现问题应进行补充勘察，以保证工程质量。

3.0.4 地基基础设计时，所采用的荷载效应最不利组合和相应的抗力限值应按下列规定：

当按地基承载力计算和地基变形计算以确定基础底面积和埋深时应采用正常使用极限状态，相应的荷载效应组合为标准组合和准永久组合。

在计算挡土墙土压力、地基和斜坡的稳定及滑坡推力时，采用承载能力极限状态荷载效应基本组合，荷载效应组合设计值S中荷载分项系数均为1.0。

在根据材料性质确定基础或桩台的高度、支挡结构截面，计算基础或支挡结构内力、确定配筋和验算材料强度时，应按承载能力极限状态考虑，采用荷载效应基本组合。此时，S中包含相应的荷载分项系数。

3.0.5 荷载效应组合的设计值应按现行《建筑结构荷载规范》GB 50009的规定执行。规范编制组对基础构件设计的分项系数进行了大量试算工作，对高层建筑筏板基础5人次8项工程、高耸构筑物1人次2项工程、烟囱2人次8项工程，支挡结构5人次20项工程的试算结果统计，对由永久荷载控制的荷载效应基本组合确定设计值时，综合荷载分项系数应取1.35。

4 地基岩土的分类及工程特性指标

4.1 岩土的分类

4.1.2～4.1.4 岩石的工程性质极为多样，差别很大，进行工程分类十分必要。89规范首先进行坚固性分类，再进行风化分类。按坚固性分为"硬质岩"和"软质岩"，列举了代表性岩石名称，以新鲜岩块的饱和单轴抗压强度30MPa为分界标准。问题在于，新鲜的未风化的岩块在现场很难取得，难以执行。另外，只分"硬质"和"软质"，也显得粗了些，而对工程最重要的是软岩和极软岩。

岩石的分类可以分为地质分类和工程分类。地质分类主要根据其地质成因、矿物成份、结构构造和风化程度，可以用地质名称加风化程度表达，如强风化花岗岩、微风化砂岩等。这对于工程的勘察设计确是十分必要的。工程分类主要根据岩体的工程性状，使工程师建立起明确的工程特性概念。地质分类是一种基本分类，工程分类应在地质分类的基础上进行，目的是为了较好地概括其工程性质，便于进行工程评价。

为此，本次修订除了规定应确定地质名称和风化程度外，增加了"岩块的坚硬程度"和"岩体的完整程度"的划分，并分别提出了定性和定量的划分标准和方法，对于可以取样试验的岩石，应尽量采用定量的方法，对于难以取样的破碎和极破碎岩石，可用附录A的定性方法，可操作性较强。岩石的坚硬程度直接和地基的强度和变形性质有关，其重要性是无疑的。岩体的完整程度反映了它的裂隙性，而裂隙性是岩体十分重要的特性，破碎岩石的强度和稳定性较完整岩石大大削弱，尤其对边坡和基坑工程更为突出。

本次修订将岩石的坚硬程度和岩体的完整程度各分五级。划分出极软岩十分重要，因为这类岩石常有特殊的工程性质，例如某些泥岩具有很高的膨胀性；泥质砂岩、全风化花岗岩等有很强的软化性（饱和单轴抗压强度可等于零）；有的第三纪砂岩遇水崩解，有流砂性质。划分出极破碎岩体也很重要，有时开挖时很硬，暴露后逐渐崩解。片岩各向异性特别显著，作为边坡极易失稳。

破碎岩石测岩块的纵波波速有时会有困难，不易准确测定，此时，岩块的纵波波速可用现场测定岩性相同但岩体完整的纵波波速代替。

4.1.6 碎石土难以取样试验，89规范用野外鉴别方法划分密实度。本次修订以重型动力触探锤击数 $N_{63.5}$ 为主划分其密实度，更为客观和可靠，同时保留野外鉴别法，列入附录B。

重型圆锥动力触探在我国已有近五十年的应用经验，各地积累了大量资料。铁道部第二勘测设计院通过筛选，采用了59组对比数据，包括卵石、碎石、圆砾、角砾，分布在四川、广西、辽宁、甘肃等地，数据经修正（表4.1.6-1），统计分析了 $N_{63.5}$ 与地基承载力关系（表4.1.6-2）。

表 4.1.6-1　　修正系数

$N_{63.5}$ \ $l(m)$	5	10	15	20	25	30	35	40	≥50
≤2	1.0	1.0	1.0	1.0	1.0	1.0	1.0	1.0	1.0
4	0.96	0.95	0.93	0.92	0.90	0.98	0.87	0.86	0.84
6	0.93	0.90	0.88	0.85	0.83	0.81	0.79	0.78	0.75
8	0.90	0.86	0.83	0.80	0.77	0.75	0.73	0.71	0.67
10	0.88	0.83	0.79	0.75	0.72	0.69	0.67	0.64	0.61
12	0.85	0.79	0.75	0.70	0.67	0.64	0.61	0.59	0.55
14	0.82	0.76	0.71	0.66	0.62	0.58	0.56	0.53	0.50
16	0.79	0.73	0.67	0.62	0.57	0.54	0.50	0.48	0.45
18	0.77	0.70	0.63	0.57	0.53	0.49	0.46	0.43	0.40
20	0.75	0.67	0.59	0.53	0.48	0.44	0.41	0.39	0.36

注：l 为杆长。

表 4.1.6-2　　$N_{63.5}$ 与承载力的关系

$N_{63.5}$	3	4	5	6	8	10	12	14	16
σ_0(kPa)	140	170	200	240	320	400	480	540	600
$N_{63.5}$	18	20	22	24	26	28	30	35	40
σ_0(kPa)	660	720	780	830	870	900	930	970	1000

注：1. 适用的深度范围为 1～20m；
　　2. 表内的 $N_{63.5}$ 为经修正后的平均击数。

表 4.1.6-1 的修正，实际上是对杆长、上覆土自重压力、侧摩阻力的综合修正。

过去积累的资料基本上是 $N_{63.5}$ 与地基承载力的关系，极少与密实度有关。考虑到碎石土的承载力主要与密实度有关，故本次修订利用了表 4.1.6-2 的数据，参考其他资料，制定了本条按 $N_{63.5}$ 划分碎石土密实度的标准。

4.1.8　关于标准贯入试验锤击数 N 值的修正问题，虽然国内外已有不少研究成果，但意见很不一致。在我国，一直用经过修正后的 N 值确定地基承载力，用不修正的 N 值判别液化。国外和我国某些地方规范，则采用有效上覆自重压力修正。因此，勘察报告首先提供未经修正的实测值，这是基本数据。然后，在应用时根据当地积累资料统计分析时的具体情况，确定是否修正和如何修正。用 N 值确定砂土密实度，确定这个标准时并未经过修正，故表 4.1.8 中的 N 值为未经过修正的数值。

4.1.11　粉土的性质介于砂土和粘性土之间。砂粒含量较多的粉土，地震时可能产生液化，类似于砂土的性质。粘粒含量较多（>10%）的粉土不会液化，性质近似于粘性土。而西北一带的黄土，颗粒成分以粉粒为主，砂粒和粘粒含量都很低。因此，将粉土细分为亚类，是符合工程需要的。但目前，由于经验积累的不同和认识上的差别，尚难确定一个能被普遍接受的划分亚类标准，故本条未作划分亚类的明确规定。

4.1.13　红粘土是红土的一个亚类。红土化作用是在炎热湿润气候条件下的一种特定的化学风化成土作用。它较为确切地反映了红粘土形成的历程与环境背景。

区域地质资料表明：碳酸盐类岩石与非碳酸盐类岩石常呈互层产出，即使在碳酸盐类岩石成片分布的地区，也常见非碳酸盐类岩石夹杂其中。故将成土母岩扩大到"碳酸盐岩系出露区的岩石"。

在岩溶洼地、谷地、准平原及丘陵斜坡地带，当受片状及间歇性水流冲蚀，红粘土的土粒被带到低洼处堆积成新的土层，其颜色较未搬运者为浅，常含粗颗粒，但总体上仍保持红粘土的基本特征，而明显有别于一般的粘性土。这类土在鄂西、湘西、广西、粤北等山地丘陵区分布，还远较红粘土广泛。为了利于对这类土的认识和研究，将它划定为次生红粘土。

4.1.15～4.1.16　本次修订增加了膨胀土和湿陷性土的定义。

4.2　工程特性指标

4.2.1　静力触探、动力触探、标准贯入试验等原位测试，用于确定地基承载力，在我国已有丰富经验，可以应用，故列入本条，并强调了必须有地区经验，即当地的对比资料。同时还应注意，当地基基础设计等级为甲级和乙级时，应结合室内试验成果综合分析，不宜单独应用。

74规范建立了土的物理力学性指标与地基承载力关系，89规范仍保留了地基承载力表，列入附录，并在使用上加以适当限制。承载力表使用方便是其主要优点，但也存在一些问题。承载力表是用大量的试验数据，通过统计分析得到的。我国幅员广大，土质条件各异，用几张表格很难概括全国的规律。用查表法确定承载力，在大多数地区可能基本适合或偏保守，但也不排除个别地区可能不安全。此外，随着设计水平的提高和对工程质量要求的趋于严格，变形控制已是地基设计的重要原则，本规范作为国标，如仍沿用承载力表，显然已不适应当前的要求，故本次修订决定取消有关承载力表的条文和附录，勘察单位应根据试验和地区经验确定地基承载力等设计参数。

4.2.2 工程特性指标的代表值，对于地基计算至关重要。本条明确规定了代表值的选取原则。标准值取其概率分布的 0.05 分位数；地基承载力特征值是指由载荷试验地基土压力变形关系线性变形段内不超过比例界限点的地基压力值，实际即为地基承载力的允许值。

4.2.3 载荷试验是确定岩土承载力的主要方法，89 规范列入了浅层平板载荷试验。考虑到浅层平板载荷试验不能解决深层土的问题，故本次修订增加了深层载荷试验的规定。这种方法已积累了一定经验，为了统一操作，将其试验要点列入了本规范的附录 D。

4.2.4 采用三轴剪切试验测定土的抗剪强度，是国际上常规的方法。优点是受力条件明确，可以控制排水条件，既可用于总应力法，也可用于有效应力法；缺点是对取样和试验操作要求较高，土质不均时试验成果不理想。相比之下，直剪试验虽然简便，但受力条件复杂，无法控制排水，故本次修订推荐三轴试验。鉴于多数工程施工速度快，较接近于不固结不排水剪条件，故本规范推荐 UU 试验。而且，用 UU 试验成果计算，一般比较安全。但预压固结的地基，应采用固结不排水剪。进行 UU 试验时，宜在土的有效自重压力下预固结，更符合实际。

室内试验确定土的抗剪强度指标影响因素很多，包括土的分层合理性、土样均匀性、操作水平等，某些情况下使试验结果的变异系数较大，这时应分析原因，增加试验组数，合理取值。

4.2.5 土的压缩性指标是建筑物沉降计算的依据。为了与沉降计算的受力条件一致，本次修订时强调了施加的最大压力应超过土的有效自重压力与预计的附加压力之和，并取与实际工程相同的压力段计算变形参数。

考虑土的应力历史进行沉降计算的方法，注意了欠压密土在土的自重压力下的继续压密和超压密土的卸载回弹再压缩，比较符合实际情况，是国际上常用的方法。本次修订时增加了通过高压固结试验测定有关参数的规定。

5 地基计算

5.1 基础埋置深度

5.1.3 除岩石地基外，位于天然土质地基上的高层建筑筏形或箱形基础应有适当的埋置深度，以保证筏形和箱形基础的抗倾覆和抗滑移稳定性。

本条给出的抗震设防区内的高层建筑筏形和箱形基础埋深不宜小于建筑物高度的 1/15，是基于工程实践和科研成果。北京市勘察设计研究院张在明等在分析北京八度抗震设防区内高层建筑地基整体稳定性与基础埋深的关系时，以二幢分别为 15 层和 25 层的建筑，考虑了地震作用和地基的种种不利因素，用圆弧滑动面法进行分析，其结论是：从地基稳定的角度考虑，当 25 层建筑物的基础埋深为 1.8m 时，其稳定安全系数为 1.44，如埋深为 3.8m（1/17.8）时，则安全系数达到 1.64。对位于岩石地基上的高层建筑筏形和箱形基础，其埋置深度应根据抗滑移的要求来确定。

5.1.6 地基土的冻胀性分类

土的冻胀性分类基本上与 GBJ7—89 中的一致，仅对下列几个内容进行了修改。

1 增加了特强冻胀土一档。因原分类表中当冻胀率 η 大于 6% 时为强冻胀，在实际的冻胀性地基土中 η 不小于 20% 的并不少见，由不冻胀到强冻胀划分的很密，而强冻胀之后再不细分，显得太粗，有些在冻胀的过程中出现的力学指标如土的冻胀应力，切向冻胀力等，变化范围太大。因此，本规范作相应改动，增加了 η 大于 12% 特强冻胀土一档。

2 在粗颗粒土中的细粒土含量（填充土），超过某一定的数值时如 40%，其冻胀性可按所填充之物的冻胀性考虑。

当高塑性粘土如塑性指数 I_p 不小于 22 时，土的渗透性下降，影响其冻胀性的大小，所以考虑冻胀性下降一级。当土层中的粘粒（粒径小于 0.005mm）含量大于 60% 时，可看成为不透水的土，此时的地基土为不冻胀土。

3 近十几年内国内某些单位对季节冻土层地下水补给高度的研究做了很多工作，见表 5.1-1、表 5.1-2、表 5.1-3、表 5.1-4。

表 5.1-1 土壤毛管水上升高度与冻深、冻胀的比较[*]

项目 土壤类别	毛管水上升高度（mm）	冻深速率变化点距地下水位的高度（mm）	明显冻胀层距地下水位的高度（mm）
重壤土	1500~2000	1300	1200
轻壤土	1000~1500	1000	1000
细砂	<500	—	400

[*] 王希尧 不同地下水埋深和不同土壤条件下冻结和冻胀试验研究《冰川冻土》1980.3。

表 5.1-2 无冻胀层距离潜水位的高度[*]

土壤类别	重壤	轻壤	细砂	粗砂
无冻胀层距离潜水位的高度（mm）	1600	1200	600	400

[*] 王希尧 浅潜水对冻胀及其层次分布的影响《冰川冻土》1982.2。

表 5.1-3　　地下水位对冻胀影响程度*

土　类	地下水距冻结线的距离 z（m）				
亚粘土	$z>2.5$	$2.0<z<2.5$	$1.5<z<2.0$	$1.2<z<1.5$	$z<1.2$
亚砂土	$z>2.0$	$1.5<z<2.0$	$1.0<z<1.5$	$0.5<z<1.0$	$z<0.5$
砂性土	$z>1.0$	$0.7<z<1.0$	$0.5<z<0.7$	—	—
粗　砂	$z>1.0$	$0.5<z<0.5$	—	—	—
冻胀类别	不冻胀	弱冻胀	冻胀	强冻胀	特强冻胀

* 童长江等　切向冻胀力的设计值　科学院冰川所　大庆油田设计院 1986.7

表 5.1-4　冻胀分类地下水界线值*

地下水位（m） 土层名	冻胀分类	不冻胀	弱冻胀	冻胀	强冻胀	特强冻胀
粘性土	计算值	1.87	1.21	0.93	0.45	<0.45
	推荐值	>2.00	>1.5	>1.0	>0.5	<0.5
细　砂	计算值	0.87	0.54	0.33	0.06	<0.06
	推荐值	>1.0	>0.6	>0.4	>0.1	<0.1

* 戴惠民　王兴隆　季冻区公路桥涵地基土冻胀与基础埋深的研究
黑龙江省交通科学研究所 1989.5

根据上述研究成果，以及专题研究"粘性土地基冻胀性判别的可靠性"，将季节冻土的冻胀性分类表中冻结期间地下水位距冻结面的最小距离 h_0 作了部分调整，其中粉砂列由 1.5m 改为 1.0m；粉土列由 2.0m 改为 1.5m；粘性土列中当 w 大于 w_p+9 后，改成大于 w_p+15 为特强冻胀土。

4　冻结深度与冻层厚度两个概念容易混淆，对不冻胀土二者相同，但对冻胀土，尤其强冻胀以上的土，二者相差颇大。计算冻层厚度时，自然地面是随冻胀量的加大而逐渐上抬的，设计基础埋深时所需的冻深值是自冻前原自然地面算起的，它等于冻层厚度减去冻胀量，特此强调引起注意。

5.1.7　冻深影响系数中的 ψ_{zs}、ψ_{zw} 及 ψ_{ze}

影响冻深的因素很多，最主要的是气温，除此之外尚有季节冻结层附近的地质（岩性）条件，水分状况以及环境特征等等。在上述诸因素中，除山区外，只有气温属地理性指标，其他一些因素，在平面分布上都是彼此独立的，带有随机性，各自的变化无规律，有些地方的变化还是相当大的，它们属局部性指标，局部性指标用小比例尺的全国分布图来表示，不合适。例如哈尔滨郊区有一个高陡坡，水平距离不过十余米，坡上土的含水量小，地下水位低，冻深约

1.9m，而坡下地下水位高，土的含水量大，属特强冻胀土，历年冻深不超过 1.5m。这种情况在冻深图中是无法表示清楚的，也不可能表示清楚。

附录 G《中国季节性冻土标准冻深线图》应该理解为在标准条件下取得的，该标准条件即为标准冻深的定义：地下水位与冻结锋面之间的距离大于 2m，非冻胀粘性土，地表平坦、裸露，城市之外的空旷场地中，多年实测（不少于十年）最大冻深的平均值。冻深的影响系数有土质系数，湿度系数，环境系数和地形系数等。

土质对冻深的影响是众所周知的，因岩性不同其热物理参数也不同，粗颗粒土的导热系数比细颗粒土的大。因此，当其他条件一致时，粗颗粒土比细颗粒土的冻深大，砂类土的冻深比粘性土的大。我国对这方面问题的实测数据不多、不系统，苏联 74 年和 83 年设计规范《房屋及建筑物地基》中有明确规定，本规范采纳了他们的数据。

土的含水量和地下水位对冻深也有明显的影响，我国东北地区做了不少工作，这里将土中水分与地下水位都用土的冻胀性表示（见本规范附录 G 中土的冻胀性分类表），水分（湿度）对冻深的影响系数见表 5.1-5。因土中水在相变时要放出大量的潜热，所以含水量越多，地下水位越高（冻结时向上迁移），参与相交的水量就越多，放出的潜热也就越多，由于冻胀土冻结的过程也是放热的过程，放热在某种程度上减缓了冻深的发展速度，因此冻深相对变浅。

表 5.1-5　　水分对冻深的影响系数
（含水量、地下水位）

资料出处	不冻胀	弱冻胀	冻　胀	强冻胀	特强冻胀
黑龙江低温所（闫家岗站）	1.00	1.00	0.90	0.85	0.80
黑龙江低温所（龙凤站）	1.00	0.90	0.80	0.80	0.77
大庆油田设计院（让胡路站）	1.00	0.95	0.85	0.85	0.75
黑龙江交通所（庆安站）	1.00	0.95	0.90	0.85	0.75
推荐值	1.00	0.95	0.90	0.85	0.80

注：土的含水量与地下水位深度都含在土的冻胀性中，参见土的冻胀性分类表。

坡度和坡向对冻深也有一定的影响，因坡向不同，接收日照的时间有长有短，得到的辐射热有多有少，向阳坡的冻深最小，背阴坡的冻深最大。坡度的大小也有很大关系，同是向阳坡，坡度大者阳光光线的入射角相对较小，单位面积上的光照强度变大，接受的辐射热量就多，前苏联《普通冻土学》中给出了

坡向对融化深度的影响系数。但是有关这方面的定量实测资料很少,坡度界限不好确定,因此本规范暂不考虑。

城市的气温高于郊外,这种现象在气象学中称为城市的"热岛效应"。城市里的辐射受热状况改变了(深色的沥青屋顶及路面吸收大量阳光),高耸的建筑物吸收更多的阳光,各种建筑材料的热容量和传热量大于松土。据计算,城市接受的太阳辐射量比郊外高出10%～30%,城市建筑物和路面传送热量的速度比郊外湿润的砂质土快3倍,工业设施排烟、放气、交通车辆排放尾气,人为活动等都放出很多热量,加之建筑群集中,风小对流差等,使周围气温升高。

目前无论国际还是国内对城市气候的研究越来越重视,该项研究已列入国家基金资助课题,对北京、上海、沈阳等十个城市进行了重点研究,已取得一批阶段成果。根据国家气象局气象科学研究院气候所和中国科学院、国家计委北京地理研究所气候室的专家提供的数据,经过整理列于表5.1-6中。"热岛效应"是一个比较复杂的问题,和城市人口数量、人口密度、年平均气温、风速、阴雨天气等诸多因素有关。根据观测资料与专家意见,作如下规定:20～50万人口的城市(市区),只按近郊考虑0.95的影响系数,50～100万人口的城市,只按市区考虑0.90的系数,大于100万的,除考虑市区外,还可扩大考虑5km范围内的近郊。此处所说的城市(市区)是指市民居住集中的市区,不包括郊区和市属县、镇。

表5.1-6 "热岛效应"对冻深的影响

城 市	北京	兰州	沈阳	乌鲁木齐
市区冻深 远郊冻深	52%	80%	85%	93%
规范推荐值	市区 0.90	近郊 0.95	村镇 1.00	

关于冻深的取值,尽量应用当地的实测资料,要注意个别年份挖探一个、两个数据不能算实测数据,多年实测资料(不少于十年)的平均值才为实测数据(个体不能代表均值)。

5.1.8 按双层地基计算模型对基底下允许冻土层最大厚度 h_{max} 的计算:

残留冻土层的确定只是根据自然场地的冻胀变形规律,没有考虑基础荷重的作用与土中应力对冻胀的影响,或者说地基土的冻胀变形与其上有无建筑物无关,与其上的荷载大小无关。例如,单层的平房与十几层高的住宅楼在按残留冻土层进行基础埋深的设计时,将得出相同的残留冻土层厚度,具有同一埋深,这显然是不够合理的。

本规范所采用的方法是以弹性层状空间半无限体力学的理论为基础的,在一般情况下(非冻结季节)地基土是单层的均质介质,而在季节冻土冻结期间则变成了含有冻土和未冻土两层的非均质介质,即双层地基,在融化过程中又变成了融土—冻土—未冻土的三层地基。

地基土在冻结之前由附加荷载引起的附加应力的分布是属于均质(单层)的,当冻深发展到浅基础底面以下,由于已冻土的力学特征参数与未冻土的差别较大而变成了两层。如果地基土是非冻胀性的,虽然地基已变成两层,但地基中原有的附加应力分布则仍保持着固有的单层的形式,若地基属于冻胀性土时,随着冻胀力的产生和不断增大,地基中的附加应力则进行着一系列变化,即重分配,冻胀力发展增大的过程,也是附加应力重分配的过程。

凡是基础埋置在冻深范围之内的建(构)筑物,其荷载都是较小的(因如果荷载较大,埋深浅了则不能满足变形和稳定的要求),一般都应用均质直线变形体的弹性理论计算土中应力,土冻结之后的力学指标大大提高了,可以用双层空间半无限直线变形体理论来分析地基中的应力。

季节冻结层在冬季,土的负温度沿深度的分布,当冻层厚度不超过最大冻深的3/4时,即负气温在翌年入春回升之前可看成直线关系。根据黑龙江省寒地建筑科学研究院在哈尔滨和大庆两地冻土站(冻深在两米左右地区)实测的竖向平均温度梯度,可近似地用0.1℃/cm表示,地下各点负温度的绝对值可用下式计算:

$$T = 0.1(h-z) \quad (℃) \quad (5.1-1)$$

式中 h——自基础底面算起至冻结界面的冻层厚度(cm);

z——自基础底面算起冻土层中某点的竖向坐标(cm)。

冻土的变形模量(或近似称弹性模量)与土的种类、含水程度、荷载大小、加载速率以及土的负温度等都有密切关系,其变形模量与土温的关系委托中国科学院兰州冰川冻土研究所所做的试验,经过整理简化后其结果为:

$$E = E_0 + KT^a = [10 + 44T^{0.733}] \times 10^3 (kPa) \quad (5.1-2)$$

将(5.1-1)式代入,得

$$E = [10 + 238(h-z)^{0.733}] \times 10^3 \quad (kPa) \quad (5.1-3)$$

式中 E_0——冻土在0℃时的变形模量(kPa)。

双层地基的计算简图如图5.1-1所示,编制有限元的计算程序,用数值计算来近似解出双层地基交接面(冻结界面)上基础中心轴下垂直应力系数。根据湖南省计算技术研究所、中国科学院哈尔滨工程力学研究所的双层地基的解析计算结果,根据实际地基两层的刚度比、基础面积、形状、土层高度等参数求出了条形、方形和圆形图表的结果。

根据一定的基础形式(条形、圆形或矩形),一

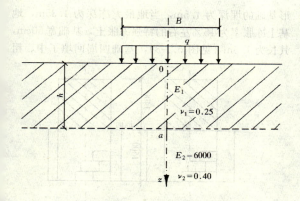

图 5.1-1 双层地基计算简图
$E_1 = [10 + 238(h-z)^{0.733}] \times 10^3$

定的基础尺寸（基础宽度、直径或边长的数值）和一定的基底之下的冻层厚度，即可查出冻结界面上基础中心点下的应力系数值。

土的冻胀应力是这样得到的，如图 5.1-2 所示，图 5.1-2a 为一基础放置在冻土层内，设计冻深为 H，基础埋深为 h，冻土层的变形模量、泊松比为 E_1、ν_1，下卧不冻土层的为 E_2、ν_2 均为已知，图 5.1-2b 所示的地基与基础，其所有情况与图 5.1-2a 完全相同，二者所不同之处在于图 5.1-2a 为作用力 P 施加在基础上，地基内 a 点产生应力 p_a，图 5.1-2b 为基础固定不动，由于冻土层膨胀对基础产生一力 P'，引起地基内 a 点的应力为 p'_a，在界面上的冻胀应力按约束程度的不同有一定的分布规律。如果 $P'=P$ 时，则 $p'_a=p_a$，由于地基基础所组成的受力系统与大小完全相同，则地基和基础的应力状态也完全一致。换句话说，由 P 引起的在冻结界面上附加应力的大小和分布完全相同于产生冻胀力 $P'(=P)$ 时在冻结界面上冻胀应力的分布和大小，所以求冻胀力的过程与求附加应力的过程是相同的。也可将附加应力看成冻胀应力的反作用力。

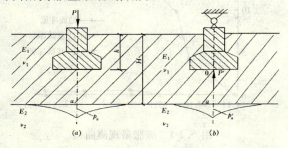

图 5.1-2 地基土的冻胀应力示意
(a) 由附加荷载作用在冻土地基上；
(b) 由冻胀应力作用在基础上

黑龙江省寒地建筑科学研究院于哈尔滨市郊的闫家岗冻土站中，在四个不同冻胀性的场地上进行了法向冻胀力的观测，正方形基础尺寸 $A=0.5m^2$，冻层厚度为 1.5～1.8m，基础埋深为零，四个场地的冻胀率 η 分别为 $\eta_1=23.5\%$，$\eta_2=16.4\%$，$\eta_3=8.3\%$，$\eta_4=2.5\%$。

由于在试验冻胀力的过程中基础有 20～30mm 的上抬量，法向冻胀力有一定的松弛，因此，在测得力值的基础上再增加 50%。形成"土的冻胀应力曲线"素材的情况是，冻胀率 $\eta=20\%$，最大冻深 $H=1.5m$，基础面积 $A=0.5m^2$，则冻胀力达到 1000kN，相当 2000kPa，这样大的冻胀力用在工程上有一定的可靠性。

根据基础底面之下的冻层厚度 h 与基础尺寸，查双层地基的应力系数图表，就可容易地求出在该时刻冻胀应力 σ_{fh} 的大小。将不同冻胀率条件下和不同深度处得出的冻胀应力画在一张图上便获得土的冻胀应力曲线。在求基础埋深的过程中，传到基础上的荷载只计算上部结构的自重，临时性的活荷载不能计入，如剧院、电影院的观众厅，在有演出节目时座无虚席，但散场以后空无一人，当夜间基土冻胀时活荷载根本就不存在。另如学校的教室，在严冬放寒假，正值冻胀严重的时令，学生却都回家去，也是空的了，等等。因此，在计算平衡冻胀力的附加荷载时，只计算实际存在的（墙体扣除门窗洞）结构自重，尚应乘以一个小于 1 的荷载系数（如 0.9），考虑偶然最不利的情况。

基础底面处的接触附加压力可以算出，冻层厚度发展到任一深度处的应力系数可以查到，基底附加压力乘以应力系数即为该截面上的附加应力。然后寻求小于或等于附加应力的冻胀应力，这种截面所在的深度减去应力系数所对应的冻层厚度即为所求的基础的最小埋深，在这一深度上由于向下的附加应力已经把向上的冻胀应力给平衡了，即压住了，肯定不会出现冻胀变形，所以是安全的。

5.1.9 防切向冻胀力的措施

降低或消除切向冻胀力的措施很多，诸如：基侧保温法、基侧换土法、改良水土条件法、人工盐渍化法、使土颗粒聚集或分散法、憎水处理法以及基础锚固法等等。这些方法中有的不太经济，有的不能耐久，有的施工不便，还有的会遗留副作用。寻求效果显著、施工简便、造价低廉的防切向冻胀力的措施仍是必要的。本文提出了大家早已知晓，并经过试验确认有效的两个切向冻胀力的防治措施。

1 基侧填砂

用基侧填砂来减小或消除切向冻胀力，许多文献都有简单提及，但是填砂的适用范围、填砂的最小厚度等都没详述，也未曾见有关直接论述的研究报导。对此，我们进行了专题研究。

众所周知，无粘性粗颗粒土（砂类土）的抗剪强度 τ_f 为

$$\tau_f = \sigma\tan\varphi \tag{5.1-4}$$

式中 τ_f——砂类土的抗剪强度（kPa）；
  σ——作用于剪切面上的法向压力（kPa）；
  φ——土的内摩擦角（°）。

砂土的抗剪强度数值与剪切面上的法向压力呈线性关系，当土的内摩擦角一定时，法向压力越大抗剪强度越高，法向压力越小，抗剪强度越低，当法向压力为零时，其抗剪强度接近于零。地基土在冻结膨胀时所产生的冻胀力通过土与基础冻结在一起的剪切面传递切向冻胀力，砂类土的持水能力很小，当砂土处在地下水位之上时，不但为非饱和土而且含水量很小，其力学性能接近于非冻结的干砂，称松散冻土，所以砂土与土和砂土与基础侧表面冻结在一起的冻结强度就是砂类土的抗剪强度。剪切面上的抗剪强度越高，可传递较大的切向冻胀力，抗剪强度较小时只能产生有限的力值，当抗剪强度为零时，则切向冻胀力也就不存在了。

基础施工完成后回填基坑时在基侧外表（采暖建筑）或两侧（非采暖建筑）填入厚度不小于 10cm 的中、粗砂，在这种情况下砂土所受到的压力为静止土压力，p_0 为作用在基侧填砂表面下任意深度 z 处的静止土压力强度，按下式计算：

$$p_0 = k_0 \gamma z \qquad (5.1\text{-}5)$$

式中 k_0——侧压力系数；
  γ——砂土的重力密度（kN/m³）；
  z——自地表算起破土的深度（m）。

由公式可见，静止土压力强度沿深度呈三角形分布，上部（因此处的冻胀量最大），由于侧压力不大其抗剪强度低而很小，在下部土的冻胀量较小，因其侧压力偏大抗剪强度反而较高。

冻胀性地基土在开始冻结时就产生冻胀，冻胀的结果不单向上膨胀，沿水平方向照样也膨胀，膨胀的结果产生水平冻胀力，反应在基侧回填砂层上为正压力，使其抗剪强度具有某一较高的数值，当气温下降到一定程度，如 －5℃ 之后，冻胀性较强的粉质粘土已越过剧烈相变区，土中的未冻水含量已很少，随着时间的推移，土温的继续下降，原先已经冻胀了的地基土开始收缩，收缩的结果减少了水平冻胀压力数值，气温再度降低，地温也相应下降，地基土继续冷缩，这样随着冬季的降温连续过程，地基土收缩的演变是由压力减小到零，再由零发展到拉力，当拉应力超过抗拉强度极限时便出现裂缝。基侧填砂层的抗剪强度由大变小，由小到零，地基土的水平压力为零时，其抗剪强度就不存在了。后来发展到开裂，切向冻胀力就更不能产生了。

在冬季细心观察，很容易发现大地的寒冻裂缝及在基础外侧墙边有裂缝存在，一般都较深和较宽，尤其采暖房屋的条形基础外侧更明显。

在闫家岗冻土站进行了毛石条形基础基侧填砂的试验观测，场地的地下水位距冻结线 1～2m，毛石条形基础的埋深为 1.5m，当地最大冻深为 1.35m，地基土冻胀率为 15% 左右的特强冻胀土，基础宽 50cm，其长为 1.5m（见图 5.1-3），基础四周回填了中、粗

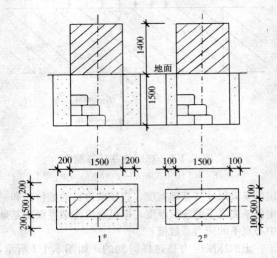

图 5.1-3 毛石条形基础试验简图

砂，其中一个基础砂层的厚度为 20cm，另一个砂层的厚度为 10cm，基础上部用红砖干砌 1.4m 高，代替少许的结构自重。本试验连续观测了三年，1994—1995 年度的试验结果见图 5.1-4、图 5.1-5，由此可见，尽管基侧回填砂层仅有 10cm，毛石基础表面还很粗糙，又处在特强冻胀土中，就这样仍没有冻胀量出现。

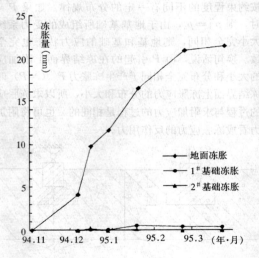

图 5.1-4 冻胀量观测曲线

用基侧填砂来防止切向冻胀力是一个既简便又经济的好办法，但它仅适用于地下水位之上，如果所填之砂达到饱和或含泥量过多，在冻结时与土与基础坚固地冻结在一起有较高的冻结强度就会失效。施工时必须保证不小于 10cm 的厚度，才安全可靠。

2　斜面基础

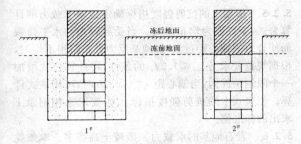

图 5.1-5 地基土冻胀后的情况

关于其截面为上小下大斜面基础防切向冻胀力的问题早有简单地报导，但都认为它是锚固基础的一种，即用下部基础断面中的扩大部分来阻止切向冻胀力将基础抬起，类似于带扩大板的自锚式基础。国际冻土力学著名学者俄罗斯的 B·O·奥尔洛夫教授等人认为基础斜边的倾角 β 仅有 $2\sim 3°$ 即可解决问题。这种作用对将基础埋设在冻层之内的浅基础毫无意义，因它没有伸入冻层之下起锚固作用的部分。再者，没有配置受拉钢筋的一般基础，也无法承受由切向冻胀力作用所产生的上拔力。

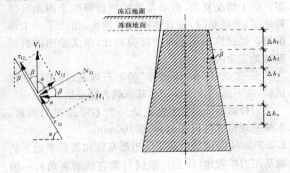

图 5.1-6 斜面基础基侧受力分布图

我们在各种不同冻胀率、包括 15% 左右的特强冻胀土的场地上进行了多种倾斜角多年度的观测试验。从试验结果上看土与基础作用的相互关系中，所表现出的并不像上述提及"对切向冻胀力起阻止的自锚作用"。现分析斜面的受力情况。取一单位长度截面为正梯形的钢筋混凝土条形基础埋置在冻胀性土的地基中，斜面基础的底角为 α，将冻层内的地基土分成 n 层，每层的高度为 Δh，并认为冻胀只在温度为零度的冻结界面一次完成，当温度继续降低不再膨胀反而出现冷缩。

在冬初当第一层土冻结时，土产生冻胀，并同时出现两个方向膨胀：沿水平方向膨胀基础受一水平作用力 H_1；垂直向上膨胀基础受一作用力 V_1。V_1 可分解成两个分力，即沿基础斜边的 τ_{12} 和沿基础斜边法线方向的 N_{12}，τ_{12} 即是由于土有向上膨胀趋势对基础施加的切向冻胀力，N_{12} 是由于土有向上膨胀的趋势对基础斜边法线方向作用的拉应力。水平冻胀力 H_1 也可分解成两个分力，其一是 τ_{11}，其二是 N_{11}，

τ_{11} 是由于水平冻胀力的作用施加在基础斜边上的切向冻胀力，N_{11} 则是由于水平冻胀力作用施加在基础斜边上的正压力（见图 5.1-6 受力分布图）。此时，第一层土作用于基侧的切向冻胀力为 $\tau_1=\tau_{11}+\tau_{12}$。正压力 $N_1=N_{11}-N_{12}$。由于 N_{12} 为正拉力，它的存在将降低基侧受到的正压力数值。当冻结界面发展到第二层土时，除第一层的原受力不变之外又叠加了第二层土冻胀时对第一层的作用，由于第二层土冻胀时受到第一层的约束，使第一层土对基侧的切向冻胀力增加至 $\tau_1=\tau_{11}+\tau_{12}+\tau_{22}$，而且当冻结第二层土时第一层土所处位置的土温又有所降低，土在产生水平冻胀后出现冷缩，令冻土层的冷缩拉力为 N_c，此时正压力为 $N_1=N_{11}-N_{12}-N_c$。当冻层发展到第三层土时，第一、二层重又出现一次上述现象。

由以上分析可以看出，某层的切向冻胀力随冻深的发展而逐步增加，而该层位置基础斜边上受到的冻胀压应力随冻深的发展数值逐渐变小，当冻深发展到第 n 层，第一层的切向冻胀力超过基侧与土的冻结强度时，基础便与冻土产生相对位移，切向冻胀力不再增加而下滑，出现卸载现象。N_1 由一开始冻结产生较大的压应力，随着冻深向下发展、土温的降低、下层土的冻胀等作用，拉应力分量在不断地增长，当达到一定程度，N_1 由压力变成拉力，所以当达到抗拉强度极限时，基侧与土将开裂，由于冻土的受拉呈脆性破坏，一旦开裂很快沿基侧向下延伸扩展，这一开裂，使基础与基侧土之间产生空隙，切向冻胀力也就不复存在了。

应该说明的是，在冻胀土层范围之内的基础扩大部分根本起不到锚固作用，因在上层冻胀时基础下部所出现的锚固力，等冻深发展到该层时，随着该层的冻胀而消失了，只有处在下部未冻土中基础的扩大部分才起锚固作用，但我们所说的浅埋基础根本不存在这一伸入未冻土层中的部分。

在闫家岗冻土站不同冻胀性土的场地上进行了多组方锥形（截头锥）桩基础的多年观测，观测结果表明，当 β 角大于等于 9° 时，基础即是稳定的，见图 5.1-7。基础稳定的原因不是由于切向冻胀力被下部扩大部分给锚住，而是由于在倾斜表面上出现拉力分量与冷缩分量叠加之后的开裂，切向冻胀力退出工作所造成的，见图 5.1-8 的试验结果。

用斜面基础防切向冻胀力具有如下特点：

1 在冻胀作用下基础受力明确，技术可靠。当其倾斜角 β 大于等于 9° 时，将不会出现因切向冻胀力作用而导致的冻害事故发生；

2 不但可以在地下水位之上，也可在地下水位之下应用；

3 耐久性好，在反复冻融作用下防冻胀效果不变；

4 不用任何防冻胀材料就可解决切向冻胀问题。

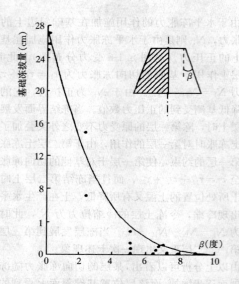

图 5.1-7 斜面基础的抗冻拔试验

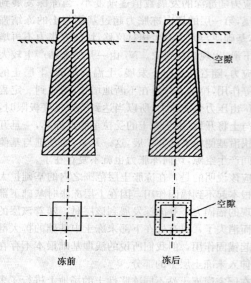

图 5.1-8 斜面基础的防冻胀试验

该种基础施工时较常规基础相比稍有麻烦,当基础侧面较粗糙时,可用水泥砂浆将基础侧面抹平。

5.2 承载力计算

5.2.4 本次修订在表 5.2.4 中,增加了质量控制严格的大面积压实填土地基,采用深度修正后的地基承载力特征值设计时,对于压实系数大于 0.95、粘粒含量 $\rho_c \geqslant 10\%$ 的粉土 η_d 取 1.5;对于最大干密度大于 $2.1 t/m^3$ 的级配砂石 η_d 取 2.0;其他人工填土地基 η_d 取 1.0。

目前建筑工程大量存在着主裙楼一体的结构,对于主体结构地基承载力的深度修正,宜将基础底面以上范围内的荷载,按基础两侧的超载考虑,当超载宽度大于基础宽度两倍时,可将超载折算成土层厚度作为基础埋深,基础两侧超载不等时,取小值。

5.2.5 根据土的抗剪强度指标确定地基承载力的计算公式,条件原为均布压力。当受到较大的水平荷载而使合力的偏心距过大时,地基反力分布将很不均匀,根据规范要求 $p_{kmax} \leqslant 1.2 f_a$ 的条件,将计算公式增加一个限制条件为:当偏心距 $e \leqslant 0.033b$ 时,可用该式计算。相应式中的抗剪强度指标 c、φ,要求采用附录 E 求出的标准值。

5.2.6 岩石地基的承载力一般较土高得多。本条规定:"用岩基载荷试验方法确定"。但对完整、较完整和较破碎的岩体可以取样试验时,可以根据饱和单轴抗压强度标准值,乘以折减系数确定地基承载力特征值。

关键问题是如何确定折减系数。岩石饱和单轴抗压强度与地基承载力之间的不同在于:第一,抗压强度试验时,岩石试件处于无侧限的单轴受力状态;而地基承载力则处于有围压的三轴应力状态。如果地基是完整的,则后者远远高于前者。第二,岩块强度与岩体强度是不同的,原因在于岩体中存在或多或少、或宽或窄、或显或隐的裂隙,这些裂隙不同程度地降低了地基的承载力。显然,越完整,折减越少;越破碎,折减越多。由于情况复杂,折减系数的取值原则上由地区经验确定,无经验时,按岩体的完整程度,给出了一个范围值。经试算和与已有的经验对比,条文给出的折减系数是安全的。

至于"破碎"和"极破碎"的岩石地基,因无法取样试验,故不能用该法确定地基承载力特征值。

岩样试验中,尺寸效应是一个不可忽视的因素。本规范规定试件尺寸为 $\phi 50 \times 100 mm$。

5.2.7 74 版规范中规定了矩形基础和条形基础下的地基压力扩散角(压力扩散线与垂直线的夹角),一般取 22°,当土层为密实的碎石土,密实的砾砂、粗砂、中砂以及老粘土时,取 30°。当基础底面至软弱下卧层顶面以上的土层厚度小于或等于 1/4 基础宽度时,可按 0°计算。

双层土的压力扩散作用有理论解,但缺乏试验证明,在 1972 年开始编制地基规范时主要根据理论解及仅有的一个由四川省科研所提供的现场载荷试验。为慎重起见,提出了上述的应用条件。在修订规范 89 版时,由天津市建研所进行了大批室内模型试验及三组野外试验,得到一批数据。由于试验局限在基宽与硬层厚度相同的条件,对于大家希望解决的较薄硬土层的扩散作用只有借诸理论公式探求其合理应用范围了。以下就修改补充部分中两方面进行说明。

(一)硬层土厚度 z 等于基宽 b 时,硬层的压力扩散角试验。

天津建研所的试验共 16 组,其中野外载荷试验两组,室内模型试验 14 组,试验中进行了软层顶面处的压力测量。

试验所选用的材料,室内为粉质粘土、淤泥质粘土,用人工制备。野外用煤球灰及石屑。双层土的刚

度指标用 $\alpha=E_{s1}/E_{s2}$ 控制，分别取 $\alpha=2$、4、5、6 等。模型基宽为 360 及 200mm 两种，现场压板宽度为 1410mm。

现场试验下卧层为煤球灰，变形模量为 2.2MPa，极限荷载 60kPa，按 $s=0.015b\approx21.1$mm 时所对应的压力仅仅为 40kPa。(图 5.2-1，曲线 1)。上层硬土为振密煤球灰及振密石屑，其变形模量为 10.4 及 12.7MPa，这两组试验 $\alpha=5$、6，从图 5.2-1 曲线中可明显看到：当 $z=b$ 时，$\alpha=5$、6 的硬层有明显的压力扩散作用，曲线 2 所反映的承载力为曲线 1 的 3.5 倍，曲线 3 所反映的承载力为曲线 1 的 4.25 倍。

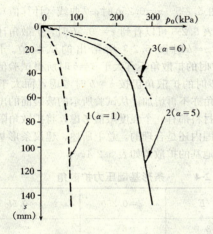

图 5.2-1 现场载荷试验 p-s 曲线
1—原有煤球灰地基；2—振密煤球灰地基；
3—振密土石屑地基

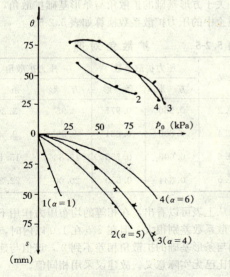

图 5.2-2 室内模型试验 p-s 曲线 p-θ 曲线
注：$\alpha=2.4$ 时，下层土模量为 4.0MPa
$\alpha=6$ 时，下层土模量为 2.9MPa

室内模型试验：硬层为标准砂，$e=0.66$，$E_s=11.6\sim14.8$MPa；下卧软层分别选用流塑状粉质粘土，变形模量在 4MPa 左右；淤泥质土、变形模量为 2.5MPa 左右。从载荷试验曲线上很难找到这两类土的比例界线值，如图 5.2-2，曲线 1 流塑状粉质粘土 $s=50$mm 时的强度仅 20kPa。作为双层地基，当 $\alpha=2$，$s=50$mm 时的强度为 56kPa（曲线 2），$\alpha=4$ 时为 70kPa（曲线 3），$\alpha=6$ 时为 96kPa（曲线 4）。虽然按同一下沉量来确定强度是欠妥的，但可反映垫层的扩散作用，说明 θ 值愈大，压力扩散的效果愈显著。

关于硬层压力扩散角的确定一般有两种方法，一种是取承载力比值倒算 θ 角，另一种是采用实测压力比值，天津建研所采用后一种方法，取软层顶三个压力实测平均值作为扩散到软层上的压力值，然后按扩散角公式求 θ 值。

从图 5.2-2 中 θ-p_0 曲线上按实测压力求出的 θ 角随荷载增加迅速降低，到硬土层出现开裂后降到最低值（图 5.2-2）。

根据平面模型实测压力计算的 θ 值分别为：$\alpha=4$ 时，$\theta=24.67°$；$\alpha=5$ 时，$\theta=26.98°$；$\alpha=6$ 时，$\theta=27.31°$均小于 30°。而直观的破裂角却为 30°（图 5.2-3）。

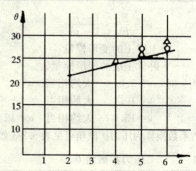

图 5.2-3 双层地基试验 α-θ 曲线
△—室内试验；○—现场试验

现场载荷试验实测压力值见表 5.2-1。

表 5.2-1　　现场实测压力

载荷板下压力 p_0 (kPa)		60	80	100	140	160	180	220	240	260	300
软弱下卧层面上平均压力 p_z (kPa)	2 ($\alpha=5$)		27.3		31.2			33.2	50.5	87.9	130.3
	3 ($\alpha=6$)			24		26.7			33.5		70.4

按表 5.2-1 实测压力作图 5.2-4，可以看出，当荷载增加到 a 点后，传到软土顶界面上的压力急骤增加，即压力扩散角迅速降低，到 b 点时，$\alpha=5$ 时为 28.6°，$\alpha=6$ 时为 28°，如果按 a 点所对应的压力分别为 180kPa、240kPa，其对应的扩散角为 30.34°及 36.85°，换言之，在 p-s 曲线中比例界限范围内的 θ

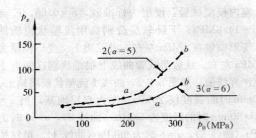

图 5.2-4 载荷板压力 p_0 与界面压力 p_z 关系

角比破坏时略高。

为讨论这个问题，在缺乏试验论证的条件下，只能借助已有理论解进行分析。

根据叶戈罗夫的平面问题解答条形均布荷载下双层地基中点应力 p_z 的应力系数 k_z 如表 5.2-2。

表 5.2-2 条形基础中点地基应力系数

z/b	$\nu=1.0$	$\nu=5.0$	$\nu=10.0$	$\nu=15.0$
0.0	1.00	1.00	1.00	1.00
0.25	1.02	0.95	0.87	0.82
0.50	0.90	0.69	0.58	0.52
1.00	0.60	0.41	0.33	0.29

表中

$$\nu = \frac{E_{s1}}{E_{s2}} \cdot \frac{1-\mu_2^2}{1-\mu_1^2}$$

式中 E_{s1}——硬土层土的变形模量；
E_{s2}——下卧软土层的变形模量。

换算为 α 时， $\nu=5.0$ 大约相当 $\alpha=4$
$\nu=10.0$ 大约相当 $\alpha=7\sim8$
$\nu=15.0$ 大约相当 $\alpha=12$

将应力系数换算为压力扩散角可见表 5.2-3 如下：

表 5.2-3 压力扩散角 θ

z/b	$\nu=1.0$, $\alpha=1$	$\nu=5.0$, $\alpha\approx 4$	$\nu=10.0$, $\alpha\approx 7\sim 8$	$\nu=15.0$, $\alpha\approx 12$
0.00	—	—	—	—
0.25	0	5.94°	16.63°	23.7°
0.50	3.18°	24.0°	35.0°	42.2°
1.00	18.43°	35.73°	45.43°	50.75°

从计算结果分析：该值与图 5.2-2 所示试验值不同，当压力小时，试验值大于理论值，随着压力增加，试验值逐渐减小。到接近破坏时，试验值趋近于 25°，比理论值小 50% 左右，出现上述现象的原因可能是理论值只考虑土直线变形段的应力扩散，当压板下出现塑性区即载荷试验出现拐点后，土的应力应变关系已呈非线性性质，当下卧层土较差时，硬层挠曲变形不断增加，直到出现开裂。这时压力扩散角取决于上层土的刚性角逐渐达到某一定值。从地基承载力的角度出发，采用破坏时的扩散角验算下卧层的承载

力比较安全可靠，并与实测土的破裂角度相当。因此，在采用理论值计算时，θ 大于 30° 的均以 30° 为限，θ 小于 30° 的则以理论计算值为基础；求出 $z=0.25b$ 时的扩散角，如图 5.2-5。

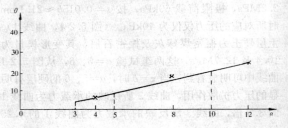

图 5.2-5 $z=0.25b$ 时 α-θ 曲线（计算值）

从表 5.2-3 可以看到 $z=0.5b$ 时，扩散角计算值均大于 $z=b$ 时图 5.2-3 所给出的试验值。同时，$z=0.5b$ 时的扩散角不宜大于 $z=b$ 时所得试验值。故 $z=0.5b$ 时的扩散角仍按 $z=b$ 时考虑，而大于 $0.5b$ 时扩散角亦不再增加。从试验所示的破裂面的出现以及任一材料都有一个强度限值考虑，将扩散角限制在一定范围内还是合理的。总上所述，建议条形基础下硬土层地基的扩散角如表 5.2-4。

表 5.2-4 条形基础压力扩散角

E_{s1}/E_{s2}	$z=0.25b$	$z=0.5b$
3	6°	23°
5	10°	25°
10	20°	30°

关于方形基础的扩散角与条形基础扩散角，可按均质土中的压力扩散系数换算如表 5.2-5。

表 5.2-5 扩散角对照

z/b	压力扩散系数		压力扩散角	
	方形	条形	方形	条形
0.2	0.960	0.977	2.95°	3.36°
0.4	0.800	0.881	8.39°	9.58°
0.6	0.606	0.755	13.33°	15.13°
1.0	0.334	0.550	20.00°	22.24°

从上表可以看出，在相等的均布压力作用下，压力扩散系数差别很大，但 z/b 在 1.0 以内时，方形基础与条形基础的扩散角相差不到 2°，该值与建表误差相比已无实际意义。故建议采用相同值。

5.3 变形计算

5.3.4 对表 5.3.4 中高度在 100m 以上高耸结构物（主要为高烟囱）基础的倾斜允许值和高层建筑物基础倾斜允许值，分别说明如下：

A. 高耸构筑物部份：（增加 $H>100m$ 时的允许变形值）

1 国内外规范、文献中烟囱高度 $H>100m$ 时的允许变形值的有关规定：

1）我国烟囱设计规范（1982年）见表5.3-1。

表 5.3-1　　基础允许倾斜值

烟囱高度 H（m）	基础允许倾斜值
$100<H\leqslant 150$	$\leqslant 0.004$
$150<H\leqslant 200$	$\leqslant 0.003$
$200<H$	$\leqslant 0.002$

上述规定的基础允许倾斜值，主要为根据烟囱筒身的附加弯矩不致过大。

2）前苏联地基规范 СНиП2.02.01-83（1985年）见表5.3-2。

表 5.3-2　地基允许倾斜值和沉降值

烟囱高度 H（m）	地基允许倾斜值	地基平均沉降量（mm）
$100<H<200$	$1/2H$	300
$200<H<300$	$1/2H$	200
$300<H$	$1/2H$	100

3）基础分析与设计［美］J. E. BOWLES（1977年）

烟囱、水塔的圆环基础的允许倾斜值为0.004

4）结构的允许沉降［美］M. I. ESRIG（1973年）

高大的刚性建筑物明显可见的倾斜为0.004

2 确定高烟囱基础允许倾斜值的依据：

1）影响高烟囱基础倾斜的因素

①风力

②日照

③地基土不均匀及相邻建筑物的影响

④由施工误差造成的烟囱筒身基础的偏心

上述诸因素中风、日照的最大值仅为短时间作用，而地基不均匀与施工误差的偏心则为长期作用，相对地讲后者更为重要。根据1977年电力系统高烟囱设计问题讨论会议纪要，从已建成的高烟囱看，烟囱筒身中心垂直偏差，当采用激光对中找直后，顶端施工偏差值均小于 $H/1000$，说明施工偏差是很小的。因此，地基土不均匀及相邻建筑物的影响是高烟囱基础产生不均匀沉降（即倾斜）的重要因素。

确定高烟囱基础的允许倾斜值，必须考虑基础倾斜对烟囱筒身强度和地基土附加压力的影响。

2）基础倾斜产生的筒身二阶弯矩在烟囱筒身总附加弯矩中的比率

我国烟囱设计规范中的烟囱筒身由风荷载、基础倾斜和日照所产生的自重附加弯矩公式为：

$$M_f = \frac{Gh}{2}\left[\left(H-\frac{2}{3}h\right)\left(\frac{1}{\rho_w}+\frac{\alpha_{hz}\Delta_t}{2\gamma_0}\right)+m_\theta\right]$$

(5.3.4-1)

式中　G——由筒身顶部算起 $h/3$ 处的烟囱每米高的折算自重；

h——计算截面至筒顶高度；

H——筒身总高度；

$\dfrac{1}{\rho_w}$——筒身代表截面处由风荷载及附加弯矩产生的曲率；

α_{hz}——混凝土总变形系数；

Δ_t——筒身日照温差，可按20℃采用；

m_θ——基础倾斜值；

γ_0——由筒身顶部算起 $0.6H$ 处的筒壁平均半径。

从上式可看出：当筒身曲率 $\dfrac{1}{\rho_w}$ 较小时附加弯矩中基础倾斜部分才起较大作用，为了研究基础倾斜在筒身附加弯矩中的比率，有必要分析风、日照、地基倾斜对上式的影响。在 m_θ 为定值时，由基础倾斜引起的附加弯矩与总附加弯矩的比值为

$$m_\theta\bigg/\left[\left(H-\frac{2}{3}h\right)\left(\frac{1}{\rho_w}+\frac{\alpha_{hz}\Delta_t}{2\gamma_0}\right)+m_\theta\right]$$

(5.3.4-2)

很显然，基倾附加弯矩所占比率在强度阶段与使用阶段是不同的，后者较前者大些。

现以高度为180m、顶部内径为6m、风荷载为 $50kgf/m^2$ 的烟囱为例：

在标高25m处求得的各项弯矩值为

总风弯矩　　$M_w = 13908.5 t-m$

总附加弯矩　$M_f = 4394.3 t-m$

其中　风荷附加　$M_{fw} = 3180.4$

日照附加　$M_r = 395.5$

地倾附加　$M_{tj} = 818.4$（$m_\theta = 0.003$）

可见当基础倾斜0.003时，由基础倾斜引起的附加弯矩仅占总弯矩（M_w+M_f）值的4.6%，同样当基础倾斜0.006时，为10%，综上所述可以认为在一般情况下，筒身达到明显可见的倾斜（0.004）时，地基倾斜在高烟囱附加弯矩计算中是次要的。

但高烟囱在风、地震、温度、烟气侵蚀等诸多因素作用下工作，筒身又为环形薄壁截面，有关刚度、应力计算的因素复杂、并考虑到对邻接部分免受损害，参考了国内外规范、文献后认为，随着烟囱高度的增加，适当地递减烟囱基础允许倾斜值是合适的，因此，在修订 TJ7—74 地基基础设计规范表21时，对高度 $h>100m$ 高耸构筑物基础的允许倾斜值可采用我国烟囱设计规范的有关数据。

B. 高层建筑部分

这部分主要参考我国高层建筑箱基设计规程 JGI6 有关规定及编制说明中有关资料定出允许变形值。

1 我国箱基规定横向整体倾斜的计算值 α，在

非地震区宜符合 $\alpha \leqslant \dfrac{b}{100H}$，式中，$b$ 为箱形基础宽度（m）；H 为建筑物高度。在箱基编制说明中提到在地震区 α 值宜用 $\dfrac{b}{150H} \sim \dfrac{b}{200H}$。

2 对刚性的高层房屋的允许倾斜值主要取决于人类感觉的敏感程度，倾斜值达到明显可见的程度大致为 1/250，结构损坏则大致在倾斜值达到 1/150 时开始。

5.3.5

1 压缩模量的取值，在考虑到地基变形的非线性性质，一律采用固定压力段下的 E_s 值必然会引起沉降计算的误差，因此采用实际压力下的 E_s 值，即

$$E_s = \dfrac{1+e_0}{a}$$

式中 e_0——土自重压力下的孔隙比；

a——从土自重压力至土的自重压力与附加压力之和压力段的压缩系数。

2 地基压缩层范围内压缩模量 E_s 的加权平均值

提出按分层变形进行 E_s 的加权平均方法

设：$\dfrac{\Sigma A_i}{\overline{E_s}} = \dfrac{A_1}{E_{s1}} + \dfrac{A_2}{E_{s2}} + \dfrac{A_3}{E_{s3}} + \cdots\cdots = \Sigma \dfrac{A_i}{E_{si}}$

则：$\overline{E_s} = \dfrac{\Sigma A_i}{\Sigma \dfrac{A_i}{E_{si}}}$

式中 $\overline{E_s}$——压缩层内加权平均的 E_s 值；

E_{si}——压缩层内某一层土的 E_s 值；

A_i——压缩层内某一层土的附加应力面积。

显然，应用上式进行计算能够充分体现各分层土的 E_s 值在整个沉降计算中的作用，使在沉降计算中 E_s 完全等效于分层的 E_s。

3 根据 132 栋建筑物的资料进行沉降计算并与资料值进行对比得出沉降计算经验系数 ψ_s 与平均 E_s 之间的关系，在编制规范表 5.3.5 时，考虑了在实际工作中有时设计压力小于地基承载力的情况，将基底压力小于 $0.75 f_{ak}$ 时另列一栏，在表 5.3.5 的数值方面采用了一个平均压缩模量值可对应给出一个 ψ_s 值，并允许采用内插方法，避免了采用压缩模量区间取一个 ψ_s 值，在区间分界处因 ψ_s 取值不同而引起的误差。

5.3.6 对于存在相邻影响情况下的地基变形计算深度，这次修订时仍以相对变形作为控制标准（以下简称为变形比法）。

在 TJ7—74 规范之前，我国一直沿用前苏联НИТУ127—55 规范，以地基附加应力对自重应力之比为 0.2 或 0.1 作为控制计算深度的标准（以下简称应力比法），该法沿用成习，并有相当经验。但它没有考虑到土层的构造与性质，过于强调荷载对压缩层深度的影响而对基础大小这一更为重要的因素重视不足。自 TJ7—74 规范试行以来，变形比法的规定，纠

正了上述的毛病，取得了不少经验，但也存在一些问题。有的文献指出，变形比法规定向上取计算层厚为 1m 的计算变形值，对于不同的基础宽度，其计算精度不等。从与实测资料的对比分析中，可以看出，用变形比法计算独立基础、条形基础时，其值偏大。但对于 $b = 10 \sim 50$ m 的大基础，其值却与实测值相近。为使变形比法在计算小基础时，其计算 z_n 值也不至过于偏大，经过多次统计，反复试算，提出采用 $0.3(1+\ln b)$ m 代替向上取计算层厚为 1m 的规定，取得较为满意的结果（以下简称为修正变形比法）。表 5.3.6 就是根据 $0.3(1+\ln b)$ m 的关系。以更粗的分格给出的向上计算层厚 Δz 值。

5.3.7 本条列入了当无相邻荷载影响时确定基础中点的变形计算深度简化公式（5.3.7），该公式系根据具有分层深标的 19 个载荷试验（面积 $0.5 \sim 13.5 m^2$）和 31 个工程实测资料统计分析而得。分析结果表明，对于一定的基础宽度，地基压缩层的深度不一定随着荷载 p 的增加而增加。对于基础形状（如矩形基础、圆形基础）与地基土类别（如软土、非软土）对压缩层深度的影响亦无显著的规律，而基础大小和压缩层深度之间却有明显的有规律性的关系。

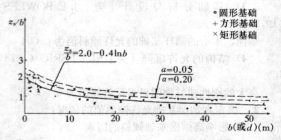

图 5.3.7 $z_s/b \sim b$ 实测点和回归线

图 5.3.7 为以实测压缩层深度 z_s 与基础宽度 b 之比为纵坐标，而以 b 为横坐标的实测点与回归线图。实线方程 $z_s/b = 2.0 - 0.4\ln b$ 为根据实测点求得的结果。为使曲线具有更高的保证率，方程式右边引入随机项 $t_a\phi_0 S$，取置信度 $1-\alpha = 95\%$ 时，该随机项偏于安全地取 0.5，故公式变为：

$$z_s = b(2.5 - 0.4\ln b)$$

图 5.3.7 的实线之上有两条虚线。上层虚线为 $\alpha = 0.05$，具有置信度为 95% 的方程，即式（5.3.7）。下层虚线为 $\alpha = 0.2$，具有置信度为 80% 的方程。为安全起见只推荐前者。

此外，从图 5.3.7 中可以看到绝大多数实测点分布在 $z_s/b = 2$ 的线以下。即使最高的个别点，也只位于 $z_s/b = 2.2$ 之处。国内外一些资料亦认为压缩层深度以取 2 倍 b 或稍高一点为宜。

在计算深度范围内存在基岩或存在相对硬层时，按第 5.3.5 条的原则计算地基变形时，由于下卧硬层存在，地基应力分布明显不同于 Boussinesq 应力分

布。为了减少计算工作量，此次条文修订增加对于计算深度范围内存在基岩和相对硬层时的简化计算原则。

在计算深度范围内存在基岩或存在相对硬层时，地基土层中最大压应力的分布可采用K.E.叶戈罗夫带式基础下的结果（表5.3-4）。对于矩形基础，长短边边长之比大于等于2时，可参考该结果。

表5.3-4 带式基础下非压缩性地基上面土层中的最大压应力系数

z/h	非压缩性土层的埋深		
	$h=b$	$h=2b$	$h=5b$
1.0	1.000	1.00	1.00
0.8	1.009	0.99	0.82
0.6	1.020	0.92	0.57
0.4	1.024	0.84	0.44
0.2	1.023	0.78	0.37
0	1.022	0.76	0.36

注：表中h为非压缩性地基上面土层的厚度，b为带式荷载的半宽，z为纵坐标。

5.3.9 应该指出高层建筑由于基础埋置较深，地基回弹再压缩变形往往在总沉降中占重要地位，甚至某些高层建筑设置3~4层（甚至更多层）地下室时，总荷载有可能等于或小于该深度土的自重压力，这时高层建筑地基沉降变形将由地基回弹变形决定。公式（5.3.9）中，E_{ci}应按《土工试验方法标准》GB/T50123—1999进行试验确定，计算时应按回弹曲线上相应的压力段计算。沉降计算经验系数ψ_c应按地区经验采用，根据工程实测资料统计ψ_c小于或接近1.0。

地基回弹变形计算算例：

某工程采用箱形基础，基础平面尺寸$64.8 \times 12.8 m^2$，基础埋深5.7m，基础底面以下各土层分别在自重压力下作回弹试验，测得回弹模量如表5.3-5。

表5.3-5 土的回弹模量

土层	层厚(m)	回弹模量（MPa）			
		$E_{0-0.25}$	$E_{0.25-0.5}$	$E_{0.5-1.0}$	$E_{1.0-2.0}$
③粉土	1.8	28.7	30.2	49.1	570
④粉质粘土	5.1	12.8	14.1	22.3	280
⑤卵石	6.7	100（无试验资料，估算值）			

基底附加应力$108kN/m^2$，计算基础中点最大回弹量。

回弹计算结果见表5.3-6。

从计算过程及土的回弹试验曲线特征可知，地基土回弹的初期，回弹量较小，回弹模量很大，所以地基土的回弹变形土层计算深度是有限的。

表5.3-6 回弹量计算表

z_i	$\bar{\alpha}_i$	$z_i\bar{\alpha}_i - z_{i-1}\bar{\alpha}_{i-1}$	$p_z + p_{cz}$ (kPa)	E_{ci} (MPa)	$p_c(z_i\bar{\alpha}_i - z_{i-1}\bar{\alpha}_{i-1})/E_{ci}$
0	1.000	0	0	—	—
1.8	0.996	1.7928	41	28.7	6.75mm
4.9	0.964	2.9308	115	22.3	14.17mm
5.9	0.950	0.8814	139	280	0.34mm
6.9	0.925	0.7775	161	280	0.3mm
合计：					21.56mm

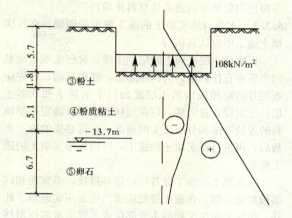

6 山 区 地 基

6.3 压实填土地基

6.3.1 本节将分层压实和分层夯实的填土，统称为压实填土。压实填土地基包括压实填土及其下部天然土层两部分，压实填土地基的变形也包括压实填土及其下部天然土层的变形。

压实填土自身的变形与其厚度、干密度等因素有关。在干密度相同的情况下，压实填土厚度小的，其变形也小；反之，其变形则大。而下部天然土层的变形，则与其土的性质有关。

为节约用地，少占或不占良田，在平原、山区和丘陵地带的建设中，广泛利用压实填土作为建筑或其它工程的地基持力层。

压实填土需通过设计，按设计意图进行分层压实，对其填料性质和施工质量有严格控制，填土的厚度及力学性质较均匀，其承载力和变形需满足地基设计要求。不允许对未经检验查明的以及不符合要求的压实填土作为建筑工程的地基持力层。

6.3.2 利用当地的土、石或性能稳定的工业废料作为压实填土的填料，既经济，又省工、省时，符合因地制宜、就地取材和多快好省的建设原则。

采用粘性土和粘粒含量$\rho_c \geq 10\%$的粉土作填料时，填料的含水量至关重要。在一定的压实功下，填料在最优含水量时，干密度可达最大值，压实效果最好。填料的含水量太大，容易压成"橡皮土"，应将其适当晾干后再分层夯实；填料的含水量太小，土颗粒之间的阻力大，则不易压实。当填料含水量小于12％时，应将其适当增湿。压实填土施工前，应在现场选取有代表性的填料进行击实试验，测定其最优含水量，用以指导施工。

粗颗粒的砂、石等材料具透水性，而湿陷性黄土和膨胀性土遇水反应敏感，前者引起湿陷，后者引起膨胀，二者对建筑物都会产生有害变形。为此，在湿陷性黄土场地和膨胀性土场地进行压实填土的施工，不得使用粗颗粒的透水性材料作填料。

6.3.3 本条对压实填土的施工规定较明确，在压实填土施工中应认真执行。

压实填土层底面下卧层的土质，对压实填土地基的变形有直接影响，为消除隐患，铺填料前，首先应查明并清除场地内填土层底面以下的耕土和软弱土层。压实设备选定后，应在现场通过试验确定分层填料的虚铺厚度和分层压实的遍数，取得必要的施工参数后，再进行压实填土的施工，以确保压实填土的施工质量。

压实填土的施工缝各层应错开搭接，不宜在相同部位留施工缝。在施工缝处应适当增加压实遍数。此外，还应避免在工程的主要部位或主要承重部位留施工缝。

压实填土施工结束后，当不能及时施工基础和主体工程时，可采取必要的保护措施，防止压实填土表层直接日晒或受雨水泡软。

6.3.4 本条将基础底面以上和基础底面以下的压实填土及其施工顺序统一进行规定，设计、施工将有章可循，并有利于保证压实填土的施工质量。以往对基础底面以上的压实填土质量控制不严，监测不力，存在隐患较多，如地坪大量下沉和开裂，设备及设备基础严重倾斜，影响正常使用，这种状况显然不能再继续下去。基础底面标高以上的压实填土直接位于散水和室内地坪的垫层以下，且是各种地沟、管沟或设备基础的地基持力层，除对其承载力和变形有一定要求外，并要使上部压实填土渗透性小，水稳性好，具弱透水性或不透水性，以减小或防止压实填土的渗漏。在表 6.3.4 中增加说明，地坪垫层以下及基础底面标高以上的压实填土，压实系数不应小于 0.94。

压实填土的施工，在有条件的场地或工程，应首先考虑采用一次施工，即将基础底面以下和以上的压实填土一次施工完毕后，再开挖基坑及基槽。对无条件一次施工的场地或工程，当基础超出±0.00标高后，也宜将基础底面以上的压实填土施工完毕，并应按本条规定控制其施工质量，力求避免在主体工程完工后，再施工基础底面以上的压实填土。

以细颗粒粘性土作填料的压实填土，一般采用环刀取样检验其质量，而以粗颗粒砂石作填料的压实填土，不能按照检验细颗粒土的方法采用环刀取样，而应按现行《土工试验方法标准》GB/T50123—1999 的有关规定，在现场采用灌水法或灌砂法测定其密度。

土的最大干密度试验有室内试验和现场试验两种，室内试验应严格按照现行《土工试验方法标准》GB/T50123—1999 的有关规定，轻型和重型击实设备应严格限定其使用范围。当室内试验结果不能正确评价现场土料的最大干密度时，应在现场对土料作不同击实功下的压实试验（根据土料性质取不同含水量），采用灌水法和灌砂法测定其密度，并按其最大干密度作为控制最大干密度。

6.3.5 有些中小型工程或偏远地区，由于缺乏击实试验设备，或由于工期及其他原因，确无条件进行击实试验，在这种情况下，允许按本条 6.3.5 公式计算压实填土的最大干密度，计算结果与击实试验数值不一定完全一致，但可与当地经验作比较。

6.3.6 边坡设计应控制坡高和坡比，而边坡的坡比与其高度密切相关，如土性指标相同，边坡愈高，坡比愈小，坡体的滑动势就愈大。为了提高其稳定性，通常将坡比放缓，但坡比太缓，压实的土方量则大，不一定经济合理。因此，坡比不宜太缓，也不宜太陡，坡比和坡高应有一合适的关系。

本条表 6.3.6 的规定吸收了铁路、公路等部门的有关（包括边坡开挖）资料和经验，是比较成熟的。

压实填土由于填料性质及其厚度不同，它们的边坡允许值亦有所不同。以碎石等为填料的压实填土，在抗剪强度和变形方面要好于以粘性土为填料的压实填土，前者，颗粒表面粗糙，阻力较大，变形稳定快，且不易产生滑移，边坡允许值相对较小；后者，阻力较小，变形稳定慢，边坡允许值相对较大。

6.3.7 在斜坡上进行压实填土，应考虑压实填土沿斜坡滑动的可能，并应根据天然地面的实际坡度验算其稳定性。当天然地面坡度大于 0.20 时，填料前，宜将斜坡的坡面挖成高、低不平或挖成若干台阶，使压实填土与斜坡坡面紧密接触，形成整体，防止压实填土向下滑动。此外，还应将斜坡顶面以上的雨水有组织地引向远处，防止雨水流向压实的填土内。

6.3.8 在建设期间，压实填土场地阻碍原地表水的畅通排泄往往很难避免，但遇到此种情况时，应根据当地地形及时修筑雨水截水沟，疏通排水系统，使雨水顺利排走。

设置在压实填土场地的上、下水管道，由于材料及施工等原因，管道渗漏的可能性很大，为了防止影响邻近建筑或其他工程，设计、施工应采取必要的防渗漏措施。

6.3.9 压实填土的承载力是设计的重要参数，也是检验压实填土质量的主要指标之一。在现场采用静载荷试验或其他原位测试，其结果较准确，可信度高。

当采用载荷试验检验压实填土的承载力时，应考虑压板尺寸与压实填土厚度的关系。压实填土厚度大，压板尺寸也要相应增大，或采取分层检验。否则，检测结果只能反映上层或某一深度范围内压实填土的承载力。

6.6 土质边坡与重力式挡墙

6.6.1 边坡设计的一般原则

1 边坡工程与环境之间有着密切的关系，边坡处理不当，将破坏环境，毁坏生态平衡，治理边坡必须强调环境保护。

2 在山区进行建设，切忌大挖大填，某些建设项目，不顾环境因素，大搞人造平原，最后出现大规模滑坡，大量投资毁于一旦，还酿成生态环境的破坏。应提倡依山就势。

3 工程地质勘察工作，是不可缺少的基本建设程序。边坡工程的影响面较广，处理不当就可酿成地质灾害，工程地质勘察尤为重要。勘察工作不能局限于红线范围，必须扩大勘察面，一般在坡顶的勘察范围，应达到坡高的1～2倍，才能获取较完整的地质资料。对于高大边坡，应进行专题研究，提出可行性方案经论证后方可实施。

4 边坡支挡结构的排水设计，是支挡结构设计很重要的一环，许多支挡结构的失效，都与排水不善有关。根据重庆市的统计，倒塌的支挡结构，由于排水不善造成的事故占80%以上。

6.6.3 边坡支挡结构上的土压力计算

1 土压力的计算，目前国际上仍采用楔体试算法。根据大量的试算与实际观测结果的对比，对于高大挡土结构来说，采用古典土压力理论计算的结果偏小，土压力的分布也有较大的偏差。对于高大挡土墙，通常也不允许出现达到极限状态时的位移值，因此在土压力计算式中计入增大系数。

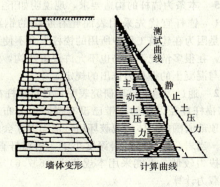

图6.6.3 墙体变形与土压力

2 土压力计算公式是在土体达到极限平衡状态的条件下推导出来的，当边坡支挡结构不能达到极限状态时，土压力设计值应取主动土压力与静止土压力的某一中间值。

3 在山区建设中，经常遇到60～80°陡峻的岩石自然边坡，其倾角远陡于库仑破坏面的倾角，这时如果仍然采用古典土压力理论计算土压力，将会出现较大的偏差。当岩石自然边坡的倾角大于$45°+\varphi/2$时，应按楔体试算法计算土压力值。

6.6.4～6.6.5 重力式挡土结构，是过去用得较多的一种挡土结构型式。在山区地盘比较狭窄，重力式挡土结构的基础宽度较大，影响土地的开发利用，对于高大挡土墙，往往也是不经济的。石料是主要的地方材料，经多个工程测算，对于高度6m以上的挡土墙，采用桩锚体系挡土结构，其造价、稳定性、安全性、土地利用率等等方面，都较重力式挡土结构为好。所以规范规定"重力式挡土墙宜用于高度小于6m、地层稳定、开挖土石方时不会危及相邻建筑物安全的地段"。

对于重力式挡土墙的稳定性验算，许多设计者反映，重力式挡土墙的稳定性验算，主要由抗滑稳定性控制，而现实工程中倾覆稳定破坏的可能性又大于滑动破坏。说明过去抗倾覆稳定性安全系数偏低，这次稍有调整，由原来的1.5调整成1.6。

6.7 岩石边坡与岩石锚杆挡墙

6.7.2 整体稳定边坡，原始地应力释放后回弹较快，在现场很难测量到横向推力。但在高切削的岩石边坡上，很容易发现边坡顶部的拉伸裂隙，其深度约为边坡高度的0.2～0.3倍，离开边坡顶部边缘一定距离后便很快消失，说明边坡顶部确实有拉应力存在。这一点从二维光弹试验中也得到了证明。从光弹试验中也证明了边坡的坡脚，存在着压应力与剪切应力，对岩石边坡来说，岩石本身具有较高的抗压与抗剪切强度，所以岩石边坡的破坏，都是从顶部垮塌开始的。因此对于整体结构边坡的支护，应注意加强顶部的支护结构。

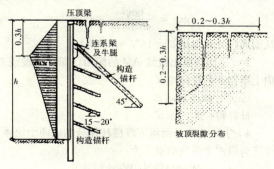

图6.7.2 整体稳定边坡顶部裂隙

边坡的顶部裂隙比较发育，必须采用强有力的锚杆进行支护，在顶部（0.2～0.3）h高度处，至少布置一排结构锚杆，锚杆的横向间距不应大于3m，长度不应小于6m。结构锚杆直径不宜小于130mm，钢筋不宜小于3ϕ22。其余部分为防止风化剥落，可采用锚杆进行构造防护。防护锚杆的孔径宜采用50～100mm，锚杆长度宜采用2～4m，锚杆的间距宜采用1.5～2.0m。

6.7.3 单结构面外倾边坡的横推力较大，主要原因是结构面的抗剪强度一般较低。在工程实践中，单结构面外倾边坡的横推力，通常采用楔形体平面课题进行计算。

对于具有两组或多组结构面形成的下滑棱柱体，其下滑力通常采用棱形体分割法进行计算。现举例如下：

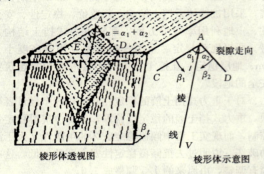

图 6.7.3 具有两组结构面的下滑棱柱体示意

1 已知：新开挖的岩石边坡的坡角为80°。边坡上存在着两组结构面（如图所示）：结构面1走向 AC，与边坡顶部边缘线 CD 的夹角为75°，其倾角 $\beta_1 = 70°$；其结构面2走向 AD，与边坡顶部边缘线 DC 的夹角为40°，其倾角 $\beta_2 = 43°$。即两结构面走向线的夹角 α 为65°。AE 点的距离为3m。经试验两个结构面上的内摩擦角均为 $\varphi = 15.6°$，其粘聚力近于0。岩石的重度为24kN/m³。

2 棱线 AV 与两结构面走向线间的平面夹角 α_1 及 α_2。可采用下列计算式进行计算：

$$\cot\alpha_1 = \frac{\tan\beta_1}{\sin\alpha\tan\beta_2} + \cot\alpha$$

$$\cot\alpha_2 = \frac{\tan\beta_2}{\sin\alpha\tan\beta_1} + \cot\alpha$$

从而通过计算得出 $\alpha_1 = 15°$；$\alpha_2 = 50°$。

3 进而计算出棱线 AV 的倾角，即沿着棱线方向上结构面的视倾角 β'。

$$\tan\beta' = \tan\beta_1 \sin\alpha_1$$

计算得：$\beta' = 35.5°$

4 用 AVE 平面将下滑棱柱体分割成两个块体。计算获得两个滑块的重力为：

$$W_1 = 31\text{kN}; \quad W_2 = 139\text{kN}$$

棱柱体总重为 $W = W_1 + W_2 = 170\text{kN}$。

5 对两个块体的重力分解成垂直与平行于结构面的分力：

$$N_1 = W_1 \cos\beta_1 = 10.6\text{kN}$$
$$T_1 = W_1 \sin\beta_1 = 29.1\text{kN}$$
$$N_2 = W_2 \cos\beta_2 = 101.7\text{kN}$$
$$T_2 = W_2 \sin\beta_2 = 94.8\text{kN}$$

6 再将平行于结构面的下滑力分解成垂直与平行于棱线的分力：

$$\tan\theta_1 = \tan(90 - \alpha_1)\cos\beta_1 = 1.28 \quad \theta_1 = 52°$$
$$\tan\theta_2 = \tan(90 - \alpha_2)\cos\beta_2 = 0.61 \quad \theta_2 = 32°$$
$$T_{s1} = T_1 \cos\theta_1 = 18\text{kN}$$
$$T_{s2} = T_2 \cos\theta_2 = 80\text{kN}$$

7 棱柱体总的下滑力：$T_s = T_{s1} + T_{s2} = 98\text{kN}$

两结构面上的摩阻力：

$$F_t = (N_1 + N_2)\tan\varphi = (10.6 + 101.7)\tan 15.6°$$
$$= 31\text{kN}$$

作用在支挡结构上推力：$T = T_s - F_t = 67\text{kN}$

6.7.4 岩石锚杆挡土结构，是一种新型挡土结构体系，对支挡高大土质边坡很有成效。岩石锚杆挡土结构的位移很小，支挡的土体不可能达到极限状态，当按主动土压力理论计算土压力时，必须乘以一个增大系数。

岩石锚杆挡土结构是通过立柱或竖桩将土压力传递给锚杆，再由锚杆将土压力传递给稳定的岩体，达到支挡的目的。立柱间的挡板是一种维护结构，其作用是挡住两立柱间的土体，使其不掉下来。因存在着卸荷拱作用，两立柱间的土体作用在挡土板的土压力是不大的，有些支挡结构没有设置挡板也能安全支挡边坡。

岩石锚杆挡土结构的立柱必须嵌入稳定的岩体中，一般的嵌入深度为立柱断面尺寸的3倍。当所支挡的主体位于高度较大的陡崖边坡的顶部时，可有两种处理办法：

1 将立柱延伸到坡脚，为了增强立柱的稳定性，可在陡崖的适当部位增设一定数量的锚杆。

2 将立柱在具有一定承载能力的陡崖顶部截断，在立柱底部增设锚杆，以承受立柱底部的横推力及部分竖向力。

6.7.5 本条为锚杆的构造要求，现说明如下：

1 锚杆宜优先采用表面轧有肋纹的钢筋作主筋，是因为在建筑工程中所用的锚杆大多不使用机械锚头，在很多情况下主筋也不允许设置弯钩，为增加主筋与混凝土的握裹力作出的规定。

2 通过大量的试验研究表明，岩石锚杆在15～20倍锚杆直径以深的地带已没有锚固力分布，只有锚杆顶部周围的岩体出现破坏后，锚固力才会向深部延伸。当岩石锚杆的嵌岩深度小于3倍锚杆直径时，其抗拔力较低，不能采用本规范式（6.7.6）进行抗拔承载力计算。

3 锚杆的施工质量对锚杆抗拔力的影响很大，在施工中必须将钻孔清洗干净，孔壁不允许有泥膜存在。锚杆的施工还应满足有关施工验收规范的规定。

表 7.5.4-1　均布荷载允许值 $[q_{eq}]$ 地基沉降允许值 $[s'_g]$ 和系数 β 的计算总表

l(m)	d(m)	b(m)	a(m)	z_n(m)	$\bar{\alpha}_{Az}$	$\bar{\alpha}_{Bz}$	$\bar{\alpha}_{Ad}$	$\bar{\alpha}_{Bc}$	$[q_{eq}]$(kPa)	$[s'_g]$(m)	β_0	\multicolumn{10}{c}{β_0}	β'_0
												1	2	3	4	5	6	7	8	9	10	
12	2	1	6	13.0	0.282	0.163	0.488	0.088	0.0107 $\bar{E}_s$	0.0393	0.44											
			11	16.5	0.324	0.216	0.485	0.080	0.0082 $\bar{E}_s$	0.0438	0.34											
			22	21.0	0.358	0.264	0.498	0.090	0.0068 $\bar{E}_s$	0.0513	0.28											
			33	23.0	0.366	0.276	0.499	0.096	0.0063 $\bar{E}_s$	0.0528	0.26											
			44	24.0	0.378	0.284	0.499	0.096	0.0055 $\bar{E}_s$	0.0476	0.23											
12	2	2	6	13.0	0.279	0.108	0.488	0.024	0.0123 $\bar{E}_s$	0.0448	0.51	0.27	0.24	0.17	0.10	0.08	0.05	0.03	0.03	0.03	0.01	
			10	15.0	0.324	0.150	0.499	0.031	0.0096 $\bar{E}_s$	0.0446	0.39											
			20	20.0	0.349	0.198	0.499	0.029	0.0077 $\bar{E}_s$	0.0540	0.32	0.21	0.20	0.15	0.12	0.09	0.07	0.06	0.04	0.03	0.03	
			30	22.0	0.363	0.222	0.49	0.029	0.0074 $\bar{E}_s$	0.0590	0.31	0.31		0.31		0.18		0.11		0.09		
			40	22.5	0.373	0.231	0.499	0.029	0.0071 $\bar{E}_s$	0.0596	0.29											
18	2	3	6	13.5	0.282	0.082	0.488	0.010	0.0138 $\bar{E}_s$	0.0526	0.57		0.64		0.24		0.08		0.04		—	
			12	18.0	0.333	0.134	0.498	0.010	0.0092 $\bar{E}_s$	0.0551	0.38	0.38	0.23	0.15	0.10	0.06	0.05	0.03	0.02	0.02	0.01	
			15	19.5	0.349	0.153	0.498	0.011	0.0084 $\bar{E}_s$	0.0574	0.35	0.31	0.22	0.15	0.10	0.08	0.05	0.03	0.03	0.02	0.01	0.06
			30	24.0	0.388	0.205	0.499	0.012	0.0071 $\bar{E}_s$	0.0659	0.29	0.27	0.21	0.14	0.11	0.08	0.06	0.05	0.03	0.03	0.02	
			45	27.0	0.396	0.228	0.499	0.011	0.0067 $\bar{E}_s$	0.0723	0.28		0.42		0.28		0.15		0.08		0.07	
			60	28.5	0.399	0.237	0.499	0.012	0.0066 $\bar{E}_s$	0.0737	0.27											
24	2	4	6	14.0	0.277	0.059	0.488	0.002	0.0154 $\bar{E}_s$	0.0596	0.63	0.40	0.34	0.12	0.06	0.04	0.02	0.01	0.01	—		
			12	19.0	0.332	0.110	0.497	0.005	0.0099 $\bar{E}_s$	0.0625	0.41	0.40	0.25	0.13	0.08	0.06	0.03	0.02	0.01	0.01	0.01	
			20	23.0	0.370	0.154	0.499	0.006	0.0080 $\bar{E}_s$	0.0683	0.33	0.35	0.24	0.14	0.09	0.06	0.04	0.03	0.02	0.02	0.01	
			40	28.0	0.408	0.206	0.499	0.006	0.0068 $\bar{E}_s$	0.0780	0.28											
			60	32.0	0.413	0.229	0.499	0.006	0.0066 $\bar{E}_s$	0.0866	0.27	0.27	0.21	0.15	0.10	0.08	0.06	0.03	0.50	0.08	0.02	
			80	34.0	0.415	0.236	0.499	0.006	0.0063 $\bar{E}_s$	0.0884	0.26											
30	2	5	6	14.0	0.279	0.046	0.488	0.002	0.0175 $\bar{E}_s$	0.0681	0.72	0.57	0.24	0.10	0.05	0.03	0.01	—	—	—		
			12	20.0	0.327	0.091	0.498	0.001	0.0107 $\bar{E}_s$	0.0702	0.44	0.47	0.24	0.12	0.07	0.04	0.02	0.02	0.02	0.01	—	0.10
			25	26.0	0.384	0.151	0.499	0.003	0.0079 $\bar{E}_s$	0.0785	0.32		0.61		0.23		0.29		0.05		0.01	
			50	32.5	0.419	0.204	0.499	0.003	0.0067 $\bar{E}_s$	0.0910	0.28											
			75	35.0	0.430	0.226	0.499	0.003	0.0065 $\bar{E}_s$	0.0978	0.27	0.60	0.21	0.15	0.09	0.08	0.05	0.04	0.03	0.03	0.02	
			100	37.5	0.430	0.234	0.499	0.003	0.0063 $\bar{E}_s$	0.1012	0.26	0.31	0.21	0.13	0.10	0.07	0.06	0.04	0.03	0.02	0.03	

7 软弱地基

7.2 利用与处理

7.2.7~7.2.9 近年来,采用复合地基处理技术加固地基技术日益成熟,各地区取得了许多成功的经验,为国家节省了大量资金,本次规范修订增加了复合地基的设计原则,并规定建筑地基中采用复合地基技术,目前仅指由地基土和竖向增强体组成,共同承担荷载的人工地基。复合地基设计的基本原则为:

1 复合地基设计应满足建筑物承载力和变形要求;

2 复合地基承载力特征值应通过现场复合地基载荷试验确定,有经验时可采用竖向增强体和其周边土的载荷试验确定;

必须指出,由于复合地基竖向增强体种类多,复合地基设计承载力表达式不能完全统一,必须按地区经验由现场试验结果确定;

3 复合地基变形量不得超过本规范表 5.3.4 规定的建筑物地基变形允许值;

4 增强体顶部应设褥垫层,以使增强体与地基土共同发挥承载作用。

7.5 大面积地面荷载

7.5.4 在计算依据(基础由于地面荷载引起的倾斜值≤0.008)和计算方法与原规范相同的基础上,做了复算见表 7.5.4-1。

表中:$[q_{eq}]$——地面的均布荷载允许值;

$[s'_q]$——中间柱基内侧边缘中点的地基附加沉降允许值;

β_0——压在基础上的地面堆载(不考虑基础外的地面堆载影响)对基础内倾值的影响系数;

β'_0——和压在基础上的地面堆载纵向方向一致的压在地基上的地面堆载对基础内倾值的影响系数;

l——车间跨度;

b——车间跨度方向基础底面边长;

d——基础埋深;

a——地面堆载的纵向长度;

z_n——从室内地坪面起算的地基变形计算深度;

$\overline{E}_s$——地基变形计算深度内按应力面积法求得土的平均压缩模量;

$\overline{\alpha}_{Az}$、$\overline{\alpha}_{Bz}$——柱基内、外侧边缘中点自室内地坪面起算至 z_n 处的平均附加应力系数;

$\overline{\alpha}_{Ad}$、$\overline{\alpha}_{Bd}$——柱基内、外侧边缘中点自室内地坪面起算至基底处的平均附加应力系数;

$\tan\theta^0$——纵向方向和压在基础上的地面堆载一致的压在地基上的地面堆载引起基础的内倾值;

$\tan\theta$——地面堆载范围与基础内侧边缘线重合时,均布地面堆载引起的基础内倾值;

β_1,……β_{10}——分别表示地面堆载离柱基内侧边缘的不同位置和堆载的纵向长度对基础内倾值的影响系数。

表 7.5.4-1 中:

$$[q_{eq}] = \frac{0.008b\ \overline{E}_s}{z_n(\overline{\alpha}_{Az}-\overline{\alpha}_{Bz})-d(\overline{\alpha}_{Ad}-\overline{\alpha}_{Bd})}$$

$$[s'_s] = \frac{0.008bz_n\ \overline{\alpha}_{Az}}{z_n(\overline{\alpha}_{Az}-\overline{\alpha}_{Bz})-d(\overline{\alpha}_{Ad}-\overline{\alpha}_{Bd})}$$

$$\beta_0 = \frac{0.33b}{z_n(\overline{\alpha}_{Az}-\overline{\alpha}_{Bz})-d(\overline{\alpha}_{Ad}-\overline{\alpha}_{Bd})}$$

$$\beta'_0 = \frac{\tan\theta^0}{\tan\theta}$$

大面积地面荷载作用下地基附加沉降的计算举例

单层工业厂房,跨度 $l=24$m,柱基底面边长 $b=3.5$m,基础埋深 1.7m,地基土的压缩模量 $\overline{E}_s=4$MPa,堆载纵向长度 $a=60$m,厂房填土在基础完工后填筑,地面荷载大小和范围如图 7.5.4 所示,求由于地面荷载作用下柱基内侧边缘中点(A)的地基附加沉降值,并验算是否满足天然地基设计要求。

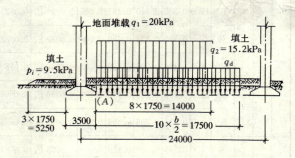

图 7.5.4 地面荷载计算示意

一、等效均布地面荷载 q_{eq}

计算步骤如表 7.5.4-2 所示。

二、柱基内侧边缘中点(A)的地基附加沉降值 s'_g

计算时取 $a'=30m$,$b'=17.5m$。计算步骤如表 7.5.4-3 所示。

表 7.5.4-2

区段		0	1	2	3	4	5	6	7	8	9	10
$\beta_i \left(\dfrac{a}{5b}=\dfrac{6000}{1750}>1\right)$		0.30	0.29	0.22	0.15	0.10	0.08	0.06	0.04	0.03	0.02	0.01
q_i (kPa)	堆载	0	20.0	20.0	20.0	20.0	20.0	20.0	20.0	20.0	0	0
	填土	15.2	15.2	15.2	15.2	15.2	15.2	15.2	15.2	15.2	15.2	15.2
	合计	15.2	35.2	35.2	35.2	35.2	35.2	35.2	35.2	35.2	15.2	15.2
p_i (kPa) 填土		9.5	9.5	9.5	4.8							
$\beta_i q_i - \beta_i p_i$ (kPa)		1.7	7.5	5.7	4.6	3.5	2.8	2.1	1.4	1.1	0.3	0.2

$$q_{eq} = 0.8 \sum_{i=0}^{10} (\beta_i q_i - \beta_i p_i) = 0.8 \times 30.9 = 24.7 \text{kPa}$$

表 7.5.4-3

z_i (m)	$\dfrac{a'}{b'}$	$\dfrac{z_i}{b'}$	$\bar{\alpha}_i$	$z_i \bar{\alpha}_i$ (m)	$z_i \bar{\alpha}_i - z_{i-1}\bar{\alpha}_{i-1}$ (m)	E_{si} (MPa)	$\Delta s'_{gi} = \dfrac{q_{lg}}{E_{si}} \times (z_i \bar{\alpha}_i - z_{i-1}\bar{\alpha}_{i-1})$ (mm)	$s'_g = \sum_{i=1}^{n} \Delta s'_{gi}$ (mm)	$\dfrac{\Delta s'_{gi}}{\sum\limits_{i=1}^{n} \Delta s'_{gi}}$
0	$\dfrac{30.00}{17.50}=1.71$	0							
28.80		$\dfrac{28.80}{17.50}=1.65$	$2\times 0.2069=0.4138$	11.92		4.0	73.6	73.6	
30.00		$\dfrac{30.00}{17.50}=1.71$	$2\times 0.2044=0.4088$	12.26	0.34	4.0	2.1	75.7	0.028>0.025
29.80		$\dfrac{29.80}{17.50}=1.70$	$2\times 0.2049=0.4098$	12.21		4.0		75.4	
31.00		$\dfrac{31.00}{17.50}=1.77$	$2\times 0.2020=0.4040$	12.52	0.34	4.0	1.9	77.3	0.0246<0.025

注：根据地面荷载宽度 $b'=17.5$m，查表 5.2.6，由地基变形计算深度 z 处向上取计算层厚度为 1.2m。
从上表中得知地基变形计算深度 z_n 为 31m，所以由地面荷载引起柱基内侧边缘中点 (A) 的地基附加沉降值 $s'_g = 77.3$mm。按 $a=60$m，$b=3.5$m。查表 7.5.4 得地基附加沉降允许值 $[s'_g]=80$mm，故满足天然地基设计的要求。

8 基 础

8.1 无筋扩展基础

8.1.2 表 8.1.2 中提供的无筋扩展混凝土基础台阶宽高比的允许值，是根据材料力学、现行混凝土结构设计规范确定的。当基础底面的平均压力值超过 300kPa 时，按下式验算墙(柱)边缘或变阶处的受剪承载力：

$$V_s \leqslant 0.366 f_t A$$

式中 V_s——相应于荷载效应基本组合时的地基土平均净反力产生的沿墙(柱)边缘或变阶处单位长度的剪力设计值；

A——沿墙(柱)边缘或变阶处混凝土基础单位长度面积。

8.2 扩展基础

8.2.6 自《建筑地基基础设计规范》GBJ 7—89 颁布后，国内高杯口基础杯壁厚度以及杯壁和短柱部分的配筋要求基本上照此执行，情况良好。本次修编时除保留原有的要求外,增加了抗震设防烈度为8°和9°时,对短柱部分的横向箍筋的要求其配置量不宜小于 $\phi 8@150$。

制定高杯口基础的构造依据是:

1 杯壁厚度 t

多数设计在计算有短柱基础的厂房排架时,一般都不考虑短柱的影响,将排架柱视作固定在基础杯口顶面的二阶柱(图 8.2.6-1b)。这种简化计算所得的弯矩 m 较考虑有短柱存在按三阶柱(图 8.2.6-1c)计算所得的弯矩小。

原机械工业部设计院对起重机起重量小于或等于

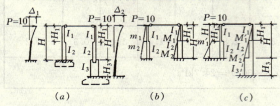

图 8.2.6-1 带短柱基础厂房的计算示意
(a) 厂房图形;(b) 简化计算;(c) 精确计算

75t,轨顶标高在14m以下的一般工业厂房作了大量分析工作,分析结果表明:短柱刚度愈小即 $\frac{\Delta_2}{\Delta_1}$ 的比值愈大(图 8.2.6-1a),则弯矩误差 $\frac{\Delta m}{m}\%$,即 $\frac{m'-m}{m}\%$ 愈大。图 8.2.6-2 为二阶柱和三阶柱的弯矩误差关系,从图中可以看到,当 $\frac{\Delta_2}{\Delta_1}=1.11$ 时, $\frac{\Delta m}{m}=8\%$,构件尚属安全使用范围之内。在相同的短柱高度和相同的柱截面条件下,短柱的刚度与杯壁的厚度 t 有关,GBJ7—89规范就是据此规定杯壁的厚度。通过十多年实践,按构造配筋的限制条件可适当放宽,本规范参照《机械工厂结构设计规范》GBJ 8—97 增加了 8.2.6 之 2、3 限制条件。

对符合本规范条文要求,且满足表 8.2.6 杯壁厚度最小要求的设计,可不考虑高杯口基础短柱部分对排架的影响,否则应按三阶柱进行分析。

2 杯壁配筋

杯壁配筋的构造要求是基于横向(顶层钢筋网和横向箍筋)和纵向钢筋共同工作的计算方法,并通过试验验证。大量试算工作表明,除较小柱截面的杯口外,均能保证必需的安全度。顶层钢筋网由于抗弯力臂大,设计时应充分利用其抗弯承载力以减少杯壁其他的钢筋用量。横向箍筋 $\phi 8@150$ 的抗弯承载力随柱的插入杯口深度 h_1 而异,但当柱截面高度 h 大于1000mm, $h_1=0.8h$ 时,抗弯能力有限,因此设计时横向箍筋不宜大于 $\phi 8@150$。纵向钢筋构造要求为 $\phi 12\sim 16$,且其设置量又与 h 成正比,h 愈大则其抗弯承载力愈大,当 $h\geqslant 1000mm$ 时,其抗弯承载力已达到甚至超过顶层钢筋网的抗弯承载力。

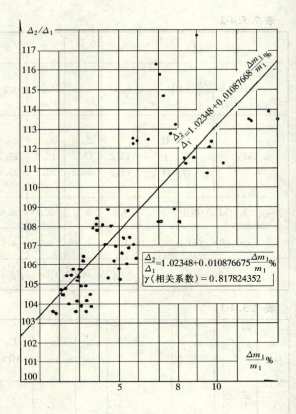

图 8.2.6-2 一般工业厂房 $\frac{\Delta_2}{\Delta_1}$ 与 $\frac{\Delta m}{m}\%$(上柱)关系

8.2.7 阶梯形独立柱基及锥形独立柱基其斜截面受剪的折算宽度,可按照本规范附录S确定。

8.3 柱下条形基础

8.3.1、8.3.2 基础梁的截面高度应根据地基反力、柱荷载的大小等因素确定。大量工程实践表明,柱下条形基础梁的截面高度一般为柱距的 $1/4\sim 1/8$。原上海工业建筑设计院对五十项工程的统计,条形基础梁的高跨比在 $1/4\sim 1/6$ 之间的占工程数的 88%。在选择基础梁截面时,距柱边缘处基础梁的受剪截面和斜截面受剪承载力尚应满足现行《混凝土结构设计规范》的要求。

对柱下条形基础梁的内力计算方法,本规范划分了按连续梁计算内力的适用条件。在比较均匀的地基上,上部结构刚度较好,荷载分布较均匀,且条形基础梁的截面高度大于或等于1/6柱距时,地基反力可按直线分布考虑。其中规定基础梁高度大于或等于1/6的柱距的条件是根据柱距 l 与文克勒地基模型中的弹性特征系数 λ 的乘积 $\lambda l\leqslant 1.75$ 作了分析,当高跨比大于或等于1/6时,对一般柱距及中等压缩性的地基都可考虑地基反力为直线分布。当不满足上述条件时,宜按弹性地基梁法计算内力,分析时采用的地基模型应结合地区经验进行选择。

8.4 高层建筑筏形基础

8.4.2 对单幢建筑物，在均匀地基的条件下，基础底面的压力和基础的整体倾斜主要取决于荷载效应准永久组合下产生的偏心距大小。对基底平面为矩形的筏基，在偏心荷载作用下，基础抗倾覆稳定系数 K_F 可用下式表示：

$$K_F = \frac{y}{e} = \frac{\gamma B}{e} = \frac{\gamma}{e/B}$$

式中 B——与组合荷载竖向合力偏心方向平行的基础边长；

e——作用在基底平面的组合荷载全部竖向合力对基底面积形心的偏心距；

y——基底平面形心至最大受压边缘的距离，γ 为 y 与 B 的比值。

从式中可以看出 e/B 直接影响着抗倾覆稳定系数 K_F，K_F 随着 e/B 的增大而降低，因此容易引起较大的倾斜。表 8.4.2 三个典型工程的实测证实了在地基条件相同时，e/B 越大，则倾斜越大。

表 8.4.2　e/B 值与整体倾斜的关系

地基条件	工程名称	横向偏心距 e (m)	基底宽度 B (m)	e/B	实测倾斜 (‰)
上海软土地基	胸科医院	0.164	17.9	1/109	2.1（有相邻影响）
上海软土地基	某研究所	0.154	14.8	1/96	2.7
北京硬土地基	中医医院	0.297	12.6	1/42	1.716（唐山地震北京烈度为6度，未发现明显变化）

高层建筑由于楼身质心高，荷载重，当筏形基础开始产生倾斜后，建筑物总重对基础底面形心将产生新的倾覆力矩增量，而倾覆力矩的增量又产生新的倾斜增量，倾斜可能随时间而增长，直至地基变形稳定为止。因此，为避免基础产生倾斜，应尽量使结构竖向荷载合力作用点与基础平面形心重合，当偏心难以避免时，则应规定竖向合力偏心距的限值。本规范根据实测资料并参考交通部《公路桥涵设计规范》对桥墩合力偏心距的限制，规定了在荷载效应准永久组合时，$e \leq 0.1W/A$。从实测结果来看，这个限制对硬土地区稍严格，当有可靠依据时可适当放松。

8.4.5 通过对已建工程的分析，并鉴于梁板式筏基基础梁下实测土反力存在的集中效应、底板与地基土之间的摩擦力作用以及实际工程中底板的跨厚比一般都在 14~6 之间变动等有利因素，本规范明确了取距梁边缘 h_0 作为验算底板受剪的部位。

8.4.7 N. W. Hanson 和 J. M. Hanson 在他们的"混凝土板柱之间剪力和弯矩的传递"试验报告中指出：板与柱之间的不平衡弯矩传递，一部分不平衡弯矩是通过临界截面周边的弯曲应力 T 和 C 来传递，而一部分不平衡弯矩则通过临界截面上的偏心剪力对临界截面重心产生的弯矩来传递的，如图 8.4.7-1 所示。因此，在验算距柱边 $h_0/2$ 处的冲切临界截面剪应力时，除需考虑竖向荷载产生的剪应力外，尚应考虑作用在冲切临界截面重心上的不平衡弯矩所产生的附加剪应力。本规范公式（8.4.7-1）右侧第一项是根据现行《混凝土结构设计规范》GB 50010 在集中力作用下的冲切承载力计算公式换算而得，右侧第二项是引自美国 ACI 318 规范中有关的计算规定。

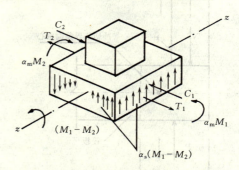

图 8.4.7-1　板与柱不平衡弯矩传递示意

关于公式（8.4.7-1）中集中力取值的问题，国内外大量试验结果表明，内柱的冲切破坏呈完整的锥体状，我国工程实践中一直沿用柱所承受的轴向力设计值减去冲切破坏锥体范围内相应的地基反力作为集中力；对边柱和角柱，由于我国在这方面试验积累的成果不多，本规范参考了国外经验，取柱轴力设计值减去冲切临界截面范围内相应的地基反力作为集中力设计值。

公式（8.4.7-1）中的 M_{unb} 是指作用在柱边 $h_0/2$ 处冲切临界截面重心上的弯矩，对边柱它包括由柱根处轴力设计值 N 和该处筏板冲切临界截面范围内相应的地基反力 P 对临界截面重心产生的弯矩。由于本条款中筏板和上部结构是分别计算的，因此计算 M 值时尚应包括柱子根部的弯矩 M_c，如图 8.4.7-2 所示，M 的表达式为：

$$M_{unb} = Ne_N - Pe_p \pm M_c$$

对于内柱，由于对称关系，柱截面形心与冲切临界截面重心重合，$e_N = e_p = 0$，因此冲切临界截面重心上的弯矩，取柱根弯矩。

我国钢筋混凝土受冲切承载力公式具有计算简单的优点，但存在考虑因素不全面的问题。国外试验表明，当柱截面的长边与短边的比值 β_s 大于 2 时，沿冲切临界截面的长边的受剪承载力约为柱短边受剪承载力的一半或更低。本规范的公式（8.4.7-2）是在我国现行混凝土结构设计规范受冲切承载力公式的基础上，参考了美国 ACI 318 规范中受冲切承载力公式中有关规定，引进了柱截面长、短边比值的影响，适用于包括扁柱和单片剪力墙在内的平板式筏基。图 8.4.7-3 给出了以 ACI 318 计算结果为参照物的在不同 β_s 条件下筏板有效高度比较表。当 $\beta_s \leq 2$ 时，由于我国受冲切承载力取值偏低，按本规范算得的筏板有效高度略大于美国 ACI 318 规范相关公式的结果；当 $2 < \beta_s \leq 4$ 时，基本上保持在现行《混凝土结构设计规范》可靠指标基础上，成比例与 ACI 318 规范计算结

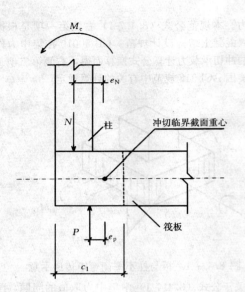

图 8.4.7-2 边柱 M_{unb} 计算示意

果同步；$\beta_s > 4$ 时则略大于美国 ACI 318 规范的计算结果。

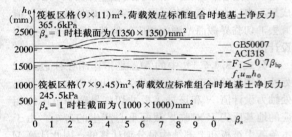

图 8.4.7-3 不同 β_s 条件下筏板有效高度的比较

对有抗震设防要求的平板式筏基，尚应验算地震作用组合的临界截面的最大剪应力 $\tau_{E,max}$，此时公式 (8.4.7-1) 和 (8.4.7-2) 应改写为：

$$\tau_{E,max} = \frac{V_{sE}}{A_s} + \alpha_s \frac{M_E}{I_s} c_{AB}$$

$$\tau_{E,max} \leqslant \frac{0.7}{\gamma_{RE}} \left(0.4 + \frac{1.2}{\beta_s}\right) \beta_{hp} f_t$$

式中 V_{sE}——考虑地震作用组合后的集中反力设计值；

M_E——考虑地震作用组合后的冲切临界截面重心上的弯矩；

A_s——距柱边 $h_0/2$ 处的冲切临界截面的筏板有效面积；

γ_{RE}——抗震调整系数，取 0.85。

8.4.8 Venderbilt 在他的"连续板的抗剪强度"试验报告中指出：混凝土抗冲切承载力随比值 u_m/h_0 的增加而降低。为此，美国 ACI 318 规范 1989 版对受冲切承载力公式增加了新的条款。由于使用功能上的要求，内筒占有相当大的面积，因而距内筒外表面 $h_0/2$ 处的冲切临界截面周长是很大的，在 h_0 保持不变的条件下，内筒下筏板的受冲切承载力实际上是降低了，因此需要适当提高内筒下筏板的厚度。本规范给出的内筒下筏板冲切截面周长影响系数 η，是通过实际工程中不同尺寸的内筒，经分析并和美国 ACI 318 规范对比后确定的（详表 8.4.8）。

表 8.4.8 内筒下筏板厚度比较

筒尺寸 (m×m)	筏板混凝土强度等级	荷载标准组合的内筒轴力 (kN)	荷载标准组合的基底净反力 (kN/m²)	规范名称	筏板有效高度 (m)	
					不考虑冲切临界截面周长影响	考虑冲切临界截面周长影响
11.3× 13.0	C30	128051	383.4	GB50007	1.22	1.39*
				ACI 318	1.18	1.44
12.6× 27.2	C40	424565	453.1	GB50007	2.41	2.72*
				ACI 318	2.36	2.71
24×24	C40	718848	480	GB50007	3.2	3.58*
				ACI 318	3.07	3.55
24×24	C40	442980	300	GB50007	2.39	2.57*
				ACI 318	2.12	2.67
24×24	C40	336960	225	GB50007	1.95	2.28*
				ACI 318	1.67	2.21

注：1. 荷载分项系数平均值：GB50007 取 1.35，ACI 318 取 1.45；
2. *：考虑冲切临界截面周长影响系数 1.25。

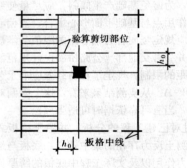

图 8.4.9-1 内柱（筒）下筏板验算剪切部位示意

8.4.9 本规范明确了取距内柱和内筒边缘 h_0 处作为验算筏板受剪的部位，如图 8.4.9-1 所示；角柱下验算筏板受剪的部位取距柱角 h_0 处，如图 8.4.9-2 所示。公式 (8.4.9) 中的 V_s 即作用在图 8.4.9-1 或图 8.4.9-2 中阴影面积上的地基净反力平均设计值除以验算截面处板格中至中的长度（内柱）、或距角柱角点 h_0 处 45°斜线的长度（角柱）。国内筏板试验报告表明：筏板的裂缝首先出现在板的角部，设计中当采用简化计算方法时，需适当考虑角点附近土反力的集

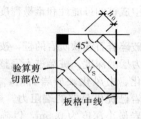

图 8.4.9-2 角柱（筒）
下筏板验算剪切
部位示意

中效应。图8.4.9-3给出了筏板模型试验中裂缝发展的过程。设计中当角柱下筏板受剪承载力不满足规范要求时，也可采用适当加大底层角柱横截面或局部增加筏板角隅板厚等有效措施，以期降低受剪截面处的剪力。

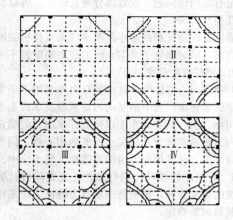

图 8.4.9-3 筏板模型试验裂缝发展过程

8.4.10 我国高层建筑箱形基础的工程实测资料表明，由于上部结构参与工作，箱形基础的纵向相对挠曲值都很小，第四纪土地区一般都小于万分之一，软土地区一般都小于万分之三。因此，一般情况下计算时不考虑整体弯曲的作用，整体弯曲的影响通过构造措施予以保证。对于高层建筑筏形基础，黄熙龄和郭

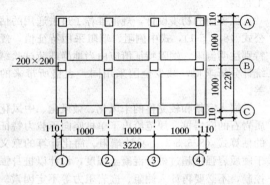

图 8.4.10-1 模型试验加载梁平面图

天强在他们的框架柱——筏基础模型试验报告中指出，在均匀地基上，上部结构刚度较好，荷载分布较均匀，筏板厚度满足冲切承载力要求，且筏板的厚跨比不小于1/6时，可不考虑筏板的整体弯曲，只按局部弯曲计算，地基反力可按直线分布。试验是在粉质粘土和碎石土两种不同类型的土层上进行的，筏基平面尺寸为 3220mm×2220mm，厚度为 150mm（图

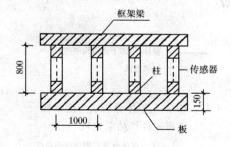

图 8.4.10-2 模型试验（B）轴线剖面图

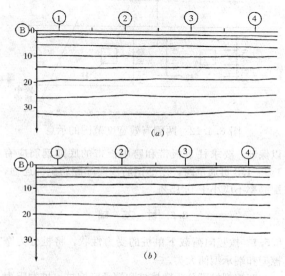

图 8.4.10-3a （B）轴线沉降曲线
（a）粉质粘土；（b）碎石土

8.4.10-1)，其上为三榀单层框架（图 8.4.10-2）。试验结果表明，土质无论是粉质粘土还是碎石土，沉降都相当均匀（图 8.4.10-3），筏板的整体挠曲约为万分之三，整体挠曲相似于箱型基础。基础内力的分布规律，按整体分析法（考虑上部结构作用）与倒梁法是一致的，且倒梁板法计算出来的弯矩值还略大于整体分析法。

8.4.12 工程实践表明，在柱宽及其两侧一定范围的有效宽度内，其钢筋配置量不应小于柱下板带配筋量的一半，且应能承受板与柱之间一部分不平衡弯矩 $\alpha_m M_{unb}$，以保证板柱之间的弯矩传递，并使筏板在地震作用过程中处于弹性状态，保证柱根处能实现预期的塑性铰。条款中有效宽度的范围，是根据筏板较厚的特点，以小于1/4板跨为原则而提出来的。有效宽度范围如图 8.4.12 所示。

对筏板的整体弯曲影响，本条款通过构造措施予

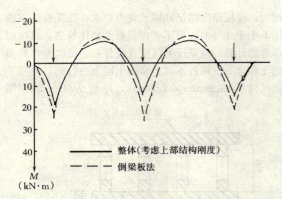

图 8.4.10-3b 整体分析法与倒梁板法弯矩计算结果比较

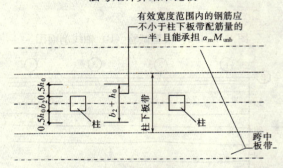

图 8.4.12 两侧有效宽度范围的示意

以保证，要求柱下板带和跨中板带的底部钢筋应有 1/2～1/3 贯通全跨，顶部钢筋按实际配筋全部连通，配筋率不应小于 0.15%。

8.5 桩基础

8.5.1 按竖向荷载下单桩的受力性状，将桩分为摩擦型和端承型两大类。

摩擦型桩可分为摩擦桩和端承摩擦桩，桩端阻力很小时，称为摩擦桩。同理，端承型桩也可分为端承桩和摩擦端承桩，桩侧阻力很小时，称为端承桩。

8.5.2 本条所规定的桩和桩基的构造，考虑到各种不同的情况综合制定，补充并完善了 89 规范的内容。

1 为减少摩擦型桩侧阻的叠加效应，仍规定取最小桩距为 $3d$；扩底灌注桩包括夯扩桩、机械和人工扩底灌注桩等，为保证其侧阻的发挥也作了相应的规定。

施工工艺对桩距的要求十分重要，由于成桩中的挤土效应以及拔管（钻）时带动桩周土，往往造成邻近桩的断裂或缩颈，在饱和软土和结构性强的土中尤为突出，因此，在决定桩距时，对挤土桩应特别重视。

2 扩底灌注桩扩底直径不宜大于三倍桩身直径，系考虑到扩底施工的难易和安全，同时需要保持桩间土的稳定，有利于桩基受力。

3 桩端进入持力层的最小深度，主要是考虑了在各类持力层中成桩的可能性和难易程度，并尽量提高桩端阻力。

桩端进入破碎岩石或软质岩的桩，按一般桩来计算桩端进入持力层的深度。桩端进入完整的和较完整的未风化、微风化、中风化硬质岩石时，入岩施工困难，同时硬质岩已提供足够的端阻力。规范条文中，提出桩周边嵌岩最小深度为 0.5m，以确保桩端与岩体面接触。

4 桩端位于倾斜地层的桩基，受到滑移土体的水平力作用，为此桩应采用通长配筋，并应通过计算确定配筋量。

承台下存在淤泥、淤泥质土或液化土层时，为提高桩基稳定性，同时考虑到施工中避免挤土等影响而产生断桩，配筋长度应穿过上述土层。

大直径桩往往桩长很大，特别是钻孔桩，下部成孔质量有时出现问题，设置部分通长钢筋，可以验证下部孔径及孔深。

灌注桩构造配筋的最小配筋率使大直径桩的配筋不致过多，同时保证了 $\phi377mm$ 的桩主筋配置不少于 6 根 $\phi12$ 钢筋（配筋率 0.65%）。

8.5.3～8.5.4 群桩中单桩桩顶竖向力采用了正常使用极限状态标准组合下的竖向力，承台及承台上土自重采用标准值。其意义在于以荷载标准组合值确定桩数，与天然地基确定基础尺寸的原则相一致。同时避免了设计值、标准值相混淆的可能性，便于应用。

8.5.5 为保证桩基设计的可靠性，规定除设计等级为丙级的建筑物外，单桩竖向承载力特征值应采用竖向静载荷试验确定。

设计等级为丙级的建筑物可根据静力触探或标准贯入试验方法确定单桩竖向承载力特征值。用静力触探或标贯方法确定单桩承载力已有不少地区和单位进行过研究和总结，取得了许多宝贵经验。其他原位测试方法确定单桩竖向承载力的经验不足，规范未推荐。

确定单桩竖向承载力时，应重视类似工程、邻近工程的经验。

试桩前的初步设计，规范推荐了过去通用的估算公式（8.5.5-1），式中侧阻、端阻采用特征值，规范特别注明侧阻、端阻特征值应由当地静载荷试验结果统计分析求得，减少全国采用同一表格所带来的误差。

嵌入完整和较完整的未风化、微风化、中风化硬质岩石的嵌岩桩，规范给出了单桩竖向承载力特征值的估算式（8.5.5-2），只计端阻。简化计算的意义在于硬质岩强度超过桩身混凝土强度，设计以桩身强度控制，不必要再计入侧阻、嵌岩阻力等不定因素。当然，嵌岩桩并不是不存在侧阻和嵌岩阻力，有时侧阻和嵌岩阻力占有很大的比例。对于嵌入破碎和软质岩石中的桩，单桩承载力特征值则按 8.5.5-1 式进行估算。

为确保大直径嵌岩桩的设计可靠性，必须确定桩底一定深度内岩体性状。此外，在桩底应力扩散范围内可能埋藏有相对软弱的夹层，甚至存在洞隙，应引起足够注意。岩层表面往往起伏不平，有隐伏沟槽存在，特别在碳酸盐类岩石地区，岩面石芽、溶槽密布，此时桩端可能落于岩面隆起或斜面处，有导致滑移的可能，因此，规范规定在桩底端应力扩散范围内应无岩体临空面存在，并确保基底岩体的稳定性。实践证明，作为基础施工图设计依据的详细勘察阶段的工作精度，满足不了这类桩设计施工的要求，因此，当基础方案选定之后，还应根据桩位及要求进行专门性的桩基勘察，以便针对各个桩的持力层选择入岩深度、确定承载力，并为施工处理等提供可靠依据。

8.5.6 单桩水平承载力与诸多因素相关，单桩水平承载力特征值应由单桩水平载荷试验确定。

规范特别写入了带承台桩的水平载荷试验。桩基抵抗水平力很大程度上依赖于承台底阻力和承台侧面抗力，带承台桩基的水平载荷试验能反映桩基在水平力作用下的实际工作状况。

带承台桩基水平载荷试验采用慢速维持荷载法，用以确定长期荷载下的桩基水平承载力和地基土水平反力系数。加载分级及每级荷载稳定标准可按单桩竖向静载荷试验的办法。当加载至桩身破坏或位移超过 30~40mm（软土取大值）时停止加载。卸载按 2 倍加载等级逐级卸载，每 30min 卸一级载，并于每次卸载前测读位移。

根据试验数据绘制荷载位移 H_0-X_0 曲线及荷载位移梯度 $H_0-(\Delta X_0/\Delta H_0)$ 曲线，取 $H_c-(\Delta X_0/\Delta H_0)$ 曲线的第一拐点为临界荷载，取第二拐点或 H_0-X_0 曲线的陡降起点为极限荷载。若桩身设有应力测读装置，还可根据最大弯矩点变化特征综合判定临界荷载和极限荷载。

对于重要工程，可模拟承台顶竖向荷载的实际状况进行试验。

水平荷载作用下桩基内各单桩的抗力分配与桩数、桩距、桩身刚度、土质性状、承台形式等诸多因素有关。

水平力作用下的群桩效应的研究工作不深入，条文规定了水平力作用面的桩距较大时，桩基的水平承载力可视为各单桩水平承载力的总和，实际上在低桩承台的前提下应注重采取措施充分发挥承台底面及侧面土的抗力作用，加强承台间的连系等等。当承台周围填土质量有保证时，应考虑土的抗力作用按弹性抗力法进行计算。

用斜桩来抵抗水平力是一项有效的措施，在桥梁桩基中采用较多。但在一般工业与民用建筑中则很少采用，究其原因是依靠承台埋深大多可以解决水平力的问题。

8.5.9 近年来随着高层建筑的发展，对桩承载力的要求很高，各种超长桩应用较多，为保证建筑物安全，确保桩身混凝土强度至关重要。

上海市地基基础设计规范中对桩身混凝土强度折减作了如下规定：

1 灌注桩 $\psi=0.60$，施工质量有充分把握时也不得超过 0.68。

2 预制桩 $\psi=0.60\sim0.75$。

3 预应力桩 $Q\leqslant(0.60\sim0.75)f_cA_p-0.34A_p\sigma_{Pc}$。

σ_{Pc}——为桩身截面混凝土有效预加应力。

以上规定中均未考虑结构重要性系数。

考虑到全国的状况，本次修订增加了桩的承载力尚应满足桩身混凝土强度的要求。

8.5.10 为了贯彻以变形控制设计的原则，规范条文规定了需要进行沉降验算的建筑物桩基，补充了 89 规范中的空缺。对于地基基础设计等级为丙级的建筑物、群桩效应不明显的建筑物桩基，可根据单桩静载荷试验的变形及当地工程经验估算建筑物的沉降量。

8.5.11 软土中摩擦桩的桩基础沉降计算是一个非常复杂的问题。纵观许多描述桩基实际沉降和沉降发展过程的文献可以知道，土体中桩基沉降实质是由桩身压缩、桩端刺入变形和桩端平面以下土层受群桩荷载共同作用产生的整体压缩变形等多个主要分量组成，并且是需要经历数年、甚至更长时间才能完成的过程。即使忽略土中桩身弹性压缩量，由于桩端刺入变形与桩土体之间相互作用、土体组成的多相性质、土骨架的非线性应力应变性质及蠕变性质有关，在目前认识水平条件下，土中摩擦桩桩基沉降不是简单的弹性理论所能描述的问题，这说明为什么完全依据理论的各种桩基沉降计算方法，在实际工程的应用中往往都与实测结果存在较大的出入，即使经过修正，两者也只能在某一特定范围内比较接近。正因为如此，本规范推荐的桩基最终沉降量的计算方法，并不是一种纯理论的方法，其实质是一种经验拟合的方法。根据 Geddes 按弹性理论中 Mindlin 应力公式积分后得出的单桩荷载在半无限体中产生的应力解出发，用简单叠加法原则求得群桩荷载在地基中产生的应力，然后再按分层总和法原理计算沉降，并乘以经验系数，从而使计算结果更接近于工程实际，与实体基础的方法相比，该法能方便地考虑桩基中桩数、桩间距、不规则布桩及不同桩长等因素对沉降计算的影响。

从经验拟合这一观点出发，本次规范在这一条款中的修订工作主要是收集大量实际工程资料进行统计分析。修订组共收集了上海地区 93 幢建筑的完整实测资料和工程计算资料，在随后的资料复查整理中，因各种原因共放弃了其中 24 幢建筑物的资料，实际用于分析的建筑物共 69 幢。在统计分析的过程中逐步确定了各项计算规定，最后确定了桩基最终沉降量计算的经验修正系数 ψ_s。为了得到确定的统计结果，作了一系列经验性的规定。

1 统计分析中的计算规定及说明：

1）统计时是将各幢建筑物中心点计算沉降值或最大计算沉降值与实测各点的平均沉降值进行比较。计算得到的最大沉降值，不是代表建筑物在某处实际发生的最大沉降值，而是估算的建筑物最终平均沉降值。从这一规定可知，不提倡用这一方法计算建筑物的不均匀沉降。因为缺少实测倾斜值与计算值的对比统计资料，也因为这种算法不考虑上部结构的刚度，可能严重歪曲了实际的不均匀沉降。若计算点任意选取，可能得到互相矛盾的结果。

2）公式中所用的压缩模量 E_s 为计算深度处土在自重应力至自重应力加附加应力作用下的压缩模量。一般采用勘察报告中提供的由室内土工压缩试验得到的数值。压缩模量的取值对于沉降计算有很大的影响，但由于目前对于原位试验本身及其试验结果与室内试验得出的 E_s 之间的规律尚未有较明确的统一认识，本次修编时仍采用室内压缩试验得出的压缩模量。待今后进一步积累经验，再行修订。

3）在采用分层总和法计算沉降时，考虑到桩端处的应力集中，土体的计算分层厚度在桩端以下一定范围内应适当加密。实际工程计算时，一般区域计算层厚度取 1m，加密区域计算层厚度取 0.1m，已能保证足够的精度。

8.5.13 八十年代上海市开始采用为控制沉降而设置桩基的方法，取得显著的社会经济效益。目前天津、湖北、福建等省市也相继应用了上述方法。开发这种方法是考虑桩、土、承台共同工作时，基础的承载力可以满足要求，而下卧层变形过大，此时采用摩擦型桩旨在减少沉降，以满足建筑物的使用要求。以控制沉降为目的设置桩基是指直接用沉降量指标来确定用桩的数量。能否实行这种设计方法，必须要有当地的经验，特别是符合当地工程实践的桩基沉降计算方法。直接用沉降量确定用桩数量后，还必须满足本条所规定的使用条件和构造措施。上述方法的基本原则有三点：

一、设计用桩数量可以根据沉降控制条件，即允许沉降量计算确定；

二、基础总安全度不能降低，应按桩、土和承台共同作用的实际状态来验算。桩土共同工作是一个复杂的过程，随着沉降的发展，桩、土的荷载分担不断变化，作为一种最不利状态的控制，桩顶荷载可能接近或等于单桩极限承载力。为了保证桩基的安全度，规定按承载力特征值计算的桩群承载力与土承载力之和应大于等于按荷载效应标准组合作用于桩基承台顶面的竖向力与承台及其上土自重之和；

三、为保证桩、土和承台共同工作，应采用摩擦型桩，使桩基产生可以容许的沉降，承台底不致脱空，在桩基沉降过程中充分发挥桩端持力层的抗力。同时桩端还要置于相对较好的土层中，防止沉降过大，达不到预期控制沉降的目的。为保证承台底不脱空，当承台底土为欠固结土或承载力利用价值不大的软土时，尚应对其进行处理。

8.5.16 桩基承台的弯矩计算

1 承台试件破坏过程的描述

中国石化总公司洛阳设计院和郑州工学院曾就桩台受弯问题进行专题研究。试验中发现，凡属抗弯破坏的试件均呈梁式破坏的特点。四桩承台试件采用均布方式配筋，试验时初始裂缝首先在承台两个对应边的一边或两边中部或中部附近产生，之后在两个方向交替发展，并逐渐演变成各种复杂的裂缝而向承台中部合拢，最后形成各种不同的破坏模式。三桩承台试件是采用梁式配筋，承台中部因无配筋而抗裂性能较差，初始裂缝多由承台中部开始向外发展，最后形成各种不同的破坏模式。可以得出，不论是三桩试件还是四桩试件，它们在开裂破坏的过程中，总是在两个方向上互相交替承担上部主要荷载，而不是平均承担，也即是交替起着梁的作用。

2 推荐的抗弯计算公式

通过对众多破坏模式的理论分析，选取图 8.5.16 所示的四种典型模式作为公式推导的依据。

（1）图 8.5.16（a）四桩承台破坏模式系屈服线将承台分成很规则的若干块几何块体。设块体为刚性的，变形略去不计，最大弯矩产生于屈服线处，该弯矩全部由钢筋来承担，不考虑混凝土的拉力作用，则利用极限平衡方法并按悬臂梁计算。

$$M_x = \Sigma (N_i y_i)$$

$$M_y = \Sigma (N_i x_i)$$

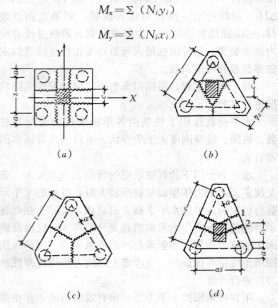

图 8.5.16 承台破坏模式

(a) 四桩承台；(b) 等边三桩承台（一）

(c) 等边三桩承台（二）；(d) 等腰三桩承台

(2) 图 8.5.16 (b) 是等边三桩承台具有代表性的破坏模式，可利用钢筋混凝土板的屈服线理论，按机动法的基本原理来推导公式得：

$$M=\frac{N_{max}}{3}\left(s-\frac{\sqrt{3}}{2}c\right) \quad (a)$$

由图 8.5.16 (c) 的等边三桩承台最不利破坏模式，可得另一个公式即：

$$M=\frac{N_{max}}{3}s \quad (b)$$

式(a)考虑屈服线产生在柱边，过于理想化；式(b)未考虑柱子的约束作用，是偏于安全的。根据试件破坏的多数情况，采用(a)(b)二式的平均值为规范的推荐公式(8.5.16-3)

$$M=\frac{N_{max}}{3}\left(s-\frac{\sqrt{3}}{4}c\right)$$

(3) 由图 8.5.16 (d)，等腰三桩承台典型的屈服线基本上都垂直于等腰三桩承台的两个腰，当试件在长跨产生开裂破坏后，才在短跨内产生裂缝。因之根据试件的破坏形态并考虑梁的约束影响作用，按梁的理论给出计算公式。

在长跨，当屈服线通过柱中心时：

$$M_1=\frac{N_{max}}{3}s \quad (a')$$

当屈服线通过柱边缝时：

$$M_1=\frac{N_{max}}{3}\left(s-\frac{1.5}{\sqrt{4-\alpha^2}}c_1\right) \quad (b')$$

式 (a') 未考虑柱子的约束影响，偏于安全；而式 (b') 考虑屈服线通过柱边缘处，又不够安全，今采用两式的平均值作为推荐公式 (8.5.16-4)

$$M_1=\frac{N_{max}}{3}\left(s-\frac{0.75}{\sqrt{4-\alpha^2}}c_1\right)$$

上述所有三桩承台计算的 M 值均指由柱截面形心到相应承台边的板带宽度范围内的弯矩。因而可按此相应宽度采用三向配筋。

8.5.17 柱对承台的冲切计算方法，本规范在编制时曾考虑了以下两种计算方法：方法一为冲切临界截面取柱边 $0.5h_0$ 处，当冲切临界截面与桩相交时，冲切力扣除相交那部分单桩承载力，采用这种计算方法的国家有美国、新西兰，我国九十年代前一些设计单位亦多采用此法；方法二为冲切锥体取柱边或承台变阶处至相应桩顶内边缘连线所构成的锥体并考虑了冲跨比的影响，原苏联及我国《建筑桩基技术规范》均采用这种方法。计算结果表明，这两种方法求得的柱对承台冲切所需的有效高度是十分接近的，相差约 5% 左右。考虑到方法一在计算过程中需要扣除冲切临界截面与柱相交那部分面积的单桩承载力，为避免计算上繁琐，本规范推荐采用方法二。

本规范公式 (8.5.17-1) 中的冲切系数是按 $\lambda=1$ 时与我国现行《混凝土结构设计规范》的受冲切承载力公式相衔接，即冲切破坏锥体与承台底面的夹角为 45°时冲切系数 $\alpha=0.7$ 提出来的。

本规范公式 (8.5.17-5) 中的角桩冲切系数公式是在我国 JGJ94—94 规范基础上，参照我国现行《混凝土结构设计规范》的受冲切承载力公式，修正后提出来的。修正后的角桩冲切系数，当 λ 在 0.3～0.4 之间时已非常接近原苏联资料数据，当 $\lambda>0.4$ 后则逐渐小于原苏联资料。但统计数据表明，承台角桩的冲跨比一般都在 0.3～0.6 之间变动，因此在该范围内角桩的冲切承载力已接近原苏联资料数据。

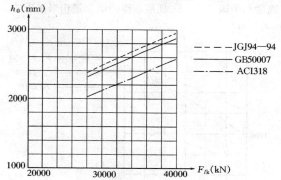

图 8.5.17-1 内柱对承台冲切
时承台有效高度比较

图 8.5.17-1 及图 8.5.17-2 分别给出了一典型的九桩承台内柱对承台冲切、角桩对承台冲切所需的承台有效高度比较表，其中桩径为 800mm，柱距为 2400mm，方柱尺寸为 1550mm，承台宽度为 6400mm。计算时荷载分项系数平均值：GB50007 及 JGJ94—94 取 1.35，ACI 318 取 1.45，混凝土设计强度按 GB50010。不言而喻，由于本规范的冲切系数大于《建筑桩基技术规范》的冲切系数，因而按本规范算得的承台有效高度略有降低，但与 ACI 318 规范相比较略偏于安全。但是，美国钢筋混凝土学会 CRSI 手册认为由角桩荷载引起的承台角隅 45°剪切破坏较

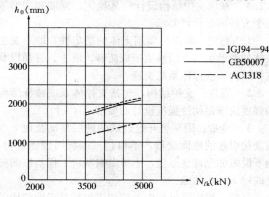

图 8.5.17-2 角桩对承台冲切
时承台有效高度比较

之角桩冲切破坏更为不利，因此尚需验算距柱边 h_0 承台角隅 45°处的抗剪强度。

8.5.18 桩基承台的抗剪计算，在小剪跨比的条件下具有深梁的特征。关于深梁的抗剪问题，近年来我国已发表了一系列有关的抗剪强度试验报告以及抗剪承载力计算文章，尽管文章中给出的抗剪承载力的表达式不尽相同，但结果具有很好的一致性。本规范提出的剪切系数是通过分析和比较后确定的，它已能涵盖深梁、浅梁不同条件的受剪承载力。图 8.5.18 给出了一典型的九桩承台的柱边剪切所需的承台有效高度比较表，按本规范求得的柱边剪切所需的承台有效高度与美国 ACI 318 规范求得的结果是相当接近的。

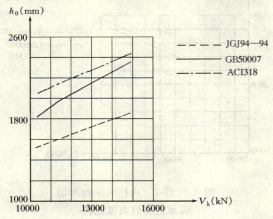

图 8.5.18 柱边剪切承台有效高度比较

9 基坑工程

9.1 一般规定

9.1.1～9.1.2 基坑支护结构是对地下工程安全施工起决定性作用的结构物，深基坑一般要经历较长施工周期，因此不能简单地将基坑支护结构作为临时性结构而不适当地降低结构的安全度。

9.1.3 基坑支护结构设计应从稳定、强度和变形等三个方面满足设计要求：

1 稳定：指基坑周围土体的稳定性，即不发生土体的滑动破坏，因渗流造成流砂、流土、管涌以及支护结构、支撑体系的失稳。

2 强度：支护结构，包括支撑体系或锚杆结构的强度应满足构件强度设计的要求。

3 变形：因基坑开挖造成的地层移动及地下水位变化引起的地面变形，不得超过基坑周围建筑物、地下设施的允许变形值，不得影响基坑工程基桩的安全或地下结构的施工。

基坑工程施工过程中的监测应包括对支护结构的监测和对周边环境的监测。随基坑开挖，通过对支护结构桩、墙及其支撑系统的内力、变形的测试，掌握其工作性能和状态。通过对影响区域内的建筑物、地下管线的变形监测，了解基坑降水和开挖过程中对其影响的程度，作出在施工过程中基坑安全性的评价。

9.1.4 为基坑工程设计而提供的建筑总平面图，应标明用地的红线范围。

9.1.6 基坑开挖是大面积的卸荷过程，易引起基坑周边土体应力场变化及地面沉降。降雨或施工用水渗入土体会降低土体的强度和增加侧压力，粘性土随着基坑暴露时间延长，坑底土强度逐渐降低，从而降低支护体系的安全度。基底暴露后应及时铺筑混凝土垫层，这对保护坑底土不受施工扰动、延缓应力松弛具有重要的作用，特别是在雨季施工中作用更为明显。

基坑周围荷载，会增加墙后土压力，增加滑动力矩，降低支护体系的安全度。施工过程中，不得随意在基坑周围堆土，形成超过设计要求的地面超载。

9.1.7 深基坑内拟建建筑物的详细勘察，大多数是沿建筑物外轮廓布置勘探工作，往往使基坑工程的设计和施工依据的地质资料不足。本条要求勘察及勘探范围应超出建筑物轮廓线，一般取基坑周围相当基坑深度的 2 倍，当有特殊情况时，尚需扩大范围。

勘探点的深度一般不应小于基坑深度的 2 倍。在软土中的基坑开挖，勘探点的深度即使相当于基坑深度的 2 倍也往往不够，这时，可结合地基详勘的深孔资料一并考虑，在必要时也可补充布置深孔。

9.1.8 基坑工程设计时，土性指标、计算方法、安全度是统一考虑的，故土的抗剪强度指标应慎重选取，这一点必须加以强调。三轴试验受力明确，又可控制排水条件，因此，在基坑工程中确定土的强度指标时规定应采用三轴剪切试验方法。为减少取土时对土样的扰动，应采用薄壁取土器取样。由于基坑用机械开挖，速度较快，支护结构上的土压力形成很快，为与其相适应，采用不排水剪是合理的。

剪切前的固结条件，应根据土的渗透性而定。对饱和软粘土，由于灵敏度高，取土易扰动，为使结果不致过低，按现行《岩土工程勘察规范》GB 50021，可在自重压力下进行固结后再进行不排水剪。

9.1.9 含水层的水文地质、工程地质参数包括渗透系数、影响半径及压缩模量、孔隙比等，其水文地质参数值宜采用抽水试验确定。基坑地下水的控制设计事先需仔细调查邻近地下管线的渗漏情况及地表水源的补给情况。

9.1.10 处于地下水位以下的水压力和土压力，按有效应力原理分析时，水压力与土压力是分开计算的。这种方法概念比较明确。但是在实际使用中有时还存在一些困难，特别是粘性土在实际工程中孔隙水压力往往难以确定。因此，在许多情况下，往往采用总应力法计算土压力，即将水压力和土压力合算，各地对此都积累一定的工程实践经验。然而，在这种方法中亦存在一些问题，如低估了水压力的作用，对这些复杂性必须有足够的认识。

通常，由于粘性土渗透性弱，地下水对土颗粒不易形成浮力，故宜采用饱和重度，用总应力强度指标水土合算，其计算结果中已包括了水压力的作用。但当支护结构与周围土层之间能形成水头时，仍应单独考虑水压力的作用。对地下水位以下的粉土、砂土、碎石土，由于其渗透性强，地下水对土颗粒可形成浮力，故应采用水土分算。水压力可按静水压力计算。

9.1.11 自然状态下的土体内水平向有效应力，可认为与静止土压力相等。土体侧向变形会改变其水平应力状态。最终的水平应力，随着变形的大小和方向可呈现出两种极限状态（主动极限平衡状态和被动极限平衡状态），支护结构处于主动极限平衡状态时，受主动土压力作用，是侧向土压力的最小值。

库仑土压理论和朗肯土压理论是工程中常用的两种经典土压理论，无论用库仑或朗肯理论计算土压力，由于其理论的假设与实际工作情况有一定的出入，只能看作是近似的方法，与实测数据有一定差异。一些试验结果证明，库仑土压力理论在计算主动土压力时，与实际较为接近。在计算被动土压力时，其计算结果与实际相比，往往偏大。

静止土压力系数 k_0 值随土体密实度、固结程度的增加而增加，当土层处于超压密状态时，k_0 值的增大尤为显著。静止土压力系数 k_0 宜通过试验测定。当无试验条件时，对正常固结土也可按表 9.1.11 估算。

表 9.1.11　静止土压力系数 k_0

土类	坚硬土	硬—可塑粘性土粉质粘土、砂土	可—软塑粘性土	软塑粘性土	流塑粘性土
k_0	0.2～0.4	0.4～0.5	0.5～0.6	0.6～0.75	0.75～0.8

对于不允许位移的支护结构，在设计中要按静止土压力作为侧向土压力。

9.1.12 作用在支护结构上的土压力及其分布规律取决于支护体的刚度及横向位移条件。

刚性支护结构的土压力分布可由经典的库仑和朗肯土压理论计算得到，实测结果表明，只要支护结构的顶部的位移不小于其底部的位移，土压力沿垂直方向分布可按三角形计算。但是，如果支护结构底部位移大于顶部位移，土压力将沿高度呈曲线分布，此时，土压力的合力较上述典型条件要大 10%～15%，在设计中应予注意。

柔性支护结构的位移及土压力分布情况比较复杂，设计时应根据具体情况分析，选择适当的土压力值，有条件时土压力值应采用现场实测、反演分析等方法总结地区经验，使设计更加符合实际情况。

9.2　设计计算

9.2.2 深基坑的稳定问题直接与支护结构体系的变形、稳定以及基坑的工程地质、水文地质条件有关。基坑失稳的形态和原因是多种多样的，由于设计上的过错、漏项或施工不慎，均可造成基坑失稳。

基坑失稳可分为两种主要的形态：

1 因基坑土体的强度不足、地下水渗流作用而造成基坑失稳，包括基坑内外侧土体整体滑动失稳；基坑底土因承载力不足而隆起；地层因承压水作用，管涌、渗漏等等。

本条明确桩式、墙式支护结构应进行抗倾覆和抗水平推移稳定验算，并在附录 T 和附录 U 中明确了计算方法，但抗力分项系数的取值很复杂。经几组对比资料分析，对于悬臂式支护结构，当 $\varphi=23°\sim33°$，$c=5\sim15$kPa 时，嵌入深度系数 $\gamma_D=1.2$，抗倾覆稳定安全系数 $\gamma_M=1.8\sim1.2$，抗水平推移稳定安全系数 $\gamma_H\geqslant1.5$；而对于内撑或锚杆式支护结构，相同的土层条件，嵌入深度系数 $\gamma_D=1.2$，γ_M 仅相当于 1.07 左右，γ_H 相当于 1.23～1.5。基于此分析，本规范未简单采用 γ_D 作为稳定安全系数，而在附录 T、U 中主要提出了抗倾覆稳定性要求，当 $\gamma_M\geqslant1.3$ 时，对应的抗水平推移安全系数 γ_H 均在 1.4～1.5 以上。

基坑底抗隆起稳定性（坑底涌土）验算，实质上是软土地基承载力不足，故用 $\varphi=0$ 的承载力公式进行验算。

对于一般的粘性土，参照 Prandtl 和 Terzaghi 的地基承载力公式，并将桩墙底面的平面作为极限承载力的基准面，承载力安全系数的验算公式如下：

$$K_s=\frac{\gamma DN_q+cN_c}{\gamma(H+D)+q} \qquad (9.2.2)$$

式中　γ——土的重度（kN/m³）；
　　　c——土的粘聚力（kN/m²）；
　　　q——地面荷载（kN/m²）；
　　　N_c、N_q——地基承载力系数。

$$\left.\begin{array}{l}N_q=\tan^2\left(45°+\dfrac{\varphi}{2}\right)\cdot e^{\pi\tan\varphi}\\[4pt] N_c=(N_q-1)\cdot\dfrac{1}{\tan\varphi}\end{array}\right\}$$

采用 Prandtl 公式时，N_c、N_q 按上式计算，此时要求 $K_s\geqslant1.1\sim1.2$。

采用 Terzaghi 公式时，N_c、N_q 按下式计算此时要求 $K_s\geqslant1.15\sim1.25$。

$$\left.\begin{array}{l}N_q=\dfrac{e^{\left(\frac{3}{4}\pi-\frac{\varphi}{2}\right)\tan\varphi}}{2\cos^2\left(45°+\dfrac{\varphi}{2}\right)}\\[8pt] N_c=(N_q-1)\cdot\dfrac{1}{\tan\varphi}\end{array}\right\}$$

式中　φ——土的内摩擦角。

基坑的渗流稳定性可以分两种情况，一种是坑底面以下有透水层时，若抗渗流稳定安全系数不满足要求时应采取降水（降压）措施。

另一种情况是当支护桩以下一定范围内无透水层

时,以基坑底面处坑内外水头差 h' 作为计算压力差,但由于水头差至支护桩底已损失 50%,故支护桩底面处的水压力为 $\gamma_w(\frac{1}{2}h'+t)$,此值必须小于上覆土重一定数值作为安全储备。

2 因支护结构(包括桩、墙、支撑系统等)的强度、刚度或稳定性不足引起支护结构系统破坏而造成基坑倒坍、破坏。

9.2.3 为了基坑的安全施工和坑底周围土体的稳定,支护结构必须有一定的插入坑底以下土中的深度(又称嵌入深度),这个深度直接关系到基坑工程的稳定性,且较大程度地影响工程的造价。

支护结构的嵌入深度,目前常采用极限平衡法计算确定。根据支护结构可能出现的位移条件,在桩墙的相应部位分别取主动土压力或被动土压力,形成静力极限平衡的计算简图。当入土深度较大时,桩、墙下端可能出现反弯点,反弯点下的力系考虑反弯点下桩墙段在土中出现的反向位移的情况。

对于悬臂式支护桩,桩前后土压力分布如图 9.2.3 所示。

基坑底土压力由式 9.2.3-1 确定。

$$p_a^h = \gamma h k_a - 2c\sqrt{k_a} \qquad (9.2.3-1)$$

$p=0$ 的零点深度 D 由式 9.2.3-2 求得。

$$D = \frac{\gamma h k_a - 2c(\sqrt{k_p}+\sqrt{k_a})}{\gamma(k_p-k_a)} \qquad (9.2.3-2)$$

$h+z_1$ 深度处土压力和 $h+t$ 处的土压力可按式 9.2.3-3 求得。

$$\left.\begin{array}{l} p_p^{z_1} - p_a^{z_1+h} = \gamma z_1 k_p + 2c\sqrt{k_p} - [\gamma(z_1+h)k_a - 2c\sqrt{k_a}] \\ p_p^{h+t} - p_a^t = \gamma(h+t)k_p + 2c\sqrt{k_p} - (\gamma t k_a - 2c\sqrt{k_a}) \end{array}\right\}$$
$$(9.2.3-3)$$

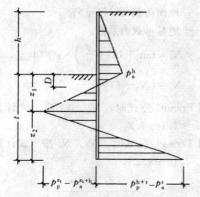

图 9.2.3 桩前后土压力分布

未知数 z_1 (或 z_2) 和 t 可用使任一点力矩之和等于零和水平力之和等于零两组方程式 9.2.3-4 求解。

$$\left.\begin{array}{l} z_2 = \sqrt{\dfrac{\gamma k_a (h+t)^3 - \gamma k_p t^3}{\gamma(k_p-k_a)(h+2t)}} \\ \gamma k_a (h+t)^2 - \gamma k_p t^2 + \gamma z_2 (k_p-k_a)(h+2t) = 0 \end{array}\right\}$$
$$(9.2.3-4)$$

式中 h、t——分别为坑深和桩墙插入坑底面以下土中深度 (m);

k_a、k_p——分别为主动与被动土压力系数。土压力系数计算采用不固结不排水三轴剪切指标;

z_1、z_2——如图 9.2.3 所示。

t、z_2 可用试算法求得。计算得到的 t 值需乘以 1.1 的安全系数作为设计入土深度。

9.2.4 关于侧向弹性地基反力法,工程界亦有人称之为"弹性抗力法"、"地基反力法"、"土抗力法"、"竖向弹性地基梁的基床系数法"等。该法由受水平力作用的单桩的解析推演而来。通常侧向弹性地基梁计算,基床系数采用 m 法的假定,按杆系有限元方法求得支护桩的内力和变形。

由于侧向弹性地基抗力法能较好地反映基坑开挖和回筑过程各种工况和复杂情况对支护结构受力的影响,如:施工过程中基坑开挖、支撑设置、失效或拆除、荷载变化、预加压力、墙体刚度改变、与主体结构板、墙的结合方式、内撑式挡土结构基坑两侧非对称荷载等的影响;结构与地层的相互作用及开挖过程中土体刚度变化的影响;支护结构的空间效应及支护结构与支撑系统的共同作用;反映施工过程及施工完成后的使用阶段墙体受力变化的连续性。因此对于地层软弱、环境保护要求高的基坑、多支点支护结构或空间效应明显的支护结构,宜采用侧向弹性地基反力法。侧向弹性地基反力法的计算精度主要取决于一些基本计算参数的取值是否符合实际,如基床系数、墙背和墙前土压力的分布、支撑的刚度等。各地可通过地区经验加以完善;还需注意在淤泥质地层中,由于难以反映土体的流变特性,计算墙体水平位移可能偏小,应通过工程实践予以调整。

9.2.5 基坑问题过去往往作为地下室施工的一种临时性措施,支护结构设计一般由施工单位考虑,以不倒塌作为满足施工要求为目的。随着建设的发展,尤其在建筑群中间,周边又有复杂的管网分布,基坑设计的稳定性仅是必要条件,很多场合主要控制条件是变形,基坑的变形计算比较复杂,且不够成熟。本规范尚不能推荐一种满意的方法。尤其对超压密土经验更少。本条作为一般性要求提出,以期引起工程技术人员特别是设计人员的高度重视。

基坑工程设计时,应根据环境要求确定基坑位移的控制要求。如当基坑周边无永久性建筑或公用设施时,保证稳定即可满足要求。但为了保证基坑的安全,稳定仍需有一个允许的临界位移值。通过监测控制施工,以确保安全。

基坑的最大水平位移值,与基坑开挖深度、地质条件及支护结构类型等有关,在基坑支护结构体系的设计满足正常的承载能力极限状态(承载能力和结构变形)要求时,支护结构水平位移最大值与基坑底土层的抗隆起稳定安全系数有一定的统计关系，图9.2.5为对上海的部分基坑工程的统计关系曲线。图中 δ_h 为最大水平位移，h 为基坑深度，K_s 为抗隆起稳定安全系数。

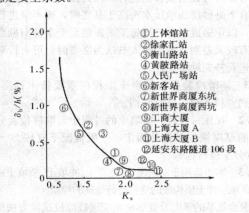

图 9.2.5 上海基坑工程 $\delta_h/h \sim K_s$ 统计关系曲线

9.2.6 本条适用于建筑基坑工程施工过程中对地下水的控制。

集水明排是在基坑内设置排水沟和集水井，用抽水设备将基坑中水从集水井排出，达到疏干基坑内积水的目的。井点降水是对基坑内的地下水或基坑底板以下的承压水进行疏干或减压。隔水是用地下连续墙及喷射注浆（旋喷）、深层搅拌或注浆形成具有一定强度和抗渗性能的截水墙或底板，阻止地下水流入基坑的方法，包括竖向隔水（悬挂式和落底式）及水平封底隔水。

为了保障周围建筑物、地下管线等的安全及正常使用，需综合考虑降排水对支护结构变形产生的影响。有时，为有效控制降低地下水位引起的沉陷，需考虑采用隔渗措施，常用的有：1）采用地下连续墙、连续排列的排桩墙挡水；2）采用分离式排桩墙，在桩间设旋喷、深层搅拌等与桩共同形成隔水帷幕或在桩后单独设隔渗墙；3）其他情况可考虑采用高压喷射注浆等方法形成封底隔渗。

基坑降水设计原则：

1）降水井点宜尽量布置在基坑外，如需要在基坑内设井点，应仔细研究地下水及地层资料，采用砂（砾）渗井或短期使用的抽水井。含水层渗透系数较小，下部有渗透性较好的地层时，宜考虑抽水井、渗井综合作用；

2）基坑支护结构采用分离排列的桩式结构，不设隔水帷幕时，降水井点应主要布置在基坑外，达到控制地下水进入基坑及降低承压水头的目的；基坑内可视基坑规模、地下水及地层情况，布置一定数量的自渗井和抽水井；

3）基坑四周设竖向隔水帷幕（包括地下连续墙），隔水帷幕插入隔水层时，井点应设置在基坑内；

隔水帷幕未进入隔水层时，降水井点宜设置在基坑外，如为降低降水对周围建筑物的影响，井点也可设置在基坑内；

4）基坑设全封闭隔水帷幕，一般不需设井点降低地下水位，为正常开挖基坑，可在基坑内布设井点抽除坑内积水。

基坑隔水是基坑围护的一部分，设计时是两者统一考虑的，必要时，应预先进行试验。

9.2.7 考虑锚杆群锚效应规定了锚杆上下、水平锚固体的最小距离。这里指的是锚固体间距而不是锚杆布置时的间距，当锚杆布置时的间距较小时，可考虑调整锚杆角度等方法确保锚固体的最小间距。

保证锚杆自由段长度是为了施加预应力并防止预应力过大损失的需要。锚杆锚固段长度 L_a 应由基本试验确定。

9.2.8 柱列式或板墙式支护结构，墙体厚度通常较小，必须靠支撑结构才能建立起整体刚度。此外挡土结构所受的外力作用也不同于其他结构，除了场地的岩土工程性质外，还受到环境条件、施工方法、时空效应等诸多因素的影响。支撑结构的设计必须适应上述的特殊情况采用稳定的结构体系，连接构造必须确保传力和变形协调的可靠性。通常采用多次超静定结构形式，即使局部构件失效也不致影响整个支撑结构的稳定。

平面支撑体系可以直接支撑两端围护墙上所受到的部分侧压力，且构造简单，受力明确，适用范围较广。但当构件长度较大时，应考虑弹性压缩对基坑位移的影响。此外，当基坑两侧的水平作用力相差悬殊时，支护结构计算模型的边界条件应与支护结构的实际位移条件相符合。

当必须利用支撑构件兼作施工平台或栈桥时，除应满足本章有关规定外，尚应满足作业平台（或栈桥）结构的强度和变形要求。

在目前条件下，国内大多数基坑支护结构的内力和变形都采用平面杆系模型进行计算。在这种情况下，通常把支撑结构视为平面框架，即将支撑结构从支护结构中截离出来，在截高处加上相应的支护结构内力，以及作用在支撑上的其他荷载，用平面杆系模型进行分析。

支撑构件截面的抗压、抗弯及抗剪等承载力设计应根据所选择的构件材料，按相应的结构设计规范执行，采用相应的荷载分项系数。

9.3 地下连续墙与逆作法

9.3.2 地下连续墙的常用厚度为 600～800mm，已建工程中最大厚度为 1200mm。墙厚除应满足设计要求外，还需结合成槽机械的规格来确定，一般为偶数值。

9.3.3 地下连续墙的防渗主要依靠墙体的自防渗。所以对墙体混凝土的抗渗等级有个基本要求。地下连续墙防渗的薄弱环节是墙段间的接头部位。当墙段之间接缝处不设止水带时，所选用的防渗止水接头必须严格按施工规程操作，并需达到防渗止水的目的。

9.3.4 地下室逆作法施工，是利用地下室的楼盖结构（梁、板、柱）和外墙结构，作为基坑围护结构在坑内的水平支撑体系和围护体系，由上而下进行地下室结构的施工，与此同时，可进行上部结构的施工。

根据工程的实际情况，也可选择部分逆作法，即由上而下进行逆作法施工地下室的每层楼盖梁，形成水平框格式支撑，地下室封底后再向上逐层浇注楼板，或从零层楼板（或是一层楼板）开始，由上而下逆作法施工负一层至负二层地下室结构，形成可靠的水平支撑，然后挖完地下室土方，封底后再向上逐层施工其他各层未施工的楼板。

逆作法施工时，基坑分层开挖的深度是按地下室主体结构施工的需要确定的。此时，地下室主体结构的设计计算工况应与相应的施工工况相一致。在地下室逆作法施工时，地下室的楼盖结构（梁、板、柱）和外墙结构除应按正常使用工况进行设计外，还应按各阶段的施工工况进行验算。

地下室逆作法施工时，必须在地下室的各层楼板上，在同一垂直断面位置处，预留供出土用的出土口。为了不因出土口的预留而破坏水平支撑体系的整体性，可在该位置先施工板下的梁系，以此梁系作为水平支撑体系的一部分。

地下室逆作法施工所带来的一个问题，便是梁柱节点设计的复杂性。梁柱节点是整个结构体系的一个关键部位。梁板柱钢筋的连接和后浇混凝土的浇筑，关系到在节点处力的传递是否可靠。所以，对梁柱节点的设计必须考虑到满足梁板钢筋及后浇混凝土的施工要求。

10 检验与监测

10.1 检 验

10.1.1 本条主要适用于以天然土层为地基持力层的浅基础，基槽检验工作应包括下列内容：

1 应做好验槽准备工作，熟悉勘察报告，了解拟建建筑物的类型和特点，研究基础设计图纸及环境监测资料。当遇有下列情况时，应列为验槽的重点：

　　1）当持力土层的顶板标高有较大的起伏变化时；

　　2）基础范围内存在两种以上不同成因类型的地层时；

　　3）基础范围内存在局部异常土质或坑穴、古井、老地基或古迹遗址时；

　　4）基础范围内遇有断层破碎带、软弱岩脉以及湮废河、湖、沟、坑等不良地质条件时；

　　5）在雨季或冬季等不良气候条件下施工，基底土质可能受到影响时。

2 验槽应首先核对基槽的施工位置。平面尺寸和槽底标高的允许误差，可视具体的工程情况和基础类型确定。

验槽方法宜使用袖珍贯入仪等简便易行的方法为主，必要时可在槽底普遍进行轻便钎探，当持力层下埋藏有下卧砂层而承压水头高于基底时，则不宜进行钎探，以免造成涌砂。当施工揭露的岩土条件与勘察报告有较大差别或者验槽人员认为必要时，可有针对性地进行补充勘察工作。

3 基槽检验报告是岩土工程的重要技术档案，应做到资料齐全，及时归档。

10.1.2 在压（或夯）实填土的过程中，取样检验分层土的厚度视施工机械而定，一般情况下宜按20～50cm分层进行检验。

10.1.3 本条适用于对淤泥、淤泥质土、冲填土、杂填土或其他高压缩性土层构成的地基进行处理的检验。

复合地基的强度及变形模量应通过原位试验方法检验确定，但由于试验的压板面积有限，考虑到大面积荷载的长期作用结果与小面积短时荷载作用的试验结果有一定的差异，故需要再对竖向增强体及地基土的质量进行检验。对挤密碎石桩应用动力触探法检测桩身和桩间土的密实度。对水泥土搅拌桩、低强度素混凝土桩、石灰粉煤灰桩、应对桩身的连续性和材料进行检验。

10.1.4 预制打入桩、静力压桩应提供经确认的桩顶标高、桩底标高、桩端进入持力层的深度等。其中预制桩还应提供打桩的最后三阵锤击贯入度、总锤击数等，静力压桩还应提供最大压力值等。

当预制打入桩、静力压桩的入土深度与勘察资料不符或对桩端下卧层有怀疑时，可采用补勘方法，检查自桩端以上1m起至下卧层$5d$范围内的标准贯入击数和岩土特征。

10.1.5 混凝土灌注桩提供经确认的参数应包括桩端进入持力层的深度，对锤击沉管灌注桩，应提供最后三阵锤击贯入度、总锤击数等。对钻（冲）孔桩，应提供孔底虚土或沉渣情况等。当锤击沉管灌注桩、冲（钻）孔灌注桩的入土（岩）深度与勘察资料不符或对桩端下卧层有怀疑时，可采用补勘方法，检查自桩端以上1m起至下卧层$5d$范围内的岩土特征。

10.1.6 人工挖孔桩应逐孔进行终孔验收，终孔验收的重点是持力层的岩土特征。对单柱单桩的大直径嵌岩桩，承载能力主要取决于嵌岩段岩性特征和下卧层的持力性状；终孔时，应用超前钻逐孔对孔底下$3d$或5m深度范围内持力层进行检验，查明是否存在溶洞、破碎带和软夹层等，并提供岩芯抗压强度试验报告。

10.1.7 桩基工程事故，有相当部分是因桩身存在严重的质量问题而造成的。桩基施工完成后，合理地选取工程桩进行完整性检测，评定工程桩质量是十分重要的。抽检方式必须随机、有代表性。常用桩基完整性检测方法有钻孔抽芯法、声波透射法、高应变动力检测法、低应变动力检测法等。其中低应变方法方便灵活，检测速度快，适宜用于预制桩、小直径灌注桩的检测。一般情况下低应变方法能可靠地检测到桩顶下第一个浅部缺陷的界面，但由于激振能量小，当桩身存在多个缺陷或桩周土阻力很大或桩长较大时，难以检测到桩底反射波和深部缺陷的反射波信号，影响检测结果准确度。改进方法是加大激振能量，相对地采用高应变检测方法的效果要好，但对大直径桩，特别是嵌岩桩，高、低应变均难以取得较好的检测效果。钻孔抽芯法通过钻取混凝土芯样和桩底持力层岩芯，既可直观地判别桩身混凝土的连续性、持力层岩土特征及沉渣情况，又可通过芯样试压，了解相应混凝土和岩样的强度，是大直径桩的重要检测方法。不足之处是一孔之见，存在片面性，且检测费用大，效率低。声波透射法通过预埋管逐个剖面检测桩身质量，既能可靠地发现桩身缺陷，又能合理地评定缺陷的位置，大小和形态，不足之处是需要预埋管，检测时缺乏随机性，且只能有效检测桩身质量。实际工作中，将声波透射法与钻孔抽芯法有机地结合起来进行大直径桩质量检测是科学、合理的，且是切实有效的检测手段。

直径大于 800mm 的嵌岩桩，其承载力一般设计得较高，桩身质量是控制承载力的主要因素之一，应采用可靠的钻孔抽芯或声波透射法（或两者组合）进行检测。每个柱下承台的桩抽检数不得少于一根的规定，涵盖了单柱单桩的嵌岩桩必须 100%检测。直径大于 800mm 非嵌岩桩检测数量不少于总桩数的 10%。小直径桩其抽检数量宜为 20%。对预制桩，当接桩质量可靠时，抽检率可比灌注桩稍低。

10.1.8 工程桩竖向承载力检验可根据建筑物的重要程度确定抽检数量及检验方法。对地基基础设计等级为甲、乙级的工程，宜采用慢速静荷载加载法进行承载力检验。

当嵌岩桩的设计承载力很高，受试验条件和试验能力限制时，可根据终孔时桩端持力层岩性报告结合桩身质量检验报告核验单桩承载力。

10.1.9 对地下连续墙，应提交经确认的成墙记录，主要包括槽底岩性、入岩深度、槽底标高、槽宽、垂直度、清渣、钢筋笼制作和安装质量、混凝土灌注质量记录及预留试块强度检验报告等。由于高低应变检测数学模型与连续墙不符，对地下连续墙的检测，应采用钻孔抽芯或声波透射法。对承重连续墙，检验槽段不宜少于同条件下总槽段数的 20%。

10.2 监 测

10.2.2 人工挖孔桩降水、基坑开挖降水等都对环境有一定的影响，为了确保周边环境的安全和正常使用，施工降水过程中应对地下水位变化、周边地形、建筑物的变形、沉降、倾斜、裂缝和水平位移等情况进行监测。

10.2.3 预应力锚杆施加的预应力实际值因锁定工艺不同和基坑及周边条件变化而发生改变，需要监测。

10.2.4 由于设计、施工不当造成的基坑事故时有发生，人们认识到基坑工程的监测是实现信息化施工、避免事故发生的有效措施，又是完善、发展设计理论、设计方法和提高施工水平的重要手段。

10.2.5 监测项目选择应根据基坑支护形式、地质条件、工程规模、施工工况与季节及环境保护的要求等因素综合而定。

10.2.6 监测值的变化和周边建（构）筑物、管网允许的最大沉降变形是确定监控报警标准的主要因素，其中周边建（构）筑物原有的沉降与基坑开挖造成的附加沉降叠加后，不能超过允许的最大沉降变形值。

10.2.7 爆破对周边环境的影响程度与炸药量、引爆方式、地质条件、离爆破点距离等有关，实际影响程度需对测点的振动速度和频率进行监测确定。

10.2.8 挤土桩施工过程中造成的土体隆起等挤土效应，不但影响周边环境，也会造成邻桩的抬起，严重影响成桩质量和单桩承载力，应实施监控。

10.2.9 本条所指的建筑物沉降观测包括从施工开始，整个施工期内和使用期间对建筑物进行的沉降观测。并以实测资料作为建筑物地基基础工程质量检查的依据之一，建筑物施工期的观测日期和次数，应根据施工进度确定，建筑物竣工后的第一年内，每隔 2～3 月观测一次，以后适当延长至 4～6 月，直至达到沉降变形稳定标准为止。

附录 G 地基土的冻胀性分类及建筑基底允许残留冻土层最大厚度

1 已知条件

1) 土的冻胀性 η（%）（可由实测取得，也可从本规范附表查取）；

2) 基础类型；

3) 基础底面尺寸 a、b（m）；

4) 基础底面接触压力 p（kPa）；

5) 采暖与否。

2 计算：

A. 求非采暖建筑基础下冻土层的最大厚度 h_{max}（m）

1) 查附图-1，求出最大冻深处的冻胀应力 σ_{fh}（kPa）；

2) 计算 $p_0 = 0.90 \times p$；

3) 计算应力系数 $\alpha_d = \dfrac{\sigma_{fh}}{p_0}$；

4) 根据基础类型、查附图-2 或附图-3 用 a 或 b 和 α_d 找出 h 即 h_{max}。

B. 求采暖建筑基础下冻土层的最大厚度 h_{max}（按阳墙角，取 $\psi_t = 0.85$、$\psi_h = 0.75$）

1) 试选 h_{max}：

a. 计算 $\alpha_d = \dfrac{\psi_t + 1}{2} \cdot \psi_h \cdot \dfrac{\sigma_{fh}}{p}$；

b. 由 α_d、a 或 b 查附图-2 或附图-3, 得 h_0;

c. 参考 b 中之 h, 假设 h 值。

2) 由 a 或 b 及 h 查附图-2 或附图-3, 找出 α_d。

3) 计算裸露场地建筑基础的冻胀力 $p_e = \dfrac{\sigma_{fh}}{\alpha_d}$。

4) 计算采暖对冻胀力的影响系数 ψ_v:

$$\psi_v = \dfrac{\dfrac{\psi_t + 1}{2} \cdot z_d - d_{min}}{z_d - d_{min}}$$

5) 采暖房屋下基础的冻胀力 $p_h = \psi_v \cdot \psi_h \cdot p_e$

6) 当 $p_0 \geqslant p_h$ 时 h_{max} 可用, 否则, 重复计算 2)～6), 直到满意为止。

C. 求采暖建筑基础下允许冻土层的最大厚度 h_{max} (按阳墙角, 取 $\psi_t = 1.00$, $\psi_h = 0.75$)

1) 查出 σ_{fh};

2) 计算 $p_0 = 0.9p$;

3) 求出 $p_e = \dfrac{p_0}{\psi_h} = \dfrac{p_0}{0.75}$;

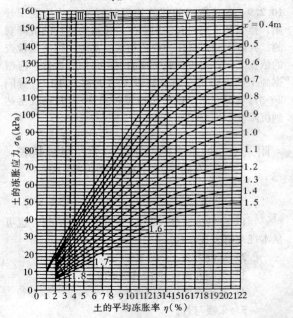

附图-1 土的平均冻胀率与冻胀应力关系曲线

注：①平均冻胀率 η 为最大地面冻胀量与设计冻深之比;

②z^t 为获此曲线的试验场地从自然地面算起至任意计算断面处的冻结深度, 当计算出现最大冻深时的允许冻土层最大厚度时, $z^t = z_d$;

③该曲线是适用于 $z_0 = 1890mm$, 冻深 z_d 为 1800mm 的弱冻胀土; 冻深 z_d 为 1700mm 的冻胀土; 冻深 z_d 为 1600mm 的强冻胀土; 冻深 z_d 为 1500mm 的特强冻胀土。在用到其他冻深的地方, 应将所要计算断面的深度 z_c 乘以试验场地设计冻深与所要计算的场地的设计冻深的比值, 然后按图查取。

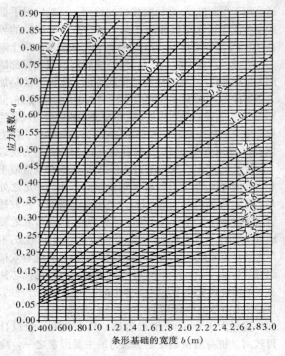

附图-2 条形基础双层地基应力系数曲线

注：h——自基础底面到冻结界面的冻层厚度 (cm)

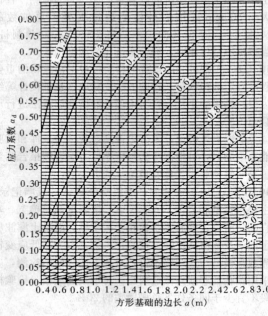

附图-3 方形基础双层地基应力系数曲线

注：h——自基础底面到冻结界面的冻层厚度 (cm)

4) 计算应力系数 $\alpha_d = \dfrac{\sigma_{fh}}{p_e}$;

5) 由 α_d 查附图2、附图3, 找出 h 即 h_{max}。

说明：考虑到二层以上楼房的室内外高差较大, 所以附录 G 之 h_{max} 表中一律取采暖对冻深的影响系数 ψ_t 为 1.00。

中华人民共和国国家标准

动力机器基础设计规范

GB 50040—96

条 文 说 明

修 订 说 明

本规范是根据国家计委计标函〔1987〕78号文的要求,由机械工业部负责主编,具体由机械工业部设计研究院会同化工部中国寰球化学工程公司、电力工业部华北电力设计研究院、冶金部长沙黑色冶金矿山设计研究院、中国船舶工业总公司第九设计研究院、中国汽车工业总公司东风汽车公司工厂设计研究院等共同修订而成,经建设部1996年7月22日以建标〔1996〕428号文批准,并会同国家技术监督局联合发布。

在本规范的修订过程中,规范修订组会同有关设计、科研单位和大专院校,进行了广泛的调查研究,认真总结了自1979年原规范GBJ 40—79使用以来的工程实践经验和科研成果,并广泛征求了全国有关单位的意见,最后由我部会同有关部门审查定稿。

为了便于广大设计、施工、勘测、科研、学校等单位人员在使用本规范时能正确理解和执行条文规定,《动力机器基础设计规范》修订组根据建设部关于编制标准、规范条文说明的统一要求,按本规范的章、节、条顺序,编写了《动力机器基础设计规范条文说明》,供国内有关部门和单位参考。在使用过程中如发现本条文说明有欠妥之处,请将意见直接函寄北京西三环北路5号机械工业部设计研究院《动力机器基础设计规范》管理组,邮编100081。

目 次

1 总则 ················· 5—9—4
2 术语、符号 ············ 5—9—4
  2.1 术语 ··············· 5—9—4
  2.2 符号 ··············· 5—9—4
3 基本设计规定 ············ 5—9—4
  3.1 一般规定 ············ 5—9—4
  3.2 地基和基础的计算规定 ···· 5—9—4
  3.3 地基动力特征参数 ······· 5—9—4
4 活塞式压缩机基础········· 5—9—5
  4.1 一般规定 ············ 5—9—5
  4.2 构造要求 ············ 5—9—5
  4.3 动力计算 ············ 5—9—5
  4.4 联合基础 ············ 5—9—6
  4.5 简化计算 ············ 5—9—6
5 汽轮机组和电机基础 ······· 5—9—6
  5.1 一般规定 ············ 5—9—6
  5.2 框架式基础的动力计算 ···· 5—9—7
  5.3 框架式基础的承载力计算 ··· 5—9—7
  5.4 低转速电机基础的设计 ···· 5—9—7
6 透平压缩机基础 ·········· 5—9—8
  6.1 一般规定 ············ 5—9—8
  6.2 构造要求 ············ 5—9—8
  6.3 动力计算 ············ 5—9—8
  6.4 框架式基础的承载力计算 ··· 5—9—9
7 破碎机和磨机基础 ········· 5—9—10
  7.1 破碎机基础 ·········· 5—9—10
  7.2 磨机基础 ············ 5—9—10
8 冲击机器基础 ············ 5—9—10
  8.1 锻锤基础 ············ 5—9—10
  8.2 落锤基础 ············ 5—9—11
9 热模锻压力机基础 ········· 5—9—11
  9.1 一般规定 ············ 5—9—11
  9.2 构造要求 ············ 5—9—11
  9.3 动力计算 ············ 5—9—11
10 金属切削机床基础 ········ 5—9—12

1 总则

1.0.1 阐明了本规范的指导思想，根据动力机器基础的特点，要求合理地选择地基的有关动力参数。在动力机器基础设计中，地基刚度取小了并不总是安全的，因此，合理地选择地基动力参数就有其重要意义。

1.0.2 明确本规范的适用范围。这次修订，在内容上比GBJ40—79增加了透平压缩机基础和热模锻压力机基础两章，删去了原规范中第二章有关爆扩桩桩基刚度的条文和第六章第三节水爆清砂池基础，因为爆扩桩桩基和水爆清砂池基础早已不在设计中采用。

1.0.3 设计动力机器基础时，除采用本规范外，尚应符合现行国家标准的有关规定，如基础的静力计算，应符合现行国家标准《混凝土结构设计规范》、《钢结构设计规范》和《建筑地基基础规范》的规定，对于湿陷性黄土和膨胀土的地基处理以及地震区的抗震设计应按国家现行的有关标准、规范执行。

2 术语、符号

2.1 术语

2.1.1~2.1.5 本节所列的术语均按国家标准《建筑结构设计通用符号、计量单位和基本术语》的规定和本规范的专用名词编写的。

2.2 符号

2.2.1~2.2.4 本节中采用的符号是按国家标准《建筑结构设计通用符号、计量单位和基本术语》的规定，并结合本规范的特点，在GBJ40—79常用符号的基础上制定的。

3 基本设计规定

3.1 一般规定

3.1.1 本条规定了设计动力机器基础时所需要的基本设计资料。

3.1.2 要求机器基础不宜与建筑物基础、地面及上部结构相连，主要原因是避免机器基础振动直接影响到建筑物。但在不少情况下，工艺布置将机器设置在建筑物的柱子附近，其基础不得不与建筑物基础相连，在一般情况下，机器基础与建筑物基础组成联合基础后，由于基础质量和地基刚度都有所增加，致使其振动幅值势必比单独基础要减小，如能将振动幅值减小到不致使建筑物产生有害影响时，则可以允许机器与建筑物的基础连成一体。

3.1.3 受振动的管道不宜直接搁置在建筑物上，以防止建筑物产生局部共振。

3.1.5 机器基础强调应避免产生有害的不均匀沉降，所谓有害的不均匀沉降，主要指机器基础产生的不均匀沉降而导致机器加工精度不能满足，机器转动时产生轴向颤动，主轴轴瓦磨损较大，影响机器寿命或引起管道变形过大而产生附加应力，甚至拉裂等情况。

3.1.6 动力机器基础及毗邻建筑物基础，如能满足施工要求，两者的埋深可不置于同一标高上，所谓满足施工要求即开挖较深的基础槽时，放坡不影响浅基础的地基，以及基底标高差异部分的回填土分层夯实等，这主要考虑基础底标高以下的地基土是影响基础正常使用的主要部分，不能扰动，以保证质量。

3.1.10 GBJ40—79提出了动力机器基础用材的要求，这次修改中增加了可以采用装配整体式混凝土结构的内容。因为自GBJ40—79颁布以来，动力机器框架式基础采用装配整体式混凝土结构较多，有了成熟的经验，可以推广应用。

3.1.12 GBJ40—79对机组的总重心与基础底面形心之间的偏心值提出了要求，这是为了避免基础的不均匀沉陷，同时在计算基础振动时，可以不考虑其偏心影响。

3.1.13 对于建造在软弱地基上的大型和重要的机器以及1t以上的锻锤基础，在过去的实践经验中，容易发生偏沉或沉降过大的问题，因此，本次修订中强调宜采用人工地基。

3.2 地基和基础的计算规定

3.2.6 本条规定了动力机器基础设计中对验算基础振动幅值的要求。

3.3 地基动力特征参数

3.3.1 对于天然地基和桩基的基本动力参数，是随着地基土的不同性质和构造而变的，GBJ40—79中的表1所列的抗压刚度系数C_z值，在实践过程中并不能普遍应用，必须在现场作原位测定，因此，在修订本规范时将原规定在一般情况下按表1选用C_z值改为一般应由现场试验确定。如设计者有经验，且又无条件做现场试验时，可按本节采用。

3.3.2 表3.3.2中所列的抗压刚度系数C_z值，在地基承载力的标准值f_k一栏内是由80~300 kN/m²而GBJ40—79则为80~1000 kN/m²，在土的名称一栏内去掉了岩石碎石土，仅有粘性土、粉土和砂土，因为在使用GBJ40—79过程中，不断有来函和来人反映岩石碎石土和地耐力[R]>30 t/m²的C_z值与现场实测值相差悬殊，表1中的值有的甚至偏小数倍以上。而且在多年来对岩石碎土的试验研究中，由于岩石不同类别和不同风化程度，其C_z值差别很大，还无法提出合适的数值。

3.3.3 基础下地基土的影响深度按$2d$考虑。在动荷载作用下，由于地基土的受压面积随深度增加而增大，因此作用在单位面积上的动应力也随深度增加而减小，土层的动变位亦随之减小，根据实验结果，一般在深度$2d$以上的土层可以不考虑动应力的影响。

3.3.4 基础下影响深度范围内，由不同土层组成的地基土，其抗压刚度系数的计算公式是按影响深度范围内不同土层受单位动荷载后的总动变位推导而得。

3.3.5 规定了地基土抗弯、抗剪和抗扭刚度系数与抗压刚度系数的比例关系，这是根据我国大量实验资料统计得来的。

3.3.7、3.3.8、3.3.10 由试验和实测证明，基础埋深和刚性地面对地基刚度和阻尼比的提高有一定的作用。不考虑这两个作用是造成计算值和实测值相差悬殊的主要原因之一。为搞清埋深和地面的作用，编制组就此问题组织有关人员进行了试验研究，试验分别在包头、马鞍山、淮南、湖北应城、太原和上海等地方进行，试验场地的土质有轻亚粘土（粉土）、中砂、砾砂、粘土和黄土状粘土，地基承载力为80~300 Pa，所有试验均采用机械式偏心块变频激振器作振源，对基础不同埋深作水平和垂直向试验，每一次试验可获得反应刚度和阻尼比变化规律的振幅-频率曲线，由大量的实测曲线分析统计获得由于基础埋深作用对地基刚度和阻尼比的提高系数。同时，为了安全起见将埋深比δ_b限制在0.6以内，使刚度和阻尼比的提高有一定的限度。关于扭转刚度和扭转阻尼比，由于试验条件的限制，未做这方面的试验，但考虑到扭转振动时，回填土起着非均匀的抗压作用，这对刚度的提高更为明显，因此本规范暂按水平回转振动的提高系数考虑。

对于地面对地基刚度的提高作用，对此共做了三个实际基础的试验，试验程序有两种：一种是"不埋置→埋置→有地面"；一种是相反的程序，即"有地面→无地面只埋置→不埋置"。前者属新建基础的试验，后者属生产已经多年的老基础的试验。试验结果表明，地面对水平回转刚度的影响很大，可使其刚度提高到 1.5～2.2 倍，而软弱地基的刚度提高倍要大于较好的地基，因此规范中规定对于软弱地基其提高系数为 1.4，对于其他地基应适当减小。

3.3.9 天然地基阻尼比在 GBJ40-79 中仅按基础的振型分别提出固定的数值，而从长期调查研究中积累了 50 多个块本基础的现场实测数据，发现阻尼比不仅与振型有关系，而且还与基础的质量比及土质有关，本规范提出的阻尼比计算公式是按 55 个块体的现场试验数据，按不同土类进行分析统计并取其最低值而得，因为阻尼比取最低值是偏于安全的。

3.3.11 根据 90 多个现场基础块测试结果进行分析，土的参振质量变化范围很大，约为基础本身质量的 0.43～2.9 倍，它与基础的质量比或底面积的关系都无明显的规律性。为了获得较为接近实际的基础固有频率，对于天然地基，本规范中的基础地基刚度和质量均不考虑参振质量，因此，本规范表 3.3.2 中的抗压刚度系数 C_z 值是偏低的，至少比实际低 43%，这样，虽然对计算基础的固有频率无影响，但使计算基础的振动线位移至少偏大 43%，为此，本规范规定可将计算所得的垂直向振动线位移乘以 0.7，而水平回转振动时的参振质量要比垂直振动一般要小 20%，所以对水平向振动的计算振动线位移则乘以 0.85。

3.3.17 桩基的抗剪和抗扭刚度 $K_{x\varphi}$、$K_{\varphi\varphi}$ 可采用天然地基抗剪和抗扭刚度的 1.4 倍，而 GBJ40-79 中为 1.2 倍，这是由于近年来在软土地基对摩擦桩基动力试验中累积数据分析中得出的结论。但是对于地质条件较好，特别是半支承或支承桩，在打桩过程中贯入度较小，每锤击一次，桩本身产生水平摇摆运动，致使桩顶部四周与土脱空，这样就将大大降低桩基的抗剪刚度，例如在南京、北京、合肥等地，其地质情况是：上部为粘土，其地基承载力为 180～250 kPa，下部土层为风化岩或碎石类土，桩基测试结果，其抗剪刚度要比天然地基试块的抗剪刚度低 7%～42%。因此，在本规范条文中特别规定支承桩或桩上部土层的地基承载力标准值 $f_k \geq$ 200 kPa 的桩基，其抗剪刚度不应大于天然地基的抗剪刚度 K_x。而且在软土地基的桩基，虽然其抗剪刚度是大于天然地基的抗剪刚度，但经过使用一段时间后，桩基承台底面有可能与地基土脱空，仅由桩来支承，此时，桩基抗剪刚度将会大大降低，只能考虑桩本身的抗剪刚度，这要通过现场试验来确定。

3.3.18 由于直桩桩基的抗剪刚度与天然地基的抗剪刚度之比由 1.2 提高到 1.4 倍，因此斜桩桩基的抗剪刚度与天然地基的抗剪刚度之比也由 1.4 提高到 1.6 倍。

3.3.21 桩基的阻尼比计算公式，是用 38 个现场桩基动力性能试验数据统计分析而得。

3.3.22 GBJ40-79 中未考虑桩基承台埋深对阻尼比的提高作用，而实际上承台埋深对阻尼比的影响与天然地基基础埋深对阻尼比的影响是相同的，因此本规范增加了这条规定。其中用的系数 0.8～1.6 是使承台埋深作用的计算值与天然地基基础埋深作用的计算值一致。

4 活塞式压缩机基础

4.1 一般规定

4.1.1 本条规定了设计活塞式压缩机所需的资料。其中机器的扰力和扰力矩以及作用位置应由制造厂提供，若制造厂不能提供，则应提供压缩机曲柄连杆数量、尺寸、平面布置图和曲柄错角以及各运动部件的质量等资料，由设计人员进行扰力和扰力矩的计算。活塞式压缩机的扰力主要是各列汽缸往复运动质量惯性力之和，分扰力向曲轴上汽缸布置中心 c 点（见图 4.3.1）平移时形成扰力矩，因此活塞式压缩机主要扰力和扰力矩方向依汽缸方向而定，立式压缩机以 P_z、M_φ 为主，卧式压缩机以 P_x、M_ψ 为主。

4.1.2 活塞式压缩机基础应采用整体性较好的混凝土和钢筋混凝土结构，而且动力计算采用单质点模式也要求基组是个刚体，因此，当机器安装在厂房底层时，一般做成高出地面的大块式基础，当机器安装在厂房的二层标高时，则做成墙式基础，但要满足第 4.2 节构造要求。

4.2 构造要求

4.2.1 由底板、纵横墙和顶板组成的墙式基础，各部分尺寸除满足设备安装要求外，主要以保证基础整体刚度为原则，各构件之间的联结尤为重要。基础顶板厚度一般是指局部悬臂板厚度，可按固有频率计算防止共振来确定。控制最小厚度和最大悬臂长度以保证动荷载下的强度要求。机身部分和汽缸部分墙厚的规定是根据国内工程实践总结并考虑机身部分墙体大多为封闭型，汽缸部分墙体一般以悬臂进行调整而得。基底悬臂长度的规定是根据模拟基础试验和理论上定性分析得以保证基础顶面和底板悬臂端点的振动幅值和相位基本满足刚体要求。

4.2.2 大块式和墙式基础计算模式为刚体，基础各部分之间基本上没有相对变形，因而一般不必进行强度计算，70 年代对某厂红旗牌压缩机装配式基础表面钢筋应力测定仅为 70～140 N/cm²，也证实了基础表面钢筋基本上是不受力的。基础体积大于 40 m³ 时配置表面钢筋，目的是防止施工时混凝土水化热形成内外温差，导致温度裂缝。表面钢筋要求细而密，以利于防止裂缝的扩展。体积为 20～40 m³ 时，基础顶面配筋是防止设备安装、检修时混凝土表面遭受撞击损坏。国内调查资料表明，十多台体积为 40 m³ 左右的块体基础并未配置表面钢筋，只要施工注意养护，使用多年均未出现裂缝。因此要注意基础的施工养护，尤其在冬季，应防止混凝土表面骤冷而造成的裂缝。

底板悬臂部分有局部变形，配筋按强度计算确定。顶板如为梁板结构，也要考虑强度问题。

4.3 动力计算

4.3.1 机器坐标系 cz_yz 中原点 c 即为机器扰力作用点。基组坐标系 oz_yz 中的原点 o 取基组总重心，坐标轴方向与机器坐标相同。c 点对 o 点一般均有一定的偏心 e_x、e_y、h_c。基组动力计算时，各公式推导均对 oz_yz 坐标而言，因而作用于 c 点的 P_z、P_x 在振动计算中均先平移至重心 o，对于水平回转耦合振动，由于采用振型分解法计算，水平扰力直接平移至各振型的转心 o_1、o_2。

4.3.2 压缩机基础动力计算的最终目的是要把基础的振动控制在允许范围内，以满足工人正常操作、机器正常运转、对周围建（构）筑物及仪表无不良影响并结合我国国情来确定具体数值。

活塞式压缩机的转速一般小于 1000 r/min，属中、低频机器，其基础振动标准应控制速度峰值和位移峰值，转速在 300 r/min 以下时，应控制位移峰值不超过 0.2 mm，转速在 300 r/min 以上时，应控制振动速度峰值不超过 6.3 mm/s。但是通常活塞式压缩机存在两个谐扰力，如果其分别在 300 r/min 以下和 300 r/min 以上时，其总振动值不好确定是用位移峰值还是速度峰值来控制，GBJ40-79 中采用当量转速 n_d 概念不够直观，本规范采用双控制，既控制位移峰值又要控制速度峰值，可达到既严密又便于掌握的效果。对于一、二谐扰频均高于 300 r/min 的压缩机，可只用振动速度峰值控制，对于一、二谐扰频均低于 300 r/min 的压缩机，可只用位移峰值控制。

对于超高压压缩机，由于气体压力很高，为保证机器和管道安全工作，对振动限值的要求比较严格，应由机器制造厂按专门规定确定。

4.3.3～4.3.7 基组（机器、基础及基础底板台阶上的回填土的总称)的振动模式采用质点—弹簧—阻尼器体系,由于考虑了阻尼因素,因而计算结果比较符合实测值,同时还可以解决共振区的计算问题,使基础设计更趋经济合理。基组作为单质点,有六个自由度,其振动可分为竖向、扭转、水平和回转四种形式,当基组总重心与基础底面形心位于同一铅直线上时,基组的竖向和扭转振动是独立的,而水平和回转振动则耦合在一起。

一般一台机器同时存在几种扰力和扰力矩,计算基础顶面控制点的振动线位移和速度幅值时,应分别计算各扰力和扰力矩作用下的振动计算值,当机器存在一、二谐扰力时,必须分别进行振动线位移和速度计算,然后叠加。

基组在通过其重心的竖向扰力作用下产生竖向振动,通过建立运动微分方程求得基组竖向振动固有圆频率 ω_{nz} 和基组重心处竖向线位移 A_z(基组各点的竖向线位移均相同)的计算公式。式中地基动力计算参数可由地试验块体基础实测来确定,如无条件进行试验,且又是一般动力机器的基础,可由本规范第 3 章求得,一般很难取准,需根据机器的扰力频率,按偏于安全的要求来选取地基动力参数。

扭转振动是在扭转力矩作用下发生的,总扭转力矩除包含机器的扭力矩 M_ψ 外,还包括水平扰力 P_x 向机组总重心 o 点平移形成的扭转力矩。基础顶面控制点一般指基础角点,此点水平扭转线位移最大,表示为 x、y 向两分量。

水平回转耦合振动为双自由度体系振动,第一振型为绕转心 O_1 回转,第二振型为绕转心 O_2 回转,通过建立运动微分方程求得水平回转耦合第一和第二振型固有圆频率 ω_{n1}、ω_{n2} 和基组顶面控制点的竖向、水平向线位移值。但值得注意的是在计算水平回转振动所引起的竖向振动线位移值 $A_{z\varphi}$ 或 $A_{z\phi}$ 的公式中并不包括因偏心竖向扰力 P_z 平移至基组总重心而产生的基组在通过其重心的竖向扰力作用下产生的竖向振动线位移,因此,当计算在回转力矩和竖向扰力偏心作用下基础顶面控制点的竖向振动线位移时,应将按公式(4.3.6-1)或(4.3.6-2)计算所得的由回转力矩和竖向扰力偏心作用所产生的基础顶面控制点的竖向振动线位移 $A_{z\varphi}$ 或 $A_{z\phi}$ 和公式(4.3.4-1)计算所得的基组在通过其重心的竖向扰力 P_z 作用下的竖向振动线位移 A_z 相叠加。

4.4 联合基础

4.4.1 工程实践中,大型动力基础的底面积经常受到限制,也常遇到地基承载力较低或允许振动线位移较严的情况,此时,采用联合基础往往是一个有效的处理办法。20 年来化工系统有关的设计单位与冶金部建筑研究总院、机械部合作,在联合基础的试验研究和工程实践方面进行大量工作,积累了丰富的经验。本规范采用的联合基础按刚体进行整体计算的办法是根据模拟基础系列试验和实体基础实测数据,结合理论分析得出的。

联合基础一般只取 2~3 台机器联合,机器过多、底板过长均会带来不利影响。联合型式工程上常用竖向型和并联型。对于卧式压缩机,在有条件时(工艺配管专业配合)应优先采用串联型,即沿活塞运动方向的联合,可大大提高基础底面的抗弯惯性矩,从而较大提高地基抗剪刚度,以提高联合基础的固有频率和降低其振动幅值。本条规定了联合基础按刚性整体计算的条件。条件之一是底板的厚度 h_d 应满足刚性要求,条件之二是扰频的限制,因为当扰频 ω 小于 1.3 倍的 ω_{n1}° 时,基础联合后的固有频率提高,便远离共振区,将达到减小振动幅值的目的;反之,若扰频大于 1.3 倍 ω_{n1}°,基础联合后固有频率提高,有可能靠近或落入共振区而达不到减小振动的目的。

4.5 简化计算

4.5.1 工程设计中经常遇到中、小型压缩机,根据实践经验和综合分析,得出不作动力计算的界限,以便设计人员使用。小型压缩机一般为立式、L 型、W 型,其转速较高和基础较小,扰力也较小(80 kW 以下)的机器,其扰力一般小于 10 kN,一般情况下,采用机器制造厂提供的基础尺寸可均能满足振动要求。本规范提出基础质量和底面静压力的要求,一方面保证基础的稳定,另一方面控制底板面积,当机器转速较高,地基刚度较低时,后一条要求对于避开共振区尤为必要。

对称平衡型机器一般由两列、四列或六列汽缸组成,水平扰力相互抵消,一般以一谐扭矩为主,且转速相对较低(一般 $n<500$ r/min)。这类基础多为墙式且底板尺寸较大,故不会发生共振且振动相对比较平稳。需要注意的是 3D22、3M18 这类对置式机器不属于对称平衡型,存在较大的二谐扰力,在软弱地基上也容易发生共振,应慎重对待。

4.5.2 基组在水平扰力作用下产生 x 向水平、绕 y 轴回转耦合振动,其动力计算较为复杂,置于厂房底层的中小型卧式或 L 型压缩机基础在工程上经常碰到,给出简化计算公式很有必要。本规范做出如下基本假定:

(1)把耦合振动分为水平和回转两个独立振动;

(2)采用一定的假设求得耦合振动第一振型固有频率的简化计算公式。

值得指出的是本条仅适用于操作层设在底层的扁平型基础。

4.5.3 对于块体基础,ω_{nx} 比较容易计算,采用下列假定,求出联合基础划分为单台基础水平回转耦合振动第一振型的固有圆频率 ω_{n1s} 与 ω_{nx} 比值 λ 的变化规律,即可算得 ω_{n1s}:

(1)基础为长方体,设置在厂房底层,露出地面 300 mm;

(2)机器质量为基础质量的 10%~20%(根据十多台中小型机器基础统计所得);

(3)基础底板两方向边长取 1.0~6.0 m;

(4)地基刚度系数变化范围取 20000~68000 kN/m³;

(5)基础埋深分别取 1.0、1.5、2.0、2.5 m。

采用计算机搜索计算,得出 ω_{n1s}/ω_{nx} 只与 L/h 有关,经过一定的简化,并考虑仅推荐扁平基础,得出表 4.5.3。

5 汽轮机组和电机基础

5.1 一般规定

5.1.1 明确本章仅适用于机器工作转速 $n \leqslant 3000$ r/min 的基础,这是因为本章条文都是建立在对工作转速 $n \leqslant 3000$ r/min 的汽轮发电机基础(钢筋混凝土结构)进行实测、研究分析的基础上,因此本条明确了对转速的限制。

5.1.3 本条中提出了汽轮发电机基础采用空间框架形式,一般都用现浇混凝土,在 60 年代中期,我国建成了容量为 2.5 kW 的装配式汽轮发电机基础,之后又陆续建成了一批装配式基础,在设计与施工上均有了一定的经验,特别是我国第一台 300 MW 机组采用了预应力装配式汽轮机基础的 1/10 模型试验,通过施工、运行实践表明是设计先进合理的。因此在条文中规定有条件时可采用预应力装配式混凝土结构,因为采用该种结构虽能节约钢材和木模、缩短工期,但必须有设计和施工这种结构的经验和能力才能采用。

5.1.5 通过实践证明平台与汽轮发电机基础顶板直接连接时,平台振动很大,因此两者必须脱开,让汽轮发电机基础独立布置。

5.1.6 汽轮发电机基础是一个复杂的空间框架结构、无限多自由度的振动体系,如何改善基础的动力性能是一个十分重要的问题。通过实测、模型试验及对机组功率为 300 MW、200 MW、125 MW 的基础,改变各构件的刚度、质量按空间动力计算程序,进行多方案的对比计算,结果表明:基础的顶板、柱子的质量、刚度搭配合理,就可得到较有利的振型,使体系在计算控制范围内的参振质量增大,从而可使有扰力作用点的振动线位移大为减小。根据上述分析规定了汽轮发电机框架式基础的选型原则。

5.1.7 从大量电站建设的实践及收集到的71台汽轮发电机基础的设计来看,我国在汽轮发电机基础底板设计方面已有丰富的经验,认识到底板厚度增加对基础顶板的振动性能影响不大,主要是决定于静力方面的要求,基础底板的作用仅仅是将上部荷载能较均匀地分布到地基上去和将柱脚固定,使之与计算假定一致。根据11台基础的统计,底板厚度与长度之比为1/12.4~1/20。因此,本条规定基础底板厚度为长度的1/15~1/20。这里还需提出,当地基土抗振性较差(如粉细砂)时,底板除应有一定刚度外还应有一定的质量以减少底板的振动。

5.1.9 对于高压缩性土,压缩模量较低,一般情况下宜采用人工地基,同时基础底板亦应有一定刚度。对于中压缩性土,其压缩系数变化范围较大,应根据工程具体情况,采取加大底板面积,改变设备安装顺序,使地基预压或采用人工地基以减少基础不均匀沉降。

5.1.10 根据实测,汽轮发电机基础采用梁板式挑台时,其振动普遍增大,个别厂的基础挑台振动线位移达100μm以上,当挑台采用实腹式时,其振动一般较小,故本条明确规定挑台应做成实腹式,且挑出长度不宜大于1.5m,悬臂支座截面高度不应小于悬臂长度的0.75倍,以保证挑台不出现过大的振动而对生产运行造成不良影响。

5.2 框架式基础的动力计算

5.2.1、5.2.2 分五个方面加以说明:

(1)关于采用振动线位移法。明确规定对基础的动力计算采用振动线位移控制的方法,即计算的振动线位移应小于允许振动线位移值。也有人主张采用共振法,即基础的固有频率要避开机器的扰力频率。本规范采用振动线位移控制而不采用频率控制,其主要原因是因为框架式基础按多自由度体系计算,其固有频率非常密集,要使基础的固有频率避开机器的工作转速是难以实现的。

用振动线位移控制的方法从其概念上来说是允许产生共振,只要振动线位移满足要求即可。

(2)关于允许振动线位移。原水利电力部汽轮机组运转规程中规定3000r/min的汽轮机组轴承振动线位移的合格标准为0.025mm,根据多台运行基础的振动实测结果,轴承振动线位移与基础振动线位移的平均比值约为1.4,如果要限制基础的振动以免引起轴承的过大振动,则基础的振动线位移幅值应控制在0.025/1.4=0.018mm以下方为合理。从振动对人的影响而言,综合国外资料,一般认为应控制在5mm/s的振动速度以下,对3000r/min的机组则相应的振动线位移为0.016mm(16μm)。从实测振动线位移值来看,对18台机组容量为50~125MW的基础184个测点数据统计,运行时的竖向振动线位移幅值为6.9μm,6台机组容量为200~300MW的基础竖向振动线位移幅值平均为6.1μm,比允许值小很多,按其出现的机率95%以上的振动线位移均在0.012mm以下,仅有个别测点超过0.02mm。我们认为基础的允许振动线位移取0.02mm较为合适。

(3)关于扰力的取值。对于扰力的取值应该由机器制造厂提供,但目前各制造厂还没有条件提出,还需在规范中给出扰力值,我们利用现有的动平衡资料、轴承刚度实测资料和激振实测等方法推算扰力值,所得的结果,离散性较大。按上述三种方法计算出的扰力值,当工作转速为3000r/min,轴承振动线位移幅值为0.03mm时,平均竖向扰力为$0.46W_g$,横向水平扰力为$0.62W_g$,与过去习惯采用$0.2W_g$出入较大。实际上扰力值与允许振动线位移和阻尼比的取值是相互配套的,在未能准确地测定扰力之前,只能人为地取一个能控制设计的数值。按本规范推荐的方法多次试算结果,竖向振动线位移约为实测平均值的1.8倍可以起到控制设计的作用,因此$0.2W_g$这个竖向扰力值配合现在的计算方

法还是可行的。从这个意义上说,规定的扰力值可以认为是一种控制设计用的设计扰力值。

(4)关于采用多自由度体系。框架式基础本来就是一个多自由度体系,过去由于计算工具的限制才简化为一个自由度体系来计算,现在我国电子计算机已十分普遍应用的情况下,改用多自由度体系的计算方法是合理的发展。按多自由度体系的计算方法,其结果比较接近实际情况,因此本规范推荐为主要计算方法,但在此之前所采用的两自由度的计算方法有其简单的优点,多年的实践也证明按此方法设计的基础一般并未发现过大的振动,因此这次修订规范仍保留两自由度体系的简化计算方法。

(5)关于仅控制竖向振动线位移。按原有的振动线位移计算公式上分析,计算的竖向振动线位移幅值总是大于横向和纵向的振动线位移,而三个方向的允许振动线位移是相同的,当竖向振动线位移小于允许值时,其他两个方向的振动线位移也必然满足要求,按空间多自由度系统计算结果也是竖向振动线位移大于其他两个方向的振动线位移。

5.2.6 地基的弹性对框架式基础的振动有一定影响,对机器转速为1000r/min及以下的基础影响较大,对转速高频率的机器影响较小,因此规定对3000r/min机器的基础一般可不考虑地基弹性的影响。对工作转速为1500r/min及以下的机器基础则宜考虑其影响,考虑地基弹性时,将地基视作弹簧,与第3章的计算原则是一致的。

5.2.9 本条主要是根据以往的实践经验,通过统计、实测计算分析而得出来的。

5.3 框架式基础的承载力计算

本节对动内力计算分别规定为:

(1)可按空间多自由度体系直接计算构件的动内力;

(2)亦可将机器的动力荷载化为静力当量荷载按条文规定进行简化计算;

(3)对于不作动力计算的基础,其静力当量荷载可直接按条文中列出的数值取用。

本节中采用的简化计算方法,除以基本振型计算动内力外,对顶板的纵、横梁补充了考虑高振型影响时动内力的计算方法,这样就与基础实际的振动情况较接近,并使构件有足够的安全度。

5.4 低转速电机基础的设计

5.4.1 本条列出了基础动力计算时的主要设计数据,其中,计算横向振动线位移的机器扰力值应由制造厂提供,当缺乏资料时,可按表5.4.1采用,表中的允许振动线位移基本上是按允许振动速度6.3mm/s换算而得。其中小于500r/min按375r/min换算,即允许振动线位移$[A]=\dfrac{6.3}{0.105\times 375}=0.16$mm,其他分别按500及750r/min换算。

5.4.2 因为考虑到工作转速为1000r/min及以下的电机基础总是横向水平振动大于竖向振动,因此只需验算基础的横向水平振动线位移。公式(5.4.2-1)~(5.4.2-11)简化计算公式,它忽略了基础框架的弹性中心与上部顶板质量中心的偏差,即假定框架的弹性中心与顶板质量中心在同一条水平线上。因此水平与扭转振动就不是耦合的,可以分别按单自由度体系计算其振动线位移,然后再进行叠加。

水平振动计算的基本假定为:

(1)地基假定只有弹性而无惯性;

(2)假定底板无惯性亦无弹性;

(3)质量集中于顶板,顶板在水平横向为刚性;

(4)水平扰力作用于基础顶板,忽略轴承座高度。

计算模型相当于一个集中质量和三个串联弹簧,即地基抗剪弹簧K_x、抗弯弹簧K_φ和框架抗侧移弹簧K_{fx}。

6 透平压缩机基础

6.1 一般规定

6.1.1 指出本规范的适用范围。因为确定各章节条文都是建立在对机器工作转速大于 3000 r/min 的透平压缩机和部分汽轮鼓风机、透平发电机基础等的工程实例、测振资料及参考文献的研究分析的基础上。不适用于下列基础的设计：

(1) 对于高速旋转式压缩机的块体式和墙式基础，扰力可按本章确定。动力计算参照第 4 章进行。

(2) 工作转速低于 3000 r/min 的透平压缩机基础，可参照第 5 章进行设计。

(3) 螺杆压缩机组及滑片式压缩机组的基础，若为块体基础应参照第 4 章进行设计。

(4) 钢结构基础：目前国内没有实践。

6.1.3 钢筋混凝土空间框架是透平压缩机基础最主要的结构形式。在国内、外应用得最广泛。它占地面积小，构件尺寸较经济，可以提供足够的空间布置工艺管道和辅助设备。在计算时可简化为嵌固在底板上的框架；由横梁、纵梁及柱子组成正交结构体系，它与插件结构计算假定比较接近，而且基础各构件受力简单明确，故目前仍采用空间正交框架的动力计算程序。这种结构形式可通过改变构件的截面尺寸，主要是柱子尺寸调整基础的自频来得到良好的动力特性。尽管结构计算简图与结构实际情况有一定的差别，但根据多年的使用经验，计算值与实测值相比较仍能满足工程要求。另外构件的强度计算也可按框架结构进行，从理论计算上可以保证基础有足够的强度和刚度。这种基础的施工技术也较成熟。

无顶板基础是 70 年代引进工程设计中的另一种基础形式，因这种机组的水平框架底盘较长，其制造精度要求较高，工艺制作困难，后来很少再用，故本规范没有对无顶板基础作出规定，也不推荐此种基础形式。

6.1.4 关于如何考虑地震荷载的问题在国内、外规范和资料中说明的较少，仅在前苏联《动力机器基础设计规范》снип II—19—79 第 1.39 条中规定：当设计建造在地震区的动力机器基础时，大块式基础构件的强度计算应不考虑地震作用。当计算在地震作用下的构架式和墙式基础时，在其荷载组合中不包括由机器产生的动力荷载。从我国 GBJ40—79 中的第 3 条、第 77 条规定看，需要进行荷载组合，按最不利情况来决定是否考虑地震荷载。

按照《建筑抗震设计规范》GBJ11—89 的规定，为简化分析，将压缩机基础视为单自由度体系，进行实例计算最大地震荷载，并按机器工作状况下计算其产生的静力当量荷载，通过实例进行荷载组合，设防烈度为 6~8 度地区，一般情况下基本组合大于偶然组合，因此基础构件强度验算时基本上是由基本组合控制的，故不考虑地震荷载的作用，这样规定给压缩机基础的设计带来了很大的方便。至于设防烈度为 8 度以上时，就要进行基本组合和偶然组合，并取其最不利者进行强度计算。

对于建造在设防烈度为 6~8 度地区的压缩机基础虽不进行地震作用的计算，但在构造上要符合本规定的要求，即能满足《建筑抗震设计规范》GBJ11—89 的要求。

6.2 构造要求

6.2.1 为使结构简单施工方便，基础底板宜采用矩形平板，但不排除为支承其附属设备而使底板局部突出的情况。透平压缩机基础底板一般都不长，而且体量较小，故无必要采用井式或梁式结构。但根据基础的具体情况，设计者经方案比较，认为采用梁板式或井式板具有明显优越性时仍可采用。所以规范中没有对这两种形式加以排除和限制。

关于底板厚度问题，德国规范 DIN4024 对透平压缩机框架式基础底板厚度规定不小于底板长度的 1/10，过去我们的压缩机基础设计都自觉或不自觉地遵照了 DIN4024 的规定来确定底板厚度，对机器转速大于 3000 r/min 的透平压缩机基础底板一般较短，大部分在 10~12 m，很少有超过 15 m 的。根据国内工程实例统计分析，本规范规定底板厚度不得小于柱子宽度，也不宜小于 800 mm，一般取底板长度的 1/10~1/12。规定底板最小厚度的目的是保证底板具有一定的刚度以减小基础的不均匀沉降和降低基础顶板的振动。

柱子截面及截面尺寸的确定。透平压缩机框架式基础的空间较充裕，柱子做成矩形或方形截面是可行的。柱子截面尺寸太小使基础的强度和稳定不满足，过大又造成材料浪费，而且使基础的动力特性不适宜高转速机器基础。规范根据工程实例统计分析给出了柱子截面尺寸的下限，既不宜小于柱子净高的 1/10~1/12，并不得小于 400 mm×400 mm。条文中没有规定柱子截面尺寸的上限，主要考虑此类机组的机器自重、转子重、转速的变化范围较大，故没有给定柱子尺寸上限。从基础的动力特性来看，加大柱子断面不一定有利，柱子柔一些对减小上部振动有利，所以对基础设计者来说是应当明确的；即在满足强度、稳定性要求的前提下宜适当减少刚度、设计成柔性柱子。

基础顶板应有足够的刚度和质量，目前国内、外均无具体规定，本条根据收集到的工程实例进行统计和分析后定为顶板厚度不宜小于净跨度的 1/4，并不宜小于 800 mm。

总之透平压缩机基础的顶板、柱子、底板的断面尺寸选择要使其动力特性适应于机器的工作扰频。

6.2.2 对基础构件的配筋要求是在工程实例分析的基础上，按照《混凝土结构设计规范》GBJ10—89 和《建筑抗震设计规范》GBJ11—89 的构造要求提出的。

透平压缩机一般均为重要设备基础，设计中常配置较多的钢筋，加之由于振动等方面的原因，构件尺寸一般都大于强度要求，考虑配置较合理的含钢率，即把基础的配筋固定下来，以便于设计人员选用。本条文给出的配筋量既要适应工程常规做法，又应便于施工中混凝土的振捣，保证其密实，故要防止盲目加多配筋的倾向。

6.3 动力计算

6.3.1 多年来对高转速透平压缩机基础的设计施工、实测和研究各方面积累了较丰富的经验。基础可不作动力计算是建立在保证机组安全正常运转的条件下，从减少计算工作量、加快设计进度出发，根据多年设计经验而制定的。

条文中的扰力 P 是指机组某一主振方向分布扰力的总和。

6.3.2 转子的旋转产生的不平衡力称为扰力，它是引起机器和基础振动的主要原因，也是我们进行基础动力计算时的一个很重要的参数。扰力的大小取决于机器轴系的振动特征，机器的制造精度、机组的安装和使用维修等因素，应由机器制造厂提供。

本条提出的扰力计算公式，只能根据转子的工作情况求出它的近似值。按可能产生的最大扰力值作为设计扰力值。在确定扰力计算公式时，一般仍从绕定点作圆周运动的质点的惯性力公式

$$P = mr\omega^2 \qquad (1)$$

入手，力求通过机械制造行业的有关标准找出 r 值后，再用上式计算出扰力。如美国石油学会标准 API012（炼油厂用特种用途汽轮机）、API017（炼油厂通用离心式压缩机）就有这样的规定："装配好的机器在工厂试验时，在最高连续转速或任何规定运行转速范围内的其他转速下运行，在邻近相对于每个径向轴承轴的任一平面上，测量振动的双振幅不超过下述值或 2 密耳（50 μm）"。两者取较小值：

$$\overline{A} = \sqrt{\frac{12000}{n}} + 0.25\sqrt{\frac{12000}{n}} \qquad (2)$$

式中 $\overline{A}$——包括跳动的未滤波的双振幅,(mil)
   n——机器工作转速,(r/min)

在式中,第一项为振动值,第二项为跳动值。如果略去跳动的影响(只计振动部分),并近似地认为式(2)中的双振幅的一半为 r 值,即

$$r = \frac{1}{2}\sqrt{\frac{12000}{n}} \quad (\text{mil,毫寸}) \quad (3)$$

将英制单位换算成国际单位制,则

$$r = 0.45/\sqrt{\omega} \quad (\text{mm}) \quad (4)$$

将其式(4)代入式(1),即得本规范扰力计算公式(1)。

关于纵向水平扰力的问题,从理论上讲,机器的扰力存在于转子的旋转平面内,可分解为垂直扰力和横向水平扰力,在纵向不存在扰力,而实际上框架式压缩机基础是个空间多自由度体系,每个质点都处于三维空间中,有其 x、y、z 三个方向的自频及振型,在基础的振动实测中亦证实了此点,存在着纵向水平振幅。为此假定一个纵向扰力以计算纵向振幅用。本条规定按式(6.3.1-2)取值,通过大量工程实践的振动实测与分析,认为这样考虑是合适的。

条文中的扰力 P 是指机组某一主振方向分布扰力的总和。

6.3.3 本条规定了动力计算的计算模型和几个基本参数的取值问题。

框架式基础是一个无限自由度空间结构,按空间多自由度体系分析,从理论上讲要比单自由度简化计算合理,能全面反映基础动力特性,得到更经济合理的设计,从振动实测分析来看,比较接近基础的实际振动情况,尽管存在着简化假定的近似性和原始参数的不精确性,但在计算时考虑机器工作转速±20%范围内的扫频计算,即对工作转速±20%以内的自频作共振计算,并将所得的最大振幅作为计算振幅,一般计算值大于实测值,满足工程要求。

地基的弹性对框架式基础的振动有一定的影响,其影响是降低了基础的自频,对低频机器基础(例如转速在 1000 r/min 及以下)影响较大,对高频机器基础影响较小,使基础自频远离于机器工作转速,其结果是偏安全的。为减少计算工作量,故可不考虑地基弹性的影响。

混凝土的弹性模量在动力计算时不考虑动态的影响,而按混凝土标号查有关钢筋混凝土规定确定。因弹性模量对结构自频影响较小,如德国 DIN4024 规范取混凝土的弹性模量为 3×10^4 N/mm²,用此值与我国规范中混凝土为 C20 $E_c = 2.55 \times 10^4$ N/mm² 进行计算比较,其自频大约相差 7%左右。

在动力计算中采用了振型分解法求解,阻尼系数采用 E.C.索罗金滞变阻尼理论,为了使各个振型能完全分解,对于钢筋混凝土框架式基础取阻尼系数为一常数,其值为 0.125,阻尼比为 0.0625。

6.3.4 当透平压缩机组有多个转子,m 个不同转速时,基础就承受 m 个不同频率的扰力作用。这些扰力的大小和相位都是随机量,从机率上看,每个转子均达到正常运行情况下的最大不平衡,每个扰力均达到最大值是不大可能的,而且扰力的相位也是随机的,极少可能出现各扰力的方向与所计算共振频率的主振型完全相同的情况。则根据概率理论,比较可能出现的最大振动烈度为各扰力产生的振动线速度峰值的平方和再平方根,即为规范所采用的公式(6.3.4)。

6.3.5 本条规定了基础振动的限值,基础容许振动线速度峰值的确定原则主要是基础的振动不影响机器的正常运转和生产,其次是基础的振动不应对操作人员造成生理上的不良影响。但在确定具体的限值时,各国根据自己的机器制造行业的标准和经验及国情,所确定的限值相差很大,在此不例举各国的振动限值。本规定综合国内、外资料及机器运行实践,对于工作转速大于 3000 r/min 的机器基础,认为以控制振动线速度峰值 $V \leqslant 5$ mm/s 以及相应的均方根值 $V_{rms} \leqslant 3.5$ mm/s 作为容许振动限值是比较合适的。通过对 126 台透平压缩机基础在机器正常运转状态下的振动实测的统计,其中只有 7 台超过 5 mm/s,仅占 5.6%,绝大多数基础振动较小,满足振动限值要求。对于机器制造厂家提出的基础振动限值为容许振动线位移时,应转化为振动线速度控制,特别对于有 m 个不同转速时,应按规范中式(6.3.5-1)进行计算。$V_{ij} = A_{ij}\omega_i$,其中 A_{ij} 为在扰频 ω_i 作用时在 i 点产生的振动线位移值。

6.4 框架式基础的承载力计算

6.4.1 根据大量的工程实践调查总结,为简化计算规定了不进行承载力计算的条件。

6.4.3 我们常用的冷凝式汽轮机,大部分都是将冷凝器放在汽轮机下面的基础底板上,由于蒸汽的冷凝在冷凝器内形成极高的真空,此时冷凝器与汽轮机的连接处受到由大气压与冷凝器内部气压之间的压差而产生一个较大的拉力,此力的数值为:

$$P_a = \Delta p \cdot A_c = 100 A_c$$

当冷凝器内形成完全真空时,Δp 等于大气压,即 $\Delta p = 100$ kPa,故当制造厂未提供真空吸力时,可采用条文中公式。

真空吸力只有在冷凝式汽轮机或中间抽汽式汽轮机做原动机,且冷凝器和汽轮机为柔性连接时(用波纹管道或其他形式的膨胀节)才存在,仅在计算基础构件强度时才考虑此力。

同步电机的短路力矩:同步电机在短路时,转子有外加直流励磁,它的磁场仍起作用,因而在短路瞬间,转子惯性使它仍以原来的转速旋转,此时转子切割闭合的定子线圈造成电机内部瞬时冲击,构成一个以力偶形式出现的力矩称为短路力矩,将短路力矩除以固定电机的螺栓距离 B 即可求得短路力 P_c。

根据机电制造部门提出的计算公式乘以动力系数 $M = 2$,即化为当量荷载作构件强度计算用:

$$M_o = K_t \frac{9.75P}{n} = \frac{70P}{n}$$

式中取 $9.75K_t = 70$,目前,系数 K_t 的取值不一致,如美国凯洛格公司取 $K_t = 15$,相当于极限状态,在《透平压缩机基础设计资料汇编》中取 $K_t = 5 \sim 7$。

短路力矩只存在于同步电机中,而透平机的原动机中有同步电机,也有异步电机,在设计中应根据工程实际情况分别对待。

6.4.4 压缩机基础强度计算时,除去考虑作用在基础上的静力荷载外,还要考虑作用在基础上的动力荷载。该力是由于转子不平衡力产生的动效应,将它简化成等效静力荷载,该力称之为"当量静力"。各种文献和资料中,这个力的名称有所不同,有称"动力荷载、静力计算时的附加力、临时性的动力荷载、静等效荷载"等等,在设计采用该数值时应正确理解其含义及取值。

现有的一些资料中,当量荷载的计算公式的表达形式大致相同,一般是将转子的不平衡力乘以疲劳系数和动力系数,将它转化为一个等效静力荷载,但其中系数的取值差异较大,其表达式为:

$$N = \eta r P$$

式中 N ——当量静力;
   η ——动力放大系数;
   r ——疲劳系数;
   P ——扰力。

这些公式的概念是建立在单自由度理论基础上的。式(6.4.4)中,疲劳系数取 2,动力放大系数为 10,并简化了表达形式。此式来自冶金部《制氧机等动力机器基础勘察设计暂行条例》,该《条例》已实施了十余年,在其他的行业标准(如化工部设计标准《透平压缩机基础设计暂行规定》、中国石化总公司标准《炼油厂压缩机基础设计技术规定》等)中均采用了此公式,并应用了多年。

7 破碎机和磨机基础

7.1 破碎机基础

7.1.3 由于工艺生产流程的要求,物料破碎后常用皮带输送机运走,因此,在生产中墙式基础用的最多,其次是大块式基础,框架式基础用得较少。

7.1.4 本条对墙式基础各构件的尺寸作了规定,这是经过长期的调查研究后所取得的成果。

7.1.7 破碎机厂房遇有岩石地基的情况较普遍,应该充分利用岩石地基的有利条件,积极采用锚桩(杆)基础。

7.1.9 本条对破碎机基础允许振动线位移作了规定。破碎机的类型较多,机器扰力频率变化范围大,适当进行分档是必要的,如果采用同一振动值控制,势必造成小型机器振动允许值过严,大机器振动允许值过松的弊病。因此本条对振动允许值分为三档:在 $n \leqslant 300$ r/min 即破碎机扰频在 5 Hz 及以下时定为一档,300 r/min$< n \leqslant 750$ r/min 即破碎机扰频大于 5 Hz 和小于或等于 12.5 Hz 定为一档,$n > 750$ r/min 即破碎机扰频大于 12.5 Hz 定为一档。上述三档各自的允许振动线位移值是对以往已有的破碎机基础的实测振动数据经统计分析而确定的。

7.2 磨机基础

7.2.4 当 $f_k > 250$ kPa 时,磨机的磨头和磨尾可分别采用独立基础,其理由为:

(1) 以往已有不少设计在 $f_k > 250$ kPa 条件下采用头尾独立的球磨机基础,经过多年的生产实践无异常现象;

(2) 球磨机机器本身不断改进,使之有条件采用头尾分开的独立基础;

(3) 地基承载力 $f_k > 250$ kPa 的情况下,球磨机的地基反力使用的较小,沉陷量相对地较小,设计时可以人为地控制其地基反力来减小两独立基础间的差异沉降。

8 冲击机器基础

8.1 锻锤基础

8.1.1 本条将锻锤基础设计的适用范围限制在锻锤落下部分公称质量为 16 t 及以下,因为迄今为止我国已经自行设计、施工和使用的最大吨位锻锤为 16 t,编制组已对几台 16 t 锻锤进行了调查,使用基本正常,故实测总结这些锻锤的设计和使用中的经验,列入条文,以利于大吨位锻锤基础的设计。

8.1.3 鉴于近几年来在前苏联和德国等国家对锻锤砧座隔振基础的应用已较普遍,国内亦已在逐步推广采用。而以往使用的隔振锤基均为锻锤基础下隔振的基础,也即将隔振器置于基础块的下面,外面尚有钢筋混凝土基坑用以支承和维修隔振器,占地面积大、埋深较深,土建施工时需先做基坑再捣基础块,然后将基础块顶起来,在基础下面放置隔振器,因此施工周期很长,造价较高。随着技术的进步,人们发现如将隔振器直接置于锻锤砧座下面,不但隔振效果显著,且隔振后的锤基底面尺寸及埋深可以比不隔振的锤基还要小,施工进度与不隔振锤基相同,造价也不比不隔振锤基高,还可以节约车间布置面积,减少振动对厂房及周围环境的影响,改善操作人员的工作条件。因此,在本规范中的第 8.1.6、8.1.23 条中均对此作出了规定。

正圆锥壳锻锤基础在小于 5 t 锤中已在国内推广使用,其特点是可以建造在软弱地基上,效果良好。

8.1.5 砧座下木垫的主要作用是使砧座传下的静压力和冲击力能均匀地作用在基础上,同时可缓冲锤击时的振动影响,保护基础混凝土面免受损伤,且便于调整砧座的水平度以保证锻锤的正常工作。因此要求木垫有一定的弹性压缩,并在长期的冲击荷重作用下,只能有较小的变形。对木垫的具体要求是:材质坚韧,受压强度适中,材质均匀,耐久性好,无节疤、腐朽,干缩、翘曲开裂等均较小。根据这些原则,本条规定了木垫选用的树种及含水率,这是经过大量试验研究确定的。关于橡胶垫为砧座垫层材料已在国内使用多年,效果良好,但只限于 5 t 及以下的锻锤可使用。

8.1.6 一般锻锤的砧座垫层均由多层横放木垫组成,但在调查中发现已有不少工厂的锻锤基础的砧座垫层采用垫木竖放形式,均有几年乃至十几年的经验,其中最大锻锤吨位为 5 t,最小为 0.5 t。木垫采用竖放后,有利于采用强度较低的树种和短材。

8.1.7 砧座下基础部分的最小厚度,根据收集到的约 130 个锤基础资料分析而得。

8.1.9 本条对基础配筋的规定是根据对国内工程实践经验和大量调查研究资料的分析结合国外的资料而修订的。

8.1.12 本条规定了锻锤基础的振动控制标准,根据锻锤吨位的大小和地基土的类别在表 8.1.12 中分别给出了基础的允许振动线位移和允许振动加速度。其目的在于保证锻锤的正常工作和锻锤车间的结构不致于因过大振动而产生有害影响。但是对于锻锤附近的操作人员会感到振动较大,长期在此环境中,有害身心健康,要解决这一问题,最好的办法是采用隔振基础。

8.1.14 本条规定了不隔振锻锤基础的竖向振动线位移和振动加速度的计算方法。公式(8.1.14-1)是根据单自由度体系建立运动微分方程和物体碰撞原理而得。但考虑到锻锤基础振动线位移和固有频率的计算和实测值之间的差异,在计算公式(8.1.14-1)和(8.1.14-2)中分别给以必要的修正系数。修正的原因是多方面的,有由于基础埋深增加了侧面刚度而使地基刚度作必要的修正;有由于土参加振动而在基础质量方面有所修正;有由于阻尼影响的修正等。为此公式中给出了 k_A 即振动线位移调整系数和 k_1 即频率调整系数,其值是根据对 28 个大于 1 t 锤基础和 64 个 1 t 及以下的锤基础实测数据进行分析统计整理而得。公式(8.1.14-1)中的冲击回弹影响系数是按下式求得的:

$$\psi_e = \frac{1+e}{\sqrt{g}} \tag{5}$$

式中 e——回弹系数;对模锻锤:当模锻钢制品时取 0.56;模锻有色金属制品时取 0.1;对自由锻锤取 0.25。

正圆锥壳锤基根据实测的 8 台壳体锤基的振幅和频率再求振动线位移调整系数和频率调整系数值与大块式锤基础的 k_A、k_1 值是接近的。

8.1.18 本条规定了正圆锥壳锤基建造在软弱的粘性土地基上,当其天然地基抗压刚度系数小于 28000 kN/m³ 时,应按 28000 kN/m³。这是由于壳体内土壤受有向心压力的作用,可使土的密度增加,地基刚度也相应提高,实测结果也证明了这一点。对于建造在砂性土上或较好的粘性土上的壳体基础,由于实测资料较少,其地基抗压刚度系数暂不予提高,仍按实际 C_z 值选用。

8.1.19 根据对锻锤基础实测资料的分析,一般单臂锤,当锤击中心对准基底形心时,其总重心与锤击中心间的偏心值均小于该偏离方向基础边长的 5%。如按中心打击公式计算所得之竖向振动线位移乘以系数(1+3.0$\frac{e_h}{b_h}$)后的值,绝大部分符合竖向-回转公式所得的基础边缘竖向振动线位移(因相对偏心距 $\frac{e_h}{b_h} \leqslant 5\%$,水平振动影响微小,可忽略不计)。

8.1.20~8.1.22 条文中给出了砧座下垫层最小厚度的计算公式以及木材横放和竖放的承压强度计算值与弹性模量。除了计算垫层的最小厚度之外,尚需满足表 8.1.20 中规定的垫层最小厚度。

对橡胶垫，表中所规定的运输胶带的厚度是由实际生产使用中的经验和实测分析结果所确定的。在实际生产中用运输胶带作为橡胶垫的最大吨位为 3t 自由锻，考虑 5t 锤的打击能量与 3t 自由锻相差不大，因此在表 8.1.20 中将橡胶垫的厚度扩大到 5t 锤。

8.2 落锤基础

8.2.3～8.2.5 落锤破碎坑基础的平面尺寸根据一次装满需破碎的废金属数量和规格而定。破碎坑基础形式，一般根据生产需要及破碎金属的数量、材质和规格、破碎坑及其砧平面尺寸、地基土的类别和落锤冲击能量而定。

国内无厂房的简易破碎铁设备（如三角破碎架），一般均不设置钢筋混凝土基础，而采用简易破碎坑基础。当碎铁设备设在厂房或露天厂房时，一般均采用钢筋混凝土破碎坑基础。

破碎坑基础的构造，例如砧块厚度和重量，填充层的材料、规格和厚度，坑壁的保护，坑壁和底板的厚度与配筋量，需根据落锤冲击能量大小确定。本规范根据对国内不同冲击能量的落锤破碎坑基础作了大量的调查研究，对破碎坑基础的构造作了具体的规定。

8.2.6 本条主要为了避免落锤基础在软弱地基上产生过大的静、动沉陷或倾斜，同时落锤基础下的静压力亦较大，一般为 150～200 kPa 左右，个别也有达 270 kPa 以上，因此，在软弱地基上的落锤基础，虽然考虑了基础宽度与埋深对地基承载力的修正，一般仍不能满足要求，需要对该类地基作人工加固处理。

8.2.7～8.2.9 本条文的规定是总结国内各种类型破碎坑基础的设计和生产使用实践而制订的。圆筒形坑壁厚度一般是 300～600 mm，且均为双面配筋。矩形坑壁根据调查，沿坑壁内转角易产生裂缝，因此规定了沿坑壁内转角应增设钢筋加强，同时坑壁的外露部分的顶部和内侧虽有钢筋或钢坯保护，但冲击力影响较大，且保护也难免在损坏后不能及时修补，因此规定加强配筋的措施。

带钢性底板的槽形破碎坑基础，在长期受落锤很大冲击作用下，基础设计必须使之有足够的重量和强度，往往需耗费较多的混凝土和钢材，如处理不当，有时会使基础严重倾斜或毁坏。因此在条文中根据不同的落锤冲击能量规定了破碎坑底板的最小厚度和钢筋网层数。

8.2.11 国内已建的圆筒形坑壁落锤基础的砧块，大多数采用整块钢板（砧块钢板以采用低碳钢并经退火处理，使用效果很好），其重量可按公式(8.2.11)计算，这对防止砧块下陷有效，较用钢锭作砧块为好。矩形破碎坑基础的砧块，一般由数块钢板拼成，国内均采用满铺 1～2 层大型钢锭作为砧块，因整块砧块浇注、吊装均较困难，因此允许采用大型钢锭拼成砧块，但钢锭截面应尽量大些。

8.2.12 简易破碎坑，其砧块顶面一般与地面平或略低于地面。某些圆筒形坑壁的落锤基础的砧块顶面与地面标高差不多，但大部分落锤基础为了减少被破碎的钢铁碎片飞散和便于放置需破碎的废料，砧块顶面低于坑壁顶面。根据破碎坑平面尺寸，一般砧块顶面低于坑壁顶面 1.5～2.6 m。同时为了便于放置坑壁的防护钢锭而将坑壁略向外倾斜。

8.2.13、8.2.14 落锤基础振动的大小不至于严重影响锤基结构强度、稳定和正常使用，但过大振动时也可能导致落锤基础产生过大动沉陷或严重倾斜，或使破碎车间结构产生过大的附加动应力和使柱子基础产生过大的动沉陷与倾斜面影响落锤生产的正常进行。根据大量的实测和调查资料的分析给出了破碎坑基础竖向振动线位移和固有圆频率的计算公式及允许振动标准。

9 热模锻压力机基础

9.1 一般规定

9.1.1 本章为新增部分。鉴于近年来国内大、中型热模锻压力机和冲压设备日益增多，故有必要在《动力机器基础设计规范》中增补此项内容。在编写过程中，因冲压压力机基础的测试资料太少，有关公式尚难以验证，故本章暂只适用于公称压力不大于 120000 kN 的热模锻压力机基础（以下简称压力机基础）。

由于本章压力机基础设计方法较过去习惯方法有较大变动（详见第 9.3.2 条），故设计所需资料增加了第二、三两项要求。这些要求压力机制造厂应能提供。

9.1.4 过去一些专著、手册要求压力机基础自重不应小于压力机重量的 1.0～1.2 倍。但在搜集资料时发现某厂一个 20 000 kN 压力机（前西德奥姆科公司 MP 系列）的基础自重虽为压力机重量的 1.43 倍，但在调试时仍因振动线位移过大不能满足生产要求而被迫加固。因此将上限改为 1.5 倍，并将下限也略予提高。基础自重与压力机起动阶段的扰力、扰力矩，以及地基情况等有密切关系，很难用一个简单的系数与压力机自重联系起来。因此，本条规定基础自重不宜小于压力机重量的 1.1～1.5 倍。

在基础自重相同的条件下，力求增大基础面积，减小埋置深度，主要是可以减小基础振动线位移（特别是水平振动线位移），防止基础产生不均匀沉陷而导致机身倾斜、损坏导轨及传动机构；同时，埋置深度减小后将有利于防水，方便施工，对邻近的厂房柱基埋置深度的影响也可小些。

9.2 构造要求

9.2.1～9.2.3 关于压力机基础混凝土标号及最小厚度和配筋的规定，主要是在调查了国内 20 多个大、中型压力机基础的实际情况并进行分析综合后确定的。该规定大体上与《机电工程手册》第 38 篇及《动力机器基础设计手册》有关规定相当。遵守该规定，一般能满足承载力、振动和耐久等要求，同时也不至于消耗过多的材料。

9.3 动力计算

9.3.1 《机械工程手册》第 38 篇及《动力机器基础设计手册》规定：当锻压机公称压力大于 16 000 kN 时，其基础需进行动力计算。由于本章计算和控制压力机基础振动线位移的方法与过去习惯方法相比有较大改变，且对公称压力为 12 500～16 000 kN 的压力机的基础尚缺乏足够的设计与使用经验（某厂一个 16 000 kN 压力机基础因故始终未使用），故对进行动力计算的压力机基础的范围作了更为严格的控制。

9.3.2 以往一些专著、手册及设计单位对压力机基础设计均只要求计算和控制压力机完成锻压工序，滑块回升的瞬间，锻压件反作用于上下模的锻打力（最大值为公称压力）突然消失，曲轴的弹性变形及立柱的弹性伸长也随之突然消失所引起的竖向振动线位移，亦即只计算和控制锻压阶段的竖向振动线位移。但近年来的生产实践和科学试验证明：在压力机起动阶段，即离合器接合后，经过空滑、工作滑动及主动部分（大飞轮）与从动部分（曲轴）完全接合共同升速至稳定转速时（与此同时，滑块开始下行）的振动也很大，有时甚至大于锻压阶段。这是因为在压力机锻压工件的全过程（包括起动、下滑、锻压、回程及制动五个阶段）中，机械系统运动时产生的竖向扰力、水平扰力及扰力矩以起动阶段为最大。更值得注意的是无论起动阶段或锻压阶段，除竖向振动外还有水平振动。某些水平扰力大、作用点高、机座平面尺寸又小的压力机，其起动阶段的水平振动线位移甚至远大于竖向振动线位移。根据对十几台大、中型压力机基础百余条实测的振动曲线分析，在整个锻压工件的全过程中，竖向振动线位移的最大值约有近 2/3 出现在起动阶段，1/3 略多出现在锻压阶段；水平振动线位移的最大值则约 4/5 出现在起动阶段，仅 1/5 出现在锻压阶段，且其幅度与起动阶段相比，大得不多。因此，本条规定了压力机基础的动力计算应考虑起动阶段和锻压阶段两种情况。起动阶段应计算竖向振动线位移和水平振动线位移，而锻压阶段只计算竖向振动线位移即可。

9.3.3 在起动阶段，压力机机械系统在运动过程中产生竖向扰力、水平扰力及扰力矩。因此,基组除有垂直振动外,还有水平与回转耦合振动。本条先不考虑垂直扰力对基组重心的偏心,即先推导当垂直扰力通过基组重心时产生的竖向振动线位移计算公式,而因偏心产生的扰力矩则在第9.3.4条水平与回转耦合振动计算中一并考虑。根据理论推导及一些压力机制造厂提供的资料,起动阶段的垂直扰力、水平扰力及扰力矩的脉冲形式均接近于三角形(后峰锯齿三角形或对称三角形)。当扰力脉冲的时间及形状已知,基组即可按单自由度的"质—弹—阻"体系用杜哈米积分求解,从而导出竖向振动线位移计算公式。公式中的有阻尼响应函数最大值,即有阻尼动力系数η_{max}的求算十分困难,因为有阻尼响应函数η本身就是一个极为繁冗复杂的以阻尼比ζ、脉冲时间与无阻尼自振周期之比($\frac{t_0}{T_n}$)及时间t为变量的超越函数。要求其最大值,还要先求出产生最大值的时间t_{max}(详见附录F)。因此只能借助计算机算出各种不同阻尼比和不同脉冲时间与无阻尼自振周期之比的η_{max}值列表备查(表F.0.2-1和表F.0.2-2)。

由于许多因素,如质量中未考虑基础周围土壤,地基刚度系数取值往往会小于实际值,基础埋深和刚性地面对地基刚度的提高系数也不可能准确等,用理论公式算出的振幅值与实测值肯定会有差别,要用调整系数进行修正。通过对若干个大、中型压力机基础的理论计算和实测,用数理分析方法求出两者之间的比值,并考虑一定的安全储备,即可得出调整系数为0.6。引入调整系数即得出公式(9.3.3—1~3)。

9.3.4 推导起动阶段水平振动线位移计算公式时,由于水平扰力及扰力矩的脉冲时间和形式均相同(且与竖向扰力相同),故可用振型分解法求得运动微分方程的近似解。用同上方法得出调整系数为0.9,即可得出公式(9.3.4-1)及(9.3.4-2)。

9.3.5 以往计算压力机锻压阶段竖向振动线位移的计算模式为双自由度"质—弹"体系(图1),立柱作为上部弹簧,刚度为K_1;地基作为下部弹簧,刚度为K_2。考虑调整系数为0.6,即得计算竖向振动线位移的公式如下:

$$A'_z = 0.6 \times \left|\frac{2\Delta}{X_2 - X_1}\right| \quad (6)$$

$$\Delta = \frac{P_H}{K_1} \quad (7)$$

$$X_1 = \frac{K_1}{K_1 - m_1\lambda_1^2}, \quad X_2 = \frac{K_1}{K_1 - m_1\lambda_2^2} \quad (8)$$

$$\omega_{n1,n2}^2 = \frac{1}{2}\left[\left(\frac{K_1+K_2}{m_2}+\frac{K_1}{m_1}\right)\mp\sqrt{\left(\frac{K_1+K_2}{m_2}+\frac{K_1}{m_1}\right)^2-4\times\frac{K_1 K_2}{m_1 m_2}}\right] \quad (9)$$

一般情况下,压力机立柱的刚度K_1远大于地基的刚度K_2(大十几倍至几十倍)。为简化计算,并使计算模式与起动阶段一致,可不考虑立柱的弹性而把整个基组当作一个刚体。于是基组的振动就变为单自由度体系的振动,扰力则来自体系内部质量m_1的来回振动(图2),其值为$\Delta K_1\cos\omega_{nm}t$,即$P_H\cos\omega_{nm}t$ ($\omega_{nm}^2 = \frac{K_1}{m_1}$)。采用同样的调整系数,即可得出竖向振动线位移计算公式(9.3.5-1)。用此公式算出的竖向振动线位移与按双自由度体系考虑的公式(6)相比,误差一般为1%~2%,可以允许。

关于阻尼问题,原公式(6)未考虑。如考虑阻尼,则基础的竖向位移$Z_2(t)$为

$$Z_2(t) = \frac{\Delta}{X_2-X_1}(e^{-\zeta_{s1}\omega_{n1}t}\cos\omega_{d1}t + e^{-\zeta_{s2}\omega_{n2}t}\cos\omega_{d2}t) \quad (10)$$

式中 ζ_{s1}, ζ_{s2}——分别为立柱和地基的阻尼比;
ω_{d1}, ω_{d2}——分别为双自由度体系第一、第二振型的有阻尼固有圆频率,

$$\omega_{d1} = \omega_{n1}\sqrt{1-\zeta_{s1}^2}, \quad \omega_{d2} = \omega_{n2}\sqrt{1-\zeta_{s2}^2} \quad (11)$$

式(10)表明基础的竖向振动为一高频振动叠加于一低频振动上。由于ω_{n2}远大于ω_{n1},故当高频振动出现第一个峰值时,低频

振动仍处于接近正峰值处,且由于钢柱的阻尼系数甚小,故此时式(10)括号中两项的绝对值均接近于1。如各以+1代入相加,并引入调整系数0.6,式(10)即与式(6)相同。因此,不考虑阻尼可以允许。

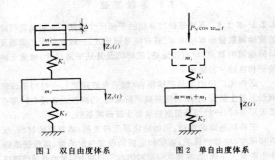

图1 双自由度体系　　　图2 单自由度体系

9.3.6 确定压力机基础的振动线位移允许值主要应考虑两个因素:(1)设备和生产上的要求。这是一个比较确定的限值,超过此值将不能生产合格的产品,或者压力机及其附属设备将易于损坏;(2)操作工人的要求。它与国情有关,比较有弹性,如制定过严,要增加投资,不利于国家建设;但制定过宽,将造成环境污染,直接或间接给生产和生活带来不良后果,同样也不利于国家建设。过去一些专著及手册规定0.3 mm作为压力机基础的振动线位移允许值。根据对某些工厂的十几个正常生产的大、中型压力机基础的实测,在起动阶段测得的最大竖向振动线位移为0.28 mm,最大水平振动线位移为0.26 mm;在锻压阶段测得的最大竖向振动线位移为0.27 mm(实际工作压力小于公称压力,如换算为公称压力则约为0.34 mm),最大水平振动线位移为0.21 mm(实际工作压力小于公称压力,如换算为公称压力则约为0.31 mm)。因此,采用0.3 mm作为振动线位移允许值是能满足设备和生产上的要求的。至于操作工人的要求,根据我国和德国等国的有关规范,大体上要求振动速度(稳态简谐振动)不超过4~6.4 mm/s。如以我国采用6.28 mm/s为限值,并考虑到压力机基础的振动是由瞬间脉冲所产生的近似有阻尼自由衰减振动,通过换算,在一般压力机基础固有频率为8~15 Hz的条件下相当于20.01~27.40 mm/s的振动速度。由此算出允许振动线位移为0.398~0.291 mm。因此,取0.3 mm为振动线位移允许值也大体上能满足操作工人的要求,不会有较大影响。但对固有频率低于6 Hz或高于15 Hz的压力机基础则应作适当调整,使折算的稳态简谐振动速度大体上仍在4~6.4 mm/s范围内,否则将失之过严(低于6 Hz)或失之过宽(高于15 Hz)。故要求按表8.3.7中所列公式调整,但允许振动线位移最大不得超过0.5 mm以免对设备与管道等附属设施连接不利。

10　金属切削机床基础

10.0.1 补充了适用于"加工中心系列机床基础的设计"的内容,是基于在征询全国各大机床制造厂的意见后确定的,近几年来加工中心系列机床发展较快,如济南第一机床厂提出数控镗铣中心,其基础厚度可参照卧式镗床基础表达式并接近座标镗床基础,北京第三机床厂提出立式钻削中心基础设计,也可参照本规范规定,因此补充了本条例,其选取的基础厚度应按照加工中心各类组合机床特点、性能选取或参照本规范所规定的厚度进行设计。

10.0.5 在本条的第4款中增加了加工中心系列机床,基础混凝土厚度可按组合机床的类型,选取精度较高或外形较长者,可按表10.0.5同类机床采用。基于征求全国各大机床制造厂(第一重型

机器厂、沈阳重型机器厂、济南第一机床厂、昆明机床厂、上海机床厂等）的意见反馈,核对本厂产品,认为本规范表10.0.5仍有较大范围的实用价值,符合实际,但由于机床加工精度的日益提高,有较多制造厂建议,对提高精度的机床基础应适当将厚度按表列规定增加5%～10%,并认为作上述规定后,可使提高精度的机工保证加工质量,在实践中也得到了验证。并可免于采取不必要措施,有利于节约整个基础工程的投资,所以在本条的第3款中规定了提高精度的机床,按表中基础厚度,增加5%～10%。

10.0.9 原规范要求预压重力系数为1.2～2.0倍,此系数相当于变形的基本安全系数,小了则安全作用不大,预压重力与预压时间是成反比的,系数越小,则预压时间相应加长,且预压卸荷后,还有回弹,扣除回弹后,其预沉量则更小,从施工和安装周期来看,应尽量缩短预压这种带有辅助性质的时间,因此在本次规范修订中,将预压重力的下限由1.2改为1.4,而上限2.0不变。

10.0.11 在反馈意见中,提出对精密加工机床,四周防振沟及地坪设缝中的填料为沥青、麻丝等弹性材料,此两材料混合在一起,时间久了,常会结成硬块,会减低防振作用,因此,缝中宜填入海棉、泡沫、乳胶等弹性不易变化的材料。另外,防震沟对精密的重型机床,由于基础较深,实际施工时较为困难,近年来,国内外皆有采用在基础四周外挂硬质泡沫塑料或聚苯乙烯板等措施,皆能符合加工要求,因此在条文中作上述补充。

中华人民共和国行业标准

建筑桩基技术规范

JGJ 94—2008

条 文 说 明

前 言

《建筑桩基技术规范》JGJ 94—2008，经住房和城乡建设部 2008 年 4 月 22 日以第 18 号公告批准、发布。

本规范的主编单位是中国建筑科学研究院，参编单位是北京市勘察设计研究院有限公司、现代设计集团华东建筑设计研究院有限公司、上海岩土工程勘察设计研究院有限公司、天津大学、福建省建筑科学研究院、中冶集团建筑研究总院、机械工业勘察设计研究院、中国建筑东北设计院、广东省建筑科学研究院、北京筑都方圆建筑设计有限公司、广州大学。

为便于广大设计、施工、科研、学校等单位有关人员在使用本标准时能正确理解和执行条文规定，《建筑桩基技术规范》编制组按章、节、条顺序编制了本规范的条文说明，供使用者参考。在使用中如发现本条文说明有不妥之处，请将意见函寄中国建筑科学研究院。

目 次

1 总则 ·· 5—10—4
2 术语、符号 ······································· 5—10—4
　2.1 术语 ·· 5—10—4
　2.2 符号 ·· 5—10—4
3 基本设计规定 ··································· 5—10—4
　3.1 一般规定 ······································ 5—10—4
　3.2 基本资料 ······································ 5—10—9
　3.3 桩的选型与布置 ···························· 5—10—9
　3.4 特殊条件下的桩基 ························ 5—10—11
　3.5 耐久性规定 ·································· 5—10—12
4 桩基构造 ·· 5—10—12
　4.1 基桩构造 ······································ 5—10—12
　4.2 承台构造 ······································ 5—10—13
5 桩基计算 ·· 5—10—14
　5.1 桩顶作用效应计算 ······················· 5—10—14
　5.2 桩基竖向承载力计算 ···················· 5—10—14
　5.3 单桩竖向极限承载力 ···················· 5—10—17
　5.4 特殊条件下桩基竖向
　　　承载力验算 ·································· 5—10—21
　5.5 桩基沉降计算 ······························ 5—10—23
　5.6 软土地基减沉复合疏桩基础 ········· 5—10—30
　5.7 桩基水平承载力与位移计算 ········· 5—10—31
　5.8 桩身承载力与裂缝控制计算 ········· 5—10—32
　5.9 承台计算 ······································ 5—10—35
6 灌注桩施工 ······································· 5—10—37
　6.2 一般规定 ······································ 5—10—37
　6.3 泥浆护壁成孔灌注桩 ···················· 5—10—37
　6.4 长螺旋钻孔压灌桩 ······················· 5—10—37
　6.5 沉管灌注桩和内夯沉管灌注桩 ····· 5—10—38
　6.6 干作业成孔灌注桩 ······················· 5—10—38
　6.7 灌注桩后注浆 ······························ 5—10—38
7 混凝土预制桩与钢桩施工 ················ 5—10—38
　7.1 混凝土预制桩的制作 ···················· 5—10—38
　7.3 混凝土预制桩的接桩 ···················· 5—10—38
　7.4 锤击沉桩 ······································ 5—10—39
　7.6 钢桩（钢管桩、H型桩及其他
　　　异型钢桩）施工 ··························· 5—10—39
8 承台施工 ·· 5—10—39
　8.1 基坑开挖和回填 ··························· 5—10—39
　8.2 钢筋和混凝土施工 ······················· 5—10—40
9 桩基工程质量检查和验收 ················ 5—10—40

1 总 则

1.0.1~1.0.3 桩基的设计与施工要实现安全适用、技术先进、经济合理、确保质量、保护环境的目标，应综合考虑下列诸因素，把握相关技术要点。

1 地质条件。建设场地的工程地质和水文地质条件，包括地层分布特征和土性、地下水赋存状态与水质等，是选择桩型、成桩工艺、桩端持力层及抗浮设计等的关键因素。因此，场地勘察做到完整可靠，设计和施工者对于勘察资料做出正确解析和应用均至关重要。

2 上部结构类型、使用功能与荷载特征。不同的上部结构类型对于抵抗或适应桩基差异沉降的性能不同，如剪力墙结构抵抗差异沉降的能力优于框架、框架-剪力墙、框架-核心筒结构；排架结构适应差异沉降的性能优于框架、框架-剪力墙、框架-核心筒结构。建筑物使用功能的特殊性和重要性是决定桩基设计等级的依据之一；荷载大小与分布是确定桩型、桩的几何参数与布桩所应考虑的主要因素。地震作用在一定条件下制约桩的设计。

3 施工技术条件与环境。桩型与成桩工艺的优选，在综合考虑地质条件、单桩承载力要求前提下，尚应考虑成桩设备与技术的既有条件，力求既先进且实际可行、质量可靠；成桩过程产生的噪声、振动、泥浆、挤土效应等对于环境的影响应作为选择成桩工艺的重要因素。

4 注重概念设计。桩基概念设计的内涵是指综合上述诸因素制定该工程桩基设计的总体构思。包括桩型、成桩工艺、桩端持力层、桩径、桩长、单桩承载力、布桩、承台形式、是否设置后浇带等，它是施工图设计的基础。概念设计应在规范框架内，考虑桩、土、承台、上部结构相互作用对于承载力和变形的影响，既满足荷载与抗力的整体平衡，又兼顾荷载与抗力的局部平衡，以优化桩型选择和布桩为重点，力求减小差异变形，降低承台内力和上部结构次内力，实现节约资源、增强可靠性和耐久性。可以说，概念设计是桩基设计的核心。

2 术语、符号

2.1 术 语

术语以《建筑桩基技术规范》JGJ94—94 为基础，根据本规范内容，作了相应的增补、修订和删节；增加了减沉复合疏桩基础、变刚度调平设计、承台效应系数、灌注桩后注浆、桩基等效沉降系数。

2.2 符 号

符号以沿用《建筑桩基技术规范》JGJ 94—94 既有符号为主，根据规范条文的变化作了相应调整，主要是由于桩基竖向和水平承载力计算由原规范按荷载效应基本组合改为按标准组合。共有四条：2.2.1 作用和作用效应；2.2.2 抗力和材料性能：用单桩竖向承载力特征值、单桩水平承载力特征值取代原规范的竖向和水平承载力设计值；2.2.3 几何参数；2.2.4 计算系数。

3 基本设计规定

3.1 一般规定

3.1.1 本条说明桩基设计的两类极限状态的相关内容。

1 承载能力极限状态

原《建筑桩基技术规范》JGJ 94—94 采用桩基承载能力概率极限状态分项系数的设计法，相应的荷载效应采用基本组合。本规范改为以综合安全系数 K 代替荷载分项系数和抗力分项系数，以单桩极限承载力和综合安全系数 K 为桩基抗力的基本参数。这意味着承载能力极限状态的荷载效应基本组合的荷载分项系数为 1.0，亦即为荷载效应标准组合。本规范作这种调整的原因如下：

1）与现行国家标准《建筑地基基础设计规范》（GB 50007）的设计原则一致，以方便使用。

2）关于不同桩型和成桩工艺对极限承载力的影响，实际上已反映于单桩极限承载力静载试验值或极限侧阻力与极限端阻力经验参数中，因此承载力随桩型和成桩工艺的变异特征已在单桩极限承载力取值中得到较大程度反映，采用不同的承载力分项系数意义不大。

3）鉴于地基土性的不确定性对基桩承载力可靠性影响目前仍处于研究探索阶段，原《建筑桩基技术规范》JGJ 94—94 的承载力概率极限状态设计模式尚属不完全的可靠性分析设计。

关于桩身、承台结构承载力极限状态的抗力仍采用现行国家标准《混凝土结构设计规范》GB 50010、《钢结构设计规范》GB 50017（钢桩）规定的材料强度设计值，作用力采用现行国家标准《建筑结构荷载规范》GB 50009 规定的荷载效应基本组合设计值计算确定。

2 正常使用极限状态

由于问题的复杂性，以桩基的变形、抗裂、裂缝宽度为控制内涵的正常使用极限状态计算，如同上部结构一样从未实现基于可靠性分析的概率极限状态设计。因此桩基正常使用极限状态设计计算维持原《建筑桩基技术规范》JGJ 94—94规范的规定。

3.1.2 划分建筑桩基设计等级，旨在界定柱基设计的复杂程度、计算内容和应采取的相应技术措施。桩基设计等级是根据建筑物规模、体型与功能特征、场地地质与环境的复杂程度，以及由于桩基问题可能造成建筑物破坏或影响正常使用的程度划分为三个等级。

甲级建筑桩基，第一类是（1）重要的建筑；（2）30层以上或高度超过100m的高层建筑。这类建筑物的特点是荷载大、重心高、风载和地震作用水平剪力大，设计时应选择基桩承载力变幅大、布桩具有较大灵活性的桩型，基础埋置深度足够大，严格空控制桩基的整体倾斜和稳定。第二类是（3）体型复杂且层数相差超过10层的高低层（含纯地下室）连体建筑物；（4）20层以上框架-核心筒结构及其他对于差异沉降有特殊要求的建筑物。这类建筑物由于荷载与刚度分布极为不均，抵抗和适应差异变形的性能较差，或使用功能上对变形有特殊要求（如冷藏库、精密生产工艺的多层厂房、液面控制严格的贮液罐体、精密机床和透平设备基础等）的建（构）筑物桩基，须严格控制差异变形乃至沉降量。桩基设计中，首先，概念设计要遵循变刚度调平设计原则；其二，在概念设计的基础上要进行上部结构——承台——桩土的共同作用分析，计算沉降等值线、承台内力和配筋。第三类是（5）场地和地基条件复杂的7层以上的一般建筑物及坡地、岸边建筑；（6）对相邻既有工程影响较大的建筑物。这类建筑物自身无特殊性，但由于场地条件、环境条件的特殊性，应按桩基设计等级甲级设计。如场地处于岸边高坡、地基为半填半挖、基底同置于岩石和土质地层、岩溶极为发育且岩面起伏很大、桩身范围有较厚自重湿陷性黄土或可液化土等等，这种情况下首先应把握好桩基的概念设计，控制差异变形和整体稳定、考虑负摩阻力等至关重要；又如在相邻既有工程的场地上建造新建筑物，包括基础跨越地铁、基础埋深大于紧邻的重要或高层建筑物等，此时如何确定桩基传递荷载和施工不致影响既有建筑物的安全成为设计施工应予控制的关键因素。

丙级建筑桩基的要素同时包含两方面，一是场地和地基条件简单，二是荷载分布较均匀、体型简单的7层及7层以下一般建筑；桩基设计较简单，计算内容可视具体情况简略。

乙级建筑桩基，为甲级、丙级以外的建筑桩基，设计较甲级简单，计算内容应根据场地与地基条件、建筑物类型酌定。

3.1.3 关于桩基承载力计算和稳定性验算，是承载能力极限状态设计的具体内容，应结合工程具体条件有针对性地进行计算或验算，条文所列6项内容中有的为必算项，有的为可算项。

3.1.4、3.1.5 桩基变形涵盖沉降和水平位移两大方面，后者包括长期水平荷载、高烈度区水平地震作用以及风荷载等引起的水平位移；桩基沉降是计算绝对沉降、差异沉降、整体倾斜和局部倾斜的基本参数。

3.1.6 根据基桩所处环境类别，参照现行《混凝土结构设计规范》GB 50010关于结构构件正截面的裂缝控制等级分为三级：一级严格要求不出现裂缝的构件，按荷载效应标准组合计算的构件受拉边缘混凝土不应产生拉应力；二级一般要求不出现裂缝的构件，按荷载效应标准组合计算的构件受拉边缘混凝土拉应力不应大于混凝土轴心抗拉强度标准值；按荷载效应准永久组合计算构件受拉边缘混凝土不宜产生拉应力；三级允许出现裂缝的构件，应按荷载效应标准组合计算裂缝宽度。最大裂缝宽度限值见本规范表3.5.3。

3.1.7 桩基设计所采用的作用效应组合和抗力是根据计算或验算的内容相适应的原则确定。

1 确定桩数和布桩时，由于抗力是采用基桩或复合基桩极限承载力除以综合安全系数$K=2$确定的特征值，故采用荷载分项系数γ_G、$\gamma_Q=1$的荷载效应标准组合。

2 计算荷载作用下基桩沉降和水平位移时，考虑土体固结变形时效特点，应采用荷载效应准永久组合；计算水平地震作用、风荷载作用下桩基的水平位移时，应按水平地震作用、风载作用效应的标准组合。

3 验算坡地、岸边建筑桩基整体稳定性采用综合安全系数，故其荷载效应采用γ_G、$\gamma_Q=1$的标准组合。

4 在计算承台结构和桩身结构时，应与上部混凝土结构一致，承台顶面作用效应应采用基本组合，其抗力应采用包含抗力分项系数的设计值；在进行承台和桩身的裂缝控制验算时，应与上部混凝土结构一致，采用荷载效应标准组合和荷载效应准永久组合。

5 桩基结构作为结构体系的一部分，其安全等级、结构设计使用年限，应与混凝土结构设计规范一致。考虑到桩基结构的修复难度更大，故结构重要性系数γ_0除临时性建筑外，不应小于1.0。

3.1.8 本条说明关于变刚度调平设计的相关内容。

变刚度调平概念设计旨在减小差异变形、降低承台内力和上部结构次内力，以节约资源，提高建筑物使用寿命，确保正常使用功能。以下就传统设计存在的问题、变刚度调平设计原理与方法、试验验证、工程应用效果进行说明。

1 天然地基箱基的变形特征

图1所示为北京中信国际大厦天然地基箱形基础竣工时和使用3.5年相应的沉降等值线。该大厦高104.1m，框架-核心筒结构；双层箱基，高11.8m；地基为砂砾与黏性土交互层；1984年建成至今20年，最大沉降由6.0cm发展至12.5cm，最大差异沉

降 $\Delta s_{max} = 0.004L_0$，超过规范允许值 $[\Delta s_{max}] = 0.002L_0$（$L_0$ 为二测点距离）一倍，碟形沉降明显。这说明加大基础的抗弯刚度对于减小差异沉降的效果并不突出，但材料消耗相当可观。

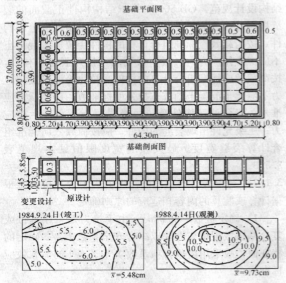

图 1 北京中信国际大厦箱基沉降等值线（s 单位：cm）

2 均匀布桩的桩筏基础的变形特征

图 2 为北京南银大厦桩筏基础建成一年的沉降等值线。该大厦高 113m，框架-核心筒结构；采用 ϕ400PHC 管桩，桩长 $l=11m$，均匀布桩；考虑到预制桩沉桩出现上浮，对所有桩实施了复打；筏板厚 2.5m；建成一年，最大差异沉降 $[\Delta s_{max}] = 0.002L_0$。由于桩端以下有黏性土下卧层，桩长相对较短，预计最终最大沉降量将达 7.0cm 左右，Δs_{max} 将超过允许值。沉降分布与天然地基上箱基类似，呈明显碟形。

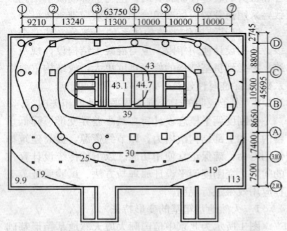

图 2 南银大厦桩筏基础沉降等值线（建成一年，s 单位：mm）

3 均匀布桩的桩顶反力分布特征

图 3 所示为武汉某大厦桩箱基础的实测桩顶反力分布。该大厦为 22 层框架-剪力墙结构，桩基为 ϕ500PHC 管桩，桩长 22m，均匀布桩，桩距 3.3d，桩数 344 根，桩端持力层为粗中砂。由图 3 看出，随荷载和结构刚度增加，中、边桩反力差增大，最终达 1：1.9，呈马鞍形分布。

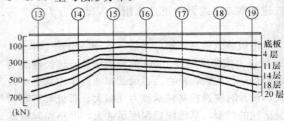

图 3 武汉某大厦桩箱基础桩顶反力实测结果

4 碟形沉降和马鞍形反力分布的负面效应

1) 碟形沉降

约束状态下的非均匀变形与荷载一样也是一种作用，受作用体将产生附加应力。箱筏基础或桩承台的碟形沉降，将引起自身和上部结构的附加弯、剪内力乃至开裂。

2) 马鞍形反力分布

天然地基箱筏基础土反力的马鞍形反力分布的负面效应将导致基础的整体弯矩增大。以图 1 北京中信国际大厦为例，土反力按《高层建筑箱形与筏形基础技术规范》JGJ 6—99 所给反力系数，近似计算中间单位宽板带核心筒一侧的附加弯矩较均布反力增加 16.2%。根据图 3 所示桩箱基础实测反力内外比达 1：1.9，由此引起的整体弯矩增量比中信国际大厦天然地基的箱基更大。

5 变刚度调平概念设计

天然地基和均匀布桩的初始竖向支承刚度是均匀分布的，设置于其上的刚度有限的基础（承台）受均布荷载作用时，由于土与土、桩与桩、土与桩的相互作用导致地基或桩群的竖向支承刚度分布发生内弱外强变化，沉降变形出现内大外小的碟形分布，基底反力出现内小外大的马鞍形分布。

当上部结构为荷载与刚度内大外小的框架-核心筒结构时，碟形沉降会更趋明显[见图 4(a)]，上述工程实例证实了这一点。为避免上述负面效应，突破传统设计理念，通过调整地基或基桩的竖向支承刚度分布，促使差异沉降减到最小，基础或承台内力和上部结构次应力显著降低。这就是变刚度调平概念设计的内涵。

1) 局部增强变刚度

在天然地基满足承载力要求的情况下，可对荷载集度高的区域如核心筒等实施局部增强处理，包括采用局部桩基与局部刚性桩复合地基[见图 4(c)]。

2) 桩基变刚度

对于荷载分布较均匀的大型油罐等构筑物，宜按变桩距、变桩长布桩（图 5）以抵消因相互作用对中心区支承刚度的削弱效应。对于框架-核心筒和框架-剪力墙结构,应按荷载分布考虑相互作用,将桩相对集中布置于核心筒和柱下,对于外围框架区应适当弱化,按复合桩基设计,桩长宜减小(当有合适桩端持力层时),如图4(b)所示。

1/10现场模型试验。从图6看出,等桩长布桩($d=150mm$, $l=2m$)与变桩长($d=150mm$, $l=2m$、3m、4m)布桩相比,在总荷载$F=3250kN$下,其最大沉降由$s_{max}=6mm$减至$s_{max}=2.5mm$,最大沉降差由$\Delta s_{max} \leqslant 0.012L_0$($L_0$为二测点距离)减至$\Delta s_{max} \leqslant 0.0005L_0$。这说明按常规布桩,差异沉降难免超出规范要求,而按变刚度调平设计可大幅减小最大沉降和差异沉降。

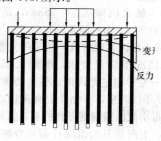

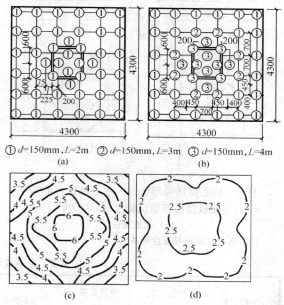

图6 等桩长与变桩长桩基模型试验($P=3250kN$)
(a) 等长度布桩试验C;(b) 变长度布桩试验D;
(c) 等长度布桩沉降等值线;(d) 变长度布桩沉降等值线

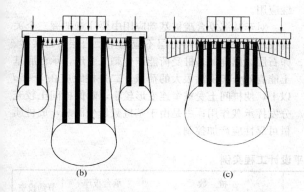

图4 框架-核心筒结构均匀布桩与变刚度布桩
(a) 均匀布桩;(b) 桩基-复合桩基;
(c) 局部刚性桩复合地基或桩基

3)主裙连体变刚度

对于主裙连体建筑基础,应按增强主体(采用桩基)、弱化裙房(采用天然地基、疏短桩、复合地基、褥垫增沉等)的原则设计。

4)上部结构—基础—地基(桩土)共同工作分析

在概念设计的基础上,进行上部结构—基础—地基(桩土)共同作用分析计算,进一步优化布桩,并确定承台内力与配筋。

由表1桩顶反力测试结果看出,等桩长桩基桩顶反力呈内小外大马鞍形分布,变桩长桩基转变为内大外小碟形分布。后者可使承台整体弯矩、核心筒冲切力显著降低。

表1 桩顶反力比($F=3250kN$)

试验细目	内部桩	边桩	角桩
	Q_i/Q_{av}	Q_b/Q_{bv}	Q_c/Q_{av}
等长度布桩试验C	76%	140%	115%
变长度布桩试验D	105%	93%	92%

2)核心筒局部增强模型试验

图7为试验场地在粉质黏土地基上的20层框架结构1/10模型试验,无桩筏板与局部增强(刚性桩复合地基)试验比较。从图7(a)、(b)可看出,在相同荷载($F=3250kN$)下,后者最大沉降量$s_{max}=8mm$,外围沉降为7.8mm,差异沉降接近于零;而前者最大沉降量$s_{max}=20mm$,外围最大沉降量$s_{min}=10mm$,最大相对差异沉降$\Delta s_{max}/L_0=0.4$‰>容许值

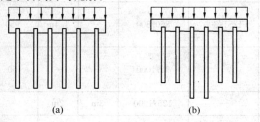

图5 均布荷载下变刚度布桩模式
(a) 变桩距;(b) 变桩长

6 试验验证

1)变桩长模型试验

在石家庄某现场进行了20层框架-核心筒结构

0.2%。可见，在天然地基承载力满足设计要求的情况下，采用对荷载集度高的核心区局部增强措施，其调平效果十分显著。

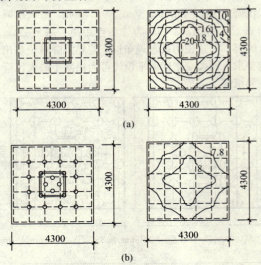

图7 核心筒区局部增强（刚性桩复合地基）
与无桩筏板模型试验（$P=3250kN$）
(a) 无桩筏板；
(b) 核心区刚性桩复合地基（$d=150mm, L=2m$）

7 工程应用

采用变刚度调平设计理论与方法结合后注浆技术对北京皂君庙电信楼、山东农行大厦、北京长青大厦、北京电视台、北京呼家楼等27项工程的桩基设计进行了优化，取得了良好的技术经济效益（部分工程见表2）。最大沉降 $s_{max}\leqslant 38mm$，最大差异沉降 $\Delta s_{max}\leqslant 0.0008L_0$，节约投资逾亿元。

3.1.9 软土地区多层建筑，若采用天然地基，其承载力许多情况下满足要求，但最大沉降往往超过20cm，差异变形超过允许值，引发墙体开裂者多见。20世纪90年代以来，首先在上海采用以减小沉降为目标的疏布小截面预制桩复合桩基，简称为减沉复合疏桩基础，上海称其为沉降控制复合桩基。近年来，这种减沉复合疏桩基础在温州、天津、济南等地也相继应用。

对于减沉复合疏桩基础应用中要注意把握三个关键技术，一是桩端持力层不应是坚硬岩层、密实砂、卵石层，以确保基桩受荷能产生刺入变形，承台底基土能有效分担份额很大的荷载；二是桩距应在5~6d以上，使桩间土受桩牵连变形较小，确保桩间土较充分发挥承载作用；三是由于基桩数量少而疏，成桩质量可靠性应严加控制。

表2 变刚度调平设计工程实例

工程名称	层数（层）/高度（m）	建筑面积（m²）	结构形式	桩 数		承台板厚		节约投资（万元）
				原设计	优化	原设计	优化	
农行山东省分行大厦	44/170	80000	框架-核心筒，主裙连体	377φ1000	146φ1000	—		300
北京皂君庙电信大厦	18/150	66308	框架-剪力墙，主裙连体	373φ800 391φ1000	302φ800			400
北京盛富大厦	26/100	60000	框架-核心筒，主裙连体	365φ1000	120φ1000			150
北京机械工业经营大厦	27/99.8	41700	框架-核心筒，主裙连体	桩基	复合地基			60
北京长青大厦	26/99.6	240000	框架-核心筒，主裙连体	1251φ800	860φ800	—	1.4m	959
北京紫云大厦	32/113	68000	框架-核心筒，主裙连体		92φ1000			50
BTV综合业务楼	41/255	—	框架-核心筒		126φ1000	3m	2m	
BTV演播楼	11/48	183000	框架-剪力墙		470φ800			1100
BTV生活楼	11/52		框架-剪力墙		504φ600			
万豪国际大酒店	33/128		框架-核心筒，主裙连体		162φ800			

续表2

工程名称	层数（层）/高度（m）	建筑面积（m²）	结构形式	桩 数		承台板厚		节约投资（万元）
				原设计	优化	原设计	优化	
北京嘉美风尚中心公寓式酒店	28/99.8	180000	框架-剪力墙，主群连体	233φ800，$l=38m$	φ800，64根 $l=38m$ 152根 $l=18m$	1.5m	1.5m	150
北京嘉美风尚中心办公楼	24/99.8		框架-剪力墙，主群连体	194φ800，$l=38m$	φ800，65根 $l=38m$ 117根 $l=18m$	1.5m	1.5m	200
北京财源国际中心西塔	36/156.5	220000	框架-核心筒	φ800桩，扩底后注浆	280φ1000	3.0m	2.2m	200
北京悠乐汇B区酒店、商业及写字楼（共3栋塔楼）	28/99.15	220000	框架-核心筒，主群连体	—	558φ800	核心下3.0m外围柱下2.2m	1.6m	685

3.1.10 对于按规范第3.1.4条进行沉降计算的建筑桩基，在施工过程及建成后使用期间，必须进行系统的沉降观测直至稳定。系统的沉降观测，包含四个要点：一是桩基完工之后即应在柱、墙脚部位设置测点，以测量地基的回弹再压缩量。待地下室建造出地面后，将测点移至地面柱、墙脚部成为长期测点，并加设保护措施；二是对于框架-核心筒、框架-剪力墙结构，应于内部柱、墙和外围柱、墙上设置测点，以获取建筑物内、外部的沉降和差异沉降值；三是沉降观测应委托专业单位负责进行，施工单位自测自检平行作业，以资校对；四是沉降观测应事先制定观测间隔时间和全程计划，观测数据和所绘曲线应作为工程验收内容，移交建设单位存档，并按相关规范观测直至稳定。

3.2 基本资料

3.2.1、3.2.2 为满足桩基设计所需的基本资料，除建筑场地工程地质、水文地质资料外，对于场地的环境条件、新建工程的平面布置、结构类型、荷载分布、使用功能上的特殊要求、结构安全等级、抗震设防烈度、场地类别、桩的施工条件、类似地质条件的试桩资料等，都是桩基设计所需的基本资料。根据工程与场地条件，结合桩基工程特点，对勘探点间距、勘探深度、原位试验这三方面制定合理完整的勘探方案，以满足桩型、桩端持力层、单桩承载力、布桩等概念设计阶段和施工图设计阶段的资料要求。

3.3 桩的选型与布置

3.3.1、3.3.2 本条说明桩的分类与选型的相关内容。

1 应正确理解桩的分类内涵

 1）按承载力发挥性状分类

承载性状的两个大类和四个亚类是根据其在极限承载力状态下，总侧阻力和总端阻力所占份额而定。承载性状的变化不仅与桩端持力层性质有关，还与桩的长径比、桩周土层性质、成桩工艺等有关。对于设计而言，应依据基桩竖向承载性状合理配筋、计算负摩阻力引起的下拉荷载、确定沉降计算图式、制定灌注桩沉渣控制标准和预制桩锤击和静压终止标准等。

 2）按成桩方法分类

按成桩挤土效应分类，经大量工程实践证明是必要的，也是借鉴国外相关标准的规定。成桩过程中有无挤土效应，涉及设计选型、布桩和成桩过程质量控制。

成桩过程的挤土效应在饱和黏性土中是负面的，会引发灌注桩断桩、缩颈等质量事故，对于挤土预制混凝土桩和钢桩会导致桩体上浮，降低承载力，增大沉降；挤土效应还会造成周边房屋、市政设施受损；在松散土和非饱和填土中则是正面的，会起到加密、提高承载力的作用。

对于非挤土桩，由于其既不存在挤土负面效应，又具有穿越各种硬夹层、嵌岩和进入各类硬持力层的能力，桩的几何尺寸和单桩的承载力可调空间大。因此钻、挖孔灌注桩使用范围大，尤以高重建筑物更为合适。

 3）按桩径大小分类

桩径大小影响桩的承载力性状，大直径钻（挖、冲）孔桩成孔过程中，孔壁的松弛变形导致侧阻力降低的效应随桩径增大而增大，桩端阻力则随直径增大而减小。这种尺寸效应与土的性质有关，黏性土、粉土与砂土、碎石类土相比，尺寸效应相对较弱。另外侧阻和端阻的尺寸效应与桩身直径 d、桩底直径 D 呈双曲线函数关系，尺寸效应系数：$\psi_{si} = (0.8/d)^m$；$\psi_p = (0.8/D)^n$。

2 应避免基桩选型常见误区

1）凡嵌岩桩必为端承桩

将嵌岩桩一律视为端承桩会导致将桩端嵌岩深度不必要地加大，施工周期延长，造价增加。

2）挤土灌注桩也可应用于高层建筑

沉管挤土灌注桩无需排土排浆，造价低。20 世纪 80 年代曾风行于南方各省，由于设计施工对于这类桩的挤土效应认识不足，造成的事故极多，因而 21 世纪以来趋于淘汰。然而，重温这类桩使用不当的教训仍属必要。某 28 层建筑，框架-剪力墙结构；场地地层自上而下为饱和粉质黏土、粉土、黏土；采用 $\phi 500$、$l = 22m$、沉管灌注桩，梁板式筏形承台，桩距 $3.6d$，均匀满堂布桩；成桩过程出现明显地面隆起和桩上浮；建至 12 层底板即开裂，建成后梁板式筏形承台的主次梁及部分与核心筒相连的框架梁开裂。最后采取加固措施，将梁板式筏形承台主次梁两侧加焊钢板，梁与梁之间充填混凝土变为平板式筏形承台。

鉴于沉管灌注桩应用不当的普遍性及其严重后果，本次规范修订中，严格控制沉管灌注桩的应用范围，在软土地区仅限于多层住宅单排桩条基使用。

3）预制桩的质量稳定性高于灌注桩

近年来，由于沉管灌注桩事故频发，PHC 和 PC 管桩迅猛发展，取代沉管灌注桩。毋庸置疑，预应力管桩不存在缩颈、夹泥等质量问题，其质量稳定性优于沉管灌注桩，但是与钻、挖、冲孔灌注桩比较则不然。首先，沉桩过程的挤土效应常常导致断桩（接头处）、桩端上浮、增大沉降，以及对周边建筑物和市政设施造成破坏等；其次，预制桩不能穿透硬夹层，往往使得桩长过短，持力层不理想，导致沉降过大；其三，预制桩的桩径、桩长、单桩承载力可调范围小，不能或难于按变刚度调平原则优化设计。因此，预制桩的使用要因地、因工程对象制宜。

4）人工挖孔桩质量稳定可靠

人工挖孔桩在低水位非饱和土中成孔，可进行彻底清孔，直观检查持力层，因此质量稳定性较高。但是，设计者对于高水位条件下采用人工挖孔桩的潜在隐患认识不足。有的边挖孔边抽水，以至将桩侧细颗粒淘走，引起地面下沉，甚至导致护壁整体滑脱，造成人身事故；还有的将相邻桩新灌注混凝土的水泥颗粒带走，造成离析；在流动性淤泥中实施强制性挖孔，引起大量淤泥发生侧向流动，导致土体滑移将桩体推歪、推断。

5）凡扩底可提高承载力

扩底桩用于持力层较好、桩较短的端承型灌注桩，可取得较好的技术经济效益。但是，若将扩底不适当应用，则可能走进误区。如：在饱和单轴抗压强度高于桩身混凝土强度的基岩中扩底，是不必要的；在桩侧土层较好、桩长较大的情况下扩底，一则损失扩底端以上部分侧阻力，二则增加扩底费用，可能得失相当或失大于得；将扩底端放置于有软弱下卧层的薄硬土层上，既无增强效应，还可能留下安全隐患。

近年来，全国各地研发的新桩型，有的已取得一定的工程应用经验，编制了推荐性专业标准或企业标准，各有其适用条件。由于选用不当，造成事故者也不少见。

3.3.3 基桩的布置是桩基概念设计的主要内涵，是合理设计、优化设计的主要环节。

1 基桩的最小中心距。基桩最小中心距规定基于两个因素确定。第一，有效发挥桩的承载力，群桩试验表明对于非挤土桩，桩距 $3 \sim 4d$ 时，侧阻和端阻的群桩效应系数接近或略大于 1；砂土、粉土略高于黏性土。考虑承台效应的群桩效率则均大于 1。但桩基的变形因群桩效应而增大，亦即桩基的竖向支承刚度因桩土相互作用而降低。

基桩最小中心距所考虑的第二个因素是成桩工艺。对于非挤土桩而言，无需考虑挤土效应问题；对于挤土桩，为减小挤土负面效应，在饱和黏性土和密实土层条件下，桩距应适当加大。因此最小桩距的规定，考虑了非挤土、部分挤土和挤土效应，同时考虑桩的排列与数量等因素。

2 考虑力系的最优平衡状态。桩群承载力合力点宜与竖向永久荷载合力作用点重合，以减小荷载偏心的负面效应。当桩基受水平力时，应使基桩受水平力和力矩较大方向有较大的抗弯截面模量，以增强桩基的水平承载力，减小桩基的倾斜变形。

3 桩箱、桩筏基础的布桩原则。为改善承台的受力状态，特别是降低承台的整体弯矩、冲切力和剪切力，宜将桩布置于墙下和梁下，并适当弱化外围。

4 框架-核心筒结构的优化布桩。为减小差异变形、优化反力分布、降低承台内力，应按变刚度调平原则布桩。也就是根据荷载分布，作到局部平衡，并考虑相互作用对于桩土刚度的影响，强化内部核心筒和剪力墙区，弱化外围框架区。调整基桩支承刚度的具体作法是：对于刚度强化区，采取加大桩长（有多层持力层）、或加大桩径（端承型桩）、减小桩距（满足最小桩距）；对于刚度相对弱化区，除调整桩的几何尺寸外，宜按复合桩基设计。由此改变传统设计带来的碟形沉降和马鞍形反力分布，降低冲切力、剪切力和弯矩，优化承台设计。

5 关于桩端持力层选择和进入持力层的深度要求。桩端持力层是影响基桩承载力的关键性因素，不仅制约桩端阻力而且影响侧阻力的发挥，因此选择较硬土层为桩端持力层至关重要；其次，应确保桩端进入持力层的深度，有效发挥其承载力。进入持力层的深度除考虑承载性状外尚应同成桩工艺可行性相结合。本款是综合以上二因素结合工程经验确定的。

6 关于嵌岩桩的嵌岩深度原则上应按计算确定，计算中综合反映荷载、上覆土层、基岩性质、桩径、桩长诸因素，但对于嵌入倾斜的完整和较完整岩的深度不宜小于 $0.4d$（以岩面坡下方深度计），对于倾斜度大于30%的中风化岩，宜根据倾斜度及岩石完整程度适当加大嵌岩深度，以确保基桩的稳定性。

3.4 特殊条件下的桩基

3.4.1 本条说明关于软土地基桩基的设计原则。

1 软土地基特别是沿海深厚软土区，一般坚硬地层埋置很深，但选择较好的中、低压缩性土层作为桩端持力层仍有可能，且十分重要。

2 软土地区桩基因负摩阻力而受损的事故不少，原因各异。一是有些地区覆盖有新近沉积的欠固结土层；二是采取开山或吹填围海造地；三是使用过程地面大面积堆载；四是邻近场地降低地下水；五是大面积挤土沉桩引起超孔隙水压和土体上涌等等。负摩阻力的发生和危害是可以预防、消减的。问题是设计和施工者的事先预测和采取应对措施。

3 挤土沉桩在软土地区造成的事故不少，一是预制桩接头被拉断、桩体侧移和上涌，沉管灌注桩发生断桩、缩颈；二是邻近建筑物、道路和管线受到破坏。设计时要因地制宜选择桩型和工艺，尽量避免采用沉管灌注桩。对于预制桩和钢桩的沉桩，应采取减小孔压和减轻挤土效应的措施，包括施打塑料排水板、应力释放孔、引孔沉桩、控制沉桩速率等。

4 关于基坑开挖对已成桩的影响问题。在软土地区，考虑到基桩施工有利的作业条件，往往采取先成桩后开挖基坑的施工程序。由于基坑开挖得不均衡，形成"坑中坑"，导致土体蠕变滑移将基桩推歪推断，有的水平位移达1m多，造成严重的质量事故。这类事故自20世纪80年代以来，从南到北屡见不鲜。因此，软土场地在已成桩的条件下开挖基坑，必须严格实行均衡开挖，高差不应超过1m，不得在坑边弃土，以确保已成基桩不因土体滑移而发生水平位移和折断。

3.4.2 本条说明湿陷性黄土地区桩基的设计原则。

1 湿陷性黄土地区的桩基，由于土的自重湿陷对基桩产生负摩阻力，非自重湿陷性土由于浸水削弱桩侧阻力，承台底土抗力也随之消减，导致基桩承载力降低。为确保基桩承载力的安全可靠性，桩端持力层应选择低压缩性的黏性土、粉土、中密和密实土以及碎石类土层。

2 湿陷性黄土地基中的单桩极限承载力的不确定性较大，故设计等级为甲、乙级桩基工程的单桩极限承载力的确定，强调采用浸水载荷试验方法。

3 自重湿陷性黄土地基中的单桩极限承载力，应视浸水可能性、桩端持力层性质、建筑桩基设计等级等因素考虑负摩阻力的影响。

3.4.3 本条说明季节性冻土和膨胀土地基中的桩基的设计原则。

主要应考虑冻胀和膨胀对于基桩抗拔稳定性问题，避免冻胀或膨胀力作用下产生上拔变形，乃至因累积上拔变形而引起建筑物开裂。因此，对于荷载不大的多层建筑桩基设计应考虑以下诸因素：桩端进入冻深线或膨胀土的大气影响急剧层以下一定深度；宜采用无挤土效应的钻、挖孔桩；对桩基的抗拔稳定性和桩身受拉承载力进行验算；对承台和桩身上部采取隔冻、隔胀处理。

3.4.4 本条说明岩溶地区桩基的设计原则。

主要考虑岩溶地区的基岩表面起伏大，溶沟、溶槽、溶洞往往较发育，无风化岩层覆盖等特点，设计应把握三方面要点：一是基桩选型和工艺宜采用钻、冲孔灌注桩，以利于嵌岩；二是应控制嵌岩最小深度，以确保倾斜基岩上基桩的稳定；三是当基岩的溶蚀极为发育，溶沟、溶槽、溶洞密布，岩面起伏很大，而上覆土层厚度较大时，考虑到嵌岩桩桩长变异性过大，嵌岩施工难以实施，可采用较小桩径（$\phi500 \sim \phi700$）密布非嵌岩桩，并后注浆，形成整体性和刚度很大的块体基础。如宜春邮电大楼即是一例，楼高80m，框架-剪力墙结构，地质条件与上述情况类似，原设计为嵌岩桩，成桩过程出现个别桩充盈系数达20以上，后改为 $\phi700$ 灌注桩，利用上部20m左右较好的土层，实施桩端桩侧后注浆，筏板承台。建成后沉降均匀，最大不超过10mm。

3.4.5 本条说明坡地、岸边建筑桩基的设计原则。

坡地、岸边建筑桩基的设计，关键是确保其整体稳定性，一旦失稳既影响自身建筑物的安全也会波及相邻建筑的安全。整体稳定性涉及这样三个方面问题：一是建筑场地必须是稳定的，如果存在软弱土层或岩土界面等潜在滑移面，必须将桩支承于稳定岩土层以下足够深度，并验算桩基的整体稳定性和基桩的水平承载力；二是建筑桩基外缘与坡顶的水平距离必须符合有关规范规定；边坡自身必须是稳定的或经整治后确保其稳定性；三是成桩过程不得产生挤土效应。

3.4.6 本条说明抗震设防区桩基的设计原则。

桩基较其他基础形式具有较好的抗震性能，但设计中应把握这样三点：一是基桩进入液化土层以下稳定土层的长度不应小于本条规定的最小值；二是为确保承台和地下室外墙土抗力能分担水平地震作用，肥槽回填质量必须确保；三是当承台周围为软土和可液化土，且桩基水平承载力不满足要求时，可对外侧土体进行适当加固以提高水平抗力。

3.4.7 本条说明可能出现负摩阻力的桩基的设计原则。

1 对于填土建筑场地，宜先填土后成桩，为保证填土的密实性，应根据填料及下卧层性质，对低水位场地应分层填土分层辗压或分层强夯，压实系数不应小于0.94。为加速下卧层固结，宜采取插塑料排水板等措施。

2 室内大面积堆载常见于各类仓库、炼钢、轧钢车间，由堆载引起上部结构开裂乃至破坏的事故不少。要防止堆载对桩基产生负摩阻力，对堆载地基进行加固处理是措施之一，但造价往往偏高。对与堆载相邻的桩基采用刚性排桩进行隔离，对预制桩表面涂层处理等都是可供选用的措施。

3 对于自重湿陷性黄土，采用强夯、挤密土桩等处理，消除土层的湿陷性，属于防止负摩阻力的有效措施。

3.4.8 本条说明关于抗拔桩基的设计原则。

建筑桩基的抗拔问题主要出现于两种情况，一种是建筑物在风荷载、地震作用下的局部非永久上拔力；另一种是抵抗超补偿地下室地下水浮力的抗浮桩。对于前者，抗拔力与建筑物高度、风压强度、抗震设防等级等因素相关。当建筑物设有地下室时，由于风荷载、地震引起的桩顶拔力显著减小，一般不起控制作用。

随着近年地下空间的开发利用，抗浮成为较普遍的问题。抗浮有多种方式，包括地下室底板上配重（如素混凝土或钢渣混凝土）、设置抗浮桩。后者具有较好的灵活性、适用性和经济性。对于抗浮桩基的设计，首要问题是根据场地勘察报告关于环境类别、水、土腐蚀性，参照现行《混凝土结构设计规范》GB 50010确定桩身的裂缝控制等级，对于不同裂缝控制等级采取相应设计原则。对于抗浮荷载较大的情况宜采用桩侧后注浆、扩底灌注桩，当裂缝控制等级较高时，可采用预应力桩；以岩层为主的地基宜采用岩石锚杆抗浮。其次，对于抗浮桩承载力应按本规范进行单桩和群桩抗拔承载力计算。

3.5 耐久性规定

3.5.2 二、三类环境桩基结构耐久性设计，对于混凝土的基本要求应根据现行《混凝土结构设计规范》GB 50010规定执行，最大水灰比、最小水泥用量、混凝土最低强度等级、混凝土的最大氯离子含量、最大碱含量应符合相应的规定。

3.5.3 关于二、三类环境桩基结构的裂缝控制等级的判别，应按现行《混凝土结构设计规范》GB 50010规定的环境类别和水、土对混凝土结构的腐蚀性等级制定，对桩基结构正截面尤其是对抗拔桩的抗裂和裂缝宽度控制进行设计计算。

4 桩基构造

4.1 基桩构造

4.1.1 本条说明关于灌注桩的配筋率、配筋长度和箍筋的配置的相关内容。

灌注桩的配筋与预制桩不同之处是无需考虑吊装、锤击沉桩等因素。正截面最小配筋率宜根据桩径确定，如$\phi300mm$桩，配$6\phi10mm$，$A_g=471mm^2$，$\mu_g=A_g/A_{ps}=0.67\%$；又如$\phi2000mm$桩，配$16\phi22mm$，$A_g=6280mm^2$，$\mu_g=A_g/A_{ps}=0.2\%$。另外，从承受水平力的角度考虑，桩受弯截面模量为桩径的3次方，配筋对水平抗力的贡献随桩径增大显著增大。从以上两方面考虑，规定正截面最小配筋率为0.2%～0.65%，大桩径取低值，小桩径取高值。

关于配筋长度，主要考虑轴向荷载的传递特征及荷载性质。对于端承桩应通长等截面配筋，摩擦型桩宜分段变截面配筋；当桩较长也可部分长度配筋，但不宜小于2/3桩长。当受水平力时，尚不应小于反弯点下限$4.0/\alpha$；当有可液化层、软弱土层时，纵向主筋应穿越这些土层进入稳定土层一定深度。对于抗拔桩应根据桩长、裂缝控制等级、桩侧土性等因素通长等截面或变截面配筋。对于受水平荷载桩，其极限承载力受配筋率影响大，主筋不应小于$8\phi12$，以保证受拉区主筋不小于$3\phi12$。对于抗压桩和抗拔桩，为保证桩身钢筋笼的成型刚度以及桩身承载力的可靠性，主筋不应小于$6\phi10$；$d \leq 400mm$时，不应小于$4\phi10$。

关于箍筋的配置，主要考虑三方面因素。一是箍筋的受剪作用，对于地震设防地区，基桩桩顶要承受较大剪力和弯矩，在风载等水平力作用下也同样如此，故规定桩顶$5d$范围箍筋应适当加密，一般间距为100mm；二是箍筋在轴压荷载下对混凝土起到约束加强作用，可大幅提高桩身受压承载力，而桩顶部分荷载最大，故桩顶部位箍筋应适当加密；三是为控制钢筋笼的刚度，根据桩身直径不同，箍筋直径一般为$\phi6\sim\phi12$，加劲箍为$\phi12\sim\phi18$。

4.1.2 桩身混凝土的最低强度等级由原规定C20提高到C25，这主要是根据《混凝土结构设计规范》GB 50010规定，设计使用年限为50年，环境类别为二a时，最低强度等级为C25；环境类别为二b时，最低强度等级为C30。

4.1.13 根据广东省采用预应力管桩的经验，当桩端持力层为非饱和状态的强风化岩时，闭口桩沉桩后一定时间由于桩端构造缝隙浸水导致风化岩软化，端阻力有显著降低现象。经研究，沉桩后立刻灌入微膨胀性混凝土至桩端以上约2m，能起到防止渗水软化现象发生。

4.2 承台构造

4.2.1 承台除满足抗冲切、抗剪切、抗弯承载力和上部结构的需要外，尚需满足如下构造要求才能保证实现上述要求。

1 承台最小宽度不应小于500mm，桩中心至承台边缘的距离不宜小于桩直径或边长，边缘挑出部分不应小于150mm，主要是为满足嵌固及斜截面承载力（抗冲切、抗剪切）的要求。对于墙下条形承台梁，其边缘挑出部分可减少至75mm，主要是考虑到墙体与承台梁共同工作可增强承台梁的整体刚度，受力情况良好。

2 承台的最小厚度规定为不应小于300mm，高层建筑平板式筏形基础承台最小厚度不应小于400mm，是为满足承台基本刚度、桩与承台的连接等构造需要。

4.2.2 承台混凝土强度等级应满足结构混凝土耐久性要求，对设计使用年限为50年的承台，根据现行《混凝土结构设计规范》GB 50010的规定，当环境类别为二a类别时不应低于C25，二b类别时不应低于C30。有抗渗要求时，其混凝土的抗渗等级应符合有关标准的要求。

4.2.3 承台的钢筋配置除应满足计算要求外，尚需满足构造要求。

1 柱下独立桩基承台的受力钢筋应通长配置，主要是为保证桩基承台的受力性能良好，根据工程经验及承台受弯试验对矩形承台将受力钢筋双向均匀布置；对三桩的三角形承台应按三向板带均匀布置，为提高承台中部的抗裂性能，最里面的三根钢筋围成的三角形应在柱截面范围内。承台受力钢筋的直径不宜小于12mm，间距不宜大于200mm。主要是为满足施工及受力要求。独立桩基承台的最小配筋率不应小于0.15%。具体工程的实际最小配筋率宜考虑结构安全等级、基桩承载力等因素综合确定。

2 柱下独立两桩承台，当桩距与承台有效高度之比小于5时，其受力性能属深受弯构件范畴，因而宜按现行《混凝土结构设计规范》GB 50010中的深受弯构件配置纵向受拉钢筋、水平及竖向分布钢筋。

3 条形承台梁纵向主筋应满足现行《混凝土结构设计规范》GB 50010关于最小配筋率0.2%的要求以保证具有最小抗弯能力。关于主筋、架立筋、箍筋直径的要求是为满足施工及受力要求。

4 筏板承台在计算中仅考虑局部弯矩时，由于未考虑实际存在的整体弯距的影响，因此需要加强构造，故规定纵横两个方向的下层钢筋配筋率不宜小于0.15%；上层钢筋按计算钢筋全部连通。当筏板厚度大于2000mm时，在筏板中部设置直径不小于12mm、间距不大于300mm的双向钢筋网，是为减小大体积混凝土温度收缩的影响，并提高筏板的抗剪承载力。

5 承台底面钢筋的混凝土保护层厚度除应符合现行《混凝土结构设计规范》GB 50010的要求外，尚不应小于桩头嵌入承台的长度。

4.2.4 本条说明桩与承台的连接构造要求。

1 桩嵌入承台的长度规定是根据实际工程经验确定。如果桩嵌入承台深度过大，会降低承台的有效高度，使受力不利。

2 混凝土桩的桩顶纵向主筋锚入承台内的长度一般情况下为35倍直径，对于专用抗拔桩，桩顶纵向主筋的锚固长度应按现行《混凝土结构设计规范》GB 50010的受拉钢筋锚固长度确定。

3 对于大直径灌注桩，当采用一柱一桩时，连接构造通常有两种方案：一是设置承台，将桩与柱通过承台相连接；二是将桩与柱直接相连。实际工程根据具体情况选择。

关于桩与承台连接的防水构造问题：

当前工程实践中，桩与承台连接的防水构造形式繁多，有的用防水卷材将整个桩头包裹起来，致使桩与承台无连接，仅将承台支承于桩顶；有的虽设有防水措施，但在钢筋与混凝土或底板与桩之间形成渗水通道，影响桩及底板的耐久性。本规范建议的防水构造如图8。

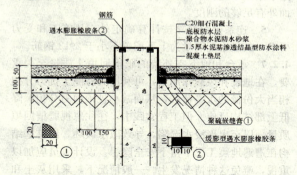

图8 桩与承台连接的防水构造

具体操作时要注意以下几点：

1) 桩头要剔凿至设计标高，并用聚合物水泥防水砂浆找平；桩侧剔凿至混凝土密实处；

2) 破桩后如发现渗漏水，应采取相应堵漏措施；

3) 清除基层上的混凝土、粉尘等，用清水冲洗干净；基面要求潮湿，但不得有明水；

4) 沿桩头根部及桩头钢筋根部分别剔凿20mm×25mm及10mm×10mm的凹槽；

5) 涂刷水泥基渗透结晶型防水涂料必须连续、均匀，待第二层涂料呈半干状态后开始喷水养护，养护时间不小于三天；

6) 待膨胀型止水条紧密、连续、牢固地填塞于凹槽后，方可施工聚合物水泥防水砂浆层；
    7) 聚硫嵌缝膏嵌填时，应保护好垫层防水层，并与之搭接严密；
    8) 垫层防水层及聚硫嵌缝膏施工完成后，应及时做细石混凝土保护层。

4.2.6 本条说明承台与承台之间的连接构造要求。

    1 一柱一桩时，应在桩顶两个相互垂直方向上设置连系梁，以保证桩基的整体刚度。当桩与柱的截面直径之比大于2时，在水平力作用下，承台水平变位较小，可以认为满足结构内力分析时柱底为固端的假定。

    2 两桩桩基承台短向抗弯刚度较小，因此应设置承台连系梁。

    3 有抗震设防要求的柱下桩基承台，由于地震作用下，建筑物的各桩基承台所受的地震剪力和弯矩是不确定的，因此在纵横两方向设置连系梁，有利于桩基的受力性能。

    4 连系梁顶面与承台顶面位于同一标高，有利于直接将柱底剪力、弯矩传递至承台。

    连系梁的截面尺寸及配筋一般按下述方法确定：以柱剪力作用于梁端，按轴心受压构件确定其截面尺寸，配筋则取与轴心受压相同的轴力（绝对值），按轴心受拉构件确定。在抗震设防区也可取柱轴力的1/10为梁端拉压力的粗略方法确定截面尺寸及配筋。连系梁最小宽度和高度尺寸的规定，是为了确保其平面外有足够的刚度。

    5 连系梁配筋除按计算确定外，从施工和受力要求，其最小配筋量为上下配置不小于2φ12钢筋。

4.2.7 承台和地下室外墙的肥槽回填土质量至关重要。在地震和风载作用下，可利用其外侧土抗力分担相当大份额的水平荷载，从而减小桩顶剪力分担，降低上部结构反应。但工程实践中，往往忽视肥槽回填质量，以至出现浸水湿陷，导致散水破坏，给桩基结构在遭遇地震工况下留下安全隐患。设计人员应加以重视，避免这种情况发生。一般情况下，采用灰土和压实性较好的素土分层夯实；当施工中分层夯实有困难时，可采用素混凝土回填。

5 桩基计算

5.1 桩顶作用效应计算

5.1.1 关于桩顶竖向力和水平力的计算，应是在上部结构分析将荷载凝聚于柱、墙底部的基础上进行。这样，对于柱下独立桩基，按承台为刚性板和反力呈线性分布的假定，得到计算各基桩或复合基桩的桩顶竖向力和水平力公式(5.1.1-1)～(5.1.1-3)。对于桩筏、桩箱基础，则按各柱、剪力墙、核心筒底部荷载分别按上述公式进行桩顶竖向力和水平力的计算。

5.1.3 属于本条所列的第一种情况，为了考虑其在高烈度地震作用或风载作用下桩基承台和地下室侧墙的侧向土抗力，合理的计算基桩的水平承载力和位移，宜按附录C进行承台——桩——土协同作用分析。属于本条所列的第二种情况，高承台桩基（使用要求架空的大型储罐、上部土层液化、湿陷）和低承台桩基，在较大水平力作用下，为使基桩桩顶竖向力、剪力、弯矩分配符合实际，也需按附录C进行计算，尤其是当桩径、桩长不等时更为必要。

5.2 桩基竖向承载力计算

5.2.1、5.2.2 关于桩基竖向承载力计算，本规范采用以综合安全系数 $K=2$ 取代原规范的荷载分项系数 γ_G、γ_Q 和抗力分项系数 γ_s、γ_p，以单桩竖向极限承载力标准值 Q_{uk} 或极限侧阻力标准值 q_{sik}、极限端阻力标准值 q_{pk}、桩的几何参数 a_k 为参数确定抗力，以荷载效应标准组合 S_k 为作用力的设计表达式：

$$S_k \leqslant R(Q_{uk}, K)$$

$$\text{或 } S_k \leqslant R(q_{sik}, q_{pk}, a_k, K)$$

采用上述承载力极限状态设计表达式，桩基安全度水准与《建筑桩基技术规范》JGJ 94—94相比，有所提高。这是由于（1）建筑结构荷载规范的均布活载标准值较前提高了1/4（办公楼、住宅），荷载组合系数提高了17%；由此使以土的支承阻力制约的桩基承载力安全度有所提高；（2）基本组合的荷载分项系数由1.25提高至1.35（以永久荷载控制的情况）；（3）钢筋和混凝土强度设计值略有降低。以上（2）、（3）因素使桩基结构承载力安全度有所提高。

5.2.4 对于本条规定的考虑承台竖向土抗力的四种情况：一是上部结构刚度较大、体形简单的建（构）筑物，由于其可适应较大的变形，承台分担荷载份额往往也较大；二是对于差异变形适应性较强的排架结构和柔性构筑物桩基，采用考虑承台效应的复合桩基不致降低安全度；三是按变刚度调平原则设计的核心筒外围框架柱桩基，适当增加沉降、降低基桩支承刚度，可达到减小差异沉降、降低承台外围基桩反力、减小承台整体弯距的目标；四是软土地区减沉复合疏桩基础，考虑承台效应按复合桩基设计是该方法的核心。以上四种情况，在近年工程实践中的应用已取得成功经验。

5.2.5 本条说明关于承台效应及复合桩基承载力计算的相关内容。

    1 承台效应系数

    摩擦型群桩在竖向荷载作用下，由于桩土相对位移，桩间土对承台产生一定竖向抗力，成为桩基竖向承载力的一部分而分担荷载，称此效应为承台效应。承台底地基土承载力特征值发挥率为承台效应系数。承台效应和承台效应系数随下列因素影响而变化。

    1) 桩距大小。桩顶受荷载下沉时，桩周土受桩侧剪应力作用而产生竖向位移 w_r。

$$w_r = \frac{1+\mu_s}{E_0} q_s d \ln \frac{nd}{r}$$

由上式看出，桩周土竖向位移随桩侧剪应力 q_s 和桩径 d 增大而线性增加，随与桩中心距离 r 增大，呈自然对数关系减小，当距离 r 达到 nd 时，位移为零；而 nd 根据实测结果约为 $(6\sim10)d$，随土的变形模量减小而减小。显然，土竖向位移愈小，土反力愈大，对于群桩，桩距愈大，土反力愈大。

2) 承台土抗力随承台宽度与桩长之比 B_c/l 减小而减小。现场原型试验表明，当承台宽度与桩长之比较大时，承台土反力形成的压力泡包围整个桩群，由此导致桩侧阻力、端阻力发挥值降低，承台底土抗力随之加大。由图 9 看出，在相同桩数、桩距条件下，承台分担荷载比随 B_c/l 增大而增大。

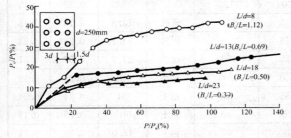

图 9 粉土中承台分担荷载比 P_c/P 随承台宽度与桩长比 B_c/L 的变化

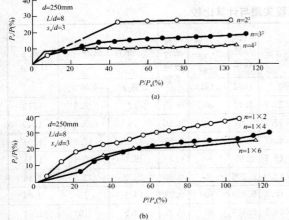

图 10 粉土中多排群桩和单排群桩承台分担荷载比
(a) 多排桩；(b) 单排桩

3) 承台土抗力随区位和桩的排列而变化。承台内区（桩群包络线以内）由于桩土相互影响明显，土的竖向位移加大，导致内区土反力明显小于外区（承台悬挑部分），即呈马鞍形分布。从图 10 (a) 还可看出，桩数由 2^2 增至 3^2、4^2，承台分担荷载比 P_c/P 递减，这也反映出承台内、外区面积比随桩数增多而增大导致承台土抗力随之降低。对于单排桩条基，由于承台外区面积大，故其土抗力显著大于多排桩桩基。图 10 所示多排和单排桩基承台分担荷载比明显不同证实了这一点。

4) 承台土抗力随荷载的变化。由图 9、图 10 看出，桩基受荷后承台底产生一定土抗力，随荷载增加土抗力及其荷载分担比的变化分二种模式。一种模式是，到达工作荷载（$P_u/2$）时，荷载分担比 P_c/P 趋于稳值，也就是说土抗力和荷载增速是同步的；这种变化模式出现于 $B_c/l \leqslant 1$ 和多排桩。对于 $B_c/l > 1$ 和单排桩桩基属于第二种变化模式，P_c/P 在荷载达到 $P_u/2$ 后仍随荷载水平增大而持续增长；这说明这两种类型桩基承台土抗力的增速持续大于荷载增速。

5) 承台效应系数模型试验实测、工程实测与计算比较（见表 3、表 4）。

2 复合基桩承载力特征值

根据粉土、粉质黏土、软土地基群桩试验取得的承台土抗力的变化特征（见表 3），结合 15 项工程桩基承台土抗力实测结果（见表 4），给出承台效应系数 η_c。承台效应系数 η_c 按距径比 s_a/d 和承台宽度与桩长比 B_c/l 确定（见本规范表 5.2.5）。相应于单根桩的承台抗力特征值为 $\eta_c f_{ak} A_c$，由此得规范式 (5.2.5-1)、式 (5.2.5-2)。对于单排形桩基的 η_c，如前所述大于多排桩群桩，故单独给出其 η_c 值。但对于承台宽度小于 $1.5d$ 的条形基础，内区面积比大，故 η_c 按非条基取值。上述承台土抗力计算方法，较 JGJ 94—94 简化，不区分承台内外区面积比。按该法计算，对于柱下独立桩基计算值偏小，对于大桩群筏形承台差别不大。A_c 为计算基桩对应的承台底净面积。关于承台计算域 A、基桩对应的承台面积 A_c 和承台效应系数 η_c，具体规定如下：

1) 柱下独立桩基：A 为全承台面积。

2) 桩筏、桩箱基础：按柱、墙侧 1/2 跨距，悬臂边取 2.5 倍板厚处确定计算域，桩距、桩径、桩长不同，采用上式分区计算，或取平均 s_a、B_c/l 计算 η_c。

3) 桩集中布置于墙下的剪力墙高层建筑桩筏基础：计算域自墙两边外扩各 1/2 跨距，对于悬臂板自墙边外扩 2.5 倍板厚，按条基计算 η_c。

4) 对于按变刚度调平原则布桩的核心筒外围平板式和梁板式筏形承台复合桩基：计算域为自柱侧 1/2 跨，悬臂板边取 2.5 倍板厚处围成。

表3 承台效应系数模型试验实测与计算比较

序号	土类	桩径 d(mm)	长径比 l/d	距径比 s_a/d	桩数 $r×m$	承台宽与桩长比 B_c/l	承台底土承载力特征值 f_{ak}(kPa)	桩端持力层	实测土抗力平均值 (kPa)	承台效应系数 实测 η_c	承台效应系数 计算 η_c
1	粉土	250	18	3	3×3	0.50	125	粉黏	32	0.26	0.16
2		250	8	3	3×3	1.125	125		40	0.32	0.18
3		250	13	3	3×3	0.692	125		35	0.28	0.16
4		250	23	3	3×3	0.391	125		30	0.24	0.14
5		250	18	4	3×3	0.611	125		34	0.27	0.22
6		250	18	6	3×3	0.833	125		60	0.48	0.44
7		250	18	3	1×4	0.167	125		40	0.32	0.30
8		250	18	3	2×4	0.333	125		32	0.26	0.14
9		250	18	3	3×4	0.507	125		30	0.24	0.15
10		250	18	3	4×4	0.667	125		29	0.23	0.16
11		250	18	3	2×2	0.333	125		40	0.32	0.14
12		250	18	3	1×6	0.167	125		32	0.26	0.14
13		250	18	3	3×3	0.500	125		28	0.22	0.15
14	粉黏	150	11	3	6×6	1.55	75	砾砂	13.3	0.18	0.18
15		150	11	3.75	5×5	1.55	75	砾砂	21.1	0.28	0.23
16		150	11	5	4×4	1.55	75	砾砂	27.7	0.37	0.37
17		114	17.5	3.5	3×9	0.50	200	粉黏	48	0.24	0.19
18	粉土	325	12.3	4	2×2	1.55	150	粉土	51	0.34	0.24
19	淤泥质黏土	100	45	3	4×4	0.267	40	黏土	11.2	0.28	0.13
20		100	45	4	4×4	0.333	40	黏土	12.0	0.30	0.21
21		100	45	6	4×4	0.467	40	黏土	14.4	0.36	0.38
22		100	45	6	3×3	0.333	40	黏土	16.4	0.41	0.36

表4 承台效应系数工程实测与计算比较

序号	建筑结构	桩径 d(mm)	桩长 l(m)	距径比 s_a/d	承台平面尺寸 (m²)	承台宽与桩长比 B_c/l	承台底土承载力特征值 f_{ak}(kPa)	计算承台效应系数	承台土抗力 计算 p_c	承台土抗力 实测 p'_c	实测 p'_c/计算 p_c
1	22层框架—剪力墙	550	22.0	3.29	42.7×24.7	1.12	80	0.15	12	13.4	1.12
2	25层框架—剪力墙	450	25.8	3.94	37.0×37.0	1.44	90	0.20	18	25.3	1.40
3	独立柱基	400	24.5	3.55	5.6×4.4	0.18	60	0.21	17.1	17.7	1.04
4	20层剪力墙	400	7.5	3.75	29.7×16.7	2.95	90	0.80	18.0	20.4	1.13
5	12层剪力墙	450	25.5	3.82	25.5×12.9	0.506	80	0.80	23.2	33.8	1.46
6	16层框架—剪力墙	500	26.0	3.14	44.2×12.3	0.456	80	0.23	16.1	15	0.93
7	32层剪力墙	500	54.6	4.31	27.5×24.5	0.453	80	0.27	18.9	19	1.01
8	26层框架—核心筒	609	53.0	4.26	38.7×36.4	0.687	80	0.33	26.4	29.4	1.11
9	7层砖混	400	13.5	4.6	439	0.163	79	0.18	13.7	14.4	1.05
10	7层砖混	400	13.5	4.6	335	0.111	79	0.18	14.2	18.5	1.30
11	7层框架	380	15.5	4.15	14.7×17.7	0.98	110	0.17	19.0	19.5	1.03
12	7层框架	380	15.5	4.3	10.5×39.6	0.73	110	0.16	18.0	24.5	1.36
13	7层框架	380	15.5	4.4	9.1×36.3	0.61	110	0.16	19.3	32.1	1.66
14	7层框架	380	15.5	4.3	10.5×39.6	0.73	110	0.16	19.1	19.4	1.02
15	某油田塔基	325	4.0	5.5	φ=6.9	1.4	120	0.50	60	66	1.10

不能考虑承台效应的特殊条件：可液化土、湿陷性土、高灵敏度软土、欠固结土、新填土、沉桩引起孔隙水压力和土体隆起等，这是由于这些条件下承台土抗力随时可能消失。

对于考虑地震作用时，按本规范式（5.2.5-2）计算复合基桩承载力特征值。由于地震作用下轴心竖向力作用下基桩承载力按本规范式（5.2.1-3）提高25%，故地基土抗力乘以 $\zeta_a/1.25$ 系数，其中 ζ_a 为地基抗震承载力调整系数；除以 1.25 是与本规范式（5.2.1-3）相适应的。

3 忽略侧阻和端阻的群桩效应的说明

影响桩基的竖向承载力的因素包含三个方面，一是基桩的承载力；二是桩土相互作用对于桩侧阻力和端阻力的影响，即侧阻和端阻的群桩效应；三是承台底土抗力分担荷载效应。对于第三部分，上面已就条文的规定作了说明。对于第二部分，在《建筑桩基技术规范》JGJ 94—94 中规定了侧阻的群桩效应系数 η_s，端阻的群桩效应系数 η_p。所给出的 η_s、η_p 源自不同土质中的群桩试验结果。其总的变化规律是：对于侧阻力，在黏性土中因群桩效应而削弱，即非挤土桩在常用桩距条件下 η_s 小于 1，在非密实的粉土、砂土中因群桩效应产生沉降硬化而增强，即 η_s 大于 1；对于端阻力，在黏性土和非黏性土中，均因相邻桩桩端土互逆的侧向变形而增强，即 $\eta_p > 1$。但侧阻、端阻的综合群桩效应系数 η_{sp} 对于非单一黏性土大于 1，单一黏性土当桩距为 $3 \sim 4d$ 时略小于 1。计入承台土抗力的综合群桩效应系数略大于 1，非黏性土群桩较黏性土更大一些。就实际工程而言，桩所穿越的土层往往是两种以上性质土层交互出现，且水平向变化不均，由此计算群桩效应确定承载力较为繁琐。另据美国、英国规范规定，当桩距 $s_a \geqslant 3d$ 时不考虑群桩效应。本规范第 3.3.3 条所规定的最小桩距除桩数少于 3 排和 9 根桩的非挤土端承桩群桩外，其余均不小于 $3d$。鉴于此，本规范关于侧阻和端阻的群桩效应不予考虑，即取 $\eta_s = \eta_p = 1.0$。这样处理，方便设计，多数情况下可留给工程更多安全储备。对单一黏性土中的小桩距低承台桩基，不应再另行计入承台效应。

关于群桩沉降变形的群桩效应，由于桩一桩、桩一土、土一桩、土一土的相互作用导致桩群的竖向刚度降低，压缩层加深，沉降增大，则是概念设计布桩应考虑的问题。

5.3 单桩竖向极限承载力

5.3.1 本条说明不同桩基设计等级对于单桩竖向极限承载力标准值确定方法的要求。

目前对单桩竖向极限承载力计算受土强度参数、成桩工艺、计算模式不确定性影响的可靠度分析仍处于探索阶段的情况下，单桩竖向极限承载力仍以原位原型试验为最可靠的确定方法，其次是利用地质条件相同的试桩资料和原位测试及端阻力、侧阻力与土的物理指标的经验关系参数确定。对于不同桩基设计等级应采用不同可靠性水准的单桩竖向极限承载力确定的方法。单桩竖向极限承载力的确定，要把握两点，一是以单桩静载试验为主要依据，二是要重视综合判定的思想。因为静载试验一则数量少，二则在很多情况下如地下室土方尚未开挖，设计前进行完全与实际条件相符的试验不可能。因此，在设计过程中，离不开综合判定。

本规范规定采用单桩极限承载力标准值作为桩基承载力设计计算的基本参数。试验单桩极限承载力标准值指通过不少于 2 根的单桩现场静载试验确定的，反映特定地质条件、桩型与工艺、几何尺寸的单桩极限承载力代表值。计算单桩极限承载力标准值指根据特定地质条件、桩型与工艺、几何尺寸、以极限侧阻力标准值和极限端阻力标准值的统计经验值计算的单桩极限承载力标准值。

5.3.2 本条主旨是说明单桩竖向极限承载力标准值及其参数包括侧阻力、端阻力以及嵌岩桩嵌岩段的侧阻力、端阻力如何根据具体情况通过试验直接测定，并建立承载力参数与土层物性指标、静探等原位测试指标的相关关系以及岩石侧阻、端阻与饱和单轴抗压强度等的相关关系。直径为 0.3m 的嵌岩短墩试验，其嵌岩深度根据岩层软硬程度确定。

5.3.5 根据土的物理指标与承载力参数之间的经验关系计算单桩竖向极限承载力，核心问题是经验参数的收集，统计分析，力求涵盖不同桩型、地区、土质，具有一定的可靠性和较大适用性。

原《建筑桩基技术规范》JGJ 94—94 收集的试桩资料经筛选得到完整资料 229 根，涵盖 11 个省市。本次修订又共收集试桩资料 416 根，其中预制桩资料 88 根，水下钻（冲）孔灌注桩资料 184 根，干作业钻孔灌注桩资料 144 根。前后合计总试桩数为 645 根。以原规范表列 q_{sik}、q_{pk} 为基础对新收集到的资料进行试算调整，其间还参考了上海、天津、浙江、福建、深圳等省市地方标准给出的经验值，最终得到本规范表 5.3.5-1、表 5.3.5-2 所列各桩型的 q_{sik}、q_{pk} 经验值。

对按各桩型建议的 q_{sik}、q_{pk} 经验值计算统计样本的极限承载力 Q_{uk}，各试桩的极限承载力实测值 Q'_u 与计算值 Q_{uk} 比较，$\eta = Q'_u / Q_{uk}$，将统计得到预制桩（317 根）、水下钻（冲）孔桩（184 根）、干作业钻孔桩（144 根）的 η 按 0.1 分位与其频数 N 之间的关系，Q'_u / Q_{uk} 平均值及均方差 S_n 分别表示于图 11～图 13。

5.3.6 本条说明关于大直径桩（$d \geqslant 800mm$）极限侧阻力和极限端阻力的尺寸效应。

1）大直径桩端阻力的尺寸效应。大直径桩静载试验 Q-S 曲线均呈缓变型，反映出

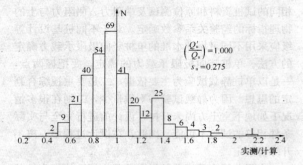

图 11 预制桩（317 根）极限
承载力实测/计算频数分布

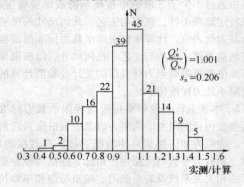

图 12 水下钻（冲）孔桩（184 根）
极限承载力实测/计算频数分布

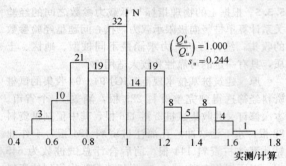

图 13 干作业钻孔桩（144 根）极限
承载力实测/计算频数分布

其端阻力以压剪变形为主导的渐进破坏。G. G. Meyerhof（1988）指出，砂土中大直径桩的极限端阻随桩径增大而呈双曲线减小。根据这一特性，将极限端阻的尺寸效应系数表示为：

$$\psi_p = \left(\frac{0.8}{D}\right)^n$$

式中 D——桩端直径；
　　n——经验指数，对于黏性土、粉土，$n=1/4$；对于砂土、碎石土，$n=1/3$。

图 14 为试验结果与上式计算端阻尺寸效应系数 ψ_p 的比较。

2）大直径桩侧阻尺寸效应系数

桩成孔后产生应力释放，孔壁出现松弛变形，导

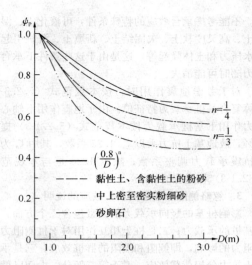

图 14 大直径桩端阻尺寸效应系数 ψ_p
与桩径 D 关系计算与试验比较

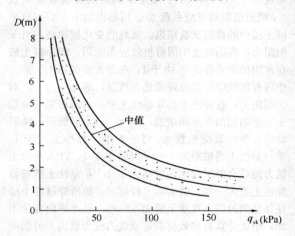

图 15 砂、砾土中极限侧阻力随桩径的变化

致侧阻力有所降低，侧阻力随桩径增大呈双曲线型减小（图 15 H. Brandl. 1988）。本规范建议采用如下表达式进行侧阻尺寸效应计算。

$$\psi_s = \left(\frac{0.8}{d}\right)^m$$

式中 d——桩身直径；
　　m——经验指数；黏性土、粉土 $m=1/5$；砂土、碎石 $m=1/3$。

5.3.7 本条说明关于钢管桩的单桩竖向极限承载力的相关内容。

1 闭口钢管桩

闭口钢管桩的承载变形机理与混凝土预制桩相同。钢管桩表面性质与混凝土桩表面虽有所不同，但大量试验表明，两者的极限侧阻力可视为相等，因为除坚硬黏性土外，侧阻剪切破坏面是发生于靠近桩表面的土体中，而不是发生于桩土介面。因此，闭口钢管桩承载力的计算可采用与混凝土预制桩相同的模式

2　敞口钢管桩的端阻力

敞口钢管桩的承载力机理与承载力随有关因素的变化比闭口钢管桩复杂。这是由于沉桩过程，桩端部分土将涌入管内形成"土塞"。土塞的高度及闭塞效果随土性、管径、壁厚、桩进入持力层的深度等诸多因素变化。而桩端土的闭塞程度又直接影响桩的承载力性状。称此为土塞效应。闭塞程度的不同导致端阻力以两种不同模式破坏。

一种是土塞沿管内向上挤出，或由于土塞压缩量大而导致桩端土大量涌入。这种状态称为非完全闭塞，这种非完全闭塞将导致端阻力降低。

另一种是如同闭口桩一样破坏，称其为完全闭塞。

土塞的闭塞程度主要随桩端进入持力层的相对深度 h_b/d（h_b 为桩端进入持力层的深度，d 为桩外径）而变化。

为简化计算，以桩端土塞效应系数 λ_p 表征闭塞程度对端阻力的影响。图16为 λ_p 与桩进入持力层相对深度 h_b/d 的关系，$\lambda_p=$静载试验总极限端阻$/30NA_p$。其中 $30NA_p$ 为闭口桩总极限端阻，N 为桩端土标贯击数，A_p 为桩端投影面积。从该图看出，当 $h_b/d \leqslant 5$ 时，λ_p 随 h_b/d 线性增大；当 $h_b/d > 5$ 时，λ_p 趋于常量。由此得到本规范式（5.3.7-2）、式（5.3.7-3）。

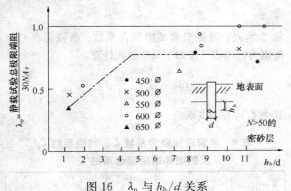

图16　λ_p 与 h_b/d 关系
（日本钢管桩协会，1986）

5.3.8　混凝土敞口空心桩单桩竖向极限承载力的计算。与实心混凝土预制桩相同的是，桩端阻力由于桩端敞口，类似于钢管桩也存在桩端的土塞效应；不同的是，混凝土空心桩壁厚度较钢管桩大得多，计算端阻力时，不能忽略空心桩壁端部提供的端阻力，故分为两部分：一部分为空心桩壁端部的端阻力，另一部分为敞口部分端阻力。对于后者类似于钢管桩的承载机理，考虑桩端土塞效应系数 λ_p，λ_p 随桩端进入持力层的相对深度 h_b/d_1 而变化（d_1 为空心桩内径），按本规范式(5.3.8-2)、式(5.3.8-3)计算确定。敞口部分端阻力为 $\lambda_p q_{pk} A_{p1}$（$A_{p1}=\frac{\pi}{4}d_1^2$，$d_1$ 为空心内径），管壁端部端阻力为 $q_{pk}A_j$（A_j 为桩端净面积，圆形管桩 $A_j=\frac{\pi}{4}(d^2-d_1^2)$，空心方桩 $A_j=b^2-\frac{\pi}{4}d_1^2$）。故敞口混凝土空心桩总极限端阻力 $Q_{pk}=q_{pk}(A_j+\lambda_p A_{p1})$。总极限侧阻力计算与闭口预应力混凝土空心桩相同。

5.3.9　嵌岩桩极限承载力由桩周土总阻力 Q_{sk}、嵌岩段总侧阻力 Q_{rk} 和总端阻力 Q_{pk} 三部分组成。

《建筑桩基技术规范》JGJ 94—94 是基于当时数量不多的小直径嵌岩桩试验确定嵌岩段侧阻力和端阻力系数，近十余年嵌岩桩工程和试验研究积累了更多资料，对其承载性状的认识进一步深化，这是本次修订的良好基础。

1　关于嵌岩段侧阻力发挥机理及侧阻力系数 $\zeta_s(q_{rs}/f_{rk})$

1）嵌岩段桩岩之间的剪切模式即其剪切面可分为三种，对于软质岩（$f_{rk} \leqslant 15$MPa），剪切面发生于岩体一侧；对于硬质岩（$f_{rk} > 30$MPa），发生于桩体一侧；对于泥浆护壁成桩，剪切面一般发生于桩岩介面，当清孔好，泥浆相对密度小，与上述规律一致。

2）嵌岩段桩的极限侧阻力大小与岩性、桩体材料和成桩清孔情况有关。表5～表8是部分不同岩性嵌岩段极限侧阻力 q_{rs} 和侧阻系数 ζ_s。

表5　Thorne（1997）的试验结果

q_{rs}（MPa）	0.5	2.0
f_{rk}（MPa）	5	50
$\zeta_s=q_{rs}/f_{rk}$	0.1	0.04

表6　Shin and chung（1994）和 Lam et al（1991）的试验结果

q_{rs}（MPa）	0.5	0.7	1.2	2.0
f_{rk}（MPa）	5	10	40	100
$\zeta_s=q_{rs}/f_{rk}$	0.1	0.07	0.03	0.02

表7　王国民论文所述试验结果

岩　类	砂砾岩	中粗砂岩	中细砂岩	黏土质粉砂岩	粉细砂岩
q_{rs}（MPa）	0.7～0.8	0.5～0.6	0.8	0.7	0.6
f_{rk}（MPa）	7.5	—	4.76	7.5	8.3
$\zeta_s=q_{rs}/f_{rk}$	0.1		0.168	0.09	0.072

表8　席宁中论文所述试验结果

模拟材料	M5 砂浆		C30 混凝土	
q_{rs}（MPa）	1.3	1.7	2.2	2.7
f_{rk}（MPa）	3.34		20.1	
$\zeta_s=q_{rs}/f_{rk}$	0.39	0.51	0.11	0.13

由表5～表8看出实测 ζ_s 较为离散，但总的规律是岩石强度愈高，ζ_s 愈低。作为规范经验值，取嵌岩段极限侧阻力峰值，硬质岩 $q_{s1}=0.1f_{rk}$，软质岩 $q_{s1}=0.12f_{rk}$。

3) 根据有限元分析，硬质岩（$E_r>E_p$）嵌岩段侧阻力分布呈单驼峰形分布，软质岩（$E_r<E_p$）嵌岩段呈双驼峰形分布。为计算侧阻系数 ζ_s 的平均值，将侧阻力分布概化为图17。各特征点侧阻力为：

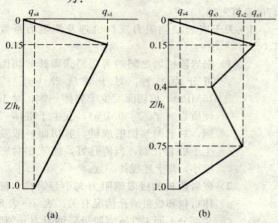

图17 嵌岩段侧阻力分布概化
(a) 硬质岩；(b) 软质岩

硬质岩 $q_{s1}=0.1f_r$，$q_{s4}=\dfrac{d}{4h_r}q_{s1}$

软质岩 $q_{s1}=0.12f_r$，$q_{s2}=0.8q_{s1}$，$q_{s3}=0.6q_{s1}$，$q_{s4}=\dfrac{d}{4h_r}q_{s1}$

分别计算出硬质岩 $h_r=0.5d$, $1d$, $2d$, $3d$, $4d$；软质岩 $h_r=0.5d$, $1d$, $2d$, $3d$, $4d$, $5d$, $6d$, $7d$, $8d$ 情况下的嵌岩段侧阻力系数 ζ_s，如表9所示。

2 嵌岩桩极限端阻力发挥机理及端阻力系数 ζ_p（$\zeta_p=q_{rp}/f_{rk}$）。

1) 嵌岩桩端阻性状

图18所示不同桩、岩刚度比（E_p/E_r）干作业条件下，桩端分担荷载比 F_b/F_t（F_b——总桩端阻力；F_t——岩面桩顶荷载）随嵌岩深径比 d_r/r_0（$2h_r/d$）的变化。从图中看出，桩端总阻力 F_b 随 E_p/E_r 增大而增大，随深径比 d_r/r_0 增大而减小。

2) 端阻系数 ζ_p

Thorne（1997）所给端阻系数 $\zeta_p=0.25\sim0.75$；吴其芳等通过孔底载荷板（$d=0.3m$）试验得到 $\zeta_p=1.38\sim4.50$，相应的岩石 $f_{rk}=1.2\sim5.2MPa$，载荷板在岩石中埋深 $0.5\sim4m$。总的说来，ζ_p 是随岩石饱和单轴抗压强度 f_{rk} 降低而增大，随嵌岩深度增加而减小，受清底情况影响较大。

基于以上端阻性状及有关试验资料，给出硬质岩

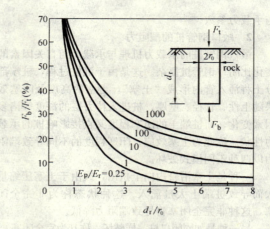

图18 嵌岩桩端阻分担荷载比随桩岩刚度比和嵌岩深径比的变化（引自 Pells and Turner，1979）

和软质岩的端阻系数 ζ_p 如表9所示。

3 嵌岩段总极限阻力简化计算

嵌岩段总极限阻力由总极限侧阻力和总极限端阻力组成：

$$Q_{rk}=Q_{rs}+Q_{rp}$$
$$=\zeta_s f_{rk}\pi dh_r+\zeta_p f_{rk}\frac{\pi}{4}d^2$$
$$=\left[\zeta_s\frac{4h_r}{d}+\zeta_{rp}\right]f_{rk}\frac{\pi}{4}d^2$$

令 $\zeta_s\dfrac{4h_r}{d}+\zeta_{rp}=\zeta_r$

称 ζ_r 为嵌岩段侧阻和端阻综合系数。故嵌岩段总极限阻力标准值可按如下简化公式计算：

$$Q_{rk}=\zeta_r f_{rk}\frac{\pi}{4}d^2$$

其中 ζ_r 可按表9确定。

表9 嵌岩段侧阻力系数 ζ_s、端阻系数 ζ_p 及侧阻和端阻综合系数 ζ_r

嵌岩深径比 h_r/d		0	0.5	1.0	2.0	3.0	4.0	5.0	6.0	7.0	8.0
极软岩软岩	ζ_s	0.0	0.052	0.056	0.056	0.054	0.051	0.048	0.045	0.042	0.040
	ζ_p	0.60	0.70	0.73	0.73	0.70	0.66	0.61	0.55	0.48	0.42
	ζ_r	0.60	0.80	0.95	1.18	1.35	1.48	1.57	1.63	1.66	1.70
较硬岩坚硬岩	ζ_s		0.050	0.052	0.050	0.045	0.040	—	—	—	—
	ζ_p		0.45	0.55	0.60	0.50	0.46	0.40	—	—	—
	ζ_r		0.45	0.65	0.81	0.90	1.00	1.04	—	—	—

5.3.10 后注浆灌注桩单桩极限承载力计算模式与普通灌注桩相同，区别在于侧阻力和端阻力乘以增强系数 β_{si} 和 β_p。β_{si} 和 β_p 系通过数十根不同土层中的后注浆灌注桩与未注浆灌注桩静载对比试验求得。浆液在

不同桩端和桩侧土层中的扩散与加固机理不尽相同，因此侧阻和端阻增强系数 β_{si} 和 β_p 不同，而且变幅很大。总的变化规律是：端阻的增幅高于侧阻，粗粒土的增幅高于细粒土。桩端、桩侧复式注浆高于桩端、桩侧单一注浆。这是由于端阻受沉渣影响敏感，经后注浆后沉渣得到加固且桩端有扩底效应，桩端沉渣和土的加固效应强于桩侧泥皮的加固效应；粗粒土是渗透注浆，细粒土是劈裂注浆，前者的加固效应强于后者。另一点是桩侧注浆增强段对于泥浆护壁和干作业桩，由于浆液扩散特性不同，承载力计算时应有区别。

收集北京、上海、天津、河南、山东、西安、武汉、福州等城市后注浆灌注桩静载试桩资料 106 份，根据本规范第 5.3.10 条的计算公式求得 Q_{ult}，其中 q_{sik}、q_{pk} 取勘察报告提供的经验值或本规范所列经验值；增强系数 β_{si}、β_p 取本规范表 5.3.10 所列上限值。计算值 Q_{ult} 与实测值 $Q_{u实}$ 散点图如图 19 所示。该图显示，实测值均位于 45°线以上，即均高于或接近于计算值。这说明后注浆灌注桩极限承载力按规范第 5.3.10 条计算的可靠性是较高的。

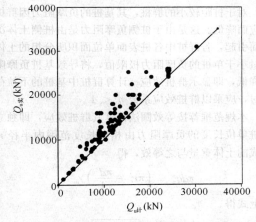

图 19 后注浆灌注桩单桩极限承载力
实测值与计算值关系

5.3.11 振动台试验和工程地震液化实际观测表明，首先土层的地震液化严重程度与土层的标贯数 N 与液化临界标贯数 N_{cr} 之比 λ_N 有关，λ_N 愈小液化愈严重；其二，土层的液化并非随地震同步出现，而显示滞后，即地震过后若干小时乃至一二天后才出现喷水冒砂。这说明，桩的极限侧阻力并非瞬间丧失，而且并非全部损失，而上部有无一定厚度非液化覆盖层对此也有很大影响。因此，存在 3.5m 厚非液化覆盖层时，桩侧阻力根据 λ_N 值和液化土层埋深乘以不同的折减系数。

5.4 特殊条件下桩基竖向承载力验算

5.4.1 桩距不超过 6d 的群桩，当桩端平面以下软弱下卧层承载力与桩端持力层相差过大（低于持力层 1/3）且荷载引起的局部压力超出其承载力过多时，将引起软弱下卧层侧向挤出，桩基偏沉，严重者引起整体失稳。对于本条软弱下卧层承载力验算公式着重说明四点：

1) 验算范围。规定在桩端平面以下受力层范围存在低于持力层承载力 1/3 的软弱下卧层。实际工程持力层以下存在相对软弱土层是常见现象，只有当强度相差过大时才有必要验算。因下卧层地基承载力与桩端持力层差异过小时，土体的塑性挤出和失稳也不致出现。

2) 传递至桩端平面的荷载，按扣除实体基础外表面总极限侧阻力的 3/4 而非 1/2 总极限侧阻力。这是主要考虑荷载传递机理，在软弱下卧层进入临界状态前基桩侧阻平均值已接近于极限。

3) 桩端荷载扩散。持力层刚度愈大扩散角愈大，这是基本性状，这里所规定的压力扩散角与《建筑地基基础设计规范》GB 50007 一致。

4) 软弱下卧层承载力只进行深度修正。这是因为下卧层受压区应力分布并非均匀，呈内大外小，不应作宽度修正；考虑到承台底面以上土已挖除且可能和土体脱空，因此修正深度从承台底部计算至软弱土层顶面。另外，既然是软弱下卧层，即多为软弱黏性土，故深度修正系数取 1.0。

5.4.3 桩周负摩阻力对基桩承载力和沉降的影响，取决于桩周负摩阻力强度、桩的竖向承载类型，因此分三种情况验算。

1 对于摩擦型桩，由于受负摩阻力沉降增大，中性点随之上移，即负摩阻力、中性点与桩顶荷载处于动态平衡。作为一种简化，取假想中性点（按桩端持力层性质取值）以上摩阻力为零验算基桩承载力。

2 对于端承型桩，由于桩受负摩阻力后桩不发生沉降或沉降量很小，桩土无相对位移或相对位移很小，中性点无变化，故负摩阻力构成的下拉荷载应作为附加荷载考虑。

3 当土层分布不均匀或建筑物对不均匀沉降较敏感时，由于下拉荷载是附加荷载的一部分，故应将其计入附加荷载进行沉降验算。

5.4.4 本条说明关于负摩阻力及下拉荷载计算的相关内容。

1 负摩阻力计算

负摩阻力对基桩而言是一种主动作用。多数学者认为桩侧负摩阻力的大小与桩侧土的有效应力有关，不同负摩阻力计算式中也多反映有效应力因素。大量试验与工程实测结果表明，以负摩阻力有效应力法计算较接近于实际。因此本规范规定如下有效应力法为负摩阻力计算方法。

$$q_{ni} = k \cdot \mathrm{tg}\varphi' \cdot \sigma_i' = \zeta_n \cdot \sigma_i'$$

式中 q_{ni}——第 i 层土桩侧负摩阻力；
k——土的侧压力系数；
φ'——土的有效内摩擦角；
σ_i'——第 i 层土的平均竖向有效应力；
ζ_n——负摩阻力系数。

ζ_n 与土的类别和状态有关，对于粗粒土，ζ_n 随土的粒度和密实度增加而增大；对于细粒土，则随土的塑性指数、孔隙比、饱和度增大而降低。综合有关文献的建议值和各类土中的测试结果，给出如本规范表5.4.4-1所列 ζ_n 值。由于竖向有效应力随上覆土层自重增大而增加，当 $q_{ni} = \zeta_n \cdot \sigma_i'$ 超过土的极限侧阻力 q_{sk} 时，负摩阻力不再增大。故当计算负摩阻力 q_{ni} 超过极限侧摩阻力时，取极限侧摩阻力值。

下面列举饱和软土中负摩阻力实测与按规范方法计算的比较（图20）。

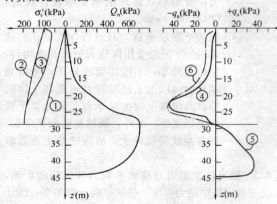

图 20 采用有效应力法计算负摩阻力图
① 土的计算自重应力 $\sigma_c = \gamma_m z$，γ_m——土的浮重度加权平均值；
② 竖向应力 $\sigma_v = \sigma_z + \sigma_c$；
③ 竖向有效应力 $\sigma_v' = \sigma_v - u$，u——实测孔隙水压力；
④ 由实测桩身轴力 Q_n，求得的负摩阻力 $-q_n$；
⑤ 由实测桩身轴力 Q_n，求得的正摩阻力 $+q_n$；
⑥ 由实测孔隙水压力，按有效应力法计算的负摩阻力。

某电厂的贮煤场位于厚 70～80m 的第四系全新统海相地层上，上部为厚 20～35m 的低强度、高压缩性饱和软黏土。用底面积为 35m×35m，高度为 4.85m 的土石堆载模拟煤堆荷载，堆载底面压力为 99kPa，在堆载中心设置了一根入土 44m 的 ϕ610 闭口钢管桩，桩端进入超固结黏土、粉质黏土和粉土层中。在钢管桩内采用应变计量测了桩身应变，从而得到桩身正、负摩阻力分布图、中性点位置；在桩周土中埋设了孔隙水压力计，测得地基中不同深度的孔隙水压力变化。

按本规范式（5.4.4-1）估算，得图20所示曲线。

由图中曲线比较可知，计算值与实测值相近。

2 关于中性点的确定

当桩穿越厚度为 l_0 的高压缩土层，桩端设置于较坚硬的持力层时，在桩的某一深度 l_n 以上，土的沉降大于桩的沉降，在该段桩长内，桩侧产生负摩阻力；l_n 深度以下的可压缩层内，土的沉降小于桩的沉降，土对桩产生正摩阻力，在 l_n 深度处，桩土相对位移为零，既没有负摩阻力，又没有正摩阻力，习惯上称该点为中性点。中性点截面桩身的轴力最大。

一般来说，中性点的位置，在初期多少是有变化的，它随着桩的沉降增加而向上移动，当沉降趋于稳定，中性点也将稳定在某一固定的深度 l_n 处。

工程实测表明，在高压缩性土层 l_0 的范围内，负摩阻力的作用长度，即中性点的稳定深度 l_n，是随桩端持力层的强度和刚度的增大而增加的，其深度比 l_n/l_0 的经验值列于本规范表 5.4.4-2 中。

3 关于负摩阻力的群桩效应的考虑

对于单桩基础，桩侧负摩阻力的总和即为下拉荷载。

对于桩距较小的群桩，其基桩的负摩阻力因群桩效应而降低。这是由于桩侧负摩阻力是由桩侧土体沉降而引起，若群桩中各桩表面单位面积所分担的土体重量小于单桩的负摩阻力极限值，将导致基桩负摩阻力降低，即显示群桩效应。计算群桩中基桩的下拉荷载时，应乘以群桩效应系数 $\eta_n < 1$。

本规范推荐按等效圆法计算其群桩效应，即独立单桩单位长度的负摩阻力由相应长度范围内半径 r_e 形成的土体重量与之等效，得

$$\pi d q_s^n = \left(\pi r_e^2 - \frac{\pi d^2}{4}\right)\gamma_m$$

解上式得

$$r_e = \sqrt{\frac{d q_s^n}{\gamma_m} + \frac{d^2}{4}}$$

式中 r_e——等效圆半径（m）；
d——桩身直径（m）；
q_s^n——单桩平均极限负摩阻力标准值（kPa）；
γ_m——桩侧土体加权平均重度（kN/m³）；地下水位以下取浮重度。

以群桩各基桩中心为圆心，以 r_e 为半径做圆，由各圆的相交点作矩形。矩形面积 $A_r = s_{ax} \cdot s_{ay}$ 与圆面积 $A_e = \pi r_e^2$ 之比，即为负摩阻力群桩效应系数。

$$\eta_n = A_r/A_e = \frac{s_{ax} \cdot s_{ay}}{\pi r_e^2} = s_{ax} \cdot s_{ay}/\pi d\left(\frac{q_s^n}{\gamma_m} + \frac{d}{4}\right)$$

式中 s_{ax}、s_{ay}——分别为纵、横向桩的中心距。$\eta_n \leq 1$，当计算 $\eta_n > 1$ 时，取 $\eta_n = 1$。

5.4.5 桩基的抗拔承载力破坏可能呈单桩拔出或群桩整体拔出，即呈非整体破坏或整体破坏模式，对两

5.4.6 本条说明关于群桩基础及其基桩的抗拔极限承载力的确定问题。

1 对于设计等级为甲、乙级建筑桩基应通过单桩现场上拔试验确定单桩抗拔极限承载力。群桩的抗拔极限承载力难以通过试验确定，故可通过计算确定。

2 对于设计等级为丙级建筑桩基可通过计算确定单桩抗拔极限承载力，但应进行工程桩抗拔静载试验检测。单桩抗拔极限承载力计算涉及如下三个问题：

1）单桩抗拔承载力计算分为两大类：一类为理论计算模式，以土的抗剪强度及侧压力系数为参数按不同破坏模式建立的计算公式；另一类是以抗拔桩试验资料为基础，采用抗压极限承载力计算模式乘以抗拔系数 λ 的经验性公式。前一类公式影响其剪切破坏面模式的因素较多，包括桩的长径比、有无扩底、成桩工艺、地层土性等，不确定因素多，计算较为复杂。为此，本规范采用后者。

2）关于抗拔系数 λ（抗拔极限承载力/抗压极限承载力）。

从表 10 所列部分单桩抗拔抗压极限承载力之比即抗拔系数 λ 看出，灌注桩高于预制桩，长桩高于短桩，黏性土高于砂土。本规范表 5.4.6-2 给出的 λ 是基于上述试验结果并参照有关规范给出的。

表 10 抗拔系数 λ 部分试验结果

资料来源	工艺	桩径 d(m)	桩长 l(m)	l/d	土质	λ
无锡国棉一厂	钻孔桩	0.6	20	33	黏性土	0.6~0.8
南通 200kV 泰刘线	反循环	0.45	12	26.7	粉土	0.9
南通 1979 年试验	反循环		9		黏性土	0.79
			12		黏性土	0.98
四航局广州试验	预制桩			13~33	砂土	0.38~0.53
甘肃建研所	钻孔桩				天然黄土 饱和黄土	0.78 0.5
《港口工程桩基规范》(JTJ 254)	—	—	—	—	黏性土	0.8

3）对于扩底抗拔桩的抗拔承载力。扩底桩的抗拔承载力破坏模式，随土的内摩擦角大小而变，内摩擦角愈大，受扩底影响的破坏柱体愈长。桩底以上长度约 4~10d 范围内，破裂柱体直径增大至扩底直径 D；超过该范围以上部分，破裂面缩小至桩土界面。按此模型给出扩底抗拔承载力计算周长 u_i，如本规范表 5.4.6-1。

5.5 桩基沉降计算

5.5.6～5.5.9 桩距小于和等于 6 倍桩径的群桩基础，在工作荷载下的沉降计算方法，目前有两大类。一类是按实体深基础计算模型，采用弹性半空间表面荷载下 Boussinesq 应力解计算附加应力，用分层总和法计算沉降；另一类是以半无限弹性体内部集中力作用下的 Mindlin 解为基础计算沉降。后者主要分为两种，一种是 Poulos 提出的相互作用因子法；第二种是 Geddes 对 Mindlin 公式积分而导出集中力作用于弹性半空间内部的应力解，按叠加原理，求得群桩桩端平面下各单桩附加应力和，按分层总和法计算群桩沉降。

上述方法存在如下缺陷：①实体深基础法，其附加应力按 Boussinesq 解计算与实际不符（计算应力偏大），且实体深基础模型不能反映桩的长径比、距径比等的影响；②相互作用因子法不能反映压缩层范围内土的成层性；③Geddes 应力叠加—分层总和法对于大桩群不能手算，且要求假定侧阻力分布，并给出桩端荷载分担比。针对以上问题，本规范给出等效作用分层总和法。

1 运用弹性半无限体内作用力的 Mindlin 位移解，基于桩、土位移协调条件，略去桩身弹性压缩，给出匀质土中不同距径比、长径比、桩数、基础长宽比条件下刚性承台群桩的沉降数值解：

$$w_M = \frac{\overline{Q}}{E_s d} \overline{w}_M \tag{1}$$

式中 $\overline{Q}$——群桩中各桩的平均荷载；
E_s——均质土的压缩模量；
d——桩径；
$\overline{w}_M$——Mindlin 解群桩沉降系数，随群桩的距径比、长径比、桩数、基础长宽比而变。

2 运用弹性半无限体表面均布荷载下的 Boussinesq 解，不计实体深基础侧阻力和应力扩散，求得实体深基础的沉降：

$$w_B = \frac{P}{aE_s} \overline{w}_B \tag{2}$$

式中

$$\overline{w}_B = \frac{1}{4\pi}\left[\ln\frac{\sqrt{1+m^2}+m}{\sqrt{1+m^2}-m} + m\ln\frac{\sqrt{1+m^2}+1}{\sqrt{1+m^2}-1}\right] \tag{3}$$

m——矩形基础的长宽比；$m = a/b$；

P——矩形基础上的均布荷载之和。

由于数据过多，为便于分析应用，当 $m \leqslant 15$ 时，式（3）经统计分析后简化为

$$\overline{w_B} = (m+0.6336)/(1.1951m+4.6275) \quad (4)$$

由此引起的误差在 2.1% 以内。

3 两种沉降解之比：

相同基础平面尺寸条件下，对于按不同几何参数刚性承台群桩 Mindlin 位移解沉降计算值 w_M 与不考虑群桩侧面剪应力和应力不扩散实体深基础 Boussinesq 解沉降计算值 w_B 二者之比为等效沉降系数 ψ_e。按实体深基础 Boussinesq 解分层总和法计算沉降 w_B，乘以等效沉降系数 ψ_e，实质上纳入了按 Mindlin 位移解计算桩基础沉降时，附加应力及桩群几何参数的影响，称此为等效作用分层总和法。

$$\psi_e = \frac{w_M}{w_B} = \frac{\overline{Q} \cdot \overline{w_M}}{\overline{E_s} \cdot d}$$

$$= \frac{\overline{w_M}}{\overline{w_B}} \cdot \frac{a}{n_a \cdot n_b \cdot d} \quad (5)$$

式中 n_a、n_b——分别为矩形桩基础长边布桩数和短边布桩数。

为应用方便，将按不同距径比 $s_a/d = 2、3、4、5、6$，长径比 $l/d = 5、10、15 \cdots 100$，总桩数 $n = 4 \cdots 600$，各种布桩形式（$n_a/n_b = 1、2、\cdots 10$），桩基承台长宽比 $L_c/B_c = 1、2 \cdots 10$，对式（5）计算出的 ψ_e 进行回归分析，得到本规范式（5.5.9-1）。

4 等效作用分层总和法桩基最终沉降量计算式

$$s = \psi \cdot \psi_e \cdot s' = \psi \cdot \psi_e \cdot \sum_{j=1}^{m} p_{0j} \sum_{i=1}^{n} \frac{z_{ij}\overline{\alpha_{ij}} - z_{(i-1)j}\overline{\alpha_{(i-1)j}}}{E_{si}}$$

$$(6)$$

沉降计算公式与习惯使用的等代实体深基础分层总和法基本相同，仅增加一个等效沉降系数 ψ_e。其中要注意的是：等效作用面位于桩端平面，等效作用面积为桩基承台投影面积，等效作用附加压力取承台底附加压力，等效作用面以下（等代实体深基底以下）的应力分布按弹性半空间 Boussinesq 解确定，应力系数为角点下平均附加应力系数 $\overline{\alpha}$。各分层沉降量 $\Delta s'_i = p_0 \frac{z_i \overline{\alpha_i} - z_{(i-1)} \overline{\alpha_{(i-1)}}}{E_{si}}$，其中 z_i、$z_{(i-1)}$ 为有效作用面至 i、$i-1$ 层层底的深度；$\overline{\alpha_i}$、$\overline{\alpha_{(i-1)}}$ 为按计算分块长宽比 a/b 及深宽比 z_i/b、$z_{(i-1)}/b$，由附录 D 确定。p_0 为承台底面荷载效应准永久组合附加压力，将其作用于桩端等效作用面。

5.5.11 本条说明关于桩基沉降计算经验系数 ψ。本次规范修编时，收集了软土地区的上海、天津、一般第四纪土地区的北京、沈阳、黄土地区的西安等共计 150 份已建桩基工程的沉降观测资料，得出实测沉降与计算沉降之比 ψ 与沉降计算深度范围内压缩模量当量值 $\overline{E_s}$ 的关系如图 21 所示，同时给出 ψ 值列于本规范表 5.5.11。

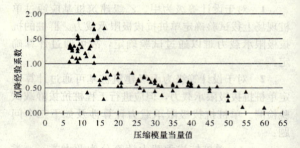

图 21 沉降经验系数 ψ 与压缩模量当量值 $\overline{E_s}$ 的关系

关于预制桩沉桩挤土效应对桩基沉降的影响问题。根据收集到的上海、天津、温州地区预制桩和灌注桩基础沉降观测资料共计 110 份，将实测最终沉降量与桩长关系散点图分别表示于图 22（a）、（b）、(c)。图 22 反映出一个共同规律：预制桩基础的最终沉降量显著大于灌注桩基础的最终沉降量，桩长愈小，其差异愈大。这一现象反映出预制桩因挤土沉桩产生桩土上涌导致沉降增大的负面效应。由于三个地区地层条件存在差异，桩端持力层、桩长、桩距、沉桩工艺流程等因素变化，使得预制桩挤土效应不同。为使计算沉降更符合实际，建立以灌注桩基础实测沉降与计算沉降之比 ψ 随桩端压缩层范围内模量当量值 $\overline{E_s}$ 而变的经验值，对于饱和土中未经复打、复压、引孔沉桩的预制桩基础按本规范表 5.5.11 所列值再乘以挤土效应系数 1.3～1.8，对于桩数多、桩距小、沉桩速率快、土体渗透性低的情况，挤土效应系数取大值；对于后注浆灌注桩则乘以 0.7～0.8 折减系数。

5.5.14 本条说明关于单桩、单排桩、疏桩（桩距大于 $6d$）基础的最终沉降量计算。工程实际中，采用一柱一桩或一柱两桩、单排桩、桩距大于 $6d$ 的疏桩基础并非罕见。如：按变刚度调平设计的框架-核心筒结构工程中，刚度相对弱化的外围桩基，柱下布 1～3 桩者居多；剪力墙结构，常采取墙下布桩（单排桩）；框架和排架结构建筑桩基按一柱一桩或一柱二桩布置也不少。有的设计考虑承台分担荷载，即设计为复合桩基，此时承台多数为平板式或梁板式筏形承台；另一种情况是仅在柱、墙下单独设置承台，或即使设计为满堂筏形承台，由于承台底土层为软土、欠固结土、可液化、湿陷性等原因，承台不分担荷载，或因使用要求，变形控制严格，只能考虑桩的承载作用。首先，就桩数、桩距等而言，这类桩基不能应用等效作用分层总和法，需要另行给出沉降计算方法。其次，对于复合桩基和普通桩基的计算模式应予区分。

单桩、单排桩、疏桩复合桩基沉降计算模式是基于新推导的 Mindlin 解计入桩径影响公式计算桩的附加应力，以 Boussinesq 解计算承台底压力引起的附加

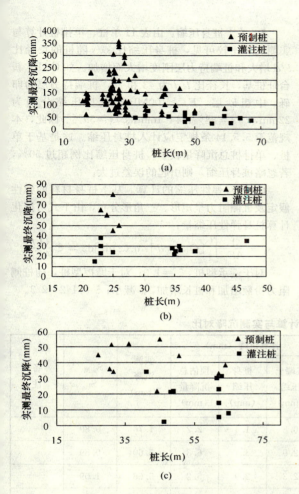

图 22 预制桩基础与灌注桩基础
实测沉降量与桩长关系
(a) 上海地区；(b) 天津地区；(c) 温州地区

应力，将二者叠加按分层总和法计算沉降，计算式为本规范式（5.5.14-1）～式（5.5.14-5）。

计算时应注意，沉降计算点取底层柱、墙中心点，应力计算点应取与沉降计算点最近的桩中心点，见图23。当沉降计算点与应力计算点不重合时，二者的沉降并不相等，但由于承台刚度的作用，在工程实践的意义上，近似取二者相同。本规范中，应力计算点的沉降包含桩端以下土层的压缩和桩身压缩，桩端以下土层的压缩应按桩端以下轴线处的附加应力计算（桩身以外土中附加应力远小于轴线处）。

承台底压力引起的沉降实际上包含两部分，一部分为回弹再压缩变形，另一部分为超出土自重部分的附加压力引起的变形。对于前者的计算较为复杂，一是回弹再压缩量对于整个基础而言分布是不均的，坑中央最大，基坑边缘最小；二是再压缩层深度及其分布难以确定。若将此二部分压缩变形分别计算，目前尚难解决。故计算时近似将全部承台底压力等效为附加压力计算沉降。

这里应着重说明三点：一是考虑单排桩、疏桩基础在基坑开挖（软土地区往往是先成桩后开挖；非软

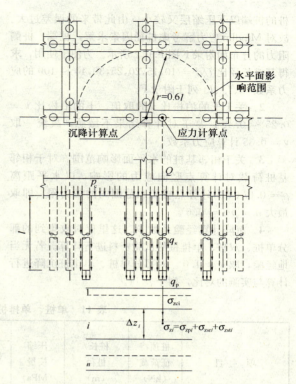

图 23 单桩、单排桩、疏桩基础沉降计算示意图

土地区，则是开挖一定深度后再成桩）时，桩对土体的回弹约束效应小，故将回弹再压缩计入沉降量；二是当基坑深度小于5m时，回弹量很小，可忽略不计；三是中、小桩距桩基的桩对于土体回弹的约束效应导致回弹量减小，故其回弹再压缩可予忽略。

计算复合桩基沉降时，假定承台底附加压力为均布，$p_c = \eta_c f_{ak}$，η_c 按 $s_a > 6d$ 取值，f_{ak} 为地基承载力特征值，对全承台分块按式（5.5.14-5）计算桩端平面以下土层的应力 σ_{zci}，与基桩产生的应力 σ_{zi} 叠加，按本规范式（5.5.14-4）计算最终沉降量。若核心筒桩群在计算点0.6倍桩长范围以内，应考虑其影响。

单桩、单排桩、疏桩常规桩基，取承台压力 $p_c = 0$，即按本规范式（5.5.14-1）进行沉降计算。

这里应着重说明上述计算式有关的五个问题：

1 单桩、单排桩、疏桩桩基沉降计算深度相对于常规群桩要小得多，而由 Mindlin 解导出得 Geddes 应力计算式模型是作用于桩轴线的集中力，因而其桩端平面以下一定范围内应力集中现象极明显，与一定直径桩的实际性状相差甚大，远远超出土的强度，用于计算压缩层厚度很小的桩基沉降显然不妥。Geddes 应力系数与考虑桩径的 Mindlin 应力系数相比，其差异变化的特点是：愈近桩端差异愈大，桩端下 $l/10$ 处二者趋向接近；桩的长径比愈小差异愈大，如 $l/d = 10$ 时，桩端以下 $0.008l$ 处，Geddes 解端阻产生的竖向应力为考虑桩径的44倍，侧阻（按均布）产生的竖向应力为考虑桩径的8倍。而单桩、单排桩、疏

桩的桩端以下压缩层又较小，由此带来的误差过大。故对 Mindlin 应力解考虑桩径因素求解，桩端、桩侧阻力的分布如附录 F 图 F.0.2 所示。为便于使用，求得基桩长径比 $l/d = 10,15,20,25,30,40 \sim 100$ 的应力系数 $I_p、I_{sr}、I_{st}$ 列于附录 F。

2 关于土的泊松比 ν 的取值。土的泊松比 $\nu = 0.25 \sim 0.42$；鉴于对计算结果不敏感，故统一取 $\nu = 0.35$ 计算应力系数。

3 关于相邻基桩的水平面影响范围。对于相邻基桩荷载对计算点竖向应力的影响，以水平距离 $\rho = 0.6l$（l 为计算点桩长）范围内的桩为限，即取最大 $n = \rho/l = 0.6$。

4 沉降计算经验系数 ψ。这里仅对收集到的部分单桩、双桩、单排桩的试验资料进行计算。若无当地经验，取 $\psi = 1.0$。对部分单桩、单排桩沉降进行计算与实测的对比，列于表 11。

5 关于桩身压缩。由表 11 单桩、单排桩计算与实测沉降比较可见，桩身压缩比 s_e/s 随桩的长径比 l/d 增大和桩端持力层刚度增大而增加。如 CCTV 新台址桩基，长径比 l/d 为 43 和 28，桩端持力层为卵砾、中粗砂层，$E_s \geqslant 100\text{MPa}$，桩身压缩分别为 22mm，$s_e/s = 88\%$；14.4mm，$s_e/s = 59\%$。因此，本规范第 5.5.14 条规定应入桩身压缩。这是基于单桩、单排桩总沉降量较小，桩身压缩比例超过 50%，若忽略桩身压缩，则引起的误差过大。

6 桩身弹性压缩的计算。基于桩身材料的弹性假定及桩侧阻力呈矩形、三角形分布，由下式可简化计算桩身弹性压缩量：

$$s_e = \frac{1}{AE_p}\int_0^l \left[Q_0 - \pi d \int_0^z q_s(z)\mathrm{d}z\right]\mathrm{d}z = \xi_e \frac{Q_0 l}{AE_p}$$

对于端承型桩，$\xi_e = 1.0$；对于摩擦型桩，随桩侧阻力份额增加和桩长增加，ξ_e 减小；$\xi_e = 1/2 \sim 2/3$。

表 11　单桩、单排桩计算与实测沉降对比

项目		桩顶特征荷载 (kN)	桩长/桩径 (m)	压缩模量 (MPa)	计算沉降（mm）			实测沉降 (mm)	$S_{实测}/S_{计}$	备注
					桩端土压缩 (mm)	桩身压缩 (mm)	预估总沉降量 (mm)			
长青大厦	4#	2400	17.8/0.8	100	0.8	1.4	2.2	1.76	0.80	—
	3#	5600			2.9	3.4	6.3	5.60	0.89	—
	2#	4800			2.3	2.9	5.2	5.66	1.09	—
	1#	4000			1.8	2.4	4.2	4.93	1.17	—
		2400			0.9	1.5	2.4	3.04	1.27	—
皇冠大厦	465#	6000	15/0.8	100	3.6	2.8	6.4	4.74	0.74	—
	467#	5000			2.9	2.3	5.2	4.55	0.88	—
北京SOHO	S1	8000	29.5/1.0	70	2.8	4.7	7.5	13.30	1.77	—
	S2	6500	29.5/0.8		3.8	6.5	10.3	9.88	0.96	—
	S3	8000	29.5/1.0		2.8	4.7	7.5	9.61	1.28	—
洛口试桩[①]	D-8	316	4.5/0.25	8	16.0			20	1.25	—
	G-19	280	4.5/0.25		28.7			23.9	0.83	—
	G-24	201.7	4.5/0.25		28.0			30	1.07	—
北京电视中心	S1	7200	27/1.0	70	2.6	3.9	6.5	7.41	1.14	—
	S2	7200	27/1.0		2.6	3.9	6.5	9.59	1.48	—
	S3	7200	27/1.0		2.6	3.9	6.5	6.48	1.00	—
	S4	5600	27/0.8		2.5	4.8	7.3	8.84	1.21	—
	S5	5600	27/0.8		2.5	4.8	7.3	7.82	1.07	—
	S6	5600	27/0.8		2.5	4.8	7.3	8.18	1.12	—

续表11

项目		桩顶特征荷载 (kN)	桩长/桩径 (m)	压缩模量 (MPa)	计算沉降（mm）			实测沉降 (mm)	$S_{实测}/S_{计}$	备注
					桩端土压缩 (mm)	桩身压缩 (mm)	预估总沉降量 (mm)			
北京银泰中心	A-S1	9600	30/1.1	70	2.9	4.5	7.4	3.99	0.54	—
	A-S1-1	6800			1.6	3.2	4.8	2.59	0.54	—
	A-S1-2	6800			1.6	3.2	4.8	3.16	0.66	—
	B-S3	9600			2.9	4.5	7.4	3.87	0.52	—
	B1-14	5100			1.0	2.4	3.4	1.53	0.45	—
	B-S1-2	5100			1.0	2.4	3.4	1.96	0.58	—
	C-S2	9600			2.9	4.5	7.4	4.28	0.58	—
	C-S1-1	5100			1.0	2.4	3.4	3.09	0.91	—
	C-S1-2	5100			1.0	2.4	3.4	2.85	0.84	—
CCTV[②]	TP-A1	33000	51.7/1.2	120	3.3	22.5	25.8	21.78	0.85	1.98
	TP-A2	30250	51.7/1.2		2.5	20.6	23.1	21.44	0.93	5.22
	TP-A3	33000	53.4/1.2		3.0	23.2	26.2	18.78	0.72	1.78
	TP-B1	33000	33.4/1.2	100	10.0	14.5	24.5	20.92	0.85	5.38
	TP-B2	33000	33.4/1.2		10.0	14.5	24.5	14.50	0.59	3.79
	TP-B3	35000	33.4/1.2		11.0	15.4	26.4	21.80	0.83	3.32

注：① 洛口试桩为单排桩（分别是单排2桩、4桩、6桩），采用桩顶极限荷载。
② CCTV试桩备注栏为实测桩端沉降，采用桩顶极限荷载。

5.5.15 上述单桩、单排桩、疏桩基础及其复合桩基的沉降计算深度均采用应力比法，即按 $\sigma_z + \sigma_{zc} = 0.2\sigma_c$ 确定。

关于单桩、单排桩、疏桩复合桩基沉降计算方法的可靠性问题。从表11单桩、单排桩静载试验实测与计算比较来看，还是具有较大可靠性。采用考虑桩径因素的Mindlin解进行单桩应力计算，较之Geddes集中应力公式应该说是前进了一大步。其缺陷与其他手算方法一样，不能考虑承台整体和上部结构刚度调整沉降的作用。因此，这种手算方法主要用于初步设计阶段，最终应采用上部结构—承台—桩土共同作用有限元方法进行分析。

为说明本规范第3.1.8条变刚度调平设计要点及本规范第5.5.14条疏桩复合桩基沉降计算过程，以某框架-核心筒结构为例，叙述如下。

1 概念设计

1) 桩型、桩径、桩长、桩距、桩端持力层、单桩承载力

该办公楼由地上36层、地下7层与周围地下7层车库连成一体，基础埋深26m。框架-核心筒结构。建筑标准层平面图见图24，立面图见图25，主体高度156m。拟建场地地层柱状土如图26所示，第⑨层为卵石—圆砾，第⑬层为细—中砂，是桩基础良好持力层。采用后注浆灌注桩桩筏基础，设计桩径1000mm。按强化核心筒桩基的竖向支承刚度、相对弱化外围框架柱桩基竖向支承刚度的总体思路，核心筒采用常规桩基，桩长25m，外围框架采用复合桩基，桩长15m。核心筒桩端持力层选为第⑬层细—中砂，单桩承载力特征值 $R_a = 9500$kN，桩距 $s_a = 3d$；外围边框架柱采用复合桩基础，荷载由桩土共同承担，单桩承载力特征值 $R_a = 7000$kN。

2) 承台结构形式

由于变刚度调平布桩起到减小承台筏板整体弯距和冲切力的作用，板厚可减少。核心筒承台采用平板式，厚度 $h_1 = 2200$mm；外围框架采用梁板式筏板承台，梁截面 $b_b \times h_b = 2000$mm $\times$ 2200mm，板厚 $h_2 = 1600$mm。与主体相连裙房（含地下室）采用天然地基，梁板式片筏基础。

2 基桩承载力计算与布桩

1) 核心筒

荷载效应标准组合（含承台自重）：$N_{ck} = 843592$kN；
基桩承载力特征值 $R_a = 9500$kN，每个核心筒布桩90根，并使桩反力合力点与荷载重心接近重合。偏心距如下：

左核心筒荷载偏心距：$\Delta X = -0.04$m；$\Delta Y = 0.26$m

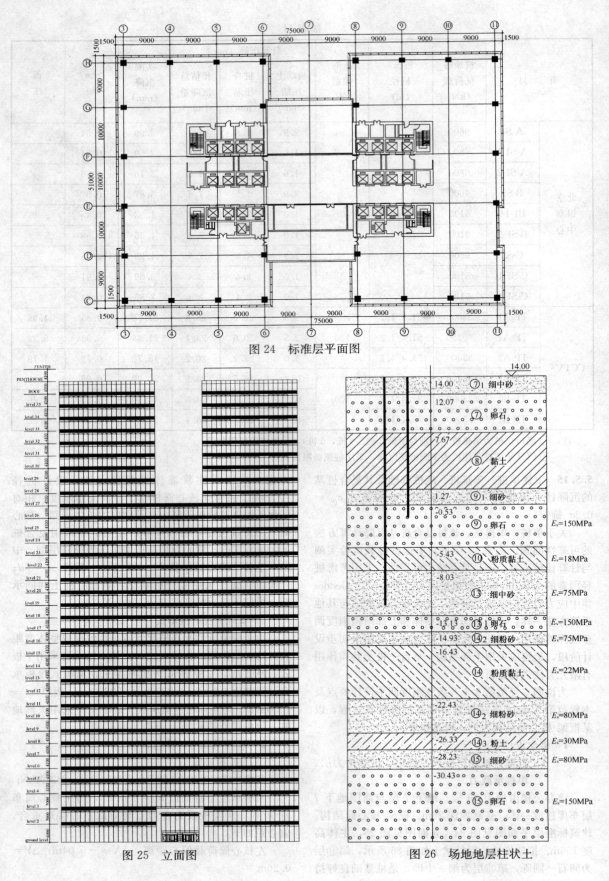

图 24 标准层平面图

图 25 立面图

图 26 场地地层柱状土

右核心筒荷载偏心距离：$\Delta X=0.04$m；$\Delta Y=0.15$m
$$9500\text{kN}\times 90=855000\text{kN}>843592\text{kN}$$

2) 外围边框架柱

选荷载最大的框架柱进行验算，柱下布桩 3 根。桩底荷载标准值 $F_k=36025$kN，

单根复合基桩承台面积 $A_c=(9\times 7.5-2.36)/3=21.7$m²

承台梁自重 $G_{kb}=2.0\times 2.2\times 14.5\times 25=1595$kN

承台板自重 $G_{ks}=5.5\times 3.5\times 2\times 1.6\times 25=1540$kN

承台上土重 $G=5.5\times 3.5\times 2\times 0.6\times 18=415.8$kN

总重 $G_k=1595+1540+415.8=3550.8$kN

承台效应系数 η_c 取 0.7，地基承载力特征值 $f_{ak}=350$kPa

复合基桩承载力特征值
$$R=R_a+\eta_c f_{ak} A_c=7000+0.7\times 350\times 21.7=12317\text{kN}$$

复合基桩荷载标准值
$(F_k+G_k)/3=13192$kN，超出承载力 6.6%。考虑到以下二个因素，一是所验算柱为荷载最大者，这种荷载与承载力的局部差异通过上部结构和承台的共同作用得到调整；二是按变刚度调平原则，外框架桩基刚度宜适当弱化。故外框架柱桩基满足设计要求。桩基础平面布置图见图 27。

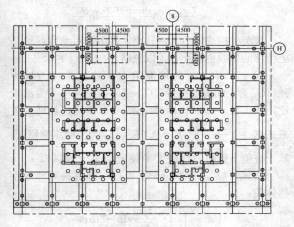

图 27 桩基础及承台布置图

3 沉降计算

1) 核心筒沉降采用等效作用分层总和法计算

附加压力 $p_0=680$kPa，$L_c=32$m，$B_c=21.5$m，$n=90$，$d=1.0$m，$l=25$m；

$n_b=\sqrt{n\cdot B_c/L_c}=7.75$，$l/d=25$，$s_a/d=3$

由附录 E 得：

$L_c/B_c=1$，$l/d=25$ 时，$C_0=0.063$，$C_1=1.500$，$C_2=7.822$

$L_c/B_c=2$，$l/d=25$ 时，$C_0=0.118$，$C_1=1.565$，$C_2=6.826$

$$\psi_{e1}=C_0+\frac{n_b-1}{C_1(n_b-1)+C_2}=0.44,\ \psi_{e2}=0.50,$$

插值得：$\psi_e=0.47$

外围框架柱桩基对核心筒桩端以下应力的影响，按本规范第 5.5.14 条计算其对核心筒计算点桩端平面以下的应力影响，进行叠加，按单向压缩分层总和法计算核心筒沉降。

沉降计算深度由 $\sigma_z=0.2\sigma_c$ 得：$z_n=20$m

压缩模量当量值：$\overline{E_s}=35$MPa

由本规范第 5.5.11 条得：$\psi=0.5$；采用后注浆施工工艺乘以 0.7 折减系数

由本规范第 5.5.7 条及第 5.5.12 条：$s'=272$mm

最终沉降量：
$$s=\psi\cdot\psi_e\cdot s'=0.5\times 0.7\times 0.47\times 272\text{mm}=45\text{mm}$$

2) 边框架复合桩基沉降计算，采用复合应力分层总和法，即按本规范式 (5.5.14-4)

计算范围见图 28，计算参数及结果列于表 12。

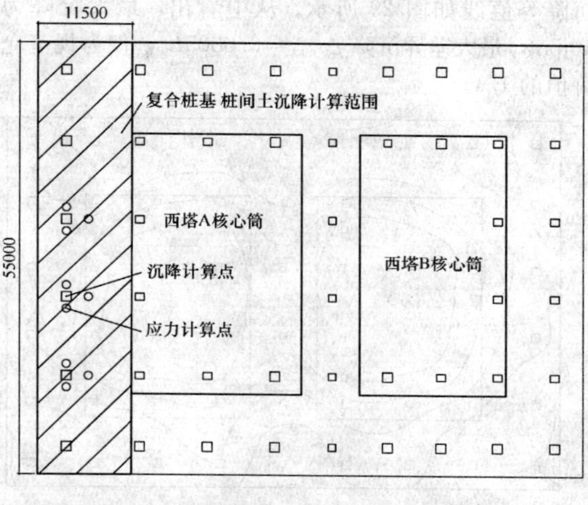

图 28 复合桩基沉降计算范围及计算点示意图

表 12 框架柱沉降

z/l	σ_{zi} (kPa)	σ_{zci} (kPa)	$\Sigma\sigma$ (kPa)	$0.2\sigma_{ci}$ (kPa)	E_s (MPa)	分层沉降 (mm)
1.004	1319.87	118.65	1438.52	168.25	150	0.62
1.008	1279.44	118.21	1397.65	168.51	150	0.60
1.012	1227.14	117.77	1344.91	168.76	150	0.58
1.016	1162.57	117.34	1279.91	169.02	150	0.55
1.020	1088.67	116.91	1205.58	169.28	150	0.52
1.024	1009.80	116.48	1126.28	169.53	150	0.49
1.028	930.21	116.06	1046.27	169.79	150	0.46
1.040	714.80	114.80	829.60	170.56	150	1.09
1.060	473.19	112.74	585.93	171.84	150	1.30
1.080	339.68	110.73	450.41	173.12	150	1.01
1.100	263.05	108.78	371.83	174.4	150	0.85
1.120	215.47	106.87	322.34	175.68	150	0.75
1.14	183.49	105.02	288.51	176.96	150	0.68
1.16	160.24	103.21	263.45	178.24	150	0.62
1.18	142.34	101.44	243.78	179.52	150	0.58
1.2	127.88	99.72	227.60	180.82	150	0.55
1.3	82.14	91.72	173.86	187.20	18	18.30
1.4	57.63	84.61	142.24	193.60	—	—
最终沉降量 (mm)						30

注：z 为承台底至应力计算点的竖向距离。

沉降计算荷载应考虑回弹再压缩，采用准永久荷载效应组合的总荷载为等效附加荷载；桩顶荷载取 $Q=7000\mathrm{kN}$；

承台土压力，近似取 $p_{ck}=\eta_c f_{ak}=245\mathrm{kPa}$；

用应力比法得计算深度：$z_n=6.0\mathrm{m}$，桩身压缩量 $s_e=2\mathrm{mm}$。

最终沉降量，$s=\psi \cdot s'+s_e=0.7\times30.0+2.0=23\mathrm{mm}$（采用后注浆乘以 0.7 折减系数）。

上述沉降计算只计入相邻基桩对桩端平面以下应力的影响，未考虑筏板整体刚度和上部结构刚度对调整差异沉降的贡献，故实际差异沉降比上述计算值要小。

4 按上部结构刚度—承台—桩土相互作用有限元法计算沉降。按共同作用有限元分析程序计算所得沉降等值线如图 29 所示。从中看出，最大沉降为 40mm，最大差异沉降 $\Delta s_{max}=0.0005L_0$，仅为规范允许值的 1/4。

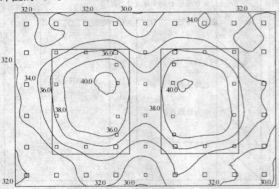

图 29 共同作用分析沉降等值线

5.6 软土地基减沉复合疏桩基础

5.6.1 软土地基减沉复合疏桩基础的设计应遵循两个原则，一是桩和桩间土在受荷变形过程中始终确保两者共同分担荷载，因此单桩承载力宜控制在较小范围，桩的横截面尺寸一般宜选择 $\phi 200\sim\phi 400$（或 200mm×200mm～300mm×300mm），桩应穿越上部软土层，桩端支承于相对较硬土层；二是桩距 $s_a>(5\sim6)d$，以确保桩间土的荷载分担比足够大。

减沉复合疏桩基础承台型式可采用两种，一种是筏式承台，多用于承载力小于荷载要求和建筑物对差异沉降控制较严或带有地下室的情况；另一种是条形承台，但承台面积系数（承台与首层面积相比）较大，多用于无地下室的多层住宅。

桩数除满足承载力要求外，尚应经沉降计算最终确定。

5.6.2 本条说明减沉复合疏桩基础的沉降计算。

对于复合疏桩基础而言，与常规桩基相比其沉降性状有两个特点。一是桩的沉降发生塑性刺入的可能性大，在受荷变形过程中桩、土分担荷载比随土体固结而使其在一定范围变动，随固结变形逐渐完成而趋于稳定。二是桩间土体的压缩固结受承台压力作用为主，受桩、土相互作用影响居次。由于承台底面桩、土的沉降是相等的，桩基的沉降既可通过计算桩的沉降，也可通过计算桩间土沉降实现。桩的沉降包含桩端平面以下土的压缩和塑性刺入（忽略桩的弹性压缩），同时应考虑承台土反力对桩沉降的影响。桩间土的沉降包含承台底土的压缩和桩对土的影响。为了回避桩端塑性刺入这一难以计算的问题，本规范采取计算桩间土沉降的方法。

基础平面中点最终沉降计算式为：$s=\psi(s_s+s_{sp})$。

1 承台底地基土附加应力作用下的压缩变形沉降 s_s。按 Boussinesq 解计算土中的附加应力，按单向压缩分层总和法计算沉降，与常规浅基沉降计算模式相同。

关于承台底附加压力 p_0，考虑到桩的刺入变形导致承台分担荷载量增大，故计算 p_0 时乘以刺入变形影响系数，对于黏性土 $\eta_p=1.30$，粉土 $\eta_p=1.15$，砂土 $\eta_p=1.0$。

2 关于桩对土影响的沉降增加值 s_{sp}。桩侧阻力引起桩周土的沉降，按桩侧剪切位移传递法计算，桩侧土离桩中心任一点 r 的竖向位移为：

$$w_r=\frac{\tau_0 r_0}{G_s}\int_r^{r_m}\frac{\mathrm{d}r}{r}=\frac{\tau_0 r_0}{G_s}\ln\frac{r_m}{r} \quad (7)$$

减沉桩桩端阻力比例较小，端阻力对承台底地基土位移的影响也较小，予以忽略。

式（7）中，τ_0 为桩侧阻力平均值；r_0 为桩半径；G_s 为土的剪切模量，$G_s=E_0/2(1+\nu)$，ν 为泊松比，软土取 $\nu=0.4$；E_0 为土的变形模量，其理论关系式 $E_0=1-\frac{2\nu^2}{(1-\nu)}E_s\approx 0.5E_s$，$E_s$ 为土的压缩模量；软土桩侧土剪切位移最大半径 r_m，软土地区取 $r_m=8d$。将式（7）进行积分，求得任一基桩桩周碟形位移体积，为：

$$V_{sp}=\int_0^{2\pi}\int_{r_0}^{r_m}\frac{\tau_0 r_0}{G_s}r\ln\frac{r_m}{r}\mathrm{d}r\mathrm{d}\theta$$
$$=\frac{2\pi\tau_0 r_0}{G_s}\left(\frac{r_0^2}{2}\ln\frac{r_0}{r_m}+\frac{r_m^2}{4}-\frac{r_0^2}{4}\right) \quad (8)$$

桩对土的影响值 s_{sp} 为单一基桩桩周位移体积除以圆面积 $\pi(r_m^2-r_0^2)$；另考虑桩距较小时剪切位移的重叠效应，当桩侧土剪切位移最大半径 r_m 大于平均桩距 s_a 时，引入近似重叠系数 $\pi(r_m/s_a)^2$，则

$$s_{sp}=\frac{V_{sp}}{\pi(r_m^2-r_0^2)}\cdot\frac{\pi r_m^2}{s_a^2}$$

$$=\frac{\frac{8(1+\nu)\pi\tau_0 r_0}{E_s}\left(\frac{r_0^2}{2}\ln\frac{r_0}{r_m}+\frac{r_m^2}{4}-\frac{r_0^2}{4}\right)}{\pi(r_m^2-r_0^2)}\cdot\frac{\pi r_m^2}{s_a^2}$$

$$=\frac{(1+\nu)8\pi\tau_0}{4E_s}\cdot\frac{1}{(s_a/d)^2}\cdot\frac{r_m^2\left(\frac{r_0^2}{2}\ln\frac{r_0}{r_m}+\frac{r_m^2}{4}-\frac{r_0^2}{4}\right)}{(r_m^2-r_0^2)r_0}$$

因 $r_m = 8d \gg r_0$，且 $\tau_0 = q_{su}$，$v = 0.4$，故上式简化为：

$$s_{sp} = \frac{280 q_{su}}{E_s} \cdot \frac{d}{(s_a/d)^2}$$

因此，$s = \psi(s_s + s_{sp})$；$s_s = 4p_0 \sum_{i=1}^{m} \frac{z_i \bar{\alpha}_i - z_{(i-1)} \bar{\alpha}_{(i-1)}}{E_{si}}$，

$$s_{sp} = 280 \frac{\overline{q_{su}}}{\overline{E_s}} \cdot \frac{d}{(s_a/d)^2}$$

一般地，$\overline{q_{su}} = 30\text{kPa}$，$\overline{E_s} = 2\text{MPa}$，$s_a/d = 6$，$d = 0.4\text{m}$

$$s_{sp} = \frac{280 \overline{q_{su}}}{\overline{E_s}} \cdot \frac{d}{(s_a/d)^2} = 280 \times \frac{30}{2} \frac{(\text{kPa})}{(\text{MPa})} \times \frac{1}{36} \times 0.4 \text{ (m)}$$
$$= 47\text{mm}。$$

3 条形承台减沉复合疏桩基础沉降计算

无地下室多层住宅多数将承台设计为墙下条形承台板，条基之间净距较小，若按实际平面计算相邻影响十分繁锁，为此，宜将其简化为等效平板式承台，按角点法分块计算基础中点沉降。

4 工程验证

表13 软土地基减沉复合疏桩基础计算沉降与实测沉降

名称（编号）	建筑物层数（地下）/附加压力(kN)	基础平面尺寸(m×m)	桩径d(m)/桩长L(m)	承台埋深(m)/桩数	桩端持力层	计算沉降(mm)	按实测推算的最终沉降(mm)
上海×××	6/61210	53×11.7	0.2×0.2/16	1.6/161	黏土	108	77
上海×××	6/52100	52.5×11	0.2×0.2/16	1.6/148	黏土	76	81
上海×××	6/49718	42×11	0.2×0.2/16	1.6/118	黏土	120	69
上海×××	6/43076	40×10	0.2×0.2/16	1.6/139	黏土	76	76
上海×××	6/45490	58×12	0.2×0.2/16	1.6/250	黏土	132	127
绍兴×××	6/49505	35×10	φ0.4/12	1.45/142	粉土	55	50
上海×××	6/43500	40×9	0.2×0.2/16	1.27/152	黏土夹砂	158	150
天津×××	−/56864	46×16	φ0.42/10	1.7/161	黏质粉土	63.7	40
天津×××	−/62507	52×12	φ0.42/10	1.7/176	黏质粉土	62	50
天津×××	−/74017	62×16	φ0.42/10	1.7/224	黏质粉土	55	50
天津×××	−/62000	52×14	0.35×0.35/17	1.5/127	粉质黏土	100	80
天津×××	−/106840	84×18	0.35×0.35/17	1.5/220	粉质黏土	100	90
天津×××	−/64200	54×18	0.35×0.35/17	1.5/135	粉质黏土	95	90
天津×××	−/82932	56×18	0.35×0.35/12.5	1.5/155	粉质黏土	161	120

5.7 桩基水平承载力与位移计算

5.7.2 本条说明单桩水平承载力特征值的确定。

影响单桩水平承载力和位移的因素包括桩身截面抗弯刚度、材料强度、桩侧土质条件、桩的入土深度、桩顶约束条件。如对于低配筋率的灌注桩，通常是桩身先出现裂缝，随后断裂破坏；此时，单桩水平承载力由桩身强度控制。对于抗弯性能强的桩，如高配筋率的混凝土预制桩和钢桩，桩身虽未断裂，但由于桩侧土体塑性隆起，或桩顶水平位移大大超过使用允许值，也认为桩的水平承载力达到极限状态。此时，单桩水平承载力由位移控制。由桩身强度控制和桩顶水平位移控制两种工况均受桩侧土水平抗力系数的比例系数m的影响，但是，前者受影响较小，呈$m^{1/5}$的关系；后者受影响较大，呈$m^{3/5}$的关系。对于受水平荷载较大的建筑桩基，应通过现场单桩水平承载力试验确定单桩水平承载力特征值。对于初设阶段可通过规范所列的按桩身承载力控制的本规范式（5.7.2-1）和按桩顶水平位移控制的本规范式（5.7.2-2）进行计算。最后对工程桩进行静载试验检测。

5.7.3 建筑物的群桩基础多数为低承台，且多数带地下室，故承台侧面和地下室外侧面均能分担水平荷载，对于带地下室桩基受水平荷载较大时应按本规范附录C计算基桩、承台与地下室外墙水平抗力及位移。本条适用于无地下室，作用于承台顶面的弯矩较小的情况。本条所述群桩效应综合系数法，是以单桩水平承载力特征值R_{ha}为基础，考虑四种群桩效应，求得群桩综合效应系数η_h，单桩水平承载力特征值乘以η_h即得群桩中基桩的水平承载力特征值R_h。

1 桩的相互影响效应系数 η_i

桩的相互影响随桩距减小、桩数增加而增大，沿荷载方向的影响远大于垂直于荷载作用方向，根据23组双桩、25组群桩的水平荷载试验结果的统计分析，得到相互影响系数η_i，见本规范式（5.7.3-3）。

2 桩顶约束效应系数 η_r

建筑桩基桩顶嵌入承台的深度较浅，为5~10cm，实际约束状态介于铰接与固接之间。这种有限约束连接既能减小桩顶水平位移（相对于桩顶自由），又能降低桩顶约束弯矩（相对于桩顶固接），重

新分配桩身弯矩。

根据试验结果统计分析表明，由于桩顶的非完全嵌固导致桩顶弯矩降低至完全嵌固理论值的40%左右，桩顶位移较完全嵌固增大约25%。

为确定桩顶约束效应对群桩水平承载力的影响，以桩顶自由单桩与桩顶固接单桩的桩顶位移比R_x、最大弯矩比R_M基准进行比较，确定其桩顶约束效应系数为：

当以位移控制时

$$\eta_r = \frac{1}{1.25 R_x}$$

$$R_x = \frac{\chi_0^\circ}{\chi_0^r}$$

当以强度控制时

$$\eta_r = \frac{1}{0.4 R_M}$$

$$R_M = \frac{M_{max}^\circ}{M_{max}^r}$$

式中 χ_0°、χ_0^r ——分别为单位水平力作用下桩顶自由、桩顶固接的桩顶水平位移；

M_{max}°、M_{max}^r ——分别为单位水平力作用下桩顶自由的桩，其桩身最大弯矩；桩顶固接的桩，其桩顶最大弯矩。

将m法对应的桩顶有限约束效应系数η_r列于本规范表5.7.3-1。

3 承台侧向土抗力效应系数η_l

桩基发生水平位移时，面向位移方向的承台侧面将受到土的弹性抗力。由于承台位移一般较小，不足以使其发挥至被动土压力，因此承台侧向土抗力应采用与桩相同的方法——线弹性地基反力系数法计算。该弹性总土抗力为：

$$\Delta R_{hl} = \chi_{0a} B'_c \int_0^{h_c} K_n(z) dz$$

按m法，$K_n(z) = mz$（m法），则

$$\Delta R_{hl} = \frac{1}{2} m \chi_{0a} B'_c h_c^2$$

由此得本规范式（5.7.3-4）承台侧向土抗力效应系数η_l。

4 承台底摩阻效应系数η_b

本规范规定，考虑地震作用且$s_a/d \leqslant 6$时，不计入承台底的摩阻效应，即$\eta_b = 0$；其他情况应计入承台底摩阻效应。

5 群桩中基桩的群桩综合效应系数分别由本规范式（5.7.3-2）和式（5.7.3-6）计算。

5.7.5 按m法计算桩的水平承载力。桩的水平变形系数α，由桩身计算宽度b_0、桩身抗弯刚度EI、以及土的水平抗力系数沿深度变化的比例系数m确定，$\alpha = \sqrt[5]{\frac{mb_0}{EI}}$。$m$值，当无条件进行现场试验测定时，可采用本规范表5.7.5的经验值。这里应指出，m值对于同一根桩并非定值，与荷载呈非线性关系，低荷载水平下，m值较高；随荷载增加，桩侧土的塑性区逐渐扩展而降低。因此，m取值应与实际荷载、允许位移相适应。如根据试验结果求低配筋率桩的m，应取临界荷载H_{cr}及对应位移χ_{cr}按下式计算

$$m = \frac{\left(\frac{H_{cr}}{\chi_{cr}} v_x\right)^{\frac{5}{3}}}{b_0 (EI)^{\frac{2}{3}}} \quad (9)$$

对于配筋率较高的预制桩和钢桩，则应取允许位移及其对应的荷载按上式计算m。

根据所收集到的具有完整资料参加统计的试桩，灌注桩114根，相应桩径$d = 300 \sim 1000$mm，其中$d = 300 \sim 600$mm占60%；预制桩85根。统计前，将水平承载力主要影响深度$[2(d+1)]$内的土层划分为5类，然后分别按上式（9）计算m值。对各类土层的实测m值采用最小二乘法统计，取m值置信区间按可靠度大于95%，即$m = \bar{m} - 1.96\sigma_m$，$\sigma_m$为均方差，统计经验值$m$值列于本规范表5.7.5。表中预制桩、钢桩的$m$值系根据水平位移为10mm时求得，故当其位移小于10mm时，m应予适当提高；对于灌注桩，当水平位移大于表列值时，则应将m值适当降低。

5.8 桩身承载力与裂缝控制计算

5.8.2、5.8.3 钢筋混凝土轴向受压桩正截面受压承载力计算，涉及以下三方面因素：

1 纵向主筋的作用。轴向受压桩的承载性状与上部结构柱相近，较柱的受力条件更为有利的是桩周受土的约束，侧阻力使轴向荷载随深度递减，因此，桩身受压承载力由桩顶下一定区段控制。纵向主筋的配置，对于长摩擦型桩和摩擦端承桩可随深度变断面或局部长度配置。纵向主筋的承压作用在一定条件下可计入桩身受压承载力。

2 箍筋的作用。箍筋不仅起水平抗剪作用，更重要的是对混凝土起侧向约束增强作用。图30是带箍筋与不带箍筋混凝土轴压应力-应变关系。由图看出，带箍筋的约束混凝土轴压强度较无约束混凝土提高80%左右，且其应力-应变关系改善。因此，本规范明确规定凡桩顶$5d$范围箍筋间距不大于100mm者，均可考虑纵向主筋的作用。

3 成桩工艺系数ψ_c。桩身混凝土的受压承载力

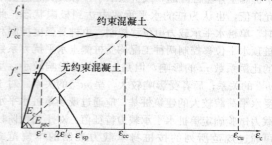

图30 约束与无约束混凝土应力-应变关系
（引自 Mander et al 1984）

是桩身受压承载力的主要部分，但其强度和截面变异受成桩工艺的影响。就其成桩环境、质量可控度不同，将成桩工艺系数 ψ_c 规定如下。ψ_c 取值在原 JGJ 94—94 规范的基础上，汲取了工程试桩的经验数据，适当提高了安全度。

混凝土预制桩、预应力混凝土空心桩：$\psi_c=0.85$；主要考虑在沉桩后桩身常出现裂缝。

干作业非挤土灌注桩（含机钻、挖、冲孔桩、人工挖孔桩）：$\psi_c=0.90$；泥浆护壁和套管护壁非挤土灌注桩、部分挤土灌注桩、挤土灌注桩：$\psi_c=0.7\sim0.8$；软土地区挤土灌注桩：$\psi_c=0.6$。对于泥浆护壁非挤土灌注桩应视地层土质取 ψ_c 值，对于易塌孔的流塑状软土、松散粉土、粉砂，ψ_c 宜取 0.7。

4 桩身受压承载力计算及其与静载试验比较

本规范规定，对于桩顶以下 $5d$ 范围箍筋间距不大于 100mm 者，桩身受压承载力设计值可考虑纵向主筋按本规范式(5.8.2-1)计算，否则只考虑桩身混凝土的受压承载力。对于按本规范式 (5.8.2-1) 计算桩身受压承载力的合理性及其安全度，从所收集到的 43 根泥浆护壁后注浆钻孔灌注桩静载试验结果与桩身极限受压承载力计算值 R_u 进行比较，以检验桩身受压承载力计算模式的合理性和安全性（列于表 14）。其中 R_u 按如下关系计算：

$$R_u = \frac{2R_p}{1.35}$$

$$R_p = \psi_c f_c A_{ps} + 0.9 f'_y A'_s$$

其中 R_p 为桩身受压承载力设计值；ψ_c 为成桩工艺系数；f_c 为混凝土轴心抗压强度设计值；f'_y 为主筋受压强度设计值；A_{ps}、A'_s 为桩身和主筋截面积，其中 A'_s 包含后注浆钢管截面积；1.35 系数为单桩承载力特征值与设计值的换算系数（综合荷载分项系数）。

从表 14 可见，虽然后注浆桩由于土的支承阻力（侧阻、端阻）大幅提高，绝大部分试桩未能加载至破坏，但其荷载水平是相当高的。最大加载值 Q_{max} 与桩身受压承载力极限值 R_u 之比 Q_{max}/R_u 均大于 1，且无一根桩身被压坏。

以上计算与试验结果说明三个问题：一是影响混凝土受压承载力的成桩工艺系数，对于泥浆护壁非挤土桩一般取 $\psi_c=0.8$ 是合理的；二是在桩顶 $5d$ 范围箍筋加密情况下计入纵向主筋承载力是合理的；三是按本规范公式计算桩身受压承载力的安全系数高于由土的支承阻力确定的单桩承载力特征值安全系数 $K=2$，桩身承载力的安全可靠性处于合理水平。

表 14 灌注桩（泥浆护壁、后注浆）桩身受压承载力计算与试验结果

工程名称	桩号	桩径 d (mm)	桩长 L (m)	桩端持力层	桩身混凝土等级	主筋	桩顶 $5d$ 箍筋	最大加载 Q_{max} (kN)	沉降 (mm)	桩身受压极限承载力 R_u (kN)	$\dfrac{Q_{max}}{R_u}$
银泰中心A座	A-S1	1100	30.0	⑨层卵砾、砾粗砂	C40	10φ22	φ8@100	24×10³	16.31	22.76×10³	>1.05
	AS1-1	1100	30.0		C40	10φ22	φ8@100	17×10³	7.65	22.76×10³	
	AS1-2	1100	30.0		C40	10φ22	φ8@100	17×10³	10.11	22.76×10³	
银泰中心B座	B-S3	1100	30.0	⑨层卵砾、砾粗砂	C40	10φ22	φ8@100	24×10³	16.70	22.76×10³	>1.05
	B1-14	1100	30.0		C40	10φ22	φ8@100	17×10³	10.34	22.76×10³	
	BS1-2	1100	30.0		C40	10φ22	φ8@100	17×10³	10.62	22.76×10³	
银泰中心C座	C-S2	1100	30.0	⑨层卵砾、砾粗砂	C40	10φ22	φ8@100	24×10³	18.71	22.76×10³	>1.05
	CS1-1	1100	30.0		C40	10φ22	φ8@100	17×10³	14.89	22.76×10³	
	S1-2	1100	30.0		C40	10φ22	φ8@100	17×10³	13.14	22.76×10³	
北京电视中心	S1	1000	27.0	⑦层卵砾、砾	C40	12φ20	φ8@100	18×10³	21.94	19.01×10³	—
	S2	1000	27.0		C40	12φ20	φ8@100	18×10³	27.27	19.01×10³	
	S3	1000	27.0		C40	12φ20	φ8@100	18×10³	24.78	19.01×10³	
	S4	800	27.0		C40	10φ20	φ8@100	14×10³	25.81	12.40×10³	>1.13
	S6	800	27.0		C40	10φ20	φ8@100	16.8×10³	29.86	12.40×10³	>1.35

续表14

工程名称	桩号	桩径 d (mm)	桩长 L (m)	桩端持力层	桩身混凝土等级	主筋	桩顶5d箍筋	最大加载 Q_{max} (kN)	沉降 (mm)	桩身受压极限承载力 R_u (kN)	$\frac{Q_{max}}{R_u}$
财富中心一期公寓	22#	800	24.6	⑦层卵砾	C40	12φ18	φ8@100	13.8×10³	12.32	11.39×10³	>1.12
	21#	800	24.6		C40	12φ18	φ8@100	13.8×10³	12.17	11.39×10³	>1.12
	59#	800	24.6		C40	12φ18	φ8@100	13.8×10³	14.98	11.39×10³	>1.12
财富中心二期办公楼	64#	800	25.2	⑦层卵砾	C40	12φ18	φ8@100	13.7×10³	17.30	11.39×10³	>1.11
	1#	800	25.2		C40	12φ18	φ8@100	13.7×10³	16.12	11.39×10³	>1.11
	127#	800	25.2		C40	12φ18	φ8@100	13.7×10³	16.34	11.39×10³	>1.11
财富中心二期公寓	402#	800	21.0	⑦层卵砾	C40	12φ18	φ8@100	13.0×10³	18.60	11.39×10³	>1.05
	340#	800	21.0		C40	12φ18	φ8@100	13.0×10³	14.35	11.39×10³	>1.05
	93#	800	21.0		C40	12φ18	φ8@100	13.0×10³	12.64	11.39×10³	>1.05
财富中心酒店	16#	800	22.0	⑦层卵砾	C40	12φ18	φ8@100	13.0×10³	13.72	11.39×10³	>1.05
	148#	800	22.0		C40	12φ18	φ8@100	13.0×10³	14.27	11.39×10³	>1.05
	226#	800	22.0		C40	12φ18	φ8@100	13.0×10³	13.66	11.39×10³	>1.05
首都国际机场航站楼	NB-T	800	30.8	粉砂、粉土	C40	10φ22	φ8@100	16.0×10³	37.43	19.89×10³	>1.26
	NB-T	800	41.8		C40	16φ22	φ8@100	28.0×10³	53.72	19.89×10³	>1.57
	NB-T	1000	30.8		C40	16φ22	φ8@100	18.0×10³	37.65	11.70×10³	—
	NC-T	800	25.5		C40	10φ22	φ8@100	12.8×10³	43.50	18.30×10³	>1.12
	NC-T	1000	25.5		C40	12φ22	φ8@100	16.0×10³	68.44	11.70×10³	>1.13
	ND-T	800	27.65		C40	10φ22	φ8@100	14.4×10³	62.33	11.70×10³	>1.23
	ND-T	1000	38.65		C40	16φ22	φ8@100	24.5×10³	61.03	19.89×10³	>1.03
	ND-T	1000	27.65		C40	12φ22	φ8@100	20.0×10³	67.56	19.39×10³	>1.42
	ND-T	800	38.65		C40	12φ22	φ8@100	18.0×10³	69.27	12.91×10³	>1.42
中央电视台	TP-A1	1200	51.70	中粗砂、卵砾	C40	24φ25	φ10@100	33.0×10³	21.78	29.4×10³	>1.12
	TP-A2	1200	51.70		C40	24φ25	φ10@100	30.0×10³	31.44	29.4×10³	>1.03
	TP-A3	1200	53.40		C40	24φ25	φ10@100	33.0×10³	18.78	29.4×10³	>1.12
	TP-B2	1200	33.40		C40	24φ25	φ10@100	33.0×10³	14.50	29.4×10³	>1.12
	TP-B3	1200	33.40		C40	24φ25	φ8@100	35.0×10³	21.80	29.4×10³	>1.19
	TP-C1	800	23.40		C40	16φ20	φ8@100	17.6×10³	18.50	13.0×10³	>1.35
	TP-C2	800	22.60		C40	16φ20	φ8@100	17.6×10³	18.65	13.0×10³	>1.35
	TP-C3	800	22.60		C40	16φ20	φ8@100	17.6×10³	18.14	13.0×10³	>1.35

这里应强调说明一个问题,在工程实践中常见有静载试验中桩头被压坏的现象,其实这是试桩桩头处理不当所致。试桩桩头未按现行行业标准《建筑基桩检测技术规范》JGJ 106 规定进行处理,如:桩顶千斤顶接触不平整引起应力集中;桩顶混凝土再处理后强度过低;桩顶未加钢筋围裹或未设箍筋等,由此导致桩头先行破坏。很明显,这种由于试验设置不当而引发无法真实评价单桩承载力的现象是应该而且完全可以杜绝的。

5.8.4 本条说明关于桩身稳定系数的相关内容。工程实践中,桩身处于土体内,一般不会出现压屈失稳问题,但下列两种情况应考虑桩身稳定系数确定桩身受压承载力,即将按本规范第 5.8.2 条计算的桩身受压承载力乘以稳定系数 φ。一是桩的自由长度较大(这种情况只见于少数构筑物桩基)、桩周围为可液化土;二是桩周围为超软弱土,即土的不排水抗剪强度小于 10kPa。当桩的计算长度与桩径比 $l_c/d \geqslant 7.0$ 时要按本规范表 5.8.4-2 确定 φ 值。而桩的压屈计算长度 l_c 与桩顶、桩端约束条件有关,l_c 的具体确定方法按本规范表 5.8.4-1 规定执行。

5.8.7、5.8.8 对于抗拔桩桩身正截面设计应满足受拉承载力,同时应按裂缝控制等级,进行裂缝控制计算。

1 桩身承载力设计

本规范式(5.8.7)中预应力筋的受拉承载力为 $f_{py}A_{py}$,由于目前工程实践中多数为非预应力抗拔桩,故该项承载力为零。近来较多工程将预应力混凝土空心桩用于抗拔桩,此时桩顶与承台连接系通过桩顶管中埋设吊筋浇注混凝土芯,此时应确保加芯的抗拔承载力。对抗拔灌注桩施加预应力,由于构造、工艺较复杂,实践中应用不多,仅限于单桩承载力要求高的条件。从目前既有工程应用情况看,预应力灌注桩要处理好两个核心问题,一是无粘结预应力筋在桩身下部的锚固:宜于端部加锚头,并剥掉 2m 长左右塑料套管,以确保端头有效锚固。二是张拉锁定,有两种模式,一种是于桩顶预埋张拉锁定垫板,桩顶张拉锁定;另一种是在承台浇注预留张拉锁定平台,张拉锁定后,第二次浇注承台锁定锚头部分。

2 裂缝控制

首先根据本规范第 3.5 节耐久性规定,参考现行《混凝土结构设计规范》GB 50010,按环境类别和腐蚀性介质弱、中、强等级诸因素划分抗拔桩裂缝控制等级,对于不同裂缝控制等级桩基采取相应措施。对于严格要求不出现裂缝的一级和一般要求不出现裂缝的二级裂缝控制等级基桩,宜设预应力筋;对于允许出现裂缝的三级裂缝控制等级基桩,应按荷载效应标准组合计算裂缝最大宽度 w_{max},使其不超过裂缝宽度限值,即 $w_{max} \leqslant w_{lim}$。

5.8.10 当桩处于成层土中且土层刚度相差大时,水平地震作用下,软硬土层界面处的剪力和弯距将出现突增,这是基桩震害的主要原因之一。因此,应采用地震反应的时程分析方法分析软硬土层界面处的地震作用效应,进而采取相应的措施。

5.9 承台计算

5.9.1 本条对桩基承台的弯矩及其正截面受弯承载力和配筋的计算原则作出规定。

5.9.2 本条对柱下独立桩基承台的正截面弯矩设计值的取值计算方法系依据承台的破坏试验资料作出规定。20 世纪 80 年代以来,同济大学、郑州工业大学(郑州工学院)、中国石化总公司、洛阳设计院等单位进行的大量模型试验表明,柱下多桩矩形承台呈"梁式破坏",即弯曲裂缝在平行于柱边两个方向交替出现,承台在两个方向交替呈梁式承担荷载(见图 31),最大弯矩产生在平行于柱边两个方向的屈服线处。利用极限平衡原理导得柱下多桩矩形承台两个方向的承台正截面弯矩为本规范式(5.9.2-1)、式(5.9.2-2)。

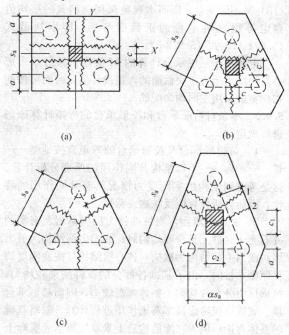

图 31 承台破坏模式
(a)四桩承台;(b)等边三桩承台;
(c)等边三桩承台;(d)等腰三桩承台

对柱下三桩三角形承台进行的模型试验,其破坏模式也为"梁式破坏"。由于三桩承台的钢筋一般均平行于承台边呈三角形配置,因而等边三桩承台具有代表性的破坏模式见图 31(b),可利用钢筋混凝土板的屈服线理论按机动法基本原理推导,得通过柱边屈服曲线的等边三桩承台正截面弯矩计算公式:

$$M = \frac{N_{max}}{3}\left(s_a - \frac{\sqrt{3}}{2}c\right) \qquad (10)$$

由图 31（c）的等边三桩承台最不利破坏模式，可得另一公式：

$$M = \frac{N_{\max}}{3} s_a \tag{11}$$

考虑到图 31（b）的屈服线产生在柱边，过于理想化，而图 31（c）的屈服线未考虑柱的约束作用，其弯矩偏于安全。根据试件破坏的多数情况采用式（10）、式（11）两式的平均值作为本规范的弯矩计算公式，即得到本规范式（5.9.2-3）。

对等腰三桩承台，其典型的屈服线基本上都垂直于等腰三桩承台的两个腰，试件通常在长跨发生弯曲破坏，其屈服线见图 31（d）。按梁的理论可导出承台正截面弯矩的计算公式：

当屈服线 2 通过柱中心时 $M_1 = \frac{N_{\max}}{3} s_a \tag{12}$

当屈服线 1 通过柱边时 $M_2 = \frac{N_{\max}}{3} \left(s_a - \frac{1.5}{\sqrt{4-\alpha^2}} c_1 \right) \tag{13}$

式（12）未考虑柱的约束影响，偏于安全；而式（13）又不够安全，因而本规范采用该两式的平均值确定等腰三桩承台的正截面弯矩，即本规范式（5.9.2-4）、式（5.9.2-5）。

上述关于三桩承台计算的 M 值均指通过承台形心与相应承台边正交截面的弯矩设计值，因而可按此相应宽度采用三向均匀配筋。

5.9.3 本条对箱形承台和筏形承台的弯矩计算原则进行规定。

1 对箱形承台及筏形承台的弯矩宜按地基——桩——承台——上部结构共同作用的原理分析计算。这是考虑到结构的实际受力情况具有共同作用的特性，因而分析计算应反映这一特性。

2 对箱形承台，当桩端持力层为基岩、密实的碎石类土、砂土且深厚均匀时；或当上部结构为剪力墙；或当上部结构为框架—核心筒结构且按变刚度调平原则布桩时，由于基础各部分的沉降变形较均匀，桩顶反力分布较均匀，整体弯矩较小，因而箱形承台顶、底板可仅考虑局部弯矩作用进行计算、忽略基础的整体弯矩，但需在配筋构造上采取措施承受实际上存在的一定数量的整体弯矩。

3 对筏形承台，当桩端持力层深厚坚硬、上部结构刚度较好，且柱荷载及柱间距变化不超过 20% 时；或当上部结构为框架—核心筒结构且按变刚度调平原则布桩时，由于基础各部分的沉降变形均较均匀，整体弯矩较小，因而可仅考虑局部弯矩作用进行计算，忽略基础的整体弯矩，但需在配筋构造上采取措施承受实际上存在的一定数量的整体弯矩。

5.9.4 本条对柱下条形承台梁的弯矩计算方法根据桩端持力层情况不同，规定可按下列两种方法计算。

1 按弹性地基梁（地基计算模型应根据地基土层特性选取）进行分析计算，考虑桩、柱垂直位移对承台梁内力的影响。

2 当桩端持力层深厚坚硬且桩柱轴线不重合时，可将桩视为不动铰支座，采用结构力学方法，按连续梁计算。

5.9.5 本条对砌体墙下条形承台梁的弯矩和剪力计算方法规定可按倒置弹性地基梁计算。将承台上的砌体墙视为弹性半无限体，根据弹性理论求解承台梁上的荷载，进而求得承台梁的弯矩和剪力。为方便设计，附录 G 已列出承台梁不同位置处的弯矩和剪力计算公式。对于承台上的砌体墙，尚应验算桩顶以上部分砌体的局部承压强度，防止砌体发生压坏。

5.9.7 本条对桩基承台受柱（墙）冲切承载力的计算方法作出规定：

1 根据冲切破坏的试验结果进行简化计算，取冲切破坏锥体为自柱（墙）边或承台变阶处至相应桩顶边缘连线所构成的锥体。锥体斜面与承台底面之夹角不小于 45°。

2 对承台受柱的冲切承载力按本规范式（5.9.7-1）～式（5.9.7-3）计算。依据现行国家标准《混凝土结构设计规范》GB 50010，对冲切系数作了调整。对混凝土冲切破坏承载力由 $0.6 f_t u_m h_0$ 提高至 $0.7 f_t u_m h_0$，即冲切系数 β_0 提高了 16.7%，故本规范将其表达式 $\beta_0 = 0.72/(\lambda + 0.2)$ 调整为 $\beta_0 = 0.84/(\lambda + 0.2)$。

3 关于最小冲跨比取值，由原 $\lambda = 0.2$ 调整为 $\lambda = 0.25$，λ 满足 $0.25 \sim 1.0$。

根据现行《混凝土结构设计规范》GB 50010 的规定，需考虑承台受冲切承载力截面高度影响系数 β_{hp}。

必须强调对圆柱及圆桩计算时应将其截面换算成方柱或方桩，即取换算柱截面边长 $b_c = 0.8 d_c$（d_c 为圆柱直径），换算桩截面边长 $b_p = 0.8 d$，以确定冲切破坏锥体。

5.9.8 本条对承台受柱冲切破坏锥体以外基桩的冲切承载力的计算方法作出规定，这些规定与《建筑桩基技术规范》JGJ 94—94 的计算模式相同。同时按现行《混凝土结构设计规范》GB 50010 规定，对冲切系数 β_0 进行调整，并增加受冲切承载力截面高度影响系数 β_{hp}。

5.9.9 本条对柱（墙）下桩基承台斜截面的受剪承载力计算作出规定。由于剪切破坏面通常发生在柱边（墙边）与桩边连线形成的贯通承台的斜截面处，因而受剪计算斜截面取在柱边处。当柱（墙）承台悬挑边有多排基桩时，应对多个斜截面的受剪承载力进行计算。

5.9.10 本条说明柱下独立桩基承台的斜截面受剪承载力的计算。

1 斜截面受剪承载力的计算公式是以《建筑桩基

技术规范》JGJ 94—94 计算模式为基础，根据现行《混凝土结构设计规范》GB 50010 规定，斜截面受剪承载力由按混凝土受压强度设计值改为按受拉强度设计值进行计算，作了相应调整。即由原承台剪切系数 $\alpha=0.12/(\lambda+0.3)$ $(0.3\leqslant\lambda<1.4)$、$\alpha=0.20/(\lambda+1.5)$ $(1.4\leqslant\lambda<3.0)$ 调整为 $\alpha=1.75/(\lambda+1)$ $(0.25\leqslant\lambda\leqslant3.0)$。最小剪跨比取值由 $\lambda=0.3$ 调整为 $\lambda=0.25$。

2 对柱下阶梯形和锥形、矩形承台斜截面受剪承载力计算时的截面计算有效高度和宽度的确定作出相应规定，与《建筑桩基技术规范》JGJ 94—94 规定相同。

5.9.11 本条对梁板式筏形承台的梁的受剪承载力计算作出规定，求得各计算斜截面的剪力设计值后，其受剪承载力可按现行《混凝土结构设计规范》GB 50010 的有关公式进行计算。

5.9.12 本条对配有箍筋但未配弯起钢筋的砌体墙下条形承台梁，规定其斜截面的受剪承载力可按本规范式（5.9.12）计算。该公式来源于《混凝土结构设计规范》GB 50010—2002。

5.9.13 本条对配有箍筋和弯起钢筋的砌体墙下条形承台梁，规定其斜截面的受剪承载力可按本规范式（5.9.13）计算，该公式来源同上。

5.9.14 本条对配有箍筋但未配弯起钢筋的柱下条形承台梁，由于梁受集中荷载，故规定其斜截面的受剪承载力可按本规范式（5.9.14）计算，该公式来源同上。

5.9.15 承台混凝土强度等级低于柱或桩的混凝土强度等级时，应按现行《混凝土结构设计规范》GB 50010 的规定验算柱下或桩顶承台的局部受压承载力，避免承台发生局部受压破坏。

5.9.16 对处于抗震设防区的承台受弯、受剪、受冲切承载力进行抗震验算时，应根据现行《建筑抗震设计规范》GB 50011，将上部结构传至承台顶面的地震作用效应乘以相应的调整系数；同时将承载力除以相应的抗震调整系数 γ_{RE}，予以提高。

6 灌注桩施工

6.2 一般规定

6.2.1 在岩溶发育地区采用冲、钻孔桩应适当加密勘察钻孔。在较复杂的岩溶地段施工时经常会发生偏孔、掉钻、卡钻及泥浆流失等情况，所以应在施工前制定出相应的处理方案。

人工挖孔桩在地质、施工条件较差时，难以保证施工人员的安全工作条件，特别是遇有承压水、流动性淤泥层、流砂层时，易引发安全和质量事故，因此不得选用此种工艺。

6.2.3 当很大深度范围内无良好持力层时的摩擦桩，应按设计桩长控制成孔深度。当桩较长且桩端置于较好持力层时，应以确保桩端置于较好持力层作主控标准。

6.3 泥浆护壁成孔灌注桩

6.3.2 清孔后要求测定的泥浆指标有三项，即相对密度、含砂率和黏度。它们是影响混凝土灌注质量的主要指标。

6.3.9 灌注混凝土之前，孔底沉渣厚度指标规定，对端承型桩不应大于 50mm；对摩擦型桩不应大于 100mm。首先这是多年灌注桩的施工经验；其二，近年对于桩底不同沉渣厚度的试桩结果表明，沉渣厚度大小不仅影响端阻力的发挥，而且也影响侧阻力的发挥值。这是近年来灌注桩承载性状的重要发现之一，故对原规范关于摩擦桩沉渣厚度≤300mm 作修订。

6.3.18～6.3.24 旋挖钻机重量较大、机架较高、设备较昂贵，保证其安全作业很重要。强调其作业的注意事项，这是总结近几年的施工经验后得出的。

6.3.25 旋挖钻机成孔，孔底沉渣（虚土）厚度较难控制，目前积累的工程经验表明，采用旋挖钻机成孔时，应采用清孔钻头进行清渣清孔，并采用桩端后注浆工艺保证桩端承载力。

6.3.27 细骨料宜选用中粗砂，是根据全国多数地区的使用经验和条件制订，少数地区若无中粗砂而选用其他砂，可通过试验进行选定，也可用合格的石屑代替。

6.3.30 条文中规定了最小的埋管深度宜为 2～6m，是为了防止导管拔出混凝土面造成断桩事故，但埋管也不宜太深，以免造成埋管事故。

6.4 长螺旋钻孔压灌桩

6.4.1～6.4.13 长螺旋钻孔压灌桩成桩工艺是国内近年开发且使用较广的一种新工艺，适用于地下水位以上的黏性土、粉土、素填土、中等密实以上的砂土，属非挤土成桩工艺，该工艺有穿透力强、低噪声、无振动、无泥浆污染、施工效率高、质量稳定等特点。

长螺旋钻孔压灌桩成桩施工时，为提高混凝土的流动性，一般宜掺入粉煤灰。每方混凝土的粉煤灰掺量宜为 70～90kg，坍落度应控制在 160～200mm，这主要是考虑保证施工中混合料的顺利输送。坍落度过大，易产生泌水、离析等现象，在泵压作用下，骨料与砂浆分离，导致堵管。坍落度过小，混合料流动性差，也容易造成堵管。另外所用粗骨料石子粒径不宜大于 30mm。

长螺旋钻孔压灌桩成桩，应准确掌握提拔钻杆时间，钻至预定标高后，开始泵送混凝土，管内空气从排气阀排出，待钻杆内管及输送软、硬管内混凝土达到连续时提钻。若提钻时间较晚，在泵送压力下钻头处的水泥浆液被挤出,容易造成管路堵塞。应杜绝在泵送混凝土前提拔钻杆,以免造成桩端处存在虚土或桩端混合料离析、端阻力减小。提拔钻杆中应连续泵料,特别是在饱和砂土、饱和粉土层中不得停泵待料,避免造成混凝土离析、桩身缩径和断桩,目前施工多采用商品混凝土或现场用两台 $0.5m^3$ 的强制式搅拌机拌制。

灌注桩后插钢筋笼工艺近年有较大发展,插笼深度提高到目前 20~30m,较好地解决了地下水位以下压灌桩的配筋问题。但后插钢筋笼的导向问题没有得到很好的解决,施工时应注意根据具体条件采取综合措施控制钢筋笼的垂直度和保护层有效厚度。

6.5 沉管灌注桩和内夯沉管灌注桩

振动沉管灌注成桩若混凝土坍落度过大,将导致桩顶浮浆过多,桩体强度降低。

6.6 干作业成孔灌注桩

人工挖孔桩在地下水疏干状态不佳时,对桩端及时采用低水混凝土封底是保证桩基础承载力的关键之一。

6.7 灌注桩后注浆

灌注桩桩底后注浆和桩侧后注浆技术具有以下特点:一是桩底注浆采用管式单向注浆阀,有别于构造复杂的注浆预载箱、注浆囊、U形注浆管,实施开敞式注浆,其竖向导管可与桩身完整性声速检测兼用,注浆后可代替纵向主筋;二是桩侧注浆是外置于桩土界面的弹性注浆管阀,不同于设置于桩身内的袖阀式注浆管,可实现桩身无损注浆。注浆装置安装简便、成本较低、可靠性高,适用于不同钻具成孔的锥形和平底孔型。

6.7.1 灌注桩后注浆(Cast-in-place pile post grouting,简写PPG)是灌注桩的辅助工法。该技术旨在通过桩底桩侧后注浆固化沉渣(虚土)和泥皮,并加固桩底和桩周一定范围的土体,以大幅提高桩的承载力,增强桩的质量稳定性,减小桩基沉降。对于干作业的钻、挖孔灌注桩,经实践表明均取得良好成效。故本规定适用于除沉管灌注桩外的各类钻、挖、冲孔灌注桩。该技术目前已应用于全国二十多个省市的数以千计的桩基工程中。

6.7.2 桩底后注浆管阀的设置数量应根据桩径大小确定,最少不少于 2 根,对于 $d>1200mm$ 桩应增至 3 根。目的在于确保后注浆浆液扩散的均匀对称及后注浆的可靠性。桩侧注浆断面间距视土层性质、桩长、承载力增幅要求而定,宜为 6~12m。

6.7.4~6.7.5 浆液水灰比是根据大量工程实践经验提出的。水灰比过大容易造成浆液流失,降低后注浆的有效性,水灰比过小会增大注浆阻力,降低可注性,乃至转化为压密注浆。因此,水灰比的大小应根据土层类别、土的密实度、土是否饱和诸因素确定。当浆液水灰比不超过 0.5 时,加入减水、微膨胀等外加剂在于增加浆液的流动性和对土体的增强效应。确保最佳注浆量是确保桩的承载力增幅达到要求的重要因素,过量注浆会增加不必要的消耗,应通过试注浆确定。这里推荐的用于预估注浆量公式是以大量工程经验确定有关参数推导提出的。关于注浆作业起始时间和顺序的规定是大量工程实践经验的总结,对于提高后注浆的可靠性和有效性至关重要。

6.7.6~6.7.9 规定终止注浆的条件是为了保证后注浆的预期效果及避免无效过量注浆。采用间歇注浆的目的是通过一定时间的休止使已压入浆提高抗浆液流失阻力,并通过调整水灰比消除规定中所述的两种不正常现象。实践过程曾发生过高压输浆管接口松脱或爆管而伤人的事故,因此,操作人员应采取相应的安全防护措施。

7 混凝土预制桩与钢桩施工

7.1 混凝土预制桩的制作

7.1.3 预制桩在锤击沉桩过程中要出现拉应力,对于受水平、上拔荷载桩桩身拉应力是不可避免的,故按现行《混凝土结构工程施工质量验收规范》GB 50204的规定,同一截面的主筋接头数量不得超过主筋数量的 50%,相邻主筋接头截面的距离应大于 $35d_g$。

7.1.4 本规范表 7.1.4 中 7 和 8 项次应予以强调。按以往经验,如制作时质量控制不严,造成主筋距桩顶面过近,甚至与桩顶齐平,在锤击时桩身容易产生纵向裂缝,被迫停锤。网片位置不准,往往也会造成桩顶被击碎事故。

7.1.5 桩尖停在硬层内接桩,如电焊连接耗时较长,桩周摩阻得到恢复,使进一步锤击发生困难。对于静力压桩,则沉桩更困难,甚至压不下去。若采用机械式快速接头,则可避免这种情况。

7.1.8 根据实践经验,凡达到强度与龄期的预制桩大都能顺利打入土中,很少打裂;而仅满足强度不满足龄期的预制桩打裂或打断的比例较大。为使沉桩顺利进行,应做到强度与龄期双控。

7.3 混凝土预制桩的接桩

管桩接桩有焊接、法兰连接和机械快速连接三种方式。本规范对不同连接方式的技术要点和质量控制环节作出相应规定,以避免以往工程实践中常见的由于接桩质量问题导致沉桩过程由于锤击拉应力和土上涌接头被拉断的事故。

7.4 锤击沉桩

7.4.3 桩帽或送桩帽的规格应与桩的断面相适应，太小会将桩顶打碎，太大易造成偏心锤击。插桩应控制其垂直度，才能确保沉桩的垂直度，重要工程插桩均应采用二台经纬仪从两个方向控制垂直度。

7.4.4 沉桩顺序是沉桩施工方案的一项重要内容。以往施工单位不注意合理安排沉桩顺序造成事故的事例很多，如桩位偏移、桩体上涌、地面隆起过多、建筑物破坏等。

7.4.6 本条所规定的停止锤击的控制原则适用于一般情况，实践中也存在某些特例。如软土中的密集桩群，由于大量桩沉入土中产生挤土效应，对后续桩的沉桩带来困难，如坚持按设计标高控制很难实现。按贯入度控制的桩，有时也会出现满足不了设计要求的情况。对于重要建筑，强调贯入度和桩端标高均达到设计要求，即实行双控是必要的。因此确定停锤标准是较复杂的，宜借鉴经验与通过静载试验综合确定停锤标准。

7.4.9 本条列出的一些减少打桩对邻近建筑物影响的措施是对多年实践经验的总结。如某工程，未采取任何措施沉桩地面隆起达15~50cm，采用预钻孔措施后地面隆起则降为2~10cm。控制打桩速率减少挤土隆起也是有效措施之一。对于经检测，确有桩体上涌的情况，应实施复打。具体用哪一种措施要根据工程实际条件，综合分析确定，有时可同时采用几种措施。即使采取了措施，也应加强监测。

7.6 钢桩（钢管桩、H型桩及其他异型钢桩）施工

7.6.3 钢桩制作偏差不仅要在制作过程中控制，运到工地后在施打前还应检查，否则沉桩时会发生困难，甚至成桩失败。这是因为出厂后在运输或堆放过程中会因措施不当而造成桩身局部变形。此外，出厂成品均为定尺钢桩，而实际施工时都是由数根焊接而成，但不会正好是定尺桩的组合，多数情况下，最后一节为非定尺桩，这就要进行切割。因此要对切割后的节段及拼接后的桩进行外形尺寸检验。

7.6.5 焊接是钢桩施工中的关键工序，必须严格控制质量。如焊丝不烘干，会引起烧焊时含氢量高，使焊缝容易产生气孔而降低其强度和韧性，因而焊丝必须在200~300℃温度下烘干2h。据有关资料，未烘干的焊丝其含氢量为12ml/100gm，经过300℃温度烘干2h后，减少到9.5mL/100gm。

现场焊接受气候的影响较大，雨天烧焊时，由于水分蒸发会有大量氢气混入焊缝内形成气孔。大于10m/s的风速会使自保护气体和电弧火焰不稳定。雨天或刮风条件下施工，必须采取防风避雨措施，否则质量不能保证。

焊缝温度未冷却到一定温度就锤击，易导致焊缝出现裂缝。浇水骤冷更易使之发生脆裂。因此，必须对冷却时间予以限定且要自然冷却。有资料介绍，1min停歇，母材温度即降至300℃，此时焊缝强度可以经受锤击压力。

外观检查和无破损检验是确保焊接质量的重要环节。超声或拍片的数量应视工程的重要程度和焊接人员的技术水平而定，这里提供的数量，仅是一般工程的要求。还应注意，检验应实行随机抽样。

7.6.6 H型钢桩或其他薄壁钢桩不同于钢管桩，其断面与刚度本来很小，为保证原有的刚度和强度不致因焊接而削弱，一般加以连接板。

7.6.7 钢管桩出厂时，两端应有防护圈，以防坡口受损；对H型桩，因其刚度不大，若支点不合理，堆放层数过多，均会造成桩体弯曲，影响施工。

7.6.9 钢管桩内取土，需配以专用抓斗，若要穿透砂层或硬土层，可在桩下端焊一圈钢箍以增强穿透力，厚度为8~12mm，但需先试沉桩，方可确定采用。

7.6.10 H型钢桩，其刚度不如钢管桩，且两个方向的刚度不一，很容易在刚度小的方向发生失稳，因而对锤重予以限制。如在刚度小的方向设约束装置有利于顺利沉桩。

7.6.11 H型钢桩送桩时，锤的能量损失约1/3~4/5，故桩端持力层较好时，一般不送桩。

7.6.12 大块石或混凝土块容易嵌入H钢桩的槽口内，随桩一起沉入下层土内，如硬土层则使沉桩困难，甚至继续锤击导致桩体失稳，故应事先清除桩位上的障碍物。

8 承台施工

8.1 基坑开挖和回填

8.1.3 目前大型基坑越来越多，且许多工程位于建筑群中或闹市区。完善的基坑开挖方案，对确保邻近建筑物和公用设施（煤气管线、上下水道、电缆等）的安全至关重要。本条中所列的各项工作均应慎重研究以定出最佳方案。

8.1.4 外降水可降低主动土压力，增加边坡的稳定；内降水可增加被动土压，减少支护结构的变形，且利于机具在基坑内作业。

8.1.5 软土地区基坑开挖分层均衡进行极其重要。某电厂厂房基础，桩断面尺寸为450mm×450mm，基坑开挖深度4.5m。由于没有分层挖土，由基坑的一边挖至另一边，先挖部分的桩体发生很大水平位移，有些桩由于位移过大而断裂。类似的由于基坑开挖失当而引起的事故在软土地区屡见不鲜。因此对挖土顺序必须合理适当，严格均衡开挖，高差不应超过1m；不得于坑边弃土；对已成桩须妥善保护，不得

让挖土设备撞击；对支护结构和已成桩应进行严密监测。

8.2 钢筋和混凝土施工

8.2.2 大体积承台日益增多，钢厂、电厂、大型桥墩的承台一次浇注混凝土量近万方，厚达3～4m。对这种桩基承台的浇注，事先应作充分研究。当浇注设备适应时，可用平铺法；如不适应，则应从一端开始采用滚浇法，以减少混凝土的浇注面。对水泥用量，减少温差措施均需慎重研究；措施得当，可实现一次浇注。

9 桩基工程质量检查和验收

9.1.1～9.1.3 现行国家标准《建筑地基基础工程施工质量验收规范》GB 50202 和行业标准《建筑基桩检测技术规范》JGJ 106 以强制性条文规定必须对基桩承载力和桩身完整性进行检验。桩身质量与基桩承载力密切相关，桩身质量有时会严重影响基桩承载力，桩身质量检测抽样率较高，费用较低，通过检测可减少桩基安全隐患，并可为判定基桩承载力提供参考。

9.2.1～9.4.5 对于具体的检测项目，应根据检测目的、内容和要求，结合各检测方法的适用范围和检测能力，考虑工程重要性、设计要求、地质条件、施工因素等情况选择检测方法和检测数量。影响桩基承载力和桩身质量的因素存在于桩基施工的全过程中，仅有施工后的试验和施工后的验收是不全面、不完整的。桩基施工过程中出现的局部地质条件与勘察报告不符、工程桩施工参数与施工前的试验参数不同、原材料发生变化、设计变更、施工单位变更等情况，都可能产生质量隐患，因此，加强施工过程中的检验是有必要的。不同阶段的检验要求可参照现行《建筑地基基础工程施工质量验收规范》GB 50202 和现行《建筑基桩检测技术规范》JGJ 106 执行。

中华人民共和国行业标准

载体桩设计规程

JGJ 135—2007

条 文 说 明

目 次

1 总则 …………………………………… 5—11—3
2 术语、符号 …………………………… 5—11—3
   2.1 术语 ……………………………… 5—11—3
3 基本规定 ……………………………… 5—11—3
4 载体桩计算 …………………………… 5—11—5
   4.1 一般规定 ………………………… 5—11—5
   4.2 载体桩桩顶作用效应计算 ……… 5—11—5
   4.3 单桩竖向承载力 ………………… 5—11—5
   4.4 单桩水平承载力 ………………… 5—11—7
   4.5 载体桩基沉降计算 ……………… 5—11—8
6 载体桩基工程质量检查
   与检测 ……………………………… 5—11—8
   6.2 成桩质量检查 …………………… 5—11—8
   6.3 单桩桩身完整性及承载力检测 …… 5—11—8

1 总则

1.0.1 原复合载体夯扩桩简称复合载体桩,现称载体桩。设计载体桩时首先应从建筑安全考虑,确定方案是否可行,然后再根据建筑物的安全等级、建筑场地情况、结构形式和结构荷载,确定桩长、桩径等设计参数;并考虑施工工艺对环境的影响,确定最优设计方案。

1.0.3 载体桩成孔一般采用柱锤夯击、护筒跟进成孔,再对桩端土体进行填料和夯击,必然对桩端周围土体产生一定的挤土效应,故施工时必须根据建筑物所处的地质条件和周围的环境条件,综合考虑施工方法。地质条件是指被加固土层应具有良好的可挤密性、足够的厚度、土层稳定和埋深适宜,不具备这些条件时不宜采用。为减小桩身施工时的挤土效应,可以采用螺旋钻成孔。当拟建场地周围有建筑物时,为减小施工对已建建筑物的影响,可以采用无振感的施工方法进行施工,或者采取适当的减振、隔振措施。

2 术语、符号

2.1 术语

2.1.1 填充料是为了增强混凝土桩端下土体的挤密效果而填充的材料。碎砖、碎混凝土块、水泥拌合物、碎石、卵石及矿渣等都可以作为填充料,其中水泥拌合物指水泥和粉煤灰与粗骨料按一定比例掺合的混合物。对于某些地质条件较好、挤密效果佳的土层,在施工载体桩时,可以不投填充料而对桩端土体直接夯实。

2.1.2 挤密土体是填充料周围被夯实挤密的土体,距离填充料越远,对挤密土体的影响越小。

2.1.3 载体由三部分组成:混凝土、夯实填充料、挤密土体。从混凝土、夯实填充料到挤密土体,其压缩模量逐渐降低,应力逐渐扩散。根据施工经验以及对桩端周围土体取样分析,载体的影响范围深度约为3~5m,直径约为2~3m,即施工完毕时,桩端下深3~5m,直径2~3m范围内的土体都得到了有效挤密,载体的构造见图1。

2.1.4 载体桩指由混凝土桩身和载体构成的桩。施工时采用柱锤夯击,护筒跟进成孔,达到设计标高后,柱锤夯出护筒底一定深度,再分批向孔内投入填充料,用柱锤反复夯实,达到设计要求后再填入混凝土夯实,形成载体,最后再施工混凝土桩身。从受力原理分析,混凝土桩身相当于传力杆,载体相当于无筋扩展基础。根据桩身混凝土的施工方法、施工材料及受力条件等的不同,载体桩有现浇钢筋混凝土桩身载体桩、素混凝土桩身载体桩和预制桩桩身载体桩。载

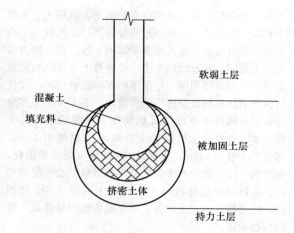

图 1 载体构造示意

体桩着重研究载体的受力,其核心为土体密实,承载力主要源于载体。

2.1.5 载体桩桩长包括两部分:混凝土桩身长度和载体高度,其中混凝土桩身长度即从承台底到载体顶的高度,载体的高度因桩端土体土性和三击贯入度的不同而不同,一般深度约为3~5m。在进行设计时,从安全角度考虑,常常取2m作为载体的计算高度。

2.1.6 被加固土层指载体所在的土层,被加固土层的土性直接影响到土体的挤密效果,影响到载体等效计算面积A_e。土颗粒粒径越大,土体的挤密效果也就越好,A_e就越大。为保证土体的挤密效果,必须保证加固土层要有一定的埋深,若埋深太浅,载体周围约束力太小,施工时候容易引起土体的隆起而达不到设计的挤密效果。

2.1.7 载体桩持力层指直接承受载体传递荷载的土层。上部荷载通过桩身传递到载体,并最终传递到持力层。

2.1.8 三击贯入度是采用锤径355mm,质量为3500kg的柱锤,落距为6.0m,连续三次锤击的累计下沉量。当填料夯实完毕后,正常的贯入度应该为第二次测得的贯入度不大于前一次的贯入度,若发现不符合此规律,应分析查明原因,处理完毕后重新测量。

3 基本规定

3.0.1 与其他桩基础相比,载体桩的承载力主要来源于载体,而载体的受力和等效计算面积与桩端土体的性质密切相关,因此当无类似地质条件下的成桩试验资料时,应在设计或施工前进行成孔、成桩试验以确定沉管深度、封堵措施、填料用量、三击贯入度和混凝土充盈系数等施工参数,并试验其承载力以确定设计参数是否经济合理。

3.0.2 随着近几年的研究,载体桩的应用已经取得

了长足的进展。对于软塑状态的黏土、素填土、杂填土和湿陷性黄土，只要经过成桩和载荷试验确定承载力满足设计要求，也可作为被加固土层。黄土作为被加固土层时，经过填料夯击，使桩身下土体的结构发生变化，在载体周围一定范围内湿陷性被消除，设计时保证载体桩桩长穿过湿陷性黄土。表1为某工程载体桩载体周围土在施工前后物理力学参数指标的变化。试验桩混凝土桩身长度为9.0m，桩间距1.8m，三击贯入度为12cm，土样从9.0m深度处开始取样，每米取一组，取样水平位置位于两试桩中心连线的中点。由试验数据分析可见，混凝土桩身下4m范围内，经过载体的施工，黄土的湿陷系数明显降低，湿陷性被消除。

表1　某工程载体桩施工前后载体周围土的物理力学参数指标变化

土样编号	取土深度(m)	天然密度(g/cm³)		孔隙比		压缩模量(MPa)		湿陷系数	
		原状土	施工后	原状土	施工后	原状土	施工后	原状土	施工后
1	9.0	1.39	1.58	0.94	0.709	5.7	14.2	0.034	0.002
2	10.0	1.46	1.50	0.906	0.807	7.6	15.3	0.019	0.005
3	11.0	1.42	1.45	0.891	0.793	8.8	16.4	0.017	0.012
4	12.0	1.41	1.41	0.915	0.875	7.6	9.3	0.029	0.014
5	13.0	1.38	1.42	0.957	0.901	5.4	6.7	0.023	0.015

3.0.3　设计中应根据地质条件和设计荷载，确定合适的桩间距。合适的桩间距是指既能满足设计要求，又不至于影响到相邻载体桩受力，且造价最经济的桩间距。桩间距过小时，施工载体时产生的侧向挤土压力可能导致邻桩载体偏移；当桩长较短且土层抗剪强度较低时，可能导致土体剪切滑裂面的形成，从而使地面隆起、邻桩桩身上移，造成断桩或桩身与载体脱离等缺陷。

在某住宅小区采用桩径410mm，桩长约5.0m的载体桩，载体被加固土层为黏土层，经取土和土工试验发现：在夯实填充料外表面沿水平方向0～300cm处土体孔隙比的变化如表2所示，沿水平方向90cm范围内，孔隙比变化明显，但超过90cm后孔隙比变化减小。实测夯实填充料水平轴直径为105cm，沿水平方向90cm范围内土体的孔隙比都有一定的变化，则被加固区范围约为2m。

表2　土体孔隙比沿与填充料表面水平距离的变化

取样点号	1	2	3	4	5
距填充料外表面水平距离(cm)	0	30	60	90	300
孔隙比	0.613	0.647	0.704	0.730	0.730

上述试验是在黏土中进行的，模型箱载体桩试验结果表明，当被加固土层为砂土时，其影响范围小于黏性土，由于抗剪强度较高、剪切滑裂面不易开展和固结快，最小影响区域直径约为1.6m。根据工程实践经验和室内试验，桩径为300～500mm的载体桩，当被加固土层为粉土、砂土或碎石土时，最小桩距为1.6m；当被加固土层为黏性土时，由于黏性土影响范围大，最小桩距为2.0m。当桩径大于500mm时，由于其影响区域大，其最小桩间距应适当增加，以成孔试验确定的最小桩间距为准。

3.0.6　每种土的孔隙比不同，土的内摩擦角不同，在相同约束和夯击能量下，土体的挤密效果也不同，为达到设计要求的三击贯入度所需填料量也不相同。考虑到施工的相互影响，填料量并非越多越好，填料过大，容易影响到相邻载体的施工质量。

根据施工经验，对于桩径为300～500mm的载体桩，一般载体施工填料都在900块砖以内，干硬性混凝土的填量在0.5m³以内时，其体积约为1.8m³，超过此填料量时容易影响到周围载体桩的承载能力，故本条规定填料体积约1.8m³。当填料超过1.8m³时，必须调整设计方案。对于桩径较大的桩，由于该类型的桩间距也大，其填料量可适当增加，具体填料量根据成桩试验数据确定。

对于压缩模量大，承载力高的碎石类土或粗砂砾砂等土，由于土颗粒间摩擦大，土体的挤密效果好，施工时可以成孔到设计标高后采用柱锤直接夯实，也能得到较好的施工效果。

某小区，场区内地面下2～12m范围为杂填土，其下为卵石层，承载力为350kPa，设计载体桩桩长为2～12m，桩径为450mm和600mm，施工载体时，沉管到设计标高后直接夯击，三击贯入度满足要求后再填入0.3m³干硬性混凝土、放置钢筋笼和浇筑混凝土。施工完毕经检测承载力全部大于2000kN，加载到4000kN时变形仅为13mm，取得了良好的效果。

3.0.7　在承压含水层内进行载体施工时，一旦封堵失效会造成施工困难，并且影响施工质量，故应采取有效措施，防止突涌，避免承压水进入护筒。随着施工技术的日趋成熟，施工控制措施也越来越多。由于载体影响深度为3～5m，在透水层以上一定距离的不透水层内进行填料夯击，可有效地防止承压水进入护筒，同时又能获得良好的效果，此距离可依据承压水压力和土体的抗剪强度确定；当混凝土桩身进入透水层较深时，可在施工过程中向护筒内填料夯实形成砖塞，堵住承压水，边沉管边夯击最终将护筒沉至设计位置；也可以采用在施工现场适当的位置钻孔，消除承压水的水压力，减小承压水的影响等。

某工程东距河流约20.0m，地下水较为丰富，地下水位约在自然地面下3.0m，且为承压水。本工程以卵石作为载体桩持力层，其渗透系数较大，若不采取一定的措施，成孔到设计标高后，容易造成承压水进入护筒,从而影响施工质量。为防止出现这种情况,施工时用锤夯击,将护筒预沉入设计位置上不透水层一定深度后,提出护筒,用彩条布和塑料布将护筒底口扎实,再将护筒缓慢放入到预先沉好的孔中,当护筒底沉到孔底后,立即通过护筒上部所开的投料口投入适量的水泥和砖头,使其在护筒底口形成一定厚度的砖塞,其作用一是隔水;二是通过砖塞与护筒间的摩擦力,在夯锤的夯击能量下,将护筒带至设计深度,边填料边夯实,同时沉护筒。护筒沉至设计深度后,用夯锤将砖塞击出护筒底口,并及时投入填充料夯击,当三击贯入度满足设计要求后,再填入设计方量的干硬性混凝土夯击,按照常规载体桩施工方法进行施工。施工完毕后经检测,单桩承载力都满足设计要求,混凝土质量也都满足要求。

3.0.8 由于载体桩为挤土桩,施工时容易影响到相邻桩的施工质量,造成缩径或桩身与载体间产生裂缝。可以通过控制相邻桩的上浮量来保证桩身的质量。

3.0.9 载体桩可用于复合地基中,当作为复合地基中的增强体,桩身可不配筋。载体桩复合地基的设计可参照国家现行标准《建筑地基处理技术规范》JGJ 79中水泥粉煤灰碎石桩法的有关规定。

4 载体桩计算

4.1 一般规定

载体桩水平承载力和竖向承载力验算应按现行国家标准《建筑地基基础设计规范》GB 50007执行。在偏心荷载作用下,承受轴力最大的边桩,验算承载力时其承载力特征值提高20%。

4.2 载体桩桩顶作用效应计算

承台下单桩竖向力的计算采用正常使用极限状态下标准组合的竖向力。

公式(4.2.1-1)和(4.2.1-2)成立必须满足三个假定条件:(1)承台为绝对刚性,受弯矩作用时呈平面转动,不产生挠曲;(2)桩与承台为铰接相连,只传递轴力和水平力,不传递弯矩;(3)各桩刚度相等,当各桩刚度不等时应按实际刚度进行计算。

4.3 单桩竖向承载力

4.3.2 由于载体桩的载荷曲线都比较平缓,由载荷曲线分析,其侧摩阻所占比例比较小,尤其对于桩长小于10m的载体桩,其侧摩阻力所占比例更小。为方便计算,在进行载体桩承载力估算时,采用式(4.3.2)对载体桩承载力特征值进行设计估算。

2001年版《复合载体夯扩桩设计规程》编写时,由于当时收集的工程资料有限,对A_e的取值偏于保守。通过近几年工程总结,发现实际单桩承载力往往比按设计规程计算出的单桩承载力高,为了更好发挥载体桩的优势,节约资源,新规程对A_e进行了修正。

本次修订共收集到静载荷试验数据1500多条,对其中某些未做到极限状态且变形太小的曲线进行剔除,其他的桩采用逆斜率法推算其极限承载力。通过桩端持力层的承载力,反算出对应不同土层、不同三击贯入度的A_e,表3为部分载体桩反算出的A_e值。对不同被加固土层、不同三击贯入度下的A_e值进行回归分析得出本规程表4.3.2。对部分实际工程的载体桩承载力按表4.3.2进行计算,其实测值与计算值之比的频数图见图2~图4。

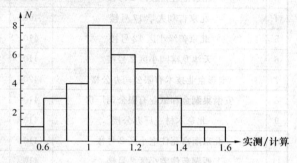

图 2 以密实细砂作为被加固土层的载体桩(32根)承载力特征值实测/计算频数分布图

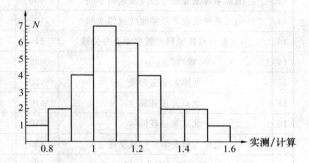

图 3 以卵石作为被加固土层的载体桩(29根)承载力特征值实测/计算频数分布图

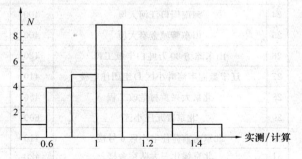

图 4 以粉土作为被加固土层的载体桩(27根)承载力特征值实测/计算频数分布图

在使用该表时应注意以下几点:

1)表中三击贯入度是采用锤径为355mm、

质量 3500kg 柱锤、落距为 6.0m 进行测量的,施工中若采用非标准锤或非标准落距进行测量时,设计时 A_e 可根据当地工程实践经验确定,也可参考表中取值进行适当调整后使用。

表3 部分载体桩反算的 A_e 统计表

编号	工程名称	桩径(mm)	桩长(m)	持力层承载力(kPa) 特征值	持力层承载力(kPa) 修正后特征值	持力层土性	三击贯入度(cm)	单桩承载力(kN)	A_e (m²)
1	北京结核病研究所门诊楼	410	5.5	180	439.2	黏土	14	1274	2.91
2	北京汇佳科教园1号楼	410	7.5	120	445	黏土	16	1268	2.85
3	北京汇佳科教园2号楼	410	7.2	120	436.8	粉黏	12	1332	3.05
4	北京吉利大学17号楼	400	3.0	160	347.2	粉黏	15	760	2.19
5	北京善缘小区12号楼	410	7.5	160	461	粉黏	22	1014	2.22
6	天津龙富园小区2号楼	410	6.1	130	405	粉黏	16	822	2.03
7	丰彩企业技术有限公司办公楼	420	4.6	220	347	粉黏	8	1083	3.12
8	安徽巢湖金和纸业有限公司厂房	410	5.5	250	520.7	黏土	21	989	1.93
9	北京木材一厂办公楼	410	6	120	216	粉土	20	486	2.25
10	北京南宫苑住宅小区2号楼	410	3.5	180	410	粉土	9	1312	3.20
11	西湖苑住宅小区2号楼	410	3.8	135	390	粉土	21	858	2.20
12	山东魏桥创业集团电厂	426	5.5	140	387	粉土	8	1316	3.44
13	山东泉林纸业6号楼漂洗选票车间	400	5.5	160	484	粉土	11	1476	3.05
14	山东泉林纸业7号楼漂洗选票车间	400	5.6	160	487	粉土	17	1364	2.81
15	河北慧谷科技城科普教育中心办公楼	410	2.2	150	355	粉土	8	1278	3.63
16	廊坊尖塔银行	420	4.0	100	179	粉土	30	324	1.81
17	天津大学宿舍楼	420	4.0	130	200	粉土	30	398	1.99
18	北京光迅花园-4	410	5.0	140	556	细砂	12	1640	2.95
19	北京光迅花园-4	410	5.0	140	556	细砂	8	1779	3.21
20	北京吉利大学6号教学楼	450	3.0	160	530	细砂	9	1643	3.10
21	新乡新亚纸业厂房	420	4.5	180	752	细砂	14	2030	2.70
22	新乡市行政中心办公楼1号楼	420	5.0	250	734	细砂	21	1762	2.42
23	新乡医学院学术交流中心综合楼	420	5.3	230	728	细砂	15	2148	2.95
24	河南周口江河大厦	400	7.0	300	870	细砂	7	2741	3.15
25	山东聊城金泰大厦	400	8.5	180	852	细砂	12	2471	2.90
26	山东潍坊30万吨白卡纸工程	420	6.2	180	682	细砂	9	2114	3.10
27	辽宁盘锦市河畔小区D组团住宅楼	410	5.2	220	679	细砂	11	1935	2.85
28	北京大兴黄村危改工程	450	8.2	350	350	细砂	10	1050	3.00
29	北京晋元庄小区	600	8.5	350	1205	卵石	10	4278	3.55
30	北京南宫苑住宅小区6号楼	410	3.5	250	765	卵石	9	2869	3.75
31	北京绿化三大队宿舍楼	420	4	250	804	卵石	9	1785	2.22
32	北京晋元庄商场	600	2.5	350	1102	卵石	7	4353	3.95
33	装甲兵学院办公楼	400	4.5	400	1073	卵石	15	3595	3.35
34	山东青岛海港花园	410	8.5	270	765	粗砂	13	2601	3.40
35	哈尔滨试验桩	400	4.8	190	747	粗砂	11	2241	3.00

续表3

编号	工程名称	桩径(mm)	桩长(m)	持力层承载力（kPa）特征值	持力层承载力（kPa）修正后特征值	持力层土性	三击贯入度(cm)	单桩承载力(kN)	A_e (m^2)
36	辽宁鞍山公安局税务稽查处办公楼	410	5.1	180	821	粗砂	15	2135	2.60
37	黑龙江牡丹江军分区2号综合楼	400	6	230	942	粗砂	8	3438	3.65
38	黑龙江牡丹江军分区2号综合楼	400	6	220	910	粗砂	11	3049	3.35
39	河南豫联能源集团二期工程试桩	600	20	210	713	湿陷性黄土	9	2282	3.20
40	陕西军区正和医院综合楼	410	9.5	160	436	湿陷性黄土	8	1482	3.40
41	长安房地产开发公司长信花园	500	10.5	150	448	湿陷性黄土	13	1299	2.90
42	陕西水电工程局第二工程处综合楼	410	10	120	409	湿陷性黄土	16	1023	2.50
43	汇佳科教楼及教务楼	410	10	250	1315	中砂	11	4208	3.20
44	梅口市长白山建材市场工程	450	4	300	870	中砂	15	2610	3.00

2) 由于施工大直径桩必须采用大直径的护筒和重锤，设计大直径桩时须考虑锤和护筒直径对三击贯入度的影响。

3) 收集的工程资料中，桩长大部分都在10m以内，桩径为400～450mm，对于桩长大于10m或桩径大于450mm的载体桩，设计时要考虑桩长和桩径对承载力的影响，设计计算时 A_e 可根据静载荷试验反算取值或根据当地经验按表4.3.2中 A_e 乘一系数 λ 进行计算，λ 可取1.1～1.3。

4) 软塑和可塑状态的黏性土中三击贯入度小于10cm的工程资料较少，故表中未给出 A_e 的取值。当在该类土中设计三击贯入度小于10cm的载体桩时 A_e 应根据设计经验或当地工程经验取值。

图2为以密实细砂作为被加固土层，三击贯入度小于10cm的载体桩承载力实测与计算的频数分布图；图3为以卵石作为被加固土层三击贯入度小于10cm的载体桩承载力实测与计算的频数分布图；图4以粉土作为被加固土层三击贯入度小于10cm的载体桩承载力实测与计算的频数分布图。通过计算分析，承载力特征值实测/计算的平均值都大于1。

4.3.3 为确保桩身混凝土强度，现行国家标准《建筑地基基础设计规范》GB 50007对灌注桩成桩工艺系数取0.6～0.7，预制桩取0.75。由于载体桩桩长较短，混凝土质量易保证，成桩工艺系数可适当提高。对桩身采用现场浇筑混凝土的载体桩成桩工艺系数取0.75，当桩身采用预制桩身时，取0.80。

4.3.5 当载体桩持力层存在软弱下卧层，且其压缩模量与持力层压缩模量之比小于1/3时，应进行软弱下卧层承载力验算。当载体桩的间距不超过3.0m，应力传递到下卧层顶时，相互叠加，因此载体桩破坏时呈整体冲剪破坏，按实体基础进行软弱下卧层承载力的验算。等代实体基础的附加应力扩散平面从载体等效计算面开始计算，取混凝土桩身下2m。根据经验等代实体等效作用面比常规群桩的等效作用面大，边长为群桩外围桩形成的投影边长加2倍等效计算距离。

4.4 单桩水平承载力

4.4.1～4.4.3 单桩水平承载力与许多因素有关，单桩水平承载力特征值应通过单桩水平载荷试验确定。对柔性载体桩和半刚性载体桩承载力的估算可以参考桩基础的水平承载力计算公式进行计算；对于载体桩，由于载体的约束作用，其水平承载力比相同长度的普通桩基承载力高，以水平载荷试验确定其水平承载力。载体桩的水平承载力除了包括桩侧土的抗力外，还包括承台底阻力和承台侧面水平抗力，故带承台桩基的水平载荷试验能反映桩基在水平力作用下的实际工作状况。

带承台桩基水平载荷试验采用单向多循环加载方法或慢速维持荷载法，用以确定长期荷载作用下的桩基水平承载力和地基土水平反力系数。加载分级及每级荷载稳定标准可参照国家现行标准《建筑桩基技术规范》JGJ 94 执行。当加载至桩身破坏或位移超过 30～40mm（软土取大值）时停止加载。

根据试验数据绘制的荷载位移 H_0-X_0 曲线及荷载位移梯度 H_0-$(\Delta X_0/\Delta H_0)$ 曲线，取 H_0-$(\Delta X_0/\Delta H_0)$ 曲线的第一拐点为水平临界荷载，取第二拐点或 H_0-t-X_0 曲线明显陡降的前一级荷载为水平极限荷载。若桩身设有应力测读装置，还可根据最大弯矩变化特征综合判定载体桩单桩水平临界荷载和极限荷载。

4.5 载体桩基沉降计算

4.5.6 由于载体桩桩间距一般为 1.8～2.4m，桩和桩间土受力呈整体变形，故按等代实体基础进行变形验算。计算方法采用单向压缩分层总和法，等效作用面取载体底面，即混凝土桩身下 2m，等效计算面积为载体桩（包括载体）形成的实体投影面面积，等代实体边长为外围桩形成的投影边长加 2 倍载体的等效计算距离。

4.5.7 由于桩体刚度大，变形小，且载体等效计算位置到混凝土桩底之间是由混凝土和填料挤密形成，压缩模量很大，变形也较小，故沉降计算时不考虑桩身及载体的变形。载体以下土体其压缩模量也大于持力土层的压缩模量，沉降计算时采用持力土层的压缩模量进行设计计算，这样偏于安全。

当考虑相邻基础的影响时，按应力叠加原理采用角点法计算沉降。

沉降计算结果随计算模式、土性参数的不确定性而与实际沉降有所偏差。因此，不论采用何种理论计算均须引入沉降计算经验系数 ψ_s 对计算结果进行修正。

6 载体桩基工程质量检查与检测

6.2 成桩质量检查

6.2.2 载体桩施工时除了要进行常规原材料检测、试块检测、钢筋笼偏差和桩位偏差检查外，还包括有关载体施工的 4 项检查：填料量、夯填混凝土量、每击贯入度和三击贯入度。

6.3 单桩桩身完整性及承载力检测

6.3.1 由于载体桩承载力主要来源于载体，而载体的施工主要由三击贯入度进行控制，且桩身混凝土在护筒中浇筑，质量易保证，故低应变完整性检测的数量规定为总桩数的 10%～20%，条件允许时可适当增加。

中华人民共和国行业标准

高层建筑箱形与筏形基础技术规范

JGJ 6—99

条 文 说 明

前 言

根据建设部标准定额司（89）建标计字第 8 号文关于发送《一九八九年工程建设标准、投资估算指标、建设工期定额、建设用地指标制定计划》（草案）等通知，《高层建筑箱形与筏形基础技术规范》的修订任务列为《一九八九年工程建设专业标准规范制订修订计划》第 29 项。中国建筑科学研究院为该规范的主编单位，北京市建筑设计研究院、北京市勘察设计研究院、上海市建筑设计研究院、中国兵器工业勘察设计研究院、辽宁省建筑设计研究院及北京市建工集团总公司为参加单位，共同总结近十年来我国高层建筑箱形与筏形基础勘察、设计、施工的实践经验和科研成果，对原国家建筑工程总局颁布的《高层建筑箱形基础设计与施工规程》（JGJ 6—80）进行修订与扩充，编制新的《高层建筑箱形与筏形基础技术规范》，经中华人民共和国建设部建标［1999］137 号文批准发布。

为便于广大设计、科研、检测、施工、教学等有关单位人员在使用本规范时能正确理解和执行条文规定，编制组根据建设部关于编制标准、规范条文说明的统一规定，按《高层建筑箱形与筏形基础技术规范》的章、节、条顺序，编制了本条文说明，供国内有关单位和使用者参考。

在使用过程中，如发现本条文说明有需要修改或补充之处，请将意见和有关资料寄交中国建筑科学研究院（北京北三环东路 30 号，邮政编码 100013），以供今后修订时参考。

目 次

1 总则 ·· 5—12—4
3 地基勘察 ·································· 5—12—4
4 地基计算 ·································· 5—12—4
5 结构设计与构造要求 ··················· 5—12—6
6 施工 ·· 5—12—10

1 总 则

1.0.2 本规范适用于高层民用与工业建筑箱形和筏形基础的勘察、设计与施工。本规范考虑了上部结构、箱形或筏形基础与地基三者的共同作用。高层建筑上部结构具有很大的刚度，它直接影响到基础的变形，所以把高层建筑的上部结构与箱形或筏形基础看作一个整体时，箱形和筏形基础就显示出刚性基础的变形特征，它与没有上部结构或上部结构刚度很小的箱筏基础的变形特征是不同的，设计计算方法也就有所区别。

1.0.3 设计箱形和筏形基础时，首先应从地质条件（如持力层位置、地基承载力、有无软弱下卧层、地下水位等）、施工方法（如基坑开挖及支护技术设备、人工降低地下水位的技术及设备等）、使用要求（如是否需要人防地下室或地下车库等）、是否影响相邻建筑物的安全使用以及如何采取措施等方面进行综合分析，论证采用箱基或筏基的合理性。在进行计算时，同样要考虑上述因素，关于地基基础与上部结构的共同作用，在"结构设计与构造要求"一章中已有具体规定。

3 地基勘察

3.1.1 本条提出了地基勘察应解决的主要问题。并参照了《建筑抗震设计规范》(GBJ11—89)第3.1.6条的规定："场地地质勘察，除按国家有关标准的规定执行外，尚应根据实际需要划分对建筑有利、不利和危险的地段，提供建筑的场地类别及岩土地震稳定性……"。

3.2.1 本条规定了布置勘探点应考虑的因素，重点是探明高层建筑地基的均匀性，防止发生倾斜。勘探点间距的规定是参照《高层建筑岩土工程勘察规程》提出的，单幢高层建筑的勘探点不应少于5个，其中控制性深孔不应少于2个是为满足倾斜和差异沉降分析的要求规定的。当场地地层土质比较均匀时，对高层建筑群勘察的控制孔数量可比单幢2个控制孔的要求适当减少。大直径桩（墩）因其承受荷载较大，往往可达数千牛至上万千牛以上，在结构上对其沉降量也要求较严，因此，当地基条件复杂时，宜在每个桩（墩）下都布置钻孔，以取得准确可靠的地质资料。

3.2.2 勘探点深度的规定是参考下列资料提出的：

1. 行业标准《高层建筑岩土工程勘察规程》。
2. 匈牙利标准 MSZ4488《Exploration and Sampling for Geotechnical Tests》，其中规定："对尺寸很大的筏基，勘探深度为基础短边宽度的1.5倍"；"桩基至少要钻到桩尖以下3m"。
3. 《American Standard Building Code Requirements for Excavation and Foundations》，其中规定："对于软土上非常重的建筑物，勘探深度为1.5b，b指建筑物宽度"。

3.3.1 高层建筑的荷载大、埋深大，地基压缩层的深度也大，因此，在确定土的压缩模量时，必须考虑土的自重压力的影响，计算地基变形时应取自重压力至自重压力与附加压力之和的压力段来计算压缩模量。当基坑开挖较深时，应考虑地基回弹对基础沉降的影响，进行回弹再压缩试验。

用分层总和法计算地基变形时，需取得地基压缩层范围内各土层的压缩模量，但有时遇到难于取到原状土样的土层（如软土、砂土和碎石土）而使变形计算产生困难，特别是对砂土和碎石土，取原状土样最为困难，为解决这类土进行地基变形计算所需的计算参数问题，可以考虑采用下述方法：

1. 利用适当的原位测试方法（如标准贯入试验、重型动力触探等），将测试数据与地区的建筑物沉降观测资料以倒算方法算出的变形参数建立统计关系。

2. 勘探时设法测出砂土、碎石土的天然重度和含水量等物理性指标，然后用扰动土样模拟制备出试验土样进行室内试验。实践表明，人工制备的砂土土样，其组成级配和原状砂土样相同，在此条件下其应力-应变关系主要决定于密度和湿度。

3.3.2 三轴剪力试验的土样受力条件比较清楚，测得的抗剪强度指标也比较符合实际情况，因此，剪力试验一般宜采用三轴剪力试验。试验方法应按地基的加荷速率和地基土的排水条件选择。因试验方法不同，测得的强度指标也明显不同。目前，不少大、中型勘察单位都已添置了三轴剪力仪。

3.3.8 按《建筑抗震设计规范》(GBJ11—89)的规定，在确定场地土的类型和建筑场地类别时，须进行土层的剪切波速试验。

3.4.1 由于高层建筑的箱形和筏形基础的埋深较深（因一般都设有一层或多层地下室），建筑场地的地下水对箱、筏基础的设计和施工影响很大，如水压力的计算、抗浮和防水的设计以及施工降水等。因此，地基勘察应探明场地的地下水类型、水位和水质情况，并应通过调查提供地下水位的变化幅度和变化趋势，对于重要建筑物，应设置地下水长期观测孔。

4 地基计算

4.0.2 从原则上规定了确定高层建筑箱形和筏形基础埋置深度应考虑的各种因素，必须有一定的埋置深度才能保证箱形和筏形基础的抗倾覆和抗滑移稳定性。

本条同时给出了高层建筑箱形和筏形基础埋深的经验值。即对于抗震设防区的天然土质地基，埋深不宜小于建筑物高度的1/15。北京市勘察设计研究院张在明等研究了高层建筑地基整体稳定性与基础埋深的关系，以二幢分别为15层和25层的建筑考虑了地震荷载和地基的种种不利因素，用圆弧滑动面法进行分析，其结论是即使25层的建筑物，埋深仅1.8m，其稳定安全系数也达到了1.44，埋深达到3.8m(1/17.8)，则安全系数达到1.64。当采用桩基础时，埋深（不计桩长）不宜小于建筑物高度的1/18。这些限值都是根据工程经验经过统计分析得到的。桩与底板的连接应符合以下要求：

1. 桩顶嵌入底板的长度一般不宜小于50mm，大直径桩不宜小于100mm；
2. 混凝土桩的桩顶主筋伸入底板的锚固长度不宜小于35倍主筋直径。

4.0.4 在验算基础底面压力时，对于非抗震设防区的高层建筑箱形和筏形基础要求 $p_{max} \leq 1.2f$，$p_{min} \geq 0$。前者与一般建筑物基础的要求是一致的，而 $p_{min} \geq 0$ 是根据高层建筑的特点提出的。因为高层建筑的高度大，重量大，本身对倾斜的限制也比较严格，所以它对地基的强度和变形的要求也较一般建筑严格。

4.0.5 对于抗震设防区的高层建筑箱形和筏形基础，在验算地基抗震承载力时，采用了地基抗震承载力设计值 f_{SE}，即：

$$f_{SE} = \zeta_c f$$

式中 f 为地基静承载力设计值，即 f 是经过基础深度和宽度修正的值。这是《高层建筑箱形基础设计与施工规程》(JGJ6—80)执行以来，不断总结工程实践经验以后确定下来的。

4.0.6 建于天然地基上的建筑物，其基础施工时均需先开挖基坑。此时地基土受力性状的改变，相当于卸除该深度土自重压力 p_c 的荷载，卸载后地基即发生回弹变形。在建筑物从砌筑基础以至建成投入使用期间，地基处于逐步加载受荷的过程。当外荷小于或等于 p_c 时，地基沉降变形 s_1 是由地基回弹转化为再压缩的变形。当外荷大于 p_c 时，除上述 s_1 回弹再压缩地基沉降变形外，还由于附加压力 $p_0 = p - p_c$ 产生地基固结沉降变形 s_2。对基础埋置深的建筑物地基最终沉降变形皆由 $s_1 + s_2$ 组成；如按分层总和法计算地基最终沉降，即如公式（4.0.6）所示。

由于建筑物基础深度不同,地基的回弹再压缩变形 s_1 在量值程度上有较大差别。如果建筑物的基础埋深小,该回弹再压缩变形 s_1 值甚小,计算沉降时可以忽略不计。这样考虑正如现行建筑地基基础设计规范中提出仅以附加压力 p_0 计算沉降的方法也就是公式(4.0.6)中的 s_2 沉降部分。

应该指出高层建筑箱基和筏基由于基础埋置较深,因此地基回弹再压缩变形 s_1 往往在总沉降中占重要地位,甚至有些高层建筑若设置3~4层(甚至更多层)地下室时,总荷载 p 有可能等于或小于 p_c,这样的高层建筑地基沉降变形将仅由地基回弹再压缩变形决定。由此看来,对于高层建筑箱基和筏基在计算地基最终沉降变形中 s_1 部分的变形不但不应忽略,而应予以重视和考虑。

公式(4.0.6)中所用的回弹再压缩模量 E'_s 和压缩模量 E_s 应按本规范第3.3.1条的试验要求取得。按公式(4.0.6)计算最终沉降,对于地基土的应力固结历史的影响因素亦有所考虑。

公式(4.0.6)中沉降计算经验系数 ψ_s 可按地区经验采用;由于该系数 ψ_s 仅用于对 s_2 部分的沉降进行调整,与现行国家标准《建筑地基基础设计规范》(GBJT)相协调,故在缺乏地区经验时,ψ_s 值可按该规范有关规定采用。地基沉降回弹再压缩变形 s_1 部分的经验系数 ψ' 可按地区经验确定。但目前有经验的地区和单位较少,尚须不断积累,目前暂可按 $\psi'=1$ 考虑。

本条中基础中点的地基沉降计算深度按现行国家标准《建筑地基基础设计规范》采用,不另作说明。

4.0.7 当采用变形模量时,高层建筑箱形和筏形基础的沉降计算方法。

我国《高层建筑箱形基础设计与施工规程》(JGJ6—80)的地基沉降变形计算方法采用分层总和法,并乘以沉降计算经验系数 m_s,由于高层建筑实测沉降观测资料较少,而且这些资料主要来自北京与上海等地,因此,计算沉降量与实际情况相差较多。有时由于计算沉降量偏大,导致原来可以采用天然地基的高层建筑,不适当地采用了桩基础,造价提高,造成浪费。

本规范除在4.0.6条规定采用室内压缩模量计算沉降外,又在4.0.7条规定了按变形模量计算沉降的方法。设计人员可以根据工程的具体情况选择其中任一种方法进行沉降计算。

高层建筑箱形与筏形基础地基的沉降计算与一般中小型基础有所不同,如前所述,高层建筑除具有基础面积大、埋置深,尚有地基回弹等影响。因此,利用本条方法计算地基沉降变形时尚应遵守以下原则:

1. 关于计算荷载问题

我国地基沉降变形计算是以附加压力作为计算荷载,并且已积累了很多经验。一些高层建筑基础埋置较深,根据使用要求及地质条件,有时将箱形基础做成补偿基础,此种情况下,附加压力很小或等于零。如按附加压力为计算荷重,则其沉降变形也很小或等于零。实际并非如此,由于箱形或筏形基础的基坑面积大,基坑开挖坑底回弹,建筑物荷重增加到一定程度时,基础仍然有沉降变形。该变形为回弹再压缩变形。

为了使沉降计算与实际变形接近,采用总荷载作为地基沉降计算压力的建议,对大基础是适宜的。对高层建筑箱形及筏形基础地基沉降计算,采用总荷载作为计算压力较用附加压力合理。一方面近似考虑了深埋基础(或补偿基础)计算中的复杂问题,另一方面也近似解决了大面积开挖基坑坑底的回弹再压缩问题。

2. 关于地基模量的问题

采用野外载荷试验资料算得的变形模量 E_0,基本上解决了试验土样扰动的问题。土中应力状态在载荷板下与实际情况比较接近。因此,有关资料指出在地基沉降计算公式中宜采用原位载荷试验所确定的变形模量最理想。其缺点是试验工作量大,时间较长。目前我国采用旁压仪确定变形模量或标准贯入试验及触探资料,间接推算与原位载荷试验建立关系以确定变形模量,也是一种有前途的方法。例如我国《深圳地区建筑地基基础设计试行规程》就规定了花岗岩残积土的变形模量可根据标准贯入锤击数 N 确定。

3. 大基础的地基压缩层深度问题

高层建筑箱形及筏形基础宽度一般都大于10m,可按大基础考虑。由何颐华《大基础地基压缩层深度计算方法的研究》一文可知,大基础地基压缩层的深度 z_n 与基础宽度 b、土的类别有密切的关系。该资料已根据不同基础宽度 b 计算了方形、矩形及带形基础地基压缩层 z_n,并将计算结果 z_n 与 b 绘成曲线。由曲线可知在基础宽度 $b=10\sim30$m(带形基础为 $10\sim20$m)的区间段,z_n 与 b 的曲线近似直线关系。从而得到了地基压缩层深度的计算公式。又根据工程实测的地基压缩层深度对计算值作了调整,即乘一调整系数 β 值,对砂类土 $\beta=0.5$,一般粘性土 $\beta=0.75$,软弱土 $\beta=1.00$,最后得到了大基础地基压缩层 z_n 的近似计算公式(4.0.8)。利用该式计算地基压缩层深度 z_n 并与工程实测结果作了对比,一般接近实际,而且简易实用。

4. 高层建筑箱形及筏形基础地基沉降变形计算方法

目前,国内外高层建筑箱形及筏形基础采用的地基沉降变形计算方法一般有分层总和法与弹性理论法。地基是处于三向应力状态下的,土是分层的,地基的变形是在有效压缩层深度范围之内的。很多学者在三向应力状态下计算地基沉降变形量的研究中作了大量工作。本条所述方法以弹性理论为依据,考虑了地基中的三向应力作用、有效压缩层、基础刚度、形状及尺寸等因素对基础沉降变形的影响,给出了在均布荷载下矩形刚性基础沉降变形的近似解及带形刚性基础沉降变形的精确解,计算结果与实测结果比较接近,见表1

利用本规范第4.0.7条计算方法计算地基沉降与实测值比较表　　表1

序号	工程类别	土层土的类别	土层厚度(m)	本条方法计算值(cm)	工程实测值(cm)
1	郑州某大厦	粉细砂土 轻亚粘土 亚粘土	5.20 2.30 2.10	3.6	已下沉3.0cm预计3.75cm
2	深圳上海宾馆	花岗岩残积土	20.0	3.6	2.6~2.8
3	深圳长城大厦C	花岗岩残积土	13.0	1.7	1.5
4	深圳长城大厦B	花岗岩残积土	13.0	1.42	1.49
5	深圳长城大厦B737点	花岗岩残积土	13.0	1.80	1.94
6	深圳长城大厦D	花岗岩残积土	13.0	1.48	1.47
7	深圳中航工贸大厦	花岗岩残积土	20.0	2.75	2.80
8	直径38m的烟筒基础	粘土 粘质砂土 粘土	3.0 1.5 3.0	10.3	9.0
9	直径38m的烟筒基础	粘土 粘质砂土 粘土	3.5 2.5 3.0	9.6	10.0
10	直径23m的烟筒基础	粘土 黑粘土 细粘土 黑粘土 石灰岩	5.6 4.0 6.0 4.7	8.8	8.0
11	直径32m的烟筒基础	坍陷粘土 粘质砂土 粘土	1.0 5.0	10.3	9.0
12	直径41m的烟筒基础	细砂 粗砂 粘土 泥灰岩	11.0 5.0 3.0	6.5	4.5
13	直径36m的烟筒基础	细砂 粗砂 粘质砂土 泥灰岩 硬泥灰岩	2.5 3.0 1.0 5.0	4.5	4.8
14	直径32m的烟筒基础	细砂 粉砂 粗砂 粘土	5.0 5.5 5.5 5.5	3.9	2.4
15	直径21.5m的烟筒基础	细砂 中砂 细砂 粘土	2.0 5.0 3.0 9.5	3.2	2.5
16	直径30m的水塔基础	细砂 中砂 粘土 粘土 石灰岩	2.5 4.0 5.0 35.0	13.7	15

4.0.10 确定整体倾斜容许值的主要依据是：
1. 保证建筑物的稳定和正常使用；
2. 不会造成人们的心理恐慌。

第九届国际土力学与基础工程会议（1977，东京）发展水平报告《基础与结构的性状》（J. B. BURLAND, B B. BROMS, V. F. DEMELLD）指出，倾斜达到 1/250 可被肉眼觉察；SKEMPOTON 与 DOUALD（1956 年）认为倾斜达到 1/150 结构开始损坏。根据我国的工程实践经验，对于非抗震设防的建筑将横向整体倾斜容许值定为 B/100H 是适宜的。

4.0.11 沉降观测十分重要，对于建在非岩石地基上的高层建筑均应进行。其目的之一是为了监测高层建筑的沉降变形情况，一旦出现问题可以及时处理；对于重要的复杂的高层建筑宜进行的其他几项现场测试，也是基于同样的原因。

5 结构设计与构造要求

5.1.1 箱形基础和筏形基础的平面尺寸，通常是先将上部结构底层平面或地下室布置确定后，再根据荷载分布情况验算地基承载力、沉降量和倾斜值。若不满足要求则需调整其底面积和形状，将基础底板一侧或全部适当挑出，甚至将箱形基础或地下室整体加大，或增加埋深或采取其他有效措施以达到满足地基承载力以及容许沉降量和倾斜值的要求。

工程沉降观察记录表明，平面为矩形的箱形和筏形基础，其纵向相对挠曲要比横向大得多。为防止由于加大基础的纵向长度尺寸而引起纵向挠曲的增加，当需要扩大基底面积时，宜优先扩大基础的宽度。

5.1.2 对单幢建筑物，在均匀地基的条件下，基础底面的压力和基础的整体倾斜主要取决于永久荷载与可变荷载效应组合产生的偏心距大小。对基底平面为矩形的箱基和筏基，在偏心荷载作用下，基础抗倾复稳定系数 K_F 可用下式表示：

$$K_F = \frac{y}{e} = \frac{\gamma B}{e} = \frac{\gamma}{\frac{e}{B}}$$

式中 B——与组合荷载竖向合力偏心方向平行的基础边长；

e——作用在基底平面的组合荷载全部竖向合力对基底面积形心的偏心距；

y——基底平面形心至最大受压边缘的距离，γ 为 y 与 B 的比值。

从式中可以看出 $\frac{e}{B}$ 直接影响着抗倾覆稳定系数 K_F，K_F 随着 $\frac{e}{B}$ 的增大而降低，因此容易引起较大的倾斜。表 2 三个典型工程的实测证实了在地基条件相同时，$\frac{e}{B}$ 越大，则倾斜越大。

$\frac{e}{B}$ 值与整体倾斜的关系   表 2

地基条件	工程名称	横向偏心距 e (m)	基底宽度 B (m)	$\frac{e}{B}$	实测倾斜 (‰)
上海软土地基	胸科医院	0.164	17.9	$\frac{1}{109}$	2.1（有相邻影响）
上海软土地基	某研究所	0.154	14.8	$\frac{1}{96}$	2.7
北京硬土地基	中医医院	0.297	12.6	$\frac{1}{42}$	1.716（唐山地震北京烈度为 6 度，未发现明显变化）

高层建筑由于楼身质心高，荷载重，当箱形和筏形基础开始产生倾斜后，建筑物总重对基础底面形心将产生新的倾复力矩增量，而倾复力矩的增量又产生新的倾斜增量，倾斜可能随时间而增长，直至地基变形稳定为止。因此，为避免基础产生倾斜，应尽量使结构竖向永久荷载与基础平面形心重合，当偏心难以避免时，则应规定竖向合力偏心距的限值。本规范根据实测资料并参考交通部《公路桥涵设计规范》对桥墩合力偏心距的限制，规定了在永久荷载与楼（屋）面活载组合时，$e \leqslant 0.1 \frac{W}{A}$。从实测结果来看，这个限制对硬土地区稍严格，当有可靠依据时可适当放松。

5.1.3 在设计中上部结构一般都假定嵌固在基础结构上。对有抗震设防要求的建筑，为了保证上部结构的某些关键部位能实现预期的先于其他部位屈服，要求基础结构应具有足够的承载力，在上部结构进入非弹性阶段时，基础结构始终能承受上部结构竖向荷载并将荷载安全分布到地基上。箱形基础有较多纵横墙，刚度较大，能承受上部结构超过屈服强度所产生的内力。当上部结构为框架、框剪或剪力墙结构，地下室为单层箱基时，箱基的层间侧移刚度一般都大于上部结构，因此可考虑将上部结构嵌固在箱基顶面上。

对多层地下室，根据地下室的构造，可分为基础部分和非基础部分，非基础部分除地下室外围挡土墙外，其内部结构布置基本同上部结构。数据分析表明，由于地下室外墙参与工作，其层间侧移刚度一般都大于上部结构，能保证地震作用下，上部结构出现预期的耗能机制。本规范参考北京市建筑设计研究院胡庆昌《带地下室的高层建筑抗震设计》，规定了当非基础部分地下室的层间侧移刚度大于上部结构层刚度的 1.5 倍时，地下一层顶板可考虑作为上部结构的嵌固部位，否则嵌固部位取箱基顶面。

对上部结构为框筒或筒中筒结构的多层、空旷地下室，为保证水平剪力的传递，要求地下一层结构顶板有较好的整体刚度，沿内筒和外墙四周无较大的洞口，板与地下室外墙连接处的水平截面有足够的受剪承载力，与水平力方向一致的地下室外墙能承受通过地下一层顶板传来的水平剪力或地震剪力，且地下室层间侧移刚度不小于上部结构层间侧移刚度 1.5 倍时，框筒或筒中筒结构可考虑嵌固于地下一层顶板处，如图 1 所示。

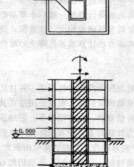

图 1 框筒或筒中筒结构嵌固示意

5.1.5 基础结构承受地震作用时，箱基由于纵横墙较多，筏基由于整体刚度较大，在上部结构进入非弹性阶段，箱基或筏基仍处于弹性阶段，因此箱基或筏基的设计主要是承载力问题而无须考虑延性要求，其构造要求可按一般非抗震要求处理。唐山震害中多数地面以上的工程遭受严重破坏，而地下人防工程基本完好的事实验证了上述观点。如新华旅社上部为八层组合框架，8 度设防，实际地震烈度为 10 度。该建筑的梁、柱及墙体均遭到严重破坏（未倒塌），而地下室仍然完好。天津属软土区，唐山地震波及天津时，该地区的地震烈度为 7～9 度，地震后已有的人防地下室基本完好，仅人防通道出现严重裂缝。但是，多层地下室的非基础部分其延性要求应有所区别，设计中应考虑在强震作用下塑性铰范围向下发展的可能。国内震害调查表明，较大的破坏都发生在基础与上部结构交接处，地下室虽未遭到严重破坏，但个别地下室柱头出现局部压坏、柱子有剪坏现象。因此，对符合 5.1.3.2 条和第 5.1.3.3 条要求的地下室框架及剪力墙，其加强范围应从地下一层顶板往下延伸一层。地下室加强部位的框架柱、剪力墙的弯矩设计值不应小于上部结构底部加强范围相应的弯矩设计值，其构造措施亦应符合相应的有关规定。当地下室的层间侧移刚度小于上部结构层刚度 1.5 倍时，加强范围应延伸至箱基顶面。

箱形基础工程实例表 表3

序号	工程名称	上部结构体系	层数	建筑高度 H (m)	箱基埋深 h' (m)	箱基高度 h (m)	箱基长度 L (m)	箱基宽度 B (m)	$\dfrac{L}{B}$	箱基面积 A (m²)	$\dfrac{h'}{H}$	$\dfrac{h}{H}$	$\dfrac{h}{L}$	顶板厚底板厚 (cm)	内墙厚外墙厚 (cm)	横墙总长 (m)	纵墙总长 (m)	每平米箱基面积上墙体长度(cm) 横向	纵向	纵横	墙体水平截面积/箱基面积 横墙	纵墙	横+纵
1	北京展览馆	框剪		44.95(94.5)	4.25	4.25	48.5	45.2	1.07	2192	$\dfrac{1}{10.6}(\dfrac{1}{19.9})$	$\dfrac{1}{10.6}$	$\dfrac{1}{11.4}$	$\dfrac{20}{100}$	$\dfrac{50}{50}$	289	309	13.2	14.1	27.3	$\dfrac{1}{15.2}$	$\dfrac{1}{14.2}$	$\dfrac{1}{7.33}$
2	民族文化宫	框剪	13	62.1	6	5.92	22.4	22.4	1	502	$\dfrac{1}{10.4}$	$\dfrac{1}{10.5}$	$\dfrac{1}{3.8}$	$\dfrac{40}{60}$	$\dfrac{40\sim50}{40}$	134	134	26.8	26.8	57.6	$\dfrac{1}{8.6}$	$\dfrac{1}{8.6}$	$\dfrac{1}{4.3}$
3	三里屯外交公寓	框剪	10	37.5	4	3.05	41.6	14.1	2.95	585	$\dfrac{1}{9.3}$	$\dfrac{1}{12.2}$	$\dfrac{1}{13.6}$	$\dfrac{25}{40}$(加腋)	$\dfrac{30}{35}$	127	146	21.7	24.9	46.6	$\dfrac{1}{14.3}$	$\dfrac{1}{12}$	$\dfrac{1}{6}$
4	中国图片社	框架	7	33.8	4.45	3.6	17.6	13.7	1.27	241	$\dfrac{1}{7.6}$	$\dfrac{1}{9.4}$	$\dfrac{1}{4.9}$	$\dfrac{20}{60}$	$\dfrac{40}{40}$	69	70	28.4	29.2	57.6	$\dfrac{1}{8.8}$	$\dfrac{1}{8.6}$	$\dfrac{1}{4.34}$
5	外交公寓16号楼	剪力墙	17	54.7	7.65	9.06	36	13	2.77	468	$\dfrac{1}{7.2}$	$\dfrac{1}{6.1}$	$\dfrac{1}{4}$	$\dfrac{10,8,20}{40}$	$\dfrac{30}{35}$	117	144	23.1	30.7	53.8	$\dfrac{1}{12.9}$	$\dfrac{1}{10}$	$\dfrac{1}{5.63}$
6	外贸谈判楼	框剪	10	36.9	4.7	3.5	31.5	21	1.5	662	$\dfrac{1}{7.9}$	$\dfrac{1}{10.5}$	$\dfrac{1}{9}$	$\dfrac{40}{60}$	$\dfrac{20\sim35}{35}$	147	179	22	27	49	$\dfrac{1}{14.8}$	$\dfrac{1}{11.8}$	$\dfrac{1}{6.55}$
7	中医病房楼	框架	10	38.3	6(3.2)	5.35	86.8	12.5	6.9	1096	$\dfrac{1}{6.4(12)}$	$\dfrac{1}{7.2}$	$\dfrac{1}{16.2}$	$\dfrac{30}{70}$	$\dfrac{20}{30}$	158	347	14.5	31.7	46.2	$\dfrac{1}{27.7}$	$\dfrac{1}{12}$	$\dfrac{1}{8.7}$
8	双井服务楼	框剪	11	35.8	7	3.6	44.8	11.4	3.03	511	$\dfrac{1}{5.1}$	$\dfrac{1}{9.9}$	$\dfrac{1}{12.4}$	$\dfrac{10,20}{80}$	$\dfrac{30}{35}$	91	134	17.8	26.3	44.1	$\dfrac{1}{14.3}$	$\dfrac{1}{9.7}$	$\dfrac{1}{6.6}$
9	水规院住宅	框剪	10	27.8	4.2	3.25	63	9.9	6.4	624	$\dfrac{1}{6.6}$	$\dfrac{1}{8.6}$	$\dfrac{1}{19.4}$	$\dfrac{25}{60}$	$\dfrac{20}{30}$	109	189	17.5	30.3	47.8	$\dfrac{1}{28.7}$	$\dfrac{1}{12}$	$\dfrac{1}{8.65}$
10	总参住宅	框剪	14	35.5	4.9	3.25	73.8	10.8	6.83	797	$\dfrac{1}{7.9}$	$\dfrac{1}{10.9}$	$\dfrac{1}{21}$	$\dfrac{25}{65}$	$\dfrac{20\sim35}{25}$	140	221	17.6	27.8	45.4	$\dfrac{1}{25.9}$	$\dfrac{1}{14.4}$	$\dfrac{1}{9.3}$
11	前三门604号楼	剪力墙	11	30.2	3.6	3.3	45	9.9	4.55	446	$\dfrac{1}{8.4}$	$\dfrac{1}{9.4}$	$\dfrac{1}{14}$	$\dfrac{30}{60}$	$\dfrac{18}{30}$	149	135	33.2	30.3	63.5	$\dfrac{1}{15.3}$	$\dfrac{1}{12.7}$	$\dfrac{1}{6.95}$
12	中科有机所实验室	预制框架	7	27.48	3.1	3.2	69.6	16.8	4.12	1169	$\dfrac{1}{9}$	$\dfrac{1}{8.4}$	$\dfrac{1}{21.7}$	$\dfrac{40}{40}$	$\dfrac{25,30,40}{30}$	210.6	278.5	18	23.8	41.8		$\dfrac{1}{14}$	$\dfrac{1}{8.6}$
13	广播器材厂彩电车间	预制框架	7	27.23	3	3.2	15.8	15.2	1.19	234	$\dfrac{1}{8.8}$	$\dfrac{1}{7.8}$	$\dfrac{1}{6.1}$	$\dfrac{20,40}{50}$	$\dfrac{30}{30}$	55.2	67.2	23.59	28.72	52.31		$\dfrac{1}{16.1}$	$\dfrac{1}{6.4}$
14	胸科医院外科大楼	框剪	10	36.7	6.0	4	45.5	17.9	2.54	814	$\dfrac{1}{6.1}$	$\dfrac{1}{7.3}$	$\dfrac{1}{9.1}$	$\dfrac{40}{50}$	$\dfrac{20,25}{30}$	187.1	273	22.98	33.54	56.52		$\dfrac{1}{12.8}$	$\dfrac{1}{7.7}$
15	科技情报站综合楼	框架	8	34.1	2.85	3.25	30.25	12	2.5	363	$\dfrac{1}{12}$	$\dfrac{1}{10.5}$	$\dfrac{1}{9.3}$	$\dfrac{40}{45}$	$\dfrac{20}{30}$	72	91	19.83	24.93	44.76		$\dfrac{1}{14.2}$	$\dfrac{1}{8.5}$
16	武宁旅馆	框架	10	34.9	4.0	5.2	51.4	13.4	3.83	689	$\dfrac{1}{8.7}$	$\dfrac{1}{6.7}$	$\dfrac{1}{9.9}$	$\dfrac{20}{30}$	$\dfrac{25}{25}$	108.2	174	15.71	25.29	41		$\dfrac{1}{15.8}$	$\dfrac{1}{9.8}$
17	615号工程试验楼	预制框架	8	31.3	2.69	3.1	55.8	16.5	3.38	922	$\dfrac{1}{11.6}$	$\dfrac{1}{10.1}$	$\dfrac{1}{18}$	$\dfrac{40}{50}$	$\dfrac{25,30}{30}$	489.6	222	53.13	24.11	77.24		$\dfrac{1}{15.1}$	$\dfrac{1}{8.9}$
18	邮电520厂交换机生产楼	框剪(现柱预梁)	9	40.4	3.85	4.6	34.8	32.6	1.07	850	$\dfrac{1}{8.8}$	$\dfrac{1}{8.8}$	$\dfrac{1}{7.5}$	$\dfrac{25}{50}$	$\dfrac{25}{25}$	228	161	26.83	18.99	75.82		$\dfrac{1}{20.1}$	$\dfrac{1}{8.7}$
19	起重电器厂综合楼北楼	框剪(现柱预梁)	5~9	32.3	2.85	3.1	34.7	12.4	2.8	430	$\dfrac{1}{11.3}$	$\dfrac{1}{10.4}$	$\dfrac{1}{11.2}$	$\dfrac{40}{40}$	$\dfrac{25,30}{25,30,40}$	84	114	19.52	26.49	46.01		$\dfrac{1}{13}$	$\dfrac{1}{7.7}$
20	宝钢生活区旅馆	框剪(现柱预梁)	9	28.78	3.9	4.66	48.5	16	5.27	1063	$\dfrac{1}{7.4}$	$\dfrac{1}{6.2}$	$\dfrac{1}{18.1}$	$\dfrac{30}{40}$	$\dfrac{20,25,30}{25}$	312.8	246	29.44	23.15	52.59		$\dfrac{1}{16.9}$	$\dfrac{1}{8.2}$
21	邮电医院病房楼	框架	8	28.9	2.71	3.35	42	14.3	3.23	750	$\dfrac{1}{10.4}$	$\dfrac{1}{8.6}$	$\dfrac{1}{13.8}$	$\dfrac{40}{50}$	$\dfrac{25,40}{30}$	162.3	159	21.65	21.97	43.62		$\dfrac{1}{18.2}$	$\dfrac{1}{8.8}$
22	医疗研究所实验楼	框架	7	27	3.26	3.61	42.7	14.8	2.88	706	$\dfrac{1}{8.3}$	$\dfrac{1}{7.5}$	$\dfrac{1}{11.8}$	$\dfrac{35}{50}$	$\dfrac{25}{30}$	134.8	170.8	19.1	24.2	43.3		$\dfrac{1}{15}$	$\dfrac{1}{8.2}$
23	上海展览馆	框架	14	91.8	0.5	7.27	46.5	46.5	1	2159	$\dfrac{1}{18.3}$	$\dfrac{1}{12.6}$	$\dfrac{1}{6.4}$	$\dfrac{20}{70}$	$\dfrac{40}{100}$	311	311	14.4	14.4	28.8			
24	西安铁一局综合楼	框架	7~9	25.6~34	4.45	4.15	64.8	14.1	4.6	914	$\dfrac{1}{5.76}$	$\dfrac{1}{6.18}$	$\dfrac{1}{15.6}$	$\dfrac{35}{30}$	$\dfrac{30}{30}$	102.6	165.2	11.22	18.2	29.32		$\dfrac{1}{18.41}$	$\dfrac{1}{11.36}$
25	康乐路12层住宅	剪力墙	12	37.5	5.4	5.70	67.6	11.7	5.78	787.3	$\dfrac{1}{6.9}$	$\dfrac{1}{6.6}$	$\dfrac{1}{11.8}$	$\dfrac{30}{50}$	$\dfrac{25,30}{40}$								
26	华盛路12层住宅	框架	12	36.8	5.55	3.55	55.8	12.5	4.46	697.5	$\dfrac{1}{6.6}$	$\dfrac{1}{10.3}$	$\dfrac{1}{15.7}$	$\dfrac{30}{50}$	$\dfrac{30}{24\sim30}$	178.5	167	25.6	23.9	49.5		$\dfrac{1}{13.3}$	$\dfrac{1}{7.2}$
27	北站旅馆	框架	8	28.52	3.08	3.25	41.1	14.7	2.80	742.3	$\dfrac{1}{9.2}$	$\dfrac{1}{8.8}$	$\dfrac{1}{12.6}$	$\dfrac{25}{25}$	砖24/20	126.9	193.8	17.1	26.1	43.2		$\dfrac{1}{17.5}$	$\dfrac{1}{10.5}$

5—12—7

5.2.1 墙体的作用是连接顶、底板并把很大的竖向荷载和水平荷载较均匀地传递到地基上去。提出墙体面积率的要求是为了保证箱形基础有足够的整体刚度及纵横方向受剪承载力。这些面积率指标主要来源于国内已建工程墙体面积率的统计资料，详见表3。其中有些工程经过了6度地震的考验，这样的面积率指标在一般工程中基本上都能达到，并且能满足一般人防使用上的要求。

在面积率的控制中，我们对基础平面长宽比大于4的箱形基础纵墙控制较严。因为工程实测沉降表明，箱形基础的相对挠曲，纵向要大于横向。这说明了在正常的受力状态下，纵向是我们要考虑的主要方向。然而横墙的数量也不能太少，横墙为剪面积不足，将影响抵抗挠曲的刚度。

5.2.2 本规范提出箱形基础高度不宜小于基础长度的1/20，且不应小于3m的要求，旨在要求箱形基础具有一定的刚度，能适应地基的不均匀沉降，满足使用功能上的要求，减少不均匀沉降引起的上部结构附加应力。制定这种控制条件的依据是：1. 从已建工程的统计资料来看，箱形基础的高度与长度的比值在1/3.8至1/21.1之间，这些工程的实测相对挠曲值，软土地区一般都在万分之三以下，硬土地区一般小于万分之一，除个别工程，由于施工中拔钢板桩使基底下的土带出，使部分纵墙出现上大下小内外贯通裂缝外（裂缝最宽达2mm），其他工程并没有出现异常现象，刚度都较好。因此，将箱形基础的高度与长度的比值，由原规程JGJ6—80中的1/18改为1/20，控制在已建工程统计资料的上限之内，是完全可行的，计算结果也表明这一修改不会导致基础内力及相对挠曲值很大的变化。

5.2.6 箱形基础墙的厚度，除应按实际受力情况进行验算外，还规定了内、外墙的最小厚度，即外墙不应小于250mm，内墙不应小于200m，这一限制是从保证箱形基础整体刚度的条件下分析了大量工程实例的基础上提出的，统计资料列于表3。这一限制，也是配合第5.2.1条使用的。

5.2.7 箱基分析实质上是一个求解地基—基础—上部结构协同工作的课题。近30年来，国内外不少学者先后对这一课题进行了研究，在非线性地基模型及其参数的选择、上下协同工作机理的研究上取得了不少成果。特别是70年代后期以来，国内一些科研、设计单位结合具体工程在现场进行了包括基底接触应力、箱基钢筋应力以及基础沉降观察等一系列测试，积累了大量宝贵资料，为箱基的研究和分析提供了可靠的依据。

建筑物沉降观测结果和理论研究表明，对平面布置规则、立面沿高度大体一致的单幢建筑物，当箱基下压缩土层范围内沿竖向和水平方向土层较均匀时，箱形基础的纵向挠曲曲线的形状呈盆状形。纵向挠曲曲线的曲率并不随着楼层的增加、荷载的增大而始终增大。最大的曲率发生在施工期间的某一临界层，该临界层与上部结构形式及影响其刚度形成的施工方式、非结构构件的材性及其就位时间有关。当上部结构最初几层施工时，由于其混凝土尚处于软塑状态，上部结构的刚度还未形成，上部结构只能以荷载的形式施加在箱基的顶部，因而箱基的整体挠曲曲线的曲率随着楼层的升高而逐渐增大，其工作尤如弹性地基上的梁或板。当楼层上升至一定的高度之后，最早施工的下面几层结构随着时间的推移，它的刚度就陆续形成，一般情况下，上部结构刚度的形成时间约滞后三层左右。在刚度形成之后，上部结构要满足变形协调条件，符合呈盆状形的箱形基础沉降曲线，中间柱子或中间墙段将产生附加的拉力，而边柱或尽端墙段则产生附加的压力。上部结构内力重分布的结果，导致了箱基整体挠曲及其弯曲应力的降低。在进行装修阶段，由于上部结构的刚度已基本完成，装修阶段所增加的荷载又使箱基的整体挠曲曲线的曲率略有增大。图2给出了北京中医医院病房楼各个阶段的箱基纵向沉降图，从图中可以清楚看出箱基整体挠曲曲线的基本变化规律。

国内大量测试表明，箱基顶、底板钢筋实测应力，一般只有$20\sim30 N/mm^2$，最高也不过$50 N/mm^2$。远低于考虑了上部结构参与工作后箱基顶、底板钢筋的应力。究其原因，除了设计中钢筋配置偏多、非结构性填充墙参与工作的因素外，主要原因是过去计算中未考虑基底与土壤之间的摩擦力影响。分析研究表明，基

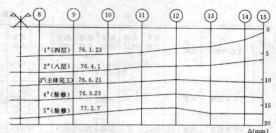

图2 北京中医医院病房楼箱形基础纵向沉降图

底摩擦力的存在改变了箱基顶、底板的受力状态，对降低钢筋应力有着明显作用。本规范提供的实用计算方法，是以实测的纵向相对挠曲作为主要依据，通过验算底板钢筋应力后确定的。

表4给出了北京、上海、西安、保定等地的12项工程的实测沉降资料。这些建筑物的结构体系有钢筋混凝土框架结构、框剪结构、剪力墙结构；施工形式有装配整体式的，也有全现浇的；基础持力层有北京地区的第四纪粘性土，上海的亚粘土层、淤泥质粘土层，西安的非湿陷性黄土，保定的含淤泥亚粘土。因此，这些实测资料具有较广泛的代表性。从实测资料中可以看到，箱基的相对挠曲值都很小，第四纪土地区一般小于万分之一，软土地区一般小于万分之三。除上海某住宅因施工中拔钢板桩时带出土较多，箱基纵向挠曲曲线呈弓形外，其余工程均呈盆状形。因此，在验算本规范提出的方法时，假定箱基的沉降曲线是余弦组合函数是可行的。

为了分析箱基纵向弯曲和基底摩擦力对箱基顶、底板的影响，我们选择了上海国际妇幼保健院和北京水规院住宅二个典型工程作为分析实例。上海国际妇幼保健院是我们目前收集到的箱基纵向相对挠曲$\frac{\Delta m}{L}$最大的一个；北京水规院住宅则是众多箱基底板配筋中最少的一个，原设计中仅按局部弯曲进行配筋。这两幢建筑物建成后已使用十多年，经调查墙身和底板均未发现异常现象，使用正常。在分析这两个工程实例时，将实测的箱基中点沉降差值代入已定的相对变形方程，上部结构刚度滞后三层考虑；基底摩擦系数根据基底持力层土质情况，按《建筑地基基础设计规范》（GBJ7—89）中的最小值选用，上海地区取0.25，北京地区取0.3；底板按扣除其自重后的均匀地基反力计算，截面配筋按塑性理论计算，支座和跨中弯矩的比值取1.4。计算结果表明：

建筑物实测最大相对挠曲   表4

工程名称	主要基础持力层	上部结构	层数 建筑总高(m)	箱基长度(m) 箱基高度(m)	$\frac{\Delta m}{L}\times 10^{-4}$
北京水规院住宅	第四纪粘性土与砂卵石交互层	框架剪力墙	9/27.8	63/3.25	0.33
北京604住宅	第四纪粘性土与砂卵石交互层	现浇剪力墙及外挂板	10/30.2	45/3.3	0.60
北京中医病房楼	第四纪中、轻砂粘与粘土交互层	预制框架及外挂板	10/38.3	86.8/5.35	0.46
北京总参住宅	第四纪中、轻砂交互层	预制框剪	14/35.5	73.8/3.52	0.546
上海四平路住宅	淤泥及淤泥质土	现浇剪力墙	12/35.8	50.1/3.68	1.40
上海胸科医院外科大楼	淤泥及淤泥质土	预制框架	10/36.7	45.5/5.0	1.78
上海国际妇幼保健院	淤泥及淤泥质土	预制框架	7/29.8	50.65/3.15	2.78
上海中波1号楼	淤泥及淤泥质土	现浇框架	7/23.7	25.60/5.0	1.30
上海康乐路住宅	淤泥及淤泥质土	现浇剪力墙底框架	12/37.5	67.6/5.4	-3.4
上海华盛路住宅	淤泥及淤泥质土	预制框剪及外挂板	12/36.9	55.8/3.55	-1.8
西安宾馆	非湿陷性黄土	现浇剪力墙	15/51.8	62/7.0	0.89
保定冷库	亚粘土含淤泥	现浇无梁楼盖	5/22.2	54.6/4.5	0.37

注：$\frac{\Delta m}{L}$为正值时表示基底变形呈盆状，即"U"状。

（1）基底摩擦力的大小与土的性质、基底反压力大小及其分布状态有关，且由两端向中间逐渐增大。箱基顶、底板在基底摩擦力作用下分别处于拉压状态，与变形呈盆状的箱基顶、底板的受力状态相反。对于底板，无论是软土地区还是硬土地区，由于基底摩擦力的存在，抵消了整体弯曲产生的全部拉应力，使底板在基底反压力作用下处于压弯状态。上海国际妇幼保健院和北京水规院住宅的底板在按局部弯曲配筋的条件下，其钢筋最大应力分别为206MPa和149.7MPa，均发生在端跨，且钢筋应力均由外向中间衰减。计算结果还表明，截面受拉区部分混凝土尚未退出工作。因此，基底摩擦力是降低底板钢筋应力的主要因素。

（2）箱基顶板的受力状态与其挠曲程度有关，硬土地区由于基底摩擦力的影响大于整体弯曲的影响，顶板在竖向荷载作用下处于拉弯状态，钢筋最大应力发生在中间，其值为8.47MPa，且钢筋应力由中间向两端逐渐减小；而软土地区的箱基顶板一般则处于压弯状态，钢筋最大应力出现在端跨并向中间逐渐降低，钢筋最大应力为5.1MPa，大部分断面上的应力状态仍处在弹性阶段。

箱基顶、底板应力均是局部弯曲应力、整体弯曲应力和基底摩擦力引起的应力三者之和。上部结构参与工作对降低箱基的整体挠曲的曲率及其相应的应力有着明显的影响，而基底摩擦力则是降低箱基顶、底板钢筋应力的主要因素。本规范提出的方法，从形式上虽与习惯的"倒楼盖"法相似，但其内涵是完全不同的。它适用于地基压缩层范围内无严重不均匀土层、上部结构平面布置规则且立面沿高度大体一致的剪力墙结构、框架或框剪结构的箱形基础。

考虑到整体弯曲的影响，箱基顶、底板纵横方向的支座钢筋应有1/2～1/3贯通全跨，跨中钢筋按实际配筋全部连通，贯通钢筋的配筋率应满足本条款中规定的要求。

5.2.8 1980年颁布的《高层建筑箱形基础设计与施工规程》（JGJ6—80），提出了在分析整体弯曲作用时，将上部结构简化为等代梁，按照无榫连接的双梁原理，将上部结构框架等效刚度E_BJ_B和箱形基础刚度E_FI_F叠加得总刚度，按静定梁分析各截面的弯矩和剪力，并按刚度比将弯矩分配给箱基的计算原则。这个考虑了上部结构抗弯刚度的简化方法，是符合共同工作机理的。但是，国内许多研究人员的分析结果表明，上部结构刚度对基础的贡献并不与层数的增加而简单的增加，而是随着层数的增加逐渐衰减。例如，上海同济大学朱百里、曹名葆、魏道垛分析了每层楼的竖向刚度K_{VV}对基础贡献的百分比，其结果见表5。从表中可以看到上部结构刚度的贡献是有限的，结果是符合圣维南原理的。

楼层竖向刚度K_{VV}对减小基础内力的贡献　　表5

层	一	二	三	四～六	七～九	十～十二	十三～十五
K_{VV}的贡献（%）	17.0	16.0	14.3	9.6	4.6	2.2	1.2

北京工业大学孙家乐、武建勋则利用二次曲线型内力分布函数，考虑了柱子的压缩变形，推导出连分式框架结构等效刚度公式。利用该公式算出的结果，也说明了上部结构刚度的贡献是有限的，见图3。

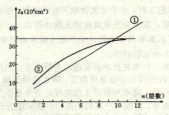

图3　等效刚度计算结果比较

注：①按JGJ6—80规程的等效刚度计算结果；
②按北工大提出的连分式等效刚度计算结果。

因此，在确定框架结构刚度对箱基的贡献时，我们在JGJ6—80规程的框架结构等效刚度公式的基础上，提出了对层数的限制，规定了框架结构参于工作的层数不多于8层，该限制是综合了上部框架结构竖向刚度、竖曲刚度以及剪切刚度的影响。此外，在计算底板局部弯曲内力时，考虑到双向板周边与墙体连接产生的推力作用，注意到双向板实测跨中反压力小于墙下实测反压力的情况，对底板为双向板的局部弯曲内力采用0.8的折减系数。

箱形基础的地基反力，可按附录C采用，也可参照其他有效方法确定。地基反力系数表，系中国建筑科学研究院地基所根据北京地区一般粘性土和上海淤泥质粘性土上高层建筑实测反力资料以及收集到的西安、沈阳等地的实测成果研究编制的。

当荷载、柱距相差较大，箱基长度大于上部结构的长度（悬挑部分大于1m）时，或者建筑物平面布置复杂、地基不均匀时，箱基内力应根据土—箱基或土—箱基—上部结构协同工作的电子计算机程序进行分析。

5.3.5 N. W. Hanson和J. M. Hanson在他们的"混凝土板柱之间剪力和弯矩的传递"试验报告中指出：板与柱之间的不平衡弯矩传递，一部分不平衡弯矩是通过临界截面周边的弯曲应力T和C来传递，而一部分不平衡弯矩则通过临界截面上的偏心剪力对临界截面重心产生的弯矩来传递的，如图4所示。因此，在验算距柱边$h_0/2$处的冲切临界截面剪应力时，除需考虑竖向荷载产生的剪应力外，尚应考虑作用在冲切临界截面重心上的不平衡弯矩所产生的附加剪应力。本规范公式（5.3.5-1）右侧第一项是根据我国《混凝土结构设计规范》（GBJ10—89）第4.4.1条在集中反力作用下的冲切承载力计算公式换算而得，右侧第二项是引自美国ACI—318规范中有关的计算规定。

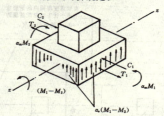

图4　板与柱不平衡弯矩传递示意图

关于公式（5.3.5-1）中集中力取值的问题，国内外大量试验结果表明，内柱的冲切破坏呈完整的锥体状，我国工程实践中一直沿用柱所承受的轴向力设计值减去冲切破坏锥体范围内的地基反力设计值作为集中力；对边柱和角柱，由于我国在这方面试验积累的成果不多，本规范参考美国ACI—318规范，取柱轴力设计值减去冲切临界截面范围内的地基反力设计值作为集中力设计值。

公式（5.3.5-1）中的M是指作用在距柱边$h_0/2$处冲切临界截面重心上的弯矩，对边柱它包括由柱根处轴力设计值N和该处筏板冲切临界截面范围内的地基反力设计值P对临界截面重心产生的弯矩。由于本条款中筏板和上部结构是分别计算的，因此计算M值时尚应包括柱子根部的弯矩M_c，如图5所示，M的表达式为：

$$M = Ne_N - Pe_P \pm M_c$$

对于内柱，由于对称关系，柱截面形心与冲切临界截面重心重合，$e_N = e_P = 0$，因此冲切临界截面重心上的弯矩，可取柱下板带板端不平衡弯矩和柱根弯矩之和。

对有抗震设防要求的平板式筏基，尚应验算地震作用组合的临界截面的最大剪应力$\tau_{E,max}$，此时公式（5.3.5-1）和（5.3.5-2）应改写为：

$$\tau_{E,max} = \frac{V_{sE}}{A_s} + \alpha_s \frac{M_E}{I_s} C_{AB}$$

$$\tau_{E,max} \leq 0.6 \frac{f_t}{\gamma_{RE}}$$

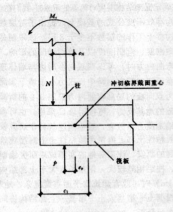

图 5 M 计算示意图

式中 V_{sE}——考虑地震作用组合后的集中反力设计值;
M_E——考虑地震作用组合后的冲切临界截面重心上的弯矩;
γ_{RE}——抗震调整系数,取 0.85。

5.3.11 工程实践表明,在柱宽及其两侧一定范围的有效宽度内,其钢筋配置量不应小于柱下板带配筋量的一半,且应能承受板与柱之间一部分不平衡弯矩 $\alpha_m M$,以保证柱板之间的弯矩传递,并使筏板在地震作用过程中处于弹性状态,保证柱根处能实现预期的塑性铰。条款中有效宽度的范围,是根据筏板较厚的特点,以小于 1/4 板跨为原则而提出来的。有效宽度范围如图 6 所示。

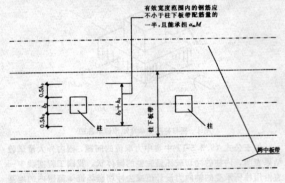

图 6 柱两侧有效宽度范围的示意

对筏板的整体弯曲影响,本条款通过构造措施予以保证,要求柱下板带和跨中板带的底部钢筋应有 1/2～1/3 贯通全跨,顶部钢筋按实际配筋全部连通,配筋率不应小于 0.15%。

6 施 工

6.1.1 高层建筑基础的施工问题技术性强、风险大,基础工程施工中长桩、降水、深基坑支护和大体积混凝土浇筑等难题都要遇到。尽管设计时有一定安全储备,但若施工不慎,仍易造成工程事故。

基础工程事故危害大处理难,不仅耗资而且耗时,贻误工期造成的间接经济损失难以估算。

本规范对施工问题非常重视,与原"高层建筑箱形基础设计与施工规程"相比增加了很多条款,这说明深基础的施工是极为重要的领域。

施工这一章涉及的许多问题,国家已制订或正在制订一些专门的技术标准,可同时参照使用。

施工前必须认真研究整个建筑场地工程地质和水文地质资料以及现场环境,作出切实可行的施工组织设计,并且施工作业一定要严格履行施工组织设计。

6.1.2 该条规定的监测工作十分重要,施工中应根据不同重要程度作出相应的监测计划及方案,监测人员应及时向工程负责人通报监测结果。

6.1.3 在紧张繁忙、头绪众多的施工现场,保护各类观测点、监测点和试验仪器是很困难的。除了对施工人员加强教育,还应在相应的位置上配以醒目的标记,以引起人们的注意和重视。

6.2.1 该条是国内外许多施工部门在工程实践中总结的经验,由于基础施工与周围居民及其它单位发生的纠纷很多,大的纠纷不但造成经济损失而且影响正常的施工作业,贻误工期。因此应对邻近原有建筑物、管线及道路的状况进行细致地调查并存档备案。

6.2.3 基础工程施工的许多项目如降水、开挖基坑与桩基施工等都可能影响周围环境、邻近建筑、道路及管线,因此应采取必要的保护措施。至于影响区域的范围,因岩土特性的差异亦有所不同,各地区应根据本地区的经验确定。上海有些单位确定影响区的方法如图 7 所示。

国家重点文物保护对象、重要建筑、重要厂房以及危房都要定期检查,认真防护。目前已有许多施工单位做得很好,甚至将与拟建建筑物相距几米的古树也精心保护下来。

6.3.1 降水的目的是为了降低地下水位、疏干基坑、固结土体、稳定边坡、防止流砂与管涌,便于基坑开挖与基础施工。一旦出现边坡失稳、流砂与管涌,补救将很麻烦。边坡失稳、流砂与管涌的发生一般都与地下水有关,尤其是与地下水的动水压力梯度的增大有关。

6.3.2 目前降水、隔水方案很多,如:有采用地下连续墙进行支护与隔水,有采用灌注桩进行支护而配以搅拌桩隔水,还有采用降水与回灌相结合的方法既疏干坑内又保持坑外地下水位等,究竟采用哪种方法除考虑本条所列的因素外,还应考虑经济效益和地区成熟的经验与技术。

在施工中常发生由于降水对邻近建筑物、道路及管线产生不良影响的工程事故。降水产生不良影响的因素主要有两个,一是降水引起地下水位下降使土体产生固结沉降,二是降水过程带出大量土颗粒,在土体中产生孔洞,孔洞塌陷造成沉降。

井点降水的影响区应根据降水曲线来确定。

6.3.3 表 6-3-3 列出的方案仅供参考,选用某种方案主要根据水文地质资料以及地区经验等因素决定。当土的渗透系数较小时,无论哪种方案都比较困难。

6.3.5 一定要注意使排水远离基坑边坡,如边坡被水浸泡,土的抗剪强度、粘聚力立即下降,容易引起基坑坍塌和滑坡。

6.3.6 土方开挖时,应注意保护降水设施,损坏降水设施则影响基坑开挖,还需重新设井点管,浪费资金浪费工时。

6.3.7 通过水位观察井的水位变化情况,调整和控制抽水井和回灌井的抽水量与回灌量,保证坑内、坑外降水曲线在预期范围内。坑内的降水曲面保持在坑底面以下 0.5～1.0m 为好,坑外的降水曲面则保持原地下水位为最佳。

6.3.8 降水施工时,由于建筑物地下水的流失,往往会引起地面的不均匀沉陷,甚至会造成周围建筑物的倒塌,已有这方面的工程实例。为了不影响周围建筑可采用隔水帷幕或回灌井点方法,一般回灌井点方法比较经济。

回灌砂井、回灌井点和回灌砂沟与降水井点间的距离应根据降水-回灌水位曲线和场地条件而定。降水曲线是漏斗形,而回灌曲线是倒漏斗形,降水与回灌水位曲线应有重叠。为了防止降水和回灌两井相通,应保持一定的距离,一般不宜小于 6m。如果两井相通,就会形成降水井点仅抽吸回灌井点的水,而使基坑内的水位无法下降,也就失去降水的作用。

6.3.11 当基础埋置深度大,而地下水位较高时尤其要重视水的浮力,必须满足抗浮要求。当建筑物高低层采用整体基础时,要验算高低层结合处基础板的负弯矩和抗裂强度，需要时，可在低层部分的基础下打抗拔桩或拉锚。

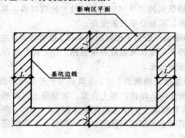

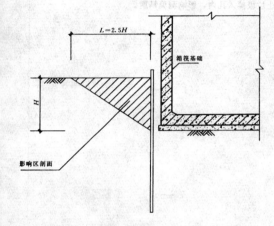

图 7 影响区的确定
注：如采用锚杆，取 1.2 倍锚杆长度为影响区。

6.4.1 基坑开挖是否要支护视具体情况而定，各地区差异很大，即使同一地区也不尽相同，本条所列三种情况应予以重视。由于支护属临时性措施，因此在保证安全的前提下还应考虑经济性。

6.4.2 大多数高层建筑基础埋置深度较深，有的超过20m。深基坑支护设计合理与否直接影响建筑物的施工工期与造价，影响邻近建筑物的安全。我国地域辽阔，基坑支护方法很多，作为一种临时性的支护结构，应充分考虑土质、结构特点以及地区经验，因地制宜进行支护设计。

6.4.3 采用自然放坡一定要谨慎，作稳定性分析时，土的物理力学指标的选用必须符合实际。需要指出的是土的力学指标对含水量的变化非常敏感，虽然计算得十分安全，往往一场大雨之后严重的塌方就发生了。施工时一定要考虑应急措施。

6.4.5 在市区施工由于场地小，常常发生坑边堆载超过设计规定的现象，严格的施工管理是必要的。

6.4.6 坑内排水可设排水沟和集水坑，由水泵排出基坑。

6.4.7 在严寒地区冬期施工要做好保温措施。某工程施工时由于没做好保温措施，春天发现基础板底面多处与地基脱开。

6.5.3 在基坑转角处的第一根桩桩尖也应做成双面斜口。

6.5.4 设导向围檩主要是控制桩位。

6.5.5 在许多地区进行的箱形基础地基反力实测工作中发现，在拔除板桩前反力分布曲线为抛物线形，拔除板桩后变为马鞍形，这是由于拔除板桩造成地基土松动而造成。

6.5.6 根据许多工程的经验，适当加大圈梁的水平刚度，对保证挡土桩的稳定性是有利的。必要时在圈梁四角加斜撑效果更好。

6.5.7 灌注桩的施工质量目前存在很多问题，某些施工支护工程失败并不是由于计算失误，而往往是由于灌注桩的施工质量达不到要求而造成，因此应加强施工质量管理。

6.5.10 地下连续墙不仅用作支护，而且是一种有效的隔水方案，

把地下连续墙深度选在不透水层上，在坑内降水时能保持坑外地下水水位。有的工程采用永久性地下连续墙方案，即把地下连续墙作为地下室外墙，取得较好的经济效益，施工前应作好准备工作，施工时方能顺利进行，保证质量。

（1）导墙深度一般为 1～2m，顶面应高于施工地面，导墙背面应用粘性土回填并夯实，不得漏浆。内外导墙墙面间距应为地下连续墙设计厚度加施工余量（40～60mm），并采取措施防止导墙位移。

（2）主要控制泥浆相对密度、粘度、含砂率和泥皮厚度这四个性能指标，相对密度大则阻力大，影响灌注质量。在空气中塌落度为 21cm 的混凝土，在水中坍落度下降为 16.5cm，而在相对密度为 1.2 的泥浆中则进一步下降为 14cm，流动半径也大幅度降低。

（3）保持槽内泥浆液面的高度对于防止孔壁坍塌极为重要，泥浆液面的高度主要与地层土的特性及泥浆性能指标有关。当地层中有砂层等不稳定土层或泥浆相对密度较低时，则泥浆液面应适当提高，施工中常常发生由于泥浆液面突然下降，几分钟内孔壁就坍塌的事故。

（5）地下连续墙施工前一定要认真分析工程地质条件，当存在可能造成泥浆漏失现象的地层时，应做好堵漏措施。目前主要采用投入粘土的办法堵漏。

（6）一般槽位和槽深比较容易控制，槽宽和槽壁垂直度较难控制。在粘土层中，由于空槽时间长以及泥浆性能指标达不到要求容易产生缩孔现象。槽壁垂直度与设备、工人技术水平以及地质条件有关，一定要认真控制，严格检验。

（7）根据地层土质特性，置换和清除槽底泥浆和沉淀物可采用正循环、反循环或正反循环相结合的办法。正循环容易保持孔壁稳定，但速度较慢。反循环清渣效果好，但必须有充足的泥浆，保持泥浆液面高度，否则容易塌孔。

（9）钢筋笼焊接不正，或由于缩孔等原因有时不易沉入槽内，此时应分析原因，不得采用强行加压方法勉强就位。否则不是钢筋笼保护层难以保证，就是刮坏孔壁，造成沉渣厚度增大。

（10）钢筋笼在槽内停放时间越长，钢筋上的泥皮就越厚，钢筋与混凝土的粘结强度就降低。浇筑混凝土时，要控制好浇筑时间，不可超过混凝土初凝时间。

（11）混凝土的流动性与和易性直接影响灌注质量，施工前至少应做三种不同配合比混凝土的性能指标试验，择优取用。另外还应根据气温变化控制初凝时间。

6.6.2 箱基和筏基长度超过40cm，基础墙体都易发生裂缝（垂直分布），外墙上的裂缝对防水不利，处理费用很高。

施工缝的做法很多，有事先把钢筋贯通，用钢丝网模隔断，接缝前用人工将混凝土表面凿毛。也有直接采用齿口连接拉板网放置在施工缝处模板内侧，待拆模后，表面露出拉板网齿槽，增加新老混凝土之间的咬接。

钢筋也有事先不贯通的，先在缝的两侧伸出受力钢筋，但不相连，而在基础混凝土浇灌三至四星期之后再将伸出的钢筋等强焊接。这样做的优点是避免钢筋传递收缩应力。

6.6.3 后浇带的处理方法同施工缝，但后浇带要考虑差异沉降的影响。如何准确计算沉降量？如何考虑沉降随时间和施工进程的发展趋势？根据具体情况决定。

6.6.4 对于有防水要求的基础，施工缝与后浇带的防水处理要与整片基础同时做好，不要在此处断缝。并采取必要的保护措施，防止施工时损坏。

差异沉降容易造成基础板开裂，后浇带的防水处理要考虑这一因素，事先采取必要措施。

6.6.5 水泥的出厂日期、存放时间也应注意，例如：硅酸盐水泥存放三个月强度会下降10%～20%，存放六个月强度可降低15%～50%等。

6.6.6 混凝土外加剂与掺合料的应用技术性很强,应通过试验确定。

6.6.7 大体积混凝土的养护以前多采用冷却法,而目前蓄热养护法正被许多工程人员所接受,效果也很理想。其原理是,在混凝土表面采取保温甚至加热措施,降低混凝土内外温差,从而减小温度应力。

6.6.9 二次抹面工作很重要,应及时进行,否则一旦泥水混入则难以处理,二次抹面不但具有补强效果,而且对防渗也有很大作用。

6.7.2 由于降水和基坑开挖造成的施工事故很多,如美国纽约的曼哈顿地区有一幢十层大楼因施工降水产生不均匀沉降最终造成大楼倒塌。开挖基坑时,板桩有向基坑位移的趋势,墨西哥一工程板桩水平位移达1m。由于开挖基坑造成邻近建筑物损坏的事故很多,只要认真做好监测工作,发现问题及时处理,完全可避免这类事故的发生。

6.7.3 桩的内力和锚杆拉力,可采用钢弦式或电阻式测力计。实践表明现场用钢弦式测力计(钢筋应力计)比较可靠,具有不易损坏,数据准确,不易受干扰的优点。

6.7.4 地下连续墙一般用于比较深的基坑,造价较高。由于土压力和水压力都较大,应认真做好各项监测工作,随开挖深度的增加,监测频度逐渐加密。

6.7.6 大体积混凝土的测温工作,主要是为了控制内外温差。由于水泥水化热的作用,将使混凝土升温,在混凝土内外形成较大的温度差(大体积混凝土的中心温度能达到50°~60°),产生较大的温度应力。混凝土早期抗拉强度较低,抵抗不了温度应力,于是就产生开裂现象。

测温孔测温后一定要堵严(可用棉丝等材料),防止热量散失,防止垃圾掉入孔内,影响测温精度。

中华人民共和国行业标准

三岔双向挤扩灌注桩设计规程

JGJ 171—2009

条文说明

目 次

1 总则 …………………………… 5—13—3
2 术语和符号 …………………… 5—13—3
  2.1 术语 ………………………… 5—13—3
3 基本规定 ……………………… 5—13—4
4 构造 …………………………… 5—13—5
5 设计 …………………………… 5—13—6
  5.1 单桩竖向抗压承载力确定 … 5—13—6
  5.2 桩基竖向抗拔承载力验算 … 5—13—8
  5.3 单桩水平承载力计算 ……… 5—13—9
  5.4 桩身强度验算 ……………… 5—13—9
  5.5 桩基沉降计算 ……………… 5—13—15
6 质量检查与检测要点 ………… 5—13—17
  6.1 质量检查要点 ……………… 5—13—17
  6.2 检测要点 …………………… 5—13—17

附录 B 三岔双缸双向液压挤扩装置 ……………… 5—13—17
附录 C 三岔双缸双向液压挤扩装置主要技术参数 … 5—13—17
附录 D 承力盘腔直径检测器 …… 5—13—18
附录 E 三岔双向挤扩灌注桩主要参数 ……………… 5—13—18
附录 F 单桩竖向抗压静载试验 … 5—13—18
附录 G 三岔双向挤扩灌注桩的极限侧阻力标准值、极限盘端阻力标准值和极限桩端阻力标准值 ………… 5—13—19

1 总 则

1.0.1～1.0.3 三岔双向挤扩灌注桩通过沿桩身不同部位设置的承力盘和承力岔，使等直径灌注桩成为变截面多支点的端承摩擦桩或摩擦端承桩，从而改变桩的受力机理，显著提高单桩承载力，增加桩基稳定性，减小桩基础沉降，降低桩基工程造价。

三岔双向挤扩灌注桩可有以下若干种类型：多节3岔型桩、多节$3n$岔型桩、单节、两节与多节承力盘桩及多节3岔（或$3n$岔）与承力盘组合桩。

三岔双向挤扩灌注桩的设计要实现安全适用、经济合理、确保质量、节能环保和技术先进等目标，应综合考虑下列各因素，把握相关技术要点。

1 地质条件：建设场地的地质条件，包括地层分布特性与土性，地下水赋存状态与水质等，不仅是在特定荷载条件下确定桩径、桩长的主要因素，也是选择承力盘（岔）的主要依据。因此，场地勘察做到完整可靠，使设计人员可根据具体工程的地质条件，采用优化设计方法，从而提高设计质量。

2 上部结构类型、使用功能与荷载特征：上部结构有砌体、排架、框架、剪力墙、框剪、框筒及筒体等不同的结构形式，结构构件有不同的平面和竖向布置状况，致使每个建筑物都具有不同的刚度和整体性，其抗震性能及对地基变形有不同的适应能力。荷载特征是指荷载的动静态，恒载与可变荷载的大小，偶然荷载的大小，竖向压、拔荷载的大小，竖向荷载的偏心距，水平荷载的大小及其变化特征。建筑物使用功能不同，对地基基础的要求也不同。而不同的桩端与盘（岔）端持力层、承力盘（岔）的数量及其排列与布置等，则具有不同的竖向和水平承力与变形性状。因此如何与上部结构相协调，如何适应上部结构是三岔双向挤扩灌注桩的布置与计算应考虑的内容。

3 施工技术条件与环境：指三岔双向挤扩灌注桩成孔成桩设备、技术及其成熟性，施工现场的设备运转、弃土及排污要求等。

对于其他行业（例如电厂、机场、港口、石油化工、公路和铁路桥涵等）采用三岔双向挤扩灌注桩的工程，本规程亦可参照使用，但同时应满足相应的行业标准的规定。

三岔双向挤扩灌注桩已成功应用于国华黄骅电厂、大唐王滩电厂及京能官厅风电场等工程，成功应用于大广高速公路滹沱河分洪道特大桥、幸福渠大桥、唐曹高速公路南堡盐场特大桥、沿海高速公路（乐亭段）跨线桥等工程，还成功应用于中石油江苏液化天然气储罐桩基工程。

2 术语和符号

2.1 术 语

2.1.1 三岔双向挤扩灌注桩是指采用三岔双缸双向液压挤扩装置完成挤扩腔体的挤扩灌注桩。该桩既可在地下水位以下的桩孔中挤扩成腔，也可在地下水位以上的桩孔中挤扩成腔。

2.1.2 承力岔的宽度、高度和厚度取决于三岔双缸双向液压挤扩装置的技术参数。承力岔的作用是作为竖向承载力的补充；增加三岔双向挤扩灌注桩的整体刚度及稳定性；在三岔双向挤扩灌注桩的上部桩身的较硬土层中设置承力岔以增加对水平荷载的抗力；当某些地层挤扩承力盘腔体可能会引起塌孔的情况，此时设置承力岔则因挤扩次数仅为1次，对土体扰动少而且能够保证承力岔腔体不坍塌。

2.1.3 承力盘可设置在桩身有效深度范围内较好土层中，以充分发挥三岔双向挤扩灌注桩的竖向承载力，承力盘的数量取决于建设场地的地质条件和荷载特征。承力盘的总盘端阻力是三岔双向挤扩灌注桩极限承载力的重要组成部分，因此承力盘腔的形成是三岔双向挤扩灌注桩的关键工序。

2.1.7 三岔双缸双向液压挤扩装置采用双液压缸、双向相对位移带动三对等长挤扩臂，挤扩时上下挤扩臂表面与土体紧密接触，从三个方向对土体进行横向挤压，使盘（岔）腔上下土体受到均衡压力，挤扩空腔顶壁土体不易坍塌，盘（岔）腔成型效果好。

2.1.9 每个承力盘腔的首次挤扩压力值可反映出该处地层的软硬程度，地面液压站的压力表指示数可以直观准确地显示该数值。在一定量的范围内通过对三岔双缸双向液压挤扩装置深度的调整，可有效地控制设计所选择的承力盘（岔）持力土层的位置，保证单桩承载力能充分满足设计要求，同时还可掌握相关地层的厚薄软硬变化，弥补勘察精度的不足。挤扩装置可以容易地借助于起重设备的升降进行入孔深度的调整，这种主动调控性能是三岔双向挤扩灌注桩施工工艺的突出特点。需要说明的是，因地层土质条件不同，使用挤扩装置型号不同，首次挤扩压力值仅对同一工程同一地层具有相对的参考意义。

2.1.10 承力盘腔的形成是三岔双向挤扩灌注桩施工的关键工序，施工中应确保挤扩腔体的位置和尺寸符合设计要求，为此研制出与三岔双缸双向液压挤扩装置配套的承力盘腔直径检测器，它是用于测定三岔双向挤扩灌注桩承力盘腔直径的机械式专用检测装置，其特点是操作方便，测试数据可靠。实践表明，该检测器的测试精度高于超声波孔壁测定仪和井径仪，后两者均无法准确测定承力盘直径。

3 基 本 规 定

3.0.3、3.0.4 本条对三岔双向挤扩灌注桩的承力盘（岔）的设置持力土层作出规定。

1 埋有实测内力元件的 30 余根三岔双向挤扩灌注桩试验结果表明，按地层土质、桩长、桩身直径、承力盘（岔）直径与数量及承力盘（岔）持力层等不同情况，从荷载传递机理看，三岔双向挤扩灌注桩可分属于端承摩擦桩或摩擦端承桩，而承力盘（岔）是三岔双向挤扩灌注桩的重要的承载部分。因此选择结构稳定、压缩性较小、承载能力较高的土层作为承力盘（岔）的持力土层对于保证三岔双向挤扩灌注桩的承载能力是十分重要的。实际工程经验表明，视承载要求，可塑-硬塑状态的黏性土层、稍密-密实状态的粉土和砂土层、中密-密实状态的卵砾石层及残积土层、全风化岩或强风化岩均可作为承力盘（岔）的持力层。

按现行国家标准《岩土工程勘察规范》GB 50021—2001 和《建筑地基基础设计规范》GB 50007—2002 的规定，可塑-硬塑状态的黏性土是指 $0.25<I_L\leqslant0.75$ 至 $0<I_L\leqslant0.25$（I_L 为液性指数）的黏性土；稍密-密实状态的砂土是指 $10<N\leqslant15$ 至 $N>30$（N 为标准贯入试验锤击数）的砂土；中密-密实状态的卵砾石层是指 $10<N_{63.5}\leqslant20$ 至 $N_{63.5}>20$（$N_{63.5}$ 为重型圆锥动力触探锤击数）的卵砾石。按现行国家标准《岩土工程勘察规范》GB 50021—2001 的规定，稍密-密实状态的粉土是指 $e>0.9$ 至 $e<0.75$ 的粉土。

工程实践还表明，承力盘（岔）应设置在可塑-硬塑状态的黏性土层中或稍密-密实状态（$N<40$）的粉土和砂土层中；承力盘也可设置在密实状态（$N\geqslant40$）的粉土和砂土层或中密-密实状态的卵砾石层的上层面上；底承力盘也可设置在残积土层、全风化岩或强风化岩层的上层面上。对于黏性土、粉土和砂土交互分层的地基中选用三岔双向挤扩灌注桩是很合适的。

以上的关于承力盘（岔）的设置原则基于以下情况：在地下水位以下的可塑-硬塑状态的黏性土层中或稍密-密实状态（$N<40$）的粉土和砂土层中挤扩盘（岔）腔时，由于存在一定水头压力，并有一定相对密度泥浆的保护，盘（岔）空腔形状完整不易坍塌。在埋深不足够深的密实状态（$N\geqslant40$）的粉土和砂土层中挤扩盘（岔）腔时，由于侧向约束过小，容易产生剪胀现象而使盘（岔）空腔形状不完整，故抗压桩的承力盘（岔）宜设置在该两类土层的顶面上。在中密-密实状态的卵砾石层中挤扩盘（岔）空腔时，视土层密实度情况可能会遇到下列两种现象，一是现有的挤扩装置挤不动，二是现有的挤扩装置可以挤动，但盘（岔）空腔形状不完整，故抗压桩的承力盘（岔）宜设置在该卵砾石层的顶面上。

山东省济南市某住宅小区采用 1 岔 1 盘的三岔双向挤扩灌注桩（桩身直径 650mm，承力盘、岔设计直径 1400mm，桩长 11.58m 和 11.88m），底承力盘设置在强风化闪长岩的顶面上，单桩极限承载力分别为 5712kN 和 5550kN，这与底承力盘设置在强风化闪长岩之内的效果完全相同，这是三岔双向挤扩灌注桩与普通灌注桩不同的一个显著特点，且经济效益显著。

2 在软弱土层、松散土层和一些特殊性质土层中设置承力盘（岔）难以发挥承载作用。淤泥及淤泥质土层、松散状态的砂土层和可能液化土层，除因承载能力弱不起作用外，还由于挤扩时土易发生流动或坍落，致使承力盘（岔）腔难以成型。故第 3.0.3 条规定，淤泥及淤泥质土层、松散状态的砂土层和可液化土层不得作为承力盘（岔）的持力土层。

按现行国家标准《建筑地基基础设计规范》GB 50007—2002 的规定，淤泥为在静水或缓慢的流水环境中沉积，并经生物化学作用形成，其天然含水量大于液限、天然孔隙比大于或等于 1.5 的黏性土；天然含水量大于液限而天然孔隙比小于 1.5 但大于或等于 1.0 的黏性土或粉土为淤泥质土；松散状态的砂土层是指 $N\leqslant10$ 的砂土层。饱和砂土和饱和粉土的液化判别应符合现行国家标准《建筑抗震设计规范》GB 50011 的规定。

湿陷性黄土属于非饱和的结构不稳定土，在一定压力作用下受水浸湿时，其结构迅速破坏，并发生显著的附加下沉。现行国家标准《湿陷性黄土地区建筑规范》GB 50025—2004 规定，"在湿陷性黄土场地采用桩基础，桩端必须穿透湿陷性黄土层，并应符合下列要求：1. 在非自重湿陷性黄土场地，桩端应支承在压缩性较低的非湿陷性黄土层中；2. 在自重湿陷性黄土场地，桩端应支承在可靠的岩（或土）层中"，故第 3.0.3 条规定，湿陷性黄土层不得作为承力盘（岔）的持力层。膨胀土是一种非饱和的、结构不稳定的高塑性黏性土，它的黏粒成分主要由亲水性矿物组成，在环境湿度变化影响下可产生强烈的胀缩变形。现行国家标准《膨胀土地区建筑技术规范》GBJ 112—87 规定，"桩尖应锚固在非膨胀土层或伸入大气影响急剧层以下的土层中"，故第 3.0.3 条规定，大气影响深度以内的膨胀土层不得作为承力盘（岔）的持力层。某些遇水极易软化的强风化岩（例如泥岩、粉砂质泥岩等）挤压遇水后会发生崩解、软化成泥浆状，强度很低，降低盘（岔）端阻力，故第 3.0.3 条规定，遇水丧失承载力的强风化岩层不得作为承力盘（岔）的持力土层。

第 3.0.3 条为强制性条文。

3.0.5 承力盘（岔）进入持力土层的最小厚度主要是考虑尽量提高承力盘（岔）端阻力的要求。对于薄持力土层，且盘端持力土层下有软弱下卧层时，当盘（岔）进入持力土层过厚，反而会降低盘（岔）端阻力。考虑到承力盘和承力岔两者发挥承载作用不同，故两者要求的持力土层厚度略有差别。

3.0.6 抗压三岔双向挤扩灌注桩的承力盘（岔）应设置在承载土层的上部。本条规定是为了确保承力盘（岔）进入持力土层的深度，有效地发挥其端阻力。

3.0.7 本条的规定与现行行业标准《建筑桩基技术规范》JGJ 94—2008 第3.3.3条第5款一致。

3.0.8 本条是参照现行行业标准《建筑桩基技术规范》JGJ 94—2008 第3.3.3条关于扩底桩的有关规定而制定的。

3.0.9 三岔双向挤扩灌注桩承受竖向荷载时，为使承力盘（岔）充分地发挥其承载作用，避免相邻承力盘（岔）产生应力作用区的重叠，根据国内外多节钻扩桩及我国各地区三岔双向挤扩灌注桩工程实践的经验，并考虑到承力盘（岔）持力土层的特性，本条规定承力盘的竖向中心间距、承力岔的竖向中心间距及承力岔与承力盘的竖向中心间距。

3.0.10 工程实践表明，为保证挤扩过程中底承力盘腔的完整性，桩根长度不宜小于 $2.0d$。

3.0.11 抗拔三岔双向挤扩灌注桩的承力盘（岔）宜设置在持力土层的下部，其设置原则如下：承力盘（岔）应设置在可塑-硬塑状态的黏性土层中或稍密-密实状态（$N<40$）的粉土和砂土层中；承力盘（岔）也可设置在密实状态（$N\geqslant40$）的粉土和砂土层或中密-密实状态的卵砾石层的底面下。其他要求，如承力盘（岔）的持力土层厚度、承力盘（岔）进入持力土层的深度、相邻桩的最小中心距和承力盘（岔）的竖向中心距均与抗压三岔双向挤扩灌注桩相同。为了充分发挥三岔双向挤扩灌注桩的抗拔承载力，顶承力盘（岔）的埋深不宜太小。

3.0.12 传统的挤扩灌注桩的挤扩盘（支）空腔是采用单向液压缸单向往下挤压的挤扩装置完成的。三岔双向挤扩灌注桩是对传统挤扩灌注桩进行了多方面实质性改进而发展起来的一种新型挤扩灌注桩，其承力盘（岔）空腔是采用三岔双缸双向液压挤扩装置完成的，该装置的特点是双液压缸双向相对位移带动三对等长挤扩臂在同一水平面上呈120°夹角的三个方向水平挤压土体，挤扩臂始终与土体接触，承力盘（岔）腔上下土体受到均衡挤压力，土体扰动小，加之挤扩臂外表面呈圆弧状，承力盘（岔）腔顶壁土体不易坍塌，承力盘（岔）腔成型效果好（图1）。此外，一次挤扩，3对挤扩臂同时工作，3对挤扩臂所对应的三个上下腔土体同时受力，完成水平向和竖向均对称的3岔形扩大腔，挤扩装置能准确与桩孔轴心对中，这是三岔双缸双向液压挤扩装置的另外一些特点。

为确保三岔双向挤扩灌注桩的质量，本条规定，三岔双向挤扩灌注桩施工必须采用三岔双缸双向液压

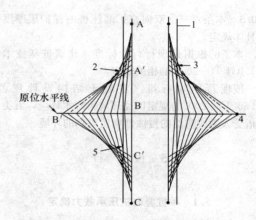

图1 三岔双缸双向挤扩装置的运动轨迹
1—桩孔壁；2—上挤扩臂；3—盘（岔）腔壁；
4—挤扩臂铰点轨迹；5—下挤扩臂

挤扩装置。

三岔双向挤扩灌注桩构造示意、三岔双缸双向液压挤扩装置示意与主要技术参数、承力盘腔直径检测器和三岔双向挤扩灌注桩主要参数分别列于本规程附录A～附录E。

4 构 造

4.0.1 关于三岔双向挤扩灌注桩的配筋率和配筋长度，本条主要参照现行行业标准《建筑桩基技术规范》JGJ 94—2008 第4.1.1条的相关规定，同时考虑到三岔双向挤扩灌注桩属于端承摩擦桩或摩擦端承桩，作了以下规定：

1 截面配筋率为 0.40%～0.65%。

4、5 α 为桩的水平变形系数

$$\alpha = \sqrt[5]{\frac{mb_0}{EI}} \quad (1)$$

式中 m——桩侧土水平抗力系数的比例系数；
b_0——桩身的计算宽度；
EI——桩身抗剪刚度。

m、b_0、EI 的计算按现行行业标准《建筑桩基技术规范》JGJ 94 的相关规定执行。

6 对于仅设置一个底承力盘的三岔双向挤扩灌注桩，为确保其正常承载，宜通长配筋。

4.0.2 本条根据现行国家标准《混凝土结构设计规范》GB 50010—2002 第3.4.1条和第3.4.2条的规定，设计使用年限为50年的结构混凝土，环境类别为二a时，最低混凝土强度等级为C25；环境类别为二b时，最低强度等级为C30，当有可靠工程经验时，处于一类和二类环境中的最低混凝土强度等级可降低一个等级。由于三岔双向挤扩灌注桩与直孔灌注桩相比承载力大幅提高，设计时混凝土最低强度等级为C25。

本条文为强制性条文。

4.0.3 本条对三岔双向挤扩灌注桩的保护层厚度作出具体规定。

本条的根据是现行行业标准《建筑桩基技术规范》JGJ 94—2008 的相关规定。

按现行国家标准《混凝土结构设计规范》GB 50010—2002 的规定四类环境指海水环境，五类环境指受人为或自然的侵蚀性物质影响的环境。

5 设 计

5.1 单桩竖向抗压承载力确定

5.1.1 三岔双向挤扩灌注桩是近十年来研制开发出来的新桩型。施工前进行单桩竖向抗压静载试验，目的是为设计提供可靠依据。对设计等级高且缺乏地区经验的工程，为获得既可靠又准确的设计施工参数，前期试桩尤为重要。本条规定的试桩数量，与现行国家标准《建筑地基基础设计规范》GB 50007—2002 和现行行业标准《建筑基桩检测技术规范》JGJ 106—2003 基本一致，但当工程桩总数在 50 根以内时，试桩数量与现行行业标准《建筑基桩检测技术规范》JGJ 106—2003 一致。

5.1.2 单桩竖向抗压承载力特征值的计算公式与现行行业标准《建筑桩基技术规范》JGJ 94—2008 第 5.2.2 条一致。

5.1.3 三岔双向挤扩灌注桩单桩竖向抗压极限承载力标准值估算公式理应包含下列 4 项：

$$Q_{uk} = Q_{sk} + Q_{bk} + Q_{Bk} + Q_{pk} \quad (2)$$

式中 Q_{sk}、Q_{bk}、Q_{Bk} 和 Q_{pk} 分别为单桩总极限侧阻力标准值、单桩总极限岔端阻力标准值、单桩总极限盘端阻力标准值和单桩总极限桩端阻力标准值。

为进行承载力参数统计分析，共收集各地 83 根有效试桩资料，这些试桩分布于北京、天津、山东、黑龙江、河北、山西、福建、江苏、浙江等地。分析中首先对所有试桩逐一核实地层柱状图和土的物理力学特性，然后根据 11 根埋设测试元件的试桩资料，按实测数据划分出桩身侧阻力、承力盘（岔）端阻力和桩端阻力，经统计分析编制成表；此后根据 83 根试桩资料按式（2）验算承载力，经统计分析，调整形成附录 G；最后简化为规程计算式（5.1.3-1）。

式（2）中各分项可表达为如下各式：

$$Q_{sk} = Q_{ssk} + Q'_{bsk} + Q_{bsk} \quad (3)$$

$$Q_{ssk} = u\Sigma q_{sik} l_i \quad (4)$$

$$Q'_{bsk} = \Sigma(u-mb)q_{sik}h \quad (5)$$

$$Q_{bsk} = \Sigma maq_{sik}h \quad (6)$$

$$Q_{bk} = \Sigma mabq_{bik} \quad (7)$$

$$Q_{Bk} = n\Sigma q_{Bik} A_{pD} \quad (8)$$

$$Q_{pk} = q_{pk} A_p \quad (9)$$

式中 Q_{ssk}——单桩桩身（不计承力岔段的桩身）和桩根的总极限侧阻力标准值；

Q'_{bsk}——单桩承力岔之间的桩身总极限侧阻力标准值；

Q_{bsk}——单桩承力岔总极限侧阻力标准值；

q_{sik}——单桩第 i 层土的极限侧阻力标准值；

q_{bik}——单桩第 i 个岔的持力土层极限岔端阻力标准值；

q_{Bik}——单桩第 i 个盘的持力土层极限盘端阻力标准值；

q_{pk}——单桩极限桩端阻力标准值；

u——桩身或桩根周长；

A_p——桩端设计截面面积；

A_{pD}——承力盘设计截面面积，按承力盘在水平投影面上的面积扣除桩身设计截面面积计算；

l_i——桩穿过第 i 层土的厚度；

m——承力岔单个分岔数，$m=3n$；

n——挤扩次数；

a——承力岔宽度；

b——承力岔厚度；

h——承力盘（岔）高度。

由于三岔双向挤扩灌注桩的承力盘（岔）及桩端通常设置于较好的持力土层上，单桩静载荷试验的 Q-s 曲线一般呈缓变型。单桩承载力的取值宜按沉降控制，并考虑上部结构对沉降的敏感性确定。取值方法是以对应桩顶沉降量 $s=0.005D$ 时的荷载值为竖向抗压承载力特征值和对应于 s-$\lg Q$ 曲线的末段直线段起始点与桩顶沉降量 $s=0.05D$ 时的荷载值为极限承载力综合分析得出。本次统计所收集到的试桩资料，由于受加载量的限制，大部分没有加载至极限荷载，故采用逆斜率法拟合外推，并结合 s-$\lg Q$ 曲线的末段直线段起始点法和 $Q_{0.05D}$（即桩顶沉降量等于承力盘设计直径 5%时所对应的荷载）法判定极限承载力。

当三岔双向挤扩灌注桩的承力盘（岔）及桩端设置在一般持力土层上时，单桩静载荷试验的 Q-s 曲线也会呈现陡降型的情况，此时按 Q-s 曲线明显陡降的起始点法、s-$\lg Q$ 曲线末段近乎竖向陡降的起始点法和 s-$\lg t$ 曲线尾部明显转折法综合判定极限承载力。

对主要土层为第四纪全新世新近沉积土的山东省东营、菏泽、滨州、聊城、广饶、高唐及江苏省淮安等地区的 39 根试桩的承载力验算，若不考虑地质年代，估算值平均高于实测值 18.97%，标准差 0.1490；若将第四纪全新世新近沉积土层的状态降一等级后验算，估算值平均低于实测值 14.07%，标准差 0.1065，具有一定的安全储备，见图 2（图中 Q_u 为单桩极限承载力实测值；Q'_u 为单桩极限承载力估算值）。因此，建议对于主要土层为第四纪全新世新近沉积土，应将土层的状态降一等级后使用附录 G（表 G.0.1 和表 G.0.2）。此外，在承力盘（岔）或桩

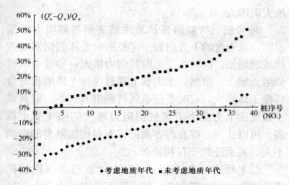

图 2 主要土层为第四纪全新世新近沉积土
地区三岔双向挤扩灌注桩极限
承载力的估算值与实测值比值

端应力扩散范围内可能埋藏有相对软弱的夹层时，应引起足够的注意，适当调低相应计算参数。

为验证计算式（2）的可靠性，将极限承载力实测值与计算值之比作为随机变量进行统计分析，其频数分布如图4所示。由图3、图4可知，实测值与计算值之比为1.0~1.2之间者占52%，实测值大于计算值者占86%。经统计分析，实测值与计算值之比的平均值为1.1495，标准差为0.1554，变异系数为0.1352，具有95%保证率的置信区间为[0.8760，1.4466]。说明计算值较实测值略偏小，具有必要的安全储备。

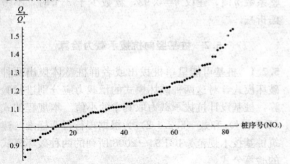

图 3 三岔双向挤扩灌注桩极限承载力
实测值与式（2）极限承载力估算值的比值

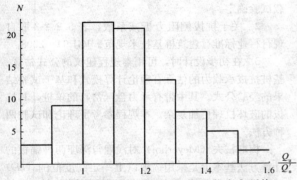

图 4 三岔双向挤扩灌注桩极限承载力实测值
与式（2）极限承载力估算值的比值频数分布

承力岔的主要作用是作为竖向抗压承载力的补充，增加桩的整体刚度，式（2）比较繁琐。为简化计算，在式（2）中将承力岔承载力忽略不计，简化后成为计算式（5.1.3-1）。对30根设置有一组3承力岔的三岔双向挤扩灌注桩（其中，1岔1盘三岔双向挤扩灌注桩3根，1岔2盘三岔双向挤扩灌注桩20根，1岔3盘三岔双向挤扩灌注桩7根）按规程计算式（5.1.3-1）简化计算后发现，估算值减小1.30%~5.60%，平均减小3.0%，见图5。将极限承载力实测值与简化计算式（5.1.3-1）估算值之比作为随机

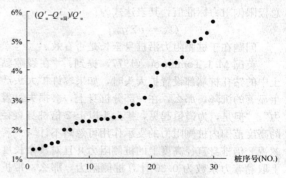

图 5 三岔双向挤扩灌注桩的式（2）
极限承载力估算值与式
（5.1.3-1）简化的极限承载力估算值的比值

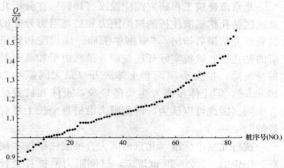

图 6 三岔双向挤扩灌注桩极限承载力实测值
与式（5.1.3-1）简化的极限承载力
估算值的比值

变量进行统计分析，如图6、图7所示。实测值与计

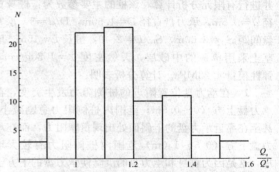

图 7 三岔双向挤扩灌注桩极限承载力实测值与式
（5.1.3-1）简化的极限承载力估算值的比值频数分布

算值之比为 1.00～1.20 之间者占 54%，实测值大于计算值者占 88%。实测与计算值之比的平均值为 1.1628，标准差为 0.1600，变异系数为 0.1376，具有 95%保证率的置信区间为 [0.8760，1.4299]。

如果设有 3 组或 3 组以上 3 承力岔的三岔双向挤扩灌注桩，在式（5.1.3-1）中可计入单桩总极限岔端阻力标准值 Q_{bk}，此时 $Q_{bk} = \Sigma q_{bik} A_{pd}$。

由式（3）可知单桩总极限侧阻力标准值 Q_{sk} 包含 Q_{ssk}、Q_{bsk} 和 Q_{bsk} 3 项，因 Q_{bsk} 占 Q_{sk} 的比例很小，故可忽略不计。因此，Q_{sk} 为单桩全部桩身和桩根的总极限侧阻力标准值，其表达式为：

$$Q_{sk} = u\Sigma q_{sik} l_i$$

问题在于桩侧阻力沿桩身全长是否有效。

英国 M.J.Tomlinson（1977）提到："在裂隙黏土中的钻孔桩端部设置扩大头时，如果容许扩大头产生显著的沉降，那么，在一部分桩身上，会损失黏着力"；"但是，为谨慎起见，扩大头以上 2 倍桩身直径的高度范围内桩侧阻力的支承作用可忽略不计"；"若忽视 2 倍桩身直径高度上的桩侧阻力并且对其余长度上取黏着力系数为 0.30 计算桩侧阻力，那么，带扩大头的桩与直孔桩相比，在多数情况下，就成为没有吸引力的建议"。另外，还需要注意的是，Tomlinson 没有研究桩身设置多个扩大头的情况。

北京市建筑工程研究院沈保汉（1986）在分析北京地区钻孔扩底灌注桩的桩侧阻力和桩端阻力分配的试验研究结果后指出，"根据牛王庙、煤炭院和建研所的钻孔扩底试桩实际开挖发现，虽然由于加载引起桩身沉降，扩大头顶面和土体脱开（最大间隙约为 100mm），但土体没有发生塌落现象，土体和桩身结合牢固。因此可以认为，桩侧阻力沿桩身全长上是有效的。"

现行北京市标准《北京地区大直径灌注桩技术规程》DBJ 01—502—99 也规定，桩侧阻力沿桩身全长上是有效的。

清华大学常冬冬（2001）在硕士学位论文中说明了具有 4 个承力盘的三岔双向挤扩灌注桩，在各级桩顶荷载下的桩侧阻力的分布和发展情况的研究结果，并进行有限元分析计算，该桩的主要参数为：桩身直径 $d=0.5m$，承力盘直径 $D=1.50m$，$D/d=3$，承力盘间距 $S_D=3.60m$，$S_D/D=2.40$，桩长 $L=15m$。地基土采用单一的中砂层，天然密度 $\gamma=1.80g/cm^3$，弹性模量 4.23MPa。计算分析表明：

1 在承力盘位置附近的桩侧阻力发生突变，在承力盘上方（0～0.5m）范围内桩侧阻力急剧减小，甚至在靠近承力盘的上斜面处出现负摩阻力，而在承力盘下方（0.5～1.0m）范围内桩侧阻力有较大增加，这是因为桩身和承力盘的沉降使承力盘的下方土体被挤密并提高该处土体的约束应力所致；

2 承力盘对桩侧阻力的影响程度随桩顶荷载的增大而增大。

30 余根三岔双向挤扩灌注桩实测桩侧阻力结果表明，承力盘的下方斜面一定范围内土体的密实度因挤压而增加，同时在受力时径向力增大，导致该区桩侧阻力增大；虽然，承力盘上部桩身与土体的相对位移使土体脱空，有时会使该区桩侧阻力减小，但其减少幅度比承力盘下方区桩侧阻力增大的幅度要小得多。可以认为，综合两方面的因素对桩侧阻力的影响不大，甚至还处于有利状态。

综上所述，式（5.1.3-1）中计算三岔双向挤扩灌注桩的总桩侧阻力 Q_{sk} 时，既不考虑承力盘下方区桩侧阻力的增大，也不考虑承力盘上方区桩侧阻力的减小，即侧阻力 q_{sik} 沿桩身全长是有效的（承力盘高度范围内不计侧阻力），是偏于安全的。

三岔双向挤扩灌注桩的承力盘腔是通过三岔双缸双向液压挤扩装置挤压成孔，盘端土体经挤压后密度提高，几乎没有扰动、松弛或回弹现象，这与钻扩成孔或挖扩成孔工艺显著不同，故在式（5.1.3-1）中 Q_{bk} 的计算不考虑端尺寸效应系数。

30 余根三岔双向挤扩灌注桩实测盘端阻力的结果表明，各承力盘分担桩顶荷载的比例是不一样的。通常情况是，顶承力盘先受力，以下各承力盘逐渐发挥出更大的承载力。基于上述情况，式（5.1.3-1）中 Q_{bk} 为各承力盘端阻力的叠加值乘以总盘端阻力调整系数 η 值，建议 $\eta=0.93$，盘数少于 3 个时，不考虑折减。

5.2 桩基竖向抗拔承载力验算

5.2.1 桩基可能呈单桩拔出或者群桩整体拔出两种破坏模式，对这两种破坏模式的承载力应分别进行验算，桩基设计抗拔承载力取其中的小值。本规程的式（5.2.1-1）和式（5.2.1-2）为根据现行行业标准《建筑桩基技术规范》JGJ 94—2008 所列的两种破坏模式的验算公式。

5.2.2 本条是关于群桩和单桩的抗拔承载力确定问题。

1 单桩抗拔承载力一般应通过单桩竖向抗拔静载试验确定。

2 关于抗拔侧阻力折减系数，表 5.2.2-3 取自现行行业标准《建筑桩基技术规范》JGJ 94—2008。

3 在初步设计时，可用本规程建议的公式估算。基桩抗拔承载力的估算有理论计算模式和基于试验结果的经验公式。其中带有承力盘（岔）的单桩，其抗拔的破坏机理更加复杂。本规程参考了理论和试验两种方法。

梅耶霍夫（Meyerhof）对浅埋与深埋两种锚板的计算方法基本上是采用锚板以上一定高度范围（ξD）用直径为锚板直径 D 的破裂柱面计算侧阻力。原行业标准《建筑桩基技术规范》JGJ 94—94 对于扩底桩也是采用相似的方法，但是该规范规定在扩底以上高度 $5d$（d 为桩身直径）范围内，按扩底直径的破裂柱面计算侧阻力，超过 $5d$ 部分按桩身与土的界面计算。这种计算没有考虑不同土类中土的内摩擦角对破裂柱面高度的影响，该规范修订时（即现行行业标准《建筑桩基技术规范》JGJ 94—2008）改为（4～8）d，随土的摩擦角增加而增加，但是仍然偏小。例如梅耶霍夫建议，当土的内摩擦 $\varphi=20°\sim45°$ 时，破裂柱面高度可达（2.5～9.0）D，D 为锚板直径。三岔双向挤扩灌注桩的承力盘可参考这种计算方法。

有的试验表明，扩底或承力盘的深度对于破裂柱面高度有影响，埋深越大，高度与直径的比值越小，所以承力盘不宜过深过多，也不宜过浅（≥$5D$）。

本规程给出的表 5.2.2-2 基于梅耶霍夫的建议值，通过已经取得的一些试验验证，表明表中数值基本合理，以下举例说明：

例 1 室外大比例尺模型桩竖向抗拔静载试验，桩身直径为 $d=0.2$m，桩长 $L=4.7$m，承力盘直径为 $D=0.6$m，承力盘位于密实细砂土层中。桩顶上拔量为 18mm 时，实测承力盘的抗拔极限端阻力约为 180kN，总抗拔极限阻力大于 318kN。如果全长用直径为 0.6m 的破裂柱面计算侧阻力，与试验结果很接近，亦即 $\xi_i \approx 7\sim 8$。由于承力盘的埋深小于 5m，侧阻力均乘以 0.8 的修正系数（表1）。

表 1 用承力盘以上范围采用 $D=0.6$m 计算侧阻力得到的总极限抗拔力

土层编号	深度范围 (m)	单位极限摩阻力 q_{sik} (kPa)	λ_i	$\lambda_i q_{sik} u_i l_i$ (kN)
①填土	0～0.7	16	0.7	18.5
②粉质黏土（硬塑）	0.7～2.6	65.6	0.7	164.5
③粉质黏土（可塑）	2.6～3.7	49.6	0.7	72
④密实细砂	3.7～4.7	56	0.6	63
合计				318kN

例 2 北京官厅水库南岸风力发电场，基础采用三岔双向挤扩灌注桩基础。桩周土层主要为承载力较高的粉土及粉质黏土，在现场进行了单桩载荷试验，3 根为抗拔试桩。桩长 22m，桩身直径 700mm，在 −9.7m 和 −19.4m 处分别设置了两个承力盘，直径为 1500mm。3 根桩（L1、L2、L3）在上拔荷载为 2000kN 时的桩顶上拔量分别为 9.23mm、9.10mm 和 9.86mm。其上拔荷载—桩顶上拔量曲线无陡降段，最后几级基本呈直线，经两种方法外推其抗拔极限承载力接近于试验外推值。由于试验最后一级的实际桩顶上拔量偏小，用双曲线外推的抗拔极限承载力也偏小（表2）。

表 2 外推的抗拔极限承载力与估算结果比较

桩 号	L1	L2	L3
2000kN 时桩顶上拔量 (mm)	9.23	9.10	9.86
双曲线法外推值 (kN)	2400 (32.14mm)	2400 (25.34mm)	2400 (17.78mm)
本规程计算值 (kN)	2585		$\lambda=0.7$, $\xi_i=3.0$

例 3 天津宁发花园东苑工程中进行了 3 根三岔双向挤扩灌注桩的抗拔静载试验，桩周主要为粉质黏土，处于可塑到流塑状态。分别编号为 T1，T2 和 T3。桩长 25.5m，桩身直径 650mm，在 −16.5m 设置一个承力岔，在 −20m 和 −24m 处分别设置了两个承力盘，设计盘径为 1400mm，混凝土强度等级为 C25。试验外推结果与估算结果见表3，其中考虑桩的自重及三个承力盘与其周围的土体自重为 482kN 时，计算结果更符合抗拔极限承载力试验外推值。

表 3 抗拔极限承载力比较

桩 号	T1	T2	T3
试验最大荷载 (kN)	2500 (17.03mm)	2500 (15.52mm)	2500 (22.94mm)
双曲线法外推值 (kN)	3000 (27mm)	3000 (31mm)	2750 (34.5mm)
本规程计算值 (kN)（自重482kN）	2782	2770	2715

5.3 单桩水平承载力计算

5.3.1 影响三岔双向挤扩灌注桩水平承载力的因素除桩的抗弯强度（它取决于桩身截面尺寸、承力盘或承力岔的位置与尺寸、配筋情况及混凝土强度等）、桩顶允许位移和地基土的物理力学性能外，还有桩顶嵌固情况、承力盘（岔）与桩端的约束情况、桩顶竖向荷载的大小以及承台的底面阻力和侧面抗力等。三岔双向挤扩灌注桩是带有一个或多个扩径体的变截面桩，要按某一种分析计算法较准确地确定其单桩水平承载力是困难的，故对于承受水平荷载较大的设计等级为甲级的三岔双向挤扩灌注桩基，应按水平静载试验确定其单桩水平承载力特征值。

根据设计要求，三岔双向挤扩灌注桩的水平静载试验可进行桩顶自由的单桩试验，加竖向荷载的单桩试验及带承台的单桩或多桩试验等。

5.4 桩身强度验算

5.4.1 三岔双向挤扩灌注桩的桩身钢筋混凝土正截

面轴心受压承载力验算，应符合式（5.4.1）的规定，该式的物理意义是，在考虑桩工作条件影响因素的情况时，荷载效应基本组合下的桩顶轴向压力设计值不得大于桩身材料的混凝土轴心抗压承载力设计值。

钢筋混凝土轴向受压桩正截面受压承载力的计算涉及标准试块与桩身受力状态的差异、纵向主筋的作用、箍筋的作用及成孔成桩工艺等因素。三岔双向挤扩灌注桩属于端承摩擦桩和摩擦端承桩，桩身材料强度的合理确定对于单桩承载力的充分发挥有十分重要的意义。

现行国家标准《混凝土结构设计规范》GB 50010—2002 中定义混凝土抗压强度等级是按没有横向约束的立方体抗压强度标准值作为基本指标，而实际工程中的桩身材料，却是处于复合受力工作状态。国内外对圆柱体混凝土试件周围的加液试验结果表明，当侧向液压值不是很大时，最大主压力轴向极限强度随着侧向压应力数值的增加而提高。上述试件的受力状态比较贴切地模拟桩身受力的实际情况。

轴向受压桩的承载性状与上部结构柱相近，较柱的受力条件更为有利的是桩周受土的约束，而且侧阻力使轴向荷载随深度递减，因此桩身受压承载力由桩顶下一定区段控制。纵向主筋的承压作用在一定条件下可计入桩身受压承载力。

箍筋不仅起水平抗剪作用，更重要的是起侧向约束增强作用。密排的箍筋约束桩身的变形，抑制桩身内部细小裂缝的开展和贯通，从而使桩身混凝土抗压能力得以提高。曼德尔等（Mander et al, 1984）指出，带箍筋约束的混凝土轴心抗压强度较无约束混凝土提高 80% 左右，且其应力-应变关系得到改善。现行行业标准《建筑桩基技术规范》JGJ 94—2008 规定，凡桩顶以下 5d 范围箍筋间距不大于 100mm 时，均可考虑纵向主筋的作用。

由此可见，桩身抗压能力，不仅局限于桩身混凝土材料本身，还包括纵向主筋和箍筋的贡献。

此外，桩身混凝土强度及截面变异受成孔成桩工艺的影响。现行行业标准《建筑桩基技术规范》JGJ 94—2008，就其成桩环境、质量可控程度不同，规定成孔工艺系数如下：干作业非挤土灌注桩为 0.90，泥浆护壁和套管护壁的非挤土灌注桩、部分挤土灌注桩为 $0.75\sim0.80$。

综上所述式（5.4.1）中工作条件系数 ψ_c 应综合考虑桩身受力状态、纵向主筋与箍筋的作用及成孔成桩工艺等因素。

对于式（5.4.1）验算桩身强度，从所收集到的 63 组 172 根泥浆护壁成孔三岔双向挤扩灌注桩及 4 组 12 根干作业成孔三岔双向挤扩灌注桩静载试验结果与桩身受压极限承载力计算值 R_u 进行比较，以检验桩身受压承载力计算模式的合理性和安全性（列于表 4 和表 5）。其中 R_u 按下列公式计算：

$$R_u = f_c A$$

表 4 和表 5 未考虑纵向主筋的承压作用和箍筋的侧向约束增强作用。

从表 4 可见，对比结果有三种情况，表中 Q_{max} 为试桩最大加载值。

第一大组中有 17 根桩（武汉 WW-1 号桩至南阳 HNR-3 号桩），$\psi_c = Q_{max}/R_u = 1.27\sim2.00$，即使加载值较大，还未见桩身压碎的情况。第二大组中有 56 根桩（天津 T191-1 号桩至济南 SJBN-1 号桩），$\psi_c = Q_{max}/R_u = 0.77\sim1.27$，该大组的加载值略偏小。第三大组中有 16 根桩（济南 SJW-1 号桩至乐亭 HYGG-2 号桩），$\psi_c = Q_{max}/R_u = 0.59\sim0.78$，该大组的加载值均偏小，故 ψ_c 也偏小，表明加载值还有较大的上升空间，这样 ψ_c 值还可增大。

表 4 泥浆护壁成孔三岔双向挤扩灌注桩桩身受压承载力计算与试验结果

试桩地点	桩号	桩径 d (mm)	桩身横截面积 A (m²)	桩长 L (m)	岔/盘数 (个)	试桩桩身混凝土强度等级	f_c (MPa)	主筋	桩顶5d下箍筋	最大加载 Q_{max} (kN)	桩顶沉降 (mm)	试桩桩身抗压极限承载力 R_u (kN)	$\dfrac{Q_{max}}{R_u}$
武汉	WW-1	620	0.3018	24.0	0/4	C30	14.3	8ϕ16	ϕ8@100	6656	40.12	4315.08	1.54
武汉	WW-2	620	0.3018	24.0	0/4	C30	14.3	8ϕ16	ϕ8@100	5554	25.93	4315.08	1.29
武汉	WW-3	620	0.3018	24.0	0/4	C30	14.3	8ϕ16	ϕ8@100	6032	36.57	4315.08	1.40
天津	TL-1	700	0.3847	29.7	0/3	C30	14.3	6ϕ18	ϕ6@100	7600	37.76	5500.50	1.38
天津	TL-3	700	0.3847	29.7	0/3	C30	14.3	6ϕ18	ϕ6@100	7200	46.45	5500.50	1.31
济南	SJB-1	620	0.3018	26.4	0/2	C30	14.3	8ϕ14	ϕ8@100	5845	16.66	4315.08	1.35
济南	SJB-3	620	0.3018	26.5	0/2	C30	14.3	8ϕ14	ϕ8@100	5500	19.93	4315.08	1.27
东营	DC-1	600	0.2826	32.3	0/4	C20	9.6	8ϕ12	ϕ6@100	4400	14.74	2712.96	1.62
东营	DC-3	600	0.2826	32.3	0/4	C20	9.6	8ϕ12	ϕ6@100	3960	22.93	2712.96	1.46

续表4

试桩地点	桩号	桩径 d (mm)	桩身横截面积 A (m²)	桩长 L (m)	岔/盘数 (个)	试桩桩身混凝土强度等级	f_c (MPa)	主筋	桩顶5d下箍筋	最大加载 Q_{max} (kN)	桩顶沉降 (mm)	试桩桩身抗压极限承载力 R_u (kN)	$\dfrac{Q_{max}}{R_u}$
王滩	HTW-1	700	0.3847	34.3	0/2	C30	14.3	10ϕ18	ϕ8@100	9000	69.33	5500.50	1.64
	HTW-2	700	0.3847	34.3	0/2	C30	14.3	10ϕ18	ϕ8@100	10400	40.00	5500.50	1.89
	HTW-3	700	0.3847	34.2	0/2	C30	14.3	10ϕ18	ϕ8@100	11000	54.54	5500.50	2.00
南京	NLK-2	700	0.3847	52.7	0/3	C35	16.7	16ϕ12	ϕ8@100	10800	30.89	6423.66	1.68
孝感	HXL-1	650	0.3317	22.0	0/3	C30	14.3	8ϕ16	ϕ8@100	7200	21.76	4742.77	1.52
	HXL-3	550	0.2375	22.0	0/3	C30	14.3	8ϕ16	ϕ8@100	4840	29.07	3395.71	1.43
南阳	HNR-1	600	0.2826	11.5	0/1	C40	19.1	12ϕ16	ϕ8@100	8320	42.47	5397.66	1.54
	HNR-3	600	0.2826	11.5	0/1	C40	19.1	12ϕ16	ϕ8@100	7680	47.37	5397.66	1.42
天津	T191-1	700	0.3847	34.9	0/4	C35	16.7	10ϕ18	ϕ8@100	7500	53.07	6423.66	1.17
	T191-2	700	0.3847	34.9	0/4	C35	16.7	10ϕ18	ϕ8@100	6000	37.55	6423.66	0.93
大港	TD-2	620	0.3018	25.0	1/2	C30	14.3	10ϕ18	ϕ8@100	4000	49.80	4315.08	0.93
德州	SDL-1	650	0.3317	32.0	0/3	C35	16.7	8ϕ14	ϕ8@100	4773	37.06	5538.76	0.86
东营	DD-1	450	0.1590	23.8	0/2	C25	11.9	6ϕ14	ϕ6@100	1870	20.10	1891.65	0.99
济南	SJH-1	650	0.3317	26.3	1/3	C40	19.1	8ϕ14	ϕ8@100	5720	13.57	6334.75	0.90
济南	SJS-1	650	0.3317	11.6	1/1	C30	14.3	8ϕ14	ϕ8@100	4284	16.76	4742.77	0.90
	SJS-3	650	0.3317	10.1	1/1	C30	14.3	8ϕ14	ϕ8@100	4500	9.53	4742.77	0.95
滨州	LB-1	650	0.3317	33.2	0/4	C35	16.7	10ϕ16	ϕ8@100	4500	26.71	5538.76	0.81
	LB-3	500	0.1963	31.5	0/3	C35	16.7	10ϕ16	ϕ8@100	3600	56.11	3277.38	1.10
济南	SJS-2	650	0.3317	12.9	1/1	C30	14.3	8ϕ14	ϕ8@100	4500	17.79	4742.77	0.95
	SJS-4	650	0.3317	9.6	1/1	C30	14.3	8ϕ14	ϕ8@100	4200	16.93	4742.77	0.89
济南	JWL-1	650	0.3317	11.8	1/2	C30	14.3	8ϕ14	ϕ8@100	5000	13.39	4742.77	1.05
济宁	SJSL-1	650	0.3317	18.9	1/2	C25	11.9	8ϕ14	ϕ8@100	4400	30.48	3946.78	1.11
	SJSL-2	650	0.3317	18.8	1/2	C25	11.9	8ϕ14	ϕ8@100	4800	31.93	3946.78	1.22
	SJSL-3	650	0.3317	18.8	1/2	C25	11.9	8ϕ14	ϕ8@100	4600	14.46	3946.78	1.17
聊城	SLW-1	500	0.1963	18.0	0/2	C30	14.3	6ϕ14	ϕ6@100	2600	11.32	2806.38	0.93
淮安	JHJ-1	700	0.3847	27.7	0/4	C30	14.3	10ϕ16	ϕ8@100	5500	41.74	5500.50	1.00
	JHJ-3	700	0.3847	27.9	0/4	C30	14.3	10ϕ16	ϕ8@100	5800	37.41	5500.50	1.05
包头	BL-1	500	0.1963	17.1	0/4	C30	14.3	8ϕ14	ϕ8@100	2986	33.63	2806.38	1.06
	BL-2	620	0.3018	16.0	0/4	C30	14.3	8ϕ14	ϕ8@100	4983	40.95	4315.08	1.15
	BL-3	500	0.1963	18.0	0/4	C30	14.3	8ϕ14	ϕ8@100	3424	27.28	2806.38	1.22
	BL-4	620	0.3018	17.6	0/3	C30	14.3	8ϕ14	ϕ8@100	3828	28.87	4315.08	0.89
	BL-5	620	0.3018	17.6	0/3	C30	14.3	8ϕ14	ϕ8@100	4003	40.81	4315.08	0.93
	BL-6	500	0.1963	15.1	0/3	C30	14.3	8ϕ14	ϕ8@100	2602	25.52	2806.38	0.93
	BL-7	500	0.1963	15.1	0/3	C30	14.3	8ϕ14	ϕ8@100	2384	30.32	2806.38	0.85
王滩	HTW-4	700	0.3847	22.0	0/1	C30	14.3	10ϕ18	ϕ8@100	5400	50.80	5500.50	0.98
	HTW-5	700	0.3847	21.9	0/1	C30	14.3	10ϕ18	ϕ8@100	5600	50.48	5500.50	1.02
	HTW-6	700	0.3847	21.5	0/1	C30	14.3	10ϕ18	ϕ8@100	4800	51.89	5500.50	0.87

续表4

试桩地点	桩号	桩径 d (mm)	桩身横截面积 A (m²)	桩长 L (m)	岔/盘数 (个)	试桩桩身混凝土强度等级	f_c (MPa)	主筋	桩顶5d下箍筋	最大加载 Q_{max} (kN)	桩顶沉降 (mm)	试桩桩身抗压极限承载力 R_u (kN)	$\dfrac{Q_{max}}{R_u}$
广饶	SGR-1	610	0.2921	18.8	1/2	C30	14.3	8ϕ16	ϕ8@100	3960	37.69	4177.01	0.95
	SGR-2	610	0.2921	18.8	1/2	C30	14.3	8ϕ16	ϕ8@100	4400	30.79	4177.01	1.05
	SGR-4	500	0.1963	18.8	1/2	C30	14.3	8ϕ16	ϕ8@100	2880	37.18	2806.38	1.03
南阳	HNR-4	700	0.3847	29.6	0/2	C40	19.1	12ϕ16	ϕ8@100	8320	42.47	7346.82	1.13
东营	SLD-1	650	0.3317	31.4	0/4	C25	11.9	8ϕ14	ϕ8@100	5000	15.36	3946.78	1.27
	SLD-2	650	0.3317	31.4	1/3	C25	11.9	8ϕ14	ϕ8@100	4500	32.99	3946.78	1.14
	SLD-3	650	0.3317	31.1	1/3	C25	11.9	8ϕ14	ϕ8@100	4635	26.48	3946.78	1.17
邹平	SZC-1	650	0.3317	23.5	0/2	C25	11.9	10ϕ16	ϕ8@100	4550	17.09	3946.78	1.15
	SZC-2	650	0.3317	22.2	0/2	C25	11.9	10ϕ16	ϕ8@100	4900	18.20	3946.78	1.24
西安	SXD-1	700	0.3847	28.2	0/4	C35	16.7	10ϕ16	ϕ8@100	7200	23.59	6423.66	1.12
高唐	SGS-1	650	0.3317	29.7	0/3	C25	11.9	10ϕ16	ϕ8@100	4026	31.55	3946.78	1.02
	SGS-2	650	0.3317	22.2	0/3	C25	11.9	10ϕ16	ϕ8@100	3250	26.15	3946.78	0.82
	SGS-3	650	0.3317	23.7	0/3	C25	11.9	10ϕ16	ϕ8@100	3025	10.84	3946.78	0.77
	SGS-4	650	0.3317	29.4	0/3	C25	11.9	10ϕ16	ϕ8@100	3850	18.99	3946.78	0.98
	SGS-5	650	0.3317	29.6	0/3	C25	11.9	10ϕ16	ϕ8@100	3780	23.93	3946.78	0.96
平湖	ZPH-1	800	0.5024	62.0	0/5	C35	16.7	12ϕ18	ϕ6.5@100	10000	24.74	8390.08	1.19
济南	SJBY-1	700	0.3847	24.9	0/3	C45	21.1	12ϕ25	ϕ8@100	7000	14.30	8116.12	0.86
荷泽	SHJ-1	650	0.3317	30.4	0/3	C40	19.1	9ϕ25	ϕ8@100	5091	13.82	6334.75	0.80
	SHJ-2	650	0.3317	31.9	0/3	C40	19.1	9ϕ25	ϕ8@100	5091	14.58	6334.75	0.80
济南	SJQS-1	650	0.3317	12.5	0/2	C30	14.3	8ϕ22	ϕ8@100	4681	45.43	4742.77	0.99
济南	SJCD-1	500	0.1963	21.8	0/4	C45	21.1	6ϕ16	ϕ8@100	3600	12.74	4140.88	0.87
天津	TNF-2	700	0.3847	46.5	2/5	C40	19.1	12ϕ16	ϕ8@100	8250	37.97	7346.82	1.12
北京	BHC-1	700	0.3847	36.1	0/3	C35	16.7	10ϕ20	ϕ8@100	6000	14.77	6423.66	0.93
厦门	FXCY-1	900	0.6359	37.6	0/3	C40	19.1	22ϕ28	ϕ8@100	9350	54.00	12144.74	0.77
	FXCY-2	900	0.6359	37.0	0/3	C40	19.1	22ϕ28	ϕ8@100	12570	54.00	12144.74	1.04
	FXCY-3	900	0.6359	37.8	0/3	C40	19.1	22ϕ28	ϕ8@100	12800	16.60	12144.74	1.05
济南	SJBN-1	650	0.3317	16.0	0/2	C30	14.3	8ϕ14	ϕ8@100	3800	15.00	4742.77	0.80
济南	SJW-1	650	0.3317	16.0	1/1	C30	14.3	8ϕ14	ϕ8@100	2840	18.01	4742.77	0.60
	SJW-3	650	0.3317	16.0	1/1	C30	14.3	8ϕ14	ϕ8@100	2730	25.41	4742.77	0.58
菏泽	SLH-1	650	0.3317	24.0	1/2	C35	16.7	10ϕ16	ϕ8@100	3480	12.60	5538.76	0.63
菏泽	SCY-1	700	0.3847	29.8	0/4	C40	19.1	8ϕ22	ϕ8@100	5182	19.57	7346.82	0.71

续表4

试桩地点	桩号	桩径 d (mm)	桩身横截面积 A (m²)	桩长 L (m)	岔/盘数（个）	试桩桩身混凝土强度等级	f_c (MPa)	主筋	桩顶 5d 下箍筋	最大加载 Q_{max} (kN)	桩顶沉降 (mm)	试桩桩身抗压极限承载力 R_u (kN)	$\frac{Q_{max}}{R_u}$
济南	SJRT-1	600	0.2826	11.5	0/1	C40	19.1	10ϕ16	ϕ8@100	3700	15.96	5397.66	0.69
北京	BGFD-1	700	0.3847	22.0	0/2	C35	16.7	12ϕ16	ϕ8@100	4500	26.45	6423.66	0.70
唐山	HTC-1	1500	1.7663	50.7	0/3	C30	14.3	12ϕ20	ϕ10@100	15000	11.72	25257.38	0.59
东营	DJ-1	450	0.1590	17.6	1/2	C30	14.3	6ϕ14	ϕ6@100	1700	11.18	2273.16	0.75
东营	STSZ-1	650	0.3317	24.4	1/2	C25	11.9	8ϕ16	ϕ8@100	2900	24.82	3946.78	0.73
东营	STSZ-4	650	0.3317	25.0	1/2	C25	11.9	8ϕ16	ϕ8@100	2800	35.30	3946.78	0.71
商丘	HMQ-1	700	0.3847	35.7	0/2	C40	19.1	12ϕ16	ϕ8@100	5500	14.86	7346.82	0.75
商丘	HMQ-3	700	0.3847	36.0	0/2	C40	19.1	12ϕ16	ϕ8@100	5750	25.98	7346.82	0.78
济南	SJCD-3	500	0.1963	18.2	0/3	C45	21.1	6ϕ16	ϕ8@100	2800	12.53	4140.88	0.68
济南	SJCD-4	700	0.3847	21.9	0/4	C45	21.1	6ϕ16	ϕ8@100	6000	9.68	8116.12	0.74
济南	SJCD-6	500	0.1963	18.1	0/3	C45	21.1	6ϕ16	ϕ8@100	2520	15.33	4140.88	0.61
乐亭	HYGG-2	1100	0.9499	20.7	0/2	C30	14.3	10ϕ22	ϕ8@100	9600	21.81	13582.86	0.71

注：1 同一组试桩相同的情况，仅列出一根试桩的数据；
2 泥浆护壁成孔含正循环钻成孔、反循环钻成孔及旋挖（钻斗钻）成孔。

表5 干作业成孔三岔双向挤扩灌注桩桩身受压承载力计算与试验结果

试桩地点	桩号	桩径 d (mm)	桩身横截面积 A (m²)	桩长 L (m)	岔/盘数（个）	试桩桩身混凝土强度等级	f_c (MPa)	主筋	桩顶 5d 下箍筋	最大加载 Q_{max} (kN)	桩顶沉降 (mm)	试桩桩身抗压极限承载力 R_u (kN)	$\frac{Q_{max}}{R_u}$
济宁	SJSL-1	650	0.3317	18.9	1/2	C25	11.9	8ϕ14	ϕ8@100	4400	30.48	3946.78	1.11
济宁	SJSL-2	650	0.3317	18.8	1/2	C25	11.9	8ϕ14	ϕ8@100	4800	31.93	3946.78	1.22
济宁	SJSL-3	650	0.3317	18.5	1/2	C25	11.9	8ϕ14	ϕ8@100	4600	14.46	3946.78	1.17
徐州	JXX-1	450	0.1590	14.0	0/3	C35	16.7	6ϕ14	ϕ6@100	1980	7.02	2654.67	0.75
徐州	JXX-2	450	0.1590	15.5	0/3	C35	16.7	6ϕ14	ϕ6@100	2000	6.37	2654.67	0.75
徐州	JXX-3	450	0.1590	15.5	0/3	C35	16.7	6ϕ14	ϕ6@100	2000	6.24	2654.67	0.75
宝日希勒	NBZK-1	700	0.3847	17.0	0/3	C30	14.3	12ϕ18	ϕ8@100	6000	29.61	5500.50	1.09
宝日希勒	NBZK-2	700	0.3847	17.0	0/3	C30	14.3	12ϕ18	ϕ8@100	5250	34.69	5500.50	0.95
宝日希勒	NBZK-3	700	0.3847	17.0	0/3	C30	14.3	12ϕ18	ϕ8@100	6750	32.81	5500.50	1.23
宝日希勒	NBZK-4	700	0.3847	25.0	0/4	C30	14.3	12ϕ18	ϕ8@100	7000	10.77	5500.50	1.27
宝日希勒	NBZK-5	700	0.3847	25.0	0/4	C30	14.3	12ϕ18	ϕ8@100	7000	9.84	5500.50	1.27
宝日希勒	NBZK-6	700	0.3847	25.0	0/4	C30	14.3	12ϕ18	ϕ8@100	7000	9.78	5500.50	1.27

注：干作业成孔含长螺旋钻成孔和旋挖（钻斗钻）成孔。

从表5可见，对比结果有两种情况，表中 Q_{max} 亦为试桩最大加载值。

第一大组中有3组试桩（济宁 SJSL 一组，宝日希勒 NBZK 两组），$\psi_c = Q_{max}/R_u = 0.95 \sim 1.27$。第二大组中仅有徐州 JXX 一组，因最大加载值偏小，$\psi_c = Q_{max}/R_u = 0.75$，即 ψ_c 偏小，表明加载值还有较大的上升空间，这样 ψ_c 值还可增大。

综上所述，本条取 $\psi_c = 0.80 \sim 0.90$，泥浆护壁成孔时取低值，干作业成孔时取高值，既合理又安全。

这里应强调说明一个问题，在工程实践中常见有静载试验中桩头或桩身被压坏的现象，其实这往往是试桩桩头处理不当所致，试桩桩头未按国家现行标准《建筑基桩检测技术规范》JGJ 106—2003 附录 B "混凝土桩桩头处理"的规定进行处理，如：桩顶千斤顶接触不平整引起应力集中，桩顶混凝土再处理后强度过低，加载偏心过大，桩顶未加钢板围裹或未设箍筋等，由此导致桩头先行破坏。很明显，这种由于试验处置不当而导致无法真实评价单桩承载力的现象是应该而且完全可以防止的。

5.4.2 本条是关于三岔双向挤扩灌注桩的承力盘（岔）的抗剪和抗冲切验算。

1 抗剪验算

根据现行国家标准《混凝土结构设计规范》GB 50010—2002 式（7.5.1-1）规定，该式可用于三岔双向挤扩灌注桩承力盘（岔）的抗剪验算，验算公式如下：

$$V \leqslant 0.25 f_c A_v \tag{10}$$

式中　V——承力盘（岔）承受的最大剪力设计值；
　　　f_c——混凝土轴心抗压强度设计值；
　　　A_v——承力盘（岔）剪切截面积。

根据对 30 余根三岔双向挤扩灌注桩实测承力盘（岔）端阻力的统计，视承力盘（岔）的位置和土层情况，极限盘（岔）端阻力为 208～2928kPa。为用上述公式进行验算，取本规程附录 G 表 G.0.2 中最大值，即 $q_{Bk} = q_{bk} = 3300$kPa；桩身混凝土强度等级取最低值，即 C25，$f_c = 11900$kPa。以下按相应于 5 种承力盘（岔）设计直径的最大和最小承力盘高度的情况列表 6 和表 7 进行抗剪验算。

1）承力盘抗剪验算

表 6　承力盘抗剪验算

桩身设计直径 d(mm)	450	550	500	650	600	800	800	1200	1200	1500
承力盘设计直径 D(mm)	900	900	1100	1100	1400	1400	1900	1900	2400	2400
承力盘高度 h(mm)	485	415	610	505	815	675	1055	775	1145	935
承力盘设计截面面积 A_{pD}(m²)	0.477	0.398	0.754	0.618	1.256	1.036	2.331	1.703	3.391	2.755
承力盘最大剪力设计值 $V = 3300 \cdot A_{pD}$(kN)	1574	1313	2488	2039	4145	3419	7692	5619	11190	9091
承力盘总剪切抗力 $[V]$ $[V] = 0.25 f_c \cdot \pi dh$ (kN)	2039	2132	2849	3066	4568	5044	7884	8688	12835	13101

2）承力岔抗剪验算

表 7　承力岔抗剪验算

桩身设计直径 d(mm)	450	550	500	650	600	800	800	1200	1200	1500
承力岔设计直径 D(mm)	900	900	1100	1100	1400	1400	1900	1900	2400	2400
承力岔高度 h(mm)	485	415	610	505	815	675	1055	775	1145	935
承力岔厚度 b(mm)	150	150	180	180	220	220	250	250	300	300
承力岔设计截面面积 A_{pd}(m²)	0.101	0.079	0.162	0.122	0.240	0.180	0.413	0.263	0.540	0.405
承力岔最大剪力设计值 V $V = 3300 \cdot A_{pd}$(kN)	330	261	535	403	792	594	1363	868	1782	1337
承力盘总剪切抗力 $[V]$ $[V] = 0.25 f_c \cdot 3bh$ (kN)	649	556	980	811	1455	1205	2354	1729	3066	2503

承力盘（岔）抗剪验算结果表明，当三岔双向挤扩灌注桩的桩身设计直径 d、承力盘（岔）设计直径 D 和高度 h 符合附录 C 的规定时，可不进行承力盘（岔）的抗剪验算。

2 抗冲切验算

吉林大学钱永梅（2002）在博士学位论文中研究了双坡形式的承力盘（相当于三岔双向挤扩灌注桩的承力盘）的冲切破坏问题，主要论点如下：

1）基本假定

①承力盘冲切破坏形态类似于斜拉破坏，其所形成的圆台斜裂面与水平面大致成 45° 倾角，是一种脆性破坏，如图 8 所示；

②桩顶外荷载属于轴心作用荷载；

③承力盘下的土为均质各向同性的。

2）冲切理论分析

参考混凝土独立基础冲切

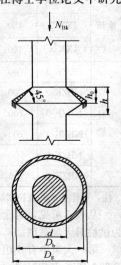

图 8　冲切破坏计算

破坏理论，承力盘在承受桩顶传来的荷载时，如果沿桩周边的承力盘高度不够，就会发生如图8所示的由于冲切承载力不足的截面，呈圆台斜裂面破坏，为了保证不发生冲切破坏，必须使冲切面以外的地基反力所产生的冲切力F_L不超过冲切面处混凝土的抗冲切能力，如图8所示。

根据上述理论，承力盘高度需满足如下条件：

$$F_L \leqslant 0.7 f_t \cdot L_m \cdot h_0 \quad (11)$$

$$F_L = q_{Bk} \cdot A_L$$

$$L_m = \frac{d + D_b}{2}\pi$$

$$D_b = d + 2h_0$$

$$h_0 = \frac{h(D_g - d)}{h + D_g - d}$$

$$q_{Bk} = \frac{N_{Bk}}{A} = \frac{N_{Bk}}{\pi\left[\left(\frac{D_g}{2}\right)^2 - \left(\frac{d}{2}\right)^2\right]} = \frac{4N_{Bk}}{\pi(D_g^2 - d^2)}$$

式中 F_L——盘端地基所产生的冲切力；
f_t——混凝土抗拉强度设计值；
L_m——混凝土抗冲切破坏面中截面周长；
d——桩身设计直径；
D_b——冲切破坏圆台斜截面的下边直径；
h——承力盘高度；
h_0——承力盘有效高度；
D_g——承力盘公称直径；
A_L——考虑冲切荷载时取用的圆环面积，图8中的阴影部分；
q_{Bk}——相当于在荷载效应基本组合时承力盘的轴向压力设计值N_{Bk}作用下的盘端阻力；
A——扣除桩身设计截面面积，在水平投影面上的承力盘公称截面面积。

经转换后，式（11）可变为

$$N_{Bk} \leqslant 2.2 f_t \cdot h_0 (d + h_0) \frac{D_g^2 - d^2}{D_g^2 - (d + 2h_0)^2} \quad (12)$$

式（12）中采用承力盘公称直径以考虑冲切破坏的不利情况，需要说明的是，式（12）是参考钱永梅博士学位论文中第4.2章式（7）并最终经本规程编制组修正后得出的。

表8按相应于5种承力盘公称直径的最大和最小桩身设计直径与承力盘高度的情况列表进行抗冲切验算。验算时q_{Bk}取最大值，即$q_{Bk}=3300$kPa；桩身混凝土强度等级取最低值，即C25，$f_t=1270$kPa。

承力盘抗冲切验算结果表明，当三岔双向挤扩灌注桩的桩身设计直径d、承力盘公称直径D_g和高度h符合附录C的规定时，可不进行承力盘的抗冲切验算，进而也可推断可不进行承力岔的抗冲切验算。

表8 承力盘抗冲切验算

桩身设计直径d (mm)	450	550	500	650	600	800	800	1200	1200	1500
承力盘公称直径D_g (mm)	1000	1000	1200	1200	1550	1550	2050	2050	2550	2550
承力盘高度h (mm)	485	415	610	505	815	675	1055	775	1145	935
承力盘轴向压力设计值$N_{Bk}=0.785q_{Bk}(D_g^2-d^2)$ (kN)	1878	1643	2803	2396	4810	4151	8390	6506	11922	10015
式（11）右部 (kN)	5987	8930	7914	12260	11820	16729	18499	31531	28813	38236

5.5 桩基沉降计算

5.5.2 三岔双向挤扩灌注桩基是一种变截面灌注桩基础，其荷载传递规律和沉降机理均不同于等截面灌注桩基础。鉴于其荷载传递和沉降机理的复杂性，目前还不足以提出理论严密而又简便易行的计算方法，只能采取以现行计算方法为基本依据，再根据工程实践经验加以修正的办法来确定变截面灌注桩基的沉降量。

理论研究与工程实践证明，三岔双向挤扩灌注桩独特的施工工艺和荷载传递规律决定其沉降必然小于等截面灌注桩基础的沉降：

1 三岔双向挤扩灌注桩的荷载大部分通过承力盘的底面传递给各持力土层，而各承力盘持力土层的压缩性均很低。

2 由于三岔双缸双向液压挤扩装置的水平向强力挤压，各承力盘腔底面土体明显压密，这有利于减小承力盘的沉降。

3 承力盘腔的底面是向桩孔倾斜的坡面，水平倾斜角为35°，这就使得钻孔泥渣无法存留，从而保证从受荷一开始承力盘的支承刚度就能得以发挥；而底承力盘下面"桩根"的存在，更可消除钻孔泥浆沉淀对沉降的影响，因此沉降很小。

4 三岔双向挤扩灌注桩的桩周应力和承力盘下端土中的应力收敛较快，桩距较大，这就使得桩间土中的桩周应力互不重叠；桩基础底端土体中的附加应力也互不重叠或不产生具有工程意义的应力重叠。这就是说，三岔双向挤扩灌注桩基础一般不产生不利的群桩效应。所以，与等截面灌注桩基础相比，三岔双向挤扩灌注桩基础底端土体中的附加应力和压缩层厚度均大大减小，因此，沉降小且稳定快。

本规程提出的沉降计算公式正是基于一个被理论和实践证明的规律：三岔双向挤扩灌注桩基与相同桩身设计直径的等截面桩基的沉降，具有一定的相关性；而且，三岔双向挤扩灌注桩基的沉降量较类似条件下相同桩身设计直径的等截面灌注桩基的沉降量小得多。因此，本规程提出先以等截面灌注桩基础的现行沉降计算方法，即按现行行业标准《建筑桩基技术规范》JGJ 94的公式计算沉降量s_z，再进行适当修正的方法来确定三岔双向挤扩灌注桩基的最终沉降量s。

实际工程沉降观测资料表明，三岔双向挤扩灌注桩基的沉降量较同类条件下的相同桩身设计直径的等截面灌注桩基的沉降量减小30%~60%。为安全起见，本规程取修正系数$\psi_0=0.6$~0.8。若当地已有可靠的经验，亦可采用小于0.6的修正系数。

具体说来，按照桩基础的布桩情况，s_z分为两类进行计算：

1) 对于桩中心距小于或等于$3D$的桩基，即桩基础作为群桩基础工作时，s_z可采用现行行业标准《建筑桩基技术规范》JGJ 94—2008公式（5.5.6）的等效作用分层总和法计算；

2) 对于桩中心距大于$3D$的桩基，即桩基础作为单桩、单排桩或疏桩基础工作时，s_z宜按现行行业标准《建筑桩基技术规范》JGJ 94关于单桩、单排桩或疏桩基础的有关规定计算；由于三岔双向挤扩灌注桩的承载力高，桩距一般较大，因此，三岔双向挤扩灌注桩基础常属于单桩基础或疏桩基础，所以，其沉降量常需按此计算。

部分三岔双向挤扩灌注桩工程的实测沉降资料如表9所示。

表9 三岔双向挤扩灌注桩工程实测沉降资料

地区	工程名称	层数	桩身设计直径（mm）	承力岔（盘）设计直径（mm）	承力岔/盘数（个）	桩长（m）	桩数（根）	最大实测沉降量（mm）	实测平均沉降量（mm）	观测天数（d）	盘端、桩端持力土层	相关的等截面桩基础的沉降范围（mm）
济南	数码港七号住宅楼	11	650	1400	1/1	9.60~14.80	135	8.89	4.77	500	全风化闪长岩	10~20
济南	长泰大厦	29	750	1400	0/3	22.00	170	3.88	2.58	102	黏土、粉质黏土	20~50
济南	槐荫政务中心大厦	16	650	1400	1/3	25.00	229	7.64	5.05	198	卵石、黏土、粉质黏土	20~50
菏泽	联通菏泽分公司	11	650	1400	1/2	20.50	175	13.50	12.25	310	粉土	20~50
武汉	伟业大厦	19	620	1400	0/4	24.00	174	12.83	9.16	302	粉砂、粉细砂	20~30
滨州	联通枢纽楼	8	650	1400	1/3	27.50~29.50	126	5.00	4.50	395	粉质黏土、黏土	20~40

表9中等截面灌注桩基础的相关性是指与三岔双向挤扩灌注桩的地质条件类似和竖向抗压承载力相同的条件。以武汉伟业大厦三岔挤扩灌注桩基础为例，观测天数为302d，实测沉降速率已小于0.01mm/d，表示沉降已稳定。武汉地区的工程实践表明，类似于伟业大厦的工程条件，若采用直径为620mm的等截面灌注桩，则桩长需40m左右，并且桩端要入岩，其桩基础最终沉降量将达到20~30mm。

由此可见，本规程第5.5.2条是一种简化方法。其主要优点是：与现行有关规范保持一致，并最大限度地利用了行业标准《建筑桩基技术规范》JGJ 94的成果；本规程建议的方法对于设计人员来说十分熟悉，便于操作；同时基本符合三岔双向挤扩灌注桩基础的沉降规律。

5.5.3 关于三岔双向挤扩灌注桩的桩身压缩量计算，本规程采取了简化的做法，即仅计算顶承力盘平面以上的桩身的压缩量。这是基于以下考虑：

1 顶承力盘平面以上桩身的应力较高，桩顶荷载经过顶承力盘分担以后，顶承力盘平面以下桩身的应力大大减小，因此顶承力盘平面以下桩身的压缩量较小；

2 顶承力盘平面以下各段桩身的轴力和桩身应力很难确定，因此难以准确计算它们的压缩量；

3 桩身的压缩是弹性变形，在结构封顶后即基本完成，对建筑物后期的沉降，特别是不均匀沉降不产生明显影响，因此，即使忽略微量的桩身压缩变形，也不会影响建筑物的沉降分析结果。

5.5.4 基于沉降观测的重要性和必要性，本条规定设计等级为甲级的三岔双向挤扩灌注桩基础宜进行沉降观测。

6 质量检查与检测要点

6.1 质量检查要点

6.1.1 现行国家标准《建筑地基基础工程施工质量验收规范》GB 50202—2002 和现行行业标准《建筑基桩检测技术规范》JGJ 106—2003 均以强制性条文规定必须对基桩承载力和桩身完整性进行检验。三岔双向挤扩灌注桩的桩身和承力盘（岔）的质量及孔底虚土厚度等与基桩承载力密切相关。因此，为加强三岔双向挤扩灌注桩施工过程中的检验，本条规定三岔双向挤扩灌注桩的施工质量检查应包括5个主要工序的检查，除检查成孔、清孔、钢筋笼制作及混凝土灌注等4项常规施工质量外，还应重点检查挤扩承力盘腔的质量。承力盘腔的质量主要指承力盘腔的直径、标高、持力土层、间距、挤扩次数、旋转角度及首次挤犷压力值等参数和内容，其盘腔直径用三岔双向挤扩灌注桩专用的机械式承力盘腔直径检测器进行检测。

混凝土灌注前的孔底虚土，对于干作业成孔的三岔双向挤扩灌注桩主要是指钻具的扰动土、孔口和孔壁的回落土；对于泥浆护壁成孔的三岔双向挤扩灌注桩主要是指沉渣。本条对使用功能不同的桩，规定不同的允许虚土厚度标准。

6.1.2 本条规定第 6.1.1 条未作规定的施工检查标准，如：三岔双向挤扩灌注桩的平面位置的允许偏差、钢筋笼质量检验标准等均应符合现行国家标准《建筑地基基础工程施工质量验收规范》GB 50202—2002 中表 5.1.4、表 5.6.4-1 和表 5.6.4-2 等相关规定，其中表 5.6.4-2 规定混凝土灌注桩主控检查项目为桩位、孔深、桩体质量检验、混凝土强度和承载力，对于三岔双向挤扩灌注桩的主控项目除包括上述5个项目外还应包括承力盘（岔）的数量和盘（岔）位置。

6.2 检测要点

6.2.1、6.2.2 这两条符合现行国家标准《建筑地基基础工程施工质量验收规范》GB 50202—2002 和现行行业标准《建筑基桩检测技术规范》JG 106—2003 的有关规定。

6.2.3 本条强调当有本地区相近条件的对比验证资料时，高应变法可作为单桩竖向抗压承载力的验收检测的补充。

附录 B 三岔双缸双向液压挤扩装置

三岔双缸双向液压挤扩装置是通过液压动力推动与双向油缸相连的内外活塞杆作大小相等方向相反的位移，带动三对等长挤扩臂在桩身孔壁的设计部位土体中扩展和回收以形成承力岔腔或承力盘腔的机械设备。

该装置在挤扩时上下挤扩臂表面与土体紧密接触，以夹角为120°三方向水平挤压土体，使盘（岔）腔上下土体受到均衡压力，土体扰动小，加之挤扩臂外表面呈圆弧状，挤扩空腔顶壁土体不易坍塌，盘（岔）腔成型效果好；此外，挤扩装置能准确与桩孔轴心对中。

附录 C 三岔双缸双向液压挤扩装置主要技术参数

表中列出已研制开发出的5种型号三岔双缸双向液压挤扩装置的主要技术参数。表中承力盘（岔）的公称直径是指对应于挤扩装置上下挤扩臂的夹角为70°时所形成的挤扩盘（岔）腔直径。

考虑到承力盘（岔）的竖向剖面形状的特点和保证一定的承载安全度，承力盘（岔）设计直径略小于承力盘（岔）公称直径。

三岔双向挤扩灌注桩的扩径率和扩大率列于表10。

表10 三岔双向挤扩灌注桩的扩径率和扩大率

设备型号 参数	98-400型	98-500型	98-600型	06-800型	06-1000型
桩身设计直径 d (mm)	450~550	500~650	600~800	800~1200	1200~1500
承力盘（岔）公称直径 D_g (mm)	1000	1200	1550	2050	2550
扩径率Ⅰ（D_g/d）	2.22~1.82	2.40~1.85	2.58~1.94	2.56~1.71	2.13~1.70
承力盘（岔）设计直径 D (mm)	900	1100	1400	1900	2400
扩径率Ⅱ（D/d）	2.00~1.64	2.20~1.69	2.33~1.75	2.38~1.58	2.00~1.60
桩身设计截面面积 A (m²)	0.159~0.237	0.196~0.332	0.283~0.502	0.502~1.130	1.130~1.766
承力盘设计截面面积 A_{pD} (m²)	0.477~0.398	0.754~0.618	1.256~1.036	2.331~1.703	3.391~2.755
扩大率 A_{pD}/A	3.00~1.68	3.85~1.86	4.44~2.06	4.64~1.51	3.00~1.56

由表 10 可知三岔双向挤扩灌注桩的扩径率 I 为 1.70～2.58，扩径率 II 为 1.58～2.38，扩大率为 1.51～4.64。扩径率和扩大率的大小直接影响单桩总极限盘端阻力和单桩竖向抗压极限承载力的大小。因此，合理地选择三岔双向挤扩灌注桩的尺寸参数也是很重要的。

需要说明的是，本规程表 C 中三岔双缸双向液压挤扩装置主要技术参数表是根据现行设备型号汇编而成。今后根据实际工程需要，设备型号将会增加和变动。

附录 D 承力盘腔直径检测器

D.0.1 表 11 为承力盘腔直径与落差关系举例。

表 11 承力盘腔直径与落差关系表

（以 98-600 型挤扩设备使用举例）

落差（mm）	盘径（mm）	落差（mm）	盘径（mm）
300	1180	600	1440
350	1220	650	1480
400	1280	700	1500
450	1320	750	1540
500	1380	800	1580
550	1400	850	1620

注：表中承力盘腔直径与落差的关系值在使用前应检查测定，才能保证量测准确。

附录 E 三岔双向挤扩灌注桩主要参数

计算承力盘和承力岔的工程量时应按表 E 中承力盘和承力岔的公称体积 V_{Bg} 和 V_{bg} 取值。

承力盘公称体积 V_{Bg} 可按下式计算：

$$V_{Bg} = 2 \cdot \frac{\pi}{3} \left(\frac{h-c}{2}\right) \left(\frac{D_g^2 + d^2 + D_g d}{4}\right) + \frac{\pi}{4} D_g^2 \cdot c - \frac{\pi}{4} d^2 h$$

简化后，可得：

$$V_{Bg} = 0.785[0.333(h-c)(D_g^2 + d^2 + D_g d) + D_g^2 c - d^2 h] \tag{13}$$

承力岔公称体积 V_{bg} 可按下式计算：

$$V_{bg} = 3\left(c \cdot a \cdot b + a \cdot \frac{h-c}{2} \cdot b\right)$$

简化后，可得：

$$V_{bg} = 0.75 b(D_g - d)(h + c) \tag{14}$$

式中 V_{Bg}——承力盘公称体积；
V_{bg}——承力岔公称体积；
h——承力盘高度；
c——承力盘外沿高度；
D_g——承力盘公称直径；
d——桩身设计直径。

附录 F 单桩竖向抗压静载试验

F.1 一般规定

F.1.1 单桩抗压静载试验是公认的检测基桩竖向抗压承载力最直观、最可靠的传统方法。本规程对惯用的维持荷载法作出技术规定。

F.1.2 对于三岔双向挤扩灌注桩的内力测试，可测定分层侧阻力、盘端阻力、岔端阻力和桩端阻力或桩身截面的位移量。

F.1.3 本条明确规定为设计提供依据的静载试验宜加载至破坏，即试验应进行到能判定单桩极限承载力为止。

F.1.4 本条规定的目的在于要保证工程桩有足够的安全储备。

F.2 仪器设备及其安装

F.2.1 三岔双向挤扩灌注桩的试桩、锚桩（或压重平台支墩边）和基准桩之间的中心距离除应符合现行行业标准《建筑基桩检测技术规范》JGJ 106—2003 表 4.2.5 的规定外，本条规定三岔双向挤扩灌注桩的试桩与锚桩的中心距不应小于 2 倍承力盘设计直径。

F.3 现场检测

F.3.1 本条是为使试桩具有代表性而提出的。

F.3.3 本条是为保证静载试验能顺利进行而提出的。

F.3.6 本条第 1 款规定三岔双向挤扩灌注桩总沉降量超过承力盘设计直径的 5% 可终止加载，是根据三岔双向挤扩灌注桩承载特性并经大量试桩的数据分析得出的。

F.5 单桩竖向抗压极限承载力（Q_u）的确定

F.5.1～F.5.3 规程编制组对近 200 根三岔双向挤扩灌注桩的竖向抗压静载试验的分析结果表明，对于呈缓变型 Q-s 曲线的三岔双向挤扩灌注桩，其抗压极限承载力可按 s-$\lg Q$ 曲线的末段直线段的起始点法、Q-s 曲线第二拐点法、s-$\lg t$ 曲线尾部明显弯折法和 $Q_{0.05D}$ 法（即桩顶沉降量等于承力盘直径 5% 时所对应的荷载）综合判定；对于呈陡降型 Q-s 曲线的三岔双向挤扩灌注桩，其抗压极限承载力可按 Q-s 曲线明显陡降的起始点法、s-$\lg Q$ 曲线末段近乎竖向陡降的起始点法和 s-$\lg t$ 曲线尾部明显转折法，综合判定。

第 F.5.1～F.5.3 条的规定是基于上述结果得出的。

F.5.5 按上述方法判定抗压极限承载力有困难时,可结合其他辅助分析方法（如百分率法、逆斜率法及波兰玛珠基维奇法等）综合判定。

F.5.7 为现行行业标准《建筑基桩检测技术规范》JGJ 106—2003 第 4.4.4 条的强制性规定。

附录 G 三岔双向挤扩灌注桩的极限侧阻力标准值、极限盘端阻力标准值和极限桩端阻力标准值

G.0.1 本条是关于三岔双向挤扩灌注桩的极限侧阻力标准值。

表 G.0.1 中数值适用于老沉积土；对于新近沉积土，q_{sik} 应按土的状态，降一级取值。

G.0.2 本条是关于三岔双向挤扩灌注桩的极限盘端阻力和极限桩端阻力标准值。

表 G.0.2 中数值适用于老沉积土；对于新近沉积土，q_{Bik}、q_{bik} 和 q_{pk} 应按土的状态，降一级取值。

工程实践表明，多数承力盘均设置在 10～30m 的土层中，故本表增设 $15{\leqslant}l{<}20$、$20{\leqslant}l{<}25$ 和 $25{\leqslant}l{<}30$ 三个档次，便于设计选择应用。

需要说明的是，本附录关于上述土类的划分是按现行国家标准《岩土工程勘察规范》GB 50021—2001 第 3.3.1 条的规定，即"晚更新世 Q_3 及其以前沉积的土，应定为老沉积土；第四纪全新世中近期沉积的土，应定为新近沉积土"。就北京地区的土质而言，老沉积土的土质比较均匀，压缩性较低，强度较高，层次分布比较有规律；新近沉积土的工程性能明显不如老沉积土，强度较低，黏性土的结构性较差，压缩性较高，砂类土的密度较差，层次分布的规律通常比较凌乱。《北京地区建筑地基基础勘察设计规范》DBJ 01—501—92 表 6.3.2—1 和表 6.3.2—2 分别为老沉积土和新近沉积土的地基承载力标准值 f_{ka} 取值表，表中显示在相同的压缩模量 E_s 的情况下，后者的 f_{ka} 要比前者的 f_{ka} 低 14%～25%。

考虑到干作业成孔的三岔双向挤扩灌注桩基工程不多，表 G.0.1 和表 G.0.2 中的值未区分干作业成孔和泥浆护壁成孔，统一按泥浆护壁成孔取值，这样对干作业成孔的三岔双向挤扩灌注桩更偏于安全，待今后积累更多的干作业成孔三岔双向挤扩灌注桩试验资料后，在进行本规程修订时再适当调整取值范围。

中华人民共和国行业标准

建筑基坑支护技术规程

JGJ 120—99

条 文 说 明

目 次

1 总则 ·················· 5—14—3
2 术语、符号 ·············（略）
3 基本规定 ············ 5—14—3
4 排桩、地下连续墙 ····· 5—14—4
5 水泥土墙 ············· 5—14—5
6 土钉墙 ··············· 5—14—5
7 逆作拱墙 ············· 5—14—5
8 地下水控制 ··········· 5—14—6

1 总 则

1.0.1 80年代以来，我国城市建设迅猛发展，基坑支护的重要性逐渐被人们所认识，支护结构设计、施工技术水平也随着工程经验的积累而提高。本规程在确保基坑边坡稳定条件下，总结已有经验，力求使支护结构设计与施工达到安全与经济的合理平衡。

1.0.2 本规程所依据的工程经验为一般地质条件，当主要土层为膨胀土和湿陷性黄土的特殊地质条件时应按当地经验应用。

1.0.3 基坑支护结构设计与基坑周边条件，尤其是与支护结构侧压力密切相关，决定侧压力大小的土层性质及与本条所述各种因素有关。应充分考虑基坑所处环境条件、基坑施工及使用时间对设计的影响。

1.0.4 基坑支护工程是岩土工程的一部分，它与其他如桩基工程、地基处理工程等相关，本规程仅根据基坑支护工程设计、施工、检测方面具有独立性部分作了规定，而在其他标准规范中已有的条文不再重复。如桩基施工可按《建筑桩基技术规范》执行，均匀配筋圆形混凝土桩截面抗弯承载力可按《混凝土结构设计规范》执行等。

3 基本规定

3.1 设计原则

3.1.1 可靠性分析设计或称概率极限状态设计方法已在《建筑结构设计统一标准》中明确规定为建筑结构的设计原则，本规程结构截面受力计算与结构规范接轨，便于设计人员使用。

3.1.2 根据支护结构的极限状态分为承载能力极限状态与正常使用极限状态，前者表现为由任何原因引起的基坑侧壁破坏，后者则主要表现为支护结构的变形而影响地下室侧墙施工及周边环境的正常使用。

3.1.3 基坑侧壁安全等数的划分与重要性系数是对支护设计、施工的重要性认识及计算参数的定量选择，侧壁安全等级划分是一个难度很大的问题，很难定量说明，因此，采用了结构安全等级划分的基本方法，按支护结构破坏后果分为很严重、严重及不严重三种情况分别对应于三种安全等级，其重要性系数的选用与《建筑结构设计统一标准》相一致。

表3.1.3强调了基坑侧壁安全等级，这就要求设计者在支护结构设计时应根据基坑侧壁不同条件因地制宜进行设计。

3.1.4 在正常使用极限状态条件下，安全等级为一、二级的基坑变形影响基坑支护结构的正常功能，目前支护结构的水平限值还不能给出全国都适用的具体数值，各地区可根据具体工程的周边环境等因素确定。对于周边建筑物及管线的竖向变形限值可根据有关规范确定。

3.1.5 地下水处理得当与否是基坑支护结构能否按设计完成预定功能的重要因素之一，因此，在基坑及地下结构施工过程中应采取有效的地下水控制方法。

3.1.6 承载能力极限状态应进行支护结构承载能力及基坑土体出现的可能破坏进行计算，正常使用极限状态的计算主要是对结构及土体的变形计算。

3.1.7 设计与施工密切配合是支护结构合理设计的基本要求，因此，支护结构的施工监测是支护结构施工过程中不可缺少的部分。

3.1.8 放坡开挖是最经济、有效的方式，坡度一般根据经验确定，对于较为重要的工程还宜进行必要的验算。

3.2 勘察要求

3.2.1 根据主体结构的初勘阶段成果可对基坑支护提出支护方案建议，因此，本条对初勘不作专门规定而只要求根据初勘成果提出基坑支护的初步方案。

3.2.2 在详勘阶段所测取的地质资料是支护结构设计的基本依据。勘察点的范围应在周边的1～2倍开挖深度范围内布置勘探点，主要是考虑整体稳定性计算所需范围，当周边有建筑物时，也可从旧建筑物的勘察资料上查取。由于支护结构主要承受水平力，因此，勘探点的深度以满足支护结构设计要求深度为宜，对于软土地区，支护结构一般需穿过软土层进入相对硬层。

3.2.3 地下水的妥当处理是支护结构设计成功的基本条件，也是侧向荷载计算的重要指标，因此，应认真查明地下水的性质，并对地下水可能影响周边环境提出相应的治理措施供设计人员参考。

3.2.4 本规程支护结构基坑外侧荷载及基坑内侧抗力计算的主要参数是固结快剪强度指标c、φ及土体重度γ，编制本规程收集的36项排桩工程按本规程方法试算时所取指标均采用直剪试验方法，由于直剪试验测取参数离散性较大，特别是对于软土，无经验的设计人员可能会过大地取用c、φ值，因此规定一般采用三轴试验，但有可靠经验时可用简单方便的直剪试验。含水量w也是分析的主要考虑因素，渗透系数k是降水设计的基本指标。其他土质或计算方法在特殊条件下可根据设计要求选择试验方法与参数。

3.2.5 基坑周边环境勘查有别于一般的岩土勘察，调查对象是基坑支护施工或基坑开挖可能引起基坑之外产生破坏或失去平衡的物体，是支护结构设计的重要依据之一。

3.2.6 在获得岩土及周边环境有关资料的基础上，基坑工程勘察报告应提供支护结构的设计、施工、监测及信息施工的有关建议，供设计、施工人员参考。

3.3 支护结构选型

3.3.1 根据本规程所介绍的几种支护结构类型，表3.3.1给出了适用条件，适用条件主要包含了适用的基坑侧壁安全级、开挖深度及地下水的情况。

3.3.2 支护结构设计要因地制宜，充分利用基坑的平面形状，使基坑支护设计既安全又节省费用。

3.3.3 当基坑内土质较差，支护结构位移要求严格时，可采用加固基坑内侧土体或降水措施。

3.4 基坑外侧水平荷载标准值

3.4.1 基坑外侧水平荷载应由地区经验确定。水平荷载是很难精确确定的，因此，在计算及参数取值上采用了直观、简单、偏于安全的方法。式（3.4.1-2）规定对于碎石土及砂土采用水土分算的形式，由于将c、φ值统一取为固结快剪指标值且不考虑有效c、φ值的影响，因此，为方便计算分析，式（3.4.1-2）的前两项为水土合算的表达式，亦即式（3.4.1-1）的表达式，后两项由于水土分算所附加的水平荷载。当基坑开挖面以上的水平荷载计算值为负值时，由于支护结构与土之间不可能产生拉应力，故应取为零。

3.4.2 由于在第3.4.1条中的水平荷载计算表达式中采用了总竖向应力乘以土层侧压力系数的表达方式，因此，本条中分别对各种竖向应力的计算方法作了说明，给出了定性较为合理的经验公式。

3.4.3 侧压力系数采用简单的朗肯土压力系数。

3.5 基坑内侧水平抗力标准值

3.5.1 当基坑外侧水平荷载确定之后，欲计算结构内力，首先必须确定基坑内侧土体抗力，内侧土体抗力可用不同方法求得，如按朗肯土压力假定，内侧各点的水平抗力标准值应以被动土压力系数确定的被动土压力值较为合理。

3.8 开挖监控

3.8.1 基坑支护结构在使用过程中出现荷载、施工条件变化的可能性较大，因此在基坑开挖中必须有系统的监控以防不测。施工监控的重要性越来越被业主所认识，系统的监控措施是安全设计的重要保证。

3.8.2 本条规定了在基坑边缘开挖深度1～2倍范围内的需要保护物体(含建筑物、地下管线等)均应作为监测对象，具体范围应根据土质条件、周边保护物的重要性等确定。

3.8.6 目前规程还不能给出统一的基坑监测项目报警值，设计人员应根据工程具体情况给定一个监控限值，如监测地点建筑物的报警值可按《建筑地基基础设计规范》中的允许变形及差异沉降等控制。

4 排桩、地下连续墙

4.1 嵌固深度

4.1.1 排桩、地下连续墙结构计算应采用弹性地基梁方法计算较符合实际，但弹性地基梁方法是建立在"弹性"基础上，当所取计算参数正确且计算限于"弹性"阶段时其结果较为合理，而土层是弹塑性材料，弹性地基梁解的结果正确与否取决于计算出的基坑内侧土抗力是否超过某一限值如标准值，而桩墙结构嵌固深度在一定范围内时，增加嵌固深度具有降低侧向抗力峰值及峰值作用点下移的作用，因此，以被动土压力为极限条件确定嵌固深度基本能达到按此嵌固深度计算出的弹性地基梁基坑内侧应力小于或少量超过被动土压力的要求，亦即按简化的塑性条件来确定弹性理论计算的基本嵌固深度。

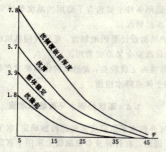

图1 极限状态嵌固深度系数图

根据对悬臂式支护结构当 $c=0$, φ 在 $5°\sim45°$ 变化范围的各种极限状态计算结果嵌固深度系数如图1，从图可见在极限状态下要求嵌固深度大小的顺序依次是抗倾覆、抗滑移、整体稳定性、抗隆起，而按式(4.1.1-1)抗倾覆要求确定的嵌固深度，基本上都保证了其他各种验算所要求的安全系数。

对于单支点支护结构，由于结构的平衡是依靠支点及嵌固深度两者共同支持，必须具有足够的嵌固深度以形成一定的反力保证结构稳定，因此，采用了传统的等值梁法确定嵌固深度，按式(4.1.1-4)确定的嵌固深度值也大于整体稳定及抗隆起的要求。

对于多支点支护结构，只要支点具有足够的刚度，且土体整体稳定能满足要求，结构不需要嵌固深度亦可平衡，因此，本条规定按附录A确定嵌固深度。由于式(A.0.1)未考虑锚杆或支撑对土体整体稳定的作用，故偏于安全。在式(A.0.1)中，γ_k 的取值是根据20余项多支点支护实际工程统计确定的，而传统的多支点支护工程嵌固深度一般是按等值梁法确定的，因此 γ_k 的取值一般情况下偏大，但小于传统方法，当具有地区经验或设计人员有工程经验参考时，按(A.0.1)计算结果可适当减小。

4.1.2 本条是根据现有工程经验统计而得到的嵌固深度构造要求。

4.2 内力与变形计算

4.2.1 桩、墙结构的内力与变形计算是比较复杂的问题，其计算的合理模型应是考虑支护结构—土—支点三者共同作用的空间分析，因此，采用分段平面问题计算，分段长度可根据具体结构及土质条件确定。为便于计算，排桩计算宽度取桩中心距，地下连续墙由于其连续性可取单位宽度。

4.2.2 支护结构分析应工况计算，考虑开挖的不同阶段及地下结构施工过程中对已有支撑条件拆除与新的支撑条件交替受力情况进行。

目前我国支护结构设计中常用的方法可分为弹性支点方法与极限平衡法，工程实践证明，当嵌固深度合理时，具有试验数据或当地经验确定弹性支点刚度时，用弹性支点方法确定支护结构内力及变形较为合理，应予以提倡。考虑不具备弹性支点法计算条件及不同分析方法对简单结构计算误差影响甚小的事实，本条保留了悬臂式结构按极限平衡法及单层支点结构按等值梁法的计算方法。

在支点结构设计中，考虑刚度的冠梁或内支撑的平面框架上每一点的刚度不尽相同，因此对于支护结构而言按平面问题计算不尽合理，只有当支护结构周边条件完全相同，支撑体系才可简化为平面问题条件，按平面问题计算；而对于锚杆支点而言，由于锚杆腰梁间基本上不存在相互影响，假定为平面问题比较合理。因此，考虑刚度的冠梁或支撑结构体系与支护结构的共同作用结果应是采用空间协同作用分析方法，所谓的分段平面问题实际上是将空间分析计算出的内力结果分段合并按同一配筋处理。

4.2.3 为使本规程与《混凝土结构设计规范》相配套，由于荷载的综合分项系数为1.25，支护结构为受弯构件，因此，应将计算值乘以1.25后变为内力设计值，便于截面设计。

4.3 截面承载力计算

4.3.1 对排桩、地下连续墙等混凝土结构，通常按受弯构件进行计算，必要时，也可考虑按偏心受压构件进行计算，本条与附录D.0.1相匹配，对矩形截面和沿截面周边均匀配置纵向钢筋的圆形截面构件，其正截面和斜截面承载力均可按现行国家标准《混凝土结构设计规范》GBJ10—89进行设计。

4.4 锚杆计算

4.4.2 当锚杆杆件的受拉荷载设计值确定后，杆件截面面积的确定即可根据《混凝土结构设计规范》确定。

4.4.3 锚杆锚固段土与锚固体间的承载力设计值强调了现场试验的取值原则，分别对不同基坑侧壁安全等级提出了承载力的确定方法，明确了附录E所给的各种试验方法的应用，经验参数估算方法仅作为试验的预估值与安全等级为三级基坑侧壁承载力的确定使用。

公式(4.4.3)端部扩孔锚杆扩孔部分承载力计算表达式是参照美国锚杆标准推导得出。

表4.4.3是根据我国土层锚杆施工技术水平以一次常压灌浆工艺为基础的统计值。由于我国各地区地层特性差异较大，且施工水平参差不齐，因而，在有地区经验的情况下，应优先根据当地经验选取。对于压力灌浆、二次高压灌浆工艺，可根据灌浆压

力大小、二次高压灌浆方法（简单二次高压灌浆和重复分段高压灌浆）的不同，将土体与锚固体极限粘结强度标准值 q_{sik} 提高 $1.2\sim2.0$ 倍。锚杆抗力分项系数取 1.30 是与传统安全系数法相配套的。

4.5 支撑体系计算

4.5.1 支撑通过冠梁或腰梁作用对排桩、地下连续墙施加支点力。支点力大小与排桩、地下连续墙及土体刚度、支撑体系布置形式、结构尺寸有关。因此，在一般情况下应考虑支撑体系在平面上各点的不同变形与排桩、地下连续墙的变形协调作用而采用空间作用协同分析方法进行分析。

应用有限元方法考虑支撑体系与排桩、地下连续墙共同作用可求出支撑体系的轴向力；按多跨连续梁计算支撑体系、构件自重及施工荷载产生的弯曲应力。

当基坑形状接近矩形且周边条件相同时，支撑体系结构可采用简化计算方法确定支撑结构构件及腰梁内力。

5 水泥土墙

5.1 嵌固深度

5.1.1~5.1.2 水泥土墙的验算应同时满足抗倾覆、抗滑移、整体稳定及抗隆起要求，由于水泥土墙为重力式墙，上述四项验算中的前两项不仅与嵌固深度有关，而且与墙宽有关，而后两项验算与墙宽关系不大，因此，在确定水泥土墙嵌固深度时，可采用整体稳定与抗隆起验算，由图1可知，满足整体稳定条件时即已满足了抗隆起条件，因此仅以整体稳定性条件确定最小嵌固深度，嵌固深度的确定在特殊情况下还应满足抗渗透稳定条件。

5.2 墙 体 厚 度

5.2.1 根据抗整体稳定性分析出了水泥土墙嵌固深度，并以抗倾覆条件确定水泥土墙宽度，经理论与实践证明已满足了抗滑移的要求，因此，不必进行抗滑移稳定性验算。

水泥土开挖龄期强度设计值指在开挖前按本规程第5.5.8条规定进行试验得出的单轴抗压强度标准值除以抗力分项系数1.5所得结果。

5.3 正截面承载力验算

5.3.1 水泥土墙的强度分别以受拉及受压控制验算，根据《建筑结构荷载规范》规定，当荷载组合为有利时，结构自重荷载分项系数取1，水泥土墙的抗拉强度类似于素混凝土，取抗压强度设计值的0.06倍。

5.4 构 造

5.4.1 为了充分利用水泥土桩组成宽厚的重力式墙，常将水泥土墙布置成格栅式，为了保证墙体的整体性，特规定各种土类的置换率，即水泥土面积与水泥土挡土结构面积的比例，淤泥一般呈软流塑状，土的指标比较差，因此，墙宽都比较大，淤泥质土次之，其他土类相应的墙宽比较小，因此所取的置换率相差不大，以曲线计算面积（图2），置换率举例说明如下：

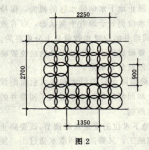

图 2

$$\frac{A_n}{A} = (2290-900)\times(2280-1350)/(2250\times2700)$$
$$= 0.8$$

同时为了保证格栅的空腔不致过于稀疏，规定格栅的格子长度比不大于2。

5.4.2 水泥土挡墙是靠桩与桩的搭接形成连续墙，桩的搭接是保证水泥墙的抗渗漏及整体性的关键，由于桩施工有一定的垂直度偏差，应控制其搭接宽度。

5.4.3 为加强整体性，减少变形，可采取增设钢筋混凝土面板、桩插筋以及基坑内侧土体加固等构造措施。

6 土 钉 墙

6.1 土钉抗拉承载力计算

6.1.2 目前基本上都采用局部土体的受拉荷载由单根土钉承受的计算方法，式（6.2.2）即按此方法计算土钉受拉荷载，并考虑具有斜面的土钉墙荷载折减系数。

6.1.4 土钉极限抗拔力宜由现场抗拔力试验所获得的土钉与土体界面粘结强度 q_{sik} 计算，如无试验资料时，可采用经验值。

6.2 整体稳定性验算

6.2.1 土钉墙是随基坑分层开挖形成的，各个施工阶段的整体稳定性分析尤为重要，根据单根土钉抗拔能力设计要求给出土钉初步设计尺寸后，即可按式（6.2.1）进行整体稳定性验算。

6.2.2 土钉的有效极限抗拔力是指在土钉位于最危险圆弧滑裂面以外，对土体整体滑动具有抵抗作用的抗拔力。

7 逆作拱墙

7.1 拱 墙 计 算

7.1.1 由于拱墙结构主要承受压应力，结构材料多采用钢筋混凝土材料，这样可充分发挥混凝土的材料特性。

逆作拱墙的矢跨比及配筋应根据基坑的周边条件并通过计算确定。尽管拱结构自身能承担较大压应力及对周边侧压力具有较强的调节作用，考虑到地质条件的非均质性，因而本规程对拱墙的矢跨比及配筋作了明确规定，以发挥拱的特点和抵抗其他意外弯矩。

7.1.2 当基坑周边及基坑底为砂土时，任何水流（如下雨等）都可能使在施工中的侧壁土层产生流砂等现象使土层失稳，因此还应验算渗透稳定性。

7.1.3 由于拱墙结构无嵌固深度，基坑底土体应满足抗隆起条件，式（7.1.2）是根据抗隆起条件推导得到的，对于拱墙的每一施工开挖深度都应验算。

7.1.4 实测逆作拱墙结构的侧压力尤其是下部拱墙较经典土压力小。但由于实测数据偏少，还不足以将其纳入规程中，所以逆作拱墙结构的侧压力仍按本规程第3章规定计算。

拱墙结构内力计算是一般结构力学问题，当作用于拱墙侧向荷载确定后，拱墙内力应按平面闭合结构计算。

7.2 构 造

7.2.2 规程推荐了四种拱墙断面形状，设计者可根据实际情况选用。当拱墙壁厚较小时，沿竖向设置数道肋梁可增加拱墙结构的整体刚度。

7.2.3 由于地质条件的非均匀性及施工等方面的原因，尽管拱结构本身的弯矩较小，但仍应配置适量钢筋以抵抗意外弯矩。逆作拱墙水平环向钢筋必须连通以充分发挥作用。拱墙结构最小配筋率应满足钢筋混凝土配筋的构造要求。

7.2.4 拱墙壁厚是根据已施工逆作拱墙工程壁厚经验而限定的。

7.2.5 拱墙结构是自上而下分道、分段逆作施工，支护结构也不嵌入基坑底以下，因而逆作拱墙结构的防水能力较差，所以不可将逆作拱墙作为基坑或地下室防水体系使用。

8 地下水控制

8.1 一般规定

8.1.1 在基坑开挖中，为提供地下工程作业条件，确保基坑边坡稳定、基坑周围建筑物、道路及地下设施安全，对地下水进行控制是基坑支护设计必不可少的内容。

8.1.2 合理确定地下水控制的方案是保证工程质量，加快工程进度，取得良好社会和经济效益的关键。通常应根据地质条件、环境条件、施工条件和支护结构设计条件等因素综合考虑。本条提出了控制方案的确定原则。

表8.1.2列出了我国基坑支护工程中经常采用的四种地下水控制方法及其适用范围。在选择降水方法上，是按颗粒粒度成分确定降水方法，大体上中粗砂以上粒径的土用水下开挖或堵截法，中砂和细砂颗粒的土作井点法和管井法，淤泥或粘土用真空法和电渗法。原苏联和我国一样，都是按渗透系数和降水深度选择降水方法，要选取经济合理、技术可靠、施工方便的降水方法必须经过充分调查，并注意以下几个方面：
(1) 含水层埋藏条件及其水位或水压；
(2) 含水层的透水性（渗透系数、导水系数）及富水性；
(3) 地下水的排泄能力；
(4) 场地周围地下水的利用情况；
(5) 场地条件（周围建筑物及道路情况，地下水管线埋设情况）。

8.1.3 在基坑周围环境复杂的地区，地下水控制方案的确定，应充分论证和预测地下水对环境的影响和变化，并采取必要的措施，以防止发生因地下水的改变而引起的地面下沉、道路开裂、管线错位、建筑物偏斜、损坏等危害。

8.2 集水明排

8.2.1 集水明排可单独采用、亦可与其他方法结合使用。单独使用时，降水深度不宜大于5m，否则在坑底容易产生软化、泥化、坡脚出现流砂、管涌，边坡塌陷，地面沉降等问题。与其他方法结合使用时，其主要功能是收集基坑中和坑壁局部渗出的地下水和地面水。本条主要规定了布置排水沟和集水井的技术要求。

8.2.2~8.2.3 根据经验排水量应大于涌水量的50%。涌水量的确定方法很多，考虑到各地区水文地质条件均各异，因此，尽可能通过试验和当地经验的方法确定，当地经验不足时，也可简化为圆形基坑用大井法计算。

8.3 降 水

8.3.1 本条规定了降水井的布置原则。

8.3.3 本条规定了封闭式布置的降水井数量计算方法。考虑到井管堵塞或抽气会影响排水效果，因此，在计算出的井数基础上加10%。基坑总涌水量是根据水文地质条件、降水区的形状、面积、支护设计对降水的要求按附录F计算，列出的计算公式是常用的一些典型类型，凡未列入计算公式可以参考有关水文地质、工程地质手册，选计算公式时应注意其适用条件。

8.3.4 单井的出水量取决于所在地区的水文地质条件、过滤器的结构、成井工艺和抽水设备能力。本条根据经验和理论规定了真空井点、喷射井点、管井和自渗井的出水能力。

8.3.5 试验表明，在相同条件下井的出水能力随过滤器长度的增加而增加，尽可能增加过滤器长度以提供降水效率是重要的，然而当过滤器的长度达到某一数值后，井的出水量增加的比例却很小。因此，本条规定了过滤器与含水层的相对长度的确定原则是既要保证有足够的过滤器长度，但又不能过长，以致降水效率降低。

8.3.6 利用大井法所计算出的基坑涌水量Q，分配到基坑四周上的各降水井，尚应对因群井干扰工作条件下的单井出水量进行验算。

8.3.7 当检验干扰井群的单井流量满足基坑涌水量的要求后，降水井的数量和间距即确定，应进一步对由于干扰井群的抽水疏干所降低基坑地下水位进行验算，计算所用的公式实际上是大井法计算基坑涌水量的公式，只是公式中的涌水量（Q）为已知。

基坑中心水位下降值的验算，是降水设计的核心，它决定了整个降水方案是否成立，它涉及到降水井的结构和布局的变更等一系列优化过程，这也是一个试算过程。

除了利用上述条文中的计算公式外，也可以利用专门性的水文地质勘察如群井抽水试验或降水工程施工前试验性群井降水，在现场实测出基坑范围内总降水量和各个降水井水位降深的关系，以及地下水位下降与时间的关系，利用这些关系拟合出相关曲线，从而用单相关或复相关关系，确定相关函数，据此推测各种布井条件下基坑水位下降数值，以便选出最佳的降水方案。此种方法对水文地质结构比较复杂的基坑降水计算尤为合适。

条文中列出的公式为稳定流条件下潜水基坑降水的计算式。对于非稳定流的计算可参考有关水文地质计算手册。

8.4 截 水

8.4.2 竖向截水帷幕的形式两种：一种系插入隔水层，另一种系含水层相对较厚，帷幕悬吊在透水层中。前者作为防渗计算时，只需计算通过防渗帷幕的水量，后者尚需考虑绕过帷幕涌入基坑的水量。本条根据经验规定了落底式竖向截水帷幕的插入深度。

8.4.3 采用内部井降水方法可减少对周围环境的影响。

8.5 回 灌

8.5.1 基础开挖或降水后，不可避免地要造成周围地下水位的下降，从而使该地段的地面建筑和地下构筑物因不均匀沉降而受到不同程度的损伤。为减少这类影响，可对保护区内采取回灌措施。如果建筑物离基坑远，且为均匀透水层，中间无隔水层时，则可采用最简单、最经济的回灌沟的方法，如果建筑物离基坑近，且为弱透水层或者有隔水层时，则必须用回灌井或回灌砂井。

8.5.2 回灌井与抽水井之间应保持一定的距离，当回灌井与抽水井距离过小时，水流彼此干扰大，透水通道易贯通，很难使水位恢复到天然水位附近。根据华东地区、华南地区许多工程经验，当回灌井与抽水井的距离大于等于6m时，则可保证有良好的回灌效果。

8.5.3 为了在地下形成一道有效阻渗水幕，使基坑降水的影响范围不超过回灌井排的范围，阻止地下水向降水区的流失，保持已有建筑物所在地原有的地下水位仍处于原有平衡状态，以有效地防止降水的影响。合理确定回灌井的位置和数量是十分重要的。一般而言，回灌井平面布置主要根据降水井和被保护物的位置而定。回灌井的数量根据降水井的数量来确定。

8.5.4 回灌井的埋设深度应根据降水层的深度和降水曲面的深度而定，以确保基坑施工安全和回灌效果。本条提出了回灌井的埋设深度和过滤器长度的确定原则。

8.5.5 回灌水量应根据实际地下水位的变化及时调节，既要防止回灌水量过大而渗入基坑影响施工，又要防止回灌水量过小，使地下水位失控影响回灌效果，因此，要求在基坑附近设置一定数量的水位观测孔,定时进行观测和分析,以便及时调整回灌水量。

回灌水一般通过水箱中的水位差自灌注入回灌井中,回灌水箱的高度,可根据回灌水量来配置,即通过调节水箱高度来控制回灌水量。

8.5.6 回灌砂井中的砂必须是纯净的中粗砂,不均匀系数和含水量均应保证砂井有良好的透水性,使注入的水尽快向四周渗透。

8.5.7 需要回灌的工程,回灌井和降水井是一个完整的系统,只有使它们共同有效地工作,才能保证地下水位处于某一动态平衡,其中任一方失效都会破坏这种平衡,本条要求回灌与降水在正常施工中必须同时启动,同时停止,同时恢复。

中华人民共和国行业标准

建筑地基处理技术规范

JGJ 79—2002

条 文 说 明

前　言

《建筑地基处理技术规范》JGJ 79—2002 经建设部 2002 年 9 月 27 日以建设部第 64 号公告批准、发布。

本规范第一版的主编单位是中国建筑科学研究院，参加单位是浙江大学、南京水利科学研究院、陕西省建筑科学研究设计院、铁道部科学研究院、冶金部建筑研究总院、同济大学、北方交通大学。

为便于广大设计、施工、科研、学校等单位的有关人员在使用本标准时能正确理解和执行条文规定，《建筑地基处理技术规范》编制组按章、节、条顺序编制了本标准的条文说明，供使用者参考。在使用中如发现本条文说明有不妥之处，请将意见函寄中国建筑科学研究院（地址：北京市北三环东路 30 号，邮政编码 100013）。

目 次

1 总则 ……………………………… 5—15—4
3 基本规定 ………………………… 5—15—4
4 换填垫层法 ……………………… 5—15—4
　4.1 一般规定 …………………… 5—15—4
　4.2 设计 ………………………… 5—15—4
　4.3 施工 ………………………… 5—15—7
　4.4 质量检验 …………………… 5—15—8
5 预压法 …………………………… 5—15—8
　5.1 一般规定 …………………… 5—15—8
　5.2 设计 ………………………… 5—15—8
　5.3 施工 ………………………… 5—15—14
　5.4 质量检验 …………………… 5—15—14
6 强夯法和强夯置换法 …………… 5—15—14
　6.1 一般规定 …………………… 5—15—14
　6.2 设计 ………………………… 5—15—15
　6.3 施工 ………………………… 5—15—16
　6.4 质量检验 …………………… 5—15—17
7 振冲法 …………………………… 5—15—17
　7.1 一般规定 …………………… 5—15—17
　7.2 设计 ………………………… 5—15—17
　7.3 施工 ………………………… 5—15—18
　7.4 质量检验 …………………… 5—15—19
8 砂石桩法 ………………………… 5—15—19
　8.1 一般规定 …………………… 5—15—19
　8.2 设计 ………………………… 5—15—19
　8.3 施工 ………………………… 5—15—20
　8.4 质量检验 …………………… 5—15—21
9 水泥粉煤灰碎石桩法 …………… 5—15—22
　9.1 一般规定 …………………… 5—15—22
　9.2 设计 ………………………… 5—15—22
　9.3 施工 ………………………… 5—15—23
　9.4 质量检验 …………………… 5—15—24
10 夯实水泥土桩法 ………………… 5—15—24
　10.1 一般规定 ………………… 5—15—24
　10.2 设计 ……………………… 5—15—25
　10.3 施工 ……………………… 5—15—25
　10.4 质量检验 ………………… 5—15—25
11 水泥土搅拌法 …………………… 5—15—25
　11.1 一般规定 ………………… 5—15—25
　11.2 设计 ……………………… 5—15—27
　11.3 施工 ……………………… 5—15—28
　11.4 质量检验 ………………… 5—15—30
12 高压喷射注浆法 ………………… 5—15—30
　12.1 一般规定 ………………… 5—15—30
　12.2 设计 ……………………… 5—15—31
　12.3 施工 ……………………… 5—15—31
　12.4 质量检验 ………………… 5—15—32
13 石灰桩法 ………………………… 5—15—32
　13.1 一般规定 ………………… 5—15—32
　13.2 设计 ……………………… 5—15—32
　13.3 施工 ……………………… 5—15—34
　13.4 质量检测 ………………… 5—15—34
14 灰土挤密桩法和土挤密桩法 …… 5—15—34
　14.1 一般规定 ………………… 5—15—34
　14.2 设计 ……………………… 5—15—35
　14.3 施工 ……………………… 5—15—36
　14.4 质量检验 ………………… 5—15—36
15 柱锤冲扩桩法 …………………… 5—15—36
　15.1 一般规定 ………………… 5—15—36
　15.2 设计 ……………………… 5—15—37
　15.3 施工 ……………………… 5—15—38
　15.4 质量检验 ………………… 5—15—38
16 单液硅化法和碱液法 …………… 5—15—39
　16.1 一般规定 ………………… 5—15—39
　16.2 设计 ……………………… 5—15—39
　16.3 施工 ……………………… 5—15—41
　16.4 质量检验 ………………… 5—15—42
17 其他地基处理方法 ……………… 5—15—42
附录 A 复合地基载荷试验要点 … 5—15—42

1 总 则

1.0.1 随着地基处理设计水平的提高、施工工艺的改进和施工设备的更新，我国地基处理技术发展很快，对于各种不良地基，经过地基处理后，一般均能满足建造大型、重型或高层建筑的要求。由于地基处理的适用范围进一步扩大，地基处理项目的增多，用于地基处理的费用在工程建设投资中所占比重的不断增大。因而，地基处理的设计和施工必须认真贯彻执行国家的技术经济政策，做到安全适用、技术先进、经济合理、确保质量、保护环境。

3 基本规定

3.0.1 本条规定在选择地基处理方案前应完成的工作，其中强调要进行现场调查研究，了解当地地基处理经验和施工条件，调查邻近建筑、地下工程、管线和环境情况等。

3.0.2 大量工程实例证明，采用加强建筑物上部结构刚度和承载能力的方法，能减少地基的不均匀变形，取得较好的技术经济效果。因此，本条规定对于需要进行地基处理的工程，在选择地基处理方案时，应同时考虑上部结构、基础和地基的共同作用，尽量选用加强上部结构和处理地基相结合的方案，这样既可以降低地基的处理费用，又可收到满意的效果。

3.0.3 本条规定了在确定地基处理方法时宜遵循的步骤。着重指出在选择地基处理方案时，宜根据各种因素进行综合分析，初步选出几种可供考虑的地基处理方案，其中强调包括选择两种或多种地基处理措施组成的综合处理方案。因为许多工程实践证明，当岩土工程条件较为复杂或建筑物对地基要求较高时，采用单一的地基处理方法处理地基，往往满足不了设计要求或造价较高，而由两种或多种地基处理措施组成的综合处理方法很可能是最佳选择。

3.0.5 本条是指现行国家标准《建筑地基基础设计规范》GB 50007 规定应按地基变形设计或应作变形验算的建筑物或构筑物，当需进行地基处理时，应对处理后的地基进行变形验算。

4 换填垫层法

4.1 一般规定

4.1.1 换填垫层法适用于处理各类浅层软弱地基。当在建筑范围内上层软弱土较薄，则可采用全部置换处理。对于较深厚的软弱土层，当仅用垫层局部置换上层软弱土时，下卧软弱土层在荷载下的长期变形可能依然很大。例如，对较深厚的淤泥或淤泥质土类软弱地基，采用垫层仅置换上层软土后，通常可提高持力层的承载力，但不能解决由于深层土质软弱而造成地基变形量大对上部建筑物产生的有害影响；或者对于体型复杂、整体刚度差、或对差异变形敏感的建筑，均不应采用浅层局部置换的处理方法。

对于建筑范围内局部存在松填土、暗沟、暗塘、古井、古墓或拆除旧基础后的坑穴，均可采用换填法进行地基处理。在这种局部的换填处理中，保持建筑地基整体变形均匀是换填应遵循的最基本的原则。

开挖基坑后，利用分层回填夯压，也可处理较深的软弱土层。但换填基坑开挖过深，常因地下水位高，需要采用降水措施；坑壁放坡占地面积大或边坡需要支护；及因此易引起邻近地面、管网、道路与建筑的沉降变形破坏；再则施工土方量大、弃土多等因素，常使处理工程费用增高、工期拖长、对环境的影响增大等。因此，换填法的处理深度通常控制在 3m 以内较为经济合理。

大面积填土产生的大范围地面负荷影响深度较深，地基压缩变形量大，变形延续时间长，与换填垫层法浅层处理地基的特点不同，因而大面积填土地基的设计施工应另行按国家现行有关规范执行。

换填垫层法常用于处理轻型建筑、地坪、堆料场及道路工程等。

4.1.2 采用换填垫层全部置换厚度不大的软弱土层，可取得良好的效果；对于轻型建筑、地坪、道路或堆场，采用换填垫层处理上层部分软弱土时，由于传递到下卧层顶面的附加应力很小，也可取得较好的效果。但对于结构刚度差、体型复杂、荷重较大的建筑，由于附加荷载对下卧层的影响较大，如仅换填软弱土层的上部，地基仍将产生较大的变形及不均匀变形，仍有可能对建筑造成破坏。在我国东南沿海软土地区，许多工程实例的经验及教训表明，采用换填垫层时，必须考虑建筑体型、荷载分布、结构刚度等因素对建筑物的影响，对于深厚软弱土层，不应采用局部换填垫层法处理地基。对于不同特点的工程，还应分别考虑换填材料的强度、稳定性、压力扩散能力、密度、渗透性、耐久性、对环境的影响、价格、来源与消耗等。当换填量大时，尤其应首先考虑当地材料的性能及使用条件。此外还应考虑所能获得的施工机械设备类型、适用条件等综合因素，从而合理地进行换填垫层设计及选择施工方法。例如，对于承受振动荷载的地基不应选择砂垫层进行换填处理；略超过放射性标准的矿渣可以用于道路或堆场地基的换填，但不应用于建筑换填垫层处理等。

4.2 设 计

4.2.1 垫层设计应满足建筑地基的承载力和变形要求。首先垫层能换除基础下直接承受建筑荷载的软弱土层，代之以能满足承载力要求的垫层；其次荷载通过垫层的应力扩散，使下卧层顶面受到的压力满足小于或等于下卧层承载能力的条件；再者基础持力层被低压缩性的垫层代换，能大大减少基础的沉降量。因此，合理确定垫层厚度是垫层设计的主要内容。通常根据土层的情况确定需要换填的深度，对于浅层软土厚度不大的工程，应置换掉全部软土。对需换填的软弱土层，首先应根据垫层的承载力确定基础的宽度和基底压力，再根据垫层下卧层的承载力，设垫层的厚度，经本规范式 4.2.1-1 复核，最后确定垫层厚度。

下卧层顶面的附加压力值可以根据双层地基理论进行计算，但这种方法仅限于条形基础均布荷载的计算条件。也可以将双层地基视作均质地基，按均质连续各向同性半无限直线变形体的弹性理论计算。第一种方法计算比较复杂，第二种方法的假定又与实际双层地基的状态有一定误差。最常用的是扩散角法，按本规范式 4.2.1-2 或 4.2.1-3 计算的垫层厚度虽比按弹性理论计算的结果略偏安全，但由于计算方法比较简便，易于理解又便于接受，故而在工程设计中得到了广泛的认可和使用。

压力扩散角应随垫层材料及下卧土层的力学特性差异而定，可按双层地基的条件来考虑。四川及天津曾先后对上硬下软的双层地基进行了现场载荷试验及大量模型试验，通过实测软弱下卧层顶面的压力反算上部垫层的压力扩散角。根据模型试验实测压力，在垫层厚度等于基础宽度时，计算的压力扩散角 θ 均小于 $30°$，而直观破裂角为 $30°$。同时，对照耶戈洛夫双层地基应力理论计算值，在较安全的条件下，验算下卧层承载力的垫层破坏的扩散角与实测土的破裂角相当。因此，采用理论计算值时，扩散角 θ 最大取 $30°$。对 θ 小于 $30°$ 的情况，以理论计算值为基础，求出不同垫层厚度时的扩散角 θ。根据陕西、上海、北京、辽宁、广东、湖北等地的垫层试验，对于中砂、粗砂、砾砂、石屑的变形模量均在 $30\sim45$MPa 的范围，卵石、碎石的变形模量可达 $35\sim80$MPa，而矿渣则可达到 $35\sim70$MPa。这类粗颗粒垫层材料与下卧的较软土层相比，其变形模量比值均接近或大于 10，扩散角最大取 $30°$；而对于其他常作换填材料的细粒土或粉煤灰垫层，碾压后变形模量可达 $13\sim20$MPa，与粉质粘土垫层类似，该类垫层材料的变形模量与下卧较软土层的变形模量比值显著小于粗粒土垫层的比值，则可比较安全地按 3 来考虑，同时按理论值计算出扩散角 θ。灰土垫层则根据建研院的试验及北京、天津、西北等地经验，按一定压实要求的 3:7 或 2:8 灰土 28d 强度考虑，取 θ 为 $28°$。因此，参照现行的国家标准《建筑地基基础设计规范》GB 50007给出表 4.2.1 中不同垫层材料的压力扩散角。

4.2.2 确定垫层宽度时，除应满足应力扩散的要求外，还应考虑垫层应有足够的宽度及侧面土的强度条件，防止垫层材料向侧边挤出而增大垫层的竖向变形量。最常用的方法依然是按扩散角法计算垫层宽度，或根据当地经验取值。当 $z/b>0.5$ 时，垫层厚度较大，按扩散角确定垫层的底宽较宽，而按垫层底面应力计算值分布的应力等值线在垫层底面处的实际分布则较窄。当两者差别较大时，也可根据应力等值线的形状将垫层剖面做成倒梯形，以节省换填的工程量。当基础荷载较大，或对沉降要求较高，或垫层侧边土的承载力较差时，垫层宽度可适当加大。在筏基、箱基或较大独立基础下采用换填垫层时，对垫层厚度小于 0.25 倍基础宽度的条件，计算垫层的宽度仍应考虑压力扩散角的要求。

4.2.3 经换填处理后的地基，由于理论计算方法尚不够完善，或由于较难选取有代表性的计算参数等原因，而难于通过计算准确确定地基承载力。所以，本条强调经换填垫层处理的地基其承载力宜通过试验、尤其是通过现场原位试验确定。只是对于按现行的国家标准《建筑地基基础设计规范》GB 50007 划分安全等级为三级的建筑物及一般不太重要的、小型、轻型或对沉降要求不高的工程，在无试验资料或经验时，当施工达到本规范要求的压实标准后，可以参考表 1 所列的承载力特征值取用。

表 1 垫层的承载力

换填材料	承载力特征值 f_{ak} (kPa)
碎石、卵石	200～300
砂夹石（其中碎石、卵石占全重的30%～50%）	200～250
土夹石（其中碎石、卵石占全重的30%～50%）	150～200
中砂、粗砂、砾砂、圆砾、角砾	150～200
粉质粘土	130～180
石屑	120～150
灰土	200～250
粉煤灰	120～150
矿渣	200～300

注：压实系数小的垫层，承载力特征值取低值，反之取高值；原状矿渣垫层取低值，分级矿渣或混合矿渣垫层取高值。

4.2.4 我国软粘土分布地区的大量建筑物沉降观测及工程经验表明，采用换填垫层进行局部处理后，往往由于软弱下卧层的变形，建筑物地基仍将产生过大的沉降量及差异沉降量。因此，应按现行的国家标准《建筑地基基础设计规范》GB 50007 中的变形计算方法进行建筑物的沉降计算，以保证地基处理效果及建筑物的安全使用。

粗粒换填材料的垫层在施工期间垫层自身的压缩变形已基本完成，且量值很小。因而对于碎石、卵石、砂夹石、砂和矿渣垫层，在地基变形计算中，可以忽略垫层自身部分的变形值；但对于细粒材料的尤其是厚度较大的换填垫层，则应计入垫层自身的变形。有关垫层的模量应根据试验或当地经验确定。在无试验资料或经验时，可参照表2选用。

表2　　　　垫层模量（MPa）

垫层材料	压缩模量 E_s	变形模量 E_0
粉煤灰	8～20	
砂	20～30	
碎石、卵石	30～50	
矿渣		35～70

注：压实矿渣的 E_0/E_s 比值可按 1.5～3 取用。

下卧层顶面承受换填材料本身的压力超过原天然土层压力较多的工程，地基下卧层将产生较大的变形。如工程条件许可，宜尽早换填，以使由此引起的大部分地基变形在上部结构施工之前完成。

4.2.5　砂石是良好的换填材料，但对具有排水要求的砂垫层宜控制含泥量不大于3%；采用粉细砂作为换填材料时，应改善材料的级配状况，在掺加碎石或卵石使其颗粒不均匀系数不小于5并拌合均匀后，方可用于铺填垫层。

石屑是采石场筛选碎石后的细粒废弃物，其性质接近于砂，在各地使用作为换填材料时，均取得了很好的成效。但应控制好含泥量及含粉量，才能保证垫层的质量。

粘土及粉土均难以夯压密实，故换填时均应避免采用作为换填材料。在不得已选用上述材料回填时，也应掺入不少于30%的砂石并拌合均匀后，方可使用。当采用粉质粘土大面积换填并使用大型机械夯压时，土料中的碎石粒径可稍大于50mm，但不宜大于100mm，否则将影响垫层的夯压效果。

灰土强度随土料中粘粒含量增高而加大，塑性指数小于4的粉土中粘粒含量太少，不能达到提高灰土强度的目的，因而不能用于拌合灰土。灰土所用的消石灰应符合Ⅲ级以上标准，贮存期不超过3个月，所含活性 CaO 和 MgO 越高则胶结力越强。通常灰土的最佳含灰率为 CaO+MgO 约达总量的 8%。石灰应消解 3～4d 并筛除生石灰块后使用。

粉煤灰可分为湿排灰和调湿灰。按其燃烧后形成玻璃体的粒经分析，应属粉土的范畴。但由于含有 CaO、SO_3 等成分，具有一定的活性，当与水作用时，因具有胶凝作用的火山灰反应，使粉煤灰垫层逐渐获得一定的强度与刚度，有效地改善了垫层地基的承载能力及减小变形的能力。不同于抗地震液化能力较低的粉土或粉砂，由于粉煤灰具有一定的胶凝作用，在压实系数大于 0.9 时，即可以抵抗 7 度地震液化。用于发电的燃煤常伴生有微量放射性同位素，因而粉煤灰亦有时有弱放射性。作为建筑物垫层的粉煤灰应按照国家标准《工业废渣建筑材料放射性物质控制标准》GB 9196—88 及《放射卫生防护基本标准》GB 4792—84 的有关规定作为安全使用的标准。粉煤灰含碱性物质，回填后碱性成分在地下水中溶出，使地下水具弱碱性，因此应考虑其对地下水的影响并应对粉煤灰垫层中的金属构件、管网采取一定的防护措施。粉煤灰垫层上宜覆盖 0.3～0.5m 厚的粘性土，以防干灰飞扬，同时减少碱性对植物生长的不利影响，有利环境绿化。

矿渣的稳定性是其是否适用于做换填垫层材料的最主要性能指标，冶金部试验结果证明，当矿渣中 CaO 的含量小于 45% 及 FeS 与 MnS 的含量 ≈1% 时，矿渣不会产生硅酸盐分解和铁锰分解，排渣时不浇石灰水，矿渣也就不会产生石灰分解，则该类矿渣性能稳定，可用于换填。对中、小型垫层可选用 8～40mm 与 40～60mm 的分级矿渣或 0～60mm 的混合矿渣；较大面积换填时，矿渣最大粒径不宜大于 200mm 或大于分层铺填厚度的 2/3。与粉煤灰相同，对用于换填垫层的矿渣，同样要考虑放射性、对地下水、环境的影响及对金属管网、构件的影响。

土工合成材料（Geosynthetics）是近年来随着化学合成工业的发展而迅速发展起来的一种新型土工材料，主要由涤纶、尼龙、腈纶、丙纶等高分子化合物，根据工程的需要，加工成具有弹性、柔性、高抗拉强度、低伸长率、透水、隔水、反滤性、抗腐蚀性、抗老化性和耐久性的各种类型的产品。如各种土工格栅、土工格室、土工垫、土工网格、土工膜、土工织物、塑料排水带及其他土工复合材料等。由于这些材料的优异性能及广泛的适用性，受到工程界的重视，被迅速推广应用于河、海岸坡、堤坝、公路、铁路、港口、堆场、建筑、矿山、电力等领域的岩土工程中，取得了良好的工程效果和经济效益。

用于换填垫层的土工合成材料，在垫层中主要起加筋作用，以提高地基土的抗拉和抗剪强度、防止垫层被拉断裂和剪切破坏、保持垫层的完整性、提高垫层的抗弯刚度。因此利用土工合成材料加筋的垫层有效地改变了天然地基的性状，增大了压力扩散角，降低了下卧天然地基表面的压力，约束了地基侧向变形，调整了地基不均匀变形，增大地基的稳定性并提高地基的承载力。由于土工合成材料的上述特点，将其用于软弱粘性土、泥炭、沼泽地区修建道路、堆场等取得了较好的成效，同时在部分建筑、构筑物的加筋垫层中应用，也得到了肯定的效果。根据理论分析、室内试验以及工程实测的结果证明采用土工合成材料加筋垫层的作用机理为：(1)扩散应力，加筋垫层刚度较大，增大了压力扩散角，有利于上部荷载扩散，降低垫层底面压力；(2)调整不均匀沉降，由于加筋垫层的作用，加大了压缩层范围内地基的整体刚度，均化传递到下卧土层上的压力，有利于调整基础的不均匀沉降；(3)增大地基稳定性，由于加筋垫层的约束，整体上限制了地基土的剪切、侧向挤出及隆起。

采用土工合成材料加筋垫层时，应根据工程荷载的特点、对变形、稳定性的要求和地基土的工程性质、地下水性质及土工合成材料的工作环境等，选择土工合成材料的类型、布置形式及填料品种，主要包括：(1) 确定所需土工合成材料的类型、物理性质和主要的力学性质如允许抗拉强度及相应的伸长率、耐久性与抗腐性等；(2) 确定土工合成材料在垫层中的布置形式、间距及端部的固定方式；(3) 选择适用的填料与施工方法等。此外，要通过验证、保证土工合成材料在垫层中不被拉断和拔出失效。同时还要检验垫层地基的强度和变形以确保满足设计的要求。最后通过载荷试验确定垫层地基的承载能力。

土工合成材料的耐久性与老化问题，在工程界均有较多的关注。由于土工合成材料引入我国为时尚短，仅在江苏使用了十几年后，未见在工程中老化而影响耐久性。英国已有近一百年的使用历史，效果较好。合成材料老化有三个主要因素：紫外线照射、60～80℃的高温与氧化。在岩土工程中，由于土工合成材料是埋在地下的土层中，上述三个影响因素皆极微弱，故土工合成材料均能满足正常规建筑工程中的耐久性需要。

在加筋土垫层中，主要由土工合成材料承受大的拉应力，所以要求选用高强度、低徐变性的材料，在承受工作应力时的伸长率不宜大于 4%～5%，以保证垫层及下卧层土体的稳定性。在软弱土层采用土工合成材料加筋垫层，由合成材料承受上部荷载产生的应力远高于软弱土中的应力，因此一旦由于合成材料超过极限强度产生破坏，随之荷载转移而由软弱土承受全部外荷，势将大大超过软弱土的极限强度，而导致地基的整体破坏。结果地基可能失稳而引起上部建筑产生迅速与大量的沉降，并使建筑结构造成严重的破坏。因此用于加筋垫层中的土工合成材料必须留有足够的安全系数，而绝不能使其受力后的强度等参数处于临界状态。以免导致严重的后果。同时亦应充分考虑一旦因垫层结构的破坏对建筑安全的影响。

4.3 施　　工

4.3.2 换填垫层的施工参数应根据垫层材料、施工机械设备及设计要求等通过现场试验确定，以求获得最佳夯压效果。在不具备试验条件的场合，也可参照建工及水电部门的经验数值，按表3选用。对于存在软弱下卧层的垫层，应针对不同施工机械设备的重量、碾压强度、振动力等因素，确定垫层底层的铺填厚度，使既能满足该层的压密条件，又能防止破坏或扰动下卧软弱土的结构。

表3　垫层的每层铺填厚度及压实遍数

施工设备	每层铺填厚度 (m)	每层压实遍数
平碾(8～12t)	0.2～0.3	6～8(矿渣10～12)
羊足碾(5～16t)	0.2～0.35	8～16
蛙式夯(200kg)	0.2～0.25	3～4
振动碾(8～15t)	0.6～1.3	6～8
插入式振动器	0.2～0.5	
平板式振动器	0.15～0.25	

4.3.3 为获得最佳夯压效果，宜采用垫层材料的最优含水量 w_{op} 作为施工控制含水量。对于粉质粘土和灰土，现场可控制在最优含水量 $w_{op}±2\%$ 的范围内；当使用振动碾压时，可适当放宽下限范围值，即控制在最优含水量 w_{op} 的 $-6\%\sim+2\%$ 范围内。最优含水量可按现行国家标准《土工试验方法标准》GB/T 50123中轻型击实试验的要求求得。在缺乏试验资料时，也可近似取 0.6 倍液限值；或按照经验采用塑限 $w_p±2\%$ 的范围值作为施工含水量的控制值。粉煤灰垫层不应采用浸水饱和施工法，其施工含水量应控制在最优含水量 $w_{op}±4\%$ 的范围内。若土料湿度过大或过小，应分别予以晾晒、翻松、掺加吸水材料或洒水湿润以调整土料的含水量。对于砂石料则可根据施工方法不同按经验控制适宜的施工含水量，即当用平板式振动器时可取 15%～20%；当用平碾或蛙式夯时可取 8%～12%；当用插入式振动器时宜为饱和。对于碎石及卵石应充分浇水湿透后夯压。

4.3.4 对垫层底部的下卧层中存在的软硬不均点，要根据其对垫层稳定及建筑物安全的影响确定处理方法。对不均匀沉降要求不高的一般性建筑，当下卧层中不均点范围小，埋藏很深，处于地基压缩范围以外，且四周土层稳定时，对该不均点可不做处理。否则，应予挖除并根据与周围土质及密实度均匀一致的原则分层回填并夯压密实，以防止下卧层的不均匀变形对垫层及上部建筑产生危害。

4.3.5 垫层下卧层为软弱土层时，因其具有一定的结构强度，一旦被扰动则强度大大降低，变形大量增加，将影响到垫层及建筑的安全使用。通常的做法是，开挖基坑时应预留厚约 200mm 的保护层，待做好铺填垫层的准备后，对保护层挖一段随即用换填材料铺填一段，直到完成全部垫层，以保护下卧土层的结构不被破坏。按浙江、江苏、天津等地的习惯做法，在软弱下卧层顶面设置厚 150～300mm 的砂垫层，防止粗粒换填材料挤入下卧层时破坏其结构。

4.3.7 在同一栋建筑下，应尽量保持垫层厚度相同；对于厚度不同的垫层，应防止垫层厚度突变；在垫层较深部位施工时，应注意控制该部位的压实系数，以防止或减少由于地基处理厚度不同所引起的差异变形。

为保证灰土施工控制的含水量不致变化，拌合均匀后的灰土应在当日使用。灰土夯实后，在短时间内水稳性及硬化均较差，易受水浸而膨胀疏松，影响灰土的夯压质量。

粉煤灰分层碾压验收后，应及时铺填上层或封层，防止干燥或扰动使碾压层松胀密实度下降及扬起粉尘污染。

4.3.8 铺设土工合成材料时应注意均匀平整，且保持一定的松紧度，以使其在工作状态下受力均匀，并避免被块石、树根等刺穿、顶破，引起局部的应力集中。用于加筋垫层中的土工合成材料，因工作时要受到很大的拉应力，故其端头一定要埋设固定好，通常是在端部位置挖地沟，将合成材料的端头埋入沟内上覆土压住固定，以防止其受力后被拔出。铺设土工合成材料时，应避免长时间曝晒或暴露，一般施工宜连续进行，暴露时间不宜超过48h，并注意掩盖，以免材质老化、降低强度及耐久性。

4.4 质量检验

4.4.1 垫层的施工质量检验可利用贯入仪、轻型动力触探或标准贯入试验检验。必须首先通过现场试验，在达到设计要求压实系数的垫层试验区内，利用贯入试验测得标准的贯入深度或击数，然后再以此作为控制施工压实系数的标准，进行施工质量检验。检验砂垫层使用的环刀容积不应小于200cm³，以减少其偶然误差。在粗粒土垫层中的施工质量检验，可设置纯砂检验点，按环刀取样法检验，或采用灌水法、灌砂法进行检验。

4.4.3 垫层施工质量检验点的数量因各地土质条件和经验不同而取值范围不同。对大基坑较多采用50～100m²不少于1点，或每100m²不少于2点。本条按天津、北京、河南、西北等大部分地区多数单位的做法规定了大基坑、基槽和独立柱基的检验点数量。

4.4.4 竣工验收宜采用载荷试验检验垫层质量，为保证载荷试验的有效影响深度不小于换填垫层处理的厚度，载荷试验压板的边长或直径不应小于垫层厚度的1/3。

5 预 压 法

5.1 一般规定

5.1.1 预压法处理地基分为堆载预压和真空预压两类。降水预压和电渗排水预压在工程上应用甚少，暂未列入。堆载预压分塑料排水带或砂井地基堆载预压和天然地基堆载预压。通常，当软土层厚度小于4.0m时，可采用天然地基堆载预压法处理；当软土层厚度超过4.0m时，为加速预压过程，应采用塑料排水带、砂井等竖井排水预压法处理地基。对真空预压工程，必须在地基内设置排水竖井。

本条提出适用于预压法处理的土类。对于在持续荷载作用下体积会发生很大压缩，强度会明显增长的土，这种方法特别适用。对超固结土，只有当土层的有效上覆压力与预压荷载所产生的应力水平明显大于土的先期固结压力时，土层才会发生明显的压缩。竖井排水预压法对处理泥炭土、有机质土和其他次固结变形占很大比例的土效果较差，只有当主固结变形与次固结变形相比所占比例较大时才有明显效果。

5.1.2 通过勘察查明土层的分布、透水层的位置及水源补给等，这对预压工程很重要，如对于粘土夹粉砂薄层的"千层糕"状土层，它本身具有良好的透水性，不必设置排水竖井，仅进行堆载预压即可取得良好的效果。对真空预压工程，查明处理范围内有无透水层（或透气层）及水源补给情况，关系到真空预压的成败和处理费用。

5.1.3 对重要工程，应预先选择代表性地段进行预压试验，通过试验区获得的竖向变形与时间关系曲线，孔隙水压力与时间关系曲线等推算土的固结系数。固结系数是预压工程地基固结计算的主要参数，可根据前期荷载所推算的固结系数预计后期荷载下地基不同时间的变形并根据实测值进行修正，这样就可以得到更符合实际的固结系数。此外，由变形与时间曲线可推算出预压荷载下地基的最终变形、预压阶段不同时间的固结度等，为卸载时间的确定、预压效果的评价以及指导全场的设计与施工提供主要依据。

5.1.5 对预压工程，什么情况下可以卸载，这是工程上很关心的问题，特别是对变形的控制。设计时应根据所计算的建筑物最终沉降量并对照建筑物使用期间的允许变形值，确定预压期间应完成的变形量，然后按照工期要求，选择排水竖井直径、间距、深度和排列方式、确定预压荷载大小和加载历时，使在预定工期内通过预压完成设计所要求的变形量，使卸载后的残余变形满足建筑物允许变形要求。对排水井穿透压缩土层的情况，通过不太长时间的预压可满足设计要求，土层的平均固结度一般可达90%以上。对排水竖井未穿透受压土层的情况，应分别使竖井深度范围土层和竖井底面以下受压土层的平均固结度和所完成的变形量满足设计要求。这样要求的原因是，竖井底面以下受压土层属单向排水，如土层厚度较大，则固结较慢，预压期间所完成的变形较小，难以满足设计要求，为提高预压效果，应尽可能加深竖井深度，使竖井底面以下受压土层厚度减小。

5.2 设 计

（Ⅰ）堆载预压法

5.2.1 本条中提出对含较多薄粉砂夹层的软土层，可不设置排水竖井。这种土层通常具有良好的透水性。表4为上海石化总厂天然地基上10000m³试验油罐经148d充水预压的实测和推算结果。

该罐区的土层分布为：地表约4m左右的粉质粘土（"硬壳层"）其下为含粉砂薄层的淤泥质粘土，呈"千层糕"状构造。预计固结较快，地基未作处理，经148d充水预压后，固结度达90%左右。

土层的平均固结度普遍表达式 $\bar{U}$ 如下：

$$\bar{U} = 1 - \alpha e^{-\beta} \tag{1}$$

式中 α、β 为和排水条件有关的参数。β 值与土的固结系数、排水距离等有关，它综合反映了土层的固结速率。

从表4可看出罐区土层的β值较大。对照砂井地基，如台州电厂煤场砂井地基β值为0.0207（1/d），而上海炼油厂油罐天然地基β值为0.0248（1/d）。它们的β值相近。

表 4　从实测 $s\sim t$ 曲线推算之 β、s_f 等值

测　点	2号	5号	10号	13号	16个测点平均值	罐中心
实测沉降 s_t（cm）	87.0	87.5	79.5	79.4	84.2	131.9
β（1/d）	0.0166	0.0174	0.0174	0.0151	0.0159	0.0188
最终沉降 s_f（cm）	93.4	93.6	84.9	85.1	91.0	138.9
瞬时沉降 s_d（cm）	26.4	22.5	23.5	23.7	25.2	38.4
固结度 $\overline{U}$（%）	90.4	91.4	91.5	88.6	89.7	93.0

5.2.3　对于塑料排水带的当量换算直径d_p，虽然许多文献都提供了不同的建议值，但至今还没有结论性的研究成果，式（5.2.3）是著名学者Hansbo提出的，国内工程上也普遍采用，故在规范中推荐使用。

5.2.5　竖井间距的选择，应根据地基土的固结特性、预定时间内所要求达到的固结度以及施工影响等通过计算、分析确定。根据我国的工程实践，普通砂井之井径比取6～8，塑料排水带或袋装砂井之井径比取15～22，均取得良好的处理效果。

5.2.6　排水竖井的深度，应根据建筑物对地基的稳定性、变形要求和工期确定。对以变形控制的建筑，竖井宜穿透受压土层。对受压土层深厚，竖井很长的情况，虽然考虑井阻影响后，土层径向排水平均固结度随深度而减小，但井阻影响程度取决于竖井的纵向通水量q_w与天然土层水平向渗透系数k_h的比值大小和竖井深度等。对于竖井深度$L=30$m，井径比$n=20$，径向排水固结时间因子$T_h=0.86$，不同比值q_w/k_h时，土层在深度$z=1$m和30m处根据Hansbo（1981）公式计算之径向排水平均固结度$\overline{U}_r$，如表5所示。

表 5　Hansbo（1981）公式计算之径向排水平均固结度 $\overline{U}_r$

z（m） \ q_w/k_h（m²）	300	600	1500
1	0.91	0.93	0.95
30	0.45	0.63	0.81

由表可见，在深度$z=30$m处，土层之径向排水平均固结度仍较大，特别是当q_w/k_h较大时。因此，

对深厚受压土层，在施工能力可能时，应尽可能加深竖井深度，这对加速土层固结，缩短工期是很有利的。

5.2.7　对逐渐加载条件下竖井地基平均固结度的计算，本规范采用的是改进的高木俊介法，其理由是该公式理论上是精确解，而且无需先计算瞬时加载条件下的固结度，再根据逐渐加载条件进行修正，而是两者合并计算出修正后的平均固结度，而且公式适用于多种排水条件，可应用于考虑井阻及涂抹作用的径向平均固结度计算。

算例：

已知：地基为淤泥质粘土层，固结系数$c_h=c_v=1.8\times10^{-3}$ cm²/s，受压土层厚20m，袋装砂井直径$d_w=70$mm，袋装砂井为等边三角形排列，间距$l=1.4$m，深度$H=20$m，砂井底部为不透水层，砂井打穿受压土层。预压荷载总压力$p=100$kPa，分两级等速加载，如图1所示。

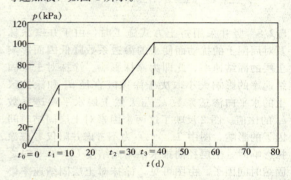

图 1　加荷过程

求：加荷开始后120d受压土层之平均固结度（不考虑竖井井阻和涂抹影响）。

计算：

受压土层平均固结度包括两部分：径向排水平均固结度和向上竖向排水平均固结度。按公式（5.2.7）计算，其中α、β由表5.2.7知：

$$\alpha=\frac{8}{\pi^2}=0.81$$

$$\beta=\frac{8c_h}{F_n d_e^2}+\frac{\pi^2 c_v}{4H^2}$$

根据砂井的有效排水圆柱体直径$d_e=1.05l=1.05\times1.4=1.47$m

径井比$n=d_e/d_w=1.47/0.07=21$，则

$$F_n=\frac{n^2}{n^2-1}\ln(n)-\frac{3n^2-1}{4n^2}$$

$$=\frac{21^2}{21^2-1}\ln(21)-\frac{3\times21^2-1}{4\times21^2}=2.3$$

$$\beta=\frac{8\times1.8\times10^{-3}}{2.3\times147^2}+\frac{3.14^2\times1.8\times10^{-3}}{4\times2000^2}$$

$$=2.908\times10^{-7}\,1/s=0.0251(1/d)$$

第一级荷载加荷速率　$\dot{q}_1 = 60/10 = 6 kPa/d$
第二级荷载加荷速率　$\dot{q}_2 = 40/10 = 4 kPa/d$
固结度计算：

$$\bar{U}_t = \sum \frac{\dot{q}_i}{\sum \Delta p} \left[(T_i - T_{i-1}) - \frac{\alpha}{\beta} e^{-\beta t} (e^{\beta T_i} - e^{\beta T_{i-1}}) \right]$$

$$= \frac{\dot{q}_1}{\sum \Delta p} \left[(t_1 - t_0) - \frac{\alpha}{\beta} e^{-\beta t} (e^{\beta t_1} - e^{\beta t_0}) \right]$$

$$+ \frac{\dot{q}_2}{\sum \Delta p} \left[(t_3 - t_2) - \frac{\alpha}{\beta} e^{-\beta t} (e^{\beta t_3} - e^{\beta t_2}) \right]$$

$$= \frac{6}{100} \left[(10-0) - \frac{0.81}{0.0251} e^{-0.0251 \times 120} (e^{0.0251 \times 10} - e^0) \right]$$

$$+ \frac{4}{100} \left[(40-30) - \frac{0.81}{0.0251} e^{-0.0251 \times 120} \right.$$

$$\left. (e^{0.0251 \times 40} - e^{0.0251 \times 30}) \right] = 0.93$$

5.2.8 竖井采用挤土方式施工时，由于井壁涂抹及对周围土的扰动而使土的渗透系数降低因而影响土层的固结速率，此即为涂抹影响。涂抹对土层固结速率的影响大小取决于涂抹区直径 d_s 和涂抹区土的水平向渗透系数 k_s 与天然土层水平渗透系数 k_h 的比值。图 2 反映了这两个因素对土层固结时间因子的影响，图中 $T_{h90}(s)$ 为不考虑井阻仅考虑涂抹影响时，土层径向排水平均固结度 $\bar{U}_r = 0.9$ 时之固结时间因子。由图可见，涂抹对土层固结速率影响显著，在固结度计算中，涂抹影响应予考虑。对涂抹区直径 d_s，有的文献取 $d_s = (2 \sim 3) d_m$，其中，d_m 为竖井施工套管横截面积当量直径。对涂抹区土的渗透系数，由于土被扰动的程度不同，愈靠近竖井，k_s 愈小。关于 d_s 和 k_s 大小还有待进一步积累资料。

如不考虑涂抹仅考虑井阻影响，即 $F = F_n + F_r$，由反映井阻影响的参数 F_r 的计算式可见，井阻大小取决于竖井深度和竖井纵向通水量 q_w 与天然土层水平向渗透系数 k_h 的比值。如以竖井地基径向平均固结度达到 $\bar{U}_r = 0.9$ 为标准，则可求得不同竖井深度，不同井径比和不同 q_w/k_h 比值时，考虑井阻影响（$F = F_n + F_r$）和理想井条件（$F = F_n$）之固结时间因子 $T_{h90}(r)$ 和 $T_{h90}(i)$。比值 $T_{h90}(r)/T_{h90}(i)$ 与 q_w/k_h 的关系曲线见图 3。由图可知，对不同深度的竖井地基，如以 $T_{h90}(r)/T_{h90}(i) \leq 1.1$ 作为可不考虑井阻影响的标准，则可得到相应的 q_w/k_h 值，因而可得到竖井所需要的通水量 q_w 理论值，即竖井在实际工作状态下应具有的纵向通水量值。对塑料排水带来说，它不同于实验室按一定实验标准测定的通水量值。工程上所选用的通过实验测定的产品通水量应比理论通水量高。设计中如何选用产品的纵向通水量是工程上所关心的又很复杂的问题，它与排水带深度、天然土层和涂抹后土渗透系数、排水带实际工作状态和工期要求等很多因素有关。同时，在预压过程中，土层的固结速率也是不同的，预压初期土层固结较快，需通过塑料排水带排出的水量较大，而塑料排水带的工作状态相对较好。关于塑料排水带的通水量问题还有待进一步研究和在实际工程中积累更多的经验。

对砂井，其纵向通水量可按下式计算：

$$q_w = k_w \cdot A_w = k_w \cdot \pi d_w^2 / 4 \qquad (2)$$

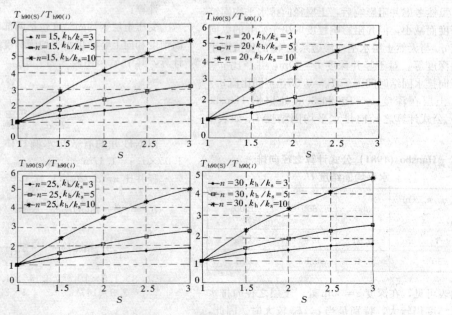

图 2　涂抹对土层固结速率的影响

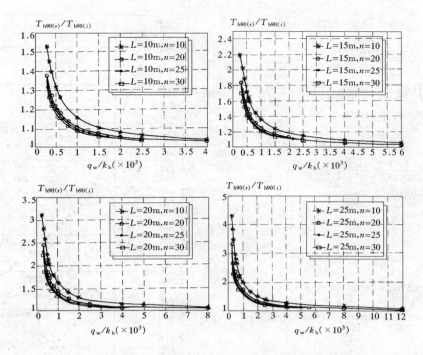

图 3 井阻对土层固结速率的影响

式中，k_w 为砂料渗透系数。作为具体算例，取井径比 $n=20$；袋装砂井直径 $d_w=70\text{mm}$ 和 100mm 两种；土层渗透系数 $k_h=1\times10^{-6}\text{cm/s}$、$5\times10^{-7}\text{cm/s}$、$1\times10^{-7}\text{cm/s}$ 和 $1\times10^{-8}\text{cm/s}$，考虑井阻影响时之时间因子 $T_{h90}(r)$ 与理想井时间因子 $T_{h90}(i)$ 之比值列于表 6，相应的 q_w/k_h 列于表 7 中。从表的计算结果看，对袋装砂井，宜选用较大的直径和较高的砂料渗透系数。

表 6 井阻时间因子 $T_{h90}(r)$ 与理想井时间因子 $T_{h90}(i)$ 之比值

砂井砂料渗透系数 (cm/s)	土层渗透系数 (cm/s)	袋装砂井直径(mm) 70 砂井深度(m) 10	20	100 10	20
1×10^{-2}	1×10^{-6}	3.85	12.41	2.40	6.60
	5×10^{-7}	2.43	6.71	1.70	3.80
	1×10^{-7}	1.29	2.14	1.14	1.56
	1×10^{-8}	1.03	1.11	1.01	1.06
5×10^{-2}	1×10^{-6}	1.57	3.29	1.28	2.12
	5×10^{-7}	1.29	2.14	1.14	1.56
	1×10^{-7}	1.06	1.23	1.03	1.11
	1×10^{-8}	1.01	1.02	1.00	1.01

表 7 q_w/k_h (m²)

砂井砂料渗透系数 (cm/s)	土层渗透系数 (cm/s)	袋装砂井直径(mm) 70	100
1×10^{-2}	1×10^{-6}	38.5	78.5
	5×10^{-7}	77.0	157.0
	1×10^{-7}	385.0	785.0
	1×10^{-8}	3850.0	7850.0
5×10^{-2}	1×10^{-6}	192.3	392.5
	5×10^{-7}	384.6	785.0
	1×10^{-7}	1923.0	3925.0
	1×10^{-8}	19230.0	39250.0

算例：

已知：地基为淤泥质粘土层，水平向渗透系数 $k_h=1\times10^{-7}\text{cm/s}$，$c_h=c_v=1.8\times10^{-3}\text{cm}^2/\text{s}$，袋装砂井直径 $d_w=70\text{mm}$，砂料渗透系数 $k_w=2\times10^{-2}\text{cm/s}$，涂抹区土的渗透系数 $k_s=\frac{1}{5}k_h=0.2\times10^{-7}\text{cm/s}$。取 $s=2$，袋装砂井为等边三角形排列，间距 $l=1.4\text{m}$，深度 $H=20\text{m}$，砂井底部为不透水层，砂井打穿受压土层。预压荷载总压力 $p=100\text{kPa}$，分两级等速加载，如图 1 所示。

求：加载开始后 120d 受压土层之平均固结度

计算：

袋装砂井纵向通水量

$$q_w=k_w\times\pi d_w^2/4=2\times10^{-2}\times3.14\times7^2/4=0.769\text{cm}^3/\text{s}$$

$$F_n = \ln(n) - \frac{3}{4} = \ln 21 - \frac{3}{4} = 2.29$$

$$F_r = \frac{\pi^2 L^2}{4} \frac{k_h}{q_w} = \frac{3.14^2 \times 2000^2}{4} \times \frac{1 \times 10^{-7}}{0.769} = 1.28$$

$$F_s = \left(\frac{k_h}{k_s} - 1\right)\ln s = \left(\frac{1 \times 10^{-7}}{0.2 \times 10^{-7}} - 1\right)\ln 2 = 2.77$$

$$F = F_n + F_r + F_s = 2.29 + 1.28 + 2.77 = 6.34$$

$$\alpha = \frac{8}{\pi^2} = 0.81$$

$$\beta = \frac{8c_h}{Fd_e^2} + \frac{\pi^2 c_v}{4H^2} = \frac{8 \times 1.8 \times 10^{-3}}{6.34 \times 147^2} + \frac{3.14^2 \times 1.8 \times 10^{-3}}{4 \times 2000^2}$$

$$= 1.06 \times 10^{-7}\,1/s = 0.0092\,(1/d)$$

$$\bar{U}_t = \frac{\dot{q}_1}{\sum \Delta p}\left[(t_1 - t_0) - \frac{\alpha}{\beta}e^{-\beta t}(e^{\beta t_1} - e^{\beta t_0})\right]$$

$$+ \frac{\dot{q}_2}{\sum \Delta p}\left[(t_3 - t_2) - \frac{\alpha}{\beta}e^{-\beta t}(e^{\beta t_3} - e^{\beta t_2})\right]$$

$$= \frac{6}{100}\left[(10 - 0) - \frac{0.81}{0.0092}e^{-0.0092 \times 120}(e^{0.0092 \times 10} - e^0)\right]$$

$$+ \frac{4}{100}\left[(40 - 30) - \frac{0.81}{0.0092}e^{-0.0092 \times 120}(e^{0.0092 \times 40} - e^{0.0092 \times 30})\right]$$

$$= 0.68$$

5.2.9 对竖井未穿透受压土层之地基，当竖井底面以下受压土层较厚时，竖井范围土层平均固结度与竖井底面以下土层的平均固结度相差较大，预压期间所完成的固结变形量也因之相差较大，如若将固结度按整个受压土层平均，则与实际固结度沿深度的分布不符，且掩盖了竖井底面以下土层固结缓慢、预压期间完成的固结变形量小，建筑物使用以后剩余沉降持续时间长等实际情况。同时，按整个受压土层平均，使竖井范围土层固结度比实际降低而影响稳定分析结果。因此，竖井范围与竖井底面以下土层的固结度和相应的固结变形应分别计算，不宜按整个受压土层平均计算。

5.2.10 本条规定，对沉降有严格限制的建筑，应采用超载预压法处理地基。经超载预压后，如受压土层各点的有效应力大于建筑物荷载引起的相应点的附加应力时，则今后在建筑物荷载下地基将不会再发生固结变形，而且将减小次固结变形。图4为某工程淤泥质粘土的室内试验结果。由图可见，超载作用时间一定，卸载越大，次固结发生的时间越推迟，次固结系数越小。

实际工程中，根据建筑物对地基变形的要求、地基土的性质，可采用有效应力面积比来进行超载的设计和卸载的控制。有效应力面积比定义为：受压土层范围内建筑物荷载引起的附加总应力面积与卸载前相同厚度土层内预压荷载引起的有效应力面积之比。超载卸载后地基的残余变形大小与卸载前地基达到的固结度和超载大小有关，有效应力面积比则综合反映了这两者的影响，有效应力面积比愈小，则卸载后地基的残余变形也愈小。

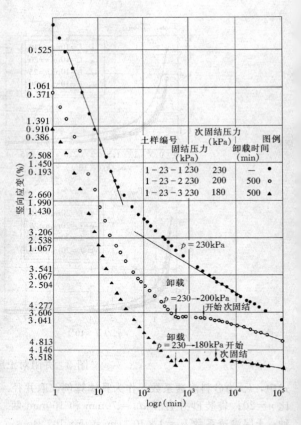

图4 不同卸载情况下的试验结果

5.2.11 饱和软粘土根据其天然固结状态可分成正常固结土、超固结土和欠固结土。显然，对不同固结状态的土，在预压荷载下其强度增长是不同的，由于超固结土和欠固结土强度增长缺乏实测资料，本规范暂未能提出具体预计方法。

对正常固结饱和粘性土，本规范所采用的强度计算公式已在工程上得到广泛的应用。该法模拟了压应力作用下土体排水固结引起的强度增长，而不模拟剪缩作用引起的强度增长，它可直接用十字板剪切试验结果来检验计算值的准确性。该式可用于竖井地基有效固结压力法稳定分析。

式中 τ_{f0} 为地基土的天然抗剪强度，由计算点土的自重应力和三轴固结不排水试验指标 c_{cu}，φ_{cu} 计算或由原位十字板剪切试验测定。

5.2.12 预压荷载下地基的变形包括瞬时变形、主固结变形和次固结变形三部分。次固结变形大小和土的性质有关。泥炭土、有机质土或高塑性粘性土土层，次固结变形较显著，而其他土则所占比例不大，如忽略次固结变形，则受压土层的总变形由瞬时变形和主固结变形两部分组成。主固结变形工程上通常采用单向压缩分层总和法计算，这只有当荷载面积的宽度或直径大于受压土层的厚度时才较符合计算条件，否则应对变形计算值进行修正以考虑三向压缩的效应。但研究结果表明，对于正常固结或稍超固结土地基，三向修正是不重要的。因此,仍可按单向压缩计算。经验系数 ξ 考虑了瞬时变形和其他影响因素,根据多项工程实测资料推算,正常固结粘性土地基的 ξ 值列于表8。

表8　　正常固结粘性土地基的 ξ 值

序号	工程名称		固结变形量 s_c（cm）	最终竖向变形量 s_f（cm）	经验系数 $\xi=s_f/s_c$	备注
1	宁波试验路堤		150.2	209.2	1.38	砂井地基,s_f 由实测曲线推算
2	舟山冷库		104.8	132.0	1.32	砂井预压,压力 $p=110$kPa
3	广东某铁路路堤		97.5	113.0	1.16	
4	宁波栎社机场		102.9	111.0	1.08	袋装砂井预压,s_f 为场道中心点 ξ 值,道边点 $\xi=1.11$
5	温州机场		110.8	123.6	1.12	袋装砂井预压,s_f 为场道中心点 ξ 值,道边点 $\xi=1.07$
6	上海金山油罐	罐中心	100.5	138.9	1.38	10000m³ 油罐,$p=164.3$kPa,天然地基充水预压。罐边缘沉降为16个测点平均值,s_f 由实测曲线推算
6	上海金山油罐	罐边缘	65.8	91.0	1.38	
7	上海油罐	罐中心	76.3	111.1	1.46	20000m³ 油罐,$p=210$kPa,罐边缘沉降为12个测点平均值,s_f 由实测曲线推算
7	上海油罐	罐边缘	63.0	76.3	1.21	
8	帕斯科克拉炼油厂油罐		18.3	24.4	1.33	$p=210$kPa,s_f 为实测值
9	格兰岛油罐		48.3 47.0	53.4 53.4	1.10 1.13	s_c、s_f 均为实测值

（Ⅱ）真空预压法

5.2.15　真空预压法处理地基必须设置塑料排水带或砂井,否则难以奏效。交通部第一航务工程局曾在现场做过试验,不设置砂井,抽气两个月,变形仅几个毫米,达不到处理目的。

5.2.16　真空度在砂井内的传递与井料的颗粒组成和渗透性有关。根据天津的资料,当井料的渗透系数 $k=1\times10^{-2}$cm/s 时,10m长的袋装砂井真空度降低约10%,当砂井深度超过10m时,为了减小真空度沿深度的损失,对砂井砂料应有更高的要求。

5.2.17　真空预压效果与预压区面积大小及长宽比等有关。表9为天津新港现场预压试验的实测结果。

表9　　预压区面积大小影响

预压区面积（m²）	264	1250	3000
中心点沉降量（cm）	50	57	74～80

此外,在真空预压区边缘,由于真空度会向外部扩散,其加固效果不如中部,为了使预压区加固效果比较均匀,预压区应大于建筑物基础轮廓线,并不小于3.0m。

5.2.18　真空预压的效果和膜内真空度大小关系很大,真空度越大,预压效果越好。如真空度不高,加上砂井井阻影响,处理效果将受到较大影响。根据国内许多工程经验,膜内真空度一般都能达到650mmHg以上。这也是真空预压应达到的基本真空度。

5.2.19　当建筑物的荷载超过真空压力且建筑物对地基的承载力和变形有严格要求时,应采用真空-堆载联合预压法。工程实践证明,真空预压和堆载预压效果可以叠加,条件是两种预压必须同时进行,如某工程 $47\times54\text{m}^2$ 面积真空和堆载联合预压试验,平均沉降如表10所示。某工程预压前后十字板强度的变化如表11所示。

表10　　实测沉降值

项目	真空预压	加30kPa堆载	加50kPa堆载
沉降（cm）	48	68	84

表11　　预压前后十字板强度（kPa）

深度（m）	土　名	预压前	真空预压	真空-堆载预压
2.0～5.8	淤泥夹淤泥质粉质粘土	12	28	40
5.8～10.0	淤泥质粘土夹粉质粘土	15	27	36
10.0～15.0	淤泥	23	28	33

5.2.21　对堆载预压工程,由于地基将产生体积不变的向外的侧向变形而引起相应的竖向变形,所以,按单向压缩分层总和法计算固结变形后尚应乘以大于1的经验系数以反映地基向外侧向变形的影响。对真空预压工程,在抽真空过程中将产生向内的侧向变形,这是因为抽真空时,孔隙水压力降低,水平方向增加了一个向负压源的压力 $\Delta\sigma_3=-\Delta u$,对真空-堆载联合预压的工程,如孔隙水压力小于初始值,土体仍然发生向内的侧向变形,因此,在按单向压缩分层总和法计算固结变形后应乘上小于1的经验系数方能得到地基的最终竖向变形。对于经验系数 ξ 尚缺少资料。今后还有待积累更多的资料。

5.3 施 工

（Ⅰ） 堆载预压法

5.3.4 塑料排水带施工所用套管应保证插入地基中的带子平直、不扭曲。塑料排水带的纵向通水量除与侧压力大小有关外，还与排水带的平直、扭曲程度有关。扭曲的排水带将使纵向通水量减小。因此施工所用套管应采用菱形断面或出口段扁矩形断面，不应全长都采用圆形断面。

袋装砂井施工所用套管直径宜略大于砂井直径，主要是为了减小对周围土的扰动范围。

5.3.5 对堆载预压工程，当荷载较大时，应严格控制加载速率，防止地基发生剪切破坏或产生过大的塑性变形。工程上一般根据竖向变形、边桩水平位移和孔隙水压力等监测资料按一定标准进行控制。最大竖向变形控制每天不超过 10～15mm，对竖井地基取高值，天然地基取低值；边桩水平位移每天不超过 5mm。对孔隙水压力的控制，目前尚缺少经验。对分级加载的工程（如油罐充水预压），可将测点的观测资料整理成每级荷载下孔隙水压力增量累加值 $\sum\Delta u$ 与相应荷载增量累加值 $\sum\Delta p$ 关系曲线（$\sum\Delta u$-$\sum\Delta p$ 关系曲线）。对连续逐渐加载工程，可将测点孔压 u 与观测时间相应的荷载 p 整理成 u-p 曲线。当以上曲线斜率出现陡增时，认为该点已发生剪切破坏。

应当指出，按观测资料进行地基稳定性控制是一项复杂的工作，控制指标取决于多种因素，如地基土的性质、地基处理方法、荷载大小以及加载速率等。软土地基的失稳通常经历从局部剪切破坏到整体剪切破坏的过程，这个过程要有数天时间。因此，应对孔隙水压力、竖向变形、边桩水平位移等观测资料进行综合分析，密切注意它们的发展趋势，这是十分重要的。对铺设有土工织物的堆载工程，要注意破坏的突发性。

（Ⅱ） 真空预压法

5.3.7 由于各种原因，射流真空泵全部停止工作，膜内真空度随之全部卸除，这将直接影响地基预压效果，并延长预压时间，为避免膜内真空度在停泵后很快降低，在真空管路中应设置止回阀和截门。当预计停泵时间超过 24h 时，则应关闭截门。所用止回阀及截门都应符合密封要求。

5.3.8 密封膜铺三层的理由是，最下一层和砂垫层相接触，膜容易被刺破，最上一层膜易受环境影响，如老化、刺破等，而中间一层膜是最安全最起作用的一层膜。

膜的密封有多种方法，就效果来说，以膜上全面覆水最好。

5.4 质量检验

5.4.1 对于以抗滑稳定性控制的重要工程，应在预压区内预留孔位，在堆载不同阶段进行原位十字板剪切试验和取土进行室内土工试验，根据试验结果验算下一级荷载地基的抗滑稳定性，同时也检验地基处理效果。

在预压期间应及时整理竖向变形与时间、孔隙水压力与时间等关系曲线，并推算地基的最终竖向变形、不同时间的固结度以分析地基处理效果，并为确定卸载时间提供依据。工程上往往利用实测变形与时间关系曲线按以下公式推算最终竖向变形量 s_f 和参数 β 值：

$$s_f = \frac{s_3(s_2 - s_1) - s_2(s_3 - s_2)}{(s_2 - s_1) - (s_3 - s_2)} \quad (3)$$

$$\beta = \frac{1}{t_2 - t_1} \ln \frac{s_2 - s_1}{s_3 - s_2} \quad (4)$$

式中 s_1、s_2、s_3 为加荷停止后时间 t_1、t_2、t_3 相应的竖向变形量，并取 $t_2 - t_1 = t_3 - t_2$。停荷后预压时间延续越长，推算的结果越可靠。有了 β 值即可计算出受压土层的平均固结系数，可计算出任意时间的固结度。

利用加载停歇时间的孔隙水压力 u 与时间 t 的关系曲线按下式可计算出参数 β：

$$\frac{u_1}{u_2} = e^{\beta(t_2 - t_1)} \quad (5)$$

式中 u_1、u_2 为相应时间 t_1、t_2 的实测孔隙水压力值。β 值反映了孔隙水压力测点附近土体的固结速率，而按式(4)计算的 β 值则反映了受压土层的平均固结速率。

6 强夯法和强夯置换法

6.1 一般规定

6.1.1～6.1.2 强夯法又名动力固结法或动力压实法。这种方法是反复将夯锤（质量一般为 10～40t）提到一定高度使其自由落下（落距一般为 10～40m），给地基以冲击和振动能量，从而提高地基的承载力并降低其压缩性，改善地基性能。由于强夯法具有加固效果显著、适用土类广、设备简单、施工方便、节省劳力、施工期短、节约材料、施工文明和施工费用低等优点，我国自 20 世纪 70 年代引进此法后迅速在全国推广应用。大量工程实例证明，强夯法用于处理碎石土、砂土、低饱和度的粉土与粘性土、湿陷性黄土、素填土和杂填土等地基，一般均能取得较好的效果。对于软土地基，一般来说处理效果不显著。

强夯置换法是采用在夯坑内回填块石、碎石等粗颗粒材料，用夯锤夯击形成连续的强夯置换墩。强夯置换法是 20 世纪 80 年代后期开发的方法，适用于高饱和度的粉土与软塑～流塑的粘性土等地基上对变形控制要求不严的工程。强夯置换法具有加固效果显著、施工期短、施工费用低等优点，目前已用于堆场、公路、机场、房屋建筑、油罐等工程，一般效果良好，个别工程因设计、施工不当，加固后出现下沉较大或墩体与墩间土下沉不等的情况。因此，本条特别强调采用强夯置换法前，必须通过现场试验确定其适用性和处理效果，否则不得采用。

6.1.3 强夯法虽然已在工程中得到广泛的应用，但有关强夯机理的研究，至今尚未取得满意的结果。因此，目前还没有一套成熟的设计计算方法。本条规定，强夯施工前，应在施工现场有代表性的场地上进行试夯或试验性施工。

6.2 设 计

6.2.1 强夯法的有效加固深度既是反映处理效果的重要参数，又是选择地基处理方案的重要依据。强夯法创始人梅那（Menard）曾提出下式来估算影响深度 H：

$$H \approx \sqrt{Mh} \text{(m)} \tag{6}$$

式中 M——夯锤质量（t）；
h——落距（m）。

国内外大量试验研究和工程实测资料表明，采用上述梅那公式估算有效加固深度将会得出偏大的结果。从梅那公式中可以看出，其影响深度仅与夯锤重和落距有关。而实际上影响有效加固深度的因素很多，除了夯锤重和落距以外，夯击次数、锤底单位压力、地基土性质、不同土层的厚度和埋藏顺序以及地下水位等都与加固深度有着密切的关系。鉴于有效加固深度问题的复杂性，以及目前尚无适用的计算式，所以本条规定有效加固深度应根据现场试夯或当地经验确定。

考虑到设计人员选择地基处理方法的需要，有必要提出有效加固深度的预估方法。由于梅那公式估算值较实测值为大，国内外相继发表了一些文章，建议对梅那公式进行修正，修正系数范围值大致为 0.34～0.80，根据不同土类选用不同修正系数。虽然经过修正的梅那公式与未修正的梅那公式相比较有了改进，但是大量工程实践表明，对于同一类土，采用不同能量夯击时，其修正系数并不相同。单击夯击能越大时，修正系数越小。对于同一类土，采用一个修正系数，并不能得到满意的结果。因此，本规范不采用修正后的梅那公式，而采用表 6.2.1 的形式。表中将土类分成碎石土、砂土等粗颗粒土和粉土、粘性土、湿陷性黄土等细颗粒土两类，便于使用。单击夯击能范围为 1000～8000 kN·m，满足了当前绝大多数工程的需要。表中的数值系根据大量工程实测资料的归纳和工程经验的总结而制定的，并经广泛征求意见后，作了必要的调整。

6.2.2 夯击次数是强夯设计中的一个重要参数，对于不同地基土来说夯击次数也不同。夯击次数应通过现场试夯确定，常以夯坑的压缩量最大、夯坑周围隆起量最小为确定的原则。可从现场试夯得到的夯击次数和夯击量关系曲线确定。但要满足最后两击的平均夯沉量不大于本条的有关规定。同时夯坑周围地面不发生过大的隆起。因为隆起量太大，说明夯击效率降低，则夯击次数要适当减少。此外，还要考虑施工方便，不能因夯坑过深而发生起锤困难的情况。

6.2.3 夯击遍数应根据地基土的性质确定。一般来说，由粗颗粒土组成的渗透性强的地基，夯击遍数可少些。反之，由细颗粒土组成的渗透性弱的地基，夯击遍数要求多些。根据我国工程实践，对于大多数工程采用夯击遍数 2 遍，最后再以低能量满夯 2 遍，一般均能取得较好的夯击效果。对于渗透性弱的细颗粒土地基，必要时夯击遍数可适当增加。

必须指出，由于表层土是基础的主要持力层，如处理不好，将会增加建筑物的沉降和不均匀沉降。因此，必须重视满夯的夯实效果，除了采用 2 遍满夯外，还可采用轻锤或低落距锤多次夯击，锤印搭接等措施。

6.2.4 两遍夯击之间应有一定的时间间隔，以利于土中超静孔隙水压力的消散。所间隔时间取决于超静孔隙水压力的消散时间。但土中超静孔隙水压力的消散速率与土的类别、夯点间距等因素有关。有条件时最好能在试夯前埋设孔隙水压力传感器，通过试夯确定超静孔隙水压力的消散时间，从而决定两遍夯击之间的间隔时间。当缺少实测资料时，间隔时间可根据地基土的渗透性按本条规定采用。

6.2.5 夯击点布置是否合理与夯实效果有直接的关系。夯击点位置可根据基底平面形状进行布置。对于某些基础面积较大的建筑物或构筑物，为便于施工，可按等边三角形或正方形布置夯点；对于办公楼、住宅建筑等，可根据承重墙位置布置夯点，一般可采用等腰三角形布点，这样保证了横向承重墙以及纵墙和横墙交接处墙基下均有夯击点；对于工业厂房来说也可按柱网来设置夯击点。

夯击点间距的确定，一般根据地基土的性质和要求处理的深度而定。对于细颗粒土，为便于超静孔隙水压力的消散，夯点间距不宜过小。当要求处理深度较大时，第一遍的夯点间距更不宜过小，以免夯击时在浅层形成密实层而影响夯击能往深层传递。此外，若各夯点之间的距离太小，在夯击时上部土体易向侧向已完成的夯坑中挤出，从而造成坑壁坍塌，夯锤歪斜或倾倒，而影响夯实效果。

6.2.6 由于基础的应力扩散作用，强夯处理范围应大于建筑物基础范围，具体放大范围可根据建筑结构类型和重要性等因素考虑确定。对于一般建筑物，每边超出基础外缘的宽度宜为基底下设计处理深度的1/2至2/3,并不宜小于3m。

6.2.7 根据上述各条初步确定的强夯参数,提出强夯试验方案,进行现场试夯,并通过测试,与夯前测试数据进行对比,检验强夯效果,并确定工程采用的各项强夯参数,若不符合使用要求,则应改变设计参数。在进行试夯时也可采用不同设计参数的方案进行比较,择优选用。

6.2.10 本条规定置换深度不宜超过7m,是根据国内常用夯击能常在5000kN·m以下提出的,国外置换深度有达12m,锤的质量超过40t者。

对淤泥、泥炭等粘性软弱土层,置换墩应穿透软土层,着底在较好土层上,因墩底竖向应力较墩间土高,如果墩底仍在软弱土中,恐承受不了墩底较高竖向应力而产生较多下沉。

对深厚饱和粉土、粉砂,墩身可不穿透该层,因墩下土在施工中密度变大,强度提高有保证,故可允许不穿透该层。

强夯置换的加固原理相当于下列三者之和:
强夯置换=强夯(加密)+碎石墩+特大直径排水井

因此,墩间的和墩下的粉土或粘性土通过排水与加密,其密度及状态可以改善。由此可知,强夯置换的加固深度由二部分组成,即置换深度和墩下加密范围。墩下加密范围,因资料有限目前尚难确定,应通过现场试验逐步积累资料。

6.2.11 单击夯击能应根据现场试验决定,但在可行性研究或初步设计时可按图5中的实线(平均值)与虚线(下限)所代表的公式估计:

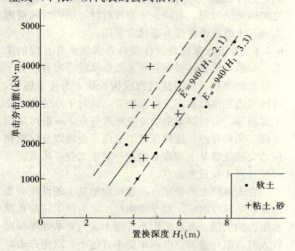

图5 夯击能与实测置换深度的关系

较适宜的夯击能 $\bar{E}=940(H_1-2.1)$ (7)
夯击能最低值 $E_w=940(H_1-3.3)$ (8)
式中 H_1——置换墩深度(m)。

初选夯击能宜在 $\bar{E}$ 与 E_w 之间选取,高于 $\bar{E}$ 则可能浪费,低于 E_w 则可能达不到所需的置换深度。图5是国内外19个工程的实际置换墩深度汇总而来,

由图中看不出土性的明显影响,估计是因强夯置换的土类多限于粉土与淤泥质土,而这类土在施工中因液化或触变,抗剪强度都很低之故。

强夯置换宜选取同一夯击能中锤底静压力较高的锤施工,图5中二根虚线间的水平距离反映出在同一夯击能下,置换深度却有不同,这一点可能多少反映了锤底静压力的影响。

6.2.12 墩体材料级配不良或块石过多过大,均易在墩中留下大孔,在后续墩施工或建筑物使用过程中使墩间土挤入孔隙,下沉增加,因此本条强调了级配和大于300mm的块石总量不超出填料总重的30%。

6.2.13 累计夯沉量指单个夯点在每一击下夯沉量的总和,累计夯沉量为设计墩长的1.5~2倍以上,主要是保证夯墩的密实度与着底,实际是充盈系数的概念,此处以长度比代替体积比。

6.2.16 本条意在保证基础的刚度与墩间距相匹配,基础或路面的刚度应使基底标高处的置换墩与墩间土下沉一致,即基础为刚性体。如基础很柔则墩与墩间土可能产生下沉不均或路面与基础开裂。

6.2.19 强夯置换时地面不可避免要抬高,特别在饱和粘性土中,根据有限资料,隆起的体积可达填入体积的大半,这主要是因为粘性土在强夯置换中密度改变较粉土少,虽有部分软土挤入置换墩孔隙中,或因填料吸水而降低一些含水量,但隆起的体积还是可观的,应在试夯时仔细记录,做出合理的估计。

6.2.21 本条规定强夯置换后的地基承载力对粉土中的置换地基按复合地基考虑,对淤泥或流塑的粘性土中的置换墩则不考虑墩间土的承载力,按单墩载荷试验的承载力除以单墩加固面积取为加固后的地基承载力,主要是考虑:

1 淤泥或流塑软土中强夯置换国内有个别不成功的先例,为安全起见,须等有足够工程经验后再行修正,以利于此法的推广应用。

2 某些国内工程因单墩承载力已够,而不再考虑墩间土的承载力。

3 强夯置换法在国外亦称为"动力置换与混合"法(Dynamic replacement and mixing method),因为墩体填料为碎石或砂砾时,置换墩形成过程中大量填料与墩间土混合,越浅处混合的越多,因而墩间土已非原来的土而是一种混合土,含水量与密实度改善很多,可与墩体共同组成复合地基,但目前由于对填料要求与施工操作尚未规范化,填料中块石过多,混合作用不强,墩间的淤泥等软土性质改善不够,因此目前暂不考虑墩间土的承载力较为稳妥。

6.3 施 工

6.3.1 根据要求处理的深度和起重机的起重能力选择强夯锤质量。我国至今采用的最大夯锤质量为40t,常用的夯锤质量为10~25t。夯锤底面形式是否合理,

在一定程度上也会影响夯击效果。正方形锤具有制作简单的优点，但在使用时也存在一些缺点，主要是起吊时由于夯锤旋转，不能保证前后几次夯击的夯坑重合，故常出现锤角与夯坑侧壁相接触的现象，因而使一部分夯击能消耗在坑壁上，影响了夯击效果。根据工程实践，圆形锤或多边形锤不存在此缺点，效果较好。锤底面积可按土的性质确定，锤底静接地压力值可取 25～40kPa，对于饱和细颗粒土宜取较小值。强夯置换锤底静接地压力值可取 100～200kPa。为了提高夯击效果，锤底应对称设置若干个与其顶面贯通的排气孔，以利于夯锤着地时坑底空气迅速排出和起锤时减小坑底的吸力。排气孔的孔径一般为 250～300mm。

6.3.3 当场地表土软弱或地下水位高的情况，宜采用人工降低地下水位，或在表层铺填一定厚度的松散性材料。这样做的目的是在地表形成硬层，可以用以支承起重设备，确保机械设备通行和施工，又可加大地下水和地表面的距离，防止夯击时夯坑积水。

6.3.5 对振动有特殊要求的建筑物，或精密仪器设备等，当强夯振动有可能对其产生有害影响时，应采取隔振或防振措施。

6.3.7 当表土松软时应铺设一层厚为 1.0～2.0m 的砂石施工垫层以利施工机具运转。随着置换墩的加深，被挤出的软土渐多，夯点周围地面渐高，先铺的施工垫层在向夯坑中填料时往往被推入坑中成了填料，施工层越来越薄，因此，施工中须不断地在夯点周围加厚施工垫层，避免地面松软。

6.3.8 施工过程中应有专人负责监测工作。首先，应检查夯锤质量和落距，因为若夯锤使用过久，往往因底面磨损而使质量减少，落距未达设计要求，也将影响单击夯击能；其次，夯点放线错误情况常有发生，因此，在每遍夯击前，均应对夯点放线进行认真复核；此外，在施工过程中还必须认真检查每个夯点的夯击次数和量测每击的夯沉量。对强夯置换尚应检查置换深度。

6.3.9 由于强夯施工的特殊性，施工中所采用的各项参数和施工步骤是否符合设计要求，在施工结束后往往很难进行检查，所以要求在施工过程中对各项参数和施工情况进行详细记录。

6.4 质量检验

6.4.1 强夯地基的质量检验，包括施工过程中的质量监测及夯后地基的质量检验，其中前者尤为重要。所以必须认真检查施工过程中的各项测试数据和施工记录，若不符合设计要求时，应补夯或采取其他有效措施。

6.4.2 经强夯处理的地基，其强度是随着时间增长而逐步恢复和提高的，因此，竣工验收质量检验应在施工结束间隔一定时间后方能进行。其间隔时间可根据土的性质而定。

6.4.4 强夯地基质量检验的数量，主要根据场地复杂程度和建筑物的重要性确定。考虑到场地土的不均匀性和测试方法可能出现的误差，本条规定了最少检验点数。

7 振 冲 法

7.1 一 般 规 定

7.1.1 振冲法对不同性质的土层分别具有置换、挤密和振动密实等作用。对粘性土主要起到置换作用，对中细砂和粉土除置换作用外还有振实挤密作用。在以上各种土中施工都要在振冲孔内加填碎石（或卵石等）回填料，制成密实的振冲桩，而桩间土则受到不同程度的挤密和振密。桩和桩间土构成复合地基，使地基承载力提高，变形减少，并可消除土层的液化。

在中、粗砂层中振冲，由于周围砂料能自行塌入孔内，也可以不加填料进行原地振冲加密的方法。这种方法适用于较纯净的中、粗砂层，施工简便，加密效果好。

7.1.2 振冲法处理设计目前还处在半理论半经验状态，这是因为一些计算方法都还不够成熟，某些设计参数也只能凭工程经验选定。因此，对大型的、重要的或场地地层复杂的工程，在正式施工前应通过现场试验确定其适用性。

7.2 设 计

7.2.5 碎石垫层起水平排水的作用，有利于施工后土层加快固结，更大的作用在碎石桩顶部采用碎石垫层可以起到明显的应力扩散作用，降低碎石桩和桩周围土的附加应力，减少碎石桩侧向变形，从而提高复合地基承载力，减少地基变形量。在大面积振冲处理的地基中，如局部基础下有较薄的软土，应考虑加大垫层厚度。

7.2.6 填料的作用，一方面是填充在振冲器上拔后在土中留下的孔洞，另一方面是利用其作为传力介质，在振冲器的水平振动下通过连续加填料将桩间土进一步振挤加密。

7.2.7 振冲桩直径通常为 0.8～1.2m，可按每根桩所用填料量计算。

7.2.8 本规范式（7.2.8-3）是南京水利科学研究院根据多年来的实践于 1983 年总结出来的。实测的桩土应力比参见表 12，由该表可见，n 值多数为 2～5。为此，条文中建议桩土应力比可取 2～4。

7.2.11 不加填料振冲加密孔间距视砂土的颗粒组成、密实要求、振冲器功率等因素而定。砂的粒径越细，密实要求越高，则间距越小。使用 30kW 振冲器，间距一般为 1.8～2.5m；使用 75kW 振冲器，间距可加大到 2.5～3.5m。振冲加密孔布孔宜用等边三角形或正方形。对大面积挤密处理，用前者比后者可得到更好的挤密效果。

表 12　　　　实测桩土应力比

序号	工程名称	主要土层	n 范围	n 均值
1	江苏连云港临洪东排涝站	淤泥		2.5
2	塘沽长芦盐场第二化工厂	粘土、淤泥质粘土	1.6～3.8	2.8
3	浙江台州电厂	淤泥质粉质粘土	最大 3.0,3.5	
4	山西太原环保研究所	粉质粘土、粘土粉质		2.0
5	江苏南通天生港电厂	粉砂夹薄层粉质粘土		2.0,2.4
6	上海江桥车站附近路堤	粉质粘土、淤泥质粉质粘土	1.4～2.4	
7	宁夏大武口电厂	粉质粘土、中粗砂		2.5,3.1
8	美国 Hampton (164)路堤	极软粉土、含砂粘土	2.6～3.0	
9	美国 New Orleans 试验堤	有机软粘土夹粉砂	4.0～5.0	
10	美国 New Orleans 码头后方	有机软粘土夹粉砂	5.0～6.0	
11	法国 Ile lacroix 路堤	软粘土	2.0～4.0	2.8
12	美国乔治工学院模型试验	软粘土	1.5～5.0	

7.3　施　工

7.3.1　振冲施工选用振冲器要考虑设计荷载的大小、工期、工地电源容量及地基土天然强度的高低等因素。30kW 功率的振冲器每台机组约需电源容量 75kW，其制成的碎石桩径约 0.8m，桩长不宜超过 8m，因其振动力小，桩长超过 8m 加密效果明显降低；75kW 振冲器每台机组需要电源电量 100kW，桩径可达 0.9～1.5m，振冲深度可达 20m。

在邻近既有建筑物场地施工时，为减小振动对建筑物的影响，宜用功率较小的振冲器。

为保证施工质量，电压、加密电流、留振时间要符合要求。如电源电压低于 350V 则应停止施工。使用 30kW 振冲器密实电流一般为 45～55A；55kW 振冲器密实电流一般为 75～85A；75kW 振冲器密实电流为 80～95A。

7.3.2　升降振冲器的机具一般常用 8～25t 汽车吊，可振冲 5～20m 长桩。

7.3.3　要保证振冲桩的质量，必须控制好密实电流、填料量和留振时间三方面的规定。

首先，要控制加料振密过程中的密实电流。在成桩时，注意不能把振冲器刚接触填料的一瞬间的电流值作为密实电流。瞬时电流值有时可高达 100A 以上，但只要把振冲器停住不下降，电流值立即变小。可见瞬时电流并不真正反映填料的密实程度。只有让振冲器在固定深度上振动一定时间（称为留振时间）而电流稳定在某一数值，这一稳定电流才能代表填料的密实程度。要求稳定电流值超过规定的密实电流值。该段桩体才算制作完毕。

其次，要控制好填料量。施工中加填料不宜过猛，原则上要"少吃多餐"，即要勤加料，但每批不宜加得太多。值得注意的是在制作最深处桩体时，为达到规定密实电流所需的填料远比制作其他部分桩体多。有时这段桩体的填料量可占整根桩总填料量的 1/4 到 1/3。这是因为开初阶段加的料有相当一部分从孔口向孔底下落过程中被粘留在某些深度的孔壁上，只有少量能落到孔底。另一个原因是如果控制不当，压力水有可能造成超深，从而使孔底填料量剧增。第三个原因是孔底遇到了事先不知的局部软弱土层，这也能使填料数量超过正常用量。

7.3.4　振冲施工有泥水从孔内返出。砂石类土返泥水较少，粘土层返泥水量大，这些泥水不能漫流在基坑内，也不能直接排入到地下排污管和河道中，以免引起对环境的有害影响，为此在场地上必须事先开设排泥水沟系和做好沉淀池。施工时用泥浆泵将返出的泥水集中抽入池内，在城市施工，当泥水量不大时可用水车拉走。

7.3.5　为了保证桩顶部的密实，振冲前开挖基坑时应在桩顶高程以上预留一定厚度的土层。一般 30kW 振冲器应留 0.7～1.0m，75kW 应留 1.0～1.5m。当基槽不深时可振冲后开挖。

7.3.6　在有些砂层中施工，常要连续快速提升振冲器，电流始终可保持加密电流值。如广东新沙港水中吹填的中砂，振前标贯击数 $N=3～7$ 击，设计要求振冲后 $N≥15$ 击，采用正三角形布孔，桩距 2.54m，加密电流 100A，经振冲后达到 $N>20$ 击。14m 厚的砂层完成一孔约需 20min。又如拉各都坝基，水中回填中、粗砂，振前 $N_{10}=10$ 击，相对密实度 $D_r=0.11$，振后 $N_{10}>80$ 击，$D_r=0.9$。孔距 2.0m，孔深 7m，全孔振冲时间 4～6min。

7.4 质量检验

7.4.3 对碎石桩桩体密实程度的检验，可采用重型动力触探现场随机检验。这种方法设备简单，操作方便，可以连续检测桩体密实情况，但目前尚未建立贯入击数与碎石桩力学性能指标之间的对应关系。有待在工程中广泛应用，积累实测资料，使该法日趋完善。

8 砂石桩法

8.1 一般规定

8.1.1 碎石桩、砂桩和砂石桩总称为砂石桩，是指采用振动、冲击或水冲等方式在软弱地基中成孔后，再将砂或碎石挤压入已成的孔中，形成大直径的砂石所构成的密实桩体。砂石桩法早期主要用于挤密砂土地基，随着研究和实践的深化，特别是高效能专用机具出现后，应用范围不断扩大。为提高其在粘性土中的处理效果，砂石桩填料由砂扩展到砂、砾及碎石。

砂石桩用于松散砂土、粉土、粘性土、素填土及杂填土地基，主要靠桩的挤密和施工中的振动作用使桩周围土的密度增大，从而使地基的承载能力提高，压缩性降低。国内外的实际工程经验证明砂石桩法处理砂土及填土地基效果显著，并已得到广泛应用。

砂石桩处理可液化地基的有效性已为国内外不少实际地震和试验研究成果所证实。

砂石桩法用于处理软土地基，国内外也有较多的工程实例。但应注意由于软粘土含水量高、透水性差，砂石桩很难发挥挤密效用，其主要作用是部分置换并与软粘土构成复合地基，同时加速软土的排水固结，从而增大地基土的强度，提高软基的承载力。在软粘土中应用砂石桩法有成功的经验，也有失败的教训。因而不少人对砂石桩处理软粘土持有疑义，认为粘土透水性差，特别是灵敏度高的土在成桩过程中，土中产生的孔隙水压力不能迅速消散，同时天然结构受到扰动将导致其抗剪强度降低，如置换率不够高是很难获得可靠的处理效果的。此外，认为如不经过预压，处理后地基仍将发生较大的沉降，对沉降要求严格的建筑结构难以满足允许的沉降要求。所以，用砂石桩处理饱和软粘土地基，应按建筑结构的具体条件区别对待，最好是通过现场试验后再确定是否采用。据此本条指出，在饱和粘土地基上对变形控制要求不严的工程也可采用砂石桩置换处理。

8.1.2 采用砂石桩法处理地基除应按第 3 章基本规定中要求收集详细的岩土工程勘察资料外，针对砂石桩法的特点本条提出了还应补充的一些设计和施工所需资料。

施工可用的机械及方法是进行设计和施工的基本前提，不同的机具具有不同的特性参数和性能，它关系到砂石桩的布置、桩距及用料的确定以及效果的预测等，必须事前有所了解。

砂石桩填料用量大并有一定的技术规格要求，故应预先勘察确定取料场及储量、材料的性能、运距等。

砂石桩处理饱和粘土地基，载荷初期将产生较大的变形。砂石桩主要起置换作用，并与地基土组合成复合地基，增大地基抗剪强度，提高地基抗滑动破坏能力。

对于砂土地基，砂土的最大、最小孔隙比以及原地层的天然密度是设计的基本依据，应事先提供资料。

8.2 设 计

8.2.1 砂石桩的设计内容包括桩位布置、桩距、处理范围、灌砂石量及处理地基的承载力、稳定或变形验算。

砂石桩的平面布置可采用等边三角形或正方形。对于砂土地基，因靠砂石桩的挤密提高桩周土的密度，所以采用等边三角形更有利，它使地基挤密较为均匀。对于软粘土地基，主要靠置换，因而选用任何一种均可。

砂石桩直径的大小取决于施工设备桩管的大小和地基土的条件。小直径桩管挤密质量较均匀但施工效率低；大直径桩管需要较大的机械能力，工效高，采用过大的桩径，一根桩要承担的挤密面积大，通过一个孔要填入的砂料多，不易使桩周土挤密均匀。对于软粘土宜选用大直径桩管以减小对原地基土的扰动程度，同时置换率较大可提高处理的效果。沉管法施工时，设计成桩直径与套管直径比不宜大于 1.5，主要考虑振动挤压时如扩径较大，会对地基土产生较大扰动，不利于保证成桩质量。另外，成桩时间长，效率低给施工也会带来困难。目前使用的桩管直径一般为 300～800mm，但也有小于 200mm 或大于 800mm 的。

8.2.2 砂石桩处理松砂地基的效果受地层、土质、施工机械、施工方法、填砂石的性质和数量、砂石桩排列和间距等多种因素的综合影响，较为复杂。国内外虽已有不少实践，并曾进行了一些试验研究，积累了一些资料和经验，但是有关设计参数如桩距、灌砂石量以及施工质量的控制等仍须通过施工前的现场试验才能确定。

桩距不能过小，也不宜过大，根据经验提出桩距一般可控制在 3～4.5 倍桩径之内。合理的桩径取决于具体的机械能力和地层土质条件。当合理的桩距和桩的排列布置确定后，一根桩所承担的处理范围即可确定。土层密度的增加靠其孔隙的减小，把原土层的密度提高到要求的密度，孔隙减小的数量可通过计算得出。这样可以设想只要灌入的砂石料能把需要减小的孔隙都充填起来，那么土层的密度也就能够达到预期的数值。据此，如果假定地层挤密是均匀的，同时挤密前后土的固体颗粒体积不变，则可推导出本条所列的桩距计算公式。

对粉土和砂土地基，以上公式推导是假设地面标高施工后和施工前没有变化。实际上，很多工程都采用振动沉管法施工，施工时对地基有振密和挤密双重作用，而且地面下沉，施工后地面平均下沉量可达100～300mm。因此，当采用振动沉管法施工砂石桩时，桩距可适当增大，修正系数建议取 1.1～1.2。

地基挤密要求达到的密实度是从满足建筑结构地基的承载力、变形或防止液化的需要而定的，原地基土的密实度可通过钻探取样试验，也可通过标准贯入、静力触探等原位测试结果与有关指标的相关关系确定。各有关的相关关系可通过试验求得，也可参考当地或其他可靠的资料。

这种计算桩距的方法，除了假定条件不完全符合实际外，砂石桩的实际直径也较难准确地定出。因而有的资料把砂石桩体积改为灌砂石量，即只控制砂石量，不必注意桩的直径如何。其实两者基本上是一样的。

桩间距与要求的复合地基承载力及桩和原地基土的承载力有关。如按要求的承载力算出的置换率过高、桩距过小不易施工时，则应考虑增大桩径和桩距。在满足上述要求条件下，一般桩距应适当大些，可避免施工过大地扰动原地基土，影响处理效果。

8.2.3 关于砂石桩的长度，通常应根据地基的稳定和变形验算确定，为保证稳定，桩长应达到滑动弧面之下，当软土层厚度不大时，桩长宜超过整个松软土层。标准贯入和静力触探沿深度的变化曲线也是提供确定桩长的重要资料。

对可液化的砂层，为保证处理效果，一般桩长应穿透液化层，如可液化层过深，则应按现行国家标准《建筑抗震设计规范》GB 50011 有关规定确定。

另外，根据砂石桩单桩荷载试验表明，砂石桩桩体在受荷过程中，在桩顶 4 倍桩径范围内将发生侧向膨胀，因此设计深度应大于主要受荷深度，即不宜小于 4.0m。

一般建筑物的沉降存在一个沉降槽，当差异沉降过大，则会使建筑物受到损坏。为了减少其差异沉降，可分区采用不同桩长进行加固，用以调整差异沉降。

8.2.4 本条规定砂石桩处理地基要超出基础一定宽度，这是基于基础的压力向基础外扩散。另外，考虑到外围的 2～3 排桩挤密效果较差，提出加宽 1～3 排桩，原地基越松则应加宽越多。重要的建筑以及要求荷载较大的情况应加宽多些。

砂石桩法用于处理液化地基，原则上必须确保建筑物的安全使用。基础外应处理的宽度目前尚无统一的标准。美国经验取等于处理的深度，但根据日本和我国有关单位的模型试验得到结果为应处理深度的 2/3。另由于基础压力的影响，使地基土的有效压力增加，抗液化能力增大，故这一宽度可适当降低。同时根据日本用挤密桩处理的地基经过地震考验的结果，说明需处理的宽度也比处理深度的 2/3 小，据此定出每边放宽不宜小于处理深度的 1/2。同时不宜小于 5m。

8.2.5 砂石桩桩孔内的填料量应通过现场试验确定。考虑到挤密砂石桩沿深度不会完全均匀，同时实践证明砂石桩施工挤密程度较高时地面要隆起，另外施工中还会有所损失等，因而实际设计灌砂石量要比计算砂石量增加一些。根据地层及施工条件的不同增加量约为计算量的 20％～40％。

8.2.6 关于砂石桩用料的要求，对于砂基，条件不严格，只要比原土层砂质好同时易于施工即可，一般应注意就地取材。按照各有关资料的要求最好用级配较好的中、粗砂，当然也可用砂砾及碎石。对饱和粘性土因为要构成复合地基，特别是当原地基土较软弱、侧限不大时，为了有利于成桩，宜选用级配好、强度高的砂砾混合料或碎石。填料中最大颗粒尺寸的限制取决于桩管直径和桩尖的构造，以能顺利出料为宜，本条规定最大不应超过 50mm。考虑有利于排水，同时保证具有较高的强度，规定砂石桩用料中小于 0.005mm 的颗粒含量（即含泥量）不能超过5％。

8.3 施 工

8.3.1 砂石桩的施工，应选用与处理深度相适应的机械。可用的砂石桩施工机械类型很多，除专用机械外还可利用一般的打桩机改装。砂石桩机械主要可分为两类，即振动式砂石桩机和锤击式砂石桩机。此外，也有用振捣器或叶片状加密机，但应用较少。

用垂直上下振动的机械施工的称为振动沉管成桩法，用锤击式机械施工成桩的称为锤击沉管成桩法，锤击沉管成桩法的处理深度可达 10m。砂石桩机通常包括桩机架、桩管及桩尖、提升装置、挤密装置（振动锤或冲击锤）、上料设备及检测装置等部分。为了使砂石有效地排出或使桩管容易打入，高能量的振动砂石桩机配有高压空气或水的喷射装置，同时配有自动记录桩管贯入深度、提升量、压入量、管内砂石位置及变化（灌砂石及排砂石量），以及电机电流变化等检测装置。国外有的设备还装有微机，根据地层阻力的变化自动控制灌砂石量并保证沿深度均匀挤密全面达到设计标准。

8.3.2 不同的施工机具及施工工艺用于处理不同的地层会有不同的处理效果。常遇到设计与实际情况不符或者处理质量不能达到设计要求的情况，因此施工前在现场的成桩试验具有重要的意义。

通过现场成桩试验检验设计要求和确定施工工艺及施工控制要求，包括填砂石量、提升高度、挤压时间等。为了满足试验及检测要求，试验桩的数量应不少于7～9个。正三角形布置至少要7个（即中间1个周围6个）；正方形布置至少要9个（3排3列每排每列各3个）。如发现问题，则应及时会同设计人员调整设计或改进施工。

8.3.3 振动法施工，成桩步骤如下：

1 移动桩机及导向架，把桩管及桩尖对准桩位；
2 启动振动锤，把桩管下到预定的深度；
3 向桩管内投入规定数量的砂石料（根据施工试验的经验，为了提高施工效率，装砂石也可在桩管下到便于装料的位置时进行）；
4 把桩管提升一定的高度（下砂石顺利时提升高度不超过1～2m），提升时桩尖自动打开，桩管内的砂石料流入孔内；
5 降落桩管，利用振动及桩尖的挤压作用使砂石密实；
6 重复4、5两工序，桩管上下运动，砂石料不断补充，砂石桩不断增高；
7 桩管提至地面，砂石桩完成。

施工中，电机工作电流的变化反映挤密程度及效率。电流达到一定不变值，继续挤压将不会产生挤密效能。施工中不可能及时进行效果检测，因此按成桩过程的各项参数对施工进行控制是重要的环节，必须予以重视，有关记录是质量检验的重要资料。

8.3.5 锤击法施工有单管法和双管法两种，但单管法难以发挥挤密作用，故一般宜用双管法。

双管法的施工根据具体条件选定施工设备，也可临时组配。其施工成桩过程如下：

1 将内外管安放在预定的桩位上，将用作桩塞的砂石投入外管底部；
2 以内管做锤冲击砂石塞，靠摩擦力将外管打入预定深度；
3 固定外管将砂石塞压入土中；
4 提内管并向外管内投入砂石料；
5 边提外管边用内管将管内砂石冲出挤压土层；
6 重复4、5步骤；
7 待外管拔出地面，砂石桩完成。

此法优点是砂石的压入量可随意调节，施工灵活，特别适合小规模工程。

其他施工控制和检测记录参照振动法施工的有关规定。

8.3.6 以挤密为主的砂石桩施工时，应间隔（跳打）进行，并宜由外侧向中间推进；对粘性土地基，砂石桩主要起置换作用，为了保证设计的置换率，宜从中间向外围或隔排施工；在既有建（构）筑物邻近施工时，为了减少对邻近既有建（构）筑物的振动影响，应背离建（构）筑物方向进行。

砂石桩施工完了，当设计或施工投砂石量不足时地面会下沉；当投料过多时地面会隆起，同时表层0.5～1.0m常呈松软状态。如遇到地面隆起过高也说明填砂石量不适当。实际观测资料证明，砂石在达到密实状态后进一步承受挤压又会变松，从而降低处理效果。遇到这种情况应注意适当减少填砂石量。

施工场地土层可能不均匀，土质多变，处理效果不能直接看到，也不能立即测出。为了保证施工质量，使在土层变化的条件下施工质量也能达到标准，应在施工中进行详细的观测和记录。观测内容包括桩管下沉随时间的变化；灌砂石量预定数量与实际数量；桩管提升和挤压的全过程（提升、挤压、砂桩高度的形成随时间的变化）等。有自动检测记录仪器的砂石桩机施工中可以直接获得有关的资料，无此设备时须由专人测读记录。根据桩管下沉时间曲线可以估计土层的松软变化随时掌握投料数量。

8.3.8 砂石桩桩顶部施工时，由于上覆压力较小，因而对桩体的约束力较小，桩顶形成一个松散层，加载前应加以处理（挖除或碾压）才能减少沉降量，有效地发挥复合地基作用。

8.4 质量检验

8.4.1 砂石桩施工的沉管时间、各深度段的填砂石量、提升及挤压时间等是施工控制的重要手段，这些资料本身就可以作为评估施工质量的重要依据，再结合抽检便可以较好地作出质量评价。

8.4.2 由于在制桩过程中原状土的结构受到不同程度的扰动，强度会有所降低，饱和土地基在桩周围一定范围内，土的孔隙水压力上升。待休置一段时间后，孔隙水压力会消散，强度会逐渐恢复，恢复期的长短是根据土的性质而定。原则上应待孔压消散后进行检验。粘性土孔隙水压力的消散需要的时间较长，砂土则很快。根据实际工程经验规定对饱和粘性土为28d，粉土、砂土和杂填土可适当减少。对非饱和土不存在此问题，一般在桩施工后3～5d即可进行。

8.4.3 砂石桩处理地基最终是要满足承载力、变形或抗液化的要求，标准贯入、静力触探以及动力触探可直接提供检测资料，所以本条规定可用这些测试方法检测砂石桩及其周围土的挤密效果。

应在桩位布置的等边三角形或正方形中心进行砂石桩处理效果检测，因为该处挤密效果较差。只要该处挤密达到要求，其他位置就一定会满足要求。此外，由该处检测的结果还可判明桩间距是否合理。

如处理可液化地层时，可按标准贯入击数来衡量砂性土的抗液化性，使砂石桩处理后的地基实测标准贯入击数大于临界贯入击数。这种液化判别方法只考虑了桩间土的抗液化能力，而未考虑砂石桩的作用，因而在设计上是偏于安全的。

9 水泥粉煤灰碎石桩法

9.1 一般规定

9.1.1 水泥粉煤灰碎石桩是由水泥、粉煤灰、碎石、石屑或砂加水拌和形成的高粘结强度桩（简称CFG桩），桩、桩间土和褥垫层一起构成复合地基。

水泥粉煤灰碎石桩系高粘结强度桩，需在基础和桩顶之间设置一定厚度的褥垫层。保证桩、土共同承担荷载形成复合地基。

水泥粉煤灰碎石桩与素混凝土桩的区别仅在于桩体材料的构成不同，而在其受力和变形特性方面没有什么区别。

水泥粉煤灰碎石桩复合地基具有承载力提高幅度大，地基变形小等特点，并具有较大的适用范围。就基础形式而言，既可适用于条基、独立基础，也可适用于箱基、筏基；既有工业厂房，也有民用建筑。就土性而言，适用于处理粘土、粉土、砂土和正常固结的素填土等地基。对淤泥质土应通过现场试验确定其适用性。

水泥粉煤灰碎石桩不仅用于承载力较低的土，对承载力较高（如承载力$f_{ak}=200$kPa）但变形不能满足要求的地基，也可采用水泥粉煤灰碎石桩以减少地基变形。

目前已积累的工程实例，用水泥粉煤灰碎石桩处理承载力较低的地基多用于多层住宅和工业厂房。比如南京浦镇车辆厂厂南生活区24幢6层住宅楼，原地基土承载力特征值为60kPa的淤泥质土，经处理后复合地基承载力特征值达240kPa，基础形式为条基，建筑物最终沉降多在4cm左右。

对一般粘性土、粉土或砂土，桩端具有好的持力层，经水泥粉煤灰碎石桩处理后可作为高层或超高层建筑地基，如北京华亭嘉园35层住宅楼，天然地基承载力特征值为$f_{ak}=200$kPa，采用水泥粉煤灰碎石桩处理后建筑物沉降3～4cm。对可液化地基，可采用碎石桩和水泥粉煤灰碎石桩多桩型复合地基，一般先施工碎石桩，然后在碎石桩中间打沉管水泥粉煤灰碎石桩，既可消除地基土的液化，又可获取很高的复合地基承载力。

9.1.2 水泥粉煤灰碎石桩具有较强的置换作用，其他参数相同，桩越长、桩的荷载分担比（桩承担的荷载占总荷载的百分比）越高。设计时须将桩端落在相对好的土层上，这样可以很好地发挥桩的端阻力，也可避免场地岩性变化大可能造成建筑物沉降的不均匀。

9.1.3 目前国内许多地区发生的建筑物倾斜、开裂等事故，由地基变形不均匀所致占了较大的比例。特别对于地基土岩性变化大，若只按承载力控制进行设计，将会出现变形过大或严重不均匀，影响建筑物正常使用。本条规定水泥粉煤灰碎石桩复合地基应进行地基变形验算，是与现行国家标准《建筑地基基础设计规范》GB 50007 强调按变形控制的设计思想相一致的。

9.2 设 计

9.2.1 水泥粉煤灰碎石桩桩径宜取350～600mm，桩径过小，施工质量不容易控制，桩径过大，需加大褥垫层厚度才能保证桩土共同承担上部结构传来的荷载。

水泥粉煤灰碎石桩可只布置在基础范围内，对可液化地基，基础内可采用振动沉管水泥粉煤灰碎石桩、振动沉管碎石桩间作的加固方案，但基础外一定范围内须打设一定数量的碎石桩。

9.2.2 桩距应根据设计要求的复合地基承载力、建筑物控制沉降量、土性、施工工艺等确定，宜取3～5倍桩径。

设计的桩距首先要满足承载力和变形量的要求。从施工角度考虑，尽量选用较大的桩距，以防止新打桩对已打桩的不良影响。

就土的挤（振）密性而言，可将土分为：

1 挤（振）密效果好的土，如松散粉细砂、粉土、人工填土等；

2 可挤（振）密土，如不太密实的粉质粘土；

3 不可挤（振）密土，如饱和软粘土或密实度很高的粘性土、砂土等。

施工工艺可分为两大类：

一是对桩间土产生扰动或挤密的施工工艺，如振动沉管打桩机成孔制桩，属挤土成桩工艺。

其二是对桩间土不产生扰动或挤密的施工工艺，如长螺旋钻孔灌注成桩，属非挤土成桩工艺。

对挤土成桩工艺和不可挤密土宜采用较大的桩距。

在满足承载力和变形要求的前提下，可以通过调整桩长来调整桩距，桩越长，桩间距可以越大。

9.2.3 褥垫层在复合地基中具有如下的作用：

1 保证桩、土共同承担荷载，它是水泥粉煤灰碎石桩形成复合地基的重要条件。

2 通过改变褥垫厚度，调整桩垂直荷载的分担，通常褥垫越薄桩承担的荷载占总荷载的百分比越高，反之亦然。

3 减少基础底面的应力集中。

4 调整桩、土水平荷载的分担，褥垫层越厚，土分担的水平荷载占总荷载的百分比越大，桩分担的水平荷载占总荷载的百分比越小。

工程实践表明，褥垫层合理厚度为100～300mm，考虑施工时的不均匀性，本条规定褥垫层厚度取150～300mm，当桩径大，桩距大时宜取高值。

9.2.4 褥垫层材料宜用中砂、粗砂、级配砂石和碎石，最大粒径不宜大于30mm。

不宜采用卵石，由于卵石咬合力差，施工时扰动较大、褥垫厚度不容易保证均匀。

9.2.5 水泥粉煤灰碎石桩复合地基承载力特征值应通过现场复合地基载荷试验确定，初步设计时也可按式（9.2.5）估算：

式中 f_{sk} 为加固后桩间土承载力特征值（kPa），宜按当地经验取值，如无经验时，可取天然地基承载力特征值。

当采用非挤土成桩工艺时，f_{sk} 可取天然地基承载力特征值。

当采用挤土成桩工艺时，对结构性土，如淤泥质土等，施工时因受扰动强度降低，施工完后随着恢复期的增加，土体强度会有所恢复，土性不同，强度恢复的程度和所需的时间也不同，比如南京造纸厂工程，地基土为淤泥质粉质粘土，天然地基承载力特征值为 $f_{ak}=87$ kPa，采用振动沉管打桩机施工。施工后不同恢复期地基承载力特征值如表13所示。

表13 施工后不同恢复期地基承载力特征值

恢复期（d）	14	34	36	42	53
承载力特征值 f_{ak}（kPa）	49	92	96	99	105

恢复期超过32d，桩间土承载力大于原天然地基承载力。而天津塘沽地区的淤泥质粘土，成桩后120d后才能恢复到原土强度。

考虑到地基处理后，上部结构施工有一个过程，应考虑荷载增长和土体强度恢复的快慢来确定 f_{sk}。

对可挤密的一般粘性土，f_{sk} 可取 $1.1\sim1.2$ 倍天然地基承载力特征值，即 $f_{sk}=(1.1\sim1.2)f_{ak}$，塑性指数小，孔隙比大时取高值。

对不可挤密土，若施工速度慢，可取 $f_{sk}=f_{ak}$；

对不可挤密土，若施工速度快，宜通过现场试验确定 f_{sk}；

对挤密效果好的土，由于承载力提高幅值的挤密分量较大，宜通过现场试验确定 f_{sk}。

9.2.8 水泥粉煤灰碎石桩复合地基的变形计算应按现行国家标准《建筑地基基础设计规范》GB 50007的有关规定执行。但有两点需作说明：

1 复合地基的分层与天然地基分层相同，大量工程实践表明当荷载接近或达到复合地基承载力时，各复合土层的压缩模量可按该层天然地基压缩模量的 ζ 倍计算。

工程中应由现场试验测定的 f_{spk} 和天然地基承载力 f_{ak} 确定 ζ。

若无试验资料时，初步设计可由地质报告提供的地基承载力特征值 f_{ak}，以及计算得到的满足设计要求的复合地基承载力特征值 f_{spk}，按式（9.2.8-1）计算 ζ。

2 变形经验系数 ψ_s，对不同地区可根据沉降观测资料及经验确定，也可按表9.2.8取值，表9.2.8取自现行的国家标准《建筑地基基础设计规范》GB 50007 表 5.2.5 中的基底附加压力 $p_0 \leqslant 0.75 f_{ak}$ 的一栏。

9.2.9 复合地基变形计算过程中，在复合土层范围内，压缩模量很高时，可能满足下式

$$\Delta s'_n \leqslant 0.025 \sum_{i=1}^{n} \Delta s'_i \tag{9}$$

要求，若计算到此为止，就漏掉了桩端以下土层的变形量，因此，计算时计算深度必须大于复合土层厚度。

9.3 施 工

9.3.1 水泥粉煤灰碎石桩的施工，应根据设计要求和现场地基土的性质、地下水埋深、场地周边是否有居民、有无对振动反应敏感的设备等多种因素选择施工工艺。

这里给出了三种常用的施工工艺：1. 长螺旋钻孔灌注成桩；2. 长螺旋钻孔、管内泵压混合料成桩；3. 振动沉管灌注成桩。

若地基土是松散的饱和粉细砂、粉土，以消除液化和提高地基承载力为目的，此时应选择振动沉管打桩机施工；振动沉管灌注成桩属挤土成桩工艺，对桩间土具有挤（振）密效应。但振动沉管灌注成桩工艺难以穿透厚的硬土层、砂层和卵石层等。在饱和粘性土中成桩，会造成地表隆起，挤断已打桩，且振动和噪声污染严重，在城市居民区施工受到限制。在夹有硬的粘性土时，可采用长螺旋钻机引孔，再用振动沉管打桩机制桩。

长螺旋钻孔灌注成桩适用于地下水位以上的粘性土、粉土、素填土、中等密实以上的砂土，属非挤土成桩工艺，该工艺具有穿透能力强、无振动、低噪音、无泥浆污染等特点，但要求桩长范围内无地下水，以保证成孔时不塌孔。

长螺旋钻孔、管内泵压混合料成桩工艺，是国内近几年来使用比较广泛的一种新工艺，属非挤土成桩工艺，具有穿透能力强、低噪音、无振动、无泥浆污染、施工效率高及质量容易控制等特点。

长螺旋钻孔灌注成桩和长螺旋钻成孔、管内泵压混合料成桩工艺，在城市居民区施工，对周围居民和环境的不良影响较小。

9.3.2 水泥粉煤灰碎石桩施工除应符合国家现行有关规范外，尚应符合下列要求：

1 当用振动沉管灌注成桩和长螺旋钻孔灌注成桩施工时，桩体配比中采用的粉煤灰可选用电厂收集的粗灰；当采用长螺旋钻孔、管内泵压混合料灌注成桩时，为增加混合料和易性和可泵性，宜选用细度

(0.045mm方孔筛筛余百分比)不大于45%的Ⅲ级或Ⅲ级以上等级的粉煤灰。

2 长螺旋钻孔、管内泵压混合料成桩施工时每方混合料粉煤灰掺量宜为70～90kg，坍落度应控制在160～200mm，这主要是考虑保证施工中混合料的顺利输送。坍落度太大，易产生泌水、离析，泵压作用下，骨料与砂浆分离，导致堵管。坍落度太小，混合料流动性差，也容易造成堵管。振动沉管灌注成桩若混合料坍落度过大，桩顶浮浆过多，桩体强度会降低。

3 长螺旋钻孔、管内泵压混合料成桩施工，应准确掌握提拔钻杆时间，钻孔进入土层预定标高后，开始泵送混合料，管内空气从排气阀排出，待钻杆内管及输送软、硬管内混合料连续时提钻。若提钻时间较晚，在泵送压力下钻头处的水泥浆液被挤出，容易造成管路堵塞。应杜绝在泵送混合料前提拔钻杆，以免造成桩端处存在虚土或桩端混合料离析、端阻力减小。提拔钻杆中应连续泵料，特别是在饱和砂土、饱和粉土层中不得停泵待料，避免造成混合料离析、桩身缩径和断桩，目前施工多采用2台0.5m³的强制式搅拌机，可满足施工要求。

振动沉管灌注桩成桩施工应控制拔管速度，拔管速度太快易造成桩径偏小或缩颈断桩。在南京浦镇车辆厂工地做了三种拔管速度的试验：(1)拔管速度为1.2m/min时，成桩后开挖测桩径为38cm（沉管为φ377管）；(2)拔管速度为2.5m/min，沉管拔出地面后，有大约0.2m³的混合料被带到地表，开挖后测桩径为36cm；(3)拔管速度为0.8m/min时，成桩后发现桩顶浮浆较多。经大量工程实践认为，拔管速率控制在1.2～1.5m/min是适宜的。

4 施工中桩顶标高应高出设计桩顶标高，留有保护桩长。保护桩长的设置是基于以下几个因素：(1)成桩时桩顶不可能正好与设计标高完全一致，一般要高出桩顶设计标高一段长度；(2)桩顶一般由于混合料自重压力较小或有浮浆的影响，靠桩顶一段桩体强度较差；(3)已打桩尚未结硬时，施打新桩可能导致已打桩受振动挤压，混合料上涌使桩径缩小。增大混合料表面的高度即增加了自重压力，可提高抵抗周围土挤压的能力。

9.3.3 冬期施工时，应采取措施避免混合料在初凝前遭到冻结，保证混合料入孔温度大于5℃，根据材料加热难易程度，一般优先加热拌合水，其次是砂和石。混合料温度不宜过高，以免造成混合料假凝无法正常泵送施工。泵头管线也应采取保温措施。施工完清除保护土层和桩头后，应立即对桩间土和桩头采用草帘等保温材料进行覆盖，防止桩间土冻胀而造成桩体拉断。

9.3.4 长螺旋钻成孔、管内泵压混合料成桩施工中存在钻孔弃土。对弃土和保护土层清运时如采用机械、人工联合清运，应避免机械设备超挖，并应预留至少50cm用人工清除，避免造成桩头断裂和扰动桩间土层。

9.3.5 褥垫层材料多为粗砂、中砂或碎石，碎石粒径宜为8～20mm，不宜选用卵石。当基础底面桩间土含水量较大时，应进行试验确定是否采用动力夯实法，避免桩间土承载力降低。对较干的砂石材料，虚铺后可适当洒水再行碾压或夯实。

9.4 质量检验

9.4.1 施工中应对每根桩成桩时间、投料量、桩长、发生的特殊情况等进行真实、详细的记录。

9.4.2～9.4.3 复合地基载荷试验是确定复合地基承载力、评定加固效果的重要依据。进行复合地基载荷试验时必须保证桩体强度，满足试验要求。进行单桩载荷试验时为防止试验中桩头被压碎，宜对桩头进行加固。在确定试验日期时，还应考虑施工过程中对桩间土的扰动，桩间土承载力和桩的侧阻端阻的恢复都需要一定时间，一般在冬季检测时桩和桩间土强度增长较慢。

复合地基载荷试验所用载荷板的面积应与受检测桩所承担的处理面积相同。选择试验点时应本着随机分布的原则进行。

10 夯实水泥土桩法

10.1 一般规定

10.1.1 由于场地条件的限制和住宅产业开发的需要，急需一种施工周期短、造价低、施工文明、质量容易控制的地基处理方法。近年来，中国建筑科学研究院地基所在北京等地旧城区危改小区工程中开发了夯实水泥土桩地基处理新技术，经过大量室内、原位试验和工程实践，日趋完善。目前该项技术已在北京、河北等地近1200多项工程中应用，产生了巨大的社会经济效益，节省了大量建筑资金。

目前，由于施工机械的限制，夯实水泥土桩法适用于地下水位以上的粉土、素填土、杂填土、粘性土等地基。

10.1.3 夯实水泥土强度主要由土的性质、水泥品种、水泥标号、龄期、养护条件等控制。特别规定夯实水泥土设计强度应采用现场土料和施工采用的水泥品种、标号进行混合料配比设计。

夯实水泥土配比强度试验应符合下列规定：

1 试验采用的击实试模和击锤如图6所示，尺寸应符合表14规定。

2 试样的制备应符合现行国家标准《土工试验方法标准》GB/T 50123—1999的有关规定。水泥和过筛土料应按土料最优含水量拌合均匀。

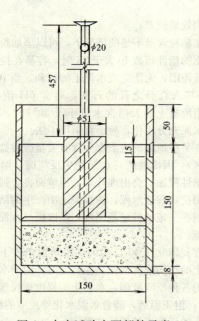

图 6 击实试验主要部件示意

表 14　击实试验主要部件规格

锤质量 (kg)	锤底直径 (mm)	落 高 (mm)	击实试模 (mm)
4.5	51	457	150×150×150

3　击实试验应按下列步骤进行：

在击实试模内壁均匀涂一薄层润滑油，称量一定量的试样，倒入试模内，分四层击实，每层击数由击实密度控制。每层高度相等，两层交界处的土面应刨毛。击实完成时，超出击实试模顶的试样用刮刀削平。称重并计算试样成型后的干密度。

4　试块脱模时间为 24 h，脱模后必须在标准养护条件下养护 28d，按标准试验方法作立方体强度试验。

10.2 设　　计

10.2.1　采用洛阳铲成孔时，处理深度宜小于 6m，主要是由于施工工艺决定，大于 6m 时，效率太低，不宜采用。

10.2.2　常用的桩径为 350～400mm。选用的夯锤应与桩径相适应。

10.2.3　当相对硬层的埋藏深度较大时，应按建筑物地基的变形允许值确定，主要是强调采用夯实水泥土桩法处理的地基，如存在软弱下卧层时，应验算其变形，按允许变形控制设计。

10.2.4　夯实水泥土的变形模量远大于土的变形模量。设置褥垫层，主要是为了调整基底压力分布，使荷载通过垫层传到桩和桩间土上，保证桩间土承载力的发挥。

10.2.5　采用夯实水泥土桩法处理地基的复合地基承载力应按现场复合地基载荷试验确定，强调现场试验对复合地基设计的重要性。

10.2.6　强调采用工程用土料和水泥进行混合料配比试验，并应使桩体强度大于三倍桩体设计压力。

10.2.7　复合地基的变形计算在国内外仍处于研究阶段，本条提出的计算方法已有数幢建筑的沉降观测资料验证是可靠的。

10.3 施　　工

10.3.1　在旧城危改工程中，由于场地环境条件的限制，多采用人工洛阳铲、螺旋钻机成孔方法。当土质较松软时采用沉管、冲击等方法挤土成孔，可收到良好的效果。

10.3.2　相同水泥掺量条件下，桩体密实度是决定桩体强度的主要因素，当 $\lambda_c \geqslant 0.93$ 时，桩体强度约为最大密度下桩体强度的 50%～60%。

10.3.3　混合料含水量是决定桩体夯实密度的重要因素，在现场实施时应严格控制。用机械夯实时，因锤重，夯实功大，宜采用土料最佳含水量 $w_{op}-(1\%～2\%)$，人工夯实时宜采用土料最佳含水量 $w_{op}+(1\%～2\%)$，均应由现场试验确定。

褥垫层铺设要求夯填度小于 0.90，主要是为了减少施工期地基的变形量。

10.3.5　各种成孔工艺均可能使孔底存在部分扰动和虚土，因此夯填混合料前应将孔底土夯实，有利于发挥桩端阻力，提高复合地基承载力。

为保证桩顶的桩体强度，现场施工时均要求桩体夯填高度大于桩顶设计标高 200～300mm。

10.3.6　夯实水泥土桩法处理地基的优点之一是在成孔时可以逐孔检验土层情况是否与勘察资料相符合，不符合时可及时调整设计，保证地基处理的质量。

10.4 质 量 检 验

10.4.1　夯实水泥土桩施工时，一般检验成桩干密度。目前检验干密度的手段一般采用取土和轻便触探等手段。

10.4.2　本条强调工程的竣工验收检验，应该采用单桩或多桩复合地基载荷试验方法。

11　水泥土搅拌法

11.1 一 般 规 定

11.1.1～11.1.2　水泥土搅拌法是适用于加固饱和粘性土和粉土等地基的一种方法。它是利用水泥（或石灰）等材料作为固化剂通过特制的搅拌机械，就地将软土和固化剂（浆液或粉体）强制搅拌，使软土硬结成具有整体性、水稳性和一定强度的水泥加固土，从而提高地基土强度和增大变形模量。根据固化剂掺入状态的不同，它可分为浆液搅拌和粉体喷射搅拌两种。前者是用浆液和地基土搅拌，后者是用粉体和地基土搅拌。

水泥浆搅拌法最早在美国研制成功，称为Mixed-in-Place Pile（简称 MIP 法），国内 1977 年由冶金部建筑研究总院和交通部水运规划设计院进行了室内试验和机械研制工作，于 1978 年底制造出国内第一台 SJB-1 型双搅拌轴中心管输浆的搅拌机械，并由江阴市江阴振冲器厂成批生产（目前 SJB-2 型加固深度可达 18m）。1980 年初在上海宝钢三座卷管设备基础的软土地基加固工程中首次获得成功。1980 年初天津市机械施工公司与交通部一航局科研所利用日本进口螺旋钻孔机械进行改装，制成单搅拌轴和叶片输浆型搅拌机，1981 年在天津造纸厂蒸煮锅改造扩建工程中获得成功。

粉体喷射搅拌法（Dry Jet Mixing Method 简称 DJM 法）最早由瑞典人 Kjeld Paus 于 1967 年提出了使用石灰搅拌桩加固 15m 深度范围内软土地基的设想，并于 1971 年瑞典 Linden-Alimat 公司在现场制成第一根用石灰粉和软土搅拌成的桩，1974 年获得粉喷技术专利，生产出的专用机械其桩径 500mm，加固深度 15m。我国由铁道部第四勘测设计院于 1983 年用 DPP-100 型汽车钻改装成国内第一台粉体喷射搅拌机，并使用石灰作为固化剂，应用于铁路涵洞加固。1986 年开始使用水泥作为固化剂，应用于房屋建筑的软土地基加固。1987 年铁四院和上海探矿机械厂研制成 GPP-5 型步履式粉喷机，成桩直径 500mm，加固深度 12.5m。当前国内粉喷机的成桩直径一般在 500~700mm 范围，深度一般可达 15m。

石灰固化剂一般适用于粘土颗粒含量大于 20%，粉粒及粘粒含量之和大于 35%，粘土的塑性指数大于 10，液性指数大于 0.7，土的 pH 值为 4~8，有机质含量小于 11%，土的天然含水量大于 30% 的偏酸性的土质加固。

水泥土搅拌法加固软土技术具有其独特优点：(1) 最大限度地利用了原土；(2) 搅拌时无振动、无噪音和无污染，可在密集建筑群中进行施工，对周围原有建筑物及地下沟管影响很小；(3) 根据上部结构的需要，可灵活地采用柱状、壁状、格栅状和块状等加固型式；(4) 与钢筋混凝土桩基相比，可节约钢材并降低造价。

水泥固化剂一般适用于正常固结的淤泥与淤泥质土（避免产生负摩擦力）、粘性土、粉土、素填土（包括冲填土）、饱和黄土、粉砂以及中粗砂、砂砾（当加固粗粒土时，应注意有无明显的流动地下水，以防固化剂尚未硬结而遭地下水冲洗掉）等地基加固。

根据室内试验，一般认为用水泥作加固料，对含有高岭石、多水高岭石、蒙脱石等粘土矿物的软土加固效果较好；而对含有伊利石、氯化物和水铝石英等矿物的粘性土以及有机质含量高，pH 值较低的粘性土加固效果较差。

在粘粒含量不足的情况下，可以添加粉煤灰。而当粘土的塑性指数 Ip 大于 25 时，容易在搅拌头叶片上形成泥团，无法完成水泥土的拌和。当 pH 值小于 4 时，掺入百分之几的石灰，通常 pH 值就会大于 12。当地基土的天然含水量小于 30% 时，由于不能保证水泥充分水化，故不宜采用干法。

在某些地区的地下水中含有大量硫酸盐（海水渗入地区），因硫酸盐与水泥发生反应时，对水泥土具有结晶性侵蚀，会出现开裂、崩解而丧失强度。为此应选用抗硫酸盐水泥，使水泥土中产生的结晶膨胀物质控制在一定的数量范围内，藉以提高水泥土的抗侵蚀性能。

在我国北纬 40° 以南的冬季负温条件下，冰冻对水泥土的结构损害甚微。在负温时，由于水泥与粘土矿物的各种反应减弱，水泥土的强度增长缓慢（甚至停止）；但正温后，随着水泥水化等反应的继续深入，水泥土的强度可接近标准强度。

11.1.3 本章大部分条款主要针对竖向承载的水泥土复合地基进行编写的；而将搅拌桩作为挡土结构的详细内容可参见国家现行的有关建筑基坑工程技术规范。

11.1.4 对拟采用水泥土搅拌法的工程，除了常规的工程地质勘察要求外，尚应注意查明：

1 填土层的组成：特别是大块物质（石块和树根等）的尺寸和含量。含大块石对水泥土搅拌法施工速度有很大的影响，所以必须清除大块石等再予施工。

2 土的含水量：当水泥土配比相同时，其强度随土样的天然含水量的降低而增大。试验表明，当土的含水量在 50%~85% 范围内变化时，含水量每降低 10%，水泥土强度可提高 30%。

3 有机质含量：有机质含量较高会阻碍水泥水化反应，影响水泥土的强度增长。故对有机质含量较高的明、暗浜填土及吹填土应予慎重考虑，许多设计单位往往采用在浜域内加大桩长的设计方案，从而得不到理想的效果。应从提高置换率和增加水泥掺入量角度，来保证浜域内的水泥土达到一定的桩身强度。工程实践表明，采用在浜内提高置换率（长、短桩结合）往往能得到理想的加固效果。对生活垃圾的填土不应采用水泥土搅拌法加固。

采用干法加固砂土应进行颗粒级配分析。特别注意土的粘粒含量及对加固料有害的土中离子种类及数量，如 SO_4^{2-}、Cl^- 等。

11.1.5 水泥土的强度随龄期的增长而增大，在龄期超过 28d 后，强度仍有明显增长，为了降低造价，对承重搅拌桩试块国内外都取 90d 龄期为标准龄期。对起支挡作用承受水平荷载的搅拌桩，为了缩短养护期，水泥土强度标准取 28d 龄期为标准龄期。从抗压强度试验得知，在其他条件相同时，不同龄期的水泥土抗压强度间关系大致呈线性关系，其经验关系式如下：

$$f_{cu7} = (0.47 \sim 0.63) f_{cu28}$$

$$f_{cu14} = (0.62 \sim 0.80) f_{cu28}$$

$$f_{cu60} = (1.15 \sim 1.46) f_{cu28}$$

$$f_{cu90} = (1.43 \sim 1.80) f_{cu28}$$

$$f_{cu90} = (2.37 \sim 3.73) f_{cu7}$$

$$f_{cu90} = (1.73 \sim 2.82) f_{cu14}$$

上式 f_{cu7}、f_{cu14}、f_{cu28}、f_{cu60}、f_{cu90} 分别为 7、14、28、60、90d 龄期的水泥土抗压强度。

当龄期超过三个月后，水泥土强度增长缓慢。180d 的水泥土强度为 90d 的 1.25 倍，而 180d 后水泥土强度增长仍未终止。

当拟加固的软弱地基为成层土时，应选择最弱的一层土进行室内配比试验。

11.2 设 计

11.2.1 采用水泥作为固化剂材料，在其他条件相同时，在同一土层中水泥掺入比不同时，水泥土强度将不同。由于块状加固属于大体积处理，对于水泥土的强度要求不高，因此为了节约水泥，降低成本，可选用 7%～12%的水泥掺量。水泥掺入比大于 10%时，水泥土强度可达 0.3～2MPa 以上。一般水泥掺入比 α_w 采用 12%～20%。水泥土的抗压强度随其相应的水泥掺入比的增加而增大，但因场地土质与施工条件的差异，掺入比的提高与水泥土强度增加的百分比是不完全一致的。

水泥标号直接影响水泥土的强度，水泥强度等级提高 10 级，水泥土强度 f_{cu} 约增大 20%～30%。如要求达到相同强度，水泥强度等级提高 10 级可降低水泥掺入比 2%～3%。

外掺剂对水泥土强度有着不同的影响。木质素磺酸钙对水泥土强度的增长影响不大，主要起减水作用；三乙醇胺、氯化钙、碳酸钠、水玻璃和石膏等材料对水泥土强度有增强作用，其效果对不同土质和不同水泥掺入比又有所不同。当掺入与水泥等量的粉煤灰后，水泥土强度可提高 10%左右。故在加固软土时掺入粉煤灰不仅可消耗工业废料，水泥土强度还可有所提高。

11.2.2 从承载力角度提高置换率比增加柱长的效果更好。水泥土桩是介于刚性桩与柔性桩间具有一定压缩性的半刚性桩，桩身强度越高，其特性越接近刚性桩；反之则接近柔性桩。桩越长，则对桩身强度要求越高。但过高的桩身强度对复合地基承载力的提高及桩间土承载力的发挥是不利的。为了充分发挥桩间土的承载力和复合地基的潜力，应使土对桩的支承力与桩身强度所确定的单桩承载力接近。通常使后者略大于前者较为安全和经济。

对软土地区，地基处理的任务主要是解决地基的变形问题，即地基是在满足强度的基础上以变形进行控制的，因此水泥土搅拌桩的桩长应通过变形计算来确定。对于变形来说，增加桩长，对减少沉降是有利的。实践证明，若水泥土搅拌桩能穿透软弱土层到达强度相对较高的持力层，则沉降量是很小的。

对某一地区的水泥土桩，其桩身强度是有一定限制的，也就是说，水泥土桩从承载力角度，存在一有效桩长，单桩承载力在一定程度上并不随桩长的增加而增大。但当软弱土层较厚，从减少地基的变形量方面考虑，桩应设计较长，原则上，桩长应穿透软弱土层到达下卧强度较高之土层，尽量在深厚软土层中避免采用"悬浮"桩型。

11.2.3 桩间土承载力折减系数 β 是反映桩土共同作用的一个参数。如 $\beta=1$ 时，则表示桩与土共同承受荷载，由此得出与柔性桩复合地基相同的计算公式；如 $\beta=0$ 时，则表示桩间土不承受荷载，由此得出与一般刚性桩桩基相似的计算公式。

对比水泥土和天然土的应力应变关系曲线及复合地基和天然地基的 $p-s$ 曲线，可见，在发生与水泥土极限应力值相对应的应变值时，或在发生与复合地基承载力设计值相对应的沉降值时，天然地基所提供的应力或承载力小于其极限应力或承载力值。考虑水泥土桩复合地基的变形协调，引入折减系数 β，它的取值与桩间土和桩端土的性质，搅拌桩的桩身强度和承载力、养护龄期等因素有关。桩间土较好、桩端土较弱、桩身强度较低、养护龄期较短，则 β 值取高值；反之，则 β 值取低值。

确定 β 值还应根据建筑物对沉降要求有所不同。当建筑物对沉降要求控制较严时，即使桩端是软土，β 值也应取小值，这样较为安全；当建筑物对沉降要求控制较低时，即使桩端为硬土，β 值也可取大值，这样较经济。

11.2.4 公式（11.2.4-2）中的加固土强度折减数 η 是一个与工程经验以及拟建工程的性质密切相关的参数。工程经验包括对施工队伍素质、施工质量、室内强度试验与实际加固强度比值以及对实际工程加固效果等情况的掌握。拟建工程性质包括工程地质条件、上部结构对地基的要求以及工程的重要性等。目前在设计中一般取 $\eta=0.2\sim0.33$。

公式（11.2.4-1）中桩周土的侧阻力特征值 q_{si} 是根据现场载荷试验结果和已有工程经验总结确定的，对软塑状态的粘性土 q_s 为 10～15kPa；但一般对可塑状态的粘性土 q_s 可提高至 12～18kPa。

公式（11.2.4-1）中桩端地基承载力折减系数 α 取值与施工时桩端施工质量及桩端土质等条件有关。

当桩端为较硬土层时取高值。如果桩底施工质量不好，水泥土桩没能真正支承在硬土层上，桩端地基承载力不能充分发挥，这时取 $\alpha=0.4$。反之，当桩底质量可靠时取 $\alpha=0.6$，通常取 $\alpha=0.5$。

对式（11.2.4-2）和式（11.2.4-1）进行分析可以看出，当桩身强度大于（11.2.4-2）式所提出的强度值时，相同桩长的承载力相近，而不同桩长的承载力明显不同。此时桩的承载力由基土支持力控制，增加桩长可提高桩的承载力。当桩身强度低于（11.2.4-2）式所给值时，承载力受桩身强度控制。

11.2.5 在刚性基础和桩之间设置一定厚度的褥垫层后，可以保证基础始终通过褥垫层把一部分荷载传到桩间土上，调整桩和土荷载的分担作用。特别是当桩身强度较大时，在基础下设置褥垫层可以减小桩土应力比，充分发挥桩间土的作用，即可增大 β 值。减少基础底面的应力集中。

11.2.6 设计者往往将水泥土桩理解为桩基，因此要求其像刚性桩那样，在桩长范围内强度一致，而且桩强度越高越好。这是违反复合地基基本假定的。根据室内模型试验和水泥土桩的加固机理分析，其桩身轴向应力自上而下逐渐减小，其最大轴力位于桩顶3倍桩径范围内。因此，在水泥土单桩设计中，为节省固化剂材料和提高施工效率，设计时可采用变掺量的施工工艺。现有工程实践证明，这种变强度的设计方法能获得良好的技术经济效果。

桩身强度亦不宜太高。应使桩身有一定的变形量，这样才能促使桩间土强度的发挥。否则就不存在复合地基，而成为桩基了。

固化剂与土的搅拌均匀程度对加固体的强度有较大的影响。实践证明采取复搅工艺对提高桩体强度有较好效果。

11.2.7 水泥土桩的布置形式对加固效果很有影响，一般根据工程地质特点和上部结构要求可采用柱状、壁状、格栅状、块状以及长短桩相结合等不同加固型式。

1 柱状：每隔一定距离打设一根水泥土桩，形成柱状加固型式，适用于单层工业厂房独立柱基础和多层房屋条形基础下的地基加固，它可充分发挥桩身强度与桩周侧阻力。

2 壁状：将相邻桩体部分重叠搭接成为壁状加固型式，适用于深基坑开挖时的边坡加固以及建筑物长高比大、刚度小、对不均匀沉降比较敏感的多层房屋条形基础下的地基加固。

3 格栅状：它是纵横两个方向的相邻桩体搭接而形成的加固型式。适用于对上部结构单位面积荷载大和对不均匀沉降要求控制严格的建（构）筑物的地基加固。

4 长短桩相结合：当地质条件复杂，同一建筑物坐落在两类不同性质的地基土上时，可用3m左右的短桩将相邻长桩连成壁状或格栅状，藉以调整和减小不均匀沉降量。

水泥土桩的强度和刚度是介于柔性桩（砂桩、碎石桩等）和刚性桩（钢管桩、混凝土桩等）间的一种半刚性桩，它所形成的桩体在无侧限情况下可保持直立，在轴向力作用下又有一定的压缩性，但其承载性能又与刚性桩相似，因此在设计时可仅在上部结构基础范围内布桩，不必像柔性桩一样需在基础外设置护桩。

对于一般建筑物，都是在满足强度要求的条件下以沉降进行控制的，应采用以下沉降控制设计思路：

1 根据地层结构进行地基变形计算，由建筑物对变形的要求确定加固深度，即选择施工桩长；

2 根据土质条件、固化剂掺量、室内配比试验资料和现场工程经验选择桩身强度和水泥掺入量及有关施工参数；

3 根据桩身强度的大小及桩的断面尺寸，由（11.2.4-2）式计算单桩承载力；

4 根据单桩承载力和上部结构要求达到的复合地基承载力，由（9.2.5）式计算桩土面积置换率；

5 根据桩土面积置换率和基础形式进行布桩，桩可只在基础平面范围内布置。

11.2.8 水泥土桩加固设计中往往以群桩型式出现，群桩中各桩与单桩的工作状态迥然不同。试验结果表明，双桩承载力小于两根单桩承载力之和；双桩沉降量大于单桩沉降量。可见，当桩距较小时，由于应力重叠产生群桩效应。因此，在设计时当水泥土桩的置换率较大（$m>20\%$），且非单行排列，而桩端下又存在较软弱的土层时，尚应将桩与桩间土视为一个假想的实体基础，用以验算软弱下卧层的地基承载力。

11.2.9 水泥土桩复合地基的变形包括群桩体的压缩变形和桩端下未处理土层的压缩变形之和。

公式（11.2.9-1）和（11.2.9-2）是半理论半经验的搅拌桩水泥土体的压缩量计算公式。其中搅拌桩的压缩模量 E_p 的数值，根据经验可取（100～120）f_{cu}（kPa），对桩较短或桩身强度较低者可取低值，反之可取高值。

根据大量水泥土单桩复合地基载荷试验资料，得到了在工作荷载下水泥土桩复合地基的复合模量，一般为15～25MPa，其大小受面积置换率、桩间土质和桩身质量等因素的影响。且根据理论分析和实测结果，复合地基的复合模量总是大于由桩的模量和桩间土的模量的面积加权之和。大量的水泥土桩设计计算及实测结果表明，群桩体的压缩变形量仅变化在10～50mm间。

下卧层变形按天然地基采用分层总和法进行计算。

11.3 施 工

11.3.1 国产水泥土搅拌机的搅拌头大都采用双层

（或多层）十字杆形或叶片螺旋形。这类搅拌头切削和搅拌加固软土十分合适，但对块径大于 100mm 的石块、树根和生活垃圾等大块物的切割能力较差，即使将搅拌头作了加强处理后已能穿过块石层，但施工效率较低，机械磨损严重。因此，施工时应予以挖除后再填素土为宜，增加的工程量不大，但施工效率却可大大提高。

11.3.2 工艺性试桩的目的是

1 提供满足设计固化剂掺入量的各种操作参数。
2 验证搅拌均匀程度及成桩直径。
3 了解下钻及提升的阻力情况，并采取相应的措施。

11.3.3 深层搅拌机施工时，搅拌次数越多，则拌和越为均匀，水泥土强度也越高，但施工效率就降低。试验证明，当加固范围内土体任一点的水泥土每遍经过 20 次的拌和，其强度即可达到较高值。每遍搅拌次数 N 由下式计算：

$$N = \frac{h\cos\beta \Sigma Z}{V}n \tag{10}$$

式中 h——搅拌叶片的宽度（m）；
β——搅拌叶片与搅拌轴的垂直夹角（°）；
ΣZ——搅拌叶片的总枚数；
n——搅拌头的回转数（rev/min）；
V——搅拌头的提升速度（m/min）。

11.3.4 根据实际施工经验，搅拌法在施工到顶端 0.3～0.5m 范围时，因上覆土压力较小，搅拌质量较差。因此，其场地整平标高应比设计确定的桩顶标高再高出 0.3～0.5m，桩制作时仍施工到地面。待开挖基坑时，再将上部 0.3～0.5m 的桩身质量较差的桩段挖去。根据现场实践表明，当搅拌桩作为承重桩进行基坑开挖时，桩身水泥土已有一定的强度，若用机械开挖基坑，往往容易碰撞损坏桩顶，因此基底标高以上 0.3m 宜采用人工开挖，以保护桩头质量。

11.3.5 本条中的桩位偏差是指成桩后的偏差，因此对于桩位放线的偏差不得大于 20mm。

11.3.6 如按本条施工步骤进行，就能达到搅拌均匀、施工速度较快的目的，其关键点是必须确保全桩长再重复搅拌一次。

（Ⅰ）湿 法

11.3.7 每一个水泥土搅拌桩的施工现场，由于土质有差异，水泥的品种和标号不同，因而搅拌加固质量有较大的差别。所以在正式搅拌桩施工前，均应按施工组织设计确定的搅拌施工工艺制作数根试桩，再最后确定水泥浆的水灰比、泵送时间、搅拌机提升速度和复搅深度等参数。

制桩质量的优劣直接关系到地基处理的效果。其中的关键是注浆量、水泥浆与软土搅拌的均匀程度。因此，施工中应严格控制喷浆提升速度 V，可按下式计算：

$$V = \frac{\gamma_d Q}{F\gamma_w(1+\alpha_c)} \tag{11}$$

式中 V——搅拌头喷浆提升速度（m/min）；
γ_d、γ——分别为水泥浆和土的重度（kN/m³）；
Q——灰浆泵的排量（m³/min）；
F——搅拌桩的截面积（m²）；
α_w——水泥掺入比；
α_c——水泥浆水灰比。

11.3.8 由于搅拌机械通常采用定量泵输送水泥浆，转速大多又是恒定的，因此灌入地基中的水泥量完全取决于搅拌机的提升速度和复搅次数，施工过程中不能随意变更，并应保证水泥浆能定量不间断供应。采用自动记录是为了最大程度的降低人为干扰施工质量，目前市售的记录仪必须有国家计量部门的认证。严禁采用由施工单位自制的记录仪。

由于固化剂从灰浆泵到达搅拌机械的出浆口需通过较长的输浆管，必须考虑水泥浆到达桩端的泵送时间。一般可通过试打桩确定其输送时间。

11.3.9 搅拌桩施工检查是检查搅拌桩施工质量和判明事故原因的基本依据，因此对每一延米的施工情况均应如实及时记录，不得事后回忆补记。

施工中要随时检查自动计量装置的制桩记录，对每根桩的水泥用量、成桩过程（下沉、喷浆提升和复搅等时间）进行详细检查，质检员应根据制桩记录，对照标准施工工艺，对每根桩进行质量评定。

11.3.10 不提升搅拌机而喷浆搅拌 30s 是为了确保搅拌桩底与土体充分搅拌均匀，达到较高的强度。

11.3.11 深层搅拌机预搅下沉时，当遇到较坚硬的表土层而使下沉速度过慢时，可适当加水下沉。试验表明，当土层的含水量增加，水泥土的强度会降低。但考虑到搅拌设计中一般是按下部最软的土层来确定水泥掺量的，因此只要表层的硬土经加水搅拌后的强度不低于下部软土加固后的强度，也是能满足设计要求的。

11.3.12 凡成桩过程中，由于电压过低或其他原因造成停机使成桩工艺中断时，应将搅拌机下沉至停浆点以下 0.5m，等恢复供浆时再喷浆提升继续制桩；凡中途停止输浆 3h 以上者，将会使水泥浆在整个输浆管路中凝固，因此必须排清全部水泥浆，清洗管路。

11.3.13 由于水泥土搅拌桩的水泥掺量一般不超过 20%，因此水泥土的终凝时间超过 24h，所以需要相邻单桩搭接施工的时间间隔不宜超过 24h。

（Ⅱ）干 法

11.3.14 每个场地开工前的成桩工艺试验必不可少，由于制桩喷灰量与土性、孔深、气流量等多种因素有关，故应根据设计要求逐步调试，藉以确定施工有关参数（如土层的可钻性、提升速度、叶轮泵转速等），以便正式施工时能顺利进行。施工经验表明送粉管路长度超过60m后，送粉阻力明显增大，送粉量也不易达到恒定。

11.3.15 由于干法喷粉搅拌是用可任意压缩的压缩空气输送水泥粉体的，因此送粉量不易严格控制，所以要认真操作粉体自动计量装置，严格控制固化剂的喷入量，满足设计要求。

11.3.16 合格的粉喷桩机一般均已考虑提升速度与搅拌头转速的匹配，钻头均约每搅拌一圈提升15mm，从而保证成桩搅拌的均匀性。但每次搅拌时，桩体将出现极薄软弱结构面，这对承受水平剪力是不利的。一般可通过复搅的方法来提高桩体的均匀性，消除软弱结构面，提高桩体抗剪强度。

11.3.17 定时检查成桩直径及搅拌的均匀程度。粉喷桩桩长大于10m时，其底部喷粉阻力较大，应适当减慢钻机提升速度，以确保固化剂的设计喷入量。

11.3.18 固化剂从料罐到喷灰口有一定的时间延迟，严禁在没有喷粉的情况进行钻机提升作业。

11.3.19 如此操作是为了防止断桩。

11.3.20 如不及时在地面浇水，将使地下水位以上区段的水泥土水化不完全，造成桩身强度降低。

11.4 质量检验

11.4.1 对每根制成的水泥土桩须随时进行检查；对不合格的桩应根据其位置和数量等具体情况，分别采取补桩或加强附近工程桩等措施。

11.4.2 水泥土搅拌桩成桩质量检验方法有：

1 浅部开挖：本条措施属自检范围。各施工机组应对成桩质量随时检查，及时发现问题，及时处理。开挖检查仅仅是浅部桩头部位，目测其成桩大致情况，例如成桩直径、搅拌均匀程度等。

2 轻型动力触探（N_{10}）仅适用于成桩3d内的桩身均匀程度的检验。由于每次落锤能量较小，连续触探一般不大于4m；但是如果采用从桩顶开始至桩底，每米桩身先钻孔700mm深度，然后触探300mm，并记录锤击数的操作方法则触探深度可加大，触探杆宜用铝合金制造，可不考虑杆长的修正。

11.4.3～11.4.4 复合地基载荷试验和单桩载荷试验是检测水泥土搅拌桩加固效果最可靠的方法之一。一般宜在龄期28d后进行。

经触探和载荷试验检验后对桩身质量有怀疑时，一般可采用双管单动取样器对桩身钻芯取样，制成试块，进行桩身实际强度测定。为保证试块尺寸，钻孔直径不宜小于108mm。

11.4.5 用作止水的壁状水泥桩体，在必要时可开挖桩顶3～4m深度，检查其外观搭接状态。另外，也可沿壁状加固体轴线斜向钻孔，使钻杆通过2～4根桩身，即可检查深部相邻桩的搭接状态。

11.4.6 水泥土搅拌桩施工时，由于各种因素的影响，有可能不符合设计要求。只有基槽开挖后测放了建筑物轴线或基础轮廓线后，才能对偏位桩的数量、部位和程度进行分析和确定补救措施。因此，水泥土搅拌法的施工验收工作宜在开挖基槽后进行。

对于水泥土搅拌桩的检测，目前应该在使用自动计量装置进行施工全过程监控的前提下，采用单桩和复合地基载荷试验进行检验。

12 高压喷射注浆法

12.1 一般规定

12.1.1 高压喷射注浆法包括旋喷（桩）、定喷和摆喷三种方法。本工法欧美国家称为 Jet Grouting，日本称作高压喷射注浆法或 CCP 工法、JSG 工法等。

由于高压喷射注浆使用的压力大，因而喷射流的能量大、速度快。当它连续和集中地作用在土体上，压应力和冲蚀等多种因素便在很小的区域内产生效应，对从粒径很小的细粒土到含有颗粒直径较大的卵石、碎石土，均有巨大的冲击和搅动作用，使注入的浆液和土拌合凝固为新的固结体。实践表明，本法对淤泥、淤泥质土、流塑或软塑粘性土、粉土、砂土、黄土、素填土和碎石土等地基都有良好的处理效果。

但对于硬粘性土，含有较多的块石或大量植物根茎的地基，因喷射流可能受到阻挡或削弱，冲击破碎力急剧下降，切削范围小或影响处理效果。而对于含有过多有机质的土层，则其处理效果取决于固结体的化学稳定性。鉴于上述几种土的组成复杂、差异悬殊，高压喷射注浆处理的效果差别较大，不能一概而论，故应根据现场试验结果确定其适用程度。对于湿陷性黄土地基，因当前试验资料和施工实例较少，亦应预先进行现场试验。

高压喷射注浆处理深度较大，我国建筑地基高压喷射注浆处理深度目前已达30m以上。

12.1.2 高压喷射注浆有强化地基和防漏的作用，可卓有成效地用于既有建筑和新建工程的地基处理、地下工程及堤坝的截水、基坑封底、被动区加固、基坑侧壁防止漏水或减小基坑位移等。对地下水流速过大或已涌水的防水工程，由于工艺、机具和瞬时速凝材料等方面的原因，应慎重使用。必要时应通过现场试验确定。

12.1.3 高压喷射有旋喷（固结体为园柱状）、定喷（固结体为壁状）和摆喷（固结体为扇状）等3种基本形状，它们均可用下列方法实现。

1 单管法：喷射高压水泥浆液一种介质；

2 双管法：喷射高压水泥浆液和压缩空气二种介质；

3 三管法：喷射高压水流、压缩空气及水泥浆液等三种介质。

由于上述3种喷射流的结构和喷射的介质不同，有效处理长度也不同，以三管法最长，双管法次之，单管法最短。实践表明，旋喷形式可采用单管法、双管法和三管法中的任何一种方法。定喷和摆喷注浆常用双管法和三管法。

12.1.4 在制定高压喷射注浆方案时，应搜集和掌握各种基本资料。主要是：岩土工程勘察（土层和基岩的性状，标准贯入击数，土的物理力学性质，地下水的埋藏条件、渗透性和水质成分等）资料；建筑物结构受力特性资料；施工现场和邻近建筑的四周环境资料；地下管道和其他埋设物资料及类似土层条件下使用的工程经验等。

12.2 设 计

12.2.1 旋喷桩直径的确定是一个复杂的问题，尤其是深部的直径，无法用准确的方法确定。因此，除了浅层可以用开挖的方法确定之外，只能用半经验的方法加以判断、确定。

根据国内外的施工经验，其设计直径可参考表15选用。定喷及摆喷的有效长度约为旋喷桩直径的1.0～1.5倍。

表15　旋喷桩的设计直径（m）

土质	方法	单管法	双管法	三管法
粘性土	0<N<5	0.5～0.8	0.8～1.2	1.2～1.8
	6<N<10	0.4～0.7	0.7～1.1	1.0～1.6
砂土	0<N<10	0.6～1.0	0.9～1.4	1.5～2.0
	11<N<20	0.5～0.9	0.9～1.3	1.2～1.8
	21<N<30	0.4～0.8	0.8～1.2	0.9～1.5

注：N为标准贯入击数。

12.2.2 旋喷桩复合地基承载力通过现场载荷试验方法确定误差较小。由于通过公式计算在确定折减系数β和单桩承载力方面均可能有较大的变化幅度，因此只能用作估算。对于承载力较低时β取低值，是出于减小变形的考虑。

12.2.8 当旋喷桩需要相邻桩相互搭接形成整体时，应考虑施工中垂直度误差等，设计桩径相互搭接不宜小于300mm。尤其在截水工程中尚需要采取可靠方案或措施保证相邻桩的搭接，防止截水失败。

12.3 施 工

12.3.1 施工前，应对照设计图纸核实设计孔位处有无妨碍施工和影响安全的障碍物。如遇有上水管、下水管、电缆线、煤气管、人防工程、旧建筑基础和其他地下埋设物等障碍物影响施工时，则应与有关单位协商清除或搬移障碍物或更改设计孔位。

12.3.2 由于高压喷射注浆的压力愈大，处理地基的效果愈好，根据国内实际工程中应用实例，单管法、双管法及三管法的高压水泥浆液流或高压水射流的压力宜大于20MPa，气流的压力以空气压缩机的最大压力为限，通常在0.7MPa左右，低压水泥浆的灌注压力，通常在1.0～2.0MPa左右，提升速度为0.05～0.25m/min，旋转速度可取10～20r/min。

12.3.3 喷射注浆的主要材料为水泥，对于无特殊要求的工程宜采用强度等级为32.5级及以上普通硅酸盐水泥。根据需要，可在水泥浆中分别加入适量的外加剂和掺合料，以改善水泥浆液的性能，如早强剂、悬浮剂等。所用外加剂或掺合剂的数量，应根据水泥土的特点通过室内配比试验或现场试验确定。当有足够实践经验时，亦可按经验确定。

喷射注浆的材料还可选用化学浆液。因费用昂贵，只有少数工程应用。

12.3.4 水泥浆液的水灰比越小，高压喷射注浆处理地基的强度越高。在生产中因注浆设备的原因，水灰比太小时，喷射有困难，故水灰比通常取0.8～1.5，生产实践中常用1.0。

由于生产、运输和保存等原因，有些水泥厂的水泥成分不够稳定，质量波动较大，可导致高压喷射水泥浆液凝固时间过长，固结强度降低。因此事先应对各批水泥进行检验，鉴定合格后才能使用。对拌制水泥浆的用水，只要符合混凝土拌合标准即可使用。

12.3.5 高压喷射注浆的全过程为钻机就位、钻孔、置入注浆管、高压喷射注浆和拔出注浆管等基本工序。施工结束后应立即对机具和孔口进行清洗。钻孔的目的是为了置入注浆管到预定的土层深度，如能用振动或直接把注浆管钻入土层预定深度，则钻孔和置入注浆管的两道工序合并为一道工序。

12.3.6 高压泵通过高压橡胶软管输送高压浆液至钻机上的注浆管，进行喷射注浆。若钻机和高压水泵的距离过远，势必要增加高压橡胶软管的长度，使高压喷射流的沿程损失增大，造成实际喷射压力降低的后果。因此钻机与高压水泵的距离不宜过远，在大面积场地施工时，为了减少沿程损失，则应搬动高压泵保持与钻机的距离。

实际施工孔位与设计孔位偏差过大时，会影响加固效果。故规定孔位偏差值应小于50mm，并且必须保持钻孔的垂直度。土层的结构和土质种类对加固质量关系更为密切，只有通过钻孔过程详细记录地质情况并了解地下情况后，施工时才能因地制宜及时调整工艺和变更喷射参数，达到处理效果良好的目的。

12.3.7 各种形式的高压喷射注浆，均自下而上进行。当注浆管不能一次提升完成而需分数次卸管时，卸管后喷射的搭接长度不得小于100mm，以保证固结体的整体性。

12.3.8 在不改变喷射参数的条件下，对同一标高的土层作重复喷射时，能加大有效加固长度和提高固结体强度。这是一种局部获得较大旋喷直径或定喷、摆喷范围的简易有效方法。复喷的方法根据工程要求决定。在实际工作中，旋喷桩通常在底部和顶部进行复喷，以增大承载力和确保处理质量。

12.3.9 当喷射注浆过程中出现下列异常情况时，需查明原因并采取相应措施：

1 流量不变而压力突然下降时，应检查各部位的泄漏情况，必要时拔出注浆管，检查密封性能。

2 出现不冒浆或断续冒浆时，若系土质松软则视为正常现象，可适当进行复喷；若系附近有空洞、通道，则应不提升注浆管继续注浆直至冒浆为止或拔出注浆管待浆液凝固后重新注浆。

3 压力稍有下降时，可能系注浆管被击穿或有孔洞，使喷射能力降低。此时应拔出注浆管进行检查。

4 压力陡增超过最高限值、流量为零、停机后压力仍不变动时，则可能系喷嘴堵塞，应拔管疏通喷嘴。

12.3.10 当高压喷射注浆完毕后，或在喷射注浆过程中因故中断，短时间（小于或等于浆液初凝时间）内不能继续喷浆时，均应立即拔出注浆管清洗备用，以防浆液凝固后拔不出管来。

为防止因浆液凝固收缩，产生加固地基与建筑基础不密贴或脱空现象，可采用超高喷射（旋喷处理地基的顶面超过建筑基础底面，其超高量大于收缩高度）、回灌冒浆或第二次注浆等措施。

12.3.11 高压喷射注浆处理地基时，在浆液未硬化前，有效喷射范围内的地基因受到扰动而强度降低，容易产生附加变形，因此在处理既有建筑地基或在邻近既有建筑旁施工时，应防止施工过程中，在浆液凝固硬化前导致建筑物的附加下沉。通常采用控制施工速度、顺序和加快浆液凝固时间等方法防止或减小附加变形。

12.3.12 在城市施工中泥浆管理直接影响文明施工，必须在开工前做好规划，做到有计划的堆放或废浆及时排出现场，保持场地文明。

12.3.13 应在专门的记录表格上做好自检，如实记录施工的各项参数和详细描述喷射注浆时的各种现象，以便判断加固效果并为质量检验提供资料。

12.4 质 量 检 验

12.4.1 应在严格控制施工参数的基础上，根据具体情况选定质量检验方法。开挖检查法虽简单易行，通常在浅层进行，但难以对整个固结体的质量作全面检查。钻孔取芯是检验单孔固结质量的常用方法，选用时需以不破坏固结体和有代表性为前提，可以在28d后取芯或在未凝以前软取芯（软弱粘性土地基）。标准贯入和静力触探在有经验的情况下也可以应用。载荷试验是建筑地基处理后检验地基承载力的良好方法。压水试验通常在工程有防渗漏要求时采用。

建筑物的沉降观测及基坑开挖过程测试和观察是全面检查建筑地基处理质量的不可缺少的重要方法。

12.4.2 检验点的位置应重点布置在有代表性的加固区。必要时，对喷射注浆时出现过异常现象和地质复杂的地段亦应检验。

12.4.3 每个建筑工程喷射注浆处理后，不论其大小，均应进行检验。检验量为施工孔数的1%，并且至少要检验3点。

12.4.4 高压喷射注浆处理地基的强度离散性大，在软弱粘性土中，强度增长速度较慢。检验时间应在喷射注浆后28d进行，以防由于固结体强度不高时，因检验而受到破坏，影响检验的可靠性。

13 石 灰 桩 法

13.1 一 般 规 定

13.1.1 石灰桩是以生石灰为主要固化剂与粉煤灰或火山灰、炉渣、矿渣、粘性土等掺合料按一定的比例均匀混合后，在桩孔中经机械或人工分层振压或夯实所形成的密实桩体。为提高桩身强度，还可掺加石膏、水泥等外加剂。

石灰桩的主要作用机理是通过生石灰的吸水膨胀挤密桩周土，继而经过离子交换和胶凝反应使桩间土强度提高。同时桩身生石灰与活性掺合料经过水化、胶凝反应，使桩身具有 0.3～1.0MPa 的抗压强度。

石灰桩属可压缩的低粘结强度桩，能与桩间土共同作用形成复合地基。

由于生石灰的吸水膨胀作用，特别适用于新填土和淤泥的加固，生石灰吸水后还可使淤泥产生自重固结。形成强度后的密集的石灰桩身与经加固的桩间土结合为一体，使桩间土欠固结状态消失。

石灰桩与灰土桩不同，可用于地下水位以下的土层，用于地下水位以上的土层时，如土中含水量过低，则生石灰水化反应不充分，桩身强度降低，甚至不能硬化。此时采取减少生石灰用量和增加掺合料含水量的办法，经实践证明是有效的。

石灰桩不适用于地下水下的砂类土。

13.1.2 石灰桩可就地取材，各地生石灰、掺合料及土质均有差异，在无经验的地区应进行材料配比试验。由于生石灰膨胀作用，其强度与侧限有关，因此，配比试验宜在现场地基土中进行。

13.2 设　　计

13.2.1 块状生石灰经测试其孔隙率为 35%～39%，掺合料的掺入数量理论上至少应能充满生石灰块的孔隙，以降低造价，减少生石灰膨胀作用的内耗。

生石灰与粉煤灰、炉碴、火山灰等活性材料可以发生水化反应，生成不溶于水的水化物，同时使用工业废料也符合国家环保政策。

在淤泥中增加生石灰用量有利于淤泥的固结，桩顶附近减少生石灰用量可减少生石灰膨胀引起的地面隆起，同时桩体强度较高。

当生石灰用量超过总体积的 30% 时，桩身强度下降，但对软土的加固效果较好，经过工程实践及试验总结，生石灰与掺合料的体积比为 1∶1 或 1∶2 较合理，土质软弱时采用 1∶1，一般采用 1∶2。

桩身材料加入少量的石膏或水泥可以提高桩身强度，在地下水渗透较严重的情况下或为提高桩顶强度时，可适量加入。

13.2.2 石灰桩属可压缩性桩，一般情况下桩顶可不设垫层。石灰桩身根据不同的掺合料有不同的渗透系数，其值为 $10^{-3} \sim 10^{-5}$ cm/s 量级，可作为竖向排水通道。

13.2.3 由于石灰桩的膨胀作用，桩顶覆盖压力不够时，易引起桩顶土隆起，增加再沉降，因此其空口高度不宜小于 500mm，以保持一定的覆盖压力。

其封口标高应略高于原地面系为了防止地面水早期渗入桩顶，导致桩身强度降低。

13.2.4 试验表明，石灰桩宜采用细而密的布桩方式，这样可以充分发挥生石灰的膨胀挤密效应，但桩径过小则施工速度受影响。目前人工成孔的桩径以 ϕ300mm 为宜，机械成孔以 ϕ350mm 左右为宜。

过去的习惯是将基础以外也布置数排石灰桩，如此则造价剧增，试验表明在一般的软土中，围护桩对提高复合地基承载力的增益不大。在承载力很低的淤泥或淤泥质土中，基础外围增加 1～2 排围护桩有利于对淤泥的加固，可以提高地基的整体稳定性，同时围护桩可将土中大孔隙挤密能起止水作用，可提高内排桩的施工质量。

13.2.5 洛阳铲成孔桩长不宜超过 6m，系指人工成孔，如用机动洛阳铲可适当加长。机械成孔管外投料时，如桩长过长，则不能保证成桩直径，特别在易缩孔的软土中，桩长只能控制在 6m 以内，不缩孔时，桩长可控制在 8m 以内。

13.2.6 由于石灰桩复合地基桩土变形谐调，石灰桩身又为可压缩的柔性桩，复合土层承载性能接近人工垫层。大量工程实践证明，复合土层沉降仅为桩长的 0.5%～0.8%，沉降主要来自于桩底下卧层，因此宜将桩端置于承载力较高的土层中。

正如本规范第 13.2.10 条说明中所述，石灰桩具有减载和预压作用，因此在深厚的软土中刚度较好的建筑物有可能使用"悬浮桩"，在无地区经验时，应进行大压板载荷试验，确定加固深度。

13.2.8 石灰桩桩身强度与土的强度有密切关系。土强度高时，对桩的约束力大，生石灰膨胀时可增加桩身密度，提高桩身强度，反之当土的强度较低时，桩身强度也相应降低。石灰桩在软土中的桩身强度多在 0.3～1.0MPa 之间，强度较低，其复合地基承载力不宜超过 160kPa，而多在 120～160kPa 之间。如土的强度较高，可减少生石灰用量，外加石膏或水泥等外加剂，提高桩身强度，复合地基承载力可以提高，同时应当注意，在强度高的土中，如生石灰用量过大，则会破坏土的结构，综合加固效果不好。

13.2.9 试验研究证明，当石灰桩复合地基荷载达到其承载力特征值时，具有以下特征：

1 沿桩长范围内各点桩和土的相对位移很小（2mm 以内），桩土变形谐调；

2 土的接触压力接近达到桩间土承载力特征值，即桩间土发挥度系数为 1；

3 桩顶接触压力达到桩体比例极限，桩顶出现塑性变形；

4 桩土应力比趋于稳定，其值在 2.5～5 之间；

5 桩土的接触压力可采用平均压力进行计算。

基于以上特征，按本规范（7.2.8-1）式常规的面积比方法计算复合地基承载力是适宜的，在置换率计算中，桩径除考虑膨胀作用外，尚应考虑桩边 2cm 左右厚的硬壳层，故计算桩径取成孔直径的 1.1～1.2 倍。

桩间土的承载力与置换率、生石灰掺量以及成孔方式等因素有关。

试验检测表明生石灰对桩周边厚 0.3d 左右的环状土体显示了明显的加固效果，强度提高系数达 1.4～1.6，圆环以外的土体加固效果不明显。因此，可采用下式计算桩间土承载力：

$$f_{sk} = \left[\frac{(K-1)d^2}{A_e(1-m)} + 1\right]\mu f_{ak} \tag{12}$$

式中 f_{ak}——天然地基承载力特征值；

K——桩边土强度提高系数取 1.4～1.6，软土取高值；

A_e——一根桩分担的处理地基面积；

m——置换率；

d——计算桩直径；

μ——成桩中挤压系数，排土成孔时 $\mu=1$，挤土成孔时 $\mu=1\sim1.3$（可挤密土取高值，饱和软土取 1）。

13.2.10 石灰桩的掺合料为轻质的粉煤灰或炉碴，生石灰块的重度约 10kN/m³，石灰桩身饱和后重度为 13kN/m³，以轻质的石灰桩置换土，复合土层的自重减轻，特别是石灰桩复合地基的置换率较大，减载效应明显。复合土层自重减轻即是减少了桩底下卧层软土的附加应力，以附加应力的减少值反推上部荷载减少的对应值是一个可观的数值。这种减载效应对减少软土变形增益很大。同时考虑石灰的膨胀对桩底土的预压作用，石灰桩底下卧层的变形较常规计算减小，经过湖北、广东地区四十余个工程沉降实测结果的对比（人工洛阳铲成孔、桩长 6m 以内，条形基础简化为筏基计算），变形较常规计算有明显减小。由于各地情况不同，统计数量有限，应以当地经验为主。

式（13.2.10）为常规复合模量的计算公式，系数 α 为桩间土加固后压缩模量的提高系数。如前述石灰桩身强度与桩间土强度有对应关系，桩身压缩模量也随桩间土模量的不同而变化，此大彼大，此小彼小，鉴于这种对应性质，复合地基桩土应力比的变化范围缩小，经大量测试，桩土应力比的范围为 2～5，大多为 3～4。

石灰桩桩身压缩模量可用环刀取样，作室内压缩试验求得。

13.3 施 工

13.3.1 生石灰块的膨胀率大于生石灰粉，同时生石灰粉易污染环境。为了使生石灰与掺合料反应充分，应将块状生石灰粉碎，其粒径 30～50mm 为佳，最大不宜超过 70mm。

13.3.2 掺合料含水量过少则不易夯实，过大时在地下水位以下易引起冲孔（放炮）。

石灰桩桩身密实度是质量控制的重要指标，由于周围土的约束力不同，配比也不同，桩身密实度的定量控制指标难以确定，桩身密实度的控制宜根据施工工艺的不同凭经验控制。无经验的地区应进行成桩工艺试验。成桩 7～10d 后用轻便触探（N_{10}）进行对比检测，选择适合的工艺。

13.3.3 管外投料或人工成孔时，孔内往往存水，此时应采用小型软轴水泵或潜水泵排干孔内水，方能向孔内投料。

在向孔内投料的过程中如孔内渗水严重，则影响夯实（压实）桩料的质量，此时应采取降水或增打围护桩隔水的措施。

13.3.9 石灰桩施工中的冲孔（放炮）现象应引起重视，其主要原因在于孔内进水或存水使生石灰与水迅速反应，其温度高达 200～300℃，空气遇热膨胀，不易夯实，桩身孔隙大，孔隙内空气在高温下迅速膨胀，将上部夯实的桩料冲出孔口。应采取减少掺合料含水量，排干孔内积水或降水，加强夯实等措施，确保安全。

13.4 质量检测

13.4.1 石灰桩加固软土的机理分为物理加固和化学加固两个作用，物理作用（吸水、膨胀）的完成时间较短，一般情况下 7d 以内均可完成。此时桩身的直径和密度已定型，在夯实力和生石灰膨胀力作用下，7～10d 桩身已具有一定的强度。而石灰桩的化学作用则速度缓慢，桩身强度的增长可延续 3 年甚至 5 年。考虑到施工的需要，目前将一个月龄期的强度视为桩身设计强度，7～10d 龄期的强度约为设计强度的 60％左右。

龄期 7～10d 时，石灰桩身内部仍维持较高的温度（30～50℃），采用静力触探检测时应考虑温度对探头精度的影响。

13.4.2～13.4.3 大量的检测结果证明，石灰桩复合地基在整个受力阶段，都是受变形控制的，其 p_s 曲线呈缓变型。石灰桩复合地基中的桩土具有良好的协同工作特征，土的变形控制着复合地基的变形，所以石灰桩复合地基的允许变形宜与天然地基的标准相近。

在取得载荷试验与静力触探检测对比经验的条件下，也可采用静力触探估算复合地基承载力。关于桩体强度的确定，可取 $0.1 p_s$ 为桩体比例极限，这是经过桩体取样在试验机上作抗压试验求得比例极限与原位静力触探 p_s 值对比的结果。但仅适用于掺合料为粉煤灰、炉碴的情况。

地下水以下的桩底存在动水压力。夯实也不如桩的中上部，因此其桩身强度较低。桩的顶部由于覆盖压力有限，桩体强度也有所降低。因此石灰桩的桩体强度沿桩长变化，中部最高，顶部及底部较差。

试验证明当底部桩体具有一定强度时，由于化学反应的结果，其后期强度可以提高，但当 7～10d 比贯入阻力很小（p_s 值小于 1MPa）时，其后期强度的提高有限。

14 灰土挤密桩法和土挤密桩法

14.1 一般规定

14.1.1 灰土挤密桩或土挤密桩通过成孔过程中的横向挤压作用，桩孔内的土被挤向周围，使桩间土得以挤密，然后将备好的灰土或素土（粘性土）分层填入桩孔内，并分层捣实至设计标高。用灰土分层夯实的桩体，称为灰土挤密桩；用素土分层夯实的桩体，称为土挤密桩。二者分别与挤密的桩间土组成复合地基，共同承受基础的上部荷载。

大量的试验研究资料和工程实践表明，灰土挤密桩和土挤密桩用于处理地下水位以上的湿陷性黄土、素填土、杂填土等地基，不论是消除土的湿陷性还是提高承载力都是有效的。但当土的含水量大于 24％及其饱和度超过 65％时，在成孔及拔管过程中，桩孔及其周围容易缩颈和隆起，挤密效果差，故上述方法不适用于处理地下水位以下及毛细饱和带的土层。

基底下 5m 以内的湿陷性黄土、素填土、杂填土，通常采用土（或灰土）垫层或强夯等方法处理。大于 15m 的土层，由于成孔设备限制，一般采用其他方法处理。本条规定可处理地基的深度为 5～15m，基本上符合陕西、甘肃和山西等省的情况。

饱和度小于 60％的湿陷性黄土，其承载力较高，湿陷性较强，处理地基常以消除湿陷性为主。而素填土、杂填土的湿陷性一般较小，但其压缩性高、承载力低，故处理地基常以降低压缩性、提高承载力为主。

灰土挤密桩和土挤密桩，在消除土的湿陷性和减小渗透性方面，其效果基本相同或差别不明显，但土挤密桩地基的承载力和水稳性不及灰土挤密桩，选用上述方法时，应根据工程要求和处理地基的目的确定。

14.1.2 灰土挤密桩和土挤密桩是一种比较成熟的地基处理方法，自二十世纪60年代以来，在陕西、甘肃等湿陷性黄土地区的工业与民用建筑的地基处理中已广泛使用，积累了一定的经验，对一般工程，施工前在现场不进行成孔挤密等试验，不致产生不良后果，并有利于加快地基处理的施工进度。但在缺乏建筑经验的地区和对不均匀沉降有严格限制的重要工程，施工前应按设计要求在现场进行试验，以检验地基处理方案和设计参数的合理性，对确保地基处理质量，查明其效果都很有必要。

试验内容包括成孔、孔内夯实质量、桩间土的挤密情况、单桩和桩间土以及单桩或多桩复合地基的承载力等。

14.2 设 计

14.2.1 局部处理地基的宽度超出基础底面边缘一定范围，主要在于改善应力扩散，增强地基的稳定性，防止基底下被处理的土层，在基础荷载作用下受水浸湿时产生侧向挤出，并使处理与未处理接触面的土体保持稳定。

局部处理超出基础边缘的范围较小，通常只考虑消除拟处理土层的湿陷性，而未考虑防渗隔水作用。但只要处理宽度不小于本条规定，不论是非自重湿陷性黄土还是自重湿陷性黄土，采用灰土挤密桩或土挤密桩处理后，对防止侧向挤出、减小湿陷变形的效果都很明显。

整片处理的范围大，既可消除拟处理土层的湿陷性，又可防止水从侧向渗入未处理的下部土层引起湿陷，故整片处理兼有防渗隔水作用。

14.2.2 本条对灰土挤密桩和土挤密桩处理地基的深度作了原则性规定，具体深度由设计根据现场土质情况、工程要求和成孔设备等因素确定。

当以消除地基土的湿陷性为主要目的时。在非自重湿陷性黄土场地，宜将附加应力与土的饱和自重应力之和大于湿陷起始压力的全部土层进行处理，或处理至地基压缩层的下限截止；在自重湿陷性黄土场地，宜处理至非湿陷性黄土层顶面止。

当以降低土的压缩性、提高地基承载力为主要目的时，宜对基底下压缩层范围内压缩系数 c_{1-2} 大于 0.40MPa^{-1} 或压缩模量小于 6MPa 的土层进行处理。

对湿陷性黄土地基，也可按现行国家标准《湿陷性黄土地区建筑规范》GB 50025 的有关规定执行。

14.2.3 根据我国黄土地区的现有成孔设备，沉管（锤击、振动）成孔的桩孔直径多为 0.37～0.40m。布置桩孔应考虑消除桩间土的湿陷性。桩间土的挤密用平均挤密系数 $\bar{\eta}_c$ 表示。

大量试验研究资料和工程经验表明，消除桩间土的湿陷性，桩孔之间的中心距离通常为桩孔直径的 2.0～2.5 倍，也可按本条公式（14.2.3）进行估算。

14.2.4 湿陷性黄土为天然结构，处理湿陷性黄土与处理扰动土有所不同，故检验桩间土的质量用平均挤密系数 $\bar{\eta}_c$ 控制，而不用压实系数控制，平均挤密系数是在成孔挤密深度内，通过取土样测定桩间土的平均干密度与其最大干密度的比值而获得，平均干密度的取样自桩顶向下 0.5m 起，每 1m 不应少于 2 点（1组），即：桩孔外 100mm 处 1 点，桩孔之间的中心距（1/2 处）1 点。当桩长大于 6m 时，全部深度内取样点不应少于 12 点（6 组）；当桩长小于 6m 时，全部深度内的取样点不应少于 10 点（5 组）。

14.2.6 当为消除黄土、素填土和杂填土的湿陷性而处理地基时，桩孔内用素土（粘性土、粉质粘土）作填料，可满足工程要求，当同时要求提高其承载力或水稳性时，桩孔内用灰土作填料较合适。

为防止填入桩孔内的灰土吸水后产生膨胀，不得使用生石灰与土拌合，而应用消解后的石灰与黄土或其他粘性土拌合。石灰富含钙离子，与土混合后产生离子交换作用，在较短时间内便成为凝硬性材料，因此拌合后的灰土放置时间不可太长，并宜于当日使用完毕。

由于桩体是用松散状态的素土（粘性土或粘质粉土）、灰土经夯实而成，桩体的夯实质量可用土的干密度表示，土的干密度大，说明夯实质量好，反之，则差。桩体的夯实质量一般通过测定全部深度内土的干密度确定，然后将其换算为平均压实系数 $\bar{\lambda}_c$ 进行评定。桩体土的干密度取样：自桩顶向下 0.5m 起，每 1m 不应少于 2 点（1 组），即桩孔内距桩孔边缘 50mm 处 1 点，桩孔中心（即 1/2）处 1 点，当桩长大于 6m 时，全部深度内的取样点不应少于 12 点（6 组），当桩长不足 6m 时，全部深度内的取样点不应少于 10 点（5 组）。

桩体土的平均压实系数 $\bar{\lambda}_c$，是根据桩孔全部深度内的平均干密度与室内击实试验求得填料（素土或灰土）在最优含水量状态下的最大干密度的比值，即 $\bar{\lambda}_c = \dfrac{\bar{\rho}_{d0}}{\rho_{dmax}}$，式中 $\bar{\rho}_{d0}$ 为桩孔全部深度内的填料（素土或灰土），经分层夯实的平均干密度（t/m³）；ρ_{dmax} 为桩孔内的填料（素土或灰土），通过击实试验求得最优含水量状态下的最大干密度（t/m³）。

本条规定用灰土或素土填孔，桩体内的平均压实

系数 $\bar{\lambda}_c$ 均不应小于 0.96。

14.2.7 灰土挤密桩或土挤密桩回填夯实结束后，在桩顶标高以上设置 300～500mm 厚的灰土垫层，一方面可使桩顶和桩间土找平，另一方面有利于改善应力扩散，调整桩土的应力比，并对减小桩身应力集中也有良好作用。

14.2.8 为确定灰土挤密桩或土挤密桩的桩数及其桩长（或处理深度），设计时往往需要了解采用灰土挤密桩或土挤密桩处理地基的承载力，而原位测试（包括载荷试验、静力触探、动力触探）结果比较可靠。

用载荷试验可测定单桩和桩间土的承载力，也可测定单桩复合地基或多桩复合地基的承载力。当不用载荷试验时，桩间土的承载力可采用静力触探测定。桩体特别是灰土填孔的桩体，采用静力触探测定其承载力不一定可行，但可采用动力触探测定。

14.2.9 灰土挤密桩或土挤密桩复合地基的变形，包括桩和桩间土及其下卧未处理土层的变形。前者通过挤密后，桩间土的物理力学性质明显改善，即土的干密度增大、压缩性降低、承载力提高、湿陷性消除，故桩和桩间土（复合土层）的变形可不计算，但应计算下卧未处理土层的变形。

14.3 施 工

14.3.1 现有成孔方法，包括沉管（锤击、振动）和冲击等方法，但都有一定的局限性，在城乡建设和居民较集中的地区往往限制使用，如锤击沉管成孔，通常允许在新建场地使用，故选用上述方法时，应综合考虑设计要求、成孔设备或成孔方法、现场土质和对周围环境的影响等因素。

14.3.2 施工灰土挤密桩或土挤密桩时，在成孔或拔管过程中，对桩孔（或桩顶）上部土层有一定的松动作用，因此施工前应根据选用的成孔设备和施工方法，在基底标高以上预留一定厚度的松动土层，待成孔和桩孔回填夯实结束后，将其挖除或按设计规定进行处理。

14.3.3 拟处理地基土的含水量对成孔施工与桩间土的挤密至关重要。工程实践表明，当天然土的含水量小于 12% 时，土呈坚硬状态，成孔挤密困难，且设备容易损坏；当天然土的含水量等于或大于 24%、饱和度大于 65% 时，桩孔可能缩颈，桩孔周围的土容易隆起，挤密效果差；当天然土的含水量接近最优（或塑限）含水量时，成孔施工速度快，桩间土的挤密效果好。因此，在成孔过程中，应掌握好拟处理地基土的含水量不要太大或太小，最优含水量是成孔挤密施工的理想含水量，而现场土质往往并非恰好是最优含水量，如只允许在最优含水量状态下进行成孔施工，小于最优含水量的土便需要加水增湿，大于最优含水量的土则要采取晾干等措施，这样施工很麻烦，而且不易掌握准确和加水均匀。因此，当拟处理地基土的含水量低于 12% 时，宜按公式（14.3.2）计算的加水量进行增湿。对含水量介于 12～24% 的土，只要成孔施工顺利，桩孔不出现缩颈，桩间土的挤密效果符合设计要求，不一定要采取增湿或晾干措施。

14.3.4 成孔和孔内回填夯实的施工顺序，习惯做法从外向里间隔 1～2 孔进行，但施工到中间部位，桩孔往往打不下去或桩孔周围地面明显隆起，为此有的修改设计，增大桩孔之间的中心距离，这样很麻烦。为此本条改为对整片处理，宜从里（或中间）向外间隔 1～2 孔进行，对大型工程可采取分段施工，对局部处理，宜从外向里间隔 1～2 孔进行。局部处理的范围小，且多为独立基础及条形基础，从外向里对桩间土的挤密有好处，也不致出现类似整片处理或桩孔打不下去的情况。

桩孔的直径与成孔设备或成孔方法有关，成孔设备或成孔方法如已选定，桩孔直径基本上固定不变，桩孔深度按设计规定，为防止施工出现偏差或不按设计图施工，在施工过程中应加强监督，采取随机抽样的方法进行检查，但抽查数量不可太多，每台班检查 1～2 孔即可，以免影响施工进度。

14.3.5～14.3.7 施工记录是验收的原始依据。必须强调施工记录的真实性和准确性，且不得任意涂改。为此应选择有一定业务素质的相关人员担任施工记录，这样才能确保做好施工记录。

土料和灰土受雨水淋湿或冻结，容易出现"橡皮土"，且不易夯实。当雨季或冬季选择灰土挤密桩或土挤密桩处理地基时，应采取防雨或防冻措施，保护灰土或土料不受雨水淋湿或冻结，以确保施工质量。

14.4 质量检验

14.4.1 为确保灰土挤密桩或土挤密桩处理地基的质量，在施工过程中应采取抽样检验，检验数据和结论应准确、真实，具有说服力，对检验结果应进行综合分析或综合评价。

14.4.2 本条根据一般工程和重要工程，对抽样检验的数量分别作了规定。由于挖探井取土样对桩体和桩间土均有一定程度的扰动及破坏，因此选点应具有代表性，并保证检验数据的可靠性。

取样结束后，其探井应分层回填夯实，压实系数不应小于 0.93。

15 柱锤冲扩桩法

15.1 一 般 规 定

15.1.1 柱锤冲扩桩法的加固机理主要有以下四点：1 是成孔及成桩过程中对原土的动力挤密作用；2 是对原土的动力固结作用；3 是冲扩桩充填置换作用（包括桩身及挤入桩间土的骨料）；4 是生石灰的水化

和胶凝作用（化学置换）。

上述作用依不同土类而有明显区别。对地下水位以上杂填土、素填土、粉土及可塑状态粘性土、黄土等，在冲孔过程中成孔质量较好，无坍孔及缩颈现象，孔内无积水，成桩过程中地面不降起甚至下沉，经检测孔底及桩间土在成孔及成桩过程中得到挤密，试验表明挤密影响范围约为2～3倍桩径。而对地下水位以下饱和松软土层冲孔时坍孔严重，有时甚至无法成孔，在成桩过程中地面隆起严重，经检测桩底及桩间土挤密效果不明显，桩身质量也较难保证，因此对上述土层应慎用。限于目前设备条件，处理深度不宜大于6m，否则不经济。对于湿陷性黄土地区，其地基处理深度及复合地基承载力特征值，可按当地经验确定。

15.1.2 柱锤冲扩桩法目前还处于半理论半经验状态，成孔和成桩工艺及地基固结效果直接受到土质条件的影响。因此在正式施工前进行成桩试验及试验性施工十分必要。根据现场试验取得的资料修改设计，制定施工及检验要求。

现场试验主要内容：1. 成孔及成桩试验；2. 试验性施工；3. 复合地基承载力对比试验（载荷试验及动力触探试验）。

15.2 设　　计

15.2.1 地基处理的宽度超过基础底面边缘一定范围，主要作用在于增强地基的稳定性，防止基底下被处理土层在附加应力作用下产生侧向变形，因此原天然土层越软，加宽的范围应越大。通常按压力扩散角 $\theta=30°$ 来确定加固范围的宽度，并不少于1～2排桩。

用柱锤冲扩桩法处理可液化地基应适当加大处理宽度。对于上部荷载较小的室内非承重墙及单层砖房可仅在基础范围内布桩。

15.2.2 对于可塑状态粘性土、黄土等，因靠冲扩桩的挤密来提高桩间土的密实度，所以采用等边三角形布桩有利，可使地基挤密均匀。对于软粘土地基，主要靠置换，因而选用任何一种布桩方式均可。考虑到施工方便，以正方形或正方形中间补桩一根（等腰三角形）的布桩形式最为常用。

桩间距与设计要求的复合地基承载力及原地基土的承载力有关，根据经验，桩中距一般可取1.5～2.5m或取桩径的2～3倍。

15.2.3 柱锤冲扩桩法有以下三个直径：

1　柱锤直径：它是柱锤实际直径，现已经形成系列，常用直径为300～500mm，如公称 ϕ377 锤，就是377mm直径的柱锤。

2　冲孔直径：它是冲孔达到设计深度时，地基被冲击成孔的直径，对于可塑状态粘性土其成孔直径往往比锤直径要大。

3　桩径：它是桩身填料夯实后的平均直径，它比冲孔直径大，如 ϕ377 柱锤夯实后形成的桩径可达600～800mm。因此，桩径不是一个常数，当土层松软时，桩径就大，当土层较密时，桩径就小。

设计时一般先根据经验假设桩径，假设时应考虑柱锤规格、土质情况及复合地基的设计要求，一般常用 $d=500～800$mm，经试成桩后再调整桩径。

15.2.4 地基处理深度的确定应考虑：1. 软弱土层厚度；2. 可液化土层厚度；3. 地基变形等因素。限于设备条件，柱锤冲扩桩法适用于6m以内的浅层处理，因此当软弱土层较厚时应进行地基变形和下卧层地基承载力验算。

15.2.5 柱锤冲扩桩法是从地下向地表进行加固，由于地表约束减少，加之成桩过程中桩间土隆起造成桩顶及槽底土质松动，因此为保证地基处理效果及扩散基底压力，对低于槽底的松散桩头及松软桩间土应予以清除，换填砂石垫层。

15.2.6 桩体材料推荐采用以拆房土为主组成的碎砖三合土，主要是为了降低工程造价，减少杂土丢弃对环境的污染。有条件时也可以采用级配砂石、矿渣、灰土、水泥混合土等，由于目前尚缺少足够的工程经验，因此当采用其他材料时，应经试验确定其适用性和配合比等有关参数。

碎砖三合土的配合比（体积比）除设计有特殊要求外，一般可采用1：2：4（生石灰：碎砖：粘性土）。对地下水位以下流塑状态松软土层，宜适当加大碎砖及生石灰用量。碎砖三合土中的石灰宜采用块状生石灰，CaO 含量应在80%以上。碎砖三合土中的土料，尽量选用就地基坑开挖出的粘性土料，不应含有机物料（如油毡、苇草、木片等），不应使用淤泥质土、盐渍土和冻土。土料含水量对桩身密实度影响较大，因此应采用最佳含水量进行施工，考虑实际施工时土料来源及成分复杂，根据大量工程实践经验，采用目力鉴别即手握成团、落地开花即可。

为了保证桩身均匀及触探试验的可靠性，碎砖粒径不宜大于120mm，如条件容许碎砖粒径控制在60mm左右最佳，成桩过程中严禁使用粒径大于240mm砖料及混凝土块。

15.2.7 柱锤冲扩三合土桩属散体材料桩（或柔性桩），桩身密实度及承载力因受桩间土影响而较离散，因此规范规定应按复合地基载荷试验确定其承载力。初步设计时也可按式（7.2.8-3）进行估算，该式是根据桩和桩间土通过刚性基础共同承担上部荷载而推导出来的。式中桩土应力比 n 根据部分载荷试验资料而实测出来的。加固后桩间土承载力 f_{sk} 应根据土质条件及设计要求确定，当天然地基承载力特征值 $f_{ak} \geqslant 80$kPa 时，可取加固前天然地基承载力进行估算；对于新填沟坑、杂填土等松软土层，可按当地经验或经现场试验根据重型动力触探平均击数 $\overline{N}_{63.5}$ 参考表16确定。

表 16　　桩间土 $\overline{N}_{63.5}$～f_{sk} 关系表

$\overline{N}_{63.5}$	2	3	4	5	6	7
f_{sk}（kPa）	80	110	130	140	150	160

注：1　计算 $\overline{N}_{63.5}$ 时应去掉 10% 的极大值和极小值，当触探深度大于 4m 时，$N_{63.5}$ 应乘以 0.9 折减系数。
　　2　杂填土及饱和松软土层，表中 f_{sk} 应乘以 0.9 折减系数。

15.2.8　本规范式（7.2.9）是根据复合地基在上部荷载作用下协调变形、应变趋于一致，复合地基中桩和桩间土应力按压缩模量大小分配而推导出来的。加固后桩间土压缩模量可按当地经验或根据加固后桩间土重型动力触探平均击数 $\overline{N}_{63.5}$ 参考表 17 选用。

表 17　　桩间土 $\overline{N}_{63.5}$～E_s 关系表

$\overline{N}_{63.5}$	2	3	4	5	6
E_s（MPa）	4.0	6.0	7.0	7.5	8.0

15.3　施　　工

15.3.1　本规范建议采用的柱锤及自动脱钩装置为沧州市机械施工有限公司的产品。目前生产上采用的系列柱锤如表 18 所示：

表 18　　柱锤明细表

序号	规　　格			锤底形状
	直径(mm)	长度(m)	质量(t)	
1	325	2～6	1.0～4.0	凹形底
2	377	2～6	1.5～5.0	凹形底
3	500	2～6	3.0～9.0	凹形底

注：封顶或拍底时，可采用质量 2～10t 的扁平重锤进行。

柱锤可用钢材制作或用钢板为外壳内部浇筑混凝土制成，也可用钢管为外壳内部浇铸铁制成。

为了适应不同工程的要求，钢制柱锤可制成装配式，由组合块和锤顶两部分组成，使用时用螺栓连成整体，调整组合块数（一般 0.5t/块），即可按工程需要组合成不同质量和长度的柱锤。

锤型选择应按土质软硬、处理深度及成桩直径经试成桩后加以确定，柱锤长度不宜小于处理深度。

15.3.2　升降柱锤的设备可选用 10～30t 自行杆式起重机或其他专用设备，采用自动脱钩装置，起重能力应通过计算（按锤质量及成孔时土层对柱锤的吸附力）或现场试验确定，一般不应小于锤质量的 3～5 倍。

15.3.3　场地平整、清除障碍物是机械作业的基本条件。当加固深度较深，柱锤长度不够时，也可采取先挖出一部分土，然后再进行冲扩施工。

施工时桩位放线一般可在地面上撒白灰线，或在桩位处用短钢钎击深 200mm，然后灌入白灰，以保证桩位准确。桩点要醒目、持久，以防漏桩。

柱锤冲扩桩法成孔方式有：

1　冲击成孔：最基本的成孔工艺，条件是冲孔时孔内无明水、孔壁直立、不坍孔、不缩颈。

2　填料冲击成孔：当冲击成孔出现坍孔或缩颈时，采用本法。这时的填料与成桩填料不同，主要目的是吸收孔壁附近地基中的水分，密实孔壁，使孔壁直立、不坍孔、不缩颈。碎砖及生石灰能够显著降低土壤中的水分，提高桩间土承载力，因此填料冲击成孔时应采用碎砖及生石灰块。

3　二次复打成孔：当采用填料冲击成孔施工工艺也不能保证孔壁直立、不坍孔、不缩颈时，应采用本方案。在每一次冲扩时，填料以碎砖、生石灰为主，根据土质不同采用不同配比，其目的是吸收土壤中水分，改善原土性状。第二次复打成孔后要求孔壁直立、不坍孔，然后边填料边夯实形成桩体。第二次冲孔可在原桩位，也可在桩间进行。

套管成孔可解决坍孔及缩颈问题，但其施工工艺较复杂，因此只在特殊情况下使用。

桩体施工的关键是分层填料量、分层夯实厚度及总填料量。施工前应根据试成桩及设计要求的桩径和桩长进行确定。填料充盈系数不宜小于 1.5。如密实度达不到设计要求，应空夯夯实。

每根桩的施工记录是工程质量管理的重要依据，也是施工中发现问题的重要一环，所以必须设专门技术人员负责记录工作。

要求夯填至桩顶设计标高以上，主要是为了保证桩顶密实度。当不能满足上述要求时，应进行夯实或采用局部换填处理。

15.3.4　柱锤冲扩桩法夯击能量较大，易发生地面隆起，造成表层桩和桩间土出现松动，从而降低处理效果，因此成孔及填料夯实的施工顺序宜间隔进行。

15.4　质 量 检 验

15.4.1　柱锤冲扩桩法质量检验程序：施工中施工单位自检→竣工后质检部门抽检→基槽开挖后验槽三个环节。实践证明这是行之有效的，其中施工单位自检尤为重要。

15.4.2　采用柱锤冲扩桩法处理的地基，其承载力是随着时间增长而逐步提高的，因此要求在施工结束后休止 7～14d 再进行检验，实践证明这样不仅方便施工也是偏于安全的。对非饱和土和粉土休止时间可适当缩短。

桩身及桩间土密实度检验宜优先采用重型动力触探进行。检验点应随机抽样并经设计或监理认定，检测点不少于总桩数的 2% 且不少于 6 组（即同一检测点桩身及桩间土分别进行检验）。当土质条件复杂时，应加大检验数量。

柱锤冲扩桩复合地基质量评定主要是地基承载力大小及均匀程度。复合地基承载力与桩身及桩间土动力触探击数的相关关系应经对比试验按当地经验确定。实践表明采用柱锤冲扩桩法处理的土层往往上部及下部稍差而中间较密实，因此有必要时可分层进行评价。

15.4.5 基槽开挖检验的重点是桩顶密实度及槽底土质情况。由于柱锤冲扩桩法施工工艺的特点是冲孔后自下而上成桩，即由下往上对地基进行加固处理，由于顶部上覆压力小，容易造成桩顶及槽底土质松动，而这部分又是直接持力层，因此应加强对桩顶特别是槽底以下 1m 厚范围内土质的检验，检验方法可采用轻便触探进行。桩位偏差不宜大于 1/2 桩径，桩径负偏差不宜大于 100mm，桩数应满足设计要求。

16 单液硅化法和碱液法

16.1 一般规定

16.1.1 碱液法在自重湿陷性黄土地区使用较少，而且加固深度不足 5m，为防止采用碱液法加固既有建筑物地基产生附加沉降，本条规定，在自重湿陷性黄土场地，当采用碱液法加固时，应通过试验确定其可行性，待取得经验后再逐步扩大其应用范围。

16.1.2 采用单液硅化法或碱液法，对拟建的设备基础和构筑物的地基进行加固，主体工程尚未施工，在灌注溶液过程中，不致产生附加沉降，也无其他不良后果，经加固后的地基，土的湿陷性消除，承载力明显提高。

在非自重湿陷性黄土场地，既有建筑物和设备基础一旦出现不均匀沉降，或地基偶然受水浸湿引起湿陷，采用上述方法加固地基，可迅速阻止其沉降和裂缝继续发展。

16.1.3、16.1.4 进行单孔或多孔灌注溶液试验，主要在于确定设计、施工所需的有关参数以及单液硅化法与碱液法的加固效果。

酸性土和土中已渗入油脂或有机质含量较多的土，阻碍溶液与土接触，不产生化学反应，无加固作用或加固效果不佳。

16.2 设 计

（Ⅰ） 单液硅化法

16.2.1 单液硅化法加固湿陷性黄土地基的灌注工艺有两种。一是压力灌注，二是溶液自渗。

压力灌注溶液的速度快，扩散范围大，灌注溶液过程中，溶液与土接触初期，尚未产生化学反应，在自重湿陷性严重的场地，采用此法加固既有建筑物地基，附加沉降可达 30cm 以上，对既有建筑物显然是不允许的，故本条规定，压力灌注可用于加固自重湿陷性场地上拟建的设备基础和构筑物的地基，也可用于加固非自重湿陷性黄土场地上既有建筑物和设备基础的地基。因为非自重湿陷性黄土有一定的湿陷起始压力，基底附加应力不大于湿陷起始压力或虽大于湿陷起始压力但数值不大时，不致出现附加沉降，并已为大量工程实践和试验研究资料所证明。

压力灌注需要用加压设备（如空压机）和金属灌注管等，成本相对较高，其优点是加固范围较大，不只是可加固基础侧向，而且可加固既有建筑物基础底面以下的部分土层。

溶液自渗的速度慢，扩散范围小，溶液与土接触初期，对既有建筑物和设备基础的附加沉降很小（10～20mm），不超过建筑物地基的允许变形值。

此工艺是在二十世纪 80 年代初发展起来的，在现场通过大量的试验研究，采用溶液自渗加固了大厚度自重湿陷性黄土场地上既有建筑物和设备基础的地基，控制了建筑物的不均匀沉降及裂缝继续发展，并恢复了建筑物的使用功能。

溶液自渗的灌注孔可用钻机或洛阳铲成孔，不需要用灌注管和加压等设备，成本相对较低，含水量不大于 20%、饱和度不大于 60% 的地基土，采用溶液自渗较合适。

16.2.2 湿陷性黄土的天然含水量较小，孔隙中一般无自由水，采用浓度（10%～15%）低的硅酸钠（俗称水玻璃）溶液注入土中，不致被孔隙中的水稀释，此外，溶液的浓度低，粘滞度小，可灌性好，渗透范围较大，加固土的无侧限抗压强度可达 300kPa 以上，并对降低加固土的成本有利。

加固湿陷性黄土的溶液用量，按公式（16.2.2）进行估算，便于做到心中有数，并可控制工程总预算及硅酸钠溶液的总消耗量，溶液填充孔隙的系数是根据已加固的工程经验得出的。

单液硅化加固湿陷性黄土的主要材料为液体水玻璃（即硅酸钠溶液），其颜色多为透明或稍许混浊，不溶于水的杂质含量不得超过规定值。

水玻璃的模数值是二氧化硅与氧化钠（百分率）之比，水玻璃的模数值愈大，意味着水玻璃中含 SiO_2 的成分愈多。因为硅化加固主要是由 SiO_2 对土的胶结作用，所以水玻璃模数值的大小直接影响着加固土的强度。试验研究表明，模数值为 $\frac{SiO_2\%}{Na_2O\%}=1$ 的纯偏硅酸钠溶液加固土的强度很小，完全不适合加固土的要求，模数值在 2.5～3.0 范围内的水玻璃溶液，加固土的强度可达最大值，模数值超过 3.3 以上时，随着模数值的增大，加固土的强度反而降低，说明 SiO_2 过多对土的强度有不良影响，因此本条规定采用单液硅化加固湿陷性黄土地基，水玻璃的模数值宜为 2.5～3.3。

16.2.3 从工厂购进的水玻璃溶液,其浓度通常大于加固湿陷性黄土所要求的浓度,比重多为1.45或大于1.45,注入土中时的浓度宜为10%~15%,相对密度为1.13~1.15,故需要按式(16.2.3)计算加水量,对浓度高的水玻璃溶液进行稀释。

16.2.4 加固既有建(构)筑物和设备基础的地基,不可能直接在基础底面下布置灌注孔,而只能在基础侧向(或周边)布置灌注孔,因此基础底面下的土层难以达到加固要求,对基础侧向地基土进行加固,可以防止侧向挤出,减小地基的竖向变形,每侧布置一排灌注孔加固土体很难联成整体,故本条规定每侧布置灌注孔不宜少于2排。

当基础底面宽度大于3m时,除在基础每侧布置2排灌注孔外,是否需要布置斜向基础底面的灌注孔,可根据工程具体情况确定。

(Ⅱ) 碱 液 法

16.2.5 室内外试验表明,当100g干土中可溶性和交换性钙镁离子含量不少于10mg·eq时,灌入氢氧化钠溶液都可得到较好的加固效果。

氢氧化钠溶液注入土中后,土粒表层会逐渐发生膨胀和软化,进而发生表面的相互溶合和胶结(钠铝硅酸盐类胶结),但这种溶合胶结是非水稳性的,只有在土粒周围存在有$Ca(OH)_2$和$Mg(OH)_2$的条件下,才能使这种胶结构成为强度高且具有水硬性的钙铝硅酸盐络合物。这些络合物的生成将使土粒牢固胶结,强度大大提高,并且具有充分的水稳性。

由于黄土中钙、镁离子含量一般都较高(属于钙、镁离子饱和土),故采用单液加固已足够。如钙、镁离子含量较低,则需考虑采用碱液与氯化钙溶液的双液法加固。为了提高碱液加固黄土的早期强度,也可适当注入一定量的氯化钙溶液。

16.2.6 碱液加固深度的确定,关系到加固效果和工程造价,要保证加固效果良好而造价又低,就需要确定一个合理的加固深度。碱液加固法适宜于浅层加固,加固深度不宜超过4~5m。过深除增加施工难度外,造价也较高。当加固深度超过5m时,应与其他加固方法进行技术经济比较后,再行决定。

位于湿陷性黄土地基上的基础,浸水后产生的湿陷量可分为由附加压力引起的湿陷以及由饱和自重压力引起的湿陷,前者一般称为外荷湿陷,后者称为自重湿陷。

有关浸水载荷试验资料表明,外荷湿陷与自重湿陷影响深度是不同的。对非自重湿陷性黄土地基只存在外荷湿陷。当其基底压力不超过200kPa时,外荷湿陷影响深度约为基础宽度b的1.0~2.4倍,但80%~90%的外荷湿陷量集中在基底下1.0~1.5b的深度范围内,其下所占的比例很小。对自重湿陷性黄土地基,外荷湿陷影响深度则为2.0~2.5b。在湿陷影响深度下限处土的附加压力与饱和自重压力的比值为0.25~0.36,其值较一般确定压缩层下限标准0.2(对一般土)或0.1(对软土)要大得多,故外荷湿陷影响深度小于压缩层深度。

位于黄土地基上的中小型工业与民用建筑物,其基础宽度多为1~2m。当基础宽度为2m或2m以上时,其外荷湿陷影响深度将超过4m,为避免加固深度过大,当基础较宽,也即外荷湿陷影响深度较大时,加固深度可减少到1.5~2.0b,这时可消除80%~90%的外荷湿陷量,从而大大减轻湿陷的危害。

对自重湿陷性黄土地基,试验研究表明,当地基属于自重湿陷不敏感或不很敏感类型时,如浸水范围小,外荷湿陷将占到总湿陷的87%~100%,自重湿陷将不产生或产生的很不充分。当基底压力不超过200kPa时,其外荷湿陷影响深度为2.0~2.5b,故本规范建议,对于这类地基,加固深度为2.0~3.0b,这样可基本消除地基的全部外荷湿陷。

16.2.7 试验表明,碱液灌注过程中,溶液除向四周渗透外,还往灌注孔上下各外渗一部分,其范围约相当于有效加固半径r。但灌注孔以上的渗出范围,由于溶液温度高,浓度也相对较大,故土体硬化快,强度高;而灌注孔以下部分,则因溶液温度和浓度都已降低,故强度较低。因此,在加固厚度计算时,可将孔下部渗出范围略去,而取$h=l+r$,偏于安全。

16.2.8 每一灌注孔加固后形成的加固土体可近似看做一圆柱体,这圆柱体的平均半径即为有效加固半径。灌液过程中,水分渗透距离远较加固范围大。在灌注孔四周,溶液温度高,浓度也相对较大;溶液往四周渗透中,溶液的浓度和温度都逐渐降低,故加固体强度也相应由高到低。试验结果表明,无侧限抗压强度—距离关系曲线近似为一抛物线,在加固柱体外缘,由于土的含水量增高,其强度比未加固的天然土还低。灌液试验中一般可取加固后无侧限抗压强度高于天然土无侧限抗压强度平均值50%以上的土体为有效加固体,其值大约在100~150kPa之间。有效加固体的平均半径即为有效加固半径。

从理论上讲,有效加固半径随溶液灌注量的增大而无限增大,但实际上,当溶液灌注超过某一定数量后,加固体积并不与灌注量成正比,这是因为外渗范围过大时,外围碱液浓度大大降低,起不到加固作用。因此存在一个较经济合理的加固半径。试验表明,这一合理半径一般为0.40~0.50m。

16.2.9 碱液加固一般采用直孔,很少采用斜孔。如灌注孔紧贴基础边缘,则有一半加固体位于基底以下,已起到承托基础的作用,故一般只需沿条形基础两侧或单独基础周边各布置一排孔即可。如孔距为1.8~2.0r,则加固体连成一体,相当于在原基础两侧或四周设置了刚性桩,与周围未加固土体组成复合地基。

16.2.10 湿陷性黄土的饱和度一般在15％～77％范围内变化，多数在40％～50％左右，故溶液充填土的孔隙时不可能全部取代原有水分，因此充填系数取0.6～0.8。举例如下，如加固1.0m³黄土，设其天然孔隙率为50％，饱和度为40％，则原有水份体积为0.2m³。当碱液充填系数为0.6时，则1.0m³土中注入碱液为0.3（0.6×0.5）m³，孔隙将被溶液全部充满，饱和度达100％。考虑到溶液注入过程中可能将取代原有土粒周围的部分弱结合水，这时可取充填系数为0.8，则注入碱液量为0.4（0.8×0.5）m³，将有0.1m³原有水分被挤出。

考虑到黄土的大孔隙性质，将有少量碱液顺大孔隙流失，不一定能均匀地向四周渗透，故实际施工时，应使碱液灌注量适当加大，本条建议取工作条件系数为1.1。

16.3 施 工

（Ⅰ） 单液硅化法

16.3.1 压力灌注溶液的施工步骤除配溶液等准备工作外，主要分为打灌注管和灌注溶液。通常自基础底面标高起向下分层进行，先施工第一加固层，完成后再施工第二加固层，在灌注溶液过程中，应注意观察溶液有无上冒（即冒出地面）现象，发现溶液上冒应立即停止灌注，分析原因，采取措施，堵塞溶液不出现上冒后，再继续灌注。打灌注管及连接胶皮管时，应精心施工，不得摇动灌注管，以免灌注管壁与土接触不严，形成缝隙。此外，胶皮管与灌注管连接完毕后，还应将灌注管上部及其周围0.5m厚的土层进行夯实，其干密度不得小于1.60g/cm³。

加固既有建筑物地基时，在基础侧向应先施工外排，后施工内排，并间隔1～3孔进行打灌注管和灌注溶液。

16.3.2 溶液自渗的施工步骤除配溶液与压力灌注相同外，打灌注孔及灌注溶液与压力灌注有所不同，灌注孔直接钻（或打）至设计深度，不需分层施工，可用钻机或洛阳铲成孔，采用打管成孔时，孔成后应将管拔出，孔径一般为60～80mm。

溶液自渗不需要灌注管及加压设备，而是通过灌注孔直接渗入欲加固的土层中，在自渗过程中，溶液无上冒现象，每隔一定时间向孔内添加一次溶液，防止溶液渗干。

16.3.3 硅酸钠溶液配好后，如不立即使用或停放一定时间后，溶液会产生沉淀现象，灌注时，应再将其搅拌均匀，以免影响顺利灌注。

16.3.4 不论是压力灌注还是溶液自渗，计算溶液量全部注入土中后，加固土体中的灌注孔均宜用2∶8灰土分层回填夯实，防止地面水、生产或生活用水浸入地基土内。

16.3.5 对既有建筑物或设备基础进行沉降观测，可及时发现在灌注硅酸钠溶液过程中是否会引起附加沉降以及附加沉降的大小，便于查明原因，停止灌注或采取其他处理措施。

（Ⅱ） 碱 液 法

16.3.6 灌注孔直径的大小主要与溶液的渗透量有关。如土质疏松，由于溶液渗透快，则孔径宜小。如孔径过大，在加固过程中，大量溶液将渗入灌注孔下部，形成上小下大的蒜头形加固体。如土的渗透性弱，而孔径较小，就将使溶液渗入缓慢，灌注时间延长，溶液由于在输液管中停留时间长，热量散失，将使加固体早期强度偏低，影响加固效果。

16.3.7 固体烧碱质量一般均能满足加固要求，液体烧碱及氯化钙在使用前均应进行化学成分定量分析，以便确定稀释到设计浓度时所需的加水量。

室内试验结果表明，用风干黄土加入相当于干土质量1.12％的氢氧化钠并拌合均匀制取试块，在常温下养护28d或在40～100℃高温下养护2h，然后浸水20h，测定其无侧限抗压强度可达166～446kPa。当拌合用的氢氧化钠含量低于干土质量1.12％时，试块浸水后即崩解。考虑到碱液在实际灌注过程中不可能分布均匀，因此一般按干土质量3％比例配料，湿陷性黄土干密度一般为1200～1500kg/m³，故加固每1m³黄土约需NaOH量为35～45kg。

碱液浓度对加固土强度有一定影响，试验表明，当碱液浓度较低时加固强度增长不明显，较合理的碱液浓度宜为90～100g/L。

16.3.8 由于固体烧碱中仍含有少量其他成分杂质，故配置碱液时应按纯NaOH含量来考虑。式（16.3.8-1）中忽略了由于固体烧碱投入后引起的溶液体积的少许变化。现将该式应用举例如下：

设固体烧碱中含纯NaOH为85％，要求配置碱液浓度为120g/L，则配置每立方米碱液所需固体烧碱量为：

$$G_s = 1000 \times \frac{M}{P} = 1000 \times \frac{0.12}{85\%} = 141.2 \text{kg}$$

采用液体烧碱配置每立米浓度为M的碱液时，液体烧碱体积与所加的水的体积之和为1000L，在1000L溶液中，NaOH溶质的量为1000M。一般化工厂生产的液体烧碱浓度以质量分数（即质量百分浓度）表示者居多，故施工中用比重计测出液体碱烧相对密度d_N，并已知其质量分数为N后，则每升液体烧碱中NaOH溶质含量即为$G_s = d_N V_1 N$，故$V_1 = \dfrac{G_s}{d_N N} = \dfrac{1000M}{d_N N}$，相应水的体积为$V_2 = 1000 - V_1 = 1000\left(1 - \dfrac{M}{d_N N}\right)$。

举例如下：设液体烧碱的质量分数为30％，相对密度为1.328，配制浓度为100g/L碱液时，每立方米溶液中所加的液体烧碱量为：

$$V_1 = 1000 \times \frac{M}{d_N N} = 1000 \times \frac{0.1}{1.328 \times 30\%} = 251 \text{L}$$

16.3.9 碱液灌注前加温主要是为了提高加固土体的早期强度。在常温下，加固强度增长很慢，加固 3d 后，强度才略有增长。温度超过 40℃以上时，反应过程可大大加快，连续加温 2h 即可获得较高强度。温度愈高，强度愈大。试验表明，在 40℃条件下养护 2h，比常温下养护 3d 的强度提高 2.87 倍，比 28d 常温养护提高 1.32 倍。因此，施工时应将溶液加热到沸腾。加热可用煤、炭、木柴、煤气或通入锅炉蒸气，因地制宜。

16.3.10 碱液加固与硅化加固的施工工艺不同之处在于后者是加压灌注（一般情况下），而前者是无压自流灌注，因此一般渗透速度比硅化法慢。其平均灌注速度在 1～10L/min 之间，以 2～5L/min 速度效果最好。灌注速度超过 10L/min，意味着土中存在有孔洞或裂隙，造成溶液流失；当灌注速度小于 1L/min 时，意味着溶液灌不进，如排除灌注管被杂质堵塞的因素，则表明土的可灌性差。当土中含水量超过 28%或饱和度超过 75%时，溶液就很难注入，一般应减少灌注量或另行采取其他加固措施以进行补救。

16.3.11 在灌液过程中，由于土体被溶液中携带的大量水分浸湿，立即变软，而加固强度的形成尚需一定时间。在加固土强度形成以前，土体在基础荷载作用下由于浸湿软化将使基础产生一定的附加下沉，为减少施工中产生过大的附加下沉，避免建筑物产生新的危害，应采取跳孔灌液并分段施工，以防止浸湿区连成一片。由于 3d 龄期强度可达到 28d 龄期强度的 50%左右，故规定相邻两孔灌注时间间隔不少于 3d。

16.3.12 采用 $CaCl_2$ 与 NaOH 的双液法加固地基时，两种溶液在土中相遇即反应生成 $Ca(OH)_2$ 与 NaCl。前者将沉淀在土粒周围而起到胶结与填充的双重作用。由于黄土是钙、镁离子饱和土，故一般只采用单液法加固。但如要提高加固土强度，也可考虑用双液法。施工时如两种溶液先后采用同一容器，则在碱液灌注完成后应将容器中的残留碱液清洗干净，否则，后注入的 $CaCl_2$ 溶液将在容器中立即生成白色的 $Ca(OH)_2$ 沉淀物，从而使注液管堵塞，不利于溶液的渗入。为避免 $CaCl_2$ 溶液在土中置换过多的碱液中的钠离子，规定两种溶液间隔灌注时间不应于 8～12h，以便使先注入的碱液与被加固土体有较充分的反应时间。

16.3.13 施工中应注意安全操作，并备工作服、胶皮手套、风镜、围裙、鞋罩等。皮肤如沾上碱液应立即用 5%浓度的硼酸溶液冲洗。

16.4 质量检验

（Ⅰ） 单液硅化法

16.4.3 沉降观测结果，也可作为评定地基加固质量和效果好坏的重要依据之一。地基加固结束后，既有建筑物或设备基础的沉降很小并很快稳定，说明地基加固的质量和效果则好，反之则差。观测时间一般不应少于半年。

（Ⅱ） 碱 液 法

16.4.4～16.4.6 碱液加固后，土体强度有一个增长的过程，故验收工作应在施工完毕 28d 以后进行。

碱液加固工程质量的判定除以沉降观测为主要依据外，还应对加固土体的强度、有效加固半径和加固深度进行测定。有效加固半径和加固深度目前只能实地开挖测定。强度则可通过钻孔或开挖取样测定。由于碱液加固土的早期强度是不均匀的，一般应在有代表性的加固土体中部取样，试样的直径和高度均为 50mm，试块数应不少于 3 个，取其强度平均值。考虑到后期强度还将继续增长，故允许加固土 28d 龄期的无侧限抗压强度的平均值可不低于设计值的 90%。

如采用触探法检验加固质量，宜采用标准贯入试验；如采用轻便触探易导致钻杆损坏。

17 其他地基处理方法

17.0.1～17.0.5 除本规范 4～16 各章所列的地基处理方法外，常用的地基处理方法尚有注浆法、锚杆静压桩法、树根桩法和坑式静压桩法。这些方法已纳入行业标准《既有建筑地基基础加固技术规范》JGJ 123—2000 内，有关这些方法的设计和施工应按该规范有关规定执行。为方便使用，本章列出了上述方法的适用土类。

附录 A 复合地基载荷试验要点

A.0.2 正确选择承压板面积是确保试验结果准确性的重要环节。对于单桩或多桩复合地基载荷试验，其承压板面积必须与单桩或实际桩数所承担的处理面积相等。

A.0.4 载荷试验场地地基土含水量变化或地基土受到扰动，均会影响试验结果的准确性。引起地基土含水量变化的因素很多，诸如曝晒、冰冻、刮风、蒸发、基坑浸水和人工降低地下水位等均可引起地基土含水量变化。因此，试验前应采取有效的预防措施。

中华人民共和国国家标准

建筑边坡工程技术规范

GB 50330—2002

条 文 说 明

目 次

1 总则 ·· 5—16—3
3 基本规定 ···································· 5—16—3
   3.1 建筑边坡类型 ····················· 5—16—3
   3.2 边坡工程安全等级 ················ 5—16—3
   3.3 设计原则 ··························· 5—16—3
   3.4 一般规定 ··························· 5—16—4
   3.6 坡顶有重要建（构）筑物的边
       坡工程设计 ························· 5—16—4
4 边坡工程勘察 ······························ 5—16—5
   4.1 一般规定 ··························· 5—16—5
   4.2 边坡勘察 ··························· 5—16—5
   4.3 气象、水文和水文地质条件 ····· 5—16—5
   4.4 危岩崩塌勘察 ····················· 5—16—6
   4.5 边坡力学参数 ····················· 5—16—6
5 边坡稳定性评价 ··························· 5—16—7
   5.1 一般规定 ··························· 5—16—7
   5.2 边坡稳定性分析 ·················· 5—16—7
   5.3 边坡稳定性评价 ·················· 5—16—7
6 边坡支护结构上的侧向岩土
   压力 ·· 5—16—7
   6.1 一般规定 ··························· 5—16—7
   6.2 侧向土压力 ························ 5—16—8
   6.3 侧向岩石压力 ····················· 5—16—8
   6.4 侧向岩土压力的修正 ············· 5—16—8
7 锚杆（索） ································· 5—16—8
   7.1 一般规定 ··························· 5—16—8
   7.2 设计计算 ··························· 5—16—9
   7.3 原材料 ······························ 5—16—9
   7.4 构造设计 ··························· 5—16—9
8 锚杆（索）挡墙支护 ····················· 5—16—10
   8.1 一般规定 ··························· 5—16—10
   8.2 设计计算 ··························· 5—16—10

   8.3 构造设计 ··························· 5—16—11
   8.4 施工 ································· 5—16—11
9 岩石锚喷支护 ······························ 5—16—11
   9.1 一般规定 ··························· 5—16—11
   9.2 设计计算 ··························· 5—16—12
   9.3 构造设计 ··························· 5—16—12
   9.4 施工 ································· 5—16—12
10 重力式挡墙 ······························· 5—16—12
   10.1 一般规定 ·························· 5—16—12
   10.2 设计计算 ·························· 5—16—12
   10.3 构造设计 ·························· 5—16—12
   10.4 施工 ································ 5—16—12
11 扶壁式挡墙 ······························· 5—16—12
   11.1 一般规定 ·························· 5—16—12
   11.2 设计计算 ·························· 5—16—13
   11.3 构造设计 ·························· 5—16—13
   11.4 施工 ································ 5—16—14
12 坡率法 ····································· 5—16—14
   12.1 一般规定 ·························· 5—16—14
   12.2 设计计算 ·························· 5—16—14
   12.3 构造设计 ·························· 5—16—14
13 滑坡、危岩和崩塌防治 ················ 5—16—14
   13.1 滑坡防治 ·························· 5—16—14
   13.2 危岩和崩塌防治 ·················· 5—16—14
14 边坡变形控制 ···························· 5—16—15
   14.1 一般规定 ·························· 5—16—15
   14.2 控制边坡变形的技术措施 ······· 5—16—15
15 边坡工程施工 ···························· 5—16—15
   15.1 一般规定 ·························· 5—16—15
   15.2 施工组织设计 ····················· 5—16—15
   15.3 信息施工法 ······················· 5—16—15
   15.4 爆破施工 ·························· 5—16—15

1 总则

1.0.1 山区建筑边坡支护技术，涉及工程地质、水文地质、岩土力学、支护结构、锚固技术、施工及监测等多门学科，边坡支护理论及技术发展也较快。但因勘察、设计、施工不当，已建的边坡工程中时有垮塌事故和浪费现象，造成国家和人民生命财产严重损失，同时遗留了一些安全度、耐久性及抗震性能低的边坡支护结构物。制定本规范的主要目的是使建筑边坡工程技术标准化，符合技术先进、经济合理、安全适用、确保质量、保护环境的要求，以保障建筑边坡工程建设健康发展。

1.0.3 本规范适用于建（构）筑物或市政工程开挖和填方形成的人工切坡，以及破坏后危及建（构）筑物安全的自然边坡、滑坡、危岩的支护设计。用于岩石基坑时，应按临时性边坡设计，其安全度、耐久性和有关构造可作相应调整。

本规范适用于岩质边坡及非软土类边坡。软土边坡有关抗隆起、抗渗流、边坡稳定、锚固技术、地下水处理、结构选型等是较特殊的问题，应按现行有关规范执行。

1.0.4 本条中岩质建筑边坡应用高度确定为30m、土质建筑边坡确定为15m，主要考虑到超过以上高度的边坡工程实例较少、工程经验不十分充足。超过以上高度的超高边坡支护设计，可参考本规范的原则作特殊设计。

1.0.6 边坡支护是一门综合性学科和边缘性强的工程技术，本规范难以全面反映地质勘察、地基及基础、钢筋混凝土结构及抗震设计等技术。因此，本条规定除遵守本规范外，尚应符合国家现行有关标准的规定。

3 基本规定

3.1 建筑边坡类型

3.1.1 土与岩石不仅在力学参数值上存在很大的差异，其破坏模式、设计及计算方法等也有很大的差别，将边坡分为岩质边坡与土质边坡是必要的。

3.1.2 岩质边坡破坏型式的确定是边坡支护设计的基础。众所周知，不同的破坏型式应采用不同的支护设计。本规范宏观地将岩质边坡破坏形式确定为滑移型与崩塌型两大类。实际上这两类破坏型式是难以截然划分的，故支护设计中不能生般硬套，而应根据实际情况进行设计。

3.1.3 边坡岩体分类是边坡工程勘察的非常重要的内容，是支护设计的基础。本规范从岩体力学观点出发，强调结构面的控制作用，对边坡岩体进行侧重稳定性的分类。建筑边坡高度一般不大于50m，在50m高的岩体自重作用下是不可能将中、微风化的软岩、较软岩、较硬岩及硬岩剪断的。也就是说中、微风化岩石的强度不是构成影响边坡稳定的重要因素，所以未将岩石强度指标作为分类的判定条件。

3.1.4 本条规定既考虑了安全又挖掘了潜力。

3.2 边坡工程安全等级

3.2.1～3.2.2 边坡工程安全等级是支护工程设计、施工中根据不同的地质环境条件及工程具体情况加以区别对待的重要标准。本条提出边坡安全等级分类的原则，除根据《建筑结构可靠性设计统一标准》按破坏后果严重性分为很严重、严重、不严重外，尚考虑了边坡稳定性因素（岩土类别和坡高）。从边坡工程事故原因分析看，高度大、稳定性差的边坡（土质软弱、滑坡区、外倾软弱结构面发育的边坡等）发生事故的概率较高，破坏后果也较严重，因此本条将稳定性很差的、坡高较大的边坡均划入一级边坡。

3.2.3 本条提出边坡塌滑区对土质边坡按 $45+\varphi/2$ 考虑，对岩质边坡按 6.3.5 条考虑，作为坡顶有重要建（构）筑物时确定边坡工程安全等级的条件，也是边坡侧压力计算理论最大值时边坡滑裂面以外区域，并非岩土边坡稳定角以外的区域。例如砂土的稳定角为 φ。

3.3 设计原则

3.3.1 为保证支护结构的耐久性和防腐性达到正常使用极限状态功能的要求，需要进行抗裂计算的支护结构的钢筋混凝土构件的构造和抗裂应按现行有关规定执行。锚杆是承受高应力的受拉构件，其锚固砂浆的裂缝开展较大，计算一般难以满足规范要求，设计中应采取严格的防腐构造措施，保证锚杆的耐久性。

3.3.2 边坡工程设计的荷载组合，应按照《建筑结构荷载规范》与《建筑结构可靠度设计统一标准》执行，根据边坡工程结构受力特点，本规范采用了以下组合：

1 按支护结构承载力极限状态设计时，荷载效应组合应为承载能力极限状态的基本组合；

2 边坡变形验算时，仅考虑荷载的长期组合，不考虑偶然荷载的作用；

3 边坡稳定验算时，考虑边坡支护结构承受横向荷载为主的特点，采用短期荷载组合。

本规范与国家现行建筑地基基础设计规范的基本精神同步，涉及地基承载力和锚固体计算部分采用特征值（类同容许值）的概念，支护结构和锚筋及锚固设计与现行有关规范中上部结构一致，采用极限状态法。

3.3.4 建筑边坡抗震设防的必要性成为工程界的统一认识。城市中建筑边坡一旦破坏将直接危及到相邻的建筑，后果极为严重，因此抗震设防的建筑边坡与建筑物的基础同样重要。本条提出在边坡设计中应考虑抗震构造要求，其构造应满足现行《抗震设计规范》中对梁的相应要求，当立柱竖向附加荷载较大时，尚应满足对柱的相应要求。

3.3.6 对边坡变形有较高要求的边坡工程，主要有以下几类：

 1 重要建（构）筑物基础位于边坡塌滑区；

 2 建（构）筑物主体结构对地基变形敏感，不允许地基有较大变形时；

 3 预估变形值较大、设计需要控制变形的高大土质边坡。

 影响边坡及支护结构变形的因素复杂，工程条件繁多，目前尚无实用的理论计算方法可用于工程实践。本规范7.2.5关于锚杆的变形计算，也只是近似的简化计算。在工程设计中，为保证上述类型的一级边坡满足正常使用极限状态条件，主要依据设计经验和工程类比及按本规范14章采用控制性措施解决。

 当坡顶荷载较大（如建筑荷载等）、土质较软、地下水发育时边坡尚应进行地下水控制验算、坡底隆起、稳定性及渗流稳定性验算，方法可按国家现行有关规范执行。

 由于施工爆破、雨水浸蚀及支护不及时等因素影响，施工期边坡塌方事故发生率较高，本条强调施工期各不利工况应作验算，施工组织设计应充分重视。

3.4 一般规定

3.4.2 动态设计法是本规范边坡支护设计的基本原则。当地质勘察参数难以准确确定、设计理论和方法带有经验性和类比性时，根据施工中反馈的信息和监控资料完善设计，是一种客观求实、准确安全的设计方法，可以达到以下效果：

 1 避免勘察结论失误。山区地质情况复杂、多变，受多种因素制约，地质勘察资料准确性的保证率较低，勘察主要结论失误造成边坡工程失败的现象不乏其例。因此规定地质情况复杂的一级边坡在施工开挖中补充"施工勘察"，收集地质资料，查对核实原地质勘察结论。这样可有效避免勘察结论失误而造成工程事故。

 2 设计者掌握施工开挖反映的真实地质特征、边坡变形量、应力测定值等，对原设计作校核和补充、完善设计，确保工程安全，设计合理。

 3 边坡变形和应力监测资料是加快施工速度或排危应急抢险，确保工程安全施工的重要依据。

 4 有利于积累工程经验，总结和发展边坡工程支护技术。

3.4.4 综合考虑场地地质条件、边坡重要性及安全等级、施工可行性及经济性、选择合理的支护设计方案是设计成功的关键。为便于确定设计方案，本条介绍了工程中常用的边坡支护型式。

3.4.5 建筑边坡场地有无不良地质现象是建筑物及建筑边坡选址首先必须考虑的重大问题。显然在滑坡、危岩及泥石流规模大、破坏后果严重、难以处理的地段规划建筑场地是难以满足安全可靠、经济合理的原则的，何况自然灾害的发生也往往不以人们的意志为转移。因此在规模大、难以处理的、破坏后果很严重的滑坡、危岩、泥石流及断层破碎带地区不应修筑建筑边坡。

3.4.6 稳定性较差的高大边坡，采用后仰放坡或分阶放坡方案，有利于减小侧压力，提高施工期的安全和降低施工难度。

3.4.7 当边坡坡体内及支护结构基础下洞室（人防洞室或天然溶洞）密集时，可能造成边坡工程施工期塌方或支护结构变形过大，已有不少工程教训，设计时应引起充分重视。

3.4.9 本条所指的"新结构、新技术"是指尚未被规范和有关文件认可的新结构、新技术。对工程中出现超过规范应用范围的重大技术难题，新结构、新技术的合理推广应用以及严重事故的正确处理，采用专门技术论证的方式可达到技术先进、确保质量、安全经济的良好效果。重庆、广州和上海等地区在主管部门领导下，采用专家技术论证方式在解决重大边坡工程技术难题和减少工程事故方面已取得良好效果。因此本规范推荐专门论证作法。

3.6 坡顶有重要建（构）筑物的边坡工程设计

3.6.1 坡顶建筑物基础与边坡支护结构的相互作用主要考虑建筑荷载传给支护结构对边坡稳定的影响，以及因边坡临空状使建筑物地基侧向约束减小后地基承载力相应降低及新施工的建筑基础和施工开挖期对边坡原有水系产生的不利影响。

3.6.2 在已有建筑物的相邻处开挖边坡，目前已有不少成功的工程实例，但危及建筑物安全的事故也时有发生。建筑物的基础与支护结构之间距离越近，事故发生的可能性越大，危害性越大。本条规定的目的是尽可能保证建筑物基础与支护结构间较合理的安全距离，减少边坡工程事故发生的可能性。确因工程需要时，但应采取相应措施确保勘察、设计和施工的可靠性。不应出现因新开挖边坡使原稳定的建筑基础置于稳定性极差的临空状外倾软弱结构面的岩体和稳定性极差的土质边坡塌滑区外边缘，造成高风险的边坡工程。

3.6.3 当坡顶建筑物基础位于边坡塌滑区，建筑物基础传来的垂直荷载、水平荷载及弯距部分作用于支护结构时，边坡支护结构强度、整体稳定和变形验算均应根据工程具体情况，考虑建筑物传来的荷载对边坡支护结构的作用。其中建筑水平荷载对边坡支护结构作用的定性及定量近视估算，可根据基础方案、构造作法、荷载大小、基础到边坡的距离、边坡岩土体性状等因素确定。建筑物传来的水平荷载由基础抗侧力、地基摩擦力及基础与边坡间坡体岩土抗力承担，当水平作用力大于上述抗力之和时由支护结构承担不平衡的水平力。

3.6.6 本条强调坡顶建（构）筑物基础荷载作用在边坡外边缘时除应计算边坡整体稳定外，尚应进行地基局部稳定性验算。

4 边坡工程勘察

4.1 一般规定

4.1.1 为给边坡治理提供充分的依据，以达到安全、合理的整治边坡的目的，对边坡（特别是一些高边坡或破坏后果严重的边坡）进行专门性的岩土工程勘察是十分必要的。

当某边坡作为主体建筑的环境时要求进行专门性的边坡勘察，往往是不现实的，此时对于二、三级边坡也可结合对主体建筑场地勘察一并进行。岩土体的变异性一般都比较大，对于复杂的岩土边坡很难在一次勘察中就将主要的岩土工程问题全部查明；而且对于一些大型边坡，设计往往也是分阶段进行的。分阶段勘察是根据国家基本建设委员会（73）建革字第308号文精神，并考虑与设计工作相适应和我国的长期习惯作法。

当地质环境条件复杂时，岩土差异性就表现得更加突出，往往即使进行了初勘、详勘还不能准确的查明某些重要的岩土工程问题，这时进行施工勘察就很重要了。

4.1.2 建筑边坡的勘察范围理应包括可能对建（构）筑物有潜在安全影响的区域。但以往多数勘察单位在专门性的边坡勘察中也常常是范围偏小，将勘察范围局限在指定的边坡范围之内。

勘察孔进入稳定层的深度的确定，主要依据查明支护结构持力层性状，并避免在坡脚（或沟心）出现判层错误（将巨块石误判为基岩）等。

4.1.3 本条是对边坡勘察提出的理应做到的最基本要求。

4.1.4 监测工作的重要性是不言而喻的，尤其是对建筑而言，它是预防地质灾害的重要手段之一。以往由于多种原因对监测工作重视不够，产生突发性灾害的事例也是屡见不鲜的。因而规范特别强调要对地质环境条件复杂的工程安全等级为一级的边坡在勘察过程中应进行监测。

众所周知，水对边坡工程的危害是很大的，因而掌握地下水随季节的变化规律和最高水位等有关水文地质资料对边坡治理是很有必要的。对位于水体附近或地下水发育等地段的边坡工程宜进行长期观测，至少应观测一个水文年。

4.1.5 不同土质、不同工况下，土的抗剪强度是不同的。所以土的抗剪强度指标应根据土质条件和工程实际情况确定。如土坡处于稳定状态，土的抗剪强度指标就应用抗剪断强度进行适当折减，若已经滑动则应采用残余抗剪强度；若土坡处于饱水状态，应用饱和状态下抗剪强度值等。

4.2 边坡勘察

4.2.1～4.2.3 是对边坡勘察工作的具体要求，也是最基本要求。

4.2.4～4.2.5 是对边坡勘察中勘探工作的具体要求，边坡（含基坑边坡）勘察的重点之一是查明岩土体的性状。对岩质边坡而言，是查明边坡岩体中结构面的发育性状。用单一的直孔往往难以达到预期效果，采用多种手段，特别是斜孔、井槽、探槽对于查明陡倾结构是非常有效的。

边坡的破坏主要是重力作用下的一种地质现象其破坏方式主要是沿垂直于边坡方向的滑移失稳，故而勘察线应沿垂直边坡布置。

表 4.2.5 中勘探线、点间距是以能满足查明边坡地质环境条件需要而确定的。

4.2.6 本规范采用概率理论对测试数据进行处理，根据概率理论，最小数据量 n 由 $t_\mathrm{p}=\sqrt{n}=\Delta r/\delta$ 确定。式中 t_p 为 t 分布的系数值，与置信水平 P_s 和自由度（$n-1$）有关。一般土体的性质指标变异性多为变异性很低～低，要较之岩体（变异性多为低～中等）为低。故土体6个测试数据（测试单值）基本能满足置信概率 $P_\mathrm{s}=0.95$ 时的精度要求，而岩体则需9个测试数据（测试单值）才能达到置信概率 $P_\mathrm{s}=0.95$ 时的精度要求。由于岩石三轴剪试验费用较高等原因，所以工作中可以根据地区经验确定岩体的 C、φ 值并应用测试资料作校核。

4.2.7 岩石（体）作为一种材料，具有在静载作用下随时间推移而出现强度降低的"蠕变效应"（或称"流变效应"）。岩石（体）流变试验在我国（特别是建筑边坡）进行得不是很多。根据研究资料表明，长期强度一般为平均标准强度的80%左右。对于一些有特殊要求的岩质边坡，从安全、经济的角度出发，进行"岩体流变"试验是必要的。

4.2.8～4.2.9 该两条是对边坡岩土体及环境保护的基本要求。

4.3 气象、水文和水文地质条件

4.3.1 大量的建筑边坡失稳事故的发生，无不说明了雨季、暴雨过程、地表径流及地下水对建筑边坡稳定性的重大影响，所以建筑边坡的工程勘察应满足各类建筑边坡的支护设计与施工的要求，并开展进一步

专门必要的分析评价工作,因此提供完整的气象、水文及水文地质条件资料,并分析其对建筑边坡稳定性的作用与影响是非常重要的。

4.3.2 必要的水文地质参数是边坡稳定性评价、预测及排水系统设计所必需的,为获取水文地质参数而进行的现场试验必须在确保边坡稳定的前提下进行。

4.3.3 本条要求在边坡的岩土勘察或专门的水文地质勘察中,对边坡岩土体或可能的支护结构由于地下水产生的侵蚀、矿物成分改变等物理、化学影响及影响程度进行调查研究与评价。另外,本条特别强调了雨季和暴雨过程的影响。对一级边坡或建筑边坡治理条件许可时,可开展降雨渗入对建筑边坡稳定性影响研究工作。

4.4 危岩崩塌勘察

4.4.1 在丘陵、山区选择场址和考虑建筑总平面布置时,首先必须判定山体的稳定性,查明是否存在产生危岩崩塌的条件。实践证明,这些问题如不在选择场址或可行性研究中及时发现和解决,会给经济建设造成巨大损失。因此,规范规定危岩崩塌勘察应在可行性研究或初步勘察阶段进行。工作中除应查明产生崩塌的条件及规模、类型、范围,预测其发展趋势,对崩塌区作为建筑场地的适宜性作出判断外,尚应根据危岩崩塌产生的机制有针对性地提出防治建议。

4.4.2、4.4.3、4.4.5 危岩崩塌勘察区的主要工作手段是工程地质测绘。工作中应着重分析、研究形成崩塌的基本条件,判断产生崩塌的可能性及其类型、规模、范围。预测发展趋势,对可能发生崩塌的时间、规模方向、途径、危害范围做出预测,为防治工程提供准确的工程勘察资料(含必要的设计参数)并提出防治方案。

4.4.4 不同破坏型式的危岩其支护方式是不同的。因而勘察中应按单个危岩确定危岩的破坏型式、进行稳定性评价,提供有关图件(平面图、剖面图或实体投影图)、提出支护建议。

4.5 边坡力学参数

4.5.1~4.5.3 岩土性质指标(包括结构面的抗剪强度指标)应通过测试确定。但当前并非所有工程均能做到。由于岩体(特别是结构面)的现场剪切试验费用较高、试验时间较长、试验比较困难等原因,规范参照《工程岩体分级标准》GB50218—94 表 C.0.2 并结合国内一些测试数据、研究成果及工程经验提出表 4.5.1 及表 4.5.2 供工程勘察设计人员使用。对破坏后果严重的一级岩质边坡应作测试。

4.5.4 岩石标准值是对测试值进行误差修正后得到反映岩石特点的值。由于岩体中或多或少都有结构面存在,其强度要低于岩石的强度。当前不少勘察单位采用水利水电系统的经验,不加区分地将岩石的粘聚力 c 乘以 0.2,内摩擦系数($tg\varphi$)乘以 0.8 作为岩体的 c、φ。根据长江科学院重庆岩基研究中心等所作大量现场试验表明,岩石与岩体(尤其是较完整的岩体)的内摩擦角相差很微,而粘聚力 c 则变化较大。规范给出可供选用的系数。一般情况下粘聚力可取中小值,内摩擦角可取中高值。

4.5.5 岩体等效内摩擦角是考虑粘聚力在内的假想的"内摩擦角",也称似内摩擦角或综合内摩擦角。可根据经验确定,也可由公式计算确定。常用的计算公式有多种,规范推荐以下公式是其中一种简便的公式。等效内摩擦角的计算公式推导如下:

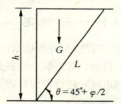

图 4.5.5-1

$$\tau = \sigma tg\varphi + c, \text{ 或 } \tau = \sigma tg\varphi_d$$

则 $$tg\varphi_d = tg\varphi + \frac{c}{\sigma} = tg\varphi + 2c/\gamma h cos\theta$$

即 $$\varphi_d = arctg\ (tg\varphi + 2c/\gamma h cos\theta)$$

式中 τ——剪应力;
σ——正应力;
θ——岩体破裂角,为 $45°+\varphi/2$。

岩体等效内摩擦角 φ_d 在工程中应用较广,也为广大工程技术人员所接受。可用来判断边坡的整体稳定性:当边坡岩体处于极限平衡状态时,即下滑力等于抗滑力

$$Gsin\theta = Gcos\theta tg\varphi + cL = Gcos\theta tg\varphi_d$$

则:$tg\theta = tg\varphi_d$

故当 $\theta < \varphi_d$ 时边坡整体稳定,反之则不稳定。

由图 4.5.5-2 知,只有 A 点才真正能代表等效内摩擦角。当正应力增大(如在边坡上堆载或边坡高度加高)则不安全,正应力减小(如在边坡上减载或边坡高度减低)则偏于安全。故在使用等效内摩擦角时,常常是将边坡最大高度作为计算高度来确定正应力 σ。

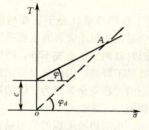

图 4.5.5-2

表 4.5.5 是根据大量边坡工程总结出的经验值，各地应在工程中不断积累经验。

需要说明的是：1）等效内摩擦角应用岩体 c、φ 值计算确定；2）由于边坡岩体的不均一性等，一般情况下，等效内摩擦角的计算边坡高度不宜超过 15m；不得超过 25m；3）考虑岩体的"流变效应"，计算出的等效内摩擦角尚应进行适当折减。

4.5.6 按照不同的工况选择不同的抗剪强度指标是为了使计算结果更加接近客观实际。

5 边坡稳定性评价

5.1 一般规定

5.1.1 施工期存在不利工况的边坡系指在建筑和边坡加固措施尚未完成的施工阶段可能出现显著变形或破坏的边坡。对于这些边坡，应对施工期不利工况条件下的边坡稳定性做出评价。

5.1.2 工程地质类比方法主要是依据工程经验和工程地质学分析方法，按照坡体介质、结构及其他条件的类比，进行边坡破坏类型及稳定性状态的定性判断。

边坡稳定性评价应包括下列内容：

1 边坡稳定性状态的定性判断；
2 边坡稳定性计算；
3 边坡稳定性综合评价；
4 边坡稳定性发展趋势分析。

5.2 边坡稳定性分析

5.2.1 边坡稳定性分析应遵循以定性分析为基础，以定量计算为重要辅助手段，进行综合评价的原则。因此，根据工程地质条件、可能的破坏模式以及已经出现的变形破坏迹象对边坡的稳定性状态做出定性判断，并对其稳定性趋势做出估计，是边坡稳定性分析的重要内容。

根据已经出现的变形破坏迹象对边坡稳定性状态做出定性判断时，应十分重视坡体后缘可能出现的微小张裂现象，并结合坡体可能的破坏模式对其成因作细致分析。若坡体侧边出现斜列裂缝，或在坡体中下部出现剪出或隆起变形时，可做出不稳定的判断。

5.2.2 岩质边坡稳定性计算时，在发育 3 组以上结构面，且不存在优势外倾结构面组的条件下，可以认为岩体为各向同性介质，在斜坡规模相对较大时，其破坏通常接近圆弧滑面发生，宜采用圆弧滑动面条分法计算。对边坡规模较小、结构面组合关系较复杂的块体滑动破坏，采用赤平极射投影法及实体比例投影法较为方便。

5.2.5 本条推荐的计算方法为不平衡推力传递法，计算中应注意如下可能出现的问题：

1 当滑面形状不规则，局部凸起而使滑体较薄时，宜考虑从凸起部位剪出的可能性，可进行分段计算；

2 由于不平衡推力传递法的计算稳定系数实际上是滑坡最前部条块的稳定系数，若最前部条块划分过小，在后部传递力不大时，边坡稳定系数将显著地受该条块形状和滑面角度影响而不能客观地反映边坡整体稳定性状态。因此，在计算条块划分时，不宜将最下部条块分得太小。

3 当滑体前部滑面较缓，或出现反倾段时，自后部传递来的下滑力和抗滑力较小，而前部条块下滑力可能出现负值而使边坡稳定系数为负值，此时应视边坡为稳定状态；当最前部条块稳定系数不能较好地反映边坡整体稳定性时，可采用倒数第二条块的稳定性系数，或最前部 2 个条块稳定系数的平均值。

5.2.6 边坡地下水动水压力的严格计算应以流网为基础。但是，绘制流网通常是较困难的。考虑到用边坡中地下水位线与计算条块底面倾角的平均值作为地下水动水压力的作用方向具有可操作性，且可能造成的误差不会太大，因此可以采用第 5.2.6 规定的方法。

5.3 边坡稳定性评价

5.3.1 边坡稳定安全系数因所采用的计算方法不同，计算结果存在一定差别，通常圆弧法计算结果较平面滑动法和折线滑动法偏低。因此在依据计算稳定安全系数评价边坡稳定性状态时，评价标准应根据所采用的计算方法按表 5.3.1 分类取值。地质条件特殊的边坡，是指边坡高度较大或地质条件十分复杂的边坡，其稳定安全系数标准可按本规范表 5.3.1 的标准适当提高。

6 边坡支护结构上的侧向岩土压力

6.1 一般规定

6.1.1~6.1.2 当前，国内外对土压力的计算都采用著名的库仑公式与朗金公式，但上述公式基于极限平衡理论，要求支护结构发生一定的侧向变形。若挡墙的侧向变形条件不符合主动、静止或被动极限平衡状态条件时则需对侧向岩土压力进行修正，其修正系数可依据经验确定。

土质边坡的土压力计算应考虑如下因素：

1 土的物理力学性质（重力密度、抗剪强度、墙与土之间的摩擦系数等）；
2 土的应力历史和应力路径；
3 支护结构相对土体位移的方向、大小；
4 地面坡度、地面超载和邻近基础荷载；
5 地震荷载；

6 地下水位及其变化；
7 温差、沉降、固结的影响；
8 支护结构类型及刚度；
9 边坡与基坑的施工方法和顺序。

岩质边坡的岩石压力计算应考虑如下因素：

1 岩体的物理力学性质（重力密度、岩石的抗剪强度和结构面的抗剪强度）；

2 边坡岩体类别（包括岩体结构类型、岩石强度、岩体完整性、地表水浸蚀和地下水状况、岩体结构面产状、倾向坡外结构面的结合程度等）；

3 岩体内单个软弱结构面的数量、产状、布置形式及抗剪强度；

4 支护结构相对岩体位移的方向与大小；

5 地面坡度、地面超载和邻近基础荷载；

6 地震荷载；

7 支护结构类型及刚度；

8 岩石边坡与基坑的施工方法与顺序。

6.2 侧向土压力

6.2.1～6.2.5 按经典土压力理论计算静止土压力、主动与被动土压力。本条规定主动土压力可用库仑公式与朗金公式，被动土压力采用朗肯公式。一般认为，库仑公式计算主动土压力比较接近实际，但计算被动土压力误差较大；朗肯公式计算主动土压力偏于保守，但算被动土压力反而偏小。建议实际应用中，用库仑公式计算主动土压力，用朗肯公式计算被动土压力。

6.2.6～6.2.7 采用水土分算还是水土合算，是当前有争议的问题。一般认为，对砂土与粉土采用水土分算，粘性土采用水土合算。水土分算时采用有效应力抗剪强度；水土合算时采用总应力抗剪强度。对正常固结土，一般以室内自重固结下不排水指标求主动土压力；以不固结不排水指标求被动土压力。

6.2.8 本条主动土压力是按挡墙后有较陡的稳定岩石坡情况下导出的。设计中应当注意，锚杆应穿过表面强风化与十分破碎的岩体，使锚固区落在稳定的岩体中。

陡倾的岩层上的浅层土体十分容易沿岩层面滑落，而成为当前一种多发的滑坡灾害。因而稳定岩石坡面与填土间的摩擦角取值十分谨慎。本条中提出的建议值是经验值，设计者根据地区工程经验确定。

6.2.9 本条提出的一些特殊情况下的土压力计算公式，是依据土压力理论结合经验而确定的半经验公式。

6.3 侧向岩石压力

6.3.1 由实验室测得的岩块泊松比是岩石的泊松比，而不是岩体的泊松比，因而由此得的是静止岩石侧压力系数。岩质边坡静止侧压力系数应按 6.4.1 条

修正。

6.3.2 岩体与土体不同，滑裂角为外倾结构面倾角，因而由此推出的岩石压力公式与库仑公式不同，当滑裂角 $\theta = 45° + \varphi/2$ 时式（6.3.2）即为库仑公式。当岩体无明显结构面时或为破碎、散体岩体时 θ 角取 $45° + \varphi/2$。

6.3.3 有些岩体中存在外倾的软弱结构面，即使结构面倾角很小，仍可能产生四面楔体滑落，对滑落体的大小按当地实际情况确定。滑落体的稳定分析采用力多边形法验算。

6.3.4 本条给出滑移型岩质边坡各种条件下的侧向岩石压力计算方法，以及边坡侧压力和破裂角设计取值原则。

6.4 侧向岩土压力的修正

6.4.1～6.4.2 当坡肩有建筑物，挡墙的变形量较大时，将危及建筑物的安全及正常使用。为使边坡的变形量控制在允许范围内，根据建筑物基础与边坡外边缘的关系采用表 6.4.1 中的岩土侧压力修正值，其目的是使边坡仅发生较小变形，这样能保证坡顶建筑物的安全及正常使用。

岩质边坡修正静止岩石压力 E'_0 为静止岩石侧压力 E_0 乘以折减系数 β_1。由于岩质边坡开挖后产生微小变形时应力释放很快，并且岩体中结构面和裂隙也会造成静止岩石压力降低，工程中不存在理论上的静止侧压力，因此岩质边坡静止侧压力应进行修正。按表 6.4.2 折减后的岩石静止侧压力约为 $1/2(E_0 + E_a)$，其中岩石强度高、完整性好的 I 类岩质边坡折减较多，而 II 类岩质边坡折减较少。

7 锚 杆 （索）

7.1 一般规定

7.1.1 锚杆是一种受拉结构体系，钢拉杆、外锚头、灌浆体、防腐层、套管和联接器及内锚头等组成。锚杆挡墙是由锚杆和钢筋混凝土肋柱及挡板组成的支挡结构物，它依靠锚固于稳定岩土层内锚杆的抗拔力平衡挡板处的土压力。近年来，锚杆技术发展迅速，在边坡支护、危岩锚定、滑坡整治、洞室加固及高层建筑基础锚固等工程中广泛应用，具有实用、安全、经济的特点。

7.1.4 当坡顶边缘附近有重要建（构）筑物时，一般不允许支护结构发生较大变形，此时采用预应力锚杆能有效控制支护结构及边坡的变形量，有利于建（构）筑物的安全。

对施工期稳定性较差的边坡，采用预应力锚杆减少变形同时增加边坡滑裂面上的正应力及阻滑力，有利于边坡的稳定。

7.2 设计计算

7.2.2～7.2.4 锚杆设计宜先按式（7.2.2）计算所用锚杆钢筋的截面积，然后再用选定的锚杆钢筋面积按式（7.2.3）和式（7.2.4）确定锚固长度 l_a。

锚杆杆体与锚固体材料之间的锚固力一般高于锚固体与土层间的锚固力，因此土层锚杆锚固段长度计算结果一般均为 7.2.3 控制。

极软岩和软质岩中的锚固破坏一般发生于锚固体与岩层间，硬质岩中的锚固端破坏可发生在锚杆杆体与锚固体材料之间，因此岩石锚杆锚固段长度应分别按式 7.2.3 和 7.2.4 计算，取其中大值。

表 7.2.3-1 主要根据重庆及国内其他地方的工程经验，并结合国外有关标准而定的；表 7.2.3-2 数值主要参考《土层锚杆设计与施工规范》及国外有关标准确定。

锚杆设计顺序和内容可按图 7.2.1 进行设计。

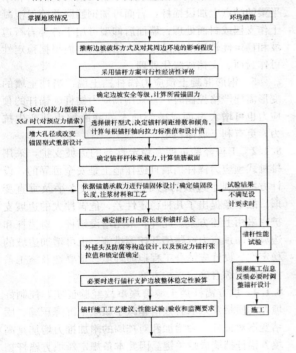

图 7.2.1 锚杆设计内容及顺序

7.2.5 自由段作无粘结处理的非预应力岩石锚杆受拉变形主要是非锚固段钢筋的弹性变形，岩石锚固段理论计算变形值或实测变形值均很小。根据重庆地区大量现场锚杆锚固段变形实测结果统计，砂岩、泥岩锚固性能较好，3Φ25 四级精轧螺纹钢，用 M30 级砂浆锚入整体结构的中风化泥岩中 2m 时，在 600kN 荷载作用下锚固段钢筋弹性变形仅为 1mm 左右。因此非预应力无粘结岩石锚杆的伸长变形主要是自由段钢筋的弹性变形，其水平刚度可近似按 7.2.5 估算。

7.2.6 预应力岩石锚杆由于预应力的作用效应，锚固段变形极小。当锚杆承受的拉力小于预应力值时，整根预应力岩石锚杆受拉变形值都较小，可忽略不计。全粘结岩石锚杆的理论计算变形值和实测值也较小，可忽略不计，故可按刚性拉杆考虑。

7.3 原材料

7.3.3 对非预应力全粘结型锚杆，当锚杆承载力设计值低于 400kN 时，采用Ⅱ、Ⅲ级钢筋能满足设计要求，其构造简单，施工方便。承载力设计值较大的预应力锚杆，宜采用钢绞线或高强钢丝，首先是因为其抗拉强度远高于Ⅱ、Ⅲ级钢筋，能满足设计值要求，同时可大幅度地降低钢材用量；二是预应力锚索需要的锚具、张拉机具等配件有成熟的配套产品，供货方便；三是其产生的弹性伸长总量远高于Ⅱ、Ⅲ级钢，由锚头松动、钢筋松弛等原因引起的预应力损失值较小；四是钢绞线、钢丝运输、安装较粗钢筋方便，在狭窄的场地也可施工。高强精轧螺纹钢则实用于中级承载能力的预应力锚杆，有钢绞线和普通粗钢筋的类同优点，其防腐的耐久性和可靠性较高，处于水下、腐蚀性较强地层中的预应力锚杆宜优先采用。

镀锌钢材在酸性土质中易产生化学腐蚀，发生"氢脆"现象，故作此条规定。

7.3.4 锚具的构造应使每束预应力钢绞线可采用夹片方式锁定，张拉时可整根锚杆操作。锚具由锚头、夹片和承压板等组成，为满足设计使用目的，锚头应具有补偿张拉、松弛的功能，锚具型号及性能参数详见国家现行有关标准。

精轧螺纹粗钢筋的接长必须采用专用联接器，不得采用任何形式的焊接，钢筋下料应采用砂轮锯切割，严禁采用电焊切割，其有关技术要求详见《公路桥涵设计手册》中："预应力高强精轧螺纹粗钢筋设计施工暂行规定"。

7.4 构造设计

7.4.1 本条规定锚固段设计长度取值的上限值和下限值，是为保证锚固效果安全、可靠，使计算结果与锚固段锚固体和地层间的应力状况基本一致并达到设计要求的安全度。

日本有关锚固工法介绍的锚固段锚固体与地层间锚固应力分布如图 7.4.1 所示。由于灌浆体与和岩土体和杆体的弹性特征值不一致，当杆体受拉后粘结应力并非沿纵向均匀分布，而是出现如图Ⅰ所示应力集中现象。当锚固段过长时，随着应力不断增加从靠近边坡面处锚固端开始，灌浆体与地层界面的粘结逐渐软化或脱开，此时可发生裂缝沿界面向深部发展现象，如图Ⅱ所示。随着锚固效应弱化，锚杆抗拔力并不与锚固长度增加成正比，如图Ⅲ所示。由此可见，计算采用过长的增大锚固长度，并不能有效提高锚固力，公式（7.2.3）应用必须限制计算长度的上限值，国外有关标准规定计算长度不超过 10m。

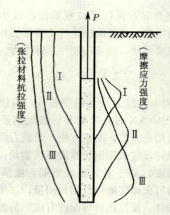

图 7.4.1 锚固应力分布图
注：Ⅰ—锚杆工作阶段应力分布图；
Ⅱ—锚杆应力超过工作阶段，变形增大时应力分布图；
Ⅲ—锚固段处于破坏阶段时应力分布图。

反之，锚固段长度设计过短时，由于实际施工期锚固区地层局部强度可能降低，或岩体中存在不利组合结构面时，锚固段被拔出的危险性增大，为确保锚固安全度的可靠性，国内外有关标准均规定锚固段构造长度不得小于3~4m。

大量的工程试验证实，在硬质岩和软质岩中，中、小级承载力锚杆在工作阶段锚固段应力传递深度约为1.5~3.0m（12~20倍钻孔直径），三峡工程锚固于花岗岩中3000kN级锚索工作阶段应力传递深度实测值约为4.0m（约25倍孔径）。

综合以上原因，本规范根据大量锚杆试验结果及锚固段设计安全度及构造需要，提出锚固段的设计计算长度应满足本条要求。

7.4.4 在锚固段岩体破碎，渗水严重时，水泥固结灌浆可达到密封裂隙，封阻渗水，保证和提高锚固性能效果。

7.4.5 锚杆防腐处理的可靠性及耐久性是影响锚杆使用寿命的重要因素之一，"应力腐蚀"和"化学腐蚀"双重作用将使杆体锈蚀速度加快，锚杆使用寿命大大降低，防腐处理应保证锚杆各段均不出现杆体材料局部腐蚀现象。

预应力锚杆防腐的处理方法也可采用：除锈→刷沥青船底漆→涂钙基润滑脂后绕扎塑料布再涂润滑油后→装入塑料套管→套管两端黄油充填。

8 锚杆（索）挡墙支护

8.1 一般规定

8.1.1 本条列举锚杆挡墙的常用型式，此外还有竖肋和板为预制构件的装配肋板式锚杆挡墙，下部为挖方、上部为填方的组合锚杆挡墙。

根据地形、地质特征和边坡荷载等情况，各类锚杆挡墙的方案特点和适用性如下：

1 钢筋混凝土装配式锚杆挡土墙适用于填方地段。

2 现浇钢筋混凝土板肋式锚杆挡土墙适用于挖方地段，当土方开挖后边坡稳定性较差时应采用"逆作法"施工。

3 排桩式锚杆挡土墙：适用于边坡稳定性很差、坡肩有建（构）筑物等附加荷载地段的边坡。当采用现浇钢筋混凝土板肋式锚杆挡土墙，还不能确保施工期的坡体稳定时宜采用本方案。排桩可采用人工挖孔桩、钻孔桩或型钢。排桩施工完后用"逆作法"施工锚杆及钢筋混凝土挡板或拱板。

4 钢筋混凝土格架式锚杆挡土墙：墙面垂直型适用于稳定性、整体性较好的Ⅰ、Ⅱ类岩石边坡，在坡面上现浇网格状的钢筋混凝土格架梁，竖向肋和水平梁的结点上加设锚杆，岩面可加钢筋网并喷射混凝土作支挡或封面处理；墙面后仰型可用于各类岩石边坡和稳定性较好的土质边坡，格架内墙面根据稳定性可作封面、支挡或绿化处理。

5 钢筋混凝土预应力锚杆挡土墙：当挡土墙的变形需要严格控制时，宜采用预应力锚杆。锚杆的预应力也可增大滑面或破裂面上的静摩擦力并产生抗力，更有利于坡体稳定。

8.1.2 工程经验证明，稳定性差的边坡支护，采用排桩式预应力锚杆挡墙且逆施工是安全可靠的，设计方案有利于边坡的稳定及控制边坡水平及垂直变形。故本条提出了几种稳定性差、危害性大的边坡支护宜采用上述方案。此外，采用增设锚杆、对锚杆和边坡施加预应力或跳槽开挖等措施，也可增加边坡的稳定性。设计应结合工程地质环境、重要性及施工条件等因素综合确定支护方案。

8.1.4 填方锚杆挡土墙垮塌事故经验证实，控制好填方的质量及采取有效措施减小新填土沉降压缩、固结变形对锚杆拉力增加和对挡墙的附加推力增加是高填方锚杆挡墙成败关键。因此本条规定新填方锚杆挡墙应作特殊设计，采取有效措施控制填方对锚杆拉力增加过大的不利情况发生。当新填方边坡高度较大且无成熟的工程经验时，不宜采用锚杆挡墙方案。

8.2 设计计算

8.2.2 挡墙侧向压力大小与岩土力学性质、墙高、支护结构型式及位移方向和大小等因素有关。根据挡墙位移的方向及大小，其侧向压力可分为主动土压力、静止土压力和被动土压力。由于锚杆挡墙构造特殊，侧向压力的影响因素更为复杂，例如：锚杆变形量大小、锚杆是否加预应力、锚杆挡土墙的施工方案等都直接影响挡墙的变形，使土压力发生变化；同时，挡土板、锚杆和地基间存在复杂的相互作用关系，因此目前理论上还未有准确的计算方法如实反映各种因素对锚杆挡墙的侧向压力的影响。从理论分析和实测资料看，土质边坡锚杆挡墙的土压力大于主动土压力，采用预应力锚杆挡墙时土压力增加更大，本规范采用土压力增大系数 $β_1$ 来反映锚杆挡墙侧向压力的增大。岩质边坡变形小，应力释放较快，锚杆对岩体约束后侧向压力增大不明显，故对非预应力锚杆挡墙不考虑侧压力增大，预应力锚杆考虑1.1的增大值。

8.2.3～8.2.5 从理论分析和实测结果看，影响锚杆挡墙侧向压力分布图形的因素复杂，主要为填方或挖方、挡墙位移大小与方向、锚杆层数及弹性大小、是否采用逆施工方法、墙后岩土类别和硬软等情况。不同条件时分布图形可能是三角形、梯形或矩形，仅用侧向压力随深度成线性增加的三角形应力图已不能反映许多锚杆挡墙侧向压力的实际情况。本规范8.2.5条对满足特定条件时的应力分布图形作了梯形分布规定，与国内外工程实测资料和相关标准一致。主要原因为逆施工法的锚杆对边坡变形产生约束作用、支撑作用和岩石和硬土的竖向拱效应明显，使边坡侧向压力向锚固点传递，造成矩形应力分布图形，与有支撑时基坑土压力呈矩形、梯形分布图形类同。反之上述条件以外的非硬土边坡宜采用库仑三角形应力分布图形或地区经验图形。

8.2.7～8.2.8 锚杆挡墙与墙后岩土体是相互作用、相互影响的一个整体，其结构内力除与支护结构的刚度有关外，还与岩土体的变形有关，因此要准确计算是较为困难的。根据目前的研究成果，可按连续介质理论采用有限元、边界元和弹性支点法等方法进行较精确的计算。但在实际工程中，也可采用等值梁法或静力平衡法等进行近似计算。

在平面分析模型中弹性支点法根据连续梁理论，考虑支护结构与其后岩土体的变形协调，其计算结果较为合理，因此规范推荐此方法。等值梁法或静力平衡法假定开挖下部边坡时上部施工的锚杆内力保持不变，并且在锚杆处为不动点，并不能反映挡墙实际受力特点。因锚杆受力后将产生变形，支护结构刚度也较小，属柔性结构。但在锚固点变形较小时其计算结果能满足工程需要，且其计算较为简单。因此对岩质边坡及较坚硬的土质边坡，也可作为近似计算方法。对较软弱土的边坡，宜采用弹性支点法或其他精确的方法。

8.2.9 挡板为支承于竖肋上的连续板或简支板、拱构件，其设计荷载按板的位置及标高处的岩土压力值确定，这是常规的能保证安全的设计方法。大量工程实测值证实，挡板的实际应力值存在小于设计值的情况，其主要原因是挡板后的岩土存在拱效应，岩土压力部分荷载通过"拱作用"直接传至肋柱上，从

而减少作用在挡土板上荷载。影响"拱效应"的因素复杂，主要与岩土密实性、排水情况、挡板的刚度、施工方法和力学参数等因素有关。目前理论研究还不能做出定量的计算，一些地区主要是采取工程类比的经验方法，相同的地质条件、相同的板跨，采用定量的设计用料。本条按以上原则对于存在"拱效应"较强的岩石和土质密实且排水可靠的挖方挡墙，可考虑两肋间岩土"卸荷拱"的作用。设计者应根据地区工程经验考虑荷载减小效应。完整的硬质岩荷载减小效应明显，反之极软岩及密实性较高的土荷载减小效果稍差；对于软弱土和填方边坡，无可靠地区经验时不宜考虑"卸荷拱"作用。

8.3 构造设计

8.3.2 锚杆轴线与水平面的夹角小于10°后，锚杆外端灌浆饱满度难以保证，因此建议夹角一般不小于10°。由于锚杆水平抗拉力等于拉杆强度与锚杆倾角余弦值的乘积，锚杆倾角过大时锚杆有效水平拉力下降过多，同时将对锚肋作用较大的垂直分力，该垂直分力在锚肋基础设计时不能忽略，同时施工期锚杆挡墙的竖向稳定不利，因此锚杆倾角宜为10°～35°。

提出锚杆间距控制主要考虑到当锚杆间距过密时，由于"群锚效应"锚杆承载力将降低，锚固段应力影响区段土体被拉坏可能性增大。

由于锚杆每米直接费用中钻孔费所占比例较大，因此在设计中应适当减少钻孔量，采用承载力低而密的锚杆是不经济的，应选用承载力较高的锚杆，同时也可避免"群锚效应"不利影响。

8.3.4 本条提出现浇挡土板的厚度不宜小于200mm的要求，主要考虑现场立模和浇混凝土的条件较差，为保证混凝土质量的施工要求。

8.3.9 在岩壁上一次浇筑混凝土板的长度不宜过大，以避免当混凝土收缩时岩石的"约束"作用产生拉应力，导致挡土板开裂，此时宜采取减短浇筑长度等措施。

8.4 施 工

8.4.1 稳定性一般的高边坡，当采用大爆破、大开挖或开挖后不及时支护或存在外倾结构面时，均有可能发生边坡失稳和局部岩体塌方，此时应采用至上而下、分层开挖和锚固的逆施工法。

9 岩石锚喷支护

9.1 一般规定

9.1.1～9.1.2 锚喷支护对岩质边坡尤其是Ⅰ、Ⅱ及Ⅲ类岩质边坡，锚喷支护具有良好效果且费用低廉，但喷层外表不佳；采用现浇钢筋混凝土板能改善美

观，因而表面处理包括喷射混凝土和现浇混凝土面板等。锚喷支护中锚杆起主要承载作用，面板用于限制锚杆间岩块的塌滑。

9.1.3 锚喷支护中锚杆有系统加固锚杆与局部加强锚杆两种类型。系统锚杆用以维持边坡整体稳定，采用按直线滑裂面的极限平衡法计算。局部锚杆用以维持不稳定块体，采用赤平投影法或块体平衡法计算。

9.2 设计计算

9.2.1 本条说明每根锚杆轴向拉力标准值的计算，计算中主动岩石压力按均布考虑。

9.2.3 条文中说明锚杆对危岩抗力的计算，包括危岩受拉破坏时计算与受剪破坏时计算。

9.2.4 条文中还说明喷层对局部不稳定块体的抗力计算。上述计算公式均引自国家锚杆与喷射混凝土支护技术规范，只是采用了分项系数计算。分项系数之积与原规范中总安全系数相当。

9.3 构造设计

9.3.2 锚喷支护要控制锚杆间的最大间距，以确保两根锚杆间的岩体稳定。锚杆最大间距显然与岩坡分类有关，岩坡分类等级越低，最大间距应当越小。

9.3.4 喷射混凝土应重视早期强度，通常规定1天龄期的抗压强度不应低于5MPa。

9.3.6 边坡的岩面条件通常要比地下工程中的岩面条件差，因而喷射混凝土与岩面的粘结力约低于地下工程中喷射混凝土与岩面的粘结力。国家现行标准《锚杆喷射混凝土支护技术规范》GBJ86的规定，Ⅰ、Ⅱ类围岩喷射混凝土土岩面粘结力不低于0.8MPa；Ⅲ类围岩不低于0.5MPa。本条规定整体状与块体岩体不应低于0.7MPa；碎裂状岩体不应低于0.4MPa。

9.4 施 工

9.4.1 Ⅰ、Ⅱ及Ⅲ类岩质边坡应尽量采用部分逆作法，这样既能确保工程开挖中的安全，又便于施工。但应注意，对未支护开挖段岩体的高度与宽度应依据岩体的破碎、风化程度作严格控制，以免施工中出现事故。

10 重力式挡墙

10.1 一般规定

10.1.2 重力式挡墙基础底面大、体积大，如高度过大，则既不利于土地的开发利用，也往往是不经济的。当土质边坡高度大于8m、岩质边坡高度大于10m时，上述状况已明显存在，故本条对挡墙高度作了限制。

10.1.3 一般情况下，重力式挡墙位移较大，难以满足对变形的严格要求。

挖方挡墙施工难以采用逆作法，开挖面形成后边坡稳定性相对较低，有时可能危及边坡稳定及相邻建筑物安全。因此本条对重力式挡墙适用范围作了限制。

10.1.4 墙型的选择对挡墙的安全与经济影响较大。在同等条件下，挡墙中主动土压力以仰斜最小，直立居中，俯斜最大，因此仰斜式挡墙较为合理。但不同的墙型往往使挡墙条件（如挡墙高度、填土质量）不同。故墙型应综合考虑多种因素而确定。

挖方边坡采用仰斜式挡墙时，墙背可与边坡坡面紧贴，不存在填方施工不便、质量受影响的问题，仰斜当是首选墙型。

挡墙高度较大时，土压力较大，降低土压力已成为突出问题，故宜采用衡重式或仰斜式。

10.2 设计计算

10.2.1 挡墙设计中，岩土压力分布是一个重要问题。目前对岩土压力分布规律的认识尚不十分清楚。按朗金理论确定土压力分布可能偏于不安全。表面无均布荷载时，将岩土压力视为与挡墙同高的三角形分布的结果是岩土压力合力的作用点有所提高。

10.2.2~10.2.4 抗滑移稳定性及抗倾覆稳定性验算是重力式挡墙设计中十分重要的一环，式（10.2.3）及式（10.2.4）应得到满足。当抗滑移稳定性不满足要求时，可采取增大挡墙断面尺寸、墙底做成逆坡、换土做砂石垫层等措施使抗滑移稳定性满足要求。当抗倾覆稳定性不满足要求时，可采取增大挡墙断面尺寸、增长墙趾、改变墙背做法（如在直立墙背上做卸荷台）等措施使抗倾覆稳定性满足要求。

土质地基有软弱层时，存在着挡墙地基整体失稳破坏的可能性，故需进行地基稳定性验算。

10.3 构造设计

10.3.1 条石、块石及素混凝土是重力式挡墙的常用材料，也有采用砖及其他材料的。

10.3.2 挡墙基底做成逆坡对增加挡墙的稳定性有利，但基底逆坡坡度过大，将导致墙踵陷入地基中，也会使保持挡墙墙身的整体性变得困难。为避免这一情况，本条对基底逆坡坡度作了限制。

10.4 施 工

10.4.4 本条规定是为了避免填方沿原地面滑动。填方基底处理办法有铲除草皮和耕植土、开挖台阶等。

11 扶壁式挡墙

11.1 一般规定

11.1.1 扶壁式挡墙由立板、底板及扶壁（立板的肋)三部分组成,底板分为墙趾板和墙踵板。扶壁式挡墙适用于石料缺乏、地基承载力较低的填方边坡工程。一般采用现浇钢筋混凝土结构。扶壁式挡墙高度不宜超过10m的规定是考虑地基承载力、结构受力特点及经济等因素定的,一般高度为6～10m的填方边坡采用扶壁式挡墙较为经济合理。

11.1.2 扶壁式挡墙基础应置于稳定的地层内,这是挡墙稳定的前提。本条规定的挡墙基础埋置深度是参考国内外有关规范而定的,这是满足地基承载力、稳定和变形条件的构造要求。在实际工程中应根据工程地质条件和挡墙结构受力情况,采用合适的埋置深度,但不应小于本条规定的最小值。在受冲刷或受冻胀影响的边坡工程,还应考虑这些因素的不利影响,挡墙基础应在其影响之下的一定深度。

11.2 设计计算

11.2.1 扶壁式挡墙的设计内容主要包括边坡侧向土压力计算、地基承载力验算、结构内力及配筋、裂缝宽度验算及稳定性计算。在计算时应根据计算内容分别采用相应的荷载组合及分项系数。扶壁式挡墙外荷载一般包括墙后土体自重及坡顶地面活载。当受水或地震影响或坡顶附近有建筑物时,应考虑其产生的附加侧向土压力作用。

11.2.2 根据国内外模型试验及现场测试的资料,按库仑理论采用第二破裂面法计算侧向土压力较符合工程实际。但目前美国及日本等均采用通过墙踵的竖向面为假想墙背计算侧向压力。因此本条规定当不能形成第二破裂面时,可用墙踵下缘与墙顶内缘的连线作为假想墙及通过墙踵的竖向面为假想墙背计算侧向压力。同时侧向土压力计算应符合本规范6章的有关规定。

11.2.3 影响扶壁式挡墙的侧向压力分布的因素很多,主要包括墙后填土、支护结构刚度、地下水、挡墙变形及施工方法等,可简化为三角形、梯形或矩形。应根据工程具体情况,并结合当地经验确定符合实际的分布图形,这样结构内力计算才合理。

11.2.4 扶壁式挡墙是较复杂的空间受力结构体系,要精确计算是比较困难复杂的。根据扶壁式挡墙的受力特点,可将空间受力问题简化为平面问题近似计算。这种方法能反映构件的受力情况,同时也是偏于安全的。立板和墙踵板可简化为靠近底板部分为三边固定,一边自由的板及上部以扶壁为支承的连续板;墙趾底板可简化为固端在立板上的悬臂板进行计算;扶壁可简化为悬臂的T形梁,立板为梁的翼,扶壁为梁的腹板。

11.2.5 扶壁式挡墙基础埋深较小,墙趾处回填土往往难以保证夯填密实,因此在计算挡墙整体稳定及立板内力时,可忽略墙前底板以上土体的有利影响,但在计算墙趾板内力时则应考虑墙趾板以上土体的自重。

11.2.6 扶壁式挡墙为钢筋混凝土结构,其受力较大时可能开裂,钢筋净保护层厚度较小,受水浸蚀影响较大。为保证扶壁式挡墙的耐久性,本条规定了扶壁式挡墙裂缝宽度计算的要求。

11.3 构造设计

11.3.1 本条根据现行国家标准《混凝土结构设计规范》GB50010规定了扶壁式挡墙的混凝土强度等级、钢筋直径和间距及混凝土保护层厚度的要求。

11.3.2 扶壁式挡墙的尺寸应根据强度及刚度等要求计算确定,同时还应当满足锚固、连接等构造要求。本条根据工程实践经验总结得来。

11.3.3 扶壁式挡墙配筋应根据其受力特点进行设计。立板和墙踵板按板配筋,墙趾板按悬臂板配筋,扶壁按倒T形悬臂深梁进行配筋;立板与扶壁、底板与扶壁之间根据传力要求计算设计连接钢筋。宜根据立板、墙踵板及扶壁的内力大小分段分级配筋,同时立板、底板及扶壁的配筋率、钢筋的搭接和锚固等应符合现行国家标准《混凝土结构设计规范》GB50010的有关规定。

11.3.4 在挡墙底部增设防滑键是提高挡墙抗滑稳定的一种有效措施。当挡墙稳定受滑动控制时,宜在墙底下设防滑键。防滑键应具有足够的抗剪强度,并保证键前土体足够抗力不被挤出。

11.3.5～11.3.6 挡墙基础是保证挡墙安全正常工作的十分重要的部分。实际工程中许多挡墙破坏都是地基基础设计不当引起的。因此设计时必须充分掌握工程地质及水文地质条件,在安全、可靠、经济的前提下合理选择基础形式,采取恰当的地基处理措施。当挡墙纵向坡度较大时,为减少开挖及挡墙高度,节省造价,在保证地基承载力的前提下可设计成台阶形。当地基为软土层时,可采用换土层法或采用桩基础等地基处理措施。不应将基础置于未经处理的地层上。

11.3.7 钢筋混凝土结构扶壁式挡墙因温度变化引起材料变形,增加结构的附加内力,当长度过长时可能使结构开裂。本条参照现行有关标准规定了伸缩缝的构造要求。

11.3.8 扶壁式挡墙对地基不均匀变形敏感,在不同结构单元及地层岩土性状变化时,将产生不均匀变形。为适应这种变化,宜采用沉降缝分成独立的结构单元。有条件时伸缩缝与沉降缝宜合并设置。

11.3.9 墙后填土直接影响侧向土压力,因此宜选用重度小、内摩擦角大的填料,不得采用物理力学性质不稳定、变异大的填料(如粘性土、淤泥、耕土、膨胀土、盐渍土及有机质土等特殊土)。同时,要求填料透水性强,易排水,这样可显著减小墙后侧向土压力。

11.4 施 工

11.4.1 本条规定在施工时应做好地下水、地表水及施工用水的排放工作,避免水软化地基,降低地基承载力。基坑开挖后应及时进行封闭和基础施工。

11.4.2～11.4.3 挡墙后填料应严格按设计要求就地选取,并应清除填土中的草、树皮树根等杂物。在结构达到设计强度的70％后进行回填。填土应分层压实,其压实度应满足设计要求。扶壁间的填土应对称进行,减小因不对称回填对挡墙的不利影响。挡墙泄水孔的反滤层应当在填筑过程中及时施工。

12 坡 率 法

12.1 一般规定

12.1.1～12.1.4 本规范坡率法是指控制边坡高度和坡度,无需对边坡整体进行加固而自身稳定的一种人工边坡设计方法。坡率法是一种比较经济、施工方便的方法,对有条件的场地宜优先考虑选用。

坡率法适用于整体稳定条件下的岩层和土层,在地下水位低且放坡开挖时不会对相邻建筑物产生不利影响的条件下使用。有条件时可结合坡顶刷坡卸载,坡脚回填压脚的方法。

坡率法可与支护结构联合应用,形成组合边坡。例如当不具备全高放坡条件时,上段可采用坡率法,下段可采用支护结构以稳定边坡。

12.2 设计计算

12.2.1～12.2.6 采用坡率法的边坡,原则上都应进行稳定性验算,但对于工程地质及水文地质条件简单的土质边坡和整体无外倾结构面的岩质边坡,在有成熟的地区经验时,可参照地区经验或表12.2.1或12.2.2确定。

12.3 构造设计

12.3.1～12.3.6 在坡高范围内,不同的岩土层,可采用不同的坡率放坡。边坡设计应注意边坡环境的防护整治,边坡水系应因势利导保持畅通。考虑到边坡的永久性,坡面应采取保护措施,防止土体流失、岩层风化及环境恶化造成边坡稳定性降低。

13 滑坡、危岩和崩塌防治

13.1 滑坡防治

13.1.1 本规范根据滑坡的诱发因素、滑体及滑动特征将滑坡分为工程滑坡和自然滑坡(含工程古滑坡)两大类,以此作为滑坡设计及计算的分类依据。对工程滑坡规范推荐采用与边坡工程类同的设计计算方法及有关参数和安全度;对自然滑坡则采用本章规定的与传统方法基本一致的方法。

滑坡根据运动方式、成因、稳定程度及规模等因素,还可分为推移式滑坡、牵引式滑坡、活滑坡、死滑坡、大中小型等滑坡。

13.1.2 对于潜在滑坡和未复活的滑坡,其滑动面岩土力学性能要优于滑坡产生后的情况,因此事先对滑坡采取预防措施所费的人力、物力要比滑坡产生后再设法整治的费用少得多,且可避免滑坡危害,这就是"以防为主,防治结合"的原则。

从某种意义上讲,无水不滑坡。因此治水是改善滑体土的物理力学性质的重要途径,是滑坡治本思想的体现。

当滑坡体上有重要建(构)物,滑坡治理除必须保证滑体的承载能力极限状态功能外,还应尽可能避免因支护结构的变形或滑坡体的再压缩变形等造成危及重要建(构)物正常使用功能状况发生,并应从设计方案上采取相应处理措施。

13.1.3～13.1.7 滑坡行为涉及的因素很多,针对性地选择处理措施综合考虑制定防治方案,达到较理想的效果。本条提出的一些治理措施是经过工程检验、得到广大工程技术人员认可的成功经验的总结。

13.1.11 滑坡支挡设计是一种结构设计,应遵循的规定很多,本条对作用于支挡结构上的外力计算作了一些规定。

滑坡推力分布图形受滑体岩土性状、滑坡类型、支护结构刚度等因素影响较大,规范难以给出各类滑坡的分布图形。从工程实测统计分析来看有以下特点,当滑体为较完整的块石、碎石类土时呈三角形分布,采用锚拉桩时滑坡推力图形宜取矩形,当滑体为粘土时呈矩形分布,当为介于两者间的滑体时呈梯形分布。设计者应根据工程情况和地区经验等因素,确定较合理的分布图形。

13.1.12 滑坡推力计算方法目前采用传递系数法,也是众多规范所推荐的方法,圆弧滑动的滑坡推力计算也按此法进行。

抗震设防时滑坡推力计算可按现行标准及《铁路工程抗震设计规范》GBJ111的有关规定执行。本条滑坡推力为设计值,因此进行支挡结构计算时,不应再乘以荷载分项系数。

13.1.13 滑坡是一种复杂的地质现象,由于种种原因人们对它的认识有局限性、时效性。因此根据施工现场的反馈信息采用动态设计和信息法施工是非常必要的;条文中提出的几点要求,也是工程经验教训的总结。

13.2 危岩和崩塌防治

13.2.1～13.2.4 危岩崩塌的破坏机制及分类目前国

内外均在研究,但不够完善。本规范按危岩破坏特征分为塌滑型、倾倒型和坠落型三类,并根据危岩分类按其破坏特征建立计算模型进行计算。塌滑型危岩可采用边坡计算中的楔形体平衡法,倾倒型危岩可按重力式挡墙的抗倾和抗滑方法,坠落型危岩按结构面的抗剪强度核算法。条文中罗列的一些行之有效的治理办法,治理时应有针对性地选择一种或多种方法。

14 边坡变形控制

14.1 一般规定

14.1.1~14.1.3 支护结构变形控制等级应根据周边环境条件对边坡的要求确定可分为严格、较严格及不严格,如表 6.4.1 中所示。当坡顶附近有重要建(构)筑物时除应保证边坡整体稳定性外,还应保证变形满足设计要求。边坡的变形值大小与边坡高度、地质条件、水文条件、支护结构类型、施工开挖方案等因素相关,变形计算复杂且不够成熟,有关规范均未提出较成熟的计算方法,工程实践中只能根据地区经验,采用工程类比的方法,从设计、施工、变形监测等方面采取措施控制边坡变形。

同样,支护结构变形允许值涉及因素较多,难以用理论分析和数值计算确定,工程设计中可根据边坡条件按地区经验确定。

14.2 控制边坡变形的技术措施

14.2.2 当地基变形较大时,有关地基及被动土压力区加固方法按国家现行有关规范进行。

14.2.7 稳定性较差的岩土边坡(较软弱的土边坡,有外倾软弱结构面的岩石边坡,潜在滑坡等)开挖时,不利工况时边坡的稳定和变形控制应满足有关规定要求,避免出现施工事故,必要时应采取施工措施增强施工期的稳定性。

15 边坡工程施工

15.1 一般规定

15.1.1 地质环境条件复杂、稳定性差的边坡工程,其安全施工是建筑边坡工程成功的重要环节,也是边坡工程事故的多发阶段。施工方案应结合边坡的具体工程条件及设计基本原则,采取合理可行、行之有效的综合措施,在确保工程施工安全、质量可靠的前提下加快施工进度。

15.1.2 对土石方开挖后不稳定的边坡无序大开挖、大爆破造成事故的工程事例太多。采用"至上而下、分阶施工、跳槽开挖、及时支护"的逆施工法是成功经验的总结,应根据边坡的稳定条件选择安全的开挖方案。

15.2 施工组织设计

15.2.1 边坡工程施工组织设计是贯彻实施设计意图、执行规范,确保工程进度、工程质量,指导施工的主要技术文件,施工单位应认真编制,严格审查,实行多方会审制度。

15.3 信息施工法

15.3.1~15.3.2 信息施工法是将设计、施工、监测及信息反馈融为一体的现代化施工法。信息施工法是动态设计法的延伸,也是动态设计法的需要,是一种客观、求实的工作方法。地质情况复杂、稳定性差的边坡工程,施工期的稳定安全控制更为重要。建立监测网和信息反馈有利于控制施工安全,完善设计,是边坡工程经验总结和发展起来的先进施工方法,应当给予大力推广。

信息施工法的基本原则应贯穿于施工组织设计和现场施工的全过程,使监测网、信息反馈系统与动态设计和施工活动有机结合在一起,不断将现场水文地质变化情况反馈到设计和施工单位,以调整设计与施工参数,指导设计与施工。

信息施工法可根据其特殊情况或设计要求,将监控网的监测范围延伸至相邻建筑(构筑)物或周边环境,以便对边坡工程的整体或局部稳定做出准确判断,必要时采取应急措施,保障施工质量和顺利施工。

15.4 爆破施工

15.4.3 周边建筑物密集时,爆破前应对周边建筑原有变形及裂缝等情况作好详细勘查记录。必要时可以拍照、录像或震动监测。

中华人民共和国国家标准

膨胀土地区建筑技术规范

GBJ 112—87

条 文 说 明

前 言

根据原国家建委(78)建发设字第 562 号通知的要求,由城乡建设环境保护部负责主编,具体由城乡建设环境保护部中国建筑科学研究院会同有关单位共同编制的《膨胀土地区建筑技术规范》GBJ 112—87,经国家计委计标[1987]2110 号文批准发布。

为便于广大设计、施工、科研、学校等有关单位人员在使用本规范时能正确理解和执行条文规定,《膨胀土地区建筑技术规范》编制组根据国家计委关于编制标准、规范条文说明的统一要求,按该规范的章、节、条顺序,编制了条文说明,供国内各有关部门和单位参考。在使用中如发现本条文说明有欠妥之处,请将意见直接函寄北京安外中国建筑科学研究院地基基础研究所《膨胀土地区建筑技术规范》管理组。

本《条文说明》由国家计委基本建设标准定额研究所组织出版印刷,仅供国内有关部门和单位执行本规范时使用,不得外传和翻印。

1987 年 11 月

目 次

第一章　总则 ·················· 5—17—4
第二章　勘察 ·················· 5—17—4
　第一节　一般规定 ·············· 5—17—4
　第二节　土的工程特性指标 ········ 5—17—4
　第三节　场地与地基评价 ·········· 5—17—4
第三章　设计 ·················· 5—17—7
　第一节　一般规定 ·············· 5—17—7
　第二节　地基计算 ·············· 5—17—7
　第三节　总平面设计 ············ 5—17—9

第四节　坡地 ·················· 5—17—9
第五节　基础埋深 ·············· 5—17—10
第六节　地基处理 ·············· 5—17—10
第七节　建筑与结构 ············ 5—17—10
第八节　管道 ·················· 5—17—11
第四章　施工 ·················· 5—17—11
　第一节　一般规定 ·············· 5—17—11
　第二节　地基和基础施工 ········ 5—17—11
第五章　维护管理 ·············· 5—17—11

第一章 总 则

第1.0.2条 本规范适用于膨胀土地区的工业与民用建筑的勘察、设计、施工和维护管理。条文中的建筑指一般建筑物及其附属的构筑物、单独构筑物，不包括特殊和高层建筑。

第1.0.3条 目前国内外对膨胀土的名称和定义尚不统一，本规范对膨胀土的定义，是根据多年来对膨胀土固有的特性研究及在工程中的意义而得出的。它包括三个内容：（1）控制膨胀土胀缩势能大小的物质成份主要是土中蒙脱石的含量、离子交换量，以及小于2μ粘粒含量。这些物质成份本身具有亲水特性，是膨胀土具有较大的胀缩变形的物质基础。（2）除了亲水性外，物质本身的结构构造是很重要的，从电镜试验证明，膨胀土的微观结构属于面——面叠聚体，它比团粒结构有更大的吸水膨胀和失水收缩的能力。（3）任何粘性土都具有膨胀收缩性，问题在于这种特性对房屋的安全的影响程度。只有胀缩性能达到足以危害建筑物安全使用，需要特殊处理时，才能按膨胀土地基进行设计施工和维护。本规范是根据未经处理的一层砖混结构房屋的极限变形幅度15mm作为划分标准，当计算建筑物地基土的胀缩变形量超过这个标准即应按本规范所属各条进行设计、施工和维护。

本条还规定膨胀土同时具有膨胀和收缩两种变形特性，即吸水膨胀和失水收缩，再吸水再膨胀和再失水再收缩的胀缩变形可逆性。

第1.0.4条 本条提出了在设计施工时应考虑气候特点、地形地貌条件、土中水分变化情况的要求。对一般地基来说，气候特点与土中水份变化只在极少的情况下考虑，例如在北京，一般可不考虑。但对膨胀土地基来说，气候变化加大量降雨、严重干旱就足以引起房屋的大量变形。土中水份的变化不仅与气候有关，还受覆盖、植被、热源等影响，这些都是设计时必须考虑的因素，本规范各章的技术要求和措施都是从这个基本问题出发而制订的。

第二章 勘 察

除按照勘察规范要求执行以外，根据膨胀土的特点又增补了一些内容，增补的原则有三：第一，各勘察阶段应增加的工作；第二，勘探布点及取土数量与深度；第三，试验项目，如膨胀收缩试验等。凡试验项目中未提到而一般地基勘察中都规定要做的压缩试验、标贯、静力触探等，在一般情况下可以不做。

第一节 一般规定

第2.1.2条 明确在选厂阶段以工程地质调查为主，其主要内容应查明有无膨胀土。

第2.1.3条 工程地质调查增加的内容是按综合判定膨胀土的要求提出的，即土的自由膨胀率，工程地质特征及建筑物损坏情况等。

第2.1.4条 在初勘阶段除了查明不良地质现象、地貌、地下水等情况以外，提出要进行原状土基本物理性质、膨胀、收缩试验等要求。

第2.1.5条 指明详勘除一般要求外，应确定地基土层的胀缩等级以作为设计的依据。

第2.1.6条 结合膨胀土地基的特殊情况对勘探点的间距、取土数量及深度提出新的要求。本条规定地面下5m以内必须采样，每栋主要建筑物下取土勘探点不得少于3个。这是根据大气影响深度及土样胀缩性评价所需的最少数量确定的。大气影响深度范围内是膨胀土的活动带，故要求适当增加勘探点。经多年现场观测表明，我国膨胀土地区平坦场地的大气影响深度一般在5m以内，地面5m以下由于土的含水量受气候影响较小，故一般不要求取样进行胀缩性试验。但如果地下水位波动很大，或有溶沟溶槽水时，则应根据具体情况决定取土的深度。这项规定与一般地基有较大的差别。

第二节 土的工程特性指标

第2.2.1条 所介绍的工程特性指标有自由膨胀率、膨胀率、收缩系数和膨胀力等四项，在本规范附录中有它们的试验方法，是根据全国十余单位土工人员集体研究并作对比试验后确定的。

膨胀率及收缩系数是设计计算变形的两项主要指标。膨胀力较大的膨胀土，地基计算压力亦可相应增大，在选择基础型式及基底压力时，膨胀力是很有用的指标。

自由膨胀率只在判定土类时采用，由于试验工具简单，试验快速，用作初步识别很受生产部门欢迎。但是，它不能反映原状土的胀缩变形，因此不能用它来评价地基土的胀缩性。

第三节 场地与地基评价

第2.3.1条 综合评价是十余年来在实践中总结的经验，它包括工程地质特征、自由膨胀率、场地复杂程度三个部分，工程地质特征与自由膨胀率是用来判别是否膨胀土的主要依据。但都不是唯一的，最终决定的因素仍是胀缩总率及胀——缩的循环变形特性。要特别注意将收缩性强的土与膨胀土区别开来。因为本规范的处理措施有些不适于收缩性强的土，例如在地面的处理，基础埋深的要求，防水的处理等方面两者有很大的差别。对膨胀土来说，既要防止它的收缩又要防止它的膨胀。又如对挡土墙来说，只要非膨胀性土都可以作为挡土墙填料，而膨胀土却不是一种好填料。

第2.3.2条 当土的自由膨胀率大于或等于40%时，应按本规范各条进行设计施工。对于小于40%者未作硬性规定，应其它方法作出进一步的判断，否则，可能将一些不属于膨胀土的土划为膨胀土，使工程造价增加。某些特殊地区可根据本规范划分膨胀土的原则做出具体的规定。

规范还应重申，不应单纯按成因划分是否膨胀土。例如下蜀纪粘土，在武昌青山地区则属非膨胀土，而合肥地区属膨胀土；红粘土有的属于膨胀土，有的则不属于膨胀土。此外，膨胀土的分布很不规律，很不均匀，在一栋房屋场地内有的为膨胀土，有的不属于膨胀土。在一个场区内，这种例子更多，有些地层上层可能是非膨胀土，而下层是膨胀土。所以划分场区地基土的胀缩等级，具有重要的工程意义。

第2.3.4条 在场地类别划分上没有采用简单场地、中等复杂场地及复杂场地的划分方法。而采用平坦场地和坡地场地。更改的原因是《膨胀土建筑技术规定》试用七年后，发现膨胀土地区自然坡度缓，超过14°就有蠕动和滑坡的现象，同时大于5°坡的房屋的变形受坡的影响下沉量也较大；房屋损坏较严重，处理费用也较大。所以实际上只有简单场地与复杂场地之分。为使土建设计施工人员更明确膨胀土坡地的危害，及治理方法的特别要求，将原规定中的简单场地改为平坦场地，将中等复杂场地和复杂场地改为坡地场地，同时建议在一般情况下不要将建筑物布置在大于14°的坡地上。换句话说，在膨胀土地区坡地的坡度大于14°时已属于不良地形，处理费太高，一般均应避开。

场地类别划分的依据

膨胀土固有的特性是胀缩变形，土的含水量是胀缩变形的重要条件。自然环境不同，对土的含水量影响将随之而异，必然导致胀缩变形的显著区别。平坦场地和坡地场地各处于不同的地形地貌单元之上，具有各自的自然物理环境，便形成了独自的工程地质条件。现根据对我国膨胀土分布地区的8个省、9个研究点的调查，从坡地建筑场地上房屋的损坏程度、边坡变形和斜坡上的房屋变形特点等来说明其划分二类场地的必要性。

坡地建筑场地

一、房屋损坏普遍而又严重。经两次调查统计：

1．在坡顶建筑场地上，调查了324栋房屋，损坏的占64%，其中严重损坏的占24.8%。

2．在坡腰建筑场地上，调查了291栋房屋，损坏的占77.4%，其中严重损坏的占30.6%。

3．在坡脚建筑场地上，调查了36栋房屋，损坏的占6.8%，而其损坏程度仅轻微～中等。

4．在阶地及盆地中部的建筑场地上，由于地形地貌简单、场地平坦，除少量的房屋遭受破坏外，大多数都完好。

二、边坡变形的特点。湖北郧县人民法院附近的斜坡上，曾布置了2条剖面观测边坡的变形，剖面布置见图2.3.4—1，观测结果列于表2.3.4—1。

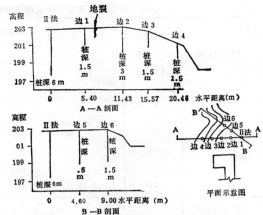

图2.3.4—1 湖北郧县法院边坡变形观测剖面图

湖北郧县法院边坡变形观测结果　表2.3.4—1

剖面长度 (m)	点　号	间距 (m)	水平位移 (mm) "+"	水平位移 (mm) "-"	点　号	升降变形幅度 (mm)	注
20.46 (Ⅱ法～边4)	Ⅱ法～边1	5.40	4.00	3.10	Ⅱ法	10.29	"+"表示位移量增大
	～边2	11.43		9.90	边1	49.29	"-"表示位移量减少
	～边3	15.57	20.60	10.70	边2	34.66	
	～边4	20.46	34.20		边3	47.45	边1～边2间有一条地裂，坡高约2m
					边4	47.07	
9.00 (Ⅱ法～边6)	Ⅱ法～边5	4.60	3.00	6.10	边5	45.01	
	～边6	9.00	24.40		边6	51.96	

边坡变形的特点是：在边坡上的各观测点不但有升降变形，而且有水平位移；升降变形幅度和水平位移量都以坡面上的点最大，随着离坡面的距离的增大而逐渐减小；当其离坡面15m时，尚有9mm的水平位移量，也就是说，边坡的影响距离在15m左右；水平位移的发展导致坡肩地裂的产生。

三、坡地场地上房屋变形的特征。云南个旧东方红农场小学教室及个旧市冶炼厂共5栋家属宿舍，都处于5°～12°的斜坡上，经7年的升降变形观测，结果列于表2.3.4—2。

房屋变形特征是：临坡面观测点的变形幅度是非临坡面的1.35倍；临坡面的变形与时间关系曲线是逐年渐次下降，非临坡面基本上是波状升降。房屋变形的特征说明，边坡的影响，加剧了房屋临坡面的变形，从而导致房屋的损坏。

四、以上调查结果，揭示了坡地建筑场地的复杂性，说明坡地建筑场地有其独特的工程地质条件。

1．地形地貌控制地质组成结构。一般的情况下地质组成的成层性，基本与山坡一致，建筑场地选择在斜坡上时，场地整平挖填后，地基往往不均匀，见图2.3.4—2，由于地基土不均匀，土的含水量也就有差异。在这种情况下，房屋建成后，地基土的含水量与起始状态不一致，就要在新的环境下重新平衡，这就产

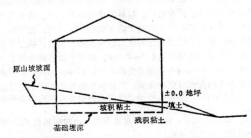

图2.3.4—2 坡地建筑场地上的地质剖面示意图

云南个旧东方红农场等处房屋处于5～12°斜坡时的升降变形观测结果   表2.3.4—2

建筑物名称	至坡边的距离（m）	坎高（m）	临坡面（前排）的变形幅度（mm）			非临坡面（后排）的变形幅度（mm）			注
			点号	最大	平均	点号	最大	平均	
东方红农场小学教室	4.0	3.20	I₁～1 ～2 ～3 ～4 ～5	88.10 119.70 146.80 112.80 125.50	118.60	I₁～7 ～8 ～9 ～10	103.30 100.10 114.40 48.10	90.00	I₁栋房屋，地形坡度为5°，一面临坡，无挡土墙。II₂～II₅栋房屋，地形坡度为12°，II₃～II₅栋是两面临坡。II₂栋一面临坡，有挡土墙。
个旧市冶炼厂家属宿舍（II₂）	4.4	2.13～2.60	II₂～1 ～2 ～3	25.20 12.20 12.30	16.60	II₂～4 ～5	8.10 20.10	14.10	
个旧市冶炼厂家属宿舍（II₃）	4.0	1.00～1.16	II₃～1 ～2 ～3 ～4	28.70 11.50 25.10 32.30	24.40	II₃～4 ～5	8.70 11.80	10.25	
个旧市冶炼厂家属宿舍（II₄）	4.6	1.75～2.61	II₄～1 ～2 ～3 ～4 ～8	36.50 11.00 20.80 30.60 27.00	25.18	II₄～5 ～6 ～7	12.90 22.60 10.60	15.37	
个旧市冶炼厂家属宿舍（II₅）	2.0	0.75～1.09	II₅～1 ～2 ～3 ～4 ～7 ～8	50.30 23.50 34.70 24.30 62.20 42.10	49.40	II₅～6	44.20	44.20	
					46.84			34.78	

生了土的不均匀胀缩变形，对建筑物产生不利的影响。

2. 坡地建筑场地，往往在切坡整平后，在场地的前缘形成陡坡或土坎。这时的地面蒸发 有坡肩蒸发，也有临空的坡面蒸发。根据两面蒸发和随距蒸发面的距离增加而蒸发逐渐减弱的原则，边坡楔形干燥区呈近似于三角形状（坡脚至坡肩上一点的连线同坡肩与坡面形成的三角形）。山坡是单向的即有一个干燥区。若山坡上冲沟发育而遭受切割时，就有可能形成二向坡或三向坡，楔形干燥区就相应地增加。蒸发作用是如此，雨水浸润作用也同样如此。两者比较，以蒸发作用最为显著。边坡的影响使坡地建筑场地楔形干燥区内土的含水量急剧变化，根据对东方红农场小学教室边坡地带土的含水量观测结果表明：楔形干燥区内土的含水量变化幅度为4.7～8.4%，楔形干燥区外土的含水量变化幅度为1.7～3.4%，前者是后者的2.21～3.36倍。由于楔形干燥区内土的含水量变化急剧，致使房屋临坡面的变形是非临坡面的1.32倍，见表2.3.4—2。这就说明边坡对建筑物影响的复杂性。

3. 边坡形成后，由于土的自重应力和土的回弹效应，坡体内土的应力要重新分布。

在坡肩处，产生张力，形成张力带。

在坡脚处，最大主应力显著增高，愈靠近临空面增加愈大。最小主应力急剧降低，在坡面上降为"0"，有时甚至转变为拉应力。最大最小主应力差相应而增，形成坡体内最大的剪应力区。

膨胀土边坡，当其土因受雨水浸润而膨胀时，土的自重压力，对竖向变形有一定的制约作用。可是在坡体内的侧向应力，有愈靠近坡面而显著降低和在临空面上降至"0"的特点。在此种应力状态下，加上膨胀引起的侧膨胀力的作用，坡体变形便向坡外发展，形成较大的水平位移。加上坡体内土受水浸润，抗剪强度大为衰减。在此种情况下，坡顶处的张力带必将扩展，坡脚处的剪应力区的应力集中，更加促使边坡的变形，甚至演变成蠕动。

平坦建筑场地

平坦建筑场地的地形地貌简单，地基土相对的说较为均匀，地面蒸发是单向的。这就形成与坡地场地的工程地质条件大不相同的特点。

综上所述，平坦建筑场地与坡地建筑场地具有不同的工程地质条件，为了便于地基处理，有针对地对坡地建筑场地采取相应可靠、经济的处理措施，把建筑场地划分为两类是必要的。

第三章 设 计

第一节 一般规定

第3.1.1条 坡地上的房屋建筑，往往出现较大的挖、填方，边坡坡度多大于14°，且房屋离坡肩距离亦不易满足本规范3.4.6条的要求。此外，有时坡比可满足要求，但遇层状构造的土层，仍有顺层滑动的可能。因此，在这些情况下需要验算地基的稳定性。

第3.1.2条 根据调查材料，木结构及钢筋混凝土排架结构具有较好的适应不均匀变形能力，主体结构损坏极少，可按一般地基设计。但有两点应加以说明：第一，维护墙体可能产生开裂。例如采用砖砌体做维护墙时，如果墙体直接砌在地基上，或采用基础梁而梁下未留空间时，常出现开裂，山墙部分开裂较多。因此，在本规范3.7.12条规定了相应的结构措施。第二，工业厂房往往有砖混承重的低层群房，这群房损坏较多，这类群房从结构上不属于排架结构，应按有关砖混承重结构设计条文处理。

常年地下水位较高，指水位一般在基础埋深标高下3m以内，由于毛细作用土中水份基本是稳定的，胀缩可能性都不存在。因此，无论是哪一类膨胀土，其胀缩量将为零，故可按一般天然地基设计方法设计。

第二节 地基计算

第3.2.1条 膨胀土地基的变形，均指垂直方向的变形。可分为三种形式，即上升型、下降型、上升～下降循环型。上升型主要出现在地基土含水量较低或久旱之后，或基坑长期曝晒之后，由土体吸水膨胀而产生的变形。下降型常出现在土的天然含水量较高，或者靠近坡边时，在平坦场地上天然含水量较高的将出现收缩变形，如果水的供给条件改变，它又将出现膨胀变形。但在坡地上的房屋，如果不采取措施，则下降部分可能分为二种情况，一是由收缩引起的变形，二是为坡体向外侧向移动而产生的垂直变形（即剪应变引起的变形），这种变形尤如在三向应力条件下侧向位移引起的竖向变形一样，将是不可逆的。郧县边坡观测中就可发现这种变形，它的发展必然导致滑坡。在本条中所指的是第一种情况，即失水收缩所引起的垂直下沉。至于第二种情况，其后果更为严重，在设计中应予以防止。所给的含水量幅度是经统计得出的一般规律，但未包括荷载、覆盖、温差等的作用。因为当作用在土体上的外荷，超过土的膨胀力时，膨胀变形将不产生，这时，实际上只有收缩变形起控制作用。如果覆盖得好，阻止了土中水份的蒸发，那么收缩变形就将停止。由于荷载、覆盖、温差等影响是由设计考虑的，所以，应根据设计情况，再决定变形的性质和计算的方法。

第3.2.2条 在使用该公式时，需要弄清一个概念，即不同压力下的膨胀率的应用问题。土的膨胀有两个重要性质：（1）当含水量一定时，压力小时膨胀量大，压力大时膨胀量小，当压力超过膨胀力时土就不膨胀，并出现压缩，膨胀力与膨胀量是非线性关系。在使用时，如果某压力下膨胀率为负值时，不发生膨胀变形，计算该层土的膨胀量为零，关于在外荷下的压缩量，由于比收缩量小很多，可以忽略不计。（2）当压力一定时，含水量高的膨胀量小，含水量小的膨胀量大，含水量与膨胀量之间也属于非线性关系。由于土的膨胀过程是含水量不断增加的过程，它的膨胀率也在不断变化，最终达到某一定值，因此，膨胀量的计算值是预测其最终的膨胀变形量。而不是某一段时间内的变形量。

第3.2.3条 收缩变形量与土中水份减少量有关，与荷载关系较小。考虑到收缩试验在荷载下进行，将给试验带来较大困难，故公式中未引入荷载的参数。由此引起的误差包括在经验系数中。

计算收缩变形量的公式是一个通式，其中最困难的是含水量变化值，应当根据引起水份减少的主要因素确定。

第3.2.4条 研究证明，我国膨胀土在自然气候影响下，土的最小含水量与塑限之间有密切关系。同时，在地下水位深的情况下，土中含水量的变化主要受气候因素的降水和蒸发之间的湿度平衡所控制。由此，可根据长期（10年以上）含水量的实测资料，预估土的湿度系数值。从地区看，某一地区的气候条件比较稳定，可以用上述方法统计解决，这样可能更准确。从全国看，特别是一些没有观测资料的地区，最小含水量仍无法预测，因此，规范组建立了气候条件与湿度系数的关系。从此关系中，还可预测某些地区膨胀土的胀缩势能可能产生的影响，及其对建筑物的危害程度。例如，在湿度系数为0.9的地区，即使为强亲水性的膨胀土，其地基土的胀缩等级可能为弱的Ⅰ级，而在0.7、0.6地区可能是Ⅱ、Ⅲ级。即土质完全相同的情况下，在湿度系数较高的地区，其分级胀缩量将低于湿度系数较低的地区；在湿度系数较低的地区，其分级胀缩量将高于湿度系数较高的地区。

湿度系数计算举例：

一、某膨胀土地区，中央气象局1951～1970年蒸发力①和降水量月平均值资料如表3.2.4—1，干燥度k_c②大于1的月份的蒸发和降水量月平均值资料如表3.2.4—2。

二、计算

1. 全年蒸发力之和为749.0；
2. 九月至次年二月蒸发力之和为216.3；
3. $α$等于（2）÷（1）为0.289；
4. 全年中干燥度k_c>1的月份的蒸发力减降水量差值的总和

某地20年蒸发力、降水量月平均值　　　表3.2.4—1

月份	蒸发力（mm）	降水量（mm）
1	21.0	19.7
2	25.0	21.8
3	51.8	33.2
4	70.3	108.3
5	90.9	191.8
6	92.7	213.2
7	116.9	178.9
8	110.1	142.0
9	74.4	82.5
10	46.7	89.2
11	28.1	55.9
12	21.1	25.7

注：①由于实际蒸发量尚难全面科学测定，中央气象局按彭曼（H.L.Penman）公式换算出蒸发力。经证实，实用效果较好。公式包括日照、气温、辐射平衡、相对温度、风速等气象要素。

②干燥度 $k_c = \dfrac{蒸发力}{降水量}$

干燥度大于1的月份的蒸发力、降水量　　　表3.2.4—2

月份	蒸发力（mm）	降水量（mm）
1	21.0	19.7
2	25.0	21.8
3	51.8	33.2

$c = 23.1$;

5. $0.726\alpha = 0.210$;
6. $0.00107c = 0.025$;
7. 湿度系数 $\psi_w = 1.152 - 0.726\alpha - 0.00107c$
   $= 0.917 \approx 0.9$。

第3.2.6条 大量现场调查以及沉降观测证明，膨胀土地基上的房屋损坏，在建筑场地稳定的条件下，均系长期的不稳定的地基土胀缩变形所引起。同时，轻型房屋比重型房屋变形大，且不均匀，损坏也重。因此，设计的指导思想是控制建筑物地基的最大变形幅度使其不大于建筑物地基所能允许的变形值。

然而引起变形的因素很多，有些问题目前尚不清楚，有些问题要通过复杂的试验和计算才能得出。例如有边坡时房屋变形值要比平坦地形时大，其增大的部分决定于在旱、雨循环条件下坡体的水平位移。在这方面虽然可以定性地说明一些问题，但从计算上还没有找到合适而简化的方法。土力学中类似这样的问题很多，解决的出路在于找到影响事物的主要因素，通过技术措施使其不起作用或少起作用。膨胀土地基变形计算，指在半无限体平面条件下，房屋的胀缩变形计算。对边坡蠕动所引起的房屋下沉则通过挡土墙、护坡、保湿等措施使其减少到最小程度，在按变形计算的设计原则下，承载力只给出了试验的方法。

计算胀缩变形量例题：

一、某单层住宅位于某平坦场地，基础型式为墩基加地梁，基础底面积为 $800\text{mm} \times 800\text{mm}$，基础埋置深度 $d = 1\text{m}$，基础底面处的平均附加压力 $p_0 = 100\text{kPa}$。基底下各层土的室内试验指标见表3.2.6-1。根据该地区10年以上有关气象资料统计并按本规范公式（3.2.4）计算结果，地表下1m处膨胀土的湿度系数 $\psi_w = 0.8$，查本规范表3.2.5，该地区的大气影响深度 $d_a = 3.50\text{m}$。因而取地基胀缩变形的计算深度 $z_n = 3.50\text{m}$。

二、将基础埋置深度 d 至计算深度 z_n 范围的土按0.4倍基础宽度分成n层，并分别计算出各分层顶面处的自重压力 p_{ci} 和附加压力 p_{0i}（见图3.2.6）。

三、求出各分层的平均总压力 P_i，在各相应的 δ_{op}-P 曲线上查出 δ_{opi}，并计算 $\sum_{i=1}^{n} \delta_{opi} \cdot h_i$（见表3.2.6-2）,

$$s_{oi} = \sum_{i=1}^{n} \delta_{opi} \cdot h_i = 43.3\text{mm}.$$

四、表3.2.6-1查出地表下1m处的天然含水量：
$w_1 = 0.205$, 塑限 $w_P = 0.219$。则 $\Delta w_1 = w_1 - \psi_w w_P$
$= 0.205 - 0.8 \times 0.219 = 0.0298$

按本规范公式（3.2.3-2）$\Delta w_i = \Delta w_1 - \dfrac{z_i - 1}{z_n - 1}(\Delta w_1 - 0.01)$ 分别计算出各分层土的含水量变化值，并计算

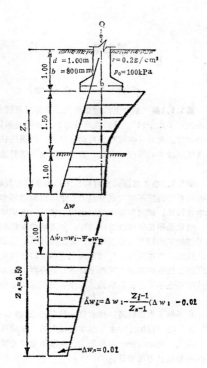

图3.2.6 地基胀缩变形量计算分层示意图

$$\sum_{i=1}^{n} \lambda_{si} \Delta w_i h_i \text{ (表3.2.6-3)},$$

$$s_{st} = \sum_{i=1}^{n} \lambda_{si} \cdot \Delta w_i \cdot h_i = 19.4\text{mm}$$

土的室内试验指标　　　　表3.2.6-1

土号	取土深度 (m)	天然含水量 w	塑限 w_P	不同压力下的膨胀率 δ_{epi}				收缩系数 λ_s
				0 (kPa)	25 (kPa)	50 (kPa)	100 (kPa)	
1#	0.85~1.00	0.205	0.219	0.0592	0.0158	0.0084	0.0008	0.28
2#	1.85~2.00	0.204	0.225	0.0718	0.0357	0.0290	0.0187	0.48
3#	2.65~2.80	0.213	0.232	0.0435	0.0205	0.0156	0.0083	0.31
4#	3.25~3.40	0.211	0.242	0.0597	0.0303	0.0249	0.0157	0.37

膨　胀　变　形　量　计　算　表　　　　表3.2.6-2

点号	深度 z_i (m)	分层厚度 h_i (mm)	自重压力 P_{ci} (kPa)	l/b	$\dfrac{z_i - d}{b}$	附加压力系数 α	附加压力 P_{zi} (kPa)	平均值 自重压力 P_{oi} (kPa)	平均值 附加压力 P_{zi} (kPa)	平均值 总压力 P_i (kPa)	膨胀率 δ_{epi}	膨胀量 $\delta_{epi} \cdot h_i$ (mm)	累计膨胀量 $\sum \delta_{epi} \cdot h_i$ (mm)	备注
0	1.00	320	20.00		0	1.000	100.00	23.20	90.00	113.20				
1	1.32	320	26.40		0.400	0.800	80.00	29.60	62.45	92.05	0.0015	0.5	0.5	
2	1.64	320	32.80		0.800	0.449	44.90	36.00	35.30	71.30	0.0240	7.7	8.2	
3	1.96	320	39.20		1.200	0.257	25.70	42.40	20.85	63.25	0.0250	8.0	16.2	
4	2.28	320	45.60	1.0	1.600	0.160	16.00	47.80	14.05	61.85	0.0260	8.3	24.5	
5	2.50	320	50.00		1.875	0.121	12.10	53.20	10.30	63.50	0.0130	4.2	28.7	
6	2.82	320	56.40		2.275	0.085	8.50	59.60	7.50	67.10	0.0220	7.0	35.7	
7	3.14	360	62.80		2.675	0.065	6.50	66.40	5.65	72.05	0.0210	7.6	43.3	
8	3.50		70.00		3.125	0.048	4.80							

注：基础长度为 L（mm），基础宽度为 b（mm）

收缩变形量计算表 表3.2.6—3

点号	深度 z_i (m)	分层厚度 h_i (mm)	计算深度 z_n (m)	$\Delta w_1 = v_1 - \psi_w w_P$	$\dfrac{z_i-1.00}{z_n-1.00}$	Δw_i	平均值 Δw_i	收缩系数 λ_{si}	收缩量 $\lambda_{si}\cdot\Delta w_i\cdot h_i$ (mm)	累计收缩量 (mm)
0	1.00				0.00	0.0298				
		320					0.0285	0.28	2.6	2.6
1	1.32				0.13	0.0272				
		320					0.0260	0.28	2.3	4.9
2	1.64				0.26	0.0247				
		320					0.0235	0.48	3.6	8.5
3	1.96				0.38	0.0223				
		320	3.50	0.0298			0.0210	0.48	3.2	11.7
4	2.28				0.51	0.0197				
		320					0.0188	0.48	2.9	14.6
5	2.50				0.60	0.0179				
		320					0.0166	0.31	1.6	16.2
6	2.82				0.73	0.0153				
		320					0.0141	0.37	1.7	17.9
7	3.14				0.86	0.0128				
		360					0.0114	0.37	1.5	19.4
8	3.50				1.00	0.0100				

五、由本规范公式（3.2.6）求得地基胀缩变形总量为：
$$s = \psi(s_{ci} + s_{si}) = 0.7 \times (43.3 + 19.4) = 0.7 \times 62.7 = 43.9 \text{mm}$$

第3.2.7条 在全国膨胀土地区共进行了一百余台载荷试验，也进行过大量的旁压试验及触探试验，希望经过统计找到规律性的东西。但因膨胀土成因复杂，土质不均，所得结果离散性大，故目前还没有可能建立全国性承载力表。鉴于不少地区已有较多的载荷试验资料及实测房屋变形资料，可以建立地区的承载力表。在规范中仅提出承载力的试验方法，供实际工程中采用。

载荷试验方法是最基本而可靠的方法。对膨胀土的承载力试验应当考虑含水量增加以后，土的强度衰减问题。试验表明，土吸水愈多，膨胀量愈大，其强度降低愈大，俗称"天晴一把刀，下雨一团糟"。因此，如果先浸水后做试验，必将得到较小的承载力，这显然不符合实际情况。正确的方法是，先加荷至设计压力，然后浸水，再加荷载，直到破坏。

采用抗剪强度计算地基承载力也是可以的，但必须注意裂隙的发育及方向。在三轴饱和快剪试验中，常常发生浸水后试件立即沿裂隙面破坏的情况。这时所得的抗剪强度太低，也不符合半无限体的集中受压条件，遇着这类情况时，就不能直接用该指标进行设计了。

第三节 总平面设计

第3.3.1条 本条第三点要求中"坡度小于14°并有可能采用分级低挡土墙治理的地段"，这里所讲的坡度是自然坡，它是根据近百个坡体的调查后得出的斜坡稳定坡度值。但应明，地形坡度小于14°，大于或等于5°坡角时，还有滑动可能，应按坡地地基有关规定进行设计。

本条第五点要求是针对深层膨胀土的变形提出的。一般情况下，膨胀土地下水埋藏较深，膨胀土的变形主要受气候、温差、覆盖等影响。但是在岩溶发育地区，地下水常活动在岩土界面处，有可能出现下层土的胀缩变形，而这种变形往往局限在一个狭长的范围内，同时，也有可能出现土洞。在这种地段建设问题较多，治理也很费钱，故应尽量避开。

第3.3.2条 本条规定同一建筑物地基土的分级胀缩变形量之差不宜大于35mm，膨胀土地基上房屋的允许变形量比一般土低。在表5.2.2中容许变形值一般均小于40mm。如果同一建筑物地基土的分级胀缩变形量大于35mm后，于说该建筑物处于两个不同地基等级的土层上，其结果将造成处理上的困难，费用大量增加。因此，最好避免这种情况，如不可能时，可用沉降缝将建筑物分成独立的单元体，或采用不同基础形式或不同的基础埋深，将变形调整到容许变形值。

第3.3.6条 绿化是改善环境，增进人民健康的必要措施。在膨胀土地区常有树木吸收水份而使房屋损坏的现象。因此，提出了种树问题。根据调查情况看，这个问题在土的湿度系数小于0.75和孔隙比大于0.9时比较突出。在这种情况下应尽可能采用蒸腾量小的针叶树种，或者在房屋周围挖灰土沟，使树根不致穿入房屋地基吸水。实际上如果树木成林时，地面蒸发将大量减少，树木的影响也就相对地减少。虽然在调查中发现湿度系数大于0.75，孔隙比为0.8以下的地区树木的影响甚小，但为了防止可能出现的大旱年，建议在离房屋4m以内仍以种蒸腾量小的果树，松柏等针叶树为宜。

第四节 坡 地

第3.4.2条 如坡地为非膨胀土时，只需验算坡体稳定性。但对膨胀土坡地上的建筑，仅满足坡体稳定要求还不足以保证房屋的正常使用。为此，提出了考虑坡体水平移动和坡体内土的含水量变化对建筑物的影响，这种影响主要来自下列方面：（1）挖填方过大时，土体原来的含水状态将会发生变化，需经过一段时间后，地基土中的水分才能达到新的平衡；（2）由于平整场地破坏了原有地貌、自然排水系统及原来植被，土中的含水量将因蒸发而大量减少，如果降雨，局部土质又会发生大量膨胀；（3）沿坡面附近的土层受多向蒸发的作用，大气影响深度将大于离坡肩较远的土层；（4）坡比较陡时，旱季会出现裂缝、崩塌。遇雨后，雨水顺裂隙渗入坡体，又可能出现浅层滑动。久旱之后的降雨，往往造成坡体滑动，这是坡地建筑设计中至关重要的问题。本规范第三章第3.4.3条、第3.4.4条都是为防止滑动而制订的。

第3.4.3条 本条是根据治理山区地基边坡的多年经验所写成，凡是不按这个经验，或者先盖房而后治坡者，常常受到大自然的惩罚，房屋损坏。湖北郧县新城的经验就是："先治坡，后治窝"。治坡包括排水措施、设置支挡和设置护坡三个方面。护坡对膨胀土边坡的作用不仅是防止冲刷，更重要的是保持坡体内含水量的稳定。采用全封闭的面层只能防止蒸发，但将造成土体水份增加而有胀裂的可能，因此采用支撑盲沟及在盲沟间植草的办法可以收到调节墙内水份的作用。

第3.4.4条 挡土墙压力观测表明，膨胀土水平压力 不 小，采取墙背设置砂卵石滤水层的构造措施，就是为了减少土体膨胀对挡土墙的侧压力。此外，墙最好选用非膨胀土及透水性较强的土作为填料。无非膨胀土时，可在一定范围内填膨胀土与石灰的混合料，离墙顶1米范围内，可填膨胀土，但砂石滤水层 不 得取消。在本规范第3.4.5条中明确规定，只有在满足本条条件情况下，才可不考虑土的水平膨胀力。应当说明，挡土墙设计考虑膨胀土水平压力后，造价将成倍增加，所以从经济上看，填膨胀性材料是不合适的。

第3.4.6条 在膨胀土坡地上建造房屋，除了与非膨胀土坡地建筑一样，必须采取抗滑、排水等措施外，针对当前在膨胀土坡地上进行建筑存在的问题，增写了本条中的两个要求，其目的在于减少房屋地基变形的不均匀程度，使房屋的损坏尽可能降到最低程度，指明设有挡土墙的建筑物的位置。如符合此 两条 条件 时，坡地上建筑物的地基设计，实际上可转变为平坦场地上建筑物的地基设计，这样，本规范有关平坦场地上建筑物地基设计原则皆可按照执行了。除此以外，本规范第3.5.5条还规定了 坡地上建筑物的基础埋深。

需要说明，在调查了坡上一百余栋设有挡土墙与未设挡土墙的房屋以后，两者相比，前者损坏较后者轻微。从理论上可以说明这个结论的合理性，前面已经介绍了影响坡上房屋地基变形很不均匀的因素，其中长期影响变形的因素是临坡建筑地基土内的含水量变化受气候的影响比较复杂，靠近坡肩部分，受多面蒸发影响，大气影响深度最深，随着距坡肩距离的增加，气候影响深度逐渐接近于平坦地形条件下的影响深度。因此，建在坡地上的建筑物若不设挡土墙时最好将建筑物摆在离坡肩较远的地方。设挡土墙后蒸发条件改变为垂直向，坡体水平位移将不发生，与平坦地形条件相近，变形的不均匀性将会减少，建筑物的损坏也将减轻。所以采用分级低挡土墙是坡地建筑的一个很有效的措施，它还有节约用地、维护费用少的经济效益。

但是，除设低挡土墙的措施外，还要考虑挖填方所造成的不均匀性，所以在本规范第三章第七节有关建筑结构措施中，还有相应的要求。

第五节 基础埋深

第3.5.2条 基础埋深可根据采取的基础型式，处理方法及上部结构对地基不均匀沉降的敏感程度确定。平坦场地上的砖混结构房屋，以基础埋深为主要防治措施时，基础埋深设在大气影响急剧层深度（为大气影响深度的0.45倍）以下时，可不再采用其它地基处理措施。例如合肥大气影响急剧层深度 约 在 1.6m，按这个要求设计时，地基胀缩变形均能满足要求。但是，对低层房屋可能增加造价过高，为此，可以采取其它方法，例如采取独立墩式基础。也可变宽散水或用砂垫层等方案，或采用柔性结构方案以减少基础埋深。例如在农村新建房屋，过去采用梁柱结构，土墙、石墙作为维护，基础埋深400—500mm,主体结构始终完好，墙体裂缝很少，即使裂缝，也易维修。但用砖墙承重后，埋深浅的都出现开裂。某地曾在已坏的房屋地基上建造试验性一层建筑，采用砂垫层埋深500mm也未出现开裂，所以采用梁柱结构和其它处理后可减少埋深。但是，离地表1m深度内地基土含水量变化幅度及上升、下降变形都较大，对Ⅱ、Ⅲ级膨胀土上的建筑物容易引起开裂。

由于各种结构的允许变形值不同，通过变形计算确定合适的基础埋深，是比较有效而经济的方法。

第3.5.5条 本条仅适用于无挡土墙的坡上建筑。所采用的计算公式按照1:5的坡比线为起算基准。该线以下起大气影响急剧层深度再增加20cm作为基础埋深线。考虑到边坡一般坡比为1:3，在1:5坡比线以上浮土有一部分保温作用，故未采用平坦地形坡比线（1:10）作为起算基线。

第六节 地基处理

第3.6.4条 关于膨胀土地基中的桩基，由于试验资料较少，只能提出控制计算原则。在所提出原则中分别考虑了膨胀和收缩两种情况。在膨胀时考虑了桩周胀切力，该值试验方法简单，试验时，桩长为欲测定胀切力土层的厚度，然后在桩侧 附近1m处钻孔做渗水孔，浸水后，不断增加压力使桩的上升值为零，当加荷至出现下沉时，该荷载即为该土层的胀切力总值。在收缩时因裂缝出现，不考虑收缩时所产生的负摩擦力，不考虑在大气影响急剧层内的摩擦力。从云南锡业公司与冶金部昆明勘察公司所做的第二组试验中，桩径230mm，桩长分别为3m、4m，桩尖脱空，3m桩长荷载为4.2t，4m桩长为5.76t；经过两年观察，3m桩下沉达60mm以上，4m桩仅6mm左右，与深标观测接近（图3.6.4）。当地实测大气影响急剧层为3.3m，可以看出3.3m长度内 还 有 一定的摩阻力来抵抗由于收缩后桩上承受的荷载。因此，假定全部荷重由大气影响急剧层以下的桩长来承受是偏于安全的。

在土层膨胀、收缩过程中桩的受力状态很复杂，例如在膨胀过程或收缩过程中，沿桩周各点土的变形状态、变形速率、变形大小是否一致就是一个问题。本规范在考虑桩的设计原则时，假定在大气影响急剧层深度内桩的胀切力存在，及土层收缩时桩周出现裂隙情况。今后还需要进一步研究，验证假定的合理性并找出简便的计算模型。

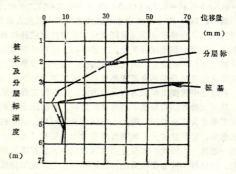

图3.6.4　桩基与分层标位移量图

第七节 建筑与结构

第3.7.1条 沉降缝的设置系根据膨胀土地基上房屋损 坏 情 况的调查提出的。需要说明，在设计时应注意，同一类型的膨胀土，扰动后重新夯实与未经扰动的相比，其膨胀或收缩特性都不相同。如果基础分别埋在挖方和填方上时，在挖填方交界处的墙体及地面常常出现断裂。因此，一般都采用沉降缝分离的方法。

第3.7.5条 膨胀土地面的开裂、隆起是常见的，大面积处理费用太高。因此，处理的原则分为两种，一种是要求严格的地面，如精密加工车间，地面的不均匀变形会降低产品的质量，后果严重。另一种如食堂、住宅的地面，开裂后可修理使用。前者可根据膨胀量大小换土处理，后者宜将大面积浇面层改为分段浇注嵌缝处理方法，或采用铺砌的办法。对于某些使用要求严格的地面，还可采用架设空心楼板方法。

第3.7.9条 圈梁的设置有助于提高房屋的整体性并控制裂缝的发展。根据房屋沉降观测资料得知，膨胀土上建筑物地基的变形有的是反向挠曲，也有的是正向挠曲，有时在同一栋房屋内同时出现反向挠曲和正向挠曲，特别在房屋的端部，反向挠曲变形较多，因此，在本条中特别强调设置顶部圈梁的作用。

外廊式房屋由于外廊柱的变形比内纵墙大，常出现外廊柱脱开及倾斜，所以宜采用悬挑结构。在二层及三层采用悬挑结构时

（如图3.7.9），还应注意悬挑钢筋混凝土结构的温度伸缩问题。要在悬挑部分的端头与墙交接处留有伸缩的余地，否则，易引起端部开间房屋的斜裂缝。

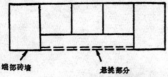

图3.7.9 外廊悬挑结构示意图

第3.7.12条 钢和钢筋混凝土排架本身具有足够的适应变形能力。但是维护墙体仍易开裂，同时对设有吊车的厂房，还存在由于不均匀变形引起吊车卡轨，影响使用的可能性。对于以砖作维护结构时，应将砖墙放在基础梁上，基础梁与土表面脱空以防止土的膨胀引起梁的过大变形。

第八节 管 道

第3.8.3条 管道防水问题的关键是长期性的维护问题。因此，检漏井的设置对于检查管道是否漏水是一项技术措施。对于要求很高的建筑物和车间，有必要采用地下管道，集中排水的方法，才可能做到及时发现，及时修理。

第四章 施 工

第一节 一 般 规 定

第4.1.1条 膨胀土上建筑工程的施工，是实施膨胀土地基设计的重要环节，关系到建筑物的安全和能否正常使用。膨胀土上建筑工程的施工，应根据设计要求 场地条件和施工季节，做好施工组织设计，制订有关技术、管理及组织措施，减少施工周期中地基土含水量变化幅度，防止场地失稳和土方作业中的工程事故和人身安全事故。

第二节 地基和基础施工

第4.2.5条 膨胀土坡地浅层滑坡发育 弃土加载有导致重力式牵引滑坡的危险性，弃土堆置场地必须严格按设计要求对坡基进行处理和在指定的区段内进行填方作业。对于较小的工程自行安排堆置时，应对坡体稳定性进行验算。

第五章 维 护 管 理

第5.0.1条 维护管理工作是指对膨胀土建 筑 场 区 内 的 建筑，管道 地面排水 环境绿化、边坡、挡土墙等在使用期间的管理和维修工作。由设计与施工单位拟订技术管理文件 在建筑物竣工验收时，交予使用单位，由使用单位负责管理和维修。

第5.0.6条 植被对建筑物的影响与气候 树种 土性等因素有关。为防止植被对房屋造成危害，场地植被绿化作法应由勘察设计单位决定。在植被维护工作中，不得任意更换树种。为使环境优美宜人和防止枝叶茂盛加大蒸腾量，树枝应定期修剪。

中华人民共和国国家标准

湿陷性黄土地区建筑规范

GB 50025—2004

条 文 说 明

目 次

1 总则 ·················· 5—18—3
3 基本规定 ·············· 5—18—3
4 勘察 ·················· 5—18—4
  4.1 一般规定 ············ 5—18—4
  4.2 现场勘察 ············ 5—18—4
  4.3 测定黄土湿陷性的试验 ···· 5—18—5
    （Ⅰ）室内压缩试验 ······ 5—18—5
    （Ⅱ）现场静载荷试验 ····· 5—18—5
    （Ⅲ）现场试坑浸水试验 ···· 5—18—6
  4.4 黄土湿陷性评价 ········ 5—18—6
5 设计 ·················· 5—18—8
  5.1 一般规定 ············ 5—18—8
  5.2 场址选择与总平面设计 ···· 5—18—8
  5.3 建筑设计 ············ 5—18—9
  5.4 结构设计 ············ 5—18—10
  5.5 给水排水、供热与通风设计 ·· 5—18—11
  5.6 地基计算 ············ 5—18—13
  5.7 桩基础 ·············· 5—18—14
6 地基处理 ·············· 5—18—16
  6.1 一般规定 ············ 5—18—16
  6.2 垫层法 ·············· 5—18—18
  6.3 强夯法 ·············· 5—18—19
  6.4 挤密法 ·············· 5—18—20
  6.5 预浸水法 ············ 5—18—21
7 既有建筑物的地基加固和
   纠倾 ·················· 5—18—22
  7.1 单液硅化法和碱液加固法 ···· 5—18—22
  7.2 坑式静压桩托换法 ······ 5—18—23
  7.3 纠倾法 ·············· 5—18—23
8 施工 ·················· 5—18—24
  8.1 一般规定 ············ 5—18—24
  8.2 现场防护 ············ 5—18—25
  8.3 基坑或基槽的施工 ······ 5—18—25
  8.4 建筑物的施工 ·········· 5—18—25
  8.5 管道和水池的施工 ······ 5—18—25
9 使用与维护 ············ 5—18—27
  9.1 一般规定 ············ 5—18—27
  9.2 维护和检修 ··········· 5—18—27
  9.3 沉降观测和地下水位观测 ··· 5—18—27
附录 A 中国湿陷性黄土工程地质
      分区略图 ············ 5—18—27
附录 C 判别新近堆积黄土
      的规定 ·············· 5—18—27
附录 D 钻孔内采取不扰动土样的
      操作要点 ············ 5—18—28
附录 G 湿陷性黄土场地地下水
      位上升时建筑物的
      设计措施 ············ 5—18—29
附录 H 单桩竖向承载力静载荷
      浸水试验要点 ········ 5—18—30
附录 J 垫层、强夯和挤密等地
      基的静载荷试验要点 ··· 5—18—30

1 总 则

1.0.1 本规范总结了"GBJ25—90规范"发布以来的建设经验和科研成果，并对该规范进行了全面修订。它是湿陷性黄土地区从事建筑工程的技术法规，体现了我国现行的建设政策和技术政策。

在湿陷性黄土地区进行建设，防止地基湿陷，保证建筑工程质量和建（构）筑物的安全使用，做到技术先进、经济合理、保护环境，这是制订本规范的宗旨和指导思想。

在建设中必须全面贯彻国家的建设方针，坚持按正常的基建程序进行勘察、设计和施工。边勘察、边设计、边施工和不勘察进行设计和施工，应成为历史，不应继续出现。

1.0.2 我国湿陷性黄土主要分布在山西、陕西、甘肃的大部分地区，河南西部和宁夏、青海、河北的部分地区，此外，新疆维吾尔自治区、内蒙古自治区和山东、辽宁、黑龙江等省，局部地区亦分布有湿陷性黄土。

湿陷性黄土地区建筑工程（包括主体工程和附属工程）的勘察、设计、地基处理、施工、使用与维护，均应按本规范的规定执行。

1.0.3 湿陷性黄土是一种非饱和的欠压密土，具有大孔和垂直节理，在天然湿度下，其压缩性较低，强度较高，但遇水浸湿时，土的强度显著降低，在附加压力或在附加压力与土的自重压力下引起的湿陷变形，是一种下沉量大、下沉速度快的失稳性变形，对建筑物危害性大。为此本条仍按原规范规定，强调在湿陷性黄土地区进行建设，应根据湿陷性黄土的特点和工程要求，因地制宜，采取以地基处理为主的综合措施，防止地基浸水湿陷对建筑物产生危害。

防止湿陷性黄土地基湿陷的综合措施，可分为地基处理、防水措施和结构措施三种。其中地基处理措施主要用于改善土的物理力学性质，减小或消除地基的湿陷变形；防水措施主要用于防止或减少地基受水浸湿；结构措施主要用于减小和调整建筑物的不均匀沉降，或使上部结构适应地基的变形。

显然，上述三种措施的作用及功能各不相同，故本规范强调以地基处理为主的综合措施，即以治本为主，治标为辅、标、本兼治，突出重点，消除隐患。

1.0.4 本规范是根据我国湿陷性黄土的特征编制的，湿陷性黄土地区的建设工程除应执行本规范的规定外，对本规范未规定的有关内容，尚应执行有关现行的国家强制性标准的规定。

3 基本规定

3.0.1 本次修订将建筑物分类适当修改后独立为一章，作为本规范的第3章，放在勘察、设计的前面，解决了各类建筑的名称出现在建筑物分类之前的问题。

建筑物的种类很多，使用功能不尽相同，对建筑物分类的目的是为设计采取措施区别对待，防止不论工程大小采取"一刀切"的措施。

原规范把地基受水浸湿可能性的大小作为建筑物分类原则的主要内容之一，反映了湿陷性黄土遇水湿陷的特点，工程界早已确认，本规范继续沿用。地基受水浸湿可能性的大小，可归纳为以下三种：

1 地基受水浸湿可能性大，是指建筑物内的地面经常有水或可能积水、排水沟较多或地下管道很多；

2 地基受水浸湿可能性较大，是指建筑物内局部有一般给水、排水或暖气管道；

3 地基受水浸湿可能性小，是指建筑物内无水暖管道。

原规范把高度大于40m的建筑划为甲类，把高度为24～40m的建筑划为乙类。鉴于高层建筑日益增多，而且高度越来越高，为此，本规范把高度大于60m和14层及14层以上体型复杂的建筑划为甲类，把高度为24～60m的建筑划为乙类。这样，甲类建筑的范围不致随部分建筑的高度增加而扩大。

凡是划为甲类建筑，地基处理均要求从严，不允许留剩余湿陷量，各类建筑的划分，可结合本规范附录E的建筑举例进行类比。

高层建筑的整体刚度大，具有较好的抵抗不均匀沉降的能力，但对倾斜控制要求较严。

埋地设置的室外水池，地基处于卸荷状态，本规范对水池类构筑物不按建筑物对待，未作分类，关于水池类构筑物的设计措施，详见本规范附录F。

3.0.2 原规范规定的三种设计措施，在湿陷性黄土地区的工程建设中已使用很广，对防治地基湿陷事故，确保建筑物安全使用具有重要意义，本规范继续使用。防止和减小建筑物地基浸水湿陷的设计措施，可分为地基处理、防水措施和结构措施三种。

在三种设计措施中，消除地基的全部湿陷量或采用桩基础穿透全部湿陷性黄土层，主要用于甲类建筑；消除地基的部分湿陷量，主要用于乙、丙类建筑；丁类属次要建筑，地基可不处理。

防水措施和结构措施，一般用于地基不处理或消除地基部分湿陷量的建筑，以弥补地基处理的不足。

3.0.3 原规范对沉降观测虽有规定，但尚未引起有关方面的重视，沉降观测资料寥寥无几，建筑物出了事故分析亦很困难，目前许多单位对此有不少反映，普遍认为通过沉降观测，可掌握计算与实测沉降量的关系，并可为发现事故提供信息，以便查明原因及时对事故进行处理。为此，本条继续规定对甲类建筑和乙类中的重要建筑应进行沉降观测，对其他建筑各单位可根据实际情况自行确定是否观测，但要避免观测项目太多，不能长期坚持而流于形式。

4 勘 察

4.1 一般规定

4.1.1 湿陷性黄土地区岩土勘察的任务，除应查明黄土层的时代、成因、厚度、湿陷性、地下水位深度及变化等工程地质条件外，尚应结合建筑物功能、荷载与结构等特点对场地与地基作出评价，并就防止、降低或消除地基的湿陷性提出可行的措施建议。

4.1.3 按国家的有关规定，一个工程建设项目的确定和批准立项，必须有可行性研究为依据；可行性研究报告中要求有必要的关于工程地质条件的内容，当工程项目的规模较大或地层、地质与岩土性质较复杂时，往往需进行少量必要的勘察工作，以掌握关于场地湿陷类型、湿陷量大小、湿陷性黄土层的分布与厚度变化、地下水位的深浅及有无影响场址安全使用的不良地质现象等的基本情况。有时，在可行性研究阶段会有不只一个场址方案，这时就有必要对它们分别做一定的勘察工作，以利场址的科学比选。

4.1.7 现行国家标准《岩土工程勘察规范》规定，土试样按扰动程度划分为四个质量等级，其中只有Ⅰ级土试样可用于进行土类定名、含水量、密度、强度、压缩性等试验，因此，显而易见，黄土土试样的质量等级必须是Ⅰ级。

正反两方面的经验一再证明，探井是保证取得Ⅰ级湿陷性黄土土样质量的主要手段，国内、国外都是如此。基于这一认识，本规范加强了对采取土试样的要求，要求探井数量宜为取土勘探点总数的 1/3～1/2，且不宜少于 3 个。

本规范允许在"有足够数量的探井"的前提下，用钻孔采取土试样。但是，仅仅依靠好的薄壁取土器，并不一定能取得不扰动的Ⅰ级土试样。前提是必须先有合理的钻井工艺，保证拟取的土试样不受钻进操作的影响，保持原状，不然，再好的取样工艺和科学的取土器也无济于事。为此，本规范要求在钻孔中取样时严格按附录 D 的规定执行。

4.1.9 近年来，原位测试技术在湿陷性黄土地区已有不同程度的使用，但是由于湿陷性黄土的主要岩土技术指标，必须能直接反映土湿陷性的大小，因此，除了浸水载荷试验和试坑浸水试验（这两种方法有较多应用）外，其他原位测试技术只能说有一定的应用，并发挥着相应的作用。例如，采用静力触探了解地层的均匀性，划分地层，确定地基承载力，计算单桩承载力等。除此，标准贯入试验、轻型动力触探、重型动力触探，乃至超重型动力触探等也有不同程度的应用，不过它们的对象一般是湿陷性黄土地基中的非湿陷性黄土层、砂砾层或碎石层，也常用于检测地基处理的效果。

4.2 现场勘察

4.2.1 地质环境对拟建工程有明显的制约作用，在场址选择或可行性研究勘察阶段，增加对地质环境进行调查了解很有必要。例如，沉降尚未稳定的采空区，有毒、有害的废弃物等，在勘察期间必须详细调查了解和探查清楚。

不良地质现象，包括泥石流、滑坡、崩塌、湿陷凹地、黄土溶洞、岸边冲刷、地下潜蚀等内容。地质环境，包括地下采空区、地面沉降、地裂缝、地下水的水位上升、工业及生活废弃物的处置和存放、空气及水质的化学污染等内容。

4.2.2～4.2.3 对场地存在的不良地质现象和地质环境问题，应查明其分布范围、成因类型及对工程的影响。

1 建设和环境是互相制约的，人类活动可以改造环境，但环境也制约工程建设，据瑞典国际开发署和联合国的调查，由于环境恶化，在原有的居住环境中，已无法生存而不得不迁移的"环境难民"，全球达 2500 万人之多。因此工程建设尚应考虑是否会形成新的地质环境问题。

2 原规范第 6 款中，勘探点的深度"宜为 10～20m"，一般满足多层建（构）筑物的需要，随着建筑物向高、宽、大方向发展，本规范改为勘探点的深度，应根据湿陷性黄土层的厚度和地基压缩层深度的预估值确定。

3 原规范第 3 款"当按室内试验资料和地区建筑经验不能明确判定场地湿陷类型时，应进行现场试坑浸水试验，按实测自重湿陷量判定"。本规范 4.3.8 条改为"对新建地区的甲类和乙类中的重要建筑，应进行现场试坑浸水试验，按自重湿陷的实测值判定场地湿陷类型"。

由于人口的急剧增加，人类的居住空间已从冲洪积平原、低阶地，向黄土塬和高阶地发展，这些区域基本上无建筑经验，而按室内试验结果计算出的自重湿陷量与现场试坑浸水试验的实测值往往不完全一致，有些地区相差较大，故对上述情况，改为"按自重湿陷的实测值判定场地湿陷类型"。

4.2.4～4.2.5

1 原规范第 4 款，详细勘察勘探点的间距只考虑了场地的复杂程度，而未与建筑类别挂钩，本规范改为结合建筑类别确定勘探点的间距。

2 原规范第 5 款，勘探点的深度"除应大于地基压缩层的深度外，对非自重湿陷性黄土场地还应大于基础底面以下 5m"。随着多、高层建筑的发展，基础宽度的增大，地基压缩层的深度也相应增大，为此，本规范将原规定大于 5m 改为大于 10m。

3 湿陷系数、自重湿陷系数、湿陷起始压力均为黄土场地的主要岩土参数，详勘阶段宜将上述参数绘制在随深度变化的曲线图上，并宜进行相关分析。

4 当挖、填方厚度较大时，黄土场地的湿陷类型、湿陷等级可能发生变化，在这种情况下，应自挖（或填）方整平后的地面（或设计地面）标高算起。勘察时，设计地面标高如不确定，编制勘察方案宜与建设方紧密配合，使其尽量符合实际，以满足黄土湿陷性评价的需要。

5 针对工程建设的现状及今后发展方向，勘察成果增补了深基坑开挖与桩基工程的有关内容。

4.3 测定黄土湿陷性的试验

4.3.1 原规范中的黄土湿陷性试验放在附录六，本规范将其改为"测定黄土湿陷性的试验"放入第4章第3节，修改后，由附录变为正文，并分为室内压缩试验、现场静载荷试验和现场试坑浸水试验。

室内压缩试验主要用于测定黄土的湿陷系数、自重湿陷系数和湿陷起始压力；现场静载荷试验可测定黄土的湿陷性和湿陷起始压力，基于室内压缩试验测定黄土的湿陷性比较简便，而且可同时测定不同深度的黄土湿陷性，所以仅规定在现场测定湿陷起始压力；现场试坑浸水试验主要用于确定自重湿陷量的实测值，以判定场地湿陷类型。

（Ⅰ）室内压缩试验

4.3.2 采用室内压缩试验测定黄土的湿陷性应遵守有关统一的要求，以保证试验方法和过程的统一性及试验结果的可比性。这些要求包括试验土样、试验仪器、浸水水质、试验变形稳定标准等方面。

4.3.3~4.3.4 本条规定了室内压缩试验测定湿陷系数的试验程序，明确了不同试验压力范围内每级压力增量的允许数值，并列出了湿陷系数的计算式。

本条规定了室内压缩试验测定自重湿陷系数的试验程序，同时给出了计算试样上覆土的饱和自重压力所需饱和密度的计算公式。

4.3.5 在室内测定土样的湿陷起始压力有单线法和双线法两种。单线法试验较为复杂，双线法试验相对简单，已有的研究资料表明，只要对试样及试验过程控制得当，两种方法得到的湿陷起始压力试验结果基本一致。

但在双线法试验中，天然湿度试样在最后一级压力下浸水饱和附加下沉稳定高度与浸水饱和试样在最后一级压力下的下沉稳定高度通常不一致，如图4.3.5所示，h_0ABCC_1曲线与$h_0AA_1B_2C_2$曲线不闭合，因此在计算各级压力下的湿陷系数时，需要对试验结果进行修正。研究表明，单线法试验的物理意义更为明确，其结果更符合实际，对试验结果进行修正时以单线法为准来修正浸水饱和试样各级压力下的稳定高度，即将$A_1B_2C_2$曲线修正至$A_1B_1C_1$曲线，使饱和试样的终点C_2与单线法试验的终点C_1重合，以此来计算各级压力下的湿陷系数。

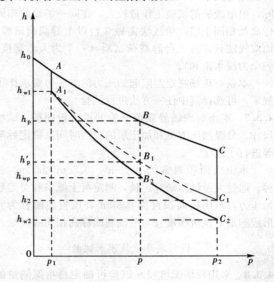

图4.3.5 双线法压缩试验

在实际计算中，如需计算压力p下的湿陷系数δ_s，则假定：

$$\frac{h_{w1}-h_2}{h_{w1}-h_{w2}} = \frac{h_{w1}-h'_p}{h_{w1}-h_{wp}} = k$$

有，$h'_p = h_{w1} - k(h_{w1}-h_{wp})$

得：$\delta_s = \dfrac{h_p - h'_p}{h_0} = \dfrac{h_p - [h_{w1} - k(h_{w1}-h_{wp})]}{h_0}$

其中，$k = \dfrac{h_{w1}-h_2}{h_{w1}-h_{w2}}$，它可作为判别试验结果是否可以采用的参考指标，其范围宜为1.0 ± 0.2，如超出此限，则应重新试验或舍弃试验结果。

计算实例：某一土样双线法试验结果及对试验结果的修正与计算见下表。

p(kPa)	25	50	75	100	150	200	浸水
h_p(mm)	19.940	19.870	19.778	19.685	19.494	19.160	17.280
h_{wp}(mm)	19.855	19.260	19.006	18.440	17.605	17.075	
$k=(19.855-17.280)\div(19.855-17.075)=0.926$							
h'_p	19.855	19.570	19.069	18.545	17.772	17.280	
δ_s	0.004	0.015	0.035	0.062	0.086	0.094	

绘制$p \sim \delta_s$曲线，得$\delta_s = 0.015$对应的湿陷起始压力p_{sh}为50kPa。

（Ⅱ）现场静载荷试验

4.3.6 现场静载荷试验主要用于测定非自重湿陷性黄土场地的湿陷起始压力，自重湿陷性黄土场地的湿陷起始压力值小，无使用意义，一般不在现场测定。

在现场测定湿陷起始压力与室内试验相同,也分为单线法和双线法。二者试验结果有的相同或接近,有的互有大小。一般认为,单线法试验结果较符合实际,但单线法的试验工作量较大,在同一场地的相同标高及相同土层,单线法需做 3 台以上静载荷试验,而双线法只需做 2 台静载荷试验(一个为天然湿度,一个为浸水饱和)。

本条对现场测定湿陷起始压力的方法与要求作了规定,可选择其中任一方法进行试验。

4.3.7 本条对现场静载荷试验的承压板面积、试坑尺寸、分级加压增量和加压后的观测时间及稳定标准等进行了规定。

承压板面积通常为 $0.25m^2$、$0.50m^2$ 和 $1m^2$ 三种。通过大量试验研究比较,测定黄土湿陷和湿陷起始压力,承压板面积宜为 $0.50m^2$,压板底面宜为方形或圆形,试坑深度宜与基础底面标高相同或接近。

(Ⅲ) 现场试坑浸水试验

4.3.8 采用现场试坑浸水试验可确定自重湿陷量的实测值,用以判定场地湿陷类型比较准确可靠,但浸水试验时间较长,一般需要 1~2 个月,而且需要较多的用水。本规范规定,在缺乏经验的新建地区,对甲类和乙类中的重要建筑,应采用试坑浸水试验,乙类中的一般建筑和丙类建筑以及有建筑经验的地区,均可按自重湿陷量的计算值判定场地湿陷类型。

本条规定了浸水试验的试坑尺寸采用"双指标"控制,此外,还规定了观测自重湿陷量的深、浅标点的埋设方法和观测要求以及停止浸水的稳定标准等。上述规定,对确保试验数据的完整性和可靠性具有实际意义。

4.4 黄土湿陷性评价

黄土湿陷性评价,包括全新世 Q_4(Q_4^1 及 Q_4^2)黄土、晚更新世 Q_3 黄土、部分中更新世 Q_2 黄土的土层、场地和地基三个方面,湿陷性黄土包括非自重湿陷性黄土和自重湿陷性黄土。

4.4.1 本条规定了判定非湿陷性黄土和湿陷性黄土的界限值。

黄土的湿陷性通常是在现场采取不扰动土样,将其送至试验室用有侧限的固结仪测定,也可用三轴压缩仪测定。前者,试验操作较简便,我国自 20 世纪 50 年代至今,生产单位一直广泛使用;后者试样制备及操作较复杂,多为教学和科研使用。鉴于此,本条仍按"GBJ 25—90 规范"规定及各生产单位习惯采用的固结仪进行压缩试验,根据试验结果,以湿陷系数 $\delta_s<0.015$ 定为非湿陷性黄土,湿陷系数 $\delta_s\geq 0.015$,定为湿陷性黄土。

4.4.2 本条是新增内容。多年来的试验研究资料和工程实践表明,湿陷系数 $\delta_s\leq 0.03$ 的湿陷性黄土,湿陷起始压力值较大,地基受水浸湿时,湿陷性轻微,对建筑物危害性较小;$0.03<\delta_s\leq 0.07$ 的湿陷性黄土,湿陷性中等或较强烈,湿陷起始压力值小的具有自重湿陷性,地基受水浸湿时,下沉速度较快,附加下沉量较大,对建筑物有一定危害性;$\delta_s>0.07$ 的湿陷性黄土,湿陷起始压力值小的具有自重湿陷性,地基受水浸湿时,湿陷性强烈,下沉速度快,附加下沉量大,对建筑物危害性大。勘察、设计,尤其地基处理,应根据上述湿陷系数的湿陷特点区别对待。

4.4.3 本条将判定场地湿陷类型的实测自重湿陷量和计算自重湿陷量分别改为自重湿陷量的实测值和计算值。

自重湿陷量的实测值是在现场采用试坑浸水试验测定,自重湿陷量的计算值是在现场采取不同深度的不扰动土样,通过室内浸水压缩试验在上覆土的饱和自重压力下测定。

4.4.4 自重湿陷量的计算值与起算地面有关。起算地面标高不同,场地湿陷类型往往不一致,以往在建设中整平场地,由于挖、填方的厚度和面积较大,致使场地湿陷类型发生变化。例如,山西某矿生活区,在勘察期间判定为非自重湿陷性黄土场地,后来整平场地,部分地段填方厚度达 3~4m,下部土层的压力增大至 50~80kPa,超过了该场地的湿陷起始压力值而成为自重湿陷性黄土场地。建筑物在使用期间,管道漏水浸湿地基引起湿陷事故,室外地面亦出现裂缝,后经补充勘察查明,上述事故是由于场地整平,填方厚度过大产生自重湿陷所致。由此可见,当场地的挖方或填方的厚度和面积较大时,测定自重湿陷系数的试验压力和自重湿陷量的计算值,均应自整平后的(或设计)地面算起,否则,计算和判定结果不符合现场实际情况。

此外,根据室内浸水压缩试验资料和现场试坑浸水试验资料分析,发现在同一场地,自重湿陷量的实测值和计算值相差较大,并与场地所在地区有关。例如:陇西地区和陇东—陕北—晋西地区,自重湿陷量的实测值大于计算值,实测值与计算值之比值均大于 1;陕西关中地区自重湿陷量的实测值与计算值有的接近或相同,有的互有大小,但总体上相差较小,实测值与计算值之比值接近 1;山西、河南、河北等地区,自重湿陷量的实测值通常小于计算值,实测值与计算值之比值均小于 1。

为使同一场地自重湿陷量的实测值与计算值接近或相同,对因地区土质而异的修正系数 β_0,根据不同地区,分别规定不同的修正值:陇西地区为 1.5;陇东—陕北—晋西地区为 1.2;关中地区为 0.9;其他地区为 0.5。

同一场地,自重湿陷量的实测值与计算值的比较见表 4.4.4。

表 4.4.4 同一场地自重湿陷量的实测值与计算值的比较

地区名称	试验地点	浸水试坑尺寸 (m×m)	自重湿陷量的实测值 (mm)	自重湿陷量的计算值 (mm)	实测值 计算值
陇西	兰州砂井驿	10×10 14×14	185 155	104 91.20	1.78 1.70
	兰州龚家湾	11.75×12.10 12.70×13.00	567 635	360	1.57 1.77
	兰州连城铝厂	34×55 34×17	1151.50 1075	540	2.13 1.99
	兰州西固棉纺厂	15×15 *5×5	860 360	231.50*	δ_{zs}为在天然湿度的土自重压力下求得
	兰州东岗钢厂	φ10 10×10	959 870	501	1.91 1.74
	甘肃天水	16×28	586	405	1.45
	青海西宁	15×15	395	250	1.58
陇东陕北晋西	宁夏七营	φ15 20×5	1288 1172	935 855	1.38 1.38
	延安丝绸厂	9×9	357	229	1.56
	陕西合阳糖厂	10×10 *5×5	477 182	365	1.31
	河北张家口	φ11	105	88.75	1.10
陕西关中	陕西富平张桥	10×10	207	212	0.97
	陕西三原	10×10	338	292	1.16
	西安韩森寨	12×12 *6×6	364 25	308	1.19
	西安北郊524厂	φ12*	90	142	0.64
	陕西宝鸡二电	20×20	344	281.50	1.22
山西、河北等	山西榆次	φ10	86	126 202	0.68 0.43
	山西潞城化肥厂	φ15	66	120	0.55
	山西河津铝厂	15×15	92	171	0.53
	河北矾山	φ20	213.5	480	0.45

4.4.5 本条规定说明如下:

1 按本条规定求得的湿陷量是在最不利情况下的湿陷量,且是最大湿陷量,考虑采用不同含水量下的湿陷量,试验较复杂,不容易为生产单位接受,故本规范仍采用地基土受水浸湿达饱和时的湿陷量作为评定湿陷等级采取设计措施的依据。这样试验较简便,并容易推广使用,但本条规定,并不是指湿陷性黄土只在饱和含水量状态下才产生湿陷。

2 根据试验研究资料,基底下地基土的侧向挤出与基础宽度有关,宽度小的基础,侧向挤出大,宽度大的基础,侧向挤出小或无侧向挤出。鉴于基底下0~5m深度内,地基土受水浸湿及侧向挤出的可能性大,为此本条规定,取$\beta=1.5$;基底下5~10m深度内,取$\beta=1$;基底下10m以下至非湿陷性黄土层顶面,在非自重湿陷性黄土场地可不计算,在自重湿陷性黄土场地,可取工程所在地区的β_0值。

3 湿陷性黄土地基的湿陷变形量大,下沉速度快,且影响因素复杂,按室内试验计算结果与现场试验结果往往有一定差异,故在湿陷量的计算公式中增加一项修正系数β,以调整其差异,使湿陷量的计算值接近实测值。

4 原规范规定,在非自重湿陷性黄土场地,湿陷量的计算深度累计至基底下5m深度止,考虑近年来,7~8层的建筑不断增多,基底压力和地基压缩层深度相应增大,为此,本条将其改为累计至基底下10m(或压缩层)深度止。

5 一般建筑基底下10m内的附加压力与土的自重压力之和接近200kPa,10m以下附加压力很小,忽略不计,主要是上覆土层的自重压力。当以湿陷系数δ_s判定黄土湿陷性时,其试验压力应自基础底面(如基底标高不确定时,自地面下1.5m)算起,10m内的土层用200kPa,10m以下至非湿陷性黄土层顶面,直接用其上覆土的饱和自重压力(当大于300kPa时,仍用300kPa),这样湿陷性黄土层深度的下限不致随土自重压力增加而增大,且勘察试验工作量也有所减少。

基底下10m以下至非湿陷性黄土层顶面,用其上覆土的饱和自重压力测定的自重湿陷系数值,既可用于自重湿陷量的计算,也可取代湿陷系数δ_s用于湿陷量的计算,从而解决了基底下10m以下,用300kPa测定湿陷系数与用上覆土的饱和自重压力的测定结果互不一致的矛盾。

4.4.6 湿陷起始压力是反映非自重湿陷性黄土特性的重要指标,并具有实用价值。本条规定了按现场静载荷试验结果和室内压缩试验结果确定湿陷起始压力的方法。前者根据20组静载荷试验资料,按湿陷系数$\delta_s=0.015$所对应的压力,相当于$p s_s$曲线上的s_s/b(或s_s/d)=0.017。为此规定,如$p-s$曲线上的转折点不明显,可取浸水下沉量(s_s)与承压板直径(d)或宽度(b)之比值等于0.017所对应的压力作为湿陷起始压力值。

4.4.7 非自重湿陷性黄土场地湿陷量的计算深度,由基底下5m改为累计至基底下10m深度后,自重湿陷性黄土地和非自重湿陷性黄土场地湿陷量的计算值均有所增大,为此将Ⅱ~Ⅲ级和Ⅲ~Ⅳ级的地基湿陷等级界限值作了相应调整。

5 设 计

5.1 一般规定

5.1.1 设计措施的选取关系到建筑物的安全与技术经济的合理性，本条根据湿陷性黄土地区的建筑经验，对甲、乙、丙三类建筑采取以地基处理措施为主，对丁类建筑采取以防水措施为主的指导思想。

大量工程实践表明，在Ⅲ～Ⅳ级自重湿陷性黄土场地上，地基未经处理，建筑物在使用期间地基受水浸湿，湿陷事故难以避免。

例如：**1** 兰州白塔山上有一座古塔建筑，系砖木结构，距今约600余年，20世纪70年代前未发现该塔有任何破裂或倾斜，80年代为搞绿化引水上山，在塔周围种植了一些花草树木，浇水过程中水渗入地基引起湿陷，导致塔身倾斜，墙体裂缝。

2 兰州西固绵纺厂的染色车间，建筑面积超过10000m²，湿陷性黄土层的厚度约15m，按"BJG 20—66规范"评定为Ⅲ级自重湿陷性黄土地基，基础下设置500mm厚度的灰土垫层，采取严格防水措施，投产十多年，维护管理工作搞得较好，防水措施发挥了有效作用，地基未受水浸湿，1974～1976年修订"BJG20—66规范"，在兰州召开征求意见会时，曾邀请该厂负责维护管理工作的同志在会上介绍经验。但以后由于人员变动，忽视维护管理工作，地下管道年久失修，过去采取的防水措施都失去作用，1987年在该厂调查时，由于地基受水浸湿引起严重湿陷事故的无粮上浆房已被折去，而染色车间亦丧失使用价值，所有梁、柱和承重部位均已设置临时支撑，后来该车间也拆去。

类似上述情况的工程实例，其他地区也有不少，这里不一一例举。由这些实例不难看出，未处理或未彻底消除湿陷性的地基，所采取的防水措施一旦失效，地基就有可能浸水湿陷，影响建筑物的安全与正常使用。

本规范保留了原规范对各类建筑采取设计措施的同时，在非自重湿陷性黄土场地增加了地基处理后对下部未处理湿陷性黄土的湿陷起始压力值的要求。这些规定，对保证工程质量，减少湿陷事故，节约投资都是有益的。

3 通过对原规范多年使用，在总结经验的基础上，对原规定的防水措施进行了调整。有关地基处理的要求均按本规范第6章地基处理的规定执行。

4 本规范将丁类建筑地基一律不处理，改为对丁类建筑的地基可不处理。

5 近年来在实际工程中，乙、丙类建筑部分室内设备和地面也有严格要求，因此，本规范将该条单列，增加了必要时可采取地基处理措施的内容。

5.1.2 本条规定是在特殊情况下采取的措施，它是5.1.1条的补充。湿陷性黄土地基比较复杂，有些特殊情况，按一般规定选取设计措施，技术经济不一定合理，而补充规定比较符合实际。

5.1.3 本条规定，当地基内各层土的湿陷起始压力值均大于基础附加压力与上覆土的饱和自重压力之和时，地基即使充分浸水也不会产生湿陷，按湿陷起始压力设计基础尺寸的建筑，可采用天然地基，防水措施和结构措施均可按一般地区的规定设计，以降低工程造价，节约投资。

5.1.4 对承受较大荷载的设备基础，宜按建筑物对待，采取与建筑物相同的地基处理措施和防水措施。

5.1.5 新近堆积黄土的压缩性高、承载力低，当乙、丙类建筑的地基处理厚度小于新近堆积黄土层的厚度时，除应验算下卧层的承载力外，还应计算下卧层的压缩变形，以免因地基处理深度不够，导致建筑物产生有害变形。

5.1.6 据调查，建筑物建成后，由于生产、生活用水明显增加，以及周围环境水等影响，地下水位上升不仅非自重湿陷性黄土场地存在，近些年来某些自重湿陷性场地亦不例外，严重者影响建筑物的安全使用，故本条规定未区分非自重湿陷性黄土场地和自重湿陷性黄土场地，各类建筑的设计措施除应按本章的规定执行外，尚应符合本规范附录G的规定。

5.2 场址选择与总平面设计

5.2.1 近年来城乡建设发展较快，设计机构不断增加，设计人员的素质和水平很不一致，场址选择一旦失误，后果将难以设想，不是给工程建设造成浪费，就是不安全，为此本条将场址选择由宜符合改为应符合下列要求。

此外，地基湿陷等级高或厚度大的新近堆积黄土、高压缩性的饱和黄土等地段，地基处理的难度大，工程造价高，所以应避免将重要建设项目布置在上述地段。这一规定很有必要，值得场址选择和总平面设计引起重视。

5.2.2 山前斜坡地带，下伏基岩起伏变化大，土层厚薄不一，新近堆积黄土往往分布在这些地段，地基湿陷等级较复杂，填方厚度过大，下部土层的压力明显增大，土的湿陷类型就会发生变化，即由"非自重湿陷性黄土场地"变为"自重湿陷性黄土场地"。

挖方，下部土层一般处于卸荷状态，但挖方容易破坏或改变原有的地形、地貌和排水线路，有的引起边坡失稳，甚至影响建筑物的安全使用，故对挖方也应慎重对待，不可到处任意开挖。

考虑到水池类建筑物和有湿润生产过程的厂房，其地基容易受水浸湿，并容易影响邻近建筑物。因此，宜将上述建筑布置在地下水流向的下游地段或地形较低处。

5.2.3 将原规范中的山前地带的建筑场地，应整平成若干单独的台阶改为台地。近些年来，随着基本建设事业的发展和尽量少占耕地的原则，山前斜坡地带的利用比较突出，尤其在Ⅰ～Ⅱ区，目重湿陷性黄土分布较广泛，山前坡地，地质情况复杂，必须采取措施处理后方可使用。设计应根据山前斜坡地带的黄土特性和地层构造、地形、地貌、地下水位等情况，因地制宜地将斜坡地带划分成单独的台地，以保证边坡的稳定性。

边坡容易受地表水流的冲刷，在整平单独台地时，必须有组织地引导雨水排泄，此外，对边坡宜做护坡或在坡面种植草皮，防止坡面直接受雨水冲刷，导致边坡失稳或产生滑移。

5.2.4 本条表5.2.4规定的防护距离的数值，主要是针对消除部分湿陷量的乙、丙类建筑和不处理地基的丁类建筑所作的规定。

规范中有关防护距离，系根据编制BJG 20—60规范时，在西安、兰州等地区模拟的自渗管道试验结果，并结合建筑物调查资料而制定的。几十年的工程实践表明，原有表中规定的这些数值，基本上符合实际情况。通过在兰州、太原、西安等地区的进一步调查，并结合新的湿陷等级和建筑类别，本规范将防护距离的数值作了适当调整和修改，乙类建筑包括24～60m的高层建筑，在Ⅲ～Ⅳ级自重湿陷性黄土场地上，防护距离的数值比原规定增大1～2m。丙类建筑一般为多层办公楼和多层住宅楼等，相当于原规范中的乙类和丙类建筑，由于Ⅰ～Ⅱ级非自重湿陷性黄土场地的湿陷起始压力值较大，湿陷事故较少，为此，将非自重湿陷性黄土场地的防护距离比原规范规定减少约1m。

5.2.5 防护距离的计算，将宜自…算起，改为应自…算起。

5.2.6 据调查，当自重湿陷性黄土层厚度较大时，新建水渠与建筑物之间的防护距离仅用25m控制不够安全。

例如：1 青海有一新建工程，湿陷忾黄土层厚度约17m，采用预浸水法处理地基，浸水坑边缘距既有建筑物37m，浸水过程中水渗透至既有建筑物地基引起湿陷，导致墙体开裂。

2 兰州东岗有一水渠远离既有建筑物30m，由于水渠漏水，该建筑物发生裂缝。

上述实例说明，新建水渠距既有建筑物的距离30m偏小，本条规定在自重湿陷性黄土场地，新建水渠距既有建筑物的距离不得小于湿陷性黄土层厚度的3倍，并不应小于25m，用"双指标"空制更为安全。

5.2.14 新型优质的防水材料日益增多，本条未做具体规定，设计时可结合工程的实际情况或使用功能等特点选用。

5.3 建 筑 设 计

5.3.1 多层砌体承重结构建筑，其长高比不宜大于3，室内地坪高出室外地坪不应小于450mm。

上述规定的目的是：

1 前者在于加强建筑物的整体刚度，增强其抵抗不均匀沉降的能力。

2 后者为建筑物周围排水畅通创造有利条件，减少地基浸水湿陷的机率。

工程实践表明，长高比大于3的多层砌体房屋，地基不均匀下沉往往导致建筑物严重破坏。

例如：1 西安某厂有一幢四层宿舍楼，系砌体结构，内墙承重，尽管基础内和每层都设有钢筋混凝土圈梁，但由于房屋的长高比大于3.5，整体刚度较差，地基不均匀下沉，内、外墙普遍出现裂缝，严重影响使用。

2 兰州化学公司有一幢三层试验楼，砌体承重结构，外墙厚370mm，楼板和屋面板均为现浇钢筋混凝土，条形基础，埋深1.50m，地基湿陷等级为Ⅲ级，具有自重湿陷性，且未采取处理措施，建筑物使用期间曾两次受水浸湿，建筑物的沉降最大值达551mm，倾斜率最大值为18‰，被迫停止使用。后来，对其地基和建筑采用浸水和纠倾措施，使该建筑物恢复原位，重新使用。

上述实例说明，长高比大于3的建筑物，其整体刚度和抵抗不均匀沉降的能力差，破坏后果严重，加固的难度大而且不一定有效，长高比小于3的建筑物，虽然严重倾斜，但整体刚度好，未导致破坏，易于修复和恢复使用功能。

此外，本条规定用水设施宜集中设置，缩短地下管线，使漏水限制在较小的范围内，便于发现和检修。

5.3.3 沿建筑物外墙周围设置散水，有利于屋面水、地面水顺利地排向雨水明沟或其他排水系统，以远离建筑物，避免雨水直接从外墙基础侧面渗入地基。

5.3.4 基础施工后，其侧向一般比较狭窄，回填夯实操作困难，而且不好检查，故规定回填土的干密度比土垫层的干密度小，否则，一方面难以达到，另一方面夯击过头影响基础。但为防止建筑物的屋面水、周围地面水从基础侧面渗入地基，增宽散水及其垫层的宽度较为有利，借以覆盖基础侧向的回填土，本条对散水垫层外缘和建筑物外墙基底外缘的宽度，由原规定300mm改为500mm。

一般地区的散水伸缩缝间距为6～12m，湿陷性黄土地区气候寒冷，昼夜温差大，气候对散水混凝土的影响也大，并容易使其产生冻胀和开裂，成为渗水的隐患，基于上述理由，便将散水伸缩缝改为每隔6～10m设置一条。

5.3.5 经常受水浸湿或可能积水的地面，建筑物地基容易受水浸湿，所以应按防水地面设计。

近年来，随着建材工业的发展，出现了不少新的优质可靠防水材料，使用效果良好，受到用户的重视和推广。为此，本条推荐采用优质可靠卷材防水层或其他行之有效的防水层。

5.3.7 为适应地基的变形，在基础梁底下往往需要预留一定高度的净空，但对此若不采取措施，地面水便可从梁底下的净空渗入地基。为此，本条规定应采取有效措施，防止地面水从梁底下的空隙渗入地基。

随着高层建筑的兴起，地下采光井日益增多，为防止雨水或其他水渗入建筑物地基引起湿陷，本条规定对地下室采光井应做好防、排水设施。

5.4 结 构 设 计

5.4.1 1 增加建筑物类别条件

划分建筑物类别的目的，是为了针对不同情况采用严格程度不同的设计措施，以保证建筑物在使用期内满足承载能力及正常使用的要求。原规范未提建筑物类别的条件，本次修订予以增补。

2 取消原规范中"构件脱离支座"的条文。该条文是针对砌体结构为简支构件的情况，已不适应目前中、高层建筑结构型式多样化的要求，故予取消。

3 增加墙体宜采用轻质材料的要求

原规范仅对高层建筑建议采用轻质高强材料，而对多层砌体房屋则未提及。实际上，我国对多层砌体房屋的承重墙体，推广应用KPI型黏土多孔砖及混凝土小型空心砌块已积累不少经验，并已纳入相应的设计规范。本次修订增加了墙体改革的内容。当有条件时，对承重墙、隔墙及围护墙等，均提倡采用轻质材料，以减轻建筑物自重，减小地基附加压力，这对在非自重湿陷性黄土场地上按湿陷起始压力进行设计，有重要意义。

5.4.2 将原规范建筑物的"体型"一词，改为"平面、立面布置"。

因使用功能及建筑多样化的要求，有的建筑物平面布置复杂，凸凹较多；有的建筑物立面布置复杂，收进或外挑较多；有的建筑物则上述两种情况兼而有之。本次修订明确指出"建筑物平面、立面布置复杂"，比原规范的"体型复杂"更为简捷明了。

与平面、立面布置复杂相对应的是简单、规则。就考虑湿陷变形特点对建筑物平面、立面布置的要求而言，目前因无足够的工程经验，尚难提出量化指标。故本次修订只能从概念设计的角度，提出原则性的要求。

应注意到我国湿陷性黄土地区，大都属于抗震设防地区。在具体工程设计中，应根据地基条件、抗震设防要求与温度区段长度等因素，综合考虑设置沉降缝的问题。

原规范规定"砌体结构建筑物的沉降缝处，宜设置双墙"。就结构类型而言，仅指砌体结构；就承重构件而言，仅指墙体。以上提法均有涵盖面较窄之嫌。如砌体结构的单外廊式建筑，在沉降缝处则应设置双墙、双柱。

沉降缝处不宜采用牛腿搭梁的做法。一是结构单元要保证足够的空间刚度，不应形成三面围合，靠缝一侧开敞的形式；二是采用牛腿搭梁的"铰接"做法，构造上很难实现理想铰；一旦出现较大的沉降差时，由于沉降缝两侧的结构单元未能彻底脱开而互相牵扯、互相制约，将会导致沉降缝处局部损坏较严重的不良后果。

5.4.3 1 将原规范的"宜"均改为"应"，且加上"优先"二字，强调高层建筑减轻建筑物自重尤为重要。

2 增加了当不设沉降缝时，宜采取的措施：

1) 高层建筑肯定属于甲、乙类建筑，均采取了地基处理措施——全部或部分消除地基湿陷量。本条建议是在上述地基处理的前提下考虑的。

2) 第1款、第2款未明确区分主楼与裙房之间是否设置沉降缝，以与5.4.2条"平面、立面布置复杂"相呼应；第3款则指主楼与裙房之间未设沉降缝的情况。

5.4.4 甲、乙类建筑的基础埋置深度均大于1m，故只规定丙类建筑基础的埋置深度。

5.4.5 调整了原规范第2条"管沟"与"管道"的顺序，使之与该条第一行的词序相同。

5.4.6 1 在钢筋混凝土圈梁之前增加"现浇"二字（以下各款不再重复），即不提倡采用装配整体式圈梁，以利于加强砌体结构房屋的整体性。

2 增加了构造柱、芯柱的内容，以适应砌体结构块材多样性的要求。

3 原规范未包括单层厂房、单层空旷砖房的内容，参照现行国家标准《砌体结构设计规范》GB 50003中6.1.2条的精神予以增补。

4 在第2款中，将原"混凝土配筋带"改为"配筋砂浆带"，以方便施工。

5 在第4款中增加了横向圈梁水平间距限值的要求，主要是考虑增强砌体结构房屋的整体性和空间刚度。

纵、横向圈梁在平面内互相拉结（特别是当楼、屋盖采用预制板时）才能发挥其有效作用。横向圈梁水平间距不大于16m的限值，是按照现行国家标准《砌体结构设计规范》表3.2.1，房屋静力计算方案为刚性时对横墙间距的最严格要求而规定的。对于多层砌体房屋，实则规定了横墙的最大间距；对于单层厂房或单层空旷砖房，则要求将屋面承重构件与纵向圈梁能可靠拉结。

对整体刚度起重要作用的横墙系指大房间的横隔墙、楼梯间横墙及平面局部凸凹部位凹角处的横墙等。

 6 增加了圈梁遇洞口时惯用的构造措施，应符合现行国家标准《砌体结构设计规范》GB 50003 和《建筑抗震设计规范》GB 50011 的有关规定。

 7 增加了设置构造柱、芯柱的要求。

 砌体结构由于所用材料及连接方式的特点决定了它的脆性性质，使其适应不均匀沉降的能力很差；而湿陷变形的特点是速度快、变形量大。为改善砌体房屋的变形能力以及当墙体出现较大裂缝后，仍能保持一定的承担竖向荷载的能力，为增强其整体性和空间刚度，应将圈梁与构造柱或芯柱协调配合设置。

5.4.7 增加了芯柱的内容。

5.4.8 增加了预制钢筋混凝土板在梁上支承长度的要求。

5.5 给水排水、供热与通风设计

（Ⅰ）给水、排水管道

5.5.1 在建筑物内、外布置给排水管道时，从方便维护和管理着眼，有条件的理应采取明设方式。但是，随着高层建筑日益增多，多层建筑已很普遍，管道集中敷设已成趋势，或由于建筑物的装修标准高，需要暗设管道。尤其在住宅和公用建筑物为的管道布置已趋隐蔽，再强调应尽量明装已不符合工程实际需要。目前，只有在厂房建筑内管道明装是适宜的，所以本条改为"室内管道宜明装。暗设管道必须设置便于检修的设施。"这样规定，既保证暗设管道的正常运行，又能满足一旦出现事故，也便于发现和检修，杜绝漏水浸入地基。

 为了保证建筑物内、外合理设置给排水设施，对建筑物防护范围外和防护范围内的管道布置应有所区别。

 "室外管道宜布置在防护范围外"，这主要指建筑物内无用水设施，仅是户外有外网管道或是其他建筑物的配水管道，此时就可以将管道远离该建筑物布置在防护距离外，该建筑物内的防水措施即可从简；若室内有用水设施，在防护范围内包括室内地下一定有管道敷设，在此情况下，则要求"应简捷，并缩短其长度"，再按本规范 5.1.1 条和 5.1.2 条的规定，采取综合设计措施。在防水措施方面，采用设有检漏防水的设施，使渗漏水的影响，控制在较小的、便于检查的范围内。

 无论是明管、还是暗管，管道本身的强度及接口的严密性均是防止建筑物湿陷事故的第一道防线。据调查统计，由于管道接口和管材损坏发生渗漏而引起的湿陷事故率，仅次于场地积水引起的事故率。所以，本条规定"管道接口应严密不漏水，并具有柔性"。过去，在压力管道中，接口使用石棉水泥材料较多。此类接口仅能承受微量不均匀变形，实际仍属刚性接口，一旦断裂，由于压力水作用，事故发生迅速，且不易修复，还容易造成恶性循环。

 近年来，国内外开展柔性管道系统的技术研究。这种系统有利于消除温差或施工误差引起的应力转移，增强管道系统及其与设备连接的安全性。这种系统采用的元件主要是柔性接口管，柔性接口阀门，柔性管接头，密封胶圈等。这类柔性管件的生产，促进了管道工程的发展。

 湿陷性黄土地区，为防止因管道接口漏水，一直寻求理想的柔性接口。随着柔性管道系统的开发应用，这一问题相应得到解决。目前，在压力管道工程中，逐渐采用柔性接口，其形式有：卡箍式、松套式、避震喉、不锈钢波纹管，还有专用承插柔性接口管及管件。它们有的在管道系统全部接口安设，有的是在一定数量接口间隔安设，或者在管道转换方向（如三通、四通）的部分接口处安设。这对由于各种原因招致的不均匀沉降都有很好的抵御能力。

 随着国家建设的发展，为"节约资源，保护环境"，湿陷性黄土地区对压力管道系统应逐渐推广采用相适应的柔性接口。

 室内排水（无压）管道，建设部对住宅建筑有明确规定：淘汰砂模铸造铸铁排水管，推广柔性接口机制铸铁排水管；在《建筑给水排水设计规范》中，也要求建筑排水管道采用粘接连接的排水塑料管和柔性接口的排水铸铁管。这对高层建筑和地震区建筑的管道抵抗不均匀沉降、防震起到有效的作用。考虑到湿陷性黄土地区的地震烈度大都在 7 度以上（仅塔克拉玛干沙漠，陕北白干山与毛乌苏沙漠之间小于 6 度）。就是说，湿陷性黄土地区兼有湿陷、震陷双重危害性。在湿陷性黄土地区，理应明确在防护范围内的地上、地下敷设的管道须加强设防标准，以柔性接口连接，无论架设和埋设的管道，包括管沟内架设，均应考虑采用柔性接口。

 室外地下直埋（即小区、市政管道）排水管，由调查得知，60%～70%的管线均因管材和接口损坏漏水，严重影响附近管线和线路的安全运行。此类管受交通和多种管线的相互干扰，很难理想布置，一旦漏水，修复工作量较大。基于此情况，应提高管材材质标准，且在适当部位和有条件的地方，均应做柔性接口，同时加强对管基的处理。对管道与构筑物（如井、沟、池壁）连接部位，因属受力不均匀的薄弱部位，也应加强管道接口的严密和柔韧性。

 综上所述，在湿陷性黄土地区，应适当推广柔性管道接口，以形成柔性管道系统。

5.5.2 本条规定是管材选用的范围。

 压力管道的材质，据调查，普遍反映球墨铸铁管的柔韧性好，造价适中，管径适用幅度大（在DN200～DN2200之间），而且具有胶圈承插柔性接口、防腐内衬、开孔技术易掌握，便于安装等优点。此类管

材，在湿陷性黄土地区应为首选管材。但在建筑小区内或建筑物内的进户管，因受管径限制，没有小口径球墨铸铁管，则在此部位只有采用塑料管、给水铸铁管，或者不锈钢管等。有的工程甚至采用铜管。

镀锌钢管材质低劣，使用过程中内壁锈蚀，易滋生细菌和微生物，对饮用水产生二次污染，危害人体健康。建设部在2000年颁发通知："在住宅建筑中禁止使用镀锌钢管。"工厂内的工业用水管道虽然无严格限制，但在生产、生活共用给水系统中，也不能采用镀锌钢管。

塑料管与传统管材相比，具有重量轻、耐腐蚀、水流阻力小、节约能源、安装简便、迅速、综合造价较低等优点，受到工程界的青睐。随着科学技术不断提高，原材料品质的改进，各种添加剂的问世，塑料管的质量已大幅度提高，并克服了噪声大的弱点。近十年来，塑料管开发的种类有硬质聚氯乙烯（UP-VC）管、氯化聚氯乙烯（CPVC）管、聚乙烯（PE）管、聚丙烯（PP—R）管、铝塑复合（PAP）管、钢塑复合（SP）管等20多种塑料管。其中品种不同、规格不同，分别适宜于各种不同的建筑给水、排水管材及管件和城市供水、排水管材及管件。规范中不一一列举。需要说明的是目前市场所见塑料管材质量参差不齐，规格系列不全，管材、管件配套不完善，甚至因质量监督不力，尚有伪劣产品充斥市场。鉴于国家已确定塑料管材为科技开发重点，并逐步完善质量管理措施，并制定相关塑料产品标准，塑料管材的推广应用将可得到有力的保证。工程中无论采用何种塑料管，必须按有关现行国家标准进行检验。凡符合国家标准并具有相应塑料管道工程的施工及验收规范的才可选用。

通过工程实践，在采用检漏、严格防水措施时，塑料管在防护范围内仍应设置在管沟内；在室外，防护范围外地下直埋敷设时，应采用市政用塑料管并尽量避开外界人为活动因素的影响和上部荷载的干扰，采取深埋方式，同时做好管基处理较为妥当。

预应力钢筋混凝土管是20世纪60～70年代发展起来的管材。近年来发现，大量地下钢筋混凝土管的保护层脱落，管身露筋引起锈蚀，管壁冒汗、渗水，管道承压降低，有的甚至发生爆管，地面大面积塌方，给就近的综合管线（如给水管、电缆管等）带来危害……实践证明，预应力钢筋混凝土管的使用年限约为20～30年，而且自身有难以修复的致命弱点。今后需加强研究改进，寻找替代产品，故本次修订，将其排序列后。

耐酸陶瓷管、陶土管，质脆易断，管节短、接口多，对防水不利，但因有一定的防腐蚀能力，经济适用，在管沟内敷设或者建筑物防护范围外深埋尚可，故保留。

本条新增加预应力钢筒混凝土管。

预应力钢筒混凝土管在国内尚属新型管材。制管工艺由美国引进，管道缩写为"PCCP"。目前，我国无锡、山东、深圳等地均有生产。管径大多在$\phi600$～$\phi3000mm$，工程应用已近1000km。各项工程都是一次通水成功，符合滴水不漏的要求。管材结构特点：混凝土层夹钢筒，外缠绕预应力钢丝并喷涂水泥砂浆层。管连接用橡胶圈承插口。该管同时生产有转换接口、弯头、三通、双橡胶圈承插口，极大地方便了管线施工。该管材接口严密不漏水，综合造价低、易维护、好管理，作为输水管线在湿陷性黄土地区是值得推荐的好管材，故本条特别列出。

自流管道的管材，据调查反映：人工成型或人工机械成型的钢筋混凝土管，基本属于土法振捣的钢筋混凝土管，因其质量不过关，故本规范不推荐采用，保留离心成型钢筋混凝土管。

5.5.5 以往在严格防水措施的检漏管沟中，仅采用油毡防水层。近年来，工程实践表明，新型的复合防水材料及高分子卷材均具有防水可靠、耐热、耐寒、耐久，施工方便，价格适中，是防水卷材的优良品种。涂膜防水层、水泥聚合物涂膜防水层、氰凝防水材料等，都是高效、优质防水材料。当今，技术发展快，产品种类繁多，不再一一列举。只要是可靠防水层，均可应用。为此，在本规范规定的严格防水措施中，对管沟的防水材料，将卷材防水层或塑料油膏防水改为可靠防水层。防水层并应做保护层。

自20世纪60年代起，检漏设施主要是检漏管沟和检漏井。这种设施占地多，显得陈旧落后，而且使用期间，务必经常维护和检修才能有效。近年来，由国外引进的高密度聚乙烯外护套管聚氨质泡沫塑料预制直埋保温管，具有较好的保温、防水、防潮作用。此管简称为"管中管"。某些工程，在管道上还装有渗漏水检测报警系统，增加了直埋管道的安全可靠性，可以代替管沟敷设。经技术经济分析，"管中管"的造价低于管沟。该技术在国内已大面积采用，取得丰富经验。至于有"电讯检漏系统"的报警装置，仅在少量工程中采用，尤其热力管道和高寒地带的输配水管道，取得丰富经验。现在建设部已颁发《高密度聚乙烯外护套管聚氨脂泡沫塑料预制直埋保温管》城建建工产品标准。这对采用此类直埋管提供了可靠保证。规范对高层建筑或重要建筑，明确规定可采用有电讯检漏系统的"直埋管中管"设施。

5.5.6 排水出户管道一般具有0.02的坡度，而给水进户管道管径小，坡度也小。在进出户管沟的沟底，往往忽略了排水方向，沟底多见积水长期聚集，对建筑物地基造成浸水隐患。本条除强调检漏管沟的沟底坡向外，并增加了进、出户管的管沟沟底坡度宜大于0.02的规定。

考虑到高层建筑或重要建筑大都设有地下室或半地下室。为方便检修，保护地基不受水浸湿，管道设计应充分利用地下部分的空间，设置管道设备层。为此，本条明确规定，对甲类建筑和自重湿陷性黄土场地上乙类中的重要建筑，室内地下管线宜敷设在地下室或半地下室的设备层内，穿出外墙的进出户管段，宜集中设置在半通行管沟内，这样有利于加强维护和检修，并便于排除积水。

5.5.11 非自重湿陷性黄土场地的管道工程，虽然管道、构筑物的基底压力小，一般不会超过湿陷起始压力，但管道是一线型工程；管道与附属构筑物连接部位是受力不均匀的薄弱部位。受这些因素影响，易造成管道损坏，接口开裂。据非自重湿陷性黄土场地的工程经验，在一些输配水管道及其附属构筑物基底做土垫层和灰土垫层，效果很好，故本条扩大了使用范围，凡是湿陷性黄土地区的管基和基底均这样做管基。

5.5.13 原规范要求管道穿水池池壁处设柔性防水套管，管道从套管伸出，环形壁缝用柔性填料封堵。据调查反映，多数施工难以保证质量，普遍有渗水现象。工程实践中，多改为在池壁处直接埋设带有止水环的管道，在管道外加设柔性接口，效果很好，故本条增加了此种做法。

(Ⅱ) 供热管道与风道

5.5.14 本条强调了在湿陷性黄土地区应重视选择质量可靠的直埋供热管道的管材。采用直埋敷设热力管道，目前技术已较成熟，国内广大采暖地区采用直埋敷设热力管道已占主流。近年来，经过工程技术人员的努力探索，直埋敷设热力管道技术被大量推广应用。国家并颁布有相应的行业标准，即：《城镇直埋供热管道工程技术规程》CJJ/T 81 及《聚氨酯泡沫塑料预制保温管》CJ/T 3002。但由于国内市场不规范，生产了大量的低标准管材，有关部门已注意到此种倾向。为保证湿陷性黄土地区直埋敷设供热管道总体质量，本规范不推荐采用玻璃钢保护壳，因其在现场施工条件下，质量难以保证。

5.5.15~5.5.16 热力管道的管沟遍布室内和室外，甚至防护范围外。室内暖气管沟较长，沟内一般有检漏井，检漏井可与检查井合并设置。所以本条规定，管沟的沟底应设坡向室外检漏井的坡度，以便将水引向室外。

据调查，暖气管道的过门沟，渗漏水引起地基湿陷的机率较高。尤其在自重湿陷性黄土强烈的Ⅰ、Ⅱ区，冬季较长，过门沟及其沟内装置一旦有渗漏水，如未及时发现和检修，管道往往被冻裂，为此增加在过门管沟的末端应采取防冻措施的规定，防止湿陷事故的发生或恶化。

5.5.17 本条增加了对"直埋敷设供热管道"地基处理的要求。直埋供热管道在运行时要承受较大的轴向应力，为细长不稳定压杆。管道是依靠覆土而保持稳定的，当敷设地点的管道地基发生湿陷时，有可能产生管道失稳，故应对"直埋供热管道"的管基进行处理，防止产生湿陷。

5.5.18~5.5.19 随着高层建筑的发展以及内装修标准的提高，室内空调系统日益增多，据调查，目前室内外管网的泄水、凝结水，任意引接和排放的现象较严重。为此，本条增加对室内、外管网的泄水、凝结水不得任意排放的规定，以便引起有关方面的重视，防止地基浸水湿陷。

5.6 地基计算

5.6.1 计算黄土地基的湿陷变形，主要目的在于：

1 根据自重湿陷量的计算值判定建筑场地的湿陷类型；

2 根据基底下各土层累计的湿陷量和自重湿陷量的计算值等因素，判定湿陷性黄土地基的湿陷等级；

3 对于湿陷性黄土地基上的乙、丙类建筑，根据地基处理后的剩余湿陷量并结合其他综合因素，确定设计措施的采取。

对于甲、乙类建筑或有特殊要求的建筑，由于荷载和压缩层深度比一般建筑物相对较大，所以在计算地基湿陷量或地基处理后的剩余湿陷量时，可考虑按实际压力相应的湿陷系数和压缩层深度的下限进行计算。

5.6.2 变形计算在地基计算中的重要性日益显著，对于湿陷性黄土地基，有以下几个特点需要考虑：

1 本规范明确规定在湿陷性黄土地区的建设中，采取以地基处理为主的综合措施，所以在计算地基土的压缩变形时，应考虑地基处理后压缩层范围内土的压缩性的变化，采用地基处理后的压缩模量作为计算依据；

2 湿陷性黄土在近期浸水饱和后，土的湿陷性消失并转化为高压缩性，对于这类饱和黄土地基，一般应进行地基变形计算；

3 对需要进行变形验算的黄土地基，其变形计算和变形允许值，应符合现行国家标准《建筑地基基础设计规范》的规定。考虑到黄土地区的特点，根据原机械工业部勘察研究院等单位多年来在黄土地区积累的建(构)筑物沉降观测资料，经分析整理后得到沉降计算经验系数(即沉降实测值与按分层总和法所得沉降计算值之比)与变形计算深度范围内压缩模量的当量值之间存在着一定的相关关系，如条文中的表 5.6.2；

4 计算地基变形时，传至基础底面上的荷载效应，应按正常使用极限状态准永久组合，不应计入风荷载和地震作用。

5.6.3 本条对黄土地基承载力明确了以下几点：

1 为了与现行国家标准《建筑地基基础设计规范》相适应，以地基承载力特征值作为地基计算的代表数值。其定义为在保证地基稳定的条件下，使建筑物或构筑物的沉降量不超过容许值的地基承载能力。

2 地基承载力特征值的确定，对甲、乙类建筑，可根据静载荷试验或其他原位测试、公式计算并结合工程实践经验等方法综合确定。当有充分根据时，对乙、丙、丁类建筑可根据当地经验确定。

本规范对地基承载力特征值的确定突出了两个重点：一是强调了载荷试验及其他原位测试的重要作用；二是强调了系统总结工程实践经验和当地经验（包括地区性规范）的重要性。

5.6.4 本条规定了确定基础底面积时计算荷载和抗力的相应规定。荷载效应应根据正常使用极限状态标准组合计算；相应的抗力应采用地基承载力特征值。当偏心作用时，基础底面边缘的最大压力值，不应超过修正后的地基承载力特征值的 1.2 倍。

5.6.5 本规范对地基承载力特征值的深、宽修正作如下规定：

1 深、宽修正计算公式及其符号意义与现行国家标准《建筑地基基础设计规范》相同；

2 深、宽修正系数取值与《湿陷性黄土地区建筑规范》GBJ 25—90 相同，未作修改；

3 对饱和黄土的有关物理性质指标分档说明作了一些更改，分别改为 e 及 I_L（两个指标）都小于 0.85，e 或 I_L（其中只要有一个指标）大于 0.85，e 及 I_L（两个指标）都不小于 1 三档。另外，还规定只适用于 $I_p>10$ 的饱和黄土（粉质黏土）。

5.6.6 对于黄土地基的稳定性计算，除满足一般要求外，针对黄土地区的特点，还增加了两条要求。一条是在确定滑动面（或破裂面）时，应考虑黄土地基中可能存在的竖向节理和裂隙。这是因为在实际工程中，黄土地基（包括斜坡）的滑动面（或破裂面）与饱和软黏土和一般黏性土是不相同的；另一条是在可能被水浸湿的黄土地基，强度指标应根据饱和状态的试验求得。这是因为对于湿陷性黄土来说，含水量增加会使强度显著降低。

5.7 桩 基 础

5.7.1 湿陷性黄土场地，地基一旦浸水，便会引起湿陷给建筑物带来危害，特别是对于上部结构荷载大并集中的甲、乙类建筑；对整体倾斜有严格限制的高耸结构；对不均匀沉降有严格限制的甲类建筑和设备基础以及主要承受水平荷载和上拔力的建筑或基础等，均应从消除湿陷性的危害角度出发，针对建筑物的具体情况和场地条件，首先从经济技术条件上考虑采取可靠的地基处理措施，当采用地基处理措施不能满足设计要求或经济技术分析比较，采用地基处理不适宜的建筑，可采用桩基础。自 20 世纪 70 年代以来，陕西、甘肃、山西等湿陷性黄土地区，大量采用了桩基础，均取得了良好的经济技术效果。

5.7.2 在湿陷性黄土场地桩周浸水后，桩身尚有一定的正摩擦力，在充分发挥并利用桩周正摩擦力的前提下，要求桩端支承在压缩性较低的非湿陷性黄土层中。

自重湿陷性黄土场地建筑物地基浸水后，桩周土可能产生负摩擦力，为了避免由此产生下拉力，使桩的轴向力加大而产生较大沉降，桩端必须支承在可靠的持力层中。桩底端应坐落在基岩上，采用端承桩；或桩底端坐落在卵石、密实的砂类土和饱和状态下液性指数 $I_L<0$ 的硬黏性土层上，采用以端承力为主的摩擦端承桩。

除此之外，对于混凝土灌注桩纵向受力钢筋的配置长度，虽然在规范中没有提出明确要求，但在设计中应有所考虑。对于在非自重湿陷性黄土层中的桩，虽然不会产生较大的负摩擦力，但一经浸水桩周土可能变软或产生一定的负摩擦力，对桩产生不利影响。因此，建议桩的纵向钢筋除应自桩顶按 1/3 桩长配置外，配筋长度尚应超过湿陷性黄土层的厚度；对于在自重湿陷性黄土层中的端承桩，由于桩侧可能承受较大的负摩擦力，中性点截面处的轴向压力往往大于桩顶，全桩长的轴向压力均较大。因此，建议桩身纵向钢筋应通长配置。

5.7.3 在湿陷性黄土地区，采用的桩型主要有：钻、挖孔（扩底）灌注桩，沉管灌注桩，静压桩和打入式钢筋混凝土预制桩等。选用桩型时，应根据工程要求、场地湿陷类型、地基湿陷等级、岩土工程地质条件、施工条件及场地周围环境等综合因素确定。如在非自重湿陷性黄土场地，可采用钻、挖孔（扩底）灌注桩，近年来，陕西关中地区普遍采用锅锥钻、挖成孔的灌注桩施工工艺，获得较好的经济技术效果；在地基湿陷性等级较高的自重湿陷性黄土场地，宜采用干作业成孔（扩底）灌注桩；还可充分利用黄土能够维持较大直立边坡的特性，采用人工挖孔（扩底）灌注桩；在可能条件下，可采用钢筋混凝土预制桩，沉桩工艺有静力压桩法和打入法两种。但打入法因噪声大和污染严重，不宜在城市中采用。

5.7.4 本节规定了在湿陷性黄土层厚度等于或大于 10m 的场地，对于采用桩基础的甲类建筑和乙类中的重要建筑，其单桩竖向承载力特征值应通过静载荷浸水试验方法确定。

同时还规定，对于采用桩基础的其他建筑，其单桩竖向承载力特征值，可按有关规范的经验公式估算，即：

$$R_a = q_{pa} \cdot A_p + uq_{sa}(l-Z) - u\overline{q}_{sa}Z$$

(5.7.4-1)

式中 q_{pa}——桩端土的承载力特征值（kPa）；

A_p——桩端横截面的面积（m^2）；
u——桩身周长（m）；
$\overline{q}_{sa}$——桩周土的平均摩擦力特征值（kPa）；
l——桩身长度（m）；
Z——桩在自重湿陷性黄土层的长度（m）。

对于上式中的 q_{pa} 和 q_{sa} 值，均应按饱和状态下的土性指标确定。饱和状态下的液性指数，可按下式计算：

$$I_l = \frac{S_r e/D_r - w_p}{w_L - w_p} \quad (5.7.4-2)$$

式中 S_r——土的饱和度，可取85%；
e——土的孔隙比；
D_r——土粒相对密度；
w_L，w_p——分别为土的液限和塑限含水量，以小数计。

上述规定的理由如下：

1 湿陷性黄土层的厚度越大，湿陷性可能越严重，由此产生的危害也可能越大，而采用地基处理方法从根本上消除其湿陷性，有效范围大多在10m以内，当湿陷性黄土层等于或大于10m的场地，往往要采用桩基础。

2 采用桩基础一般都是甲、乙类建筑。其中一部分是地基受水浸湿可能性大的重要建筑；一部分是高、重建筑，地基一旦浸水，便有可能引起湿陷给建筑物带来危害。因此，确定单桩竖向承载力特征值时，应按饱和状态考虑。

3 天然黄土的强度较高，当桩的长度和直径较大时，桩身的正摩擦力相当大。在这种情况下，即使桩端支承在湿陷性黄土层上，在进行载荷试验时如不浸水，桩的下沉量也往往不大。例如，20世纪70年代建成投产的甘肃刘家峡化肥厂碱洗塔工程，采用的井桩基础未穿透湿陷性黄土层，但由于载荷试验未进行浸水，荷载加至3000kN，下沉量仅6mm。井桩按单桩竖向承载力特征值为1500kN进行设计，当时认为安全系数取2已足够安全，但建成投产后不久，地基浸水产生了严重的湿陷事故，桩周土体的自重湿陷量达600mm，桩周土的正摩擦力完全丧失，并产生负摩擦力，使桩产生了大量的下沉。由此可见，湿陷性黄土地区的桩基静载荷试验，必须在浸水条件下进行。

5.7.5 桩周的自重湿陷性黄土层浸水后发生自重湿陷时，将产生土层对桩的向下位移，桩将产生一个向下的作用力，即负摩擦力。但对于非自重湿陷性黄土场地和自重湿陷性黄土场地，负摩擦力将有不同程度的发挥。因此，在确定单桩竖向承载力特征值时，应分别采取如下措施：

1 在非自重湿陷性黄土场地，当自重湿陷量小于50mm时，桩侧由此产生的负摩擦力很小，可忽略不计，桩侧主要还是正摩擦力起作用。因此规定，此时"应计入湿陷性黄土层范围内饱和状态下的桩侧正摩擦力"。

2 在自重湿陷性黄土场地，确定单桩竖向承载力特征值时，除不计湿陷性黄土层范围内饱和状态下的桩侧正摩擦力外，尚应考虑桩侧的负摩擦力。

1）按浸水载荷试验确定单桩竖向承载力特征值时，由于浸水坑的面积较小，在试验过程中，桩周土体一般还未产生自重湿陷，因此应从试验结果中扣除湿陷性黄土层范围内的桩侧正、负摩擦力。

2）桩侧负摩擦力应通过现场浸水试验确定，但一般情况下不容易做到。因此，许多单位提出希望规范能给出具体数据或参考值。

自20世纪70年代开始，我国有关单位根据设计要求，在青海大通、兰州和西安等地，采用悬吊法实测桩侧负摩擦力，其结果见表5.7.5-1。

表5.7.5-1 用悬吊法实测的桩周负摩擦力

桩的类型	试验地点	自重湿陷量的实测值（mm）	桩侧平均负摩擦力（kPa）
挖孔灌注桩	兰 州	754	16.30
	青 海	60	15.00
预制桩	兰 州	754	27.40
	西 安	90	14.20

国外有关标准中规定桩侧负摩擦力可采用正摩擦力的数值，但符号相反。现行国家标准《建筑地基基础设计规范》对桩周正摩擦力特征值 q_{sa} 规定见表5.7.5-2。

表5.7.5-2 预制桩的桩侧正摩擦力的特征值

土的名称	土的状态	正摩擦力（kPa）
黏性土	$I_L>1$	10～17
	$0.75<I_L\leqslant1.00$	17～24
粉 土	$e>0.90$	10～20
	$0.70<e\leqslant0.90$	20～30

如黄土的液限 $w_L=28\%$，塑限 $w_p=18\%$，孔隙比 $e\geqslant0.90$，饱和度 $S_r\geqslant80\%$ 时，液性指数一般大于1，按照上述规定，饱和状态黄土层中预制桩桩侧的正摩擦力特征值为10～20kPa，与现场负摩擦力的实测结果大体上相符。

关于桩的类型对负摩擦力的影响

试验结果表明，预制桩的侧表面虽比灌注桩平滑，但其单位面积上的负摩擦力却比灌注桩为大。这主要是由于预制桩在打桩过程中将桩周土挤密，挤密土在桩周形成一层硬壳，牢固地粘附在桩侧表面上。桩周土体发生自重湿陷时不是沿桩身而是沿硬壳层滑移,增加了桩的侧表面面积,负摩擦力也随之增大。因此,对于具有挤密作用的预制桩与无挤密作用的钻、挖孔灌注桩,其桩侧负摩擦力应分别给出不同的数值。

关于自重湿陷量的大小对负摩擦力的影响

兰州钢厂两次负摩擦力的测试结果表明,经过8年之后,由于地下水位上升,地基土的含水量提高以及地面堆载的影响,场地土的湿陷性降低,负摩擦力值也明显减小,钻孔灌注桩两次的测试结果见表5.7.5-3。

表5.7.5-3 兰州钢厂钻孔灌注桩负摩擦力的测试结果

时间	自重湿陷量的实测值 (mm)	桩身平均负摩擦力 (kPa)
1975年	754	16.30
1988年	100	10.80

试验结果表明,桩侧负摩擦力与自重湿陷量的大小有关,土的自重湿陷性愈强,地面的沉降速度愈大,桩侧负摩擦力值也愈大。因此,对自重湿陷量$\Delta_{zs}<200mm$的弱自重湿陷性黄土与$\Delta_{zs}\geq200mm$较强的自重湿陷性黄土,桩侧负摩擦力的数值差异较大。

3) 对桩侧负摩擦力进行现场试验确有困难时,GBJ 25—90规范曾建议按表5.7.5-4中的数值估算:

表5.7.5-4 桩侧平均负摩擦力 (kPa)

自重湿陷量的计算值 (mm)	钻、挖孔灌注桩	预制桩
70~100	10	15
≥200	15	20

鉴于目前自重湿陷性黄土场地桩侧负摩擦力的试验资料不多,本规范有关桩侧负摩擦力计算的规定,有待于今后通过不断积累资料逐步完善。

5.7.6 在水平荷载和弯矩作用下,桩身将产生挠曲变形,并挤压桩侧土体,土体则对桩产生水平抗力,其大小和分布与桩的变形以及土质条件、桩的入土深度等因素有关。设在湿陷性黄土层中的桩,在天然含水量条件下,桩侧土对桩往往可以提供较大的水平抗力;一旦浸水桩周土变软,强度显著降低,从而桩周土体对桩侧的水平抗力就会降低。

5.7.8 在自重湿陷性黄土层中的桩基,一经浸水桩侧产生的负摩擦力,将使桩基竖向承载力不同程度的降低。为了提高桩基的竖向承载力,设在自重湿陷性黄土场地的桩基,可采取减小桩侧负摩擦力的措施,如:

1 在自重湿陷性黄土层中,桩的负摩擦力试验资料表明,在同一类土中,挤土桩的负摩擦力大于非挤土桩的负摩擦力。因此,应尽量采用非挤土桩(如钻、挖孔灌注桩),以减小桩侧负摩擦力。

2 对位于中性点以上的桩侧表面进行处理,以减小负摩擦力的产生。

3 桩基施工前,可采用强夯、挤密土桩等进行处理,消除上部或全部土层的自重湿陷性。

4 采取其他有效而合理的措施。

5.7.9 本条规定的目的是:

1 防止雨水和地表水流入桩孔内,避免桩孔周围土产生自重湿陷;

2 防止泥浆护壁或钻孔法的泥浆循环液,渗入附近自重湿陷黄土地基引起自重湿陷。

6 地基处理

6.1 一般规定

6.1.1 当地基的变形(湿陷、压缩)或承载力不能满足设计要求时,直接在天然土层上进行建筑或仅采取防水措施和结构措施,往往不能保证建筑物的安全与正常使用,因此本条规定应针对不同土质条件和建筑物的类别,在地基压缩层内或湿陷性黄土层内采取处理措施,以改善土的物理力学性质,使土的压缩性降低、承载力提高、湿陷性消除。

湿陷变形是当地基的压缩变形还未稳定或稳定后,建筑物的荷载不改变,而是由于地基受水浸湿引起的附加变形(即湿陷)。此附加变形经常是局部和突然发生的,而且很不均匀,尤其是地基受水浸湿初期,一昼夜内往往可产生150~250mm的湿陷量,因而上部结构很难适应和抵抗量大、速率快及不均匀的地基变形,故对建筑物的破坏性大,危害性严重。

湿陷性黄土地基处理的主要目的:一是消除其全部湿陷量,使处理后的地基变为非湿陷性黄土地基,或采用桩基础穿透全部湿陷性黄土层,使上部荷载通过桩基础传递至压缩性低或较低的非湿陷性黄土(岩)层上,防止地基产生湿陷,当湿陷性黄土层厚度较薄时,也可直接将基础设置在非湿陷性黄土(岩)层上;二是消除地基的部分湿陷量,控制下部未处理湿陷性黄土层的剩余湿陷量或湿陷起始压力值符合本规范的规定数值。

鉴于甲类建筑的重要性、地基受水浸湿的可能性和使用上对不均匀沉降的严格限制等与乙、丙类建筑有所不同,地基一旦发生湿陷,后果很严重,在政治、经济等方面将会造成不良影响或重大损失,为此,不允许甲类建筑出现任何破坏性的变形,也不允许因地基变形影响建筑物正常使用,故对其处理从严,要求消除地基的全部湿陷量。

乙、丙类建筑涉及面广,地基处理过严,建设投资将明显增加,因此规定消除地基的部分湿陷量,然后根据地基处理的程度及下部未处理湿陷性黄土层的剩余湿陷量或湿陷起始压力值的大小，采取相应的防水措施和结构措施，以弥补地基处理的不足，防止建筑物产生有害变形，确保建筑物的整体稳定性和主体结构的安全。地基一旦浸水湿陷，非承重部位出现裂缝，修复容易，且不影响安全使用。

6.1.2 湿陷性黄土地基的处理，在平面上可分为局部处理与整片处理两种。

"BGJ 20—66"、"TJ 25—78"和"GBJ 25—90"等规范，对局部处理和整片处理的平面范围，在有关处理方法，如土（或灰土）垫层法、重夯法、强夯法和土（或灰土）挤密桩法等的条文中都有具体规定。

局部处理一般按应力扩散角（即 $B=b+2Z\tan\theta$）确定，每边超出基础的宽度，相当于处理土层厚度的 1/3，不小于 400mm，但未按场地湿陷类型不同区别对待；整片处理每边超出建筑物外墙基础外缘的宽度，不小于处理土层厚度的 1/2，且不小于 2m。考虑在同一规范中，对相同性质的问题，在不同的地基处理方法中分别规定，显得分散和重复。为此本次修订将其统一放在地基处理第 1 节"一般规定"中的 6.1.2 条进行规定。

对局部处理的平面尺寸，根据场地湿陷类型的不同作了相应调整，增大了自重湿陷性黄土场地局部处理的宽度。局部处理是将大于基础底面下一定范围内的湿陷性黄土层进行处理，通过处理消除拟处理土层的湿陷性，改善地基应力扩散，增强地基的稳定性，防止地基受水浸湿产生侧向挤出，由于局部处理的平面范围较小，地沟和管道等漏水，仍可自其侧向渗入下部未处理的湿陷性黄土层引起湿陷，故采取局部处理措施，不考虑防水、隔水作用。

整片处理是将大于建（构）筑物底层平面范围内的湿陷性黄土层进行处理，通过整片处理消除拟处理土层的湿陷性，减小拟处理土层的渗透性，增强整片处理土层的防水作用，防止大气降水、生产及生活用水，从上向下或侧向渗入下部未处理的湿陷性黄土层引起湿陷。

6.1.3 试验研究成果表明，在非自重湿陷性黄土场地，仅在上覆土的自重压力下受水浸湿，往往不产生自重湿陷或自重湿陷量的实测值小于 70mm，在附加压力与上覆土的饱和自重压力共同作用下，建筑物地基受水浸湿后的变形范围，通常发生在基础底面下地基的压缩层内，压缩层深度下限以下的湿陷性黄土层，由于附加应力很小，地基即使充分受水浸湿，也不产生湿陷变形，故对非自重湿陷性黄土地基，消除其全部湿陷量的处理厚度，规定为基础底面下附加压力与上覆土的饱和自重压力之和大于或等于湿陷起始压力的全部湿陷性黄土层，或按地基压缩层的深度确定，处理至附加压力等于土自重压力 20%（即 $p_z=0.20p_{cz}$）的土层深度止。

在自重湿陷性黄土场地，建筑物地基充分浸水时，基底下的全部湿陷性黄土层产生湿陷，处理基础底面下部分湿陷性黄土层只能减小地基的湿陷量，欲消除地基的全部湿陷量，应处理基础底面以下的全部湿陷性黄土层。

6.1.4 根据湿陷性黄土地基充分受水浸湿后的湿陷变形范围，消除地基部分湿陷量应主要处理基础底面以下湿陷性大（$\delta_s \geqslant 0.07$、$\delta_{zs} \geqslant 0.05$）及湿陷性较大（$\delta_s \geqslant 0.05$、$\delta_{zs} \geqslant 0.03$）的土层，因为贴近基底下的上述土层，附加应力大，并容易受管道和地沟等漏水引起湿陷，故对建筑物的危害性大。

大量工程实践表明，消除建筑物地基部分湿陷量的处理厚度太小时，一是地基处理后下部未处理湿陷性黄土层的剩余湿陷量大；二是防水效果不理想，难以做到阻止生产、生活用水以及大气降水，自上向下渗入下部未处理的湿陷性黄土层，潜在的危害性未全部消除，因而不能保证建筑物地基不发生湿陷事故。

乙类建筑包括高度为 24～60m 的建筑，其重要性仅次于甲类建筑，基础之间的沉降差亦不宜过大，避免建筑物产生不允许的倾斜或裂缝。

建筑物调查资料表明，地基处理后，当下部未处理湿陷性黄土层的剩余湿陷量大于 220mm 时，建筑物在使用期间地基受水浸湿，可产生严重及较严重的裂缝；当下部未处理湿陷性黄土层的剩余湿陷量大于 130mm 小于或等于 220mm 时，建筑物在使用期间地基受水浸湿，可产生轻微或较轻微的裂缝。

考虑地基处理后，特别是整片处理的土层，具有较好的防水、隔水作用，可保护下部未处理的湿陷性黄土层不受水或少受水浸湿，其剩余湿陷量则有可能不产生或不充分产生。

基于上述原因，本条对乙类建筑规定消除地基部分湿陷量的最小处理厚度，在非自重湿陷性黄土场地，不应小于地基压缩层深度的 2/3，并控制下部未处理湿陷性黄土层的湿陷起始压力值不应小于 100kPa；在自重湿陷性黄土场地，不应小于全部湿陷性黄土层深度的 2/3，并控制下部未处理湿陷性黄土层的剩余湿陷量不应大于 150mm。

对基础宽度大或湿陷性黄土层厚度大的地基，处理地基压缩层深度的 2/3 或处理全部湿陷性黄土层深度的 2/3 确有困难时，本条规定在建筑物范围内应采用整片处理。

6.1.5 丙类建筑包括多层办公楼、住宅楼和理化试验室等，建筑物的内外一般装有上、下水管道和供热管道，使用期间建筑物内局部范围内存在漏水的可能性，其地基处理的好坏，直接关系着城乡用户的财产和安全。

考虑在非自重湿陷性黄土场地，Ⅰ级湿陷性黄土地基，湿陷性轻微，湿陷起始压力值较大。单层建筑荷载较轻，基底压力较小，为发挥湿陷起始压力的作用，地基可不处理；而多层建筑的基底压力一般大于湿陷起始压力值，地基不处理，湿陷难以避免。为此本条规定，对多层丙类建筑，地基处理厚度不应小于1m，且下部未处理湿陷性黄土层的湿陷起始压力值不宜小于100kPa。

在非自重湿陷性黄土场地和自重湿陷性黄土场地都存在Ⅱ级湿陷性黄土地基，其自重湿陷量的计算值：前者不大于70mm，后者大于70mm，不大于300mm。地基浸水时，二者具有中等湿陷性。本条规定：在非自重湿陷性黄土场地，单层建筑的地基处理厚度不应小于1m，且下部未处理湿陷性黄土层的湿陷起始压力值不宜小于80kPa；多层建筑的地基处理厚度不应小于2m，且下部未处理湿陷性黄土层的湿陷起始压力值不宜小于100kPa。在自重湿陷性黄土场地湿陷起始压力值小，无使用意义，因此，不论单层或多层建筑，其地基处理厚度均不宜小于2.50m，且下部未处理湿陷性黄土层的剩余湿陷量不应大于200mm。

地基湿陷等级为Ⅲ级或Ⅳ级，均为自重湿陷性黄土场地，湿陷性黄土层厚度较大，湿陷性分别属于严重和很严重，地基受水浸湿，湿陷性敏感，湿陷速度快，湿陷量大。本条规定，对多层建筑宜采用整片处理，其目的是通过整片处理既可消除拟处理土层的湿陷性，又可减小拟处理土层的渗透性，增强整片处理土层的防水、隔水作用，以保护下部未处理的湿陷性黄土层难以受水浸湿，使其剩余湿陷量不产生或不全部产生，确保建筑物安全正常使用。

6.1.6 试验研究资料表明，在非自重湿陷性黄土场地，湿陷性黄土地基在附加压力和上覆土的饱和自重压力下的湿陷变形范围主要是在压缩层深度内。本条规定的地基压缩层深度：对条形基础，可取其宽度的3倍，对独立基础，可取其宽度的2倍。也可按附加压力等于土自重压力20%的深度处确定。

压缩层深度除可用于确定非自重湿陷性黄土地基湿陷量的计算深度和地基的处理厚度外，并可用于确定非自重湿陷性黄土场地上的勘探点深度。

6.1.7～6.1.9 在现场采用静载荷试验检验地基处理后的承载力比较准确可靠，但试验工作量较大，宜采取抽样检验。此外，静载荷试验的压板面积较小，地基处理厚度大时，如不分层进行检验，试验结果只能反映上部土层的情况，同时由于消除部分湿陷量的地基，下部未处理的湿陷性黄土层浸水时仍有可能产生湿陷。而地基湿陷是在水和压力的共同作用下产生的，基底压力大，对减小湿陷不利，故处理后的地基承载力不宜用得过大。

6.1.10 湿陷性黄土的干密度小，含水量较低，属于欠压密的非饱和土，其可压（或夯）实和可挤密的效果好，采取地基处理措施应根据湿陷性黄土的特点和工程要求，确定地基处理的厚度及平面尺寸。地基通过处理可改善土的物理力学性质，使拟处理土层的干密度增大、渗透性减小、压缩性降低、承载力提高、湿陷性消除。为此，本条规定了几种常用的成孔挤密或夯实挤密的地基处理方法及其适用范围。

6.1.11 雨期、冬期选择土（或灰土）垫层法、强夯法或挤密法处理湿陷性黄土地基，不利因素较多，尤其垫层法，挖、填土方量大，施工期长，基坑和填料（土及灰土）容易受雨水浸湿或冻结，施工质量不易保证。施工期间应合理安排地基处理的施工程序，加快施工进度，缩短地基处理及基坑（槽）的暴露时间。对面积大的场地，可分段进行处理，采取防雨措施确有困难时，应做好场地周围排水，防止地面水流入已处理和未处理的场地（或基坑）内。在雨天和负温度下，并应防止土料、灰土和土源受雨水浸泡或冻结，施工中土呈软塑状态或出现"橡皮土"时，说明土的含水量偏大，应采取措施减小其含水量，将"橡皮土"处理后方可继续施工。

6.1.12 条文内对做好场地平整、修通道路和接通水、电等工作进行了规定。上述工作是为完成地基处理施工必须具备的条件，以确保机械设备和材料进入现场。

6.1.13 目前从事地基处理施工的队伍较多、较杂，技术素质高低不一。为确保地基处理的质量，在地基处理施工进程中，应有专人或专门机构进行监理，地基处理施工结束后，应对其质量进行检验和验收。

6.1.14 土（或灰土）垫层、强夯和挤密等方法处理地基的承载力，在现场采用静载荷试验进行检验比较准确可靠。为了统一试验方法和试验要求，在本规范附录J中增加静载荷试验要点，将有章可循。

6.2 垫 层 法

6.2.1 本规范所指的垫层是素土或灰土垫层。

垫层法是一种浅层处理湿陷性黄土地基的传统方法，在湿陷性黄土地区使用较广泛，具有因地制宜、就地取材和施工简便等特点，处理厚度一般为1～3m，通过处理基底下部分湿陷性黄土层，可以减小地基的湿陷量。处理厚度超过3m，挖、填土方量大，施工期长，施工质量不易保证，选用时应通过技术经济比较。

6.2.3 垫层的施工质量，对其承载力和变形有直接影响。为确保垫层的施工质量，本条规定采用压实系数 λ_c 控制。

压实系数 λ_c 是控制（或设计要求）干密度 ρ_d 与室内击实试验求得土（或灰土）最大干密度 ρ_{dmax} 的比值 $\left(\text{即}\ \lambda_c = \dfrac{\rho_d}{\rho_{dmax}}\right)$。

目前我国使用的击实设备分为轻型和重型两种。前者击锤质量为2.50kg，落距为305mm，单位体积的击实功为 591.60kJ/m³，后者击锤质量为 4.50kg，落距为 457mm，单位体积的击实功为 2682.70kJ/m³，前者的击实功是后者的 4.53 倍。

采用上述两种击实设备对同一场地的 3∶7 灰土进行击实试验，轻型击实设备得出的最大干密度为 1.56g/m³，最优含水量为 20.90%；重型击实设备得出的最大干密度为 1.71g/m³，最优含水量为 18.60%。击实试验结果表明，3∶7 灰土的最大干密度，后者是前者的 1.10 倍。

根据现场检验结果，将该场地 3∶7 灰土垫层的干密度与按上述两种击实设备得出的最大干密度的比值（即压实系数）汇总于表 6.2.2。

表 6.2.2 3∶7 灰土垫层的干密度与压实系数

检验点号	土 样			压实系数	
	深度(m)	含水量(%)	干密度(g/cm³)	轻型	重型
1号	0.10	17.10	1.56	1.000	0.914
	0.30	14.10	1.60	1.026	0.938
	0.50	17.80	1.65	1.058	0.967
2号	0.10	15.63	1.57	1.006	0.920
	0.30	14.93	1.61	1.032	0.944
	0.50	16.25	1.71	1.096	1.002
3号	0.10	19.89	1.57	1.006	0.920
	0.30	14.96	1.65	1.058	0.967
	0.50	15.64	1.67	1.071	0.979
4号	0.10	15.10	1.64	1.051	0.961
	0.30	16.94	1.68	1.077	0.985
	0.50	16.10	1.69	1.083	0.991
	0.70	15.74	1.67	1.091	0.979
5号	0.10	16.00	1.59	1.019	0.932
	0.30	16.68	1.74	1.115	1.020
	0.50	16.66	1.75	1.122	1.026
6号	0.10	18.40	1.55	0.994	0.909
	0.30	18.60	1.65	1.058	0.967
	0.50	18.10	1.64	1.051	0.961

上表中的压实系数是按现场检测的干密度与室内采用轻型和重型两种击实设备得出的最大干密度的比值，二者相差近 9%，前者大，后者小。由此可见，采用单位体积击实功不同的两种击实设备进行击实试验，以相同数值的压实系数作为控制垫层质量标准是不合适的，而应分别规定。

"GBJ 25—90 规范"在第四章第二节第 4.2.4 条中，对控制垫层质量的压实系数，按垫层厚度不大于 3m 和大于 3m，分别统一规定为 0.93 和 0.95，未区分轻型和重型两种击实设备单位体积击实功不同，得出的最大干密度也不同等因素。本次修订将压实系数按轻型标准击实试验进行了规定，而对重型标准击实试验未作规定。

基底下 1～3m 的土（或灰土）垫层是地基的主要持力层，附加应力大，且容易受生产及生活用水浸湿，本条规定的压实系数，现场通过精心施工是可以达到的。

当土（或灰土）垫层厚度大于 3m 时，其压实系数：3m 以内不应小于 0.95，大于 3m，超过 3m 部分不应小于 0.97。

6.2.4 设置土（或灰土）垫层主要在于消除拟处理土层的湿陷性，其承载力有较大提高，并可通过现场静载荷试验或动、静触探等试验确定。当无试验资料时，按本条规定取值可满足工程要求，并有一定的安全储备。总之，消除部分湿陷量的地基，其承载力不宜用得太高，否则，对减小湿陷不利。

6.2.5～6.2.6 垫层质量的好坏与施工因素有关，诸如土料或灰土的含水量、灰与土的配合比、灰土拌合的均匀程度、虚铺土（或灰土）的厚度、夯（或压）实次数等是否符合设计规定。

为了确保垫层的施工质量，施工中将土料过筛，在最优或接近最优含水量下，将土（或灰土）分层夯实至关重要。

在施工进程中应分层取样检验，检验点位置应每层错开，即：中间、边缘、四角等部位均应设置检验点。防止只集中检验中间，而不检验或少检验边缘及四角，并以每层表面下 2/3 厚度处的干密度换算的压实系数，符合本规范的规定为合格。

6.3 强 夯 法

6.3.1 采用强夯法处理湿陷性黄土地基，在现场选点进行试夯，可以确定在不同夯击能下消除湿陷性黄土层的有效深度，为设计、施工提供有关参数，并可验证强夯方案在技术上的可行性和经济上的合理性。

6.3.2 夯点的夯击次数以达到最佳次数为宜，超过最佳次数再夯击，容易将表层土夯松，消除湿陷性黄土层的有效深度并不增大。在强夯施工中，夯击次数既不是越少越好，也不是越多越好。最佳或合适的夯击次数可按试夯记录绘制的夯击次数与夯击下沉量（以下简称夯沉量）的关系曲线确定。

单击夯击能量不同，最后 2 击平均夯沉量也不同。单击夯击能量大，最后 2 击的平均夯沉量也大；反之，则小。最后 2 击平均夯沉量符合规定，表示夯击次数达到要求，可通过试夯确定。

6.3.3～6.3.4 本条表 6.3.3 中的数值，总结了黄土地区有关强夯试夯资料及工程实践经验，对选择强夯方案，预估消除湿陷性黄土层的有效深度有一定作用。

强夯法的单位夯击能，通常根据消除湿陷性黄土层的有效深度确定。单位夯击能大，消除湿陷性黄土层的深度也相应大，但设备的起吊能力增加太大往往不易解决。在工程实践中常用的单位夯击能多为1000～4000kN·m，消除湿陷性黄土层的有效深度一般为3～7m。

6.3.5 采用强夯法处理湿陷性黄土地基，土的含水量至关重要。天然含水量低于10%的土，呈坚硬状态，夯击时表层土容易松动，夯击能量消耗在表层土上，深部土层不易夯实，消除湿陷性黄土层的有效深度小；天然含水量大于塑限含水量3%以上的土，夯击时呈软塑状态，容易出现"橡皮土"；天然含水量相当于或接近最优含水量的土，夯击时土粒间阻力较小，颗粒易于互相挤密，夯击能量向纵深方向传递，在相应的夯击次数下，总夯沉量和消除湿陷性黄土层的有效深度均大。为方便施工，在工地可采用塑限含水量 $w_p-(1\%\sim3\%)$ 或 $0.6w_L$（液限含水量）作为最优含水量。

当天然土的平均含水量低于最优含水量5%以上时，宜对拟夯实的土层加水增湿，并可按下式计算：

$$Q = (w_{op} - \overline{w}) \frac{\overline{\rho}}{1+0.01\overline{w}} h \cdot A \quad (6.3.5)$$

式中 Q——增湿拟夯实土层的计算加水量（m³）；

w_{op}——最优含水量（%）；

$\overline{w}$——在拟夯实层范围内，天然土的含水量加权平均值(%)；

$\overline{\rho}$——在拟夯实层范围内，天然土的密度加权平均值(g/cm³)；

h——拟增湿的土层厚度（m）；

A——拟进行强夯的地基土面积（m²）。强夯施工前3～5d，将计算加水量均匀地浸入拟增湿的土层内。

6.3.6 湿陷性黄土处于或略低于最优含水量，孔隙内一般不出现自由水，每夯完一遍不必等孔隙水压力消散，采取连续夯击，可减少吊车移位，提高强夯施工效率，对降低工程造价有一定意义。

夯点布置可结合工程具体情况确定，按正三角形布置，夯点之间的土夯实较均匀。第一遍夯点夯击完毕后，用推土机将高出夯坑周围的土推至夯坑内填平，再在第一遍夯点之间布置第二遍夯点，第二遍夯击是将第二遍夯点及第一遍填平的夯坑同时进行夯击，完毕后，用推土机平整场地；第三遍夯点通常满堂布置，夯击完毕后，用推土机再平整一次场地；最后一遍用轻锤、低落距（4～5m）连续满拍2～3击，将表层土夯实拍平，完毕后，经检验合格，在夯面以上宜及时铺设一定厚度的灰土垫层或混凝土垫层，并进行基础施工，防止强夯表层土晒裂或受雨水浸泡。

第一遍和第二遍夯击主要是将夯坑底面以下的土层进行夯实，第三遍和最后一遍拍夯主要是将夯坑底面以上的填土及表层松土夯实拍平。

6.3.7 为确保采用强夯法处理地基的质量符合设计要求，在强夯施工进程中和施工结束后，对强夯施工及其地基土的质量进行监督和检验至关重要。强夯施工过程中主要检查强夯施工记录，基础内各夯点的累计夯沉量应达到试夯或设计规定的数值。

强夯施工结束后，主要是在已夯实的场地内挖探井取土样进行室内试验，测定土的干密度、压缩系数和湿陷系数等指标。当需要在现场采用静载荷试验检验强夯土的承载力时，宜于强夯施工结束一个月左右进行。否则，由于时效因素，土的结构和强度尚未恢复，测试结果可能偏小。

6.4 挤密法

6.4.1 本条增加了挤密法适用范围的部分内容，对一般地区的建筑，特别是有一些经验的地区，只要掌握了建筑物的使用情况、要求和建筑物场地的岩土工程地质情况以及某些必要的土性参数（包括击实试验资料等），就可以按照本节的条文规定进行挤密地基的设计计算。工程实践及检验测试结果表明，设计计算的准确性能够满足一般地区和建筑的使用要求，这也是从原规范开始比过去显示出来的一种进步。对这类工程，只要求地基挤密结束后进行检验测试就可以了，它是对设计效果和施工质量的检验。

对某些比较重要的建筑和缺乏工程经验的地区，为慎重起见，可在地基处理施工前，在工程现场选择有代表性的地段进行试验或试验性施工，必要时应按实际的试验测试结果，对设计参数和施工要求进行调整。

当地基土的含水量略低于最优含水量（指击实试验结果）时，挤密的效果最好；当含水量过大或者过小时，挤密效果不好。

当地基土的含水量 $w \geq 24\%$、饱和度 $S_r > 65\%$ 时，一般不宜直接选用挤密法。但当工程需要时，在采取了必要的有效措施后，如对孔周围的土采取有效"吸湿"和加强孔填料强度，也可采用挤密法处理地基。

对含水量 $w < 10\%$ 的地基土，特别是在整个处理深度范围内的含水量普遍很低，一般宜采取增湿措施，以达到提高挤密法的处理效果。

相比之下，爆扩挤密比其他方法挤密，对地基土含水量的要求要严格一些。

6.4.2 此条规定了挤密地基的布孔原则和孔心距的确定方法，原规范第4.4.2条和第4.4.3条的条文说明仍适合于本条规定。

本条的孔心距计算式与原规范计算式基本相同，仅在式中增加了"预钻孔直径"项。对无预钻孔的挤密法，计算式中的预钻孔直径为"0"，此时的计算式与原规范完全一样。

此条与原规范比较，除包括原规范的内容外，还增加了预钻孔的选用条件和有关的孔径规定。

4.4.3 当挤密法处理深度较大时，才能够充分体现出预钻孔的优势。当处理深度不太大的情况下，采用不预钻孔的挤密法，将比采用预钻孔的挤密法更加优越，因为此时在处理效果相同的条件下，前者的孔心距将大于后者（指与挤密填料孔直径的相对比值），后者需要增加孔内的取土量和填料量，而前者没有取土量，孔内填料量比后者少。在孔心距相同的情况下，预钻孔挤密比不预钻孔挤密，多预钻孔体积的取土量和相当于预钻孔体积的夯填量。为此，在本条中作了挤密法处理深度小于12m时，不宜预钻孔，当处理深度大于12m时可预钻孔的规定。

6.4.4 此条与原规范的第4.4.3条相同，仅将原规范的"成孔后"改为"挤密填孔后"，以适合包括"预钻孔挤密"在内的各种挤密法。

6.4.5 此条包括了原规范第4.4.4条的全部内容，为帮助人们正确、合理、经济的选用孔内填料，增加了如何选用孔内填料的条文规定。

根据大量的试验研究和工程实践，符合施工质量要求的夯实灰土，其防水、隔水性明显不如素土（指符合一般施工质量要求的素填土），孔内夯实灰土及其他强度高的材料，有提高复合地基承载力或减小地基处理宽度的作用。

6.4.6 原规范条文中提出了挤密法的几种具体方法，如沉管、爆扩、冲击等。虽说冲击法挤密中涵盖了"夯扩法"的内容，但鉴于近10年在西安、兰州等地工程中，采用了比较多的挤密，其中包括一些"土法"与"洋法"预钻孔后的夯扩挤密，特别在处理深度比较大或挤密机械不便进入的情况下，比较多的选用了夯扩挤密或采用了一些特制的挤密机械（如小型挤密机等）。

为此，在本条中将"夯扩"法单独列出，以区别以往冲击法中包含的不够明确的内容。

6.4.7 为提高地基的挤密效果，要求成孔挤密应间隔分批、及时夯填，这样可以使挤密地基达到有效、均匀、处理效果好。在局部处理时，必须强调由外向里施工，否则挤密不好，影响到地基处理效果。而在整片处理时，应首先从边缘开始、分行、分点、分批，在整个处理场地平面范围内均匀分布，逐步加密进行施工，不宜像局部处理时那样，过份强调由外向里的施工原则，整片处理应强调"从边缘开始、均匀分布、逐步加密、及时夯填"的施工顺序和施工要求。

6.4.8 规定了不同挤密方法的预留松动层厚度，与原规范规定基本相同，仅对个别数字进行了调整，以更加适合工程实际。

6.4.11 为确保工程质量，避免设计、施工中可能出现的问题，增加了这一条规定。

对重要或大型工程，除应按6.4.11条检测外，还应进行下列测试工作，综合判定实际的地基处理效果。

1 在处理深度内应分层取样，测定孔间挤密土和孔内填料的湿陷性、压缩性、渗透性等；

2 对挤密地基进行现场载荷试验、局部浸水与大面积浸水试验、其他原位测试等。

通过上述试验测试，所取得的结果和试验中所揭示的现象，将是进一步验证设计内容和施工要求是否合理、全面，也是调整补充设计内容和施工要求的重要依据，以保证这些重要或大型工程的安全可靠及经济合理。

6.5 预浸水法

6.5.1 本条规定了预浸水法的适用范围。工程实践表明，采用预浸水法处理湿陷性黄土层厚度大于10m和自重湿陷量的计算值大于500mm的自重湿陷性黄土场地，可消除地面下6m以下土层的全部湿陷性，地面下6m以上土层的湿陷性也可大幅度减小。

6.5.2 采用预浸水法处理自重湿陷性黄土地基，为防止在浸水过程中影响周边邻近建筑物或其他工程的安全使用以及场地边坡的稳定性，要求浸水坑边缘至邻近建筑物的距离不宜小于50m，其理由如下：

1 青海省地质局物探队的拟建工程，位于西宁市西郊西川河南岸Ⅲ级阶地，该场地的湿陷性黄土层厚度为13～17m。青海省建筑勘察设计院于1977年在该场地进行勘察，为确定场地的湿陷类型，曾在现场采用15m×15m的试坑进行浸水试验。

2 为消除拟建住宅楼地基土的湿陷性，该院于1979年又在同一场地采用预浸法进行处理，浸水坑的尺寸为53m×33m。

试坑浸水试验和预浸水法的实测结果以及地表开裂范围等，详见表6.5.2。

青海省物探队拟建场地

表6.5.2 试坑浸水试验和预浸水法的实测结果

时间	浸 水		自重湿陷量的实测值（mm）		地表开裂范围（m）	
	试坑尺寸（m×m）	时间（昼夜）	一般	最大	一般	最大
1977年	15×15	64	300	400	14	18
1979年	53×33	120	650	904	30	37

从表6.5.2的实测结果可以看出，试坑浸水试验和预浸水法，二者除试坑尺寸（或面积）及浸水时间有所不同外，其他条件基本相同，但自重湿陷量的实

测值与地表开裂范围相差较大。说明浸水影响范围与浸水试坑面积的大小有关。为此，本条规定采用预浸水法处理地基，其试坑边缘至周边邻近建筑物的距离不宜小于50m。

6.5.3 采用预浸水法处理地基，土的湿陷性及其他物理力学性质指标有很大变化和改善，本条规定浸水结束后，在基础施工前应进行补充勘察，重新评定场地或地基土的湿陷性，并应采用垫层法或其他方法对上部湿陷性黄土层进行处理。

7 既有建筑物的地基加固和纠倾

7.1 单液硅化法和碱液加固法

7.1.1 碱液加固法在自重湿陷性黄土场地使用较少，为防止采用碱液加固法加固既有建筑物地基产生附加沉降，本条规定加固自重湿陷性黄土地基应通过试验确定其可行性，取得必要的试验数据，再扩大其应用范围。

7.1.2 当既有建筑物和设备基础出现不均匀沉降，或地基受水浸湿产生湿陷时，采用单液硅化法或碱液加固法对其地基进行加固，可阻止其沉降和裂缝继续发展。

采用上述方法加固拟建的构筑物或设备基础的地基，由于上部荷载还未施加，在灌注溶液过程中，地基不致产生附加下沉，经加固的地基，土的湿陷性消除，比天然土的承载力可提高1倍以上。

7.1.3 地基加固施工前，在拟加固地基的建筑物附近进行单孔或多孔灌注溶液试验，主要目的为确定设计施工所需的有关参数，并可查明单液硅化法或碱液加固法加固地基的质量及效果。

7.1.4~7.1.5 地基加固完毕后，通过一定时间的沉降观测，可取得建筑物或设备基础的沉降有无稳定或发展的信息，用以评定加固效果。

（Ⅰ）单液硅化法

7.1.6 单液硅化加固湿陷性黄土地基的灌注工艺，分为压力灌注和溶液自渗两种。

压力灌注溶液的速度快，渗透范围大。试验研究资料表明，在灌注溶液过程中，溶液与土接触初期，尚未产生化学反应，被浸湿的土体强度不但未提高，并有所降低，在自重湿陷严重的场地，采用此法加固既有建筑物地基时，其附加沉降可达300mm以上，既有建筑物显然是不允许的。故本条规定，压力单液硅化宜用于加固自重湿陷性黄土场地上拟建工程的地基，也可用于加固非自重湿陷性黄土场地上的既有建筑物地基。非自重湿陷性黄土的湿陷起始压力值较大，当基底压力不大于湿陷起始压力时，不致出现附加沉降，并已为工程实践和试验研究资料所证明。

压力灌注需要加压设备（如空压机）和金属灌注管等，加固费用较高，其优点是水平向的加固范围较大，基础底面以下的部分土层也能得到加固。

溶液自渗的速度慢，扩散范围小，溶液与土接触初期，被浸湿的土体小，既有建筑物和设备基础的附加沉降很小（一般约10mm），对建筑物无不良影响。

溶液自渗的灌注孔可用钻机或洛阳铲完成，不要用灌注管和加压等设备，加固费用比压力灌注的费用低，饱和度不大于60%的湿陷性黄土，采用溶液自渗，技术上可行，经济上合理。

7.1.7 湿陷性黄土的天然含水量较小，孔隙中不出现自由水，采用低浓度（10%~15%）的硅酸钠溶液注入土中，不致被孔隙中的水稀释。

此外，低浓度的硅酸钠溶液，粘滞度小，类似水一样，溶液自渗较畅通。

水玻璃（即硅酸钠）的模数值是二氧化硅与氧化钠（百分率）之比，水玻璃的模数值越大，表明SiO_2的成分越多。因为硅化加固主要是由SiO_2对土的胶结作用，水玻璃模数值的大小对加固土的强度有明显关系。试验研究资料表明，模数值为$\dfrac{SiO_2\%}{Na_2O\%}=1$的纯偏硅酸钠溶液，加固土的强度很小，完全不适合加固土的要求，模数值在2.50~3.30范围内的水玻璃溶液，加固土的强度可达最大值。当模数值超过3.30以上时，随着模数值的增大，加固土的强度反而降低。说明SiO_2过多，对加固土的强度有不良影响，因此，本条规定采用单液硅化加固湿陷性黄土地基，水玻璃的模数值宜为2.50~3.30。

7.1.8 加固湿陷性黄土的溶液用量与土的孔隙率（或渗透性）、土颗粒表面等因素有关，计算溶液量可作为采购材料（水玻璃）和控制工程总预算的主要参数。注入土中的溶液量与计算溶液量相同，说明加固土的质量符合设计要求。

7.1.9 为使加固土体联成整体，按现场灌注溶液试验确定的间距布置灌注孔较合适。

加固既有建筑物和设备基础的地基，只能在基础侧向（或周边）布置灌注孔，以加固基础侧向土层，防止地基产生侧向挤出。但对宽度大的基础，仅加固基础侧向土层，有时难以满足工程要求。此时，可结合工程具体情况在基础侧向布置斜向基础底面中心以下的灌注孔，或在其台阶布置穿透基础的灌注孔，使基础底面下的土层获得加固。

7.1.10 采用压力灌注，溶液有可能冒出地面。为防止在灌注溶液过程中，溶液出现上冒，灌注管打入土中后，在连接胶皮管时，不得摇动灌注管，以免灌注管外壁与土脱离产生缝隙，灌注溶液前，并应将灌注管周围的表层土夯实或采取其他措施进行处理。灌注压力由小逐渐增大，剩余溶液不多时，可适当提高其压力，但最大压力不宜超过200kPa。

7.1.11 溶液自渗，不需要分层打灌注管和分层灌注溶液。设计布置的灌注孔，可用钻机或洛阳铲一次钻（或打）至设计深度。孔成后，将配好的容液注满灌注孔，溶液面宜高出基础底面标高 0.50m，借助孔内水头高度使溶液自行渗入土中。

灌注孔数量不多时，钻（或打）孔和灌溶液，可全部一次施工，否则，可采取分批施工。

7.1.12 灌注溶液前，对拟加固地基的建筑物进行沉降和裂缝观测，并可同加固结束后的观测情况进行比较。

在灌注溶液过程中，自始至终进行沉降观测，有利于及时发现问题并及时采取措施进行处理。

7.1.13 加固地基的施工记录和检验结果，是验收和评定地基加固质量好坏的重要依据。通过精心施工，才能确保地基的加固质量。

硅化加固土的承载力较高，检验时，采用静力触探或开挖取样有一定难度，以检查施工记录为主，抽样检验为辅。

(Ⅱ) 碱液加固法

7.1.14 碱液加固法分为单液和双液两种。当土中可溶性和交换性的钙、镁离子含量大于本条规定值时，以氢氧化钠一种溶液注入土中可获得较好的加固效果。如土中的钙、镁离子含量较低，采用氢氧化钠和氯化钙两种溶液先后分别注入土中，也可获得较好的加固效果。

7.1.15 在非自重湿陷性黄土场地，碱液加固地基的深度可为基础宽度的 2～3 倍，或根据基底压力和湿陷性黄土层深度等因素确定。已有工程采用碱液加固地基的深度大都为 2～5m。

7.1.16 将碱液加热至 80～100℃再注入土中，可提高碱液加固地基的早期强度，并对减小拟加固建筑物的附加沉降有利。

7.2 坑式静压桩托换法

7.2.1 既有建筑物的沉降未稳定或还在发展，但尚未丧失使用价值，采用坑式静压桩托换法对其基础地基进行加固补强，可阻止该建筑物的沉降、裂缝或倾斜继续发展，以恢复使用功能。托换法适用于钢筋混凝土基础或基础内设有地（或圈）梁的多层及单层建筑。

7.2.2 坑式静压桩托换法与硅化、碱液或其他加固方法有所不同，它主要是通过托换桩将原有基础的部分荷载传给较好的下部土层中。

桩位通常沿纵、横墙的基础交接处、承重墙基础的中间、独立基础的四角等部位布置，以减小基底压力，阻止建筑物沉降不再继续发展为主要目的。

7.2.3 坑式静压桩主要是在基础底面以下进行施工，预制桩或金属管桩的尺寸都要按本条规定制作或加工。尺寸过大，搬运及操作都很困难。

7.2.4 静压桩的边长较小，将其压入土中对桩周的土挤密作用较小，在湿陷性黄土地基中，采用坑式静压桩，可不考虑消除土的湿陷性，桩尖应穿透湿陷性黄土层，并应支承在压缩性低或较低的非湿陷性黄土层中。桩身在自重湿陷性黄土层中，尚应考虑扣去桩侧的负摩擦力。

7.2.5 托换管的两端，应分别与基础底面及桩顶面牢固连接，当有缝隙时，应用铁片塞严实，基础的上部荷载通过托换管传给桩及桩端下部土层。为防止托换管腐蚀生锈，在托换管外壁宜涂刷防锈油漆，托换管安放结束后，其周围宜浇筑 C20 混凝土，混凝土内并可加适量膨胀剂，也可采用膨胀水泥，使混凝土与原基础接触紧密，连成整体。

7.2.6 坑式静压桩属于隐蔽工程，将其压入土中后，不便进行检验，桩的质量与砂、石、水泥、钢材等原材料以及施工因素有关。施工验收，应侧重检验制桩的原材料化验结果以及钢材、水泥出厂合格证、混凝土试块的试验报告和压桩记录等内容。

7.3 纠倾法

7.3.1 某些已经建成并投入使用的建筑物，甚至某些正在建造中的建筑物，由于场地地基土的湿陷性及压缩性较高，雨水、场地水、管网水、施工用水、环境水管理不好，使地基土发生湿陷变形及压缩变形，造成建筑物倾斜和其他形式的不均匀下沉、建筑物裂缝和构件断裂等，影响建筑物的使用和安全。在这种情况下，解决工程事故的方法之一，就是采取必要的有效措施，使地基过大的不均匀变形减小到符合建筑物的允许值，满足建筑物的使用要求，本规范称此法为纠倾法。

湿陷性黄土浸水湿陷，这是湿陷性黄土地区有别于其他地区的一个特点。由此出发，本条将纠倾法分为湿法和干法两种。

浸水湿陷是一种有害的因素，但可以变有害为有利，利用湿陷性黄土浸水湿陷这一特性，对建筑物地基相对下沉较小的部位进行浸水，强迫其下沉，使既有建筑物的倾斜得以纠正，本法称为湿法纠倾。兰化有机厂生产楼地基下沉停产事故、窑街水泥厂烟囱倾斜事故等工程中，采用了湿法纠倾，使生产楼恢复生产、烟囱扶正，并恢复了它们的使用功能，节省了大量资金。

对某些建、构筑物，由于邻近范围内有建、构筑物或有大量地下构筑物等，采用湿法纠倾，将会威胁到邻近地上或地下建、构筑物的安全，在这种情况下，对地基应选择不浸水或少浸水的方法，对不浸水的方法，称为干法纠倾，如掏土法、加压法、顶升法等。早在 20 世纪 70 年代，甘肃省建筑科学研究院用加压法处理了当时影响很大的天水军民两用机场跑道下沉全工程停工的特大事故，使整个工程复工，经过近 30 年的使用考验，证明处理效果很好。

又如甘肃省建筑科学研究院对兰化烟囱的纠倾，采用了小切口竖向调整和局部横向扇形掏土法；西北铁科院对兰州白塔山的纠倾，采用了横向掏土和竖向顶升法，都取得了明显的技术、经济和社会效益。

7.3.2 在湿陷性黄土场地对既有建筑物进行纠倾时，必须全面掌握原设计与施工的情况、场地的岩土工程地质情况、事故的现状、产生事故的原因及影响因素、地基的变形性质与规律、下沉的数量与特点、建筑物本身的重要性和使用上的要求、邻近建筑物及地下构筑物的情况、周围环境等各方面的资料，当某些重要资料缺少时，应先进行必要的补充工作，精心做好纠倾前的准备。纠倾方案，应充分考虑到实施过程中可能出现的不利情况，做到有对策、留余地，安全可靠、经济合理。

7.3.3～7.3.6 规定了纠倾法的适用范围和有关要求。

采用浸水法时，一定要注意控制浸水范围、浸水量和浸水速率。地基下沉的速率以5～10mm/d为宜，当达到预估的浸水滞后沉降量时，应及时停水，防止产生相反方向的新的不均匀变形，并防止建筑物产生新的损坏。

采用浸水法对既有建筑物进行纠倾，必须考虑到对邻近建筑物的不利影响，应有一定的安全防护距离。一般情况下，浸水点与邻近建筑物的距离，不宜小于1.5倍湿陷性黄土层深度的下限，并不宜小于20m；当土层中存有碎石类土和砂土夹层时，还应考虑到这些夹层的水平向串水的不利影响，此时防护距离宜取大值；在土体水平向渗透性小于垂直向和湿陷性黄土层深度较小（如小于10m）的情况下，防护距离也可适当减小。

当采用浸水法纠倾难于达到目的时，可将两种或两种以上的方法因地、因工程制宜地结合使用，或将几种干法纠倾结合使用，也可以将干、湿两种方法合用。

7.3.7 本条从安全角度出发，规定了不得采用浸水法的有关情况。

靠近边坡地段，如果采用浸水法，可能会使本来稳定的边坡成为不稳定的边坡，或使原来不太稳定的边坡进一步恶化。

靠近滑坡地段，如果采用浸水法，可能会使土体含水量增大，滑坡体的重量加大，土的抗剪强度减小，滑动面的阻滑作用减小，滑坡体的滑动作用增大，甚至会触发滑坡体的滑动。

所以在这些地段，不得采用浸水法纠倾。

附近有建、构筑物和地下管网时，采用浸水法，可能顾此失彼，不但会损害附近地面、地下的建、构筑物及管网，还可能由于管道断裂，建筑物本身有可能产生新的次生灾害，所以在这种情况下，不宜采用浸水法。

7.3.8 在纠倾过程中，必须对拟纠倾的建筑物和周围情况进行监控，并采取有效的安全措施，这是确保工程质量和施工安全的关键。一旦出现异常，应及时处理，不得拖延时间。

纠倾过程中，监测工作一般包括下列内容：

1 建筑物沉降、倾斜和裂缝的观测；
2 地面沉降和裂缝的观测；
3 地下水位的观测；
4 附近建筑物、道路和管道的监测。

7.3.9 建筑物纠倾后，如果在使用过程中还可能出现新的事故，经分析认为确实存在潜在的不利因素时，应对该建筑物进行地基加固并采取其他有效措施，防止事故再次发生。

对纠倾后的建筑物，开始宜缩短观测的间隔时间，沉降趋于稳定后，间隔时间可适当延长，一旦发现沉降异常，应及时分析原因，采取相应措施增加观测次数。

8 施 工

8.1 一般规定

8.1.1～8.1.2 合理安排施工程序，关系着保证工程质量和施工进度及顺利完成湿陷性黄土地区建设任务的关键。以往在建设中，有些单位不是针对湿陷性黄土的特点安排施工，而是违反基建程序和施工程序，如只图早开工，忽视施工准备，只顾房屋建筑，不重视附属工程；只抓主体工程，不重视收尾竣工……因而往往造成施工质量低劣、返工浪费、拖延进度以及地基浸水湿陷等事故，使国家财产遭受不应有的损失，施工程序的主要内容是：

1 强调做好施工准备工作和修通道路、排水设施及必要的护坡、挡土墙等工程，可为施工主体工程创造条件；

2 强调"先地下后地上"的施工程序，可使施工人员重视并抓紧地下工程的施工，避免场地积水浸入地基引起湿陷，并防止由于施工程序不当，导致建筑物产生局部倾斜或裂缝；

3 强调先修通排水管道，并先完成其下游，可使排水畅通，消除不良后果。

8.1.3 本条规定的地下坑穴，包括古墓、古井和砂井、砂巷。这些地下坑穴都埋藏在地表下不同深度内，是危害建筑物安全使用的隐患，在地基处理或基础施工前，必须将地下坑穴探查清楚与处理妥善，并应绘图、记录。

目前对地下坑穴的探查和处理，没有统一规定。如：有的由建设部门或施工单位负责，也有的由文物部门负责。由于各地情况不同，故本条仅规定应探查和处理的范围，而未规定完成这项任务的具体部门或单位，各地可根据实际情况确定。

8.1.4 在湿陷性黄土地区，雨季和冬季约占全年时间的 1/3 以上，对保证施工质量，加快施工进度的不利因素较多，采取防雨、防冻措施需要增加一定的工程造价，但绝不能因此而不采取有效的防雨、防冻措施。

基坑（或槽）暴露时间过长，基坑（槽）内容易积水，基坑（槽）壁容易崩塌，在开挖基坑（槽）或大型土方前，应充分做好准备工作，组织分段、分批流水作业，快速施工，各工序之间紧密配合，尽快完成地基基础和地下管道等的施工与回填，只有这样，才能缩短基坑（槽）的暴露时间。

8.1.5 近些年来，城市建设和高层建筑发展较迅速，地下管网及其他地下工程日益增多，房屋越来越密集，在既有建筑物的邻近修建地下工程时，不仅要保证地下工程自身的安全，而且还应采取有效措施确保原有建筑物和管道系统的安全使用。否则，后果不堪设想。

8.2 现场防护

8.2.1 湿陷性黄土地区气候比较干燥，年降雨量较少，一般为 300～500mm，而且多集中在 7~9 三个月，因此暴雨较多，危害性较大，建筑场地的防洪工程不但应提前施工，并应在雨季到来之前完成，防止洪水淹没现场引起灾害。

8.2.2 施工期间用的临时防洪沟、水池、洗料场、淋灰池等，其设施都很简易，渗漏水的可能性大，应尽可能将这些临时设施布置在施工现场的地形较低处或地下水流向的下游地段，使其远离主要建筑物，以防止或减少上述临时设施的渗漏水渗入建筑物地基。

据调查，在非自重湿陷性黄土场地，水渠漏水的横向浸湿范围约为 10～12m，淋灰池漏水的横向浸湿范围与上述数值基本相同，而在自重湿陷性黄土场地，水渠漏水的横向浸湿范围一般为 20m 左右。为此，本条对上述设施距建筑物外墙的距离，按非自重湿陷性黄土场地和自重湿陷性黄土场地，分别规定为不宜小于 12m 和 25m。

8.2.3 临时给水管是为施工用水而装设的临时管道，施工结束后务必及时拆除，避免将临时给水管道，长期埋在地下腐蚀漏水。例如，兰州某办公楼的墙体严重裂缝，就是由于竣工后未及时拆除临时给水管道而被埋在地下腐蚀漏水所造成的湿陷事故。总结已有经验教训，本条规定，对所有临时给水管道，均应在施工期间将其绘在施工总平面图上，以便检查和发现，施工完毕，不再使用时，应立即拆除。

8.2.4 已有经验说明，不少取土坑成为积水坑，影响建筑物安全使用，为此本条规定，在建筑物周围 20m 范围内不得设置取土坑。当确有必要设置时，应设在现场的地形较低处，取土完毕后，应用其他土将取土坑回填夯实。

8.3 基坑或基槽的施工

8.3.3 随着建设的发展，湿陷性黄土地区的基坑开挖深度越来越大，有的已超过 10m，原来认为湿陷性黄土地区基坑开挖不需要采取支护措施，现在已经不能满足工程建设的要求，而黄土地区基坑事故却屡有发生。因而有必要在本规范内新增有关湿陷性黄土地区深基坑开挖与支护的内容。

除了应符合现行国家标准《岩土工程勘察规范》和国家行业标准《建筑基坑支护技术规程》的有关规定外，湿陷性黄土地区的深基坑开挖与支护还有其特殊的要求，其中最为突出的有：

1 要对基坑周边外宽度为 1～2 倍开挖深度的范围内进行土体裂隙调查，并分析其对坑壁稳定性的影响。一些工程实例表明，黄土坑壁的失稳或破坏，常常呈现坍落或坍滑的形式，滑动面或破坏面的后壁常呈现直立或近似直立，与土体中的垂直节理或裂隙有关。

2 湿陷性黄土遇水增湿后，其强度将显著降低导致坑壁失稳。不少工程实例都表明，黄土地区的基坑事故大都与黄土坑壁浸水增湿软化有关。所以对黄土基坑来说，严格的防水措施是至关重要的。当基坑壁有可能受水浸湿时，宜采用饱和状态下黄土的物理力学性质指标进行设计与验算。

3 在需要对基坑进行降低地下水位时，所需的水文地质参数特别是渗透系数，宜根据现场试验确定，而不应根据室内渗透试验确定。实践经验表明，现场测定的渗透系数将比室内测定结果要大得多。

8.4 建筑物的施工

8.4.1 各种施工缝和管道接口质量不好，是造成管沟和管道渗漏水的隐患，对建筑物危害极大。为此，本条规定，各种管沟应整体穿过建筑物基础。对穿过外墙的管沟要求一次做到室外的第一个检查井或距基础 3m 以外，防止在基础内或基础附近接头，以保证接头质量。

8.5 管道和水池的施工

8.5.1 管材质量的优、劣，不仅影响其使用寿命，更重要的是关系到是否漏水渗入地基。近些年，由于市场管理不规范，产品鉴定不严格，一些不符合国家标准的劣质产品流入施工现场，给工程带来危害。为把好质量关，本条规定，对各种管材及其配件进场时，必须按设计要求和有关现行国家标准进行检查。经检查不合格的不得使用。

8.5.2 根据工程实践经验，从管道基槽开挖至回填结束，施工时间越长，问题越多。本条规定，施工管道及其附属构筑物的地基与基础时，应采取分段、流水作业，或分段进行基槽开挖、检验和回填。即：完成一段，再施工另一段，以便缩短管道和沟槽的暴露时间，防止雨水和其他水流入基槽内。

8.5.6 对埋地压力管道试压次数的规定：

1 据调查，在非自重湿陷性黄土场地（如西安地区），大量埋地压力管道安装后，仅进行1次强度和严密性试验，在沟槽回填过程中，对管道基础和管道接口的质量影响不大。进行1次试压，基本上能反映出管道的施工质量。所以，在非自重湿陷性黄土场地，仍按原规范规定应进行1次强度和严密性试验。

2 在自重湿陷性黄土场地（如兰州地区），普遍反映，非金属管道进行2次强度和严密性试验是必要的。因为非金属管道各品种的加工、制作工艺不稳定，施工过程中易损含坏。从工程实例分析，管道接口处的事故发生率较高，接口处易产生环向裂缝，尤其在管基垫层质量较差的情况下，回填土时易造成隐患。管口在回填土后一旦产生裂缝，稍有渗漏，自重湿陷性黄土的湿陷很敏感，极易影响前、后管基下沉，管口拉裂，扩大破坏程度，甚至造成返工。所以，本规范要求做2次强度和严密性试验，而且是在沟槽回填前、后分别进行。

金属管道，因其管材质量相对稳定；大口径管道接口已普遍采用橡胶止水环的柔性材料；小口径管道接口施工质量有所提高；直埋管中管，管材材质好，接口质量严密……从金属管道整体而言，均有一定的抗不均匀沉陷的能力。调查中，普遍认为没有必要做2次试压。所以，本次修订明确指出，金属管道进行1次强度和严密性试验。

8.5.7 从压力管道的功能而言，有两种状况：在建筑物基础内外，基本是防护距离以内，为其建筑物的生产、生活直接服务的附属配水管道。这些管道的管径较小，但数量较多，很繁杂，可归为建筑物内的压力管道；还有的是穿越城镇或建筑群区域内（远离建筑物）的主体输水管道。此类管道虽然不在建筑物防护距离之内，但从管道自身的重要性和管道直接埋地的敷设环境看，对建筑群区域的安全存在不可忽视的威协。这些压力管道在本规范中基本属于构筑物的范畴，是建筑物的室外压力管道。

原规范中规定：埋地压力管道的强度试验压力应符合有关现行国家标准的规定；严密性试验的压力值为工作压力加100kPa。这种写法没有区分室内和室外压力管道，较为笼统。在工程实践中，一些单位反映，目前室内、室外压力管道的试压标准较混乱无统一标准遵循。

1998年建设部颁发实施的国家标准《给水排水管道工程施工及验收规范》（以下简称"管道规范"）解决了室外压力管道试压问题。该"管道规范"明确规定适用于城镇和工业区的室外给排水管道工程的施工及验收；在严密性试验中，"管道规范"的要求明显高于原规范，其试验方法与质量检测标准也较高。考虑到湿陷性黄土对防水有特殊要求，所以，室外压力管道的试压标准应符合现行国家标准"管道规范"的要求。

在本次修订中，明确规定了室外埋地压力管道的试验压力值，并强调强度和严密性的试验方法、质量检验标准，应符合现行国家标准《给水排水管道工程施工及验收规范》的有关规定，这是最基本的要求。

8.5.8 本条对室内管道，包括防护围内的埋地压力管道进行水压试验，基本上仍按原规范规定，高于一般地区的要求。其中规定室内管道强度试验的试验压力值，在严密性试验时，沿用原规范规定的工作压力加0.10MPa。测试时间：金属管道仍为2h，非金属管道为4h，并尽量使试验工作在一个工作日内完成。

建筑物内的工业埋地压力给水管道，因随工艺要求不同，有其不同的要求，所以本条另写，按有关专门规定执行。

塑料管品种繁多，又不断更新，国家标准正陆续制定，尚未系列化，所以，本规范对塑料管的试压要求未作规定。在塑料管道工程中，对塑料管的试压要求，只有参照非金属管的要求试压或者按相应现行国家标准执行。

8.5.9 据调查，雨水管道漏水引起的湿陷事故率仅次于污水管。雨水汇集在管道内的时间虽短暂，但量大，来得猛、管道又易受外界因素影响。如：小区内雨水管距建筑物基础近；有的屋面水落管入地后直埋於柱基附近，再与地下雨水管相接，本身就处于不均匀沉降敏感部位；小区和市政雨水管防渗漏效果的好坏将直接影响交通和环境……所以，在湿陷性黄土地区，提高了对雨水管的施工和试验检验的标准，与污水管同等对待，当作埋地无压管道进行水压试验，同时明确要求采用闭水法试验。

8.5.10 本条将室外埋地无压管道单独规定，采用闭水试验方法，具体实施应按"管道规范"规定，比原规范规定的试验标准有所提高。

8.5.11 本条与8.5.10条相对应，将室内埋地无压管道的水压试验单独规定。至于采用闭水法试验，注水水头，室内雨水管道闭水试验水头的取值都与原规范一致。因合理、适用，则未作修订。

8.5.12 现行国家标准《给水排水构筑物施工验收规范》，对水池满水试验的充水水位观测，蒸发量测定，渗水量计算等都有详细规定和严格要求。本次修订，本规范仅将原规范条文改写为对水池应按设计水位进行满水试验。其方法与质量标准应符合《给水排水构筑物施工及验收规范》的规定和要求。

8.5.13 工程实例说明，埋地管道沟槽回填质量不规范，有的甚至凹陷有隐患。为此，本次修订，明确在0.50m范围内，压实系数按0.90控制，其他部位按0.95控制。基本等同于池（沟）壁与基槽间的标准，保护管道，也便于定量检验。

9 使用与维护

9.1 一般规定

9.1.1～9.1.2 设计、施工所采取的防水措施，在使用期间能否发挥有效作用，关键在于是否经常坚持维护和检修。工程实践和调查资料表明，凡是对建筑物和管道重视维护和检修的使用单位，由于建筑物周围场地积水、管道漏水引起的湿陷事故就少，否则，湿陷事故就多。

为了防止和减少湿陷事故的发生，保证建筑物和管道的安全使用，总结已有的经验教训，本章规定，在使用期间，应对建筑物和管道经常进行维护和检修，以确保设计、施工所采取的防水措施发挥有效作用。

用户部门应根据本章规定，结合本部门或本单位的实际，安排或指定有关人员负责组织制订使用与维护管理细则，督促检查维护管理工作，使其落到实处，并成为制度化、经常化，避免维护管理流于形式。

9.1.4 据调查，在建筑物使用期间，有些单位为了改建或扩建，在原有建筑物的防护范围内随意增加或改变用水设备，如增设开水房、淋浴室等，但没有按规范规定和原设计意图采取相应的防水措施和排水设施，以至造成许多湿陷事故。本条规定，有利于引起使用部门的重视，防止有章不循。

9.2 维护和检修

9.2.1～9.2.6 本节各条都是维护和检修的一些要求和做法，其规定比较具体，故未作逐条说明，使用单位只要认真按本规范规定执行，建筑物的湿陷事故有可能杜绝或减到最少。

埋地管道未设检漏设施，其渗漏水无法检查和发现。尽管埋地管道大都是设在防护范围外，但如果长期漏水，不仅使大量水浪费，而且还可能引起场地地下水位上升，甚至影响建筑物安全使用，为此，9.2.1条规定，每隔3～5年，对埋地压力管道进行工作压力下的泄漏检查，以便发现问题及时采取措施进行检修。

9.3 沉降观测和地下水位观测

9.3.3～9.3.4 在使用期间，对建筑物进行沉降观测和地下水位观测的目的是：

1 通过沉降观测可及时发现建筑物地基的湿陷变形。因为地基浸水湿陷往往需要一定的时间，只要按规范规定坚持经常对建筑物和地下水位进行观测，即可为发现建筑物的不正常沉降情况提供信息，从而可以采取措施，切断水源，制止湿陷变形的发展。

2 根据沉降观测和地下水位观测的资料，可以分析判断地基变形的原因和发展趋势，为是否需要加固地基提供依据。

附录A 中国湿陷性黄土工程地质分区略图

本附录A说明为新增内容。随着城市高层建筑的发展，岩土工程勘探的深度也在不断加深，人们对黄土的认识进一步深入，因此，本次修订过程中，除了对原版面的清晰度进行改观，主要收集和整理了山西、陕西、甘肃、内蒙古和新疆等地区有关单位近年来的勘察资料。对原图中的湿陷性黄土层厚度、湿陷系数等数据进行了部分修改和补充，共计27个城镇点，涉及到陕西、甘肃、山西等省、区。在边缘地区 Ⅷ 区新增内蒙古中部—辽西区 Ⅷ$_3$ 和新疆—甘西—青海区 Ⅷ$_4$；同时根据最新收集的张家口地区的勘察资料，据其湿陷类型和湿陷等级将该区划分在山西—冀北地区即汾河流域—冀北区 Ⅳ$_1$ 。本次修订共新增代表性城镇点19个，受资料所限，略图中未涉及的地区还有待于进一步补充和完善。

湿陷性黄土在我国分布很广，主要分布在山西、陕西、甘肃大部分地区以及河南的西部。此外，新疆、山东、辽宁、宁夏、青海、河北以及内蒙古的部分地区也有分布，但不连续。本图为湿陷性黄土工程地质分区略图，它使人们对全国范围内的湿陷性黄土性质和分布有一个概括的认识和了解，图中所标明的湿陷性黄土层厚度和高、低价地湿陷系数平均值，大多数资料的收集和整理源于建筑物集中的城镇区，而对于该区的台塬、大的冲积扇、河漫滩等地貌单元的资料或湿陷性黄土层厚度与湿陷系数值，则应查阅当地的工程地质资料或分区详图。

附录C 判别新近堆积黄土的规定

C.0.1 新近堆积黄土的鉴别方法，可分为现场鉴别和按室内试验的指标鉴别。现场鉴别是根据场地所处地貌部位、土的外观特征进行。通过现场鉴别可以知道哪些地段和地层，有可能属于新近堆积黄土，在现场鉴别把握性不大时，可以根据土的物理力学性质指标作出判别分析，也可按两者综合分析判定。

新近堆积黄土的主要特点是，土的固结成岩作用差，在小压力下变形较大，其所反映的压缩曲线与晚更新世（Q_3）黄土有明显差别。新近堆积黄土是在小压力下（0～100kPa 或 50～150kPa）呈现高压缩性，而晚更新世（Q_3）黄土是在 100～200kPa 压力段压缩性的变化增大，在小压力下变形不大。

C.0.2 为对新近堆积黄土进行定量判别，并利用土的物理力学性质指标进行了判别函数计算分析，将新近堆积黄土和晚更新世（Q_3）黄土的两组样品作判别分析，可以得到以下四组判别式：

$$R = -6.82e + 9.72a \qquad \text{(C.0.2-1)}$$
$R_0 = -2.59$，判别成功率为 79.90%
$$R = -10.86e + 9.77a - 0.48\gamma \qquad \text{(C.0.2-2)}$$
$R_0 = -12.27$，判别成功率为 80.50%
$$R = -68.45e + 10.98a - 7.16\gamma + 1.18w$$
$$\text{(C.0.2-3)}$$
$R_0 = -154.80$，判别成功率为 81.80%
$$R = -65.19e + 10.67a - 6.91\gamma + 1.18w + 1.79w_L$$
$$\text{(C.0.2-4)}$$
$R_0 = -152.80$，判别成功率为 81.80%

当有一半土样的 $R > R_0$ 时，所提供指标的土层为新近堆积黄土。式中 e 为土的孔隙比；a 为 0~100kPa，50~150kPa 压力段的压缩系数之大者，单位为 MPa^{-1}；γ 为土的重度，单位为 kN/m^3；w 为土的天然含水量（%）；w_L 为土的液限（%）。

判别实例：

陕北某场地新近堆积黄土，判别情况如下：

1 现场鉴定

拟建场地位于延河Ⅰ级阶地，部分地段位于河漫滩，在场地表面分布有 3~7m 厚黄褐~褐黄色的粉土，土质结构松散，孔隙发育，见较多虫孔及植物根孔，常混有粉质粘土土块及砂、砾或岩石碎屑，偶见陶瓷及朽木片。从现场土层分布及土性特征看，可初步定为新近堆积黄土。

2 按试验指标判定

根据该场地对应地层的土样室内试验结果，$w = 16.80\%$，$\gamma = -14.90 kN/m^3$，$e = 1.070$，$a_{50-150} = 0.68 MPa^{-1}$，代入附（C.0.2-3）式，得 $R = -152.64 > R_0 = -154.80$，通过计算有一半以上土样的土性指标达到了上述标准。

由此可以判定该场地上部的黄土为新近堆积黄土。

附录 D 钻孔内采取不扰动土样的操作要点

D.0.1~D.0.2 为了使土样不受扰动，要注意掌握的因素很多，但主要有钻进方法、取样方法和取样器三个环节。

采用合理的钻进方法和清孔器是保证取得不扰动土样的第一个前提，即钻进方法与清孔器的选用，首先着眼于防止或减少孔底拟取土样的扰动，这对结构敏感的黄土显得更为重要。选择合理的取样器，是保证采取不扰动土样的关键。经过多年来的工程实践，以及西北综合勘察设计研究院、国家电力公司西北电力设计院、信息产业部电子综合勘察院等，通过对探井与钻孔取样的直接对比，其结果（见附表 D-2）证明：按附录 D 中的操作要点，使用回转钻进、薄壁清孔器清孔、压入法取样，能够保证取得不扰动土样。

目前使用的黄土薄壁取样器中，内衬大多使用镀锌薄钢板。由于薄钢板重复使用容易变形，内外壁易粘附残留的蜡和土等弊病，影响土样的质量，因此将逐步予以淘汰，并以塑料或酚醛层压纸管代替。

D.0.3 近年来，在湿陷性黄土地区勘察中，使用的黄土薄壁取样器的类型有：无内衬和有内衬两种。为了说明按操作要点以及使用两种取样器的取样效果，在同一勘探点处，对探井与两种类型三种不同规格、尺寸的取样器（见附表 D-1）的取土质量进行直接对比，其结果（见附表 D-2）说明：应根据土质结构、当地经验、选择合适的取样器。

当采用有内衬的黄土薄壁取样器取样时，内衬必须是完好、干净、无变形，且与取样器的内壁紧贴。当采用无内衬的取样器取样时，内壁必须均匀涂抹润滑油，取土样时，应使用专门的工具将取样器中的土样缓缓推出。但在结构松散的黄土层中，不宜使用无内衬的取样器。以免土样从取样器另装入盛土筒过程中，受到扰动。

钻孔内取样所使用的几种黄土薄壁取土器的规格，见附表 D-1。

同一勘探点处，在探井内与钻孔内的取样质量对比结果，见附表 D-2。

西安咸阳机场试验点，在探井内与钻孔内的取样质量对比，见附表 D-3。

附表 D-1 黄土薄壁取土器的尺寸、规格

取土器类型	最大外径(mm)	刃口内径(mm)	样筒内径(mm)		盛土筒长(mm)	盛土筒厚(mm)	余（废）土筒长(mm)	面积比(%)	切削刃口角度(°)	生产单位
			无衬	有衬						
TU—127—1	127	118.5	—	120	150	3.00	200	14.86	10	西北综合勘察设计研究院
TU—127—2	127	120	121	—	200	2.25	200	7.57	10	西北综合勘察设计研究院
TU—127—3	127	116	118	—	185	2.00	264	6.90	12.50	信息产业部电子综勘院

附表 D-2 同一勘探点在探井内与钻孔内的取样质量对比表

试验场地\对比指标\取样方法	孔 隙 比（e）				湿陷系数（δ_s）				备注
	探井	TU127-1	TU127-2	TU127-3	探井	TU127-1	TU127-2	TU127-3	
咸阳机场	1.084	1.116	1.103	1.146	0.065	0.055	0.069	0.063	
平均差	—	0.032	0.019	0.062	—	0.001	0.004	0.002	
西安等驾坡	1.040	1.042	1.069	1.024	0.032	0.027	0.035	0.030	
平均差	—	0.002	0.029	0.016	—	0.005	0.003	0.002	Q_3 黄土
陕西蒲城	1.081	1.070			0.050	0.044			
平均差	—	0.011			—	0.006			
陕西永寿	0.942			0.964	0.056			0.073	
平均差	—			0.022	—			0.017	
湿陷等级	按钻孔试验结果评定的湿陷等级与探井完全吻合								

附表 D-3 西安咸阳机场在探井内与钻孔内的取土质量对比表

取土深度(m)\对比指标\取样方法	孔 隙 比（e）				湿陷系数（δ_s）			
	探井	钻孔1	钻孔2	钻孔3	探井	钻孔1	钻孔2	钻孔3
1.00～1.15	1.097	—	1.060	—	0.103	—	—	—
2.00～2.15	1.035	1.045	1.010	1.167	0.086	0.070	0.066	0.081
3.00～3.15	1.152	1.118	0.991	1.184	0.067	0.058	0.039	0.087
4.00～4.15	1.222	1.336	1.316	1.106	0.069	0.075	0.077	0.050
5.00～5.15	1.174	1.251	1.249	1.323	0.071	0.060	0.061	0.080
6.00～6.15	1.173	1.264	1.256	1.192	0.083	0.089	0.085	0.068
7.00～7.15	1.258	1.209	1.238	1.194	0.083	0.079	0.084	0.065
8.00～8.15	1.770	1.202	1.217	1.205	0.102	0.091	0.079	0.079
9.00～9.15	1.103	1.057	1.117	1.152	0.046	0.029	0.057	0.066
10.00～10.15	1.018	1.040	1.121	1.131	0.026	0.016	0.036	0.038
11.00～11.15	0.776	0.926	0.888	0.993	0.002	0.018	0.006	0.010
12.00～12.15	0.824	0.830	0.770	0.963	0.040	0.020	0.009	0.016
说明	钻孔1采用TU127-1型取土器；钻孔2采用TU127-2型取土器；钻孔3采用TU127-3型取土器							

附录 G 湿陷性黄土场地地下水位上升时建筑物的设计措施

湿陷性黄土地基土增湿和减湿，对其工程特性均有显著影响。本措施主要适用于建筑物在使用期内，由于环境条件恶化导致地下水位上升影响地基主要持力层的情况。

G.0.1 未消除地基全部湿陷量，是本附录的前提条件。

G.0.2～G.0.7 基本保持原规范条文的内容，仅在个别处作了文字修改，主要是为防止不均匀沉降采取的措施。

G.0.8 设计时应考虑建筑物在使用期间，因环境条件变化导致地下水位上升的可能，从而对地下室和地下管沟采取有效的防水措施。

G.0.9 本条是根据山西省引黄工程太原呼延水厂的工程实例编写的。该厂距汾河二库的直线距离仅7.8km，水头差高达50m。厂址内的工程地质条件很复杂，有非自重湿陷性黄土场地与自重湿陷性黄土场地，且有碎石地层露头。水厂设计地面分为三个台地，有填方，也有挖方。在方案论证时，与会专家均指出，设计应考虑原非自重湿陷性黄土场地转化为自重湿陷性黄土场地的可能性。这里，填方与地下水位上升是导致场地湿陷类型转化的外因。

附录 H 单桩竖向承载力静载荷浸水试验要点

H.0.1～H.0.2 对单桩竖向承载力静载荷浸水试验提出了明确的要求和规定。其理由如下：

湿陷性黄土的天然含水量较小，其强度较高，但它遇水浸湿时，其强度显著降低。由于湿陷性黄土与其他黏性土的性质有所不同，所以在湿陷性黄土场地上进行单桩承载力静载荷试验时，要求加载前和加载至单桩竖向承载力的预估值后向试坑内昼夜浸水，以使桩身周围和桩底端持力层内的土均达到饱和状态，否则，单桩竖向静载荷试验测得的承载力偏大，不安全。

附录 J 垫层、强夯和挤密等地基的静载荷试验要点

J.0.1 荷载的影响深度和荷载的作用面积密切相关。压板的直径越大，影响深度越深。所以本条对垫层地基和强夯地基上的载荷试验压板的最小尺寸作了规定，但当地基处理厚度大或较大时，可分层进行试验。

挤密桩复合地基静载荷试验，宜采用单桩或多桩复合地基静载荷试验。如因故不能采用复合地基静载荷试验，可在桩顶和桩间土上分别进行试验。

J.0.5 处理后的地基土密实度较高，水不易下渗，可预先在试坑底部打适量的浸水孔，再进行浸水载荷试验。

J.0.6 对本条规定的试验终止条件说明如下：

1 为地基处理设计（或方案）提供参数，宜加至极限荷载终止；

2 为检验处理地基的承载力，宜加至设计荷载值的 2 倍终止。

J.0.8 本条提供了三种地基承载力特征值的判定方法。大量资料表明，垫层的压力-沉降曲线一般呈直线或平滑的曲线，复合地基载荷试验的压力-沉降曲线大多是一条平滑的曲线，均不易找到明显的拐点。因此承载力按控制相对变形的原则确定较为适宜。本条首次对土（或灰土）垫层的相对变形值作了规定。

中华人民共和国行业标准

湿陷性黄土地区建筑基坑工程
安全技术规程

JGJ 167—2009

条 文 说 明

前　言

《湿陷性黄土地区建筑基坑工程安全技术规程》JGJ 167—2009 经住房和城乡建设部 2009 年 3 月 15 日以第 242 号公告批准、发布。

为便于广大设计、施工、科研、学校等单位有关人员在使用本规程时能正确理解和执行条文规定，《湿陷性黄土地区建筑基坑工程安全技术规程》编制组按章、节、条顺序编制了本规程的条文说明，供使用者参考。在使用中如发现本条文说明有不妥之处，请将意见函寄陕西省建设工程质量安全监督总站（地址：西安市龙首北路西段 7 号航天新都 5 楼；邮政编码：710015）。

目 次

1 总则 ································· 5—19—4
3 基本规定 ····························· 5—19—4
   3.1 设计原则 ······················· 5—19—4
   3.2 施工要求 ······················· 5—19—9
   3.3 水平荷载 ······················· 5—19—9
   3.4 被动土压力 ··················· 5—19—10
4 基坑工程勘察 ······················ 5—19—10
   4.1 一般规定 ······················ 5—19—10
   4.2 勘察要求 ······················ 5—19—10
   4.3 勘察成果 ······················ 5—19—11
5 坡率法 ······························· 5—19—11
   5.1 一般规定 ······················ 5—19—11
   5.2 设计 ···························· 5—19—11
   5.3 构造要求 ······················ 5—19—12
6 土钉墙 ······························· 5—19—12
   6.1 一般规定 ······················ 5—19—12
   6.2 设计计算 ······················ 5—19—12
   6.3 构造 ···························· 5—19—13
   6.4 施工与检测 ··················· 5—19—13
7 水泥土墙 ···························· 5—19—13
   7.1 一般规定 ······················ 5—19—13
   7.2 设计 ···························· 5—19—14
   7.3 施工 ···························· 5—19—14

8 排桩 ·································· 5—19—15
   8.2 嵌固深度及支点力计算 ········ 5—19—15
   8.3 结构计算 ······················ 5—19—15
   8.5 锚杆计算 ······················ 5—19—15
   8.6 施工与检测 ··················· 5—19—16
9 降水与土方工程 ···················· 5—19—16
   9.1 一般规定 ······················ 5—19—16
   9.2 管井降水 ······················ 5—19—16
   9.3 土方开挖 ······················ 5—19—17
   9.4 土方回填 ······················ 5—19—17
10 基槽工程 ···························· 5—19—17
   10.1 一般规定 ····················· 5—19—17
   10.2 设计 ·························· 5—19—17
   10.3 施工、回填与检测 ············ 5—19—17
11 环境保护与监测 ··················· 5—19—17
   11.1 一般规定 ····················· 5—19—17
   11.2 环境保护 ····················· 5—19—17
   11.3 监测 ·························· 5—19—18
12 基坑工程验收 ······················ 5—19—19
   12.1 一般规定 ····················· 5—19—19
   12.2 验收内容 ····················· 5—19—19
   12.3 验收程序和组织 ·············· 5—19—19
13 基坑工程的安全使用与维护 ··· 5—19—19

1 总 则

1.0.1 20世纪80年代以来，我国城市建设迅猛发展，基坑支护的重要性逐渐被人们所认识，支护结构设计、施工技术水平也随着工程经验的积累而提高。本规程在确保基坑边坡稳定的条件下，总结已有经验，力求使支护结构设计与施工达到安全与经济的合理平衡。

1.0.2 本规程所依据的工程经验来自湿陷性黄土地区的特点，在遇到特殊地质条件时应按当地经验应用。

1.0.3 基坑支护结构设计与基坑周边条件，尤其是与支护结构的侧压力密切相关，而决定侧压力的大小和变化却与土层性质及与本条所述各种因素有关。在设计中应充分考虑基坑所处环境条件、基坑施工及使用时间的影响。

基坑工程的设计、施工和监测宜由同一个单位完成，是为了加强质量安全工作管理的衔接性及连续性，增强责任感，同时亦有利于动态设计、信息法施工的有效运转，避免工作中相互扯皮、责任不清的情况出现。

1.0.4 基坑支护工程是岩土工程的一部分，与其他如桩基工程、地基处理工程等相关，本规程仅对湿陷性黄土地区建筑基坑支护工程设计、施工、检测和监测、验收、安全使用与维护方面具有独立性的部分作了规定，而在其他标准规范中已有的条文不再重复。如桩基施工可按《建筑桩基技术规范》JGJ 94—2008执行，均匀配筋圆形混凝土桩截面受弯承载力可按《混凝土结构设计规范》GB 50010—2002执行等。

3 基 本 规 定

3.1 设计原则

3.1.1 支护结构多为维护基坑安全开挖和地下基础及结构部分正常施工而采用的临时性构筑物，据以往正常情况施工经验，一般深基坑工程需6～12月，才能完成回填，至少要经过一个雨季，而雨季对深基坑安全影响甚大，故本条规定按保证安全和正常使用一年期限考虑支护结构设计有效期限；而永久性基坑工程设计有效使用期限应与被保护建（构）筑物使用年限相同，并依具体情况而有所区别。

3.1.2 为保证支护结构耐久性和防腐性达到正常使用极限状态的功能要求，支护结构钢筋混凝土构件的构造和抗裂应按现行有关规定执行。锚杆是承受较高拉应力的构件，其锚固砂浆的裂缝开展较大，计算一般难以满足规范要求，设计中应采取严格的防腐构造措施，以保证锚杆的耐久性。

3.1.3 为与现行国家标准《建筑地基基础设计规范》GB 50007—2002 和《建筑边坡工程技术规范》GB 50330—2002 基本精神同步，按基坑工程边坡受力特点，考虑以下荷载组合：

1 涉及地基承载力和锚固体计算时采用地基承载力特征值，荷载效应采用正常使用极限状态的标准组合；

2、3 按支护结构承载力极限状态设计时，荷载效应组合应为承载能力极限状态基本组合；

4 进行基坑边坡变形验算时，仅考虑荷载的长期组合，即正常使用极限状态的准永久组合，不考虑偶然荷载作用。

3.1.4 根据黄土地区基坑工程的重要性、工程规模、所处环境及坑壁黄土受水浸湿可能性，按其失效可能产生后果的严重性，分为三级。

黄土地区习惯上将开挖深度超过5m的基坑列为深基坑，考虑近年深基坑工程数量日益增多，甘肃省基坑工程技术规程已施行多年，按深度划分：$h>12m$为复杂工程；$h \leq 6m$为简单工程，本规程以此深度作为分级依据之一。

分级同时考虑了环境条件和水文地质、工程地质条件，且将环境条件列为主要考虑要素，主要是由于深基坑多处于大、中城市，黄土地区为中华民族发源地，古建筑及历史文物较多，且城市中地下管线分布密集，对变形敏感，一旦功能受损，影响较大。再者，考虑黄土基坑受水浸湿后，坑侧坡体与基坑1倍等深范围内变形较大，极易开裂或坍塌，因而需严加保护。而1倍等深范围以外的建（构）筑物则受此影响相对较小，因而采用了相对距离比α的概念。并在此条件下，依受水浸湿影响、工程降水影响、坑壁土土质影响，将坑壁边坡分为3类，进行区别对待，体现了可靠性和经济合理性的统一。

3.1.5 黄土地区基坑事故一般都和水的浸入有关，对于一级基坑事故的危害性是严重的，当其受水浸湿的几率比较高时，一定要保证其浸水时的安全性；永久性基坑在长期使用过程中有受水浸湿的可能性，所以应对这两类基坑坑壁进行浸水条件下的校核；由于浸水只是一种可能，现场浸水情况也不会像室内试验那样完全彻底，同时考虑到经济性问题，建议校核时采用较低的安全度。在进行这种校核时，可采用较低的重要性系数和安全系数。

3.1.6 对应承载能力极限状态应进行支护结构承载能力和基坑土体可能出现破坏的计算和验算，而正常使用极限状态的计算主要是对结构和土体的变形计算。对一级边坡的变形控制，按第3.1.7条执行或依当地工程经验和工程类比法进行，并在基坑工程施工和监测中采用控制性措施解决。

3.1.7 国内各地区建筑基坑支护结构位移允许或控制值，见表1～9。

1 支护结构水平位移限值主要针对一级基坑和二级基坑。限值采用是为使支护结构可正常使用且不对周边环境和安全造成严重影响。黄土基坑的破坏和失稳具有突发性,因而给定一个限值,对支护结构顶端最大位移进行设计控制是必要的。表3.1.7中数据主要依西安地区经验,并参考相关省、市地方标准确定。

1) 上海市标准《基坑工程设计规程》DBJ 08—61—97中相关规定:

表1 一、二级基坑变形的设计和监测控制

	墙顶位移 (cm)		墙体最大位移 (cm)		地面最大沉降 (cm)	
	监测值	设计值	监测值	设计值	监测值	设计值
一级工程	3	5	5	8	3	5
二级工程	6	10	8	12	6	10

注:1 三级基坑,宜按二级基坑标准控制,当环境条件许可时可适当放宽;
   2 确定变形控制标准时,应考虑变形时空效应,并控制监测值的变化速率;一级工程变形速率宜≤2mm/d,二级工程变形速率宜≤3mm/d。

2)《深圳地区建筑深基坑支护技术规范》SJG 05—96中相关规定:

表2 支护结构最大水平位移允许值

安全等级	排桩、地下连续墙、坡率法、土钉墙	钢板桩、深层搅拌桩
一级	$0.0025H$	—
二级	$0.0050H$	$0.0100H$
三级	$0.0100H$	$0.0200H$

注:H为基坑深度。

3)《建筑基坑工程技术规范》YB 9258—97中相关规定:

表3 基坑边坡支护位移允许值

基坑边坡支护破坏后影响程度及基坑工程周围状况	最大位移允许值
基坑边坡支护破坏后的影响严重或很严重 基坑边坡支护滑移面内有重要建(构)筑物	$H/300$
基坑边坡支护破坏后影响较严重 基坑边坡滑移面内有重要建(构)筑物	$H/200$
基坑边坡支护破坏后影响一般或轻微 基坑周边15m以内有主要建(构)筑物	$H/150$

注:1 H为基坑开挖深度;
   2 本表适用于深度18m以内的基坑。

4)《广州地区建筑基坑支护技术规定》GJB 02—98中相关规定:

表4 支护结构最大水平位移控制值

安全等级	最大水平位移控制值 (mm)	最大水平位移与坑深控制比值
一级	30	$0.0025H$
二级	50	$0.0040H$
三级	100	$0.0200H$

注:H为基坑深度、位移控制值中两者中最小值。

5) 孙家乐等(1996)针对北京地区提出的水平位移及平均变形速率控制值:

表5 水平位移及变形速率控制值

坡肩处水平位移 (mm)	平均变形速率 (mm/d)	备注
≤30	0.1≤	安全域
30~50	0.1~0.5	警戒域
≥50	≥0.5	危险域

注:平均变形速率自开挖到基底时起算(10d内)。

6)《武汉地区深基坑工程技术指南》WBJ1—1—7—95中规定:

表6 安全等级与相应最大水平位移

安全等级	最大水平位移δ(mm)
一级	≤40
二级	≤100
三级	≤200

7) 北京市标准《建筑基坑支护技术规程》DB 11/489—2007中规定:

表7 最大水平变形限值

一级基坑	$0.002h$
二级基坑	$0.004h$
三级基坑	$0.006h$

注:h为基坑深度。

2 人工降水对基坑相邻建(构)筑物竖向变形影响不可忽视,应满足相邻建(构)筑物地基变形允许值。

表8 差异沉降和相应建筑物的反应

建筑结构类型	$\dfrac{\delta}{l}$	建筑物反应
砖混结构;建筑物长高比小于10;有圈梁、天然地基,条形基础	达1/150	隔墙及承重墙多产生裂缝,结构发生破坏
一般钢筋混凝土框架结构	达1/150	发生严重变形
	达1/500	开始出现裂缝

续表8

建筑结构类型	$\dfrac{\delta}{l}$	建筑物反应
高层（箱、筏基、桩基）	达 1/250	可观察到建筑物倾斜
单层排架厂房（天然地基或桩基）	达 1/300	行车运转困难，导轨面需调整，隔墙有裂缝
有斜撑框架结构	达 1/600	处于安全极限状态
对沉降差反应敏感，机器基础	达 1/800	机器使用可能会发生困难，处于可运行极限状态

注：l 为建筑物长度，δ 为差异沉降。

3 各类地下管线对变形的承受能力因管线的新旧、埋设情况、材料结构、管节长度和接头构造不同而相差甚远，必须事先调查清楚。接头是管线最易受损的部位，可以将管接头对差异沉降产生相对转角的承受能力作为设计和监控的依据。对难以查清的煤气管、上水管及重要通信电缆管，可按相对转角 1/100 或由这些管线的管理单位提供数据，作为设计和监控标准。

重要地下管线对变形要求严格，如天然气管线要求变形不超过 1cm，故管线变形应按行业规定特殊要求对待。

表9 《广州地区建筑基坑支护技术规定》GJB 02—98 中推荐管线容许倾斜限值

管线类型及接头形式		局部倾斜值
铸铁水管、钢筋混凝土水管	承插式	≤0.008
铸铁水管	焊接式	≤0.010
煤气管	焊接式	≤0.004

3.1.8 基坑工程设计应具备的资料：

1 基坑支护结构的设计与施工首先要认真阅读和分析岩土工程勘察报告，了解基坑周边土层的分布、构成、物理力学性质、地下水条件及土的渗透性能等，以便选择合理的支护结构体系并进行设计计算。这里要强调说明的是：目前一般针对建筑场地和地基勘察而完成的岩土工程勘察报告，并不能完全满足基坑支护设计需求，尤其是对一级基坑工程，一般勘察报告提供的工程地质剖面和各项土工参数不能完全满足设计要求。因而强调以满足基坑工程设计及施工需要为前提，必要时可由支护设计方提出，进行专门的基坑工程勘察。

2 取得用地界线、建筑总平面、地下结构平面、剖面图和地基处理、基础形式及埋深等参数，主要是考虑在满足基础施工可能的前提条件下，尽量减小基坑土方开挖范围和支护工程量，尽可能做到对周边环境的保护。

3 邻近建筑和地下设施及结构质量、基坑周边已有道路、地下管线等情况，主要依靠业主提供或协调，进行现场调查取得。经验证明在城区开挖深基坑时，周边关系较复杂，而且地下管线（包括人防地毯等）属多个部门管理，仅靠业主提供往往不够及时，也不尽能满足设计要求，且提供的成果往往与实际情况并不完全符合，因而强调设计应重视现场调查和实地了解情况，据实设计。

4 基坑工程应考虑施工荷载（堆料、设备）及可能布置的机械车辆运行路线，应考虑上部施工塔吊安装位置及工地临时建筑位置与基坑的距离，尤其是工地大量用水建筑（食堂、厕所、洗车台等）与基坑的安全距离，并采用切实措施保证用水不渗入基坑周边土体。

5 当地基坑工程经验及施工能力对支护设计至关重要，尤其是在缺乏工程经验的地区进行支护设计时，更要注意了解、收集当地已有的经验和教训，据此按工程类比法指导设计。

6 此条用于判定基坑在使用期间受水浸湿的可能性。黄土由于其特殊性，遇水湿陷、软化，强度迅速降低且基坑侧壁土体重量迅速增加，十分不利，因而对基坑周围地面和地下管线排水渗入或排入基坑坡体的可能性应取得可靠资料。黄土基坑发生过的工程事故多与水浸入有关，因而设计对浸水可能性的判定和相应预防措施的采用，尤为重要。

3.1.9 考虑黄土地区目前基坑工程设计的现状，土体作用于支护结构上的侧压力计算，采用朗肯土压力理论，对地下水位以下土体计算侧压力时，砂土和粉土的渗透性较好，且土的孔隙中有重力水，可采用水土分算原则，即分别计算土压力和水压力，二者之和即为总侧压力。黏土、粉质黏土渗透性差，以土粒和孔隙水共同组成的土体的饱和重度计算土的侧压力。黄土具大孔隙结构，垂向渗透性能好，黄土中有重力水，但以竖向运移为主，结合长期使用习惯，按水土合算原则进行。

采用土的抗剪强度参数应与土压力计算模式相配套，采用水土分算时，理论上应采用三轴固结不排水（CU）试验中有效应力抗剪强度指标黏聚力 c' 和内摩擦角 φ' 或直剪（固结慢剪）的峰值强度指标，并采用土的有效重度；采用水土合算时，理论上应采用三轴固结不排水剪切（CU）的总应力强度指标 c 和 φ 或直剪（固结快剪）试验指标，并采用土的饱和重度。但是考虑实际应用中，岩土工程勘察报告提供 c' 和 φ' 存在一定困难。另外考虑到支护设计软件按建设部行业标准编制，这些软件在黄土地区应用已较为广泛。不同标准土压力计算的规定见表10。

表10 不同标准土压力计算的规定

标 准	计算方法	计算参数	土压力调整
建设部行业标准《建筑基坑支护技术规程》JGJ 120—99	采用朗肯理论：砂土、粉土水土分算，黏性土有经验时可水土合算	直剪固快峰值c、φ或三轴c_{cu}、φ_{cu}	主动侧开挖面以下土自重压力不变
冶金部行业标准《建筑基坑工程技术规范》YB 9258—97	采用朗肯或库伦理论：按水土分算原则计算，有经验时对黏性土也可以水土合算	分算时采用有效应力指标c'、φ'或用c_{cu}、φ_{cu}代替；合算时采用c_{cu}、φ_{cu}乘以0.7的强度折减系数	有邻近建筑物基础时$K_{ma}=(K_0+K_a)/2$；被动区不能充分发挥时$K_{mp}=(0.3\sim0.5)K_p$
《武汉地区深基坑工程技术指南》WBJ 1—1—7—95	采用朗肯理论：黏性土、粉土水土合算，砂土水土分算，有经验时也可水土合算	分算时采用有效应力指标c'、φ'，合算时采用总应力指标c、φ，提供有效强度指标的经验值	一般不作调整
《深圳地区建筑深基坑支护技术规定》SJ 05—96	采用朗肯理论：水位以上水土合算，水位以下黏性土水土合算，砂土碎石土水土分算	分算时采用有效应力指标c'、φ'，合算时采用总应力指标c、φ	无规定
上海市标准《基坑工程设计规程》DBJ 08—61—97	采用朗肯理论：以水土分算为主，对水泥土围护结构水土合算	水土分算采用c_{cu}、φ_{cu}，水土合算采用经验动力压力系数η_a	对有支撑的围护结构开挖面以下土压力为矩形分布。提出动用土压力概念，提高的主动土压力系数于$K_0\sim(K_a+K_0)/2$之间，降低被动土压力系数介于$(0.5\sim0.9)K_p$之间
《广州地区建筑基坑支护技术规定》GJB 02—98	采用朗肯理论：以水土分算为主，有经验时对黏性土、淤泥可水土合算	采用c_{cu}、φ_{cu}，有经验时可采用其他参数	开挖面以下采用矩形分布模式
甘肃省标准《建筑基坑工程技术规程》DB 62/25—3001—2000	采用朗肯理论，必要时可采用库伦理论：存在地下水时，宜按水压力与土压力分算原则计算，对黏性土、淤泥、淤泥质土也可按水土合算原则计算	水土分算采用c'、φ'，水土合算采用c_{cu}、φ_{cu}或固结快剪c、φ	基坑内侧被动区土体经加固处理后，加固土体强度指标根据可靠经验确定

3.1.10 基坑支护结构设计应从稳定、承载力、变形三个方面进行验算：

1 稳定：指基坑周围土体的稳定性，不发生土体滑动破坏，不因渗流影响造成流土、管涌以及支护结构失稳；

2 承载力：支护结构的承载力应满足构件承载力设计要求；

3 变形：因基坑开挖造成的土层移动及地下水位升降变化引起的周围变形，不得超过基坑周边建筑物、地下设施的允许变形值，不得影响基坑工程基桩安全或地下结构正常施工。

黄土地区深基坑施工一般多与基坑人工降水同步实施，多采用坑外降水。坑外降水可减少支护结构主动侧水压力，同时由于土中水的排出，饱和黄土的力学性状发生明显改善，但坑外降水，由于降水漏斗影响范围较大，在基坑周围相当于5倍降水深度的范围内有建筑物和地下管线时，应慎重对待。必要时应采取隔水或回灌措施，控制有害沉降发生。基坑工程设计文件应包括降水要求，明确降水措施、降水深度、降水时间等。降水设备的选型和成井工艺，通常由施工单位依地质条件、基坑条件及开挖过程，在施工组织设计中进行深化和明确。

基坑工程施工过程中的监测应包括对支护结构和周边环境的监测，随着基坑开挖，对支护结构系统内力、变形进行测试，掌握其工作性能和状态。对影响区内建（构）筑物和地下管线变形进行观测，了解基坑降水和开挖过程对其影响程度，对基坑工程施工进行预警和安全性评价。支护结构变形报警值通常以0.8倍的变形限值考虑。

3.1.11 基坑工程设计考虑的主要作用荷载有：

1 土压力、水压力是支护结构设计的主要荷载，其取值大小及合理与否，对支护结构内力和变形计算影响显著。目前国内主要还是应用朗肯公式计算。

2 一般地面超载：指坑边临时荷载，如施工器材、机具等，一般可根据场地容纳情况按$10\sim20kN/m^2$考虑，场地宽阔时取低值，场地狭窄时取高值。

3 影响区范围内建（构）筑物荷载：对影响区范围内建（构）筑物的荷载，可依基础形式、埋深条件及临坑建筑立面情况进行简化，按集中荷载、条形荷载或均布荷载考虑。

4 施工荷载及可能有场地内运输车辆往返产生的荷载：施工荷载指坑边用作施工堆料场地或其他施工用途所产生的荷载，超过一般地面荷载时，应据实计算。基坑施工过程中由于土方开挖及施工进料，需要场内车辆通行或相邻有道路通行，应根据车辆荷载大小、行驶密度及与坑边距离等综合考虑。地面超载及车辆行驶等动荷载往往引起支护结构变形增大，有的甚至使支护结构长期承载力降低，应引起重视。

邻近基础施工：在黄土地区深基坑如进行人工降水，对相邻地块基坑工程总体而言是有利的，但对相邻地块土体支护，不宜同时进行，或只需进行一次，这要结合实际情况分析确定。

5 当支护结构兼用作主体结构永久构件时，如逆作法施工的支撑作为主体结构的地下室梁板、柱、内墙等，在内力计算时，除了计算基坑施工时的内力外，还应计算永久使用时的内力，在地震设防区，还应考虑地震作用力。

3.1.12 黄土地区深基坑支护工程与人工降水同时实施时，因有土方开挖要求，降水应先期进行。黄土以垂向渗透为主，降水实施后，原基坑侧及坑底的饱和黄土在降水期间，变为非饱和黄土，土的力学性能会有一定改善；深基坑地基处理采用桩基础或复合地基增强体后，被动区的土体力学强度有明显提高，因而应结合工程经验，依地基加固桩的类型、密集程度和分布位置、形式，适当提高土的力学性能指标。黄土的强度指标大小与土的干密度（密实程度）和含水量（物理状态）关系密切，当干密度为确定值时，随含水量增大（液性指数增加），c、φ值减小，尤以黏聚力减少较多。而在基坑工程中，采用基坑排水措施时，情况则恰恰相反，土的强度指标随土中含水量减小而增大，并以黏聚力恢复提高为主。不同情况下的抗剪强度见表11～表13。

表11 不同密实程度及不同含水状态时黄土的 c、φ 值变化

土的状态	硬塑		可塑		软塑	
w（%）	14.3～15.5		18.3～21.9		24.4～27.9	
强度值 γ_d（kN/m³）	c（kPa）	φ（°）	c（kPa）	φ（°）	c（kPa）	φ（°）
12.5～12.7	32	31.0	21	30.0	2	26.0
13.6～13.8	35	29.0	20	28.0	5	26.0
14.2～14.4	46	29.0	26	27.0	10	26.0
14.8～15.0	80	28.0	52	27.0	20	26.0
15.3～15.5	132	36.0	70	31.0	26	25.0

值得指出的是，黄土地区基坑坍塌工程事故大多与坑壁土体浸水增湿密切相关，按正常状态计算的深基坑，往往由于局部坑壁浸水增湿，土体重度增大而强度大幅降低，酿成坍塌或塌滑事故，对此类情况，设计应给予足够重视，并依基坑重要性等级进行综合考虑设防，尤其应做好坑外地表排水，杜绝水渗入和浸泡坡体，酿成工程事故。

表12 甘肃省标准《建筑基坑工程技术规程》DB 62/25—3001—2000 推荐的 Q_3、Q_4 黄土抗剪强度指标参考值

w（%） 强度 w_L/e	≤10		13		16		19	
	c（kPa）	φ（°）	c（kPa）	φ（°）	c（kPa）	φ（°）	c（kPa）	φ（°）
22	23	27.0	21	26.3	19	25.7	17	25.0
25	23	27.3	21	26.6	19	26.0	17	25.3
28	22	27.6	20	26.9	18	26.3	16	25.6
31	21	27.9	19	27.2	17	26.6	15	25.9
34	21	28.2	19	27.5	17	26.9	15	26.2

w（%） 强度 w_L/e	22		25		28	
	c（kPa）	φ（°）	c（kPa）	φ（°）	c（kPa）	φ（°）
22	15	24.4	13	23.7	11	23.0
25	14	24.7	12	24.0	10	23.3
28	14	25.0	12	24.3	10	23.6
31	13	25.3	11	24.6	9	23.9
34	12	25.6	10	24.9	8	24.2

注：1 表中 c、φ 中间值可插入计算；
2 以黏性土为主的素填土可按天然土指标乘以折减系数 0.7；
3 w 为土的含水量，w_L 为液限，e 为孔隙比；
4 回归方程：
$c = 35.25 - 0.22w_L/e - 0.7w (\gamma = 0.72)$
$\varphi = 27.0 + 0.1w_L/e - 0.22w (\gamma = 0.70)$

表13 甘肃省标准《建筑基坑工程技术规程》DB 62/25—3001—2000 推荐的砂土、碎石土和第三系砂岩抗剪强度参考值

岩土种类	状 态	c（kPa）	φ（°）
砂土	粗 砂	—	30～38
	中 砂	—	26～34
	细 砂	—	24～32
	粉 砂	—	22～30
碎石土	稍 密	—	32～36
	中 密	—	37～42
	密 实	—	43～48
砂岩	强风化	25～30	28～32
砂质黏土岩	中风化	31～40	33～48

注：1 砂土强度依据规范资料结合使用经验提出；
2 碎石土强度依据河西走廊地区 30 余组大直径直剪和现场剪力试验结果推荐；
3 砂岩、砂质黏土岩按兰州等地 50 余组不固结不排水三轴剪力试验资料统计后提出。

3.1.13 支护结构的选型是进行技术经济条件综合比较分析的结果。合理的支护结构选型不仅是对整个基坑，而且是针对同一基坑的不同边坡侧壁而言的。因为基坑支护一般都是临时性的，少则半年，多则一年，半永久性和永久性支护较少，相对而言，其经济合理性则成为基坑工程设计的决定因素。鉴于此，细划基坑支护坡体，按坡体的不同地质条件、外荷条件和环境条件等，考虑选用合理结构形式，显得尤为重要。这里强调同一基坑侧壁坡体应注意采用不同形式进行上下、左右平面组合时的变形协调，以免在其结合部位由于变形差异，形成局部突变，留下工程隐患。

3.2 施工要求

3.2.1 采用动态设计和信息施工法，是基坑工程支护设计和施工的基本原则，由于基坑工程的复杂性和不可预见性，当土性参数难以准确测定，设计理论和方法带有经验性和类比性时，根据施工中反馈信息和监控资料完善设计，是客观求实、准确安全的设计方法，可以达到以下效果：

1 避免采用土的基本数据失误；
2 可依施工中真实情况，对原设计进行校核、补充、完善；
3 变形监测和现场宏观监控资料是减少风险，加强质量和安全管理的重要依据，利于进行警戒、风险评估和采取应急措施；
4 有利于进行工程经验积累，总结和推进基坑工程技术发展。

3.2.2 本条强调基坑工程施工前应具备的基本资料，强调了针对不同类型、不同等级的基坑工程应制订适应性良好、较为周密和完备的施工组织设计。基坑工程的最大风险往往不是在结构体施工完成后，而是在支护工程施工过程中。据实测资料，基坑工程边坡土体变形和应力最高时段多出现在基坑工程尚未最后完成时。实践中，也不乏由于工程地质、水文地质条件的变化，或由于土方开挖深度过大、局部支护及监测措施未能及时到位、预警措施不力而导致支护结构尚未能够发挥作用便失效，使支护工程功亏一篑的实例，因而强调了施工过程对支护结构设计实现中质量、安全的要点。

3.2.3 按照有关规定，对达到一定规模的基坑支护与降水工程、土方开挖应进行专项设计，编制专项施工方案，并附具安全验算结果。因基坑工程是一项专业性很强、技术难度较大、牵涉面较广的系统工程，设计工作必须由具备相应资质和专业能力较强的单位承担，以保证基坑工程设计方案的合理与安全。但当基坑开挖深度较小、自然地下水位低于基坑底面、场地开阔、周边条件简单、能够按照坡率法的要求进行自然放坡时，基坑工程相对比较简单，可以按照习惯做法，由上部结构施工单位依据勘察设计单位提出的建议措施编制施工方案，经施工单位技术负责人、总监理工程师签字后予以实施。

3.3 水平荷载

3.3.2 水土分算或水土合算，主要是考虑土的渗透性影响，使作用于支护结构上的水平荷载尽量接近实际，并考虑了目前国内使用习惯。

3.3.3 朗肯土压力理论应用普遍，假设条件墙背直立光滑，土体表面水平，与基坑工程实际较接近。一般认为，朗肯公式计算主动土压力偏大，被动土压力偏小，这对基坑工程安全是有利的。实际主动土压力和被动土压力都是极限平衡状态下的土压力，并不完全符合实际，发挥土压力大小与墙体变位大小有关，表14给出了国外有关规范和手册达到极限土压力所需的墙体变位。

3.3.5 本条各款说明如下：

1 当基坑边缘有大面积堆载时，竖向均布压力分布为直线型，不随深度衰减；

表14 发挥主动和被动土压力所需的变位

规 范		主动土压力	被动土压力
		水平位移转动 y/h_0	水平位移转动 y/h_0
欧洲地基基础规范		$0.001H$，0.002（绕墙底转动）	$0.005H$，0.100（绕墙底转动）
		0.005（绕墙顶转动）	0.020（绕墙顶转动）
加拿大岩土工程手册	密实砂土	0.001	0.020
	松散砂土	0.004	0.060
	坚硬黏性土	0.010	0.020
	松软黏性土	0.020	0.040

2、3 当基坑外侧有平行基坑边缘方向时的条形（或矩形）荷载时，按简化方法计算作用于支护结构上的附加压力，条形（或矩形）基础下附加应力的扩散角均按45°考虑，即在支护结构上的作用深度等同于附加应力扩散后的作用宽度，荷载按均布考虑。

3.3.6、3.3.7 基坑工程设计中，当受保护建（构）筑物或环境条件，对基坑边坡位移限制很小或不允许有位移发生时，要按静止压力作为侧向压力。静止土压力系数 K_0 值随土的类别、状态、土体密实度、固结程度而有所不同，一般宜在工程勘察中通过现场试验或室内试验测定。当无试验条件时，对正常固结土可查表3.3.7采用。实际基坑设计中，依对支护结构变形控制的严格程度，侧向土压力可从静止土压力 E_0 变化到主动土压力 E_a，应依实际情况进行侧向土压力修正，即按实际情况进行土压力计算（见图1）。

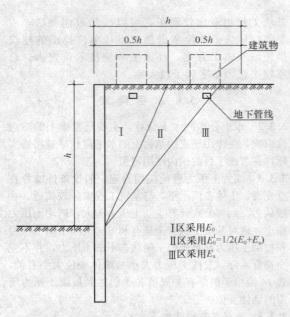

图 1　基坑侧壁分区采用水平荷载示意

3.4　被动土压力

3.4.1～3.4.4　被动土压力实际是一种极限平衡状态时的侧向抗力，从图3.4.1可以看出，被动土压力充分发挥所需的墙体变位远远大于主动土压力，因而在实际应用中被动土压力值是一种理想状态的抗力值。当支护结构对位移限制愈小，所能发挥的被动土压力愈低，因此应根据实际情况对计算的被动土压力值进行折减。建议的折减系数是参考了上海地区的经验。

考虑基坑内侧被动区黄土采用人工降水或地基加固（尤其是采用复合地基增强体处理）后，土的性状有明显改善，力学强度会有较大提高，因而宜据试验或经验值确定力学指标后进行计算，以使计算被动土压力值更接近实际工况。

4　基坑工程勘察

4.1　一般规定

4.1.1、4.1.2　这两条规定了基坑工程勘察与所在拟建工程勘察的关系。一般情况下基坑工程勘察和所在拟建工程的详细勘察阶段同时进行。当已有勘察资料不能满足基坑工程设计和施工的要求时，应专门进行基坑工程的补充勘察。目前的勘察文件的主要内容着眼于持力层、下卧层及划定的建筑轮廓线的研究，而不重视浅部及建筑周边地质条件的岩土参数取值，而这些内容正是基坑工程所需要的，所以作以上规定。

4.1.3　本条规定了在进行基坑工程勘察之前应取得或应搜集的一些与基坑有关的基本资料。主要包括能反映拟建建（构）筑物与已有建（构）筑物和地下管线之间关系的相关图纸、拟开挖基坑失稳影响范围内的基本情况、基坑的深度、大小和当地的工程经验等。

4.1.4　一方面，从多起黄土基坑工程事故调查结果来看，黄土遇水导致强度很快降低是事故产生的主要原因之一；另一方面，黄土分布区地下水位往往分布较深，使城区特别是老城区反复挖填成为可能，填土的不均匀分布及填土与原始土之间存在的工程性质严重差异是事故产生的另一主要原因。因此强调了基坑的岩土工程勘察应重点查明湿陷性土和填土的分布情况以及软弱结构面的分布、产状、充填情况、组合关系等。

4.1.5　为准确查明场地是否为自重湿陷性黄土场地，要求勘察时应布置适量探井。

4.1.6　考虑到湿陷性黄土基坑的失稳范围一般小于1倍的基坑深度，因此规定宜在基坑周围相当于基坑开挖深度的1～2倍范围内布置勘探点。对饱和软黄土，由于强度参数低，失稳影响范围较大，因此要求对其分布较厚的区域宜适当扩大勘探范围。

4.2　勘察要求

4.2.1　基坑周围环境调查的对象主要指会对基坑工程产生影响或受基坑工程影响的周围建（构）筑物、道路、地下管线、贮输水设施及相关活动等。

4.2.2　本条规定勘探点间距一般为20～35m，地层简单时，可取大值；地层较复杂时，可取小值；地层复杂时，应增加勘探点。

4.2.3　本条规定勘探点深度不应小于基坑深度的2.5倍，主要是为了满足支护桩设计和施工的要求。若为厚层饱和软黄土，支护桩将会更长，因此勘探点深度应适当加深。若存在降水问题，勘探点深度亦应满足降水井设计和施工的要求。

4.2.4　本条主要引用了《岩土工程勘察规范》GB 50021—2001和《湿陷性黄土地区建筑规范》GB 50025—2004的相关要求。

4.2.5　常见的地下水类型有上层滞水、潜水和承压水，勘察时应查明其类型并及时测量初见水位和静止水位。

4.2.6　为防止地表水沿勘探孔下渗，规定勘探工作结束后，应及时夯实回填。

4.2.7　本条规定了不同情况下的室内土工试验要求。对土的抗剪强度指标测定，强调了试验条件应与分析计算方法配套，当场地可能为自重湿陷性黄土场地时宜分别测定天然状态与饱和状态下的抗剪强度指标；基坑工程计算参数的试验方法、用途和计算方法参见表15。

4.2.8　本条规定了不同地层的原位测试要求。对水文地质条件复杂或降深较大而没有工程经验的场地，为取得符合实际的计算参数，建议采用现场抽水试验测定土的渗透系数及单井涌水量；基坑工程计算参数的试验方法、用途和计算方法参见表15。

表15　基坑工程计算参数的试验方法、用途和计算方法

计算参数	试验方法	用途和计算方法
土体密度 ρ 含水量 w 土粒相对密度（比重）G_s	室内土工试验	土压力、土坡稳定、抗渗流稳定等计算
砂土休止角	室内土工试验	估算砂土内摩擦角
内摩擦角 φ 黏聚力 c	1 总应力法，三轴不固结不排水（UU）试验，对饱和软黏土应在有效自重压力下固结后再剪	抗隆起验算和整体稳定性验算
	2 总应力法，三轴固结不排水（CU）试验	饱和黏性土用土水合算计算土压力
	3 有效应力法，三轴固结不排水测孔隙水压力的（$\overline{CU}$）试验，求有效强度参数	用土水分算法计算土压力
十字板剪切强度 c_u	原位十字板剪切试验	抗隆起验算、整体稳定性验算
标准贯入试验击数 N	现场标准贯入试验	判断砂土密实度或按经验公式估计 φ 值
渗透系数 k	室内渗透试验，现场抽水试验	降水和截水设计
基床系数 K_V、K_H	基床系数荷载试验要点见《高层建筑岩土工程勘察规程》JGJ 72—2004附录H，旁压试验，扁铲侧胀试验	支护结构按弹性地基梁计算

4.2.9　填土在基坑支护工程中有重要的影响，由于填土的成分、历史差别较大，其参数亦有很大差别，对于西安城区老填土可取 $c=10\text{kPa}$，$\varphi=15°$，对于重要基坑，必要时可进行野外剪切试验。

4.3　勘察成果

4.3.1　本条规定了基坑岩土工程勘察报告应包括的主要内容。增加了对场地周边环境条件以及基坑开挖、支护和降水对其影响进行评价的内容，并要求对基坑工程的安全等级提出建议。

4.3.2　相对于一般岩土工程勘察报告所附图表而言，本条作出以下特殊规定：

  1　勘探点平面位置图上应附有周围已有建（构）筑物、管线、道路的分布情况；

  2　必要时应绘制垂直基坑边线的剖面图；

  3　工程地质剖面图上宜附有基坑开挖线。

4.3.3　一般情况下基坑岩土工程勘察均与所在拟建建筑物岩土工程勘察同时进行，因此本条规定勘察报告必须有专门论述基坑工程的章节。

5　坡率法

5.1　一般规定

5.1.1　坡率法在一定环境条件下是一种便捷、安全、经济的基坑开挖施工方法，具有放坡开挖的条件时，宜尽量采用。同一基坑的各边环境条件往往不尽相同，不能全部采用坡率法进行开挖时，可根据实际情况，在局部区域（如基坑的某一边或某一深度范围内）采用坡率法。

5.1.2　采用坡率法进行基坑开挖，开挖范围较大，制定开挖方案时，应充分考虑周边条件，制定切实有效的施工技术方案及环境保护措施，加强基坑监测，确保基坑边坡稳定及周边安全。

5.1.3　本章所述坡率法，是指能够按照坡度允许值（表5.2.2）进行自然放坡，无需采取任何支护措施的基坑开挖方法。当放坡坡度达不到要求时，应与其他基坑支护方法相结合，并在方案设计时考虑所能达到的放坡条件对边坡稳定的有利影响，其他标准另有规定者除外。

5.1.4　本条强调了在选用坡率法时应谨慎对待的几种场地条件。

5.2　设　计

5.2.1、5.2.2　在黄土地区，当具备基坑开挖深度很浅、土质较均匀、含水量较低等条件时可垂直开挖，但垂直开挖的深度应视土质情况限定在一定深度范围之内。表5.2.2是采用坡率法时应考虑的条件和坡度允许值。

对黄土基坑垂直开挖的高度宜按土的临界自立高度计算确定，$h_0 = \dfrac{2c}{\gamma}\tan\left(45° + \dfrac{\varphi_k}{2}\right)$ 西安地区一般为 3～4m，只要做好防水工作，直立坑壁是安全稳定的。

表5.2.2适用于时间较长的基坑侧壁，其所列允许高宽比较大，对基坑工程难以实施，土方量过大。如在西安地区基坑边按高、宽比1∶0.2～1∶0.3（相当于坡角 $\beta=78.7°\sim73.3°$），若按泰勒（Taylor）稳定系数图查得 N_s（当 $\varphi_k=20°$ 时），约为7.2～7.8，则坑壁的稳定高度 $h_0 = \dfrac{N_s c}{r}$，接近10m，c、φ 值大时，可达10m以上。西安地区10m左右基坑，如条件允

许,可按1:0.2~1:0.3放坡,并做好防水工作,坑壁是安全的,这种工程实例已不鲜见。

5.2.3 边坡的形式多样,分级放坡时,各分级段应根据土层条件确定符合本段坡度要求的坡率。均质侧壁是指地质结构、构造、性质比较均匀的侧壁。

5.2.5 对于具有垂直张裂隙的黄土基坑,在稳定计算中应考虑裂隙的影响,裂隙深度可近似用静止直立高度 $z_0=\dfrac{2c}{\gamma\sqrt{k_a}}$ 计算。

根据长安大学李同录教授等近几年的研究成果,当基坑坡顶存在垂直张裂隙(即考虑拉裂深度的影响时),一般圆弧计算法的安全系数比实际结果的要大,见表16、表17;也就是在黄土地区的基坑中,其后缘常存在拉裂隙这一特殊情况,其深度和黄土的静止自立高度计算公式一致;此时最危险滑弧应该沿裂缝底部向下扩展。

表16 考虑垂直张裂隙时不同计算方法的结果
(c=20kPa)

计算方法		坡高6m 坡比1:0.3		坡高8m 坡比1:0.5		坡高10m 坡比1:0.7		坡高12m 坡比1:1	
		安全系数	拉裂深度	安全系数	拉裂深度	安全系数	拉裂深度	安全系数	拉裂深度
c=20kPa φ=20° γ=17kN/m³	瑞典条分法	1.34	0	1.24	0	1.18	0	1.21	0
	简化毕肖普法	1.27	0	1.2	0	1.18	0	1.21	0
	瑞典条分法	1.13	3.36	1.13	3.36	1.09	3.36	1.16	3.36
	简化毕肖普法	1.15	3.36	1.13	3.36	1.13	3.36	1.21	3.36

表17 考虑垂直张裂隙时不同计算方法的结果
(c=30kPa)

计算方法		坡高6m 坡比1:0.3		坡高8m 坡比1:0.5		坡高10m 坡比1:0.7		坡高12m 坡比1:1	
		安全系数	拉裂深度	安全系数	拉裂深度	安全系数	拉裂深度	安全系数	拉裂深度
c=30kPa φ=20° γ=17kN/m³	瑞典条分法	1.82	0	1.64	0	1.54	0	1.54	0
	简化毕肖普法	1.72	0	1.58	0	1.53	0	1.57	0
	瑞典条分法	1.89	5.04	1.51	5.04	1.43	5.04	1.47	5.04
	简化毕肖普法	1.98	5.04	1.58	5.04	1.49	5.04	1.54	5.04

5.3 构造要求

5.3.1～5.3.5 任何水源浸泡边坡土体、基坑周边土体及坑底土体都会对边坡稳定造成不利影响,因此,采取恰当的排水措施,作好坡面保护,保证排水畅通至关重要。

5.3.6 坡面上凸现旧房基础、孤石等不稳定块体,在基坑开挖中经常遇到,且不确定因素较多,随着开挖工况的变化,可能加剧其危险性,为防止突然降落造成安全事故,应予以清除或加固处理。

基坑在施工过程中,如遇局部发生坍塌时,应及时采取措施进行处理:
1 自上而下清除塌方,将坑壁坡度进一步放缓;
2 增设过渡平台;
3 在坡脚处堆放土(砂)袋进行挡土;
4 采取其他有效措施进行坑壁加固等。

6 土 钉 墙

6.1 一般规定

土钉墙是一种原位加固土技术,已在国内外成功用于土质基坑支护工程,在湿陷性黄土地区应用也有多年的历史,取得了较为明显的技术、经济及安全效果。本规程中的土钉墙主要由原位土体中钻孔置入钢筋的注浆式土钉和喷射混凝土面层组成,对于其他类型土钉(如打入钢筋注浆式土钉或打入钢管、角钢不注浆式土钉等)和其他类型面层(如现浇混凝土面层、预制混凝土面层等)的土钉墙可参照本规程使用。

本规程对土钉墙适用的地质条件进行了限制,把土钉墙限于地下水以上或经人工降水后的土体,主要原因在于地下水以下难以实现;另外,从土钉墙施工工艺要求,作为土钉墙支护的土体必须具有一定临时自稳能力,以便给出时间进行土钉墙的施工。

从土钉墙在基坑的应用情况看,在黄土地区单独作为支护结构,支护深度一般为15m以内,也有最深达到18m者,本规程在编制中曾对土钉墙深度作了限定,后经讨论认为,在黄土地区宜给该支护方法留下充分发展空间,同时也考虑到,当土钉墙与适当放坡相结合,与预应力锚杆及微型桩等支护结构联合使用可使深度增加,因而取消了限值。另外,土钉墙单独使用,对变形有严格要求的情况不适用。但在土钉墙的应用中常与预应力锚杆、排桩以及超前花管、微型桩联合使用来控制变形和解决一些其他基坑工程问题。

从工程经验来看,土钉墙发生事故大多与水的作用有关,尤其对黄土基坑,水不仅使土钉墙自重大,更重要的是大大降低了土的抗剪强度和土钉与土体间的摩阻力,引起整体或局部破坏,因此,在一般规定中强调土钉墙设计、施工及使用期间对外来水的防范,更不能以土钉墙作为挡水结构。

6.2 设计计算

6.2.1 土钉墙工程设计计算一般主要进行土钉设计

计算、土钉墙内部整体稳定性分析，必要时按类似重力挡土墙进行外部稳定性计算（如抗倾覆、抗水平滑动、抗基坑隆起等）。对临时性支护来说，喷射混凝土面层不是主要的受力构件，往往不作计算，按构造规定一定厚度的喷射钢筋网，就可以了。

6.2.3 目前基本上都采用单根土钉受拉荷载由局部土体主动土压力计算的方法，并考虑有斜面的土钉墙荷载折减系数。

6.2.4 对一级基坑土钉受拉承载力应由现场抗拔试验所获得的土钉锚固体与土体界面摩阻力 q_{sk} 计算，由于本规程未对土钉抗拔试验作相应的规定，所以，试验参照《建筑地基基础设计规范》GB 50007—2002 附录关于土层锚杆试验的有关规定，其承载力特征值取极限值的 1/2。对于二、三级基坑当无试验资料时，可采取经验值，其安全系数取 1.5～1.8。

本条根据工程经验所取的直线破裂面，并不一定是真正的潜在破坏面，只是用来保证土钉有一定长度。直线型破裂面与水平面的夹角，对直立边坡通常是取 $45°+\varphi/2$，而土钉墙并非直立，本规程按 1:0.10～0.75，考虑到坡角大小因素，取 $(\beta+\varphi)/2$。拿 $45°+\varphi/2$ 与 $(\beta+\varphi)/2$ 相比，前者大于等于后者，对于确定土钉长度而言偏于安全。

对于表 6.2.4 中黄土的极限摩阻力取值，因目前经验值较少，仍结合一般性土列入，但对湿陷性黄土可按饱和状态下的土性指标确定，饱和状态下的液性指数可按公式 $I_1 = \dfrac{S_r e/G_s - w_p}{w_1 - w_p}$，其公式符号意义、取值同《湿陷性黄土地区建筑规范》GB 50025—2004 有关说明。

6.2.6 土钉墙整体稳定性分析的方法较多，规范采用圆弧滑动面简单条分法，所列计算式是一种半经验半理论公式，使用起来较简便。式中考虑到 T_{nj} 对滑裂面的正压力不能全部发挥，故根据经验对其作 1/2 折减。第 i 条土重 $w_i = \gamma_i b_i h_i$，当土体有渗流作用时，水下部分在式（6.2.6）的分母按饱和重度计算，分子按浮重度计算。

土钉的有效极限抗拉力是位于土钉最危险圆弧滑裂面以外，对土体整体滑动有约束作用的抗拉力。

6.3 构 造

6.3.1 本条是根据土钉墙工程经验给出的，可根据实际工程情况选用和调整。

6.3.2 本条主要针对防水而列，土钉墙是在土体无水状态下正常工作的，因此须采取必要的措施防止地表水渗入土体，防止降水措施不力，在坡后积水。

6.4 施工与检测

6.4.1、6.4.2 土钉墙是随着开挖逐渐形成的，所以土钉墙施工必须遵循自上而下分层、分段的工序要求，每层开挖深度符合设计要求，并应使上层土钉注浆体与喷射混凝土面层达到一定强度。

6.4.3 规范所列施工顺序为常规做法，具体工程中可根据实际情况对施工顺序作适当调整。

6.4.4～6.4.11 主要对土钉注浆体和喷射混凝土的配比以及作业作出了一些规定，这些规定大多都是长期以来施工经验的总结，可以保证土钉墙的质量。

6.4.12 土钉锚固体和喷射混凝土面层抗压强度合格的条件见相关规范规定；喷射混凝土厚度合格的条件一般为：全部检查孔厚度平均值大于设计厚度，最小厚度不小于设计厚度的 80%，并不小于 50mm。

7 水 泥 土 墙

7.1 一 般 规 定

7.1.1 水泥土墙可单独用作挡土和隔水，也可与钢筋混凝土排桩等联合使用，仅起隔水作用。水泥土墙（桩）与钢筋混凝土排桩联合使用的常用形式见图 2：

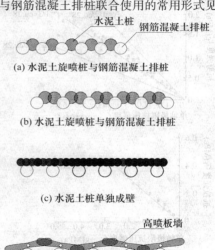

(a) 水泥土旋喷桩与钢筋混凝土排桩

(b) 水泥土旋喷桩与钢筋混凝土排桩

(c) 水泥土桩单独成壁

(d) 高喷板墙与钢筋混凝土排桩

图 2 水泥土墙（桩）与钢筋混凝土排桩联合使用的常用形式

7.1.2 水泥土墙施工方法包括深层搅拌桩法（粉喷和浆喷）和旋喷桩法。搅拌法施工主要适用于土质偏软、含水量偏大的土层；旋喷法除适用于上述土层外，还适用于砂类土和人工填土等。当用于有机质土或其他具有腐蚀性的土和地下水时宜通过试验确定其可用性。

7.1.3 根据国内经验，单独采用水泥土墙进行基坑支护和隔水时，基坑深度不宜超过 6m。这主要是由技术和经济两个方面的因素决定，水泥土墙结构本身抗拉强度偏低，主要依靠墙体的自重来平衡土压力，设计中往往不允许墙体出现拉应力。因此当基坑深度较大时，必然导致水泥土墙的宽度过大，影响其经济性。

7.1.4 为保证水泥土墙形成连续的挡土结构，桩与桩之间应有一定的搭接宽度。为保证形成复合体，格栅结构的格子不宜过大，格子内土体面积应满足一定要求。以下为上海和深圳地区经验公式。

上海市经验公式：

$$F \leqslant \left(\frac{1}{2} \sim \frac{1}{1.5}\right) \frac{\tau_0 u}{\gamma} \quad (1)$$

式中 F——格子内土的面积（m^2）；
　　 γ——土的重度（kN/m^3）；
　　 τ_0——土的抗剪强度（kPa）；
　　 u——格子的周长（m）。

深圳市经验公式：

$$F \leqslant (0.5 \sim 0.7) \frac{c_0 u}{\gamma} \quad (2)$$

式中 c_0——格子内土体直剪固结快剪黏聚力强度指标（kPa）。

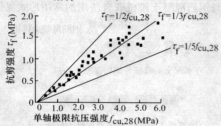

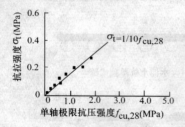

图 3　水泥土抗剪强度、抗拉强度与
单轴极限抗压强度的关系

7.1.6 据国内研究资料，水泥土的抗剪强度随抗压强度的提高而提高，但随着抗压强度增大，两者的比值减小。一般地说，当单轴极限抗压强度 $f_{cu,28}=0.5 \sim 4.0$MPa 时，其黏聚力 $c=0.1 \sim 1.1$MPa，内摩擦角 φ 约为 $20° \sim 30°$。当 $f_{cu,28} < 1.5$MPa 时，水泥土的抗拉强度 σ_t 约等于 0.2MPa。水泥土抗剪强度、抗拉强度与单轴极限抗压强度的关系见图 3。

7.1.7 水泥土的变形模量 E 与单轴极限抗压强度 $f_{cu,28}$ 有关，但其关系尚无定论。国内的研究认为：当 $f_{cu,28}=0.5 \sim 4.0$MPa 时，$E=(100 \sim 150)f_{cu,28}$。

7.2　设　　计

7.2.3 公式（7.2.3-1）～（7.2.3-6）均为各种文献和规范常采用的公式。

公式（7.2.3-2），由于成桩时水泥浆液与墙底土层的拌合作用，墙底土层的黏聚力 c_0 及内摩擦角 φ_0 可适当提高使用。

公式（7.2.3-3），抗圆弧滑动稳定性验算采用简单条分法计算，计算滑动力矩墙体浸润线以下到下游水位以上的部分，其土体用饱和重度，计算抗滑力矩时用有效重度。

公式（7.2.3-4），N_c 和 N_q 为普朗德尔（Prandtl）承载力系数，也可根据工程实际条件采用其他承载力系数公式进行计算。

7.2.4 水泥土墙（桩）抗拉强度降低，正截面承载力验算要求控制墙（桩）身不出现拉应力（即 $p_{kmin} \geqslant 0$），最大压应力不大于其抗压强度的 0.3 倍（即 $p_{kmax} \leqslant 0.3 f_{cu,28}$）。

7.2.5 鉴于目前对水泥挡土墙水平位移计算的理论尚不完善，因此水泥土墙墙顶水平位移的估算应充分考虑地区类似工程的经验。粗略估算挡墙水平位移时，可按经验公式（3）进行估算。式（3）适用于嵌固深度 $h_d=(0.8 \sim 1.2)h$，墙宽 $b=(0.6 \sim 1.0)h$ 的水泥土墙结构。

$$y = \frac{h^2 L}{b h_d} \cdot \xi \quad (3)$$

式中 y——墙顶计算水平位移（mm）；
　　 h——水泥土墙挡土高度（m）；
　　 L——计算基坑侧壁纵向长度（m）；
　　 b——水泥土墙宽度（m）；
　　 h_d——水泥土墙的嵌固深度（m）；
　　 ξ——施工质量系数，根据经验取 $0.5 \sim 1.5$，质量越好，取值越小。

7.3　施　　工

7.3.3 国内试验研究表明，水泥土的无侧限抗压强度随水泥掺入比增大而增大。图 4 是水泥土无侧限抗压强度与水泥掺入比的大致关系，供选择配比时参考。

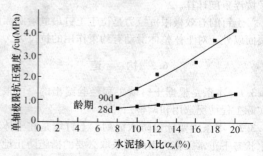

图 4　水泥土无侧限抗压强度
与水泥掺入比的关系

7.3.4 工程实践表明，水泥土的强度不仅仅取决于水泥含量的大小，同时与搅拌的均匀程度密切相关。搅拌的次数越多，拌合的越均匀，其强度也越高。

在水泥掺入比一定的条件下，水泥土搅拌桩的桩身承载力及桩身承载力的均匀性，主要取决于两点：一是桩身全段喷粉量或喷浆量的均匀性；二是桩身全段的搅拌次数(水泥土搅拌的均匀性)。因此，在施工中需做好这两点。

1 对于喷粉搅拌：须配置具有能瞬时检测每延米出粉量的粉体计量装置，并全程采用"单喷四搅"工艺。为保证桩身全段水泥含量的均匀性，强调了施工时必须配置具有能检测出瞬时出粉量的计量装置(普遍采用悬挂式"电子秤")。正常施工时，每延米的含灰量确定后，应沿桩身全段、自下而上一次喷射完成。

2 对于喷浆搅拌：应采用单桩一次性配浆、总量控制、分次喷搅的施工方法，单桩全程应采用"双喷四搅"或"三喷四搅"工艺。为保证桩身全段水泥含量的均匀性，并减少返浆浪费，大多数的施工单位，普遍采用一次性制备好单桩所需要的总浆量，然后分次喷搅的施工方法。如果采用一次性喷搅，很可能会造成比较严重的返浆和浪费，使桩身的含灰量得不到保证。

3 为保证桩身全段强度的均匀性，规定了桩身全段应采用不少于两个回次的全程搅拌("四搅"工艺)。这也是对搅拌桩桩身全段全程搅拌次数的最低要求。

在一定程度上来讲，水泥土桩的施工工艺是决定桩身水泥含量均匀性，也是决定桩身承载力均匀性的主要因素。如果施工中因故(机械损坏、停电、人为因素、意外情况等)造成某段桩身的水泥含量不足时，应对该深度段的桩身再次补充喷粉或喷浆搅拌，并且应上下各外延 0.5m。规范条文中对此虽未明确提出，但这已经是施工常识，工程施工中均应照此办理。

7.3.9 水泥土的抗压强度随其龄期而增长。《建筑地基处理技术规范》JGJ 79—2002 规定，对竖向承载的水泥土强度宜取 90d 龄期试块的立方体抗压强度平均值，对于承受水平荷载的水泥土强度宜取 28d 龄期试块的立方体抗压强度平均值。

8 排 桩

8.2 嵌固深度及支点力计算

目前，在排桩支护设计中，应用较多的两种方法是极限平衡法和弹性地基梁法。极限平衡法所需岩土参数易于取得，工程实践积累经验较多，但由于不能反映支护结构的变形情况，且计算所采用的桩前抗力为被动土压力，达到被动土压力所需的位移条件是正常支护结构所不允许的，因此，极限平衡法的理论依据一直受到质疑。弹性地基梁法假定桩周土为"弹性"介质，虽然这种假定与土层实际并不完全一致，但当桩周土抗力对于降低的应力水平时，该法具有一定的合理性。如果桩周土抗力远超出土的"弹性"性质的应力范围，计算结果是不可靠的。

由于湿陷性黄土地区缺乏足够数量的支护结构变形及应力观测资料，难以根据实测结果评价不同计算方法的优劣。本规程对嵌固深度和单层支点力的计算仍采用极限平衡法。对于多层支点力，可采用弹性支点法和等值梁法。

通常用两种方法来保证排桩嵌固深度具有一定安全储备，第一种方法是规定排桩嵌固深度应满足抗倾覆力矩超过倾覆力矩一定比值，如《建筑基坑支护技术规程》JGJ 120—99；第二种方法是根据抗倾覆力矩与倾覆力矩相等确定临界状态桩长，然后将土压力零点以下桩长乘以大于 1 的系数(经验嵌固系数)予以加长，如《建筑基坑工程技术规范》YB 9258—97。与第二种方法通过加大结构尺寸提高安全储备相比，第一种方法安全储备更直观。本规程采用第一种方法。

8.2.4 本条主要针对计算出的各层支点力差异较大的情况，将差异较大的支点力予以调整，有利于锚杆采用同种规格，减少锚杆试验的数量。但强调调整后应对各工况抗倾覆稳定状态予以复核。

8.3 结 构 计 算

8.3.5 排桩变形计算：在用极限平衡法计算出嵌固深度和支点力后，采用弹性地基梁法进行变形验算。采用弹性地基梁法时，应该注意所采用的 m 值是在一定变形条件下测得的。计算出的基坑底面处的排桩变形量应与试验测定 m 值时的试桩变形量相当，否则，应对 m 值进行适当修正。当计算多(单)支点排桩桩顶位移时，根据本规程第 8.2 节计算多(单)支点排桩各支点水平力 T_{hk}(若调整支点力，可采用调整后的各支点力)，在得到多(单)支点排桩各支点水平力 T_{hk} 及侧向土压力后，与悬臂式排桩类似，多(单)支点排桩位移可按式(8.3.5-10)计算，与悬臂式排桩不同之处在于计算 f_0 时尚应计入各支点水平力 T_{hk} 之作用。

8.5 锚 杆 计 算

8.5.4 锚杆抗拔承载力特征值强调了现场试验的取值原则，经验参数估算方法仅用于安全等级为三级的基坑，对于一、二级基坑，该法仅作为试验的预估值。应该指出，表 8.5.4 对于湿陷性黄土的适应性有待进一步检验，根据一些工程的经验，对于含水量较低的黄土地层，一次注浆工艺条件下，由于注浆后水分被周围地层很快吸收，导致锚固体收缩以及周围土层软化，利用表 8.5.4 按照液性指数 I_L 确定的 q_s 计算得出的承载力比经锚杆拉拔试验确定的承载力往往偏大。

为了与《建筑地基基础设计规范》GB 50007—2002 保持一致，本规程将土层与锚固体极限摩阻力标准值计算得出的锚杆极限承载力或现场试验取得的锚杆极限承载力，除以安全系数 2，取为锚杆的抗拔承载力特征值；

现行行业标准《建筑基坑支护技术规程》JGJ 120—99将锚杆极限承载力除以分项系数1.3作为设计值。

8.5.7 锚杆锁定后，随着下一阶段开挖，基坑壁将会进一步发生变形，合理的锚杆锁定力是在基坑开挖至设计深度时将支护结构的变形控制在设计允许变形范围内。如锚杆锁定力偏大，则开挖至设计深度时，支护结构变形量偏小，支护结构承受的土压力偏大，对支护结构安全不利；反言之，如锚杆锁定力偏小，则开挖至设计深度时，支护结构变形量偏大，对相邻建筑及管线安全不利。因此，锚杆锁定力宜根据锚杆抗拔力标准值和锚杆锁定后支护结构的控制变形量利用锚杆拉拔试验曲线确定。

8.6 施工与检测

8.6.1 由于护坡桩配筋率通常较高，当钢筋笼分段制作，孔口对接时，采用焊接工艺连接往往不能保证焊接质量，存在质量通病。而对接部位往往处在桩身弯矩较大的部位。因此，钢筋笼宜整体制作或采用其他能确保钢筋连接质量的工艺。

9 降水与土方工程

9.1 一般规定

9.1.1 在基坑开挖中，为提供地下工程作业条件，确保基坑边坡稳定、基坑周围建（构）筑物、道路及地下设施的安全，对地下水进行控制是基坑支护设计必不可少的内容。

9.1.2 合理确定地下水控制的方案是保证工程质量，加快工程进度，取得良好社会和经济效益的关键。通常应根据地质条件、环境条件、施工条件和支护结构设计条件等因素综合考虑。

在黄土地区，一般多采用管井降水，故本规程仅给出管井降水的内容。有关截水及回灌可参考其他相关规程执行。管井降水时，应有2个以上的观察孔。

9.1.3 基坑开挖前应考虑基坑的隆起情况出现。基底土隆起往往伴随着对周边环境的影响，尤其当周边有地下管线、建（构）筑物和永久性道路时。

9.1.4、9.1.5 有不少施工现场由于缺乏排水和降低地下水位的措施，对施工产生影响。土方施工应尽快完成，以避免造成集水、坑底隆起及对环境影响增大。

9.1.6 平整场地表面坡度本应由设计规定，但鉴于现行国家标准《建筑地基基础设计规范》GB 50007—2002中无此项规定，故条文中规定：如设计无要求时，一般应向排水沟方向做成不小于2‰的坡度。

9.1.7、9.1.8 在土方工程施工测量中，除开工前的复测放线外，还应配合施工对平面位置（包括放坡线、分界线、边坡的上口线和底口线等）、边坡坡度（包括放坡线、弯坡等）和标高（包括各个地段的标高）等经

常进行测量，校核是否符合设计要求。上述施工测量的基准——平面控制桩和水准控制点，也应定期进行复测和检查。

对雨期和冬期施工可参照相应地方标准执行。

基坑、管沟挖土要分层进行，分层厚度应根据工程具体情况（包括土质、环境等）决定。开挖本身是一种卸荷过程，防止局部区域挖土过深、卸载过速，引起土体失稳，同时在施工中应不损伤支护结构，以保证基坑的安全。

重要的基坑工程，及时支撑安装极为重要，根据工程实践，基坑变形与施工时间有很大关系，因此，施工过程应尽量缩短工期，特别是在支撑体系形成前的基坑暴露时间更应减少，要重视基坑变形的时空效应。

9.2 管井降水

9.2.1 本条规定了降水井的布置原则。

9.2.3 本条规定了封闭式布置的降水井数量计算方法。考虑到井管堵塞或抽气会影响排水效果，因此，在计算所需的井数基础上增加10%。基坑涌水量是根据水文地质条件、降水区的形状、面积、支护设计对降水的要求按附录D计算，列出的计算公式是常用的。凡未列入的计算公式可以参照有关水文地质、工程地质手册，选用计算公式时应注意其适用条件。

9.2.4 单井的出水量取决于所在地区的水文地质条件、过滤器的结构、成井工艺和抽水设备能力。本条根据经验和理论规定了管井的出水能力。根据西安地区经验，饱和黄土在粒径成分上接近黏性土，但其透水性却近似于细砂，实测透水系数可达25m/d。

9.2.5 试验表明，在相同条件下井的出水能力随过滤器长度的增加而增加，增加过滤器长度对提高降水效率是重要的，然而当过滤器达到某一长度后，继续增加的效果不显著。因此，本条规定了过滤器与含水层的相对长度的确定原则是既要保证有足够的过滤长度，但又不能过长，以致降水效率降低。

9.2.6 利用大井法所计算出的基坑涌水量Q，分配到基坑四周的各降水井，尚应对因群井干扰工作条件下的单井出水量进行验算。

9.2.7 当检验干扰井群的单井流量满足基坑涌水量的要求后，降水井的数量和间距即确定，然后进一步对由于干扰井群的抽水所降低基坑地下水位进行验算，计算所用的公式实际上是大井法计算基坑涌水量的公式，只是公式中的涌水量（Q）为已知。

基坑中心水位下降值的验算，是降水设计的核心，它决定了整个降水方案是否成立，它涉及降水井的结构和布局的变更等一系列优化过程，这也是一个试算过程。

除了利用上述条文的计算公式外，也可以利用专门性的水文地质勘察工作，如群井抽水试验或降水工程施工前试验性群井降水，在现场实测基坑范围内降

水量和各个降水井水位降深的关系，以及地下水位下降与时间的关系，利用这些关系拟合出相关曲线，从而用单相关或复相关关系，确定相关函数，推测各种布井条件下基坑水位下降数值，以便选择最佳的降水方案。此种方法对水文地质结构比较复杂的基坑降水计算尤为合适。

条文中列出的公式为稳定流条件下潜水基坑降水的计算式。对于非稳定流的计算可参考有关水文地质计算手册。

9.3 土方开挖

9.3.2 土方工程在施工中应检查平面位置、水平标高、边坡坡度、排水、降水系统及周围环境的影响。

9.4 土方回填

9.4.3 填方工程的施工参数，如每层填筑厚度、压实遍数及压实系数，对重要工程均应做现场试验后确定，或由设计提供。

10 基槽工程

10.1 一般规定

10.1.2 基槽影响范围内建（构）筑物的结构类型、层数、基础类型、埋深、基础荷载大小和上部结构现状对基槽工程的设计、施工及支护措施有很大的影响，故施工开挖前应予查明。

10.1.3 由于没有完全查明基槽开挖影响范围内的各类地下设施，包括电缆、光缆、煤气、天然气、污水、雨水、热力等管线或管道的分布和性质而导致它们被破坏的工程事故时有发生，有些还引起比较严重的后果，因此可通过地面标志或到城市规划部门查阅地下管线图，查明管线位置和走向，必要时可委托有关部门通过开挖、物探、使用专用仪器或其他有效方法进行管线调查。本条强调基槽开挖前必须查明地下管线的分布、性质和现状。

10.2 设 计

10.2.1 基槽工程尤其是市政工程基槽一般都是临时性开挖，施工时间短，其支护一般都是临时性的，设计时应充分考虑当地同类基槽工程的设计经验及基槽施工支护方式、方法和经验。

10.2.2 同一基槽工程由于周边环境、开挖深度、填土厚度、地质条件等不同，可根据具体工程条件采用部分支护和全部支护。

10.2.4 湿陷性黄土地区基槽开挖，由于黄土的天然强度较高，垂直开挖3～5m，基槽槽壁短时间内也会是稳定的，但地表水下渗、管道漏水、降雨等其他因素往往会导致黄土强度降低，引起槽壁土体坍塌。基槽工程一般开挖宽度有限，一旦坑壁失稳，常常危及在基槽内作业人员的生命安全，故规定垂直开挖深度为2.0m。

10.3 施工、回填与检测

10.3.5 由于对地下管线情况不了解而盲目开挖造成电缆、光缆、天然气管道、自来水管道被挖断的安全事故时有发生，其造成的后果往往十分严重。此类事故，一般都是机械开挖所致，因此该条强调在有管线分布的地方，基槽必须采用人工开挖，且对重要管线必须设置警示标志。

10.3.8 市政基槽工程其回填土料一般采用原土料进行回填，其土质和含水量变化较大，对其质量一般不进行检测，但回填质量不好导致的地面下沉，路面变形时有发生，甚至引起下埋管道、管线变形开裂、易燃易爆气体泄漏和水管开裂等恶性事故发生。因此，其回填质量主要是在施工过程中进行控制，在回填时应按设计要求检查其回填土料、含水量、分层回填厚度、压实遍数。当设计有检测要求时，应按设计要求进行检测。

10.3.9 基槽施工应尽量缩短基槽暴露时间，以减少基槽侧壁的后期变形。

11 环境保护与监测

11.1 一般规定

11.1.1 基坑周边环境的保护是基坑支护工程必须包括的一项工作。基坑周边环境调查需在基坑工程设计前进行。由于管线一般隐蔽于地下，调查可以采用收集资料、现场调查、管线探测及开挖验证等方法，目的在于查明基坑影响范围内管线的平面位置、深度及管线的种类、性质和现状等情况，以便在设计时采取相应的保护和监测措施。

11.2 环境保护

11.2.2 黄土地区深基坑工程施工可能影响的范围通常为基坑深度的1～2倍。上海市标准《基坑工程设计规程》DBJ 08—61—97 按下式考虑：

$$B_0 = H\tan(45°-\varphi/2) \quad (4)$$

式中 B_0——土体沉降影响范围(m)；

H——开挖深度(m)；

φ——土体内摩擦角(°)，取 H 深度范围内各土层厚度的加权平均值。

11.2.3 地下水的抽降和回灌是需要严格控制的，抽降和回灌在时间和数量上的不当都可能给基坑工程造成危害。信息法施工是使降水工程得以有效实施和控制的管理方法，有利于降水工程取得预期效果，在发生异常情况时，也能及时发现并采取措施。

11.2.5 对于紧邻基坑的已有建(构)筑物,在基坑支护设计时一般都已作为荷载给予考虑了,但也会有一些特殊情况需要对相邻的建(构)筑物进行地基的加固处理。第一类处理方法是加固基础下持力层的地基土,如注浆法、高压喷射注浆法,采用这类方法需在基础两侧打孔注浆,施工对居住在这些建筑物内的人员的生活、工作有一定影响,若控制不当,还可能导致附加沉降,故在湿陷性黄土地区较少使用。但如能克服上述缺陷,也可采用。第二类处理方法是将基础荷载传递到坑底深度以下性能良好的地基土中,常用的方法是桩式托换,在基坑开挖前,采用树根桩或静压桩进行基础托换,这是黄土地区行之有效的一种方法,具有荷载传递明确、可靠性高的优点,但在加固桩设计及施工中,应注意基坑开挖所产生的水平力对托换桩的影响。

11.3 监 测

11.3.1 基坑工程的监测是保障基坑工程安全运行的重要措施,应作为基坑工程的一项重要组成部分,将监测方案纳入基坑工程的设计中。

11.3.2 监测工作实施中应严格执行信息反馈制度,一是许多基坑事故是可以借及时的信息反馈得以避免;二是有些监测工作的实施人员不一定理解监测信息的意义,应报告设计及监理人员,及时进行处置。

11.3.3 每个基坑工程都必须进行监测,但监测项目的选择不仅关系到基坑工程的安全,也关系到监测费用的大小。随意增加监测项目是一种浪费,但盲目减少也可能因小失大,造成严重的后果。监测项目和采用手段应由基坑支护设计人员根据工程的重要性、基坑规模、岩土工程条件等因素综合确定,确定的监测手段至少应能得到影响基坑安全的关键性参数。

11.3.4 目测调查也是基坑监测中一个不可缺少的部分。在已有的工程经验中,有许多是建立在目测调查基础上的,目测调查有时可以更及时地反映异常情况。此外,目测调查的资料也有利于分析基坑支护出现异常的原因。

11.3.5 各种监测点的位置、间距是因基坑而异的,每个基坑有它自身的条件和特点,故本条只给出监测点布置的基本原则。监测点布置应掌握的原则如下:

  1 布设范围应大于预估可能出现危害性变形的范围;

  2 监测点设置在基坑支护结构的最大受力部位和最大变形部位;

  3 监测已有结构或管线最可能因开挖发生事故的部位。

11.3.6 影响范围一般是距基坑周边的距离应不少于5倍坑深度的范围,且不宜少于30~50m,但用于降水沉降观测的基准点,应设在降水影响半径之外。

11.3.8 因基坑间条件的差异,基坑监测的时间间隔不便作统一的规定。原则上,开挖较浅时,监测周期较长,开挖较深时,监测周期较短;工程等级高时,监测周期较短,工程等级低时,监测周期较长;在一个工程的施工期内,不同时段的监测周期也是有区别的,表18给出的监测周期是比较严格的,可供工程中参考。

表18 现场监测的时间间隔参考表

基坑工程安全等级	施工阶段	基坑开挖深度	≤5m	5~10m	10~15m	>15m
一级	开挖面深度	≤5m	1d	2d	2d	2d
		5~10m	—	1d	1d	1d
		≥10m	—	—	12h	12h
	挖完以后时间	<7d	1d	1d	12h	12h
		7~15d	3d	2d	1d	1d
		15~30d	7d	4d	2d	1d
		≥30d	10d	7d	5d	3d
二级	开挖面深度	≤5m	2d	3d	3d	3d
		5~10m	—	2d	2d	1d
		≥10m	—	—	1d	1d
	挖完以后时间	<7d	2d	2d	1d	1d
		7~15d	5d	3d	2d	2d
		15~30d	10d	7d	5d	3d
		≥30d	10d	10d	7d	5d

注:当基坑工程安全等级为三级时,时间间隔可适当延长。

11.3.10 本条是与11.3.2条相呼应的条款。监测者的监测结果反馈给设计人员后,设计人员应及时分析,并评价发展趋势和研究可能出现事故的对策。每个基坑应根据其基坑条件结合设计人员的工程经验设定报警值,达到报警值水平时应及时通报相关人员并采取预警措施。

11.3.11 基坑工程监测报告对积累地区基坑工程经验是十分宝贵的资料,不论基坑工程是否安全运行,都需要整理资料,编制报告。

  监测内容宜包括变形监测、应力应变监测、地下水动态监测等。其具体对象、方法可按表19采用。各种监测技术工作均应符合有关专业规范、规程的规定。

表19 监测对象与方法

项目	对象	方法
变形	地面、坑壁、坑底土体、支护结构(桩、锚、内支撑、连续墙等)、建(构)筑物、地下设施等	目测调查,对倾斜、开裂、鼓突等迹象进行丈量、记录、绘制图形或摄影;埋设测斜管、分层沉降仪测量深层土体变形;精密水准、导线测量水平和垂直位移,经纬仪投影测量倾斜

续表 19

项目	对象	方法
应力应变	支护结构中的受力构件、土体	预埋应力传感器、钢筋应力计、电阻应变片等测量元件；埋设土压力盒
地下水动态	地下水位、水压孔，抽（排）水量、含砂量	设置地下水位观测孔；埋设孔隙水压力计；对抽水流量、含砂量定期观测、记录

12 基坑工程验收

12.1 一般规定

基坑的支护与开挖方案，各地均有严格的规定，应按当地的要求，对方案进行申报，经批准后才能施工。降水、排水系统对维护基坑的安全极为重要，必须在基坑开挖施工期间安全运转，应随时检查其工作状况。临近有建（构）筑物或有公共设施，在降水过程中要予以观测，不得因降水而危及它们的安全。许多围护结构由水泥土搅拌桩、钻孔灌注桩、高压喷射桩等构成，因在本规程中这类桩的验收已提及，可按相应的规定、标准验收，其他结构在本章内均有标准可查。

湿陷性黄土与其他岩土相比，对水更为敏感，如果防水、排水措施不当，一旦地表水或地下水管渗漏浸入基坑侧壁土体，将会使基坑侧壁土体强度降低、自重压力加大，从而给支护结构带来危害乃至造成安全事故。

12.2 验收内容

本节主要强调了质量和安全的验收和检查应按设计文件、专项施工组织设计和本规程的相关内容进行。

12.3 验收程序和组织

12.3.1 本条规定基坑工程完成后，施工单位首先要依据质量标准、设计图纸等组织有关人员进行自检，并对检查结果进行评定，符合要求后向建设单位提交工程验收报告和完整的质量资料，请建设单位组织验收。

12.3.2 本条规定基坑工程质量验收应由建设单位负责人或项目负责人组织，由于勘察、设计、施工、监理单位都是责任主体，因此勘察、设计、施工单位负责人（或项目负责人）、施工单位的技术、质量负责人和监理单位的总监理工程师均应参加验收。

下道工序的施工单位（基桩及上部结构施工单位）对基坑工程的合理使用，涉及基坑工程的安全，所以，在基坑工程验收合格的前提下，其安全合理的维护及使用对基坑安全是至关重要的。

12.3.3 本条主要强调了基坑工程施工及使用单位的责任划分及移交程序，对于城市专用地下商场、停车库、人防工程显得尤为重要。对于大型永久性基坑，建设单位应依据《建设工程质量管理条例》和住房和城乡建设部有关规定，到县级以上人民政府建设行政主管部门或其他有关部门备案，否则，不允许投入使用。

13 基坑工程的安全使用与维护

本章内容主要是根据第 393 号国务院令公布的《建设工程安全生产管理条例》的精神及《建筑地基基础工程施工质量验收规范》GB 50202—2002、《建筑工程施工质量验收统一标准》GB 50300—2001 的内容和验收程序，结合湿陷性黄土地区的基坑施工实际情况制订的。基坑工程的施工一般由专业队伍进行，所以在本章强调了基坑工程的验收、交接及基坑工程在使用过程中的安全管理，便于强化各责任主体的责任感，划分工程责任主体的安全责任。

施工过程中的安全管理在"基本规定"及各章节中均有具体要求，基坑工程是大面积卸荷过程，易引起周边环境的变化，特别是使用过程中水的浸入及周边的随意堆载，保护措施的设置及降水方案的合理性、监测工作质量的高低，直接影响着施工使用中的基坑工程安全、人身安全以及周边建（构）筑物的安全。所以，基坑工程的安全不光涉及勘察、设计、施工单位的责任，其环境保护是基坑工程安全的重要组成部分，涉及使用单位（下道工序的施工单位）、监测单位、监理单位、降水单位的工作质量及责任心。我国目前的基坑工程事故大多发生在基坑工程使用过程中（当然也有设计、施工质量原因），这也是本章规定在基坑工程投入使用前，应先按程序进行验收合格后，进入安全管理状态的原因，这一点也是与我国目前国情及相关法规、验收标准的精神相一致的。

基坑工程具有许多特征：其一是临时性工程，认为安全储备相对可以小些，与地区性、地质条件有关，又涉及岩土工程、结构工程及施工技术互相交叉的学科，所以造价高，但又不愿投入较多资金，可是一旦出现事故，处理十分困难，造成的经济损失和社会影响往往十分严重；其二是基坑工程施工及使用周期相对较长，从开挖到完成地面以下的全部隐蔽工程，常需经历多次降雨，以及周边堆载、振动、施工失当、监测与维护失控等许多不利条件，其安全度的随机性较大，事故的发生往往具有突发性。所以，本章主要强调了基坑工程在使用过程中的安全使用与维护。

中华人民共和国行业标准

冻 土 地 区
建筑地基基础设计规范

JGJ 118—98

条 文 说 明

前　言

根据建设部（89）建标计字第 8 号文通知的要求，由黑龙江省寒地建筑科学研究院负责，会同中国科学院兰州冰川冻土研究所、哈尔滨建筑大学、铁道部科学研究院西北分院、内蒙古大兴安岭林业设计院、铁道部第一勘测设计院与铁道部第三勘测设计院等单位共同编制的《冻土地区建筑地基基础设计规范》JGJ 118—98，经中华人民共和国建设部建标[1998]号文批准发布。

为便于广大设计、施工、科研和教学等有关单位人员在使用本规范时能正确理解和执行条文规定，编制组根据建设部关于编制标准规范条文说明的统一规定，按《冻土地区建筑地基基础设计规范》的章、节、条顺序，编制了本条文说明，供国内各有关单位和使用者参考。在使用中如发现本条文说明有欠妥之处，请将意见直接函寄哈尔滨市（清滨路 60 号，邮编：150080）黑龙江省寒地建筑科学研究院《冻土地区建筑地基基础设计规范》管理组。

1998 年 7 月

目 次

1 总则 ·················· 5—20—4
3 冻土分类与勘察要求 ········ 5—20—4
　3.1 冻土名称与分类 ········ 5—20—4
　3.2 冻土地基勘察要求 ······· 5—20—6
4 多年冻土地基的设计 ········ 5—20—6
　4.1 一般规定 ············ 5—20—6
　4.2 保持冻结状态的设计 ······ 5—20—7
　4.3 逐渐融化状态的设计 ······ 5—20—7
　4.4 预先融化状态的设计 ······ 5—20—7
　4.5 含土冰层、盐渍化冻土与冻结泥炭化土地基的设计 ······· 5—20—8
5 基础的埋置深度 ··········· 5—20—8
　5.1 季节冻土地基 ·········· 5—20—8
　5.2 多年冻土地基 ·········· 5—20—10
6 多年冻土地基的计算 ········ 5—20—11
　6.1 一般规定 ············ 5—20—11
　6.2 保持冻结状态地基的计算 ··· 5—20—11
　6.3 逐渐融化状态和预先融化状态地基的计算 ············ 5—20—11
7 基础 ··················· 5—20—12
　7.1 一般规定 ············ 5—20—12
　7.2 多年冻土上的通风基础 ···· 5—20—12
　7.3 桩基础 ·············· 5—20—13
　7.4 浅基础 ·············· 5—20—14
　7.5 热桩、热棒基础 ········ 5—20—17
8 边坡与挡土墙 ············· 5—20—18
　8.1 边坡 ················ 5—20—18
　8.2 挡土墙 ·············· 5—20—18
附录 B 多年冻土中建筑物地基的融化深度 ·············· 5—20—23
附录 C 冻胀性土地基上基础的稳定性验算 ·············· 5—20—25
附录 D 冻土地温特征值及融化盘下最高土温的计算 ······· 5—20—32
附录 E 架空通风基础通风孔面积的确定 ················ 5—20—33
附录 F 多年冻土地基静载荷试验 ···· 5—20—37
附录 H 多年冻土地基单桩竖向静载荷试验 ·············· 5—20—38
附录 J 热桩、热棒基础计算 ······· 5—20—38

1 总 则

1.0.1 制订本规范的目的是使在季节冻土与多年冻土地区进行建筑地基基础的设计与施工时,首先保证建筑物的安全和正常使用,然后要求做到技术先进和经济合理。

由于直到目前为止我国在多年冻土地区进行基本建设,还没有有关地基基础的设计规范。设计人员处于无章可循的困难处境,国内在这方面又没多少成熟经验可以借鉴,为了进行工作,只能凭个人在未冻土地基设计中的经验与冻土地基上的有限知识,盲目设计;最终结果由于不符合冻土地基的客观规律,出现设计不合理、施工不得当而导致的融化下沉破坏,以及由于忽视对冻胀力作用下基础稳定性验算而出现失稳。这种破坏数量之多,损失之大是众所周知的。如东北大小兴安岭一带除了多年冻土就是深季节冻土,自五十年代开始随着林业、矿业的开发,交通运输的发展,修建了一批建筑物,到目前为止已几乎全部报废、重建。在60、70年代及至80年代初期重建、新建的房屋都不同程度地存在着裂缝、倾斜和破坏。满归、古莲、图强等地的建筑,破坏率高达50%～60%以上,严重的占30%左右;伊图里河、乌尔其汗等地的破坏率在40%左右。有些建筑物虽然推倒重建,但仍继续破坏,青藏高原公路沿线的建筑也是如此。据粗略估计,东北每个林业局因此而损失的建设资金达五、六百万,多者可达千万元。

这种破坏损失与资金浪费似乎已成为合理合法的,因为国家还没有颁发一本指导他们进行正确设计的规范。

季节冻土地区的基础埋置深度在现行国家标准《建筑地基基础设计规范》GBJ-7中有简单的规定,但由于该规范属于未冻土地基土的规范,对特殊土地基中的冻土地基问题,不可能规定的非常详细,同时也因该规范着手制订以及其后的修订时间都比较早,受到当时已有资料和研究成果的局限,采取这样的规定在当时也已是比较先进的。随着我国冻土科研的不断发展,到目前为止已经基本上可以完整地计算在冻胀力作用下基础的最小埋深问题。为了在广大的季节冻土地区革除深基础的老做法,推行基础的浅埋,保证安全和正常使用,实现技术先进和经济合理地将基础埋置在冻胀性地基土之内,所以有必要另行制订有关季节冻土设计相应内容的规范。

1.0.2 本规范的适用范围为冻土地区中工业与民用建筑地基基础的设计。冻土地区中的地基包括标准冻深大于500mm季节冻土地基和多年冻土地基两大类。

由于现行国家标准《建筑地基基础设计规范》GBJ-7规定:"在满足地基稳定和变形要求前提下基础应尽量浅埋"、"除岩石地基外,基础埋深不宜小于0.5m"。对季节冻土地区的标准冻深大于0.5m时,当地基承载力较高、能满足地基稳定和变形要求,经冻胀力作用下基础的稳定性验算又符合要求时,就可取0.5m的埋深,不必非埋设在冻深线之下即可收到明显的经济与社会效益。

我国多年冻土面积为$215.0×10^4 km^2$,占全国面积的22.3%,季节冻土面积为$514.0×10^4 km^2$,占全国面积的54.0%,多年冻土与季节冻土合计面积为$729.0×10^4 km^2$,占全国总面积的76.3%,大约有三分之二国土面积的地基需要执行本规范。

1.0.3 季节冻土地区建筑地基基础的设计,是以季节冻结层的地基土处于正温非冻结状态、承载力最弱的夏季为控制的,因此,应首先满足现行国家标准《建筑地基基础设计规范》GBJ-7以及其他有关的现行规范的相应规定;其次是在冬季,当地基土在冻结时,必须按在冻胀力作用下基础的稳定性进行验算。

3 冻土分类与勘察要求

3.1 冻土名称与分类

3.1.1 冻土的定义中强调不但土温处于负温或零温,而且其中含有冰的才为冻土。如土中含水量很少或矿化度很高或为重盐渍土,虽然负温很低,但也不含冰,其物理力学特性与未冻土完全相同,称为寒土而不是冻土,只有其中含有冰其力学特性才发生突变,这才称为冻土。

根据冰川所徐学祖同志的文章我国的冻土可分为三大类:多年冻土、季节冻土和瞬时冻土,由于瞬时冻土存在时间很短、冻深很浅,对建筑基础工程的影响很小,此处不加讨论,本规范只讨论多年冻土与标准冻深大于0.5m的季节冻土地区的地基。

3.1.2～3.1.3 根据冻土强度指标的显著差异,将多年冻土又分出盐渍化冻土与冻结泥炭化土。由于地下水和土中的水含有即使是很少量的易溶盐类(尤其是氯盐类),也会大大地改变一般冻土的力学性质,并随着含量的增加而强度急剧降低,这对基础工程是至关重要的。对未冻地基土来说,当易溶盐的含量不超过0.5%时土的物理力学性质仍决定于土本身的颗粒组成等,即所含盐分并不影响土的性质。当土中含盐量大于0.5%时土的物理力学性质才受盐分的影响而改变。在冻土地区却不然,由于地基中的盐类被水分所溶解变成不同浓度的溶液,降低了土的起始冻结温度,在同一负温条件下与一般冻土比较,未冻水含量很多;孔隙水溶液浓度越大未冻水含量越多,未冻水含量越多,在其他条件相同时,其强度越小。因此,冻土划分盐渍度的指标界限应与未冻土有所区别,盐渍化冻土强度降低的对比表见表3-1。

由表3-1可知,当盐渍度为0.5%时,单独基础与桩尖的承载力降低到1/5～1/3,基础侧表面的冻结强度降低到1/4～1/3,这样大的强度变化在工程设计时是绝对不可忽视的。因此,盐渍化冻土的界限定为0.1%～0.25%。如多年冻土以融化状态用作地基,则按未冻土的规定执行(0.5%)。

冻结泥炭化土的泥炭化程度同样剧烈地影响着冻土的工程性质,见表3-2,设计时要充分考虑慎重对待。

3.1.4 一般人都有这样一个看法,认为冻土地基的工程性质很好,各种强度很高,其变形性很小,甚至可看成是不可压缩的。但是这种看法只有对低温冻土才符合,而对高温冻土(此处所说的高温冻土指土温接近零度或土中的水分绝大部分尚未相变的温度)却不然,高温冻土在外荷载作用下具有相当高的压缩性(与低温冻土比较),也就是表现出明显的塑性,又称塑性冻土,在设计时,不但要进行强度计算,还必须考虑变形进行验算。塑性冻土的压密作用是一种非常复杂的物理力学过程,这种过程受其所有成分——气体、液体(未冻水)、粘塑性体(冰)及固体(矿物颗粒)——的变形及未冻水的迁移作用所控制。低温冻土由于其中的含水量大部分成冰,矿物颗粒牢固地被冰所胶结,所以比较坚硬,又称坚硬冻土。不同种类的冻土划分坚硬的、塑性的温度界限也各不相同。粗颗粒土的比表面积小,重力水占绝大部分,它在零度附近基本都相变成冰。细颗粒土则相反,颗粒越细,其界限温度越低。盐渍化冻土中的水已成不同浓度的溶液,其界限温度不但与浓度有关,还与易溶盐的种类有关系。这一温度指标很难提出,因此,将划分的界限直接采用表征变形特性的压缩系数来区分。

粗颗粒土由于持水性差,含水量都比较少,当含水量低到一定程度,其所含之冰不足以胶结矿物颗粒时将成松散状态,为松散冻土;松散冻土的各种物理、力学性质均与未冻土相同。

3.1.5 土的冻胀性分类基本上与现行国家标准《建筑地基基础设计规范》GBJ-7中的一致,仅对下列几个地方进行了修改。

1. 增加了特强冻胀土一档,因原分类表当冻胀率η大于6%时为强冻胀。在实际的冻胀性地基土中η不小于20%的并不

不同盐渍度冻土强度指标的降低 表 3-1

强度类别		基侧土冻结强度(kPa)						桩尖承载力[①](kPa)					
盐渍度 ζ (%)		0.2		0.5		1.0		0.2		0.5		1.0	
土温(℃)		−1	−2	−1	−2	−1	−2	−1	−2	−1	−2	−1	−2
土类	砂类土	0.5	0.8	—	0.5	—	—	1.5	2.5	—	—	—	—
	粉质粘土	—	0.6	—	1.0	0.5	0.2	—	0.4	4.5	7.0	1.5	1.5
盐渍化冻土 一般冻土		0.38	0.60	0.40	0.67	0.30	0.25	0.20	0.27	0.11	0.53	0.15	0.64	0.18	0.32	—	0.14
一般冻土	土温	−1		−2				−1		−2			
	砂类土	1.3		2.0				14		17			
	粉质粘土	1.0		1.5				8.5		11			

注：① 3～5m 深处桩尖。

不同泥炭化程度冻土强度指标的降低 表 3-2

强度类别		基侧土冻结强度(kPa)						桩尖承载力[①](kPa)					
泥炭化程度 ξ		0.03<ξ≤0.10		0.10<ξ≤0.25		0.25<ξ≤0.60		0.03<ξ≤0.10		0.10<ξ≤0.25		0.25<ξ≤0.60	
土温(℃)		−1	−2	−1	−2	−1	−2	−1	−2	−1	−2	−1	−2
土类	砂类土	0.90	—	1.30	0.50	—	0.90	0.35	—	0.70	2.50	—	5.50	1.90	—	4.30	1.30	—	3.10
	粉质粘土	—	0.60	—	1.00	0.35	0.60	0.25	0.50	—	2.00	—	4.80	1.50	—	3.50	1.00	—	2.80
冻结泥炭化土 一般冻土		0.69	0.60	0.65	0.67	0.38	0.35	0.45	0.26	0.27	0.18	0.33	0.18	0.24	0.32	0.44	0.14	0.06	0.25	0.32	0.09	0.12	0.18	0.25
一般冻土	土温	−1		−2				−1		−2			
	砂类土	1.3		2.0				14		17			
	粉质粘土	1.0		1.5				8.5		11			

注：① 3～5m 深处桩尖。

少见，由不冻胀到强冻胀划分的很细，而强冻胀之后再不细分，则显得太粗，有些在冻胀过程中出现的力学指标如土的冻胀应力、切向冻胀力等，变化范围太大。因此，国内不少兄弟单位，兄弟规范都已增加了特强冻胀土 η 大于 12% 一档，本规范也有相应改动。

2. 关于细砂的冻胀性，现行国家标准《建筑地基基础设计规范》GBJ-7 规定：粒径大于 0.074mm 的颗粒超过全部质量的 85% 为细砂。小于 0.074mm 的粒径小于 10% 时为不冻胀土，就是说细砂如果有冻胀性，其细粒土的含量仅在全部质量 10%～15% 的范围内。

根据兰州冰川冻土研究所室内试验资料，粗颗粒土（除细砂之外）的粉粘粒（小于 0.05mm 的粒径）含量大于 12% 时产生冻胀，如果将 0.05mm 用 0.074mm 代替其含量，大约在 15% 时会发生冻胀。

在粗颗粒土中细粒土含量（填充土）超过某一定的数值时（如 40%），其冻胀性可按所填充物的冻胀性考虑。

当高塑性粘土如塑性指数 I_p 不小于 22 时，土的渗透性下降，影响其冻胀性的大小，所以考虑冻胀性下降一级。当土层中的粘粒（粒径小于 0.005mm）含量大于 60%，可看成为不透水的土，此时的地基土为不冻胀土。

3. 近十几年内各兄弟单位对季节冻土层地下水补给高度的研究做了很多工作，见表 3-3、表 3-4、表 3-5、表 3-6。

土中毛细管水上升高度与冻深、冻胀的比较[①] 表 3-3

土壤类别	毛细管水上升高度(mm)	冻深速率变化点距离地下水位的高度(mm)	明显冻胀层距地下水位的高度(mm)
重塽土	1500～2000	1300	1200
轻塽土	1000～1500	1000	1000
细砂	<500		400

注：① 王希尧. 不同地下水埋深和不同土壤条件下冻结和冻胀试验研究. 北京. 《冰川冻土》. 1980. 3

无冻胀层距离潜水位的高度[①] 表 3-4

土壤类别	重塽	轻塽	细砂	粗砂
无冻胀层距离潜水位的高度(mm)	1600	1200	600	400

注：① 王希尧. 浅潜水对冻胀及其层次分布的影响. 北京.《冰川冻土》. 1982. 2

地下水位对冻胀影响程度[①] 表 3-5

土类	地下水距冻结线的距离 z (m)				
亚粘土	z>2.5	2<z≤2.5	1.5<z≤2.0	1.2<z≤1.5	z≤1.2
亚砂土	z>2.0	1.5<z≤2.0	1.0<z≤1.5	0.5<z≤1.0	z≤0.5
砂性土	z>1.0	0.7<z≤1.0	0.5<z≤0.7	z≤0.5	
粗砂	z>1.0	0.5<z≤1.0	z≤0.5		
冻胀类别	不冻胀	弱冻胀	冻胀	强冻胀	特强冻胀

注 ① 童长江等. 切向冻胀力的设计. 中国科学院冰川冻土研究所. 大庆油田设计院. 1986. 7

冻胀分类地下水界线值[①] 表 3-6

土名	地下水位(m)	冻胀分类	不冻胀	弱冻胀	冻胀	强冻胀	特强冻胀
粘性土		计算值	1.87	1.21	0.93	0.45	<0.45
		推荐值	>2.0	>1.5	>1.0	>0.5	≤0.5
细砂		计算值	0.87	0.54	0.33	0.06	<0.06
		推荐值	>1.0	>0.6	>0.4	>0.1	≤0.1

注 ① 戴惠民，王兴896. 季冻区公路桥涵地基土冻胀与基础埋深的研究. 哈尔滨，黑龙江省交通科学研究所. 1989. 5

根据上述研究成果，以及专题研究"粘性土地基冻胀性判别的可靠性"，将季节冻土的冻胀性分类表 3.1.5 中冻结期间地下水位距冻结面的最小距离 h_w 作了部分调整，其中粉砂列由 1.5m 改为 1.0m；粉土由 2.0m 改为 1.5m；粘性土列中当 w 大于 w_p+9 后，而改成大于 w_p+15 为特强冻胀土。

4. 冻结深度与冻层厚度两个概念容易混淆，对不冻胀土二者相同，但对冻胀土，尤其强冻胀以上的土，二者相差颇大。冻层厚度的自然地面是随冻胀量的加大而逐渐上抬的，设计基础埋深时所需的冻深值是自冻前原自然地面算起的；它等于冻层厚度减去冻胀量，特此强调提出，引起注意；

5. 土壤中的含水量与冻胀率之间的关系可按下式计算：

$$\eta = \frac{1.09\rho_d}{2\rho_w}(w - w_p) \approx 0.8(w - w_p) \quad (3-1)$$

在有地下水补给时，冻胀性提高一级。如果地下水位离冻结锋面较近，处在毛细水强烈补给范围之内时，冻胀性提高两级。公式(3-1)是按粘性土在没有地下水补给（封闭系统）条件下，理论上简化计算最大可能产生的平均冻胀率，其中 ρ_d 为土的干密度，取 $1.5t/m^3$，ρ_w 为水的密度、取 $1.0t/m^3$。

3.1.6 多年冻土地基的工程分类主要以融沉为指标，并在一定程度上反应了冻土的构造和力学特征。本规范所用工程冻土的融沉性分类是用中国科学院冰川冻土研究所吴紫汪同志的分类，仅在弱融沉档次上将原先的融沉系数 1%～5% 改为 1%～3% 而成。当采暖建筑或有热源的工业构筑物的跨度较大时，其建筑地基融化盘的深度将超过 3m 许多，如按 5% 的弱融沉计算；沉降量将达到 200mm 或更大，这对地基变形不均匀能引起承重结构附加应力的部位是危险的，因规定按逐渐融化状态 II 利用多年冻土作地基，在弱融沉性土上是允许的，所以安全原将 5% 改为 3%，见表 3-7。实际上按建筑地基的变形要求来说，意义最大的土类就是不融沉和弱融沉土，别的类别在逐渐融化时的变形远远超过建筑结构的允许值，不能用作地基。如按保持冻结状态或预先融化状态，并在预融之后加以处理仍是可以用作地基的。

融沉系数 δ_0 与塑限含水量（细粒土）w_p 或起始融沉含水量（粗粒土）w_0 以及超越 w_p 或 w_0 之绝对含水量有关，其式为 $\delta_0 = \beta(w-w_p)$, $\beta(w-w_0)$, $(w-w_p)$ 或 $(w-w_0)$ 称为"有效融化下沉含水量"，β 称为融化下沉常数，融化下沉常数见表 3-8。

冻土的融沉性与冻土强度及构造的对应关系　　表 3-7

分类等级		I	II	III	IV	V
融沉分类	名称	不融沉	弱融沉	融沉	强融沉	融陷
	融沉系数 δ_0	<1	$1\leq\delta_0<3$	$3\leq\delta_0<10$	$10\leq\delta_0<25$	$\delta_0\geq 25$
强度分类	名称	少冰冻土	多－富冰冻土		饱冰冻土	含土冰层
	相对强度值	<1.0	1.0		0.8～0.4	<0.4
冷生构造		整体构造	微层微网状构造	层状构造	斑状构造	基底状构造
界线含水量（粘性土）w(%)		$w<w_p$	$w_p\leq w < w_p+4$	$w_p+4\leq w < w_p+15$	$w_p+15\leq w < w_p+35$	$w\geq w_p+35$

融化下沉常数 β　　表 3-8

土类别	粘性土	粗粒土	细粉砂
β	0.72	0.65① 0.60②	0.71

注　①粒径小于 0.074mm 的含量超过 10%，$w_0\approx 10\%$；
　　②粒径小于 0.074mm 的含量超过 10%，$w_0\approx 8\%$。

冻土强度指标或冻土承载力与含水量有密切关系，I 类不融沉土由于其中的含冰量较少，不足以胶结全部矿物颗粒为一坚硬整体，所以基本接近不冻土的性质，但强度仍大于相应不冻土；II～III 类土是典型冻土，其强度最大；IV 类土含有大量冰包裹体，长期强度明显减少；V 类土与冰的性质相似。如表 3-7 所列，以 I 类土强度为 1.0 时，III 类土为 1.0～0.8，IV 类土为 0.8～0.4，V 类土小于 0.4，而 I 类土亦小于 1.0。

3.2 冻土地基勘察要求

3.2.1 对季节冻土和多年冻土季节活动层要特别注意，强调沿深度每隔 500mm 取原状或扰动土样不少于一个，主要用以提供判别土的冻胀与融沉等级、作持力层的可能性、设计有关的各项物理力学指标，以及冻结和融化过程的物理力学指标。对重要建筑物要求做现场原位试验。

3.2.2 钻取冻结试样要特别小心，有时还必须采取特殊的措施，一方面保证取岩芯时不致融化；另一方面在土样正式试验之前的存储与运输环节中不致失态，仍需采取必要的措施，尤其在夏季的高温季节，一旦融化，试样即被报废。在确认含水量没损失，结构没破坏，水分没重新分布的条件下，可重新冻结后试验。

由于冻土强度指标和变形特征与土温有密切关系，土温又与季节有关，理想的勘察与原位测试的时间是秋末（9、10月份），但这往往是行不通的。因为，一方面受任务下达和计划安排时间的制约，另一方面还受勘察部门忙闲可否之影响，任何时间都有可能。因此，原位观测与试验结果要经过温度修正后方可使用，否则不够安全。

严格地说，即使对秋末冬初地温最高时进行测试的结果，也要进行温度修正。因为：一，当试验不在本年最高地温月时的修正乃是当年的月际修正，即将不是最高地温月份地温修正到相当最高地温月份的地温；二，另一个修正是年际修正，因做试验年份的气候不见得是最不利的，也有可能是气温偏低的年，应该用多年观测中偏高年份的地温来修正，这样才有足够的安全性，但一般不进行年际修正。

3.2.3 对按保持冻结状态利用多年冻土作地基的普通冻土，钻孔深度一般不浅于建筑物基础下主要持力层的深度（二倍基础宽度），保证基底之下持力层中冻土的物理力学性能清楚；对按逐渐融化和预先融化状态设计的地基，应符合未冻土地基的有关要求。

3.2.4 基础设计时，根据实际需要应获取本条中的全部或其中的部分，甚至某几个资料或数据。其中有的数据是从专业部门收集到的；有的是在现有条件下调查得到的；有勘探、测试获取；有室内试验；有通过其他指标查得的，也有必须进行原位试验得到的；有多年冻土的，也有季节活动层的。

3.2.5 在工程地质、水文地质的不良地段，对重要工程应进行系统的地温观测，在我国多年冻土地基的经验不太丰富的今天是很有必要的，俄罗斯至今仍很重视地基的测温工作。这主要是对工程负责，同时也为积累资料。为了保证测温工作的顺利进行，应在设计文件中提出明确的要求。

4 多年冻土地基的设计

4.1 一般规定

4.1.1 在我国多年冻土地区，多年冻土的连续性（冻土面积与总面积之比）不是太高（表 4-1）。因此，建筑物的平面布置具有一定的灵活性，这种选址工作在我国已经有几十年的历史了。所以，尽量选择各种冻区以及粗颗粒的不融沉土作地基，在今后仍有一定的实际意义。

4.1.2 利用多年冻土作地基时，由于土在冻结与融化两种不同状态下，其力学性质、强度指标、变形特点与构造的热稳定性等相差悬殊，及从一种状态过渡到另一种状态时，在一般情况下将发生强度由大到小，变形则由小到大的巨大突变。因此，根据冻土的冻结与融化状态，确定多年冻土地基的设计状态是极为必要的。

多年冻土地基设计状态的采用，应根据建筑物的结构和技术特性；工程地质条件和地基土土性质的变化等因素予以考虑。一般来说，在坚硬冻土（见规范 3.1.4 条）地基和高震级地区，采用保持冻结状态进行设计是经济合理的。如果地基土在融化时，其变形不超过建筑物的允许值，且采用保持冻结状态又不经济时，应采用逐渐融化状态进行设计。但是，当地基土年平均地温较高（不低于-0.5℃），处于塑性冻结状态（见规范 3.1.4 条）时，采用保持冻结状态和逐渐融化状态皆不经济时，应考虑按预先融化的状态进行设计。无论采用何种状态，都必须通过技术经济比较后确定。

4.1.3 融沉土及强融沉土等在从冻结到融化状态下的变形问题是在多年冻土地区建筑地基基础设计的中心问题，在一栋建筑物中其建筑面积是很小的，基础相连或很近，在很近的距离之内无法将地基土截然分成冻结与不冻的两个稳定部分。既便是能做到，经济上也不许可，实际上也没必要。因此，规定在一栋整体建筑物中必须采用一种状态，一个建筑场地同样也应一个状态。在与原有建筑物很近的拟建建筑物也不得采用不同的状态设计。

季节冻土在多年冻土区所占比例的分布　　表4-1

冻土地区	冻土类型	季节冻土所占面积（%）	季节冻土分布的基本特征
东北高纬度多年冻土区	大片多年冻土区	25～35	大河漫滩阶地、基岩裸露的阳坡
	岛状融区	40～50	大、中河流的漫滩阶地、基岩裸露的阳坡
	岛状冻土区	70～95	除河谷的塔头沼泽以外的任何地带
青藏高海拔多年冻土区	大片多年冻土区	20～30	大河贯穿融区、构造地热融区等
	岛状多年冻土区	40～60	除河谷的塔头沼泽以外的任何地带

4.1.4 无论采用何种多年冻土地基的设计状态，都要注意周围场地及附属设施的有机配合，特别是做好地表排水设施，避免地表水渗入而造成基础冻胀或沉陷。对于低洼场地，宜在建筑物四周向外1～1.5倍冻深范围内，使室外地坪至少高出自然地面500～800mm，并做好柔性散水坡，及时排出雨水。并对热管道和给排水系统尽量架空，或者采取有效的保温隔热措施使之穿越地基并定期检查，以防止向地基传热，从而引起基础沉陷。

4.2 保持冻结状态的设计

4.2.1 在多年冻土地区，进行建筑物设计时，是否采用保持冻结状态，关键取决于建筑场地范围内冻土稳定性的条件。

东北高纬度多年冻土大片多年冻土中的年平均地温为－1.0～－2.0℃，高原大片多年冻土中的年平均地温为－1.0～－3.5℃。一般来说大片多年冻土区中的冻土层，在没有特殊情况发生时是稳定的。因此，将年平均地温小于－1.0℃作为选择保持冻结状态的一个条件是恰当的。

在建筑场地范围内，如地面自然条件遭到一定程度的破坏，将直接加大地基土的融化深度，迫使多年冻土上限下降。因此，在地基土最大融化深度内如夹有厚地下冰层（厚度大于200mm），或者有弱融沉以上的融沉性土层存在时，只有采用保持冻结状态进行设计，才能保证建筑物的稳定性。

试验结果证明：非采暖建筑或采暖温度偏低，宽度不大的轻型建筑物，对地基土的热稳定性影响较小，采用保持冻结状态设计非采暖库房，输油管设施以及对位移较敏感的建筑物是适宜的。

4.2.2 保持地基土处于冻结状态的设计措施可归纳为四个方面：

1. 通风冷却地基土。架空通风基础和填土通风管道基础属此种，应尽量利用自然通风，若满足不了要求，还可借助通风机强迫通风。待日平均气温低于地表土温时才可通风，地基得到冷却，翌年气温回升到日平均气温高出地表土温时，通风失去作用甚至起负作用时可关闭通风口；

2. 隔热保温。使用热绝缘地板，高填土地基等属此类。保温地板一方面保护室内热量不外散，使人感到舒适，节省能源，另一方面也保护地基土的冻结层，不使过多的热量破坏稳定冻结状态，上限不下移。

如就地产有粗颗粒土时，比较经济和简便的方法是在有效范围内设置粗颗粒土保温垫层，其厚度应以保持冻土上限稳定，或下降所引起的变形很小为原则。这是在美国、加拿大等国家的多年冻土地区建筑轻型房屋时普遍采用的一种方法。

但是这种高填土地基成功与否，关键的一环是施工质量，若监督不严，措施不当，所填之土达不到要求的密实程度，房屋就会因垫层压缩而导致房屋开裂，这是有过教训的；

3. 加大基础埋深。采用桩基础或将独立基础底面延伸到融化盘最大计算深度之下的冻土层中；

4. 热桩、热棒基础。用热桩、热棒基础内部的热虹吸将地基土中的热量传至上部散入大气中，冷却地基的效果很好，是一种很有前途的方法。

4.2.3 架空通风（尤其是自然通风）是保持地基土处于冻结状态的基本措施，应得到广泛应用。只要保证足够的通风面积畅通无阻，地基土即可得到冷却。架空通风措施安全可靠，构造简单，使用方便，经济合理。

4.2.4 利用冻结状态的多年冻土作地基时，基础的主要类型是桩基础，因它向下传力可以不受深度影响，施工方便，实现架空通风构造上也不太繁杂，采用高桩承台即可完成。如对重要建筑物感到土温较高无把握，还可采用热桩。由于冻融交替频繁，干湿变化较大，考虑桩基的耐久性，应对冻融活动层处增加防锈（钢管桩、钢板桩）、防冻融（钢筋混凝土桩）和防腐（木桩）的措施，否则，若干年后会损失严重。

4.2.5 保持地基土冻结状态对正常使用中的要求为：在夏季排除建筑物周围的地表积水，保护覆盖植被，冬季及时清除周围的积雪；对施工的要求为：在施工过程中对施工季节与地温的控制指标等施工单位提出要求，以防止地温场遭受在短期内难以恢复的破坏。

过去我们对环境保护很不重视，新建建筑物不大，但污染环境一大片。在多年冻土地区环境的生态平衡非常重要，必须加以保护，否则我们的多年冻土将会迅速的缩减，一旦退化再恢复是不可能的了，为了今天，更为了明天，我们要重视起环境保护，要把它写入勘察设计文件中去。设计文件不但要规定施工过程应注意的事项，在正常使用期间仍要遵守保护环境的各项规定。

4.3 逐渐融化状态的设计

4.3.1 在我国多年冻土地区，岛状多年冻土具有厚度较薄、年平均地温较高、处于不稳定冻结状态等特点，当年平均地温为－0.5～－1.0℃时，在自然条件和人为因素的影响下，将会引起退化；如果采用保持冻结状态进行设计不经济时，则采用容许逐渐融化状态的设计是适宜的。

当持力层范围内的地基土处于塑性冻结状态，或室温较高，宽度较大的建筑物以及热管道及给排水系统穿过地基时，由于难以保持土的稳定冻结状态，宜采用容许逐渐融化状态进行设计。

4.3.2～4.3.3 多年冻土以逐渐融化状态用作地基时，其主要问题是变形，解决地基变形为建筑结构所允许的途径有以下两个方面：

1. 从地基上采取措施（减小变形量）：
(1) 当选择低压缩性土为持力层的地基有困难时，可采用加大基础埋深，并使基底之下的融化土层变薄，以控制地基土逐渐融化后，其下沉量不超过允许变形值；
(2) 设置地面排水系统，有效地减少地面集水，以及采用热绝缘地板或其他保温措施，防止室温、热管道及给排水系统向地基传热，人为控制地基土的融化深度。

2. 从结构上采取措施：
(1) 加强结构的整体性与空间刚度，抵御一部分不均匀变形，防止结构裂缝；
(2) 增加结构的柔性，适应地基土逐渐融化后的不均匀变形。

4.4 预先融化状态的设计

4.4.1 在多年冻土地区进行建筑物设计时，如建筑场地内有零星岛状多年冻土分布，并且建筑物平面全部或部分布置在岛状多年冻土范围之内，采用保持冻结状态或逐渐融化状态均不经济时宜采用预先融化状态进行地基设计。

当年平均地温不低于－0.5℃时，多年冻土在水平方向上呈尖灭状况,一旦外界条件改变,多年冻土的热平衡状态就会遭到破坏。根据这一特征,使地基土预先融化至计算深度或全部融化,是现实的和必要的,这一建筑经验在国内外已有几十年的历史。

4.4.2 预先使地基土(冻结层)融化至计算深度,如其变形量超过建筑结构允许值时,即可根据多年冻土的融沉性质和冻结状态,采用粗颗粒土置换细颗粒土;对压缩性较大的地基进行预压加密;加大基础埋深和采取必要的结构措施,如增强建筑物的整体刚度或增加其柔性等的有效措施。

但是要注意的是,当地基土融化至计算深度,基础施工时应注意保持多年冻土人为上限的一致,以避免地基土不均匀变形而影响建筑物的稳定性。

4.4.3 按预先融化状态利用多年冻土作地基,在符合本规范4.4.1条规定,并经过经济比较,在技术条件容许的情况下,预先将冻土层全部融化掉时应按现行国家标准《建筑地基基础设计规范》GBJ-7的有关规定,进行地基基础设计。

4.5 含土冰层、盐渍化冻土与冻结泥炭化土地基的设计

4.5.1 含土冰层的总含水量为 w 大于 w_p+35,水的体积大于土的体积,融化后呈现融陷现象,是任何一种承重结构所适应不了这种巨大变形的。因此,应避开含土冰层作为地基,必须采用时应慎重对待,进行特殊处理。

4.5.2 由于冻土中易溶盐的类型不同(氯盐、硫酸盐和碳酸盐类),对土起始冻结温度的影响、对建筑材料的腐蚀都有不同。氯盐对冰点的降低最显著,Na_2CO_3 和 $NaHCO_3$ 能使土的亲水性增加,并使土与沥青相互作用形成水溶体,造成沥青材料乳化。硫酸盐的含量超过 1%,氯盐的含量超过 4%,对水泥产生有害的腐蚀作用。硫酸盐结晶水化物可造成水泥砂浆、混凝土等材料的疏松、剥落、掉皮和其他侵蚀性作用。

盐渍化冻土的特点是起始冻结温度随着盐渍度的加大,孔隙溶液浓度的变浓而降低,含冰率相对减少。在同样土温条件下,盐渍化冻土的强度指标要小得多,同时还具腐蚀性。因此,设计时要考虑下述几点:

1. 在初步设计预估承载力时,除计算桩与泥浆冻结的承载力之外,还应验算钻孔插入桩周围泥浆与盐渍化冻土界面上冻土的抗剪强度所形成的承载力,并以小者为准;
2. 为了提高钻孔插入桩的承载力,可加大钻孔直径,使其比桩径大 100mm,用石灰砂浆回填,一方面使桩侧的冻结强度提高(与泥浆的比较),另方面也由于(石灰砂浆与盐渍化冻土交界面上强度的提高和面积的加大)使桩周为泥浆的薄弱环节得到加强,这就提高了总承载力;
3. 单桩竖向承载力与塑性冻土地基中桩的变形情况,应通过单桩载荷试验确定。

4.5.3 盐渍化冻土若按逐渐融化和预先融化状态进行设计时,除应符合本规范第 4.3、第 4.4 节各条的规定外,还应符合现行国家标准《建筑地基基础设计规范》GBJ-7 与其他有关现行规范的规定。

4.5.4 冻结泥炭化土地基的设计与盐渍化冻土的差别不大,其特点与设计时注意事项都基本相同,不再详述。

5 基础的埋置深度

5.1 季节冻土地基

5.1.1 在季节冻土地区的地基,一个年度周期内经历着未冻土——冻结土的两种状态。由于未冻土的力学特征指标远较冻结土的为低,所以季节冻结层在夏季未冻结状态是地基计算中的薄弱环节,最为不利。在冬季,地基土中水的相变膨胀,对基础的稳定性不利,必须加以考虑。因此,季节冻土地区的地基与基础的设计,首先应满足现行国家标准《建筑地基基础设计规范》GBJ-7 等非冻土地基中有关规范的规定,即保证在长期荷载作用下地基变形在上部承重结构的允许范围之内,在最不利荷载作用下地基不出现失稳。在符合上述两个前提下,对于对基础有危害的冻胀性地基土,尚应根据规范附录 C 的规定计算冻胀力的大小和对建筑物的危害程度,或考虑采用某些防冻害的安全措施。如果这三项条件都得到满足,即满足了稳定和变形要求,同时在冬季地基土在冻结膨胀的过程中,对基础又不产生什么危害性。为了节省基础工程资金,减少消耗,缩短工期,基础应尽量浅埋。设计计算的目的就是求基础的最小埋置深度。

直到目前为止,在季节冻土地区内地基和基础的设计中,基础的埋置深度基本上全部埋置在最大冻深线以下(经过调查,残留冻土层也很少考虑),对单层房屋,地上墙高不过 3m 左右,而埋入地下的部分,在寒冷的北部地区,也差不多是 3m 左右,有的地方比这还要深些,这显然不经济也不合理。所以本规范第 5 章和附录 C 也增添了这一内容,列出了公式、计算图表和计算过程,规定了如何进行基础的浅埋。

5.1.2 地基土若是非冻胀性的,则其冻融对基础既不产生冻胀力的作用,也不产生附加的融沉变形,即对基础毫无影响,因此,在设计基础埋深时,不予考虑冻深的存在。

对于冻胀性土,则在冻结时要出现冻结膨胀的体积变化,即产生冻胀量,并伴随产生冻胀力的作用。土的冻胀性越强,其冻胀量和冻胀力就越大,当冻胀力超过建筑物能够承受的极限时就出现冻害事故,这种破坏在寒冷的北方地区屡见不鲜,损失巨大。

日本、美国、丹麦和加拿大等国的地基设计规范规定了不管地基土的冻胀与否,其基础的埋深一律不小于冻深。前苏联的地基基础规范则进一步规定,对不冻胀土,其基础的埋深可不考虑冻深的影响,而对冻胀性土的基础埋深则不小于计算冻深(计算冻深等于标准冻深乘以采暖影响系数)。

我国的地基规范在前苏联规范的基础上又前进了一步,根据土的冻胀规律,在下部有一冻而不胀或冻而微胀的土层,总冻胀量不超过允许值(冻融变形的允许值在我国"地基规范"规定为 10mm)的土层厚度,称为残留冻土层厚度,并分出了冻胀性大小不同的四个级别。土的冻胀性不同,残留冻土层厚度也不同,基础可以埋置在残留冻土层的上面,达到浅埋的目的。由于我国的"地基规范"将残留冻土层看作是不冻胀或微冻胀的土层,严格地说我国的"地基规范"仍是不准将基础底面放置在冻胀性基土之上。

对冻胀性土,本条规定基础底面可放置在设计冻深之内(设计冻深等于标准冻深乘以冻深影响系数),但其埋置深度必须按规范附录 C 的规定进行冻胀力作用下基础的稳定性验算,不经过计算的浅埋是盲目浅埋,绝对不可以;即使基础的埋置深度超过冻层,如不对切向冻胀力进行检算,或检算不够而不采取相应补救措施,仍是不允许的,那种将季节冻土地基房屋的安全性完全由基础埋置的深浅来作衡量标准的观点现在应该也必须加以改变。

冻胀力作用下基础的稳定性验算应当理解为从开始施工之日起,直到有效使用期末的整个时期内的冬季,都应保证满足计算的要求或相应的规定。它主要分为两个阶段,一为建成前的施工阶段,尤其施工初期阶段或停工而不加措施的越冬;二为正常使用期间。有不少工程由于设计人员只注意保证完工后的使用阶段的安全越冬,而忽视了荷载尚未加足的施工期间的验算,由此而造成的冻害事故不在少数。

影响冻深的因素很多,最主要的是气温,除此之外尚有季节冻结层附近的地质(岩性)条件,水分状况以及地貌特征等等,在

上述诸因素中，除山区外，只有气温属地理性指标，其他一些因素，在平面分布上都是彼此独立的，带有随机性，各自的变化无规律和系统，有些地方的变化还是相当大的，它们属局部性指标，局部性指标用小比例尺的全国分布图来表示，不合适。例如，哈尔滨郊区有一个高陡坡，水平距离不过十余米，坡上土的含水量小，地下水位低，冻深约1.9m，而坡下地下水位高，土的含水量大，属特强冻胀土，历年冻深不超过1.5m。这种情况在冻深图中是无法表示清楚的，也不可能表示清楚。

《中国季节冻土标准冻深线图》应该理解为在标准条件下取得的，该标准条件即为标准冻深的定义：地下水位与冻结锋面之间的距离大于两米，非冻胀粘性土，地表平坦、裸露，在城市之外的空旷场地中多年实测（不少于十年）最大冻深的平均值。标准冻深一般不用于设计中，冻深的影响系数有土质系数、湿度系数、环境系数和地形系数等。

土质对冻深的影响是众所周知的，因岩性不同其热物理参数也不同，粗颗粒土的导热系数比细颗粒土的大。因此，当其他条件一致时，粗颗粒土比细颗粒土的冻深大，砂类土的冻深比粘性土的大。我国对这方面问题的实测数据不多，不系统，前苏联1974年和1983年《房屋及建筑物地基》设计规范中即有明确规定，本规范采纳了他们的数据。

土的含水量和地下水位对冻深也有明显的影响，我国东北地区做了不少工作，这里将土中水分与地下水位都用土的冻胀性表示（见规范中土的冻胀性分类表3.1.5），水分（湿度）对冻深的影响系数见表5-1。因土中水在相变时要放出大量的潜热，所以含水量越多，地下水位越高（冻结时间上迁移），参与相变的水量就越多，放出的潜热也就越多，由于冻胀土冻结的过程也是放热的过程，放热在某种程度上减缓了冻深的发展速度，因此冻深相对变浅。

水分对冻深的影响系数（含水量、地下水位） 表5-1

资料出处	不冻胀	弱冻胀	冻胀	强冻胀	特强冻胀
黑龙江省低温建研所（国家岗站）	1.00	1.00	0.90	0.85	0.80
黑龙江省低温建研所（龙凤站）	1.00	0.90	0.80	0.80	0.77
大庆油田设计院（让胡路站）	1.00	0.95	0.85	0.85	0.75
黑龙江省交通科学研究所（庆安站）	1.00	0.95	0.90	0.85	0.75
推荐值	1.00	0.95	0.90	0.85	0.80

注：土的含水量与地下水位深度都含在土的冻胀性中，参见土的冻胀性分类表3.1.5。

坡度和坡向对冻深也有一定的影响，因坡向不同，接收日照的时间有长有短，得到的辐射热有多有少，向阳坡的冻深最浅，背阴坡的冻深最大。坡度的大小也有很大关系。同是向阳坡，坡度大者阳光光线的入射角相对较小，单位面积上的光照强度变大，接受的辐射热量就多，但是有关这方面的定量实测资料很少，现仅参照前苏联《普通冻土学》中坡向对融化深度的影响系数给出。

城市的气温高于郊外，这种现象在气象学中称谓城市的"热岛效应"。城市里的辐射受热状况改变了（深色的沥青屋顶及路面吸收大量阳光），高耸的建筑物吸收更多的阳光，各种建筑材料的热容量和传热量大于松土。据计算，城市接受的太阳辐射量比郊外高出10%～30%，城市建筑物和路面传送热量的速度比郊外湿润的砂质土快3倍。工业设施排烟、放气、交通车辆排放尾气、人为活动都放出很多热量，加之建筑群集中、风小、对流差等，也使周围气温升高。

目前无论国际还是国内对城市气候的研究越来越重视，该项研究已列入国家基金资助课题，对北京、上海、沈阳等十个城市进行了重点研究，已取得一批阶段成果。根据国家气象局气象科学研究院气候所、中国科学院和国家计委北京地理研究所气候室的专家提供的数据，经过整理列于表5-2中。"热岛效应"是一个比较复杂的问题，和城市人口数量、人口密度，年平均气温、风速、阴雨天气等诸多因素有关。根据观测资料与专家意见，作如下规定：20～50万人口的城市（市区），只按近郊考虑0.95的影响系数，50～100万人口的城市只按市区考虑0.90的系数，大于100万的，除考虑市区外，还可扩大考虑5km范围内的近郊区。此处所说的城市（市区）是指市民居集中的市区，不包括郊区和市属县、镇。

"热岛效应"对冻深的影响 表5-2

城　市	北　京	兰　州	沈　阳	乌鲁木齐
市区冻深／远郊冻深	52%	80%	85%	93%
规范推荐值	市区—0.90	近郊—0.95	村镇—1.00	

关于冻深的取值，尽量应用当地的实测资料；要注意个别年份挖探一个、两个的数据不能算实测数据，而且多年实测资料（不少于十年）的平均值才为实测数据（个体不能代表平均值）。

5.1.3 过去的地基基础设计规范、地基基础施工验收规范都明文规定在砌筑基础时，基槽中基础底面以下不准留有冻土层，以防冻土融化时基础不均匀下沉。因为基础不均匀下沉，轻则承重结构（非静定）产生很大内应力，重则开裂破坏，这种教训是有的。但近几年来，首先在大庆地区突破了这一禁令，在春融期地基尚未融透，利用有效冻胀区的概念，成功地留有一定厚度的冻土层，为国家节约大量的基础工程资金，受到石油部的奖励。

对当年开工当年竣工的当年工程，为争取时间抢进度提前开工挖刨冻土，当挖至基础设计埋深的标高，下部尚有一定厚度的冻土层时，可酌情考虑下列所述内容。

一、不冻胀土地基

可不考虑已冻地基土在融化时对基础的作用，按不冻土地基看待，对基础的施工没有影响；

二、冻胀性土地基

应考虑已冻地基土在融化下沉时对基础的作用

1. 当基槽底部实际剩余冻土层的厚度小于或等于相应该冻胀类土的残留冻土层的厚度d_{fr}时，可不考虑该层冻土的融沉量，仍按不冻胀土地基对待，对基础的施工没有影响；

2. 当基槽底部实际剩余冻土层的厚度大于相应残留冻土层的厚度d_{fr}时，可按下列三种情况处理：

（1）独立基础

可连续施工基础至基础梁底部标高处，此时若冻土层已融化至小于或等于相应残留冻土层的厚度d_{fr}时，其上部照常按原设计继续施工；

（2）条形基础

可连续施工基础至室外地面附近，但砌筑砂浆提高一级，并确保毛石砌体的质量，此时若冻土层融化至小于或等于相应残留冻土层的厚度d_{fr}时，应做一道封闭的钢筋混凝土圈梁，然后可继续正常施工；

（3）当按（1）、（2）情况连续施工基础至基础梁（圈梁）底部标高时，下面的冻土层虽然融化一部分，但其厚度仍大于相应于同类冻胀性土的残留冻土层厚度d_{fr}，这时应停工，待其下部冻土层融化至小于或等于相应冻胀类别的残留冻土层时再继续施工。

注：①春融期当大地冻土层尚未融透之前施工基础时，基础的埋置深度不是从自然地面算起的深度，因地表面的高度还包含一个冻胀量的厚度在内，放线时应注意。

②残留冻土层厚度见公式（5-1）～（5-4）。

③对冻胀性土地基中的残留冻土层，在其厚度范围内求出冻土的平均含水量，按规范附录G中G.0.2的规定算出融化下沉系数与总融化下沉量，只有当化下沉量不超过10mm时才是容许的，否则应减小基底残留冻土层的厚度。

5.1.4 在防冻害措施中最好是选择冻胀性小的场地作地基，或对现有地基采取降低冻胀性的某些措施。例如排水，即疏导地表水，降低地下水或提高地面等；压密，即用强夯法将冻层之内地基土的干密度压实到大于或等于 $1.7t/m^3$；保温，可减小冻深和改变水分迁移方向。

由于砖砌体在地下都不勾缝，毛石不规则，其表面凸凹不平明显，切向冻胀力的数值特别大，如用水泥砂浆抹面抛光，将大大改善受力状态，或用物理化学方法处理基侧表面或与基侧表面接触的土层：如在表面涂以渣油层用表面活性剂配制的憎水土隔离，用添加剂使土颗粒凝聚或分散的土隔离等。

人工盐渍化的方法可降低土的超始冻结温度，也能起到一定的作用，但一般不用，因该方法不耐久，随着时间的延长，地下水会把盐溶液的浓度冲淡而失效，同时将地基土盐渍化，变得具有腐蚀性，危害各种地下设施。因此本规范未推荐此措施。

加大上荷载可在一定程度上有效地平衡一部分冻胀力，因此，凡是处在强和特强冻胀土的地基上，尽量避免设计低层（尤其单层）建筑。

在冻胀性较强的地方，当外墙较长、较高时，为抵御由外侧冻胀力偏大而引起的偏心或弯矩，宜适当增加内横隔墙或扶壁柱的数量。

砂垫层可防法向冻胀力，但一定要把砂垫层的底面放置在设计冻深的底线上，即砂垫层的下部不得有冻胀性土存在，因砂垫层底面的附加应力要小得多，它平衡不了多少冻胀应力。

大量试验证明，梯形斜面基础是防切向冻胀力的有效措施之一，但施工稍稍麻烦点。

自锚式扩展基础也是防切向冻胀力的有效措施之一，但要注意回填土部分的施工质量，否则，将产生过大的压缩变形。

跨年度基础工程的越冬：

一、不冻胀土地基

可不考虑地基土冻结时对基础的影响，除将基槽及时回填妥当外，任何其他措施都不用采取；

二、冻胀性土地基

要考虑地基土冻胀时对基础的作用，除将基坑保质保量回填外，尚应进行覆土保温，减小冻深，以防冻害事故的发生。覆土宽度范围为基础边缘向外延伸 0.8~1.0 倍设计冻深，其最小覆土厚度 h 按下列情况确定。

1. 仅完成基础施工

上部荷载为零，此时所需覆土层的厚度 h_1 按下式计算

$$h_1 = z_d - d_{min} - d_{fr} \quad (5-1)$$

式中 z_d——工程地点的设计冻深；

d_{min}——本基础的实际埋深；

d_{fr}——允许残留冻土层厚度，取 m_t 为 1.00。

对弱冻胀土

$$d_{fr} = 0.17 z_d m_t + 0.26 \quad (m) \quad (5-2)$$

对冻胀土

$$d_{fr} = 0.15 z_d m_t \quad (m) \quad (5-3)$$

对强冻胀、特强冻胀土

$$d_{fr} = 0 \quad (m) \quad (5-4)$$

2. 半截工程

上部结构荷载已增加到一定程度，挑选最不利部位（基础宽度最大，上部荷载最轻），用实际附加荷载，采暖影响系数 $m_t = 1.10$，按规范附录C中有关部分进行基础埋深计算，求出基础底面之下允许的冻土层厚度 h'，则所需覆土层的厚度 h_2 按下式计算

$$h_2 = z_d - d_{min} - h' \quad (5-5)$$

式中 h'——用半截工程条件计算，所得基础底面之下允许的冻土层厚度。

注：① 在冻胀性土地基上砌筑基础时，当进行基坑回填时必须作好防切向冻胀力的处理；

② 半截工程在停工前应使上部荷载数量均衡；

③ 若用其他保温材料进行覆盖，宽度范围不变，其厚度可按该种材料实际的导热系数与原地基土的比较，采用当量厚度；

④ 在半截工程中，当上部荷载仅施加很少一部份时，可按上述二，1，也可按二，2计算 h，并应选用其中小者进行施工；

⑤ 基础施工过程中基槽不得浸水。

5.2 多年冻土地基

5.2.1 在多年冻土地区，当不衔接的多年冻土上限比较低，低到有热源或供建筑物的最大热影响深度（相当稳定融化盘）以下时，下卧的多年冻土不受上层人为活动和建筑物热影响的干扰或干扰不大，可按季节冻土地区的规定进行设计。若上限高度处在最大热影响深度（稳定融化盘）之内时，要看其冻土部分的融化和压缩变形值确定，若基础总的下沉变形量（连原不冻土的压缩量同时计入）不超过承重结构的允许值时，仍按季节冻土地基的方法考虑基础的埋深。

5.2.2~5.2.3 对衔接的多年冻土，按保持冻结状态利用多年冻土作地基时，基础的最小埋深一方面考虑多年冻土层靠近上限位置的地温较高，变形较大，强度较低，另一方面偶迁温暖年份上限有可能下移，危及基础的稳定性，所以一般基础的底面必须卧入多年冻土层一定深度：对一般基础取 1m 深；而对桩基础要求高一些，为 2m，因桩的承载力主要在冻土层中，所以埋深一些，不但强度较高，也比较稳定，有一定的安全性。对临时性的或次要的附属建筑物，由于要求不高，标准较低，只要不小于设计融深 z_d^m 即可。

但是，如果采用架空通风基础、地下通风管道以及热桩等措施保持地基冻结状态的方案经过综合分析与比较不经济时，在施工条件容许，也可将基础底面延伸到稳定融化盘的最大融深以下 1.0m。

按逐渐融化和预先融化状态利用多年冻土作地基时，即容许地基土融化的状态，基础的埋深与季节冻土地基所考虑的因素差不多，即应考虑设计冻深，地基土的冻胀性以及融化压缩系数等，按季节冻土地基的方法进行计算。

多年冻土地区无论是按保持冻结状态利用多年冻土作地基，还是按逐渐融化和预先融化状态利用多年冻土作地基时，都应按本规范附录C的规定作冻胀力作用下基础的稳定性验算，主要验算在切向冻胀力的作用下基础的稳定性和基础本身的强度。如果基础是"浅基础"（基础底面埋置在季节融化层内）尚应考虑法向冻胀力的作用，不但验算正常使用阶段，尚应进行在施工阶段越冬冻胀力的问题。

在衔接的多年冻土地基中按保持冻结状态利用多年冻土作地基的条件下，如将基础砌置在季节融化深度之内，计算该"浅基础"法向冻胀力作用下的稳定性时，仍可近似地按规范附录C中的计算方法进行。本规范附录C中是针对双层地基系统求得的，应用到三层地基中（季节冻结层—季节融化层—多年冻土层）是近似的，但由于三层地基体系的计算程序和计算图表尚未完成，在此之前只好暂时借用，虽然有些出入，但比其他任何别的方法要适用得多。

象地基土的冻结深度一样，地基土的融化深度也需规定一个统一的标准条件，即在衔接的多年冻土地基中，土质为非融沉性（冻胀性）的粘性土，地表为平坦、裸露的空旷场地，多年（不小于10年）实测融化深度的平均值为融深的标准值。

在没有实测资料时，标准融深按规范 (5.2.3-1)~(5.2.3-5) 公式计算，(5.2.3-1)适用于高海拔的青藏高原，(5.2.3-2)式适用于高纬度的东北地区，(5.2.3-3)式适用于东北地区，(5.2.3-4)、(5.2.3-5)式适用于高海拔的青藏高原地区。由于高海拔多年冻土地区（青藏高原）与高纬度多年冻土地区（东北地区）的气候特点不同，例如两个地区的年平均气温相同，但高纬度地区的冻结指数

和融化指数都较大，即年较差大，根据融化指数求其融化深度就有出入，两个地区的融化深度与融化指数的关系就有显著的区别。因此，提出两个公式分别对高原和东北高纬度地区进行计算。

标准融化指数等值线图系由黑龙江省农业气象试验站绘制。

融化深度的问题与冻结深度的问题，都属于热的传导问题。凡是影响冻结深度的因素同样也影响着融化深度，除了气温的影响之外尚有土质类别（岩性）不同的影响、土中含水程度的影响以及坡度的影响等。如前所述，当其他条件相同时，粗颗粒土的融化深度比粘性土的大，因粗颗粒土的导热系数比细颗粒土的大。土的含水量越大消耗于相变的热量就越多，虽然导热系数随含水量的增加而增大，但比相变耗热的增大缓慢得多，因比含水越多的土层融化深度相对越小。

坡向和坡度对土层的季节融化深度的影响也是很大的，在其他条件相同的情况下，地表接受的日照和辐射热的总量也不同，所以向阳坡，坡度越大，融化的深度越深，见表5-3。

铁道部科学研究院西北分院、铁道部第一勘测设计院、中国科学院冰川冻土研究所等单位编写的《青藏高原多年冻土地区铁路勘测设计细则（初稿）》和铁道部第三勘测设计院编写的《东北多年冻土地区铁路勘测设计细则》对土质类别与融深的关系有研究，对含水程度引用冻结过程的资料。土的类别对融深的影响系数见表5-4。

坡向对融深的影响系数 ψ_1 表5-3

数据来源	坡向	融深（m）	ψ_1
前苏联教科书《普通冻土学》中有关"伊尔库特—贝加尔地区"的资料	北坡	0.58	0.88
	—	0.775	1.00
	南坡	0.37	1.12
《公路工程地质》一书中杨润田、林凤桐有关大兴安岭地区资料	阴坡	1.00	0.80
		1.25	1.00
	阳坡	1.50	1.20
规范推荐值	阴坡	—	0.90
	阳坡	—	1.10

土的类别（岩性）对融深的影响 ψ_2 表5-4

青藏高原多年冻土地区铁路勘测设计细则	粘性土	粉土、粉、细砂	中、粗、砾砂	大块碎石	
影响系数	1.00	1.12	1.20	1.45	
东北多年冻土地区铁路勘测设计细则	粉土	砂	砾	卵石	碎石
影响系数	1.00			2.03	1.44
本规范推荐值	粘性土	粉土、粉、细	中、粗、砾	大块碎石类	
ψ_2	1.00	1.20	1.30	1.40	

6 多年冻土地基的计算

6.1 一般规定

6.1.1 多年冻土地区在我国分布幅员辽阔，在这些地区建造房屋，进行地基与基础计算，必须考虑建筑物与地基土之间热交换引起的地基承载力、变形的变化，对静力计算的影响。由于没有考虑冻土这一特点而引起地基沉陷、墙体开裂、房屋不能使用的事故屡见不鲜，同时由于没有掌握计算要点盲目深埋，造成的经济损失也十分可观，因而在冻土地区应通过对地基静力、热工、稳定三方面的计算以达到安全、经济的目的。

6.1.2 在多年冻土地区进行工程建设时，和非冻土区一样，需要进行地基承载力、变形和稳定性计算。但是，作为地基土的冻土，其强度、承载力等数值，除了与地基土的物质成分、孔隙比等因素有关外，还与冻土中冰的含量有很大的关系。冻土中未冻水量的变化直接影响着冻土中的含水量及冰-土的胶结强度，地温升高，冻土中的未冻水量增大，强度降低，地温降低，未冻水量减少，强度增大。因此，在确定冻土地基承载力时，必须预测建筑物基础下地基土的强度状态，用建筑物使用期间最不利的地温状态来确定冻土地基承载力才是可靠和安全的。反之，仅按非冻土区状态来确定地基承载力，就不能充分利用冻土地基的高强度特性，造成很大的浪费。若仅按勘察期间天然地温状态确定的冻土地基承载力亦是不安全的。因而，基础设计时，按预测建筑物使用期间可能出现的最不利的地温状态来进行承载力计算。

多年冻土地区的边坡稳定验算中，滑动面为冻融交界面，即融冻滑塌，不同于非冻土地区的地基稳定性验算，具体计算应按第八章第一节的有关条文进行。

6.1.3 保持地基土处于冻结状态利用多年冻土时，由于坚硬冻土的土温较低，土中已有含冰量足以将土的矿物颗粒牢固地胶结在一起，使其各项力学指标增强许多，而其中的压缩模量大幅度提高。对一般建筑物基础荷载的作用，在地基土承载力范围之内，满足变形要求绰绰有余，所以对坚硬冻土只需计算承载力就可以了。对塑性冻土，由于其压缩模量比坚硬冻土小得多，在基础荷载作用下，处于承载力范围之内的压缩、沉降变形却不可忽视。因此，还须对变形加以考虑。

如果建筑物下有融化盘，还必须进行最大融化深度的计算，一定要保证基础底面及其持力层在人为上限之下的规定深度，处于稳定冻结状态的土层内。

容许多年冻土以融化状态用作地基时，应按现行国家标准《建筑地基基础设计规范》GBJ-7的有关规定进行，就是既要按承载力计算，也要按变形来进行验算。既考虑预融后，或部分预融后的情况，也要考虑在使用过程中逐渐融化变形的状态。

6.1.4 由于我国冻土研究历史虽已三十多年，但毕竟对全国各个地区的工程地质及水文地质条件，以及各种冻结状态下的地基承载力的原位测试等工作做的不是很够的。特别是冻结状态大块碎石土的工作更是有限。同时，冻土的另一大特点，即含有不同程度的地下冰，冻土中的含水分布是异常不均匀，再者，因冻土区的工程地质勘察中，目前尚未有一个规范，工作无法统一，乃至仍按非冻土区的工程地质勘察方法进行工作。因此，在选用本规范的地基承载力值时，就受到很大的限制。所以，对安全等级为一级及部分较重要的二级建筑物（即砌体承重结构及框架结构层数超过7层）来说，必须要求进行原位测试，对于一般二级及三级建筑物，或工程地质、水文地质及冻土条件较为均一时，可以将要求放宽，通过建筑地段的冻土工程地质勘探所取得的地基土的物理力学性质来确定，但严禁不进行工程地质勘察的做法。

6.2 保持冻结状态地基的计算

6.2.1 多年冻土地区建筑物基础设计时，对基础底面压力的确定及对偏心荷载作用的基础底面压力的确定，仍需符合非冻土区的计算方法。

6.2.2 在偏心荷载作用下基础底面压力的确定。在多年冻土区中采用保持地基土处于冻结状态设计时，除了按非冻土区的计算方法外，尚应考虑作用于基础下裙边侧表面与多年冻土冻结的切向力。因为冻土与基础间的冻结强度，是随着地基土温度降低而增大的，它比未冻土与基础间的摩阻力要大的多，其作用方向和偏心力矩的方向相反。所以，对偏心荷载作用下基础底面反力值的计算，应该考虑裙边的冻结强度。

6.3 逐渐融化状态和预先融化状态地基的计算

6.3.1 地基变形的允许值，主要是由上部承重结构的强度所决定，在不少建筑物中使用条件对沉降差和绝对沉降量也有一定要求，个别还有外观上的限制。所以，建筑物的最终变形量，都需符合这一规定。

6.3.2 本规范公式（6.3.2）是计算地基下沉量比较精确的计算式，要求在地质勘探时由试验按土层分别确定融沉系数 δ_0 和体积压缩系数 m_v，并要求较准确地观察冻土层中包裹冰的平均厚度 Δ。若冻土中未见包裹冰，即 $\Delta=0$，公式（6.3.2）仍然适用。

公式（6.3.2）中第一项为融化下沉量。第二项为在地基土自重压力作用下的压缩沉降量。第三项为附加压力作用下压缩沉降量；地基土中的附加应力是按非均质地基中具有刚性下卧层，上软下硬双层体系地基考虑的；冻土层与融化层比较，可近似地认为是不可压缩的土层，用融冻界面（融化界面是逐渐下移的）上的附加应力来计算压缩变形量。第四项为包裹冰（冰透镜体和冰夹层）融化时的下沉量，但并不是所有包裹冰融化后的下沉量刚好与包裹冰自身厚度相同，而存在一个大孔隙不完全堵塞的系数，此处不予考虑，只作为一个安全因素贮备起来。式中规定了 Δ（冰夹层）仅限厚度等于和大于 10mm 者，小于 10mm 的纳入 δ_0 系数中。

6.3.3 在基础荷载作用下，地基正冻土中的附加应力系数体系与普通土中基础之下地基土中有不可压缩的下卧层体系相似，由于冻土的压缩模量比融土的大几倍甚至几十倍，所以冻土类似不可压缩体，融冻界面就是不可压缩层的表面，又因地基冻土受热是逐渐融化的，融冻界面是逐渐扩展的，可以认为不可压缩层是从基础底面逐渐下移的，冻土融一层就被压缩一层，故融冻界面处土中应力系数采用了一般土力学与地基基础书中计算不可压缩层交界处土中的应力系数表（见规范表 6.3.3）。

公式（6.3.3）中 α_{i-1}, α_i 系数，就是第 i 层土顶面和底面处的应力系数 α，因为第 i 层土是从 h_{i-1} 层底面开始融化直到 h_i 层底面的，即融冻界面是从 h_{i-1} 层底面逐渐下移至 h_i 面的，故第 i 层土中部平均应力系数为 $(\alpha_{i-1}+\alpha_i)/2$。这与地基基础设计规范中所说的平均附加应力系数不是一个概念，不可相混。

6.3.4 当地基冻土融化、压缩下沉量大于允许值时，采取预融一部分地基土来减少建筑物基础的下沉量是合适的，也是较经济的（与采取其他措施相比）。

预融土在建筑物施工前，土的融化下沉已经完成，土的自重压密也完成了一部分，计算预融深度 h_m 时，可只按融沉量计算。在计算融化总深度 H_u 时应考虑为计算最大融深 H_{max} 与融土的蓄热影响（$0.2h_m$）两部分之和。

6.3.5 基础倾斜，是由于基础边缘地基土不同下沉的结果，S_1, S_2 就是一个基础两边缘（或一段的两端）的不同下沉值，其压缩应力系数应采用边缘或角点的应力系数；它小于中心应力系数，但在非均质地基中这种试验工作尚未进行，计算图表无处可查，故采用中心点的应力系数计算，其所得结果是偏大的。但我们求的是倾斜值，S_1, S_2 同时偏大，其最终结果与小附加应力计算结果是接近的。又因计算沉降量与地基的实际沉降值往往是有差距的，因此，在没有资料时采用中心应力计算还是可行的。前苏联 СНиП II-Б.6-66 地基基础设计标准，也是采用中心应力计算的。

7 基 础

7.1 一般规定

7.1.1 冻土地区可采用的基础类型有：刚性基础、柱下单独基础、墙下条基、柱下条基、墙下筏基、桩基础、热桩、热棒基础及架空通风基础等。选择基础类型应考虑建筑物的安全等级、类型、冻土地基的热稳定性及所采用的设计状态。如墙下条基、筏基由于其向冻土地基传递的热量较多以及不能充分利用冻土地基的承载力等原因，不宜用于按保持地基冻结状态设计的多年冻土地基。各类基础具体适用条件见本章各节。

7.1.2 多年冻土地区基础下设置一定厚度冻结不敏感的砂卵石垫层，可以起到以下作用：
1. 减少季节冻-融层对地基土的影响，提供稳定的基础支承；
2. 提供较好的施工作业工作面，不管在什么季节条件下，可使施工机械、人员在地基上面工作的困难减少；
3. 减少季节冻-融层的冻胀和融沉；
4. 调节地基因季节影响引起的热状况的波动；
5. 避免现浇钢筋混凝土直接影响多年冻土温度状况，对按保持地基冻结状态设计有利。

垫层的粒料由透水性良好和洁净砾料组成。根据室内外试验结果，当粉粘粒（小于 0.074mm 颗粒）含量小于等于 10% 时，对冻胀是不敏感的（不产生冻胀或融沉），所以要求粒料中粉粘粒含量不超过 10%。粒料的最大尺寸不超过 50～70mm，级配良好。垫层应保证有一定密实度，并符合现行国家标准《建筑地基基础设计规范》BGJ-7 中填土地基的质量要求。如果在细粒土地基上铺设较粗大的砾卵石材料作垫层时，则应先在地基上铺设 150mm 左右厚度的纯净中粗砂，使其起到反滤层作用，以减少地基土融化时细颗粒土向上渗入垫层中。中粗砂有一定持水能力，使体积融化潜热提高，也有助于减少地基的冻结和融化深度。

多年冻土地区按容许地基土融化原则设计时，砂卵石垫层厚度应满足下卧细粒土融化时的强度要求。粒料垫层承载力设计值根据非冻结土按现行的国家标准《建筑地基基础设计规范》GBJ-7 有关规定取值。

7.2 多年冻土上的通风基础

7.2.1 架空通风基础（通风地下室）与填土通风管基础，实质上既不是基础，也不是地基，而是为保持地基土处于冻结状态所采取的有效措施，由于它和基础的关系又非常密切，因此，称其为基础。

架空通风基础（通风地下室）系指天然地面与建筑物一层地板底面保持一定通风高度的下部结构，可设在地下或半地下，但一般都在地上。

填土通风管系指建筑物地板下用非冻胀性砂砾料垫高，并在基中埋设通风管道的下部结构。

架空通风基础是多年冻土地区采暖房屋保持地基土冻结状态设计的基本措施。它可以利用冬季自然通风完成保持地基土冻结状态，特别是对热源较大的房屋，如锅炉房、浴室等，同时适用于各种地貌、地质条件下的冻土地基。我国青藏地区和东北大兴安岭阿木尔、满归地区均采用这种措施（表 7-1），使用效果良好。

架空通风基础使用情况　　表 7-1

地区	地点	多年冻土分布特征	年平均气温（℃）	建筑物下夏季最大融深（m）	全部回冻月份	基础类型	房屋类型	架空高度（mm）	地基条件
东北	阿木尔劲涛	大片连续	$-5\sim-6$	2.1	1	柱下单独基础，钻孔灌注桩	住宅		
东北	朝晖站	同上	-5	2.9		爆扩桩	住宅		
东北	满归	同上	-4.5	2.74	1	砂砾垫层上墙下条基	住宅	540	多冰冻土
青藏	风火山		-6.6			钻孔插入桩	住宅	800	
青藏	风火山		-6.6			平缺钢筋混凝土圈梁	住宅	330	少冰及多冰冻土

7.2.2 从东北大兴安岭和青藏地区试验房屋的实践来看，在大片连续多年冻土地区使用架空通风基础在一月均可全部回冻。我国岛状区地区年平均气温低于 $-2.5℃$，冬季月均气温总和 ΣT_f 与冻结由夏季融化的土层所需的负温度总值 ΣT_m 之比，即

$\frac{\Sigma T_f}{\Sigma T_m}$ 均在 2.16～3.53 之间，说明该地区有足够冷量使融化土回冻。对于岛状冻土地区，架空通风基础能否采用，应进行热工计算和技术经济比较后确定，一般情况下，$\frac{\Sigma T_f}{\Sigma T_m} \geq 1.45$ 以上采用架空通风基础回冻融化土层没有什么问题，但必须开启更多通风孔面积或做成敞开式。

7.2.3～7.2.4 架空通风基础主要由桩基、柱下单独基础或墩式基础与上部结构梁板组成。其他基础如墙下条基、柱下条基由于在施工阶段对土热扰动较大，在使用阶段传递热量较多，不利于地基保持冻结状态。

根据通风孔开启情况有勒脚处带通风孔的隐蔽形式和全通风敞开形式，可根据热工计算及当地积雪条件确定。自然通风空间高度 h 与建筑物宽度 b 之比应满足 $\frac{h}{b}$ 大于等于 0.02，当不满足时应采用强制性通风。根据隐蔽式通风的空间，其通风孔构造要求，高度 h 按下式计算，$h = a + h_1 + c$，其中 a 为通风孔底至室外散水坡表面最小高度，由防止雨雪堆积通风空间决定，一般为 0.30～0.35m；h_1 为通风孔高度，一般为 0.25～0.35m；c 为通风孔上部到通风空间顶棚的距离，取 0.25～0.30m，所以 $h = 0.8～1.0$m。另据中科院冰川冻土研究所 1987 年对前苏联西伯利亚地区考察报告资料，该地区多年冻土地区架空通风基础高出地面 1.0～1.5m。从我国实际工程使用情况（表 7-1）及技术经济条件，规定架空通风空间高度不小于 0.8m。

7.2.6 填土通风管保持地基土冻结状态在青藏地区热源不大的房屋已多处使用，效果良好。

1. 填土通风管保持地基土冻结状态时（多年冻土天然上限保持不变）所需的通风管数量，是根据一维稳定导热将建筑物附加热量由通风管通风带走的前提下，将矩形垫层区域变换成同心半圆域（图 7-1），使外半圆弧长度等于填土层外轮廓总长，内半圆半径 r 待求，并使内半圆的面积等于 n 根通风管的净面积之和。

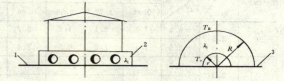

图 7-1 区域变换示意图
1—天然地面；2—填土；3—绝热面

根据流向通风管壁总热量和通风管内壁面放出的热量平衡条件，对东北多年冻土地区及青藏多年冻土地区的填土通风管数 n 进行计算，其计算结果见表 7-2 和表 7-3。

由表 7-2、表 7-3 可见对年平均气温高于 -3.5℃时不宜采用，而年平均气温低于 -3.5℃地区也应按具体条件进行热工计算；

2. 填土高度应考虑下列因素：

室内地面荷载扩散到原地面软弱土层时满足软弱土层强度要求；在填土层下季节融深范围内，因融沉作用使填土整体下沉时不致妨碍管道通风所需的预留高度（一般取 0.15m）；室内地面不直接接触通风管以便设置地面保温层。

7.3 桩 基 础

7.3.2 根据我国青藏高原多年冻土地区的清水河、五道梁和风火

东北多年冻土地区填土通风管数 n 计算　　　　　　　　　表 7-2

L (m)	室内温度(℃)		16					20			
	B(m)		6			10			6			10	
	R_1 T_1	v_1	0.86	1.72	2.58	0.86	1.72	2.58	0.86	1.72	2.58	0.86	1.72	2.58
20	2.0	-4.5	10.1	5.7	3.8	19.0	12.3	8.9	—	9.5	—	—	—	—
		-5.5	4.0	2.5	1.8	7.1	5.0	3.9	—	6.6	4.3	—	14.2	10.2
	3.0	-3.5	8.9	5.1	3.4	16.4	10.8	7.9	—	8.5	—	—	—	—
		-4.5	2.5	1.6	1.2	4.3	3.2	2.5	7.0	4.1	2.8	12.8	8.7	6.4
		-5.5	1.1	0.8	0.6	1.8	1.4	1.2	2.9	1.8	1.3	5.0	3.7	2.9
40	2.0	-4.5	—	—	9.5	—	—	—	—	—	—	—	—	—
		-5.5	—	6.5	4.3	—	14.3	10.2	—	10.8	—	—	—	—
	3.0	-4.5	—	—	8.7	—	—	—	—	—	—	—	—	—
		-4.5	7.2	4.2	2.9	13.1	8.9	6.6	—	7.1	—	—	—	17.9
		-5.5	2.9	1.9	1.4	5.1	3.8	2.9	8.4	4.8	3.2	15.4	10.2	7.5

青藏多年冻土地区填土通风管数 n 计算　　　　　　　　　表 7-3

L (m)	室内温度(℃)		16					20			
	B(m)		6			10			6			10	
	R_1 T_1	v_1	0.86	1.72	2.58	0.86	1.72	2.58	0.86	1.72	2.58	0.86	1.72	2.58
20	2.5	-3.5	—	12.3	7.6	—	—	19.3	—	—	—	—	—	—
		-4.5	6.2	3.7	2.6	11.2	7.7	5.8	—	9.8	6.2	—	—	15.5
		-5.5	2.5	1.7	1.2	4.4	3.3	2.6	7.2	4.2	2.9	13.1	8.9	6.6
	3.5	-3.5	12.0	6.5	4.3	—	14.3	10.2	—	10.8	—	—	—	—

续表

室内温度(℃)			16						20		
L (m)	v_1	B(m) R_1 T_1	6			10			6			10		
			0.86	1.72	2.58	0.86	1.72	2.58	0.86	1.72	2.58	0.86	1.72	2.58
20	3.5	−4.5	3.2	2.1	1.5	5.7	4.2	3.2	9.4	5.3	3.5	17.5	11.4	8.3
		−5.5	1.4	1.0	0.7	2.4	1.8	1.5	3.7	2.3	1.7	6.6	4.8	3.7
40	2.5	−4.5	—	—	—	10.1	—	—	—	—	—	—	—	—
		−5.5	—	6.8	4.5	—	15.1	10.8	—	—	11.4	—	—	—
	3.5	−4.5	10.5	5.8	3.9	19.8	12.7	9.2	—	—	9.8	—	—	—
		−5.5	4.1	2.6	1.8	7.3	5.2	4.0	12.3	6.7	4.4	14.7	10.5

注：v_1——年平均风速(m/s)；　　　　B——建筑物宽度(m)；
　　T_1——年平均气温(℃)；　　　　　L——建筑物长度(m)；
　　R_1——地面保温层热阻(m²℃/W)；r_0——通风管内半径(m)；　$r_0=0.125$m。

山三个试验场区的桩基础试验资料，大兴安岭地区劲涛冻土试验站桩基础试验资料，证明桩基是多年冻土地区房屋建筑基础的主要型式。按施工工艺有钻孔灌注桩、钻孔插入桩和钻孔打入桩三种。按材料分有钢、钢筋混凝土桩和木桩。由于我国缺乏钢材和木材，钢桩不宜多用，在林区可就地取材，选用木桩。大量应用的是钢筋混凝土桩。

钻孔打入桩对地基的热扰动小，回冻时间快，承载力高。但当土温较低、处于坚硬冻结状态时打桩有困难。钻孔灌注桩中混凝土的养护和土的回冻都需较长时间，拌制混凝土时需加入负温早强外加剂，待周围土体回冻和桩具有一定强度后才能施加外荷载；它适用于坚硬冻结状态的冻土地基，而对于塑性冻结状态冻土，灌注桩由于浇注热与水化热的作用将使回冻困难。这种桩型施工简单，减少预制、装卸运输及安装，节省大量钢材。钻孔插入桩回冻时间居上述两种之间，承载力不低，没有什么特殊要求与附加条件，所以应用广泛。

根据清水河试验场的资料，对钻孔插入桩与钻孔打入桩的对比如表7-4所示。从表中可看出，打入桩的承载力较高，其原因是打入桩的桩侧冻结强度高于插入桩。

单桩垂直静载试验结果　　　　表 7-4

桩号	桩长(m)	桩径(mm)	极限荷载(kN)	冻结强度(kN/m²)
插 1	8.65	550	600	41
插 2	8.65	550	600	34
插 3	8.65	550	1000	65
打 1	8.00	550	1100	83
打 2	8.00	550	1400	94
打 3	8.00	550	900	86

7.3.3 根据目前国内外工程实例说明，桩基础适用于各种地质条件下的冻土地基。当上部结构荷载大，对沉降变形量或相邻基础沉降差要求比较严格时，往往利用桩基嵌入融化盘以下多年冻土层，得到较高的承载力和较小的地温场变化，因而一般多采用保持多年冻土冻结状态设计。

如果在逐渐融化或已融状态的地基土中设计桩基础，则需使基础的沉降变形值控制在现行国家标准《建筑地基基础设计规范》GBJ-7 的允许变形范围内；如计算不满足，应对土层预融压密。

低桩承台下留出一定的空隙，或在空隙内充填松软材料，用以预防在冻胀、强冻胀和特强冻胀性土中产生的法向冻胀力将桩基承台和基础梁拱坏。

7.3.4 构造要求的作用有以下几点：

1. 桩基在施工过程中将对地温场产生扰动，如果桩距过小则使这种扰动的幅值叠加，使得桩间土的温度升高，从而推延了回冻时间，又由于桩受力后通过扩散角向地基土传递荷载，过小的桩距使扩散角范围内的地基土中附加应力叠加，增大桩基的沉降变形值。根据三个实验场的实验工程与青藏铁路等经验，一般桩距不应小于 3～4d（d 为桩基直径），又不得小于 2m。

2. 桩基的桩端必须插入融化盘下部稳定冻土层中，满归林业局 1972 年用钻孔插入桩基础，桩长 4.5m，因没有插入融化盘下部稳定冻土层内，从而使两栋房屋全部破坏，不能使用；后在同一场区，采用桩长 7m 另行修建，至今使用良好。

3. 钻孔插入桩在钻孔完毕后孔底留有虚土，或孔底呈钟形，所以钻孔深度长于桩的实际长度，回填一定厚度的砂或砾石砂浆，但桩端应落入回填段一定深度，从而压实回填料。

7.4 浅 基 础

7.4.1～7.4.2 本规范的浅基础系指刚性基础、扩展基础、柱下条形基础及墙下筏板基础。本条系指季节冻深较大地区，当基础埋深浅于设计冻深时，或埋深虽大于设计冻深，但在季节冻深内基础侧面存在较大切向冻胀力时，应按附录C进行冻胀力作用下基础的稳定性验算。当稳定性验算不满足时可考虑采用防冻害措施。

对钢筋混凝土基础的竖向构件尚应进行切向冻胀力作用下构件的抗拉强度验算，及扩展基础底板上缘因起锚固作用时在土反力作用下的配筋计算。对非配筋的刚性基础则宜采取相应的防冻胀措施。

7.4.3 刚性基础不配置受拉钢筋，建筑材料抗拉强度低，多用于含冰量低的弱融沉或不融沉地基土。选用刚性基础类型时，墩式比条形有利，因为墩式单独基础比条形基础与地基土的接触面积小，单位竖向压力大，由于冻胀不均匀性导致结构破坏的机率墩基比条基小。

例如，1981 年图强林业局俱乐部和医院，采用普通毛石条形基础，因墙体在冻胀、融沉作用下破坏严重而停止使用；牛耳河林业局邮电局，是按照允许融化法建造的单层房屋，采用普通条形毛石基础，建成不久墙体开裂，最大裂缝宽度达 110mm，而停止使用；但大兴安岭呼中地区呼源制材厂，按保持地基土冻结状态设计，采用毛石墩式基础，用双层地面构成敞开式冷通风洞，到目前为止使用效果良好。

7.4.4 钢筋混凝土圈梁对于调整不均匀变形起到有益作用。例如，在青藏高原风火山试验场，采用平铺式钢筋混凝土圈梁作为回填砂砾层上房屋的基础，按多年冻土融化原则用于热源不大的房屋建筑，效果良好。在同一场区按保持多年冻土冻结原则设计，采用平铺式钢筋混凝土圈梁架空通风基础，使用五年以上，其均匀下沉为40mm左右，使用效果良好。

采用刚性基础时，应适当增加上部承重结构的整体刚度，如增设闭合圈梁、控制建筑物的长高比等。

7.4.5 扩展基础是指用钢筋混凝土材料做成的基础，如柱下单独基础、预制钢立柱（管状或型）下扩大的基座，及墙下条形基础。在多年冻土地区及深季节冻土区，立柱可以是预制的或现浇的。南极中山站基础是预制型钢立柱；大兴安岭满归则采用现浇钢筋混凝土立柱。

对多年冻土按保持地基冻结状态设计，宜采用柱下单独基础和带有底座的立柱。主要原因是：1.能充分发挥冻土地基的承载能力；2.增加抗冻胀能力；3.避免大面积开挖，改变冻土温度状态；4.在使用阶段传向多年冻土的热量少；5.当地基土含有较多石块而打桩有困难时便于施工。墙下条形基础不具上述1～4的优点，所以不适宜用于保持地基冻结状态的设计。墙下条基可用于容许地基逐渐融化的设计状态。为防止不均匀融沉危害上部结构，故要求地基土为不融沉或弱融沉的，并应进行热融沉降计算，使满足地基不均匀沉降的要求。

7.4.6 本条除一般构造外增加了防冻切力措施。如要求竖向杆件的横截面在满足强度要求下尽可能小；基础的侧表面做成向内倾的斜面；基础侧回填非冻胀性材料等。

多年冻土地区预制钢筋混凝土柱扩展基础，应考虑因在切向冻胀力作用下柱与基础连接处的抗拔要求。一般杯口上大下小，仅靠二次浇灌的混凝土粘结强度，不能保证抗拔要求，可采用杯口上小下大等做法。

7.4.7 1. 多年冻土地区扩展基础竖向构件的冻胀抗拉强度验算是这些地区应注意的问题。据报导，工程中发现立柱或墩被拉断事故十余起，特别是上部结构荷载较小或施工越冬工程更为严重。竖向构件抗拉验算的条件是

$$F_k + G'_k + \Sigma q_{si} A_{si} + R_a > \Sigma \tau_{di} A_i > F_k + G'_k \quad (7-1)$$

式中 $\Sigma \tau_{di} A_i$ ——切向冻胀力设计值（kN）；

F_k ——上部结构自重产生的作用于基础顶面竖向力标准值（kN）；

G'_k ——冻-融层内基础自重标准值（kN）；

$\Sigma q_{si} A_{si}$ ——未冻土与基础间的摩擦力（kN）；

R_a ——锚固底板顶面的土反力（kN）。

所以，当$\Sigma \tau_{di} A_i$满足式（7-1）时，将使竖向构件承受上拔拉力，并由竖向构件所配置的钢筋承担。

2. $\Sigma \tau_{di} A_i$大于$F_k+G'_k$后产生基础上拔，随即产生摩阻力q_s及底板顶面土反力R_a。因为R_a值较大使系统又趋于稳定，此时基础底板就受到向下的土反力R_a作用，其计算简图相当于四边悬臂板（墙下条形基础为悬臂板），板上缘受拉。如底板上缘配筋不足，则可能产生裂缝，松弛R_a值，基础继续上拔。

关于土反力R_a在底板顶面分布是配筋计算中要解决的问题。根据试验实测资料有：立柱边缘大的直角三角形分布；马鞍形分布；立柱边缘接近为零的三角形分布。可见R_a分布规律极其复杂，与底板刚度和底板上填土的物理力学性质（密实度、含水量、压缩模量等）有关。所以，底板上缘配筋计算中采用简化方法即略去q_s的影响和认为底板土反力在底板上是均匀分布的，并按四边悬臂板（立柱下单独基础）或悬臂板（墙下条形基础）计算底板任意截面的弯矩，钢筋配于顶板上缘。上述简化结果是偏于安全的。

7.4.8 柱下条形基础不宜用于按保持地基冻结状态设计的多年冻土地基。其原因是（1）不能充分利用冻土地基承载力；（2）大面积开挖易改变冻土地基温度状态；（3）使用阶段向冻土地基传递的热量增加等。

7.4.9 1. 由于冻土地基房屋室内外融化深度不一致，可能引起基础受扭作用，因此箍筋采用封闭式，以提高抗扭能力；

2. 柱下条形基础按基底反力直线分布（刚性计算方法）的计算条件，一般认为：（1）基础长度范围内土质均匀；（2）相邻柱荷载差异不大；（3）上部结构刚度较好；（4）基础与地基相比刚度大。Vesic建议用梁的柔度指数λL值来选择计算梁内力的方法：

当$\lambda L < 0.8$时，按基底反力直线分布解法；

当$0.8 < \lambda L < \pi$时，按弹性地基上有限长梁解法；

当$\lambda L > \pi$时，按弹性地基上无限长梁解法。柔性指数由下式确定：

$$(\lambda L) = L \sqrt[4]{\frac{kb}{4E_c I_c}} \quad (7-2)$$

式中 L ——基础梁长（m）；

b ——基础梁底宽（m）；

k ——文克尔地基模型的基床系数（kN/m³）；

E_c ——基础梁材料弹性模量（kN/m²）；

I_c ——基础梁截面惯性矩（m⁴）。

美国混凝土协会（ACI, 1966）建议λL小于等于1.75时可按基底反力直线分布计算基础内力。因此，刚性计算方法可在λL值小于0.8～1.75范围内考虑；

3. 从Vesic试验的梁内力实测值与文克尔地基模型的Hetenyi法及刚性计算方法相比较（表7-5）来看；基础相对刚度较大时（$\lambda L=0.982$，梁高/柱距=1/6.27）Hetenyi法与刚性方法的计算值和实测值比较，差值接近。刚性很大的基础（梁高/柱距=1/3.14），按弹性地基Hetenyi法计算不如按基底反力直线分布的刚性方法更接近实测值。当基础梁相对刚度较小时，用刚性方法计算基础内力就不合适了。

用反映基础相对刚度的柔性指数来区分计算方法较好，但使用上不甚方便。因此，本条规定基础高度与最大柱距之比大于1/6作为按刚性方法计算基础内力的界线，同时对土的适用条件作相应的规定。根据工民建地基基础设计规范修订序号16"筏式基础的设计和计算"专题报告附件二，表7-5中序号1～3的基床系数k值相当于粘性土为软塑状态或砂土为松散或稍密状态。当柱距较大及地基土压缩变形很小时，梁高与柱距的比值，可按λL小于0.8～1.75确定。

如不符合刚性方法计算条件时，基础梁内力应按弹性地基梁计算；

4. 按弹性地基梁计算基础内力时，应适当选择地基模型。当地基条件较复杂，如多年冻土容许地基土融化状态设计时，地基往往上硬（基础下设置一定厚度粒料垫层）下软，此时可以采用有限压缩层的地基模型。表7-6为一单跨柱基用刚性方法、Hetenyi法及有限压缩地基模型的有限差分法计算基础内力结果。可以看出，差分法计算所得的1点和2点弯矩值均反映了基础端部因协调地基变形而使反力增加的因素；

5. 当采用刚性方法及文克尔地基Hetenyi法计算时，考虑到基础与上部结构架桥作用，使梁两端地基反力和弯矩增加。所以在条形基础两端边宜适当增加受力钢筋。

7.4.10 墙下筏板基础具有减少基底压力，提高地基承载力和调整地基不均匀沉降的能力。墙下筏板基础可以做成一块带暗梁的等厚度的钢筋混凝土平板，如为了增加筏板基础的刚度和适应软弱地基不均匀沉降时，也可做成等厚度，但带肋梁的钢筋混凝土平板，肋梁高度视需要而定。铁道部第三勘测设计院冻土队在大兴安岭多年冻土地区朝晖站修建的开口箱即为带肋梁的钢筋混凝土平板，肋梁高0.70m。

墙下筏板基础可用于多层住宅、办公楼等民用建筑的基础。墙下筏板基础可用于按容许地基逐渐融化状态设计的房屋建筑。因为冻土地基融化时，基础工作的基本特点是必需抵抗弯曲、扭转和剪切等各种外力的复杂组合作用，要求基础有较大刚度和适应较大不均匀融化沉降的能力。前苏联在远东多年冻土区修建20m

Vesic 试验实测值与刚性计算方法及 Hetenyi 法比较 表 7-5

序号	试验条件	h/L	$\lambda(\text{m}^{-1})$	λL	k (kN/m³)	0 点弯矩(kN−m)×10		
						实测值	刚性计算方法	Hetenyi 法
1	74.87kN, 0.9144m 0 0.9144m	1/6.27	0.537	0.982	1573	1.982	1.711	1.702
2	37.41kN 37.41kN, 0	1/6.27	0.537	0.982	1573	−1.302	−1.711	−1.697
3	28.07kN 56.14kN 28.07kN, O_1 0	1/3.14	0.537	—	1573	0.426 (−0.388)	0.642 (−0.361)	0 (−0.64)
4	37.41kN, 0	1/32	1.13	2.07	1975	0.707	0.855	0.779
5	18.71kN 18.71kN, 0	1/32	1.13	2.07	1975	−0.558	−0.855	−0.730
6	37.41kN, 0	1/72	2.14	3.908	2403	0.426	0.855	0.464
7	28.07kN 28.07kN 28.07kN, O_1 0	1/36	2.14	1.954	2403	0.058 (−0.318)	0.481 (−0.271)	0 (−0.43)

注：h—梁高；L—柱距；括号内数为 O_1 点弯矩。

单跨柱基用刚性法、Hetenyi 法及有限差分法计算的比较 表 7-6

图示	h/L	λ (m⁻¹)	k (kN/m³)	E_c (kN/m²)	1 点弯矩(kN·m)			2 点弯矩(kN·m)		
					刚性法	Hetenyi 法	差分法	刚性法	Hetenyi 法	差分法
1379kN 1379kN, 1 2, 0.61 4.88 0.61, $h/b=1/6$ $b=3.084$m	1/4	0.1960	7540	5718	84.1	86.6	145.9	−1261.4	−1241.2	−954.0
	1/5	0.2308	7540	5718	84.1	88.7	147.0	−1261.4	−1222.7	−946.4
	1/6	0.2662	7540	5718	84.1	92.1	148.8	−1261.4	−1194.3	−934.5
	1/9.6	0.3653	7540	5718	84.1	109.1	158.2	−1261.4	−1050.5	−870.4

高砖水塔,采用 8m×8m×0.75m 的筏板基础,经受了很大的不均匀融化下沉。对地面荷载较大的建筑物,如飞机库、汽车库和重载仓库等也可采用筏基。

多年冻土地区采用保持地基冻结状态设计的筏板基础的例子有:美国阿拉斯加州费尔班克斯地区某汽车库(图 7-2)和格陵兰图勒地区某厂仓库(图 7-3)建筑。它们都在天然多年冻土地面以上换填或填筑 0.76～1.83m 的砂砾垫层。

7.4.11 1. 墙下筏板基础均应设板内暗梁或肋梁,以增加筏板抗弯能力。暗梁或肋梁配筋除满足最小含钢率要求外,应参考墙下条形基础暗梁的配筋,不少于 8Φ12,且上下均匀配置;

2. 筏板厚度应从保证基础刚度要求考虑。对多年冻土地区按容许地基融化状态设计时,建筑物下融冻盘的最大融化深度与四周墙下冻深之差在一年周期内逐月都在变化,也即是说基础每年都要遭受一次冻胀和融沉的影响,基底反力不断重分布。按照计算,筏板下某些部位常可能出现基底反力为零,而另一些部位增

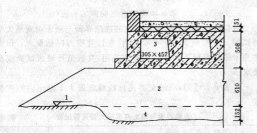

图 7-2 阿拉斯加州费尔班克斯地区筏板基础示意图
1—天然地面标高; 2—砂砾垫层; 3—通风道; 4—开挖界面

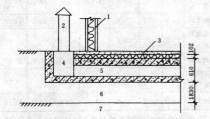

图 7-3 格陵兰图勒地区筏板基础示意图
1—保温墙板; 2—通风筒; 3—保温层; 4—坑道;
5—涡旋式风道; 6—砂砾垫层; 7—多年冻土

加的情况。如果筏板没有足够的厚度,将出现开裂,如朝晖冻土站开口箱基试验房屋 1.00m 厚的底板,尽管有较高的肋梁,在冻融循环几次后,墙体就出现透风的裂缝,需要修理后才能使用;

3. 墙下筏板基础的内力计算,与箱形基础一样,需要同时考虑整体弯曲和局部弯曲的作用应力。影响筏板整体弯曲的因素很多,如上部结构刚度、荷载的大小和分布、基础刚度、地基土的性质以及基底反力等。一般筏板基础的刚度远小于箱形基础,因此,上部结构的刚度对筏板基础的影响更加不能忽视。为了在墙下筏板基础内力计算中仅考虑局部弯曲的影响,就需要保证上部结构有足够的刚度。因此,要求上部结构采用横向承重体系,纵向至少有 1～2 道墙体是贯通的;如有可能,最好有 1～2 楼层是整浇的。在此种情况下,荷载分布较均匀时,可以认为筏板整体弯曲所产生的内力可由上部结构分担,筏板仅按局部弯曲计算。

7.4.12 墙下筏板基础内力仅按局部弯曲计算。基底反力按线性分布,并考虑上部结构与地基基础共同工作所引起的架桥作用,在协调地基变形过程中必然产生端部地基反力的增加。参照《高层建筑箱形基础设计与施工规程》(JGJ6—80),在筏板端部 1～2 开间内的地基反力比均布反力增加 10%～20%,同时支条件按双向或单向连续板计算内力。

7.5 热桩、热棒基础

7.5.1～7.5.2 热虹吸是一种垂直或倾斜埋于地基中的液汽两相转换循环的传热装置。它实际上是一密封的管状容器,里面充以工质,容器的上部暴露在空气中,称为冷凝段,埋于地基中的部分称为蒸发段。为扩大散热面积,可在冷凝段加装散热叶片或加接散热器。当在冷凝段和蒸发段之间存在温差(冷凝段温度低于蒸发段温度)时,热虹吸即可启动工作。蒸发段液体工质吸热蒸发,汽体工质在压差作用下,沿容器中通道上升至冷凝段放热冷凝,冷凝成液体的工质在重力作用下,沿容器内表面下流到蒸发段再蒸发,如此反复循环,将地基中热量提出放入大气中,从而使地基得到冷却。这种传热装置是利用潜热进行热量传递的,因此,其效率很高,与相同体积导体相比,传热效率可在 1000 倍以上。

热虹吸填土基础是将热虹吸埋于填土地基中。夏季地基的融化深度保持在填土层中,在冬季,热虹吸将地基中的热量带出,使融化的地基填土冻结,并使地基中多年冻土得到冷却,从而保持地基中多年冻土的稳定。热虹吸桩基础包括:桩本身为热虹吸的桩基础和桩本身非热虹吸而在桩中或桩周插入了热虹吸的桩基础两种,两种基础均适宜在年平均地温较高的多年冻土中使用。热桩、热棒基础是多年冻土区最有发展前途的基础形式之一。

一般来说,热桩是桩基础,不但可将上部荷重传入地基土中,而且还可将地基土中的热量散发于大气中,而热棒则只起散热作用,本身不具备承载力功能。

热虹吸的冷冻作用可有效地防止多年冻土退化和融化,降低多年冻土地基的温度,提高多年冻土地基的稳定性。据铁道部科学研究院西北分院在青藏高原多年冻土区的试验,采用了热虹吸的多年冻土地基,在夏季的最高地温较之非热虹吸地基要低 0.4℃～0.8℃。这种降温效应可大大提高多年冻土地基的承载力,保证建筑物地基在运营期可长期处于设计温度状态。

7.5.3 热虹吸的传热量与热虹吸的间距有关,如图 7-4 所示。

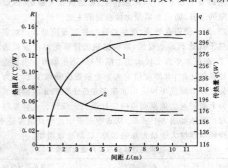

图 7-4 热阻、传热量与间距的关系
1—传热量; 2—热阻

从图中可以看出,热虹吸的传热量随间距的减小而减小。间距从 1m 增加到 5m 时,热虹吸传热量迅速增加,间距再增加,其传热量变化不大,故条文中规定间距大于 5m 时,间距对传热量的影响可以忽略。设计时,应根据热工计算确定合理的间距。

7.5.4 热虹吸的工作是靠冷凝与蒸发段之间的温差推动的,埋于地基中的热虹吸启动后,随着传热的进行,蒸发段温度迅速降低,从而在蒸发段周围地基中逐渐形成一温降漏斗,热虹吸的传热量逐渐趋于稳定。

热虹吸的传热能力取决于蒸发段与冷凝段之间的温差、温差大,传热多,温差小,传热少,而且只有当冷凝段的温度低于蒸发段的温度时传热循环才能进行,例如,假定冬季的平均气温为 $-10℃$,则蒸发段的稳定温度约为 $-6℃$,也就是说,在气温等于或高于 $-6℃$ 时,热虹吸将不能工作,而在计算热虹吸的传热量时是按整个冻结期热虹吸都能工作而进行的。因此,热虹吸的实际传热量比计算值要小,在热虹吸的实际运行中,冷凝段与蒸发段的温度

都将随气温的变化而变化,在计算冻结半径和传热量时,气象台站提供的冻结指数肯定有一部分是不能利用的。不能利用的这一部分究竟占多少?目前还无法肯定,估计约占30%左右。据美国阿拉斯加北极基础有限公司的资料,热虹吸系统设计的效率折减系数采用2,我们在这里规定不得小于1.5,主要考虑的就是不能利用的这部分冻结指数。

7.5.7 埋于桩中的热虹吸,使该桩的埋人段在纵向形成一个较均匀的温度场,使桩周土体产生径向冻结,活动层土体,在径向和轴向冻结同时作用下,在桩周逐渐形成一个锚固大头,如图7-5所示。这一锚固大头有效地抵抗冻拔。另一方面,当活动层开始冻结时,桩周多年冻土温度亦开始降低,这种温度的降低可使桩的冻结强度大大增加,从而有效地增加了抗拔力。因此,在条文中规定:采用了热虹吸的桩基础可不进行抗冻胀稳定验算。

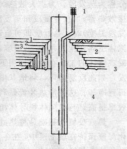

图7-5 热虹吸桩基础抗冻拔机理示意图
1—热虹吸;2—活动层;3—上限;4—多年冻土

8 边坡与挡土墙

8.1 边 坡

8.1.1 多年冻土地区由于在坡顶或坡坎处修筑房屋,改变了原边坡的热平衡状态,冻土上限下移,在融化期内正融土抗剪强度值降低不能抵抗滑体的下滑,形成滑塌。在厚层地下冰地段由于融冻滑塌而使得施工场地泥泞,无法作业,原边坡丧失稳定,因而控制冻土上限的下移,防治滑塌是边坡稳定的主要问题。

8.1.2 为了使得在坡顶、坡坎修建房屋以及边坡开挖对多年冻土区的热干扰达到最小程度,需根据热工计算的厚度设置边坡保温覆盖层,避免多年冻土区天然上限下移,防止塌滑。当覆盖层为换填草皮粘性土时,其厚度值为人为上限数值乘以1.2,人为上限值计算公式以青藏高原风火山北麓多年冻土区四年实测的天然上限及人为上限资料为依据而得的统计公式。统计公式计算值与实测值的对比数值如表8-1所示。从表中可看出此公式的保证率较好。应保持换填厚度大于最大冻融深度,以防边坡滑塌。

上限的计算值与实测值比较表 表8-1

保温材料类型	天然土		边坡草皮保温层	
年 份	计算值	实测值	计算值	实测值
1966	1.41	1.49	0.94	1.00
1967	1.38	1.38	0.91	0.90
1969	1.33	1.30	0.86	0.84
1974	1.40	1.00	0.93	1.00
1975	1.46	1.41	0.99	0.96
1976	1.21	1.00	1.00	1.00
1977	1.31	1.33	1.00	1.00
1978	1.34	1.32	1.00	1.00
1979	1.37	1.32	1.00	1.00

当使用其他换填材料时,可根据当地的实测值整理确定保温层厚度或用相关的计算公式确定。

由于边坡土层渗入地表水时含水量加大,抗剪强度值降低,并带给冻结土以热量,加速土壤融化,使边坡的滑动可能性增大,因而需设置坡顶排水系统、坡面滤水层、坡脚防渗层及排水沟,以防止多年冻土上限由于水的浸入而引起大幅度下移造成塌滑。

8.1.3 冻土层在人为上限与天然地面间逐渐融化过程中,当坡角β值大,不易形成较厚融土层时,在软硬悬殊的交界面处发生塌滑,此时滑动面为冻、融交界面。当坡角β值小,坡面平缓、融土层厚,滑动面将在融土层内。在这二种情况下计算滑坡推力时可选用如下公式

$$F_n = F_{n-1}\psi + K_l G_{nl} - G_{nn}\mathrm{tg}\varphi_n - C_n L_n \quad (8-1)$$

式中 F_n、F_{n-1}——第n块、第$n-1$块滑体的剩余下滑力(kN);
ψ——传递系数;
K_l——滑坡推力安全系数;
G_{nl}、G_{nn}——第n块滑体自重沿滑动面,垂直滑动面的分力(kN);
φ_n——第n块滑体沿滑动面土的内摩擦角设计值(°);
C_n——第n块滑体沿滑动面土的粘聚力设计值(kPa);
L_n——第n块滑体沿滑动面的长度(m)。

根据铁道部科研院西北分院的冻融界面与融土内现场大型直剪试验记录资料表8-2可以看出,在计算推力时粘聚力c和内摩擦角φ值应根据不同滑动面分别选用,其数值可通过试验或反算法求得。

由表8-2可知,冻融交界面处抗剪强度大于融土内的抗剪强度。

冻融界面与融土内现场大型直剪试验 表8-2

组别	试验外部条件	剪前含水量	剪前孔隙比	不同垂直压力下的抗剪强度				φ	C(kPa)
				50kPa	100kPa	125kPa	150kPa		
Ⅰ—1	冻融交界面	21.3	—	30.1	47.3	—	69.8	20°48′	11
Ⅰ—2	融土内	20.9	0.74	20.6	33.2	—	45.8	14°08′	8
Ⅱ—1	冻融交界面	27.5	—	23.8	42.5	49.8	—	16°45′	14
Ⅱ—2	融土内	27.3	0.80	24.4	36.2	43.2	47.4	12°50′	13.5
Ⅲ—1	冻融交界面	31.1	—	27.7	38.3	—	—	14°55′	13.5
Ⅲ—2	融土内	30.0	0.82	22.6	32.1	36.2	53.7	10°33′	13.0

8.1.4 为防止滑塌需设置边坡保温层,其厚度为1.2倍人为上限值,因此基础外边缘除在此数值以外,自外边缘至坡肩的距离需大于1.5倍人为上限;同时为了使用承载力公式,需提供空间半无限体的条件,此值还不得小于2.5m。当基础采用容许地基融化状态设计时,还需验算边坡稳定,验算方法同现行国家标准《建筑地基基础设计规范》GBJ-7有关条文规定。

8.2 挡 土 墙

8.2.1 多年冻土区挡土建筑物的工作特性:

多年冻土区挡土建筑物的修建,改变了原地面的热平衡条件,在墙背形成新的多年冻土上限(图8-1),每年夏季墙背冻土融化,形成季节融化层,这种融化土层对墙体将作用土压力;在冬季,季节融化层冻结,在冻结过程中,由于土中水分结冰膨胀,冻结土体对挡土墙将作用冻胀力。图8-2是铁道部科学研究院西北分院在青藏高原多年冻土地区对挡土墙变形的观测结果。

由图8-2曲线可以看出,在冬季初,随着气温的降低,墙背土体温度下降,土体产生收缩,土压力减小。因此,墙体产生向后的变形(位移为负值)。在土压力减小到最小值,而冻胀力未出现之前,墙体向后位移达最大值,曲线达a点。在这段时间里,地面由冻融

图8-1 挡土墙修建后形成新的多年冻土上限
1—地面;2—季节融化层;3—上限;4—多年冻土

交替过渡到稳定冻结。在稳定冻结出现后，冻胀力产生，并且随冻深增加，冻胀力增大。墙体在冻胀力作用下，产生向前位移（位移为正值）。冻深达季节融化层厚度时，曲线达 b 点。在这段时间中，冻胀力随冻深增加而稳步增长。从 b 点至 c 点，曲线斜率增大。说明

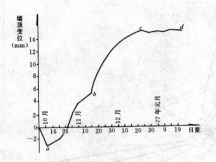

图 8-2 悬臂式挡土墙顶在冬季的变位曲线

随着冻层温度降低，未冻水大量转变成冰，冻土体积进一步膨胀，冻胀力迅速增大。c 点到 d 点，曲线变平缓，说明冻胀力的增长与松弛基本处于平衡，冻胀力达到最大值。

夏季来临，冻土层逐渐增温融化，冻胀力逐渐减小直至消失。随着融化深度的加大，土压力逐渐增长，至夏季后期达最大值。

土压力和冻胀力的交替循环作用，是多年冻土区挡土建筑物工作的特点。

墙后土体在冻结过程中，产生作用于墙体的冻胀力称为水平冻胀力。据试验测定，水平冻胀力较之土压力要大几倍甚至十几倍。

水平冻胀力的大小，除与墙后填土的冻胀性有关外，还与墙体对冻胀的约束程度有关。如果墙体可以自由变形，即土体冻结过程可以自由膨胀，自然不会有水平冻胀力产生。试验表明，墙体稍有变形，水平冻胀力便可大为减小。传统的重力式挡土墙，适应变形的能力最差，对冻胀约束严重，至使冻结土体产生较大水平冻胀力，在这种情况下，重力式挡土墙经几次冻融循环便可能被破坏。

为适应土体冻胀过程的特性，多年冻土区挡土建筑物首先应是柔性的结构，如锚杆挡墙、锚定板挡墙、加筋土挡墙以及钢筋混凝土悬臂式挡墙等，柔性结构有较大的适应变形的特性，既可减少水平冻胀力的作用，又可更好地保证墙体的整体稳定。因此，规定多年冻土区挡土墙应优先考虑工厂化、拼装化的轻型柔性挡土结构，尽量避免使用重力式挡土墙，并应加快施工进度，减少基坑暴露时间。

8.2.2 挡土墙端部处理的目的是防止端部处山坡失稳。尤其在多年冻土区的厚层地下冰地段，端部若处理不当，往往引起山坡热融滑塌，使山坡失去热稳定。因此，要求对挡土墙端部进行严格处理，使山坡在修建挡土墙后仍能保持热稳定性；挡土墙嵌入原地层的规定与一般地区相同。

8.2.3 修建挡土墙后，墙背多年冻土将融化而形成新的多年冻土上限，为防止墙背地面塌陷，保持墙后山坡的热稳定，对边坡中的含土冰层应进行换填。200mm 的换填界限是考虑墙后季节融化层范围内土体产生 200mm 沉陷时，山坡不致失去热稳定而规定的。在青藏高原厚层地下冰地段，山坡局部铲除 200mm 草皮与土层后，山坡仍能保持热稳定；若挖较大较深坑，山坡将产生明显的热融沉陷。

8.2.4 水平冻胀力的大小与墙后土体的含水量有密切关系，它随含水量的增大而增大，因此，疏干墙背土体对保证挡土建筑物的稳定有重要意义。挡土墙修建后，山坡中活动层中水向墙后聚集，如不能及时排除，对墙体稳定危害是极大的，故要求设泄水孔，泄水孔的布置与做法与一般地区相同。

8.2.5 减小水平冻胀力的措施有两种，一种为结构措施，即采用柔性结构，即使挡土墙有较大的变形能力，以减小对墙后土体冻胀的约束，从而减小水平冻胀力。另一种为土体改良措施，即改变墙背填土的性质，使它不产生冻胀或产生较小的冻胀，这样就可减小水平冻胀力。隔热层的采用是使墙背季节融化层的厚度减小，从而减小有效冻胀带的厚度，减小水平冻胀力。

8.2.6 多年冻土地基土体的不均匀性较一般非多年冻土地基土体更甚。在挡土墙修建后，由于气候变化和各种外来干扰的影响，地基冻土的不均匀蠕变下沉是可能出现的。因此，在挡土墙长度较大时，要求设沉降缝，为防止雨水和地表水沿沉降缝渗入地基，影响多年冻土地基的稳定，要求沉降缝用渣油麻筋填塞。使用渣油的目的是因渣油凝固点较低。在寒冷气候条件下有较好的韧性。沉降缝的作法与一般地区相同。

8.2.7 多年冻土区挡土墙的施工将给多年冻土地带来热干扰，使多年冻土融化。尤其在厚层地下冰地段，施工中地下冰的融化严重时使施工无法进行。这在青藏高原多年冻土区有过多次的教训。例如，1960 年，铁道部高原研究所在青藏高原风火山多年冻土区修试验路基工程 100m，施工单位采用全面开挖，至使地下冰融化，工程无法进行而废弃。这段废弃工程使山坡失去热稳定，形成大规模热融滑塌，经 15 年后，山坡才形成新的热平衡剖面，恢复稳定。因此，为减少热干扰，保证施工顺利进行，规定施工季节宜选在春、秋和冬季，避免在夏季施工，并要求连续施工，不间断作业。这是多年冻土区施工所必须遵守的原则，季节冻土区则不受此限制。

8.2.8 在冻土区，作用于挡土建筑物上的力系在冬季和夏季是不同的。在冬季，有冻结力和冻胀力作用于挡土建筑物，但主动土压力、摩擦力、静水压力和浮力等可能部分消失或全部消失。在夏季，冻结力和冻胀力可能部分消失或全部消失。在确定设计荷载时，应根据挡土墙基础埋深、冻土条件和水文地质条件等综合考虑确定作用力系。例如，在多年冻土区，冬季作用于挡土墙的主要力应为墙身重力及位于挡土墙顶面的恒载、冻结力、水平冻胀力、切向冻胀力和基底反力等。在夏季应为墙身重力及位于挡土墙顶面以上的恒载、主动土压力、冻结力和基底反力等。土压力和水平冻胀力不同时考虑是因为土压力在夏季作用，这时，水平冻胀力已消失。在冬季，随着墙背土体冻结，有水平冻胀力作用。冻结的土体相当于次坚岩石，土压力消失。

8.2.9 在多年冻土区，挡土墙修建后，在墙背将形成新的多年冻土上限，如图 8-1 所示。当墙较低时，新多年冻土上限面与垂直面的夹角较大，墙增高时，夹角减小，当墙足够高时，夹角减小至零。土压力的计算可根据该夹角的大小来确定。当夹角大于 $(45°-\varphi/2)$ 时，内破裂面可能在融土中形成，可通过试算确定；如小于 $(45°-\varphi/2)$ 时，则不可能在融土中形成内破裂面，可按有限范围填土计算作用于挡土墙的主动土压力。

8.2.10 土冻融交界面的抗剪强度指标是根据铁道部科学研究院西北分院的资料给出的。该院曾于 1978 年在青藏高原风火山地区进行现场大型剪切试验，而后又在室内进行了冻融界面的小型剪切试验。现场细颗粒土试验结果如表 8-3，室内小型剪切试验结果如表 8-4。

综合现场试验和室内试验，考虑墙后细颗粒回填土的含水量多在最佳含水量附近，即 20% 左右，从而给出本规范第 8 章表 8.2.10 中所列细颗粒填土冻融界面抗剪强度值。它较之一般非冻土区给出的内摩擦角约小 10°。表 8.2.10 中砂类土和碎砾石土冻融界面抗剪强度无试验资料，表中的值是对照细颗粒土，按小 10° 给出的。

8.2.11 水平冻胀力的分布图式和最大水平冻胀力值是根据青藏高原多年冻土区和东北季节冻土区现场实体挡土墙和模型挡土墙试验资料给出的。

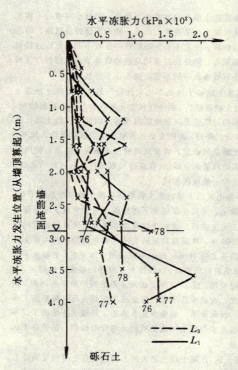
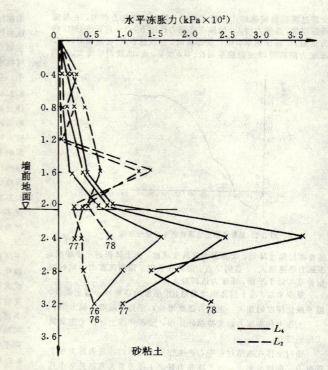

图 8-3 "L"挡墙背水平冻胀力分布图(相对值)

土冻融界面抗剪强度(指标)现场试验结果　表 8-3

土　名	含水量(%)	内摩擦角 φ	粘聚力 C (kPa)	备　注
砂粘土	21.3	20°48′	11.0	原状土大剪试验
砂粘土	27.5	16°45′	14.0	原状土大剪试验
砂粘土	31.1	14°55′	13.5	原状土大剪试验

土冻融界面抗剪强度(指标)室内试验结果　表 8-4

土　名	含水量(%)	内摩擦角 φ	粘聚力 C (kPa)	备　注
砂粘土	17.14	32°20′	21.0	扰动土小剪试验
砂粘土	20.74	28°22′	11.0	扰动土小剪试验
砂粘土	22.50	25°10′	5.0	扰动土小剪试验

铁道部科学研究院西北分院 1976～1978 年在青藏高原多年冻土区的风火山进行了铁路路堑挡墙水平冻胀力测定试验。试验挡墙为钢筋混凝土"L"型挡墙，高为 4m 和 5m 两种，长 15m。4m 墙后填土为细颗粒土，5m 墙后填土为粗颗粒土。三年测得的墙背最大水平冻胀力分布曲线如图 8-3 所示。测得墙前地面之下的应力值为季节冻结层内水平冻胀内力与挡墙转动时下部的水平反力之和，与挡墙计算关系不大。

黑龙江省水利勘测设计院和黑龙江省寒地建筑科学研究院 1979～1981 年在黑龙江省巴彦县东风水库对挡土墙水平冻胀力进行了测定。水平冻胀力沿墙背的分布如图 8-4。

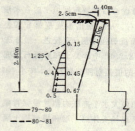

图 8-4 水平冻胀力沿墙背的分布

黑龙江省水利科学研究所 1983～1986 年在哈尔滨万家冻土试验场进行了专门测定水平冻胀力的挡土墙模型试验。测得的水平冻胀力分布图式如图 8-5 所示。

吉林省水利科学研究所 1983 年在锚定板挡土墙试验中，对墙背水平冻胀力进行测定。其分布图式如图 8-6 所示。

从上面各试验资料看，水平

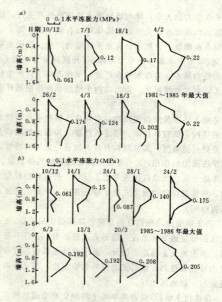

图 8-5 a) 1981～1985 年实测 b) 1985～1986 年实测挡墙水平冻胀力沿墙高度分布形式

冻胀力沿墙背的分布基本呈三角形，这种分布规律与挡墙的冻结条件和墙后填土中水分分布规律有关。在一般情况下，墙背填土中的含水量上部小，中下部大；在两维冻结条件下，墙背上部土体冻结快，冻胀较小，中下部冻结慢冻胀较大，所以水平冻胀力在墙背一般呈三角形分布，因此提出了三角形计算图式。

上面的资料，都是在墙高较小(小于 5m)的情况下观测的。若墙高较大，挡墙中部的冻结条件可以看作是一维的，其水平冻胀力应大体相等。故在计算图式中，给出了高墙时的梯形分布图式。

计算图式中最大水平冻胀力的作用位置是综合上面各实测资

料给出的,梯形分布图式中,1.5倍上限埋深是考虑消除来自地面的冷能量对挡墙中部墙背土体冻结的影响而提出的。据风火山观测,如果从地面出现稳定冻结算起,负气温对1.5倍上限深度地温的影响将在两个月以后,而墙背活动层的冻结只需1~1.5个月,故认为在1.5倍上限深度以下,挡土墙背土体的冻结是一维的。

本规范第8章表8.2.11中给出的最大水平冻胀力值是根据上述各试验点实测值综合分析提出的。这些实测值如表8-5所示。

对青藏高原实体挡土墙和模型挡土墙几年来测得的水平冻胀力按规范第8章图8.2.11 的分布图式换算得出如下一组最大水平冻胀力值 (kPa):

57,90,80,90,98,81,94

将上面样本进行统计处理得:

均值 $\overline{X}=84$

标准差 $S=13.7$

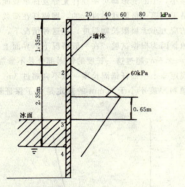

图8-6 东阿拉锚定板挡墙实测冻胀力图

实测最大水平冻胀力　　　　表8-5

墙背填土冻胀率(%)	最大水平冻胀力(kPa)	备　　注
4.3	90	铁道部科学研究院西北分院青藏高原资料
10.5	220	黑龙江省水利科学研究所资料
21.3	208	黑龙江省水利科学研究所资料
强冻胀土	196~245	吉林省水利科学研究所资料

则样本落在111.4kPa和56.6kPa之间的概率为95.4%。风火山试验挡土墙土体的平均冻胀率为4.3%,所以对于冻胀土(η大于3.5小于等于6)给出水平冻胀力值为70kPa~120kPa。

同样,对风火山粗颗粒填土(η等于2.1%)的观测值经换算后进行统计得:

$$\overline{X}=49$$
$$S=16$$

故样本落在81和17之间的概率为95.4%

所以,对于弱冻胀土(η大于1小于等于3.5)给出水平冻胀力值为15~70kPa。

将东北季节冻土区的观测值进行换算得:

1984~1985年　$\eta=10.5$　最大水平冻胀力为160kPa;

1985~1986年　$\eta=21.3$　最大水平冻胀力为230kPa。

综合上面的资料,给出了本规范第8章表8.2.11中的水平冻胀力设计值。

8.2.13 在融区和季节冻土区,季节冻结层按冻胀量沿深度的分布,一般可划分出"主冻胀带"和"弱冻胀带",据野外观测"主冻胀带"分布在季节冻结层的上部1/2~2/3的部分,80%以上的冻胀量在这个带出现。在"主冻胀带"以下,土层冻结所产生的冻胀量就较小了。对于多年冻土区中的融区和季节冻土区的支挡建筑物基础可按这种理论来设计。

8.2.14 在多年冻土区,活动层中水分的分布多呈"K"形,即靠近上限部分的活动层含水量大,如果把基础置于这一层中,自下而上的冻结将对基础作用有巨大的法向冻胀力。据铁道部科学研究院西北分院在青藏高原风火山地区的试验资料,在上限附近(基础埋深1.2m,上限1.4m)法向冻胀力达1100kPa即每平方米达1100kN。这样大的力是无法由建筑物的重量来平衡的,为保证支挡建筑物抗冻胀稳定,要求基础埋在稳定人为上限以下。

8.2.15 多年冻土区工程的成败在于地基基础的合理处理,支挡建筑物也不例外。采用合理的基础形式,选择适当的施工方法,是多年冻土区挡墙成败的关键;尽量减少热干扰是多年冻土区基础施工所必须遵循的原则,预制混凝土拼装基础可以减轻劳动强度,加快施工进度,减少基坑暴露时间,从而使地基的热干扰减小,预制混凝土拼装基础是多年冻土区较理想的基础形式。混凝土浇灌基础由于带进地基中的水化热较多,对多年冻土地基的热干扰大,难以保持地基的稳定,尤其在地基土为饱冰冻土和含土冰层时,更不能采用。因此,在本节提出避免采用现场混凝土浇灌基础。

据铁道部科学研究院西北分院在青藏高原的试验,涵洞八字墙修建后,人为上限约为天然上限的1.25倍。所以,在这里规定,挡土墙基础的埋深不得小于建筑地点天然上限的1.3倍。

8.2.16 富冰和饱冰冻土地基上作砂垫层的目的是使地基受力均匀,防止局部应力集中造成冻土中冰晶融化,使地基失去稳定,垫层厚度不小于0.2m的要求是参考前苏联建筑标准和规范CHuⅡ-88多年冻土上的地基和基础中的规定提出的。在按保持冻结状态利用多年冻土时,地基和基础的构造中规定:在土的含冰量大于0.2时,不管是何种类型的土,在柱式基础和钻孔插入桩下面,均应设计不小于0.2m的砂垫层。

含土冰层不适合直接用作建筑物地基是因为含土冰层长期强度甚小,在外荷作用下,可能产生非衰减蠕变而使建筑物产生大量下沉而破坏,因此,需对基础下含土冰层进行换填,以使基础作用于含土冰层的附加应力减小。换填深度不小于基础宽度1/4的规定是参考前苏联CHuⅡ-88的有关规定提出的,在第5章富冰多年冻土和地下冰上地基和基础设计的特点中规定,设置柱基础时,在基础底面和下覆的地下冰层之间应当有天然的土夹层,或者人为地铺上夯实的土层,这一夹层的厚度应根据地基变形的计算结果确定,但不得小于基础底面宽度的四分之一。

8.2.18 冻土地区的挡土墙在墙背土体的冻融循环过程中,反复经受土压力和水平冻胀力的交替作用,在一般情况下,水平冻胀力较土压力要大得多,抗倾和抗倾覆稳定满足了水平冻胀力的要求,就一定能满足土压力的要求,但是在采取某些减小水平冻胀力的措施后,可能使水平冻胀力小于土压力,另一方面,在冬季和夏季阻止墙体滑动的力和作用于墙上的推力不同,在冬季能满足稳定要求,在夏季则不一定,因此,要求在冬季和夏季分别进行抗滑和抗倾覆稳定检算。

8.2.19~8.2.20 抗滑稳定系数 K_c 不小于1.3,抗倾覆稳定系数 K_0 不小于1.5是根据现行国家标准《建筑地基基础设计规范》GBJ-7提出的。

8.2.22 冻土区的支挡结构物承受着远比库仑土压力大的水平冻胀力的作用。若采用一般重力式挡墙,往往由于截面过大而欠经济合理,同时也难以保持支挡建筑物本身的稳定。在冻土区,若采用柔性支挡结构,例如,锚杆和锚定板式支挡结构,既能有效地减小水平冻胀力的作用,又可充分利用冻土强度,是冻土区较为理想的支挡结构形式。

季节冻土区锚杆和锚定板的计算可按一般地区锚杆和锚定板的计算方法进行。多年冻土区锚杆和锚定板的计算按本节规定进行。

冻土是一种具有明显流变特性的多相组成体。当作用于冻土的荷载产生的应力小于冻土长期强度时,冻土的变形是衰减的。在锚杆和锚定板的计算中,均要求按承载力计算,即要求作用于锚杆和锚定板上的荷载在受力面上产生的应力小于冻土的长期强度，这样，在荷载作用下，锚杆和锚定板的变形是可以忽略的，或者说，锚杆和锚定板是不会变形的。

8.2.23～8.2.24 冻土中锚杆的承载力是由锚杆与冻土间界面的抗剪强度决定的。铁道部科学研究院西北分院曾于1979～1980年在青藏高原风火山地区进行插入式钢筋混凝土锚杆抗拔试验。试验表明，界面上剪应力的分布是不均匀的，上部应力大，下部应力小，且随深度增加应力迅速减小，呈指数规律衰减。这种分布规律决定着锚杆体系的破坏特性，在锚杆上部剪应力大，因而锚杆上部界面先达到冻结强度极限。即锚杆上部冻结强度先破坏。当这一部分冻结强度破坏后，最大剪应力向下传播(图8-7)，下一部分锚杆进入极限状态，如此渐近破坏，直至整个锚杆进入极限状态。

从锚杆体系中应力分布和锚杆冻结强度渐进破坏的特点可以看出：锚杆体系在承受极限荷载时，上部的冻结强度已经破坏，只是下部冻结强度在起作用。因此，可把冻结强度未被破坏的那部分锚杆的长度称为"有效长度"。

试验还表明，在冻结强度破坏后，在界面上还存在残余冻结强度的作用。据冰川冻土研究所试验，残余冻结强度约为长期冻结强度的0.8倍。

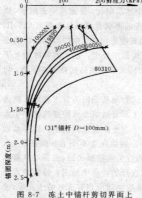

图8-7 冻土中锚杆剪切界面上应力沿深度的发布

因此，现场试验中得出的长期极限抗拔力是由残余冻结强度和长期冻结强度决定的。由长期极限抗拔力算出的锚杆冻结强度是长期冻结强度和残余冻结强度的综合值。

钢筋混凝土锚杆的冻结强度修正系数是由锚杆锚固段的长度和直径决定的。

如果把锚杆的极限荷载除以锚杆冻结面积所得的平均冻结强度叫做锚杆换算冻结强度，则锚杆换算冻结强度随锚固长度增加而减小。这种影响可用长度影响系数来表示：

$$\psi_L = \frac{f_{cL}}{f_{c1000}} \qquad (8-2)$$

式中 ψ_L——长度影响系数；
f_{cL}——锚杆长度为 L 时的锚杆换算冻结强度 (kPa)；
f_{c1000}——锚杆长度为1000mm时的锚杆换算冻结强度 (kPa)。

锚杆换算冻结强度还与锚杆直径有关，同样可以用直径影响系数来表示

$$\psi_D = \frac{f_{cD}}{f_{c100}} \qquad (8-3)$$

式中 ψ_D——直径影响系数；
f_{cD}——直径为 D 时的锚杆换算冻结强度 (kPa)；
f_{c100}——直径为100mm时的锚杆换算冻结强度 (kPa)。

试验得出的长度影响系数 ψ_L 如表8-6，直径影响系数 ψ_D 如表8-7所示。

长度影响系数　　表8-6

锚固段长度 (mm)	1000	1500	2000	2500	3000
长度影响系数 ψ_L	0.98	0.94	0.89	0.85	0.80

直径影响系数　　表8-7

锚杆直径 (mm)	50	80	100	120	140	160	180	200
直径影响系数 ψ_D	1.44	1.11	1.00	0.92	0.86	0.82	0.80	0.78

本规范表8.2.24中给出的锚杆冻结强度修正系数是长度影响系数与直径影响系数的乘积。

本规范表8.2.23中给出的冻结强度值是在锚杆直径为100mm，锚固段长度为1000mm时，现场试验得出的。

8.2.25 由于残余冻结强度值较大，为了得到足够大的锚杆承载力，可以采用加长锚固段长度的方法，也就是说，可以利用残余冻结强度来满足承载力的要求。从理论上讲，锚固段可以任意加长，只要锚杆的材料强度能满足要求就行。

然而，冻土中锚杆要达到极限承载力，锚杆必须有足够的拉伸变形，即锚杆必须达到一定的临界蠕变位移。图8-8是铁道部科学研究院西北分院现场试验得出的锚杆临界蠕变位移与锚固段长度的关系曲线。由图可以看出，锚杆临界蠕变位移随锚固段长度增加迅速增大。因此，靠增加锚固长度来满足承载力的要求在很多场合是不行的，在一般情况下，冻土中锚杆以粗、短为宜。因为粗可使冻结面积迅速增大，从而可大大增加承载能力，短则临界蠕变位移小，小的变形即可使锚杆充分发挥承载能力。本节的锚杆计算是采用第一极限状态进行的，即锚杆在荷载作用下，剪切面上的应力小于极限长期强度，在这种情况下，锚固段过长是无意义的。因为根据试验，在一般情况下，界面上应力的传递深度约2.0～2.5m，超过这一长度的锚固部分是不参加工作的，所以，我们规定冻土中锚杆锚固长度一般不宜超过3m。

8.2.26 填料厚度不小于50mm的规定是为了保证锚杆体系的

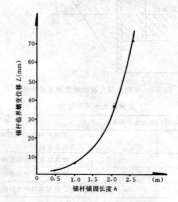

图8-8 锚杆体系临界蠕变位移与锚固长度关系

剪切界面在锚杆与填料之间。厚度太小，则剪切面可能出现在填料与冻土之间，这与原计算是不符的。根据铁道部科学研究院西北分院资料，在遵守填料厚度不小于50mm的条件下，锚杆直径的增加不改变剪切界面的位置，即剪切界面永远为锚杆与填料间界面。

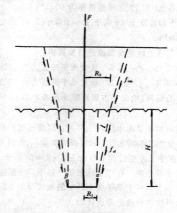

图8-9 锚定板最小埋深计算图

8.2.29 锚定板的埋深是由设计荷载和锚定板前方冻土的强度决定的。在冻土强度随深度变化的情况下,当锚定板面积一定时,可以改变锚定板的埋深来满足设计荷载的要求。在冻土强度不变时,为满足设计荷载要求,只有改变锚定板面积。不论何种情况,考虑锚定板的整体稳定,其埋深都不应小于某一极限值—锚定板的最小埋置深度。

假定锚定板整体稳定破坏时,锚定板前方冻土和融土沿图8-9中所示的锥面发生由剪切引起主拉应力所产生的破坏,这时,外荷载应与破坏面上的拉应力相平衡,即:

$$A_m f_{cm} + A_f f_{rf} - F = 0 \quad (8-4)$$

式中 A_m——融土的破裂面积(m^2);
f_{cm}——融土的粘聚力(kPa);
A_f——冻土的破裂面积(m^2);
f_{rf}——冻土抗拉强度(kPa);
F——外荷载(kN)。

如果忽略融土拉力,对于圆形锚定板,可以得出如下计算冻土中锚定板最小埋深的方程:

$$H^2 \text{tg}\alpha + 2r_1 H - \frac{F}{\pi f_{rf}} = 0 \quad (当 l \approx H) \quad (8-5)$$

式中 H——锚定板最小埋深(m);
α——冻土中应力扩散角(°);
r_1——锚定板半径(m);

其余符号同前。

根据实验,α角一般在25°~30°,若取$\alpha=30°$,设计荷载为60kN,锚定板直径为300mm,锚定板前方为冻结砂粘土,土温为$-15°C$,则长期粘聚力为$C=108$kPa。将上述数据代入式(8-5),解得$H=351.6$mm。

锚定板在冻土中的最小埋深是根据上面计算,考虑到可能遇到的不利情况(例如冻土温度的变化等)而定的。

附录 B 多年冻土中建筑物地基的融化深度

采暖房屋地基土融化深度的计算是一个复杂的课题,有多年冻土的国家,早就在进行试验研究,并提出了许多计算方法,但都有局限性。我国研究较晚,确知它是一个很难掌握的课题,地基土融深受采暖温度、冻土组构及冻土的年平均地温等因素的影响,而且是一个三维不稳定导热温度场;当房屋长宽比大于4时,最大融深可作为二维课题来解。国内学者也提出一些计算方法,其数学解虽经条件假定,仍是很复杂的,也因地质组构多变而很不准确。如1978年6月号的兰州大学学报上发表的"多年冻土区房屋地基融化计算探讨"一文中提出房屋地基最大融深计算式:

$$h_m = \frac{nh_0}{\sqrt{1+n^2}} \left\{ 1 + \frac{\pi}{2} \frac{a}{h_c} \left[1 + \left(\frac{h_0}{a}\right)^2 \right] \right.$$

$$\left. \left[\frac{\frac{\lambda^-}{\lambda^+}(j^- - j_c)}{f^+ - \frac{\lambda^-}{\lambda^+}f^-} \right] + \frac{\pi}{6} \frac{a}{h_c} \right\} \quad (B-1)$$

式中符号意义见原文。

以此式计算我们钻探观测取得的最大融深为5.0m的满归站24号住宅,其计算结果与实际融深相差太大,不便应用。

一、最大融深的计算

为了推导出一个简便的计算式,假定冻土地基为空间半无限大,房屋已使用了几年或几十年,地基融深已达最大值,融化盘相对稳定。此时,以一维传热原理来探求房屋地基的最大融深计算式;这时房屋取暖传入地基中的热量,由于地基土的热阻有限,并趋近一个常量Q_1,即通过室内地面传到融冻界面的热量;从融冻界面传入到地基冻土中的热量,只能提高冻土的温度,使冻土蓄热而不能使冻土融化的热量为Q_2,它也是有限的。这是因为地基土在气温影响范围内的土温随气温变化而波动,夏季升温,冬季降温,储蓄在冻土中的热量Q_2,在降温时为低温冻土所吸收,并散热,在气温影响范围内的地基土温普遍降低,降温是不均匀的,融化盘周围降温大,盘中降温小,反之亦然,每年升、降循环一次,使蓄热,散热相对平衡,或谓之为地中热流所平衡,所以融深稳定在最大值,故融化盘基本无变化而相对稳定,称为稳定融化盘。

根据上面的分析,当房屋地基土融深已达最大值时,按一维传热原理考虑,假定地基土为均质土体,室内地面温度不变,室内地面到融冻界面的距离均相等为H_{max},同时从室内地面至冻土内热影响范围面的距离均相等为h,在单位时间内的传热量是:

1. 通过室内地面传至融冻界面的热量Q_1:

$$Q_1 = \frac{\lambda_u}{H_{max}} A(T_B - 0) \quad (B-2)$$

2. 由融冻界面传至冻土中的热量Q_2:

$$Q_2 = \frac{\lambda_f}{h - H_{max}} A'(0 - T'_{cp}) \quad (B-3)$$

从室内地面传到融冻界面的热量与从融冻界面传到冻土中的热量应相等,即

$$Q_1 = Q_2$$

则

$$\frac{\lambda_u}{H_{max}} A(T_B - 0) = \frac{\lambda_f}{h - H_{max}} A'(0 - T'_{cp}) \quad (B-4)$$

整理后:

$$H_{max} = \frac{\lambda_u T_B A h}{\lambda_u T_B A - \lambda_f T'_{cp} A'} \quad (B-5)$$

进一步整理,并引入房屋长宽比$L/B = n$
则:

$$H_{max} = \frac{\lambda_u T_B h A}{\left(\lambda_u T_B - \lambda_f T'_{cp} \frac{A'}{A}\right) A}$$

$$= \frac{\lambda_u T_B}{\lambda_u T_B - \lambda_f T'_{cp} \frac{A'}{A}} \cdot \frac{BLh}{BL}$$

$$= \frac{\lambda_u T_B}{\lambda_u T_B - \lambda_f T'_{cp} \frac{A'}{A}} \cdot B \cdot \frac{nh}{L} \quad (B-6)$$

(B-6)式中,分母$\lambda_f T'_{cp}$的系数$\frac{A'}{A}$值是一个大于1的值,即T'_{cp}愈低,H_{max}就愈小,这与实际情况相符;A为已知,A'随A和H_{max}而变化,因此是难于求解的。为了便于公式的应用,硬性地把$\frac{A'}{A}$提出来与nh/L放在一起,和融化盘实际为二、三维不稳定传热温度场与假定为一维传热温度场是有差距的,且融化盘和热影响范围均不是同心圆,故室内地面至融化盘和至热影响范围各点的距离,并不都等于H_{max},h;λ_f值从公式推导应是稳定融化盘下热影响范围内冻土的导热系数,但在稳定融化盘形成过程中,冻融界面是由室外地面逐渐下移的,即地面下的冻土是逐渐融化为融土的,融深的大小与室内热源传入地基土的热量成正比,而与冻土融化(包括相变热)消耗的热量成反比。因此,在融化盘下冻土无λ_f资料时可采用室外地面下地基土冻结时的导热系数,因也存在差异;冻土地基的组构在一幢房屋下是不均匀的等等因素。均归纳为综合影响系数ψ_i,并以房屋长宽比"n"为代表表示。

同时取 $T_{cp} = T'_{cp}$，实际上最大融深下多年冻土的年平均地温 T'_{cp} 与 T_{cp} 是基本相同的。则 (B-6) 式可改写为

$$H_{max} = \psi_J \frac{\lambda_u T_B}{\lambda_u T_B - \lambda_f T_{cp}} B \tag{B-7}$$

(B-2) ~ (B-7) 式中

λ_u——融化土（包括地板及保温层）的导热系数（W/m·℃）；

λ_f——冻土的导热系数（W/m·℃）；

T_B——室内地面温度（℃）；

T'_{cp}——冻土年平均温度（℃）；

T_{cp}——多年冻土的年平均地温（地温变化趋近于零深度处的地温）（℃）；

H_{max}——最大融深（m）；

h——室温对地基土温的影响深度（m）；

A——房屋外墙结构中心包络地面面积（m²），$A = LB$；

B——房屋宽度，前后外墙结构中心距离（m）；

A'——融化盘（融冻界面）面积（m²）；

L——房屋长度（m），两外山墙中心距离；

n——房屋长宽比，$n = L/B$；

ψ_J——综合影响系数。

3. 综合影响系数 ψ_J 值

(B-7) 式只显示了形成融深的几个主要数据，未显示的数据都归纳以系数 ψ_J 表示，所以 ψ_J 是一个很复杂的数据，只好根据从既有房屋的钻探、观测的融深资料（东北和西北的）和试验房屋融深观测资料中取得的最大融深进行分析综合后，反求 ψ_J 值。同时考虑了使用年限的因素，即使用年限短的房屋尚未达最大融深，详见本规范附录 B 图 B.0.1-1；其中 15~25m 宽的房屋，ψ_J 值均系参考原"苏联 CHuⅡ—18—76"规范与我们的经验综合编制的。

式中 T_B 国外均采用室温，而我们却采用室内地面温度，这是因为我国尚无室温与地面温差之规定，卫生条件要求地面温度与室温之差以 2.5℃ 为宜；但我们对既有房屋和试验房屋的地面进行了测定，在最热的 7、8 月中室温为 21~27℃ 时，地面温度为 18~23℃，基本上满足温差要求，但在最冷的 1 月份，室温 15℃，而地面温度仅有 6~8℃，且外墙附近的地面温度仍在零度左右，此时地面平均温度只有 3~6℃。风火山试验宿舍设有沥青珍珠岩保温层，年平均室温为 16℃，而年平均地面温度也只有 11.5℃。室温与地面温度相差如此之大，系房屋围护结构保温质量不足，尤其是靠外墙的地面保温质量不足所致。所以我们采用地面温度来计算融深是较为合理的。我们根据现有房屋地面温度观测资料编制了室内地面年平均温度表，如表 B-1 所示，供使用者参考。

各类房屋室内地面年平均温度"T_B"值　　表 B-1

房屋类别	住宅	宿舍	乘务员公寓	小医院电话所	各工区	办公室	站房	
							办公室	候车室
地面温度（℃）	6~12	7~14	9~15	10~18	8~14	8~14	8~15	4~10

如设计时房屋围护结构（四周、屋顶及地面）经过热工计算，则其温度可按计算温度采用。

表 B-1 资料来源不够充分，有待于研究改进，因此未列入规范中。当增加了足够的地面保温层，或当（我国）制定了室温与地面温差的规定时，即可用室温减规定温差来计算最大融深。

4. 地基土质系数

当地基为粗颗粒土时，地基融深增大很多，粗粒土与细粒土的导热系数虽不同，但还不能完全反映其导热强度，故需增加一土质系数 ψ_c。根据多年冻土地区多年的勘探资料，对天然上限深浅的分析，并参考了"青藏铁路勘测设计细则"中的最大融深表 5-6-1，综合确定粗粒土与细粒土融深的关系比定出土质系数 ψ_c，详见规范附录 B 图 B.0.1-2；若将比值列入房屋地基土融深计算

公式中则 (B-7) 式可写成：

$$H_{max} = \psi_J \frac{\lambda_u T_B}{\lambda_u T_B - \lambda_f T_{cp}} B + \psi_c h_c \tag{B-8}$$

式中 h_c——计算融深内粗粒土层厚度（m）。

5. 室内外高差（地板及保温层）影响系数

多年冻土地区一般都较潮湿，房屋室内外应有较大的高差，以使室内地面较为干燥，除生产房屋根据需要设置外，一般不应低于 0.45m。0.45m 指地基础沉压密稳定后的高差。

经试验观测，冬期室内地面温度，由于地基土回冻，使靠外墙 1.0m 左右的地面处于零度及以下，小跨度的房屋中心地面温度也降至 3~8℃；这样低的地面温度是不宜居住的，故必须设置地面保温层，以降低地面的热损失，提高地面温度。

室内外高差部分，包括地板及保温层，其构造不论是什么材料，均全按保温层计算，并将高差部分材料与地基土一同计算融化状态的导热系数 λ_u 值，λ_f 值则不包括室内外高差部分。

室内外有高差 Δh，由室内地面传入冻土地基的热量，经保温层时一部分热量将由高出室外地面的墙脚散发于室外大气中，因此融深要减少一些，其减少量以高差影响系数 ψ_Δ 表示。

ψ_Δ 值是根据试验观测资料并参考现行国家标准《建筑地基基础设计规范》GBJ 7 采暖对冻深的影响系数，并考虑了房屋的宽度，综合分析确定的，见本规范附录 B 图 B.0.1-3，故融深计算式中也应列入此值。这样，采暖房屋地基土最大融深的最终计算式为：

$$H_{max} = \psi_J \frac{\lambda_u T_B}{\lambda_u T_B - \lambda_f T_{cp}} B + \psi_c h_c - \psi_\Delta \Delta h \tag{B-9}$$

本公式属于半理论半经验公式，但以经验为主求得。

【例 1】 求得尔布尔养路工区融化盘最大融深，房屋坐东朝西，房宽 $B = 5.7$m，房长 $L = 18.1$m，$T_B = 12℃$，$T_{cp} = -1.2℃$，室内外高差 $\Delta h = 0.3$m。

地质资料及其导热系数：

1. 地面铺砖厚 0.06m，$\lambda_u = 0.814$；
2. 填筑土（室内外高差部分）厚 0.24m，$\lambda_u = 1.303$；
3. 填筑土厚 0.6m，$\lambda_u = 1.303$，$\lambda_f = 1.489$；
4. 泥炭土厚 0.4m，$\lambda_u = 0.43$，$\lambda_f = 1.303$；
5. 砂粘土夹碎石 20%，厚 1.2m，$\lambda_u = 1.547$，$\lambda_f = 2.407$；
6. 碎石土含土 42%，厚 >4.5m，$\lambda_u = 1.710$，$\lambda_f = 1.931$。

加权平均导热系数：

$$\lambda_u = \frac{0.06 \times 0.814 + 0.84 \times 1.303 + 0.4 \times 0.43 + 1.2 \times 1.547 + 4.5 \times 1.71}{0.06 + 0.84 + 0.4 + 1.2 + 4.5}$$

$= 1.552$

$$\lambda_f = \frac{0.6 \times 1.489 + 0.4 \times 1.303 + 1.2 \times 2.407 + 4.5 \times 1.931}{6.7} = 1.939$$

当 $n = 18.1/5.7 = 3.2$，由规范附录 B 图 B.0.1-1、B.0.1-2、B.0.1-3 查得 $\psi_J = 1.27$，$\psi_c = 0.16$，$\psi_\Delta = 0.24$

将以上各值代入公式 (B-9)

$$H_{max} = 1.27 \cdot \frac{1.552 \times 12}{1.552 \times 12 + 1.939 \times 1.2} \times 5.7$$

$$+ 0.16 \times h_c - 0.24 \times 0.3$$

$$= 6.44 + (6.44 - 2.5) \times 0.16 - 0.07 = 6.99m$$

钻探融深为 6.4m，因钻探时尚未完全稳定。

【例 2】 求滔滔河兵站融化盘最大融深。

该房屋坐北朝南，房宽 $B = 6.0$m，房长 $L = 28.8$m，$T_B = 13℃$，$T_{cp} = -3.6℃$，室内外高差 $\Delta h = 0.15$m

地质资料及其导热系数：

1. 水泥砂浆及填土厚 0.15m，$\lambda_u = 1.08$；
2. 砂粘土厚 0.6m，$\lambda_u = 0.98$，$\lambda_f = 0.92$；
3. 圆砾土厚 1.8m，$\lambda_u = 2.14$，$\lambda_f = 2.88$；
4. 砂粘土厚 >4m，$\lambda_u = 1.28$，$\lambda_f = 1.50$。

加权平均导热系数：

$$\lambda_u = \frac{0.15 \times 1.08 + 0.6 \times 0.98 + 18 \times 2.14 + 4.0 \times 1.28}{0.15 + 0.6 + 1.8 + 4.0}$$

$$= 1.48$$

$$\lambda_f = \frac{0.6 \times 0.92 + 1.8 \times 2.88 + 4 \times 1.5}{0.6 + 1.8 + 4.0} = 1.83$$

当 $n = 28.8/6 = 4.8$，查规范附录 B 图 B.0.1-1、B.0.1-2、B.0.1-3 得 $\psi_J = 1.35, \psi_c = 0.26, \psi_\Delta = 0.12$，

将以上各式代入公式（B-9）

$$H_{max} = 1.35 \frac{1.48 \times 13}{1.48 \times 13 + 1.83 \times 3.6} \times 6$$
$$+ 0.26hc - 0.12 \times 0.15$$
$$= 6.03 + (6.03 - 4.24) \times 0.26 - 0.02 = 6.48m$$

钻探融深为 6.04m。

二、融化盘的形状

根据我们钻探实测资料和青藏高原的钻探资料绘制的图形，进行研究分析，融化盘横断面的形状以房屋横剖面中心线为坐标 y 轴的抛物线方程 $y = ax^2$ 表示较符合实际情况。由于室温高低和房屋宽度不同，抛物线的焦点位置亦不同，即形状系数 a 不同；又因房屋朝向不同，其四周地面吸收太阳热能也不同，加之室内热源（火墙、火炉、火炕等）位置各异，最大融深偏向热源，使抛物线的顶点位置偏离房屋中心 y 轴一个距离 b，也称 b 为形状系数。有了形状方程，还是不便计算融深，故将坐标轴的原点移至室内地面上，以地面为 x 轴，即上移 H_{max}，如规范附录 B 图 B.0.2，则方程 $y = ax^2$ 变为：

$$-y + H_{max} = a(x-b)^2$$

或

$$y = H_{max} - a(x-b)^2 \quad (B-10)$$

式中系数 a（m^{-1}）、b（m）值，也是根据钻探资料分析归纳确定的，如规范附录 B 表 B.0.2；但 a、b 值尚须继续试验研究，使其更接近实际。

有了方程式（B-10），就可以计算房屋中心横剖面地面上任何一点 N 的融深。

【例3】求得尔布尔养路工区两外墙下的融深，各项条件见例1，从例1知 $H_{max} = 6.99m$，

此时，$x = \frac{B}{2} = \frac{5.7}{2} = 2.85m$（东外墙中心）

$$x = -\frac{B}{2} = -\frac{5.7}{2} = -2.85m（西外墙中心）$$

由规范附录 B 表 B.0.2 查得，$a = 0.14, b = 0.1$，代入公式（B-10）得：

$$y_E = H_{max} - a(x-b)^2$$
$$= 6.99 - 0.14(2.87 - 0.1)^2$$
$$= 5.93m（实测融深为 5.3m）$$

$$y_W = H_{max} - a(x-b)^2$$
$$= 6.99 - 0.14(-2.87 - 0.1)^2$$
$$= 5.77m（实测融深为 5.1m）$$

附录 C 冻胀性土地基上基础的稳定性验算

一、计算的理论基础及依据

残留冻土层的确定只是根据自然场地的冻胀变形规律，没有考虑基础荷重的作用与土中应力对冻胀的影响，或者说地基土的冻胀变形与其上有无建筑物无关，与其上的荷载大小无关。例如，单层的平房与十几层高的住宅楼在按残留冻土层进行基础埋深的设计时，将得出相同的残留冻土层厚度，具有同一埋深，这显然是不够合理的。

附录 C 所采用的方法是以弹性层状空间半无限体力学的理论为基础的，在一般情况下（非冻结季节）地基土是单层的均质介质，而在季节冻土冻结期间则变成了含有冻土和未冻土两层的非均质介质，即双层地基，在融化过程中又变成了融土—冻土—未冻土的三层地基。

地基土在冻结之前由外荷（附加荷载）引起的附加应力的分布是属于均质（单层）的，当冻深发展到浅基础底面以下，由于已冻土的力学特征参数与未冻土的差别较大而变成了两层。如果地基土是非冻胀性的，虽然地基已变成两层，但地中原有的附加应力分布则仍保持着固有的单层的形式，若地基属于冻胀性土时，随着冻胀力的产生和不断增大，地基中的附加应力则进行着一系列变化，即重分配。冻胀力发展增大的过程，也是附加应力重分配的过程。如在冻层厚度为 h（自基础底面算起）的冻结界面上与基础底面中心轴的交点处，按双层地基计算的垂直附加应力 p_{on} 为 n，而该面上土的冻胀应力 σ_{fh} 为 m（土的冻胀应力为在冻结界面处单位面积上所产生的冻胀力），当 $m < n$ 时，地基所受附加荷载的 $\frac{m}{n}$ 属双层地基的应力，其余 $\left(1 - \frac{m}{n}\right)$ 系尚未改变的原单层介质系统的应力分布。当冻胀应力增加到 $m = n$ 时，则地基中的受力情况就变成完全双层体系的应力状态了，如果土的冻胀性较弱，可能最后也达不到完全双层地基的应力状态。因此，季节冻土中的地基属于"后生"双层地基。

凡基础埋置在冻深范围之内的建（构）筑物，其荷载都是较小的（因为荷载较大，埋深浅了则不能满足变形和稳定的要求），一般都应用均质直线变形体的弹性理论计算土中应力，土冻结之后的力学指标大大提高了，用双层空间半无限直线变形体理论来分析地基中的应力也是完全可以的，更没什么问题。

季节冻结层在冬季土的负温度沿深度的分布，当冻层厚度不超过最大冻深的 3/4 时，即负气温在翌年入春回升之前可看成直线关系，根据黑龙江省寒地建筑科学研究院在哈尔滨及大庆两地冻土站（冻深在两米左右地区）实测的竖向平均温度梯度，可近似地用 10℃/m 表示，地下各点负温度的绝对值可用下式计算：

$$T = 10(h-z) \quad (℃) \quad (C-1)$$

式中 h——自基础底面算起至冻结界面的冻层厚度（m）；

z——自基础底面算起冻土层中某点的竖向坐标（m）。

冻土的变形模量（或近似称弹性模量）与土的种类、含水程度、荷载大小、加载速率以及土的负温度等有密切关系。此处由于是讨论冻胀性土的冻胀力问题，因此，土质和含水量选择了冻胀性的粘性土，其变形模量与土温的关系委托中国科学院兰州冰川冻土研究所做的试验，经过整理简化后其结果为：

$$E = E_0 + kT^a = [10 + 44T^{0.733}] \times 10^3 \quad (kPa) \quad (C-2)$$

将（C-1）式代入，得

$$E = [10 + 238(h-z)^{0.733}] \times 10^3 \quad (kPa) \quad (C-3)$$

式中 E_0——冻土在 0℃时的变形模量（kPa）。

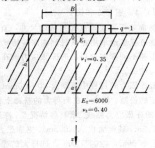

图 C-1 双层地基计算简图

双层地基的计算简图如图C-1所示，编制有限元的计算程序，用数值计算来近似解出双层地基交接面（冻结界面）上基础中心轴下垂直应力系数。层状地基的计算程序，在1979年曾请湖南省计算技术研究所编了一套，包括圆形、条形和矩形的，后来对计算结果进行分析，认为不理想，于1988年又请中国科学院哈尔滨工程力学研究所重新编了一套，包括圆形、条形以及空间课题中的矩形程序，对其计算结果经整理和分析仍不够满意；最后参考上述两次的计算及教科书中双层地基的解析计算结果，根据实际地基两层的刚度比，基础的面积、形状、上层高度等参数，经过内插、外推求出了条形、方形和圆形图表的结果。

根据一定的基础形式（条形、圆形或矩形）、一定的基础尺寸（基础宽度、直径或边长的数值）和一定的基底之下的冻层厚度，即可查出冻结界面上基础中心点下的应力系数值。

土的冻胀应力是这样得到的，如图C-2所示，图C-2a）为一基础放置在冻土层内，设计冻深为H，基础埋深为h，冻土层的变形模量、泊松比分别为E_1、ν_1，下卧不冻土层的变形模量E_2及泊松比ν_2均为已知，当基底附加压力为F时，引起地基冻结界面上a点的附加应力为f_0，其附加应力的大小与其分布完全可以用双层地基的计算求得。图C-2b）所示的地基与基础，其所有情况与图C-2a）完全相同，二者所不同之处在于图C-2a）为作用力F施

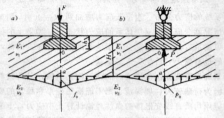

图C-2　地基土的冻胀应力示意图
　　a) 由附加荷载作用在冻土地基上；b) 由冻胀应力作用在基础上

加在基础上，地基内a点产生应力f_0，图C-2b）为基础固定不动，由于冻土层膨胀对基础产生一P力，引起地基内a点的应力为p_0，在界面上的冻胀应力按约束程度的不同有一定的分布规律。如果$P=F$时，则$p_0=f_0$，由于地基基础所组成的受力系统与大小完全相同，则地基和基础的应力状态也完全一致。换句话说，由F引起的在冻结界面上附加应力的大小和分布与产生冻胀力$P(=F)$的在冻结界面上冻胀应力的分布和大小完全相同；所以求冻胀应力的过程与求附加应力的过程是相同的，也可将附加应力看成冻胀应力的反作用力。

$$E_1 = [10 + 238(h-z)^{0.733}] \times 10^3$$

黑龙江省寒地建筑科学研究院于哈尔滨市郊的阎家岗冻土站中，在四个不同冻胀性的场地上进行了法向冻胀力的观测，正方形基础尺寸$A = 0.7\text{m} \times 0.7\text{m} \cong 0.5\text{m}^2$，冻层厚度为$1.5 \sim 1.8\text{m}$，基础埋深为零。四个场地的冻胀率$\eta$分别为$\eta_1 = 23.5\%$、$\eta_2 = 16.4\%$、$\eta_3 = 8.3\%$、$\eta_4 = 2.5\%$。其冻胀力、冻结深度与时间的关系见图C-3、图C-4、图C-5和图C-6。

根据基础底面之下冻层厚度h与基础尺寸，查双层地基的应力系数图表，就可容易地求出在该时刻冻胀应力σ_n的大小。将不同冻胀率条件下和不同深度处得出的冻胀应力画在一张图上便获得土的冻胀应力曲线。

由于在试验冻胀力的过程中基础有$20\sim30$mm的上抬量，法向冻胀力有一定的松弛，因此，在测得力的基础上再增加50％的力值。形成"土的冻胀应力曲线"素材的情况是：冻胀率$\eta=20\%$，最大冻深$H=1.5$m，基础面积$A=0.5$m²，则冻胀力达到1000kN（100T），相当于2000kN（200T）/m²，这样大的冻胀力用在工程上有一定的可靠性。

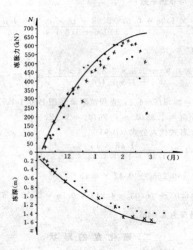

图C-3　法向冻胀力原位试验
基础03#；基础面积$A = 0.5\text{m}^2$；
×为1987～1988年；·为1988～1989年
基础上抬量：18mm，21mm；地面冻胀量：227mm

在求基础埋深的过程中，对传到基础上的荷载只计算上部结构的自重，临时性的活荷载不能计入，如剧院、电影院的观众厅，

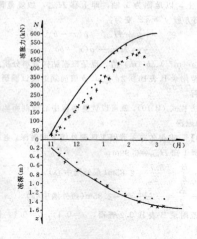

图C-4　法向冻胀力原位试验
基础位移量：13# = 35mm；地面冻胀量：14# = 194mm；
14# = 25mm；13# = 186mm；
$A = 0.5\text{m}^2$；·为1988～1989年　×为1987～1988年

在有演出节目时座无虚席，但散场以后空无一人，当夜间基土冻胀时活荷载根本就不存在；又如学校的教室，在严冬放寒假，正值冻胀严重的时令、学生都回家去，教室是空的，等等。因此，在计算平衡冻胀力的附加荷载时，只计算实际存在的（墙体扣除门窗洞）结构自重，并应乘以一个小于1的荷载系数（如0.9），以考虑偶然最不利的情况。

基础底面处的接触附加压力可以算出，冻层厚度发展到任一深度处的应力系数可以查到，附加压力乘以应力系数即为该截面上的附加应力。然后寻求小于或等于附加应力的冻胀应力，这种截面所在的深度减去应力系数所对应的冻胀厚度即为所求的基础的最小埋深，在这一深度上由于向下的附加应力已经把向上的冻

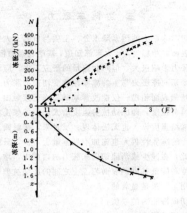

图 C-5　法向冻胀力原位试验

$A=0.5m^2$；基础位移量 $17^\#=22mm$　$15^\#=21mm$；地面冻胀量 $15^\#=96mm$
$17^\#=48mm$　×为 1987～1988 年　·为 1988～1989 年

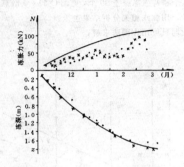

图 C-6　法向冻胀力原位试验

$A=0.5m^2$；$20^\#$基础地面冻胀量 87～88=42mm；88～89=58mm；
×为 1987～1988 年　·为 1988～1989 年基础位移量≪

胀应力给平衡了，即压住了，肯定不会出现冻胀变形，所以是绝对安全的。

二、采暖对冻胀力的影响

现行地基基础设计规范中对于有热源房屋（采暖房屋），考虑供热对冻深的影响问题，取中段与角段（端）两个不同值是合理正确的。但对角段的范围应该修改一下，该规范规定自外墙角顶点到两边各延长 4m 的范围内皆为角段，这种用绝对数值来表现冻深的影响不够合适，实际上这种影响是冻深的函数。例如，在冻深仅有 400mm 的地区，角段范围为冻深的 10 倍，而在冻深 4.0m 的严寒地区，则角段只有 1 倍的冻深。本规范采用角段的范围为 1.5 倍的设计冻深，1.5 倍冻深之外的影响微弱，可忽略不计。

采暖（或有热源）建筑物对基础的影响要比一个采暖影响系数复杂得多，在基础埋深不小于冻深时，采暖影响系数还有直接使用价值，但对"浅基础"（基底埋在冻层之内）就无法单独使用了。黑龙江省寒地建筑科学研究院在阎家岗冻土站对"采暖房屋的冻胀力"进行了观测，室内采暖期的平均温度见表 C-1。试验基础 A 为独立基础，基底面积为 $1.00m\times 1.00m$，埋深为 0.50m，下有 0.50m 的砂垫层，基础 A' 与 A 完全相同的对比基础，在裸露的自然场地上，见图 C-7。试验基础 B 为 1m 长的条形基础，埋深为 0.50m，下有 0.50m 的砂垫层，基底宽度为 0.60m，基础两端的地土各挖一道宽 250～300mm 的沟，其中填满中、粗砂，深度为 1.3m，该沟向室外延伸 2.5～3.0m，沟两侧衬以油纸。试验基础 B' 为与 B 完全相同的对比基础，在裸露的自然场地上，砂沟在基侧两边对称，其冻胀力见图 C-8。试验基础 C 与试验基础 A 完

全相同，其冻胀力见图 C-9。试验基础 C 为一直径 400mm、长 1.55m 的灌注桩。基础 C' 为对比基础，见图 C-10。从图中可见，采暖房屋下面的基础所受的冻胀力远较裸露场地的为小，绝不仅是一个采暖影响系数的问题。

采暖房屋的室内气温（℃）　　　表 C-1

月份	1982～1983 年				1983～1984 年				1984～1985 年			
	I	II	III	IV	I	II	III	IV	I	II	III	IV
11	20.5	18.7	15.8	14.3	17.7	16.8	13.2	10.5	14.1	14.8	13.7	11.2
12	17.8	17.7	13.5	11.4	13.0	15.5	11.4	9.1	16.8	13.2	12.6	9.7
1	16.6	18.4	14.1	12.2	12.9	14.2	8.50		18.3	11.8	11.4	7.1
2	17.9	19.0	15.1	12.9	15.7	19.7	11.5		18.4	12.4	11.3	8.3
3	19.0	20.5	17.4	16.8	17.0	20.6	16.2		16.2	13.2	12.3	9.3
4	20.0	21.8	20.0	19.0	19.7	20.6	17.8	17.2	15.7	15.9	15.9	12.9
5	22.0	23.6	21.5	19.6	22.0	21.7	20.5	20.5	/	/	/	/
平均	19.2	20.0	16.8	15.1	16.9	18.4	14.6	13.1	16.7	13.5	12.9	9.8
总平均	17.7				15.7				13.2			

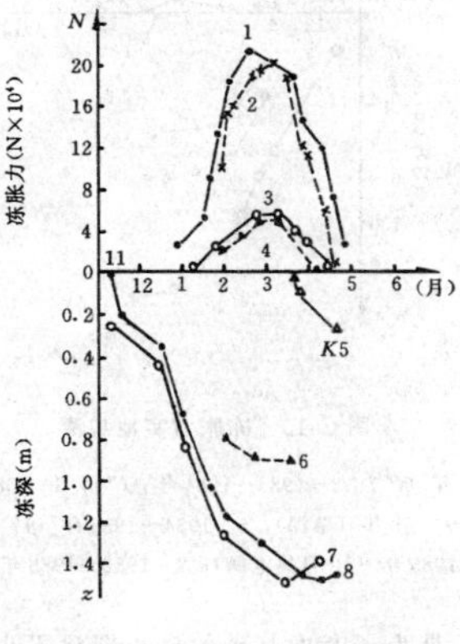

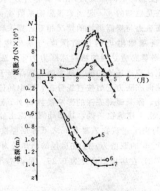

图 C-7　冻胀力实地观测

1—1983～1984 年（基础 A'）；2—1984～1985 年（A'）；3—1983～1984 年（A）；
4—1984～1985 年（A）；5—1984～1985 年（融深）；6—1984～1985 年
（27 号热电偶）；7—1984～1985 年（26 号热电偶）；
8—1984～1985 年（场地冻深）

现行国家标准《建筑地基基础设计规范》GBJ 7 中采暖对冻深

图 C-8　冻胀力实地观测

1—1983～1984 年（B'）；2—1984～1985 年（B'）；
3—1984～1985 年（B）；4—1983～1984 年变（融深）；
5—1983～1984 年（4 号热电偶）；6—1983～1984 年
（5 号热电偶）；7—1983～1984 年（场地冻深）

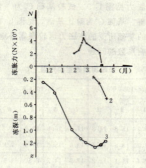

图 C-9 冻胀力实地观测

1—1984～1985 年（C）；2—（融深）；3—冻深（冻土器 23 与 25 平均值）

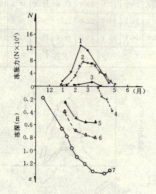

图 C-10 冻胀力实地观测

1—1982～1983 年（C'）；2—1983～1984 年（C'）；3—1984～1985 年（C）；
4—1982～1983 年（融深）；5—1984～1985 年（17 号热电偶）；
6—1984～1985 年（18 号热电偶）；7—1982～1983 年（场地冻深）

的影响系数 ψ_i，是为了考虑基础的最小埋深不小于室内采暖时基础附近的冻深而出现的，只能用在这种情况下。而在讨论季节冻土地基中冻胀力对采暖建筑物浅基础的作用时，仍采用这样一个影响系数，就显得很不够用了。例如桩基础，其上所受到的切向冻胀力不单要计算在垂直方向上沿桩身冻层厚度的减少，还要考虑在水平方向上室内一侧非冻土不产生冻胀力的因素。又如浅基础，其底面所受到的法向冻胀力，在计算垂直方向的冻胀力时，有两个边界条件是已知的。一是当采暖影响系数 $\psi_1 = 1.0$ 时，基底所受的法向冻胀力与裸露场地的情况相等，即采暖的影响可忽略不计；二是当基础附近的冻结深度与基础埋深相等时，即 $\psi_1 z_d = d_{min}$，则基底所受到的法向冻胀力为零，法向冻胀力不出现。此处假定从裸露场地的冻深到采暖后冻深等于基础埋深深度的范围内，法向冻胀力近似按直线分布，即中间任何深度处可内插求得。因此，除采暖对冻深的影响系数 ψ_i 外，另外引入两个影响系数，即：由于建筑物采暖，其基础周围冻土分布对冻胀力的影响系数 ψ_n 与由于建筑物采暖基底之下冻层厚度改变对冻胀力的影响系数 ψ_h 的取值为：1) 在房屋的凸角为 0.75；2) 在直墙段为 0.50；3) 在房屋凹角处为 0.25。而 ψ_v 按下式计算

$$\psi_v = \frac{\frac{\psi_i + 1}{2} z_d - d_{min}}{z_d - d_{min}} \qquad (C-4)$$

式中 ψ_i——采暖对冻深的影响系数；
      z_d——设计冻深（m）；
      d_{min}——基础的最小埋深（m）。

三、切向冻胀力

影响切向冻胀力的因素除水分、土质与负温三大要素外，还有基础侧表面的粗糙度等。大家都知道，基侧表面的粗糙度不同，对切向冻胀力影响极大，但对此定量的研究不多；应该注意，表面状态改变切向冻胀力与土的冻胀性改变切向冻胀力二者有本质的区别。基侧表面粗糙，仅能改善基础与冻土接触面上的受力情况，提高抗剪强度，即冻结抗剪强度增大，但如果土本身的冻胀性很弱，冻结强度再大也无法体现；反过来，接触面上的冻结强度较低，土的冻胀性再大也施加不到基础上多少，只能增大剪切位移。因此，在减少或消除切向冻胀力的措施中，增加基础侧表面的光滑度和降低基础侧表面与冻土之间的冻结抗剪强度能起到很好的作用，效果是显著的。

关于切向冻胀力的取值：

(1) 查阅了国内和国外一些资料，凡是土的平均冻胀率、桩的平均单位切向冻胀力等数据同时具备的，才收录在内。

所获数据合计 232 个，其中弱冻胀土 28 个，冻胀土 32 个，强冻胀土 113 个和特强冻胀土 59 个，见图 C-11。从散点图上看，数据比较分散，用曲线相关分析结果也很差。

取值问题只可用作图法求解；

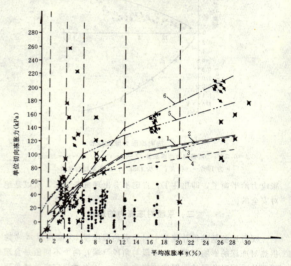

图 C-11 桩基础切向冻胀力取值对比图

1—本规范设计取值；2—建筑桩基技术规范；3—水工建筑物抗冰冻设计规范；4—前苏联"多年冻土上的地基与基础"规范；5—渠系工程抗冻胀设计规范；6—公路桥涵地基与基础设计规范

■—建筑桩基；●—桥涵桩基；★—多年冻土区桩基

(2) 由于桩基础与条形基础的受力情况差别较大，在列表时将条基单独分出，减半取用。条形基础的切向冻胀力比桩基础小的原因几点说明中已有详述；同时条形基础很少受切向冻胀力作用而导致破坏的讨论，几点说明中也有，此处不再赘述；

(3) 条形基础，尤其毛石条形基础在季节冻土地区的少层、多层建筑中应用广泛，但切向冻胀力的试验很少人做。自 1990 年开始黑龙江省寒地建筑科学研究院在阎家岗冻土站一直进行观测。

从试验得出的数据看，切向冻胀力确实不小，如果检算现有房屋，有相当一部分早应破坏，但绝大多数至今完好无损，其原因直到目前还没搞真正搞清楚。因此，在推广基础浅埋中采取防切向冻胀力措施先把切向冻胀力消除掉。在过去盲目搞浅基础时都是切向冻胀力与法向冻胀力共同作用才导致冻害事故的，所以在规范例题中一般不是采取在基侧回填不小于 100mm 砂层就是将基础侧面做成不小于 9°（β 角）的斜面来消除切向冻胀力的。这样可使基础受力清楚，计算准确，安全可靠。

切向冻胀力设计值 τ_d (kPa)　　　　表 C-2

冻胀类别 基础类别	弱冻胀	冻胀	强冻胀	特强冻胀
桩、墩基础 (平均单位值)	$30\leqslant\tau_d\leqslant 60$	$60<\tau_d\leqslant 80$	$80<\tau_d\leqslant 120$	$120<\tau_d\leqslant 150$
条形基础 (平均单位值)	$15\leqslant\tau_d\leqslant 30$	$30<\tau_d\leqslant 40$	$40<\tau_d\leqslant 60$	$60<\tau_d\leqslant 70$

规范附录 C 公式 (C.1.1-2) 中单位设计摩阻力 q_{si} 按桩基受压状态的情况取值，而《工业与民用建筑灌注桩基础设计与施工规程》JGJ 4—80、《林区公路工程设计规范》以及不少兄弟单位都按受拔桩的情况取值，考虑一个抗拔与受压容许摩擦力之比的系数 0.4~0.7。哈尔滨建筑大学与黑龙江省寒地建筑科学研究院的文章则认为仍按受压状态取值，由于侧阻力发挥到最大数值需有一个剪切位移过程，考虑到冻拔桩不允许有较大的上拔变形，所以公式中要乘以一个侧阻力发挥程度系数 0.5。

桩基受拔时的受力情况见附图 C-12a)、b)、c)、d)。b) 为桩身受力，c) 为地基土的受力，由图可见桩对地基土施以向上的作用力 Σq_s，使地基土在一定范围内形成松动区，其质量密度下降，土对桩身的侧压力减小，导致桩侧与土接触面上的抗剪强度（侧阻力）降低。

在冻胀性地基土中的冻拔桩见图 C-12e)、f)、g)、h)。f)

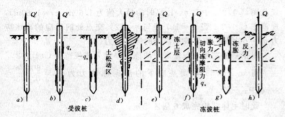

图 C-12 受拔、冻拔桩的受力情况
a)、b)、c)、d)—受拔桩；e)、f)、g)、h)冻拔桩

为桩基的受力情况

$$Q + G + \Sigma q_s = \Sigma \tau_i$$

式中　Q——上部结构传下来的荷载 (kN)；
　　　G——桩基自重 (kN)；
　　　Σq_s——由于切向冻胀力 $\Sigma \tau_i$ 超过 $Q+G$ 后，不冻土层中起锚固作用的单位摩阻力之和 (kN)；
　　　$\Sigma \tau_i$——切向冻胀总力 (kN)。

Q、G 是不以切向冻胀力大小而改变的常数，Σq_s 是由于 $\Sigma \tau > Q+G$ 才产生的，又因 $Q+G\neq 0$，所以 $\Sigma \tau > \Sigma q_s$。从图 g) 可见，向下的切向冻胀力 $\Sigma \tau$ 的反作用力永远超过向上的锚固摩阻力的反作用力，冻土层不会整体上移，冻结界面稳定不动，虽有向上的作用力，但绝不会产生哪怕是很小范围的松动区，所以向上的摩阻力不可能降低，冻拔桩不同于受拔桩。至于起锚固作用的摩阻力究竟取多大，这应看桩与周围土的相对剪切位移，如果位移很小或不许有明显的上拔，就不能取极限摩阻力，而要适当降低摩阻力的取值。

在规范切向冻胀力防治措施的条文 5.1.4.3.(4) 中，提出将基侧表面作成斜面，其 $tg\beta$ 大于等于 0.15 的效果很好。黑龙江省寒地建筑科学研究院在特强冻胀土中作了不同角度的一批试验桩，经过 1985~1989 年几年的观测，其结果绘在图 C-13 中。从图中可见，对于混凝土预制桩，当 β 不小于 9°或 $tg\beta$ 不小于 0.15 时，将不会冻拔上抬。这是防冻措施中比较可靠、比较经济、比较方便的措施之一。

规范在防切向冻胀力的措施条文 5.1.4.3.(2) 中，采用水泥砂浆抹面以改善毛石基础侧表面的粗糙程度，因很大的切向冻胀力每年要作用一次，若施工质量不好，容易脱皮，因此，必须保证质量。条文 5.1.4.3.(3) 中，采用物理化学法处理基侧表面或

基侧表面土层，一侧成本较高，再则有的不耐久，随时间的延长效果逐渐衰退。

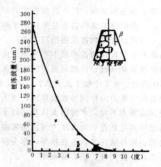

图 C-13 斜面基础的抗冻拔试验

用盐渍化法改善土的冻胀性，同样存在耐久性问题，土中水的运动会慢慢盐淡化其浓度，使逐渐失效，其副作用是使纯净土盐渍化，有腐蚀作用。在多年冻土地区为避免形成盐渍冻土，在非必要情况下，尽量不用盐渍化法；因在相同负温下，尤其温度较高时，会使土的力学强度指标降低很多。

有一些建筑物基础，尤其是条形基础中部的直线段，按切向冻胀力的计算结果，已经超出安全稳定的警界线许多，但仍完好无损，这是可能的，但不能由此得出建筑物基础中的切向冻胀力不存在、不考虑或不计算等不正确的结论。前面已说过，土的冻胀力产生于下部冻结界面，切向冻胀力则表现在上部基侧与土冻结在一起的接触面处。冻结界面随时间向下推移，其基础侧表面却原地不动，上部冻胀性土体在冻结过程中先是冻结膨胀，膨胀的结果出现水平冻胀内力，即压应力，随着气温的继续降低，土温低于剧烈相变区之后，膨胀逐渐减弱为零，水平胀力达到最大。此时基侧表面的冻结抗剪强度由于有最大水平法向冻胀压力的存在，冻结强度则达到很高的数值，它能承受并传递很大的切向冻胀力。在此时若气温继续降低，上部土温相应下降，土体开始收缩，水平压应力逐渐减小，土温降到一定程度，水平冻胀内力消失。进入严冬时地表土体出现收缩而产生拉应力（张力），土中张力的存在将明显削弱基侧表面的冻结抗剪强度。当张力足够大，其拉伸变形超过极限值之后，就出现地裂缝，微裂缝一旦出现，由于应力集中的作用，将沿长度及深度方向很快发展延伸，形成较大的裂缝，即常说的"寒冻裂缝"。

在寒冷地区的冬季常可看到基侧散水根部的裂缝，这种裂缝的存在，在裂缝范围内的切向冻胀力肯定不会有多少，甚至全无。如果在上部土层尚未出现裂缝之前，其切向冻胀力就已经超过传给基础的上部荷载时，就要出问题。这种情况必须按切向冻胀力计算。如果地基土是各向同性的理想均质介质（土质、湿度场及温度场），可以根据冻土的长期拉伸极限变形以及其线膨胀系数算出裂缝多边形的尺寸。但由于实际中上部土层的土质很复杂，土中湿度相差很大，各处的土温也不一致，所以地裂缝出现的时间、地点和形状各不相同，带有很大的随机性，难以用计算求得。如果在基础侧面不远处有抗拉的薄弱部位，就会在该处首先出现裂缝。一旦出现裂缝，附近土中张力即被松弛，基侧就不再开裂了。处在这种情况下的基础，其切向冻胀力就符合计算结果，一定要认真考虑。如果在施工时有意识地使基侧冻土形成抗拉的薄弱截面（即采取防冻切措施），诱导该处首开裂缝，将会收到显著效果。总之，如果在设计时没有把握使冻胀性土在基侧形成裂缝，就必须计算切向冻胀力的作用，绝不可对建筑物的稳定性存在侥幸的心理，因此切向冻胀力的计算不可忽略。事实上，确实存在有不少建筑物由于切向冻胀力的作用导致破坏的，这已是众所周知的了。

四、计算例题

如果基础是毛石条形基础，按从试验得出的切向冻胀力的设计值进行计算，一般的建筑结构自重是平衡不了的，尤其在冻胀性较强的地基土中将使建筑物被冻胀抬起。

在国外的地基基础设计规范中根本不考虑切向冻胀力对基础的作用，我国建筑地基基础设计规范虽对防切向冻胀力的措施有明文规定，但在设计、施工中根本无人执行，即没采取任何措施；除个别工程因切向冻胀力的作用导致破坏外，绝大多数都安然无恙。不考虑切向冻胀力不对，考虑得太认真将过于保守。过去在盲目执行浅基础中都是处在切向冻胀力与法向冻胀力共同作用下发生冻害事故的，这种破坏实例不胜枚举，作为深刻教训已铭记心中了，直到现在一提浅埋，仍心有余悸。

因此，我们要求在进行基础浅埋的设计中，首先应采取防切向冻胀力的措施（如基侧回填大于等于100mm 的砂层或将基侧砌成大于等于 9°的斜面）将其消除后，再按法向冻胀力计算。

【例题1】 哈尔滨市远郊，标准冻深 $Z_0=1.90$m，地基土为粉质粘土，含水量大，地下水位高。根据多年实测，冻胀率 $\eta=20\%$，属特强冻胀土。室内外高差 300mm，结构自重的标准值 $G_k=62$kPa，毛石条形基础的宽度 $b=0.50$m，普通水泥地面。

计算：房屋地基的设计冻深 z_d

$$z_d = z_0\psi_{zs}\psi_{zw}\psi_{ze}\psi_{zt0}\psi_t$$
$$= 1.90\text{m} \times 1.00 \times 0.80 \times 1.00 \times 1.1$$
$$= 1.67\text{m}$$

（冻深影响系数查可规范表 5.1.2）

基础底面的附加压力 p_0

$$p_0 = G_k \times 0.90 = 55.8 \approx 55\text{kPa}$$

最大冻深处的冻胀应力 σ_{fh}，由 η 查规范图 C.1.2-1 得 $\sigma_{fh}=49$kPa。

1. 非采暖建筑

（1）切向冻胀力已由基侧回填 100mm 厚的中、粗砂层，给予消除。

（2）在法向冻胀力作用下

应力系数 $\alpha_d = \dfrac{\sigma_{fh}}{p_0} = \dfrac{49}{55} = 0.89$，查规范图 C.1.2-2 近似得 $h=120$mm，则最小埋深 $d_{min} = z_d - h = 1.67\text{m} - 0.12\text{m} = 1.55\text{m}$。

标准冻深 1.90m 的地基，最小埋深为 1.55m，而实际基础底面之下仅允许有 0.12m 冻土层厚度。

2. 采暖建筑

（1）切向冻胀力已由基础外侧回填 100mm 厚的中、粗砂层给予消除。

（2）法向冻胀力作用下（计算阳墙角处）

初选 d_{min}. $\alpha_d = \dfrac{\psi_t + 1}{2}\psi_v \dfrac{\sigma_{fh}}{p_0} = 0.925 \times 0.75 \times \dfrac{49}{55} = 0.618$，

由 α_d, b 查规范图 C.1.2-2 得 $h=0.245$m，$d_{min} = z_d - h = 1.67 - 0.245 = 1.425$m。

设 $d_{min} = 1.35$m，$h = 1.67 - 1.35 = 0.32$m，据 b、h 查规范图 C.1.2-2 得 $\alpha_d = 0.555$，非采暖建筑基础的冻胀力 $P_e = \dfrac{49}{0.555} = 88.3$kPa，$\psi_v = \dfrac{\dfrac{\psi_t+1}{2} \times 1.67 - 1.35}{1.67 - 1.35} = 0.61$ $\psi_h = 0.75$，则采暖条件下基础的冻胀力为 P_h

$$P_h = \psi_v\psi_h P_e = 0.61 \times 0.75 \times 88.3\text{kPa} = 40.3\text{kPa} < 55\text{kPa} \quad \text{安全}。$$

【例题2】 哈尔滨市内，七层住宅楼，计算承自重外墙的基础。根据多年观测，地基土属强冻胀性，$\eta=12\%$。毛石条形基础，底面宽度 $b=1.20$m，基底附加压力 $G_k=112$kPa，基础做成斜面用以消除切向冻胀力。标准冻深 $z_0=1.90$m，地基土为粉质粘土。

计算：设计冻深 $z_d = 1.90 \times 0.85 \times 0.90 \times 1.10 = 1.60$m

最大冻深处的冻胀应力 $\sigma_{fh}=32$kPa

基底附加压力 $p_0 = G_k \times 0.9 = 112 \times 0.9 = 101$kPa

由于切向冻胀力已消除，此处计算只计算法向冻胀力。

1. 非采暖时

应力系数 $\alpha_d = \dfrac{\sigma_{fh}}{p_0} = \dfrac{32}{101} = 0.317$，由 b、α_d，查规范图 C.1.2-2 得基底下的冻层厚度 $h=0.98$m，则最小埋深

$$d_{min} = z_d - h = 1.60 - 0.98 = 0.62\text{m} \approx 0.65\text{m}$$

2. 如跨年度施工

该地区 10 月中旬开始冻结，3 月中旬达到最大值 1.90m，平均每月冻深增加 0.40m。

（1）1 月中旬

在标准条件下（出现标准冻深的条件）冻深为 1.27m，实际条件下（出现本设计冻深的条件）冻深为 $\dfrac{z_d'}{z_0} \times 1.27 = \dfrac{1.60}{1.90} \times 1.27 = 1.069 = 1.07$m，此时基底下冻层厚度为 $h = 1.07 - 0.65 = 0.42$m（式中的 0.65m 由 1. 非采暖时计算的结果）。实际工程地点的冻深为 1.07m，相当于规范图 C.1.2-1 中同冻胀率地基土对应的冻深为 $\dfrac{z'}{1.60} \times 1.07 = \dfrac{1.60}{1.60} \times 1.07 = 1.07$m（式中 z' 为规范图 C.1.2-1 中在 $\eta=12\%$ 时的最大值为 1.60m，$z_d=1.60$m），规范图 C.1.2-1 当 $z'=107$ 线与 $\eta=12\%$ 交点处的对应的冻胀应力 $\sigma_{fh}=60$kPa，即为该冻深处的冻胀应力。

根据基础宽度 b 与基底下的冻层厚度 h 查规范图 C.1.2-2

得 $\alpha_d = 0.693$，则基底下的法向冻胀力为 $\dfrac{\sigma_{fh}}{\alpha_d} = \dfrac{60\text{kPa}}{0.693} = 86.6$kPa。

此时主体结构完成 6 层才稳定。

（2）2 月中旬

标准条件下的冻深为 1.67m，实际冻深为 $\dfrac{1.60}{1.90} \times 1.67 = 1.406$m，基底下的冻层厚度 $h = 1.406 - 0.65 = 0.756$m，实际为 1.406m 的冻深在规范图 C.1.2-1 中相似条件的冻深为 $\dfrac{z'}{z_d} \times 1.406 = 1.406$m，根据 1.406m 与 $\eta=12\%$ 查规范图 C.1.2-1 得 $\sigma_{fh}=42$kPa，据 b、h 查本规范图 C.1.2-2 得 $\alpha_d=0.425$，则法向冻胀力为 $\dfrac{\sigma_{fh}}{\alpha_d} = \dfrac{42}{0.425} = 98.8$kPa

此时应完成七层主体结构才能平衡。

（3）3 月中旬

冻深达到最大，基底冻层厚度 $h = 1.60 - 0.65 = 0.95$m，查规范图 C.1.2-2，得 $\alpha_d = 0.325$，冻深最大时的冻胀应力为 32kPa，则基底法向冻胀力为 $\dfrac{\sigma_{fh}}{\alpha_d} = \dfrac{32}{0.325} = 98.5$kPa，全部安全。

如开工较晚进入冬季，即使是不完工而跨年度工程也没有关系，应当继续施工，只要计算进度完成要求的上覆荷重，就不会出现冻害事故。

【例题3】 切向冻胀力、法向冻胀力同时作用。

沈阳市近郊，粉质粘土，冻前天然含水量 $w=24$，塑限含水量 $w_p=18$，地下水位距冻结界面大于两米，属冻胀土，取 $\eta=6\%$，查规范图 5.1.2"全国季节冻土标准冻线图"得 $z_0=1.20$m。传至基础顶部的结构自重 $G_k=165$kPa。非采暖建筑，柱墩式基础，直径 $d=1.00$m，埋入地基中的深度 $H=0.50$m。

计算：$z_d = z_0\psi_{zw}\psi_{ze}\psi_t = 1.20\text{m} \times 0.90 \times 0.95 \times 1.00 \times 1.1 = 1.13$m。

$p_0 = G_k \times 0.9 = 165\text{kPa} \times 0.9 = 148.5$kPa

（1）产生切向冻胀力部分的冻胀应力

基础埋深范围内的切向冻胀力 $\tau_d \times A_\tau$（式中 τ_d—切向冻胀力

的设计值，查规范表 C.1.1 得 $\tau_d=65\text{kPa}$，$\phi_t=1.00$，A_τ——埋深范围内基侧表面积 πdH；

$\tau_d \times A_\tau = 65 \times 1.00 \times 3.14 \times 1.00 \times 0.5\text{kN} = 102\text{kN}$，

将平衡切向冻胀力部分的附加荷载看成是作用在基础上的外荷载 F_τ，F_τ 作用在切向冻胀力沿埋深合力作用位置的同一高度上（即 $H/2$），该断面与冻结界面的距离为 $h = z_d - \dfrac{H}{2} = 1.13 - 0.25 = 0.88\text{m}$。基础的横截面积 $A_d = \dfrac{\pi d^2}{4} = 0.785\text{m}^2$。

由 F_τ 引起在所作用断面的平均附加压力 $p_{0\tau} = \dfrac{\tau_d \times A_\tau}{A_d} = \dfrac{102}{0.785} = 129.9\text{kPa} \approx 130\text{kPa}$，利用 h 和 d 查规范图 C.1.2-4 得应力系数 $\alpha_d = 0.10$。冻结界面上的附加应力 $p_{0\tau}\alpha_d = 13\text{kPa}$。该附加应力即为产生切向冻胀力部分的冻胀应力 σ'_{fh}；

(2) 冻结界面上的冻胀应力

根据 η 查规范图 C.1.2-1 中 z' 最大值所对应的冻胀应力，$\sigma_{fh}=16\text{kPa}$；

(3) 产生法向冻胀力的剩余冻胀应力 σ''_{fh}，$\sigma''_{fh} = \sigma_{fh} - \sigma'_{fh} = 16.0 - 13.0 = 3.0\text{kPa}$；

(4) 冻结界面上的剩余附加应力

基础底面的剩余附加压力 $p_{0a} = p_0 - p_{0\tau} = 143.5 - 130 = 18.5\text{kPa}$。根据基础底面下的冻层厚度 $h=1.13-0.50=0.63\text{m}$，和基础直径 d 查规范图 C.1.2-4 得应力系数 $\alpha_d=0.17$。

剩余附加应力 $p_{ha} = \alpha_d p_{0a} = 0.17 \times 18.5 = 3.15\text{kPa}$；

(5) 满足 p_{ha} 大于 σ''_{fh} 即是稳定的，3.15kPa 大于 3.0kPa，稳定。

五、几点说明

1. 在规范附录 C 中按平均冻胀率 η 求冻胀应力 σ_{fh} 的图 C.1.2-1，是在标准冻深 $z_0=1.90\text{m}$ 的哈尔滨地区得到的，但它可应用到任何冻深的其他地区，只要冻胀率 η 沿冻深 z 的分布规律相似即可（如果不相似，可代入实际 η 的分布图形，取代图 C.1.2-1），就是将图中的冻深放大或缩小与拟计算地点的深度相同，然后对着相似点查图。

因在下卧不冻土层的压缩性变化不大时，其冻结界面上的胀应力仅取决于土的冻胀性，土的冻胀性由土的冻胀率（冻胀强度、冻胀系数）来表征。一般说来，土质相同，土的冻胀性相同（冻胀率相等），则其冻结界面上的冻胀应力就应相等，不管是大试件还是小试件，无论是室内模型试验还是野外原位观测，都应得出相同或相似的结果，它与已经冻结完毕的和尚未冻结的未冻土没有关系，彼此独立。至于基础底面受到冻胀力的大小，应根据基础的形状和尺寸、冻层厚度等参数按双层地基的计算求得。

在建筑物基础下的地基土，已处于外荷作用下的固结稳定状态，在冻胀应力不超过外荷时不会引起新的变形增量，一旦超过外荷时建筑物就要被冻胀抬起，造成冻害事故，这应尽量避免，在正常情况下一般不允许出现。因此，下卧不冻土的压缩性对土的冻胀性影响不大；

2. 对切向冻胀力的计算有两条途径，一是查规范附录 C 表 C.1.1，这一方法非常简单方便，但有一定的近似性；二是按层状地基的方法计算，较为繁杂，但比较合理和精度较高。

表 C.1.1 切向冻胀力设计值 τ_d 是将桩基础与条形基础分开列出的，条形基础上的切向冻胀力是桩基础上的一半。

例如从条基础取出 $D/2$ 段的长度，它与冻土接触的侧表面长度为 D，另一桩基础其直径为 d，设 $d=D/\pi$，桩的周长等于条基两面的长度。该地的设计冻深为 h，近似假设条基和桩基中基础对冻土的约束范围相同并等于 L，则在设计冻深之内参与冻胀的冻土体积（图 C-14）：

条基 $V_1 = hLD$ (C-5)

桩基 $V_2 = \dfrac{\pi h}{4}(2L+d)^2 - \dfrac{\pi h}{4}d^2$

$= hLD + \pi hL^2$

$= hL(D + \pi L)$

$= \pi hL(d+L)$ (C-6)

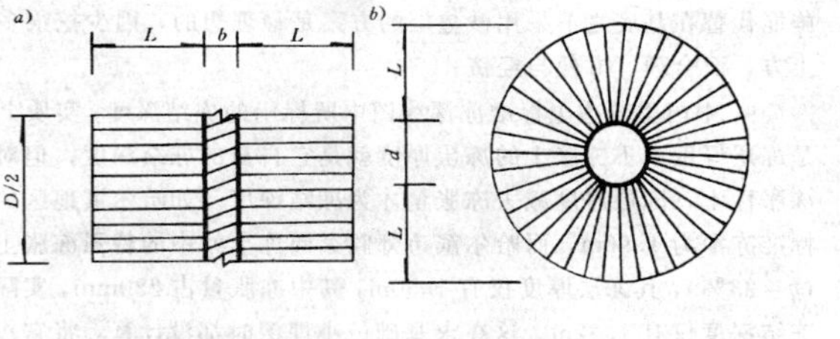

图 C-14 桩基与条基切向冻胀力受力对比图
a）条基，b）桩基

比较两式得知，在参与的土体积中，桩基的多出一项 πhL^2。一般来说，建筑地基基础中所使用的桩（与验算冻胀有关的中、小型建筑物），其直径都在 600mm 以下，而其影响范围 L，最少也小不过设计冻深，也就是说 d 小于 L，条基所受的切向冻胀力还不到桩基的一半。

条形基础的受力状态属平面问题，桩基础的受力则属空间问题，二者有很大区别；

3. 规范附录 C 图 C.1.2-1 的曲线是偏于安全的。因形成该曲线的试验基础的装置是用的锚固系统；即在地基土冻结膨胀之前，附加载荷为零，试验过程中对地基施加的外力是冻胀力的反作用力。未冻土地基是在结构自重的作用下达到固结稳定，基础下面土的物理力学性质发生变化，如孔隙比降低、含水量减少等，改变后土质的冻胀性在一定程度上有所削弱。我们计算时仍用改变以前的，所以是比较安全的；

4. 规范附录 C 图 C.1.2-2、图 C.1.2-3 和图 C.1.2-4 中的应力系数曲线，是在层状空间半无限直线变形体体系中得出的，对裸露场地和非采暖建筑物中的基础，计算冻胀力有较好的适用性，精度较高。采暖建筑物基础下的冻土处在冻土与非冻土的边缘，条件有所改变，按严格计算有一定的近似性，但总的来说向安全的方面偏移；

5. 在过去采取防冻害措施时，最常用的就是砂垫层法，砂垫层本身不冻胀，这与基础一样，但把它当作基础的一部分就不合适了。因砂垫层在传递应力时有扩散作用，附加压力传到垫层底部变小很多，这与同深度的基底附加压力差别很大，砂垫层的底部若不落到设计冻深的底面，仍起不到防冻害的作用。

过去采用"浅基础"时，没有彻底搞清楚危害建筑物的原因是什么，什么部位是关键，冻胀力的数量有多大，以及拟采取的措施起什么作用，在数量上减轻多少程度等等。在上述这些问题没有办法基本搞清之前，就推行"浅基础"，即是盲目的；

6. 无论切向冻胀力还是法向冻胀力都出自冻结界面处的冻胀应力，它是地基土的冻胀力之源。只要基侧表面与冻土之间的冻结强度足以把所产生的切向冻胀力传递给基础，也就是说切向冻胀力全部消耗了土的冻胀应力，则基础底部的法向冻胀力就不复存在了，基底之下也就不必采取其他措施了。所以过去那种将对基础单独做切向冻胀力与单独做法向冻胀力试验之值叠加的计算是不正确的；

7. 消除切向冻胀力的措施之一是在基侧回填中粗砂，其厚度不应太小，下限不宜小于 100mm。如果保证不了一定的厚度和毛石基础特别不平整，当地基土冻胀上移时，处于地下水位之上的这种松散冻土，也会因摩阻力对基础施以向上的作用力，该力将减少基底的附加压力，对平衡法向冻胀力很不利。因此，设计与施工时基础侧壁都应保证要求的质量，只有这样，不考虑切向冻胀力和砂土的摩阻力才符合实际情况；

8. 在基础工程的施工过程中，关键的工序之一就是开挖较深的基槽，尤其在雨季施工，水位之下挖土方以及冬季刨冻土等。如果消除切向冻胀力后，全部附加压力能够压住法向冻胀力时，可以免除基底之下作砂垫层的。如果在基础基面之上采取防冻切措施能代替在基底之下采用砂垫层的方案是最理想的，因少挖很多土方，而合理、方便与经济；

9. 中国季节冻土标准冻深线图中所标示的冻结深度，实质上是冻层厚度，不冻胀土的冻层厚度就是它自身的冻结深度，但对冻胀性土，冻层厚度减去冻胀量才为冻结深度。如哈尔滨地区的标准冻深为 1.90m，而哈尔滨市郊阎家岗冻土站中的特强冻胀土（$\eta=23\%$），其冻层厚度仅有 1.50m，其中冻胀量占 280mm，实际冻结深度仅有 1.22m。这在求基础最小埋深时都没计算，将它作为一个安全因素储备着。

由于基础材料的导热系数不同，有不少基础之下的冻层厚度加大，因为这一加深的范围很小，所增加冻胀力的数量不大，实用上可忽略不计；

10. 规范附录 C 中采暖对冻深的影响系数表 C.2.1-1 不适用于衔接多年冻土的季节融化层，由于冬季的冻结指数远大于夏季的融化指数，冬季融化层全部冻透之后，负温能量尚未耗尽并继续施加作用。

规范附录 C 中采暖对冻土分布的影响系数表 C.2.1-2 是针对季节冻土地基的，因外墙内侧一般没有冻土，即便有也是很窄、很薄，这种很小的局部所形成的冻胀合力与半无限体的地基相比，可忽略不计。但对严寒地区则不然，由于气温低而时间长，室内虽采暖，外墙内侧地面之下的土仍会冻结，而且达到不可忽视的一定空间尺度。如冻透外墙内侧一米宽以上，在这种情况下，对阳墙角来说，基础周围冻土的分布，就与裸露场地基础的条件相差无几了，平面分布的影响系数可认为等于 1.0，若中间值时可内插求取 ψ_n。

11. 本规范附录 C 自锚式基础的计算式（C.3.1）中，R_a 为当基础受切向冻胀力作用而上移时，基础扩大部分顶面覆土层产生的反力；近似看作均匀分布，该反力按地基受压状态承载力的计算值取用，当基础上覆土层为非原状时，除要对基坑回填施工的质量提出严格要求外，根据实际回填质量尚应乘以折减系数 0.6～1.0。

总之，按照本规范的计算方法对冻胀性地基土进行基础的合理浅埋，尤其对地下水位较高地点，将大幅度地减少基础工程造价（大致可减少 30%～50%），缩短工期。凡是标准冻深 z_s 大于 0.5m（最小构造埋深）地区的建筑物，在冻胀性地基上求得基础最小的埋置深度，都能获得显著的经济效益与巨大的社会效益。

附录 D 冻土地温特征值及融化盘下最高土温的计算

D.1 冻土地温特征值的计算

1. 根据傅利叶第一定律，在无内热源的均匀介质中，温度波的振幅随深度按指数规律衰减，并可按下式计算：

$$A_z = A_0 e^{-\sqrt{\frac{\pi}{\alpha t}} z} \quad (D-1)$$

式中：A_z——z 深度处的温度波振幅（℃）；
A_0——介质表面的温度振幅（℃）；
α——介质的导温系数（m²/h）；
t——温度波动周期（h）。

将上式用于冻土地温特征值的计算基于以下假设：
(1) 土中水无相变，即不考虑土冻结融化引起的地温变化；
(2) 土质均匀，不同深度的年平均地温随深度按线性变化，地温年振幅按指数规律衰减；
(3) 活动层底面的年平均地温绝对值等于该深度处的地温年振幅。

2. 算例：
已知：东北满归 CK3 测温孔处多年冻土上限深度为 2.3m；根据地质资料查规范附录 K 求得冻土加权平均导温系数为 0.00551m²/h；1973 年 10 月实测地温数据如下：

深度：m 2.3 4.0 5.0 6.0 7.0 8.0 9.0 10.0 11.0 12.0 13.0 15.0 20.0
地温：℃ 0.0 −0.7 −0.9 −1.1 −1.3 −1.4 −1.5 −1.6 −1.6 −1.7 −1.8 −1.8 −2.0

计算步骤（下面所用公式（D.1.1-1）～（D.1.1-7），见规范附录 D）：

(1) 计算上限处的地温特征值
由（D.1.1-2）式得

$$\Delta T_{2.3} = (T_{20} - T_{15}) \times (20 - 2.3)/5$$
$$= (-2.0 + 1.8) \times 17.7/5 = -0.7$$

由（D.1.1-1）式得

$$T_{2.3} = T_{20} - \Delta T_{2.3} = -2.0 - (-0.7) = -1.3 \text{℃}$$

根据假设(3)得

$$A_{2.3} = |T_{2.3}| = 1.3 \text{℃}$$

由（D.1.1-3）式得

$$T_{2.3max} = T_{2.3} + A_{2.3} = -1.3 + 1.3 = 0 \text{℃}$$

由（D.1.1-6）式得

$$T_{2.3min} = T_{2.3} - A_{2.3} = -1.3 - 1.3 = -2.6 \text{℃}$$

(2) 计算地温年变化深度和年平均地温
由（D.1.1-7）式得

$$H_2 = \sqrt{\alpha t/\pi} \ln(A u(f)/0.1)$$
$$= \sqrt{0.00551 \times 8760/3.14} \ln(1.3/0.1) = 10.1$$
$$H_1 = H_2 + h_u(f) = 10.1 + 2.3 = 12.4\text{m}$$

由（D.1.1-2）式得

$$\Delta T_{12.4} = (-2.0 + 1.8) \times (20 - 12.4)/5$$
$$= -0.2 \times 7.6/5 = -0.3 \text{℃}$$

由（D.1.1-1）式得

$$T_{12.4} = T_{20} - \Delta T_{12.4} = -2.0 - (-0.3) = -1.7 \text{℃}$$

(3) 计算上限以下任意深度的地温特征值
例如：计算 $H_1 = 5$m 处的地温特征值：
由（D.1.1-5）式得

$$H = H_1 - h_u(f) = 5 - 2.3 = 2.7\text{m}$$

由（D.1.1-2）式得

$$\Delta T_5 = (T_{20} - T_{15}) \times (20 - 5)/5$$
$$= (-2.0 + 1.8) \times 15/5 = -0.6 \text{℃}$$

由（D.1.1-1）式得

$$T_5 = T_{20} - \Delta T_5 = -2.0 - (-0.6) = -1.4 \text{℃}$$

由（D.1.1-4）式得

$$A_5 = 1.3 e^{-2.7 \sqrt{3.14/0.00551/8760}} = 0.7 \text{℃}$$

由（D.1.1-3）式得

$$A_{5max} = T_5 + A_5 = -1.4 + 0.7 = -0.7 \text{℃}$$

由（D.1.1-6）式得

$$A_{5min} = T_5 - A_5 = -1.4 - 0.7 = -2.1 \text{℃}$$

D.2 采暖房屋稳定融化盘下冻土最高温度

气温热量由天然地面向下传递，若地面下的土体为各向同性的均质介质，其温度波是成指数型衰减曲线变化的，如图 D-1，则影响范围内地面下 y 深处的温度波幅是：

$$h_y = h_0 e^{-\sqrt{\frac{\pi}{t\alpha}}y} \qquad \text{(D-2)}$$

式中：h_0——地面温度波幅（℃）；
　　　t——气温变化周期（h）；
　　　α——土的导温系数（m²/h）；
　　　y——距地面的深度（m）。

采暖房屋是在天然地面的一点上增加了一个小小的人为热源，必然对此点地温有一定的影响，所以形成采暖房屋融化盘，或称人为上限。地温曲线也随之变化，但因人为热源热量很小，对温度只起干扰作用，而不改变其形态，即增加了一个人为热源影响系数 ξ，使温度波幅有所增大。我们要求的是融化盘下冻土的最高月平均温度，为了计算方便，只取融化盘下的部分，如图 D-2。其融冻界面的温度波幅为 T，图 D-2 的曲线即温度波幅衰减曲线，其包络部分为冻土温度升高值，稳定融化盘下冻土的年平均温度

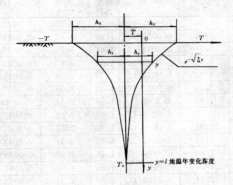

图 D-1 地面温度影响图

$\overline{T}$，也就是融冻界面的温度波幅。它与年平均地温基本相等，故 $T = \overline{T} = T_{cp}$，则稳定融化盘下任一深度 y 处冻土的最高月平均温度：

$$T_y = T_{cp}(1 - e^{-\sqrt{\frac{\pi}{t\alpha}}\xi y})$$
　　　　　　　　　　(D-3)

式中：T_{cp}——多年冻土的年平均地温（℃）；
　　　t——气温变化周期（h）；

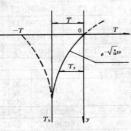

图 D-2 稳定融化盘下温度波向下传播图

　　　ξ——人为热源影响系数，由规范附录 D 图 D.2.1 查取。

人为热源影响系数 ξ，是根据我们钻探与试验观测资料分析归纳取定的。在多年的观测资料整理时，即发现融化盘下最高月平均地温在同条件下融深越大，其地温就愈高，并和融深 h 与多年冻土地温年变化深度 H 之比值有关。其比值越大，地温越高，因此以此比值来表示 ξ 值，由规范附录 D 图 D.2.1。一般取偏低值即计算温度稍高于实测值，其原因是我们的试验房屋观测时间尚不够长，融化盘下冻土在长期的热影响下，冻土温度还有微小的升高后才趋于稳定，所以例题中计算温度大都略高于实测值；同时因冻土结构的差异，一幢房屋融化盘断面下的冻土温度也有所不同。如朝晖试验房 8# 住宅融化盘下的最高月平均温度如表 D-1，是有差别的，计算温度稍高，是房屋使用期的安全储备。

朝晖 8# 住宅测温断面融化盘下冻土温度（℃）　　表 D-1

深度(m) 孔号	0.50	1.00	1.50	2.00	2.50	3.00	3.50	4.00	4.50	5.00	附注
2	−0.25	−0.40	−0.50	−0.50	−0.53	−0.60	−0.60	−0.60	−0.60	—	房屋中心南
3	−0.20	−0.30	−0.50	−0.60	−0.60	−0.60	−0.60	−0.60	−0.60	−0.60	房屋中心
4	−0.15	−0.35	−0.70	−0.70	−0.70	−0.60	−0.60	0.700	—	—	房屋中心北

注：观测日期：1976 年 11 月。

一般多年冻土地温年变化深度均在地面 10m 深以下。若融化盘的深度 $h > H$，利用融化盘下冻土作为地基是非常不经济的，并无实际意义。

【例1】 试求朝晖 10# 住宅 3# 孔融化盘下冻土的最高温度。

资料：$h = 7.5m$，$H = 13m$，$T_{cp} = -1.1℃$，
　　　　$t = 8760h$，$\alpha = 5.33 \times 10^{-3}$（中粗砂）m²/h。

当 $h/H = 7.5/13 = 0.577$ 时，查规范附录 D 图 D.2.1，得 $\xi = 0.73$

将以上数值代入公式（D-3）：

$$T_y = T_{cp}(1 - e^{-\sqrt{\frac{\pi}{t\alpha}}\xi y}) = -1.1(1 - e^{-\sqrt{\frac{3.14 \times 1000}{8760 \times 5.33}} \times 0.73 y})$$
$$= -1.1(1 - e^{-0.189 y})$$

当 $y = 0.5m$，$T_{0.5} = -0.10℃$，实测值（−0.10℃）
　　$y = 1.0m$，$T_{1.0} = -0.19℃$，实测值（−0.25℃）
　　$y = 1.5m$，$T_{1.5} = -0.27℃$，实测值（−0.40℃）
　　$y = 2.0m$，$T_{2.0} = -0.35℃$，实测值（−0.45℃）
　　$y = 3.0m$，$T_{3.0} = -0.48℃$，实测值（−0.50℃）

【例2】 求得尔布尔 32# 住宅 2# 孔融化盘下冻土最高温度。

资料：$h = 6.0m$，$H = 14m$，$T_{cp} = -1.2℃$，
　　　　$t = 8760h$，$\alpha = 3.2 \times 10^{-3}$ m²/h。

当 $h/H = 6.0/14 = 0.43$，查规范附录 D 图 D.2.1，得 $\xi = 0.79$，将以上数值代入公式（D-3）：

$$T_y = T_0(1 - e^{-\sqrt{\frac{\pi}{t\alpha}}\xi y}) = -1.2(1 - e^{-\sqrt{\frac{3.14 \times 1000}{8760 \times 3.2}} \times 0.79 y})$$
$$= -1.2(1 - e^{-0.264 y})$$

当 $y = 0.5m$，$T_{0.5} = -1.20(1 - e^{-0.264 \times 0.5}) = -0.15℃$，
　　实测值（−0.20℃）
　　$y = 1.0m$，$T_{1.0} = -0.28℃$，实测值（−0.45℃）
　　$y = 2.0m$，$T_{2.0} = -0.49℃$，实测值（−0.55℃）
　　$y = 3.0m$，$T_{3.0} = -0.66℃$，实测值（−0.70℃）

附录 E　架空通风基础通风孔面积的确定

一、通风基础通风模数 μ_1（规范附录 E 表 E.0.2-1）的确定

1. 我国多年冻土主要分布在东北大小兴安岭、青藏高原及祁连山、天山地区。其共同特点是年平均气温低，冻结期长，降水集中在暖季，年蒸发量很大。但是，东北高纬度区，与西部高山高原区的气候也有很大差异，如东北大小兴安岭地区气温年较差大（70℃～80℃），而日照时数小（2500h/年～2600h/年）；西部高原高山区气温年较差仅 50～60℃，日照时数为 2600h/年～3000h/年。因此，在相同年平均气温条件下，不同地区的冻结和

融化特征有很大差异。所以在表 E-1 中分别按地区列出通风模数;

2. 多年冻土连续分布性与年平均气温有很大联系,年平均气温又是评价多年冻土稳定状态以及选择各种工程建筑物冻土地基设计状态的重要参数。以东北多年冻土为例,大片连续多年冻土年平均气温约为低于 $-4.5℃$;岛状融区年平均气温约为 $-2.5℃~-4.5℃$;高于 $-2.5℃$ 为岛状冻土带。因此,确定通风模数时,以年平均气温划分,这样划分在使用上比较方便;

3. 通风模数是根据通风基础与建筑物、地基土以及周围空气在冬季或夏季的热交换来确定通风孔面积大小,并考虑风压及各主导风向频率的影响。通风基础的通风模数计算方法见前哈尔滨建筑工程学院研究资料"多年冻土地区架空通风基础的热工计算"。对东北及西部部分多年冻土地区计算结果列于附录 E 表 E-1。

由表 E-1 显然可见:当 $\Sigma T_f/\Sigma T_m$ 小于 1 时是不宜采用保持地基土冻结状态设计的。表 E-1 中月平均负温度总和为多年平均值的总和,如考虑到每年月平均温度离散情况,其 $\Sigma T'_f/\Sigma T'_m$ 计算结果如表 E-2。

由表 E-2 可见,$\Sigma T''_f/\Sigma T'_m$ 小于等于 1.3 时不宜采用保持冻结状态;$\Sigma T''_f/\Sigma T'_m$ 为 1.3~1.45 时通风孔面积已接近敞开情况。上述条件对应于表 E-1 情况则为 $\Sigma T_f/\Sigma T_m$ 小于等于 1.45 和 $\Sigma T_f/\Sigma T_m$ 等于 1.45~1.66;

4. 通风模数 μ_1 按冬季逐月(一般为 11 月至翌年 2 月)计算,并取其最大值,月平均风速均折算为 2m/s 计算。因此在确定当地通风模数时乘以 $\frac{2}{v}$,其中 v 为 12 月份多年平均风速。

二、风速调整系数 η_v

根据各地区通风模数计算,大多数最大模数值在 12 月份出现(表 E-1)。另经对冬季各月平均风速统计分析,每年 12 月风速变异系数比年平均风速的变异系数大,按 $\eta_v=1-\frac{t_a}{\sqrt{n}}\delta$ 计算的风速调整系数则小(表 E-3)。所以在通风模数计算中采用 12 月的风速调整系数,其信度 $\alpha=0.05$,这样计算偏于安全。

三、建筑物平面形状系数 η_i 是考虑计算风压和流体阻力的综

中国东北及西部地区架空通风基础通风模数 μ_1 计算结果 表 E-1

地区	地点	年平均气温 ℃	冬季月平均气温总和 ΣT_f (℃)	室内温度 16℃							
				房屋地板热阻 $R=0.86$			$R=1.72$			$R=2.58$		
				融化深度 (m)	$\Sigma T_f/\Sigma T_m$	μ_1/月	融化深度 (m)	$\Sigma T_f/\Sigma T_m$	μ_1/月	融化深度 (m)	$\Sigma T_f/\Sigma T_m$	μ_1/月
东北大兴安岭	根 河	−5.5	−124.9	1.58	3.34	0.0049/12	1.50	4.00	0.0031/12	1.46	4.23	0.0025/12
	漠 河	−4.9	−125.2	1.67	3.32	0.0051/12	1.59	3.64	0.0033/12	1.54	3.83	0.0026/12
	呼 中	−4.6	−117.8	1.59	3.42	0.0050/12	1.51	3.76	0.0032/12	1.46	3.97	0.0025/12
	满 归	−4.6	−121.0	1.66	3.20	0.0054/1	1.58	3.50	0.0033/12	1.50	3.80	0.0025/12
	塔 河	−2.8	−101.1	1.76	2.44	0.0087/12	1.64	2.77	0.0053/12	1.57	2.98	0.0041/12
	新 林	−3.6	−106.7	1.60	3.05	0.0061/12	1.52	3.34	0.0037/12	1.48	3.53	0.0037/12
	三 河	−3.1	−105.6	1.74	2.59	0.0113/12	1.62	2.95	0.0061/1	1.56	3.14	0.0046/1
	阿尔山	−3.3	−99.4	1.60	2.82	0.0093/12	1.52	3.09	0.0059/12	1.48	3.26	0.0047/12
	海拉尔	−2.2	−100.6	1.96	1.98	0.0151/12	1.80	2.31	0.0080/12	1.72	2.52	0.0060/12
	呼 玛	−2.1	−102.8	2.04	1.89	0.0144/12	1.88	2.17	0.0072/12	1.80	2.37	0.0054/12
	鄂伦春旗	−2.1	−93.8	1.82	2.11	0.0128/12	1.71	2.40	0.0066/1	1.66	2.50	0.0051/12
	孙 吴	−1.6	−94.2	2.07	1.66	0.0250/12	1.92	1.91	0.0109/12	1.84	2.09	0.0083/12
	满洲里	−1.4	−90.7	1.84	1.84	0.0197/12	1.78	2.11	0.0103/12	1.70	2.31	0.0075/12
	博克图	−1.0	−80.7	1.98	1.54	0.0452/12	1.83	1.79	0.0168/12	1.75	1.95	0.0114/12
	小二沟	−0.9	−88.1	1.91	1.81	0.0194/12	1.79	2.03	0.0106/12	1.73	2.16	0.0081/12
	嘉 荫	−1.2	−100.4	2.13	1.69	0.0188/12	1.98	1.93	0.0090/12	1.92	2.04	0.0070/12
	逊 克	−0.6	−94.6	2.09	1.64	0.0238/2	1.94	1.87	0.0099/12	1.86	2.02	0.0074/12
	嫩 江	−0.6	−91.2	2.11	1.56	0.0334/2	1.98	1.75	0.0136/12	1.91	1.87	0.0101/12
	黑 河	−0.4	−88.0	2.10	1.51	0.0642/2	1.98	1.69	0.0138/2	1.92	1.78	0.0097/12

地区	地点	室内温度 20℃								
		$R=0.86$			$R=1.72$			$R=2.58$		
		融化深度 (m)	$\Sigma T_f/\Sigma T_m$	μ_1/月	融化深度 (m)	$\Sigma T_f/\Sigma T_m$	μ_1/月	融化深度 (m)	$\Sigma T_f/\Sigma T_m$	μ_1/月
东北大兴安岭	根 河	1.66	3.30	0.0059/12	1.54	3.83	0.0035/12	1.49	4.08	0.0027/12
	漠 河	1.71	3.17	0.0059/12	1.62	3.58	0.0036/12	1.57	3.70	0.0029/12
	呼 中	1.63	3.29	0.0057/12	1.55	3.59	0.0035/12	1.49	3.82	0.0028/12
	满 归	1.68	3.14	0.0061/1	1.62	3.36	0.0036/12	1.57	3.56	0.0029/12
	塔 河	1.79	2.36	0.0099/12	1.69	2.61	0.0060/12	1.62	2.84	0.0046/12
	新 林	1.63	2.96	0.0069/12	1.56	3.20	0.0044/12	1.51	3.41	0.0035/12
	三 河	1.80	2.43	0.0139/1	1.68	2.77	0.0072/1	1.60	3.03	0.0051/1
	阿尔山	1.65	2.69	0.0108/12	1.56	2.96	0.0066/12	1.51	3.15	0.0052/12
	海拉尔	2.02	1.87	0.0190/12	1.88	2.13	0.0100/12	1.78	2.36	0.0070/12
	呼 玛	2.14	1.72	0.0239/2	1.94	2.01	0.0089/12	1.86	2.23	0.0063/12
	鄂伦春旗	1.89	1.97	0.0167/2	1.76	2.24	0.0079/1	1.68	2.44	0.0056/12
	孙 吴	2.17	1.52	0.0532/2	2.00	1.77	0.0139/12	1.90	1.95	0.0095/12
	满洲里	2.02	1.68	0.0285/12	1.86	1.95	0.0133/12	1.76	2.16	0.0090/12
	博克图	2.10	1.39	0.0432/2	1.91	1.65	0.0226/12	1.81	1.83	0.0144/12
	小二沟	1.98	1.70	0.0272/2	1.84	1.95	0.0127/12	1.77	2.07	0.0094/12
	嘉 荫	2.22	1.56	0.0356/2	2.06	1.80	0.0110/2	1.96	1.96	0.0079/12
	逊 克	2.17	1.52	0.0463/2	2.02	1.74	0.0126/12	1.91	1.91	0.0087/12
	嫩 江	2.22	1.41	0.1288/12	2.05	1.64	0.0178/12	1.94	1.81	0.0114/12
	黑 河	2.20	1.38		2.03	1.61	0.0212/2	1.96	1.72	0.0111/12

续表

地区	地点	年平均气温 ℃	冬季月平均气温总和 ΣT_f (℃)	室内温度 16℃								
				房屋地板热阻 R=0.86			R=1.72			R=2.58		
				融化深度 (m)	$\frac{\Sigma T_f}{\Sigma T_m}$	$\mu_1/$月	融化深度 (m)	$\frac{\Sigma T_f}{\Sigma T_m}$	$\mu_1/$月	融化深度 (m)	$\frac{\Sigma T_f}{\Sigma T_m}$	$\mu_1/$月
祁连山	天 峻	−2.0	−61.6	1.40	2.22	0.0214/12	1.10	3.37	0.0086/11	0.95	4.34	0.0071/11
	野牛沟	−3.5	−74.8	1.32	3.07	0.0121/2	0.98	5.05	0.0055/11	0.87	6.18	0.0045/11
	托 勒	−3.2	−73.4	1.32	3.01	0.0116/12	0.98	4.96	0.0043/12	0.78	7.13	0.0031/11
天山	乌布恰	−3.8	−68.0	1.27	3.03	0.0165/12	0.91	5.31	0.0055/11	0.70	8.10	0.0047/11
	巴布布鲁克	−4.5	−91.6	1.27	4.10	0.0077/12	0.91	7.24	0.0043/11	0.79	9.01	0.0036/11
青藏高原	五道梁	−5.9	−83.7	1.05	5.40	0.0224/10	0.70	10.33	0.0132/10	0.48	17.4	0.0100/10
	沱沱河	−4.0	−74.4	1.23	3.53	0.0122/12	0.86	6.41	0.0062/11	0.66	9.79	0.0051/11
	玛多	−4.0	−72.1	1.32	2.95	0.0146/12	0.98	4.87	0.0055/11	0.82	6.61	0.0049/11
	清水河	−4.9	−77.8	1.36	2.99	0.0155/12	1.04	4.72	0.0063/11	0.86	6.48	0.0053/11
	曲麻莱	−2.6	−60.0	1.40	2.16	0.0275/12	1.10	3.28	0.0097/12	0.93	4.38	0.0071/11
	那 曲	−2.1	−57.4	1.45	1.94	0.0321/12	1.16	2.86	0.0110/12	1.01	3.59	0.0069/12
	班戈湖	−2.1	−62.5	1.45	2.11	0.0222/12	1.16	3.11	0.0086/11	1.01	3.91	0.0058/11
	吉 迈	−1.4	−49.7	1.58	1.44	0.1498/2	1.26	2.15	0.0161/12	1.12	2.64	0.0085/11
	玛 沁	−1.0	−48.9	1.77	1.15	0.2170/12	1.42	1.70	0.0321/2	1.27	2.06	0.0118/12
	申 扎	−0.3	−41.5	1.65	1.10		1.36			1.21	1.89	0.0376/1

地区	地点	室内温度 20℃								
		R=0.86			R=1.72			R=2.58		
		融化深度(m)	$\frac{\Sigma T_f}{\Sigma T_m}$	$\mu_1/$月	融化深度(m)	$\frac{\Sigma T_f}{\Sigma T_m}$	$\mu_1/$月	融化深度(m)	$\frac{\Sigma T_f}{\Sigma T_m}$	$\mu_1/$月
祁连山	天 峻	1.58	1.79	0.0461/2	1.25	2.73	0.0116/12	1.05	3.67	0.0071/11
	野牛沟	1.50	2.44	0.0220/2	1.14	3.98	0.0061/11	0.93	5.54	0.0050/12
	托 勒	1.50	2.39	0.0181/12	1.14	3.90	0.0063/12	0.92	5.56	0.0035/12
天山	乌布恰	1.45	2.38	0.0288/12	1.07	4.07	0.0083/12	0.84	6.13	0.0050/12
	巴布布鲁克	1.45	3.21	0.0124/12	1.00	6.17	0.0048/11	0.87	7.79	0.0038/11
青藏高原	五道梁	1.22	4.12	0.0267/10	0.85	7.68	0.0153/10	0.62	12.49	0.0114/10
	沱沱河	1.42	2.74	0.0193/12	1.03	4.83	0.0071/11	0.78	7.59	0.0057/11
	玛多	1.50	2.35	0.0233/12	1.14	3.84	0.0078/12	0.92	5.46	0.0049/11
	清水河	1.54	2.39	0.0248/12	1.19	3.76	0.0086/12	0.98	5.22	0.0057/11
	曲麻莱	1.58	1.74	0.0637/2	1.25	2.65	0.0145/12	1.05	3.57	0.0078/12
	那 曲	1.62	1.58	0.0348/2	1.30	2.34	0.0168/12	1.11	3.05	0.0091/12
	班戈湖	1.62	1.72	0.0648/12	1.30	2.55	0.0125/2	1.11	3.32	0.0070/12
	吉 迈	1.77	1.17	—	1.41	1.76	0.0275/12	1.22	2.27	0.0134/12
	玛 沁	1.79	0.93	—	1.60	1.38	—	1.37	1.82	0.0199/2
	申 扎	1.86	0.89	—	1.50	1.31	—	1.32	1.63	0.0390/1

注：① 热阻 R (m²·℃/W)；
② μ_1—通风模数, $\mu_1 = A_v/A$, A_v—通风孔总面积, A—建筑物平面外轮廓面积；
③ 0.0049/12 为 $\mu_1/$月份；
④ 风速 $v=2$m/s；
⑤ ΣT_f—冬季月平均负气温总和；
⑥ ΣT_m—冻结夏季融化层所需的负温度总值。

冬季月平均负气温总和的保证率为95%时各地的通风模数 μ_1 计算结果 表 E-2

地点	保证率为95%时冬季月平均负气温总和 $\Sigma T'_f$ (℃)	室内温度 16℃						室内温度 20℃					
		R=0.86		1.72		2.58		0.86		1.72		2.58	
		$\frac{\Sigma T'_f}{\Sigma T'_m}$	μ_1	$\frac{\Sigma T'_f}{\Sigma T'_m}$	μ_1	$\frac{\Sigma T'_f}{\Sigma T'_m}$	μ_1	$\frac{\Sigma T'_f}{\Sigma T'_m}$	μ_1	$\frac{\Sigma T'_f}{\Sigma T'_m}$	μ_1	$\frac{\Sigma T'_f}{\Sigma T'_m}$	μ_1
博克图	−72.2	1.31	0.3121	1.50	0.0342	1.63	0.0198	1.20	—	1.40	0.1224	1.54	0.0265
黑 河	−79.5	1.32	0.0628	1.50	0.0399	1.58	0.0210	1.21	—	1.40	0.5796	1.54	0.0219
孙 吴	−84.9	1.44	0.0781	1.65	0.0184	1.74	0.0133	1.33	0.1147	1.54	0.0259	1.70	0.0150
嫩 江	−83.7	1.39	0.1153	1.59	0.0191	1.70	0.0134	1.28	—	1.48	0.0320	1.62	0.0163
吉 迈	−44.2	1.03	—	1.51	0.0432	1.82	0.0207	0.84	—	1.23	—	1.60	0.0317
那 曲	−48.4	1.61	0.0721	2.34	0.0181	2.88	0.0106	1.31	0.6696	1.94	0.0298	2.51	0.0146
玛 沁	−40.8	0.90		1.29		1.55	0.0280	0.74		1.07		1.38	敞开
申 扎	−33.4	0.83		1.14		1.36	敞开	0.68		0.97		1.18	

注：$\Sigma T'_m$—保证率为95%时冻结夏季融化深度所需的负温度总值。

合空气动力系数 K_a 的影响。房屋平面为矩形时，$K_a=0.37$；为Π形时，$K_a=0.30$，为T形时，$K_a=0.33$；为L形时，$K_a=0.29$。现以矩形的建筑物平面形状系数 $\eta_f=1$，则：

Π形 $\eta_f=\dfrac{0.37}{0.30}=1.23$

T形 $\eta_f=\dfrac{0.37}{0.33}=1.12$

L形 $\eta_f=\dfrac{0.37}{0.29}=1.28$

四、相邻建筑物距离影响系数 η_n 是主要考虑相邻建筑物对风的阻挡作用，对风速的影响，使通风基础冬季回冻作用减弱。有的文献指出，当建筑物之间的距离 l 大于等于 $5h$（h—建筑物自地面算起的高度），已无影响。因此当 $l\geq 5h$，$\eta_n=1.0$；$l=4h$，$\eta_n=1.2$；$l\leq 3h$，$\eta_n=1.5$。

风速调整系数 η_w 表E-3

η_w/n 地 点	全年	11月	12月	1月	2月	10月
漠 河	0.97/21	—	0.85/23	—	—	—
塔 河	0.95/9	—	0.89/9	—	—	—
呼 中	0.95/6	—	0.64/6	—	—	—
呼 玛	0.97/27	—	0.86/27	—	0.89/26	—
新 林	0.95/9	—	0.83/9	—	—	—
鄂伦春旗	0.98/10	—	0.91/10	0.92/10	0.93/10	—
三 河	0.91/8	—	0.66/10	0.76/9	—	—
爱 辉	0.96/22	—	0.92/22	—	0.95/22	—
逊 克	0.94/21	—	0.87/22	—	—	—
孙 吴	0.95/25	—	0.90/24	—	0.92/26	—
嫩 江	0.91/28	—	0.87/30	—	0.82/10	—
嘉 荫	0.96/21	—	0.88/21	—	0.91/20	—
满洲里	0.96/8	—	0.90/9	0.90/10	0.95/10	—
海拉尔	0.97/10	—	0.84/10	0.84/10	0.85/10	—
阿尔山	0.94/21	—	—	—	—	—
博克图	0.94/10	—	0.92/10	—	0.91/10	—
乌 恰	0.94/10	0.88/10	0.85/10	—	—	—
五道梁	0.89/10	—	0.82/10	—	—	0.88/10
玛 多	0.88/10	0.81/10	0.73/10	—	—	—
吉 迈	0.85/10	—	0.78/10	0.84/10	—	—
那 曲	0.91/10	—	0.70/10	—	0.89/10	—
班戈湖	0.86/4	0.44/4	0.15/4	—	0.74/5	—

注：n 为统计年数。

五、计算参数

在确定通风模数 μ_1 时，所用计算参数如下：

1. 建筑物平面为矩形，长度 $l=40$m，宽度 $b=10$m。
2. 通风基础围护结构厚度为 0.62m，高度为 1m；热阻 $R_2=0.86$m²·℃/W；
3. 融冻层按富冰冻土计，土中水含量 $w=370$kg/m³；
4. 土的导热系数 $\lambda_u=1.36$W/m·℃，冻土导热系数 $\lambda_f=2.04$W/m·℃；冻土导温系数 $\alpha=0.004$m²/h；
5. 地基融化时土表面放热系数及通风空间空气向楼板放热系数 $\alpha_u=11.36$W/m²·℃；地基冻结时土表面放热系数 $\alpha_f=17.04$W/m²·℃；土的起始冻结温度 $T_b=-0.5$℃。

六、不同参数对通风模数的影响

对东北塔河地区不同参数计算结果列于表E-4。

塔河地区不同参数通风模数 μ_1 表E-4

房间温度（℃）	地板热阻R	w(kg/m³)	建筑物平面尺寸 $l\times b$ (m²)	λ_u (W/m·℃)	λ_f (W/m·℃)	放热系数 α_u (W/m²·℃)	最大融化深度(m)	冻结融化层所需负温度总和 ΣT_m(℃)	通风模数 μ_1/月
20	0.86	370	40×10	1.36	2.04	11.36	1.79	-42.8	0.0099/12
		200	40×10	1.36	2.04	11.36	2.54	-45.1	0.0094/12
		370	20×6	1.36	2.04	11.36	1.79	-43.1	0.0083/12
		370	40×10	1.70	2.50	11.36	1.90	-40.5	0.0095/12
		370	40×10	1.36	2.04	6.82	1.71	-39.5	0.0087/12

由表E-4可见，在同一地区，不同参数对通风模数的影响甚小。

七、满归架空基础试验房屋实例

1974年齐铁科研所等单位在满归修建一栋架空通风基础试验房屋。建筑物矩形平面，$l\times b=19.09\times 6.11$m²；毛石条形基础，

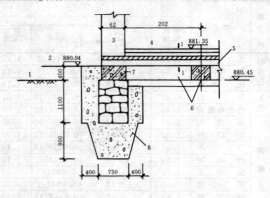

a) 架空通风基础
1—原地面；2—室外地面；3—外墙；4—室内地面；5—通风孔；6—地基梁；7—钢筋混凝土圈梁；8—砂砾石垫层

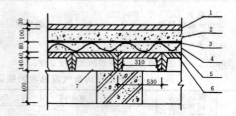

b) 剖面1-1（保温地面构造图）
1—水泥砂浆面层；2—炉碴石灰；3—油毡纸；4—珍珠岩粉保温层；5—涂刷沥青防潮层；6—钢筋混凝土槽板；7—通风孔

图E 架空通风基础构造图

其上 0.4m 钢筋混凝土圈梁，基础换填砂砾石 0.9m，见图Ea；通风孔由钢筋混凝土槽形板构成，见图Eb，通风孔总面积 $A_v=0.31\times 0.14\times 2\times 33=2.86$m²，通风模数为 $\mu_1=\dfrac{A_v}{lb}=2.86/19.09\times 6.11=0.0245$。通风基础高度为 0.54m，有效高度 $h=0.14$m（因有 0.4m 高的地梁），$\dfrac{h}{b}=\dfrac{0.14}{6.11}=0.023$，满足大于 0.02 的要求。

满归地区冻土厚度大于 20m，多年冻土上限 $2.30\sim 3.80$m，多年冻土年平均温度（$14\sim 18$m）为 $-1.1\sim -1.7$℃，地表下 3.2m 范围内单位立方米含水量 $w=270$kg/m³，$\lambda_u=1.73$W/m·℃，$\lambda_f=2.39$W/m·℃，$\alpha=0.0047$m²/h；起始冻结温度 $T_b=-0.1$℃；室内空气温度为 19.8℃，地板热阻经计算 $R=1.55$m²·℃/W。

经观测，建筑物于1975年4月开始融化，至9月达最深；11月开始回冻至翌年1月底融土全部冻结。各月末融化深度和冻结深度的平均值（自通风空间地面算起）见表E-5。

满归架空基础试验房屋实测与计算比较 表E-5

项目\冻融\月末	融化深度（m）					回冻深度（m）			通风模数
	4	5	6	7	8	9	10	11	12	1	
实测值	0.60	0.91	1.65	2.19	2.52	2.74	2.74	1.61	2.27	2.74	0.0245
计算值	0.37	0.83	1.42	1.88	2.20	2.35	2.35	0.35	1.60	2.35	0.0214

由表E-5可见：试验房屋的通风模数与计算值很相近。融化深度计算与实测值比较，相差14.2%。

附录F 多年冻土地基静载荷试验

一、冻土变形特性

冻土是由固相（矿物颗粒、冰）、液相（未冻水）、气相（水气、空气）等介质所组成的多相体系。矿物颗粒间通过冰胶结在一起，从而产生较大的强度。由于冰和未冻水的存在，它在受荷下的变形具有强烈的流变特性。图Fa）为单轴应力状态和恒温条件下冻土典型蠕变曲线，图Fb）表示相应的蠕变速率$\frac{d\varepsilon}{dt}$对时间的关系。图中OA是瞬时应变，以后可以看到三个时间阶段。第Ⅰ阶段AB为不稳定的蠕变阶段，应变速率是逐渐减小的；第Ⅱ阶段BC为应变速率不变的稳定蠕变流，BC段持续时间的长短，与应力大小有关；第Ⅲ阶段为应变速率增加的渐进流，最后地基丧失稳定性，因此可以认为C点的出现是地基进入极限应力状态。这样，不同的荷载延续时间，对应于不同的抗剪强度。相应于冻土稳定流为无限长延续的长期强度，认为是土的标准强度，因为在稳定蠕变阶段中，冻土是处于没有破坏而连续性的粘塑性流动之中，只要转变到渐进流的时间超过建筑物的设计寿命以及总沉降量不超过建筑物地基容许值，则所确定地基强度限度是可以接受的。

二、冻土抗剪强度不仅取决于影响未冻抗剪强度的有关因素（如土的组成、含水量、结构等），还与冻土温度及外荷作用时间有关，其中负温度的影响是十分显著的。根据青藏风火山地区资料，在其他条件相同的情况下，冻土温度$-1.5℃$时的长期粘聚力$c_l=82$kPa，而$-2.3℃$时$c_l=134$kPa，相应的冻土极限荷载P_u为420kPa和690kPa。可见，在整个试验期间，保持冻土地基天然状态温度的重要性，并应在量测沉降量的同时，测凌冻土地基在$1\sim 1.5b$深度范围内的温度（b为基础宽度）。

三、根据软土地区载荷试验资料，承压板宽度从500mm变化到3000mm，所得到的比例极限相同，$P_{0.02}$变化范围在$100\sim 140$kPa，说明土内摩擦角较小时，承压板面积对地基承载力影响不大。冻土与软土一样，一般内摩擦角较小或接近零度，因而实用上也可忽略承压板面积大小对承载力的影响，另外冻土地基强度较高，增加承压板面积，使试验工作量增加。因此，附录F中规定一般承压板面积为0.25m²。

四、冻土地基荷载下稳定条件是根据地基每昼夜累计变形值：
1. 中国科学院兰州冰川冻土研究所吴紫汪等的研究认为，单轴应力下冻土应力—应变方程可写成

$$应变\ \varepsilon = \delta|T|^{-\gamma}t^\beta\sigma^\alpha \quad (F-1)$$

式中 δ——土质及受荷条件系数，砂土$\delta=10^{-3}$，粘性土$\delta=(1.8\sim 2.5)\times 10^{-3}$；
T——冻土温度（℃）；
γ——试验系数，$\gamma \approx 2$；
t——荷载作用时间（min）；
β——试验常数，β为0.3；
σ——应力（kPa）；
α——非线性系数，一般α为1.5。

半无限体三向应力作用时地基的应变ε'按弹性理论有：

$$\varepsilon' = \varepsilon\left(1-\frac{2\nu^2}{1-\nu}\right)\omega \quad (F-2)$$

式中 ν——冻土泊松比，取$\nu=0.25$；
ω——刚性承压板沉降系数，方形时ω为$\frac{\sqrt{\pi}}{2}$，圆形时ω为$\frac{\pi}{4}$。

近似地取1.5倍承压板宽度b作为载荷试验影响深度h，则承压板沉降值s为：

$$s = 0.8982\varepsilon' h \quad (F-3)$$

式中0.8982为考虑半无限体应力扩散后1.5b范围内的平均应力系数，应力σ取预估极限荷载P_u的1/8。

按式（F-1）～（F-3）计算加载24h后的沉降值见表F-1；

荷载试验加载24h沉降值s 表F-1

s（mm）\温度（℃）\土类	-0.5	-1.0	-2.5	-4.0	注
粗砂	27.7	10.3	3.1	1.6	按式（F-1）～（F-3）
细砂	12.9	5.0	1.8	0.8	按式（F-1）～（F-3）
粗砂（渥太华）	0.9	0.8	0.6	0.5	按式（F-3）～（F-4）
细砂（曼彻斯特）	0.6	0.5	0.4	0.3	按式（F-3）～（F-4）
粘土	23.2	8.1	2.6	1.6	按式（F-1）～（F-3）
含有机质粘土	15.0	5.8	2.1	1.4	按式（F-1）～（F-3）
粘土（苏菲尔德）	5.2	4.6	3.3	1.8	按式（F-3）～（F-4）
粘土（巴特拜奥斯）	2.5	1.9	1.7	1.0	按式（F-3）～（F-4）

2. 美国陆军部冷区研究与工程实验室提供的计算第Ⅰ蠕变阶段冻土地基蠕变变形经验公式为：

$$\varepsilon = \left[\frac{\sigma t^\lambda}{\omega(T-1)^\beta}\right]^{\frac{1}{\alpha}} + \varepsilon_0 \quad (F-4)$$

式中 ε——应变；
ε_0——瞬时应变，预估时可不计；
T——温度低于水的冰点的度数（℃）；
σ——土体应力，取预估极限荷载P_u的$\frac{1}{8}$，(kPa)；
$\lambda、\alpha、\beta、\omega$——取决于土性质的常数，对表F-2中几种土给出$\lambda、\alpha、\beta$和$\omega$的典型值；
t——时间（h）。

求得应变ε值后，仍用式（F-3）计算加载24h后冻土地基沉降s值，计算结果见表F-1。

分析上述两种预估冻土地基加载24h后的沉降值，对砂土取0.5mm，对粘性土取1.0mm是能保证地基处于第Ⅰ蠕变阶段工作的。

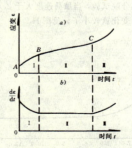

图F 冻土蠕变曲线示意图
a）冻土典型蠕变曲线；b）蠕变速率与时间的关系

式 (F-4) 中土性质常数典型值　　　表 F-2

土　类	λ	α	β	ω	注
粗砂（渥太华）	0.35	0.78	0.97	5500	
细砂（曼彻斯特）	0.24	0.38	0.97	285	
粘土（苏菲尔德）	0.14	0.42	1.00	93	
粘土（巴特拜奥斯）	0.18	0.40	0.97	130	维亚洛夫（1962年资料）

附录 H　多年冻土地基单桩竖向静载荷试验

1. 多年冻土地基中桩的承载能力由桩侧冻结力和桩端承载力两部分组成。在桩施工过程中，多年冻土的热状况受到干扰，桩周多年冻土温度上升，甚至使桩周多年冻土融化。钻孔插入桩和钻孔灌注桩，由于回填料和混凝土带入大量热量以及混凝土的水化热，对多年冻土的热状态干扰更大。在施工结束时，桩与地基土并未冻结在一起，也就是说，桩侧冻结力还没有形成。所以桩不具备承载能力。只有在桩周土体回冻，多年冻土温度恢复正常后，桩才能承载。因此，在多年冻土中试桩时，施工后，需有一段时间让地基回冻。这段时间的长短与桩的种类和冻土条件有关。一般来讲，钻孔打入桩时间较短，钻孔插入桩次之，钻孔灌注桩时间最长。多年冻土温度低时，回冻时间短，反之，则回冻时间长。据铁道部科学研究院西北分院在青藏高原多年冻土区的试验，钻孔打入桩经 5～11d 基本可以回冻，钻孔插入桩则要 6～15d，而钻孔灌注桩需 30～60d。因此，在多年冻土区试桩时，应充分考虑桩的回冻时间。据前苏联资料，桩经过一个冬天后，可以得到稳定的承载力。

2. 冻土的抗压强度和冻结强度都是温度的函数，它们随温度的升高而降低，随温度的降低而增大，特别在冻土温度较高的情况下，变化尤为明显。地基中多年冻土的温度在一年中是随气温的变化而周期性变化的。在夏季末冬季初，多年冻土温度达最高值，冻土抗压强度和冻结强度达到最小值，这是桩工作最不利的时间，试桩应选在这个时候。如果试桩较多，施工又能保证桩周条件基本一致时，也可在其他时间试桩，这时可找出桩的承载力与冻土温度的关系，从而找出桩的最小承载力。

3. 单桩试验方法很多，最常用的有蠕变试验法、慢速维持荷载法和快速维持荷载法。蠕变试验法由于用桩多、时间长，试验期间冻土条件变化过大，所以较少采用。慢速维持荷载法和快速维持荷载法，可以克服蠕变试验法的某些缺点，因此，是多年冻土地基单桩荷载试验经常采用的方法。近年来，为了尽量缩短试验时间，在美国和俄国多采用快速维持荷载法。

据美国陆军工程兵团寒区研究与工程实验室资料，试桩时，每 24h 加一级荷载，每级 100kN，直到破坏。破坏标准取桩头总下沉超过 1.5in（38.1mm）为准。在俄国，等速加载法按如下标准进行：荷载：第一级为计算承载力的一半，以后各级均为 0.2 倍计算承载力，级数不少于 6～7 级；砂类土每 24h 加一级，粘土类土每 48h（或 72h）加一级。破坏标准：桩产生迅速流动。据铁道部科学研究院西北分院试验，当加荷速度大于 2.4h/kN 后，冻结强度随加荷速度的变化就较小了，见图 H。

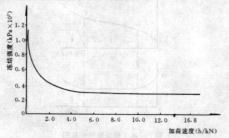

图 H　冻结强度与加荷速度的关系

综合上述资料，附录 H 中规定快速维持荷载时，加载速度不得小于 24h 加一级。

采用快速维持荷载法确定承载力时，假定等速流动速度等于零时的荷载为基本承载力。也就是说，在该荷载作用下，桩一地基系统只产生衰减蠕变。

慢速维持荷载法的稳定标准是根据前苏联1962年《多年冻土桩基设计和修建细则》中提出的标准确定的，铁道部科学研究院西北分院在多年冻土区桩试验中，亦采用了这一标准，即 0.5mm/d。该细则的编制者认为 0.5mm/d 这个值是稳定蠕变与前进流动的界限。也就是说，当桩在荷载作用下，其蠕变下沉速度超过 0.5mm/d 时，桩将进入前进流动而破坏。

附录 J　热桩、热棒基础计算

1. 热虹吸—地基系统工作时，其热量的传递过程是十分复杂的。它包括热量传递的三种基本形式，即包括传导、对流和辐射。在蒸发段，土体和器壁中为传导传热；在器壁与液体工质间为对流换热；在蒸汽与液体工质间为沸腾传热。在冷凝段，汽体工质与冷凝液膜之间为冷凝传热；冷凝液膜与器壁之间为对流换热；在冷凝器壁中为传导传热；冷凝器与大气之间为对流换热和辐射传热。热虹吸的传热量取决于总的传热系数。也就是说，取决于上述各部分的热阻和温差。土体热阻与器壁热阻相比，土体热阻要大得多。以外径 0.4m、壁厚 0.01m 的钢管热桩为例，若蒸发段埋入多年冻土中 7m，在传影响半径为 1.5m 时，土体的热阻为 0.0231h·℃/W；而管壁的热阻仅为 0.0000257h·℃/W；即管壁的热阻仅为土体热阻的 1/800。在各接触面的对流换热热阻中，以冷凝器与大气接触面的热阻最大，据计算，该热阻约为液体工质与管壁接触面热阻的 20 倍。而蒸发与冷凝热阻则更小，约为冷凝器与大气接触面热阻的 1/400～1/1000。所以，在实际计算中，忽略其他热阻，仅采用土体热阻和冷凝器的放热热阻对于工程应用来讲，是完全可以满足要求的。

2. 这里的冷凝器放热系数是冷凝器的总放热系数，它包括对流放热系数和辐射放热系数。放热系数也叫换热系数或授热系数。它的值不仅与接触面材料的性质有关，而且与接触面的形状、尺寸大小以及液体和气体流动的条件有关。特别与液体或气体流动的速度有着密切关系。流动物体的状态参数（如温度、密度）以及物体的性质（如粘滞性、热传导性等）对放热系数有很大影响。因此，对于不同类型的冷凝器和不同的表面处理方法，都应进行试验，以确定相应的放热系数。

有效率 e 是指冷凝器的实际传热量与全部叶片都处于基本温度时可传递热量之比。无叶片的钢管冷凝器，其有效率 $e=1$。在冷凝器风洞试验中，我们确定的是 eh 与风速 v 的关系。

3. 土体热阻计算公式摘自美国土木工程协会出版的"冻土工程中的热设计问题"一书。

热虹吸的冻结半径除决定于热虹吸本身的传热特性外，还与土体的含水量，密度以及冻结指数有着密切关系，可由规范附录 J（J.0.6）式的超越方程求出。在东北大小兴安岭和青藏高原，其冻结半径一般在 1m 左右。在多年冻土中使用时，其传热半径约 1.5m 左右。规范附录 J 图 J.0.6 中冻结指数与冻结半径的关系是用铁道部科学研究院西北分院生产的热虹吸经试验做出的。

4. 使用热虹吸的桩基础，在冬季可使桩周和桩底的多年冻土温度大幅度降低。但在夏季，冻土温度将迅速升高，至秋末，桩周多年冻土温度的升高值，具有关资料介绍，不会超过1℃。但地温的这种升高仍可使桩的承载能力有明显增加，并可有效地防止多年冻土退化。

5. 钢管和混凝土桩的放热系数未进行过试验，在计算中假定与已试验的冷凝器相同。这种假定是偏于安全的，据美国阿拉斯加北极基础有限公司资料，无叶片的钢管冷凝器，其放热系数约为叶片式冷凝器放热系数的两倍。

6. 热桩、热棒基础计算算例

（1）一钢管热桩的计算

设有一直径 0.40m 的钢管热桩埋于多年冻土中，用来承担上部结构荷载和稳定地基中的多年冻土（图 J-1）。求该热桩的年近似传热量和桩周冻土地基的温度降低值。冻结期为 240d，冻结期平均气温为 $-10.5℃$，平均风速为 5.0m/s，平均地温 $-3.0℃$，多年冻土上限埋深 1.0。

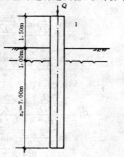

图 J-1 钢管热桩计算示意图
1—冷凝面积 1.88m²；2—$\lambda=$ 1.977W/m·℃；3—平均地温$-3.0℃$

题解：

1) 绘热流程图：

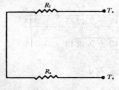

图 J-2 钢管热桩—地基系统热流程图

由于活动层较薄，且活动层的冻结主要由于来自大气层的冷量，故在计算热桩传热时予以忽略。这样，在热桩—地基系统中，多年冻土是唯一的热源，钢管冷凝段是唯一的热汇，即多年冻土中的热量传至热桩，使液体工质蒸发，气体工质携带热量上升至冷凝段，将热量传给钢管散发至大气中，气体工质冷凝成液体。据此，可以绘出热流程图如图 J-2 所示。

单位时间的传热量为：

$$q = \frac{T_s - T_a}{R_f + R_s} \quad (J-1)$$

2) 计算冷凝段的热阻 R_f：

在该算例中冷凝器为裸露的钢管。据有关资料分析，裸露钢管的放热系数较叶片式散热器大，为安全起见，这里采用铁道部科学研究院西北分院提出的叶片散热器计算公式，即规范附录 J 公式（J.0.4-2），进行计算，即：

$$eh = 2.75 + 1.51 v^{0.2} \quad (J-2)$$

将 $v=5.0$ 代入，得 $eh = 4.83 W/m^2·℃$

所以，$R_f = \dfrac{1}{Aeh} = \dfrac{1}{1.88 \times 4.83} = 0.1101 ℃/W \quad (J-3)$

3) 计算土体热阻 R_s：

假定冻结期的平均传热半径为 1.5m

则，

$$R_s = \frac{\ln\left(\dfrac{r}{r_0}\right)}{2\pi \lambda z} \quad (J-4)$$

$= \ln(1.5/0.2)/2 \times \pi \times 1.977 \times 7 = 0.0232 ℃/W$

4) 计算热桩的热流量 q：

$q = \dfrac{T_s - T_a}{R_f + R_s} = \dfrac{-3.0 - (-10.5)}{0.1101 + 0.0232} = 56.26\ W = 202.54 kJ/h$

5) 计算冻结期的总传热量 Q：

$Q = qt = 202.54 \times 24 \times 240 = 1166630.4$ kJ

热桩的年近似传热量 $Q_a = \dfrac{Q}{\psi_Q} = \dfrac{1166630.4}{1.5} = 777753.6$ kJ

式中 ψ_Q——传热折减系数。

6) 计算冻结期桩周冻土地基的最大温度降低值 T：

设冻土的体积热容量 $C = 2470.2$ kJ/m³·℃

传热范围内的冻土体积为：

$$V = \pi(r^2 - r_0^2)z_u \quad (J-5)$$
$= 3.1415 \times (1.5^2 - 0.2^2) \times 7$
$= 48.6 m^3$

$T = \dfrac{Q_a}{VC} = \dfrac{777753.6}{48.6 \times 2470.2} = 6.5 ℃$

即在冻结期内可使桩周冻土地温降低约 6.5℃。

（2）填土地基的计算

今有一填土地基采暖房屋，为防止地基中的多年冻土融化和退化，保持多年冻土地基的稳定性，采用在地基中埋设热棒，将地坪传下去的热量带出，求热棒的合理间距和多年冻土地基的最大温降。有关计算参数如图 J-3。

题解：

1) 绘制热流程图

从图 J-3 可以看出，该系统存在两个热源（室内采暖和多年冻土）和一个热汇（热棒），据此，可以绘出热流程图如图 J-4。

图中 R_c 为混凝土层热阻，R_I 为隔热层热阻，R_G 为砾石垫层

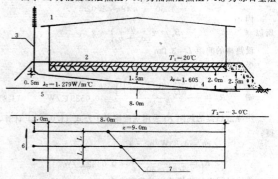

图 J-3 热棒填土地基计算示意图
1—$T_a = -10.5℃$，冻结期 265d；2—地坪 150mm 混凝土，$\lambda = 1.279 W/m·℃$；200mm 聚乙烯泡抹塑料，$\lambda_p = 0.041 W/m·℃$；3—热棒；冷凝器面积 $A = 6.24m^2$；4—砾石垫层；5—亚粘土 $\lambda_p = 1.977 W/m·℃$
6—风速 $v = 5.0 m/s$；7—蒸发器 $\phi = 60mm$

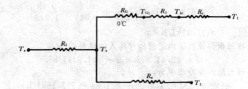

图 J-4 热棒填土地基系统热流程图

热阻，R_s 为冻结亚粘土层热阻。T_{1c} 为混凝土层底面温度，T_{G1} 为隔热层底面温度。

温度与热阻的关系为：

$$\frac{T_e - T_a}{R_f} = \frac{T_1 - T_e}{R_c + R_I + R_G} + \frac{T_2 - T_e}{R_s} \quad (J-6)$$

2) 计算砾石垫层夏季的融化深度

计算土体融化深度有许多方法，这里采用多层介质的修正的伯格伦方程来求解碎石填土层的融化深度。

$$\Sigma T_m = \frac{L_n d_n}{24 \times 3.6 \lambda_n^2}\left(\Sigma R_{n-1} + \frac{R_n}{2}\right) \quad (J-7)$$

式中 ΣT_m——融化指数（℃·d）；

L_n——第 n 层的体积潜热；

λ_1——伯格伦方程修正系数，由 λ 诺模图查取，这里取 $\lambda_1^2 = 0.96$。

d_n——第 n 层的融化厚度；

R_n——第 n 层的热阻。

设融化期为 100d，则地坪表面的融化指数为：
$$\Sigma T_m = (20-0) \times 100 = 2000℃ \cdot d$$
$$L_n = 32154.6 kJ/m^3$$
$$\Sigma R_{n-1} = \frac{0.15}{1.279} + \frac{0.2}{0.041} = 4.9953℃ \cdot m^2/W$$
$$R_n = \frac{d_n}{\lambda_n} = \frac{d_n}{1.279}℃ \cdot m^2/W$$

将上面各值代入方程 (J-7)，得出一个 d_n 的二次方程：
$$151.6 d_n^2 + 1936.5 d_n - 2000 = 0$$

解上面方程得：
$$d_n = 0.96 m$$

3) 计算砾石层的回冻：

在计算砾石层的回冻时，假定来自冻结层的热流是微不足道的，故仅考虑热流程图的上半部。

现取二分之一融深处截面进行计算，即在回冻过程中，假定二分之一融深处的温度为 0℃。

这样，从二分之一融深面到热棒蒸发器中截面的平均距离 S 为：
$$S = 1.50 - 0.48 = 1.02 m$$

因 $q_d = 0$
所以
$$\beta_u = 2\left(\frac{q_u}{q_u + q_d}\right) = 2$$

设热棒的间距 $L = 3.0m$
令 $D = 0.06m; \lambda_u = 1.605 W/m \cdot ℃, z = 9.0m$
则
$$R_u = \frac{\ln\left[\frac{2L}{\pi D}\sinh\left(\frac{\beta_u \pi z_u}{L}\right)\right]}{\beta_u \pi \lambda_u z} = 0.0539℃/W \quad (J-8)$$

热棒散热器的热阻 R_f 采用规范附录 J 公式 (J.0.4-2) 计算，得：
$$eh = 4.83 W/m^2 \cdot ℃$$
$$R_f = \frac{1}{Aeh} = \frac{1}{30.14} = 0.0332℃/W$$

单位时间内从热棒传出的热量 q 为：
$$q = \frac{T_s - T_a}{R_u + R_f} = \frac{0 - (-10.5)}{0.0539 + 0.0332} \times 3.6 = 434.00 kJ/h$$

通过单位面积地坪和已融砾石层上部在单位时间内传入的热量 q_1 为：
$$q_1 = (T_a - T_s)/(R_c + R_1 + R_G) \quad (J-9)$$
$$= 3.6(20-0)/\left(\frac{0.15}{1.279} + \frac{0.2}{0.041} + \frac{0.48}{1.279}\right)$$
$$= 13.41 kJ/h \cdot m^2$$

在每根热棒范围内通过地坪传入的热量 Q 为：
$$Q = 13.41 \times 3 \times 8 = 321.84 kJ/h$$

砾石层的净冷却率为：
$$q_2 = q - Q = 434.00 - 321.84 = 112.16 kJ/h$$

每根热棒范围内融化砾石层的冻结潜热 Q_1 为：
$$Q_1 = 3 \times 8 \times 0.96 \times 32154.6 = 740841.98 kJ$$

则砾石层的冻结时间 t 为：
$$t = 740841.98/112.16 \times 24 = 275d$$

这与假设的冻结期 265d 基本相等。

若采用安全系数为 1.5，则热棒间距为：
$$L = 3/1.5 = 2m$$

按新间距计算，得：
$$R_u = 0.0613℃/W$$
$$q = 400.00 kJ/h$$
$$Q = 13.41 \times 2 \times 8 = 214.56 kJ/h$$
$$q_2 = q - Q = 185.44 kJ/h$$
$$Q_1 = 2 \times 8 \times 0.96 \times 32154.6 = 493894.66 kJ$$
$$t = 493894.66/185.44 \times 24 = 111d$$

即采用间距 $L = 2m$ 时，砾石层的回冻时间为 111d

4) 砾石层回冻后的传热
计算各层的热阻：

设：$\beta_u = 1.60, \beta_d = 0.40$
则：
$$R_u = \frac{\ln\left[\frac{2L}{\pi D}\sinh\left(\frac{\beta_u \pi S}{L}\right)\right]}{\beta_u \pi \lambda_u z}$$
$$= \frac{\ln\left[\frac{2 \times 2}{\pi \times 0.06}\sinh\left(\frac{1.6 \times \pi \times 1.5}{2}\right)\right]}{1.6 \times \pi \times 1.605 \times 9}$$
$$= 0.0843℃/W$$

$$R_d = \frac{\ln\left[\frac{2L}{\pi D}\sinh\left(\frac{\beta_d \pi d}{L}\right)\right]}{\beta_d \cdot \pi \cdot \lambda_d \cdot z}$$
$$= \frac{\ln\left[\frac{2 \times 2}{\pi \times 0.06}\sinh\left(\frac{0.4 \times \pi \times 8.5}{2}\right)\right]}{0.4 \times \pi \times 1.977 \times 9}$$
$$= 0.344℃/W$$

$$R_c = \frac{0.15}{1.279 \times 16} = 0.0073℃/W$$
$$R_1 = \frac{0.2}{0.041 \times 16} = 0.3049℃/W$$
$$R_f = 0.0332℃/W$$

计算蒸发温度 T_e：
$$T_e = \frac{\frac{T_a}{R_f} + \frac{T_1}{R_c + R_1 + R_u} + \frac{T_2}{R_d}}{\frac{1}{R_f} + \frac{1}{R_c + R_1 + R_u} + \frac{1}{R_d}} \quad (J-10)$$
$$= \frac{\frac{-10.5}{0.0332} + \frac{20}{0.0073 + 0.3049 + 0.0843} + \frac{-3.0}{0.344}}{\frac{1}{0.0332} + \frac{1}{0.0073 + 0.3049 + 0.0843} + \frac{1}{0.344}}$$
$$= -7.71℃$$

计算从上下界面流入热棒的热量 q_u 和 q_d：
$$q_u = \frac{T_1 - T_e}{R_c + R_1 + R_u} = \frac{27.71}{0.3965} \times 3.6 = 251.6 kJ/h$$
$$q_d = \frac{T_2 - T_e}{R_d} = \frac{4.71}{0.3440} \times 3.6 = 49.29 kJ/h$$

重新计算 β_u 和 β_d：
$$\beta_u = \frac{2q_u}{q_u + q_d} = 1.67$$
$$\beta_d = \frac{2q_d}{q_u + q_d} = 0.33$$

与假设的 $\beta_u = 1.60$ 和 $\beta_d = 0.40$ 基本相符，即砾石层回冻后，每根热棒每小时可以从地基中带出 300.89kJ 的热量，其中 42.29kJ 是用于地基的过冷却。

5) 计算地基的过冷却：
热棒在冻结期可提供地基的过冷却冷量为：
$$Q_0 = 42.29 \times 24 \times (265 - 111) = 156303.8 kJ$$

若这些冷量用于冷却热棒下 8m 以内的地基，则可使地基土温度降低值为：

设亚粘土冻结状态的热容量为 $2386 kJ/m^3 \cdot ℃$
则 $\Delta T = 156303.8/(8 \times 2 \times 8 \times 2386) = 0.51℃$
即除使砾石层回冻外，还可使地基温度降低 0.51℃。

(3) 钢筋混凝土桩的计算：
设有一钢筋混凝土桩，内径 200mm，外径 400mm，埋深 8m，在桩中插入热棒一根（图 J-5），热棒外径 60mm，桩内长度 8m，散热器面积 6.14m²。求热棒的年近似传热量和桩周冻土的最大温度降低值。该处冻结期平均气温 -10.5℃，平均地温为 -3.0℃。平均风速为 5.0m/s。冻结期 240d。

题解：设钢筋混凝土导热系数 $\lambda = 1.547 W/m \cdot ℃$

冻土导热系数 $\lambda = 1.977 W/m \cdot ℃$

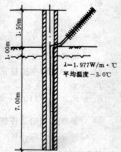

图 J-5 钢筋混凝土热桩计算示意图

1）绘热流程图：

由于活动层较薄，且它的冻结主要由于来自大气层的冷量，故在计算中予以忽略。

流程图如图 J-6 所示。

单位时间的热流量为：
$$q = \frac{T_s - T_a}{R_f + R_e + R_{c1} + R_{c2} + R_s} \quad (J-11)$$

2）计算各热阻值：

R_f：采用附录 J 公式（J.0.2-2）计算，即：
$$v = 5.0\text{m/s 时}$$
则 $eh = 4.83\text{W/m}^2 \cdot ℃$

所以 $R_f = \dfrac{1}{Aeh} = 0.0337℃/\text{W}$

R_e：仍采用上面公式，但 $v=0$ 则 $eh=2.75$

故 $R_e = \dfrac{1}{Aeh} = \dfrac{1}{\pi \times 0.06 \times 7 \times 2.75} = 0.2756℃/\text{W}$

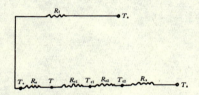

图 J-6　钢筋混凝土桩—土系统热流程图

图中　R_f—散热器的放热热阻；
　　　R_e—蒸发器的放热热阻；
　　　R_{c1}—钢筋混凝土桩内表面的放热热阻；
　　　R_{c2}—钢筋混凝土管壁的热阻；
　　　R_s—土体热阻；
　　　T_a—气温；
　　　T_s—冻结期多年冻土平均温度；
　　　T_e—蒸发器表面温度；
　　　T—钢筋混凝土桩中空气温度；
　　　T_{c1}—钢筋混凝土桩内表面温度；
　　　T_{c2}—钢筋混凝土桩外表面温度。

R_{c1}：设钢筋混凝土桩内表面的放热系数与钢管相同

即 $eh = 2.75\text{W/m}^2 \cdot ℃$

则 $R_{c1} = \dfrac{1}{Aeh} = \dfrac{1}{\pi \times 0.20 \times 7 \times 2.75} = 0.0827℃/\text{W}$

$R_{c2} = \dfrac{\ln(d_2/d_1)}{2\pi \lambda L} = \dfrac{\ln(0.4/0.2)}{2 \times \pi \times 1.547 \times 7}$
$= 0.0102℃/\text{W}$

R_s：设传热影响范围为 1.5m

则 $R_s = \dfrac{\ln(d_2/d_1)}{2\pi \lambda L}$

$= \dfrac{\ln(1.5/0.4)}{2 \times \pi \times 1.977 \times 7} = 0.0152℃/\text{W}$

3）计算单位时间的传热量 q：

$q = \dfrac{T_s - T_a}{R_f + R_e + R_{c1} + R_{c2} + R_s}$

$= \dfrac{-3-(-10.5)}{0.0337+0.2756+0.0827+0.0102+0.0152} \times 3.6$

$= \dfrac{7.5}{0.4174} \times 3.6 = 64.69\text{kJ/h}$

4）计算冻结期的总传热量：
$$Q = 64.69 \times 24 \times 240 = 372614.4\text{kJ}$$

热棒的年近似传热量 Q_a 为：
$$Q_a = \dfrac{Q}{\phi_a} = 372614.4/1.5 = 248409.6\text{kJ}$$

5）计算冻结期桩周冻土温度降低值 θ：

设冻土的体积热容量 $C=2470\text{kJ/m}^3 \cdot ℃$

传热范围内冻土体积 V 为：
$$V = \pi(r_2^2 - r_1^2)L$$
$$= 3.1415 \times (1.5^2 - 0.2^2) \times 7$$
$$= 48.6\text{m}^3$$

所以 $T = \dfrac{Q_a}{VC} = \dfrac{248409.6}{48.6 \times 2470} = 2.07℃$

即在冻结期内可使桩周冻土温度降低 2.07℃。

6

建筑抗震

中华人民共和国行业标准

工程抗震术语标准

JGJ/T 97—95

条 文 说 明

前 言

根据原城乡建设环境保护部（88）城标字第141号文的要求，由中国建筑科学研究院主编的《工程抗震术语标准》（JGJ/T 97—95），经建设部1996年3月7日以建标〔1996〕117号文批准发布。

为便于广大设计、施工、科研、学校等单位的有关人员在使用本标准时能正确理解和执行条文规定，《工程抗震术语标准》编制组按章、节、条顺序编制了本标准的条文说明，供国内使用者参考。在使用中如发现本条文说明有欠妥之处，请将意见函寄中国建筑科学研究院。

本条文说明由建设部标准定额研究所组织出版。

目 次

1 总则 …………………………… 6—1—4
2 一般术语 ……………………… 6—1—4
　2.1 综合性术语 ……………… 6—1—4
　2.2 工程地震术语 …………… 6—1—4
　2.3 结构动力学术语 ………… 6—1—5
3 强震观测和抗震试验术语 …… 6—1—5
　3.1 强震观测术语 …………… 6—1—5
　3.2 抗震试验术语 …………… 6—1—5
4 场地和地基抗震术语 ………… 6—1—5
　4.1 场地术语 ………………… 6—1—5
　4.2 地基抗震术语 …………… 6—1—5
5 工程抗震设计术语 …………… 6—1—5
　5.1 抗震设计术语 …………… 6—1—5
　5.2 抗震概念设计术语 ……… 6—1—5
　5.3 抗震构造设计术语 ……… 6—1—6
　5.4 抗震计算设计术语 ……… 6—1—6
6 地震危害和减灾术语 ………… 6—1—6
　6.1 地震危害术语 …………… 6—1—6
　6.2 减轻地震灾害术语 ……… 6—1—6

1 总 则

工程抗震涉及到地震、抗震和减灾，它是涉及地震学、工程学和社会学三个学科的一门边缘科学。近二十年来，工程抗震研究和实践在我国得到迅猛发展。工程抗震所使用的术语繁多，亟待科学合理地统一和订正，使之规范化，以利于本学科的发展和学术交流。

本标准中的术语及其涵义主要来源于以下几个方面：1. 与工程抗震设计、抗震鉴定、抗震加固等有关的各种标准、规范、规程和技术条例；2. 有关工程抗震和抗震减灾的行政法规；3. 地震工程、工程抗震和地震对策方面的论文和专著；4. 有关词典、百科全书、外文资料等。

2 一般术语

2.1 综合性术语

本节给出的综合性术语与工程抗震的多个方面有关，不宜列入其他各章节之内。这些术语涉及抗震管理、抗震设防、环境振动、结构抗震性能、抗震鉴定与加固等方面，共25个。

2.1.2.1 抗震设防标准。抗震设防标准又称抗震设防水准。它根据规定的工程结构可靠性要求来确定。现行的建筑抗震设计规范对抗震设防水准做了如下规定：一般情况下，在设计基准期50年内遭遇超越概率63.5%的地震（即多遇地震烈度）影响时，结构可视为弹性体系，处于正常使用状态；遭遇超越概率10%的地震（即设防地震烈度）影响时，结构进入非弹性工作阶段，其非弹性变形或结构体系的损坏应控制在可修复的范围内；遭遇超越概率2%～3%的地震（即罕遇地震烈度）影响时，对结构较大的非弹性变形应控制在规定的范围内，以防倒塌。

2.1.2.2 抗震设防区。地震烈度为6度或6度以上的地区为中国目前规定的抗震设防区；其他国家大都以相当于MSK烈度表7度作为抗震设防的起点。

2.1.2.4 （1）基本烈度。地震基本烈度之简称。对于基本烈度的认识，随着研究工作的深入有一个发展过程。在50年代编制我国1：500万的地震区划图时，采用了两条原则：1. 曾经发生过地震的地区，同样强度的地震将来还可能重演；2. 地质条件（或称地质特点）相同的地区，地震活动性亦可能相同。据此确定的地震烈度没有赋予明确的时间概念。国家地震局70年代进行地震烈度区划时，应用了当时地震活动性和地震地质等方面的研究成果，给出了初具时间概念的地震基本烈度定义，即一百年内，平均土质条件下，场地可能遭遇的最高地震烈度。近十多年来，我国地震科学事业取得了明显进展。现有的观测和研究均表明，地震的发生和地震震动特性都具有一定的随机性，必须用概率方法来处理。结构抗震设计也已发展到了以极限状态为安全标准的概率设计阶段。为了适应工程抗震设计的需要和地震科学的发展水平，应对地震烈度赋予有效的时间区限和概率含义。本标准对地震基本烈度的定义取为：在50年期限内，一般场地条件下，可能遭遇的超越概率为10%的地震烈度值。这个值同1992年5月22日经国务院批准，并由国家地震局和建设部1992年6月6日颁发的《中国地震烈度区划图（1990）》上所标示的烈度值是一致的。50年内超越概率为10%的风险水平，是目前国际上普遍采用的一般建筑物抗震设计标准。

（2）多遇地震烈度。在建筑抗震设计规范中，一般作为结构承载能力抗震验算时地震作用的取值标准烈度。

（3）罕遇地震烈度。在建筑抗震设计规范中，一般作为防止工程倒塌抗震变形验算时地震作用的取值标准烈度。

结构变形抗震验算分为两个阶段，即弹性变形验算和弹塑性变形验算。一般，钢筋混凝土结构只进行弹性变形验算，但对于甲类建筑中的钢筋混凝土结构、处于地震高烈度区Ⅲ、Ⅳ类场地上的高大单层钢筋混凝土柱厂房和7～9度时楼层屈服强度系数小于0.5的框架结构、底层框架砖房，则需进行在罕遇地震作用下的抗震变形验算，即防倒塌的弹塑性变形验算。

2.1.2.5 （1）人工地震震动。在结构动力试验或用时程法进行结构动态反应分析时，随意选用一条或几条地震记录作为输入运动是不恰当的，由此获得的计算或试验结果直接用于抗震设计也颇为不妥。输入地震震动应满足给定的地震和地质条件，或满足给定的地震震动特征，一般用比例法或数值法产生。比例法是选择地质、地震条件及地震震动参数尽量符合各项要求的地震震动记录，再将时间坐标和加速度坐标分别乘以适当的比例系数，使地震震动的峰值加速度和卓越周期满足要求。数值法是根据给定的地震震动反应谱、持续时间和振幅非平稳性函数，采用三角级数法、随机脉冲法或自回归法求得满足上述统计特性的人工随机加速度时程－人工地震震动。

2.1.5 抗震鉴定。包括震前鉴定和震后鉴定。震前鉴定是根据当地预期可能遭遇的地震危险性，按照抗震鉴定标准，对现有工程的抗震能力进行评定，估计可能遭受的震害，提出是否需要加固措施的意见。震后鉴定是对已遭受震害的工程进行鉴定，包括结构震前状况、破坏部位和破坏程度，以确定该结构是否有修复加固价值。

2.1.6 抗震加固。加固措施的制定以抗震鉴定结果为依据，并考虑工程现状、场地条件、施工和经济等因素，着重改善结构的整体抗震能力，要注意工程的使用功能与环境的协调。分为结构体系加固和构件加固。

2.2 工程地震术语

本节给出与工程抗震有关的工程地震术语，其中包括地震类型、地震活动性、地震震级、地震烈度及其分布、地震危险性、地震区划、中国地震烈度区划图等方面的术语共52个。在地震震害调查、震害分析、工程抗震及抗震减灾等工作中，这些术语都是基本的和常用的。

2.2.3.1 里氏震级。里氏震级系1935年由美国地震学家里克特（C. F. Richter）提出的。

2.2.4.1 活断裂。断裂和断层在工程地震界经常混用。实际上断裂是岩石破裂构造的统称；而断层只是岩层的连续性遭到破坏并沿断裂面发生明显相对移动的一种断裂构造。可见，断裂的涵义较断层更广些。根据众多专家的意见，经与有关标准协调后，本标准选用了断裂，如地表断裂、活断裂、断裂活动段等。

2.2.6 震中。地震震中的涵义有两种不同的说法。一种立足于地震后果，将震害最严重的地区定义为震中；另一种立足于仪器测定结果，将震源在地表上的垂直投影点定义为震中；前者称为现场震中，后者称为仪器震中。本标准兼收并蓄，将两种说法综合，并注明二者的关系，使震中的定义更趋全面。鉴于目前的测震水平及计算参数中存在的不确定性，仪器震中的精度一般不如现场震中。另外，如从抗震减灾和分析使用历史地震资料出发，现场震中的科学价值更大些。

2.2.9 地震危险性。地震危险性的英文术语，在地震危险性分析工作的初期用 risk，后来又出现了 hazard，两个词均被译为危险性。1982年安布雷赛斯（Ambreseys, N. N）提出以下定义：

$$\text{Seismic risk} = \text{Seismic hazard} \times \text{vulnerability}$$

我国地震工程专家、中国科学院院士胡聿贤将其译为：

$$\text{地震危害性} = \text{地震危险性} \times \text{易损性}$$

hazard 是一种风险，而 risk 是由这种风险所产生的危害。据此，本节将地震危险性对应的英文术语定为 Seismic hazard，而在第 6 章中将地震危害性对应的英文术语定为 Seismic risk。

2.3 结构动力学术语

工程结构在地震作用下将产生动态反应。结构地震反应的强烈程度，除取决于地震作用大小外，还与结构本身的动态特性（周期、振型、阻尼等）密切相关。当结构自振周期与地震震动卓越周期相近时，将出现共振效应而加重结构的破坏程度；反之，则会减轻工程震害。所以，当涉及工程抗震这一领域时，就离不开结构动力学的内容。本节共列出与工程抗震有关的结构动力学基本术语 22 个。

3 强震观测和抗震试验术语

3.1 强震观测术语

本节给出强地震震动（简称强震）特性、强震观测仪器、强震观测台、强震观测记录及其处理的有关术语共 27 个。

3.1.4 地震震动。习称地面运动，专指由地震引起的岩土振动。原术语地面运动不能揭示造成这一物理现象的原因，因为地面运动可由地震、爆破、海洋波浪及诸多环境因素引起。术语地震震动则能直接全面地表达这一物理概念。与此有关的习称术语"自由场地面运动"和"地面运动强度"，本标准称为自由场地震震动和地震震动强度。

3.1.4.3 地震震动持续时间。此术语用来描述地震震动的持续时间长短。大多数工程抗震工作者，以某一给定地震震动峰值二者之间的最大时间间隔为持续时间，但对所谓给定地震震动峰值的大小没有明确界线。有人取的高一点，有人取的低一点，但含意是明确的，即这一段地震震动应能产生地震后果，也就是说对工程抗震是有意义的。

3.1.4.4 （2）峰值加速度。峰值加速度和加速度峰值两个词的涵义相同，都表示地震震动加速度最大绝对值。但前一个词的词根是加速度，后一个词的词根是峰值，二者强调的重点不同；与这个词对应的英文名称 peak acceleration 也是强调了加速度。据此，本标准选用了术语峰值加速度、峰值速度和峰值位移，摒弃了另一种叫法。

3.2 抗震试验术语

本节列出与抗震试验有关的术语 28 个，其中包括各种动力试验方法术语和试验结果术语等。

地震是一种随机的震动作用。工程抗震试验方法必须体现这一特点。作为检验材料强度及模量、结构和部件承载能力、变形及动态特性变化规律的抗震试验，可在室内进行，也可在现场进行。在现场可利用天然地震（如在地震多发区）、人工地震或其他激振设备直接对工程足尺模型进行各种试验；也可对场地土进行原位试验。在室内，根据试验需要和试验条件，可采用模拟地震试验、动力试验、伪动力试验、伪静力试验、自由振动试验等。加载可采用天然地震、人工地震、冲击振动、简谐振动、环境振动等。各种加载设备和方法有：振动台、动力三轴仪、计算机—加载器联机装置、偏心块起振器、液压激振器、反力墙、反力架及人激振动等。

4 场地和地基抗震术语

4.1 场地术语

场地对地震破坏效应有着不可忽视的影响。在大震之后的现场常常可以看到，相邻两个村庄，仅仅由于场地条件不同，所遭受的震害却有明显差别。因此，根据工程地质资料对建设场地做出综合评价，区分出对抗震有利、不利和危险的地段，预测地震时场地和地基可能出现的某些破坏效应，以及对场地类别进行正确划分等，是工程抗震和土地利用规划工作的重要一环。本节的 17 个术语就是围绕上述内容选定的。

4.1.6.3 场地土。场地土和场地涵义不同，但过去常被混淆使用。场地土系场地覆盖层以内各层土的总称，是确定场地类别的主要依据。场地土的类型划分有明确的波速标志；当无剪切波速实测资料时，可根据土的类别估算波速。对于单一土层的场地土，其类型可直接用土的波速确定；当为多层土时，场地土类型可根据各层土的波速进行综合评定。

4.1.7 土层平均剪切波速。土层平均剪切波速为地面以下规定范围内各土层剪切波速的平均值。条文中提到的规定范围，按国家标准《建筑抗震设计规范》（GBJ11—89）为地面以下 15m，按国家标准《构筑物抗震设计规范》（GB50191—93）为地面以下 20m。

4.1.8 土体抗震稳定性。地震缝、地陷、砂土液化及液化势判别等有关术语，对于正确描述由地震引起的各种地基失效现象不可缺少，本节选用了若干主要的和基本的。

4.2 地基抗震术语

处于故河道、断裂破碎带、暗埋的塘浜沟谷及半填半挖场地内的地基土，由于在分布上成因、岩性和状态等不均匀，地下水位较高，地震时常出现地基不均匀变形、开裂及砂土、粉土液化等现象，导致地基承载力降低甚至丧失。

地基液化研究在我国开展较为活跃。术语液化势、液化判别、液化等级及抗液化措施等都是常用的。本节列出地震地基失效和地基抗震术语 12 个。

5 工程抗震设计术语

5.1 抗震设计术语

5.1.1.1 二阶段设计。近十几年来，世界各国的抗震设计方法，逐步朝着公认的"小震不坏、中震可修、大震不倒"的抗震设计基本原则演进。我国现行建筑抗震设计规范中的二阶段设计法，就是运用结构动力学理论和以概率为基础的可靠度分析来改进的一种抗震设计新方法。此法体现了上述抗震设计基本原则。二阶段抗震设计法是指，以多遇地震作用来验算结构抗震承载能力和通过构造措施与薄弱部位弹塑性变形验算相结合来防止结构在罕遇地震中倒塌。

5.2 抗震概念设计术语

近二十年来，人们在总结大地震经验中发现，由于地震震动的不确定性和复杂性以及结构计算模型与实际情况之间的差异，单纯的抗震计算设计很难有效地控制结构抗震能力。因此，一个具备良好抗震性能的工程，不仅依赖于合理的抗震计算设计，而且在很大程度上取决于抗震概念设计，其中包括场地选择和地基处理，结构平、立面布置，抗震结构体系选取（多道抗震设防、强柱弱梁、强剪弱弯等），结构的整体性与延性，非结构构件与主体结构连接，材料与施工等。

5.2.1.1 设计远震和设计近震。地震学中的远震和近震，以震中距 1000km 为分界线。震中距大于 1000km 的地震称为远震，震中距为 100～1000km 的地震为近震。工程抗震关于远震和近震（设计远震和设计近震之简称）的解释与此不同，它的涵义为：当某地区所受的地震影响来自震中烈度与该地区设防烈度相等或比它大一度时，该地区所受的地震影响称为近震影响，地震震动设计参数采用设计近震；当某地区所受的地震影响来自震中烈度比该地区的设防烈度高二度或二度以上时，称为远震。

地震经验表明，在宏观烈度相似的情况下，处在大震级远震中距下的柔性建筑，其震害要比中、小震级近震中距的情况重得多。抗震设计时，对同样的场地条件、同样烈度的地震，按设计近震和设计远震来区分是完全必要的。

5.2.1.2 多道抗震设防。其概念是：一方面要求结构具有良好的吸能耗能能力，另一方面要求结构具有尽可能多的赘余度。结构系统的吸能耗能能力，主要依靠结构或构件在预定部位产生塑性铰；但结构体系或构件如果没有赘余度，则塑性铰形成将使结构变成"机动体"，并导致失稳和倒塌。因此，为使结构各部分能有效地发挥抗震能力，需要在结构的适当部位设置一系列屈服区，使这些并不危险的部位在地震时首先形成塑性铰，从而保障主要承重构件减轻震害。

5.3 抗震构造设计术语

由于地震作用的不确定性和复杂性以及工程结构的多样性，人们在进行抗震设计时，不能仅依赖于结构计算设计，还必须进行抗震构造设计，以保证工程结构在地震作用下具备一定安全度。

抗震构造设计方法大多来源于震害经验，且经多次地震检验证明是行之有效的。本节中所列的用以提高结构水平承载能力和结构整体稳定的抗震支撑，用以提高砌体结构整体性和抗倒塌能力的圈梁和构造柱，以及用较多钢箍来提高钢筋混凝土构件抗压承载能力和变形能力的约束混凝土等术语都属此类。

5.4 抗震计算设计术语

工程抗震计算设计术语涉及各种抗震计算理论及其相对应的计算方法，地震作用及其设计值，地震作用效应及结构抗震可靠性等。本节共收入术语29个。

5.4.1.2 振型分解法。振型分解法和底部剪力法一样，都是一般工业和民用建筑抗震计算设计最常用的方法。振型分解法又称振型叠加法。当采用反应谱进行地震反应计算时，称为振型分解反应谱法；当以地震波输入对每个振型用时程法进行计算时，称为振型分解时程法。

5.4.1.3 时程分析法。时程分析法是近几十年随着电子计算技术的发展而发展起来的计算工程结构地震反应的新方法。此法是对结构运动方程输入地震震动或人工地震震动波形，并通过时域分析或频域分析求解，以获得整个时间历程内的地震反应结果。

通过时程分析法对结构进行弹性或弹塑性反应计算，并从承载力和变形两方面判断结构抗震性能，是识别在通常设计中不易发现的薄弱部位以及是否可能倒塌等的有效方法。

对特别重要的工程（如核电站等）、体形特别不规则的工程和高耸结构等，在抗震设计时应采用时程分析法进行补充计算。

5.4.2 地震作用。地震时，工程结构上所承受的外加作用是由地震震动引起的动态作用。按照现行国家标准《工程结构设计基本术语和通用符号》的规定，它属于间接作用，因此不可称为"地震荷载"，而应称为"地震作用"。

6 地震危害和减灾术语

6.1 地震危害术语

地震灾害可分为原生灾害和次生灾害。原生灾害由地震直接造成，如工程和设备破坏及由此引起的人畜伤亡等。地震次生灾害系由地震原生灾害引发的，例如地震时先造成工程、设施或设备破坏或处于非正常工作状态，并由此引发出火灾、水灾、爆炸、溢毒等，使灾害进一步扩大，造成更多的工程破坏和人畜伤亡。

地震灾害难以人工再现，对地震灾害进行现场调查，通过分析、评估，总结经验教训，并提出抗震措施，这是抗震救灾工作的重要组成部分。

本标准根据中华人民共和国建设部的有关文件，将工程结构按其地震破坏的轻重程度划分为基本完好、轻微破坏、中等破坏、严重破坏和倒塌五个等级，并给出划分等级的标准。也有人将倒塌再分为局部倒塌和倒塌两级，即工程破坏等级总共划分为六级。

工程破坏等级划分，不仅可作为判别工程破坏程度、评估地震经济损失的依据，也可为工程抢修排险和恢复重建提供技术和经济依据。

6.2 减轻地震灾害术语

地震造成的损失，有的国家单纯用经济表示，我国学术界将地震损失划分为经济损失、人员伤亡和社会影响三部分。实际上，人员伤亡也属于地震社会影响范畴，因为人的生命最为宝贵，难以用金钱表示；但是，由于人员伤亡数字在地震之后最令社会关注，不同于一般地震社会影响，因而也可单独列为地震损失的一种。本标准采用了我国学术界常用的将地震损失划分为三部分的方法。

地震经济损失的大小与下列因素有关：地震震动强度及其形成的震灾规模，社会生产发展程度，社会对震灾的预防水平和应急反应能力等。

地震经济损失的统计工作十分复杂，可划分为直接经济损失和间接经济损失两类。一般把地震引起的建（构）筑物及生命线工程破坏的损失、财产损失、以及因停产、减产造成的净产值减少的损失称为直接经济损失；而把地震经济总损失中各种非直接损失的部分称为地震间接损失，例如因地震受灾企业（如供水、供电、交通、通信等生命线工程）停产减产引起相关企业链锁反应造成的损失及抗震救灾投入的资金等都属地震间接损失。

地震间接经济损失统计更为复杂，有人建议按投入产出进行统计。由于这种计算模型未涉及救灾等有关费用，而且灾后非常时期的投入产出状态不同于灾前，用正常状态下的投入产出关系进行统计，可能会产生较大出入，因而不是一个理想的方法。

制定和实施抗震减灾规划是提高城镇和工矿企业综合抗震能力的根本措施。本节给出了有关抗震减灾规划的若干术语。

中华人民共和国行业标准

建筑抗震试验方法规程

JGJ 101—96

条 文 说 明

前 言

根据建设部（87）城科字第 276 号文的要求，由中国建筑科学研究院主编的《建筑抗震试验方法规程》JGJ 101—96 经建设部 1996 年 12 月 2 日以建标 [1996] 614 号文批准，业已发布。

为便于广大设计、施工、科研、学校有关单位人员在使用本规程时能正确理解和执行条文规定，《建筑抗震试验方法规程》编制组根据建设部（91）建标技字第 32 号文《工程建设技术标准编写暂行办法》中关于编制标准、规范及条文说明的统一要求，对建设部行业标准《建筑抗震试验方法规程》按章、节、条顺序，编写了《建筑抗震试验方法规程》条文说明。供本行业内有关方面参考。

对本条文说明中有不当之处，请将意见直接寄中国建筑科学研究院抗震所。本条文说明由建设部标准定额研究所组织出版发行，不得翻印。

1996 年 12 月

目 次

1 总则 ································· 6—2—4
3 试验试体的设计 ······················· 6—2—4
　3.1 试体设计的一般规定 ················ 6—2—4
　3.2 拟静力和拟动力试验试体
　　　尺寸要求 ························ 6—2—4
　3.3 模拟地震振动台试验试体的
　　　设计要求 ························ 6—2—4
4 试体的材料与制作要求 ················· 6—2—4
　4.1 砌体试体的材料与制作 ·············· 6—2—4
　4.2 混凝土试体的材料与制作 ············ 6—2—5
5 拟静力试验 ··························· 6—2—5
　5.1 一般要求 ························· 6—2—5
　5.2 试验装置及加载设备 ················ 6—2—5
　5.3 量测仪表的选择 ···················· 6—2—6
　5.4 加荷方法 ························· 6—2—6
　5.5 试验数据处理 ····················· 6—2—6
6 拟动力试验 ··························· 6—2—7
　6.1 一般要求 ························· 6—2—7
　6.2 试验系统及加载设备 ················ 6—2—7
　6.3 数据采集仪器仪表 ·················· 6—2—7
　6.4 控制、数据处理计算机
　　　及其接口 ························ 6—2—7
　6.5 试验装置 ························· 6—2—7
　6.6 试验实施和控制方法 ················ 6—2—7

　6.7 试验数据处理 ····················· 6—2—8
7 模拟地震振动台动力试验 ··············· 6—2—8
　7.1 一般要求 ························· 6—2—8
　7.2 试验设备 ························· 6—2—8
　7.3 试体安装 ························· 6—2—9
　7.4 测试仪器 ························· 6—2—9
　7.5 加载方法 ························· 6—2—9
　7.6 试验的观测和动态反应量测 ·········· 6—2—10
　7.7 试验数据处理 ····················· 6—2—10
8 原型结构动力试验 ····················· 6—2—10
　8.3 试验方法 ························· 6—2—10
　8.4 试验设备和测试仪器 ················ 6—2—11
　8.5 试验要求 ························· 6—2—11
　8.6 试验数据处理 ····················· 6—2—11
9 建筑抗震试验中的安全措施 ············· 6—2—11
　9.1 安全防护的一般要求 ················ 6—2—11
　9.2 拟静力与拟动力试验中的
　　　安全措施 ························ 6—2—11
　9.3 模拟地震振动台试验的
　　　安全措施 ························ 6—2—12
　9.4 原型结构动力试验中的
　　　安全措施 ························ 6—2—12
附录 A 模型试体设计的相似条件 ······· 6—2—12
附录 B 拟动力试验数值计算方法 ······· 6—2—13

1 总则

1.0.1 编制本规程的目的是为在进行建筑结构抗震试验时有统一的试验准则，保证试验的质量和测试结果的一致性与可靠性。

1.0.2 该条是规定规程的适用范围，主要针对工业与民用建筑和一般构筑物进行拟静力试验、拟动力试验，模拟地震振动台试验以及原型结构的动力试验。这些试验可以是结构构件、局部试体、结构的模型或原型，也可以是检验性的试体。本规程也适合有隔震、减振措施的试体试验。

1.0.3 本规程中提及的常用仪器、设备均以国家计量部门的标准规定为准，但由于仪器设备随工业的发展、新产品向高、新功能流向市场，更新速度很快，所以规程规定只要满足有关规定的要求下，可选用精度更高的仪器设备。

1.0.4 本规程同《建筑抗震设计规范》(GBJ11—89)、《建筑结构设计规范》(GBJ10—89)，以及有关的荷载、仪器、设备、安装等规范都有密切关系，所以在执行本规程的规定时，应遵守有关规范的规定。

3 试验试体的设计

3.1 试体设计的一般规定

3.1.1 对凡是建筑结构在要求作抗震试验时对试体采用的范围，它可以是构件、局部结构、整体模型或原型。

3.1.2 在选择设计试体的尺寸时应考虑试验的目的要求、试验室场地大小、加载支架的尺寸、液压加力装置的吨位满足这些条件而设计的试体、试验容易达到要求。

3.1.3 实际试体试验中，往往有的试体它满足相似设计条件，也满足试验加载设备条件，但却忽略了满足试验目的的构造保证。

如加载点处局部承压不够，由于未作加强处理而造成试体的提前破坏，或钢筋由于锚固长度不够被拔出，墙体试验时，与台面固定的底梁、在横向加载下，因锚固端部被剪坏而使试验无法完成。

局部试体截取的位置考虑在结构柱的反弯点处，一方面容易模拟加载受力条件，另一方面支点固定处传力条件可以方便地实现。

既往的加固试验方法很不统一，而且不满足边界条件，如墙体试验中将加固好的试体置于同一压应力下进行推拉试验，由于新加部分受有 σ_0 应力，使试验值提高很多，甚至根据试验建立的强度公式比实际承载能力高出约 10%～30%，混凝土试体加固亦是如此。

3.1.6 在一般情况下，模型试体按自然层的层模型形成质点体系使加载点与质点一一对应，则可以保证试验的真实性和精确性。当模型比例较小时，考虑加载条件的影响，允许将相邻自然层合并为一个质点，但每个质点代表的自然层不宜过多，且应沿试体高度均匀形成，以便保证试验的基本真实性和精确性。试体每个质点在每个加载平面内均考虑为平面受力。

3.1.7 为保证试验结果的真实性，除对材料的要求外，模型必须满足与原型结构相似的几何、物理、力学条件。其中尺模型须保证物理、力学条件相似，比例模型须保证几何、物理、力学条件相似。相似系数可按方程式分析法计算，常用相似系数可按附录 A.1 取用。

3.2 拟静力和拟动力试验试体的尺寸要求

3.2.1 墙体高宽度尺寸的比例规定认为，作为抗震受力的墙体，其高度应在宽度尺寸的二倍为限，否则墙体试验会呈弯曲型破坏，

限制高宽比可以保证墙体呈抗剪斜裂缝破坏，厚度与高宽尺度相比很小的，模拟厚度缩小会促使试体出平面的稳定，故建议取原型厚度尺寸为好，但不宜小于原型的 1/4。

3.2.4 对框架模型试验，其模型尺寸的考虑，一般规定可取原型结构的 1/8，未作较严的限制，因为模型相似关系与试验设备场地条件等诸多因素有关。

为保证试验结果的可靠性，要求模型所用材料的几何尺寸如长度、宽度、厚度、直径等按相应模型比例减小，但力学和物理性能应与原型结构的力学和物理性能相同。

3.3 模拟地震振动台试验试体的设计要求

3.3.1 弹性模型主要用于研究原型结构的弹性性能，它和原型的几何形状直接相似，模型材料并不一定要和原型材料相似，可以用均匀的弹性材料制成。由于是研究结构弹性阶段的工作性能，模型的比例可不选择很大，一般为原型的 1/100。弹性模型不能够预计混凝土结构和砌体结构开裂后的性能，也不可能预计钢结构屈服后的性能，同样也不能预计实际结构所发生的许多其他的非弹性性能以及结构的破坏状态。

强度模型也称为极限强度模型或仿真模型。它可以用原型材料或与原型材料相似的模型材料制成，但对材料模拟要求比较严格。它可以在全部荷载作用下获得结构各个阶段直至破坏全过程反应的数据资料。为此模型比例宜取得较大些，一般为原型结构的 1/15。

3.3.2 为满足试验的目的要求，达到预期的试验结果，模型地震振动台试验必须按振动台设备的台面尺寸、载重、运动参数等技术指标来确定模型试体的尺寸、自重、加载时间历程与加速度幅值。使得整个试验能充分利用振动台的性能发挥设备效率，又能完成试验任务获得必须的技术参数与试验数据。

试体设计除要满足振动台设备的技术性能要求外，尚应考虑试验加载和量测对试体在结构上的要求。由于振动台试验是通过台面输入加速度达到对试体施加地震荷载的要求，为此试体必须建造在刚性的底梁或底盘上，并与底梁或底盘有牢固的联接，保证台面输入的地震波能正确传递和作用到试体上。

3.3.3 根据模型设计，当要求使用高密度材料增大模型试体材料的有效密度有困难时，可采用人工质量模拟的方法，即在试体上附加适当的质量，但必须按试体自身的特征，注意人工质量在试体上的作用位置分布情况。同时，这些附加的荷重块必须牢固地铆紧，保证在振动时不会松动，以免造成记录上诸多次生波，影响试验数据。当然更不能使荷重块产生位置上的移动。

3.3.4 对于单榀框架或单片墙体等平面试体，在振动台上进行动力试验时，为防止其平面外的影响，宜成对放置在振动台上。同条件振动，分别测试其各自的动力参数。

3.3.5 近代结构抗震研究中人们重视对结构整体性能的试验研究。并通过真型或足尺模型的试验，可以对结构构造性能、构件间的相互作用、结构的整体刚度、非承重构件对整体结构工作的作用、结构的薄弱环节以及结构受震害破坏的实际工作情况等性能进行研究，作出抗震性能的分析和抗震能力的评定。由于模拟地震振动台试验受到振动台设备条件及技术参数的限制，经常是采用专门设计的模型进行试验。通过模型相似理论研究试验结果，推断实际的动力特性和抗震能力。

4 试体的材料与制作要求

4.1 砌体试体的材料与制作

4.1.2 此条对灰缝砂浆标号的规定，是为了保证水平地震剪力的可靠传递，在试体试验时如有此种开裂，会影响试验的进行，其

至造成试体构造意外的破坏。

4.1.3 砌体结构是由砖或砌块和砂浆两种材料组成的复合材料的结构。模型设计时要求砌体模型与原型结构有相似的应力—应变曲线，即要求$S_\sigma=S_E=S_\varepsilon=1$。同时在制作模型时都要按比例缩小，这样唯一实用的方法就是采用与原型相同的材料，并用缩尺砖块或砌块来制作。缩尺砖块或砌块可通过生产厂定制或用原型块材锯割而成。

4.1.4 因砂浆的离散性大，且是砌体强度的主要影响因素，所以特别要求试件与试体的不同砌筑期砂浆同批同制作，并同条件养护。块体（砖、石、砌块等）和砂浆的抗压强度试验和相应得到的各强度值是确定试验各阶段试体实际强度的必要手段。

4.1.5 采用配筋砌体时，除应进行4.1.5规定的试验外，尚应进行砌体基本力学性能试验，以便进一步了解试验中试体的工作应力状态。

4.1.6 试体制作、养护一定要按有关的规定要求，这是试体最基本的条件；否则，试体试验和量测数据就难以鉴定。试体的强度应与原型结构相一致。

抗震规范规定地震区材料标号要求，在作抗震试验的试体时，也应按此规定。

4.2 混凝土试体的材料与制作

4.2.1 混凝土材料力学性能试验包括抗压强度、轴心抗压强度、抗裂性等试验。混凝土力学性能试验和相应得到的各强度值是确定试验各阶段试体实际强度的必要手段。因此，材料试验应与结构试体试验同期进行。

4.2.1.1 使用混凝土的试体必须制作混凝土立方体试件，随体试验的不同时间进行混凝土强度的测定。

4.2.1.2 对有特殊要求的试体试验，需要测定混凝土的应力变化过程或轴心抗压强度时，应制作棱柱体试件进行混凝土弹性模量和轴心抗压强度试验，并通过加载试验得到的应变连续化过程找出应力、应变的相应变化关系，绘制出应力—应变曲线。

4.2.1.3 当试体试验需测定混凝土的抗裂性能时，应制作抗拉试件，并通过试验测定混凝土的抗拉强度。

4.2.1.4 当混凝土材料的力学性能试验结果与试体试验结果有较大差异时或留存的材料试验试件不足时，可在全部试验完成后，从试体受力较小部位截取试件进行材料力学性能试验。试验及结果评定方法可参照国家标准《普通混凝土力学性能试验方法》。

4.2.2 在结构抗震动力试验中，微粒混凝土是被用作模拟钢筋混凝土或预应力混凝土结构混凝土的理想材料。微粒混凝土是用粒径为2.5～5.0mm的粗砂代替普通混凝土中的粗骨料，用0.15～2.5mm的细砂代替混凝土中的细骨料，并以一定的水灰比及配合比组成的新型模型材料。微粒混凝土不等于通常的砂浆，经过材料试验，它的力学性能和级配结构与普通混凝土有令人满意的相似性，能满足混凝土强度模型的相似要求。

影响微粒混凝土力学性能的主要因素是骨料含量的百分比与水灰比。在设计级配时要考虑模型的比例尺度、微粒混凝土的强度、模型保护层的厚度、模型混凝土的和易性和在模型中与钢筋的粘结性能。一般首先要满足弹性模量，极限强度和极限应变的要求。骨料粒径按模型几何尺寸而定，最大粒径一般不大于模型截面最小尺寸的1/3，其中通过0.15mm筛孔的细骨料用量应少于10%，这样可以使模型混凝土有足够的和易性而不须有过高的水灰比。

4.2.3 混凝土结构强度中，模型钢筋的应力—应变特性是决定结构模型非弹性性能的主要因素。必须充分重视模型钢筋材料性能的相似要求，主要考虑的有钢筋的屈服强度、极限强度、弹性模量等参数，此外，钢筋应力—应变曲线的形状，包括屈服台阶的长度、硬化段和极限延伸率等都应尽和原型结构钢筋的相应指标相似。

在地震模拟振动台试验时，混凝土结构模型承受地震荷载的反复作用，结构进入非弹性工作时，它的内力重分布也受裂缝的形成、分布和扩展等因素的影响，而结构模型的荷载—变形性能、裂缝的分布和发展又直接与结构模型中的钢筋和混凝土的粘结握裹性能有关。所以，对于混凝土结构强度模型应十分重视模型钢筋材料的相似要求，可满足两种材料之间要好的粘结性能，并使它接近于原型结构的实际工作情况，当模型采用光面钢筋时，宜作表面压痕处理。

为保持钢筋的原有性能，对于经过冷拉调直或作表面压痕处理的钢筋，必须进行处理，使钢筋恢复到具有明显的屈服点和屈服台阶，提高钢筋的延性。

4.2.4 对于使用各类钢筋（含钢丝、钢绞线）的试体，其钢筋的屈服强度、抗拉强度、伸长率及冷弯各力学性能是试验结果分析的必要参考数据。如有特殊需要尚应进行其他性能试验。试体应从试体所用的不同直径不同种类钢筋中直接抽取，各类试体的根数应满足国家有关标准的规定。

钢筋拉力试验的试体长度、测量方法、力学性能的评定方法等应符合国家现行标准《金属拉伸试验法》的要求。

当需要确定试体的钢筋应力变化过程时，应首先测定钢筋的弹性模量，并通过加载试验得到应变连续变化过程找出应力、应变的相应变化关系，绘制出应力—应变曲线。

4.2.5 试体制作时，应确定预埋件和预留孔洞的位置。采取焊接或绑扎等方法使预埋件和预留孔洞模板与钢筋或外模板可靠固定，以避免混凝土浇筑时移位。防止试体制作后为固定预埋件或遗漏预留孔而剔凿试体，使试体局部受损。

预埋的传感元件是获取试验数据的重要测试元件。当预埋传感元件被固定后，可通过外包胶带或纱带并涂包环氧树脂的方法以及其他相应的措施进行保护处理。施工中应避免对预埋传感元件的碰撞、强磁干扰、浸泡以及扯断其与仪表的连接导线等事件的发生，以实现对预埋传感元件的可靠保护。

试体制作前应检查预埋件和预留孔洞的设计位置是否造成非正常的试体截面削弱。试体制作时应避免随意剔凿、撞击等使试体截面削弱的因素。

在试验允许的情况下，应避免集中荷载直接施加到试体上引起局部承压破坏。

当试验必须采用集中荷载加载时，在试体承受集中荷载部位应采用钢筋网片或钢板等局部加强，加强部位设计应遵照混凝土结构设计规范的有关规定进行。

4.2.6 因混凝土是非均质性材料，其强度受时间和养护条件的影响有较大变化，所以特别要求试件与试体的不同浇筑期混凝土同批同时制作，并同条件养护。应注意预留足够的混凝土试件，以备试验各阶段的使用。

5 拟静力试验

5.1 一般要求

5.1.1 本条叙述了拟静力试验方法适用于混凝土结构、预应力混凝土结构、劲性混凝土结构、钢纤维混凝土结构、高强混凝土结构、钢结构、混凝土与砌体的混合结构的结构构件。如梁式构件，柱式构件、单层及多层框架、节点、剪力墙等等构件的试验都适用。

砌体结构构件、用粘土砖、混凝土典型砌块、粉煤灰砌块等砌筑的单层，多层墙片，配筋墙片，构造柱墙片，混凝土与砌块的组合墙片。

以及混凝土结构、钢结构、砌体结构、混凝土、砌体组成的结构模型及原型试验。

5.2 试验装置及加载设备

5.2.1 试验装置的设计和配备，必须满足模拟地震荷载作用下的试体的受力状态，也就是试体在模拟地震荷载下的边界条件，要符合结构实体的受力状态。必须注意以下几点。

5.2.1.1 试体试验的加载设备的设计要符合试体的实际支承方式，是简支或固定支承。试体基础的固定也要与实际的要求相符。试体试验的加载设备的设计还要考虑试体是剪切受力或弯曲受力或者弯剪都有的受力状态。

5.2.1.2 试验装置：如试验台座、反力墙、门架，反力架，传力装置等设备的刚度，强度和整体稳定性都要远大于试体的最大承载能力，一般装置的刚度应比试体的刚度大10倍或10倍以上为好。

5.2.1.3 试验装置不应对试体产生附加的荷载和阻止试体的自由变形，因此在试验装置中，试体与门架之间的垂直千斤顶之间必需安装滚动导轨，滚动导轨安装在千斤顶与门架之间，滚动导轨的摩擦系数不得大于0.01，滚板的大小必需满足试体的最大变形和承载能力，因为滚动导轨的摩擦系数在一定的荷载下是常数，超过以后则不是常数了。

5.2.1.4 在选用水平加载用的推拉千斤顶的加载能力与行程都必须大于试体计算的极限受力和极限变形能力，避免试体试验时达不到极限破坏，造成试验达不到目的而失败。在选用推拉千斤顶时，千斤顶的两端为铰联接，保证试体水平加载时的转动，自由变形，不损坏千斤顶。同时水平千斤顶必需配置指示加载值的量测仪表，仪表精度满足量测精度。

5.2.1.5 试验用的各种加载设备的精度除应满足规范第三节要求外，要有按国家计量部门定期检验合格证，一般半年或一年应标定一次，重要的试验项目，试验前应标定，指示误差不宜超过±2%。

5.2.2 梁式构件主要考虑支承方式，一端铰接而另一端为滑动支承。

5.2.3 对以弯剪受力为主的试验装置时，水平千斤顶两端的连接铰要灵活，为的是使试体受弯时，没有或减少附加的阻力；多个千斤顶施加垂直荷载时，采用单独油路加载，为的是防止水平加载时，试体本身产生转动，因为多个千斤顶油路连通后，每个千斤顶垂直荷载能保持一样，但冲程可自由变化。同时强调滚动导轨必须放在千斤顶与反力架之间。是为了保证试体在水平荷载作用下，垂直荷载作用点的位置不会发生变化。这对有垂直荷载下施加水平荷载试验的试验装置都实用。

5.2.4 对于做梁柱节点时，试验装置对试体柱的两端应满足真正的铰，一般可用半球铰，同时柱的两端要固定，保证没有水平变形，柱的两端可与反力墙，反力架连接起来，总之既能使柱转动，又无水平变形，该条谈到梁上的两个加力千斤顶在弹性试验阶段，两千斤顶油路宜双向连通为好，目的是加载时好控制，可以同时保证两方向加载值一样。试体开裂后，油路应分开单独控制，也是为了更好控制加载，一般开裂后都用梁的变形大小来控制加载，要使梁的变形一致，两加载点的大小则即是相等的，因此两千斤顶的油路必须分开，否则无法控制加载。

5.2.5 对多层单片梁，多层框架，多层结构原型及模型试体的安装要求问题，该种试体一般较高并按地震水平荷载的分布，多为多点同步加载，因此往往需要分配梁，多台千斤顶与试体轴线位移偏差要少，一般控制在±1%以内。也是为了防止出平面。为了克服分配梁的自重影响，一般采用悬吊方式，悬吊支架可固定在试体的顶部。

5.2.6 此条针对钢结构试体，试验中防止平面内外失稳，应有可靠措施，稍有大意即会造成试验损失。

5.3 量测仪表的选择

5.3.1 拟静力试验可选用的测量仪表的选择应根据试验的目的要求来决定，同时还要考虑设备条件，一般来说，主要根据试验试体计算的量程来选择适宜的仪表。既能满足最大极限量程的要求，又能够满足最小分辨能力即可。

5.4 加荷方法

5.4.1 恒载系指静载，一般指给试体的垂直荷载，为了试验所测得的数据较好，消除试体内部组织不均匀性，先取满载的40%～60%的荷载重复加载2～3次（即加载—卸载），随后再加至满载进行恒载。

5.4.2 正式作试验前，为了消除试体内部的均匀性和检查试验装置及各测量仪表的反应是否正常，先进行预加反复荷载试验二次，但对加载值不能过大，对于混凝土结构试体预加荷载值不得超过开裂荷载估算值的30%。砌体结构不得超过开裂荷载估算值的20%。

5.4.3 为了保证试验连续均匀，数据取值稳定，特对每次加载速度和循环时间作一定规定，控制在一定的范围内。

5.4.4 试验获得试体的承载能力和破坏特征时，应加载至试体极限荷载下降段，对混凝结构试体应控制加到下降段的85%为止。砌体结构一般较难，因此不作具体规定。

5.4.5 试体进行拟静力试验的加载后程序应采用荷载和变形两种控制的方法加载，即在弹性阶段用荷载控制加载，开裂后用变形量控制加载。主要是因试体开裂以后是以位移量变化为主，荷载无法控制。每次加载控制量的取值系根据试验的目的要求来定。

5.4.5.1 该条规定接近开裂和屈服，荷载宜减小级差加载，应考虑提供的计算值有一定的偏差，为了更为准确的找到开裂和屈服荷载，所以减小级差加载。

5.4.5.2 试体屈服后用变形控制，变形值取屈服时试体的最大位移值为基准，一般可从P-Δ曲线中受拉钢筋的应变变化来判定。以该时刻的位移值的整倍数为级差进行控制加载。

5.4.5.3 施加反复荷载的次数应根据试验的目的确定。屈服前一般每级荷载反复一次。屈服以后宜反复三次。如果当进行刚度退化试验时，反复次数不宜少于五次。

5.4.6 平面框架节点试体的加载也是以试验的目的要求而定，当以梁端塑性铰区或节点核心区为主要试验对象的试体，宜采用梁—柱加载。当以柱端塑性铰区或柱连接处为主要试验目的时，应采用柱端加载，但分析时要考虑P-Δ效应的影响。

5.4.7 对于多层结构试体的荷载分布，按地震作用倒三角分布水平加载，一般顶部为一，底部为零。水平荷载各楼层楼板上，通过楼板或圈梁传递。

5.5 试验数据处理

5.5.1 试验中试体荷载及相应的变形值的取值作了一些规定，便于大家统一。

5.5.1.1 开裂荷载及相应的变形是指试体试验的P-Δ曲线刚度有变化或肉眼首次观察到受拉区出现第一条裂缝时对应的那一级荷载的变形定为开裂荷载和变形。

5.5.1.2 屈服荷载及相应的变形的取值，屈服荷载及相应的变形是指试体受拉区的主筋达到屈服应变时的荷载，受拉区的主筋按实际使用的钢材型号，实际作的材性试验为准来定屈服应变。

5.5.1.3 试体极限荷载及相应的变形作了规定，试体极限荷载及相应的变形是指试体所能承受的最大荷载值和相对应的变形值。

5.5.1.4 试体的破坏荷载及相应的变形作了统一的规定，破坏荷载是指极限荷载下降85%时的荷载和相对应的变形值。

5.5.2 混凝土试体的骨架曲线作了统一的规定。骨架曲线是指荷载—变形滞回环曲线中的每一级荷载的第一次循环的峰点所连成的外包络曲线。

5.5.3 试体刚度作了定义，并用公式表示，它的含义是试体第 i 次的割线刚度等于第 i 次循环的正负最大荷载的绝对值之和与相应变形绝对值之和的比值。

5.5.4 试体延性系数的定义，并给出了计算的公式，它反映试体塑性变形能力的指标，也是用它来衡量抗震性好坏的指标之一。一般用极限荷载相应的变形与开裂荷载相应的变形值之比表示。

5.5.5 试体承载能力降低系数作了定义，并定了计算公式，它的含义是试体在 i 次循环的最大荷载与第一次循环的最大值之比。

5.5.6 试体的能量耗散能力是指试体在地震反复荷载作用下吸收能量的大小，它以试体荷载变形滞回曲线所包围的面积来衡量，它也是衡量试体抗震性能的一个特性。

6 拟动力试验

6.1 一般要求

6.1.1 本章适用的试体结构，包括采用不同工艺设计的结构，如预应力结构及其他结构等。本章适用的试体是整体结构模型试体，包括足尺实体、比例模型试体。

6.1.2 多质点位移控制拟动力试验，因试验台、模型和试验设备构成载荷静不定力学体系，当试体刚度较大时，按第一振型试验模拟，也因极难控制载荷系统误差，使试验不能进行。目前只能用等效单质点的方法进行试验。当试体结构刚度较小，只要能控制载荷系统误差，二质点以上的拟动力试验尚可研讨进行。

单体构件是整体的一部分，在内外力学特性的变化中，由于破坏机理、边界条件和力学传递的复杂性，难以用单体构件试验方法确定在整体结构中的抗震作用。因此，对单体构件，如梁、板、柱等，不宜进行拟动力试验。

6.2 试验系统及加载设备

6.2.1.1 规定试验系统基本构成，缺一不可，其中试体、加载设备和计算机是系统的核心，试验台、反力墙等、试验装置的能力和结构应服从试体和加载设备的需要。

6.2.1.2 本条文并不排除非闭环控制的加载设备或试验机，进行拟动力试验的可能性，但其技术特性，应满足 6.2.2 条要求。

6.2.1.3 非传感器式的机械直读仪表，因不具备满量程下的线性电输出信号功能，因而不能加入闭环电气自动控制系统。所以，与动力反应直接有关的仪表，如位移、力的计量控制必须采用传感器式的一次仪表。

6.2.2 加载设备除应满足各分条的基本要求外，根据模型试验系统要求，宜尽可能选用技术特性良好的其他指示、记录仪器仪表，以增强加载设备的显示、数据采集记录的必要功能。如每个加载质点应配备动态响应特性良好的 X-Y 函数记录仪，以随时监控结构动态恢复力特性和滞回曲线。

6.2.2.1 本条文提出的位移反馈，其位移传感器量程和精度应满足试验适宜要求，并安装在加载模型一侧最有代表性的可靠位置上。

6.2.2.2 本条文动态响应技术指标，是最低要求，根据试验速度控制的需要，可适当提高指标。应注意的是试验速度的提高以不对试体产生附加惯性力为原则。

6.2.2.3 伺服作动器应尽可能工作在力值满量程的 10% 以上区段内才能保证系统误差。

6.2.2.4 在合理选用位移传感器的满量程值条件下，才避免大量程内窄小区段使用情况，才能保证系统误差。刚度较大的试体，位移控制的高分辨力尤为重要。因此宜选用先进技术（如磁栅、光栅技术）制成的位移传感器才能保证系统的大量程、低误差和高分辨力。

6.2.2.5 稳定、可靠、无故障是对加载设备的基本要求。本条随未做具体规定，但按常识来说，在本试验周期内至少保证在 16～24h 内无任何不稳定、不可靠、无任何故障现象存在。

6.3 数据采集仪器仪表

6.3.1 拟动力、拟静力试验系统中的测量仪表，属于同类技术特性，在量程、精度、适用性方面没有区别，因而可按 5.3 规定选择。

6.3.2 拟动力试验中的测点、测量次数都较多，为提高试验效率，缩短试验周期，应采用自动化数据采集设备、仪器，每秒钟一个测点的速度是最低要求。测速太高，如每秒钟数百个测点以上，因测量精度降低，成本过高也并不适用。

6.4 控制、数据处理计算机及其接口

6.4.1 本条文是对选用计算机及软件硬件可扩充性的基本要求。实时控制功能是计算机能同时运行两个以上的多任务程序，并能实时中断、再启动任何一个任务而不影响对加载控制的功能和系统精度。

6.4.2 D/A、A/D 接口板是外购硬件，其量程、精度、速度应满足试验需要，能插入已选定的计算机主机板上，并能运行其控制、应用软件。

本条文提出的自动化测量仪器系指结构应力应变、非控制量的位移、变形测量自动化仪表。通常采用内部带有微机或能与外部计算机进行通讯联接的数字式静态多点采集应变仪、信号采集分析仪及其类似功能的仪器。这些仪器纳入拟动力试验系统时应与主控计算机联网通讯，达到试验系统基本要求。

6.5 试验装置

6.5.1 试验装置的设计与选择和拟静力试验相同，但由于拟动力试验加载设备和拟静力试验加载设备有所区别，安装连接及其他功能的不同特点，因此应依本条规定按具体情况设计与选择。

6.5.2、6.5.3 两个条文的意义均为防止附加水平力对试体的影响，并保证加载设备的安全。为此，在不违反条文规定的条件下也可采用更适宜的方法和装置。

6.5.4 短行程伺服作动器垂直尺寸小便于安装，放置稳定，其有效行程满足试体边界条件。电液伺服作动器容易满足±1.5% 以内的恒载误差，一般液压加载设备，在试体刚度退化严重并接近破坏时，非稳压技术措施的一般手动阀门加载难以达到±2.5% 以内的稳压要求。因此，应有可靠安全的稳压装置保证试验过程正确进行。

6.5.5、6.5.6 这两个条文对拟动力试验电液伺服作动器和试体的连接、作用方式、承载力的安全做一般规定。由于试体结构形式和复杂程度不同，执行本条文时应按具体情况合理处置。

6.5.7 载荷分配级数过多，当试体刚度退化不均时，实际位移分配越不合理，失去位移控制意义。

6.5.8 一般容易失稳的试体皆应具备合理安全的抗失稳技术措施装置。具体装置应按实际试体和试验要求进行设计。其装置设计原则应不影响主方向加载和不产生任何附加荷载为基本原则。

6.6 试验实施和控制方法

6.6.1 拟动力试验的过程控制程序应采用时实控制，并通过人—机交互控制完成试验全过程。程序中一般具有：读取地震加速度记录数据文件；联接试验参数文件；控制计算机和作动器的联机；完成试验初始状态检查；进行结构地震反应分析；量测值 λ；加载量输出等控制功能。

试验用地震加速度记录或人工模拟地震加速度时程曲线应根据试体拟建场地的类型选择，场地类型的有关规定应符合《建筑抗震设计规范》的要求。作为试验控制的地震加速度记录进行数据处理后输入计算机形成数据文件。

6.6.2 试验用地震加速度记录或人工模拟地震加速度时程曲线的数据处理须注意峰、谷值的保留。经处理得到的数据文件应是原始地震加速度文件。为适应试体的弹性到破坏各阶段试验过程，宜采用一比例系数将原始地震加速度扩大或缩小，但波型不应改变。

6.6.3 拟动力试验的每次试验前均须确定试体当前的初始侧向刚度，确定方法宜采用施加单位水平荷载量测水平位移并根据二者的关系确定初始侧向刚度。如根据前次试验中的荷载与位移的关系进行折算时，应注意试验前几级加载时的刚度是否正确，若误差较大应及时修正。

多质点结构体初始侧向刚度矩阵是柔度矩阵的逆矩阵，其中：

$$[F] = \begin{bmatrix} \delta_{11} & \delta_{12} & \cdots & \delta_{1n} \\ \delta_{21} & \delta_{22} & \cdots & \delta_{2n} \\ \cdots & \cdots & \cdots & \cdots \\ \delta_{n1} & \delta_{n2} & \cdots & \delta_{nn} \end{bmatrix}$$

δ_{ij}——第 i 层施加单位水平荷载时产生在第 j 层的水平位移测量值。

6.6.4 试体的动力特性：自振周期、圆频率、阻尼是地震反应分析的必要参数，拟动力试验前后先行测定，测定方法按本规程的有关规定进行。

6.6.5 试验的加载控制应为试体各质点在地震作用下的反应位移，试验中宜直接采用位移加载。当结构刚度较大且处于弹性阶段时，直接采用位移加载有较大困难，可以采用加载荷逼近控制位移的方法，但加载过程中的控制仍必须是位移量。

6.6.6 为避一次到位的加载对试体产生撞击（多质点时为连续撞击）而导致试体非试验性破坏，本条建议将每步加载量分解为若干个试验设备可分辨的最小增量，每个作动器反复循环逐渐积累加载到试验控制增量的方法。

拟动力的试验控制量是各质点的位移，因此对各质点的位移测点规定：各质点必须设在试体上，以保证试验所测位移是试体的真正位移，除对测试仪器的精度要求外，其布点、量测、取值方法应满足本章第七节各条的要求。并要求各测点的量测仪器支架应有足够的刚性，其在外界振动干扰作用下，顶部自变形量应小于传感器或仪表最小量的1/4以下。

对试体系统要求根据试验中可能出现的最大加载量限位是为了提高加载精度和保证试验安全。系统分辨率与系统满量程相关，满量程小则精度高。因此，最大加载量限位是为避免用大荷载作动器输出很小的荷载，使试验过于粗糙。另外，在操作有误或其他异常情况下可避免对试体造成非试验性破坏。

6.6.8 为消除试验系统误差应采取以下措施

各质点处位移控制的测点必须设在试体上，布点和量测、取值方法应满足6.3各条的要求。各量测仪表的支架应有足够的刚性，在大地脉动和其他振动干扰作用下，支架顶部自力变形量应小于传感器，仪表最小量的千分之一以下。

应根据试验中可能的最大加载输出量进行限位，以提高加载精度，保证试验安全。

试验量测仪表的不准确度和数值转换的误差应低于试验中可能的最小加载量。

6.7 试验数据处理

6.7.1 拟动力试验中同一试体可采用不同的几个地震加速度记录分别进行试验，每个地震加速度被使用时可按比例扩大或缩小以适应试体不同工作状态。因此，在对试验数据进行图形处理时，应绘制出6.6.1.1和6.6.1.2中的主要数据图形。

6.7.2 对试体开裂时的记录要求。

6.7.3 对试体各工作状态下的基底总剪力、顶端水平位移和最大地震加速度的确定方法细则。

7 模拟地震振动台动力试验

7.1 一般要求

7.1.1 模拟地震振动台是60年代中期发展起来的地震动力试验设备，它通过台面的运动对试体或结构模型输入地面运动，模拟地震对结构作用的全过程，进行结构或模型的动力特性和动力反应试验。其特点是可以再现各种形式的地震波形，可以在试验室条件下直接观测和了解被试验试体或模型的震害情况和破坏现象。

结构抗震试验目的在于验证抗震计算方法、计算理论和所用的力学模型的正确性。通过模拟地震振动台的试验验证为非线性地震反应分析建立适当的简化模型；并采用线性或非线性系统识别方法，分析和处理试验数据，识别结构的恢复力模型和整体力学模型；观测和分析试验结构或模型的破坏机理和震害原因；最后由试验结果综合评价试验结构或模型的抗震能力。

7.2 试验设备

7.2.1 模拟地震振动台是地震工程研究工作的重要试验设备。振动台的激振方式有单向、双向转换到双向同时运动并发展为三向六自由度运动。我国自80年代中后到90年代初已引进和建成了具有三向六自由度功能的中型模拟地震振动台。振动台的驱动方法大部分为电液伺服方式，与电动式相比它具有低频时推力大、位移大、加振器重量轻体积小等优点，但波形输入的失真大于电动式振动台。振动台的主要性能参数包括台面尺寸、载重能力、工作频率和位移、速度、加速度三个参量的最大允许范围。目前国内自建和引进的振动台的台面尺寸小型台在1×1.5M～2×2M中，中型台为3×3M～5×5M，载重能力对于小型台在1～2t，中型台为10～30t。振动台的使用频率范围一般在0～50Hz，特殊的可达100～200Hz。位移在±100mm以内、速度在80cm/s以内，加速度在2g以内。

振动台的控制系统包括模拟控制和数字控制两部分。模拟控制部分是系统在线控制的基本单元，它是由位移、速度和加速度三参量输入和反馈组成的闭环控制系统，能产生各种频率和各种型式的波形，可直接使用地震的强震记录。数控系统是实现数字迭代提高台面振动波形对期望波形模拟精度的关键部分，具有对输入波形的时间历程在时域上进行压缩或延长、对加速度幅值进行扩大或缩小的调整功能，能实现地震波的人工再现、减小波形失真，提高试验精度。数控部分同时由计算机系统控制实现试验数据多道的自动快速采集和处理，同步记录贮存，并以数字或曲线图表形式显示。

试验时必须认真选择性能与之相适应的振动台设备，完成试验工作的全过程实现试验的目的要求。

模拟地震振动台试验较多地适用于鉴定结构的抗震能力。试体试验必须从弹性到开裂破损，继而进入机动状态，最后到破坏倒塌。作为模拟地震振动台促动机构的电液伺服加振器的工作性能可由其工作特性曲线表示，在台面一定的载重情况下如果要求加振器的行程大，则其最大工作频率要降低，反之，当要求最大工作频率提高时，则行程要减小，加振器的特性曲线限制了振动台的工作范围。当位移大于80mm时，工作频率很少能超过50Hz，而允许高频率的振动台往往在位移量就很小，这说明加振器的大位移与高频率不易兼得，所以选用振动台试验时，必须注意其工作频率范围和允许的最大位移量。

如果试体模型的自振频率很高，则要求振动台的最大工作频率也要相应提高，对于大缩比的模型，自振频率可能高达100Hz以上，则振动台的工作频率就必须高达120～200Hz。当试体模型缩比不大或结构刚度不高时，振动台的频率也不需太高，对于建筑结构模型，其自振频率较高的也只有十几赫兹，这样振动台的工作频率有50Hz即可满足。

对于仅是研究结构弹性阶段工作性能时，对振动台的位移要求不高，一般有30～40mm即可。当研究结构开裂、破损以及倒塌等破坏机制时，由于模型开裂后刚度下降、自振频率降低，这时模型的破坏就要依靠振动台的大速度和大位移。对于小缩比的模型，要求最大位移在80～100mm以上，才能实现在低频或中频条件下的破坏。

7.2.2 模拟地震振动台试验要求实现地震波形再现，为了提高台面振动波形对期望波形模拟的精度，不仅依靠振动台的模控闭环系统，还需要依靠以计算机为核心的数字迭代补偿技术。

在动力问题中，系统的输入、输出和传递函数（频率响应）的关系为图7.2.2-1所表示）

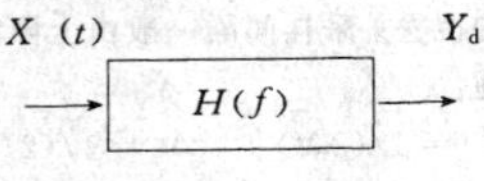

$$X(t) \rightarrow \boxed{H(f)} \rightarrow Y_d(t)$$

图 7.2.2-1

可用数字表达式（7.2.2-1）表示
即
$$Y_d(t) = H(f) \cdot X(t) \quad (7.2.2-1)$$

由振动台试验模拟地震要求可知，波形再现问题是一般系统输入输出的反问题，即系统中的输出是指定的，也就是要求被模拟的地震波，要求的是输入，它是未知的。这里要求再现的波形为$Y_d(t)$，它是一个时间历程向量，由公式（7.2.2-1）可知，为了再现$Y_d(t)$，可用公式（7.2.2-2）计算所需的驱动向量
即
$$X^{(0)}(f) = H^{-1}(f) \cdot Y_d(f) \quad (7.2.2-2)$$

式中$H^{-1}(f)$为传递函数（频率响应）的逆函数。

一般情况下，传递函数（频率响应）$H(f)$是在假定系统为线性情况下求得的：如果实际系统确为线性时，则将$X^{(0)}(f)$相应的时间历程向量$X(t)$输入系统时，将得到输入反应$Y_d(t)$。由于实际系统的复杂性，包括试体在内的整个系统一般是非线性的，特别是当混凝土和砌体的试体开裂后，每经过一次激励，系统的$H(f)$都发生变化，这时按公式（7.2.2-2）计算得到的$X^{(0)}(f)$进行对台面驱动时，所得到的输出反应$Y^{(0)}(f)$与所要求再现（期望）的输出$Y_d(f)$之间存在误差
$$\Delta Y^{(0)}(f) = Y_d(f) - Y^{(0)}(f) \quad (7.2.2-3)$$

在时域上表示为
$$\Delta Y^{(0)}(t) = Y_d(t) - Y^{(0)}(t) \quad (7.2.2-4)$$

这时问题归结为输出误差$\Delta Y^{(0)}(t)$是有怎样的输入误差$\Delta X^{(0)}(t)$所产生的。按图7.2.2-1的关系同样可得出图7.2.2-2所示的关系

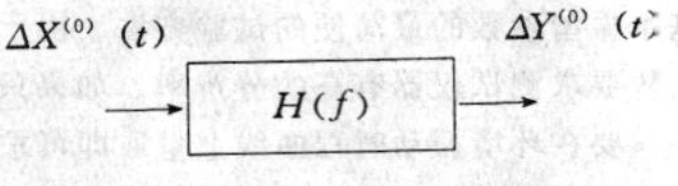

$$\Delta X^{(0)}(t) \rightarrow \boxed{H(f)} \rightarrow \Delta Y^{(0)}(t)$$

图 7.2.2-2

即
$$\Delta X^{(0)}(f) = H^{-1}(f) \cdot \Delta Y^{(0)}(f) \quad (7.2.2-5)$$

将此输入误差加到原先的输入中去，可得到
$$X^{(1)}(f) = X^{(0)}(f) + \Delta X^{(0)}(f) \quad (7.2.2-6)$$

再将这新的输入$X^{(1)}(f)$激励系统，得到新的输出$Y^{(1)}(f)$，再计算出新的输出误差$\Delta Y^{(1)}(f)$。如此反复迭代，直到新的输出与要求再现的$Y_d(t)$之间的误差小于指定的精度为止。以上即为实现波形再现的迭代补偿技术，全部由计算机控制完成。

7.3 试体安装

7.3.1～7.3.4 试体在试验前必须正确安装就位于台面的预定位置，利用底梁或底盘上的预留孔用高强螺栓与台面联结固定。为防止试体在试验时受台面加速度作用而产生与台面的相对水平位移或产生倾覆，以致消耗试验时输入加速度的能量，甚至发生安全事故，所以宜采用特制的限位压板和支撑装置加强对底梁或底盘的固定。

在试体安装和运输过程中，为保证试体不受外界影响的干扰，以致受力不均而使试体损伤产生变形开裂，影响试体的完好，因此必须控制试体在安装时的起吊和运输速度。

7.4 测试仪器

7.4.1 测试仪器应根据试体的动力特征来选择是指需要测试试体的几阶振型参数，以确定测试仪器的使用频率范围以及分析处理的方法；根据动力反应来选择是指需测量的最大反应幅值，是稳态反应还是瞬态反应；根据地震模拟振动台的性能来选择是指可测幅值，动态范围，分辨率一定要能覆盖；根据所需的测试参数来选择是指需要测量的是什么运动参数、位移、速度、加速度或应变等，是绝对量还是相对量。

地震模拟振动台的使用频率范围对试体模型比例尺较大的工业与民用建筑大部分达0～50Hz即可，特殊的是指小比例尺试体模型为水工建筑等，其频率范围要达150Hz。最高频率的实现尚受地震模拟振动台制造上的约束而不可能扩宽很多。

7.4.2 测试仪器的使用频率范围选定，由于地震过程是一个瞬态过程，为了在各反应记录中能真实记录下来，在低频段不失真，宜从零频开始，为了高频段失真小宜远大于振动台的使用上限频率。

7.4.3 最大可测加速度的选定是由试体在地震模拟振动台上试验时可能的最大动态反应来确定。

加速度的分辨率要比振动台的背景噪声高一个量级，一般振动台的背景噪声约在$10^{-2} m/s^2 \sim 10^{-1} m/s^2$，故测试仪器选为$10^{-3} m/s^2$。

7.4.4 相对于地震模拟振动台基础的位移，是把基础看作空间不动点，包括振动台的位移和试体相对于振动台台面的位移，亦即是绝对位移。

软连接方式即是在位移计上连接有拉丝，将位移计固定在试体上或基础上的测量架上，而拉丝则固定在另一端。为了减小非主振方向分量的影响，拉丝应有足够的长度。由于拉丝中有一定的拉力，在振动中此拉力有变化，由此变化影响测量的准确性，必须预先进行修正。

7.5 加载方法

7.5.1 模拟地震振动台试验作为地震作用的台面输入，采用地震地面运动的加速度时程曲线。首先是加速度输入与结构抗震计算动力反应的方程式相一致，便于对试验结构进行理论分析和计算。其次输入的加速度时程曲线可以直接使用实际地震时的强震记录，如1940年美国EL-Centro地震记录或唐山地震时的迁安和天津的地震记录。也可以使用按《建筑抗震设计规范》所规定的各类场地土反应谱特性拟合的人工地震波的加速度时程曲线。第三，振动台试验采用加速度输入的初始条件比较容易控制。

在研究某一类周期结构试体或模型的破坏机理时，要求选择和设计该周期分量占主导地位的地震加速度时程曲线，可使结构产生多次瞬时共振而回到明显的变形状态和破坏型式。经震害调查表明，凡结构自振周期与场地土卓越周期相等或接近时，结构的震害有加重的趋势，这主要也是由于结构等生共振所致。当试验要求评价建立在某一类场地土地上的结构的抗震能力时，就应选择与这类场地土条件相适应的地震记录，也即是要求选择的地震加速度曲线的频谱特性与场地土的频谱特性相一致。此外，按照《建筑抗震设计规范》（GBJ11—89）第4.1.4条，由于同样烈度同样场地条件的反应谱形状，随着震源机制、震级大小、震距离等的变化，有较大的差别，因此要求把形成6～8度地震影响的地震，按震源远近分为设计近震和设计远震，并按场地条件和震源远近，调整反应谱的特征周期T。

试验时，为了保证在输入地震波作用下获得试体结构或模型在不同频谱地震作用下的输出反应，对于人工地震波同样需要有足够长的作用时间。

当试体采用缩尺模型时，由于试体模型的比例关系，台面输入的地震地面运动的加速度波形必须按试验设计和模型设计的要求，按相似条件对原有地震记录进行调整，主要是波形在时间坐标上压缩和对加速度幅值的放大或缩小。当对时间坐标进行压缩

后会造成加速度波形频谱成份的改变，卓越频率相应提高，要求不应大于振动台工作频率，以免使波形再现发生困难，并保证高频成份的有效输入。

7.5.2 为获得试体或模型的初始动力特性，以及在每次地震作用激励下的动力特性变化情况，要求在每次加载试验前测试试体的动力特性参数。由于试件已往安装固定于振动台台面，较为方便的方法是采用台体本身的正弦变频扫描或输入经噪声激振。

7.5.2.1 采用振动台输入等幅加速度变频连续正弦波对试体进行正弦扫描激振，使试体产生与振动台相同频率的强迫振动，当输入正弦波频率与试体的固有频率一致时，试体处于共振状态，随着变频率正弦波的连续扫描，可得试体的各阶自振频率和振型，得到试体的动力特性。在正式加载试验前，为防止输入过高的加速度幅值造成试体的开裂或过大的变形，应控制输入幅值的大小。同时必须注意振动台噪声电平的影响，防止由于噪声的干扰对试验结果带来误差。

7.5.2.2 白噪声是具有一定带宽的连续频谱的随机信号。它与正弦变频连续扫描激振过程在时间历程上有很大区别，这种宽带随机过程是无规则的，永不重复的，不能用确定性函数表示。它具有较宽的频谱，在白噪声激励下，试体也能得到频率响应函数。由于试体是多自由度的系统，因此响应谱可以得到多个共振峰，对应得到结构的各阶频率响应。白噪声激振法的优点是测量速度快，尤其对复杂的试体模型更为突出。

7.5.3 模拟地震振动台试验的多次分级加载试验可以较好地模拟结构对初震、主震和余震不同等级或烈度地震作用的反应。并可以明确地得到试体在各个阶段的周期、阻尼、振型、刚度退化、能量吸收能力及滞回反应特性。由于多次输入造成试体的变形是一次次累积的结果，而累积损伤将使试体的抗力发生变化，以致试体在各阶段的恢复力模型的特征也是不相同的，因此必须考虑多次性加载产生变形积累的影响。

7.6 试验的观测和动态反应量测

7.6.1 振动台试验时，试体的加速度、速度、位移和应变等是试验要求主要量测的结构动力反应。它将是提供试验分析的主要数据。

7.6.2 在振动台结构动力试验中，为了求得结构的最大反应，均应将测点布置在结构加速度和位移反应最大的部位。

对于钢筋应变，宜用电阻应变计粘贴于经过加工处理的钢筋表面，并浇捣在混凝土试体内部，测点数量及位置应按试验量测要求进行布点，宜布置在临界截面（弯矩最大的截面）和产生塑性铰的区域。

在试体主要受力截面的混凝土上，也宜布置测点，有时需要与钢筋应变的测点位置相对应。

7.6.3 按《建筑抗震设计规范》（GBJ11—89）第四章地震作用和结构抗震验算要求，对于整体结构的试体或模型，要量测各层的位移及加速度反应，用以确定地震作用和结构的层间位移。为了观测混凝土整体结构的试体和砌体结构造柱的受力情况和实际工作，应在试体和构造柱的主要受力部位及控制截面处量测钢筋和混凝土的应变。

7.6.4 输入振动台台面的地面运动加速度是通过试体的底梁或底盘传递给模型试体，这相当于实际地震时通过地基基础将地震作用传递给上部结构，此时底梁或底盘上测得的加速度反应可看作是对结构的地震作用。而试体底梁或底盘与台面的相对位移即是模型试体相对于台面的整体位移，在数据整理时可用以修整整体模型的各层的层间位移的数值。

7.6.8～7.6.9 振动台试验得到的结构反应大部分都是动态信号，对于试验过程中结构发生和出现的各种开裂、失稳、破坏、倒塌过程，采用录像等动态记录是最为理想的方式。对于结构裂缝的产生和扩展的过程以及裂缝的宽度可利用多次逐级加载的间

隙进行量测和描绘，这都将有利于最终对结构的震害分析和破坏机理的研究。

7.7 试验数据处理

7.7.1 采样是对信号离散取点，采样间隔一般为等间隔采样。采样点靠得太近，会产生相关重叠，致使波形产生畸变，并产生大量的多余数据，增加不必要的工作量。而采样点距太大，会产生低频和高频分量的混叠。采样间隔一般由上限频率 f_c 来控制，应符合下列采样定理：

$$f_c = 1/(2\Delta t) \qquad \Delta t = 1/(2f_c)$$

f_c：上限频率　　Δt：时间间隔

7.7.2 当数据采集系统不能对传感器的标定值、应变计灵敏系数等进行自动修正时，应在数据处理时作专门的修正。为了消除噪音、干扰和漂移，减少波形失真，应采用滤波、零值均化和消除趋势项等数据处理。

7.7.3 试体动力反应的最大值、最小值和时程曲线等都是分析试体抗震性能和评价试体抗震能力的主要参数，试体的自振频率、振型和阻尼比是试体动力特性的基本特征，试验数据分析后必须提供这些数据。

7.7.4 当用白噪声激振法，根据台面输入和试体动力反应确定试体的自振特性时，宜采用分析功能较强的模态分析法。条件不具备时亦可采用传递函数或互功率法求得试体的自振频率和振型。

7.7.5 在进行参量变换时，如振动加速度波形通过波形积分求得速度波形，速度波形求得位移波形等，即使是较小的波形基线移动量，在积分运算中的影响也是很大的，使积分运算结果产生较大的偏差。因此，尚需要用加速度波形通过二次积分求得位移波形时，必须做好消除趋势项和滤波处理。

8 原型结构动力试验

8.3 试 验 方 法

8.3.1 环境振动法属于稳态随机激振法，利用地面的常时环境振动作为振源，激起试体的振动，从中获得试体的动力特性，是获得试体基本振型参数的最简便的试验方法。由于试体处在微弱振动状态，故要求测试仪器有高的分辨率。如果只需要近似的获取频率值时，只要在环境振动时程曲线上量取即可求得；如果要求精确一些获取频率值，并要获取相应的阻尼值，则需要对记录波形进行分析处理；应用此法有时尚可获得第二振型参数。

初位移法是在试体某部位采用张拉的方法，使试体获得静态位移，然后突然释放而获得第一振型的衰减时曲线的试验方法，可获得基本振型参数。如果测出张拉力，还可获得试体的整体刚度。

初速度法是在试体某些部位利用小火箭等产生的冲击力，使试体获得初速度，激起试体振动的试验方法。其振动记录经过数据处理分析后可获得基本振型乃至数个振型参数。

风激振法是在风大的一些地区，对高柔结构上利用风压对结构物的作用而产生的随机振动，可测出结构的基本振型参数。

8.3.2 稳态正弦激振法是利用起振机产生正弦激振力，在结构上部或基脚迫使试体产生振动的试验方法。可以获取多个振型参数、共振曲线等。

人晃法是在高柔结构上利用人体有节奏的晃动产生类似于正弦的激振力，激起试体共振的试验方法。可以获得多个振型参数，但其频率不能太高。

8.3.3 同步激振，有同向同步和反向同步二种，将起振机或小火箭等激振源在试体结构上于同一高程上数台间隔布置，且激振力可以不同，在作同向同步激振时，除可以获得平面内的振型参数

外,还可获得空间振型参数,为在试体结构两端布设振源时,施以反向同步,则可获得试体的扭转振型参数。

8.3.4 随机激振法是利用产生随机激振力的起振机,如电液伺服控制激振器,在试体上进行激振的试验方法。激振力为白噪声谱,在此力谱作用下试体产生的振动通过数据处理分析后可获得所需的各振型参数。在进行地震波模拟激振时,可获得结构的地震反应。

人工地震法是利用核爆、工业爆破或人为设定爆炸使地面产生振动,从而迫使试体结构产生振动,可获得类似于地震作用的结构地震反应。

8.4 试验设备和测试仪器

8.4.1 初速度法试验中采用的小火箭激振,冲击力太小时可能激起的试体结构振动与脉动在同一量级而达不到试验目的的要求,如冲击力太大时可能使试体结构局部产生破坏,故定于数千牛至数十千牛。冲击力作用的时间考虑到需要测量的频率范围内作为白噪声的激振源,针对需测试体的最高频率,可在数毫秒至数十毫秒内选择。

8.4.4 测试仪器的使用频率范围是指在此范围内的频率特性的上升或下降不超过一定比例值的频率范围,有的以百分数表示,一般提出为±10%,也有的以分贝数表示,为±3dB。一般粗糙测量时,可得数据可以不进行修正,如果要求比较精确测量时,则需据频率特性对数据进行修正。

8.4.5 测试仪器的最大可测幅值是指的保证一定的线性精度下可以测量的最大幅值,包括加速度、速度或位移。

8.4.6 分辨率是指测试仪器可能测出的被测量振动的最小变化值。

8.4.7 横向灵敏度是在与传感器敏感轴垂直的任意方向受到单位激励时,传感器获得的信号输出量。

8.4.8 在测试瞬态过程时,由于测试仪器本身的瞬态响应,将会使测试结果畸变,为减小波型畸变,一般来说在使用频率的下限为被测振动中最低频率分量的1/10以下,上限为10倍以上,就可满足要求。

8.5 试验要求

8.5.1 环境振动测试是原型结构动力特性的最常用方法之一,因为这种利用微振动信号进行的测试,由于振源信号弱,所以提出测试仪器的频带要求,防干扰要求,以及记录时间的要求。严格说来,脉动法所测原型结构的动力特性,系指未震状态的特性。

8.5.2 机械激振测试原型结构的动力特性,共振源信号较环境振动为大,它不仅可测原型结构的动力特性,而且可测结构不同阶段的动力反应和强度,由于是机械强迫振动,与激振力的大小、振源布置、激振频率有很大关系,实际上激振力大时,测得结构的自振周期偏长。

8.5.3 初速度法是利用火箭反冲激振,利用结构衰减过程的动力反应来测定动力特性,由于激振时布点位置不同,要求同步的条件高。

8.5.4 初位移法又叫拉线法,也是利用作用在结构上的突然释放力,在结构衰减动力反应下测其结构的动力特性。因此选择拉力点、抗线粗细、拉线的倾角有所要求,这种方法用于单厂、塔型或高柔的结构比较方便。

8.6 试验数据处理

8.6.1.1 结构振动信号的零点漂移和波形失真问题应在现场记录时解决,但在现场测量时,如果没有显示设备,有时也会把具有零漂或失真的信号记录下来,所以在对结构振动信号进行处理时,必须将带有零漂和失真的信号剔除掉。对结构振动信号进行记录,记录长度应不少于60s为宜。

8.6.1.2 也可采用平均的方法求结构的自振周期,这样与 $\sum_{i=1}^{n} T_i/n$ 相比可提高求解精度。

8.6.1.3 利用表减波式计算结构阻尼比时,一般不取曲线上第一个峰点,最好选择衰减曲线上的第3个和第4个峰点。

$$\zeta = \frac{1}{2\pi} \ln \frac{A_2}{A_1}, \text{对用扫频方法给出的共振曲线可按} \zeta = \frac{\Delta f}{2f_0}$$

求阻尼比。

8.6.1.4 结构各测点的幅值,应用结构响应信号记录幅值除以测试系统的放大倍数:

$$各测点的幅值 = \frac{结构响应信号记录幅值}{测试系统的放大倍数}$$

求出各测点的幅值后,将其归一化然后判振型。

8.6.2 结构动力试验数据在频域处理时,常用的几个统计特征函数为:

自相关函数,互相关函数,自功率谱密度函数(简称自谱),互功率谱密度函数(简称互谱),付里哀谱(简称付氏谱)传递函数和相干函数(亦称凝聚函数)

8.6.2.1 对结构振动信号进行频域分析时,频率上限应选3~5倍或5~10倍的乃奎斯特频率。

在频域对结构振动信号进行互谱分析来求结构高振时的具体做法是:如果结构上的测点是按1、3、5、7、9、11……层布点时,可选第3层测点为参考点,其他测点的信号与第3层测点的信号进行互谱分析,给出各测点信号幅值的正负号,然后将各幅值归一化处理后画出除一振型外的其他振型。

8.6.2.2 海宁窗和海明窗是对功率谱进行平滑处理的数字滤波方法,其目的是减少浅漏。

海宁窗是以 $\bar{G}_k = 0.25G_{k-1} + 0.5G_k + 0.25G_{k+1}$ 作为平滑基础对功率谱进行平滑,其中 G_k 为某点的功率谱值,G_{k-1} 和 G_{k+1} 为其左右两相邻点的两个谱值,也就是说,海宁窗是按 0.25,0.5 和 0.25 对谱进行加权处理的,加权后的计算结果 $\bar{G}_k$ 作为该点的功率谱值。

海明窗的加权方法为:

$$\bar{G}_k = 0.23G_{k-1} + 0.54G_k + 0.23G_{k+1}$$

为了减少由于加窗带来的误差,可采用关窗的办法,其含义是,在数据处理时,可先将窗开大一些,并把平滑的谱画出来,接着再逐次把窗关小一些,同样地把这些图都画出来,然后观察比较其结果,择优选取。

8.6.2.3 对结构测量信号进行频域处理时,窗函数的选择应以提高信号幅值精度和改善频率分辨率为原则。

9 建筑抗震试验中的安全措施

9.1 安全防护的一般要求

9.1.1 试验工作中的安全要求,通过试验工作实践证明是很重要的,但也容易忽视,要保证试验工作的顺利进行,保证工作人员生命安全和国家财产不受损失,所以没有明确的有效的安全措施是不能进行试验。

9.1.2 试验中安全事故,发生在安装阶段的运输起吊过程中,特别是现阶段多愿雇临时工更易出现安全事故,本规程中要求必须遵守国家有关的安全操作规定。

9.2 拟静力与拟动力试验中的安全措施

9.2.1 试验中常用的支架,反力架以及一些为试验加载用的预制受力构件、制作和设计时就考虑到受力的安全度,但是在试体安装时凡纳入受力安装部件之间的连接螺栓、往往是临时组拼,这些螺栓的强度安全有选择不当的危险。

9.2.2 试验中使用的设备，特别是大型的复杂设备，精密的和自动化程度较高的仪器、仪表都有其具体的操作规定，要求在实际试验中，必须遵守和执行这些设备及仪器，仪表的安全操作规定。

9.2.3 试验用加载设备系统：门架三角形反力架，反力墙等应有明确的力和变形刚度的限制，不能在试验中拿来就用，不加选择，应考虑能承受全部试验荷载可能的冲击，在往复水平加载下、不致产生过大的变形。

9.2.4 结构在拟动力推、拉反复试验中，在接近试体最大承载能力时，试体承受的载荷和因此而产生的变形都很大，试体随时有的能产生局部破坏和整体倒塌，因此，设置安全托架，支墩及保护拦网，防止崩落的碎块和倒塌的试体砸伤人员和砸伤设备。

9.2.5 在试验安装就绪之后，开始试验之前，除检查有关的加力设备的安全之外，还应检查安装测试的所有仪表是否都有保护措施，在接近破坏阶段，试验主持者应进一步检查被保留下来的仪表的有效保护，防止损坏仪表。

9.2.6 试验前的预加载、观察加载系统的有效性，采集数据处理系统的可靠性，确认之后方能正式加载，加载过程中，对液压系统的分段调压、转换伺服控制方式直到压破坏阶段的位移大行程控制等，都应按事先制定的操作大纲进行下方能确保试验的质量和安全。

9.3 模拟地震振动台试验的安全措施

9.3.1～9.3.3 振动台试验时由于试体在整个试验过程中始终处于运动状态，并且绝大部分都要求将试验进行到倒塌破坏，因此整个试验过程采取各种安全措施尤为重要，以保证振动台设备系统及试验人员的人身安全。

9.3.4～9.3.5 振动台控制系统的缓冲消能装置、警报指示装置和加速度、速度、位移的限位装置都是振动台系统自身的安全保护装置。即使当振动台的系统出现故障，不能正常工作，台面加振器运动超过预计的限位幅值时，试验出现失控，这时系统除发生报警指示外，可由限位装置控制使振动台自动停机，避免台面发生撞击基坑坑壁，致使台面及加振器等部件受损，并保障试体和试验工作的安全。如果台面因失控而产生撞击时，缓冲装置可起到消能作用。

9.3.6 模拟地震振动台作为一种先进的结构抗震动力试验设备，在控制系统内均配置不间断电源。它是一种电源变换和隔离装置，它装三相交流市电整流成直流电后与镍镉蓄电池并联充电作为备用电源，然后再将直流逆变成单相交流，供控制系统应用。电源的转换过程隔离了输电线路上各种干扰对控制系统的影响，保证了数字和模拟数据的可靠性。当外界供电等发生故障而突然停电时，系统报警，备用蓄电组的直流继逆变成交流送电，保证了供电的连续性，使整个振动台系统继续正常运行，保障系统采集的试验数据的安全储存，不受干扰。

9.4 原型结构动力试验中的安全措施

9.4.1 在现场进行原型结构动力测试时，首先要考虑的是动力电源，从开始到试验终止都必须保证有稳定的电源供给，在进入仪器的前级电源间宜加稳压装置。

9.4.2 现场动力测试涉及安全的问题比室内试验难以控制，容易出现想不到的问题，在拉线选择，拉线、测力计与结构之间，三者的连接一定要做到有效、可靠、对操作拉线铰车的工人，一定交待其操作要领和听从指挥。

9.4.3 测试仪器本身的安全操作，一般对测试工作人员能做到的，但在现场意外的抗干扰都值得注意。

9.4.4～9.4.5 现场安装起振机希望能干脆利落，为此事先应先检查起振机运转状态，偏心配重对，安装起振机处的连接等，检查后对吊装的钢绳也要检查。全过程测试中，应对所有仪器进行现场保护，进入现场的工作人员必须遵守现场的安全规定。

9.4.6 土火箭激振测试方法，制造振源简单，但用药可是慎重的事，用药量不宜超过规定的容许值。

附录 A　模型试体设计的相似条件

A.1 结构抗震拟静力与拟动力试验模型

A.1.1 物理条件相似就是要求模型与原型的相应各点应力和应变间的关系相同。

$$S_\mu = 1,\ S_\sigma = S_E \cdot S_\varepsilon,\ S_\tau = S_G \cdot S_\gamma \quad (A.1.1-1)$$

式中　S_μ——泊松系数；　S_σ——法向应力；　S_E——弹性模量；
　　　S_ε——法向应变；S_τ——剪切应力；S_G——剪切模量；
　　　S_γ——剪应变

几何条件相似就是要求模型与原型各相应部分的长度 L 互成比例。即是指长度、位移、应变等物理相似系数间应该满足的关系。

结构原型与模型试体的几何相似应按变形体系的长度、位移、应变关系为

$$S_X/(S_E S_L) = 1 \quad (A.1.1-2)$$

刚度相似条件：

$$S_E S_L/S_K = 1\ \text{或}\ S_G S_L/S_K = 1 \quad (A.1.1-3)$$

S_X——位移相似系数；S_L——长度相似系数；S_K——刚度相似系数

边界条件相似，就是要求模型与原型在与外界接触的区域内的各种条件保持相似，它包括支撑条件相似，约束情况相似和在边界上的受力情况相似等，模型的支撑条件和约束条件可以通过结构构造来保证。如对具有固定端的原型结构，模型结构中相应的部位也要做成固定端，以保证模型与原型的支撑条件相似。

结构原型与模型试体的边界条件相似应满足

$$\begin{aligned}
&\text{集中力或剪力}\ P &&S_P = S_\sigma S_L^2 \\
&\text{线荷载}\ w &&S_w = S_\sigma S_L \quad (A.1.1-4) \\
&\text{面荷载}\ q &&S_q = S_\sigma \\
&\text{弯矩或扭矩}\ M &&S_M = S_\sigma S_L^3
\end{aligned}$$

A.1.2 在钢筋混凝土结构中，由于混凝土材料本身具有明显的非线性性质，以及钢筋和混凝土力学性能之间的差异，要模拟钢筋混凝土结构全部的非线性性能是很不容易的。从 $S_\sigma = S_E$ 的含义来说，要求物体内任何点的应力相似系数与弹性模量相似系数相同。实际上受力物体内各点的应力大小是不同的，即应变大小是不同的。对不同的应变，要求 S_E 为常数，因此要求模型与原型的应力应变关系曲线相似。要满足这一关系，只有当模型与原型采用相同强度和变形的材料才有可能，这时就要求满足表 A.1.2 中"实用模型"一栏的要求。

A.1.3 砖石结构也是用两种材料组成的复合材料结构，制作模型都按一定的比例关系缩小是困难的，由于要求模型砌体与原型相似的应力应变曲线，因此要采用与原型相似材料。

A.2 结构动力试验模型

A.2.1 相似理论是结构模型设计的理论基础。结构模型试体按照模型和原型结构相关联的一组相似要求进行设计。模型和原型相似必须是反映表现同一物理现象，要求物理条件相似、几何条件相似、边界条件相似。对于动力试验模型还必须是质点动力平衡方程式相似和运动的初始条件相似。

A.2.2 模型设计可采用方程式分析法或量纲分析法。

当已知所描述物理现象的基本方程式时，可采用方程式分析法，根据基本方程建立相似条件；如果所描述的物理现象不能用方程式表示时，则可根据参与该物理现象的有关物理参数，采用量纲分析法，通过量纲分析建立相似条件。

A.2.3 对于地震地面运动作用下结构动力反应问题的研究，参与的物理参数有应力（σ）、几何尺寸（L）、时间（t）、加速度（a）、重力加速度（g）、材料弹性模量（E）、密度（ρ）和位移向量（$\vec{r}$）以及考虑初始条件的物理初始应力（σ_0）和初始位置向量（$\vec{r}_0$），其函数关系为：

$$\sigma = F(L, t, a, g, E, \rho, \vec{r}, \sigma_0, \vec{r}_0) \quad (A.2.3-1)$$

按量纲分析的 Π 定理，如一个物理现象可由 n 个物理量构成的物理方程描述，n 个物理量中有 k 个独立的物理量，即有 k 个基本物理量，可选 k 个基本单位，则该物理现象也可以用这些物理量组成的 $(n-k)$ 个无量纲群的关系式来描述。在工程系统中基本物理量为 M（质量）、L（长度）和 T（时间），即 $k=3$。为此可组成 $n-k=10-3=7$ 个独立的无量纲项（相似判据 Π），所以无量纲项的函数关系为：

$$\Pi = f\left\{\frac{\sigma}{E}, \frac{\vec{r}}{L}, \frac{t}{L}\sqrt{\frac{E}{\rho}}, \frac{a}{g}, \frac{a_1\rho}{E}, \frac{\sigma_0}{E}, \frac{\vec{r}_0}{L}\right\} \quad (A.2.3-2)$$

即

$$\frac{\sigma}{E} = f\left\{\frac{\vec{r}}{L}, \frac{t}{L}\sqrt{\frac{E}{\rho}}, \frac{a}{g}, \frac{a_1\rho}{E}, \frac{\sigma_0}{E}, \frac{\vec{r}_0}{L}\right\} \quad (A.2.3-3)$$

这个方程式中的每一项在模型和原型中都应相等，由此得到表 3.4.8 所列的各项动力相似条件。

A.2.3.1 模拟地震振动台试验的模型试体是与原型结构在同样相等的重力加速度 g 下进行试验的，即 $S_g = q_m/q_p = 1$ 由公式（3.4.8-2）的无量纲项 a/g 和 $aL\rho/E$ 可知，当 $S_a = S_E = 1$ 时，则该项 $E/\rho = L$，相似关系满足 $S_E/S_p = S_L$，即要求模型材料较原型材料有更小的刚度或是更大的密度。对于混凝土结构，由于模型材料和原型材料的刚度及密度一般是非常相近的，因此就限制了使用强度模型研究结构非线性和重力效应问题的可能性。如果模型使用和原型相同的材料，即 $S_E = S_p = 1$，则要求 $S_g = 1/g_L$，这样对于小比例的模型就要求有非常大的加速度，这对于模拟地震振动台试验带来困难，所以在实际试验时采用人工质量模拟的强度模型。

A.2.3.2 当采取人工质量模拟的强度模型试验时，要求用高密度材料来增加结构上有效的模型材料密度，这种高密度材料并不影响结构的性能，仅是为了满足 $S_E/S_p = 1$ 的相似要求。实际上就是在模型上附加适当的分布质量，但这些附加的质量不能改变结构的强度和刚度的特性。

表 A.2.3 第 2 列中的 S'_p 为考虑人工质量模拟的等效质量密度的相似常数。公式（A.2.3-1）中 ρ_{0m} 为模型中具有结构效应材料的质量密度，ρ_{1m} 为作为人工质量模拟施加于模型上的附加材料的质量密度，可由公式（A.2.3-2）确定。式中 S_{p0} 为具有结构效应材料的质量密度相似常数。

A.2.3.3 对于由重力效应引起的应力比地震作用引起的动应力小得多的结构，模型设计可忽略重力加速度 g 的影响，即可排除 $S_g = 1$ 的约束条件，因此这类模型不须要模拟人工质量，不模拟重力影响。当模型选用和原型结构相同材料时，即 $S_E = S_p = 1$，则 $S_t = S_L$ 及 $S_a = \frac{1}{S_L}$，即要求时间及加速度的比例很大，因而导致测量精度及动力激振等生困难，同时也会增大材料应变速率的影响。

对于试验只涉及线性范围工作性能的弹性模型，可以将重力效应和动力效应分开，同样可以不考虑重力加速度。但这类模型不能适当模拟由几何非线性引起的次生效应。

附录 B 拟动力试验数值计算方法

B.1.1 本条文按拟动力试验的过程特点对各步骤的实施作出统一规定

B.1.1.1 根据结构试体的材料力学性能和结构体系受力性能及相应试验数据（含试验前的静力小荷载加载试验结果数据），确定出动力反应分析中动力方程所需要的必要初始参数。

B.1.1.2 将初始参数代入动力方程 B.1.3，计算结构试体在地震作用下第一步（即时间为 Δt 时）反应位移。

B.1.1.3 将计算出的反应位移通过试验加载作动器施加于结构试体，并测量各质量处的恢复力值。

B.1.1.4 根据实测的恢复力值修正本次加载前的计算参数，并将修改后的参数代入动力方程，得出下一步结构试体的地震反应位移，再施加位移。如此逐步迭代循环完成全部试验。

B.1.2 拟动力试验的地震加速度时程曲线（即地震波）选用原则为

应满足地震对实际结构的作用影响，控制其持时长度能够使实际结构产生足够的振动周期，同时要求持时长度大于结构基本自振周期的 8 倍以上。

试验数值计算所取时间步长与地震加速度时程曲线的数据文件所取数值的各时间步长相对应，用 Δt 表示。建议取 $\Delta t = (0.05 \sim 0.1)T$。$T$ 为实际结构的各振型影响中不可忽略的各周期之中最短周期，等效单质点体系基本周期，以便使试验过程连续，且具有较高精度。

当结构试体为比例模型时，持时长度与时间步长均需按相似关系变换。

B.1.4 试验初始阶段，可采用 β 法或拟静力法进行动力方程计算，此时，直接由结构的弹性刚度矩阵 $[K]$ 和位移之积 $[K]\{X\}$、$P = KX$ 或 $\{P\} = [K]\{X\}$ 代替式 B.1.1 中实测恢复力 $\{P\}$ 项，求出反应位移 $\{X\}$ 后，控制作动器对结构试体施加位移，然后再进行下一步计算。当位移较大，恢复力量测误差的影响较小后，应及时转入正常试验阶段。

试验的正常阶段，宜采用中心差分法进行动力方程分析，此时，直接采用量测的恢复力 $\{P\}$ 代入方程中进行计算，求得反应位移，并控制作动器对试体施加位移，量测恢复力并进行下一步计算。

采用等效单质点体系进行动力分析时，按式 B.1.3 求得位移参数 $\tilde{X}$ 后，按式 B.1.3-3 计算各质点的反应位移 X_i，并施加到试体上。量测各质点恢复力 P_i 后，按式 B.1.3-1~3 计算 $\tilde{P}$，返回式 B.1.3 进行下一步计算。

中华人民共和国国家标准

建筑工程抗震设防分类标准

GB 50223—2008

条 文 说 明

目　次

1 总则 …………………………………… 6—3—3
2 术语 …………………………………… 6—3—3
3 基本规定 ……………………………… 6—3—4
4 防灾救灾建筑 ………………………… 6—3—5
5 基础设施建筑 ………………………… 6—3—5
　5.1 城镇给水排水、燃气、
　　　热力建筑 ………………………… 6—3—5
　5.2 电力建筑 ………………………… 6—3—6
　5.3 交通运输建筑 …………………… 6—3—6
　5.4 邮电通信、广播电视建筑 ……… 6—3—7
6 公共建筑和居住建筑 ………………… 6—3—7
7 工业建筑 ……………………………… 6—3—8
　7.1 采煤、采油和矿山生产建筑 …… 6—3—8
　7.2 原材料生产建筑 ………………… 6—3—8
　7.3 加工制造业生产建筑 …………… 6—3—8
8 仓库类建筑 …………………………… 6—3—9

1 总　　则

1.0.1 按照遭受地震破坏后可能造成的人员伤亡、经济损失和社会影响的程度及建筑功能在抗震救灾中的作用，将建筑工程划分为不同的类别，区别对待，采取不同的设计要求，是根据我国现有技术和经济条件的实际情况，达到减轻地震灾害又合理控制建设投资的重要对策之一。

1.0.2 本次修订基本保持 1995 年版以来本标准的适用范围。

抗震设防烈度与设计基本地震加速度的对应关系，按《建筑抗震设计规范》GB 50011 的规定执行。

建筑工程，本标准指各类房屋建筑及其附属设施，包括基础设施建筑的相关内容。

1.0.3 本条是新增的，作为强制性条文，主要明确两点：其一，所有建筑工程进行抗震设计时均应确定其设防分类；其二，本标准的规定是最低的要求。

鉴于既有建筑工程的情况复杂，需要根据实际情况处理，故本标准的规定不包括既有建筑。

1.0.4 本标准属于基础标准，各类建筑的抗震设计规范、规程中对于建筑工程抗震设防类别的划分，需以本标准为依据。

由于行业很多，本标准不可能一一列举，只能对各类建筑作较原则的规定。因此，本标准未列举的行业，其具体建筑的抗震设防类别的划分标准，需按本标准的原则要求，比照本标准所列举的行业建筑示例确定。

核工业、军事工业等特殊行业，以及一般行业中有特殊要求的建筑，本标准难以作出普遍性的规定；有些行业，如与水工建筑有关的建筑，其抗震设防类别需依附于行业主要建筑，本标准不作规定。

2 术　　语

2.0.1 术语提到了确定抗震设防类别所涉及的几个影响因素。其中的经济损失分为直接和间接两类，是为了在抗震设防类别划分中区别对待。

直接经济损失指建筑物、设备及设施遭到破坏而产生的经济损失和因停产、停业所减少的净产值。间接经济损失指建筑物、设备及设施遭到破坏，导致停产所减少的社会产值、修复所需费用、伤员医疗费用以及保险补偿费用等。其中，建筑的地震灾害保险是各国保险业的一种业务，在《中华人民共和国防震减灾法》中已经明确鼓励单位和个人参加地震灾害保险。发生严重破坏性地震时，灾区将丧失或部分丧失自我恢复能力，需要采取相应的救灾行动，包括保险补偿等。

社会影响指建筑物、设备及设施破坏导致人员伤亡造成的影响、社会稳定、生活条件的降低、对生态环境的影响以及对国际的影响等。

2.0.2、2.0.3 这两个术语，引自《建筑抗震设计规范》GB 50011 的"抗震设防烈度"和"抗震设防标准"。

关于建筑的抗震设防烈度和对应的设计基本加速度，根据建设部 1992 年 7 月 3 日发布的建标〔1992〕419 号文《关于统一抗震设计规范地面运动加速度设计取值的通知》的规定，均指当地 50 年设计基准期内超越概率 10% 的地震烈度和对应的地震地面运动加速度的设计取值。这里需注意，设计基准期和设计使用年限是不同的两个概念。

各本建筑设计规范、规程采用的设计基准期均为 50 年，建筑工程的设计使用年限可以根据具体情况采用。《建筑结构可靠度设计统一标准》GB 50068—2001 提出了设计使用年限的原则规定，要求纪念性的、特别重要的建筑的设计使用年限为 100 年，以提高其设计的安全性。然而，要使不同设计使用年限的建筑工程对完成预定的功能具有足够的可靠度，所对应的各种可变荷载（作用）的标准值和变异系数、材料强度设计值、设计表达式的各个分项系数、可靠指标的确定等需要相互配套，是一个系统工程，有待逐步研究解决。现阶段，重要性系数增加 0.1，可靠指标约增加 0.5，《建筑结构可靠度设计统一标准》GB 50068—2001 要求，设计使用年限 100 年的建筑和设计使用年限 50 年的重要建筑，均采用重要性系数不小于 1.1 来适当提高结构的安全性，二者并无区别。

对于抗震设计，鉴于本标准的建筑抗震设防分类和相应的设防标准已体现抗震安全性要求的不同，对不同的设计使用年限，可参考下列处理方法：

1) 若投资方提出的所谓设计使用年限 100 年的功能要求仅仅是耐久性 100 年的要求，则抗震设防类别和相应的设防标准仍按本标准的规定采用。

2) 不同设计使用年限的地震动参数与设计基准期（50 年）的地震动参数之间的基本关系，可参阅有关的研究成果。当获得设计使用年限 100 年内不同超越概率的地震动参数时，如按这些地震动参数确定地震作用，即意味着通过提高结构的地震作用来提高抗震能力。此时，如果按本标准划分规定不属于标准设防类的，仍应按本标准的相关要求采取抗震措施。

需注意，只提高地震作用或只提高抗震措施，二者的效果有所不同，但均可认为满足提高抗震安全性的要求；当既提高地震作用又提高抗震措施时，则结构抗震安全性可有较大程度的提高。

3) 当设计使用年限少于设计基准期，抗震设防要求可相应降低。临时性建筑通常可不设防。

3 基 本 规 定

3.0.1 建筑工程抗震设防类别划分的基本原则,是从抗震设防的角度进行分类。这里,主要指建筑遭受地震损坏对各方面影响后果的严重性。本条规定了判断后果所需考虑的因素,即对各方面影响的综合分析来划分。这些影响因素主要包括:

① 从性质看有人员伤亡、经济损失、社会影响等;

② 从范围看有国际、国内、地区、行业、小区和单位;

③ 从程度看有对生产、生活和救灾影响的大小,导致次生灾害的可能,恢复重建的快慢等。

在对具体的对象作实际的分析研究时,建筑工程自身抗震能力、各部分功能的差异及相同建筑在不同行业所处的地位等因素,对建筑损坏的后果有不可忽视的影响,在进行设防分类时对以上因素做综合分析。

本标准在各章中,对若干行业的建筑如何按上述原则进行划分,给出了较为具体的方法和示例。

城市的规模,本标准 1995 年版以市区人口划分:100 万人口以上为特大城市,50 万～100 万人口为大城市,20 万～50 万人口以下为中等城市,不足 20 万人口为小城市。近年来,一些城市将郊区县划为市区,使市区范围不断扩大,相应的市区常住和流动人口增多。建议结合城市的国民经济产值衡量城市的大小,而且,经济实力强的城市,提高其建筑的抗震能力的要求也容易实现。

作为划分抗震设防类别所依据的规模、等级、范围,不同行业的定义不一样,例如,有的以投资规模区分,有的以产量大小区分,有的以等级区分,有的以座位多少区分。因此,特大型、大型和中小型的界限,与该行业的特点有关,还会随经济的发展而改变,需由有关标准和该行业的行政主管部门规定。由于不同行业之间对建筑规模和影响范围尚缺少定量的横向比较指标,不同行业的设防分类只能通过对上述多种因素的综合分析,在相对合理的情况下确定。例如,电力网络中的某些大电厂建筑,其损坏尚不致严重影响整个电网的供电;而大中型工矿企业中没有联网的自备发电设施,尽管规模不及大电厂,却是工矿企业的生命线工程设施,其重要性不可忽视。

在一个较大的建筑中,若不同区段使用功能的重要性有显著差异,应区别对待,可只提高某些重要区段的抗震设防类别,其中,位于下部的区段,其抗震设防类别不应低于上部的区段。

需要说明的是,本标准在条文说明的总则中明确,划分不同的抗震设防类别并采取不同的设计要求,是在现有技术和经济条件下减轻地震灾害的重要对策之一。考虑到现行的抗震设计规范、规程中,已经对某些相对重要的房屋建筑的抗震设防有很具体的提高要求。例如,混凝土结构中,高度大于 30m 的框架结构、高度大于 60m 的框架-抗震墙结构和高度大于 80m 的抗震墙结构,其抗震措施比一般的多层混凝土房屋有明显的提高;钢结构中,层数超过 12 层的房屋,其抗震措施也高于一般的多层房屋。因此,本标准在划分建筑抗震设防类别时,注意与设计规范、规程的设计要求配套,力求避免出现重复性的提高抗震设计要求。

3.0.2 本条作为强制性条文,明确在抗震设计中,将所有的建筑按本标准 3.0.1 条要求综合考虑分析后归纳为四类:需要特殊设防的特殊设防类、需要提高设防要求的重点设防类、按标准要求设防的标准设防类和允许适度设防的适度设防类。

本次修订,进一步突出了设防类别划分是侧重于使用功能和灾害后果的区分,并更强调体现对人员安全的保障。

所谓严重次生灾害,指地震破坏引发放射性污染、洪灾、火灾、爆炸、剧毒或强腐蚀性物质大量泄露、高危险传染病病毒扩散等灾难性灾害。

自 1989 年《建筑抗震设计规范》GBJ 11—89 发布以来,按技术标准设计的所有房屋建筑,均应达到"多遇地震不坏、设防烈度地震可修和罕遇地震不倒"的设防目标。这里,多遇地震、设防烈度地震和罕遇地震,一般按地震基本烈度区划或地震动参数区划对当地的规定采用,分别为 50 年超越概率 63%、10% 和 2%～3% 的地震,或重现期分别为 50 年、475 年和 1600～2400 年的地震。考虑到上述抗震设防目标可保障:房屋建筑在遭遇设防烈度地震影响时不致有灾难性后果,在遭遇罕遇地震影响时不致倒塌。本次汶川地震表明,严格按照现行规范进行设计、施工和使用的建筑,在遭遇比当地设防烈度高一度的地震作用下,没有出现倒塌破坏,有效地保护了人民的生命安全。因此,绝大部分建筑均可划为标准设防类,一般简称丙类。

市政工程中,按《室外给水排水和燃气热力工程抗震设计规范》GB 50032—2003 设计的给水排水和热力工程,应在遭遇设防烈度地震影响下不需修理或经一般修理即可继续使用,其管网不致引发次生灾害,因此,绝大部分给水排水、热力工程也可划为标准设防类。

3.0.3 本条为强制性条文。任何建筑的抗震设防标准均不得低于本条的要求。

针对我国地震区划图所规定的烈度有很大不确定性的事实,在建设部领导下,《建筑抗震设计规范》GBJ 11—89 明确规定了"小震不坏、中震可修、大震不倒"的抗震性能设计目标。这样，所有的建筑，只要严格按规范设计和施工，可以在遇到高于区划图一度的地震下不倒塌——实现生命安全的目标。因此，将使用上需要提高防震减灾能力的建筑控制在很小的范围。其中，重点设防类需按提高一度的要求加强其抗震措施——增加关键部位的投资即可达到提高安全性的目标；特殊设防类在提高一度的要求加强其抗震措施的基础上，还需要进行"场地地震安全性评价"等专门研究。

本条的修订有两处：

其一，从抗震概念设计的角度，文字表达上更突出各个设防类别在抗震措施上的区别。

其二，作为重点设防类建筑的例外，考虑到小型的工业建筑，如变电站、空压站、水泵房等通常采用砌体结构，明确其设计改用抗震性能较好的材料且结构体系符合抗震设计规范的有关规定时（见《建筑抗震设计规范》GB 50011—2001第3.5.2条），其抗震措施才允许按标准类的要求采用。

房屋建筑所处场地的地震安全性评价，通常包括给定年限内不同超越概率的地震动参数，应由具备资质的单位按相关规定执行。地震安全性评价的结果需要按规定的权限审批。

需要说明，本标准规定重点设防类提高抗震措施而不提高地震作用，同一些国家的规范只提高地震作用（10%～30%）而不提高抗震措施，在设防概念上有所不同：提高抗震措施，着眼于把财力、物力用在增加结构薄弱部位的抗震能力上，是经济而有效的方法；只提高地震作用，则结构的各构件均全面增加材料，投资增加的效果不如前者。

3.0.4 本标准列举了主要行业建筑示例的抗震设防类别。一些功能类似的建筑，可比照示例进行划分。如工矿企业的供电、供热、供水、供气等动力系统的建筑，包括没有联网的自备热电站、主要的变配电室、泵站、加压站、煤气站、乙炔站、氧气站、油库等，功能特征与基础设施建筑类似，分类原则相同。

4 防灾救灾建筑

4.0.1 本章的防灾救灾建筑主要指地震时应急的医疗、消防设施和防灾应急指挥中心。与防灾救灾相关的供电、供水、供气、供热、广播、通信和交通系统的建筑，在城镇基础设施中已经予以规定。

4.0.2 本条保持2004年版的规定。

4.0.3 本条修订有三处：

其一，将2004年版条文说明中提到的承担特别重要医疗任务的医院，在正文中对文字予以修改，以避免三级特等医院与三级甲等医院相混。

其二，我国的一、二、三级医院主要反映设置规划确定的医院规模和服务人数的多少。当前在100万人口以上的大城市才建立三级医院，并且需联合二级医院才能完成所需的服务任务。因此，本次修订明确将二级、三级医院均提高为重点设防类。仍需考虑与急救处理无关的专科医院和综合医院的不同，区别对待。

其三，2004年版根据新疆伽师、巴楚地震的经验，针对边远地区实际医疗机构分布的情况，增加了8度、9度区的乡镇主要医疗建筑提高抗震设防类别的要求。本次修订更突出医疗卫生系统防灾救灾的功能，考虑到二级医院的急救处理范围不能或难以覆盖的县和乡镇，需要建立具有外科手术室和急诊科的医院或卫生院，并提高其抗震设防类别，可以逐步形成覆盖城乡范围具有地震等突发灾害时医疗卫生急救处理和防疫设施的完整保障系统。

医院的级别，按国家卫生行政主管部门的规定，三级医院指该医院总床位不少于500个且每床建筑面积不少于60m²，二级医院指床位不少于100个且每床建筑面积不少于45m²。

工矿企业与城市比照的原则，指从企业的规模和在本行业中的地位来对比。

4.0.4 本条保持2004年版的规定，消防车库等不分城市和县、镇的大小，均划为重点设防类。

工矿企业的消防设施，比照城市划分。工业行业建筑中关于消防车库抗震设防类别的划分规定均予以取消，避免重复规定。

4.0.5 本次修订，将8度、9度的县级防灾应急指挥中心，扩大到6度、7度，即所有烈度。

考虑到防灾应急指挥中心具有必需的信息、控制、调度系统和相应的动力系统，当一个建筑只在某个区段具有防灾应急指挥中心的功能时，可仅加强该区段，提高其设防标准。

4.0.6 本条保持2004年版的规定。考虑到地震后容易发生疫情，对县级及以上的疾病预防与控制中心的主要建筑提高设防标准；其中属于研究、中试和存放具有剧毒性质的高危险传染病病毒的建筑，与本标准第6.0.9条的规定一致，划为特殊设防类。

4.0.7 本条是新增的。按照2007年发布的国家标准《城市抗震防灾规划标准》GB 50413等相关规划标准的要求，作为地震等突发灾害的应急避难场所，需要有提高抗震设防类别的建筑。

5 基础设施建筑

5.1 城镇给水排水、燃气、热力建筑

5.1.1 本节主要为属于城镇的市政工程以及工矿企业中的类似工程。

5.1.2 配套的供电建筑，主要指变电站、变配电室等。

5.1.3 给水工程设施是城镇生命线工程的重要组成部分，涉及生产用水、居民生活饮用水和震后抗震救灾用水。地震时首先要保证主要水源不能中断（取水构筑物、输水管道安全可靠）；水质净化处理厂能基本正常运行。要达到这一目标，需要对水处理系统的建（构）筑物、配水井、送水泵房、加氯间或氯库和作为运行中枢机构的控制室和水质化验室加强设防。对一些大城市，尚需考虑供水加压泵房。

水质净化处理系统的主要建（构）筑物，包括反应沉淀池、滤站（滤池或有上部结构）、加药、贮存清水等设施。对贮存消毒用的氯库加强设防，是避免震后氯气泄漏，引发二次灾害。

条文强调"主要"，指在一个城镇内，当有多个水源引水、分区设置水厂，并设置环状配水管网可相互沟通供水时，仅规定主要的水源和相应的水质净化处理厂的建（构）筑物提高设防标准，而不是全部给水建筑。

现行的给排水工程的抗震设计规范，要求给排水工程在遭遇设防烈度地震影响下不需修理或经一般修理即可继续使用，因此，需要提高设防标准的，一般以城区人口20万划分；考虑供水的特点，增加7～9度设防的小城市和县城。

5.1.4 排水工程设施包括排水管网、提升泵房和污水处理厂，当系统遭受地震破坏后，将导致环境污染，成为震后引发传染病的根源。为此，需要保持污水处理厂能够基本正常运行、排水管网的损坏不致引发次生灾害，应予以重视。相应的主要设施指大容量的污水处理池，一旦破坏可能引发数以万吨计的污水泛滥，修复困难，后果严重。

污水厂（含污水回用处理厂）的水处理建（构）筑物，包括进水格栅间、沉砂池、沉淀池（含二次沉淀）、生物处理池（含曝气池）、消化池等。

对污水干线加强设防，主要考虑这些排水管的体量大，一般为重力流，埋深较大，遭受地震破坏后可能引发水土流失、建（构）筑物基础下陷、结构开裂等次生灾害。

道路立交处的雨水泵房承担降低地下水位和排除雨后积水的任务，城市排涝泵站承担排涝的任务，遭受地震破坏将导致积水过深，影响救灾车辆的通行，加剧震害，故予以加强。

条文强调"主要"，指一个城镇内，当有多个污水处理厂时，需区分水处理规模和建设场地的环境，确定需要加强抗震设防的污水处理工程，而不是全部提高。

大型池体对地基不均匀沉降敏感，尤其是矩形水池，长边可达100m以上，提高地基液化处理的要求是必要的。

5.1.5 燃气系统遭受地震破坏后，既影响居民生活又可能引发严重火灾或煤气、天然气泄漏等次生灾害，需予以提高。输配气管道按运行压力区别对待，可体现城镇的大小。超高压指压力大于4.0MPa，高压指1.6～4.0MPa，次高压指0.4～1.6MPa。

5.1.6 热力建筑遭受地震破坏后，影响面不及供水和燃气系统大，且输送管道均采用钢管，需要提高设防标准的范围小些。相应的主要设施指主干线管道。

5.2 电力建筑

5.2.1 本节保持本标准2004年版的适用范围。

5.2.2 本条保持本标准2004年版的规定。供电系统建筑一旦遭受地震破坏，不仅影响本系统的生产，还影响其他工业生产和城乡人民的生活，因此，需要适当提高抗震设防类别。

5.2.3 考虑到电力调度的重要性，对国家和大区的调度中心予以提高。

5.2.4 本条保持2004年版的有关的规定，与《电力设施抗震设计规范》GB 50260—96的有关规定协调。电力系统中需要提高设防标准的，是属于相当大规模、重要电力设施的生产关键部位的建筑。

地震时必须维持正常工作的重要电力设施，主要指没有联网的大中型工矿企业的自备发电设施，其停电会造成重要设备严重破坏或者危及人身安全，按各工业部门的具体情况确定。

作为城市生命线工程之一，将防灾救灾建筑对供电系统的相应要求一并规定。

本次修订还补充了燃油和燃气机组发电厂安全关键部位的建筑——卸、输、供油设施。此外，还增加了换流站工程的相关内容。

单机容量，在联合循环机组中通常即机组容量。

5.3 交通运输建筑

5.3.1 本节适用范围与2004年版相同。

5.3.2 本条保持本标准2004年版的规定。

5.3.3 本条基本保持2004年版的规定。

铁路系统的建筑中，需要提高设防标准的建筑主要是五所一室和人员密集的候车室。重要的铁路干线由铁道设计规范和铁道行政主管部门规定。特大型站，按《铁路旅客车站建筑设计规范》GB 50226—2007的规定，指全年上车旅客最多月份中，一昼夜在候车室内瞬时（8～10min）出现的最大候车（含送客）人数的平均值，即最高聚集人数大于10000人的车站；大型站的最高集聚人数为3000～10000人。本次修订，将人员密集的人数很多的大型站界定为最高聚集人数6000人。

5.3.4 本条基本保持本标准2004年版的规定，将8度、9度设防区扩大为7～9度设防区。

高速公路、一级公路的含义由公路设计规范和交通行政主管部门规定。一级汽车客运站的候车楼，按《汽车客运站建筑设计规范》JGJ 60—99的规定，指日发送旅客折算量（指车站年度平均每日发送长途旅客和短途旅客折算量之和）大于7000人次的客运站的候车楼。

5.3.5 本条基本保持本标准2004年版的规定。将8度、9度设防区扩大为7~9度设防区。

国家重要客运站，指《港口客运站建筑设计规范》JGJ 86—92规定的一级客运站，其设计旅客聚集量（设计旅客年客运人数除以年客运天数再乘以聚集系数和客运不平衡系数）大于2500人。

5.3.6 本条基本保持本标准2004年版的规定。考虑航管楼的功能，将航管楼的设防标准略微提高。

国内主要干线的含义应遵守民用航空技术标准和民航行政主管部门的规定。

5.3.7 本条保持2004年版的规定。城镇桥梁中，属于特殊设防类的桥梁，如跨越江河湖海的大跨度桥梁，担负城市出入交通关口，往往结构复杂、形式多样，受损后修复困难；其余交通枢纽的桥梁按重点设防类对待。

城市轨道交通包括轻轨、地下铁道等，在我国特大和大城市已迅速发展，其枢纽建筑具有体量大、结构复杂、人员集中的特点，受损后影响面大且修复困难。

交通枢纽建筑主要包括控制、指挥、调度中心，以及大型客运换乘站等。

5.4 邮电通信、广播电视建筑

5.4.1 本条保持本标准2004年版的规定。

5.4.2 本条保持本标准2004年版的规定。

5.4.3 本条基本保持本标准2004年版的规定。鉴于邮政与电信分属不同部门，将邮政和电信建筑分别规定。本条第1、2款对电信建筑的设防分类进行规定，其中县一级市的长途电信枢纽楼已经不存在，故删去。第3款对邮政建筑的设防分类进行规定。

5.4.4 本条基本保持本标准2004年版的规定，与《广播电影电视工程建筑抗震设防分类标准》GY 5060—97作了协调。

鉴于国家级卫星地球站上行站的节目发送中心具有保证发送所需的关键设备，设防类别提高为特殊设防类。

6 公共建筑和居住建筑

6.0.2 本条保持本标准2004年版的规定。

6.0.3 本条扩大了对人民生命的保护范围，参照《体育建筑设计规范》JGJ 31—2003的规模分级，进一步明确体育建筑中人员密集的范围：观众座位很多的中型体育场指观众座位容量不少于30000人或每个结构区段的座位容量不少于5000人，观众座位很多的中型体育馆（含游泳馆）指观众座位容量不少于4500人。

6.0.4 本条参照《剧场建筑设计规范》JGJ 57—2000和《电影院建筑设计规范》JGJ 58—2008关于规模的分级，本标准的大型剧场、电影院、礼堂，指座位不少于1200座；本次修订新增的图书馆和文化馆，与大型娱乐中心同样对待，指一个区段内上下楼层合计的座位明显大于1200座同时其中至少有一个500座以上（相当于中型电影院的座位容量）的大厅。这类多层建筑中人员密集且疏散有一定难度，地震破坏造成的人员伤亡和社会影响很大，故提高设防标准。

6.0.5 本条基本保持2004年版的有关要求，扩大了对人民生命的保护范围。借鉴《商店建筑设计规范》JGJ 48关于规模的分级，考虑近年来商场发展情况，本次修订，大型商场指一个区段人流5000人，换算的建筑面积约17000m^2或营业面积7000m^2以上的商业建筑。这类商业建筑一般须同时满足人员密集、建筑面积或营业面积达到大型商场的标准、多层建筑等条件；所有仓储式、单层的大商场不包括在内。

当商业建筑与其他建筑合建时，包括商住楼或综合楼，其划分以区段按比照原则确定。例如，高层建筑中多层的商业裙房区段或者下部的商业区段为重点设防类，而上部的住宅可以不提高设防类别。还需注意，当按区段划分时，若上部区段为重点设防类，则其下部区段也应为重点设防类。

6.0.6 本条保持本标准2004年版的有关要求。参照《博物馆建筑设计规范》JGJ 66—91，本标准的大型博物馆指建筑规模大于10000m^2，一般适用于中央各部委直属博物馆和各省、自治区、直辖市博物馆。按照《档案馆建筑设计规范》JGJ 25—2000，特级档案馆为国家级档案馆，甲级档案馆为省、自治区、直辖市档案馆，二者的耐久年限要求在100年以上。

6.0.7 本条保持2004年版的规定。这类展览馆、会展中心，在一个区段的设计容纳人数一般在5000人以上。

6.0.8 对于中、小学生和幼儿等未成年人在突发地震时的保护措施，国际上随着经济、技术发展的情况呈日益增加的趋势。

2004年版的分类标准中，明确规定了人数较多的幼儿园、小学教学用房提高抗震设防类别的要求。本次修订，为在发生地震灾害时特别加强对未成年人的保护，在我国经济有较大发展的条件下，对2004年版"人数较多"的规定予以修改，所有幼儿园、小学和中学（包括普通中小学和有未成年人的各类初级、中级学校）的教学用房（包括教室、实验室、图书室、微机室、语音室、体育馆、礼堂）的设防类别均予以提高。鉴于学生的宿舍和学生食堂的人员比较密集，也考虑提高其抗震设防类别。

本次修改后，扩大了教育建筑中提高设防标准的范围。

6.0.9 本条基本保持本标准2004年版的规定。在生物制品、天然和人工细菌、病毒中，具有剧毒性质的，包括新近发现的具有高发危险性的病毒，列为特殊设防类，而一般的剧毒物品在本标准的其他章节中列为重点设防类，主要考虑该类剧毒性质的传染性，建筑一旦破坏的后果极其严重，波及面很广。

6.0.10 本条是新增的，将2004年版第7.3.5条1款的规定移此，以进一步明确各类信息建筑的设防类别和设防标准。

6.0.11 本条比2004年版6.0.10条的规定扩大了对人员生命的保护，将10000人改为8000人。经常使用人数8000人，按《办公建筑设计规范》JGJ 67—2006的规定，大体人均面积为$10m^2$/人计算，则建筑面积大致超过$80000m^2$，结构单元内集中的人数特别多。考虑到这类房屋总建筑面积很大，多层时需分缝处理，在一个结构单元内集中如此众多人数属于高层建筑，设计时需要进行可行性论证，其抗震措施一般须要专门研究，即提高的程度是按整个结构提高一度、提高一个抗震等级还是在关键部位采取比标准设防类建筑更有效的加强措施，包括采用抗震性能设计方法等，可以经专门研究和论证确定，并须按规定进行抗震设防专项审查予以确认。

6.0.12 本条将规范用词"可"改为"不应低于"，与全文强制的《住宅建筑规范》GB 50368—2005一致。

7 工业建筑

7.1 采煤、采油和矿山生产建筑

7.1.1 本节保持本标准2004年版的规定。

7.1.2 本条保持2004年版的规定。这类生产建筑一旦遭受地震破坏，不仅影响本系统的生产，还影响电力工业和其他相关工业的生产以及城乡的人民生活，因此，需要适当提高抗震设防标准。

7.1.3 本条保持2004年版的规定。鉴于小煤矿已经禁止，采煤矿井的规模均大于2004年版的规定值，本条文字修改，删去大型的界限。

采煤生产中需要提高设防标准的，是涉及煤矿矿井生产及人身安全的六大系统的建筑和矿区救灾系统建筑。

提升系统指井口房、井架、井塔和提升机房等；通风系统指通风机房和风道建筑；供电系统指为矿井服务的变电所、室外构架和线路等；供水系统指取水构筑物、水处理构筑物及加压泵房；通信系统指通信楼、调度中心的机房部分；瓦斯排放系统指瓦斯抽放泵房。

7.1.4 本条保持2004年版的规定。

采油和天然气生产建筑中，需要提高设防标准的，主要是涉及油气田、炼油厂、油品储存、输油管道的生产和安全方面的关键部位的建筑。

7.1.5 本条保持2004年版的规定，突出了采矿生产建筑的性质。矿山建筑中，需要提高设防标准的，主要是涉及生产及人身安全的关键建筑和救灾系统建筑。

7.2 原材料生产建筑

7.2.2 本条基本保持2004年版的规定。原材料工业生产建筑遭受地震破坏后，除影响本行业的生产外，还对其他相关行业有影响，需要适当提高抗震设防类别。

7.2.3 本条保持2004年版的规定，并与《冶金建筑抗震设计规范》YB 9081—97的有关规定协调。

钢铁和有色冶金生产厂房，结构设计时自身有较大的抗震能力，不需要专门提高抗震设防类别。

大中型冶金企业的动力系统的建筑，主要指全厂性的能源中心、总降压变电所、各高压配电室、生产工艺流程上主要车间的变电所、自备电厂主厂房、生产和生活用水总泵站、氧气站、氢气站、乙炔站、供热建筑。

7.2.4 本条保持2004年版的规定，与《石油化工企业建筑抗震设防等级分类标准》SH3049作了协调。

化工和石油化工的生产门类繁多，本标准按生产装置的性质和规模加以区分。需要提高设防标准的，属于主要的生产装置及其控制系统的建筑。

7.2.5 本条保持2004年版的规定。轻工原材料生产企业中的大型浆板厂及大型洗涤剂原料厂，前者规模大且影响大，涉及方方面面，后者属轻工系统的石油化工工业，故提高其主要装置及控制系统的设防标准。

7.2.6 本条将原材料生产活动中，使用、产生具有剧毒、易燃、易爆物质和放射性物品的有关建筑的抗震设防分类原则归纳在一起。

在矿山建筑中，指炸药雷管库、硝酸铵、硝酸钠库及其热处理加工车间、起爆材料加工车间及炸药生产车间等。

在化工、石油化工和具有化工性质的轻工原料生产建筑中，指各种剧毒物质、高压生产和具有火灾危险的厂房及其控制系统的建筑。

火灾危险性的判断，可参见《建筑设计防火规范》GB 50016—2006的有关说明。若使用或产生的易燃、易爆物质的量较少，不足以构成爆炸或火灾等危险时，可根据实际情况确定其抗震设防类别。

7.3 加工制造业生产建筑

7.3.1 本节保持2004年版的规定。

7.3.2 本条保持2004年版的规定。

7.3.3 本条保持 2004 年版的规定。

7.3.4 本条保持 2004 年版的规定。

7.3.5 本条基本保持 2004 年版的规定。大型电子类生产厂房指同时满足投资额 10 亿元以上、单体建筑面积超过 50000m² 和职工人数超过 1000 人的条件。

7.3.6 本条保持 2004 年版的规定。

7.3.7 本条保持 2004 年版的规定，对医药生产中的危险厂房等予以加强。

7.3.8 本条将加工制造生产活动中，使用、产生和储存剧毒、易燃、易爆物质的有关建筑的抗震设防分类原则归纳在一起。

易燃、易爆物质可参照《建筑设计防火规范》GB 50016 确定。在生产过程中，若使用或产生的易燃、易爆物质的量较少，不足以构成爆炸或火灾等危险时，可根据实际情况确定其抗震设防类别。

根据《建筑设计防火规范》GB 50016—2006 的有关说明，爆炸和火灾危险的判断是比较复杂的。例如，有些原料和成品都不具备火灾危险性，但生产过程中，在某些条件下生成的中间产品却具有明显的火灾危险性；有些物品在生产过程中并不危险，而在贮存中危险性较大。

7.3.9 本条保持 2004 年版的规定。

7.3.10 本条保持 2004 年版的规定。加工制造工业包括机械、电子、船舶、航空、航天、纺织、轻工、医药、粮食、食品等等，其中，航空、航天、电子、医药有特殊性，纺织与轻工业中部分具有化工性质的生产装置按化工行业对待，动力系统和具有火灾危险的易燃、易爆、剧毒物质的厂房提高设防标准，一般的生产建筑可不提高。

8 仓库类建筑

8.0.2 本条保持 2004 年版的规定。

8.0.3 本条文字作了修改，进一步区分放射性物质、剧毒物品仓库与具有火灾危险性的危险品仓库的区别。

存放物品的火灾危险性，可根据《建筑设计防火规范》GB 50016—2006 确定。

仓库类建筑，各行各业都有多种多样的规模、各种不同的功能，破坏后的影响也十分不同，本标准只提高有较大社会和经济影响的仓库的设防标准。但仓库并不都属于适度设防类，需按其储存物品的性质和影响程度来确定，由各行业在行业标准中予以规定，例如，属于抗震防灾工程的大型粮食仓库一般划为标准设防类。又如，《冷库设计规范》GB 50072—2001 规定的公称容积大于 15000m³ 的冷库，《汽车库建筑设计规范》JGJ 100—98 规定的停车数大于 500 辆的特大型汽车库，也不属于"储存物品价值低"的仓库。

中华人民共和国国家标准

建筑抗震设计规范

GB 50011—2001

（2008年版）

条 文 说 明

目 次

1 总则 …………………………… 6—4—3
2 术语和符号 …………………… 6—4—3
3 抗震设计的基本要求 ………… 6—4—4
4 场地、地基和基础……………… 6—4—9
5 地震作用和结构抗震验算……… 6—4—16
6 多层和高层钢筋混凝土房屋 …… 6—4—22
7 多层砌体房屋和底部框架、
  内框架房屋…………………… 6—4—29
8 多层和高层钢结构房屋 ……… 6—4—33
9 单层工业厂房 ………………… 6—4—38
10 单层空旷房屋 ………………… 6—4—44
11 土、木、石结构房屋 ………… 6—4—45
12 隔震和消能减震设计 ………… 6—4—46
13 非结构构件 …………………… 6—4—50
附录 A 我国主要城镇抗震设防烈
    度、设计基本地震加速度
    和设计地震分组 ………… 6—4—52

1 总　则

1.0.1 本规范抗震设防的基本思想和原则同 GBJ 11—89 规范（以下简称 89 规范）一样，仍以"三个水准"为抗震设防目标。

抗震设防是以现有的科学水平和经济条件为前提。规范的科学依据只能是现有的经验和资料。目前对地震规律性的认识还很不足，随着科学水平的提高，规范的规定会有相应的突破，而且规范的编制要根据国家的经济条件，适当地考虑抗震设防水平，设防标准不能过高。

本次修订，继续保持 89 规范提出的抗震设防三个水准目标，即"小震不坏，大震不倒"的具体化。根据我国华北、西北和西南地区地震发生概率的统计分析，50 年内超越概率约为 63% 的地震烈度为众值烈度，比基本烈度约低一度半，规范取为第一水准烈度；50 年超越概率约 10% 的烈度即 1990 中国地震烈度区划图规定的地震基本烈度或新修订的中国地震动参数区划图规定的峰值加速度所对应的烈度，规范取为第二水准烈度；50 年超越概率 2%～3% 的烈度可作为罕遇地震的概率水准，规范取为第三水准烈度，当基本烈度 6 度时为 7 度强，7 度时为 8 度强，8 度时为 9 度弱，9 度时为 9 度强。

与各地震烈度水准相应的抗震设防目标是：一般情况下（不是所有情况下），遭遇第一水准烈度（众值烈度）时，建筑处于正常使用状态，从结构抗震分析角度，可以视为弹性体系，采用弹性反应谱进行弹性分析；遭遇第二水准烈度（基本烈度）时，结构进入非弹性工作阶段，但非弹性变形或结构体系的损坏控制在可修复的范围（与 89 规范相同，仍与 78 规范相当）；遭遇第三水准烈度（预估的罕遇地震）时，结构有较大的非弹性变形，但应控制在规定的范围内，以免倒塌。

还需说明的是：

1 抗震设防烈度为 6 度时，建筑按本规范采取相应的抗震措施之后，抗震能力比不设防时有实质性的提高，但其抗震能力仍是较低的，不能过高估计。

2 各类建筑按本规范规定采取不同的抗震措施之后，相应的抗震设防目标在程度上有所提高或降低。例如，丁类建筑在设防烈度地震下的损坏程度可能会重些，且其倒塌不危及人们的生命安全，在预估的罕遇地震下的表现会比一般的情况要差；甲类建筑在设防烈度地震下的损坏是轻微甚至是基本完好的，在预估的罕遇地震下的表现将会比一般的情况好些。

3 本次修订仍采用二阶段设计实现上述三个水准的设防目标：第一阶段设计是承载力验算，取第一水准的地震动参数计算结构的弹性地震作用标准值和相应的地震作用效应，继续保持其可靠度水平同 78 规范相当，采用《建筑结构可靠度设计统一标准》GB 50068 规定的分项系数设计表达式进行结构构件的截面承载力验算，这样，既满足了在第一水准下具有必要的承载力可靠度，又满足第二水准的损坏可修的目标。对大多数的结构，可只进行第一阶段设计，而通过概念设计和抗震构造措施来满足第三水准的设计要求。

第二阶段设计是弹塑性变形验算，对特殊要求的建筑、地震时易倒塌的结构以及有明显薄弱层的不规则结构，除进行第一阶段设计外，还要进行结构薄弱部位的弹塑性层间变形验算并采取相应的抗震构造措施，实现第三水准的设防要求。

1.0.2 本条是"强制性条文"，要求抗震设防区所有新建的建筑工程均必需进行抗震设计。以下，凡用粗体表示的条文，均为建筑工程房屋建筑部分的《强制性条文》。

1.0.3 本规范的适用范围，继续保持 89 规范的规定，适用于 6～9 度一般的建筑工程。鉴于近数十年来，很多 6 度地震区发生了较大的地震，甚至特大地震，6 度地震区的建筑要适当考虑一些抗震要求，以减轻地震灾害。

工业建筑中，一些因生产工艺要求而造成的特殊问题的抗震设计，与一般的建筑工程不同，需由有关的专业标准予以规定。

因缺乏可靠的近场地震的资料和数据，抗震设防烈度大于 9 度地区的建筑抗震设计，仍没有条件列入规范。因此，在没有新的专门规定前，可仍按 1989 年建设部印发（89）建抗字第 426 号《地震基本烈度 X 度区建筑抗震设防暂行规定》的通知执行。

1.0.4 为适应《强制性条文》的要求，采用最严的规范用语"必须"。

1.0.5 本条体现了抗震设防依据的"双轨制"，即一般情况采用抗震设防烈度（作为一个地区抗震设防依据的地震烈度），在一定条件下，可采用抗震设防区划提供的地震动参数（如地面运动加速度峰值、反应谱值、地震影响系数曲线和地震加速度时程曲线）。

关于抗震设防烈度和抗震设防区划的审批权限，由国家有关主管部门规定。

89 规范的第 1.0.4 条和第 1.0.5 条，本次修订移至第 3 章第 3.1.1～3.1.3 条。

89 规范的第 1.0.6 条，本次修订不再出现。

2　术语和符号

本次修订，将 89 规范的附录一改为一章，并增加了一些术语。

抗震设防标准，是一种衡量对建筑抗震能力要求高低的综合尺度，既取决于地震强弱的不同，又取决于使用功能重要性的不同。

地震作用的涵义，强调了其动态作用的性质，不仅是加速度的作用，还应包括地震动的速度和位移的作用。

本次修订还明确了抗震措施和抗震构造措施的区别。抗震构造措施只是抗震措施的一个组成部分。

3 抗震设计的基本要求

3.1 建筑抗震设防分类和设防标准

3.1.1～3.1.3　【修订说明】

划分不同的抗震设防类别并采取不同的设计要求，是在现有技术和经济条件下减轻地震灾害的重要对策之一。

本规范2001年版3.1.1条～3.1.3条的内容已经由分类标准GB 50223予以规定，本次修订可直接引用，不再重复规定。

3.2 地震影响

近年来地震经验表明，在宏观烈度相似的情况下，处在大震级远震中距下的柔性建筑，其震害要比中、小震级近震中距的情况重得多；理论分析也发现，震中距不同时反应谱频谱特性并不相同。抗震设计时，对同样场地条件、同样烈度的地震，按震源机制、震级大小和震中距远近区别对待是必要的，建筑所受到的地震影响，需要采用设计地震动的强度及设计反应谱的特征周期来表征。

作为一种简化，89规范主要藉助于当时的地震烈度区划，引入了设计近震和设计远震，后者可能遭遇近、远两种地震影响，设防烈度为9度时只考虑近震的地震影响；在水平地震作用计算时，设计近、远震用二组地震影响系数α曲线表达，按远震的曲线设计就已包含两种地震作用不利情况。

本次修订，明确引入了"设计基本地震加速度"和"设计特征周期"，可与新修订的中国地震动参数区划图（中国地震动峰值加速度区划图A1和中国地震动反应谱特征周期区划图B1）相匹配。

"设计基本地震加速度"是根据建设部1992年7月3日颁发的建标［1992］419号《关于统一抗震设计规范地面运动加速度设计取值的通知》而作出的。通知中有如下规定：

术语名称：设计基本地震加速度值。

定义：50年设计基准期超越概率10%的地震加速度的设计取值。

取值：7度0.10g，8度0.20g，9度0.40g。

表3.2.2所列的设计基本地震加速度与抗震设防烈度的对应关系即来源于上述文件。这个取值与《中国地震动参数区划图A1》所规定的"地震动峰值加速度"相当：即在0.10g和0.20g之间有一个0.15g的区域，0.20g和0.40g之间有一个0.30g的区域，在这二个区域内建筑的抗震设计要求，除另有具体规定外分别同7度和8度地区相当，在本规范表3.2.2中用括号内数值表示。表3.2.2中还引入了与6度相当的设计基本地震加速度值0.05g。

"设计特征周期"即设计所用的地震影响系数特征周期（T_g）。89规范规定，其取值根据设计近、远震和场地类别来确定，我国绝大多数地区只考虑设计近震，需要考虑设计远震的地区很少（约占县级城镇的8%）。本次修订将设计近震、远震改称设计地震分组，可更好体现震级和震中距的影响，建筑工程的设计地震分为三组。在抗震设防决策上，为保持规范的延续性，设计地震的分组可在《中国地震动反应谱特征周期区划图B1》基础上略做调整：

1 区划图B1中0.35s和0.40s的区域作为设计地震第一组；

2 区划图B1中0.45s的区域，多数作为设计地震第二组；其中，借用89规范按烈度衰减等震线确定"设计远震"的规定，取加速度衰减影响的下列区域作为设计地震第三组：

　1）区划图A1中峰值加速度0.2g减至0.05g的影响区域和0.3g减至0.1g的影响区域；

　2）区划图B1中0.45s且区划图A1中≥0.4g的峰值加速度减至0.2g及以下的影响区域。

为便于设计单位使用，本规范在附录A规定了县级及县级以上城镇（按民政部编2001行政区划简册，包括地级市的市辖区）的中心地区（如城关地区）的抗震设防烈度、设计基本地震加速度和所属的设计地震分组。

3.3 场地和地基

3.3.1　地震造成建筑的破坏，除地震动直接引起结构破坏外，还有场地条件的原因，诸如：地震引起的地表错动与地裂，地基土的不均匀沉陷、滑坡和粉、砂土液化等，因此抗震设防区的建筑工程宜选择有利的地段，避开不利的地段并不在危险的地段建设。

【修订说明】

本次修订，对在危险地段建造房屋建筑的要求，作了局部的调整。

3.3.2　抗震构造措施不同于抗震措施。对Ⅰ类场地，仅降低抗震构造措施，不降低抗震措施中的其他要求，如按概念设计要求的内力调整措施。对于丁类建筑，其抗震措施已降低，不再重复降低。

3.3.4　对同一结构单元不宜部分采用天然地基部分采用桩基的要求，一般情况执行没有困难。在高层建筑中，当主楼和裙房不分缝的情况下难以满足时，需仔细分析不同地基在地震下变形的差异及上部结构各部分地震反应差异的影响，采取相应措施。

3.3.5

【修订说明】

本条是新增的，针对山区房屋选址和地基基础设计，提出明确的抗震要求。

3.4 建筑设计和建筑结构的规则性

3.4.1 合理的建筑布置在抗震设计中是头等重要的，提倡平、立面简单对称。因为震害表明，简单、对称的建筑在地震时较不容易破坏。而且道理也很清楚，简单、对称的结构容易估计其地震时的反应，容易采取抗震构造措施和进行细部处理。"规则"包含了对建筑的平、立面外形尺寸，抗侧力构件布置、质量分布，直至承载力分布等诸多因素的综合要求。"规则"的具体界限随结构类型的不同而异，需要建筑师和结构工程师互相配合，才能设计出抗震性能良好的建筑。

本条主要对建筑师的建筑设计方案提出了要求。首先应符合合理的抗震概念设计原则，宜采用规则的建筑设计方案，强调应避免采用严重不规则的设计方案。

规则的建筑结构体现在体型（平面和立面的形状）简单，抗侧力体系的刚度和承载力上下变化连续、均匀，平面布置基本对称。即在平面、竖向图形或抗侧力体系上，没有明显的、实质的不连续（突变）。

规则与不规则的区分，本规范在第3.4.2条规定了一些定量的界限，但实际上引起建筑结构不规则的因素还有很多，特别是复杂的建筑体型，很难一一用若干简化的定量指标来划分不规则程度并规定限制范围，但是，有经验的、有抗震知识素养的建筑设计人员，应该对所设计的建筑的抗震性能有所估计，要区分不规则、特别不规则和严重不规则等不规则程度，避免采用抗震性能差的严重不规则的设计方案。

这里，"不规则"指的是超过表3.4.2-1和表3.4.2-2中一项及以上的不规则指标；特别不规则，指的是多项均超过表3.4.2-1和表3.4.2-2中不规则指标或某一项超过规定指标较多，具有较明显的抗震薄弱部位，将会引起不良后果者；严重不规则，指的是体型复杂，多项不规则指标超过第3.4.3条上限值或某一项大大超过规定值，具有严重的抗震薄弱环节，将会导致地震破坏的严重后果者。

【修订说明】

本次修订，对建筑方案的各种不规则性，分别给出处理对策，以提高建筑设计和结构设计的协调性。

3.4.2，3.4.3 本次修订考虑了《建筑抗震设计规范》GBJ 11—89和《钢筋混凝土高层建筑结构设计与施工规程》JGJ 3—91的相应规定，并参考了美国UBC（1997）日本BSL（1987年版）和欧洲规范8。上述五本规范对不规则结构的条文规定有以下三种方式：

1 规定了规则结构的准则，不规定不规则结构的相应设计规定，如《建筑抗震设计规范》和《钢筋混凝土高层建筑结构设计与施工规程》。

2 对结构的不规则性作出限制，如日本BSL。

3 对规则与不规则结构作出了定量的划分，并规定了相应的设计计算要求，如美国UBC及欧洲规范8。

本规范基本上采用了第3种方式，但对容易避免或危害性较小的不规则问题未作规定。

对于结构扭转不规则，按刚性楼盖计算，当最大层间位移与其平均值的比值为1.2时，相当于一端为1.0，另一端为1.45；当比值为1.5时，相当于一端为1.0，另一端为3。美国FEMA的NEHRP规定，限1.4。按本规范CQC计算位移时，需注意合理确定符号。

对于较大错层，如超过梁高的错层，需按楼板开洞对待；当错层面积大于该层总面积30%时，则属于楼板局部不连续。楼板典型宽度按楼板外形的基本宽度计算。

上层缩进尺寸超过相邻下层对应尺寸的1/4，属于用尺寸衡量的刚度不规则的范畴。侧向刚度可按地震作用下的层间剪力与层间位移之比值计算，刚度突变上限在有关章节规定。

除了表3.4.2所列的不规则，UBC的规定中，对平面不规则尚有抗侧力构件上下错位、与主轴斜交或不对称布置，对竖向不规则尚有相邻楼层质量比大于150%或竖向抗侧力构件在平面内收进的尺寸大于构件的长度（如棋盘式布置）等。

图3.4.2为典型示例，以便理解表3.4.2中所列的不规则类型。

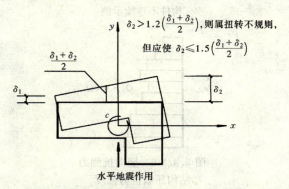

图3.4.2-1 建筑结构平面的扭转不规则示例

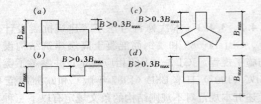

图 3.4.2-2 建筑结构平面的凹角或
凸角不规则示例

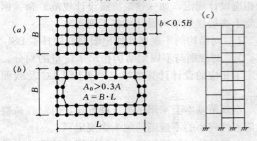

图 3.4.2-3 建筑结构平面的局部不连续示例
（大开洞及错层）

图 3.4.2-4 沿竖向的侧向刚度不规则
（有柔软层）

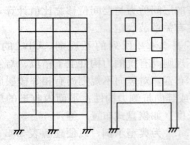

图 3.4.2-5 竖向抗侧力
构件不连续示例

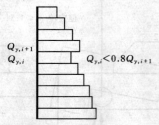

图 3.4.2-6 竖向抗侧力
结构屈服抗剪强度
非均匀化（有薄弱层）

3.4.4 本规范第 3.4.2 条和第 3.4.3 条的规定，主要针对钢筋混凝土和钢结构的多层和高层建筑所作的不规则性的限制，对砌体结构多层房屋和单层工业厂房的不规则性应符合本规范有关章节的专门规定。

3.4.5，3.4.6 体型复杂的建筑并不一概提倡设置防震缝。有些建筑结构，因建筑设计的需要或建筑场地的条件限制而不设防震缝，此时，应按第 3.4.3 条的规定进行抗震分析并采取加强延性的构造措施。防震缝宽度的规定，见本规范各有关章节并要便于施工。

3.5 结 构 体 系

3.5.1 抗震结构体系要通过综合分析，采用合理而经济的结构类型。结构的地震反应同场地的特性有密切关系，场地的地面运动特性又同地震震源机制、震级大小、震中的远近有关；建筑的重要性、装修的水准对结构的侧向变形大小有所限制，从而对结构选型提出要求；结构的选型又受结构材料和施工条件的制约以及经济条件的许可等。这是一个综合的技术经济问题，应周密加以考虑。

3.5.2，3.5.3 抗震结构体系要求受力明确、传力合理且传力路线不间断，使结构的抗震分析更符合结构在地震时的实际表现，对提高结构的抗震性能十分有利，是结构选型与布置结构抗侧力体系时首先考虑的因素之一。本次修订，将结构体系的要求分为强制性和非强制性两类。

多道抗震防线指的是：

第一，一个抗震结构体系，应由若干个延性较好的分体系组成，并由延性较好的结构构件连接起来协同工作，如框架-抗震墙体系是由延性框架和抗震墙二个系统组成；双肢或多肢抗震墙体系由若干个单肢墙分系统组成。

第二，抗震结构体系应有最大可能数量的内部、外部赘余度，有意识地建立起一系列分布的屈服区，以使结构能吸收和耗散大量的地震能量，一旦破坏也易于修复。

抗震薄弱层（部位）的概念，也是抗震设计中的重要概念，包括：

1 结构在强烈地震下不存在强度安全储备，构件的实际承载力分析（而不是承载力设计值的分析）是判断薄弱层（部位）的基础；

2 要使楼层（部位）的实际承载力和设计计算的弹性受力之比在总体上保持一个相对均匀的变化，一旦楼层（或部位）的这个比例有突变时，会由于塑性内力重分布导致塑性变形的集中；

3 要防止在局部上加强而忽视整个结构各部位刚度、强度的协调；

4 在抗震设计中有意识、有目的地控制薄弱层（部位），使之有足够的变形能力又不使薄弱层发生转移，这是提高结构总体抗震性能的有效手段。

本次修订，增加了结构两个主轴方向的动力特性（周期和振型）相近的抗震概念。

3.5.4 本条对各种不同材料的构件提出了改善其变形能力的原则和途径。

1 无筋砌体本身是脆性材料，只能利用约束条件（圈梁、构造柱、组合柱等来分割、包围）使砌体发生裂缝后不致崩塌和散落，地震时不致丧失对重力荷载的承载能力；

2 钢筋混凝土构件抗震性能与砌体相比是比较好的，但如处理不当，也会造成不可修复的脆性破坏。这种破坏包括：混凝土压碎、构件剪切破坏、钢筋锚固部分拉脱（粘结破坏），应力求避免；

3 钢结构杆件的压屈破坏（杆件失去稳定）或局部失稳也是一种脆性破坏，应予以防止；

4 本次修订增加了对预应力混凝土结构构件的要求。

【修订说明】

本条针对预制混凝土板在强烈地震中容易脱落导致人员伤亡的震害，增加了推荐采用现浇楼、屋盖，特别强调装配式楼、屋盖需加强整体性的基本要求。

3.5.5 本条指出了主体结构构件之间的连接应遵守的原则：通过连接的承载力来发挥各构件的承载力、变形能力，从而获得整个结构良好的抗震能力。

本次修订增加了对预应力混凝土及钢结构构件的连接要求。

3.5.6 本条支撑系统指屋盖支撑。支撑系统的不完善，往往导致屋盖系统失稳倒塌，使厂房发生灾难性的震害，因此在支撑系统布置上应特别注意保证屋盖系统的整体稳定性。

3.6 结构分析

3.6.1 多遇地震作用下的内力和变形分析是本规范对结构地震反应、截面承载力验算和变形验算最基本的要求。按本规范第1.0.1条的规定，建筑物当遭受低于本地区抗震设防烈度的多遇地震影响时，一般不受损坏或不需修理可继续使用。与此相应，结构在多遇地震作用下的反应分析的方法，截面抗震验算（按照国家标准《建筑结构可靠度设计统一标准》GB 50068的基本要求），以及层间弹性位移的验算，都是以线弹性理论为基础。因此本条规定，当建筑结构进行多遇地震作用下的内力和变形分析时，可假定结构与构件处于弹性工作状态。

3.6.2 按本规范第1.0.1条的规定：当建筑物遭受高于本地区抗震设防烈度的预估的罕遇地震影响时，不致倒塌或发生危及生命的严重破坏，这也是本规范的基本要求。特别是建筑物的体型和抗侧力系统复杂时，将在结构的薄弱部位发生应力集中和弹塑性变形集中，严重时会导致重大的破坏甚至有倒塌的危险，因此本规范提出了检验结构抗震薄弱部位采用弹塑性（即非线性）分析方法的要求。

考虑到非线性分析的难度较大，规范只限于对特别不规则并具有明显薄弱部位可能导致重大地震破坏，特别是有严重的变形集中可能导致地震倒塌的结构，应按本规范第5章具体规定进行罕遇地震作用下的弹塑性变形分析。

本规范推荐了二种非线性分析方法：静力的非线性分析（推覆分析）和动力的非线性分析（弹塑性时程分析）。

静力的非线性分析是：沿结构高度施加按一定形式分布的模拟地震作用的等效侧力，并从小到大逐步增加侧力的强度，使结构由弹性工作状态逐步进入弹塑性工作状态，最终达到并超过规定的弹塑性位移。这是目前较为实用的简化的弹塑性分析技术，比动力非线性分析节省计算工作量，但也有一定的使用局限性和适用性，对计算结果需要工程经验判断。动力非线性分析，即弹塑性时程分析，是较为严格的分析方法，需要较好的计算机软件和很好的工程经验判断才能得到有用的结果，是难度较大的一种方法。规范还允许采用简化的弹塑性分析技术，如本规范第5章规定的钢筋混凝土框架等的弹塑性分析简化方法。

3.6.3 本条规定，框架结构和框架-抗震墙（支撑）结构在重力附加弯矩 M_a 与初始弯矩 M_0 之比符合下式条件下，应考虑几何非线性，即重力二阶效应的影响。

$$\theta_i = \frac{M_a}{M_0} = \frac{\Sigma G_i \cdot \Delta u_i}{V_i h_i} > 0.1 \quad (3.6.3)$$

式中 θ_i ——稳定系数；

ΣG_i —— i 层以上全部重力荷载计算值；

Δu_i ——第 i 层楼层质心处的弹性或弹塑性层间位移；

V_i ——第 i 层地震剪力计算值；

h_i ——第 i 层楼层高度。

上式规定是考虑重力二阶效应影响的下限，其上限则受弹性层间位移角限值控制。对混凝土结构，墙体弹性位移角限值较小，上述稳定系数一般均在0.1以下，可不考虑弹性阶段重力二阶效应影响；框架结构位移角限值较大，计算侧移需考虑刚度折减。

当在弹性分析时，作为简化方法，二阶效应的内力增大系数可取 $1/(1-\theta)$。

当在弹塑性分析时，宜采用考虑所有受轴向力的结构和构件的几何刚度的计算程序进行重力二阶效应分析，亦可采用其他简化分析方法。

混凝土柱考虑多遇地震作用产生的重力二阶效应的内力时，不应与混凝土规范承载力计算时考虑的重力二阶效应重复。

砌体及混凝土墙结构可不考虑重力二阶效应。

3.6.4 刚性、半刚性、柔性横隔板分别指在平面内不考虑变形、考虑变形、不考虑刚度的楼、屋盖。

3.6.6 本条规定主要依据《建筑工程设计文件编制深度规定》，要求使用计算机进行结构抗震分析时，应对软件的功能有切实的了解，计算模型的选取必须符合结构的实际工作情况，计算软件的技术条件应符合本规范及有关强制性标准的规定，设计时应对所有计算结果进行判别，确认其合理有效后方可在设计中应用。

复杂结构应是计算模型复杂的结构，对不同的力学模型还应使用不同的计算机程序。

【修订说明】

本次修订，考虑到楼梯的梯板等具有斜撑的受力状态，对结构的整体刚度有较明显的影响。建议在结构计算中予以适当考虑。

3.7 非结构构件

非结构构件包括建筑非结构构件和建筑附属机电设备的支架等。建筑非结构构件在地震中的破坏允许大于结构构件，其抗震设防目标要低于本规范第1.0.1条的规定。非结构构件的地震破坏会影响安全和使用功能，需引起重视，应进行抗震设计。

建筑非结构构件一般指下列三类：①附属结构构件，如：女儿墙、高低跨封墙、雨篷等；②装饰物，如：贴面、顶棚、悬吊重物等；③围护墙和隔墙。处理好非结构构件和主体结构的关系，可防止附加灾害，减少损失。在第3.7.3条所列的非结构构件主要指在人流出入口、通道及重要设备附近的附属结构构件，其破坏往往伤人或砸坏设备，因此要求加强与主体结构的可靠锚固，在其他位置可以放宽要求。

砌体填充墙与框架或单层厂房柱的连接，影响整个结构的动力性能和抗震能力。两者之间的连接处理不同时，影响也不同。本次修订，建议两者之间采用柔性连接或彼此脱开，可只考虑填充墙的重量而不计其刚度和强度的影响。砌体填充墙的不合理设置，例如：框架或厂房，柱间的填充墙不到顶，或房屋外墙在混凝土柱间局部高度砌墙，使这些柱子处于短柱状态，许多震害表明，这些短柱破坏很多，应予注意。

本次修订增加了对幕墙、附属机械、电气设备系统支座和连接等需符合地震时对使用功能的要求。

3.7.3【修订说明】

本条新增疏散通道的楼梯间墙体的抗震安全性要求，提高对生命的保护。

3.7.4【修订说明】

本条新增为强制性条文，以加强围护墙、隔墙等建筑非结构构件的抗震安全性，提高对生命的保护。

3.8 隔震和消能减震设计

3.8.1 建筑结构采用隔震和消能减震设计是一种新技术，应考虑使用功能的要求、隔震与消能减震的效果、长期工作性能，以及经济性等问题。现阶段，这种新技术主要用于对使用功能有特别要求和高烈度地区的建筑，即用于投资方愿意通过增加投资来提高安全要求的建筑。

【修订说明】

近年来，隔震和减震技术比较成熟，本条改为非强制性条文。

3.8.2 本条对建筑结构隔震设计和消能减震设计的设防目标提出了原则要求。按本规范第12章规定进行隔震设计，还不能做到在设防烈度下上部结构不受损坏或主体结构处于弹性工作阶段的要求，但与非隔震或非消能减震建筑相比，应有所提高，大体上是：当遭受多遇地震影响时，将基本不受损坏和影响使用功能；当遭受设防烈度的地震影响时，不需修理仍可继续使用；当遭受高于本地区设防烈度的罕遇地震影响时，将不发生危及生命安全和丧失使用功能的破坏。

3.9 结构材料与施工

3.9.1 抗震结构在材料选用、施工程序特别是材料代用上有其特殊的要求，主要是指减少材料的脆性和贯彻原设计意图。

3.9.2、3.9.3 本规范对结构材料的要求分为强制性和非强制性两种。

对钢筋混凝土结构中的混凝土强度等级有所限制，这是因为高强度混凝土具有脆性性质，且随强度等级提高而增加，在抗震设计中应考虑此因素，故规定9度时不宜超过C60；8度时不宜超过C70。

本条还要求，对一、二级抗震等级的框架结构，规定其普通纵向受力钢筋的抗拉强度实测值与屈服强度实测值的比值不应小于1.25，这是为了保证当构件某个部位出现塑性铰以后，塑性铰处有足够的转动能力与耗能能力；同时还规定了屈服强度实测值与标准值的比值，否则本规范为实现强柱弱梁、强剪弱弯所规定的内力调整将难以奏效。

钢结构中用的钢材，应保证抗拉强度、屈服强度、冲击韧性合格及硫、磷和碳含量的限制值。高层钢结构的钢材，可按黑色冶金工业标准《高层建筑结构用钢板》YB 4104—2000选用。抗拉强度是实际上决定结构安全储备的关键，伸长率反映钢材能承受残余变形量的程度及塑性变形能力，钢材的屈服强度不宜过高，同时要求有明显的屈服台阶，伸长率应大于20%，以保证构件具有足够的塑性变形能力，冲击韧性是抗震结构的要求。当采用国外钢材时，亦应符合我国国家标准的要求。

国家标准《碳素结构钢》GB 700中，Q235钢分为A、B、C、D四个等级，其中A级钢不要求任何冲击试验值，并只在用户要求时才进行冷弯试验，且不保证焊接要求的含碳量，故不建议采用。国家标准《低合金高强度结构钢》GB/T 1591 中，Q345 钢分为 A、B、C、D、E 五个等级，其中 A 级钢不保证冲击韧性要求和延性性能的基本要求，故亦不建议采用。

【3.9.2 修订说明】

本条将烧结黏土砖改为烧结砖，适用范围更宽些。

新增加的钢筋伸长率的要求，是控制钢筋延性的重要性能指标。其取值依据产品标准《钢筋混凝土用钢 第 2 部分：热轧带肋钢筋》GB 1499.2—2007 规定的钢筋抗震性能指标提出。

结构钢材的性能指标，按钢材产品标准《建筑结构用钢板》GB/T 19879—2005 规定的性能指标，将分子、分母对换，改为屈服强度与抗拉强度的比值。

【3.9.3 修订说明】

本次修订，考虑到产品标准《钢筋混凝土用钢 第 2 部分：热轧带肋钢筋》GB 1499.2—2007 增加了抗震钢筋的性能指标（强度等级编号加字母 E），条文作了相应改动。

3.9.4 混凝土结构施工中，往往因缺乏设计规定的钢筋型号（规格）而采用另外型号（规格）的钢筋代替，此时应注意替代后的纵向钢筋的总承载力设计值不应高于原设计的纵向钢筋总承载力设计值，以免造成薄弱部位的转移，以及构件在有影响的部位发生混凝土的脆性破坏（混凝土压碎、剪切破坏等）。

本次修订还要求，除按照上述等承载力原则换算外，应注意由于钢筋的强度和直径改变会影响正常使用阶段的挠度和裂缝宽度，同时还应满足最小配筋率和钢筋间距等构造要求。

【修订说明】

本条新增为强制性条文，以加强对施工质量的监督和控制，实现预期的抗震设防目标。文字有所修改，将构造要求等具体化。

3.9.5 厚度较大的钢板在轧制过程中存在各向异性，由于在焊缝附近常形成约束，焊接时容易引起层状撕裂。国家标准《厚度方向性能钢板》GB 5313 将厚度方向的断面收缩率分为 Z15、Z25、Z35 三个等级，并规定了试件取材方法和试件尺寸等要求。本条规定钢结构采用的钢材，当钢材板厚大于或等于 40mm 时，至少应符合 Z15 级规定的受拉试件截面收缩率。

3.9.6 为确保砌体抗震墙与构造柱、底层框架柱的连接，以提高抗侧力砌体墙的变形能力，要求施工时先砌墙后浇筑。

【修订说明】

本条新增为强制性条文，以加强对施工质量的监督和控制，实现预期的抗震设防目标。

3.10 建筑物地震反应观测系统

3.10.1 本规范初次提出了在建筑物内设置建筑物地震反应观测系统的要求。建筑物地震反应观测是发展地震工程和工程抗震科学的必要手段，我国过去限于基建资金，发展不快，这次在规范中予以规定，以促进其发展。

4 场地、地基和基础

4.1 场 地

4.1.1 有利、不利和危险地段的划分，基本沿用历次规范的规定。本条中地形、地貌和岩土特性的影响是综合在一起加以评价的，这是因为由不同岩土构成的同样地形条件的地震影响是不同的。本条中只列出了有利、不利和危险地段的划分，其他地段可视为可进行建设的一般场地。

关于局部地形条件的影响，从国内几次大地震的宏观调查资料来看，岩质地形与非岩质地形有所不同。在云南通海地震的大量宏观调查中，表明非岩质地形对烈度的影响比岩质地形的影响更为明显。如通海和东川的许多岩石地基上很陡的山坡，震害也未见有明显的加重。因此对于岩石地基的陡坡、陡坎等，本规范未列为不利的地段。但对于岩石地基的高度达数十米的条状突出的山脊和高耸孤立的山丘，由于鞭鞘效应明显，振动有所加大，烈度仍有增高的趋势。因此本规范均将其列为不利的地形条件。

应该指出：有些资料中曾提出过有利和不利于抗震的地貌部位。本规范在编制过程中曾对抗震不利的地貌部位实例进行了分析，认为：地貌是研究不同地表形态形成的原因，其中包括组成不同地形的物质（即岩性）。也就是说地貌部位的影响意味着地表形态和岩性二者共同作用的结果，将场地土的影响包括进去了。但通过一些震害实例说明：当处于平坦的冲积平原和古河道不同地貌部位时，地表形态是基本相同的，造成古河道上房屋震害加重的原因主要是地基土质条件很差。因此本规范将地貌条件分别在地形条件与场地土中加以考虑，不再提出地貌部位这个概念。

4.1.2～4.1.6 89 规范中的场地分类，是在尽量保持抗震规范延续性的基础上，进一步考虑了覆盖层厚度的影响，从而形成了以平均剪切波速和覆盖层厚度作为评定指标的双参数分类方法。为了在保障安全的条件下尽可能减少设防投资，在保持技术上合理的前提下适当扩大了Ⅱ类场地的范围。另外，由于我国规范中Ⅰ、Ⅱ类场地的 T_g 值与国外抗震规范相比是偏小的，因此有意识地将Ⅰ类场地的范围划得比较小。

建筑抗震设计规范中的上述场地分类方法得到我国工程界的普遍认同。但在使用过程中也提出了一些问题和意见。主要的意见是此分类方案呈阶梯状跳跃变化，在边界线上不大容易掌握，特别是在覆盖层厚度为 80m、平均剪切波速为 140m/s 的特定情况下，覆盖层厚度或平均剪切波速稍有变化,则场地类别有可能从Ⅳ类突变到Ⅱ类场地,地震作用的取值差异甚大。这主要是有意识扩大Ⅱ类场地造成的。为了解决场地类别的突变问题,可以通过对相应的特征周期进行插入计算来解决。本次修订主要有:

1 关于场地覆盖层厚度的定义,补充了当地下某一下卧土层的剪切波速大于或等于400m/s且不小于相邻的上层土的剪切波速的2.5倍时,覆盖层厚度可按地面至该下卧层顶面的距离取值的规定。需要注意的是,这一规定只适用于当下卧层硬土层顶面的埋深大于5m时的情况。

2 土层剪切波速的平均值采用更富有物理意义的等效剪切波速的公式计算,即:

$$v_{se} = d_0 / t$$

式中,d_0 为场地评定用的计算深度,取覆盖层厚度和20m两者中的较小值,t 为剪切波在地表与计算深度之间传播的时间。

3 Ⅲ类场地的范围稍有扩大,避免了Ⅱ类至Ⅳ类的跳跃。

4 当等效剪切波速 $v_{se} \leqslant 140$ m/s 时,Ⅱ类和Ⅲ类场地的分界线从9m改为15m,在这一区间内适当扩大了Ⅱ类场地的范围。

5 为了保持与89规范的延续性以及与其他有关规范的协调,作为一种补充手段,当有充分依据时,允许使用插入方法确定边界线附近(指相差15%的范围内)的 T_g 值。图4.1.6给出了一种连续化插入方案,可将原有场地分类及修订方案进行比较。该图在场地覆盖层厚度 d_{ov} 和等效剪切波速 v_{se} 平面上按本次修订的场地分类方法用等步长和按线性规则改变步长的方案进行连续化插入,相邻等值线的 T_g 值均相差0.01s。

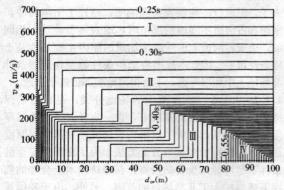

图4.1.6 在 d_{ov}-v_{se} 平面上的 T_g 等值线图
(用于设计地震第一组,图中相邻 T_g
等值线的差值均为0.01s)

高层建筑的场地类别问题是工程界关心的问题。按理论及实测,一般土层中的加速度随距地面深度而渐减,日本规范规定地下20m时的土中加速度为地面加速度的1/2~2/3,中间深度则插入。我国亦有对高层建筑修正场地类别(由高层建筑基底起算)或折减地震力的建议。因高层建筑埋深常达10m以上,与浅基础相比,有利之处是:基底地震输入小了;埋深大抗摇摆好,但因目前尚未能总结出实用规律,暂不列入规范,高层建筑的场地类别仍按浅基础考虑。

本条中规定的场地分类方法主要适用于剪切波速随深度呈递增趋势的一般场地,对于有较厚软夹层的场地土层,由于其对短周期地震动具有抑制作用,可以根据分析结果适当调整场地类别和设计地震动参数。

4.1.7 断裂对工程影响的评价问题,长期以来,不同学科之间存在着不同看法。经过近些年来的不断研究与交流,认为需要考虑断裂影响,这主要是指地震时老断裂重新错动直通地表,在地面产生位错,对建在位错带上的建筑,其破坏是不易用工程措施加以避免的。因此规范中划为危险地段应予避开。至于地震强度,一般在确定抗震设防烈度时已给予考虑。

在活动断裂时间下限方面已取得一致意见:即对一般的建筑工程只考虑1.0万年(全新世)以来活动过的断裂,在此地质时期以前的活动断裂可不予考虑。对于核电、水电等工程则应考虑10万年以来(晚更新世)活动过的断裂,晚更新世以前活动过的断裂亦可不予考虑。

另外一个较为一致的看法是,在地震烈度小于8度的地区,可不考虑断裂对工程的错动影响,因为多次国内外地震中的破坏现象均说明,在小于8度的地震区,地面一般不产生断裂错动。

目前尚有分歧的是关于隐伏断裂的评价问题,在基岩以上覆盖土层多厚,是什么土层,地面建筑就可以不考虑下部断裂的错动影响。根据我国近年来的地震宏观地表位错考察,学者们看法不够一致。有人认为30m厚土层就可以不考虑,有些学者认为是50m,还有人提出用基岩位错量大小来衡量,如土层厚度是基岩位错量的25~30倍以上就可不考虑等等。唐山地震震中区的地裂缝,经有关单位详细工作证明,不是沿地下岩石错动直通地表的构造断裂形成的,而是由于地面振动,表面应力形成的表层断裂。这种裂缝仅分布在地面以下3m左右,下部土层并未断开(挖探井证实),在采煤巷道中也未发现错动,对有一定深度基础的建筑物影响不大。

为了对问题更深入的研究,由北京市勘察设计研究院在建设部抗震办公室申请立项,开展了发震断裂上覆土层厚度对工程影响的专项研究。此项研究主要采用大型离心机模拟实验,可将缩小的模型通过提高加速度的办法达到与原型应力状况相同的状态;为了模拟断裂错动,专门加工了模拟断裂突然错动的装置,可实现垂直与水平二种错动,其位错量大小是根据国内外历次地震不同震级条件下位错量统计分析结果确定的;上覆土层则按不同岩性、不同厚度分为数种情况。实验时的位错量为 1.0~4.0m，基本上包括了 8 度、9 度情况下的位错量；当离心机提高加速度达到与原型应力条件相同时，下部基岩突然错动，观察上部土层破裂高度，以便确定安全厚度。根据实验结果，考虑一定的安全储备和模拟实验与地震时震动特性的差异，安全系数取为 3，据此提出了 8 度、9 度地区上覆土层安全厚度的界限值。应当说这是初步的，可能有些因素尚未考虑。但毕竟是第一次以模拟实验为基础的定量提法，跟以往的分析和宏观经验是相近的，有一定的可信度。

本次修订中根据搜集到的国内外地震断裂破裂宽度的资料提出了避让距离，这是宏观的分析结果，随着地震资料的不断积累将会得到补充与完善。

4.1.8 本条考虑局部突出地形对地震动参数的放大作用，主要依据宏观震害调查的结果和对不同地形条件和岩土构成的形体所进行的二维地震反应分析结果。所谓局部突出地形主要是指山包、山梁和悬崖、陡坎等，情况比较复杂，对各种可能出现的情况的地震动参数的放大作用都做出具体的规定是很困难的。从宏观震害经验和地震反应分析结果所反映的总趋势，大致可以归纳为以下几点：①高突地形距离基准面的高度愈大，高处的反应愈强烈；②离陡坎和边坡顶部边缘的距离愈大，反应相对减小；③从岩土构成方面看，在同样地形条件下，土质结构的反应比岩质结构大；④高突地形顶面愈开阔，远离边缘的中心部位的反应是明显减小的；⑤边坡愈陡，其顶部的放大效应相应加大。

基于以上变化趋势，以突出地形的高差 H、坡降角度的正切 H/L 以及场址距突出地形边缘的相对距离 L_1/H 为参数，归纳出各种地形的地震力放大作用如下：

$$\lambda = 1 + \xi\alpha \qquad (4.1.8)$$

式中 λ——局部突出地形顶部的地震影响系数的放大系数；

α——局部突出地形地震动参数的增大幅度，按表 4.1.8 采用；

ξ——附加调整系数，与建筑场地离突出台地边缘的距离 L_1 与相对高差 H 的比值有关。当 $L_1/H<2.5$ 时，ξ 可取为 1.0；当 $2.5 \leq L_1/H<5$ 时，ξ 可取为 0.6；当 $L_1/H \geq 5$ 时，ξ 可取为 0.3。L、L_1 均应按距离场地的最近点考虑。

表 4.1.8 局部突出地形地震影响系数的增大幅度

突出地形的高度 H (m)	非岩质地层	$H<5$	$5 \leq H<15$	$15 \leq H<25$	$H \geq 25$
	岩质地层	$H<20$	$20 \leq H<40$	$40 \leq H<60$	$H \geq 60$
局部突出台地边缘的侧向平均坡降 (H/L)	$H/L<0.3$	0	0.1	0.2	0.3
	$0.3 \leq H/L<0.6$	0.1	0.2	0.3	0.4
	$0.6 \leq H/L<1.0$	0.2	0.3	0.4	0.5
	$H/L \geq 1.0$	0.3	0.4	0.5	0.6

条文中规定的最大增大幅度 0.6 是根据分析结果和综合判断给出的。本条的规定对各种地形，包括山包、山梁、悬崖、陡坡都可以应用。

【修订说明】

本条新增为强制性条文，以加强山区建筑的抗震能力。

4.2 天然地基和基础

4.2.1 我国多次强烈地震的震害经验表明，在遭受破坏的建筑中，因地基失效导致的破坏较上部结构惯性力的破坏为少，这些地基主要由饱和松砂、软弱黏性土和成因岩性状态严重不均匀的土层组成。大量的一般的天然地基都具有较好的抗震性能。因此 89 规范规定了天然地基可以不验算的范围。本次修订中将可不进行天然地基和基础抗震验算的框架房屋的层数和高度作了更明确的规定。

4.2.2 在天然地基抗震验算中，对地基土承载力特征值调整系数的规定，主要参考国内外资料和相关规范的规定，考虑了地基土在有限次循环动力作用下强度一般较静强度提高和在地震作用下结构可靠度容许有一定程度降低这两个因素。

在本次修订中，增加了对黄土地基的承载力调整系数的规定，此规定主要根据国内动、静强度对比试验结果。静强度是在预湿与固结不排水条件下进行的。破坏标准是：对软化型土取峰值强度，对硬化型土取应变为 15% 的对应强度，由此求得黄土静抗剪强度指标 C_s、φ_s 值。

动强度试验参数是：均压固结取双幅应变 5%，偏压固结取总应变为 10%；等效循环数按 7、7.5 及 8 级地震分别对应 12、20 及 30 次循环。取等价循环数所对应的动应力 σ_d，绘制强度包线，得到动抗剪强度指标 C_d 及 φ_d。

动静强度比为：

$$\frac{\tau_d}{\tau_s} = \frac{C_d + \sigma_d \mathrm{tg}\varphi_d}{C_s + \sigma_s \mathrm{tg}\varphi_s}$$

近似认为动静强度比等于动、静承载力之比，则可求得承载力调整系数：

$$\zeta_a = \frac{R_d}{R_s} \cong \left(\frac{\tau_d}{K_d}\right) \bigg/ \left(\frac{\tau_s}{K_s}\right) = \frac{\tau_d}{\tau_s} \cdot \frac{K_s}{K_d} = \zeta$$

式中 K_d、K_s——分别为动、静承载力安全系数；

R_d、R_s——分别为动、静极限承载力。

试验结果见表 4.2.2，此试验大多考虑地基土处于偏压固结状态，实际的应力水平也不太大，故采用偏压固结、正应力 100~300kPa、震级 7~8 级条件下的调整系数平均值为宜。本条据上述试验，对坚硬黄土取 $\zeta=1.3$，对可塑黄土取 1.1，对流塑黄土取 1.0。

表 4.2.2 ζ_a 的平均值

名称	西安黄土				兰州黄土		洛川黄土	
含水量 W	饱和状态		20%		饱和		饱和状态	
固结比 K_c	1.0	2.0	1.0	1.5	1.0	1.0	1.5	2.0
ζ_a 的平均值	0.608	1.271	0.607	1.415	0.378	0.721	1.14	1.438

注：固结比为轴压力 σ_1 与压力 σ_3 的比值。

4.2.4 地基基础的抗震验算，一般采用所谓"拟静力法"，此法假定地震作用如同静力，然后在这种条件下验算地基和基础的承载力和稳定性。所列的公式主要是参考相关规范的规定提出的，压力的计算应采用地震作用效应标准组合，即各作用分项系数均取1.0的组合。

4.3 液化土和软土地基

4.3.1 本条规定主要依据液化场地的震害调查结果。许多资料表明在 6 度区液化对房屋结构所造成的震害是比较轻的，因此本条规定除对液化沉陷敏感的乙类建筑外，6 度区的一般建筑可不考虑液化影响。当然，6 度的甲类建筑的液化问题也需要专门研究。

关于黄土的液化可能性及其危害在我国的历史地震中虽不乏报导，但缺乏较详细的评价资料，在建国以后的多次地震中，黄土液化现象很少见到，对黄土的液化判别尚缺乏经验，但值得重视。近年来的国内外震害与研究还表明，砾石在一定条件下也会液化，但是由于黄土与砾石液化研究资料还不够充分，暂不列入规范，有待进一步研究。

4.3.2 本条是有关液化判别和处理的强制性条文。

4.3.3 89 规范初判的提法是根据建国以来历次地震对液化与非液化场地的实际考察、测试分析结果得出来的。从地貌单元来讲这些地震现场主要为河流冲洪积形成的地层，没有包括黄土分布区及其他沉积类型。如唐山地震震中区（路北区）为滦河二级阶地，地层年代为晚更新世（Q_3）地层，对地震烈度 10 度区考察，钻探测试表明，地下水位为 3~4m，表层为 3.0m 左右的黏性土，其下即为饱和砂层，在 10 度情况下没有发生液化，而在一级阶地及高河漫滩等地分布的地质年代较新的地层，地震烈度虽然只有 7 度和 8 度却也发生了大面积液化，其他震区的河流冲积地层在地质年代较老的地层中也未发现液化实例。国外学者 Youd and Perkins 的研究结果表明：饱和松散的水力冲填土差不多总会液化，而且全新世的无黏性土沉积层对液化也是很敏感的，更新世沉积层发生液化的情况很罕见，前更新世沉积层发生液化则更是罕见。这些结论是根据 1975 年以前世界范围的地震液化资料给出的，并已被 1978 年日本的两次大地震以及 1977 年罗马尼亚地震液化现象所证实。

89 规范颁发后，在执行中不断有单位和学者提出液化初步判别中第 1 款在有些地区不适合。从举出的实例来看，多为高烈度区（10 度以上）黄土高原的黄土状土，很多是古地震从描述等方面判定为液化的，没有现代地震液化与否的实际数据。有些例子是用现行公式判别的结果。

根据诸多现代地震液化资料分析认为，89 规范中有关地质年代的判断条文除高烈度区中的黄土液化外都能适用，为慎重起见，将此款的适用范围改为局限于 7、8 度区。

4.3.4 89 规范关于地基液化判别方法，在地震区工程项目地基勘察中已广泛应用。但随着高层及超高层建筑的不断发展，基础埋深越来越大。高大的建筑采用桩基和深基础，要求判别液化的深度也相应加大，89 规范中判别深度为 15m，已不能满足这些工程的需要，深层液化判别问题已提到日程上来。

由于 15m 以下深层液化资料较少，从实际液化与非液化资料中进行统计分析尚不具备条件。在 50 年代以来的历次地震中，尤其是唐山地震，液化资料均在 15m 以上，图 4.3.4 中 15m 下的曲线是根据统计得到的经验公式外推得到的结果。国外虽有零星深层液化资料，但也不太确切。根据唐山地震资料及美国 H. B Seed 教授资料进行分析的结果，其液化临界值沿深度变化均为非线性变化。为了解决 15m 以下液化判别，我们对唐山地震砂土液化研究资料、美国 H. B Seed 教授研究资料和我国铁路工程抗震设计规范中的远震液化判别方法与 89 规范判别方法的液化临界值（N_{cr}）沿深度的变化情况，以 8 度区为例做了对比，见图 4.3.4。

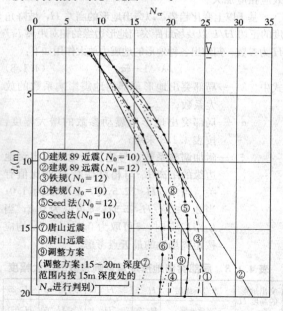

图 4.3.4 液化临界值随深度变化比较
（以 8 度区为例）

从图 4.3.4 可以明显看出：在设计地震第一组（或 89 规范的近震情况，$N_0=10$），深度为 12m 以上时，临界锤击数较接近，相差不大；深度 15～20m 范围内，铁路抗震规范方法比 H. B. Seed 资料要大 1.2～1.5 击，89 规范由于是线性延伸，比铁路抗震规范方法要大 1.8～8.4 击，是偏于保守的。经过比较分析，本次修订考虑到本规范判别方法的延续性及广大工程技术人员熟悉程度，仍采用线性判别方法。建议 15～20m 深度范围内仍按 15m 深度处的 N_{cr} 值进行判别，这样处理与非线性判别方法也较为接近。目前铁路抗震规范判别液化时 N_0 值为 7 度、8 度、9 度时分别取 8、12、16，因此铁路抗震规范仍比本规范修订后的 N_{cr} 值在 15m～20m 范围内要大 2.2～2.5 击；如假定铁路抗震规范 N_0 值 8 度取 10，则比本规范修订后的 N_{cr} 值小 1.4～1.8 击。经过全面分析对比后，认为这样调整方案既简便又与其他方法接近。

考虑到大量的多层建筑基础埋深较浅，一律要求将液化判别深度加深到 20m 有些保守，也增加了不必要的工作量，因此，本次修订只要求将基础埋深大于 5m 的深基础和桩基工程的判别深度加深至 20m。

4.3.5 本条提供了一个简化的预估液化危害的方法，可对场地的喷水冒砂程度、一般浅基础建筑的可能损坏，做粗略的预估，以便为采取工程措施提供依据。

1 液化指数表达式的特点是：为使液化指数为无量纲参数，权函数 w 具有量纲 m^{-1}；权函数沿深度分布为梯形，其图形面积，判别深度 15m 时为 100，判别深度 20m 时为 125。

2 液化等级的名称为轻微、中等、严重三级；各级的液化指数（判别深度 15m）、地面喷水冒砂情况以及对建筑危害程度的描述见表 4.3.5，系根据我国百余个液化震害资料得出的。

表 4.3.5 液化等级和对建筑物的相应危害程度

液化等级	液化指数（15m）	地面喷水冒砂情况	对建筑的危害情况
轻微	<5	地面无喷水冒砂，或仅在洼地、河边有零星的喷水冒砂点	危害性小，一般不至引起明显的震害
中等	5～15	喷水冒砂可能性大，从轻微到严重均有，多数属中等	危害性较大，可造成不均匀沉陷和开裂，有时不均匀沉陷可能达到 200mm
严重	>15	一般喷水冒砂都很严重，地面变形很明显	危害性大，不均匀沉陷可能大于 200mm，高重心结构可能产生不容许的倾斜

4.3.6 抗液化措施是对液化地基的综合治理，89 规范已说明要注意以下几点：

1 倾斜场地的土层液化往往带来大面积土体滑动，造成严重后果，而水平场地土层液化的后果一般只造成建筑的不均匀下沉和倾斜，本条的规定不适用于坡度大于 10° 的倾斜场地和液化土层严重不均的情况；

2 液化等级属于轻微者，除甲、乙类建筑由于其重要性需确保安全外，一般不作特殊处理，因为这类场地可能不发生喷水冒砂，即使发生也不致造成建筑的严重震害；

3 对于液化等级属于中等的场地，尽量多考虑采用较易实施的基础与上部结构处理的构造措施，不一定要加固处理液化土层；

4 在液化层深厚的情况下，消除部分液化沉陷的措施，即处理深度不一定达到液化下界而残留部分未经处理的液化层，从我国目前的技术、经济发展水平上看是较合适的。

本次修订的主要内容如下：

1 89 规范中不允许液化地基作持力层的规定有些偏严，本次修订改为不宜将未加处理的液化土层作为天然地基的持力层。因为：理论分析与振动台试验均已证明液化的主要危害来自基础外侧，液化持力层范围内位于基础直下方的部位其实最难液化，由于最先液化区域对基础直下方未液化部分的影响，使之失去侧边土压力支持。在外侧易液化区的影响得到控制的情况下，轻微液化的土层是可以作为基础的持力层的，例如：

（1）海城地震中营口宾馆筏基以液化土层为持力层，震后无震害，基础下液化层厚度为 4.2m，为筏基宽度的 1/3 左右，液化土层的标贯锤击数 $N=2$～5，烈度为 7 度。在此情况下基础外侧液化对地基中间部分的影响很小。

（2）日本阪神地震中有数座建筑位于液化严重的六甲人工岛上，地基未加处理而未遭液化危害的工程实录（见松尾雅夫等人论文，载"基础工"1996 年 11 期，P54）：

1）仓库二栋，平面均为 36m×24m，设计中采用了补偿式基础，即使仓库满载时的基底压力也只是与移去的土自重相当。地基为欠固结的可液化砂砾，震后有震陷，但建筑物无损，据认为无震害的原因是：液化后的减震效果使输入基底的地震作用削弱；补偿式筏式基础防止了表层土喷砂冒水；良好的基础刚度可使不均匀沉降减小；采用了吊车轨道调平，地脚螺栓加长等构造措施以减少不均匀沉降的影响。

2）平面为 116.8m×54.5m 的仓库建在六甲人工岛厚 15m 的可液化土上，设计时预期建成后欠固结的黏土下卧层尚可能产生 1.1～1.4m 的沉降。为防止不均匀沉降及液化，设计中采用了三方面的措施：补偿式基础+基础下2m深度内以水泥土加固液化层+防止不均匀沉降的构造措施。地震使该房屋产生震陷,但情况良好。

(3) 震害调查与有限元分析显示,当基础宽度与液化层厚之比大于3时,则液化震陷不超过液化层厚的1%,不致引起结构严重破坏。

因此,将轻微和中等液化的土层作为持力层不是绝对不允许,但应经过严密的论证。

2 液化的危害主要来自震陷,特别是不均匀震陷。震陷量主要决定于土层的液化程度和上部结构的荷载。由于液化指数不能反映上部结构的荷载影响,因此有趋势直接采用震陷量来评价液化的危害程度。例如,对4层以下的民用建筑,当精细计算的平均震陷值 $S_E<5cm$ 时,可不采取抗液化措施,当 $S_E=5\sim15cm$ 时,可优先考虑采取结构和基础的构造措施,当 $S_E>15cm$ 时需要进行地基处理,基本消除液化震陷;在同样震陷量下,乙类建筑应该采取较丙类建筑更高的抗液化措施。

本次修订过程中开展了估计液化震陷量的研究,依据实测震陷、振动台试验以及有限元法对一系列典型液化地基计算得出的震陷变化规律,发现震陷量取决于液化土的密度(或承载力)、基底压力、基底宽度、液化层底面和顶面的位置和地震震级等因素,曾提出估计砂土与粉土液化平均震陷量的经验方法如下:

砂土 $S_E = \dfrac{0.44}{B}\xi S_0 (d_1^2-d_2^2)(0.01p)^{0.6}\left(\dfrac{1-D_r}{0.5}\right)^{1.5}$

(4.3.6-1)

粉土 $S_E = \dfrac{0.44}{B}\xi k S_0 (d_1^2-d_2^2)(0.01p)^{0.6}$

(4.3.6-2)

式中 S_E——液化震陷量平均值;液化层为多层时,先按各层次分别计算后再相加;

B——基础宽度(m);对住房等密集型基础取建筑平面宽度;当 $B\leq 0.44d_1$ 时,取 $B=0.44d_1$;

S_0——经验系数,对7、8、9度分别取0.05、0.15及0.3;

d_1——由地面算起的液化深度(m);

d_2——由地面算起的上覆非液化土层深度(m)。液化层为持力层取 $d_2=0$;

p——宽度为 B 的基础底面地震作用效应标准组合的压力(kPa);

D_r——砂土相对密实度(%),可依据标准贯入锤击数 N 取 $D_r=\left(\dfrac{N}{0.23\sigma'_v+16}\right)^{0.5}$;

k——与粉土承载力有关的经验系数,当承载力特征值不大于80kPa时,取0.30,当不小于300kPa时取0.08,其余可内插取值;

ξ——修正系数,直接位于基础下的非液化厚度满足第4.3.3条第3款对上覆非液化土层厚度 d_u 的要求,$\xi=0$;无非液化层,$\xi=1$;中间情况内插确定。

采用以上经验方法计算得到的震陷值,与日本的实测震陷值基本符合;但与国内资料的符合程度较差,主要的原因可能是:国内资料中实测震陷值常常是相对值,如相对于车间某个柱子或相对于室外地面的震陷;地质剖面则往往是附近的,而不是针对所考察的基础的;有的震陷值(如天津上古林的场地)含有震前沉降及软土震陷;不明确沉降值是最大沉降或平均沉降。

鉴于震陷量的评价方法目前还不够成熟,因此本条只是给出了必要时可以根据液化震陷量的评价结果适当调整抗液化措施的原则规定。

4.3.7~4.3.9 在这几条中规定了消除液化震陷和减轻液化影响的具体措施,这些措施都是在震害调查和分析判断的基础上提出来的。

采用振冲加固或挤密碎石桩加固后构成了复合地基。此时,如桩间土的实测标贯值仍低于本规范第4.3.4条规定的临界值,不能简单判为液化。许多文献或工程实践均已指出振冲桩或挤密碎石桩有挤密、排水和增大桩身刚度等多重作用,而实测的桩间土标贯值不能反映排水的作用。因此,89规范要求加固后的桩间土的标贯值应大于临界标贯值是偏保守的。

近几年的研究成果与工程实践中,已提出了一些考虑桩身强度与排水效应的方法,以及根据桩的面积置换率和桩土应力比适当降低复合地基桩间土液化判别的临界标贯值的经验方法,故本次修订将"桩间土的实测标贯值不应小于临界标贯锤击数"的要求,改为"不宜"。

4.3.10 本条规定了有可能发生侧扩或流动时滑动土体的最危险范围并要求采取土体抗滑和结构抗裂措施。

1 液化侧扩地段的宽度来自海城地震、唐山地震及日本阪神地震对液化侧扩区的大量调查。根据对阪神地震的调查,在距水线50m范围内,水平位移及竖向位移均很大;在50~150m范围内,水平地面位移仍较显著;大于150m以后水平位移趋于减小,基本不构成震害。上述调查结果与我国海城、唐山地震后的调查结果基本一致:海河故道、滦运河、新滦河、陡河岸坡滑坍范围约距水线100~150m,辽河、黄河等则可达500m。

2 侧向流动土体对结构的侧向推力,根据阪神地震后对受害结构的反算结果得到:1) 非液化上覆土层施加于结构的侧压相当于被动土压力,破坏土楔的运动方向是土楔向上滑而楔后土体向下,与被动土压发生时的运动方向一致;2) 液化层中的侧压相当于竖向总压的1/3;3) 桩基承受侧压的面积相当于垂直于流动方向桩排的宽度。

3 减小地裂对结构影响的措施包括：1）将建筑的主轴沿平行河流放置；2）使建筑的长高比小于3；3）采用筏基或箱基，基础板内应根据需要加配抗拉裂钢筋，筏基内的抗弯钢筋可兼作抗拉裂钢筋，抗拉裂钢筋可由中部向基础边缘逐段减少。当土体产生引张裂缝并流向河心或海岸线时，基础底面的极限摩阻力形成对基础的撕拉力，理论上，其最大值等于建筑物重力荷载之半乘以土与基础间的摩擦系数，实际上常因基础底面与土有部分脱离接触而减少。

4.3.11 关于软土震陷，由于缺乏资料，各国都还未列入抗震规范。但从唐山地震中的破坏实例分析，软土震陷确是造成震害的重要原因，实有明确抗御措施之必要。

我国《构筑物抗震设计规范》根据唐山地震经验，规定7度区不考虑软土震陷；8度区f_{ak}大于100kPa，9度区f_{ak}大于120kPa的土亦可不考虑。但上述规定有以下不足：

（1）缺少系统的震陷试验研究资料；

（2）震陷实录局限于津塘8、9地区，7度区是未知的空白；不少7度区的软土比津塘地区（唐山地震时为8、9度区）要差，津塘地区的多层建筑在8、9度地震时产生了15～30cm的震陷，比它们差的土在7度时是否会产生大于5cm的震陷？初步认为对7度区f_k<70kPa的软土还是应该考虑震陷的可能性并宜采用室内动三轴试验和H.B.Seed简化方法加以判定。

（3）对8、9度规定的f_{ak}值偏于保守。根据天津实际震陷资料并考虑地震的偶发性及所需的设防费用，暂时规定软土震陷量小于5cm者可不采取措施，则8度区f_{ak}≥90kPa及9度区f_{ak}≥100kPa的软土均可不考虑震陷的影响。

对自重湿陷性黄土或黄土状土，研究表明具有震陷性。若孔隙比大于0.8，当含水量在缩限（指固体与半固体的界限）与25%之间时，应该根据需要评估其震陷量。对含水量在25%以上的黄土或黄土状土的震陷量可按一般软土评估。关于软土及黄土的可能震陷目前已有了一些研究成果可以参考。例如，当建筑基础底面以下非软土层厚度符合表4.3.11中的要求时，可不采取消除软土地基的震陷影响措施。

表 4.3.11 基础底面以下非软土层厚度

烈　　度	基础底面以下非软土层厚度（m）
7	≥0.5b 且≥3
8	≥b 且≥5
9	≥1.5b 且≥8

注：b为基础底面宽度（m）。

4.4 桩 基

4.4.1 根据桩基抗震性能一般比同类结构的天然地基要好的宏观经验，继续保留89规范关于桩基不验算范围的规定。

4.4.2 桩基抗震验算方法是新增加的，其基本内容已与构筑物抗震设计规范和建筑桩基技术规范等协调。

关于地下室外墙侧的被动土压与桩共同承担地震水平力问题，我国这方面的情况比较混乱，大致有以下做法：假定由桩承担全部地震水平力；假定由地下室外的土承担全部水平力；由桩、土分担水平力（或由经验公式求出分担比，或用m法求土抗力或由有限元法计算）。目前看来，桩完全不承担地震水平力的假定偏于不安全，因为从日本的资料来看，桩基的震害是相当多的，因此这种做法不宜采用；由桩承受全部地震力的假定又过于保守。日本1984年发布的"建筑基础抗震设计规程"提出下列估算桩所承担的地震剪力的公式：

$$V = 0.2V_0 \sqrt{H} / \sqrt[4]{d_f}$$

上述公式主要根据是对地上3～10层、地下1～4层、平面14m×14m的塔楼所作的一系列试算结果。在这些计算中假定抗地震水平的因素有桩、前方的被动土抗力，侧面土的摩擦力三部分。土性质为标贯值$N=10～20$，q（单轴压强）为0.5～1.0kg/cm²（黏土）。土的摩擦抗力与水平位移成以下弹塑性关系：位移≤1cm时抗力呈线性变化，当位移>1cm时抗力保持不变。被动土抗力最大值取朗金被动土压，达到最大值之前土抗力与水平位移呈线性关系。由于背景材料只包括高度45m以下的建筑，对45m以上的建筑没有相应的计算资料。但从计算结果的发展趋势推断，对更高的建筑其值估计不超过0.9，因而桩负担的地震力宜在（0.3～0.9）V_0之间取值。

关于不计桩基承台底面与土的摩阻力为抗地震水平力的组成部分问题：主要是因为这部分摩阻力不可靠：软弱黏性土有震陷问题，一般黏性土也可能因桩身摩擦力产生的桩间土在附加应力下的压缩使土与承台脱空；欠固结土有固结下沉问题；非液化的砂砾则有震密问题等。实践中不乏有静载下桩台与土脱空的报导，地震情况下震后桩台与土脱空的报导也屡见不鲜。此外，计算摩阻力亦很困难，因为解答此问题须明确桩基在竖向荷载作用下的桩、土荷载分担比。出于上述考虑，为安全计，本条规定不应考虑承台与土的摩擦阻抗。

对于目前大力推广应用的疏桩基础，如果桩的设计承载力按桩极限荷载取用则可以考虑承台与土间的摩阻力。因为此时承台与土不会脱空，且桩、土的竖向荷载分担比也比较明确。

4.4.3 本条中规定的液化土中桩的抗震验算原则和方法主要考虑了以下情况：

1 不计承台旁的土抗力或地坪的分担作用是出

于安全考虑，作为安全储备，因目前对液化土中桩的地震作用与土中液化进程的关系尚未弄清。

2 根据地震反应分析与振动台试验，地面加速度最大时刻出现在液化土的孔压比为小于1（常为0.5～0.6）时，此时土尚未充分液化，只是刚度比未液化时下降很多，因之建议对液化土的刚度作折减。折减系数的取值与构筑物抗震设计规范基本一致。

3 液化土中孔隙水压力的消散往往需要较长的时间。地震后土中孔压不会排泄消散完毕，往往于震后才出现喷砂冒水，这一过程通常持续几小时甚至一二天，其间常有沿桩与基础四周排水现象，这说明此时桩身摩阻力已大减，从而出现竖向承载力不足和缓慢的沉降，因此应按静力荷载组合校核桩身的强度与承载力。

式（4.4.3）的主要根据是工程实践中总结出来的打桩前后土性变化规律，并已在许多工程实例中得到验证。

4.4.5 本条在保证桩基安全方面是相当关键的。桩基理论分析已经证明，地震作用下的桩基在软、硬土层交界面处最易受到剪、弯损害。阪神地震后许多桩基的实际考查也证实了这一点，但在采用m法的桩身内力计算方法中却无法反映，目前除考虑桩土相互作用的地震反应分析可以较好地反映桩身受力情况外，还没有简便实用的计算方法保证桩在地震作用下的安全，因此必须采取有效的构造措施。本条的要点在于保证软土或液化土层附近桩身的抗弯和抗剪能力。

5 地震作用和结构抗震验算

5.1 一般规定

5.1.1 抗震设计时，结构所承受的"地震力"实际上是由于地震地面运动引起的动态作用，包括地震加速度、速度和动位移的作用，按照国家标准《建筑结构设计术语和符号标准》GB/T 50083 的规定，属于间接作用，不可称为"荷载"，应称"地震作用"。

89规范对结构应考虑的地震作用方向有以下规定：

1 考虑到地震可能来自任意方向，为此要求有斜交抗侧力构件的结构，应考虑对各构件的最不利方向的水平地震作用，一般即与该构件平行的方向；

2 不对称不均匀的结构是"不规则结构"的一种，同一建筑单元同一平面内质量、刚度布置不对称，或虽在本层平面内对称，但沿高度分布不对称的结构。需考虑扭转影响的结构，具有明显的不规则性。

3 研究表明，对于较高的高层建筑，其竖向地震作用产生的轴力在结构上部是不可忽略的，故要求9度区高层建筑需考虑竖向地震作用。

本次修订，基本保留89规范的内容，所做的改进如下：

1 某一方向水平地震作用主要由该方向抗侧力构件承担，如该构件带有翼缘、翼墙等，尚应包括翼缘、翼墙的抗侧力作用；

2 参照混凝土高层规程的规定，明确交角大于15°时，应考虑斜向地震作用；

3 扭转计算改为"考虑双向地震作用下的扭转影响"。

关于大跨度和长悬臂结构，根据我国大陆和台湾地震的经验，9度和9度以上时，跨度大于18m的屋架、1.5m以上的悬挑阳台和走廊等震害严重甚至倒塌；8度时，跨度大于24m的屋架、2m以上的悬挑阳台和走廊等震害严重。

5.1.2 不同的结构采用不同的分析方法在各国抗震规范中均有体现，底部剪力法和振型分解反应谱法仍是基本方法，时程分析法作为补充计算方法，对特别不规则（参照表3.4.2规定）、特别重要的和较高的高层建筑才要求采用。

进行时程分析时，鉴于各条地震波输入进行时程分析的结果不同，本条规定根据小样本容量下的计算结果来估计地震效应值。通过大量地震加速度记录输入不同结构类型进行时程分析结果的统计分析，若选用不少于二条实际记录和一条人工模拟的加速度时程曲线作为输入，计算的平均地震效应值不小于大样本容量平均值的保证率在85%以上，而且一般也不会偏大很多。所谓"在统计意义上相符"指的是，其平均地震影响系数曲线与振型分解反应谱法所用的地震影响系数曲线相比，在各个周期点上相差不大于20%。计算结果的平均底部剪力一般不会小于振型分解反应谱法计算结果的80%。每条地震波输入的计算结果不会小于65%。

正确选择输入的地震加速度时程曲线，要满足地震动三要素的要求，即频谱特性、有效峰值和持续时间均要符合规定。

频谱特性可用地震影响系数曲线表征，依据所处的场地类别和设计地震分组确定。

加速度有效峰值按规范表5.1.2-2中所列地震加速度最大值采用，即以地震影响系数最大值除以放大系数（约2.25）得到。当结构采用三维空间模型等需要双向（二个水平向）或三向（二个水平和一个竖向）地震波输入时，其加速度最大值通常按1（水平1）：0.85（水平2）：0.65（竖向）的比例调整。选用的实际加速度记录，可以是同一组的三个分量，也可以是不同组的记录，但每条记录均应满足"在统计意义上相符"的要求；人工模拟的加速度时程曲线，也按上述要求生成。

输入的地震加速度时程曲线的持续时间，不论实际的强震记录还是人工模拟波形，一般为结构基本周期的5～10倍。

5.1.3 按现行国家标准《建筑结构可靠度设计统一标准》的原则规定，地震发生时恒荷载与其他重力荷载可能的遇合结果总称为"抗震设计的重力荷载代表值G_E"，即永久荷载标准值与有关可变荷载组合值之和。组合值系数基本上沿用78规范的取值，考虑到藏书库等活荷载在地震时遇合的概率较大，故按等效楼面均布荷载计算活荷载时，其组合值系数为0.8。

表中硬钩吊车的组合值系数，只适用于一般情况，吊重较大时需按实际情况取值。

5.1.4、5.1.5 弹性反应谱理论仍是现阶段抗震设计的最基本理论，规范所采用的设计反应谱以地震影响系数曲线的形式给出。

89规范的地震影响系数的特点是：

1 同样烈度、同样场地条件的反应谱形状，随着震源机制、震级大小、震中距远近等的变化，有较大的差别，影响因素很多。在继续保留烈度概念的基础上，把形成6～8度地震影响的地震，按震源远近分为设计近震和设计远震。远震水平反应谱曲线比近震向右移，体现了远震的反应谱特征。于是，按场地条件和震源远近，调整了地震影响系数的特征周期T_g。

2 在$T\leqslant 0.1s$的范围内，各类场地的地震影响系数一律采用同样的斜线，使之符合$T=0$时（刚体）动力不放大的规律；在$T\geqslant T_g$时，各曲线的递减指数为非整数；曲线下限仍按78规范取为$0.2\alpha_{max}$；$T>3s$时，地震影响系数专门研究。

3 按二阶段设计要求，在截面承载力验算时的设计地震作用，取众值烈度下结构按完全弹性分析的数值，据此调整了本规范相应的地震影响系数，其取值与按78规范各结构影响系数C折减的平均值大致相当。

本次修订有如下重要改进：

1 地震影响系数的周期范围延长至6s。根据地震学研究和地震观测资料统计分析，在周期6s范围内，有可能给出比较可靠的数据，也基本满足了国内绝大多数高层建筑和长周期结构的抗震设计需要。对于周期大于6s的结构，地震影响系数仍专门研究。

2 理论上，设计反应谱存在二个下降段，即：速度控制段和位移控制段，在加速度反应谱中，前者衰减指数为1，后者衰减指数为2。设计反应谱是用来预估建筑结构在其设计基准期内可能经受的地震作用，通常根据大量实际地震记录的反应谱进行统计并结合工程经验判断加以规定。为保持规范的延续性，地震影响系数在$T\leqslant 5T_g$范围内与89规范相同，在$T>5T_g$的范围，把89规范的下平台改为倾斜下降段，不同场地类别的最小值不同，较符合实际反应谱的统计规律。在$T=6T_g$附近，新的地震影响系数值比89规范约增加15%，其余范围取值的变动更小。

3 为了与我国地震动参数区划图接轨，89规范的设计近震和设计远震改为设计地震分组。地震影响系数的特征周期T_g，即设计特征周期，不仅与场地类别有关，而且还与设计地震分组有关，可更好地反映震级大小、震中距和场地条件的影响。

4 为了适当调整和提高结构的抗震安全度，Ⅰ、Ⅱ、Ⅲ类场地的设计特征周期值较89规范的值约增大了0.05s。同理，罕遇地震作用时，设计特征周期T_g值也适当延长。这样处理比较符合近年来得到的大量地震加速度资料的统计结果。与89规范相比，安全度有一定提高。

5 考虑到不同结构类型建筑的抗震设计需要，提供了不同阻尼比（0.01～0.20）地震影响系数曲线相对于标准的地震影响系数（阻尼比为0.05）的修正方法。根据实际强震记录的统计分析结果，这种修正可分二段进行：在反应谱平台段（$\alpha=\alpha_{max}$），修正幅度最大；在反应谱上升段（$T<T_g$）和下降段（$T>T_g$），修正幅度变小；在曲线两端（0s和6s），不同阻尼比下的α系数趋向接近。表达式为：

上升段： $[0.45+10(\eta_2-0.45)T]\alpha_{max}$
水平段： $\eta_2\alpha_{max}$
曲线下降段： $(T_g/T)^\gamma \eta_2 \alpha_{max}$
倾斜下降段： $[0.2^\gamma \eta_2 - \eta_1(T-5T_g)]\alpha_{max}$

对应于不同阻尼比计算地震影响系数的调整系数如下，条文中规定，当η_2小于0.55时取0.55；当η_1小于0.0时取0.0。

地震影响系数

ζ	η_2	γ	η_1
0.01	1.52	0.97	0.025
0.02	1.32	0.95	0.024
0.05	1.00	0.90	0.020
0.10	0.78	0.85	0.014
0.20	0.63	0.80	0.001
0.30	0.56	0.78	0.000

6 现阶段仍采用抗震设防烈度所对应的水平地震影响系数最大值α_{max}，多遇地震烈度和罕遇地震烈度分别对应于50年设计基准期内超越概率为63%和2%～3%的地震烈度，也就是通常所说的小震烈度和大震烈度。为了与中国地震动参数区划图接口，表5.1.4中的α_{max}除沿用89规范6、7、8、9度所对应的设计基本加速度值外，特于7～8度、8～9度之间各增加一档，用括号内的数字表示，分别对应于设计基本地震加速度为0.15g和0.30g。

5.1.6 在强烈地震下，结构和构件并不存在最大承载能力极限状态的可靠度。从根本上说，抗震验算应该是弹塑性变形能力极限状态的验算。研究表明，地震作用下结构和构件的变形和其最大承载能力有密切的联系，但因结构的不同而异。本次修订继续保持89规范关于不同的结构应采取不同验算方法的规定。

1 当地震作用在结构设计中基本上不起控制作用时，例如6度区的大多数建筑，以及被地震经验所证明者，可不作抗震验算，只需满足有关抗震构造要求。但"较高的高层建筑（以后各章同）"，诸如高于40m的钢筋混凝土框架、高于60m的其他钢筋混凝土民用房屋和类似的工业厂房，以及高层钢结构房屋，其基本周期可能大于Ⅳ类场地的设计特征周期T_g，则6度的地震作用值可能大于同一建筑在7度Ⅱ类场地下的取值，此时仍须进行抗震验算。

2 对于大部分结构，包括6度设防的上述较高的高层建筑，可以将设防烈度地震下的变形验算，转换为以众值烈度下按弹性分析获得的地震作用效应（内力）作为额定统计指标，进行承载力极限状态的验证，即只需满足第一阶段的设计要求，就可具有与78规范相同的抗震承载力的可靠度，保持了规范的延续性。

3 我国历次大地震的经验表明，发生高于基本烈度的地震是可能的，设计时考虑"大震不倒"是必要的，规范增加了对薄弱层进行罕遇地震下变形验算，即满足第二阶段设计的要求。89规范仅对框架、填充墙框架、高大单层厂房等（这些结构，由于存在明显的薄弱层，在唐山地震中倒塌较多）及特殊要求的建筑做了要求，本次修订增加了其他结构，如各类钢筋混凝土结构、钢结构、采用隔震和消能减震技术的结构，进行第二阶段设计的要求。

5.2 水平地震作用计算

5.2.1 底部剪力法视多质点体系为等效单质点系。根据大量的计算分析，89规范做了如下规定，本次修订未作修改：

1 引入等效质量系数0.85，它反映了多质点系底部剪力值与对应单质点系（质量等于多质点系总质量，周期等于多质点系基本周期）剪力值的差异。

2 地震作用沿高度倒三角形分布，在周期较长时顶部误差可达25%，故引入依赖于结构周期和场地类别的顶点附加集中地震力予以调整。单层厂房沿高度分布在第9章中已另有规定，故本条不重复调整（取$\delta_n=0$）。对内框架房屋，根据震害的总结，并考虑到现有计算模型的不精确，建议取$\delta_n=0.2$。

5.2.2 对于振型分解法，由于时程分析法亦可利用振型分解法进行计算，故加上"反应谱"以示区别。为使高柔建筑的分析精度有所改进，其组合的振型个数适当增加。振型个数一般可以取振型参与质量达到总质量90%所需的振型数。

5.2.3 地震扭转反应是一个极其复杂的问题，一般情况，宜采用较规则的结构体型，以避免扭转效应。体型复杂的建筑结构，即使楼层"计算刚心"和质心重合，往往仍然存在明显的扭转反应，因此，89规范规定，考虑结构扭转效应时，一般只能取各楼层质心为相对坐标原点，按多维振型分解法计算，其振型效应彼此耦联，组合用完全二次型方根法，可以由计算机运算。

89规范修订过程中，提出了许多简化计算方法，例如，扭转效应系数法，表示扭转时某榀抗侧力构件按平动分析的层剪力效应的增大，物理概念明确，而数值依赖于各类结构大量算例的统计。对低于40m的框架结构，当各层的质心和"计算刚心"接近于两串轴线时，根据上千个算例的分析，若偏心参数ε满足$0.1<\varepsilon<0.3$，则边榀框架的扭转效应增大系数$\eta=0.65+4.5\varepsilon$。偏心参数的计算公式是$\varepsilon=e_yS_y/(K_\phi/K_x)$，其中，$e_y$、$S_y$分别为$i$层刚心和$i$层边榀框架距$i$层以上总质心的距离（$y$方向），$K_x$、$K_\phi$分别为$i$层平动刚度和绕质心的扭转刚度。其他类型结构，如单层厂房也有相应的扭转效应系数。对单层结构，多用基于刚心和质心概念的动力偏心距法估算。这些简化方法各有一定的适用范围，故规范要求在确有依据时才可用来近似估计。

本次修订的主要改进如下：

1 即使对于平面规则的建筑结构，国外的多数抗震设计规范也考虑由于施工、使用等原因所产生的偶然偏心引起的地震扭转效应及地震地面运动扭转分量的影响。本次修订要求，规则结构不考虑扭转耦联计算时，应采用增大边榀结构地震内力的简化处理方法。

2 增加考虑双向水平地震作用下的地震效应组合。根据强震观测记录的统计分析，二个水平方向地震加速度的最大值不相等，二者之比约为1：0.85；而且两个方向的最大值不一定发生在同一时刻，因此采用平方和开方计算二个方向地震作用效应的组合。条文中的地震作用效应，系指两个正交方向地震作用在每个构件的同一局部坐标方向的地震作用效应，如x方向地震作用下在局部坐标x_i向的弯矩M_{xx}和y方向地震作用下在局部坐标x_i方向的弯矩M_{xy}；按不利情况考虑时，则取上述组合的最大弯矩与对应的剪力，或上述组合的最大剪力与对应的弯矩，或上述组合的最大轴力与对应的弯矩等等。

3 扭转刚度较小的结构，例如某些核心筒-外稀柱框架结构或类似的结构，第一振型周期为T_θ，或满足$T_\theta>0.7T_{x1}$，或$T_\theta>0.7T_{y1}$，对较高的高层建筑，$0.7T_\theta>T_{x2}$，或$0.7T_\theta>T_{y2}$，均应考虑地震扭转效应。但如果考虑扭转影响的地震作用效应小于考虑偶然偏心引起的地震效应时，应取后者以策安全。但二者不叠加计算。

4 增加了不同阻尼比时耦联系数的计算方法，以供高层钢结构等使用。

5.2.4 对于顶层带有空旷大房间或轻钢结构的房屋,不宜视为突出屋面的小屋并采用底部剪力法乘以增大系数的办法计算地震作用效应,而应视为结构体系一部分,用振型分解法等计算。

5.2.5 由于地震影响系数在长周期段下降较快,对于基本周期大于 3.5s 的结构,由此计算所得的水平地震作用下的结构效应可能太小。而对于长周期结构,地震动态作用中的地面运动速度和位移可能对结构的破坏具有更大影响,但是规范所采用的振型分解反应谱法尚无法对此作出估计。出于结构安全的考虑,增加了对各楼层水平地震剪力最小值的要求,规定了不同烈度下的剪力系数,结构水平地震作用效应应据此进行相应调整。

扭转效应明显与否一般可由考虑耦联的振型分解反应谱法分析结果判断,例如前三个振型中,二个水平方向的振型参与系数为同一个量级,即存在明显的扭转效应。对于扭转效应明显或基本周期小于 3.5s 的结构,剪力系数取 $0.2\alpha_{max}$,保证足够的抗震安全度。对于存在竖向不规则的结构,突变部位的薄弱楼层,尚应按本规范第 3.4.3 条的规定,再乘以 1.15 的系数。

本条规定不考虑阻尼比的不同,是最低要求,各类结构,包括隔震和消能减震结构均需一律遵守。

5.2.7 由于地基和结构动力相互作用的影响,按刚性地基分析的水平地震作用在一定范围内有明显的折减。考虑到我国的地震作用取值与国外相比还较小,故仅在必要时才利用这一折减。研究表明,水平地震作用的折减系数主要与场地条件、结构自振周期、上部结构和地基的阻尼特性等因素有关,柔性地基上的建筑结构的折减系数随结构周期的增大而减小,结构越刚,水平地震作用的折减量越大。89 规范在统计分析基础上建议,框架结构折减 10%,抗震墙结构折减 15%~20%。研究表明,折减量与上部结构的刚度有关,同样高度的框架结构,其刚度明显小于抗震墙结构,水平地震作用的折减量也减小,当地震作用很小时不宜再考虑水平地震作用的折减。据此规定了可考虑地基与结构动力相互作用的结构自振周期的范围和折减量。

研究表明,对于高宽比较大的高层建筑,考虑地基与结构动力相互作用后水平地震作用的折减系数并非各楼层均为同一常数,由于高振型的影响,结构上部几层的水平地震作用一般不宜折减。大量计算分析表明,折减系数沿楼层高度的变化较符合抛物线形分布,本条提供了建筑顶部和底部的折减系数的计算公式。对于中间楼层,为了简化,采用按高度线性插值方法计算折减系数。

5.3 竖向地震作用计算

5.3.1 高层建筑的竖向地震作用计算,是 89 规范增加的规定。根据输入竖向地震加速度波的时程反应分析发现,高层建筑由竖向地震引起的轴向力在结构的上部明显大于底部,是不可忽视的。作为简化方法,原则上与水平地震作用的底部剪力法类似,结构竖向振动的基本周期较短,总竖向地震作用可表示为竖向地震影响系数最大值和等效总重力荷载代表值的乘积,沿高度分布按第一振型考虑,也采用倒三角形分布,在楼层平面内的分布,则按构件所承受的重力荷载代表值分配,只是等效质量系数取 0.75。

根据台湾 921 大地震的经验,本次修订要求,高层建筑楼层的竖向地震作用效应,应乘以增大系数 1.5,使结构总竖向地震作用标准值,8、9 度分别略大于重力荷载代表值的 10% 和 20%。

隔震设计时,由于隔震垫不隔离竖向地震作用,与隔震后结构的水平地震作用相比,竖向地震作用往往不可忽视,计算方法在本规范第 12 章具体规定。

5.3.2 用反应谱法、时程分析法等进行结构竖向地震反应的计算分析研究表明,对平板型网架和大跨度屋架各主要杆件,竖向地震内力和重力荷载下的内力之比值,彼此相差一般不太大,此比值随烈度和场地条件而异,且当周期大于设计特征周期时,随跨度的增大,比值反而有所下降,由于在目前常用的跨度范围内,这个下降还不很大,为了简化,略去跨度的影响。

5.3.3 对长悬臂等大跨度结构的竖向地震作用计算,本次修订未修改,仍采用 78 规范的静力法。

5.4 截面抗震验算

本节基本同 89 规范,仅按《建筑结构可靠度设计统一标准》的修订,对符号表达做了修改,并补充了钢结构的 γ_{RE}。

5.4.1 在设防烈度的地震作用下,结构构件承载力的可靠指标 ρ 是负值,难于按《统一标准》分析,本规范第一阶段的抗震设计取相当于众值烈度下的弹性地震作用作为额定指标,此时的设计表达式可按《统一标准》处理。

1 地震作用分项系数的确定

在众值烈度下的地震作用,应视为可变作用而不是偶然作用。这样,根据《统一标准》中确定直接作用(荷载)分项系数的方法,通过综合比较,本规范对水平地震作用,确定 $\gamma_{Eh}=1.2$,至于竖向地震作用分项系数,则参照水平地震作用,也取 $\gamma_{Ev}=1.3$。当竖向与水平地震作用同时考虑时,根据加速度峰值记录和反应谱的分析,二者的组合比为 1:0.4,故此时 $\gamma_{Eh}=1.3$,$\gamma_{Ev}=0.4\times1.3\approx0.5$。

此外,按照《统一标准》的规定,当重力荷载对结构构件承载力有利时,取 $\gamma_G=1.0$。

2 抗震验算中作用组合值系数的确定

本规范在计算地震作用时,已经考虑了地震作用与各种重力荷载（恒荷载与活荷载、雪荷载等）的组合问题，在第5.1.3条中规定了一组组合值系数，形成了抗震设计的重力荷载代表值，本规范继续沿用78规范在验算和计算地震作用时（除吊车悬吊重力外）对重力荷载均采用相同的组合值系数的规定，可简化计算，并避免有两种不同的组合值系数。因此，本条中仅出现风荷载的组合值系数，并按《统一标准》的方法，将78规范的取值予以转换得到。这里，所谓风荷载起控制作用，指风荷载和地震作用产生的总剪力和倾覆力矩相当的情况。

3 地震作用标准值的效应

规范的作用效应组合是建立在弹性分析叠加原理基础上的，考虑到抗震计算模型的简化和塑性内力分布与弹性内力分布的差异等因素，本条中还规定，对地震作用效应，当本规范各章有规定时尚应乘以相应的效应调整系数 η，如突出屋面小建筑、天窗架、高低跨厂房交接处的柱子、框架柱，底层框架-抗震墙结构的柱子、梁端和抗震墙底部加强部位的剪力等的增大系数。

4 关于重要性系数

根据地震作用的特点、抗震设计的现状，以及抗震重要性分类与《统一标准》中安全等级的差异，重要性系数对抗震设计的实际意义不大，本规范对建筑重要性的处理仍采用抗震措施的改变来实现，不考虑此项系数。

5.4.2 结构在设防烈度下的抗震验算根本上应该是弹塑性变形验算，但为减少验算工作量并符合设计习惯，对大部分结构，将变形验算转换为众值烈度地震作用下构件承载能力验算的形式来表现。按照《统一标准》的原则，89规范与78规范在众值烈度下有基本相同的可靠指标，本次修订略有提高。基于此前提，在确定地震作用分项系数的同时，则可得到与抗力标准值 R_k 相应的最优抗力分项系数，并进一步转换为抗震的抗力函数（即抗震承载力设计值 R_{dE}），使抗力分项系数取1.0或不出现。本规范砌体结构的截面抗震验算，就是这样处理的。

现阶段大部分结构构件截面抗震验算时，采用了各有关规范的承载力设计值 R_d，因此，抗震设计的抗力分项系数，就相应地变为承载力设计值的抗震调整系数 γ_{RE}，即 $\gamma_{RE}=R_d/R_{dE}$ 或 $R_{dE}=R_d/\gamma_{RE}$。还需注意，地震作用下结构的弹塑性变形直接依赖于结构实际的屈服强度（承载力），本节的承载力是设计值，不可误为标准值来进行本章第5节要求的弹塑性变形验算。

5.4.3 【修订说明】

本条新增为强制性条文。

5.5 抗震变形验算

5.5.1 根据本规范所提出的抗震设防三个水准的要求，采用二阶段设计方法来实现，即：在多遇地震作用下，建筑主体结构不受损坏，非结构构件（包括围护墙、隔墙、幕墙、内外装修等）没有过重破坏并导致人员伤亡，保证建筑的正常使用功能；在罕遇地震作用下，建筑主体结构遭受破坏或严重破坏但不倒塌。根据各国规范的规定、震害经验和实验研究结果及工程实例分析，当前采用层间位移角作为衡量结构变形能力从而判别是否满足建筑功能要求的指标是合理的。

本次修订，扩大了弹性变形验算的范围。对各类钢筋混凝土结构和钢结构要求进行多遇地震作用下的弹性变形验算，实现第一水准下的设防要求。弹性变形验算属于正常使用极限状态的验算，各作用分项系数均取1.0。钢筋混凝土结构构件的刚度，一般可取弹性刚度；当计算的变形较大时，宜适当考虑截面开裂的刚度折减，如取 $0.85E_c I_0$。

第一阶段设计，变形验算以弹性层间位移角表示。不同结构类型给出弹性层间位移角限值范围，主要依据国内外大量的试验研究和有限元分析的结果，以钢筋混凝土构件（框架柱、抗震墙等）开裂时的层间位移角作为多遇地震下结构弹性层间位移角限值。

计算时，一般不扣除由于结构平面不对称引起的扭转效应和重力 $P-\Delta$ 效应所产生的水平相对位移；高度超过150m或 $H/B>6$ 的高层建筑，可以扣除结构整体弯曲所产生的楼层水平绝对位移值，因为以弯曲变形为主的高层建筑结构，这部分位移在计算的层间位移中占有相当的比例，加以扣除比较合理。如未扣除时，位移角限值可有所放宽。

框架结构试验结果表明，对于开裂层间位移角，不开洞填充墙框架为1/2500，开洞填充墙框架为1/926；有限元分析结果表明，不带填充墙时为1/800，不开洞填充墙时为1/2000。不再区分有填充墙和无填充墙，均按89规范的1/550采用，并仍按构件截面弹性刚度计算。

对于框架-抗震墙结构的抗震墙，其开裂层间位移角：试验结果为1/3300～1/1100，有限元分析结果为1/4000～1/2500，取二者的平均值约为1/3000～1/1600。统计了我国近十年来建成的124幢钢筋混凝土框-墙、框-筒、抗震墙、筒结构高层建筑的结构抗震计算结果，在多遇地震作用下的最大弹性层间位移均小于1/800，其中85%小于1/1200。因此对框-墙、板柱-墙、框-筒结构的弹性位移角限值范围为1/800；对抗震墙和筒中筒结构层间弹性位移角限值范围为1/1000，与现行的混凝土高层规程相当；对框支层要求较严，取1/1000。

钢结构在弹性阶段的层间位移限值，日本建筑法施行令定为层高的1/200。参照美国加州规范（1988）对基本自振周期大于0.7s的结构的规定，取1/300。

5.5.2 震害经验表明，如果建筑结构中存在薄弱层或薄弱部位，在强烈地震作用下，由于结构薄弱部位产生了弹塑性变形，结构构件严重破坏甚至引起结构倒塌；属于乙类建筑的生命线工程中的关键部位在强烈地震作用下一旦遭受破坏将带来严重后果，或产生次生灾害或对救灾、恢复重建及生产、生活造成很大影响。除了89规范所规定的高大的单层工业厂房的横向排架、楼层屈服强度系数小于0.5的框架结构、底部框架砖房等之外，板柱-抗震墙及结构体系不规则的某些高层建筑结构和乙类建筑也要求进行罕遇地震作用下的抗震变形验算。采用隔震和消能减震技术的建筑结构，对隔震和消能减震部件应有位移限制要求，在罕遇地震作用下隔震和消能减震部件应能起到降低地震效应和保护主体结构的作用，因此要求进行抗震变形验算。但考虑到弹塑性变形计算的复杂性和缺乏实用计算软件，对不同的建筑结构提出不同的要求。

5.5.3 对建筑结构在罕遇地震作用下薄弱层（部位）弹塑性变形计算，12层以下且层刚度无突变的框架结构及单层钢筋混凝土柱厂房可采用规范的简化方法计算；较为精确的结构弹塑性分析方法，可以是三维的静力弹塑性（如push-over方法）或弹塑性时程分析方法；有时尚可采用塑性内力重分布的分析方法等。

5.5.4 钢筋混凝土框架结构及高大单层钢筋混凝土柱厂房等结构，在大地震中往往受到严重破坏甚至倒塌。实际震害分析及实验研究表明，除了这些结构刚度相对较小而变形较大外，更主要的是存在承载力验算所没有发现的薄弱部位——其承载力本身虽满足设计地震作用下抗震承载力的要求，却比相邻部位要弱得多。对于单层厂房，这种破坏多发生在8度Ⅲ、Ⅳ类场地和9度区，破坏部位是上柱，因为上柱的承载力一般相对较小且其下端的支承条件不如下柱。对于底部框架-抗震墙结构，则底部是明显的薄弱部位。

目前各国规范的变形估计公式有三种：一是按假想的完全弹性体计算；二是将额定的地震作用下的弹性变形乘以放大系数，即$\Delta u_p = \eta_p \Delta u_e$；三是按时程分析法等专门程序计算。其中采用第二种的最多，本次修订继续保持89规范所采用的方法。

1 89规范修订过程中，根据数千个1～15层剪切型结构采用理想弹塑性恢复力模型进行弹塑性时程分析的计算结果，获得如下统计规律：

1) 多层结构存在"塑性变形集中"的薄弱层是一种普遍现象，其位置，对屈服强度系数ξ_y分布均匀的结构多在底层，分布不均匀结构则在ξ_y最小处和相对较小处，单层厂房往往在上柱。

2) 多层剪切型结构薄弱层的弹塑性变形与弹性变形之间有相对稳定的关系。

对于屈服强度系数ξ_y均匀的多层结构，其最大的层间弹塑变形增大系数η_p可按层数和ξ_y的差异用表格形式给出；对于ξ_y不均匀的结构，其情况复杂，在弹性刚度沿高度变化较平缓时，可近似用均匀结构的η_p适当放大取值；对其他情况，一般需要用静力弹塑性分析、弹塑性时程分析法或内力重分布法等予以估计。

2 本规范的设计反应谱是在大量单质点系的弹性反应分析基础上统计得到的"平均值"，弹塑性变形增大系数也在统计平均意义下有一定的可靠性。当然，还应注意简化方法都有其适用范围。

此外，如采用延性系数来表示多层结构的层间变形，可用$\mu = \eta_p/\xi_y$计算。

3 计算结构楼层或构件的屈服强度系数时，实际承载力应取截面的实际配筋和材料强度标准值计算，钢筋混凝土梁柱的正截面受弯实际承载力公式如下：

梁：$M_{byk}^a = f_{yk} A_{sb}^a (h_{b0} - a'_s)$

柱：轴向力满足$N_G / (f_{ck} b_c h_c) \leqslant 0.5$时，

$M_{cyk}^a = f_{yk} A_{sc}^a (h_0 - a'_s) + 0.5 N_G h_c (1 - N_G / f_{ck} b_c h_c)$

式中 N_G为对应于重力荷载代表值的柱轴压力（分项系数取1.0）。

注：上角a表示"实际的"。

4 本次修订过程中，对不超过20层的钢框架和框架-支撑结构的薄弱层层间弹塑性位移的简化计算公式开展了研究。利用DRAIN—2D程序对三跨的平面钢框架和中跨为交叉支撑的三跨钢结构进行了不同层数钢结构的弹塑性地震反应分析。主要计算参数如下：结构周期，框架取0.1N（层数），支撑框架取0.09N；恢复力模型，框架取屈服后刚度为弹性刚度0.02的不退化双线性模型，支撑框架的恢复力模型同时考虑了压屈后的强度退化和刚度退化；楼层屈服剪力，框架的一般层约为底层的0.7，支撑框架的一般层约为底层的0.9；底层的屈服强度系数为0.7～0.3；在支撑框架中，支撑承担的地震剪力为总地震剪力的75%，框架部分承担25%；地震波取80条天然波。

根据计算结果的统计分析发现：①纯框架结构的弹塑性位移反应与弹性位移反应差不多，弹塑性位移增大系数接近1；②随着屈服强度系数的减小，弹塑性位移增大系数增大；③楼层屈服强度系数较小时，由于支撑的屈曲失效效应，支撑框架的弹塑性位移增大系数大于框架结构。

以下是15层和20层钢结构的弹塑性增大系数的统计数值（平均值加一倍方差）：

屈服强度系数	15层框架	20层框架	15层支撑框架	20层支撑框架
0.50	1.15	1.20	1.05	1.15
0.40	1.20	1.30	1.15	1.25
0.30	1.30	1.50	1.65	1.90

上述统计值与89规范对剪切型结构的统计值有一定的差异,可能与钢结构基本周期较长、弯曲变形所占比重较大,采用杆系模型的楼层屈服强度系数计算,以及钢结构恢复力模型的屈服后刚度取为初始刚度的0.02而不是理想弹塑性恢复力模型等有关。

5.5.5 在罕遇地震作用下,结构要进入弹塑性变形状态。根据震害经验、试验研究和计算分析结果,提出以构件(梁、柱、墙)和节点达到极限变形时的层间极限位移角作为罕遇地震作用下结构弹塑性层间位移角限值的依据。

国内外许多研究结果表明,不同结构类型的不同结构构件的弹塑性变形能力是不同的,钢筋混凝土结构的弹塑性变形主要由构件关键受力区的弯曲变形、剪切变形和节点区受拉钢筋的滑移变形等三部分非线性变形组成。影响结构层间极限位移角的因素很多,包括:梁柱的相对强弱关系、配箍率、轴压比、剪跨比、混凝土强度等级、配筋率等,其中轴压比和配箍率是最主要的因素。

钢筋混凝土框架结构的层间位移是楼层梁、柱、节点弹塑性变形的综合结果,美国对36个梁-柱组合试件试验结果表明,极限侧移角的分布为$1/27 \sim 1/8$,我国对数十榀填充墙框架的试验结果表明,不开洞填充墙和开洞填充墙框架的极限侧移角平均分别为$1/30$和$1/38$。本条规定框架和板柱-框架的位移角限值为$1/50$是留有安全储备的。

由于底部框架砖房沿竖向存在刚度突变,因此对框架部分适当从严;同时,考虑到底部框架一般均带一定数量的抗震墙,故类比框架-抗震墙结构,取位移角限值为$1/100$。

钢筋混凝土结构在罕遇地震作用下,抗震墙要比框架柱先进入弹塑性状态,而且最终破坏也相对集中在抗震墙单元。日本对176个带边框柱抗震墙的试验研究表明,抗震墙的极限位移角的分布为$1/333 \sim 1/125$,国内对11个带边框低矮抗震墙试验所得到的极限位移角分布为$1/192 \sim 1/112$。在上述试验研究结果的基础上,取$1/120$作为抗震墙和筒中筒结构的弹塑性层间位移角限值。考虑到框架-抗震墙结构、板柱-抗震墙和框架-核心筒结构中大部分水平地震作用由抗震墙承担,弹塑性层间位移角限值可比框架柱严,但比抗震墙和筒中筒结构要松,故取$1/100$。高层钢结构具有较高的变形能力,美国ATC3—06规定,Ⅱ类地区危险性的建筑(容纳人数较多),层间最大位移角限值为$1/67$;美国AISC《房屋钢结构抗震规定》(1997)中规定,与小震相比,大震时的位移角放大系数,对双重抗侧力体系中的框架-中心支撑结构取5,对框架-偏心支撑结构,取4。如果弹性位移角限值为$1/300$,则对应的弹塑性位移角限值分别大于$1/60$和$1/75$。考虑到钢结构具有较好的延性,弹塑性层间位移角限值适当放宽至$1/50$。

鉴于甲类建筑在抗震安全性上的特殊要求,其层间位移角限值应专门研究确定。

6 多层和高层钢筋混凝土房屋

6.1 一般规定

6.1.1 本章适用范围,除了89规范已有的框架结构、框架-抗震墙结构和抗震墙(包括有一、二层框支墙的抗震墙)结构外,增加了筒体结构和板柱-抗震墙结构。

对采用钢筋混凝土材料的高层建筑,从安全和经济诸方面综合考虑,其适用高度应有限制。框架结构、框架-抗震墙结构和抗震墙结构的最大适用高度仍按89规范采用。筒体结构包括框架-核心筒和筒中筒结构,在高层建筑中应用较多。框架-核心筒存在抗扭不利及加强层刚度突变问题,其适用高度略低于筒中筒。板柱体系有利于节约建筑空间及平面布置的灵活性,但板柱节点较弱,不利于抗震。1988年墨西哥地震充分说明板柱结构的弱点。本规范对板柱结构的应用范围限于板柱-抗震墙体系,对节点构造有较严格的要求。框架-核心筒结构中,带有一部分仅承受竖向荷载的无梁楼盖时,不作为板柱-抗震墙结构。

不规则或Ⅳ类场地的结构,其最大适用高度一般降低20%左右。

当钢筋混凝土结构的房屋高度超过最大适用高度时,应通过专门研究,采取有效加强措施,必要时需采用型钢混凝土结构等,并按建设部部长令的有关规定上报审批。

6.1.2、6.1.3 钢筋混凝土结构的抗震措施,包括内力调整和抗震构造措施,不仅要按建筑抗震设防类别区别对待,而且要按抗震等级划分,是因为同样烈度下不同结构体系、不同高度有不同的抗震要求。例如:次要抗侧力构件的抗震要求可低于主要抗侧力构件;较高的房屋地震反应大,位移延性的要求也较高,墙肢底部塑性铰区的曲率延性要求也较高。场地不同时抗震构造措施也有区别,如Ⅰ类场地的所有建筑及Ⅳ类场地较高的高层建筑。

本章条文中,"×级框架"包括框架结构、框架-抗震墙结构、框支层和框架-核心筒结构、板柱-抗震墙结构中的框架,"×级框架结构"仅对框架结构的框架而言,"×级抗震墙"包括抗震墙结构、框架-抗震墙结构、筒体结构和板柱-抗震墙结构中的抗震墙。

本次修订,淡化了高度对抗震等级的影响,6度至8度均采用同样的高度分界,使同样高度的房屋,抗震设防烈度不同时有不同的抗震等级。对8度设防的框架和框架-抗震墙结构,抗震等级的高度分界较

89规范略有降低,适当扩大一、二级范围。

当框架-抗震墙结构有足够的抗震墙时,其框架部分是次要抗侧力构件,可按框架-抗震墙结构中的框架确定抗震等级。89规范要求抗震墙底部承受的地震倾覆力矩不小于结构底部总地震倾覆力矩的50%。为了便于操作,本次修订改为在基本振型地震作用下,框架承受的地震倾覆力矩小于结构总地震倾覆力矩的50%时,其框架部分的抗震等级按框架-抗震墙结构的规定划分。

框架承受的地震倾覆力矩可按下式计算:

$$M_c = \sum_{i=1}^{n} \sum_{j=1}^{m} V_{ij} h_i$$

式中 M_c——框架-抗震墙结构在基本振型地震作用下框架部分承受的地震倾覆力矩;
n——结构层数;
m——框架 i 层的柱根数;
V_{ij}——第 i 层 j 框架柱的计算地震剪力;
h_i——第 i 层层高。

裙房与主楼相连,裙房屋面部位的主楼上下各一层受刚度与承载力突变影响较大,抗震措施需要适当加强。裙房与主楼之间设防震缝,在大震作用下可能发生碰撞,也需要采取加强措施。

带地下室的多层和高层建筑,当地下室结构的刚度和受剪承载力比上部楼层相对较大时(参见第6.1.14条),地下室顶板可视作嵌固部位,在地震作用下的屈服部位将发生在地上楼层,同时将影响到地下一层。地面以下地震响应虽然逐渐减小,但地下一层的抗震等级不能降低,根据具体情况,地下二层的抗震等级可按三级或更低等级。

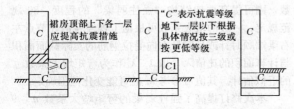

图 6.1.3 裙房和地下室的抗震等级

6.1.4 震害表明,本条规定的防震缝宽度,在强烈地震下相邻结构仍可能局部碰撞而损坏,但宽度过大会给立面处理造成困难。因此,高层建筑宜选用合理的建筑结构方案而不设置防震缝,同时采用合适的计算方法和有效的措施,以消除不设防震缝带来的不利影响。

防震缝可以结合沉降缝要求贯通到地基,当无沉降问题时也可以从基础或地下室以上贯通。当有多层地下室形成大底盘,上部结构为带裙房的单塔或多塔结构时,可将裙房用防震缝自地下室以上分隔,地下室顶板应有良好的整体性和刚度,能将上部结构地震作用分布到地下室结构。

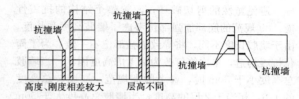

图 6.1.4 抗撞墙示意图

8、9度框架结构房屋防震缝两侧结构高度、刚度或层高相差较大时,可在防震缝两侧房屋的尽端沿全高设置垂直于防震缝的抗撞墙,以减少防震缝两侧碰撞时的破坏。

6.1.5 梁中线与柱中线之间、柱中线与抗震墙中线之间有较大偏心距时,在地震作用下可能导致核芯区受剪面积不足,对柱带来不利的扭转效应。当偏心距超过1/4柱宽时,应进行具体分析并采取有效措施,如采用水平加腋梁及加强柱的箍筋等。

【修订说明】

本条补充了控制单跨框架结构适用范围的要求。

6.1.6 楼、屋盖平面内的变形,将影响楼层水平地震作用在各抗侧力构件之间的分配。为使楼、屋盖具有传递水平地震作用的刚度,从78规范起,就提出了不同烈度下抗震墙之间不同楼、屋盖类型的长宽比限值。超过该限值时,需考虑楼、屋盖平面内变形对楼层水平地震作用分配的影响。

6.1.8 在框架-抗震墙结构中,抗震墙是主要抗侧力构件,竖向布置应连续,墙中不宜开设大洞口,防止刚度突变或承载力削弱。抗震墙的连梁作为第一道防线,应具备一定耗能能力,连梁截面宜具有适当的刚度和承载能力。89规范判别连梁的强弱采用约束弯矩比值法,取地震作用下楼层墙肢截面总弯矩是否大于该楼层及以上各层连梁总约束弯矩的5倍为界。为了便于操作,本次修订改用跨高比和截面高度的规定。

6.1.9 较长的抗震墙,要开设洞口分成较均匀的若干墙段,使各墙段的高宽比大于2,避免剪切破坏,提高变形能力。

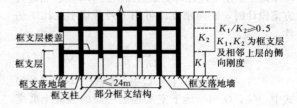

图 6.1.9 框支结构示意图

部分框支抗震墙属于抗震不利的结构体系,本规范的抗震措施限于框支层不超过两层。

6.1.10 抗震墙的底部加强部位包括底部塑性铰范围及其上部的一定范围,其目的是在此范围内采取增加边缘构件箍筋和墙体横向钢筋等必要的抗震加强措施,避免脆性的剪切破坏,改善整个结构的抗震性能。89规范的底部加强部位考虑了墙肢高度和长度,由于墙肢长度不同,将导致加强部位不一致。为了简化抗震构造,本次修订改为只考虑高度因素。当墙肢总高度小于50m时,参考欧洲规范,取墙肢总高度的1/6,相当于2层的高度;当墙肢总高度大于50m时,取墙肢总高度的1/8;当墙肢总高度大于150m时,《高层建筑混凝土结构设计规程》要求取总高度的1/10。为了相互衔接,增加一项不超过15m的规定。

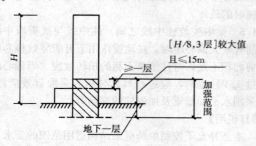

图6.1.10 抗震墙底部加强部位

带有大底盘的高层抗震墙(包括筒体)结构,抗震墙(筒体)墙肢的底部加强部位可取地下室顶板以上$H/8$,加强范围应向下延伸到地下一层,在大底盘顶板以上至少包括一层。裙房与主楼相连时,加强范围也宜高出裙房至少一层。

6.1.12 当地基土较弱,基础刚度和整体性较差,在地震作用下抗震墙基础将产生较大的转动,从而降低了抗震墙的抗侧力刚度,对内力和位移将产生不利影响。

6.1.14 地下室顶板作为上部结构的嵌固部位时,地下室层数不宜小于2层,应能将上部结构的地震剪力传递到全部地下室结构。地下室顶板不宜有较大洞口。地下室结构应能承受上部结构屈服超强及地下室本身的地震作用,为此近似考虑地下室结构的侧向刚度与上部结构侧向刚度之比不宜小于2,地下室柱截面每一侧的纵向钢筋面积,除满足计算要求外,不应小于地上一层对应柱每侧纵筋面积的1.1倍。当进行方案设计时,侧向刚度比可用下列剪切刚度比γ估计。

$$\gamma = \frac{G_0 A_0 h_1}{G_1 A_1 h_0} \quad (6.1.14-1)$$

$$[A_0, A_1] = A_w + 0.12 A_c \quad (6.1.14-2)$$

式中 G_0,G_1——地下室及地上一层的混凝土剪变模量;

A_0,A_1——地下室及地上一层的折算受剪面积;

A_w——在计算方向上,抗震墙全部有效面积;

A_c——全部柱截面面积;

h_0,h_1——地下室及地上一层的层高。

6.2 计算要点

6.2.2 框架结构的变形能力与框架的破坏机制密切相关。试验研究表明,梁先屈服,可使整个框架有较大的内力重分布和能量消耗能力,极限层间位移增大,抗震性能较好。

在强震作用下结构构件不存在强度储备,梁端实际达到的弯矩与其受弯承载力是相等的,柱端实际达到的弯矩也与其偏压下的受弯承载力相等。这是地震作用效应的一个特点。因此,所谓"强柱弱梁"指的是:节点处梁端实际受弯承载力M_{by}^c和柱端实际受弯承载力M_{cy}^c之间满足下列不等式:

$$\Sigma M_{cy}^c > \Sigma M_{by}^c$$

这种概念设计,由于地震的复杂性、楼板的影响和钢筋屈服强度的超强,难以通过精确的计算真正实现。国外的抗震规范多以设计承载力衡量或将钢筋抗拉强度乘以超强系数。

本规范的规定只在一定程度上减缓柱端的屈服。一般采用增大柱端弯矩设计值的方法。在梁端实配钢筋不超过计算配筋10%的前提下,将承载力不等式转为内力设计值的关系式,并使不同抗震等级的柱端弯矩设计值有不同程度的差异。

对于一级,89规范除了用增大系数的方法外,还提出了采用梁端实配钢筋面积和材料强度标准值计算的抗震受弯承载力所对应的弯矩值来提高的方法。这里,抗震承载力即本规范5章的$R_E = R/\gamma_{RE}$,此时必须将抗震承载力验算公式取等号转换为对应的内力,即$S = R/\gamma_{RE}$。当计算梁端抗震承载力时,若计入楼板的钢筋,且材料强度标准值考虑一定的超强系数,则可提高框架结构"强柱弱梁"的程度。89规范规定,一级的增大系数可根据工程经验估计节点左右梁端顺时针或反时针方向受拉钢筋的实际截面面积与计算面积的比值λ_s,取$1.1\lambda_s$作为弯矩增大系数η_c的近似估计。其值可参考λ_s的可能变化范围确定。

本次修订提高了强柱弱梁的弯矩增大系数η_c,9度时及一级框架结构仍考虑框架梁的实际受弯承载力;其他情况,弯矩增大系数η_c考虑了一定的超配钢筋和钢筋超强。

当框架底部若干层的柱反弯点不在楼层内时,说明该若干层的框架梁相对较弱,为避免在竖向荷载和地震共同作用下变形集中,压屈失稳,柱端弯矩也应乘以增大系数。

对于轴压比小于0.15的柱,包括顶层柱在内,因其具有与梁相近的变形能力,可不满足上述要求;对框支柱,在第6.2.10条另有规定,此处不予重复。

由于地震是往复作用,两个方向的弯矩设计值均要满足要求。当柱子考虑顺时针方向之和时,梁考虑反时针方向之和;反之亦然。

6.2.3 框架结构的底层柱底过早出现塑性屈服,将影响整个结构的变形能力。底层柱下端乘以弯矩增大系数是为了避免框架结构柱脚过早屈服。对框架-抗震墙结构的框架，其主要抗侧力构件为抗震墙，对其框架部分的底层柱底，可不作要求。

6.2.4、6.2.5、6.2.8 防止梁、柱和抗震墙底部在弯曲屈服前出现剪切破坏是抗震概念设计的要求，它意味着构件的受剪承载力要大于构件弯曲时实际达到的剪力，即按实际配筋面积和材料强度标准值计算的承载力之间满足下列不等式：

$$V_{bu} > (M^l_{bu} + M^r_{bu})/l_{bo} + V_{Gb}$$

$$V_{cu} > (M^t_{cu} + M^b_{cu})/H_{cn}$$

$$V_{wu} > (M^t_{wu} - M^b_{wu})/H_{wn}$$

规范在超配钢筋不超过计算配筋 10% 的前提下，将承载力不等式转为内力设计表达式，仍采用不同的剪力增大系数，使"强剪弱弯"的程度有所差别。该系数同样考虑了材料实际强度和钢筋实际面积这两个因素的影响，对柱和墙还考虑了轴向力的影响，并简化计算。

一级的剪力增大系数，需从上述不等式中导出。直接取实配钢筋面积 A^a_s 与计算实配筋面积 A^c_s 之比 λ_s 的 1.1 倍，是 η_v 最简单的近似，对梁和节点的"强剪"能满足工程的要求，对柱和墙偏于保守。89 规范在条文说明中给出较为复杂的近似计算公式如下：

$$\eta_{vc} \approx \frac{1.1\lambda_s + 0.58\lambda_N(1-0.56\lambda_N)(f_c/f_y\rho_t)}{1.1 + 0.58\lambda_N(1-0.75\lambda_N)(f_c/f_y\rho_t)}$$

$$\eta_{vw} \approx \frac{1.1\lambda_{sw} + 0.58\lambda_N(1-0.56\lambda_N)\zeta(f_c/f_y\rho_{tw})}{1.1 + 0.58\lambda_N(1-0.75\lambda_N)\zeta(f_c/f_y\rho_{tw})}$$

式中，λ_N 为轴压比，λ_{sw} 为墙体实际受拉钢筋（分布筋和集中筋）截面面积与计算面积之比，ζ 为考虑墙体边缘构件影响的系数，ρ_{tw} 为墙体受拉钢筋配筋率。

当柱 $\lambda_s \leq 1.8$，$\lambda_N \geq 0.2$ 且 $\rho_t = 0.5\% \sim 2.5\%$，墙 $\lambda_{sw} \leq 1.8$，$\lambda_N \leq 0.3$ 且 $\rho_{tw} = 0.4\% \sim 1.2\%$ 时，通过数百个算例的统计分析，能满足工程要求的剪力增大系数 η_v 的进一步简化计算公式如下：

$$\eta_{vc} \approx 0.15 + 0.7[\lambda_s + 1/(2.5-\lambda_N)]$$

$$\eta_{vw} \approx 1.2 + (\lambda_{sw}-1)(0.6+0.02/\lambda_N)$$

本次修订，框架柱、抗震墙的剪力增大系数 η_{vc}、η_{vw}，即参考上述近似公式确定。

注意：柱和抗震墙的弯矩设计值系经本节有关规定调整后的取值；梁端、柱端弯矩设计值之和须取顺时针方向之和以及反时针方向之和两者的较大值；梁端纵向受拉钢筋也按顺时针及反时针方向考虑。

6.2.7 对一级抗震墙规定调整各截面的组合弯矩设计值，目的是通过配筋方式迫使塑性铰区位于墙肢的底部加强部位。89 规范要求底部加强部位以上的组合弯矩设计值按线性变化，对于较高的房屋，会导致弯矩取值过大。为简化设计，本次修订改为：底部加强部位的弯矩设计值均取墙底部截面的组合弯矩设计

值，底部加强部位以上，均采用各墙肢截面的组合弯矩设计值乘以增大系数。

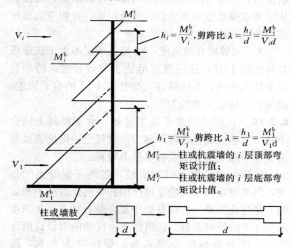

图 6.2.9 剪跨比计算简图

底部加强部位的纵向钢筋宜延伸到相邻上层的顶板处，以满足锚固要求并保证加强部位以上墙肢截面的受弯承载力不低于加强部位顶截面的受弯承载力。

双肢抗震墙的某个墙肢一旦出现全截面受拉开裂，则其刚度退化严重，大部分地震作用将转移到受压墙肢，因此，受压肢需适当增加弯矩和剪力。注意到地震是往复的作用，实际上双肢墙的每个墙肢，都可能要按增大后的内力配筋。

6.2.9 框架柱和抗震墙的剪跨比可按图 6.2.9 及公式进行计算。

6.2.11 框支结构落地墙，在转换层以下的部位是保证框支结构抗震性能的关键部位，这部位的剪力传递还存在矮墙效应。为了保证抗震墙在大震时的受剪承载力，只考虑有拉筋约束部分的混凝土受剪承载力。

无地下室的单层框支结构的落地墙，特别是联肢或双肢墙，当考虑不利荷载组合出现偏心受拉时，为了防止墙与基础交接处产生滑移，除满足本规范（6.2.14）公式的要求外，宜按总剪力的 30% 设置 45° 交叉防滑斜筋，斜筋可按单排设在墙截面中部并应满足锚固要求。

6.2.13 本条规定了在结构整体分析中的内力调整：

1 框架-抗震墙结构在强烈地震中，墙体开裂而刚度退化，引起框架和抗震墙之间塑性内力重分布，需调整框架部分承担的地震剪力。调整后，框架部分各层的剪力设计值均相同。其取值既体现了多道抗震设防的原则，又考虑了当前的经济条件。

此项规定不适用于部分框支柱不到顶，使上部框架柱数量较少的楼层。

2 抗震墙连梁内力由风荷载控制时，连梁刚度

不宜折减。地震作用控制时，抗震墙的连梁考虑刚度折减后，如部分连梁尚不能满足剪压比限值，可按剪压比要求降低连梁剪力设计值及弯矩，并相应调整抗震墙的墙肢内力。

3 对翼墙有效宽度，89 规范规定不大于抗震墙总高度的 1/10，这一规定低估了有效长度，特别是对于较低房屋，本次修订，参考 UBC97 的有关规定，改为抗震墙总高度的 15%。

6.2.14 抗震墙的水平施工缝处，由于混凝土结合不良，可能形成抗震薄弱部位。故规定一级抗震墙要进行水平施工缝处的受剪承载力验算。

验算公式依据于试验资料，忽略了混凝土的作用，但考虑轴向压力的摩擦作用和轴向拉力的不利影响。穿过施工缝处的钢筋处于复合受力状态，其强度采用 0.6 的折减系数。还需注意，在轴向力设计值计算中，重力荷载的分项系数，受压时为有利，取 1.0；受拉时取 1.2。

6.2.15 节点核芯区是保证框架承载力和延性的关键部位，为避免三级到二级承载力的突然变化，三级框架高度接近二级框架高度下限时，明显不规则或场地、地基条件不利时，可采用二级并进行节点核芯区受剪承载力的验算。

本次修订，增加了梁宽大于柱宽的框架和圆柱框架的节点核芯区验算方法。梁宽大于柱宽时，按柱宽范围内外分别计算。圆柱的计算公式依据国外资料和国内试验结果提出：

$$V_j \leqslant \frac{1}{\gamma_{RE}}\left(1.5\eta_j f_t A_j + 0.05\eta_j \frac{N}{D^2}A_j + 1.57 f_{yv} A_{sh} \frac{h_{b0}-a'_s}{s}\right)$$

上式中 A_j 为圆柱截面面积，A_{sh} 为核芯区环形箍筋的单根截面面积。去掉 γ_{RE} 及 η_j 附加系数，上式可写为：

$$V_j \leqslant 1.5 f_t A_j + 0.05 \frac{N}{D^2}A_j + 1.57 f_{yv} A_{sh} \frac{h_{b0}-a'_s}{s}$$

上式中最后一项系参考 ACI Structural Journal Jan-Feb. 1989 Priestley and Paulay 的文章：Seismic strength of Circular Reinforced Concrete Columns.

圆形截面柱受剪，环形箍筋所承受的剪力可用下式表达：

$$V_s = \frac{\pi A_{sh} f_{yv} D'}{2s} = 1.57 f_{yv} A_{sh} \frac{D'}{s} \approx 1.57 f_{yv} A_{sh} \frac{h_{b0}-a'_s}{s}$$

式中 A_{sh}——环形箍单肢截面面积；
　　　D'——纵向钢筋所在圆周的直径；
　　　h_{b0}——框架梁截面有效高度；
　　　s——环形箍筋间距。

根据重庆建筑大学 2000 年完成的 4 个圆柱梁柱节点试验，对比了计算和试验的节点核芯区受剪承载力，计算值与试验之比约为 85%，说明此计算公式的可靠性有一定保证。

6.3 框架结构抗震构造要求

6.3.2 为了避免或减小扭转的不利影响，宽扁梁框架的梁柱中线宜重合，并应采用整体现浇楼盖。为了使宽扁梁端部在柱外的纵向钢筋有足够的锚固，应在两个主轴方向都设置宽扁梁。

6.3.3～6.3.5 梁的变形能力主要取决于梁端的塑性转动量，而梁的塑性转动量与截面混凝土受压区相对高度有关。当相对受压区高度为 0.25 至 0.35 范围时，梁的位移延性系数可到达 3～4。计算梁端受拉钢筋时宜考虑梁端受压钢筋的作用，计算梁端受压区高度时宜按梁端截面实际受拉和受压钢筋面积进行计算。

梁端底面和顶面纵向钢筋的比值，同样对梁的变形能力有较大影响。梁底面的钢筋可增加负弯矩时的塑性转动能力，还能防止在地震中梁底出现正弯矩时过早屈服或破坏过重，从而影响承载力和变形能力的正常发挥。

根据试验和震害经验，随着剪跨比的不同，梁端的破坏主要集中于 1.5～2.0 倍梁高的长度范围内，当箍筋间距小于 $6d$～$8d$（d 为纵筋直径）时，混凝土压溃前受压钢筋一般不致压屈，延性较好。因此规定了箍筋加密范围，限制了箍筋最大肢距；当纵向受拉钢筋的配筋率超过 2% 时，箍筋的要求相应提高。

6.3.7 限制框架柱的轴压比主要为了保证框架结构的延性要求。抗震设计时，除了预计不可能进入屈服的柱外，通常希望柱子处于大偏心受压的弯曲破坏状态。由于柱轴压比直接影响柱的截面设计，本次修订仍以 89 规范的限值为依据，根据不同情况进行适当调整，同时控制轴压比最大值。在框架-抗震墙、板柱-抗震墙及筒体结构中，框架属于第二道防线，其中框架的柱与框架结构的柱相比，所承受的地震作用也相对较低，为此可以适当增大轴压比限值。利用箍筋对柱加强约束可以提高柱的混凝土抗压强度，从而降低轴压比要求。早在 1928 年美国 F.E. Richart 通过试验提出混凝土在三向受压状态下的抗压强度表达式，从而得出混凝土柱在箍筋约束条件下的混凝土抗压强度。

我国清华大学研究成果和日本 AIJ 钢筋混凝土房屋设计指南都提出考虑箍筋提高混凝土强度作用时，复合箍筋肢距不宜大于 200mm，箍筋间距不宜大于 100mm，箍筋直径不宜小于 ϕ10mm 的构造要求。参考美国 ACI 资料，考虑螺旋箍筋提高混凝土强度作用时，箍筋直径不宜小于 ϕ10mm，净螺距不宜大于 75mm。考虑便于施工，采用螺旋间距不大于 100mm，箍筋直径不小于 ϕ12mm。矩形截面柱采用连续矩形复合螺旋箍是一种非常有效的提高延性措施，这已被西安建筑科技大学的试验研究所证实。根据日本川铁株式会社 1998 年发表的试验报告，相同柱截面、相同配筋、配箍率、箍距及箍筋肢距，采用连续复合螺旋箍比一般复合箍筋可提高柱的极限变形角25%。采用连续复合矩形螺旋箍可按圆形复合螺旋箍对待。用上述方法提高柱的轴压比后，应按增大的轴压比由表6.3.12确定配箍量，且沿柱全高采用相同的配箍特征值。

试验研究和工程经验都证明在矩形或圆形截面柱内设置矩形核芯柱，不但可以提高柱的受压承载力，还可以提高柱的变形能力。在压、弯、剪作用下，当柱出现弯、剪裂缝，在大变形情况下芯柱可以有效地减小柱的压缩，保持柱的外形和截面承载力，特别对于承受高轴压的短柱，更有利于提高变形能力，延缓倒塌。

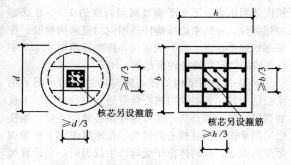

图 6.3.7 芯柱尺寸示意图

为了便于梁筋通过，芯柱边长不宜小于柱边长或直径的1/3，且不宜小于250mm。

6.3.8 试验表明，柱的屈服位移角主要受纵向受拉钢筋配筋率支配，并大致随拉筋配筋率的增大呈线性增大。89规范的柱截面最小总配筋率比78规范有所提高，但仍偏低，很多情况小于非抗震配筋率，本次修订再次适当调整。

当柱子在地震作用组合时处于全截面受拉状态，规定柱纵筋总截面面积计算值增加25%，是为了避免柱的受拉纵筋屈服后再受压时，由于包兴格效应，导致纵筋压屈。

6.3.9～6.3.12 柱箍筋的约束作用，与柱轴压比、配箍量、箍筋形式、箍筋肢距，以及混凝土强度与箍筋强度的比值等因素有关。

89规范的体积配箍率，是在配箍特征值基础上，对箍筋屈服强度和混凝土轴心抗压强度的关系做了一定简化得到的，仅适用于混凝土强度在C35以下和HPB235级钢箍筋。本次修订直接给出配箍特征值，能够经济合理地反映箍筋对混凝土的约束作用。为了避免配箍率过小还规定了最小体积配箍率。

箍筋类别参见图6.3.12：

6.3.13 考虑到柱子在层高范围内剪力不变及可能的扭转影响，为避免柱子非加密区的受剪能力突然降低很多，导致柱子中段破坏，对非加密区的最小箍筋量也做了规定。

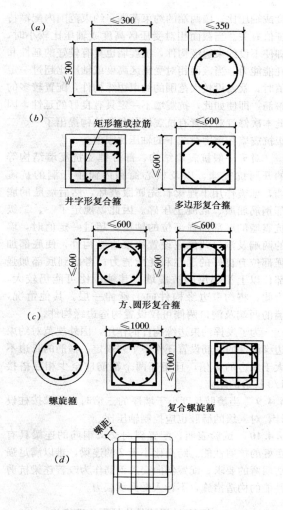

图 6.3.12 各类箍筋示意图
(a)普通箍；(b)复合箍；(c)螺旋箍；
(d)连续复合螺旋箍(用于矩形截面柱)

6.3.14 为使框架的梁柱纵向钢筋有可靠的锚固条件，框架梁柱节点核芯区的混凝土要具有良好的约束。考虑到核芯区内箍筋的作用与柱端有所不同，其构造要求与柱端有所区别。

6.4 抗震墙结构构造措施

6.4.1 试验表明，有约束边缘构件的矩形截面抗震墙与无约束边缘构件的矩形截面抗震墙相比，极限承载力约提高40%，极限层间位移角约增加一倍，对地震能量的消耗能力增大20%左右，且有利于墙板的稳定。对一、二级抗震墙底部加强部位，当无端柱或翼墙时，墙厚需适当增加。

6.4.3 为控制墙板因温度收缩或剪力引起的裂缝宽度，二、三、四级抗震墙一般部位分布钢筋的配筋率，比89规范有所增加，与加强部位相同。

6.4.4～6.4.8 抗震墙的塑性变形能力，除了与纵向配筋等有关外，还与截面形状、截面相对受压区高度或轴压比、墙两端的约束范围、约束范围内配箍特征值有关。当截面相对受压区高度或轴压比较小时，即使不设约束边缘构件，抗震墙也具有较好的延性和耗能能力。当截面相对受压区高度或轴压比超过一定值时，就需设较大范围的约束边缘构件，配置较多的箍筋，即使如此，抗震墙不一定具有良好的延性，因此本次修订对设置有抗震墙的各类结构提出了一、二级抗震墙在重力荷载下的轴压比限值。

对于一般抗震墙结构、部分框支抗震墙结构等的开洞抗震墙，以及核心筒和内筒中开洞的抗震墙，地震作用下连梁首先屈服破坏，然后墙肢的底部钢筋屈服、混凝土压碎。因此，规定了一、二级抗震墙的底部加强部位的轴压比超过一定值时，墙的两端及洞口两侧应设置约束边缘构件，使底部加强部位有良好的延性和耗能能力；考虑到底部加强部位以上相邻层的抗震墙，其轴压比可能仍较大，为此，将约束边缘构件向上延伸一层。其他情况，墙的两端及洞口两侧可仅设置构造边缘构件。

为了发挥约束边缘构件的作用，国外规范对约束边缘构件的箍筋设置还作了下列规定：箍筋的长边不大于短边的 3 倍，且相邻两个箍筋应至少相互搭接 1/3 长边的距离。

6.4.9 当墙肢长度小于墙厚的三倍时，要求按柱设计，对三级的墙肢也应控制轴压比。

6.4.10 试验表明，配置斜向交叉钢筋的连梁具有更好的抗剪性能。跨高比小于 2 的连梁，难以满足强剪弱弯的要求。配置斜向交叉钢筋作为改善连梁抗剪性能的构造措施，不计入受剪承载力。

6.5 框架-抗震墙结构抗震构造措施

本节针对框架-抗震墙结构不同于抗震墙结构的特点，补充了作为主要抗侧力构件的抗震墙的一些规定。

抗震墙是框架-抗震墙结构中起第一道防线的主要抗侧力构件，对墙板厚度、最小配筋率和端柱设置等做了较严的规定，以提高其变形和耗能能力。

门洞边的端柱，受力复杂且轴压比大，适当增加其箍筋构造要求。

6.6 板柱-抗震墙结构抗震设计要求

本规范的规定仅限于设置抗震墙的板柱体系。主要规定如下：

按柱纵筋直径 16 倍控制板厚是为了保证板柱节点的抗弯刚度。

按多道设防的原则，要求板柱结构中的抗震墙承担全部地震作用。

为了防止无柱帽板柱结构的柱边开裂以后楼板脱落，穿过柱截面板底两个方向钢筋的受拉承载力应满足该层柱承担的重力荷载代表值的轴压力设计值。

无柱帽平板在柱上板带中按本规范要求设置构造暗梁时，不可把平板作为有边梁的双向板进行设计。

6.7 筒体结构抗震设计要求

框架-核心筒结构的核心筒、筒中筒结构的内筒，都是由抗震墙组成的，也都是结构的主要抗侧力竖向构件，其抗震构造措施应符合本章第 6.4 节和第 6.5 节的规定，包括墙体的厚度、分布钢筋的配筋率、轴压比限值、边缘构件和连梁配置斜交叉暗柱的要求等，以使筒体有良好的抗震性能。

筒体的连梁，跨高比一般较小，墙肢的整体作用较强。因此，筒体角部的抗震构造措施应予以加强，约束边缘构件宜沿全高设置；约束边缘构件沿墙肢的长度适当增大，不小于墙肢截面高度的 1/4；在底部加强部位，在约束边缘构件范围内均应采用箍筋；在底部加强部位以上的一般部位，按本规范图 6.4.7 中 L 形墙的规定取箍筋约束范围。

框架-核心筒结构的核心筒与周边框架之间采用梁板结构时，各层梁对核心筒有适当的约束，可不设加强层，梁与核心筒连接应避开核心筒的连梁。当楼层采用平板结构且核心筒较柔，在地震作用下不能满足变形要求，或筒体由于受弯产生拉力时，宜设置加强层，其部位应结合建筑功能设置。为了避免加强层周边框架柱在地震作用下由于强梁带来的不利影响，加强层与周边框架不宜刚性连接。9 度时不应采用加强层。核心筒的轴向压缩及外框架的竖向温度变形对加强层产生很大的附加内力，在加强层与周边框架柱之间采取必要的后浇连接及有效的外保温措施是必要的。

筒体结构的外筒设计时，可采取提高延性的下列措施：

1 外筒为梁柱式框架或框筒时，宜用非结构幕墙，当采用钢筋混凝土裙墙时，可在裙墙与柱连接处设置受剪控制缝。

2 外筒为壁式筒体时，在裙墙与窗间墙连接处设置受剪控制缝，外筒按联肢抗震墙设计；三级的壁式筒体可按壁式框架设计，但壁式框架柱除满足计算要求外，尚需满足条文第 6.4.8 条的构造要求；支承大梁的壁式筒体在大梁支座宜设置壁柱，一级时，由壁柱承担大梁传来的全部轴力，但验算轴压比时仍取全部截面。

3 受剪控制缝的构造如下图：

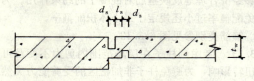

缝宽 d_s 大于 5mm；两缝间距 l_s 不小于 50mm

图 6.7.2 外筒裙墙受剪控制缝构造

7 多层砌体房屋和底部框架、内框架房屋

7.1 一般规定

7.1.1 本次修订，将89规范的多层砌体房屋与底层框架、内框架砖房合并为一章。

按目前常用砌体房屋的结构类型，增加了烧结多孔黏土砖的内容，删去了混凝土中型砌块和粉煤灰中型砌块房屋的内容。考虑到内框架结构中单排柱内框架的震害较重，取消了有关单排柱内框架房屋的规定。

适应砌体结构发展的需要，增加了其他烧结砖和蒸压砖房屋参照黏土砖房屋抗震设计的条件，并在附录F列入配筋混凝土小型空心砌块抗震墙房屋抗震设计的有关要求。

7.1.2 砌体房屋的高度限制，是十分敏感且深受关注的规定。基于砌体材料的脆性性质和震害经验，限制其层数和高度是主要的抗震措施。

多层砖房的抗震能力，除依赖于横墙间距、砖和砂浆强度等级、结构的整体性和施工质量等因素外，还与房屋的总高度有直接的联系。

历次地震的宏观调查资料说明：二、三层砖房在不同烈度区的震害，比四、五层的震害轻得多，六层及六层以上的砖房在地震时震害明显加重。海城和唐山地震中，相邻的砖房，四、五层的比二、三层的破坏严重，倒塌的百分比亦高得多。

国外在地震区对砖结构房屋的高度限制较严。不少国家在7度以上地震区不允许用无筋砖结构，前苏联等国对配筋和无筋结构的高度和层数作了相应的限制。结合我国具体情况，修订后的高度限制是指设置了构造柱的房屋高度。

多层砌块房屋的总高度限制，主要是依据计算分析、部分震害调查和足尺模型试验，并参照多层砖房确定的。

对各层横墙间距均接近规范最大间距的砌体房屋，其总高尚应比医院、教学楼再适当降低。

本次修订对高度限制的主要变动如下：

1 调整了限制的规定。层数为整数，限制应严格遵守；总高度按有效数字取整控制，当室内外高差大于0.6m时，限值有所松动。

2 半地下室的计算高度按其嵌固条件区别对待，并增加斜屋面的计算高度按阁楼层设置情况区别对待的规定。

3 按照国家关于墙体改革和控制黏土砖使用范围的政策，并考虑到居住建筑使用要求的发展趋势，采用烧结普通黏土砖的多层砖房的层数和高度，均不再增加。还需注意，按照国家关于办公建筑和住宅建筑的强制性标准的要求，超过层数和高度时，必须设置电梯，采用砌体结构也必须遵守有关规定。

4 烧结多孔黏土砖房屋的高度和层数，在行业标准JGJ 68—90规程的基础上，根据墙厚略为调整。

5 混凝土小型空心砌块房屋作为墙体改革的方向之一，根据小砌块生产技术发展的情况，其高度和层数的限制，参照行业标准JGJ/T 14—95规程的规定，按本次修订的要求采取加强措施后，基本上可与烧结普通黏土砖房有同样的层数和高度。

6 底层框架房屋的总高度和底框的层数，吸收了经鉴定的主要研究成果，按本次修订采取一系列措施后，底部框架可有两层，总层数和总高度，7、8度时可与普通砌体房屋相当。注意到台湾921大地震中上刚下柔的房屋成片倒塌，对9度设防，本规范规定部分框支的混凝土结构不应采用，底框砖房也需专门研究。

7 明确了横墙较少的多层砌体房屋的定义，并专门提供了横墙较少的住宅不降低总层数和总高度时所需采取的计算方法和抗震措施。

【修订说明】
本条补充了属于乙类的多层砌体结构房屋的高度和层数控制要求。

7.1.3 【修订说明】
作为例外，本条补充了砌体结构层高采用3.9m的条件。

7.1.4 若考虑砌体房屋的整体弯曲验算，目前的方法即使在7度时，超过三层就不满足要求，与大量的地震宏观调查结果不符。实际上，多层砌体房屋一般可以不做整体弯曲验算，但为了保证房屋的稳定性，限制了其高宽比。

7.1.5 多层砌体房屋的横向地震力主要由横墙承担，不仅横墙须具有足够的承载力，而且楼盖须具有传递地震力给横墙的水平刚度，本条规定是为了满足楼盖对传递水平地震力所需的刚度要求。

对于多层砖房，沿用了78规范的规定；对砌块房屋则参照多层砖房给出，且不宜采用木楼屋盖。

纵墙承重的房屋，横墙间距同样应满足本条规定。

7.1.6 砌体房屋局部尺寸的限制，在于防止因这些部位的失效，而造成整栋结构的破坏甚至倒塌，本条系根据地震区的宏观调查资料分析规定的，如采用另增设构造柱等措施，可适当放宽。

7.1.7 本条沿用89规范的规定，是对本规范3章关于建筑结构规则布置的补充。

1 根据邢台、东川、阳江、乌鲁木齐、海城及唐山大地震调查统计，纵墙承重的结构布置方案，因横向支承较少，纵墙较易受弯曲破坏而导致倒塌，为此，要优先采用横墙承重的结构布置方案。

2 纵横墙均匀对称布置，可使各墙垛受力基本相同，避免薄弱部位的破坏。

3 震害调查表明，不设防震缝造成的房屋破坏，一般多只是局部的，在7度和8度地区，一些平面较复杂的一、二层房屋，其震害与平面规则的同类房屋相比，并无明显的差别，同时，考虑到设置防震缝所耗的投资较多，所以89规范对设置防震缝的要求比过去有所放宽。

4 楼梯间墙体缺少各层楼板的侧向支承，有时还因为楼梯踏步削弱楼梯间的墙体，尤其是楼梯间顶层，墙体有一层半楼层的高度，震害加重。因此，在建筑布置时尽量不设在尽端，或对尽端开间采取特殊措施。

5 在墙体内设置烟道、风道、垃圾道等洞口，大多因留洞而减薄了墙体的厚度，往往仅剩120mm，由于墙体刚度变化和应力集中，一旦遇到地震则首先破坏，为此要求这些部位的墙体不应削弱，或采取在砌体中加配筋、预制管道构件等加强措施。

【修订说明】

本条补充了对教学楼、医院等横墙较少砌体房屋的楼、屋盖体系的要求，以加强横墙较少、跨度较大房屋的楼、屋盖的整体性。

7.1.8 本次修订，允许底部框架房屋的总层数和高度与普通的多层砌体房屋相当。相应的要求是：严格控制相邻层侧移刚度，合理布置上下楼层的墙体，加强托墙梁和过渡楼层的墙体，并提高了底部框架的抗震等级。对底部的抗震墙，一般要求采用钢筋混凝土墙，缩小了6、7度时采用砖抗震墙的范围，并规定底层砖抗震墙的专门构造。

7.1.9 参照抗震设计手册，增加了多排柱内框架房屋布置的规定。

7.1.10 底部框架-抗震墙房屋和多层多排柱内框架房屋的钢筋混凝土结构部分，其抗震要求原则上均应符合本规范6章的要求。考虑到底部框架-抗震墙房屋高度较低，底部的钢筋混凝土抗震墙应按低矮墙或开竖缝墙设计，其抗震等级可比钢筋混凝土抗震墙结构的框支层有所放宽。

7.2 计算要点

7.2.1 砌体房屋层数不多，刚度沿高度分布一般比较均匀，并以剪切变形为主，因此可采用底部剪力法计算。

自承重墙体（如横墙承重方案中的纵墙等），如按常规方法做抗侧力验算，往往比承重墙还要厚，但抗震安全性的要求可以考虑降低，为此，利用γ_{RE}适当调整。

底部框架—抗震墙房屋属于上刚下柔结构，层数不多，仍可采用底部剪力法简化计算，但应考虑一系列的地震作用效应调整，使之较符合实际。

内框架房屋的震害表现为上部重下部轻的特点，试验也证实其上部的动力反应较大。因此，采用底部剪力法简化计算时，顶层需附加20%总地震作用的集中地震作用。其余80%仍按倒三角形分布。

7.2.2 根据一般的经验，抗震设计时，只需对纵、横向的不利墙段进行截面验算，不利墙段为①承担地震作用较大的墙段；②竖向压应力较小的墙段；③局部截面较小的墙段。

7.2.3 在楼层各墙段间进行地震剪力的分配和截面验算时，根据层间墙段的不同高宽比（一般墙段和门窗洞边的小墙段，高宽比按本条"注"的方法分别计算），分别按剪切或弯剪变形同时考虑，较符合实际情况。

本次修订明确，砌体的墙段按门窗洞口划分，新增小开口墙等效刚度的计算方法。

7.2.4、7.2.5 底部框架—抗震墙房屋是我国现阶段经济条件下特有的一种结构。大地震的震害表明，底层框架砖房在地震时，底层将发生变形集中，出现过大的侧移而严重破坏，甚至坍塌。近十多年来，各地进行了许多试验研究和分析计算，对这类结构有进一步的认识，本次修订，放宽了89规范的高度限制，当采取相应措施后底部框架可有两层。但总体上仍需持谨慎的态度。其抗震计算上需注意：

1 继续保持89规范对底层框架-抗震墙房屋地震作用效应调整的要求。按第二层与底层侧移刚度的比例相应地增大底层的地震剪力，比例越大，增加越多，以减少底层的薄弱程度；底层框架砖房，二层以上全部为砖墙承重结构，仅底层为框架—抗震墙结构，水平地震剪力要根据对应的单层的框架—抗震墙结构中各构件的侧移刚度比例，并考虑塑性内力重分布来分配；作用于房屋二层以上的各楼层水平地震力对底层引起的倾覆力矩，将使底层抗震墙产生附加弯矩，并使底层框架柱产生附加轴力。倾覆力矩引起构件变形的性质与水平剪力不同，本次修订，考虑实际运算的可操作性，近似地将倾覆力矩在底层框架和抗震墙之间按它们的侧移刚度比例分配。

2 增加了底部两层框架—抗震墙的地震作用效应调整规定。

3 新增了底部框架房屋托墙梁在抗震设计中的组合弯矩计算方法。

考虑到大震时墙体严重开裂，托墙梁与非抗震的墙梁受力状态有所差异，当按静力的方法考虑有框架柱落地的托梁与上部墙体组合作用时，若计算系数不变会导致不安全，应调整计算参数。作为简化计算，偏于安全，在托墙梁上部各层墙体不开洞和跨中1/3范围内开一个洞口的情况，也可采用折减荷载的方法：托墙梁弯矩计算时，由重力荷载代表值产生的弯矩，四层以下全部计入组合，四层以上可有所折减，取不小于四层的数值计入组合；对托墙梁剪力计算时，由重力荷载产生的剪力不折减。

7.2.6 多排柱内框架房屋的内力调整，继续保持89

规范的规定。

内框架房屋的抗侧力构件有砖墙及钢筋混凝土柱与砖柱组合的混合框架两类构件。砖墙弹性极限变形较小,在水平力作用下,随着墙面裂缝的发展,侧移刚度迅速降低;框架则具有相当大的延性,在较大变形情况下侧移刚度才开始下降,而且下降的速度较缓。

混合框架各种柱子承担的地震剪力公式,是考虑楼盖水平变形、高阶空间振型及砖墙刚度退化的影响,对不同横墙间距、不同层数的大量算例进行统计得到的。

7.2.7 砌体材料抗震强度设计值的计算,继续保持89规范的规定。

地震作用下砌体材料的强度指标,因不同于静力,宜单独给出。其中砖砌体强度是按震害调查资料综合估算并参照部分试验给出的,砌块砌体强度则依据试验。为了方便,当前仍继续沿用静力指标。但是,强度设计值和标准值的关系则是针对抗震设计的特点按《统一标准》可靠度分析得到的,并采用调整静强度设计值的形式。

当前砌体结构抗剪承载力的计算,有两种半理论半经验的方法——主拉和剪摩。在砂浆等级≥M2.5且在$1<\sigma_0/f_v\leq 4$时,两种方法结果相近。本规范采用正应力影响系数的统一表达形式。

对砖砌体,此系数继续沿用78规范的方法,采用在震害统计基础上的主拉公式得到,以保持规范的延续性:

$$\zeta_N = \frac{1}{1.2}\sqrt{1+0.45\sigma_0/f_v} \quad (7.2.7\text{-}1)$$

对于混凝土小砌块砌体,其f_v较低,σ_0/f_v相对较大,两种方法差异也大,震害经验又较少,根据试验资料,正应力影响系数由剪摩公式得到:

$$\zeta_N = \begin{cases} 1+0.25\sigma_0/f_v & (\sigma_0/f_v \leq 5) \\ 2.25+0.17(\sigma_0/f_v-5) & (\sigma_0/f_v > 5) \end{cases}$$
$$(7.2.7\text{-}2)$$

7.2.8 本次修订,部分修改了设置构造柱墙段抗震承载力验算方法:

一般情况下,构造柱仍不以显式计入受剪承载力计算中,抗震承载力验算的公式与89规范完全相同。

当构造柱的截面和配筋满足一定要求后,必要时可采用显式计入墙段中部位置处构造柱对抗震承载力的提高作用。现行构造柱规程、地方规程和有关的资料,对计入构造柱承载力的计算方法有三种:其一,换算截面法,根据混凝土和砌体的弹性模量比折算,刚度和承载力均按同一比例换算,并忽略钢筋的作用;其二,并联叠加法,构造柱和砌体分别计算刚度和承载力,再将二者相加,构造柱的受剪承载力分别考虑了混凝土和钢筋的承载力,砌体的受剪承载力还考虑了小间距构造柱的约束提高作用;其三,混合法,构造柱混凝土的承载力以换算截面并入砌体截面计算受剪承载力,钢筋的作用单独计算后再叠加。在三种方法中,对承载力抗震调整系数γ_{RE}的取值各有不同。由于不同的方法均根据试验成果引入不同的经验修正系数,使计算结果彼此相差不大,但计算基本假定和概念在理论上不够理想。

本次修订,收集了国内许多单位所进行的一系列两端设置、中间设置1~3根及开洞砖墙体并有不同截面、不同配筋、不同材料强度的试验成果,通过累计百余个试验结果的统计分析,结合混凝土构件抗剪计算方法,提出了新的抗震承载力简化计算公式。此简化公式的主要特点是:

(1) 墙段两端的构造柱对承载力的影响,仍按89规范仅采用承载力抗震调整系数γ_{RE}反映其约束作用,忽略构造柱对墙段刚度的影响,仍按门窗洞口划分墙段,使之与现行国家标准的方法有延续性;

(2) 引入中部构造柱参与工作及构造柱间距不大于2.8m的墙体约束修正系数;

(3) 构造柱的承载力分别考虑了混凝土和钢筋的抗剪作用,但不能随意加大混凝土的截面和钢筋的用量,还根据修订中的混凝土规范,对混凝土的受剪承载力改用抗拉强度表示;

(4) 该公式是简化方法,计算的结果与试验结果相比偏于保守,在必要时才可利用。横墙较少房屋及外纵墙的墙段计入其中构造柱参与工作,抗震验算问题有所改善。

7.2.9 砖砌体横向配筋的抗剪验算公式是根据试验资料得到的。本次修订调整了钢筋的效应系数,由定值0.15改为随墙段高宽比在0.07~0.15之间变化,并明确水平配筋的适用范围是0.07%~0.17%。

7.2.10 混凝土小砌块的验算公式,系根据小砌块设计施工规程的基础资料,无芯柱时取$\gamma_{RE}=1.0$和$\zeta_c=0.0$,有芯柱时取$\gamma_{RE}=0.9$,按《统一标准》的原则要求分析得到的。本次修订,按混凝土规范修订的要求,芯柱受剪承载力的表达式中,将混凝土抗压强度设计值改为混凝土抗拉强度设计值,系数的取值,由0.03相应换算为0.3。

7.2.11 底层框架-抗震墙房屋中采用砖砌体作为抗震墙时,砖墙和框架成为组合的抗侧力构件,直接引用89规范在试验和震害调查基础上提出的抗侧力砖填充墙的承载力计算方法。由砖抗震墙-周边框架所承担的地震作用,将通过周边框架向下传递,故底层砖抗震墙周边的框架柱还需考虑砖墙的附加轴向力和附加剪力。

7.3 多层黏土砖房屋抗震构造措施

7.3.1, 7.3.2 钢筋混凝土构造柱在多层砖砌体结构中的应用,根据唐山地震的经验和大量试验研究,得到了比较一致的结论,即:①构造柱能够提高砌体的受剪承载力10%～30%左右，提高幅度与墙体高宽比、竖向压力和开洞情况有关；②构造柱主要是对砌体起约束作用，使之有较高的变形能力；③构造柱应当设置在震害较重、连接构造比较薄弱和易于应力集中的部位。

本次修订继续保持89规范的规定，根据房屋的用途、结构部位、烈度和承担地震作用的大小来设置构造柱。并增加了内外墙交接处间距15m（大致是单元式住宅楼的分隔墙与外墙交接处）设置构造柱的要求；调整了6度设防时八层砖房的构造柱设置要求；当房屋高度接近本规范表7.1.2的总高度和层数限值时，增加了纵、横墙中构造柱间距的要求。对较长的纵、横墙需有构造柱来加强墙体的约束和抗倒塌能力。

由于钢筋混凝土构造柱的作用主要在于对墙体的约束，构造上截面不必很大，但须与各层纵横墙的圈梁或现浇楼板连接，才能发挥约束作用。

为保证钢筋混凝土构造柱的施工质量，构造柱须有外露面。一般利用马牙槎外露即可。

【7.3.1　修订说明】

本条增加了6度设防时楼梯间四角以及不规则平面的外墙对应转角（凸角）处设置构造柱的要求。楼梯段上下端对应墙体处增加四根构造柱，与在楼梯间四角设置的构造柱合计有八根构造柱，再与7.3.8条规定楼层半高的钢筋混凝土带等可构成应急疏散安全岛。

7.3.3，7.3.4　圈梁能增强房屋的整体性，提高房屋的抗震能力，是抗震的有效措施，本次修订，取消了89规范对砖配筋圈梁的有关规定，6、7度时，圈梁由隔层设置改为每层设置。

现浇楼板允许不设圈梁，楼板内须有足够的钢筋（沿墙体周边加强配筋）伸入构造柱内并满足锚固要求。

圈梁的截面和配筋等构造要求，与89规范保持一致。

7.3.5，7.3.6　砌体房屋楼、屋盖的抗震构造要求，包括楼板搁置长度，楼板与圈梁、墙体的拉结，屋架（梁）与墙、柱的锚固、拉结等等，是保证楼、屋盖与墙体整体性的重要措施。基本沿用了89规范的规定。

【7.3.6　修订说明】

本条新增为强制性条文，并依据砌体结构规范对大跨度梁支座的规定，补充了大跨混凝土梁支承构件的构造和承载力要求，不允许采用一般的砖柱或砖墙。

7.3.7　由于砌体材料的特性，较大的房间在地震中会加重破坏程度，需要局部加强墙体的连接构造要求。

7.3.8　历次地震震害表明，楼梯间由于比较空旷常常破坏严重，必须采取一系列有效措施，本条的规定也基本上保持89规范的要求。

突出屋顶的楼、电梯间，地震中受到较大的地震作用，因此在构造措施上也应当特别加强。

【修订说明】

本条新增为强制性条文，楼梯间作为地震疏散通道，而且地震时受力比较复杂，容易造成破坏，故提高了砌体结构楼梯间的构造要求。

7.3.9　坡屋顶与平屋顶相比，震害有明显差别。硬山搁檩的做法不利于抗震。屋架的支撑应保证屋架的纵向稳定。出入口处要加强屋盖构件的连接和锚固，以防脱落伤人。

7.3.10　砌体结构中的过梁应采用钢筋混凝土过梁，条件不具备时至少采用配筋过梁，不得采用无筋过梁。

7.3.11　预制的悬挑构件，特别是较大跨度时，需要加强与现浇构件的连接，以增强稳定性。

7.3.13　房屋的同一独立单元中，基础底面最好处于同一标高，否则易因地面运动传递到基础不同标高处而造成震害。如有困难时，则应设基础圈梁并放坡逐步过渡，不宜有高差上的过大突变。

对于软弱地基上的房屋，按本规范第3章的原则，应在外墙及所有承重墙下设置基础圈梁，以增强抵抗不均匀沉陷和加强房屋基础部分的整体性。

7.3.14　本条是新增加的条文。对于横墙间距大于4.2m的房间超过楼层总面积40%且房屋总高度和层数接近本章表7.1.2规定限值的黏土砖住宅，其抗震设计方法大致包括以下方面：

（1）墙体的布置和开洞大小不妨碍纵横墙的整体连接的要求；

（2）楼、屋盖结构采用现浇钢筋混凝土板等加强整体性的构造要求；

（3）增设满足截面和配筋要求的钢筋混凝土构造柱并控制其间距，在房屋底层和顶层沿楼层半高处设置现浇钢筋混凝土带，并增大配筋数量，以形成约束砌体墙段的要求；

（4）按本章第7.2.8条2款计入墙段中部钢筋混凝土构造柱的承载力。

7.4　多层砌块房屋抗震构造措施

7.4.1，7.4.2　为了增加混凝土小型空心砌块砌体房屋的整体性和延性，提高其抗震能力，结合空心砌块的特点，规定了在墙体的适当部位设置钢筋混凝土芯柱的构造措施。这些芯柱设置要求均比砖构造柱设置严格，且芯柱与墙体的连接要采用钢筋网片。

芯柱伸入室外地面下500mm，地下部分为砖砌体时，可采用类似于构造柱的方法。

本次修订，芯柱的设置数量略有增加，并补充规定，在外墙转角、内外墙交接处等部位，可采用钢筋混凝土构造柱替代芯柱。

7.4.3 本条是新增加的，规定了替代芯柱的构造柱的基本要求，与砖房的构造柱规定大致相同。小砌块墙体在马牙槎部位浇灌混凝土后，需形成无插筋的芯柱。

试验表明。在墙体交接处用构造柱代替芯柱，可较大程度地提高对砌块砌体的约束能力，也为施工带来方便。

7.4.4 考虑到砌块的竖缝高，砂浆不易饱满且墙体受剪承载力低于黏土砖砌体，适当提高砌块砌体房屋的圈梁设置要求。

7.4.5 砌块房屋墙体交接处、墙体与构造柱、芯柱的连接，均要设钢筋网片，保证连接的有效性。

7.4.6 根据振动台模拟试验的结果，作为砌块房屋的层数和高度增加的加强措施之一，在房屋的底层和顶层，沿楼层半高处增设一道通长的现浇钢筋混凝土带，以增强结构抗震的整体性。

7.4.7 砌块砌体房屋楼盖、屋盖、楼梯间、门窗过梁和基础等的抗震构造要求，则基本上与多层砖房相同。

7.5 底部框架房屋抗震构造措施

7.5.1，7.5.2 总体上看，底部框架砖房比多层砖房抗震性能稍弱，因此构造柱的设置要求更严格。本次修订，考虑到过渡层刚度变化和应力集中，增加了过渡层构造柱设置的专门要求，包括截面、配筋和锚固等要求。

7.5.3 底层框架-抗震墙房屋的底层与上部各层的抗侧力结构体系不同，为使楼盖具有传递水平地震力的刚度，要求底层顶板为现浇钢筋混凝土板。

底层框架-抗震墙和多层内框架房屋的整体性较差，层高较高，又比较空旷，为了增强结构的整体性，要求各装配式楼盖处均设钢筋混凝土圈梁。现浇楼盖与构造柱的连接要求，同多层砖房。

7.5.4 底部框架的托墙梁是其重要的受力构件，根据有关试验资料和工程经验，对其构造做了较多的规定。

7.5.5 底部框架房屋中的钢筋混凝土抗震墙，是底部的主要抗侧力构件，而且往往为低矮抗震墙。对其构造上提出了具体的要求，以加强抗震能力。

7.5.6 对6、7度时底层仍采用黏土砖抗震墙的底部框架房屋，补充了砖抗震墙的构造要求，确实加强砖抗震墙的抗震能力，并在使用中不致随意拆除更换。

7.5.7 针对底部框架房屋在结构上的特殊性，提出了有别于一般多层房屋的材料强度等级要求。

7.6 多层内框架房屋构造措施

多层内框架结构的震害，主要和首先发生在抗震横墙上，其次发生在外纵墙上，故专门规定了外纵墙

的抗震措施。

本节保留了89规范第7.3节中的有关规定，主要修改是：按照外墙砖柱应有组合砖柱的要求对个别规定作了调整；增加了楼梯间休息板梁支承部位设置构造柱的要求。

附录F 配筋混凝土小型空心砌块抗震墙房屋抗震设计要求

1 配筋混凝土小砌块抗震墙的分布钢筋仅需混凝土抗震墙的一半就有一定的延性，但其地震力大于框架结构且变形能力不如框架结构。从安全、经济诸方面综合考虑，本规范的规定仅适用于房屋高度不超过表F.1.1的配筋混凝土小砌块房屋。当经过专门研究，有可靠技术依据，采取必要的加强措施后，房屋高度可适当增加。

2 配筋混凝土小砌块房屋高宽比限制在一定范围内时，有利于房屋的稳定性，减少房屋发生整体弯曲破坏的可能性，一般可不做整体弯曲验算。

3 参照钢筋混凝土房屋的抗震设计要求，也根据抗震设防分类、烈度和房屋高度等划分不同的抗震等级。

4 根据本规范第3.4节的规则性要求，提出配筋混凝土小砌块房屋平面和竖向布置简单、规则、抗震墙拉通对直的要求。为提高变形能力，要求墙段不宜过长。

5 选用合理的结构布置，采取有效的结构措施，保证结构整体性，避免扭转等不利因素，可以不设置防震缝。当房屋各部分高差较大，建筑结构不规则等需要设置防震缝时，为减少强烈地震下相邻结构局部碰撞造成破坏，防震缝必须保证一定的宽度。此时，缝宽可按两侧较低房屋的高度计算。

6 配筋混凝土小砌块房屋的抗震计算分析，包括整体分析、内力调整和截面验算方法，大多参照钢筋混凝土结构的规定，并针对砌体结构的特点做了修正。其中：

配筋混凝土小砌块墙体截面剪应力控制和受剪承载力，基本形式与混凝土墙体相同，仅需把混凝土抗压、抗拉强度设计值改为"灌芯小砌块砌体"的抗压、抗剪强度。

配筋混凝土小砌块墙体截面受剪承载力由砌体、竖向力和水平分布筋三者共同承担，为使水平分布钢筋不致过小，要求水平分布筋应承担一半以上的水平剪力。

7 配筋混凝土小砌块抗震墙的连梁，宜采用钢筋混凝土连梁。

8 多层和高层钢结构房屋

8.1 一般规定

8.1.1 混凝土核心筒—钢框架混合结构，在美国主

要用于非抗震区,且认为不宜大于150m。在日本,1992年建了两幢,其高度分别为78m和107m,结合这两项工程开展了一些研究,但并未推广。据报导,日本规定今后采用这类体系要经建筑中心评定和建设大臣批准,至今尚未出现第三幢。

我国自80年代在不设防的上海希尔顿酒店采用混合结构以来,应用较多,但对其抗震性能和合理高度尚缺乏研究。由于这种体系主要由混凝土核心筒承担地震作用,钢框架和混凝土筒的侧向刚度差异较大,国内对其抗震性能尚未进行系统的研究,故本次修订,不列入混凝土核心筒—钢框架结构。

本章主要适用于民用建筑,多层工业建筑不同于民用建筑的部分,由附录G予以规定。

本章不适用于上层为钢结构下层为钢筋混凝土结构的混合型多层结构。用冷弯薄壁型钢作主要承重结构的房屋,构件截面较小,自重较轻,可不执行本章的规定。

8.1.2 国外70年代及以前建造的高层钢结构,高宽比较大的,如纽约世界贸易中心双塔,为6.6,其他建筑很少超过此值。注意到美国东部的地震烈度很小,《高层民用建筑钢结构技术规程》据此对高宽比作了规定。本规范考虑到市场经济发展的现实,在合理的前提下比高层钢结构规程适当放宽高宽比要求。

8.1.5 本章对钢结构房屋的抗震措施,一般以12层为界区分。凡未注明的规定,则各种高度的钢结构房屋均要遵守。

8.1.6 不超过12层的钢结构房屋宜优先采用交叉支撑,它可按拉杆设计,较经济。若采用受压支撑,其长细比及板件宽厚比应符合有关规定。

大量研究表明,偏心支撑具有弹性阶段刚度接近中心支撑框架,弹塑性阶段的延性和消能能力接近延性框架的特点,是一种良好的抗震结构。常用的偏心支撑形式如图8.1.6所示。

偏心支撑框架的设计原则是强柱、强支撑和弱消能梁段,即在大震时消能梁段屈服形成塑性铰,且具有稳定的滞回性能,即使消能梁段进入应变硬化阶段,支撑斜杆、柱和其余梁段仍保持弹性。因此,每根斜杆只能在一端与消能梁段连接,若两端均与消能梁段相连,则可能一端的消能梁段屈服,另一端消能梁段不屈服,使偏心支撑的承载力和消能能力降低。

8.1.9 支撑桁架沿竖向连续布置,可使层间刚度变化较均匀。支撑桁架需延伸到地下室,不可因建筑方面的要求而在地下室移动位置。支撑在地下室是否改为混凝土抗震墙形式,与是否设置钢骨混凝土结构层有关,设置钢骨混凝土结构层时采用混凝土墙较协调。该抗震墙是否由钢支撑外包混凝土构成还是采用混凝土墙,由设计确定。

日本在高层钢结构的下部(地下室)设钢骨混凝土结构层,目的是使内力传递平稳,保证柱脚的嵌固性,增加建筑底部刚性、整体性和抗倾覆稳定性。而美国无此要求,故本规范对此不作规定。

多层钢结构与高层钢结构不同,根据工程情况可设置或不设置地下室。当设置地下室时,房屋一般较高,钢框架柱宜伸至地下一层。

8.1.10 钢结构的基础埋置深度,参照高层混凝土结构的规定和上海的工程经验确定。

8.2 计算要点

8.2.1 钢结构构件按地震组合内力设计值进行抗震验算时,钢材的各种强度设计值需除以本规范规定的承载力抗震调整系数 γ_{RE},以体现钢材动静强度和抗震设计与非抗震设计可靠指标的不同。国外采用许用应力设计的规范中,考虑地震组合时钢材的强度通常规定提高1/3或30%,与本规范 γ_{RE} 的作用类似。

8.2.2 多层和高层钢结构房屋的阻尼比,实测表明小于钢筋混凝土结构,本规范对多于12层拟取0.02,对不超过12层拟取0.035,对单层仍取0.05。采用该阻尼比后,地震影响系数均按本规范5章的规定采用,不再采用高层钢结构规程的规定。

8.2.3 本条规定了钢结构内力和变形分析的一些原则要求。

箱形截面柱节点域变形较小,其对框架位移的影响可略去不计。

国外规范规定,框架-支撑结构等双重抗侧力体系,框架部分应按25%的结构底部剪力进行设计。这一规定体现了多道设防的原则,抗震分析时可通过框架部分的楼层剪力调整系数来实现,也可采用删去支撑的框架进行计算实现。

为使偏心支撑框架仅在消能梁段屈服,支撑斜杆、柱和非消能梁段的内力设计值应根据消能梁段屈服时的内力确定并考虑消能梁段的实际有效超强系数,再根据各构件的承载力抗震调整系数,确定了斜杆、柱和非消能梁段保持弹性所需的承载力。

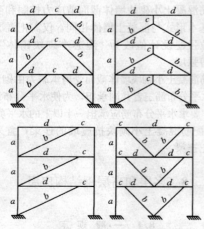

图8.1.6 偏心支撑示意图
(a—柱;b—支撑;c—消能梁段;d—其他梁段)

偏心支撑主要用于高烈度，故仅对 8 度和 9 度时的内力调整系数作出规定。

本款消能梁段的受剪承载力按本规范第 8.2.7 条确定，即 V_l 或 V_{lc}，需取剪切屈服和弯曲屈服二者的较小值：

当 $N\leqslant 0.15Af$ 时，取 $V_l=0.58A_w f_{ay}$ 和 $V_l=2M_{lp}/a$ 的较小值；

当 $N>0.15Af$ 时，取

$$V_{lc}=0.58A_w f_{ay}\sqrt{1-[N/(Af)]^2}$$

和 $V_{lc}=2.4M_{lp}[1-N/(Af)]/a$ 的较小值。

支撑轴向力、框架柱的弯矩和轴向力同跨框架梁的弯矩、剪力和轴向力的设计值，需先乘以消能梁段受剪承载力与剪力设计值的比值（V_l/V 或 V_{lc}/V，小于 1.0 时取 1.0），再乘以本款规定考虑钢材实际超强的增大系数。该增大系数依据国产钢材给出，当采用进口钢材时，需适当提高。

8.2.5 强柱弱梁是抗震设计的基本要求，本条强柱系数 η 是为了提高柱的承载力。

由于钢结构塑性设计时（GBJ 17—88 第 9.2.3 条），压弯构件本身已含有 1.15 的增强系数，因此，若系数 η 取得过大，将使柱的钢材用量增加过多，不利于推广钢结构，故本规范规定 6、7 度时取 1.0，8 度时取 1.05，9 度时取 1.15。

研究表明，节点域既不能太厚，也不能太薄，太厚了使节点域不能发挥其耗能作用，太薄了将使框架的侧向位移太大；规范采用折减系数 ψ 来设计。日本的研究表明，取节点域的屈服承载力为该节点梁的总屈服承载力的 0.7 倍是适合的。本规范为了避免 7 度时普遍加厚节点域，在 7 度时取 0.6，但不满足本条 3 款的规定时，仍需按第 8.3.5 条的方法加厚。

按本条规定，在大震时节点域首先屈服，其次才是梁出现塑性铰。

不需验算强柱弱梁的条件，是参考 AISC 的 1992 年和 1997 年抗震设计规程中的有关规定，并考虑我国情况规定的。所谓 2 倍地震力作用下保持稳定，即地震作用加大一倍后的组合轴向力设计值 N_1，满足 $N_1<\varphi fA_c$ 的柱。

节点域稳定性计算公式，参考高层钢结构规程、冶金部抗震规程和上海市抗震规程取值（1/90）。节点域强度计算公式右侧的 4/3，是考虑左侧省去了剪力引起的剪应力项以及考虑节点域在周边构件影响下承载力的提高。

8.2.6 支撑斜杆在反复拉压荷载作用下承载力要降低，适用于支撑屈曲前的情况。

当人字支撑的腹杆在大震下受压屈曲后，其承载力将下降，导致横梁在支撑连接处出现向下的不平衡集中力，可能引起横梁破坏和楼板下陷，并在横梁两端出现塑性铰；此不平衡集中力取受拉支撑的竖向分量减去受压支撑屈曲压力竖向分量的 30%。V 形支撑的情况类似，仅当斜杆失稳时楼板不是下陷而是向上隆起；不平衡力方向相反。

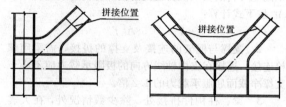

图 8.2.6 支撑端部刚接构造示意图

8.2.7 偏心支撑框架的设计计算，主要参考 AISC 于 1997 年颁布的《钢结构房屋抗震规程》并根据我国情况作了适当调整。

当消能梁段的轴力设计值不超过 $0.15Af$ 时，按 AISC 规定，忽略轴力影响，消能梁段的受剪承载力取腹板屈服时的剪力和梁段两端形成塑性铰时的剪力两者的较小值。本规范根据我国钢结构设计规范关于钢材拉、压、弯强度设计值与屈服强度的关系，取承载力抗震调整系数为 1.0，计算结果与 AISC 相当；当轴力设计值超过 $0.15Af$ 时，则降低梁段的受剪承载力，以保证该梁段具有稳定的滞回性能。

为使支撑斜杆能承受消能梁段的梁端弯矩，支撑与梁段的连接应设计成刚接。

8.2.8 本条按强连接弱构件的原则规定，按地震组合内力（不是构件截面乘强度设计值）计算时体现在 γ_{RE} 的不同，按承载力验算即构件达到屈服（流限）时连接不受破坏。由于 γ_{RE} 的取值对构件低于连接，仅对连接的极限承载力进行验算，可能在弹性阶段就出现螺栓连接滑移，因此，连接的弹性设计是十分重要的。

1 梁与柱连接极限受弯承载力的计算系数 1.2，是考虑钢材实际屈服强度对其标准值的提高。各国钢材的情况不同，取值也有所不同。美国 AISC—97 抗震规定和日本 1998 年钢结构极限状态设计规范对该系数作了调整，有的提高，有的降低，不同牌号钢材也不相同，与各自钢材的情况有关。我国 1998 年对 Q235 和 Q345（16Mn）的抗力分项系数进行了调查，并按国家标准规定的钢材厚度等级划分新规定进行了统计，其结果与过去对 3 号钢和 16Mn 的统计很接近，故仍采用原来的 1.2。

极限受剪承载力的计算系数 1.2，仅考虑了钢材实际屈服强度对标准值的提高，并另外考虑了该跨内荷载的剪力效应。

连接计算时，弯矩由翼缘承受和剪力由腹板承受的近似方法计算。梁上下翼缘全熔透坡口焊缝的极限受弯承载力 M_u，取梁的一个翼缘的截面面积 A_f、厚度 t_f、梁截面高度 h 和构件母材的抗拉强度最小值 f_u，按下式计算：

$$M_u = A_f(h-t_f)f_u$$

角焊缝的强度高于母材的抗剪强度，参考日本

1998年规范，梁腹板连接的极限受剪承载力V_u，取不高于母材的极限抗剪强度和角焊缝的有效受剪面积A_f^v按下式计算：

$$V_u = 0.58 A_f^v f_u$$

2 支撑与框架的连接及支撑的拼接，需采用螺栓连接。连接在支撑轴线方向的极限承载力应不小于支撑净截面屈服承载力的1.2倍。

3 梁、柱构件拼接处，除少数情况外，在大震时都将进入塑性区，故拼接按承受构件全截面屈服时的内力设计。梁的拼接，考虑构件运输，通常位于距节点不远处，在大震时将进入塑性，其连接承载力要求与梁端连接类似。梁拼接的极限剪力取拼接截面腹板屈服时的剪力乘1.3。

4 工字形截面（绕强轴）和箱形截面有轴力时的塑性受弯承载力，按GBJ 17—88的规定采用。工字形截面（绕弱轴）有轴力时的塑性受弯承载力，参考日本《钢结构塑性设计指南》的规定采用。

5 对接焊缝的极限强度高于母材的抗拉强度，计算时取其等于母材的抗拉强度最小值。角焊缝的极限抗剪强度也高于母材的极限抗剪强度，参考日本规定，梁腹板连接的角焊缝极限受剪承载力V_u，取母材的极限抗剪强度乘角焊缝的有效受剪面积。

6 高强度螺栓的极限抗剪强度，根据原哈尔滨建筑工程学院的试验结果，螺栓剪切破坏强度与抗拉强度之比大于0.59，本规范偏于安全地取0.58。螺栓连接的极限承压强度，GBJ 17—88修订时曾做过大量试验，螺栓连接的端距取$2d$，就是考虑$f_{cu}=1.5f_u$得出的。因此，连接的极限承压强度取$f_{cu}^b=1.5f_u$，以便与相关标准相协调。对螺栓受剪和钢板承压得出的承载力，应取二者的较小值。

8.3 钢框架结构的抗震构造措施

8.3.1 框架柱的长细比关系到钢结构的整体稳定，研究表明，钢结构高度很大时，轴向力大，竖向地震对框架柱的影响很大，本规范的数值参考国外标准，对6、7度时适当放宽。

8.3.2 框架梁柱板件宽厚比的规定，是以结构符合强柱弱梁为前提，考虑柱仅在后期出现少量塑性，不需要很高的转动能力，综合考虑美国和日本的规定制定的。当不能做到强柱弱梁，即不满足规范8.2.5—1要求时，表8.3.2-2中工字形柱翼缘悬伸部分的11和10应分别改为10和9，工字形柱腹板的43应分别改为40（7度）和36（8、9度）。

8.3.4 本条规定了梁柱连接的构造要求。

梁与柱刚性连接的两种方法，在工程中应用都很多。通过与柱焊接的梁悬臂段进行连接的方式对结构制作要求较高，可根据具体情况选用。

震害表明，梁翼缘对应位置的柱加劲肋规定与梁翼缘等厚是十分必要的。6度时加劲肋厚度可适当减小，但应通过承载力计算确定，且不得小于梁翼缘厚度的一半。

当梁腹板的截面模量较大时，腹板将承受部分弯矩。美国规定翼缘截面模量小于全截面模量70%时要考虑腹板受弯。本规范要求此时将腹板的连接适当加强。

美国加州1994年诺斯里奇地震和日本1995年阪神地震，钢框架梁柱节点受严重破坏，但两国的节点构造不同，破坏特点和所采取的改进措施也不完全相同。

（1）美国通常采用工字形柱，日本主要采用箱形柱；

（2）在梁翼缘对应位置的柱加劲肋厚度，美国按传递设计内力设计，一般为梁翼缘厚度之半，而日本要比梁翼缘厚一个等级；

（3）梁端腹板的下翼缘切角，美国采用矩形，高度较小，使下翼缘焊缝在施焊时实际上要中断，并使探伤操作困难，致使梁下翼缘焊缝出现了较大缺陷，日本梁端下翼缘切角接近三角形，高度稍大，允许施焊时焊条通过，虽然施焊仍不很方便，但情况要好些；

（4）对于梁腹板与连接板的连接，美国除螺栓外，当梁翼缘的塑性截面模量小于梁全截面塑性截面模量的70%时，在连接板的角部要用焊缝连接，日本只用螺栓连接，但规定应按保有耐力计算，且不少于2~3排。

这两种不同构造所遭受破坏的主要区别是，日本的节点震害仅出现在梁端，柱无损伤，而美国的节点震害是梁柱均遭受破坏。

震后，日本仅对梁端构造作了改进，并消除焊接衬板引起的缺口效应；美国除采取措施消除焊接衬板的缺口效应外，主要致力于采取措施将塑性铰外移。

我国高层钢结构，初期由日本设计的较多，现行高钢规程的节点构造基本上参考了日本的规定，表现为：普遍采用箱形柱，梁翼缘与柱的加劲肋等厚。因此，节点的改进主要参考日本1996年《钢结构工程技术指南——工厂制作篇》中的"新技术和新工法"的规定。其中，梁腹板上下端的扇形切角采用了日本的规定：

（1）腹板角部设置半径为35mm的扇形切角，与梁翼缘连接处作成半径10~15mm的圆弧，其端部与梁翼缘的全熔透焊缝应隔开10mm以上；

（2）下翼缘焊接衬板的反面与柱翼缘或壁板相接处，应采用角焊缝连接；角焊缝应沿衬板全长焊接，焊脚尺寸宜取6mm。

美日两国都发现梁翼缘焊缝的焊接衬板边缘缺口效应的危害，并采取了对策。根据我国的情况，梁上翼缘有楼板加强，并施焊条件较好，震害较少，不做处理；仅规定对梁下翼缘的焊接衬板边缘施焊。也可采用割除衬板，然后清根补焊的方法，但国外实践表明，此法费用较高。此外参考美国规定，给出了腹板设双排螺栓的必要条件。

将塑性铰外移的措施可采取梁-柱骨形连接，如图8.3.4所示。该法是在距梁端一定距离处，将翼缘两侧做月牙切削，形成薄弱截面，使强烈地震时梁的塑性铰自柱面外移，从而避免脆性破坏。月牙形切削的切削面应刨光，起点可位于距梁端约150mm，宜对上下翼缘均进行切削。切削后的梁翼缘截面不宜大于原截面面积的90%，应能承受按弹性设计的多遇地震下的组合内力。其节点延性可得到充分保证，能产生较大转角。建议8度Ⅲ、Ⅳ类场地和9度时采用。

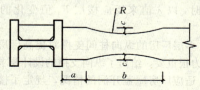

图8.3.4 骨形连接

美国加州1994年诺斯里奇地震中，梁与柱铰接节点破坏较多，建议适当加强。

8.3.5 当节点域的体积不满足第8.2.5条有关规定时，参考日本规定和美国AISC钢结构抗震规程1997年版的规定，提出了加厚节点域和贴焊补强板的加强措施：

（1）对焊接组合柱，宜加厚节点板，将柱腹板在节点域范围内更换为较厚板件。加厚板件应伸出柱横向加劲肋之外各150mm，并采用对接焊缝与柱腹板相连；

（2）对轧制H型柱，可贴焊补强板加强。补强板上下边缘可不伸过横向加劲肋或伸过柱横向加劲肋之外各150mm。当补强板不伸过横向加劲肋时，加劲肋应与柱腹板焊接，补强板与加劲肋之间的角焊缝应能传递补强板所分担的剪力，且厚度不小于5mm；当补强板伸过加劲肋时，加劲肋仅与补强板焊接，此焊缝应能将加劲肋传来的力传递给补强板，补强板的厚度及其焊缝应按传递该力的要求设计。补强板侧边可采用角焊缝与柱翼缘相连，其板面尚应采用塞焊与柱腹板连成整体。塞焊点之间的距离，不应大于相连板件中较薄板件厚度的$21\sqrt{235/f_y}$倍。

8.3.6 罕遇地震下，框架节点将进入塑性区，保证结构在塑性区的整体性是很必要的。参考国外关于高层钢结构的设计要求，提出相应规定。

8.3.8 外包式柱脚在日本阪神地震中性能欠佳，故不宜在8、9度时采用。

8.4 钢框架-中心支撑结构的抗震措施

本节规定了中心支撑框架的构造要求。

8.4.2 支撑杆件的宽厚比和径厚比要求，本规范综合参考了美国1994年诺斯里奇地震、日本1995年阪神地震后发表的资料及其他研究成果拟定。支撑采用节点板连接时，应注意该节点板的稳定。

8.4.3 美国规定，强震区的支撑框架结构中，梁与柱连接不应采用铰接。考虑到双重抗侧力体系对高层建筑抗震很重要，且梁与柱铰接将使结构位移增大，故规定7度及以上不应铰接。

支撑与节点板嵌固点保留一个小距离，可使节点板在大震时产生平面外屈曲，从而减轻对支撑的破坏，这是AISC—97（补充）的规定，如图8.4.3所示。

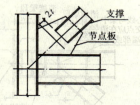

图8.4.3 支撑端部节点板构造示意图

8.5 钢框架-偏心支撑结构的抗震措施

本节规定了保证消能梁段发挥作用的一系列构造要求。

8.5.1 为使消能梁段有良好的延性和消能能力，其钢材应采用Q235或Q345。

板件宽厚比，参考AISC规定作了适当调整。当梁上翼缘与楼板固定但不能表明其下翼缘侧向固定时，仍需置侧向支撑。

8.5.3 为使消能梁段在反复荷载下具有良好的滞回性能，需采取合适的构造并加强对腹板的约束：

1 支撑斜杆轴力的水平分量成为消能梁段的轴向力，当此轴向力较大时，除降低此梁段的受剪承载力外，还需减少该梁段的长度，以保证它具有良好的滞回性能。

2 由于腹板上贴焊的补强板不能进入弹塑性变形，因此不能采用补强板；腹板上开洞也会影响其弹塑性变形能力。

3 消能梁段与支撑斜杆的连接处，需设置与腹板等高的加劲肋，以传递梁段的剪力并防止连梁腹板屈曲。

4 消能梁段腹板的中间加劲肋，需按梁段的长度区别对待，较短时为剪切屈服型，加劲肋间距小些；较长时为弯曲屈服型，需在距端部1.5倍的翼缘宽度处配置加劲肋；中等长度时需同时满足剪切屈服型和弯曲屈服型的要求。

偏心支撑的斜杆中心线与梁中心线的交点，一般在消能梁段的端部，也允许在消能梁段内（图8.5.3），此时将产生与消能梁段端部弯矩方向相反的附加弯矩,从而减少消能梁段和支撑杆的弯矩,对抗震有利;但交点不应在消能梁段以外,因此时将增大支撑和消能梁段的弯矩,于抗震不利。

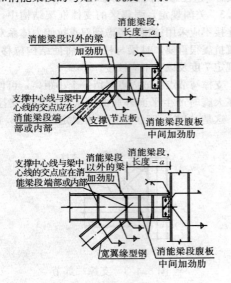

图 8.5.3 偏心支撑构造

8.5.5 消能梁段两端设置翼缘的侧向隅撑,是为了承受平面外扭转。

8.5.6 与消能梁段处于同一跨内的框架梁,同样承受轴力和弯矩,为保持其稳定,也需设置翼缘的侧向隅撑。

附录 G 多层钢结构厂房抗震设计要求

多层钢结构厂房的抗震设计,在不少方面与多层钢结构民用建筑是相同的,而后者又与高层钢结构的抗震设计有很多共同之处。本附录给出仅用于多层厂房的规定。

1 多层厂房宜优先采用交叉支撑,支撑布置在荷载较大的柱间,有利于荷载直接传递,上下贯通有利于结构刚度沿高度变化均匀。

2 设备或料斗(包括下料的主要管道)穿过楼层时,若分层支承,不但各层楼层梁的挠度难以同步,使各层结构传力不明确,同时在地震作用下,由于层间位移会给设备、料斗产生附加效应,严重的可能损坏旋转设备,因此同一台设备一般不能采用分层支承的方式。装料后的设备或料斗重心接近楼层的支承点,是力求降低穿过楼层布置的设备或料斗的地震作用对支承结构的附加影响。

3 采用钢铺板时,钢铺板应与钢梁有可靠连接。

4 厂房楼层检修、安装荷载代表值行业性强,大的可达45kN/m²,但属短期荷载,检修结束后的楼面仅有少量替换下来的零件和操作荷载。这类荷载在地震时遇合的概率低,按实际情况采用较为合适。

楼层堆积荷载要考虑运输通道等因素。

设备、料斗和保温材料的重力荷载,可不乘动力系数。

5 震害调查表明,设备或料斗的支承结构的破坏,将危及下层的设备和人身安全,所以直接支承设备和料斗的结构必须考虑地震作用。设备与料斗的水平地震作用的标准值F_s,设备对支承结构产生的地震作用参照美国《建筑抗震设计暂行条例》(1978)的规定给出。实测与计算表明,楼层加速度反应比输入的地面加速度大,且在同一座建筑内高部位的反应要大于低部位的反应,所以置于楼层高部位的设备底部水平地震作用相应地要增大。当不用动力分析时,以λ值来反应楼层F_s值变化的近似规律。

6 多层厂房的纵向柱间支撑对提高厂房的纵向抗震能力很重要,给出了纵向支撑的设计要求。

7 适应厂房屋盖开洞的情况,规定了楼层水平支撑设计要求,系根据近年国内外工程设计经验提出的。水平支撑的作用,主要是传递水平地震作用和风荷载,控制柱的计算长度和保证结构构件安装时的稳定。

9 单层工业厂房

9.1 单层钢筋混凝土柱厂房

(Ⅰ) 一般规定

9.1.1 根据震害经验,厂房结构布置应注意的问题是:

1 历次地震的震害表明,不等高多跨厂房有高振型反应,不等长多跨厂房有扭转效应,破坏较重,均对抗震不利,故多跨厂房宜采用等高和等长。

2 唐山地震的震害表明,单层厂房的毗邻建筑任意布置是不利的,在厂房纵墙与山墙交汇的角部是不允许布置的。在地震作用下,防震缝处排架柱的侧移量大,当有毗邻建筑时,相互碰撞或变位受约束的情况严重;唐山地震中有不少倒塌、严重破坏等加重震害的震例,因此,在防震缝附近不宜布置毗邻建筑。

3 大柱网厂房和其他不设柱间支撑的厂房,在地震作用下侧移量较设置柱间支撑的厂房大,防震缝的宽度需适当加大。

4 地震作用下,相邻两个独立的主厂房的振动变形可能不同步协调,与之相连接的过渡跨的屋盖常倒塌破坏;为此过渡跨至少应有一侧采用防震缝与主厂房脱开。

5 上吊车的铁梯,晚间停放吊车时,增大该处排架侧移刚度,加大地震反应,特别是多跨厂房各跨上吊车的铁梯集中在同一横向轴线时,会导致震害破坏，应避免。

6 工作平台或刚性内隔墙与厂房主体结构连接时，改变了主体结构的工作性状，加大地震反应，导致应力集中，可能造成短柱效应，不仅影响排架柱，还可能涉及柱顶的连接和相邻的屋盖结构，计算和加强措施均较困难，故以脱开为佳。

7 不同形式的结构，振动特性不同，材料强度不同，侧移刚度不同。在地震作用下，往往由于荷载、位移、强度的不均衡，而造成结构破坏。山墙承重和中间有横墙承重的单层钢筋混凝土柱厂房和端砖壁承重的天窗架，在唐山地震中均有较重破坏，为此，厂房的一个结构单元内，不宜采用不同的结构形式。

8 两侧为嵌砌墙，中柱列设柱间支撑；一侧为外贴墙或嵌砌墙，另一侧为开敞；一侧为嵌砌墙，另一侧为外贴墙等各柱列纵向刚度严重不均匀的厂房，由于各柱列的地震作用分配不均匀，变形不协调，常导致柱列和屋盖的纵向破坏，在7度区就有这种震害反映，在8度和大于8度区，破坏就更普遍且严重，不少厂房柱倒屋塌，在设计中应予以避免。

9.1.2 根据震害经验，天窗架的设置应注意下列问题：

1 突出屋面的天窗架对厂房的抗震带来很不利的影响，因此，宜采用突出屋面较小的避风型天窗。采用下沉式天窗的屋盖有良好的抗震性能，唐山地震中甚至经受了10度地震的考验，不仅是8度区，有条件时均可采用。

2 第二开间起开设天窗，将使端开间每块屋面板与屋架无法焊接或焊连的可靠性大大降低而导致地震时掉落，同时也大大降低屋面纵向水平刚度。所以，如果山墙能够开窗，或者采光要求不太高时，天窗从第三开间起设置。

天窗架从厂房单元端第三柱间开始设置，虽增强屋面纵向水平刚度，但对建筑通风、采光不利，考虑到6度和7度区的地震作用效应较小，且很少有屋盖破坏的震例，本次修订改为对6度和7度区不做此要求。

3 历次地震经验表明，不仅是天窗屋盖和端壁板，就是天窗侧板也宜采用轻型板材。

9.1.3 根据震害经验，厂房屋盖结构的设置应注意下列问题：

1 轻型大型屋面板无檩屋盖和钢筋混凝土有檩屋盖的抗震性能好，经过8～10度强烈地震考验，有条件时可采用。

2 唐山地震震害统计分析表明，屋盖的震害破坏程度与屋盖承重结构的形式密切相关，根据8～11度地震的震害调查统计发现：梯形屋架屋盖共调查91跨，全部或大部倒塌41跨，部分或局部倒塌11跨，共计52跨，占56.7%。拱形屋架屋盖共调查151跨：全部或大部倒塌13跨，部分或局部倒塌16跨，共计29跨，占19.2%。屋面梁屋盖共调查168跨：全部或大部倒塌11跨，部分或局部倒塌17跨，共计28跨，占16.7%。

另外，采用下沉式屋架的屋盖，经8～10度强烈地震的考验，没有破坏的震例。为此，提出厂房宜采用低重心的屋盖承重结构。

3 拼块式的预应力混凝土和钢筋混凝土屋架（屋面梁）的结构整体性差，在唐山地震中其破坏率和破坏程度均较整榀式重得多。因此，在地震区不宜采用。

4 预应力混凝土和钢筋混凝土空腹桁架的腹杆及其上弦节点均较薄弱，在天窗两侧竖向支撑的附加地震作用下，容易产生节点破坏、腹杆折断的严重破坏，因此，不宜采用有突出屋面天窗架的空腹桁架屋盖。

5 随着经济的发展，组合屋架已很少采用，本次修订继续保持89规范的规定，不列入这种屋架的规定。

9.1.4 不开孔的薄壁工字形柱、腹板开孔的普通工字形柱以及管柱，均存在抗震薄弱环节，故规定不宜采用。

（Ⅱ）计算要点

9.1.7，9.1.8 对厂房的纵横向抗震分析，本次修订明确规定，一般情况下，采用多质点空间结构分析方法；当符合附录H的条件时可采用平面排架简化方法，但计算所得的排架地震内力应考虑各种效应调整。附录H的调整系数有以下特点：

1 适用于7～8度柱顶标高不超过15m且砖墙刚度较大等情况的厂房，9度时砖墙开裂严重，空间工作影响明显减弱，一般不考虑调整。

2 计算地震作用时，采用经过调整的排架计算周期。

3 调整系数采用了考虑屋盖平面内剪切刚度、扭转和砖墙开裂后刚度下降影响的空间模型，用振型分解法进行分析，取不同屋盖类型、各种山墙间距、各种厂房跨度、高度和单元长度，得出了统计规律，给出了较为合理的调整系数。因排架计算周期偏长，地震作用偏小，当山墙间距较大或仅一端有山墙时，按排架分析的地震内力需要增大而不是减小。对一端山墙的厂房，所考虑的排架一般指无山墙端的第二榀，而不是端榀。

4 研究发现，对不等高厂房高低跨交接处支承低跨屋盖牛腿以上的中柱截面，其地震作用效应的调整系数随高、低跨屋盖重力的比值是线性下降，要由公式计算。公式中的空间工作影响系数与其他各截面（包括上述中柱的下柱截面）的作用效应调整系数含义不同，分别列于不同的表格，要避免混淆。

5 唐山地震中，吊车桥架造成了厂房局部的严重破坏。为此，把吊车桥架作为移动质点，进行了大量的多质点空间结构分析，并与平面排架简化分析比较，得出其放大系数。使用时，只乘以吊车桥架重力荷载在吊车梁顶标高处产生的地震作用，而不乘以截面的总地震作用。

历次地震，特别是海城、唐山地震，厂房沿纵向发生破坏的例子很多，而且中柱列的破坏普遍比边柱列严重得多。在计算分析和震害总结的基础上，规范提出了厂房纵向抗震计算原则和简化方法。

钢筋混凝土屋盖厂房的纵向抗震计算，要考虑围护墙有效刚度、强度和屋盖的变形，采用空间分析模型。附录J的实用计算方法，仅适用于柱顶标高不超过15m且有纵向砖围护墙的等高厂房，是选取多种简化方法与空间分析计算结果比较而得到的。其中，要用经验公式计算基本周期。考虑到随着烈度的提高，厂房纵向侧移加大，围护墙开裂加重，刚度降低明显，故一般情况，围护墙的有效刚度折减系数，在7、8、9度时可近似取0.6、0.4和0.2。不等高和纵向不对称厂房，还需考虑厂房扭转的影响，现阶段尚无合适的简化方法。

9.1.9、9.1.10 地震震害表明，没有考虑抗震设防的一般钢筋混凝土天窗架，其横向受损并不明显，而纵向破坏却相当普遍。计算分析表明，常用的钢筋混凝土带斜腹杆的天窗架，横向刚度很大，基本上随屋盖平移，可以直接采用底部剪力法的计算结果，但纵向则要按跨数和位置调整。

有斜撑杆的三铰拱式钢天窗架的横向刚度也较厂房屋盖的横向刚度大很多，也是基本上随屋盖平移，故其横向抗震计算方法可与混凝土天窗架一样采用底部剪力法。由于钢天窗架的强度和延性优于混凝土天窗架，且可靠度高，故当跨度大于9m或9度时，钢天窗架的地震作用效应不必乘以增大系数1.5。

本次修订，明确关于突出屋面天窗架简化计算的适用范围为有斜杆的三铰拱式天窗架，避免与其他桁架式天窗架混淆。

9.1.11 关于大柱网厂房的双向水平地震作用，89规范规定取一个主轴方向100%加上相应垂直方向的30%的不利组合，相当于两个方向的地震作用效应完全相同时按第5.2节规定计算的结果，因此是一种略偏安全的简化方法。为避免与第5.2节的规定不协调，不再专门列出。

位移引起的附加弯矩，即"$P-\Delta$"效应，按本规范第3.6节的规定计算。

9.1.12 不等高厂房支承低跨屋盖的柱牛腿在地震作用下开裂较多，甚至牛腿面预埋板向外位移破坏。在重力荷载和水平地震作用下的柱牛腿纵向水平受拉钢筋的计算公式，第一项为承受重力荷载纵向钢筋的计算，第二项为承受水平拉力纵向钢筋的计算。

9.1.13 震害和试验研究表明：交叉支撑杆件的最大长细比小于200时，斜拉杆和斜压杆在支撑桁架中是共同工作的。支撑中的最大作用相当于单压杆的临界状态值。据此，在规范的附录J中规定了柱间支撑的设计原则和简化方法。

1 支撑侧移的计算：按剪切构件考虑，支撑任一点的侧移等于该点以下各节间相对侧移值的叠加。它可用以确定厂房纵向柱列的侧移刚度及上、下支撑地震作用的分配。

2 支撑斜杆抗震验算：试验结果发现，支撑的水平承载力，相当于拉杆承载力与压杆承载力乘以折减系数之和的水平分量。此折减系数即条文中的"压杆卸载系数"，可以线性内插，亦可直接用下列公式确定斜拉杆的净截面A_n：

$$A_n \geqslant \gamma_{RE} l_i V_{bi} / \left[(1+\psi_c \varphi_i) s_c f_{at} \right]$$

3 唐山地震中，单层钢筋混凝土柱厂房的柱间支撑虽有一定数量的破坏，但这些厂房大多数未考虑抗震设防的。据计算分析，抗震验算的柱间支撑斜杆内力大于非抗震设计时的内力几倍。

4 柱间支撑与柱的连接节点在地震反复荷载作用下承受拉弯剪和压弯剪，试验表明其承载力比单调荷载作用下有所降低；在抗震安全性综合分析基础上，提出了确定预埋板钢筋截面面积的计算公式，适用于符合本规范第9.1.28条5款构造规定的情况。

5 补充了柱间支撑节点预埋件采用角钢时的验算方法。

9.1.14 唐山地震震害表明：8度和9度区，不少抗风柱的上柱和下柱根部开裂、折断，导致山尖墙倒塌，严重的抗风柱连同山墙全部向外倾倒。抗风柱虽非单层厂房的主要承重构件，但它却是厂房纵向抗震中的重要构件，对保证厂房的纵向抗震安全，具有不可忽视的作用，补充规定8、9度时需进行平面外的截面抗震验算。

9.1.15 当抗风柱与屋架下弦相连接时，虽此类厂房均在厂房两端第一开间设置下弦横向支撑，但当厂房遭到地震作用时，高大山墙引起的纵向水平地震作用具有较大的数值，由于阶形抗风柱的下柱刚度远大于上柱刚度，大部分水平地震作用将通过下柱的上端连接传至屋架下弦，但屋架下弦支撑的强度和刚度往往不能满足要求，从而导致屋架下弦支撑杆件压曲。1966年邢台地震6度区、1975年海城地震8度区均出现过这种震害。故要求进行相应的抗震验算。

9.1.16 当工作平台、刚性内隔墙与厂房主体结构相连时，将提高排架的侧移刚度，改变其动力特性，加大地震作用，还可能造成应力和变形集中，加重厂房的震害。唐山地震中由此造成排架柱折断或屋盖倒塌，其严重程度因具体条件而异，很难作出统一规定。因此，抗震计算时，需采用符合实际的结构计算简图，并采取相应的措施。

9.1.17 震害表明，上弦有小立柱的拱形和折线形屋架及上弦节间长和节间矢高较大的屋架，在地震作用下屋架上弦将产生附加扭矩，导致屋架上弦破坏。为此，8、9度在这种情况下需进行截面抗扭验算。

（Ⅲ）抗震构造措施

9.1.18 本节所指有檩屋盖，主要是波形瓦（包括石棉瓦及槽瓦）屋盖。这类屋盖只要设置保证整体刚度的支撑体系，屋面瓦与檩条间以及檩条与屋架间有牢固的拉结，一般均具有一定的抗震能力，甚至在唐山10度地震区也基本完好地保存下来。但是，如果屋面瓦与檩条或檩条与屋架拉结不牢，在7度地震区也会出现严重震害，海城地震和唐山地震中均有这种例子。

89规范对有檩屋盖的规定，系针对钢筋混凝土体系而言。本次修订，增加了对钢结构有檩体系的要求。

9.1.19 无檩屋盖指的是各类不用檩条的钢筋混凝土屋面板与屋架（梁）组成的屋盖。屋盖的各构件相互间联成整体是厂房抗震的重要保证，这是根据唐山、海城震害经验提出的总要求。鉴于我国目前仍大量采用钢筋混凝土大型屋面板，故重点对大型屋面板与屋架（梁）焊连的屋盖体系作了具体规定。

这些规定中，屋面板和屋架（梁）可靠焊连是第一道防线，为保证焊连强度，要求屋面板端头底面预埋板和屋架端部顶面预埋件均应加强锚固；相邻屋面板吊钩或四角顶面预埋铁件间的焊连是第二道防线；当制作非标准屋面板时，也应采取相应的措施。

设置屋盖支撑是保证屋盖整体性的重要抗震措施，沿用了89规范的规定。

根据震害经验，8度区天窗跨度等于或大于9m和9度区天窗架宜设置上弦横向支撑。

9.1.20 在进一步总结唐山地震经验的基础上，对屋盖支撑布置的规定作适当的补充。

9.1.21 唐山地震震害表明，采用刚性焊连构造时，天窗立柱普遍在下档和侧板连接处出现开裂和破坏，甚至倒塌，刚性连接仅在支撑很强的情况下才是可行的措施，故规定一般单层厂房宜用螺栓连接。

9.1.22 屋架端竖杆和第一节间上弦杆，静力分析中常作为非受力杆件而采用构造配筋，截面受弯、受剪承载力不足，需适当加强。对折线形屋架为调整屋面坡度而在端节间上弦顶面设置的小立柱，也要适当增大配筋和加密箍筋，以提高其拉弯剪能力。

9.1.23 根据震害经验，排架柱的抗震构造，增加了箍筋肢距的要求，并提高了角柱柱头的箍筋构造要求。

1 柱子在变位受约束的部位容易出现剪切破坏，要增加箍筋。变位受约束的部位包括：设有柱间支撑的部位、嵌砌内隔墙、侧边贴建坡屋、靠山墙的角柱、平台连接处等。

2 唐山地震震害表明：当排架柱的变位受平台、刚性横隔墙等约束，其影响的严重程度和部位，因约束条件而异，有的仅在约束部位的柱身出现裂缝；有的造成屋架上弦折断、屋盖坍落（如天津拖拉机厂冲压车间）；有的导致柱头和连接破坏、屋盖倒塌（如天津第一机床厂铸工车间配砂间）。必须区别情况从设计计算和构造上采取相应的有效措施，不能统一采用局部加强排架柱的箍筋，如高低跨柱的上柱的剪跨比较小时就应全高加密箍筋，并加强柱头与屋架的连接。

3 为了保证排架柱箍筋加密区的延性和抗剪强度，除箍筋的最小直径和最大间距外，增加对箍筋最大肢距的要求。

4 在地震作用下，排架柱的柱头由于构造上的原因，不是完全的铰接，而是处于压弯剪的复杂受力状态，在高烈度地区，这种情况更为严重。唐山地震中高烈度地区的排架柱头破坏较重，加密区的箍筋直径需适当加大。

5 厂房角柱的柱头处于双向地震作用，侧向变形受约束和压弯剪的复杂受力状态，其抗震强度和延性较中间排架柱头弱得多，唐山地震中，6度区就有角柱顶开裂的破坏；8度和大于8度时，震害就更多，严重的柱头折断，端屋架塌落，为此，厂房角柱的柱头加密箍筋宜提高一度配置。

9.1.24 对抗风柱，除了提出验算要求外，还提出纵筋和箍筋的构造规定。

唐山地震中，抗风柱的柱头和上、下柱的根部都有产生裂缝、甚至折断的震害，另外，柱肩产生劈裂的情况也不少。为此，柱头和上、下柱根部需加强箍筋的配置，并在柱肩处设置纵向受拉钢筋，以提高其抗震能力。

9.1.25 大柱网厂房的抗震性能是唐山地震中发现的新问题，其震害特征是：①柱根出现对角破坏，混凝土酥碎剥落，纵筋弯曲，说明主要是纵、横两个方向或斜向地震作用的影响，柱根的强度和延性不足；②中柱的破坏率和破坏程度均大于边柱，说明与柱的轴压比有关。

89规范对大柱网厂房的抗震验算作了规定，本次修订，进一步补充了轴压比和相应的箍筋构造要求。其中的轴压比限值，考虑到柱子承受双向压弯剪和 $P-\Delta$ 效应的影响，受力复杂，参照了钢筋混凝土框支柱的要求，以保证延性；大柱网厂房柱仅承受屋盖（包括屋面、屋架、托架、悬挂吊车）和柱的自重，尚不致因控制轴压比而给设计带来困难。

9.1.26 柱间支撑的抗震构造，比89规范改进如下：①支撑杆件的长细比限值随烈度和场地类别而变化；②进一步明确了支撑柱子连接节点的位置和相应的构造；③增加了关于交叉支撑节点板及其连接的构造要求。

柱间支撑是单层钢筋混凝土柱厂房的纵向主要抗侧力构件，当厂房单元较长或8度Ⅲ、Ⅳ类场地和9度时，纵向地震作用效应较大，设置一道下柱支撑不能满足要求时，可设置两道下柱支撑，但应注意：两道下柱支撑宜设置在厂房单元中间三分之一区段内，不宜设置在厂房单元的两端，以避免温度应力过大；在满足工艺条件的前提下，两者靠近设置时，温度应力小；在厂房单元中部三分之一区段内，适当拉开设置则有利于缩短地震作用的传递路线，设计中可根据具体情况确定。

交叉式柱间支撑的侧移刚度大，对保证单层钢筋混凝土柱厂房在纵向地震作用下的稳定性有良好的效果，但在与下柱连接的节点处理时，会遇到一些困难。

9.1.28 本条规定厂房各构件连接节点的要求，具体贯彻了本规范第3.5节的原则规定，包括屋架与柱的连接，柱顶锚件；抗风柱、牛腿（柱肩）、柱与柱间支撑连接处的预埋件：

1 柱顶与屋架采用钢板铰，在前苏联的地震中经受了考验，效果较好，建议在9度时采用。

2 为加强柱牛腿（柱肩）预埋板的锚固，要把相当于承受水平拉力的纵向钢筋（即本节第9.1.12条中的第2项）与预埋板焊连。

3 在设置柱间支撑的截面处（包括柱顶、柱底等），为加强锚固，发挥支撑的作用，提出了节点预埋件采用角钢加端板锚固的要求，埋板与锚件的焊接，通常用埋弧焊或开槽形孔塞焊。

4 抗风柱的柱顶与屋架上弦的连接节点，要具有传递纵向水平地震力的承载力和延性。抗风柱顶与屋架（屋面梁）上弦可靠连接，不仅保证抗风柱的强度和稳定，同时也保证山墙产生的纵向地震作用的可靠传递，但连接点必须在上弦横向支撑与屋架的连接点，否则将使屋架上弦产生附加的节间平面外弯矩。由于现在的预应力混凝土和钢筋混凝土屋架，一般均不符合抗风柱布置间距的要求，故补充规定以引起注意，当遇到这样情况时，可以采用在屋架横向支撑中加设次腹杆或型钢横梁，使抗风柱顶的水平力传递至上弦横向支撑的节点。

9.2 单层钢结构厂房

（Ⅰ）一般规定

9.2.1 钢结构的抗震性能一般比较好，未设防的钢结构厂房，地震中损坏不重，主要承重结构一般无损坏。

但是，1978年日本宫城县地震中，有5栋钢结构建筑倒塌，1976年唐山机车车辆厂等的钢结构厂房破坏甚至倒塌，因此，普通型钢的钢结构厂房仍需进行抗震设计。

轻型钢结构厂房的自重轻，钢材的截面特性与普通型钢不同，本次修订未纳入。

9.2.3 本条规定了厂房结构体系的要求：

1 多跨厂房的横向刚度较大，不要求各跨屋架均与柱刚接。采用门式刚架、悬臂柱等体系的结构在实际工程中也不少见。对厂房纵向的布置要求，本条规定与单层钢结构厂房的实际情况是一致的。

2 厚度较大无法进行螺栓连接的构件，需采用对接焊缝等强连接，并遵守厚板的焊接工艺，确保焊接质量。

3 实践表明，屋架上弦杆与柱连接处出现塑性铰的传统做法，往往引起过大变形，导致房屋出现功能障碍，故规定了此处连接板不应出现塑性铰。当横梁为实腹梁时，则应符合抗震连接的一般要求。

4 钢骨架的最大应力区在地震时可能产生塑性铰，导致构件失去整体和局部稳定，故在最大应力区不能设置焊接接头。为保证节点具有足够的承载能力，还规定了节点在构件全截面屈服时不发生破坏的要求。

（Ⅱ）计算要点

9.2.4 根据单层厂房的实际情况，对抗震计算模型分别作了规定。

9.2.5 厂房排架抗震分析时，要根据围护墙的类型和墙与柱的连接方式来决定其质量与刚度的取值原则，使计算较合理。

9.2.6 单层钢结构厂房的横向抗震计算，大体上与钢筋混凝土柱厂房相同，但因围护墙类型较多，故分别对待。参照钢筋混凝土柱厂房做简化计算时，地震弯矩和剪力的调整系数未作规定。

9.2.7 等高多跨钢结构厂房的纵向抗震计算，与钢筋混凝土厂房不同，主要由于厂房的围护墙与柱是柔性连接或不妨碍柱子侧移，各纵向柱列变位基本相同。因此，对无檩屋盖可按柱列刚度分配；对有檩屋盖可按柱列承受重力荷载代表值比例分配和按单柱列计算，再取二者的较大值。

9.2.8 本条对屋盖支撑设计作了规定。主要是连接承载力的要求和腹杆设计的要求。

对于按长细比决定截面的支撑构件，其与弦杆的连接可不要求等强连接，只要不小于构件的内力可；屋盖竖向支撑承受的作用力包括屋盖自重产生的地震力，还要将其传给主框架，杆件截面需由计算确定。

（Ⅲ）抗震构造措施

9.2.11 钢结构设计的习用规定，长细比限值与柱的轴压比无关，但与材料的屈服强度有关。修改后的表示方式与《钢结构设计规范》中的表示方式是一致的。

9.2.12 单层厂房柱、梁的板件宽厚比，应较静力弹性设计为严。本条参考了冶金部门的设计规定，它来自试算和工程经验分析。其中，考虑到梁可能出现塑性铰，按《钢结构设计规范》中关于塑性设计的要求控制。圆钢管的径厚比来自日本资料。

9.2.13 能传递柱全截面屈服承载力的柱脚，可采用如下形式：

（1）埋入式柱脚，埋深的近似计算公式，来自日本早期的设计规定和英国钢结构设计手册；

（2）外包式柱脚；

（3）外露式柱脚，底板与基础顶面间用无收缩砂浆进行二次灌浆，剪力较大时需设置抗剪键。

9.2.14 设置柱间支撑要兼顾减小温度应力的要求。

在厂房中部设置上下柱间支撑，仅适用于有吊车的厂房，其目的是避免吊车梁等纵向构件的温度应力；温度区间长度较大时，需在中部设置两道柱间支撑。上柱支撑按受拉配置，其截面一般较小，设在两端对纵向构件胀缩影响不大，无论烈度大小均需设置。

无吊车厂房纵向构件截面较小，柱间支撑不一定必需设在中部。

此外，89规范关于焊缝严禁立体交叉的规定，属于非抗震设计的基本要求，本次修订不再专门列出。

9.3 单层砖柱厂房

（Ⅰ）一般规定

9.3.1 本次修订明确本节适用范围为烧结普通黏土砖砌体。

在历次大地震中，变截面砖柱的上柱震害严重又不易修复，故规定砖柱厂房的适用范围为等高的中小型工业厂房。超出此范围的砖柱厂房，要采取比本节规定更有效的措施。

9.3.2 针对中小型工业厂房的特点，对钢筋混凝土无檩屋盖的砖柱厂房，要求设置防震缝。对钢、木等有檩屋盖的砖柱厂房，则明确可不设防震缝。

防震缝处需设置双柱或双墙，以保证结构的整体稳定性和刚性。

9.3.3 本次修订规定，屋盖设置天窗时，天窗不应通到端开间，以免过多削弱屋盖的整体性。天窗采用端砖壁时，地震中较多严重破坏，甚至倒塌，不应采用。

9.3.4 厂房的结构选型应注意：

1 历次大地震中，均有相当数量不配筋的无阶形柱的单层砖柱厂房，经受8度地震仍基本完好或轻微损坏。分析认为，当砖柱厂房山墙的间距、开洞率和高宽比均符合砌体结构静力计算的"刚性方案"条件且山墙的厚度不小于240mm时，即：

（1）厂房两端均设有承重山墙且山墙和横墙间距，对钢筋混凝土无檩屋盖不大于32m，对钢筋混凝土有檩屋盖、轻型屋盖和有密铺望板的木屋盖不大于20m；

（2）山墙或横墙上洞口的水平截面面积不应超过山墙或横墙截面面积的50%；

（3）山墙和横墙的长度不小于其高度。

不配筋的砖排架柱仍可满足8度的抗震承载力要求。仅从承载力方面，8度地震时可不配筋；但历次的震害表明，当遭遇9度地震时，不配筋的砖柱大多数倒塌，按照"大震不倒"的设计原则，本次修订仍保留78规范、89规范关于8度设防时应设置"组合砖柱"的规定。同时进一步明确，多跨厂房在8度Ⅲ、Ⅳ类场地和9度设防时，中柱宜采用钢筋混凝土柱，仅边柱可略放宽为采用组合砖柱。

2 震害表明，单层砖柱厂房的纵向也要有足够的承载力和刚度，单靠独立砖柱是不够的，像钢筋混凝土柱厂房那样设置交叉支撑也不妥，因为支撑吸引来的地震剪力很大，将会剪断砖柱。比较经济有效的办法是，在柱间砌筑与柱整体连接的纵向砖墙并设置砖墙基础，以代替柱间支撑加强厂房的纵向抗震能力。

8度Ⅲ、Ⅳ类场地且采用钢筋混凝土屋盖时，由于纵向水平地震作用较大，不能单靠屋盖中的一般纵向构件传递，所以要求在无上述抗震墙的砖柱顶部处设压杆（或用满足压杆构造的圈梁、天沟或檩条等代替）。

3 强调隔墙与抗震墙合并设置，目的在于充分利用墙体的功能，并避免非承重墙对柱及屋架与柱连接点的不利影响。当不能合并设置时，隔墙要采用轻质材料。

单层砖柱厂房的纵向隔墙与横向内隔墙一样，也宜做成抗震墙，否则会导致主体结构的破坏，独立的纵向、横向内隔墙，受震后容易倒塌，需采取保证其平面外稳定性的措施。

（Ⅱ）计算要点

9.3.5 本次修订增加了7度Ⅰ、Ⅱ类场地柱高不超过6.6m时，可不进行纵向抗震验算的条件。

9.3.6、9.3.7 在本节适用范围内的砖柱厂房，纵、横向抗震计算原则与钢筋混凝土柱厂房基本相同，故可参照本章第9.1节所提供的方法进行计算。其中，纵向简化计算的附录J不适用，而屋盖为钢筋混凝土或密铺望板的瓦木屋盖时，横向平面排架计算同样按附录H考虑厂房的空间作用影响。理由如下：

根据现行国家标准《砌体结构设计规范》的规定：密铺望板瓦木屋盖与钢筋混凝土有檩屋盖属于同

一种屋盖类型，静力计算中，符合刚弹性方案的条件时（20～48m）均可考虑空间工作，但89抗震规范规定：钢筋混凝土有檩屋盖可以考虑空间工作，而密铺望板的瓦木屋盖不可以考虑空间工作，二者不协调。

1 历次地震，特别是辽南地震和唐山地震中，不少密铺望板瓦木屋盖单层砖柱厂房反映了明显的空间工作特性。

2 根据王光远教授《建筑结构的振动》的分析结论，不仅仅钢筋混凝土无檩屋盖和有檩屋盖（大波瓦、槽瓦）厂房，就是石棉瓦和黏土瓦屋盖厂房在地震作用下，也有明显的空间工作。

3 从具有木望板的瓦木屋盖单层砖柱厂房的实测可以看出：实测厂房的基本周期均比按排架计算周期为短，同时其横向振型与钢筋混凝土屋盖的振型基本一致。

4 山墙间距小于24m时，其空间工作更明显，且排架柱的剪力和弯矩的折减有更大的趋势，而单层砖柱厂房山墙间距小于24m的情况，在工程建设中也是常见的。

5 根据以上分析，对单层砖柱厂房的空间工作问题作如下修订：

（1）7度和8度时，符合砌体结构刚弹性方案（20～48m）的密铺望板瓦木屋盖单层砖柱厂房与钢筋混凝土有檩屋盖单层砖柱厂房一样，也可考虑地震作用下的空间工作。

（2）附录H"砖柱考虑空间工作的调整系数"中的"两端山墙间距"改为"山墙、承重（抗震）横墙的间距"；并将<24m分为24m、18m、12m。

（3）单层砖柱厂房考虑空间工作的条件与单层钢筋混凝土柱厂房不同，在附录H中加以区别和修正。

9.3.9 砖柱的抗震验算，在现行国家标准《砌体结构设计规范》的基础上，按可靠度分析，同样引入承载力调整系数后进行验算。

（Ⅲ）抗震构造措施

9.3.10 砖柱厂房一般多采用瓦木屋盖，89规范关于木屋盖的规定是合理的，基本上未作改动。

木屋盖的支撑布置中，如端开间下弦水平系杆与山墙连接，地震后容易将山墙顶坏，故不宜采用。

木天窗架需加强与屋架的连接，防止受震后倾倒。

9.3.11 檩条与山墙连接不好，地震时将使支承处的砌体错动，甚至造成山尖墙倒塌，檩条伸出山墙的出山屋面有利于加强檩条与山墙的连接，对抗震有利，可以采用。

9.3.13 震害调查发现，预制圈梁的抗震性能较差，故规定在屋架底部标高处设置现浇钢筋混凝土圈梁。为加强圈梁的功能，规定圈梁的截面高度不应小于180mm；宽度习惯上与砖墙同宽。

9.3.14 震害还表明，山墙是砖柱厂房抗震的薄弱部位之一，外倾、局部倒塌较多；甚至有全部倒塌的。为此，要求采用卧梁并加强锚拉的措施。

9.3.15 屋架（屋面梁）与柱顶或墙顶的圈梁锚固的修订如下：

1 震害表明：屋架（屋面梁）和柱子可用螺栓连接，也可采用焊接连接。

2 对垫块的厚度和配筋作了具体规定。垫块厚度太薄或配筋太少时，本身可能局部承压破坏，且埋件锚固不足。

3 9度时屋盖的地震作用及位移较大；圈梁与垫块相连的部位要受到较大的扭转作用，故其箍筋适当加密。

9.3.16 根据设计需要，本次修订规定了砖柱的抗震要求。

9.3.17 钢筋混凝土屋盖单层砖柱厂房，在横向水平地震作用下，由于空间工作的因素，山墙、横墙将负担较大的水平地震剪力，为了减轻山墙、横墙的剪切破坏，保证房屋的空间工作，对山墙、横墙的开洞面积加以限制，8度时宜在山墙、横墙的两端，9度时尚应在高大门洞两侧设置构造柱。

9.3.18 采用钢筋混凝土无檩屋盖等刚性屋盖的单层砖柱厂房，地震时砖墙往往在屋盖处圈梁底面下一至四皮砖范围内出现周围水平裂缝。为此，对于高烈度地区刚性屋盖的单层砖柱厂房，在砖墙顶部沿墙长每隔1m左右埋设一根$\phi 8$竖向钢筋，并插入顶部圈梁内，以防止柱周围水平裂缝，甚至墙体错动破坏的产生。

此外，本次修订取消了双曲砖拱屋盖的有关内容。

10 单层空旷房屋

10.1 一般规定

单层空旷房屋是一组不同类型的结构组成的建筑，包含有单层的观众厅和多层的前后左右的附属用房。无侧厅的食堂，可参照第9章设计。

观众厅与前后厅之间、观众厅与两侧厅之间一般不设缝，而震害较轻；个别房屋在观众厅与侧厅处留缝，反而破坏较重。因此，在单层空旷房屋中的观众厅与侧厅、前后厅之间可不设防震缝，但根据第3章的要求，布置要对称，避免扭转，并按本章采取措施，使整组建筑形成相互支持和有良好联系的空间结构体系。

本次修订，根据震害分析，进一步明确各部分之间应加强连接而不设置防震缝。

大厅人员密集，抗震要求较高，故观众厅有挑台，或房屋高、跨度大，或烈度高，要采用钢筋混凝土框架式门式刚架结构等。本次修订为提高其抗震安全性，适当增加了采用钢筋混凝土结构的范畴。对前厅、大厅、舞台等的连接部位及受力集中的部位，也需采取加强措施或采用钢筋混凝土构件。

本章主要规定了单层空旷房屋大厅抗震设计中有别于单层厂房的要求，对屋盖选型、构造、非承重隔墙及各种结构类型的附属房屋的要求，见各有关章节。

10.2 计算要点

单层空旷房屋的平面和体型均较复杂，按目前分析水平，尚难进行整体计算分析。为了简化，可将整个房屋划为若干个部分，分别进行计算，然后从构造上和荷载的局部影响上加以考虑，互相协调。例如，通过周期的经验修正，使各部分的计算周期趋于一致；横向抗震分析时，考虑附属房屋的结构类型及其与大厅的连接方式，选用排架、框排架或排架—抗震墙的计算简图，条件合适者亦可考虑空间工作的影响，交接处的柱子要考虑高振型的影响；纵向抗震分析时，考虑屋盖的类型和前后厅等影响，选用单柱列或空间协同分析模型。

根据宏观震害调查，单层空旷房屋中，舞台后山墙等高大山墙的壁柱，要进行出平面的抗震验算，验算要求参考第9章。

本次修订，修改了关于空旷房屋自振周期计算的规定，改为直接取地震影响系数最大值计算地震作用。

10.3 抗震构造措施

单层空旷房屋的主要抗震构造措施如下：

1 6、7度时，中、小型单层空旷房屋的大厅，无筋的纵墙壁柱虽可满足承载力的设计要求，但考虑到大厅使用上的重要性，仍要求采用配筋砖柱或组合砖柱。

2 前厅与大厅、大厅与舞台之间的墙体是单层空旷房屋的主要抗侧力构件，承担横向地震作用。因此，应根据抗震设防烈度及房屋的跨度、高度等因素，设置一定数量的抗震墙。与此同时，还应加强墙上的大梁及其连接的构造措施。

舞台口梁为悬梁，上部支承有舞台上的屋架，受力复杂，而且舞台口两侧墙体为一端自由的高大悬墙，在舞台口处不能形成一个门架式的抗震横墙，在地震作用下破坏较多。因此，舞台口墙要加强与大厅屋盖体系的拉结，用钢筋混凝土立柱和水平圈梁来加强自身的整体性和稳定性。9度时不要采用舞台口砌体悬墙。

3 大厅四周的墙体一般较高，需增设多道水平圈梁来加强整体性和稳定性，特别是墙顶标高处的圈梁更为重要。

4 大厅与两侧的附属房屋之间一般不设防震缝，其交接处受力较大，故要加强相互间的连接，以增强房屋的整体性。

5 二层悬挑式挑台不但荷载大，而且悬挑跨度也较大，需要进行专门的抗震设计计算分析。

本次修订，增加了钢筋混凝土柱按抗震等级二级进行设计的要求，增加了关于大厅和前厅相连横墙的构造要求。增加了部分横墙采用钢筋混凝土抗震墙并按二级抗震等级设计的要求。

11 土、木、石结构房屋

11.1 村镇生土房屋

本节内容未做修订。89规范对生土建筑作了分类，并就其适用范围以及设计施工方面的注意事项作了一般性规定。因地区特点、建筑习惯的不同和名称的不统一，分类不可能全面。灰土墙承重房屋目前在我国仍有建造，故列入有关要求。

生土房屋的层数，因其抗震能力有限，仅以一、二层为宜。

11.1.1 【修订说明】

本条进一步明确本规范的规定所适用的生土房屋的范围。

11.1.3 各类生土房屋，由于材料强度较低，在平立面布置上更要求简单，一般每开间均要有抗震横墙，不采用外廊为砖柱、石柱承重，或四角用砖柱、石柱承重的作法，也不要将大梁搁置在土墙上。房屋立面要避免错层、突变，同一栋房屋的高度和层数必须相同。这些措施都是为了避免在房屋各部分出现应力集中。

11.1.4 生土房屋的屋面采用轻质材料，可减轻地震作用；提倡用双坡和弧形屋面，可降低山墙高度，增加其稳定性；单坡屋面山墙过高，平屋面防水有问题，不宜采用。

由于是土墙，一切支承点均应有垫板或圈梁。檩条要满搭在墙上或椽子上，端檩要出檐，以使外墙受荷均匀，增加接触面积。

11.1.5～11.1.7 对生土房屋中的墙体砌筑的要求，大致同砌体结构，即内外墙交接处要采取简易又有效的拉结措施，土坯要卧砌。

土坯的土质和成型方法，决定了土坯的好坏并最终决定土墙的承载力，应予以重视。

生土房屋的地基要求夯实，并设置防潮层以防止生土墙体酥落。

【11.1.5 修订说明】

本条修改规范执行严格程度用词，强调生土房屋墙体之间加强拉结，提高结构整体性。

11.1.8 为加强灰土墙房屋的整体性，要求设置圈梁。圈梁可用配筋砖带或木圈梁。

11.1.9 提高土拱房的抗震性能，主要是拱脚的稳定、拱圈的牢固和整体性。若一侧为崖体一侧为人工土墙，会因软硬不同导致破坏。

11.1.10 土窑洞有一定的抗震能力，在宏观震害调查时看到，土体稳定、土质密实、坡度较平缓的土窑洞在7度区有较完好的例子。因此，对土窑洞来说，首先要选择良好的建筑场地，应避开易产生滑坡、山崩的地段。

崖窑前不要接砌土坯或其他材料的前脸，否则前脸部分将极易遭到破坏。

有些地区习惯开挖层窑，一般来说比较危险，如需要时应注意间隔足够的距离，避免一旦土体破坏时发生连锁反应，造成大面积坍塌。

11.2 木结构房屋

本节主要是依据1981年道孚6.9级地震的经验。

11.2.1 本节所规定的木结构房屋，不适用于木柱与屋架（梁）铰接的房屋。因其柱子上、下端均为铰接，是不稳定的结构体系。

11.2.3 木柱房屋限高二层，是为了避免木柱有接头。震害表明，木柱无接头的旧房损坏较轻，而新建的有接头的房屋却倒塌。

11.2.4 四柱三跨木排架指的是中间有一个较大的主跨，两侧各有一个较小边跨的结构，是大跨空旷木柱房屋较为经济合理的方案。

震害表明，15～18m宽的木柱房屋，若仅用单跨，破坏严重，甚至倒塌；而采用四柱三跨的结构形式，甚至出现地裂缝，主跨也安然无恙。

11.2.5 木结构房屋无承重山墙，故本规范第9.3节规定的房屋两端第二开间设置屋盖支撑的要求需向外移到端开间。

11.2.6～11.2.8 木柱与屋架（梁）设置斜撑，目的控制横向侧移和加强整体性，穿斗木构架房屋整体性较好，有相当的抗倒力和变形能力，故可不必采用斜撑来限制侧移，但平面外的稳定性还需采用纵向支撑来加强。

震害表明，木柱与木屋架的斜撑若用夹板形式，通过螺栓与屋架下弦节点和上弦处紧密连结，则基本完好，而斜撑连接于下弦任意部位时，往往倒塌或严重破坏。

为保证排架的稳定性，加强柱脚和基础的锚固是十分必要的，可采用拉结铁件和螺栓连接的方式。

11.2.11 本条是新增的，提出了关于木构件截面尺寸、开榫、接头等的构造要求。

11.2.12 砌体围护墙不应把木柱完全包裹，目的是消除下列不利因素：

1 木柱不通风，极易腐蚀，且难于检查木柱的变质；

2 地震时木柱变形大，不能共同工作，反而把砌体推坏，造成砌体倒塌伤人。

【修订说明】

本条修改规范执行严格程度用词，强调了木结构房屋的围护墙与主体的拉结，以避免土坯等倒塌伤人。

11.3 石结构房屋

11.3.1，11.3.2 多层石房震害经验不多，唐山地区多数是二层，少数三、四层，而昭通地区大部分是二、三层，仅泉州石结构古塔高达48.24m，经过1604年8级地震（泉州烈度为8度）的考验至今犹存。

多层石房高度限值相对于砖房是较小的，这是考虑到石块加工不平整，性能差别很大，且目前石结构的经验还不足。使用"不宜"，可理解为通过试验或有其他依据时，可适当增减。

【11.3.2 修订说明】

本条修改规范执行严格程度用词，以严格控制石砌体民居的适用范围。

11.3.6 从宏观震害和实验情况来看，石墙体的破坏特征和砖结构相近，石墙体的抗剪承载力验算可与多层砌体结构采用同样的方法。但其承载力设计值应由试验确定。

11.3.7 石结构房屋的构造柱设置要求，系参照89规范混凝土中型砌块房屋对芯柱的设置要求规定的，而构造柱的配筋构造等要求，需参照多层黏土砖房的规定。

本次修订提高了7度时石结构房屋构造柱设置的要求。

11.3.8 洞口是石墙体的薄弱环节，因此需对其洞口的面积加以限制。

11.3.9 多层石房每层设置钢筋混凝土圈梁，能够提高其抗震能力，减轻震害，例如，唐山地震中，10度区有5栋设置了圈梁的二层石房，震后基本完好，或仅轻微破坏。

与多层砖房相比，石墙体房屋圈梁的截面加大，配筋略有增加，因为石墙体材料重量较大。在每开间及每道墙上，均设置现浇圈梁是为了加强墙体间的连接和整体性。

11.3.10 石墙在交接处条石无垫片砌筑，并设置拉结钢筋网片，是根据石墙材料的特点，为加强房屋整体性而采取的措施。

12 隔震和消能减震设计

12.1 一般规定

12.1.1 隔震和消能减震是建筑结构减轻地震灾害的新技术。

隔震体系通过延长结构的自振周期能够减少结构的水平地震作用，已被国外强震记录所证实。国内外的大量试验和工程经验表明：隔震一般可使结构的水平地震加速度反应降低60%左右，从而消除或有效地减轻结构和非结构的地震损坏，提高建筑物及其内部设施和人员的地震安全性，增加了震后建筑物继续使用的功能。

采用消能减震的方案，通过消能器增加结构阻尼来减少结构在风作用下的位移是公认的事实，对减少结构水平和竖向的地震反应也是有效的。

适应我国经济发展的需要，有条件地利用隔震和消能减震来减轻建筑结构的地震灾害，是完全可能的。本章主要吸收国内外研究成果中较成熟的内容，目前仅列入橡胶隔震支座的隔震技术和关于消能减震设计的基本要求。

12.1.2 隔震技术和消能减震技术的主要使用范围，是可增加投资来提高抗震安全的建筑，除了重要机关、医院等地震时不能中断使用的建筑外，一般建筑经方案比较和论证后，也可采用。进行方案比较时，需对建筑的抗震设防分类、抗震设防烈度、场地条件、使用功能及建筑、结构的方案，从安全和经济两方面进行综合分析对比，论证其合理性和可行性。

12.1.3 现阶段对隔震技术的采用，按照积极稳妥推广的方针，首先在使用有特殊要求和8、9度地区的多层砌体、混凝土框架和抗震墙房屋中运用。论证隔震设计的可行性时需注意：

1 隔震技术对低层和多层建筑比较合适。日本和美国的经验表明，不隔震时基本周期小于1.0s的建筑结构效果最佳；对于高层建筑效果不大。此时，建筑结构基本周期的估计，普通的砌体房屋可取0.4s，钢筋混凝土框架取 $T_1=0.075H^{3/4}$，钢筋混凝土抗震墙结构取 $T_1=0.05H^{3/4}$。

2 根据橡胶隔震支座抗拉性能差的特点，需限制非地震作用的水平荷载，结构的变形特点需符合剪切变形为主的要求，即满足本规范第5.1.2条规定的高度不超过40m可采用底部剪力法计算的结构，以利于结构的整体稳定性。对高宽比大的结构，需进行整体倾覆验算，防止支座压屈或出现拉应力。

3 国外对隔震工程的许多考察发现：硬土场地较适合于隔震房屋；软弱场地滤掉了地震波的中高频分量，延长结构的周期将增大而不是减小其地震反应，墨西哥地震就是一个典型的例子。日本的隔震标准草案规定，隔震房屋只适用于一、二类场地。我国大部分地区（第一组）Ⅰ、Ⅱ、Ⅲ类场地的设计特征周期均较小，故除Ⅳ类场地外均可建造隔震房屋。

4 隔震层防火措施和穿越隔震层的配管、配线，有与其特性相关的专门要求。

12.1.4 消能减震房屋最基本的特点是：

1 消能装置可同时减少结构的水平和竖向的地震作用，适用范围较广，结构类型和高度均不受限制；

2 消能装置应使结构具有足够的附加阻尼，以满足罕遇地震下预期的结构位移要求；

3 由于消能装置不改变结构的基本形式，除消能部件和相关部件外的结构设计仍可按本规范各章对相应结构类型的要求执行。这样，消能减震房屋的抗震构造，与普通房屋相比不降低，其抗震安全性可有明显的提高。

12.1.5 隔震支座、阻尼器和消能减震部件在长期使用过程中需要检查和维护。因此，其安装位置应便于维护人员接近和操作。

为了确保隔震和消能减震的效果，隔震支座、阻尼器和消能减震部件的性能参数应严格检验。

12.2 房屋隔震设计要点

12.2.1 本规范对隔震的基本要求是：通过隔震层的大变形来减少其上部结构的地震作用，从而减少地震破坏。隔震设计需解决的主要问题是：隔震层位置的确定，隔震垫的数量、规格和布置，隔震支座平均压应力验算，隔震层在罕遇地震下的承载力和变形控制，隔震层不隔离竖向地震作用的影响，上部结构的水平向减震系数及其隔震层的连接构造等。

隔震层的位置需布置在第一层以下。当位于第一层及以上时，隔震体系的特点与普通隔震结构可有较大差异，隔震层以下的结构设计计算也更复杂，需作专门研究。

为便于我国设计人员掌握隔震设计方法，本章提出了"水平向减震系数"的概念。按减震系数进行设计，隔震层以上结构的水平地震作用和抗震验算，构件承载力大致留有0.5度的安全储备。因此，对于丙类建筑，相应的构造要求也可有所降低。但必须注意，结构所受的地震作用，既有水平向也有竖向，目前的橡胶隔震支座只具有隔离水平地震的功能，对竖向地震没有隔震效果，隔震后结构的竖向地震力可能大于水平地震力，应予以重视并做相应的验算，采取适当的措施。

12.2.2 本条规定了隔震体系的计算模型，且一般要求采用时程分析法进行设计计算。在附录L中提供了简化计算方法。

12.2.3，12.2.4 规定了隔震层设计的基本要求。

1 关于橡胶隔震支座的平均压应力和最大拉应力限值。

（1）根据 Haring 弹性理论，按稳定要求，以压缩荷载下叠层橡胶水平刚度为零的压应力作为屈曲应力 σ_{cr}，该屈曲应力取决于橡胶的硬度、钢板厚度与橡胶厚度的比值、第一形状参数 s_1（有效直径与中央孔洞直径之差 $D-D_0$ 与橡胶层4倍厚度 $4t_r$ 之比）和第二形状参数 s_2（有效直径 D 与橡胶层总厚度 nt_r 之比）等。

通常，隔震支座中间钢板厚度是单层橡胶厚度的一半，取比值为0.5。对硬度为30～60共七种橡胶，以及 $s_1=11$、13、15、17、19、20 和 $s_2=3$、4、5、

6、7，累计 210 种组合进行了计算。结果表明：满足 $s_1 \geqslant 15$ 和 $s_2 \geqslant 5$ 且橡胶硬度不小于 40 时，最小的屈曲应力值为 34.0MPa。

将橡胶支座在地震下发生剪切变形后上下钢板投影的重叠部分作为有效受压面积，以该有效受压面积得到的平均应力达到最小屈曲应力作为控制橡胶支座稳定的条件，取容许剪切变形为 0.55D（D 为支座有效直径），则可得本条规定的丙类建筑的平均压应力限值

$$\sigma_{max} = 0.45\sigma_{cr} = 15.0 \text{MPa}$$

对 $s_2 < 5$ 且橡胶硬度不小于 40 的支座，当 $s_2 = 4$，$\sigma_{max} = 12.0$MPa；当 $s_2 = 3$，$\sigma_{max} = 9.0$MPa。因此规定，当 $s_2 < 5$ 时，平均压应力限值需予以降低。

（2）规定隔震支座不出现拉应力，主要考虑下列三个因素：

　　1）橡胶受拉后内部有损伤，降低了支座的弹性性能；
　　2）隔震支座出现拉应力，意味着上部结构存在倾覆危险；
　　3）橡胶隔震支座在拉伸应力下滞回特性的实物试验尚不充分。

2 关于隔震层水平刚度和等效黏滞阻尼比的计算方法，系根据振动方程的复阻尼理论得到的。其实部为水平刚度，虚部为等效黏滞阻尼比。

还需注意，橡胶材料是非线性弹性体，橡胶隔震支座的有效刚度与振动周期有关，动静刚度的差别甚大。因此，为了保证隔震的有效性，至少需要取相应于隔振体系基本周期的动刚度进行计算，隔震支座的产品应提供有关的性能参数。

12.2.5 隔震后，隔震层以上结构的水平地震作用需乘以水平向减震系数。隔震层以上结构的水平地震作用，仅有该结构对应于减震系数的水平地震作用的 70%。结构的层间剪力代表了水平地震作用取值及其分布，可用来识别结构的水平向减震系数。

考虑到隔震层不能隔离结构的竖向地震作用，隔震结构的竖向地震力可能大于其水平地震力，竖向地震的影响不可忽略，故至少要求 9 度时和 8 度水平向减震系数为 0.25 时应进行竖向地震作用验算。

12.2.8 为了保证隔震层能够整体协调工作，隔震层顶部应设置平面内刚度足够大的梁板体系。当采用装配整体式钢筋混凝土板时，为使纵横梁体系能传递竖向荷载并协调横向剪力在每个隔震支座的分配，支座上方的纵横梁体系应为现浇。为增大隔震层顶部梁板的平面内刚度，需加大梁的截面尺寸和配筋。

隔震支座附近的梁、柱受力状态复杂，地震时还会受到冲切，应加密箍筋，必要时配置网状钢筋。

考虑到隔震层对竖向地震作用没有隔振效果，上部结构的抗震构造措施应保留与竖向抗力有关的要求。

12.2.9 上部结构的底部剪力通过隔震支座传给基础结构。因此，上部结构与隔震支座的连接件、隔震支座与基础的连接件应具有传递上部结构最大底部剪力的能力。

12.3　房屋消能减震设计要点

12.3.1 本规范对消能减震的基本要求是：通过消能器的设置来控制预期的结构变形，从而使主体结构构件在罕遇地震下不发生严重破坏。消能减震设计需解决的主要问题是：消能器和消能部件的选型，消能部件在结构中的分布和数量，消能器附加给结构的阻尼比估算，消能减震体系在罕遇地震下的位移计算，以及消能部件与主体结构的连接构造和其附加的作用等等。

罕遇地震下预期结构位移的控制值，取决于使用要求，本规范第 5.5 节的限值是针对非消能减震结构"大震不倒"的规定。采用消能减震技术后，结构位移的控制应明显小于第 5.5 节的规定。

消能器的类型甚多，按 ATC—33.03 的划分，主要分为位移相关型、速度相关型和其他类型。金属屈服型和摩擦型属于位移相关型，当位移达到预定的起动限才能发挥消能作用，有些摩擦型消能器的性能有时不够稳定。黏滞型和黏弹性型属于速度相关型。消能器的性能主要用恢复力模型表示，应通过试验确定，并需根据结构预期位移控制等因素合理选用。位移要求愈严，附加阻尼愈大，消能部件的要求愈高。

12.3.2 消能部件的布置需经分析确定。设置在结构的两个主轴方向，可使两方向均有附加阻尼和刚度；设置于结构变形较大的部位，可更好发挥消耗地震能量的作用。

12.3.3 消能减震设计计算的基本内容是：预估结构的位移，并与未采用消能减震结构的位移相比，求出所需的附加阻尼，选择消能部件的数量、布置和所能提供的阻尼大小，设计相应的消能部件，然后对消能减震体系进行整体分析，确认其是否满足位移控制要求。

消能减震结构的计算方法，与消能部件的类型、数量、布置及所提供的阻尼大小有关。理论上，大阻尼比的阻尼矩阵不满足振型分解的正交性条件，需直接采用恢复力模型进行非线性静力分析或非线性时程分析计算。从实用的角度，ATC—33 建议适当简化，特别是主体结构基本控制在弹性工作范围内时，可采用线性计算方法估计。

12.3.4 采用底部剪力法或振型分解反应谱法计算消能减震结构时，需要通过强行解耦，然后计算消能减震结构的自振周期、振型和阻尼比。此时，消能部件附加给结构的阻尼，参照 ATC—33，用消能部件本身在地震下变形所吸收的能量与设置消能器后结构总地震变形能的比值来表征。

消能减震结构的总刚度取为结构刚度和消能部件刚度之和,消能减震结构的阻尼比按下列公式近似估算:

$$\zeta_j = \zeta_{sj} + \zeta_{cj}$$

$$\zeta_{cj} = \frac{T_j}{4\pi M_j} \Phi_j^T C_c \Phi_j$$

式中 ζ_j、ζ_{sj}、ζ_{cj}——分别为消能减震结构的 j 振型阻尼比、原结构的 j 振型阻尼比和消能器附加的 j 振型阻尼比;

T_j、Φ_j、M_j——分别为消能减震结构第 j 自振周期、振型和广义质量;

C_c——消能器产生的结构附加阻尼矩阵。

国内外的一些研究表明,当消能部件较均匀分布且阻尼比不大于 0.20 时,强行解耦与精确解的误差,大多数可控制在 5%以内。

附录 L 隔震设计简化计算和砌体结构隔震措施

1 对于剪切型结构,可根据基本周期和规范的地震影响系数曲线估计其隔震和不隔震的水平地震作用。此时,分别考虑结构基本周期不大于设计特征周期和大于设计特征周期两种情况,在每一种情况中又以 5 倍特征周期为界加以区分。

(1) 不隔震结构的基本周期不大于设计特征周期 T_g 的情况:

设隔震结构的地震影响系数为 α,不隔震结构的地震影响系数为 α',则

对隔震结构,整个体系的基本周期为 T_1,当不大于 $5T_g$ 时地震影响系数

$$\alpha = \eta_2 (T_g/T_1)^\gamma \alpha_{max} \quad (L.1.1\text{-}1)$$

不隔震结构的基本周期小于或等于设计特征周期时,地震影响系数

$$\alpha' = \alpha_{max} \quad (L.1.1\text{-}2)$$

式中 α_{max}——阻尼比 0.05 的不隔震结构的水平地震影响系数最大值;

η_2、γ——分别为与阻尼比有关的最大值调整系数和曲线下降段衰减指数,见第 5.1 节条文说明。

按照减震系数的定义,若水平向减震系数为 ψ,则隔震后结构的总水平地震作用为不隔震结构总水平地震作用的 ψ 倍乘以 70%,即

$$\alpha \leq 0.7 \psi \alpha'$$

于是 $\psi \geq (1/0.7) \eta_2 (T_g/T_1)^\gamma$

近似取 $\psi = \sqrt{2} \eta_2 (T_g/T_1)^\gamma \quad (L.1.1\text{-}3)$

当隔震后结构基本周期 $T_1 > 5T_g$ 时,地震影响系数为倾斜下降段且要求不小于 $0.2\alpha_{max}$,确定水平向减震系数需专门研究,往往不易实现。例如要使水平向减震系数为 0.25,需有:

$$T_1/T_g = 5 + (\eta_2 0.2^\gamma - 0.175)/(\eta_1 T_g)$$

对 Ⅱ 类场地 $T_g = 0.35s$,阻尼比 0.05 和 0.10,相应的 T_1 分别为 4.7s 和 2.9s

但此时 $\alpha = 0.175\alpha_{max}$,不满足 $\alpha \geq 0.2\alpha_{max}$ 的要求。

(2) 结构基本周期大于设计特征周期的情况:

不隔震结构的基本周期 T_0 大于设计特征周期 T_g 时,地震影响系数为

$$\alpha' = (T_g/T_0)^{0.9} \alpha_{max} \quad (L.1.1\text{-}4)$$

为使隔震结构的水平向减震系数达到 ψ,需有

$$\psi = \sqrt{2} \eta_2 (T_g/T_1)^\gamma (T_0/T_g)^{0.9} \quad (L.1.1\text{-}5)$$

当隔震后结构基本周期 $T_1 > 5T_g$ 时,也需专门研究。

注意,若在 $T_0 \leq T_g$ 时,取 $T_0 = T_g$,则式 (L.1.1-5) 可转化为式 (L.1.1-3),意味着也适用于结构基本周期不大于设计特征周期的情况。

多层砌体结构的自振周期较短,对多层砌体结构及与其基本周期相当的结构,本规范按不隔震时基本周期不大于 0.4s 考虑。于是,在上述公式中引入"不隔震结构的计算周期 T_0"表示不隔震的基本周期,并规定多层砌体取 0.4s 和设计特征周期二者的较大值,其他结构取计算基本周期和设计特征周期的较大值,即得到规范条文中的公式:砌体结构用式 (L.1.1-3) 表达;与砌体周期相当的结构用式 (L.1.1-5) 表达。

2 本条提出的隔震层扭转影响系数是简化计算。在隔震层顶板为刚性的假定下,由几何关系,第 i 支座的水平位移可写为:

$$u_i = \sqrt{(u_c + u_{ti}\sin\alpha_i)^2 + (u_{ti}\cos\alpha_i)^2}$$
$$= \sqrt{u_c^2 + 2u_c u_{ti}\sin\alpha_i + u_{ti}^2}$$

略去高阶量,可得:

$$u_i = \beta_i u_c$$
$$\beta_i = 1 + (u_{ti}/u_c)\sin\alpha_i$$

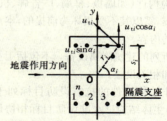

图 L.2 隔震层扭转计算简图

另一方面,在水平地震下 i 支座的附加位移可根据楼层的扭转角与支座至隔震层刚度中心的距离得到,

$$\frac{u_{ti}}{u_c} = \frac{k_h}{\sum k_j r_j^2} r_i e$$

$$\beta_i = 1 + \frac{k_h}{\sum k_j r_j^2} r_i e \sin\alpha_i$$

如果将隔震层平移刚度和扭转刚度用隔震层平面的几何尺寸表述,并设隔震层平面为矩形且隔震支座均匀布置,可得

$$k_h \propto ab$$

$$\sum k_j r_j^2 \propto ab(a^2+b^2)/12$$

于是
$$\beta_t = 1 + 12e\,s_i/(a^2+b^2)$$

对于同时考虑双向水平地震作用的扭转影响的情况，由于隔震层在两个水平方向的刚度和阻尼特性相同，若两方向隔震层顶部的水平力近似认为相等，均取为 F_{Ek}，可有地震扭矩

$$M_{tx} = F_{Ek}e_y, \quad M_{ty} = F_{Ek}e_x$$

同时作用的地震扭矩取下列二者的较大值：

$$M_t = \sqrt{M_{tx}^2 + (0.85M_{ty})^2} \text{ 和 } M_t = \sqrt{M_{ty}^2 + (0.85M_{tx})^2}$$

记为
$$M_{tx} = F_{Ek}e$$

其中，偏心距 e 为下列二式的较大值：

$$e = \sqrt{e_x^2 + (0.85e_y)^2} \text{ 和 } e = \sqrt{e_y^2 + (0.85e_x)^2}$$

考虑到施工的误差，地震剪力的偏心距 e 宜计入偶然偏心距的影响，与本规范第5.2节的规定相同，隔震层也采用限制扭转影响系数最小值的方法处理。

3 对于砌体结构，其竖向抗震验算可简化为墙体抗震承载力验算时在墙体的平均正应力 σ_0 计入竖向地震应力的不利影响。

4 考虑到隔震层对竖向地震作用没有隔振效果，上部砌体结构的构造应保留与竖向抗力有关的要求。对砌体结构的局部尺寸、圈梁配筋和构造柱、芯柱的最大间距作了原则规定。

13 非结构构件

13.1 一般规定

13.1.1 非结构的抗震设计所涉及的设计领域较多，本章主要涉及与主体结构设计有关的内容，即非结构构件与主体结构的连接件及其锚固的设计。

非结构构件（如墙板、幕墙、广告牌、机电设备等）自身的抗震，系以其不受损坏为前提的，本章不直接涉及这方面的内容。

本章所列的建筑附属设备，不包括工业建筑中的生产设备和相关设施。

13.1.2 非结构构件的抗震设防目标列于本规范第3.7节。与主体结构三水准设防目标相协调，容许建筑非结构构件的损坏程度略大于主体结构，但不得危及生命。

建筑非结构构件和建筑附属机电设备支架的抗震设防分类，各国的抗震规范、标准有不同的规定（参见附表），本规范大致分为高、中、低三个层次：

高要求时，外观可能损坏而不影响使用功能和防火能力，安全玻璃可能裂缝，可经受相连结构构件出现1.4倍以上设计挠度的变形，即功能系数取≥1.4；

中等要求时，使用功能基本正常或可很快恢复，耐火时间减少1/4，强化玻璃破碎，其他玻璃无下落，可经受相连结构构件出现设计挠度的变形，功能系数取1.0；

一般要求，多数构件基本处于原位，但系统可能损坏，需修理才能恢复功能，耐火时间明显降低，容许玻璃破碎下落，只能经受相连结构构件出现0.6倍设计挠度的变形，功能系数取0.6。

世界各国的抗震规范、规定中，要求对非结构的地震作用进行计算的有60%，而仅有28%对非结构的构造做出规定。考虑到我国设计人员的习惯，首先要求采取抗震措施，对于抗震计算的范围由相关标准规定，一般情况下，除了本规范第5章有明确规定的非结构构件，如出屋面女儿墙、长悬臂构件（雨篷等）外，尽量减少非结构构件地震作用计算和构件抗震验算的范围。例如，需要进行抗震验算的非结构构件大致如下：

1 7～9度时，基本上为脆性材料制作的幕墙及各类幕墙的连接；

2 8、9度时，悬挂重物的支座及其连接、出屋面广告牌和类似构件的锚固；

3 高层建筑上重型商标、标志、信号等的支架；

4 8、9度时，乙类建筑的文物陈列柜的支座及其连接；

5 7～9度时，电梯提升设备的锚固件、高层建筑上的电梯构件及其锚固；

6 7～9度时，建筑附属设备自重超过1.8kN或其体系自振周期大于0.1s的设备支架、基座及其锚固。

13.1.3 很多情况下，同一部位有多个非结构构件，如出入口通道可包括非承重墙体、悬吊顶棚、应急照明和出入信号四个非结构构件；电气转换开关可能安装在非承重墙上等。当抗震设防要求不同的非结构构件连接在一起时，要求低的构件也需按较高的要求设计，以确保较高设防要求的构件能满足规定。

13.2 基本计算要求

13.2.1 本条明确了结构专业所需考虑的非结构构件的影响，包括如何在结构设计中计入相关的重力、刚度、承载力和必要的相互作用。结构构件设计时仅计入支承非结构部位的集中作用并验算连接件的锚固。

13.2.2 非结构构件的地震作用，除了自身质量产生的惯性力外，还有支座间相对位移产生的附加作用，二者需同时组合计算。

非结构构件的地震作用，除了本规范第5章规定的长悬臂构件外，只考虑水平方向。其基本的计算方法是对应于"地面反应谱"的"楼面谱"，即反映支承非结构构件的主体结构体系自身动力特性、非结构构件所在楼层位置和支点数量、结构和非结构阻尼特性对地面地震运动的放大作用；当非结构构件的质量较大时或非结构体系的自振特性与主结构体系的某一振型的振动特性相近时，非结构体系还将与主结构体系的地震反应产生相互影响。一般情况下，可采用简

化方法，即等效侧力法计算；同时计入支座间相对位移产生的附加内力。对刚性连接于楼盖上的设备，当与楼层并为一个质点参与整个结构的计算分析时，也不必另外用楼面谱进行其地震作用计算。

13.2.3 非结构构件的抗震计算，最早见于ATC—3，采用了静力法。

等效侧力法在第一代楼面谱（以建筑的楼面运动作为地震输入，将非结构构件作为单自由度系统，将其最大反应的均值作为楼面谱，不考虑非结构构件对楼层的反作用）基础上做了简化。各国抗震规范的非结构构件的等效侧力法，一般由设计加速度、功能（或重要）系数、构件类别系数、位置系数、动力放大系数和构件重力六个因素所决定。

设计加速度一般取相当于设防烈度的地面运动加速度，与本规范各章协调，这里仍取多遇地震对应的加速度。

功能系数，UBC97分1.5和1.0两档，欧洲规范分1.5、1.4、1.2、1.0和0.8五档，日本取1.0、2/3、1/2三档。我国由有关的非结构设计标准按设防类别和使用要求确定，一般分为三档，取≥1.4、1.0和0.6。

构件类别系数，美国早期的ATC—3分0.6、0.9、1.5、2.0、3.0五档，UBC97称反应修正系数，无延性材料或采用胶粘剂的锚固为1.0，其余分为2/3、1/3、1/4三档，欧洲规范分1.0和1/2两档。我国由有关非结构标准确定，一般分0.6、0.9、1.0和1.2四档。

部分非结构构件的功能系数和类别系数参见表13.2.3。

表13.2.3-1 建筑非结构构件的类别系数和功能系数

构件、部件名称	类别系数	功能系数	
		乙类建筑	丙类建筑
非承重外墙：			
围护墙	0.9	1.4	1.0
玻璃幕墙等	0.9	1.4	1.4
连接：			
墙体连接件	1.0	1.4	1.0
饰面连接件	1.0	1.0	0.6
防火顶棚连接件	0.9	1.0	1.0
非防火顶棚连接件	0.6	1.0	0.6
附属构件：			
标志或广告牌等	1.2	1.0	1.0
高于2.4m储物柜支架：			
货架（柜）文件柜	0.6	0.6	0.6
文物柜	1.0	1.4	1.0

表13.2.3-2 建筑附属设备构件的类别系数和功能系数

构件、部件所属系统	类别系数	功能系数	
		乙类	丙类
应急电源的主控系统、发电机、冷冻机等	1.0	1.4	1.4
电梯的支承结构、导轨、支架、轿箱导向构件等	1.0	1.0	1.0
悬挂式或摇摆式灯具	0.9	1.0	0.6
其他灯具	0.6	1.0	0.6
柜式设备支座	0.6	1.0	1.0
水箱、冷却塔支座	1.2	1.0	1.0
锅炉、压力容器支座	1.0	1.0	1.0
公用天线支座	1.2	1.0	1.0

位置系数，一般沿高度为线性分布，顶点的取值，UBC97为4.0，欧洲规范为2.0，日本取3.3。根据强震观测记录的分析，对多层和一般的高层建筑，顶部的加速度约为底层的二倍；当结构有明显的扭转效应或高宽比较大时，房屋顶部和底部的加速度比例大于2.0。因此，凡采用时程分析法补充计算的建筑结构，此比值应依据时程分析法相应调整。

状态系数，取决于非结构体系的自振周期，UBC97在不同场地条件下，以周期1s时的动力放大系数为基础再乘以2.5和1.0两档，欧洲规范要求计算非结构体系的自振周期T_a，取值为$3/[1+(1-T_a/T_1)^2]$，日本取1.0、1.5和2.0三档。本规范不要求计算体系的周期，简化为两种极端情况，1.0适用于非结构的体系自振周期不大于0.06s等体系刚度较大的情况，其余按T_a接近于T_1的情况取值。当计算非结构体系的自振周期时，则可按$2/[1+(1-T_a/T_1)^2]$采用。

由此得到的地震作用系数（取位置、状态和构件类别三个系数的乘积）的取值范围，与主体结构体系相比，UBC97按场地为0.7～4.0倍（若以硬土条件下结构周期1.0s为1.0，则0.5～5.6倍），欧洲规范为0.75～6.0倍（若以硬土条件下结构周期1.0s为1.0，则为1.2～10倍）。我国一般为0.6～4.8倍（若以$T_g=0.4s$，结构周期1.0s为1.0，则为1.3～11倍）。

13.2.4 非结构构件支座间相对位移的取值，凡需验算层间位移者，除有关标准的规定外，一般按本规范规定的位移限值采用。

对建筑非结构构件，其变形能力相差较大。砌体材料构成的非结构构件，由于变形能力较差而限制在要求高的场所使用，国外的规范也只有构造要求而不要求进行抗震计算；金属幕墙和高级装修材料具有较大的变形能力，国外通常由生产厂家按主体结构设计的变形要求提供相应的材料，而不是由材料决定结构的变形要求；对玻璃幕墙，《建筑幕墙》标准中已规定其平面内变形分为五个等级，最大1/100，最小1/400。

对设备支架，支座间相对位移的取值与使用要求有直接联系。例如，要求在设防烈度地震下保持使用功能（如管道不破碎等），取设防烈度下的变形，即功能系数可取2～3，相应的变形限值取多遇地震的3～4倍；要求在罕遇地震下不造成次生灾害，则取罕遇地震下的变形限值。

13.2.5 要求进行楼面谱计算的非结构构件，主要是建筑附属设备，如巨大的高位水箱、出屋面的大型塔架等。采用第二代楼面谱计算可反映非结构构件对所在建筑结构的反作用，不仅导致结构本身地震反应的变化，固定在其上的非结构的地震反应也明显不同。

计算楼面谱的基本方法是随机振动法和时程分析法，当非结构构件的材料与结构体系相同时，可直接利用一般的时程分析软件得到；当非结构构件的质量较大，或材料阻尼特性明显不同，或在不同楼层上有支点，需采用第二代楼面谱的方法进行验算。此时，可考虑非结构与主体结构的相互作用，包括"吸振效应"，计算结果更加可靠。采用时程分析法和随机振动法计算楼面谱需有专门的计算软件。

13.3 建筑非结构构件的基本抗震措施

89规范各章中有关建筑非结构构件的构造要求如下：

1 砌体房屋中，后砌隔墙、楼梯间砖砌栏板的规定；

2 多层钢筋混凝土房屋中，围护墙和隔墙材料、砖填充墙布置和连接的规定；

3 单层钢筋混凝土柱厂房中，天窗端壁板、围护墙、高低跨封墙和纵横跨悬墙的材料和布置的规定，砌体隔墙和围护墙、墙梁、大型墙板等与排架柱、抗风柱的连接构造要求；

4 单层砖柱厂房中，隔墙的选型和连接构造规定；

5 单层钢结构厂房中，围护墙选型和连接要求。

本节将上述规定加以合并整理，形成建筑非结构构件材料、选型、布置和锚固的基本抗震要求。还补充了吊车走道板、天沟板、端屋架与山墙间的填充小屋面板，天窗端壁板和天窗侧板下的填充砌体等非结构构件与支承结构可靠连接的规定。

玻璃幕墙已有专门的规程，预制墙板、顶棚及女儿墙、雨篷等附属构件的规定，也由专门的非结构抗震设计规程加以规定。

13.4 附属机电设备支架的基本抗震措施

本规范仅规定对附属机电设备支架的基本要求。并参照美国UBC规范的规定，给出了可不作抗震设防要求的一些小型设备和小直径的管道。

建筑附属机电设备的种类繁多，参照美国UBC97规范，要求自重超过1.8kN（400磅）或自振周期大于0.1s时，要进行抗震计算。计算自振周期时，一般采用单质点模型。对于支承条件复杂的机电设备，其计算模型应符合相关设备标准的要求。

附录A 我国主要城镇抗震设防烈度、设计基本地震加速度和设计地震分组

A.0.20，A.0.24，A.0.25 【修订说明】

根据国家标准GB 18306—2001《中国地震动参数区划图》第1号修改单（国标委服务函［2008］57号）对四川、甘肃、陕西部分地区地震动参数的相关规定，对汶川地震后相关地区县级及县级以上城镇的中心地区建筑工程抗震设计时所采用的抗震设防烈度、设计基本地震加速度值和所属的设计地震分组加以调整。

本附录局部修订所调整的城镇涉及四川省、陕西省和甘肃省的70个城镇，其变化情况如下：

1. 新增为8度0.20g的城镇有7个：

四川省平武、茂县、宝兴和甘肃省的两当由0.15g提高为0.20g，北川（震前）、汶川、都江堰由0.10g提高为0.20g。

2. 新增为7度0.15g的城镇有9个：

四川省安县、青川、江油、绵竹、什邡、彭州、理县，陕西省略阳，均由0.10g提高为0.15g。四川省剑阁由0.05g提高为0.15g附近。

3. 新增为7度0.10g的城镇有15个：

四川省广元（3个市辖区）、绵阳（2个市辖区）、罗江、德阳、中江、广汉、金堂、成都市的2个市辖区，陕西省宁强、南郑、汉中，均由0.05g提高为0.10g。

4. 设防烈度不变而设计地震分组改变的城镇有39个（对砌体结构，其地震作用取值不变；对混凝土结构、钢结构等，其地震作用取值略有增加或减少）：

四川省8度0.20g的九寨沟、松潘，7度0.15g的天全、芦山、丹巴，7度0.10g的成都（6个市辖区）、双流、新津、黑水、金川、雅安、名山、洪雅、

夹江、郫县、温江、大邑、崇州、邛崃、蒲江、彭山、丹棱、眉山，6度0.05g的苍溪、盐亭、三台、简阳、旺苍、南江。

陕西省7度0.10g的勉县。

甘肃省8度0.30g的西和，8度0.20g的文县、陇南、舟曲。

此外，部分乡镇的设防烈度与该县级城镇中心地区不同，需按区划图修改单确定：

四川省广元东南、剑阁东南、梓潼东北、中江东南、金堂东南、简阳西北、绵竹西北、什邡西北、彭州西北、汶川西南、理县东部、茂县西部、黑水东部；陕西省宁强西部、南郑东南；甘肃省文县东南、陇南东南角、康县东南。

中华人民共和国国家标准

构筑物抗震设计规范

GB 50191—93

条 文 说 明

编 制 说 明

本规范是根据国家计委计综〔1985〕1号文和原城乡建设环境保护部（85）城抗震字第60号文的要求，由冶金工业部负责主编，具体由冶金部建筑研究总院会同国家地震局工程力学研究所等35个科研单位、设计单位和高等院校共同编制而成，经建设部1993年11月16日以建标〔1993〕858号文批准，并会同国家技术监督局联合发布。

在本规范的编制过程中，规范编制组进行了广泛的调查研究，认真总结我国有关构筑物的工程勘察、设计、施工和震害的实践经验，同时参考了有关国际标准和国外先进标准，并广泛征求了全国有关单位的意见。最后由我部会同有关部门审查定稿。

鉴于本规范系初次编制，在执行过程中，希望各单位结合工程实践和科学研究，认真总结经验，注意积累资料，如发现需要修改和补充之处，请将意见和有关资料寄交冶金部建筑研究总院《构筑物抗震设计规范》编制组（北京市海淀区西土城路33号，邮编100088），并抄送冶金工业部建设协调司，以供今后修订时参考。

目　次

1　总则 ·· 6—5—5
3　抗震设计的基本要求 ························· 6—5—5
　　3.1　场地影响和地基、基础 ··············· 6—5—5
　　3.2　抗震结构体系 ···························· 6—5—6
　　3.3　材料 ·· 6—5—6
　　3.4　非结构构件 ································ 6—5—6
4　场地、地基和基础 ······························ 6—5—6
　　4.1　场地 ·· 6—5—6
　　4.2　天然地基及基础 ························· 6—5—7
　　4.3　液化土地基 ································ 6—5—7
　　4.4　软土地基震陷 ···························· 6—5—8
　　4.5　桩基础 ······································ 6—5—8
5　地震作用和结构抗震验算 ··················· 6—5—9
　　5.1　一般规定 ···································· 6—5—9
　　5.2　水平地震作用和作用效应计算 ····· 6—5—9
　　5.3　竖向地震作用计算 ····················· 6—5—10
　　5.4　截面抗震验算 ···························· 6—5—10
　　5.5　抗震变形验算 ···························· 6—5—10
6　框排架结构 ······································· 6—5—11
　　6.1　一般规定 ··································· 6—5—11
　　6.2　抗震计算 ··································· 6—5—11
　　6.3　构造措施 ··································· 6—5—12
7　悬吊式锅炉构架 ································· 6—5—13
　　7.1　一般规定 ··································· 6—5—13
　　7.2　抗震计算 ··································· 6—5—14
　　7.3　构造措施 ··································· 6—5—14
8　贮仓 ··· 6—5—14
　　8.1　一般规定 ··································· 6—5—14
　　8.2　抗震计算 ··································· 6—5—15
　　8.3　构造措施 ··································· 6—5—15
9　井塔 ··· 6—5—16
　　9.1　一般规定 ··································· 6—5—16
　　9.2　抗震计算 ··································· 6—5—16
　　9.3　构造措施 ··································· 6—5—17
10　钢筋混凝土井架 ······························ 6—5—17
　　10.1　一般规定 ································· 6—5—17
　　10.2　抗震计算 ································· 6—5—17
　　10.3　构造措施 ································· 6—5—18
11　斜撑式钢井架 ·································· 6—5—18

11.1　一般规定 ····································· 6—5—18
11.2　抗震计算 ····································· 6—5—18
11.3　构造措施 ····································· 6—5—19
12　双曲线冷却塔 ·································· 6—5—19
　　12.1　一般规定 ································· 6—5—19
　　12.2　塔筒 ·· 6—5—19
　　12.3　淋水装置 ································· 6—5—20
13　电视塔 ·· 6—5—20
　　13.1　一般规定 ································· 6—5—20
　　13.2　抗震计算 ································· 6—5—20
　　13.3　构造措施 ································· 6—5—21
14　石油化工塔型设备基础 ···················· 6—5—21
　　14.1　一般规定 ································· 6—5—21
　　14.2　抗震计算 ································· 6—5—22
15　焦炉基础 ··· 6—5—22
　　15.1　一般规定 ································· 6—5—22
　　15.2　抗震计算 ································· 6—5—22
　　15.3　构造措施 ································· 6—5—23
16　运输机通廊 ····································· 6—5—23
　　16.1　一般规定 ································· 6—5—23
　　16.2　抗震计算 ································· 6—5—23
　　16.3　构造措施 ································· 6—5—24
17　管道支架 ··· 6—5—24
　　17.1　一般规定 ································· 6—5—24
　　17.2　抗震计算 ································· 6—5—25
　　17.3　构造措施 ································· 6—5—25
18　浓缩池 ·· 6—5—25
　　18.1　一般规定 ································· 6—5—25
　　18.2　抗震计算 ································· 6—5—25
　　18.3　构造措施 ································· 6—5—26
19　常压立式圆筒形储罐 ······················· 6—5—26
　　19.1　一般规定 ································· 6—5—26
　　19.2　抗震计算 ································· 6—5—26
20　球形储罐 ··· 6—5—28
21　卧式圆筒形储罐 ······························ 6—5—28
22　高炉系统结构 ·································· 6—5—28
　　22.1　一般规定 ································· 6—5—28
　　22.2　高炉 ·· 6—5—29
　　22.3　热风炉 ···································· 6—5—31

22.4 除尘器、洗涤塔 …………… 6—5—32	23.1 一般规定 ……………………… 6—5—33
22.5 斜桥 ……………………………… 6—5—32	23.2 抗震计算 ……………………… 6—5—33
23 尾矿坝 …………………………… 6—5—33	23.3 构造和工程措施 ……………… 6—5—34

1 总 则

1.0.1 本条是制订本规范的目的、指导思想和条件。制订本规范的目的，是为了减轻构筑物的地震破坏程度，保障操作人员安全和生产安全。本规范所包含的构筑物，大多数为工业构筑物，部分为民用构筑物，这些构筑物的地震破坏可能产生直接灾害，也可能产生次生灾害。因此，减轻地震破坏程度也包括减轻次生灾害在内。保障地震安全的程度是受科学技术和国家经济条件两方面制约的。地震工程是近三四十年才发展起来的新兴学科，牵涉到多种学科的综合，尚有许多未被认识的领域和技术难题；特别是构筑物的抗震设计问题，研究的起步大多比一般工业与民用建筑晚，震害经验也较少，技术难题更多，且由于工矿企业的生产连续性强、占地广等特点，带来一定技术难度；本规范的科学依据，只能是现有的震害防治经验、研究成果和设计经验，随着地震工程科学水平的不断提高，本规范的内容将会不断完善和提高。构筑物抗震设计规范与其它规范一样，要根据国家的实际经济条件，取用适当的设防水准，使其具有可行性。

1.0.2 本条提出了抗震设防的三个水准的要求，就是"小震不坏，中震可修，大震不倒"，即：遭遇低于设防烈度地震影响时，结构基本处于弹性工作状态，不需修理仍能保持其使用功能；遭遇设防烈度地震影响时，结构的非主要受力构件局部可能出现塑性或其它非线性轻微破坏，主要受力构件的损坏控制在经一般修理即可恢复其使用功能的范围，即结构处于有限塑性变形的弹塑性工作阶段；所谓大震的设防水准，据中国建筑科学研究院抗震所对全国60多个城市的地震危险性分析结果，合理的设防目标是50年超越概率为2%～3%，遭此地震影响时，地震烈度大致高于设防烈度一度，结构无论从整体还是各层位，均已处于弹塑性工作阶段，此时结构的变形较大，但还在规定的控制范围之内，尚未失去承载能力，不致出现危及生命的严重损坏或倒塌。

为实现三个设防水准的要求，本规范采用二阶段设计。第一阶段设计是按第一或第二设防水准进行强度验算，对大多数结构，可通过抗震设计的基本要求（即所谓概念设计）和抗震构造措施要求来满足第三水准的设计要求。第二阶段设计则是对一部分较重要的构筑物和地震时易倒塌的构筑物，除满足第一阶段设计要求外，还要按高于设防烈度一度的大震进行弹塑性变形验算，并要进行薄弱部位的弹塑性层间变形验算，以满足第三水准的设防要求。

1.0.3 本条是有关本规范的适用范围。适用的地震烈度范围，除设防烈度7，8，9度地区以外，还增加了6度区。这是符合当前国家有关政策规定的，也是与现行国家标准《建筑抗震设计规范》（以下简称《建规》）相一致的。

1.0.4 本条是抗震设防的基本依据。抗震设防烈度是按国家规定批准权限审定作为一个地区抗震设防依据的烈度，一般情况下采用现行《中国地震烈度区划图（1990）》规定的基本烈度。但是，《中国地震烈度区划图（1990）》说明书指出："由于编图所依据的基础资料、比例尺和概率水平所限，本区划图不宜作为重大工程和某些可能引起严重次生灾害的工程建设的抗震设防依据"。当厂矿占地大、场地条件复杂时，按基本烈度进行抗震设计有可能带来较大的误差。为使重要厂矿的抗震设防的基本依据比较符合厂矿的实际场地条件，对高烈度以及场地条件复杂的大型工业厂矿，大都在企业抗震防灾规划中做过抗震设防区划。经过批准的设防区划所提供的设防烈度和地震动参数也可以作为抗震设计的依据。位于城市的厂矿，如城市已做过抗震设防区划，并且包括了企业所在地，则构筑物也可以按城市抗震设防区划提供的地震动参数进行设计。

1.0.5 本条是有关构筑物重要性类别划分的规定。构筑物的重要性类别档次与《建规》基本相同，使同一生产线的厂房建筑、构筑物等级能一致。确定构筑物重要性类别的依据是按其重要性和受地震破坏后果的严重程度，其中包括人员伤亡、经济损失、社会影响等；对于严格要求连续生产的重要厂矿，其震害后果还应包括停产造成的损失，当停产超过工艺限定时间的规定时，还可能导致整个生产线更长时间停顿的恶果。例如悬吊式锅炉、焦炉、高炉等，当失去恒温条件时，将导致内衬开裂、炉体报废，从而使恢复生产的时间大为延长；井塔、井架等矿井的安全出口如地震时发生堵塞，将会导致严重的后果；运送、贮存易燃、易爆和有毒介质的管道、贮罐一旦破坏，将会造成严重次生灾害。因此，对这些与生命线工程相关的构筑物，在估量其震害后果划分重要性类别时，还应考虑其对恢复生产的影响程度，与一般民用建筑和工业建筑相比，要求从严。此外，像电视塔这样的构筑物，一旦建成，它在城市中就占有特殊位置，在确定重要性类别时，要结合城市的等级考虑政治影响与社会稳定因素，从严掌握。

本规范共包括18类不同的构筑物，除了尾矿坝目前还不能根据本条标准划分重要性等级以外，其它构筑物的重要性类别可按国家规定的批准权限审批后确定。

1.0.6 本条规定针对不同重要性类别的构筑物，在设计中取用不同的地震作用参数和采取相应的抗震措施。其抗震措施包括有关构筑物的一般规定、构造措施以及本规范第3章至第5章的有关规定。

对甲类构筑物，总的要求是地震作用计算及其基本参数的选用尽可能精确，抗震措施从严取用。对其它重要性类别的构筑物，以往采取调整设计烈度的处理措施。提高设防烈度一度，意味着结构的地震作用也增大一倍。这样处理没有考虑整体结构中各构件的抗震能力是有富裕还是属于薄弱环节，对原有富裕的构件将造成浪费，而对原薄弱环节，如果因加大抗力而降低塑性耗能条件，可能导致主要构件和节点先行脆断。所以，提高一度进行抗震设计，并不一定能保证结构的地震安全。对此，本规范采取如下措施：①首先致力于总体设计正确，包括结构布置合理、选用对抗震有利的结构体系等；②不提高设防烈度，而仅在必要时采取提高抗震措施要求。

3 抗震设计的基本要求

3.1 场地影响和地基、基础

3.1.1、3.1.2 本条按场地对构筑物抗震的影响，将场地分为对构筑物抗震有利、不利和危险等三种地段。构筑物的震害除地震力引起的结构破坏外，还有场地条件的原因，例如砂土液化、软土震陷、滑坡和地裂等。因此，选择有利地段、避开不利地段和不在危险的地段建造除丁类以外的构筑物，是经济合理的抗震设计的前提。

3.1.3 震害表明，坚硬场地上的结构在大多数情况下震害相对较轻，但也有坚硬场地或中硬场地上的刚性建筑，其震害反而加重或者并不显出减轻的震例。因此，本条规定硬场地上基本自振周期大于0.3s的构筑物，才可降低一度采取抗震构造措施。构筑物大多数较高、较柔，基本自振周期小于0.3s的很少，大都可以降低一度。

3.1.4 地基对于上部结构除了起承载作用外，还起到传递和消散地震动的作用（将地震动上传和接受结构的地震作用反馈）。在抗震设计时，要考虑地基土的地震反应特征对上部结构的影响，而不仅仅着眼于承载作用。

液化土在液化之前（孔压比超过0.5时），有一个局部软化到全层软化的过程，以喷冒为标志的液化现象通常发生于地震动停止以后，现场目睹者的采访和振动台模型试验都证实存在这种液化（喷冒）滞后现象。所以，除了要重点考虑液化造成的地基失效外，还要注意土层软化对结构的影响，并采取适当的对策。事实上，由于目前液化的标志是喷冒，饱和砂土在地震影响下，喷冒点很可能只占少数，更多的是土层软化。

在山区或丘陵等地带，构筑物有可能位于两种不同的地基上，静力设计要求很容易满足。但是，在地震动作用下，位于两种不同地基上的同一结构的两个部分的振动形态会有很大差异，可能导致结构严重破坏。所以，本条规定要设置防震缝分开；但是许多构筑物不能设防震缝，这时就需要在结构设计时考虑地震反应差异对结构的不利影响。

3.2 抗震结构体系

3.2.1 本节条文的内容，是根据国内外大量震害经验和抗震研究成果，结合构筑物的具体条件，对抗震结构体系提出共性要求。在选取构筑物抗震结构体系时，要综合考虑有关因素，进行技术经济比较，以确保经济、合理。

3.2.2 规则、对称的构筑物有利于抗震，这已是众所周知的概念。条文中所述的规则，不仅是结构布置上对平、立面外形的要求，并提出对刚度、质量、强度分布的要求。总的目的在于：①避免过大的偏心距引起过大的地震扭矩；②避免抗侧力结构或构件出现薄弱层（薄弱部位）或塑性变形集中。

3.2.3 体型复杂的构筑物，在工艺允许且经济合理的前提下，适宜用防震缝分割成几个独立的规则单元；当工艺上不允许或建筑场地限制以及当不设防震缝对抗震安全更为经济合理时，也可以不设防震缝。例如，当设置防震缝后使结构单元的高宽比加大而使周期加长，与场地卓越周期接近而可能产生共振效应时，就不要设置防震缝；当设置防震缝后使结构单元超静定次数过少而对抗震不利时，也不适合于设置防震缝。当不设防震缝时，最好对整体结构采用较精细的抗震分析方法，如时程分析法、空间计算模型等，以估计复杂体型产生的不利作用，判明薄弱环节，采取针对性措施。

当防震缝宽度不足时，因碰撞可能导致整体结构严重破坏，其后果比不设防震缝引起的局部损坏更为严重。但是，过宽的防震缝会给结构、设备布置以及立面处理带来困难。经济、合理的缝宽是地震时仍可能稍有碰撞，但损坏轻微，不影响安全。

3.2.4 水平地震作用的合理传递路线可起到下列三重作用：①使地震作用下结构的实际受力状态与计算简图相符；②避免受力路线中断；③能使结构的地震反应通过简捷的传力路线向地基反馈，充分发挥地基逸散阻尼对上部结构的减振效果。

当采用几个延性好的结构分体系组联成整体结构体系时，可增加整体结构的超静定次数，而当一个分体系的地震破坏不影响整体结构时就形成了多道防震体系，增加抗震安全度。

3.2.5 本条对各种不同材料的构件提出了改善变形能力的原则和途径。

3.2.6 地震时结构单元呈整体振动，须保证结构体系的空间整体性，使结构整体振动与其动力计算简图和内力分析一致。本条着重对各构件间相互连接的可靠性、各层的空间整体性提出了要求。

3.3 材 料

3.3.1 各类结构的材料选用原则：①根据震害经验和试验研究，从合理选材上保证结构的抗震能力；②工程实践的可能性。

3.3.1.1 砖砌体结构的地震破坏主要在灰缝，故对砂浆等级比非地震区要求高。根据唐山地震时天津震害的经验，粘土空心砖砌体或砂浆等级低于M2.5的实心砌体不能形成斜压杆条件，条文中考虑了这一因素。

3.3.1.2 钢筋混凝土结构的受力构件宜提高混凝土强度等级，但限于当前材料供应的实际情况，据多数设计人员的意见，本条暂取较低限值；当有条件时，建议适当提高混凝土强度等级，对高轴压比柱尤为必要。

3.3.1.3 纵向受力钢筋采用Ⅰ、Ⅲ级钢筋有利于减少脆性及加强锚固能力。关于箍筋材质，美国ATC-3《美国建筑物抗震设计暂行条例》（以下简称ATC-3）规定其屈服强度不应大于纵向钢筋的屈服强度，日本则主要用高强变形钢筋作箍筋（屈服强度有高于 10000N/mm² 者）。欲使箍筋对混凝土起侧向约束作用，箍筋应始终处于弹性受力状态，因而日本的要求是合理的，但限于我国目前钢筋材源和施工条件，只能在现有条件下尽可能提高其强度等级。

3.3.2 在实际施工中难免出现钢筋代用，此时要注意避免用强度等级高的钢筋代替强度等级低的，以免出现薄弱环节转移或混凝土脆性破坏的危险。

3.4 非结构构件

3.4.1 非结构构件的地震破坏经常造成附加灾害，因此，本条强调非结构构件的可靠连接与本身加强。

3.4.2 设置不合理的围护墙会给结构带来严重震害后果。在设计时要明确受力关系，考虑它的影响，连接上要与设计一致。

4 场地、地基和基础

4.1 场 地

4.1.1、4.1.2 关于场地评定指标和场地指数。随着强震观测资料的增加和国内外大量地震震害经验的积累，人们逐渐认识到，场地条件是影响地震动特征和结构震害的重要因素。目前考虑这一因素的方法，是在抗震设计规范中通过场地分类，给出几条不同的反应谱曲线。但是，各国的抗震规范和不同研究者提出的场地评定指标和分类方法很不一致。现已提出的场地评定的主要指标有：土的纵、横波速度，平均剪变模量，抗压强度，抗剪强度，地基承载力，标贯击数，脉动卓越周期，反应谱峰值周期，覆盖层厚度，单位容重，相对密度，地下水位等等。各国规范或研究者大都选用2～3种指标作为场地分类的指标，一般将场地分为2～5类。

本规范建议的场地评定指标是平均剪变模量 $G(MPa)$ 和覆盖层厚度 $d(m)$。平均剪变模量是各分层土的剪变模量对厚度的加权平均，它较好地反映了场地土层的刚度特性（如波速、分层厚度和土质密度等）。覆盖层厚度与震害的关系已为多数研究者所认识，大量震害现象都与覆盖层厚度有关。这里将所选的两个指标结合在一起，能较好地反映场地的动力特性并便于给出场地评定结果的定量参数（即场地指数）。

目前国内外的抗震设计规范，是根据场地分类指标进行场地分类。其中存在的主要问题是，首先要给出各分类指标相应于场地类别的范围，这在实际应用中往往带来明显的不合理性。当场地评定指标处在分类边界附近时，往往会因很小的差异就带来场地类别的一类（甚至二类）之差，相应的地震动设计参数也将造成较大的差异。场地特性对设计反应谱有明显的影响，这是举世公认的。在场地的实际评定中，对硬场地（基岩露头或覆盖层较薄的坚硬土）和软场地（土质软而厚）较易作出判定。但是，对介于两者之间的中间场地，影响因素复杂，且变化范围比较大。显然，只用少数几条（如一条或二条）谱线来反映场地土的影响，显得粗糙和不尽合理。大量的强震观测记录和场地土资料分析表明，中间场地的反应谱变化范围是介于硬场地和软场地二条反应谱曲线之间。其变化范围如图1所示。

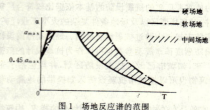

图1 场地反应谱的范围

如果人为地将中间场地划分为几类，就是把连续变化的场地评定指标所反映的千变万化的场地，主观地给出几个确定的边界，这显然是不合理的。为解决这个矛盾，可应用模糊数学的一些基本原理，处理场地评定指标与场地评价之间的关系即以上述平均剪变模量和覆盖层厚度作为场地评定指标，以模糊推论的综合评判方法导出的场地相对隶属度作为场地指数。本规范以μ表示场地指数，其变化范围为0～1。其中，硬场地对应于$\mu=1$，软场地对应于$\mu=0$，变化范围广泛的中间场地，则介于0～1之间。用场地指数表示场地评价结果，这实质上是一种连续的场地分类法。采用场地指数的优点是可以把设计反应谱用一个统一的公式来表达，它是随场地指数连续变化的函数，使反应谱能较合理地反映场地差异对地震作用的影响。

对绝大多数构筑物来说，测定其场地的平均剪变模量，勘察其覆盖层厚度是了解场地土特性所必须的，一般来说，也是不难实现的。因此，确定场地指数是方便可行的。

4.1.3 场地土的剪切波速，是评定场地的重要指标，一般情况下应通过仪器测定，但对于不重要的丁类构筑物允许采用表4.1.3中的经验公式进行估算。表4.1.3中的剪切波速经验公式是用数理统计方法求得的，其资料来源包括的地区较广，有华北平原、长江中下游以及西北黄土高原和部分西南地区，共600余个钻孔资料。根据土层的沉积环境、成因类型、形成年代和岩性、岩相的组合及其厚度、物理力学性质等因素进行了分类统计。

此外，大多数工程场地，在可行性阶段及初步设计阶段时，缺乏较详细的工程地质资料，特别是缺乏土层剪切波速资料。如何尽可能正确估计地震动设计参数，是关系到工程技术经济指标的重要问题。因此，本条规定可用经验公式估算土层剪切波速，粗略确定场地指数以供方案选择用。

4.1.4 为采取抗震构造措施需要，有必要引用4种场地类别，即硬场地、中硬场地、中软场地和软场地。因此本条给出了上述4种场地与场地指数间的对应关系。本规范的场地指数与《建规》四类场地设计近震特征周期T_g的对应关系大致如表1。

对 应 关 系 表1

本规范的场地指数μ	1.0	0.5	0.2	0
《建规》的场地类别	Ⅰ	Ⅱ	Ⅲ	Ⅳ
《建规》特征周期值T_g(s)	0.2	0.3	0.4	0.65

如按场地指数μ或T_g的中值划分，中硬场地的μ值变化范围为0.75～0.35。但鉴于《建规》中的Ⅱ类场地指标变化范围大，为与之协调，要扩大中硬场地μ值的变化范围，因此，本规范将中硬场地的μ值变化范围调整为0.8～0.35，场地分类与场地指数的关系如本规范中表4.1.4所示。

4.1.5 本条是关于地震区构筑物工程地质勘察时要增加的抗震方面的内容，是场地评价、地基抗震、确定设计反应谱以及采取抗震构造措施的重要依据。对于要采用时程分析法进行抗震计算的构筑物，还要根据基底地震动输入方式，补充必要的土动力参数。

4.2 天然地基及基础

4.2.1 从构筑物的震害经验来看，除了液化、软土震陷和不均匀地基以外，因为地基的原因而导致上部结构破坏的实例不多，地基的抗震性能一般较好。因此，大多数构筑物的地基可以不进行抗震验算。但是由于构筑物的特殊性（高、柔较多）以及震害经验不多，不验算范围的控制比一般工业与民用建筑稍严。

4.2.2 本条对地基抗震验算中天然地基土容许承载力作了修正，引入地基抗震承载力提高系数ζ。ζ是考虑地震荷载作用的短暂性的地基土静承载力设计值提高系数，该系数的取值沿用了国内其它抗震设计规范的规定。

4.2.3 为满足本条要求，合力作用点的偏心距，对矩形基础要满足$e_0 \leq 0.25B$（B为验算方向基础宽度），对圆形基础要满足$e_0 \leq$ 0.21D（D为圆形基础直径）。

4.2.4、4.2.5 从震害资料来看，软土场地上且水平力较大的基础，有不少因基础滑移而导致上部结构严重破坏的实例。本规范中有一部分构筑物，如斜架基础或未设基础梁的柱间支撑部位柱等，地震水平力较大，要作抗滑验算。抗滑阻力验算时不考虑刚性地坪的抗滑作用。实际上，构造合理的刚性地坪有良好的防止基础滑移功能，这里将其作为抗滑的构造措施之一。

4.3 液化土地基

4.3.1、4.3.2 本规范对液化土地基采用"两步判别法"，即初判和标准贯入试验判别。

利用初判可以剔除一批不需要考虑液化影响的地基，节省大量勘察工作量。条文中图4.3.1是根据上覆非液化土层厚度和地下水位深度进行液化初判的标准，用图判别比较直观，液化与不液化的区域明确。图4.3.1也可用下列公式表达。

$$d_u > d_0 + d_b - 2 \tag{1}$$
$$d_w > d_0 + d_b - 3 \tag{2}$$
$$\frac{d_u}{d_0 + d_b - 2} + \frac{d_w}{d_0 + d_b - 3} > 1.5 \tag{3}$$

式中 d_b——基础埋置深度(m)，不超过2m时应采用2m；
d_0——液化土特征深度(m)，可按表2采用。

液化土特征深度(m) 表2

饱和土类别	烈　　度		
	7	8	9
砂　土	7	8	9
粉　土	6	7	8

第二步判别采用标准贯入试验进行，判别公式与《建规》是一致的，这是一个比较成熟的液化判别经验公式。但是，根据构筑物的特点，本规范的设计反应谱没有区分近震与远震（详见本规范第5章说明）。为此，本规范液化判别也没有按近震、远震来区分，而是将按《中国地震烈度区划图》规定要考虑远震影响的地区，作为特定地区以求得两者的统一。

构筑物采用桩基础较多，深层土的液化对桩基的竖向承载力和横向弹性抗力有一定影响，因此，本规范将式(4.3.2)应用范围扩大到20m。根据对27例15～20m及深于20m的资料进行分析，得出深层液化预测的可信度：一般地区为100%（液化）与80%（不液化）；特定地区为100%（液化与不液化相同）。初步检验了公式的可用性。

4.3.3、4.3.4 规范提供了一个简化的预估液化危害的方法，可对场地的喷水冒砂程度、一般浅基础建筑的可能损坏作粗略的预估，以便为采取工程措施提供依据。这个方法与《建规》是一致的。对要进行深度15m以下液化判别的工程，地基液化指数可以仍按15m计算。

4.3.5～4.3.8 抗液化措施是对液化土地基的综合治理，要注意以下几点：

(1)甲类构筑物由于其特殊的重要性，抗液化措施要专门研究确定。

(2)液化等级属于轻微者，除乙类构筑物由于其重要性需确保安全外，一般不作特殊处理，因为这类场地一般不发生喷水冒砂，即使发生也不致造成构筑物的严重震害。

(3)液化等级属于中等的场地，对于丙类构筑物，尽量考虑采用容易实施的基础与上部结构处理的构造措施，不一定要加固处理液化土层。

(4)液化等级属于严重者，对丙类构筑物可以采用消除部分液化沉陷的措施，即处理深度不一定达到液化下界，可以残留部分未经处理的液化层，这是与我国目前的技术、经济发展水平相适应的规定。

(5) 用加密或换土法处理液化土时，加固宽度的控制范围，国内外各不相同。如日本田中幸久等建议："从基础外缘伸出的地基加固宽度为 2/3 倍加固深度"；国内也有采用 1/2 倍加固深度的建议。本条参考国内外有关成果，考虑到试验研究多采用扰动砂，较现场条件偏于不利，以及我国的经济现状等因素，采取了降低一点的控制标准，即加固宽度不小于 1/3 倍加固深度，且不小于 2m。对于重要的构筑物，条件允许时，可酌情加大。

(6) 未加固处理的液化土层作为天然地基的持力层，可能发生地基失稳，因此，除了丁类构筑物以外，其它各类不采用。

4.3.9 本条为液化土中地下构筑物的整体抗浮与底板或侧壁的抗弯问题。土在液化后相当于重质液体，处于土中的结构因超静水压力增加而受到更大的土压。如果土完全液化而地震尚未停止或孔压尚未消散时又发生余震，则还应考虑动水压。此道理是显而易见的，但设计中时有疏忽，未予考虑而引起不良后果。目前对液化土的动压力问题，国内外尚未见到提出要验算的，但静土压力则是必须验算的。

4.3.10 液化土的侧向流动问题，因 1983 年日本海地震引起能代市全城的地面永久位移，给房屋与地下管线造成广泛灾害，而再度令人瞩目。此后，日本总结回顾了新潟地震的液化岸坡滑移，取得了较大进展。这一问题在我国也是相当重要的问题，在我国过去的地震中，因液化滑移造成铁路位移、桥梁落架、取水构筑物破坏、地裂带房屋与管线倒塌或开裂的事故屡见不鲜。在我国不少滨海开发区和大中城市如秦皇岛、烟台、营口、盘锦、天津、唐山、太原、包头、银川都分布着广泛的可液化土，这类地区在滨河（如黄河、海河、汾河）与滨海地带的开发，还将面临地震时液化土的滑动问题，需要引起重视。

4.4 软土地基震陷

4.4.1 本条规定了需要考虑软土地基震陷影响的判别标准。一般软土地基是指持力层主要由淤泥、淤泥质土、冲填土、杂填土或其它高压缩性土层构成的地基。但对于震陷而言，软土的概念具有相对性，与土的静承载力标准值大小有关。震害经验表明，烈度 7 度及 7 度以下时产生有害震陷的实例很少，因此，只要地基的静力设计合理，均可不考虑震陷问题。8 度和 9 度时软土地基的震陷量一般较大，需予以考虑，但不同烈度条件下，产生有害震陷的土的静承载力标准值是不同的。计算结果表明，8 度时，6 层建筑物在 $[R]=80kPa$ 的粘性土地基的计算震陷值约为 20mm，9 度时约为 30mm。因此，考虑震陷的临界值 8 度和 9 度时可以分别定为 80kPa 和 100kPa。但为安全计，本条规定 8 度和 9 度时要消除震陷影响的标准分别为静承载力标准值小于 100kPa 和 120kPa，这与《建规》是一致的。

计算分析表明，基础下的非软土层愈厚，刚度愈大，建（构）筑物的震陷值将会愈小。在较不利的情况，即取非软弱土层的$[R]=85kPa$（8 度）和 120kPa（9 度）的条件下，6 层筏基建筑物的计算结果表明，若以震陷值 40mm 作为可不考虑震陷的临界值，则非软土层的厚度，8 度时约为 b，9 度时约为 $2b$（b——筏基宽度，该例为 10m）。

另一方面，由工程经验得知，即使地基的软土层较厚，用短密的砂井处理，使在处理范围内土层形成一较强的弹性层，也可起到良好的抗震效果。如 1975 年塘沽新港扩建工程中，新增铁路二线穿过盐田区和吹填土滨海淤泥浅滩，试验地段软土层厚达 18m，用浅层换土、砂垫层、砂井、石灰桩等 6 种地基处理方法进行比较。第二年发生了唐山大地震，港区为 8 度异常区，震后调查表明，未经处理地段堤岸出现纵向大裂缝和滑移现象，换填 1.5m 厚砂垫层地段线路上钢轨出现垂直、水平方向显著的扭曲，破坏严重，加固深度为 3m 的短密砂井处理地段与加固深度为 7m 的地段相似，虽然也产生了约 5~10cm 的震陷值，但路基和线路均基本正常。

本条规定是综合考虑理论和实践两方面的成果，如果基础下面持力层深度范围内的地基土确认为非软土层，则其下面虽还有软土，在地震作用下也不会引起有害性的震陷。根据近年的研究，基础下主要持力层的厚度约为基础宽度的 1~1.5 倍，故 8 度取 $1b$ 和 9 度取 $1.5b$，这对筏式基础的计算结果是比较接近的。考虑到有些条形基础宽度较小，故又规定 8 度和 9 度时该厚度应分别大于等于 5m 和 8m，这与已掌握的震害资料比较符合。

4.4.2、4.4.3 软土震陷地基处理的经验不如液化土地基多，两者的处理措施比较类似，但原理不同。在选择处理方法时要结合各方面的具体情况，综合治理。

4.5 桩 基 础

4.5.1 桩基具有良好的抗震性能，因此，大多数承受竖向荷载的桩基可以不必进行抗震承载力验算。

4.5.2 关于非液化土中桩基抗震验算，国内外迄今还没有很完善的方法，本条提供的计算规定来自于宏观震害调查和本规范编制组专题试验研究成果。

4.5.3 液化地基上低承台桩基的验算，一般分两种工况进行，即：主震期间和主震之后。

在主震期间，一般都认为要考虑全部地震作用，但液化层的影响有不同的见解。一种看法认为地震与液化同步，在地震动作用下，可液化土层全部液化，液化层对桩的摩擦力和水平抗力应全部扣除。另一种看法认为地震与液化不同步，地震到来之时，孔压的上升还没有导致土层液化，可液化土层在地震过程中还是稳定的，故可视为非液化土，主震期间可以不考虑液化土的影响。很显然，前者偏于保守，后者偏于不安全。日本和台湾近年来在地震中实测的孔隙水压力时程和同一地点实测的加速度时程表明，孔隙水压力是单调上升，达到峰值后单调地下降，其达到峰值的时刻即为加速度时程曲线中最大值出现的时刻。分析表明，液化与地震动是同步的，但是，在主震期间，液化土层对桩的摩擦力和水平抗力并不全部消失。因此，本条提供的考虑液化对土性参数的折减，是比较合理的设计方法。

本条采用的折减系数是参考日本岩崎敏男等人的研究成果提出的。由于本条将桩周摩擦力及水平抗力在其静态标准值基础上先分别提高 25%，然后再乘折减系数，故当液化安全系数 $\lambda_N = \dfrac{N_{63.5}}{N_{cr}}=1$ 时，其计算结果自然与非液化土中低桩基础的计算结果相吻合。随着 λ_N 的减小，可以体现出液化土层对桩基承载力的影响越来越大。

在主震之后，对于桩基的抗震验算通常将液化土层的摩擦力和水平抗力均按零考虑，但是否还需要考虑部分地震作用，尚有不同见解。考虑到即使地震停止，液化喷冒通常仍要持续几小时甚至几天，这段时间内还可能有余震发生，为使设计偏于安全，本条建议在这种条件下取 $\alpha_{min}=0.1\alpha_{max}$ 的地震作用进行计算。

4.5.4 宏观震害表明，平时主要承受垂直荷载的桩，只要桩长伸入到稳定土层有足够深度，即使位于严重液化等级地基中，其抗震效果一般也是好的。因此，设计时应注意桩的长度满足本条要求。

4.5.5 打桩对砂性土的加密作用广为人知，国外如日、美等国也在有的工程设计中考虑打桩的加密作用，以消除土的液化性，但至今未在规程规范中有所反映。本条是根据国内外的工程实例并通过室内试验和理论推算得到的结果。本条规定了对桩数较多的桩基可考虑打桩的加密作用，从而改变桩间土的可液化性。但在实际应用中，应进行事先的估算和施工中的监测。

4.5.6~4.5.9 根据本规范编制组汇集到的有关国内外抗震设计规范对桩的构造规定，以及对桩基震害实例分析和理论计算，并参考美国 ATC-3 规定，本条提出了按不同地震烈度和不同构筑物重要性类别，划分出 A、B、C 三类桩基抗震性能类别，并制定了相应的构造措施。关于桩的抗震构造措施，重点在于加强桩承台和桩的刚接,提高桩身延性。

关于桩身钢筋、箍筋数量、范围,灌注桩主要参考《工业与民用建筑灌注桩基础设计与施工规程》以及美国 ATC—3;预制桩参考《结构设计统一技术措施》(试行);钢管桩参考美国 ATC—3;钢筋锚固长度取自工程实践经验。

4.5.10 对独立桩基承台连系梁的设置,美国、希腊、秘鲁等国及我国的规范和文献中都有要求。通过连系梁连接独立桩基承台,可以增强其整体抗震性能。

5 地震作用和结构抗震验算

5.1 一般规定

5.1.1 本条规定各类构筑物应考虑的地震作用方向。

5.1.1.1 考虑到地震可能来自任意方向,而一般构筑物结构单元具有两个水平主轴方向并沿主轴方向布置抗侧力构件,故规定一般情况下,可仅在构筑物结构单元的两个主轴方向考虑水平地震作用并进行抗震验算;仅有电视塔尚需进行两个正交的非主轴方向验算。

5.1.1.2 质量和刚度分布明显不均匀、不对称的结构,在水平地震作用下将产生扭转振动,增大地震效应,故考虑扭转效应。

5.1.1.3 除长悬臂和长跨结构应考虑竖向地震作用外,高耸结构在竖向地震作用下在其上部产生的轴力不可忽略,故本规范规定 8 度和 9 度区的这些结构,要考虑上、下两个方向的竖向地震作用。

5.1.2 本条规定不同的构筑物应采取的不同分析方法。

5.1.2.1 针对构筑物的特点,本规范采用了新的底部剪力法,它适用于质量和刚度沿高度分布比较均匀的剪切型、弯剪型和弯曲型结构,对井塔结构的分析表明,高达 65m 的结构仍能给出满意的结果。

5.1.2.2 对特别重要的构筑物和特别不规则和不均匀的重要构筑物,考虑到电子计算机技术在我国的应用已较普遍,为安全起见,本规范规定宜用时程分析法或经专门研究的方法计算地震作用。

5.1.3 本条规定了输入地震记录的选择和计算结果与本规范其它方法计算结果协调的要求。

5.1.4 本条根据《工程结构设计统一标准》的原则规定和过去的抗震设计经验,规定了计算地震作用时构筑物的重力荷载代表值取法。考虑到某些构筑物的积灰荷载不容忽略,可变荷载中包含了积灰荷载。

5.1.5 本条是关于设计反应谱的规定。强震记录的增加,地震动特征研究的进展和震害经验的积累,推动了各国抗震设计规范的修订工作。国内已分析处理的记录近年有了大量增加,本规范共使用国内外 $M \geqslant 5$ 级的地震记录 515 条,与以往规范相比,本规范利用了较多的国内记录,可以更好地反映我国的地震地质特征。

影响反应谱值的因素很多,其中场地条件、震级和震中距是三个主要因素。对于标准反应谱的形状来说,场地土的特性是一个十分敏感的因素。以往国内外都将场地划分几类来考虑这一影响。本规范给出的设计反应谱是场地指数的连续函数,可用一个统一的公式确定反应谱的形状参数。在三对数坐标上,用反应谱的加速度、速度和位移控制段平直线的交点确定的周期,即 T_A、T_V 和 T_D 可以定义为反应谱的形状参数。对于千变万化的场地,T_A、T_V 和 T_D 又均是场地指数 μ 的函数,因此,场地指数 μ 对反应谱形状起决定作用,能较好地反映场地的影响。

反应谱加速度控制段(平台)的起点周期 T_A,一般变化范围不大(0.08~0.20s),为了简化,本规范对所有场地均取 $T_A = 0.1s$(见本规范中的图 5.1.5)。

规范中图 5.1.5 所示反应谱下降段(即速度控制段)的适用范围应当是位移控制段的起点周期 T_D,它随场地指数由大到小而变化,约介于 4~7s 之间,超过 T_D 值后,反应谱(或地震影响系数 α)按 $1/T^2$ 比例衰减。为安全起见,对所有场地均取 $T_D = 7s$,因此,本规范给出的地震影响系数曲线,可以用于周期长达 7s 的构筑物。

经上述简化后,本规范给出了图 5.1.5 所示的地震影响系数曲线,图中特征周期 T_g(即 T_V)与场地指数 μ 的关系如公式(5.1.5-1)所示,并考虑了与《建规》的协调。

(1)如前所述,本规范第一阶段设计是按设防烈度进行强度验算,但对不同的构筑物采用不同的地震动水准计算地震作用,详见第 5.1.8 条说明。

(2)关于水平地震系数的增大系数,由于本规范采用了新的底部剪力法,当多质点体系的基本周期处于谱速度区时,其地震影响系数值应予增大,并可根据仅由基本振型求得的底部剪力与由反应谱振型分析法求得的底部剪力之差求得。对剪切型、弯剪型和弯曲型结构的计算结果进行最小方差拟合,求得增大系数的结构类型指数值,分别为 0.05、0.20 和 0.35。

(3)关于远震,根据震害经验,远震的影响主要是使位于软弱场地上的高柔结构遭受较重的破坏;而远震反应谱的特点,与近震反应谱相比,是其特征周期较长和长周期部分的谱值较高。因此,本规范仅对位于中软和软场地上的基本周期大于 1.5s 的高柔构筑物考虑远震影响,并按远震反应谱来计算地震作用,因而将图 5.1.5 中地震影响系数曲线的特征周期 T_g 增加 0.15s。

(4)规范中的地震影响系数 $\alpha(T)$ 是对阻尼比为 5% 的结构给出的。众所周知,阻尼比减小,地震影响系数提高。资料分析表明,周期不同,系数提高也不同。为此,规范中给出了阻尼比不等于 5% 时的水平地震影响系数的阻尼修正系数计算公式。

(5)根据 $M \geqslant 5$ 级的 190 条竖向分量反应谱的统计分析结果,其谱形与水平反应谱的形状相差不大。故竖向与水平地震影响系数曲线取相同形式,但竖向地震影响系数最大值取水平的 65%。

5.1.6 为了适应根据地震加速度计算地震作用的需要,如采用时程分析法等,本条给出了与基本烈度相对应的设计基本地震加速度值。该值系由国家建设标准主管部门征求国内众多专家意见后批准颁布的。

5.1.7 构筑物的实测周期通常是在脉动或小振幅振动情形下测定的,构筑物遭受地震时为大振幅振动,结构进入弹塑性状态,其周期加长,故规定视构筑物的类别及其允许的损坏程度的不同,对实测周期乘以 1.1~1.4 的周期加长系数。

5.1.8 考虑到各类构筑物特性的不同及与《建规》相衔接,本规范规定对不同的构筑物分别按两个不同的抗震计算水准进行截面抗震验算;凡与建筑物相连或特性相近的构筑物,包括框排架结构、悬吊式锅炉构架、贮仓、井架、电视塔、石油化工塔型设备基础、焦炉基础、运输机通廊和管道支架等,其地震作用按抗震计算水准 A 进行计算;对需要考虑液体、土等介质相互作用的构筑物和特别复杂的构筑物,如烟囱、双曲线冷却塔、储罐、钢筋混凝土浓缩池、高炉系统结构和尾矿坝等,其地震作用均按抗震计算水准 B 进行计算。

5.2 水平地震作用和作用效应计算

5.2.1 本条给出了计算水平地震作用和作用效应的新的底部剪力法。

(1)现行《建规》采用的底部剪力法只适用于以剪切变形为主的结构。对于构筑物来说,除了以剪切变形为主的剪切型结构外,还存在着弯剪型和弯曲型的结构。为了适应构筑物的水平地震作用简化计算的需要,本规范采用了新的底部剪力法,其根据如下:

①对于基本周期 T_1 处于谱加速度控制区(短周期区)的结构,振型分解反应谱法求得的底部剪力实质上与仅考虑基本振型时的结果相同,于是在底部剪力公式中用第一振型的等效重力荷载代替总重力荷载,则该公式将精确给出基本周期 T_1 在谱加速度控制

区的结构的底部剪力;

②对于基本周期 T_1 处在谱速度和位移控制区(即中等周期和长周期区)的结构,按振型分解反应谱法求得的底部剪力要高于仅考虑基本振型的底部剪力法求得的值,这个差值反映了高振型的影响;

③这种差值随结构基本周期 T_1 的增加和结构弯剪刚度比的减小而增加;为了反映这种差异,可将底部剪力计算公式中的地震影响系数 α 增大,亦即减小反应谱曲线在速度和位移谱控制区中随周期 T 的衰减率,以提高反应谱曲线。

(2)现行《建规》关于底部剪力沿结构高度分布的计算,采取了将部分底部剪力集中作用于结构顶部,而其余部分则按倒三角形分布的方法,这种方法只适用于计算结构的层间剪力而不适用于计算层间弯矩。对工业与民用建筑结构来说,一般毋需验算结构及其基础的倾覆力矩,故可不计算弯矩。但对构筑物来说,由于有的构筑物的平面尺寸较小,还需进行抗倾覆力矩验算。因此,在计算中不但要较精确地计算层间剪力,而且要较精确地计算层间弯矩,这就要求有较精确的计算沿结构高度的水平地震作用的方法。

本规范采用了最近提出的如下方法:

按式(5.2.1-1)计算总水平地震作用,即底部剪力,将它看成是由基本振型和第二振型(代表高振型影响)的底部剪力的组合,再分别求出它们的相应底部剪力及其沿高度的分布,并分别计算由基本振型和第二振型的水平地震作用产生的层间剪力和弯矩等地震作用效应,然后按平方和开方法进行组合求得总的地震作用效应。基本振型的底部剪力按式(5.2.1-6)计算,此时的地震影响系数毋须考虑增大系数,直接由图5.1.5求得。第二振型的底部剪力据平方和开方组合法由总的底部剪力和基本振型的底部剪力按式(5.2.1-7)计算,各振型底部剪力沿高度的分布采用按振型曲线分布,即据式(5.2.1-4)和式(5.2.1-5)计算的基本振型和第二振型的振型曲线分别近似取为式(5.2.1-3)和式(5.2.1-8)。表5.2.1中所列基本振型指数 δ 和 $h_o = 0.8h$,是根据对多个剪切型、弯剪型和弯曲型结构的计算振型曲线进行拟合求得的。

(3)水平地震作用标准值效应由两个振型的作用效应平方和开方确定,并规定对按抗震计算水准B计算的地震作用标准值效应乘以效应折减系数,针对不同的构筑物,本规范各有关章规定了不同的效应折减系数。对一部分结构来说,效应折减系数与原结构系数的考虑因素相似,例如以钢筋混凝土为主体结构的井塔、冷却塔等;但不同构筑物的差异比较大,有的构筑物的效应折减系数并不完全是反映结构本身的塑性耗能效应,而是综合影响系数,例如贮罐、高炉、焦炉基础等。

5.2.2 本规范规定采用振型分解反应谱法时,其地震作用标准值效应由所取各振型的贡献的平方和开方确定。同样,对按抗震计算水准B计算的作用标准值效应要乘以效应折减系数。

5.3 竖向地震作用计算

5.3.1 本条是有关竖向地震作用计算的规定。

(1)经计算分析表明,在地震烈度为8度、9度时,井塔、电视塔等类似构筑物在竖向地震作用下,其上部可产生拉力。因此,对这类构筑物,竖向地震作用不可忽视,应在抗震验算时考虑。

(2)井塔、电视塔竖向地震反应计算结果表明:第一振型起主要作用,且第一振型接近一直线;结构基本自振周期均在 $0.1\sim0.2s$ 附近,即其地震影响系数可取最大值;若将竖向地震作用表示为竖向地震影响系数最大值与第一振型等效质量的乘积,其结果与按振型分解反应谱法计算的结果非常接近。因此,竖向地震作用标准值的计算可表示为式(5.3.1-1),即竖向地震影响系数最大值与结构等效总重力荷载的乘积,等效总重力荷载可取为重力荷载代表值的75%,总竖向地震作用沿结构高度的分布,可按第一振型曲线,即倒三角形分布。

(3)当按抗震计算水准A计算竖向地震作用时,其作用效应要乘以本规范有关章节规定的效应增大系数。

5.3.2 分析研究表明,大跨度桁架各主要杆件的竖向地震内力与重力荷载内力之比,彼此相差一般不大,这个比值随跨度和场地条件而异。因此,这类结构的竖向地震作用标准值,可取其重力荷载代表值与表5.3.2中所列竖向地震作用系数的乘积。

5.4 截面抗震验算

5.4.1 在进行截面抗震验算时,本规范针对不同特性构筑物,分别采用抗震计算水准A和抗震计算水准B计算结构的地震作用及其作用效应,计算时均采用弹性分析方法,水准A的地震作用效应和乘以效应折减系数后的水准B的地震作用效应,均可认为基本上处于结构的弹性工作范围内。因此,在两种情况下,结构构件的承载力极限状态设计表达式,均可按《工程结构可靠度设计统一标准》来处理。

(1)关于地震作用标准值效应

按照《工程结构可靠度设计统一标准》,荷载效应组合式中的各种荷载效应,是以荷载标准值和其荷载效应系数的乘积表示的。但是,本规范中的地震作用效应是由各振型的地震作用效应平方和开方求得,在荷载效应组合式中不能以《工程结构可靠度设计统一标准》中的形式出现。因此,本规范中的荷载效应组合式中直接采用荷载(作用)标准值效应。

(2)关于地震作用分项系数的确定

构筑物按设防烈度进行抗震设计时,相应的地震作用是第一可变荷载(作用)。对于与建筑物特性相近的构筑物,是根据最近的研究和《工程结构可靠度设计统一标准》规定的原则,考虑地震加速度和动力放大系数的不确定性,用Turskra荷载组合规则,由一次二阶矩法确定求得地震作用效应与其它荷载效应组合时的荷载效应分项系数和抗力系数。分析中结构的目标可靠度指标,是根据1978年《工业与民用建筑抗震设计规范》抗震设计的可靠度水准进行校准而取用的。对于水平地震作用所得荷载效应分项系数 $\gamma_G = 1.2, \gamma_{Eh} = 1.3$,这与《建规》给出的值相同。因此,本规范采用了与《建规》相同的荷载(作用)效应分项系数。至于其它可变荷载,除风荷载外,考虑到某些构筑物长期处于高温条件下或受到高速旋转动力机器的动力作用,增加了温度作用和机器动力作用,这些可变荷载分项系数均取1.4。对于与建筑物明显不同的特殊构筑物,目前尚未能进行可靠度分析,暂采用相同的荷载(作用)效应分项系数。

(3)关于作用组合值的确定

在第5.1.4条计算地震作用时,已考虑地震时各种重力荷载的组合问题,给出了计算地震作用的重力荷载代表值及各重力荷载的组合值系数。在本条的荷载(作用)效应组合中,只涉及风荷载、温度作用和机器动力作用这三个可变荷载的组合值系数,它们是根据过去的抗震设计经验确定的。

(4)关于结构重要性系数

本规范中对各类构筑物均按一般工业与民用建筑考虑,取其安全等级为二级,即重要性系数为1.0。

5.4.2 对于与建筑物特性相近的构筑物,按《工程结构可靠度设计统一标准》规定的原则,在确定荷载分项系数的同时已给出与抗力标准值相应的抗力分项系数,它可换为抗震承载力设计值,为了在进行截面抗震验算时采用有关结构规范的承载力设计值,按照《建规》的相同做法,引入承载力抗震调整系数,并取与《建规》相同之值。对于特性与建筑物不同的构筑物,也与前述原因相同,暂采用相同承载力抗震调整系数。

5.5 抗震变形验算

5.5.1 震害经验表明,对一般构筑物在满足规定的抗震措施和截面抗震验算的条件下,可保证不发生超过极限状态的变形,故可不进行抗震变形验算。但处于较高烈度区的框排架和柱承式贮仓等例外，应对它们进行抗震变形验算。

5.5.2 抗震变形验算所依据的地震动水准是高于设防烈度一度的大震，目的是防止结构倒塌。

5.5.3 大量的 1 至 15 层剪切型结构的弹塑性时程分析结果表明：①多层结构存在一个塑性变形集中的薄弱层，对楼层剪力屈服系数 q 分布均匀的结构，其位置多在底层；对分布不均匀的结构，则在 q 最小和相对较小层；对排架往往是上柱。②多层剪切型结构薄弱层的弹塑性变形与剪力屈服系数之间有较稳定的关系，并可表示为式(5.5.3-1)。

楼层或构件的屈服剪力强度，应取截面的实际配筋和材料的强度标准值按有关规定的公式和方法计算。

5.5.4 有横梁和无横梁的柱承式贮仓的弹性地震反应和弹塑性地震反应分析的结果表明，用柱端屈服弯矩 M_y 归一化的弹性分析计算的柱端弯矩 M_E，与弹塑性分析计算的柱端最大延性系数 μ_d 之间有较好的相关性，由此求得柱顶的最大弹塑性位移表达式(5.5.4)。对于柱顶的屈服位移，则可于柱顶加上 1.42 倍柱顶屈服弯矩，按弹性分析来确定。柱顶的屈服弯矩应取截面的实际配筋和材料强度标准值，按有关规定的公式和方法计算。轴压比小于 0.8 时，也可按下式计算：

$$M_{cyk} = f_{yk}A_{sc}(h_0 - a_s) + 0.5N_G h_c(1 - \frac{N_G}{f_{cmk}b_c h_c}) \quad (4)$$

式中 N_G——对应于重力荷载代表值的柱轴压力。

5.5.5、5.5.6 根据各国抗震规范和抗震经验，目前采用层间位移角作为衡量结构变形能力的指标是比较合适的。本规范根据过去经验规定了框排架结构的层间弹塑性位移角限值。

对柱承式贮仓，将柱承式贮仓的弹塑性位移角定义为支承柱柱顶的水平位移除以柱高。分析研究表明，支承柱的极限延性系数控制着柱的地震破坏，故取极限延性系数的 84% 作为柱的变形限值。对带横梁和不带横梁的柱承式贮仓的分析发现，容许位移角限值 $[\theta_p]$ 随结构自振周期和柱的混凝土强度而变化，经回归分析求得其经验关系如式(5.5.6)，由此经验公式计算的 $[\theta_p]$ 与精确计算结果吻合较好。

6 框排架结构

6.1 一般规定

6.1.1 框排架结构是框架与排架或框架与框架的组联结构，是发电厂、选矿厂、烧结厂等主厂房的常用结构型式。其特点是平面、立面布置不规则、不对称，纵向和横向的刚度、质量分布很不均匀，薄弱环节较多；结构地震反应特征和震害特点比"单纯的"框架和排架结构复杂，表现出更显著的空间作用效应；在抗震构造措施方面，除了要分别满足框架与排架的有关要求外，还有它的特殊要求。国内现行各类抗震设计规范中，尚没有包含框排架结构的设计问题。因此，本规范中列入了这部分内容。

6.1.2 震害调查及试验研究表明，钢筋混凝土结构的抗震设计要求，不仅与构筑物重要性、地震烈度和场地有关，而且与结构类型和结构高度等有关。例如设有贮仓或有排柱和薄弱层的框架结构应有更高的抗震要求，高度较高结构的延性要求要比低的结构更高，等等。

框排架结构按框架结构划分抗震等级，是为了把地震作用计算和抗震构造措施要求联系起来，体现在同样的烈度和场地条件下，不同的结构类型、不同的高度有不同的抗震构造措施要求。条文中一般用抗震等级和相应的地震作用效应调整系数和抗力调整系数、构造措施来考虑。

6.1.4 排架跨和框排架跨的联结点设在层间，会使排架跨的地震作用集中到框架柱的中部，并可能形成短柱，从而成为结构的薄弱环节。唐山震害表明，凡在框架柱的层间有错层的，多数在该处发生破坏，这主要是由于短柱且没有采取有效的抗震构造措施等原因所致。故在设计中应尽量避免出现短柱，否则应采取相应的抗震构造措施。

6.1.5 震害调查表明，装配整体式钢筋混凝土结构的接头，在 9 度时发生了严重破坏，后浇的混凝土酥碎，钢筋剖口焊接头断开。因此，规定第一、第二抗震等级的框架跨、设贮仓的框架跨不宜采用装配整体式结构。

6.1.6 对于框排架结构，如在排架跨采用有檩轻屋盖体系，与结构的整体刚度不协调，会产生过大的位移和扭转。为了提高抗扭刚度，保证纵向变形的协调，使排架柱列与框架柱列能更好的共同工作，宜采用无檩屋盖体系。

6.1.7 不从第一开间设置天窗主要是为了防止屋盖的横向水平刚度出现突变，因此，最好在第三柱间开始设置天窗。

突出屋盖的钢筋混凝土天窗架越高，地震作用效应越大，破坏越重，但采用钢天窗架的大部分完好，没有发生倒塌。

6.1.8 块体拼装屋架的拼装节点是薄弱环节，因此应尽量采用整榀制作。在高烈度区竖向地震作用影响较大，当屋架跨度较大时最好采用钢屋架。震害表明其抗震性能良好。

6.1.9 矩形、工字形和斜腹杆双肢钢筋混凝土柱，抗震性能都很好，并在地震时经受了考验。对于腹板开孔或预制腹板的工字形柱，在天津 8 度区腹板出现了斜裂缝，故在条文中规定不应采用。

6.1.10 框排架结构常常带有贮仓或大型设备，集中荷载较大，形成刚度和质量分布有突变，在强烈地震作用下震害比较严重。故采用防震缝分隔处理，比其它措施更为有效。按本条规定的防震缝宽度，强震时仍可能有小的碰撞损坏，但不会造成大的破坏。

6.1.11 墙体布置要尽量减小质心和刚心的偏心距，尽量避免隔墙不到顶而形成短柱，同时还需保证砌体墙体的稳定性。

6.1.12 抗震墙底部加强的目的是为了避免发生剪切破坏，改善结构的抗震性能。

6.1.13 规定上吊车的钢梯位置，目的在于停用时可使吊车桥架停留在对厂房抗震有利的部位。

6.2 抗震计算

6.2.1 组成框排架结构的框架与排架的结构形式与构造特点与建筑物比较接近，因此，建议采用抗震计算水准 A 计算水平地震作用。

6.2.2 框排架结构由于刚度、质量分布不均匀，在地震作用下将产生显著的扭转效应，只有按空间多质点模型计算，才能较好地反映结构的实际地震反应状态。图 2 为空间多质点计算模型的实例。规范编制单位已编制了用于框排架空间计算的专用程序——《KPH》程序。根据大量工程实例的空间模型计算分析，框排架的受力状态比较复杂，一般要取前 8～10 个振型才能保证计算精度，因此，建议取 9 个振型。

结构自振周期调整是考虑以下两方面的因素：一是计算假定与实际结构空间整体性的差别，例如墙体、铰接点的刚性及地坪嵌固影响等；二是实测周期与理论计算周期的差异。

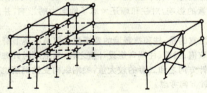

图 2 框排架结构多质点空间计算模型

6.2.3 框排架结构的空间计算还比较繁琐，尚不能为广大设计者所掌握。对于国内常用的四种结构型式的框排架结构，设计经验比较多，通过大量的按空间与平面模型的计算对比和分析，得出这类结构的空间效应调整系数，可以用多质点平面结构模型来进行简化计算，从而给设计人员带来方便。但必须指出，只有符合附录 A

规定条件的框排架结构才能采用多质点平面模型进行计算，对于其它类型框排架以及9度时，仍然应按空间模型计算，否则会带来很大的误差（可达1倍以上），并可能掩盖实际存在的结构薄弱环节。

6.2.4 框架跨的贮仓，在生产过程中满仓的机会不多，地震时满仓的可能性也不多（唐山地震调查已证实），所以对贮料总重进行折减，取90%是偏安全的。

6.2.5 框架结构的底层柱底和支承贮仓柱的两端，在地震作用下如早出现塑性屈服，会使柱的反弯点位置有较大的变动。因此本规范规定第一、第二抗震等级的框架的上述部位分别乘1.5、1.25的增大系数。但当框排架结构按平面模型进行地震作用计算并乘以空间效应调整系数时，其效应调整系数大于1.05时取1.05，小于1.05时取实际数值，这主要是考虑已乘过增大系数1.5和1.25。

6.2.6 框架结构的变形能力与框架的破坏机制密切相关。试验研究表明，梁的延性通常远大于柱子，梁先屈服，可使整个框架结构有较好的内力分布和耗能能力，极限层间位移增大，抗震性能较好。

如果把楼板的钢筋计算在内，取材料强度标准值并考虑一定的超强系数（即 M_u/M_y）来估计梁端的实际弯矩，则可提高框架结构的"强柱弱梁"程度，但计算量加大。为此，在实际配筋不超过计算配筋10%的前提下可通过内力设计值之间的增大系数来反映，在系数中考虑了材料和钢筋实际面积两个因素。条文中的实配系数是近似计算结果，既体现了上述原则，又使计算简化。

对于轴压比小于0.15的柱，包括顶层的柱子在内，因为具有同梁相近的变形能力，就不必满足上述的要求。

由于地震是往复作用，两个方向的弯矩设计值均要满足要求，所以柱子考虑顺时针方向之和时，梁考虑反时针方向之和，反之亦然。

6.2.7 各种钢筋混凝土构件要控制截面平均剪应力，以避免因平均剪应力过高而降低箍筋的抗剪效果。

试验研究表明，当抗震墙的平均剪应力 $\tau_m \leqslant 0.25 f_c$ 时，抗震墙的极限位移角可达 10×10^{-3} rad以上，并可避免剪切破坏。

各构件平均剪应力的限值是参考美国、新西兰规范的要求规定的。需注意，构件截面的剪力设计值是按本章第6.2.5条～第6.2.7条的规定经调整后的取值。

6.2.8～6.2.10 防止梁、柱和抗震墙底部在弯曲屈服前出现剪切破坏是概念设计的要求，它意味着构件的受剪承载力要大于构件弯曲屈服时实际达到的剪力，即按实际配筋面积和材料强度标准值计算的承载力之间满足下列不等式：

$$V_{bu} \geqslant (M^l_{bu} + M^r_{bu})/l_{b0} + V_{Gb}/1.2 \quad (5)$$
$$V_{cu} \geqslant (M^t_{cu} + M^b_{cu})/h_{cn} \quad (6)$$
$$V_{wu} \geqslant (M^t_{wu} - M^b_{wu})/h_{wn} \quad (7)$$

规范在实配钢筋不超过计算配筋10%的前提下转为内力设计表达式，仍采用不同的增大系数，使"强剪弱弯"的程度有所差别。抗震等级为一级的增大系数同样考虑了材料和钢筋实际面积这两个因素的影响，对柱和墙还考虑了轴向力的影响，并简化计算。

需要注意的是，柱和抗震墙的弯矩设计值是经本节有关规定调整后的取值；梁端、柱端弯矩设计值之和，须取顺时针方向之和以及反时针方向之和二者的较大值；梁端纵向受拉钢筋也按顺时针及反时针方向考虑。

实配系数的计算，本来需从上述承载力不等式中导出，考虑到它是体现概念设计的系数，故规范只要求用近似方法得到。直接取用实配钢筋面积 A'_s 与计算配筋面积 A_s 之比 λ 的1.1倍，是最简单的近似，对梁和节点的"强剪"能满足工程的要求，但对柱和墙是偏保守的。

6.2.11 根据第3章对连接构件抗震设计的原则要求，框架节点

核芯区不能先于梁、柱破坏，本条规定了节点抗震验算的具体要求，验算方法列于附录B。对于第一、第二抗震等级框架的节点核芯区要按调整后的剪力设计值控制平均剪应力和验算受剪承载力（验算时，重力荷载分项系数取1.0）；对第三、第四抗震等级框架的节点核芯区，震害表明，只需满足本规范对箍筋的构造要求。

试验表明，直交梁对节点核芯区混凝土约束作用，能有效地提高抗剪能力，故附录B规定了约束影响系数。

6.2.13 框排架结构静力分析时，一般不考虑对屋架产生的附加影响，这是因为静力所产生的内力较小，建成后也没有发生问题。如某厂选矿主厂房球磨机跨屋架（风荷为 0.5kN/m²）产生拉或压力为41.7kN。但在地震作用下（8度，场地指数 $\mu < 0.7$），该跨屋架产生的拉或压力为77kN。因此，本条规定在8度及9度时，屋架下弦要考虑地震作用引起的拉力和压力作用。

6.2.14 震害经验表明，屋架与屋头开裂较多，且是造成屋面坍塌的重要因素之一。由于这一连接部位的重要性，应该予以加强，除了满足相应的构造措施要求以外，本条规定高烈度区要进行节点抗震验算。

6.2.16 不等高厂房支承低跨屋盖的柱牛腿在地震下开裂较多，甚至发生牛腿面埋板向外移出破坏。本条指出了在重力荷载和水平地震作用下柱牛腿纵向水平受拉钢筋的计算公式，第一项为承受重力荷载所需要的纵向钢筋面积，第二项为承受水平拉力所需要的纵向钢筋面积。

6.2.17 由于框排架结构的柱列刚度差异较大，因此屋盖产生切变形也较大，由此引起屋盖横向水平支撑的内力也是比较大的。经过计算，两柱列变位差 $\triangle = 40$mm 时，杆件内力可达 90～120kN，因此，这个问题应予考虑。

6.2.18 震害与计算分析表明，天窗架的横向刚度较大，基本上随屋盖平移，受损不明显，而纵向破坏却相当普遍。因此，本条规定只在天窗架跨度大于9m或者9度时才考虑横向地震作用效应增大系数。

6.3 构造措施

6.3.2、6.3.3 本条是对梁端的纵向钢筋从构造上进行控制，包括控制受压区的相对高度，控制受拉钢筋配筋率和控制受拉钢筋和受压钢筋相对比例等，以提高梁的变形能力。

6.3.4 试验资料表明，要使框架梁具备预期的变形能力，梁的体积配箍率要随纵向钢筋的增多而提高。故本条规定了箍筋加密区范围和最大间距，并根据受拉钢筋配筋率来控制体配箍率的最小值。

6.3.5 楼盖是保证结构空间整体性的重要水平构件，要保证具有足够的刚度和强度。其加强措施是按以往工程设计经验整理提出的。

6.3.6、6.3.7 震害和试验资料表明，框架柱是弯曲破坏还是剪切破坏，取决于剪跨比和轴压比两个主要因素。

当剪跨比小于等于2，特别是小于1.5时，即使采取了一般抗震措施，也难免脆性破坏。因此，本条规定了柱净高与截面最大边长之比要大于4。

柱的轴压比不同，柱体呈现两种性质截然不同的破坏状态：受拉钢筋首先屈服的大偏心受压破坏或混凝土压碎而受拉钢筋并未屈服的小偏心受压破坏。试验研究表明，柱的位移延性系数随轴压比增大而急剧下降。在高轴压比下，箍筋对柱变形能力的影响也将愈不明显。由此可见，地震区的框架设计，除能预计不进入屈服的柱外，通常应保证柱在大偏心受压下破坏。否则，应采取加强混凝土约束的特殊措施。

6.3.8 有关资料表明，柱屈服位移角 θ_y（屈服位移除以柱高）主要受纵向受拉钢筋率（ρ_s）支配，并且大致随 ρ_s 线性增大，为使柱的屈服弯矩远大于开裂弯矩，避免过早屈服，保证屈服时有较大变形能力，本条结合震害经验，适当提高了角柱和贮仓下柱最小总配筋

率,同时考虑到柱截面核芯混凝土应有较好的约束,规定纵向钢筋间距不得超过200mm。

6.3.9～6.3.14 这六条是框架柱配置箍筋的有关规定。合理配置箍筋对柱截面核芯混凝土能起约束作用,显著地提高混凝土极限压应变,从而改善柱的变形能力,并且防止受压筋的压屈。

箍筋的约束作用与柱轴压比、含箍量、箍筋形式、箍筋的肢距以及混凝土与箍筋强度比等因素有关,是一个十分复杂的问题。一般说来,较高轴压比的柱应配置较多箍筋来改善延性性能。同样延性要求下,采用螺旋箍(包括矩形箍筋制做成螺旋形式)时箍筋量可低于采用普通箍筋量。在箍筋直径和间距相同时,箍筋的肢距越小,阻止混凝土核芯横向变形的约束作用越强。混凝土与箍筋强度比越小,箍筋的约束作用也越大。因此,根据有关资料和工程设计经验,这里对箍筋加密区的范围、箍筋间距和直径、最小体积配箍率做了规定。同时,为了避免非加密区抗剪能力突然降低很多,造成非加密区部分剪切脆性破坏,其最小箍筋量也作了规定。

短柱是抗震设计中要求避免的,但当不可避免时(例如有错层等),除了对箍筋提高一个抗震等级要求外,在柱内配置对角斜筋可以改善短柱的延性,控制裂缝宽度。这是参考国内外成功设计经验制定的。

6.3.15 梁柱节点的核芯区,处于受压、受剪状态,箍筋兼具抗剪和对核芯混凝土的约束作用,配筋率要按节点强度计算确定。本条规定是箍筋配置量的最低要求,为节点提供必要的强度和延性储备。

6.3.16 规定抗震墙板最小厚度的目的,是为了保证在地震作用下墙体出平面的稳定性。抗震墙与周边梁、柱连成整体后,极限强度约提高40%,极限位移约提高一倍,且有利于墙板的稳定性。

6.3.17 为控制墙板由于温度收缩或剪切引起的裂缝宽度,参照国外规范规定了抗震墙分布筋的配置要求。

6.3.18 震害和试验证明,箍筋除防止剪切破坏的发生外,还能增强对混凝土核芯的约束作用,防止混凝土的压溃和纵筋的压屈。因此,为了提高构件的延性和延缓混凝土的受压破坏,应保证箍筋端部的弯钩角度和直段的长度。

地震作用下,框架的梁、柱端截面可能进入弹塑性状态,其纵向钢筋锚固长度的一部分可能因粘结破坏而失效,所以对不同抗震等级框架规定了比非抗震结构设计较严格的锚固长度和搭接长度要求。

6.3.19 本条规定是为了保证砌体填充墙在平面外的稳定性以及保证墙与框架协同承受侧力。

6.3.20 有檩屋盖体系只要设置完整的支撑体系,屋面与檩条以及檩条与屋架有牢固的拉结,能保证其抗震能力。否则,在7度就会出现严重震害。

6.3.21 无檩屋盖体系各构件相互间联成整体是结构抗震的重要保证,因此,对屋盖各构件之间的连接等提出一系列措施。

设置屋盖支撑系统是保证屋盖整体性的重要抗震措施。为了使排架屋面的刚度与框架跨相协调,以减少扭转效应,对屋盖支撑系统的要求比单层厂房有所加强。唐山地震的经验表明,很多屋架倒塌不是因为屋架强度不够,而是由于屋盖支撑系统薄弱所致。

6.3.22 天窗的震害资料表明,采用刚性焊连造时,天窗架立柱普遍在下端和侧板联结处出现开裂、破坏甚至倒塌。因此,本条提出宜采用螺栓连接。如果天窗架在横向与纵向刚度很大时,才可采用焊连。

6.3.23 梯形屋架端竖杆和第一节间上弦杆,在桁架静力分析中常作为非受力杆件,采用构造配筋。地震时,由于空间平扭耦连振动,这两个杆件处于压、弯、剪和扭的复杂受力状态,因此需要加强。对折线形屋架,为了调整屋面坡度,而在端节间上弦顶面设置的小柱,也应给予加强。

6.3.24 震害表明,对排架柱的薄弱部位应加密设置箍筋,故本条规定了薄弱部位箍筋直径和间距的最低要求。

6.3.25 柱间支撑是传递和承受结构纵向地震作用的主要构件,在唐山、海城地震时,有不少厂房因柱间支撑破坏或失稳而倒塌。因此,本条规定了支撑设置的原则,并控制了支撑杆件的最大长细比以及构造要求。为与屋盖支撑布置相协调且传力合理,一般上柱柱间支撑均与屋架端部垂直支撑布置在同一柱间内。

6.3.26 框排架结构的排架跨,在8度且跨度大于等于18m或9度时,柱头处在纵向水平地震作用下受力比较大,如果只设柱头系杆不设屋架下弦系杆,或只设屋架下弦系杆不设柱头系杆,柱头埋件受力不均并可能发生破坏。

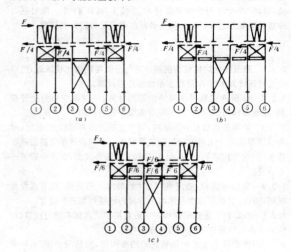

图3 排架跨屋盖水平地震作用传递

从震害情况看也是如此,如图3(a),仅设屋架下弦系杆,只能通过①②⑤⑥柱头传递水平力。

如图3(b),仅设柱头系杆,只通过①②⑤⑥柱头传递水平力。

如图3(c),屋架下弦及柱头同时设置系杆,此时每个柱头均传递水平力,而每个柱头上的水平剪力为$F/6$。因此,在条文规定的情况下,柱头与屋架下弦系杆需要同时设置。

6.3.27 根据震害经验,本条对框排架各构件的连接节点、埋设件等发生震害较多的部位,给予加强并规定最低要求标准。关于柱顶和屋架间连结采用钢板铰,原苏联采用得较多并在地震中经受了考验,效果良好。

6.3.28 本条是牛腿构造的最低要求标准。

6.3.29、6.3.30 本条对围护墙与主体结构的拉接,以及对圈梁构造等提出要求,主要依据是唐山、海城地震经验。

6.3.31 在邢台、海城、唐山等地震时,发生多起因地面裂隙穿过结构造成破坏的实例。为预防8度中软、软弱地和9度时可能发生穿过厂房的地面裂隙,以及地基震陷和不均匀沉降引起的结构破坏,规定砖围护墙下的预制基础梁要采用现浇接头和条形基础顶面设置连续的现浇钢筋混凝土圈梁。

7 悬吊式锅炉构架

7.1 一般规定

7.1.1～7.1.6 本章所适用的悬吊式锅炉构架是目前工程中常用的形式,其炉体在地震时能充分发挥悬吊体的减振功能;用于发电厂的锅炉构架设防标准在《电力设施抗震设计规范》中有明确规定。

关于锅炉构架选型,原国家能源部有关文件规定:60MW机组所采用的锅炉和引进项目的锅炉可采用钢结构,对200MW机组的锅炉构架,除8度和9度外,应采用钢筋混凝土结构,对300MW机组的锅炉构架,条件许可时可采用钢结构。

炉顶小间(顶盖)由于刚度突变和受高振型的影响,其动力反应较大,震害也较重,因此有必要作轻型结构。

悬吊式锅炉构架与主厂房框架的动力特性不同,已为震害现象所证实。因此,把两者划分为各自独立的结构单元很有必要。由于悬吊式锅炉构架较高且空旷,荷载分布很不均匀,各构架的刚度不完全相同,必然存在扭转效应。为此,加强炉顶的刚度,保持整个炉架的协同工作是很有必要的。

7.1.7 根据唐山地震时的震害资料,某厂装配整体式炉架的梁、柱接头钢筋采用剖口焊接,破坏情况为:1号炉构架检查34个接头,破坏25个;2号炉构架检查17个接头,破坏17个。除对剖口焊接头需要改进外,梁、柱接头最好能避开受力较大的部位。

7.2 抗震计算

7.2.1 悬吊式锅炉构架的抗震计算与一般建筑物比较接近,所以可按抗震计算水准A进行水平地震作用计算。

7.2.2 非屋内式悬吊式锅炉构架的计算,风荷载列为主要荷载,在地震作用效应组合中,应考虑风荷载的影响。

7.2.3 炉架是比较复杂的结构,两个主轴方向差别较大。因此,本条强调要在两个主轴方向进行抗震验算。某些设计单位提出还要按45°斜角方向进行计算,但这方面工作做得较少,有待今后进一步研究。

7.2.4 唐山地震时,陡河电厂2#炉架的大部分梁、柱节点发生破坏,所以,主要节点要考虑两个方向的地震作用进行验算。

7.2.5～7.2.11 悬吊锅炉构架一般可按多质点体系进行计算。对锅炉本体的地震作用可按两种方法考虑:

(1)考虑或不考虑制晃装置的约束作用,按悬吊炉体、吊杆和炉架共同工作组成一多质点体系,其锅炉悬吊体通过吊杆(以重力刚度作为弹簧)施加于构架顶部;

(2)简化计算法时,不考虑制晃装置的约束作用,将悬吊体事先算出的地震作用作为一个静力荷载施加于构架柱顶上;

(3)计算分析结果表明,在引入重力刚度后,考虑3个振型还不够,考虑5个振型才能偏于安全。

对锅炉构架进行抗震强度验算时,可不考虑竖向地震作用影响。悬吊式炉体的地震作用计算,主要采纳原水电部科研所组织的悬吊锅炉构架研究小组建议的方法,并参照了国家地震局工程力学研究所等单位编制的《电站锅炉构架抗震设计标准》,以及本规范第5章有关规定制定的。

7.2.12 陡河电厂3号炉(钢结构)的柱脚连接螺栓呈45°剪切破坏,并发现有拔出现象。为安全起见,本条将连接处的地震作用效应增大50%。

7.2.13 炉顶小间位置较高,且又为刚度突变处,无论从震害经验还是从高振型影响看都比较薄弱的。因此,为增强抗震能力,本条规定将计算所得的地震作用效应适当增大。

7.3 构造措施

7.3.1～7.3.3 这些构造措施都是根据震害实践和设计经验提出的,目的是保证结构的延性,发挥悬吊炉体的减振功能,以有利于结构抗震。

8 贮 仓

8.1 一般规定

8.1.1 本章适用范围系根据贮仓结构特点、震害经验及技术水平,并结合我国具体条件制定的。我国煤炭、建材、冶金等系统的大、中型贮仓,一般均与厂房分开,建成独立的结构体系。散粒物料是指大部分由均匀的粒状和粉状物料所组成的贮料,如矿石、煤、焦炭、水泥、砂、石灰等,不包括液态物料。唐山地震的震害调查材料表明,地面上的贮仓遭受的破坏普遍比较严重,地下式、半地下式贮仓震害极其轻微。地下、半地下式贮仓使用范围很小,因此,本章仅考虑常见的架立于地面上的方仓和圆筒仓。其它如槽仓、抛物线仓、滑坡式仓及地面式仓等均为数甚少,且无震害经验,因而本章亦予不包括。

8.1.2 贮仓结构布置的基本原则与一般建筑物的要求一致。根据贮仓的实际震害,并结合其受力特点,通过分析研究,提出了贮仓布置的具体建议和要求。

筛分间布置在贮仓上面时,会使贮仓在竖向形成刚度突变,同时质心高度亦有所提高,对抗震显然不利。因此,在高烈度区应与工艺设计协调,将筛分间及较重的设备下移到地面上或另置于独立的框架上。

8.1.3 贮仓结构的选型、选材,是根据以往震害经验,并结合国家经济条件和材料生产等因素综合考虑而定。

据对我国煤炭、建材、冶金系统在7度及7度以上地区已建贮仓的调查,以现浇钢筋混凝土高架方仓和圆筒仓居多,约占82.6%。鉴于现浇钢筋混凝土贮仓量大面广,且在设计、施工及使用方面有丰富的经验,因此,在地震区应优先采用,也是本章的主要内容。

装配式钢筋混凝土贮仓以往应用很少,且缺乏震害经验及设计经验,必须慎重采用。

贮仓的抗震能力主要取决于其支承结构。海城、唐山两次地震的贮仓震害调查表明,柱承式方仓震害最重,柱承式圆筒仓较轻,筒承式圆筒仓最轻。

柱承式方仓是典型的上重下轻、上刚下柔的鸡腿式结构。其支承体系存在超静定次数低,柱轴压比大,仓体与柱之间刚度突变等不利因素,使得结构延性较差,对抗震不利。平面布置为单排多联的群仓,当各个仓体内贮料盈空不等或结构不对称时,地震作用下会引起扭转振动,而进料通廊如偏心支承于群仓上,将会加剧贮仓的扭转效应,由此造成的破坏实例,在唐山地震中并非罕见。

筒承式圆筒仓是壳体结构,其刚度大、变形能力强,抗扭性能较好。此外,地震时散粒体贮料的耗能作用与贮仓支承结构的刚度有关,刚度大者耗能效果明显。国内外试验研究表明,筒承式贮仓的贮料耗能效果显著。

柱承式圆筒仓的支柱较多,柱轴压比一般低于柱承式方仓,且贮仓质心也相对较低,其抗震性能介于筒承式圆筒仓与柱承式方仓之间。

钢贮仓延性好,轻质高强,具有较强的抗震能力。在唐山地震中除少数因强度不足、支撑体系残缺和原设计不当的钢贮仓严重破坏或倒塌外,一般震害轻微。但从经济上考虑,对其应用范围作了适当限制。

砖圆筒仓以往仅用于低烈度区小直径筒承式圆筒仓。从砖筒仓的结构特点来看,该结构刚度大、强度低、延性差,施工质量难以保证,对其应用要严格控制。

8.1.4 尽管柱承式贮仓的震害较筒承式贮仓严重,但由于工艺要求等原因,迄今仍广泛应用。随着贮仓震害经验的积累和抗震技术的发展,已经提出了一些提高柱承式贮仓抗震性能的有效措施,因此,柱承式贮仓在使用上仍具有良好的前景。

方仓的支承柱延伸至仓顶,有利于加强结构的整体性,也符合以往的习惯做法。

在柱间设置横梁使支承结构成为框架体系,以提高贮仓结构延性,可改善其抗震性能。

9度时,如有必要可采用钢筋混凝土抗震墙,但要对称设置,以避免刚度偏心产生扭转效应。

8.1.5 常见的仓上建筑有三种结构型式:

(1)砖墙、砖柱及钢筋混凝土屋盖的砖混结构;
(2)钢筋混凝土柱与屋盖及砖填充墙的钢筋混凝土结构;
(3)钢柱、钢屋架及轻质屋面与围护的钢结构。

震害经验表明，钢结构仓上建筑的震害最轻；砖混结构量大面广，约占已有仓上建筑的一半，震害最重，在8度和9度时均出现了严重破坏。因此，按不同的烈度对仓上建筑的高度予以限制，同时采取设置圈梁与构造柱等加强措施。钢筋混凝土仓上建筑的抗震性能较好，唐山地震时，在9度区也很少发生严重破坏，因此，在地震区可优先采用。

轻质屋面结构的地震作用较小，现浇钢筋混凝土屋面的结构整体性较好，二者对仓上建筑的抗震均有利。但当墙承重时，如屋盖水平刚度不足或连结不良，对墙体抗震不利，所以，规定不采用轻型屋盖。预制钢筋混凝土屋面的整体性虽不及现浇，但具有节省模板、方便施工等优点，因而也可酌情采用。

砖墙的抗震性能虽差，但取材方便，造价低，在低烈度区和场地较好时也可以使用。

钢结构仓上建筑必须设置完整的支撑体系，并选取轻质围护材料，不可用砖填充墙，以免削弱钢结构轻质高强延性好的优越性。

8.1.6 国内外由于结构平、立面布置不当而造成震害者不胜枚举，在唐山地震中贮仓由此引起或加剧震害的实例亦为数不少。对此，以往常用的重要手段是设防震缝，将结构分成若干体形简单、规整、结构刚度均匀的独立单元，但防震缝减小了原结构的整体性，如缝宽过小，则起不到预期效果，仍难免相邻结构局部碰撞而造成损坏，如缝宽太大，又给立面处理和抗震构造带来较大困难；因此，亦有主张不设防震缝，而通过采用合理的方案布置、精细的计算方法及其它有效的抗震措施来解决。本规范推荐在群仓上部设有筛分间且形成较大高差处和辅助建筑毗邻处设置防震缝。

8.2 抗震计算

8.2.2～8.2.4 可不进行抗震验算的范围，是根据震害经验及部分抗震验算分析确定的。

唐山地震时，钢筋混凝土筒承式圆筒仓，除11度区单面配筋一例倒塌外，其它10例均在完好和中等破坏之间。7～10度区钢筋混凝土柱承式圆筒仓有14例，仅10度区有一例倒塌，其它均在完好和中等破坏之间。钢筋混凝土柱承式方仓在6度和7度时均在完好至中等破坏之间，8度及8度以上时才有严重破坏或倒塌实例。钢柱承式贮仓在9度、10度区也有几个倒塌实例，但据震害调查资料分析都是设计不当所致，一般设计合理的钢结构贮仓震害均较轻微。

贮仓的仓壁均完好，未见到有破坏的震害实例。

因此，本条按仓壁、支承结构和仓上建筑三个部位，分别确定了不验算的范围。

8.2.6 贮料是贮仓抗震计算的主要荷载，其荷载取值与地震时贮料有无耗能作用和充盈程度两个因素有关。

据国内外大量试验研究表明，在地震作用下，贮料的运动与仓体的运动不同步，存在着相位差，因而贮料起到减小结构地震反应的耗能作用。这种耗能作用大小与贮仓的支承结构型式有关，筒承式贮仓的贮料耗能作用明显，柱承式方仓的贮料耗能作用轻微。又据唐山地震震害调查统计资料，在地震时所有贮仓基本上未装满贮料，达到满仓的80％者都很少。

鉴于上述情况，并与现行《筒仓设计规范》协调一致，本条对进行地震作用计算时的贮料荷载组合值作了合理的规定。

8.2.7 根据筒承式贮仓的结构特点，采用底部剪力法进行抗震计算时，采用多质点体系模型的计算结果比较准确，但要把仓上建筑也作为多质点体系中的质点。

8.2.8 柱承式贮仓的质量主要集中于仓体，其支承结构的刚度远远小于仓体刚度，以剪切变形为主，因此，可简化为单质点体系，采用底部剪力法计算。

8.2.9 本条是与第8.2.8条采用底部剪力法相对应的。第8.2.8条解决了柱承式贮仓支承结构的抗震计算问题，本条则是解决柱承式贮仓上建筑的抗震计算。条文中表8.2.9所列出的放大系数值是参照贮仓按整体分析（把仓上建筑、仓体和仓下支承系统作为整体，用振型分解反应谱法计算）的地震作用效应结果与仓上建筑单独分析的结果（把仓上建筑按落地独立结构计算）相比较而确定的。

8.2.10 为方便设计，附录C给出了柱承式贮仓支承结构有横梁时的侧移刚度计算方法。

8.2.11 在地震作用下，当支承柱进入塑性工作状态后，由贮仓的侧移引起的重力偏心（P-△）效应可能成为贮仓失稳倒塌的重要原因。本条是根据能量原理导出的。

8.2.12 单排贮仓的联合个数是影响扭转效应的主要因素，随着联合个数增加，支柱的扭转效应显著增大。因此，群仓组联的仓数不宜过多。

8.2.13 对于柱承式贮仓，由于贮仓仓体的刚度远大于支承结构的刚度，柱顶与柱底均为刚性约束（仓底、柱底节点无转角）。因此，对支柱与基础和仓体连接端的组合弯矩设计值，所取的增大系数值比普通框架略高。

8.2.15 当贮仓采用筒与柱联合支承时，为了使支柱抗震能力不致过低，规定了其承担的地震剪力的最小值。

8.3 构造措施

8.3.1 本条对水平横梁的相对位置和水平横梁与柱的线刚度比作了规定，目的在于提高贮仓结构的延性。

8.3.2 贮仓支柱的轴压比直接影响贮仓结构的承载力和塑性变形能力，对柱的破坏型式也有重要影响。因此，必须合理确定柱轴压比限值，避免轴压比过大而延性太差，保证结构有较好的变形能力。

柱承式贮仓的延性比一般框架差，柱的轴压比限值应从严。因此，要求贮仓柱轴压比限值略低于框支柱。设计时，可通过提高混凝土强度等级、增加柱根数等方法来减小轴压比，也可增大柱截面，但注意不要形成短柱。

8.3.4 地震动方向是反复的，因此柱内纵向钢筋应对称配置。关于柱内纵向钢筋最小配筋率，美国为1.0％，日本为0.8％，均不分柱位和烈度大小。罗马尼亚也不分烈度，但按柱位取中柱0.8％，边柱0.9％，角柱1.0％。我国《建规》按柱位及抗震等级规定档次。本条按柱位、烈度和贮料载荷大小规定档次，但多数贮仓支柱的轴压力远大于一般框架，因而，适当提高了其最小配筋率。

8.3.5 震害调查表明，贮仓的倒塌往往是由于支柱纵筋绑扎接头部位遭到破坏所致。对高轴压比的柱，混凝土保护层极易脱落而使箍筋扣绑、绑扎接头就不能发挥作用，因此要求焊接或机械连接。

8.3.6 柱端箍筋加密是十分必要的，这不仅能增强柱的抗剪能力，并提高核芯混凝土强度和极限压应变，阻止纵向钢筋的压屈，对抗震颇为有利。根据国内对框架的大量试验研究和贮仓抗震经验，提出了箍筋加密范围、最小直径、最大间距和最小体积配箍率等构造要求。试验资料表明，螺旋复合箍使核芯混凝土均匀地处于三向受压状态，破坏后混凝土仍有很好的咬合作用，对提高极限压应变的作用尤为明显。

8.3.7、8.3.8 控制梁截面混凝土受压区相对高度、最大配筋率、拉压筋相对比例、梁端箍筋加密范围、箍筋最大间距和最小直径等要求，目的皆在于提高梁和整个结构的变形能力。

8.3.9 仓下柱间填充墙，对提高贮仓抗震性能的有效性已为大量震害经验所证实，但需注意以下几点：

（1）墙体周边无可靠拉结时，将发生侧向倾倒而失去原有作用。填充墙倾倒后，如框架出现塑性铰并形成机构时，可能发生整体倒塌。因此，填充墙周边必须有良好的拉结。

（2）半高填充墙会使支柱形成短柱。

（3）填充墙要对称设置，以免偏心引起扭转。如唐山地震时10度区的唐山某焦化厂钢筋混凝土贮煤塔，因仅在一侧柱列设填充墙,导致无墙柱列的柱角碎裂。

8.3.10 鉴于支承筒壁对圆筒仓抗震的重要性,并考虑到配置双层钢筋的需要以及施工条件,结合以往设计经验,筒壁厚度不宜过小。洞口处被削弱且有应力集中,其加强措施需适当从严。

8.3.11 钢结构贮仓的震害主要部位在柱脚。根据海城、唐山、日本宫城冲地震经验及有关分析研究结果,提出本条的构造规定。

8.3.12 砖筒贮仓的圈梁和构造柱设置,是根据砖筒仓震害经验,并借鉴一般砖混结构的抗震经验和研究成果确定的。

8.3.13 根据砖混结构仓上建筑的震害经验,并考虑到仓上建筑横向较空旷等特点,为了提高结构的整体性和抗震能力,提出本条构造要求。

9 井 塔

9.1 一般规定

9.1.1 本条是根据井塔结构受力特点和国内现有井塔的高度情况并参考《建规》有关规定确定的。考虑井塔承受的荷载比一般民用建筑大得多,框架结构相对于抗震墙结构来说,刚度偏小、抗震性能稍差,故规定 9 度地震区不宜采用。而对于箱(筒)型井塔,如同剪力墙结构,其承重构件截面积大,纵横墙相接处没有暗柱,墙与楼板组成空间箱体,整体性好、强度高。国内外震害调查的资料表明,剪力墙结构的高层建筑破坏轻微,倒塌只是个别的。国内井塔震害经验不少,唐山地震时,仅有处于 10~11 度地震区的新风井筒形井塔倒塌,徐家楼箱形井塔的塔壁仅在大门洞处的施工缝开裂;处于 9 度以下的其它井塔都安全无恙。但对于底层开大门洞而形成(部分)框支剪力墙结构的箱形井塔,其最大高度降低 30%左右为宜。

9.1.2 井塔的基础应根据烈度、场地条件、塔身结构类型、荷载大小和施工条件等因素,通过方案综合比较后,慎重选择稳妥可靠、经济合理、施工方便的基础类型。同时要注意处理好地基与井塔结构刚度的关系。原则是硬地基时上部结构刚度要柔,软地基时上部结构刚度要大。

井塔基础型式,按地基持力层不同,大致有 4 种方案:

（1）井塔建筑在整体性较好的岩石地基上时,优先选用锚桩基础,也可采用单独基础(框架形井塔)或条形基础等。这种方案经济合理、施工方便。

（2）地基主要持力层土质均匀,场地为中硬、中软时,采用天然地基上的基础是稳妥可靠的。

（3）井塔处于软弱地基上,且硬土持力层埋置在离地表小于等于 30m,以及岩溶土洞发育区,适宜采用预制桩、灌注桩、钢管桩和旋喷桩处理。为了增强桩基的刚度,用地基梁将承台联系起来。若硬土持力层埋置深度大于 30m,桩基已不能胜任,必须选用井颈基础。

（4）当井塔主要持力层为液化地基时,必须防止地震时地基液化造成不均匀沉降而导致破坏。故采用桩基处理,且要求桩尖伸入非液化的稳定土层中一定的深度,一般要由计算确定,其构造要求按本规范第 4 章规定采用。也可将井塔基础做成倒台壳井颈基础,直接固接在井筒顶端。

9.1.3 关于结构选型,目前国内钢筋混凝土井塔有两种基本形式:一是框架结构;二是箱(筒)型结构。

（1）本条要求优先采用箱(筒)型(包括箱型、筒型和外箱内框型)结构井塔的原因,主要是考虑箱型井塔属于剪力墙结构体系,具有刚度大、侧向变形小的优点;对于筒型结构,各个方向刚度较均匀,对承受任意方向的地震荷载很有利;它们同时具有便于滑模施工、技术经济指标好等优点。

（2）框架结构具有较好的延性,其技术经济指标好,由于自重轻,地震荷载小,材料消耗比箱(筒)型井塔少。震害调查表明,建于 7~8 度区的框架结构井塔也很少破坏,因此,烈度为 6~8 度时,也可采用框架结构。对南方地震区全部敞开的井塔,框架结构更为适宜。

9.1.4、9.1.5 为了使计算模型与结构的实际受力状况尽可能一致,要求井塔结构在满足工艺要求的前提下,力求做到简单、对称、均匀。即抗侧移构件呈正交布置,两个方向的刚度相差不大,质量在各层平面内基本对称布置,相邻层质量中心错位小,沿高度方向抗侧移构件上、下连续,不错位。总之,质量、刚度、强度的变化要比较平缓。

对于井塔,有时工艺需要在提升机层向外悬挑。悬挑造成塔身在悬挑处刚度突变,对抗震不利。特别是非对称悬挑,在地震作用下,会使井塔产生扭转。所以,要尽量避免采用。当提升机层必须悬挑时,悬挑长度对井塔受力性能有较大影响,要有所限制。条文的最大悬挑长度规定,取自目前国内较成熟的设计经验。

9.1.6 塔身窗洞要求布置匀称且上下对齐而形成墙肢,使结构受力明确,对抗震有利。根据唐山地震新风井井塔和徐家楼主井井塔的震害分析,井塔破坏均发生在底层。从抗震计算分析看,井塔底层的层高较高,开洞(安装检修门洞)大,剪力大,弯矩也大,是抗震的最薄弱层。设计中,要特别注意控制井塔底层的层高和底层大门的高度及宽度,防止上、下两楼层刚度发生突变,确保底层有足够的抗剪和抗弯能力。

9.1.7 井塔与相邻建(构)筑物之间设防震缝,是为了使井塔结构受力明确,计算模式符合实际情况。井塔属于高耸结构,防震缝宽度要比一般建(构)筑物大,以防地震时相邻之间发生大的碰撞破坏。

9.2 抗震计算

9.2.1 本规范在大量震害调查、理论研究与实际结构测试分析的基础上,提出了考虑井塔结构与地基相互作用影响的抗震设计方法。方法中包含了地基地震反应非线性因素的影响,其研究基础是相当于本规范第 5 章抗震计算水准 B 的地震作用。因此,本节规定按照抗震计算水准 B 进行水平地震作用计算。目前国内外还缺乏有关众值烈度条件下井塔结构与地基共同工作方面的研究。

9.2.2 建于 7 度区硬、中硬场地上的箱(筒)型井塔,当塔高不超过 50m 时,根据以往的设计经验,在满足正常风荷载作用要求后,一般能满足抗震强度要求,可不再做抗震验算,但要满足抗震构造措施要求。

9.2.6 箕斗和罐笼是悬挂于钢丝绳上的,其自振周期随钢丝绳的长度而变化,在地震作用下产生的惯性运动与井塔结构的运动可能不一致。而且箕斗和罐笼是通过罐道与井塔结构相连接的,这种连接一般存在一定间隙。在地震作用下,箕斗和罐笼的运动较井塔的运动滞后,会降低井塔所产生的地震作用。所以,在计算地震作用时,可不考虑箕斗及其装载、罐笼和钢丝绳的自重。

9.2.7 自振周期的影响因素很多,主要取决于质量分布和刚度分布。由于计算模型难以全面反映结构的实际情况,理论计算井塔结构的自振周期与实测周期,有时相差颇大。因此,本条采用的自振周期公式是实测脉动周期的回归统计公式。

统计分析共收集和实测了 39 座钢筋混凝土多绳提升井塔。其中,箱(筒)型井塔 31 座,包括 X、Y 两个方向共 56 个数据;框架型井塔 8 座,包括 X、Y 方向共 16 个数据。塔顶标高一般在 30~70m 范围内,周期 0.3~0.8s,少数井塔大于 0.8s。

根据国内外资料,井塔结构地震反应的基本周期是脉动反应基本周期的 1.1~1.3 倍。经过对比分析并结合工程经验,箱(筒)型井塔的基本自振周期加长系数采用 1.3,框架型井塔采用 1.1。

9.2.8 过去,井塔抗震计算时,通常假定基础是完全刚性的,不考虑上部结构与地基基础的相互作用,塔身固接在基础上,地震动从基础顶面输入。但是,考虑井塔上部结构与地基基础相互作用后的计算结果,有时与刚基模型计算结果相差颇大。实际上,地震动不仅是从基岩通过场地土传给基础和上部结构，上部结构的地震反应也通过基础反馈给地基，改变场地的运动特性。这种相互作用，增加了体系的阻尼，延长了结构的周期。在软弱地基上的井塔，与按刚基模型分析结果相比，其地震作用可有明显的折减。

但是，计算结果表明，并不是所有基础型式在考虑相互作用时都起减震作用，必须分别对待。

（1）塔身与井筒分离的井塔，处于中软、软场地，采用刚性较好的基础时，考虑相互作用比按刚基模型计算的地震反应一般折减10%～20%。基础埋置较深时，由于从基底输入的地震加速度比浅基础小，侧壁土对基础运动制约较大等原因，减震效果更为显著。

（2）塔身通过井颈式基础固结于井筒上的井塔，一般处于中软、软场地上。由于井筒很深，且直接嵌固于基岩上，侧壁与土接触面很大，与一般深基础不同。分析发现，塔身固接于井筒上的井塔，考虑结构与地基土的相互作用的地震反应后，相对于按刚基模型计算的结果，有时增大，有时减小，随上部结构与场地特性的不同而不同。

这里选取 5 个实际的倒锥台（壳）基础井塔，分别按两个模型，即刚基模型与相互作用模型（图 4），进行有限元法的直接动力分析。通过变换场地土、地震波、烈度、覆盖层厚度和不同井塔等参数，研究考虑相互作用时按刚基模型计算的地震反应的修正系数。

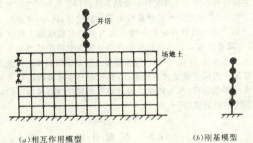

图 4　井架计算模型

图 5 为底层剪力比值随结构与土刚度比（实际取周期比）的变化规律。图中的 T_1 和 Q_0 分别为刚基模型的结构基本自振周期和底层剪力；T_s 为场地的卓越周期；Q 为相互作用模型结构的底层剪力。从图中可见，当 $T_1/T_s>0.6$ 时，与一般深基类似，折减系数为 0.85，当 $0.3\leqslant T_1/T_s\leqslant 0.6$ 时，$C_Q=1.0$，即不折减；而 $T_1/T_s<0.3$ 时，C_Q 反而大于 1.0。$T_1/T_s<0.3$ 相当于软场地。为了偏于安全，当结构位于软场地时，相互作用系数取 1.4，对其它情况取 1.0。

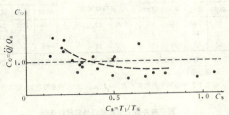

图 5　底层剪力比随刚度比的变化

9.2.9 井塔处于中软、软场地，如果同时存在结构刚度、质量不均匀或土层条件复杂等情况时，为了更详细地了解井塔的实际反应，应该在进行底部剪力法或振型分析法的基础上，进一步用时程分析法作较详细的分析，了解结构的薄弱环节，以及结构运动特性和土层特性随时间变化的反应。

计算可采用本规范编制组编制的 JT-1 和 JT-2 程序。计算模型的选取，井塔简化为弯剪型串联多自由度体系，井筒简化为等效梁元；场地土为水平成层，筏基简化为刚性板，按实际尺寸给出转动惯量；箱基简化为等效平面应力单元。

注：JT-1　考虑场地土非线性的地震反正反演程序；
　　JT-2　上部结构—基础—地基土相互作用分析程序。

9.3　构造措施

9.3.1　本条是对箱（筒）型井塔塔壁的抗震构造措施要求。目的在于使刚度变化平缓，避免应力集中，保证塔壁稳定，增加延性且控制截面变化处的裂缝宽度。

9.3.2　本条是保证井颈基础与上部结构共同作用的措施。

9.3.3　框架型井塔在结构型式上与框架相同，因此，其构造措施要按本规范第 6.3 节有关框架的规定采用，同样按表 6.1.2 规定划分抗震等级。

10　钢筋混凝土井架

10.1　一般规定

10.1.1　国内现已建成的四柱式钢筋混凝土井架的最大高度为 21.5m，六柱式钢筋混凝土井架最高为 27m。总结国内钢筋混凝土井架的设计经验，本规范的适用范围是合适的。

10.1.2　钢筋混凝土井架的结构型式与框架接近，因此，截面抗震验算与构造措施要求都可以按框架的规定采用。但鉴于井架的重要性，规定抗震等级最低不低于第三等级。

10.1.3　本条防震缝最小宽度的取值，大致是井口房高度处井架最大弹塑性位移与按《建规》要求的防震缝宽度的 1/2 之和再加 25mm（表 3）。

井架与井口房（井楼）间防震缝宽度（mm）　　表 3

	6 度		7 度		8 度		9 度	
	罐笼提升	箕斗提升	罐笼提升	箕斗提升	罐笼提升	箕斗提升	罐笼提升	箕斗提升
	动	规	动	规	动	规	动	规
四柱式	6	35		12	35		23	35		47	55
	70*			70*			80*			110*	
六柱式	3	35	6	45	6	35	11	45	12	35	23	55	23	35	46	60
	70*		80*		70*		90*		80*		110*		110*		140*	

注：①表中　动——井架横向最大弹塑性位移（纵向动位移一般小于横向）；其计算高度，罐笼提升时，为井口房屋面高度处（约 6～8m），对箕斗提升时，为井楼屋面高度处（约 14～20m）；
　　规——上述计算高度按《建规》要求的防震缝宽度之一半。
②带 * 数字为本规范第 10.1.3 条规定的防震缝宽度。

10.1.4　天轮梁的支承横梁承受很大的断绳荷载及工作荷载，设计断面较大，致使井架的横向框架沿高度的刚度和质量有突变，且会造成应力集中，对抗震不利。将支承横梁设计成三角形"桁架式"（图 6），可以改善其抗震和传力性能。

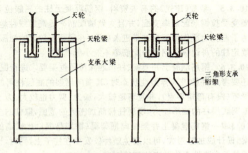

图 6　天轮支承横梁

10.1.5　为了提高地基对井架地震能量的逸散作用，六柱式井架之斜架基础要有适当埋深，因此，埋深取不小于 2m 是必要的。

10.2　抗震计算

10.2.1　钢筋混凝土井架结构的受力状态与框架比较接近，计算模型是一致的。因此，采用抗震计算水准 A 进行水平地震作用计算。

10.2.2 四柱式井架为竖向悬臂结构，其纵向在7度或8度地震影响时，内力组合值一般均小于断绳时的内力组合值，故截面及其配筋由断绳内力组合控制，其纵向桁架梁、柱可不进行截面抗震验算。六柱式井架之断绳荷载主要由斜架承受（主要产生轴力），其立架所承受的断绳荷载较小，故除7度纵向以外，断绳载组合不能控制井架的纵向斜框架的配筋。

10.2.3、10.2.4 四柱式井架纵向对称，横向接近对称，井架的质量和刚度沿高度的分布比较均匀，水平作用下的空间作用小。纵横两个方向的地震作用都可简化成平面结构进行计算（并且可只取平面结构的第1振型）。四柱式井架的横向振动接近剪切型，纵向振动接近弯曲型。六柱式井架横向不对称，水平力作用下空间作用很明显，井架的横向以第1振型为主进行振动（接近横向平移），井架的纵向振动以空间第3振型为主（接近纵向平移），井架的空间第2振型是以扭转为主并有平移的耦合振动。六柱式井架的地震效应（内力和位移），横向主要是第1振型产生的，纵向主要是第3振型产生的，某些构件的地震效应是第2振型为主或第2振型与第1振型（第3振型）的组合。六柱式井架的空间振动收敛于前3个振型。

四柱式井架可按本规范第5.2.1条采用底部剪力法计算地震作用；六柱式井架的横向结构不对称，必须考虑扭转效应，因而需采用空间多质点杆系模型，采用空间杆系结构电算程序才能计算。

10.2.5 本条为28个四柱式和13个六柱式井架的实测自振周期统计公式，已经考虑震时周期加长系数1.3（四柱式）和1.4（六柱式）。

10.2.7 钢筋混凝土井架底层柱柱顶过早出现塑性屈服，会形成整个框架薄弱层并影响井架的整体稳定，故需要加强底层柱的配筋。底层柱弯矩要按抗震等级考虑其效应增大系数。

10.2.8 此条是保证"强柱弱梁"的要求。井架梁、柱一般都能满足该项要求，因井架的同一框架平交于同一节点的梁一般只有一根，而井架柱的截面和配筋率都比梁大。

10.2.10 9度时，钢筋混凝土井架横向框架的底层（四柱式）或一、二层（六柱式）需要按本规范第5.5节的水平地震影响系数最大值确定地震影响系数并进行抗震变形验算。井架柱自下而上配筋不变或变化不大，上、下柱端极限弯矩变化也不大，而井架底层框口的高度比一般的层高约大一倍，因此，框架底层的屈服剪力小于一般层。而井架底层的地震剪力是最大的，所以，底层层间屈服剪力系数最小，底层是薄弱层。

10.3 构造措施

10.3.5 参考《建规》的有关资料，钢筋混凝土柱的屈服位移角主要受受拉钢筋配筋率支配，并且大致随配筋率提高而线性地增大，为了避免地震作用下柱过早进入屈服，并保证有较大的屈服变形，规定柱的每边纵向钢筋的配筋率不能小于0.3%。

10.3.6 钢筋混凝土井架梁、柱箍筋按照框架要求进行配置外，还要考虑井架进入弹塑性状态时，其横向框架的底层可能全高受弯（没有弯矩零点），并且弯矩较大，轴力，剪力也较大。为了提高框架底层柱的变形能力，底层柱箍筋加密区的范围，取柱的全高。

10.3.7 钢筋混凝土井架横向框架梁（特别是框口比较高的底层梁）设计成加腋形式，可以避免塑性铰发生在柱子上，同时，也提高了井架在弹性工作状态的侧移刚度。

10.3.8 四柱式钢筋混凝土井架的提升方向设计成梯形桁架（即两柱沿高度内收）形式，比平行弦桁架刚度大，受力性能好。但因工艺条件限制，坡度不能太大，采用3%左右较合适。

10.3.9、10.3.10 钢筋混凝土井架柱与井颈的连接，斜架柱与斜架基础的锚固以及斜架基础的构造都是重要环节，可参见本规范第11章斜撑式钢井架的有关条文说明。

11 斜撑式钢井架

11.1 一般规定

11.1.1 斜撑式钢井架是矿山建设中广泛采用的提升构筑物。在1976年唐山地震时，某矿由于钢井架的破坏或丧失正常功能，导致矿井停产，造成了重大经济损失。斜撑式钢井架由斜撑和立架两部分组成，斜撑按提升要求分为单斜撑和双斜撑，本章适用于单斜撑式钢井架的抗震设计。

11.1.2 由于斜撑式钢井架和相邻建筑物（一般为钢筋混凝土结构）的刚度不一、自振周期不同，因此，在地震作用下，钢井架和相邻建筑物很容易相互碰撞而产生破坏，国内外均不乏这类震害实例。为此，斜撑式钢井架与相邻建筑物之间必须设置防震缝。

斜撑式单绳提升钢井架和多绳提升井架具有不同的动力特性，特别是刚度特性明显不同。同时，箕斗井井架和罐笼井井架与相邻建（构）筑物的毗连部位也不同。因此，防震缝宽度的控制值必须分别加以考虑。本规范用振型分解反应谱法对多绳提升井架和单绳提升井架按7、8、9度软土地基条件进行了系列的空间地震反应分析，计算出其最大的弹塑性水平地震位移；同时，考虑到与井架上部卸载口相邻的井楼一般为多层钢筋混凝土框排架房屋，与罐笼井井架下部相邻的井口房一般为单层钢筋混凝土排架厂房。本条按《建规》中多层钢筋混凝土框架房屋和单层钢筋混凝土排架厂房的防震缝宽的规定，再叠加钢井架地震时的最大弹塑性水平振动位移，作为斜撑式钢井架与相邻建（构）筑物之间防震缝宽度的控制值（表4、表5）。

11.2 抗震计算

11.2.1 钢井架的地震反应计算是采用刚性基底上的杆系或质点系模型，按抗震计算水准A进行水平地震作用计算时，结构反应基本处于弹性状态。

11.2.2 钢井架抗震性能较好，7度时基本无震害，因此可不验算。

罐笼井井架下部与井口房毗连处防震缝宽度最小值计算(mm)　　表4

烈度	井架地震时最大振动位移		井口房按《建规》防震缝宽度	防震缝宽最小值	
	单绳钢井架	多绳钢井架		单绳钢井架	多绳钢井架
	纵向 横向	纵向 横向		纵向 横向	纵向 横向
9	98　140	312　58	45	160　200	370　120
8	49　70	156　29	35	100　120	210　80
7	25　35	78　15	25	70　80	130　60

注：①"井架地震时最大振动位移"系指井架在井口房屋顶标高处的弹塑性水平地震位移；
②表中数字适用于井棚高度为8～12m的情况，若高度增加，防震缝宽度应当增大。

箕斗井井架上部卸载口与井楼毗连处防震缝宽度最小值计算(mm)　　表5

烈度	井架地震时最大振动位移		井楼按《建规》防震缝宽度	防震缝宽最小值	
	单绳钢井架	多绳钢井架		单绳钢井架	多绳钢井架
	纵向 横向	纵向 横向		纵向 横向	纵向 横向
9	182　268	302　14	110	310　390	430　270
8	91　134	151　70	85	190　230	250　170
7	46　67	75　35	75	130　150	160　120

注：①"井架地震时最大振动位移"系指井架在井楼屋顶标高处的弹塑性水平地震位移；
②表中数字适用于井楼高度为25～30m的情况，若高度增加，防震缝宽度应当增大。

11.2.3、11.2.4 关于地震作用计算方法，目前最常用的是底部剪力法和振型分解反应谱法，本规范第5.1.3条还规定，对特别不均匀的乙类建筑物，宜同时用时程分析法计算地震作用，斜撑式钢井架就属于这类构筑物。这种计算方法在日本、原苏联、美国等国已普遍应用。

通过对一座已建的单绳提升钢井架，按平面杆系模型进行的弹塑性地震反应时程分析，计算结果基本上与唐山地震中斜撑式钢井架的震害一致，同时，又可以清晰地看出钢井架在强震作用下的弹塑性发展过程。这对宏观上评价钢井架在强震作用下的抗震性能以及采取有效对策十分有益。因此，高烈度区设计斜撑式钢井架时，除了采用振型分解反应谱法计算地震作用，并进行截面抗震验算外，建议有条件时同时采用考虑弹塑性地震反应的时程分析法进行分析，以验算钢井架结构薄弱部位的强度和位移，合理评价结构的抗震能力。

按空间杆系用振型分解反应谱法计算结果表明，单绳提升钢井架动力计算结果的规律性较好，无论是纵向振动，还是横向振动，都收敛于前三个振型。多绳提升钢井架的动力特性与单绳提升钢井架不同。从计算实例来看，纵向振动收敛于前3个振型，而横向振动收敛于前4个振型。这说明多绳提升钢井架振动的高振型影响较单绳提升钢井架大。考虑到单绳提升钢井架工程实例较多，计算结果的规律性较好，因此规定取前3个振型。对于多绳提升钢井架，考虑到目前工程实践尚少，因此，参考计算结果，为安全起见，规定至少取前5个振型。

11.2.5 影响井架自振周期的因素很多，主要有井架高度、平面尺寸、斜撑下支点与井架的距离、斜撑两支点的宽度以及井架构造等5个方面。通过36个已有钢井架的实测周期回归分析，得到条文所示的仅与井架高度有关的实用公式，方差分析得到满意的结果。公式已计入周期的震时加长系数，横向取1.3，纵向取1.4。

11.2.6、11.2.7 斜撑式钢井架的立架柱内力，除框口部位外，均以轴力为主，并且立柱的轴向变形对地震内力影响很大，因此，井架必须考虑竖向地震作用的影响。在竖向地震作用下，钢井架的塑性耗能很少，在采用抗震计算水准A计算时，要乘以增大系数，参考《建规》中烟囱的规定，增大系数取2.5。

11.3　构造措施

11.3.1 钢井架节点连接以焊接为主，局部采用螺栓连接。钢井架的震害实际表明：节点震害基本上都发生在螺栓连接的节点，并以螺栓剪断为主要破坏形式。因此，规定螺栓连接时，采用高强摩擦型螺栓，以避免螺栓受剪脆性破坏。

11.3.2 为防止节点和立柱局部压屈、失稳，参考有关现行规范，对节点板厚度和9度时板材的宽度加以限制。

11.3.3～11.3.5 钢井架斜撑基础的震害主要表现在锚栓和混凝土两方面。锚栓的震害主要表现为松动或拔出。但是震害表明，按常规设计的锚栓能满足9度地震作用的强度要求，仅在11度区有个别锚栓被剪断的实例。

我国钢井架的常规设计一般采用带有锚梁（或锚板）的φ30～φ40锚栓，锚固于混凝土内的长度约1300～1450mm，均大于《钢结构设计手册》的取值。关于锚栓中心线至基础边缘的最小距离b，国内外有关规程、规范规定，$b \geqslant 4d \sim 8d$（d为锚栓直径），且不小于100～150mm。我国钢井架常规设计所采用的b值为$4d \sim 7.5d$，与上述有关规定基本一致。基础混凝土的开裂、酥碎以及混凝土局部错断等震害的特点表明，破坏都发生在基础顶面以下500mm高度范围内的第二次混凝土浇灌层内。产生震害主要原因是：①第二次浇灌层的施工缝形成了抗震的薄弱环节；②混凝土标号较低，局部承压强度不足；③基础上部混凝土的构造配筋不足；④在地震作用下，基础混凝土受力复杂。因此，提高混凝土标号，增加基础顶面以下竖向钢筋配筋量，增强混凝土的整体性，是保证钢井架抗震性能的有效措施。综上所述，条文中规定了改善和提高斜撑基础的具体抗震构造措施。

12　双曲线冷却塔

12.1　一般规定

12.1.1 双曲线钢筋混凝土冷却塔由塔筒和淋水装置两部分组成，其中塔筒由双曲线回转壳通风筒、斜交柱和基础（含贮水池壁）组成，淋水装置由空间构架及进、出水管和竖井等组成。

12.1.2 冷却塔抗震计算要考虑基础滑移、提离及地基与上部结构共同作用，并且地震反应分析时要采用一系列土的动力特性参数，因此，采用本规范第5章规定的抗震计算水准B进行水平地震作用计算是适宜的。

12.2　塔筒

12.2.1 本条对塔筒可不进行抗震验算的范围作了规定。

（1）根据我国习惯，双曲线自然通风冷却塔的规模以淋水面积计，淋水面积系指淋水填料顶高程处的毛面积。

（2）本条不验算范围是根据下列情况制订的：

根据唐山地震震害调查，位于10度区的唐山两座淋水面积2000m²塔，采用单独基础，座落于基岩上，震后塔筒结构完好。另一座1520m²塔，座落于不厚的倾斜覆盖层（下有基岩）上，震后塔体发生倾斜，但塔筒结构未见开裂。位于7度区的天津杨柳青某厂3500m²塔，座落于中软场地且上下卧层中有一层较薄的淤泥层，但由于地层均匀，震后塔筒亦未见异常。

根据冷却塔专用程序计算，风载（主要是$\cos 2\theta$项）引起的环基内的环张力较小。而富氏谐波数等于0、1的竖向地震和水平地震所引起的环张力，在中软场地上有可能大于风载引起的环张力而成为由地震组合控制。在这种情况下，不验算范围只能在淋水面积小于4000m²的范围内。

12.2.2 本条对地震区建塔的场地条件要求作了具体规定。

实际工程中常遇覆盖层较厚的中软场地，故规定7～8度时对地基的要求：①若采用天然地基，则应是均匀地基，地基承载力大于180kPa，土层平均剪变模量大于45MPa，否则应进行地基处理；②如天然地基为不均匀地基，则要求严格处理成均匀地基；③如为倾斜地层，则要求采取专门措施，如采用混凝土垫块等砌至基岩或砂卵石层。

12.2.4 根据计算，通风筒结构抗震验算中竖向地震作用效应和水平地震效应占总地震作用效应的百分比见表6。在总地震效应中，水平地震作用效应所占百分比大于竖向，但是竖向所占百分比亦不小，故需考虑水平地震作用效应与竖向地震作用效应的不利组合。根据国内外文献及以往设计经验，组合方法采用平方和开方法。在式（12.2.4）中已考虑竖向地震作用效应增大系数。

竖向与水平地震作用效应的比例（%）　　表6

通风筒壳体				通风筒基础	
竖　向		水　平		竖向	水平
子午向内力	纬向内力	子午向内力	纬向内力	环张力	环张力
49.83～15.56	3.06～44.26	50.17～84.44	96.94～55.74	26.41	73.59

12.2.5 冷却塔的质量、刚度分布均匀、对称，沿高度变化有一定规则，目前国内冷却塔抗震计算大多采用振型分解反应谱法，计算耗时也较少，故规定冷却塔一般宜采用振型分解反应谱法。

对于时程分析法，一般情况下仅作线性分析，不考虑基础滑移，可采用SAP5及Ansys程序进行前后处理。当考虑材料非线性时，斜支柱钢筋由杆单元代表，混凝土由梁单元代表，裂缝单元与壳体间设置塑性铰，支柱底与基础间亦设置塑性铰以限制弯矩传递，环基础与基底弹簧间设置裂隙单元以模拟基础上拔和滑移。但由于计算模型复杂，Ansys程序计算费用昂贵，故只有在9度且9000m²及以上的特大塔才进行材料非线性分析。

12.2.6 本条对振型分解反应谱法所取振型个数作了规定。分别取 3、5、7 个振型的计算结果表明：5 个振型与 7 个振型相比，斜支柱及环基仅差 0.1%～2.53%，壳体底部纬向内力差 4.13%，壳顶部子午向内力差 6.25%；3 个振型与 7 个振型相比则相差稍大，斜支柱及环基差 6.54%～14.11%，壳体底部纬向内力差 26.52%，壳顶部子午向内力差 10.42%。故规定 4000m² 以下塔取 3 个振型，4000～9000m² 取 5 个振型，9 度区及 9000m² 以上的塔取 7 个振型。

12.2.7 冷却塔地震作用效应和其它荷载效应组合是参考下列依据制定的：

(1) 冷却塔是以风载为主的结构，对风载反应比较敏感，故在我国火力发电厂《水工设计技术规定》的地震偶然组合中均考虑了 $0.25\times(1.4)S_{wk}$ 风载；此外还考虑了 $0.6S_{tk}$。

(2) 1982 年德国 BTR 冷却塔设计规范中，地震荷载组合亦考虑了 $1/3S_{wk}$ 及 S_{tk}。

12.2.8 本条强调了冷却塔地震作用计算时要注意的两点要求：①考虑结构与土的共同作用，地基与上部结构宜整体计算；②塔筒的地震反应是竖向振动、水平振动与摇摆振动的耦合振动，因此，计算时必须采用地基抗压刚度系数、抗剪刚度系数和动弹性模量等一系列土动力特性指标，这些参数一般应通过现场试验取得。计算结果表明，考虑了上述共同作用后，基础环张力比较接近实际，不致过大。

12.2.11 整个冷却塔通风筒结构，按地震破坏次序，可分为首要部位（薄弱环节）和次要部位。斜支柱为首要部位，壳体、基础为次要部位，而最薄弱环节是斜支柱顶与环梁接触处。为了减少柱顶径向位移，布置斜支柱时要注意 ε 角的选择，ε 为每对斜支柱组成的侧向平面内夹角的 1/2，ε 角大小将影响塔的自振频率和运动振幅。ε<9° 时柱顶径向位移将大于塔顶径向位移，见图 7、图 8。故本条建议 ε 角不宜小于 11°。

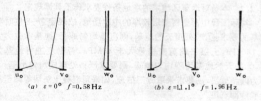

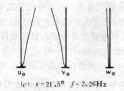

图 7 不同 ε 角对自振频率和振幅的影响

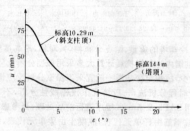

图 8 最大径向位移与 ε 角的关系

12.2.13 本条对斜支柱的最大轴压比限值作了规定。构件的位移延性系数随轴压比的增加而减小，冷却塔中斜支柱由于其工作状态处于冻融交替，混凝土保护层常出现剥离开裂情况，故应采用较小的轴压比为宜。

12.2.14 本条对纵向钢筋最小、最大配筋率限值作了规定。规定最小限值为 1% 的原因：①在冷却塔设计中，不宜采用过大的斜支柱截面，从而保证进风口阻力不致过大；②实际设计中，在承受风载为主的工作状态时，纵向配筋亦常大于 1%。规定最大限值为 4%，主要是为了保持较低的轴压比并考虑过大配筋率会影响混凝土浇注密实度。

12.2.15 本条对加密区钢箍最小配箍率、加密区范围及加密区箍筋间距作了规定，这是为了增加混凝土的约束，提供纵向钢筋侧向支承并提高抗剪强度，从而保证足够的延性。

由于圆形斜支柱可以减少进风口阻力，新设计的塔大多将采用圆形截面，故本条推荐采用螺旋箍。螺旋箍对提高剪切强度和增加结构延性十分有效。

12.3 淋水装置

12.3.1 根据唐山震害调查，位于 10 度地震区的唐山电厂 3 座冷却塔，除竖井附近梁拉裂、淋水构架梁与筒壁相撞、个别配水槽拉脱外，未见严重震害。位于 7 度区中软场地上的杨柳青电厂 3500m² 塔，淋水构架亦未见严重震害。故规定 7 度区中软及以上场地的进风口高程在 8m 以下时，可不进行淋水构架抗震验算。

12.3.3 根据唐山震害经验，构架与竖井、筒壁连接部分均有不同程度的拉裂、撞坏；竖井、筒壁和构架的自振周期各不相同，地震位移不一致，因而构架梁对筒壁和竖井之间要允许相对位移和转动，以免构件拉裂。

12.3.7 本条是梁和水槽搁置于筒壁与竖井牛腿上时的措施。隔震层一般采用氯丁橡胶，空隙中的填充物通常用泡沫塑料；梁端与牛腿可以用柔性拉结装置连接，既能防止梁倒落又不传递地震作用。

13 电视塔

13.1 一般规定

13.1.2 在地震区建造的电视塔，其体型和塔楼的布置对抗震性能有重要的影响，必须充分重视电视塔的结构体系在地震作用下的合理性。

13.1.3 根据我国已建成 300m 以上的电视塔的抗震验算和模型试验结果，电视塔的上部结构不易满足 9 度设防要求。因此，提出本条规定。

13.2 抗震计算

13.2.1 电视塔应按抗震计算水准 A 进行地震作用及其作用效应计算。但对属于甲类构筑物的电视塔，除按抗震计算水准 A 进行验算外，根据大震不倒的原则，还应按本规范第 1.0.2 条的大震水平，用时程分析法进行弹塑性地震反应计算，以确保电视塔不致倒塌或严重破坏；对钢筋混凝土单筒型电视塔，截面不允许出现塑性铰，因为此类型的电视塔为静定悬臂结构，当某一截面形成塑性铰时，结构已达极限承载力。但钢筋混凝土多筒型电视塔和钢电视塔一般为超静定结构，当某一截面形成塑性铰或一构件达到极限承载力时，整个结构不一定倒塌或严重破坏；只有当结构形成机构或产生整体失稳时，才认为结构丧失承载能力。然而，对于属于甲类构筑物的钢筋混凝土多筒型电视塔，为安全起见，其主要构件（如筒体塔身）要避免产生塑性铰。

13.2.2 根据现有的设计经验，在设防烈度较低时，场地土较好和风压在一定强度以上时，地震作用组合不起控制作用。本条列出不需计算地震作用的条件，以减少设计计算工作量。

13.2.3、13.2.4 由于电视塔的截面一般是对称的，其两个主轴方向的刚度相等或相近，因此，计算电视塔的地震反应时，要考虑双向水平地震动的同时作用。考虑到地震可能来自任意方向,因此,对于钢筋混凝土多筒型电视塔和钢电视塔除考虑两个主轴方向的水平地震作用外,还需考虑两个正交的非主轴方向的水平地震作用。

计算结果表明,8度和9度时,竖向地震作用对结构轴力的影响较大,在电视塔的顶部尤为显著。所以,要考虑竖向地震作用,并且要乘以增大系数2.5(参见本规范第11.2.7条说明)。

13.2.6 钢筋混凝土电视塔属变截面高耸构筑物,用精确法计算较困难,一般都简化成多质点体系求解。只要取足够多的质点,计算精度一般可满足工程设计要求。

13.2.7 计算表明,时程分析法的计算结果与振型分解反应谱法的计算结果相比,往往在结构的上部偏大,而在塔身底部则偏小。此外,考虑到我国目前对时程分析法的应用已日益增多,并已拥有相应的计算机软件,因而规定对高度大于等于200m的电视塔,除采用振型分解反应谱法计算外,还要用时程分析法进行验算。

13.2.8 有关资料表明,基本自振周期为3s以上的电视塔,高振型的影响主要是对天线部分和塔身上部的弯矩增加大作用。如取前7个振型计算,天线部分和塔身上部的弯矩值要比前3个振型的大15%~40%;而前取10个振型计算所得的天线部分和塔身上部的弯矩与前7个振型所得的结果相差不大。对剪力而言,高振型的影响较大,一般要取前10个振型计算才会收敛。但剪力在塔的截面设计中一般不起控制作用。因此,规定基本自振周期3s以上的电视塔要取不少于7个振型进行叠加。此外,参照有关的高耸构筑物计算资料,规定基本自振周期小于1.5s的电视塔至少要取3个振型进行叠加。介于1.5s到3s的电视塔至少要取5个振型进行叠加。

13.2.9 地震波是一种随机波,它随着地震震级的大小、震源特性、震中距、地质条件等因素而变化。用不同的地震波所得到的结构地震反应有很大的差异。基于这种情况,采用多波输入进行结构地震反应计算是比较合理的。

13.2.10 每个钢塔和钢筋混凝土塔的阻尼比是不同的。本条所提数值是根据过去一些实测结果提出的。由于本规范的反应谱曲线是根据结构的阻尼比为5%制定的,而根据实测和试验资料表明,钢塔和预应力钢筋混凝土塔的阻尼比都较5%小,故应将地震影响系数乘以本规范第5.1.5条确定的阻尼修正系数。

13.2.11 按振型分解反应谱法计算电视塔的地震反应时,通常只考虑单向的水平地震分量的作用。对电视塔,双向水平地震波作用是不容忽视的。根据几个钢筋混凝土单筒电视塔的计算结果看出,考虑双向水平地震作用所得到的合成弯矩(几何和)要比只考虑单向地震作用大10%~38%。因此,规定采用振型分解反应谱法计算钢筋混凝土单筒电视塔时,应乘以双向水平地震作用增大系数1.30。对钢筋混凝土多筒型电视塔和钢电视塔,考虑双向水平地震作用的计算方法,系参考美国加州抗侧力规程确定的。

13.2.12 本条主要参考《建规》和《混凝土结构设计规范》制定。钢筋混凝土塔身是电视塔的主体结构,考虑其重要性,承载力抗震调整系数γ_{RE}取1.0。

13.2.13 根据有关资料,按弹性体系计算钢筋混凝土塔的地震反应时,其截面刚度可取$0.85E_cI$。对预应力钢筋混凝土塔,其截面刚度可取E_cI。

13.2.14 电视塔的塔楼较重,而重心又高,经计算表明,重力产生的附加弯矩(即重力偏心效应)对电视塔内力有显著的影响。高度超过200m无塔楼的电视塔,因高度较大,也应考虑重力偏心效应。

13.2.15 计算结果表明,地基土与塔体结构相互作用,塔体的自振周期有增大现象。但在地震的作用下,塔体将以其基础为中心出现摇摆反应,由此导致塔顶位移增大和塔楼以上部位弯矩与剪力值增加,而塔基底部位的弯矩和剪力减少。

13.2.16 由于电视塔为重要的高耸构筑物,因此,采用天然地基时,要求基底不允许与地基脱开。

13.2.17 在地震作用下,钢电视塔的腹杆会反复地受压和受拉。国外试验研究表明,构件屈曲后变形增长很大,转为受拉时往往不能拉直,再次受压时承载力还会降低,即出现承载力退化现象,构件的长细比越大,退化现象越严重。本条中用折减系数β_f来考虑这种退化现象。

13.3 构造措施

13.3.1 本条规定钢电视塔的钢材宜采用Q235或16Mn钢,而15MnV钢,由于其伸长率小,塑性较差,故未列入。耐候钢的耐大气腐蚀性能好,可考虑在钢电视塔中采用,其钢号可按现行国家标准《焊接结构用耐候钢》采用。

13.3.2 钢构件的长细比容许值的规定系参考《高耸结构设计规范》制定的。

13.3.3 本条规定的受力构件及其连接件的最小尺寸,比《钢结构设计规范》的规定有所加大,主要是考虑电视塔为露天结构,易于锈蚀。

13.3.4 钢电视塔设置横膈除了可提高电视塔塔身的整体刚度,还可以确保塔身的整体受力性能。

13.3.5~13.3.7 这几条均为参考《钢结构设计规范》和《高耸结构设计规范》制定的。

13.3.8 本条是根据我国目前已建成的或正在建造的钢筋混凝土电视塔所采用的混凝土标号和钢筋种类制定的。

13.3.9 钢筋混凝土电视塔设置横膈可提高塔身的整体刚度,确保塔身的整体受力性能。横膈与塔身筒壁的连接做成铰接,以避免对筒壁传递约束弯矩。

13.3.10 本条是参考《高耸结构设计规范》制定的。

13.3.11 从施工角度考虑,如果筒壁过薄,难于保证混凝土浇灌质量。尤其是采用滑模施工时,由于筒壁混凝土重量不足,容易将混凝土拉断,形成水平裂缝,影响筒壁质量。

13.3.12 由于塔筒的截面内力沿高度有变化,塔筒的截面尺寸(直径和壁厚)宜随之变化。变化的方式有两种:一是连续变化,二是分段变化。前者受力较合理,能节省材料;后者施工方便。

13.3.13 钢筋混凝土筒壁如开孔过大,对筒身整体刚度削弱太大。此外,对整体受力性能也不利。

13.3.14、13.3.15 这两条是参考《高耸结构设计规范》制定的。

13.3.16 此条规定主要是为了保证在施工过程中内外钢筋的位置不发生错动。

13.3.17 本条是参考《高耸结构设计规范》制定的。

13.3.18 若钢筋的混凝土保护层厚度过小,会影响结构的耐久性和受力钢筋的锚固性能。考虑到电视塔为露天结构,构件较大且比较重要,因此,最小保护层厚度要比一般建筑要求高。

13.3.19 由于洞口周围的应力较大,在震害调查中发现有些钢筋混凝土烟囱的洞口附近出现裂缝,针对这个问题采取增强措施,发现当附加钢筋截面积为被切断钢筋的1.3倍左右时,洞口周围基本上没有什么裂缝。

13.3.20 实际震害与振动台试验表明,塔上部由于鞭梢效应,在刚度突变处的连接部位易遭破坏,故应加强塔杆与塔身的连接,条件许可时可以采取刚度平缓的过渡。

14 石油化工塔型设备基础

14.1 一般规定

14.1.1~14.1.3 石油化工塔型设备在石油化工企业中是较多的设备之一,其直径为0.6~10.0m左右,高度为10~100m。一般是几个不同规格系列组合而成,其中一部分属重要设备,一部分属一般设备,前者有易燃、易爆、高温、高压及遇地震破坏将导致人员伤亡、生产破坏等严重后果,其余部分也属于主要设备,但破坏后果不严重。塔型设备基础是支承、固定塔型设备的钢筋混凝土结构(简称塔基础),它的重要性等级应该与设备一致。框架式塔基础的结构型式,与框架比较接近,因此规定按本规范第6章框排架中的框架结构划分抗震等级并采取相应的抗震计算与构造措施要求。

14.2　抗震计算

14.2.1　塔基础的受力状态与框架比较接近,因此,本条规定按第5章抗震计算水准A进行计算。

14.2.2　根据塔基础的特点,本条规定了可以不进行截面抗震验算的范围。

圆筒式、圆柱式塔基础在7度硬场地和中硬场地的条件下,竖向荷载和风压值起控制作用,可不进行截面的抗震验算。

框架式塔基础,受力杆件较多,塔径也较大,地震作用所产生的杆件内力小于直接受竖向荷载作用所产生的杆件内力,地震作用不起控制作用的范围比较大。所以,不验算范围有所扩大。

14.2.3　圆筒式、圆柱式塔基础受力状态接近于单质点体系,属于弯曲型结构,所以,可采用底部剪力法计算地震作用。

14.2.4　框架式塔基础的地震反应特征与框架接近,刚度和质量沿高度和平面内分布不均匀,因此,以采用振型分解反应谱法计算地震作用为宜。

14.2.6　关于石油化工塔型设备基本自振周期计算。石油化工塔的基本自振周期,采用理论公式计算很繁琐,同时公式中的参数难以取准,管线、平台及塔与塔相互间的影响无法考虑,因而理论公式计算值与实测值相差较大,精度较低。一般根据塔的实测周期值进行统计回归,得出通用的经验公式,较为符合实际。周期计算的理论公式中主要参数是h^2/d,除考虑影响周期的相对因素h/d外,还考虑高度h的直接影响,所以,统计公式采用h^2/d为主要因子是适宜的。

圆筒(柱)形塔基础的基本自振周期公式,是分别由50个壁厚不大于30mm的塔的实测资料($h^2/d<700$)和31个塔实测资料($h^2/d≥700$)统计回归得到。

框架式基础塔的基本周期T_1,是由31个塔的实测基本周期数据统计回归得出的。两组公式中均已考虑了周期的震时加长系数1.15。

壁厚大于30mm的塔型设备,回归公式不能适用,可用现行国家标准《建筑结构荷载规范》附录四的公式进行基本自振周期计算,这是理论公式,不需要乘震时加长系数。

排塔是几个塔通过联合平台连接而成,沿排列方向形成一个整体的多层排列结构,因此,各塔的基本周期互相起着牵制作用,实测的周期值并非单个塔自身的基本周期,而是受到整体的影响,各塔的基本周期几乎接近。实测结果表明,在垂直于排列方向,是主塔的基本自振周期起主导作用,故规定采用主塔的基本周期值。在平行于排列方向,由于刚度大大加大,周期减小,根据40个塔的实测数据分析,约减少10%左右,所以乘以折减系数0.9。

14.2.7　对一个结构而言,地震作用不是多次出现的,所以宜采用正常生产荷载作用下的组合。塔的充水试压和停产检修的荷载组合出现率是很低的,所以不宜与此种荷载进行组合。

14.2.8　可变荷载中正常生产荷载组合里的操作介质重力荷载,不同于风荷载和其它活荷载。在荷载效应组合中,它是正常生产工况时的重力荷载,也是主要荷载,一般是比较稳定的,工艺计算所提供的数据偏大,其分项系数按可变荷载的取值1.40偏高。从整体结构设计的安全度分析,操作介质重力荷载的分项系数γ_G采用1.30为宜。

15　焦炉基础

15.1　一般规定

15.1.1　我国的大、中型焦炉绝大多数采用的是钢筋混凝土构架式基础。辽南、唐山地震后的震害情况表明,该种形式的焦炉炉体、基础震害不重,大都基本完好。本节是在震害经验和理论分析的基础上编制的。

焦炉是长期连续生产的热工窑炉,它包括焦炉炉体和焦炉基础两部分。焦炉基础包括基础结构和抵抗墙。基础结构一般都采用钢筋混凝土构架形式。

15.1.2　计算结果表明,中软、软场地时,加强基础结构刚度,缩短自振周期,对降低基础构架水平地震作用有利。因此,本条对此作出规定。而对其它条件时,基础选型可以不考虑烈度和场地条件的影响。

15.2　抗震计算

15.2.1　焦炉基础的抗震计算与一般建筑物比较接近,所以可按抗震计算水准A进行水平地震作用计算。

15.2.2　本条是根据震害经验制定的。

15.2.3　焦炉基础横向计算简图假设为单质点体系,是因为基础结构顶板以上的炉体和物料等重量约占焦炉及其基础全部重量的90%以上,类似刚性质点,并且刚心、质心对称,无扭转,顶板侧向刚度很大,可随构架式基础结构的构架柱整体振动。此外,根据辽南、唐山地震时焦炉及其基础的震害经验,即使在10度区基础严重损坏的条件下,炉体仍外观完整,没有松动、掉砖,炉柱顶丝无松动,设备基本完好。说明在验算焦炉基础抗震强度时,将炉体假定为刚性质点是适宜的。

图9为唐山某焦化厂焦炉基础的基础结构震害调查结果。基础结构边列柱的上、下两端和侧边窄面呈局部挤压破坏,少数边柱的梁在柱边呈挤压劈裂;中间柱在上端距梁底以下600~700mm范围内和下端距地坪以上800mm范围内,出现单向斜裂缝或交叉斜裂缝,严重者柱下端的两侧宽面混凝土剥落、钢筋压曲,呈灯笼式破坏,这就是横向构架柱的典型震害。

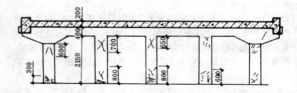

图9　唐山焦化厂焦炉震害

条文中公式中的δ值,可按结构力学方法或用电算算出。为方便计算,在附录D中给出了计算δ的实用公式。

表D中的K_i数值就是按不同种类的横向构架计算的。有些构架由于推导过程复杂,其K_i值是根据各构架的梁与柱的线刚度比值,用电算计算而得的。

15.2.4　焦炉基础纵向计算简图是根据焦炉及其基础(炉体、基础结构、抵抗墙、纵向钢拉条)处于共同工作状态的结构特点和震害调查分析的经验而确定的。

焦炉用耐火材料砌筑,连续生产焦炭。为消除焦炉自身在高温下膨胀对炉体的影响,在焦炉的实体部位预留出膨胀缝和滑动面,通过抵抗墙的反作用使滑动面滑动,从而保证了炉体的整体性。支承炉体的基础结构是钢筋混凝土结构,由基础顶板、构架梁、柱和基础(基础底板)组成。抵抗墙在炉体纵向两端与炉体靠紧,是由炉顶水平梁、斜烟道水平梁、墙板和柱组成的钢筋混凝土构架。纵向钢拉条沿抵抗墙的炉顶水平梁长度方向每隔2~3m设置1根(一般共设置6根),其作用是拉住抵抗墙以减少炉体膨胀而产生的向外倾斜。正常生产时,由于炉体高温膨胀,炉体与靠紧的抵抗墙之间,有相互作用的内力(对抵抗墙作用的是水平推力,纵向钢拉条中是拉力)和变形。这是焦炉及其基础的共同工作状态和各自的结构特点。

纵向水平地震作用计算时,作如下假定:以图15.2.4为例,焦炉炉体为刚性单质点(振动时仅考虑纵向水平位移);抵抗墙和纵向钢拉条为无质量的弹性杆;支承炉体的基础结构和抵抗墙相互传力用刚性链杆1表示,其位置设在炉体重心处并靠近地取在抵抗墙斜烟道水平梁中线上;考虑到高温作用下炉体与其相互紧的抵抗墙之间已经产生了相互作用的内(压)力和水平位移,在链杆1端部与炉体接触处留无宽度的缝隙,以表示只传递压力。振动时,称振动方向前面的抵抗墙为前侧抵抗墙,后面的为后侧抵抗墙。隔离体图D.0.2中F_1、F_2是炉体与前、后侧抵抗墙之间(即在链杆1中)互相作用的力。

上述的计算简图的假定和条文中的公式的计算结果,与震害调查分析的结论比较吻合。

15.2.5 焦炉基础顶板长期受到高温影响,顶面温度可达100℃,底面也近60℃,这使基础结构构架柱(两端铰接和位于温度变形不动点部位者除外)受到程度不同的由温度引起的约束变形。对焦炉基础来说,温度应力影响较大,并且犹如永久荷载。

焦炉炉体很高,在焦炉炉体重心处水平地震作用对基础结构顶板底面还有附加弯矩,此弯矩将使构架柱产生附加轴向(拉)力组成抵抗此附加外弯矩的内力矩,沿基础纵向由于内力臂比横向大得多,因此,纵向构架柱受到的附加轴力远比横向构架柱为小,验算构架柱的抗震强度时,可以仅考虑此弯矩对横向构架的影响。

15.3 构造措施

15.3.1 由于工艺的特殊性,焦炉基础构架是较典型的强梁弱柱结构。震害中柱子的破坏类型均属混凝土受压控制的脆性破坏,未见有受拉钢筋到达屈服的破坏形式。但由于柱数量较多,一般不致引起基础结构倒塌。所以,必须在构造上采取措施加强柱子的塑性变形能力。故本条规定基础构架的构造措施要符合框架的要求。

基础构架的铰接端,理论上不承受水平地震作用和温度变形所引起的水平力,而焦炉的水平地震作用,也仅能使柱增加轴向压力。但实际上柱头与柱脚整体浇灌混凝土,由于不能自由转动而形成局部挤压,并在水平力作用下产生弯矩,形成压弯构件。在正、反向受力情况下,使两端节点混凝土剥落。这就可理解为什么地震时焦炉两端铰接柱产生如此严重的压弯破坏。鉴于此,铰接柱节点端部除设置焊接钢筋网外,伸入基础(基础底板)杯口时,柱边与杯口内壁之间应留间隙并浇灌软质材料。

16 运输机通廊

16.1 一般规定

16.1.1 一般结构形式是指基础为普通板式基础,支承结构间采用杆式结构,廊身为普通桁架或梁板式结构的通廊;这种结构形式的通廊,在我国历次大地震中已有震害经验。悬索通廊和基础及廊身为壳型结构的通廊等结构形式,未经大地震检验,不包括在本章范围内。

16.1.2 通廊廊身采用砖墙者居多,特别是在寒冷需要保温地区。但这种结构抗弯、抗拉承载力很低,再加上墙体自由长度较长,抵抗横向水平地震作用的能力较小,在地震中破坏较多,这在唐山、海城地区的震害调查中已得到证明(表7)。

砖砌廊身通廊震害统计　　　表7

烈度	调查数量	倒塌	不同破坏程度的数量		
			严重破坏	轻微破坏	良好
7	18	2		6	10
8	6		1	2	3
9	19	7	5		1

廊身露天、半露天或采用轻质材料时,质量较小,无论是在海城地震,还是在唐山地震中均完好无损。因此,建议廊身露天、半

露天或采用轻质材料做为墙体材料。

16.1.3、16.1.4 通廊支承结构及承重结构以往习惯采用钢筋混凝土结构。无论是冶金、煤炭、电力、化工、建材等部门都广为应用,其比例约占60%以上。由于钢筋混凝土结构具有较高的抗弯、抗剪承载能力,在地震作用下具有较好的延性。从唐山、海城等震害实例调查中看到,钢筋混凝土大梁破坏主要表现在梁端开裂;有5例大梁折断,都是由于支承大梁的建筑物倒塌所致。在唐山、海城两地尚未见到跨度大于12m时采用钢筋混凝土大梁的实例。支承通廊的钢筋混凝土支架的破坏部位主要是柱头拉裂、横梁端部产生斜裂缝等;而支架折断亦是由于毗邻建筑物相碰所致,钢支架一般都完好。砖支承结构基本都发生了严重破坏甚至倒塌。例如,张庄铁厂砖柱通廊,唐家庄洗煤厂两条砖拱通廊,地震时都倒塌(均为9度区)。因此,推荐优先选用钢筋混凝土支承结构,低烈度采用砖支承时,高度不能太大,且必须有较严格的加强措施,高烈度区不能用砖支承结构。

16.1.6 通廊是两个不同生产环节的连接通道,属窄长型构筑物,其特点是廊身纵向刚度很大,横向刚度较小,而支架刚度亦较小,和相邻建筑物相比,无论刚度和质量都存在较大的差异,同时,通廊作为传力构件,地震作用时会互相传递,导致较薄弱的建筑物产生较大的破坏。若通廊偏心支承于建(构)筑物上,还将产生偏心扭转效应,加剧其它建筑物的破坏。例如,陡河电厂碎煤机室及除氧煤仓,就因连接通廊的传力作用,加剧了除氧煤仓及碎煤机室的破坏。

基于以上原因,规定7度和8度硬、中硬场地时,宜设防震缝脱开;8度软、中软场地及9度时应设防震缝脱开。

16.1.7 通廊和建(构)筑物之间防震缝的宽度,应比其相向振动时在相邻最高部位处弹塑性位移之和稍大,才能避免大的碰撞破坏。这个位移取决于烈度高低、建筑物高度、结构弹塑性变形能力、场地条件及结构形式等。通廊支承结构间距较大,相互之间没有加强整体性的各种连系,刚度较弱,地震时位移较大。表8列出了唐山、海城两地通廊震害的调查资料,表中所列位移数字为残余变形,如果加上可恢复的弹性位移,数值将更大,9度时可达高度的1%。如果防震缝按这个比例,高度在15m时即达15cm,宽度太大,将会造成构造复杂,耗资增大。考虑到和其它建(构)筑物的协调一致,防震缝的宽度仍取一般框架结构的规定。

通廊纵向地震位移　　　表8

序号	通廊名称	烈度	高度(m)	支架结构形式	地震作用下位移(mm)	备注
1	海城华子峪装车矿槽斜通廊	9	7.5	钢筋混凝土	50	高度按照片比例得
2	海城某厂球团车间通廊	9	9.5	钢筋混凝土	80	高度按照片比例得
3	辽阳砖渣厂原料车间通廊	9	—	钢筋混凝土	50	
4	营口青山怀矿破碎车间通廊	9	—	钢筋混凝土	60	
5	青山怀矿另一通廊	9	—	钢筋混凝土	100	
6	金家堡矿细碎2号通廊	9	—	钢结构	40	
7	金家堡1号通廊	9	—	钢筋混凝土	60	
8	吕家坨矿矿准备车间至原煤装车点通廊	9	—	钢结构	200~220	
9	国各庄矾土矿原料贮仓至竖炉工段通廊	10	—	钢结构	100	
10	唐钢二炼钢上料通廊		1021.5		230	地基液化加大了位移

16.2 抗震计算

16.2.1 通廊的地震作用计算与建筑物相近,因此其地震作用可按本规范第5章水准A进行水平地震作用及其作用效应计算。

16.2.2 通廊作为两个生产环节的联络构筑物,是不可忽视的,然而经验表明,除了砖砌体廊身由于自身强度、联结薄弱等导致严重破坏外,支承结构的破坏主要是与相邻建筑物共同工作所致。因此,本条规范适当放宽了支承结构的不验算范围。

16.2.5～16.2.7 通过大量实测和震害调查分析，本条规定通廊横向水平地震作用宜按整体结构计算，本条对计算假定及简图选取原则作了规定。

(1) 计算假定及简图选取

①通廊相当于支承在弹簧支座上的梁，其质量分布均匀，各支架1/4的质量作为梁的集中质量；

②以抗震缝分开部分为计算单元；

③端部条件：与建(构)筑物连接端或落地端视为铰支，与建(构)筑物脱开端视为自由；

④支架固定在基础顶面上；

⑤关于坐标原点，由于廊身大都倾斜，支架高度各不相同，一般高端支架刚度较弱，变形较大，但两端自由时，悬臂较长端变形比较短端要大，而坐标原点均取在变形较小端。因此，对不同边界作了具体规定，以便查表计算振型函数值。

(2) 横向水平地震作用和自振周期计算时振型函数的选取

通廊体系视为具有多个弹簧支座的梁时，用能量法按拉格郎日方程可建立起振动微分方程，求得自振频率计算公式。其中广义刚度为 $K=\int EIy''^2(x)dx + \Sigma K_i y^2(x_i)$，式中第一项为振型函数二阶导数的平方乘廊身刚度的积分。由于廊身结构形式多样，所用材料不同，廊身刚度计算无法给出统一公式，这样会给一般设计者造成一定困难。另外，通过电算对比，发现通廊基频与廊身刚度取值关系不大，是支架刚度起主要作用；高振型以廊身弯曲为主，故廊身刚度起主要作用。为简化计算，将振型曲线以多条折线代替，使其二阶导数为0，这样广义刚度中不再包含廊身刚度项，使计算公式大大简化。为了保证计算精度，满足抗震设计要求，经过电算与实测的分析对比，对高振型的广义刚度进行了调整，即广义刚度乘以廊身刚度影响系数，使计算结果与按曲线振型时计算的结果非常接近。

(3) 横向水平地震作用采用振型分解反应谱法

第i支承结构第j振型时的横向水平地震作用，是利用该振型时第i支承结构顶部的实际位移乘以单位位移所产生的力求得。其支架顶部的实际位移是按不同边界条件下振动时总的地震作用与弹簧支座总反力的平衡关系求得的。由于假设位移函数时没有考虑支承结构的影响，会造成一定程度的误差，但这种影响对基频是最小的，而基频对地震作用的贡献占主要地位。按本章近似方法的计算结果，在低频范围内，与实测、电算是相当接近的。地震作用的计算，按通廊结构具体情况取2～3个振型叠加即可满足抗震设计要求。

(4) 两端简支的通廊

对于两端简支的通廊，当中间有两个支承结构且跨度相近，或中间有一个支承结构且跨度相近，计算地震作用时，前者不计入第三振型(即 F_{31})，后者不计入第二振型(即 F_{21})。其原因是前者对应的振型函数 $Y_3(x_i)=0$，后者 $Y_2(x_i)=0$。周期按近似公式计算时，分母广义刚度是利用刚度调整系数考虑廊身刚度，而不是和的形式，因此，当 $Y_j(x_i)=0$ 时，$C_1^j \Sigma K_i Y_j^2(x_i)=0$，而使周期出现无穷大，这是不合理的。但对于该振型的地震作用，由于 $Y_j(x_i)=0$，$F_{ji}=0$，这是正确的。因此，条文中规定在以上情况下，对前者不考虑第三振型，对后者不考虑第二振型。

16.2.8 通廊廊身的纵向刚度相对于支架的刚度来说是很大的，且通廊廊身质量也远比支架为大，倾角一般较小。实测证实廊身纵向基本呈平移振动，故通廊可以假定按只有平动而无转动的单质点体系来计算。

16.2.11 震害调查表明，与建(构)筑物相连的通廊，多数都发生破坏。因此，凡不能脱开者，规定采用传递水平力小的连接形式。本条是通廊对建(构)筑物的影响的计算规定。

16.3 构造措施

16.3.1 通廊支承结构为钢筋混凝土框架时，在地震中除因毗邻建(构)筑物碰撞而引起框架柱断裂事故外，框架本身的震害一般不太严重。海城、唐山两次地震震害调查均未发现由于钢筋混凝土支架自身折断而使通廊倒塌事例，但局部损坏则较多。

钢筋混凝土支架的损坏部位多在横梁(腹杆)与主柱的接头附近，横梁裂缝一般呈八字型，少数为倒八字型或X型。立柱主要在柱头处劈裂，其裂缝长度9度时为0.75～1.3倍截面高，10度时为1.1～1.5倍截面高，11度时为1.2～2.0倍截面高。据此，提出了钢箍加密区的范围。由于通廊质量不大，地震作用在支承结构里的效应也不大，因此，在高烈度区构造要求比框架结构有所降低。

16.3.2 钢支承结构由于其材料强度较高，延性好，所以抗震性能好。但由于钢结构杆件截面较小，容易失稳，这已有震害实例证实。为了保证钢支承结构的抗震性能，对杆件长细比做了规定。

16.3.3 高度不大的通廊或落地端仍有采用砖砌体做为支承结构的，由于砖支承结构断面比钢和钢筋混凝土支承结构大得多，因而刚度也大，由此所分担的地震作用也大。据原煤炭工业部对21条砖墙支承的通廊震害调查结果表明，不论是重盖还是轻盖，砖支承结构在9度和10度区倒塌率高达62%。故在地震区使用砖墙来作为支承结构时必须采取加强措施。

16.3.4 通廊纵向承重结构采用钢筋混凝土大梁时，其主要震害为梁端开裂，混凝土局部脱落，连结焊缝剪断。尚未发现由于竖向地震作用引起梁的弯曲破坏，因此，只需在梁端部予以加强就可满足抗震要求。

16.3.5 支承通廊纵向大梁的支架肩梁、牛腿在地震作用下除承受两个方向的剪力外，还承受竖向地震作用。当竖向地震作用从支架柱传到支座时，由于相位差，也可能会出现拉应力。因此，这些部位在地震作用下受力是极复杂的。地震中常见的震害表现为：①牛腿与通廊大梁的接触面处牛腿混凝土被压碎、剥落及酥碎；②支座埋设件被拔出或剪断；③肩梁或牛腿产生斜向裂缝。故应加强以保证连结可靠。

16.3.6 廊身采用砖墙时，稍有侧向变形，就会发生水平裂缝，随着侧移的增加，水平裂缝向纵向延伸，致使灰缝剪坏，墙体倒塌。另外，通廊墙体砌置在纵向承重结构上，屋面板又支承在墙体上，这些交接处如无可靠连接，相互之间无约束，则几乎为机动体系，即使在很小的横向荷载作用下都可能倒塌。因此，必须保证这些部位的可靠连结。关于如何提高墙体稳定性，唐山地震实例有很好的参考价值。如唐山422水泥厂(10度)、建筑陶瓷厂(10度)、林西煤矿洗煤厂(9度)、唐山煤矿(11度)、唐家庄煤矿(9度)等企业的砖混通廊采用了构造柱或类似构造柱的型式(钢筋混凝土反梁上接门形框架，通廊支架的立柱延伸到顶)，并有卧梁同屋面板可靠连结，虽地震烈度高达9～11度，廊身砖墙破坏很少。此外，另一个典型实例是林西煤矿一皮带通廊，支架柱只延伸到廊身砖墙高度的中间部位，地震时，支架柱顶以上部位砖墙全部倒塌，而柱顶以下部位砖墙完好。可见，本条的这些措施对于提高墙体抗震性能是有效的。

16.3.7 某些情况下由于工艺要求及结构处理上的困难，通廊和建(构)筑物不可能分开自成体系，其后果如第16.1.6条说明所述。为了减少地震中由于刚度、质量的差异所产生的不利影响，宜采用传递水平力小的连结构造，如球形支座(有防滑落措施)、悬吊支座、摇摆柱等。

17 管道支架

17.1 一般规定

17.1.2 根据海城和唐山地震震害分析资料，一般钢筋混凝土结构和钢结构管道支架均基本完好。说明现有管道支架设计，在选型和选材上均具有较好的抗震性能，主要表现在管道自身变形(如补偿器弯头)、管道与支架的活动连接和支架结构型式等都能适应地震动的变形要求,消耗一定能量,从而减少管架的地震作用,使结构保持完好。

17.1.4 分析表明,在非整体工作状态下,固定支架的地震作用与其刚度大小有关,刚度比越大,地震作用增大系数越小,反之亦然(见表17.2.7)。因此,为减少固定支架的地震作用,在大直径管道时,采用四柱式固定支架为好。

17.1.5 唐山地震时,半铰接支架的柱脚处有裂缝出现。可见,处于半固定状态的半铰接支架,在强烈的震动作用下,承受了一定地震作用。因此,在构造上应采取加强措施。此外,还发现管道拐弯处的半铰接支架因地震作用导致歪斜以及半铰接支架在地震中对固定支架有不利影响等。因此,本条规定8度和9度时,不宜采用半铰接支架。

凡以管道做为支架结构的受力构件时,一般跨度都比较大,由于振动对管道有较大影响,所以,8度和9度时不宜将输送危险介质的管道作为受力构件。

17.2 抗震计算

17.2.2 根据震害资料分析结果,固定支架才有必要进行纵向和横向的抗震验算;对于活动支架,当管道采用滑动方式敷设时,因其承担的地震作用最大值小于或等于静力计算时的最大摩擦力,因此,可滑动的活动支架可以不做抗震验算。

17.2.3 关于计算单元和计算简图。

(1)管道横向刚度较小,管架之间横向共同工作可忽略不计,所以,以每个管架的左右跨中至跨中区段作为横向计算单元。

(2)管架结构沿纵向是一个长距离的连续结构,支架顶面由刚度较大的管道相互牵制。但在补偿器处纵向刚度比较小,可以不考虑管道的连续性。故采取两补偿器间区段作为纵向计算单元,这同实测结果是比较接近的。

17.2.7 管道和支架虽然相互联结,形成一个空间体系,具有一定的整体抗震性能。但从震害经验得知,管道和支架之间不仅有相互约束的整体工作状态,而且也出现相互滑移的非整体工作状态。图10是固定支架和活动支架联合工作时的受力和位移曲线。由图可知,当管道与支架间处于滑移前的整体工作状态时(即$X_m \leqslant X_d$),总地震作用可按反应谱法直接算出,并按刚度比分配于各支架上;当管道与支架间处于滑移后的非整体工作状态时(即$X_m > X_d$),仍可近似采用刚度分配法计算各管架的地震作用,但因结构由弹性状态转变为非弹性状态,因此,按反应谱法不能直接算出其地震作用。

规范中的纵向计算方法是按地震输入中频系统的弹塑性结构和输入同频率的弹性结构的最大能量基本相等的原理建立的。由图可知,当管道地震最大位移为X_m时,弹塑性状态吸收的总能量等于图中OABMO所围的面积。假如,同样的能量为对应的弹性状态所吸收,即使图中OGSO所围的面积与OABMO所围的面积

相等,我们就可得到弹性位移X_s与弹塑性位移X_m之间的关系。如取$X_m = \eta X_s$,则η即为滑移后各烈度下的地震作用增大系数。可见非整体工作状态时,固定支架的地震作用大于整体工作状态时的地震作用。

关于纵向地震作用的计算问题,尽管管道与支架间有一定的整体作用,但由分析得知,整体作用只在7度区出现,在8度区尤其9度区,出现较少。因此,沿纵向要进行地震作用验算,并且可以不考虑管道的支撑作用。

17.2.10 多管温度作用效应组合系数取0.8,主要是考虑多管时各管计算的水平推力与生产状态下的实际推力之间的差异,根据设计经验确定的。

17.2.11 抗震调整系数乘以系数0.9,主要是根据海城、唐山地震时,支架结构的抗震性能较好,震害较轻,以及理论假定与实际结构之间的差异而采取的调整。

17.3 构造措施

17.3.3 半铰接支架柱脚处出现裂缝,说明半铰接支架不是完全铰,处于半固定状态,因而在强烈震动下承担了一定地震力,为了保证半铰接支架在地震区的使用安全,建议沿纵向加强构造配筋。

18 浓缩池

18.1 一般规定

18.1.1、18.1.2 浓缩池做成落地式不仅抗震性能好,而且经济指标亦优于其它型式。但当地势起伏以及工艺有要求(例如需要多次浓缩)时,需抬高浓缩池,于是成为架空式。如无前述情况,浓缩池要优先采用落地式。

18.1.3 浓缩池的直径越做越大,已经达到了45m。底部呈扁锥形状,矢高甚小(坡度一般为8°左右),空间作用也较小,故底板只能看成为一块巨大的圆板。这种底板在平面外的刚度是很小的,在数米高水柱作用下,底板无力控制地基的沉降差异。因此,浓缩池应避开引起较大差异沉降的地段。当不能避开这些地段时,要通过处理地基或处理上部结构来解决。究竟采取哪种措施或兼而用之,需视具体情况而定,不作硬性规定。

18.1.4 我国北方或风沙较大的地区,常需将浓缩池覆盖起来,以防冻或防沙,以免影响产品质量。无论出于哪种需要,将顶盖及维护墙做成轻型结构总是必要的。关于是自成体系还是架设在池上,取决于经济合理。当池子直径较大时,挑板的厚度会很大,不如自成体系更经济。

18.1.6 架空式浓缩池的支承框架的高度一般都较低,因此,本条根据设计经验,按烈度规定了抗震等级标准,以免抗震构造措施要求过低。

18.2 抗震计算

18.2.1 浓缩池的地震作用效应与储液动态反应有关,地下或半地下浓缩池的地震作用还与动土压力有关。因此,浓缩池按本规范第5章抗震计算水准B进行水平地震作用计算是适宜的。

18.2.2 浓缩池的震害甚少,因此对于按现行习惯设计的浓缩池在6度和7度时,可以仅考虑抗震构造措施要求。对8度和8度以上时,除半地下式8度可以不验算外,其它要按规定进行抗震验算。

18.2.3 浓缩池是大而矮的结构(即径高比很大),在地震作用下,池壁的空间作用不明显,刚度较小,因此,8度和8度以上时,大部分池壁要作抗震验算。架空式浓缩池的支承结构主要包括两部分,即支承框架和池底以下的中心柱,浓缩池虽然高度不大,但自重(含贮液重)一般很大,所以,支承结构要作抗震验算。

18.2.5 在水平地震作用下,池壁自重的惯性力本来也可以展开

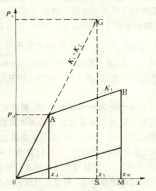

图10 支架受力和位移关系

成正弦三角级数 $\sin\frac{n\pi z}{2h}$ 的形式，但考虑到池壁顶部有走道板、钢轨及其垫板、壁顶扩大部分，所以将其视作集中质量比较符合实际，且计算简单。

18.2.6 浓缩池与一般圆形水池的差异不仅在于前者之底部呈一扁锥形状，而更重要的是直径与壁高之比很大，难以形成整个池子的剪切变形，故现有的按整体剪切变形振动模型给出的动液压力表达式不大适用。考虑到这一情况，我们按池壁出现局部弯曲型振动模型进行了研究，得到了池壁呈弯曲型振动时的动液压力表达式。当然，在这个模型中，剪切型与弯曲型这两种动液压力表达式按 r/h 连续过渡而不存在不协调之处。

本条对池壁求总动液压力以及对底端求总弯矩的办法给出的结果，是考虑到浓缩池大而矮的特点采取的。它没有必要表示出沿高度的分布规律，因为习惯上是将池壁上半部与下半部的钢筋配置成一样或者分成两段，上述做法已能满足要求。

同时，根据半地下式浓缩池动液压力的试验与计算结果均小于地面式浓缩池的实际情况（二者之比大致为 0.72～0.79），本条据此规定了池型系数 η_2，是偏安全的。

18.2.7 本条采用与动液压力相似的公式形式，以日本地震学者物部长穗的静力计算方法为基准，对 $\phi=0\sim50°$，k_h（水平方向地震影响系数）$=0.5、1.0$，取 113 个点而得到的经验公式，最大误差为 6.28%，且偏于安全方面。该公式适用于计算地面及地面下作用于池壁的动土压力，而落地式浓缩池只是其中的一种，此时公式取特殊情况。

18.2.8 架空式浓缩池一般用框架柱支承，柱截面的轴线方向与池的径向相一致。除了柱子以外，均设有中心柱（埋至地下通廊之下），故地震作用主要由上述两种支承结构共同承担。

18.3 构造措施

18.3.1 池壁厚度是根据现有设计经验确定的，同时，还考虑到施工的方便性。

18.3.2 以往设计对中心柱很少作计算，因为中心柱直径较大。但即使在大直径条件下，仍然出现过破坏实例。因此，有必要作一些构造规定，以弥补各种未知因素带来的不利影响。特别是与池底及基础交接处，属于刚度突变部位，对箍筋作出了加强的规定。

19 常压立式圆筒形储罐

19.1 一般规定

19.1.1 本章适用于 6～9 度区浮放在地面的常压立式钢制平底圆筒形拱顶罐和浮顶罐，其储罐高度与直径之比一般小于 1.6。我国现行的系列储罐也在此范围。

19.2 抗震计算

19.2.1 储罐的水平地震作用与储液的动态反应有关，因此，储罐按本规范第 5 章抗震计算水准 B 进行抗震设计是适宜的。

19.2.2 到目前为止储罐的抗震经验还很不足，不能像本规范其它构筑物那样，采用强度验算和弹塑性变形控制。因此，仅规定强度验算一种设防标准，即储罐遭设防烈度的地震影响时，可以有一定程度的损坏，但不发生危害人身安全和环境安全的次生灾害。

目前国内外的规范均按反应谱理论计算储罐的地震作用，我国《工业设备抗震鉴定标准》（以下简称"鉴定标准"）计算储罐的地震作用时，未考虑长周期地震动引起的罐内液体晃动反应，也未考虑罐壁弹性变形及罐底翘离反应的影响。

日本标准 JIS B 8501《钢制焊接油罐结构》（以下简称"JIS B 8501 标准"），是以美国标准 API 650《钢制焊接油罐结构》（以下简称"API 650 标准"）为基础，结合日本的使用条件、操作经验而制定的。其中，未考虑罐底翘离的影响，标准中考虑到谱加速度控制区的地震作用和谱位移控制区的长周期地震作用不是同时发生的，因此，提出了分别进行抗震计算的方法。

美国"API 650 标准"虽然考虑了罐底翘离的影响，并给出了相应的计算模型和计算方法，但其合理性和可靠性还有待于研究和试验验证。

编制本规范时，参考了 3000、5000、50000m³ 三个模型罐在 5m×5m 大型地震模拟振动台上所做的试验结果。对于浮放在基础上的模型罐（高径比分别为 0.87、0.65、0.32），罐底板均发生了翘离反应，罐壁不仅有环向 $n=1$ 的梁式振动反应，而且也有明显 $n>1$ 的多波变形；试验测量的动液压力，大于按刚性壁理论计算值 2 倍左右，与本规范反应谱的动力系数 $\beta_{max}=2.25$ 非常接近。所以，可以采用现行的反应谱理论计算储罐的地震作用，同时也反映了罐底翘离、罐壁变形及基础等因素的综合影响。本规范在计算储罐的地震作用时，考虑了上述影响因素，在公式中给出了相应的修正系数。

实际震害（如日本关东大地震、新泻地震、美国的 Alaska 地震等）资料表明，当储罐遭受具有长周期成分的地震影响时，不仅发生液面晃动反应，而且出现罐顶溢出事故。为了减轻震害和防止储液由罐顶溢出，本规范要求计算液体晃动波高，并规定安全的干弦高度。

19.2.3 美国"API 650 标准"和我国"鉴定标准"均不验算罐壁的环向应力。日本"JIS B 8501 标准"考虑了竖向地震作用，在设计上主要是用来验算罐壁的环向应力。

目前大多数学者认为，在地震作用下罐壁的轴向应力超过发生屈曲破坏的许用临界应力，是导致储罐震害的主要因素，因而目前美国、日本和我国均采用许用临界应力来控制储罐的抗震能力。

在水平地震作用下，罐内的动液压力沿环向呈 $\cos\theta$ 分布，即使罐壁的环向拉应力超过材料的屈服应力，也只会发生在局部区域。美国"API 650 标准"中材料的延性系数取 2.0，也表明允许局部出现塑性变形。对我国现有的储罐系列按设防烈度 7、8、9 度进行抗震验算的结果表明，罐壁的环向强度能够满足抗震要求，所以，本规范提出只对罐壁轴向应力进行抗震验算。

竖向地震作用是轴对称的，不会引起反对称的罐壁弯矩；其次，罐壁的自重相对较小，仅占液体重量的 5% 左右，在竖向地震作用影响下，罐壁轴向应力增加较小，可以忽略不计。因此本规范在计算罐壁的轴向应力时，未考虑竖向地震作用的影响。

19.2.4 按反应谱理论计算储罐的地震作用，在确定地震影响系数 α_1 时，需要先计算储罐的基本自振周期，本条所推荐的基本自振周期计算式(19.2.4)，是依据梁式振动理论推导出来的近似式经简化而得出的，主要考虑圆筒形储罐的剪切变形、弯曲变形及圆筒截面变形的影响。其中，系数 γ_c 是截面变形影响系数与弯曲变形影响系数的乘积。

基本自振周期计算式是按罐内储液为水，取液体密度为 $\rho_L=1$ 导出的，若按罐内储液为油或其它介质时，可对计算结果进行修正，即需乘以 $\left(\frac{\rho_L}{\rho}\right)^{1/2}$，其中 ρ 为实际储液的密度。采用条文中式(19.2.4)对国内外 10 多个储罐进行了计算，并和 Nash 有限元程序的计算结果进行了比较，其误差一般为 5% 左右，可满足工程设计要求。

19.2.5 美国 Housner 教授根据刚性壁、罐底部固定的条件，按速度势理论推导的圆筒形储罐液面晃动基本自振周期计算式，其计算精度较高，在 3000、5000、50000m³ 模型罐的试验中，在罐底发生翘离，罐壁发生多波壳体反应时，计算值与模型试验结果相比，误差一般小于 5%，故推荐该式进行基本自振周期计算。

19.2.6 对于储罐的地震作用，国内外的规范均按反应谱理论进行计算，具体方法有以下几种：

(1)美国"API 650标准",将罐体的惯性力、脉冲压力、对流压力的最大值相叠加。众所周知,短周期地震作用和长周期地震作用是不会同时出现的,采用最大值相叠加的方法显然是偏于保守的。

(2)日本"JIS B 8501标准"方法,认为罐液耦连振动基本自振周期在0.1~0.5s范围内,属短周期加速度型地震作用所引起,导致罐内产生脉冲压力;液面晃动基本自振周期在3~13s范围内,系由长周期位移型地震所激发,使罐内产生对流压力。但这两种地震作用不会同时发生,故提出了应分别进行抗震验算,在计算地震荷载时均考虑了罐体惯性力的影响。

(3)我国"鉴定标准"方法,通过大量计算统计得出的罐体惯性力,约占罐内动液压力的1%~5%;为简化计算,认为可以忽略罐体惯性力的影响;由于地震作用的卓越周期绝大部分在1s以内,罐内液体主要产生脉冲压力,而液面晃动所产生的对流压力极小,可以忽略不计,因此,规定仅计算脉冲压力。

近年来储罐抗震分析理论发展很快,计算方法较多,如壳体用有限元、液体用解析法的半解析半数值法、壳、液用有限元模拟的数值解析法等,这些方法均比较繁复,还无法在规范中应用。由于在理论上地震时储罐只出现$n=1$的梁式振动,因此Housner等建议了简化的数学模型,见图11。

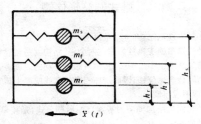

图11 储罐计算简图

图11中等价质量m_r、m_f和m_s,分别为储罐中对应于地面运动$X_0(t)$、罐壁变形$X_f(t)$和液面晃动$X_s(t)$的质量。

该模型假定储罐与地基间为刚性联接,不考虑弹性地基的影响。但是,实际储罐是浮放在基础上的,根据浮放的边界条件进行动液压力分析,在理论上目前较为困难。为此,在5m×5m大型三向六自由度的地震模拟台上,进行了大比例模型罐的振动试验。为了模拟实际储罐的安装条件,模型罐放于混凝土圈梁上,圈梁中间填满较密实的细砂。试验时,振动台分别输入Elcentro地震波和人工拟合地震波,且将长周期波的影响显著加大,目的是考虑远震条件下软土地基的影响。

本规范在试验及计算分析的基础上,推荐了式(19.2.6-1),式中各项系数的确定原则如下:

1)地震影响系数$\alpha_1(\beta_1k)$

地震影响系数α为动力放大系数β与地震系数k的乘积。储罐的地震动力放大系数只有在底部固定的时候才有理论解,而且只对应于$n=1$的梁式振动。美国加州大学Clough等对阻尼比为0.02情况采用动力系数$\beta=4.3$;而日本一些抗震设计规范取$\beta=3$。至于自由搁置的储罐,在地震作用下的动力系数,目前只有通过试验得出。试验得出的动液压力大体为刚性壁理论的动压力的2倍,已经综合反映了罐壁变形、水的阻尼、环梁、地基、翘离等因素的影响。因本规范采用刚性壁的动液压力为基础,因此,应该乘以2.0。储罐的耦连振动周期一般为0.3s左右,相应的动力系数为2.00~2.25;由于所推荐的反应谱动力系数最大值为2.25,与试验结果相接近,且考虑到与原储罐抗震标准的延续性,所以仍采用反应谱的概念。由于试验结果$\beta=2.0$已包括了水的阻尼影响在内,所以反应谱小于3.5s的中短周期部分,不再进行阻尼修正。

2)罐体影响系数η

引入η是考虑罐壁惯性力的影响,罐壁质量约为罐内储液的1%~5%,平均为2.5%。试验结果表明,罐壁顶部的反应加速度常为台面振动加速度的8~10倍,即其动力放大系数比储液的动力系数大3~4倍,罐体惯性力影响可达动液压力的10%左右,故取η为1.1。

3)动液系数ψ_w

储罐模型试验表明,地震时的动液压力在数值上约为刚性壁动液压力的2倍。在工程上刚性壁动液压力的计算一般都采用Housner近似理论的公式,美国"API 650标准"、日本的几本标准以及我国《石油化工设备抗震鉴定标准》中大于5000m³的储油罐都采用了这种办法。

19.2.7 总水平地震作用点的高度。主要考虑了以下几点:美国"API 650标准"采用Housner刚性壁理论分别计算脉冲和晃动液体等价质量及其作用高度,储罐脉冲压力重心高度对于现有国内的储罐,大体接近于$0.375h_w$;日本"JIS B 8501标准"将重心提高到$0.42h_w$至$0.46h_w$之间;我国的"鉴定标准"规定,动液压力沿罐壁高度均匀分布,故合力作用点于$h_w/2$处;按壳液耦合振动理论,根据有限元法计算的脉冲压力沿高度近似于高次抛物线,重心位置距罐底$0.44h_w$处;按梁理论用解析法得出的各种罐的动液压力合力作用点约在$0.44h_w$至$0.5h_w$之间,与模型试验结果相近。为了简化计算,本规范采用$0.45h_w$作为总水平地震作用标准值作用点的高度,并考虑地震效应折减,得出罐底的弯矩计算式(19.2.7)。

19.2.8 当储罐遭遇长周期地震作用,且与储液晃动基本周期相近时,将会激发很大的液面晃动。在1983年5月26日的日本Nihonkaichuhu7.9级地震中,离震中270公里的新泻,地面加速度仅0.1g,有一个储油罐的储液晃动基本自振周期约为10s,测得的晃动波高为4.5m;美国1983年Coalinga地震中,震中附近不少储油罐的浮顶受到损坏,为了防止储液外溢和减轻罐顶震害,需要计算晃动波高以确定安全的干弦高度。

Housner根据理想流体条件导出了晃动波高h的计算公式,经Clough修正后为$h_{max}=\alpha_1 R$,后来美国DIT 7024在应用时改为:

$$h_{max}=0.343\alpha_1 T^2\tanh(4.77\frac{h_w}{d_1}) \quad (8)$$

上式中α_1为地震影响系数,d_1为罐直径,T为储液晃动基本自振周期,h_w为储液深度。

日本高压气体抗震设计标准采用三波法计算晃动高度,相应的计算式为:

由浅井修导出的 $h_{max}=0.837R\frac{A}{g}S(n)$ (9)

由柴田碧导出的 $h_{max}=[1-0.837S(n)]\frac{A}{g}$ (10)

式中,A为地面加速度;$S(n)$为n个波连作用下的动力放大系数,当阻尼比小于等于0.005时,三波共振的动力系数$S(3)=3\pi$。

采用势流理论且考虑流体粘性影响后,可导出液面晃动波高h为:

$$h_{max}=0.837R\alpha_1 \quad (11)$$

式中R为储罐半径;当采用反应谱理论计算波高时,α_1由加速度反应谱求出,当采用三波共振法时α_1为$S(n)$。

由于本规范中反应谱对应的阻尼比为5%,而晃动阻尼比为0.5%,谱值α_1应该进行修正。如果按现有加速度记录分析阻尼修正系数,由于长周期地震分量严重失真,修正值为1。但是考虑到震源较远情况下可能存在长周期的位移型地震,故本规范仍采用日本规范中的阻尼修正系数,对阻尼比0.5%时的修正系数为1.79;根据墨西哥地震记录分析的结果,随不同土质而异的阻尼修正值在1.7~2.3之间。我们的取值1.79也位于其间,所以按照本规范的反应谱计算波高h时,应采用条文中的修正公式(19.2.8-1)。

考虑到液面晃动仅在软场地长周期地震作用下才比较激烈,

根据震害和试验分析以及参考国内外有关规范的常用做法，本条作了下列规定：①采用8度和晃动周期为0.85s作为贮液晃动波高的控制值；②由于晃动周期大于3.5s以后波高随周期增长的衰减快于本规范第5.1.5条标准反应谱曲线，因此，式(19.2.8-3)分母中的指数采用1.8。

根据各国规范的计算对比，美国取值偏小，日本取值较大。按日本规范计算，对于T_1为10s的大罐，晃动波高近2m，约为本规范计算值的1.5~1.6倍，但是日本储油罐在构造上也有预留安全高度为1.5m的规定。由于晃动波高超过1.5m的情况多发生在远距离强震的特殊情况，不宜在所有罐中采取。试验结果表明，浮顶能减少晃动波高，考虑到现有系列罐的计算波高一般不超过1.2m，构造上尚能处理，也由于长周期计算还不很成熟，所以将这一因素作为一种安全因素，计算时暂不考虑。

19.2.9、19.2.10 浮放在基础上的储罐在地震作用下发生翘离时，罐壁受压端的应力增大，可能导致储罐失稳破坏。现有的翘离理论还不很成熟，采用了不少假设，计算的翘离深度只有试验结果的1/3~1/4；各种理论的接触区大小差别很大，因此算得的翘离应力也差别很大。在编制本规范过程中，对Alaska、宫城冲、Imperial Valley及Coalinga等地震中70多个储油罐的震害进行了统计和验算。采用本规范给出的地震弯矩公式及各种近似理论进行验算，结果表明当许用临界应力$[\sigma_{cr}]=0.12Et/d_1$时，有两种计算模型的计算结果与实际震害基本相符合。由此算得的翘离应力与按固端罐计算的弯曲应力之比C_L（称为翘离影响系数）在1~1.5之间。许用临界应力$[\sigma_{cr}]$在压力容器计算规定中取$[\sigma_{cr}]=0.12Et/d_1$，与震害反算结果相一致。考虑到抗震设计时，许用应力允许提高25%，故本规范取$[\sigma_{cr}]=0.15Et/d_1$。为了和国内现有的鉴定标准相协调，本规范取$C_L=1.4$。这样取值后，计算结果与储罐震害基本相符合。

20 球形储罐

20.0.1 球罐一般是储存易燃或有毒介质的高压容器，一旦遭到地震破坏，不仅造成直接经济损失，而且危及人身安全，其次生灾害会产生严重后果。

20.0.2 关于采用抗震计算水准B进行地震作用计算的理由，参见本规范第19.2.1条说明。

本章给出了用于球罐抗震设计的等效质量、构架的水平刚度及地震作用的计算方法。有关承受内压力及对支柱、拉杆等各部位的静力计算可参照有关规定执行。

20.0.5 储液在地震中一般可分为自由液体和固定液体两个部分。地震时，主要是固定液体这部分参与结构的整体振动，因此，在本节中引入了等效质量这一概念。即储液参与振动的等效质量等于球罐储液的总质量乘以储液的等效质量系数，设计中确定储液充满度一般为0.9，所以本规范取等效质量系数$\eta=0.7$。

20.0.6 国内绝大多数球罐都采用赤道正切柱式支柱，刚性球壳和n个支柱及拉杆组成一空间结构体系（图12）。现有的国内规范或标准中所给出的球罐水平刚度简化计算公式，均是简化为平面结构，而且假定拉杆内力的水平分量恒等于1，没有考虑结构的空间作用，与按有限元法的空间计算结果相比，误差一般大于30%。

本条所给出的球罐刚度计算式，推导时首先按平面结构取单根支柱及拉杆进行分析，即在水平力作用下，支柱如同梁一样工作，底部视为固定支座，上端亦视为固结，拉杆两端为铰接。

采用式(20.0.6-1)对现有系列的球罐刚度进行了计算，与有限元法的空间解析结果相比误差一般小于10%，最大误差24.2%。目前按现有的球罐规范计算结果与有限元精确解析值相比，误差多在20%以上，最大误差31.4%。从而可以看出本规范给出的刚度计算式精度较高，能够满足工程需要。

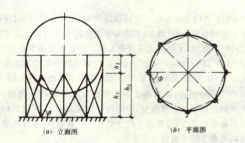

图12 球罐简图

按本规范的方法分别计算了两个主轴方向的刚度和地震作用（8度中硬场地），其刚度计算结果最大误差小于4%，地震作用计算结果最大误差小于2%，故本规范中只规定了一个主轴方向的地震作用及其刚度的计算方法。

20.0.7 大量计算结果表明，竖向地震作用对球罐的影响与水平地震作用相比要小得多。如取水平向地震作用的1/2作为竖向地震作用，则竖向地震作用一般只有球罐重力荷载的5%左右。因此，对球罐的抗震设计可不考虑竖向地震作用。

21 卧式圆筒形储罐

21.0.2 参见本规范第20.0.1条说明。

21.0.3 卧式储罐的支座数如超过两个，其结构就是超静定的，其中一个基础如果产生不均匀沉降，则对罐是不利的。震害表明，浮放的卧式储罐会产生位移，因而拉坏相联的管线或产生其它震害，因此，卧式罐不应浮放。

21.0.5 卧式储罐结构轴向的基本自振周期公式，是按单质点体系并考虑以弯曲变形为主而推导出来的。

21.0.6 卧式储罐结构横向的基本自振周期公式，是按单质点体系并考虑弯曲和剪切变形共同影响而推导出来的。

22 高炉系统结构

22.1 一般规定

22.1.1 确定本章的适用范围时，主要考虑以下三方面因素：

(1)随着工艺的不断改进，高炉系统构筑物的结构型式有可能出现较大的变化。

(2)至今为止，我国还没有一个正式的高炉系统构筑物常规设计规程，某个具体设计有可能出现结构安全储备较一般做法明显降低的情况。

(3)本章规定的高炉系统构筑物不需抗震验算的范围较宽，其依据主要是我国高炉系统构筑物的现状，即现有的结构型式和设计习惯等。

基于以上三点，有必要强调本章条文主要适应于我国高炉系统构筑物的现状。当结构型式有较大改变，或由于某种原因可能导致结构的安全储备较一般做法降低时，有的条文，特别是不需抗震验算的范围就不能适用，对由此产生的特殊问题需进行专门研究。例如，日本、意大利、英国、南非等国采用过的炉体在炉喉及炉腹处设膨胀器的结构型式，美国、智利等曾设想过将炉体全部悬挂在框架上的结构型式，以及有可能采用卧式除尘系统等，都与我国目前的结构型式有较大区别，如要采用，需对其抗震性能进行专门研究。

100m³及以下的小型高炉多用于地方性小企业，在选型、选材和构造上具有更多的灵活性；从发展趋势看，这种小高炉是淘汰对象，国家有关部门已明令禁止新建100m³及以下的炼铁高炉，因此，本规范不予包括。如果在技改中遇到这类高炉的抗震问题，可以参照本章有关条文，因地制宜，灵活掌握，并可适当降低标准。

关于高炉大小的划分，目前并没有一个严格的标准，而随着高炉的大型化，大小高炉的概念也将随之改变。这里是根据以往的一般习惯，按有效容积的不同将高炉划分为大、中、小三种类型。

22.1.2 本章所指的高炉系统构筑物，主要包括高炉、热风炉、除尘器、洗涤塔和斜桥五部分。至于炼铁车间中的其它建(构)筑物，例如出铁场、铸铁机室、贮矿槽、计器室、卷扬机房、通廊、管道支架等，可按其它规范的有关要求执行。此外，热风炉只考虑我国目前常用的内燃式和外燃式两种型式，国内个别采用的顶燃式热风炉不包括在内；斜桥只考虑我国目前大量采用的料车上料的桁架式斜桥，未考虑料罐上料的斜桥和板梁式斜桥等。料罐上料目前在我国已很少采用，将来也不会再用。板梁式斜桥虽然具有施工快、整体性好等优点，但要求地基较好，允许设多支点时才具有较好的经济效果，在我国也很少用。如采用运输机廊上料，通廊的抗震设计按本规范第16章的规定执行。

22.2 高 炉

22.2.1 高炉结构的支承型式，主要由生产工艺和维护检修的需要决定。通过震害调查和抗震验算证实，目前国内外所采用的各种支承型式的高炉结构都具有良好的抗震性能。所以，一般不必因为抗震设防而对高炉的支承结构型式提出特殊要求。即使在高烈度区，也只是在现有的各种结构型式中推荐采用更有利抗震的某几种型式而已。

22.2.1.1 近年来，随着高炉的大型化和生产工艺的改进，设置炉缸支柱的支承结构型式已逐步为设置炉体框架所取代。炉体框架不仅便于生产和检修，而且有利于抗震，其优点已为国内外所公认。但是，设炉体框架耗钢较多，制作安装量较大。根据我国的国情，从有利于抗震的角度出发，只提出大型高炉宜设置。

对于中小型高炉，目前仍多数采用炉缸支柱的支承型式，炉缸支柱的抗震作用，不仅已经受强烈地震考验的智利式高炉和唐钢100m³小高炉的震害实际所证实，而且经过计算比较，也说明设了炉缸支柱抗震性能要好一些。

22.2.1.2 从已有资料看，国外(主要是日本)设有炉体框架的高炉，框架均在炉顶处与炉体水平连接。通过计算比较也发现，只有连起来才能更好地发挥组合体的良好抗震作用。

这里强调了水平连接，即只能传递水平力，不能阻止炉体与炉体框架之间的竖向变形差异(主要是温度变形差异)。

22.2.1.3 导出管设置膨胀器的结构型式能大为改善导出管根部和炉顶封板等薄弱部位的工作状况，无论对常规设计还是抗震设计都有其突出的优越性。但也应看到，设置膨胀器，包括支座系统的合理设计和膨胀器的选材、构造处理等，不仅技术上比较复杂，而且耗钢也较多。针对我国的国情，目前尚难普遍推广，因此只从高烈度地震区抗震的需要，提出大型高炉宜设置。如果条件允许，能在更大范围内采用设置膨胀器的结构型式，当然更好。

22.2.2 震害实际和对我国已有高炉进行的抗震验算结果都表明，目前国内外所采用的各种型式高炉结构，无论已作抗震设防或未作设防，总的来看，都具有良好的抗震性能，但也存在一些抗震薄弱部位。本条提出的不验算范围，包括了国内大部分高炉结构，依据如下：

(1) 震害情况。到目前为止，全世界范围内经受强烈地震考验的高炉为数很少，就我们所搜集到的智利、日本及我国的震害资料可以看出，高炉的震害主要是炉顶结构、设备、斜桥头部相互碰撞；高炉停产主要是由于停水、停电、管理操作瘫痪以及铁水凝结在炉内所致。唐钢的高炉，大地震前未经抗震设防，却基本上经受住了相当于10度的强震作用。经各方面多次检查，均未见大的破坏。在同一地区，高炉系统构筑物的震害明显地比单层厂房、多层厂房和其它构筑物(烟囱、水塔、通廊、矿槽)要轻。

(2) 抗震验算结果。我们曾对不同容积、不同结构型式的5种高炉，按空间构架进行了比较详细的抗震验算。验算结果表明，5种未经抗震设防的高炉，抵御8度时的地震作用是完全可以的。如果针对震害和验算所暴露的薄弱环节，从选型和构造处理上采取一些措施，高炉结构在9度区不作抗震验算也是可能的。但是，考虑到震害实例太少，特别是缺乏经受强烈地震考验的大型高炉的经验；而理论计算也有一定局限性，计算方法及计算假定与实际都有所出入；还考虑到多年难做一个高炉设计，如果处在高烈度区，不作验算设计者也难以放心。因此，本条提出在8度中软、软场地和9度时，高炉结构要进行抗震验算。

22.2.3 应着重验算的部位，是根据震害和我们抗震验算中所发现的薄弱环节而提出的。

22.2.4 计算对比结果表明，复杂空间体系的高炉结构受竖向地震作用的影响很小，考虑与不考虑竖向地震作用，对各杆件应力和节点水平位移，相差基本上都不到5%，特别是节点水平位移，几乎不受竖向地震作用的影响。所以，高炉结构的抗震强度验算完全可以不考虑竖向地震作用。这方面，日本的经验与我们是完全一致的。

水平地震作用的方向可以是任意的，并且每个方向都可以达到最大影响。但是，针对高炉结构的特点，抗震强度验算时，可只考虑沿平行或垂直炉顶吊车梁及下降管这三个主要方向的水平地震作用。一般情况下，下降管方向与炉顶吊车方向是一致的，只有在场地条件有限时，下降管才斜向布置。所以，实际上主要是两个方向。高炉结构(特别是炉顶平台以上部分)在这两个方向的结构布置和荷载情况明显不同，其地震反应差别也很大。根据我国的经验，高炉结构的抗震验算，这两个方向是起控制作用的。当下降管斜向布置时，还要考虑沿下降管的方向，以便更好地反映高炉除尘组合体的实际状况。

22.2.5 要求高炉结构按正常生产和大修两种工况分别进行验算，主要考虑以下两点：

(1) 由于高炉的特殊工作条件，与其它建(构)筑物不一样，高炉一般每隔7～10年要大修一次，而且大修的施工工期较长，不能不考虑在这期间发生地震的可能。

(2) 高炉大修与正常生产时相比，结构及荷载情况有明显不同，主要是：

① 为吊装大件需要，炉顶框架往往要拆除部分构件(包括支撑、梁、平台等)；

② 炉顶安装吊车工作频繁，参考日本的经验，建议考虑50%的吊车最大悬吊重力荷载；

③ 平台活荷载比正常生产时大，积灰荷载可以不考虑；

④ 不考虑炉体内气压、物料及内衬侧压以及荒煤气管温度作用及设备动荷载。

22.2.6 本条是关于确定高炉结构计算简图的几个原则。

22.2.6.1 高炉结构是由炉体、荒煤气管及框架等部分组成的复杂空间体系，在某一方向水平地震作用下，表现出明显的空间地震反应特征。考虑到高炉结构要求作抗震验算的范围不大，且近年来电子计算机广泛应用，空间杆系分析程序相当普遍、成熟，所以建议高炉结构宜按空间杆系模型进行抗震验算。

22.2.6.2 根据国家地震局工程力学研究所等单位的模拟试验，当地面摇振时，高炉炉体只出现梁式振型，基本上不出现炉壳的局部振动，所以将炉体简化成一根杆进行整体抗震验算，精度是足够的。此外，炉体主要靠自重稳住，只要抗倾覆稳定性满足要求，就可以认为炉底与基础是刚接的。

粗大的炉体虽然简化成一根杆，但不能改变各构件与炉体连接点的位置，所以，可假设通过刚臂来连接，即认为各连接点至炉体中心之间为一不变形的刚性域，这基本上是符合实际的。

关于炉体模型化的上述规定，与国外的有关资料基本一致。

22.2.6.3 炉体的刚度主要取决于钢壳。炉料(包括散状、熔融状及液态)的影响可以不计，这是显而易见的。至于内衬砌体，由于以下原因，也可以不考虑其对炉体刚度的影响：

(1)内衬砌体经常受到侵蚀,厚度逐步减小,且各部位侵蚀情况不同;

(2)内衬砌体抗拉性能极差;

(3)砌体与钢壳之间不但没有连接,而且有填充隔热层隔开,无法共同工作。

炉体上,特别是炉缸、炉腹部位开孔很多。但一般来说局部开孔对整体刚度影响不大,而要精确计算开孔后的炉壳刚度也相当困难,并且大的洞口处都有法兰和内套加强。所以,建议炉壳刚度的计算可以不计孔洞的影响。

22.2.6.4 导出管设置膨胀器时,上升管主要支承于炉顶平台上,其支座构造不仅能承受轴力、剪力,也能承受弯矩,应当按弹性固定考虑。弹性支座的刚度,主要取决于支座结构本身和有关炉顶平台梁,设计时要力求将这些部位做刚些一些。

22.2.6.5 铰接单片支架或滚动支座,在平行斜桥方向基本上是可动的,斜桥(或皮带通廊)与高炉不可能协同工作。在垂直斜桥方向,由于斜桥(或皮带通廊)的侧向刚度相对于高炉来说很小,它对高炉的约束作用很有限,一般也可不计其间的连接作用。

过去,国内外有的小型高炉,斜桥上部与高炉的连接比较强劲,为一不动铰支座。对这种高炉进行抗震验算时,在平行斜桥方向,斜桥的作用是不容忽视的。它相当于一根撑杆顶住高炉,其间的连接是很容易破坏的抗震薄弱环节,不适宜在强震区采用。

22.2.6.6 高炉周围管道很多,但绝大部分是小管。其中,热风主管和热风围管虽然比较粗大,但较之于炉体仍是微不足道的,并且是吊挂在高炉上的,所以可以不计其对高炉自振特性的影响。

22.2.6.7 我国目前所采用的高炉框架结构大都比较复杂,不仅支撑杆件很多,特别是各层平台的梁系数量很大。为了简化计算,有必要去掉一些次要杆件,但不能因此对框架刚度和受力状态有明显影响。此外,还应当注意,不能为了简化计算而将一些主要刚接节点简化为铰接点,也不能将连续的主梁或支柱以铰接点分段断开。

22.2.6.8 这是进行大修时高炉结构抗震验算需要考虑的特殊问题,而且这种情况对炉顶框架往往能起控制作用。

22.2.7 高炉重力荷载代表值在质点上的集中,大部分情况下都可按区域进行分配,但对以下两个部位,需进行特殊考虑。

(1)高炉炉体沿高度分布的各部分重量,不仅比较复杂,重量也较大,而且一般与所设质点的位置不是一一对应的关系,特别是比炉顶质点高不少的炉顶装料设备重量。如果简单地将这些重量按区域分配到质点上去,将会使动力效果出现较大出入。

(2)上升管顶部质点以上的放散管、阀门、操作平台、检修吊车等重量,也不能简单地加在该质点上。

以上两个部位重量,要进行折算后再集中。公式(22.2.7)是根据动能等效原理提出来的。显然,这个方法是近似的,但是比不折算要更符合实际。

22.2.8 计算水平地震作用时,确定高炉的重力荷载代表值,需要考虑以下几个特殊问题:

(1)热风围管一般是通过吊杆吊挂于炉体框架的横梁上或炉缸支柱的头部。根据热风围管与高炉间有无水平连接的不同情况,作如下假定:

①当围管与高炉无水平连接时,吊杆不可能将围管重量的惯性力全部传到高炉上去,但地震时围管的晃动必将传给支承结构以一定的水平分力,因此,也不能完全不计围管对高炉的动力影响。由于目前缺乏试验依据,国外也无可资借鉴的资料,这里建议在计算水平地震作用时取50%的围管重量集中到吊点上。

②当热风围管与高炉有水平连接时,由围管重量产生的地震作用必将直接传至各水平连接点,因此,规定将围管的全部重量集中到高炉上的水平连接点上,并根据连接关系和高炉上被连接部位的刚度,将全部重量适当分配至高炉上的有关部位。这时,可以完全略去吊杆传递动力的作用。

(2)确定通过铰接单片支架或滚动支座支承于高炉上的斜桥(或运输机通廊)传给高炉的重量时,要区别平行和垂直斜桥方向的两种情况:

①平行斜桥方向,从理论上讲,铰接单片支架或滚动支座不能传递水平力,但实际上理想的纯铰接是没有的,铰接单片支架在其平面外也有一定的刚度。滚动支座靠摩擦也能传递一定水平力。这里提出计算水平地震作用时,取斜桥(或运输机通廊)在高炉上支座反力的30%集中于支承点处,是偏安全的。

②垂直斜桥方向,假定铰接单片支架或滚动支座能完全传递水平力,所以计算水平地震作用时,取支座反力的全部集中于支承点处。

(3)通过钢绳作用于高炉上的拉力(包括提升料车、控制平衡锤、控制放散阀等钢绳拉力),与软钩吊车的悬吊重量情况相类似,在计算水平地震作用时,不予考虑。

(4)料钟是通过吊杆吊挂于炉顶框架顶或斜桥头部的,但除了下料时以外,料钟大部分时间是关闭的,一旦关闭就与料斗紧抵,可以就地直接传递动力,所以计算水平地震作用时,料钟自重及其上的料重不能集中到吊点上去,而应当全部集中到炉顶及相应的料斗处。

(5)炉底有一层较厚的实心内衬砌体,其重量很大,但它主要直接座于基础上,因此在计算对炉体的水平地震作用时,可只取部分重量,这里建议50%,也是偏于安全的。

22.2.9 高炉结构按空间杆系模型分析时需考虑的振型数是难以定得很恰当的。根据我们的分析经验,不同振型主要反映不同部位的振动,前几个振型主要反映高炉较柔部分(上升管、炉顶框架等)的振动,以炉体振动为主的振型,基本上都在10振型以上,而且高阶振型的影响并非一定低于低阶振型。因此,这里建议一般取不少于20个振型。对于无框架高炉,可少取一点;对于有框架高炉,可多取一点。由于目前经验不多,在条件允许的情况下,能多考虑一些振型为好。

22.2.10 对高炉结构抗震强度验算时的效应基本组合,需要说明以下几个问题:

(1)炉顶吊车,正常生产时一般是不用的,休风时作一些小的检修,起重量也不大。因此,进行正常生产时的抗震强度验算,不考虑吊车的悬吊重量,只计其自重。大修时,炉顶吊车频繁使用,但起重量达到满负荷的情况也不多。因此,建议大修时在考虑吊车自重效应的同时,再考虑50%的最大起重荷载效应参加组合。日本川崎钢铁公司在这方面考虑的原则与我们是一致的。

(2)与计算地震作用时的原则不一样,在考虑与地震作用效应组合的其它荷载效应时,作用于高炉上的各种荷载,包括热风围管重量、斜桥(或运输机通廊)支座反力、料钟荷载以及钢绳拉力等均应如实考虑,即取实际作用位置、实际荷载大小及实际传力情况,不考虑不能完全传递动力的折减。对于炉体、炉顶设备重量及煤气放散系统的重量,也应如实考虑,不考虑动能等效的折算。

22.2.11 为提高高炉框架的抗震能力,本条针对其薄弱环节,提出要采取的加强措施。

(1)合理设置支撑系统,对提高框架的刚度,改善梁、柱受力条件,都有明显作用。这里强调的只是炉顶框架和炉身范围内的炉体框架;对于炉体框架的下部,由于操作要求,一般不允许设支撑,只能采用门型刚架。

无支撑的空间刚架结构,也能设计得比较刚强,并且使用更为方便。但是,这种结构一般来说耗钢较多,而且刚接节点要求较高的施工水平,特别是焊接技术。针对我国目前的国情,还不宜大力推荐。

(2)高炉炉体框架基本上是一个方形的空间结构,在常规设计的荷载作用下,框架柱和刚接横梁的内力一般都不会是单向的。在地震区,由于实际地震运动方向的随意性,框架梁柱的各向都将可能有较大的地震作用效应。因此,这些杆件要选用各向都具有较好的刚度、承载能力和塑性变形能力的截面型式。

对于炉顶框架，平行和垂直炉顶吊车梁方向的结构及荷载情况往往明显不同，框架柱也可以采用工字型或其它不对称的截面型式。

(3)柱脚固接的炉体框架刚度好、变形小，而且还能改善结构的受力状况，适宜地震区采用。

框架的铰接柱脚连接，往往是抗震的薄弱环节，抗震能力较差。增加抗剪能力的具体做法很多，例如，采用高强螺栓，或将柱脚底板与支承面钢板焊接或支承面上加焊抗剪钢板等。当柱脚支承于混凝土基础上时，基础顶面的预埋钢板可在板底焊接抗剪钢板。

22.2.12 震害实际和抗震验算都表明，当导出管不设置膨胀器时，导出管根部是整个高炉结构最为突出的抗震薄弱环节，支承导出管的炉顶封板也是薄弱环节。

要加强导出管根部，首先要解决该处的内衬问题，需要增加其可靠性和耐久性。由于高温、高压、强烈的冲刷磨损，以及料钟碰撞引起的振动等因素，目前我国常用的耐火砖内衬很容易损坏、脱落，难以起到对管壳的保护作用。在这种情况下，仅加强管壳作用是不大的。根据国内外的使用经验，铸钢板内衬及有很好锚固的喷涂料内衬，都比较可靠、耐久，其设置范围至少应占导出管全长的1/4~1/3，能沿导出管全长设置更好。

导出管钢壳的最小厚度是根据对一些高炉的抗震验算经验提出来的。

炉顶封板的加强，也应首先着眼于内衬，可用过耐火砖内衬、镶砖铸铁保护板及喷涂料内衬等，比较而言，后两种要可靠、耐久一些。

有关内衬的要求本来不必在本规范中提出，因为内衬属于工艺专业的范围，但考虑到它直接关系到结构的地震安全，而且在别的规范、标准中都没有提及，所以在此加以强调。

对于8度中软、软场地和9度时，导出管和炉顶封板除满足上述内衬及板厚要求外，还宜进一步采取加强措施，主要是增加加颈肋，或局部加大板厚等。高烈度区，上升管的事故支座有可能受到地震冲击，其设计应比常规做法适当加强，包括支座本身及支承支座的有关平台梁的刚度和强度，都提出适当加强。

22.2.13 导出管设置膨胀器时，上升管及部分下降管主要支承在炉顶平台上。这时，应使整个支承系统有足够的刚度，以加强对上升管的嵌固，减小地震变形。对支座与炉顶平台之间的连接，也要加强，以保证可靠的抗剪能力。

此时，上升管支座处的管壳厚度也应与导出管同样要求。

22.2.14 本条是为保证炉体框架与炉体的共同工作，充分发挥组合体的良好抗震性能，而对炉体与炉体框架之间在炉顶处的水平连接提出的要求：

(1)使其间的水平力通过水平杆件或炉顶平台的刚性盘能比较直接、匀称地传到框架柱上去，而不使平台梁(特别是主梁)产生过大的平面外弯曲或扭转，也不使有关杆件产生过大的局部应力。

(2)保证水平连接构件及其与炉体和炉体框架之间的连接具有足够的抗震强度，因为在地震作用下，炉体与框架间的水平力是比较大的。

(3)使水平连接的构造能够适应炉体与炉体框架之间的竖向变形差异。正常生产时，一般炉体的温度变形明显地比框架大，如连接构造处理不当，将拉坏连接或者增加框架及炉体的内力。

设有炉身支柱(无炉体框架)的高炉，在常规设计时，炉身支柱与炉顶就有水平连接，以承担风载及其它水平力。在地震区，应当适当加强这一连接，并符合上述要求。

22.2.15 高炉烘炉投产后，由于炉体的热膨胀，炉缸支柱与托圈之间一般都会脱开。为充分发挥炉缸支柱的抗震作用，投产后尽早用钢板将空隙塞紧，并拧紧连接螺栓。这一要求，在原苏联的常规设计中有规定，这里有利于抗震的角度再加以强调。

22.2.16 执行这一条时，要注意以下两点：

(1)所提水平空隙值要求没有考虑施工误差。根据现行国标《钢结构工程施工及验收规范》中的规定，炉顶框架结构中心的允许偏差可达90mm；上升管顶截面轴线对竖向中心线的允许偏差为高度的0.3%。据此，大型高炉在炉顶框架的顶部处，由于施工误差就需要预留150~200mm的空隙。具体设计时，根据各工程的施工水平和工艺要求，适当考虑可能出现的施工误差，将水平空隙留大一点。

(2)本条所规定的水平空隙值是针对炉顶框架顶部处各结构、设备水平位移量较大的部位。对其以下部位，随着高度的降低，可以适当减小。

22.2.17 电梯间可以是自立式的，也可以依附于高炉保持其稳定。无论哪种型式，都要适当加强通道平台与电梯间和高炉的连接，以避免地震时连接拉坏，甚至滑脱。

对于依附于高炉保持稳定的电梯间，除通道平台外，还有与高炉的专门连接措施，对此，也要予以加强。

加强连接的内容包括加强连接杆件和连接螺栓或连接焊缝，对于通道平台还可以考虑适当加大搁置长度。

22.3 热 风 炉

22.3.1 外燃式热风炉燃烧室的支承结构，有钢筋混凝土支架、钢支架和钢支承筒等多种型式，在我国都有采用。但钢筋混凝土支架一般只用在中、小型高炉，大型高炉热风炉的燃烧室多采用钢支架或钢筒支承。根据我们的验算经验，燃烧室的支架是整个热风炉的抗震薄弱环节。因此，这里推荐高烈度区采用钢筒到底的燃烧室支承型式。

22.3.2 震害情况和抗震验算结果都表明，热风炉的抗震性能是比较好的，特别是内燃式热风炉和燃烧室为钢筒支承的外燃式热风炉。

(1)震害情况。1975年海城地震时，7度区的鞍钢10多座热风炉以及8度区的老边钢厂小高炉的热风炉，基本没有震害；1976年唐山大地震时，10度区的唐钢4座100m³高炉的热风炉，只是炉顶走道平台拉断后又撞击翘起，其它均无明显破坏；1960年智利8.5级大地震中，8度区的瓦奇帕托1号高炉的热风炉，震后只发现炉底地脚螺栓被拉长了35~60mm，其余未见明显破坏；在多地震的日本，就目前所搜集到的震害资料看，没有提及有关热风炉的震害情况。

(2)抗震验算结果。首钢设计院和重庆钢铁设计研究院曾对6种大、中、小型高炉的内燃式热风炉近似按匀质悬臂梁体系进行了抗震验算。验算结果表明，这6种未经抗震设防的内燃式热风炉，除9度软场地外，其余情况下抗震强度都满足要求。

但考虑到震害资料及验算经验都有一定局限性，本条规定8度中软、软场地和9度时应进行抗震强度验算。

上述震害及验算结果都主要是内燃式热风炉的情况。对于外燃式热风炉，其抗震性能与燃烧室的支承结构型式有很大关系。当采用钢筒支承时，蓄热室和燃烧室基本上与内燃式热风炉的情况相类似，都具有较好的抗震性能；当采用支架支承时，支架是主要的抗震薄弱环节。目前对这种热风炉尚缺乏震害经验，这里根据几个验算结果，提出在7度硬、中硬场地时可不进行结构的抗震强度验算。

22.3.3 内燃式热风炉的质量和刚度沿高度分布比较均匀，是一个较典型的悬臂梁体系。公式(22.3.3)就是由匀质悬臂弯曲梁的基本频率公式转换来的。

(1)动力分析时，合理确定炉体的刚度是十分重要的。热风炉炉体一般主要由钢壳、内衬及蓄热格子砖组成，内衬与钢壳之间的空隙用松软隔热材料填充，其中格子砖及直筒部分的内衬都是直接支承于炉底的自承重砌体。与高炉炉体不一样，这里主要考虑了下列因素，炉体刚度取用了钢壳刚度与内衬刚度之和。

① 地震时炉体变形比较大，这时钢壳与内衬将明显地共同工

作；

②正常生产时内衬能保持基本完整，地震时内衬一般也没有大的破坏，能承担一部分地震作用；

③取钢壳与内衬刚度之和，按公式(22.3.3)计算的基本周期与实测值比较接近。

(2)对于刚性连通管的外燃式热风炉，虽然结构情况比内燃式热风炉复杂得多，但通过一系列的计算比较，结果都表明整个热风炉是以蓄热室的振动为主导的，燃烧室基本上是依附于蓄热室的，并且蓄热室远比燃烧室粗大，顶部连通管短而粗，刚度很大，能够迫使两室整体振动。因此，这里建议可近似地取其蓄热室的全部重力荷载代表值来计算其整体的基本周期。

(3)耐火砖内衬砌体的弹性模量是参考现行国家标准《砌体结构设计规范》给定的方法，按200号耐火砖推算的。

22.3.4、22.3.5 炉底剪力修正系数是按悬臂梁体系考虑前7个振型的影响与只考虑基本振型时的计算结果对比后得到的。经过修正，可使简化计算方法更接近于实际情况。

22.3.6 由于炉壳刚度比内衬刚度大得多，按刚度比分配地震作用效应时，大部分都由炉壳承担了。以宝钢二号高炉为例，其蓄热室的内衬刚度还不及炉壳刚度的1/6，即约85%的地震作用效应分给了炉壳，这样考虑与日本目前采用的方法在最终结果上比较接近。

22.3.8、22.3.9 柔性连通管外燃式热风炉的重要特点是连通管上设置了膨胀器，此处接近于铰接，使两室呈现明显不同的振动特性，特别是垂直于连通管的方向。

当燃烧室为钢筒支承时，可近似将两室分开来考虑，分别参照内燃式热风炉的方法简化计算。这个方法，对于垂直连通管方向基本符合实际情况；对于平行连通管方向，两室相互影响较大，略去这一影响后，燃烧室的计算结果偏于安全。

当燃烧室为支架支承时，建议按空间构架进行分析，其原因主要是：

(1)支架是整个热风炉的抗震薄弱部位，对其应有较详细、准确的抗震分析；

(2)支架刚度一般比炉体刚度小得多，燃烧室必然较大地依附于蓄热室，只有整体分析才能较好地反映其共同工作情况；

(3)目前还没有一个较恰当的简化计算方法，在日本，柔性连通管外燃式热风炉都是按空间杆系模型进行分析的。

比之于高炉，热风炉结构要简单一些，根据计算分析结果，按空间杆系模型分析时，取10个以上振型就可以了。

22.3.10 曾对21座生产中的大、中、小型高炉的热风炉作过调查，其中70%炉底连接破坏，炉底严重变形，边缘翘起10～30cm，呈锅底状。这种情况将严重影响炉体的稳定性，不仅对抗震十分不利，就是在正常使用时也应及时处理。条文中提出的办法是目前国内外已经采用并行之有效的。只要炉底基本不变形，炉底连接螺栓或锚板一般也不会损坏，但在地震区，炉底连接对加强炉体稳定性，比常规做法适当加强一些是合理的。

22.3.11 与热风炉相连的管道一般都比较粗大，其连接处往往是抗震薄弱环节，因此宜适当加强。本条规定在9度时，热风支管上要设置膨胀器，使其成为柔性连接。这不仅对抗震有利，对适应温度变形和不均匀沉降都有好处。

22.3.12 刚性连通管外燃式热风炉对不均匀沉降是比较敏感的。为避免由于地震引起的不均匀沉降造成炉壳或连通管等主要部位破坏，至少应保证每座热风炉的两室座于同一基础上。当然，能使一座高炉对应的几座热风炉都置于同一基础上则更好。

22.3.13、22.3.14 支撑燃烧室的支架是十分重要的受力结构，除满足强度要求外，还要按本条要求采取构造措施。

22.3.16 本条规定的水平空隙，仅仅针对地震作用下的水平位移，不包括必须预留的施工误差在内。

22.4 除尘器、洗涤塔

22.4.1 在高烈度区，规定除尘器采用钢支架支承，是基于以下原因：

(1)震害实际和抗震验算结果都表明，除尘器的支架是整个除尘器的薄弱部位。特别是在高烈度地震区，支架不仅受到正常生产时的较大垂直荷载和下降管温度变形的作用，还可能受到强大地震作用的冲击，工作条件更为不利。

(2)除尘器通过下降管与高炉共同工作，在这个组合体中其它部位都是钢结构，所以，除尘器支架这一既重要又薄弱的部位也应该采用具有较好塑性变形能力的钢结构。

22.4.2 有关除尘器的震害资料不多。1975年海城地震时，7度区的鞍钢，10多座大、中型高炉的除尘器均未发现破坏；1976年唐山大地震时，10度区的唐钢4座小高炉的除尘器，其钢筋混凝土支架有明显震害，如梁柱节点开裂和柱头压酥等。

对2580、2025、1200、1050、255m³等5种高炉的除尘器抗震验算结果表明，无论钢支架或钢筋混凝土支架，对于8度问题都不大。条文中仅提出7度硬、中硬场地可不进行结构的抗震强度验算，是留有余地的。

洗涤塔虽然比除尘器高，但其重量较小，基本上是个空筒，因此，抗震性能比较好。包括经受10度影响的唐钢在内，洗涤塔基本上没有震害，抗震验算结果也表明，即使是钢筋混凝土支架，未经抗震设防，也至少能抗御8度地震影响。因此，这里提出仅在8度中软、软场地和9度时，才进行支架的抗震强度验算。

除尘器和洗涤塔筒体，是刚度和强度都相当好的钢壳结构，不用进行抗震验算。

22.4.3～22.4.5 除尘器和洗涤塔是一个比较典型的，主要只有支架侧移一个自由度的单质点体系。国家地震局工程力学研究所曾作过分析比较，如同时考虑筒体的转动和弯曲变形的影响，自振周期和地震作用效应的差别均不到10%。

鉴于除尘器与高炉的连接关系，故建议优先采用与高炉一起的空间杆系模型分析。需单独对除尘器结构作抗震验算时，也可取单质点体系简图，但这时难以考虑下降管的温度变形影响以及与高炉结构的共同工作。

由于洗涤塔较高而重力荷载较小，常规设计时风荷载的影响占的比重较大。因此建议抗震验算时考虑风荷载参加组合。

22.4.6 对除尘器和洗涤塔的构造要求，都是针对7度中软、软场地和8度、9度时结构中可能出现的薄弱环节提出来的。

加设水平环梁主要为了减小筒体在支座处的应力集中和局部变形。常规设计时，有的大型高炉的除尘器和洗涤塔也采取了这一措施。

22.5 斜 桥

22.5.1 空间钢桁架的斜桥结构具有相当好的抗震性能。震害调查资料表明，包括10度区的唐钢在内的世界历次强地震中，高炉的上料斜桥均未见因斜桥结构本身的抗震能力不足而造成的破坏。只是有的因与炉顶结构、设备碰撞而发生局部损伤；有的因与高炉的连接不当而使连接处受到破坏；有的料车脱轨、翻车等。这些震害可以通过一些适当的构造措施来予以减轻或避免。

对国内部分斜桥结构的抗震验算结果也表明，斜桥的安全储备比较大，其主要原因如下：

(1)常规设计时考虑的卡轨、超载等特殊情况不与地震作用组合，而卡轨时钢绳拉力和轮压都比正常生产时大3倍以上；

(2)地震时斜桥结构构件的地震作用效应较小，特别是一些主要杆件。

所以，斜桥完全可以不进行结构的抗震强度验算，但采取一些有利于抗震的构造措施仍是十分必要的。

1)斜桥桥身侧向刚度较差，不仅震害中有碰撞现象，而且验算也发现斜桥头部及上弦平面侧向地震位移较大。在桥身上下支点处设置较强劲的门型刚架,是在满足使用的前提下增强桥身刚度的有效措施。

2)斜桥在高炉上的支承型式,推荐采用铰接单片支架或滚动支座,这也是常规设计时经常采用的。其优点是,在平行斜桥方向尽可能地减小了高炉与斜桥间的相互影响,使其受力明确、简单,既能减轻震害,又简化了设计。当采用滚动支座时,其构造应能适应地震的要求,有足够的可滚动范围,否则将变成一定程度上的不动铰支座,也可能导致支座或结构的破坏。条文中的最小滚动范围是根据对一些高炉和斜桥抗震验算的经验提出的。所谓"单向"是指沿平行斜桥方向朝一侧滚动,滚轴的两侧均应满足这个可滚动范围。

3)压轮轨的加强,目的主要在于防止料车脱轨或翻车。

23 尾 矿 坝

23.1 一 般 规 定

23.1.2 有关尾矿坝的抗震等级是根据尾矿库的设计等别规定的,设计等别引自现行国家标准《选矿厂尾矿设施设计规范》。

23.1.3 考虑到二级及以上的尾矿坝库容大、坝体高,丧失稳定将造成严重后果,需要采用更完善的动力法对其地震稳定性进行深入的分析。设计地震动参数是抗震分析的前提。对于二级及其以上的尾矿坝,为与其抗震分析方法相适应,在确定设计地震动参数时做深入的研究是必要的。目前,地震危险性分析技术的发展提供了这种可能。国内许多重大工程的设计地震动参数也都是由地震危险性分析确定的。

23.1.6 规定上游式筑坝工艺的适用范围一般不超过设防烈度8度;当设防烈度等于或高于8度时,应该采用中线式筑坝或下游式筑坝。鉴于智利、日本的一些尾矿坝在低烈度,例如6度作用下就发生了流滑,国外对于采用上游式尾矿坝的可靠性提出了怀疑。我国大多数尾矿坝采用上游式筑坝工艺,并且震害经验较少,唐山地震时大石河尾矿坝和新水村尾矿坝在7度和7度强的地震烈度下虽保持了稳定,但发生了明显的液化。考虑到国内修建的尾矿坝在结构上与国外有所不同,一般滩长较长,对抗震有利。所以,对上游式尾矿坝持完全否定态度是不适宜的。但是,鉴于国外上游式尾矿坝在低烈度下发生流滑的经验,以及国内大石河、新水村尾矿坝的震害,对上游式筑坝的应用范围作必要的限制是适宜的。国内的尾矿坝虽然滩长较长,有利于缓解液化造成的危害,但是用上游式修建的尾矿坝在8度时能否保持其稳定性尚难断定。所以,本条规定8度区采用上游式筑坝工艺时,需要对安全性进行深入的论证,不轻易地采用;9度区不能采用上游式筑坝工艺。

23.2 抗 震 计 算

23.2.1 尾矿坝属于一种特殊的土工(或水工)构筑物,它的地震反应特征与填料和坝基土的动力特性密切相关,而填料和坝基土的动力特性随土的应变量级变化而呈现的非线性性质,在地震动作用下,尾矿坝处于非弹性工作状态。因此,尾矿坝的抗震计算要按本规范第5章抗震计算水准B进行。

本条规定了尾矿坝抗震计算的内容由液化分析和稳定性分析两部分组成。地震时尾矿坝可能发生流滑表明,其破坏机制是由于坝体中尾矿坝料和坝基中砂土液化引起的。液化分析在于确定尾矿坝是否具备发生流滑的条件。在坝体和坝基中如果都不存在液化区,则一般不会发生流滑;但在坝体和坝基中存在液化区,也并不一定发生流滑。稳定性分析则是确定坝体和坝基中液化的高孔隙水压力区对其稳定性的影响,即发生流滑的可能性。

23.2.2 规定二级以下的尾矿坝的液化分析可以用一维简化动力法,二级及以上的尾矿坝的液化分析应该采用二维时程法。液化分析简化动力法是本规范推荐的方法,对于中小型尾矿坝,设计工程师们可以按此法完成液化分析。重要的大型尾矿坝,应该采用更完善的方法进行液化分析,在此,规定用二维时程法进行。一般说,这种分析方法由设计工程师们来完成是困难的,需委托专门单位进行。

23.2.4 规定了两组作用效应组合。第一组考虑自重、正常蓄水位渗透力、地震惯性力与地震引起的孔隙水压力;第二组考虑自重、设计洪水位渗透力、地震惯性力与地震引起的孔隙水压力。显然,第二组更不利些。但在稳定性分析中,对两组荷载分别采用了不同的安全系数,第一组荷载要求的安全系数大,究竟哪种组合起控制则需经计算确定。

23.2.5 最小安全系数是现行国家标准《选矿厂尾矿设施设计规范》的规定。

23.2.6、23.2.7 规定尾矿坝在使用期内要分阶段进行抗震分析。尾矿坝与挡水土坝的不同之处是运用期与修筑期相一致,运用期尾矿坝的断面一直在变化。从地震反应分析看,最终断面并不一定是最危险的。另外,在使用期内实际形成的断面也可能与原设计断面有所不同。考虑到这方面的原因,特作本条规定。

23.2.8 本条采用的液化判别标准与美国 Seed 教授建议的简化法中所用的液化判别标准在形式上是相同的。不等式左边的分子$(0.65\tau_m)$表示地震引起的土单元水平面上的等效均匀平均剪应力,而 $0.65\tau_m/\sigma_z$ 表示该土单元水平面上的地震剪应力比。此处 τ_m 与 σ_z 均用本规范建议的简化方法求得。研究表明,简化法计算的结果与二维有限元计算的结果(水平面上最大地震剪应力 τ_m 或静有效正应力 σ_z)是十分接近的。不等式右边的 $[\alpha_d]$ 为土单元水平面上地震液化应力比,其中考虑了初始剪应力的影响。由于坝体和坝基的液化特性有较大的差异,故建议用不同的公式确定坝体和坝基的液化应力比值。

23.2.9 给出了计算土单元水平面上静有效正应力 σ_z 的公式。许多土坝的静力有限元分析结果表明,式(23.2.9)具有较好的精度,可作为一个简化计算公式。

23.2.10 给出了土单元水平面上的静剪应力比 α_s 的公式。该式是根据弹性楔解得到的,其中楔的两侧面边界条件选取如下:

左侧面边界:$\tau_{xy}/\sigma_y=-\xi\cot\alpha_1, \tau_{xy}/\sigma_x=-\cot\alpha_1$ (12)

右侧面边界:$\tau_{xy}/\sigma_y=\xi\cot\alpha_2, \tau_{xy}/\sigma_x=\cot\alpha_2$ (13)

式中,$\tau_{xy}、\sigma_x、\sigma_y$ 分别为侧面边界点的水平剪应力和正应力;ξ 为 σ_x/σ_y 之值。

23.2.11、23.2.13 给出了使尾矿坝料发生液化所要求的应力比 $[\alpha_d]$。该式是根据最大往返剪作用面方法建立的,以考虑应力状态对液化的影响。

条文中式(23.2.11-4)给出了尾矿坝料三轴试验的液化应力比的确定方法。式中填筑期修正系数 λ_p 的值是根据国外试验研究结果确定的。密度修正系数 λ_d,仅对尾矿砂按密度成正比例修正,尾矿泥不修正。固结比修正系数 λ_{Kc} 的值由式(23.2.11-7)确定。式(23.2.11-7)主要是根据各种天然土试验研究得到的经验关系。实际上,λ_{Kc} 等于固结比为 K_c 时液化应力比 $(\sigma_{ad}/2\sigma_z)_{Kc}$ 与固结比为1时液化应力比 $\sigma_{ad}/2\sigma_z$ 之比值。如果以下式表示 λ_{Kc} 随 K_c 的变化:

$$\lambda_{Kc} = 1 + a(K_c - 1) \quad (14)$$

根据试验资料反求出 a 值,则 a 值随土的平均粒径 d_{50} 的变化如图13所示。图13所示资料虽有相当大的离散,但 a 值随平均粒径 d_{50} 的变化趋势十分明显,并可得到:

$$a = 1.75 + 0.8\lg d_{50} \quad (15)$$

将以上两式合写起来,即得本条式(23.2.11-7)。

式(23.2.11-4)中,R_{Nc} 为固结比等于1、相对密度等于50%时三轴试验的液化应力比 $\sigma_{ad}/2\sigma_z$。根据国内外尾矿坝料试验结果发现,作用次数 N_c 等于10和30次时的液化应力比 R_{10} 和 R_{30} 与平

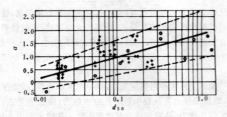

图 13 a 与 d_{50} 的关系

均粒径 d_{50} 的关系分别如图 14 和图 15 所示。由这两图得到 R_{10}、R_{30} 与 d_{50} 的经验关系即为式(23.2.11-11)和(23.2.11-12)。此外，试验研究还发现，当作用次数为 N_e 时液化应力比可由式(23.2.11-8)计算，其中的参数 η、δ 可由 R_{10}、R_{30} 按式(23.2.11-9)和(23.2.11-10)确定。这样，当已知尾矿坝料的平均粒径 d_{50}，就可由式(23.2.11-10)、(23.2.11-9)和(23.2.11-8)算出它的 R_{Ne} 值。

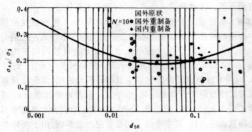

图 14 $\sigma_{ad}/2\sigma_3$ 与 d_{50} 的关系($N=10$)

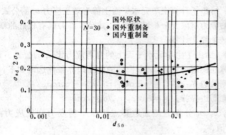

图 15 $\sigma_{ad}/2\sigma_3$ 与 d_{50} 的关系($N=30$)

23.2.12 式(23.2.12-1)给出地基中砂的液化应力比$[\alpha_d]$的确定方法；式中λ_s是根据最大往返剪切作用面法建立的；α_d为α_s等于零时的液化应力比。

23.2.14 规定了土单元水平面上 最大地震剪应力 τ_m 的计算方法。按该条规定，坝内任意土单元水平面上的最大地震剪应力 τ_m 可由通过该单元的土柱地震反应分析求得。计算经验表明，由一维土柱地震反应分析求得的结果与二维土体地震**反应分析的结果比较，相差不大于 30%**。对于土体的应力分析，这样的精度是**可以接**

受的。为了使工程师们能够完成一维土柱的地震反应分析，将土柱简化成均质剪切杆，采用振型叠加法进行计算。土的非均质性和非线性是应予考虑的因素。在分析中，用等效线性化模量做为均质剪杆的模量。这种处理方法曾为用一维剪切楔方法简化分析土坝地震反应所采用。而尾矿坝料比较单一，且是水力冲填的，比坝料更近于均质。众所周知，土的动模量随静平均正应力增大而增大，随动剪应变增大而减小。分析表明，静平均正应力随深度而增加，动剪应变随深度而减小。这样，深度对动剪切模量的影响有两种相反的倾向；从而使动模量沿深度分布趋于均匀。基于上述理由，可认为采用上述方法处理尾矿坝料的非均质性较为适宜。

1982 年日本矿山安全局颁布的碎石、矿渣堆积场建设标准及其说明中，规定用 Seed 建议的简化法计算土单元水平面上地震剪应力的最大值 τ_m。这个方法曾被广泛用来计算水平地面下土单元水平面上的地震应力最大值，其适用范围在地面下 15m 以内。按该法计算需要土柱顶端的水平加速度或相应的地震系数。当把这个方法用于尾矿坝时，则需要确定坝坡面上各点的水平加速度或相应的地震系数。在日本的建设标准中，地震系数按区划给定。如果我国也采用 Seed 简化法计算地震剪应力，也需要按区划给出地震系数。在本规范中，按烈度给定了地面的设计基本地震加速度值。但是，计算需要的是坡面上的地震加速度系数，它不同于地面运动的加速度值。实际上，坝坡面上的地震加速度系数是对地面运动加速度的反应；正是反应分析所要求的量。在我国尚不能有根据地直接给定土柱顶端的加速度系数。因此，采用 Seed 简化法是不适宜的。另外，Seed 简化法的适用范围在表面 15m 以内，对于尾矿坝的液化分析这个深度是不够的。

按本规范计算土单元水平面上的地震剪应力时，需要地震加速度反应谱，这里采用的是第 5 章规定的标准加速度反应谱。其阻尼比为 5%，土的实际阻尼比要高于 5%，因此由标准反应谱确定出来的地震影响系数还要用式(5.1.5-2)进行修正。

23.2.17 式(23.2.17)给出土条 j 的等价地震系数 K_{eqk} 的计算方法。在力学概念上，应采用这样确定的地震系数，即按刚体假定算得的土条底面上的地震水平应力最大值与地震反应分析所得的地震水平应力最大值相等。式中的 0.46 是将地震水平剪应力最大值转换成静剪应力的折减系数。首先，将随机变化的地震应力转换成等幅正弦变化的地震应力，其幅值等于 0.65 乘以最大幅值；再将等幅值转换成静剪应力，取其数值等于正弦变化的有效值。

23.3 构造和工程措施

23.3.1 对尾矿坝非冲填部分的填筑密度、尾矿坝的滩长或蓄水池的水位、浸润线的位置提出了要求。后两项规定的目的在于使坝体具有较大的非饱和区，以增加其地震稳定性。具体要求主要是依据我国唐山地震时两座尾矿坝的数据确定的。

23.3.2 提出了一些具体工程措施方案供工程师们采用。工程师应根据所设计的尾矿坝的具体条件选用适宜的方案，然后再对选用的方案做具体设计。

中华人民共和国国家标准

核电厂抗震设计规范

GB 50267—97

条 文 说 明

编 制 说 明

本规范系根据国家计委计综［1985］2630号文的通知，由国家地震局负责主编，具体由国家地震局工程力学研究所会同有关设计、科研单位和高等院校，在国家核安全局的指导下编制而成。

本规范在我国尚属首次编制。考虑到我国核电厂抗震经验不多，规范编制组首先开展了调查研究，总结、对比、分析了核电厂地震选址和抗震设计的国际标准和国外先进标准的规定，在此基础上开展了若干专题研究。规范编制组充分考虑我国地震的特点、一般工程的抗震设计经验以及经济技术条件和工程实际经验，并注意到核电厂安全度要求高等特点，提出了初稿，广泛征求了有关单位、部门的意见，经过反复讨论、评议，多次修改，最后由国家地震局会同国家核安全局等有关部门审查定稿，经建设部建标［1997］198号文批准，自1998年2月1日起施行。

本规范包括设计地震震动的确定，地基、结构、设备、管道等的抗震设计，地震检测和报警等三部分，涉及多种学科和专业。设计地震震动的确定方法，体现了本规范与一般工程抗震规范的主要区别，也反映了国际上核电厂抗震技术的发展趋势。在本规范中规定了核电厂抗震设计应共同遵守的基本原则。在工程结构抗震设计方面，按现行国家标准《工程结构可靠度设计统一标准》（GB 50153—92）执行，尽可能采用以概率为基础的极限状态设计方法。由于我国核电厂的建设经验尚不多，且缺少实际震害资料，故在条文规定上留有一定的灵活性，以适应实际工作的需要和抗震技术的发展。

为便于广大设计、科研、施工教学等有关单位人员在使用本国家标准时能正确理解和执行条文规定，根据编制标准、规范条文说明的统一要求，按本规范中章、节、条的顺序，编写了条文说明，供各有关单位人员参考。在使用中如发现条文中有欠妥之处，请将意见直接函寄哈尔滨学府路29号（邮编：150080）国家地震局工程力学研究所科研处。

一九九七年七月

目 次

1 总则 …………………………………… 6—6—4
2 术语和符号 …………………………… 6—6—4
3 抗震设计的基本要求 ………………… 6—6—4
　3.1 计算模型 ………………………… 6—6—4
　3.2 抗震计算 ………………………… 6—6—5
　3.3 地震作用 ………………………… 6—6—5
　3.4 作用效应组合和截面抗震验算 …… 6—6—5
　3.5 抗震构造措施 …………………… 6—6—5
4 设计地震震动 ………………………… 6—6—5
　4.1 一般规定 ………………………… 6—6—5
　4.2 极限安全地震震动的加速度峰值 … 6—6—6
　4.3 设计反应谱 ……………………… 6—6—6
5 地基和斜坡 …………………………… 6—6—6
　5.1 一般规定 ………………………… 6—6—6
　5.2 地基的抗滑验算 ………………… 6—6—6
　5.3 地基液化判别 …………………… 6—6—7
　5.4 斜坡抗震稳定性验算 …………… 6—6—7
6 安全壳、建筑物和构筑物 …………… 6—6—8
　6.1 一般规定 ………………………… 6—6—8
　6.2 作用和作用效应组合 …………… 6—6—8
　6.4 基础抗震验算 …………………… 6—6—8
7 地下结构和地下管道 ………………… 6—6—8
　7.1 一般规定 ………………………… 6—6—8
　7.2 地下结构抗震计算 ……………… 6—6—8
　7.3 地下管道抗震计算 ……………… 6—6—9
　7.4 抗震验算和构造措施 …………… 6—6—9
8 设备和部件 …………………………… 6—6—9
　8.1 一般规定 ………………………… 6—6—9
　8.2 地震作用 ………………………… 6—6—10
　8.3 作用效应组合和设计限值 ……… 6—6—10
　8.4 地震作用效应计算 ……………… 6—6—11
9 工艺管道 ……………………………… 6—6—11
　9.1 一般规定 ………………………… 6—6—11
　9.2 作用效应组合和设计限值 ……… 6—6—12
　9.3 地震作用效应计算 ……………… 6—6—12
10 地震检测与报警 …………………… 6—6—12
附录 G 验证试验 ……………………… 6—6—13

1 总则

1.0.1 本条说明编制本规范的目的。

1.0.2 本条规定本规范的适用范围。我国在建或拟建的核电厂均为压水型反应堆。考虑到本规范的适用期限以及目前我国尚无建设其它堆型核电厂经验的情况，将本规范的适用范围主要限于压水堆，但其基本原则也适用于其它堆型。

核电厂宜避免建于强烈地震区，当厂址极限安全地震震动地面加速度峰值大于 0.5g 时应作专门研究。因为 0.5g 加速度值已相当于《中国地震烈度表(1980)》中 9 度的加速度平均值。这样的高烈度地震区，似不宜建核电厂。另外，常规抗震规范也无法参考。本条还规定两个抗震设防水准的预期设防目标。

1.0.3 各类物项的划分应在初步设计中说明，并随同初步设计批准。

1.0.4 Ⅲ类物项的抗震设防应以当地的抗震设防烈度或当地的常规设计地震震动参数为依据；建筑物和构筑物的抗震分类，可根据其重要性参照有关常规抗震规范的丙类或乙类(重要的)采用。

1.0.5 本规范与安全导则《核电厂厂址选择中的地震问题》(HAF0101)和《核电厂的地震分析及试验》(HAF0102)应是相容的。

2 术语和符号

2.1.9 试验反应谱是用来做设备抗震试验的。

3 抗震设计的基本要求

本章列入了与抗震设计有关的各章应共同遵守的规定，仅对某类物项有关的具体规定参见相应的章节。

3.1 计算模型

计算模型选取的合理性对计算的结果影响很大。因此，对于重要的或较复杂的物项原则上应取一种以上的计算模型进行比较；同时还应通过工程经验判断，对计算模型进行修正。条文第 3.1.1 条注中所述的主导频率是指对地震反应起控制作用的头几个振型的频率。

地基与结构相互作用计算中集中参数模型和有限元模型是应用最为广泛的两种模型。大量的实践表明，使用这两种模型都可获得比较好的结果，但前提是：对于集中参数模型，弹簧和阻尼参数要取得当；对于有限元模型，模型尺寸、边界处理和单元划分等要遵循一定的原则。

对于集中参数模型，等效弹簧和阻尼器的阻抗函数可按以下方法确定：

$$K_x = K_x' + K_x''$$
$$K_\varphi = K_\varphi' + K_\varphi''$$
$$K_z = K_z' + K_z''$$
$$C_x = C_x'$$
$$C_\varphi = C_\varphi'$$
$$C_z = C_z'$$

式中 K_x、K_φ、K_z —— 地基土相应于水平移动、摆动和竖向移动的等效弹簧刚度；

C_x、C_φ、C_z —— 地基土相应于水平移动、摆动和竖向移动的等效阻尼系数；

K_x'、K_φ'、K_z' —— 基础置于均质地基土表面时的等效弹簧刚度，公式见表 3-1 和 3-2；

C_x'、C_φ'、C_z' —— 基础置于均质地基土表面时的等效阻尼系数，公式见表 3-1 和 3-2；

K_x''、K_φ''、K_z'' —— 考虑基础埋置效应的等效弹簧刚度。

表 3-1

圆形底板		
运动方式	等效弹簧刚度	等效阻尼系数
水平移动	$K_x' = \dfrac{32(1-\nu)Gr}{7-8\nu}$	$C_x' = 0.576 K_x' r \sqrt{\rho/G}$
摆动	$K_\varphi' = \dfrac{8Gr^3}{3(1-\nu)}$	$C_\varphi' = \dfrac{0.30}{1+\beta} K_\varphi' r \sqrt{\rho/G}$
竖向移动	$K_z' = \dfrac{4Gr}{1-\nu}$	$C_z' = 0.85 K_z' r \sqrt{\rho/G}$
扭转	$K_t' = \dfrac{16Gr^3}{3}$	$C_t' = \dfrac{\sqrt{K_t' J_P}}{1+2J_P/\rho r^5}$

表中 ν —— 地基土的泊桑比；

G —— 地基土的剪切模量；

r —— 圆形底面的半径；

ρ —— 地基土的密度；

K_t' —— 基础置于均质地基土表面时相应于扭转的等效弹簧刚度；

C_t' —— 基础置于均质地基土表面时相应于扭转的等效阻尼系数；

J_P —— 结构和基础底板的极转动惯量；

$$\beta = \dfrac{3(1-\nu)J_0}{8\rho r^5}$$

其中 J_0 —— 结构和基础底板绕底板摆动轴的总转动惯量。

表 3-2

矩形底板		
运动方式	等效弹簧刚度	等效阻尼系数
水平移动	$K_x' = 2(1+\nu)G\beta_x \sqrt{bL}$	同圆形底板的相应公式，其等效半径见表 3-3
摆动	$K_\varphi' = \dfrac{G}{1-\nu}\beta_\varphi b^2 L$	
竖向移动	$K_z' = \dfrac{G}{1-\nu}\beta_z \sqrt{bL}$	
扭转	同圆形底板的公式，但 $r = \sqrt[4]{bL(b^2+L^2)/6\pi}$	

表中 ν 和 G 同圆形底板；

b —— 水平激振平面内的基础底面宽度；

L —— 垂直于水平激振平面的基础底面长度；

β_x、β_φ、β_z 为常数，其值见下图。

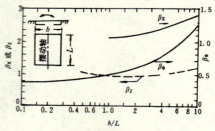

图 3-1 矩形底板的常数 β_x、β_φ、β_z

K_x''、K_φ''、K_z'' 按下式计算：

$$K_x'' = 2.17 \sum_{i=1}^{n} h_i G_i$$

$$K_\varphi'' = 2.17 \sum_{i=1}^{n} h_i G_i (d_i^2 + h_i^2/12) + 2.52 r^2 \sum_{i=1}^{n} h_i G_i \quad (3-2)$$

$$K_z'' = 2.57 \sum_{i=1}^{n} h_i G_i$$

表 3-3 矩形底板的等效半径

等效半径 r 取下列参数 r_x、r_φ、r_z 中最大的：

$$r_x = \frac{(1+\nu)(7-8\nu)\beta_x}{16(1-\nu)}\sqrt{bL}$$

$$r_\varphi = \sqrt[3]{3\beta_\varphi b^2 L/8}$$

$$r_z = \beta_z \sqrt{bL}/4$$

式中参数 β_x、β_φ、β_z 见图 3-1

式中 n —— 基础底面以上地基土的分层数；
G_i —— 各层剪变模量；
h_i —— 各层分层厚度；
d —— 各层中心至基础底面的距离
r —— 基础底面半径，对于矩形基础按表 3-3 计算。

地基土的等效弹簧刚度和等效阻尼比，也可采用近似法确定，如表 3-4 所示。

表 3-4

等效弹簧刚度	等效阻尼比		
$K'_x = K'_{0x}$	V_s(m/s)	500	1500
	ζ_x(%)	30	10
$K'_\varphi = K'_{0\varphi}$	ζ_φ(%)	10	5

表中：K'_x、K'_φ 和 ζ_x、ζ_φ 分别为水平移动、摆动的等效弹簧刚度和等效阻尼比，K'_{0x}、$K'_{0\varphi}$ 为静力弹簧刚度；V_s 为剪切波速度，对于其它 V_s 值可采用线性插值法。对于有限元模型，模型的边界条件可采用下列方式处理：
模型底部：粘性边界；
模型两侧：粘性边界、透射边界或其它能量传输边界。
模型的宽度(B)和从结构基底算起的高度(H)可按表 3-5 采用。

表 3-5

V_s(m/s)	B/b	H/b
500	2.0	0.5
1500	6.0	1.5

表中 b 为结构基底宽度；对于其它 V_s 值可按线性插值。
模型中的单元高度(h)按下式选定：

$$h = \zeta \cdot \frac{V_s}{f_{max}}$$

式中 V_s —— 地基土的剪切波速；
f_{max} —— 地震动的最高频率；
ζ —— 系数，介于 1/3～1/12 之间。

表 3-6 是取 $\zeta = 1/5～1/8$，$f_{max} = 25Hz$ 按上式计算得到的。

表 3-6

V_s(m/s)	h(m)
500	2.5～4.0
1500	7.5～12.0

表中对其它 V_s 值可按线性插值。
如有依据，也可用其它方法和计算模型。

3.2 抗震计算

目前世界各国在核电厂的实际设计工作中，一般不作非线性计算，本规范作了类似的规定。对于土体结构(包括地基)，则要求通过土工试验，确定剪切模量和阻尼比与剪应变的函数关系，供作等效线性计算时使用。

本节提出了地震反应计算的三种方法，并作了一般规定。等效静力法的适用条件及其具体应用方法在具体物项的有关章节中有详细规定。

当两个相邻振型的频率差等于或小于较低频率的 10% 时，一般认为是频率间隔紧密的振型，这时，平方和的平方根的振型组合有较大的误差。

3.3 地震作用

楼层反应谱的峰值拓宽采用了美国核管会 NRC R.G. 1.122 中建议的方法。下图为经平滑化和峰值拓宽的设计楼层反应谱示意图：

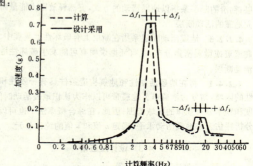

图 3-2 反应谱峰值的拓宽和平滑化

规范中的表 3.3.3 所列的值基本上取自美国核管会 NRC R.G. 1.61。一般认为 R.G.1.61 中所列的阻尼比值是偏于保守的，因此，本规范对在运行安全地震动作用下的预应力混凝土结构和钢筋混凝土结构的阻尼比分别比 R.G.1.61 中的值提高 1%；在极限安全地震动作用下的设备的阻尼比值也比 R.G.1.61 中的值提高 1%。当有足够根据时，在地震反应计算中尚可采用比表 3.3.3 所列为高的阻尼比值。

3.4 作用效应组合和截面抗震验算

在现行国家标准《建筑结构设计统一标准 GBJ 68-84》和国际标准《结构设计基础——结构上的地震作用》ISO-DIS 3010.2 中，地震作用可以是可变作用，也可以是偶然作用；而上述国际标准将中等程度地震相当于可变作用，强烈地震相当于偶然作用。本规范根据运行安全地震动 SL1 和极限安全地震动 SL2 的地震震动强度和概率水平，在工程结构作用效应组合和作用分项系数的取值上，基本上将运行安全地震动 SL1 和极限安全地震动 SL2 分别按可变作用和偶然作用的原则处理。

3.5 抗震构造措施

鉴于核电厂抗震措施缺乏实践经验，故采用现行国家标准《建筑抗震设计规范》等有关标准的规定，并考虑到核电厂的重要性，将相应的要求适当提高。

4 设计地震震动

4.1 一般规定

4.1.3 计算基岩面系指其下土层的剪切波速大于 700m/s，即其下不得有已知的剪切波速不大于 700m/s 的土层。

4.1.5 地震资料的收集、调查和分析涉及厂址选择和地质稳定性评价的共同要求，在国内尚无相应规范的情况下，可参考有关核安全导则(HAF101, 102 和 108)，并遵照《核电厂厂址选择安全规定》(HAF 100) 的规定。

4.2 极限安全地震震动的加速度峰值

4.2.1 确定 0.15g 为加速度峰值下限包含了对本底地震的考虑。

4.2.2.2 由于我国东部地区一些大地震引起的地震断层不甚明显，地面显露的活动断层的例证也不多，目前还难以给出适用于我国东部地区的断层长度-震级关系式，为此，需采用类比的方法评估活动断层未来可能发生地震的最大震级。

断层活动形式包括正断层、逆断层和走滑断层等；断层活动的动力特征系指断层的滑动方式是蠕滑或粘滑。

蠕滑的断层系指以无震滑动或微震蠕动方式运动的活动断层；粘滑的断层系指以地层错动的方式，突然释放巨大能量而发生大地震的活动断层。

4.2.2.3 地震活动断层系指在断层上有破坏性地震震中、古地震遗迹或微震密集分布，或有证据说明有可能发生破坏性地震的活动断层。

4.2.4.1 将在地震活动性和地震构造条件具有一致性和相关性的区域，划分为地震带。地震带可以作为认识地震活动时间、强度和频率分布规律的区域范围，因此，在综合概率法中也可以用来分析评估未来地震活动水平，确定 b 值和 v 值的统计单元。

4.3 设计反应谱

4.3.1 场地地震相关反应谱的谱值可以低于标准反应谱。

4.3.2 本条规定的标准反应谱是根据我国现有的中等地震（$M \geq 5$，多为余震）的加速度记录和美国的中、强地震加速度记录并参考了国际通用的标准反应谱而确定的。基岩场地标准反应谱所用的数据包括水平向记录 112 条，竖向记录 56 条，基岩场地指基岩露头（或出露）的场地。硬土场地标准反应谱所用数据包括水平向记录 273 条，竖向记录 130 条。硬土场地系指现行国家标准《建筑抗震设计规范（GBJ11-89）》中的 Ⅱ 类场地或 Ⅲ 类场地中的较坚硬的场地。

对应于表中未给出数值的周期和阻尼比，反应谱值应按图表中所示数值内插求得。

为了反映我国的地区特点并从安全考虑，本条给出的标准反应谱在短周期段采用了上述记录的统计结果；其不同阻尼比的谱曲线宜取 0.02s 处交汇并等于 1.0g。但为了减小计算工作量并与国际上的刚性结构定义（周期不大于 0.03s）相一致，本条取交汇点的周期为 0.03s。考虑到我国数据中缺少大地震记录，对硬土场地，当周期不小于 0.4s 时，其水平向标准反应谱采用了 R.G.1.60 的标准反应谱值。

4.3.3 本条规定适用于华北地区的地震震动衰减规律是根据国内现已采用的换算方法，从美国西部的地震震动衰减规律和美国西部与我国华北地区的地震烈度衰减规律得来的。我国其它地区的衰减规律可以按同一方法根据华北地区地震震动衰减规律换算。

本条规定的非基岩场地的场地地震相关反应谱的计算步骤是国内外广泛采用的。

5 地基和斜坡

5.1 一般规定

在核电厂抗震设计中，场地、地基的地震安全性是一个重要问题，在世界各先进国家的有关规范、安全导则、规则和管理指南中都有不同程度的规定或指示。本章在编写中主要参考了日本《原子力发电所耐震设计指针》(JEAC4.601)，也参考了原西德《核电厂抗震设计规则》(KTA 220 1.2)、法国工业部《核设施基本安全规则》(SIN No.3564/85 Rule No.Ⅰ.3.C) 以及美国核安全指南 1.00 号《评价核电站厂址土壤抗震稳定性的方法及准则》，同时参考我国颁发的《核安全导则》以及其它有关现行规范。

地基和斜坡在地震时和地震后均应保持足够的稳定性，因此应进行抗滑验算。对基础的滑动与倾覆验算，见本规范第 6 章的有关规定。

5.2 地基的抗滑验算

平坦、均匀的坚硬土组成的场地，除有饱和砂土、粉土存在的情况外，一般不需要作抗震稳定性验算，但对核电厂 Ⅰ、Ⅱ 类物项的地基必须作抗震稳定性验算。

核电厂物项地基的抗震稳定性判别应根据地基勘察、试验等结果确定合适的计算模型，用滑动面法、静力有限元法、动力有限元法作静力计算或动力计算。

核电厂主要物项的地基，原则上应是具有良好承载力的稳定地基。但其中常存在各种薄弱面。有些 Ⅰ、Ⅱ 类物项不可避免地修建在软弱地基、各向异性和不均匀性显著的地基上，因此均应对沿软弱层的滑动、地基承载力等进行专门的详细验算，必要时还须作震陷计算。

地基土抗震承载力设计值取现行国家标准《建筑抗震设计规范》规定的数值的 75%，是因为现行国家标准《建筑抗震设计规范》所取地基土抗震承载力的安全系数约为 1.5，而本规范所取安全系数均为 2.0，故予以折减。

地基的抗滑验算应采用地基岩土的自重、结构的自重和正常荷载、水平地震作用、竖向地震作用以及结构对地基的静、动力作用等的不利组合。

土层水平地震系数取 0.2 是参照日本的《原子力发电所耐震设计指针》JEAC.4.601 而定的，该值是经过与极限安全地震震动加速度峰值为 0.5g 以下的动力分析结果比较而定出的包络值。但对于极限安全地震震动加速度峰值大于 0.5g 的场地则不在本规范包含的范围之内。

计算方法可先简后繁，依次进行。用前一种方法求得的抗滑安全系数如果已经满足安全系数的规定，就不必再作下一种方法的计算。

下面针对所用的几种计算方法作简单的介绍：
(1) 滑动面法等常用方法计算：
1) 常用的滑动面法有下列几种：
圆弧滑动面法；
平面滑动面法；
复合滑动面法。
采用这些方法应按照所研究地基的地质、地形条件用试算法确定最危险滑动面的形状。

对于匀质地基原则上要进行基础底面的滑动稳定性的验算，当安全度很大时，不必再做上述的滑动详细计算。

对于各向异性和不均匀地基，除进行基础底面的滑动稳定性验算外，还应验算沿软弱层滑动的稳定性。当安全度很大时，也可以不作上述的滑动详细计算。

圆弧滑动面法仍建议用条分法，可采用瑞典条分法，也可采用简化的 Bishop 法。

2) 可由载荷板试验、承载力公式等法求出承载力并与地震时发生的基底压力相比较而进行评价。

关于变形，在必要时可把地基看作弹性材料，用弹性理论方法验算。

(2) 静力有限元计算：
静力有限元计算是用有限元方法，求出地基内的应力分布、变形分布，根据这些结果评定稳定性。
1) 根据给定的地基材料的力学特性可将计算区别为两大类：
线性计算（弹性计算）；

非线性计算(非线性弹性、弹塑性、粘弹塑性、无拉应力法等)。

2)关于计算所取的结构断面,要在求得滑动面法的结果后规定计算模型应取的范围、物理性质、边界条件和单元分割等,要在对地质条件、厂房布置情况等进行通盘考虑后加以确定。

3)计算模型的范围与地形地基的应力状态、边界条件等有关,通常模型的宽度为从工程结构中心向两侧各取基础宽度的2.5倍。

4)模型的边界条件,在静力及竖向地震作用时取下边界固定,侧边界有竖向位移滚筒。在水平地震作用时,取下边界固定,侧边界有水平的位移滚筒。

5)当地基材料的非线性很显著,并对稳定性评价有重大影响时,宜采用能反映材料的非线性的计算方法。

6)抗震稳定性评价一般按下列步骤进行:
①计算自重引起的地基中的应力;
②计算地震作用引起的地基中的应力;
③计算①和②的组合应力;
④根据③所得应力评定地基的稳定性。
必要时②的结果求出变位等作地基稳定性评价。

(3)动力计算:
动力计算是用动力有限元方法计算出地基内的应力分布、变位分布等,并用其结果作稳定性评价。

1)运动方程求解的方法有:
振型分解法;
直接积分法;
复反应分析法(傅里叶变换法)。
根据地基材料力学特性取法的不同有下列两种计算方式:
线性计算(弹性计算);
非线性计算(等效线性计算,逐次非线性计算)。
在非线性计算中,应变增大时地基材料的阻尼增大,其反应比线性计算要小,即抗滑稳定性有增加的倾向。
这种计算方法所取得的结果,与边界条件及地基土的物理力学性质的取法有密切的关系,而在作动力计算时,适当地考虑地质条件和工程结构布置就可能全面地表示出地基的应力分布和变形分布。这是工程上较适用的一种方法。

2)动力计算模型的底部叫做计算基岩。由深处来的入射波的最大振幅,假定不随位置改变,但是受地表的影响。工程结构产生的散射波,与入射波相比在深处可以忽视,若能用吸收散射能量的边界条件则计算用的基岩边界可以取得浅。此外,边界元方法,适用于地基无限性的条件,也可以作为动力计算的有效方法之一。

3)动力计算模型的水平方向范围,应根据计算方法的特点加以确定。原则上应使自由地面的反应谱能与计算模型边缘地表的反应谱相差不大。对匀质地基,计算的边界在工程结构的振动方向上各取工程结构宽度的2.5倍以上。但当侧边界为无反射边界时计算的范围可以缩小。网格大小要注意截止频率这一因素。

4)动力计算时要用动力物理力学参数。这些参数通常随应变的大小及侧限压力的大小而变化。大多数场合假定基岩在地震波通过时物理力学参数不发生变化。对于表层地基、软弱层等非线性显著的场合,可参考静力计算结果确定对应的动力物理力学参数。当用等效线性方法时,可根据假定的应变值与物理力学参数关系进行反复迭代计算,达到收敛为止。

5)地震的抗滑验算按下列步骤进行:
自重引起的地基内应力计算;
静的竖向地震作用下地基内应力的计算;
水平地震作用下的反应值(地基内应力、加速度、变位等)计算;
以上三种应力的组合应力计算和抗滑验算。

(4)其它:

1)当需要考虑地质软弱面、侧面约束的影响,出现滑动面形状凹凸不平引起的摩擦抵抗力的增加等情况时,可进行三维计算。一般按三维计算求得的稳定性比按二维计算求得的稳定性要高些。通常,可只做二维分析。

2)若地基中存在弱层、存在刚性极端不同的情况,和通过连续体的力学模型计算发现地基内产生拉应力时,可用非线性弹性计算法、无拉应力法等确定应力的再分配。详细方法可根据抗震稳定性验算的必要性决定。必要时要考虑不连续面的影响,采用连接单元和不连续体力学模型。

3)上列各种计算方法,根据对地下水考虑的方式可分为总应力法和有效应力法,一般可用总应力法作稳定性评价。在对孔隙水压的发生能做出确切分析的场合,也可用有效应力法作稳定性评价。

4)基础底面比地下水位低时,要考虑浮力对基础的作用,基础底面抗滑稳定性计算要考虑到浮力。

5.3 地基液化判别

场地砂土液化的判别已有多种方法,大体上可分以经验为主的和以计算为主的两大类。各种方法都具有特定的依存条件和适用范围。对于重要的建筑物,宜几种判别方法的结果进行比较然后作出判断。我国现行国家标准《建筑抗震设计规范》中推荐的标贯判别方法以国内外实际震害经验为基础,是在工程实践中行之有效的方法,因此本规范推荐这一方法。由于在提出这一方法时是以地震烈度为基准的,与本规范以地震动参数为基准不相配合,因此给出了按地面加速度峰值求液化判别标贯锤击数基准值 N_0 的公式。

由于上述标贯判别式是带一定经验性的,所依据的实际液化震害大多发生在深度15米以内,因此只适用于判别埋藏深度小于15米的饱和砂土、饱和粉土的液化。当埋藏深度大于15米时已超出上述标贯判别式的适用范围,可采用其他方法。

如果地基为饱和砂、饱和粉土等,则除了对场地作液化判别之外,尚需对建筑物-地基共同作用的系统进行液化可能性判别,此时需要用有限元法考虑饱和土体在地震作用下的特性和建筑物的特性,进行专门的地震反应计算,加以判别,并作液化危险性计算,再采用相应的对策和措施。

5.4 斜坡抗震稳定性验算

需要验算的斜坡是指与厂房最外端相距50m以内或与斜坡坡脚的距离在1.4倍斜坡高度以内的斜坡,大于这个距离范围的斜坡不必专门验算,但从地震地质角度考虑有危险影响的则应进行验算。

计算模型仍可用常用的滑动面分析法、静力有限元法或动力有限元法,与地基的情况相仿。

用于静力计算的水平地震系数取0.3是参照日本的规定确定的。与地基相比,此处对斜坡多乘了一个放大系数1.5,即$0.3 = 1.5 \times 0.2$,但极限安全地震震动加速度峰值大于0.5g的场地和坡度很陡的斜坡,则不属本规范涉及的范围。

安全系数值的下限是参照日本规范确定的。我国国家现行标准《水工建筑物抗震设计规范》的坝板水平地震系数(均值),9度区为0.175g,最小安全系数为1.10。而在《公路工程抗震设计规范》中,9度区为0.17g,最小安全系数为1.15。与核电厂有关的斜坡取较高的安全值是需要的,其理由为:
(1)核电厂具有特殊重要性;
(2)目前用于稳定性验算的试验方法和计算方法中还有许多不确定的因素。

6 安全壳、建筑物和构筑物

6.1 一般规定

6.1.1 本规范适用于压水型反应堆核电厂,压水堆的安全壳一般为混凝土结构,故本章只适用于混凝土安全壳,而不适用于钢安全壳。

6.1.2 本条提出关于设计防震缝的要求,并规定伸缩缝、沉降缝的设计应符合防震缝的要求。

6.2 作用和作用效应组合

6.2.1 本章中规定的安全壳、建筑物和构筑物抗震设计所应考虑的作用,参考了下列标准的规定:
(1) 美国机械工程师协会(ASME)锅炉和压力容器规范第Ⅲ卷第二篇混凝土安全壳(ACI 359-86,CC-3000);
(2) 美国混凝土学会(ACI)《核安全有关的混凝土结构设计规范 ACI 349-85》;
(3) 美国核管理委员会《标准审查大纲》。

6.2.2 与地震作用有关的作用效应组合共考虑了下列几种情况,即
(1) 正常运行作用与严重环境作用的效应组合($N+E_1$);
(2) 正常运行作用与严重环境作用以及事故工况下作用的效应组合($N+E_1+A$);
(3) 正常运行作用与严重环境作用以及事故工况后的水淹作用的效应组合($N+E_1+H_a$);
(4) 正常运行作用与极端环境作用的效应组合($N+E_2$);
(5) 正常运行作用与极端环境作用以及事故工况下作用的效应组合($N+E_2+A$)。

安全壳取以上五种组合。
Ⅰ类建筑物和构筑物,取(1)、(2)、(3)、(4)、(5)共五种组合;Ⅱ类建筑物和构筑物取(1)、(2)、(3)共三种组合,其中组合(1)分考虑与不考虑温度作用T_0的两种情形。

6.2.3 在需要考虑不均匀沉降、徐变和收缩作用的地方应考虑这些作用的影响。

当运行荷载造成的冲击出现时,应考虑冲击荷载的作用。

作为管道破坏的结果,P_a、T_a、R_a和Y,不一定都同时出现,故容许进行时间过程计算,并计入这些荷载的滞后影响,予以适当降低。

6.2.4 附录B中作用效应组合及其作用分项系数是参考美国机械工程师协会(ASME)锅炉和压力容器规范第Ⅲ卷第二篇混凝土安全壳(ACI 359-86CC-3000),美国混凝土学会(ACI)《核安全有关的混凝土结构设计规范(ACI 349-85)》以及美国《核设施安全有关钢结构的设计、制作及安装规范》和美国核管会《标准审查大纲》而制定。

6.4 基础抗震验算

6.4.1 与核电厂安全有关的建筑物应有防水要求,采取多道防水措施防护。对防水要求较高的尚应设置钢衬里密封和储液罐。根据"混凝土结构规范"的规定,钢筋混凝土结构在露天或室内高湿度环境的结构构件工作条件下,按三级裂缝控制等级,最大裂缝宽度容许值为0.2mm。考虑到地震震动为瞬时作用,给予适当放宽,故规定基础底板最大裂缝宽度容许值为0.3mm。

6.4.2 天然地基抗震承载力设计值是按现行国家标准《建筑地基基础设计规范》的地基土静载力设计值加以调整提高的。考虑到核电厂的重要性,本条规定当与E_1和E_2作用效应组合时乘以系数0.75。

本规范综合了国外核电厂的设计实践,并结合我国实际情况规定基础底面接地率的容许值。在与E_1作用效应组合时应大于75%,在与E_2作用效应组合时应大于50%。此值相当于矩形底面基础的偏心距$e=M/N$为基础宽度的1/4或1/3。

6.4.3 基础底面接地率β的计算公式是按日本《原子力发电所耐震设计指针》(JEAC 4.601)中的规定采用的。

6.4.4 本规范中针对地震引起的基础倾覆和滑移采用的作用效应组合以及安全系数是按美国核管会《标准审查大纲》第3.8.5节的规定取值。

7 地下结构和地下管道

7.1 一般规定

7.1.1 本章包括核电厂非常用取水设备、冷凝的冷却水取放水设备的有关建筑物,其中有:取水口(取水闸或进水塔)、放水口、输水配水系统(隧道或管道)、泵房等。

7.1.2 地下结构的抗震要求根据下列特点:
(1) 具有比较高的重要性,关系到核电厂的安全运行和防止、减轻事故的能力。要求在遭遇强烈的地震作用时和地震后也保持其正常的供水机能,所以,需采用比较高的抗震设防标准。
(2) 根据地下结构在地震时的变形特性,其抗震设计方法和地面上的工程结构有很大的不同,其周围地基的地震变形应是抗震设计中考虑的重要因素。此外,地下埋设工程结构遭受地震破坏后产生震害的部分不易发现,维修比较困难、费时,故要求有比较高的强度和适应变形的能力。
(3) 地下隧道和地下管道等是长大的工程结构,整个厂区的地形、地质条件对其抗震性能均具有直接或间接的影响。

7.1.3 裂缝控制计算应按"混凝土结构规范"的有关规定选择作用效应组合,作用分项系数取1.0。尚应符合《水工钢筋混凝土结构设计规范》有关抗裂的规定,该规范中的1级和2级建筑物相应于本规范Ⅰ类和Ⅱ类项。

7.2 地下结构抗震计算

7.2.1 地下结构的特点是截面较大,壁的厚度相对较小,由地震作用产生的截面内的变形占有重要地位。

7.2.2 地下结构地震反应计算方法,目前正在发展之中。本节所建议的几种计算方法的特点如下:
(1) 反应位移法,采用等效静力计算方法。这是因为对地下埋设结构来说,地震波的传递在结构内产生的相对变形的影响远大于惯性力的影响。
(2) 多点输入弹性支承动力计算法,地基作用通过弹簧进行模拟,结构本身化为一系列梁单元的组合,计算模型与以上类似,但采用动力计算方法,结构和设备的重量、动水压力等均以集中质量代替,这种模型反映了半埋设结构的一些特点,是介于等效静力计算和动力计算之间的一种计算方法。
(3) 平面有限元整体计算方法,可以考虑地基土的不均匀性以及土的非线性动力特性(弹簧常数和阻尼随动应变的幅度而变化)的影响。但应注意选择适当的能量透射边界计算模型。这种方法计算工作量相对较大。

7.2.3 地基弹簧常数的选择对地下结构计算结果的可靠性影响很大。故应选择恰当的方法确定。平面有限元方法是一种可行的近似方法,其计算简图参见图7-1,在结构孔口周边沿弹簧的作用方向施加均布作用q,计算各点的相应位移u,得到各点的地基抗力系数$K_s=q/u$,再换算为集中的弹簧常数。计算中采用的地基土

的弹性模量应和地震震动产生的地基土的应变幅度大小相适应。

7.3 地下管道抗震计算

7.3.1 本节主要适用于浅埋常用直径地下管道的抗震计算,管道截面具有足够大的刚度,可以将管道看作弹性地基梁进行计算。如果埋深大,管道截面柔性较大,则地震波产生的管道环向应变不能忽略,宜采用前节方法进行补充分析。

7.3.2 对延伸很长的地下直管来说,地震波产生的轴向应变起主要作用。计算公式(7.3.2)假设管道与其沿线传播的地震波发生相同变形,不计管与地基间的相互作用影响,给出轴向应变的上限值。

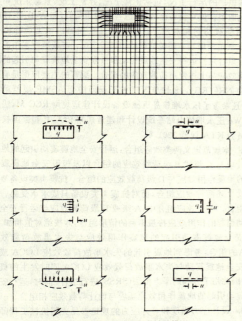

图 7-1 地基弹簧常数的计算模型

地基产生最大地震震动的波一般是由多种波型所组成,其视波速与传播途径中下卧的波速较高的土层特性有关。近震地震波中剪切波对振幅幅值起控制作用。远震地震波中瑞利波将起重要作用。虽然远震、近震的具体距离还没有严格的区分标准,但可根据地下结构场地的实际情况选择地震波的类型。

实测的视波速 C 远大于地下结构近旁介质中的波速,有的达到2000m/s以上。对于如此高的视波速,地震波将不再能假设为定型波。保守但合理的视波速的设计值为600～900m/s。当基岩深度小于一个波长(一般为60～120m)时,选择的视波速不宜小于600m/s,否则计算出的土应变将过于保守。如基岩深度大于一个波长,则 C 值宜取为现场实测的瑞利波速。

7.3.3 在某些情况下,例如,浅埋管道或是管道外壁与土之间的摩擦系数较小时,管道与周围土可以发生相对滑移,使管面所承受的最大轴向力将较式(7.3.2)的计算值为小。

地震波长 $\lambda = 4H$ 或 $\lambda = V_s T$,其中 V_s 为土层的剪切波速,T 为地震波主周期,H 为覆盖土层深度。

7.3.4 管道弯曲部分的最大弯曲应变与直管部分接近,也可近似按式(7.3.4)估计。

7.3.5 对不同类型的地震波而言,产生最大轴向应变和最大弯曲应变的入射方向是不同的。本节计算公式所给出的最大轴向应变和最大弯曲应变值都是偏于安全的估计。如果管的强度可以满足要求,则不必作进一步的计算。如果管的强度不能满足要求,则可参照本章7.3.7采用更为精确的方法核算管的应力。

地震波的传播在地下直管中也可能产生剪切应变,但其值很小,一般可略去不计。

7.3.6 地下管道穿过不同性质的土层时,或是沿线地形、地质条件发生剧烈的变化时,其振动情况比较复杂,并产生比较高的局部应力,故宜进行专门的振动计算。

地下结构地震反应的大小主要取决于结构所在位置地震变形的幅值。规范中建议的几种输入地震震动的计算模型,可以区别情况采用。分段一维计算模型,计算简单,精度较低,适用于管沿线地形、地质条件变化比较平缓的地区。平面有限元计算模型,可以考虑比较复杂的地形、地质变化的情况,但计算工作量相对比较大。集中质点模型(对沿管轴线方向的地震震动和管的横向振动采用不同的弹性常数分别进行计算)也适合于近似考虑地形、地质条件沿线变化对地震震动的影响,计算相对较简单,但具有必要的精度,同时还可推广应用于考虑三维复杂地形、地质条件的影响。

各种计算模型的简图见图7-2。

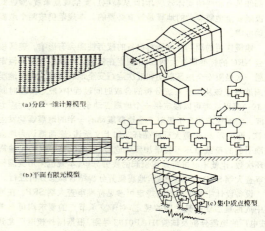

图 7-2 地震震动计算模型

7.3.8 在地下管道与工程结构的连接处或管道的转折处,由于管道与周围土之间或管道本身两端点间的相对运动,在管道中所产生的附加作用力可采用近似的方法进行计算。首先,对结构物和地基按相互作用体系进行地震反应计算,求出结构与地基间相对运动的最大幅度,分别以 u_x 和 u_y 代表平行和垂直于管轴线方向的相对运动分量,然后再按弹性地基梁的模型计算由 u_x 和 u_y 引起的管道应力。

7.3.9 由于管道接头的柔性,在地下直管中由于地震作用产生的最大轴向力将较式(7.3.2)和式(7.3.3)的计算值为小。但其减小幅度难以准确估计。如作计算,取值宜偏于安全。

式(7.3.9-1)和式(7.3.9-2)给出柔性接头相对位移的上限值。

7.4 抗震验算和构造措施

7.4.3 本条给出了不利环境条件下减轻地下结构地震作用效应的构造措施。如果这些措施无法实现,而地下结构又不可避免地必须通过滑坡、地裂和地质条件剧烈变化的地区,则应通过计算估计地下结构的变形,并进行专门的设计来改善地下结构的受力状态。

由富有柔性的材料制造的地下管线有较强的适应地震变形的能力。

8 设备和部件

8.1 一般规定

8.1.1 本章适用于除管道和电缆托架等系统以外的机械、电气设备和部件，包括核蒸气供应系统部件、堆内构件、控制棒及其执行机构、贮液容器及其他容器、泵、阀门、电动机、风机、支承件和电缆支架等。

8.1.2 设备和部件安全等级的划分应符合用于沸水堆、压水堆和压力管式反应堆的安全功能和部件分级 HAF0201 规定。

设备的抗震设计应符合本规范第 3 章的规定。

关于两个水准地震震动，规范规定了部件应经受运行安全地震震动和极限安全地震震动。各国对于运行安全地震震动的要求不尽相同，尽管常常发生运行基准地震(OBE，相当于运行安全地震震动)控制的现象，美国核管会(NRC)仍坚持按两个地震震动计算。法国的做法基本上与美国相同。德国电站联盟 KWU 认为核电厂部件的分析中没有显示出由地震震动引起的疲劳有任何显著的增加。这意味着运行安全地震震动与极限安全地震震动对电厂部件具有相同的实体效应。因此从核电厂安全观点来看，验证低于极限安全地震震动的地震是没有必要的。本规范仍按两个地震震动考虑。

地震作用的周期性可能对设备的疲劳性能会有影响。美国核管会 NRC 的标准审查大纲 SRP 规定在核电厂寿期内至少应假定遭遇一次极限安全地震震动和五次运行安全地震震动。每次地震的周波效应该从用于系统分析的合成时间过程中(最短持续时间为 10s)获得或者可以假定每一个地震震动至少有 10 个最大应力周波。法国规定相当于极限安全地震震动的一半的地震震动发生 20 次，每次有 20 个最大反应循环。如上文所述，原西德认为地震激励引起的荷载循环不会增加疲劳危险，因此没有必要确定地震循环次数，也就不必进行地震引起的疲劳分析。本规范采用美国标准审查大纲 SRP 的规定次数，地震疲劳分析结合瞬态分析进行。

设备设计中避免共振的规定可参见标准审查大纲 SRP。在地震中或地震后保持其功能的规定，对于支承节点的要求均可参考《核电厂的地震分析及试验》HAF0102 导则。根据国外核电厂尤其是美国的经验，规范强调了设备锚固的重要性。

本章规定中涉及的能动部件系指依靠触发、机械运动或动力源等外部输入而动作，因而能主动影响系统的工作过程的部件，如泵、风机、继电器和晶体管等。

8.2 地震作用

8.2.1 这一节叙述如何用合理的方法产生设备所经受的地震作用。在用分析法或试验或两者相结合的方法来设计时所用的输入地震可以用反应谱、时间过程和功率谱密度函数三者之一来描述，在本规范中仅推荐采用前面两种。

对于直接支承在地面上的设备可以使用设计反应谱或时间过程输入，支承于结构上的设备则应采用楼层反应谱或者楼层时间过程曲线。安装在支承结构上的设备由于在地基和设备之间介入支承结构，它的动力反应可以比最大地面加速度放大或减弱，这取决于支承结构设备的阻尼比和固有频率。

8.2.2 楼层反应谱是设备抗震计算的基础，它反映了安装设备的建筑物的动力特性，包括建筑物的放大和过滤作用。典型的建筑物各层的楼层反应谱是窄带反应谱，具有明显的共振峰值和零周期加速度(ZPA)。关于楼层反应谱的制定由第 3 章叙述。

规范提出了在使用楼层反应谱时的一些建议。当系统或部件有两个或两个以上的频率落在峰值范围内时，为了不致过份保守，应对楼层反应谱进行修正，这种修正的主导思想是地震只能使支承结构激励起一个共振峰值。这种修正美国已广泛用于设计中，并已纳入美国机械工程师协会 ASME 规范的附录中。在设备主轴与反应谱方向不一致的情形下，可以进行修正，规范规定的方法同样适用于设计反应谱。这种方法只是坐标变换，因此没有必要列出公式。

8.2.3 规范在使用设计楼层时间历程时，由于考虑支承结构基本频率的不确定性，规定了用三种不同时间尺度的方法进行修正，这种方法同样在美国和法国的设计中得到应用。

8.3 作用效应组合和设计限值

8.3.1 总的原则是：与核安全有关的设备，尤其是流体系统的部件(即包含水或蒸气的部件)的设计条件和功能要求，应在这些部件在役时能承受的最不利作用效应组合所采用的适当设计限值上得到反映。本规范中规定的作用效应组合中考虑规定的运行安全地震震动和极限安全地震震动与各类使用荷载有关的瞬态过程和事件所引起的作用效应的组合。

核电厂的运行工况，包括正常工况、异常工况、紧急工况和事故工况四类。但对设备而言，考虑各类使用荷载，即 A、B、C、D 四级使用荷载与它相对应。这种分法已在美国机械工程师协会 ASME 规范中使用。还包括设计和试验工况。本规范所采用的作用效应组合是指运行安全地震震动和极限安全地震震动引起的地震作用效应与上述使用荷载效应的组合。编写的主要依据是美国核管会 NRC RG1.48 和美国机械工程师协会 ASME 规范第Ⅲ篇，并且参考了压水堆核岛机械设备设计建造规则 RCC-M，法国 900MWe 压水堆核电站系统设计和建造规则 RCC-P 和德国核技术委员会 KTA 规范 2201.4。

8.3.2 本规范定义两类效应组合：运行安全地震震动引起的地震作用效应与 A 级或 B 级荷载效应的组合以及极限安全地震震动引起的地震作用效应与 D 级荷载效应的组合。抗震Ⅰ类设备要同时承受上述两种效应组合，而对抗震Ⅱ类设备只要求承受第一种效应组合。各类效应组合中，A 级或 B 级荷载效应与运行安全地震震动引起的作用效应按最不利的情形组合，即按绝对值相加，而极限安全地震震动引起的地震作用效应与失水事故荷载效应 LOCA 的组合，考虑到地震引起的失水事故荷载效应 LOCA 或者极限安全地震震动与失水事故荷载效应 LOCA 同时发生的概率极低，因此用平方和的平方根法(SRSS)进行组合。同时，运行安全地震震动引起的地震作用效应还应与设计荷载效应相组合。

8.3.3 设计应力强度和容许应力的规定参见美国机械工程师协会 ASME 规范第Ⅲ篇。

主要部件抗震设计应满足的设计限值基本上采用美国机械工程师协会 ASME 规范第Ⅲ篇的准则，并符合 RG1.48 的要求。需要指出的是，由于我们目前尚未制定核动力装置的压力容器规范，因此在规范中对部件的分级(规范级别)，如安全一级、二级和三级部件，是与国外核电站部件的美国机械工程师协会 ASME 规范和法国 RCC-M 规范的级别相当。本规范条文列出了主要应力极限的一些具体规定，使用时建议参考美国机械工程师协会 ASME 规范第Ⅲ篇。同时在机械设备和部件的设计中，美国机械工程师协会 ASME 规范已得到各国的普遍使用，并已在国内核电站设计中使用，因此，本章使用的符号由于考虑行业习惯和国际上通用，均采用美国机械工程师协会 ASME 规范所使用的符号，无法与本规范其它章节相统一。

除另有说明外，在部件、设备抗震计算中均采用弹性分析法。

安全一级部件的应力评定采用第三强度理论，应力强度是复合应力的当量强度，即定义为最大剪应力的两倍。换句话说，应力强度是在给定点上代数最大主应力与代数最小主应力之差，并对应力进行分类。安全一级部件应按分析法进行设计，有关的概念和推导参见美国机械工程师协会 ASME 规范第Ⅲ篇 NB 章。表 8-1 列出了本规范和美国、法国规范关于安全一级部件的荷载组合和应力限值的比较。安全二、三级部件可参见美国机械工程师协会 ASME Ⅲ 的 NC、ND 章。

能动部件除了保证其完整性之外还必须保证其可运行性，系统和部件的可运行性通常指地震时和地震后的可运行性，因此对于能动的安全一级泵和阀门为了保证其可运行性必须对应力作严格的限制，在运行安全地震震动时满足 B 级使用限制，而在极限

安全一级部件的荷载组合和应力限值　　表 8-1

工况	作用效应组合	美国机械工程师协会(ASME)	法国压水堆核岛机械设备设计和建造规则(RCC-M)	本规范
设计	设计压力和温度、自重、接管荷载	设计使用限制	O 级使用限制	相当 O 级使用限制
正常	A 级使用瞬态、自重、接管荷载	A 级使用限制	B 级使用限制	
异常	B 级使用瞬态、自重、接管荷载、运行安全地震震动	B 级使用限制	B 级使用限制	相当于 B 级使用限制
紧急	C 级使用瞬态、自重、接管荷载	C 级使用限制	C 级使用限制	
事故	D 级使用瞬态、自重、接管荷载、极限安全地震震动、管子破裂载荷	D 级使用限制	D 级使用限制	相当于 D 级使用限制

注：①RCC-M 将设计工况定为 1 类工况，包括 $\frac{1}{2}$ SSE（相当于运行安全地震震动）；
②使用限制是容许应力的准则，如 A 级准则 $P_M \leqslant S_M, P_M + P_b \leqslant 1.5 S_M$；B 级准则分别为 $1.1 S_M$ 及 $1.65 S_M$ 等等。

安全地震震动（即 D 级使用荷载）时，不能采用 D 级使用限制规定的应力限值，因为 D 级使用限制的应力限值可以容许部件产生显著的整体变形，其结果会使部件丧失尺寸的稳定性并有需作修理的损坏，从而使该设备停止使用（见表 8-2）。因此对于极限安全地震震动也必须满足 B 级使用限制，使其承压部分不致产生过大的变形，但是对于非承压部分如轴、叶轮、阀瓣、外伸部分等应按照设计规格书验证其变形，或经过抗震鉴定试验最终验证其可运行性。

安全二级和三级泵的应力限值　　表 8-2

荷载组合	应力	美国机械工程师协会 ASME Ⅲ NC	美国核管会安全导则 RG1.48		西屋公司		法马通公司		本规范	
			能动	非能动	能动	非能动	能动	非能动	能动	非能动
B 级使用荷载	σ_M	1.10S	1.0S	1.1S	1.0S	1.1S	1.0S	1.1S	1.0S	1.10S
	$\sigma_M + \sigma_b$	1.65S	1.5S	1.65S	1.5S	1.65S	1.5S	1.65S	1.5S	1.65S
D 级使用荷载	σ_M	2.0S	1.0S	1.2S	1.25S	2.0S	1.5S	1.65S	1.5S	2.0S
	$\sigma_M + \sigma_b$	2.4S	1.5S	1.80S	1.875S	2.4S	1.65S	2.475S	1.65S	2.4S

注：①美国机械工程师协会 ASME 第Ⅲ篇 NC 章及 ND 章系 1977 年版，用于泵设计验收的这些要求不意味着保证泵的可运行性；
②美国核管会安全导则 RG1.48 系 1973 年 5 月颁布的；
③西屋公司见 SHNPP 核电站的最终安全分析报告 FSAR；
④法马通采用的数值见广东核电站初步安全分析报告 PSAR，相应于各级准则的应力极限见压水堆核岛机械设备设计和建造规则 RCC-M。

在规范附录 F 和表 F.2.4 关于安全二级和三级泵和阀门的应力极限中，对于能动的泵和阀门，在美国核管会安全导则 RG1.48、美国机械工程师协会 ASME 和压水堆核岛机械设备设计和建造规则 RCC-M 中对应力限值的采用分歧较大。RG1.48 规定，对能动的泵和阀门无论在运行安全地震震动或极限安全地震震动中均采用类似于美国机械工程师协会 ASME Ⅲ 篇 A 级使用限制的限值。美国西屋公司对于运行安全地震震动引起的荷载采用 A 级使用的限值，而极限安全地震震动引起的荷载采用相当于 C 级使用的限值。法马通均采用相当于 B 级使用的限值。经过比较，本规范采用法国的做法，我们认为美国核管会安全导则 RG1.48 是 1973 年的版本，无论对于能动泵、阀门还是非能动泵和阀门的要求都是偏高的。

关于支承件和螺栓紧固件的应力限值参见美国机械工程师协会 ASME 规范第Ⅲ篇。

对于起重运输设备的抗震要求，参见安全导则 RG1.104。

8.4 地震作用效应计算

8.4.1 设备的地震反应计算方法和一般原则已在第 3 章规定，本章仅就有关问题作适当补充。

8.4.2 等效静力法

等效静力法计算十分简便。它是一种近似的计算方法，适用于简单的或不重要的部件以及初步设计中。由于实际地震是复杂的、多频率的，而且设备的固有频率往往不止一个，它的反应也是多频率的，因此在采用反应谱加速度峰值的基础上可乘以大于 1 的系数。美国核管会 NRC 标准审查大纲 SRP 中有详细的规定。法国的做法与美国相同，这个系数一般取 1.5，只有在确实证明设备是单自由度系统，系数才容许取 1.0。值得指出的是，这种静力法与日本的静力系数法在系数的选取上有很大不同。此外规范还对静力法的使用场合作了限制。

8.4.3 反应谱法

反应谱法在第 3 章中有规定。本条对具有不同输入运动的多支点设备和部件的反应作了补充规定。可参见美国机械工程师协会 ASME Ⅲ 的附录和标准审查大纲 SRP。

8.4.5 液体的动力效应

核电厂中贮液容器的应用是很多的，如换料水箱、冷凝水箱、含硼的冷却剂贮槽以及乏燃料贮存水池等等。在地震作用下贮液的动力效应已经得到广泛的研究，Housner 的刚性壁理论比较简单，所以应用得较多。许多学者对槽壁的挠曲性对贮槽抗震的影响作了许多研究，结果表明，对于薄壁贮槽来说，Housner 理论过低估计了动液作用，是不安全的。因此对于薄壁贮槽，可用柔性壁理论来计算，可考虑贮槽壁本身变形的影响。

Housner 理论假设液体是不可压缩的理想液体，并且只考虑水平地震的影响。当一平底的盛有液体的圆柱形（或矩形）贮槽受一水平加速度激励时，液体中的一部分重量为 W_0 的与贮槽刚性接触，贮槽呈刚体运动，其底和侧壁具有与地面相同的加速度。这部分液体产生的水平惯性力正比于贮槽底的加速度，这个力称作脉冲力。加速度还引起液体的振荡，将对贮槽的底板和侧壁产生附加的动压力。这一部分重量为 W_1 的液体与槽壁挠曲性相关连。与槽壁相连液体的水平移动的最大振幅 A_1 决定了水面的最大竖向位移（即晃动高度）和施加于槽壁和底板上的压力，这种压力的合力称为对流力。它将引起液体的晃动，值得指出的是贮槽中液体的晃动是一种长周期的运动。可用正弦波作为输入运动。

对于薄壁贮液容器，应校核压应力，防止贮液容器下部板壳的失稳，其临界压应力的计算可参考钢制压力容器规范的编制说明。

9 工艺管道

9.1 一般规定

本章所述内容适用于架空工艺管道的抗震设计。

本章叙述核电厂管道设计的一般规定、作用效应组合、设计限值、地震反应分析和强度分析。有关重要性分类、地震反应分析的一般方法和准则按本规范第 3 章执行。

核电厂管道抗震设计的基本步骤见图 9-1 流程图。

核电厂管道应能经受两个水准地震动，即运行安全地震动和极限安全地震动。

核电厂管道按其重要性进行适当的分类，除抗震分类以外，还应按其放射性的多少、执行安全功能的重要程度以及损坏后对经济和人身、环境的影响,分成核安全一级、二级、三级和四级。由于目前国内尚未制订核电厂管道设计规范,在本规范内管道级别是与美国ASME规范第Ⅲ篇的规定相适应。

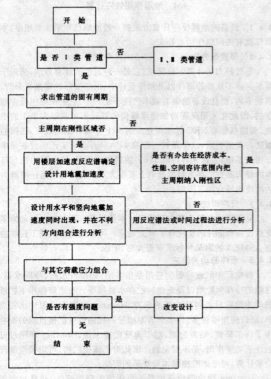

图9-1 管道抗震设计流程图(一)

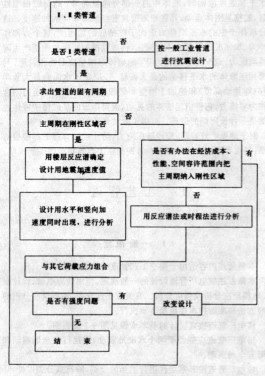

图9-1 管道抗震设计流程图(二)

9.2 作用效应组合和设计限值

9.2.1 作用效应组合

作用效应组合的要求与美国核管会RG1.48导则及ASME规范Ⅲ篇的要求一致。

9.2.2 主要管道的容许应力

规范给出了管道材料基本容许应力的确定原则,这些原则与ASME规范第Ⅲ篇的附录相一致。

9.2.3 安全一级管道的计算与美国机械工程师协会ASME规范第Ⅲ篇一致,可参考该规范1986年版。

9.2.4 安全二、三级管道的计算与美国机械工程师协会ASME规定第Ⅲ篇一致,可参考该规范1986年版。

9.3 地震作用效应计算

9.3.1 地震作用效应计算方法,是对第3章的补充。

9.3.3 等效静力法

规范是根据"标准审查大纲"的规定编制的,保证计算结果偏于安全,系数1.5是考虑管道的和地震震动的多频效应确定的。

9.3.4 设计阻尼比值

本条是根据美国机械工程师协会的锅炉和压力容器规范的条例N411编写的。这是美国机械工程师协会ASME委员会针对美国机械工程师协会ASME规范第Ⅲ篇第一分册的一级、二级和三级管道建议的。

图9-2给出的阻尼比可同时适用于运行安全地震震动和极限安全地震震动,而且与管道的直径无关。

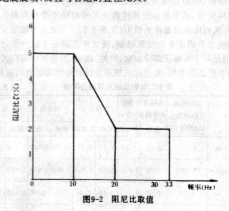

图9-2 阻尼比取值

10 地震检测与报警

为了确保核电厂设备的安全,特别是确保对人体健康和核安全有重要影响的设备的安全运行,要求核电厂具备一系列的检测设备和系统,其中地震检测和报警方面的仪器和设备就是一例。实际上,国内核电厂主管部门在签发核电厂使用和生产许可证时,往往把申请单位是否具有符合规定的地震检测和报警仪器和是否安装在合适的位置上,作为能否签发许可证的重要依据。核电厂如果发生事故,也往往把核电厂是否拥有适当数量、适当性能、安放在适宜地点正常运行的地震观测和报警仪器作为追究事故责任的依据。因此国际上在编制"核电厂抗震设计规范"时,几乎无例外地要把有关"地震检测和报警仪器"作为规范中的专门一章。

在核电厂的场地,在反应堆或其他重要的结构、设备、管道上布置各类工程地震仪器,主要目的有三:

1)发生地震时,记录核电厂反应堆和Ⅰ类结构、设备、管道的地震反应和所经受的地震震动,供震后对有关的部件进行检查时使用；

2）收集核电厂反应堆和Ⅰ类结构、设备、管道的地震反应，了解其抗震性能以及原来的抗震计算和抗震设计是否可靠、正确；

3）仪器记录的数据，可供核电厂管理人员在是否需要发布报警以及停堆进行决策时作参考，有些国家，特别是在强烈地震区，还往往把这种仪器直接与自动停堆系统联接在一起，根据仪器的记录和事先安排好的程序，直接报警或实施停堆动作。有关这方面的要求，需另作专门研究，本章未涉及。

(1) 关于设置各类不同地震仪器的说明

目前关于地震震动性质与结构反应和破坏的关系的研究，还不能十分有把握地说明，究竟是地震震动的什么性质和什么参数对结构的反应和破坏具有决定性的作用。总的来说，地面运动的峰值、频谱分量、相位关系和持续时间对结构的地震反应都有重要的影响。三轴向的加速度仪（记录加速度时间过程的仪器），不但能给出上述四个因素的信息，还能给出除此以外的其他地震震动的信息。因此，在核电厂的关键部位，如自由场地，反应堆及其基础，Ⅰ类结构、管道、设备的支承，或安置设备、管道的楼板上，设置这样的仪器是十分必要的。

一个地震发生后，人们最急需了解的是究竟地震对核电厂厂址有多大的影响，希望能立刻知道地震震动的峰值，但三轴向加速度仪的记录必须经过一定的处理（如记录的冲洗、读数或记录的回放）后才知道确切的峰值，而三轴向的加速度峰值计可以十分迅速地、直接地给出地震震动或者地震反应的峰值，便于核电厂管理人员最快地了解地震的影响，并为决定是否需要采取进一步措施提供第一手资料。除此以外，一个结构或设备、管道的各部位的地震反应不尽一致，在每一个关键部位都安装三轴向加速度仪，不仅价格昂贵，有时还会找不着适合三轴向加速度仪设置的位置，这时适当补充三轴向加速度峰值计便可满足要求，因为加速度峰值计在价格上、设置的要求上都要比加速度仪低。

此外，目前用于核电厂抗震设计的输入地震震动，主要也是用设计反应谱规定的。从这个角度看，理应在自由场地、基础和楼板上放置三轴向反应谱值计，以直接给出这些地点上的反应谱值，并直接给出相应地震的楼层反应谱，用来判断放置在楼板上的设备、管道的地震反应和安全。鉴于我国目前尚无反应谱值计的定型产品，规范中未作明文要求，但当前有条件时应鼓励厂家设置此种仪器。

地震开关的作用是为了在地震发生后直接将厂内各关键部位上的地震仪器的记录结果，按事先规定的阈值，采用声、像或数字显示方法，传送到控制室，使管理人员能及时了解地震发生后的影响，迅速作出处理决策。

上面提到的几种仪器，有的国内已有生产，有的正进行研制，从国内目前技术水平来说，是具备研制和生产这类地震仪器的能力的，本规范设置仪器的要求是完全可以实现的。

(2) 关于仪器设置位置和数量的规定

本章第10.1节对仪器设置位置和数量以表10.1.1的形式作出了具体规定。

上述规定，都是为了达到下述目的：根据观测到的核电厂厂址的输入地震动以及各关键部位（反应堆，其它Ⅰ类结构、设备、管道）的地震反应数据来判别：

1）记录的地震震动和反应谱有没有超过用于设计的输入地震动和反应谱；

2）记录到的各关键部位的地震反应有没有超过设计确定的容许地震反应值。

3）用于计算反应堆、结构、设备、管道的地震反应计算模型的正确性以及可应用的程度。

4）决定是否发出报警信息。

用实际记录到的地震数据进行上述四种判别，对核电厂的安全是十分重要的。输入地震震动数据是核电厂抗震设计的依据，也是判别整个核电厂抗震安全的基本数据。一旦记录的输入地震震动数据超过设计规范限值，不管其他情况怎样，必须对核电厂的重要部分进行震后检查和对有关的设计进行重新审查。同样当发现核反应堆、其它Ⅰ类结构、设备和管道的地震反应值超过许可的值时也应采取类似的措施。即使当记录到的输入地震震动以及重要部位的地震反应值都未达到设计规定值，但从仪器记录中发现用于设计的计算模型与实际情况有较大的出入时，也必须采取同样的震后检查，并应对设计作全面的审查。

此外，本规定并不排斥核电厂设计人员根据具体条件，在满足总的目的前提下，在规定的最低要求以外，再补充必要的仪器设置点和相应的仪器数量，也鼓励他们使用能满足仪器基本要求的更先进可靠的地震仪器。

(3) 关于用核电厂运行安全地震震动的加速度峰值作为仪器设置分类规定的说明

本规定中，还强调要按核电厂极限安全地震震动加速度峰值来决定设置仪器的数量和地点，这是不难理解的。因为这个值越大，核电厂在地震作用下的不安全性越高，需要检测的部位和数据也就越多。美国国家标准局曾规定核电厂的地震仪器设置要根据设计停堆地震加速度峰值按三级分类，即 $0.2g$ 以下，$0.2\sim0.4g$，$0.4g$ 以上来具体规定地震检测和报警的设置位置和数量。本章也曾参照此规定，并按中国具体情况作出了相应的规定。但美国原子能委员会关于核电厂的设计规程中，是按设计停堆地震加速度峰值分二级设置的，即分 $0.3g$ 以下和 $0.3g$ 以上（包括 $0.3g$）两级来规定仪器的设置位置和数量。在讨论和修改本章内容时，研究了这两种规定的区别，认为美国原子能委员会的规定虽然基本上也覆盖了 $0.2g$ 以下，$0.2\sim0.4g$ 和 $0.4g$ 以上的三个范围，但由于只分两级，比起美国国家标准局的规定有失之过粗的地方。本章的规定兼备了这两者的优点，即一方面按美国原子能委员会根据停堆地震设计地震加速度峰值分成 $0.3g$ 以下和 $0.3g$ 以上（含 $0.3g$）两级来给出仪器设置位置和数量的规定，同时又在 $0.3g$ 以上的规定中增加了若干仪器设置点和仪器的种类，使其总体水平不低于按美国国家标准局对停堆地震设计地震加速度峰值在 $0.2\sim0.4g$ 时作出的规定。

附录G　验证试验

G.0.1 核电厂设备的抗震具有以下特点：

(1) 遭受震害会造成严重次生灾害，其抗震安全性极为重要；

(2) 结构复杂，并常具有严重的非线性特性；

(3) 受到安装部位的楼层动力反应影响，有些设备安装在不同高程的支承点，需要考虑多点输入激励的影响；

(4) 主要须检验其在地震作用下的正常动作功能，而非确定一般的动态反应参数。

因此，往往难以通过计算分析来检验其在地震时的功能和完好性，所以当分析方法不足以合理可信地证明其抗震安全性时，对于Ⅰ、Ⅱ类能动设备及部件都需要对原件或模型进行抗震验证试验并证明合格后，才能被核准在实际工程中应用。

G.0.6

(1) 动态特性探查试验

各国现行规范中，对测定设备自振特性的动态特性探查试验都采用正弦扫频，其扫频范围、扫频速率、最大加速度幅值都并不完全统一（见表G-1）。大体上说，采用 $(1\sim35\sim1)$Hz 的扫频范围，1倍频程/分的扫频速率和 $0.2g$ 的最大加速度幅值的居多数。

本规范建议的方法是：从 X、Y、Z 三个主轴方向分别以几个给定的不同幅值白噪声进行测振，通过对典型部位的反应的分析

和参数识别,求得其比较完整的动态特性。与传统的用正弦扫频方法求共振曲线的初步试验方法相比,规范采用的方法有以下优点:

1)试验工作量大为减小,并且提高了精度;

2)避免多次振动对试件特性的影响;

3)可以更精确地了解非线性影响;

4)不仅可以分别测定试件沿 X、Y、Z 主轴方向的动态特性,而且可以比较方便地测定可能存在的扭转、摇摆等振动特性。

各国动态特性探查试验要求   表 G-1

国 家	规 程	扫频(Hz)	扫描速率	最大加速度(g)
智 利	电器事务所 ENDESA	1.5~20		
法 国	MG 公司	1~30	1倍频程/分	0.2
法 国	电工技术协会 UTEC-20-40	1~35~1	1倍频程/分	0.2
美 国	美国电子和电器工程研究所 IEEE-344	0~33	≤1倍频程/分	0.2
国际电工协会 IEC	IEC-50A	1~35~1	1倍频程/分	0.2(峰值处0.1)
日 本	原子力发电所耐震设计技术指针 JEAG5003	0.5~10		

(2)功能验证试验

核电站抗震功能验证试验中的主要问题是如何合理地加载,这也关系到所采用的试验方法和步骤。已有的验证试验规程虽然都指出,地震时核电厂设备受到竖向和两个相互垂直水平方向的地震震动激励,其波形应当是包含多种频率分量的不规则波。但实际上,所有规范都是把验证试验建立在单向、单频共振规则波的激励上的,并使设备重心处的反应不小于给定的楼层反应谱值,这个矛盾正是当前核电厂设备抗震验证试验中问题的关键所在。本规范根据我国核电厂为数不多而又十分重要,以及已经建立了多台大型模拟地震振动台的具体情况,要求在核电厂重要设备的抗震验证试验中,摆脱传统的单频共振规则波试验的限制,采用更为合理的直接多方向同时输入实际的楼层加速度反应时间过程的方法。

(3)关于振动方向

在目前普遍采用单向加载的情况下,为计入设备实际所经受的空间运动的影响,主要通过下列几种途径:

1)最简单的是为计入其它方向的影响,引入一个所谓"几何因子",其值一般取1.5;在日本电气设备抗震规程中,为计入竖向地震影响和连接方式的不确定性,引入了一个1.1的因子。

2)当只考虑两个相关的水平方向时,采用沿与两个相互垂直的水平主轴呈45°角的方向加载,并把荷载相应放大$\sqrt{2}$倍,这样的方向有两种可能,需要分别加载。这样处理的问题在于:

假定了沿两个主轴方向的运动是完全相同的,而当两个方向给定的楼层反应谱不相同时,一般取其中较大的一个。

显然,这并不符合实际情况,并使试验结果更偏于保守。

3)当考虑相关的三向运动时,一般建议在沿斜面滑动的单向振动台上进行试验,把设备转动90°、180°、270°后再分别进行试验,总共有4个可能的方案。由于斜面的角度实际很难随意改变,因而水平和竖向分量的比例是固定的。同时,存在着与上述计入两个水平方向的情况同样的问题,而且,实际上这样的装置也较难实现,此外,多次对各方案进行试验,可能影响试件性能。

因此,本规范要求:功能验证试验原则上应考虑在竖向和两个相互垂直的水平同时施加地震荷载,这在我国目前的技术条件下并无困难。

G.0.7 荷载

现行验证试验都主要采用单频共振规则波激励,通过对试件反应的测定,调整输入幅度,以拟合在实际的空间运动下产生的楼层反应谱。这样处理的关键问题在于对加载波形的要求。本来只涉及设备底座的输入运动,在这里却不得不和试件的反应联系起来了,因而卷入设备的动态特性影响,使问题复杂化,同时,产生了以下一系列问题:

(1)首先因为采用单频共振规则波去拟合楼层反应谱,需要先求出设备的各阶主要的自振频率,并分别以这些频率选取合适的共振规则波,再分别进行功能验证。这里的问题是:

1)对核电厂的有些设备,可能很难测出其自振频率,或者其自振频率相当密集。实际上,只有当设备的各阶自振频率相隔至少1/4倍频程时,才可略去其各阶反应间的耦合影响。

2)通常都采用扫描方法测定共振曲线,由其峰值确定设备自振频率。但核电厂的有些设备具有相当严重的非线性,使其自振频率并非固定值,随加载强度和次数而变化。

3)当设备是由若干部件组装在一起时,例如电气控制柜等,柜体的共振并不代表部件的共振,而部件的共振往往很难测定,而且一些部件的动作功能主要取决于某些弹簧和接触点的振动,这些部位的共振都是很难在未通电的状况下被发现和测定。

4)在自振频率不能被测出的情况下,现行各类规程常要求以1/3倍频程的间隔,逐个进行激励以拟合给定的反应谱,这样不仅工作量很大,而且试件也容易因疲劳而使其特性恶化。

(2)拟合楼层反应谱时需要知道试件的阻尼值,而阻尼一般不易测准。而且实际上各阶自振频率对应的阻尼不同,而楼层反应谱是在各个频率具有相同阻尼值情况下给出的,因此宜直接从设备安装部位的楼层反应出发。为计入建筑物自振频率求解的不确定性影响,可以在离散楼层反应时间曲线时,采用Δt,$(1\pm 0.1)\Delta t$三种不同时段,而反应幅值都对应于Δt的。选用其中最不利的一个。

(3)因为要通过试件反应的量测来检验激振输入反应谱(TRS)是否大于要求的反应谱(RRS),而反应谱是对单自由度体系而言的,因此,对于实际被试设备,首要要确定以其那一点的反应为准。目前一般都选试件重心处的反应,问题在于实际设备并非单自由度体系,因此,应当以$\eta_j\Phi_j=0.1$处的反应为准(Φ_j、η_j分别为j阶振型及其振型参与系数),否则将带来相当的误差。但为求得η、Φ需要在设备上布设很多测点才行,而且求η还涉及质量分布问题,对于复杂的设备,实际上较难实现,或者要借助于模态识别技术,即使对于较简单的设备,其量测和分析的工作量也是相当大的。

(4)因为采用单频共振规则波拟合楼层反应谱,就有一个选什么样的规则波的问题,目前常用的波形有以下几种:

1)正弦拍波

这是欧美各国设备抗震验证试验中采用得最多的波形。采用的理由是地震波通过楼层滤波后其反应接近拍波,实际拍波是两个频率十分接近的余弦波叠加的结果。对于具有不同阻尼比的单自由度体系,每拍振动波数n对正弦拍波反应谱有较大影响,通常取5~10之间,实际视地震持续时间而定,目前在抗震验证试验中最常用的是$n=5$,但也并无充分根据。

2)连续正弦波或正弦N波

日本电器设备抗震验证中都用等幅正弦三波作为输入波形,我国在高压电器抗震验证试验中也应用很广,通常都取加速度峰值为$0.3g$。这是因为对于阻尼比为5%的单质点体系,在考虑了基础放大系数1.2和计入竖直分量和连接方式影响的系数1.1后,在日本以往的549次地震波记录的作用下,其反应都小于突加的等幅正弦三波的反应,但这里显然存在以下几点不足之处:

第一,不分地区震动强度,加速度峰值都为0.3g;

第二,不分场地具体情况,地基基础放大系数都比1.2;

第三,不分室内外都采用正弦三波,而室内的输入波形可能更接近正弦拍波;

第四,对于阻尼比不同于5%的情况,缺乏论证。

3）正弦扫描

为使反应相对稳定，通常取扫描速率为1倍频程/分。

采用以上各类单频共振规则波存在的共同问题是：

第一，不能计入实际地震波持续时间的影响，这对于非线性特性显著的设备是很重要的问题。

第二，各类波形的反应很不相同，虽然在线弹性的假定下，就其最大反应讲，相互间有一定的换算关系，例如，采用每拍5周的正弦拍波和突加等幅正弦三波的结果比较接近，后者稍大一些；若将其和连续正弦或1倍频程/分的正弦扫描反应相比，其比值如表G-2所示。但对于非线性体系，不同波形的影响不能简单地按最大反应换算，其结果也并不统一。

不同波形反应比值　　　　　　　表 G-2

阻尼比 ζ(%)	反应比值
<2	0.3
2～10	0.55
>10	0.8

第三，采用单频共振规则波拟合给定的楼层反应谱比较复杂，而且对同一楼层上的不同设备往往要分别进行拟合。有时为拟合宽带楼层反应谱，需叠加几种波形的反应，使加载更为复杂，相应的误差也更大。

综上所述，目前被普遍采用的以各类单频共振规则波进行核电厂设备抗震验证的方法有很多问题，这主要是由于受到缺乏大型模拟地震振动设备的限制。近年来，振动设备的设计和制造水平发展很快，我国已建立了不少大型地震模拟振动台，包括三向六自由度的能模拟任何给定地震震动的振动台。同时，若只能给定设计楼层谱时，据此生成人工模拟地震加速度时间过程的技术也已达到能广泛实际应用的水平。这些为更合理地制订核电厂抗震验证试验的加载方法提供了条件。本规范规定优先采用的直接输入多频分量加速度时间过程的加载方法避免了上述单频共振规则波加载的缺点，在技术上也是完全可行的。

G.0.10 试验中对每次地震震动间隔时间的确定原则是：每次地震结束后，设备按 $e^{-\zeta\omega t}$ 规律作衰减自由振动，待其振幅为零，即 $e^{-\zeta\omega t}=0$ 时，再开始下一次振动，由此可根据设备基频及阻尼比求出要求的最小间隔 t。通常可取 $t=2s$，但当其基频及阻尼比都较小时，t 可能超过 2s。

中华人民共和国国家标准

室外给水排水和燃气热力工程
抗震设计规范

GB 50032—2003

条 文 说 明

修 订 总 说 明

本规范修订中，主要做了如下的修改和增补：

1. 根据给水、排水、燃气、热力工程的特点，使之符合"小震不坏、中震可修、大震不倒"的抗震设防要求，并与常规结构设计采用的以概率统计为基础的极限状态设计模式相协调。

2. 对设计反应谱、场地划分、液化土判别等抗震设计的一系列基础性数据，做了全面修订，与我国现行《建筑抗震设计规范》GB 50011—2001 等协调一致。

3. 对设防烈度为 9 度（一般为震中）地区，增补了应进行竖向地震作用的抗震验算；对盛水构筑物的动水压力，增补了考虑长周期地震波动的影响。

4. 对贮气构筑物中的球罐和卧罐，修改了地震作用计算公式，以使与《构筑物抗震设计规范》GB50191 协调一致。

5. 将各种功能的泵房结构独立成章，增补了对地下水取水泵房的地震作用计算规定；并对埋深较大的泵房，规定了考虑结构与土共同工作的计算方法。

6. 增补了自承式架空管道的地震作用计算规定。

7. 对地下直埋管的抗震验算，修改了位移传递系数的确定，使之与国际接轨。

8. 根据新修订的《建筑抗震设计规范》GB 50011—2001，其内容中已删去"水塔"抗震，为此将其纳入本规范中。在确定"水塔"地震作用时，对水柜中的贮水，分别考虑了脉冲质量和对流振动质量，并对抗震措施做了若干补充，方便工程应用。

目 次

1 总则 …………………………………… 6—7—4
3 抗震设计的基本要求 ………………… 6—7—4
　3.1 规划与布局 …………………………… 6—7—4
　3.2 场地影响和地基基础 ………………… 6—7—4
　3.3 地震影响 ……………………………… 6—7—5
　3.4 抗震结构体系 ………………………… 6—7—5
　3.5 非结构构件 …………………………… 6—7—6
　3.6 结构材料与施工 ……………………… 6—7—6
4 场地、地基和基础 …………………… 6—7—6
　4.1 场地 …………………………………… 6—7—6
　4.2 天然地基和基础 ……………………… 6—7—6
　4.3 液化土和软土地基 …………………… 6—7—6
　4.4 桩基 …………………………………… 6—7—6
5 地震作用和结构抗震验算 …………… 6—7—6
　5.1 一般规定 ……………………………… 6—7—6
　5.2 构筑物的水平地震作用和作用
　　　效应计算 ……………………………… 6—7—7
　5.3 构筑物的竖向地震作用计算 ………… 6—7—7
　5.4 构筑物结构构件截面抗震
　　　强度验算 ……………………………… 6—7—7
　5.5 埋地管道的地震验算 ………………… 6—7—7
6 盛水构筑物 …………………………… 6—7—7
　6.1 一般规定 ……………………………… 6—7—7
　6.2 地震作用计算 ………………………… 6—7—7
　6.3 构造措施 ……………………………… 6—7—8
7 贮气构筑物 …………………………… 6—7—8
8 泵房 …………………………………… 6—7—8
　8.1 一般规定 ……………………………… 6—7—8
　8.2 地震作用计算 ………………………… 6—7—8
　8.3 构造措施 ……………………………… 6—7—8
9 水塔 …………………………………… 6—7—8
10 管道 ………………………………… 6—7—9
　10.1 一般规定 …………………………… 6—7—9
　10.2 地震作用计算 ……………………… 6—7—9
　10.3 构造措施 …………………………… 6—7—9
附录 B 有盖矩形水池考虑结构体系
　　　 的空间作用时水平地震作用
　　　 效应标准值的确定 …………… 6—7—9
附录 C 地下直埋直线段管道在
　　　 剪切波作用下的作用效
　　　 应计算 ………………………… 6—7—9

1 总 则

1.0.1 本条是编制本规范的目的和设防要求。阐明了本规范的编制是以"地震工作要以预防为主"作为基本指导思想，达到减轻地震对工程设施的破坏程度，保障工作人员和生产安全的目的。

1.0.2 本条规定体现了抗震设防三个水准的要求："小震不坏，中震可修，大震不倒"。即当遭遇低于设防烈度的地震影响时，结构基本处于弹性工作状态，不需修理仍能保持其正常使用功能；当遭遇本地区设防烈度的地震影响时，给水、排水、燃气和热力工程中的各类构筑物的损坏仅可能出现在非主要受力构件，主要受力构件不需修理或经一般修理后仍能继续生产运行；当遭遇高于本地区设防烈度一度时，相当于遭遇大震（50年超越概率2%～3%），此时构筑物符合抗震设计基本要求，通过概念设计的控制并满足抗震构造措施，即可避免严重震害，不致发生倒塌或大量涌水危及工作人员生命安全。

给水、排水、燃气和热力工程的管网，是城市生命线工程的主体，涉及面广，沿线地基土质情况、场地条件多变，由此遭遇的地震影响各异，很难确保完全避免震害。本规范立足于尽量减少损坏，并通过抗震构造措施，当局部发生损坏时，不致造成严重次生灾害，并便于抢修，迅速恢复运行。

1.0.3 本条阐明本规范的适用范围。适用的地震烈度区，除设防烈度7～9度地区外，还增加了6度区，主要是依据当前国家有关政策规定拟定的，同时也和现行国家标准《建筑抗震设计规范》等协调一致。

1.0.6 本条阐明了抗震设防的基本依据。明确在一般情况下可采用现行中国地震动参数区划图规定的基本烈度作为设防烈度。同时根据其说明书提到："由于编图所依据的基础资料、比例尺和概率水平所限，本区划图不宜作为重大工程和某些可能引起严重次生灾害的工程建设的抗震设防依据"。即当厂站占地大、场地条件复杂时，按区划基本烈度进行抗震设计可能导致较大误差。为了使抗震设计尽量符合实际情况，很多大的工程建设和某些地震区城市均有针对性地做了抗震设施区划，经审查确认批准后，该区划所提供的设防烈度和地震动参数可作为抗震设计依据。

1.0.7 本条针对给水、排水、燃气和热力工程系统中的一些关键部位设施，在抗震设计时应加强其抗震能力，并明确了加强方法可从抗震措施上着手，即可按本地区设防烈度提高一度采取抗震措施；当设防烈度为9度时，则可在相应9度烈度抗震措施的基础上适当予以加强。

本条规定主要考虑到这些工程设施，均系城市生命线工程的重要组成部分，一旦遭受地震后严重损坏，将导致城市赖以运行的生命线陷于瘫痪，酿成严重次生灾害（二次灾害）或危及人民生命安全。例如给水工程中的净水厂、水处理构筑物、变电站、进水和输水泵房及氯库等，前者决定着有否供水能力，后者氯毒外泄有害生命；排水工程中除对污水处理厂设施应防止震害导致污染第二次灾害外，还有道路立交排水泵房，当遭遇严重损坏无法正常使用时，将导致立交路口雨水集中不能及时排除而中断交通，1976年唐山地震后适逢降大雨，正是由于立交路口积水过深阻断交通，给震后抢救工作带来很大困难，因此从次生灾害考虑，对这类泵房的抗震能力有必要适当提高；类似这种情况，对燃气工程系统中一些关键部位设施，如加压站、高中压调压站以及相应的配电室等，均应尽量减少次生灾害，适当提高抗震能力。

1.0.8 本条提出了对位于设防烈度为6度区的工程设施的抗震要求，即可以不做抗震计算，但在抗震措施方面符合7度的要求即可。

1.0.9 在给水、排水、燃气、热力工程的厂站中，其厂前区通常均设有综合办公楼、化验室及其他单宿、食堂等附属建筑物，本条文明确对于这类建筑物的抗震设计要求，应按《建筑抗震设计规范》执行；同时在水源工程中还会遇到挡水坝等中、小型水工建筑物，在燃气、热力工程中尚有些工业构筑物及设备，条文同样明确了应按现行的《水工建筑物抗震设计规范》SDJ110和《构筑物抗震设计规范》GB50191执行，本规范不再转引。

3 抗震设计的基本要求

3.1 规划与布局

3.1.1～3.1.3 这些条文的要求，基本上沿用了原规范的规定。

主要考虑到给水、排水、燃气和热力工程设施是城市生命线工程的重要组成部分，一旦受到震害严重损坏后，将影响城市正常运转，给居民生活造成困难，工业生产和国家财产受到大量损失。在强烈地震时，往往由于场地、地基等因素的影响，城市中各个区域的震害反映是不等同的，例如1975年我国辽南海城地震时，7度区鞍山市的震害，以铁西区最为突出；1976年河北唐山地震时，唐山路南区受灾甚于路北区，天津市以和平区最为严重。因此，首先应该从整体城市建设方面做出合理的规划，地震区城市中的给水水源、燃气气源、热力热源和相应输配管网亟需统筹规划，合理布局，排水管网及污水处理厂的分区布局、干线沟通等筹划，这是提高城市建设整体抗震能力、力求减少震害、次生灾害的基本措施。

3.2 场地影响和地基基础

3.2.1、3.2.2 条文提出的要求，均沿用原规范的规定。

主要考虑到历次烈震中工程设施的震害反映，建设场地的影响十分显著，在有条件时宜尽量避开对抗震不利的措施，并不应在危险的场地建设，这样做可以确保工程设施的安全可靠，同时也可减少工程投资，提高工程设施的投资效益。

3.2.3 本条对位于Ⅰ类场地上的构筑物，规定了在抗震措施方面可以适当降低要求，即可按建设地区的设防烈度降低一度采用，但在抗震计算时不能降低。主要考虑到Ⅰ类场地的地震动力反应较小，而给水、排水、燃气、热力工程中的各类构筑物一般整体性较好，可以不需要做进一步加强，即可满足要求。同时对设防烈度为6度区的构筑物，规定了不宜再降低，还是应该定位在地震区建设的范畴，符合必要的抗震措施要求。

3.2.4 条文对地基和基础的抗震设计提出了总体要求。首先指出当工程设施的地震受力层内存在液化土时，应防止可能导致地基承载力失效；当存在软弱土层时，应防止震陷或显著不均匀沉降，导致工程设施损坏或影响正常运转（例如一些水质净化处理水设备等）。同时条文还规定了当对液化土和软弱粘性土进行必要的地基处理后，还有必要采取措施加强各类构筑物基础的整体性和刚度，主要考虑到地基处理比较复杂，很难做到完全消除地基变形和不均匀沉降。

此外，条文对各类构筑物基础的设计高程和构造提出了要求。当同一结构单元的构筑物不可避免设置在性质截然不同的地基土上时，应考虑到地基震动形态的差异，为此要求在相应部位的结构上设置防震缝分离或通过加设垫褥地基，以消除结构遭致损坏。与此相类似情况，同一结构单元的构筑物，宜采用同一结构类型的基础，不宜混用天然地基和人工地基。

结合给水、排水工程中经常遇到的情况，构筑物的基础高程由于工艺条件存在不同高差，对此，条文要求这种情况的基础宜缓坡相连，以免地震时产生滑移而导致结构损坏。

3.3 地震影响

3.3.1 对工程抗震设计，如何反映地震作用影响，本条明确了应以相应抗震设防烈度的设计基本地震加速度和设计特征周期作为表征。对已编制抗震设防区划的地区或厂站，则可按批准确认的抗震设防烈度或抗震设计地震动参数进行抗震设防。

3.3.2 本条给定了抗震设防烈度和设计基本地震加速度的对应关系，这些数据与原规范是一致的，只是根据新修订的《中国地震动参数区划图A_1》，在地震动峰值加速度$0.1g$和$0.2g$之间存在$0.15g$区域，$0.2g$和$0.4g$之间存在$0.3g$区域。条文明确规定了该两个区域内的工程设施，其抗震设计要求应分别与7度和8度地区相当。

3.3.3 条文针对设计特征周期，即设计所用的地震影响系数特征周期（T_g）的确定，按工程设施所在地的设计地震分组和场地类别给出了规定。主要是根据实际震害反应，在同一影响烈度条件下，远震和近震的影响不同，对高柔结构、贮液构筑物、地下管线等工程设施，远震长周期的影响更甚，为此条文将设计地震分为三组，更好地反映震中距的影响。

3.3.4 条文明确了以附录A给出我国主要城镇中心区的抗震设防烈度、设计基本地震加速度和相应的设计地震分组，便于工程抗震设计应用。

3.4 抗震结构体系

3.4.1 本条是对抗震设计提出的总体要求。根据国内外历次强烈地震中的震害反映，对构筑物的结构体系和管网的结构构造，应综合考虑其使用功能、结构材质、施工条件以及建设场地、地基地质等因素，通过技术经济综合比较后选定。

3.4.2、3.4.3 条文对构筑物的工艺设计提出了要求。工艺设计对结构抗震性能影响显著，平、立面布置不规则，质量和刚度变化较大时，将导致结构在地震作用下产生扭矩，对结构体系的抗震带来困难，因此条文要求尽量避免。当不可避免时，则宜将构筑物的结构采用防震缝分割成若干规则的结构单元，避免造成震害。对设置防震缝有困难时，条文要求应对结构体系进行整体分析，并对其薄弱部位采取恰当的抗震构造措施。

针对建筑物这方面的抗震规定，条文明确应按《建筑抗震设计规范》GB50011执行。

3.4.4 本条要求结构分析的计算简图应明确，并符合实际情况；在水平地震作用下具有合理的传递路线；充分发挥地基逸散阻尼对上部结构的减震效果。

同时要求在结构体系上尽量具有多道抗震防线，例如尽可能具备结构体系的空间工作和超静定作用，藉以提高结构的抗震能力，避免部分结构或构件破坏导致整个结构体系丧失承载力。此外，针对工艺要求往往形成结构上的削弱部位，将是抗震的薄弱部位，应加强其构造措施，使同一单元的结构体系，具有良好的整体性。

3.4.5 本条对钢筋混凝土结构构件提出的要求，主要是改善其适应变形的性能。对钢结构应注意在地震作用下（水平向及竖向）防止局部或整体失稳，合理确定其构件的截面尺寸。

同时，条文还对各类构件的节点连接提出了要求，除满足承载力外，尚应符合加强结构的整体性，以求获得结构体系的整体空间作用效果，提高结构的抗震能力。

对地下管道结构的要求，不同于构筑物，管道为一线状结构，管周覆土形成很大的阻尼，管道结构的振动特性可以忽略，主要随地震时剪切波的行进形态而变位，不可能以单纯加强管道结构的刚度达到抗震目的，为此条文提出在管道与构筑物、设备的连接处，应予妥善处理，既要防止管道本身损坏，又要避免由于管道变位（瞬时拉、压）造成设备损坏（唐山地震中就发生过多起事故），因此该连接处应在管道上设置柔性连接接头，但可以离开一定的距离（根据管线的布置确定），以使在柔性接头与设备等之间尚可设置止推（拉）的构造措施。

3.5 非结构构件

3.5.1～3.5.4 非承重受力构件遭受震害破坏，往往引起二次灾害，砸坏设备，甚至砸伤工作人员，对震后的生产正常运行和人民生命造成祸害，为此条文要求进行抗震设计并加强其抗震措施。

3.6 结构材料与施工

3.6.2～3.6.3 在水工业工程中，通常应用混凝土和砌体材料，当承受地震作用时，一般对材料的抗拉、抗剪强度要求较高，过低的混凝土等级或砂浆等级（砌体结构主要与灰缝强度有关）对抗震不利，为此条文提出了低限的要求。

3.6.4 本条要求主要是从控制混凝土构件的延性考虑，规定在施工过程中对原设计的钢筋不能以屈服强度更高的钢材直接简单地替代。

3.6.5 构筑物基础或地下管道坐落在肥槽回填土，在厂站工程中经常会遇到，此时有必要控制好回填土的密实度；地震时密实度不够的回填土将会出现震陷，从而损坏结构。为此条文规定了对回填土压实密度的要求。

3.6.6 混凝土构筑物和管道的施工缝，通常是结构的关键部位，接茬质量不佳就会形成薄弱部位，当承受水平地震作用时，施工缝处的连接质量尤为重要，因此条文规定了最低限度应做到的要求。条文还针对有在施工缝处放置非胶结材料的做法作了限制，这种处理虽对该处防止渗水有一定作用，但却削弱了该处的截面强度（尤其是抗剪），对抗震不利。

4 场地、地基和基础

4.1 场 地

本节内容包括场地类别划分方法及其所依据的指标、地下断裂对工程建设的影响评价、局部突出地形对地震动参数的放大作用等，条文对此所做出的规定，均系按照我国《建筑抗震设计规范》GB50011（最新修订的版本）的要求引用。这样对工程抗震设计的基础数据和条件方面，在我国保持协调一致。

4.2 天然地基和基础

本节内容除保留原规范的规定外，补充了对某些构筑物的稳定验算要求，例如厂站中的地面式敞口水处理池，不少情况会采用分离式基础，墙体结构成为独立挡水墙，此时在水平地震作用下应进行抗滑稳定验算；同时规定水平向土抗力的取值不应大于被动土压力的1/3，避免过多利用土的被动抗力导致过大变位。

4.3 液化土和软土地基

4.4 桩 基

这两节的内容和规定，基本上按《建筑抗震设计规范》GB50011的要求引用。其中对管道结构的抗液化沉陷，系针对管道结构和功能的特点，补充了如下规定：

1. 管道组成的网络结构在城市中密布，涉及面广，通过液化土地段的沉陷量及其可能出现的不均匀沉陷，很难准确预计，管道能否完全免除震害难以确认；据此对输水、气和热力管道，考虑到遭受震害损坏后次生灾害严重，规定应采用钢管敷设，钢管的延性较好，同时还立足于抢修方便。

2. 对采用承插式接口的管道，要求采用柔性接口以此适应地震波动位移和沉陷，达到免除或减少震害。

3. 对矩形管道和平口连接的钢筋混凝土预制管管道，从采用钢筋混凝土结构和沿线设置变形缝（沉降缝）两方面做了规定；前者增加管道结构的整体性，后者用以适应波动位移和震陷。

4. 对架空管道规定了应采用钢管，同时设置适量的可挠性连接，用以适应震陷并便于抢修。

5 地震作用和结构抗震验算

5.1 一般规定

5.1.1 本条对给水、排水、燃气、热力工程各类厂站中构筑物的地震作用，规定了计算原则，其中，对污水处理厂中的消化池和各种贮气罐，提出了当设防烈度为9度时，应计算竖向地震作用的影响，前者考虑到壳型顶盖的受力条件；后者罐体的连接件的强度。这些部位均属结构上的薄弱环节，在震中地区承受竖向拉、压应有足够的强度，避免震害损坏导致次生灾害。

5.1.2 本条关于各类构筑的抗震计算方法的规定，沿用了原规范的要求。

5.1.3 本条对埋地管道结构的抗震计算模式，沿用了原规范的规定。同时补充了对架空管道结构的抗震计算方法的规定。

5.1.4 本条系根据《工程结构设计统一标准》的原则规定和原规范的规定，对计算地震作用时构筑物的重力荷载代表值提出了统一要求。

5.1.5～5.1.7 条文对于抗震设计反应谱的规定，系按《建筑抗震设计规范》GB50011的规定引用，这样也可在抗震设计基本数据上取得协调一致。

5.1.8 本条对构筑物的自振周期的取值做了规定。构筑物结构的实测振动周期，通常是在脉动或小振幅振动的条件下测得，而当遭遇地震强烈振动时，结构的阻尼作用将减少，相应的振动周期加长，因此条文规定当根据实测周期采用时，应予以适当加长。

5.1.9 当考虑竖向地震作用时，竖向地震影响系数的最大值，国内外取值不尽相同，条文规定系根据国内统计数据，即取水平地震影响系数最大值的65%作为计算依据。

5.1.10 埋地管道结构在水平地震作用下，通常需要应用水平地震加速度计算管道的位移或应力，据此条文规定了相应设防烈度的水平地震加速度值。此项取值沿用了原规范的规定，同时也和国内其他专业的抗震设计规范的规定协调一致。

5.1.11 本条对各类构筑物和管道结构的抗震验算，做了原则规定。即当设防烈度为6度或有关章节规定可不做抗震验算的结构，在抗震构造措施上，仍应符合本规范规定的要求。对埋地管道，当采用承插式连接或预制拼装结构时，在地震作用下应进行变位验算，因为大量震害反映，这类管道结构的震害通常多发生在连接处变位过量，从而导致泄漏，甚至破坏。对污泥消化池等较高的构筑物和独立式挡墙结构，除满足强度要求外，尚应进行抗震稳定验算，以策安全。

5.2 构筑物的水平地震作用和作用效应计算

本节内容分别对水平地震作用下的基底剪力法和振型分解法的具体计算方法，给出了规定，基本上沿用了原规范的要求。当考虑构筑物两个或两个以上振型时，其作用效应标准值由各振型提供的分量的平方和开方确定。

5.3 构筑物的竖向地震作用计算

本节对构筑物的竖向地震作用计算做了具体规定。通常竖向地震的第一振型振动周期是很短的，其相应的地震影响系数可取最大值。对湿式燃气罐的第一振型可确定为线性变化，故条文规定其竖向地震作用可按竖向地震影响系数的最大值与第一振型等效质量的乘积计算；相应对于其他长悬臂结构等，均可直接按这一原则进行计算。

5.4 构筑物结构构件截面抗震强度验算

本节规定了构筑物结构构件截面的抗震强度验算。其中关于荷载（作用）分项系数的取值，考虑了与常规设计协调，对永久作用取1.20，可变作用取1.40；对地震作用的分项系数与《建筑抗震设计规范》协调一致，由此相应的承载力抗震调整系数一并引入。

5.5 埋地管道的抗震验算

5.5.1 本条规定了埋地管道地震作用的计算原则，同时明确可不计地震动引起管道内的动水压力。因为在常规设计中，需要考虑管道运行中可能出现的残余水锤作用，此值一般取正常运行压力的40%～50%，而强烈地震与残余水锤同时发生的几率极小，因此可以不再计入地震动引起的管内动水压力。

5.5.2 本条规定了承插式接头埋地圆管的抗震验算要求。地震作用引起的管道位移，对承插接头的圆管，由于接口是薄弱环节，位移量将由管道接头来承担，如果接头的允许位移不足，就会形成泄漏、拔脱等震害，这在国内外次强烈地震中多有反映。为此条文规定具体验算条件，应满足（5.5.2）式，其中采用了数值小于1.0的接头协同工作系数，主要考虑到虽然管道上的接头在顺应地震动位移时都会发挥作用，但也不可能每个接头的允许位移量都能充分发挥，因此必须给予一定的折减。对接头协同工作系数取0.64，与原规范保持一致。

5.5.3～5.5.4 对整体连接的埋地管道，例如焊接钢管等，条文给出了验算方法，以验算管道结构的应变量控制，对钢管可考虑其可延性，允许进入塑性阶段，与国外标准协调一致。

6 盛水构筑物

6.1 一般规定

本节内容基本上保持了原规范的规定，补充明确了当设防烈度为8度和9度时，不应采用砌体结构，主要考虑到砌体结构的抗拉强度低，难以满足抗震要求，如果执意加厚截面厚度或加设钢筋，也将是不经济的，不如采用钢筋混凝土结构，提高其抗震能力，稳妥可靠。

此外，结合当前大型水池和双层盛水构筑物的兴建，对不需进行抗震验算的范围，做了修正和补充；并对位于9度地区的盛水构筑物明确了计算竖向地震作用的要求，提高抗震安全。

6.2 地震作用计算

本节内容基本上保持了原规范的规定，仅对设防烈度为9度时，补充了顶盖和内贮水的竖向地震作用计算，其中在竖向地震作用下的动水压力标准值，系根据美国A.S.Veletsos和国内的研究报告给出。此外，还对水池中导流墙，规定了需进行水平地震作用的验算要求。

6.3 构造措施

本节内容除保持了原规范的要求外，补充了下列规定：

1. 对位于Ⅲ、Ⅳ类场地上的有盖水池，规定了在运行水位基础上池壁应预留的干弦高度。这是考虑到在长周期地震波的影响下，池内水面可能会出现晃动，此时如干弦高度不足将形成真空压力，顶盖受力剧增。条文对此项液面晃动影响，主要考虑长周期地震的作用，9度通常为震中，7度的影响有限，为此仅对8度Ⅲ、Ⅳ类场地提出了干弦高度的要求。根据理论计算，由于水的阻尼很小，液面晃动高度会是很高的，考虑到地震毕竟发生几率很小，不宜过于增加投资，因此只是按照计算数值，给定了适当提高干弦高度的要求，即允许顶盖出现部分损坏，例如裂缝宽度超过常规设计的规定等。

2. 对水池内导流墙，须要与立柱或池壁连接，又需要避免立柱在干弦高度内形成短柱，不利于抗震，为此条文提出应采取有效措施，符合两方面的要求。

7 贮气构筑物

本章内容基本上保持了原规范的规定，仅就下列内容做了补充和修改：

1. 增补了竖向地震作用的计算规定；

2. 对球罐和卧罐的水平地震作用计算规定，按《构筑物抗震设计规范》GB50191的相应内容做了修改，以使协调一致，但明确了在计算地震作用时，应取阻尼比 $\zeta=0.02$；

3. 对湿式贮气罐的环形水槽动水压力系数做了修改，即使在计算式中不再出现原规范引用的结构系数 C 值，因此将 C 值归入动水压力系数中，这样计算结果保持了原规范中的规定。

8 泵 房

8.1 一般规定

8.1.1 在给水、排水、燃气、热力工程中，各种功能的泵房众多，根据工艺要求泵房的体型、竖向高程设计各不相似，条文明确了本章内容对这些泵房的抗震验算等均可适用。

8.1.2 在历次强烈地震中，提升地下水的取水井室（泵房型式的一种）当地下部分大于地面以上结构高度时，在6度、7度区并未发生过震害损坏。主要是这种井室体型不大，结构构造简单、整体刚度较好，当埋深较大时动力效应较小，因此条文规定只需符合相应的抗震构造措施，可不做抗震验算。

8.1.3 卧式泵和轴流泵的泵房地面以上结构，其结构型式均与工业民用建筑雷同，因此条文明确应直接按《建筑抗震设计规范》GB50011的规定执行。

8.1.4 本条要求保持了原规范的规定。

8.2 地震作用计算

本节主要对地下水取水井室的地震作用计算做了规定。这类取水泵房在唐山地震中受到震害众多，一旦损坏，水源断绝，给震后生活、生产造成很大的次生灾害。

条文对位于Ⅰ、Ⅱ类场地的井室结构，规定了仅可对其地面以上部分结构计算水平地震作用，并考虑结构以剪切变形为主。对位于Ⅲ、Ⅳ类场地的井室结构，则规定应对整个井室进行地震作用计算，但可考虑结构与土的共同作用，结构所承受的地震作用随地下埋深而衰减。此时将结构视为以弯曲变形为主，并通过有限元分析确定了衰减系数的具体数据。

8.3 构造措施

本节内容保持了原规范的各项规定。

9 水 塔

本章内容原属《建筑抗震设计规范》GBJ 11—89中的一部分，经新修订后，将水塔的抗震设计纳入本规范。

本章内容除保留了原规范拟定的抗震设计要求外，做了以下几方面的修订：

1 明确了水塔的水柜可不进行抗震计算，主要考虑支水柜通常的容量都不大，在历次强震中均未出现震害，损坏都位于水柜的支承结构。

2 修订了确定地震作用的计算公式，计入了在水平地震作用下，水柜内贮水的对流振动作用。地震动时，水柜内贮水将形成脉冲和对流两种运动形态，前者随结构一并振动，后者将产生水的晃动，两者的振动周期不同，因此应予分别计入。

3 在分别计算贮水的脉冲和对流作用时，考虑到贮水振动和结构振动的周期相差较大，两者的耦联影响很小，因此未予计入，简化了工程抗震计算。

4 在确定对流振动作用时，考虑到水的阻尼要远小于0.05，因此在确定地震影响系数 α 时，规定了可取阻尼比 $\zeta=0$。

5 水柜内贮水的脉冲质量约位于柜底以上 $0.38H_w$（水深）处，与对流质量组合后其总的动水压力作用将会提高，为简化计算，与结构重力荷载代表值的等效作用一并取在水柜结构的重心处。

6 在构造措施方面，对支承筒体的孔洞加强措施，做了进一步具体的补充。

10 管 道

10.1 一般规定

10.1.1 本条明确了本章有关架空管道的规定，主要是针对给水、排水、燃气、热力工程中跨越河、湖等障碍的自承式钢管道，对其他非自承式架空管道则可参照执行。

10.1.2 条文规定对埋地管道主要应计算在水平地震作用下，剪切波所引起的管道变位或应力，相的剪切波速应为管道埋深一定范围内的综合平均波速，规定应由工程地质勘察单位提供自地面至管底不小于5m深度内各层土的剪切波速。

10.1.3 条文规定了对较大的矩形或拱形管道，除应验算剪切波引起的位移或应力外，尚应对其横截面进行抗震验算，即此时管道横截面上尚承受动土压力等作用，对较大的矩形或拱形管道不应忽视，唐山地震中的一些大断面排水矩形管道，就发生过多起横断面抗震强度不足的震害。

10.1.4 条文规定了对埋地管道可以不做抗震验算的几种情况，主要是根据历次强震中的反映和原规范的相应规定。

10.2 地震作用计算

本节内容规定了埋地和架空管道地震作用的计算方法。对架空管道可按单质点体系计算，在确定等代重力荷载代表值时，条文分别给出了不同结构型式架空管道的地震作用计算公式。

10.3 构造措施

本节内容保持了原规范的各项规定。需要补充说明的是管道与机泵等设备的连接，从地震动考虑，管道在剪切波作用下将瞬时产生接、压位移，造成对与之连接设备的损坏，唐山地震中多有发生（如汉沽取水泵房等），据此要求在该连接处应设置柔性可活动接头；而常规运行时，可能发生回水推力，该处需可靠连接，共同承受此项推力。据此本次修改时在10.3.7、10.3.8中，明确规定了针对这种情况，应在该连接管道上就近设置柔性连接，兼顾常规运行和抗震的需要。

附录 B 有盖矩形水池考虑结构体系的空间作用时水平地震作用效应标准值的确定

本附录保持了原规范的内容。同时针对当前城市给水工程中清水池的池容量日益扩大，不少清水池结构由于超长而设置了温度变形缝，附属条文中规定了在变形缝处应设置抗侧力构件（框架、斜撑等），此时水平地震作用的作用效应计算方法完全一致，只是水池的边墙由该处的抗侧力构件替代，从而计算其水平地震作用折减系数 η 值。

附录 C 地下直埋直线段管道在剪切波作用下的作用效应计算

1 计算模式及公式

地下直埋管道在剪切波作用下，如图C.1.6所示，在半个视波长范围内的管段，将随的行进处于瞬时受拉、瞬时受压状态。半个视波长内管道沿管轴向的位移量标准值（$\Delta_{p l}$）可按（C.1.1-1）式计算，即

$$\Delta_{pl} = \zeta_t \cdot \Delta_{sl} \qquad (C.1.1\text{-}1)$$

此式的计算模式系将管道视作弹性地基内的线状结构。ζ_t 为剪切波作用下沿管道轴向土体位移传递到管道上的传递系数，原规范对传递系数的取值系根据我国1975年海城营口地震和1976年唐山地震中承插式铸铁管的震害数据统计获得，这次修改时考虑到原规范统计数据毕竟很有限，为此对传递系数 ζ_t 值改用计算模式的理论解，即（C.1.1-3）式。

对管道位移量的计算，并非管道上各点的位移绝对值，而应是管道在半个视波长内的位移增量，这是导致管道损坏的主要因素。

2 计算参数

沿管道轴向土体的单位面积弹性抗力（K_1），当无实测数据时，给定可采用 0.06N/mm³，系引用日本高、中压煤气抗震设计规范所提供数据。从理论上分析，此值应与管道埋深有关，而且还应与管道外表面的构造、体型有关，很难统一取值，这里给出的采用值不是很确切的，必要时应通过试验测定。在无实测数据时，对 K_1 推荐采用统一常数，主要考虑到埋地管体均与回填土相接触，其误差不致很大。

关于管道单个接头的设计允许位移量 $[U_a]$，系通过国内试验测定获得的。该项专题试验研究，由北京市科委给予经费资助。

3

对焊接钢管这种整体连接管道，条文规定了可以直接验算在水平地震作用下的最大应变量，同时亦可与国内外有关钢管的抗震验算取得协调。对于钢管的允许应变量，考虑到在市政工程中钢管的材质多采用Q235钢，因此条文中的允许应变量系针对Q235给出。

中华人民共和国行业标准

预应力混凝土结构抗震设计规程

JGJ 140—2004

条 文 说 明

前　言

《预应力混凝土结构抗震设计规程》JGJ 140—2004，经建设部 2004 年 1 月 29 日以公告 206 号批准，业已发布。

为便于广大设计、施工、科研、学校等单位的有关人员在使用本规程时能正确理解和执行条文规定，规程编制组按章、节、条的顺序，编制了本规程的条文说明，供使用者参考。在使用过程中，如发现本规程条文说明有不妥之处，请将意见函寄中国建筑科学研究院《预应力混凝土结构抗震设计规程》管理组（邮政编码：100013，地址：北京市北三环东路30号）。

目 次

1 总则 ·· 6—8—4
2 术语、符号 ···································· 6—8—4
3 抗震设计的一般规定 ······················ 6—8—4
　3.1 地震作用及结构抗震验算 ············ 6—8—4
　3.2 设计的一般规定 ························ 6—8—5
　3.3 材料及锚具 ······························· 6—8—5
4 预应力混凝土框架和门架 ················ 6—8—5
　4.1 一般规定 ·································· 6—8—5
　4.2 预应力混凝土框架梁 ··················· 6—8—6
　4.3 预应力混凝土框架柱 ··················· 6—8—7
　4.4 预应力混凝土框架节点 ··············· 6—8—7
　4.5 预应力混凝土门架结构 ··············· 6—8—7
5 预应力混凝土板柱结构 ···················· 6—8—7
　5.1 设计的一般规定 ························ 6—8—7
　5.2 计算要求 ·································· 6—8—8

1 总则

1.0.1 本条是制定本规程的目的、指导思想和条件。制定本规程的目的，是为了减轻预应力混凝土结构的地震破坏程度，保障人员安全和生产安全。鉴于预应力混凝土结构的抗震设计问题，研究的起步比一般钢筋混凝土结构晚，震害经验较少，技术难度也较大；本规程的科学依据，只能是现有的震害防治经验、研究成果和设计经验，随着预应力混凝土抗震科学水平的不断提高，本规程的内容将会得到完善和提高。

1.0.2 本条规定现浇后张预应力混凝土结构适用的设防烈度范围为6、7、8度地区。考虑到抗震设防烈度为9度地区，地震反应强烈，尚需进一步积累工程经验，故要求在设计中需针对不同的现浇后张预应力混凝土结构类型，对其抗震性能及措施，进行必要的试验或分析等研究，并经过有关专家审查认可，在有充分依据，并采取可靠的抗震措施后，也可以采用预应力混凝土结构。

此外，震害表明由预制预应力混凝土构件拼装而成的装配式建筑，在地震中结构倒塌的主要原因是节点设计不足，几乎未见因预应力混凝土构件本身承载力不够，而引起结构总体破坏的现象。装配整体单层钢筋混凝土柱厂房及其节点设计应按现行国家标准《建筑抗震设计规范》GB 50011 有关规定执行。预制装配式框架结构的抗震设计应符合有关专门规程的规定。

2 术语、符号

本章根据现行国家标准《建筑结构设计术语和符号标准》GB/T 50083 规定了预应力混凝土结构抗震设计中的有关术语、符号及其意义。

3 抗震设计的一般规定

3.1 地震作用及结构抗震验算

3.1.1~3.1.4 预应力混凝土框架结构系指在所有框架梁中采用预应力混凝土梁，有时也在上层柱采用预应力混凝土柱的框架结构。预应力混凝土板柱结构系指由水平构件为预应力混凝土板和竖向构件为柱所组成的预应力混凝土结构。由预应力混凝土板柱结构与框架或剪力墙可组合为预应力混凝土板柱-框架结构或板柱-剪力墙结构。本规程列入预应力混凝土板柱-框架结构是为了满足我国低抗震设防烈度区在多层建筑中采用板柱结构的需要。

中国建筑科学研究院的研究表明，预应力混凝土框架结构和板柱结构在弹性阶段阻尼比约为0.03；当出现裂缝后，在弹塑性阶段可取与钢筋混凝土相同的阻尼比0.05。预应力混凝土构件滞回曲线的环带宽度比钢筋混凝土构件的窄，能量消散能力较小，但其有较高的弹性性能，屈服后恢复能力较强，残余变形较小。采用时程分析法进行地震反应分析的结果表明，上述预应力混凝土结构的地震位移反应大约为钢筋混凝土结构的1.1~1.3倍；预应力混凝土结构抗震设计反应谱的研究表明，预应力混凝土结构的设计地震剪力应作适当提高。本规程第3.1.2条关于预应力混凝土框架结构、板柱-框架结构水平地震影响系数曲线的取值规定，是按现行国家标准《建筑抗震设计规范》GB 50011 有关规定取阻尼比为0.03确定的。设计地震分组应按《建筑抗震设计规范》GB 50011 附录A确定。

本规程第3.1.2条所述的以预应力混凝土框架结构，或预应力混凝土板柱-框架结构作为主要抗侧力体系，系指在基本振型地震作用下，其承受的地震倾覆力矩超过结构总地震倾覆力矩的50%；或在预应力混凝土框架结构或预应力混凝土板柱-框架结构中仅设置有楼、电梯井及边梁，也应按本条取阻尼比为0.03的地震影响系数曲线，确定水平地震力。当仅在框架结构中采用几根预应力混凝土梁，以满足构件的挠度和裂缝要求；或在框架-剪力墙、框架-核心筒或板柱-剪力墙结构中，采用预应力混凝土平板或框架的情况，该建筑结构仍应按阻尼比取0.05进行抗震设计。

8度时对跨度大于24m屋架，长悬臂和其他大跨度预应力混凝土结构，其竖向地震作用标准值主要采用了现行国家标准《建筑抗震设计规范》GB 50011 对大跨钢筋混凝土屋架的取值规定。对长悬臂和其他大跨度预应力混凝土结构，在场地类别为Ⅱ类以上的情况下，竖向地震作用系数提高约25%~30%。

3.1.5 预应力混凝土结构构件的地震作用效应和其他荷载效应的基本组合主要按照现行国家标准《建筑抗震设计规范》GB 50011 的有关规定确定，并加入了预应力作用效应项，预应力作用效应也包括预加力产生的次弯矩、次剪力。当预应力作用效应对构件承载能力有利时，预应力分项系数应取1.0，不利时应取1.2，是参考国内外有关规范做出规定的。

预应力混凝土结构的承载力抗震调整系数、层间位移角限值，仍采用现行国家标准《建筑抗震设计规范》GB 50011 有关对钢筋混凝土相同的规定。控制层间位移角以防止非结构构件的损坏和限制重力 $P-\Delta$ 效应。

3.1.7 预应力混凝土框架梁、柱的受剪承载力，按现行国家标准《混凝土结构设计规范》GB 50010 第11章有关条款进行计算时，其未计及预应力对提高构件受剪承载力的有利作用，即取预应力分项系数为0，是偏于安全的。

3.2 设计的一般规定

3.2.1～3.2.4 对采用预应力混凝土建造的多层及高层建筑，从安全和经济等方面考虑，对其适用高度应有限制；并应根据抗震设防烈度，不同结构体系及不同高度，划分抗震等级，采取相应的抗震构造措施。由于在高层建筑中主要在楼盖结构中采用预应力混凝土，故对建筑最大适用高度限值及抗震等级的划分仍采用现行国家标准《建筑抗震设计规范》GB 50011 有关条款的规定。表中的"框架"和"框架结构"有不同的含意，"框架结构"指纯框架结构，而"框架"则泛指框架结构和框架-剪力墙等结构体系中的框架。框架-剪力墙结构一般指在基本振型地震作用下，框架承受的地震倾覆力矩小于结构总地震倾覆力矩的50%。其框架部分的抗震等级可按框架-剪力墙结构的规定划分。

由于板柱节点存在不利于抗震的弱点，本规程除允许将板柱-框架结构用于抗震设防低烈度区的多层建筑外，规定在多、高层建筑中采用板柱结构时，应用范围原则上限于板柱-剪力墙结构。对框架-核心筒结构，按照国家现行标准《高层建筑混凝土结构技术规程》JGJ 3 的规定，在该结构的周边柱间必须设置框架梁，故在这种结构体系中，带有一部分仅承受竖向荷载的板柱结构时，不作为板柱-剪力墙结构。

当预应力混凝土结构的房屋高度超过最大适用高度或在抗震设防烈度为9度地区采用预应力混凝土结构时，应进行专门研究和论证，采取有效的加强措施。

3.2.5～3.2.7 国内外大量工程实践表明，无粘结预应力筋适用于采用分散配筋的板类结构及楼盖的次梁，不得用于屋架下弦拉杆等主要受拉的承重构件，后张预应力混凝土框架结构亦不宜采用无粘结预应力筋。这是由于无粘结预应力筋的应力沿筋全长几乎保持等同，这样预应力钢材的非弹性性能亦即构件的能量消散不能得到充足发挥。当发生大的非弹性变形时，可能导致仅产生几条宽裂缝，从而削弱了构件的延性性能；此外，在反复荷载下难以准确预测配置无粘结预应力筋截面的极限受弯承载力。

当采用非预应力钢筋为主的混合配筋时，可消除上述疑虑。Hawkins 和 Ishizuka 对无粘结后张延性抗弯框架的研究认为，适量预应力对延性抗弯框架的抗震性能无不良影响。由于在混凝土中存在预压应力，减轻了节点刚度退化效应；预应力抑制了梁筋从节点拔出，减少了梁筋失稳破坏的可能性。所提建议为：基于梁的矩形截面面积，其平均预压应力不宜超过 2.5N/mm²；非预应力钢筋拉力至少应达到非预应力钢筋及预应力筋总拉力的65%；此外，框架梁端截面需配置足够数量的底筋。对于无粘结预应力筋在地震区应用的条款是参考了上述理论及试验研究，以及国外相关预应力混凝土设计规定而制定的。并规定抗震等级为一级的框架不得应用无粘结预应力筋；当设有剪力墙或筒体时，对抗震等级为二、三级的框架，其在基本振型地震作用下，所承担的地震倾覆力矩小于总地震倾覆力矩的35%时，允许采用无粘结预应力筋，这比通常小于50%更为严格。

3.2.8 根据国内外的工程设计经验，对高层建筑常用结构类型楼盖中采用预应力混凝土平板的抗震设计，从确保其传递剪力的横隔板作用等抗震性能方面做出了规定。

3.2.9 在强烈地震产生的荷载作用下，若使无粘结预应力混凝土连续板或梁一跨破坏，可能引起多跨结构中其他各跨连续破坏。为避免发生这种连续破坏现象，根据国内外规范及工程经验做出本条设计规定。

3.2.10 将锚具布置在梁柱节点核心区域以外，可避免该区域在剪力作用所产生较大对角拉应力的情况下，再承受锚具引起的劈裂应力。在外节点，锚具宜设置在节点核心区之外的伸出凸端上。仅当有试验依据，或其他可靠的工程经验时，才可将锚具设置在节点区，此时，应在保持箍筋总量的前提下，处理好箍筋的布置问题。

3.3 材料及锚具

3.3.1 随着高强度低松弛预应力钢绞线及钢丝在我国的推广应用，必须采用较高强度等级的混凝土，则可充分发挥两者的作用，承载力可大幅度提高，或截面高度可以有效地减小。但是，对C60以上强度等级混凝土用于预应力混凝土结构构件，其裂缝控制及延性要求等国内外研究还不够多，故应用中应注意采取必要的措施。

3.3.2 用于地震区预应力混凝土结构的锚具，其预应力筋-锚具组装件的静载锚固性能、抗地震的周期荷载性能的试验要求，是根据现行国家标准《预应力筋用锚具、夹具和连接器》GB/T 14370 中对锚具锚固性能要求制定的。

4 预应力混凝土框架和门架

4.1 一般规定

4.1.1 在我国预应力混凝土框架、排架及门架等已得到较多应用，积累了丰富的工程经验，在这方面所做的研究工作也较多，已具备编制规程的条件。预应力混凝土的其他结构型式，如巨型结构，带转换层结构等工程的应用和理论研究尚处于积累阶段，故本规程未包括这方面的内容。

4.1.2 在大跨度预应力混凝土框架梁中，预应力筋的面积是由裂缝控制等级确定的，为了增加梁端截面延性，则需要配置一定数量的非预应力钢筋，采用混合配筋方式，这在某种程度上增加了梁的强度储备。国内外研究表明，在罕遇地震作用下，要求预应力混凝土框架梁端临界截面的屈服先于柱截面产生塑性铰，呈现梁铰侧移机制是难以实现的；若确保在边节点处的梁端出现铰、柱端不出现铰，呈现混合侧移机制时结构仍是稳定的，这将同时依靠梁铰和柱铰去耗散地震能量，其对柱端的截面延性亦有较高要求。为了确保在一定程度上减缓柱端的屈服，本规程第4.3.2条规定对二、三级抗震等级的框架边柱，其柱端弯矩增大系数 η_c 分别按 1.4、1.2 取值。并要求预应力混凝土框架结构柱的箍筋应沿柱全高加密。

4.2 预应力混凝土框架梁

4.2.1 预应力混凝土结构的跨度一般较大，若截面高宽比过大容易引起梁侧向失稳，故有必要对梁截面高宽比提出要求。关于梁高跨比的限制，采用梁高在 $(1/12\sim1/22) l_0$ 之间比较经济。

4.2.2~4.2.3 在抗震设计中，为保证预应力混凝土框架的延性要求，梁端塑性铰应具有满意的塑性转动能力。国内外研究表明，对梁端塑性铰区域混凝土截面受压区高度和受拉钢筋配筋率加以限制是最重要的。本条是参考国外规范及国内的设计经验做出具体规定的。本规程对受拉钢筋最大配筋率 2.5% 的限制，是以 HRB400 级钢筋的抗拉强度设计值进行折算得出的，当采用 HRB335 级钢筋时，其限值可放松到 3.0%。

采用预应力筋和非预应力普通钢筋混合配筋的部分预应力混凝土，有利于改善裂缝和提高能量消散能力，可改善预应力混凝土结构的抗震性能。预应力强度比 λ 的表达式为：

$$\lambda = \frac{f_{py}A_p h_p}{f_{py}A_p h_p + f_y A_s h_s} \tag{1}$$

λ 的选择需要全面考虑使用阶段和抗震性能两方面要求。从使用阶段看，λ 大一些好；从抗震角度，λ 不宜过大，这样可使弯矩-曲率滞回曲线的环带宽度、能量消散能力，在屈服后卸载时的恢复能力和残余变形均介于预应力混凝土和钢筋混凝土构件的滞回曲线之间，同时具有两者的优点。参考东南大学的试验研究成果，本规程要求对一级框架结构梁，λ 不宜大于 0.60，二、三级框架结构梁，λ 不宜大于 0.75；并对框架-剪力墙及框架-筒体结构中的后张有粘结预应力混凝土框架，适当放宽了 λ 限值。

在预应力强度比 λ 限值下，设计裂缝控制等级宜尽量采用允许出现裂缝的三级，而不是采用较严的裂缝控制等级。此外，宜将框架边跨梁端预应力筋的位置，尽可能整体下移，使梁端截面负弯矩承载力设计值不致于超强过多，并可使梁端预应力偏心引起的弯矩尽可能小，从而使框架梁内预应力筋在柱中引起的次弯矩较为有利。按上述考虑设计的预应力混凝土框架梁可达到钢筋混凝土梁不能达到的跨度，且具有良好的抗震耗能及延性性能。

4.2.4 控制梁端截面的底面配筋面积 A_s' 和顶面配筋面积 A_s 的比值 A_s'/A_s，有利于满足梁端塑性铰区的延性要求，同时也考虑到在地震反复荷载作用下，底部钢筋可能承受较大的拉力。本规范对预应力混凝土框架梁端截面 A_s'/A_s 面积比的具体限值的规定，是参考国内外的试验研究及钢筋混凝土框架梁的有关规定，经综合分析确定的。

4.2.5 分析研究和实测表明，T 形截面受弯构件当翼缘位于受拉区时，参加工作的翼缘宽度较受压翼缘宽度小些，为了确保翼缘内纵向钢筋对框架梁端受弯承载力做出贡献，故做出不少于翼缘内部纵筋的 75% 应通过柱或锚固于柱内的规定。本条是借鉴新西兰《混凝土结构设计实用规范》NZS 3101 做出规定的。

4.2.6 预应力混凝土框架梁端箍筋的加密区长度、箍筋最大间距和箍筋的最小直径等构造要求应符合现行国家标准《建筑抗震设计规范》GBJ 50011 有关条款的要求。本条对预应力混凝土大梁加腋区端部可能出现塑性铰的区域，规定采用较密的箍筋，以改善受弯延性。

4.2.7 对扁梁截面尺寸的要求是根据国内外有关规范和资料提出的。跨高比过大，则扁梁体系太柔对抗震不利，研究表明该限值取 25 比较合适。

4.2.8 为避免或减小扭转的不利影响，对扁梁的结构布置和采用整体现浇楼盖的要求，以及梁柱节点核心区受剪承载力的验算等，原则上与现行国家标准《建筑抗震设计规范》GB 50011 对钢筋混凝土扁梁的要求相一致，但采用预应力筋有利于节点抗剪，可按本规程提供的公式进行节点受剪承载力计算。

预应力混凝土扁梁框架梁柱节点的配筋构造要求、扁梁箍筋加密区长度满足抗扭钢筋延伸长度的规定等，是根据原机械工业部设计研究院所做试验研究及工程经验做出规定的。为了防止在混凝土收缩及温度作用下，在扁梁交角处板面出现裂缝，当板面顶层钢筋网间距不小于 200mm 时，需配置不少于 $\phi8@100$ 的附加构造钢筋网片。

4.2.9 对于预应力混凝土框架的边梁，要求其宽度不大于柱高，可避免其对垂直于该边梁方向的框架扁梁产生扭矩；当与此边梁相交的内部框架扁梁大于柱宽时，也将对该边梁产生扭矩，为消除此扭矩，对于框架边梁应采取有效的配筋构造措施，考虑其受扭的不利作用。

4.2.10 工程经验表明，由悬臂构件根部截面荷载效应组合的弯矩设计值确定的纵向钢筋，在横向、竖向悬臂构件根部加强部位（指自根部算起 1/4 跨长，截面高度 $2h$ 及 500mm 三者中的较大值）不得截断，且加强部位的箍筋应予以加密；为使悬臂构件受弯屈服限制在确定部位，本条规定了相应的配筋构造措施，使这些部位具有所需的延性和耗能能力，且要求加强段钢筋的实际面积与计算面积的比值，不应大于相邻的一般部位。并从配筋构造上要求在悬臂构件顶面和底面均配置抗弯的受力钢筋。

4.3 预应力混凝土框架柱

4.3.1 预应力混凝土框架结构跨度较大，柱的截面尺寸亦较大，柱的净高 H_∞ 与截面高度 h 的比值 H_∞/h 一般在 4 左右，此时剪跨比约为 2。当主房框架与附房相连时，两层附房相当于一层主房框架，H_∞/h 将小于 2，对剪跨比小于 2 的预应力混凝土框架柱，应进行特别设计。若柱无反弯点时，剪跨比可按 $M_{max}^c / (V^c h_0)$ 进行计算，式中 M_{max}^c 为柱上下端截面组合弯矩计算结果的较大值；V^c 为对应的截面组合剪力计算值。

4.3.3 在抗震设计中，采用预应力混凝土柱也要求呈现大偏心受压的破坏状态，使具有一定的延性。本条应用预应力等效荷载的概念，将部分预应力混凝土偏压构件柱等效为承受预应力作用的非预应力偏心受压构件。在计算中将预应力作用按总有效预加力表示，由于将预应力考虑为外荷载，并乘以预应力分项系数 1.2，故在公式中取 $1.2N_{pe}$ 为预应力作用引起的轴压力设计值。

当预应力混凝土框架的跨度很大时，为了适当控制其适用的最大高度；必要时方便地在节点区布置锚具；以及考虑孔道对节点核心区受剪截面的影响等因素，根据工程经验，本规程将预应力混凝土框架结构及板柱-框架结构柱的轴压比限值加严，按比钢筋混凝土柱约低 10% 确定。

4.3.4 对于承受较大弯矩而轴向压力小的框架顶层边柱，可以按预应力混凝土梁设计，采用非对称配筋的预应力混凝土柱，弯矩较大截面的受拉一侧采用预应力筋和非预应力普通钢筋混合配筋，另一侧仅配普通钢筋，并应符合一定的配筋构造要求。东南大学的试验表明，非对称配筋大偏心受压预应力混凝土柱的耗能能力和延性都较好，有良好的抗震性能。

4.3.5～4.3.6 试验研究表明，预应力混凝土柱在高配筋率下，容易发生粘结型剪切破坏，此时，增加箍筋的效果已不显著，故对预应力混凝土框架柱的最大配筋率限值做出了规定。预应力混凝土柱尚应符合现行国家标准《混凝土结构设计规范》GB 50010 关于框架柱纵向非预应力钢筋最小配筋百分率的规定及柱端加密区配箍要求。此外，对预应力混凝土纯框架结构要求柱的箍筋应沿柱全高加密。

4.3.7 试验结果表明，当混凝土处于双向局部受压时，其局压承载力高于单向局压承载力。在局部承压设计中，将框架柱中纵向受力主筋和横向箍筋兼作间接钢筋网片是根据试验研究和工程设计经验提出的。

4.4 预应力混凝土框架节点

4.4.1 由于预应力对节点的侧向约束作用，使节点混凝土处于双向受压状态，不仅可以提高节点的开裂荷载，也可提高节点的受剪承载力。东南大学的试验资料表明，在节点破坏时仍能保持一定的预应力，在考虑反复荷载使有效预应力降低后，取预应力作用的承剪力 $V_p = 0.4N_{pe}$，式中 N_{pe} 为作用在节点核心区预应力筋的总有效预应力。鉴于我国对预应力作用的表达方式有时列为公式右端项，并考虑承载力抗震调整系数 γ_{RE}，上述 V_p 值将约为 $0.5N_{pe}$。新西兰《混凝土结构设计实用规范》NZS 3101 中，对预应力抗剪作用取值为 $0.7N_{pe}$。本规程也参考了上述规范的计算规定。

4.5 预应力混凝土门架结构

4.5.2 震害调查发现，平腹杆双肢柱及薄壁开孔预制腹板工形柱易发生剪切破坏，而整体浇筑的矩形、工字形截面柱震害轻微。此外，在柱子易出现塑性铰的区域，亦应使用矩形截面，且应从构造上予以加强。

4.5.3 24m 跨的预应力混凝土空旷房屋竖向地震作用明显，故应考虑竖向地震作用。

4.5.4 采用通长的折线预应力筋可避免在边节点处配置过密的普通钢筋，以方便施工，并易于保证施工质量。

当采用分段直线预应力筋时，预应力筋的锚固端不应削弱节点核心区，故不允许将预应力筋直接锚固于节点核心区内。

4.5.5 预应力混凝土门架梁中塑性铰是有可能发生在加腋段以外区域的。对可能出现塑性铰的区段应加密箍筋。

4.5.6～4.5.7 门架宜发生梁铰的破坏机制，然而实际上难以做到真正的"强柱弱梁"，工程设计经验表明，在按照现行国家标准《建筑抗震设计规范》GB 50011 有关章节中框架梁、柱抗震设计方法，对门架构件内力进行调整之后进行截面设计，仍有可能在柱端发生柱铰。因此，凡是可能出现塑性铰的区段或可能发生剪切破坏区段均应加密箍筋。

5 预应力混凝土板柱结构

5.1 设计的一般规定

5.1.2 根据我国地震区板柱结构设计、施工经验及震害调查结果，在 8 度设防地区采用无粘结预应力多层板柱结构，当增设剪力墙后，其吸收地震剪力效果显著。因此，规定板柱结构用于多层及高层建筑时，原则上应采用抗侧力刚度较大的板柱-剪力墙结构。

考虑到在6度、7度抗震设防烈度区建造多层板柱结构的需要，为了加强其抗震能力，本规程增加了板柱-框架结构，并根据工程实践经验，做出了抗震应符合的规定。

5.1.3 考虑到板柱节点是地震作用下的薄弱环节，当8度设防时，板柱节点宜采用托板或柱帽，托板或柱帽根部的厚度（包括板厚）不小于16倍柱纵筋直径是为了保证板柱节点的抗弯刚度。

5.1.6 为了防止无柱帽板柱结构在柱边开裂以后发生楼板脱落，穿过柱截面的后张预应力筋及板底两个方向的非预应力钢筋的受拉承载力应满足本条的规定。"重力荷载代表值作用下的柱轴压力"表示分项系数为1.2，重力荷载代表值包括楼板自重和活荷载。

5.1.8 设置边梁的目的是为加强板柱结构边柱的受冲切承载力及增加整个楼板的抗扭能力。边梁可以做成暗梁形式，但其构造仍应满足抗扭要求。

5.2 计算要求

5.2.1～5.2.4 板柱体系在竖向荷载和水平荷载作用下，受力情况和升板结构在使用状态下是相似的，内力和位移计算可按现行国家标准《钢筋混凝土升板结构技术规范》GBJ 130或《无粘结预应力混凝土结构技术规程》JGJ/T 92规定的方法进行。本节这几条主要是根据上述规范的有关规定编写的。

5.2.6～5.2.8 本条是参照国家现行标准《无粘结预应力混凝土结构技术规程》JGJ/T 92的有关条款做出规定的，其目的是强调在柱上板带中设置暗梁，以及为了有效地传递不平衡弯矩，除满足受冲切承载力计算要求，板柱结构的节点连接构造亦十分重要，设计中应给予充分重视。

5.2.10 为了推迟板柱结构底层柱下端截面出现塑性铰，故规定对该部位柱的弯矩设计值乘以增大系数，以提高其正截面受弯承载力。

5.2.11 本条指的是未设置或未有效设置剪力墙或垂直支撑的板柱结构。这类结构的柱子既是横向抗侧力构件，又是纵向抗侧力构件，在实际地震动作用下，大部分属于双向偏心受压构件，容易发生对角破坏。故本条规定这类结构柱子的截面设计应考虑地震作用的正交效应。

中华人民共和国行业标准

镇(乡)村建筑抗震技术规程

JGJ 161—2008

条 文 说 明

前 言

《镇（乡）村建筑抗震技术规程》JGJ 161—2008 经住房和城乡建设部 2008 年 6 月 13 日以第 49 号公告批准、发布。

为便于广大设计、施工、科研、学校等单位有关人员在使用本规程时能正确理解和执行条文规定，镇（乡）村建筑抗震技术规程》编制组按章、节、条顺序编制了本规程的条文说明，供使用者参考。在使用中如发现本条文说明中有不妥之处，请将意见函寄中国建筑科学研究院（地址：北京市北三环东路 30 号；邮政编码：100013）。

目 次

1 总则 ·· 6—9—4
2 术语、符号 ································ 6—9—5
3 抗震基本要求 ······························ 6—9—5
4 场地、地基和基础 ······················ 6—9—6
5 砌体结构房屋 ······························ 6—9—7
6 木结构房屋 ·································· 6—9—10
7 生土结构房屋 ······························ 6—9—12
8 石结构房屋 ·································· 6—9—14
附录 A 墙体截面抗震受剪极限
承载力验算方法 ·············· 6—9—15
附录 B～附录 E 砌体结构房屋、木结构房屋、生土结构房屋、石结构房屋抗震横墙间距（L）和房屋宽度（B）限值 ·············· 6—9—16
附录 F 过梁计算 ······························ 6—9—16

1 总　　则

1.0.1 制定本规程的目的，是为了减轻村镇房屋地震破坏，减少人员伤亡和经济损失。

1.0.2 该条明确了本规程的适用范围和适用对象。鉴于村镇民房基本未进行抗震设防，抗震能力差，而很多 6 度地区发生了中强地震，造成了村镇房屋的严重震害，因此 6 度地区必须采取抗震措施。适用对象主要是村镇中层数为一、二层，采用木楼（屋）盖，或采用冷轧带肋钢筋预应力圆孔板楼（屋）盖的一般民用房屋。对村镇中三层及以上的房屋，或采用钢筋混凝土构造柱、圈梁和楼（屋）盖的房屋，应按现行国家标准《建筑抗震设计规范》GB 50011（以下简称《抗震规范》）进行设计和建造。

1.0.3 相对于城市建筑，我国村镇建筑具有单体规模小、就地取材、造价低廉等特点；并且基本上是由当地建筑工匠按传统习惯进行建造，一般不进行正规设计。在抗震能力方面，由于村镇建筑存在主体结构材料强度低（如生土、砌体、石结构）、结构整体性差、房屋各构件之间连接薄弱等问题，加之普遍未采取抗震措施，地震震害严重。

针对目前我国大部分村镇地区房屋的现状，本规程提出村镇建筑抗震设防目标是：当遭受低于本地区抗震设防烈度的多遇地震影响时，一般不需修理可继续使用；当遭受相当于本地区抗震设防烈度的地震影响时，主体结构不致严重破坏，围护结构不发生大面积倒塌。

《抗震规范》提出的是"小震不坏，中震可修，大震不倒"的抗震设防三水准目标。从《抗震规范》的设计思想可以看出，概念设计和抗震构造措施是实现设防目标的重要保证，历次的震害经验也充分证明了这一点。在《抗震规范》中对于各类结构的概念设计和抗震构造措施都提出了具体而全面的要求，对于城镇中经正规抗震设计，材料强度有保证、施工质量可靠的房屋，是完全可以达到抗震设防的三水准目标的。但对大部分村镇地区的房屋而言，结构类型及建筑材料的选用有明显的地域性，以土、木、石及砖为主要建筑材料的低造价房屋仍在大量使用和建造，这些房屋在建筑材料、施工技术等方面有较大局限性，与按照《抗震规范》设计、建造的房屋有很大差别，难以达到《抗震规范》中第三水准的抗震设防目标的要求。以城市和村镇中常见的砖砌体房屋为例，《抗震规范》对砌墙砖和砌筑砂浆的强度等级及力学性能指标参数都有详细的划分和规定，在结构体系和计算要点方面也作出了具体的要求和规定，同时采取了设置强度高、延性好的钢筋混凝土圈梁、构造柱及其他抗震构造措施作为大震不倒的保证；而村镇地区大量建造的低层（二层以下）砌体房屋，由于受技术经济等条件的限制，其主要承重构件为砖墙、砖（或木）柱和木或钢筋混凝土预制楼（屋）盖，在不大幅度提高造价、不改变结构类型和主要构件材料的条件下，采取的抗震构造措施是设置配筋砖圈梁、配筋砂浆带、木圈梁和墙揽等，与《抗震规范》的钢筋混凝土圈梁、构造柱有很大差别，达到的抗震效果也存在实际的差距。综合考虑各方面的因素，村镇建筑采用"小震不坏，中震主体结构不致严重破坏"的抗震设防目标是比较切合实际的，满足了经济合理、简便易行、有效的原则，在农民可接受的造价范围内较大程度地提高了农村房屋的抗震能力。

一、二层村镇建筑体型小、规模小、房屋质量轻（木楼屋盖），与城镇建筑比较，其震害影响范围、程度也小。本规程的"中震主体结构不致严重破坏"抗震设防水准是符合国情的。

对于较正规的村镇公用建筑以及三层、三层以上和经济发达的农村地区的民居（如采用了现浇钢筋混凝土构造柱和楼屋盖），则应按照《抗震规范》进行设计。

中震主体结构不致严重破坏采用的是结构极限承载力设计思想，叙述如下：

房屋在地震作用下抗震墙体开裂后，结构进入弹塑性阶段，当地震作用使结构的承载力达到极限状态时，取抗震设防烈度对应为这时的地震作用效应 S，同时取结构的极限承载力作为抗力 R，使：

$$S \leqslant \gamma_{bE} R \quad (1)$$

式中　S——基本烈度地震作用效应标准值；

　　　γ_{bE}——极限承载力抗震调整系数；

　　　R——结构的极限承载力，取材料强度平均值计算。

结构的极限承载力 R 由结构材料的力学性能与几何尺寸等决定，可以计算。结构抗震极限承载力调整系数 γ_{bE} 考虑了一定的承载力储备，与抗侧力构件（抗震墙）的类型（承重或非承重）有关，并综合考虑了当前我国村镇地区的经济水平。

本规程本着"因地制宜、就地取材"的原则，充分考虑到我国一些地区（特别是西部经济不发达地区）农民的经济状况较差，没有能力按照《抗震规范》的要求建造砖混结构等抗震性能较好的房屋，缺少保证大震不倒的钢筋混凝土圈梁、构造柱等抗震构造措施，故采用基本烈度地震进行砌体截面的极限承载力设计，以达到基本烈度不倒墙塌架的设防目标，避免和减少人员伤亡及财产损失。

1.0.4 本条为强制性条文，要求抗震设防区村镇中的新建房屋都必须进行抗震设防。

1.0.5 为适应《工程建设标准强制性条文》的要求，采用最严的规范用语"必须"。

1.0.6 本条指出了采用抗震设防烈度的依据，即一般情况抗震设防烈度可采用地震基本烈度（作为一个地区抗震设防依据的地震烈度）；一定条件下，可采用抗震设防区划提供的地震动参数（如地面运动加速度峰值、反应谱值等）。抗震设防烈度和抗震设防区划的审批权限，由国家有关主管部门规定。

村镇建筑抗震设防烈度，按本地区地震主管部门规定取值。《抗震规范》只标示出县级及县级以上城镇中心地区的地震基本烈度（或抗震设防烈度），对于按行政管辖区划分的所属村镇地区，其地震基本烈度值可能高于（或低于）该县市中心地区的地震基本烈度值，一般情况下，应依据《中国地震动参数区划图》GB 18306 确定某一村镇的地震基本烈度；对于分界线附近的地区，应按有关要求进行烈度复核并经地震主管部门批准后采用。

2 术语、符号

明确了抗震措施与抗震构造措施的区别，抗震构造措施只是抗震措施的一个组成部分。对村镇各类房屋的结构类型进行了界定，明确了各结构类型的定义及所包含的基本形式，并对主要抗震构造措施进行了说明，解释了本规程所采用的主要符号的意义。

3 抗震基本要求

3.1 建筑设计和结构体系

3.1.1 形状比较简单、规则的房屋，在地震作用下受力明确，同时便于进行结构分析，在设计上易于处理。以往的震害经验也充分表明，简单、规整的房屋在遭遇地震时破坏也相对较轻。

3.1.2 墙体均匀、对称布置，在平面内对齐、竖向连续是传递地震作用的要求，这样沿主轴方向的地震作用能够均匀对称地分配到各个抗侧力墙段，避免出现应力集中或因扭转造成部分墙段受力过大而破坏、倒塌。例如我国南方一些地区农村的二、三层房屋，外纵墙在一、二层上下不连续，即二层外纵墙外挑，在 7 度地震影响下二层墙体普遍严重开裂。

抗震墙是砌体房屋抵抗水平地震作用的主要构件，对纵横墙开洞率作出规定是为了确保抗震墙体有足够的抗剪承载能力所需的水平截面面积。在我国南方部分地区，很多房屋前纵墙开洞过大，除纵横墙交接处留有墙垛外，基本均为门窗洞口，抗震墙体截面严重不足，不但整体的抗震能力不能满足要求，局部尺寸过小的门窗间墙在水平地震作用会因局部失效导致房屋整体破坏。前后纵墙开洞不一致还会造成地震作用下的房屋平面扭转，加重震害。

楼梯间墙体侧向支承较弱，是抗震的薄弱部位，设置在房屋尽端或转角处时会进一步加重震害，在建筑布置时宜尽量避免将楼梯间设于尽端和转角处。悬挑楼梯在墙体开裂后会因嵌固端破坏而失去承载能力，容易造成人员跌落伤亡。

烟道等竖向孔洞在墙体中留置时，因留洞削弱了墙体的厚度，刚度的突变容易引起应力集中，在地震作用下会首先破坏。应采取措施避免墙体的削弱，如改为附墙式或在砌体中增加配筋等。

无下弦的人字屋架和拱形屋架端部节点有向外的水平推力，在地震作用下屋架端点位移增加会进一步加大对外纵墙的推力，使外纵墙产生外倾破坏。

3.1.3 震害调查发现，有的房屋纵横墙采用不同材料砌筑，如纵墙用砖砌筑、横墙和山墙用土坯砌筑，这类房屋由于两种材料砌块的规格不同，砖与土坯之间不能咬槎砌筑，不同材料墙体之间为通缝，导致房屋整体性差，在地震中破坏严重，抗震性能甚至低于生土结构；又如有些地区采用的外砖里坯（亦称里生外熟）承重墙，地震中墙体倒塌现象较为普遍。

这里所说的不同墙体混合承重，是指左右相邻不同材料的墙体，对于下部采用砖（石）墙，上部采用土坯墙，或下部采用石墙，上部采用砖或土坯墙的做法则不受此限制，但这类房屋的抗震承载力应按上部相对较弱的墙体考虑。

3.2 整体性连接和抗震构造措施

3.2.1 农村房屋因楼（屋）盖构件支承长度不足导致楼（屋）盖塌落现象在地震中较为常见。因此，对楼（屋）盖支承长度提出要求，是保证楼（屋）盖与墙体连接以及楼（屋）盖构件之间连接的重要措施。

3.2.2 木屋架和木梁浮搁在墙体上时，水平地震往复作用下屋架或梁支承处松动产生位移，与墙体之间相互错动，严重时会造成屋架或梁掉落导致屋面局部塌落破坏。加设垫木既可以加强屋盖构件与墙体的锚固，还增大了端部支承面积，有利于分散作用在墙体上的竖向压力。

由于生土墙体强度较低，抗压能力差，因此木屋架和木梁在外墙上的支承长度要求大于砖石墙体，同时也要求木屋架和木梁在支承处设置木垫块或砖砌垫层，以减少支承处墙体的局部压应力。

3.2.3 突出屋面的烟囱、女儿墙等局部突出的非结构构件，如果没有可靠的连接，在地震中是最容易破坏的部位。震害表明，在 6 度区这些构件就有损坏和塌落，7、8 度区破坏就比较严重和普遍，易掉落砸物伤人。因此减小高度或采取拉结措施是减轻破坏的有效手段。

3.2.4 砌体房屋的墙体是承受水平地震作用的唯一构件，开洞过大会减小墙体的抗剪面积，削弱墙体的抗震能力。因此，控制墙体上的开洞宽度，是避免因局部墙体的失效导致房屋倒塌的有效措施。

3.2.5 地震现场调查可知，过梁支承处墙体出现倒八字裂缝是较为普遍的破坏现象，有时也会由于支承长度不足而发生破坏。因此地震区过梁支承长度要求在240mm以上，9度时更应提高要求。

3.2.7 地震中溜瓦是瓦屋面常见的破坏形式，冷摊瓦屋面的底瓦浮搁在椽条上时更容易发生溜瓦，掉落伤人。因此，本条要求冷摊瓦屋面的底瓦与椽条应有锚固措施。根据地震现场调查情况，建议在底瓦的弧边两角设置钉孔，采用铁钉与椽条钉牢。盖瓦可用石灰或水泥砂浆压垄等做法与底瓦粘结牢固。该项措施还可以防止风暴对冷摊瓦屋面造成的破坏。

3.2.8 调查发现，农村不少硬山搁檩房屋的檩条直接搁置在山尖墙的砖块上，山尖墙的墙顶为锯齿形，搁置檩条的砖块只在下表面和上侧面有砂浆粘结，地震时山尖墙易出平面破坏或砖块掉落伤人，故要求采用砂浆将山尖墙墙顶顺坡塞实找平，加强墙顶的整体性并将檩条固定。

3.2.9 调查发现，一些村镇房屋设有较宽的外挑檐，在屋檐外挑梁的上面砌筑用于搁置檩条的小段墙体，甚至砌成花格状，没有任何拉结措施，地震时中容易破坏掉落伤人，因此明确规定不得采用。该位置可采用三角形小屋架或设瓜柱解决外挑部位檩条的支承问题。

3.3 结构材料和施工要求

3.3.1 墙体砌筑材料、木构件和连接件、钢筋及混凝土的材质和强度等级直接关系到墙体、木构架的承载能力和房屋整体性连接的可靠性，本条规定是对结构材料的基本要求。

3.3.2 光圆钢筋端头设置180°弯钩可以保证钢筋在砂浆层中的锚固，充分发挥钢筋的拉结作用。

地震作用下，木构架节点处受力复杂，榫接节点的榫头容易松动和脱出，易造成木构架倾斜和倒塌，在节点的连接处加设铁件是加强木构架整体性的主要措施。铁件锈蚀会降低连接的效果甚至失效，因此外露铁件应做防锈处理。

木柱嵌入墙内不利于通风防腐，当出现腐朽、虫蚀或其他问题时也不易检查发现。木柱伸入基础部分容易受潮，柱根长期受潮糟朽引起截面处严重削弱，从而导致木柱在地震中倾斜、折断，引起房屋的严重破坏甚至倒塌。

配筋砖圈梁和配筋砂浆带中的钢筋应完全包裹在砂浆中，如果钢筋暴露在空气中或砂浆不密实，空气中的水分易于渗入，日久将使钢筋锈蚀，失去作用。在设有纵横墙连接钢筋的灰缝处，强度等级高、抹压密实的勾缝砂浆，可有效保护钢筋。

4 场地、地基和基础

4.1 场 地

4.1.1 该条引自现行《抗震规范》，有利、不利和危险地段的划分沿用了历次规范的规定。本条中只列出了有利、不利和危险地段的划分，其他地段可视为可进行建设的一般场地。

地震波是通过场地土传播的，场地土的土质和覆盖层厚度对建筑物的震害程度影响很大。条状突出的山嘴、高耸孤立的山丘以及非岩质的陡坡等地段，地震动会有明显的加强效应，出现局部的烈度异常区，建筑物的破坏也会相应加重。地震滑坡是丘陵地区及河、湖岸边等常见的震害，在历史上有多次记录，对房屋危害极大。软弱土的震陷和砂土液化也是常见的震害现象，地基失稳引起的不均匀沉降对于结构整体性较差的村镇房屋更易造成严重破坏，造成墙体裂缝或错位，这种破坏往往由上部墙体贯通到基础，震后难以修复；上部结构和基础整体性较好时地基不均匀沉降则会造成建筑物倾斜。

4.1.2 场地条件对上部结构的震害有直接影响，因此抗震设防区房屋选址时应选择有利的地段，尽可能避开不利的地段，并且不在危险地段建房。

4.2 地基和基础

4.2.1 村镇房屋占地面积小，基础平面简单，易于保证地基土和基础类型的一致性，避免因地基土性质不同或基础类型的差异引起不均匀沉降，造成上部结构的破坏。

当建筑场地存在旧河沟、暗浜或局部回填土，确实无法避开时，为保证基础持力层具有足够的承载力，需要挖除软弱土层换填或放坡。逐步放坡可以避免基础高度转换处产生应力集中破坏。

村镇建筑的基础材料一般因地制宜选取，但应保证基础具有一定的强度和防潮能力。

为了满足防潮的要求，砖基础应用实心砖由砂浆砌筑而成，不宜采用空心砖或空心砌块。

石基础多用于产石地区，用平毛石或毛料石由砂浆砌筑而成。

灰土基础是用经过消解的石灰粉和过筛的黏土，按一定体积比（石灰粉与黏土比例为2∶8或3∶7），洒适量水拌合均匀（以手紧握成团，两指轻捏又松散为宜），然后分层夯实而成。一般每层虚铺220~250mm，夯实后为150mm厚。石灰粉为气硬性材料，在大气中能硬结，但抗冻性能较差，因此灰土基础只适用于地下水位以上和冰冻线以下的深度。

三合土基础由石灰、黄砂、骨料（碎砖、碎石）以1∶2∶4或1∶3∶6的体积比拌合后，以150mm厚为一步（虚铺200mm）分层夯实。三合土基础适用于土质较好、地下水位较低的地区。

4.2.2 换填法又叫换土垫层法，是将原基底土层（一般为软弱土层）挖除，然后用质量较好的土料等分层夯实，是一种浅层处理方法。

对于村镇建筑的浅基础，采用垫层换填是一种有效的解决方法，但应保证换填的范围和深度才能达到预期的效果。垫层底面宽度的规定是为了满足基础底面压力扩散的要求，顶面宽度的规定主要是考虑施工的要求，避免开挖时边坡失稳。

4.2.3 湿陷性黄土又称大孔土，具有大孔结构，粉粒含量在60％以上，并含有大量可溶盐类，在一定压力下受水浸湿，可溶盐类物质溶解，土结构会迅速破坏，并产生显著附加下沉，这种现象即称为湿陷。湿陷性黄土又分为自重湿陷性黄土和非自重湿陷性黄土两种，两者的区别在于自重压力作用下受水浸湿土体是否发生显著附加下沉。在我国西北黄土高原地区，湿陷性黄土分布较广泛。

膨胀土是一种黏性土，黏粒成分主要由亲水性强的蒙脱土和伊利土等矿物组成，具有吸水膨胀、失水收缩、胀缩变形显著的变形性质，遇水膨胀隆起，失水则收缩下沉并干裂。当地基土中水分发生剧烈变化时，上部结构墙体会因地基不均匀胀缩变形产生 X 形剪切裂缝，形态类似于地震引起的裂缝，因此膨胀土的胀缩变形又称为无声的"地震"。

不经处理的湿陷性黄土和膨胀土地基的变形性质会对上部结构造成不利影响，宜按照《湿陷性黄土地区建筑规范》GB 50025和《膨胀土地区建筑技术规范》GBJ 112 的有关规定进行处理。对于村镇地区的低层房屋，建筑规模小，基础埋深较浅，对地基进行换填、砂石垫层或土性改良等处理后，基本可以消除湿陷性黄土和膨胀土地基的不利影响。

4.2.4 基础的埋置深度是指从室外地坪到基础底面的距离。村镇房屋层数低，上部结构荷载较小，对地基承载力的要求相对不高，在满足地基稳定和变形要求的前提下，基础宜浅埋，施工方便、造价低。在实际操作中，基础埋置深度应结合当地情况，考虑土质、地下水位及气候条件等因素综合确定。

为避免地基土冻融对上部结构的不利影响，季节性冻土地区的基础埋置深度宜大于地基土的冻结深度，或根据当地经验采取有效的防冻、隔离措施。

地下水会影响地基的承载力，给基础施工增加难度，有侵蚀性的地下水还会对基础造成腐蚀。因此，基础一般应埋置在地下水位以上。

4.2.5 毛石属于抗压性能好，而抗拉、抗弯性能较差的脆性材料，毛石基础是刚性基础。刚性基础需要具有很大的抗弯刚度，受弯后基础不允许出现挠曲变形和开裂。因此，设计时必须保证基础内产生的拉应力和剪应力不超过相应的材料强度设计值，这种保证通常是通过限制基础台阶宽高比来实现的。在这种限制下，基础的相对高度一般都比较大，几乎不发生挠曲变形。公式（4.2.5）是《建筑地基基础设计规范》GB 50007 的公式（8.1.2），是该规范对刚性基础构造高度的要求：

$$H_0 \geqslant \frac{b-b_0}{2\tan\alpha} \quad (2)$$

式中 b——基础底面宽度；
b_0——基础顶面的墙体宽度或柱脚宽度；
H_0——基础高度；
$\tan\alpha$——基础台阶宽高比（三角正切函数），《建筑地基基础设计规范》GB 50007 中给出了其允许值。

无筋扩展混凝土基础台阶宽高比的允许值，是根据材料力学原理和现行《混凝土结构设计规范》GB 50010 确定的。因本条主要针对毛石基础而言，所以在公式（4.2.5）中直接取 $\tan\alpha$（基础台阶宽高比）为限值 1.5，这与本条公式（4.2.5-2）是统一的。

为使毛石基础和料石基础与地基或基础垫层粘结紧密，保证传力均匀和石块平稳，故要求砌筑毛石基础时的第一皮石块应坐浆并将大面向下，砌筑料石基础时的第一皮石块应采用丁砌并坐浆砌筑。

卵石表面圆滑，相互之间咬砌困难，在水平地震力作用下难以保证砌体的稳定性和强度，易产生滑动或错位，造成上部结构的破坏。故应将其凿开使用。

4.2.6 本条规定了采用砖基础的砂浆和砖的强度等级，是为了满足基础强度和防潮的要求。

4.2.7 由于生土墙受潮湿后强度大幅降低，故要求基础墙体（砖或石）的高度应满足一定要求，尽可能比室外地坪高一些，防止雨水侵蚀墙体。

4.2.8 防潮层的作用是阻止土壤中的潮气和水分对墙体造成侵蚀，影响墙体的强度和耐久性，同时可防止因室内潮湿影响居住的舒适性。在基础顶面设置配筋砖圈梁或配筋砂浆带的目的是为了加强基础的整体性，将防潮层与配筋砂浆带合并设置便于施工。

5 砌体结构房屋

5.1 一般规定

5.1.1 砌体结构房屋历史悠久，是我国目前村镇中最为普遍的一种结构形式。以砖墙为承重结构，在不同地区屋面做法有所区别，华北和西北地区为满足冬季保温的要求，多采用吊顶做法，屋盖较重，在华东、西南、中南等地区则以小青瓦屋盖居多。钢筋混凝土圆孔楼板在我国华东、中南地区应用广泛，鉴于冷拔光圆铁丝握裹性能差，以及农村施工条件所限，自行制造的圆孔楼板质量难以保证，本规程要求采用工厂生产的冷轧带肋钢筋预应力圆孔楼板作为楼（屋）盖。

砌体房屋的承重墙体材料传统上为烧结黏土砖，目前随着建筑材料的发展和适应少占农田、限制黏土砖的环保要求，墙体材料已大为扩展。以墙体砌块材料和墙体砌筑方式可划分为以下几种形式：

①实心砖墙。实心砖墙的承重材料是烧结普通砖。烧结普通砖由黏土、页岩、煤矸石或粉煤灰为主

要原料，经高温焙烧而成，为实心或孔洞率不大于规定值且外形尺寸符合规定的砖，分为烧结黏土砖、烧结页岩砖、烧结煤矸石砖和烧结粉煤灰砖等，标准规格为240mm×115mm×53mm。

实心砖墙厚度多为一砖墙（240mm）或一砖半墙（370mm）。当材料和施工质量有保证时，实心砖墙体具有较好的抗震能力。

②多孔砖墙。多孔砖墙的承重材料是烧结多孔砖，简称多孔砖。以黏土、页岩、煤矸石为主要原料，经焙烧而成，孔洞率不小于25%，孔为圆形或非圆形，孔尺寸小而数量多，主要用于承重部位的墙体，简称多孔砖。目前多孔砖分为P型砖和M型砖，P型多孔砖外形尺寸为240mm×115mm×90mm，M型多孔砖外形尺寸为190mm×190mm×190mm。

③小砌块墙。小砌块墙的承重材料是混凝土小型空心砌块，是普通混凝土小型空心砌块和轻骨料混凝土空心砌块的的总称，简称小砌块。普通混凝土小型空心砌块以碎石和击碎卵石为粗骨料，简称普通小砌块；轻骨料混凝土小型空心砌块以浮石、火山渣、自然煤矸石、陶粒等为粗骨料，简称轻骨料小砌块；主规格尺寸均为390mm×190mm×190mm，孔洞率在25%～50%之间。

④蒸压砖墙。蒸压砖墙的承重材料是蒸压灰砂砖、蒸压粉煤灰砖，简称蒸压砖。蒸压砖属于非烧结硅酸盐砖，是指采用硅酸盐材料压制成坯并经高压釜蒸汽养护制成的砖，分为蒸压灰砂砖和蒸压粉煤灰砖，其规格与标准砖相同。蒸压灰砂砖以石灰和砂为主要原料，蒸压粉煤灰砖以粉煤灰、石灰为主要原料，掺加适量石膏和集料。

⑤空斗砖墙。空斗砖墙是采用烧结普通砖砌筑的空心墙体，厚度一般为一砖（240mm）。空斗墙砌筑形式有一斗一眠、三斗一眠、五斗一眠等，有的地区甚至在一层内均采用无眠砖砌筑。空斗墙的优点是节约用砖量，但因墙体砖块立砌，拉结不好，墙体整体性差，因此抗震性能相对较差。目前在我国南方长江流域、华东、中南等地区应用仍较为广泛。

5.1.2 砌体材料属于脆性材料，材料强度低，变形能力差，水平地震作用是导致砖墙承重房屋破坏的主要因素。房屋的抗震能力除与材料、施工等多方面因素有关外，与房屋的总高度直接相关。村镇砌体房屋与正规设计的多层砖砌体房屋相比，在结构体系、材料、施工技术等方面有较大差距，抗震构造措施囿于经济水平，远达不到现行《抗震规范》的要求，因此对其层数和高度进行控制，以保证砌体房屋的抗震能力达到本规程设防目标的要求。对抗震性能较差的空斗墙承重房屋的层高要求更为严格。

5.1.3 除墙体的剪切破坏和纵横墙连接处的破坏外，弯曲破坏也是砌体结构房屋的一种常见破坏形式。当横墙间距较大时，因为木、混凝土预制楼板楼（屋）盖的刚度相对于钢筋混凝土现浇楼板低，把地震力传递给横墙的能力相对较差，一部分地震力就会垂直作用在纵墙上，纵墙呈平面外受弯的受力状态，产生弯曲破坏。弯曲破坏的特征为水平弯拉破坏，首先在薄弱部位如窗口下沿窗间墙处出现水平裂缝，严重时墙体外闪导致房屋倒塌。震害实践表明，横墙间距越大的房屋，震害越严重。

5.1.4 墙体是主要的抗侧力构件，一般来说，墙体水平总截面积越大，就越容易满足抗震要求。对砖砌体房屋局部尺寸作出限制，是为了防止因这些部位的破坏失效，引起房屋整体的破坏。本条参考现行《抗震规范》中多层砌体房屋的有关规定，放宽了一些局部尺寸的要求。

在设计中尚应注意洞口（墙段）布置的均匀对称，同一片墙体上窗洞大小应尽可能一致，窗间墙宽度尽可能相等或相近，并均匀布置，避免各墙段之间刚度相差过大引起地震作用分配不均匀，从而使承受地震作用较大的墙段率先破坏。震害表明，墙段布置均匀对称时，各墙段的抗剪承载力能够充分发挥，墙体的震害相对较轻，各墙段宽度不均匀时，有时宽度大的墙段因承担较多的地震作用，破坏反而重于宽度小的墙段。

5.1.5 震害实践表明，房屋的震害程度与承重体系有关。相对而言，横墙承重或纵横墙共同承重房屋的震害较轻，纵墙承重房屋因横向支撑较少震害较重。横墙承重房屋纵墙只承受自重，起围护及稳定作用，这种体系横墙间距小，横墙间由纵墙拉结，具有较好的整体性和空间刚度，因此抗震性能较好。纵墙承重房屋横墙起分隔作用，通常间距较大，房屋的横向刚度差，对纵墙的支承较弱，纵墙在地震作用下易出现弯曲破坏。

采用硬山搁檩屋盖时，如果山墙与屋盖系统没有有效的拉结措施，山墙为独立悬墙，平面外的抗弯刚度很小，纵向地震作用下山墙承受由檩条传来的水平推力，易产生外闪破坏。在8度地震区檩条拔出、山墙外闪以至房屋倒塌是常见的破坏现象。因此在8度及以上高烈度地区不应采用硬山搁檩屋盖做法。

5.1.6 历次震害表明，设有圈梁的砌体房屋的震害相对未设置圈梁的房屋要轻得多，其作用十分明显，设置圈梁是增强房屋整体性和抗倒塌能力的有效措施。在村镇地区，考虑到施工条件和经济发展状况，设置配筋砖圈梁是简单有效、经济可行的抗震构造措施。

5.1.7 加强房屋的整体性可以有效地提高房屋的抗震性能，各构件之间的拉结是加强整体性的重要措施。试验研究表明，木屋盖加设斜撑、竖向剪刀撑可增强木屋架横向与纵向稳定性；墙揽拉结山墙与屋盖，可防止山墙的外闪破坏；内隔墙稳定性差，墙顶与梁或屋架下弦拉结是防止其平面外失稳倒塌的有效措施。

5.1.8 墙体是砌体房屋的主要承重构件和围护结构，本条中最小墙厚的规定是为了保证承重墙体基本的承载力和稳定性，在实际中尚应根据当地情况综合考虑所在地区的设防烈度和气候条件确定。在高烈度地区，墙厚由抗震承载力的要求控制，可计算确定或按第5.1.10条的有关规定采用。在我国北方，墙厚的确定一般要考虑保温要求，墙体实际厚度通常要大于抗震承载力计算所需的墙厚。

实心砖墙、蒸压砖墙，当墙体厚度为120mm（俗称1/2砖墙）和180mm（俗称3/4砖墙）时，其自身的稳定性、抗压和抗剪能力差，不能作为抗震墙看待。因此，实心砖墙、蒸压砖墙厚度不应小于240mm，即不应小于一砖厚。

5.1.9 屋架或梁跨度较大时，端部支承处墙体承受较大的竖向压力，加设壁柱可增大承载面积，避免墙体因静载下的竖向承载力不足而破坏，并提高屋架（梁）支承部位墙体的稳定性。

5.1.10 考虑到村镇房屋建造中以自行施工为主、设计能力相对较弱的特点，本条给出了砌体房屋抗震设计的两个途径。附录A中给出了具体的抗震设计方法和材料强度，可供具有一定设计能力的技术人员或工匠根据具体情况进行设计。附录B中以表格形式列出了按附录A进行试设计计算后的规整化结果，以墙体类别、屋盖类别、房屋层数、层高、抗震横墙间距（开间）、房屋宽度（进深）、设防烈度等为参数，在基本确定拟建房屋的上述参数后，即可查得满足抗震承载力要求的砌筑砂浆强度等级，采用不低于该强度等级的砂浆砌筑墙体，同时满足各项抗震构造措施的要求时，房屋即可达到本规程中的抗震设防要求。

5.2 抗震构造措施

5.2.1 配筋砖圈梁是村镇砌体结构房屋的重要抗震构造措施，可以有效加强房屋整体性，增强房屋刚度，并且可以使墙体受力均匀，对墙体起到约束作用，提高墙体的抗震承载力。对配筋砖圈梁的砂浆强度等级、厚度及配筋构造要求作出规定是为了保证其质量，使其起到应有的作用。当采用小砌块墙体时，由于小砌块的孔洞大，不易配置水平钢筋，故要求在配筋砖圈梁高度处卧砌不少于两皮普通砖的配筋砖圈梁。

5.2.2 墙体转角及内外墙交接处是抗震的薄弱环节，刚度大、应力集中，尤其房屋四角还承受地震的扭转作用，地震破坏更为普遍和严重。由于我国村镇房屋基本不进行抗震设防，房屋墙体在转角处缺少有效拉结，纵横墙体连接不牢固，往往7度时就出现破坏现象，8度区则破坏明显。在转角处加设水平拉结钢筋可以加强转角处和内外墙交接处墙体的连接，约束该部位墙体，减轻地震时的破坏。震害调查表明，在内外墙交接处设置有水平拉结钢筋时，8度及8度以下时未见破坏，但在9度及以上时，锚固不好的拉结筋会出现被拔出的现象。

出屋面楼梯间由于地震动力反应放大的鞭梢效应，易遭受破坏，其震害较主体结构重，应加强纵、横墙的拉结。

5.2.3 顶层楼梯间墙体高度大于层高，外墙的高度是层高的1.5倍，在地震中易遭受破坏。顶层楼梯间的震害较重，通常在墙体上出现交叉裂缝，角部的纵横墙在不同方向地震力作用下会出现V字形裂缝。楼梯间是疏散通道，为保证震时人员安全疏散，应加强构造措施提高楼梯间墙体的整体性。

5.2.4 后砌非承重隔墙不承受楼、屋面荷载，也不是承担水平地震作用的主要构件，但与承重墙和楼、屋面构件没有可靠连接时，在水平地震作用下平面外的稳定性很差，易局部倒塌伤人。因此当非承重墙不能与承重墙同时砌筑时，应在砌筑承重墙时预先留置水平拉结钢筋，在砌筑非承重墙时砌入墙内，加强承重墙与非承重墙之间的连接。非承重墙长度较大时尚应在墙顶与楼、屋面构件间采取连接措施，如木夹板护墙等，限制墙顶位移，减小墙平面外弯曲。试验研究结果表明，在墙顶设置连接措施具有明显效果。

5.2.5 无筋的砖砌平过梁或砖砌拱形过梁，在地震中低烈度区就会发生破坏，出现裂缝，严重时过梁脱落。因此，在地震区不应采用无筋砖过梁。钢筋砖过梁在7、8度地震区破坏较少，跨度较大（1.5m以上）时也会出现破坏，在9度地震区破坏则较为普遍。本条对钢筋砖过梁的砂浆层强度等级、砂浆层厚度及过梁截面高度内的砌筑砂浆强度等级均作了明确规定，底面砂浆层中的配筋经过计算（本规程附录F）求得，并规定了支承长度的最低要求。

5.2.6 檩条在墙上的搭接不应浮搁，并且在墙上的搭接长度不应太短，一般应满搭，防止脱落。檩条长度不足必须对接时应采用本条规定的连接措施，以保证对接处有一定的强度和刚度，防止地震时接头处松动掉落。屋面各木构件之间相互连接可以提高屋盖的整体性和刚度，减轻震害。

5.2.7 设置纵向水平系杆可以加强砌体房屋木屋盖系统的纵向稳定性，当与竖向剪刀撑连接时可提高木屋盖系统的纵向抗侧力能力，改善砌体房屋的抗震性能。采用墙揽与各道横墙连接时可以加强横墙平面外的稳定性。

5.2.8 震害调查表明，7度地震区硬山搁檩屋盖就会因檩条从山墙中拔出造成屋盖的局部破坏，因此在6、7度区采用硬山搁檩屋盖时要采取措施加强檩条与山墙的连接，同时加强屋盖系统各构件之间的连接，提高屋盖的整体性和刚度，以减小屋盖在地震作用下的变形和位移，减轻山墙的破坏。

5.2.9 加强木屋架屋盖檩条间及檩条与其他屋面构

件的连接，其目的是为了加强屋盖的整体性，避免地震时各构件之间连接失效造成屋盖的塌落。屋盖各构件的牢固连接对屋盖刚度的提高也有利于减小屋盖变形，减轻震害。

5.2.10 空斗墙房屋的破坏规律与实心砖墙房屋类似，但抗震性能不如实心砖墙房屋。在一些抗震薄弱部位及静载下的主要受力部位采用实心卧砌予以加强。承重、关键部位的加强可以在一定程度上提高抗震性能，另一方面主要是考虑在竖向荷载下墙体的承载力及稳定性的要求。

5.2.11 混凝土小型空心砌块房屋在屋架、大梁的支撑面以下部分的墙体为承重墙体，转角处和纵横墙交接处以及壁柱或洞口两侧部位为重要的关键部位，对这些部位墙体沿全高将小砌块的孔洞灌实，有利于提高房屋的抗震承载能力。

5.2.12 在小砌块房屋墙体中设置芯柱并配置竖向插筋可以增加房屋的整体性和延性，提高抗震能力。芯柱与配筋砖圈梁交叉时，可在交叉部位局部支模浇筑混凝土，同时保证芯柱与配筋砖圈梁的竖向和水平连续，充分发挥抗倒塌的作用。

5.2.13 该条对钢筋混凝土预应力圆孔板楼（屋）盖的整体性连接及其构造提出了具体要求。由于农村房屋缺乏有效的抗震构造措施，预制圆孔板楼（屋）盖的整体性很差。震害调查表明，在 7 度地震作用下，有相当数量的房屋预制圆孔楼板纵向板缝开裂，有的开裂宽度达 20mm。该条的规定是为了加强预制圆孔板楼（屋）盖的整体性。

5.2.14 钢筋混凝土梁对支承处墙体的压应力较大，当砌体的抗压强度较低时，梁下墙体会产生竖向裂缝，故要求设置素混凝土或钢筋混凝土垫块，以分散墙上的压应力。

5.3 施 工 要 求

5.3.1 有了合理的设计和构造措施，房屋的质量最终必须由施工来保证。砖墙施工方式和质量的好坏直接关系到墙体的整体性和承载力，在村镇建房中应予以足够的重视，改进传统做法中的不良施工习惯，切实保证施工质量。本节从多个方面对墙体的施工方式和质量要求作出了具体规定，对于空斗墙体除应满足第 5.3.1 条的各项要求外，还针对空斗墙构造和施工的特点在第 5.3.2 条中提出了更多有针对性的要求，以保证空斗墙体房屋具有一定的抗震性能。

1 砖在砌筑前湿润主要是为了防止在砌筑时因砖干燥吸水使砂浆失水，影响砖与砂浆之间的粘合。但应注意砖不应过湿，应提前浇湿、表面微干即可。

2 灰缝的厚度在适宜的范围内时，既便于施工又可以保证质量、节约材料，过薄或过厚均不利于保证砌体的强度。水平灰缝的质量直接影响墙体的抗剪承载力，必须保证饱满，竖缝也应具有一定的饱满度。

实心墙体的砌筑形式有多种，但不管哪种形式都必须错缝咬槎砌筑，使其具有良好的连接和整体性。

3 采用包心砌法的砖柱沿竖向有通缝，抗震性能差。

4 转角和内外墙交接处是受力集中的部位，应同时砌筑以保证整体连接和承载力，必须留槎时应按本条要求采取相应措施。

5 钢筋砖过梁是受弯构件，底面砂浆层中的钢筋承受拉力，必须埋入砂浆层中使其充分发挥作用，并保证保护层的厚度，防止钢筋锈蚀降低承载力。钢筋端部设 90°弯钩埋入墙体的竖缝中以免被拉出。

6 由于小砌块有孔洞，纵横墙交接处拉结筋在孔洞处不能很好地被砂浆裹住，将钢筋端部设置成 90°弯钩向下插入小砌块的孔中，并用砂浆等材料将孔洞填塞密实才能起到锚固作用。

7 埋入砖砌体中的拉结筋是保证房屋整体性的重要抗震构造措施，应保证其施工质量。

8 对每日砌筑高度作出限制是为了避免砌体在砂浆凝固、强度达到设计值前承受过大的竖向荷载，产生压缩变形，影响砌体的最终强度。

5.3.2 空斗墙房屋的抗震性能与砌筑质量和砂浆强度有很大关系。眠砖用于拉结两块斗砖，并保证空斗墙的整体性和稳定性，因此要求地震区采用一斗一眠的砌筑方式，并应采用混合砂浆砌筑。空斗墙的稳定性相对较差，要求洞口在砌筑之时完成，不得砌筑后再行砍凿，以免对墙体造成破坏。在空斗墙房屋中为了增强重要部位的整体性和提高竖向承载力，设有局部加强的实心砌筑部位，这些部位与空斗部分刚度不同，竖向连接处应搭砌，不得出现竖向通缝，以降低刚度差异的不利影响，发挥局部加强的有利作用。

6 木结构房屋

6.1 一 般 规 定

6.1.1 我国木构架房屋应用广泛，发展历史悠久，形式多种多样，本规程按照承重结构形式将木结构房屋分为穿斗木构架、木柱木屋架、木柱木梁三种，均采用木楼（屋）盖，这三种类型的房屋在我国广大村镇地区被广泛采用。

6.1.2 由于结构构造、骨架与墙体连接方式、基础类型、施工做法及屋盖形式等各方面存在不同，各类木结构房屋的抗震性能也有一定的差异。其中穿斗木构架和木柱木屋架房屋结构性能较好，通常采用重量较轻的瓦屋面，具有结构重量轻、延性较好及整体性较好的优点，因此抗震性能比木柱木梁房屋要好，6、7 度时可以建造两层房屋。木柱木梁房屋一般为重量较大的平屋盖泥被屋顶，通常为粗梁细柱，梁、柱之间连接简单，从震害调查结果看，其抗震性能低于穿斗木构架和木柱木屋架房屋，一般仅建单层房屋。

6.1.3 抗震横墙是承担横向地震力的主要构件，应有足够的抗剪承载力；同时抗震横墙刚度较大，当墙体与木构架连接牢固时，可以约束木构架的横向变形，增加房屋的抗震性能。限制抗震横墙的间距可以保证房屋横向抗震能力和整体的抗震性能。

6.1.4 本条规定是根据震害经验确定的。窗洞角部是抗震的薄弱部位，窗间墙由窗角延伸的 X 形裂缝是典型的震害现象；门（窗）洞边墙位于墙角处，在地震作用下易出现应力集中，很容易产生破坏甚至局部倒塌；对这些部位的房屋局部尺寸作出限制，就是为了防止因这些部位的失效造成房屋整体的破坏甚至倒塌。

6.1.5 双坡屋架结构的受力性能较单坡的好，双坡屋架的杆件仅承受拉、压，而单坡屋架的主要杆件受弯。采用轻型材料屋面是提高房屋抗震能力的重要措施之一。重屋盖房屋重心高，承受的水平地震作用相对较大，震害调查也表明，地震时重屋盖房屋比轻屋盖房屋破坏严重，因此地震区房屋应优先选用轻质材料做屋盖。在我国华北等一些地区农村普遍采用重量较大的平顶泥被屋面，并且在使用过程中随着屋面维修逐年增加泥被的厚度，造成屋盖越加越厚，对抗震极为不利。

6.1.6 生土墙体防潮性能差，勒脚部位容易返潮或受雨水侵蚀而酥松剥落，削弱墙体截面并降低墙体的承载力，因此采取排水防潮、通风防蛀措施非常重要。

6.1.7 墙体砌筑在木柱外侧可以避免墙体向内倒塌伤人，且便于木柱的维护检查，预防木柱腐朽。木柱下设置柱脚石也是为了防止木柱受潮腐烂。

6.1.8 根据围护墙的不同种类型设置相应的圈梁或砂浆带，是重要的抗震构造措施，具体要求可按不同类型参照相应各章的有关规定。

6.1.9 木构架各构件之间的拉结措施是提高木构架的整体性的重要手段，可以有效地提高木结构房屋的抗震性能。

1 木屋架（梁）与柱之间通常是榫接，节点没有足够的强度和刚度，在较大水平地震作用下一旦松动就变成铰接，成为几何可变体系，即便不脱卯断榫，木构架也会倾斜，严重的甚至会倒塌，这在近些年云南丽江、大姚和新疆伽师、巴楚等地震中是常见的破坏形式。在屋架（梁）与柱连接处设置斜撑，使木构架在横向成为几何不变体系，大大提高了木构架横向刚度和稳定性。

2 设置剪刀撑可以增强木构架平面外的纵向稳定性，提高木构架的整体刚度。

3 穿斗木构架柱间横向有穿枋联系，纵向有木龙骨和檩条联系，空间整体性较好，具有较好的变形能力和抗侧力能力。但纵向刚度相对差些，故要求在纵向设置竖向剪刀撑或斜撑，以提高纵向稳定性。

4 振动台试验表明，用墙揽拉结山墙与木构架，可以有效防止山墙尤其是高大的山尖墙在地震时外闪倒塌。

5 内隔墙墙顶与屋架构件拉结是为了增强内隔墙的稳定，防止墙体在水平地震作用下平面外失稳倒塌。

6.1.10 木结构房屋应由木构架承重，墙体只起围护作用。木构架的设置要完全，在山墙处也应设木构架，不得采用中部用木构架承重、端山墙硬山搁檩由山墙承重的混合承重方式。新疆巴楚和云南大姚地震表明，房屋中部采用木构架承重、端山墙硬山搁檩的混合承重房屋破坏严重，主要是两者的变形能力不协调，山墙易外闪倒塌，造成端开间的塌落。

6.1.11 在木构架与围护墙之间采取较强的连接措施后，砌体围护墙成为主要的抗侧力构件，因此墙体厚度应满足一定的要求。

6.1.12 木柱是主要的承重构件，对其尺寸作出规定是为了保证满足承载力的要求。

6.1.13 参见第 5.1.10 条条文说明。

6.2 抗震构造措施

6.2.1 震害表明，当木柱直接浮搁在柱脚石上时，地震时木柱的晃动易引起柱脚滑移，严重时木柱从柱脚石上滑落，引起木构架的塌落。因此应采用销键结合或榫结合加强木柱柱脚与柱脚石的连接，并且销键和榫的截面及设置深度应满足一定的要求，以免在地震作用较大时销键或榫断裂、拔出而失去作用。

6.2.2 根据围护墙种类的不同，采取相应的抗震构造措施以保证房屋的整体性和构件之间拉结牢固。

6.2.3 木构架和砌体围护墙（抗震墙）的质量、刚度有明显差异，自振特性不同，在地震作用下变形性能和产生的位移不一致，木构件的变形能力大于砌体围护墙，连接不牢时两者不能共同工作，甚至会相互碰撞，引起墙体开裂、错位，严重时倒塌。加强墙体与柱的连接，可以提高木构架与围护墙的协同工作性能。一方面柱间刚度较大的抗震墙能减小木构架的侧移变形；另一方面抗震墙受到木柱的约束，有利于墙体抗剪。振动台试验表明，在较强地震作用下即使墙体因抗剪承载力不足而开裂，在与木柱有可靠拉结的情况下也不致倒塌。

6.2.4 内隔墙不承受楼、屋面荷载，顶部为自由端，稳定性差。在墙顶与屋架下弦连接是为了防止内隔墙平面外失稳。中国建筑科学研究院所做的木构架房屋振动台足尺模型试验研究证明，在内隔墙顶采用木夹板连接对防止内隔墙失稳有明显的效果。在输入 8 度（0.3g）地震波时，墙顶出现了明显的平面外往复位移，由于木夹板的限制，位移被控制在一定范围内，在停止振动后，内隔墙上未出现平面外受弯的水平裂缝，但可以观察到木夹板由于承受墙顶的水平推力在板下端有轻微的外斜，夹板与墙体之间出现空隙。在实际中，可以在震后对墙顶连接部位进行检查、修复，以保证连接的效果。

6.2.5 山尖墙的外闪、倒塌是常见的震害现象，加设墙揽可以有效加强山墙与屋盖系统的连接，约束墙顶的位移，减轻震害。墙揽的设置和构造应满足一定的要求才能起到应有的作用。墙揽布置时应尽量靠近山尖屋面处，沿山尖墙顶布置，纵向水平系杆位置应设置一个，这样对整个墙的拉结效果较好。选用墙揽材料时可根据当地情况，在潮湿多雨地区不宜选用木墙揽，以免木材糟朽失去作用。同时应保证墙揽在山墙平面外方向有一定的刚度，才能发挥对墙体约束作用，所以在选用铁制墙揽时应采用角钢或有一定厚度的铁件（如梭形铁件），不宜选用平面外刚度较差的扁钢。如江西有农村采用一种打制的长约 400mm 的梭形铁件作为墙揽，中部厚约 20mm，有的下端做成钩状可以悬挂物品，既起到了拉结山墙的作用，又美观实用。我国幅员辽阔，村镇房屋类型多样，材料选用各有特点，对于墙揽来说，关键是布置的位置、与屋盖系统的连接和长度、刚度等应满足一定要求，具体做法除规程所列外，一些传统的做法也可以借鉴。

6.2.6 做法正规的穿斗木构架有较好的整体性和抗震性能，本条对穿斗木构架的构件设置和节点连接构造作出了具体规定。在满足要求时，才能保证穿斗木构架的整体性和抗震性能。穿枋和木梁允许在柱中对接，主要是考虑对木料的有效利用，降低房屋造价，但必须在对接处用铁件连接牢固。限制立柱的开槽宽度和深度是为了避免立柱的截面削弱过多造成强度和刚度明显降低。

6.2.7 三角形木屋架在纵向的整体性和刚度相对较差，设置纵向水平系杆可以在一定程度上提高纵向的整体性。木屋架的腹杆与弦杆靠暗榫连接，在强震作用时容易脱榫，采用双面扒钉钉牢可以加强节点处连接，防止节点失效引起屋架整体破坏。

6.2.8~6.2.10 加强木构架纵、横向整体性和稳定性的各项构造措施应满足一定的要求，6.2.8~6.2.10 条分别是三角形木屋架和木柱木梁加设斜撑、穿斗木构架加设竖向斜撑及三角形木屋架加设竖向剪刀撑的具体做法。在重要的节点部位均应采用螺栓连接以保证连接的可靠性。

6.2.11 檩条是承受和传递楼、屋面荷载的主要构件，檩条与屋架（梁）的连接及檩条之间的连接方式、构造要求均应符合条文要求以保证连接质量。实践表明，屋面木构件之间采用铁件、扒钉和铁丝（8号线）等连接牢固可有效提高屋盖系统的整体性，较大幅度地提高房屋的抗震能力。

6.2.13 本条中钢筋砖（石）过梁底面砂浆层中的配筋及木过梁截面尺寸均经过计算（本规程附录F）求得。过梁的其他构造要求根据围护墙体类别分别参照其他相应各章有关规定。

6.3 施工要求

6.3.1 木柱有接头时，截面刚度不连续，在水平地震作用下受力（偏心受压状态）极为不利。但当接头无法避免时，应满足接头处的强度和刚度不低于柱的其他部位的要求。这有利于经济状况较差的农户充分利用已有材料，降低房屋造价。

梁柱节点处是应力集中部位，连接部位不可避免要在木柱开槽，尤其对于穿斗木构架，穿枋也要在柱上开槽通过。柱截面削弱过大时，易因强度、刚度不足引起破坏，在震害实际中是常见的破坏形式。对木柱开槽位置和面积作出限制可以在一定程度上减轻或延缓薄弱部位的破坏。

7 生土结构房屋

7.1 一般规定

7.1.1 生土墙承重房屋在我国西部广大地区农村大量使用，在我国华北、东北等经济欠发达地区农村也有一定数量的生土墙承重房屋。本章的适用范围界定在抗震设防烈度为 6、7 和 8 度地区土坯墙和夯土墙承重的一、二层木楼（屋）盖房屋。

震害调查表明，9度区生土承重房屋多数严重破坏或倒塌，少数产生中等程度破坏。缩尺模型的生土墙体拟静力试验结果表明，夯土墙在 6 度时基本保持完好；在 7 度时已超过或接近开裂荷载，8 度时墙体承载能力达到或接近极限荷载，当地震烈度达到 9 度时，地震作用已超过墙体的极限荷载。因此，规定生土结构房屋在 8 度及 8 度以下地区使用。

7.1.2 基于生土材料强度低、易开裂的特性和震害经验，应限制房屋层数和高度。生土房屋的抗震能力，除依赖于横墙间距、墙体强度、房屋的整体性和施工质量等因素外，还与房屋的总高度有直接的关系。

7.1.3 生土结构房屋的横向地震力主要由横墙承担，限制抗震横墙的间距，既保证了房屋横向抗震能力，也加强了纵墙的平面外刚度和稳定性。

7.1.4、7.1.5 对房屋墙体局部尺寸最小值作出规定是为了满足墙体抗剪承载力的要求，目的在于防止因这些部位的破坏而造成整栋房屋的破坏甚至倒塌。抗震墙上开洞会削弱墙体抗震能力，因此对门窗洞口宽度进行限制。

7.1.6 参见本规程 5.1.5 条说明。

7.1.7 单坡屋面结构不对称，房屋前后高差大，地震时前后墙的惯性力相差较大，高墙易首先破坏引起屋盖塌落或房屋的倒塌；屋面采用轻型材料，可以减轻地震作用。

7.1.8 本条规定了生土墙基础应采用的砌筑材料和砌筑砂浆种类。

7.1.9 圈梁能增强房屋的整体性，提高房屋的抗震能力，是抗震的有效措施，圈梁类别的选取还应考虑生土墙体的施工特点；夯土墙夯筑上部墙体时易造成下面的钢筋砖圈梁或配筋砂浆带的损坏，因此，夯土墙体宜使用木圈梁，仅在基础和屋盖处可使用钢筋砖圈梁。

7.1.10 在两道承重横墙之间，屋檐高度处设置纵向通长水平系杆，可加强横墙之间的拉结，增强房屋纵向的稳定性；生土房屋的振动台试验表明，山尖之间或山尖墙和木屋架之间的竖向剪刀撑具有很好的抗震效果；震害调查表明，檩条在山墙上搭接较短或与山墙没有连接时，地震中檩条易从墙中拔出，引起屋顶塌落，山墙倒塌。

7.1.11 夯土墙、土坯墙缩尺模型的拟静力试验表明，生土墙体抗剪强度低，具有一定厚度的墙体才能承担地震作用。同时，试验表明，土坯墙、夯土墙抗剪能力相当，因此最小厚度的规定相同。

7.1.12 参见第 5.1.10 条条文说明。

7.2 抗震构造措施

7.2.1 振动台试验结果表明，木构造柱与墙体用钢筋连接牢固，不仅能提高房屋整体变形能力，还可以有效约束墙体，使开裂后的墙体不致倒塌。

7.2.2 震害表明，木构造柱和圈梁组成的边框体系可以有效提高墙体的变形能力，改善墙体的抗震性能，增强房屋在地震作用下的抗倒塌能力。

7.2.3 生土墙在纵横墙交接处沿高度每隔 500mm 左右设一层荆条、竹片、树条等拉结网片，可以加强转角处和内外墙交接处墙体的连接，约束该部位墙体，提高墙体的整体性，减轻地震时的破坏。震害表明，较细的多根荆条、竹片编制的网片，比较粗的几根竹竿或木杆的拉结效果好。原因是网片与墙体的接触面积大，握裹好。

7.2.4 土坯墙与夯土墙的强度较低（M1 左右），不能满足附录 F 钢筋砖过梁砂浆层以上砌筑砂浆强度等级不宜低于 M5 的要求，因此宜采用木过梁。当一个洞口采用多根木杆组成过梁时，在木杆上表面采用木板、扒钉、铁丝等将各根木杆连接成整体可避免地震时局部破坏塌落。

7.2.5 调查中发现，土坯及夯土墙体在使用荷载长期压应力作用下洞口两侧墙体易向洞口内鼓胀，在门窗洞口边缘采取构造措施，可以约束墙体变形。民间夯土墙房屋建造时在洞边预加拉结材料，可以提高洞边墙体强度和整体性，也有一定效果。

7.2.6 由于生土材料强度较低，为防止在局部集中荷载作用下墙体产生竖向裂缝，集中荷载作用点均应有垫板或圈梁。檩条要满搭在墙上，端檩要出檐，以使外墙受荷均匀，增加接触面积。伸入外纵墙上的挑檐木在地震时往返摆动，会导致外纵墙开裂甚至倒塌。因此房屋不应采用挑檐木，应直接把椽条伸出做挑檐，并在纵墙顶部两侧放置檩条，固定挑出的椽条，保证纵墙稳定。

7.2.7 震害调查表明，檩条在山墙上搭接较短或与山墙没有连接，地震时易造成檩条从墙中拔出，引起屋顶塌落，山墙倒塌。

生土山墙较高或较宽时，地震时易发生平面外失稳破坏，设置扶壁柱可以增强山墙平面外稳定性。

7.2.8 墙体抗震性能试验结果表明，两层夯土墙水平接缝处是夯土墙的薄弱环节，在地震往复荷载作用下，该处最先出现水平裂缝，施工时应在水平接缝处竖向加竹片、木条等拉结材料予以加强。

7.3 施工要求

7.3.1～7.3.3 制作土坯及夯土墙的土质最终决定生土墙的强度。土的夯实程度与土的含水率有很大关系，当土的含水率为最优含水率 ω_{op} 时，土的密度达到最大，夯实效果最好。最优含水量可通过击实试验确定，鉴于村镇地区条件限制，一般可按经验取用，现场检验方法是"手握成团，落地开花"。

土料中掺入砂石、麦草、石灰等可以改善生土墙体的受力性能。各地区墙土常用掺料见表1。

表 1　墙土常用掺料

种类	名称	规格	掺入量（重量比）	备注
骨料	细粒石	粒径<1cm	10%	用于砂质黏土土坯
	瓦砾	粒径≤5cm	—	用于夯土墙
	卵石	粒径2~4cm		
	砂粒			
	稻谷草、麦秸草	段长4~8cm	6~15kg/m³	在砂质黏土和黏土中
	谷糠			
	松针叶			
	羊草	3cm		
	动物毛发			
	人工合成纤维			
胶结料	淤泥		3%~4%	
	生石灰	粒径≤0.21mm	5%~10%	用于土质黏性不良和抗水性差时
	消石灰		5%~10%	
	水淬矿渣粉	粒径0.66mm	10%	
	水泥	300~400号	5%~10%	宜用于砂质土中；需养护14d以上
	沥青		2%~8%	沥青和连接料同时使用时，沥青必须首先掺入黏土中彻底搅拌，而后加入连接料

泥浆的强度对土墙的受力性能有重要的影响。在泥浆内掺入碎草，可以增强泥浆的粘结强度，提高墙体的抗震能力。泥浆存放时间较长时，对强度有不利影响。施工中泥浆产生泌水现象时，和易性差、施工困难，且不容易保证泥缝的饱满度。

7.3.4　土坯墙体的转角处和交接处同时砌筑，对保证墙体整体性有很大作用。临时间断处高度差和每天砌筑高度的限定，是考虑施工的方便和防止刚砌好的墙体变形和倒塌。试验表明，泥缝横平竖直不仅仅是墙体美观的要求，也关系到墙体的质量。水平泥缝厚度过薄或过厚，都会降低墙体强度。

7.3.5　竖向通缝严重影响墙体的整体性，不利于抗震。规定每层虚铺厚度，使其既能满足该层的压密条件，又能防止破坏下层结构，以求达到最佳夯筑效果。

7.3.6　生土墙体防潮性差，下部受雨水侵蚀会削弱墙体截面，降低墙体的承载力，在室外做散水便于迅速排干雨水，避免雨水积聚。

8　石结构房屋

8.1　一般规定

8.1.1　本章主要是针对我国量大面广的农村地区的石结构房屋，综合考虑我国的国情和不同地域石结构房屋的差异，总结历史震害中石结构房屋破坏的经验与教训，把本章的适用范围界定在抗震设防烈度为6、7和8度地区料石、平毛石砌体承重的一、二层木或冷轧带肋钢筋圆孔板楼（屋）盖房屋。目前有些地区农村也有三层甚至三层以上的钢筋混凝土楼（屋）盖石结构房屋，这些石结构房屋的抗震设计、构造及施工可按照《抗震规范》和《砌体结构设计规范》GB 50003 的有关规定执行。

钢筋混凝土圆孔楼板在我国华东、中南地区应用广泛，鉴于冷拔光圆铁丝握裹性能差，以及农村施工条件所限，本规程要求圆孔楼板中的钢筋为冷轧带肋钢筋。

8.1.2　历史地震震害调查和石墙体结构试验研究均表明：多层石结构房屋地震破坏机理及特征与砖砌体房屋基本相似，其在地震中的破坏程度随房屋层数的增多、高度的增大而加重。因此，基于石砌体材料的脆性性能和震害经验，应对房屋结构层数和高度加以控制。同时，鉴于石材料块的不规整性及不同施工方法的差异性，对多层石砌体房屋层高和总高度的限值相对砖砌体结构更为严格。

8.1.3　石结构墙体在平面内的受剪承载力较大，而平面外的受弯承载力相对很低，横向地震作用主要由横墙承担，当房屋横墙间距较大，而木或预制圆孔板楼（屋）盖又没有足够的水平刚度传递水平地震作用时，一部分地震作用会转而由纵墙承担，纵墙就会产生平面外弯曲破坏。因此，石结构房屋应按所在地区的抗震设防烈度和楼（屋）盖的类型来限制横墙的最大间距。

对于纵墙承重的房屋，横墙间距同样应满足本条规定。

8.1.4　大量震害表明，房屋局部的破坏必然影响房屋的整体抗震性能，而且，某些重要部位的局部破坏还会带来连锁反应，从而形成"各个击破"以至倒塌。根据震害经验，对易遭受破坏的墙体局部尺寸进行限制，可以防止由于这些部位的失效造成房屋整体的破坏甚至倒塌。

8.1.5　合理的抗震结构体系对于提高房屋整体抗震能力是非常重要的。震害经验表明，纵墙承重的砌体结构中，横墙间距较大，纵墙的横向支撑较少，易发生平面外的弯曲破坏，且横墙为非承重墙，抗剪承载能力较低，故房屋整体破坏程度比较重，应优先采用整体性和空间刚度比较好的横墙承重或纵横墙共同承重的结构体系。

石砌体相对砖砌体而言，本身的整体性比较差，又因为石板、石梁自重大、材料缺陷或偶然荷载作用下易发生脆性断裂，因此，从房屋抗震性能和安全使用的角度来说，都不应采用石板、石梁及独立料石柱作为承重构件。

8.1.6　1976年的唐山大地震造成了巨大的损失，但同时也为房屋抗震提供了极其宝贵的经验，其中圈梁和构造柱能够较大地提高砌体结构整体性和抗震性能即是其中之一，这里综合考虑农村地区经济状况和房屋抗震性能需求，以配筋砂浆带代替钢筋混凝土圈梁，既可以降低房屋造价，又能适当提高房屋整体性和抗震能力。

8.1.7　我国农村房屋，尤其是南方多雨地区大多以木屋架坡屋顶为主，而多次震害调查结果表明，此类房屋屋架整体性较差。加强房屋盖体系及其与承重结构的连接，提高屋盖体系整体性，发挥结构空间作用效应，对提高房屋抗震性能具有重要作用。

8.1.8　本条是对石结构房屋砌筑用石材规格的具体规定。

8.1.9　墙体是石结构房屋的主要承重构件和围护结构，最小墙厚的规定是为了保证承重墙体基本的承载力和稳定性，在实际中尚应根据当地情况综合考虑所在地区的设防烈度和气候条件确定。

8.1.10　当屋架或梁跨度较大时，梁端有较大的集中力作用在墙体上，设置壁柱除了可进一步增大承压面积，还可以增加支承墙体在水平地震作用下的稳定性。

8.1.11　参见第5.1.10条条文说明。

8.2　抗震构造措施

8.2.1　用配筋砂浆带代替钢筋混凝土圈梁，主要是考虑农民的经济承受能力，对经济状况好的可按《抗震规范》要求设置钢筋混凝土圈梁。由于同等厚度的石结构墙体相对其他材料墙体来说质量较大，石墙体配筋砂浆带的砂浆强度等级和纵向钢筋配置量较本规程其他结构类型的稍大。对配筋砂浆带的砂浆强度等级、厚度及配筋作出规定是为了保证圈梁的质量，使其起到应有的作用。

8.2.2 石砌墙体转角及内外墙交接处是抗震的薄弱环节，刚度大、应力集中，地震破坏严重。由于我国村镇房屋基本不进行抗震设防，房屋墙体在转角处无有效拉结措施，墙体连接不牢固，往往7度时就出现破坏现象，8度区则破坏明显。在转角处加设水平拉结钢筋可以加强转角处和内外墙交接处墙体的连接，约束该部位墙体，减轻地震时的破坏。

8.2.3 调查发现，农村中不少石砌体房屋的门窗过梁是用整块条石砌筑的，由于条石是脆性材料，抗弯强度低，条石过梁在跨中横向断裂较为多见。为防止地震中因过梁破坏导致房屋震害加重，本规程借鉴《砌体结构设计规范》GB 50003对钢筋砖过梁的计算方法，用以计算钢筋石过梁。钢筋石过梁底面砂浆层中的钢筋配筋量可以查表8.2.3确定，也可以按附录F的方法计算确定。在经济条件允许的情况下，石墙房屋应尽可能采用钢筋混凝土过梁。

8.2.4 设置纵向水平系杆可以加强石结构房屋屋盖系统的纵向稳定性，提高屋盖系统的抗侧力能力，改善石房屋的抗震性能。当采用墙揽与各道横墙连接时还可以加强横墙平面外的稳定性。

8.2.5~8.2.8 石结构房屋的抗震性能除与墙体砌筑方式及质量有直接关系外，墙体之间、楼（屋）盖构件之间以及墙体与楼（屋）盖系统之间的连接也是重要的影响因素，地震震害调查与试验研究均表明，石结构房屋的墙体转角、纵横墙交接处、门窗洞口、无拉结隔墙、楼梯间、硬山搁檩山墙及局部突出部位等是抗震薄弱的部位，如果没有有效的连接措施，这些部位往往容易在地震中率先破坏。传统的石结构房屋的施工做法在整体性方面比较欠缺，而且石结构房屋自重大，承受的地震作用也大，其破坏与砌体结构房屋破坏规律类似，但破坏程度要重于砌体结构房屋。

因此，采取一定的构造加强措施，增强结构的整体性和空间刚度，约束墙体的变形，对提高石砌房屋的抗震性能有明显的作用。

8.3 施工要求

8.3.1 为了保证石材与砂浆的粘结质量，避免泥垢、水锈等杂质对粘结的不利影响，要求砌筑前对砌筑石材表面进行清洁处理。

根据对砖砌体强度的试验研究，灰缝厚度对砌体的抗压强度具有一定的影响，相对而言，并不是厚度越厚或者越薄砌体强度就越高，而是灰缝厚度应在适宜的范围内。根据调研结果并总结多年来的实践经验，本条对石砌体灰缝厚度作出毛料石和粗料石砌体不宜大于20mm、细料石砌体不宜大于5mm的规定，经实践验证是可行的，既便于施工操作，又能满足砌体强度和稳定性的要求。

砂浆初凝后，如果再移动已砌筑的石块，砂浆的内部及砂浆与石块的粘结面的粘结力会被破坏，降低砌体的强度及整体性，因此，应将原砂浆清理干净后重新铺浆砌筑。

8.3.2 石砌体的抗震性能与砌筑方法有直接关系，本条从确保石砌体结构的整体性和承载力出发，对料石砌体的砌筑方法提出一些基本要求，既有利于砌体均匀传力，又符合美观的要求。

料石砌体和砖砌体房屋的破坏机制和震害规律类似，砌体转角处、纵横墙交接处的砌筑和接槎质量，是保证石砌体结构整体性能和抗震性能的关键之一。唐山地震中墙体交接处的竖向裂缝以及墙体外闪和局部倒塌是常见的破坏形式，破坏情况与墙体转角及交接处的砌筑方式有密切关系。根据陕西省建筑科学研究设计院对墙体交接处同时砌筑和各种留槎形式下的接槎部位连接性能的试验分析，证明同时砌筑时连接性能最佳，留踏步槎（斜槎）的次之，留直槎并按规定加拉结钢筋的再次之，仅留直槎而不加设拉结钢筋的最差。上述不同砌筑和留槎形式的连接性能之比为1.00：0.93：0.85：0.72。

8.3.3 平毛石的规整程度较料石差，本条是根据平毛石的特点提出的砌筑要求。不恰当的砌筑方式会降低墙体的整体性和稳定性，影响墙体的抗震承载力。夹砌过桥石、铲口石和斧刃石都是错误的砌筑方法（图1），应注意避免。

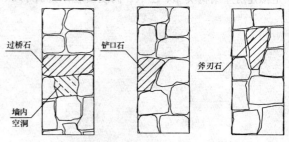

图1 平毛石墙错误砌法

石砌体中一些重要受力部位用较大的平毛石砌筑，是为了加强该部位砌体的拉结强度和整体性，同时，为使砌体传力均匀及搁置的楼（屋）面板平稳牢固，要求在每个楼层（包括基础）砌体的顶面，选用较大的平毛石砌筑。

附录A 墙体截面抗震受剪极限承载力验算方法

本规程的使用对象是县级设计室和村镇工匠，主要是以图、表的形式表达，对于具备一定建筑设计能力的技术人员，可采用附录 A 所给出的方法进行设计计算。

本规程在基本烈度地震影响下的设防目标是：主体结构不致严重破坏，围护结构不发生大面积倒塌。与设防目标相对应，在截面抗震验算中采用基本烈度（与抗震设防烈度相当）地震作用标准值进行极限承载力设计的方法，直接验算结构开裂后的极限承载力，用抗震构造措施作为设防烈度地震影响下不倒墙塌架的保证。

由于附录 A 式（A.2.1-1）和式（A.2.1-2）对墙体的截面抗震受剪极限承载力计算采用的是砌体抗剪强度平均值 $f_{v,m}$，没有任何抗剪储备，所以采用抗震极限承载力调整系数 γ_{bE} 进行适当调整。当 γ_{bE} 取 0.85 时，对应于砌体抗剪强度平均值 $f_{v,m}$ 与标准值 $f_{v,k}$ 之和的 1/2 左右。

附录 B～附录 E 砌体结构房屋、木结构房屋、生土结构房屋、石结构房屋抗震横墙间距（L）和房屋宽度（B）限值

附录 B～附录 E 各项规定是当房屋纵、横墙开洞的水平截面面积率 λ_A 分别为 50% 和 25% 时，按照附录 A 的方法进行房屋抗震承载力验算，并将计算结果适当归整后得到的。采用给出不同结构类型房屋、不同墙体类别、不同楼（屋）盖形式与烈度、砌筑砂（泥）浆强度等级、层数、层高等对应的抗震横墙间距（L）和房屋宽度（B）限值表的方式，便于村镇农民建房时直接选用，不必进行复杂的计算，基本确定拟建房屋结构类型、层数、高度及墙体类别厚度、屋盖类型后，直接查表即可选择满足抗震承载力要求的砌筑砂（泥）浆强度等级。

房屋为柔性木楼（屋）盖时，抗震横墙从属面积按左右两侧相邻抗震墙间距之半计算，因此取承受地震剪力最大的墙段进行验算（一般为内横墙），当房屋为多开间且各道横墙间距不同时，表中抗震横墙间距值对应于其中最大的抗震横墙间距。

房屋为半刚性的预应力圆孔板楼（屋）盖，多开间且各道横墙间距不同时，表中抗震横墙间距值对应于抗震横墙间距的平均值。

各附录表中分档给出了与不同抗震横墙间距对应的房屋宽度的上限值和下限值，在基本确定了拟建房屋的结构类型、层数、墙体类别、屋盖类型、抗震横墙间距及所在地区的抗震设防烈度后，可直接查表，选取房屋宽度范围（上、下限之间）包括拟建房屋宽度的砂（泥）浆强度等级，采用该等级砂（泥）浆砌筑的房屋，墙体的抗震承载力即可满足本规程的设防要求。

当两层房屋一、二层楼（屋）盖采用不同类型时，应保证与抗震横墙间距对应的房屋宽度同时满足不同楼层的限值要求，必要时应选取不同强度等级的砌筑砂（泥）浆。

附录 F 过梁计算

附录 F 是《砌体结构设计规范》GB 50003 对钢筋砖过梁的计算方法，本规程也用以计算配筋石过梁。房屋设计人员对各种过梁可以查相应条文中的表格确定，也可以按附录 F 的方法计算确定。

中华人民共和国国家标准

隔振设计规范

GB 50463—2008

条 文 说 明

目　次

1　总则 …………………………………… 6—10—3
2　术语、符号 …………………………… 6—10—3
　2.1　术语 ……………………………… 6—10—3
　2.2　符号 ……………………………… 6—10—3
3　基本规定 ……………………………… 6—10—3
　3.1　设计条件和隔振方式 …………… 6—10—3
　3.2　设计原则 ………………………… 6—10—3
4　容许振动值 …………………………… 6—10—3
　4.1　精密仪器及设备的容许振动值 … 6—10—3
　4.2　动力机器基础的容许振动值 …… 6—10—4
5　隔振参数及固有频率 ………………… 6—10—4
　5.1　隔振参数 ………………………… 6—10—4
　5.2　隔振体系的固有频率 …………… 6—10—4
6　主动隔振 ……………………………… 6—10—6
　6.1　计算规定 ………………………… 6—10—6
　6.2　旋转式机器 ……………………… 6—10—8
　6.3　曲柄连杆式机器 ………………… 6—10—9
　6.4　冲击式机器 ……………………… 6—10—11
7　被动隔振 ……………………………… 6—10—14
　7.1　计算规定 ………………………… 6—10—14
　7.2　精密仪器及设备 ………………… 6—10—14
　7.3　精密机床 ………………………… 6—10—15
8　隔振器与阻尼器 ……………………… 6—10—15
　8.1　一般规定 ………………………… 6—10—15
　8.2　圆柱螺旋弹簧隔振器 …………… 6—10—15
　8.3　碟形弹簧与迭板弹簧隔振器 …… 6—10—16
　8.4　橡胶隔振器 ……………………… 6—10—18
　8.5　空气弹簧隔振器 ………………… 6—10—18
　8.6　粘流体阻尼器 …………………… 6—10—19
　8.7　组合隔振器 ……………………… 6—10—20

1 总 则

1.0.1 本条阐明了本规范的指导思想，根据隔振的特点，要求合理地选择有关动力参数、支承结构形式和隔振器等。在隔振设计中，有关动力参数如频率、刚度等，若取值不当，可能会造成浪费，甚至会产生相反的效果，因此，合理地选择有关动力参数和隔振方案有其重要意义。

1.0.2 明确了本规范的适用范围。

1.0.3 设计隔振体系时，除应按本规范执行外，尚应符合国家现行的有关标准和规范的规定。

2 术语、符号

2.1 术 语

2.1.1~2.1.8 所列术语均是按现行国家标准《机械振动与冲击名词术语》的规定和本规范的专用名词编写的。

2.2 符 号

2.2.1~2.2.3 本节中采用的符号系按现行国家标准《建筑结构设计通用符号、计量单位和基本术语》的规定，并结合本规范的特点编写的。

3 基本规定

3.1 设计条件和隔振方式

3.1.1 本条规定了设计隔振体系时所需要的资料。

3.1.2 本条规定了常用几种隔振方式供设计者选用。在隔振装置中最普遍应用的是支承式隔振方式。隔振沟的隔振效果并不明显，也无法估算，只能作为隔离冲击振动或频率较高振动的附加措施，隔振沟不宜用于隔离频率小于30Hz的地面振动。

3.2 设计原则

3.2.1 隔振体系设计时，有多种方案可供选择。实际工作中，应根据工程具体情况和经济因素，进行多方案比较，从中选择出经济合理的最优方案。

3.2.2 若被隔振设备的质量较大时，一般要在底部设置刚性台座，尽量使其成为单质点的刚体单元。如果被隔振对象本身具有单质量刚体单元的性能，且其底部面积能设置所需的隔振器数量，则可不设置刚性台座。

3.2.3 本条规定是对隔振设计的基本要求，否则就难以达到较好的隔振效果。

3.2.4 当弹簧隔振器布置在梁上时，弹簧压缩量宜大于支承梁挠度的10倍，这主要是为了避免耦合振动，在进行弹簧隔振体系动力分析时可不考虑梁的挠度。

3.2.5 本条规定了隔振对象经隔振后，其振动幅值应满足要求。

3.2.6 仪器、设备及动力机器的容许振动值是一个较复杂的问题。由于其种类繁多，工作原理、构造及制造精度各异，所以对振动的敏感程度差别很大。一个完善的隔振设计，必须在了解该设备容许振动值及振源的前提下才能进行，容许振动值最好是通过试验确定或制造部门提供，这更符合单项设计的具体情况。规范第4章所提出的容许振动值，是在收集和整理国内外有关资料的基础上，并对一些重要设备进行了实测和分析而确定的。当无试验条件时，可按第4章规定采用。

3.2.7 本条规定了要缩短隔振体系的质心与扰力作用线之间的距离，目的是尽量减小由扰力引起的偏心距。同时还要求隔振器的刚度中心与隔振体系质量中心宜在同一竖直线上，这也是为了避免偏心振动。总之，隔振体系最好能设计成为单自由度振动体系。

3.2.8 管道与被隔对象连接时，宜采用柔性接头，以避免接头损坏或破裂。

4 容许振动值

4.1 精密仪器及设备的容许振动值

4.1.1、4.1.2 本节规定的容许振动值，是指保证精密仪器与设备在正常工作或生产条件下，其台座结构或设备基础的容许振动值。

振动对精密仪器的影响表现为：

1 影响仪器的正常运行，过大的振动会直接损害仪器，使之无法应用。

2 影响对仪器仪表刻度阅读的准确性和阅读速度，有时根本无法读数，对于自动打印和描绘曲线，有时无法正常进行工作。

3 对于某些精密和灵敏的电器，如灵敏继电器等，过大的振动甚至使其产生误动作，从而引起较大事故。

振动对精密设备的影响或危害表现在：

1 振动会影响精密设备的正常运行，降低机器的使用寿命，严重时可使设备的某些零件受到损害。

2 对精密加工机床，振动会使工件的加工面、光洁度和精度下降，并会降低其使用寿命。

容许振动值是衡量精密仪器与设备抵抗振动的能力。容许振动数值越大，抵抗振动的能力就越强，反之就越小。如果提出的容许振动量能反映仪器或设备本身的实际情况，就能为隔振设计提供可靠依据，收到明显的经济效果。

光刻设备对环境振动的要求很严格。由于其制造厂不同，所提出的环境要求不同，控制及表达的物理量也不同。美国某公司在0～120Hz范围内用加速度来控制，荷兰某公司按集成电路的线宽在1～100Hz范围内用加速度功率谱密度来控制，还有大部分制造厂是用速度来控制的。控制点在光刻设备安装底座处。本条所规定的光刻设备容许振动值，是结合国外常用的光刻设备容许振动标准，总结国内一些实践和设计经验，考虑到国内精密设备容许振动值的表达习惯来确定的。

精密仪器与设备的容许振动值，大多数是通过试验和应用随机函数平稳化理论来确定，有些是通过长期工作实践和普查得到的。试验中采用有代表性的设备，对其 x、y、z 三个方向进行不同频率下的激振，激振波多是单一的正弦波形，试验结果采用随机函数平稳化理论进行分析确定。所以控制测试点应是仪器及设备台座结构上表面四周的角点，并且 x、y、z 三个方向均应满足要求。

表4.1.1给出的光刻设备的容许振动值为1/3倍频程频域容许振动速度均方根值，表4.1.2给出的精密仪器与设备容许振动位移与容许振动速度均为峰值。

4.2 动力机器基础的容许振动值

4.2.1～4.2.5 本节规定的容许振动值，是指不影响动力机器的正常生产时，动力机器基础在时域范围内的容许振动值，其容许振动线位移和容许振动速度均为峰值。

某些动力机器在运行时会产生很大的振动，有时对建筑物、周边环境或动力机器本身产生较大影响。容许振动值确定的原则主要是基础的振动不影响机器的正常运转和生产，其次是基础的振动不应对机器本身及操作人员造成不良影响，从生产和环境保护的角度出发，需对动力机器运行时基础上的振动加以限制。其控制测试点在动力机器基础上表面的四周角点上，除注明外，x、y、z 三个方向均应满足。本规范所指的峰值为单峰值。

第4.2.4条的基组为压力机基础上的机器、附属设备和填土的总称。ω_{n1} 为基组水平回转耦合振动第一振动的固有频率；ω_{n2} 为基组水平回转耦合振动第二振型的固有频率。

5 隔振参数及固有频率

5.1 隔振参数

5.1.1 本条列出了隔振设计中所采用的基本参数。
5.1.2～5.1.8 提供了隔振基础设计时，基本参数的选择方法和步骤。选择隔振体系的基本参数时，假定隔振体系为无阻尼单自由度体系。

5.1.9 主动隔振中，阻尼起到重要作用；特别是在机器启动和停机过程中，通过共振区时，为了防止出现过大的振动，隔振体系必须具有足够的阻尼。在冲击作用下，如锻锤基础中，其隔振体系必须要有阻尼的作用，其目的要在一次冲击后，振动很快衰减，在下一次冲击之前，应使砧座回复到平衡位置或振动位移很小的状态，以避免锤头与砧座同相运动而使打击能量损失。为此本条给出阻尼的计算公式。

按规范计算振动位移公式：

$$A_v = \frac{P_{ov}}{K_v}\eta_v \quad (V = x、y、z) \quad (1)$$

在共振时：$\eta = \frac{1}{2\zeta_v}$；$P_{ov}$ 为工作转速（即圆频率为 ω）时的扰力，当圆频率为 ω_{nv} 时的扰力 $P_v = P_{ov}\left(\frac{\omega_{nv}^2}{\omega^2}\right)$，将 P_v 代入式（1）中的 P_{ov}，将 $\frac{1}{2\zeta_v}$ 代入式（1）中的 η_v，即得规范公式（5.1.9-3），当为扰力矩时，只要将 M_{ov}、$\zeta_{\varphi v}$、$K_{\varphi v}$、$\omega_{n\varphi v}$ 分别取代公式（5.1.9-1）中的 P_{ov}、ζ_v、K_v 和 ω_{nv}，即得规范公式（5.1.9-4）。

冲击振动所产生的位移—时间曲线，由于阻尼作用，其振动波形呈衰减曲线，由冲击振动最大位移 A_{ov} 经过时间 t 后衰减为 A_v，其峰值比应为 $\frac{A_{ov}}{A_v} = e^{nt}$，式中 n 为阻尼系数，即 $n = \zeta_v\omega_{nv}$，此时式1变为：

$$\frac{A_{ov}}{A_v} = e^{\zeta_v \omega_{nv} t} \quad (2)$$

将式2的两边取自然对数即可得到公式（5.1.9-1），当为冲击力矩时，将 $\zeta_{\varphi v}$、$\omega_{n\varphi v}$、$A_{\varphi v}$、$A_{a\varphi v}$ 分别取代公式（5.1.9-3）中的 ζ_v、ω_{nv}、A_v、A_{av} 即得公式（5.1.9-2）。

5.2 隔振体系的固有频率

5.2.1 本条给出了隔振体系固有频率的计算公式。

1 在各类隔振公式中，其振型的独立与耦合可分为下列情况：

1) 支承式（图3.1.2a）：当隔振体系的质量中心 C_g 与隔振器刚度中心 C_s 在同一铅垂线上，但不在同一水平轴线上时，z 与 φ_z 为单自由度体系，x 与 φ_y 相耦合，y 与 φ_x 相耦合。

当隔振体系的质量中心 C_g 与隔振器刚度中心 C_s 重合于一点时（图3.1.2b），x、y、z、φ_x、φ_y、φ_z 均为单自由度体系。

2) 悬挂式（图3.1.2c、d）：当刚性吊杆的平面位置在半径为 R 的圆周上时，x、y 与 φ_z 为单自由度体系，其余均受约束。

3) 悬挂兼支承式（图3.1.2e、f）：隔振体系的质量中心 C_g 与隔振器刚度中心 C_s 在同一铅垂线上，当刚性吊杆与隔振器的平面位置在半径为 R 的圆周上时，z 与 φ_z 为单自由度体系，x 与 φ_y 相耦合；y 与 φ_x 相耦合，当吊杆与隔振器的平面位置不全在半径为 R 的圆周上时，z 轴向为单自由度体系，x 与 φ_y 相耦合；y 与 φ_x 相耦合，φ_z 受约束。

2 独立振型。如图 1 所示的体系，沿 x 轴向自由振动的微分方程为：

$$\left. \begin{array}{l} m_x \ddot{x} + C_x \dot{x} + K_x \cdot x = 0 \\ 或 \ddot{x} + 2n_x \dot{x} + \omega_{nx}^2 x = 0 \end{array} \right\} \quad (3)$$

式中 C_x ——体系沿 x 轴向总的阻尼系数 (kN·s/m)。

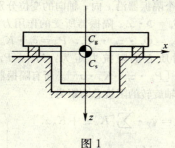

图 1

$$C = 2m \cdot n \quad (4)$$

式中 n_x ——体系沿 x 轴向总的阻尼特征系数 (red/s)；
K_x ——体系沿 x 轴向总的弹簧刚度 (kN/m)；
m_x ——隔振体系沿 x 轴向参加振动总的质量 (t)。

设式 (3) 的解为：$x = Ae^{rt} \quad (5)$

代入式 (3) 得：
$$A(r^2 + 2n_x r + \omega_{nx}^2) e^{rt} = 0$$

由于 $e^{rt} \neq 0$，$A \neq 0$，故：$(r^2 + 2n_x r + \omega_{nx}^2) = 0$

$$r = -n_x \pm \sqrt{n_x^2 - \omega_{nx}^2} = -n_x \pm i\sqrt{\omega_{nx}^2 - n_x^2}$$
$$= -n_x \pm i \cdot \omega_{nx}\sqrt{1 - \zeta_x^2} = -n_x \pm i\omega_{dx} \quad (6)$$

式中 ω_{nx} ——体系沿 x 向无阻尼固有圆频率：

$$\omega_{nx} = \sqrt{\frac{K_x}{m_x}} \quad (7)$$

ω_{dx} ——体系沿 x 向有阻尼固有圆频率：

$$\omega_{dx} = \omega_{nx}\sqrt{1 - \zeta_x^2} \quad (8)$$

ζ_x ——体系沿 x 向的阻尼比：

$$\zeta_x = \frac{n_x}{\omega_{nx}} = \frac{C_x}{2m\omega_{nx}} \quad (9)$$

将式 (6) 代入式 (5) 得式 (3) 的解为：
$$x = A \cdot e^{rt} = A_1 \cdot e^{(-n_x + i\omega_{dx})t} + A_2 \cdot e^{(-n_x - i\omega_{dx})t}$$
$$= e^{-n_x t}[A_1 \cdot e^{i\omega_{dx}t} + A_2 \cdot e^{-i\omega_{dx}t}]$$
$$= e^{-n_x t}[(A_1 + A_2) \cos\omega_{dx}t + i(A_1 - A_2) \cdot \sin\omega_{dx}t]$$
$$= e^{-n_x t}[B_1 \cos\omega_{dx}t + B_2 \sin\omega_{dx}t] \quad (10)$$

式 (10) 中 $B_1 = A_1 + A_2$，$B_2 = i(A_1 - A_2)$ 为根据初始条件确定的待定系数。

$$\dot{x} = -n_x \cdot e^{-n_x t}[B_1 \cos\omega_{dx}t + B_2 \cdot \sin\omega_{dx}t]$$
$$+ e^{-n_x t}\omega_{dx}[B_1 \sin\omega_{dx}t + B_2 \cos\omega_{dx}t] \quad (11)$$

由式 (10) 和式 (11) 得：

当 $t=0$ 时，若 $X = x_0$ 得 $B_1 = x_0$

当 $t=0$ 时，若 $\dot{X} = \dot{x}_0$ 得 $B_2 = \dfrac{\dot{x}_0 + n_x x_0}{\omega_{dx}}$

代入式 (10) 则得该体系自由振动时的位移方程为：

$$x = e^{-n_x t}\left[x_0 \cdot \cos\omega_{dx}t + \frac{\dot{x}_0 + nx_0}{\omega_d} \cdot \sin\omega_{dx}t\right] \quad (12)$$

式 (12) 中 $A_0 = \sqrt{x_0^2 + \left(\dfrac{\dot{x}_0 + n_x \cdot x_0}{\omega_{dx}}\right)^2}$；$\tan\theta_x$
$$= \frac{x_0 \cdot \omega_{dx}}{\dot{x}_0 + n_x x_0}$$

同理，对沿 y、z 轴的单自由度体系的自由振动，可将上述有关式中的位移和标脚 x，改为 y、z 即可，对绕 φ_x、φ_y、φ_z 轴回转的单自由度体系的自由振动，可将位移和标脚的符号 x，分别改为 φ_x、φ_y、φ_z，另外将惯量 m_x 分别改为 J_x、J_y、J_z 即可。

根据式 (7)～式 (9) 可得：

$$\omega_{nv} = \sqrt{\frac{K_v}{m_v}}；\omega_{n\varphi v} = \sqrt{\frac{K_{\varphi v}}{J_v}} \quad (v \text{ 分别为 } x、y、z)$$
$$(13)$$

3 双自由度耦合振动。图 2 所示 x 轴向与绕 y 轴旋转轴的两个自由度水平回转耦合振动体系上，作用水平扰力 $P_x(\tau) = P_x g(\tau)$ 和扰力矩 $M_y(\tau) = M_y g(\tau)$，其中 $g(\tau)$ 为扰力和扰力矩的时间函数。

隔振体系质心处的运动微分方程为：

$$m_x \ddot{x} + c_x (\dot{x} - h_2 \dot{\varphi}_y) + K_x (x - h_2 \varphi_y)$$
$$= P_x(\tau) = P_x \cdot g(\tau) \quad (14)$$
$$J_y \ddot{\varphi}_y + C_{\varphi y} \dot{\varphi}_y + K_{\varphi y} \varphi_y - C_x \dot{x} h_2 - K_x x h_2$$
$$= M_{oy} g(\tau) = P_x h_3 + M_y g(\tau)$$

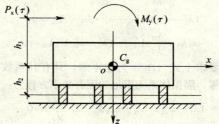

图 2

式 (14) 中有一项自由重产生的 $mgh_2 \varphi_y$ 因其数量相对很小，故忽略不计，公式中的 h_2 即为规范正文中的 z。

将上式写成矩阵形式。可简化为：

$$[M]\{\ddot{\Delta}\} + [C]\{\dot{\Delta}\} + [K]\{\Delta\} = \{g_0\} \cdot g(\tau)$$
$$(15)$$

式 (15) 中 $[M] = \begin{bmatrix} m & o \\ o & J_y \end{bmatrix}$；

$$[C] = \begin{bmatrix} C_x & -C_x h_2 \\ -C_x h_2 & C_{\varphi y} \end{bmatrix}；$$

$$[K] = \begin{bmatrix} K_x & -K_x h_2 \\ -k_x h_2 & k_{\varphi y} \end{bmatrix}$$

$$\{\Delta\} = \begin{Bmatrix} x \\ \psi_y \end{Bmatrix}; \quad \{g_0\} = \begin{Bmatrix} P_x \\ P_x h_3 + M_y \end{Bmatrix} = \begin{Bmatrix} P_{ox} \\ M_{oy} \end{Bmatrix}$$

(16)

式（16）中 P_{ox} 和 M_{oy} 分别为作用在隔振体系质心 o 点处的沿 x 轴向的扰力幅值和绕 y 轴旋轴的扰力矩幅值。当扰力和扰力矩的时间函数不同时，则扰力所产生的振幅和扰力矩所产生的振幅，应分别计算，然后再进行叠加（或线性组合）。

此时的运动微分方程为：

$$[M]\{\ddot{\Delta}\} + [C]\{\dot{\Delta}\} + [K]\{\Delta\} = \{g_1\}g_1(\tau) \quad (17)$$

$$[M]\{\ddot{\Delta}\} + [C]\{\dot{\Delta}\} + [K]\{\Delta\} = \{g_2\}g_2(\tau) \quad (18)$$

式（17）和式（18）中

$$\{g_1\} = \begin{Bmatrix} P_x \\ P_x h_3 \end{Bmatrix}; \quad \{g_2\} = \begin{Bmatrix} o \\ M_y \end{Bmatrix}$$

对于无阻尼体系，$[C]=0$；自由振动时，$\{g\}=\{0\}$。

此时体系的运动微分方程为：

$$[M]\{\ddot{\Delta}\} + [K]\cdot\{\Delta\} = \{0\} \quad (19)$$

设其解为：$\{\Delta\} = \{A_k\}\cdot e^{j(\omega_{nk}t+\alpha_k)}$

其中标脚 k 为第 k 振型，代入式（19），则得：

$(-\omega_{nk}^2[M]\{A_k\} + [K]\{A_k\})\cdot e^{j(\omega_{nk}t+\alpha_k)} = \{0\}$

由于 $e^{j(\omega_{nk}t+\alpha_k)} \neq 0$ 故只有：

$$[K]\{A_k\} - \omega_{nk}^2[M]\{A_k\} = \{0\} \quad (20)$$

将上式展开，经简化，并令：

$$\lambda_1^2 = \frac{K_x}{m}; \quad \lambda_2^2 = \frac{K_{\varphi x}}{J_y}; \quad \gamma = \frac{mh_2^2}{J_y}$$

可得： $(\lambda_1^2 - \omega_{nk}^2)A_{1k} - \lambda_1^2 \cdot h_2 \cdot A_{2k} = 0$

$$-\lambda_1^2 h_2 \cdot \frac{m}{J_y} A_{1k} + (\lambda_2^2 - \omega_{nk}^2)A_{2k} = 0 \quad (21)$$

若要求上式 $\{A_k\}$ 为非零解，只有其系数行列式等于零，隔振体系无阻尼的固有频率方程为：

$$(\lambda_1^2 - \omega_{nk}^2)(\lambda_2^2 - \omega_{nk}^2) - \lambda_1^4 \frac{mh_2^2}{J_y} = 0$$

$$\omega_{nk}^4 - (\lambda_1^2 + \lambda_2^2)\omega_{nk}^2 + \lambda_1^2\cdot\lambda_2^2 - \lambda_1^4\cdot\gamma = 0$$

求解上式，得隔振体系无阻尼固有圆频率 ω_{nk} 为：

$$\omega_{n1\atop n2}^2 = \frac{1}{2}\left[(\lambda_1^2+\lambda_2^2) \mp \sqrt{(\lambda_1^2-\lambda_2^2)^2 + 4\lambda_1^4\gamma}\right] \quad (22)$$

由式（21）的第一式，可求得振型 K 的幅值比为：

$$\rho_{1k} = \frac{A_{1k}}{A_{2k}} = \frac{\lambda_1^2 h_2}{(\lambda_1^2-\omega_{nk}^2)} = \frac{K_x h_2}{K_x - m\omega_{nk}^2}; \quad \rho_{zk} = \frac{A_{zk}}{A_{2k}} = 1$$

(23)

5.2.2 本条给出隔振器刚度的计算公式：

1 当 n 个隔振器并联时，在外力 P_z 作用线通过刚度中心时，所有隔振器的变位 δ_{zi} 相同，即 $\delta_{zi}=\delta_z$ 如果隔振动器的刚度不同分别为 K_{zi}，则 n 个隔振器的受力将不同，分别为 P_{z1}、$P_{z2}\cdots P_{zi}\cdots P_{zN}$。故有：

$P_z = P_{z1} + P_{z2} + \cdots + P_{zN} = \sum_{i=1}^n P_{zi} = \delta_z K_{z1}$
$+ \delta_z \cdot K_{z2} + \cdots + \delta_i K_{zn} = \delta_z \sum_{i=1}^n \cdot K_{zi}$

$$K_z = \frac{P_z}{\delta_z} = \sum_{i=1}^n K_{zi}$$

$$K_x = \sum_{i=1}^n K_{xi}; \quad K_y = \sum_{i=1}^n K_{yi} \quad (24)$$

当外力矩 M_y 绕通过质心的 y 轴旋转时，设转角为 Φ_y，第 i 个隔振器沿 x 向 z 轴向的变位分别为：$\delta_{xi}=\Phi_y\cdot z_i$，$\delta_{zi}=\Phi\cdot x_i$。隔振器所受的作用力分别为：$P_{xi}=\delta_{xi}\cdot K_{xi}=\Phi_y\cdot z_{i0}\cdot K_{xi}$，$P_{zi}=\delta_{zi}\cdot K_{zi}=\Phi_y\cdot x_i\cdot K_{xi}$，对质心的阻抗力矩为：$M_{yi}=P_{xi}\cdot z_i + P_{zi}\cdot x_i = \Phi_y[K_{xi}\cdot z_i^2 + K_{zi}\cdot x_i^2]$。所有隔振器对绕通过质心的 y 轴旋转的阻抗总力矩为：

$$M_y = \varphi_y\cdot\sum_{i=1}^n[K_{xi}z_i^2 + K_{zi}x_i^2]$$

$$K_{\varphi y} = \frac{M_y}{\varphi_y} = \sum_{i=1}^n K_{zi}x_i^2 + \sum_{u=1}^n K_{xi}z_i^2$$

$$K_{\varphi x} = \frac{M_x}{\varphi_x} = \sum_{i=1}^n K_{yi}z_i^2 + \sum_{u=1}^n K_{zi}y_i^2 \quad (25)$$

$$K_{\varphi z} = \frac{M_z}{\varphi_z} = \sum_{i=1}^n K_{xi}y_i^2 + \sum_{u=1}^n K_{yi}x_i^2$$

2 对于按本规范中图 3.2.1c、d 排列时的悬挂式隔振装置，当在 x 轴向或 y 轴向产生位移为 δ 时的作用力为 $P=W\sin\theta$，$\delta=L\sin\theta$，如图 3 所示。根据刚度的定义：$K_x = K_y = \frac{P}{\delta} = \frac{W\sin\theta}{L\sin\theta} = \frac{W}{L}$，同理可得 $K_{\varphi z} = \frac{WR^2}{L}$。

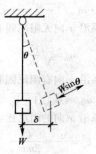

图 3

6 主动隔振

6.1 计算规定

6.1.1 干扰力为简谐时间函数（稳态振动）时，如图 4 所示的主动隔振体系，在扰力 $P_{z(t)} = P_z\sin\omega t$ 作用下，其运动微分方程为：

$$m\ddot{z} + c_z\dot{z} + k_z\cdot z = p_z\cdot\sin\omega t \quad (26)$$

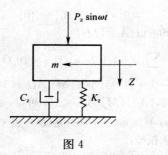

图 4

即：
$$\ddot{z} + 2n_z \dot{z} + \omega_{nz}^2 \cdot z = \frac{p_z}{m} \cdot \sin\omega t \quad (27)$$

设其解为： $z = a_{zo} e^{j\omega t}$ （取虚部） (28)

代入式（27）得： $(-a_{zo}\omega^2 + j2n_z \cdot a_{zo}\omega + \omega_{nz}^2 \cdot a_{zo}) e^{j\omega t} = \frac{p_z}{m} \cdot e^{j\omega t}$

$$a_{zo} = \frac{p_z}{m(\omega_{nz}^2 - \omega^2) + j(2n_z\omega)}$$
$$= \frac{p_z}{m\sqrt{(\omega_{nz}^2 - \omega^2)^2 + (2n_z\omega)^2} \cdot e^{j\theta_z}}$$

代入式（28）得位移方程：
$$z = \frac{p_z}{m \cdot \omega_{nz}^2} \cdot \frac{1}{\sqrt{\left(1 - \frac{\omega^2}{\omega_{nz}^2}\right)^2 + \left(2\zeta_z \frac{\omega}{\omega_{nz}}\right)^2}} e^{j(\omega t - \theta_z)}$$
$$= a_z \cdot e^{j(\omega t - \theta_z)} = a_z \cdot \sin(\omega t - \theta_z) \quad (29)$$

式（29）中 $a_z = \frac{p_z}{m \cdot \omega_{nz}^2} \cdot \frac{1}{\sqrt{\left(1 - \frac{\omega^2}{\omega_{nz}^2}\right)^2 + \left(2\zeta_z \frac{\omega}{\omega_{nz}}\right)^2}}$;

$\tan\theta_z = \frac{2n_z\omega}{\omega_{nz}^2 - \omega^2}$; $\zeta_z = \frac{n_z}{\omega_{nz}}$; $m\omega_{nz}^2 = K_z$;

当 $\sin(\omega t - \theta_z) = 1$ 时，振动最大，此时振幅值为：
$$a_z = \frac{p_z}{k_z} \cdot \eta_{z \cdot max};$$

$$\eta_{z \cdot max} = \frac{1}{\sqrt{\left(1 - \frac{\omega^2}{\omega_{nz}^2}\right) + \left(2\zeta_z \frac{\omega}{\omega_{nz}}\right)^2}} \quad (30)$$

同理，对沿和绕其他各轴向的振动幅值，可用通用公式表示为：
$$a_v = \frac{p_{ov}}{k_v} \cdot \eta_{vmax}; \quad a_{\varphi v} = \frac{M_{ov}}{K_{\varphi v}} \cdot \eta_{\varphi v \cdot max} \quad (31)$$

$$\eta_{vmax} = \frac{1}{\sqrt{\left(1 - \left(\frac{\omega}{\omega_{nv}}\right)^2\right)^2 + \left(2\zeta_v \frac{\omega}{\omega_{nv}}\right)^2}};$$

$$\eta_{\varphi vmax} = \frac{1}{\sqrt{\left(1 - \left(\frac{\omega}{\omega_{n\varphi v}}\right)^2\right)^2 + \left(2\zeta_{\varphi v} \frac{\omega}{\omega_{n\varphi v}}\right)^2}}$$

式（31）中 v 分别代表 x、y、z。

阻尼比的计算：

并联阻尼器的阻尼系数。当 n 个阻尼器并联时（图5），其阻尼系数分别为：c_{z1}、$c_{z2} \cdots c_{zN}$，在外力 P_z 作用线通过刚度中心时，设块体的运动速度为 $\dot{z}$，则：

$$P_z = P_{z1} + P_{z2} + \cdots + P_{zn} = \dot{z}\sum_{i=1}^{n} c_{zi} \quad (32)$$

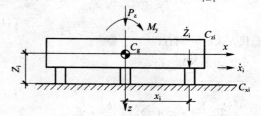

图 5

并联阻尼器的阻尼系数为：
$$c_z = \frac{P_z}{\dot{z}} = \sum_{i=1}^{n} c_{zi} \quad (33)$$

即：
$$c_v = \frac{P_v}{v} = \sum_{i=1}^{n} c_{vi} \quad (34)$$

当外力矩 M_y 绕通过质心的 y 轴旋转时，设转角速度为 $\dot{\varphi}_y$，第 i 阻尼器上端沿 x 和 z 轴向的变位速度分别为：$\dot{\delta}_{xi} = \dot{\varphi}_y z_i$，$\dot{\delta}_{zi} = \dot{\varphi}_y x_i$。阻尼器所受的阻力分别为：$p_{xi} = \dot{\delta}_{xi} c_{xi} = \dot{\varphi}_y c_{xi} z_i$；$p_{zi} = \dot{\delta}_{zi} c_{zi} = \dot{\varphi}_y c_{zi} x_i$。对质心的阻力矩为：$M_{yi} = p_{xi} z_i + p_{zi} x_i = \dot{\varphi}[c_{xi} z_i^2 + c_{zi} x_i^2]$

所有阻尼器对绕通过质心的 y 轴旋转的总阻力矩为：
$$M_y = \dot{\varphi}_y \sum_{i=1}^{n} [c_{xi} z_i^2 + c_{zi} x_i^2] \quad (35)$$

可得：
$$c_{\varphi y} = \frac{M_y}{\dot{\varphi}_y} = \sum_{i=1}^{N} c_{xi} z_i^2 + \sum_{i=1}^{N} c_{zi} x_i^2 \quad (36)$$

$$c_{\varphi x} = \frac{M_x}{\dot{\varphi}_x} = \sum_{i=1}^{N} c_{yi} z_i^2 + \sum_{i=1}^{N} c_{zi} y_i^2 \quad (37)$$

$$c_{\varphi z} = \frac{M_z}{\dot{\varphi}_z} = \sum_{i=1}^{N} c_{xi} y_i^2 + \sum_{i=1}^{N} c_{yi} x_i^2 \quad (38)$$

$$\zeta_x = \frac{\sum_{i=1}^{N} c_{xi}}{2m\omega_{nx}}; \zeta_y = \frac{\sum_{i=1}^{N} c_{yi}}{2m\omega_{ny}}; \zeta_z = \frac{\sum_{i=1}^{N} c_{zi}}{2m\omega_{nz}} \quad (39)$$

$$\zeta_{\varphi x} = \frac{\sum_{i=1}^{N} c_{yi} z_i^2 + \sum_{i=1}^{N} c_{zi} y_i^2}{2J_x \cdot \omega_{n\varphi x}}; \zeta_{\varphi y} = \frac{\sum_{i=1}^{N} c_{zi} y_i^2 + \sum_{i=1}^{N} c_{xi} z_i^2}{2J_y \cdot \omega_{n\varphi y}};$$

$$\zeta_{\varphi z} = \frac{\sum_{i=1}^{N} c_{xi} y_i^2 + \sum_{i=1}^{N} c_{yi} x_i^2}{2J_z \cdot \omega_{n\varphi z}} \quad (40)$$

当每个隔振器的特性均相同时：
$$\omega_{nv} = \sqrt{\frac{K_v}{m}} = \sqrt{\frac{n \cdot k_{vi}}{m}} = \sqrt{\frac{K_{vi}}{m_i}} \; (v = x, y, z) \quad (41)$$

$$\zeta_v = \frac{c_v}{2m\omega_{nv}} = \frac{Nc_{vi}}{2m\omega_{nv}} = \frac{c_{vi}}{2m_i\omega_{nv}} = \zeta_{vi} \quad (42)$$

$$c_{vi} = \zeta_v \cdot 2m_i\omega_{nv} = 2\zeta_v \cdot m_i \sqrt{\frac{k_{vi}}{m_i}}$$
$$= 2\zeta_v \cdot \sqrt{\frac{m_i}{k_{vi}}} \cdot k_{vi} = 2\zeta_v \frac{k_{vi}}{\omega_{nv}} \quad (43)$$

$$m_i = \frac{m}{N}$$

$$2J_v \cdot \omega_{n\varphi v} = 2J_v\sqrt{\frac{k_{\varphi v}}{J_v}} = 2\sqrt{\frac{J_v}{k_{\varphi v}}} \cdot k_{\varphi v} = 2\frac{K_{\varphi v}}{\omega_{n\varphi v}} \tag{44}$$

代入式(40)则有：

$$\zeta_{\varphi x} = \frac{\sum_{i=1}^{n}c_{yi}z_i^2 + \sum_{i=1}^{n}c_{zi}y_i^2}{2J_x \cdot \omega_{n\varphi x}}$$

$$= \frac{\sum_{i=1}^{n}2\zeta_y\frac{K_{yi}}{\omega_{ny}} \cdot z_i^2 + \sum_{i=1}^{n}2\zeta_z\frac{k_{zi}}{\omega_{nz}} \cdot y_i^2}{2\frac{k_{\varphi x}}{\omega_{0\varphi x}}}$$

$$= \frac{\zeta_y\frac{\omega_{n\varphi x}}{\omega_{ny}}\sum_{i=1}^{n}K_{yi} \cdot z_i^2 + \zeta_z\frac{\omega_{n\varphi x}}{\omega_{nz}}\sum_{u=1}^{n}K_{zi} \cdot y_i^2}{K_{\varphi x}} \tag{45}$$

同理：$\zeta_{\varphi y} = \dfrac{\zeta_z\frac{\omega_{n\varphi y}}{\omega_{nz}}\sum_{i=1}^{n}K_{zi}x_i^2 + \zeta_x\frac{\omega_{n\varphi y}}{\omega_{nx}}\sum_{u=1}^{n}K_{xi} \cdot z_i^2}{K_{\varphi x}} \tag{46}$

$$\zeta_{\varphi z} = \frac{\zeta_x\frac{\omega_{n\varphi z}}{\omega_{nx}}\sum_{i=1}^{n}K_{xi}y_i^2 + \zeta_y\frac{\omega_{n\varphi z}}{\omega_{ny}}\sum_{u=1}^{n}K_{yi} \cdot x_i^2}{K_{\varphi x}} \tag{47}$$

本规范中所有的扰力值和扰力矩值均为幅值。

6.1.2 双自由度耦合振动时的振动位移。

对于有阻尼的强迫振动，其微分方程为：

$$[M]\{\ddot{\Delta}\} + [C] \cdot \{\dot{\Delta}\} + [K]\{\Delta\} = \{g_0\}g(\tau) = [M][M]^{-1}\{g_0\}g(\tau) \tag{48}$$

可设其解和将扰力项中的 $[M]^{-1}\{g_0\}$ 为振型的线性组合：

$$\{\Delta\} = \sum_{i=1}^{2}\{A_k\} \cdot q_k(t) \tag{49}$$

$$[M]^{-1}\{g_0\} = \sum_{k=1}^{2}\beta_k \cdot \{A_k\} \tag{50}$$

根据式(50)可求得：

$$\beta_k = \frac{p_{0x}\rho_{1k} + M_{oy}}{A_{2k}(m\rho_{1k}^2 + J_y)} \tag{51}$$

将式(49)和式(50)代入式(48)得：

$$\sum_{k=1}^{2}\ddot{q}_k(t)[M]\{A_k\} + \sum_{k=1}^{2}\dot{q}_k(t)[c]\{A_k\}$$
$$+ \sum_{k=1}^{2}q_k(t)[K]\{A_k\} = [M]\sum_{k=1}^{2}\beta_k\{A_k\}g(\tau) \tag{52}$$

$$\sum_{k=1}^{2}\{\ddot{q}(t) + q_k(t)[M]^{-1}[c] + q_k(t)[M]^{-1}[k] - \beta_k g(\tau)\}\{A_k\} = \{0\} \tag{53}$$

由：$[K]\{A_k\} = \omega_{nk}^2[M]\{A_k\}$
得：$[M]^{-1}[K] \cdot \{A_k\} = \omega_{nk}^2\{A_k\}$
$[M]^{-1}[C]\{A_k\} = \alpha[M]^{-1}[K]\{A_k\}$
$= \alpha\omega_{nk}^2\{A_k\} = 2n_k\{A_k\} \tag{54}$

$$\sum_{k=1}^{2}[\ddot{q}_k(t) + 2n_k\dot{q}_k(t) + \omega_{nk}^2q_k(t)$$

$$-\beta_k \cdot g(\tau)]\{A_1\} = \{0\} \tag{55}$$

等式两侧均乘以 $\{A_1\}^T[M]$：

$$\sum_{k=1}^{2}[\ddot{q}_k(t) + 2n_k\dot{q}_k(t) + \omega_{nk}^2q_k(t) - \beta_k \cdot g(\tau)]\{A_1\}^T[M]\{A_k\} = \{0\}$$

当 $k = l$ 时，$\{A_1\}^T[M]\{A_1\} \neq \{0\}$ 可得：

$$\ddot{q}_l(t) + 2n_l\dot{q}_l(t) + \omega_{nl}^2 \cdot q_l(t) = \beta_l \cdot g(t)$$

对第 k 振型：

$$\ddot{q}_k(t) + 2n_k\dot{q}_k(t) + \omega_{nk}^2 \cdot q_k(t)$$
$$= \frac{p_{0x}\rho_{1k} + M_{oy}}{A_{2k}(m\rho_{1k}^2 + J_y)} \cdot g(t) \tag{56}$$

与式（27）对比，上式与单自由度有阻尼强迫振动的运动微分方程的表达形式是一样的，只不过其中系数包含的内容不同，故求解的方法也相同。

当扰力时间函数为简谐时，$g(t) = \sin\omega t$，其解为：

$$\ddot{q}_k(t) = \frac{p_{0x}\rho_{1k} + M_{oy}}{A_{2k}(m\rho_{1k}^2 + J_y)\omega_{nk}^2} \cdot \frac{\sin(\omega t - \theta_k)}{\sqrt{\left(1 - \frac{\omega^2}{\omega_{nk}^2}\right)^2 + \left(2\zeta_k\frac{\omega}{\omega_{nk}}\right)^2}} \tag{57}$$

代入式(49)，即求得式(48)的解为：

$$\{\Delta\} = \begin{Bmatrix} x(t) \\ \varphi_t(t) \end{Bmatrix} = \sum_{k=1}^{2}\begin{Bmatrix} A_{1k} \\ A_{2k} \end{Bmatrix}q_k(t) = \sum_{k=1}^{2}\begin{Bmatrix} \rho_{1k} \\ 1 \end{Bmatrix}A_{2k}q_k(t)$$

$$= \begin{bmatrix} \rho_{11} & \rho_{12} \\ 1 & 1 \end{bmatrix}$$

$$\begin{Bmatrix} \dfrac{p_{0x}\rho_{11} + M_{oy}}{(m\rho_{11}^2 + J_y)\omega_{n1}^2} \cdot \dfrac{\sin(\omega t - \theta_1)}{\sqrt{\left[1-\left(\frac{\omega}{\omega_{n1}}\right)^2\right]^2 + \left(2\zeta_1\frac{\omega}{\omega_{n1}}\right)^2}} \\ \dfrac{p_{0x}\rho_{12} + M_{oy}}{(m\rho_{12}^2 + J_y)\omega_{n2}^2} \cdot \dfrac{\sin(\omega t - \theta_2)}{\sqrt{\left[1-\left(\frac{\omega}{\omega_{n2}}\right)^2\right]^2 + \left(2\zeta_2\frac{\omega}{\omega_{n2}}\right)^2}} \end{Bmatrix} \tag{58}$$

由于是稳态振动，虽然在任意时间 t：$\sin(\omega t - \theta_1) = 1$ 时，$\sin(\omega t - \theta_2)$ 并不一定等于1，为安全考虑，假设均等于1，此时振幅值最大，故上式可写为：

$$\begin{rcases} x_{(t\,max)} = a_x = \sum_{k=1}^{2}\rho_{1k} \cdot \dfrac{p_{0x}\rho_{1k} + M_{oy}}{(m \cdot \rho_{1k}^2 + J_y)\omega_{nk}^2} \cdot \eta_{k\cdot max} \\ \varphi_{y(t\,max)} = a_{\varphi y} = \sum_{k=1}^{2}\dfrac{p_{0x}\rho_{1k} + M_{oy}}{(m \cdot \rho_{1k}^2 + J_y)\omega_{nk}^2} \cdot \eta_{k\cdot max} \end{rcases} \tag{59}$$

式中 $\eta_{k\cdot max} = \dfrac{1}{\sqrt{\left[1-\left(\frac{\omega}{\omega_{nk}}\right)^2\right]^2 + \left(2\zeta_k \cdot \frac{\omega}{\omega_{nk}}\right)^2}} \tag{60}$

6.1.5 在隔振基础上任意点的振动幅值的计算方法，特别是扰力（扰力矩）的工作频率均不相同时，或作用时间有相位时，均采用振动幅值绝对值之和，这是既简便又比较安全的。

6.2 旋转式机器

6.2.1 旋转式机器的种类很多，汽轮发电机组系火力发电厂、核电站的主机，为典型的旋转式机器；国际上，一些国家于20世纪70年代在大型汽轮发电机组，特别是在核电站的汽轮发电机组比较多地采用弹簧隔振基础，目前，采用弹簧隔振基础的火电机组的最大功率为1300MW、核电机组的最大功率为1600MW；我国于20世纪70年代后期开展了汽轮发电机组弹簧隔振基础的试验研究，并在河南某电厂建成了我国第一台6MW汽轮发电机组弹簧隔振基础；20世纪80年代随着从国外引进汽轮发电机组，河南鸭河口电厂（2×350MW）、北京第一热电厂（2×200MW）和合肥第二电厂（2×350MW）汽轮发电机组和田湾核电站（2×1000MW）核电机组均成功地采用弹簧隔振基础。国内外工程实践都证明汽轮发电机弹簧隔振基础具有很大的优越性。

火力发电厂的其他旋转式机器，如汽动（电动）给水泵、风扇磨煤机、引（送）风机、碎煤机等，从20世纪80年代起，逐步在我国工程中应用，近几年有了很大的发展。

汽轮发电机、汽动给水泵采用弹簧隔振基础后，可避免将振动传递给周围环境，有利于改善机器的振动情况，并给机组轴系进行快速找中调平提供了方便条件。在高烈度地震区还可以显著提高其抗震性能。

适用于工业与民用建筑的离心通风机、离心泵、空调冷水机组等比较普遍的采用弹簧隔振基础，并编制了相应的全国通用建筑标准设计图集。

本条文将旋转式机器分成二类，对其隔振基础的隔振方式、隔振器的选择主要依据工程实践经验作了一般性的规定。

本条文强调弹簧隔振器应具有三维隔振性能，同时对汽轮发电机、汽动给水泵等大型旋转式机器的弹簧隔振基础强调隔振器应与阻尼器一起使用，这些规定都是为了能控制各向的振动线位移。

6.2.2 本条涉及台座型式，台座结构的动力计算。

对汽轮发电机、汽动给水泵等大型旋转式机器，根据工程实践经验，通常都采用钢筋混凝土台座，同时为了满足设备布置的要求，往往需将台座设计成梁式、板式或梁板混合式。

对离心泵、离心通风机等旋转式机器，目前在工程中存在钢筋混凝土板和钢支架两种型式，所以条文按此作了规定，但强调如采用钢支架台座时、应具备足够刚度，避免出现钢支架台座振动过大，对这些机组根据工程经验，可将台座结构假定为刚体进行动力分析。

过去有的工程，机器设备较大，采用钢制台座后，由于参振质量小，使得台座振动过大，而不得不采取改造措施，因此，对其他较大型的旋转式机器台座型式、由于涉及机器类型较多，条文中没有具体规定，但根据工程实践中出现的问题，一般亦宜采用钢筋混凝土台座。

对汽轮发电机、汽动给水泵采用钢筋混凝土台座结构，如何进行动力分析将涉及很多问题，规范对此明确规定：台座结构应分别计算工作转速时的振动线位移及起动过程中的振动线位移；计算振动线位移时应将台座结构作为弹性体，按多自由度体系进行，这些计算原则与现行国家标准《动力机器基础设计规范》GB 50040 完全一致。通过大量的工程实践，说明现行国家标准《动力机器基础设计规范》GB 50040 大体上是能满足工程建设的需要，但随着汽轮发电机组单机容量的不断加大，目前将发展1000MW等级的机组，以及随着基础动力计算技术、动力测试的技术发展，现行国家标准《动力机器基础设计规范》GB 50040 理应作相应的修改和补充，显然这些修改和补充亦都应建立在大量研究工作的基础上，这些工作都有待于现行国家标准《动力机器基础设计规范》GB 50040 的修订时考虑，因此制定《隔振设计规范》宜将其有关的计算原则与现行国家标准《动力机器基础设计规范》GB 50040 取得一致比较好，有利于当前工程建设的需要。

6.2.4 高转速机组、汽轮发电机组、电机的扰力值沿用现行国家标准《动力机器基础设计规范》GB 50040 的规定；其他旋转式机器的扰力参照《火力发电厂土建结构设计技术规定》DL 5022 的规定。这里需要说明的，其他旋转式机器包括机器种类很多，规范中只给出扰力值的一定范围，因此设计者使用的根据机器的具体情况、结合设计经验加以选取。

6.2.5 汽轮发电机、汽动给水泵采用弹簧隔振基础，其基频较常规框架式基础明显降低，频谱特性有所不同，这是弹簧隔振基础其动力特性优于常规基础的特征之一；这个明显的特征，有时亦会带来一些新的情况，当存在低频激振源时（有时与汽轮机连接的管道，在特定条件下可能产生低频随机振动），就会产生较大的低频振动线位移，实际上计算其速度分量很小。对机器振动影响很小；这些现象只能在对基础进行振动实测时才能出现，如将低频振动线位移与高频振动线位移直接叠加，将此数值与允许振动线位移进行对比，显然是不合理的。因此，本条文特别强调在进行振动实测时应进行频谱分析，区别对待各个频段的振动线位移分量。

6.3 曲柄连杆式机器

6.3.1 曲柄连杆式机器的扰力和振动较大，选择合适的隔振方式可以充分利用材料，减小振动，提高经济效益。试验台要求高、大中型机器扰力大时，采用规范图 3.1.2b 所示的支承式可以降低重心，减小回转振动。中小型活塞式压缩机和柴油发电机组量大面广，隔振要求比试验台低，在满足容许振动值的前提下，采用规范图 3.1.2a 所示的支承式，可以使设备布置和移动方便，有利于推广应用。

6.3.2 针对曲柄连杆式机器的特点，提出一些方案设计的特殊要求。曲柄连杆式机器的水平扰力或回转力矩一般较大，至少 3 个以上的振型都会产生较大振动，按单自由度估算的最小质量往往偏小很多，应以满足基础容许振动值的要求来确定基础的最小质量。同时，发动机的转速是可调的，压缩机在充气与空转之间经常切换，阻尼比不仅要满足启动和停机时通过共振的需要，还应保证正常运转时的平稳，因此隔振体系的最小阻尼比要求，不仅竖向应当满足，其他隔振方向也应当满足。研究和实测结果表明：四冲程发动机的基频与转速的 1/2 对应，且其振动较大，规定其最低工作转速所对应的频率与固有频率之比不宜小于 4，以保证隔振效果。曲柄连杆式机器的自身价值较高，试验台管道多、连接复杂，更换隔振器很困难，采用使用寿命长的优质产品是经济合理的。

6.3.3 曲柄连杆式机器是旋转运动与往复运动相互转化的动力设备，不仅运动部件会产生很大的离心力和惯性力及其力矩，直接作用于基础，而且汽缸内压力的剧烈变化，也会以以下两种主要方式作用于基础：一是以内扰力方式使机器自身产生振动传给基础；二是根据机械的不同支承条件，扭振反作用力矩的部分乃至全部会以外扰力方式直接作用于基础。因此，这类设备的振动强烈，其扰力较其他动力设备复杂得多，一般设计人员难以计算和取值，应由机器制造厂提供。

机器制造厂提供的扰力包括一谐扰力或扰力矩、二谐扰力或扰力矩，方向上分为竖向和水平向，其理论值都有公式可以计算。但二谐扰力，可采用 2 倍于转速的装置予以平衡，应减去它所平衡的部分。理论公式计算得出的扰力或扰力矩值，只是一种理想状况，并未考虑质量误差、汽缸内压力变化等其他因素的影响。因此，隔振设计采用的扰力值，当仅为理论计算值时，需要乘以综合影响系数进行调整，否则可能偏小。因此规范规定：机器的一谐、二谐扰力值和扰力矩值应取计算值乘以综合影响系数 1.1~1.35，当理论计算值较小时取大值，理论计算值较大时取小值。这种情况仅适用于曲柄连杆式机器的缸数较少、平衡性能较差、扰力或扰力矩的理论计算值仍较大的机型。但对于多缸的曲柄连杆式机器，当平衡性能设计得很好时，不仅一谐扰力和扰力矩已平衡，二谐扰力和扰力矩也已平衡，扰力的理论计算值为 0 或很小，致使运动部件的质量误差等综合因素产生的扰力上升至主导地位，这就需要取扰力值为理论计算值与运动部件的质量误差等综合因素产生的扰力值相叠加。运动部件质量误差产生扰力的计算公式，可以采用误差理论从扰力计算公式推出。规范编制过程中，对此问题做了研究，推导出了由运动部件质量误差等因素产生的综合一谐扰力值计算公式，但由于未经充分的试验验证，暂不列入规范。隔振设计时应要求机器制造厂提供的扰力值包含该部分扰力，当不能提供时，可对有关资料进行分析或经过试验取扰力值。

由于发动机气缸内的压力变化比压缩机剧烈得多，所产生的扭振也大得多，且因曲轴输出端的减振、隔振作用，使扭振的输出力矩与其反作用力矩对基础的作用不对称，即使发动机与测功器或发电机设置在同一刚性基础上，该扰力矩的一部分或绝大部分仍会以外扰力方式作用到基础上。扭振反作用力矩不仅包含与扭振主频率对应的部分，还应包含自基频始低于扭振主频率的低谐波部分，以及内力使机器振动传来的等效扰力。隔振设计时应充分注意这一点。当机器制造厂提供这些扰力矩有困难时，可通过对有关资料的分析或试验取等效扰力值。对于 8 缸以上的发动机，由于扭矩不均匀度大大减小，与扭振主频率对应的反作用力矩对基础的振动影响已很小，隔振设计时主要应计入扭振反作用力矩中低于扭振主频率的低谐波部分。

当曲柄连杆式机器与电机或测功器或发电机不设置在同一基础上时，伴随扭振力矩还有一个与功率相对应的静力矩作用在各自的基础上，但所产生的变位一般较小，且为静态的，调速和启动、停机时则为低频或超低频波动，隔振设计时可以不予考虑。

6.3.4 曲柄连杆式机器的隔振计算时，由于扰力的作用方向、相位和干扰频率的不同，适宜以单一扰力或扰力矩作用下，按第 6.1 节的基本公式计算质心点和验算点的振动位移，然后再考虑各扰力的频率和相位差，将计算所得的振动位移和速度叠加，计算总的振动位移和速度。一谐水平扰力与竖向扰力相位差为 90°，采用平方和开方叠加是适合的。但当隔振体系的质心至刚度中心的距离大于隔振器至主轴中心线的水平距离、或管道连接未完全采用柔性接头时，隔振体系的实际模型会偏离其计算假定，系统将产生较大的附加振动，此时按平方和开方叠加计算总振动值偏于不安全，应取绝对值相加。当活塞到达其行程的上死点时，一谐扰力与二谐扰力同时达到最大值，因此最大幅值应按绝对值相加。二谐水平扰力与竖向扰力的相位差与汽缸中心线的夹角有关，有的同时达到最大值，有的有相位差，可以都按同相位相加。根据实测波形的频谱图分析，以上规定是合适的。测功器的扰力比发动机的要小得多，计算中可以不计；配套电机的扰力比测功器大，不能忽略，可以按 6.2 节的方法计算或将按本节计算的振动位移和速度乘以增大系数 1.1~1.2 作适当提高，机器的平衡性能好时取大值，平衡性能差时取小值。

6.3.5 试验台根据用途不同，容许振动值也不同，而普通机器隔振，则只要满足机器自身的振动要求就可以了。验算点的位置，比第 4 章的规定更具体，其原因有二：一是试验台有时台面很大，台面角点离设备很远，代表性差；二是曲柄连杆式机器的回转振动大，当回转振动角较大时，台座结构顶面的水平振动可能比主轴处小得多，为避免基础摇摆过大，要求取水平振动的第二验算点在主轴端部。新产品尚未成熟，影响振动的一些因素尚在摸索中，振动比已定型的产品大一些是正常的。计算值与容许振动值之间需要留较大余地。

6.3.6 试验台需有较好的通用性，要适应多种机型的安装和试验要求，需要对试验台采取平衡措施，使无论哪种机型安装，都能满足隔振体系的质量中心与刚度中心处在同一铅垂线上的计算假定。一般情况下，测功器的位置是固定的，不同机器的质量和质心位置各不相同，这就会在旋转轴方向导致隔振体系的质量中心偏离刚度中心。在此方向上，如要求所有机型安装时都不产生偏心，有时是困难的，或给使用带来很大不便，经试算，当偏心不超过试验台该方向边长的1.5%时，隔振器的最大应力与最小应力之比在1.14左右，与平均值偏差约7%，台面两端高差7～10mm。与计算假定基本相符，对试验台的隔振性能和隔振器使用寿命影响不大，将其规定为最不利情况下试验台的容许偏心极限值；另一方向应按无偏心设计。

试验台是一种特殊的隔振基础，因此构造上也有特殊要求。首先，它的质量很大，设计要考虑隔振器安装时，操作方便与安全和支承结构的受力与稳定，否则易造成事故；其次，由于高温、潮湿、油多、水多，环境较恶劣等，台面经常要用水冲洗，管道软接头也要考虑这些因素的影响；再次，它要通风、散热，管道多，设计中应与工艺、暖通和水道专业密切配合。

6.4 冲击式机器

6.4.1 锻锤隔振后应满足下列基本要求：

1 "基础和砧座的最大竖向振动位移不应大于容许振动值"，是指隔振后基础和砧座的竖向振动位移值应小于用户提出的容许振动值或有关规范标准规定的容许值。若用户或规范规定的容许值是距锻锤一定距离处的容许值，则应根据具体地质条件和振动在地基中的传播规律，换算出锻锤基础的竖向容许振动值，通过控制基础的振动值来控制距锻锤一定距离处振动容许值。砧座的最大竖向振动位移容许值，在本规范4.2节中已有规定；国内外大量的锻锤隔振实践已经证明，砧座振幅接近20mm时，既不影响生产操作，也不影响打击效率，并可有效地节省投资；而在砧座下设置钢筋混凝土台座，即设有浮动的块体式基础时，砧座与块体基础一起运动，因运动部分质量增大，其竖向振动位移很容易达到小于8mm的要求，从而使砧座运动更为平稳。

2 "锻锤在下一次打击时，砧座应停止振动"和"锻锤打击后，隔振器上部质量不应与隔振器分离"，都是锻锤生产操作的实际需要。

为满足以上要求，锻锤隔振系统的阻尼比通常在0.25～0.30的范围内较为合理。

6.4.2 锻锤隔振后砧座最大竖向位移值的计算，采用单自由度模型是因为锻锤隔振后砧座的振幅均在10mm左右，而其基础的振幅均在0.5mm以下，二者相差一个数量级以上，计算砧座振幅时认为基础不动，不会带来多大误差。

6.4.3、6.4.4 砧座与基础的最大位移值计算。

1 规范中图6.4.2-1所示单自由度振动模型，受锤头 m_0 以速度 V_0 冲击后，按质心碰撞理论，砧座 m_s 将获得初始速度 V_1：

$$V_1 = \frac{(1+e_1) m_0 V_0}{(m_s + m_0)} \quad (61)$$

式（61）中 e_1 为无量纲的回弹系数。

按单自由度有阻尼系统振动理论，受初始速度 V_1 激励后，质量 m_s 将按图6所示曲线作为衰减的自由振动，即砧座的位移随时间变化的规律可由下式描述：

$$X_1 = \frac{V_1}{\omega_n} \sin\omega_n t \cdot \exp[-\zeta_z \omega_n t] \quad (62)$$

式（62）中，$\omega_n = \sqrt{\dfrac{K_1}{m_s}}$，是系统的固有频率；$\zeta_z = \dfrac{C_z}{2\sqrt{m_s K_1}}$，是隔振系统的阻尼比；$C_z$ 是隔振器的阻尼系数。

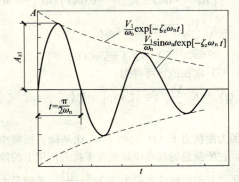

图6 砧座位移随时间变化曲线

当砧座振动1/4周期时，即 $t = \dfrac{\pi}{2\omega_n}$ 时，其位移达到最大值 A_{z1}，按式（62）计算。

$$A_{z1} = \frac{V_1}{\omega_n}\sin\frac{\pi}{2}\exp\left[-\zeta_z \frac{\pi}{2}\right] = \frac{V_1}{\omega_n}\exp\left[-\zeta_z \frac{\pi}{2}\right] \quad (63)$$

隔振锻锤砧座位移的最大值为：

$$A_{z1} = \frac{m_0 V_0 (1+e_1)}{(m_0+m_s)\omega_n}\exp\left[-\zeta_z \frac{\pi}{2}\right] \quad (64)$$

2 计算隔振后基础最大竖向位移采用规范图

6.4.2-2 所示单自由度强迫振动模型，是因为：隔振后砧座振动频率 $\omega_n = \sqrt{\dfrac{K_1}{m_s}}$ 比基础自振频率小得多，二者耦合的影响很小，隔振系统对基础的激扰，可以近似看成按规范图 6.4.2-1 所示砧座单自由度振动模型计算出的砧座位移与速度引起的隔振器中弹性力与阻尼力对基础的激扰，规范图 6.4.2-2 中 $P(t)$ 为隔振器施加给基础的动载荷，包括弹性力与阻尼力。图中所示地基刚度 K_2 为折算刚度，是按现行国家标准《动力机器基础设计规范》GB 50040 中的有关规定查出地基抗压刚度系数 C_z 乘以基础底面积计算出地基的抗压刚度 K_z 之后，乘以修正系数 2.67 后得到的。修正系数 2.67，实际上是综合考虑了基础侧面回填土的影响和地基土阻尼作用得到的，因而 K_z 也反映了地基阻尼的影响。力学模型中未直接表示出阻尼，则可以使计算大为简化。

通过隔振器作用于基础的动载荷 $P(t)$ 包括两部分：与砧座位移成比例的弹性力 $P_1(t)$ 和与砧座速度成比例的阻尼力 $P_2(t)$。其中：

$$P_1(t) = K_1 X_1(t) = K_1 \dfrac{V_1}{\omega_n} \sin\omega_n t \exp[-\zeta\omega_n t] \tag{65}$$

$$\begin{aligned}P_2(t) &= C_1 \dot{X}_1(t) = 2\zeta_z m\omega_n V_1 \cos\omega_n t \exp[-\zeta\omega_n t] \\&= 2\zeta_z \dfrac{K_1 V_1}{\omega_n} \cos\omega_n t \exp[-\zeta\omega_n t]\end{aligned} \tag{66}$$

弹性力与阻尼力之和：

$$\begin{aligned}P(t) &= P_1(t) + P_2(t) \\&= \left(K_1 \dfrac{V_1}{\omega_n}\sin\omega_n t + 2\zeta_z \dfrac{K_1 V_1}{\omega_n}\cos\omega_n t\right)\exp[-\zeta\omega_n t] \\&= K_1 \dfrac{V_1}{\omega_n}\sqrt{1+4\zeta_z^2}\sin(\omega_n t + \tan^{-1}2\zeta_z)\exp(-\zeta\omega_n t)\end{aligned} \tag{67}$$

对式 (67) 取极值，可得到：

$$P_{\max}(t) = K_1 \dfrac{V_1}{\omega_n}\sqrt{1+4\zeta_z^2}\exp\left[-\zeta_z\left(\dfrac{\pi}{2}-\tan^{-1}\zeta_z\right)\right] \tag{68}$$

因为激扰力 $P(t)$ 的频率 ω_n 比基础自振频率小得多，它所激起的基础位移接近于扰力作用下的静位移，所以基础位移可表示为 $X_2 = \dfrac{P(t)}{K_2}$，基础最大位移 A_{z2} 可表示为：

$$\begin{aligned}A_{z2} &= \dfrac{P_{\max}(t)}{K_2} = \dfrac{K_1(1+e_1)m_0 V_0}{K_2\omega_n(m_s+m_0)} \\&\quad \sqrt{1+4\zeta_z^2}\exp\left[-\zeta_z\left(\dfrac{\pi}{2}-\tan^{-1}\zeta_z\right)\right]\end{aligned} \tag{69}$$

6.4.5 压力机隔振参数的计算。

压力机隔振参数的计算是指机械压力机隔振参数的计算。机械压力机传动系统中因设有离合器与制动器，运行时离合器结合、制动器制动以及冲压工件都会激起振动。离合器结合与制动器制动激起的振动，性质与强度相同，只是方向相反，因而可以只计算离合器结合时的振动，而不再计算制动器制动时的振动。冲压工件时激起的振动，因性质不同而需单独计算。由于压力机隔振后其基础振动远小于压机自身的振动，分析压机自身振动时近似认为基础不动；分析基础振动时则把因压机振动引起隔振器伸缩而作用于基础的动载荷看作基础振动的扰力。

1 离合器结合时，曲柄连杆机构突然加速的惯性力，通过轴承水平地作用在机身上，激起压力机作摇摆振动，其力学模型见规范中的图 6.4.5-1。因为离合器结合过程时间很短，作用于轴承处的冲击力的大小难以计算，但结合过程中通过主轴轴承作用于机身的冲量 N 正好等于曲柄连杆机构所获得的动量，可用下式表示：

$$N = m_z r n_y \tag{70}$$

式中 N——通过主轴由轴承 O' 作用于机身的冲量；
m_z——主轴偏心质量与连杆折合质量之和，连杆折合质量可取连杆质量的 1/3；
r——曲柄半径；
n_y——压力机主轴的额定转速。

因为压力机主轴轴承 O' 的位置较高，在此冲量作用下，压力机将产生摇摆振动。

由于设在压力机机脚处的隔振器的横向刚度通常都远大于竖向刚度，振动时压力机机脚处的横向位移趋近于零，可近似认为隔振器横向刚度为无穷大。

压力机绕质心的回转半径 R_1：

$$R_1 = \sqrt{\dfrac{J}{m_y}} \tag{71}$$

式 (71) 即规范中的公式 (6.4.5-2)。

在水平扰力激励下，按规范中图 6.4.5-1 所示力学模型，压力机将绕底部中点作单自由度摆动，其微分方程为：

$$(J+h_1^2 m_y)\ddot{\phi} + \left(\dfrac{C}{2}\right)^2 C_z \dot{\phi} + \left(\dfrac{C}{2}\right)K_1 \phi = 0$$

$$(R_1^2 + h_1^2) m_y \ddot{\phi} + \left(\dfrac{C}{2}\right)^2 C_z \dot{\phi} + \left(\dfrac{C}{2}\right)^2 K_1 \phi = 0 \tag{72}$$

式 (72) 中第 1 项是压力机的摆动惯性力矩，第 2 项是压力机承受的来自隔振器的阻尼力力矩，第 3 项是压力机承受来自隔振器的弹性反力矩。摆动的固有频率 ω_k 为：

$$\omega_k = \sqrt{\dfrac{C^2 K_1}{4(R_1^2+h_1^2)m_y}} \tag{73}$$

系统的阻尼比为 $\zeta_{z1} = \dfrac{C_z C}{4\sqrt{(R_1^2+h_1^2)m_y K_1}}$

利用初始条件 $t=0$ 时，压力机获得的动量矩等于冲量矩，可求出压力机摇摆的初角速度 $\dot{\phi}$：

$$\dot{\phi} = \dfrac{(l+h_1)N}{J+h_1^2 m_y} = \dfrac{(l+h_1)m_p r\omega}{(R_1^2+h_1^2)m_y} \tag{74}$$

按此初始条件解微分方程 (72)，可以得到离合

器结合后压力机摇摆振动1/4周期引起的顶部最大水平位移为:

$$A_{yh}=\frac{hm_z rn_y}{m\omega_k}\frac{(l+h_1)}{(R_1^2+h_1^2)}\exp\left(-\zeta\frac{\pi}{2}\right) \quad (75)$$

压力机工作台两侧的最大竖向位移为:

$$A_{z3}=\frac{cm_z rn_y}{2m_y\omega_k}\frac{(l+h_1)}{(R_1^2+h_1^2)}\exp\left(-\zeta\frac{\pi}{2}\right) \quad (76)$$

2 冲压工件时,忽略掉基础的振动,则隔振压力机的力学模型如规范中图6.4.5-2所示,图中 m_t 为压力机头部的质量, m_g 为压力机工作台的质量, K_4 是压力机机身的刚度,(包括立柱刚度和拉杆刚度), K_1 是隔振器的刚度, P 是压力机工作压力。

因为冲压工艺力一般是从小到大,然后突然消失,而最典型的工况是冲裁:当冲裁力达到最大值时,工件断裂使机身突然失去载荷而引起振动。压力机最严重的振动发生在以额定压力冲裁工件时,为使分析简化,可以近似认为冲裁加载阶段只引起机身静变形 $X_1=p/K_4$,突然失荷时,机身因弹性恢复而产生自由振动。按规范图6.4.5-2所示双自由度振动模型,其自由振动微分方程为:

$$\begin{cases} m_t\ddot{X}_1+K_4(X_1-X_2)=0 \\ m_g\ddot{X}_2-K_4(X_1-X_2)+K_1X_2=0 \end{cases} \quad (77)$$

按初始条件:

$$\begin{cases} X_1(0)=-P/K_4 \\ X_2(0)=\dot{X}_2(0)=\dot{X}_1(0)=0 \end{cases} \quad (78)$$

可得出压力机头部与工作台的位移表达式:

$$\begin{cases} X_1=\dfrac{\dfrac{P}{K_4}\left(\dfrac{K_4}{m_t}-\omega_1^2\right)}{\omega_1^2-\omega_2^2}\cos\omega_2 t-\dfrac{\dfrac{P}{K_4}\left(\dfrac{K_4}{m_t}-\omega_2^2\right)}{\omega_1^2-\omega_2^2}\cos\omega_1 t \\ X_2=\dfrac{\dfrac{P}{K_4}\left(\dfrac{K_4}{m_t}-\omega_2^2\right)\left(\dfrac{K_4}{m_t}-\omega_1^2\right)}{\dfrac{K_4}{m_t}(\omega_1^2-\omega_2^2)}(\cos\omega_2 t-\cos\omega_1 t) \end{cases}$$

$$(79)$$

式(79)中 ω_1、ω_2 为系统的一阶和二阶固有频率。

对式(79)的分析表明,当刚度比 $K_4/K_1>10$ 以后,压力机头部和压力机工作台的最大位移,就几乎与隔振器的刚度 K_1 无关,而只是机身刚度 K_4 与质量比 m_t/m_2 的函数,可表示为:

$$\begin{cases} X_{1\max}=\dfrac{2pm_g}{K_4(m_t+m_g)} \\ X_{2\max}=\dfrac{2pm_t}{K_4(m_t+m_g)} \end{cases} \quad (80)$$

实际上压力机隔振器的刚度 K_1 远小于机身刚度 K_4,比值 K_4/K_1 均在50以上,用式(80)计算冲压时压力机头部与工作台的最大竖向位移,有足够的可信度。

3 冲压工件时基础竖向位移的计算。将隔振压力机基础的振动,看成是通过隔振器作用于基础的动载荷激起的振动,忽略隔振器的阻尼力,可得到图7所示力学模型,图中 P_2 是隔振器作用于基础的载荷,K_1 是隔振器的刚度,$X_2(t)$ 是压力机工作台即机座的位移,m_3 是基础质量,K_2 是基础底部地基土的抗压刚度。

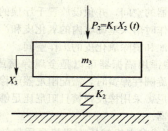

图7 压力机基础振动时的力学模型

因为隔振器刚度 K_1 远小于地基土抗压刚度 K_2,隔振器的伸缩频率,即扰力 P_2 的频率远小于基础 m_3 的自振频率,按单自由度强迫振动理论,此时基础的位移可近似看成扰力 P_2 作用下基础的静位移,即:

$$X_3(t)=\frac{P_{2(t)}}{K_2}=\frac{K_1X_2(t)}{K_2} \quad (81)$$

由于压机工作台即机座的最大位移 $X_2(t)_{\max}=A_{z4}$,所以基础的最大竖向位移 A_{z5} 可表示为:

$$A_{z5}=X_3(t)_{\max}=\frac{X_2(t)_{\max}\cdot K_1}{K_2}=\frac{A_{z4}K_1}{K_2} \quad (82)$$

6.4.6 设计锻锤隔振装置应注意以下几点:

1 当锻锤砧座质量较大,依靠砧座质量能有效承载振动能量、控制砧座振幅时,可以只对砧座隔振(称砧下直接隔振),以减少隔振工程量;当砧座质量相对较小时,可在砧座下增设钢筋混凝土台座(称惯性块),或通过钢筋混凝土台座将砧座与锤身结为一体,将隔振器设在钢筋混凝土台座下部,对砧座——惯性块实行整体隔振(称有惯性块式隔振),以控制打击后的砧座振幅。

2 锻锤的打击中心、隔振器的刚度中心和隔振器上部质量的质心,应尽可能布置在同一铅垂线上,若对砧座与锤身实行整体式隔振,设计单臂锻锤联结砧座与锤身的钢筋混凝土台座(即惯性块)时,应使惯性块的重心置于与锤身对称的一侧,使砧座—锤身—惯性块的整体重心尽量与砧座重心即锻锤的打击中心重合。

3 当砧座或惯性块底面积较大,且重心与底面之间的距离较小时,可直接将隔振器置于砧座或惯性块的下部,构成支承式隔振结构;当砧座底面积较小,砧座重心的位置相对于砧座底面较高,又不采用钢筋混凝土台座(惯性块)时,可将整个砧座悬吊在隔振器下部,隔振器则布置在砧座旁与砧座重心高度相近的水平面上,构成悬吊式隔振结构,以增加砧座运行的稳定性。

4 锻锤隔振后，砧座将产生幅度 10mm 左右的振动位移，为防止打击后砧座侧向晃动，宜对砧座或惯性块设置导向或防偏摆的限位装置。

5 锻锤的砧座和惯性块结构庞大，起吊困难，通常应在安装隔振器的基础坑内留出便于工人维修和调整隔振器的空间，并预设放置千斤顶的位置。为清除锻锤工作时落入基础坑内的氧化皮和润滑液，坑内应有积液池和清除氧化皮的工作空间。

6 锻锤用隔振器可以是金属弹簧或橡胶弹簧。采用钢螺旋圆柱弹簧时，需配阻尼器或橡胶，以保证足够的阻尼。采用橡胶弹簧且阻尼比足够大时，可不另配阻尼器。

6.4.7 闭式多点机械压力机机身质量较大，工作台面宽，通常可将隔振器直接装在机脚处而不另设钢筋混凝土台座。

对于动力系统在机身上部、工作台面较窄的闭式单点压力机，可在机身下设置钢制台座，在台座下安装隔振器，以加大隔振器之间的距离，提高压力机的稳定性。

开式压力机工作台的中心与机身重心不在一条铅垂线上，需在机身下设置台座，在台座下再安装隔振器，以调整隔振器上部质量重心的位置，使其尽可能靠近工作台中心线，并拉开隔振器之间的距离，使隔振器刚度中心靠近工作台中心，避免压机工作时摇晃。

7 被动隔振

7.1 计算规定

7.1.1、7.1.2 被动隔振仅考虑支承结构（或地基）作用的简谐干扰位移 $a_{ov}(t)=a_{ov}\sin\omega t$ 和简谐干扰转角 $a_{ov}\phi_v(t)=a_{ov}\phi_v\sin\omega t$（如图8），而不考虑作用有脉冲干扰位移和脉冲干扰转角的情况，这种情况对支承结构（或地基）来说是不会发生的。

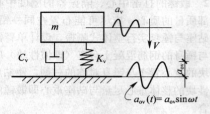

图 8

图 8 所示的隔振体系，质点 m 的运动微分方程为：

$$\left.\begin{aligned}&m\ddot{V}(t)+C_v[\dot{V}(t)-\dot{a}_{ov}(t)]\\&+K_v[V(t)-a_{ov}(t)]=0\\&\ddot{V}(t)+2n_v\dot{V}(t)+\omega_{nv}^2 V(t)\\&=2n_v\dot{a}_{ov}(t)+\omega_{nv}^2 a_{ov}(t)\end{aligned}\right\} \quad (83)$$

式中
$$2n_v=\frac{C_v}{m}; \quad \omega_{nv}^2=\frac{K_v}{m} \quad (84)$$

令 $a_{ov}(t)=a_{ov}\cdot\sin\omega t=a_{ov}\cdot e^{j\omega t}$（取虚部）

则： $V(t)=V_o\cdot e^{j\omega t}$（取虚部） (85)

代入式（83）则得：

$$\left.\begin{aligned}V_o &=[(\omega_{nv}^2-\omega^2)+j2n_v\cdot\omega]e^{j\omega t}\\&=a_{ov}(\omega_{nv}^2+j2n_v\cdot\omega)\cdot e^{j\omega t}\\V_o &=a_{ov}\frac{\sqrt{(\omega_{nv}^2)^2+(2n_v\omega)^2}\cdot e^{j\delta_v}}{\sqrt{(\omega_{nv}^2-\omega^2)^2+(2n_v\omega)^2}\cdot e^{j\theta_v}}\end{aligned}\right\} \quad (86)$$

式中 $\tan\delta_v=\dfrac{2n_v\cdot\omega}{\omega_{nv}^2}$；$\tan\theta_v=\dfrac{2n_v\cdot\omega}{\omega_{nv}^2-\omega^2}$

代入式（85）则得式（83）的解为：

$$\begin{aligned}V(t)&=a_{ov}\cdot\frac{\sqrt{1+\left(2\zeta\dfrac{\omega}{\omega_{nv}}\right)^2}}{\sqrt{\left[1-\left(\dfrac{\omega}{\omega_{nv}}\right)^2\right]^2+\left(2\zeta\dfrac{\omega}{\omega_{nv}}\right)^2}}\cdot\\&\quad \sin(\omega t+\delta_v-\theta_v)\\&=a_v\cdot\sin(\omega t+\delta_v-\theta_v)\end{aligned} \quad (87)$$

上式当 $\sin(\omega t+\delta_v-\theta_v)=1$ 时，得最大振幅值为：

$$\left.\begin{aligned}a_v &=a_{ov}\cdot\eta_{v\cdot\max}\\a_{\psi v}&=a_{o\psi v}\cdot\eta_{\psi v\cdot\max}\end{aligned}\right\} \quad (88)$$

式中
$$\eta_{v\cdot\max}=\frac{\sqrt{1+\left(2\zeta_v\cdot\dfrac{\omega}{\omega_{nv}}\right)^2}}{\sqrt{\left[1-\left(\dfrac{\omega}{\omega_{nv}}\right)^2\right]^2+\left(2\zeta_v\cdot\dfrac{\omega}{\omega_{nv}}\right)^2}};\ \zeta_v=\frac{n_v}{\omega_{nv}}$$

$$\left.\eta_{\psi v\cdot\max}=\frac{\sqrt{1+\left(2\zeta_{\psi v}\cdot\dfrac{\omega}{\omega_{n\psi v}}\right)^2}}{\sqrt{\left[1-\left(\dfrac{\omega}{\omega_{n\psi v}}\right)^2\right]^2+\left(2\zeta_v\cdot\dfrac{\omega}{\omega_{n\psi v}}\right)^2}};\ \zeta_v=\frac{n_{\psi v}}{\omega_{n\psi v}}\right\} \quad (89)$$

对于双自由度耦合振型的被动隔振系统的计算公式同样可参照上述方法和主动隔振的计算公式进行推导而得，这里不再详述。

7.2 精密仪器及设备

7.2.1 减弱环境振动对精密设备仪器及设备的影响，应是一项综合措施，综合措施一般包括：减弱建筑物地基基础和建筑结构振动、振源设备隔振及对精密仪器及设备隔振，对于要求较高的精密仪器及设备，往往不可能只采取单一的措施就能达到目的，采取综合措施尤为重要，而对精密仪器及设备进行隔振，仅是其中的一项措施。由于精密仪器及设备感受的是一个十分微量的振动，而这样微量的振动，其影响因素及传递途径都较复杂，因此在工程设计中，对它采取的综合措施，常分阶段实施，其间还需要进行分阶段实测微振动，为下一步措施提供数据。

7.2.2 精密仪器及设备的隔振设计，除应按本条规定进行外，还有必要进行多方案比较，其中包括选择不同的隔振器、阻尼器以及不同的台座形式等，从中选择优化方案，特别对于防微振要求较高的或大型的精密仪器及设备，隔振工程的投资量较大，在满足要求的前提下，尚应节省投资，更需要进行方案比较。

7.2.3 隔振体系应具有恰当的阻尼比，根据实践经验，阻尼比不宜小于0.10。

7.2.4 对于大型及超长型台座，在隔振计算时不能将台座视为刚体，需要计算台座本身的固有频率，进行模态分析，并考虑外部干扰振动位移作用下的振动响应。

7.2.5 隔振设计中采用商品隔振器时，要求供应商提供隔振器刚度、刚度中心坐标值、阻尼比、承载力及安装尺寸等数据，以便于进行隔振计算。

对于商品隔振台座，特别如配置空气弹簧隔振装置的隔振台座，要求供应商提供隔振体系固有频率、阻尼比、隔振台座承载力及高度控制阀的灵敏度等有关数据，以便于进行振动响应计算。

7.3 精密机床

本节的精密机床是指精度较高的加工机床或类似的精密机器，如轧辊磨床、加工中心、精密磨床、铣床和三坐标测量机等。

7.3.1 本条列出了机床被动隔振设计应考虑的内容。

精密机床对环境振动要求较高，不同场地的环境振动相差可达10倍以上，选择好的场地可以减少消极隔振的难度，以最低的成本达到事半功倍的效果。设计前应对候选场地进行环境振动测试，并根据测试结果优选精密机床工作场地。

隔振体系在外部干扰力作用下的振动响应的计算见7.1节"计算规定"，主要计算隔振体系质心处或参考点处的振动位移或速度。

上述两项振动叠加后应满足机床的容许振动值，不满足时可降低隔振体系固有频率或加大台座质量，仍不满足时应考虑其他辅助措施，如对振源采取主动隔振措施。

7.3.2 当机床采用固定基础时，机床上慢速往复运动的部件不会使机床产生可见的倾斜。但在弹性基础的情况下，移动部件如轧辊磨床的移动砂轮工作台会使机床质量重心变化而使机床稍微倾斜，这是采用弹性基础无法避免的特点，但大多数情况下并不影响机床的功能和精度。只有倾斜度过大，或某些机床对重力较敏感，才有必要控制。采用式（7.3.2）可快速方便地计算机床的倾斜度及变化。

式（7.3.2）既适用于绝对倾斜度的计算（相对于床身为水平时的初始状态），也适用于移动质量质心任意两位置之间的相对倾斜度变化的计算。

7.3.3 计算机床内部干扰力产生的振动响应时，按框架式台座计算要比按大块式台座复杂得多，参见现行国家标准《动力机器基础设计规范》GB 50040。多数情况下机床和台座的刚度质量相对于内部干扰力较大，按大块式台座计算已足够准确，亦即将台座结构视作刚体。为了既能简化计算又不失原则性，本条借鉴德国工业标准DIN 4024，推荐了频率控制方法和相应算式，按此方法可以较快地确定台座结构的尺寸，并避免台座与内部干扰源产生共振，使满足该条件的台座可按大块式台座计算。

如果台座结构的一阶弯曲固有频率不能满足不小于机床最高干扰频率的1.25倍时，可加大台座结构的质量或厚度使之满足，仍不满足时，应按框架式台座计算台座的振动响应。

7.3.4 当机床台座为大块式，且产生的振动响应也很小时，可不必计算内部扰力引起的振动响应，本条借鉴德国工业标准DIN 4024给出了量化的判据。

7.3.5 本条列出了应设台座结构的情况及用途。设置台座结构增加隔振体系的质量可以减少机床内部扰力产生的振动；对于同等的移动质量，设置台座结构增加隔振体系的质量可以降低机床的倾斜度。

7.3.7 阻尼的作用是当机床受到振动干扰时，吸收振动能量，抑制系统振幅，使机床迅速恢复平稳，但阻尼太大会降低隔振效率。由于精密机床一般扰力不大，隔振系统的阻尼比取0.10已足够。当机床有加速度较大的回转部件或快速移动部件时，如精密加工中心，应适当加大阻尼比，以保证机床的稳定性，此时应取0.15。

7.3.8 高度调节元件能方便设备安装调平，并可以在基础沉降发生后的重新调平。

8 隔振器与阻尼器

8.1 一般规定

8.1.1 本条规定了隔振器和阻尼器应有的性能。

8.1.2 本文给出了隔振器和阻尼器的选用应具备的参数。

8.1.3 本条要求在隔振设计时，尽可能选用定型产品的隔振器。

8.2 圆柱螺旋弹簧隔振器

8.2.1 本条为圆柱螺旋弹簧隔振器的分类和适用范围。鉴于市场上已有配阻尼的圆柱螺旋弹簧隔振器可供选用，且隔振器厂家的产品质量更有保证，隔振设计时，设计、制造非标准弹簧和隔振器的必要性已不大，因此，本节仅对隔振器的设计、选用和阻尼配置作出规定。弹簧设计已有国家标准，除与隔振器性能参数的确定直接有关的内容外，不再列入规范。

8.2.2 圆柱螺旋弹簧隔振器是一种性能稳定、使用最广泛的隔振器。由于它自身的阻尼很小，为了保证其隔振性能，就应根据隔振方向的不同配置阻尼，可以是材料阻尼，也可以是介质阻尼器。材料阻尼或介质阻尼器适宜配置于隔振器内，这样才能节约空间、便于布置和安装。配置于隔振器外的阻尼器，只有与隔振器并联，且上部和下部都分别与台座结构和支承结构固定牢靠，才能发挥作用。为了保证阻尼特性与弹簧的性能相匹配，除应符合第8.1节的要求外，对阻尼器的构造和材料的使用寿命也提出了相应要求，以免因阻尼器的运动体与固定体之间的间隙过小，以及材料易老化、性能欠稳定等缺陷影响隔振器的整体性能和使用寿命。

8.2.3、8.2.4 根据不同用途和使用环境选用弹簧材料，有利于充分发挥材料性能、保证产品质量。弹簧线材的机械性能相关标准有规定，应直接采用。主动隔振和被动隔振的容许剪应力较JBJ 22—91都作了较大提高。这是由于：被动隔振为静荷载，弹簧的容许剪应力应以静荷载控制，考虑到隔振器所用弹簧要求弹性稳定、不允许塑性变形、寿命长、不便更换的特殊要求，规定被动隔振时，可按Ⅲ类弹簧降低12%取值，以避免超过产生塑性变形的应力极限；除冲击式机器以外的主动隔振时，由于容许振动值的控制，弹簧的最大应力与最小应力之比也接近1.0，基本仍为静荷载起控制作用，但毕竟长期处于振动环境中，可按Ⅱ类弹簧取值；用于冲击式机器隔振的弹簧，剪应力为疲劳控制，容许剪应力值应予降低，降低的幅度与变负荷的循环特征等因素有关，因此可按Ⅰ类弹簧取值或进行疲劳强度验算取值。为保证弹簧的弹性、韧性和可靠性，规定弹簧在试验负荷下压缩或压并3次后，产生的永久变形不得大于其自由高度的3‰。

8.2.5 钢螺旋圆柱弹簧的动力参数有承载力、轴向刚度、横向刚度、一阶颤振固有频率。除横向刚度外，计算公式与国家标准《圆柱螺旋弹簧设计计算》GB/T 1239.6一致。横向刚度的计算，采用原行业标准《隔振设计规范》JBJ 22—91的公式，并与德国标准DIN 2089的计算公式作了对比。通过计算及与试验结果的对比分析发现：弹簧横向刚度计算公式的误差比轴向刚度计算公式的要大一些，且决定横向刚度的主要因素是弹簧的高径比，压缩量的变化对横向刚度的影响较小，当横向刚度不小于轴向刚度的45%时，在工作荷载范围内的计算结果，与取工作荷载的中值计算所得的弹簧横向刚度相比，误差均不超过±5%，小于公式自身带来的计算误差和制造误差，是工程所允许的。当需要更为精确的横向刚度时，应通过试验确定。这样修改后，隔振器提出横向刚度参数就有了依据。考虑到大荷载、大直径弹簧的一阶颤振固有频率较低，且只要求避免共振，因此只要求一阶颤振固有频率应大于干扰频率的2倍，以利于大荷载、大直径弹簧的推广应用。

8.2.6 圆柱螺旋弹簧的轴向动刚度与静刚度基本一致，横向动刚度比静刚度稍大，计算隔振器的动刚度时，通常可以不考虑这些差别。隔振器的弹簧和阻尼器为并联装置，除自身带弹性回位元件外，阻尼器一般无静刚度，但都产生一定的动刚度，这是计算隔振器动刚度时应予考虑的，尤其带水平阻尼的隔振器，阻尼器对横向动刚度和轴向动刚度都将产生较大影响。隔振器的动刚度计算中计入阻尼器产生的动刚度，不仅可使隔振器的动刚度更准确，也有利于阻尼器的推广应用。

8.2.7 本条是隔振器的构造要求。为了保证隔振器的质量，保证弹簧的受力均匀，便于安装调平，能适应使用环境的要求，维持其正常使用寿命，作了这些规定。

8.2.8 本条是为了保证拉伸弹簧制作的隔振器，不致因弹簧的破坏而使被隔振设备跌落，造成损失和安全事故。

8.3 碟形弹簧与迭板弹簧隔振器

Ⅰ 碟形弹簧隔振器

8.3.1 本条简述碟形弹簧特点及其适用范围，作为隔振元件一般应选用国家标准《碟形弹簧》GB/T 1972中规定的定型产品，只在有特殊要求时才自行设计。因为国家标准中规定的碟簧定型产品覆盖面比较宽，且定型产品质量稳定、性能可靠；而自行设计的专用碟簧，不仅计算复杂，而且要经历新产品研发的各种工艺问题，一般应予避免。

8.3.3 "碟形弹簧安装时的预压变形量，不宜小于加载前碟片内锥高度的0.25倍。"因为必要的预压变形量可防止碟形弹簧断面中点Ⅰ（见规范中的图8.3.1）附近产生径向裂纹，以提高碟形弹簧的疲劳寿命；而且也可防止在冲击激励或较大变荷载激励下，碟簧上部质量跳离碟形弹簧。

8.3.4 碟形弹簧受压后截面内Ⅰ、Ⅱ、Ⅲ各点的应力计算公式是参照国家标准《碟形弹簧》GB/T 1972得出的简化计算公式，可用于计算出与任何变形量对应的$\sigma_Ⅰ$、$\sigma_Ⅱ$、$\sigma_Ⅲ$值；为避免规范过于繁琐，规范中只写出了适用于无支承面碟形弹簧的形式。

对于承受静荷载或小于10^4次变荷载碟形弹簧，只需校核点Ⅰ处的应力，是因为点Ⅰ是碟形弹簧中最大压应力位置。而对于承受较高次数变载荷的蝶形弹簧，因Ⅱ、Ⅲ两点是出现疲劳裂纹可能性最大的地方，本规范中采用国家标准《碟形弹簧》GB/T 1972中推荐的办法校核其强度，取疲劳容许应力为$9×10^8 N/m^2$。

8.3.5 本条给出无支承面单片碟形弹簧的载荷P与变形量δ之间的关系。有支承面碟形弹簧因支承条件改变，刚度有所提高，所以实际承载能力与刚度都比无支承面式的碟形弹簧高10%左右。

Ⅱ 迭板弹簧隔振器

8.3.8 本条对迭板弹簧特性、结构型式和使用范围作了扼要说明。

8.3.9 规范中图8.3.8（a）所示弓形迭板弹簧若开

展在平面上，并分别将其主板部分与副板部分拼接在一起，就会得到图 9（a）所示的等截面梁和近似得到图 9（b）所示变截面梁。

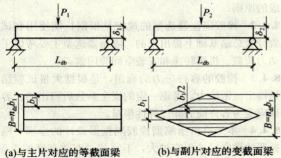

(a) 与主片对应的等截面梁　　(b) 与副片对应的变截面梁

图 9　迭板弹簧展开后的等效梁

根据材料力学的分析，图 9（a）所示两端自由支承的矩形等截面板簧的变形 f 与载荷 P_1 之间的关系为：

$$f=\frac{P_1 L_{db}^3}{48EI_0}=\frac{P_1 L_{db}^3}{4En_{dz}b_1\delta_1^3} \quad (90)$$

$$K_1=\frac{P_1}{f}=\frac{4En_{dz}b_1\delta_1^3}{L_{db}^3} \quad (91)$$

图 9（b）所示两端自由支承矩形断面变截面梁变形 f 与载荷 P_2 之间的关系为：

$$f=\frac{P_2 L_{db}^3}{32En_{df}I_0}=\frac{3P_2 L_{db}^3}{8En_{df}b_1\delta_1^3} \quad (92)$$

$$K_2=\frac{P_2}{f}=\frac{8En_{df}b_1\delta_1^3}{3L_{db}^3} \quad (93)$$

式中　δ_1——板厚；
b_1——板宽；
n_{dz}——主板数；
n_{df}——副板数；
E——弹性模量；
I_0——截面惯性矩，$I_0=\frac{b_1\delta_1^3}{12}$。

迭板弹簧的刚度 K_{db} 是主板刚度 K_1 与副板刚度 K_2 之和：

$$K_{db}=K_1+K_2=\frac{4En_{dz}b_1\delta_1^3}{L_{db}^3}+\frac{8En_{df}b_1\delta_1^3}{3L_{db}^3}$$

$$=\frac{E\left(4n_{dz}+\frac{8}{3}n_{df}\right)b_1\delta_1^3}{L_{db}^3} \quad (94)$$

考虑迭板弹簧中部长度为 b_2 的簧箍使一部分板簧长度弹性失效，将式（94）中的跨度 L_{db} 改为 $\left(L_{db}-\frac{b_2}{3}\right)$，可得：

$$K_{db}=\frac{Eb_1\delta_1^3\left(4n_{dz}+\frac{8}{3}n_{df}\right)}{\left(L_{db}-\frac{b_2}{3}\right)^3}=\frac{Eb_1\delta_1^3(3n_{dz}+2n_{df})}{6\left(\frac{L_{db}}{2}-\frac{b_2}{6}\right)^3} \quad (95)$$

椭圆形迭板弹簧由两个弓形弹簧对合组成，在相同载荷作用下其变形量较弓形弹簧增加一倍，因而其刚度是弓形弹簧的一半。

8.3.10　迭板弹簧因承受变载荷需进行疲劳强度验算。迭板弹簧中的危险应力出现在中间断面，用于计算疲劳强度的对应于板簧所承受的最大载荷 P_{max} 与最小载荷 P_{min} 的危险点最大最小应力分别为：

$$\sigma_{max}=\frac{M_{max}}{W}=\frac{\frac{P_{max}}{2}\cdot\frac{L_{db}}{2}}{\frac{1}{6}(n_{dz}+n_{df})b_1\delta_1^2}=\frac{3P_{max}L_{db}}{2(n_{dz}+n_{df})b_1\delta_1^2} \quad (96)$$

$$\sigma_{min}=\frac{M_{min}}{W}=\frac{\frac{P_{min}}{2}\cdot\frac{L_{db}}{2}}{\frac{1}{6}(n_{dz}+n_{df})b_1\delta_1^2}=\frac{3P_{min}L_{db}}{2(n_{dz}+n_{df})b_1\delta_1^2} \quad (97)$$

式（96）和式（97）中　M_{max}、M_{min} 分别为板簧中间断面所承受的最大与最小弯矩，W 是中间断面的抗弯截面系数。

8.3.11　迭板弹簧的板间摩擦力加载时阻碍变形发展，使迭板弹簧刚度增大，卸载时阻碍弹性恢复，使迭板刚度下降，在一个工作循环中形成滞回曲线。

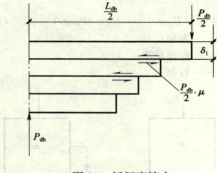

图 10　板间摩擦力

设板间摩擦系数为 μ，则在载荷 P_{db} 作用下板间摩擦力为 $\frac{P_{db}}{2}\mu$，如图 10 所示，除上下两层外，中间各片板簧承受的摩擦力矩为 $\frac{P_{db}}{2}\mu\delta_1$，上下两层因为只有单面摩擦，承受的摩擦力矩为 $\frac{1}{2}\cdot\frac{P_{db}}{2}\mu$，因而整个迭板弹簧承受的摩擦阻力矩为：

$$M_\mu=(n_{dz}+n_{df}-2)\frac{P_{db}}{2}\mu\delta_1+2\frac{P_{db}}{2}\mu\frac{\delta_1}{2}$$

$$=(n_{dz}+n_{df}-1)\frac{P_{db}}{2}\mu\delta_1 \quad (98)$$

式中　μ——板间摩擦系数。

为克服板间摩擦所形成的摩擦阻力矩，需增加外力 ΔP 形成与之平衡的外力矩，即满足：

$$M_\mu=\frac{\Delta P}{2}\cdot\frac{1}{2}=(n_{dz}+n_{df}-1)\frac{P_{db}}{2}\mu\delta_1 \quad (99)$$

由此得到迭板弹簧的当量摩擦系数：

$$\varphi=\frac{\Delta P}{P_{db}}=2(n_{dz}+n_{df}-1)\mu\delta_1/L_{db} \quad (100)$$

利用迭板弹簧的板间摩擦,可以耗散振动系统的能量,发挥阻滞作用。通过调节板簧片数、板厚和跨度来调节当量摩擦系数 φ,可以获得希望的阻尼值。

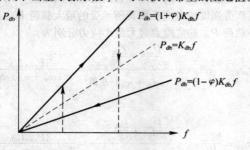

图 11 P-f 关系曲线

8.3.12 迭板弹簧的当量摩擦系数 φ 是以库仑摩擦系数的形式出现的,在载荷 P_{db} 作用下其相应的摩擦力 $F_d = P_{db} \varphi$。如图 12(a)所示作简谐运动有库仑阻尼的单自由度振动系统,所耗散的功为摩擦力与位移之积,一个周期中耗散的功为:

$$\Delta \mu = \int_0^T F_d dx = \int_0^T P_{db} \varphi dx$$
$$= 4 \int_0^{\frac{\pi}{2}} P_{db} \varphi A \cos\omega t dt = 4 P_{db} \varphi A \quad (101)$$

式中 A——振幅;
ω——振动频率;
x——位移。

图 12 库仑阻尼的当量粘性阻尼系数

以同样振幅 A、同样频率 ω 作单自由度简谐振动的粘性阻尼系统如图 12(b)所示,则其一周期中所耗散的能量为:

$$\Delta U = \int_0^T X dx = \int_0^T CA\cos\omega t \cdot \omega\cos\omega t dt$$
$$= \pi A^2 C \omega \quad (102)$$

式中 C——系统的粘性阻尼系数。

按照一个周期中耗散能量相等的原则,令式(101)与式(102)相等,可以得到与迭板弹簧当量摩擦系数 φ 对应的当量粘性阻尼系数 C_φ:

$$4P_{db} \varphi A = \pi A^2 C_\varphi \omega$$
$$C_\varphi = \frac{4\varphi P_{db}}{\pi \omega A} \quad (103)$$

8.4 橡胶隔振器

8.4.1 本条给出橡胶隔振器所用橡胶材料选择应考虑的原则。

8.4.2 橡胶隔振器选型的规定是根据长期使用和试验经验总结基础上提出来的,隔振器选型主要考虑了动力荷载、机器转速和安装空间等因素。

8.4.3 橡胶的容许应力的确定,是根据大量试验结果得出极限应力,考虑一定的安全系数后得出的。容许应变为容许应力除以弹性模量。

8.4.4 本条给出压缩型橡胶隔振器设计的步骤,隔振器的横向尺寸不宜过大,不宜超过有效高度的 1.5 倍,隔振器的总高度略大于有效高度。

8.4.5 剪切型橡胶隔振器可分为一般剪切型和衬套结构剪切型,一般剪切型隔振器的静刚度可按静力学方法计算,衬套结构剪切型隔振器的静刚度则应考虑不同结构形式,通过理论分析得出。

8.4.6 压缩—剪切型橡胶隔振器的静刚度是由剪切刚度和压缩刚度两部分组成,表现弹性模量是针对某一种橡胶隔振器,在压缩变形状态下的弹性模量。

8.5 空气弹簧隔振器

8.5.1 由于空气弹簧(与其他隔振材料或隔振器相比)具有较低的刚度,且有较高的阻尼值,能获得较好的隔振效果,已成为精密仪器及设备隔振的主要隔振元件。

8.5.2 空气弹簧隔振器由于构造复杂、加工难度大,非专业工厂生产难以保证质量,因此宜选用市场供应的由专业工厂生产、技术上成熟的标准产品或定型产品。有特殊要求者,可以进行专门设计和制造。

8.5.3 空气弹簧隔振器按其组成分三大类,适用于不同场合。

1 空气弹簧。其构造较简单,可采用人力充气设备充气,适用于动力机器的主动隔振。

2 空气弹簧隔振装置。由空气弹簧、横向阻尼器、高度控制阀、控制柜、气源设备和管线等组成。当精密仪器及设备运行过程中产生质量或质量中心位置变化时,由于高度控制阀的作用,可改变空气弹簧的刚度,使支承台座的各空气弹簧的刚度值改变,由此改变了刚度中心的位置,实现隔振体系刚度中心对质量中心位置移动的跟踪,保持了台座的水平,它适用于精密仪器及设备的隔振。

3 空气弹簧隔振台座。由空气弹簧、横向阻尼器、高度控制阀、台座、气源设备及管路等组成,多为商品隔振台座。由于台座平面尺寸较小,承载力较小,移动及安装方便,适用于小型精密仪器隔振。

由于空气弹簧的横向阻尼值较小,因此用于精密仪器及设备隔振的空气弹簧隔振装置或空气弹簧隔振台座,应另加横向阻尼器,使隔振体系具有恰当的横向阻尼比。

8.5.4 在容积不变的条件下，空气弹簧的刚度因胶囊结构形式不同而变化，常用的胶囊结构形式有4种，即自由膜式、约束膜式、囊式及滚膜式。其中自由膜式及约束膜式最为常用，多曲囊式当大于3曲时，会由于横向刚度过小而产生横向不稳定现象，因此不宜使用；滚膜式不常使用。

8.5.5 本条给出隔振设计时，要求空气弹簧隔振器制造商提供的资料，其中空气弹簧气密性参数为当充气气压达 0.5MPa 后保压（即不充、不排），经 24h 后气压下降值不大于 0.02MPa 时，认为气密性是良好的。高度控制阀的灵敏度由2个指标衡量，即：被隔振体由倾斜到调平的时间，一般不大于 10s；被隔振体调平的精度一般不大于 0.1mm/m。

8.5.6 对于空气弹簧隔振装置和空气弹簧隔振台座，其气源配置，应根据使用状况不同来选择，例如，对于耗气量大的大中型隔振台座，应使用专用气源，一般为空压设备，而耗气量小的小型隔振装置可使用瓶装惰性气体，如氮气、氦气等，严禁使用氢气、氧气等可燃、易燃气体作为气源。

8.5.7 由于空气弹簧隔振装置的高度控制阀在调整台座高度时需将空气弹簧内的部分压缩空气（或惰性气体）排出，排入室内，当这类隔振装置位于清净厂房的洁净室内时，要求从高度控制阀排出的压缩气体的洁净度不低于洁净室内空气的洁净度，如低于该等级，则排出压缩气体将对洁净室产生污染。洁净厂房空气洁净度等级的规定可参见现行国家标准《洁净厂房设计规范》GB 50073。

8.5.8～8.5.10 条文中提供了囊式、自由膜式及约束膜式空气弹簧竖向、横向刚度的计算公式，由于影响空气弹簧刚度的不确定因素较多，胶囊的膜刚度，需经试验确定。因此空气弹簧刚度的计算宜用试验数据来加以验证。

8.6 粘流体阻尼器

粘流体阻尼器曾以"油阻尼器"命名该类型阻尼器。目前一般用于阻尼器的阻尼材料，均为具有较高粘度为粘流体，即使运动粘度很小的油脂类液体，亦具有一定粘度，故称"粘流体阻尼器"。同时亦明确与常用摩擦阻尼器区分。

8.6.1 隔振体系中阻尼器结构选型系按隔振对象的振动性能、振动幅值（线位移、速度）的控制值，选用相应适合型式的阻尼器，例如冲击式设备振动较大，采用活塞柱型、多片型阻尼器较好。水平振动主动隔振，则宜采用锥片型或多片型。其余可按具体情况选型，如 8.6.2 条阻尼剂的运动（或动力）粘度与阻尼器型式的匹配等。

试验显示粘流体材料在 20℃ 时的运动粘度等于或大于 20m²/s 时，采用活塞型阻尼器，其运动稳定性较差，而片型阻尼器稳定性较好。

8.6.2 最简单的片型粘流体阻尼器如图13，系由两个内夹粘流体阻尼剂平行钢片组成，其面积为 S，在其平面内的速度分别与 $V_1-V_2=V$ 成正比，为：

$$F=C\frac{dz}{dt}=\frac{\mu_n S_n}{d_s}V \quad (104)$$

$$C=\frac{\mu_n S_n}{d_s} \quad (105)$$

式中 C——阻尼系数（N·s/m）；
z——隔振体系竖向线位移（m）；
t——时间（s）；
S_n——钢片单侧面积（m²）；
μ_n——粘流体材料动力粘度（N·s/m²）。

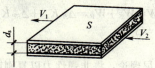

图 13 作相对运动钢片之间粘流体剪切阻尼模型

1 由图 8.6.2-1 动片与粘流体接触面为两侧面积，故其阻尼系数为：

$$C_{zz}=C_{zy}=2\frac{\mu_n S_n}{d_s} \quad (106)$$

另由流体力学中的 Stoke's 定律，一面积为 S_n 的物体在粘流体中作侧向（x 向）运动时，其阻尼系数为：

$$C_{2x}=\frac{6\mu_n \delta_s S_n^2}{3t^3 L_s}=2\mu_n \frac{\delta_s S_n^2}{L_s t^3} \quad (107)$$

2 多片型阻尼器，图 8.6.2-1 叠加。

3 多动片型阻尼器，图 8.6.2-3，当动片之间的距离 βd_{mi}，满足规范要求时，其 C_{zy} 式（8.6.2-8）、C_{zz} 式（8.6.2-9）、C_{zx} 式（8.6.2-7），在阻尼器中相当于增加了设计所需的动片。

4 内锥不封底的锥片型阻尼器，C_{zz} 式（8.6.2-11）、C_{zx} 式（8.6.2-10）原理与式（8.6.2-1）及式（8.6.2-2）相同，只是圆锥壳片的面积与角度有变化。

8.6.3 活塞柱型阻尼器，由式（8.6.2-2）相同原理活塞型阻尼器阻尼系数为：

$$C_{zz}=6\frac{\mu_n h_{ns} S_{ns}^2}{\pi R d_n^3}=12\frac{\mu_n h_{ns} S_{ns}^2}{\pi d_{ns} d_n^3} \quad (108)$$

8.6.4 隔振体系的阻尼比。

1 式（8.6.4-1）～式（8.6.4-9）中阻尼系数 C_v 系为常数，设置阻尼器的隔振体系中的阻尼比，还应由该体系中的质量 m 与刚度 K_v 相互作用形成，为：

$$\zeta_v=\frac{C_v}{C_c} \quad (109)$$

$$c_c=2m\omega_{nv}$$

故 $\zeta_v = \dfrac{c_v}{2\sqrt{K_v m}}$ $(V = x、y、z)$ (110)

2 同理：

$$\zeta_{\phi v} = \dfrac{c_{\phi v}}{2\sqrt{K_{\phi v} J_v}} \quad (111)$$

8.7 组合隔振器

8.7.1 本条规定了组合隔振器的适用条件。

8.7.2 本条规定了组合隔振器刚度和阻尼比的计算方法：

1 并联组合隔振器（图 8.7.2a、b）。按每个弹性元件承受的荷载 W_i 与其刚度成正比，且其竖向位移相等，则：

$$W = W_S + W_R = \Delta_{SP} K_{ZS} + \Delta_{RP} K_{ZR}$$

当：$W = \Delta_Z K_{Zh}$

即： $K_{Zh} = K_{ZR} + K_{ZS}$ (112)

按复阻尼理论，将非弹性力以复刚度代入 $(1+i\zeta_S)K_{ZS} + (1+i\zeta_R)K_{ZR} = (1+i\zeta_Z)K_{Zh}$

化简：$\zeta_S K_{ZS} + \zeta_R K_{ZR} = \zeta_Z K_{Zh}$

即： $\zeta_Z = \dfrac{\zeta_S K_{ZS} + \zeta_R K_{ZR}}{K_{ZS} + K_{ZR}}$ (113)

2 串联组合隔振器（图 8.7.2c）。按每个弹性元件承受的传递力相等，总变形为各元件弹性变形之和：

$$\Delta_Z = \Delta_{SP} + \Delta_{RP}$$

即： $\dfrac{W}{K_{Zh}} = \dfrac{W}{K_{ZS}} + \dfrac{W}{K_{ZR}}$

化简后： $K_{Zh} = \dfrac{K_{ZS} \cdot K_{ZR}}{K_{ZS} + K_{ZR}}$ (114)

以复刚度代入上式：

$$K_{Zh}(1+i\zeta_Z) = \dfrac{K_{ZS}(1+i\zeta_S) \cdot K_{ZR}(1+i\zeta_R)}{K_{ZS}(1+i\zeta_S) + K_{ZR}(1+i\zeta_R)}$$

$$= \dfrac{K_{ZS} \cdot K_{ZR}(1+i\zeta_S) \cdot (1+i\zeta_R)}{(K_{ZS}+K_{ZR}) + i(K_{ZS}\zeta_S + K_{ZR}\zeta_R)}$$

$$= \dfrac{A}{B}$$

其中：

$A = K_{ZS} \cdot K_{ZR} \{K_{ZS}(1+\zeta_S^2) + K_{ZR}(1+\zeta_R^2)$
$\qquad + i[K_{ZS}\zeta_R(1+\zeta_S^2) + K_{ZR}\zeta_S(1+\zeta_R^2)]\}$

$B = K_{ZS}^2(1+\zeta_S^2) + K_{ZR}^2(1+\zeta_R^2)$
$\qquad + 2K_{ZS} \cdot K_{ZR}(1+\zeta_S \zeta_R)$

因：$\zeta_S、\zeta_R \ll 1$

故：$1+\zeta_S^2 = 1+\zeta_R^2 = 1+\zeta_S\zeta_R \approx 1$

化简后：

$K_{Zh}(1+i\zeta_{Zh})$
$= \dfrac{K_{ZS} \cdot K_{ZR}[K_{ZS}+K_{ZR}+i(K_{ZS}\zeta_R + K_{ZR}\zeta_S)]}{K_{ZS}+K_{ZR}}$

实部与虚部相等：

$$\zeta_{Zh} = \dfrac{\zeta_S K_{ZR} + \zeta_R K_{ZS}}{K_{ZR} + K_{ZS}} \quad (115)$$

8.7.3 本条规定了隔振器下设置支垫时的计算方法：

1 公式（8.7.3-1）中系数 1.5，系考虑弹性元件动力疲劳影响系数。

2 图 8.7.3c 中，令弹簧元件与橡胶元件加支垫 h 后，其高度相等：

$$H_{OS} - \Delta_{SP} = H_{Zh} + H_{OR} - \Delta_{RP} \quad (116)$$

故： $H_{Zh} = H_{OS} - \Delta_{SP} - H_{OR} + \Delta_{RP}$

中华人民共和国国家标准

多层厂房楼盖抗微振设计规范

GB 50190—93

条 文 说 明

前　言

本规范是根据国家计委计综（1984）305号文的要求，由机械工业部负责主编，具体由机械工业部设计研究院会同上海市建筑科学研究所、北方设计研究院、哈尔滨建筑工程学院、机械工业部第四设计研究院、航空航天部航空工业规划设计研究院、中国电子工程设计院共同编制而成，经建设部一九九三年十一月十六日以建标〔1993〕859号文批准，并会同国家技术监督局联合发布。

在本规范的编制过程中，规范编制组进行了广泛的调查研究，认真总结我国的科研成果和工程实践经验，同时参考了有关国外先进标准，并广泛征求了全国有关单位的意见。最后由我部会同有关部门审查定稿。

鉴于本规范系初次编制，在执行过程中希望各单位结合工程实践和科学研究，认真总结经验，注意积累资料，如发现需要修改和补充之处，请将意见和有关资料寄交机械工业部设计研究院（北京王府井大街277号、邮政编码：100740），并抄送机械工业部，以供今后修订时参考。

中华人民共和国建设部
一九九三年十一月

目 次

1 总则 ·· 6—11—4
2 基本规定 ······································ 6—11—4
3 动力荷载 ······································ 6—11—4
　4.1 机床扰力 ·································· 6—11—4
　4.2 风机、水泵和电机扰力 ············· 6—11—4
　4.3 制冷压缩机扰力 ······················ 6—11—4
5 竖向振动允许值 ···························· 6—11—4
6 竖向振动值 ·································· 6—11—5
　6.1 一般规定 ·································· 6—11—5
　6.2 楼盖刚度计算 ··························· 6—11—5
　6.3 固有频率计算 ··························· 6—11—5
　6.4 竖向振动值计算 ······················· 6—11—5
7 设备布置、隔振及构造措施 ········· 6—11—9
　7.1 设备布置 ·································· 6—11—9
　7.2 设备及管道隔振 ······················· 6—11—9
　7.3 构造措施 ·································· 6—11—9

1 总则

1.0.1、1.0.2 随着工业建设的发展，为了节约土地，减少管线长度和生产运输距离，多层工业厂房越来越多，需要有这方面的设计规范来指导机器设备上楼的楼盖设计。本规范为中小型金属切削机床、制冷压缩机、电机、风机或水泵等设备设在楼盖上时的抗微振设计提供了整套设计方法，其目的是将机器设备上楼后楼盖产生的振动对机床加工精度、仪器仪表正常工作和操作人员健康的影响控制在允许限值内。通过对已投入使用的70多个多层厂房调查，目前上楼的动力设备其扰力一般都小于600N，本规范的试验和调查资料都是在这种条件下得到的，因此规范提出了动力荷载在600N以下的限制。

1.0.3 本规范仅对楼盖的抗微振设计作出规定，对于多层厂房的静力和抗震设计，仍需按相应的国家现行标准规范进行设计。

3 基本规定

3.0.1 本条根据多层厂房楼盖抗微振设计的需要，提出了楼盖抗微振设计所需的资料。

3.0.2 本条根据对目前我国已经建成投产的多层厂房的调查研究，提出了适合我国国情的楼盖形式。

3.0.3 本条是根据73个多层厂房的宏观调查而提出楼盖梁、板的最小尺寸，供设计者在初步设计时参考，同时也可避免设计时采用过小的截面尺寸而造成不良后果。

3.0.4 本条强调各类设备的动力荷载应由设备制造厂提供。但目前并非所有的上楼设备都具有扰力资料，当没有扰力资料时，应按第4章的规定确定。

3.0.5 各类机床、仪器和设备的振动允许值应由制造厂家或研制部门提供，但鉴于国内外目前还无法做到，为今后能逐步达到上述要求，因此本条中强调应由有关部门提出。

3.0.6 本条给出了动力设备上楼后楼盖上产生的振动对机床加工精度、仪器或设备正常工作以及操作人员健康的影响限制在允许范围内的设计表达式。

3.0.7 机器设备上楼后楼盖的振动计算比较复杂，规范编制组通过大量调查统计分析后，提出了楼盖界限刚度值，设计时只要采用的梁板刚度不低于该界限值，楼盖振动就可以基本上控制在设备加工精度要求的允许范围内。统计表明，每台机床在生产区的占有面积大致可分为三类，即密集（小于$10m^2$/台）、一般（$11\sim18m^2$/台）、稀疏（大于$18m^2$/台），各自所占的比例约为18%、62%和20%。表3.0.7就是根据本规范的机床扰力值，按最不利的排列进行振动计算，在满足加工粗糙度要求"较粗"时（即楼盖控制点合成振动速度不大于1.5mm/s）楼盖的最低刚度与机床分布密度、梁板刚度比之间的关系。

4 动力荷载

4.1 机床扰力

4.1.1、4.1.2 决定机床扰力的影响因素很多，如运转质量、不平衡的偏心距、加工材料和切削量、操作过程中回车换向时的脉冲性冲击和运行部件间的摩擦等，因此机床扰力很难由质量、偏心距和频率的关系来确定。

表4.1.1中的机床扰力值是采用对称质量偏心法、激振模拟法和弹性支承法对几十台机床进行试验，测定了综合竖向效应的扰力值，按同类分组进行数理统计分析，使所提供的机床扰力具有95%以上的保证率，因此表4.1.1中的机床扰力值是当量竖向扰力。

机床扰力作用点的确定，曾有三种观点：一是在加工部位的主轴旋转中心；二是取机床的质心；三是根据试验实测时，均取机床支承结构处的振动量，所以应取机床支承底面积中心。为了便于取值，并与试验一致，本规范取机床支承底面积中心作为扰力作用点。

4.2 风机、水泵和电机扰力

4.2.1~4.2.3 风机、水泵和电机属于旋转运动设备，这类设备在传动过程中由不平衡质量引起的扰力，除了与偏心质量、偏心距和工作频率有关外，还与制造装配的密合性、间隙、磨损、轴承变形以及运转部件质量分布不均匀程度有关。这三类设备的工况属稳态振动，其扰力的确定采用理论公式（4.2.1-1）计算，取叶轮和转子的质量作为旋转部分的质量，其它部分影响综合到对应的当量偏心距e_0中。当量偏心距e_0按下列方法确定：

（1）风机的当量偏心距是根据国家标准图CG327提供的扰力试验资料换算得到的，由于风机分直联和皮带传动两种，直联式风机无附加传动部件，运动平稳，因此偏心距比皮带传动式小。

（2）目前上楼的水泵大多数是清水泵，清水泵的允许偏心距根据技术条件规定，叶轮不平衡试验精度不应低于G6.3级，即$e_0\omega=6.3$。其叶轮质量不平衡偏心距，参照国外资料，将产品的允许偏心距乘以10倍得出当量偏心距。

（3）根据电机技术条件规定，电机转子的允许偏心距e_0按下式确定：

$$e_0 = Gr/w \tag{1}$$

式中 G——转子不平衡重量；
r——转子半径；
w——转子重量。

参照国外资料，将电机的允许偏心距乘以5倍得出当量偏心距。

在规范编制过程中，对表4.2.2所列的当量偏心距进行过可靠性试验，对5台风机、3台水泵和8台电机进行扰力试验，试验结果表明按表4.2.2计算的扰力值为试验值的1.2~2.5倍，按表4.2.2的当量偏心距计算设备的扰力值是安全可靠的。

4.3 制冷压缩机扰力

4.3.1~4.3.3 制冷压缩机通常称为冷冻机，属旋转往复运动设备，气缸型式有立式、V型、W型、S型四类，曲柄可分为单曲柄和双曲柄。当制冷压缩机各列往复质量相等并以适当的平衡块时，理论上一阶扰力和扰力矩是完全可以平衡的，只有二阶扰力和扰力矩；而高阶扰力很小可忽略不计。至于配用电机产生的一阶扰力可由公式（4.2.1-1）计算，与制冷压缩机扰力同时作用于支承结构上。

在计算制冷压缩机的扰力和扰力矩时，扰力矩和水平扰力引起的回转力矩可以简化为一对方向相反的竖向扰力，作用于设备底座边缘或底脚螺栓的位置，而扭转力矩可忽略。

5 竖向振动允许值

5.0.1、5.0.2 本章针对多层工业厂房中机床、仪器和设备上楼后的抗微振要求，提出了相应的振动控制标准，适用于机械加工、装配调试、科研试验楼等多层建筑。

由于对振动允许值的控制部位有不同的要求和理解，从机床、仪器和设备的生产、研制部门角度来说，要求控制其最敏感的部位，如机床的加工刀具与工件接触部位、仪器设备的光栅、光刻读数部位或支承刀口部位等。但从土建工程设计角度来说，上述部位的振动控制需换算到直接支承机床、仪器和设备的支承台面，即台座或基座表面的振动。因此本章所规定的振动允许值的控制部位一律指机床或仪器、设备的支承面上。

表达振动允许值的参量是很复杂的。大量试验表明，机床、仪器和设备的振动允许值并非常量，在试验的幅频曲线上呈现复杂的关系，每种设备有若干共振频率，在这些共振频率上表现出它们对振动敏感，而在其它频率上不太敏感。即使同种设备，由于制造和装配的误差不同，每台设备的共振点也不会在同一频率上。若要用这些曲线来表达多种机床、仪器和设备的振动允许值，显然是不现实的。经过对试验数据的统计分析得出每种机床、仪器和设备的振动允许值，在诸多物理量中总能接近某个振动物理量，统计结果表明这个物理量就是振动速度。同时试验又表明，也有部分仪器、设备的振动允许值受振动频率的影响不太明显，而采用振动位移来控制更接近实际。为此本章在规定振动允许值以振动速度作为基本控制指标的同时，对部分仪器、设备在频率为10Hz以下的低频段增加了振动位移的控制指标。

本章表 5.0.1 和表 5.0.2 规定的振动允许值是根据下列因素确定的：

(1) 保证机床、仪器和设备正常工作和加工精度要求，不致因上楼设备的运行而影响产品质量和操作人员的正常工作与健康；

(2) 所给定的振动允许值以试验为基本依据，是 30 年来对仪器仪表和设备正常工作状态下的测试资料和对生产实践经验的广泛调查研究的成果。

本规范所确定的振动允许值只列举了可以上楼的仪器设备并经过试验、调查和统计分析的机床和仪器设备，对于未列入和由于科学技术的发展而研制和生产的新设备的振动允许值，仍应按上述原则要经过试验确定。在无试验条件的情况下，可以参照本章确定，这时首先应将结构特征和工作原理与本章中同类设备的结构特征和工作原理相近的设备进行对比，以确定该机床或仪器、设备振动允许值的衡量标准，然后比较它们的加工或测试精度，以确定该机床或仪器、设备的振动允许值。

6 竖向振动值

6.1 一般规定

6.1.1 本条提出了楼盖振动计算的步骤和要求。

6.1.2 为了简化计算，规范编制组经过多年的试验研究分析，提出了简易实用且具有一定准确性的扰力作用点下振动位移的计算方法。该方法是将楼盖沿纵向视作彼此分开的多跨连续 T 形梁，当计算主梁上扰力作用点下的振动位移时，则可直接将主梁视作 T 形梁来计算。因此，楼盖的振动计算简化为 T 形单跨或多跨连续梁的计算模型。

6.1.3 钢筋混凝土楼盖结构的阻尼比 ζ，通过大量实测资料统计，装配整体式楼盖的阻尼比为 0.065～0.08，现浇混凝土楼盖的阻尼比为 0.045～0.06，本规范中阻尼比统一取为 0.05，是偏于安全的。

6.1.4 通过三组混凝土构件（C20、C30、C40），分别在静态万能试验机及动态试验机上进行试验，动荷载的频率范围为 10～40Hz，三组试件平均动静弹性模量比值见表 1：

动静弹性模量比值　　　　　　　　　　　　　　表 1

动荷载幅度(N)	2000～5000	5000～10000	5000～20000	10000～30000
$E_{动}/E_{静}$	1.04	1.16	1.27	1.34

由于本规范上楼设备属中小型，扰力很小，$E_{动}/E_{静}<1.04$，因此建议混凝土的动弹性模量可近似地取静弹性模量值。

6.2 楼盖刚度计算

6.2.1～6.2.3 本节给出钢筋混凝土肋形楼盖或装配整体式楼盖刚度计算公式，其计算简图按本规范第 6.1.2 条的规定采用。

6.3 固有频率计算

6.3.1～6.3.3 楼盖竖向固有频率的计算，按本规范第 6.1.2 条中提出的计算模式进行，即采用单跨或多跨连续梁的计算模型，由梁的自由振动方程：

$$\frac{(1+ir)EI}{\overline{m}}\frac{\partial^4 z}{\partial x^4}+\frac{\partial^2 z}{\partial t^2}=0 \qquad (2)$$

可解得 K 振型固有频率：

$$f_k=\varphi_k\sqrt{\frac{EI}{ml_0^4}} \qquad (3)$$

$$\varphi_k=\frac{\alpha_k^2}{2\pi} \qquad (4)$$

第 6.3.3 条给出了固有频率系数 φ_k 的计算表格。

6.3.6 在梁上同时具有均布质量 m_u 和集中质量 m_j 时，用精确法求算该体系的固有频率和振型是十分复杂的，可近似地采用"能量法"将集中质量换算成均布质量，较简便地求出该体系的固有频率和振型。对于同时具有均布质量 m_u 和集中质量 m_j 的梁，假定其振型曲线 $z(x)$ 与具有均布质量 $\overline{m}$ 梁的振型曲线相同。

当仅有均布质量 m_u 时，体系的固有圆频率为：

$$\omega=\sqrt{\frac{\int_0^l EI[z''(x)]^2 dx}{\int_0^l m_u z^2(x)dx}} \qquad (5)$$

当既有均布质量 m_u，又有集中质量 m_j 时，体系的固有圆频率为：

$$\omega=\sqrt{\frac{\int_0^l EI[z''(x)]^2 dx}{m_u\int_0^l z^2(x)dx+\sum_{j=1}^n m_j z_j^2}} \qquad (6)$$

令两者的固有频率和振型相同可得：

$$\overline{m}=m_u+\frac{1}{l}\sum_{j=1}^n m_j k_j \qquad (7)$$

$$k_j=\frac{z_j^2}{\frac{1}{l}\int_0^l z^2(x)dx}$$

表 6.3.7 中的 k_j 值就是按上式求得的，上述公式是按单跨梁推导的，关于连续梁上的集中质量换算成均布质量，其原理与单跨梁相同。

6.4 竖向振动值计算

6.4.1、6.4.2 楼盖扰力作用点的竖向振动位移，采用了连续梁的计算模型，由梁的振动方程：

$$EI\frac{(1+ir)}{\overline{m}}\frac{\partial^4 z(x,t)}{\partial x^4}+\frac{\partial^2 z(x,t)}{\partial t^2}=\frac{P(x)}{\overline{m}}e^{i\omega t} \qquad (8)$$

可解得：

$$z(x,t) = \sum_{k=1}^{\infty} \frac{\beta_k}{\sqrt{\left(1-\frac{\omega^2}{\omega_{nk}^2}\right)^2 + (2\zeta)^2}} z_k(x) e^{i(\omega t - r_k)} \quad (9)$$

$$\beta_k = \frac{\sum_{i=1}^{n}\int_0^l \frac{P_i(x)}{\overline{m}} z_{ik}(x)dx}{\omega_{nk}^2 \sum_{j=1}^{n}\int_0^l z_{ik}^2(x)dx} \quad (10)$$

$$r_k = \tan^{-1} \frac{2\zeta}{1-\frac{\omega^2}{\omega_{nk}^2}} \quad (11)$$

$$\omega_{nk} = \frac{\alpha_k^2}{l^2}\sqrt{\frac{EI}{\overline{m}}} \quad (12)$$

如果略去相位角 r_k，并令 $\sin\omega t = 1$，则得到梁上任一点 x 处的最大位移方程为：

$$A(x) = \sum_{k=1}^{\infty} \frac{\sum_{i=1}^{n}\int_0^l P_i(x)z_{ik}(x)dx}{\overline{m}\omega_{nk}^2 \sum_{j=1}^{n}\int_0^l z_{ik}^2(x)dx} z_k(x) \frac{1}{\sqrt{\left(1-\frac{\omega^2}{\omega_{nk}^2}\right)^2 + (2\zeta)^2}} \quad (13)$$

当连续梁第 s 跨作用有一集中扰力 $P_s\sin\omega t$ 时，则：

$$\sum_{i=1}^{n}\int_0^l P_i(x)z_{ik}(x)dx = P_s z_{sk}(x_p) \quad (14)$$

式中 x_p——集中扰力 $P_s\sin\omega t$ 离支座的距离。

$$A(x) = \frac{2P_s l^3}{nEI}\sum_{k=1}^{\infty}\frac{z_{skB}(x_p)z_{ikB}(x)}{\alpha_k^4}$$

$$+ \frac{2P_s l^3}{nEI}\sum_{k=1}^{\infty}\frac{y_{skB}(x_p)y_{ikB}(x)}{\alpha_k^4}\left(\frac{1}{\sqrt{\left(1-\frac{\omega^2}{\omega_{nk}^2}\right)^2 - (2\zeta)^2}} - 1\right)$$

$$= A_{st} + A_1(\eta_1 - 1) \quad (15)$$

本规范采用连续梁模型来计算楼盖的固有频率和扰力作用点下的位移，由于做了简化处理，楼盖固有频率和位移计算必将产生一定的误差，规范做了以下考虑：计算连续梁第一密集区内最低和最高固有频率时，考虑±20%的误差范围，如图1所示，然后将频率密集区内多条 $A-f$ 响应曲线汇成一条包络线 a、b、c、d、e，从而可将多自由度体系用当量单自由度体系的形式来表达。

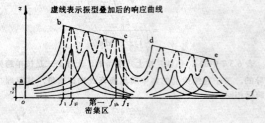

图 1 $A-f$ 响应曲线

然后在此基础上将响应曲线按不同频率进行分段，计算其振动位移。在共振区前 $f_0 < f_1$ 时按上述推导公式计算：

$$A_0 = A_{st} + A_1(\eta_1 - 1) \quad (16)$$

$$\eta_1 = \frac{1}{\sqrt{\left(1-\frac{f_0^2}{f_1^2}\right)^2 + \left(2\zeta\frac{f_0}{f_1}\right)^2}} \quad (17)$$

当 $f_1 \leq f_0 \leq f_2$ 时：

$$A_0 = A_1\eta_2 - A_2\left(\frac{1}{2\zeta} - \eta_2\right) \quad (18)$$

$$\eta_2 = \frac{1}{2\zeta}\frac{f_2 - f_0}{f_2 - f_1} \quad (19)$$

由于 (6.15) 式和 (6.17) 式在 $f_0 = f_1$ 处不连续，因此将 (6.15) 式改为：

$$A_0 = \frac{1-2\zeta\eta_1}{1-2\zeta}A_{st} + \frac{\eta_1 - 1}{1-2\zeta}A_1 \quad (20)$$

规范中引用了空间影响系数 ε，这是由于连续梁的计算简图是将楼盖视作彼此独立的梁来进行计算，未考虑其空间整体作用，因此计算结果均较实测数据大，通过计算与实测数据对比分析，引入空间影响系数 ε 后，使计算结果更符合实际。用本规范方法计算跨中板条上激振点下位移和固有频率与实测结果的对比见表2。

6.4.3 扰力作用点下位移计算的位置修正系数 φ 值，是由于计算和实测对比分析都是根据二跨及三跨多层厂房楼盖边的跨中板条作为一连续梁计算的，对于扰力作用点在单跨跨中或三跨中间跨的跨中板条上时，通过有限元计算得到其位移与前者的比例关系分别为1.2和0.8。

用本规范计算激振点下位移与自振频率与实测结果对比   表2

厂房	扰力N 激振点		自振频率 计算值/实测值 Hz		激振点位移 计算值/实测值 μm	
	板中	梁中	板中	梁中	板中	梁中
微型轴承厂	130	1325	20/23.7	21.02/20.8	9.5/8.6	24.6/27.6
	1735	1707	20/23.8	21.02/23.6	122/109.5	26.3/23.7
上海拖拉机厂中小件车间	700		15.42/15.10		112/119	
	746		15.42/13.90		56/45.9	
上海铁锅厂	154	1009	16.0/23	17.5/18.4	10/11.5	27.6/22.5
	154	1324	16/21	17.5/20.8	10.4/6.7	35.2/46.5
	154	154	16/19.5	17.5/18.5	10.7/10.8	4.1/3.5
	113	157	13.3/20	14.6/17	5.3/5.2	4.4/4.2
石家庄电机厂	113	157	13.3/15	14.6/16	5.8/6.9	4.6/4.4
	147		13.3/15		7.6/7.2	
	162	162	15/17.75	19/17.25	12.7/10.1	10.1/6.6
华北光学仪器厂	113	113	15/17.75	19/18.25	8.8/8.5	7.8/5.9
	56	56	15/18	19/18.25	4.4/4.9	3.9/3.6
上海柴油机厂油泵分厂	154	154	15.46/15.4	14.8/15.4	15.1/15～17.5	9.5/6.7
	154		15.46/21.60		14.7/15.4	
唐山煤炭科学研究院	239		32.755/31.562	30.60/31.125	7/5.3～6.36	5.096/4.95～5.01
			—	—		
上海矿用电器厂	165		12.7/13		15.4/12.3	
上海灯泡一厂	165		15.2/22		16.6/16.9	
东方造纸机械厂	165		17.3/19		7/5.3	
唐山电子管厂				24.78/24.75～25.44		

6.4.4 机床是一个多自由度振动体系，其工作转速随加工材料和工艺要求不同，变化范围很大，且启闭频繁，很难避开楼盖的固有频率，因此机床的扰力频率可近似地取楼盖的第一密集区中最低固有频率 f_{11}。

6.4.5 机器扰力作用点以外的楼盖响应振动位移简化计算法的提出是以有限单元法为基础，采用计算和实测相结合的原则，吸取了国内所提出的各种计算方法中的优点。

简化计算法的基本思想是："抓住一条主线，做出三个修正。"一条主线是扰力点作用于梁中（板中）共振时，其它各梁中（板中）位移传递系数的计算。三个修正是：扰力点不作用在梁中（板中）的修正；验算点不在梁中（板中）的修正；非共振（共振前）的修正。

影响楼盖振动位移传递系数的因素有：板梁刚度比，阻尼比，频率比，扰力点及验算点的位置等。由于本规范中阻尼比已取为定值 0.05，其它因素简化计算法中均给予考虑。

(1) 扰力作用于梁中（板中）共振时，其它各梁中（板中）位移传递系数 γ_1，是通过对 44 个模拟厂房的有限元计算和 10 多个厂房实测结果进行数理统计，取具有 90% 以上保证率进行回归分析，对得到的曲线进行归类优化，得出 γ_1 的计算公式。

所选取厂房的板梁刚度比变化范围为 0.4～3.0，取单跨、二跨和三跨分别进行统计和回归。结果表明：单跨、二跨和三跨的本跨，二跨和三跨的邻跨，其位移传递系数的数值相差不多（小于 10%），为简化计算，对本跨和邻跨按同一公式考虑。

(2) 对扰力点不作用在梁中（板中）时的位移传递系数与扰力作用于梁中（板中）时位移传递系数的比值分析发现，在某些区域内，扰力点位置换算系数 ρ 为常数。

ρ 值与板梁刚度比有关，但相差不大（小于 15%），为简化起见，换算系数取其包络值，而不与板梁刚度比相联系。

(3) 验算点位置换算系数是采用插入法原理并根据有限单元法计算结果进行了调整。

(4) 共振前的传递系数，采用有限元进行分析，频率比采用 0.1、0.2、0.3、0.4、0.5、0.6、0.7、0.75、0.8、0.85、0.9、0.95、1.0 共 13 个档次。对于每一验算点，其传递系数随频率比呈抛物线变化，类似于单质点放大系数曲线，但其数值不同，两者的差别用函数 F_1 来修正。

计算结果表明：当频率比 $\lambda \le 0.5$ 时，其传递系数变化较小，接近常数；当 $0.5 < \lambda \le 0.95$ 时呈抛物线变化，当 $0.95 < \lambda \le 1$ 时呈直线变化。

用本规范计算的传递系数值与实测结果的对比见图 2。

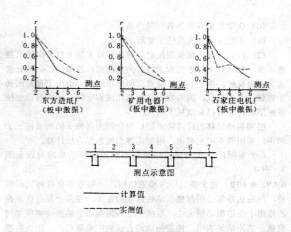

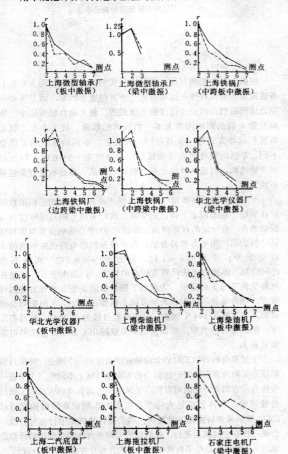

图 2 本规范传递系数简化计算方法与实测结果对比

6.4.6、6.4.7 多层厂房楼盖上各种动力机器设备在生产使用过程中，产生的振动将波及到整个厂房，当楼层内设有精密加工设备、精密仪器和仪表时，其精度和寿命会受到严重的影响。因此必须考虑激振层的平面振动传递，然后通过激振层的柱子传递到其它受振层。

层间振动传递是个复杂的问题，早在 60 年代初就提出来了，并进行了实测试验。80 年代后期，对此又继续进行实测试验，并进行了理论研究。对层间振动传递较为系统地进行了 6 个多层厂房的实测试验，还有个别局部试验或实际生产的测定。在理论研究方面，将多层厂房分割为楼板子结构及柱子子结构，采用固定界面模态综合法计算，并编制了电算程序，其计算值与实测结果相比吻合较好，为层间传递比提供了较为可靠的基础。

(一) 层间振动传递的实测试验

(1) 层间振动传递实测试验的结果。实测试验结果表明：层间传递比离散性较大，主要由于影响层间振动的因素较多，如各层楼盖及与振源远近的不同测点均存在一定的共振频率差；在某一共振频率时，并不是各层楼盖及各测点均出现振动的最大响应；在实测试验中存在着某些外界振动干扰或因振动位移较小等因素，给实测试验结果带来误差。

6 个多层厂房的实测值，均考虑在第一共振频率密集区的最大响应，在多个共振频率下，可得到不同的试验值，剔弃过大、过小值，然后对 1 个厂房的多个数据取其均值为实测值。

从 6 个多层厂房楼盖层振动传递的数据中取保证率为 90% 以上进行回归分析，并以此作为确定对应距振源 r 处的层间振动传递比。层间振动传递比的大小，一般远处大于近处，大约传到 4 个柱距可考虑接近 1；振源附近各层相差较大，而远距振源各层相差甚小；上层区域大于下层区域；隔跨区域大于本跨区域；振幅小时大于振幅大时。

(2) 生产使用时的层间振动传递比。从西安东风仪表厂实际生产使用时的测定表明：当二层机床开动率为 60%～80% 时，梁中最大振动位移 1～6μm，板中最大位移 2～10μm，振动传到三层；其上下对应点的层间振动传递比，梁中为 0.35～0.50，板中为 0.20～0.60，振幅小时传递比大，反之则小。

(二) 电算程序说明

为了进行激振层和层间振动位移传递系数的计算，规范组制制了专门计算程序，其计算模型和计算原理如下：

(1) 计算模型。

(a) 以激振层结构或整个厂房为对象做整体计算；

(b) 略去水平位移；

(c) 每个结点取 3 个自由度，竖向位移及绕两个水平轴的转动；

(d) 次梁和板合并为各向异性板；
(e) 考虑主梁扭转及柱子变形。

(2) 计算原理。激振层振动位移的计算采用 RITZ 向量直接叠加法，先计算 RITZ 值和 RITZ 向量，然后按 RITZ 向量分解法求动力反应。由于利用了荷载空间分布特点，给出了良好的初始向量，无需迭代，因而较子空间迭代法省空间、省机时，也使激振层的计算可以在微机上实现。

层间振动位移的计算将多层厂房分割为楼盖子结构及柱子子结构，采用滞变阻尼理论，用固定界面模态综合法计算。

6 个多层厂房实测试验结果与本规范计算结果的对比见图 3、图 4。

6.4.9、6.4.10 对于多层厂房楼盖结构，一般有多台机器同时作用，每台机器都是引起楼盖结构振动的振源，楼盖上某点在多振源作用下受迫振动的大小，取决于这些振源引起的振动响应如何合成。实测结果表明：楼盖振动的合成响应是随机的，因为机器的力幅、频率、相位差与加工情况等都有很大的随机性。另外对于多自由度体系的楼盖而言，在随机扰力作用下的最大振动响应往往不会在同一时刻到达，因此多台机器共同作用下的动力响应合成是随机反应遇合与振型遇合的统计率问题。

目前考虑响应合成的方法有如下几种：

(1) 总和法：前苏联 И200-54 认为最大合成响应为各振源单台最大响应的绝对值总和。

$$w = \sum_{i=1}^{n} |w_i| \tag{21}$$

(2) 最大单台相关法：以某单台响应为基数再乘以综合影响系数 k。

$$w = k|w_1| \tag{22}$$

(3) 平方和开方法：合成响应为各单台响应的平方和开方。

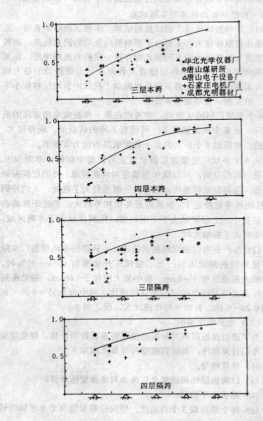

图 3 二层梁中振源层间振动传递比

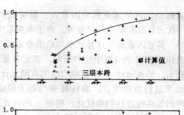
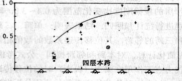
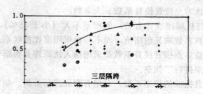
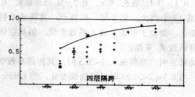

图 4 二层板中振源层间振动传递比

$$w = \sqrt{\sum_{i=1}^{n} w_i^2} \tag{23}$$

根据大量的实测对比，总和法与实测偏大很多，因为它没有考虑振源的随机特性、运动方式、布置位置等因素，而是振动响应合成的极值，因而是保守的不合理的。最大单台相关法中，影响系数 k 值的影响因素太多，如机床的数量、扰力大小、机器布置和运动方式等，并且在同一楼盖上，不同验算点的 k 值也不同。k 值的统计值的波动幅度很大（约为 1.5～6.0），因而很难准确选取，而且从理论上多台响应只与某一单台响应有关也是不成立的。

平方和开方法是我国于 1978 年提出来的，它是用随机函数理论在平稳、正态假定下得出的结果，同时考虑了随机反应遇合与振型遇合，有一定的理论根据。经过对 95 个合成响应实测资料统计分析表明，用平方和开方法计算合成振幅值与合成振幅值的比较结果为：平均值 $\bar{x} = 1.12$，均方差 $\sigma = 0.172$，离散系数 $c_v = 0.176$，因此用此法计算有较高的精度。但是由于有一些是在机器空转下的实测结果，因此为了进一步验证平方和开方法的可靠度，规范编制组组织有关单位做了机器正式加工下的振动合成试验，共实测了 144 个测点，合成机器台数为 2～9 台，机器有车床、刨床等各种类型。根据实测结果整理出平方和开方法的可靠度见表 3。

上述多台机器加工时的合成响应试验还有一个缺点，即单台机器振动实测与多台机器合成振动的实测在时域上不同步。为了进一步检验平方和开方法的可靠性，又采用了机器振动响应的人工随机合成试验，具体做法是先将单台机器的实测记录随机抽样通过 CAD 数据采集转换输入计算机，然后在计算机上进行多台合成，合成过程在全时域上进行，最后用平方和开方法同总和法的计算合成与人工随机合成结果相比较，采用平方和开方的方法是合理的。

平方和开方法的可靠度   表3

机器合成台数	2	3	4	5	7	9
测试次数	56	24	24	16	16	8
可靠度 100% 的次数	32	13	19	15	11	6
可靠度 <100% 的次数	24	11	5	1	5	2
最小可靠度 (%)	98.15	98.86	99.86	99.99	99.99	99.99

合成动力响应采用平方和开方法计算简便，精确度高，可靠度亦大，尤其是机器愈多，且类型又多样时，则与平稳、正态假定愈符合，计算精度亦愈高。但对于扰力周期性较强的同类型机器（如风机、冷冻机等），且台数为4台或4台以下时宜作修正。理论分析表明：对四台同等简谐扰力作用下，仅考虑相位随机因素时，平方和开方法的可靠度为84%。实测结果表明，可以直接取其中最大两个单台响应之和。

7 设备布置、隔振及构造措施

7.1 设备布置

7.1.1 本条从设备布置方面对有抗微振要求的楼盖设计提出要求，以限制有强烈振动的设备引起楼盖产生较大的振动，减小对振动敏感设备、仪器的不利影响。在设备布置时，应首先考虑把它们放在厂房的底层。否则为限制个别有强烈振动的设备产生的振动，或为满足个别对振动敏感的设备、仪器的振动控制要求，而采用提高整个楼盖结构刚度的方案在经济上是不合理的。

楼盖振动虽然不遵循类似于地面振动沿各辐射方向有大致相同的振动衰减规律，但有强烈振动的设备安装后将引起较大的楼盖振动，且在其附近常伴有局部振动。虽然此类设备自身对振动限制不严，但它产生的振动波对邻近区域，对其它仪器、设备产生影响。因此，有较大振动的设备和对振动敏感的设备、仪器应分别集中、分区布置。有条件时，可利用厂房伸缩缝（沉降缝、抗震缝）进行分隔。伸缩缝等在构造上若处理得当，对楼盖振动有一定的隔离作用。试验资料表明，有时伸缩缝等可减小40%左右的振动量。

对于目前常用的梁板式楼盖，靠近支座（如框架柱、承重墙）部位振动量相对较小，若把对振动敏感的设备、仪器布置在这些楼盖局部刚度较大的部位，则可减小楼盖振动对它们的影响。同理，当设备扰力作用在这些部位时，引起较小的楼盖振动，在这些部位布置有较大振动的设备也是适宜的。

本规范中楼盖的抗微振设计主要考虑楼盖垂直振动的影响，楼盖上设备的水平扰力对楼盖振动的影响采用一对竖向集中力等效。当多层厂房需要考虑水平振动影响时，使水平扰力较大设备的扰力方向与厂房结构水平刚度较大的方向取得一致是有益的。

7.1.2 调查结果表明，设有吊车的多层厂房，吊车运行时楼盖上的设备将受到较大的振动影响，有些工厂的吊车只有等楼盖上设备不工作时才能使用。有抗微振要求的多层厂房，一般不应设置吊车。

7.2 设备及管道隔振

7.2.1 对有强烈振动的设备采取隔振措施可以有效地控制楼盖振动。

砂轮机、空调设备等也宜采用简易隔振措施，如加设橡胶隔振垫等。在多层厂房使用调查中发现，有的厂房楼盖上的磨床受到未经隔振的砂轮机的影响，加工精度不能满足要求；又如某厂房安装在楼盖上的万能工具显微镜，因空调设备的运行无法正常工作。

7.2.2 动力设备与管道之间若不用软管连接，将导致管道振动过大，严重时会引起管道连接处损坏。在管道与建筑物连接部位采用简易隔振措施（如弹性套垫等），可防止安装在墙体上的某些仪表、开关失灵，也可避免因管道振动造成墙体开裂。

7.3 构造措施

7.3.1 多层厂房为多跨结构时，采用等跨结构与采用不等跨结构相比，前者各跨间楼盖的振动分布比较均匀，便于灵活布置对振动要求相近的设备。

7.3.3 采用装配整体式结构时，必须采取措施增强楼盖的整体性，否则将大大降低楼盖的抗微振能力。如因主梁未按迭合梁设计，后浇层厚度过薄，将造成楼盖整体性差、刚度不足，导致楼盖振动过大。

7.3.4 楼板与圈梁、连系梁连成整体，可起到约束楼盖四周边界振动的作用。

7.3.5 在厂房底层，有强烈振动的设备应设置独立基础并与厂房基础脱开，可避免其振动直接通过柱子或墙体传给楼盖，减小对楼盖的振动影响。

中华人民共和国国家标准

古建筑防工业振动技术规范

GB/T 50452—2008

条 文 说 明

前　言

本规范在编制前，五洲工程设计研究院（中国兵器工业第五设计研究院）根据原国家计委高技术产业发展司计司高技函［1999］202号文批准《工业环境振动对文物古迹的影响及相应规范》立项的要求进行了以下主要工作：

在广泛调查、收集资料的基础上，论证了编制本规范的重要意义和必要性，并初步确定了为编制规范需要进行研究的课题和编制规范的主要内容。据此，提出了本项目的可行性研究报告，经建设部科技司于1999年10月在北京主持召开的专家论证会通过。

根据可行性研究报告和专家意见，于2000年开展课题研究。历时两年多，行程两万余公里，对130多处古建筑结构的动力特性、响应、弹性波传播速度等进行了现场实测和收集，共取得时程曲线11000多条；对火车、汽车、地铁等主要工业振动在土层中的传播和衰减进行了样本采集，测线总长达160km；对弹性波在古建筑材料中的传播速度、古建筑材料的动弹性模量、疲劳极限（设定疲劳次数为1000万次）等进行了390多个试件的室内实验（试件系从现场取回的古建筑材料），共获得曲线4100多条。

通过以上工作，对古建筑结构的动力特性、工业振动对古建筑结构的动力响应、容许振动的控制标准、波动理论在古建筑结构中的应用等方面进行了深入的研究，提出了《工业环境振动对文物古迹的影响及相应规范》研究报告。建设部科技司于2002年12月在北京主持召开鉴定会，对研究成果进行了鉴定，认为该研究成果达到了国际领先水平，其技术成熟程度和应用价值很高，可以作为编制规范的科学依据。

本规范编制组于2003年成立后，即根据上述研究成果，确定规范编写大纲，先后提出规范初稿和征求意见稿，广泛征求有关单位意见，并先后召开了6次小型座谈会，对征求意见稿进行修改，完成送审稿和报批稿，经全国审查会定稿。

本规范的重点内容和特点如下：

1 古建筑结构的容许振动标准

目前国内外的建筑结构容许振动标准是针对建筑结构本身的安全性制订的。由于古建筑的历史、文化和科学价值，更由于它是不可再生的，失去了就无法挽回，因此，不能和现代建筑一样，仅以安全性作为制订容许振动标准的依据，必须在考虑安全性的同时，还要考虑它的完整性。为此，本规范提出以疲劳极限作为古建筑结构容许振动标准的依据。当最大往复应力小于疲劳极限时，无论往复多少次，材料或结构的变形达到一定值后就不再继续增长，也不会产生疲劳破坏。根据这一特性，将古建筑结构的最大动应力控制在疲劳极限以下，这样，即使经过长期往复运动，古建筑结构不会产生新的裂缝，已有的裂纹也不会扩展。这是本规范与国内外相关标准规范的根本不同之处。

本规范还根据我国古建筑多、跨越年代长、现状差异大等特点，按古建筑结构类型、所用材料、保护级别及弹性波在古建筑结构中的传播速度等规定了相应的容许振动值。这与国内外相关标准规范对"有特别保护价值的建筑"仅按长期振动和短期振动各规定一个容许振动值有所不同。

2 古建筑结构动力特性和响应的计算

　1）古建筑结构动力特性的计算

建筑结构动力特性的计算，关键在于建立符合实际的力学模型和准确求得结构的质量、刚度参数。目前常用的力学模型有：有限元模型、简化模型等。应用这些模型对大量古建筑结构进行了计算，发现计算结果与现场实测相差甚远，原因在于古建筑结构长期经受风雨侵蚀，其质量、刚度变化甚大，很难计算出准确的数值。为此，本规范根据130多座古建筑结构的实测、分析，得出不同类型、不同材料、不同高度古建筑结构的质量、刚度参数，它反映了古建筑结构的体形特征、质量刚度分布和材料等对动力特性的影响，能较好地符合实际。

关于古建筑结构的力学模型，按材料的不同，可归纳为砖石结构和木结构两类。

就砖石结构而言，根据其高度、构造等分为砖石古塔和砖石钟鼓楼、宫门。对于砖石古塔，计算时采用变截面弯剪悬臂杆模型；对于砖石钟鼓楼、宫门，计算时采用阶形截面剪切悬臂杆模型。

就木结构而言，根据其檐数和层数分别建立计算模型。对于单檐木结构，计算时采用等截面剪切悬臂杆模型；对于两重檐殿堂和两层楼阁，计算时采用阶形截面剪切悬臂杆模型；对于两重檐以上的殿堂和两层以上的楼阁和木塔，计算时采用变截面剪切悬臂杆模型。

本规范按上述方法确定的质量、刚度参数和根据古建筑特点建立的力学模型计算出古建筑结构的动力特性，与实测结果基本吻合。

　2）古建筑结构响应的计算

古建筑砖石结构、木结构的响应计算，均采用振型叠加法。

国内外相关标准规范对古建筑结构动力特性和响应未提出计算方法。

3 古建筑结构现状的判断

对古建筑结构现状的判断，国外相关标准规范未作规定。国内有的以年代作为依据，有的规范采用静态的方法对古建筑结构的状况进行调查，以确定其残损程度或等级。本规范采用测试弹性波在古建筑结构中的传播速度，以此作为确定古建筑结构容许振动指标的依据之一。根据对不同年代、不同材料、不同环境的各类古建筑结构弹性波传播速度的大量实测，并与古建筑结构的现状进行了对比分析，结果表明：弹性波传播速度能反映古建筑结构的现状。在此基础上，制订了判断古建筑木结构、古建筑砖石结构和石窟现状的弹性波传播速度范围。

4 工业振动对古建筑结构影响的评估

评估工业振源引起的振动对古建筑结构的影响，是为解决国民经济和社会发展规划中涉及古建筑结构保护的工业交通基础设施等的合理布局，以及为判断现有或拟建工业振源引起的振动是否对古建筑结构造成有害影响提供科学依据。

本规范规定了评估时确定古建筑结构速度响应的两种方法，即计算法和测试法，以及评估的依据和步骤。此外，还对弹性波传播速度的测试方法做了规定。

5 工业振动频率随距离的变化

国内外在进行地面振动衰减计算时，振源频率一般采用常量。理论和实测均证明：由于土质的非均匀性，振波在不同土层中的传播均存在频率随距离而变化的现象（即频散现象），这对于准确计算古建筑结构的动力响应十分重要。实测还表明：古建筑结构的固有频率（基频）一般在 $1\sim3Hz$ 之间，而工业振源的频率（如火车），在振源处约为 $10\sim15Hz$；在距振源 1000m 处约为 $4\sim6Hz$。由此说明：在距振源一定距离处，振动强度虽然有所衰减，但振动频率却逐渐趋近于古建筑结构的固有频率，其动力响应有可能增大。因此，计算古建筑结构的动力响应时，必须考虑工业振源频率随距离的变化。本规范提出了火车、汽车等工业振源在黏土、淤泥质粉质黏土、粉细砂、砂砾石等土层上不同距离处振动速度和振动频率的统计数值和计算方法。

本规范对古建筑砖石结构、木结构和石窟分别规定的容许振动标准，涵盖了殿、堂、楼、阁、塔和石窟等古建筑结构类型。其他类型的古建筑，如牌楼、华表和影壁等的容许振动标准，有待今后进一步研究。

目　次

1　总则 …………………………………… 6—12—5
2　术语、符号 …………………………… 6—12—5
　2.1　术语 ……………………………… 6—12—5
　2.2　符号 ……………………………… 6—12—5
3　古建筑结构的容许振动标准 ………… 6—12—5
　3.1　一般规定 ………………………… 6—12—5
　3.2　容许振动标准 …………………… 6—12—6
4　工业振动对古建筑结构影响
　　的评估 ……………………………… 6—12—6
　4.1　一般规定 ………………………… 6—12—6
　4.2　评估步骤和方法 ………………… 6—12—6
　4.3　评估意见 ………………………… 6—12—6
5　工业振源地面振动的传播 …………… 6—12—6
　5.1　地面振动速度 …………………… 6—12—6
　5.2　地面振动频率 …………………… 6—12—6
6　古建筑结构动力特性和响应
　　的计算 ……………………………… 6—12—6
　6.1　一般规定 ………………………… 6—12—6
　6.2　古建筑砖石结构 ………………… 6—12—6
　6.3　古建筑木结构 …………………… 6—12—7
7　古建筑结构动力特性和响应
　　的测试 ……………………………… 6—12—7
　7.1　一般规定 ………………………… 6—12—7
　7.2　测试方法 ………………………… 6—12—7
　7.3　数据处理 ………………………… 6—12—7
8　防振措施 ……………………………… 6—12—8
　8.1　一般规定 ………………………… 6—12—8
　8.2　防振距离 ………………………… 6—12—8
　8.3　振源减振 ………………………… 6—12—8

1 总 则

1.0.1、1.0.2 随着我国建设事业的不断发展，铁路、公路、城市轨道交通（地铁、城铁）、大型动力设备等工业振源的迅速增加，对古塔、寺庙等古建筑的影响和危害也随之加剧，经济建设与古建筑保护之间的矛盾日益增多。如何保护古建筑不受工业振动的危害，国内外研究得不多，文献也很少，工程中碰到这类问题时，由于无章可依，常常束手无策。要实现经济和社会的可持续发展，必须在搞好经济建设的同时，保护好古建筑，这就需要制定一个科学的、符合实际的标准。

工业振动对古建筑的影响是个崭新的、跨学科的、难度很大的课题，各国学者研究较少，编制规范缺乏必要的资料和数据，故本规范编制前进行了专题研究。对主要的工业振源、有代表性的古建筑结构、各种古建筑材料等进行了现场测试和室内实验，取得了大量可供分析的原始数据，并从理论和实验等方面进行了全面系统地研究和分析，从而为制定规范提供了科学的、可靠的依据。

本规范制定的古建筑结构容许振动标准、工业振动对古建筑结构影响的评估、工业振源地面振动的传播、古建筑结构动力特性和响应的计算及测试等，可解决经济建设中涉及古建筑保护的工业交通基础设施等的总体规划和布局问题，以及现有和拟建工业振源引起的振动对古建筑结构影响的评估和防治。

1.0.3 一方面，我国历史悠久，前人创造和留下了极为丰富而珍贵的文化遗产，保护好这些文化遗产具有极其重要的历史意义和科学价值。另一方面，我国人口众多，底子薄，是个发展中的大国，亟待大力进行建设，发展经济。因此，条文规定对工业交通基础设施等的布局和工业振动对古建筑结构有害影响的防治，应遵守《中华人民共和国文物保护法》，正确处理经济建设、社会发展与古建筑保护的关系。

1.0.4 控制工业振动对古建筑的有害影响，除按本规范执行外，尚应符合国家及行业现行有关标准规范的规定，主要指振源减振的措施设计应按有关标准规范进行，例如：动力设备的减振，可按国家现行标准《隔振设计规范》设计；铁路和公路的减振措施，可分别按铁路和公路方面的有关标准规范设计。

2 术语、符号

2.1 术 语

2.1.1～2.1.16 对本规范中需要予以定义或解释的主要名词术语作了规定。凡规范条文中已作规定或意义明确不需解释的，则未列出。

2.2 符 号

2.2.1～2.2.3 所列符号为规范中的主要符号。为便于查阅，按"作用及作用效应"、"几何参数和计算参数、系数"、"材料性能及其他"分类列出，并依先拉丁字母、后希腊字母的顺序排列。

3 古建筑结构的容许振动标准

3.1 一般规定

3.1.1 古建筑结构容许振动标准的制订，是从两个基本点出发的：一，工业振动对古建筑结构的影响是长期的、微小的，而地震的影响则是短暂的、强烈的；二，现代建筑的容许振动标准是针对结构本身的安全性制订的，而古建筑结构，由于其历史、文化和科学价值，不能和现代建筑一样仅考虑安全性，必须在考虑安全性的同时，还要考虑它的完整性。据此，本规范提出以疲劳极限作为古建筑结构防工业振动的控制指标，从而达到保护古建筑结构完整性的目的。

疲劳是材料或结构在往复荷载作用下由变形累积到一定程度后所导致的破坏。引起材料或结构疲劳破坏的下限值就是疲劳极限，当最大往复应力小于疲劳极限时，此应力的变化对材料或结构疲劳不起作用，也就是说当最大往复应力小于疲劳极限时，无论往复多少次，材料或结构的变形达到一定值后就不再继续增长，也不会产生疲劳破坏。根据这一特性，将古建筑结构承受的最大容许动应力（或动应变 $[\varepsilon]$）控制在疲劳极限以下，这样，即使经过无限多次往复运动，古建筑结构也不会产生新的裂缝，已有的裂缝也不会扩展。

工业振源产生的振动，通过土层以波动的形式传至古建筑结构，从而引起结构的动力反应。根据有限弹性介质中波动方程的解得知：古建筑结构上任一点的动应变（ε）与该处质点速度（v）成正比、与弹性波的传播速度（V_p、V_s）成反比。在工业振动作用下，当古建筑结构的动应变 ε 小于容许动应变 $[\varepsilon]$ 时，则认为工业振源产生的振动对古建筑结构无有害影响。为便于使用，容许振动标准以质点振动速度 $[v]$ 表示。

3.1.2 鉴于我国古建筑众多，其结构类型、所用建材及保护现状不尽相同，历史、科学价值也各异，故本规范规定古建筑结构的容许振动速度应根据其结构类型、保护级别和弹性波在古建筑结构中的传播速度选用。

3.1.3 由于世界文化遗产具有极高的历史、科学、文化和艺术价值，故规定列入世界文化遗产的古建筑，其结构容许振动速度应按全国重点保护单位的规定采用。

3.2 容许振动标准

3.2.1～3.2.4 表3.2.1～3.2.3中的容许振动速度值是根据上述原则，通过对不同古建筑材料390多个试件的室内实验、130多座古建筑结构的现场测试以及理论分析确定的。表中保护级别的划分是根据《中华人民共和国文物保护法》第三条的规定，即依据古建筑的历史、艺术、科学价值确定为全国重点文物保护单位，省级文物保护单位，市、县级文物保护单位；弹性波在古建筑结构中的传播速度V_p系通过对不同年代、不同环境的各类古建筑弹性波传播速度的实测和分析加以规定的。测试和分析表明：弹性波传播速度能反映古建筑结构的现状。

4 工业振动对古建筑结构影响的评估

4.1 一般规定

4.1.1、4.1.2 评估工业振动对古建筑结构的影响，是为涉及古建筑保护的工业交通基础设施等振源的布局和解决文物保护与生产建设之间的矛盾提供科学依据。评估工业振动对古建筑结构的影响，首先要确定古建筑结构在振动作用下的速度响应，然后与古建筑结构的容许振动标准比较。条文中规定了两种确定速度响应的方法，即计算法和测试法。这两种方法，对古建筑周边已有工业振源来说，均可采用；对于工业交通基础设施等的布局和拟建项目有工业振源的情况来说，虽能测得古建筑结构的固有频率，但不能测得结构响应，因此只能采用计算法。

4.1.3 为保护好古建筑，本条根据《中华人民共和国文物保护法》第九条的规定，做出了进行现状调查和现场测试时不得对古建筑造成损害的规定。

4.2 评估步骤和方法

4.2.1～4.2.5 条文规定了评估工业振动对古建筑结构影响的步骤和方法。其中：现状调查和资料收集是评估的基础；容许振动速度值是评估的标准；计算或测试以及分析是评估的方法；工业振动对古建筑结构是否造成有害影响是评估的目的。因此，评估工业振源对古建筑结构的影响时，要按条文的规定进行，以做到资料翔实，数据可靠，论证充分，结论正确。

4.3 评估意见

4.3.1 本条规定了工业振动对古建筑结构的评估意见应包括的内容。其中，评估结论，即工业振源引起的振动对古建筑结构是否造成有害影响，是为协调生产建设与古建筑保护之间的矛盾提供依据；处理意见和建议，则是提出可供选择的处理方案。

5 工业振源地面振动的传播

5.1 地面振动速度

5.1.1、5.1.2 工业振源引起的振动，通过土层以波动形式向外传播。在传播过程中，其幅值随距离增加而逐渐减小，并与振源类型、场地土类别有关。表5.1.1中所列不同距离处振动速度值是火车、汽车、地铁等工业振动在未采取减振措施时不同场地土中传播的实测资料分析后得出的。

V_r是由4100多条工业振动衰减曲线的包络值得出的。其原因有二：一，古建筑的历史、文化、科学价值不同于一般建筑物。二，同一名称的场地土，自然环境不同，其性质差异甚大。

由于地铁振源在地下一定深度（h）处，振动传播过程与火车等地表振源不同，在地面距离r为（1～3）h时，会出现振波叠加，故在这一范围内振动幅值相应增大。为此，规定当$r=(1～3)h$时，V_r按表5.1.1中数值乘1.2。

5.2 地面振动频率

5.2.1、5.2.2 由于土质的非均匀性，振动在不同土层中的传播均存在频率随距离而变化的现象，也就是频散现象，这对于准确计算古建筑结构的动力响应十分重要，因为随着距离的增加，振动强度虽逐渐减弱，但振动频率却逐渐趋近于古建筑结构的固有频率，其动力响应可能增大。表5.2.1列出了工业振动在未采取减振措施时不同场地土中传播的频率随距离变化的实测值。

6 古建筑结构动力特性和响应的计算

6.1 一 般 规 定

6.1.2、6.1.3 本章对古建筑结构动力特性和响应的计算，是基于线弹性、小变形的假定，这与本规范第3章规定的古建筑结构容许振动速度所对应的动应变（约为10^{-6}～10^{-5}）相一致。

6.2 古建筑砖石结构

6.2.1、6.2.2 古建筑砖石结构根据其结构形式分为砖石古塔和砖石钟鼓楼、宫门。砖石古塔以弯剪振动为主，计算时采用变截面弯剪悬臂杆模型，公式（6.2.1）中不仅考虑了弯曲变形，还通过系数调整考虑了剪切变形等对结构频率的影响。砖石钟鼓楼、宫门以剪切振动为主，计算时采用阶形截面剪切悬臂杆模型，在表6.2.2只考虑剪切变形的影响。

由于砖石古塔沿高度方向尺寸收分的形式和量都不同，所以采用加权平均宽度 b_m。表 6.2.1-1 中 H/b_m 反映结构高宽比的变化，b_m/b_0 反映截面的收分变化。砖石钟鼓楼、宫门截面的收分为阶形，表 6.2.2 表示结构的频率取决于高度 H 及二阶高度比 H_2/H_1 和截面面积比 A_2/A_1，而与截面的大小无关。当高度 H 和 A_2/A_1 之比不变时，H_1 与 H_2 互换，频率不变。

质量刚度参数 ψ 与结构的质量刚度分布、截面尺寸和地基基础等有关。由于古建筑的地基基础情况往往未知，古建筑砖石结构的弹性模量和质量密度离散性较大，截面形式复杂，为了使理论计算能更好地符合实际，通过大量实测和统计、分析，得出砖石古塔和砖石钟鼓楼、宫门质量刚度参数的实用数值。

对有塔刹的砖石古塔，由于塔刹质量占古塔总质量的比重很小，因此整体频率计算（不包括塔刹局部的振动）时，可将塔刹质量按比例分布在塔身。计算显示，这样简化误差不超过 3%。

经对 13 个不同结构形式、不同高宽比、不同地区古建筑砖石古塔固有频率的实测和计算比较，二者基本吻合。

6.2.3 古建筑砖石结构在工业振动作用下的速度响应计算，采用振型叠加法。考虑到工业振源的主要频率通常比较接近于结构的第二、第三阶固有频率，因此除了基本振型外，还应考虑高振型的影响。

表 6.2.3-1、6.2.3-2 中的振型参与系数 γ_j 系以第 j 振型 H 高度处振型坐标为 1 进行归一化后之值。

表 6.2.3-3 中的动力放大系数 β_j 是根据不同振源、不同场地土、不同距离处振动的 360 条实测记录计算统计得出的包络值。计算时取结构阻尼比为 0.03。

6.3 古建筑木结构

6.3.1、6.3.2 古建筑木结构屋盖层和铺作层（斗拱层）的水平刚度远远大于木构架的水平刚度；结构平面面积大，相对平面尺寸而言，柱高却较小，经对近 100 座古建筑木结构殿堂、楼阁和古塔的统计，90% 的木结构高宽比小于 1，最大不超过 2；实测也表明木结构沿高度方向的振型曲线接近剪切振动，故将木结构简化为剪切悬臂杆模型。根据木结构的檐数和层数，将单檐木结构简化为等截面剪切悬臂杆，两重檐殿堂和两层楼阁简化为阶形截面剪切悬臂杆，两重檐以上的殿堂和两层以上（含暗层）的楼阁以及古塔简化为变截面剪切悬臂杆。

结构质量刚度参数 ψ 反映了结构类型、体型特征、地基基础等对结构频率的影响。表 6.3.1 中所列的 ψ 值，系经过对 110 多座古建筑木结构实测、统计、分析确定的。并根据不同结构类型，将质量刚度参数 ψ 划分为五类。

固有频率计算系数 λ_j 反映整体水平变形以剪切为主的古建筑木结构的几何尺寸（即结构周边所围面积沿高度变化）对频率的影响。根据结构周边所围面积沿高度的变化特点，将木结构固有频率计算系数分为等截面、阶形截面和变截面剪切悬臂杆进行计算。

表 6.3.2-1 中 λ_j 取决于高度 H 及二阶高度比 H_2/H_1 和截面面积比 A_2/A_1，与截面大小无关。当高度 H 和 A_2/A_1 之比不变时，H_2 与 H_1 互换，频率不变。

6.3.3 古建筑木结构在工业振源作用下的速度响应采用振型叠加法。

表 6.3.3-1、6.3.3-2 中的振型参数与系数 γ_j 系以第 j 振型 H 高度处振型坐标为 1 进行归一化后之值。

表 6.3.3-3 中的动力放大系数 β_j 系根据不同振源、不同场地土、不同距离处振动的实测记录计算统计得出的包络值。计算时结构阻尼比取 0.05。

7 古建筑结构动力特性和响应的测试

7.1 一般规定

7.1.1、7.1.2 对古建筑结构动力特性和响应的测试表明，水平方向速度响应最大，故规定按水平方向测试。

7.2 测试方法

7.2.1 本条主要规定了对测试仪器、测试环境以及测试操作的基本要求。

地脉动引起的结构振动一般很小，且频率较低，结构和工业振源的频带范围约为 0.5～30Hz。按照采样定理，采样频率为所需频率上限的 2 倍即可，但实际工作中，最低采样频率通常取分析上限频率的 3～5 倍；考虑到频域分析中频率分辨率的要求，条文中提出采样频率宜为 100～120Hz。

为了减小干扰的后期处理，提高采集、分析数据的准确性，对测试环境和测试记录做了规定。

7.2.2 古建筑木结构平面一般为正方形或矩形，两端有山墙、前后有檻墙和纵墙。为了获得较好的动力特性测试结果，振动测试时将传感器布置在中间跨的各层柱顶和柱底。测砖石结构水平振动时，为避免扭转振动的影响，将传感器布置在各层平面刚度中心。

7.2.3 响应测试的测点位置是依据反映整体承重结构最大响应的原则确定的。一般来说，古建筑最高处的响应是结构的最大响应，因而木结构的测点位置为中跨的顶层柱顶，砖石结构的测点为承重结构最高处；石窟的最大响应为窟顶。

7.3 数据处理

7.3.1 现场实测时应尽量避开机、电和人为干扰，调整零点漂移，但实际情况仍会或多或少的有一些干扰。因而数据分析前，应检查记录信号，通过去直流、删除干扰区段、对电信号进行带阻滤波等方法处理波形的失真。

7.3.2 对动力特性实测记录进行自功率谱、互功率谱分析时，为了减少频谱的泄漏，需要加窗函数。同时为了减小干扰，提高分析精度，平均次数不宜太少；平均次数太多又导致实测记录时间太长，综合上述的影响，平均次数宜为 100 次左右。

确定结构的频率和振型时，除了自功率谱的峰值和互功率谱的相位符合要求外，还要求测点间的相干函数不小于 0.8。相干函数小于 0.8 时，干扰太大，不能确定该频率为结构振动频率。

8 防振措施

8.1 一般规定

8.1.1 工业振动对古建筑结构的影响超过第 3 章规定的容许振动值时，将对古建筑结构造成有害影响。为了保护古建筑，应采取防振措施避免工业振动对古建筑结构的有害影响。

8.1.2、8.1.3 防振距离和振源减振是分别针对传播路径和工业振源而采取的防振措施；具体使用时，应根据防振效果、工程条件、技术难易程度等单独采用或综合采用。

8.2 防振距离

8.2.1、8.2.2 防振距离为工业振源引起的地面振动对古建筑结构不产生有害影响的最小距离。条文对防振距离的确定，按获得古建筑结构速度响应的计算法和测试法分别做了规定。前者既可用于工业交通基础设施等的布局，也可用于评估工业振动对古建筑结构的影响；后者仅用于古建筑周边有工业振源的评估。

8.3 振源减振

8.3.1~8.3.3 条文中对铁路和公路的减振分别列出了可供采用的措施，具体设计尚需按相应的国家和行业标准、规范进行；对大型动力设备的减振，规定按国家现行标准《隔振设计规范》的有关规定执行。

7

检测鉴定和加固

金沙遗宝和吐困

中华人民共和国国家标准

木结构试验方法标准

GB/T 50329—2002

条 文 说 明

目　次

1　总则 ……………………………………… 7—2—3
2　基本规定 ………………………………… 7—2—3
　2.1　试验的目的和设计 …………………… 7—2—3
　2.2　试材及试件 …………………………… 7—2—3
　2.3　试验设备和条件 ……………………… 7—2—4
　2.4　试验记录和报告 ……………………… 7—2—4
3　试验数据的统计方法 …………………… 7—2—4
　3.1　一般规定 ……………………………… 7—2—4
　3.2　异常值的判断和处理 ………………… 7—2—4
　3.3　参数估计 ……………………………… 7—2—5
　3.4　回归分析 ……………………………… 7—2—5
4　梁弯曲试验方法 ………………………… 7—2—5
　4.1　一般规定 ……………………………… 7—2—5
　4.2　试件及制作 …………………………… 7—2—6
　4.3　试验设备与装置 ……………………… 7—2—6
　4.4　试验步骤 ……………………………… 7—2—6
　4.5　试验结果 ……………………………… 7—2—6
5　轴心压杆试验方法 ……………………… 7—2—6
　5.1　一般规定 ……………………………… 7—2—6
　5.2　试件及制作 …………………………… 7—2—7
　5.3　试验设备与装置 ……………………… 7—2—7
　5.4　试验步骤 ……………………………… 7—2—7
　5.5　试验结果及整理 ……………………… 7—2—7
6　偏心压杆试验方法 ……………………… 7—2—7
　6.1　一般规定 ……………………………… 7—2—7
　6.2　试件及制作 …………………………… 7—2—7
　6.3　试验仪表和设备 ……………………… 7—2—8
　6.4　试验步骤 ……………………………… 7—2—8
　6.5　试验资料整理 ………………………… 7—2—8
7　横纹承压比例极限测定方法 …………… 7—2—8
　7.1　一般规定 ……………………………… 7—2—8
　7.2　试材选取及试件制作 ………………… 7—2—8
　7.3　试验设备要求 ………………………… 7—2—9
　7.4　试验步骤 ……………………………… 7—2—9
　7.5　试验结果的整理和计算 ……………… 7—2—9
8　齿连接试验方法 ………………………… 7—2—9
　8.1　一般规定 ……………………………… 7—2—9
　8.2　试件的设计及制作 …………………… 7—2—9
　8.3　试验设备与装置 ……………………… 7—2—9
　8.4　试验步骤 ……………………………… 7—2—10
　8.5　试验结果的记录与整理 ……………… 7—2—10
9　圆钢销连接试验方法 …………………… 7—2—10
　9.1　一般规定 ……………………………… 7—2—10
　9.2　试件的设计及制作 …………………… 7—2—10
　9.3　试验设备与装置 ……………………… 7—2—10
　9.4　试验步骤 ……………………………… 7—2—10
　9.5　试验结果及整理 ……………………… 7—2—10
10　胶粘能力检验方法 ……………………… 7—2—10
　10.1　一般规定 …………………………… 7—2—10
　10.2　试条的胶合及试件制作 …………… 7—2—11
　10.3　试验要求 …………………………… 7—2—11
　10.4　试验结果的整理与计算 …………… 7—2—11
　10.5　检验结果的判定规则 ……………… 7—2—11
11　胶合指形连接试验方法 ………………… 7—2—11
　11.1　一般规定 …………………………… 7—2—11
　11.2　试件设计 …………………………… 7—2—11
　11.3　试验步骤 …………………………… 7—2—11
　11.4　试验结果的计算和判定 …………… 7—2—11
12　屋架试验方法 …………………………… 7—2—12
　12.1　一般规定 …………………………… 7—2—12
　12.2　试验屋架的选料及制作 …………… 7—2—12
　12.3　试验设备 …………………………… 7—2—12
　12.4　试验准备工作 ……………………… 7—2—12
　12.5　屋架试验 …………………………… 7—2—12
　12.6　试验结果的整理和分析 …………… 7—2—13
附录A　木材材性的特点——纤维素结构与木材力学性能 ……………… 7—2—13
附录B　冷杉树种偏压构件试验破坏荷载估算公式 ……………………… 7—2—14

1 总 则

1.0.1 众所周知，试验结果与其所采用的试验方法有密切关系，试验方法各异，试验数据悬殊，若试验方法不当，有时甚至得出相反的或不合实际的结论。

为适应市场经济的发展，消除贸易障碍，技术标准的统一和通用是商业活动中的重要协约依据。欧洲共同体为实现其目标，早在十年前就着手技术标准的统一化工作，其中包括木结构设计规范和试验方法标准。

我国在工程建设标准主管部门的领导下，制订了《建筑结构可靠度设计统一标准》GB 50068—2001，采用了以概率论为基础的极限状态设计方法，为建立这种设计方法需要大量的、系统的调查、实测和试验数据，这些试验统计数据的得来，自然需要一个统一的可靠的试验方法。

为了建立一个统一的、标准的试验方法，能使试验结果科学的、正确的反映木结构受力情况，试验数据能相互比较和引用，以及力求与国际标准相协调，进一步促进对外交流，原国家计委下达了制订本标准的任务。这就是本条所规定的本标准的服务宗旨。

1.0.2 本标准的适用范围主要是工业与民用房屋和一般构筑物中的木结构。即包括普通方木或原木结构、胶合木结构和钢木组合结构。主要说明两点：

1 木构筑物系指一般工业上应用的栈桥、平台、塔架等承重结构。

2 本标准中的主要内容是木结构的构件和连接，它们是木结构的基本组成部分，它们的试验方法亦可适用于临时性建筑设施以及施工过程中的工具式木结构。

1.0.3 本条主要是明确规范、标准应配套使用。但在写法上，国外标准在总则中对引用标准名称一一列出，同时在后面有关条文中又要说明直接有关的引用标准名称；我国标准、规范为了避免重复，遵照建设部"工程建设技术标准编写暂行办法"统一规定的标准写法。

2 基本规定

2.1 试验的目的和设计

2.1.1 为强调遵守本标准和试验设计（试验计划）的重要性，列入本条。当需要时尚宜在正式试验前进行预备试验或试探性试验。

2.1.2 由于试验的目的性不同，试验所用的试材、试件制作和数量，以及试验条件等要求都有所差别。征求意见稿按试验的目的性不同，划分为研究性试验、验证性试验和检验性试验。经征求专家意见，认为：

1 研究性试验一般只能在有较高水平的研究单位进行，且为数不多；

2 研究性试验不能规定过于具体，例如研究含水率、木材缺陷等对承载能力的影响，研究试验就需要设置一些变化因素；

3 研究性试验的范围很广，有时也接近于验证性试验。

考虑到我国木结构设计规范编制过程中，有的试验也属于研究性试验，又不宜不予纳入，因此改为本条写法。即本标准按试验的目的性不同，适用于验证性试验和检验性试验，而对研究性试验在写法上采用淡化处理，不与前两者并列、退居配合地位，当涉及时，用"对于专门问题的研究试验，应……"的写法分述于有关条文中。

此外，有建议按试件不同，划分为标准试件试验（全属于破坏试验）、模型构件试验（多数属破坏试验）和足尺构件试验（破坏性或非破坏性试验）；或按建筑的新旧分为破损试验和非破损试验（旧建筑物）。由于这本木结构试验方法是在我国实践和工作经验的基础上编制的，故采用本条规定。

2.2 试材及试件

2.2.1 除了检验性试验按送来的原样妥为保存外，对于验证性试验和专门问题的研究试验，制作试件用的木材应合理地选择和存放。本条的这些规定是根据木材树种多，易腐、易蛀、易裂等特殊性质和我国多年的使用和试验的经验，为保证试验质量和试验数据的正确性而制订的。

2.2.3 含水率对杆件、连接以及屋架等结构用木材受力性质的影响，明显地不同于标准小试件的木材，把用于标准小试件力学性质考虑含水率影响的换算公式应用于结构用木材，实践证明是不适合的。因为影响结构用木材力学性质的，还有更多的复杂因素。

为了消除含水率的影响，据国内外经验，采取控制木材含水率的办法。在制作试件之前，试材必须在室内自然风干达到平衡含水率，这样基本上可以反映木结构房屋使用中的木材含水率状态。在满足这一条件下，木构件、连接以及屋架等大试件静力试验所得的数据可以不进行含水率换算。

本条是为保持含水率的一致性，要求试材达到室内气干平衡水率，这是本标准对木材含水率的起码要求，对于某些试验还可能有附加规定，在本标准的有关条文中还会提出或予以强调。

本标准的附录 A，我国部分城市木材平衡含水率估计值，采用的是北京光华木材厂《木材蒸汽干燥法实践》附表。

此外，为了确实保证试验质量，试验者自觉认真执行本标准中关于对试件含水率、加荷速度和试验室温度的规定，有必要从木材构造的根本机理上加以认识，深刻了解上述三个因素对木材力学性质的影响，为此在本标准的条文说明中列入附录A——木材材性的特点——纤维素结构与木材力学性能。此附录由哈尔滨建筑大学提供。

2.2.4 鉴于木材材质等级不同，对结构用木材受力性质的影响复杂，导致试验数据分散过大，故做此条规定。

2.2.5 本条是关于试件的制作和检查的某些共性要求，对于不同的试验项目还有某些具体要求，分别列于本标准的有关章节。

2.2.6 为了取得大试件（杆件、连接）受力性质和标准小试件的对比资料和该批试材的基本材性的信息，故做此条规定。对于不同试验项目的具体要求，分别列于本标准的有关章节。

2.2.7 虽然大试件的试验数据可不进行含水率换算，但为了掌握试验情况和做好试验监督，仍需进行含水率测定。

2.3 试验设备和条件

2.3.1 本条是根据ISO标准和我国一般的设备条件而定，在写法上本条系各种试验的共同要求，某些试验的特殊要求还分别列于本标准有关章节。

2.3.2 本条对木结构试验的条件提出要求，理由见本标准条文说明的附录A。

本条文中"正常温度和温度的……"，是指正常的自然气候条件，在此条件下木材的含水率达到平衡含水率。

本条文中建议的适宜温度和湿度（20 ± 2℃和$65\pm5\%$）是根据ISO标准提出的。

2.4 试验记录和报告

2.4.1～2.4.3 是参考国外标准和我国实践经验而制订的。为避免重复，将各章的共同部分订为本条文，未能概括的内容列入有关各章。

3 试验数据的统计方法

3.1 一 般 规 定

本章首先说明两点：

1 本章内容是针对木结构试验的特点和它的试验数据统计的需要，主要列出试件数量、异常值的判断和处理、参数估计和回归分析等问题的有关规定。由于这些问题在木结构试验中的重要性和应用的广泛性不同，有关条文规定的具体化程度也不相同，有的较为详细具体，有的仅给原则上的指示。

2 按统计学理论，每种试验方法应给出重复性r和再现性R的水平，但由于试验工作量和费用的巨大，一般工程试验的试验方法标准都难以办到。本标准的制定是在不同单位多次试验、多次改进的经验总结的基础上制定的，虽未明确给出重复性r和再现性R的水平，但在实际应用中是可以满足工程试验的要求的。

3.1.1～3.1.2 有关统计学名词及符号、数据的统计处理和解释、抽样程序及抽样表……等统计学内容已有不少国家规范，但不完全。根据木结构构件及连接试验的特点，应做一些必要补充规定，同时，上述国家规范已有规定的一些内容，可以根据实际情况选择。为方便使用，同时避免用户选择时可能造成的混乱，本章已集中进行统一选择。然而统计学内容非常丰富，本章不可能亦不必要全部包括。凡本章没有列入的内容，应根据"统计学"进行。

3.1.3 对于样本来自正态总体或近似正态总体的判断，可以根据物理上的、技术上的知识，也可通过与考查对象有同样性质的以往数据进行正态性检验。木结构安全度研究组在1978～1980年对建筑常用木材强度分布进行了研究，尽管木材各种性质不同可能各自有其更好的分布类型，但总的结论是"不论大小试件，其强度的概率分布均可通过正态性检验"。同时，根据中心极限定理，木结构构件和连接的抗力系由多个随机变量相乘而得，所以一般确认为结构构件抗力服从对数正态分布。

3.1.4～3.1.7 试验设计是搞好研究和最终得出期望的试验结果的重要一环，应根据具体研究目的而定，但从历史经验看，至关重要的是确定好试件数量。构件和连接试验不同于小试件，大试件的选材、制作、及试验所需费用较大，且试验时间较长，过多的试件数显然不合适；但若试件数量过少，试验误差必将过大。因此本章规定了一些试件数量的下限值。分组试验时，每组的试验值的平均值是最重要的特征值，而平均值的误差与试件数量n的开方值成反比，n增大时，其平均值的误差减少，当n从1增加至5时，其误差减小很快，当$n=5$或6时开始变慢，当$n>10$时，误差随n的变化已不显著，通常$n=10$或12已经够了；对做试验困难的情况，试件数量最少应不少于5。不分组时试验仍规定不少于10。

回归分析时，为更好地找出变量间的关系，自变量数不宜太少，不然难以找出较为准确的回归公式。经研究商定，不宜少于7个。由于回归公式已确定，不得外推延长使用，所以应研究好自变量的起点和终点。若无把握可将起点和终点之间的距离根据具体对象适当放大一些。

对检验性试验，本标准的任务是给出试验方法，而对抽样方法应另按有关标准的规定，本标准中只给出如3.1.6条文所述的原则指示。

3.2 异常值的判断和处理

3.2.1 异常值将给研究的问题带来不利影响，应认真对待。异常值产生的原因多种多样：有的是人为差错；有的是试验条件发生未被人发觉的改变；有的是不慎混入其他母体的试验数据；有的反映了本身的变异；有的表示新的规律；所以不能不查明原因，就贸然舍弃其中任一个观测值。

3.2.2～3.2.5 当原因判断不明或试验者经验甚为不足时，应利用数理统计准则加以判别。考虑到构件试验的难度，以及由于剔除异常数据往往有一种心理上的吸引力，会产生一定主观希望剔除的愿望（因为剔除后，似乎可以得出比较有规律的情况，或主观希望达到的结论）。因此，为慎重起见，剔除水平 α^* 取 1%而不是通常的 5%。

在我们的研究中，往往是在未知标准差情况下进行，异常值检验常用方法有格拉布斯检验法、狄克逊检验法和偏度、峰度检验法，可按现行的国家标准《数据的统计处理和解释，正态样本异常值的判断和处理》的有关规定选用。

3.2.4-3 应重视异常值给出的信息，在一段时间后，考查检出的异常值的全体，往往能明显地发现其物理原因和系统倾向，又若各个样本中出现异常值较为经常，又常不能明确其物理原因，则应怀疑分布的正态性假定，因此，应对异常情况予以详细记录，并作定期分析。

3.3 参数估计

3.3.1 本标准适用于对抽自正态总体的随机样本的一系列试验的基础上，估计该总体的参数，或者利用试验所得的数据计算出一个区间，使得这个区间以给定的概率包含总体的参数。

3.3.5 置信水平是置信区间包含总体均值的概率，通常用百分数表示，一般考虑为 95%和 99%两个水平。本标准根据过去经验，仅只考虑 95%一个水平。

3.3.8 方差区间估计不常用，仅只在特殊研究时才需要，估计 S^2 的良好程度如何。使用一种类似确定母体均值置信区间的方法，也可把母体方差 σ^2 的置信区间推导出来，但当 n 较小时，则结果很不精确，当 $n \geq 25$ 时，可以近似认为样本量足够大，可以应用本标准中公式（3.3.8-1），但一般讲（3.3.8-2）单侧上置信界限更为有用。

3.4 回归分析

3.4.1 当问题涉及两个或更多变量时，常常会对变量之间的函数关系感兴趣。但是，如一个或两个变量（在有两个变量的情况时）都是随机的，则在这两个变量的值之间就没有特殊的关系——给定一个变量（控制变量）的一个值，则另一变量就有一系列的可能值——这样就要求一个概率的描述，如果利用一个随机变量的均值和方差作为另一变量的值的函数来描述两个变量之间的概率关系，这就是所谓回归分析。在工程学中，回归分析已被广泛用来确定两个（或更多）变量之间的经验关系。

3.4.4 相关系数绝对值越大，方差的减小也愈大，按回归方程得出的预计值也愈精确，一般工程研究其相关系数绝对值不应小于 0.85。

4 梁弯曲试验方法

4.1 一般规定

4.1.1 本方法适用于锯材矩形整截面梁和胶合梁，包括由薄板叠层胶合的工字形或矩形截面梁、侧立木板胶合梁。对于原木以及其他不规则截面的梁也可参考使用。

测定这些横梁的抗弯强度、纯弯曲弹性模量、表现弹性模量以及剪切模量。

4.1.2 在我国国家标准《木材物理力学试验方法》中，按照 GB 1936—91，测定木材标准小试件的弯曲弹性模量采用的全跨度内的挠度，然而国际标准无论是标准小试件（ISO 3349）或梁试验（ISO 8375）均采用纯弯矩区段内的挠度，两者有一定的差别。

在制定本方法时经过反复认真的讨论，认为两种方法各有优缺点：

对标准小试件来说，采用全跨度（240mm）内的挠度比纯弯区（仅长 80mm）内的挠度易于获得变化较小的数据，但混入了由于剪切变形产生的挠度；采用纯弯区内的挠度可以排除剪切变形影响，但要准确测定有一定困难，为此，国际标准 ISO 3349 中列出了两种加荷点，即三分点加荷和四分点加荷，且跨度为 240～320mm，也就是说，纯弯区允许由 80mm 增加到 160mm。估计国际标准讨论过程中也曾有过不同意见，遂作出此变通办法。对于大截面的梁来说、无论测定纯弯区内的挠度或全跨度内的挠度都是不难办到的，本方法同时列入了两种挠度的测量方法。这样处理是基于三点考虑：

1 采用全跨度内的挠度以符合我国实用习惯，并和我国木材标准小试件试验的国家标准 GB 1936—91 相协调；

2 同时列出纯弯区内挠度的测定方法以便与国际标准 ISO 8375 相一致，便于促进对外交流；

3 如果同一试件同时测定两种挠度，还可利用本标准中公式（4.5.3）附带算得梁的剪切模量 G，此剪切模量有时在连接或构件的局部强度的计算和设计中要用到，同时也说明了纯弯曲弹性模量 E_m 和表观弹性模量 $E_{m,app}$ 的关系，也说明了两者的区别而不致混淆。

此外，尚须说明，按标准小试件测定方法（GB 1936—91）测得的弯曲弹性模量并非纯弯曲弹性模量 E_m，实质上是表观弹性模量 $E_{m,app}$。在长期的工程应用中已习惯用该方法测得弯曲弹性模量的数值代表木材的弹性模量，并记为 E。

4.1.3 被试验的截面，例如测定木材缺陷最大的一个截面的抗弯强度，应该注意使该截面位于梁的纯弯区段内。

4.1.4 本条说明两点：

1 对称四点受力是梁弯曲试验的基本原则，对于不同的试验项目可以有不同的具体规定，但都必须遵守这一基本原则。

2 相对来说，梁试验的用途较广，所得的数据和信息可以用于各个方面。例如：

1）用于制订构件分级规则和标准规格的数据；

2）用于制订构件强度的设计值或验算其可靠度方面的数据；

3）木材的各种缺陷影响构件力学性质的数据；

4）为研究不同树种、不同等级和不同尺寸的构件强度性质；

5）树龄或生长环境等不同条件影响力学性质的数据；

6）确定产品价格所需的各种力学性质的数据；

7）制造胶合构件的各种因子如截面高度、斜度、切口、板的接头形式如指接接头等以及其他胶合工艺的影响的数据；

8）在非破损试验中寻找力学性质同它的物理性质相关的数据。

9）防腐药剂或其他化学因素影响构件力学性质的数据。

4.2 试件及制作

4.2.1～4.2.5 系根据我国实践经验而制订。试件长度至少应为试件截面高度的 19 倍，或 18 倍另加 150mm，以保证梁的跨度为 $18h$，两端支点外伸长度不少于 $0.5h$。此处 h 为梁的截面高度。其中 $18h$ 系根据 ISO 标准提出。

4.3 试验设备与装置

4.3.1～4.3.4 根据我国设备情况和实践经验而制订并与国际标准 ISO 8375 保持一致。荷载分配梁刀口下面的弧形钢垫块能使得试验时保证荷载传递的着力点位置正确，又能保证梁的变形不受约束。

4.4 试验步骤

4.4.1 参考 ISO 8375 而制订。

4.4.2～4.4.5 根据我国实践经验并参考国际标准 ISO 8375 而制订的。其中说明三点：

1 第 4.4.2-3 条要求预先估计荷载 F_1 和 F_0 值，可采用下列方法：

1）根据拟订试验设计的负责人的经验；

2）或者做一根梁的探索性试验；

3）或者试取 F_1 值等于按现行的《木结构设计规范》计算的设计值的 0.9～1.0 倍；试取 F_0 为 F_1 的 1‰～5‰。

2 公式（4.4.3）是用来计算加荷速度的允许值，此公式是遵照国际标准 ISO 8375 的规定：梁的边缘纤维的应变值的增长速度为每秒 5×10^{-5}，并运用材料力学的一般方法而导出的。

当恰好符合 $l = 18h$ 且 $a = 6h$ 时，（4.4.3）式变为：

$$v = 3h \times 10^{-3} \quad \text{mm/s}$$

该条给出的普通公式，是为了提高本标准对不同情况的适应性。

3 第 4.4.5 条中，公式（4.4.5）来自 ISO 8375，其目的是为了取得至少的挠度值，从而使得从荷载挠度曲线图中可以明显看出直线部分的情况。

4.5 试验结果

4.5.1～4.5.4 条文中，公式（4.5.1）、公式（4.5.2）、公式（4.5.3）及公式（4.5.4）是根据定义和运用材料力学的一般方法而导出的，其中公式（4.5.3）是考虑了剪切变形和弯曲变形共同产生的挠度，式中 1.2 为矩形截面的形状系数。

这些公式和 ISO 8375 中相应的公式都是一致的。

5 轴心压杆试验方法

5.1 一般规定

5.1.1～5.1.2 本方法是根据我国有关单位：四川省建筑科学研究院、广东省建筑科学研究院、新疆建筑科学研究院和重庆建筑大学等单位的实践经验和参考国际标准 ISO 8375 和美国标准 ASTM 而制订的。

本方法主要适用于整截面的踞材或由薄板叠层胶合矩形截面的承重柱试验。原木或由薄板叠层胶合的工字型柱也可参考使用。

本方法是采取措施使能保证被试验的承重柱轴心受力、匀速加荷直至破坏，从而根据不同的试验研究目的，取得所需的各种试验数据和信息。例如，可测得和使用有关下列数据：

1 为制订压杆的强度设计值或验算其可靠度所需的有关数据；

2 为求得木材某种缺陷对轴心压杆受力的影响；

3 用于校正柱的现行设计公式或进行柱的某种理论分析；

4 新利用树种为选择适合的轴心压杆稳定系数 ϕ 值曲线所需的数据。

5.1.3 本方法主要采用几何轴线对中的方法，这样可以与工程实际以及设计、施工规范相一致。对于原木、非矩形截面或特殊要求的研究试验才采用按物理轴线对中的方法。

5.2 试件及制作

5.2.1 原来我国试验的试件长度最短为截面边宽的5倍，为了与ISO标准一致，现取为6倍。

5.2.2～5.2.3 实践表明，木材缺陷、含水率及试件尺寸的偏差对轴心压杆试验结果的影响是很大的，常导致试验数据异常分散，故本方法中根据我国经验做了严格规定。

5.2.4 为了使柱子试验的结果能与其基本材性做对比，故做此规定。每种标准小试件的数目每端不少于3个，即总数不少于6个，才符合本标准第3章的规定。

5.2.5 由于气候原因会使制作好的长柱变得不直，故本条要求同时制作立即同时进行试验。

5.3 试验设备与装置

5.3.1～5.3.5 关于球座的规定是参考美国标准ASTM，其余规定是根据我国的试验设备的情况而制订的。本方法推荐的双向刀铰，使用效果好，在条文中做了具体规定和详图。

5.4 试验步骤

5.4.1 本方法的试验程序分两步：首先测初始偏心率和初始弹性模量；其次匀速加荷直至破坏，测定相应的挠度及破坏荷载。其中初加荷载 F_0 及最终破坏荷载都要在未正式试验之前进行估计。一般采用下列方法：

1 根据制定试验设计负责人的经验；
2 或者做一根试探试验；
3 或者试取破坏荷载估计值等于按现行的《木结构设计规范》计算的设计值的2倍。

5.4.2 测定轴心受压柱的侧向挠度所用的位移计（例如百分表或电子位移计）的触针尖端不宜与柱的表面直接接触，以防位移受阻或触针滑脱。

5.4.3 根据我国实践经验而制订。

5.5 试验结果及整理

5.5.1～5.5.4 本条列出的试验结果是起码的要求，还应根据试验研究的目的，列出木材缺陷、初始挠度、应力-挠度曲线等结果。

6 偏心压杆试验方法

6.1 一般规定

6.1.1 本试验方法主要根据重庆建筑大学、四川省建筑科学研究院等单位所做大量木构件偏压试验的实践经验编写而成。

本方法提供的试验数据可满足下列项目的需要：

1 研究木构件在偏心压力短期作用下的极限承载能力和变形性能；
2 验证偏压或压弯构件的现行设计计算公式或理论假设；
3 研究木材缺陷及其他因素对偏压或压弯构件的承载能力的影响；
4 研究偏压或压弯构件的可靠度及其有关统计参数；
5 确定新树种利用所需的调整系数；
6 确定树龄及其他自然因素对构件性能的影响；
7 确定防腐及其他化学处理对构件性能的影响。

6.1.2 偏压试验通常设计成等端弯矩单向弯曲试验。偏心荷载的合力要位于试件截面的长轴上，并保证偏心弯矩平面，在试验中能与试件的通过其截面长轴的纵向对称平面相一致。

偏心压力应均匀地作用于试件整个端面上。其目的不仅可使偏心压力的偏心距在试验的全过程中始终保持不变；同时又可避免试件端面在试验中出现开裂。

为了做到试件端面全表面均匀承压，不论偏心压力的相对偏心率的大小，均须在试件两端各胶粘一块"牛腿"。"牛腿"的厚度按试件截面尺寸及其偏心压力的相对偏心率计算确定。"牛腿"的其他尺寸要求见图6.2.3。

6.1.3 主要是对试件的上、下两部分，试件的支承装置以及设有固定的仪表等，要用绳索适当系住，以防止它们在试件折断时飞溅。

6.1.4 为了防止杆件在垂直于弯矩作用平面的方向发生压屈破坏故做此规定。破坏荷载的估计，一般可采用下列方法：

1 根据拟订试验设计的负责人的经验，或预做试探性试验。
2 或者按现行的《木结构设计规范》计算的设计值进行估计：对垂直于弯矩作用平面可按轴心受压构件进行计算，破坏荷载的估计值取设计值的2.0～2.5倍；对弯矩作用平面内可按压弯构件进行计算，破坏荷载的估计值取设计值的2.5～3.0倍。

此外，对冷杉树种某些专门问题的研究性试验，偏压木构件的破坏荷载 F 值，也可试用条文说明附录B中的公式进行估算，该公式由重庆建筑大学提出，其计算值与该试验数据吻合甚佳。

6.2 试件及制作

6.2.1 试件分组时，试件的最小长细比不宜取得太小。这主要考虑到两个问题：其一是，当"牛腿"较长时，若试件太短，则会出现"牛腿"伸展至试件长度中央附近，从而用"牛腿"加强了试件的工作区段，人为提高其承载能力。其二是，试验实践表明，试件太短时，试件可能因纵向剪裂而破坏。所以分组时，可按试件压力的最大相对偏心率（或偏心距）及试件截面尺寸算出"牛腿"长度，进而大致求得试件长细比的一个相应的下限值。

6.2.2 试件压力的相对偏心率 $m=6e/h$，其中 h 为试件在偏心弯矩平面内的截面尺寸，e 为偏心压力的偏心距。相对偏心率的取值要有利于偏心距为一整数（以毫米为单位）。$m=0.3\sim10$ 是常用范围。

6.2.3 牛腿尺寸是根据实践经验而制定的，当受条件限制，"牛腿"的长度无法满足图 6.2.3 的要求时，亦可经过一定试验检验后，适当缩短"牛腿"的长度。

6.2.5 本条目的在于保证偏心压力平行于试件轴线，并垂直作用于试件端面（包括"牛腿"在内）的全表面。

为保证试件轴向平直，减小试件的初弯度，试件制作宜以机械加工为主。试件制成后，在试验前要采取措施防止试件弯曲。制作完毕到试验之间，时间不宜太长。

6.3 试验仪表和设备

6.3.2 当用承力架做试验时，试件按长细比分组，其每组长细比的取值，都应使试件长度及其支承装置和加荷设备的总和，均与调整后的承力架上、下横梁间的净空相适应。

6.3.4 本条根据实践经验而制定。为将千斤顶固定在承力架的下部横梁上，可把千斤顶的底座点焊在一块预先钻有螺栓孔的钢板上。该钢板放在下部横梁上，对准螺栓孔，经找平后，再用螺栓将钢板与横梁连牢。

6.3.7 偏压试件在试验的初始阶段挠曲很小，其跨中最大挠度一般以 0.1mm 计；但在试件破坏前的阶段，有些试件（长细比较大者）则挠曲很厉害，跨中最大挠度达 100mm 以上。因此，试验时采用的测量挠度的仪表，应既能测定 0.1mm 的小变形，又能量 100mm 的大挠度。

6.4 试验步骤

6.4.1 偏压试验过程中出现下列情况之一，即认为试件达到破坏：试件发生折断；试件发生纵向剪裂；挠度迅速增大而荷载加不上去。

6.4.2 计算试件的长细比时，试件长度应包含其两端的刀槽（或刀刃）在内。

试验实践表明，单向刀铰能保证试件在偏心弯矩平面内自由挠曲，而在弯矩平面外无挠曲。

6.4.4 刀槽、刀刃和钢压头板没有定型的标准规格，其尺寸应由试验者根据试件的具体情况设计确定，并自行加工制造。

为将刀槽或刀刃与钢压头板在构造上加以连接，可在两者接触面的中心处各攻丝深约 10mm，再用螺杆（长约 20mm）将两者拧在一起。考虑到刀槽（或刀刃）要有相当高的硬度，因此，它们应先攻丝而后淬火。

6.5 试验资料整理

6.5.1~6.5.3 条文清楚，不用说明。

7 横纹承压比例极限测定方法

7.1 一般规定

7.1.1~7.1.2 木材横纹承压，随着压力荷载的增大，在外观上只是产生压缩，而无明显的破坏特征出现，因此，作为强度指标的极限值难以确定。针对这一特点，一般多采用专门定义的比例极限应力来表示其横纹承压的能力。木材横纹承压的比例极限之所以需要专门定义，是因为它属于弹粘体材料，比例极限不象钢材那样明确，不同的测定方法将得到不一致的结果。本标准采用的定义是参照国际标准 ISO 3132 拟定的。其优点是方法简便，而其效果与逐段回归得到的数值十分相近。

7.1.3 木构件横纹承压之所以需要按其受力方式分为三种型式，是因为局部表面横纹承压时，其受力将得到承压面以外两边木材纤维的支持，从而使其强度显著高于全表面横纹承压；至于尽端局部表面横纹承压，其受力虽不如局部表面横纹承压，但仍优于全表面横纹承压。因此，有必要加以区别对待。另外，还需指出的是，"局部表面横纹承压"仅指沿构件长度（即顺纹方向）的局部表面横纹承压，而不包括沿截面宽度方向的局部表面横纹承压，因为木材纤维横向联系很弱，在局部宽度承压的条件下，其两侧纤维不能起到应有的支持作用。

7.1.4 一般的含水率换算公式仅适用于截面尺寸很小的标准小试件，如果引用于换算截面尺寸较大的木构件，不仅误差很大，而且得不到有规律的结果。但这并不等于说，木构件的强度试验不考虑含水率的影响，只是改而将试件的含水率严格调控至气干状态再进行试验。这时，各试件之间的含水率差异很小，而又很接近实际工作条件下的构件含水率状态，因此能保证试验结果的实用性。

7.2 试材选取及试件制作

7.2.1 木构件的试验结果，不可避免地存在着波动，在一般情况下，造成这种波动的主要原因有三：一是由试验的偶然误差所引起；二是由材料的固有变异性所产生；三是由各种干扰因素所致。前两种原因造成的波动无法避免。但干扰因素的影响，则必须尽可能采用有效的措施予以消除。当按本条的规定选材时，可望将主要干扰因素的影响减小到较低的程度。

7.2.2 木构件横向承压试件的尺寸，是根据不同尺寸试件的试验结果确定的。试验表明，当全表面承压试件的承压面尺寸大于或等于120mm×180mm，局部表面承压试件的承压面尺寸大于或等于120mm×120mm时，其比例极限的测定值趋于稳定，因此，选这两组尺寸作为标准尺寸。若试件尺寸改为80mm×80mm，则应乘以尺寸系数 ψ_a，本条文取 ψ_a 值等于0.9，是根据试验确定的。

7.2.3 本标准编制组对试件加工质量与试件受力状态的对比观测结果表明，要保证试件在试验中受力不受加工偏差的影响，只控制试件每一标定尺寸的偏差不超过允许值是不够的，还必须进一步把有关尺寸之间的相对偏差控制在允许的范围内，才能使试件处于正常的受力状态。这一点在加工中容易被忽视，因此，本条做了明确而具体的规定，以保证测试结果的有效性。

7.3 试验设备要求

7.3.1 本条是根据有关国际标准的规定，在考察了不同型号国产设备的技术条件后拟定的，因而能在使用国产设备的前提下，保证试验结果的精度符合国际标准的要求。

7.3.2～7.3.4 这三条要求都是为保证试件均匀受力、均匀压缩而提出的。在试验中，必须全面加以执行，才能取得可供确定比例极限使用的数据。

7.4 试验步骤

7.4.1 根据国际标准 ISO 3132 的规定，承压面的尺寸应在统一指定的位置上量取。这样做的好处是可以复检量测的结果，从而也使实测数据的有效性得到更好的保证。

7.4.2～7.4.3 本标准采用的加荷方式是参照目前国际上常用的控制加荷总时间，并均匀移动试验机压头的施荷方式拟定的。其优点在于可以不必处理加荷后期所遇到的无法控制匀速变形或匀速施荷问题。

7.5 试验结果的整理和计算

7.5.1～7.5.3 在整理试验结果时，若遇到荷载-变形图中直线部分的各试验点不在一直线上时，宜用回归方法确定该直线。至于回归直线的上界点，应取哪一个试验点，可先凭目测选择一点，然后再加入该点和去掉该点对相关系数的影响来确定。

8 齿连接试验方法

8.1 一般规定

8.1.1、8.1.2 本方法是对在编制木结构设计规范期间使用过的两种试验方案进行总结分析而后拟订的。

一种方案为三角形支承架（图8.3.2-1），即本方法所采用的第一方案。

另一种方案为人字架，相当于一个简单的没有腹杆的三角形桁架。桁架的上弦即人字杆，采用钢材制作。两根人字杆的上端为活动铰，连系于试验机的上压头；人字杆的下端抵承在下弦（即被试木材）的齿槽上。下弦的两端为滚动支座，如图8.3.2-2。

第一种方案被试木材的一端为受剪端；第二种方案被试木材的两端均为受剪端。

在木结构规范组进行过大量齿连接试验之后，长沙铁道学院专门进行过两种方案的对比试验。试材为湘西靖县产马尾松，在同一段试材上，使两种方案的木材受剪面成为相邻部位。试件分为4组；剪面长度与齿槽深度的比值为4、6、8、10；试件共34对。

根据现行的国家标准《数据的统计处理和解释，在成对观测值情况下两个均值的比较》GB 3361—88，将上述试验结果进行整理和统计分析，两种方案的均值确有显著差异，第一方案比第二方案平均高出9%。

经讨论研究，认为第二方案的破坏剪面是被试木材的两端之一，时而左端，时而右端，不如第一方案是唯一的剪面破坏。但是第一方案的加荷装置仅适用于小截面的试件，当试件截面较大时仍必须采用第二方案。经审查会议决定：两种方案同时列入，并在第8.3.2条中规定了两种方案各自的适用范围。

8.2 试件的设计及制作

8.2.1 本条是根据现行的《木结构设计规范》结合试件要求而制订的。压力与剪切之间的夹角是按常用的取为 $26°34'$，若为其他角度时，可自行设计加荷装置和试件的角度。

8.2.2～8.2.5 执行条文时，需要注意几点：

1 应严格遵守试材必须达到气干材的规定。为此常需将锯解后的试条坯材放置在室内空气相对湿度约为65%，温度20℃的环境中持续一年以上，切不可急于求成用人工烘干法干燥试条。

2 除8.2.5条外，都可采用商品材锯解试条，但应符合本标准的2.2.1-3条的规定。

3 试条坯材截面尺寸较试件增大3～5mm，考虑翘曲变形后取直刨平；如果备料时直接将试条锯成短段，则坯材余量可减至1～2mm。

8.3 试验设备与装置

8.3.1 万能试验机上的测力盘要符合两个要求：

1 试件破坏时测力盘指针至少应超过测力盘圆周的1/3；

2 测力盘每格读数值应小于破坏荷载的1%。

8.3.3 制作齿连接试验专用三角形支承架时应注意以下几点：

1 三角形底座由钢板焊成，要求有足够的刚度和强度，对滚动轴承下的钢板尚要求有足够的硬度，为此，此块钢板宜采用硬质合金钢或采用淬火钢材，并须刨平；

2 试件用钢夹板和圆钢销与底座上端"耳状"夹板（厚度 20mm）通过圆柱形轴（直径 30mm）相连，与木材连接的钢夹板厚度不小于 10mm，圆钢销的直径取为 10mm，圆钢销的个数由计算确定并取偶数。圆钢销的设计承载力应大于试件抗剪破坏的 1.5 倍。若被试木材为硬质阔叶材，必要时圆钢销及钢夹板可用 16Mn 钢或其他合金钢制成；

3 槽形承托垫板用以均匀分布试件支座反力，承托垫板的尺寸大小应按木材横纹承压强度来计算确定；

4 在槽形承托垫板的下面应焊接滚动轴承。保证试验机压头的压力、试件齿下净截面轴线的拉力与通过滚动轴承传递的支座反力三力交汇于一点。

8.3.4 三角形人字架强调人字杆必须用钢材制作，并保证人字杆的上端为活动铰。

8.4 试验步骤

8.4.1～8.4.5 说明和强调以下几点：

1 为什么要求控制木材含水率和试验室温度？有两方面的原因：一方面木材在纤维饱和点以下，含水率对木材强度的影响颇为敏感，含水率高则强度低，通常呈指数函数关系。只有在相同含水率条件下木材强度才具有可比性；另一方面木材纤维素是天然的高聚物，温度高时大分子键运动活泼，分子间力减弱，导致木材强度低，只有当介质温度相同的条件下试验结果才具有可比性。要统一这两方面的要求，最可行的办法就是试件必须风干至平衡含水率后，方可进行试验。

2 三力线汇交于一点至为重要，必须严格遵守规定，谨慎仔细对中。理论和试验表明：若支座反力力线向内偏移，将恶化齿连接抗剪工作，抗剪强度急剧降低；若向外偏移则抗剪强度也会产生很大的影响；两者均不能得出正确结果。

3 试验表明，加荷速度愈快则强度愈高，其原因可参见条文说明的附录 A。

8.5 试验结果的记录与整理

8.5.1～8.5.4 根据我国实践经验而订。

9 圆钢销连接试验方法

9.1 一般规定

9.1.1、9.1.2 本方法是参照 ISO 标准结合我国实践经验而订。说明三点：

1 除专门问题的研究试验外，一般都以顺木纹对称双剪连接作为典型的型式，当需进行横木纹或斜木纹受力的销连接时，可另行设计试件和装置，并按本方法进行试验。

2 圆钢销连接要求做全过程破坏试验，从而获得更多的数据和信息，例如比例极限、变形为 1mm、2mm、10mm 以及其他各种数据。

3 若遇螺栓连接检验性试验，应将螺栓松开，不宜考虑夹紧作用的有利影响。

9.2 试件的设计及制作

9.2.1～9.2.4 说明三点：

1 对称双剪圆钢销连接试件的设计尺寸是根据现行的《木结构设计规范》而规定的。

2 圆钢销可直接采用 Q235 圆钢，除特殊研究外，不得在车床加工，以保证和工程实际所用圆钢销一致。

3 圆钢销不得采用其他钢种代替，因 Q235 钢具有足够的塑性，理论分析和规范中的计算公式都已考虑了这种塑性性质。

9.3 试验设备与装置

9.3.1～9.3.3 万能试验机的吨位采用 1000kN，理由同条文说明 8.3.1。

9.4 试验步骤

9.4.1～9.4.3 说明以下三点：

1 先预加荷 0.3F 并且持续 30s 的目的在于使连接紧密，以消除由于连接松弛引起的非弹性变形，这一过程不可忽视。

2 圆钢销连接破坏时具有很大的塑性变形，当荷载达到一定程度后，变形继续增加而荷载增加得很少，为了获得更多的数据和信息，要求直到圆钢销被压弯、变形至少达到第 9.4.3 条规定数值方可终止试验。

3 预先估计圆钢销连接当钢材屈服时试件所受到的力 F，它仅是为了在加载程序中使用，它总是小于终止试验时的荷载。

9.5 试验结果及整理

9.5.1、9.5.2 条文清楚，不用说明。

10 胶粘能力检验方法

10.1 一般规定

10.1.1 由于决定一种胶能否用于承重结构，需要根据若干试验得到的指标进行综合评价，才能作出最后的结论。因而本标准明确了本方法仅供检验使用，也就是说，作为检验的对象必须是批量生产的商品胶，而不是正在研制的新胶种，这一点必须在使用时予以注意。

10.1.2、10.1.3 用胶粘接木材，通常以两项指标来衡量其粘接能力，一是沿木材顺纹方向的胶缝抗剪强度；另一是垂直于木纹方向的胶缝抗拉强度。但后者的试验结果不如前者稳定，因此，作为检验的用途，一般可仅用胶缝的抗剪强度进行判别。但需要指出的是，在本方法中并非任何树种的木材都可以用来检验胶的粘接能力。因为有些树种结构疏松，抗剪强度很低，用以做试件容易误判胶的粘结能力合格；有些树种胶着力差，用以做试件容易误判胶的粘结能力不合格。因此，本条对试件的树种及其气干密度做了具体规定。

10.2 试条的胶合及试件制作

10.2.2 执行本条应注意的是：经过重新细刨光的试件，宜成对合拢，以保护其胶合面的洁净。倘若在涂胶前受到沾污，可用丙酮沾在脱脂棉花上予以清洗。

10.2.3 加工剪切试件时，主要应保证的是试件受荷端面与支承端面之间的相互平行。因为这是使试件在专门剪切装置中保持正确受力状态的关键。

10.3 试验要求

10.3.2 执行本条应注意的是，湿态试验的试件在浸水过程中不能浮在水面，宜采用铁栅等将其浸没水中。另外，湿态试验尚应按时进行，不能随意延长浸水时间，以免使试件数据失效。

10.3.3 为了使试验结果能够随时得到复查，宜将破坏的试件保留到试验报告完成的时候。这一点对于沿木材部分破坏率低的试件尤为重要。因为可能需要重新检查其破坏原因。

10.4 试验结果的整理与计算

10.4.1、10.4.2 在执行中应注意的是：有些试件可能在浸水过程中已脱开。对这些试件的湿态剪切强度极限 f_v 应取为 0，但应记载它的剪切面是否仍粘有一层薄薄的木纤维，以供分析使用。

10.5 检验结果的判定规则

10.5.1 本条的规则是参照原苏联国家标准制定的，经我国多年使用未发现有什么问题，因而又继续予以引用。

10.5.2 本条中的常用耐水胶种，一般可理解为苯酚-甲醛树脂胶、间苯二酚树脂胶以及用间苯二酚改性的酚醛树脂胶等。

11 胶合指形连接试验方法

11.1 一 般 规 定

11.1.1 制定本方法时考虑以下几点：

1 本方法的服务对象包括整截面的结构指接材和胶合木构件中的单层木板的指接；

2 本方法的任务是提供指接接头抗弯强度的数据，而不包括由指接构成的承重用的指接木材和叠层胶合木材的分级方法，因为它们的分级方法不只是依赖于指接抗弯强度一项，而应另按有关标准进行；

3 有的国家采用指接的抗拉强度试验，本方法是参照欧共体推荐性标准《指接针叶锯材》和其他有关标准而制订的，考虑到指接的抗弯强度试验方法简易，并且试验数据的离散性小于抗拉强度试验，所以采用抗弯强度作为测定指接强度的指标。

11.1.3 关于指接的符号，我国林业部门编制的国家标准《指接材》GB 11954—89 与欧共体标准和国际标准 ISO 10983 略有不同。

考虑到欧共体标准已为国际标准 ISO 所接受，为了与国际标准靠拢，促进国外交流；且其符号简单并含英文字义，易于记忆和使用；因此采用本条所订符号。

11.2 试 件 设 计

11.2.1～11.2.4 根据我国现行的《木结构设计规范》、欧共体标准《木结构设计统一规则》和《指接针叶锯材》等标准而制订的。

11.3 试 验 步 骤

11.3.1～11.3.4 本方法对试件的跨度做了规定，试验步骤同本标准梁抗弯强度的测定方法。

11.4 试验结果的计算和判定

11.4.1 本条根据中国林业科学研究院的试验和建议而制订。

11.4.2、11.4.3 指接试件的抗弯强度按材料力学的公式计算。

11.4.4 为了测定指定的强度，凡是在木材缺陷处破坏的试件，均不能代表指接的强度，必须排除，并至少补足 15 个试件。

由于只有 15 个有效数据，指接抗弯强度的标准值是根据 ISO 标准取置信水平为 0.75，并按现行的国家标准《正态分布完全样本可靠度单侧置信下限》GB 4885—85 而确定的。

12 屋架试验方法

12.1 一般规定

12.1.1 本方法适用范围中所指的屋架，应理解为用作屋盖结构的平面桁架，包括普通方木或原木屋架、钢木屋架和胶合木做成的木屋架或钢木屋架；不包括空间网架，也不包括中国穿逗式木结构。

12.1.2 屋架试验之所以需按验证性和检验性分为两类，是因为它的全套测定项目工作量很大而又不是每类试验都需要全做。因此，宜根据不同的试验目的和要求，选择必需测定的项目以节约人力、物力和时间。

12.1.3、12.1.4 执行本条文应注意的是：当钢木屋架需要做破坏试验时，宜准备两套钢构件，一套按设计荷载设计，用于测定屋架工作性能；另一套按3倍设计荷载设计，用于做破坏试验，以保证屋架能沿木构件部分破坏。试验屋架首先用第一套钢构件组装，直至破坏试验开始前才换上第二套钢构件。由于增加了更换构件的工序，因而要求第二套钢构件的设计，不仅要考虑便于安装，而且还不能改变屋架节点原来的传力方式。这一点一定要在试验设计中加以注意。

12.2 试验屋架的选料及制作

12.2.1、12.2.2 屋架试验不可能做得很多，即使是验证性试验，也需要先充分掌握其构件和连接的基本性能后，才能进而考虑以少量的屋架进行综合的观测与评估其系统功能。在这一前提下，一般都要求在做好试验设计的同时，还要注意做好选料与加工工作，这里需要说明的是，本条之所以只要求按现行规范严格选料与加工制作，而不要求选用上好材料，由高级工人进行制作，主要是因为只有在最接近规范要求的情况，才最能说明问题，最能取得对工程实践有指导作用的试验结果。

12.2.3 屋架检验的目的性很明确。一般总是在委托方对它的安全性或施工质量有怀疑时才提出来的。因此，选择外观质量相对最差的屋架进行测定，最易弄清疑点，查出隐患。这样，也就是更有利于对要求检验的问题作出正确的判断。

12.3 试验设备

12.3.1～12.3.3 对屋架试验设备提出这三条基本要求，其内容从表面上看，较多属于细节问题。然而，长期经验表明，屋架试验所出的问题，有不少是由于加荷系统行程不够、传力偏心、支座条件与设计不符以及侧向支撑失效等所造成的。特别是侧向支撑失效，往往是试验屋架在荷载不大的情况下，就很快失稳破坏的主要原因之一。因此，有必要引起试验人员的重视。

12.4 试验准备工作

12.4.1 屋架试验需要较大的荷载和较多的仪器设备，且试验的要求也较高，最好能在正规的结构实验室内进行。至于现场试验，一般是不推荐的，只有对检验性试验，且无法解决屋架运输时，才考虑就地检验，即使这样，也应搭设能防雨的试验棚，并在大风天停止试验。由此可知，现场试验很麻烦而且费用高，不宜提倡。

12.4.3 执行本条文需要注意的是，当试验的是使用过的旧屋架时，其安装偏差可能不满足本条的要求。在这种情况下，不宜强行校正，而只需逐项记录其实际偏差，提供分析试验结果时使用。

12.4.4 本条需要说明的是，当仪表较多，安装有交叉而影响测读时，不能随便改变其安装位置，而应由试验的负责人重新修改试验设计，作出统一的调整考虑。

12.5 屋架试验

12.5.1 当屋架试验沿木构件部分破坏时，其破坏荷载一般为设计荷载的2.5～3.0倍。在这种情况下，倘若忽略了对加荷点钢垫板的受力和上弦杆木材承压的验算，便有可能因承压应力过大而使垫板陷入木材，切断纤维，并造成不应有的应力集中。如果情况严重，还可能引起上弦杆在加荷点处发生不正常的破坏。因此，本条规定了该部位木材的局部承压应按能承受3倍以上的设计荷载进行验算。

12.5.4 在木屋架试验中，每级加荷的时间间隔之所以需要2h，是因为木结构的变形收敛很慢，如果每级加荷不给予足够的间歇时间，结构变形就不能得到充分发展，致使测读的变形值偏小，在屋架破坏试验时，还会得到偏高的极限荷载值，以致影响试验的准确性。因此，有必要对加荷的间歇时间作出统一的规定。

另外，在标准荷载作用下，之所以需要有足够的持续荷载时间，是因为这时的屋架挠度值反映的是结构刚度。根据以往的经验，对木屋架荷载持续的时间至少要24h，甚至更长，因此，做了相应的规定。执行时应注意的是，倘若在持续荷载期间，木屋架的变形无收敛趋势，则应及时检查其变形异常的原因，以便作出必要的处理。

12.5.5 屋架破坏试验的分级加载，到了后期之所以需要缩小级差，是为了能取得较准确的破坏荷载值。

12.5.10 过去从试验破坏的屋架上锯取小试件时，对取样的部位和数量没有统一的规定，全凭个人的经验决定。因此，不仅试件数量居多偏少（1～3个），而且取样的部位也带有很大的随意性。所有这些混乱情况，都对试验结果的整理带来很多问题。为此，本条对锯取小试件的部位、种类和数量做了统一的规定。在执行中应特别注意的是，不要随意减少试件的数量，因为本条对试件数量的规定是根据统计的最低要求确定的。

12.6 试验结果的整理和分析

12.6.1 在全跨荷载作用下，屋架上下弦节点的位移图，其左右各对应节点的位移量，在正常情况下应基本上呈对称形状。倘若根据试验数据绘出的图形严重不对称，则表明：或是节点工作不正常，或是测读有差错，必须立即予以查明。这一工作到了整理数据时才发现，一般嫌晚了一些，很可能无法纠正。因此，本标准第 12.5.7 条第 4 款规定：试验负责人应对某些关键数据随时作现场估计分析工作，以便及时发现问题，并加以解决。

12.6.3 本条第 4 款，关于破坏荷载与标准荷载的比值 K 的取值规定是根据我国设计经验并参照原苏联有关标准确定的。经不少单位多年使用均认为较为合理、可靠。

附录 A 木材材性的特点
——纤维素结构与木材力学性能

本标准第 2.2.2 条，2.3.2 条和有关章节，分别对木材试件的含水率、试验加荷速度以及试验室温度提出了相应的要求，这是基于木材材性的特点提出来的。含水率、加荷速度和温度对木材的力学性能影响均较敏感，因此为使试验数据科学，可资比较和利用需对上述三个影响因素加以规定。

为了确实保证试验质量，试验者自觉认真执行本标准关于对试件含水率、加荷速度和试验室温的规定有必要从木材构造的根本机理上加以认识，深刻了解上述三因素对木材力学性能的影响。这也就是本附录的宗旨。

木材的力学性能主要依赖于构成细胞壁主体的纤维素，而纤维素是由碳、氢、氧三种元素组成的长链大分子结构的高分子聚合物。这个链的基本单位是脱水 D——六环葡萄糖基，藉助于氧桥顺链长相连，横向大分子链间有分子间力（范德华力）相互连接。此外脱水 D——六环葡萄糖基中有三个羟基，当大分子链间距较近时，这些羟基将和旁邻的氧原子形成较坚固的完全饱和的氢键。氧桥主价键能和分子间力以及氢键能的集合，构成纤维素的机械强度。

大分子链的聚合度（或者说链长）极不相同。有的链长些，有的短些，一般链长与直径之比达数千或更多。如此细长的大分子链呈蜷曲态存在。

纤维素长链的每个基本链节的三个极性羟基极易吸湿，吸湿后使纤维膨润，结果使大分子链间距增大，从而降低了分子间力。这是因为分子间力与分子间距成反比，大致上是分子间距 n 次方的倒数，此外羟基吸留水分时部分氢键能将被消耗转变为热能，以上两种现象就是木材含水率增加则强度降低的根源所在。木材含水率与强度之相关，可用指数方程回归表达，即：

$$R_w = R_{15} e^{bw}$$

式中　R_w——含水率为 w 时的木材强度；
　　　R_{15}——含水率为 15% 时的木材强度；
　　　b——回归系数，它与材种及受力情况有关；
　　　w——木材的含水率。

显然这种因含水率增加引起木材强度降低、变形增大的现象只当木材含水率 w 小于或等于纤维饱和点时才会出现。

含水率对木材的弹性模量也有影响，含水率越大弹性模量越小，这是因为水使纤维素膨润，大分子链间分子力减少，致使链段分子柔顺性增大，从而降低了弹性模量。

塑性变形主要是大分子链间相互滑动所致，而水分变化恰恰引起分子间力的改变，因此含水率对木材塑性变形的影响较弹性变形为大。

作用外力值不变，木材的变形将随作用外力时间的增长逐渐加大，这种现象称作蠕变。作用外力越小这种蠕变历程（从开始变形到变形终止的时间）越长。

蠕变现象和大分子链的运动有关。在外力作用下，大分子链将由原平衡态过渡到新平衡态，由于大分子链的蜷曲以及链间有相互作用的分子间力和氢键的阻碍，这种过渡不可能与加荷过程同步，在加荷结束后尚需经历一段时间后才能完成，这个过程称蠕变历程。显然作用外力越大这种历程就越短，总变形亦小。此外它还与加荷速度以及纤维素结构，含水率和温度等因素都有关。

若加荷速度很快（例如试验机上几分钟内试件破坏），此时链段间还来不及蠕动，变形将主要由瞬间弹性变形（指加荷过程中的弹性变形它是分子链角和链长的改变）和塑性变形（大分子链间的滑动）组成；如果加荷速度甚慢（例如几天、几月甚至几年后结构破坏），则除上述两类变形外，还有随荷载作用时间延长而变形速度逐渐递减的弹粘变形。加荷速度趋于零，即作用力延续时间 t 趋于无限大时，弹粘变形得到充分发展，弹粘变形速度趋于零，此时的木材强度为长期强度。因此，在分析试验结果（变形、强度、弹性模量）时，只有在相同的加荷速度下才有意义。

分子间力与温度成反比，因此温度升高，大分子链段的分子运动活泼柔顺大，从而蠕变历程缩短，强度也低。温度低时，大分子链刚劲，蠕变历程加长，强度也高。

含水率增大，大分子链间分子力减小，从而大分子链柔顺，蠕变历程缩短。

综上所述，在进行木质试件构件和结构试验时，必须对含水率、加荷速度和室温予以规定，只有在这些条件相对稳定的条件下，方可相互比较分析。

附录 B　冷杉树种偏压构件试验破坏荷载估算公式

对冷杉树种某些专门问题的研究性试验，偏压木构件的破坏荷载 F 也可试用下述公式进行估算：

$$F = \frac{R_c A}{1 + \dfrac{6(e + f_F) R_c}{h R_b}}$$

式中　R_c——试件的顺纹抗压强度，它等于该组试件的标准小试件顺纹抗压极限强度平均值，乘以疵病及尺寸影响系数 0.754；

R_b——试件的横向弯曲强度，它等于该组试件的标准小试件横向弯曲极限强度平均值，乘以疵病及尺寸影响系数 0.558；

A——试件的截面面积；

h——试件的弯矩平面内的截面高度；

e——试件的偏心距；

f_F——预计的试件跨中最大破坏挠度，可按下式估算：

$$f_F = \frac{\lambda^2 h R_c}{24 E_c \left(3 - \dfrac{R_b}{R_c}\right)}$$

其中　λ——试件的长细比；

E_c——试件的顺纹抗压弹性模量，它等于该组试件的标准小试件顺纹抗压弹性模量平均值，乘以疵病及尺寸影响系数 0.792；其余符号意义同前。

中华人民共和国行业标准

回弹法检测混凝土抗压
强度技术规程

JGJ/T 23—2001

条 文 说 明

前 言

《回弹法检测混凝土抗压强度技术规程》（JGJ/T 23—2001），经建设部 2001 年 6 月 29 日以建标[2001]134 号文批准，业已发布。

本规程第一版的主编单位是陕西省建筑科学研究设计院，参加单位是中国建筑科学研究院、浙江省建筑科学设计研究院、四川省建筑科学研究院、贵州中建建筑科学研究设计院、重庆市建筑科学研究院、天津建筑仪器试验机公司。

为便于广大设计、施工、科研、学校等单位的有关人员在使用本规程时能正确理解和执行条文规定，本规程修订组按章、节、条顺序编制了本规程的条文说明，供使用者参考。

在使用中如发现本条文说明有不妥之处，请将意见函寄陕西省建筑科学研究设计院《回弹法检测混凝土抗压强度技术规程》修订组。

目 次

1 总则 ·················· 7—4—4
3 回弹仪 ················ 7—4—4
  3.1 技术要求 ············· 7—4—4
  3.2 检定 ··············· 7—4—4
  3.3 保养 ··············· 7—4—5
4 检测技术 ··············· 7—4—5
  4.1 一般规定 ············· 7—4—5
  4.2 回弹值测量 ············ 7—4—5
  4.3 碳化深度值测量 ·········· 7—4—5
5 回弹值计算 ·············· 7—4—6
6 测强曲线 ··············· 7—4—6
  6.1 一般规定 ············· 7—4—6
  6.2 统一测强曲线 ··········· 7—4—6
  6.3 地区和专用测强曲线 ········ 7—4—6
7 混凝土强度的计算 ··········· 7—4—6

1 总 则

1.0.1 统一回弹仪检测方法，保证检测精度是本规程制定的目的。回弹法在我国使用已达四十余年，国外在使用回弹法时精度并不高，有的只能定性判断混凝土质量，不能定量给出具体的强度数值。但回弹法在我国却越用越广泛，这不仅是因为回弹法简便、灵活、符合国情，更是由于我国已解决了回弹法使用精度不高和不能普遍推广的关键问题，为了解决使用回弹法时出现的混乱状况，如有的按照国外进口仪器使用说明书使用，有的不知回弹仪要检定成标准状态，有的不测量碳化深度值等等。因此有必要统一检测方法，保证检测精度，使其在监督、检验结构工程和混凝土质量中发挥应有的作用。

此外，本条所指的普通混凝土系指现行国家标准《混凝土结构工程施工及验收规范》中第 4.1.1 条规定的由水泥、普通碎（卵）石、砂和水配制的质量密度为 1950～2500kg/m³ 的普通混凝土。

1.0.2 在正常情况下，混凝土强度的检验与评定应按现行国家标准《混凝土结构工程施工及验收规范》及《混凝土强度检验评定标准》执行。不允许因为有了本规程而不按上述《规范》、《标准》制作规定数量的试件供常规检验之用。但是，当出现标准养护试件或同条件试件数量不足或未按规定制作试件时；当所制作的标准试件或同条件试件与所成型的构件在材料用量、配合比、水灰比等方面有较大差异，已不能代表构件的混凝土质量时；当标准试件或同条件试件的试压结果，不符合现行标准、规范规定的对结构或构件的强度合格要求，并且对该结果持有怀疑时。总之，当对结构中混凝土实际强度有检测要求时，可按本规程进行检测，检测结果可作为处理混凝土质量的一个依据。

由于回弹法是通过回弹仪检测混凝土表面硬度从而推算出混凝土强度的方法，因此不适用于表层与内部质量有明显差异或内部存在缺陷的混凝土结构或构件的检测。当混凝土表面遭受了火灾、冻伤、受化学物质侵蚀或内部有缺陷时，就不能直接采用回弹法检测。

1.0.3 由于本规程规定的方法与国外传统方法显著不同，若不进行统一培训，则会对同一结构或构件混凝土强度的推定结果存在着因人而异的混乱现象，因此本条规定凡从事本项检测的人员均应培训并持有相应的资格证书，且培训、宣贯应通过主管部门认可。

1.0.4 凡本规程涉及的其它有关方面，例如钻芯取样，高空、深坑作业时的安全技术和劳动保护等，均应遵守相应的标准、规范或规程。

3 回 弹 仪

3.1 技术要求

3.1.1 目前国内常用于检测混凝土抗压强度的回弹仪，其标准状态下的冲击能量为 2.207J、示值系统为指针直读式。对原规程中"采用其它示值系统（例如数显式、自动记录式、信息遥记式和微机式等）的同类冲击能量的回弹仪，经鉴定认可，如性能稳定并有可靠的检验示值准确性的方法，亦允许使用"的内容予以删除。原因是：一、检定混凝土回弹仪已制订了国家计量检定规程，属于计量仪器范畴。而在已批准执行的回弹仪计量检定规程中并无上述（除直读式外）几种示值系统回弹仪的检定方法。二、目前只有极少数数字式回弹仪规定了检验非直读式回弹仪的示值准确性的方法，但是大部分使用非指针直读式仪器却无法按计量检定规程检定，从而影响了回弹法检测结果。本规程要求在条件许可的前提下，首先应使用指针直读式，若使用其它示值系统的仪器，要符合国家计量检定规程 JJG817 的要求。亦即该类型仪器能将回弹仪主体（指针直读式仪器）部分与其它功能（如自动记录、打印、计算）部分分开，将主体部分按计量规程检定，并要检定直读式仪器的示值与自记式、数显示值一致。有计算功能的还要检查其计算过程是否符合本规程的相关规定。

3.1.2 由于回弹仪为计量仪器，因此在回弹仪明显的位置上要标明名称、型号、制造厂名、生产编号及生产日期，尤其要有中国计量器具制造许可证标志 CMC 及许可证证号等。

3.1.3 回弹仪的质量及测试性能直接影响混凝土强度推定结果的准确性。例如，国际标准化组织制订的"硬化后的混凝土——用回弹仪测定回弹值"（国际标准草案）指出"同一型号的各个回弹仪会得出不同的回弹值，因此为了比较结果，应该使用同一回弹仪进行试验，如果混凝土用同一回弹仪，则应该在有代表性的混凝土表面或标准钢砧上进行相当数量的试验，以便定出预期差值的大小"。

根据多年对回弹仪的测试性能试验研究，认为：回弹仪的标准状态是统一仪器性能的基础，是使回弹法广泛应用于现场的关键所在；只有采用质量统一，性能一致的回弹仪，才能保证测试结果的可靠性，并能在同一水平上进行比较。在此基础上，提出了下列回弹仪标准状态的各项具体指标：

1 水平弹击时，弹击锤脱钩的瞬间，回弹仪的标准能量 E，即弹击拉簧恢复原始状态所作的功为：

$$E = \frac{1}{2}KL^2 = \frac{1}{2} \times 784.532 \times 0.075^2 = 2.207J$$

式中 K——弹击拉簧的刚度（N/m）；
L——弹击拉簧工作时拉伸长度（m）。

2 弹击锤与弹击杆碰撞瞬间，弹击拉簧应处于自由状态，此时弹击锤起跳点应相应于刻度尺上的"0"处。要满足这两个要求，必须使弹击拉簧的工作长度为 0.0615m；弹击拉簧的冲击长度（即拉伸长度）为 0.075m。此时，弹击锤应相应于刻度尺上的"100"处脱钩，也即在"0"处起跳。

试验表明，当弹击拉簧的工作长度、拉伸长度及弹击锤的起跳点不符合以上规定的要求，即不符合回弹仪工作的标准状态时，则各仪器在同一试块上测得的回弹值的极差高达 7.82 分度值，经调为标准状态后，极差为 1.72 分度值。

3 检验回弹仪的率定值是否符合 80±2 的作用是：检验回弹仪的标准能量是否为 2.207J；回弹仪的测试性能是否稳定；机芯的滑动部分是否有污垢等。

当钢砧率定值达不到 80±2 时，不允许沿用国外的方法，即将混凝土试块上的回弹值予以修正；更不允许旋转调零螺丝人为地使其达到 80±2 值。试验表明上述方法不符合回弹仪测试性能，并破坏了零点起跳亦即使回弹仪处于非标准状态。此时，可按本规程 3.3 节要求进行常规保养，若保养后仍不合格，可送检定单位检修。

3.1.4 环境温度异常时，对回弹仪的性能有影响，故规定了其使用时的环境温度。

3.2 检 定

3.2.1 目前国内外回弹仪生产不能保证每台新回弹仪均为标准状态，特别是一些国外进口仪器不按我国有关标准生产及检定，因此新回弹仪在使用前必须检定。

回弹仪送检定单位检定的有限期限为半年或累计弹击 6000 次为限，这样规定比较符合我国目前使用回弹仪的情况。其中 6000 次的规定，是参照国内外现有试验资料而定的，一般如不超过这一界限，正常质量的弹击拉簧不会产生显著的塑性变形而影响其工作性能。

3.2.2 本条明确指出，检定混凝土回弹仪的单位应由当地技术监督部门授权，并按照国家计量检定规程《混凝土回弹仪》JJG817进行。开展检定工作要备有回弹仪检定器、拉簧刚度测量仪等设备。目前有的地区或部门不具备检定回弹仪的资格及条件，甚至不懂得回弹仪的标准状态，沿用国外调整调零螺丝以使其钢砧率定值达到80±2的错误方法；有的没有检定设备也开展检定工作，以至影响了回弹法的正确推广应用。因此，有必要强调检定单位的资格和统一检定回弹仪的方法。

3.2.3 本条是为了保证在使用过程中及时发现和纠正回弹仪的非标准状态。

3.2.4 本条对回弹仪率定试验环境增加了干燥的要求，并将室温要求的规定与计量规程《混凝土回弹仪》JJG 817一致。

3.3 保 养

3.3.1 本条主要规定了回弹仪常规保养的步骤及要求。

3.3.2 进行常规保养时，必须先使弹击锤脱钩后再取出机芯，否则会使弹击杆突然伸出造成伤害。取机芯时要将指针轴向上轻轻抽出，以免造成指针片折断。此外各零部件清洗完后，不能在指针轴上抹油。否则，使用中由于指针轴的污垢，将使指针摩擦力变化，直接影响了检测结果。

3.3.3 回弹仪每次使用完毕后，应及时清除表面污垢。不用时，应将弹击杆压入仪器内，必须经弹击后方可按下按钮锁住机芯，如果未经弹击而锁住机芯，将使弹击拉簧在不工作时仍处于受拉状态，极易因疲劳而损坏。存放时回弹仪应平放在干燥阴凉处。如存放地点潮湿将会使仪器锈蚀。

4 检 测 技 术

4.1 一 般 规 定

4.1.1 本条列举的1～5项资料，是为了对被检测的构件有全面、系统的了解。此处对水泥安定性必须了解合格与否。如水泥安定性不合格则不能检测，如不能确切提供水泥安定性合格与否则应在检测报告上说明，以免产生由于后期混凝土强度因水泥安定性不合格而降低或丧失所引起的事故责任不清的问题。另外，混凝土成型日期也应了解清楚，这样可以推算出检测时构件混凝土的龄期。

4.1.2 由于回弹法测试具有快速、简便的特点，能在短期内进行较多数量的检测，以取得代表性较高的总体混凝土强度质量，故作此规定。原规定按批进行检测的构件，抽检数量不得少于同批构件总数的30%且测区数量不得少于100个。但是对于较小的构件，只需布置5个测区如果强调不少于100个测区的话，则被测构件数量过大。因此将其改为构件数量不得少于10件。

此外，抽取试样应严格遵守"随机"的原则，并宜由建设单位、监理单位、施工单位会同检测单位共同商定抽样的范围、数量和方法。

4.1.3 原规程对长度不小于3m的构件，规定其测区数不少于10个，对长度小于3m且高度低于0.6m的构件，规定其测区数可适当减少，但不应少于5个。现将"长度"、"高度"分别改为构件"某一方向尺寸"、"另一方向尺寸"这样的表述更为确切，例如柱子就应按高度决定其测区数。此外经多年实践，认为长度不小于3m的构件其测区数不允许少于10个测区数的规定过于严格，加大了检测工作量。一般民用建筑，尤其是砖混住宅，梁、柱尺寸不大，不必拘于原规定测区数。因此改为某一方向尺寸小于4.5m，另一方向尺寸小于0.3m时，作为是否需要10个测区数的界线。

检测构件布置测区时，相邻两测区的间距及测区离构件端部或施工缝的距离应遵守本条规定。测区布置时，要选在构件两个对称的可测面上，但不强调一个测区要在构件的两相对检测面上布置基本对称的检测面。可以一个测区布置在构件的一个检测面上。

检测时必须为混凝土原浆面，已经粉刷的需将粉刷层除净，注意不可误将砂浆粉刷层当作混凝土原浆面进行检测。如果养护不当混凝土表面会产生疏松层，尤其在气候干燥地区更应注意，应将疏松层清除后方可检测，否则会造成误判。

对于薄壁小型构件，如果约束力不够回弹时产生颤动，会造成回弹能量损失，使检测结果偏低。因此必须加以可靠支撑使之有足够的约束力方可检测。

4.1.4 在记录纸上描述测区在构件上的位置和外观质量（例如有无裂缝），目的是备推定和分析处理结构或构件混凝土强度时参考。

4.1.5 原规定当检测条件与测强曲线的适用条件有较大差异时，例如龄期、湿度、成型工艺的差异；有的地区在混凝土表面涂养护剂，以致造成混凝土内外差异等等，可以使用同条件试件或钻取混凝土芯样进行修正，试件数量应不少于6个。实践表明，作为取得修正系数的试件或芯样数量取3个太少了。尤其是芯样强度离散性较大，数量太少的话代表性不够，但由于取芯工作量大，又不宜在构件上取过多数量以致影响其结构安全性，因此规定数量不少于6个。需要指出的是，此处每一个芯样表面均需有构件混凝土原浆面，以便读取回弹值、碳化深度值后再制作芯样试件。不可以将较长芯样沿长度方向截割为几个芯样来计算修正系数。芯样的钻取、加工、计算可参照《钻芯法检测混凝土强度技术规程》规定执行。

4.1.6 近年来，随着大中城市泵送混凝土使用的普及，发现采用回弹法按附录A推定的测区混凝土强度值低于其实际强度值。这是因为泵送混凝土流动性大，粗骨料粒径较小，砂率增加，混凝土的砂浆包裹层偏厚，表面硬度较低所致。现根据浙江、四川、陕西、北京等地泵送混凝土自然养护的试件共530组进行分析对比，求出本规程附录B的修正值。经实测工程取芯验证表明，修正后的测区混凝土强度换算值符合实际强度。

本规程附录B的修正值，只适用于碳化深度值为0.0～2.0mm。当碳化深度值大于2.0mm时，是否需要修正，尚待进一步研究。但是，由于泵送混凝土需满足预拌混凝土（GB 14902）各项技术指标要求，混凝土质量比较均匀。而且工程中一旦出现混凝土试块抗压强度不合格，一般都会立即用回弹法检测，此时，混凝土龄期较短，碳化深度值相对较小，一般不超过2.0mm。当出现超过2.0mm碳化深度值的情况时，可按4.1.5条进行检测。

4.2 回 弹 值 测 量

4.2.1 检测时应注意回弹仪的轴线应始终垂直于混凝土检测面，并且缓慢施压不能冲击，否则回弹值读数不准确。

4.2.2 本条规定每一测区记取16点回弹值，它不包含弹击隐藏在薄薄一层水泥浆下的气孔或石子上的数值，这两种数值与该测区的正常回弹值偏差很大，很好判断。同一测点只允许弹击一次，若重复弹击则后者回弹值高于前者，这是因为经弹击后该局部位置较密实，再弹击时吸收的能量较小从而使回弹值偏高，这种作法不允许存在。

4.3 碳化深度值测量

4.3.1 本规程附录A中测区混凝土强度换算值由回弹值及碳化深度值两个因素确定，因此需要具体确定每一个测区的碳化深度值，故增加了条文中的方法。当出现测区间碳化深度值极差大于

2.0mm情况时，可能预示该结构或构件混凝土强度不均匀，因此要求每一测区需测量碳化深度值。

4.3.2 由于现在所用水泥掺和料品种繁多，有些水泥水化后不能立即呈现碳化与未碳化的界线，需等待一段时间方显现。因此本条规定了量测碳化深度时，需待碳化与未碳化界线清楚时再进行量测的内容。碳化深度值的测量准确与否与回弹值一样，直接影响推定混凝土强度的精度，因此在测量碳化深度值时应为垂直距离，并非孔洞中显现的非垂直距离。测量碳化深度值时最好用专用测量仪器。

5 回弹值计算

5.0.1 本条规定的测区平均回弹值计算方法与瑞士、匈牙利、罗马尼亚、保加利亚、波兰、前苏联、日本、美国、英国、德国等国方法不同，虽然其舍弃值的统计依据稍差，但经计算对比，本方法标准差较小，测试和计算过程十分简捷，不必立即在现场计算和补点，而且和建立测强曲线时的取舍方法一致，不会引进新的误差。

5.0.2～5.0.3 由于现场检测条件的限制，有时不能满足水平方向检测混凝土浇筑侧面的要求，需按照规定修正。附录C及附录D系参考国外有关标准和国内试验资料而制定的。

5.0.4 当检测时回弹仪为非水平方向且测试面为非混凝土的浇筑侧面时，应先按附录C对回弹值进行角度修正，然后用上述按角度修正后的回弹值查附录D再行修正，两次修正后的值可理解为水平方向中检测混凝土浇筑侧面的回弹值。这种先后修正的顺序不能颠倒，更不允许用分别修正后的值直接与原始回弹值相加（减）。

6 测强曲线

6.1 一般规定

6.1.1 我国地域辽阔，气候悬殊，混凝土材料品种繁多，工程分散，施工条件和水平不一。欲在全国城乡建设工程中推广采用回弹法，除统一仪器标准、统一测试技术、统一数据处理、统一强度推定方法外，还应尽力提高测强公式的精度，发挥各地区技术的作用。各地除可使用统一测强曲线外，也可以因地制宜结合具体条件和工程对象，制定和采用专用测强曲线和地区测强曲线。

6.1.2 对有条件的地区如能建立本地区测强曲线或专用测强曲线，这两类曲线在经过上级主管部门组织专业技术人员不少于三分之二的鉴定委员会审查和批准后，方可实施。并按专用测强曲线、地区测强曲线、统一测强曲线的次序选用。

6.2 统一测强曲线

6.2.1 统一测强曲线已经过15年试用，效果较好。为了进一步扩大使用范围和提高精度，本规程修编组对较高强度的适用性进行了验证。原规程所列测区混凝土强度换算表中抗压强度，适用于10～50MPa，经西安、杭州、广州、中山、四川等省市共164个试件验证50～60MPa的适用性后，其验证平均相对误差为±7.73%，相对标准差11.13%。因此抗压强度适用范围可以延至10～60MPa。

6.2.2 本条明确指出了全国统一测强曲线的误差值。

6.2.3 试验表明，粗骨料的粒径和级配对回弹法测强的影响不大，虽然根据目前国内回弹法的资料粗骨料的最大粒径为40mm，但为了与一般混凝土工程用的粗骨料最大粒径相适应，参考国外资料，将粗骨料最大粒径放宽至60mm外；构件生产中，有的并非一般机械成型工艺可以完成，例如混凝土轨枕、上、下管道等，就需采用加压振动或离心法成型工艺，超出了制订统一测强曲线的使用范围；对于测试面为非平面的结构或构件上测得的回弹值与在平面上测得的回弹值关系，国内目前尚无试验资料，现参照国外资料，对于测试部位的曲率半径小于250mm的结构或构件不能采用统一测强曲线；混凝土表面湿度对回弹法测强影响很大，经研究已得出混凝土表面湿度与回弹值之间的相关关系，由于此项研究工作较为复杂牵涉面较广，目前尚未找出精度符合要求的不同湿度修正系数。因此建议制定专用测强曲线或通过试验进行修正。

6.2.4 高层建筑的日益增多，使得高强混凝土的使用亦日益增多。对现场结构或构件高强混凝土的检测，能量为2.207J的中型回弹仪已不适用。目前我国已有几个单位分别研制出能量大于2.207J的高强混凝土回弹仪，但尚无统一的检测高强混凝土的方法及相应的标准等，只能各自制定使用方法及专用测强曲线。

6.3 地区和专用测强曲线

6.3.1 地区和专用测强曲线的强度误差值均小于全国统一测强曲线，具体误差值见本规定。

6.3.2 地区和专用测强曲线制定并批准实施使用后，应注意其使用范围只能在制定该曲线时的试件条件范围内，例如龄期、原材料、外加剂、强度区间等等，不允许超出该使用范围。这些测强曲线均为经验公式制定，因此决不能仅仅根据测强公式而任意外推，以免得出错误的计算结果。此外，尚应经常抽取一定数量的同条件试件进行校核，如发现误差较大时，应停止使用并应及时查找原因。

7 混凝土强度的计算

7.0.1 构件的每一测区的混凝土强度换算值，是由每一测区的平均回弹值及平均碳化深度值按统一测强曲线查出。如有地区测强曲线或专用测强曲线则应按相应测强曲线使用。对于泵送混凝土，按上述规定查出测区强度值后还应注意要按本规程第4.1.6条计算。

7.0.2 此处应注意计算测区混凝土强度平均值及标准差时，不要用手工计算，可采用带有方差统计运算功能的计算器或其它计算工具计算。

7.0.3 原规程规定单个构件取最小值为强度推定值。批量检测时取两公式中较大值为推定值。实际上，以最小值为结构或构件强度推定值的保证率并不是恒定的95%，而是浮动的，有的较95%高，有的低于95%保证率但基本在85%以上。当构件测区数≥10个时，从数理统计角度来看，欲满足95%保证率取最小值亦不合适。为此对构件测区数≥10个时将公式改为现在完全按数理统计公式求得95%保证率的方法，对构件测区数小于10个时，因样本太少，仍取最小值。此外，当构件中出现测区强度无法查出（即f_{cu}^c<10.0 或 f_{cu}^c>60.0）情况时，因无法计算平均值及方差值，也只能以最小值作为该构件强度推定值，当出现f_{cu}^c<10.0MPa情况时，该构件强度推定值为<10.0MPa。经近年实际检测331个构件统计计算表明：最小值与95%保证率换算值的比值约为0.986。按95%保证率换算的强度值略低于最小值。

一般情况下，结构或构件由于制作、养护等方面原因，其强度值要低于同条件试件强度值。本规程定义强度推定值为结构或构件本身的强度值，而实际应用时，多数错误的将该值直接与标准养护 150mm 立方体试件强度对比，造成回弹法检测的强度值偏低的印象。这里除了前述原因外，尚有不同保证率的差异。因此工程建设单位、施工单位、设计单位、监督、监理单位应注意这一差别：按本规程给出的强度值为结构或构件中的混凝土强度且具有 95%保证率，在处理混凝土质量问题时予以考虑。

7.0.4 当测区间的标准差过大时，说明已有某些偶然因素起作用，例如构件不是同一强度等级，龄期差异较大等，不属于同一母体，因此不能按批进行推定。

7.0.5 检测报告是工程测试的最后结果，是处理混凝土质量的依据，鉴于以往使用中检测报告格式较为混乱，因此要求按统一格式出具。本检测结果为构件混凝土强度，该强度与标准养护或同条件养护试件强度存有差异，因此不能据此结果对构件的设计强度等级给出合格与否的结论。此外，为加强管理，凡进行回弹法检测的人员均应有上岗证，使用的回弹仪应有检定合格证，在检测报告中应逐项填写。

中华人民共和国行业标准

贯入法检测砌筑砂浆抗压强度技术规程

JGJ/T 136—2001

条 文 说 明

前　言

《贯入法检测砌筑砂浆抗压强度技术规程》(JGJ/T 136—2001)，经建设部2001年10月31日以建标［2001］219号文批准，业已发布。

为便于广大设计、施工、科研、质检、学校等单位的有关人员在使用本规程时能正确理解和执行条文规定，《贯入法检测砌筑砂浆抗压强度技术规程》编制组按章、节、条顺序编制了本规程的条文说明，供使用者参考。在使用中如发现本条文说明有不妥之处，请将意见函寄中国建筑科学研究院（地址：北京市北三环东路30号，邮政编码：100013）。

目　次

1　总则 …………………………………… 7—5—4
3　检测仪器 ……………………………… 7—5—4
　3.1　仪器及性能 ……………………… 7—5—4
　3.2　校准基本要求 …………………… 7—5—4
　3.3　其他要求 ………………………… 7—5—4
4　检测技术 ……………………………… 7—5—4
4.1　基本要求 …………………………… 7—5—4
4.2　测点布置 …………………………… 7—5—4
4.3　贯入检测 …………………………… 7—5—4
5　砂浆抗压强度计算 …………………… 7—5—4
附录 D　砂浆抗压强度换算表 ………… 7—5—5

1 总 则

1.0.1 砌体中砌筑砂浆的抗压强度检测,一直没有较好的原位无损检测方法。在进行新建工程质量事故处理和既有建筑物鉴定时,往往缺乏必要的手段和依据。贯入法检测砌筑砂浆抗压强度技术在全国各地得到了广泛的应用,解决了许多工程质量问题,取得了良好的社会效益和经济效益。为了保证砌体工程现场检测的质量,迫切需要制定一本行业规程来规范和指导检测工作。

1.0.2 贯入法检测技术适用于工业与民用建筑砌体工程中的砌筑砂浆抗压强度检测。当砂浆遭受高温、冻害、化学侵蚀、表面粉蚀、火灾等时,将与建立测强曲线的砂浆在性能上有差异,且砂浆的内外质量可能存在较大不同,因而不再适用。

1.0.3 在正常情况下,砌筑砂浆强度的检验和评定应按国家现行标准《砌体工程施工及验收规范》(GB 50203)、《建筑工程质量检验评定标准》(GBJ 301)、《建筑砂浆基本性能试验方法》(JGJ 70)、《砌体基本力学性能试验方法标准》(GBJ 129)等执行。不允许用本规程取代制作试块的规定。但是,当砌筑砂浆的强度不符合有关标准规范要求或对其有怀疑时,可按本规程进行检测,并作为抗压强度检测的依据。

3 检测仪器

3.1 仪器及性能

3.1.1 贯入式砂浆强度检测仪是针对砌体中灰缝砂浆检测的特殊要求,并通过试验研究而设计的。贯入深度测量表是用机械式百分表改制而成,机械式百分表精度高且可靠耐用。为了砌体灰缝检测的需要,贯入仪专门设计了扁头。

3.1.2 保证检测仪器的性能指标满足本规程的要求,限制粗制滥造和假冒伪劣仪器的使用。

3.1.3 贯入仪的基本性能是通过试验确定的。试验证明,选用贯入力为 800N 是比较合适的,可以保证在检测较高和较低强度的砂浆时都有很好的精度,同时能够满足砂浆强度为 0.4~16.0MPa 的检测要求。

3.2 校准基本要求

3.2.1~3.2.2 仪器的校准是为了保证仪器在标准状态下进行检测,仪器的标准状态是统一仪器性能的基础,是贯入法广泛应用的关键所在,只有采用质量统一、性能一致的仪器,才能保证检测结果的可靠性,并能在同一水平上进行比较。才能使一台仪器建立的测强曲线适用于所有同类仪器。由于仪器在使用过程中,因检修、零件松动、工作弹簧松弛等都可能改变其标准状态,因而应按本节的要求由法定计量部门对仪器进行校准。以确保仪器的检测精度。

3.3 其他要求

3.3.1 贯入仪在使用后,应将工作弹簧释放,使其处于自由状态时闲置和保管。若长时间使工作弹簧处于压缩状态时,将有可能改变工作弹簧的性能,使检测结果产生误差。

4 检测技术

4.1 基本要求

4.1.2 砂浆的含水量对检测结果有一定的影响,规定砂浆为自然风干状态可以避免含水量不同的影响。

4.2 测点布置

4.2.1~4.2.2 规定贯入法检测时构件的划分原则和取样原则。现场检测往往是工程质量事故的鉴定,取样数量应比正常抽检数量多。

4.2.3~4.2.6 在《砌体工程施工及验收规范》(GB 50203—98)第4.2.3条中规定,砖砌体的水平灰缝厚度和竖向灰缝宽度一般为10mm,但不应小于8mm,也不应大于12mm。贯入仪的扁头厚度便是依据上述规定而设计为 6mm。当灰缝厚度小于7mm时,扁头便有可能伸不进灰缝而导致无法检测。为了检测方便,一般应选用灰缝较厚的部位进行检测。

贯入法是用来检测砌筑砂浆强度的,故测区内的灰缝砂浆应该外露。如外露灰缝不够整齐,还应该进行打磨至平整后才能进行检测,否则将对贯入深度的测量带来误差,且主要是负偏差。对于砂浆表面粉蚀,遭受高温、冻害、化学侵蚀、火灾等的砂浆,可以将损伤层磨去后再进行检测。

为了全面准确地反映构件中砌筑砂浆的强度,在一个构件内的测点应均匀分布。

4.3 贯入检测

4.3.2 测钉在试验中会受到磨损而变短,测钉的使用次数视所测砂浆的强度而定。测钉是否废弃,可用随贯入仪所附的测钉量规来测量,当测钉能够通过测钉量规槽时便应废弃。

4.3.4 贯入试验后的测孔内,由于贯入试验会积有一些粉尘,要用吹风器将测孔内的粉尘吹干净。否则将导致贯入深度测量结果偏浅。

贯入深度测量表直接测量的并不是贯入深度,而是相当于 20.00mm 长测钉的外露长度,故测钉的实际贯入深度 $d_i = 20.00\text{mm} - d'_i$。例如:贯入深度测量表的读数为 15.89mm,则贯入深度 $d_i = 20.00 - 15.89 = 4.11\text{mm}$。

4.3.5 在砌体灰缝表面不平整时进行检测,将可能导致强度检测结果偏低。在检测时先测量测点处的不平整度并进行扣除,将较大幅度提高检测精度。公式 $d_i = d_i^0 - d'_i$ 是由 $d_i = (20.00 - d'_i) - (20.00 - d_i^0)$ 简化得出的。

5 砂浆抗压强度计算

5.0.1 在一个测区内检测16个测点,在数据处理时将3个较大值和3个较小值剔除,是为了减少试验的粗大误差,在贯入试验时由于操作不正确、测试面状态不好和碰上砂浆内的孔洞或小石子等都会影响贯入深度,通过数据直接剔除基本上可以消除这些误差,比二倍标准差或三倍标准差剔除方法简单实用。

5.0.2~5.0.3 由于测强曲线是根据试验结果建立的,砂浆强度换算表中未列的数据表示未曾进行过试验,故在查表换算砂浆的抗压强度时,其强度范围不得超出表中所列数据范围。否则,可能带来较大的误差。本规程所建立的测强曲线的试验数据,取自北京、安徽、河北、浙江、山东等。当砂浆在材料、养护等方面存在差异时,可能导致较大的检测误差,故在使用时应先进行检测误差验证,检测误差满足要求时才能使用附录D的砂浆抗压强度换算表。专用测强曲线往往是针对某一地区、甚至是某一工程所用材料和施工条件所建立的测强曲线,具有针对性强,检测精度高,因而应优先使用。

随着建筑技术的发展,许多砂浆新品种不断出现,如干拌砂浆、掺加各种塑化剂的砂浆等,对于这些砂浆品种可单独建立专用测强曲线,若满足附录E的要求便可以使用。

5.0.5 主要参考《砌体工程施工及验收规范》(GB 50203—98)第3.4.4条推导得出的。砌筑砂浆抗压强度推定值因龄期、养护条件等与标准试块不同，两者的结果并不完全相同。故称为"推定值"。

5.0.6 同批砌筑砂浆的抗压强度换算值的变异系数不小于0.3时，按照《砌筑砂浆配合比设计规程》(JGJ 98—2000)第5.1.3条的规定，变异系数超过0.3时，已属较差施工水平，可以认为它们已不属于同一母体，不能构成为同批砂浆，故应按单个构件检测。

砌筑砂浆抗压强度推定值相当于被测构件在该龄期下的同条件养护试块所对应的砂浆强度等级。

附录 D 砂浆抗压强度换算表

附录 D 中所列砂浆抗压强度换算表，是在大量试验的基础上，通过对试验结果进行回归分析建立的测强曲线，根据测强曲线计算的砂浆抗压强度换算表，试验数据来自北京、安徽、河北、浙江、山东等省市，测强曲线的回归效果见表1。

表1　　　　　测强曲线的回归结果

砂浆品种	测强曲线	相关系数	平均相对误差（%）	相对标准差（%）
水泥混合砂浆	$f_{2,i}^c = 159.2906 m_d^{-2.1801}$	−0.97	17.0	21.7
水泥砂浆	$f_{2,i}^c = 181.0213 m_d^{-2.1730}$	−0.97	19.9	24.9

上述测强曲线在检验概率 $\alpha = 0.95$ 的条件下，均具有显著的相关性。

建立测强曲线时采用试块—试块方式，即同条件试块中，一组进行抗压强度试验，对应的另一组进行贯入试验。

中华人民共和国行业标准

混凝土中钢筋检测技术规程

JGJ/T 152—2008

条 文 说 明

前 言

《混凝土中钢筋检测技术规程》JGJ/T 152—2008，经住房和城乡建设部 2008 年 4 月 28 日以第 20 号公告批准、发布。

为便于广大设计、施工、科研、质检、学校等单位的有关人员在使用本规程时能正确理解和执行条文规定，《混凝土中钢筋检测技术规程》编制组按章、节、条顺序编制了本规程的条文说明，供使用者参考。在使用中如发现条文说明有不妥之处，请将意见函寄中国建筑科学研究院（地址：北京市北三环东路 30 号，邮政编码：100013）。

目　次

1 总则 ……………………………………… 7—6—4
3 钢筋间距和保护层厚度检测 ……… 7—6—4
　3.1 一般规定 ……………………………… 7—6—4
　3.2 仪器性能要求 ………………………… 7—6—4
　3.3 钢筋探测仪检测技术 ………………… 7—6—4
　3.4 雷达仪检测技术 ……………………… 7—6—4
　3.5 检测数据处理 ………………………… 7—6—4
4 钢筋直径检测 …………………………… 7—6—4
　4.1 一般规定 ……………………………… 7—6—4

　4.2 检测技术 ……………………………… 7—6—5
5 钢筋锈蚀性状检测 ……………………… 7—6—5
　5.1 一般规定 ……………………………… 7—6—5
　5.2 仪器性能要求 ………………………… 7—6—5
　5.3 钢筋锈蚀检测仪的保养、维护与
　　　校准 …………………………………… 7—6—5
　5.4 钢筋半电池电位检测技术 …………… 7—6—5
　5.5 半电池电位法检测结果评判 ………… 7—6—5

1 总 则

1.0.1、1.0.2 混凝土结构及构件通常由混凝土和置于混凝土内的钢筋组成。钢筋在混凝土结构中主要承受拉力并赋予结构以延性，补偿混凝土抗拉能力低下、容易开裂和脆断的缺陷，而混凝土则主要承受压力并保护内部的钢筋不致发生锈蚀。因此，混凝土中的钢筋直接关系到建筑物的结构安全和耐久性。混凝土中的钢筋已成为工程质量鉴定和验收所必检的项目，本规程的制定将规范混凝土结构及构件中钢筋的现场检测技术及检测结果的评价方法，提高检测结果的可靠性和可比性。

现行的较为成熟的检测内容主要有钢筋的间距、混凝土保护层厚度、公称直径以及锈蚀性状。采用的方法主要有电磁感应法钢筋探测仪、雷达仪和半电池电位法钢筋锈蚀检测仪。

3 钢筋间距和保护层厚度检测

3.1 一般规定

3.1.1 铁磁性物质会对仪器造成干扰，对于混凝土保护层厚度的检测具有很大的影响。

3.1.2 钢筋在混凝土结构中属于隐蔽工程，检测前应充分了解设计资料以及委托单位意图，有助于检测人员制订较为妥善的检测方案，取得准确的检测结果。

3.1.3 在对既有建筑进行检测时，构件通常具有饰面层，应将饰面层清除后进行检测。对于设计和验收来说，需要检测的是钢筋的混凝土保护层厚度，不清除饰面层难以得到准确的检测值。

3.2 仪器性能要求

3.2.1 现行国家标准《混凝土结构工程施工质量验收规范》GB 50204—2002 附录 E "结构实体保护层厚度检测"中，对钢筋保护层厚度的检测误差规定不应大于1mm，考虑到通常混凝土保护层厚度设计值以及现行验收规范所允许的实际施工误差，因此提出 10～50mm 范围内其检测允许误差为 1mm，多数钢筋探测仪在此量程范围内是可以满足要求的。需要指出的是，本条规定的是校准时的允许误差，在工程检测中的误差有时会更大一点。

3.2.2 校准是为了保证仪器的正常工作状态和检测精度。仪器的主要零配件包括探头、天线等。

3.3 钢筋探测仪检测技术

3.3.2 预热可以使钢筋探测仪达到稳定的工作状态。对于电子仪器，使用中难免受到各种干扰导致读数漂移，为保证钢筋探测仪读数的准确，应时常检查钢筋探测仪是否偏离调零时的零点状态。

3.3.3 应根据设计图纸或者结构知识，了解所检测结构及构件中可能的钢筋品种、排列方式，比如框架柱一般有纵筋、箍筋，然后用钢筋探测仪探头在构件上预先扫描检测，了解其大概的位置，以便于在进一步的检测中尽可能避开钢筋间的相互干扰。在尽可能避开钢筋相互干扰并大致了解所检钢筋分布状况的前提下，即可根据钢筋探测仪显示的最小保护层厚度检测值来判断钢筋轴线，此步骤便完成了钢筋的定位。

3.3.4 对于钢筋探测仪，其基本原理是根据钢筋对仪器探头所发出的电磁场的感应强度来判定钢筋的大小和深度，而钢筋公称直径和深度是相互关联的，对于同样强度的感应信号，当钢筋公称直径较大时，其混凝土保护层厚度较深，因此，为了准确得到钢筋的混凝土保护层厚度值，应该按照钢筋实际公称直径进行设定。当2次检测的误差超过允许值时，应检查零点是否出现漂移并采取相应的处理措施。

3.3.5 当混凝土保护层厚度值过小时，有些钢筋探测仪无法进行检测或示值偏差较大，可采用在探头下附加垫块来人为增大保护层厚度的检测值。

3.4 雷达仪检测技术

3.4.1 雷达法的特点是一次扫描后能形成被测部位的断面图象，因此可以进行快速、大面积的扫描。因为雷达法需要利用雷达波（电磁波的一种）在混凝土中的传播速度来推算其传播距离，而雷达波在混凝土中的传播速度和其介电常数有关，故为达到检测所需的精度要求，应根据被检结构及构件所采用的素混凝土，对雷达仪进行介电常数的校正。

3.5 检测数据处理

3.5.1 当混凝土保护层厚度很小时，例如混凝土保护层厚度检测值只有 1～2mm，而混凝土保护层厚度修正值也为 1～2mm 时，公式（3.5.1）的计算结果有可能会出现负值。但在混凝土保护层厚度很小时，一般是不需要修正的。

4 钢筋直径检测

4.1 一般规定

4.1.2 一般建筑结构及构件常用的钢筋公称直径最小也是以 2mm 递增的，因此对于钢筋公称直径的检测，如果误差超过 2mm 则失去了检测意义。由于钢筋探测仪容易受到邻近钢筋的干扰而导致检测误差的增大，因此当误差较大时，应以剔凿实测结果为准。

4.2 检测技术

4.2.3 对于结构及构件来说,其钢筋即使仅仅相差一个规格,都会对结构安全带来重大影响,因此必须慎重对待。当前的技术手段还不能完全满足对钢筋公称直径进行非破损检测的要求,采用局部剔凿实测相结合的办法是很有必要的。

4.2.4 在用游标卡尺进行钢筋直径实测时,应根据相关的钢筋产品标准如《钢筋混凝土用钢 第2部分:热轧带肋钢筋》GB 1499.2 等来确定量测部位,并根据量测结果通过产品标准查出其对应的公称直径。

4.2.7 此规定的主要目的是尽量避开干扰,降低影响因素。为保证检测精度,对检测数据的重复性要求较高,也是为了避免错判。

5 钢筋锈蚀性状检测

5.1 一般规定

5.1.1 半电池电位法是一种电化学方法。考虑到在一般的建筑物中,混凝土结构及构件中钢筋腐蚀通常是由于自然电化学腐蚀引起的,因此采用测量电化学参数来进行判断。在本方法中,规定了一种半电池,即铜-硫酸铜半电池;同时将混凝土与混凝土中的钢筋看作是另一个半电池。测量时,将铜-硫酸铜半电池与钢筋混凝土相连接检测钢筋的电位,根据研究积累的经验来判断钢筋的锈蚀性状。所以这种方法适用于已硬化混凝土中钢筋的半电池电位的检测,它不受混凝土构件尺寸和钢筋保护层厚度的限制。

5.2 仪器性能要求

5.2.1 使用钢筋探测仪是要在检测前找到钢筋的位置,有利于提高工作效率。

5.2.4 将预先浸湿的电连接垫安装在刚性管底端,以使多孔塞和混凝土构件表面形成电通路,从而在混凝土表面和半电池之间提供一个低电阻的液体桥路。

5.3 钢筋锈蚀检测仪的保养、维护与校准

5.3.1 多孔塞一般为软木塞,一旦干燥收缩,将会产生很大变形,影响其使用寿命。

5.4 钢筋半电池电位检测技术

5.4.1 为了便于操作,建议测区面积不宜大于5m×5m。一般碰到尺寸较大结构及构件时,测区面积控制在 5m×5m,测点间距可取大值,如 500mm×500mm;而构件尺寸相对较小时,如梁、柱等,测区面积相应较小,测点间距可取小值,如 100mm×100mm。

5.4.2 当混凝土表面有绝缘涂层介质隔离时,为了能让2个半电池形成通路,应清除绝缘层介质。为了保证半电池的电连接垫与测点处混凝土有良好接触,测点处混凝土表面应平整、清洁。如果表面有水泥浮浆或其他杂物时,应该用砂轮或钢丝刷打磨,把其清除掉。

5.4.3 选定好被测构件后,用钢筋探测仪扫描钢筋的分布情况,在合适的位置凿出2处钢筋。用万用表测量这2根钢筋是否连通,用以验证测区内的钢筋(钢筋网)是否与连接点的钢筋形成通路。然后选择其中1根钢筋用于连接电压仪。

5.5 半电池电位法检测结果评判

5.5.1、5.5.2 采用电位等值线图后,可以较直观地反映不同锈蚀性状的钢筋分布情况。

5.5.3 半电池电位法检测结果评判采用《Standard Test Method for Half-Cell Potentials of Uncoated Reinforcing Steel in Concrete》ASTM C876-91(Reapproved 1999)中的判据。

中华人民共和国行业标准

建筑变形测量规范

JGJ 8—2007

条 文 说 明

前 言

《建筑变形测量规范》JGJ 8-2007，经建设部2007年9月4日以第710号公告批准发布。

本规范第一版的主编单位是建设部综合勘察研究设计院，参加单位是陕西省综合勘察设计院、中南勘察设计院、南京建筑工程学院、上海市民用建筑设计院、中国有色金属工业西安勘察院。

为便于广大勘测、设计、施工及科研教学等人员在使用本规范时能正确理解和执行条文规定，《建筑变形测量规范》编制组按章、节、条顺序编制了本规范的条文说明。在使用中，如发现条文说明中有欠妥之处，请将意见函寄建设综合勘察研究设计院科技质量处（北京东直门内大街177号，邮编：100007）。

目　次

1　总则 …………………………………… 7—7—4
2　术语、符号和代号 …………………… 7—7—4
3　基本规定 ……………………………… 7—7—5
4　变形控制测量 ………………………… 7—7—10
5　沉降观测 ……………………………… 7—7—17
6　位移观测 ……………………………… 7—7—19
7　特殊变形观测 ………………………… 7—7—20
8　数据处理分析 ………………………… 7—7—20
9　成果整理与质量检查验收 …………… 7—7—22

1 总则

1.0.1 本规范采用"建筑变形测量"一词，主要基于如下考虑：

    1 本规范规定的变形测量不仅针对建筑物，也适用于构筑物，因此使用"建筑"作为建筑物、构筑物的通称。而"建筑变形"除包括建筑物、构筑物基础与上部结构的变形外，还包括建筑地基及场地的变形；

    2 "变形测量"比"变形观测"更便于概括除获得变形信息的观测作业之外的变形分析、预报等数据处理的内容；

    3 建筑变形测量属于工程测量范畴，但在技术方法、精度要求等方面与工程控制测量、地形测量及施工测量等有诸多不同之处，目前已发展成一种具有较完善技术体系的专业测量。

1.0.2 本规范主要适用于工业与民用建筑的地基、基础、上部结构及场地的沉降、位移和特殊变形测量。将建筑变形测量分为沉降、位移和特殊变形测量三类，是以观测项目的主要变形性质为依据并顾及建筑设计、施工习惯用语而确定的。这里的沉降测量包括建筑场地沉降、基坑回弹、地基土分层沉降、建筑沉降等观测；位移测量包括建筑主体倾斜、建筑水平位移、基坑壁侧向位移、场地滑坡及挠度等观测；特殊变形测量包括日照变形、风振、裂缝及其他动态变形测量等。

《建筑变形测量规程》JGJ/T 8-97 将建筑变形分为沉降和位移两类。考虑到日照、风振及裂缝变形的性质与一般的建筑位移是有区别的，本次修订时将这三种变形列为特殊变形测量。同时，由于测量技术的进步，使得人们能够用更先进的仪器捕捉到建筑受风荷载、日照及其他外力作用下的实时变形，根据需要本规范增加了动态变形测量内容，并列入特殊变形测量一章中。

1.0.3 将"确切地反映建筑地基、基础、上部结构及其场地在静荷载或动荷载及环境等因素影响下的变形程度或变形趋势"作为建筑变形测量的基本要求，是由变形测量性质所决定的，应体现在变形测量全过程中。

从测量目的的考虑，只有使变形测量成果资料符合上述基本要求，才能做到：

    1）有效监视新建建筑在施工及运营使用期间的安全，以利及时采取预防措施；

    2）有效监测已建建筑以及建筑场地的稳定性，为建筑维修、保护、特殊性土地区选址以及场地整治提供依据；

    3）为验证有关建筑地基基础、工程结构设计的理论及设计参数提供可靠的基础数据；

    4）在结合典型工程、典型地质条件开展的建筑变形规律与预报以及变形理论与测量方法的研究工作中，依据对系统、可信的观测资料的综合分析，获得有价值的结论。

由于建筑变形测量属于测绘学科与土木工程学科的边缘，人员的技术素质与工作方法也要与之相适应。变形测量工作者除了努力提高有关现代测量理论与技术水平外，还应学习必要的土力学和土木工程基础知识，并在工作中重视与建筑设计、施工及建设单位的密切配合。比如，在编制施测方案时，应与有关设计、施工、岩土工程人员协商，合理解决诸如点位选设、观测周期等问题；在施测过程中，对于发现的变形异常情况，应及时通报项目委托单位，以采取必要措施。

1.0.4 测量仪器的检验检定对于保障建筑变形测量成果的质量具有十分重要的意义。仪器设备应经国家认可机构检定并在检定有效期内使用。大地测量仪器的检验检定在现行有关国家测量规范中已有详细规定，本规范除结合建筑变形测量特点规定其必要的检验技术要求外，对于光学和数字水准仪、光学和电子经纬仪、全站仪、测距仪、GPS 接收机及相关配件的检验项目、方法及维护要求，均应按照现行有关国家规范的规定执行。这些规范主要有：《国家一、二等水准测量规范》GB 12897、《国家三、四等水准测量规范》GB 12898、《国家三角测量规范》GB/T 17942、《中、短程光电测距规范》GB/T 16818、《全球定位系统（GPS）测量规范》GB/T 18314、《精密工程测量规范》GB/T 15314 等。此外，关于测量仪器检定还有一些行业标准可供借鉴，如：《水准仪检定规程》JJG 425、《水准标尺检定规程》JJG 8、《光学经纬仪检定规程》JJG 414、《全站型电子速测仪检定规程》JJG 100、《光电测距仪检定规程》JJG 703、《全球定位系统（GPS）接收机（测地型和导航型）校准规范》JJF 1118 等。使用中应依据这些标准的最新版本。

1.0.5 现代测量技术发展迅速，本规范规定：在建筑变形测量实践中，除使用本规范中规定的各种方法外，也可采用其他测量方法，但这些方法应能满足本规范规定的技术质量要求。

2 术语、符号和代号

本章主要对规范中使用的术语、代号和符号作出说明，以便于理解和使用。

对一些术语主要是按照建筑变形测量的特点和实际工作中的习惯来定义的，如"观测周期"、"沉降差"等。在本规范中，"沉降差"是指同一建筑的不同部位在同一时间段的沉降量差值。

"地基"、"基础"、"基坑回弹"等主要参考了

《岩土工程基本术语标准》GB/T 50279-98。"倾斜"、"日照"等主要参考了《工程测量基本术语标准》GB/T 50228-96。

3 基 本 规 定

3.0.1 为监视建筑及其周围环境在施工和使用期间的安全，了解其变形特征，并为工程设计、管理及科研提供资料，在参考国家标准《建筑地基基础设计规范》GB 50007-2002 规定的地基基础设计等级和第10.2.9 条（强制性条文）及国家标准《岩土工程勘察规范》GB 50021-2001 第13.2.5 条规定的基础上，本规范提出 5 类建筑在施工及使用期间应进行变形观测，并将该条作为强制性条文。其中的地基基础设计等级主要使用了 GB 50007-2002 中表 3.0.1 的规定。为了方便使用，我们将该表列在这里（见表 3-1）。

表 3-1 建筑地基基础设计等级

设计等级	建筑和地基类型
甲级	重要的工业与民用建筑 30 层以上的高层建筑 体型复杂，层数相差超过 10 层的高低层连成一体的建筑 大面积的多层地下建筑物（如地下车库、商场、运动场等） 对地基变形有特殊要求的建筑物 复杂地质条件下的坡上建筑物（包括高边坡） 对原有工程影响较大的新建建筑物 场地和地基条件复杂的一般建筑物 位于复杂地质条件及软土地区的二层及二层以上地下室的基坑工程
乙级	除甲级、丙级以外的工业与民用建筑物
丙级	场地和地基条件简单，荷载分布均匀的七层及七层以下民用建筑及一般工业建筑物；次要的轻型建筑物

3.0.2 建筑变形测量的平面坐标系统与高程系统通常应优先采用国家或所在地方的平面坐标系统和高程系统。当观测条件困难，难以与国家或地方使用的系统联测时，采用独立系统也可以满足要求，这是因为变形测量主要以测定变形体的变形量为目的。为了便于变形测量成果的进一步使用和管理，当采用独立平面坐标或高程系统时，必须在技术设计书和技术报告书中作出明确说明。

3.0.3 建筑变形测量的基本要求是以确切反映建筑及其场地在静荷载或动荷载及环境等影响下的变形程度或变形趋势，这一要求应体现在变形测量的全过程。变形测量的成果质量取决于各个测量环节，而技术设计尤为重要。因此，应在建筑变形测量开始前，认真做好技术设计，形成书面的技术设计书或施测方案。技术设计书或施测方案的编写要求可参照现行行业标准《测绘技术设计规定》CH/T 1004 的相关规定进行。

3.0.4 本次修订中，有关建筑变形测量的级别名称、级别划分及精度要求沿用了原《建筑变形测量规程》JGJ/T 8-97 的规定。原规程发布后，有一些用户对规程使用"级"而不是"等"有不同的看法。经过分析研究，我们认为，对于建筑变形测量，使用"级"而不是"等"能更好地体现变形测量的精度特征，也便于实际应用的延续性。

建筑变形测量的级别划分及其精度要求系根据原规程的下述分析来进行确定的（本次修订中补充了有关标准当前版本的规定）。

1 沉降测量的级别划分及其精度要求

1）级别划分。采用特级、一级、二级、三级，并分别代表特高精度、高精度、中等精度、低精度等 4 个级别精度档次。级别精度是按照与我国国家水准测量等级精度指标相靠拢，并能概括国内有关标准对沉降水准测量精度规定综合确定的。

国内外有关标准的规定等级及其精度要求参见表 3-2。

2）精度指标。考虑到沉降测量的自身特点及其小范围测量的环境，同时为了便于使用和数据处理，宜以观测点测站高差中误差作为精度指标。从表 3-2 可见，一些沉降测量规范也是采用测站高差中误差作为规定测量精度的依据。

表 3-2 有关标准规定的等级及其精度要求

标准名称	等级划分及其精度指标		m_0(mm)
德国工业标准《建筑物沉降观测》（DIN 4107）	分四档，规定观测高差中误差(mm)为：		
	特高精度	±0.1	±0.1
		±0.3	±0.3
	（指相邻观测点间高差中误差）		
	高精度	±0.5	±0.5/$\sqrt{Q}$
	中等精度	±3.0	±3.0/$\sqrt{Q}$
	低精度	沉降终值的 10%	
	（指观测点相对于控制点的高差中误差）		
前苏联建筑物沉降观测规定（载于《大型工程建筑物的变形观测》，1974 年）	分五等，规定每公里高差中数偶然中误差(mm)为：		
	—	±0.28 （S=5m,r=2）	±0.04
	Ⅰ 等	±0.50 （S=50m,r=4）	±0.32
	Ⅱ 等	±0.84 （S=65m,r=2）	±0.43
	Ⅲ 等	±1.67 （S=75m,r=2）	±0.92
	Ⅳ 等	±6.68 （S=100m,r=1）	±3.00

续表 3-2

标准名称	等级划分及其精度指标		m_0(mm)
《国家一、二等水准测量规范》(GB 12897) 《国家三、四等水准测量规范》(GB 12898)	分四等,规定每公里往返测高差中数的偶然中误差(mm)分别为:		
	一等 ±0.45	(S≤30m)	±0.16
	二等 ±1.0	(S≤50m)	±0.45
	三等 ±3.0	(S≤75m)	±1.64
	四等 ±5.0	(S≤100m)	±3.16
《工程测量规范》GB 50026-93	分四等,规定变形点的高程中误差、相邻变形点高差中误差(mm)分别为:		
	一等 ±0.3,±0.1	(S≤15m)	±0.10
	二等 ±0.5,±0.3	(S≤35m)	±0.30
	三等 ±1.0,±0.5	(S≤50m)	±0.50
	四等 ±2.0,±1.0	(S≤100m)	±1.00
《地下铁道、轻轨交通工程测量规范》(GB 50308-99)	分三等,规定变形点的高程中误差、相邻变形点的高差中误差(mm)分别为:		
	一等 ±0.3,±0.1	(S≤15m)	±0.10
	二等 ±0.5,±0.3	(S≤35m)	±0.30
	三等 ±1.0,±0.5	(S≤50m)	±0.50

注:1 表中 S 为视线长度,r 为观测路线条数,n 为测站数,Q 为协因数,m_0 为按各个标准规定精度指标换算的测站高差中误差;
2 表中等级和精度指标用词,均为原标准使用的原词。

3) 一、二、三级沉降观测精度指标。以国家水准测量规范规定的一、二、三等水准测量每公里往返测高差中数的偶然中误差 M_Δ 为依据,由下列换算式计算出单程观测测站高差中误差 m_0(mm),则可得沉降水准测量精度指标,如表 3-3。

$$m_0 = M_\Delta \sqrt{\frac{S}{250}} \quad (3-1)$$

式中 S——本规范规定的各级别水准视线长度(m)。

表 3-3 一、二、三级沉降观测精度指标计算

等级	M_Δ (mm)	S (m)	换算的 m_0 值 (mm)	取用值 (mm)
一级	0.45	30	±0.16	±0.15
二级	1.0	50	±0.45	±0.5
三级	3.0	75	±1.64	±1.5

4) 特级精度指标。我国国家水准测量规范没有这个级别的精度指标,现依据表 3-2 所列的国内外的有关标准的规定,分析确定如下:

①根据表 3-2 所列前苏联建筑物沉降观测标准的特高精度等级 $M_\Delta = \pm 0.28$mm($S=5$m,$r=2$),按(3-1)式换算为本规范的特级 m_0 值为 ±0.056mm;

②按国内所使用的最高精度水准仪 DS05 型的观测精度,取用本规范第 4.4.1 条中计算 DS05 单程观测每测站高差中误差 m_0(mm)的经验公式为:

$$m_0 = 0.025 + 0.0029S \quad (3-2)$$

式中 S——视线长度,且 $S \leq 10$m。

按(3-2)式为 $m_0 \leq \pm 0.054$mm;

③按表 3-2 所列《工程测量规范》规定一测站变形点高程中误差 ±0.30mm,顾及等影响原则,其测站高差中误差为 ± 0.30mm$/\sqrt{2} = \pm 0.21$mm,当 $S \leq 15$m 时,按(3-1)式可换算为本规范特级 m_0 值小于或等于 ±0.051mm。

综合上述三种情况,取 ±0.05mm 作为特级精度指标是合理的。同时,这样取值也使相邻级别沉降观测的精度比例约为 1:3,体现了精度系列的系统性。

5) 按实测的沉降测量工程项目精度统计,检验本规范规定的精度指标的可行性与合理性。我们统计了近二十年完成的 68 项大型工程项目,其中水准测量 64 项、静力水准测量 4 项,涉及精密工程、科研工程、高层建筑、工业民用建筑、古建筑及场地沉降等,现列于表 3-4。

表 3-4 68 项工程的实测测站高差中误差统计

级别	特级	一级	二级	三级
精度(mm)	±0.05	±0.15	±0.50	±1.50
项目数	7	17	37	7
%	10	25	54	11

注:1 一项工程中计算多个中误差值时,取其中最大者统计;
2 达到特级精度指标的项目,包括特种精密工程项目 3 项、工业与民用建筑 4 项。

由表 3-4 可见,用水准测量方法进行沉降观测所得成果精度均在规定的精度范围以内,其分布属一、二级者最多,三级者较少,特级也较少,符合正常规律。同时通过原规程发布后多年的实践和应用,也表明本规范采用的精度级别与精度指标的规定是先进合理、实用的。

2 位移测量的级别划分及其精度指标

1) 级别划分。按照与沉降测量的规定相配套考虑,分为特、一、二、三级。

2) 精度指标。从有利于概括不同位移的向量性质和使用直观、方便来考虑,本规范采用变形观测点坐标中误差作为精度指标。目前,位移观测中,绝大多数是使用测定坐标的方法(如全站仪、GPS、测斜仪测量等),规定用坐标中误差为观测点相

对于测站点（工作基点）的测定精度较为方便。对于有些非直接测定观测点坐标的方法（如基准线法、铅垂仪法），可按"与坐标等价"的原则考虑，如基准线法规定为观测点相对基准线的偏差值中误差，铅垂仪法规定为建筑物（或构件）上部观测点相对于底部定点的水平位移分量中误差。另外，有些建筑位移观测规定以点位中误差表示精度时，则可按坐标中误差的 $\sqrt{2}$ 倍计算。从原规程发布后多年的工程实践表明，采用观测点坐标中误差作为精度指标是合适的。

3) 各级别的精度指标取值。本规范各级别的精度指标取值仍采用原规程的规定。首先确定特级和三级的精度指标值，再以适当比例定出一、二级的精度指标，构成较为合理的精度系列。

①特级的精度指标，以适应特种精密工程变形观测要求为原则，综合考虑表 3-5 所列几项代表性工程项目的观测精度要求和表 3-6 所列国内近年来完成的几项典型工程项目实测精度来确定。

表 3-5 几项特种精密工程项目的观测精度要求

工程项目	观测精度要求 (mm)	相当的坐标中误差 (mm)
高能粒子加速器工程	漂移管横向精度 ±0.05～±0.3	±0.05～±0.30
人造卫星与导弹发射轨道	几百米以内的横向中误差 ±0.10～±0.3	±0.10～±0.30
抛光与磨光工艺玻璃传送带	±0.1～±0.3	
大型核电厂汽轮发电机组	水平位移监测精度 ±0.2～±0.5	±0.14～±0.35

表 3-6 几种特种精密工程项目的实测精度要求

工程项目	观测精度要求 (mm)	相当的坐标中误差 (mm)
北京正负电子对撞机工程	地面测边控制网点位中误差 ±0.30	±0.20
	输运线平面控制网相对点位中误差 ±0.20	±0.14
	贮存环平面控制网相对点位中误差 ±0.15	±0.10
	各种磁铁及其他束流部件安装定位横向精度 ±0.1～±0.2	±0.10～±0.20

续表 3-6

工程项目	观测精度要求 (mm)	相当的坐标中误差 (mm)
武汉船模实验水池工程	控制点横向点位中误差 ±0.3	±0.3
	池壁横向变形测量误差 ≤±0.2	≤±0.2
	轨道精调实测最大不直度中误差 ±0.179	±0.2
某雷达标准基线	天线控制点之间的距离误差 ±0.28	±0.28

综合表 3-5、表 3-6 所列精度，取特级的观测点坐标中误差为 ±0.3mm。

②三级的精度指标，以满足具有最大位移允许值的高耸建筑顶部水平位移观测精度要求为原则，综合考虑表 3-7 所列的几项项目的精度估算结果和表 3-8 所列几项工程的实测精度确定。

表 3-7 几个观测项目的观测精度要求

项目	规范及给定的估算参数（取最大值）	估算的观测点坐标中误差 (mm)
风荷载作用下的高层建筑顶部水平位移	《钢筋混凝土高层建筑结构设计与施工规程》JGJ 3-91 $\Delta/H=1/500$ H 取值 130m	±13
电视塔中心线垂直度	原国家广电部规定，130m 以上高度的允许偏差为 $H/1500$，取 H=300m	±10
钢筋混凝土烟囱中心线垂直度	《烟囱工程施工及验收规范》H=300m 允许偏差为 165mm	±8

注：1 表中 Δ 为建筑物顶部水平位移允许值，H 为建筑高度；
2 精度估算，按本规范第 3.0.7 条规定，取坐标中误差=允许值/20。

表 3-8 几项工程的实测精度

项目	观测方法	实测点位中误差 (mm)	换算的观测点坐标中误差 (mm)
北京 380m 高中央电视塔倾斜观测	三方向交会法比值解析法	±13.0	±9.2

续表 3-8

项目	观测方法	实测点位中误差(mm)	换算的观测点坐标中误差(mm)
南宁 75.76m 高砖瓦厂烟囱倾斜观测	交会法	±12.5	±8.8
德国 360m 高电视塔摆动观测	地面摄影法	±11.0(250m处) ±13.0(305m处) ±15.0(360m处)	±7.8 ±9.2 ±10.6
前苏联 316m 高电视塔倾斜观测	三方向交会法	±8.5(200m处)	±6

综合表 3-7、表 3-8 的精度,并考虑到《工程测量规范》GB 50026-93 最低一级水平位移变形点点位中误差为 ±12mm(换算为坐标中误差为 ±8.5mm),本规范三级的观测点坐标中误差定为 ±10mm。

③ 一、二级的精度指标,按与沉降观测各级别之间精度指标比例相同考虑(即 1:3),取一级为 ±1.0mm、二级为 ±3.0mm。

④ 按实测的位移测量工程项目精度统计,验证本规范规定的级别精度指标是可行、实用的。现统计 20 世纪 80 年代以来国内完成的 57 个工程 72 个观测项目,其中控制网 22 个、倾斜观测项目 19 个、滑坡观测项目 8 个、其他位移观测项目 23 个。将这 72 个观测项目实测精度均换算为坐标中误差形式,归纳列于表 3-9。

表 3-9 57 个工程的 72 个观测项目实测精度统计

级别		特级	一级	二级	三级	级外
精度指标(mm)		±0.3	±1.0	±3.0	±10.0	>±10.0
控制网个数		5	5	10	2	—
观测项目个数	建筑物倾斜	—	2	4	12	1
	场地滑坡	—	—	1	7	—
	其他位移	6	1	10	6	—
合计个数		11	8	25	27	1
%		15	11	35	38	1

注: 表列特级均为特种精密工程,共 5 个工程,其中 2 个工程包括 2 个控制网 5 个观测项目;其余等级的统计量中,除少数工程占 2 个项目(包括控制网与观测项目)外,均为一个工程一个项目。

从表 3-9 统计看出,实测成果精度除个别项目外,均在本规范规定的精度范围以内,且分布符合正常情况。本规范表 3.0.4 中的适用范围,也是参照表 3-9 中所列各项目实际达到的精度及其在各级别中的一般分布特征来确定的。原规程位移观测精度规定经过多年的工程实践和应用,表明级别精度规定是合适的。

3.0.5 这里涉及的建筑地基变形允许值采用了国家标准《建筑地基基础设计规范》GB 50007-2002 表 5.3.4 的规定。关于变形允许值的确定可参见该规范相应的条文说明。为了方便使用,我们将该表列在这里(见表 3-10)。

表 3-10 建筑物的地基变形允许值

变形特征	地基土类别	
	中、低压缩性土	高压缩性土
砌体承重结构基础的局部倾斜	0.002	0.003
工业与民用建筑相邻柱基的沉降差 (1)框架结构 (2)砌体墙填充的边排柱 (3)当基础不均匀沉降时不产生附加应力的结构	0.002l 0.0007l 0.005l	0.003l 0.001l 0.005l
单层排架结构(柱距为 6m)柱基的沉降量(mm)	(120)	200
桥式吊车轨面的倾斜(按不调整轨道考虑) 纵向 横向	0.004 0.003	
多层和高层建筑物的整体倾斜 $H_g \leq 24$ $24 < H_g \leq 60$ $60 < H_g \leq 100$ $H_g > 100$	0.004 0.003 0.0025 0.002	
体形简单的高层建筑基础的平均沉降量(mm)	200	
高耸结构基础的倾斜 $H_g \leq 20$ $20 < H_g \leq 50$ $50 < H_g \leq 100$ $100 < H_g \leq 150$ $150 < H_g \leq 200$ $200 < H_g \leq 250$	0.008 0.006 0.005 0.004 0.003 0.002	
高耸结构基础的沉降量(mm) $H_g \leq 100$ $100 < H_g \leq 200$ $200 < H_g \leq 250$	400 300 200	

注: 1 本表数值为建筑物地基实际最终变形允许值;
2 有括号者仅适用于中压缩性土;
3 l 为相邻柱基的中心距离(mm),H_g 为自室外地面起算的建筑物高度(m);
4 倾斜指基础倾斜方向两端点的沉降差与其距离的比值;
5 局部倾斜指砌体承重结构沿纵向 6~10m 内基础两点的沉降差与其距离的比值。

3.0.6 高程控制网和观测点精度设计中的最终沉降量观测中误差是按照下列对变形值观测中误差的分析与估计确定的。

1 对已有变形值观测中误差取值方法的分析

国内外有关变形值观测中误差取值方法有很多种，但使用较广泛的是以变形允许值为依据给以一定比例系数确定或直接给出观测中误差值。对一般变形测量，观测值中误差不应超过变形允许值的 1/20～1/10，或者 ±（1～2）mm；而对一些具有科研目的的变形监测，应分别为 1/100～1/20，或者 ±0.2mm。另外，也有少数是以一定小的变形特征值（如，达到稳定指标时的变形量、建筑阶段平均变形量等）为依据给以一定比例系数的取值方法。因此，本规范结合建筑变形特点及测量要求，归纳出以下确定变形值观测精度的基本思路。

1）区分实用目的与科研目的。以前者的取值为依据，视不同要求，取其 1/2～1/5 作为科研和特殊目的的变形值观测中误差；

2）绝对变形允许值，在建筑设计、施工中通常不作为主要控制指标，其变形值因地质环境影响复杂变化较大，给出的允许值也带有较大概略性，因此绝对变形值的观测精度以按综合分析方法考虑不同地质条件直接确定为宜。除绝对变形允许值之外的各种变形允许值，在建筑设计、施工中通常作为主要控制指标，其数值比较稳定，可信赖性强，对于这类变形的观测精度，宜以允许值为依据给以适当比例系数估算确定；

3）从便于使用考虑，宜对不同变形观测项目类别分别给出比例系数。在按其变形性质所选取的一定概率下，以可忽略的测量误差作为变形值观测误差来估算出比例系数。

2 推导为实用目的的变形值观测中误差估算公式

按上款确定比例系数的思路，取变形值与测量误差的关系式为：

$$\Delta_0^2 = \Delta_1^2 + \Delta_2^2 \quad (3-3)$$

式中 Δ_0——用测量方法测得的变形值；
Δ_1——在一定概率下可忽略的测量误差；
Δ_2——在测量误差小到可忽略程度时，所反映的近似纯变形值。

当 Δ_1 可忽略时，即

$$\Delta_0 = \sqrt{\Delta_1^2 + \Delta_2^2} \approx \Delta_2 \quad (3-4)$$

为求 Δ_1 应比 Δ_2 小到多少才可以忽略，令

$$\Delta_1 = \Delta_2/\lambda \quad (3-5)$$

将公式（3-5）代入公式（3-3），可得

$$\lambda = \frac{1}{\sqrt{\left(\frac{\Delta_0}{\Delta_2}\right)^2 - 1}} \quad (3-6)$$

以 m 表示 Δ_1 的中误差并作为变形值观测中误差，以 Δ 表示 Δ_0 的限差即变形允许值，令按变形性质与类型选取的概率为 $P = \Delta_2/\Delta_0$，顾及公式（3-4），则由公式（3-5）、（3-6）可得实用估算式为：

$$m = \frac{\Delta}{t\lambda} \quad (3-7)$$

$$\lambda = \frac{1}{\sqrt{\left(\frac{1}{P}\right)^2 - 1}} \quad (3-8)$$

式中 t——置信区间内允许误差与中误差之比值，取 $t = 2$；
$1/t\lambda$——比例系数。

3 绝对沉降（值）的观测中误差取值，系综合下列估算和已有规定确定。

1）按原《建筑地基基础设计规范》GBJ 7-89 对一般多层建筑物在施工期间完成的沉降量所占最终沉降量之比例规定，取该规范条文说明中根据 64 幢建筑物完工时的沉降观测资料所绘经验曲线，可知完工时对于低、中、高压缩性土的沉降量分别为 ≤20mm、≥40mm、≥120mm。按公式（3-7）、（3-8），取 Δ 为 20mm、40mm、120mm，$P = 0.999$，可得 $1/t\lambda = 1/44$，则估算得变形值观测中误差，对低、中、高压缩性土分别为 ±0.45mm、±0.91mm 与 ±2.7mm；

2）国内有些单位实测中，按不同沉降情况，采用的沉降量观测中误差为 ±0.5mm、±1.0mm 与 ±2.0mm；

3）前苏联的沉降观测规范规定，对岩石和半岩石，沙土、黏土及其他压缩性土，填土、湿陷土、泥炭土及其他高压缩性土等三类地基土，分别规定测定沉降的允许误差为不大于 1mm、2mm 和 5mm，即相应的沉降观测中误差为 ±0.5mm、±1.0mm、±2.5mm。

上述三种取值基本接近，综合考虑国内外经验，作出规定：对低、中、高压缩性土的绝对沉降观测中误差分别为 ±0.5mm、±1.0mm 与 ±2.5mm。

4 绝对沉降之外的各种变形的观测中误差。按公式（3-7）、（3-8）估算确定，其采用的概率 P 与比例系数 $1/t\lambda$ 分别为：

1）对于相对沉降（如沉降差、基础倾斜、局部倾斜）和具有相对变形性质的局部地基沉降（如基坑回弹、地基土分层沉降）、膨胀土地基沉降，取 $P = 0.995$，则 $1/t\lambda \leq 1/20$；

2）结构段变形（如平置构件挠度），取 $P = 0.950$，则 $1/t\lambda \leq 1/6$。

3.0.7 平面控制网和观测点精度设计中的变形值观

测中误差取值，按本规范第 3.0.6 条条文说明中提出的基本思路和估算方法确定。需要注意的是采用的变形值应在向量意义上与作为级别精度指标的坐标中误差相协调，即所估算的变形值观测中误差应是位移分量的观测中误差；对应的变形允许值应是变形允许值的分量值，并约定以允许值的 $1/\sqrt{2}$ 作为允许值分量。

1 对于绝对位移（如建筑基础水平位移、滑坡位移等）的允许值，现行的建筑规范中未有规定，也难以给定，因此可不估算其位移值的观测中误差，根据经验或结合分析，直接按照本规范表 3.0.4 的规定选取适宜的精度等级。

2 对于绝对位移之外各项位移分量的观测中误差，则可按本规范第 3.0.6 条条文说明中的公式 (3-7)、(3-8) 估算确定，其取用的概率 P 与比例系数 $1/t\lambda$ 为：

  1) 对相对位移（如基础的位移差、转动、挠曲等）和具有相对变形性质的局部地基位移（如受基础施工影响的建筑物或地下管线位移，挡土墙等设施的位移）的观测中误差，可取 $P=0.995$，即 $1/t\lambda \leqslant 1/20$；

  2) 对建筑整体性位移（如建筑顶部水平位移、建筑全高垂直度偏差、桥梁等工程设施水平轴线偏差）的观测中误差，可取 $P=0.980$，即 $1/t\lambda \leqslant 1/10$；

  3) 对结构段变形（如高层建筑层间相对位移、竖直构件的挠度、垂直偏差等）的观测中误差，可取 $P=0.950$，即 $1/t\lambda \leqslant 1/6$；

  4) 对于科研及特殊项目的位移分量观测中误差，取与沉降观测中误差的规定相同，即将上列各项变形值观测中误差，再乘以 $1/5 \sim 1/2$ 的适当系数采用。

3.0.8 建筑变形测量中观测点与控制点应按照变形观测周期进行观测，其观测周期应根据变形体的特征、变形速率和变形观测精度要求及外界因素影响等综合确定。当有多种原因使某一变形体产生变形时，可分别以各种因素确定观测周期后，以其最短周期作为观测周期。

3.0.9 变形测量的时间性很强，它反映某一时刻变形体相对于基点的变形程度或变形趋势，因此首次观测值（初始值）是整个变形观测的基础数据，应认真观测，仔细复核，增加观测量，进行两次同精度独立观测，以保证首次观测成果有足够的精度和可靠性。

3.0.10 一个周期的观测应在尽可能短的时间内完成，以保证同一周期的变形观测数据在时态上基本一致。对于不同周期的变形测量，采用相同的观测网形（路线）和观测方法，并使用同一仪器和设备等措施，其目的是为了尽可能减弱系统误差影响，提高观测精度，保证成果质量。

3.0.11 为了保证建筑及周围环境在施工或运营期间的安全，当变形测量过程中出现各种异常或有异常趋势时，必须立即报告委托方以便采取必要的安全措施。同时，应及时增加观测次数或调整变形测量方案，以获取更准确全面的变形信息。本条第 2 款中的预警值通常取允许变形值的 60%。本条作为强制性条文，必须严格执行。

4 变形控制测量

4.1 一般规定

4.1.1～4.1.4 变形测量基准点的基本要求是应在整个变形观测阶段保持稳定可靠，因此除了对其位置有要求外，还应定期对其进行复测和稳定性分析。

  设置工作基点的主要目的是为方便较大规模变形测量工程的每期变形观测作业。由于工作基点一般距待测目标较近，因此在每期变形观测时，应将其与基准点进行联测。

  需要说明的是，原规程中将高程控制和平面控制分别列为两章，本次修订将其合并为一章，并作了较多的补充、修改和顺序调整。

4.2 高程基准点的布设与测量

4.2.1 本规范规定"特级沉降观测的高程基准点数不应少于 4 个、其他级别沉降观测的高程基准点数不应少于 3 个"是为了保证有足够数量的基准点可用于检测其稳定性，从而保证沉降观测成果的可靠性。高程控制网不能布设成附合路线，只能独立布设成闭合环或布设成由附合路线构成的结点网，这主要是为了便于检核校验。

4.2.2 根据地基基础设计的规定和经验总结，规定高程基准点和工作基点位置选择的要求，以便保证高程基准点的稳定和长期保存以及工作基点的适用性。关于基准点位置的进一步分析还可参见本规范第 5.2.2 条的条文说明。

4.2.3 高程基准点标石、标志的形式有多种，本规范附录 A 仅给出了一些常用的形式。

4.2.4 在建立沉降观测高程控制网的方法中增加电磁波测距三角高程测量，主要是考虑到在一些二、三级沉降观测高程控制测量中，可能难以进行高效率的水准测量作业。为减少垂线偏差和折光影响，对电磁波测距三角高程测量观测视线的路径要高度重视，尽可能使两个端点周围的地形相互对称，并提高视线高度，使视线通过类似的地貌和植被。

4.3 平面基准点的布设与测量

4.3.2 平面基准点标石、标志的形式有多种，本规范附录 B 仅给出了几种常用的形式。

4.3.5 一般测区的一、二、三级平面控制网技术要求，系按下列思路分析确定：

1 主要思路：

1）取一般建筑场地的规模、按一个层次布设控制网点，以常用网形和观测精度考虑；

2）测角、测边网的最弱边边长中误差，按相邻点间边长中误差与点的坐标中误差近似相等的关系，取与相应等级精度指标的观测点坐标中误差等值，导线（网）的最弱点点位中误差取与相应级别观测点坐标中误差的 $\sqrt{2}$ 倍等值；

3）控制网精度设计，主要考虑测角、测距精度及网的构形，未计及起始数据误差影响。

2 本规范表 4.3.5-1 中的技术要求（按三角网进行估算）：

1）精度估算按下列公式：

$$m_{\lg D} = m_\beta \sqrt{\frac{1}{P_{\lg D}}} \quad (4\text{-}1)$$

$$\frac{1}{T} = \frac{m_D}{D} = \frac{m_{\lg D}}{\mu \cdot 10^6} \quad (4\text{-}2)$$

$$m_\beta = \frac{\mu \cdot 10^6}{T \sqrt{\frac{1}{P_{\lg D}}}} \quad (4\text{-}3)$$

$$\frac{1}{P_{\lg D}} = K \Sigma R \quad (4\text{-}4)$$

式中 D——最弱边边长（mm）；

m_D——边长中误差（mm）；

$m_{\lg D}$——边长对数中误差，以对数第六位为单位；

m_β——测角中误差（″）；

T——最弱边边长相对中误差的分母；

$1/P_{\lg D}$——边长对数权倒数；

R——为图形强度因子；

K——图形系数。

μ 取 0.4343；

2）各项技术要求的确定

取实际布网中常遇三角形（三个角度分别为45°、60°、75°）作为推算路线的图形，平均的 R 值为 5.7。

一级网，主要用于建筑或场地的高精度水平位移观测。一般控制面积不大，边长较短，取平均边长 $D=200m$。按三角网，布设两条起算边，传算三角形个数为3，因 $K=1/3$，则 $1/P_{\lg D}=5.7$；按四边形网，布设一条起算边，传算三角形个数为2，因 $K=0.4$，则 $1/P_{\lg D}=4.6$；按五边中点多边形网，布设一条起算边，传算三角形个数为3，因 $K=0.35$，则 $1/P_{\lg D}=6.0$。取 $m_D=±1.0mm$，即 $T=200000$，由公式（4-3）可得出上述三种网形的 m_β 值分别为：三角网 ±0.9″，四边形网 ±1.0″，五边中点多边形网 ±0.9″，取用 ±1.0″。

二级网，主要用于中等精度要求的建筑水平位移观测和重要场地滑坡观测。一般控制面积较大，边长较长，取平均边长 $D=300m$。按三角网，布设两条起算边，传算三角形个数为4，即 $1/P_{\lg D}=7.6$；按四边形网，布设一条起算边，传算三角形个数为2，即 $1/P_{\lg D}=4.6$；按六边中点多边形网，布设一条起算边，传算三角形个数为3，因 $K=0.45$，则 $1/P_{\lg D}=7.7$。取 $m_D=3.0mm$，即 $T=100000$，由公式（4-3）可得上述三种网形的 m_β 分别为：三角网 ±1.6″，四边形网 ±2.0″，六边中点多边形网 ±1.6″，取用 ±1.5″。

三级网，主要用于低精度要求的建筑水平位移观测和一般场地滑坡观测。一般控制面积大，边长长，取平均边长为 500m。按三角网，布设两条起算边，传算三角形个数为6，即 $1/P_{\lg D}=11.4$；如布设一条起算边，传算三角形个数为3，因 $K=2/3$，则 $1/P_{\lg D}=11.4$；按七边中点多边形，布设一条起算边，传算三角形个数为4，因 $K=0.52$，则 $1/P_{\lg D}=11.8$。取 $m_D=±10.0mm$，即 $T=50000$，由公式（4-3）可得出上述三种网形的 m_β 分别为 ±2.6″、±2.6″、±2.5″，取用 ±2.5″。

需要说明的是，目前由于高精度全站仪的普及应用，三角网更多地使用边角网。边角网具有测角和测边精度的互补特性，受网形影响小，布设灵活，精度也高，应优先采用。在边角网中应以测边为主，加测部分角度。测角和测边精度匹配的原则是使 $m_\alpha/\rho \approx m_D/D$。本规范表 4.3.5-1 的技术要求宜分别采用准确度为 Ⅰ、Ⅱ、Ⅲ 等级的全站仪，从其相应的出厂标称准确度来看，其测角和测边精度完全可以满足上述技术要求。

3 本规范表 4.3.5-2 中的导线测量技术要求：

1）确定技术要求的主要思路为：

导线设计，以直伸等边的单一导线分析为基础，再用等权代替法、模拟计算法等推广到导线网。单一导线包括附合导线和独立单一导线，本规范表 4.3.5-2中的规定是以附合导线的技术要求为依据，在有关参数上给以乘系数即可又用于独立单一导线和导线网。考虑点位布设条件与要求的不同，导线边长取比测角网为短，边长测量以电磁波测距为主，视需要亦可采用直接钢尺丈量；

2）精度估算按下列公式进行：

①附合导线。根据导线起算数据误差对导线中点（最弱点）的横向影响与纵向影响相等、导线中点的横向测量误差与纵向测量误差相等的原则，可推导出如下估算式：

$$m_D = \frac{1}{\sqrt{n}} M_Z \quad (4\text{-}5)$$

$$m_\beta = \frac{4\sqrt{3}}{L}\frac{\rho M_Z}{\sqrt{n+3}} \quad (4-6)$$

$$\frac{1}{T} = \frac{2\sqrt{7}}{L}M_Z \quad (4-7)$$

式中 M_Z——导线中点顾及起算数据误差影响的点位中误差（mm）；
m_D——导线平均边长的边长中误差（mm）；
n——导线边数；
m_β——导线测角中误差（"）；
L——导线全长（mm）；
$1/T$——导线全长相对闭合差。

②独立单一导线。按不顾及起算数据误差影响的中点横向测量误差与纵向测量误差相等为原则，可推导出如下估算式：

$$m_D = \sqrt{\frac{2}{n}}M_Z \quad (4-8)$$

$$m_\beta = \frac{4\sqrt{6}}{L}\frac{\rho M_Z}{\sqrt{n+3}} \quad (4-9)$$

$$\frac{1}{T} = \frac{2\sqrt{10}}{L}M_Z \quad (4-10)$$

式中 M_Z——不顾及起算数据误差影响的导线中点点位中误差（mm）。

3) 各项技术要求的确定：

取 M_Z 为等级精度指标观测点坐标中误差的 $\sqrt{2}$ 倍值；导线平均边长，对一级为150m，二级为200m，三级为250m；导线边数 n，对附合导线取5，对独立单一导线取6。将这些估算参数代入公式（4-5）～（4-10），可得估算结果如表4-1：

表4-1 单一导线测量主要技术要求指标的估算

	附合导线					
	一级		二级		三级	
	估算	取用	估算	取用	估算	取用
M_Z (mm)		±1.4		±4.2		±14.0
m_D (mm)	±0.6	±0.6	±1.9	±2.0	±6.3	±6.0
m_β (")	±0.9	±1.0	±2.1	±2.0	±5.6	±5.0
T	101200	100000	45000	45000	16900	17000
	独立单一导线					
	一级		二级		三级	
	估算	取用	估算	取用	估算	取用
M_Z (mm)		±1.4		±4.2		±14.0
m_D (mm)	±0.8	±0.8	±2.4	±2.5	±8.1	±8.0
m_β (")	±1.0	±1.0	±2.4	±2.0	±6.3	±5.0
T	101600	100000	45200	45000	16900	17000

从表4-1估算结果可知：

①两种导线，在要求的 M_Z 与平均边长 D 相同条件下，m_β 与 $1/T$ 也基本相同。在各自的边数相差不大时，独立单一导线的 m_D 可比附合导线的 m_D 放宽约 $\sqrt{2}$ 倍。

②对于导线网，亦可采用附合导线的技术要求，只是需将附合点与结点间或结点与结点间的长度，按附合导线长度乘以小于或等于0.7的系数采用。

4 在执行本规范表 4.3.5-1、表 4.3.5-2 的规定时，需注意表列技术要求系以一般测量项目采用的级别精度下限指标值和一般场地条件选取的网点方案为依据来确定的。当实际平均边长、导线总长均与规定相差较大时以及对于复杂的布网方案，应当另行估算确定适宜的技术要求。

4.4 水准测量

4.4.1 本条中 DS05、DSZ05 型仪器的 m_0 值估算经验公式（4.4.1-2）系根据有关测量规范（原《国家水准测量规范》、《大地形变测量规范（水准测量）》）说明中给出的实例数据以及华北电力设计院、中南勘测设计研究院、北京市测绘设计研究院等8个单位的实测统计资料，经统计分析求出的。一些数据检验表明，该 m_0 估算式较为合理、可靠。

4.4.2 各级别几何水准观测的视线要求和各项观测限差的规定依据，说明如下：

1 水准观测的视线要求：

1) 视线长度规定为特级≤10m、一级≤30m、二级≤50m、三级≤75m，系综合考虑实际作业经验和现行有关标准规定而确定。其中一、二、三级的视线长度与现行《国家一、二等水准测量规范》及《国家三、四等水准测量规范》规定的一、二、三等水准测量一致，二、三级的视线长度也与现行《工程测量规范》的相关规定一致；

2) 视线高度规定为特级≥0.8m、一级≥0.5m、二级≥0.3m、三级≥0.2m，是根据确定的视线长度并考虑变形观测条件，参照现行《国家一、二等水准测量规范》、《国家三、四等水准测量规范》与《工程测量规范》的相关规定确定的；

3) 前后视距差 Δ_d 系按下式关系确定：

$$\Delta_d \leq \delta_d \rho / i \quad (4-11)$$

式中 i——视准轴不平行于水准管轴的误差（"）；
δ_d——要求对测站高差中误差 m_0 的影响小到在 $P=0.950$ 下可忽略不计的由于 Δ_d 而产生的高差误差（mm），$\delta_d = m_0/\lambda$（取 $\lambda=3$）。

将规定的 m_0 与 i 值代入公式（4-11），则得：

特级（$m_0 \leq 0.05$mm，$i=10''$）：$\Delta_d \leq 0.3$m，取

$\Delta_d \leqslant 0.3 \mathrm{m}$;

一级（$m_0 \leqslant 0.15\mathrm{mm}$，$i=15''$）：$\Delta_d \leqslant 0.7\mathrm{m}$，取 $\Delta_d \leqslant 0.7\mathrm{m}$;

二级（$m_0 \leqslant 0.50\mathrm{mm}$，$i=15''$）：$\Delta_d \leqslant 2.3\mathrm{m}$，取 $\Delta_d \leqslant 2.0\mathrm{m}$;

三级（$m_0 \leqslant 1.50\mathrm{mm}$，$i=20''$）：$\Delta_d \leqslant 5.0\mathrm{m}$，取 $\Delta_d \leqslant 5.0\mathrm{m}$。

4) 前后视距差累积

从水准测段或环线一般只有几百米的长度情况考虑，取前后视距差累积为前后视距差的1.5倍计，则可得：

特级：$\leqslant 0.45\mathrm{m}$，取 $\leqslant 0.5\mathrm{m}$；

一级：$\leqslant 1.05\mathrm{m}$，取 $\leqslant 1.0\mathrm{m}$；

二级：$\leqslant 3.0\mathrm{m}$，取 $\leqslant 3.0\mathrm{m}$；

三级：$\leqslant 7.5\mathrm{m}$，取 $\leqslant 8.0\mathrm{m}$。

2 各项观测限差：

1) 基、辅分划（黑红面）读数之差 $\Delta_{基辅}$

同一标尺基、辅分划的观测条件相同，则可得：

$$\Delta_{基辅} = 2\sqrt{2}m_d \qquad (4-12)$$

各级别测站观测的 $\Delta_{基辅}$ 估算结果见表4-2：

表4-2 $\Delta_{基辅}$ 与 $\Delta h_{基辅}$ 的估算

级别	仪器类型	最长视距(m)	m_d (mm)	$\Delta_{基辅}$ 估算值	$\Delta_{基辅}$ 取用值	$\Delta h_{基辅}$ 估算值	$\Delta h_{基辅}$ 取用值
特级	DS05	10	0.05	0.14	0.15	0.22	0.2
一级	DS05	30	0.11	0.31	0.3	0.45	0.5
二级	DS05	50	0.17	0.48	0.5	0.68	0.7
二级	DS1	50	0.20	0.56	0.5	0.79	0.7
三级	DS05	75	0.24	0.68	1.0	0.96	1.5
三级	DS1	75	0.29	0.82	1.0	1.16	1.5
三级	DS3	75	0.77	2.17	2.0	3.08	3.0

注：公式（4-12）的 m_d 及表4-2中相应的数值为根据《建筑变形测量规程》JGJ/T 8-97中给出几种类型水准仪单程观测每测站高差中误差经验公式求得的。

2) 基、辅分划（黑红面）所测高差之差 $\Delta h_{基辅}$

高差之差是读数之差的和差函数，则可得

$$\Delta h_{基辅} = \sqrt{2}\Delta_{基辅} \qquad (4-13)$$

各级别测站观测的 $\Delta h_{基辅}$ 估算结果见表4-2。

表列一、二、三级的 $\Delta_{基辅}$ 与 $\Delta h_{基辅}$ 取用值与《国家一、二等水准测量规范》和《国家三、四等水准测量规范》的规定一致。

3) 往返较差、附合或环线闭合差 $\Delta_{限}$

往返测高差不符值实质为单程往测与返测构成的闭合差，附合路线与环线的线路长度较短，可只考虑偶然误差影响，则三者以测站为单位的限差均为：

$$\Delta_{限} \leqslant 2\mu\sqrt{n} \qquad (4-14)$$

式中 μ——单程观测测站高差中误差（mm）；

n——测站数。

各级别 $\Delta_{限}$ 的估算结果取值见表4-3。

4) 单程双测站所测高差较差 $\Delta_{双}$

单程双测站观测所测高差较差中基本不反映系统性误差影响，取双测站较差为往返测较差的 $1/\sqrt{2}$，则可得：

$$\Delta_{双} \leqslant \sqrt{2}\mu\sqrt{n} \qquad (4-15)$$

各级别 $\Delta_{双}$ 的估算结果取值见表4-3：

表4-3 $\Delta_{限}$、$\Delta_{双}$、$\Delta_{检}$ 的估算（mm）

级别	μ	$\Delta_{限}$ 估算	$\Delta_{限}$ 取用	$\Delta_{双}$ 估算	$\Delta_{双}$ 取用	$\Delta_{检}$ 估算	$\Delta_{检}$ 取用
特级	±0.05	$\leqslant 0.1\sqrt{n}$	$\leqslant 0.1\sqrt{n}$	$\leqslant 0.07\sqrt{n}$	$\leqslant 0.07\sqrt{n}$	$\leqslant 0.14\sqrt{n}$	$\leqslant 0.15\sqrt{n}$
一级	±0.15	$\leqslant 0.3\sqrt{n}$	$\leqslant 0.3\sqrt{n}$	$\leqslant 0.21\sqrt{n}$	$\leqslant 0.2\sqrt{n}$	$\leqslant 0.42\sqrt{n}$	$\leqslant 0.45\sqrt{n}$
二级	±0.5	$\leqslant 1.0\sqrt{n}$	$\leqslant 1.0\sqrt{n}$	$\leqslant 0.7\sqrt{n}$	$\leqslant 0.7\sqrt{n}$	$\leqslant 1.4\sqrt{n}$	$\leqslant 1.5\sqrt{n}$
三级	±1.5	$\leqslant 3.0\sqrt{n}$	$\leqslant 3.0\sqrt{n}$	$\leqslant 2.1\sqrt{n}$	$\leqslant 2.0\sqrt{n}$	$\leqslant 4.2\sqrt{n}$	$\leqslant 4.5\sqrt{n}$

注：μ 值取各等级精度指标下限值。

5) 检测已测测段高差之差 $\Delta_{检}$

检测与已测的时间间隔不长，且均按相同精度要求观测，则可得：

$$\Delta_{检} \leqslant 2\sqrt{2}\mu\sqrt{n} \qquad (4-16)$$

各级别 $\Delta_{检}$ 的估算结果取值见表4-3。

4.4.6~4.4.7 在一些场合中，静力水准测量具有相对优越性，是沉降观测的有效作业方法之一。这里根据静力水准测量的作业经验，对其技术和作业要求进行了规定。

4.4.8 由于自动静力水准设备的类型、规格和性能都有很大的不同，因此，对于不同的设备应分别制定相应的作业规程，以保证满足本规范规定的精度要求。

4.5 电磁波测距三角高程测量

4.5.1 最近20多年来的大量实践表明，电磁波测距三角高程测量在一定条件下可以代替一定等级的水准测量。就建筑变形测量而言，对于某些使用水准测量作业困难、效率低的场合，可以使用电磁波测距三角高程测量方法进行二、三级高程控制测量。本节有关技术指标和要求是在认真总结相关应用案例并考虑变形测量特点的基础上给定的。对于更高精度或特殊要求下的电磁波测距三角高程测量，应进行专门的技术设计和论证。

4.5.3 电磁波测距三角高程测量作业可分别采用中间设站观测方式（即在两照准点中间安置仪器）或每

点设站、往返观测方式（即在每一照准点上安置仪器并进行对向往返观测）。这两种方式可同时或交替使用。实际作业中，应优先使用中间设站方式，因为这种方式作业迅速方便、不需量测仪器高。规定中间设站方式下的前后视线长度差及累积差限差是为了有效地消减地球曲率与大气垂直折光影响。

4.5.4 边长和垂直角的观测顺序对不同观测方式分别为：

1 当按单点设站、对向往返观测方式时，边长和垂直角应独立测量，观测顺序为：

往测时：观测边长—观测垂直角；

返测时：观测垂直角—观测边长。

2 当按中间设站观测方式时，垂直角应采用单程双测法，在特制觇牌的两个照准目标高度上独立地分两组观测，以避免粗差并消减垂直度盘和测微器的分划系统性误差，同时可评定每公里偶然中误差。如采用本规范附录C图C.0.1（b）、（d）所示觇牌，观测顺序为：

第一组：观测边长—观测垂直角（此处 n 为规程规定的垂直角观测测回数）

1) 照准后视点反射镜，观测边长 2 测回（结束后安置觇牌）；

2) 照准前视点反射镜，观测边长 2 测回（结束后安置觇牌）；

3) 照准后视觇牌上目标，正倒镜观测垂直角 $n/2$ 测回；

4) 照准前视觇牌上目标，正倒镜观测垂直角 $n/2$ 测回；

5) 照准后视觇牌上目标，正倒镜观测垂直角 $n/2$ 测回；

6) 照准前视觇牌上目标，正倒镜观测垂直角 $n/2$ 测回。

第二组：观测垂直角—观测边长

1) 照准前视觇牌下目标，正倒镜观测垂直角 $n/2$ 测回；

2) 照准后视觇牌下目标，正倒镜观测垂直角 $n/2$ 测回；

3) 照准前视觇牌下目标，正倒镜观测垂直角 $n/2$ 测回（结束后安置反射镜）；

4) 照准后视觇牌下目标，正倒镜观测垂直角 $n/2$ 测回（结束后安置反射镜）；

5) 照准后视点反射镜，观测边长 2 测回；

6) 照准前视点反射镜，观测边长 2 测回。

3 应该注意到，电子经纬仪和全站仪的垂直角观测精度比光学经纬仪要高。按照国家计量检定规程《全站型电子速测仪检定规程》JJG 100-1994 和《光学经纬仪检定规程》JJG 414-1994 规定的一测回垂直角中误差：1″级全站仪和电子经纬仪为1″，而DJ1型光学经纬仪为2″；2″级全站仪和电子经纬仪为2″，而DJ2型光学经纬仪为6″；6″级全站仪和电子经纬仪为6″，而DJ6型光学经纬仪为10″。因此，有条件时，应尽可能使用电子经纬仪和全站仪以提高观测精度和速度。作业时，应避免在折光系数急剧变化的时间段内观测，尽量缩短观测时间，观测顺序要对称。

4.5.5 电磁波测距三角高程测量的验算项目包括：

1) 每点设站对向观测时，可根据在一测站同一方向两个不同目标高度上观测的两组垂直角观测值，按公式（4-17）计算每公里高差中数的偶然中误差 $m_{\Delta1}$：

$$m_{\Delta1} = \pm \frac{1}{4}\sqrt{\frac{1}{N_1}\left[\frac{\Delta\Delta}{S}\right]} \quad (4-17)$$

式中 Δ_i ——往测（或返测）时用观测的斜距和两组垂直角计算的两组高差之差（mm）；

N_1 ——对向观测的边数；

S ——观测的边长（km）。

2) 中间设站时，两组高差中数的每公里偶然中误差 $m_{\Delta2}$ 按公式（4-18）计算：

$$m_{\Delta2} = \pm \sqrt{\frac{1}{4N_2}\left[\frac{\Delta\Delta}{L}\right]} \quad (4-18)$$

式中 Δ_i ——每一测站计算的两组高差之差（mm）；

N_2 ——中间设站数；

L ——每站前后视距之和（km）。

4.6 水平角观测

4.6.1 水平角观测的测回数估算系根据以下分析确定：

1 对于特级水平角观测和当有可靠的实测精度数据时，采用估算方法确定测回数，可以适应水平角观测的多样性需要（如不同精度要求的测角网点和导线点的观测、独立测站点上的观测等）。

2 估算公式主要根据长江流域规划办公室勘测处对23个高精度短边三角网观测成果的统计结果（见《中国测绘学会第二届综合学术年会论文选编（第四卷）》，测绘出版社，1981）。采用导入系统误差影响系数 λ 各测站平差后一测回方向中误差的平均值 m_α 值的方法，推导得出测角中误差 m_β 与 m_α 和测回数 n 之间的相关函数数学表达式为：

$$m_\beta = \pm\sqrt{(\lambda \cdot m_\alpha)^2 + m_\alpha^2/n} \quad (4-19)$$

即

$$n = 1 \left/ \left[\left(\frac{m_\beta}{m_\alpha}\right)^2 - \lambda^2\right]\right. \quad (4-20)$$

关于该公式的推导、验算以及采用不同的 λ 值（0.5、0.7 和 0.9）、从2到24测回数的观测精度计算结果和最适宜的测回数等的研究见《经纬仪水平角观测精度的研究》（《工程勘察》，2005年第3期）。

这里利用的23个三角网分布在重庆、四川、湖北、贵州、河南、陕西等省市，为包括三峡、葛洲坝和丹江口在内的坝址、坝区三角网，边长为0.2～3.0km，三角点上均建有混凝土观测墩，配备强制对中装置和照准标志，用 DJ1 型仪器观测。这些观测条件与要求与本规范的规定基本相同。

3 $m_α$ 的取值规定

《光学经纬仪检定规程》JJG 414－1994 规定室内检定时，一测回水平方向中误差不应超过表 4-4 的规定。

表 4-4 JJG 414－1994 规定的光学
经纬仪一测回水平方向中误差

仪器型号	DJ07	DJ1	DJ2	DJ6
一测回水平方向中误差（室内）	0.6″	0.8″	1.6″	4.0″

《全站型电子速测仪检定规程》JJG 100－1994 规定室内检定时，一测回水平方向中误差应满足仪器出厂的标称准确度。各等级全站仪及电子经纬仪的限差见表 4-5。

表 4-5 JJG 100－1994 规定的全站仪和
电子经纬仪一测回水平方向中误差

仪器等级	Ⅰ		Ⅱ		Ⅲ	
出厂标称准确度值	±0.5″	±1″	±1.5″	±2.0″	±3″	±5″	±6″
一测回水平方向中误差	≤0.5″	≤0.7″	≤1.1″	≤1.4″	≤2.1″	≤3.6″	≤3.6″

部分实测精度统计见表 4-6。

表 4-6 部分实测 $m_α$ 值统计

仪器类型	观测方法	$m_α$ (″)	依据的资料及统计的数据量
DJ1	全组合测角法	±0.82	长办测短边三角网，测站数 181 个
		±0.94	长办测一、二、三、四、五等三角网，测站数 397 个
	方向观测法	±0.86	长办测短边三角网，测站数 472 个
		±0.90	长办测一、二、三、四、五等三角网，测站数 2698 个
DJ2	方向观测法	±1.41	长办测一、二、三、四、五等三角网，测站数 1150 个

综合表 4-4、表 4-5 和表 4-6，$m_α$ 值可根据仪器类型、读数和照准设备、外界条件以及操作的严格与熟练程度，在下列数值范围内选取：

DJ05 型仪器：0.4～0.5″；
DJ1 型仪器：0.8～1.0″；
DJ2 型仪器：1.4～1.8″。

考虑到变形测量角度观测具有多次重复观测的特点，为此，本规范规定，允许根据各类仪器的实测精度数据按照公式（4-20）调整测回数。

4 按公式（4-20）估算测回数 n 时，需注意以下两个问题：

1）估算结果凑整取值时，对方向观测法与全组合测角法，应顾及观测度盘位置编制要求，使各测回均匀地分配在度盘和测微器的不同位置上。对于导线观测，当按左、右角观测时，总测回数应成偶数，当估算后 $n<2$ 时，取 $n=2$；

2）由于一测回角度观测值是由上、下半测回各两个方向观测值之差的平均值组成，按误差传播原理可知，$m_角$ 等于半测回（正镜或倒镜）每方向的观测中误差 $m_方$，这种等值关系在精度估算中经常使用。

4.6.2 水平角观测限差系根据以下分析确定：

1 方向观测法观测的限差

1）二次照准目标读数差的限值 $Δ_{照准}$

二次照准目标读数之差的中误差为 $\sqrt{2}m_方$，取 2 倍中误差为限差，并顾及 $m_方 = m_角$，则

$$Δ_{照准} = 2\sqrt{2}m_角 \quad (4-21)$$

2）半测回归零差的限值 $Δ_{归零}$

半测回归零差的中误差，如仅考虑偶然误差，其中误差即为 $\sqrt{2}m_方$，但尚有仪器基座扭转、外界条件变化等误差影响，取这些误差影响为偶然误差的 $\sqrt{2}$ 倍，则

$$Δ_{归零} = 2\sqrt{2} \times \sqrt{2}m_方 = 4m_角 \quad (4-22)$$

3）一测回内 2C 互差的限值 $Δ_{2C}$

一测回内 2C 互差之中误差如仅考虑偶然误差，其中误差即为 $\sqrt{4}m_方$，但在 2C 互差中尚包含仪器基座扭转、仪器视准轴和水平轴倾斜等误差影响，设这些误差影响为偶然误差的 $\sqrt{3}$ 倍，则

$$Δ_{2C} = 2\sqrt{4} \times \sqrt{3}m_方 = 4\sqrt{3}m_角 \quad (4-23)$$

4）同一方向值各测回互差的限值 $Δ_{测回}$

同一方向各测回互差之中误差，如仅考虑偶然误差，其中误差即为 $\sqrt{2}m_方$，但在测回互差中尚包括仪器水平度盘分划和测微器的系统误差、以旁折光为主的外界条件变化等误差影响，设这些误差影响为偶然误差的 $\sqrt{2}$ 倍，则

$$Δ_{测回} = 2\sqrt{2} \times \sqrt{2}m_方 = 4m_角 \quad (4-24)$$

5) 在公式（4-21）、（4-22）、（4-23）、（4-24）中，将第4.6.1条文说明中确定的 $m_α$ 值代入，则可得各项观测限值，见表4-7。

表4-7 方向观测法各项观测限值估算（″）

仪器类型	$m_α$	$m_角$	$\Delta_{照准}$ 估算	$\Delta_{照准}$ 取用	$\Delta_{归零}$ 估算	$\Delta_{归零}$ 取用	Δ_{2C} 估算	Δ_{2C} 取用	$\Delta_{测回}$ 估算	$\Delta_{测回}$ 取用
DJ05	±0.5	±0.7	2.0	2	2.8	3	4.8	5	2.8	3
DJ1	±0.9	±1.3	3.7	4	5.2	5	8.9	9	5.2	5
DJ2	±1.4	±2.0	5.6	6	8.0	8	13.8	13	8.0	8

2 全组合观测法观测的限差主要参照《精密工程测量规范》GB/T 15314—94 第 7.3.6 条表 5 的规定。

4.7 距离测量

4.7.1 一般地区一、二、三级边长的电磁波测距技术要求，系按下列考虑与分析确定：

1 建筑变形测量的边长较短（一般在1km之内），测距精度要求高（从小于1mm到10mm）。本规范将测距仪精度分为 $m_D≤1mm$、$m_D≤3mm$、$m_D≤5mm$ 与 $m_D≤10mm$ 四个等级。m_D 值以采用的边长 D（测边网取平均边长）代入具体仪器标称精度表达式（$m_D=a+b\cdot10^{-6}D$）计算。

2 规定各级别边长均应采用往、返观测或以不同时段代替往、返测，是从尽可能减弱由气象等因素引起的系统误差影响和使观测成果具有必要检核来考虑的，这样也与现行有关规范规定相协调。

3 测距的各项限差是依据原《城市测量规范》编制说明中提供的仪器内部符合精度 $m_内$ 较仪器外部符合精度（仪器标称精度）m_D 缩小 1/3 的关系以及其分析各项限差的思路来确定的。

1) 一测回读数间较差的限值 $\Delta_{读数}$

读数间较差主要反映仪器内部符合精度，取 2 倍中误差为规定限值，则

$$\Delta_{读数} = 2\sqrt{2}m_内 = 2\sqrt{2}\times1/3\times m_D \approx m_D \quad (4-25)$$

取 $m_D=1mm$、3mm、5mm、10mm，则相应的 $\Delta_{读数}=1mm$、3mm、5mm、10mm。

2) 单程测回间较差的限值 $\Delta_{测回}$

以一测回内最少读数次数为 2 来考虑，即一测回读数中误差为 $m_内/\sqrt{2}$。取测回间较差中的照准误差、大气瞬间变化影响等因素的综合影响为一测回读数中误差之 2 倍，则

$$\Delta_{测回} = 2\sqrt{2}\times2\times1/\sqrt{2} = 4/3m_D \approx \sqrt{2}m_D \quad (4-26)$$

对应 $m_D = 1mm$、3mm、5mm、10mm 的 $\Delta_{测回}$ 分别为 1.4mm、4mm、7mm、14mm，实际分别取 1.5mm、5mm、7mm 和 15mm。

3) 往返或时间段较差的限值 $\Delta_{往返}$

往返或时间段间较差，除受 $m_内$ 的影响外，更主要的是受大气条件变化影响以及仪器对中误差、倾斜改正误差等的影响，因此，可以认为该较差之大小主要反映的是仪器外部符合精度的高低。取一测回测距中误差≤$(a+b\cdot10^{-6}D)$，往返或不同时段各测 4 测回，则

$$\Delta_{往返} = 2\sqrt{2}\times1/\sqrt{4}(a+b\cdot10^{-6}D)$$
$$= \sqrt{2}(a+b\cdot10^{-6}D) \quad (4-27)$$

4.7.3 本规范表 4.7.3 中规定的丈量边长（距离）技术要求，是以适应各等级边长相对中误差：一级 1/200000、二级 1/100000、三级 1/50000 并参照现行《城市测量规范》和《工程测量规范》中相应这一精度要求的规定来确定的。本规范除对个别指标作调整外，从便于衡量短边的精度考虑，还将"经各项改正后各次或各尺全长较差"一项的限值，由按 L（以 km 为单位）表达的公式，改为按 D（以 100m 为单位）表达的公式，即

对一级，原为 $8\sqrt{L}$，换算为 $2.5\sqrt{D}$，取用 $2.5\sqrt{D}$；

对二级，原为 $10\sqrt{L}$，换算为 $3.2\sqrt{D}$，取用 $3.0\sqrt{D}$；

对三级，原为 $15\sqrt{L}$，换算为 $4.7\sqrt{D}$，取用 $5.0\sqrt{D}$。

4.8 GPS 测量

4.8.1 应用 GPS 进行建筑变形测量时，应根据变形测量的精度要求，尽可能选用高精度、高性能的 GPS 接收机。

4.8.2 GPS 接收机的检验、检定应符合以下规定：

1 新购置的 GPS 接收机应按规定进行全面检验后使用。GPS 接收机的全面检验应包括以下内容：

1) 一般检视：
—GPS 接收机及天线的外观良好，型号正确；
—各种部件及其附件应匹配、齐全和完好；
—需紧固的部件不得松动和脱落；
—设备使用手册和后处理软件操作手册及磁（光）盘应齐全；

2) 通电检验：
—有关信号灯工作应正常；
—按键和显示系统工作应正常；
—利用自测试命令进行测试；

——检验接收机锁定卫星时间的快慢,接收信号强弱及信号失锁情况;

3) 试测检验前,还应检验:
——天线或基座圆水准器和光学对中器是否正确;
——天线高量尺是否完好,尺长精度是否正确;
——数据传录设备及软件是否齐全,数据传输性能是否完好;
——通过实例计算,测试和评估数据后处理软件。

2 GPS接收机在完成一般检视和通电检验后,应在不同长度的标准基线上进行以下测试:
1) 接收机内部噪声水平测试;
2) 接收机天线相位中心稳定性测试;
3) 接收机野外作业性能及不同测程精度指标测试;
4) 接收机频标稳定性检验和数据质量的评价;
5) 接收机高低温性能测试;
6) 接收机综合性能评价等。

3 GPS接收机或天线受到强烈撞击后,或更新接收机部件及更新天线与接收机的匹配关系后,应按新购买仪器做全面检验。

4 GPS接收机应定期送专门检定机构进行检定。

5 GPS接收机的所有检验、检定项目和方法应符合相关技术标准的规定。

4.8.4 GPS测量的基本要求、作业规定及数据处理等尚应参照《全球定位系统(GPS)测量规范》GB/T 18413等相应规定。

5 沉降观测

5.1 一 般 规 定

5.1.1 对于深基础或高层、超高层建筑,基础的荷载不可漏测,观测点需从基础底板开始布设并观测。据某设计院提供的资料,如仅在建筑底层布设观测点,将漏掉$5t/m^2$的荷载(约等于三层楼),从而将影响变形的整体分析。因此,对这类建筑的沉降观测,应从基础施工时就开始,以获取基础和上部结构的沉降量。

5.1.2 同一测区或同一建筑物随着沉降量和沉降速度的变化,原则上可以采用不同的沉降观测等级和精度,因为有的工程由于沉降观测初期沉降量较大或非常明显,采用较高精度不仅费时、费工造成浪费,而且无必要。而在观测后期或经过治理以后沉降量较小,采用较低精度观测则不能正确反映其沉降量。同一测区也有沉降量大的区域和小的区域,采用不同的

观测等级和精度较为经济,也符合要求。但一般情况下,如果变形量差别不是很大,还是采用一种观测精度较为方便。

5.1.4 本规范第9.1节对建筑变形测量阶段性成果和综合成果的内容进行了较详细的规定。对于不同类型的变形测量,应提交的图表可能有所不同。因此本规范对各类变形测量提出了应提交的主要图表类型,分别列在有关章节中。

5.2 建筑场地沉降观测

5.2.1 将建筑场地沉降观测分为相邻地基沉降观测与场地地面沉降观测,是根据建筑设计、施工的实际需要特别是软土地区密集房屋之间的建筑施工需要来确定的。这两种沉降的定义见本规范第2.1节术语。

毗邻的高层与低层建筑或新建与已建的建筑,由于荷载的差异,引起相邻地基土的应力重新分布,而产生差异沉降,致使毗邻建筑物遭到不同程度的危害。差异沉降越大,建筑刚度越差,危害愈烈,轻者房屋粉刷层坠落、门窗变形,重则地坪与墙面开裂、地下管道断裂,甚至房屋倒塌。因此建筑场地沉降观测的首要任务是监视已有建筑安全,开展相邻地基沉降观测。

在相邻地基变形范围之外的地面,由于降雨、地下水等自然因素与堆卸、采掘等人为因素的影响,也产生一定沉降,并且有时相邻地基沉降与场地地面沉降还会交错重叠。但两者的变形性质与程度毕竟不同,分别提供观测成果便于区分建筑沉降与场地地面沉降,对于研究场地与建筑共同沉降的程度、进行整体变形分析和有效验证设计参数是有益的。

5.2.2 对相邻地基沉降观测点的布设,规定可在以建筑基础深度1.5~2.0倍的距离为半径的范围内,以外墙附近向外由密到疏进行布置,这是根据软土地基上建筑相邻影响距离的有关规定和研究成果分析确定的。

1 取《上海地基基础设计规范》编制说明介绍的沉桩影响距离(见表5-1)和《建筑地基基础设计规范》GB 50007-2002表7.3.3相邻建筑基础间的净距(见表5-2)作为分析的依据。

表5-1 沉桩影响距离(m)

被影响建筑物类型	影响距离
结构差的三层以下房屋	$(1.0\sim1.5)L$
结构较好的三至五层楼房	$1.0L$
采用箱基、桩基六层以上楼房	$0.5L$

注:L为桩基长度(m)。

2 从表5-1、表5-2可知,影响距离与沉降量、建筑结构形式有着复杂的相关关系,从测量工作预期的相邻没有建筑的影响范围和使用方便考虑,取表

5-1中的最大影响距离（1.0~1.5）L再乘以$\sqrt{2}$系数作为选设观测点的范围半径，亦即以建筑基础深度的1.5~2.0倍之距离为半径，是比较合理、安全和可行的。另外，补充说明的是，本规范第4.2.2条中规定的基准点应选设在离开邻近建筑的基础深度2倍之外的稳固位置，也是以上述分析为依据的。

表5-2 相邻建筑基础间的净距（m）

影响建筑的预估平均沉降量 S（mm）	被影响建筑的长高比	
	$2.0 \leq L/H_f < 3.0$	$3.0 \leq L/H_f < 5.0$
70~150	2~3	3~6
160~250	3~6	6~9
260~400	6~9	9~12
>400	9~12	≥12

注：1 表中 L 为建筑长度或沉降缝分隔的单元长度（m），H_f 为自基础底面标高算起的建筑高度（m）；

2 当被影响建筑的长高比为 $1.5 < L/H_f < 2.0$ 时，其间净距可适当缩小。

3 产生影响建筑的沉降量随其离开距离增大而减小，因此对观测点也规定应从其建筑外墙附近开始向外由密到疏来布置。

5.3 基坑回弹观测

5.3.2 基坑回弹观测比较复杂，需要建筑设计、施工和测量人员密切配合才能完成。回弹观测点的埋设也十分费时、费工，在基坑开挖时保护也相当困难，因此在选定点位时要与设计人员讨论，原则上以较少数量的点位能测出基坑必要的回弹量为出发点。据调查，国内只有北京、西安、上海、山东等地做过这个项目。表5-3分别给出几个示例供参考。

表5-3 3个观测项目情况

序号	基坑下土质	基坑长×宽×高（m）	回弹量（cm）	
			最大	最小
1	第四纪冲击砂卵石层	30.0×10.0×8.9	1.45	0.72
2	第四纪 Q_3	57.5×18.5×7.0	1.5	0.8
3	粉质黏土、中砂	50.4×43.2×8.7	3.6	1.8

5.3.4 规定回弹观测最弱观测点相对邻近工作基点的高程中误差不应大于±1.0mm，是根据以下考虑和估算确定的。

1 基坑的回弹量，在地基设计中可根据基坑形状（形状系数）、深度、隆起或回弹系数、杨氏模量等参数进行预估。经调查，基坑回弹量占最终沉降量的比例，在沿海地区为1/4~1/5，北京地区为1/2~1/3，西安地区为1/3以上。统计一般高层建筑，基坑深度为5~10m的回弹量，黄土地区为10~20mm，软土地区为10~30mm，这与设计预估的回弹量基本一致。

2 按本规范第3.0.5条和第3.0.6条对估算局部地基沉降的变形观测值中误差 m_s 和公式(3.0.6-1)的规定，可求出最弱观测点高程中误差。取最大回弹量为30mm，则得：

$$m_s = 30/20 = \pm 1.5 \text{mm};$$
$$m_H = m_s/\sqrt{2} = \pm 1.0 \text{mm}。$$

此处的 m_H 即为相对于邻近工作基点的高程中误差。

5.3.7 基坑开挖前的回弹观测结束后，为了防止点位被破坏和便于寻找点位，应在观测孔底充填厚度约为1m左右的白灰。如果开挖后仍找不到点位，可用本规范第5.3.2条第3款设置的坑外定位点通过交会来确定。

5.4 地基土分层沉降观测

5.4.2 分层沉降观测点的布设，限定在地基中心附近约2m见方范围内，间隔约50cm最好在同一垂直面内，一方面是为了方便观测和管理，另一方面制图较为准确。因为分层沉降观测从基础施工开始直到建筑沉降稳定为止，时间较长，且在建筑底面上加砌窨井与护盖，标志不再取出。

5.4.4 规定分层沉降观测点相对于邻近工作基点或基准点的高程中误差不应大于±1.0mm，是依据以下考虑提出的：地基土的分层及其沉降情况比较复杂，不仅各地区的地质分层不一，而且同一基础各分层的沉降量相差也比较悬殊，例如最浅层的沉降量可能和建筑的沉降量相同，而最深层（超过理论压缩层）的沉降量可能等于零，因此就难以预估分层沉降量，也不能按估算的方法确定分层观测精度要求。

5.5 建筑沉降观测

5.5.5 本条关于建筑沉降观测周期与观测时间的规定，是在综合有关标准规定和工程实践经验基础上进行的。由于观测目的不同，荷载和地基土类型各异，执行中还应结合实际情况灵活运用。对于从施工开始直至沉降稳定为止的系统（长期）观测项目，应将施工期间与竣工后的观测周期、次数与观测时间统一考虑确定。对于已建建筑和因某些原因从基础浇筑后才开始观测的项目，在分析最终沉降量时，应注意到所漏测的基础沉降问题。

对于沉降稳定控制指标，本规范使用最后100d的沉降速率小于0.01~0.04mm/d作为稳定指标。这一指标来源于对几个主要城市有关设计、勘测单位的调查（见表5-4）。

表 5-4　几个城市采用的稳定指标

城市	接近稳定时的周期容许沉降量	稳定控制指标
北京	1mm/100d	0.01mm/d
天津	3mm/半年，1mm/100d	0.017～0.01mm/d
济南	1mm/100d	0.01mm/d
西安	1～2mm/50d	0.02～0.04mm/d
上海	2mm/半年	0.01mm/d

实际应用中，稳定指标的具体取值应根据不同地区地基土的压缩性能来综合考虑确定。

6　位移观测

6.2　建筑主体倾斜观测

6.2.4　在建筑主体倾斜观测精度估算中，应注意以下问题：

1　当以给定的主体倾斜允许值，按本规范第3.0.5条的有关规定进行估算时，应注意允许值的向量性质，取如下估算参数：

　　1）对整体倾斜，令给定的建筑顶部水平位移限值或垂直度偏差限值为 Δ，则

$$m_S = \Delta/(10\sqrt{2}), m_X \leq m_S/\sqrt{2} = \Delta/20 \quad (6-1)$$

　　2）对分层倾斜，令给定的建筑层间相对位移限值为 Δ，则

$$m_S = \Delta/(6\sqrt{2}), m_X \leq m_S/\sqrt{2} = \Delta/12 \quad (6-2)$$

　　3）对竖直构件倾斜，令给定的构件垂直度偏差限值为 Δ，则

$$m_S = \Delta/(6\sqrt{2}), m_X \leq m_S/\sqrt{2} = \Delta/12 \quad (6-3)$$

2　当由基础倾斜间接确定建筑整体倾斜时，该建筑应具有足够的整体结构刚度。

6.2.9　近年来，随着技术的进步，激光扫描仪和基于数码相机的数字近景摄影测量方法有了进一步的发展，并在建筑变形测量及相关领域得到应用，值得关注。由于这两种技术的特殊性，实际用于建筑变形测量时，应根据精度要求、现场作业条件和仪器性能等，进行专门的技术设计，必要时还应进行技术论证。

6.4　基坑壁侧向位移观测

6.4.1　随着城市建设的发展，高层建筑、大型市政设施及地下空间的开发建设方兴未艾，出现了大量的基坑工程。基坑工程尽管是临时性的，但其技术复杂，并对建筑基础的施工安全起到非常重要的保障作用，因此将有关基坑变形观测的内容纳入本规范是非常必要的。

基坑的观测内容比较多，涉及范围较广，既有属于基坑本身的，也有属于邻近环境（如建筑物、管线和地表等）的，还有属于自然环境（雨水、洪水、气温、水位等）的。通过对现行国家标准《建筑地基基础设计规范》GB 50007-2002 和现行行业标准《建筑基坑支护技术规程》JGJ 120-99 以及一些地方标准（如上海、广东）有关观测内容的比较分析，可以发现它们实际上是大同小异的，可归纳为表 6-1 的观测内容。

表 6-1　基坑观测内容

观测内容 \ 基坑安全等级	一级	二级	三级
基坑周围地面超载状况	应测	应测	应测
自然环境（雨水、洪水、气温等）	应测	应测	应测
基坑渗、漏水状况	应测	应测	应测
土方分层开挖标高	应测	应测	应测
支护结构位移	应测	应测	应测
周围建筑物、地下管线变形	应测	应测	宜测
地下水位	应测	应测	宜测
桩墙内力	应测	宜测	可测
锚杆拉力	应测	宜测	可测
支撑轴力	应测	宜测	可测
支柱变形	应测	宜测	可测
基坑隆起	应测	宜测	可测
孔隙水压力	宜测	可测	可测
支护结构界面上侧向压力	宜测	可测	可测

本规范内容侧重于位移观测，由于有关章节已经对有关位移观测项目作了规定，因此本节仅对基坑壁侧向位移观测进行规定。基坑工程分为无支护开挖和支护开挖，无支护开挖就是放坡，说明土体稳定性较好；需要支护的开挖，说明土体稳定性较差，土体侧向位移直接作用于围护结构，所以基坑围护结构的变形是非常重要的观测内容。

按照《建筑基坑支护技术规程》JGJ 120-99 和国家标准《建筑地基基础工程施工质量验收规范》GB 50202-2002 的规定，将建筑基坑安全等级划分为一级、二级和三级，以利于工程类比分析和工程监控。对比这两本标准的分级标准，我们认为 GB 50202-2002 表 7.1.7 的分级标准更容易操作，现将其罗列出来以供使用参考：

1　符合下列情况之一，为一级基坑：

　　1）重要工程或支护结构做主体结构的一部分；

　　2）开挖深度大于 10m；

　　3）与邻近建筑物、重要设施的距离在开挖深度内的基坑；

　　4）基坑范围内有历史文物、近代优秀建筑、重要管线等需严加保护的基坑。

2　三级基坑为开挖深度小于 7m，且周围环境无

特别要求的基坑。

　　3 除一级和三级外的基坑属二级基坑。

　　4 当周围已有的设施有特殊要求时，尚应符合这些要求。

6.4.2 本条的规定在实际工程应用中可参考以下意见：

　　1 有设计指标时，可根据设计变形预估值结合基坑安全级别（参照第6.4.1条说明确定），按预估值的1/10～1/20作为观测精度，并按本规范第3.0.5条确定观测精度。

　　2 当没有设计指标时，可根据《建筑地基基础工程施工质量验收规范》GB 50202-2002表7.1.7规定的基坑变形监控值（见表6-2，监控值约为允许值的60%），按允许值的1/20确定观测精度，并按第3.0.5条确定观测精度。经计算分析认为，安全等级为一、二级的基坑可选择本规范规定的建筑变形测量级别为二级的精度要求进行观测；三级基坑可选择变形测量二级或三级。

表6-2　基坑变形的监控值（cm）

基坑类别	围护结构墙顶位移监控值	围护结构墙体最大位移监控值	地面最大沉降监控值
一级基坑	3	5	3
二级基坑	6	8	6
三级基坑	8	10	10

6.4.7 位移速率的大小应根据具体工程情况和工程类比经验分析确定。当无法确定时，可将5～10mm/d作为位移速率大的参考标准。位移量大，是指与监控值比较的结果。为了保证基坑安全，当出现异常或特殊情况（如位移速率或位移量突变、出现较大的裂缝等）时应随时进行观测，并将结果及时报告有关部门。由于基坑壁侧向位移观测的特殊性，紧急情况下进行观测前，必须采取有效措施保护好观测人员和设备的安全。

6.5　建筑场地滑坡观测

6.5.1 滑坡对工程建设和自然环境危害极大，所以必须重视滑坡问题。滑坡观测是保证工程、自然环境、人员和财产安全的重要手段之一，其主要目的是了解滑坡发生演变过程，及时捕捉临滑特征信息，为滑坡稳定性分析和预测预报提供准确可靠的数据，并检验防治工程的效果。为了实现滑坡观测的目的，结合具体滑坡工程，需要对滑坡的变形场、渗流场、气象水文、波动力场等进行观测。建筑场地滑坡观测重点应放在变形场和渗流场的观测，现行国家标准《岩土工程勘察规范》GB 50021-2001第13.3.4条规定滑坡观测的内容应包括：滑坡体的位移；滑坡位置及错动；滑坡裂缝的发生发展；滑坡体内外地下水位、流向、泉水流量和滑带孔隙水压力；支挡结构及其他工程设施的位移、变形、裂缝的发生和发展。本规范侧重于变形场的观测。

6.5.3 本条对滑坡土体上的观测点的规定埋深不宜小于1m，在冻土地区则应埋至当地冰冻线以下0.5m。这里取1m的限值，主要参考了有关实践经验，如西北综合勘察设计研究院在陕西、甘肃等省多项场地滑坡观测中，对埋深1m左右的观测点标石，经两年多重复观测均未发现标石有异常现象，观测成果比较规律，反映了场地滑坡的实际情况。深部位移观测孔应进入稳定基岩才可能保证观测质量，即滑动面上下岩体的相对位移观测的可靠性；钻孔进入稳定基岩多深才合适，综合考虑其可靠性和经济性，认为取1m作为限制较为合适，能保证在稳定基岩层起码读数两次（一般0.5m读数一次）。

6.5.5 滑坡观测中，当出现异常时，应立即增加观测次数，并将结果及时报告有关部门。由于滑坡观测的特殊性，紧急情况下进行观测前，必须采取有效措施保护好观测人员和设备的安全。

7　特殊变形观测

7.1　动态变形测量

7.1.3 变形观测的精度，应依据设计部门提出的最大允许位移量和可变荷载的分布、大小等因素，按本规范第3.0.5条的规定确定观测中误差。

7.1.4 可变荷载作用下的变形属于弹性变形，其特点是变形具有周期性。这类变形观测一般采用实时的连续观测、自动记录、自动处理数据方法。

　　观测方法的选择，应根据变形周期的长短和建筑的外部结构和观测的精度要求选择适合的方法，条文中所罗列的方法都是比较常用的方法。作业时，不一定只选一种方法，应根据不同的精度要求和观测目的，采用多种方法的综合，也可以进行相互的检验以便获得更高的可靠性。

7.3　风振观测

7.3.1 测定高层、超高层建筑的顶部风速、风向和墙面风压以及顶部水平位移的目的是获取建筑的风压分布、风压系数及风振系数等参数。

7.3.2 在距建筑100～200m距离内10～20m高度处安置风速仪记录平均风速的目的是与建筑顶部测定的风速进行比较，以观测风力沿高度的变化。

8　数据处理分析

8.1　平差计算

8.1.1 建筑变形测量的计算和分析是决定最终成果

可靠性的重要环节，必须高度重视。

8.1.2 建筑变形测量平差计算应利用稳定的基准点作为起算点。某期平差计算和分析中，如果发现有基准点变动，不得使用该点作为起算点。当经多次复测或某期观测发现基准点变动，应重新选择参考系并使用原观测数据重新平差计算以前的各次成果。

变形观测数据的平差计算和处理的方法很多，目前已有许多成熟的平差计算软件实现了严密的平差计算。这些软件一般都具有粗差探测、系统误差补偿、验后方差估计和精度评定等功能。平差计算中，需要特别注意的是要确保输入的原始观测数据和起算数据正确无误。

8.2 变形几何分析

8.2.2 基准点稳定性检验虽提出了许多方法，但都有其局限性。对于建筑变形测量，一般均按本规范第4章的相关规定设置了稳定的基准点，且基准点的数量一般不会超过3~4个，所以可以采用较为简单的方法对其稳定性进行分析判断。

8.2.3 一种较为典型的基准点稳定性统计检验方法称之为"平均间隙法"。该方法由德国 Pelzer 教授提出。其基本思想是：

1 对两期观测成果，按秩亏自由网方法分别进行平差；

2 使用 F 检验法进行两周期图形一致性检验（或称"整体检验"），如果检验通过，则确认所有基准点是稳定的；

3 如果检验不通过，使用"尝试法"，依次去掉每一点，计算图形不一致性减少的程度，使得图形不一致性减少最大的那一点是不稳定的点。排除不稳定点后再重复上述过程，直至去掉不稳定点后的图形一致性通过检验为止。

关于该方法的详细介绍可参见有关文献，如陈永奇等《变形监测分析与预报》（测绘出版社，1998）和黄声享等《变形监测数据处理》（武汉大学出版社，2003）。

8.2.5 观测点的变动分析一般可直接通过比较观测点相邻两期的变形量与最大测量误差（取两倍中误差）来进行。要求较高时，可通过比较变形量与该变形测量的测定精度来进行。公式（8.3.5）中的 $\mu\sqrt{Q}$ 实际上就是该变形量的测定精度。对多期变形观测成果，还应综合分析多周期的变形特征，尽管相邻周期变形量可能很小，但多期呈现出较明显的变化趋势时，应视为有变动。

8.3 变形建模与预报

8.3.1 建筑变形分析与预报的目的是，对多期变形观测成果，通过分析变形量与变形因子之间的相关性，建立变形量与变形因子之间的数学模型，并根据需要对变形的发展趋势进行预报。这是建筑变形测量的任务之一，但也是一个较困难的环节。近20多年来，有关变形分析与预报的研究成果较多，许多方法尚处在探索中。本节主要吸收和采纳了其中一些相对成熟和便于使用的方法。

8.3.2 由于一个变形体上各观测点的变形状况不可能完全一致，因此对一个变形观测项目，可能需要建立多个反映变形量与变形因子之间关系的数学模型。具体建多少个模型应根据实际变形状况及应用的要求来确定。一般可利用平均变形量对整个变形体建立一个数学模型。如果需要，可选择几个变形量较大的或特殊的点建立相应于单个点或一组点的模型。当有多个变形数学模型时，则可以利用地理信息系统的空间分析技术实现多点变形状态的可视化和形象化表达。

8.3.3 回归分析是建立变形量与变形因子关系数学模型最常用的方法。该方法简单，使用也较方便。在使用中需要注意：

1 回归模型应尽可能简单，包含的变形因子数不宜过多，对于建筑变形而言，一般没有必要超过2个。

2 常用的回归模型是线性回归模型、指数回归模型和多项式回归模型。后两种非线性回归模型可以通过变量变换的方法转化成线性回归模型来处理。变量变换方法在各种回归分析教材中均有详细介绍。

3 当有多个变形因子时，有必要采用逐步回归分析方法，确定影响最显著的几个关键因子。逐步回归分析方法可参见有关教材的介绍。

8.3.4 灰色建模方法目前已经成为变形观测建模的一种较常用的方法。该方法只要求有4个以上周期的观测数据即可建模，建模过程也比较简单。灰色建模方法认为，变形体的变形可看成是一个复杂的动态过程，这一过程每一时刻的变形量可以视为变形体内部状态的过去变化与外部所有因素的共同作用的结果。基于这一思想，可以通过关联分析提取建模所需变量，对离散数据建立微分方程的动态模型，即灰色模型。

灰色模型有多种，变形分析中最常用的为 GM(1，1) 模型，它只包括一个变量（时间）。应用灰色建模方法的前提是，变形量的取得应呈等时间间隔，即应为时间序列数据（时序数据）。实际中，当不完全满足这一要求时，可通过插值的方式进行插补。有关灰色建模的原理、方法及其在变形测量中的应用方式等，可参见有关文献，如条文说明第8.2.3条给出的两种文献。

8.3.5 动态变形观测获得的是大量的时序数据，对这些数据可使用时间序列分析方法建模并作分析。

动态变形分析通常以变形的频率和变形的幅度为主要参数进行，可采用时域法和频域法两种时间序列分析方法。当变形周期很长时，变形值常呈现出密切的相关性，对于这类序列宜采用时域法分析。该方法是以时间序列的自相关函数作为拟合的基础。当变形周期较短时，宜采用频域法。该方法是对时间序列的谱分布进行统计分析作为主要的诊断工具。当预报精度要求高时，还应对拟合后的残差序列进行分析计算或进一步拟合。

有关时序分析及其在变形测量中应用的详细介绍可参见条文说明第 8.2.3 条给出的两种文献。

8.3.6 模型的有效性检验对于不同类型的数学模型方法不同。对于一元线性回归，主要是通过计算相关系数来判定。对于灰色模型 GM（1，1），则是通过计算后验差比值和小误差概率来判定。具体方法可参阅介绍这些建模方法的文献。需要注意的是，只有有效的数字模型，才能用于进一步的分析，如变形预报等。

8.3.7 当利用变形量与变形因子模型进行变形趋势预报时，为了提高预报精度，应尽可能对该模型生成的残差序列作进一步的时序分析，以精化预报模型。具体方法可参见介绍这些建模方法的文献。为了全面、合理地掌握预报结果，变形预报除给出某一时刻变形量的预报值外，还应同时给出预报值的误差范围和该预报值有效的边界条件。

9 成果整理与质量检查验收

9.1 成果整理

9.1.1 每次变形观测结束后，均应及时进行测量资料的整理，保证各项资料完整性。整个项目完成后，应对资料分类合并，整理装订。自动记录器记录的数据应注意观测时间和变形点号等的正确性。

9.1.2 为了保证变形测量成果的质量和可靠性，有关观测记录、计算资料和技术成果必须有有关责任人签字，并加盖成果章。这里的技术成果包括本规范第 9.1.3 条和第 9.1.4 条中的阶段性成果和综合成果。

9.1.3～9.1.4 建筑变形测量周期一般较长，很多情况下需要向委托方提交阶段性成果。变形测量任务全部完成后，或委托方需要时，则应提交综合成果。需要说明的是，变形测量过程中提交的阶段性成果实际上是综合成果的重要组成部分，必须切实保证阶段性成果的质量以及与综合成果之间的一致性。

9.1.5 建筑变形测量技术报告书是变形测量的主要成果，编写时可参考现行行业标准《测绘技术总结编写规定》CH/T 1001 的相关要求，其内容应涵盖本条所列的各个方面。

9.1.6 建筑变形测量的各项记录、计算资料以及阶段性成果和综合成果应按照档案管理的规定及时进行完整的归档。

9.1.7 建筑变形测量手段和处理方法的自动化程度正在不断提高。在条件允许的情况下，建立变形测量数据处理和信息管理系统，实现变形观测、记录、处理、分析和管理的一体化，方便资源共享，是非常必要的。

9.2 质量检查验收

9.2.1 建筑变形测量成果资料的正确无误，要依靠完善的质量保证体系来实现，两级检查、一级验收制度是多年来形成的行之有效的质量保证制度，检查验收人员应具备建筑变形测量的有关知识和经验，具有必要的数据处理分析能力。需要特别强调的是，变形测量的阶段性成果和综合成果一样重要，都需要经过严格的检查验收才能提交给委托方。

9.2.2 质量检查验收主要依据项目委托书、合同书及技术设计书等进行，因一般建筑变形测量周期较长，且对成果的时效性要求高，观测条件变化不可预计，对于成果的录用标准可能发生变化，所以对在作业中形成的文字记录可能变成成果录用的标准，从而成为检查验收的依据。

9.2.3 本条按变形测量的过程列出了质量检验的有关内容，在检查验收过程中某项内容可能不宜进行事后验证，要依靠作业员的诚信素质在作业过程中严格掌握。阶段性成果的检查应根据实际情况进行，以保证提交成果的正确无误。

9.2.4 变形测量时效性决定了测量过程的不可完全重复性的特点，因此，应保证现场检验的及时性和正确性，后续检查验收的时间要缩短。当质量检查不合格时，反馈渠道要畅通，应在分析造成不合格的原因后，立即进行必要的现场复测和纠正。纠正后的成果应重新进行质量检查验收。

中华人民共和国行业标准

建筑基桩检测技术规范

JGJ 106—2003

条 文 说 明

前 言

《建筑基桩检测技术规范》JGJ 106—2003，经建设部 2003 年 3 月 27 日以第 133 号公告批准、发布。

为便于广大检测、设计、施工、科研、学校等单位的有关人员在使用本标准时能正确理解和执行条文规定，《建筑基桩检测技术规范》编制组按章、节、条顺序编制了本规范的条文说明，供国内使用者参考。在使用中如发现本条文说明有不妥之处，请将意见函寄中国建筑科学研究院（地址：北京市北三环东路 30 号；邮编：100013）。

目　次

1 总则 ································ 7—8—4
2 术语、符号 ···························· 7—8—4
　2.1 术语 ······························ 7—8—4
3 基本规定 ······························ 7—8—5
　3.1 检测方法和内容 ···················· 7—8—5
　3.2 检测工作程序 ······················ 7—8—5
　3.3 检测数量 ·························· 7—8—7
　3.4 验证与扩大检测 ···················· 7—8—8
　3.5 检测结果评价和检测报告 ············ 7—8—8
　3.6 检测机构和检测人员 ················ 7—8—9
4 单桩竖向抗压静载试验 ·················· 7—8—9
　4.1 适用范围 ·························· 7—8—9
　4.2 设备仪器及其安装 ·················· 7—8—10
　4.3 现场检测 ·························· 7—8—10
　4.4 检测数据的分析与判定 ·············· 7—8—12
5 单桩竖向抗拔静载试验 ·················· 7—8—12
　5.1 适用范围 ·························· 7—8—12
　5.2 设备仪器及其安装 ·················· 7—8—12
　5.3 现场检测 ·························· 7—8—12
　5.4 检测数据的分析与判定 ·············· 7—8—13
6 单桩水平静载试验 ······················ 7—8—13
　6.1 适用范围 ·························· 7—8—13
　6.2 设备仪器及其安装 ·················· 7—8—13
　6.3 现场检测 ·························· 7—8—13
　6.4 检测数据的分析与判定 ·············· 7—8—14
7 钻芯法 ································ 7—8—14
　7.1 适用范围 ·························· 7—8—14
　7.2 设备 ······························ 7—8—15
　7.3 现场检测 ·························· 7—8—15
　7.4 芯样试件截取与加工 ················ 7—8—16
　7.5 芯样试件抗压强度试验 ·············· 7—8—17
　7.6 检测数据的分析与判定 ·············· 7—8—17
8 低应变法 ······························ 7—8—18
　8.1 适用范围 ·························· 7—8—18
　8.2 仪器设备 ·························· 7—8—18
　8.3 现场检测 ·························· 7—8—19
　8.4 检测数据的分析与判定 ·············· 7—8—20
9 高应变法 ······························ 7—8—22
　9.1 适用范围 ·························· 7—8—22
　9.2 仪器设备 ·························· 7—8—23
　9.3 现场检测 ·························· 7—8—23
　9.4 检测数据的分析与判定 ·············· 7—8—24
10 声波透射法 ··························· 7—8—27
　10.1 适用范围 ························· 7—8—27
　10.2 仪器设备 ························· 7—8—27
　10.3 现场检测 ························· 7—8—27
　10.4 检测数据的分析与判定 ············· 7—8—28

1 总则

1.0.1 工业与民用建筑中的质量问题和重大质量事故多与基础工程质量有关，其中有不少是由于桩基工程的质量问题，而直接危及主体结构的正常使用与安全。我国每年的用桩量超过 300 万根，其中沿海地区和长江中下游软土地区占 70%～80%。如此大的用桩量，如何保证质量，一直倍受建设、施工、设计、勘察、监理各方以及建设行政主管部门的关注。桩基工程除因受岩土工程条件、基础与结构设计、桩土体系相互作用、施工以及专业技术水平和经验等关联因素的影响而具有复杂性外，桩的施工还具有高度的隐蔽性，发现质量问题难，事故处理更难。因此，基桩检测工作是整个桩基工程中不可缺少的重要环节，只有提高基桩检测工作的质量和检测评定结果的可靠性，才能真正做到确保桩基工程质量与安全。

20 世纪 80 年代以来，我国基桩检测技术、特别是基桩动测技术得到了飞速发展。从国内外基桩检测实践看，如果不将动测法作为质量普查和承载力判定的补充手段，很难在人力和物力上对桩基工程质量进行有效的检测和评价。因此，利用理论和实践渐趋成熟的动测技术势在必行。但同时应注意，与常规的直接法（静载法、钻芯法）相比，动测法对检测人员的经验与理论水平要求高。况且，动测法在国内起步近三十年，但推广应用才十年，仍属发展中的技术，经验和理论有待进一步积累和完善。

目前，国内有关基桩检测的标准虽已形成初步系列，但这些标准只针对一类检测方法单独制定，有关设计规范对基桩检测的规定比较原则，主要侧重于为桩基设计提供依据。这些标准施行后暴露出的问题可归纳为：

1 各方法之间在某些方面（如抽检数量、桩身完整性类别划分及判断、测试仪器主要性能指标、复检规则等）缺乏统一的标准（至少是能被共同接受的一个低限原则），使检测人员在方法应用、检测数据采用及评判时显得无所适从，容易造成桩基工程验收工作的混乱。

2 由于技术上的原因，各检测方法都有其一定的适用范围。若将检测能力和适用范围不适宜的扩大，容易引起误判。

3 基桩检测通常是直接法与半直接法配合，多种方法并用。当需要对整个桩基质量进行评定时，单独的方法无法覆盖，各个标准（包括地方标准）并用时又出现主次不分或不一致。

因此，统一基桩检测方法，使基桩检测技术标准化、规范化，才能促进基桩检测技术进步，提高检测工作质量，为设计和施工验收提供可靠依据，确保工程质量。

1.0.2 本规范所指的基桩是混凝土灌注桩、混凝土预制桩（包括预应力管桩）和钢桩。基桩的承载力和桩身完整性检测是基桩质量检测中的两项重要内容，除此之外，质量检测的其他内容与要求已在相关的设计和施工质量验收规范中做了明确规定。本规范的适用范围是根据《建筑地基基础设计规范》GB 50007 和《建筑地基基础工程施工质量验收规范》GB 50202 的有关规定制定的，交通、铁路、港口等工程的基桩检测可参照使用。但应注意：建筑工程的基桩绝大多数以竖向受压混凝土桩为主，某些交通、铁路、港工以及上部竖向荷载较小的构筑物等基础桩的承载力并非单纯以竖向抗压承载力控制，而是以上拔或水平荷载控制，也可能是抗压与水平荷载或上拔与水平荷载的双重控制。此外，对于复合地基增强体设计强度等级不小于 C15 的高粘结强度桩（类似于素混凝土桩，如水泥粉煤灰碎石桩），其桩身完整性检测的原理、方法与本规范桩基的桩身完整性检测无异，同样可按本规范执行。

1.0.3 本条是本规范编制的基本原则。桩基工程的安全与单桩本身的质量直接相关，而设计条件（地质条件、桩的承载性状、桩的使用功能、桩型、基础和上部结构的型式等）和施工因素（成桩工艺、施工过程的质量控制、施工质量的均匀性、施工方法的可靠性等）不仅对单桩质量而且对整个桩基的正常使用均有影响。另外，检测得到的数据和信号也包含了诸如地质条件、桩身材料、不同桩型及其成桩可靠性、桩的休止时间等设计和施工因素的作用和影响，这些也直接决定了与检测方法相应的检测结果判定是否可靠，及所选择的受检桩是否具有代表性等。如果基桩检测及其结果判定时抛开这些影响因素，就会造成不必要的浪费或隐患。同时，由于各种检测方法在可靠性或经济性方面存在不同程度的局限性，多种方法配合时又具有一定的灵活性。因此，应根据检测目的、检测方法的适用范围和特点，考虑上述各种因素合理选择检测方法，实现各种方法合理搭配、优势互补，使各种检测方法尽量能互为补充或验证，即在达到"正确评价"目的的同时，又要体现经济合理性。

2 术语、符号

2.1 术 语

2.1.2 桩身完整性是一个综合定性指标，而非严格的定量指标。其类别是按缺陷对桩身结构承载力的影响程度划分的。这里有两点需要说明：

1 连续性包涵了桩长不够的情况。因动测法只能估算桩长，桩长明显偏短时，给出断桩的结论是正常的。而钻芯法则不同，可准确测定桩长。

2 作为完整性定性指标之一的桩身截面尺寸，由于定义为"相对变化"，所以先要确定一个相对衡量尺度。但检测时，桩径是否减小可能会参照以下条件之一：

——按设计桩径；

——根据设计桩径，并针对不同成桩工艺的桩型按施工验收规范考虑桩径的允许负偏差；

——考虑充盈系数后的平均施工桩径。

所以，灌注桩是否缩颈必需有一个参考基准。过去，在动测法检测并采用开挖验证时，说明动测结论与开挖验证结果是否符合通常是按第一种条件。但严格地讲，应按施工验收规范，即第二个条件才是合理的，但因为动测法不能对缩颈严格定量，于是才定义为"相对变化"。

2.1.3 桩身缺陷有三个指标，即位置、类型（性质）和程度。动测法检测时，不论缺陷的类型如何，其综合表现均为桩的阻抗变小，即完整性动力检测中分析的仅是阻抗变化，阻抗的变小可能是任何一种或多种缺陷类型及其程度大小的表现。因此，仅根据阻抗的变小不能判断缺陷的具体类型，如有必要，应结合地质资料、桩型、成桩工艺和施工记录等进行综合判断。对于扩径而表现出的阻抗变大，应在分析判定时予以说明，因扩径对桩的承载力有利，不应作为缺陷考虑。

2.1.6～2.1.7 基桩动力检测方法按动荷载作用产生的桩顶位移和桩身应变大小可分为高应变法和低应变法。前者的桩顶位移量与竖向抗压静载试验接近，桩周岩土全部或大部进入塑性变形状态，桩身应变量通常在 0.1‰～1.0‰ 范围内；后者桩-土系统变形完全在弹性范围内，桩身应变量一般小于 0.01‰。对于普通钢桩，超过 1.0‰ 的桩身应变量已接近其屈服台阶所对应的变形；对于混凝土桩，视混凝土强度等级的不同，其出现明显塑性变形对应的应变量约为 0.5‰～1.0‰。

3 基 本 规 定

3.1 检测方法和内容

3.1.1 工程桩应进行承载力检验是现行《建筑地基基础工程施工质量验收规范》GB 50202 和《建筑地基基础设计规范》GB 50007 以强制性条文的形式规定的；混凝土桩的桩身完整性检测是 GB 50202 质量检验标准中的主控项目。因工程桩的预期使用功能要通过单桩承载力实现，完整性检测的目的是发现某些可能影响单桩承载力的缺陷，最终仍是为减少安全隐患、可靠判定工程桩承载力服务。所以，基桩质量检测时，承载力和完整性两项内容密不可分，往往是通过低应变完整性普查找出基桩施工质量问题并得到对整体施工质量的大致估计。

3.1.2 表 3.1.2 所列 7 种方法是基桩检测中最常用的检测方法。对于冲钻孔、挖孔和沉管灌注桩以及预制桩等桩型，可采用其中多种甚至全部方法进行检测；但对异型桩、组合型桩，表 3.1.2 中的 7 种方法就不能完全适用（如高、低应变动测法和声透法）。因此在具体选择检测方法时，应根据检测目的、内容和要求，结合各检测方法的适用范围和检测能力，考虑设计、地质条件、施工因素和工程重要性等情况确定，不允许超适用范围滥用。同时也要兼顾实施中的经济合理性，即在满足正确评价的前提下，做到快速经济。

3.1.3 本条是 1.0.3 条中"各种检测方法合理选择搭配"这一原则的具体体现，目的是提高检测结果的可靠性。除中小直径灌注桩外，大直径灌注桩完整性检测一般可同时选用两种或多种的方法检测，使各种方法能相互补充印证，优势互补。另外，对设计等级高、地质条件复杂、施工质量变异性大的桩基，或低应变完整性判定可能有技术困难时，提倡采用直接法（静载试验、钻芯和开挖）进行验证。

3.1.4 鉴于目前对施工过程中的检测重视不够，本条强调了施工过程中的检测，以便加强施工过程的质量控制，做到信息化施工。如：冲钻孔灌注桩施工中应提倡或明确规定采用一些成熟的技术和常规的方法进行孔径、孔斜、孔深、沉渣厚度和桩端岩性鉴别等项目的检验；对于打入式预制桩，提倡沉桩过程中的动力监测等。

桩基施工过程中可能出现以下情况：设计变更、局部地质条件与勘察报告不符、工程桩施工参数与施工前为设计提供依据的试验桩不同、原材料发生变化、施工单位更换等，都可能造成质量隐患。除施工前为设计提供依据的检测外，仅在施工后进行验收检测，即使发现质量问题，也只是事后补救，造成不必要的浪费。因此，基桩检测除在施工前和施工后进行外，尚应加强桩基施工过程中的检测，以便及时发现并解决问题，做到防患于未然，提高效益。

3.2 检测工作程序

3.2.1 框图 3.2.1 是检测机构应遵循的检测工作程序。实际执行检测程序中，由于不可预知的原因，如委托要求的变化、现场调查情况与委托方介绍的不符，或在现场检测尚未全部完成就已发现质量问题而需进一步排查，都可能使原检测方案中的抽检数量、受检桩桩位、检测方法发生变化。如首先用低应变法普测（或扩测），再根据低应变法检测结果，采用钻芯法、高应变法或静载试验，对有缺陷的桩重点抽测。总之，检测方案并非一成不变，可根据实际情况动态调整。

3.2.2 根据 1.0.3 条的原则及基桩检测工作的特殊

性，本条对调查阶段工作提出了具体要求。为了正确地对基桩质量进行检测和评价，提高基桩检测工作的质量，做到有的放矢，应尽可能详细地了解和搜集有关的技术资料，并按表1填写受检桩设计施工记录表。另外，有时委托方的介绍和提出的要求是笼统的、非技术性的，也需要通过调查来进一步明确委托方的具体要求和现场实施的可行性；有些情况下还需要检测技术人员到现场了解和搜集。

表 1 受检桩设计施工资料表

桩号	桩横截面尺寸	混凝土设计强度等级（MPa）	设计桩顶标高（m）	检测时桩顶标高（m）	施工桩底标高（m）	施工桩长（m）	成桩日期	设计桩端持力层	单桩承载力特征值（kN）	其他
工程名称					地点			桩型		
提供资料人员：				日期：					第　页	

3.2.3 本条提出的检测方案内容为一般情况下包含的内容，某些情况下还需要包括桩头加固、处理方案以及场地开挖、道路、供电、照明等要求。有时检测方案还需要与委托方或设计方共同研究制定。

3.2.5 检测所用计量器具必须送至法定计量检定单位进行定期检定，且使用时必须在计量检定的有效期之内，这是我国《计量法》的要求，以保证基桩检测数据的准确可靠性和可追溯性。虽然计量器具在有效计量检定周期之内，但由于基桩检测工作的环境较差，使用期间仍可能由于使用不当或环境恶劣等造成计量器具的受损或计量参数发生变化。因此，检测前还应加强对计量器具、配套设备的检查或模拟测试；有条件时可建立校准装置进行自校，发现问题后应重新检定。

3.2.6 混凝土是一种与龄期相关的材料，其强度随时间的增加而增加。在最初几天内强度快速增加，随后逐渐变缓，其物理力学、声学参数变化趋势亦大体如此。桩基工程受季节气候、周边环境或工期紧的影响，往往不允许等到全部工程桩施工完并都达到28d龄期强度后再开始检测。为做到信息化施工，尽早发现桩的施工质量问题并及时处理，同时考虑到低应变法和声波透射法检测内容是桩身完整性，对混凝土强度的要求可适当放宽。但如果混凝土龄期过短或强度过低，应力波或声波在其中的传播衰减加剧，或同一场地由于桩的龄期相差大，声速的变异性增大。因此，对于低应变法或声波透射法的测试，规定桩身混凝土强度应大于设计强度的70%，并不得低于15MPa。钻芯法检测的内容之一即是桩身混凝土强度，显然受检桩应达到28d龄期或同条件养护试块达到设计强度，如果不是以检测混凝土强度为目的的验证检测，也可根据实际情况适当缩短混凝土龄期。高应变法和静载试验在桩身产生的应力水平高，若桩身混凝土强度低，有可能引起桩身损伤或破坏。为分清责任，桩身混凝土应达到28d龄期或设计强度。另外，桩身混凝土强度过低，也可能出现桩身材料应力-应变关系的严重非线性，使高应变测试信号失真。

桩在施工过程中不可避免地扰动桩周土，降低土体强度，引起桩的承载力下降，以高灵敏度饱和粘性土中的摩擦桩最明显。随着休止时间的增加，土体重新固结，土体强度逐渐恢复提高，桩的承载力也逐渐增加。成桩后桩的承载力随时间而变化的现象称为桩的承载力时间（或歇后）效应，我国软土地区这种效应尤为突出。研究资料表明，时间效应可使桩的承载力比初始值增长40%～400%。其变化规律一般是初期增长速度较快，随后渐慢，待达到一定时间后趋于相对稳定，其增长的快慢和幅度与土性和类别有关。除非在特定的土质条件和成桩工艺下积累大量的对比数据，否则很难得到承载力的时间效应关系。另外，桩的承载力包括两层涵义，即桩身结构承载力和支撑桩结构的地基岩土承载力，桩的破坏可能是桩身结构破坏或支撑桩结构的地基岩土承载力达到了极限状态，多数情况下桩的承载力受后者制约。如果混凝土强度过低，桩可能产生桩身结构破坏而地基土承载力尚未完全发挥，桩身产生的压缩量较大，检测结果不能真正反映设计条件下桩的承载力与桩的变形情况。因此，对于承载力检测，应同时满足地基土休止时间和桩身混凝土龄期（或设计强度）双重规定，若验收检测工期紧无法满足休止时间规定时，应在检测报告中注明。

3.2.7 相对于静载试验而言，本规范规定的完整性检测（除钻芯法外）方法作为普查手段，具有速度快、费用较低和抽检数量大的特点，容易发现桩基的整体施工质量问题，至少能为有针对性的选择静载试验提供依据。所以，完整性检测安排在静载试验之前是合理的。当基础埋深较大时，基坑开挖产生土体侧移将桩推断或机械开挖将桩碰断的现象时有发生，此时完整性检测应等到开挖至基底标高后进行。

3.2.8 操作环境要求是按测量仪器设备对使用温湿

度、电压波动、电磁干扰、振动冲击等现场环境条件的适应性规定的。

3.2.9 测试数据异常通常是因测试人员误操作、仪器设备故障及现场准备不足造成的。用不正确的测试数据进行分析得出的结果必然是不正确的。对此，应及时分析原因，组织重新检测。

3.2.10 按检测方法的准确可靠程度和直观性高低，用"高"的检测方法来弥补"低"的检测方法的不确定性或复核"低"的结论，称为验证检测。本条所指情况主要是针对动测法而言的。

通常，因初次抽样检测数量有限，当抽样检测中发现承载力不满足设计要求或完整性检测中Ⅲ、Ⅳ类桩比例较大时，应会同有关各方分析和判断桩基整体的质量情况，如果不能得出准确判断，为补强或设计变更方案提供可靠依据时，应扩大检测。倘若初次检测已基本查明质量问题的原因所在，则不应盲目扩大检测。

3.3 检测数量

3.3.1 施工前进行单桩竖向抗压静载试验，目的是为设计提供依据。对设计等级高且缺乏地区经验的地区，为获得既经济又可靠的设计施工参数，减少盲目性，前期试桩尤为重要。本条规定的试桩数量和第1～2款条件，与《建筑地基基础设计规范》GB 50007、《建筑桩基技术规范》JGJ 94 基本一致。考虑到桩基础选型、成桩工艺选择与地区条件、桩型和工法的成熟性密切相关，为在推广应用新桩型或新工艺过程中不断积累经验，使其能达到预期的质量和效益目标，增加了本地区采用新桩型或新工艺时也应进行施工前静载试验的规定。对于大型工程，"同条件下"可能包含若干个子单位工程（子分部工程）。本条规定的试桩数量仅仅是下限，若实际中由于某些原因不足以为设计提供可靠依据或设计另有要求时，可根据实际情况增加试桩数量。另外，如果施工时桩参数发生了较大变动或施工工艺发生了变化，应重新试桩。

对于端承型大直径灌注桩，当受设备或现场条件限制无法做静载试验时，可按《建筑地基基础设计规范》GB 50007进行深层平板载荷试验、岩基载荷试验，或在同条件下的小直径桩的静载试验中，通过桩身内力测试，确定端承力参数。

3.3.2 本条的要求恰好是在打入式预制桩（特别是长桩、超长桩）情况下的高应变法技术优势所在。进行打桩过程监控可减少桩的破损率和选择合理的入土深度，进而提高沉桩效率。

3.3.3 由于检测成本和周期问题，很难做到对桩基工程全部基桩进行检测。施工后验收检测的最终目的是查明隐患、确保安全。为了在有限的抽检数量中更能充分暴露桩基存在的质量问题，宜优先抽检本条第1～5款所列的桩，其次再考虑抽样的随机性。

3.3.4 "三桩或三桩以下的柱下承台抽检桩数不得少于1根"的规定涵盖了单桩单柱应全数检测之意。按设计等级、地质情况和成桩质量可靠性确定灌注桩抽检比例大小，符合惯例，是合理的。端承型大直径灌注桩一般设计承载力高，桩身质量是控制承载力的主要因素；随着桩径的增大，尺寸效应对低应变法的影响加剧，而钻芯法、声透法恰好适合于大直径桩的检测（对于嵌岩桩，采用钻芯法可同时钻取桩端持力层岩芯和检测沉渣厚度）。同时，对大直径桩采用联合检测方式，多种方法并举，可以实现低应变法与钻芯法、声透法之间的相互补充或验证，提高完整性检测的可靠性。

常见的干作业灌注桩是人工挖孔桩。当在地下水位以上施工时，终孔后可派人下孔核验桩端持力层；因能保证清底干净和混凝土灌注质量，成桩质量比水下灌注桩可靠；同样，混凝土预制桩由于工厂化生产，桩身质量较有保证，缺陷类型远不如灌注桩复杂，且单节桩不存在接头质量问题，主要是桩身开裂，因此抽检数量可适当减少。对多节预制桩，接头质量缺陷是较常见的问题。在无可靠验证对比资料和经验时，低应变法对不同形式的接头质量判定尺度较难掌握。所以，当对预制桩的接头质量有怀疑时，宜采用低应变法与高应变法相结合的方式检测。当对复合地基中类似于素混凝土桩的增强体进行检测时，抽检数量应按《建筑地基处理技术规范》JGJ 79规定执行。

3.3.5 桩基工程属于一个单位工程的分部（子分部）工程中的分项工程，一般以分项工程单独验收。所以本规范限定的工程桩承载力验收检测范围是在一个单位工程内。本条同时规定了在何种条件下工程桩应进行单桩竖向抗压静载试验及抽检数量低限。与第3.3.1条规定条件相比，现对第4款增加条件说明如下：

挤土群桩施工时，由于土体的侧挤和隆起，质量问题（桩被挤断、拉断、上浮等）时有发生，尤其是大面积密集群桩施工，加上施打顺序不合理或打桩速率过快等不利因素，常引发严重的质量事故。有时施工前虽做过静载试验并以此作为设计依据，但因前期施工的试桩数量毕竟有限，挤土效应并未充分显现，施工后的单桩承载力与施工前的试桩结果相差甚远，对此应给予足够的重视。

3.3.6 高应变法在我国的应用不到二十年，目前仍处于发展和完善阶段。作为一种以检测承载力为主的试验方法，尚不能完全取代静载试验。该方法的可靠性的提高，在很大程度上取决于检测人员的技术水平和经验，绝非仅通过一定量的静动对比就能解决。由于检测人员水平、设备匹配能力、桩土相互作用复杂性等原因，超出高应变法适用范围后，静动对比在机理上就不具备可比性。如果说"静动对比"是衡量高应变法是否可靠的唯一"硬"指标的话，那么对比结果就不能只是与静载承载力数值的比较，还应比较动测得到的桩的沉降和土参数取值是否合理。同时，在不受第3.3.5条规定条件限制时，尽管允许采用高应变法进行验收检测，但仍需不断积累验证资料、提高分析判断能力和现场检测技术水平。尤其针对灌注桩检测中，实测信号质量有时不易保证、分析中不确定因素多的情况，本规范第9.1.2～9.1.3条对此已做了相应规定。

3.3.7 端承型大直径灌注桩（事实上对所有高承载力的桩），往往不允许任何一根桩承载力失效，否则后果不堪设想。由于试桩荷载大或场地限制，有时很难、甚至无法进行单桩竖向抗压承载力静载检测。对此，本条规定实际是对第3.3.5条的补充，体现了"多种方法合理搭配，优势互补"的原则，如深层平板载荷试验、岩基载荷试验、终孔后厂混凝土灌注前的桩端持力层鉴别、成桩后的钻芯法沉渣厚度测定、桩端持力层钻芯鉴别（包括动力触探，标贯试验、岩芯试件抗压强度试验），有条件时可预埋荷载箱进行桩端载荷试验等。

当单位工程的钻芯法抽检数量不少于总桩数的10%，且不少于10根时，可认为既满足了本条的要求，也满足了第3.3.4条注1的要求。

3.3.8 对于上覆竖向荷载不大的构筑物，如烟囱、埋深及水浮力大的地下结构、送电线路塔等基础中的桩，荷载最不利组合为拔力或推力，承载力静载试验以竖向拔桩或水平推桩为主，并非所有的工程桩承载力检验都要做竖向抗压试验。

3.4 验证与扩大检测

3.4.1～3.4.5 这五条内容针对检测中出现的缺乏依据、无法或难于定论的情况，提出了可用的验证检测原则。应该指出：桩身完整性不符合要求和单桩承载力不满足设计要求是两个独立概念。完整性为Ⅰ类或Ⅱ类而承载力不满足设计要求显然存在结构安全隐患；竖向抗压承载力满足设计要求而完整性为Ⅲ类或Ⅳ类也可能存在安全和耐久性方面的隐患。如桩身出现水平整合型裂缝（灌注桩因挤土、开挖等原因也常出现）或断裂，低应变完整性为Ⅲ类或Ⅳ类，但高应变完整性可能为Ⅱ类，且竖向抗压承载力可能满足设计要求，但存在水平承载力和耐久性方面的隐患。

3.4.6～3.4.7 扩大检测数量宜根据地质条件、桩基设计等级、桩型、施工质量变异性等因素合理确定，并应经过有关各方确认。

3.5 检测结果评价和检测报告

3.5.1 桩身完整性类别划分过去在国内一直未统一，其表现为划分的依据、类（级）别及名称三个方面。在划分依据上，根据信号反映的桩的缺陷程度划分者居多；部分是在考虑缺陷程度和整桩波速的基础上，以信号"反映的缺陷性质"划分；极少数是根据波速"得出的桩身混凝土强度"划分。在类别及名称上，有的分为"优质（优良）、良好（较好）、合格、可疑（较差）、不合格（很差、报废）"等五类；有的分为"完整（优质）、基本完整（尚可、合格、轻微缺陷）、可疑（较差）、不合格（报废）"等四类；或分为"优质、良好、不合格"等三类；甚至有的仅给出"合格、不合格"两类。表3.5.1统一了桩身完整性类别划分标准，有利于对完整性检测结果的判定和采用。需要特别指出：分项工程施工质量验收时的检查项目很多，桩身完整性仅是主控检查项目之一（承载力也如此），通常所有的检查项目都满足规定要求时才给出是否合格的结论，况且经设计复核或补强处理还允许通过验收。

桩基整体施工质量问题可由桩身完整性普测发现，如果不能就提供的完整性检测结果估计对桩承载力的影响程度，进而估计是否危及上部结构安全，那么在很大程度上就减少了桩身完整性检测的实际意义。桩的承载功能是通过桩身结构承载力实现的。完整性类别划分主要是根据缺陷程度，但这种划分不能机械地理解为不需考虑桩的设计条件和施工因素。综合判定能力对检测人员极为重要。

检测时实测桩长小于施工记录桩长，有两种情况：一种是桩端未进入设计要求的持力层或进入持力层的深度不满足设计要求，直接影响桩的承载力；另一种情况是桩端按设计要求进入了持力层，基本不影响桩的承载力。不论哪种情况，按桩身完整性定义中连续性的涵义，显然均应判为Ⅳ类桩。

3.5.2 本条所指的"工程处理"包括以下内容：补强、补桩、设计变更或由原设计单位复核是否可满足结构安全和使用功能要求。

3.5.3 承载力特征值是根据一个单位工程内同条件下的单桩承载力检测结果的统计、考虑一定的安全储备得到的。所以，本条所指的工程桩承载力检测结果评价——"给出承载力特征值是否满足设计要求的结论"，相当于用小样本推断大母体。这和过去常说的"仅对来样负责"不同，这里详细解释如下：

桩的设计要求通常包含承载力、混凝土强度以及施工质量验收规范规定的各项要求内容，而施工后基桩检测结果的评价包含了承载力和完整性两个相对独立的评价内容。设计文件中一般不提出完整性检测中Ⅲ类和Ⅳ类桩数的具体要求，但只要存在缺陷桩，尽管承载力满足设计要求，除非采取可靠的补救措施或设计上有很大的安全储备，否则该批桩不能被认为是合格批。所以，工程基桩整体评价满足设计要求的必要条件应理解为：包括补强处理后复检在内的承载力和完整性应全部符合要求；而其充分条件是结合设计施工等因素，确定有限的抽检数量（特别是静载和钻芯检测）具有代表性，能推断整体。若评价依据不充分，应增加抽检数量。

一种合适的检测评定标准，应该能保证施工和使用双方的风险均很小，但对基桩的承载力检测，要同时使二者的风险都比较小是不可能的，除非增大随机抽检数量。基桩承载力检测与评价与药品质量检测既有类似之处：生产方的风险一般大于使用方的风险，即有"不合格"桩存在就判为不满足设计要求，虽然从确保安全的角度说是合理的，但会造成很多合格桩也被否定掉；也有不同之处：通过设计复核或补强处理，只要不影响安全和正常使用功能，桩基工程可以验收。

更为重要的是，同一批药品的生产条件相对稳定，其质量的抽样检测评定标准是严格建立在科学的概率统计学基础上。根据一定的抽样规则，通过样本检测推断整批质量的错判率（生产方风险）和漏判率（使用方风险）在概率统计学上是已知的。然而，在基桩抽样检测评定中，同一批桩的施工中隐蔽影响因素多，很难保持条件恒定；传统的抽样规则，并未建立在概率统计学基础上。显然，倘要使工程基桩的整体评价（推断）有很高的置信度，势必要打破过去沿袭下来的"抽检1%且不少于3根"的做法，从而大幅度增加静载试桩数量，造成不经济。

根据桩基工程特点，应强调在出具检测结论时，需结合设计条件（基础和上部结构型式、地质条件、桩的承载性状、沉降控制要求等）和施工质量可靠性，在充分考虑受检桩数量及代表性的基础上进行；但桩基工程事故，绝大部分表现为沉降过大而不均匀，其中有些是因桩身存在严重缺陷造成的。而完整性检测带有普查性，故整体评价不能仅根据少数桩的承载力检测结果，尚应结合完整性检测结果。

还应注意到，对整个工程基桩的承载力评价，不是检测规范和检测人员能完全解决的。因为：

1 检测人员并非都具有较宽的知识面，也较难详细了解施工全过程以及设计条件。

2 基桩检测制定抽样方案的要求与《建筑工程施工质量验收统一标准》GB 50300有所不同：既然是通过小样本检测进行推断，就存在犯错判和漏判两类错误的可能性，但基桩检测目前却不能确定犯两类错误的概率各是多少。如按本规范第3.3.3条关于抽样的规定，少量静载试桩往往不具随机性（可能仅抽检完整性较差的桩，增加了施工方风险）。

所以，为使工程桩承载力主控项目验收结论明确，便于采用，规定用"单桩承载力特征值满足设计要求"的结论书面形式，并无全部基桩承载力均满足设计要求的涵义。

最后还需说明两点：（1）承载力检测因时间短暂，其结果仅代表试桩那一时刻的承载力，更不能包含日后自然或人为因素（如桩周土湿陷、膨胀、冻胀、侧移、基础上浮、地面堆载等）对承载力的影响。（2）承载力评价可能出现矛盾的情况，即承载力不满足设计要求而满足有关规范要求。因为规范一般给出满足安全储备和正常使用功能的最低要求，而设计时常在此基础上留有一定余量。考虑到责权划分，可以作为问题或建议提出，但仍需设计方复核和有关各责任主体方表态确认。

3.5.4～3.5.5 检测报告应根据所采用的检测方法和相应的检测内容出具检测结论。为使报告内容完整和具有较强的可读性，报告中应包括常规内容的叙述。还需特别强调：检测报告应包含各受检桩的原始检测数据和曲线，并附有相关的计算分析数据和曲线。检测报告仅有检测结果而无任何检测数据和曲线的现象必须杜绝。

3.6 检测机构和检测人员

3.6.1 建工行业的基桩检测机构只有经国务院、省级建设行政主管部门检测资质认可和计量行政主管部门的计量认证考核合格后，才能合法地进入检测市场开展相应的检测业务。实行这种考核办法旨在确认检测机构的计量检定、测试设备能力、人员技术水平、符合相关检测标准的情况、检测数据可靠性和质量管理体系的有效性，以保证出具的检测结果客观、公正、可靠。

3.6.2 由于基桩检测时需综合考虑地质、设计、施工等因素的影响，这就要求从事基桩检测工作的技术人员应经过学习、培训，具有必要的基桩检测方面的理论基础和实践，并对岩土工程尤其是桩基工程方面的知识有充分了解。

在各种基桩检测方法中，动力检测技术涉及的学科较多，且仍处于发展中，对检测人员的素质、技术水平和实践经验要求都很高。因此，持有工程桩动测资质证书的单位，还需要该单位的检测人员持有经考核合格后颁发的上岗证书。

4 单桩竖向抗压静载试验

4.1 适用范围

4.1.1 单桩抗压静载试验是公认的检测基桩竖向抗压承载力最直观、最可靠的传统方法。本规范主要是针对我国建筑工程中惯用的维持荷载法进行了技术规定。根据桩的使用环境、荷载条件及大量工程检测实践，在国内其他行业或国外，尚有循环荷载、等变形速率及终级荷载长时间维持等方法。

4.1.2 桩身内力测试按附录A规定的方法执行。

4.1.3 本条明确规定为设计提供依据的静载试验应

加载至破坏，即试验应进行到能判定单桩极限承载力为止。对于以桩身强度控制承载力的端承型桩，当设计另有规定时，应从其规定。

4.1.4 在对工程桩抽样验收检测时，规定了加载量不应小于单桩承载力特征值的 2.0 倍，以保证足够的安全储备。实际检测中，有时出现这样的情况：3 根工程桩静载试验，分十级加载，其中一根桩第十级破坏，另两根桩满足设计要求，按第 3.5.3 条，单位工程的单桩竖向抗压承载力特征值不满足设计要求。此时若有一根满足设计要求的桩的最大加载量取为单桩承载力特征值的 2.2 倍，且试验证实竖向抗压承载力不低于单桩承载力特征值的 2.2 倍，则单位工程的单桩竖向抗压承载力特征值满足设计要求。显然，若抽检的 3 根桩有代表性，就可避免不必要的工程处理。

4.2 设备仪器及其安装

4.2.1 为防止加载偏心，千斤顶的合力中心应与反力装置的重心、桩轴线重合，并保证合力方向垂直。

4.2.2 加载反力装置的形式在《建筑桩基技术规范》基础上增加了地锚反力装置，对单桩极限承载力较小的摩擦桩可用土锚作反力；对岩面浅的嵌岩桩，可利用岩锚提供反力。

4.2.3 用荷重传感器（直接方式）和油压表（间接方式）两种荷载测量方式的区别在于：前者采用荷重传感器测力，不需考虑千斤顶活塞摩擦对出力的影响；后者需通过率定换算千斤顶出力。同型号千斤顶在保养正常状态下，相同油压时的出力相对误差约为 1%～2%，非正常时可高达 5%。采用传感器测量荷重或油压，容易实现加卸荷与稳压自动化控制，且测量精度较高。采用压力表测定油压时，为保证测量精度，其精度等级应优于或等于 0.4 级，不得使用 1.5 级压力表控制加载。当油路工作压力较高时，有时出现油管爆裂、接头漏油、油泵加压不足造成千斤顶出力受限、压力表线度度变差等情况，所以应选用耐压高、工作压力大和量程大的油管、油泵和压力表。

4.2.4 对于机械式大量程（50mm）百分表，《大量程百分表》JJG379 规定的 1 级标准为：全程示值误差和回程误差分别不超过 40μm 和 8μm，相当于满量程测量误差不大于 0.1%FS。沉降测定平面应在千斤顶底座承压板以下的桩身位置，即不得在承压板上或千斤顶上设置沉降观测点，避免因承压板变形导致沉降观测数据失真。基准桩应打入地面以下足够的深度，一般不小于 1m。基准梁应一端固定，另一端简支，这是为减少温度变化引起的基准梁挠曲变形。在满足表 4.2.5 的规定条件下，基准梁不宜过长，并应采取有效遮挡措施，以减少温度变化和刮风下雨的影响，尤其在昼夜温差较大且白天有阳光照射时更应注意。

4.2.5 在试桩加卸载过程中，荷载将通过锚桩（地锚）、压重平台支墩传至试桩、基准桩周围地基土并使之变形。随着试桩、基准桩和锚桩（或压重平台支墩）三者间相互距离缩小，地基土变形对试桩、基准桩的附加应力和变位影响加剧。

1985 年，国际土力学与基础工程协会（ISSMFE）根据世界各国对有关静载试验的规定，提出了静载试验的建议方法并指出：试桩中心到锚桩（或压重平台支墩边）和到基准桩各自间的距离应分别"不小于 2.5m 或 3D"，这和我国现行规范规定的"大于等于 4D 且不小于 2.0m"相比更容易满足（小直径桩按 3D 控制，大直径桩按 2.5m 控制）。高重建筑物下的大直径桩试验荷载大、桩间净距小（最小中心距为 3D），往往受设备能力制约，采用锚桩法检测时，三者间的距离有时很难满足"大小等于 4D"的要求，加长基准梁又难避免气候环境影响。考虑到现场验收试验中的困难，且加载过程中，锚桩上拔对基准桩、试桩的影响小于压重平台对它们的影响，故本规范中对部分间距的规定放宽为"不小于 3D"。

关于压重平台支墩边与基准桩和试桩之间的最小间距问题，应区别两种情况对待。在场地土较硬时，堆载引起的支墩及其周边地面沉降和试验加载引起的地面回弹均很小。如 φ1200 灌注桩采用 10×10m² 平台堆载 11550kN，土层自上而下为凝灰岩残积土、强风化和中风化凝灰岩，堆载和试验加载过程中，距支墩边 1m、2m 处观测到的地面沉降及回弹量几乎为零。但在软土场地，大吨位堆载由于支墩影响范围大而应引起足够的重视。以某一场地 φ500 管桩用 7×7m² 平台堆载 4000kN 为例：在距支墩边 0.95m、1.95m、2.55m 和 3.5m 设四个观测点，平台堆载至 4000kN 时观测点下沉量分别为 13.4mm、6.7mm、3.0mm 和 0.1mm；试验加载至 4000kN 时观测点回弹量分别为 2.1mm、0.8mm、0.5mm 和 0.4mm。但也有报导管桩堆载 6000kN，支墩产生明显下沉，试验加载至 6000kN 时，距支墩边 2.9m 处的观测点回弹近 8mm。这里出现两个问题：其一，当支墩边距试桩较近时，大吨位堆载地面下沉将对桩产生负摩阻力，特别对摩擦型桩将明显影响其承载力；其二，桩加载（地面卸载）时地基土回弹对基准桩产生影响。支墩对试桩、基准桩的影响程度与荷载水平及土质条件等有关。对于软土场地超过 10000kN 的特大吨位堆载（目前国内压重平台法堆载已超过 30000kN），为减少对试桩产生附加影响，应考虑对支墩下 2～3 倍宽影响范围内的地基进行加固；对大吨位堆载支墩出现明显下沉的情况，尚需进一步积累资料和研究可靠的沉降测量方法，简易的办法是在远离支墩处用水准仪或张紧的钢丝观测基准桩的竖向位移。

4.3 现场检测

4.3.1 本条是为使试桩具有代表性而提出的。

4.3.2 为便于沉降测量仪表安装，试桩顶部宜高出试坑地面；为使试验桩受力条件与设计条件相同，试坑地面宜与承台底标高一致。对于工程桩验收检测，当桩身荷载水平较低时，允许采用水泥砂浆将桩顶抹平的简单桩头处理方法。

4.3.3 本条主要是考虑在实际工程桩检测中，因锚桩质量问题而导致试桩失败或中途停顿的情况时有发生，为此建议在试桩前对灌注桩及有接头的混凝土预制桩进行完整性检测，大致确定其能否作锚桩使用。

4.3.4 本条是按我国的传统做法，对维持荷载法进行的原则性规定。

4.3.5 慢速维持荷载法是我国公认，且已沿用多年的标准试验方法，也是其他工程桩竖向抗压承载力验收检测方法的唯一比较标准。

4.3.6～4.3.7 按 4.3.6 条第 2 款，慢速维持荷载法每级荷载持载时间最少为 2h。对绝大多数桩基而言，为保证上部结构正常使用，控制桩基绝对沉降是第一位重要的，这是地基基础按变形控制设计的基本原则。在工程桩验收检测中，国内某些行业或地方标准允许采用快速维持荷载法。国外许多国家的维持荷载法相当于我国的快速维持荷载法，最少持载时间为 1h，但规定了较为宽松的沉降相对稳定标准，与我国快速法的差别就在于此。1985 年 ISSMFE 根据世界各国的静载试验有关规定，在推荐的试验方法中，建议"维持荷载法加载为每小时一级，稳定标准为 0.1mm/20min"。当桩端嵌入基岩时，个别国家还允许缩短时间；也有些国家为测定桩的蠕变沉降速率建议采用终级荷载长时间维持法。

快速维持荷载法在国内从 20 世纪 70 年代就开始应用，我国港口工程规范从 1983 年（JTJ 2202—83）、上海地基设计规范从 1989 年（DBJ-08-11-89）起就将这一方法列入，与慢速法一起并列为静载试验方法。快速法由于每级荷载维持时间为 1h，各级荷载下的桩顶沉降相对慢速法确实要小一些。表 2 列出了上海市 23 根摩擦桩慢速维持荷载法试验实测桩顶稳定时的沉降量和 1h 时沉降量的对比结果。从中可见，在 1/2 极限荷载点，快速法 1h 时的桩顶沉降量与慢速法相差很小（0.5mm 以内），平均相差 0.2mm；在极限荷载点相差要大些，为 0.6～6.1mm，平均 2.9mm。相对而言，"慢速法"的加荷速率比建筑物建造过程中的施工加载速率要快得多，慢速法试桩得到的使用荷载对应的桩顶沉降与建筑物桩基在长期荷载作用下的实际沉降相比，要小几倍到十几倍。所以，规范中的快慢速试桩沉降差异是可以忽略的。

关于快慢速法极限承载力比较，根据上海市统计的 71 根试验桩资料（桩端在粘性土中 47 根，在砂土中 24 根），这些对比是在同一根桩或桩土条件相同的相邻桩上进行的，得出的结果见表 3。

表 2　稳定时的沉降量 s_w 和 1h 时的沉降量 s_{1h} 的对比

荷载点	s_w 与 s_{1h} 之差（mm）		s_{1h}/s_w（%）	
	幅度	平均	幅度	平均
极限荷载	0.57～6.07	2.89	71～96	86
1/2 极限荷载	0.01～0.51	0.20	95～100	98

表 3　快速法与慢速法极限承载力比较

桩端土类别	快速法比慢速法极限荷载提高幅度
粘性土	0～9.6%，平均 4.5%
砂土	−2.5%～9.6%，平均 2.3%

从中可以看出快速法试验得出的极限承载力较慢速法略高一些，其中桩端在粘性土中平均提高约 1/2 级荷载，桩端在砂土中平均提高约 1/4 级荷载。

在我国，如有些软土中的摩擦桩，按慢速法加载，在 2 倍设计荷载的前几级，就已出现沉降稳定时间逐渐延长，即在 2h 甚至更长时间内不收敛。此时，采用快速法是不适宜的。而也有很多地方的工程桩验收试验，在每级荷载施加不久，沉降迅速稳定，缩短持载时间不会明显影响试桩结果；且因试验周期的缩短，又可减少昼夜温差等环境影响引起的沉降观测误差。在此，建议快速维持荷载法按下列步骤进行：

1　每级荷载施加后维持 1h，按第 5、15、30min 测读桩顶沉降量，以后每隔 15min 测读一次。

2　测读时间累计为 1h 时，若最后 15min 时间间隔的桩顶沉降增量与相邻 15min 时间间隔的桩顶沉降增量相比未明显收敛时，应延长维持荷载时间，直至最后 15min 的沉降增量小于相邻 15min 的沉降增量为止。

3　终止加荷条件可按本规范第 4.3.8 条第 1、3、4、5 款执行。

4　卸载时，每级荷载维持 15min，按第 5、15min 测读桩顶沉降量后，即可卸下一级荷载。卸载至零后，应测读桩顶残余沉降量，维持时间为 2h，测读时间为第 5、15、30min，以后每隔 30min 测读一次。

各地在采用快速法时，应总结积累经验，并可结合当地条件提出适宜的沉降相对稳定控制标准。

4.3.8 当桩身存在水平整合型缝隙、桩端有沉渣或吊脚时，在较低竖向荷载时常出现本级荷载沉降超过上一级荷载对应沉降 5 倍的陡降，当缝隙闭合或桩端与硬持力层接触后，随着持载时间或荷载增加，变形梯度逐渐变缓；当桩身强度不足桩被压断时，也会出现陡降，但与前相反，随着沉降增加，荷载不能维持甚至大幅降低。所以，出现陡降后不宜立即卸荷，而应使桩下沉量超过 40mm，以大致判断造成陡降的原因。

非嵌岩的长（超长）桩和大直径（扩底）桩的 $Q\text{-}s$ 曲线一般呈缓变型，在桩顶沉降达到 40mm 时，桩端阻力一般不能充分发挥。前者由于长细比大、桩身较柔，弹性压缩量大，桩顶沉降较大时，桩端位移还很小；后者虽桩端位移较大，但尚不足以使端阻力充分发挥。因此，放宽桩顶总沉降量控制标准是合理的。

4.4 检测数据的分析与判定

4.4.1 除 $Q\text{-}s$、$s\text{-}\lg t$ 曲线外，还有 $s\text{-}\lg Q$ 曲线。同一工程的一批试桩曲线应按相同的沉降纵坐标比例绘制，满刻度沉降值不宜小于 40mm，使结果直观、便于比较。

4.4.2 大量实践经验表明：当沉降量达到桩径的 10% 时，才可能出现极限荷载（太沙基和 ISSMFE）；粘性土中端阻充分发挥所需的桩端位移为桩径的 4%～5%，而砂土中至少达到 15%。故本条第 4 款对缓变型 $Q\text{-}s$ 曲线，按 $s=0.05D$ 确定直径大于等于 800mm 桩的极限承载力大体上是保守的；且因 $D \geqslant$ 800mm 时定义为大直径桩，当 $D=800$mm 时，$0.05D=40$mm，正好与中、小直径桩的取值标准衔接。应该注意，世界各国按桩顶总沉降确定极限承载力的规定差别较大，这和各国安全系数的取值大小、特别是上部结构对桩基沉降的要求有关。因此当按本规范建议的桩顶沉降量确定极限承载力时，尚应考虑上部结构对桩基沉降的具体要求。

4.4.3 本规范单桩竖向抗压承载力的统计按《建筑地基基础设计规范》GB 50007 的规定执行。也有根据统计承载力标准差大于 15% 时，采用极限承载力标准值折减系数的修正方法。实际操作中对桩数大于等于 4 根时，折减系数的计算比较繁琐，且静载检测本身是通过小样本来推断总体，样本容量愈小，可靠度愈低，而影响单桩承载力的因素复杂多变。当一批受检桩中有一根桩承载力过低，若恰好不是偶然原因造成，则该验收批一旦被接受，就会增加使用方的风险。因此规定极差超过平均值的 30% 时，首先应分析、查明原因，结合工程实际综合确定。例如一组 5 根试桩的承载力值依次为 800、950、1000、1100、1150kN，平均值为 1000kN，单桩承载力最低值和最高值的极差为 350kN，超过平均值的 30%，则不得将最低值 800kN 去掉将后面 4 个值取平均，或将最低和最高值都去掉取中间 3 个值的平均值。应查明是否出现桩的质量问题或场地条件变异，若低值承载力出现的原因并非偶然的施工质量造成，则按本例依次去掉高值后取平均，直至满足极差不超过 30% 的条件；此外，对桩数小于或等于 3 根的柱下承台，或试桩数量仅为 2 根时，应采用低值，以确保安全。对于仅通过少量试桩无法判明极差大的原因时，可增加试桩数量。

4.4.4 《建筑地基基础设计规范》GB 50007 规定的单桩竖向抗压承载力特征值是按单桩竖向抗压极限承载力统计值除以安全系数 2 得到的，综合反映了桩侧、桩端极限阻力控制承载力特征值的低限要求。

4.4.5 本条规定了检测报告中应包含的一些内容，避免检测报告过于简单，也有利于委托方、设计及检测部门对报告的审查和分析。

5 单桩竖向抗拔静载试验

5.1 适用范围

5.1.1 单桩竖向抗拔静载试验是检测单桩竖向抗拔承载力最直观、可靠的方法。与本规范中抗压静载试验一样，拔桩试验也是采用了国内外惯用的维持荷载法，并规定应采用慢速维持荷载法。

5.1.2 当需要检测桩侧抗拔极限摩阻力或了解桩端上拔量时，可按本规范附录 A 中有关方法执行。

5.1.3 当为设计提供依据时，应加载到能判别单桩抗拔极限承载力为止，或加载到桩身材料强度控制值。在对工程桩抽样验收检测时，可按设计要求控制最大上拔荷载，但应有足够的安全储备。

5.2 设备仪器及其安装

5.2.1 本条的要求基本同第 4.2.1 条。因拔桩试验时千斤顶安放在反力架上面，当采用二台以上千斤顶加载时，应采取一定的安全措施，防止千斤顶倾倒或其他意外事故发生。

5.2.2 当采用天然地基作反力时，两边支座处的地基强度应相近，且两边支座与地面的接触面积宜相同，避免加载过程中两边沉降不均造成试桩偏心受拉。为保证反力梁的稳定性，应注意反力桩顶面直径（或边长）不小于反力架的梁宽。

5.2.3～5.2.5 这三条基本参照本规范第 4.2.3～4.2.5 条执行，但应注意以下两点：

1 桩顶上拔量测量平面必须在桩身位置，严禁在混凝土桩的受拉钢筋上设置位移观测点，避免因钢筋变形导致上拔量观测数据失实。

2 在采用天然地基提供支座反力时，拔桩试验加载相当于给支座处地面加载。支座附近的地面也因此会出现不同程度的沉降。荷载越大，这种变形越明显。为防止支座处地基沉降对基准梁的影响，一是应使基准桩与支座、试桩各自之间的间距满足表 4.2.5 的规定，二是基准桩需打入试坑地面以下一定深度（一般不小于 1m）。

5.3 现场检测

5.3.1 本条包含以下三个方面内容：

1 在拔桩试验前，对混凝土灌注桩及有接头的预制桩采用低应变法检查桩身质量，目的是防止因试验桩自身质量问题而影响抗拔试验成果。

2 对抗拔试验的钻孔灌注桩在浇注混凝土前进行成孔检测，目的是查明桩身有无明显扩径现象或出现扩大头，因这类桩的抗拔承载力缺乏代表性，特别是扩大头桩及桩身中下部有明显扩径的桩，其抗拔极限承载力远远高于长度和桩径相同的非扩径桩，且相同荷载下的上拔量也有明显差别。

3 对有接头的 PHC、PTC 和 PC 管桩应进行接头抗拉强度验算。对电焊接头的管桩除验算其主筋强度外，还要考虑主筋墩头的折减系数以及管节端板偏心受拉时的强度及稳定性。墩头折减系数可按有关规范取 0.92，而端板强度的验算则比较复杂，可按经验取一个较为安全的系数。

5.3.2 本条规定拔桩试验应采用慢速维持荷载法，其荷载分级、试验方法及稳定标准均同第 4.3.4 条和 4.3.6 条有关规定。

5.3.3 本条规定出现所列四种情况之一时，可终止加载。但若在较小荷载下出现某级荷载的桩顶上拔量大于前一级荷载下的 5 倍时，应综合分析原因。若是试验桩，必要时可继续加载，因混凝土桩当桩身出现多条环向裂缝后，其桩顶位移可能会出现小的突变，而此时并非达到桩侧土的极限抗拔力。

5.4 检测数据的分析与判定

5.4.1 拔桩试验与压桩试验一样，一般应绘制 U-δ 曲线和 δ-lg$t$ 曲线，但当上述二种曲线难以判别时，也可以辅以 δ-lg$U$ 曲线或 lg$U$-lgδ 曲线，以确定拐点位置。

5.4.2 本条前两款确定的抗拔极限承载力是土的极限抗拔阻力与桩（包括桩向上运动所带动的土体）的自重标准值两部分之和。第 3 款所指的"断裂"是因钢筋强度不够情况下的断裂。如果因抗拔钢筋受力不均匀，部分钢筋因受力太大而断裂，应视该桩试验无效并进行补充试验。不能将钢筋断裂前一级荷载作为极限荷载。

5.4.4 工程桩验收检测时，混凝土桩抗拔承载力可能受抗裂或钢筋强度制约，而土的抗拔阻力尚未发挥到极限，一般取最大荷载或取上拔量控制值对应的荷载作为极限荷载，不能轻易外推。

5.4.5 按统计的试桩竖向抗拔极限承载力确定单桩竖向抗拔承载力特征值 U_a 时取安全系数为 2，显然只与极限抗拔承载力按土的极限抗拔阻力控制的情况对应。有关抗裂控制要求的解释可参见第 6.4.6～6.4.7 条的条文说明。

6 单桩水平静载试验

6.1 适用范围

6.1.1 桩的水平承载力静载试验除了桩顶自由的单桩试验外，还有带承台桩的水平静载试验（考虑承台的底面阻力和侧面抗力，以便充分反映桩基在水平力作用下的实际工作状况）、桩顶不能自由转动的不同约束条件及桩顶施加垂直荷载等试验方法，也有循环荷载的加载方法。这一切都可根据设计的特殊要求给予满足，并参考本方法进行。

6.1.2 桩的抗弯能力取决于桩和土的力学性能、桩的自由长度、抗弯刚度、桩宽、桩顶约束等因素。试验条件应尽可能和实际工作条件接近，将各种影响降低到最小的程度，使试验成果能尽量反映工程桩的实际情况。通常情况下，试验条件很难做到和工程桩的情况完全一致，此时应通过试验桩测得桩周土的地基反力特性，即地基土的水平抗力系数。它反映了桩在不同深度处桩侧土抗力和水平位移之间的关系，可视为土的固有特性。根据实际工程桩的情况（如不同桩顶约束、不同自由长度），用它确定土抗力大小，进而计算单桩的水平承载力和弯矩。因此，通过试验求得地基土的水平抗力系数具有更实际、更普遍的意义。

6.2 设备仪器及其安装

6.2.3 水平力作用点位置高于基桩承台底标高，试验时在相对承台底面处产生附加弯矩，影响测试结果，也不利于将试验成果根据实际桩顶的约束予以修正。球形支座的作用是在试验过程中，保持作用力的方向始终水平和通过桩轴线，不随桩的倾斜或扭转而改变。

6.2.6 为保证各测试断面的应力最大值及相应弯矩的测量精度，试桩设置时应严格控制测点的纵剖面与力作用方向之间的偏差。对承受水平荷载的桩而言，桩的破坏是由于桩身弯矩引起的结构破坏。因此对中长桩而言，浅层土的性质起了重要作用，在这段范围内的弯矩变化也最大。为找出最大弯矩及其位置，应加密测试断面。

6.3 现场检测

6.3.1 单向多循环加载法，主要是为了模拟实际结构的受力形式。由于结构物承受的实际荷载异常复杂，所以当需考虑长期水平荷载作用影响时，宜采用第 4 章规定的慢速维持荷载法。由于单向多循环荷载的施加会给内力测试带来不稳定因素，为方便测试，建议采用第 4 章规定的慢速或快速维持荷载法；此外水平试验桩通常以结构破坏为主，为缩短试验时间，也可采用更短时间的快速维持荷载法。例如《港口工程桩基规范》（桩的水平承载力设计）JTJ 254—98 规定每级荷载维持 20min。

6.3.3 对抗弯性能较差的长桩或中长桩而言，承受水平荷载桩的破坏特征是弯曲破坏，即桩身发生折断，此时试验自然终止。本条对终止加荷的水平位移限制要求是根据《建筑桩基技术规范》提出的；在工程桩水平承载力验收检测中，终止加荷条件可按设计要求或规范规定的水平位移允许值控制。

6.4 检测数据的分析与判定

6.4.1 本条中的地基土水平抗力系数随深度增长的比例系数 m 值的计算公式仅适用于水平力作用点至试坑地面的桩自由长度为零时的情况。按桩、土相对刚度不同，水平荷载作用下的桩-土体系有两种工作状态和破坏机理，一种是"刚性短桩"，因转动或平移而破坏，相当于 $ah<2.5$ 时的情况；另一种是工程中常见的"弹性长桩"，桩身产生挠曲变形，桩下段嵌固于土中不能转动，即本条中 $ah \geqslant 4.0$ 的情况。在 $2.5 \leqslant ah < 4.0$ 范围内，称为"有限长度的中长桩"。《建筑桩基技术规范》对中长桩的 ν_y 变化给出了具体数值（见表4）。因此，在按式（6.4.1-1）计算 m 值时，应先试算 ah 值，以确定 ah 是否大于或等于4.0，若在 $2.5 \sim 4.0$ 范围以内，应调整 ν_y 值重新计算 m 值（有些行业标准不考虑）。当 $ah<2.5$ 时，式（6.4.1-1）不适用。

表 4　桩顶水平位移系数 ν_y

桩的换算埋深 ah	4.0	3.5	3.0	2.8	2.6	2.4
桩顶自由或铰接时的 ν_y 值	2.441	2.502	2.727	2.905	3.163	3.526

注：当 $ah>4.0$ 时取 $ah=4.0$。

　　试验得到的地基土水平抗力系数的比例系数 m 不是一个常量，而是随地面水平位移及荷载而变化的曲线。

6.4.3 对于混凝土长桩或中长桩，随着水平荷载的增加，桩侧土体的塑性区自上而下逐渐开展扩大，最大弯矩断面下移，最后形成桩身结构的破坏。所测水平临界荷载 H_{cr} 为桩身产生开裂前所对应的水平荷载。因为只有混凝土桩才会产生开裂，故只有混凝土桩才有临界荷载。

6.4.4 单桩水平极限承载力是对应于桩身折断或桩身钢筋应力达到屈服时的前一级水平荷载。

6.4.6～6.4.7 单桩水平承载力特征值除与桩的材料强度、截面刚度、入土深度、土质条件、桩顶水平位移允许值有关外，还与桩顶边界条件（嵌固情况和桩顶竖向荷载大小）有关。由于建筑工程的基桩桩顶嵌入承台长度通常较短，其与承台连接的实际约束条件介于固接与铰接之间，这种连接相对于桩顶完全自由时可减少桩顶位移，相对于桩顶完全固接时可降低桩顶约束弯矩并重新分配桩身弯矩。如果桩顶完全固接，水平承载力按位移控制时，是桩顶自由时的2.60倍；对较低配筋率的灌注桩按桩身强度（开裂）控制时，由于桩顶弯矩的增加，水平临界承载力是桩顶自由时的0.83倍。如果考虑桩顶竖向荷载作用，混凝土桩的水平承载力将会产生变化，桩顶荷载是压力，其水平承载力增加，反之减小。

　　桩顶自由的单桩水平试验得到的承载力和弯矩仅代表试桩条件的情况，要得到符合实际工程桩嵌固条件的受力特性，需将试桩结果转化，而求得地基土水平抗力系数是实现这一转化的关键。考虑到水平荷载-位移关系的非线性且 m 值随荷载或位移增加而减小，有必要给出 H-m 和 Y_0-m 曲线并按以下考虑确定 m 值。

　　1　可按设计给出的实际荷载或桩顶位移确定 m 值。

　　2　设计未做具体规定的，可取6.4.6条或6.4.7条确定的水平承载力特征值对应的 m 值：对低配筋率灌注桩，水平承载力多由桩身强度控制，则应按试验得到的 H-m 曲线取水平临界荷载所对应的 m 值；对于高配筋率混凝土桩或钢桩，水平承载力按允许位移控制时，可按设计要求的水平允许位移选取 m 值。

　　与竖向抗压、抗拔桩不同，混凝土桩在水平荷载作用下的破坏模式一般为弯曲破坏，极限承载力由桩身强度控制。所以，6.4.6条在确定单桩水平承载力特征值 H_a 时，未采用按试桩水平极限承载力除以安全系数的方法，而按照桩身强度、开裂或允许位移等控制因素来确定 H_a。不过，也正是因为水平承载桩的承载能力极限状态主要受桩身强度制约，通过试验给出极限承载力和极限弯矩对强度控制设计是非常必要的。抗裂要求不仅涉及桩身强度，也涉及桩的耐久性。6.4.7条虽允许按设计要求的水平位移确定水平承载力，但根据《混凝土结构设计规范》GB 50010，只有裂缝控制等级为三级的构件，才允许出现裂缝，且桩所处的环境类别至少为二级以上（含二级），裂缝宽度限值为0.2mm。因此，当裂缝控制等级为一、二级时，按6.4.7条确定的水平承载力特征值就不应超过水平临界荷载。

7　钻芯法

7.1　适用范围

7.1.1 钻芯法是检测钻（冲）孔、人工挖孔等现浇混凝土灌注桩的成桩质量的一种有效手段，不受场地条件的限制，特别适用于大直径混凝土灌注桩的成桩质量检测。钻芯法检测的主要目的有四个：

　　1　检测桩身混凝土质量情况，如桩身混凝土胶结状况、有无气孔、松散或断桩等，桩身混凝土强度是否符合设计要求。

　　2　桩底沉渣是否符合设计或规范的要求。

　　3　桩端持力层的岩土性状（强度）和厚度是否符合设计或规范要求。

　　4　施工记录桩长是否真实。

受检桩长径比较大时，成孔的垂直度和钻芯孔的垂直度很难控制，钻芯孔容易偏离桩身，故要求受检桩桩径不宜小于 800mm，长径比不宜大于 30。

7.2 设 备

7.2.1～7.2.3 应采用带有产品合格证的钻芯设备。钻机宜采用岩芯钻探的液压钻机，并配有相应的钻塔和牢固的底座，机械技术性能良好，不得使用立轴旷动过大的钻机。

孔口管、扶正稳定器（又称导向器）及可捞取松软渣样的钻具应根据需要选用。桩较长时，应使用扶正稳定器确保钻芯孔的垂直度。

目前钻芯取样方法分三大类：钢粒钻进、硬质合金钻进和金刚石钻进。钢粒钻进能通过坚硬岩石，但钻头与切削具是分开的，破碎孔底环状面积大、芯样直径小、芯样易破碎、磨损大、采取率低，不适用于基桩钻芯法检测。硬质合金钻进虽然切削具破坏岩石比较平稳、破碎孔底环状间隙相对较小、孔壁与钻具间隙小、芯样直径大、采取率较好，但是硬质合金钻只适用于小于七级的岩石（岩石有十二级分类），不适用于基桩钻芯法检测。金刚石钻头切削刀细、破碎岩石平稳、钻具孔壁间隙小、破碎孔底环状面积小，且由于金刚石较硬、研磨性较强，高速钻进时芯样受钻具磨损时间短，容易获得比较真实的芯样。因此钻芯法检测应采用金刚石钻头钻进。

芯样试件直径不宜小于骨料最大粒径的 3 倍，在任何情况下不得小于骨料最大粒径的 2 倍，否则试件强度的离散性较大。目前，钻头外径有 76mm、91mm、101mm、110mm、130mm 几种规格，从经济合理的角度综合考虑，应选用外径为 101mm 和 110mm 的钻头；当受检桩采用商品混凝土、骨料最大粒径小于 30mm 时，可选用外径为 91mm 的钻头；如果不检测混凝土强度，可选用外径为 76mm 的钻头。

7.3 现场检测

7.3.1 当钻芯孔为一个时，规定宜在距桩中心 10～15cm 的位置开孔，是考虑导管附近的混凝土质量相对较差、不具有代表性，同时也方便第二个孔的位置布置。

为准确确定桩的中心点，桩头宜开挖裸露；来不及开挖或不便开挖的桩，应由经纬仪测出桩位中心。

桩端持力层岩土性状的准确判断直接关系到受检桩的使用安全。《建筑地基基础设计规范》GB 50007 规定：嵌岩灌注桩要求按端承桩设计，桩端以下三倍桩径范围内无软弱夹层、断裂破碎带和洞隙分布，在桩底应力扩散范围内无岩体临空面。虽然施工前已进行岩土工程勘察，但有时钻孔数量有限，对较复杂的地质条件，很难全面弄清岩石、土层的分布情况。因此，应对桩端持力层进行足够深度的钻探。

7.3.2～7.3.5 钻芯设备应精心安装、认真检查。钻进过程中应经常对钻机立轴进行校正，及时纠正立轴偏差，确保钻芯过程不发生倾斜、移位。设备安装后，应进行试运转，在确认正常后方能开钻。

桩顶面与钻机塔座距离大于 2m 时，宜安装孔口管。开孔宜采用合金钻头、开孔深为 0.3～0.5m 后安装孔口管，孔口管下入时应严格测量垂直度，然后固定。

当出现钻芯孔与桩体偏离时，应立即停机记录，分析原因。当有争议时，可进行钻孔测斜，以判断是受检桩倾斜超过规范要求还是钻芯孔倾斜超过规定要求。

金刚石钻头、扩孔器与卡簧的配合和使用要求：金刚石钻头与岩芯管之间必须安有扩孔器，用以修正孔壁；扩孔器外径应比钻头外径大 0.3～0.5mm，卡簧内径应比钻头内径小 0.3mm 左右；金刚石钻头和扩孔器应按外径先大后小的排列顺序使用，同时考虑钻头内径小的先用，内径大的后用。

金刚石钻进技术参数：

1 钻头压力：钻芯法的钻头压力应根据混凝土芯样的强度与胶结好坏而定，胶结好、强度高的钻头压力可大，相反的压力应小；一般情况初压力为 0.2MPa，正常压力 1MPa。

2 转速：回次初转速宜为 100r/min 左右；正常钻进时可以采用高转速，但芯样胶结强度低的混凝土应采用低转速。

3 冲洗液量：钻芯法宜采用清水钻进，冲洗液量一般按钻头大小而定。钻头直径为 101mm 时，冲洗液流量应为 60～120L/min。

金刚石钻进应注意的事项：

1 金刚石钻进前，应将孔底硬质合金捞取干净并磨灭，然后磨平孔底。

2 提钻卸取芯样时，应使用专门的自由钳拧卸钻头和扩孔器。

3 提放钻具时，钻头不得在地下拖拉；下钻时金刚石钻头不得碰撞孔口或孔口管上；发生墩钻或跑钻事故，应提钻检查钻头，不得盲目钻进。

4 当孔内有掉块、混凝土芯脱落或残留混凝土芯超过 200mm 时，不得使用新金刚石钻头扫孔，应使用旧的金刚石钻头或针状合金钻头套扫。

5 下钻前金刚石钻头不得下至孔底，应下至距孔底 200mm 处，采用轻压慢转扫到孔底，待钻进正常后再逐步增加压力和转速至正常范围。

6 正常钻进时不得随意提动钻具，以防止混凝土芯堵塞，发现混凝土芯堵塞时应立刻提钻，不得继续钻进。

7 钻进过程中要随时观察冲洗液量和泵压的变化，正常泵压应为 0.5～1MPa，发现异常应查明原因，立即处理。

7.3.6 钻至桩底时，为检测桩底沉渣或虚土厚度，应采用减压、慢速钻进。若遇钻具突降，应即停钻，及时测量机上余尺，准确记录孔深及有关情况。

当持力层为中、微风化岩石时，可将桩底 0.5m 左右的混凝土芯样、0.5m 左右的持力层以及沉渣纳入同一回次。当持力层为强风化岩层或土层时，可采用合金钢钻头干钻等适宜的钻芯方法和工艺钻取沉渣并测定沉渣厚度。

对中、微风化岩的桩端持力层，可直接钻取岩芯鉴别；对强风化岩层或土层，可采用动力触探、标准贯入试验等方法鉴别。试验宜在距桩底 50cm 内进行。

7.3.7 芯样取出后，应由上而下按回次顺序放进芯样箱中，芯样侧面上应清晰标明回次数、块号、本回次总块数（宜写成带分数的形式，如 $2\frac{3}{5}$ 表示第 2 回次共有 5 块芯样，本块芯样为第 3 块）。及时记录孔号、回次数、起至深度、块数、总块数、芯样质量的初步描述及钻进异常情况。

有条件时，可采用钻孔电视辅助判断混凝土质量。

7.3.8 对桩身混凝土芯样的描述包括桩身混凝土钻进深度，芯样连续性、完整性、胶结情况、表面光滑情况、断口吻合程度、混凝土芯是否为柱状、骨料大小分布情况、气孔、蜂窝麻面、沟槽、破碎、夹泥、松散的情况，以及取样编号和取样位置。

对持力层的描述包括持力层钻进深度、岩土名称、芯样颜色、结构构造、裂隙发育程度、坚硬及风化程度，以及取样编号和取样位置，或动力触探、标准贯入试验位置和结果。分层岩应分别描述。

7.3.9 应先拍彩色照片，后截取芯样试件。取样完毕剩余的芯样宜移交委托单位妥善保存。

7.4 芯样试件截取与加工

7.4.1 以概率论为基础，用可靠性指标度量桩基的可靠度是比较科学的评价基桩强度的方法，即在钻芯法受检桩的芯样中截取一批芯样试件进行抗压强度试验，采用统计的方法判断混凝土强度是否满足设计要求。但在应用上存在以下一些困难：

1 由于基桩施工的特殊性，评价单根受检桩的混凝土强度比评价整个桩基工程的混凝土强度更合理。

2 《混凝土强度检验评定标准》GBJ 107—87 定义立方体抗压强度标准值采用了概率论和可靠度概念，但是在判断一个验收批的混凝土强度是否合格时采用了两个不等式：

$$m_{fcu} - \lambda_1 \cdot s_{fcu} \geq 0.9 f_{cu,k} \tag{1}$$

$$f_{cu,min} \geq \lambda_2 \cdot f_{cu,k} \tag{2}$$

如果说第一个不等式沿用了概率论和可靠度概念，那么，第二个不等式是考虑评定对象是结构受力构件，不允许出现过低的小值。同时，该标准指出一组试件的强度代表值应由三个试件的强度值确定，而钻芯法增加 3 倍的芯样试件数量有困难。

3 混凝土桩应作为受力构件考虑，薄弱部位的强度（结构承载能力）能否满足使用要求，直接关系到结构安全。

综合多种因素考虑，规定按上、中、下截取芯样试件的原则，同时对缺陷和多孔取样做了规定。

一般来说，蜂窝麻面、沟槽等缺陷部位的强度较正常胶结的混凝土芯样强度低，无论是严把质量关，尽可能查明质量隐患，还是便于设计人员进行结构承载力验算，都有必要对缺陷部位的芯样进行取样试验。因此，缺陷位置能取样试验时，应截取一组芯样进行混凝土抗压试验。

如果同一基桩的钻芯孔数大于一个，其中一孔在某深度存在蜂窝麻面、沟槽、空洞等缺陷，芯样试件强度可能不满足设计要求，按第 7.6.1 条的多孔强度计算原则，在其他孔的相同深度部位取样进行抗压试验是非常必要的，在保证结构承载能力的前提下，减少加固处理费用。

7.4.2 为便于设计人员对端承力的验算，提供分层岩性的各层强度值是必要的。为保证岩石原始性状，选取的岩石芯样应及时包装并浸泡在水中。

7.4.3 对于基桩混凝土芯样来说，芯样试件可选择的余地较大，因此，不仅要求芯样试件不能有裂缝或有其他较大缺陷，而且要求芯样试件内不能含有钢筋；同时，为了避免试件强度的离散性较大，在选取芯样试件时，应观察芯样侧面的表观混凝土粗骨料粒径，确保芯样试件平均直径小于 2 倍表观混凝土粗骨料最大粒径。

为了避免再对芯样试件高径比进行修正，规定有效芯样试件的高度不得小于 $0.95d$ 且不得大于 $1.05d$ 时（d 为芯样试件平均直径）。

附录 E 规定平均直径测量精确至 0.5mm；沿试件高度任一直径与平均直径相差达 2mm 以上时不得用作抗压强度试验。这里做以下几点说明：

1 一方面要求直径测量误差小于 1mm，另一方面允许不同高度处的直径相差大于 1mm，增大了芯样试件强度的不确定度。考虑到钻芯过程对芯样直径的影响是强度低的地方直径偏小，而抗压试验时直径偏小的地方容易破坏，因此，在测量芯样平均直径时宜选择表观直径偏小的芯样中部部位。

2 允许沿试件高度任一直径与平均直径相差达 2mm，极端情况下，芯样试件的最大直径与最小直径相差可达 4mm，此时固然满足规范规定，但是，当芯样侧面有明显波浪状时，应检查钻机的性能，钻头、扩孔器、卡簧是否合理配置，机座是否安装稳固，钻机立轴是否摆动过大，提高钻机操作人员的技术水平。

3 在诸多因素中，芯样试件端面的平整度是一个重要的因素，容易被检测人员忽视，应引起足够的重视。

7.5 芯样试件抗压强度试验

7.5.1 根据桩的工作环境状态，试件宜在20±5℃的清水中浸泡一段时间后进行抗压强度试验。本条规定芯样试件加工完毕后，即可进行抗压强度试验，一方面考虑到钻芯过程中诸因素影响均使芯样试件强度降低，另一方面是出于方便考虑。

7.5.2 芯样试件抗压破坏时的最大压力值与混凝土标准试件明显不同，芯样试件抗压强度试验时应合理选择压力机的量程和加荷速率，保证试验精度。

7.5.3 当出现截取芯样未能制作成试件、芯样试件平均直径小于2倍试件内混凝土粗骨料最大粒径时，应重新截取芯样试件进行抗压强度试验。条件不具备时，可将另外两个强度的平均值作为该组混凝土芯样试件抗压强度值。在报告中应对有关情况予以说明。

7.5.4 混凝土芯样试件的强度值不等于在施工现场取样、成型、同条件养护试块的抗压强度，也不等于标准养护28天的试块抗压强度。广东有137组数据表明在桩身混凝土中的钻芯强度与立方体强度的比值的统计平均值为0.749。为考察小芯样取芯的离散性（如尺寸效应、机械扰动等），广东、福建、河南等地6家单位在标准立方体试块中钻取芯样进行抗压强度试验（强度等级C15～C50，芯样直径68～100mm，共184组），目的是排除龄期、振捣和养护条件的差异。结果表明：芯样试件强度与立方体强度的比值分别为0.689、0.848、0.895、0.915、1.106、1.106，平均为0.943，其中有两单位得出了$\phi68$、$\phi80$芯样强度与$\phi100$芯样强度相比均接近于1.0的结论。当排除龄期和养护条件（温度、湿度）差异时，尽管普遍认同芯样强度低于立方体强度，尤其是在桩身混凝土中钻芯更是如此，但上述结果说明：尚不能采用一个统一的折算系数来反映芯样强度与立方体强度的差异。作为行业标准，为了安全起见，本规范暂不推荐采用1/0.88（国内一些地方标准采用的折算系数）对芯样强度进行提高修正，留待各地根据试验结果进行调整。

7.5.5 岩石芯样试件数量按本规范7.4.3条每组芯样制作三个芯样抗压试件的规定。当岩石芯样抗压强度试验仅仅是配合判断桩端持力层岩性时，检测报告中可不给出岩石饱和单轴抗压强度标准值，只给出平均值；当需要确定岩石饱和单轴抗压强度标准值时，宜按《建筑地基基础设计规范》GB 50007附录J执行。

7.6 检测数据的分析与判定

7.6.1 由于混凝土芯样试件抗压强度的离散性比混凝土标准试件大得多，采用《混凝土强度检验评定标准》GBJ 107来计算混凝土芯样试件抗压强度代表值有时会出现无法确定代表值的情况。为了避免这种情况，对数千组数据进行验算，证实取平均值的方法是可行的。

同一根桩有两个或两个以上钻芯孔时，应综合考虑各孔芯样强度来评定桩身承载力。取同一深度部位各孔芯样试件抗压强度的平均值作为该深度的混凝土芯样试件抗压强度代表值，是一种简便实用方法。

7.6.2 虽然桩身轴力上大下小，但从设计角度考虑，桩身承载力受最薄弱部位的混凝土强度控制。

7.6.3 桩端持力层岩土性状的描述、判定应有工程地质专业人员参与，并应符合《岩土工程勘察规范》GB 50021的有关规定。

7.6.4～7.6.5 通过芯样特征对桩身完整性分类，有比低应变法更直观的一面，也有一孔之见代表性差的一面。同一根桩有两个或两个以上钻芯孔时，桩身完整性分类应综合考虑各钻芯孔的芯样质量情况，不同钻芯孔的芯样在同一深度部位均存在缺陷时，该位置存在安全隐患的可能性大，桩身缺陷类别应判重些。

在本规范中，虽然按芯样特征判定完整性和通过芯样试件抗压试验判定桩身强度是否满足设计要求在内容上相对独立，且表3.5.1中的桩身完整性分类是针对缺陷是否影响结构承载力的原则性规定。但是，除桩身裂隙外，根据芯样特征描述，不论缺陷属于哪种类型，都指明或相对表明桩身混凝土质量差，即存在低强度区这一共性。因此对于钻芯法，完整性分类尚应结合芯样强度值综合判定。例如：

1 蜂窝麻面、沟槽、空洞等缺陷程度应根据其芯样强度试验结果判断。若无法取样或不能加工成试件，缺陷程度应判重些。

2 芯样连续、完整、胶结好或较好、骨料分布均匀或基本均匀、断口吻合或基本吻合；芯样侧面无表观缺陷，或虽有气孔、蜂窝麻面、沟槽，但能够截取芯样制作成试件；芯样试件抗压强度代表值不小于混凝土设计强度等级。则应判为Ⅱ类桩。

3 芯样任一段松散、夹泥或分层，钻进困难甚至无法钻进，则判定基桩的混凝土质量不满足设计要求；若仅在一个孔中出现前述缺陷，而在其他孔同深度部位未出现，为确保质量，仍应进行工程处理。

4 局部混凝土破碎、无法取样或虽能取样但无法加工成试件，一般判定为Ⅲ类桩。但是，当钻芯孔数为3个时，若同一深度部位芯样质量均如此，宜判为Ⅳ类桩；如果仅一孔的芯样质量如此，且长度小于10cm，另两孔同深度部位的芯样试件抗压强度较高，宜判为Ⅱ类桩。

除桩身完整性和芯样试件抗压强度代表值外，当设计有要求时，应判断桩底的沉渣厚度、持力层岩土性状（强度）或厚度是否满足或达到设计要求；否则，应判断是否满足或达到规范要求。

8 低应变法

8.1 适用范围

8.1.1 目前国内外普遍采用瞬态冲击方式，通过实测桩顶加速度或速度响应时域曲线，籍一维波动理论分析来判定基桩的桩身完整性，这种方法称之为反射波法（或瞬态时域分析法）。据建设部所发工程桩动测单位资质证书的数量统计，绝大多数的单位采用上述方法，所用动测仪器一般都具有傅立叶变换功能，可通过速度幅频曲线辅助分析判定桩身完整性，即所谓瞬态频域分析法；也有些动测仪器还具备实测锤击力并对其进行傅立叶变换的功能，进而得到导纳曲线，这称之为瞬态机械阻抗法。当然，采用稳态激振方式直接测得导纳曲线，则称之为稳态机械阻抗法。无论瞬态激振的时域分析还是瞬态或稳态激振的频域分析，只是习惯上从波动理论或振动理论两个不同角度去分析，数学上忽略截断和泄漏误差时，时域信号和频域信号可通过傅立叶变换建立对应关系。所以，当桩的边界和初始条件相同时，时域和频域分析结果应殊途同归。综上所述，考虑到目前国内外使用方法的普遍程度和可操作性，本规范将上述方法合并编写并统称为低应变（动测）法。

一维线弹性杆件模型是低应变法的理论基础。因此受检桩的长细比、瞬态激励脉冲有效高频分量的波长与桩的横向尺寸之比均宜大于5，设计桩身截面宜基本规则。另外，一维理论要求应力波在桩身中传播时平截面假设成立，所以，对薄壁钢管桩和类似于H型钢桩的异型桩，本方法不适用。

本方法对桩身缺陷程度只做定性判定，尽管利用实测曲线拟合法分析能给出定量的结果，但由于桩的尺寸效应、测试系统的幅频相频响应、高频波的弥散、滤波等造成的实测波形畸变，以及桩侧土阻尼、土阻力和桩身阻尼的耦合影响，曲线拟合法还不能达到精确定量的程度。

对于桩身不同类型的缺陷，低应变测试信号中主要反映出桩身阻抗减小的信息，缺陷性质往往较难区分。例如，混凝土灌注桩出现的缩颈与局部松散、夹泥、空洞等，只凭测试信号就很难区分。因此，对缺陷类型进行判定，应结合地质、施工情况综合分析，或采取钻芯、声波透射等其他方法。

8.1.2 由于受桩周土约束、激振能量、桩身材料阻尼和桩身截面阻抗变化等因素的影响，应力波从桩顶传至桩底再从桩底反射回桩顶的传播为一能量和幅值逐渐衰减过程。若桩过长（或长径比较大）或桩身截面阻抗多变或变幅较大，往往应力波尚未反射回桩顶甚至尚未传到桩底，其能量已完全衰减或提前反射，致使仪器测不到桩底反射信号，而无法评定整根桩的完整性。在我国，若排除其他条件差异而只考虑各地区地质条件差异时，桩的有效检测长度主要受桩土刚度比大小的制约。因各地提出的有效检测范围变化很大，如长径比30～50、桩长30～50m不等，故本条未规定有效检测长度的控制范围。具体工程的有效检测桩长，应通过现场试验，依据能否识别桩底反射信号，确定该方法是否适用。

对于最大有效检测深度小于实际桩长的超长桩检测，尽管测不到桩底反射信号，但若有效检测长度范围内存在缺陷，则实测信号中必有缺陷反射信号。因此，低应变方法仍可用于查明有效检测长度范围内是否存在缺陷。

8.2 仪器设备

8.2.1 低应变动力检测采用的测量响应传感器主要是压电式加速度传感器（国内多数厂家生产的仪器尚能兼容磁电式速度传感器测试），根据其结构特点和动态性能，当压电式传感器的可用上限频率在其安装谐振频率的1/5以下时，可保证较高的冲击测量精度，且在此范围内，相位误差几乎可以忽略。所以应尽量选用自振频率较高的加速度传感器。

对于桩顶瞬态响应测量，习惯上是将加速度计的实测信号积分成速度曲线，并据此进行判读。实践表明：除采用小锤硬碰硬敲击外，速度信号中的有效高频成分一般在2000Hz以内。但这并不等于说，加速度计的频响线性段达到2000Hz就足够了。这是因为，加速度原始信号比积分后的速度波形中要包含更多和更尖的毛刺，高频尖峰毛刺的宽窄和多寡决定了它们在频谱上占据的频带宽窄和能量大小。事实上，对加速度信号的积分相当于低通滤波，这种滤波作用对尖峰毛刺特别明显。当加速度计的频响线性段较窄时，就会造成信号失真。所以，在±10%幅频误差内，加速度计幅频线性段的高限不宜小于5000Hz，同时也应避免在桩顶敲击处表面凹凸不平时用硬质材料锤（或不加锤垫）直接敲击。

高阻尼磁电式速度传感器固有频率接近20Hz时，幅频线性范围（误差±10%时）约在20～1000Hz内，若要拓宽使用频带，理论上可通过提高阻尼比来实现。但从传感器的结构设计、制作以及可用性看却又难于做到。因此，若要提高高频测量上限，必须提高固有频率，势必造成低频段幅频特性恶化，反之亦然。同时，速度传感器在接近固有频率时使用，还存在因相位越迁引起的相频非线性问题。此外由于速度传感器的体积和质量均较大，其安装谐振频率受安装条件影响很大，安装不良时会大幅下降并产生自身振荡，虽然可通过低通滤波将自振信号滤除，但在安装谐振频率附近的有用信息也将随之滤除。综上述，高频窄脉冲冲击响应测量不宜使用速度传感器。

8.2.2 瞬态激振操作应通过现场试验选择不同材质的锤头或锤垫，以获得低频宽脉冲或高频窄脉冲。除大直径桩外，冲击脉冲中的有效高频分量可选择不超过2000Hz（钟形力脉冲宽度为1ms，对应的高频截止分量约为2000Hz）。目前激振设备普遍使用的是力锤、力棒，其锤头或锤垫多选用工程塑料、高强尼龙、铝、铜、铁、橡皮垫等材料，锤的质量为几百克至几十千克不等。

稳态激振设备可包括扫频信号发生器、功率放大器及电磁式激振器。由扫频信号发生器输出等幅值、频率可调的正弦信号，通过功率放大器放大至电磁激振器输出同频率正弦激振力作用于桩顶。

8.3 现场检测

8.3.1 桩顶条件和桩头处理好坏直接影响测试信号的质量。因此，要求受检桩桩顶的混凝土质量、截面尺寸应与桩身设计条件基本等同。灌注桩应凿去桩顶浮浆或松散、破损部分，并露出坚硬的混凝土表面；桩顶表面应平整干净且无积水；妨碍正常测试的桩顶外露主筋应割掉。对于预应力管桩，当法兰盘与桩身混凝土之间结合紧密时，可不进行处理，否则，应采用电锯将桩头锯平。

当桩头与承台或垫层相连时，相当于桩头处存在很大的截面阻抗变化，对测试信号会产生影响。因此，测试时桩头应与混凝土承台断开；当桩头侧面与垫层相连时，除非对测试信号没有影响，否则应断开。

8.3.2 从时域波形中找到桩底反射位置，仅仅是确定了桩底反射的时间，根据 $\Delta T=2L/c$，只有已知桩长 L 才能计算波速 c，或已知波速 c 计算桩长 L。因此，桩长参数应以实际记录的施工桩长为依据，按测点至桩底的距离设定。测试前桩身波速可根据本地区同类桩型的测试值初步设定，实际分析过程中应按由桩长计算的波速重新设定或按8.4.1条确定的波速平均值 c_m 设定。

对于时域信号，采样频率越高，则采集的数字信号越接近模拟信号，越有利于缺陷位置的准确判断。一般应在保证测得完整信号（时段 $2L/c+5ms$，1024个采样点）的前提下，选用较高的采样频率或较小的采样时间间隔。但是，若要兼顾频域分辨率，则应按采样定理适当降低采样频率或增加采样点数。

稳态激振是按一定频率间隔逐个频率激振，并持续一段时间。频率间隔的选择决定于速度幅频曲线和导纳曲线的频率分辨率，它影响桩身缺陷位置的判定精度；间隔越小，精度越高，但检测时间很长，降低工作效率。一般频率间隔设置为3Hz、5Hz和10Hz。每一频率下激振持续时间的选择，理论上越长越好，这样有利于消除信号中的随机噪声。实际测试过程中，为提高工作效率，只要保证获得稳定的激振力和

响应信号即可。

8.3.3 本条是为保证获得高质量响应信号而提出的措施：

1 传感器用耦合剂粘结时，粘结层应尽可能薄，必要时可采用冲击钻打孔安装方式，但传感器底安装面应与桩顶面紧密接触。

2 相对桩顶横截面尺寸而言，激振点处为集中力作用，在桩顶部位可能出现与桩的横向振型相应的高频干扰。当锤击脉冲变窄或桩径增加时，这种由三维尺寸效应引起的干扰加剧。传感器安装点与激振点距离和位置不同，所受干扰的程度各异。初步研究表明：实心桩安装点在距桩中心约 2/3 半径 R 时，所受干扰相对较小；空心桩安装点与激振点平面夹角等于或略大于90°时也有类似效果，该处相当于横向耦合低阶振型的驻点。另应注意加大安装与激振两点距离或平面夹角将增大锤击点与安装点响应信号时间差，造成波速或缺陷定位误差。传感器安装点、锤击点布置见图1。

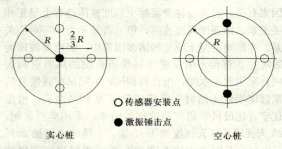

图 1 传感器安装点、锤击点布置示意图

当预制桩、预应力管桩等桩顶高于地面很多，或灌注桩桩顶部分桩身截面很不规则，或桩顶与承台等其他结构相连而不具备传感器安装条件时，可将两支测量响应传感器对称安装在桩顶以下的桩侧表面，且宜远离桩顶。

3 激振点与传感器安装点应远离钢筋笼的主筋，其目的是减少外露主筋对测试产生干扰信号。若外露主筋过长而影响正常测试时，应将其割短。

4 瞬态激振通过改变锤的重量及锤头材料，可改变冲击入射波的脉冲宽度及频率成分。锤头质量较大或刚度较小时，冲击入射波脉冲较宽，低频成分为主；当冲击力大小相同时，其能量较大，应力波衰减较慢，适合于获得长桩桩底信号或下部缺陷的识别。锤头较轻或刚度较大时，冲击入射波脉冲较窄，含高频成分较多；冲击力大小相同时，虽其能量较小并加剧大直径桩的尺寸效应影响，但较适宜于桩身浅部缺陷的识别及定位。

5 稳态激振在每个设定的频率下激振时，为避免频率变换过程产生失真信号，应具有足够的稳定激振时间，以获得稳定的激振力和响应信号，并根据桩径、桩长及桩周土约束情况调整激振力。稳态激振器

的安装方式及好坏对测试结果起着很大的作用。为保证激振系统本身在测试频率范围内不至于出现谐振，激振器的安装宜采用柔性悬挂装置，同时在测试过程中应避免激振器出现横向振动。

8.3.4 桩径增大时，桩截面各部位的运动不均匀性也会增加，桩浅部的阻抗变化往往表现出明显的方向性。故应增加检测点数量，使检测结果能全面反映桩身结构完整性情况。每个检测点有效信号数不宜少于3个，通过叠加平均提高信噪比。

应合理选择测试系统量程范围，特别是传感器的量程范围，避免信号波峰削波。

8.4 检测数据的分析与判定

8.4.1 为分析不同时段或频段信号所反映的桩身阻抗信息、核验桩底信号并确定桩身缺陷位置，需要确定桩身波速及其平均值 c_m。波速除与桩身混凝土强度有关外，还与混凝土的骨料品种、粒径级配、密度、水灰比、成桩工艺（导管灌注、振捣、离心）等因素有关。波速与桩身混凝土强度整体趋势上呈正相关关系，即强度高波速高，但二者并不为一一对应关系。在影响混凝土波速的诸多因素中，强度对波速的影响并非首位。中国建筑科学研究院的试验资料表明：采用普硅水泥，粗骨料相同，不同试配强度及龄期强度相差1倍时，声速变化仅为10%左右；根据辽宁省建设科学研究院的试验结果：采用矿渣水泥，28天强度为3天强度的4～5倍，一维波速增加20%～30%；分别采用碎石和卵石并按相同强度等级试配，发现以碎石为粗骨料的混凝土一维波速比卵石高约13%。天津市政研究院也得到类似辽宁院的规律，但有一定离散性，即同一组（粗骨料相同）混凝土试配强度不同的杆件或试块，同龄期强度低约10%～15%，但波速或声速略有提高。也有资料报导正好相反，例如福建省建筑科学研究院的试验资料表明：采用普硅水泥，按相同强度等级试配，骨料为卵石的混凝土声速略高于骨料为碎石的混凝土声速。因此，不能依据波速去评定混凝土强度等级，反之亦然。

虽然波速与混凝土强度二者并不呈一一对应关系，但考虑到二者整体趋势上呈正相关关系，且强度等级是现场最易得到的参考数据，故对于超长桩或无法明确找出桩底反射信号的桩，可根据本地区经验并结合混凝土强度等级，综合确定波速平均值，或利用成桩工艺、桩型相同且桩长相对较短并能够找出桩底反射信号的桩确定的波速，作为波速平均值。此外，当某根桩露出地面且有一定的高度时，可沿桩长方向间隔一可测量的距离段安置两个测振传感器，通过测量两个传感器的响应时差，计算该桩段的波速值，以该值代表整根桩的波速值。

8.4.2 本方法确定桩身缺陷的位置是有误差的，原因是：缺陷位置处 Δt_x 和 $\Delta f'$ 存在读数误差；采样点数不变时，提高采样频率降低了频域分辨率；波速确定的方式及用抽样所得平均值 c_m 替代某具体桩身段波速带来的误差。其中，波速带来的缺陷位置误差 $\Delta x = x \cdot \Delta c/c$（$\Delta c/c$ 为波速相对误差）影响最大，如波速相对误差为5%，缺陷位置为10m时，则误差有0.5m；缺陷位置为20m时，则误差有1.0m。

对瞬态激振还存在另一种误差，即锤击后应力波主要以纵波形式直接沿桩身向下传播，同时在桩顶又主要以表面波和剪切波的形式沿径向传播。因锤击点与传感器安装点有一定的距离，接收点测到的入射峰总比锤击点处滞后，考虑到表面波或剪切波的传播速度比纵波低得多，特别对大直径桩或直径较大的管桩，这种从锤击点起由近及远的时间线性滞后将明显增加。而波从缺陷或桩底以一维平面应力波反射回桩顶时，引起的桩顶面径向各点的质点运动却在同一时刻都是相同的，即不存在由近及远的时间滞后问题。所以严格地讲，按入射峰-桩底反射峰确定的波速将比实际的高，若按"正确"的桩身波速确定缺陷位置将比实际的浅，若能测到 $4L/c$ 的二次桩底反射，则由 $2L/c$ 至 $4L/c$ 时段确定的波速是正确的。

8.4.3 表8.4.3列出了根据实测时域或幅频信号特征、所划分的桩身完整性类别。完整桩典型的时域信号和速度幅频信号见图2和图3，缺陷桩典型的时域信号和速度幅频信号见图4和图5。

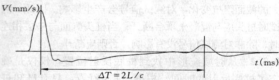

图 2 完整桩典型时域信号特征

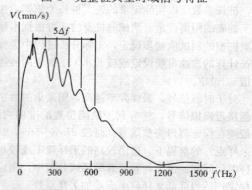

图 3 完整桩典型速度幅频信号特征

完整桩分析判定，从时域信号或频域曲线特征表现的信息判定相对来说较简单直观，而分析缺陷桩信号则复杂些，有的信号的确是因施工质量缺陷产生的，但也有是因设计构造或成桩工艺本身局限导致的不连续断面产生的，例如预制打入桩的接缝，灌注桩的逐渐扩径再缩回原桩径的变截面，地层硬夹层影响等。因此，在分析测试信号时，应仔细分清哪些是缺陷波或缺陷谱振峰，哪些是因桩身构造、成桩工艺、土层影响造成的类似缺陷信号特征。另外，根据测试信号幅值大小判定缺陷程度，除受缺陷程度影响外，还受桩周土阻尼大小及缺陷所处的深度位置影响。相同程度的缺陷因桩周土岩性不同或缺陷埋深不同，在测试信号中其幅值大小各异。因此，如何正确判定缺陷程度，特别是缺陷十分明显时，如何区分是Ⅲ类桩还是Ⅳ类桩，应仔细对照桩型、地质条件、施工情况结合当地经验综合分析判断；不仅如此，还应结合基础和上部结构型式对桩的承载安全性要求，考虑桩身承载力不足引发桩身结构破坏的可能性，进行缺陷类别划分，不宜单凭测试信号定论。

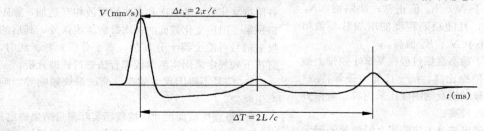

图 4 缺陷桩典型时域信号特征

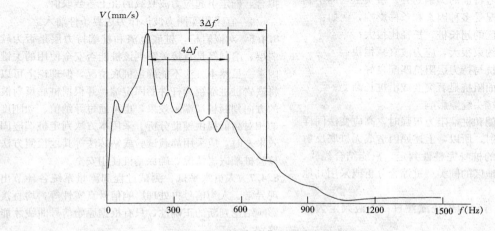

图 5 缺陷桩典型速度幅频信号特征

桩身缺陷的程度及位置，除直接从时域信号或幅频曲线上判定外，还可借助其他计算方式及相关测试量作为辅助的分析手段：

1 时域信号曲线拟合法：将桩划分为若干单元，以实测或模拟的力信号作为已知条件，设定并调整桩身阻抗及土参数，通过一维波动方程数值计算，计算出速度时域波形并与实测的波形进行反复比较，直到两者吻合程度达到满意为止，从而得出桩身阻抗的变化位置及变化量大小。该计算方法类似于高应变的曲线拟合法。

2 根据速度幅频曲线或导纳曲线中基频位置，利用实测导纳值与计算导纳值相对高低、实测动刚度的相对高低，进行判断。此外，还可对速度幅频信号曲线进行二次谱分析。

图 6 为完整桩的速度导纳曲线。计算导纳值 N_c、实测导纳值 N_m 和动刚度 K_d 分别按下列公式计算：

导纳理论计算值：$N_c = \dfrac{1}{\rho c_m A}$ (3)

实测导纳几何平均值：$N_m = \sqrt{P_{max} \cdot Q_{min}}$ (4)

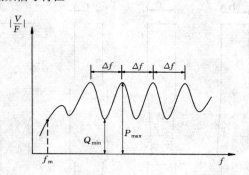

图 6 均匀完整桩的速度导纳曲线图

动刚度：$K_d = \dfrac{2\pi f_m}{\left|\dfrac{V}{F}\right|_m}$ (5)

式中 ρ——桩材质量密度（kg/m³）；
c_m——桩身波速平均值（m/s）；
A——设计桩身截面积（m²）；
P_{max}——导纳曲线上谐振波峰的最大值(m/s·N⁻¹)；
Q_{min}——导纳曲线上谐振波谷的最小值(m/s·N⁻¹)；

f_m——导纳曲线上起始近似直线段上任一频率值（Hz）；

$\left|\dfrac{V}{F}\right|_m$——与 f_m 对应的导纳幅值（m/s·N^{-1}）。

理论上，实测导纳值 N_m、计算导纳值 N_c 和动刚度 K_d 就桩身质量好坏而言存在一定的相对关系：完整桩，N_m 约等于 N_c、K_d 值正常；缺陷桩，N_m 大于 N_c、K_d 值低，且随缺陷程度的增加其差值增大；扩径桩，N_m 小于 N_c、K_d 值高。

值得说明，由于稳态激振过程在某窄小频带上激振，其能量集中、信噪比高、抗干扰能力强等特点，所测的导纳曲线、导纳值及动刚度比采用瞬态激振方式重复性好、可信度较高。

表 8.4.3 没有列出桩身无缺陷或有轻微缺陷但无桩底反射这种信号特征的类别划分。事实上，测不到桩底信号这种情况受多种因素和条件影响，例如：
——软土地区的超长桩，长径比很大；
——桩周土约束很大，应力波衰减很快；
——桩身阻抗与持力层阻抗匹配良好；
——桩身截面阻抗显著突变或沿桩长渐变；
——预制桩接头缝隙影响。

其实，当桩侧和桩端阻力很强时，高应变法同样也测不出桩底反射。所以，上述原因造成无桩底反射也属正常。此时的桩身完整性判定，只能结合经验、参照本场地和本地区的同类型桩综合分析或采用其他方法进一步检测。

对设计条件有利的扩径灌注桩，不应判定为缺陷桩。

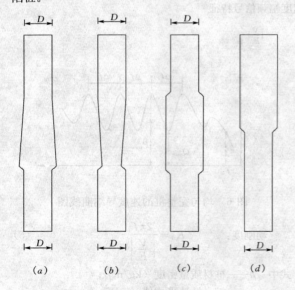

图 7　混凝土灌注桩截面（阻抗）变化示意图
(a) 逐渐扩径；(b) 逐渐缩颈；
(c) 中部扩径；(d) 上部扩径

8.4.4 当灌注桩桩截面形态呈现如图 7 情况时，桩身截面（阻抗）渐变或突变，在阻抗突变处的一次或二次反射常表现为类似明显扩径、严重缺陷或断桩的相反情形，从而造成误判。因此，可结合施工、地层情况综合分析加以区分；无法区分时，应结合其他检测方法综合判定。当桩身存在不止一个阻抗变化截面（包括上述桩身某一范围内阻抗渐变的情况）时，由于各阻抗变化截面的一次和多次反射波相互迭加，除距桩顶第一阻抗变化截面的一次反射能辨认外，其后的反射信号可能变得十分复杂，难于分析判断。此时，宜按下列规定采用实测曲线拟合法进行辅助分析：

1 信号不得因尺寸效应、测试系统频响等影响产生畸变。
2 桩顶横截面尺寸应按现场实际测量结果确定。
3 通过同条件下、截面基本均匀的相邻桩曲线拟合，确定引起应力波衰减的桩土参数取值。
4 宜采用实测力波形作为边界条件输入。

8.4.5 对嵌岩桩，桩底沉渣和桩端持力层是否为软弱层、溶洞等是直接关系到该桩能否安全使用的关键因素。虽然本方法不能确定桩底情况，但理论上可以将嵌岩桩桩端视为杆件的固定端，并根据桩底反射波的方向判断桩端端承效果，也可通过导纳值、动刚度的相对高低提供辅助分析。采用本方法判定桩端嵌固效果差时，应采用静载试验或钻芯法等其他检测方法核验桩端嵌岩情况，确保基桩使用安全。

8.4.7 人员水平低、测试过程和测量系统各环节出现异常、人为信号再处理影响信号真实性等，均直接影响结论判断的正确性，只有根据原始信号曲线才能鉴别。

9 高应变法

9.1 适用范围

9.1.1 高应变法的主要功能是判定单桩竖向抗压承载力是否满足设计要求。这里所说的承载力是指在桩身强度满足桩身结构承载力的前提下，得到的桩周岩土对桩的抗力（静阻力）。所以要得到极限承载力，应使桩侧和桩端岩土阻力充分发挥，否则不能得到承载力的极限值，只能得到承载力检测值。

与低应变法检测的快捷、廉价相比，高应变法检测桩身完整性虽然是附带性的，但由于其激励能量和检测有效深度大的优点，特别在判定桩身水平整合型缝隙、预制桩接头等缺陷时，能够在查明这些"缺陷"是否影响竖向抗压承载力的基础上，合理判定缺陷程度。当然，带有普查性的完整性检测，采用低应变法更为恰当。

高应变检测技术是从打入式预制桩发展起来的，试打桩和打桩监控属于其特有的功能，是静载试验无法做到的。

9.1.2 灌注桩的截面尺寸和材质的非均匀性、施工的隐蔽性（干作业成孔桩除外）及由此引起的承载力变异性普遍高于打入式预制桩，导致灌注桩检测采集的波形质量低于预制桩，波形分析中的不确定性和复杂性又明显高于预制桩。与静载试验结果对比，灌注桩高应变检测判定的承载力误差也如此。因此，积累灌注桩现场测试、分析经验和相近条件下的可靠对比验证资料，对确保检测质量尤其重要。

9.1.3 除嵌入基岩的大直径桩和纯摩擦型大直径桩外，大直径灌注桩、扩底桩（墩）由于尺寸效应，通常其静载 Q_s 曲线表现为缓变型，端阻力发挥所需的位移很大。另外，在土阻力相同条件下，桩身直径的增加使桩身截面阻抗（或桩的惯性）与直径成平方的关系增加，锤与桩的匹配能力下降。而多数情况下高应变检测所用锤的重量有限，很难在桩顶产生较长持续时间的作用荷载，达不到使土阻力充分发挥所需的位移量。另一原因如第 9.1.2 条条文说明所述。

9.2 仪器设备

9.2.1 本条对仪器的主要技术性能指标要求是按建筑工业行业标准《基桩动测仪》提出的，比较适中，大部分型号的国产和进口仪器能满足。由于动测仪器的使用环境恶劣，所以仪器的环境性能指标和可靠性也很重要。本条对加速度计的量程未做具体规定，原因是对不同类型的桩，各种因素影响使最大冲击加速度变化很大。建议根据实测经验来合理选择，宜使选择的量程大于预估最大冲击加速度值的一倍以上。如对钢桩，宜选择 20000～30000m/s² 量程的加速度计。

9.2.2 导杆式柴油锤荷载上升时间过于缓慢，容易造成速度响应信号失真。

9.2.3 分片组装式锤的单片或强夯锤，下落时平稳性差且不易导向，更易造成严重锤击偏心并影响测试质量。因此规定锤体的高径（宽）比不得小于 1。

自由落锤安装加速度计测量桩顶锤击力的依据是牛顿第二和第三定律。其成立条件是同一时刻锤体内各质点的运动和受力无差异，也就是说，虽然锤为弹性体，只要锤体内部不存在波传播的不均匀性，就可视锤为一刚体或具有一定质量的质点。波动理论分析结果表明：当沿正弦波传播方向的介质尺寸小于正弦波波长的 1/10 时，可认为在该尺寸范围内无波传播效应，即同一时刻锤的受力和运动状态均匀。除钢桩外，较重的自由落锤在桩身产生的力信号中有效频率分量（占能量的 90% 以上）在 200Hz 以内，超过 300Hz 后可忽略不计。按最不利估计，对力信号有贡献的高频分量波长也超过 15m。所以，在大多数采用自由落锤的场合，牛顿第二定律能较严格地成立。规定锤体需整体铸造且高径（宽）比不大于 1.5 正是为了避免分片锤体在内部相互碰撞和波传播效应造成的锤内部运动状态不均匀。这种方式与在桩头附近的桩侧表面安装应变式传感器的测力方式相比，优缺点是：

1 避免了桩头损伤和安装部位混凝土差导致的测力失败以及应变式传感器的经常损坏。

2 避免了因混凝土非线性造成的力信号失真（混凝土受压时，理论上讲是对实测力值放大，是不安全的）。

3 直接测定锤击力，即使混凝土波速、弹性模量改变，也无需修正。

4 测量响应的加速度计只能安装在距桩顶较近的桩侧表面，尤其不能安装在桩头变阻抗截面以下的桩上。

5 桩顶只能放置薄层桩垫，不能放置尺寸和质量较大的桩帽（替打）。

6 需采用重锤或软锤垫以减少锤上的高频分量。但因锤高度一般不大于 1.5m，则最大适宜锤重可能受到限制，如直径 1.0m、高 1.5m 的圆柱形锤仅为 92kN。

7 由于基线修正方式的不同，锤体加速度测量可能有 1g（g 为重力加速度）的误差。大锤上的测试效果可能比小锤差。

9.2.4 本条对锤重选择与原《基桩高应变动力检测规程》不同，给出的是一个范围。主要理由如下：

1 桩较长或桩径较大时，一般使侧阻、端阻充分发挥所需位移大。

2 桩是否容易被"打动"取决于桩身"广义阻抗"的大小。广义阻抗与桩周土阻力大小和桩身截面波阻抗大小两个因素有关。随着桩直径增加，波阻抗的增加通常快于土阻力，仍按预估极限承载力的 1% 选取锤重，将使锤对桩的匹配能力下降。因此，不仅从土阻力，而从多方面考虑提高锤重的措施是更科学的做法。本条规定的锤重选择为最低限值。

9.2.5 重锤对桩冲击使桩周土产生振动，在受检桩附近架设的基准梁也将受影响，导致桩的贯入度测量结果不可靠。也有采用加速度信号两次积分得到的最终位移作为实测贯入度，虽然最方便，但可能存在下列问题：

1 由于信号采集时段短，信号采集结束时桩的运动尚未停止，以柴油锤打长桩时为甚。

2 加速度计的质量优劣影响积分精度，零漂大和低频响应差（时间常数小）时极为明显。

所以，对贯入度测量精度要求较高时，宜采用精密水准仪等光学仪器测定。

9.3 现场检测

9.3.1 承载力时间效应因地而异，以沿海软土地区最显著。成桩后，若桩周岩土无隆起、侧挤、沉陷、软化等影响，承载力随时间增长。工期紧休止时间不够时，除非承载力检测值已满足设计要求，否则应休止到满足表 3.2.6 规定的时间为止。

锤击装置垂直、锤击平稳对中、桩头加固和加设桩垫，是为了减小锤击偏心和避免击碎桩头；在距桩顶规定的距离下的合适部位对称安装传感器，是为了减小锤击在桩顶产生的应力集中和对偏心进行补偿。所有这些措施都是为保证测试信号质量提出的。

9.3.2 采样时间间隔为 $100\mu s$，对常见的工业与民用建筑的桩是合适的。但对于超长桩，例如桩长超过 60m，采样时间间隔可放宽为 $200\mu s$，当然也可增加采样点数。

应变式传感器直接测到的是其安装面上的应变，并按下式换算成锤击力：

$$F = A \cdot E \cdot \varepsilon \qquad (6)$$

式中 F——锤击力；
A——测点处桩截面积；
E——桩材弹性模量；
ε——实测应变值。

显然，锤击力的正确换算依赖于测点处设定的桩参数是否符合实际。另一需注意的问题是：计算测点以下原桩身的阻抗变化，包括计算的桩身运动及受力大小，都是以测点处桩头单元为相对"基准"的。

测点下桩长是指桩头传感器安装点至桩底的距离，一般不包括桩尖部分。

对于普通钢桩，桩身波速可直接设定为 5120m/s。对于混凝土桩，桩身波速取决于混凝土的骨料品种、粒径级配、成桩工艺（导管灌注、振捣、离心）及龄期，其值变化范围大多为 3000～4500m/s。混凝土预制桩可在沉桩前实测无缺陷桩的桩身平均波速作为设定值；混凝土灌注桩应结合本地区混凝土波速的经验值或同场地已知值初步设定，但在计算分析前，应根据实测信号进行修正。

9.3.3 本条说明如下：

1 传感器外壳与仪器外壳共地，测试现场潮湿，传感器对地未绝缘，交流供电时常出现 50Hz 干扰，解决办法是良好接地或改用直流供电。

2 根据波动理论分析：若视锤为一刚体，则桩顶的最大锤击应力只与锤冲击桩顶时的初速度有关，落距越高，锤击应力和偏心越大，越容易击碎桩头。轻锤高击并不能有效提高桩锤传递给桩的能量和增大桩顶位移，因为力脉冲作用持续时间不仅与锤垫有关，还主要与锤重有关；锤击脉冲越窄，波传播的不均匀性，即桩身受力和运动的不均匀性（惯性效应）越明显，实测波形中土的动阻力影响加剧，而与位移相关的静土阻力呈明显的分段发挥态势，使承载力的测试分析误差增加。事实上，若将锤重增加到预估单桩极限承载力的 5%～10% 以上，则可得到与静载法（STATNAMIC 法）相似的长持续力脉冲作用。此时，由于桩身中的波传播效应大大减弱，桩侧、桩端岩土阻力的发挥更接近静载作用时桩的荷载传递性状。因此，"重锤低击"是保障高应变法检测承载力准确性的基本原则，这与低应变法充分利用波传播效应（窄脉冲）准确探测缺陷位置有着概念上的区别。

3 打桩全过程监测是指预制桩施打开始后，从桩锤正常爆发起跳直到收锤为止的全部过程测试。

4 高应变试验成功的关键是信号质量以及信号中的信息是否充分。所以应根据每锤信号质量以及动位移、贯入度和大致的土阻力发挥情况，初步判别采集到的信号是否满足检测目的的要求。同时，也要检查混凝土桩锤击拉、压应力和缺陷程度大小，以决定是否进一步锤击，以免桩头或桩身受损。自由落锤锤击时，锤的落距应由低到高；打入式预制桩则按每次采集一阵（10击）的波形进行判别。

5 检测工作现场情况复杂，经常产生各种不利影响。为确保采集到可靠的数据，检测人员应能正确判断波形质量，熟练地诊断测量系统的各类故障，排除干扰因素。

9.3.4 贯入度的大小与桩尖刺入或桩端压密塑性变形量相对应，是反映桩侧、桩端土阻力是否充分发挥的一个重要信息。贯入度小，即通常所说的"打不动"，使检测得到的承载力低于极限值。本条是从保证承载力分析计算结果的可靠性出发，给出的贯入度合适范围，不能片面理解成在检测中应减小锤重使单击贯入度不超过 6mm。贯入度大且桩身无缺陷的波形特征是 $2L/c$ 处桩底反射强烈，其后的土阻力反射或桩的回弹不明显。贯入度过大造成的桩周土扰动大，高应变承载力分析所用的土的力学模型，对真实的桩-土相互作用的模拟接近程度变差。据国内发现的一些实例和国外的统计资料：贯入度较大时，采用常规的理想弹塑性土阻力模型进行实测曲线拟合分析，不少情况下预示的承载力明显低于静载试验结果，统计结果离散性很大！而贯入度较小，甚至桩几乎未被打动时，静动对比的误差相对较小，且统计结果的离散性也不大。若采用考虑桩端土附加质量的能量耗散机制模型修正，与贯入度小时的承载力提高幅度相比，会出现难以预料的承载力成倍提高。原因是：桩底反射强意味着桩端的运动加速度和速度强烈，附加土质量产生的惯性力和动阻力恰好分别与加速度和速度成正比。可以想见，对于长细比较大、摩阻力较强的摩擦型桩，上述效应就不会明显。此外，6mm 贯入度只是一个统计参考值，本章第 9.4.7 条第 3 款已针对此情况做了具体规定。

9.4 检测数据的分析与判定

9.4.1 从一阵锤击信号中选取分析用信号时，除要考虑有足够的锤击能量使桩周岩土阻力充分发挥外，还应注意下列问题：

1 连续打桩时桩周土的扰动及残余应力。

2 锤击使缺陷进一步发展或拉应力使桩身混凝

土产生裂隙。

  3 在桩易打或难打以及长桩情况下，速度基线修正带来的误差。

  4 对桩垫过厚和柴油锤冷锤信号，加速度测量系统的低频特性所造成的速度信号误差或严重失真。

9.4.2 可靠的信号是得出正确分析计算结果的基础。除柴油锤施打的长桩信号外，力的时程曲线应最终归零。对于混凝土桩，高应变测试信号质量不但受传感器安装好坏、锤击偏心程度和传感器安装面处混凝土是否开裂的影响，也受混凝土的不均匀性和非线性的影响。这种影响对应变式传感器测得的力信号尤其敏感。混凝土的非线性一般表现为：随应变的增加，弹性模量减小，并出现塑性变形，使根据应变换算到的力值偏大且力曲线尾部不归零。本规范所指的锤击偏心相当于两侧力信号之一与力平均值之差的绝对值超过平均值的 33%。通常锤击偏心很难避免，因此严禁用单侧力信号代替平均力信号。

9.4.3 桩底反射明显时，桩身平均波速也可根据速度波形第一峰起升沿的起点和桩底反射峰的起点之间的时差与已知桩长值确定。对桩底反射峰变宽或有水平裂缝的桩，不应根据峰与峰间的时差来确定平均波速。桩较短且锤击力波上升缓慢时，可采用低应变法确定平均波速。

9.4.4 通常，当平均波速按实测波形改变后，测点处的原设定波速也按比例线性改变，模量则应按平方的比例关系改变。当采用应变式传感器测力时，多数仪器并非直接保存实测应变值，如有些是以速度（$V = c \cdot \varepsilon$）的单位存储。若模量随波速改变后，仪器不能自动修正以速度为单位存储的力值，则应对原始实测力值校正。

9.4.5 在多数情况下，正常施打的预制桩，力和速度信号第一峰应基本成比例。但在以下几种情况下比例失调属于正常：

  1 桩浅部阻抗变化和土阻力影响。

  2 采用应变式传感器测力时，测点处混凝土的非线性造成力值明显偏高。

  3 锤击力波上升缓慢或桩很短时，土阻力波或桩底反射波的影响。

  除第 2 种情况减小力值，可避免计算的承载力过高外，其他情况的随意比例调整均是对实测信号的歪曲，并产生虚假的结果。因此，禁止将实测力或速度信号重新标定。这一点必须引起重视，因为有些仪器具有比例自动调整功能。

9.4.6 高应变分析计算结果的可靠性高低取决于动测仪器、分析软件和人员素质三个要素。其中起决定作用的是具有坚实理论基础和丰富实践经验的高素质检测人员。高应变法之所以有生命力，表现在高应变信号不同于随机信号的可解释性——即使不采用复杂的数学计算和提炼，只要检测波形质量有保证，就能定性地反映桩的承载性状及其他相关的动力学问题。在建设部工程桩动测资质复查换证过程中，发现不少检测报告中，对波形的解释与分析计算已达到盲目甚至是滥用的地步。对此，如果不从提高人员素质入手加以解决，这种状况的改观显然仅靠技术规范以及仪器和软件功能的增强是无法做到的。因此，承载力分析计算前，应有高素质的检测人员对信号进行定性检查和正确判断。

9.4.7 当出现本条所述四款情况时，因高应变法难于分析判定承载力和预示桩身结构破坏的可能性，建议采取验证检测。本条第 3、4 款反映的代表性波形见图 8。原因解释参见第 9.3.4 条的条文说明。由图 9 可见，静载验证试验尚未压至破坏，但高应变测试的锤重、贯入度却"符合"要求。当采用波形拟合法分析承载力时，由于承载力比按地质报告估算的低很多，除采用直接法验证外，不能主观臆断或采用能使拟合的承载力大幅提高的桩-土模型及其参数。

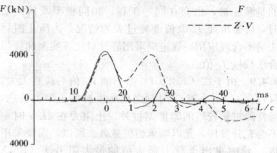

图 8 灌注桩高应变实测波形

注：ϕ800mm 钻孔灌注桩，桩端持力层为全风化花岗片麻岩，测点下桩长 16m。采用 60kN 重锤，先做高应变检测，后做静载验证检测。

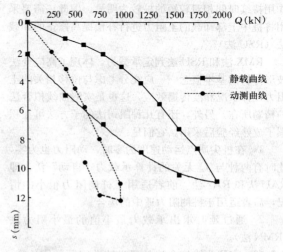

图 9 静载和动载摸拟的 Q-s 曲线

9.4.8 凯司法与实测曲线拟合法在计算承载力上的本质区别是：前者在计算极限承载力时，单击贯入度

与最大位移是参考值,计算过程与它们无关。另外,凯司法承载力计算公式是基于以下三个假定推导出的:

1 桩身阻抗基本恒定。
2 动阻力只与桩底质点运动速度成正比,即全部动阻力集中于桩端。
3 土阻力在时刻 $t_2=t_1+2L/c$ 已充分发挥。

显然,它较适用于摩擦型的中、小直径预制桩和截面较均匀的灌注桩。

公式中的唯一未知数——凯司法无量纲阻尼系数 J_c 定义为仅与桩端土性有关,一般遵循随土中细粒含量增加阻尼系数增大的规律。J_c 的取值是否合理在很大程度上决定了计算承载力的准确性。所以,缺乏同条件下的静动对比校核,或大量相近条件下的对比资料时,将使其使用范围受到限制。当贯入度达不到规定值或不满足上述三个假定时,J_c 值实际上变成了一个无明确意义的综合调整系数。特别值得一提的是灌注桩,也会在同一工程、相同桩型及持力层时,可能出现 J_c 取值变异过大的情况。为防止凯司法的不合理应用,规定应采用静动对比或实测曲线拟合法校核 J_c 值。

9.4.9 由于式(9.4.9-1)给出的 R_c 值与位移无关,仅包含 $t_2=t_1+2L/c$ 时刻之前所发挥的土阻力信息,通常除桩长较短的摩擦型桩外,土阻力在 $2L/c$ 时刻不会充分发挥,尤以端承型桩显著。所以,需要采用将 t_1 延时求出承载力最大值的最大阻力法(RMX法),对与位移相关的土阻力滞后 $2L/c$ 发挥的情况进行提高修正。

桩身在 $2L/c$ 之前产生较强的向上回弹,使桩身从顶部逐渐向下产生土阻力卸载(此时桩的中下部土阻力属于加载)。这对于桩较长、摩阻力较大而荷载作用持续时间相对较短的桩较为明显。因此,需要采用将桩中上部卸载的土阻力进行补偿提高修正的卸载法(RSU法)。

RMX法和RSU法判定承载力,体现了高应变法波形分析的基本概念——应充分考虑与位移相关的土阻力发挥状况和波传播效应,这也是实测曲线拟合法的精髓所在。另外,还有几种凯司法的子方法可在积累了成熟经验后采用。它们是:

1 在桩尖质点运动速度为零时,动阻力也为零,此时有两种与 J_c 无关的计算承载力"自动"法,即RAU法和RA2法。前者适用于桩侧阻力很小的情况,后者适用于桩侧阻力适中的场合。
2 通过延时求出承载力最小值的最小阻力法(RMN法)。

9.4.10 实测曲线拟合法是通过波动问题数值计算,反演确定桩和土的力学模型及其参数值。其过程为:假定各桩单元的桩和土力学模型及其模型参数,利用实测的速度(或力、上行波、下行波)曲线作为输入边界条件,数值求解波动方程,反算桩顶的力(或速度、下行波、上行波)曲线。若计算的曲线与实测曲线不吻合,说明假设的模型及参数不合理,有针对性地调整模型及参数再行计算,直至计算曲线与实测曲线(以及贯入度的计算值与实测值)的吻合程度良好且不易进一步改善为止。虽然从原理上讲,这种方法是客观唯一的,但由于桩、土以及它们之间的相互作用等力学行为的复杂性,实际运用时还不能对各种桩型、成桩工艺、地质条件,都能达到十分准确地求解桩的动力学和承载力问题的效果。所以,本条针对该法应用中的关键技术问题,做了具体阐述和规定:

1 关于桩与土模型:(1)目前已有成熟使用经验的土的静阻力模型为理想弹-塑性或考虑土体硬化或软化的双线性模型;模型中有两个重要参数——土的极限静阻力 R_u 和土的最大弹性位移 s_q,可以通过静载试验(包括桩身内力测试)来验证。在加载阶段,土体变形小于或等于 s_q 时,土体在弹性范围工作;变形超过 s_q 后,进入塑性变形阶段(理想弹-塑性时,静阻力达到 R_u 后不再随位移增加而变化)。对于卸载阶段,同样要规定卸载路径的斜率和弹性位移限。(2)土的动阻力模型一般习惯采用与桩身运动速度成正比的线性粘滞阻尼,带有一定的经验性,且不易直接验证。(3)桩的力学模型一般为一维杆模型,单元划分应采用等时单元(实际为连续模型或特征线法求解的单元划分模式),即应力波通过每个桩单元的时间相等,由于没有高阶项的影响,计算精度高。(4)桩单元除考虑 A、E、c 等参数外,也可考虑桩身阻尼和裂隙。另外,也可考虑桩底的缝隙、开口桩或异形桩的土塞、残余应力影响和其他阻尼形式。(5)所用模型的物理力学概念应明确,参数取值应能限定;避免采用可使承载力计算结果产生较大变异的桩-土模型及参数。

2 拟合时应根据波形特征,结合施工和地质条件合理确定桩土参数取值。因为拟合所用的桩土参数的数量和类型繁多,参数各自和相互间耦合的影响非常复杂,而拟合结果并非唯一解,需通过综合比较判断进行取舍。正确判断取舍条件的要点是参数取值应在岩土工程的合理范围内。

3 本款考虑两点原因:一是自由落锤产生的力脉冲持续时间通常不超过 20ms(除非采用很重的落锤),但柴油锤信号在主峰过后的尾部仍能产生较长的低幅值延续;二是与位移相关的总静阻力一般会不同程度地滞后于 $2L/c$ 发挥,当端承型桩的端阻力发挥所需位移很大时,土阻力发挥将产生严重滞后,因此规定 $2L/c$ 后延时足够的时间,使曲线拟合能包含土阻力响应区段的全部土阻力信息。

4 为防止土阻力未充分发挥时的承载力外推,设定的 s_q 值不应超过对应单元的最大计算位移值。若桩、土间相对位移不足以使桩周岩土阻力充分发挥，则给出的承载力结果只能验证岩土阻力发挥的最低程度。

5 土阻力响应区是指波形上呈现的静土阻力信息较为突出的时间段。所以本条特别强调此区段的拟合质量，避免只重波形头尾，忽视中间土阻力响应区段拟合质量的错误做法，并通过合理的加权方式计算总的拟合质量系数，突出其影响。

6 贯入度的计算值与实测值是否接近，是判断拟合选用参数、特别是 s_q 值是否合理的辅助指标。

9.4.11 高应变法动测承载力检测值多数情况下不会与静载试验桩的明显破坏特征或产生较大的桩顶沉降相对应，总趋势是沉降量偏小。为了与静载的极限承载力相区别，称为"本方法得到的承载力或动测承载力"。这里需要强调指出：验收检测中，单桩静载试验常因加荷量或设备能力限制，而做不出真正的试桩极限承载力。于是一组试桩往往因某一根桩的极限承载力达不到设计要求的特征值 2 倍，使一组试桩的承载力统计平均值不满足设计要求。动测承载力则不同，可能出现部分桩的承载力远高于承载力特征值的 2 倍。所以，即使个别桩的承载力不满足设计要求，但"高"和"低"取平均后仍能满足设计要求。为了避免可能高估承载力的危险，不得将极差超过 30%的"高值"参与统计平均。

9.4.12 高应变法检测桩身完整性具有锤击能量大，可对缺陷程度定量计算，连续锤击可观察缺陷的扩大和逐步闭合情况等优点。但和低应变法一样，检测的仍是桩身阻抗变化，一般不宜判定缺陷性质。在桩身情况复杂或存在多处阻抗变化时，可优先考虑用实测曲线拟合法判定桩身完整性。

式（9.4.12-1）适用于截面基本均匀桩的桩顶下第一个缺陷的程度定量计算。当有轻微缺陷，并确认为水平裂缝（如预制桩的接头缝隙）时，裂缝宽度 δ_w 可按下式计算：

$$\delta_w = \frac{1}{2}\int_{t_a}^{t_b}\left(V - \frac{F - R_x}{Z}\right) \cdot dt \quad (7)$$

9.4.13 采用实测曲线拟合法分析桩身扩径、桩身截面渐变或多变的情况，应注意合理选取土参数。

高应变法锤击的荷载上升时间一般不小于 2ms，因此对桩身浅部缺陷位置的判定存在盲区，也无法根据式（9.4.12-1）来判定缺陷程度。只能根据力和速度曲线的比例失调程度来估计浅部缺陷程度，不能定量给出缺陷的具体部位，尤其是锤击力波上升非常缓慢时，还大量耦合有土阻力的影响。对浅部缺陷桩，宜用低应变法检测并进行缺陷定位。

9.4.14 桩身锤击拉应力是混凝土预制桩施打抗裂控制的重要指标。在深厚软土地区，打桩时侧阻和端阻虽小，但桩很长，桩锤能正常爆发起跳，桩底反射回来的上行拉力波的头部（拉应力幅值最大）与下行传播的锤击压力波尾部迭加，在桩身某一部位产生净的拉应力。当拉应力强度超过混凝土抗拉强度时，引起桩身拉裂。开裂部位一般发生在桩的中上部，且桩愈长或锤击力持续时间愈短，最大拉应力部位就愈往下移。

有时，打桩过程中会突然出现贯入度骤减或拒锤，一般是碰上硬层（基岩，孤石，漂石，卵石等碎石土层）。继续施打会造成桩身压应力过大而破坏。此时，最大压应力部位不一定出现在桩顶，而是接近桩端的部位。

9.4.15 本条解释同 8.4.7 条。

10 声波透射法

10.1 适用范围

10.1.1 声波透射法是利用声波的透射原理对桩身混凝土介质状况进行检测，因此仅适用于在灌注成型过程中已经预埋了两根或两根以上声测管的基桩。

10.2 仪器设备

10.2.1 声波换能器有效工作面长度指起到换能作用的部分的实际轴向尺寸，该长度过大将夸大缺陷实际尺寸并影响测试结果。

提高换能器谐振频率，可使其外径减少到 30mm 以下，利于换能器在声测管中升降顺畅或减小声测管直径。但因声波发射频率的提高，使长距离声波穿透能力下降。所以，本规范仍推荐目前普遍采用的 30~50kHz 的谐振频率范围。

10.3 现场检测

10.3.2 标定法测定仪器系统延迟时间的方法是将发射、接收换能器平行悬于清水中，逐次改变点源距离并测量相应声时，记录若干点的声时数据并作线性回归的时距曲线：

$$t = t_0 + b \cdot l \quad (8)$$

式中 b——直线斜率（$\mu s/mm$）；

l——换能器表面净距离（mm）；

t——声时（μs）；

t_0——仪器系统延迟时间（μs）。

按下式计算声测管及耦合水层声时修正值：

$$t' = \frac{d_1 - d_2}{v_t} + \frac{d_2 - d'}{v_w} \quad (9)$$

式中 d_1——声测管外径（mm）；

d_2——声测管内径（mm）；

d'——换能器外径（mm）；

v_t——声测管材料声速（km/s）；

v_w——水的声速（km/s）；

t'——声测管及耦合水层声时修正值（μs）。

10.3.3 同一根桩检测时，强调各检测剖面的声波发射电压和仪器设置参数保持不变，目的是使各检测剖面的检测结果具有可比性，便于综合判定。

10.4 检测数据的分析与判定

10.4.2 声速、波幅和主频都是反映桩身质量的声学参数测量值。大量实测经验表明：声速的变化规律性较强，在一定程度上反映了桩身混凝土的均匀性，而波幅的变化较灵敏，主频在保持测试条件一致的前提下也有一定规律。因此本规范在确定测点声学参数测量值的判据时，采用了三种不同的方法。

声速异常临界值判据中的临界值 v_c 是参考数理统计学判断异常值的方法，经过多次试算而得出的。其基本原理如下：

在 n 次测量所得的数据中，去掉 k 个较小值，得到容量为 $(n-k)$ 的样本，取异常测点数据不可能出现的次数为 1，则对于标准正态分布假设，可得异常测点数据不可能出现的概率为：

$$P(X \leqslant -\lambda) = \frac{1}{\sqrt{2\pi}} \int_{-\infty}^{-\lambda} e^{-\frac{x^2}{2}} \cdot dx = \frac{1}{n-k} \quad (10)$$

由 $\phi(\lambda) = 1/(n-k)$，在标准正态分布表可得与不同的 $(n-k)$ 相对应的 λ 值，从而得到表 10.4.2。

每次去掉样本中的最小数据，计算剩余数据的平均值、标准差，由表 10.4.2 查得对应的 λ 值。由式 $v_0 = v_m - \lambda \cdot s_x$ 计算异常判断值并将样本中当时的最小值与之比较；当 v_{n-k} 仍为异常值时，继续去掉最小值重复计算和比较，直至剩余数据中不存在异常值为止。此时，v_0 则为异常判断的临界值 v_c。

桩身混凝土均匀性可采用离差系数 $C_v = s_x/v_m$ 评价，其中 s_x 和 v_m 分别为 n 个测点的声速标准差和 n 个测点的声速平均值。

10.4.3 当桩身混凝土的质量普遍较差时，可能同时出现下面两种情况：

1 检测剖面的 n 个测点声速平均值 v_m 明显偏低。
2 n 个测点的声速标准差 s_x 很小。

则由统计计算公式 $v_0 = v_m - \lambda \cdot s_x$ 得出的判断结果可能失效。此时可将各测点声速 v_i 与声速低限值 v_L 比较得出判断结果。

10.4.4 波幅临界值判据式为 $A_{pi} < A_m - 6$，即选择当信号首波幅值衰减量为其平均值的一半时的波幅分贝数为临界值，在具体应用中应注意下面几点：

1 因波幅的衰减受桩材不均匀性、声波传播路径和点源距离的影响，故应考虑声测管间距较大时波幅分散性而采取适当的调整。
2 因波幅的分贝数受仪器、传感器灵敏度及发射能量的影响，故应在考虑这些影响的基础上再采用波幅临界值判据。
3 当波幅差异性较大时，应与声速变化及主频变化情况相结合进行综合分析。

10.4.6 实测信号的主频值与诸多影响因素有关，因此仅作辅助声学参数选用。在使用中应保持声波换能器具有单峰的幅频特性和良好的耦合一致性；若采用 FFT 方法计算主频值，还应保证足够的频率分辨率。

10.4.7 桩完整性判定与分类除依据声速、波幅等变化规律和借助其他辅助方法外，还与诸多复杂因素有关，故在使用中应注意以下几点：

1 可结合钻芯法将其结果进行对比，从而得出更符合实际情况的分类。
2 可将实测时程曲线的畸变及频谱、PSD 值的变化相结合，进行综合判定与分类。
3 可结合施工工艺和施工记录等有关资料具体分析。

中华人民共和国国家标准

地基动力特性测试规范

GB/T 50269—97

条 文 说 明

制 订 说 明

本规范是根据国家计委计综〔1986〕2630号文的要求，由机械工业部负责主编，具体由机械工业部设计研究院会同中国水利水电科学研究院、北京市勘察院、同济大学、机械工业部勘察研究院、中国航空工业勘察设计院共同编制而成，经建设部一九九七年九月十二日以建标〔1997〕281号文批准，并会同国家技术监督局联合发布。

在本规范的编制过程中，规范编制组进行了广泛的调查研究，认真总结我国的科研成果和工程实践经验，同时参考了有关国家的先进经验，并广泛征求了全国有关单位的意见，最后由建设部会同有关部门审查定稿。

鉴于本规范系初次编制，在执行过程中希望各单位结合工程实践和科学研究，认真总结经验，注意积累资料，如发现需要修改和补充之处，请将意见和有关资料寄交机械工业部设计研究院（北京西三环北路5号，邮政编码：100081），并抄送机械工业部，以供今后修订时参考。

目 次

1 总则 ·· 7—9—4
3 基本规定 ·· 7—9—4
4 激振法测试 ······································· 7—9—4
   4.1 一般规定 ···································· 7—9—4
   4.2 设备和仪器 ································ 7—9—4
   4.3 测试前的准备工作 ······················· 7—9—4
   4.4 测试方法 ···································· 7—9—5
   4.5 数据处理 ···································· 7—9—5
   4.6 地基动力参数的换算 ··················· 7—9—6
5 振动衰减测试 ··································· 7—9—7
   5.1 一般规定 ···································· 7—9—7
   5.2 测试方法 ···································· 7—9—7
   5.3 数据处理 ···································· 7—9—7
6 地脉动测试 ······································· 7—9—7
   6.1 一般规定 ···································· 7—9—7
   6.2 设备和仪器 ································ 7—9—7
   6.3 测试方法 ···································· 7—9—8
   6.4 数据处理 ···································· 7—9—8
7 波速测试 ·· 7—9—8
   7.1 一般规定 ···································· 7—9—8
   7.2 设备和仪器 ································ 7—9—8
   7.3 测试方法 ···································· 7—9—9
   7.4 数据处理 ···································· 7—9—10
8 循环荷载板测试 ································ 7—9—11
   8.1 一般规定 ···································· 7—9—11
   8.2 设备和仪器 ································ 7—9—11
   8.3 测试前的准备工作 ······················· 7—9—11
   8.4 测试方法 ···································· 7—9—11
   8.5 数据处理 ···································· 7—9—11
9 振动三轴和共振柱测试 ······················ 7—9—11
   9.1 一般规定 ···································· 7—9—11
   9.2 设备和仪器 ································ 7—9—12
   9.3 测试方法 ···································· 7—9—12
   9.4 数据处理 ···································· 7—9—12

1 总　则

1.0.1 本规范为国内首次制订。为了使现场和室内的测试、分析、计算方法统一化，能提供符合实际的工程设计所需的地基动力特性参数，做到技术先进，确保质量，很需要有一本各种动力测试方法齐全的规范，以满足工程设计的需要，本规范就是为此目的而制订的。本规范总结了国内几十年以来在地基动力特性测试方面的经验，将国内已应用过的成熟的各种测试分析方法，基本上都编入了这本规范。有的方法是国外没有，国内首创。

1.0.2、1.0.3 地基动力特性参数，是机器基础振动和隔振设计以及在动荷载作用下各类建筑物、构筑物的动力反应及地基动力稳定性分析必需的资料。本规范适用于原位和室内确定天然地基(包括膨胀土、湿陷性黄土、残积土等各种特殊土)和人工地基(包括桩基、碎石桩、夯实土等人工加固的地基)动力特性的测试、分析方法。不同的工程，需用的测试方法和动力参数也不相同，如：用激振法测试和振动衰减测试的资料可计算地基刚度系数、阻尼比、参振质量和地基土能量吸收系数，主要应用于动力机器基础的振动设计、精密仪器仪表的隔振设计以及评估振动对周围环境的影响等；地脉动测试可确定场地土的卓越周期和幅值，可应用于工程抗震和隔振设计；波速测试主要用于场地土的类型划分、场地土层的地震反应分析，以及用波速计算泊松比、动弹性模量、动剪变模量，也可计算地基刚度系数；循环荷载板测试可计算地基的弹性模量、地基的刚度系数，一般可用于大型机床、水压机、高速公路、铁路等工程设计；振动三轴和共振柱测试可确定地基土的动模量、阻尼比、动强度等参数，可用于对建筑物和构筑物进行动力反应分析以及对地基土和边坡土进行动力稳定性分析。上述说明，相同类型的动力参数，可采用不同的测试、分析方法，因此应根据不同工程设计的实际需要，选择有关的测试、计算方法。如动力机器基础设计所需的动力参数，应优先选用激振法，因激振法与动力机器基础的振动是同一种振动类型，将试验基础实测计算的地基动力特性参数，径基底面积、基底静压力、基础埋深等的修正后，最符合设计基础的实际情况。另外，从国外有些国家的资料看，也有用弹性半空间的理论来计算机器基础的振动，其地基刚度系数则采用地基土的波速进行计算，这说明不同的计算理论体系采用不同的测试方法和计算方法。对一些特殊重要的工程，尚应采用几种方法分别测试，以便综合分析、评价场地土层的动力特性。

3　基本规定

3.0.1 本条根据地基动力特性现场测试的需要，提出测试时所应具备的资料，其目的是在现场选择测点时，应避开这些干扰振源和地下管道、电缆等的影响。

3.0.2 为了做好测试工作，在测试前，应制订测试方案，将所需测的内容、方法、仪器布置、加载方法、测试目的和要求、数据处理方法等列出，以便顺利地进行测试，保质保量地满足工程设计的需要。当采用激振法测试时，尚应根据工程设计的要求，确定测试基础的数量、尺寸，并在每一个测试基础上，应有预埋螺栓或预留螺栓孔的位置图。

3.0.5 由于过去没有统一的测试规范，各单位写的测试报告内容五花八门，有的测试资料、测试成果也不齐全，既不便于设计使用，也不利于积累资料，因此本条规定了测试报告应包括的几部分内容，其中测试成果、分析意见、结论等内容随各章测试方法不同而各不相同，其内容均放在各章的一般规定内，原始资料一般可包括下列内容：

(1) 任务来源、工程概况；
(2) 测试场地的地质勘察资料；
(3) 测试用的设备和仪器；
(4) 测试内容及计算方法；
(5) 振动三轴和共振柱测试尚应包括土试样的基本特性和取样情况，土试样的制备和饱和方法。

4　激振法测试

4.1　一般规定

4.1.1 本章适用于强迫振动和自由振动测试天然地基和人工地基的动力特性。由于天然地基和人工地基的测试方法，使用的设备和仪器，现场准备工作，数据处理等都完全相同，仅是块体基础和桩基础的尺寸不同，而块体基础适用于除桩基础以外的天然地基和人工地基上的测试。因此本章各条中提到的测试基础即包括块体基础和桩基础，地基动力参数即包括天然地基和人工地基的动力参数，如果仅提块体基础的动力参数，即表示除桩基外的人工地基和天然地基的动力参数。在数据处理时，块体基础和桩基础的幅频响应曲线处理方法相同，块体基础和桩基础的各向阻尼比计算方法相同。条文中各向阻尼比的计算，均包含块体基础和桩基础，基础在各个方向振动参振总质量的计算方法均包括块体基础和桩基础。由测试资料计算地基抗压刚度时，块体基础和桩基础的计算方法相同，只是计算抗压刚度系数时，两者才有区别，除桩基外的抗压刚度系数，由总的抗压刚度被基础底面积除，桩基则被桩数除。

4.1.2 地基动力参数是计算动力机器基础振动的关键数据，数据的选用是否符合实际，直接影响到基础设计的效果，而测试方法不同，则由测试资料计算的地基动力参数也不完全一致，因此测试方法的选择，应与设计基础的振动类型相符合，如设计周期性振动的机器基础，应在现场采用强迫振动测试。

4.1.5 明置基础的测试目的是为了获得基础下地基的动力参数，埋置基础的测试目的是为了获得埋置后对动力参数的提高效果。因为所有的机器基础都有一定的埋深，有了这两者的动力参数，就可进行机器基础的设计，因此测试基础应分别做明置和埋置两种情况的振动测试。基础四周回填土是否夯实，直接影响埋置作用对动力参数的提高效果，在作埋置基础的振动测试时，四周的回填土一定要分层夯实。

4.1.7 本条规定了测试结果的具体内容，特别是各种参数均以表格的形式整理计算和提供设计应用，既能一目了然，又便于今后积累资料。

4.2　设备和仪器

4.2.1 机械式激振设备的扰力可分为几档，测试时，其扰力一般皆能满足要求。由于块体基础水平回转耦合振动的固有频率及在软弱地基上的竖向振动固有频率一般均较低，因此要求激振设备的最低频率尽可能低，最好能在 3Hz 就可得到振动波形，至高不能超过 5Hz，这样测出的完整的幅频响应共振曲线才能较好地满足数据处理的需要；而桩基础的竖向振动固有频率高，要求激振设备的最高工作频率尽可能的高，最好能达到 60Hz 以上，以便能测出桩基础的共振峰。电磁式激振设备的工作频率范围很宽，只是扰力太小时对桩基础的竖向振动激不起来，因此规定扰力不宜小于 600N。

4.3　测试前的准备工作

4.3.1 本条规定了块体基础的尺寸和数量。块体数量最少 2 个，超过2个时可改变超过部分的基础面积而保持高度不变,获得底面积变化对动力参数的影响,或改变超过部分基础高度而保持底面积不变,获得基底应力变化对动力参数的影响。基础尺寸要保证扰力中心与基础重心在一垂线上,高度应保证地脚螺栓的锚固深度,又便于测试基础埋深对地基动力参数的影响。基础的高度太大,挖土或回填都增加许多劳动量,而高度太小,基础质量小,基础固有频率高,如激振器的扰频不高,就会给测共振峰带来困难,因此基础的高度既不能太大,也不能太小。条文中规定的尺寸对 $f_K=200kN/m^2$ 的粘土来说,基础的固有频率也超过30Hz。机器基础的底面一般为矩形,为了使试验基础与设计基础的底面形状相类似,本条规定了采用矩形基础,且其长、宽、高均具有一定的比例。

4.3.2 桩基的刚度,不仅与桩的长度、截面大小和地基土的种类有关,还与桩的间距、桩的数量等有关。一般机器基础下的桩数,根据基底面积的大小,从几根到几十根,最多也有到一百多根的,而试验基础的桩数不能太多,根据以往试验的经验,一根桩(带桩台)的测试效果不理想,2根、4根桩(带桩台)的测试效果比较好,但4根桩的测试费用较大,因此本条文订的是2根桩。如现场有条件作桩数对比测试时,也可增加4根桩和6根桩的测试。由于桩基的固有频率比较高,桩台的高度应该比天然地基的基础高度大,否则固有频率太高,共振峰很难测出来。桩台边至桩轴的距离应等于桩间距的1/2,桩台的长宽比应为2:1,规定的目的是为了使2根桩的测试资料计算的动力参数,在折算为单桩时,可将桩台划分为1根桩的单元体进行分析。但对于直径大于400mm的桩,桩台边至桩轴的距离与桩间距的比亦可小于1/2,其目的为了减小桩台的面积,这样可根据现场实际条件有所选择。

4.3.3 由于地基的动力特性参数与土的性质有关,如果试验基础下的地基土与设计基础下的地基土不一致,测试资料计算的动力参数不能用于设计基础,因此试验基础的位置应选择在拟建基础附近相同的土层上。试验基础的基底标高,最好与拟建基础基底标高一致,但考虑到有的动力机器基础高度大,基底埋置深,如将小的试验基础也置于同一标高,现场施工与测试工作均有困难,因此规范条文中对此未作规定,就是为了给现场测试工作有灵活余地,可视基底标高的深浅以及基底土的性质确定。关键是要掌握好试验基础与拟建基础底面的土层结构相同。

4.3.5 基坑坑壁至试验基础侧面的距离应大于500mm,其目的是为了在做基础的明置试验时,基础侧面四周的土压力不会影响到基础底面土的动力参数。在现场做测试准备工作时,不要把试坑挖得太大,即距离略大于500mm。因为距离太大了,作埋置测试时,回填土的工作量大,应根据现场具体情况掌握好分寸。坑底应保持原状,即挖坑时,不要将试验基础底面的原状土破坏,因为基底土是否遭到破坏,直接影响测试结果。坑底面应为水平面,因为只有水平面,基础浇灌后才能保持基础重心、底面形心和竖向激振力位于同一垂线上。

4.3.6 有的施工单位在浇注混凝土时,基础顶面做得特别粗糙,高低不平,以致激振器安装时,其底板与基础顶面接触不好,传感器也放不平稳,影响测试效果;因此,在试验基础图纸上,注明基础顶面的混凝土应随捣随抹平。

4.3.7 在现场作准备工作时,一定要注意基础上预埋螺栓或预留螺栓孔的位置。预埋螺栓的位置要严格按试验图纸上的要求,不能偏离,只要有一个螺栓偏离,激振器的底板就安装不进去。预埋螺栓的优点是与现浇基础一次做成,缺点是位置可能放不准,影响激振器的安装,因此在施工时,可采用定位模具以保证位置准确。预留螺栓孔的优点是,待激振器安装时,可对准底板孔放置螺栓,放好后再灌浆,缺点是与现浇基础不能一次做成。这两种方法选择哪一种,可根据现场条件确定。如为预留孔,则孔的面积不应小于 $100×100mm^2$,孔太小了,灌浆不方便。螺栓的长度不小于400mm,主要是为了保证在受动拉力时有足够的锚固力,不被拔

出,具体加工时螺栓下端可制成弯钩或焊一块铁板,以增强锚固力。露出激振器底板上面的螺栓,其螺丝扣的高度,应足够能拧上两个螺母和一个弹簧垫圈。加弹簧垫圈和用两个螺母,目的是为了在整个激振测试过程中,螺栓不易被震松。在试验工作结束以前,螺栓的螺丝扣一定要保护好,以免碰坏。

4.4 测试方法

(Ⅰ)强迫振动

4.4.1 在振动测试过程中,地脚螺栓很容易被震松,一旦被震松后,所测的数据就不准。为避免地脚螺栓在测试过程中被震松,在测试前,应在地脚螺栓上放上弹簧垫圈,然后再用两个螺母将其拧紧,每测完一次,都必须检查一下螺母是否震松,如在测试过程中有松动,则应将机器停下拧紧后重新测定,松动时测的资料作废。

4.4.2 采用电磁式激振设备作水平回转振动测试时,其扰力作用点应在沿水平轴线方向基础侧面的顶部,最好是沿长边、短边两个方向都进行测试,以便对比两个方向测试所得动力参数的差异。

4.4.4 于基础顶面两端布置竖向传感器是为了测基础回转时的振幅,以便计算基础的回转角,其间的距离 l_1 必须准。

4.4.5 基础的扭转振动测试,过去国内外都很少做过,设计时所应用的动力参数均与竖向测试的地基动力参数挂钩,而竖向与扭转向的关系也是通过理论计算所得。为了能测试扭转振动,机械工业部设计研究院和第一设计院进行过多次的测试研究工作,设计研究院于90年代成功地做了扭转振动测试,共测试了十几个基础的扭转振动,测出了在扭转扰力矩作用下水平振幅随频率变化的幅频响应共振曲线。条文中传感器的布置方法,最容易判别其振动是否为扭转振动,如为扭转振动,则实测波形的相位相反(即相差180°),如为水平一回转耦合振动,则实测波形的相位相同,可检验激振器能否使基础产生扭转振动。因此在布置仪器时,一定注意两台传感器本身相位是否相同。

4.4.6 在共振区以内(即 $0.75f_m \leqslant f \leqslant 1.25f_m$,$f_m$ 为共振频率),频率应尽可能测密一些,最好是0.5Hz左右。由于共振峰很难测得,激振频率在峰点很易滑过去,不一定能稳在峰点,因此只有尽量拍密一些,才易找到峰点,减少人为的误差。共振时的振幅不大于 $150\mu m$,一是因为振幅大了,峰点更难测得;二是振幅太大,影响地基土的动力参数。周期性振动的机器基础,当 $f \geqslant 10Hz$ 时,其振幅都不会大于 $150\mu m$。

(Ⅱ)自由振动

4.4.8 当铁球下落冲击基础后,基础产生有阻尼自由振动,第一个波的振幅最大,然后逐渐减小,振幅应取第一个波。为减小测试时高频波的影响及避免基础面被冲击,测试时可在基础顶面中心处放一块稍厚的橡胶垫。竖向自由振动,有时会出现波形不好的情况,测试时应注意检查波形是否正常。

4.4.9 基础水平振动测试,可采用木锤敲击,敲击点在基础侧面轴线顶端,比较易于产生回转振动。敲击时,可以沿长轴线(与强迫振动时水平激振力的方向一致),也可沿短轴线敲击,可比下两者的参数相差多少,但提供设计用的参数,应与设计基础水平扰力的方向一致。

4.5 数据处理

数据处理有两点需说明如下:

(1)由于块体基础和桩基础的数据处理方法相同,因此本节条文中的计算均包括块体基础和桩基础,仅是有区别之处才分别列出;

(2)为了简化参数的符号,条文中对变扰力和常扰力均采用相同符号,计算时,只需将各自测试的幅频响应共振曲线选取的值代入各自的计算公式中进行计算。

(Ⅰ)强迫振动

4.5.3 由 A_z-f 幅频响应曲线计算的地基竖向动力参数,其计算值与选取的点有关,在曲线上选不同的点,计算所得的参数不同。为了统一,除选取共振峰点外,尚应在曲线上选三点,计算平均阻尼比 ζ_z 及相应的 K_z 和 m_z,这样计算的结果,差别不会太大,这种计算方法,必要时把共振峰峰点测准;$0.85f_m$ 以上的点不取,是因为这种计算方法对试验数据的精度要求较高,略有误差,就会使计算结果产生较大差异;另外,低频段的频率也不宜取得太低,频率太低时,振幅很小,受干扰波的影响,量波的误差较大,使计算的误差大。在实测的共振曲线上,有时会出现小"鼓包",取用"鼓包"上的数据,则会使计算结果产生较大的误差,因此要根据不同的实测曲线,合理地采集数据。根据过去大量测试资料数据处理的经验,应按下列原则采集数据:

(1)对出现"鼓包"的共振曲线,"鼓包"上的数据不取;

(2)$0.85f_m<f<f_m$ 区段内的数据不取;

(3)低频段的频率选择,不宜取得太低,应取波形好,量波误差小的频率。

有的试验基础,如桩基,因固有频率高,而机械式激振器的扰频低于试验基础的固有频率而无法测出共振峰值时,可采用低频区段求刚度的方法计算。但这种计算方法必要时必须测出扰力与位移之间的相位角,其计算方法为(图1):

$$m_z=\frac{\frac{P_1}{A_1}\cos\varphi_1-\frac{P_2}{A_2}\cos\varphi_2}{\omega_2^2-\omega_1^2} \quad (1)$$

$$K_z=\frac{P_1}{A_1}\cos\varphi_1+m_z\omega_1^2 \quad (2)$$

$$\zeta_1=\frac{tg\Phi_1(1-\frac{\omega_1}{\omega_z})^2}{2\frac{\omega_1}{\omega_z}} \quad (3)$$

$$\zeta_2=\frac{tg\Phi_2[1-(\frac{\omega_2}{\omega_z})^2]}{2\frac{\omega_2}{\omega_z}} \quad (4)$$

$$\zeta_z=\frac{\zeta_1+\zeta_2}{2} \quad (5)$$

$$\omega_z=\sqrt{\frac{K_z}{m_z}} \quad (6)$$

式中 P_1——激振频率为 f_1 时的扰力(N);
P_2——激振频率为 f_2 时的扰力(N);
A_1——激振频率为 f_1 时的振幅(μm);
A_2——激振频率为 f_2 时的振幅(μm);
Φ_1——激振频率为 f_1 时扰力与位移之间的相位角,由测试确定;
Φ_2——激振频率为 f_2 时扰力与位移之间的相位角,由测试确定。

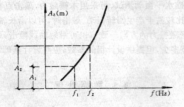

图 1 共振峰未测得的 A_z-f 曲线

4.5.6、4.5.10 由于水平回转耦合振动和扭转振动的共振频率一般都在十几赫兹左右,低频段波形较好的频率大约在 8Hz 左右,而 $0.85f_1$ 以上的点不能取,则共振曲线上剩下可选用的点就不多了,因此,水平回转耦合振动和扭转振动资料的分析方法与竖向振动不一样,不需要三个以上的点,而只取共振峰点频率 f_{m1} 及

相应的水平振幅 A_{m1} 和另一频率为 $0.707f_{m1}$ 点的频率和水平振幅 A 代入公式(4.5.6-1)、(4.5.6-2)、(4.5.10)计算阻尼比 $\zeta_{x\varphi 1}$、ζ_ψ,而且选择这一点计算的阻尼比与选择几点计算的平均阻尼比很接近。

(Ⅱ)自由振动

4.5.13 一般有条件做强迫振动试验的工程,都应在现场做强迫振动试验,没有条件时,才仅做自由振动试验。原因是竖向自由振动试验阻尼较大时,特别是有埋置的情况,实测得的自由振动波数少,很快就衰减了,从波形上量得的固有频率值以及由振幅计算的阻尼比都不如强迫振动试验测得的准确。当然,基础固有频率比较高时,强迫振动试验测不出共振峰的情况也会有的。因此有条件时,两种试验都做,可以相互补充。计算固有频率时,应从记录波形的1/4波长后面部分取值,因第一个1/4波长受冲击的影响,不能代表基础的固有频率。

4.5.16、4.5.17 由于基础水平回转耦合振动测试的阻尼比,较竖向振动的阻尼比小,实测的自由振动衰减波形比较好,从波形上量得的固有频率与强迫振动试验实测的固有频率基本一样。其缺点是:不象竖向振动那样,可以计算出总的参振质量 m_z(包括土的参振质量,而 K_z 也包括了土的参振质量),只能用试验基础的质量计算 K_x、K_φ。由于水平回转耦合自由振动实测资料不能计算土的参振质量,因此在提供给设计人员使用的实测资料时,一定要写明那些刚度系数 C_x、C_x、C_φ、C_ψ 中包含了土的参振质量影响。用这些刚度系数计算基础的固有频率时,也必须将土的参振质量加到基础的质量中。如果刚度系数中不包含土的参振质量,也必须写明设计时不考虑土的参振质量。

4.6 地基动力参数的换算

4.6.1 由于地基动力参数值与基础底面积大小、基础高度、基底应力、基础埋深等有关,而试验基础与设计的动力机器基础在这些方面都不可能相同。因此,由试验基础实测计算的地基动力参数应用于机器基础的振动和隔振设计时,必须进行相应的换算后,才能提供给设计应用。

4.6.2 基础四周的填土能提高地基刚度系数,并随基础埋深比的增大而增加,因此,必须将试验基础的埋深比换算至设计基础的埋深比,进行修正后的地基刚度系数,才能用于设计有埋置的动力机器基础。桩基的抗剪、抗扭刚度系数 C_x、C_ψ 值,除与桩的材料、截面积和桩数有关外,主要取决于基底下的地基土抗剪、抗扭刚度系数,因此,提供给设计应用时的换算方法可与试验块体基础的相同。

4.6.3 基础下地基的阻尼比随基底面积的增大而增加,并随基底下静压力的增大而减小,因此,由试验资料计算的阻尼比用于设计动力机器基础时,必须将测试基础的质量比换算为设计基础的质量比后才能用于机器基础的设计。

4.6.4 基础四周的填土能提高地基的阻尼比,并随基础埋深比的增大而增加,因此,必须将试验基础的埋深比换算至设计基础的埋深比,进行修正后的阻尼比,才能用于设计有埋置的动力机器基础。

4.6.5 基础振动时地基土参振质量值,与基础底面积的大小有关,因此,由试验块体基础和桩基础在明置时实测幅频响应曲线计算的地基参振质量,应换算为设计基础的底面积后才能应用于设计。

4.6.6 由于桩基的刚度 K_{zh} 与试验时的桩数有关,根据2根桩桩基实测幅频响应曲线计算的1根桩的抗压刚度 k_{zp} 与4根桩桩基础测试资料计算的1根桩的 k_{zp} 相比,前者为后者的1.3倍,与6根桩桩基础测试资料计算的 k_{zp} 相比,为1.36倍。桩数再增加时,其变化逐渐减小,作测试桩基础的桩数规定为2根桩,根据工程需要,也可能做2根桩和4根桩的桩基础振动测试。因此本条规定由2根或4根桩的桩基础测试资料计算的 k_{zp} 值,应分别乘以群桩效应系数 0.75 或 0.9 后，才能提供给设计群桩基础应用。

5 振动衰减测试

5.1 一般规定

5.1.2 由于生产工艺的需要，在一个车间内同时设置有低转速和高转速的动力机器基础。一般低转速机器的扰力较大，基础振幅也较大，而高转速基础的振幅控制很严，因此设计中需要计算低转速机器基础的振动对高粘速机器基础的影响，计算值是否符合实际，还与这个车间的地基土能量吸收系数 α 有关，因此，事先应在现场做基础强迫振动试验，实测振动波在地基中的衰减，以便根据振幅随距离的衰减，计算 α 值，提供设计应用。设计人员应按设计基础间的距离，选用 α 值，以计算低转速机器基础振动对高转速机器基础的影响。

振动能影响精密仪器、仪表的测量精度，也影响精密设备的加工精度。如果其周围有振源，应测定其影响大小，当其影响超过允许值时，必须对设计的精密仪器、仪表、设备等采取隔振或其它有效措施。

5.1.3 利用已投产的锻锤、落锤、冲压机、压缩机基础的振动，作为振源进行衰减测定，是最符合设计基础的实际情况的。因振源在地基土中的衰减与很多因素有关，不仅与地基土的种类和物理状态有关，而且与基础的面积、埋置深度、基底应力等有关，与振源是周期性还是冲击性、是高频还是低频等多种因素有关，而设计基础与上述这些因素比较接近，用这些实测资料计算的 α 值，反过来再用于设计基础，与实际就比较符合。因此，在有条件的地方，应尽可能利用现有投产的动力机器基础进行测定，只是在没有条件的情况下才现浇一个基础，采用机械式激振设备作为振源。如果设计的基础受非动力机器振动的影响，也可利用现场附近的其它振源，如公路交通、铁路等的振动。

5.1.4 由于振波的衰减，与基础的明置和埋置有关，一般明置基础，按实测振波衰减计算的 α 值大，即衰减快，而埋置基础，按实测振波衰减计算的 α 值小，衰减慢。特别是水平回转耦合振动，明置基础底面的水平振幅比顶水平振幅小很多，这是由于明置基础的回转振动较大所致。明置基础的振波是通过基底振动大小向周围传播，衰减快，如果均用测试基础顶面的振幅计算 α 值时，明置基础的 α 值则要大得多，用此 α 值计算设计基础的振动衰减时偏于不安全。因设计基础均有埋置，故应在测试基础有埋置时测定。

5.2 测试方法

5.2.1 由于传感器放在浮砂地、草地和松软的地层上时，影响测量数据的准确性，因此在选择放传感器的测点时，应避开这些地方。如无法避开，则应将草铲除、整平，将松散土层夯实。

5.2.2 由于振动沿地面的衰减与振源机器的扰力频率有关，一般高频衰减快，低频衰减慢，因此，测试基础的激振频率应选择与设计基础的机器扰力频率相一致。另外，为了积累扰力频率不同时测试的振动衰减资料，尚应做各种不同激振频率的振动衰减测试。

5.2.3 由于地基振动衰减的计算公式是建立在地基为弹性半空间无限体这一假定上的，而实际情况不完全如此。振源的方向不同，测的结果也不相同，因此，在实测试基础的振动，在地基中的衰减时，传感器置于测试基础的方向，应与设计基础所需测的方向相同。

5.2.4 由于近距离衰减快，远距离衰减慢，一般在离振源距离10m 以内的范围，地面振幅随离振源距离增加而减小得快，因此，传感器的布点，应布密一些。如在 5m 以内，应每隔 1m 布 1 台传感器，5～15m 范围内，每隔 2m 布置 1 台传感器，15m 以外，每隔 5m 布 1 台传感器。亦可根据设计基础的实际需要，布置传感器的距离。

5.2.6 关于各种不同振源处的振幅测试，传感器测点的布置位置，各个单位在测试时都不相同，由于测点位置不同，测试结果也不同。本条对各种不同振源规定了传感器放的测点位置，其目的是为各单位测定时有统一的规定。

5.3 数据处理

5.3.2、5.3.3 对同一种土、同一个振源计算的 α 值随距离的变化，从图 2 中可以看出，α 不是一个定值。由于近振源处（约 2～3 倍基础边长），振动衰减很快，计算的 α 值很大，到一定距离后（图 2 中为 15m 以后），α 值比较稳定，趋向一个变化不大的值，不管用哪个公式计算都是这个规律。因此，如果用一个平均的 α 计算不同距离的振幅，则得出在近距离内的计算振幅比实际振幅大，而在远距离的计算振幅比实际的小，这样计算的结果都不符合实际。试验中应按照实测资料计算出 α 随 r 的变化曲线，提供给设计应用，由设计人员根据设计基础离振源的距离选用 α 值。在计算 α 值前，应先将各种激振频率作用下测试的地面振幅随离振源距离远近而变化的关系绘制成各种曲线图。由曲线图即可发现测试的资料是否有规律，一般在近距离范围内，振幅衰减快，远距离振幅衰减慢。

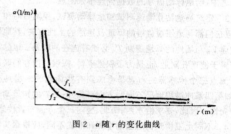

图 2 α 随 r 的变化曲线

6 地脉动测试

6.1 一般规定

6.1.1 地脉动有长周期与短周期之分。周期大于 1.0s 的称为长周期，本规范涉及的地脉动周期在 0.1～1.0s 范围内，属于短周期地脉动。

地脉动是由气象变化、潮汐、海浪等自然力和交通运输、动力机器等人为扰力引起的波动，经地层多重反射和折射，由四面八方传播到测试点的多维波群随机集合而成。随时间作不规则的随机振动，其振幅是小于几微米的微弱振动。它具有平稳随机过程的特性，即地脉动信号的频率特性不随时间的改变而有明显的不同，它主要反映场地地基土层结构的动力特性。因此，它可以用随机过程样本函数集合的平均值来描述，如富氏谱、功率谱等。

6.1.2 测试结果中的数据处理，为了避免频谱分析中的频率混淆现象，事前应对分析数据进行加窗函数处理，如哈明窗、汉宁窗、滑动指数窗。

6.2 设备和仪器

6.2.1 地脉动的周期为 0.1～1.0s，振幅一般在 3μm 以下，因此要求地脉动测试系统灵敏度高、低频特性好、工作稳定可靠；信号分析系统应具有低通滤波、加窗函数以及常用的时域和频域分析软件。

6.2.2 用地基动力参数测试中常用的电动式速度传感器进行脉动测试虽然经济方便，但在钻孔内进行地脉动测试时，这种速度型传感器固有频率很难做到 1.0Hz，而且体积较大，不得不放宽要求。近几年来已经逐步采用加速度传感器来进行地脉动测试，它的工作频带可达 0～60Hz，体积小，容易密封，可以直接测到场地脉动的速度,加速度电压信号。

6.2.4 地脉动测试的脉动信号可以用磁带机记录,到室内回放,用信号分析仪处理,这种方法在现场测试工作量大时经常采用。但要满足脉动测试要求的磁带机,其价格昂贵,而中间增加的环节,易带来仪器和人为操作的误差。因此,目前已较广泛采用能满足地脉动测试分析要求的信号采集记录分析系统。它配备有时域、频域分析的各种软件,既能在现场进行实时分析,也可将信号记录在软盘中到室内进行分析。

6.2.5 测试仪器标定是指传感器、适调放大器、信号采集记录分析系统在振动台上每年标定一次。平时在地脉动测试前,可分别对每件仪器进行检查或用超低频信号发生器和毫伏表简易标定。

6.3 测试方法

6.3.1 每个建筑场地的地脉动测点,不应少于2个。当同一建筑场地有不同的地质地貌单元,其地层结构不同,地脉动的频谱特征也有差异,此时可适当增加测点数量。

6.3.2 测点选择是否合适,直接影响地脉动测试的精确程度。如果测点选择不好,微弱的脉动信号有可能淹没于周围环境的干扰信号之中,给地脉动信号的数据处理带来困难。

6.3.3 建筑场地钻孔波速测试和地脉动测试,虽然目的和方法有别,但它们都与地层覆盖层的厚度及地层的土性有关,其地层的剪切波速 V_s 与场地的卓越周期 T,必然有内在的联系。地脉动观测点布置于波速孔附近,正是为了积累资料、探索其内在的联系。

测点三个传感器的布置是考虑到有些场地的地层具有方向性。如第四系冲洪积地层不同的方向有差异;基岩的构造断裂也具有方向性。因此,要求沿东西、南北、竖向三个方向布置传感器。

6.3.4 不同土工构筑物的基础埋深和形式不同,应根据实际工程需要、布置地下脉动观测点的深度;在城市地脉动观测时,交通运输等人为干扰24h不断,地面振动干扰大,但它随深度衰减很快,一般也需在一定深度的钻孔内进行测试。

通常远处震源的脉动信号是通过基岩传播反射到地层表面的,通过地面与地下脉动的测试,不仅可以了解脉动频谱的性状,还可了解场地脉动信号竖向分布情况和场地土层对脉动信号的放大和吸收作用。

6.3.5 本规范规定的脉动信号频率在1~10Hz范围内,按照采样定理,采样频率大于20Hz即可,但实际工作中,最低采样频率常取分析上限频率的3~5倍。然而,采样频率太高,脉动信号的频率分辨率降低,影响卓越周期的分析精度。条文中提出采样频率宜为50~100Hz,就考虑了脉动时域波形和谱图中的频率分辨率。

6.4 数据处理

6.4.1 为了减少频谱分析中的频率混叠现象,事先应对分析数据进行窗函数处理,对脉动信号一般加滑指数窗、哈明窗、汉宁窗较为合适。

脉动信号的性质可用随机过程样本函数集合的平均值来描述,即脉动信号的卓越频率应为多次频域平均的结果。从数理统计与测试分析系统的计算机内存考虑,经32次频域平均已基本上能满足要求。

6.4.3 脉动信号频谱图一般为一个突出谱峰形状,卓越周期只有一个;如地层为多层结构时,谱图有多阶谱峰形状,通常不超过三阶,卓越周期可按峰值大小分别提出;频谱图中无明显峰值的宽频带,可按电学中的半功率点确定其范围。

6.4.4 脉动幅值应取实测脉动信号的最大幅值。这里所指的幅值,可以是位移、速度、加速度幅,可以根据测试仪器和工程的需要确定。

7 波速测试

近年来由于抗震设计、动力机器基础和工程勘察等方面的需要,原位测试地震波速(压缩波速、剪切波速,特别是后者)的工作在我国得到了较大发展。目前,我国已能为波速测试工作提供仪器设备,我国广大技术人员已积累了丰富经验。本章就是在这基础上制定的。

7.1 一般规定

7.1.1 适用于测波速的方法较多,本章只涉及单孔法、跨孔法及表面波速法。其它的方法,如有关折射波法的工作方法,可在地震勘探的规范中找到。目前,因受振源条件及工作条件的限制,单孔法及跨孔法一般只用于测定深度150m以内土层的波速。

单孔法的特点是只用一个试验孔,在地面打击木板产生向下传播的波,其介质的质点振动方向垂直入射面的剪切波(SH波)。测出它到达位于不同深度的水平传感器的时间,就能定出它在垂直地层方向的传播速度。

跨孔法的特点是多个试验孔,振源产生水平方向传播的波,其介质质点振动方向在入射面内的剪切波(SV波)。测出它到达位于各接收孔中与振源同标高的垂直传感器的时间,可得到剪切波在地层中水平方向传播的速度。

面波法的特点是在地面求瑞利波的速度,再利用瑞利波速与剪切波速的关系求出剪切波速。

7.2 设备和仪器

7.2.1 压缩波振源可用锤击、爆炸振源、电火花振源等。

对于剪切波振源,首先希望它在测线方向产生足够能量的剪切波;其次希望能通过相反方向的激发产生极性相反的二组剪切波,以便于确定剪切波的初至时间。

单孔法目前普遍用板式剪切波振源,其优点是简便易行,能得到两组SH波,缺点是能量有限,目前国内能测的深度为100m左右。

跨孔法目前较理想的振源是剪切波锤,这是一种能在孔内某一预定位置产生质点为上下方向振动的剪切波的设备,它的优点为:能产生极性相反的两组剪切波,可比较准确地确定波到达接收孔的初至时间,能在孔中反复测试。缺点为:要在振源孔下套管,并在套管与孔壁间隙灌注膨润土与水泥的混合浆液,花费较大,它所激发的能量较小。孔深时,由于连接锤的多条管线易缠绕,往往影响锤击效果。

如无剪切波锤,可借用标准贯入试验装置,在地面垂直打击连接标准贯入器的钻杆,即可在孔底产生剪切波。它的优点是易操作,在振源孔钻孔过程中即可进行试验;缺点是不容易得到反向的剪切波,在振源孔钻完后就无法再作检查。

近期有人利用电火花振源同时取得 P 波及 S 波,利用这种振源往往较易得到 P 波的初至时间,确定 S 波的到达时间较难。

7.2.2 单孔法及跨孔法应用三分量井下传感器,即在一密封、坚固的圆筒内安置3个互相垂直的传感器,其中1个是竖向的,2个是水平向的,水平向传感器应性能一致。目前,所用的是动圈型磁电式速度传感器(又称检波器),其特点是:只有当所需测的振动的频率大于传感器固有频率时,传感器所测得的振动的幅值畸变与相位畸变才能小。结合我国目前使用的传感器的规格,规定传感器的固有频率宜小于所测地震波主频的1/2。在用单孔法时,当所测深度很大时,地震波主频可能较低,此时宜使用固有频率低的传感器。

在工作时,传感器外壳应与孔壁紧密接触,一般外壳附上气囊，用尼龙管（或加固聚乙烯管）连到地面，通过打气使气囊膨胀，将传感器压紧在孔壁上。也可用其它设备如弹簧、水囊等将传感器固定在孔壁上。

7.2.4 在振源激发地震波的同时，触发器送出一个信号给地震仪，启动地震仪记录地震波。

触发器的种类很多，有晶体管开关电路，机械式弹簧接触片，也有用速度传感器。

触发器的触发时间相对于实际激发时间总是有延迟的，延迟时间的多少视触发器的性能而不同。即使同一类触发器，延迟时间也可能不同，要求延迟时间尽量小，尤其要稳定。

用单孔法时，延迟时间对求第一层地层的波速值有影响，其它各层的波速虽然是用时间差计算的，但由于不是同一次激发的，如果延迟时间不稳定，则对计算波速值仍有影响。此外，如在同一孔工作过程中换用触发器，为避免由于前后两触发器延迟时间的不同造成误差，可以用后一触发器重复测试前几个测点的方法解决。

7.2.6 面波法测试所需用的测试仪器及设备均与激振法相同，故不详列。

7.3 测试方法

（Ⅰ）单孔法

7.3.1 单孔法按传感器的位置可分为下孔法及上孔法。传感器在孔下者为下孔法，反之为上孔法。测剪切波速时，一般用下孔法，此时用击板法能产生较纯的剪切波，压缩波的干扰小。上孔法的振源（炸药、电火花）在孔下，传感器在地面，此时振源产生压缩波和剪切波。用这种方法辨认压缩波比较容易，而辨认剪切波及确定其到达传感器的时间就不容易了。在井下能产生SH波的装置，目前在我国还不多。

本章只叙述下孔法。

单孔法测试的现场准备工作比较简单，在实际工作中经常遇到的问题是地表条件不好和钻孔易塌、缩孔。在城区工作时，现场经常有管道、坑道等地下构筑物，地表还有大量碎石、砖瓦、房渣土等不均匀地层，都不利于激发较纯的剪切波。因此，在工作前应了解现场情况，使测试孔离开地下构筑物，并用挖坑放置木板的方法避开地下管道及地表不均匀层，减少它们的影响。

当钻孔必须下套管时，必须使套管壁与孔壁紧密接触。

一般情况下，根据现场条件确定木板离测试孔的距离L。虽然击板法能产生较纯的剪切波，但也会有少量压缩波产生，当木板离孔太近时，往往在浅处收到的剪切波由于和前面的压缩波挨得太近，而不能很好地定出其初至时间。

另一方面，当第一层土下有高速层时，则按斯奈尔定律，当入射角为临界角时，会在界面上产生折射波，如L值过大，则往往会先收到折射波的初至，从而在求波速值时出错。因此，在确定L值时应注意工程地质条件。

（Ⅱ）跨孔法

7.3.4 跨孔法测试最初是用两个试验孔，一个振源孔，一个接收孔。这种方法的缺点是：不能消除因触发器的延迟所引起的计时误差，当套管周围填料与土层性质不一致时，会导致传播时间有误差；当用标准贯入器作振源时，因为是在地面敲击钻杆上，在计算波速时还应考虑地震波在钻杆内传播的时间。

目前，主张用3~4个试验孔，排成一直线。当用3个试验孔时，以端点一个孔作为振源孔，其余2个孔为接收孔。在地层不均匀及进行复测时，还可以用另一端的孔作为振源孔进行测试。

孔间距离的确定受地质情况及仪器精度的限制。我们所需测的是直达波到达接收点的初至时间，但当所要观测的地层上下有高速层时，就可能产生折射波。在离振源距离大于临界距离时，折射波会比直达波先到达接收点，这时所接收到的就是折射波的初至，按这个时间计算出的波速将比实际地层波速值高。因此，孔间距离不应大于临界距离（见图3），计算临界距离的公式为：

$$X_c = \frac{2\cos i \cos \Phi}{1-\sin(i+\Phi)} \cdot H \qquad (7)$$

式中 X_c——临界距离(m)；
H——沿钻孔方向振源至高速层的距离(m)；
i——临界角($°$)；$i=\arcsin(v_1/v_2)$；
v_1——低速层波速(m/s)；
v_2——高速层波速(m/s)；
Φ——地层界面倾角($°$)以顺时针方向为正。

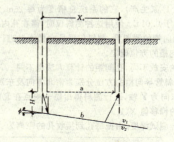

图3 直达波与折射波传播途径
a——直达波传播途径；b——折射波传播途径

计算的X_c/H值见表1。

X_c/H值的计算 表1

Φ \ v_1/v_2	0.1	0.2	0.3	0.4	0.45	0.5	0.55	0.6	0.65	0.7	0.75	0.8	0.85	0.9	0.95
0°	2.21	2.45	2.73	3.06	3.25	3.46	3.71	4.00	4.34	4.76	5.29	6.00	7.02	8.72	12.49
10°	2.69	3.05	3.49	4.38	4.78	5.25	5.83	6.57	7.54	8.89	10.95	14.52	22.60		
20°	3.31	3.86	4.55	5.46	6.96	7.95	9.25	11.05	13.70	18.01	26.20	46.94			
30°	4.14	5.04	6.30	8.13	9.44	11.30	13.63	17.24	23.04	33.69	57.97				

另外，孔间距离太小，则所观测的由两振源到接收孔的地震波传播时间太小。目前，我国所用仪器的时间分辨率仅0.2~1.0ms，时间差太小，相对误差会增大，从而降低测试精度。

建议当地层为土层时（剪切波速度一般小于500m/s）；孔间距采用2~5m，当地层为岩层时，应增大孔距。在岩层中有的单位利用爆炸、电火花等作为振源，在考虑孔距时，应顾及能清楚分辨压缩波和剪切波而适当加大距离。

7.3.6 跨孔法测试的试验孔一般需下套管，尤其振源为剪切波锤时，因用力将剪切波锤固定于孔壁，更需如此。当采用塑料套管时，套管和孔壁的间隙应灌浆或充填砂砾以保证波的传播。当地层为粘性土、砂砾石时，灌浆可以用膨润土、水泥与水按1:1:6.25的比例搅拌成的混合液。

灌浆时应自下而上用泥浆泵压入水泥浆，以求井液全部排除，并注意勿使水泥浆进入套管内。有多种灌浆办法，例如，当孔径较大时，可在下套管的同时下灌浆管（直径2cm左右的塑料管），并把套管底部堵死，在套管内灌水以抵销井液的浮力，便于下管。然后，用泥浆泵把水泥浆压入底部，使水泥浆自下而上填满间隙即可。待水泥浆凝固后方可测试。

7.3.8 采用一次成孔法是在振源孔及接收孔都准备完后，将剪切波锤及传感器分别放入振源孔及接收孔中的预定深度处，并固定于孔壁，再进行测试。可自下而上完成全部测试工作。

分段测试法是振源孔钻到预定深度，将标准贯入器放到孔底，传感器放入接收孔中同一深度进行测试，一次测毕，需加深振源孔至下一预定深度，再重复上述步骤，从上到下依次测试。

7.3.9 当用跨孔法测试的深度超过15m时，为了得到在每一测试深度的孔间距的准确数据，应进行测斜工作，因钻孔很难保持竖直，只要一个孔有1°偏差，在15m时就会有0.262m的偏移，孔间距（以4m计）的误差就会达到6.5%。

由于测斜工作比较复杂，且需精密仪器，一般单位并不具备，因此本条规定只限于深度大于15m的孔需测斜,但在钻孔较浅时应特别注意保持孔的竖直。

测斜工作对测斜仪的精度要求比较高。假如两接收孔在地面的间距为4.0m,它们各自向外侧偏斜0.1°,则在深50m处,两孔间实际距离为4.17m,这时如按4.0m计算波速,则相对误差可达4.08%,为使由于孔斜引起的误差小于5%,要求测斜仪的灵敏度不小于0.1°。

目前,比较通行的精度较高的测斜仪为伺服加速度式测斜仪(我国有多个厂家生产),它的系统总精度为每25m允许偏差为±6mm,相当于0.014°。使用这种测斜仪时,需在孔内放置具有两对互成90°导向槽的测斜管,测斜仪沿导向槽滑动进行测量,孔斜的方位由导向槽的方位确定。

测斜管的安放不同,孔间距的计算方法也不同。

(1)使测斜管导向槽的方位分别为南北方向及东西方向,以北向为 X 轴,东向为 Y 轴,进行测斜得出每一测点在北向和东向相对于地面孔的偏移值 X、Y。

则在某一测试深度,由振源孔到接收孔的距离为:

$$S = \sqrt{(S_0\cos\varphi + X_j - X_z)^2 + (S_0\sin\varphi + Y_j - Y_z)^2} \quad (8)$$

式中 S_0 —— 在地面由振源孔到接收孔的距离(m);
φ —— 从地面振源孔到接收孔的连线相对于北向的角度(°);
X_j、Y_j —— 在接收孔该深度 X 和 Y 方向的偏移(m);
X_z、Y_z —— 在振源孔该深度 X 和 Y 方向的偏移(m)。

(2)使测斜管一组导向槽的方位与测线(振源孔与接收孔的连线)一致,定为 X 轴,另一组导向槽的方位为 Y 轴。则振源孔和接收孔在某测试深度处的距离为:

$$S = \sqrt{(S_0 + X_j - X_z)^2 + (Y_j - Y_z)^2} \quad (9)$$

上述两方法中,第一种方法具有普遍意义,第二种方法比较方便。

国内其它类型高精度测斜仪,只要能满足本规范的要求,均可使用。

(Ⅲ)面波法

7.3.12 瑞利波在地表面的传播具有下列特性:

(1)试验基础作竖向激振产生 P 波、S 波、R 波,其中 R 波占全部能量的 2/3;

(2)瑞利波在土中传播速度与剪切波速度相接近,其差值与泊松比有关;

(3)瑞利波的衰减是相对震源距离 r,以 $1/\sqrt{r}$ 的比例衰减,较 S 波衰减慢,故可利用地表面进行测试,不需钻孔;

(4)瑞利波的传播范围相当于一个波长 L_R 深度领域,其所反应的地基弹性性质,可考虑为 $L_R/2$ 深度范围内平均值。

7.4 数据处理

(Ⅰ)单孔法

7.4.2 在单孔法的资料整理过程中,由于木板离试验孔有一定距离 L,因此产生两个问题:

其一,如果靠近地表的地层为低速层,下有高速层就会产生折射波,如图4所示。

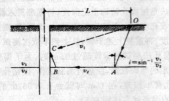

图 4 产生折射波的传播途径

图中,O 点处为振源,C 点处为传感器,OC 为直达波传播途径,$OABC$ 为折射波传播途径。当 L 足够大时,波按 $OABC$ 行走的时间将小于按 OC 行走的时间,此时,如仍按直达波计算第一层波速将会产生误差。因此,除在规范中规定振源离孔的距离外,在资料整理中也应考虑是否存在这一问题。

其二,由于存在 L,因此,在计算时不能直接用测试深度差除以波到达测点的时间差而得出该测试间隔的波速值,而必须作斜距校正。斜距校正的方法有多种,其原理大都是把波从振源到接收点的传播途径当作直线,再按三角关系进行校正,如图5所示:

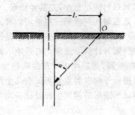

图 5 斜距按三角关系校正图

按这种假设进行的各种校正,虽然公式不同,实质都需计算出 $\cos\alpha$ 值,再进行下一步计算,其结果是一样的。本规范所用的校正方法是其一种。

严格地说,规范所规定的方法是近似的,在多层介质中地震波射线不是直线而是折线,按斯奈尔定理,在每一波速界面射线都有相应的透射角。我国已有同志发表文章,提出利用计算机用最优化法按斯奈尔定理将射线分成折线再计算波速。由于 L 值一般不应太大,用这种方法与本规范所用的方法对比表明差别不大(见表2)。

单孔法中两种计算方法的比较举例　　　表2

深度(m)	6	8	10	12	14	16	18	20	22	24	26	30	34	38	40
实际读时(ms)	34.8	43.6	50.0	57.2	65.4	71.4	76.4	84.0	91.0	96.8	103.4	111.0	119.6	133.2	139.2
按本规范计算的波速值(m/s)	187	211	290	267	238	328	385	263	278	345	303	513	471	292	333
用优化法计算的波速值(m/s)	187	207	292	266	238	329	387	258	286	334	306	513	468	292	328

注:激发板与测试孔口距离 $L=2.5$m,板底与孔口高差为零。

鉴于规范所提方法较简便易行,仍建议用此法。

(Ⅱ)跨孔法

7.4.7 跨孔法资料整理中,当所测试的地层上下有高速层时,应注意不要将折射波的初至时间当作直达波的初至时间,以免得出错误的结果。可按下列方法判明是否有折射波的影响:

(1)计算出由振源到第一接收孔的波速值:

$$V_{P1} = S_1/T_{P1} \quad (10)$$
$$V_{S1} = S_1/T_{S1} \quad (11)$$

(2)计算出由振源到第二接收孔的波速值:

$$V_{P2} = S_2/T_{P2} \quad (12)$$
$$V_{S2} = S_2/T_{S2} \quad (13)$$

(3)计算出两接收孔之间的波速值:

$$V_{P12} = \Delta S/(T_{P2} - T_{P1}) \quad (14)$$
$$V_{S12} = \Delta S/(T_{S2} - T_{S1}) \quad (15)$$

在考虑到触发器延迟及套管等可能影响因素后,如果波速值基本一致,可初步认为无折射影响。

(4)参考条文说明表1,并利用直达波、一层折射、二层折射的时距曲线公式进行计算,以判明在各层(尤其是低速层)中,传感器所接收到的地震波的初至时间是否为直达波的到达时间。

(5)对有怀疑的地层做补充测试工作,例如:变化测试深度,变化振孔的位置,单独变化振源或传感器的上下位置等,判明是否有折射现象存在。

(Ⅲ)面波法

7.4.10 根据实测瑞利波速度 v_R,泊松比 v 值,换算成剪切波波速 v_s。而后计算相应各土层的动剪变模量和动弹性模量。

面波法测试,除上述稳态激振外,亦可采用瞬态脉冲荷载激振,测试两传感器接收到的时域信号的时间滞后,确定瑞利波速度 v_R(图6)。

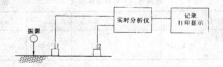

图6 瞬态脉冲荷载激振测试示意图

8 循环荷载板测试

8.1 一般规定

8.1.1 循环荷载板测试,是将一个刚性压板,置于理想的半无限弹性体表面,在压板上反复进行加荷、卸荷试验,量测各级荷载作用下的变形和回弹量,绘制 $P-S$ 滞回曲线,根据每级荷载卸荷时的回弹变形量,确定相应的弹性变形值 S_e 和地基抗压刚度系数。

8.2 设备和仪器

8.2.1 测试设备与静力荷载设备相同,有铁架载荷台,油压载荷试验设备,反力架可采用液压稳压装置加荷,或在载荷台上直接加重物。

8.2.2 测试前应考虑设备能承受的最大荷载,同时要考虑反力或重物荷载,设备的承受荷载能力应大于试验最大荷载的1.5~2.0倍。

8.2.3 采用千斤顶加荷时,其反力可由重物、地锚、坑壁斜撑等提供。可根据现场土层性质、试验深度等具体条件按表3选用加荷方法。

各种加荷方法的适用条件 表3

类型	适用条件
堆载式	设备简单,土质条件不限,试验深度范围大,所需重物较多
撑壁式	设备轻便,试验深度宜在2~4m,土质稳定
平洞式	设备简单,要有3m以上坑坡,洞顶土厚度大于2m,且稳定
锚杆式	设备复杂,需下地锚,表土要有一定锚着力

8.2.4 观测变形值可采用10~30mm行程的百分表,其量程较大,在试验中不需要经常调表,可减少观测误差,提高测试精度。有条件时,也可采用电测位移传感器观测。

8.3 测试前的准备工作

8.3.1 测试资料表明,在一定条件下,地基土的变形量与荷载板宽度成正比关系,当压板宽度增加(或减小)到一定限度时,变形不再增加(或减小),趋于一定值。对荷载板大小的选择,各国也不相同,美、英、日等国家,偏重使用小压板,原苏联等国家一般规定用 $0.5m^2$。亦有用 $0.25m^2$(硬土)。我国多采用 $0.25\sim 0.5m^2$。本条规定一般采用 $0.5m^2$,对密实土层压板面积可采用 $0.1\sim 0.25m^2$。

8.3.2 鉴于地基的弹性变形、弹性模量和地基抗压刚度系数与地基土的性质有关,如果承压板下面的土与拟建基础下的土性质不同,则由试验资料计算的参数不能用于设计基础,因此承压板的位置应选择在设计基础附近相同土层上。

8.3.3 试坑底面宽度应大于承压板直径的3倍,根据铁道科学院等单位试验结果表明:在砂层中,不论压板放在砂的表面,还是放

在砂土中一定深度(2.0m)处,在同一水平面上,最大变形范围均发生在 0.7~1.75 倍承压板直径范围,超过压板直径3倍以上,土的变形就极微小了。另外一些试验资料表明,坑壁的影响随离压板的距离增加而迅速减小,当压板底面宽度和试坑宽度之比接近 1:3 时,这样影响就很小,可以忽略不计。

8.4 测试方法

8.4.2~8.4.5 测试时,先在某一荷级下(土自重压力或设计压力)加载,使压板下沉稳定(稳定标准为连续2h内,每小时变形量不超过 0.1mm)后,再继续施加循环荷载,其值按条文中的表 8.4.2 选取,也可按土的比例界限值的 1/10~1/12 考虑选取,观测相应的变形值。每次加荷、卸荷要求在 10min 内完成(即加荷观测 5min,卸荷回弹观测 5min)。

单荷级循环法:选择一个荷级,以等速加荷、卸荷,反复进行,直至达到弹性变形接近常数为止,一般粘性土为6~8次,砂性土为4~6次。

多荷级循环法:选择3~4个荷级,每一荷级反复进行加荷、卸荷5~8次,直到弹性变形为一定值后进行第2个荷级试验,依次类推,直至加完预定的荷级。

变形稳定标准:考虑到土并非纯弹性体,在同一荷载作用下,不同回次的弹性变形量是不相同的。前后两个回次弹性变形差值小于 0.05mm 时,可作为稳定的标准,并取最后一次弹性变形值。如果前后两个差值在 0.05~0.08mm 之间,可以取最后两次弹性变形的平均值。

8.5 数据处理

8.5.1 试验数据经计算、整理后,绘制 P_L-t、$S-t$、$S-P_L$、S_e-P_L 关系曲线图,可分开绘制,也可合起来绘制。

8.5.2 加荷后,地基土产生变形,即包含了弹、塑性变形,称之为总变形(S);而卸荷回弹变形,可认为是弹性变形值(S_e)。

8.5.3 在试验过程中,记录下来的弹性变形值,由于受各种条件的影响,通常出现偏低或偏高的情况,为消除其影响,可用本规范公式(8.5.3-1)修正,式中 S_0 和 C 值用最小二乘法求得。

8.5.4 地基弹性模量可按弹性理论公式进行计算,关键是要准确测定地基土的弹性变形值。对于土的泊松比 v 值,可以进行实测,也可按表4数值选取。一般密实的土宜选低值,稍密或松散的土宜选高值。

各类土的 v 值 表4

地基土的名称	卵石	砂土	粉土	粉质粘土	粘土
v	0.2~0.25	0.30~0.35	0.35~0.40	0.40~0.45	0.45~0.50

8.5.5 地基刚度系数,是根据循环荷载板试验确定的弹性变形值 S_e' 与应力 P_L 的比值求得。该方法简单直观,比较符合地基土的实际状况。

9 振动三轴和共振柱测试

9.1 一般规定

9.1.1 在试验室内测试地基土动力性质的方法有很多种,包括共振柱、动三轴、动单剪、动扭剪和波速测试等方法,各有优缺点。目前,国内外在工程实际中应用最广的是共振柱和动三轴两种方法,加之这两种试验设备目前国内都已有产品,因此,本规范只纳入这两种试验方法,但并不限制其它试验方法的采用。至于土的动力特性参数的确定则取决于所选用的力学模型。在循环应力作用下土的力学模型很多,但当前较成熟,且在国内外工程界应用最广的是非线性的等效粘弹性模型,本规范以这一模型为理论基础测定土的动剪变模量、动弹性模量和阻尼比以及动强度、抗液化强度和动

孔隙水压力。

9.2 设备和仪器

9.2.1 扭转向激振与纵向激振的激振端压板系统，无弹簧-阻尼器与有弹簧-阻尼器的各种类型共振柱仪都可采用；各种驱动方式的振动三轴仪，包括电磁式、液压式、气压式和惯性式，都可采用。但都应满足有关设备和仪器的基本要求。

9.2.4 共振柱仪能够实测的应变幅范围一般为 10^{-5}～10^{-4}，性能良好的能达到 10^{-3}。振动三轴仪能够实测的应变幅范围一般为 10^{-4}～10^{-2}，精度高的能测至 10^{-5} 的小应变幅。由于土的应力-应变关系具有强烈的非线性特点，因此，要求在工程对象动力反应分析所需的应变幅范围内，通过适当的试验设备实测土的动模量和阻尼比，必要时，应联合使用两种试验设备。振动三轴仪实测的应变幅范围的上限值，应能满足确定动强度的破坏标准的要求。

9.3 测试方法

9.3.3 现行国家标准《土工试验方法标准》中提出了 3 种饱和土试样的方法，即抽气饱和、水头饱和与反压力饱和。当采用抽气饱和时该标准要求饱和度不低于 95%；当采用反压力饱和时，该标准认为，孔隙水压力增量与周围压力增量之比大于 0.98 试样达到饱和。在室内测试饱和土的动力特性时，应要求试样达到饱和，特别是进行砂性土和粉质土的抗液化强度试验，因此，本条要求饱和试样在周围压力作用下的孔隙水压力系数不小于 0.98，但考虑到某些土性质的影响和一些试验室设备条件的限制，对执行严格程度采用"宜"。

9.3.4 试验的固结应力条件，包括初始剪应力比与固结应力的选用，应使试验结果能满足所试验土样在地基或边坡土中受力范围的要求。

9.3.8 如果在一个试样上施加多级动应变或动应力以测定动模量和阻尼比随应变幅的变化，可以节省试验工作量，对于原状土还可节省取样数量和解决土性不均匀问题。但是，这样做有可能因预振造成孔隙水压力升高而影响后面几级的试验结果。为减少预振影响，应尽量缩短在每级动应变或动应力下的测试时间，对共振柱仪要求提高操作人员的熟练程度；对振动三轴仪，在本规范第 9.3.7 条中规定了动应力的作用振次不宜大于 5 次，且宜少不宜多；在本条中又要求后一级振幅为前一级的 1 倍。至于对同一试样上允许施加动应变或动应力的级数，因具体情况多变，难以做出统一的合理规定，本条又提出了控制原则。

9.3.9 本条结合本规范第 9.2.4 条的规定，"设备的实测应变幅范围应满足工程动力分析的需要。"实测动变模量或动弹性模量，包括最大动剪变模量或最大动弹性模量。本条文不采用根据应力幅与变幅的双曲线关系，假定外推最大动弹性模量的做法，因为它会造成很大误差。另一方面，由于目前振动扭剪仪和振动单剪仪尚未普及，对于较大的应变幅范围，只能用振动三轴仪实测动弹性模量，因此，本条允许在动剪变模量与动弹性模量之间相互换算，同时亦允许在剪切变幅与轴应变幅之间相互换算。

9.3.10 对于确定动强度的破坏标准，在本条中只是提出了一些目前较通用的标准，以供选择。如果在开始做某一工程地基的测试工作时，尚未能对破坏标准做出明确选择，则可根据地基土的性质、工程运行条件或动荷载的性质以及工程的重要性，选用 1～2 种，甚至 3 种破坏标准进行试验并整理成果，供进行设计分析时选用。

9.3.11 在振动三轴测试过程中，目前普遍采用的是正弦波形的循环应力，而实际工程中有些重要的动荷载，如地震作用，都是随机波，这样，在室内测试动强度时就有了等效循环应力和等效破坏振次的概念。而规定等效破坏振次并不属于本规范的内容。如果实际工程中的动荷载也是正弦波，则等效破坏振次就是实际动荷载的循环作用次数。对于地震作用，目前普遍采用的等效破坏振次与地震震级相关，如表 5 所示，可供进行动强度试验时参考。与表中所列等效破坏振次相对应的正弦波的等效循环剪应力幅是地震产生的最大动剪应力的 65%。

地震作用的等效破坏振次　　　　　　　表 5

地震震级(M)	6.0	6.5	7.0	7.5	8.0
等效破坏振次(N_{eq})	5	8	12	15～20	26～30

9.4 数据处理

9.4.2～9.4.9 在共振柱仪和振动三轴仪上测试动剪变模量、动弹性模量和阻尼比，对所得数据进行处理分析时，均以土的力学模型为理想粘弹体模型为基础，同时考虑土的动模量与阻尼都随应变幅变化而变化以反映土的应力-应变关系的非线性特征。对于共振柱仪，由于试样激振端压板系统的质量影响，使得数据处理较为复杂；而当激振端具有弹簧-阻尼器时，试验数据的处理只有通过专用的计算机程序方能完成。本章条文中只给出了在最简情况下处理共振柱试验数据的公式，见本规范条文(9.4.4-1)式。无量纲频率因子 F_1 是仪器激振端惯性系数 T_1 和仪器阻尼系数 A_{dt} 的一个函数，对于 $A_{dt}=0$，即在仪器激振端没有弹簧-阻尼器时，且土试样的阻尼比 $\zeta_s<0.1$，F_1 一般可采用本规范条文(9.4.4-1)式求解，当 A_{dt} 与 ζ_s 两值与上列条件差别不大时，也可近似采用本规范条文(9.4.4-1)式求解。严格讲，F_1 需由计算机的专用程序通过试算确定。

9.4.11 整理最大动剪变模量或最大动弹性模量与有效应力的关系时，早期都采用了八面体平均应力。近些年来，已有较多的工作证明，最大动剪变模量只与在质点振动和振动传播两个方向上作用的主应力有关，而几乎不受作用在垂直振动平面上的主应力的影响。共振柱仪中试样受轴对称应力，是二维问题；而大量的动力反应分析工作也是二维分析，因此，本章规定，对二维与三维条件，分别采用本规范条文(9.4.11-3)与(9.4.11-4)式计算平均有效主应力。在整理最大动模量与平均有效应力的公式(9.4.11-1)和(9.4.11-2)式中，都引入了大气压力项，以使系数 C 成为无量纲的反映土性质的系数。

9.4.13～9.4.19 在振动三轴仪上测试土的动强度或抗液化强度，是目前国内外应用最广的一种方法。根据振动三轴仪中试样的受力条件，用潜在破裂面上的应力状态整理其总应力抗剪强度指标，在概念上较合理，实际应用也较广。因此，本章建议用这一方法。另外，本规范条文中(9.4.15-3)式适用于 $\alpha_0 \geq 0.15$ 时的情况，本规范条文(9.4.16)式适用于 $\alpha_0=0$；当 $0.15>\alpha_0>0$ 时，可用现行插入法取值。

9.4.20～9.4.23 有效应力法分析土体动力反应和抗震稳定，已是一种发展趋势，现行国家标准《构筑物抗震设计规范》中要求在对尾矿坝进行地震稳定分析时考虑地震引起的孔隙水压力，因此，本章列入了饱和土动孔隙水压力测试。对测试数据的整理，建议为目前国内外应用较广的一种方法。

中华人民共和国国家标准

建筑结构检测技术标准

GB/T 50344—2004

条 文 说 明

目　次

1　总则 …………………………………… 7—10—3
2　术语和符号 …………………………… 7—10—3
3　基本规定 ……………………………… 7—10—3
　3.1　建筑结构检测范围和分类 ………… 7—10—3
　3.2　检测工作程序与基本要求 ………… 7—10—4
　3.3　检测方法和抽样方案 ……………… 7—10—4
　3.4　既有建筑的检测 …………………… 7—10—6
　3.5　检测报告 …………………………… 7—10—7
　3.6　检测单位和检测人员 ……………… 7—10—7
4　混凝土结构 …………………………… 7—10—7
　4.1　一般规定 …………………………… 7—10—7
　4.2　原材料性能 ………………………… 7—10—7
　4.3　混凝土强度 ………………………… 7—10—7
　4.4　混凝土构件外观质量与缺陷 ……… 7—10—8
　4.5　尺寸与偏差 ………………………… 7—10—8
　4.6　变形与损伤 ………………………… 7—10—8
　4.7　钢筋的配置与锈蚀 ………………… 7—10—9
　4.8　构件性能实荷检验与结构动测 …… 7—10—9
5　砌体结构 ……………………………… 7—10—9
　5.1　一般规定 …………………………… 7—10—9
　5.2　砌筑块材 …………………………… 7—10—9
　5.3　砌筑砂浆 …………………………… 7—10—10
　5.4　砌体强度 …………………………… 7—10—10
　5.5　砌筑质量与构造 …………………… 7—10—10
　5.6　变形与损伤 ………………………… 7—10—10
6　钢结构 ………………………………… 7—10—11
　6.1　一般规定 …………………………… 7—10—11
　6.2　材料 ………………………………… 7—10—11
　6.3　连接 ………………………………… 7—10—11
　6.4　尺寸与偏差 ………………………… 7—10—11
　6.5　缺陷、损伤与变形 ………………… 7—10—11
　6.6　构造 ………………………………… 7—10—12
　6.7　涂装 ………………………………… 7—10—12
　6.8　钢网架 ……………………………… 7—10—12
　6.9　结构性能实荷检验与动测 ………… 7—10—12
7　钢管混凝土结构 ……………………… 7—10—12
　7.1　一般规定 …………………………… 7—10—12
　7.2　原材料 ……………………………… 7—10—12
　7.3　钢管焊接质量与构件连接 ………… 7—10—12
　7.4　钢管中混凝土强度与缺陷 ………… 7—10—13
　7.5　尺寸与偏差 ………………………… 7—10—13
8　木结构 ………………………………… 7—10—13
　8.1　一般规定 …………………………… 7—10—13
　8.2　木材性能 …………………………… 7—10—13
　8.3　木材缺陷 …………………………… 7—10—14
　8.4　尺寸与偏差 ………………………… 7—10—14
　8.5　连接 ………………………………… 7—10—14
　8.6　变形损伤与防护措施 ……………… 7—10—14

1 总 则

1.0.1 本条是编制本标准的宗旨。建筑结构检测得到的数据与结论是评定有争议建筑结构工程质量的依据，也是鉴定已有建筑结构性能等的依据。

近年来，建筑结构的检测技术取得了很大的发展，目前已经制订了一些结构材料强度及构件质量的检测标准。但是，建筑结构的检测不仅仅是材料强度的检测，特别是目前这些规范的检测内容尚未与各类结构工程的施工质量验收规范或已有建筑结构的鉴定标准相衔接，已有结构材料强度现场检测的抽样方案和检测结果的评定也存在不一致的问题。因此需要制定一本建筑结构检测技术标准，为建筑结构工程质量的评定和已有建筑结构性能的鉴定提供可靠的检测数据和检测结论。

1.0.2 本条规定了本标准的适用范围。建筑结构工程质量检测的对象一般是对工程质量有怀疑、有争议或出现工程质量问题的结构工程，参见本标准第3.1.2条的规定和相应的条文说明。已有建筑结构检测的对象一般为正在使用的建筑结构，参见本标准第3.1.3条的规定和相应的条文说明。

1.0.3 古建筑的检测有其特殊的要求，古建筑的结构材料与现代建筑结构的材料有差异，本标准规定的一些取样检测方法在一些古建筑的检测中无法使用；受到特殊腐蚀性物质影响的结构构件也有一些特殊的检测项目。因此在对古建筑和受到特殊腐蚀性物质影响的结构构件进行检测时，可参考本标准的基本原则，根据具体情况选择合适的检测方法。

1.0.4 本条表明在建筑结构的检测工作中，除执行本标准的规定外，尚应执行国家现行的有关标准、规范的规定。这些国家现行的有关标准、规范主要是《建筑工程施工质量验收统一标准》GB 50300，混凝土结构、钢结构、木结构工程与砌体工程施工质量验收规范和工业厂房、民用建筑可靠性鉴定标准、建筑抗震鉴定标准以及相应的结构材料强度现场检测标准等。

1.0.5 本条强调建筑结构的检测工作不能对建筑市场的管理起负面的作用。

2 术语和符号

2.1 术 语

本章所给出的术语可分为两类；一类为建筑结构方面，这类术语与有关标准一致；另一类为本标准检测用的专用术语，除了与有关结构材料强度现场检测标准协调外，多数仅从本标准的角度赋予其涵义，但涵义不一定是术语的定义。同时还分别给出了相应的推荐性英文术语，该英文术语不一定是国际上的标准术语，仅供参考。

2.2 符 号

本节的符号符合《建筑结构设计术语和符号标准》GB/T 50083—1997的规定。

3 基 本 规 定

3.1 建筑结构检测范围和分类

3.1.1 本条明确规定了建筑结构的检测分为建筑结构工程质量的检测和已有建筑结构性能的检测两种类型。建筑结构工程质量的检测与已有建筑结构性能的检测项目、检测方法和抽样数量等大致相同，只是已有建筑结构性能的检测可能面对的结构损伤与材料老化等问题要多一些，现场检测遇到问题的难度要大一些。本标准虽然有关于"建筑结构工程"和"已有建筑结构"的术语，但两者之间没有绝对准确的界限。

3.1.2 本条给出了建筑结构工程的质量应进行检测的情况。一般情况下，建筑结构工程的质量应按《建筑工程施工质量验收统一标准》GB 50300 和相应的工程施工质量验收规范进行验收。建筑工程施工质量验收与建筑结构工程质量检测有共同之处也有明显的区别。两项工作最大的区别在于实施主体，建筑结构工程质量检测工作的实施主体是有检测资质的独立的第三方；建筑结构工程质量的检测结果和评定结论可作为建筑结构工程施工质量验收的依据之一。两项工作的共同之处在于建筑工程施工质量验收所采取的一些具体检测方法可为建筑结构工程质量检测所采用，建筑结构工程质量检测所采用的检测方法和抽样方案等可供建筑结构施工质量验收参考，特别是为建筑结构工程施工质量验收所实施的工程质量实体检验工作可以参考本标准的规定。

3.1.3 本条规定了已有建筑结构应进行检测的情况。已有建筑结构在使用过程中，不仅需要经常性的管理与维护，而且还需要进行必要的检测、检查与维修，才能全面完成设计所预期的功能。此外，有一定数量的已有建筑结构或因设计、施工、使用不当而需要加固，或因用途变更而需要改造，或因当地抗震设防烈度改变而需要抗震鉴定或因受到灾害、环境侵蚀影响需要鉴定等等；有的建筑结构已经达到设计使用年限还需继续使用，还有些建筑结构，虽然使用多年，但影响其可靠性的根本问题还是施工质量问题。对于这些已有建筑结构应进行结构性能的鉴定。要做好这些鉴定工作，首先必须对涉及结构性能的现状缺陷和损伤、结构构件材料强度及结构变形等进行检测，以便了解已有建筑结构的可靠性等方面的实际情况，为鉴定提供事实、可靠和有效的依据。

3.1.4 本条是对建筑结构检测工作的基本要求。

3.1.5 本条为确定建筑结构检测项目和检测方案的基本原则。

3.1.6 大型公共建筑为人员较为集中的场所，重要建筑对于政治、国民经济影响比较大。这两类建筑的面积相对比较大，结构体型又往往比较复杂。对于这两类建筑在使用过程中应定期检查和进行必要的检测，以保证使用安全。由于结构构件开裂等损伤能使结构动力测试的基本周期增大，在振型反应中也能反映出来，这种动力测试结果有助于确定是否进行下一步的仔细检测。同时结构动力测试也不会对结构造成损伤。所以，对于大型公共建筑和重要建筑宜在建筑工程竣工验收完成后，使用前和使用后，分别进行一次动力测试。并宜在每隔10年左右再进行一次动力测试，对使用30年以上的建筑物宜7年左右进行一次动力测试。这些测试应与工程竣工验收完成使用后的动力测试相比较，以确定建筑结构是否存在损伤及其损伤的范围，为是否需要进行详细检测提供依据。

随着光纤和激光等检测技术的应用，能够较准确地量测结构构件施工阶段和使用阶段的内力、变形状况，这种安全性监测有助于保证施工安全和使用阶段的安全。

3.2 检测工作程序与基本要求

3.2.1 建筑结构检测工作程序是对检测工作全过程和几个主要阶段的阐述。程序框图中描述了一般建筑结构检测从接受委托到检测报告的各个阶段都是必不可少的。对于特殊情况的检测，则应根据建筑结构检测的目的确定其检测程序框图和相应的内容。

3.2.2 建筑结构检测工作中的现场调查和有关资料的调查是非常重要的。了解建筑结构的状况和收集有关资料，不仅有利于较好地制定检测方案，而且有助于确定检测的内容和重点。现场调查主要是了解被检测建筑结构的现状缺陷或使用期间的加固维修及用途和荷载等变更情况，同时应与委托方探讨确定检测的目的、内容和重点。

有关的资料主要是指建筑结构的设计图、设计变更、施工记录和验收资料、加固图和维修记录等。当缺乏有关资料时，应向有关人员进行调查。当建筑结构受到灾害或邻近工程施工的影响时，尚应调查建筑结构受到损伤前的情况。

3.2.3~3.2.4 建筑结构的检测方案应根据检测的目的、建筑结构现状的调查结果来制定，宜包括概况、检测的目的、检测依据、检测项目、选用的检测方法和检测数量等以及所需要的配合、安全和环保措施等。

3.2.5 对建筑结构检测中所使用的仪器、设备提出了要求。

3.2.6 本条对建筑结构现场检测的原始记录提出要求，这些要求是根据原始记录的重要性和为了规范检测人员的行为而提出的。

3.2.7 对建筑结构现场检测取样运回到试验室测试的样品，应满足样品标识、传递、安全储存等规定。

3.2.9 在建筑结构检测中，当采用局部破损方法检测时，在检测工作完成后应进行结构构件受损部位的修补工作，在修补中宜采用高于构件原设计强度等级的材料。

3.2.10 本条规定了检测工作完成后应及时进行计算分析和提出相应检测报告，以便使建筑结构所存在的问题能得到及时的处理。

3.3 检测方法和抽样方案

3.3.1 本条规定了选取检测方法的基本原则，主要强调检测方法的适用性问题。

3.3.2 规定可用于建筑结构检测的四类检测方法，其目的是鼓励采用先进的检测方法、开发新的检测技术和使检测方法标准化。

3.3.3 有相应标准的检测方法，如回弹法检测混凝土抗压强度有相应的行业标准和地方标准。当采用这类方法时应注意标准的适用性问题。

3.3.4 规范标准规定的检测方法，如工程施工质量验收规范等对一些检测项目规定或建议了检测方法。在这些方法中，有些是有相应的标准的，有些是没有相应的标准的，对于没有相应标准的检测方法，检测单位应有相应的检测细则。制定检测细则的目的是规范检测的操作和其他行为，保证检测的公正、公平和公开性。

3.3.5 目前有检测标准的检测方法较少，因此鼓励开发和引进新的检测方法。在已有的检测方法基础之上扩大该方法的适用范围是开发新的检测方法的一种途径。但是扩大了适用范围必然会带来检测结果的系统偏差，因此必须对可能产生的系统偏差予以修正。

3.3.6 本条的目的是鼓励检测单位开发和引进新的检测方法。新开发和引进的检测方法和仪器应通过技术鉴定，并应与已有的检测方法和仪器进行比对试验和验证。此外，新开发和引进的检测方法应有相应的检测细则。

3.3.7 采用局部破损的取样方法和原位检测方法时，应注意不应构成结构或构件的安全问题。

3.3.8 古建筑和保护性建筑一旦受到损伤很难按原样修复，因此应避免造成损伤。

3.3.9 建筑结构的动力检测，可分为环境振动和激振等方法。对了解结构的动力特性和结构是否存在抗侧力构件开裂等，可采用环境振动的方法；对于了解结构抗震性能，则应采用激振等方法。

3.3.10 我国重大工程事故，一般多发生在施工阶段和建成后的一段时间内，然后才是超载和维护跟不上造成的损伤。在正常设计情况下，由于施工偏差以及新型结构体系施工方案不一定完全符合这种结构的受力特点等，可能造成少量构件截面应力和变形过大。近些年国内外光纤和激光等应变传感器已进入实用阶段，为重大工程和新型结构体系进行施工阶段构件应力的监测提供了条件。在进行施工监测中应优化监测方案，即选择可能受力较大的构件（部位）或较薄弱的构件（部位）。

3.3.11 本条提出了建筑结构检测抽样方案选择的原则要求。对于比较简单易行，又以数量多少评判的检测项目，如外部缺陷等宜选用全数检测方案；对于结构、构件尺寸偏差的检测，宜选用一次或两次计数抽样方案，但应遵守计数抽样检测的规则；结构连接构造影响结构的变形性能，因此对连接构造的检测应选择对结构安全影响大的部位；结构构件实荷检验的目的是检验构件的结构性能，因此，应选择同类构件中承受荷载相对较大和构件施工质量相对较差的构件；对按检测批评定的结构构件材料强度，应进行随机抽样。

对于建筑结构工程质量的检测，也可选择《建筑工程施工质量验收统一标准》和相应专业验收规范规定的抽样方案等。

3.3.12 检测数量与检测对象的确定可以有两类，一类指定检测对象和范围，另一类是抽样的方法。对于建筑结构的检测两类情况都可能遇到。当指定检测对象和范围时，其检测结果不能反映其他构件的情况，因此检测结果的适用范围不能随意扩大。

3.3.13 本条规定了建筑结构按检测批检测时抽样的最小样本容量，其目的是要保证抽样检测结果具有代表性。最小样本容量不是最佳的样本容量，实际检测时可根据具体情况和相应技术规程的规定确定样本容量，但样本容量不应少于表 3.3.13 的限定量。

对于计量抽样检测的检测批来说，表 3.3.13 的限制值可以是构件也可以是取得测试数据代表值的测区。例如对于混凝土构件强度检测来说，可以以构件总数作为检测批的容量，抽检构件的数量满足表 3.3.13 中最小样本容量的要求；在每个构件上布置若干个测区，取得测区测试数据的代表值。用所有测区测试数据代表值构成数据样本，按本标准第 3.3.15 条和第 3.3.16 条的规定确定推定区间。例如，砌筑块材强度的检测，可以以墙体的数量作为检测批的容量，抽样墙体数量满足表 3.3.13 中样本最小容量的要求，在每道抽检墙体上进行若干块砌筑块材强度的检测，取每个块材的测试数据作为代表值，形成数据样本，确定推定区间；也可以以砌筑块材总数作为检测批的容量，使抽样检测块材的总数满足表 3.3.13 样本最要容量的要求。

3.3.14 依据《逐批检查计数抽样程序及抽样表》GB 2828 给出了建筑结构检测的计数抽样的样本容量和正常一次抽样、正常二次抽样结果的判定方法。

以表 3.3.14-3 和表 3.3.14-4 为例说明使用方法。当为一般项目正常一次性抽样时，样本容量为 13，在 13 个试样中有 3 个或 3 个以下的试样被判为不合格时，检测批可判为合格；当 13 个试样中有 4 个或 4 个以上的试样被判为不合格时则该检测批可判为不合格。对于一般项目正常二次抽样，样本容量为 13，当 13 个试样中有 1 个被判为不合格时，该检测批可判为合格；当有 3 个或 3 个以上的试样被判为不合格时，该检测批可判为不合格；当 2 个试样被判为不合格时进行第二次抽样，样本容量也为 13 个，两次抽样的样本容量为 26，当第一次的不合格试样与第二次的不合格试样之和为 4 或小于 4 时，该检测批可判为合格，当第一次的不合格试样与第二次的不合格试样之和为 5 或大于 5 时，该检测批可判为不合格。一般项目的允许不合格率为 10%，主控项目的允许不合格率为 5%。主控项目和一般项目应按相应工程施工质量验收规范确定。当其他检测项目按计数方法进行评定时，可参照上述方法实施。

3.3.15 根据计量抽样检测的理论，随机抽样不能得到被推定参数的准确数值，只能得到被推定参数的估计值，因此推定结果应该是一个区间。以图 1 和图 2 关于检测批均值 μ 的推定来说明这个问题。

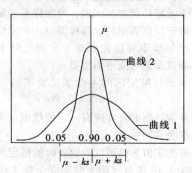

图 1 置信区间示意图

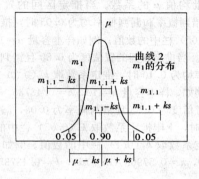

图 2 推定区间示意图

曲线 1 为检测批的随机变量分布，μ 为其均值，曲线 2 为样本容量为 n_1 时样本均值 m_1 的分布，图中

所示的 m_1 的分布表明，m_1 是随机变量，用 m_1 估计检测批均值 μ 时，虽然可以得到样本均值 $m_{1,i}$ 的确定的数值，但是不能确定样本均值 $m_{1,i}$ 落在 m_1 分布曲线的确定的位置，存在着检测结果的不确定性的问题。根据统计学的原理，可以知道随机变量 m_1 落在某一区间的概率，并可以使随机变量落在某个区间的概率为 0.90，如图示的区间 $\mu-ks$，$\mu+ks$ 示。

对于一次性的检测，可以得到随机变量 m_1 的一个确定的值 $m_{1,1}$。由于 $m_{1,1}$ 落在区间 $\mu-ks$，$\mu+ks$ 之内的概率为 0.90，所以区间 $m_{1,1}-ks$，$m_{1,1}+ks$ 包含检测批均值 μ 的概率为 0.90。0.90 为推定区间的置信度。推定区间的置信度表明被推定参数落在推定区间内的概率。错判概率表示被推定值大于推定区间上限的概率（生产方风险），漏判概率为被推定值小于推定区间下限的概率（使用方风险）。本条的规定与《建筑工程施工质量验收统一标准》GB 50300 的规定是一致的。推定区间实际上是被推定参数的接收区间。

3.3.16 本条对计量抽样检测批检测结果的推定区间进行了限制，在置信度相同的前提下，推定区间越小，推定结果的不确定性越小。样本的标准差 s 和样本容量 n 决定了推定区间的大小。因此减小样本的标准差 s 或增加样本的容量是减小检测结果不确定性的措施。对于无损检测方法来说，增加样本容量相对容易实现，对于局部破损的取样检测方法和原位检测方法来说，增加样本容量相对难于实现。对于后者来说，减小测试误差可能更为重要。

3.3.17 本条对推定区间不能满足要求的情况作出规定。

3.3.18 异常数据的舍弃应有一定的规则，本条提供了异常数据舍弃的标准。

3.3.19 被推定值为检测批均值 μ 时的推定区间计算方法。表 3.3.19 选自《正态分布完全样本可靠性单侧置信下限》GB/T 4885—1985。表中均值栏是对应于检测批均值 μ 的系数。当推定区间的置信度为 0.90 且错判概率和漏判概率均为 0.05 时，推定系数取 k（0.05）栏中的数值；例如样本容量 $n=10$，$k=0.57968$。当推定区间的置信度为 0.80 且错判概率和漏判概率均为 0.10 时，推定系数取 k（0.1）栏中的数值。例如，样本容量 $n=10$，$k=0.43735$。当推定区间的置信度为 0.85 且错判概率为 0.05，漏判概率为 0.10 时，上限推定系数取 k（0.05）栏中的数值，下限推定系数取 k（0.1）栏中的数值。例如样本容量 $n=10$，$k=0.57968$（$m+ks$），$k=0.43735$（$m-ks$）。

3.3.20 被推定值为具有 95% 保证率的标准值（特征值）x_k 时的推定区间计算方法。表 3.3.19 中标准值栏是对应于检测批标准值 x_k。当推定区间的置信度为 0.90 且错判概率和漏判概率均为 0.05 时，推定系数取标准值（0.05）栏中的数值，例如样本容量 $n=30$，$k_1=1.24981$，$k_2=2.21984$。当推定区间的置信度为 0.80 且错判概率和漏判概率均为 0.10 时，推定系数取标准值（0.1）栏中的相应数值。例如样本容量 $n=30$，$k_1=1.33175$，$k_2=2.07982$。当推定区间的置信度为 0.85 且错判概率为 0.05 而漏判概率为 0.10 时，上限推定系数 k_1 取标准值（0.05）栏中的相应数值，下限推定系数 k_2 取标准值（0.1）栏中相应的数值。例如样本容量 $n=30$，$k_1=1.24981$，$k_2=2.07982$。

3.3.21 判定的方法。例，混凝土立方体抗压强度推定区间为 17.8～22.5MPa，当设计要求的 $f_{cu,k}$ 为 20MPa 混凝土时，可判为立方体抗压强度满足设计要求，当设计要求的 $f_{cu,k}$ 为 25MPa 时，可判为低于设计要求。

3.4　既有建筑的检测

3.4.1 本条提出了对既有建筑进行正常检查与建筑结构的常规检测要求。没有正常检查制度和常规检测制度是我国建筑管理方面的一大缺憾。正常检查制度和常规检测制度是避免发生恶性事故的必要措施，是及时采取防范和维修措施、避免重大经济损失的先决条件。

3.4.2～3.4.3 既有建筑正常检查的重点，正常检查可侧重于使用的安全。本条所指出的检查重点都是近年来出现事故造成人员伤亡和相应经济损失的部位。既有建筑是否存在使用安全问题的检查不是一项专业技术要求很高的工作。当正常检查中发现难于解决的问题时，可委托有资质的检测单位进行检测。

3.4.4 一般工业与民用的建筑结构设计使用年限内进行常规检测。有腐蚀性介质侵蚀的工业建筑、受到污染影响的建筑或构筑物、处于严重冻融影响环境的建筑物或构筑物、土质较差地基上的建筑物或构筑物等的结构，常规检测的时间可适当缩短。

建筑结构的常规检测不能只是构件外观质量及损伤的检查，需要相应的科学的检测方法、检测仪器和定量的检测数据，属结构检测范围。因此需要由有资质的检测单位进行检测。常规检测的目的是确定建筑结构是否存在隐患。一般工业与民用建筑在使用10～15年，结构耐久性问题、结构设计失误问题、隐藏的结构施工质量问题以及由于不正当的使用造成的问题都会有所显露。此时进行常规检测可以及早发现事故的隐患，采取积极的处理措施，减少经济损失。对于存在严重隐患的建筑结构，可避免出现坍塌等恶性事故。对于恶劣环境中的建筑结构，缩短正常检测的年限是合理的。

3.4.5 建筑结构常规检测有其特殊的问题，要尽量发现问题又不能对建筑物的正常使用构成影响。因此，应选择适当的检测方法。

3.4.6 本条提示了常规检测的重点部位，这些部位容易出现损伤。

3.4.7 第一次常规检测后，依据检测数据和鉴定结果可判定下次常规检测的时间。

3.5 检测报告

3.5.1 本标准对建筑结构检测结果及评定提出了具体的要求，此外，其他标准也有相应的要求。

由于建筑结构工程质量的检测是为了确定所检测的建筑结构的质量是否满足设计文件和验收的要求，因此，检测报告中应做出检测项目是否满足这些要求的结论。对已有建筑结构的检测应能满足相应鉴定的要求。

3.5.2 为了使检测报告表达清楚和规范，本条强调了检测报告结论的准确性。

3.5.3 本条规定了检测报告应包括的主要内容。

3.6 检测单位和检测人员

3.6.1 对承担建筑结构检测工作的检测单位提出了资质要求，实施建筑结构的检测单位应经过国家或省级建设行政主管部门批准，并通过国家或省级技术监督部门的计量认证。

3.6.2～3.6.3 提出检测单位应有健全的质量管理体系要求以及仪器设备定期检定的要求。

3.6.4～3.6.5 对实施建筑结构检测的人员提出了资格方面的要求。如实施钢结构构件焊接质量检测的人员应具有相应的检测资格证书等。同时，提出了现场检测工作至少应由两名或两名以上检测人员承担的要求。

4 混凝土结构

4.1 一般规定

4.1.1 规定了本章的适用范围。其他结构中混凝土构件的检测应按本章的规定进行。

4.1.2 本条提出了混凝土结构的主要检测工作项目。具体实施的检测工作和检测项目应根据委托方的要求、混凝土结构的实际情况等确定。

4.2 原材料性能

4.2.1 混凝土的原材料是指砂子、水泥、粗骨料、掺合料和外加剂等。由于检验硬化混凝土中原材料的质量或性能难度较大，因此允许对建筑工程中剩余的同批材料进行检验。本标准根据研究成果和实践经验，在第4.6节中给出了硬化混凝土材料性能的部分检测方法。

4.2.2 现场取样检验钢筋的力学性能应注意结构或构件的安全，一般应在受力较小的构件上截取钢筋试样。钢筋化学成分分析试样可为进行过力学性能检验的试件。

4.2.3 目前已经有一些钢筋抗拉强度的无损检测方法，如测试钢筋的表面硬度换算钢筋抗拉强度，分析钢筋中主要化学成分含量推断钢筋抗拉强度等方法。但是这些非破损的检测方法都不能准确推定钢筋的抗拉强度，应与取样检验方法配合使用。关于钢材表面硬度与抗拉强度之间的换算关系，可参见本标准的附录G和本标准第6.2.5条的条文说明。

4.2.4 锈蚀钢筋和火灾后钢筋的力学性能的检测没有统一的标准，钢材试样与标准试验方法要求的试样有差别，因此在检测报告中应该予以说明，以便委托方做出正确的判断。

4.3 混凝土强度

4.3.1 采用非破损或局部破损的方法进行结构或构件混凝土抗压强度的检测，是为了避免或减少给结构带来不利的影响。

4.3.2 特殊的检测目的，如检测受侵蚀层混凝土强度、火灾影响层混凝土强度等。目前非破损的检测方法不适用于这些情况的检测。

选用回弹法、综合法、拔出法及钻芯法等，应注意各种方法的适用条件：

1 混凝土的龄期：回弹法一般应在相应规程规定的混凝土龄期内使用，超声回弹综合法也宜在一定的龄期内使用。当采用回弹法或回弹超声综合法检测龄期较长混凝土抗压强度时，应配合使用钻芯法。钻芯法受混凝土龄期影响相对较小。

2 表层质量具有代表性：采用回弹法、综合法和拔出法时，构件表层和内部混凝土质量差异较大时（如表层混凝土受到火灾、腐蚀性物质侵蚀等影响）会带来较大的测试误差。对于超声回弹综合法，如内外混凝土质量差异不明显也可以采用，钻芯法则受表层混凝土质量的影响较小。

3 混凝土强度：被测混凝土强度不得超过相应规程规定的范围，否则也会带来较大的误差。

4 特殊情况下，可以采取钻芯法或钻芯修正法检测结构混凝土的抗压强度，但应注意骨料的粒径问题。

5 实践证明，回弹法、超声回弹综合法和拔出法与钻芯法相结合，可提高混凝土抗压强度检测结果的可靠性。

4.3.3 钻芯修正时可采取修正量的方法也可采取修正系数的方法。修正量的方法是在非破损检测方法推定值的基础上加修正量，修正系数的方法是在非破损检测方法推定值的基础上乘以修正系数。两者的差别在于：修正量法对被修正样本的标准差 s 没有影响，修正系数法不仅对被修正样本的均值予以修正，也对样本的标准差 s 予以了修正。

总体修正量的方法是用被修正样本全部推定数值的均值与修正用样本（芯样试件换算抗压强度）均值与进行比较确定修正量。当采取总体修正量法时，对芯样试件换算立方体抗压强度的样本均值提出相应的要求，这一规定与《钻芯法检测混凝土强度技术规程》CECS 03 的要求是一致的。其他材料强度的检测也可采用总体修正量的方法。

4.3.4 对应样本修正量用两个对应样本均值之差值作为修正量，两个样本的容量相同，测试位置对应。对应样本修正系数是用两个样本均值的比值作为修正系数，对于样本的要求与对应样本修正量的要求相同。——对应修正系数的方法可参见《回弹法检测混凝土抗压强度技术规程》的相关规定。

当采用小直径芯样试件时，由于其抗压强度样本的标准差增大，芯样试件的数量宜相应增加。

4.3.5 对结构混凝土抗压强度的推定提出了要求，对于检测批来说，其根本在于对推定区间的限制（见本标准第 3 章条文说明）。本标准要求的推定区间为低限要求，对于回弹法、超声回弹综合法来说，由于其检测样本容量较大，容易满足要求。对于钻芯法等取样方法来说，由于样本容量的问题，一般不容易满足要求。因此取样的方法最好配合有非破损的检测方法。

本条所指的技术规程包括《钻芯法检测混凝土强度技术规程》、《回弹法检测混凝土抗压强度技术规程》、《超声回弹综合法检测混凝土强度技术规程》等。

4.3.6 本条提出了混凝土抗拉强度的检测方法。《混凝土结构设计规范》GB 50010 中给出的混凝土抗压强度与抗拉强度的关系是宏观的统计关系，对于具体结构的混凝土来说，该关系不一定适用，在特定情况下应该检测结构混凝土的抗拉强度。

4.3.7 提出受到侵蚀和火灾等影响构件混凝土强度的检测方法。

4.4 混凝土构件外观质量与缺陷

4.4.1 本条列举了常见的混凝土构件外观质量与缺陷的检测项目。

4.4.3 本条规定了混凝土结构及构件裂缝检查所包括的内容及记录形式。混凝土结构或构件上的裂缝按其活动性质可分为稳定裂缝、准稳定裂缝和不稳定裂缝。为判定结构可靠性或制定修补方案，需全面考虑与之相关的各种因素。其中包括裂缝成因、裂缝的稳定状态等，必要时应对裂缝进行观测。

裂缝也可归为结构构件的损伤，如钢筋锈蚀造成的裂缝、火灾造成的裂缝、基础不均匀沉降造成的裂缝等。对于建筑结构的检测来说，无论是施工过程中造成的裂缝（缺陷）还是使用过程中造成的裂缝（损伤），检测方法基本上是一致的。

4.5 尺寸与偏差

4.5.1 本条提出了构件尺寸与偏差的检测项目。

4.5.2 混凝土结构及构件的尺寸偏差的检测方法与《混凝土结构工程施工质量验收规范》GB 50204 保持一致性。检测时，应注意以下几点：

1 对结构性能影响较大的尺寸偏差，应去除装饰层（抹灰砂浆），直接测量混凝土结构本身的尺寸偏差。

2 对于横截面为圆形或环形的结构或构件，其截面尺寸应在测量处相互垂直的方向上各测量一次，取两次测量的平均值。

3 对于现浇混凝土结构，应注意梁柱连接处断面尺寸的测量，该位置是容易出现尺寸偏差过大的地方。

4 需用吊线检查尺寸偏差时，应根据构件的品种、所在部位和高度选择线坠的大小、种类，使线坠易于旋转和摆动为宜；线坠用线宜采用 0.6~1.2mm 不锈钢丝。稳定线坠的容器中应装有黏性小、不结冻的液体（绑线、线坠与容器任何部位不能接触）。

5 检测混凝土柱轴线位移时，若采用钢卷尺按其长度拉通尺，必须拉紧；当距离较长时，应采用拉力计或弹簧秤，其拉力不小于 30N，并将尺拉直。

4.6 变形与损伤

4.6.1 本条提出了变形与损伤的检测项目。造成建筑结构的变形与损伤不限于重力荷载还有环境侵蚀、火灾、邻近工程的施工、地震的影响等。

4.6.2 本条规定了混凝土结构或构件变形的检测方法。变形包括混凝土梁、板等的挠度及混凝土建筑物主体或墙、柱位移等。对于墙、柱、梁、板等正在形成的变形，可采用挠度计、位移计、位移传感器等设备直接测定。

4.6.3 通常一次性的检测是不易区分倾斜中的砌筑偏差、变形倾斜与灾害造成的倾斜等。但这项工作对于鉴定分析工作是有益的。

4.6.4 准确的基础不均匀沉降数值应该从结构施工阶段开始测定。通常在发现问题后再提出基础沉降问题时，已经无法得到基础沉降的准确数值。当有必要进行基础沉降观测时，应在结构上布置观测点，进行后期基础沉降观测。评估临近工程施工对已有结构的影响时也可照此办理。利用首层的基准线的高差可以估计结构完工后基础的沉降差。砌体结构的基础沉降观测与混凝土结构基础沉降观测相同。

4.6.5 本条列举了混凝土损伤的种类与相应的检测方法。

4.6.6~4.6.8 这几条推荐了 f-CaO 对混凝土质量影响的检测方法、骨料碱活性的测定方法和混凝土中性化（碳化）深度的测定方法。

4.6.9 混凝土中氯离子总含量的测定方法在本标准附录C中给出。一般认为水泥的水化物有结合氯离子的能力，一些标准都是限制氯离子占水泥质量的百分率。由于混凝土中氯离子含量测定时不易准确确定试样中水泥的质量，因此可根据鉴定工作的需要提供氯离子占试样质量的百分率、氯离子占水泥质量的百分率或氯离子占混凝土质量的百分率。

4.7 钢筋的配置与锈蚀

4.7.1 本条提出了钢筋配置情况的检测项目。

4.7.2 本条提出钢筋位置、保护层厚度、直径和数量的检测方法。

4.7.4 本条提出了钢筋锈蚀情况的检测方法。

4.8 构件性能实荷检验与结构动测

4.8.1～4.8.4 对构件结构性能实荷检验提出相应要求。

4.8.5 本条提出了对重大公共钢筋混凝土建筑宜进行动力测试建议。

5 砌体结构

5.1 一般规定

5.1.1 本条规定了本章的适用范围。其他结构中的砌筑构件的质量和性能，应按本章的规定进行检测。

5.1.2 将砌体结构的检测分成五个方面的工作项目；对砌体工程施工质量的检测主要为：砌筑块材、砌筑砂浆和砌筑质量与构造；对已有砌体结构的检测，还应根据情况检测砌体强度和损伤与变形等。

5.2 砌筑块材

5.2.1 本条提出了砌筑块材质量与性能的主要检测项目。

5.2.2 目前关于砌筑块材强度的检测主要有取样法、回弹法和钻芯法。取样法和钻芯法的检测结果直观，但会给构件带来损伤，检测数量受到限制。回弹法可基本反映块材的强度，测试限制少，测试数量相对较多，但有时会有系统的偏差。回弹结合取样的检测方法可提高检测结果的准确性和代表性。

5.2.3 对砌筑块材强度的检测批提出要求。当对结构中个别构件砌筑块材强度检测时，可将这些构件视为独立的检测单元。

5.2.4 由于砌体的强度与砌筑块材强度和砌筑砂浆强度有密切关系，当鉴定有这类要求时，砌筑块材强度的检测位置宜与砌筑砂浆强度的检测位置对应。

5.2.5 有特殊的检测目的时可考虑砌筑块材缺陷或损伤对其强度的影响。特殊情况包括：外观质量、内部缺陷、灾害及环境侵蚀作用等对块材强度的影响等。

5.2.6 砌筑块材的产品标准有：《烧结普通砖》、《烧结多孔砖》、《蒸压灰砂砖》、《粉煤灰砖》和《混凝土小型空心砌块》等。

5.2.7 对每个检测单元块材试样的数量和块材试样的强度试验方法作出规定。

5.2.8 回弹法检测烧结普通砖抗压强度的检测方法在附录F中给出。回弹值与砖抗压强度的换算关系可能会有地区差异，因此应建立专用测强曲线或对附录F提供的换算关系进行验证。

5.2.9 对烧结普通砖强度的取样结合回弹法作出了规定。本方法是为了增大检测结果的代表性和消除系统偏差。本条提出的对应样本修正量和对应样本修正系数方法也可作为混凝土强度检测中的钻芯修正法使用。

5.2.10 当其他块材强度的回弹检测有相应标准时，也可采用取样结合回弹检测的方法。

5.2.11 对石材强度的钻芯法检测做出规定，基本按《钻芯法检测混凝土强度技术规程》的规定执行。经过试验验证，直径70mm花岗岩芯样试件的抗压强度约为70mm立方体试样的抗压强度的85%。当采用立方体试块测定石材强度时，其测试结果应乘以换算系数，换算系数见表1。

表1 石材强度的换算系数

立方体边长（mm）	200	150	100	70	50
换算系数	1.43	1.28	1.14	1.00	0.86

5.2.12 对受到损伤的块材强度的检测，块材的状态已经不符合相关产品标准的要求，因此应该予以说明。有缺陷块材强度的检测情况与之类似。

5.2.13 对砌筑块材尺寸和外观质量检测作出了规定。由于条件所限，现场检测可检查块材的外露面。单个砌筑块材尺寸和外观质量的合格评定按相应产品标准的规定进行。检测批的合格判定应按本标准表3.3.14-3或表3.3.14-4确定。

5.2.14 砌筑块材尺寸负偏差使构件截面尺寸减小，此时应测定构件的实际尺寸，并以实际尺寸作为验算的参数。外观质量不符合要求时，砌筑块材的强度可能偏低或砌体结构的耐久性能受到影响。

5.2.15 对特殊部位的砌筑块材品种的规定有：

1 5层及5层以上砌体结构的外露构件、潮湿部位的构件、受振动或层高大于6m的墙、柱所用材料的最低强度等级（砖MU10，砌块采用MU7.5）；

2 地面以下或防潮层以下的砌体；

3 基础工程和水池、水箱等不应为多孔砖砌筑；

4 灰砂砖不宜与黏土砖或其他品种的砖同层混砌；

5 蒸压灰砂砖和粉煤灰砖，不得用于温度长期在200℃以上、急冷及热或酸性介质侵蚀环境；

6 烧结空心砖和空心砌块,限于非承重墙。

5.2.16 砌筑块材其他项目（如石灰爆裂、吸水率等）的检测可参见相关产品标准。

5.3 砌筑砂浆

5.3.1 提出了砌筑砂浆的检测项目。

5.3.2 砌筑砂浆强度的检测基本按《砌体工程现场检测技术标准》的规定进行。考虑到已有建筑砌筑砂浆强度的回弹法、射钉法、贯入法、超声法、超声回弹综合法等方法的检测结果会受到面层剔凿的影响，当这些方法用于测定砂浆强度时，宜配合有取样检测的方法。

由砌体抗压强度推定砌筑砂浆强度有时会有较大的系统误差，不宜作为砂浆强度的检测方法。

5.3.3 当表层的砌筑砂浆受到影响时的检测规定。

5.3.4 结构中特殊部位及相应的要求有：基础墙的防潮层、含水饱和情况基础、蒸压（养）砖防潮层以上的砌体（应采用水泥混合砂浆砌筑或高粘结性能的专用砂浆）、烧结黏土砖空斗墙（应采用水泥混合砂浆）和有内衬的烟囱（其内衬应为黏土砂浆或耐火泥砌筑）等。

5.3.5 提供了砌筑砂浆抗冻性检测的方法。

5.3.6 砌筑砂浆中氯离子含量的测定结果可折合成水泥用量的百分率或砂浆质量的百分率，具体测定方法参见本标准附录C。

5.4 砌体强度

5.4.1 本节对砌体强度的检测方法作出了规定，目前对于砌体强度的检测方法有两类：其一为取样法，其二为现场原位检测方法。取样法是从砌体中截取试件，在试验室测定试件的强度。原位法在现场测试砌体的强度。

5.4.2 本条对砌体强度的取样检测作出了规定：首先要保证安全，其次试件要符合《砌体基本力学性能试验方法标准》的要求，第三避免损伤试件和保证取样数量。本处所说的损伤是指取样过程中造成的损伤。有损伤试件的强度明显降低，因此要对损伤进行修复。由于砌体强度取样检测的试件数量一般较少，因此可以按最小值推定砌体强度的标准值，但推定结果的不确定度问题不易控制。

5.4.3 《砌体工程现场检测技术标准》对烧结普通砖砌体的抗压强度的扁式液压顶法和原位轴压法作出规定，同时也对烧结普通砖砌体的抗剪强度的双剪法或原位单剪法作出规定。由于这几种砌体强度的检测方法的测试数据量一般较小，因此可以按《砌体工程现场检测技术标准》规定的方法进行砌体强度的推定。

5.4.4 对于遭受环境侵蚀和灾害影响的砌体强度的检测提出了要求，由于这种损伤使得砌体的状况与相关标准规定的试件状况不同，因此应予以说明。

5.5 砌筑质量与构造

5.5.1 本条提出了砌筑质量与构造的检测项目。

5.5.2 对于已有建筑一般要剔除构件面层检查砌筑方法、灰缝质量、砌筑偏差和留槎等问题；当砌筑质量存在问题时，砌体的承载能力会受到影响。

5.5.3 上、下错缝，内外搭砌是砌筑的基本要求，此外，各类砌体还有相应砌筑要求。

5.5.4 灰缝质量包括灰缝厚度、灰缝饱满程度和平直程度等。灰缝厚度过大砌体强度明显降低，灰缝饱满程度差砌体强度也要降低。

5.5.5 砌体偏差有放线偏差和砌筑偏差，砌筑偏差包括构件轴线位移和构件垂直度。《砌体工程施工质量验收规范》规定了测试方法和评定指标。对于已有结构轴线位移无法测定时，可测定轴线相对位移。轴线相对位移是指相邻构件设计轴线距离与实际轴线距离之差。

5.5.6 砌体中的钢筋指墙体间的拉结筋、构造柱与墙体的间的拉结筋、骨架房屋的填充墙与骨架的柱和横梁拉结筋以及配筋砌体的钢筋。

5.5.8 《砌体结构设计规范》对于跨度较大的屋架和梁的支承有专门的规定，当鉴定有要求时，应进行核查。

5.5.9 预制钢筋混凝土板的支承长度要剔凿楼面面层检测。

5.5.10 《砌体结构设计规范》和《建筑抗震设计规范》对于砖砌过梁和钢筋砖过梁的使用和跨度有限制，钢筋砖过梁跨度为不大于2（1.5）m；砖砌平拱为1.8（1.2）m。对有较大振动荷载或可能产生不均匀沉降的房屋，门窗洞口应设钢筋混凝土过梁。

5.5.11 构造和尺寸是确定构件能否按墙梁计算的重要参数，当有必要时，应核查墙梁的构造和尺寸是否符合《砌体结构设计规范》的要求。

5.5.12 圈梁、构造柱或芯柱是多层砌体结构抵抗抗震作用重要的构造措施。对其的检测可分为是否设置和质量两种。对于判定是否设置圈梁、构造柱或芯柱的检测，可采取测定钢筋的方法，也可采用剔除抹灰层的核查方法。圈梁和构造柱混凝土强度和钢筋配置的检测等应遵守本标准第4章的规定。

5.6 变形与损伤

5.6.1 本条提出了变形与损伤的检测项目。

5.6.2 裂缝是砌体结构最常见的损伤，是鉴定工作重要的依据。裂缝可反映出砌筑方法、留槎、洞口处理、预制构件的安装等的质量，也可反映基础不均匀沉降、屋面保温层质量问题以及灾害程度和范围。裂缝的位置、长度、宽度、深度和数量是判定裂缝原因的重要依据。在裂缝处剔凿抹灰检查，可排除一些影响因素。裂缝处于发展期则结构的安全性处于不确定期，确定发展速度和新产生裂缝的部位，对于鉴定裂缝产生的原因、采取处理措施是非常重要的。

5.6.3 参见本标准第4.6.3条的条文说明。

5.6.4 参见本标准第4.6.4条的条文说明。

5.6.5 环境侵蚀、冻融、灾害都可造成结构或构件的损伤。损伤的程度和侵蚀速度是结构的安全评定和剩余使用年数评估的重要参数。人为的损伤，除了包括车辆、重物碰撞外，还应包括不恰当的改造、临近工程施工的影响等。

6 钢结构

6.1 一般规定

6.1.1 本条规定了本章的适用范围。

6.1.2 本条提出了钢结构检测的工作项目。对某一具体钢结构的检测可根据实际情况确定工作内容和检测项目。

6.2 材料

6.2.1～6.2.4 钢材力学性能主要有屈服点、抗拉强度、伸长率、冷弯和冲击功这几个项目，化学成分主要有碳、锰、硅、磷、硫这几个项目。钢材的取样方法、试验方法都有相应的国家标准，具体操作应按这些标准执行。我国现在的结构钢材主要是《碳素结构钢》GB 700—88中的Q235钢和《低合金高强度结构钢》GB/T 1591中的Q345钢，以前的结构钢材主要是3号钢和16锰钢，虽然Q235钢与3号钢、Q345钢与16锰钢的强度级别相同，但保证项目却有较大差别。因此应根据设计要求确定检测项目并按当时的产品标准进行评定。对有特殊要求的其他钢材，应按其产品标准的规定进行取样、试验和评定。

6.2.5 本标准附录G提供了表面硬度法推断钢材强度的钢材抗拉强度非破损检测方法，并提供了换算钢材抗拉强度的相应标准，《黑色金属硬度及相关强度换算值》GB/T 1172，此外，目前尚有国际标准Steel-Conversion of Hardness Values to Tensile Strength Values ISO/TR 10108等标准可以参考。根据本标准编制组进行的试验研究，钢材的抗拉强度与其表面硬度之间的换算关系与构件的测试条件、钢材的轧制工艺等多种因素有关，因此，在参考上述标准的换算关系时，应事先进行试验验证。在使用表面硬度法对具体结构钢材强度进行检测时，应有取样实测钢材抗拉强度的验证。

6.2.6 锈蚀钢材和受到灾害影响构件钢材的状况与产品标准规定的钢材状态已经存在差异，参照相应产品标准规定的方法进行这些钢材力学性能的检测时应说明试验方法和试验结果的适用范围。

6.3 连接

6.3.1 本条提出了钢结构连接的检测项目。

6.3.4 影响焊缝力学性能的因素有很多，除了内部缺陷和外观质量外，还有母材和焊接材料的力学性能和化学成分、坡口形状和尺寸偏差、焊接工艺等。即使焊缝质量检验合格，也有可能出现诸如母材和焊接材料不匹配、不同钢种母材的焊接以及对坡口形状有怀疑等问题。另一方面，由于焊缝金属特有的优良性能，即使有一些焊接缺陷，焊接接头的力学性能仍有可能满足要求。在这种情况下，可以在结构上抽取试样进行焊接接头的力学性能试验来解决这些问题。焊接接头的力学性能试验以拉伸和冷弯（面弯和背弯）为主，每种焊接接头的拉伸、面弯和背弯试验各取2个试样，取样和试验方法按《焊接接头机械性能试验取样方法》GB 2649、《焊接接头拉伸试验方法》GB 2651和《焊接接头弯曲及压扁试验方法》GB 2653执行。需要进行冲击试验和焊缝及熔敷金属拉伸试验时，应分别按《焊接接头冲击试验方法》GB 2650和《焊缝及熔敷金属拉伸试验方法》GB 2652进行。

6.3.6～6.3.8 高强度螺栓有两类，分别是大六角头螺栓和扭剪型螺栓。大六角头螺栓通过扭矩系数和外加扭矩、扭剪型螺栓通过专用扳手将螺栓端部的梅花头拧掉来控制螺栓预拉力，从而保证连接的摩擦力。按《钢结构工程施工质量验收规范》的规定，高强度螺栓进场验收应检验大六角头螺栓的扭矩系数和扭剪型螺栓拧掉梅花头时的预拉力，如缺少检验报告或对检验报告有怀疑，且有剩余螺栓时，可按现行《钢结构用高强度大六角头螺栓、大六角螺母、垫圈技术条件》GB/T 1231、《钢结构用扭剪型高强度螺栓连接副技术条件》GB/T 3633和现行《钢结构工程施工质量验收规范》的规定进行复验。扭剪型螺栓也可作为大六角头螺栓使用，在这种情况下，应检验其扭矩系数，梅花头可以保留。

6.4 尺寸与偏差

6.4.1～6.4.3 构件尺寸和外形尺寸偏差按相应产品标准进行检测评定，制作、安装偏差限值应符合《钢结构工程施工及验收规范》的要求。

6.5 缺陷、损伤与变形

6.5.1 结构在使用过程中往往会出现损伤，如母材和焊缝的裂缝、螺栓和铆钉的松动或断裂、构件永久性变形、锈蚀等，此外还会有人为的损伤，不合理的加固改造、结构上随意焊接、随意拆除一些零构件等，直接影响到结构安全。在现场检查中应根据不同结构的特点，重点检查容易出现损伤的部位，一般来说节点连接处最容易出现损伤，裂缝一般发生在焊缝附近。根据钢结构的特点，主要以观测检查为主，宜粗不宜细，不放过影响较大的隐患。钢材有缺陷的部位容易出现损伤。

6.5.5 采用锤击的方法检查螺栓或铆钉是否松动时，用手指紧按住螺母或铆钉头的一侧，尽量靠近垫圈或母材，用 0.3～0.5kg 重的小锤敲击螺母或铆钉头的相对的另一侧，如手指感到颤动较大时，说明是松动的。

6.6 构 造

6.6.1 钢结构构件由于材料强度高，截面尺寸相对较小，容易产生失稳破坏，因此，在钢结构中应保证各类杆件的长细比满足要求。

6.6.2 在钢结构中，支撑体系是保证结构整体刚度的重要组成部分，它不仅抵抗水平荷载，而且会直接影响结构的正常使用。譬如有吊车梁的工业厂房，当整体刚度较弱时，在吊车运行过程中会产生振动和摇晃。

6.7 涂 装

6.7.1 当工程中有剩余的与结构同批的涂料时，可对剩余涂料的质量进行检验。

6.7.2 本条根据现行国家标准《钢结构工程施工及验收规范》和《钢结构工程质量检验评定标准》编写的。

6.7.3～6.7.4 这两条根据现行国家标准《钢结构工程质量检验评定标准》编写。

6.8 钢 网 架

6.8.2 对已有的螺栓球网架，在从结构取出节点来进行节点的极限承载力试验时，应采取支顶和加强措施，保证其结构的安全和变形在允许范围之内。

6.8.3 目前，国家有相应标准的无损检测方法有射线检测、超声检测、磁粉检测、渗透检测、涡流检测 5 种。

6.8.6 已建钢网架钢管杆件的壁厚不能用游标卡尺对其进行检测，只能用金属测厚仪检测，测厚仪在检测前需将测试材料设定为钢材。

6.8.7 钢网架杆件轴线的不平直度是一项很重要的指标。杆件在安装时，因其尺寸偏差或安装误差而引起其不平直。另外也会因结构计算有误，由原设计的拉杆变成压杆而引起杆件压曲，因此，必须重视对钢网架中杆件轴线不平直度的检测。

6.8.8 采用激光测距仪对钢网架的挠度检测时，应考虑杆件和节点的尺寸，使其能以相对可比较的高度来计算钢网架的挠度。

6.9 结构性能实荷检验与动测

6.9.1 大型复杂钢结构体系可进行原位非破坏性荷载试验，目的主要是检验结构的性能。荷载值控制在正常使用状态下，结构处于弹性阶段。具体做法可参见附录 H 和第 6.9.2 条的条文说明。

6.9.2 结构检测的根本目的在于保证结构有足够的承载能力，当进行其他项目的检测不足以确定结构承载能力时，可以通过实荷检验解决这个问题。此外，对于一些已经发现问题的结构，通过实荷检验确认其承载能力，只进行少量加固甚至不加固处理，就可以保证有足够的承载能力，使其得以继续使用，从而避免浪费、保证工期。因此规定，对结构或构件承载能力有疑义时，可进行原型或足尺模型的实荷检验，从根本上解决问题。

荷载试验是一项专业性很强的工作，检验单位需要有足够的相关知识、检验技术人员和设备能力的，一般应由专门机构进行。检验对象、测试内容、要解决的问题都会有很大的不同，因此，试验前应制定详细的试验方案，包括试验目的、试件的选取或制作、加载装置、测点布置和测试仪器、加载步骤以及检验结果的评定方法等，并应在试验前经过有关各方的同意，防止事后出现意见分歧，有些试验本来就是要解决争议的，事前经过有关各方的同意是很必要的。附录 H 的主要内容来源于 Eurocode 3: Design of steel structures, ENV 1993-1-1: 1992，制定试验方案可以参考。

6.9.3 本条参照行业标准《建筑抗震试验方法规程》编写。

6.9.4 钢结构杆件应力是钢结构反应的一个重要内容，温度应力、特别是装配应力在钢结构中有时占有一定的比例，而且只能通过检测来确定。本条提出了进行钢结构应力测试的建议。

7 钢管混凝土结构

7.1 一 般 规 定

7.1.1～7.1.2 规定了本章的适用范围和钢管混凝土结构的检测工作和检测项目。对某一具体结构的检测项目可根据实际情况确定。

7.2 原 材 料

7.2.1 本标准第 6.2 节中对钢材强度检验和化学成分的分析有相应规定。

7.2.2 本标准第 4.2.1 条对混凝土原材料性能与质量的检验有相应规定。

7.3 钢管焊接质量与构件连接

7.3.1 规定了钢管焊缝外观缺陷的检验方法和质量标准。

7.3.2 除了钢管管材的焊缝外，钢管混凝土结构的焊缝还有缀条焊缝、连接腹板焊缝、钢管对接焊缝、加强环焊缝等。对于钢管混凝土结构工程质量的检测，应对全焊透的一、二级焊缝和设计上没有要求的钢材等强度对焊拼接焊缝进行全数超声波探伤。对于钢管混凝土结构性能的检测，由于检测条件所限，可采取抽样探伤的方法。抽样方法应根据结构的情况确定。钢管焊缝和其他焊缝的超声波探伤可参照现行国家标准《钢焊缝手工超声波探伤方法及质量分级法》执行，检验等级和对内部缺陷等级可参照现行国家标准《钢结构工程施工质量验收规范》GB 50205 的规定执行。

7.3.3 《钢管混凝土结构设计与施工规程》CECS 28 对施工单位自行卷制的钢管有特殊的规定，焊缝坡口的质量标准尚应遵守该规程的规定。

7.3.4 钢管混凝土构件之间的连接，当被连接构件为钢构件时，检测项目及检测方法按本标准第 6 章相应的规定执行；当被连接构件为混凝土构件时，检测项目及检测方法按本标准第 4 章相应的规定执行。

7.4 钢管中混凝土强度与缺陷

7.4.1 当对钢管中的混凝土强度有怀疑时或需要确定钢管中混凝土抗压强度时，可按本节规定的方法进行检测。

从国内外的资料来看，用单一的超声法检测混凝土抗压强度，检测结果不仅受粗骨料品种、粒径和用量的影响，还受水灰比及水泥用量的影响，其测试精度较低。在国内，尚无用超声法检测混凝土强度的建筑行业技术标准。因此规定，用超声法检测钢管中的混凝土强度必须用同条件立方体试块或混凝土芯样试件抗压强度进行修正，以减小用单一的超声法测试的误差。

7.4.2 本标准附录 J 提供了超声检测钢管中混凝土强度检测操作的方法。

7.4.3 对立方体试块修正方法和芯样试件修正方法作出规定。当用同条件养护立方体试块抗压强度修正时，超声波声速与混凝土立方体抗压强度之间的关系可以在立方体试块上同时得到。也就是在立方体试块上测定声速，得到换算抗压强度，将该值与试块实际的抗压强度比较得到修正系数。

当用芯样试件抗压强度修正时，用芯样试件的抗压强度与测区混凝土换算强度进行比较获得修正系数或修正量。需要指出的是，在用芯样修正时，不可以将较长芯样沿长度方向截取为几个芯样。芯样的钻取、加工、计算可参照现行标准《钻芯法检测混凝土强度技术规程》执行，芯样试件的直径宜为 100mm，高径比为 1:1。

关于修正量和修正系数，两种修正方法对样本均值的修正效果是一致的。两种方法各有利弊，可根据实际情况选用。

7.4.4 规定了钢管中混凝土抗压强度的推定方法。

7.4.5 钢管中混凝土缺陷的检测方法。

7.5 尺寸与偏差

7.5.1 本条提出了主要构件及构造的尺寸的检测项目和钢管混凝土柱偏差的检测项目。

7.5.2 本条给出了管材尺寸的检查方法。

7.5.3 《钢管混凝土结构设计与施工规程》CECS 28 的规定，钢管的外径不宜小于 100mm，壁厚不宜小于 4mm，并对钢管外径 d 与壁厚 t 的比值有限制，此外还对主要构件的长细比有相应的规定。

7.5.4 本条给出了格构柱缀条尺寸的检查方法。

7.5.5 本条给出了对梁柱节点的牛腿、连接腹板和加强环的尺寸的检查要求。

7.5.6 钢管拼接组装的偏差和钢管柱的安装偏差都是钢管混凝土结构特殊的要求，其评定指标按《钢管混凝土结构设计与施工规程》CECS 28 的规定确定。

8 木 结 构

8.1 一般规定

8.1.1 本条规定了本章的适用范围。

8.1.2 本条将木结构的检测分成若干项工作。

8.2 木材性能

8.2.1 本条提出了木材性能的检测项目，除了力学性能、含水率、密度和干缩性外，木材还有吸水性、湿胀性等性能。

8.2.2 根据《木结构设计规范》GB 50005 的规定，只要弄清木材树种名称和产地，就可按该规范的规定确定其强度等级和弹性模量，该规范还在附录中列出我国主要建筑用材归类情况以及常用木材的主要特性。

当发现木材的材质或外观与同类木材有显著差异，如容重过小、年轮过宽、灰色、缺陷严重时，由于运输堆放原因，无法判别树种名称时或已有木结构木材树种名称和产地不清楚时，可测定木材的力学性能，确定其强度等级。

8.2.3 本条列举了木材的力学性能的检测项目。

8.2.4 本条给出了木材强度等级的判定规则，与《木结构设计规范》的规定一致。木材抗弯强度比较稳定，并最能全面反映木材力学性能，所以木材强度主要以受弯强度进行分等。故检验时，亦以木材抗弯强度进行检验。其试验是用清材小试样进行，故采用《木材抗弯强度试验方法》GB 1936.1。

木材其他力学性能指标的检测，可参见《木材物理力学试验方法总则》GB 1928、《木材顺纹抗拉强度试验方法》GB 1938 等标准。

8.2.5 木材的含水率与木材的强度、防腐、防虫蛀等都有关系，本条提出了木材含水率的检测方法。规格材是必须经过干燥的木材，故含水率可用电测法测定。

8.2.6 本条规定要在各端头 200mm 处截取试件，是为了避免端头效应，以保证所测含水率的准确。

8.2.7 本条给出了木材含水率电测法的要求，这里还要指出的是电测仪在使用前应经过校准。

8.3 木材缺陷

8.3.1 本条列举了木材的主要缺陷。承重结构用木材，其材质分为三级，每一级对木材疵病均有严格要求。属于需要现场检测有：木节、斜纹、扭纹、裂缝。

8.3.2 已有木结构的木材一般是经过缺陷检测的，所以可以采取抽样检测的方法，当抽样检测发现木材存在较多的缺陷，超出相应规范的限制值时，可逐根进行检测。

8.3.4 木节的检测方法，也是国际上通用的检测方法。

8.3.5～8.3.7 这 3 条给出了木材斜纹等的检测方法。

8.3.8 本条给出了木结构裂缝的检测方法。木结构的裂缝分成杆件上的裂缝、支座剪切面上的裂缝、螺栓连接处和钉连接处的裂缝等。支座与连接处的裂缝对结构的安全影响相对较大。

8.4 尺寸与偏差

8.4.1 本条提出了木结构的尺寸与偏差的检测项目。

8.4.3 本条给出了构件制作尺寸的检测项目和检测方法。

8.4.4 本条给出了尺寸偏差的评定方法。

8.5 连 接

8.5.1 本条提出了木结构连接的检测项目。

8.5.2 本条给出了木结构的胶合能力有专门的试验方法——木材胶缝顺纹抗剪强度试验。

8.5.3 本条给出了胶的检验方法。

8.5.4 对已有结构胶合能力进行检测的方法。当胶合能力大于木材的强度时，破坏发生在木材上。

8.5.5 《木结构设计规范》GB 50005 对胶合木材的种类有限制，因此可核查胶合构件木材的品种。当木材有油脂溢出时胶合质量不易保证。

8.5.6 本条提出对于齿连接的检测项目与检测方法。承压面加工平整程；压杆轴线与齿槽承压面垂直度，是保证压力均匀传递的关键。支座节点齿的受剪面裂缝，使抗剪承载力降低，应该采取措施处理；抵承面缝隙，局部缝隙使得压杆端部和齿槽承压面局部受力过大，当存在承压全截面缝隙时，表明该压杆根本没有承受压力，因此应该通知鉴定单位或设计单位进行结构构件受力状态的计算复核或进行应力状态的测试。

8.5.7 本条给出了螺栓连接或钉连接的检测项目和检测方法。

8.6 变形损伤与防护措施

8.6.1 本条给出了木结构构件变形、损伤的检测项目。

8.6.2～8.6.3 这 2 条给出了虫蛀的检测方法，提出了防虫措施的检测要求。

8.6.4～8.6.5 这 2 条给出了腐朽的检测方法，提出了防腐措施的检测要求。

8.6.6～8.6.7 这 2 条给出了其他损伤的检测方法。

8.6.8 本条给出了变形的检测方法。

8.6.9 木结构的防虫、防腐、防火措施检测。

中华人民共和国国家标准

砌体工程现场检测技术标准

GB/T 50315—2000

条 文 说 明

目 次

1 总则 ·· 7—11—3
3 基本规定 ··· 7—11—3
   3.1 检测程序及工作内容 ····················· 7—11—3
   3.2 检测单元、测区和测点 ··················· 7—11—3
   3.3 检测方法分类及其选用原则 ············ 7—11—3
4 原位轴压法 ······································· 7—11—3
   4.1 一般规定 ······································· 7—11—3
   4.2 测试设备的技术指标 ······················· 7—11—3
   4.3 试验步骤 ······································· 7—11—4
   4.4 数据分析 ······································· 7—11—4
5 扁顶法 ·· 7—11—4
   5.1 一般规定 ······································· 7—11—4
   5.2 测试设备的技术指标 ······················· 7—11—4
   5.3 试验步骤 ······································· 7—11—4
   5.4 数据分析 ······································· 7—11—4
6 原位单剪法 ······································· 7—11—5
   6.1 一般规定 ······································· 7—11—5
   6.2 测试设备的技术指标 ······················· 7—11—5
   6.3 试验步骤 ······································· 7—11—5
   6.4 数据分析 ······································· 7—11—5
7 原位单砖双剪法 ································ 7—11—5
   7.1 一般规定 ······································· 7—11—5
   7.2 测试设备的技术指标 ······················· 7—11—5
   7.3 试验步骤 ······································· 7—11—5
   7.4 数据分析 ······································· 7—11—5
8 推出法 ·· 7—11—6
   8.1 一般规定 ······································· 7—11—6
   8.2 测试设备的技术指标 ······················· 7—11—6
   8.3 试验步骤 ······································· 7—11—6
   8.4 数据分析 ······································· 7—11—6
9 筒压法 ·· 7—11—6
   9.1 一般规定 ······································· 7—11—6
   9.2 测试设备的技术指标 ······················· 7—11—6
   9.3 试验步骤 ······································· 7—11—6
   9.4 数据分析 ······································· 7—11—7
10 砂浆片剪切法 ·································· 7—11—7
   10.1 一般规定 ····································· 7—11—7
   10.2 测试设备的技术指标 ····················· 7—11—7
   10.3 试验步骤 ····································· 7—11—7
   10.4 数据分析 ····································· 7—11—7
11 回弹法 ·· 7—11—7
   11.1 一般规定 ····································· 7—11—7
   11.2 测试设备的技术指标 ····················· 7—11—7
   11.3 试验步骤 ····································· 7—11—7
   11.4 数据分析 ····································· 7—11—7
12 点荷法 ·· 7—11—8
   12.1 一般规定 ····································· 7—11—8
   12.2 测试设备的技术指标 ····················· 7—11—8
   12.3 试验步骤 ····································· 7—11—8
   12.4 数据分析 ····································· 7—11—8
13 射钉法 ·· 7—11—8
   13.1 一般规定 ····································· 7—11—8
   13.2 测试设备的技术指标 ····················· 7—11—8
   13.3 试验步骤 ····································· 7—11—8
   13.4 数据分析 ····································· 7—11—8
14 强度推定 ··· 7—11—8

1 总 则

1.0.1 我国城镇数十亿平方米的公共建筑、工业厂房和住宅，由于种种原因（有的进入中、老年期，有的本身先天不足，有的后天管理不善或遭受灾害损坏，有的为适应新的使用要求，需进行改造等）使其中近一半的建筑物需要分期分批进行可靠性鉴定和维修，其中约20%急待鉴定和加固。对结构技术状况的调查和检测是进行可靠性鉴定的基础，其中砌体工程的现场检测又是最重要的部分。我国从60年代开始不断地进行广泛研究，积累了丰硕的成果，为了筛选出其中技术先进、数据可靠、经济合理的检测方法来满足量大面广的建筑物鉴定加固的需要，国家计委和建设部下达了制订本标准的任务。

1.0.2 本标准所列方法主要是为已有建筑物和一般构筑物进行可靠性鉴定时，采集现场砌体强度参数而制定的方法，有时亦用于建筑物施工验收阶段。本标准明确规定，本标准所列各方法均不能代替施工和验收阶段已有明确规定的各种材料和衡量施工质量的检测方法，即在施工和验收阶段应执行《砌体工程施工及验收规范》GB50203等的规定。仅是在出现本条所述情况时，可用本标准所列方法进行现场检测，综合考虑砂浆、砖和砌筑质量对砌体各项强度的影响，作为工程是否验收还是应作处理的依据。

3 基本规定

3.1 检测程序及工作内容

3.1.1 本条给出一般检测程序的框图，当有特殊需要时，亦可按鉴定需要进行检测。有些方法的复合使用，本标准亦未作详细规定（如有的先用一种非破损方法大面积普查，根据普查结果再用其他方法在重点部位和发现问题处重点检测），由检测人员综合各方法特点调整检测程序。

3.1.2 调查阶段是重要的阶段，应尽可能了解和搜集有关资料，不少情况下委方提不出足够的原始资料，还需要检测人员到现场收集；对重要的检测，可先行初检，根据初检分析，进一步收集资料。

3.1.3 见第3.3节说明。

3.1.4 设备仪器的校验非常重要，有的方法还有特殊的规定，如射钉法。每次试验时，试验人员应对设备的可用性作出判定并记录在案。

3.2 检测单元、测区和测点

3.2.1 明确提出了检测单元的概念及确定方法，检测单元是根据下列几项因素规定的：1. 检测是为鉴定采集基础数据，对建筑物鉴定时，首先应根据被鉴定建筑物的构造特点和承重体系的种类，将该建筑物划分为一个或若干个可以独立进行分析（鉴定）的结构单元，故检测时应根据鉴定要求，将建筑物划分成同样的结构单元；2. 在每一个结构单元，采用对新施工建筑同样的规定，将同一材料品种、同一等级250m³砌体作为一个母体，进行测区和测点的布置，我们将此母体称作为"检测单元"；故一个结构单元可以划分为一个或数个检测单元；3. 当仅仅对单个构件（墙片、柱）或不超过250m³的同一材料、同一等级的砌体进行检测时，亦将此作为一个检测单元。

3.2.2~3.2.3 测区和测点的数量，主要依据砌体工程质量的检测需要，检测成本（工作量），与现有检验与验收标准的衔接，各检测方法以及科研工作基础，运用数理统计理论，作出的统一规定。

3.3 检测方法分类及其选用原则

3.3.1 现场检测一般都是在建筑物建成后，根据第1.0.2条所述原因进行检测，大量还是在建筑物使用过程中的检测，砌体均进入了工作状态。一个好的现场检测方法是既能取得所需的信息，而且在检测过程中和检测后对砌体既有性能不造成负影响。但这两者有一定矛盾，有时一些局部破损方法能提供更多更准确的信息，提高检测精度。鉴于砌体结构的特点，一般情况下局部的破损易于修复，修复后对砌体的既有性能无影响或影响甚微。故本标准除纳入非破损检测方法外，还纳入了局部破损检测法，供使用者根据构件允许的暂时破损程度进行选择。

3.3.2 现在的现场检测，主要是根据不同目的想获得砌体抗压强度、砌体抗剪强度、砌筑砂浆强度，本标准分别推荐了几种方法。有时还需要砖的抗压强度，本标准未考虑砖强度的测试方法，因为可直接从墙上取数量不多的砖，按现行标准在试验室内进行试验，可直接获得更为准确的结果。

3.3.3 本标准的检测方法大部分进行过专门的研究，研究成果通过鉴定并取得试用经验，有的还制订了地方标准。在本标准编制过程中，专门进行了较大规模的验证性考核试验，编制组全体成员参加和监督了考核全过程，通过这些材料和实践的认真分析，编制组讨论了各种方法的特点，适用范围和应用的局限性，并汇总于本条的表中。各使用单位可根据自己检测的目的，分别选用一种或数种检测方法。

3.3.4 本条是从构件安全考虑，对局部破损方法的一个限制，这些墙体最好用非破损方法检测，在宏观检测或经验判断基础上，在相邻部位具体检测，综合推定其强度。

4 原位轴压法

4.1 一般规定

4.1.1 原位轴压法是西安建筑科技大学在扁顶法基础上提出的，具有设备使用周期长、变形适应能力强、操作简便的优点，对砂浆强度低，变形很大或砌体强度较高的砌体均可适用。其缺点是原位压力机较重，其中油缸式液压扁顶重约25kg，搬运比较费力。重庆市建筑科学研究院对原位轴压法进行了较多的试验和试点应用工作，并主编了四川省地方标准《原位轴压法测定砌体抗压强度技术规程》DB 51/5007—94。在上述工作基础上，本标准编制组又组织了两次验证性考核，决定纳入本标准。

原位轴压法属原位测试砌体抗压强度方法，与测试砖及砂浆的强度间接推算砌体抗压强度相比，更为直观和可靠。测试结果除能反映砖和砂浆的强度外，还反映了砌筑质量对砌体抗压强度的影响。砌体的原材料指标相同，仅砌筑质量不同，砌体抗压强度可相差一倍以上。因而这是原位轴压法的优点。由于目前对比试验是以240mm厚的普通砖（包括粘土砖、灰砂砖、页岩砖等）砌体进行的，暂时仅适用于测试普通砖砌体的抗压强度。

4.1.2 本条对测试部位作了规定，均是在试验和使用经验的基础上为满足测试数据可靠、操作简便、保证房屋安全等要求而规定的。

测试部位离楼地面1m高度处，是考虑压力机和手动泵之间的连接高压油管一般长约2m，这样在试验过程中，手动泵、油压表放在楼、地面上即可。同时，此高度对人工搬运压力机较为省力。两侧约束墙体的宽度不小于1.5m；同一墙体上多于一个测点时，水平净距不小于2.0m。这两项规定都是为了保证槽间砌体两侧有足够的约束墙，防止因约束不足出现的约束墙体剪切破坏，从而准确地测定砌体抗压强度。一般在横墙上试验时，建议试验点取在横墙中间。

4.2 测试设备的技术指标

4.2.1~4.2.2 原位压力机是1987年由西安建筑科技大学研制的，在研制过程中，必须解决两个关键的问题：一个是在扁顶高度尺寸受限制的条件下，当扁顶工作压力达 20MPa 以上时保证严格的密封和防尘措施；另一个是当油缸遇到偏心荷载作用时，防止油缸内腔与柱塞之间的同心受到破坏而造成油缸泄漏和缩短寿命。对此采用了内腔特殊油路、柱塞上加设球铰调正偏心等方法，合理解决了两者之间相互制约的矛盾。近年来，有的单位研制了更大吨位的原位压力机，使用时亦应遵守本标准规定。

4.3 试验步骤

4.3.1 试验时，上水平槽内放置反力板，下水平槽内放置液压扁顶。450 型和 600 型压力机的扁顶高度不同，因而下水平槽的净空高度要求也不相同。

试验表明，对 240mm 厚的墙体，两槽之间相隔 7 皮砖（约 430mm）是最佳距离，两槽相隔较大时，槽间砌体强度将趋近砌体的局压强度；两槽间距过小时，水平灰缝过少，砌体强度将接近块体强度。一般情况下，相隔 7 皮砖时，可获得槽间砌体的最低强度。

4.3.2 考虑到目前国内砌体砌筑水平和砖块大面的平整度，为保证压力机使槽间砌体均匀受压，在接触面上需要加设垫层，最好加石膏，也可用湿细砂均匀铺设。为了保证槽间砌体轴心受压，使两个承压板上下对齐后，首先用四根钢拉杆的螺母调整其平行度。实践证明，当四根拉杆控制长度误差不大于 2mm 时，此误差可由设备上的球铰调正，以此即可保证均匀轴心受压。

4.3.3~4.3.5 参照现行国家标准《砌体基本力学性能试验方法标准》GBJ129 作出这三条的规定。

由于试验人员对原位压力机操作熟练程度存在差异等原因，试验过程中，槽间砌体可能出现局部受压或偏心受压的情况，导致试验结果偏低。出现这些情况时，应中止试验，调整试验装置或垫平压板与砌体的接触面。

4.4 数据分析

4.4.1~4.4.4 槽间砌体抗压强度值，是在有侧向约束条件下测得的，其值高于现行国家标准《砌体基本力学性能试验方法标准》GBJ129 规定的在无侧向约束条件下测得的标准试件的抗压强度。为了便于与现行国家标准《砌体结构设计规范》GBJ3 对比和使用，应将槽间砌体的抗压强度换算为标准的砌体抗压强度，即将槽间砌体抗压强度除以强度换算系数 ξ_{1ij}，该系数是通过墙体中约束砌体抗压强度和同条件下标准试件抗压强度对比试验确定的。有限元分析和试验均表明，槽间砌体两侧的约束墙肢宽度和约束墙肢上的压应力 σ_{oij} 是影响其大小的主要因素，当约束墙肢宽度达到 1.0m 以上时，即可提供足够的约束而不再考虑约束墙肢宽度的影响。因此本方法规定，测点两侧应有 1.5m 宽的墙体。在确定 ξ_{1ij} 时，仅考虑 σ_{oij} 的影响，σ_{oij} 越大，槽间砌体强度越高，ξ_{1ij} 也越大。根据西安建筑科技大学和重庆建筑科研究院进行的 73 片墙 37 组对比试验结果，进行回归统计：

$$\xi_{1ij} = 1.364 + 0.54\sigma_{oij}$$

平均比值 $\mu = 1.000$，变异系数 $\delta = 0.073$，相关系数 $r = 0.876$。试验表明，当 σ_{oij} 过大时（$\sigma_{oij}/f_m > 0.4$，此处 f_m 为砌体极限抗压强度），ξ_{1ij} 将不再随 σ_{oij} 线性增长；当 $\sigma_{oij}/f_m = 1$ 时，$\xi_{1ij} = 1$。考虑到实际工作中 σ_{oij} 一般均在 $0.4f_m$ 以下，故采用了运算简便的线性表达式，偏于安全。本方法建议按下式计算：

$$\xi_{1ii} = 1.36 + 0.54\sigma_{oij}$$

可按两种方法取 σ_{oij}：第一，一般情况下，用理论方法计算，即计算传至该槽间砌体以上的所有墙体及楼屋盖荷载标准值，楼层上的可变荷载标准值可根据实际情况确定，然后换算为压应力值。第二，对于重要的鉴定性试验，宜采用实测压应力值。

5 扁 顶 法

5.1 一 般 规 定

5.1.1 扁式液压顶法（简称扁顶法）是湖南大学研究的检测原位砌体承载力和砌体受压性能的新技术。在砖墙内开凿水平灰缝槽，此时应力释放，在槽内装入扁式液压千斤顶（简称扁顶）后进行应力恢复，从而直接测得墙体的受压工作应力，并通过测定槽间砌体的抗压强度和轴向变形值确定其标准砌体抗压强度和弹性模量。

本方法设备轻便、易于操作、直观可靠，并可使墙体受压工作应力、砌体弹性模量和砌体抗压强度测定一次完成。

扁顶法是在试验墙体上部所承受的均匀压应力为 0~1.37MPa，标准砌体抗压强度最大为 3.04MPa 的情况下，为试验结果和理论分析所证实。对于 8 层及 8 层以下的民用房屋，采用本方法确定砖墙中砌体抗压强度有足够的准确性。

因墙体所承受的主应力方向已定，且垂直方向的主应力是主要控制应力，当沿水平灰缝开凿一条应力解除槽（正文图 5.1.1a），槽周围的墙体应力得到部分解除，应力重新分布。在槽的上下设置变形测量点，可直接观测到因开槽而带来的相对变形变化，即因应力解除而产生的变形释放。将扁顶装入恢复内，向其供油压，当扁顶内压力平衡了预先存在的垂直于灰缝槽口面的静态应力时，即应力状态完全恢复，所求墙体受压工作应力即由扁顶内的压力表显示。分析表明，当扁顶施压面积与开槽面积之比等于或大于 0.8 时，用变形恢复来控制应力恢复相当准确。

在墙体内开凿两条水平灰缝槽（正文图 5.1.1b）并装入扁顶，则扁顶间所限定的砌体（槽间砌体），相当于试验一个原位标准砌体试件。对上下两个扁顶供油压，便可测得砌体的变形特征（如砌体弹性模量）和砌体的极限抗压强度。

5.1.2 本条对测试部位的规定，同本标准 4.1.2 条。

5.2 测试设备的技术指标

5.2.1~5.2.3 在扁顶法中，扁式液压千斤顶既是出力元件又是测力元件，要求扁顶的厚度小于水平灰缝厚度，且具有较大的垂直变形能力，一般需采用 1Cr18Ni9Ti 等优质合金钢薄板制成。当扁顶的顶升变形大于 10mm，或取出一皮砖安设扁顶试验时，应增设钢制可调楔形垫块，以确保扁顶可靠的工作。扁顶的定型尺寸有 250mm×250mm×5mm 和 250mm×380mm×5mm 等，可视被测墙体的厚度加以选用。

5.3 试验步骤

5.3.1~5.3.3 应用扁顶法，须根据测试目的采用不同的试验步骤，主要应注意下列三点：

1. 仅测定墙体的受压工作应力，在测点只开凿一条水平灰缝槽，使用 1 个扁顶。
2. 测定墙体受压工作应力和砌体抗压强度：在测点先开凿一条水平槽，使用一个扁顶测定墙体受压工作应力；然后开凿第二条水平槽，使用两个扁顶测定砌体弹性模量和砌体抗压强度。
3. 仅测定墙内砌体抗压强度，同时开凿两条水平槽，使用两个扁顶。

5.4 数据分析

5.4.1~5.4.5 槽间砌体的受力状态与标准砌体的受力状态有较大的差异，为了研究槽间砌体的上部垂直应力（σ_{oij}）和两侧墙肢约束的影响，运用四结点平面矩形单元，对墙体应力进行了有限元分析。在此基础上，考虑到砌体的塑性变形性能，建立了

两槽间砌体的计算受力图形。根据 Alexander 垂直于扁顶的岩石应力公式，推导得到槽间砌体的极限状态方程为

$$(a + k\sigma_{oij})f_{uij} = (b + m\sigma_{oij})f_{m,ij}$$

根据试验结果，当 $\sigma_{oij} = 0$ 时，参数 $a = 1$，$b = 1.18$，它是两侧墙体对槽间砌体约束作用的结果；在 σ_{oij} 作用下，上述侧向约束还与 f_{uij} 和 $f_{m,ij}$ 等因素有关，

$$k = 4.18 \frac{\sigma_{oij}}{f_{uij}} \cdot \frac{f_{m,ij}}{f_{uij}^2}, m = 4/f_{uij}$$

从而得

$$f_{uij} = \left[1.18 + \frac{4\sigma_{oij}}{f_{uij}} - 4.18\left(\frac{\sigma_{oij}}{f_{uij}}\right)^2\right]f_{m,ij}$$

故槽间砌体的抗压强度换算为标准砌体的抗压强度，应按条文中式（5.4.4-1）和式（5.4.4-2）确定。

根据湖南大学所做试验和实测，按上式的计算值与 14 片墙体试件的试验结果比较，其平均比值为 1.011，变异系数为 0.134；与五幢 5~8 层的住宅和办公楼房屋中的实测（实测部位 16 处）结果比较，其平均比值为 1.038，变异系数为 0.151。

自 1985 年至今，仅湖南大学土木系采用扁顶法已在百余幢房屋的测定中应用，其中新建房屋墙体承载力测定占 80%，工程事故原因分析试验占 8%，旧房加层或改造对旧房的可靠性测定占 12%。

6 原位单剪法

6.1 一般规定

6.1.1 原位砌体通缝单剪法主要是依据国内以往砖砌体单剪试验方法并参照原苏联的砌体抗剪试验方法编制的。现行国家标准《砌体基本力学性能试验方法标准》GBJ129 自颁布施行以来，将砌体单剪试验方法改为双剪试验方法，但单剪、双剪两种方法的对比试验结果通过 t 检验，没有显著性差异，只是前者的变异系数略大，作为一种长期使用过的经验方法，仍有其实用性。

测点选在窗洞口下部，对墙体损伤较小，便于安放检测设备，且没有上部压应力等因素的影响，测试结果直接、准确。

6.1.3 加工、制备试件过程中，被测灰缝如发生明显的扰动，应舍去此试件。

6.2 测试设备的技术指标

6.2.1 试件的预估破坏荷载值，可按试探性试验确定，也可按现行国家标准《砌体结构设计规范》GBJ 3 的公式计算。

6.2.2 本方法所用检测仪表，使用频率往往较低，经常是放置一段较长时间后再次使用，故要求每次进行工程检测前，应进行标定。

6.3 试验步骤

6.3.1 如使用手提切片砂轮或木工锯在墙体上开凿切口，对墙体扰动很小，可不考虑其不利影响。

6.3.2~6.3.3 谨慎地作好施加荷载前的各项工作，尤其是正确地安装加荷系统及测试仪表，是获得准确测试结果的必要保证。千斤顶加力轴线严格对准被测灰缝的上表面，可减小附加弯矩和撕拉应力，或避免灰缝处于压应力状态。

6.3.4 编写本条系参照现行国家标准《砌体基本力学性能试验方法标准》GBJ 129 第 4.0.3 条的规定。

6.3.5 检查剪切面破坏特征及砌体砌筑质量，有利于对试验结果进行分析。

6.4 数据分析

6.4.1~6.4.3 根据试验结果所进行的抗剪强度计算属常规计算。

7 原位单砖双剪法

7.1 一般规定

7.1.1 原位单砖双剪法是陕西省建筑科学研究院研究的砌体抗剪强度检测方法，目前在烧结普通砖砌体上已经取得较好的效果；对于其他各种规格块材的砌体，有待补充一些基本试验数据，尚可应用，但就其原理而言，它也是适用的。

7.1.2 应用原位单砖双剪法时，如条件允许，宜优先采用释放上部压应力 σ_o 的试验方案，该试验方案可避免由于 σ_o 引起的附加误差，但对砌体损坏稍大。当采用有上部压力 σ_o 作用下的试验方案时，可按理论计算 σ_o 值。

7.1.3 墙体的正、反手砌筑面，施工质量多有差异，故规定正反手砌筑面的测点数量宜接近或相等。

为保证墙体能够提供足够的反力和约束，故对洞口边试件的布设做了限制。为确保结构安全，严禁在独立砖柱和窗间墙上设置测点。后补的施工洞口和经修补的砌体无代表性，故规定不应在其上设点测试。

7.2 测试设备的技术指标

7.2.1 原位剪切仪的主机是一个便携式千斤顶，其他（如油泵、压力表、油管）则为商品部件，易于拆卸和组装，便于运输、保管和使用。

7.2.2 对于现场检测仪器，示值相对误差不大于 3% 是一个比较实用的指标。砌体结构工程的砌体抗剪强度变异系数一般较大，在这种情况下，仪器的测量能力指数有时可达 10:1，富余量偏大，但考虑到测量过程中的其他因素（如块材尺寸、上部垂直压力等）这个富余也是必要的。

7.2.3 原位剪切仪已由陕西省建筑科学研究院研制成功并开始批量生产，但其应有的计量校准周期尚无确切资料。因此，参考一般同类仪器，暂定半年为其检验周期。

7.3 试验步骤

7.3.1 本条要求置放主机的孔洞应开在离砌体边缘远端，其目的是要保证墙体提供足够的反力和约束。

7.3.2 掏空的灰缝4（见正文图 7.3.2），必须满足完全释放上部压应力的需要，以确保测试精度。

7.3.3 试件块材的完整性及上、下灰缝质量是影响测试结果的主要因素，为了减小测试附加误差，必须严加控制这两个因素。

7.3.4 原位剪切仪主机轴线与被推轴线的吻合程度，对试验结果将产生较大影响，故要求两者的轴线重合。

7.3.5 原位单砖双剪法的加荷速度，是引自现行国家标准《砌体基本力学性能试验方法标准》GBJ 129 中的砌体通缝抗剪强度试验方法。

7.4 数据分析

7.4.1~7.4.2 按照原位单砖双剪法的试验模式，当进行试验的砌体厚度大于砖宽时，参加工作的剪切面除试件的上、下水平灰缝外，尚有：沿砌体厚度方向相邻竖向灰缝作为第三个剪切面参加工作；在不释放试件上部垂直压应力时，上部垂直压应力对测试结果的影响；原位单砖双剪法试件尺寸为《砌体基本力学性能试验方法标准》GBJ129 试件的 1/3，因此其结果含有尺寸效应的影响，且其受力模式与标准试件也有所不同。对此，试验研究工作中确定了它们各自的修正系数 α、β、γ，最后综合分析，确定为正文中的式（7.4.1）。

8 推 出 法

8.1 一般规定

8.1.1 本条所定义的推出法，主要测定推出力和砂浆饱满度两项参数，据此推定砌筑砂浆抗压强度，它综合反映了砌筑砂浆的质量状况和施工质量水平，与我国现行的施工规范及工程质量评定标准相结合，较为适合我国国情。该方法是河南省建筑科学研究院研究的，并编制了河南省地方标准，在此基础上，纳入了本标准。

建立推出法测强曲线时，选用了烧结普通砖和灰砂砖，故对其他砖尚需通过试验验证。本条规定砂浆测强范围为 M1.0～M15，当砂浆强度等级低于 M1.0 或高于 M15 时，绝对误差较大。

8.1.2 在建立测强曲线时，灰缝厚度按现行国家标准《砌体工程施工及验收规范》GB50203 的规定，控制在 8～12mm 之间进行对比试验。据有关资料介绍，不同灰缝厚度对推出力有影响。因此本条规定，现场测试时，所选推出砖下的灰缝厚度应在 8～12mm 之间。

8.2 测试设备的技术指标

8.2.1 砂浆强度等级在 M15 以下时，最大推出力一般均小于 30kN，研制该套测试设备时，按极限推力为 35kN 进行设计；为安全起见，规定加载螺杆施加的额定推力为 30kN。

推出被测丁砖时，位移是很小的，规定螺杆行程不小于 80mm，主要是考虑测试时，现场安装方便。

8.2.2～8.2.3 仪器的峰值保持功能，可使抗剪破坏时的最大推力保持下来，从而提高测试精度，减少人为读数误差。

仪器性能稳定性是准确测量数据的基础，一般要求能连续工作 4h 以上。校验推出力峰值测试仪时，在 4h 内读数漂移小于 0.05kN，即可认为仪器的稳定性良好。

8.3 试验步骤

8.3.1 推出法推定砌筑砂浆抗压强度是一种在墙上直接测试的原位检测技术，本条对加力测试前的准备工作步骤作了较详细而明确的规定。

8.3.2 传感器作用点的位置直接影响被推出砖下灰缝的受力状况，本方法在试验研究时，均是使传感器的作用点水平方向位于被推出砖中间，铅垂方向位于被推出砖下表面之上 15mm 处进行推出试验，故在现场测试时应与此要求保持一致，横梁两端和墙之间的距离可通过挂钩上的调整螺栓进行调整。

8.3.3 试验表明，加荷速度过快会使试验数据偏高，因此规定加荷速度控制在 5kN/min 左右，以提高测试数据的准确性。

8.3.4 本条规定的推出砖下砂浆饱满度的测试方法及所用的工具，按现行国家标准《建筑工程质量检验评定标准》GBJ301 的有关规定执行。

8.4 数据分析

8.4.1～8.4.2 在建立推出法测强曲线时，是以测区的推出力均值 N_i 及砂浆饱满度均值 B_i 进行统计分析的，这两条的规定主要是为了和建立曲线时的试验协调一致。

目前我国建筑工程所用的普通砖主要为烧结砖和蒸压砖两大类，常见的烧结砖为机制粘土砖，蒸压砖为灰砂砖。对比试验结果表明，灰砂砖的"f_2-N"曲线和粘土砖"f_2-N"曲线存在显著差异，第 8.4.3 条中的计算公式是以粘土砖为基准建立起来的，对灰砂砖 N_i 值尚应乘以修正系数后，方可代入式（8.4.3-1）进行计算。

8.4.3 在测试技术和数据处理方法基本一致的条件下，通过试验室对比试验及现场对比试验，共计 198 组试验数据，经统计分析而得出曲线，最后归纳为式（8.4.3-1），该式的相对标准差 $s_r=20.9\%$，平均相对误差 $s_r=16.7\%$。

9 筒 压 法

9.1 一般规定

9.1.1 筒压法是由山西省第四建筑工程公司等十个单位试验研究成功的测试砂浆强度的方法，并编制了山西省地方标准。在此基础上，经过验证性考核试验，纳入了本标准。

9.1.2 本条明确划定了筒压法的适用范围，应用本方法时，使用范围不得外延。

9.1.3 本方法对遭受火灾、化学侵蚀的砌筑砂浆未进行试验研究，故规定不得在这些条件下应用。

9.2 测试设备的技术指标

9.2.1～9.2.2 本方法所用的设备、仪器、工具，一般建材试验室均已具备。其中的承压筒，可参照正文中的图 9.2.1，自行加工。

9.3 试验步骤

9.3.1 为保证所取砂浆试样的质量较为稳定，避免外部环境及碳化等因素的影响，提高制备粒径大于 5mm 试样的成品率，规定只取距墙面 20mm 以内的水平灰缝的砂浆，且砂浆片厚度不得小于 5mm。取样的具体数量，可视砂浆强度而定，高者可少取，低者宜多取，以足够制备 3 个标准试样并略有富余为准。

9.3.2 对样品进行烘干，是为消除砂浆湿度对强度的影响，亦利于筛分。

9.3.3 为便于筛分，每次取烘干试样 1kg。筛分分为：本条中筒压试验前的分级筛分和第 9.3.6 条筒压试验后的分级筛分。每次筛分的时间对测定筒压比值均有影响。筛分时间应取不同品种、不同强度的砂浆筛分时，均能较快稳定下来的时间。经测定，用 YS-2 型摇摆式筛分机需 120s，人工摇筛需 90s。为简化操作，增强可比性，将上述两类筛分时间予以统一，取同一值，但人工筛分，人为影响因素较大，尤其对低强砂浆，应注意摇筛强度保持一致。具备摇筛机的试验室，应选用机械摇筛。

承压筒内装入的试样数量，对测试筒压比值有一定影响，经对比试验分析，确定每个标准试样数量 500g。

每个测区取 3 个有效标准试样，可避免测试值的单向偏移，并减小抽样总体的变异系数。

9.3.4 为减小装料和施压前的搬运对装料密实程度的影响，制定了两次装料，两次振动的程序，使承压前的筒内试样的紧密程度基本一致。

9.3.5 筒压荷载较低时，砂浆强度越高则筒压比值越拉不开档次；筒压荷载较高时，砂浆强度越低，则筒压比值越拉不开档次。经对试验值的统计分析，对不同品种砂浆分别选用了不同的筒压荷载值。本条所定的筒压荷载值，在常用砂浆强度范围内，是合适的。

关于加荷速度，经检测，在 20～70s 内加荷至规定的筒压荷载时，对筒压比值的影响并不显著；恒荷时间，在 0～60s 范围内，对筒压比值亦无显著性影响。本条关于加荷制度的规定，是基于这两方面的试验结果。

9.3.6 人工摇筛的人为影响因素较大，亦如前述，对低强砂浆，在筛分过程中，由于颗粒之间及颗粒与筛具之间的摩擦碰撞，不断产生粒径小于 5mm 的颗粒，不能像砂石筛分那样精确定量。

9.3.7 筛分前后，试样量的相对差值若超过0.5%，则试验工作可能有误，对检测结果（筒压比）有影响。

9.4 数据分析

9.4.1～9.4.2 筒压比以5mm筛的累计筛余比值表示，可较为准确地反映砂浆颗粒的破损程度，据此推定砂浆强度。破损程度大，砂浆强度低；破损程度小，砂浆强度高。

9.4.3 本条所列公式，系根据试验结果，经1861个不同条件组合的回归优选中确定的，相关指数均在0.85以上。

10 砂浆片剪切法

10.1 一般规定

10.1.1～10.1.2 砂浆片剪切法是宁夏回族自治区建筑工程研究所研究的一种取样测试方法，通过测试砂浆片的抗剪强度，换算为相当于标准砂浆试块的抗压强度。

试验研究表明，砂浆品种、砂子粒径、龄期等因素对本方法的测试无显著影响。据此规定了本方法的适用范围。

10.2 测试设备的技术指标

10.2.1～10.2.3 砂浆片属小试件，破坏荷载较小，对力值精度、刀片定位精度要求较高，为此宁夏回族自治区建筑工程研究所研制了定型仪器。

砌筑砂浆测强仪采用液压系统施加试验荷载，示值系统为量程0～0.16MPa、0～1MPa的带有被动针的0.4级压力表，该仪器重量轻、体积小，测强范围广，测试方便，可携带至现场检测，使砂浆片剪切法具有现场检测与取样检测两方面的优点。

砌筑砂浆测强标定仪系砌筑砂浆测强仪出厂标定、使用中定期校验的专用仪器；其计量标准器系三等标准测力计（压力环），需经计量部门定期校验。

10.3 试验步骤

10.3.1～10.3.2 将砂浆片的大面、条面加工成规则形状，有利于试件正常受力，且便于在条形钢块与下刀片刃口面上平稳放置，以及试件与上下刀片刃口面良好的接触。

建筑物基础与上部结构两部分比较，砌体内砂浆的含水率往往有较大差异。中、低强度的砂浆，软化系数较大且非定值。为了准确测试砂浆在结构部位受力时的实际强度，应考虑含水率这一影响因素。砂浆试件存于密封袋内，避免水分散失，使其含水率接近工程实际情况。

砂浆片试件尺寸在本条规定的范围内，其宽度和厚度（即受剪面积）对试验结果没有不良的影响。

10.3.3～10.3.4 加荷速度过快，可能造成试件被冲击破坏，测试结果失真。低强砂浆可选用较小的加荷速度，高强砂浆的加荷速度亦不宜大于10N/s。

10.4 数据分析

10.4.1 一次连续砌墙高度对灰缝中的砂浆紧密程度有影响，即初始压应力对砂浆片强度有影响。但在工程的检测工作中，多数情况无法准确判定压砖皮数 n 值。这时，施工时砌体的初始压力修正系数值可取0.95。该值大体对应砂浆试件在砌体中承受6皮砖的初始压力。工程中的多数灰缝如此。

10.4.2～10.4.4 按照本方法所限定的试验条件，对比试验表明，砂浆试块强度与砂浆片抗剪值之间具有较好的线性相关关系，经回归分析并简化后，即为式（10.4.2）。

11 回 弹 法

11.1 一般规定

11.1.1 回弹法是四川省建筑科学研究院研究的砂浆强度无损检测方法，并编制了四川省地方标准。通过试验研究和验证性考核试验，证明砂浆回弹值同砂浆强度及碳化深度有较好的相关性，故将此方法纳入本标准。

11.1.2 测位是回弹测强中的最小测量单位，相当于其他检测方法中的测点，类似于现行行业标准《回弹法检测混凝土抗压强度技术规程》JGJ/T23的测区。

墙面上的部分灰缝，由于灰缝较薄或不够饱满等原因，不适宜于布置弹击点，因此一个测位的墙面面积宜大于0.3m^2。

11.1.3 本方法对经受高温、长期浸水、冰冻、化学侵蚀、火灾等情况的砖砌体，以及其他块材的砌体，未进行专门研究，故不适用。

11.2 测试设备的技术指标

11.2.1～11.2.3 四川省建筑科学研究院与有关建筑仪器生产厂合作，研制出适宜于砂浆测强用的专用回弹仪，其结构合理，性能稳定可靠，符合现行国家标准《回弹仪》GB9138的规定，已经批量生产，投放市场。

回弹仪的技术性能是否稳定可靠，是影响砂浆回弹测强准确性的关键因素之一，因此，回弹仪必须符合产品质量要求，并获得专业质检机构检验合格后方可使用；使用过程中，应定期检验、维修与保养。

11.3 试验步骤

11.3.1 砌体灰缝被测处平整与否，对回弹值有较大的影响，故要求用扁砂轮或其他工具进行仔细打磨至平整。

11.3.2 经对比试验，每个测位分别使用回弹仪弹击10点、12点、16点，回弹均值的波动性小，变异系数均小于0.15。为便于计算和排除测试中视觉、听觉等人为误差，经异常数据分析后，决定每一测位弹击12点，计算时采用稳健统计，去掉一个最大值，一个最小值，以10个弹击点的算术平均值作为该测位的有效回弹测试值。

11.3.3 在常用砂浆的强度范围内，每个弹击点的回弹值随着连续弹击次数的增加而逐步提高，经第三次弹击后，其提高幅度趋于稳定。如果仅弹击一次，读数不稳，且对低强砂浆，回弹仪往往不起跳；弹击3次与5次相比，回弹值约低5%。由此选定：每个弹击点连续弹击3次，仅读记第3次的回弹值。测强回归公式亦按此确定。

正确地操作回弹仪，可获得准确而稳定的回弹值，故要求操作回弹仪时，使之始终处于水平状态，其轴线垂直于砂浆表面，且不得移位。

11.3.4 同混凝土相比，砂浆的强度低，密实度较差，又因掺加了混合材料，所以碳化速度较快。碳化增加了砂浆表面硬度，从而使回弹值增大。砂浆的碳化深度和速度，同龄期、密实性、强度等级、品种及砌体所处环境条件均有关系，因而碳化值的离散性较大。为保证推定砂浆强度值的准确性，要求对每一测位都要准确地测量碳化深度值。

11.4 数据分析

11.4.1～11.4.2 详见第3节"试验步骤"说明。

11.4.3～11.4.4 本方法研究过程中，曾根据原材料、砂浆品种、碳化深度、干湿程度等建立了16条测强曲线，经化简合并，剔除次要因素，按碳化深度整理而成本条中的三个计算公式。公式的相关系数均在0.85以上，满足精度要求。由于现场情况的复杂性和人为操作误差，回弹强度与标准立方体砂浆试块抗压强度比较，有时相对误差略大。

12 点荷法

12.1 一般规定

12.1.1~12.1.2 点荷法属取样测试方法，由中国建筑科学研究院研究成功并提供给本标准。经本标准编制组统一组织的验证性考核试验，其测试结果与标准砂浆试块强度吻合性较好。

对于其他块材砌体中的砂浆强度，本方法未进行专门试验，所以仅限于推定烧结普通砖砌体中的砌筑砂浆强度。

12.2 测试设备的技术指标

12.2.1 试样的点荷值较低，为保证测试精度，规定选用读数精度较高的小吨位压力试验机。

12.2.2 制作加荷头的关键是确保其端部截球体的尺寸。截球体尺寸与一般试验机上的布式硬度测头一致。

12.3 试验步骤

12.3.1 从砖砌体中取出砂浆薄片的方法，可采用手工方法，也可采用机械取样方法，如可用混凝土取芯机钻取带灰缝的芯样，用小锤敲击芯样，剥离出砂浆片。后者适用于砂浆强度较高的砖砌体，且备有钻机的单位。

砂浆薄片过厚或过薄，将增大测试值的离散性，最大厚度波动范围不应超过5~20mm，宜为10~15mm。现行国家标准《砌体工程施工及验收规范》GB50203规定灰缝厚度为10±2mm，所以选取适宜厚度的砂浆薄片并不困难。作用半径即荷载作用点至试样破坏线边缘的最小距离，其波动范围应取15~25mm。

12.3.2~12.3.4 试验过程中，应使上、下加荷头对准，两轴线重合并处于铅垂线方向；砂浆试样保持水平。否则，将增大测试误差。

一个试样破坏后，可能分成几个小块。应将试样拼合成原样，以荷载作用点的中心为起点，量测最小破坏线直线的长度即作用半径，以及实际厚度。

12.4 数据分析

12.4.1~12.4.2 式（12.4.1-1）~式（12.4.4-3）是中国建研院在经验回归公式的基础上略作简化处理而得到的。经在实际工程中应用的效果检验，和本标准编制组统一组织的验证试验，准确性较好。

13 射钉法

13.1 一般规定

13.1.1~13.1.2 射钉法是陕西省建筑科学研究院研究的砂浆强度无损检测方法。射钉在砂浆中的射入量与砂浆立方体抗压强度之间，在检验概率$\alpha=0.05$条件下，具有显著的幂函数相关性；射钉在砂浆立方体试块上射入量的变异系数约为0.09（与试验机上抗压强度试验结果相当），在砌体灰缝中射入量的变异系数约为0.16。在陕西省，射钉法测定砂浆强度已取得了一定的试用经验，证明了它简便易行的实用性，其测试精度也在编制组的1993年验证试验中得到证实。

射钉法的原理可适用于任何砌体中各种砂浆的测强工作，但目前的研究工作仅建立了在烧结普通砖和多孔砖砌体上测定M2.5~M15级水泥石灰混合砂浆强度的测强方程。因此在新的研究工作完成之前，尚不能扩大其应用范围。

13.2 测试设备的技术指标

13.2.1~13.2.2 射钉法属动测法，但在使用中无法以动能控制其计量性能，因此提出了附录A的控制标准射入量的方法。关于射钉枪应有的主要指标，说明如下：

（1）本标准使用的测强方程的依据是国营南山机器厂DDA87S8型射钉的射入量，因此在实用中仍须使用与之相同的射钉作为本标准的射钉。

（2）允许误差和重复性误差是依据本标准编制组对动测仪器的规定而确定的。

（3）标准射入量依据本方法提供单位的资料取值。

13.2.3~13.2.4 在射钉法中，射钉和射钉弹是消耗品。不同批号的射钉和射钉弹，因使用磨损后的射钉器，它们都可能对测量结果产生影响，因此必须定时定批配套校准和配套使用。半年或1000发的校准周期是本标准的暂行规定，在有充分资料依据的情况下允许适当调整。

13.3 试验步骤

13.3.1 通常，砌体工程的洞口附近和经修补的砌体，其灰缝或是已被扰动，或是有强度较高的不同批号的砂浆，因此不应在其上布置测点。

13.3.2 当测点表面有粉刷、勾缝等覆盖层或有较疏松的砂浆时，或灰缝存在倾斜的表面时，均影响测试结果，因此必须予以清除和修理平整。

13.3.3~13.3.4 射钉擦靠块材或明显倾斜将影响测试结果。凡有这类情况的射钉，其射入量都应被剔除。

13.4 数据分析

13.4.1~13.4.2 本条的射钉方程和表13.4.2中的射钉常数，均引自陕西省建筑科学研究院的科研成果。但原成果用于低强度等级砂浆的测强工作时，存在较大的正误差，使其结果偏于不安全，为此经验证试验后对常数a作了调整。调整后的低端相对误差为14%，高端相对误差为12.4%。验证性试验结果，按原回归公式，高强砂浆相对误差为8%，低强砂浆为37%，对系数a作了调整后，相对误差则分别为17%和24%。

14 强度推定

14.0.1 异常值的检出和剔除，可以测区为单位，对其中的n_1个测点的检测值进行统计分析。一般情况下，n_1值较小，也可以检测单元为单位，以单元的所测点为对象，合并进行统计分析。

当检出异常值后（特别是对砌体抗压或抗剪强度进行分析时），需首先检查产生异常值的技术上的或物理上的原因，如砌体所用材料和施工质量可能与其他测点的墙片不同，检测人员读数和记录是否有错等。当这些物理因素一一排除后，方可进行是否剔除的计算，即判断是否为高度异常值。

对于一项具体工程，其某项强度值的总体标准差是未知的，格拉布斯检验法和狄克逊检验法适用于这种情况；这两种检验法也是土木工程技术人员常用的方法。所以，本标准决定采用这两种方法。

14.0.2~14.0.3 各种方法每个测点的检验强度值，是根据检测结果按相应公式计算后得出的。其中，推出法、筒压法、射钉法仅需给出测区的检测强度值。

14.0.4 本条中的式（14.0.4-1）和式（14.0.4-2），与现行国

家标准《建筑工程质量检验评定标准》GBJ301一致。当测区数少于6个时，本标准从严控制，规定最小的测区检测值不应低于砂浆推定强度等级所对应的立方体抗压强度，即式（14.0.4-3）。

当被测建筑物的砂浆设计强度等级未知时，或检测结果低于设计强度等级时，可参照上述3个公式所体现的原则，对检测结果推定出强度等级或强度值。

14.0.5 本条提出了根据砌体抗压强度或抗剪强度的检测平均值分别计算强度标准值的4个公式。它们不同于现行国标《砌体结构设计规范》GBJ3确定标准值的方法。砌体规范是依据全国范围内众多试验资料确定标准值；本标准的检测对象是具体的单项工程，两者是有区别的。本标准采用了现行国家标准《民用建筑可靠性鉴定标准》确定强度标准值的方法，即式（14.0.5-1）~式（14.0.5-4）。

中华人民共和国行业标准

危险房屋鉴定标准

(2004 年版)

JGJ 125—99

条 文 说 明

前 言

《危险房屋鉴定标准》（JGJ 125—99）经建设部一九九九年十一月二十四日以建标〔1999〕277号文批准，业已发布。

本标准第一版的主编单位是重庆市房地产管理局、锦州市房地产管理局。

为便于广大设计、施工、科研、学校等单位的有关人员在使用本标准时能正确理解和执行条文规定，《危险房屋鉴定标准》编制组按章、节、条顺序编制了本标准的条文说明，供国内使用者参考。在使用中如发现本条文说明有不妥之处，请将意见函寄重庆市土地房屋管理局。

目 次

1 总则 .... 7—12—4
2 符号、代号 .... 7—12—4
3 鉴定程序与评定方法 .... 7—12—4
   3.1 鉴定程序 .... 7—12—4
   3.2 评定方法 .... 7—12—4
4 构件危险性鉴定 .... 7—12—4
   4.1 一般规定 .... 7—12—4
   4.2 地基基础 .... 7—12—4
   4.3 砌体结构构件 .... 7—12—4
   4.4 木结构构件 .... 7—12—4
   4.5 混凝土结构构件 .... 7—12—5
   4.6 钢结构构件 .... 7—12—5
5 房屋危险性鉴定 .... 7—12—5
   5.1 一般规定 .... 7—12—5
   5.2 等级划分 .... 7—12—5
   5.3 综合评定原则 .... 7—12—5
   5.4 综合评定方法 .... 7—12—5
附录 A 房屋安全鉴定报告 .... 7—12—6

1 总　则

1.0.1　《危险房屋鉴定标准》（CJ13—86）制订于1986年，是我国房屋鉴定领域的第一部技术标准，其发布实施十多年来，在促进既有房屋的有效利用、保障房屋的使用安全方面发挥了重要作用。但随着时间的推移和检测鉴定技术的发展，原标准的部分内容已显陈旧，有必要对其进行一次较为全面的修订。

1.0.2　原标准规定"本标准适用于房地产管理部门经营管理的房屋，对单位自有和私有房屋的鉴定，可参考本标准。"同时规定"本标准不适用于工业建筑、公共建筑、高层建筑及文物保护建筑。"把标准适用范围按房屋产权或经营管理权限来进行划分，显然不尽合理，特别是在住房制度改革、房地产事业迅猛发展、房屋产权多元化的形势下，更有其弊端。本次修订将标准适用范围扩大为现存的既有房屋，并取消了原标准的不适用范围。

1.0.3　规定了危险房屋、各类有特殊要求的建筑及在偶然作用下的房屋危险性鉴定尚需参照有关专业技术标准或规范进行。条文中"有特殊要求的工业建筑和公共建筑"系指高温、高湿、强震、腐蚀等特殊环境下的工业与民用建筑；"偶然作用"系指天灾：如地震、泥石流、洪水、风暴等不可抗拒因素；人祸：如火灾、爆炸、车辆碰击等人为因素。

2　符号、代号

本章规定了房屋危险性鉴定中应用的各种符号、代号及其意义。

参照现行国家标准《工业厂房可靠性鉴定标准》（GBJ 144—90），γ_0——结构构件重要性系数，对安全等级为一级、二级、三级的结构构件，可分别取1.1、1.0、0.9。

3　鉴定程序与评定方法

3.1　鉴定程序

3.1.1　根据我国房屋危险性鉴定的实践，并参考日本、美国和前苏联的有关资料，制定了本标准的房屋危险性鉴定程序。

3.2　评定方法

3.2.1　在总结大量鉴定实践的基础上，把原标准规定的危险构件和危险房屋两个评定层次修订为三个层次，以求更加科学、合理和便于操作，满足实际工作需要。

4　构件危险性鉴定

4.1　一般规定

4.1.1　本条在房屋危险性鉴定实践经验总结和广泛征求意见的基础上对危险构件进行了重新定义。

4.1.2　本条对原规定的构件单位进行了适当修正，使其划分更加科学，表述更明确。条文中的"自然间"是指按结构计算单元的划分确定，具体地讲是指房屋结构平面中，承重墙或梁围成的闭合体。

4.2　地基基础

4.2.1～4.2.3　地基基础的检测鉴定是房屋危险性鉴定中的难点，本节根据有关标准规定和长期实验研究结果，确定了其鉴定内容和危险限值。根据鉴定手段和技术发展现状，提出了从地基承载力和上部结构变位来进行鉴定的方法。并把常见的地基基础危险迹象作为检查时的重点部位。

条文中列出的地基与基础沉降速度2mm/月是根据国内外（中、日等）常年观察统计结果而采用；房屋局部倾斜率1‰和地基水平位移量参考现行国家标准《建筑地基基础设计规范》（GBJ 7—89）允许值要求，综合考虑得出。

《危险房屋鉴定标准》规定的是危险值，若危险值与《建筑变形测量规程》JGJ/T 8—97规定的稳定值过于接近，这会增加许多房屋的拆迁量，造成不必要的经济损失。用"收敛"比用"终止"更准确。

将原条文中"局部"二字去掉概念更清晰。

4.3　砌体结构构件

4.3.1　本条规定了砌体结构构件危险性鉴定的基本内容。

4.3.2　本条规定了在进行砌体结构构件承载力验算前应进行的必要检验工作，以保证验算结果更符合实际情况。

4.3.3～4.3.4　这些条款具体规定了砌体结构构件的危险限值，其中墙柱倾斜控制值与原标准相比，作了适当调整。（如原标准规定受压墙柱竖向缝宽为2cm，专家认为此值过大，与实际不符，建议改为2mm为宜；墙柱倾斜控制值，原标准规定为层高的1.5/100，这次根据各地反映，原标准定得太宽，建议改为0.7/100为宜。）

4.4　木结构构件

4.4.1　本条规定了木结构构件危险性鉴定的基本内容。

4.4.2　本条规定了在进行木结构构件承载力验算前应进行的必要检验，以保证验算结果更符合实际情况。

4.4.3～4.4.4 这些条款具体规定了木结构构件的危险限值。其中原标准规定主梁大于 $L_0/120$，檩条搁栅大于 $L_0/100$ 挠度；柱腐朽达原截面 $1/4\sim1/2$；屋架出平面倾斜大于 $h/100$ 屋架高度等，经与专家交换意见，认为原标准尚未考虑其综合因素（如木节、斜纹、虫蛀、腐朽等），因此这次修订有所调整，相应改为 $L_0/150$、$L_0/120$ 挠度；柱腐朽达原截面 $1/5$ 以及出平面倾斜 $h/120$ 屋架高度等。

另外，增加了斜率 ρ 值和材质心腐缺陷，是参照现行国家标准《古建筑木结构维护与加固技术规范》（GB 50165）确定的。

4.5 混凝土结构构件

4.5.1 本条规定了混凝土结构构件危险性鉴定的基本内容。

4.5.2 本条规定了在进行混凝土结构构件承载力验算前应进行的必要检测工作，以保证验算结果更符合实际情况。根据混凝土检测技术的发展，应尽量采用技术成熟、操作简便的检测方法。

4.5.3～4.5.4 这些条款具体规定了混凝土结构构件的危险限值。根据各地反映，原标准条文在名词术语和定量方面均有不妥处。这次修订：将单梁改为简支梁，支座斜裂缝宽度原标准未作规定，现确定为 0.4mm。此值参考了中、美等国混凝土构件裂缝控制值。增加了柱墙侧向变形值为 $h/250$ 或 30mm 内容，并规定墙柱倾斜率为 1% 和位移量为 $h/500$。

4.6 钢结构构件

4.6.1 根据房屋危险性鉴定工作中出现的实际情况，增加了本节内容。本条规定了钢结构构件危险性鉴定的主要内容。

4.6.2 本条规定了在进行钢结构构件承载力验算前应进行的必要检测工作，以保证验算结果更符合实际情况。根据钢结构检测技术的发展，应尽量采用技术成熟、操作简便的检测方法。

4.6.3～4.6.4 这些条款具体规定了钢结构构件的危险限值，如梁、板等变形位移值 $L_0/250$，侧弯矢高 $L_0/600$ 以及柱顶水平位移平面内倾斜值 $h/150$，平面外倾斜值 $h/500$，以上限值参考了现行国家标准《工业厂房可靠性鉴定标准》（GBJ 144—90）。

5 房屋危险性鉴定

5.1 一般规定

5.1.1 对原标准中规定的危险房屋定义进行了修正，删除了"随时有倒塌可能"的词语，现在的表述更加科学、准确。

5.1.2～5.1.3 保留了原标准中规定的鉴定单位和计量单位，强调了房屋危险性鉴定必须根据实际情况独立进行。

5.2 等级划分

5.2.1 在原标准构件和房屋两个鉴定层次的基础上，增加了房屋组成部分这一鉴定层次，并根据一般房屋结构的共性规定了这一层次的三个分部，即地基基础、上部承重结构和围护结构。

5.2.2 房屋各组成部分的危险性鉴定，应按 a、b、c、d 四等级进行划分。

5.2.3 规定了房屋危险性鉴定应按 A、B、C、D 四等级进行划分，这四个等级中的 B、C、D 级与原标准的危险构件、局部危房和整幢危房的概念基本对应，并增加了 A 级，即未发现危险点这一等级。在本次修订中，为便于综合评判，将危险点及其数量作为基本参量，以量变质变的辩证原理来划分房屋危险性等级：

A 级：无危险点
B 级：有危险点
C 级：危险点量发展至局部危险
D 级：危险点量发展至整体危险

同样原理，可划分房屋各组成部分的危险等级 a、b、c、d。

5.3 综合评定原则

5.3.1～5.3.3 规定了房屋危险性鉴定综合评定应遵循的基本原则，保留了原标准中提出的"全面分析，综合判断"的提法，以求在按照本标准进行房屋危险性鉴定的过程中，最大限度发挥专业技术人员的丰富实践经验和综合分析能力，更好地保证鉴定结论的科学性、合理性。

条文中提出要考虑的 7 点因素，参考了天津地震工程研究所金国梁、冯家琪所著《房屋震害等级评定方法探讨》等资料。

5.4 综合评定方法

5.4.1 因为在综合评定中所需要的参量是危险点比例，而不是绝对精确量，所以只要按照简明、合理、统一的原则划分非危险构件和危险构件，并统计其数量。

在房屋建筑这一复杂的系统中，鉴定时需要考虑的因素往往很多，应用单一的综合评判模型来处理时，权重难以细致合理分配。即使逐一定出了权重，由于要满足归一化条件，使得每一因素所分得的权重必然很小，而在综合评定中的 Fuzzy（模糊）矩阵的基本复合运算是 A(min) 和 V(max)，这就注定得到的综合评判值也都很小。这时，较小的权值通过 A 运算，实际上"泯没"了所有单因素评价，得不出任何有意义的结果。

采用多层次模型就可避免发生这种情况,即先把因素集按某些属性分成几类,对每一类进行综合评判,然后再对评判结果进行类之间的高层次综合,得出最终评判结果。因此本标准规定了进行综合评定的层次和等级。

综合评定方法的理论基础为 Fuzzy(模糊)数学中的综合评定理论。

5.4.2～5.4.4 地基划分单元可对应其上部的基础单元。

5.4.3 公式中的系数 2.4(柱)、2.4(墙)、1.9(主梁+屋架)、1.4(次梁)和 1(板)等是反映房屋结构承载类型的部位系数;上述系数的确定,参考了国内外相关技术资料和科研成果并听取了部分专家意见。

5.4.5～5.4.8 首先按 $p=0\%, 0\%<p<5\%, 5\%<p<30\%, 30\%<p<100\%$,相应硬划分 a、b、c、d,然后根据 Fuzzy 数学原理,进行合理化,即承认存在着从一个等级到另一等级的中间过渡状态,而以在一定程度上隶属于某一等级来表示,这样才能较确切地反映其实际。因此建立相应于 a、b、c、d 各等级的线性隶属函数可以把该因素在 a、b、c、d 各等级之间的中间过渡状态充分表达出来(见图 1)。

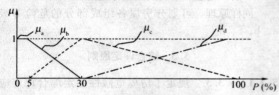

图 1 隶属函数图形

<u>前版标准将条文中标有黑线的部分遗漏,应该补上。</u>

5.4.9～5.4.12 式中系数为地基基础、承重结构和围护结构在综合评判中的权重分配。在影响房屋安全的诸多因素中,各因素的影响程度是不同的,为了在综合评判中体现这一点,就有必要建立各因素间的权重分配。建立危险房屋鉴定综合评判中的权重分配的原则是按照各因素相对于房屋安全性而言的重要性和影响程度,来确定各因素间的权重分配。因素间的权重通过专家征询和鉴定实践确定了该权重分配。

这些公式是 Fuzzy 数学中综合评判问题中的主因素决定型 $M(\wedge, \vee)(\wedge=min, \vee=max)$ 算子的 Fuzzy 矩阵展开式,因为它的结果只是由指标最大的决定,其余指标在一定范围内变化都不影响结果,比较适合危房鉴定。

5.4.13 考虑房屋的传力体系特点,地基基础、上部承重结构在影响房屋安全方面具有重要作用,所以在房屋危险性综合评判中,对地基基础或上部承重结构评判为 d 级时,则整幢房屋应评定为 D 级;在其他情况下,则应按 Fuzzy 数学中的综合评判中的最大隶属原则,确定房屋的危险性等级。

<u>适当放宽隶属函数的取值,更有利于房屋住用安全。</u>

5.4.14 简易结构房屋由于结构体系和用料混乱,可凭经验综合分析评定。

附录 A 房屋安全鉴定报告

《送审稿》时,原为"房屋安全鉴定书"。经专家讨论后,建议将"鉴定书"改为"鉴定报告"。其原因是通过检测、鉴定并出具的数据和结论,一般用"报告"的形式来表达更为准确。因此编制组采纳了此建议。

中华人民共和国国家标准

建筑抗震鉴定标准

GB 50023—2009

条 文 说 明

修订说明

《建筑抗震鉴定标准》GB 50023—2009，经住房和城乡建设部 2009 年 6 月 5 日以第 322 号公告批准发布。

本标准是在《建筑抗震鉴定标准》GB 50023—95 的基础上修订而成，上一版的主编单位是中国建筑科学研究院，参编单位是机械部设计研究总院、国家地震局工程力学研究所、北京市房地产科学技术研究所、同济大学、冶金部建筑科学研究总院、清华大学、四川省建筑科学研究院、铁道部专业设计院、上海建筑材料工业学院、陕西省建筑科学研究院、辽宁省建筑科学研究所、江苏省建筑科学研究所、西安冶金建筑学院。主要起草人是戴国莹、杨玉成、李德虎、王骏孙、李毅弘、魏琏、张良铎、刘惠珊、徐建、朱伯龙、宋绍先、柏傲冬、吴明舜、高云学、霍自正、楼永林、徐善藩、谢玉玮、那向谦、刘昌茂、王清敏。

本标准修订过程中总结了 GB 50023—95 颁布实施十余年来的实践经验，以及国内历次发生的地震，特别是汶川大地震的震害经验教训，吸收了建筑抗震鉴定技术的最新科研成果，对现有建筑的抗震鉴定方法进行了创新、补充和完善。主要修订内容有：

（1）扩大了鉴定标准的适用范围。原鉴定标准仅针对 TJ 11—78 实施以前设计建造的房屋，本次修订将适用范围扩大到已投入使用的现有建筑。

（2）提出了现有建筑鉴定加固的后续使用年限。根据现有建筑设计建造年代及原设计依据规范的不同，将其后续设计使用年限划分为 30、40、50 年三个档次。

（3）给出了不同设防目标相对应的鉴定方法。后续使用年限 30 年的建筑沿用 95 鉴定标准的方法，即现标准中的 A 类建筑鉴定方法；后续使用年限 40 年的建筑采用现标准中的 B 类建筑鉴定方法，相当于 GBJ 11—89 的要求，同时吸收了部分 GB 50011 的内容；后续使用年限 50 年的建筑则要求按 GB 50011 进行鉴定。

（4）明确了现有建筑抗震鉴定的设防目标。现有建筑在后续使用年限内具有相同概率保证的前提下，实现"小震不坏、中震可修、大震不倒"的抗震设防目标。后续使用年限 50 年的建筑与新建工程的设防目标一致，少于 50 年的建筑基本达到新建工程的设防目标，但遭遇地震时受损程度会略重于按 50 年鉴定的建筑。

（5）与新修订的《建筑工程抗震设防分类标准》GB 50223 进行了衔接，现有建筑按其重要性及使用用途划分为特殊设防类、重点设防类、标准设防类和适度设防类，不同设防类别的建筑具有相应的鉴定要求。

（6）提高了重点设防类建筑的抗震鉴定要求。如砌体结构对层数、总高度进行严格控制，A 类砌体结构增加了构造柱设置的鉴定要求；钢筋混凝土结构对单跨框架结构体系进行了限制，增加了强柱弱梁鉴定与结构变形验算等。

（7）总结了汶川大地震的经验教训，加强了楼梯间、框架结构填充墙、易倒塌伤人部位的鉴定要求。

为便于广大设计、科研、教学、鉴定等单位有关人员在使用本标准时能正确理解和执行条文规定，《建筑抗震鉴定标准》编制组按章、节、条顺序编制了本标准的条文说明，对条文规定的目的、依据以及执行中需注意的有关事项进行了说明。但是本条文说明不具备与标准正文同等的法律效力，仅供使用者作为理解和把握标准规定的参考。

目　次

1　总则 ········· 7—13—4
3　基本规定 ········· 7—13—5
4　场地、地基和基础 ········· 7—13—7
　4.1　场地 ········· 7—13—7
　4.2　地基和基础 ········· 7—13—7
5　多层砌体房屋 ········· 7—13—8
　5.1　一般规定 ········· 7—13—8
　5.2　A类砌体房屋抗震鉴定 ········· 7—13—9
　5.3　B类砌体房屋抗震鉴定 ········· 7—13—10
6　多层及高层钢筋混凝土房屋 ········· 7—13—11
　6.1　一般规定 ········· 7—13—11
　6.2　A类钢筋混凝土房屋抗震鉴定 ········· 7—13—12
　6.3　B类钢筋混凝土房屋抗震鉴定 ········· 7—13—12
7　内框架和底层框架砖房 ········· 7—13—13
　7.1　一般规定 ········· 7—13—13
　7.2　A类内框架和底层框架砖房抗震鉴定 ········· 7—13—13
　7.3　B类内框架和底层框架砖房抗震鉴定 ········· 7—13—14
8　单层钢筋混凝土柱厂房 ········· 7—13—14
　8.1　一般规定 ········· 7—13—14
　8.2　A类厂房抗震鉴定 ········· 7—13—15
　8.3　B类厂房抗震鉴定 ········· 7—13—16
9　单层砖柱厂房和空旷房屋 ········· 7—13—16
　9.1　一般规定 ········· 7—13—16
　9.2　A类单层砖柱厂房抗震鉴定 ········· 7—13—17
　9.3　A类单层空旷房屋抗震鉴定 ········· 7—13—17
　9.4　B类单层砖柱厂房抗震鉴定 ········· 7—13—18
　9.5　B类单层空旷房屋抗震鉴定 ········· 7—13—18
10　木结构和土石墙房屋 ········· 7—13—18
　10.1　木结构房屋 ········· 7—13—18
　10.2　生土房屋 ········· 7—13—19
　10.3　石墙房屋 ········· 7—13—19
11　烟囱和水塔 ········· 7—13—19
　11.1　烟囱 ········· 7—13—19
　11.2　A类水塔抗震鉴定 ········· 7—13—20
　11.3　B类水塔抗震鉴定 ········· 7—13—20
附录B　砖房抗震墙基准面积率 ········· 7—13—20
附录C　钢筋混凝土结构楼层受剪承载力 ········· 7—13—21

1 总　则

1.0.1 地震中建筑物的破坏是造成地震灾害的主要原因。现有建筑有些未考虑抗震设防，有些虽然考虑了抗震，但与新的地震动参数区划图等的规定相比，并不能满足相应的设防要求。1977年以来建筑抗震鉴定、加固的实践和震害经验表明，对现有建筑进行抗震鉴定，并对不满足鉴定要求的建筑采取适当的抗震对策，是减轻地震灾害的重要途径。

95版鉴定标准是在1976年唐山地震后发布的77版鉴定标准基础上修订而成的，针对建造于20世纪90年代以前的建筑，在震前进行抗震鉴定和加固的要求编制的。按照国家的技术政策，考虑当时的经济、技术条件和需要加固工程量很大的具体情况，鉴定和加固的设防目标略低于《建筑抗震设计规范》GBJ 11—89设计规范的设防目标，并要求不符合鉴定要求的现有建筑，应根据具体情况，提出相应的维修、加固、改造或更新的减灾对策。

在1998年的国际标准《结构可靠性总原则》ISO 2394中，也开始提出既有建筑的可靠性评定方法，强调了依据用户提出的使用年限对可变作用采用系数的方法折减，并对结构实际承载力（包括实际尺寸、配筋、材料强度、已有缺陷等）与实际受力进行比较从而评定其可靠性，当可靠程度不足时，鉴定的结论可包括：出于经济理由保持现状、减少荷载、修补加固或拆除等。

按照国务院《建筑工程质量管理条例》的规定，结构设计必须明确其合理使用年限，对于鉴定和加固，则为合理的后续使用年限。近年来的研究表明，从后续使用年限内具有相同概率的角度，在全国范围内平均，30、40、50年地震作用的相对比例大致是0.75、0.88和1.00；抗震构造综合影响系数的相对比例，6度为0.76、0.90、1.00，7度为0.71、0.87、1.00，8度为0.63、0.84、1.00，9度为0.57、0.81、1.00。据此，考虑到95版鉴定标准的抗力调整系数取设计规范的0.85倍，89版设计规范系列的场地设计特征周期比2001版规范约减少10%且材料强度大致为2001版规范系列的1.05～1.15，于是可以认为：95版鉴定标准、89版设计规范和2001版设计规范大体上分别在使用年限30年、40年和50年具有相同的概率保证。

震害经验也表明，按照77版鉴定标准进行鉴定加固的房屋，在20世纪80年代和90年代我国的多次地震中，如1981年邢台M6级地震、1981年道孚M6.9级地震、1985年自贡M4.8级地震、1989年澜沧耿马M7.6级地震、1996年丽江M7级地震，均经受了考验。2008年汶川地震中，除震中区外，不仅严格按89版规范、2001版规范进行设计和施工的房屋没有倒塌，经加固的房屋也没有倒塌，再一次证明按照95系列鉴定标准执行对于减轻建筑的地震破坏是有效的。

现有建筑抗震鉴定的设防目标在相同概率保证的前提下与现行国家标准《建筑抗震设计规范》GB 50011一致。因此，在遭遇同样的地震影响时，后续使用年限少于50年的建筑，其损坏程度要大于后续使用年限50年的建筑。按后续30年进行鉴定时，95版鉴定标准的第1.0.1条规定的设防目标是"在遭遇设防烈度地震影响时，经修理后仍可继续使用"，即意味着也在一定程度上达到大震不倒塌。

合理的后续使用年限可能与规范的设计基准期不同，本标准明确划分为30年、40年和50年三个档次。新建工程设计规范规定的设计基准期为50年。

1.0.2 本标准适用于抗震设防区现有建筑的抗震鉴定。

抗震设防烈度与设计基本地震加速度的对应关系如表1所示。

表1　抗震设防烈度和设计基本地震加速度值的对应关系

抗震设防烈度	6	7	8	9
设计基本地震加速度值	0.05g	0.10(0.15)g	0.20(0.30)g	040g

由于新建建筑工程应符合设计规范的要求，古建筑及属于文物的建筑，有专门的要求，危险房屋不能正常使用。因此，本标准的现有建筑，只是既有建筑中的一部分，不包括古建筑、新建的建筑工程（含烂尾楼）和危险房屋，一般情况，在不遭受地震影响时，仍在正常使用。

由于"现有建筑"抗震安全性的评估不同于新建建筑的抗震设计，应注意以下问题：

1 对新建建筑，抗震安全性评估属于判断房屋的设计和施工是否符合抗震设计及施工规范要求的质量要求；对现有建筑，抗震安全性评估是从抗震承载力和抗震构造两方面综合判断结构实际具有的抗御地震灾害的能力。

2 必须明确，需要进行抗震鉴定的"现有建筑"主要分为三类：第一类是使用年限在设计基准期内且设防烈度不变，但原规定的抗震设防类别提高的建筑；第二类是虽然抗震设防类别不变，但现行的区划图设防烈度提高后又使之可能不符合相应设防要求的建筑；第三类是设防类别和设防烈度同时提高的建筑。

3 现有建筑增层时的抗震鉴定，情况复杂，本标准未作规定。对现有建筑进行装修和改善使用功能的改造时，若不增加房屋层数，应按鉴定标准的要求进行抗震鉴定，并确定结构改造的可能性；若进行加层改造，一般说来，加层的要求应高于现有建筑鉴定而接近或达到新建工程的要求，此时可以采用综合抗震能力鉴定的原则，但不能直接套用抗震鉴定标准的具体要求。

4 不得按本标准的规定进行新建工程的抗震设计，或作为新建工程未执行设计规范的借口。

1.0.3 现有建筑进行抗震鉴定时，根据国家标准《建筑工程抗震设防分类标准》GB 50223 的规定，设防分类分为四类。在医疗建筑中，重点设防类的建筑包括二、三级医院的门诊、医技、住院用房，具有外科手术室或急诊科的乡镇卫生院的医疗用房，县级及以上急救中心的指挥、通信、运输系统的重要建筑，县级及以上的独立采供血机构的建筑。在教育建筑中，重点设防类的建筑包括幼儿园、小学、中学的教学用房以及学生宿舍和食堂。

不同设防类别的要求，本标准在文字上突出了鉴定不同于设计的特点。

丙类，即标准设防类，属于一般房屋建筑。

乙类，即重点设防类，是需要比当地一般建筑提高设防要求的建筑。在本标准中，凡没有专门明确的抗震措施，均需按提高一度的规定进行相应的检查。9度时适当提高，指 A 类 9 度的抗震措施按 B 类 9 度的要求，B 类 9 度按 C 类 9 度的要求进行检查。乙类设防时，规模很小的工业建筑以及Ⅰ类场地的地基基础抗震构造应符合有关规定。

现有的甲类，其抗震鉴定要求需要专门研究，按不低于乙类的抗震措施和高于乙类的地震作用进行检查和评定其综合抗震能力。

1.0.4、1.0.5 鉴于现有建筑需要鉴定和加固的数量很大，情况又十分复杂，如结构类型不同、建造年代不同、设计时所采用的设计规范、地震动区划图的版本不同、施工质量不同、使用者的维护也不同，投资方也不同，导致彼此的抗震能力有很大的不同，需要根据实际情况区别对待和处理，使之在现有的经济技术条件下分别达到其最大可能达到的抗震防灾要求。

与第 1.0.1 条相对应，这两条给出了不同设计建造年代、不同后续使用年限的建筑所采用鉴定要求的基本标准，并明确规定，有条件时应采用更高的标准，即尽可能提高其抗震能力。

对于国家投资的项目，可依据相关部门的要求，按较高的要求鉴定。

本标准对于后续使用年限 30 年的建筑，简称 A 类建筑，通常指在 89 版规范正式执行前设计建造的房屋（各地执行 89 规范的时间可能不同，一般不晚于 1993 年 7 月 1 日）。其鉴定要求，基本保持本标准 95 版的有关规定，主要增加 7 度（0.15g）和 8 度（0.30g）的相关内容，但对设防类别为乙类的建筑，有较明显的提高。

本标准对于后续使用年限 40 年的建筑，简称 B 类建筑，通常指在 89 版设计规范正式执行后，2001 版设计规范正式执行前设计建造的房屋（各地执行 2001 版规范的时间，一般不晚于 2003 年 1 月 1 日）。其鉴定要求，基本按照 89 版抗震设计规范的有关规定，从鉴定的角度加以归纳、整理。其中，凡现行规范比 89 版规范放松的要求，也反映到条文中。对于按 89 规范系列设计建造的现有建筑，由于本地区提高设防烈度或建筑抗震设防类别提高而进行抗震鉴定时，参照国际标准《结构可靠性总原则》ISO 2394 的规定，当"出于经济理由"选择 40 年的后续使用年限确有困难时，允许略少于 40 年。

对于后续使用年限 50 年的建筑，简称 C 类建筑，其鉴定要求，完全采用现行设计规范的有关要求，本标准不重复规定。

1.0.6 本条规定了需要进行抗震鉴定的房屋建筑的主要范围。

1.0.7 建筑抗震鉴定的有关规定，主要包括：

1 抗震主管部门发布的有关通知；

2 危险房屋鉴定标准，工业厂房可靠性鉴定标准，民用房屋可靠性鉴定标准等；

3 现行建筑结构设计规范中，关于建筑结构设计统一标准的原则、术语和符号的规定以及静力设计的荷载取值等。

3 基 本 规 定

本章和现行《建筑抗震设计规范》GB 50011 第三章关于"抗震概念设计"的规定相类似，主要是关于现有建筑"抗震概念鉴定"的一些要求。

3.0.1 本条明确规定了抗震鉴定的基本步骤和内容：搜集原始资料，进行建筑现状的现场调查，进行综合抗震能力的逐级筛选分析，以及对建筑整体抗震性能作出评定结论并提出处理意见。

考虑到按不同后续使用年限抗震鉴定结果的差异，按照国务院《建筑工程质量管理条例》的要求，增加了在鉴定结论中说明选用的后续使用年限的规定。

抗震鉴定系对现有建筑物是否存在不利于抗震的构造缺陷和各种损伤进行系统的"诊断"，因而必须对其需要包括的基本内容、步骤、要求和鉴定结论作出统一的规定，并要求强制执行，才能达到规范抗震鉴定工作，提高鉴定工作质量，确保鉴定结论的可靠性。

1 关于建筑现状的调查，主要有三个内容：其一，建筑的使用状况与原设计或竣工时有无不同；其二，建筑存在的缺陷是否仍属于"现状良好"的范围，需从结构受力的角度，检查结构的使用与原设计有无明显的变化；其三，检测结构材料的实际强度等级。

2 "现状良好"是对现有建筑现状调查的重要概念，涉及施工质量和维修情况。它是介于完好无损和有局部损伤需要补强、修复二者之间的一种概念。抗震鉴定时要求建筑的现状良好，即建筑外观不存在危及安全的缺陷，现存的质量缺陷属于正常维修范围之内。

3 20世纪80年代的抗震鉴定及加固，偏重于对单个构件、部件的鉴定，而缺乏对总体抗震性能的判断，只要某部位不符合抗震要求，就认为该部位需要加固处理，因而不仅增加了房屋的加固量，甚至在加固后还形成了新薄弱环节，致使结构的抗震安全性仍无保证。例如，天津市某三层框架厂房，在1976年7月唐山地震后加固时缺乏整体观点，局部加固后使底层形成新的明显的薄弱层，以致在同年11月的宁河地震中倒塌。因此，要强调对整个结构总体上所具有抗震能力的判断。综合抗震能力的定义，见本标准第2.1.5条；逐级鉴定方法，见本标准第3.0.3条。

4 在抗震鉴定中，将构件分成具有整体影响和仅有局部影响两大类，予以区别对待。前者以组成主体结构的主要承重构件及其连接为主，不符合抗震要求时有可能引起连锁反应，对结构综合抗震能力的影响较大，采用"体系影响系数"来表示；后者指次要构件、非承重构件、附属构件和非必需的承重构件（如悬挑阳台、过街楼、出屋面小楼等），不符合抗震要求时只影响结构的局部，有时只需结合维修加固处理，采用"局部影响系数"来表示。

5 对建筑结构抗震鉴定的结果，按本标准第3.0.7条统一规定为五个等级：合格、维修、加固、改变用途和更新。要求根据建筑的实际情况，结合使用要求、城市规划和加固难易等因素的分析，通过技术经济比较，提出综合的抗震减灾对策。

3.0.2 本条规定了区别对待的鉴定要求。除了抗震设防类别（甲、乙、丙、丁）和设防烈度（6、7、8、9度）的区别外，强调了下列三个区别对待，使鉴定工作有更强的针对性：

1 现有建筑中，要区别结构类型；

2 同一结构中，要区别检查和鉴定的重点部位与一般部位；

3 综合评定时，要区别各构件（部位）对抗震性能的整体影响与局部影响。

3.0.3 抗震鉴定采用两级鉴定法，是筛选法的具体应用。

对于后续使用年限30年的A类建筑，第一级鉴定的工作量较少，容易掌握又确保安全。其中有些项目不合格时，可在第二级鉴定中进一步判断，有些项目不合格则必须处理。第二级鉴定是在第一级鉴定的基础上进行的，当结构的承载力较高时，可适当放宽某些构造要求；或者，当抗震构造良好时，如砌体房屋有圈梁和构造柱形成约束，其承载力的要求可酌情降低。

对于后续使用年限40年的B类建筑，两级鉴定的工作量相对较多，同样要综合考虑抗震构造和承载力的情况。

这种鉴定方法，将抗震构造要求和抗震承载力验算要求更紧密地联合在一起，具体体现了结构抗震能力是承载能力和变形能力两个因素的有机结合。

3.0.4 本条的规定，主要从房屋高度、平立面和墙体布置、结构体系、构件变形能力、连接的可靠性、非结构的影响和场地、地基等方面，概括了抗震鉴定时宏观控制的概念性要求，即检查现有建筑是否存在影响其抗震性能的不利因素。

3.0.5 对于A类建筑，抗震验算一般采用本标准提供的具体方法，与抗震设计规范的方法相比，有所简化，容易掌握。对于B类建筑，也可参照A类的简化方法进行验算，但应计入后续使用年限的不同，计算参数有所变化。

本标准中给出的具体抗震验算方法，即综合抗震能力验算方法，可表示为：

$$S \leqslant \psi_1 \psi_2 R$$

式中 ψ_1——抗震鉴定的整体构造影响系数；

ψ_2——抗震鉴定的局部构造影响系数。

将抗震构造对结构抗震承载力的影响用具体数据表示，从而实现了综合抗震能力验算的量化。因此，在采用设计规范方法进行抗震承载力验算时，也可以加入ψ_1、ψ_2来体现构造的影响。

考虑到抗震鉴定与抗震设计不同，其实际截面、实际材料强度、实际配筋与原设计计算可能不同。当按现行设计规范的方法验算时，需注意89设计规范系列与现行设计规范系列在地震作用、材料设计指标、内力调整系数、承载力验算公式有可能不同，本标准在相关附录中列入89规范系列的设计参数，供后续使用年限30年和40年的房屋进行抗震验算之用。还引进抗震鉴定的承载力调整系数γ_{Ra}替代设计规范的承载力抗震调整系数γ_{RE}，使之既符合《建筑结构可靠度设计统一标准》GB 50068的原则，又保持A类建筑鉴定的延续性。

根据震害经验，对6度区的一般建筑，着重从构造措施上提出鉴定要求，可不进行抗震承载力验算。

3.0.6 本条要求针对现有建筑存在的有利和不利因素，对有关的鉴定要求予以适当调整：

对建在Ⅳ类场地、复杂地形、不均匀地基上的建筑以及同一建筑单元存在不同类型基础时，应考虑地震影响复杂和地基整体性不足等的不利影响。这类建筑要求上部结构的整体性更强一些，或抗震承载力有较大富余，一般可根据建筑实际情况，将部分抗震构造措施的鉴定要求按提高一度考虑，例如增加地基梁尺寸、配筋和增加圈梁数量、配筋等的鉴定要求。

对有全地下室、箱基、筏基和桩基的建筑可放宽对上部结构的部分构造措施要求，如圈梁设置可按降低一度考虑，支撑系统和其他连接的鉴定要求，可在一度范围内降低，但构造措施不得全面降低。

对密集建筑群中的建筑，例如市内繁华商业区的沿街建筑，房屋之间的距离小于8m或小于建筑高度一半的居民住宅等，根据实际情况对较高的建筑的相关部分，以及防震缝两侧的房屋局部区域，构造措施按提高一度考虑。

对建造于7度（0.15g）和8度（0.30g）设防区的现有建筑，当场地类别为Ⅲ、Ⅳ类时，与现行设计规范协调，也要求分别按8度和9度的构造措施进行鉴定。

3.0.7 所谓符合抗震鉴定要求，即达到本标准第1.0.1条规定的目标。对不符合抗震鉴定要求的建筑提出了四种处理对策：

维修：指综合维修处理。适用于仅有少数、次要部位局部不符合鉴定要求的情况。

加固：指有加固价值的建筑。大致包括：①无地震作用时能正常使用；②建筑虽已存在质量问题，但能通过抗震加固使其达到要求；③建筑因使用年限久或其他原因（如腐蚀等），抗侧力体系承载力降低，但楼盖或支撑系统尚可利用；④建筑各局部缺陷尚多，但易于加固或能够加固。

改变用途：包括将生产车间、公共建筑改为不引起次生灾害的仓库，将使用荷载大的多层房屋改为使用荷载小的次要房屋，将使用上属于乙类设防的房屋改为使用功能为丙类设防的房屋等。改变使用性质后的建筑，仍应采取适当的加固措施，以达到相应使用功能房屋的抗震要求。

更新：指无加固价值而仍需使用的建筑或在计划中近期要拆迁的不符合鉴定要求的建筑，需采取应急措施。如在单层房屋内设防护支架，烟囱、水塔周围划为危险区，拆除装饰物、危险物及卸载等。

4 场地、地基和基础

考虑到场地、地基和基础的鉴定和处理的难度较大，而且由于地基基础问题导致的实际震害例子相对很少，缩小了鉴定的范围，并主要列出一些原则性规定。

4.1 场 地

岩土失稳造成的灾害，如滑坡、崩塌、地裂、地陷等，其波及面广，对建筑物危害的严重性也往往较重。鉴定需更多地从场地的角度考虑，因此应慎重研究。

含液化土的缓坡（1°～5°）或地下液化层稍有坡度的平地，在地震时可能产生大面积的土体滑动（侧向扩展），在现代河道、古河道或海滨地区，通常宽度在50～100m或更大，其长度达到数百米，甚至2～3km，造成一系列地裂缝或地面的永久性水平、垂直位移，其上的建筑与生命线工程或拉断或倒塌，破坏很大。海城地震、唐山地震中，沿海河故道和陡河、滦河等河流两岸都有这种滑裂带，损失甚重。

本次汶川地震，危险地段的房屋严重破坏，强风化岩石地基上的建筑也有明显的震害，鉴定时需予以注意。

4.2 地基和基础

4.2.1 本条为新增条文，列出了对地基基础现状进行抗震鉴定应重点检查的内容。对震损建筑，尚应检查因地震影响引起的损伤，如有无砂土液化现象、基础裂缝等。

4.2.2 对工业与民用建筑，地震造成的地基震害，如液化、软土震陷、不均匀地基的差异沉降等，一般不会导致建筑的坍塌或丧失使用价值，加之地基基础鉴定和处理的难度大，因此，减少了地基基础抗震鉴定的范围。

4.2.5 地基基础的第一级鉴定，包括：饱和砂土、饱和粉土的液化初判，软土震陷初判及可不进行桩基验算的规定。

液化初判除利用设计规范的方法外，略加补充。

软土震陷问题，只在唐山地震时津塘地区表现突出，以前我国的多次地震中并不具有广泛性。唐山地震中，8、9度区地基承载力为60～80kPa的软土上，有多栋建筑产生了100～300mm的震陷，相当于震前总沉降量的50%～60%。

桩基不验算范围，基本上同现行抗震设计规范。

本次修订，考虑到独立基础和条基，95版规定的1.5倍的基础宽度不一定能满足部分消除地基液化的深度要求；在8、9度时，这可能会造成因液化或震陷使建筑坍塌或丧失使用价值。故对95版的规定加以调整。

95版的"承载力设计值"，按现行地基基础设计规范改为"承载力特征值"。

此外，已有研究表明，8度时软弱土层厚度小于5m可不考虑震陷的影响，但9度时，5m产生的震陷量较大，不能满足要求。

4.2.6 地基基础的第二级鉴定，包括：饱和砂土、饱和粉土的液化再判，软土和高层建筑的天然地基、桩基承载力验算及不利地段上抗滑移验算的规定。

建筑物的存在加大了液化土的固结应力。研究表明，正应力增加可提高土的抗液化能力。当砂性土达到中密时，剪应力的加大亦使其抗液化能力提高。

4.2.7 本条规定，在一定的条件下，现有天然地基基础竖向承载力验算时，可考虑地基土的长期压密效应；水平承载力验算时，可考虑刚性地坪的抗力。

1 地基土在长期荷载作用下，物理力学特性得到改善，主要原因有：①土在建筑荷载作用下的固结压密；②机械设备的振动加密；③基础与土的接触处，发生某种物理化学作用。

大量工程实践和专门试验表明，已有建筑的压密作用，使地基土的孔隙比和含水量减小，可使地基承载力提高20％以上；当基底容许承载力没有用足时，压密作用相应减少，故表 4.2.7 中 ζ 值下降。

岩石和碎石类土的压密作用及物理化学作用不显著；硬黏土的资料不多，软土、液化土和新近沉积黏性土又有液化或震陷问题，承载力不宜提高，故均取 $\zeta_c=1$。

2 承受水平力为主的天然地基，指柱间支撑的柱基、拱脚等。震害及分析证明地坪可以很好地抵抗结构传来的基底剪力。根据实验结果，由柱传给地坪的力约在 3 倍柱宽范围内分布，因此要求地坪在受力方向的宽度不小于柱宽的 3 倍。

地坪一般是混凝土的，属脆性材料，而土是非线性材料。二者变形模量相差 4 倍，当地坪受压达到破坏时，土中的应力甚小，二者不在同一时间破坏，故可选地坪抗力与土抗力二者中较大者进行验算。

4.2.8 本条 95 版编写时，当时的《建筑抗震设计规范》GBJ 11—89 对桩基抗震的计算方法还没有规定，而 2001 版抗震设计规范已明确规定了桩基抗震承载力的验算方法，可以直接引用而不重复规定。

5 多层砌体房屋

5.1 一般规定

5.1.1 本章适用于黏土砖和混凝土、粉煤灰砌块墙体承重的房屋，对砂浆砌筑的料石结构房屋，抗震鉴定时也可参考。

本章所适用的房屋层数和高度的规定，依据其后续使用年限的不同，分别在各节中规定。

对于单层砌体结构，当其横墙间距与本章多层砌体结构相当时，可比照本章规定进行抗震鉴定。

5.1.2 本条是第 3 章中概念鉴定在多层砌体房屋的具体化，明确了鉴定时重点检查的主要项目。地震时不同烈度下多层砌体房屋的破坏部位变化不大而程度有显著差别，其检查重点基本上可不按烈度划分。

5.1.4 本条明确规定了砌体房屋进行综合抗震能力评定所需要检查的具体项目——房屋高度和层数、墙体实际材料强度、结构体系的合理性、主要构件整体性连接构造的可靠性、局部易损构件自身及与主体结构连接的可靠性和抗震承载力验算要求，以规范砌体结构抗震鉴定工作。

本条还将 2002 年版《工程建设强制性条文》的主要相关条款予以集中规定。

5.1.5 砌体结构房屋受模数化的限制，一般比较规整。建筑参数如开间、层高、进深等，相差较小，尤其在同一地区内相差甚微；当采用标准设计时，房屋种类就更少。因此，多层砌体房屋的结构体系满足刚性、规则性要求时，抗震鉴定方法可有所简化。

本章 A 类砌体房屋的鉴定方法，强调了综合评定，从房屋的整体出发，根据现有房屋的特点，对其抗震能力进行分级鉴定。大量的现有建筑，通过较少的几项检查即可评定，减少不必要的逐项、逐条的鉴定。A 类多层砌体房屋的两级鉴定可参照图 1 进行。

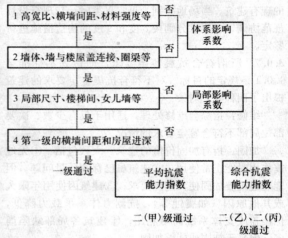

图 1 A 类多层砌体房屋两级鉴定

第一级鉴定分两种情况。对刚性体系的房屋，先检查其整体性和易引起局部倒塌的部位，当整体性良好且易引起局部倒塌的部位连接良好时，根据大量的计算分析，可不必计算墙体面积率而直接按房屋宽度、横墙间距和砌筑砂浆强度等级来判断是否满足抗震要求，不符合时才进行第二级鉴定；对非刚性体系的房屋，第一级鉴定只检查其整体性和易引起局部倒塌的部位，并需进行第二级鉴定。

第二级鉴定分四种情况进行综合抗震能力的分析判断。一般需计算砖房抗震墙的面积率，当质量和刚度沿高度分布明显不均匀，或房屋的层数在 7、8、9 度时分别超过六、五、三层，需按设计规范的方法和要求验算其抗震承载力，鉴定的承载力调整系数 γ_{Ra} 取值与设计规范的承载力抗震调整系数 γ_{RE} 相同。当面积率较高时，可考虑构造上不符合第一级要求的程度，利用体系影响系数和局部影响系数来综合评定。这些影响系数的取值，主要根据唐山地震的大量资料统计、分析和归纳得到的。

对 B 类建筑抗震鉴定的要求，与 A 类建筑的抗震鉴定相同的是，同样对结构体系、材料强度、整体连接和局部易损部位进行鉴定；不同的是，B 类建筑还必须经过墙体抗震承载力验算，方可对建筑的抗震能力进行评定，同时也可参照 A 类建筑抗震鉴定的方法，进行抗震能力的综合评定。B 类多层砌体房屋的鉴定可参照图 2 进行：

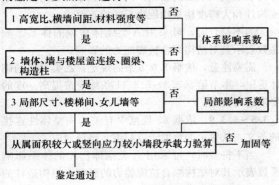

图 2 B 类多层砌体房屋鉴定

5.2 A 类砌体房屋抗震鉴定

（Ⅰ）第一级鉴定

5.2.1 现有房屋的高度和层数是已经存在的，鉴于其对砌体结构的抗震性能十分重要，明确规定适用的高度和层数超过时应要求加以处理。

对于乙类设防的房屋高度和层数的控制，参照现行设计规范的规定，也予以明确。当乙类设防的房屋属于横墙较少时，需比表 5.2.1 内的数值减少 2 层和 6m。

需要注意，凡本章的条文没有对乙类设防给出具体规定时，乙类设防的房屋，应根据第 1.0.3 条的规定，按提高一度的对应规定进行检查。

5.2.2 结构体系的鉴定，包括刚性和规则性的判别。刚性体系的高宽比和抗震横墙间距限值不同于设计规范的规定，因二者的含义不同。

本次修订，吸取汶川地震的教训，增加了大跨度梁支承结构构件和现浇楼盖的要求。

5.2.3 本条规定的墙体材料实测强度是最低的要求，相当于墙体抗震承载力的最基本的验算。当已经使用的年限较长时，砌体表面的砂浆强度因碳化而明显降低，需采用合适的方法进一步确定其真实的强度。

5.2.4、5.2.5 整体性连接构造的鉴定，包括纵横向抗震墙的交接处、楼（屋）盖及其与墙体的连接处、圈梁布置和构造等的判别。鉴定的要求低于设计规范。丙类建筑对现有房屋构造柱、芯柱的布置不做要求，当有构造柱且其与墙体的连接符合设计规范的要求时，在第二级鉴定中体系影响系数可取大于 1.0 的数值。A 类砌体房屋按乙类设防时构造柱、芯柱的要求，因其后续使用年限较少，比 B 类砌体房屋的要求低些。

其中，将着重检查的内容与一般检查的内容分为两条表达。

5.2.6～5.2.8 易引起局部倒塌部位的鉴定包括墙体局部尺寸、楼梯间、悬挑构件、女儿墙、出屋面小烟囱等的判别。基本上与 95 版鉴定标准相同，但强调了楼梯间的要求。

5.2.9 本条规定了刚性体系房屋抗震承载力验算的简化方法；对非刚性体系房屋抗震承载力的验算，本条规定的简化法不适用。表 5.2.9-1 系按底部剪力法取各层质量相等、单位面积重力荷载代表值为 12kN/m^2 且纵横墙开洞的水平面积率分别为 50% 和 25% 进行计算并适当取整后得到的。本次修订，明确 7 度（0.15g）和 8 度（0.30g）按内插法取值。对于乙类设防的房屋，因本条规定属于地震作用和抗震验算，按第 1.0.3 条的规定，不需要提高一度查表。使用中需注意：

1 承重横墙间距限值应取本条规定与刚性体系判别表 5.2.2 二者的较小值；同一楼层内各横墙厚度不同或砂浆强度等级不同时可相应折算；

2 楼层单位面积重力荷载代表值 g_E 与 12kN/m^2 相差较多时，表 5.2.9-1 的数值需除以 $g_E/12$；

3 房屋的宽度，平面有局部突出时按面积加权平均计算，为了简化，平面内的局部纵墙略去不计；

4 砂浆强度等级为 M7.5 时，按内插法取值；

5 墙体的门窗洞所占的水平截面面积率 λ_A，横墙与 25% 或纵墙与 50% 相差较大时，表 5.2.9-1 的数值，可分别按 $0.25/\lambda_A$ 和 $0.50/\lambda_A$ 换算。

5.2.10 本条规定了不需要进行第二级鉴定的情况。其中，当仅有第 5.2.8 条第 2 款的规定不符合时，属于第 5.1.4 条规定的局部不符合鉴定要求，可只要求对非结构构件局部处理。

（Ⅱ）第二级鉴定

5.2.12 本条规定了采用综合抗震能力指数方法进行第二级鉴定的基本内容：楼层平均抗震能力指数法，又称二（甲）级鉴定；楼层综合抗震能力指数法，又称二（乙）级鉴定；墙段综合抗震能力指数法，又称二（丙）鉴定；分别适用于不同的情况。

通常，抗震能力指数要在两个主轴方向分别计算，有明显扭转影响时，取扭转效应最大的轴线计算。

5.2.13 平均抗震能力指数，即按刚性楼盖计算的楼层横墙、纵墙的面积率与鉴定所需的面积率的比值。在第一级鉴定中，若查表 5.2.9-1 时根据重力荷载和墙体开洞情况作了调整，则这种鉴定方法基本上不会遇到。

本次修订，增加了 7 度（0.15g）和 8 度（0.30g）的烈度影响系数。还按 2008 年设计规范局部修订的内容，增加了山区地形影响的地震作用增大系数 1.1～1.6。

5.2.14 楼层综合抗震能力指数，即平均抗震能力指数与构造影响系数的乘积。

鉴于 M0.4 砂浆的设计指标，88 版和 74 版砌体结构设计规范的取值标准有明显的不同，为保持 77 版鉴定标准的延续性，当砂浆的强度等级为 M0.4 时，需乘以相应的体系影响系数。

构造影响系数表 5.2.14-1 和表 5.2.14-2 的数值，要根据房屋的具体情况酌情调整：

1 当该项规定不符合的程度较重时，该项影响系数取较小值，该项规定不符合的程度较轻时，该项影响系数取较大值；

2 当鉴定的要求相同时，烈度高时影响系数取较小值；

3 当构件支承长度、圈梁、构造柱和墙体局部尺寸等的构造符合新设计规范要求时，该项影响系数可大于 1.0；本次修订的条文明确，对于丙类设防的房屋，有构造柱、芯柱时，按照符合 B 类建筑构造柱、芯柱要求的程度，可乘以 1.0～1.2 的构造影响系数；对于乙类设防的房屋则相反，不符合要求时需乘以影响系数 0.8～0.95；

4 各体系影响系数的乘积，最好采用加权方法，不用简单乘法。

5.2.15 墙段综合抗震能力指数，即墙段抗震能力指数与构造影响系数的乘积。墙段的局部影响系数只考虑对验算墙段有影响的项目。墙段从属面积的计算方法如下：

刚性楼盖，从属面积由楼层建筑平面面积按墙段的侧移刚度分配：

$$A_{bij} = (K_{ij}/\Sigma K_{ij})A_{bi}$$

墙段抗震能力指数等于楼层平均抗震能力指数，$\beta_{ij} = \beta_i$；

柔性楼盖，从属面积按左右两侧相邻抗震墙间距之半计算：

$$A_{bij} = A_{bij,0}$$

墙段抗震能力指数 $\beta_{ij} = (A_{ij}/A_i)(A_{bi}/A_{bij,0})\beta_i$；

中等刚性楼盖，从属面积取上述二者的平均值：

$$A_{bij} = 0.5(K_{ij}/\Sigma K_{ij})A_{bi} + 0.5A_{bij,0}$$

墙段抗震能力指数 $\beta_{ij} = (A_{ij}/A_i)(A_{bi}/A_{bij})\beta_i$。

5.2.16 本条规定了砌体房屋第二级鉴定时，需采用设计规范方法进行抗震验算的范围。鉴于 95 版的 89 设计规范的计算参数即本次修订 B 类建筑的计算参数，本条直接引用第 5.3 节的规定。

5.3 B 类砌体房屋抗震鉴定

（Ⅰ）抗震措施鉴定

5.3.1 房屋的层数和高度，在设计规范中是强制性条文，鉴于现有建筑的层数和高度已经存在，对于超高时规定了相应的处理方法。本条还补充了多孔砖房屋的规定。

5.3.3 本条依据 89 规范中有关结构体系的条文，从鉴定的角度予以归纳、整理而成。

吸取汶川地震的教训，同样增加了对大跨度梁制成构件和大跨度楼板用现浇板的检查要求。

当不符合时，可采用 A 类砌体房屋的体系影响系数表示其对结构综合抗震能力的影响。

需要注意，按第 1.0.3 条的规定，乙类设防的砌体房屋，本节第 5.3.3～5.3.11 条均应按提高一度的要求进行检查。

5.3.5～5.3.9 依据 89 规范中有关结构整体性连接的条文，从鉴定的角度予以归纳、整理而成。

当不符合时，可采用 A 类砌体房屋的体系影响系数表示其对结构综合抗震能力的影响。但构造柱的影响，应予以考虑。

其中，重要内容在第 5.3.5 条中表示。

5.3.10、5.3.11 依据 89 规范中有关结构易损部位连接的条文，从鉴定的角度予以归纳、整理而成。

当不符合时，可采用 A 类砌体房屋的局部影响系数表示其对结构综合抗震能力的影响。

吸取汶川地震的教训，对楼梯间的要求单独列出。

（Ⅱ）抗震承载力验算

5.3.12～5.3.17 依据 89 规范中有关砌体抗震计算的条文，从鉴定的角度予以归纳、整理而成。

按照设计规范的规定，只要求在纵横两个方向分别选择从属面积较大或竖向应力较小的墙段进行截面抗震承载力验算。

其中，材料设计指标，应按本标准附录 A 采用，以保持 89 规范的设计水平。

对于墙体墙中部有构造柱的情况，参照 2001 规范的规定，也予以纳入。

5.3.18 本条明确，对于 B 类砌体承载力验算时按面积率计算的方法。采用面积率计算，可以更简便地得到砌体房屋的"综合抗震能力"，减少计算工作量。

当砌体实际达到的材料强度高于 M2.5 时，若层高和墙体开洞情况符合第 5.2.9 条的要求，还可更简便地参照表 5.2.9-1 的纵、横墙最大间距的方法估计房屋的抗震承载力：对 6、7 度设防，直接查表；对 8 度设防，表中数据乘以 3/4；对 9 度设防，表中数据乘以 5/8，如表 2 所示。

表 2　8 度、9 度设防时抗震承载力简化验算的抗震横墙间距和房屋宽度限值（m）

楼层总数	检查楼层	8 度						9 度					
		M2.5		M5		M10		M2.5		M5		M10	
		L	B	L	B	L	B	L	B	L	B	L	B
二	2	5.8	12	7.8	11	11	15	—	—	3.9	9.2	5.4	7.5
	1	4.6	8.9	6.0	8.6	8.0	11	—	—	3.0	7.1	4.0	5.6
三	3	5.2	9.9	7.0	9.8	9.6	12	—	—	3.5	8.2	4.8	6.6
	1～2	3.5	6.8	4.4	6.4	5.8	8.3	—	—	—	—	2.9	4.2

续表2

楼层总数	检查楼层	8度						9度					
		M2.5		M5		M10		M2.5		M5		M10	
		L	B	L	B	L	B	L	B	L	B	L	B
四	4	4.9	9.2	6.6	9.2	9.0	12	—	—	3.3	5.8	4.5	6.2
	3	3.3	6.3	4.3	6.1	6.6	9.6					2.8	4.0
	1~2			3.6	5.3	5.6	8.0						
五	5	6.3	8.9	8.3	8.6	12							
	4	4.1	5.9	4.0	5.7	5.3	7.5						
	1~3			3.1	4.6	4.0	5.8						
六	6	4.2	7.2	4.2	7.2	4.2	7.2						
	5			3.9	6.8								
	4			3.2	4.7	5.0	6.8						
	1~3					3.5	6.4						

6 多层及高层钢筋混凝土房屋

6.1 一般规定

6.1.1 本章的适用范围分两类：

我国 20 世纪 80 年代以前建造的钢筋混凝土结构，普遍是 10 层以下。框架结构可以是现浇的或装配整体式的。

20 世纪 90 年代以后建造的，最大适用高度引用了 89 规范的规定。结构类型包括框架、框架-抗震墙、全部落地抗震墙和部分框支抗震墙，不包括筒体结构。

6.1.2 本条是第 3 章中概念鉴定在多层钢筋混凝土房屋的具体化。根据震害总结，6、7 度时主体结构基本完好，以女儿墙、填充墙的损坏为主，吸取汶川地震教训，强调了楼梯间的填充墙；8、9 度时主体结构有破坏且不规则结构等加重震害。据此，本条提出了不同烈度下的主要薄弱环节，作为检查重点。

6.1.4 根据震害经验，钢筋混凝土房屋抗震鉴定的内容与砌体房屋不同，但均从结构体系合理性、材料强度、梁柱等构件自身的构造和连接的整体性、填充墙等局部连接构造等方面和构件承载力加以综合评定。本条同样明确规定了鉴定的项目，使混凝土结构房屋的鉴定工作规范化。

对于明显不符合要求的情况，如 8、9 度时的单向框架，以及乙类设防的框架为单跨结构等，应要求进行加固或提出防震减灾对策。

6.1.5 本条规定了 A 类混凝土房屋与 B 类混凝土房屋抗震鉴定的主要不同之处。

A 类钢筋混凝土房屋的两级鉴定可参照图 3 进行。

第一级鉴定强调了梁、柱的连接形式和跨数，混合承重体系的连接构造和填充墙与主体结构的连接问题。7 度Ⅲ、Ⅳ类场地和 8、9 度时，增加了规则性要求和配筋构造要求，有关规定基本上保持了 77 版、95 版鉴定标准的要求。

第二级鉴定分三种情况进行楼层综合抗震能力的分析判断。屈服强度系数是结构抗震承载力计算的简化方法，该方法以震害为依据，通过震害实例验算的统计分析得到，设计规范用来控制结构的倒塌，对评估现有建筑破坏程度有较好的可靠性。在第二级鉴定中，材料强度等级和纵向钢筋不作要求，其他构造要求用结构构造的体系影响系数和局部影响系数来体现。

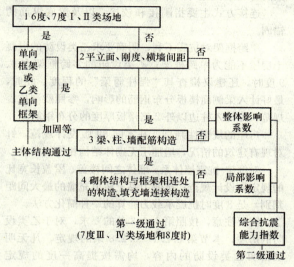

图 3 A 类多层钢筋混凝土房屋的两级鉴定

B 类混凝土房屋抗震鉴定与 A 类混凝土房屋抗震鉴定相同的是，同样强调了梁、柱的连接形式和跨数，混合承重体系的连接构造和填充墙与主体结构的连接问题，以及规则性要求和配筋构造要求；不同的是，B 类混凝土房屋必须经过抗震承载力验算，方可对建筑的抗震能力进行评定，同时也可按照 A 类混凝土房屋抗震鉴定的方法，进行抗震能力的综合评定。B 类钢筋混凝土房屋的鉴定可参照图 4 进行。

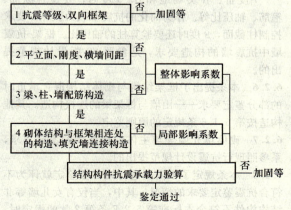

图 4 B 类钢筋混凝土房屋的鉴定

6.1.6 当框架结构与砌体结构毗邻且共同承重时，

砌体部分因侧移刚度大而分担了框架的一部分地震作用，受力状态与单一的砌体结构不同；框架部分也因二者侧移的协调而在连接部位形成附加内力。抗震鉴定时要适当考虑。

6.2 A类钢筋混凝土房屋抗震鉴定

（Ⅰ）第一级鉴定

6.2.1 现有结构体系的鉴定包括节点连接方式、跨数的合理性和规则性的判别。

连接方式主要指刚接和铰接，以及梁底纵筋的锚固。

单跨框架对抗震不利，明确要求乙类设防的混凝土房屋不能为单跨框架；乙类设防的多跨框架在8、9度时，还建议检查其"强柱弱梁"的程度。此时，最好计入梁侧面楼板分布钢筋的影响，参照欧洲抗震规范，可计入柱边以外2倍楼板厚度的分布钢筋。

房屋的规则性判别，基本同89版设计规范，针对现有建筑的情况，增加了无砌体结构相连的要求。

对框架-抗震墙体系，墙体之间楼盖、屋盖长宽比的规定同设计规范；抗侧力黏土砖填充墙的最大间距判别，是8度时抗震承载力验算的一种简化方法。

需要注意，按照第1.0.3条的要求，对于乙类设防的房屋，本节第6.2.1～6.2.8条的规定，凡无明确指明乙类设防的内容，均需按提高一度的规定检查。

6.2.2 本条对材料强度的要求是最低的，直接影响了结构的承载力。

6.2.3～6.2.5 整体性连接构造的鉴定分两类：

6度和7度Ⅰ、Ⅱ类场地时，只判断梁柱的配筋构造是否满足非抗震设计要求。其中，梁纵筋在柱内的锚固长度按20世纪70年代的规范检查。对乙类设防的混凝土房屋，增加了框架柱最小纵向钢筋和箍筋的检查要求。

7度Ⅲ、Ⅳ类场地和8、9度时，要检查纵筋、箍筋、轴压比等。作为简化的抗震承载力验算，要求控制柱截面，9度时还要验算柱的轴压比。框架-抗震墙中抗震墙的构造要求，是参照89版设计规范提出的。

6.2.6 本条提出了框架结构与砌体结构混合承重时的部分鉴定要求——山墙与框架梁的连接构造。其他构造按第6.1.6条规定的原则鉴定。

6.2.7 砌体填充墙等与主体结构连接的鉴定要求，系参照现行抗震设计规范提出的。

6.2.8 本条规定了不需要进行第二级鉴定就评为不符合抗震鉴定要求的情况。其中，当仅有女儿墙等非结构构件不符合本标准第5.2.8条第2款的规定时，属于局部不符合抗震鉴定要求，可只要求对非结构构件局部处理。

（Ⅱ）第二级鉴定

6.2.10 本条规定了采用楼层综合抗震能力指数法进行第二级鉴定的三种情况，要求取不同的平面结构进行楼层综合抗震承载力指数的验算。

6.2.11～6.2.14 钢筋混凝土结构的综合抗震能力指数，采用楼层屈服强度系数与构造影响系数的乘积。构造影响系数的取值要根据具体情况确定：

1 由于第二级鉴定时，对材料强度和纵向钢筋不做要求，体系影响系数只与规则性、箍筋构造和轴压比等有关；

2 当部分构造符合第一级鉴定要求而部分构造符合非抗震设计要求时，可在0.8～1.0之间取值；

3 不符合的程度大或有若干项不符合时取较小值；对不同烈度鉴定要求相同的项目，烈度高者，该项影响系数取较小值；

4 结构损伤包括因建造年代甚早、混凝土碳化而造成的钢筋锈蚀；损伤和倾斜的修复，通常宜考虑新旧部分不能完全共同发挥效果而取小于1.0的影响系数；

5 局部影响系数只乘以有关的平面框架，即与承重砌体结构相连的平面框架、有填充墙的平面框架或楼屋盖长宽比超过规定时其中部的平面框架。

计算结构楼层现有承载力时，与89规范系列的设计规范相同，应取结构构件现有截面尺寸、现有配筋和材料强度标准值计算，具体见本标准附录C；楼层的弹性地震剪力系按现行《建筑抗震设计规范》GB 50011的方法计算，但设计特征周期按89规范（即本标准表3.0.5规定）取值，地震作用的分项系数取1.0。

6.2.15 本条规定了评定钢筋混凝土结构综合抗震能力的两种方法：楼层综合抗震能力指数法与考虑构造影响的规范抗震承载力验算法。一般情况采用前者，当前者不适用时，需采用后者。

6.3 B类钢筋混凝土房屋抗震鉴定

（Ⅰ）抗震措施鉴定

6.3.1 本条引用了89规范对抗震等级的规定，属于鉴定时的重要要求。如果原设计的抗震等级与本条的规定不同，则需要严格按新的抗震等级仔细检查现有结构的各项抗震构造，计算的内力调整系数也要仔细核对。

6.3.2 本条依据89规范有关钢筋混凝土房屋结构布置的规定，从鉴定的角度予以归纳、整理而成。

吸取汶川地震的教训，本次修订，要求单跨框架不得用于乙类设防建筑，还要求对多跨框架，在8、9度设防时检查"强柱弱梁"的情况。

6.3.3 本条来自89规范中关于材料强度的要求。

6.3.4～6.3.8 依据89规范对梁、柱、墙体配筋的规定，以及钢筋锚固连接的要求，从鉴定的角度予以归纳、整理而成。其中，凡2001规范放松的要求，均按2001规范调整。

6.3.9 本条是89规范中关于填充墙规定的归纳。

（Ⅱ）抗震承载力验算

6.3.10～6.3.12 依据89规范系列对钢筋混凝土结构抗震计算分析和构件抗震验算的要求归纳、整理而成，其中，不同于现行设计规范的内力调整系数和构件承载力验算公式，均在本标准的附录中给出，以便应用。对乙类设防的建筑，要求进行变形验算。

鉴于现有房屋在静载下可正常使用，对于梁截面现有的抗震承载力验算，必要时可按梁跨中底面的实际配筋与梁端顶面的实际配筋二者的总和来判断实际配筋是否足够。

6.3.13 本条给出B类建筑参照A类建筑进行综合抗震承载能力验算时的体系影响系数。

7 内框架和底层框架砖房

7.1 一般规定

7.1.1 内框架砖房指内部为框架承重，外部为砖墙承重的房屋，包括内部为单排柱到顶、多排柱到顶的多层内框架房屋，以及仅底层为内框架而上部各层为砖墙的底层内框架房屋。底层框架砖房指底层为框架（包括填充墙框架等）承重而上部各层为砖墙承重的多层房屋。

鉴于这类房屋的抗震能力较差，本次修订，明确这类房屋仅适用于丙类设防的情况。

采用砌块砌体和钢筋混凝土结构混合承重的房屋，尚无鉴定的经验，只能原则上参考。

7.1.2 本条是第3章中概念鉴定在内框架和底层框架砖房的具体化。根据震害经验总结，内框架和底层框架砖房的震害特征与多层砖房、多层钢筋混凝土房屋不同。本条在多层砖房和多层钢筋混凝土房屋各自薄弱部位的基础上，增加了相应的内容。

7.1.4 根据震害经验，内框架和底层框架房屋抗震鉴定的内容与钢筋混凝土、砌体房屋有所不同，但均从结构体系合理性、材料强度、梁柱墙体等构件自身的构造和连接的整体性、易损易倒的非结构构件的局部连接构造等方面和构件承载力加以综合评定。本条同样明确规定了鉴定的项目，使这类结构房屋的鉴定工作规范化。

对于明显影响抗震安全性的问题，如房屋总高度和底部框架房屋的上下刚度比等，也明确要求在不符合规定时应提出加固或减灾处理。

7.1.5 本条进一步明确A类房屋和B类房屋鉴定方法的不同。

7.1.6 内框架和底层框架砖房为砖墙和混凝土框架混合承重的结构体系，其抗震鉴定方法可将第5、6两章的方法合并使用。

7.2 A类内框架和底层框架砖房抗震鉴定

（Ⅰ）第一级鉴定

7.2.1 本节适用的房屋最大总高度及层数较B类房屋略有放宽，主要依据震害并考虑当时我国现实情况。如海城地震时，位于9度区的海城农药厂粉剂车间为三层的单排柱内框架砖房，高15m，虽遭严重破坏但未倒塌，震后修复使用。

180mm墙承重时只能用于底层框架房屋的上部各层。由于这种墙体稳定性较差，故适用的高度一般降低6m，层数降低二层。

当现有房屋比表7.2.1的规定多一层或3m时，即使符合第一级鉴定的各项规定，也要在第二级鉴定中采用规范方法进行验算。

对于新建工程已经不能采用的早年建造的底层内框架砖房，应通过鉴定予以更新，暂时仍需使用的，应加固成为底部框架-抗震墙上部砖砌体房屋。

7.2.2 结构体系鉴定时，针对内框架和底层框架砖房的结构特点，要检查底层框架、底层内框架砖房的二层与底层侧移刚度比，以减少地震时的变形集中；要检查多层内框架砖房的纵向窗间墙宽度，以减轻地震破坏。抗震墙横墙最大间距，基本上与设计规范相同，在装配式钢筋混凝土楼、屋盖时其要求略有放宽，但不能用于木楼盖的情况。

本次修订，强调了底框房屋不得采用单跨框架、底部墙体布置要基本对称，以及控制框架柱轴压比的要求。

7.2.4 整体性连接鉴定，针对此两类结构的特点，强调了楼盖的整体性、圈梁布置、大梁与外墙的连接。

7.2.5 本条规定了第一级鉴定中需按本标准第5、6章A类抗震鉴定有关规定执行的内容。

7.2.6 结构体系满足要求且整体性连接及易引起倒塌部位都良好的房屋，可类似多层砖房，按横墙间距、房屋宽度及砌筑砂浆强度等级来判断是否满足抗震要求而不进行抗震验算。这主要是根据震害经验及统计分析提出的，以减少鉴定计算的工作量。

考虑框架承担了大小不等的地震作用，本条规定的限值与多层砖房有所不同。使用时，尚需注意本标准第5.2.9条的说明。

7.2.7 本条规定了不需进行第二级鉴定而评为不符合鉴定要求的情况。其中，当仅非结构构件不符合本标准第5.2.8条第2款的规定时，可只对非结构构件局部处理。

(Ⅱ) 第二级鉴定

7.2.8 内框架和底层框架砖房的第二级鉴定，直接借用多层砖房和框架结构的方法，使本标准的鉴定方法比较协调。

一般情况，采用综合抗震能力指数的方法，使抗震承载力验算可有所简化，还可考虑构造对抗震承载力的影响。

当房屋高度和层数超过表 7.2.1 的数值范围时，与多层砖房类似，需采用考虑构造影响的规范抗震承载力验算法。

7.2.9 底层框架、底层内框架砖房的体系影响系数和局部影响系数，通常参照多层砖房和钢筋混凝土框架的有关规定确定。

底层框架、底层内框架砖房的烈度影响系数，保持 77、95 鉴定标准的有关规定，取值不同于多层砖房；考虑框架承担一部分地震作用，底层的基准面积率也不同于多层砖房。

7.2.10 多层内框架砖房的体系影响系数和局部影响系数，除参照多层砖房和钢筋混凝土框架的有关规定确定外，其纵向窗间墙的影响系数由局部影响系数改按整体影响系数对待。

多层内框架砖房的烈度影响系数，保持 77、95 鉴定标准的有关规定，取值与底层框架、底层内框架砖房相同；考虑框架承担一部分地震作用，基准面积率取值不同于多层砖房及底层框架、底层内框架砖房。

内框架楼层屈服强度系数的具体计算方法，与钢筋混凝土框架不同，见本标准附录 C 的说明。

7.3 B 类内框架和底层框架砖房抗震鉴定

（Ⅰ）抗震措施鉴定

7.3.1 本条同 89 设计规范关于内框架和底层框架房屋的高度，需要严格控制。

7.3.2 本条依据 89 设计规范关于结构体系的规定，加以归纳而成。特别增加了底框不能用单跨框架、严格控制轴压比和加强过渡层的检查要求。

7.3.4 本条依据 89 设计规范关于结构构件整体性连接的规定，加以归纳而成。

（Ⅱ）抗震承载力验算

7.3.5～7.3.7 依据 89 设计规范关于承载力验算的规定，加以归纳而成。

内框架房屋的抗侧力构件有砖墙及钢筋混凝土柱与砖柱组合的混合框架两类构件。砖墙弹性极限变形较小，在水平力作用下，随着墙面裂缝的发展，侧移刚度迅速降低；框架则具有相当大的延性，在较大变形情况下侧移刚度才开始下降，而且下降的速度较缓。

混合框架各种柱子在地震作用下的抗剪承载力验算公式，是考虑楼盖水平变形、高阶空间振型及砖墙刚度退化的影响，以及对不同横墙间距、不同层数的大量算例进行统计得到的。外墙砖壁柱的抗震验算规定，见现行国家标准《建筑抗震设计规范》GB 50011。

7.3.8 本条明确了内框架和底层框架房屋中混凝土结构部分的抗震等级。

8 单层钢筋混凝土柱厂房

8.1 一般规定

8.1.1 本章所适用的厂房为装配式结构，柱子为钢筋混凝土柱，屋盖为大型屋面板与屋架、屋面梁构成的无檩体系或槽板、槽瓦等屋面瓦与檩条、各种屋架构成的有檩体系。混合排架厂房中的钢筋混凝土结构部分也可适用。

8.1.2 本条是第 3 章概念鉴定在单层钢筋混凝土厂房的具体化。震害表明，装配式结构的整体性和连接的可靠性是影响其抗震性能的重要因素。机械厂房等在不同烈度下的震害是：

1 突出屋面的钢筋混凝土Ⅱ形天窗架，立柱的截面为 T 形，6 度时竖向支撑处就有震害，8、9 度时震害较普遍；

2 无拉结的女儿墙、封檐墙和山墙山尖等，6 度则开裂、外闪，7 度时有局部倒塌；位于出入口、披屋上部时危害更大；

3 屋盖构件中，屋面瓦与檩条、檩条与屋架（屋面梁）、钢天窗架与大型屋面板、锯齿形厂房双梁与牛腿柱等的连接处，常因支承长度较小而连接不牢，7 度时就有槽瓦滑落等震害，8 度时檩条和槽瓦一起塌落；

4 大型屋面板与屋架的连接，两点焊与三点焊有很大差别，焊接不牢，8 度时就有错位，甚至坠落；

5 屋架支撑系统、柱间支撑系统不完整，7 度时震害不大，8、9 度时就有较重的震害：屋盖倾斜、柱间支撑压曲、有柱间支撑的上柱柱头和下柱柱根开裂甚至酥碎；

6 高低跨交接部位，牛腿（柱肩）在 6、7 度时就出现裂缝，8、9 度时普遍拉裂、劈裂；9 度时其上柱的底部多有水平裂缝，甚至折断，导致屋架塌落；

7 柱的侧向变形受工作平台、嵌砌内隔墙、披屋或柱间支撑节点的限制，8、9 度时相关构件如柱、墙体、屋架、屋面梁、大型屋面板的破坏严重；

8 圈梁与柱或屋架、抗风柱柱顶与屋架拉结不牢，8、9 度时可能带动大片墙体外倾倒塌，特别是

山墙墙体的破坏使端排架因扭转效应而开裂折断,破坏更重;

9 8、9度时,厂房体型复杂、侧边贴建披屋或墙体布置使其质量不匀称、纵向或横向刚度不协调等,导致高振型影响、应力集中、扭转效应和相邻建筑的碰撞,加重了震害。

根据上述震害特征和规率,本条明确提出不同烈度下单层厂房可能发生严重破坏或局部倒塌时易伤人或砸坏相邻结构的关键薄弱环节,作为检查的重点。

汶川地震中发现整体性不好的排架柱厂房破坏严重,故在本次修订中增加了排架柱选型的要求。

各项具体的鉴定要求列于第8.2节和第8.3节。

8.1.4 厂房的抗震能力评定,既要考虑构造,又要考虑承载力;根据震害调查和分析,规定多数A类单层钢筋混凝土柱厂房不需进行抗震承载力验算,这是又一种形式的分级鉴定方法。详见图5。

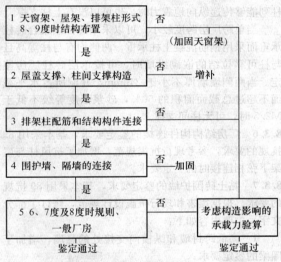

图5 单层钢筋混凝土柱厂房的分级鉴定

对检查结果进行综合分析时,先对不符合鉴定要求的关键薄弱部位提出加固或处理意见,是提高厂房抗震安全性的经济而有效的措施;一般部位的构造、抗震承载力不符合鉴定要求时,则根据具体情况的分析判断,采取相应对策。例如,考虑构造不符合鉴定要求的部位和程度,对其抗震承载力的鉴定要求予以适当调整,再判断是否加固。

本条增加了B类厂房评定抗震能力的具体原则。

8.2 A类厂房抗震鉴定

(Ⅰ) 抗震措施鉴定

8.2.1 本条主要是8、9度时对结构布置的鉴定要求,包括:主体结构刚度、质量沿平面分布基本均匀对称、沿高度分布无突变的规则性检查,变形缝及其宽度、砌体墙和工作平台的布置及受力状态的检查等。

1 根据震害总结,比77鉴定标准增加了防震缝宽度的鉴定要求;

2 砖墙作为承重构件,所受地震作用大而承载力和变形能力低,在钢筋混凝土厂房中是不利的;7度时,承重的天窗砖端壁就有倒塌,8度时,排架与山墙、横墙混合承重的震害也较重;

3 当纵向外墙为嵌砌砖墙而中柱列为柱间支撑,或一侧有墙另一侧敞口,或一侧为外贴式另一侧为嵌砌式,均属于纵向各柱列刚度明显不协调的布置;

4 厂房仅一端有山墙或纵向为一侧敞口,以及不等高厂房等,凡不同程度地存在扭转效应问题时,其内力增大部位的鉴定要求需适当提高。

对纵横跨不设缝的情况,本次修订明确应提高鉴定要求。

8.2.2 不利于抗震的构件形式,除了Π形天窗架立柱、组合屋架上弦杆为T形截面外,参照设计规范,比77鉴定标准增加了对排架上柱、柱根及支承屋面板小立柱的截面形式进行鉴定的要求。

薄壁工字形柱、腹杆大开孔工字形柱和双肢管柱,在地震中容易变为两个肢并联的柱,受弯承载力大大降低。鉴定时着重检查其两个肢连接的可靠性,或进行相应的抗震承载力验算。

鉴于汶川地震中薄壁双肢柱厂房大量倒塌,适当提高了这类厂房的鉴定要求。

8.2.3 设置屋盖支撑是使装配式屋盖形成整体的重要构造措施。支撑布置的鉴定要求,与95鉴定标准相同。

屋盖支撑布置的非抗震要求,可按标准图或有关的构造手册确定。大致包括:

1 跨度大于18m或有天窗的无檩屋盖,厂房单元或天窗开洞范围内,两端有上弦横向支撑;

2 抗风柱与屋架下弦相连时,厂房单元两端有下弦横向支撑;

3 跨度为18~30m时在跨中,跨度大于30m时在其三等分处,厂房单元两端有竖向支撑,其余柱间相应位置处有下弦水平系杆;

4 屋架端部高度大于1m时,厂房单元两端的屋架端部有竖向支撑,其余柱间在屋架支座处有水平压杆;

5 天窗开洞范围内,屋架脊节点处有通长水平系杆。

8.2.4 排架柱的箍筋构造对其抗震能力有重要影响,其规定与95鉴定标准相同,主要包括:

1 有柱间支撑的柱头和柱根,柱变形受柱间支撑、工作平台、嵌砌砖墙或贴砌披屋等约束的各部位;

2 柱截面突变的部位;

3 高低跨厂房中承受水平力的支承低跨屋盖的牛腿(柱肩)。

8.2.5 设置柱间支撑是增强厂房整体性的重要构造

措施。其鉴定要求基本上与 95 鉴定标准相同。

根据震害经验，柱间支撑的顶部有水平压杆时，柱顶受力小，震害较轻，9 度时边柱列在上柱柱间支撑的顶部应有水平压杆，8 度时对中柱列有同样要求。

柱间支撑下节点的位置，烈度不高时，只要节点靠近地坪则震害较轻；高烈度时，则应使地震作用能直接传给基础。

8.2.6 厂房结构构件连接的鉴定要求，与 95 鉴定标准基本相同。

屋面瓦与檩条、檩条与屋架的连接不牢时，7 度时就有震害。

钢天窗架上弦杆一般较小，使大型屋面板支承长度不足，应注意检查；8、9 度时，增加了大型屋面板与屋架焊牢的鉴定要求。

柱间支撑节点的可靠连接，是使厂房纵向安全的关键。一旦焊缝或锚固破坏，则支撑退出工作，导致厂房柱列震害严重。

震害表明，山墙抗风柱与屋架上弦横向支撑节点相连最有效，鉴定时要注意检查。

8.2.7 黏土砖围护墙的鉴定要求，基本上与 95 鉴定标准相同。

突出屋面的女儿墙、高低跨封墙等无拉结，6 度时就有震害。根据震害，增加了高低跨的封墙不宜直接砌在低跨屋面上的鉴定要求。

圈梁与柱或屋架需牢固拉结；圈梁宜封闭，变形缝处纵墙外甩力大，圈梁需与屋架可靠拉结。

根据震害经验并参照设计规范，增加了预制墙梁等的底面与其下部的墙顶宜加强拉结的鉴定要求。

8.2.8 内隔墙的鉴定要求，基本上与 95 鉴定标准相同。

到顶的横向内隔墙不得与屋架下弦杆拉结，以防其对屋架下弦的不利影响。

嵌砌的内隔墙应与排架柱柔性连接或脱开，以减少其对排架柱的不利影响。

（Ⅱ）抗震承载力验算

8.2.9 鉴于高大山墙的抗风柱在唐山地震、汶川地震中均有破坏，故适当提高鉴定要求。根据震害并参照设计规范，略比 95 鉴定标准扩大了抗震验算范围：

1 8 度高大山墙的抗风柱；

2 7 度Ⅲ、Ⅳ类场地和 8 度时结构体系复杂或改造较多的其他厂房。

鉴定时验算方法按设计规范，但采用鉴定的承载力调整系数 γ_{Ra} 替代抗震设计的承载力抗震调整系数 γ_{RE}，以保持 95 鉴定标准的水准。

8.3 B 类厂房抗震鉴定

（Ⅰ）抗震措施鉴定

8.3.1 本条主要采用 89 抗规的要求，并根据 01 抗规的要求对 9 度时的屋架、天窗架选型增加了鉴定要求。

8.3.2 本条主要采用 89 抗规的要求。对于薄壁工字形柱、腹杆大开孔工字形柱、预制腹板的工字形柱和管柱等，在地震中容易变为两个肢并联的柱，受弯承载力大大降低，明确不宜采用。

8.3.3 屋盖支撑布置主要采用 89 抗规的要求。根据 01 抗规，适当增加了鉴定要求，大致包括：

1 8 度时，天窗跨度≥9m 时，厂房单元天窗端开间及柱间支撑开间宜各有一道天窗上弦横向支撑；

2 9 度时，厂房单元天窗端开间及柱间支撑开间宜各有一道天窗上弦横向支撑。

8.3.4 排架柱的箍筋构造采用 89 抗规的要求。

8.3.5 柱间支撑设置基本采用 89 抗规的要求。根据震害，对于有吊车厂房，当地震烈度不大于 7 度，吊重不大于 5t 的软钩吊车，上柱高度不大于 2m，上柱柱列能够传递纵向地震力时，也可以没有上柱支撑。

当单跨厂房跨度较小，可以采用砖柱或组合砖柱承重而采用钢筋混凝土柱承重，两侧均有与柱等高且与柱可靠拉结的嵌砌纵墙时，可按单层砖柱厂房鉴定。当两侧墙墙厚不小于 240mm，开洞所占水平截面不超过总截面面积的 50%，砂浆强度等级不低于 M2.5 时，可无柱间支撑。

8.3.6 厂房结构构件连接的鉴定要求，基本采用 89 抗规的要求，参考现行抗震规范，增加了抗风柱与屋架下弦相连接时的鉴定要求。

8.3.7 黏土砖围护墙的鉴定要求，基本采用 89 抗规的要求。根据震害和现行抗震设计规范，修订了部分文字，主要内容如下：

1 高低跨封墙和纵横向交接处的悬墙，增加了圈梁的鉴定要求；

2 明确了圈梁截面和配筋要求主要针对柱距为 6m 厂房；

3 变形缝处圈梁和屋架锚拉的钢筋应有所加强；

8.3.8 内隔墙的鉴定要求，基本采用 89 抗规的要求。

（Ⅱ）抗震承载力验算

8.3.9 对于 B 类厂房，鉴于 89 抗规与现行抗震设计规范相差不大，故承载力验算按现行规范采用。

9 单层砖柱厂房和空旷房屋

9.1 一般规定

9.1.1 本章适用的范围，主要是单层砖柱（墙垛）承重的砖柱厂房和砖墙承重的单层空旷房屋。混合排架厂房中的砖结构部分也可适用。

9.1.2 本条是第 3 章概念鉴定在单层砖柱厂房和单

层空旷砌体房屋的具体化。这类房屋的震害特征不同于多层砖房。根据其震害规律，提出了不同烈度下的薄弱部位，作为检查的重点。

本次修订增加了对山墙山尖、承重山墙的鉴定要求。

其中，仅属于单层砖柱厂房的要求，用"注"表示，未列入房屋建筑的强制性条文。

9.1.4 单层空旷房屋抗震能力的评定，同样要考虑构造和承载力这两个因素。

根据震害调查和分析，规定 A 类的多数单层砖柱厂房和空旷房屋不需进行抗震承载力验算，采用与单层钢筋混凝土柱厂房相同形式的分级鉴定方法。

对检查结果进行综合分析时，先对不符合鉴定要求的关键薄弱部位提出加固或处理意见，是提高厂房抗震安全性的经济而有效的措施；一般部位的构造、抗震承载力不符合鉴定要求时，则根据具体情况的分析判断，采取相应对策。

本次修订补充了 B 类单层砖柱厂房和单层空旷房屋抗震能力的评定方法。

9.1.5 本条列举了单层空旷房屋鉴定的具体项目，使其抗震鉴定的要求规范化。

9.1.6 单层空旷房屋的大厅与其附属房屋的结构类型不同，地震作用下的表现也不同。根据震害调查和分析，参照设计规范，规定单层砖柱厂房和空旷房屋与其附属房屋之间要考虑二者的相互作用。

9.2 A 类单层砖柱厂房抗震鉴定

（Ⅰ）抗震措施鉴定

9.2.1、9.2.2 结构布置的鉴定要求和 95 鉴定标准基本相同，主要内容有：

1 对砖柱截面沿高度变化的鉴定要求；对纵向柱列，在柱间需有与柱等高砖墙的鉴定要求；

2 房屋高度和跨度的控制性检查；

3 承重山墙厚度和开洞的检查；

4 钢筋混凝土面层组合砖柱、砖包钢筋混凝土柱的轻屋盖房屋在高烈度下震害轻微，保留了不配筋砖柱、重屋盖使用范围的限制；

5 设计合理的双曲砖拱屋盖本身震害是较轻的，但山墙及其与砖拱的连接部位有时震害明显；保留其跨度和山墙构造等的鉴定要求。

根据震害和正在修订的抗震规范的精神，对房屋高度和跨度规定得更严格一些。

9.2.3 根据震害调查和计算分析，为减少抗震承载力验算工作，保留了材料强度等级的最低鉴定要求，并根据震害保留了 8、9 度时砖柱要有配筋的鉴定要求。

9.2.4、9.2.5 房屋整体性连接的鉴定要求，与 95 鉴定标准相同，主要内容有：

1 保持了木屋盖的支承布置要求、波形瓦等轻屋盖的鉴定要求；

2 7 度时木屋盖震害极轻，保留了 6、7 度时屋盖构件的连接可采用钉接的要求；

3 屋架（梁）与砖柱（墙）的连接，要有垫块的鉴定要求；

4 山墙壁柱对房屋整体性能的影响较纵向柱列小，其连接要求保持了原标准的规定，比纵向柱列稍低；

5 保持了对独立砖柱、墙体交接处的连接要求。

9.2.6 房屋易引起局部倒塌的部位，包括悬墙、封檐墙、女儿墙、顶棚等，其鉴定要求与 95 鉴定标准相同。

（Ⅱ）抗震承载力验算

9.2.7 试验研究和震害表明，砖柱的承载力验算只相当于裂缝出现阶段，到房屋倒塌还有一个发展过程。为简化鉴定时的验算，本条规定了较宽的不验算范围，基本保持 95 鉴定标准的规定。

根据震害和 01 抗规，增加了两种需要验算的情况：

1 对于单层砖柱厂房，山墙起到很大的作用，增加了鉴定要求；

2 增加了 8、9 度时高大山墙壁柱在平面外的鉴定要求。

A 类单层砖柱厂房抗震承载力验算的方法，同 01 抗规。为保持 95 鉴定标准的水准，砖柱抗震鉴定的承载力调整系数 γ_{Ra} 的取值同抗震设计的承载力抗震调整系数 γ_{RE}。

9.3 A 类单层空旷房屋抗震鉴定

（Ⅰ）抗震措施鉴定

9.3.1 本节仅规定单层空旷房屋的大厅及附属房屋相关的鉴定内容，与单层砖柱厂房和附属房屋自身结构类型有关的鉴定内容，均不再重复规定。

9.3.2 本条参照设计规范，对空旷房屋的结构体系提出了鉴定要求。

9.3.3 本条规定了大厅及其附属房屋连接整体性的要求。

房屋整体性连接的鉴定要求，与 77 鉴定标准相比有所调整：

1 保持了木屋盖的支承布置要求，轻屋盖的震害很轻且类似于木屋盖，相应补充了波形瓦等轻屋盖的鉴定要求；

2 7 度时木屋盖震害极轻，补充了 6、7 度时屋盖构件的连接可采用钉接的规定；

3 屋架（梁）与砖柱（墙）的连接，参照设计规范，提出要有垫块的鉴定要求；

4 圈梁对单层空旷房屋抗震性能的作用，与多层砖房相比有所降低，鉴定的要求保持了77鉴定标准的规定：柱顶增加闭合等要求，沿高度的要求稍有放宽；

5 山墙壁柱对房屋整体性能的影响较纵向柱列小，其连接要求保持了原标准的规定，比纵向柱列稍低；

6 保持了对独立砖柱的连接要求；但根据震害，对墙体交接处有配筋的鉴定要求有所放宽；

7 参照设计规范，提出了舞台口大梁有稳定支撑的鉴定要求。

9.3.4 房屋易引起局部倒塌的部位，包括舞台口横墙、悬吊重物、顶棚等，其鉴定要求与95鉴定标准相同。

（Ⅱ）抗震承载力验算

9.3.5 本条规定了较宽的不验算范围，基本保持95鉴定标准的规定。根据震害和01抗规，增加了两种需要验算的情况：

1 对于单层空旷房屋，山墙起到很大的作用，增加了鉴定要求；

2 增加了8、9度时高大山墙壁柱在平面外的鉴定要求。

9.4 B类单层砖柱厂房抗震鉴定

（Ⅰ）抗震措施鉴定

9.4.1 本条主要采用89抗规的要求，并根据震害和正在修订的抗震规范的精神，对房屋高度和跨度规定得更严格一些。

9.4.2 本条主要采用89抗规的要求，并结合01抗规增加了防震缝处宜设有双柱或双墙的鉴定要求。

9.4.3 本条基本采用89抗规的要求。根据01抗规，明确了烈度从低到高，可采用无筋砖柱、组合砖柱和钢筋混凝土柱，补充了非整体砌筑且不到顶的纵向隔墙宜采用轻质墙。

9.4.4～9.4.6 均采用89抗规的要求。

（Ⅱ）抗震承载力验算

9.4.7 B类单层砖结构厂房抗震承载力验算的范围，采用89抗规的要求。鉴于89抗规与01抗规相差不大，故可按01抗规的方法验算其抗震承载力。

9.5 B类单层空旷房屋抗震鉴定

（Ⅰ）抗震措施鉴定

9.5.1～9.5.6 基本采用89抗规的要求，仅从鉴定的角度，对文字表达做了修改。

（Ⅱ）抗震承载力验算

9.5.7 B类单层空旷房屋抗震承载力验算，采用89抗规的要求。鉴于89抗规与01抗规相差不大，故可按01抗规的方法验算其抗震承载力。

10 木结构和土石墙房屋

10.1 木结构房屋

（Ⅰ）一 般 规 定

10.1.1 本节适用范围主要是村镇的中、小型木结构房屋。按抗震性能的优劣排列，依次为穿斗木构架、旧式木骨架、木柱木屋架、柁木檩架房屋和康房等五类；适用的层数包括了现有房屋的一般情况。

10.1.2 木结构房屋要检查所处的场地条件，主要依据日本的统计资料：不利地段、冲积层厚度大于30m、回填土厚度大于4m及地表水、地下水容易集积或地下水位高的场地，都能加重震害。

10.1.3 与95鉴定标准相同，木结构房屋可不进行抗震承载力验算。

10.1.5 木结构抗震鉴定时考虑的防火问题，主要是次生灾害。

（Ⅱ）A类木结构房屋

10.1.6～10.1.10 这几条按旧式木骨架、木柱木屋架、柁木檩架、穿斗木构架和康房的顺序分别列出该类房屋木构架的布置和构造的鉴定要求，是95鉴定标准有关规定的整理。

穿斗木构架的梁柱节点，用银锭榫连接可防止拔榫或脱榫；传统的做法，纵向多为平榫连接且檩条浮搁，导致纵向震害严重，高烈度时要着重检查、处理。

针对康房的特点，提出柱间有斜撑或轻质抗震墙的鉴定要求。

10.1.11～10.1.14 分别规定了各类木结构房屋墙体的布置和构造的鉴定要求，保持了95鉴定标准的有关规定。

对旧式木骨架、木柱木屋架房屋，主要对砖墙的间距、砂浆强度等级和拉结构造进行检查。

对柁木檩架房屋，主要对土坯墙或土筑墙的间距、施工方法和拉结构造等进行检查。

对穿斗木构架房屋，主要对空斗墙、毛石墙、砖墙和土坯墙、土筑墙等墙体的间距、施工方法和砂浆强度等级、拉结构造等进行检查。

对康房，只对墙体的拉结构造进行检查。

10.1.15 本条列出了木结构房屋中易损部位的鉴定要求，是95鉴定标准中有关规定的整理。

10.1.16 本条规定了需采取加固或相应措施的情况，强调木构件的现状、木构架的构造形式及其连接应符合鉴定要求。

（Ⅲ）B 类木结构房屋

10.1.17～10.1.18 本条参照 89 规范，列出 B 类木结构房屋比 A 类木结构增加的鉴定内容。

10.2 生 土 房 屋

（Ⅰ）一 般 规 定

10.2.1 本节对生土建筑作了分类，并就其使用范围作了一般性规定。因地区特点、建筑习惯的不同和名称的不统一，分类不可能全面。灰土墙承重房屋目前在我国仍有建造，故列入有关要求。

震害表明，除灰土墙房屋可为二层外，一般的土墙房屋宜为单层。

10.2.2 生土房屋的检查重点，基本上与砌体结构相同。

10.2.4 与 95 鉴定标准相同，生土房屋可不进行抗震承载力验算。

（Ⅱ）A 类生土房屋

10.2.5 各类生土房屋，由于材料强度较低，在平立面布置上更要求简单，一般每开间均要有抗震横墙，不采用外廊为砖柱、石柱承重，或四角用砖柱、石柱承重的做法，也不要将大梁搁支在土墙上。房屋立面要避免错层、突变，同一栋房屋的高度和层数必须相同。这些措施都是为了避免在房屋各部分出现应力集中。

提倡用双坡和弧形屋面，可降低山墙高度，增加其稳定性；单坡屋面山墙过高，平屋面则防水有问题，不宜采用。

10.2.6 土墙房屋墙体的质量和连接的鉴定要求，基本上保持了 95 鉴定标准的规定。

干码、斗砌对墙体的强度有明显的影响，在鉴定中要注意。

墙体的拉结材料，对土墙可以是竹筋、木条、荆条等。

多层房屋要有圈梁，灰土墙房屋可为木圈梁。

10.2.7 土墙房屋的屋盖、楼盖多为木结构，其鉴定要求与木结构房屋的有关部分相当。生土房屋的屋面采用轻质材料，可减轻地震作用。

（Ⅲ）B 类生土房屋

10.2.9 关于 B 类生土房屋的鉴定要求，主要参考 89 设计规范的规定。

10.3 石 墙 房 屋

（Ⅰ）一 般 规 定

10.3.1 本节保持 95 鉴定标准的规定，只适用于 6、7 度时的毛石和毛料石房屋。

根据试验研究，7 度不超过三层的毛料石房屋，采用有垫片甩浆砌筑时，仍可有条件地符合鉴定要求，但毛石墙房屋只宜为单层。对浆砌料石房屋，可参照第 5 章的原则鉴定。

10.3.2 石墙房屋的检查重点，基本上与砌体结构相同。

10.3.4 与 95 鉴定标准相同，石墙房屋可不进行抗震承载力验算。

（Ⅱ）A 类石墙房屋

10.3.5 毛石墙房屋的材料强度较低，其墙体要厚、墙面开洞要小、墙高要矮、平面要简单、屋盖要轻。

10.3.6 石结构房屋墙体的质量和连结的鉴定要求规定，墙体的拉结材料应为钢筋。多层石房每层设置钢筋混凝土圈梁，能够提高其抗震能力，减轻震害，例如唐山地震中，10 度区有 5 栋设置了圈梁的二层石房，震后基本完好，或仅轻微破坏。与多层砖房相比，石墙体房屋圈梁的截面增大，配筋略有增加，是因为石墙体材料重量较大。在每开间及每道墙上，均设置现浇圈梁是为了增强墙体间的连接和整体性。

（Ⅲ）B 类石墙房屋

10.3.9～10.3.11 参照 89 规范对石砌体房屋的规定，列出 B 类石墙房屋的鉴定要求。

石结构房屋的构造柱设置要求，系参照混凝土砌块房屋对芯柱的设置要求规定的，而构造柱的配筋构造等要求，需参照多层黏土砖房的规定。

石墙在交接处用条石无垫片砌筑，并设置拉结钢筋网片，是根据石墙材料的特点，为加强房屋整体性而采取的措施。

从宏观震害和试验情况来看，石墙体的破坏特征和砖结构相近，石墙体的受剪承载力验算可与多层砌体结构采用同样的方法，但其承载力设计值应由试验确定。

11 烟囱和水塔

11.1 烟　　囱

（Ⅰ）一 般 规 定

11.1.1 普通类型的独立式烟囱，指高度在 100m 以下的钢筋混凝土烟囱和高度在 60m 以下的砖烟囱。特殊构造形式的烟囱指爬山烟囱、带水塔烟囱等。

11.1.3 对烟囱的抗震能力进行综合评定时，同样要考虑抗震承载力和构造两个因素。

（Ⅱ）A 类烟囱抗震鉴定

11.1.4 独立式烟囱在静载下处于平衡状态，鉴定时需检查筒壁材料的强度等级。

震害表明，砖烟囱顶部易于破坏甚至坠落，7度时顶部就有破坏，故要求其顶部一定范围要有配筋；钢筋混凝土烟囱的筒壁损坏、钢筋锈蚀严重，8度时就有破坏，故应着重检查筒壁混凝土的裂缝和钢筋的锈蚀等。

11.1.5 根据震害经验和统计分析，参照抗震设计规范，提出了不进行抗震验算的范围。

烟囱的抗震承载力验算，以按设计规范的方法为主，高度不超过100m的烟囱可采用简化方法；超过时采用振型分解反应谱方法。为保持95鉴定标准的水准，烟囱抗震鉴定的承载力调整系数 γ_{Ra} 的取值同抗震设计的承载力抗震调整系数 γ_{RE}。

（Ⅲ）B类烟囱抗震鉴定

11.1.6~11.1.7 新增B类烟囱的鉴定要求，并列出89规范的验算公式等。

11.2 A类水塔抗震鉴定

11.2.1 独立的水塔指有一个水柜作为供水用的水塔。本节的适用范围主要是常用容量和常用高度的水塔，大部分有标准图或通用图。

11.2.2 本条规定一些小容量、低矮水塔，可"适当降低鉴定要求"。指在一度范围内降低构造的鉴定要求。

11.2.4 水塔的基础倾斜过大，将影响水塔的安全，故提出控制倾斜的鉴定要求。

11.2.5 水塔鉴定的内容，主要参照国家标准《给排水工程结构设计规范》GBJ 69—84 的有关规定和震害经验确定。

11.2.6 根据震害经验和计算分析，参照设计规范，得到可不进行抗震承载力验算的范围。

水塔的抗震承载力验算，以按设计规范的方法为主：支架水塔和类似的其他水塔采用简化方法，较低的筒支承水塔采用底部剪力法，较高的砖筒支承水塔或筒高度与直径之比大于3.5时采用振型分解反应谱方法。为保持95标准的水准，水塔抗震鉴定的承载力调整系数 γ_{Ra} 的取值同抗震设计的承载力抗震调整系数 γ_{RE}。

经验表明，砖和钢筋混凝土筒壁水塔为满载时控制抗震设计，而支架式水塔和基础则可能为空载时控制设计，地震作用方向不同，控制部位也不完全相同。参照设计规范，在抗震鉴定的承载力验算中也作了相应的规定。

11.2.7 综合评定时，只要水塔相应部位无震害或只有轻微震害，能满足不影响水塔使用或稍加处理即可继续使用的要求，均可通过鉴定。

11.3 B类水塔抗震鉴定

按89规范的规定新增B类水塔的鉴定要求，并列出89规范的验算公式等。

附录B 砖房抗震墙基准面积率

砖房抗震墙基准面积率，即77版鉴定标准的"最小面积率"。因新的砌体结构设计规范的材料指标和新的抗震设计规范地震作用取值改变，相应的计算公式也有所变化。为保持与77标准的衔接，M1和M2.5的计算结果不变，M0.4和M5有一定的调整。表B.0.1-1~表B.0.1-3的计算公式如下：

$$\xi_{0i} = \frac{0.16\lambda_0 g_0}{f_{vk}\sqrt{1+\sigma_0/f_{v.m}}} \cdot \frac{(n+i)(n-i+1)}{n+1} \quad (1)$$

式中 ξ_{0i}——第 i 层的基准面积率；

g_0——基本的楼层单位面积重力荷载代表值，取 $12kN/m^2$；

σ_0——第 i 层抗震墙在1/2层高处的截面平均压应力（MPa）；

n——房屋总层数；

$f_{v.m}$——砖砌体抗剪强度平均值（MPa），M0.4为0.08，M1为0.125，M2.5为0.20，M5为0.28，M10为0.40；

f_{vk}——砖砌体抗剪强度标准值（MPa），M0.4为0.05，M1为0.08，M2.5为0.13，M5为0.19，M10为0.27；

λ_0——墙体承重类别系数，承重墙为1.0，自承重墙为0.75。

同一方向有承重墙和自承重墙或砂浆强度等级不同时，基准面积率的换算方法如下：用 A_1、A_2 分别表示承重墙和自承重墙的净面积或砂浆强度等级不同的墙体净面积，ξ_1、ξ_2 分别表示按表B.0.1-1~表B.0.1-3查得的基准面积率，用 ξ_0 表示"按各自的净面积比相应转换为同样条件下的基准面积率数值"，则

$$\frac{1}{\xi_0} = \frac{A_1}{(A_1+A_2)\xi_1} + \frac{A_2}{(A_1+A_2)\xi_2}$$

考虑到多层内框架砖房采用底部剪力法计算时，顶部需附加相当于20%总地震作用的集中力（$0.20F_{Ek}$），因此，其基准面积率要作相应的调整。

由于框架柱可承担一部分地震剪力，故底层框架砖房的底层和多层内框架砖房的各层，基准面积率可有所折减。

底层框架砖房的底层，折减系数可取0.85，或参照设计规范各柱承担的剪力予以折减，即折减系数 ψ_f 为：

$$\psi_f = 1 - V_f/V \quad 或 \quad \psi_f \approx 0.92 - 0.10\lambda$$

式中 V_f——框架部分承担的剪力；

V——底层的地震剪力；

λ——抗震横墙间距与房屋总宽度之比。

多层内框架砖房的各层，参照设计规范各柱承担的剪力予以折减，即折减系数 ψ_f 为：

$$\psi_f = 1 - \Sigma\psi_c(\xi_1 + \xi_2 L/B)/n_b n_s$$

附录 C 钢筋混凝土结构楼层受剪承载力

钢筋混凝土结构的楼层现有受剪承载力，即设计规范中"按构件实际配筋面积和材料强度标准值计算的楼层受剪承载力"。由于现有框架多为"强梁弱柱"型框架，计算公式有所简化。

对内框架砖房的混合框架，参照设计规范中规定的钢筋混凝土柱、无筋砖柱、组合砖柱所承担剪力的比例，对楼层受剪承载力作适当的限制：

1 砖柱现有受弯承载力，取为 $N \cdot [e]$，并参照设计规范的规定，无筋砖柱取 $[e] = 0.9y$；组合砖柱则参照配筋砖柱的有关公式作相应的计算；

2 内框架砖房混合框架的楼层现有受剪承载力可采用下列各式确定：

$$V_{yw} = \Sigma V_{cy} + V_{mu} \tag{2}$$

$$V_{mu} = N \cdot [e]/H_0 \tag{3}$$

式中 V_{mu}——外墙砖柱（垛）层间现有受剪承载力；

N——对应于重力荷载代表值的砖柱轴向压力；

H_0——砖柱的计算高度，取反弯点至柱端的距离；

$[e]$——重力荷载代表值作用下现有砖柱的容许偏心距；无筋砖柱取 $0.9y$（y 为截面重心到轴向力所在偏心方向截面边缘的距离）；组合砖柱，可参照现行国家标准《砌体结构设计规范》GB 50003 偏心受压承载力的计算公式确定；其中，将不等式改为等式，钢筋取实有纵向钢筋面积，材料强度设计值改取标准值，按本标准附录 A 取值。

3 依据设计规范对内框架的钢筋混凝土柱、组合砖柱、无筋砖柱的"柱类型系数"的比例关系，对由相关公式算出的 V_{cy}^c 和 V_{mu}^c，尚应取其较小值，即：

对无筋砖柱，当 $V_{cy}^c \geq 2.4V_{mu}^c$，取 $V_{cy} = 2.4V_{mu}^c$，$V_{mu} = V_{mu}^c$；

当 $V_{cy}^u \leq 2.4V_{mu}^c$，取 $V_{cy} = V_{cy}^c$，$V_{mu} = 0.42V_{cy}^c$。

对组合砖柱，当 $V_{cy}^c \geq 1.6V_{mu}^c$，取 $V_{cy} = 1.6V_{mu}^c$，$V_{mu} = V_{mu}^c$；

当 $V_{cy} \leq 1.6V_{mu}$，取 $V_{cy} = V_{cy}^c$，$V_{mu} = 0.63V_{cy}^c$。

中华人民共和国国家标准

民用建筑可靠性鉴定标准

GB 50292—1999

条 文 说 明

目　次

1 总则 …………………………… 7—14—3
2 术语、符号 …………………… 7—14—3
　2.1 术语 ……………………… 7—14—3
　2.2 符号 ……………………… 7—14—3
3 基本规定 ……………………… 7—14—3
　3.1 鉴定分类 ………………… 7—14—3
　3.2 鉴定程序及其工作内容 … 7—14—4
　3.3 鉴定评级标准 …………… 7—14—4
4 构件安全性的鉴定评级 ……… 7—14—5
　4.1 一般规定 ………………… 7—14—5
　4.2 混凝土结构构件 ………… 7—14—6
　4.3 钢结构构件 ……………… 7—14—7
　4.4 砌体结构构件 …………… 7—14—8
　4.5 木结构构件 ……………… 7—14—9
5 构件正常使用性鉴定评级 …… 7—14—9
　5.1 一般规定 ………………… 7—14—9
　5.2 混凝土结构构件 ………… 7—14—10
　5.3 钢结构构件 ……………… 7—14—10
　5.4 砌体结构构件 …………… 7—14—11
　5.5 木结构构件 ……………… 7—14—11
6 子单元安全性鉴定评级 ……… 7—14—11
　6.1 一般规定 ………………… 7—14—11
　6.2 地基基础 ………………… 7—14—12
　6.3 上部承重结构 …………… 7—14—13
　6.4 围护系统的承重部分 …… 7—14—14
7 子单元正常使用性鉴定评级 … 7—14—14
　7.1 一般规定 ………………… 7—14—14
　7.2 地基基础 ………………… 7—14—15
　7.3 上部承重结构 …………… 7—14—15
　7.4 围护系统 ………………… 7—14—15
8 鉴定单元安全性及使用性评级 ……………… 7—14—16
　8.1 鉴定单元安全性评级 …… 7—14—16
　8.2 鉴定单元使用性评级 …… 7—14—16
9 民用建筑可靠性评级 ………… 7—14—16
10 民用建筑适修性评估 ………… 7—14—16
11 鉴定报告编写要求 …………… 7—14—16

1 总则

1.0.1 民用建筑在使用过程中，不仅需要经常性的管理与维护，而且经过若干年后，还需要及时修缮，才能全面完成其设计所赋予的功能。与此同时，还有为数不少的民用建筑，或因设计、施工、使用不当而需加固，或因用途变更而需改造，或因使用环境变化而需处理等等。要做好这些工作，首先必须对建筑物在安全性、适用性和耐久性方面存在的问题有全面的了解，才能作出安全、合理、经济、可行的方案，而建筑结构可靠性鉴定所提供的就是对这些问题的正确评价。由之可见，这是一项涉及安全而又政策性很强的工作，应由国家统一鉴定方法与标准，方能使民用建筑的维修与加固改造有法可依、有章可循。为此，在总结实践经验和科研成果的基础上，制定了本标准。

1.0.2 为了保证建筑物在规定使用期内的安全，有必要对它进行定期鉴定和应急鉴定。所谓的应急鉴定，一般是指以下几种情况的鉴定：

一是当承重结构出现可能影响安全的异常征兆时，对建筑物进行的以抢险和紧急加固为目标的安全性检查与鉴定，亦即通常所谓的危险房屋（简称危房）鉴定。

二是当有严重灾情预报时，对可能受袭击或威胁的建筑物进行的以排险与临时性支顶加固为目标的安全性检查与鉴定。例如：在发出强台风或特大洪水警报后，对建筑物可能受到的破坏进行评估、检查与鉴定。

三是当有特别重要的理由必须确保某一建筑物在指定期间的高度安全时，对该建筑物进行的以消除隐患与组织监控为目标的紧急检查与鉴定。

1.0.3 对本条的规定，需作如下三点说明：

1 地震区系指抗震设防烈度不低于 6 度的地区。

我国 6 度及 Ⅲ、Ⅳ 级场地和 7 度区的民用建筑，在唐山地震前，基本上未考虑抗震设防问题。8 度以上地区，虽然有所考虑，但所采取的措施尚不得力，而目前这些旧建筑正相继进入大、中修期，需要分批进行可靠性鉴定，因此，很有必要与抗震鉴定结合进行，因此本标准作了对地震区民用建筑物可靠性鉴定，尚应遵守国家现行有关建筑物和构筑物抗震鉴定标准要求的规定。

2 特殊地基土地区系指湿陷性黄土、膨胀岩土、多年冻土等需要特殊处理的地基土地区。

这里需要指出的是，过去有些标准规范还将地下采掘区的问题纳入特殊地基土地区处理的范畴。但现行国家标准《岩土工程勘察规范》（GB50021—94）已明确规定：地下采掘区问题应作为场地稳定性问题处理。因此，本标准的特殊地基土地区不包括地下采掘区。

3 特殊环境主要指有侵蚀性介质环境和高温、高湿环境。在个别情况下，还会遇到有辐射影响的环境。

这里需要提示的是，不同种类材料的建筑结构，其所划定的高温、高湿界限不同，有必要分别按各自的现行设计规范的规定执行。

2 术语、符号

2.1 术语

2.1.1～2.1.12 本标准采用的术语及其涵义，是根据下列原则确定的：

1 凡现行工程建设国家标准已规定的，一律加以引用，不再另行给出定义或说明；

2 凡现行工程建设国家标准尚未规定的，由本标准自行给出定义和说明；

3 当现行工程建设国家标准已有该术语及其说明，但未按准确的表达方式进行定义或定义所概括的内容不全时，由本标准完善其定义和说明。

2.2 符号

对本标准采用的符号，需说明以下两点：

1 本标准采用的符号及其意义，是指根据现行《工程结构设计基本术语和通用符号》标准规定的符号用字规则及其表达方法制定的，但制定过程中，注意了与有关标准的协调和统一问题。

2 由于对结构可靠性鉴定采用了划分选用等级的评估模式，故需对每一层次所划分的可靠性、安全性和正常使用性的等级给出代号，以方便使用。为此，参考现行《工业建筑可靠性鉴定标准》和国外有关标准、指南及手册确定了本标准采用的等级代号的主体部份。至于代号的下标，则按现行《工程结构设计基本术语和通用符号》标准规定"由缩写词形成下标"的规则，经简化后予以确定。由于这些代号应用范围较为专一，故上述简化不致引起用字混淆。

3 基本规定

3.1 鉴定分类

3.1.1 根据民用建筑的特点和当前结构可靠度设计的发展水平，本标准采用的是以概率理论为基础，以结构各种功能要求的极限状态为鉴定依据的可靠性鉴定方法，简称为概率极限状态鉴定法。该方法的特点之一，是将已有建筑物的可靠性鉴定，划分为安全性鉴定与正常使用性鉴定两个部分，并分别从《建筑结构设计统一标准》（以下简称《统一标准》）定义的承载能力极限状态和正常使用极限状态出发，通过对已有结构构件进行可靠度校核（或可靠性评估）所积累的数据和经验，以及根据实用要求所建立的分级鉴定模式，具体确定了划分等级的尺度，并给出每一检查项目不同等级的评定界限，以作为对分属两类不同性质极限状态的问题进行鉴定的依据。这样不仅有助于理顺很多复杂关系，使问题变得简单而容易处理，更重要的是能与现行设计规范接轨，从而收到协调统一、概念明确和便于应用的良好效果。因此，在实施时，可根据鉴定的目的和要求，具体确定是进行安全性鉴定，还是进行正常使用性鉴定，或是同时进行这两种鉴定，以评估结构的可靠性。

这里需要说明的是，对正常使用性鉴定之所以不再细分为适用性鉴定与耐久性鉴定，是因为现行设计规范对这两种功能的标志及其界限是综合给出的。在这种情况下，为了保持与规范一致，以充分利用长期以来所积累的工程实践经验，至少在当前是不宜再细分的。

基于以上所述，考虑到单独进行安全性鉴定或正常使用性鉴定，不论在工作量或所使用的手段上，均与系统地进行可靠性鉴定有较大差别，因此，若能在事前作出合理的选择和安排，显然在不少情况下，可以收到提高工效和节约费用的良好效果，故本条就如何根据不同情况选择不同类别的鉴定问题作出了原则性规定。

上述规定写得很具体，在执行中不会有什么问题。这里需指出的是，建筑物的日常维护检查最易被人们所忽视，其所以会出现这种情况，一般有以下两方面原因：一是很多人没有意识到这类检查的重要性，不了解它是保证建筑物正常工作很重要的一环；二是在多数情况下，这类检查并非专门组织的一次性委托任务，而是寓于本单位日常管理工作中。如果管理不善，就不可能把它提到日程上来。这次编制标准的调研中，曾看到有些单位因疏于管理，而给建筑物造成很多问题；但也看到有些单位，由于重视日常检查，而使建筑物一直处于良好的工作状态。上述正反两方面的经验，是很值得引以为鉴的。

3.2 鉴定程序及其工作内容

3.2.1 本标准制定的鉴定程序，是根据我国民用建筑可靠性鉴定的实践经验，并参考了其他国家有关的标准、指南和手册确定的。从它的框图可知，这是一种常规鉴定的工作程序。执行时，可根据问题的性质进行具体安排。例如：若遇到简单的问题，可予以适当简化；若遇到特殊的问题，可进行必要的调整和补充。

3.2.2～3.2.4 条文中规定的初步调查和详细调查的工作内容较为系统，但不要求全面执行，故采用了"可根据实际需要选定"的措词。至于每一调查项目需做哪些具体检查工作，还需根据实际所遇到的问题进行研究，才能使鉴定人员所制定的检测、试验工作大纲具有良好的针对性。为了帮助基层鉴定人员做好这项工作，本标准编制组曾编写了一个"现场检查工作要点"作为这本标准的附件，但由于不符合国家标准的内容构成规定，而只能作为参考资料另发。若有需要者，可与本标准管理组联系。但需指出的是，这些要点毕竟属于指南性的，切勿照搬照套。另外，需要说明的是："调查"一词在本标准中是作为概括性的泛指词使用的，它包括了访问、查档、验算、检验和现场检查实测等涵义。

3.2.5 本标准采用的结构可靠性鉴定方法，其另一要点（要点之一见本标准第3.1.1条说明）是：根据分级模式设计的评定程序，将复杂的建筑结构体系分为相对简单的若干层次，然后分层分项进行检查，逐层逐步进行综合，以取得能满足实用要求的可靠性鉴定结论。为此，根据民用建筑的特点，在分析结构失效过程逻辑关系的基础上，本标准将被鉴定的建筑物划分为构件（含连接）、子单元和鉴定单元三个层次，对安全性和可靠性鉴定划分为四个等级；对正常使用性鉴定划分为三个等级。然后根据每一层次各检查项目的检查评定结果确定其安全性、正常使用性和可靠性的等级，至于其具体的鉴定评级标准，则由本标准的各有关章节分别给出。这里需要说明的是：

1 关于鉴定"应从第一层开始，逐层进行"的规定，系就该模式的构成及其一般程序而言，对有些问题，如地基的鉴定评级等，由于不能细分为构件，故允许直接从第二层开始。

2 从表3.2.5的构成以及本标准第11.0.4条的规定可知，"检查项目"的检查评定结果最为重要，它不仅是各层次、各组成部分鉴定评级依据，而且还是处理所查出问题的主要依据。至于子单元（包括其中的每种构件）和鉴定单元的评定结果，由于经过了综合，只能作为对被鉴定建筑物进行科学管理和宏观决策的依据。如据以制定维修计划、决定建筑群维修重点和顺序、使业主对建筑物所处的状态有系统的认识等等，而不能以据以处理具体问题。这在执行本标准时应加以注意。

3 根据详细调查结果，以评级的方法来划分结构或其构件的完好和损坏程度，是当前国内外评估建筑结构安全性、正常使用性和可靠性最常用的方法，但多采取文字与数值相结合方式划分等级界限，然而值得注意的是，由于分级和界限性质的不同，各国标准、指南或手册所划分的等级，其内涵将有较大差别，不能随意等同对待。本标准采用的虽然也是同样形式的分级方法，但其内涵由于考虑了与结构失效概率（或对应的可靠指标）相联系，与现行设计、施工规范相接轨，并与处理对策的分档相协调，因而更具有科学性和合理性，也更切合实用的要求。

4 国内外实践经验表明，分级的档数宜适中，不宜过多或过少。因为级别过多过少，均难以恰当地给出有意义的分级界限，故一般根据鉴定的种类和问题的性质，划分为三至五级，个别有六级，但以分为四级居多。本标准根据专家论证结果，对安全性和可靠性鉴定分为四级；对正常使用性鉴定为三级。其所以少分一个等级，是因为考虑到正常使用性鉴定不存在类似"危及安全"这一档，不可能作出"必须立即采取措施"的结论。

3.2.6 当发现调查资料不足时，便应及时组织补充调查，这是理所当然的事，但值得提醒注意的是，对各种事故而言，补充调查就是补充取证。这项工作往往由于现场各种因素发生变化而无法进行。为此，在详细调查（即第一次取证）进场前，就要采取措施保护现场，为随后可能进行的补充取证保留结构的破坏原状和必要的取证工作条件，这种保护措施，要直到鉴定工作全面结束并经主管部门批准后才能拆除。

3.2.7 长期以来的可靠性鉴定经验表明，不论怎样严格地按调查结果评价残损结构（含承载能力不足的结构，以下同），但鉴定人员的结论，总是与如何治理相联系，特别是对C_u级或接近C_u级边缘的结构，其如何治理，在很大程度上左右着鉴定的最后结论。一般说来，鉴定人员对易加固的结构，其结论往往是建议保留原件；对很难修复的结构或极易更换的构件，其结论往往倾向于重建或拆换。这说明鉴定人员总要考虑残损结构的适修性问题。所谓的适修性，系指一种能反映残损结构适修程度与修复价值的技术与经济综合特性。对于这一特性，委托方尤为关注。因为残损结构的鉴定评级固然重要，但他们更需知道的是该结构能否修复和是否值得修复的问题，因而往往要求在鉴定报告中有所交代。由之可见，不论从哪方面考虑，均有必要对所鉴定结构进行适修性评价，为此，除在本标准第10章给出评估方法外，尚需在本条的程序中加以明确规定。

3.2.8 （略）

3.3 鉴定评级标准

3.3.1～3.3.3 本节对民用建筑的安全性、正常使用性和可靠性等级的划分，制定了用文字表述的分级标准（亦即国外所谓的言词标准），以统一各类材料结构各层次评级标准的分级原则，从而使标准编制者与使用者对各个等级的含义有统一的理解和掌握；同时，在本标准中，还有些不能用具体数量指标界定的分级标准，也需依靠它来解释其等级的含义。

对这些以文字表述的标准，需要说明两点：一是关于鉴定依据的提法；另一是分级原则的制订。但考虑到后者的说明不可能不涉及以下各章节每一层次评级标准如何与之相协调的问题，在这种情况下，若集中于本节阐述，势必给标准使用者的查阅带来很大的不便。因此，决定将这个问题的说明分散到各有关章节中，这里仅对鉴定依据的提法问题加以说明。

如众所周知，过去在这个问题上，一直存在着两种不同的观点：一种认为，鉴定应以原设计、施工规范为依据；另一种则认为，必需以现行设计、施工规范为依据。这次制订标准，曾组织有关专家进行了研究，其结论一致认为，较全面而恰当的提法，是以本标准为依据，理由如下：

1 由于已有建筑物绝大多数在鉴定并采取措施后还要继续使用，因而不论从保证其下一目标使用期所必需的可靠度或是从标准规范的适用性和合法性来说，均不宜直接采用已被废止的原规范作为鉴定的依据。这一观点在国际上也是一致。例如：最近发布的国际标准《结构可靠性原则》（ISO/DIS2394—1996）中便明确规定：对已有建筑物的鉴定，原设计规范只能作为参考性的指导文件使用。

2 以现行设计、施工标准规范作为已有建筑物鉴定的依据之一，是无可非议的，但若认为它们是鉴定的唯一依据则欠妥。因为现行设计、施工规范毕竟是以拟建的工程为对象制定的，不可能系统地考虑已有建筑物所能遇到的各种问题。

3 采用以本标准为依据的提法，则较为全面，因为其内涵已全面概括了以下各方面的内容和要求：

1）现行设计、施工规范中的有关规定；

2) 原设计、施工规范中尚行之有效，但由于某种原因已被现行规范删去的有关规定；

3) 根据已有建筑物的特点和工作条件，必需由本标准作出的专门规定。

因此，在本节以文字表述的标准中（表3.3.3至表3.3.3），均以是否符合本标准的要求及其符合或不符合的程度，作为划分不同等级的依据。

3.3.4 适修性评级的分级原则，是根据专家意见和德国经验，经综合后形成的。但由于民用建筑的情况比较复杂，因而制定的条文内容较为原则，宜根据实际情况予以具体化，才能收到更好的效果。

4 构件安全性的鉴定评级

4.1 一般规定

4.1.1 设置本条的目的是为了将本标准表3.2.5列出的单个构件安全性鉴定评级的检查项目与本章的具体规定联系起来，以便于标准使用者掌握前后条文的承接关系。其内容简明，无需解释。故编写此条文说明的目的，主要在于利用本条与以下各节的普遍联系，而将各类材料结构构件采用的统一分级（定级）原则集中说明于此，以避免分散说明所造成的内容重复。

一、关于安全性检查项目的分级原则

本标准的安全性检查项目分为两类：一是承载能力验算项目；二是承载状态调查实测项目。本标准从统一给定的安全性等级涵义出发，分别采用了下列分级原则：

（一）按承载能力验算结果评级的分级原则

根据本标准的规定，结构构件的验算应在详细调查工程质量的基础上按现行设计规范进行。这也就要求其分级应以《统一标准》规定的可靠指标为基础，来确定安全性等级的界限。因为如众所周知，结构构件的安全度（可靠度）除与设计的作用（荷载）、材料性能取值及结构抗力计算的精确度有关外，还与工程质量有着密切关系。《统一标准》以结构的目标可靠指标来表征设计对结构可靠度的要求，并根据可靠指标与材料和构件质量之间的近似函数关系，提出了设计要求的质量水平。从可靠指标的公式可知，当荷载效应的统计参数为已知时，可靠指标是材料或构件强度均值及其标准差的函数。因此，设计要求的材料和构件的质量水平，可以近似地根据结构构件的目标可靠指标来确定。

《统一标准》规定了两种质量界限，即设计要求的质量和下限质量，前者为材料和构件的质量应达到或高于目标可靠指标要求的期望值。由于目标可靠指标系根据我国材料和构件性能的统计参数的平均值校准得到的，因此，它所代表的质量水平相当于全国平均水平，实际的材料和构件性能可能在此质量水平上下波动。为使结构构件达到设计所预期的可靠度，其波动的下限应予规定。与此相应，工程质量也不得低于规定的质量下限。《统一标准》的质量下限系按目标可靠指标减0.25确定的。此值相当于其失效概率运算值上升半个数量级。

基于以上考虑，并结合安全性分级的物理内涵，本标准对这类检查项目评级，采取了下列分级原则：

a_u级 符合现行规范对目标可靠指标β_0的要求，实物完好，其验算表征为$R/\gamma_0 S \geq 1$；分级标准表述为：安全性符合本标准对a_u级的要求，不必采取措施。

b_u级 略低于现行规范对β_0的要求，但尚可达到或超过相当于工程质量下限的可靠水平。即可靠指标$\beta \geq \beta_0 - 0.25$，此时，实物状况可能比$a_u$级稍差，但仍可继续使用，验算表征为$1 > R/\gamma_0 S \geq 0.95$；分级标准表述为：安全性略低于本标准对$a_u$级的要求，尚不显著影响承载，可不采取措施。

c_u级 不符合现行规范对β_0的要求，其可靠指标下降已超过工程质量下限，但未达到随时有破坏可能的程度，因此，其可靠指标β的下浮可按构件的失效概率增大一个数量级估计，即下浮下列区间内：

$$\beta_0 - 0.25 > \beta \geq \beta_0 - 0.5$$

此时，构件的安全性等级比现行规范要求的下降了一个档次。显然，对承载能力有不容忽视的影响。对于这种情况，验算表征为$0.95 > R/\gamma_0 S \geq 0.9$；分级标准表述为：安全性不符合本标准对$a_u$级的要求，显著影响构件承载，应采取措施。

d_u级 严重不符合现行规范对β_0的要求，其可靠指标的下降已超过0.5，这意味着失效概率大幅度提高，实物可能处于濒临危险的状态。此时，验算表征为$R/\gamma_0 S < 0.9$；分级标准表述为：安全性极不符合本标准对a_u级的要求，已严重影响构件承载，必须立即采取措施（如临时支顶并停止使用等），才能防止事故的发生。

从以上所述可知，由于采用了按《统一标准》规定的目标可靠指标和两种质量界限来划分承载能力验算项目的安全性等级，因而不仅较好地处理了可靠性鉴定标准与《统一标准》接轨与协调的问题，而且更重要的是避免了单纯依靠专家投票决定分级界限所带来的概念不清和可靠性尺度不一致的缺陷。

另外，值得指出的是，由于结构构件的可靠指标与失效概率具有相应的函数关系，因此，这种分级方法也体现了当前国际上所提倡的安全性鉴定分级与结构失效概率相联系的原则，并且首先在我国的可靠性鉴定标准中得到了实际的应用。

（二）按承载状态调查实测结果评级的分级原则

对建筑物进行安全性鉴定，除需验算其承载能力外，尚需通过调查实测，评估其承载状态的安全性，才能全面地作出鉴定结论。为此，要根据实际需要设置这类的检查项目。例如：

1) 结构构造的检查评定

因为合理的结构构造与正确的连接方式，始终是结构可靠传力的最重要保证。倘若构造不当或连接欠妥，势必大大影响结构构件的正常承载，甚至使之丧失承载功能。因而它具有与结构构件本身承载能力验算同等的重要性，显然应列为安全性鉴定的检查项目。

2) 不适于构件继续承载的位移或裂缝的检查评定

这类位移或裂缝相当于《统一标准》中所述的"不适于继续承载的变形"，它也不属于承重结构正常使用性（适用性和耐久性）所考虑的问题范畴。正如《统一标准》所指出的：此时结构构件虽未达到最大承载能力，但已彻底不能使用，故也应视为已达到承载能力极限状态的情况。由之可见，同样应列为安全性鉴定的检查项目。

3) 结构的荷载试验

众所周知，通过建筑物的荷载试验，能对其安全性作出较准确的鉴定，显然应列为安全性鉴定的检查项目，但由于这样的试验要受到场地、时间与经费的限制，因而一般仅在必要且可能时才进行。

对上述这些检查项目，本标准采用了下列分级原则：

1 当鉴定结果符合本标准根据现行标准规范规定和已有建筑物必须考虑的问题（如性能退化、环境条件改变等）所提出的安全性要求时，可评为a_u级。这也就是本标准第3.3.1条分级标准中提到的"符合本标准对a_u级要求"的涵义。

2 当鉴定结果遇到下列情况之一时，可降为b_u级；

1) 尚符合本标准的安全性要求，但实物外观稍差，经鉴定人员认定，不宜评为a_u级者。

2) 虽略不符合本标准的安全性要求，但符合原标准规范的安全性要求，且外观状态正常者。

3 当鉴定结果不符合本标准对a_u级的安全性要求，且不能引用降为b_u级的条款时，应评为c_u级。

4 当鉴定结果极不符合本标准对a_u级的安全性要求时，应

评为 b_u 级。此定语"极"的含义是指该鉴定对象的承载已处于临近破坏的状态。若不立即采取支顶等应急措施，可能危及生命财产安全。

根据上述分级原则制定的具体评级标准，分别由本章第 4.2 节～第 4.5 节给出。这里需要进一步指出的是，c_u 级与 d_u 级的分界线，虽然是根据有关科研成果和工程鉴定经验，在组织专家论证的基础上制定的，但由于这两个等级均需要采取措施的等级，且其区别仅在于危险程度的不同（即：c_u 级意味着尚不至于立即发生危险，可有较充分的时间进行加固修复；而 d_u 级则意味着随时可能发生危险，必须立即采取支顶、卸载等应急措施，才能为加固修复工作争取到时间）。因此，在结构构造与受力情况复杂的民用建筑中，若对每一检查项目均硬性地划分 c_u 级与 d_u 级的界限，而不给予鉴定人员以灵活掌握处理的权限，则有可能导致某些检查项目评级出现偏差。为了解决这个问题，本标准对部分检查项目的评级标准，改而仅给出定级范围，至于具体取 c_u 级还是 d_u 级，则允许由鉴定人员根据现场分析、判断所确定的实际严重程度作出决定。

二、关于单个构件安全性等级的确定原则

单个构件安全性等级的确定，取决于其检查项目所评的等级，最简单的情况是：被鉴定构件的每一检查项目的等级均相同。此时，项目的等级便是构件的安全性等级。但在不少情况下，构件各检查项目所评定的等级并不相同，此时，便需制定一个统一的定级原则，才能唯一地确定被鉴定构件的安全性等级。

在民用建筑中，考虑到其可靠性鉴定被划分为安全性鉴定和正常使用性鉴定后，在安全性检查项目之间已无主次之分，且每一安全性检查项目所对应的均是承载能力极限状态的具体标志之一。在这种情况下，不论被鉴定构件拥有多少个安全性检查项目，但只要其中有一等级最低的项目低于 b_u 级（例如 c_u 级或 d_u 级），便表明该构件的承载功能，至少在所检查的标志上已处于失效状态。由之可见，该项目的评定结果所反映的是鉴定构件承载的安全性或不安全性，因此，本标准采用了按最低等级项目确定单个构件安全性等级的定级原则。这也就是所谓的"最小值原则"。尽管有个别意见认为，采用这一原则过于稳健，但就构件这一层次而言，显然是合理的。

4.1.2 在民用建筑安全性鉴定中，对结构构件的承载能力进行验算，是一项十分重要的工作。为了力求得到科学而合理的结果，有必要在验算所需的数据与资料的采集及利用上，作出统一规定。现就本标准的这一方面规定择要说明如下：

一、关于结构上作用（荷载）的取值问题

对已有建筑物的结构构件进行承载能力验算，其首先需要考虑的问题，是如何为计算内力提供符合实际情况的作用（荷载）。因此，不仅要对施加于结构上的作用（荷载），通过调查或实测予以核实，而且还要根据《统一标准》规定的取值原则，并考虑已有建筑物在时间参数上不同于新设计建筑物的特点，按不同的鉴定目的确定所需要的标准值。这是一项理论性较强且又计算繁杂的工作。显然不宜由鉴定人员自行分析确定。为此，本标准作出了统一规定，并列于附录 B 供鉴定人员使用。

二、关于构件材料强度的取值问题

对已有建筑物的结构构件进行承载能力验算，其另一需要考虑的问题，是如何为计算抗力提供符合实际的构件材料强度标准值。为此，编制组参照国际标准《结构可靠度总原则》（ISO/2304—1996）的规定，提出了两条确定原则。这里需说明的是，根据现场检测结果确定材料强度标准值时，其所以需要按本标准附录 C 的规定取值，而不能直接采用《统一标准》和现行设计规范规定的计算系数 $K=1.645$ 确定强度的标准值，是因为在现场检测条件下的样本容量 n 有限。此时，根据现行国家标准《正态分布样本可靠度单侧置信下限》（GB 4885）的规定，对强度标准值的取值，应考虑样本容量 n 和给定的置信水平 C 对计算系数 K 的影响。为此，本标准作出了仅限在已有结构中使用的专门规定，列于附录 C 供检测人员与鉴定人员使用。

这里需指出的是，置信水平 C 应统一给定，不能由鉴定人员自行取值。为了合理地给出 C 值，本标准根据 ISO、CEB、CEN 和前苏联（CHиПⅡ-23-88）的有关规定，并参照《可靠性基础》和《误差分析方法》等文献的观点，作出了具体取值的规定。其中，对混凝土结构和木结构所取的 C 值，与上述的国外标准是一致的；对钢结构也很相近；只有砌体结构，由于迄今尚未见国外有这方面的考虑，因而主要是根据我国砌体结构的使用经验，并参照有关文献的观点，取 C 值等于 0.6。

4.1.3 本条规定的目的，主要是为了保证检测数据的有效性、严肃性和可信性，现就其中 1、3 两款作如下说明：

一、关于同时使用不止一种检测方法的规定

如众所周知，当一个检查项目同时并存几种检测方法标准时，最好是通过当地检测主管部门分别不同情况确认其中一种方法。或通过三方的书面合同确认某种方法，然而，在工程鉴定实践也发现，有时需采用 2～3 种非破损检测方法同时测定一个项目，然后再综合确定其检测结果的取值，才能取得较为可靠的检测结论。在这种情况下，务必事先约定数据综合处理的规则，以免事后引起矛盾和争议，特别是涉及仲裁的检测，更应注意这一点，否则将会造成影响仲裁工作进行的严重后果。

二、关于异常值处理的规定

当怀疑检测数据有异常值时，应根据现行国家标准《正态样本异常值的判断和处理》（GB4883）进行检验是没有问题的，但在执行该标准时应注意的是，其中有些条款同时并存几种规则，需要使用者作出采用哪种规则的决定。因此，有关各方应在事前共同进行确认，并形成书面协议，以免事后引起争议。另外，对检出的异常值是否剔除，应持慎重的态度。例如，当找不到其他物理原因可证明该检出值确有问题时，一般宜根据该标准规则 3.3 的 b 款，仅剔除按剔除水平检出的异常值，较为稳妥可信。

这里还需要指出的是，上述标准仅适用于正态样本。若所持样本不服从正态假设时，应按分布检验结果，采用其他分布类型的国家标准。不过对材料强度的检测一般可不考虑这个问题。

4.1.4 关于荷载试验应按现行专门标准进行的规定，虽然很容易理解，但由于迄今还有不少结构试验方法标准尚未发布，因而必然会给实施本条规定造成不少困难。在这种情况下，若鉴定单位拟引用国外标准，或按自行设计的试验方法进行检验，务必要慎重考虑，必要时宜与本标准管理组进行商量，因为国外所采用的检验参数或自行设计方法，不一定能与本标准有关规定接轨，这一点应引起有关单位及技术人员的注意。

4.1.5 本条是根据国际标准《结构可靠性总原则》（ISO/DIS2394—1996）类似的规定制订的。其目的在于减少鉴定工作量，将有限的人力、物力和财力用于最需要检查的部位。

4.1.6 如众所周知，在同一批构件中，增加样本的数量，可以提高检测的精度，但由于检测精度与抽样数量平方成反比，因此，要显著地提高检测精度必须付出较大的人力和财力的代价，况且，对已有建筑物的检测而言，还不只是代价大小的问题，更多的是涉及到技术难度很大，有时为了确保已有结构的安全，甚至无法做到。为此，本标准从保证检测结果平均值应具有可以接受的最低精度出发，规定了现场受检构件的最低数量为 5～10 个。至于每一构件上需取多少个测点，才能定出该构件材料强度的推定值，则应由现行各检测方法标准来确定。如果委托方对检测有较严的要求，也可适当增加受检构件的数量，但值得指出的是，现场抽样数量过大，也有不利之处，因为此时将很难保证检测条件前后一致，反而检测来新的误差。

4.2 混凝土结构构件

4.2.1 混凝土结构构件安全性鉴定应检查的项目，是在《统一标准》定义的承载能力极限状态基础上，参照国内外有关标准和工程鉴定经验确定的。

4.2.2 混凝土结构构件承载能力验算分级标准，是根据《统一标准》的可靠性分析原理和本标准统一制定的分级原则（见本条条文说明第4.1.1条）确定的，其优点是能与《统一标准》规定的两种质量界限挂钩，并与设计采用的目标可靠指标接轨，故为本标准所采用。

4.2.3 大量的工程鉴定经验表明，即使结构构件的承载能力验算结果符合本标准对安全性要求，但若构造不当，其所造成的问题仍然可导致构件或其连接的工作恶化，以致最终危及结构承载的安全。因此，有必要设置此检查项目，对结构构造的安全性进行检查与评定。

另外，从表4.2.3可看出，在构造安全性的评定标准中，只给出b_u级与c_u级之间的界限，而未给a_u级与b_u级以及c_u级与d_u级之间的界限。其所以作这样的处理，是因为构造问题比较复杂，而又经常遇到原设计、施工图纸资料多已缺失，且检查实测只能探明其部分细节的情况。此时，必需结合其实际工作状态进行分析判断，才能较有把握地确定其安全性等级。因此，宜由鉴定人员根据现场观测到的实际情况适当调整评级的尺度。

4.2.4 从现场检测得到的混凝土结构构件的位移值（或变形值、以下同），其大小要受到作用（荷载）、几何参数、配筋率、材料性能、构造缺陷、施工偏差和测试误差等多方面因素的影响。在已有建筑物中，这些影响不仅复杂，而且难用已知的方法加以分离。因此，一般只能以总位移的测量为依据来评估该构件的承载状态。这也就更增加了制定标准的难度。为了解决这个问题，编制组提出了若干方案组织专家评议，经反复讨论，一致认为下述方案可用于制定标准：

1 对容易判断的情况和工程鉴定经验积累较多的若干种构件，采用按检测值与界限值比较结果直接评定方法；

2 对受力与构造较为复杂的构件，或实测只能取得部分结果的情况，采用检测与计算分析相结合的评定方法。这也是目前许多国家所采用的方法，其要点是：

  1）给出估计可能影响承载，但需经计算分析核实的位移验算界限，作为验算的起点。

  2）要求对位移实测值超过该界限的构件进行承载能力验算。验算时，应计入附加位移的影响，并为此给出按验算结果评级的原则。

本方案的优点在于，较易划分验算的界限，而又不过多地增加计算工作量（仅部分需做验算），但却能提高鉴定结果的可信性。

在选定了上述鉴定方法的基础上，编制组根据所掌握的测试与分析资料以及国内外同类的有关规定，提出了各类构件的位移界限值及其评级标准，其中需要说明两点：

1 表4.2.4对$l_0 \leq 9m$规定的挠度限值，其所以采用双控的方式，主要是为了避免在接近$l_0 = 9m$处算得的界限值出现突变。因为若无45mm的限制，将使$l_0 = 9m$和$l_0 = 9.01m$的挠度界限值分别为60mm和45.05mm。这显然很不协调，其后果是容易引起各有关方面对鉴定结论的争议。因此，作了必要的处理，以利于标准的执行。

2 本条对柱的水平位移（或倾斜，以下同）之所以划分为"与整个结构有关"及"只是孤立事件"这两种情况，主要是因为考虑到当属于前者情况时，被鉴定柱所在的上部承重结构有显著的侧向水平位移，在这种情况下，对柱的承载能力的验算，需采用该结构考虑附加位移作用得的内力；但若属于后者情况，则仍可采用正常的设计内力，仅需在截面验算中，考虑位移所引起附加弯矩即可。

另外，应指出的是，当鉴定做出某构件的位移并非不适于继续承载的位移时，其含义仅表明在位移这一项上，其安全性被接受，但未涉及该构件这方面的使用功能是否适用的问题。因为安全并不等于适用，故一般还需根据本标准第5章的有关规定进行使用性鉴定，才能作出全面的结论。

4.2.5～4.2.7 迄今为止，国内外有关标准（或检验手册、指南等）对同一检查项目所给出的不适于继续承载这档的裂缝宽度界限并不一致。从目前编制组所掌握的资料看，不同来源之间的差别范围大致如附表1所示。

不适于混凝土构件继续承载的裂缝宽度界限值   附表1

界限值名称	构件类别		不同标准划分裂缝宽度界限值的差别范围
剪切裂缝宽度（mm）	梁、柱		出现裂缝至>0.30
其他受力裂缝宽度（mm）	钢筋混凝土结构	主要构件	>0.50至>0.70
		一般构件	>0.60至>1.0
	预应力混凝土结构	主要构件	>0.20至>0.25 (>0.30至>0.35)
		一般构件	>0.20至>0.30 (0.40至>0.50)
纵向锈蚀裂缝宽度（mm）	任何构件		出现裂缝至>1.0
收缩、温度裂缝宽度（mm）	任何构件		>1.0至2.0

注：1. 对剪切裂缝，有些标准指所有剪切裂缝；有些标准仅指某几种剪切裂缝；
    2. 对其他受力裂缝，有些标准指弯曲裂缝、轴拉裂缝及弯剪裂缝，有些标准则泛指各种横向和斜向裂缝；
    3. 括号内的限值仅适用于冷拉Ⅱ、Ⅲ、Ⅳ级钢筋的预应力构件。

分析认为，不同标准（或手册、指南）所划的界限值之所以有出入，主要是由于对每种裂缝所赋予的内涵互有差异，或是由于在风险决策上所掌握的尺度略有不同所致。针对这一情况，编制组提出了制定本标准的方案如下：

1 对受力裂缝重新进行分档

1）将界限值可望统一的弯曲裂缝、轴拉裂缝和一般的弯剪裂缝归在一档；

2）将破坏后果较为严重的剪切裂缝单列一档，但明确其内涵仅包括：斜拉裂缝以及集中荷载靠近支座处出现的和深梁中出现的斜压裂缝。

2 对非受力裂缝，考虑到其实际情况的复杂性，故采取按界限值与分析判断相结合的方案制订鉴定标准，即：

1）给出应考虑这种裂缝对结构安全影响的界限值；

2）要求对裂缝宽度超过该界限的构件进行分析或运用工程经验进行判断，以确定是否应将该裂缝视为不适于继续承载的裂缝。

根据这一方案，编制组从民用建筑承重结构的安全性要求出发，以所掌握的试验和工程鉴定经验的资料为依据，并参考国外有关标准的规定，具体确定了每种裂缝的界限值。

另外，执行本标准应注意的是，本条规定的裂缝界限值与本标准第5章规定的裂缝界限值不能混淆，两者的区别在于：前者所涉及的是构件承载的安全性问题，因而是采取加固措施的界限；后者所涉及的是构件功能的适用性与耐久性问题，因而是采取修补（包括封护）措施的界限。

4.3 钢结构构件

4.3.1 钢结构构件安全性鉴定应检查的项目，是在《统一标准》定义的承载能力极限状态基础上，参照国内外有关标准和工程鉴定经验确定的。其中需说明的是，本标准之所以将钢结构构件中的锈蚀，划分为影响耐久性和影响承载的两类，并要求在本标准规定的环境条件下，将影响承载的锈蚀列为安全性鉴定的补充检查项目，是因为钢结构处于条文所指出的这些不利的环境中，其锈蚀将大大加快，以至在很短时间内便会危及结构构件承载的安全。另外，就冷弯薄壁型钢结构和轻钢结构而言，则由于其构件自身截面尺寸小，对锈蚀十分敏感而快速。因此，也有必要将影响承载的锈蚀，作为其安全性鉴定的一个检查项目。

4.3.2 钢结构构件（含连接）承载能力验算的分级标准的制定原则，与混凝土结构构件完全一致。其具体内容详见本标准4.1.1

条的条文说明。

4.3.3 在钢结构的安全事故中,由于构造与连接不当而引起的各种破坏(如失稳以及过度应力集中、次应力所造成的破坏等等)占有相当的比例,这是因为在任何情况下,构造的正确性与可靠性总是钢结构构件正常承载能力的最重要保证,一旦构造(特别中连接构造)出了严重问题,便会直接危及结构构件的安全。为此,将它列为与承载能力验算同等重要有检查项目。

4.3.4 钢结构构件由于挠度过大而发生安全问题,在民用建筑中较为少见,因此,存在着是否有必要在本标准中设置这一检查项目的不同看法。经征询专家意见,大多数认为仍有此必要,其主要理由是:

1 国外有过旧钢梁、钢檩出现较明显塑性变形的工程实例报道;

2 设计、施工不当的钢桁架可能在遇到下列情况时出现不适于继续承载的挠度:

   1)主要节点的连接失效;
   2)构件的附加应力过大;
   3)各种原因引起的超载;

3 偏差严重的钢梁可能由于构件弯曲、侧弯、节点板弯折或翼缘板压弯等产生的附加作用而影响其正常承载。

尽管上述构件的最后破坏,可能不是直接由挠度所引起,但不少的工程实例表明,确是因为首先观察到挠度的异常发展,并采取了支顶等应急措施,才避免了倒塌事故的发生。因此,通过对过大挠度的检查,以评估该结构构件是否适于继续承载,还是很有实用价值的。

基于以上观点,编制组决定在本标准中设置这一检查项目,并为制订其标准,广泛搜集了下列资料:

1)国内外有关标准(或检验手册、指南等)的规定及其说明;
2)不同专家根据自身经验提出的有关建议;
3)有关的研究成果与验证结论。

以上资料所给出的界限值并不一致,经汇总后将其相互的差别范围列于附表2,从列表数据可知:

不适于钢构件继续承载的位移界限资料汇总　　附表2

检查项目	构造类别	不同资料给出的界限值的差别范围	
		界限值(无附加规定)	界限值(有附加规定)
挠度	桁架、托架	$>l_0/200$ 至 $>l_0/350$	$>l_0/400$,且验算不合格
	主梁、托梁	$>l_0/250$ 至 $>l_0/300$	$>l_0/300$,且有超载
	其他实腹梁	$>l_0/150$ 至 $>l_0/180$	—
	檩条	$>l_0/100$ 至 $>l_0/120$	—
挠度(短向)	屋盖网架	$>l_0/180$ 至 $>l_0/200$	
	楼盖网架	$>l_0/200$ 至 $>l_0/250$	
侧向弯曲	实腹梁	$>l_0/400$ 至 $>l_0/660$	

注:表中符号意义同本标准正文。

1)一般实腹梁的挠度界限值,在不同资料之间较为接近;

2)桁架、托架的挠度界限值及其确定方法,在不同资料之间差别较为悬殊,且很难统一;

3)网架挠度的界限值,在不同资料之间虽也较为接近,但可用的资料很少。

根据上述情况,编制组决定采用与混凝土结构构件相同的方案(参见本标准第4.2.4条说明)制定标准:

1)对桁架、托架和柱,由于情况复杂,很难制订统一的标准,因而宜采用检测与验算相结合的方法进行判断,以提高评级的可信性。

2)对网架,由于考虑到其附加挠度影响的计算过于复杂,且现行设计与施工规程所给出的挠度允许值又较为偏宽,因而虽宜采用直接评级的方法,但有必要采用稳健取值的原则确定其界限值。

3)对其他受弯构件,由于不同资料之间差别较小,而本标准在归纳时,又按不同情况进行了细分,因此,宜采用直接评级的方法,以减少鉴定的计算工作量。

以上标准在其草案阶段,曾由太原理工大学等单位在实际工程中用于试算和试鉴定,其结果表明较为合适可行。

4.3.5 当钢结构构件处于第4.3.1条所列举的几种情况时,其锈蚀速度将比正常情况下高出5~17倍,而它所造成的损害,也会很快地就超出耐久性试验所考虑的水平和范围。此时,由于已涉及安全问题,显然只能视为"不适于继续承载的锈蚀"进行检查和评定。若检查结果表明,该构件的锈蚀已达一定深度,则其所造成的问题将不仅仅是单纯的截面削弱,而且还会引起钢材更深处的晶间断裂或穿透,这相当于增加了应力集中的作用,显然要比单纯的截面减少更为严重。因此,当以截面削弱为标志来划分影响继续承载的锈蚀界限时,有必要考虑这种微观结构破坏的影响。本标准表4.3.5规定的限值,已作这方面考虑,故较为稳妥可行。

4.4 砌体结构构件

4.4.1 砌体结构构件安全性鉴定应检查的项目,是在《统一标准》定义的承载能力极限状态基础上,根据其工作性能和工程鉴定经验确定的。从征求意见来看,其中需要说明的是本标准之所以将高厚比作为砌体结构构造的检查项目之一,是因为在实际结构中,砌体由于其本身构造和施工的原因,很少不带隐性缺陷的。在这种条件下工作的砌体墙、柱,倘若刚度不足,便很容易由于意外的偏心、弯曲、裂缝等缺陷的共同作用,而导致承载能力的降低。为此,设计规范用规定的高厚比来保证受压构件正常承载所必需的最低刚度。针对这一设计特点进行安全性鉴定,除了应进行强度和稳定性验算外,尚需检查其高厚比是否满足承载的要求。也就是说,只有了解构造的实际情况,构件的验算才是意义的。况且,在实际工程中,也曾发现过因高厚比过大诱发多种影响因素共同起作用,而导致砌体墙、柱发生安全事故的实例。因此,将其列为安全性鉴定的检查项目是恰当的。

4.4.2 砌体结构构件承载能力分级标准的制定原则,与混凝土结构构件完全一致,其具体阐述,详见本标准第4.1.1条的条文说明。

4.4.3 关于承重结构构造安全性鉴定的重要性及其评级的制定问题,已在本标准第4.2.3条的说明中做了阐述。这里仅就表4.4.3中对墙、柱高厚比所作的规定说明如下:

长期以来的工程实践表明,当砌体高厚比过大时,将很容易诱发墙、柱产生意外的破坏。因此,对砌体高厚比要求,一直作为保证墙、柱安全承载的主要构造措施而被列入设计规范。但许多试算和试验结果也表明,砌体的高厚比虽是影响墙、柱安全的因素之一,但其敏感性不如其他因素,而且在量化指标的界定上也存在着一定的模糊性,不致于一超出允许值,便出现危及安全的情况。据此,本标准作如下处理:

1)将墙、柱的高厚比列为构造与连接安全性鉴定的主要内容之一。

2)在b_u级与c_u级界限的划分上,略为宽容。经征求有关专家意见认为,取现行设计规范允许高厚比下浮10%的值作为划分这两个等级的界限,与过去的鉴定经验较为吻合。

4.4.4 对本条需说明三点:

1 砌体结构构件出现的过大水平位移(或倾斜、以下同),居多属于地基基础不均匀沉降或过大施工偏差引起的,但也有是由于水平荷载及基础转动留下的残余变形,不过在一次检测中,往往是很难分清的。因此,也需以总位移为依据来评估其承载状态。在这种情况下,经分析研究认为,原则上也可采用与混凝土结构和钢结构相同的模式(参见标准第4.2.4条及第4.3.4条的说明)来制订其评级标准。与此同时,考虑到砌体结构受力与构造的复杂性，在很多情况下难以进行考虑附加位移作用的内力计算，因而在本标准第6.3.5条中增加一条注：允许在计算有困难时，可以表6.3.5所给出的位移界限值为基础，结合工程鉴定经验进行评级。这从砌体结构属于传统结构，长期以来积累有丰富的使用经验来看，还是可行的。当然，若有现成的计算程序和实测的计算参数可供利用，仍然以通过验算作出判断为宜。

2 由施工偏差或使用原因造成的砖柱弯曲（通过主受力平面或侧向弯曲）达到影响承载的程度虽不多见，但确是有过这类实例，因此，仍应列为安全性鉴定的检查项目。至于如何划分其 b_u 级与 c_u 级界限，编制组考虑到我国经验不多，故参照原苏联和欧洲各国的文献资料取为砖柱自由长度的 1/300。对于常见的 4.5m 高的砖柱，此时弯曲矢高为 15mm，已超过施工允许偏差近一倍。显然有必要在承载能力的验算中考虑其影响。若验算结果表明，其影响不显著，仍然可评为 b_u 级，且无需采取措施，这也是很正常的，因为本条所给出的只是验算起点（验算界限），而非评级界限。

3 对砖拱、砖壳这类构件出现的位移或变形，国内外标准（或检验手册、指南）多采用一经发现便可根据其实际严重程度判为 c_u 级或 d_u 级的直观鉴定法。本标准也不例外，因为，这类砌体构件不仅对位移和变形的作用敏感，而且承载能力很低，往往会在毫无先兆的情况下发生脆性破坏，故不能不采用稳健的原则进行评定。

4.4.5 考虑到砌体结构的特性：当其承载能力严重不足时，相应部位便会出现受力性裂缝。这种裂缝即使很小，也具有同样的危害性。因此，本标准作出了凡是检出受力性裂缝，便应根据其严重程度评为 c_u 级或 d_u 级的规定。

4.4.6 砌体构件出现过大的非受力性裂缝（也称变形裂缝），虽然是由于温度、收缩、变形以及地基不均匀沉降等因素引起的，但它的存在却破坏了砌体结构整体性，恶化了砌体构件的承载条件，且终将由于裂缝宽度过大而危及构件承载的安全。因此，也有必要列为安全性鉴定的检查项目。

本条具体给出的危险性裂缝宽度，是根据我国9个省、区、直辖市的调查资料，并参照德、日有关文献，经专家论证后确定的。

4.5 木结构构件

4.5.1 木结构构件安全性鉴定应检查的项目，除了统一规定的几项外，还增加了腐朽和虫蛀两项。这是因为在经常受潮且不易通风的条件下，腐朽发展异常迅速；在虫害严重的南方地区，木材内部很快便被蛀空。处于这两种情况下的木结构一般只需3～5年（视不同的树种而异）便会完全丧失承载能力。因此，很多国家都严禁在上述两种条件下使用未经防护处理的木结构，以免造成突发性破坏，危及人民生命财产的安全。倘若在已有建筑物中已经使用了木结构，则应改变其通风防潮条件，并进行防腐、防虫处理。如果发现虫害或腐朽有蔓延感染的迹象，还需及时报告建筑监督部门，以便在一定区域范围内采取防治措施，以保护建筑群的安全。由可见，腐朽和虫蛀对木结构安全威胁的严重性，完全有必要将之列为安全性鉴定的检查项目，并给予高度的重视。

4.5.2 木结构构件及其连接的承载能力分级标准的制定原则，与前述三类材料结构完全一致，其具体阐述，详见本标准第4.1.1条的说明。

4.5.3 对本条需要说明的是，本标准之所以将屋架起拱量列为一个检查项目，是因为它乃木结构特有的、且容易影响安全的一个问题。很多调查表明，不少设计和建设单位，往往为了防止木结构连接变形较大所产生的影响外观的挠度，而将起拱量任意加大。这种额外的起拱量，当加大到一定程度时，其所产生的推力将使支承墙、柱发生裂缝或侧移，轻则影响其正常承载，重则引起倒塌事故。这在国内外均不乏其实例。故将之列为结构构造安全性鉴定的检查项目。

4.5.4 木结构构件不适于继续承载的位移评定标准，是以现行

《木结构设计规范》和《古建筑木结构维护与加固技术规范》两个管理组所作的调查与试验资料为背景，并参照德、日等国有关文献制定的。其中需要指出的是，对木梁挠度的界限值是以公式给出的。其所以这样处理，是因为受弯木构件的挠度发展程度与高跨比密切相关。当高跨比很大时，木梁在挠度不大的情况下即已劈裂。故采用考虑高跨比的挠度公式确定不适于继续承载的位移较为合理。

4.5.5 从附表3的试验数据可知，随着木纹倾斜角度的增大，木材的强度将很快下降，如果伴有裂缝，则强度将更低。因此，在木结构构件安全性鉴定中应考虑斜纹及斜裂缝对其承载能力的严重影响。本标准对这个检查项目所制定的评级标准，系以试验和调查分析结果为基础，并作偏于安全的调整后确定的。

斜纹对木材强度影响的试验结果汇总　　附表3

斜纹的斜率（%）	木材强度（%）		
	横向受弯	顺纹受压	顺纹受拉
0	100	100	100
7	89～93	96～98	66～76
10	76～87	90～94	61～72
15	71～84	80～90	53～60
20	65～75	73～82	38～46
25	60～70	71～75	29～40

4.5.6 对本条作如下两点说明：

1 表4.5.6的内容，系参照现行《古建筑木结构维护与加固技术规范》的有关规定及其背景材料制定的，但对具体的数量界限，则根据现代木结构特点进行了校核和修正，因而较为稳妥而切合实际。

2 本条第2、3两款的内容，是根据《木结构设计规范》管理组多年积累的观测资料制定的。因为在这两种恶劣的使用环境中，发生严重的腐朽或虫蛀，不仅是必定无疑的，而且是指日可待的。故检查时，若遇到这两种使用环境，则不论是否已发生腐朽和虫蛀，均应评为 c_u 级。若腐朽或虫蛀已达到表4.5.6程度，当然应定为 d_u 级。

5 构件正常使用性鉴定评级

5.1 一般规定

5.1.1 设置本条的目的，一是为了将本标准表3.2.5规定的单个构件正常使用性鉴定评级的检查项目，与本章的具体内容联系起来，以便于标准使用者掌握前后条文的承接关系，另一是为了利用本条所处的位置及其以下各节条文的普遍联系，而在本条文的说明中，将各类材料结构构件共同采用的分级原则，集中在这里加以说明，以避免分散说明所造成的重复。

一、关于正常使用性检查项目的分级原则

正常使用性的检查项目虽多，但同样可分为验算和调查实测两类。其中验算项目的评级十分简单，故仅就后者的分级原则说明如下：

如众所知，由于长期以来国内外对建筑结构正常使用极限状态的研究很不充分，致使现行的正常使用性准则与建筑物各种功能的联系十分松散，无论据以进行设计或鉴定，均难以取得满意的结果。在这种情况下，只能从实用的目的出发，逐步地来解决已有建筑物使用性的鉴定评级问题。因此，编制组在广泛进行调查实测与分析的基础上，参考日、美等国的观点，提出如下分级方案：

1）根据不同的检测标志（如位移、裂缝、锈蚀等），分别选择下列量值之一作为划分 a_s 级与 b_s 级的界限：

　a）偏差允许值或其同量级的议定值；

　b）构件性能检验合格值或其同量级的议定值；

　c）当无上述量值可依时，选用经过验证的经验值。

2）以现行设计规范规定的限值（或允许值）作为划分 b_s 级与

c_s级的界限。

这里需要说明的是，本方案之所以将现行设计规范规定的限值作为检测项目划分 b_s 级与 c_s 级的界限，是因为在一次现场检测中，恰好遇到作用（荷载）与抗力均处于现行设计规范规定的两极情况，其可能性极小，可视为小概率事件。况且，超载和强度不足的问题已明确划归安全性鉴定处理，因而一般对构件使用功能的检测（不含专门的荷载试验），是在应力水平较低的情形下进行。此时，若检测结果已达到现行设计规范规定的限值，则说明该项功能已略有下降。因此，将其作为划分 b_s 级与 c_s 级的检测界限，应该认为是合适的。

上述方案在征求意见和专家论证过程中，一致认为其总体概念是可行的，但局部构成尚需作些修正，才能更趋合理。例如：以偏差允许值作为挠度的 a_s 级界限，多认为偏严，在已有建筑物中施行可能会遇到困难。为此，经审查会议研究决定：以挠度检测值 W 与计算值 W_p 及现行设计规范限值 $[W]$ 的比较结果，按下列原则划分 a_s 级与 b_s 级的界限：

若 $W < W_p$，且 $W < [W]$，可评为 a_s 级；

若 $W_p \leq W \leq [W]$，则评为 b_s 级；

若 $W > [W]$，应评为 c_s 级。

二、关于单个构件使用性等级的评定原则

单个构件使用性等级的确定，取决于其检查项目所评的等级。当检查项目不止一个时，便存在着如何定级的问题。对此，本标准采用了以检查项目中的最低等级作为构件使用性等级的评定原则。因为就一构件的鉴定结果而言，其检查项目所评的等级不外乎以下三种情况：

1）同为某个等级，该等级即为构件等级。

2）只有 a_s 级和 b_s 级。此时，由于这两个等级均可不采取措施，故有两种定级方案可供选择：一是以较低者作为构件等级；二是以占多数的等级作为构件等级（若两个等数的数量相等，则取较低等级为构件等级）。考虑到房屋维护管理者的意见，多倾向于用前者描述构件的功能状态，故决定采用按前一方案定级的原则。

3）有 c_s 级。此时，不论作出的是采取措施或接受现状的决定，均以取 c_s 级为构件等级来描述其功能状态为宜。

基于以上考虑，确定了本标准对单个构件使用性等级的评定原则。5.1.2～5.1.3 为了使鉴定工作更有成效地进行，本标准着重强调了构件使用性鉴定应以调查、检测结果为基本依据这一原则。但需注意，所用的定语是"基本"而非"唯一"。由之可知，其目的并不是排斥必要的计算和验算工作，而是要求这项工作应在调查、检测基础上更有针对性地进行。因此，在第 5.1.3 条中进一步明确了有必要进行计算和验算的三种情况，以便于鉴定人员作出安排。

另外，还需要说明一点，即：使用性鉴定虽不涉及安全问题，但它对检测的要求并不低于安全性鉴定，因为其鉴定结论是作为对构件进行维修、防护处理或功能改造的主要依据。倘若鉴定结论不实，其经济后果也是很严重的，故同样应执行本标准第 4.1.3 条的规定。

5.1.4 国内外在已有建筑物可靠性鉴定中，对材料弹性模量等物理性能所采用的确定方法并不一致，且居多采用间接法。这固然是由于这类方法不易对构件造成损伤，但更多的是因为可供选择的方法虽较多，但其误差大小却属同一档次，挑选余地较大。因此，编制组从简便实用的角度选择了本方法列入标准。

5.2 混凝土结构构件

5.2.1 混凝土结构构件正常使用性鉴定评级应检查的项目，是在《统一标准》定义的正常使用极限状态基础上，参照国内外有关标准确定的。与此同时，还在本条注中对鉴定评级应如何利用混凝土碳化深度测定结果的问题予以明确，即主要用于预报或估计钢筋锈蚀的发展情况，并作为对被鉴定构件采取防护或修补措施的依据之一；而这也间接地说明了在实际工程中，不宜仅以碳化深度的测值作为评估混凝土耐久性和或剩余寿命的唯一依据。

5.2.2 本条规定的评级标准，是根据审查会议对挠度项目分级原则所提出的修改意见订制的（参加本标准第 5.1.1 条说明），并曾在桁架和主梁的竖向挠度检测与评级中试用过。其结果表明，能对被鉴定构件的使用功能是否受到该挠度的影响作出较恰当的鉴定结论。但由于它要比过去采用的直接评级法增加一定的计算工作量，而不宜在所有的受弯构件中普遍执行，故有必要增加一条注，即允许有实践经验者对一般构件的鉴定，仍可采用直接评级的方法，以缩小计算范围，从而达到减少鉴定总计算量之目的。

5.2.3 在正常使用性鉴定中，混凝土柱出现的水平位移或倾斜，可根据其特征划分为两类。一类是它的出现与整个结构及毗邻构件有关，亦即属于一种系统性效应的非独立事件。例如，主要由各种作用荷载引起的水平位移；或主要由尚未完全终止，但已趋收敛的地基不均匀沉降引起的倾斜等，均属此类情况。另一类是它的出现与整个结构及毗邻构件无关，亦即属于一种孤立事件。例如，主要由施工或安装偏差引起的个别墙、柱或局部楼层的倾斜即属此类情况。一般说来，前者由于其数值在建筑物使用期间尚有变化，故易造成毗邻的非承重构件和建筑装修的开裂或局部破损；而后者由于其数值稳定，故较多的是影响外观，只有在倾斜过大引起附加内力的情况下，才会给构件的使用功能造成损害。基于以上观点，本条将柱的水平位移（或倾斜）分为两类，并按其后果的不同，分别作出评级的规定。但应指出，该规定之所以采取与本标准第 7.3.3 条相联系的方式共用一个标准，而不另定其限值，是因为在本标准中已按体系的概念，给出了上部承重结构顶点及层间的位移限值，而这显然适用于柱的第一类位移的评级。至于对柱的另一类位移限值，系出自简便的考虑，而采用了按该标准的数值乘以一个系数来确定的做法。另外，还应指出，在已评定上部承重结构侧向（水平）位移的情况下，并不一定需要再逐个评定柱的等级。故本条仅要求在必要时（例如评定每种柱的位移等级时）执行。

5.2.4 本条规定的裂缝评级标准，是根据本说明第 5.1.1 条所阐明的分级原则，并参照现行有关标准规定的检验允许值和现行设计规范限值制定的。但其中对执行标准严格程度的用词选择及条注，则是根据征求意见确定的。因为返回的信息表明，存在着两种不同意见。一种意见认为，本条对裂缝分级所依据的原则虽较合理可行，但若还能允许有实践经验者适当灵活掌握，则效果将更好。因为在实际工程中，完全可能遇到有些裂缝虽已略为超出限值，但显然可不作处理的实例。另一种意见则认为，现场检查发现的裂缝，只要其大小已达到受人们关注的程度，不论是否已超出限值，均以尽快处理为宜。因为此时所需的费用较低，又有利于消除影响混凝土构件耐久性的隐患和住户心理上的悬念，即使考虑经济因素较多的业主，一般也赞同及时处理，以避免由于延误而出现更多问题。因此，对裂缝限值的确定严一些要比宽一些好。尽管以上两种意见相左，但却说明了一点，即：对正常使用极限状态而言，其裂缝封闭界限受到诸因素左右，因而带有一定的模糊性和弹性，需要凭借实践经验进行必要的调整。据此，编制组研究认为，由于本条所给出的裂缝限值，是以统一的分级原则为依据，具有明确的概念和尺度，而对本条所进行的试评定也表明，其结果较为符合民用建筑的使用要求。因而，宜在维持原条文内容的基础上，进一步补充考虑实践经验所能起的良好作用。故选择"宜"作为本条第 4 款规定执行严格程度的用词。

5.3 钢结构构件

5.3.1 钢结构构件正常使用性鉴定应检查的项目，是在《统一标准》定义的正常使用极限状态基础上，参照国内外有关标准确定的，其中需要说明的是，本条之所以将受拉钢构件（钢拉杆）的长细比也列为检查项目，是因为考虑到柔细的受拉构件，在自重作用下可能产生过大的变形和晃动，从而不仅影响外观，甚至还会妨碍相关部位的正常工作。

5.3.2 本条规定的挠度评级标准，是根据与本章第 5.2.2 条相同的情况和原则制订的，并曾在钢桁架和钢檩的挠度检测与评定中试用过。其结果也表明，较为合理可行。另外，考虑到钢结构在一般民用建筑中应用不多，且应用的场合，多属重要的建筑，通常都要求进行详细的计算。因而在鉴定标准中可不加设类似本章第 5.2.2 条的条注。

5.3.3 本条规定的钢柱水平位移（或倾斜）评级标准，其分类依据与本标准第 5.2.3 条相同，可参阅该条的说明。这是需要指出的是，对第二类位移（即主要由施工或安装偏差引起的个别构件倾斜）所确定的限值，要比混凝土柱严。这是因为钢柱对偏差产生的效应比较敏感，即使其鉴定仅涉及正常使用性问题，也应给予应有的重视。

5.3.4 钢结构构件及其连接的锈蚀评定标准，是根据冷弯薄壁型钢结构技术规范管理组和太原理工大学等单位的调查分析资料制定的。调查表明，当构件的面漆成片脱落且有麻面状点蚀透出底层时，往往是该构件的使用功能已遭损害的征兆。因为此时构件所处的状态不外乎是由以下三种原因之一造成的：一是使用环境恶化；二是漆层已老化；三是原施工质量低劣，使漆层失去防护作用。但不论出自哪个原因，可以预计的是其锈蚀程度将在不长的时间内达到令人关注的程度。因此，以面漆脱落面积和点蚀发展程度为标志来划分 b_s 级与 c_s 级的界限是恰当可行的。

5.3.5 考虑到受拉构件长细比的检查，除应测定其具体比值是否符合要求外，还应观察其实际工作状态是否良好，才能作出正确的评定。因此，对检查结果宜取 a_s 级或 b_s 级，要由检测人员在现场作出判断。

5.4 砌体结构构件

5.4.1 砌体结构构件正常使用性鉴定应检查的项目，是在《统一标准》定义的正常使用极限状态的基础上，参照国内外有关标准和工程鉴定经验确定的。这里需要说明的是，对正常使用性鉴定之所以只考虑非受力引起的裂缝（亦称变形裂缝），是因为在脆性的砌体结构中，一旦出现受力裂缝，不论其宽度大小均将影响安全，故已将之列于本标准第 4 章进行安全性检查评定。

5.4.2 影响砌体墙、柱使用功能的水平位移（或倾斜），主要是由尚未完全停止的地基基础不均匀沉降或施工、安装偏差引起的。尽管由各种作用（荷载）导致的构件顶点和层间位移在砌体结构中很少达到引人关注的程度，但对砌体墙、柱水平位移（或倾斜），仍然可按本标准第 5.2.3 条划分为两类，并采用相同的原则进行检测与评级。这里不再赘述。

另外，需要说明的是，对配筋砌体柱和组合砌体柱，究竟应按砌体柱的位移限值还是应按混凝土柱的位移限值采用的问题。编制组研究认为，就抵抗水平位移能力而言，配筋砌体较为接近普通砌体，宜按本节的规定取值；至于组合砌体，若其型式（如混凝土围套型）及构造合理，则具有钢筋混凝土结构的特点，可按混凝土柱的限值采用。

5.4.3 砌体结构构件受力引起的裂缝，是指由温度、收缩、变形和地基不均匀沉降等引起的裂缝，简称为非受力裂缝，其评定标准是参照福州大学、陕西省建科院和四川省建科院的调查实测资料制定的。在执行时需要注意的是，轻度的非受力裂缝是砌体结构中多发性的常见现象。通常它们只对有较高使用要求的房屋造成需要修缮的问题。因此，在正常使用性鉴定中，有必要征求业主或用户的意见，以作出恰当的结论。例如：钢筋混凝土圈梁与砌体之间的温度裂缝，一般不影响正常使用，且一旦出现，也很难消除。在这种情况下，若业主和用户均认为无碍其使用，即使它略为超出 b_s 级界限，也可考虑评为 b_s 级，或是仍评为 c_s 级，但说明可以暂不采取措施。

5.4.4 清水墙使用一段时间后，砌体风化便不可避免，但它的速度往往是很缓慢的。初期仅见于块材棱角变钝，随后才出现表面粉化迹象。即使发展到这一程度，也不会立即影响结构的使用功能，故可将之作为划分 a_s 级与 b_s 级的界限。至于进一步的局部风化，尽管只有 1mm 深，但已严重影响观感，并到了需要修缮的程度。因此，以其作为划分 b_s 级与 c_s 级的界限，是比较适宜的。但值得注意的是，上述解释系针对正常的使用环境而言，若使用环境恶劣或正在变坏，则风化将会迅速发展。在这种情况下，即使块材料尚未开始风化，也只能评为 b_s 级，以引起有关方面对其使用环境的注意。

5.5 木结构构件

5.5.1 木结构构件正常使用性鉴定应检查的项目，是在《统一标准》定义的正常使用极限状态基础上，由本标准编制组与木结构两本规范管理组共同研究确定的。其中需要说明的是，将"初期腐朽"列为正常使用性检查项目的问题。这是由于考虑到腐朽在已有建筑物的木构件中十分常见，如果均作为影响结构安全的因素而进行拆换，显然在执行上是有困难的。况且有许多工程实例可以说明，初期腐朽并不立即影响构件的受力，只要一经发现，就及时进行灭菌处理，便能在较长时间内使腐朽停止发展，不再对木构件构成威胁。因此，将初期腐朽视为影响木构件耐久性问题，进行检查和评定还是恰当的。但值得注意的是，在鉴定报告中务必要作出"需进行灭菌处理"的提示。

5.5.2 木结构受弯构件的挠度评级标准，基本上是按本标准第 5.1.1 条说明所阐述的分级原则，并结合我国木结构的实际情况制定的，其中需要说明三点：

1 本条对木桁架和其他受弯木构件挠度的评级，未采用检测值与计算值及现行设计规范限值相比较的方法评定，而是采用按检测值直接评定的方法，其原因是由于木桁架的挠度计算，要考虑木材径、弦向干缩和连接松弛变形的影响，而这些数据在已有建筑物的旧木材中很难确定。兼之，木结构是一种传统结构，长期积累有大量使用经验，可以为采用直接评定法提供必要的条件，故决定按本条的规定评级。

2 对挠度评级所给出的 a_s 级限值，除木桁架是根据现行国家标准《木结构试验方法》规定的允许值确定外，其它各项限值均是参照早期试验和实测资料，由本标准编制组会同两本木结构规范管理组共同研究确定的。

3 由于我国长时间禁止使用木楼盖，因此，表 5.5.2-1 中的限值仅适用于一般装修标准，且对颤动性无特殊要求的旧建筑物，若执行中遇到新建不久高级装修房屋或使用要求很高的结构，则需适当提高鉴定标准，必要时，可与本标准管理组共同商定。

5.5.3 当使用半干木材制作构件时，通常很快就会出现干缩裂缝。这是木结构常见的一种缺陷。但它只要不发生在节点、连接的受剪面上，一般不会影响构件的受力性能。不过由于它容易成为昆虫和微生物侵入木材的通道，还容易因积水而造成种种问题。因此，不论评为 b_s 级或 c_s 级，均宜在木材达到平衡含水率后进行嵌缝处理，以杜绝隐患。

5.5.4 见本节第 5.5.1 条说明。

6 子单元安全性鉴定评级

6.1 一般规定

6.1.1 建筑物子单元（即子系统或分系统）的划分，可以有不同的方案。本标准采用的是三个子单元的划分方案，即：分为上部承重结构（含保证结构整体性的构造）、地基基础和围护系统承重部分等三个子单元。之所以采用这种方案，理由有三：

1 以上部承重结构作为一个子单元,较为符合长期以来结构设计所形成的概念,也与目前常见的各种结构分析程序相一致,较便于鉴定的操作。至于上部承重结构的内涵,其所以还包括抗侧力(支撑)系统、圈梁系统及拉锚系统等保证结构整体性的构造措施在内,是因为离开了它们,便很难判断各个承重构件是否能正常传力,并协调一致地共同承受各种作用,故有必要视为上部承重结构的一个组成部分。

2 地基基础的专业性很强,其设计、施工已自成体系,只要处理好它与上部结构间交叉部位的问题,便可完全作为一个子单元进行鉴定。

3 围护系统的可靠性鉴定,必然要涉及其承重部分的安全性问题,因此,还需单独对该部分进行鉴定,此时,尽管其中有些构件,既是上部承重结构的组成部分,又是该承重部分的主要构件,但这并不影响它作为一个独立的子单元进行安全性鉴定。

由以上三点可见,本标准划分的方案,不仅概念清晰,可操作性强,而且便于处理问题。

6.1.2 本条主要是对上部承重结构和地基基础的计算分析与验算工作提出基本要求,但考虑到本标准第4.1.2条已先于本条对结构上的作用、结构分析方法、材料性能标准值和几何参数的确定,作出较系统的规定以应单个构件鉴定之需,而这些规定同样适用于本章的计算与验算,故仅需加以引用,以避免造成不必要的重复。

6.1.3 许多工程鉴定实例表明,当仅对建筑物某个部分进行鉴定时,必须处理好该部分与相邻部分之间的交叉问题或边缘问题,才能避免因就事论事而造成事故。故制定了本条文对鉴定人员的职责加以明确。

6.2 地基基础

6.2.1 影响地基基础安全性的因素很多,本标准归纳为五个方面:地基、桩基、斜坡、基础和桩。考虑到前三者是以整体情况进行评价的,故列为直接进入第二层次的检查项目。至于基础和桩,则应按本标准第二章的定义,视为主要构件,并以第一层次的评定结果为依据参与本层次的评定。另外,需要指出的是,建筑物的地基基础是一个整体,无论哪一方面出问题,均将直接影响其安全性,故上述三个检查项目和两种主要构件的评定具有同等的重要性。

6.2.2 在已有建筑物的地基安全性鉴定中,虽然一般多认为采用按地基变形鉴定的方法较为可行,但在有些情况下,它并不能取代按地基承载力鉴定的方法。况且,多年来国内外的研究与实践也表明,若能根据已有建筑物的实际条件及地基土的种类,合理地选用或平行使用:原位测试方法、原状土室内物理力学性质试验方法和近位勘探方法等进行地基承载力检验,并对检验结果进行综合评价,同样可以使地基安全性鉴定取得可信的结论。为此,本条从以上所述的两种方法出发,对地基安全性鉴定的基本要求作出了规定。

6.2.3 在基础和桩的安全性鉴定中,其现有方法,如大开挖检查或切断桩与上部结构连系以进行动、静荷检测等,由于其工作量和费用很大,且仍然难以完全解决深基础和深桩的鉴定问题,故在实际工程中,均首先将地基基础(桩基和桩)视为一个共同工作的系统,而通过观测其整体与局部变形(沉降)情况或其在上部结构中的反应,来评估其传力与承载状态,并结合工程经验判断作出鉴定结论。一般只有在这种观测遇到一些问题,怀疑是由基础或桩身的承载力不足所引起,且认为有必要进一步查明时,才考虑单独对基础或桩身进行鉴定。但基于这项工作存在着以上所述的种种困难,目前国内多倾向于在现场调查取得基本资料的基础上,采用分析鉴定与工程经验判断相结合的方法来解决其鉴定问题。为此需对现场调查的基本内容和要求作出规定。根据编制组掌握的资料,调查的步骤内容大致如下:

1 首先宜充分利用原设计、施工、质检和工程验收的档案文件。为此,不仅需系统地搜集,而且要核实其有效性。若原档案不全或已散失,可寻求原设计、施工和检测人员的帮助,例如:根据他们的独立回忆,通过相互印证予以核实等。

2 若上述工作遇到困难,则需进行详细的现场调查。一般可通过小范围的局部开挖检查取得下列数据资料:

1)核实基础或桩的类型、材料、尺寸及其它细节,若有条件和可能,还要探明其埋置深度。

2)检查基础或桩周水、土的介质性状。若有腐蚀性,需检查基础或桩的表面腐蚀及损坏情况。

3)检测基础或桩的材料强度,并确定其强度等级。对混凝土的基础和桩,还需检测其钢筋位置、直径和数量等。

4)检查基础的倾斜(转动)、桩的水平位移及其它变形(如扭曲、弯曲)的迹象。

5)当有必要且有条件时,可进行模拟试验。

3 在以上工作基础上,对基础或桩身的承载力进行计算分析和验算,并结合工程经验判断作出对基础或桩身承载力(或质量)的综合评价。

本条的规定即参照以上步骤和内容制定的。

6.2.4 如众所知,当地基发生较大的沉降和差异沉降时,其上部结构必然会有明显的反应,如建筑物下陷、开裂和侧倾等。通过对这些宏观现象的检查、实测和分析,可以判断地基的承载状态,并据以作出安全性评估。在一般情况下,当检查上部结构未发现沉降裂缝,或沉降观测表明,沉降差小于现行设计规范允许值,且已停止发展时,显然可以认为该地基处于安全状态,并可据以划分 A_u 级的界线。若检查上部结构发现砌体有轻微沉降裂缝,但未发现有发展的迹象,或沉降观测表明,沉降差已在现行规范允许范围内,且沉降速度已趋于终止时,则仍可认为该地基是安全的。并可据以划分 B_u 级的界线,在明确了 A_u 级与 B_u 级的评定标准后,对划分 C_u 级与 D_u 级的界线就比较容易了,因为就两者均属于需采取加固措施而言,C_u 级与 D_u 级并无实质性的差别,只是在采取加固措施的时间和紧迫性上有所不同。因此,可根据差异沉降发展速度或上部结构反应的严重程度来作出是否必须立即采取措施的判断,从而也就划分了 C_u 级与 D_u 级的界线。

另外,需要指出的是,已有建筑物的地基变形与其建成时间长短有着密切关系,对砂土地基,可认为在建筑物完工后,其最终沉降量便已基本完成;对低压缩性粘土地基,在建筑物完工时,其最终沉降量才完成不到50%;至于高压缩性粘土或其它特殊性土,其所需的沉降持续时间则更长。为此,本条在其注中指出:本评定标准仅适用于建成已2年以上的建筑物。若为新建房屋或建造在高压缩性粘土地基上的建筑物,则应根据当地经验,考虑时间因素对检查和观测结论的影响。

6.2.5 尽管在很多已有的民用建筑中没有保存或仅保存很不完整的工程地质勘察档案,且在现场很难进行地基荷载试验,但征求意见表明,多数鉴定人员仍期望本标准做出根据地基承载力进行安全性鉴定的规定。为此,考虑到多年来国内外在近位勘探、原位测试和原状土室内试验等方面做了不少的工作,并在实际工程中积累了很多协同使用这些方法的经验,显著地提高了对地基承载力进行综合评价的可信性与可靠性。因而本条作出了按地基承载力评定地基安全性等级的规定。但执行中应注意三点,一是在没有十分必要的情况下,不可轻易开挖有残损的建筑物的基槽,以防止上部结构进一步恶化。二是根据上述各项地基检验结果,对地基承载力进行综合评价时,宜按稳健估计原则取值。三是若地基的安全性已按本标准第6.2.4条做过评定,便无需再按本条进行评定。

6.2.6 根据本标准第6.2.3条对基础和桩的安全性鉴定方法所作的规定,本条制订了相应的评级原则与评定标准,由于区别为三种情况,故分款说明如下:

1 第一款是针对抽查或全数开挖检查的鉴定方法制订的。由于其检查结果所取得的是每一个受检基础（或桩）的数据，故需先按本标准第 4 章单个构件的评级规定，评定每个基础（或桩）的等级，然后再按本款的评级原则评定该种基础（或桩）的安全性等级。另外，需注意的是，全数开挖的做法，在一般鉴定中极为少见。只有在基础（或桩）数量很少时，或是在评定一个承台下的群桩时，才偶见采用这种作法。

2 第二款是针对已具备采用计算分析鉴定方法的条件而制订的。在这种情况下，由于同一种基础（或桩）的设计、施工和使用的条件基本上是相同的，因而，即使有些基础的外观质量稍有不同，也不影响验算时采用其相互间的内在质量并无显著差异的假定。在这一前提下所作出的鉴定结论，显然适于该种基础（或桩）的全体，亦即所评的是该种基础（或桩）的安全性等级，而无需像上款那样分两步评定。

3 第 3 款是针对一些容易判断的情况而制订的，其目的在于使鉴定人员尽可能地不开挖基础。

另外，需指出的是，当按本条评定桩的等级时，其规定仅适用于钢筋混凝土桩、钢桩和木桩。至于有些民用建筑中采用的灰土桩、砂桩、土桩和碎石桩等，均属于"复合地基"，其作用是提高地基强度，改善地基整体稳定性或减少沉降量等，故应划入地基范围内评定。

6.2.7 建造于山区或坡地上的房屋，除需鉴定其地基承载是否安全外，尚需对其地基稳定性（斜坡稳定性）进行评价。此时，调查的对象应为整个场区；一方面要取得工程地质勘察报告，另一方面还要注意场区的环境状况，如近期山洪排泄有无变化，坡地树林有无形成醉林的态势（即向坡地一面倾斜），附近有无新增的工程设施等等。必要时，还要邀请工程地质专家参与评定，以期作出准确可靠的鉴定结论。

6.2.8 评定地基基础安全性等级所依据的各检查项目之间，并无主次之分，故应按其中最低一个等级确定其级别。

6.2.9 地下水位变化包括水位变动和冲刷；水质变化包括 pH 值改变、溶解物成分及浓度等，其中尤应注意 CO_2、NH_4^+、Mg^{2+}、SO_4^{2-}、Cl^- 等对地下构件的侵蚀作用。当有地下墙时，应检查土压和水压的变化及墙体出现的裂缝大小和所在位置。

6.2.10 在软弱的地基土层中开挖深基坑，若支护结构设计、施工不当，将会对毗邻的已有建筑物造成危害。为此，编制组根据海口、深圳、福州、上海、杭州等地总结的经验，并参照国外的有关资料，以保护已有建筑物的安全和正常使用功能为目标，制定了宏观监控标志及其数量界限，可供报警使用。但应指出，本条的规定不能作为设计支护结构的依据使用。因为设计所考虑的问题远比监控的全面、详尽。

6.3 上部承重结构

6.3.1～6.3.3 上部承重结构具有完整的系统特征与功能，需运用结构体系可靠性的概念和方法才能进行鉴定。然而迄今为止，其理论研究尚不成熟，即使有些结构可以进行可靠度计算，但其结果却由于对实物特征作了过分简化，而难以直接用于实际工程的鉴定。为此，国内外都在寻求一种既能以现代可靠性概念为基础，又能通过融入工程经验而确定有关参数的鉴定方法。研究表明，这一设想可能在一定的前提条件下得到实现。因为结构可靠性理论在工程中的应用方式，可以随着应用目的和要求的不同而改变。例如，当用于指导结构设计时，它是作为协调安全、适用和经济的优化工具而发展其计算方法，而当用于已有建筑物的可靠性鉴定时，却由于在当今的很多标准中已明确了应以检查项目的评定结果作为处理问题的依据，而使它更多的是作为对建筑物进行维修、加固、改造或拆除做出合理决策和进行科学管理的手段而发展其推理规则和评估标准的。此时，鉴定者所要求的并非理论和完美和计算的高精度，而是在众多随机因素和模糊量干扰的复杂情况下，能有一个简便可信的宏观判别工具。据此所做的探讨表明，若以构件所评等级为基础，对上部承重结构进行系统分析，并同样以分级的模式来描述其安全性，则有可能解决上述用途的鉴定问题。因为当按本标准第 4 章的规定重新整理现存的民用建筑鉴定的档案资料，以确定每一构件的安全性等级时，若将原先被评为"整体承载正常"、"尚不显著影响整体承载"和"已影响整体承载"（或其他类似措词）的上部承重结构，改称为 A_u 级、B_u 级和 C_u 级的结构体系，则可清楚地看到：在这三个结构体系中，除了作为主成分的构件分别为 a_u 级、b_u 级和 c_u 级外，还不同程度地存在着较低等级的构件，这一普遍现象，不仅是长期鉴定经验的集中反映，而且还可从理论分析中得到解释，因为从本质上说，这是有经验专家凭其直觉对结构体系目标可靠性所具有的一定调幅尺度的运用，尽管调幅尺度迄今尚无法定量。但显而易见的是，可以通过间接的途径，如建立一个包容少量低等级构件为特征的结构体系安全性等级的评定模式，以分级界限来替代调幅尺度的确定问题。虽然这个模式需依靠大量来自工程实践数据来确定其有关参数，并且还需在编制标准过程中完成庞大的计算量，但一旦在它达到实用水平后，必定会使上部承重结构的安全性鉴定工作大为简化。故专家论证认为，可以考虑采用这个模式作为制订标准的基础。

为此，编制组在分析研究有关素材的基础上，提出了下列条件和要求作为建立结构体系分级模式的基本依据：

1) 在任一个等级的结构体系中出现低等级构件纯属随机事件，亦即其出现的量应是很小的，其分布应是无规律和分散的，不致引起系统效应。

2) 在以某等级构件为主成分的结构体系中出现的低等级构件，其等级仅允许比主成分的等级低一级。若低等级构件为鉴定时已处于破坏状态的 d_u 级构件或可能发生脆性破坏的 c_u 级构件，尚应单独考虑其对结构体系安全性可能造成的影响。

3) 宜利用系统分解原理，先另行评定结构整体性和结构侧移的等级而后再进行综合，以使结构体系的计算分析得到简化。

4) 当采用理论分析结果为参照物时，应要求：按允许含有低等级构件的分级方案构成的某个等级结构体系，其失效概率运算值与全由该等级构件（不含低等级构件）组成的"基本体系"相比，应无显著的增大。

对于这一项检验性质的要求，目前尚无蓝本可依。但考虑到理论分析结果仅作为参照物使用，故可暂以二阶区间法（窄区间法）算得的"基本体系"失效概率中值作为该体系失效概率代表值，而以二阶区间的上限作为它的允许偏离值。若上述结构体系算得的失效概率中值不超过该上限，则可近似地认为，其失效概率无显著增大，亦即该结构体系仍隶属于该等级。

从以上条件和要求出发，编制组以若干典型结构的理论分析结果为参照物，并利用来自工程鉴定实践的数据作为修正、补充的依据，初步拟定了每个等级结构体系允许出现的低一级构件百分比含量的界限值。但这一工作结果还只能在很小范围内使用。因为在仅考虑典型结构和简单荷载条件下建立的鉴定模式还不能概括民用建筑中许多复杂的情况。为此，编制组以构造复杂的多层和高层民用建筑为重点，研究了国内外不同类型上部承重结构可靠性鉴定的工程实例。其结果表明，为了将本模式用于复杂的结构体系中，还需要引入下列概念和措施：

a) 对前面确定的每个等级结构体系中允许出现的低等级构件的百分比含量，应转化为按每种构件进行控制的模式，从而使各种构件的总体质量水平得到协调，不致于因低等级构件过分集中出现在某种构件集合中而造成所评等级与实物状态不吻合。

b) 为了合理地评定多层与高层建筑上部承重结构中的每种构件安全性等级，还应在前述的"随机事件"假设的基础上，进一步提出：在多层和高层建筑的任一楼层中出现低等级构件亦属随机事件的假设，并可采用随机偏离的 x^2 分布来估计可能出现低等级构件的楼层数。

c) 考虑到同等级、同类别的各种构件中因偶然原因出现的低等级构件，其百分比含量一般很小，可视为均属同性质、同量级的偶然偏差所致。因而其允许的百分比含量仅需按构件的重要性类别（主要构件或一般构件）分别确定，而无需再按不同的受力方式（如梁、柱等）加以区分。这也就大大简化了每种构件评级标准的制订。

d) 在构件种类多、数量大的复杂结构体系中，应考虑由于不同种类构件偶然相遇所产生的潜在系统效应对分级的影响。

e) 对于要求高可靠度的高层建筑和容易产生连续破坏效应的各种结构体系，其分级参数应按稳健取值的原则确定。

基于以上所做的工作，本标准提出了上部承重结构系统中每种构件评级的具体尺度，即条文中表6.3.3的标准及其补充规定。

这里需要说明的是，本标准在确定一个鉴定单元中与每种构件安全性有关的参数时，仅按构件的受力性质及其重要性划分种类，而未按其几何尺寸作进一步细分，因此，执行本标准时也不宜分得太细，例如：以楼盖主梁作为一种构件即可，无须按跨度和截面大小再分，以免得到不一致的结果。

在解决了每种构件安全性等级的评定方法和标准后，只要再对结构整体性和结构侧移的鉴定评级作出规定，便可根据以上三者的相互关系及其对系统承载功能的影响，制定上部承重结构安全性鉴定的评级原则（见本说明第6.3.6条）。

6.3.4 结构的整体性，是由构件之间的锚固拉结系统、抗侧力系统、圈梁系统等共同工作形成的。它不仅是实现设计者关于结构工作状态和边界条件假设的重要保证，而且是保持结构空间刚度和整体稳定性的首要条件。但国内外对已有建筑物损坏和倒塌情况所作的调查和统计表明，由于在结构整体性构造方面设计考虑欠妥，或施工、使用不当所造成的安全问题，在各种安全问题中占有不小的比重。因此，在已有建筑物的安全性鉴定中应给予足够重视。这里需要强调的是，结构整体性的检查与评定，不仅现场工作量很大，而且每一部分功能的正常与否，均对保持结构体系的整体承载与传力起到举足轻重的作用。因此，应逐项进行彻底的检查，才能对这个涉及建筑物整体安全的问题作出确切的鉴定结论。

6.3.5 当已有建筑物出现的侧向位移（或倾斜，以下同）过大时，将对上部承重结构的安全性产生显著的影响。故应将它列为子单元的一个检查项目。但应考虑的是，如何制订它的评定标准的问题。因为在已有建筑物中，除了风荷载等水平作用会使上部承重结构产生附加内力外，其他地基不均匀沉降和结构垂直度偏差所造成的倾斜，也会由于它们加剧了结构受力的偏心而引起附加内力。因此不能像新建房屋那样仅考虑风荷载引起的侧向位移，而有必要考虑上述各因素共同引起的侧向位移，亦即需以检测得到的总位移值作为鉴定的基本依据。在这种情况下，考虑到本标准已将明显的地基不均匀沉降划归本章第6.2节评定，因而，从现场测得的侧向总位移值可能由下列各成分组成：

1) 检测期间风荷载引起的静力侧移和对静态位置的脉动；
2) 过去某时段风荷载及其他水平作用共同遗留的侧向残余变形；
3) 结构过大偏差造成的倾斜；
4) 数值不大的，但很难从总位移中分离的不均匀沉降造成的倾斜。

此时，若能在总结工程鉴定经验的基础上，给出一个为考虑结构可能承载能力不足而需进行全面检查或验算的"起点"标准，则有可能按下列两种情况进行鉴定：

1) 在侧向总位移的检测值已超出上述"起点"标准（界限值）的同时，还检查出结构相应受力部位已出现裂缝或变形迹象，则可直接判为显著影响承载的侧向位移。
2) 同上，但未检查出结构相应受力部位有裂缝或变形，则表

明需进一步进行计算分析和验算，才能作出判断。计算时，除应按现行规范的规定确定其水平荷载和竖向荷载外，尚需计入上述侧向位移作为附加位移产生的影响。在这种情况下，若验算合格，仍可评为B_u级；若验算不合格，则应评为C_u级。

6.3.6 在确定了上部承重结构的实用鉴定模式及每种构件安全性等级的评定方法与评级标准后（参见本章第6.3.1条至6.3.3条说明），上部承重结构的安全性等级，即可简便地按下列原则进行评定：

1) 以每种主要构件和结构侧向位移的鉴定结果，作为确定上部承重结构安全性等级的基本依据，并采用"最小值的原则"按其最低等级定级。

2) 根据低等级构件可能出现的不利的分布与组合，以及可能产生的系统效应，进一步以补充的条款考虑其对评级可能造成的影响。

3) 若根据以上两项评定的上部承重结构安全性等级为A_u级或B_u级，而结构整体性的等级或一般构件的等级为C_u级或D_u级，则尚需按本标准规定的调整原则进行调整。

另外，在执行本条的评级规定时，尚应注意以下两点：

一、本规定原则上仅适用于民用建筑。这是因为本条所给出的具体分级尺度，虽然是以已有结构体系可靠性概念为指导，并以工程实例为背景，经分析比较与专家论证后确定的，但由于在按既定模式对有关分析资料和工程鉴定经验进行归纳与简化过程中，不仅主要使用的是民用建筑的数据，而且还从稳健估计的角度，充分考虑了民用建筑的特点和重要性。在这种情况下，其所划分的等级界限，不一定适合其它用途建筑物对安全性的要求。因而不宜贸然引用于其它场合。

二、本规定对C_u级结构所作的补充限制，是为了使上部承重结构安全性评级更切合实际。因为不少工程鉴定经验表明，当结构中全部或大部分构件为C_u级时，其整体承载状态将明显恶化，以致超出C_u级结构所能包容的程度。究其原因，虽较复杂，但有一点是肯定的，即C_u级与D_u级，在本质上并无显著差别，均属需要采取措施的等级，只是在处理的缓急程度上有所差别而已。在这种情况下，若结构中的C_u级增大到一定比例，便有可能产生某些组合效应，而在意外因素的干扰与促进下，导致结构的整体承载能力急剧下降。为此，国外有些标准规定：对按一般规则评为C_u级的结构，若发现其C_u级构件的含量（不分种类统计）超出一定比例或在一些关键部位普遍存在时，应将所评的C_u级降为D_u级。本标准从民用建筑特点和重要性出发，也参照国外标准的规定，在这个问题上，给出了略为偏于安全的分级界限。

6.4 围护系统的承重部分

6.4.1～6.4.3 可参阅本章第6.3.1条～第6.3.3条的说明。

6.4.4 本条规定的围护系统承重部分的评级原则，是以上部承重结构的评定结果为依据制订的，因而可以在较大程度上得到简化。但需注意的是，围护系统承重部分本属上部承重结构的一个组成部分，只是为了某些需要，才单列作为一个子单元进行评定。因此，其所评等级不能高于上部承重结构的等级。

7 子单元正常使用性鉴定评级

7.1 一般规定

7.1.1 为了便于比较安全性与正常使用性的检查评定结果，并便于综合评定子单元的可靠性，本标准对建筑物第二层次的正常使用鉴定评级，采取了与安全性鉴定评级相对应的原则，同样划分为三个对应的子单元。

7.2 地基基础

7.2.1 地基基础属隐蔽工程，在建筑物使用情况下，检查尤为困难，因此，非不得已不进行直接检查。在工程鉴定实践中，一般通过观测上部承重结构和围护系统的工作状态及其所产生的影响正常使用的问题，来间接判断地基基础的使用性是否满足设计要求。本标准考虑到它们之间确实存在的因果关系，故以作出本条规定。另外，由于在个别情况下（例如：地下水成分有改变，或周围土壤受腐蚀等），确需开挖基础进行检查，才能作出符合实际的判断，故还作了当鉴定人员认为有必要开挖时，也可按开挖检查结果进行评级的规定。

7.2.2 地基基础的使用性等级，取与上部承重结构和围护系统相同的级别是合理的，因为地基基础使用性不良所造成的问题，主要是导致上部承重结构和围护系统不能正常使用，因此，根据它们是否受到损坏以及损坏程度所评的等级，显然也可以用来描述地基基础的使用功能及其存在问题的轻重程度。在这种情况下，两者同取某个使用性等级，不仅容易为人们所接受，也便于对有关问题进行处理。但应指出的是，上述原则系以上部承重结构和围护系统所发生的问题与地基基础有关为前提，若鉴定结果表明与地基基础无关时，则应另作别论。

7.3 上部承重结构

7.3.1 通过对工程鉴定经验和结构体系可靠性研究成果所作的分析比较与总结，编制组对上部承重结构作为一个体系，其正常使用性的鉴定评级应考虑主要问题，概括为以下三个方面：

一是该结构体系中每种构件的使用功能；

二是该结构体系的侧向位移；

三是该结构体系的振动特性（必要性）。

由于这三方面内容具有相对的独立性，可以先分别立项进行各自的评级，然后再按照一定规则加以综合与定级。这样不仅可使系统分析工作得到一定的简化，而且可以很方便地与安全性鉴定方法取得协调和统一。因此，编制组决定采用与安全性鉴定相同的评估模式制定标准。

7.3.2 由于上部承重结构的正常使用鉴定评级，采用了与安全性鉴定相同的评估模式，因而在确定每种构件安全性等级的评定标准时，编制组所做的理论分析与工程鉴定经验的总结工作，也基本上与本标准第 6.3.2 条说明中所阐述的方法、条件和要求相同，只是在确定有关参数时，更注重对工程鉴定数据的搜集、统计、检验与应用，以弥补《统一标准》在正常使用性方面对可靠指标及其他控制值的研究与制定上存在的不足。

7.3.3 上部承重结构的侧向位移过大，即使尚未达到影响建筑物安全的程度，也会对建筑物的使用功能造成令人关注的后果，例如：

1）使填充墙等非承重构件或各种装修产生裂缝或其他局部破损；

2）使设备管道受损、电梯轨道变形；

3）使房屋用户、住户感到不适，甚至引起惊慌。

因而，需将侧向位移列为上部承重结构使用性鉴定的检查项目之一进行检测、验算和评定。

这里需要说明的是，本条采用的评定标准，其每个等级位移界限的取值，是以下列考虑为基本依据，并参照国外有关标准确定的；

1）以相当于施工公差或同量级的经验值，作为确定 A_u 级与 B_u 级的界限。

因为从 ASCE 正常使用性研究特设委员会及我国有关单位对这方面文献所作的总结中可以看出：当实测的位移不大于此限值时，一般不会使结构或非结构构件出现可见的裂纹或其他损伤。因此，不少国家趋向于以它来界定当结构的使用功能完全正常时，其实际侧移的可接受程度。故亦为本标准编制组采纳。

2）以相当于现行设计规范规定的位移限值，作为确定 B_u 级与 C_u 级的界限。

因为现场记录到的位移，通常只能在各种作用与抗力难以同时达到设计规定的极端值的情况下测得。此时，若该位移已接近设计限值，则在很大程度上表明，该结构的侧移整体刚度略低于设计规范的要求，但由于尚不影响使用功能或仅有轻微的影响，因而在国外有些标准中被用来作为 B_u 级与 C_u 级的界限。这显然是有一定道理的，故亦为本标准所引用。

7.3.4 根据本标准采用的结构体系可靠性鉴定模式上，上部承重结构的使用性鉴定评级可按下列原则进行：

1 以各种主要构件及结构侧向位移所评的等级为基本依据，并取其中最低一个等级作为上部承重结构的使用性等级。

2 以各种一般构件所评的等级，作为对第 1 项评定结果进行调整的依据。调整原则是：

1）若按第 1 款评为 C_u 级，则不必调整；

2）若按第 1 款评为 A_u 级或 B_u 级，且仅有一种一般构件为 C_u 级，可根据其影响的对象和范围，作出调整或不调整的决定（见本标准第 7.3.4 条第 2 款第 1 项的规定）；

3）若不止一种一般构件为 C_u 级，则可将上款所评的等级降为 C_u 级。

但以上评级原则仅适用于一般传统建筑，对大跨度或高层建筑以及其他对振动敏感的现代柔性低阻尼的房屋，尚应按标准第 7.3.5 条至第 7.3.7 条的规定，考虑振动对上部承重结构使用功能的影响。

7.3.5～7.3.7 这三条是针对振动可能引起的问题而作出的如何修正本标准第 7.3.4 条所评的使用性等级的规定，但不涉及振动本身可接受标准的制定问题。因为这要由专门标准作出规定，而且在国内外已陆续发布了不少的这类标准，只是国内的标准还不齐全。在这种情况下，若遇到所需的专门标准尚未发布时，可通过合同的规定或主管部门的特批，而采用合适的国际标准或国外先进标准。

7.4 围护系统

7.4.1 围护系统的正常使用性鉴定，虽然应着重检查其各方面使用功能，但也不应忽视对其承重部分工作状态的检查。因为承重部分的刚度不足或构造不当，往往会影响以它为依托的围护构件或附属设施的使用功能，故本条规定其鉴定应同时考虑整个系统的使用功能及其承重部分的使用性。

7.4.2 民用建筑围护系统的种类繁多，构造复杂。若逐个设置检查项目，则难以概括齐全。因此，编制组根据调查分析结果，决定按使用功能的要求，将之划分为 7 个检查项目。鉴定时，既可根据委托方的要求，只评其中一项；也可逐项评定，经综合后确定该围护系统的使用功能等级。

这里需要指出的是，有些防护设施并不完全属于围护系统，其所以也归入围护系统进行鉴定，是因为它们的设置、安装、修理和更新往往要对相关的围护构件造成功能性的损害，在围护系统使用功能的鉴定中不可避免地要涉及这类问题。因此，应作为边缘问题加以妥善处理。

7.4.3 本条是为评定围护系统使用性等级而设置的。若委托方仅需要鉴定围护系统的使用功能，则承重部分的使用性鉴定可归入本章第 7.3 节，作为上部承重结构的一个组成部分进行评定。

7.4.4 这是根据第 7.4.1 条所述的概念并参照有关标准所作出的关于确定围护系统使用性等级的规定。实践证明，采用这一原则定级，不仅稳妥，而且合理可行。

7.4.5 在民用建筑中，往往会遇到一些对围护系统使用功能有特殊要求的场所。其使用性鉴定，需先按现行专门标准进行合格与否的评定，然后才能按本标准作出鉴定评级的结论。为此，设置了本条的规定。

8 鉴定单元安全性及使用性评级

8.1 鉴定单元安全性评级

8.1.1 民用建筑鉴定单元的安全性鉴定，应考虑其所含三个子单元的承载状态，是不言而喻的。但它之所以还需要考虑与整幢建筑有关的其他安全问题，是因为建筑物所遭遇的险情，不完全都是由于自身问题引起的，在这种情况下，对它的安全性同样需要进行评估，并同样需要采取措施进行处理。如直接受到毗邻危房的威胁，便是这类问题的一个例子。因此，作出了相应的规定。

8.1.2 由于本标准采取了对两类极限状态问题分开评定的做法，并在上部承重结构子单元的鉴定中，妥善地解决了结构体系的安全性评估方法与标准的制定问题，因而使鉴定单元的安全性评级原则的制定，变得简单而顺理成章，现就1、2两款的规定说明如下：

　　1　由于地基基础和上部承重结构均为鉴定单元的主要组成部分，任一发生问题，都将影响整个鉴定单元的安全性。因此，取两者中较低一个等级为鉴定单元的安全性等级，显然是正确的。

　　2　由于在某些情况下，要将围护系统的承重部分单列评级，此时，便需要考虑其安全状态对整个承重体系工作的影响，因而，设置了第2款的规定，以调整鉴定单元按第1款所评的等级。在制定其具体评定原则时，由于考虑到鉴定单元的评定结果主要用于管理，故规定了仅需酌情调低一级或二级，但不低于C_{su}级即可。

8.1.3 本条所列两款内容，均属紧急情况，宜直接通过现场宏观勘查作出判断和决策，故规定不必按常规程序鉴定，以便及时采取应急措施进行处理。

　　另外，需指出的是，对危房危害的判断，除应考虑其坍塌可能波及的范围和由之造成的次生破坏外，还应考虑拆除危房，对毗邻建筑物的整体稳定性可能产生的破坏作用。

8.1.4 这是参照国外有关标准作出的规定，其目的是帮助鉴定人员对有外装修的多层和高层建筑进行初步检查，以探测其内部是否有潜在的异常情况的可能性。但应指出的是这一方法必须在有原先的记录或有可靠的理论分析结果作对比的情况下，或是有类似建筑的振动特性资料可供引用的情况下，才能作出有实用价值的分析。因此，不要求普遍测量被鉴定建筑物的振动特性。

8.2 鉴定单元使用性评级

8.2.1 民用建筑鉴定单元的正常使用性鉴定，虽要求系统地考虑其所含的三个子单元的使用性问题，但由于地基基础的使用性，除了基础本身的耐久性问题外，几乎均反应在上部承重结构和围护系统的有关部位上，并取与它们相同的等级，因此，在实际工程中，只要能确认基础的耐久性不存在问题，则鉴定工作将得到一定简化。

　　这里需要说明的是，在鉴定中之所以还需考虑与整幢建筑有关的其它使用功能问题，是因为有些损害建筑物使用性的情况并非由于鉴定单元本身的问题，而是由于其它原因所造成的后果，例如：全面更换房屋内部的管道并重新进行布置，而给围护系统造成的各种损伤和污染，便属于这类问题。

8.2.2～8.2.3 由于影响建筑物使用功能的各种问题，均已在上部承重结构和围护系统的检查与评定中得到了结论，因此不仅在很大程度上减少了鉴定单元评级所要做的工作，而且使其评级原则的制定，变得简单而顺理成章。

　　这里应指出的是，第8.2.3条中的两款规定，是参照国外标准制订的。因为在这种情况下，仅按结构构件功能和生理功能来考虑建筑物的正常使用性是不够的，有必要联系其它相关问题和

使用要求来定级，才能使鉴定作出恰当的结论。

9 民用建筑可靠性评级

9.0.1~9.0.2 民用建筑的可靠性鉴定，由于本标准区分了两类不同性质的极限状态，并解决了两类问题的评定方法，从而使每一层次的鉴定，均分别取得了关于被鉴定对象的安全性与正常使用性的结论。它们既相辅相成，而又全面确切地描述了被鉴定构件和结构体系可靠性的实际状况。因此，当委托方不要求给出可靠性等级时，民用建筑各层次、各部分的可靠性，完全可以直接用安全性和使用性的鉴定评级结果共同来表达。这在其它行业中也有类似的做法。其优点是直观，而又便于不熟悉可靠性概念的人理解鉴定结论的涵义，所以很容易为人们所接受，也为本标准所采纳。

9.0.3 当需要给出被鉴定对象的可靠性等级时，本标准从可靠性概念和民用建筑特点出发，根据以安全为主，并注重使用功能的原则，制定了具体评级规定，该规定共分三款。现就前两款作如下说明：

　　1　第1款主要明确在哪些情况下，应以安全性的评定结果来描述可靠性。分析表明，当鉴定对象的安全性不符合本标准要求时，不论其所评等级为哪个级别，均需通过采取措施才能得以修复。在这种情况下，其使用性一般是不可能满足要求的，即使有些功能还能维持，但也是要受到加固的影响的。因此，本款作出的以安全性等级作为可靠性等级的规定是合适的。

　　2　第2款主要概括两层意思：

　　一是当鉴定对象的安全性符合本标准要求时，其可靠性应如何刻划。分析认为，由于可靠性涵义，不仅仅是安全性，而是关于安全性与正常使用性的概称。在安全性不存在问题的情况下，对民用建筑最重要的是要考虑其使用性是否能符合本标准的要求。因此，宜以正常使用性的评定结果来刻划可靠性，亦即宜取使用性等级作为可靠性等级。

　　另一是当鉴定对象的安全性略低于本标准要求，但尚不致于造成问题时，其可靠性又如何刻划。分析表明，尽管此时仍可由使用性的评定结果来刻划，但倾向性意见认为，这样处理，至少对民用建筑不够稳健。因此，较为可行的做法是取安全性和使用性等级中较低的一个等级，作为可靠性等级。

　　在制订条文时，考虑到以上两层意思可以用统一的形式来表达，所以作出了第二款的规定。

10 民用建筑适修性评估

10.0.1 民用建筑的适修性评估，属于对可靠性鉴定结果如何采取对策所应考虑的重要问题之一。国内外在这个问题上所做的分析表明，由于它是通过对评估对象的技术特性、修复难度与经济效果等作了综合分析所得到的结论，因而大大增加了它的实用价值。这次制订本标准，考虑到它毕竟不属于可靠性鉴定的构成部分，故对它的应用，未作强制性的规定，而只是要求鉴定人员在委托方提出这一要求时，宜积极予以接受，并尽可能作出中肯而有指导意义的评估结论。

10.0.2 在民用建筑中，影响其适修性的因素很多，必需结合实际情况和有关参数，进行多方案的比较，才能作出有意义的评估。因而，在标准中只做了原则性的规定。

10.0.3 （略）

11 鉴定报告编写要求

11.0.1 本标准对鉴定报告的格式不强求统一，各部门和各地区

的主管单位可根据本系统的特点自行设计,但应包括本条规定的五项内容,以保证鉴定报告的质量。

11.0.2 在民用建筑的安全性鉴定中,根据现场调查实测结果被评为c_u、d_u级和C_u级、D_u级的检查项目,不仅用以说明该鉴定对象在承载能力上存在着安全问题,而且是作为对它进行处理的主要依据。因此,在鉴定报告中,必需逐一作出详细说明,并具体提出需要采取哪些措施的建议,使之能得到及时而正确的处理。为此,还有责任向委托方进行交底。

11.0.3 本条的内容,是参照国际标准《结构可靠性总原则》(ISO/DIS2394—1996)及国外一些可靠性鉴定手册制定的。使用时需结合实际情况和有关要求作出合理可行的选择。

11.0.4 鉴定单元和子单元所评的等级,一般是经过综合后确定的。在综合过程中,由于考虑了系统工作与单个构件的不同,以及系统所具有的耐局部故障的特点,因而不能因非关键部位的个别构件有问题而调低整个系统的等级;但也不能因整个系统所评等级较高,而忽略了对个别有问题构件的处理。故在正确协调安全经济与科学管理关系的基础上,作出了本条规定。其试行情况表明,可收到合理而稳妥的效果。

中华人民共和国国家标准

工业建筑可靠性鉴定标准

GB 50144—2008

条 文 说 明

目　次

1 总则 ················· 7—15—3
2 术语、符号 ············· 7—15—3
　2.1 术语 ··············· 7—15—3
　2.2 符号 ··············· 7—15—3
3 基本规定 ··············· 7—15—3
　3.1 一般规定 ············ 7—15—3
　3.2 鉴定程序及其工作内容 ··· 7—15—4
　3.3 鉴定评级标准 ········· 7—15—5
4 调查与检测 ············· 7—15—6
　4.1 使用条件的调查与检测 ··· 7—15—6
　4.2 工业建筑的调查与检测 ··· 7—15—7
5 结构分析与校核 ·········· 7—15—7
6 构件的鉴定评级 ·········· 7—15—8
　6.1 一般规定 ············ 7—15—8
　6.2 混凝土构件 ··········· 7—15—8
　6.3 钢构件 ·············· 7—15—10
　6.4 砌体构件 ············ 7—15—11
7 结构系统的鉴定评级 ······ 7—15—12
　7.1 一般规定 ············ 7—15—12
　7.2 地基基础 ············ 7—15—13
　7.3 上部承重结构 ········· 7—15—13
　7.4 围护结构系统 ········· 7—15—14
8 工业建筑物的综合鉴定评级 ·· 7—15—14
9 工业构筑物的鉴定评级 ····· 7—15—14
　9.1 一般规定 ············ 7—15—14
　9.2 烟囱 ··············· 7—15—15
　9.3 贮仓 ··············· 7—15—15
　9.4 通廊 ··············· 7—15—15
　9.5 水池 ··············· 7—15—15
10 鉴定报告 ·············· 7—15—16

1 总 则

1.0.1 工业建、构筑物是工业企业的重要组成部分。为了适应工业建筑安全使用和维修改造的需要，加强对既有工业建筑的技术管理，不仅要进行经常性的管理与维护，而且还要进行定期或应急的可靠性鉴定，以对存在的缺陷和损伤、遭受事故或灾害、达到设计使用年限、改变用途和使用条件等问题进行鉴定，并提出安全适用、经济合理的处理措施，给出可依据的鉴定方法和评定标准。在原《工业厂房可靠性鉴定标准》GBJ 144—90 实施的十几年里，工业建筑的可靠性鉴定有了很大发展，并对原鉴定标准提出了一些新问题和更高的要求，为了适应工业建筑可靠性鉴定的发展和需要，在总结十几年来工程鉴定实践经验和科研成果的基础上，对原鉴定标准进行了全面修订，制定了本标准。

需要特别说明的是，当工程施工质量不符合要求需要进行检测鉴定时，本标准只作为检测鉴定的技术依据，但不能代替工程施工质量验收。

1.0.2 本次修订，扩大了对既有工业建筑可靠性鉴定的适用范围。将原《工业厂房可靠性鉴定标准》GBJ 144—90 中的钢结构从原来的单层厂房扩充到多层厂房，并增加了烟囱、贮仓、通廊、水池等一般工业构筑物的可靠性鉴定，使本标准的适用范围由原来的工业厂房扩大到工业建、构筑物。

1.0.4 本条中的有关地区或使用环境等主要是指以下几种情况：

1 地震区系指抗震设防烈度不低于 6 度的地区。对于修建在地震区的工业建筑进行可靠性鉴定和抗震鉴定时，应与现行国家标准《建筑抗震鉴定标准》GB 50023 的抗震鉴定结合进行，鉴定后的处理措施也应与抗震加固措施同时提出。

2 特殊地基土地区系指湿陷性黄土、膨胀岩土、多年冻土等需要特殊处理的地基土地区。如修建在湿陷性黄土地区的工业建筑，鉴定与处理应结合现行国家标准《湿陷性黄土地区建筑规范》GB 50025 的有关规定进行。

3 特殊环境主要指有腐蚀性介质环境和高温、高湿环境等。如工业建筑处于有腐蚀性介质的使用环境，鉴定与处理应结合现行国家标准《工业建筑防腐蚀设计规范》GB 50046 的有关规定进行。

4 灾害后主要指火灾后、风灾后或爆炸后等。如工业建筑火灾后的可靠性鉴定，鉴定与处理应结合有关火灾后建筑结构鉴定标准的规定进行。

2 术语、符号

2.1 术 语

本节所给出的术语，为本标准有关章节中所引用的、用于检测鉴定的专用术语，是从本标准的角度赋予其含义，但含义不一定是术语的定义；同时又分别给出了相应的英文术语，仅供参考，不一定是国际上的标准术语。在编写本节术语时，还参考了现行国家标准《建筑结构设计术语和符号标准》GB/T 50083 等国家标准中的相关术语。

2.2 符 号

本节的符号符合现行国家标准《建筑结构设计术语和符号标准》GB/T 50083 的规定。

3 基本规定

3.1 一般规定

3.1.1、3.1.2 从分析大量工业建筑工程技术鉴定（包括工程技术服务和技术咨询）项目来看，其中 95%以上的鉴定项目是以解决安全性（包括整体稳定性）问题为主并注重适用性和耐久性问题，包括工程事故处理或满足技术改造、增产增容的需要以及抗震加固，还有一部分为维持延长工作寿命，需要解决安全性和耐久性问题等，以确保工业生产的安全正常运行；只有不到 5%的工程项目仅为了解决结构的裂缝或变形等适用性问题进行鉴定。这个分析结果是由于工业生产的使用要求，工业建筑的荷载条件、使用环境、结构类型（以杆系结构居多）等决定的。实践表明：对既有工业建筑的可靠性鉴定不必再分为安全性鉴定和正常使用性鉴定，应统一进行以安全性为主并注重正常使用性的可靠性鉴定（即常规鉴定）；对于结构存在的某些方面的突出问题（包括结构剩余耐久年限评估问题等），可就这些问题采用比常规的可靠性鉴定更深入、更细致、更有针对性的专项鉴定（深化鉴定）来解决。为此，本次标准修订，在总结以往工程鉴定的基础上，为了适应工业建筑使用管理和实际鉴定的需要，根据工业建筑的特点，分别规定了工业建筑应进行可靠性鉴定（强制性条款）和宜进行可靠性鉴定的几种情况，同时又针对结构存在的某些方面的突出问题或按照特定的要求进行专项鉴定的几种情况。

3.1.3 本条中所说的相对独立的鉴定单元，是根据被鉴定建、构筑物的结构体系、构造特点、工艺布置等不同所划分的可以独立进行可靠性评定的区段，每个区段称为一个鉴定单元，如通常按建筑物的变形缝所划分的一个或多个区段作为一个或多个鉴定单元；结构系统包括子系统，如地基基础、上部承重结构、围护结构系统，以及屋盖系统、柱子系统、吊车梁系统等子系统；结构是指各类承重结构或结构构件。

3.1.4 工程鉴定实践表明，既有建、构筑物的可靠性鉴定需要明确经过鉴定希望达到的使用年限，本次修订增加了目标使用年限这个术语，并给出了确定目标使用年限的原则规定。需要说明的是，这里引入的目标使用年限是在安全的基础上可满足使用要求的年限。在实际工程鉴定中，鉴定的目标使用年限通常是在签订鉴定技术合同时，根据本条规定的原则由业主和鉴定方共同商定。如鉴定对象建成使用时间较短、环境条件较好或需要进行改建、扩建，目标使用年限可考虑取较长时间，20～30年；如鉴定对象已使用时间较长、环境条件较差需再维持很短时间即进行全面维修或工艺改造和设备更新，目标使用年限可考虑取较短时间，3～5年；对于其他情况，目标使用年限一般可考虑不超过10年。

3.2 鉴定程序及其工作内容

3.2.1 本次修订，在总结十几年来实施《工业厂房可靠性鉴定标准》GBJ 144—90（以下简称原标准）进行工程鉴定实践的基础上，对常规的可靠性鉴定程序主要作了以下几个方面的补充和修改：

  1 取消了原标准鉴定程序中"专门鉴定机构或成立专业鉴定组"部分。随着我国市场经济的发展，鉴定技术合同应为委托与受托关系，受托单位（即鉴定方）当然是有资质的专业鉴定机构，所以不必再注明，成立专业鉴定组的提法也不合适。

  2 原"详细调查"部分改为"详细调查与检测"，明确了现场详细调查、检测的工作内容，并在"初步调查"与"详细调查与检测"两部分之间增加了"制订鉴定方案"部分。大量的工程鉴定实践表明，在进行现场详细调查与检测之前制订出鉴定方案，是保证现场详细调查、检测工作能够顺利进行并获得足够的、可靠的信息资料之前提，而增加了此部分要求。

  3 原"可靠性鉴定评级"部分改为"可靠性评定"适当放松了原标准的可靠性鉴定必须鉴定评级的要求，即一般应进行鉴定评级，也允许不要求鉴定评级的工程项目以给出评定结果表示，并在"详细调查与检测"与"可靠性评定"两部分之间增加了"可靠性分析与验算"部分。工程鉴定实践表明，可靠性分析与验算是进行可靠性评定的基础，为此，本次修订将原标准混在"可靠性鉴定评级"中的此部分分离出来作为新增加的一部分，以明确要求并加以强调。

  这里需要说明的是：对于存在问题十分明显且特别严重、通过状态分析与初步校核能作出明确判断的工程项目，实际应用鉴定程序时可以根据实际情况和鉴定要求作适当简化。

3.2.2～3.2.4 这三条规定的内容和要求，是搞好以下各部分工作的前提条件，是进入现场进行详细调查、检测需要做好的准备工作。事实上，接受鉴定委托，不仅要明确鉴定目的、范围和内容，同时还要按规定要求搞好初步调查，特别是对比较复杂或陌生的工程项目更要做好初步调查工作，才能起草制订出符合实际、符合要求的鉴定方案，确定下一步工作大纲并指导以下的工作。

3.2.5 本条是在原标准"详细调查"工作内容的基础上作了适当补充，规定了详细调查与检测的工作内容。这些工作内容，可根据实际鉴定需要进行选择，其中绝大部分是需要在现场完成的。工程鉴定实践表明，搞好现场详细调查与检测工作，才能获得可靠的数据、必要的资料，是进行下一步可靠性分析、验算与评定工作的基础，也就是说，确保详细调查与检测工作的质量，是决定可靠性鉴定工作好坏的关键之一，为此，本次修订对该部分工作内容作了部分补充或明确规定。

3.2.6 本条是本次修订新增加的内容，是确保正确进行结构可靠性评定的基础。需要说明的是：

  1 可靠性分析与验算，其中一个重要组成部分是结构分析、结构或构件的校核分析，即对结构进行作用效应分析和结构抗力及其他性能分析，以及对结构或构件按两个极限状态进行校核分析。

  2 另一个重要组成部分是对结构所存在问题的原因和影响分析，如对结构存在的缺陷和损伤，要分析产生的原因和对结构性能的影响。

3.2.8 本条规定了工业建筑可靠性鉴定的评定体系，仍然采用纵向分层横向分级逐步综合的鉴定评级模式。本次修订，对评定体系主要有以下几个方面修改和补充：

  1 工业建筑物可靠性鉴定评级仍划分为三个层次，最高层次为鉴定单元，但中间层次由原来的"项目或组合项目"改为"结构系统"，最低层次（即基础层次）由原来的"子项"改为"构件"。

  2 中间层次原来为结构布置和支撑系统、承重结构系统（含地基基础和上部承重结构）及围护结构系统。考虑到地基基础的问题性质、评定项目内容等与上部承重结构有许多不同，结构布置和支撑系统属于上部承重结构范畴并起到加强整体性的作用，所以本次修订将地基基础与上部承重结构分开，将结构布置和支撑系统归入上部承重结构中作为整体性的评定项目，从而形成地基基础、上部承重结构和围护结构三个结构系统。

  3 最高层次鉴定单元仍保持原来的可靠性鉴定评级，以满足业主整体技术管理的需要，并沿用以往行之有效的工业建筑管理模式，中间层次和基础层次，即结构系统和构件的可靠性鉴定评级，包括安全性等级和使用性等级的评定，以满足结构实际技术处理上能分清问题（是安全问题还是正常使用问题）进行具体处理的需要。

  4 补充了部分评定项目，如构件正常使用性评定中增加了缺陷和损伤、腐蚀两个评定项目，上部承重结构正常使用性评定中增加了水平位移评定项目，并且还注明：若上部承重结构整体或局部有明显振动时，还应将振动影响作为评定项目参与其安全性和使用性评定。

3.2.9 专项鉴定的鉴定程序未另行给出，原则上可以按可靠性鉴定程序，仅需对其中的部分工作内容作适当调整，如"可靠性分析与验算"部分可调整为"分析与计算"，"可靠性评定"部分可调整为"评定"等，并且各个部分的工作内容均要围绕鉴定的专项问题或符合鉴定的特定要求。

3.3 鉴定评级标准

3.3.1 本条规定的三个层次的鉴定评级标准，是在回顾总结和调整修订原《工业厂房可靠性鉴定标准》GBJ 144—90 中鉴定分级标准的基础上提出来的。

原《工业厂房可靠性鉴定标准》GBJ 144—90 在制定鉴定分级标准（以下简称原鉴定分级标准）的过程中，分析整理了大量工程鉴定实例和事故处理资料，特别是国内外数百例重大结构倒塌和工程事故的资料，开展了专题研究，对倒塌结构进行了垮塌原因分析和可靠指标较全面复核；走访了设计院、高等院校、科学院所、企业单位的数百位专家，开展了七次有关结构可靠性尺度标准方面的国内专家意见调查；分析了我国各个历史时期建筑结构标准规范可靠度的设置水准与发展变化，考虑了新旧规范的差异，并按拟定的鉴定分级标准对我国工业建筑十余种典型结构构件的可靠度进行了校核，给出了结构构件各等级评定标准相应的可靠度水准。经过十几年的工程鉴定应用和实践检验，原鉴定分级标准所采用的分级评定方法是可行的，规定的鉴定分级标准总体上是合理的，是符合我国当时综合国力和工业建筑实际的。

本次修订，在回顾和总结原鉴定分级标准制定依据和应用实践的基础上，又开展了"工业建筑结构安全指标与分级标准"的研究和对原鉴定分级标准的调整与修订，主要说明如下：

1 分析了我国 21 世纪初建筑结构设计标准规范对结构可靠度设置水准的调整与提高，并结合历史规范进一步回顾和分析了我国建筑结构设计标准规范对结构安全度的设置水准呈马鞍形发展变化，即：20 世纪 50 年代的水准不低，60 年代设计革命和 70 年代的水准降低，80 年代的水准有所提高，特别是 21 世纪初的水准又有一定幅度提高。因此，对既有工业建筑结构鉴定，不能脱离和隔断这个马鞍形的发展历史，既要顺应我国目前结构可靠度提高的趋势，又要联系历史，结合工程实际，不可按现行结构设计规范的水准一刀切，应该区别对待，在现阶段仍需继续采用分级评定的方法。

2 随着我国综合国力的提高和 21 世纪初标准规范修订对结构可靠度设置水准的调整，为确保既有工业建筑的安全正常使用，并适应我国工业建筑当前和今后使用与发展的要求，需要对原鉴定分级标准进行调整和修订。通过对新旧规范的对比分析以及工业建筑鉴定的工程实例分析，确定了对原鉴定分级标准调整、修订的原则，即：适当提高鉴定评级标准的水准，适当扩大处理面，不保留低水准或落后的既有结构，并在结构系统和构件两个层次中补充规定安全性等级和使用性等级的评定标准，在三个层次的可靠性评级标准中考虑安全的基础上又补充在目标使用年限内能否正常使用的规定。

3 本次对原鉴定分级标准所进行的调整与修订。按照上述确定的调整、修订原则，首先，在基础层次即结构构件的鉴定评级标准中，先后考虑了八种调整方案，分别按原分级标准和新调整的评级标准对工业建筑十余种典型结构构件在不同分级标准下的可靠度（可靠指标）进行了校核，经过对比分析和征求专家意见，最后确定了一种提高标准水准和扩大处理面相对比较合适的调整方案，作为结构构件安全性、正常使用性和可靠性的鉴定评级标准（即本条以文字形式给出的评级标准和本标准第 6 章有关构件评定等级的具体规定），并在工程试点和上百个按旧设计规范编制的结构标准图中的构件进行试评检验。其次，对本条规定的结构系统和鉴定单元的评级标准以及本标准第 7 章、第 8 章的有关评级标准，也在原分级标准相关规定的基础上进行了调整和修订，如对结构系统整体性的要求和规定严了，对地基基础和上部承重结构评级标准中的有关控制指标与结构系统中 c 级、d 级构件含量等方面规定也严了，水准要求也提高了，等等。

4 本次新调整修订的鉴定评级标准的水准比原鉴定分级标准有适当提高。例如，按照本条和本标准第 6 章关于构件的评级标准，对安全等级划为二级的工业建筑（即整个结构安全等级为二级），其三种结构（混凝土结构、钢结构和砌体结构）的十余种典型构件的承载能力（构件抗力与作用效应的比值 $R/\gamma_0 S$，按新旧两种鉴定评级标准，在各等级界限下的可靠指标 β 值对比校核结果列于表 1。

表 1 构件承载能力 ($R/\gamma_0 S$) 在各等级界限下的 β 平均值

类别	破坏类型	a级和b级界限	b级和c级界限	c级和d级界限
原鉴定分级标准	延性破坏	$\dfrac{2.98\sim3.47}{3.20}$	$\dfrac{2.78\sim3.16}{2.96}$	$\dfrac{2.64\sim2.98}{2.79}$
	脆性破坏	$\dfrac{3.46\sim4.04}{3.72}$	$\dfrac{3.15\sim3.72}{3.42}$	$\dfrac{2.98\sim3.51}{3.23}$

续表1

类别	破坏类型		a级和b级界限	b级和c级界限	c级和d级界限
新修订的鉴定评级标准	重要构件	延性破坏	$\dfrac{3.04\sim4.08}{3.50}$	$\dfrac{2.89\sim3.67}{3.24}$	$\dfrac{2.73\sim3.47}{3.07}$
		脆性破坏	$\dfrac{3.70\sim4.70}{4.11}$	$\dfrac{3.33\sim4.23}{3.70}$	$\dfrac{3.14\sim3.99}{3.49}$
	次要构件	延性破坏	$\dfrac{3.04\sim4.08}{3.50}$	$\dfrac{2.79\sim3.55}{3.14}$	$\dfrac{2.64\sim3.34}{2.96}$
		脆性破坏	$\dfrac{3.70\sim4.70}{4.11}$	$\dfrac{3.22\sim4.09}{3.57}$	$\dfrac{3.03\sim3.85}{3.37}$

注：表中分子数值表示十余种典型构件在各等级界限下的可靠指标β值，分母数值为相应的β平均值；原鉴定分级标准中未分重要构件与次要构件，为二者的平均情况。

表中的对比校核结果表明：a级标准符合现行设计标准规范的要求，其水准随着现行结构设计规范设置水准的提高而提高，a级和b级界限水准比原分级标准平均提高约10%，b级和c级界限水准包括重要构件和次要构件平均提高约7%，c级和d级界限水准相应平均提高7%。三种结构的重要构件b级标准的下界限总体水准（平均β值）符合现行国家标准《建筑结构可靠度设计统一标准》GB 50068对安全等级为二级构件的规定值，次要构件略低于该统一标准对安全等级为二级构件的规定值，但满足该统一标准允许对其中部分结构构件比整个结构的安全等级降一级（即安全等级可调至三级）的规定值，也满足原国家标准《建筑结构设计统一标准》GBJ 68—84对安全等级为二级构件的下限值要求。也就是说，新调整修订的构件评级标准不仅比原鉴定分级标准的水准在各等级下有适当提高，而且b级构件的水准总体上重要构件符合国家现行标准要求，当然是安全、可靠的，次要构件总体上不低于国家现行标准关于结构安全的下限水平（不得低于三级）的要求，并满足20世纪80年代建筑结构设计标准规范的下限值要求，在正常设计、正常施工和正常使用和维护情况下仍是安全的，这已被工程实践所证实。因此，本标准将重要构件和次要构件安全性评级标准中的b级水准定为：略低于国家现行标准规范的安全性要求，仍能满足结构安全性的下限水平要求，不影响安全，可采取措施。并且，随着新修订的b级水准的提高，既可将那些低水准或落后的结构构件划到c级甚至个别划到d级进行处理，又可使既有结构的处理面扩大到比较适当但又不至于过大。

4 调查与检测

4.1 使用条件的调查与检测

4.1.1 既有建筑结构鉴定与新结构设计不同。新设计主要考虑在设计基准期内结构上可能受到的作用、规定的使用环境条件。而既有建筑结构鉴定，除应考虑下一目标使用期内可能受到的作用和使用环境条件外，还要考虑结构已受到的各种作用和结构工作环境，以及使用历史上受到设计中未考虑的作用。例如地基基础不均匀沉陷、曾经受到的超载作用、灾害作用等造成结构附加内力和损伤等也应在调查之列。

4.1.2 本条结构上的作用是根据现行国家标准《建筑结构可靠度设计统一标准》GB 50068和国际标准《结构上的作用》ISO/TR 6116进行分类的。

4.1.3～4.1.7 既有建筑结构鉴定验算，在无特殊情况下，结构的作用标准值尽量采用现行国家标准《建筑结构荷载规范》GB 50009的规定值。但是，在工业建筑结构鉴定中有些情况下结构验算荷载，例如某些重型屋盖的屋面荷载、积灰严重的屋面积灰荷载、运行不正常的吊车竖向和水平荷载、生产工艺荷载等难以选用《建筑结构荷载规范》GB 50009的规定值时，则需要根据《建筑结构可靠度设计统一标准》GB 50068的原则采用实测统计的方法确定。第4.1.4～4.1.7条给出了具体检测项目和测试方法。其中第4.1.6条为吊车荷载、相关参数和条件的调查与检测：

  1 当吊车及吊车梁系统运行使用状况正常、资料齐全时，宜进行常规调查和检测，包括收集有关设计资料、吊车产品规格资料，并进行现场核实，调查吊车布置、实际起重量、运行范围和运行状况等。此时，吊车竖向荷载包括吊车自重和吊车轮压，可按对应的吊车资料取值；吊车横向水平荷载为小车制动力，可按国家现行荷载规范取值。

  2 当吊车及吊车梁系统运行使用状况不正常、资料不全或对已有资料有怀疑时，还应根据实际状况和鉴定要求进行专项调查和检测，包括吊车轨道平直度和轨距的测量、调查吊车运行振动或晃动异常的原因以及对厂房结构安全使用的影响，吊车自重、吊车轮压以及结构应力和变形的测试等。此时，吊车竖向荷载可取吊车资料与实测中的较大值；吊车横向水平荷载，除应考虑小车横行制动力之外，尚应考虑大车纵向运行由吊车摆动引起的横向水平力造成的影响。

4.1.8、4.1.9 在工业建筑检测鉴定中业主（委托方）最关心的是建筑结构是否安全、适用，结构的寿命是否满足下一目标使用年限的要求。如果建筑结构出现病态（老化、局部破坏、严重变形、裂缝、疲劳裂纹等）要求查找原因、分析危害程度和提出处理方法。为检测鉴定中掌握结构使用环境、结构所处环境类别和作用等级，解决上述问题提供调查纲要和技术依据特制定这两条。

其中第4.1.9条为一般混凝土结构耐久性判定、混凝土结构裂缝宽度评定等级等所需要的结构所处环境类别和作用等级。对钢结构和砌体结构上述规定也基本适用。如果需要评估混凝土构件的耐久性年限时，仅掌握本条所规定的结构所处环境类别和作用等级还是不够的，还需要掌握更详细的环境指标参数。遇到这种情况，对大气环境普通混凝土结构可按本标准附录 B 的表 B.1.3 的规定确定更详细的环境类别、详细划分环境作用等级，并确定计算中需要的相关参数和局部环境系数。其他情况则要按国家现行标准《混凝土结构耐久性评定标准》CECS 220 的规定根据评定需要进一步详细确定环境类别、环境作用等级及相关计算参数和系数。

本标准第 4.1.9 条结构所处环境分类和环境作用等级主要是根据现行国家标准《混凝土结构耐久性设计规范》GB/T 50476、《混凝土结构设计规范》GB 50010、《工业建筑防腐蚀设计规范》GB 50046 和《岩土工程勘察规范》GB 50021（对地基基础和地下结构），并结合工业建筑的实际情况制定的。根据工业建筑鉴定的特点和需要，对其中很少遇到的情况如冻融环境，本条对上述规范条文和表格作了适当的简化和取舍。其中化学腐蚀环境比较复杂，工业建筑上部结构、地下地基基础中又经常遇到酸、碱、盐、有机物，生物的气态、液态、固态腐蚀介质，这部分内容本条文根据需要列入表格。检测鉴定时遇到化学腐蚀环境，应根据鉴定需要做详细检测分析，用于结构和地基基础的鉴定评级。一般工业建筑则可直接根据第 4.1.9 条，确定结构所处环境类别和环境作用等级用于建、构筑物的可靠性鉴定，结构安全性评定和正常使用性评定。

4.2 工业建筑的调查与检测

4.2.3 地基承载力的大小按现行国家标准《建筑地基基础设计规范》GB 50007 中规定的方法进行确定。当评定的建、构筑物使用年限超过 10 年时，可适当考虑地基承载力在长期荷载作用下的提高效应。

4.2.4 本条调查项目是在原《工业厂房可靠性鉴定标准》GBJ 144—90 和《钢铁工业建（构）筑物可靠性鉴定规程》YBJ 219—89 基础上总结大量工程检测鉴定实践经验提出的。

4.2.5～4.2.8 提出了混凝土结构、钢结构、砌体结构的结构材料、几何尺寸、制作安装偏差、结构构件性能、混凝土结构耐久性检测的具体检测方法。近年来，我国陆续制定了《建筑结构检测技术标准》GB/T 50344、《砌体工程现场检测技术标准》GB/T 50315 等，为既有建筑结构鉴定提供了标准检测方法的依据。这些检测标准主要规定了检测的标准做法，具体到工业建筑检测鉴定中什么情况下怎样检测，这几条作了具体规定。

5 结构分析与校核

5.0.1 本标准结构分析与校核所采用的是极限状态分析方法。结构作用效应分析，是确定结构或截面上的作用效应，通常包括截面内力以及变形和裂缝。结构或构件校核应进行承载能力极限状态的校核，当结构构件的变形或裂缝较大或对其有怀疑时，还应进行正常使用极限状态的校核。承载能力极限状态的校核是将截面内力与结构抗力相比较，以验证结构或构件是否安全可靠；正常使用极限状态的校核是变形和裂缝与规定的限值相比较，以验证结构或构件能否正常使用。

5.0.2 在工业建筑的可靠性鉴定中，结构分析与结构构件的校核，是一项十分重要的工作。为了力求得到科学和合理的结果，有必要在分析与校核所需的数据和资料采集及利用上，作出统一的规定。现就本标准在这一方面的规定摘要说明如下：

1 关于结构分析与结构或构件校核采用的方法问题。

结构构件分析与校核所采用的分析方法，应符合国家现行设计规范的规定。对于受力复杂或国家现行设计规范没有明确规定时，可根据国家现行设计规范规定的原则进行分析验算。计算分析模型应符合结构的实际受力和构造状况。

2 关于结构上作用（荷载）取值的问题。

对已有建筑物的结构构件进行分析与校核，其首先要考虑的问题，是如何确定符合实际情况的作用（荷载）。因此，要准确确定施加于结构上的作用（荷载），首先要经过现场调查、检测和核实。经调查符合现行国家标准《建筑结构荷载规范》GB 50009 的规定者，应按规范选用；当现行国家标准《建筑结构荷载规范》GB 50009 未作规定或按实际情况难以直接选用时，可根据现行国家标准《建筑结构可靠度设计统一标准》GB 50068 的有关原则规定确定。作用效应的分项系数和组合系数一般应按现行国家标准《建筑结构荷载规范》GB 50009 的规定确定。当现行荷载规范没有明确规定，且有充分工程经验和理论依据时，也可以结合实际按《建筑结构可靠度设计统一标准》GB 50068 的原则规定进行分析判断。

同时要考虑既有建筑物在时间参数上不同于新建建筑物的特点和今后不同的目标使用年限，风荷载和雪荷载是随着时间参数变化的，一般鉴定的目标使用年限比新建的结构设计使用年限短，按照不同期间内具有相同安全概率的原则，对风荷载和雪荷载的荷载分项系数进行适当折减，经过编制组的计算分析，采用的折减系数如表 2：

表 2 风（雪）荷载折减系数

目标使用年限 t（年）	10	20	30～50
折减系数	0.90	0.95	1.0

注：对表中未列出的中间值，允许按插值法确定，当 $t<10$ 时，按 $t=10$ 确定。

楼面活荷载是依据工艺条件和实际使用情况确定

的，与时间参数变化小，因此对于楼面活荷载不需折减。

3 关于结构构件材料强度的取值问题。

对已有建筑物的结构构件进行分析与校核，其另一个需要考虑的问题，是确定符合实际的构件材料强度取值。为此，编制组参照国际标准《结构可靠性总原则》ISO 2394—1998 的规定，提出两条确定原则：当材料的种类和性能符合原设计要求时，可取原设计标准值；当材料的种类和性能与原设计不符或材料性能已显著退化时，应根据实测数据按国家现行有关检测技术标准的规定确定，例如《建筑结构检测技术标准》GB/T 50344、《回弹法检测混凝土抗压强度技术规程》JGJ/T 23 等。

当混凝土结构表面温度长期高于 60℃，这时材料性能会有所降低，应考虑温度对材质的影响，可参照相关的标准规范取值。例如，根据国家现行标准《冶金工业厂房钢筋混凝土结构抗热设计规程》YS 12—79，温度在 80℃ 和 80℃ 以上时，应考虑温度对强度的影响。在温度为 100℃ 时，混凝土轴心、抗压设计强度的折减系数分别为 0.85、0.75，混凝土弹性模量折减系数为 0.75。钢结构表面温度长期高于 150℃ 时，应当采取措施进行隔热处理，以避免钢结构表面温度超过 150℃。采取隔热措施后钢结构的计算可按常规进行分析。

5.0.3 当结构分析条件不充分时，可通过结构构件的载荷试验验证其承载性能和使用性能。结构构件的载荷试验应按专门标准进行，例如现行国家标准《建筑结构检测技术标准》GB/T 50344，《混凝土结构试验方法标准》GB 50152 等。当没有结构试验方法标准可依据时，可参照国外标准或按自行设计的方法进行检验，但务必要慎重考虑，因为国外所采用的检验参数或自行设计方法不一定能与本标准有关规定接轨，这一点应特别注意。

6 构件的鉴定评级

6.1 一般规定

6.1.1 本条规定了单个构件的鉴定评级包括对其安全性等级和使用性等级的评定，以及需要时的可靠性等级由此进行综合评定的原则。这个综合评定的原则是根据本标准第 3.3.1 条关于构件的可靠性评级标准提出来的，是在构件可靠性评级中体现结构可靠性鉴定以安全性为主并注重正常使用性这一总原则的具体规定。即：即使构件的安全性不存在问题或不至于造成问题，而构件的使用性存在问题（使用性等级为 c 级），也需要进行修复处理使其可正常使用，结构可靠性等级宜定为 C 级；其他情况，包括构件的安全性存在问题，构件的可靠性等级要以安全性等级确定，

以便采取措施处理确保安全。对位于生产工艺流程关键部位的构件，考虑生产和使用上的高要求，可以安全性等级和使用性等级中较低等级直接确定，或对本条第 1 款评定结果按此进行调整。

构件的安全性等级和使用性等级要根据实际情况原则上按本标准第 6.1.2 条的相应规定评定，一般情况下，应按本标准第 6.2 节至第 6.4 节的具体规定评定。此外，在实际工程鉴定中，当遇到对某些构件的安全性或使用性要求进行鉴定的情况时，也可按照上述三节的规定进行鉴定评级。

6.1.2 本条给出了评定构件安全性等级和使用性等级的三个原则性规定，即按校核分析评定、按状态评定和按结构载荷试验评定的规定。在校核分析评定中，构件的承载能力校核、裂缝及变形等项目的正常使用性校核，系采用国家现行设计规范规定的方法，通过作用效应分析和抗力分析确定，要符合本标准第 5.0.2 条的具体规定要求，其等级评定要按照本标准第 6.2 节至第 6.4 节的具体规定进行。

6.1.3 这里所指的国家现行有关检测技术标准的规定，主要是指《建筑结构检测技术标准》GB/T 50344 中有关混凝土结构"构件性能实荷检验"、钢结构"结构性能实荷检验"的规定进行检验与评定。

6.1.4、6.1.5 这两条是总结工程鉴定实际经验，分析以往历史技术标准规范的应用情况，并参考国际标准《结构设计基础——已有结构的评定》ISO 13822—2001 有关规定提出来的。根据本标准总则第 1.0.3 条的规定，这两条所规定的条件不包含偶然荷载作用，如地震作用、爆炸力、撞击力等。

6.2 混凝土构件

6.2.2 原《工业厂房可靠性鉴定标准》GBJ 144—90 中的混凝土结构构件承载能力评定等级标准是根据我国当时的整体国力和工业建筑的实际，在大量工程实践总结和工程倒塌事故统计分析、可靠度校核分析与尺度控制以及专家意见调查的基础上制定的。总体上反映了我国当时标准规范和实际工程结构的可靠度水准。当时实施的规范主要为原《混凝土结构设计规范》GBJ 10—89 和原《建筑结构荷载规范》GBJ 9—87 等相应的规范。实践证明原鉴定分级标准满足了当时工业建筑保障安全和使用的需要，未发现鉴定评级的工程失误。目前我国正在使用的现行国家标准《混凝土结构设计规范》GB 50010、《建筑结构荷载规范》GB 50009 等规范是经过新一轮修订的，其主要特点是对我国建筑结构安全度做了调整，总体上提高了结构安全度的设置水准。针对工业建筑，新修订规范对钢筋混凝土结构安全度的调整，主要是由于下面因素引起：①新规范补充了永久荷载效应起控制作用的设计表达式，其中永久荷载分项系数 γ_G 取为 1.35；②Ⅱ级钢筋的强度设计值 f_y 由 310N/mm^2 调

整为 300N/mm²；③正截面受压承载力计算公式中，将抗力部分乘以系数 0.8；④采用混凝土的"轴心抗压强度"取代了原规范中混凝土"弯曲抗压强度"的设计指标。经过分析比较，采用新规范后可靠指标比旧规范平均提高 12%。《工业厂房可靠性鉴定标准》修订时评级标准的水准如果继续沿用原评级标准的分级界限，即对于重要结构构件和次要构件，a 级和 b 级的界限值均为 1；b 级和 c 级的界限值分别为 0.92、0.90；c 级和 d 级的界限值分别为 0.87、0.85，则对已有工业建筑结构可靠性鉴定而言，要求有些过严，扩大了处理面和立即处理面，不符合我国工业建筑的历史和现实情况。随着我国综合国力的提高和 21 世纪初标准规范修订对结构可靠度的调整，为适应我国工业建筑当前和今后使用与发展的要求，对工业建筑结构鉴定的分级标准需要进行适当的调整。

本次工业建筑可靠性鉴定是在保持原分级原则不变的情况下，对其各等级的可靠性标准进行适当调高。由于 a 级标准仍然是符合国家现行标准规范，其水准随着新一轮标准规范对工业建筑可靠度设置水准的提高而提高，并使各等级界限的水准也随之提高。经过大量计算和分析对比，对于混凝土结构重要构件和次要构件，新修订的构件承载能力项目评级标准建议 a 级和 b 级的界限值定为 1，b 级和 c 级的界限值分别定为 0.90、0.87，c 级和 d 级的界限值分别定为 0.85、0.82，此时各等级界限的可靠指标与原评级标准相比，其水准都有一定的提高，a 级和 b 级界限提高约 13%，b 级和 c 级界限提高 9% 以上，c 级和 d 级界限提高 9% 以上。其中，a 级和 b 级界限的水准提高较多，是由于现行国家标准《混凝土结构设计规范》GB 50010 比旧规范可靠度设置水准提高较多决定的；b 级和 c 级、c 级和 d 级界限的水准提高，从安全和扩大处理面等方面分析和工程试点验证，均表明其提高幅度是适当的。

本条所指的重要构件和次要构件，鉴定者可根据本标准第 2 章规定的术语含义和工程实际情况确定。一般情况下，重要构件指屋架、托架、屋面梁、无梁楼盖、梁、柱、吊车梁；次要构件指板、过梁等。

在承载能力项目评定中，由于过宽的裂缝、过度的变形、严重的缺陷损伤及腐蚀会降低构件的承载能力，因而在承载能力校核及评定中，应考虑其影响。

6.2.3 混凝土构件的构造要求一般包括最小配筋率、最小配箍率、最低强度等级及箍筋间距等，应根据现行国家标准《混凝土结构设计规范》GB 50010 及有关抗震鉴定标准的规定进行评定。

6.2.4 十余年来在对原《工业厂房可靠性鉴定标准》GBJ 144—90 的执行应用中，大家认为工业建筑正常使用性评定中仅考虑裂缝、变形项目不全面，本次修编在使用性等级评定中增加了缺陷和损伤及腐蚀两个评定项目。

6.2.5 表 6.2.5-1～表 6.2.5-3 中混凝土构件的受力裂缝通常是指受拉、受弯及大偏压构件等的受拉区主筋处的裂缝。当混凝土构件中出现剪力引起的斜裂缝时，应进行承载力分析，根据具体情况进行评定，可参考表 6.2.5-1～表 6.2.5-3 从严掌握。当出现受压裂缝时，如轴压、偏压、斜压等，表明构件已处于危险状态，应引起特别重视。

本次裂缝项目评定中考虑了下列因素：①结构的功能要求，结构所处的环境条件，钢筋种类对腐蚀的敏感性；②现行设计规范的裂缝控制等级；③国内外试验资料和国内外规范的有关规定；④工程实践和调查，原《工业厂房可靠性鉴定标准》GBJ 144—90 工程鉴定的应用经验。本标准规定裂缝宽度符合现行设计规范要求的构件，评为 a 级，但考虑到表 6.2.5-1～表 6.2.5-3 中的裂缝宽度为检测时测试的裂缝宽度，实际作用荷载不一定达到设计规范规定的验算荷载，因而在表 6.2.5-1 中对处于环境条件较恶劣的Ⅲ、Ⅳ类环境中的构件，其 a 级标准相对严于现行国家标准《混凝土结构设计规范》GB 50010；而对设计规范中裂缝控制等级为二级但处于Ⅰ-A（Ⅰ类 A 级）室内正常环境下的结构构件，因其在荷载效应标准组合计算时允许出现拉应力，在短期内可能出现很微小的裂缝，因而结构构件裂缝宽度适当放宽。当现场裂缝检测较困难，或者检测时的荷载作用差异较大时，也可通过裂缝宽度验算，根据裂缝计算结果及工程经验综合判断后进行裂缝项目评定。

由于温度、收缩及其他作用引起的裂缝，可根据具体情况进行评定。由于裂缝的情况复杂，周围使用环境差异往往亦很大，裂缝的危害性和发展速度会有很大差别，故允许有实践经验者根据具体情况适当从宽掌握。

6.2.6 混凝土结构或构件的变形，受其荷载、跨度、截面形式、截面高度及配筋率等多方面因素的影响，而相对变形的限值又受其使用要求及其构件的重要程度而确定。

混凝土结构或构件变形分级标准中，a 级是按照国家现行有关规范的要求提出的。对于 b、c 级的分级标准，是在分析受弯梁因荷载变化，引起构件变形钢筋应力的递增及承载能力降低间的关系，并结合工程及鉴定经验予以确定的。

对挠度有一般要求的屋盖、楼盖及楼梯构件变形按表 6.2.6 评定等级，对挠度有较高要求的构件可按现行国家标准《混凝土结构设计规范》GB 50010 的规定从严掌握。

6.2.7 混凝土构件的缺陷和损伤也会影响构件的正常使用，本次修编中增加了此项内容。混凝土缺陷和损伤严重时会影响构件承载能力，鉴定者评定时需根据其严重程度进行构件承载能力项目的分析评定。

6.2.8 当出现钢筋锈蚀和混凝土腐蚀时，将会影响混凝土构件的使用性，因此本次修编中此项内容单独作为一项列出。根据工程调查及试验资料，因钢筋锈蚀而导致构件表面出现沿筋纵向裂缝时，钢筋已发生中、轻度锈蚀，影响结构性能。如果周围使用环境处于不利条件，情况将迅速劣化。因此对具有上述裂缝的构件，将影响其长期的正常使用性，建议根据具体情况进行处理。根据已有的试验研究结果，混凝土开裂时钢筋的锈蚀程度因钢筋所处位置、钢筋类型和直径的不同而差别很大，表3列举了几种钢筋在同一环境下刚刚锈蚀开裂时的重量损失率，可以看出，钢筋锈蚀混凝土刚刚开裂时位于角部的ϕ18钢筋重量损失率小于2%，而位于箍筋位置处的ϕ6.5钢筋重量损失率则大于15%。因而对于墙板类及梁柱构件中的钢筋及箍筋除考虑外观外，也需要考虑钢筋截面损失状况。

表3 几种钢筋在同一环境下刚开裂时的重量损失率

钢筋直径 (mm)		位于角部圆钢			位于角部螺纹钢			箍筋位置（板）圆钢	
		ϕ8	ϕ10	ϕ14	ϕ14	ϕ16	ϕ18	ϕ6.5	ϕ8
刚开裂时重量损失率(%)	计算85%保证率时	9.56	9.15	5.83	2.64	3.39	1.75	16.1	15.4
	实际最大	8.2	6.0	6.2	3.0	2.0	0.4	15.2	—

6.3 钢 构 件

6.3.1 钢构件的安全性等级按承载能力项目评定，包括构件连接的承载能力。承载能力可通过计算或试验确定，相对于荷载效应进行检验就是承载能力项目的评定。满足构造要求是保证构件预期承载能力的前提条件，构造不满足要求时，意味着承载能力的降低，可直接评定安全等级。这样，构件的承载能力项目包括承载能力、连接和构造三个方面，取其中最低等级作为构件的安全性等级。

6.3.2 承重构件的钢材符合建造当年钢结构设计规范和相应产品标准的要求时，说明当时的材料选用和产品质量是合格的，即使不符合现行标准规范的要求，考虑到经过多年使用没有出现问题，在构件使用条件没有发生变化时，应该认为材料是可靠的。如果构件的使用条件发生根本的改变，比如承受静载的构件改成承受动力荷载、保温厂房改成非保温厂房、所承受的荷载有较大的增加等，这相当于用旧构件建造一个新结构，在这种情况下材料还应符合现行标准规范的要求。如果材料达不到上述要求，应进行专门论证，在确定承载能力和评级时应考虑其不利影响。钢材产品的质量包括力学性能、化学成分、冶炼方法、尺寸外形偏差等。

上述要求同样适用于连接材料和紧固件。

6.3.3 钢构件的承载能力项目根据构件的抗力 R 和荷载作用效应 S 及结构构件重要性系数 γ_0 评定等级。构件的抗力 R 一般按照现行钢结构设计规范（包括《钢结构设计规范》GB 50017、《冷弯薄壁型钢结构技术规范》GB 50018、《网架结构设计与施工规程》JGJ 7、《门式刚架轻型房屋钢结构技术规程》CECS 102等）确定，与设计新构件不同，在计算已有构件抗力时，应考虑实际的材料性能和结构构造，以及缺陷损伤、腐蚀、过大变形和偏差的影响。这是因为新构件是先设计后施工，在施工和使用过程中控制这些影响因素，设计时不必考虑；但已有构件的这些因素是客观存在，必须予以考虑。另一方面，已有构件的各种特性和所受荷载作用是比较明确的，变异性较小，因此，其承载能力即使有所降低，在一定范围内也是可以接受的。荷载作用效应 S 一般按现行国家标准《建筑结构荷载规范》GB 50009 和相关设计规范结合实测结果计算确定。结构构件重要性系数 γ_0 按现行国家标准《建筑结构可靠度设计统一标准》GB 50068 确定。

过大的变形、偏差以及严重的腐蚀会降低构件的承载能力，此时，应按承载能力项目评定其安全性等级。其中，严重腐蚀的影响有两个方面，一是使构件截面积减少，二是腐蚀降低材料的韧性。本标准附录E 参考了国外资料，对严重均匀腐蚀在这两个方面提出了检测评估方法。

吊车梁的疲劳强度与静力承载能力相比有很大不同，即使验算结果表明疲劳强度不足，但对于比较新的吊车梁来说，在一定的期限内可以是安全的；相反，对于已经出现疲劳损伤或者已使用很长年限的吊车梁，不论验算结果如何，都有可能存在安全隐患。所以吊车梁疲劳性能的评级，表 6.3.3 不完全适用，应根据疲劳强度验算结果、已使用的年限和吊车梁系统的损伤程度进行评级。

本条所指的重要构件和次要构件，鉴定者可根据本标准第 2 章规定的术语含义并结合工程实际情况具体确定。通常情况下，重要构件指屋架、托架、梁、柱、吊车梁（吊车桁架）等；次要构件指板、墙架构件等。

6.3.4 工业厂房钢屋架等桁架结构，经过长期使用后，会发生各类杆件弯曲现象，尤以其中腹杆最普遍。对这种有双向弯曲缺陷的压杆，经常需要确定其剩余承载力问题。为此，表 6.3.4 是在借鉴国外资料基础上通过计算分析和试验研究得以证实后推荐使用的，列入了行业标准《钢结构检测评定及加固技术规程》YB 9257—1996，冶建院在多项工程中采用过这种方法，取得了很好的效果。

6.3.5 钢构件影响正常使用性的因素，包括变形、偏差、一般构造和防腐等。其中变形可分为两类，一类是荷载作用下的弹性变形，与荷载和构件的刚度有关；另一类是使用过程中出现的永久性变形，和施工过程中的偏差性质上相同，因此永久性变形应归入偏差项目进行评定。有些一般构造要求与正常使用性有关，如受拉杆件的长细比，长细比太大会产生振动。防腐措施是否完备影响构件的耐久性，已经出现锈蚀的，说明防腐措施不到位。对这几个项目进行评级，取其中最低等级作为构件的使用性等级。

6.3.6 本条所指的构件变形是荷载作用下钢构件的弹性变形，为梁、板等受弯构件的挠度。对于框架柱柱顶水平位移和层间相对位移、吊车梁或吊车桁架顶面处柱子的水平位移等，因属于框架结构的水平位移，而放到本标准第 7 章 7.3 节上部承重结构中给出评级规定。这些变形在结构设计时一般是要进行验算，不需验算的变形一般也就不需要评级。在国家现行相关设计规范中，包括《钢结构设计规范》GB 50017、《冷弯薄壁型钢结构技术规范》GB 50018、《网架结构设计与施工规程》JGJ 7、《门式刚架轻型房屋钢结构技术规程》CECS 102 等，规定有详细的变形控制项目、容许值和计算方法。构件变形项目评为 a 级的，应满足这些设计规范的要求（即规范容许值）；如果工艺上对构件变形有特别设计要求，还应满足设计要求。

构件变形影响正常使用性，主要是指可能导致设备不能正常运行、非结构构件受损以及让人感到不安全等，这些都是很难定量考虑的。规范的容许值是多年实际经验的总结，能满足规范要求一般不会有什么问题，但超出规范容许值的，也不一定影响正常使用。现行国家标准《钢结构设计规范》GB 50017 对构件变形的规定较老规范做了改动，着重提出，在有实践经验或有特殊要求时可根据不影响正常使用和观感的原则进行适当地调整。对已有构件来说，是否影响正常使用的问题基本上已经暴露出来，所以在评定构件变形项目的等级时应特别注意是否真的影响正常使用，如果不影响正常使用，即使超过规范中所列容许值，也可以评为 b 级。

6.3.7 钢构件的偏差具体所指项目可参见国家现行相关施工验收规范和产品标准并按这些规范标准确定是否满足要求，满足要求的使用等级评为 a 级。现行施工验收规范包括《钢结构工程施工质量验收规范》GB 50205、《冷弯薄壁型钢结构技术规范》GB 50018、《网架结构设计与施工规程》JGJ 7、《门式刚架轻型房屋钢结构技术规程》CECS 102 等，产品标准包括《热轧等边角钢尺寸、外形、重量及允许偏差》GB/T 9787、《热轧不等边角钢尺寸、外形、重量及允许偏差》GB/T 9788、《热轧工字钢 尺寸、外形、重量及允许偏差》GB/T 706、《热轧槽钢尺寸、外形、重量及允许偏差》GB/T 707、《热轧 H 型钢和剖分 T 型钢》GB/T 11263、《冷弯型钢》GB/T 6725、《结构用冷弯空心型钢尺寸、外形、重量及允许偏差》GB/T 6728、《通用冷弯开口型钢尺寸、外形、重量及允许偏差》GB/T 6723、《热轧钢板和钢带的尺寸、外形、重量及允许偏差》GB/T 709、《建筑用压型钢板》GB/T 12755、《无缝钢管尺寸、外形、重量及允许偏差》GB/T 17395、《直缝电焊钢管》GB/T 13793 等。

使用过程中出现的永久性变形在性质上与施工过程中的某些偏差相同，所以也按构件偏差项目评定使用性等级。与上一条构件变形项目评定相似，偏差项目的评定也要特别注意是否真的影响正常使用，不影响正常使用的可评较高等级。需要注意的是，偏差较大有可能导致承载能力的降低，此时应按承载能力评级。

6.3.8 构件的腐蚀和防腐措施影响结构的耐久性，越是新构件越是应该注意耐久性问题，对已经出现严重腐蚀致使截面削弱材料性能降低的构件，应考虑其承载能力问题。

6.3.9 与构件正常使用性有关的一般构造要求，具体是指拉杆长细比、螺栓最大间距、最小板厚、型钢最小截面等。限制拉杆长细比是要防止出现过大的振动；螺栓间距过大容易造成板与板之间的锈蚀，板厚太小、型钢截面太小对锈蚀、碰撞、磨损敏感，都有耐久性问题。设计规范中还有其他一些保证使用性的构造要求。满足设计规范要求时应评为 a 级，否则应根据实际对使用性影响评为 b 或 c 级。

6.4 砌体构件

6.4.2 原《工业厂房可靠性鉴定标准》GBJ 144—90 在制定构件承载能力项目的分级标准时，分析整理了大量工程鉴定实例和事故处理资料，特别是国内外数百例重大结构倒塌和工程事故的资料，走访了设计院、高等院校、科研院所、企业单位的数百位专家，开展了七次结构可靠性尺度标准方面的国内专家调查，并对倒塌结构的可靠指标进行了较全面的复核，按拟定的分级标准对十余种典型结构构件的可靠度进行了校核。经过 16 年工程实践的检验，原《工业厂房可靠性鉴定标准》GBJ 144—90 所制定的构件承载能力项目的分级标准总体上是合理、可行的。本次对砌体构件承载能力项目分级标准的修订，主要考虑的是《砌体结构设计规范》由 GBJ 3—88 修订为 GB 5003—2001、《建筑结构荷载规范》由 GBJ 9—87 修订为 GB 50009—2001 所引起的变化，包括砌体构件抗力分项系数、荷载基本组合方式、楼面活荷载标准值、风荷载标准值等的变化。修订中仍以满足现行国家标准的规定作为 a 级的分级原则，以抗力与荷载效应比值等于 1 作为 a、b 级的界限。在确定 b、c 级的界限时，对砌体构件在轴压、偏压、弯拉、受剪、局压等各种受力状态下的安全性进行了相关规范修订前后的对比分析，并按目标使用年限对风荷载、雪荷载的分项系数进行修正。根据分析结果，适当提高了b、c级和c、d级界限的可靠度水平（相当于将过去的抗力与荷载效应比值由0.92提高到0.96左右，由0.87提高到0.90左右），以顺应我国目前可靠度水平提高的趋势，同时保证原先属于a级的大多数构件不因规范的修订而落入c级，避免大幅增加既有结构加固的规模。对于自承重墙，与原先的可靠度水平相当。

本条所指的重要构件和次要构件，鉴定者可根据本标准第2章规定的术语含义和工程实际情况确定。重要构件通常指承重墙、带壁柱墙、独立柱等；次要构件指自承重墙。

6.4.3 工程实践表明，当墙、柱高厚比过大，或墙、柱、梁的连接构造失当时，同样可能发生工程倒塌事故，因而控制墙、柱的高厚比，或对墙、柱的连接和构造规定要求，与构件的承载能力项目同等重要，都关系到构件的安全性。对于砌体构件而言，涉及构件安全性的构造和连接项目主要包括墙、柱的高厚比，墙与柱、梁与墙或柱、纵墙与横墙之间的连接方式和状态，墙、柱的砌筑方式等。

6.4.4 工程鉴定实践表明，砌体构件的缺陷和损伤、腐蚀也是影响其正常使用性的重要因素，故本次修订在其使用性等级评定中增加了这两个评定项目。另外，砌体墙和柱的位移或倾斜往往影响上部整体结构，已不属于构件的变形，且墙梁、过梁等砌体构件不是由变形而是由承载能力和构造控制，因此砌体构件的使用性等级评定不包括变形，由裂缝、缺陷和损伤、腐蚀三个项目评定。

6.4.5 原《工业厂房可靠性鉴定标准》GBJ 144—90按"墙、有壁柱墙"和"独立柱"两类构件规定裂缝项目的分级标准，本次修订时则按"变形裂缝、温度裂缝"和"受力裂缝"两项内容制定分级标准，对裂缝的性质予以考虑，更为合理一些。对于变形裂缝、温度裂缝，构件被划分为独立柱和墙，制定不同的分级标准。对于受力裂缝，则不区分构件类型，对分级标准作出统一规定。按照本次修订的总体原则，砌体构件的使用性等级统一被划分为三级，因此修订中取消了原先的d级。对于独立柱的变形、温度裂缝以及各类构件的受力裂缝，鉴于它们的危害性，均按两级来评定：无裂缝时，评定为a级；一旦出现裂缝，均评定为c级。对于独立柱以外的其他构件的变形、温度裂缝，其分级标准基本沿用了原标准的规定，只是在评定条件中增加了对开裂范围和裂缝发展趋势的考虑。

6.4.6 砌体构件在施工过程中可能存在灰缝不匀、竖缝缺浆、水平灰缝厚度和竖向灰缝宽度过大或过小、砂浆饱满度不足等质量缺陷，在使用过程中可能出现开裂以外的撞伤、烧伤等其他损伤，这些都会影响到构件的使用性，甚至安全性。原《工业厂房可靠性鉴定标准》GBJ 144—90对此未作单独考虑，本次修订时增设缺陷与损伤项目，以突出其重要性。由于砌体构件缺陷与损伤所涉及的内容较多，这里只是原则性地给出了分级标准，评定中需要根据实际情况和工程经验判定其等级。

6.4.7 腐蚀是与开裂、撞伤、烧伤等性质不同的损伤，本次修订中将其作为一个单独的项目列出。在制定腐蚀项目的分级标准时，对不同的材料作出了不同的规定。对于块材和砂浆，主要考虑了腐蚀的范围、最大腐蚀深度和发展趋势，其中最大腐蚀深度的限值是根据工程经验而制定的。

对于大气环境下砌体构件的块材风化和砂浆粉化现象，根据以往工程鉴定经验可以参考表 6.4.7 中对腐蚀现象的规定，针对风化范围、深度、有无发展趋势和是否明显影响使用功能等因素进行评定。但考虑到块材风化会影响外观，严重时甚至导致砌体截面削弱以及砂浆粉化后没有强度，故风化和粉化的最大深度比相应的最大腐蚀深度宜从严控制，如控制在最大腐蚀深度的 60% 以内，此时 b 级标准为：块材最大风化深度不超过 3mm，砂浆最大粉化深度不超过 6mm，其他评定因素均可参考表中对腐蚀现象的规定进行评定。

对于钢筋，包括砌体内的构造钢筋以及配筋砌体中的受力钢筋，其分级标准主要是根据锈蚀钢筋的截面损失率和发展趋势而制定的，具体数值的规定参考了钢筋混凝土构件耐久性研究的成果。

7 结构系统的鉴定评级

7.1 一般规定

7.1.1 工业建筑物鉴定第二层次结构系统的鉴定评级是在构件鉴定评级的基础上进行，根据工业建筑物的特点，考虑到鉴定评级的可操作性及评级结果能准确地反映建筑结构状况，本标准将结构系统划分为地基基础、上部承重结构和围护结构三个结构系统。在实际鉴定工作中，由于工业建筑结构鉴定目的与内容的不同，鉴定评级的内容可能有所不同，在结构系统鉴定评级中包括安全性、使用性和可靠性等级评定，对于要求进行安全性和使用性鉴定评级的情况，可按本标准第 7.2 节至第 7.4 节的规定进行评级；需要进行结构系统可靠性评级时，则利用结构系统的安全性和使用性评定结果按本标准第 7.1.2 条规定的原则进行评级。

7.1.2 本条规定了结构系统可靠性等级评定的方法和原则，其所规定的主要原则为：

1 结构系统的可靠性评级以该系统的安全性为主，并注重正常使用性。考虑到当结构的使用性等级较低时，为保证正常的安全生产，也需要对结构进行处理使其能正常使用，因此在系统的使用性等级为 C 级、安全性等级不低于 B 级时，确定为 C 级；其他情况，要以安全性等级确定，以便采取措施处理确保安全。

2 对位于生产工艺流程重要区域的结构系统，除考虑结构系统自身的可靠性外，还应充分考虑生产和使用上的高要求以及对人员安全和生产的影响，其可靠性评级，可以安全性等级和使用性等级中的较低等级直接确定，或对本条第 1 款评定结果按此进行调整。

7.1.3 本条规定了只对上部承重结构系统的子系统，如屋盖系统、柱子系统、吊车梁系统等，进行单独鉴定评级的评定规定。

7.1.4 在工业建筑上部承重结构中，经常会出现因振动引起的疲劳、共振等安全问题和因振动影响结构正常使用甚至导致人员工作效率降低、影响人体健康等，需要对振动影响进行鉴定，为满足此要求，本标准附录 E 专门规定了进行振动影响鉴定的具体要求和评定规定。

7.1.5 结构在使用过程中，由于受使用荷载、累积损伤、疲劳、沉降等因素的影响，结构的可靠性状态在不断变化，对于一些复杂的结构体系，实际受力、变形状况与计算模型的出入较大；一般的鉴定工作基本在短时间内完成，对于随时间变化较明显的一些重要评级参数（应力状态、变形等）在鉴定期间无法确定，需要经过长时间的观测时，宜进行结构可靠性监测，并通过监测数据对结构可靠性进行评定，一般应通过监测系统进行一定时期的监测再进行相应的可靠性评定。为满足工业建筑结构工作状况监测的要求，本标准附录 F 专门规定了进行结构工作状况监测和评定的具体规定。

7.2 地基基础

7.2.1 由于上部建筑物的存在，地基基础承载力的检验、确定不像变形观测那样简便、直观和可操作，并且，多年的实践经验表明，用地基变形观测资料评价地基基础的安全性是合理、可行的。因此，在进行地基基础的安全性评定时，宜首选按地基变形观测资料的方法评定。当地基变形观测资料不足或怀疑存在的问题怀疑是由地基基础承载力不足所致时，其等级评定可按承载力项目进行。

在进行斜坡场地上的工业建筑评定时，边坡的抗滑稳定计算可采用瑞典圆弧法和改进的条分法，对场地的检测评价可参照现行国家标准《建筑边坡工程技术规范》GB 50330 的有关规定。

由于大面积地面荷载、周边新建建筑以及循环工作荷载会使深厚软弱场地上的建、构筑物地基产生附加沉降，因此，在评定深厚软弱地基上的建、构筑物时，需要对附加沉降产生的影响进行分析评价。

7.2.2 观测资料和理论研究表明，当沉降速率小于每天 0.01mm 时，从工程意义上讲可以认为地基沉降进入了稳定变形阶段，一般来说，地基不会再因后续变形而产生明显的差异沉降。但对建在深厚软弱覆盖层上的建、构筑物，地基变形速率的控制标准需要根据建筑结构和设备对变形的敏感程度进行专门研究。

7.2.3 在需要按承载能力评定地基基础的安全性时，考虑到基础隐蔽难于检测等实际情况，不再将基础与地基分开评定，而视为一个共同工作的系统进行整体综合评定。对地基承载力的确定应考虑基础埋深、宽度以及建筑荷载长期作用的影响；对于基础，可通过局部开挖检测，分析验算其受冲切、受剪、抗弯和局部承压的能力；地基基础的安全性等级应综合地基和基础的检测分析结果确定其承载功能，并考虑与地基基础问题相关的建、构筑物实际开裂损伤状况及工程经验，按本条规定的分级标准进行综合评定。在验算地基基础承载力时，建、构筑物的荷载大小按结构荷载效应的标准组合取值。

由于基础隐蔽于地下，在进行基础承载力评定时，无论是对独立基础还是连续基础、浅基础还是深基础，目前不可能做到逐个、全面的检测。因此，此次修订取消了原《工业厂房可靠性鉴定标准》GBJ 144—90 中按百分比评定基础的相关条款。

7.3 上部承重结构

7.3.1 过大的水平位移或振动，除了会对结构的使用性能造成影响外，甚至会对结构或构件的内力造成影响，从而影响对上部结构承载功能最终的评定，因而当结构存在过大的变形或振动时，应当考虑这些因素对结构安全性的影响。

7.3.2 表 7.3.2 中的整体性构造和连接是指建筑总高度、层高、高宽比、变形缝设置，砌体结构圈梁和构造柱设置、构造和连接等。

7.3.4、7.3.7 这两条是对单层厂房由平面框排架组成的上部承重结构其承载功能和使用状况评定等级的规定，原则上是沿用原《工业厂房可靠性鉴定标准》GBJ 144—90 给出的单层厂房承重结构系统的近似评定方法，本次对其中某些术语及构件集中所含各等级构件的百分比含量作了适当调整。第 7.3.4 条中每种构件是指屋面板、屋架、柱子、吊车梁等。

7.3.5、7.3.8 这两条是对多层厂房上部承重结构的承载功能和使用状况等级评定给出的原则规定，是以上述单层厂房上部承重结构的评级规定为基础，将多层厂房整个上部承重结构按层划分为若干单层子结构，每个子结构按单层厂房的规定评级，再对各层评级结果进行综合评定的思路和原则规定的。在不违背结构构成原则的情况下，也可采用其他方法来划分子结构进行相应的评定。对于单层子结构中楼盖结构的评级，可参照单层厂房中屋盖结构的规定评定。

7.3.9 本条是对厂房上部承重结构在吊车荷载、风荷载作用下产生的结构水平位移或地基不均匀沉降和施工偏差产生的倾斜进行评级的规定，是根据原《工业厂房可靠性鉴定标准》GBJ 144—90 中的相关条款和国家现行结构设计规范或施工质量验收规范的有关规定给出的，本次修订对原标准的其中部分规定作了补充和调整。当水平位移过大即达到 C 级标准的严重情况时，会对结构产生不可忽略的附加内力，此时除了对其使用状况评级外，还应考虑水平位移对结构承载功能的影响，对结构进行承载能力验算或结合工程经验进行分析，并根据验算分析结果参与相关结构的承载功能的等级评定。

7.4 围护结构系统

7.4.1 工业建筑的围护结构系统构成复杂、种类繁多，本着简化鉴定程序的原则，本标准根据其是否承重将围护结构系统分为承重围护结构和围护系统，其中围护系统又分为非承重围护结构和建筑功能配件。

承重围护结构包括墙架（目前使用的墙架主要是钢墙架）、墙梁、过梁和挑梁等。

围护系统中的非承重结构包括轻质墙、砌体自承重墙及自承重的混凝土墙板等，建筑功能配件包括屋面系统、门窗、地下防水、防护设施等。

   1 屋面系统：包括防水、排水及保温隔热构造层和连接等；

   2 墙体：包括非承重围护墙体（含女儿墙）及其连接、内外面装饰等；

   3 门窗（含天窗部件）：包括框、扇、玻璃和开启机构及其连接等；

   4 地下防水：包括防水层、滤水层及其保护层、抹面装饰层、伸缩缝、管道安装孔和排水管；

   5 防护设施：包括各种隔热、保温、防腐、隔尘密封、防潮、防爆设施和安全防护板、保护栅栏、防护吊顶和吊挂设施、走道、过桥、斜梯、爬梯、平台等。

7.4.2 在实际鉴定中，围护系统使用功能的评定等级可以根据表 7.4.2 中各项目对建筑物使用寿命和生产的影响程度确定一个或两个为主要项目，其余为次要项目，然后逐项进行评定；一般情况宜将屋面系统确定为主要项目，墙体及门窗、地下防水和其他防护设施确定为次要项目。

一般情况下，系统的使用功能等级可取主要项目的最低等级，特殊情况下可根据次要项目实际维修量的大小进行适当调整。

8 工业建筑物的综合鉴定评级

8.0.1 根据以往的工程鉴定经验和实际需要，由于实际结构所处地基情况和使用荷载环境等因素的不同，结构的损伤程度、影响安全和使用等因素会有所不同，存在按整体建筑物可靠性评级结果不能准确反映实际状况的情况，因此，工业建筑物综合鉴定根据建筑的结构类型特点、生产工艺布置及使用要求、损伤情况等，将工业建筑物按整体、区段（如通常按变形缝所划分的一个或多个区段）进行划分，每个区段作为一个鉴定单元，并按鉴定单元给出鉴定评级结果。这样，综合鉴定评级比较灵活、实用，既能评定出准确反映结构实际状况的结果，同时又不使鉴定评级的工作量过大。

8.0.2 工业建筑物鉴定单元的可靠性综合鉴定评级是在该鉴定单元结构系统可靠性评级的基础上进行的，其中，鉴定单元结构系统的评级结果 A、B、C、D 四个级别分别对应鉴定单元的综合鉴定结果一、二、三、四 4 个级别。按照工业建筑结构的特点，参照一些企业的工业建筑管理条例的有关规定，确定综合评级的原则以地基基础和上部承重结构为主，兼顾围护结构进行综合判定，以确保工业建筑结构的正常使用，满足既有工业建筑技术管理的需要。

9 工业构筑物的鉴定评级

9.1 一般规定

9.1.1 规定了本章的适用范围。即适用于已建的，一般情况下人们不直接在里面进行生产和生活活动的工业建（构）筑物的可靠性鉴定评级。有些企业从生产管理角度出发，将一些构筑物列为设备，实际上是按照建筑结构标准进行设计、制造和安装的，有些虽然按设备专业设计，但其结构的工作条件类似于建筑结构，对于此类结构物均可参照本章规定进行鉴定。

9.1.2 构筑物鉴定评级层次的基本规定及评级标准。基于系统完备性考虑，一般应当将整个构筑物定义为一个鉴定单元，其结构系统一般应根据构筑物结构组成划分地基基础、支承结构系统、构筑物特种结构系统和附属设施四部分。根据鉴定目的要求或业主要求可以仅对构筑物的部分功能系统进行鉴定，如：支承结构系统、转运站筒体结构、烟囱内衬等。此时的鉴定单元即为指定的结构系统。

9.1.3 本条为构筑物结构系统可靠性评级的基本规定，即：在结构系统的安全性等级和使用性等级评定的基础上，以系统的"安全性为主并注重正常使用性"的可靠性综合评级原则。考虑到有些构筑物在使用功能上有特殊要求，如烟囱耐高温、耐腐蚀要求，贮仓耐磨损、抗冲击要求，水池抗渗要求等。对于这些特殊的使用要求，在参照本标准第 7.1.2 条综合评定时，要充分考虑，其可靠性等级可以安全性等级和使用性等级中的较低等级确定。实际工程中经常会遇到要求进行耐久性有关的鉴定评估问题，此时，应根据鉴定评估问题的属性，按照安全性或正常使用性标准评定等级。例如：对于混凝土劣化、开裂以及结构防护层（预留腐蚀牺牲层）腐蚀等，属于正常使用的极限状态指标，应按照正常使用性标准评定等级；对于结构腐蚀损坏，则属于结构承载能力极限状态指标，应按照安全性标准评定等级。

9.1.4、9.1.5 通常情况下，构筑物结构系统（如：地基基础、支承结构系统等）的安全性和正常使用性等级可以按照厂房结构系统的鉴定评级规定执行，但是，对于有特殊使用要求的构筑物，由于其特殊的使用要求是厂房结构所没有的，如容器形结构的密闭性要求、仓储结构的耐磨蚀要求、高耸结构的变形要求等，完全按照厂房结构评定等级是不妥的，故为合理评定结构可靠性，要求综合考虑构筑物特殊的使用功能要求，参照本标准第 7 章有关规定评定等级。对于结构构件，可以根据结构类型按照本标准第 6.2 节至第 6.4 节的有关规定评定等级。

9.1.6 结构分析，包括结构作用分析、结构抗力及其他性能分析，一般应按照相关构筑物设计规范标准规定进行，但是，有些构筑物尚没有专门的设计规范标准，此时，如果构筑物现状无明显的劣化损坏现象或迹象，可按照原设计分析方法进行鉴定分析，否则应按照现行国家标准《工程结构可靠度设计统一标准》GB 50153 的有关规定进行结构鉴定分析。

9.1.7 本条规定了常见构筑物鉴定评级层次及分级。

9.2 烟 囱

本节条文，系在原《钢铁工业建（构）筑物可靠性鉴定规程》YBJ 219—89（以下简称"原《规程》"）有关条文的基础上，按照本标准的鉴定评级层次及评级标准规定，修编制订；与原《规程》条文相比，主要有以下几个方面进行了修订。

1 修订了钢筋混凝土结构烟囱筒壁及支承结构承载能力项目评级标准。原《规程》考虑了现行国家标准《烟囱设计规范》GB 50051 进行结构分析时已经考虑烟囱结构的特殊性，适当提高了结构的安全储备，采用了次要构件的评级标准，而本标准采用重要构件的分级标准，不同种类结构横向比较，标准稍有提高。

2 增加了筒壁损伤评定标准。

3 修订了砖烟囱和钢筋混凝土结构烟囱筒壁裂缝宽度项目评级标准。原《规程》a 级标准基于与烟囱设计规范允许的裂缝宽度一致制定，b 级、c 级主要基于当初的烟囱筒壁开裂调查资料，考虑人们的可接受程度，在保证结构安全的前提下，控制处理面不宜太大，制定评级标准。当时的生产使用情况是普遍超温超负荷使用，这种适当从宽的标准为发展生产创造了较好的条件，收到了较好的效果。目前，生产超温超负荷使用的情况已经大大缓解，特别是烟气余热的利用，环保要求的提高，导致烟气温度普遍降低，甚至导致烟气的腐蚀性加强，为适应这一情况的变化，将裂缝的评级标准予以适当提高。提高后的标准，a 级与现行设计规范允许值一致；b 级钢筋无明显腐蚀风险、裂缝未贯穿筒壁，原则上不予处理；取消 d 级。

4 修订了烟囱筒壁及支承结构倾斜项目评级标准。原《规程》a 级标准基于与烟囱设计规范允许的基础倾斜变形值一致制定，b 级、c 级主要基于当初的烟囱筒身倾斜调查资料，基于与筒壁开裂同样的原因，制定评级标准。

修订后的评级标准，a 级与现行施工验收规范允许的倾斜偏差（考虑极限偏差，允许的中心倾斜偏差和截面尺寸偏差可能产生的累加）基本一致，修订后的标准比原规程规定偏于严格，b 级与原规程规定基本一致，取消 d 级。当烟囱倾斜超过 b 级限值时，如果烟囱没有倾覆危险或致筒身及支承结构损坏的可能，一般可以通过倾斜变形监测来维持继续使用，属于 c 级采取措施的范畴。

9.3 贮 仓

本节条文，系在原《钢铁工业建（构）筑物可靠性鉴定规程》YBJ 219—89（以下简称"原《规程》"）有关条文的基础上，按照本标准的鉴定评级层次及评级标准规定，修编制订；与原《规程》条文相比，主要对以下几个方面进行了修订。

1 在功能系统划分上，将原《规程》的"仓体承重结构系统"改称"仓体与支承结构系统"。

2 修订了贮仓仓体承重结构体系结构损坏评级标准。原《规程》为了便于现场使用，在制定损坏评级标准时，考虑了深梁、承重墙及板的结构断面损伤对结构承载能力影响，隐含了结构安全性评级内容，现标准仅仅考虑使用性，有关结构损伤对承载能力的影响，应在结构承载能力评级时予以考虑。

3 增加了整体倾斜评定项目。分级标准制订的原则同烟囱倾斜项目，其中，a 级与现行施工验收规范允许的倾斜偏差（极限偏差，允许的中心倾斜偏差和截面尺寸偏差累加值）基本一致，b 级与现行有关设计规范允许的基础倾斜变形值一致。关于倾斜代表值，对于高耸贮仓可取贮仓顶端侧移与高度之比，对于群仓，应综合考虑顶端偏差侧移和不均匀沉降的影响后确定。

9.4 通 廊

本节条文，系在原《钢铁工业建（构）筑物可靠性鉴定规程》YBJ 219—89 有关条文的基础上，按照本标准的鉴定评级层次及评级标准规定，修编制订。

9.5 水 池

本节条文主要针对一般落地水池的鉴定评级

制订。

对于高架水池，鉴定单元尚应包括支承结构系统，此时可参照贮仓结构的有关规定，对支承结构进行等级评定。

对于储存具有腐蚀性液体的池（槽）结构，除符合本节规定外，还应检查评定腐蚀防护层的完整性和有效性，或者检查评定池（槽）结构对储液的耐受性。

10 鉴定报告

10.1 本标准不对鉴定报告的格式作统一规定，但其内容应当满足本标准的规定。

10.2 本文在上一条规定鉴定报告包括的内容的基础上，又明确规定了鉴定报告编写应符合的要求，以保证鉴定报告的质量。

中华人民共和国行业标准

建筑抗震加固技术规程

JGJ 116—2009

条 文 说 明

修订说明

《建筑抗震加固技术规程》JGJ 116—2009，经住房和城乡建设部 2009 年 6 月 18 日以第 340 号公告批准发布。

本规程是在《建筑抗震加固技术规程》JGJ 116—98 的基础上修订而成，上一版的主编单位是中国建筑科学研究院，参编单位是机械部设计研究总院、国家地震局工程力学研究所、北京市房地产科学技术研究所、同济大学、冶金部建筑科学研究总院、清华大学、四川省建筑科学研究院、铁道部专业设计院、上海建筑材料工业学院、陕西省建筑科学研究院、辽宁省建筑科学研究所、江苏省建筑科学研究所、西安冶金建筑学院，主要起草人员是李德虎、李毅弘、魏琏、王骏孙、杨玉成、戴国莹、徐建、刘惠珊、张良铎、谢玉玮、朱伯龙、吴明舜、宋绍先、柏傲冬、高云学、霍自正、楼永林、徐善藩、那向谦、刘昌茂、王清敏。本次修订的主要技术内容是：

1 与新修订的《建筑抗震鉴定标准》GB 50023—2009 相配套，可适用于后续使用年限 30 年、40 年和 50 年的不同建筑，即现行国家标准《建筑抗震鉴定标准》中的 A、B、C 类建筑。

2 明确了现有建筑抗震加固的设防目标。即在预期的后续使用年限内具有不低于其抗震鉴定的设防目标，对于后续使用年限 50 年的 C 类建筑，具有与现行国家标准《建筑抗震设计规范》GB 50011 相同的设防目标；后续使用年限少于 50 年的 A、B 类建筑，在遭遇同样的地震影响时，其损坏程度略大于按后续 50 年加固的建筑。

3 明确了不同的后续使用年限建筑抗震加固分析与构件承载力验算方法。在保持原规程"综合抗震能力指数"加固方法的基础上，增加了按设计规范方法进行加固设计的承载力计算方法，引入"抗震加固的承载力调整系数"体现不同后续使用年限的抗震加固要求。

4 加强了对重点设防类设防要求建筑的抗震加固要求。对重点设防类设防的砌体房屋，当层数超过规定时，明确要求减少层数或增设钢筋混凝土抗震墙改变结构体系，当层数不超而高度超过时，应降低高度或提高加固要求；对重点设防类设防的钢筋混凝土房屋，当为单跨框架结构时应增设抗震墙改变结构体系或加固为多跨框架。

5 总结了近年来工程抗震加固经验，对原规程中的加固设计与施工技术进行了补充完善，并新增了粘贴钢板、粘贴碳纤维布、钢绞线网-聚合物砂浆面层及增设消能支撑减震加固方法。

6 总结了汶川大地震的经验教训，增加了楼梯构件、框架填充墙等的抗震加固要求。

7 与现行国家标准《混凝土结构加固设计规范》GB 50367 进行了协调，一些共性条款采用了引用标准的方法，一些条款按 GB 50367 进行了调整。

本规程修订过程中，编制组总结了原规程颁布实施以来建筑抗震加固的工程经验，吸收了近年来建筑抗震加固的最新研究成果，进行了必要的补充试验。

为便于广大设计、科研、教学、鉴定等单位有关人员在使用本标准时能正确理解和执行条文规定，《建筑抗震加固技术规程》编制组按章、节、条顺序编制了本标准的条文说明，对条文规定的目的、依据以及执行中需注意的有关事项进行了说明。但是本条文说明不具备与标准正文同等的法律效力，仅供使用者作为理解和把握标准规定的参考。

目　　次

1　总则 ································· 7—17—4
3　基本规定 ··························· 7—17—5
4　地基和基础 ························ 7—17—7
5　多层砌体房屋 ····················· 7—17—8
　　5.1　一般规定 ···················· 7—17—8
　　5.2　加固方法 ···················· 7—17—9
　　5.3　加固设计及施工 ············ 7—17—9
6　多层及高层钢筋混凝土房屋 ··· 7—17—10
　　6.1　一般规定 ···················· 7—17—10
　　6.2　加固方法 ···················· 7—17—11
　　6.3　加固设计及施工 ············ 7—17—12
7　内框架和底层框架砖房 ·········· 7—17—13
　　7.1　一般规定 ···················· 7—17—13
　　7.2　加固方法 ···················· 7—17—14
　　7.3　加固设计及施工 ············ 7—17—14
8　单层钢筋混凝土柱厂房 ·········· 7—17—15
　　8.1　一般规定 ···················· 7—17—15
　　8.2　加固方法 ···················· 7—17—15
　　8.3　加固设计及施工 ············ 7—17—15
9　单层砖柱厂房和空旷房屋 ······· 7—17—16
　　9.1　一般规定 ···················· 7—17—16
　　9.2　加固方法 ···················· 7—17—16
　　9.3　加固设计及施工 ············ 7—17—16
10　木结构和土石墙房屋 ··········· 7—17—17
　　10.1　木结构房屋 ················ 7—17—17
　　10.2　土石墙房屋 ················ 7—17—18
11　烟囱和水塔 ······················ 7—17—19
　　11.1　烟囱 ························ 7—17—19
　　11.2　水塔 ························ 7—17—19

1 总 则

1.0.1 地震中建筑物的破坏是造成地震灾害的主要原因。1977年以来建筑抗震鉴定、加固的实践和震害经验表明，对现有建筑进行抗震鉴定，并对不满足鉴定要求的建筑采取适当的抗震对策，是减轻地震灾害的重要途径。经过抗震加固的工程，在1981年邢台M6级地震、1981年道孚M6.9级地震、1985年自贡M4.8级地震、1989年澜沧耿马M7.6级地震、1996年丽江M7级地震，以及2008年汶川地震中，有的已经受了地震的考验，证明了抗震加固与不加固大不一样，抗震加固的确是保障人民生命安全和生产发展的积极而有效的措施。

多年来我国在加固方面开展了大量的试验研究，取得了系统的研究成果，并在实践中积累了丰富的经验。从当前的抗震加固工作面临的任务及所具备的条件来看，制定一部适合我国国情并充分反映当前技术水平的抗震加固技术规程，可使建筑的抗震加固做到抗震安全、经济、合理、有效、实用。

经济，就是要在我国的经济条件下，根据国家有关抗震加固方面的政策，按照规定的程序进行审批，严格掌握加固标准。

合理，就是要在加固设计过程中，根据现有建筑的实际情况，从提高结构整体抗震能力出发，综合提出加固方案。

有效，就是要达到预期的加固目标，加固方法要根据具体条件选择，施工要严格按要求进行，一定要保证质量，特别要采取措施减少对原结构的损伤，以及加强对新旧构件连接效果的检查。

实用，就是抗震加固可结合建筑的维修、改造，包括节能环保改造，在经济合理的前提下，改善使用功能，并注意美观。

抗震安全，指现有建筑经过抗震加固后达到的设防目标，依据其后续使用年限的不同，分别与现行《建筑抗震鉴定标准》GB 50023总则中规定的目标相同或略高。到目前为止，将现有建筑抗震鉴定和加固的后续使用年限分为30年、40年、50年三个档次，分别称为A、B、C类，符合我国的国情，并符合现有建筑的特点。这一目标也与国际标准《结构可靠性总原则》ISO 2394对于现有建筑可靠性要求的原则规定——"当可靠程度不足时，鉴定的结论可包括：出于经济理由保持现状、减少荷载、修补加固或拆除等"相协调。

1.0.2 本规程的适用范围，与现行国家标准《建筑抗震鉴定标准》GB 50023相协调，即在抗震设防区中不符合抗震鉴定要求的现有建筑的抗震加固设计及施工。本规程称为抗震加固技术规程，指的是使现有房屋建筑达到规定的抗震设防安全要求所进行的设计和施工。

由于新建建筑工程应符合设计规范的要求；古建筑及属于文物的建筑，有专门的要求；危险房屋不能正常使用。因此，本规程的现有建筑，只是既有建筑中的一部分，不包括古建筑、新建的建筑工程（含烂尾楼）和危险房屋；而且，一般情况，在不遭受地震影响时，仍在正常使用，不需要进行加固，但其抗震鉴定结果认为：在遭遇到预期的地震影响时，其综合抗震能力不足，需要进行抗震加固。

1.0.3 建筑的抗震加固之前，一定要依据设防烈度、抗震设防类别、后续使用年限和结构类型，按现行国家标准《建筑抗震鉴定标准》GB 50023的规定进行抗震鉴定。指的是：

1 抗震鉴定是抗震加固的前提，鉴定与加固应前后连续，才能确保抗震加固取得最佳的效果。不进行抗震鉴定，则加固设计缺乏基本的依据，成为盲目加固。

2 现有建筑不符合抗震鉴定的要求时，按现行国家标准《建筑抗震鉴定标准》GB 50023—2009第3.0.7条的规定，可采取"维修、加固、改变用途和更新"等抗震减灾对策，本规程是其中需要进行加固（包括全面加固、配合维修的局部修复加固和配合改造的适当加固）的专门规定。

3 本规程各章与现行国家标准《建筑抗震鉴定标准》GB 50023—2009的各章有密切的联系，从后续使用年限的选择、不同抗震设防类别的要求、结构构造的影响系数到综合抗震能力的验算方法，凡有对应关系可直接引用的内容，按技术标准编写的规定，本规程的条文均不再重复，需与《建筑抗震鉴定标准》GB 50023—2009的对应章节配套使用。

4 衡量抗震加固是否达到规定的设防目标，也应以《建筑抗震鉴定标准》GB 50023—2009对应章节的相关规定为依据，即以综合抗震能力是否提高为目标对加固的效果进行检查、验算和评定。

1.0.4 现有建筑进行抗震加固时，其设防标准分为四类，与现行国家标准《建筑抗震设防分类标准》GB 50223相一致。但加固设计的要求与现行《建筑抗震鉴定标准》GB 50023的要求保持一致。因此，本条直接引用《建筑抗震鉴定标准》GB 50023—2009第1.0.3条而不重复。

进行抗震加固设计时，必须明确所属的抗震设防类别，采取不同的抗震措施。

1.0.5 本规程仅对现有建筑的抗震加固设计及施工的重点问题和特殊要求作了具体的规定，对未给出具体规定而涉及其他设计规范的应用时，尚应符合相应规范的要求；新增的材料性能和施工质量尚应符合国家有关产品标准、施工质量验收规范的要求。

3 基 本 规 定

3.0.1、3.0.2 抗震鉴定结果是抗震加固设计的主要依据，但在加固设计之前，仍应对建筑的现状进行深入的调查，特别查明是否存在局部损伤。对已存在的损伤要进行专门分析，在抗震加固时一并处理，以便达到最佳效果。当建筑面临维修、节能环保改造、或使用布局在近期需要调整、或建筑外观需要改变等，抗震加固时要一并处理，避免加固后再维修改造，损伤加固后的现有建筑。

1 抗震加固不仅设计技术难度较大，而且施工条件较差。表现为：要使抗震加固能确实提高现有建筑的抗震能力，需针对现有建筑存在的问题，提出具体加固方案，例如：

　1）对不符合抗震鉴定要求的建筑进行抗震加固，一般采用提高承载力、提高变形能力或既提高承载力又提高变形能力的方法，需针对房屋存在的缺陷，对可选择的加固方法逐一进行分析，以提高结构综合抗震能力为目标予以确定。

　2）需要提高承载力同时提高结构刚度，则以扩大原构件截面、新增部分构件为基本方法；需要提高承载力而不提高刚度，则以外包钢构套、粘钢或碳纤维加固为基本方法；需要提高结构变形能力，则以增加连接构件、外包钢构套等为基本方法。

　3）当原结构的结构体系明显不合理时，若条件许可，应采用增设构件的方法予以改善；否则，需要采取同时提高承载力和变形能力的方法，以使其综合抗震能力能满足抗震鉴定的要求。

　4）当结构的整体性连接不符合要求时，应采取提高变形能力的方法。

　5）当局部构件的构造不符合要求时，应采取不使薄弱部位转移的局部处理方法；或通过结构体系的改变，使地震作用由增设的构件承担，从而保护局部构件。

2 为减少加固施工对生活、工作在现有房屋内的人们的环境影响，还需采取专门对策。例如，在房屋内部加固和外部加固的效果相当时，应采用外部加固；干作业与湿作业相比，造价高、施工进度快且影响面小，有条件时尽量采用；需要在房屋内部湿作业加固时，选择集中加固的方案，也可减少对内部环境的影响。

3 随着技术的进步，加固的手段和方法不断发展，当现有建筑的具体条件合适时，应尽可能采用新的成熟的技术，包括采用隔震、减震技术进行加固设计。

4 震害和理论分析都表明，建筑的结构体型、场地情况及构件受力状况，对建筑结构的抗震性能有显著的影响。与新建建筑工程抗震设计相同，现有房屋建筑的抗震加固也应考虑概念设计。抗震加固的概念设计，主要包括：加固结构体系、新旧构件连接、抗震分析中的内力和承载力调整、加固材料和加固施工的特殊要求等方面。

抗震加固的结构布置和连接构造的概念设计，直接关系到加固后建筑的整体综合抗震能力是否能得到应有的提高。抗震加固设计时，根据结构的实际情况，正确处理好下列关系，是改善结构整体抗震性能、使加固达到有效合理的重要途径：

1 减少扭转效应。增设构件或加强原有构件，均要考虑对整个结构产生扭转效应的可能，尽可能使加固后结构的重量和刚度分布比较均匀对称。虽然现有建筑的体型难以改变，但结合加固、维修和改造，减少不利于抗震的因素，仍然是有可能的。

2 改善受力状态。加固设计要防止结构构件的脆性破坏；要避免局部加强导致刚度和承载力发生突变，加固设计要复核原结构的薄弱部位，采取适当的加强措施，并防止薄弱部位的转移；1976 年唐山地震后，天津第二毛纺厂框架结构的主厂房因不合理的加固，导致在同年的宁河地震中倒塌，就是薄弱层转移的后果，为此，要求防止承载力突变。综合抗震能力指数、层间受剪承载力突变，按《建筑抗震设计规范》GB 50011（2008 年版）第 3.4.2 条中概念设计的有关规定，指本层受剪承载力大于相邻下一层的 20%。因此，当加固后使本层受剪承载力超过相邻下一楼层的 20% 时，则出现新的薄弱层，需要同时增强下一楼层的抗震能力。框架结构加固后要防止或消除不利于抗震的强梁弱柱等受力状态。

3 加强薄弱部位的抗震构造。对不同结构类型的连接处，房屋平、立面局部突出部位等，地震反应加大。对这些薄弱部位，加固时要采取相应的加强构造。

4 考虑场地影响。在条状突出的山嘴、高耸孤立的山丘、非岩石的陡坡、河岸和边坡边缘等不利地段，水平地震作用应按规定乘以增大系数 1.1～1.6。针对建筑和场地条件的具体情况，加固后的结构要选择地震反应较小的结构体系，避免加固后地震作用的增大超过结构抗震能力的提高。

5 加强新旧构件的连接。连接的可靠性是使加固后结构整体工作的关键，设计时要予以足够的重视。本规程对一些主要构件的连接作了具体规定；对某些部位的连接仅有一般要求，其具体方法由设计者根据实际情况参照相关规定设计。

6 新增设的抗震墙、柱等竖向构件，不仅要传递竖向荷载，而且是直接抵抗水平地震作用的主要构件，因此，这类构件应自上至下连续并落到基础上，不允许直接支承在楼层梁板上。对于新增构件基础的埋深和宽度，除本规程有具体规定外，应根据计算确定，板墙和构架的基础埋深，一般宜与原构件相同。

7 女儿墙、门脸、出屋面烟囱等非结构构件的处理，应以加强与主体结可靠连接、防止倒塌伤人为目的。对不符合要求时，优先考虑拆除、降低高度或改用轻质材料，然后再考虑加固。

8 加固所用砂浆强度和混凝土强度一般比原结构材料强度提高一级，但强度过高并不能发挥预期效果。

本次修订，将抗震加固的方案设计和概念设计要求分为强制性和非强制性的两部分，分别在不同的条文中予以规定，特别强调以下几点：

1 加固方案的结构布置，应针对原结构存在的缺陷，弄清使结构达到规定抗震设防要求的关键，尽可能消除原结构不规则、不合理、局部薄弱层等不利因素。

2 防止局部加固增加结构的不规则性，应从整体结构综合抗震能力的提高入手。

3 新旧构件连接的细部构造，不能损伤原有构件且应能确保连接的可靠性。

4 当非结构构件的构造不符合要求时，至少对可能倒塌伤人的部位进行处理。

5 加固方法要考虑施工的可能性及其对周围正常生活、社会活动工作等的影响，可局部、区段加固的，就不需要所有构件均加固。

3.0.3、3.0.4 现有建筑抗震加固的设计计算，与新建建筑的设计计算不完全相同，有自身的某些特点，主要内容是：

1 抗震加固设计，一般情况应在两个主轴方向分别进行抗震验算；在下列情况下，加固的抗震验算要求有所放宽：6度时（建造于Ⅳ类场地的较高的现有高层建筑除外），同现行《建筑抗震设计规范》GB 50011第5章的规定一样，可不进行构件截面抗震验算；对局部抗震加固的结构，当加固后结构刚度不超过加固前的10%或者重力荷载的变化不超过5%时，可不再进行整个结构的抗震分析。

2 应采用符合加固后结构实际情况的计算简图与计算参数，包括实际截面构件尺寸、钢筋有效截面、实际荷载偏心和构件实际挠度产生的附加内力等，对新增构件的抗震承载力，需考虑应变滞后的二次受力影响。

3 A类结构的抗震验算，优先采用与抗震鉴定相同的简化方法，如要求楼层综合抗震能力指数大于1.0，但应按加固后的实际情况取相应的计算参数和构造影响系数。这些方法不仅便捷、有足够精度，而且能较好地解释现有建筑的震害。

4 本次修订，明确不同后续使用年限的抗震验算方法，增加了按《建筑抗震设计规范》GB 50011加固的构件验算方法。当计入构造影响时，构件承载力的验算表达式为：

$$S < \psi_{1s}\psi_{2s}R_s/\gamma_{Rs}$$

式中，ψ_{1s}、ψ_{2s} 为加固后的体系影响系数和局部影响系数，R_s 为加固后计入应变滞后等的构件承载力设计值，γ_{Rs} 为抗震加固的承载力调整系数，对于后续使用年限50年，取 γ_{RE}。

此时，应注意：

1) 对后续使用年限少于50年的A类房屋建筑，应将《建筑抗震设计规范》GB 50011中的"承载力抗震调整系数 γ_{RE}"改用本条中的"抗震加固的承载力调整系数 γ_{Rs}"。这个系数是在抗震承载力验算中体现现有建筑抗震加固标准的重要系数，其取值与《建筑抗震鉴定标准》GB 50023中抗震鉴定的承载力调整系数 γ_{Ra} 相协调，除加固专有的情况外，取值完全相同。

2) 对于B类建筑，规定"抗震加固的承载力调整系数"宜仍按设计规范的"承载力抗震调整系数"采用，标准的执行用语"宜"意味着，参照《民用建筑可靠性鉴定标准》GB 50292关于 a_u、b_u 级构件可不采取措施的规定，当加固技术上确有困难，构件抗震承载力按《建筑抗震设计规范》GB 50011计算时，墙、柱、支撑等主要抗侧力构件可降低5%以内，其他次要抗侧力构件可降低10%以内。

3) 构件承载力要根据加固后的情况按本规程各章规定的方法计算。例如，砌体结构的墙体，加固后的承载力可乘以相应的增强系数：一般的砂浆面层加固见本规程第5.3.2条，聚合物砂浆面层加固见本规程第5.3.5条，板墙加固见本规程第5.3.8条，新增砌体墙加固见本规程第5.3.10条，新增混凝土墙加固见本规程第5.3.12条，外加构造柱加固见本规程第5.3.14条。

4) 对于不同的后续使用年限，结构构件地震内力调整、承载力计算公式和材料性能设计指标是不同的，应与鉴定时所采用的参数一致，不能相混。

3.0.5、3.0.6 为使抗震加固达到有效的要求，加固材料的质量与施工监理及安全，便成为直接关系抗震加固工程安全和质量的要害所在。针对加固的特殊性，本规程在材料和施工方面所提出的要求是：

1 对于加固所用的特殊材料应明确材料性能及其耐久性，对特殊的加固工法应要求由具有相应资质的专业队伍施工。

2 采取有效措施，避免损伤原构件，并加强对新旧构件连接效果的检查。

3 原图纸的尺寸只是名义尺寸，加固施工前要复核实际尺寸，作相应调整。

4 注意发现原结构存在的隐患，及时采取补救措施。

5 努力减少施工对生产、生活的影响，并采取措施防止施工的安全事故。

4 地基和基础

4.0.1 本章与《建筑抗震鉴定标准》GB 50023—2009 第 4 章有密切的联系。现有地基基础的处理需十分慎重，应根据具体情况和问题的严重性采取因地制宜的对策。地基基础的加固可简单概括为：提高承载力、减少土层压缩性、改善透水性、消除液化沉降，以及改善土层的动力特性等方面。

提高承载力——即通过增加土层的抗压强度来提高地基承载力和稳定性；

减少压缩性——即减少土层的弹性变形、压密变形和上部土层的侧向位移所引起的地基沉陷；

改善透水性——即采取措施使地基不透水或减少动水压力，避免流砂、边坡滑移；

消除液化沉降——即改变土层的组成或含水率等，避免液化沉降；

改善动力特性——即采取措施提高松散土质的密实度。

对于抗震危险地段上的地基基础，在《建筑抗震鉴定标准》GB 50023—2009 第 4 章已经明确，其加固需由专门研究确定。

对处于隐伏断裂上的建筑物，在《建筑抗震设计规范》GB 50011 规定需要避开主断裂带的范围内，现有建筑也宜迁离或改为次要建筑使用。

本章仅规定了存在软弱土、液化土、明显不均匀土层的抗震不利地段上不符合抗震鉴定要求的现有地基和基础的抗震处理和加固。

4.0.2 抗震加固时，天然地基承载力的验算方法与《建筑抗震鉴定标准》GB 50023 的规定相同，与新建工程不同的是，可根据具体岩土形状、已经使用的年限和实际的基底压力的大小计入地基的长期压密提高效应，提高系数由 1.05～1.20 不等，有关的公式不再重复；其中，考虑地基的长期压密效应时，需要区分加固前、后基础底面的实际平均压力，只有加固前的压力才可计入长期压密效应。

4.0.3 本条规定地基竖向承载力不足时的加固和处理方法。

考虑到地基基础的加固难度较大，而且其损坏往往不能直接看到，只能通过观察上部结构的损坏加以分析才能发现。因此，可以首先考虑通过加强上部结构的刚度和整体性，以弥补地基基础承载力的某些不足和缺陷。本规程根据工程实践，将是否超过地基承载力特征值 10% 作为不同的地基处理方法的分界，尽可能减少现有地基的加固工作量。

需注意，对于天然地基基础，其承载力指计入地基长期压密效应后的承载力。当加固使基础增加的重力荷载占原有基础荷载的比例小于长期压密提高系数时，则不需要经过验算就可判断为不超过地基承载力。

加固原有地基，包括地基土的置换、挤密、固化和桩基托换等，其设计和施工方法，可按现行行业标准《既有建筑地基基础加固技术规范》JGJ 123 的规定执行。

4.0.4 本条规定地基、桩基水平承载力的加固和处理方法，主要针对设置柱间支撑的柱基、拱脚等需要进行抗滑验算的情况。

天然地基的抗滑阻力，按《建筑抗震鉴定标准》GB 50023—2009 第 4.2 节的规定，除了一般只考虑基础底面摩擦和基础正面、侧面土层的水平抗力（被动土压力的 1/3）外，还可利用刚性地坪的抗滑能力。震害和试验表明，刚性地坪可很好地抵抗上部结构传来的地震剪力，抗震加固时可充分利用，只需设置不小于墙、柱横截面尺寸 3 倍宽度的刚性地坪（地坪抗力取墙、柱与地坪接触面积的轴心抗压强度计算），还需注意，刚性地坪受压的抗力不可与土层水平抗力叠加，只能取二者的较大值。

增设基础梁分散水平地震力时，一般按柱承受的竖向荷载的 1/10 作为基础梁的轴向拉力或压力进行设计计算。

4.0.5 现有地基基础抗震加固时，液化地基的抗液化措施，也要经过液化判别，根据地基的液化指数和液化等级以及抗震设防类别区别对待。通常选择抗液化处理的原则要求低于《建筑抗震设计规范》GB 50011 对新建工程的要求，对于 A 类建筑，仅对液化等级为严重的现有地基采取抗液化措施；对于乙类设防的 B 类建筑，液化等级为中等时也需采取抗液化措施，见表1。

表 1 现有地基基础的抗液化措施

设防类别	轻微液化	中等液化	严重液化
乙类	可不采取措施	基础和上部结构处理或其他经济措施	宜全部消除液化沉陷
丙类	可不采取措施	可不采取措施	宜部分消除液化沉陷或基础和上部结构处理

4.0.6 本条规定，除采用提高上部结构抵抗不均匀

沉降的能力外，还列举了现有地基消除液化沉降的常用处理措施，包括：

桩基托换，采用树根桩、静压桩托换，轻型建筑也可采用悬臂式牛腿桩支托，当液化土层在浅层且厚度不大时，可通过加深基础穿过液化土层，将基础置于非液化的土层上；条形基础托换需分段进行，每段的长度一般不超过 2m；当液化土层埋深较大或厚度较大时，需新增桩基；桩端伸入非液化土层的深度，需满足《建筑抗震设计规范》GB 50011 的要求——对碎石土、砾、粗、中砂，坚硬黏性土和密实粉土尚不应小于 0.5m，对其他非岩石土尚不宜小于 1.5m；托换法不适用于地下水位高于托换基础标高的情况。

压重法，利用加大液化土层的压力来减轻液化影响，压重范围和压力需经过计算确定，施工时，堆载要分级均匀对称，防止不均匀沉降。

覆盖法，也是利用加大液化土层的压力来减轻液化影响，震害调查和室内模型试验均表明，即使下部土层液化，如果不发生喷冒，则基础的不均匀沉降和平均沉降均明显减小，在很大程度上减轻液化危害；抗喷冒用的刚性地坪应厚度均匀，与基础紧密接触；还需要嵌入基础，以防止地坪上浮。

排水桩法，其原理是：直接位于基础下的区域比自由场地不容易液化，而紧邻基础边有一个高的孔压区比自由场地更容易液化，因此，当地震震动的强度不足以使基础下的土层液化时，只需降低基础边的孔压就可能保持基础的稳定。此法在室内地坪不留缝隙，在基础边 1.5m 以外利用碎石的空隙作为土层的排水通道，将地震时土中的孔隙水压控制在容许范围内，以防止液化；排水桩的深度，最好达到液化土层的底部，排水桩的间距要经计算确定，排水桩的渗透性要比固结土大 200 倍以上，且不被淤塞。

旋喷法，适用于黏性土、砂土等，既可用来防止基础继续下沉，也可减少液化指数、降低液化等级或消除液化的可能。此法在基础内或紧贴基础侧面钻孔制作水泥旋喷桩：先用岩心钻钻到所需的深度，插入旋喷管，再用高压喷射水泥浆，边旋转注浆边提升，提到预定的深度后停止注浆并拔出旋喷管。在旋喷过程中利用水泥浆的冲击力扰动土体，使土体与水泥浆混合，凝固成圆柱状固体，达到加固地基土的目的。此法的优点如下：

①可在不同深度、不同范围内喷射水泥浆，可形成间隔的桩柱体或连成整体的连续桩；
②可适用于各种类型的软弱黏性土；
③桩柱体的强度，可通过硬化剂的用量控制；
④可形成竖直桩或斜桩。

4.0.7 本条规定了可用来抵抗结构不均匀沉降的一些构造措施。

5 多层砌体房屋

5.1 一般规定

5.1.1 本章的适用范围，主要是按《建筑抗震鉴定标准》GB 50023—2009 第 5 章进行抗震鉴定后需要加固的多层砖房等多层砌体房屋，故其适用的房屋层数和总高度不再重复，可直接引用的计算公式和系数也不再重复。

5.1.2 在砖砌体和砌块砌体房屋的加固中，正确选择加固体系和计算综合抗震能力是最基本的要求。

根据震害调查，对于不符合鉴定要求的房屋，抗震加固应从提高房屋的整体抗震能力出发，并注意满足建筑物的使用功能和同相邻建筑相协调，对于砌体房屋，往往采用加固墙体来提高房屋的整体抗震能力，但需注意防止在抗震加固中出现局部的抗震承载力突变而形成薄弱层，纵向非承重或自承重墙体加固后也不要超过同一层楼层中未加固的横向承重墙体的抗震承载力。

鉴于楼梯间在抗震救灾中的重要性，特别要求注意加强。

5.1.3 本条明确了超高、超层砌体房屋的加固、加强原则。考虑到现有房屋的层数和高度已经存在，可优先选择给出路的抗震对策。

改变结构体系，指结构的全部地震作用，不能由原有的仅设置构造柱的砌体墙来承担。例如，约束砌体墙、配筋砌体墙、组合砌体墙、足够数量的钢筋混凝土墙等，均可采用。当采用混凝土面层组合墙体时，原有的抗震砖墙体均需加固为组合墙体，净使用面积有所减少；采用足够数量的钢筋混凝土墙时，钢筋混凝土墙的间距可类似框-剪结构布置，净使用面积的减少量相对少些。按本规程第 5.3.8 条，双面设置板墙且合计厚度不小于 140mm 时，可视为增设钢筋混凝土墙。

横墙较少的砌体房屋不降低高度和减少层数的有关要求，见《建筑抗震设计规范》GB 50011（2008 年版）第 7.3.14 条。

5.1.4、5.1.5 抗震加固和抗震鉴定一样，可采用加固后的综合抗震能力指数作为衡量多层砌体房屋抗震能力的指标，也可按设计规范的方法对加固后的墙段用截面受剪承载力进行验算。

与鉴定不同的是，要按不同的加固方法考虑相应的加固增强系数，并按加固后的情况取体系影响系数 ψ_1 和局部影响系数 ψ_2，例如：

1 墙段加固的增强系数对 A、B 类砌体房屋均相同，对面层加固，根据原墙体的厚度和砂浆强度等级、加固面层的厚度和钢筋网等，取 1.1～3.1；对板墙加固，根据原墙体的砂浆强度等级，取 1.8～2.5；对外加柱加固，当鉴定不要求构造柱时，根据外加柱和洞口情况，取 1.1～1.3。

2 构造影响系数对 A、B 类砌体房屋略有不同，

主要表现在构造柱的影响系数上:
1) 增设抗震墙后,若横墙间距小于鉴定标准对刚性楼盖的规定值,取 $\psi_1=1.0$;
2) 鉴定不要求有构造柱时,增设外加柱和拉杆、圈梁后,整体性连接的系数(楼屋盖支承长度、圈梁布置和构造等)取 $\psi_1=1.0$;鉴定要求有构造柱时,增设的构造柱需满足鉴定要求,相应的影响系数才能取 $\psi_1=1.0$;
3) 采用面层、板墙加固或增设窗框、外加柱的窗间墙,其局部尺寸的影响系数取 $\psi_2=1.0$;
4) 采用面层、板墙加固或增设支柱后,大梁支承长度的影响系数取 $\psi_2=1.0$。

5.2 加 固 方 法

5.2.1~5.2.4 根据我国多年来工程加固实践的总结,这几条分别列举了《建筑抗震鉴定标准》GB 50023—2009 第 5 章所明确的抗震承载力不足、房屋整体性不良、局部易倒塌部位连接不牢时及房屋有明显扭转效应时可供选择的多种有效加固方法,要针对房屋的实际情况单独或综合采用。

5.2.5 鉴于现有的 A 类空斗墙房屋和普通黏土砖砌筑的墙厚小于 180mm 的房屋属于早期建造的,20 世纪 80 年代已不允许建造,故要求尽可能拆除处理,确实需要继续使用的,需要特别加强。

5.3 加固设计及施工

Ⅰ 面 层 加 固

5.3.1、5.3.2 这两条明确规定了面层(水泥砂浆面层或钢筋网水泥砂浆面层)加固墙体的设计方法,其中第 5.3.1 条是需要严格执行的强制性要求。为使面层加固有效,除了要注意原墙体的砌筑砂浆强度不高于 M2.5 外,强调了以下几点:①钢筋网的保护层及钢筋距墙面空隙;②钢筋网与墙面的锚固;③钢筋网与周边原有结构构件的连接。

面层加固的承载力计算,许多单位进行过试验研究并提出相应的计算公式。结合工程经验,本规程提出了原砌筑砂浆强度等级不高于 M2.5 而面层砂浆为 M10 时的增强系数。当原砌筑砂浆强度等级高于 M2.5 时,面层加固效果不大,增强系数接近于 1.0。

对砌筑砂浆强度等级 M2.5 的墙体,试验结果表明,钢筋间距以 300mm 为宜,过疏或过密都不能使钢筋充分发挥作用。

试验和现场检测发现,钢筋网竖筋紧靠墙面会导致钢筋与墙体无粘结,加固失效;试验表明,采用 5mm 间隙可有较强的粘结能力。钢筋网的保护层厚度应满足规定,提高耐久性,避免钢筋锈蚀后丧失加固效果。

面层加固可根据综合抗震能力指数的控制,只在某一层进行,不需要自上而下延伸至基础。但在底层的外墙,为提高耐久性,面层在室外地面以下宜加厚并向下延伸 500mm。

当利用面层中的配筋加强带起构造柱圈梁的约束作用时,一般需在墙体周边设置 3 根 $\phi10$ 的钢筋,净距 50mm;水平钢筋间距局部加密;墙体两面的钢筋还需要相互可靠拉结。在纵横墙交接处,则形成十字或 T 字形的组合柱。

面层加固的钢筋网布置及典型连接构造,参见图 1。

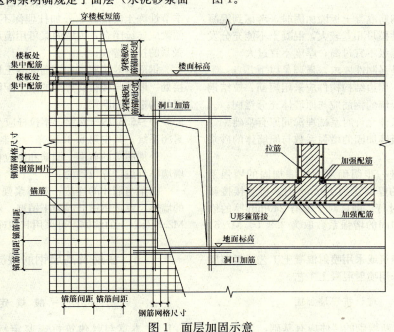

图 1 面层加固示意

5.3.3 注意钢筋网与原有墙面、周边构件的拉结筋应检验合格才能进行下一道工序的施工。锚筋除采用水泥基灌浆料、水泥砂浆外还可采用结构加固用胶粘剂，根据不同的材料和施工工艺，锚孔直径需相应调整。

Ⅱ 钢绞线网-聚合物砂浆面层加固

5.3.4～5.3.6 在近几年的试验研究和工程实践的基础上，本次修订增加了钢绞线网-聚合物砂浆面层加固砌体墙的方法，其加固效果好于钢筋网水泥砂浆面层加固法。

本方法与钢筋网砂浆面层加固的主要区别是，采用钢绞线网片，与原有墙体连接采用锚固在砖块上的专用金属胀栓，在墙体交接处需设置钢筋网等加强与左右两端墙体的连接，见图2。

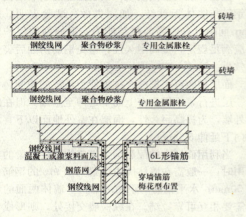

图2 钢绞线网-聚合物砂浆加固砖墙示意

Ⅲ 板墙加固

5.3.7～5.3.9 钢筋混凝土板墙加固时，考虑到混凝土与砖砌体的弹性模量相差较大，混凝土不能充分发挥作用，其强度等级不宜过高，厚度不宜过大。

第5.3.7条是强制性要求，强调了以下几点：①板墙与原有楼板、周边结构构件应采用短筋、拉结钢筋可靠连接；②板墙的钢筋应与原墙体充分锚固；③板墙应有基础，条件允许时基础埋深同原有基础。

试验表明，板墙加固的增强系数与原墙体的砂浆强度等级有关。

本次修订，进一步明确双面板墙加固的增强系数，当双面合计的厚度达到140mm时，可直接按新增混凝土抗震墙对待。即，对于原有240mm厚的墙体，相当于双面加固的增强系数取为3.8（≤M7.5）和3.5（M10）。

板墙可支模浇筑或采用喷射混凝土工艺，板墙厚度较薄时应优先采用喷射混凝土工艺。

Ⅳ 增设抗震墙加固

5.3.10～5.3.12 新增砌的墙体应有基础，为防止新旧地基的不均匀沉降造成墙体开裂，按工程经验将基础宽度加大15%。

砖墙内设置钢筋网片和钢筋细石混凝土带的加固方法，是经过许多单位大量的试验提出的，其增强系数是试验结果的综合。

钢筋混凝土抗震墙加固时，如采用增强系数进行抗震验算，在规定的范围内，其取值可不考虑墙厚的不同。

Ⅴ 外加钢筋混凝土柱及圈梁、钢拉杆加固

5.3.13 利用外加钢筋混凝土柱、圈梁和替代内墙圈梁的拉杆，在水平和竖向将多层砌体结构的墙段加以分割和包围，形成对墙段的约束，能有效提高抗倒塌能力。这种加固方法已经受过地震的考验。

本条是强制性要求，其设置需依据设防烈度和设防类别的不同区别对待，为使约束系统的加固有效，强调了以下几点：①外加柱设置的位置应合理，还应与圈梁或钢拉杆连成封闭系统；②外加柱、圈梁应通过设置拉结钢筋和销键、锚栓、压浆锚杆或锚筋与墙体连接；③外加柱应有足够深度的基础；④圈梁遇阳台、楼梯间、变形缝时，应妥善处理；⑤拉杆应按照替代内墙圈梁的要求设置，并满足与墙体锚固的规定，使拉杆能保持张紧状态，切实发挥作用。

5.3.14、5.3.15 外加柱加固砖房的增强系数，是在总结几百个试验资料的基础上提出的。墙体承载力的提高，只适用于砂浆强度等级为M2.5以下鉴定不要求有构造柱的A类房屋墙体。

外加柱的截面和配筋均不必过大。外加柱应沿房屋全高贯通，不得错位；外加柱的钢筋混凝土销键适用于砂浆强度等级低于M2.5的墙体，砂浆强度等级为M2.5及以上时，可采用其他连接措施；在北方有季节性冻土的地区，外加柱埋深不得小于冻结深度；圈梁应连续闭合，内墙圈梁可用满足锚固要求的保持张紧的拉杆替代。

钢筋网砂浆面层和钢筋混凝土板墙中，沿墙体交接处、墙体与楼板交界处的集中配筋，也可替代该位置的构造柱和圈梁。

5.3.16～5.3.19 圈梁、钢拉杆应与构造柱配合形成封闭系统。其中第5.3.13条为强制性要求。

外加圈梁的截面、配筋和钢拉杆的直径，系按外墙墙体外甩计算得到的。

圈梁与墙体的连接，对砂浆强度等级低于M2.5的墙体，宜选用钢筋混凝土销键；对砂浆强度等级为M2.5及以上的墙体，可采用其他连接措施。

6 多层及高层钢筋混凝土房屋

6.1 一般规定

6.1.1 本章与《建筑抗震鉴定标准》GB 50023—

2009第6章有密切联系,可直接引用的计算公式和系数不再重复。其适用的最大高度和层数,以及所属的抗震等级,需依据其后续使用年限的不同,分别由现行国家标准《建筑抗震鉴定标准》GB 50023—2009第6章和《建筑抗震设计规范》GB 50011(2008年版)第6章予以规定。

6.1.2 本条将2002版强制性条文的内容合并而成。

钢筋混凝土房屋的加固,体系选择和综合抗震能力验算是基本要求,注意以下几点:

1 要从提高房屋的整体抗震能力出发,防止因加固不当而形成楼层刚度、承载力分布不均匀或形成短柱、短梁、强梁弱柱等新的薄弱环节。

2 在加固的总体决策上,应从房屋的实际情况出发,侧重于提高承载力,或提高变形能力,或二者兼有;必要时,也可采用增设墙体、改变结构体系的集中加固,而不必每根梁柱普遍加固。

3 加固结构体系的确定,应符合抗震鉴定结论所提出的方案。当改变原框架结构体系时,应注意计算模型是否符合实际,整体影响系数和局部影响系数的取值方法应明确。

4 与砌体结构类似,加固的抗震验算,也可采用与抗震鉴定同样的简化方法。此时,混凝土结构综合抗震能力应按加固后的结构状况,确定其地震作用、楼层屈服强度系数、体系影响系数和局部影响系数的取值。

6.1.3 钢筋混凝土房屋加固后的抗震验算方法,当采用综合抗震能力指数方法时,即采用《建筑抗震鉴定标准》GB 50023—2009第6.2节第二级鉴定规定的方法,取典型的平面结构计算。但其中,结构的地震作用要根据加固后的实际情况按本规程第3.0.4条的规定计算;构件的抗震承载力除了按《建筑抗震鉴定标准》GB 50023—2009附录C计算外,需按本章规定考虑新增构件应变滞后和新旧构件协同工作程度的影响;体系影响系数和局部构造影响系数也按本章的有关规定确定。

6.1.4 钢筋混凝土房屋加固后的抗震验算方法,当采用国家标准《建筑抗震设计规范》GB 50011的方法时,地震作用的分项系数按规范规定取值,A、B类混凝土结构的地震内力调整系数、构件承载力需按现行国家标准《建筑抗震鉴定标准》GB 50023—2009第6章及相关附录的规定计算并计入构造的影响。加固后构件的抗震承载力,除了承载力抗震调整系数应采用本规程第3.0.4条的抗震加固的承载力调整系数替换外,同样需按本章规定考虑新增构件应变滞后和新旧构件协同工作程度的影响。

6.2 加固方法

6.2.1 本条列举了结构体系和抗震承载力不满足要求时,可供选择的有效加固方法。在加固之前,应尽可能卸除加固构件相关部位的全部活荷载。

当原有的A类混凝土框架结构体系属于单向框架时,需通过节点加固成为双向框架;考虑到节点加固的难度较大,也可按《建筑抗震设计规范》GB 50011对框架-抗震墙结构的墙体布置要求,增设一定数量的钢筋混凝土墙体并加固相关节点而改变结构体系,从而避免对所有的节点予以加固。对于B、C类混凝土框架结构,当时施行的《建筑抗震设计规范》GB 50011已明确规定应设计为双向框架,一般不出现这类框架。

单跨框架对抗震不利是十分明确的,对于抗震鉴定结论明确要求加强的情况,可按本条规定选择增设墙体、翼墙、支撑或框架柱的方法。需注意,增设墙、支撑、柱的最大间距,应考虑多道防线的设计原则,符合设计规范对框架-抗震墙结构的墙体布置最大间距的规定,且不得大于24m。见表2。

表2 框架-抗震墙结构的抗震墙之间楼、屋盖的长宽比

楼、屋盖类型	烈　　度			
	6	7	8	9
现浇或叠合楼盖、屋盖	4	4	3	2
装配式楼盖、屋盖	3	3	2.5	不宜采用

每个方法的具体设计要求列于本规程6.3节中。其中:

钢构套加固,是在原有的钢筋混凝土梁柱外包角钢、扁钢等制成的构架,约束原有构件的加固方法;现浇混凝土套加固,是在原有的钢筋混凝土梁柱外包一定厚度的钢筋混凝土,扩大原构件截面的加固方法。这两种加固方法,是提高梁柱承载力、改善结构延性的切实可行的方法;当仅加固框架柱时,还可提高"强柱弱梁"的程度。

粘贴钢板的方法是将钢板与混凝土面粘结使其协同工作来提高构件的承载力,粘结质量的好坏直接影响到加固效果,故需由专业队伍施工,确保加固效果;粘贴碳纤维是本次修订增加的、近来已经使用成熟的加固方法,但对胶粘剂的质量和粘贴工艺要求较严,同粘钢一样,粘结质量的好坏直接影响到加固效果,故需由专业队伍施工,确保加固效果,另外还要进行防火处理。

钢绞线网-聚合物砂浆面层是近年来发展的一种新型环保、耐久性较好的加固方法,对提高构件的承载力和刚度都有贡献,但需要满足本规程规定的材料性能和施工构造要求。

增设抗震墙或翼墙,是提高框架结构抗震能力及减少扭转效应的有效方法。

消能支撑加固是通过增设消能支撑的耗能吸收部分地震力,从而减小整个结构的地震作用。

增设抗震墙会较大地增加结构自重，要考虑基础承载的可能性。

增设翼墙适合于大跨度时采用，以避免梁的跨度减少后导致梁剪切破坏。

本次修订，增加了提高"强柱弱梁"目标的加固方法，以及楼梯间梯板的加固方法。

6.2.2 钢筋混凝土构件的局部损伤，可能形成结构的薄弱环节。按本条列举的方法进行构件局部修复加固，是恢复构件承载力的有效措施。

6.2.3 本条列举了墙体与结构构件连接不良时可供选择的有效的加固方法。对于砖填充墙与框架柱的连接，拉筋的方案比较有效；对于填充墙体与框架梁的连接，相比拉筋方式，采取在墙顶增设钢夹套与梁拉结的方案更为有效。

鉴于楼梯间和人流通道填充墙的震害，要求采用钢丝网抹面加强保护。

6.2.4 对女儿墙等易倒塌部位不符合鉴定要求的加固方法，可按本规程第 5.2.3 条的有关规定选择加固方法。

6.3 加固设计及施工

Ⅰ 增设抗震墙或翼墙

6.3.1 本条将 2002 版相关强制性条文合并而成，给出了增设墙体加固的构造和计算的最基本要求。增设抗震墙可避免对全部梁柱进行普遍加固，一般按框架-抗震墙结构进行抗震加固设计。

为使增设墙体的加固有效，强调了以下几点：①墙体最小厚度；②墙体的最小竖向和横向分布筋；③考虑新增构件的应力滞后，抗震承载力验算时，新增混凝土和钢筋的强度，均应乘以折减系数。④加固后抗震墙之间楼、屋盖长宽比的局部影响系数应作相应改变。

6.3.2 本条规定了增设钢筋混凝土抗震墙或翼墙加固方法的构造要求以及加固后截面的抗震验算方法。

增设抗震墙，需注意复核原有地基基础的承载力；增设翼墙需复核原有框架梁跨度减少后梁端的配筋。

增设抗震墙或翼墙加固的主要构造是确保新旧构件的连接，以便传递剪力。可有三种方法：

1 锚筋连接。需在原构件上钻孔，并用符合规定的高强胶锚固，施工质量要求高。

2 钢筋混凝土套连接。在云南耿马一带的加固中，使用效果良好。

3 锚栓连接。需要专用的施工机具，其布置可参照锚筋的规定。

当新增混凝土的强度等级比原有构件提高一个等级时，考虑混凝土、钢筋强度折减的截面抗震验算可有所简化：仍按原构件的混凝土强度等级采用，即相当于混凝土强度乘以折减系数 0.85，然后，将计算所需增加的配筋乘以 1.15，即为按原钢筋级别所需要新增的钢筋。

6.3.3 本条规定了抗震墙和翼墙的施工要点，对于结构抗震加固，施工方法的正确与否直接关系到加固效果，应注意遵守。

Ⅱ 钢构套加固

6.3.4 本条将 2002 版相关强制性条文归并而成，规定了采用钢构套加固框架的基本要求。钢构套对原结构的刚度影响较小，可避免结构地震反应的加大。因此，当加固后构件刚度和重力荷载代表值的变化符合本规程第 3.0.4 条的有关规定时，可以直接采用抗震鉴定的计算分析结果而不必重新进行整个结构的抗震计算分析。

为使钢构套的加固有效，强调了以下几点：①钢构套构件两端的锚固；②钢构套缀板的间距；③考虑新增构件的应力滞后和协同工作的程度，其钢材的强度应乘以折减系数。

6.3.5 本条规定了采用钢构套加固框架的设计要求。当刚度和重力荷载代表值变化在规定的范围内时，可直接将抗震鉴定结果中计算配筋的差距，按本条规定的梁、柱钢材强度折减系数换算为所需的型钢截面面积。

6.3.6 本条规定了钢构套的施工要点，需采取措施加强钢材与原有混凝土构件的连接，并注意防火和防腐，这些要求直接关系到加固效果，应注意遵守。

Ⅲ 钢筋混凝土套加固

6.3.7 本条将 2002 版相关强制性条文归并而成，规定了采用钢筋混凝土套加固梁柱的基本要求。钢筋混凝土套加固后构件刚度有一定增加，整个结构的地震作用有所增大，但试验研究表明，钢筋混凝土套加固后可作为整体构件计算，其承载力和延性的提高可比刚度的增加要大，从而达到加固的目的。

为使混凝土套的加固有效，强调了以下几点：①混凝土套的纵向钢筋要与其两端的原结构构件，如楼盖、屋盖、基础和柱等可靠连接；②应考虑新增部分的应力滞后，作为整体构件验算承载力，新增的混凝土和钢筋的强度，均应乘以折减系数。

6.3.8 本条规定了采用钢筋混凝土套加固梁柱的设计要求，并明确区分 A、B、C 类建筑的不同。对新增的箍筋，应采取措施加强与原有构件的拉接，如采用锚筋、锚栓或短筋焊接等方法。

当新增混凝土的强度等级比原有构件提高一个等级时，截面抗震验算可有所简化：仍按原构件的混凝土强度等级采用，即相当于混凝土强度乘以折减系数 0.85，然后，将计算所需增加的配筋乘以 1.15，即为原钢筋等级所需新增的钢筋截面面积。

6.3.9 本条规定了钢筋混凝土套的施工要点,这些要求直接关系到加固效果,需注意遵守。

Ⅳ 粘贴钢板加固

6.3.10 本条参照《混凝土结构加固设计规范》GB 50367 的规定,文字有所调整。本条规定了采用粘贴钢板加固方法的要求,加固前应卸载,并注意防腐和防火要求。

考虑到《混凝土结构加固设计规范》GB 50367 的承载力计算公式是针对静载的,胶粘剂在拉压反复作用下的性能与静载下有所区别,从偏于安全的角度,本条规定,采用《混凝土结构加固设计规范》GB 50367 的计算公式时,原有混凝土构件的抗震承载力与抗震鉴定时的取值相同,需取 γ_{Ra}(其值依据后续使用年限的不同而变,均小于 1.0),而钢板部分的承载力的"抗震加固承载力调整系数"取 1.0。例如,斜截面受剪承载力验算公式为:

$$V \leqslant V_0/\gamma_{Ra} + V_{sp}$$

式中,V_0/γ_{Ra} 为原有钢筋混凝土构件的抗震承载力,对于 A、B 类,可按《建筑抗震鉴定标准》GB 50023—2009 第 6 章的有关附录计算,即材料强度、计算公式与现行《混凝土结构设计规范》GB 50010 不同。

粘贴钢板加固时,宜采用专用胀栓加强钢板与结构构件的连接。

Ⅴ 粘贴纤维布加固

6.3.11 本条为新增,参照《混凝土结构加固设计规范》GB 50367 的规定,对抗震加固不同之处加以规定。采用粘贴纤维布加固梁柱时,对原结构构件的混凝土强度有要求,并规定了采用碳纤维加固的设计和施工要求,加固前应卸载,并强调对碳纤维的防火要求。

考虑到《混凝土结构加固设计规范》GB 50367 的承载力计算公式是针对静载的,胶粘剂在拉压反复作用下的性能与静载下有所区别,从偏于安全的角度,本条规定,采用《混凝土结构加固设计规范》GB 50367 的计算公式时,原有混凝土构件的抗震承载力与抗震鉴定时的取值相同,需取 γ_{Ra}(其值依据后续使用年限的不同而变,均小于 1.0),而碳纤维部分的承载力的"抗震加固承载力调整系数"取 1.0。

Ⅵ 钢绞线网-聚合物砂浆面层加固

6.3.12 本条为新增,参照《混凝土结构加固设计规范》GB 50367 的规定,对抗震加固不同之处加以规定。本条规定了采用钢绞线网-聚合物砂浆面层加固梁柱的钢绞线网片、聚合物砂浆的材料性能。

6.3.13 本条规定了钢绞线网-聚合物砂浆面层加固梁柱的设计要求,该方法只能承受拉应力。

考虑到《混凝土结构加固设计规范》GB 50367 的承载力计算公式是针对静载的,胶粘剂在拉压反复作用下的性能与静载下有所区别,从偏于安全的角度,本条规定,采用《混凝土结构加固设计规范》GB 50367 的计算公式时,原有混凝土构件的抗震承载力与抗震鉴定时的取值相同,需取 γ_{Ra}(其值依据后续使用年限的不同而变,均小于 1.0),而钢绞线网-聚合物砂浆面层部分的承载力的"抗震加固承载力调整系数"取 1.0。

6.3.14 本条规定了钢绞线网-聚合物砂浆面层加固的施工要求,施工前应首先卸载。

Ⅶ 增设支撑加固

6.3.15 本条列举了新增钢支撑的设计要点,这类支撑宜按不承担静载仅承担地震作用的要求进行设计,同时加固与支撑相连的框架节点,并将支撑承担的地震作用可靠地传递到基础。

6.3.16 本条为新增,主要参照《建筑抗震设计规范》GB 50011 第 12 章的规定。规定了采用消能支撑加固框架结构的要求。

Ⅷ 混凝土缺陷修补

6.3.17 本条规定了对混凝土构件局部损伤和裂缝等缺陷进行修补时的材料要求、施工要求。

Ⅸ 填充墙加固

6.3.18 本条规定了砌体墙与框架连接的加固的方法以及要求,适合于单独加强墙与梁柱的连接时采用。砌体墙与框架柱连接的加强,尽可能在框架全面加固时通盘考虑,设计人员可根据抗震鉴定的要求,结合具体情况处理。

墙与柱的连接可增设拉筋加强;墙与梁的连接,可设拉筋加强墙与梁的连接,亦可采用墙顶增设钢夹套加强墙与梁的连接,钢夹套应注意防锈防火。

7 内框架和底层框架砖房

7.1 一般规定

7.1.1 本章与《建筑抗震鉴定标准》GB 50023—2009 第 7 章有密切联系,其最大适用高度及可直接引用的计算公式和系数不再重复。对于类似的砌块房屋,其加固也可参照。

7.1.2 内框架和底层框架房屋均是混合承重结构,其加固设计的基本要求与多层砌体房屋、多层钢筋混凝土房屋相同。针对内框架和底层框架砖房的结构特点,需要注意:

1 加固的总体决策,除采取提高承载力或增强整体性的加固方案外,尚应采取措施调整二层与底层的侧向刚度比,使之符合现行国家标准《建筑抗震设计规范》GB 50011 的相应规定，避免形成柔弱底层或薄弱层转移至二层，A 类内框架和底层框架房屋的加固设计，通常采用综合抗震能力指数方法，应确保不出现新的抗震薄弱层和薄弱部位。

2 加固措施还应避免造成短柱或强梁弱柱等不利于抗震受力的状态，是本规程第 3 章抗震概念加固设计的具体体现。

3 抗震验算所采用的计算模型和参数，应按加固后的实际情况取值。例如，墙体采用钢筋混凝土板墙加固，承载力增强系数、楼盖支承长度的体系影响系数等均可按本规程第 5 章对砌体墙加固的相关规定取值；增设横墙后，原横墙间距的影响系数相应改变；壁柱加固后，外纵墙局部尺寸、大梁与墙体连接的有关影响系数也可能相应变化。

7.1.3 内框架和底层框架砖房加固后的抗震验算方法，当采用现行国家标准《建筑抗震设计规范》GB 50011 规定的方法时，其中结构的地震作用、构件的抗震承载力和构造影响系数，要根据加固后的实际情况，按本章的有关规定确定。

7.1.4 本条规定了现有的底层框架砖房的层数和总高度超过规定限值的处理方法。针对现行国家标准《建筑抗震设计规范》GB 50011 规定的层数和高度限值高于 A、B 类底层框架砖房抗震鉴定的要求，提出了相应的加固对策。

7.1.5 对底层框架和底层内框架砖房，其上部各层按多层砖房的有关规定进行加固的竖向构件需延续到底层。即：混凝土板墙、构造柱等需通过底层落到基础上，面层需锚固在底层的框架梁上；底层的框架和内框架，也需考虑上部各层加固后重量、刚度变化造成的影响。

7.2 加固方法

7.2.1 内框架和底层框架砖房经常遇到的抗震问题是：抗震横墙间距过大，或横墙承载力不足，或外墙（垛）的承载力不足，或底层与过渡层刚度比不满足要求，或底层为单跨框架，抗震赘余度不足。针对这些问题，确定抗震加固方案时需遵守下列原则：

1 抗震横墙间距符合要求而承载力不足时，采用钢筋网面层加固可提高承载力并改善结构延性，而且施工比较方便；当原墙体抗震承载力与设防要求相差太大时，可采用钢筋混凝土板墙加固。

2 抗震横墙间距超过限值，或房屋横向抗震承载力不足，应优先增设抗震墙加固，因为这种加固方法的效果最好。一般情况，增设的抗震墙可采用砖墙；当楼盖整体性较好且横向承载力与设防要求相差较大时，也可增设钢筋混凝土抗震墙加固。

3 钢筋混凝土柱配筋不满足要求时，可增设钢构套架、现浇钢筋混凝土套等方法加固柱的抗弯、抗剪和抗压能力，也可采用粘贴纤维布、钢绞线网-聚合物砂浆面层等方法提高柱的抗剪能力；也可增设抗震墙减少柱承担的地震作用。

4 横向抗震验算时，承载力不足的外纵墙可用钢筋混凝土壁柱加固。壁柱可设在纵墙的内侧或外侧，也可内外侧同时增设；仅增设外壁柱时，要采取措施加强壁柱与楼盖梁的连接。也可增设抗震墙减少砖柱（墙垛）承担的地震作用。

5 底层框架砖房的底层为单跨框架时，应增设框架柱形成双跨或结合使用功能增设钢筋混凝土抗震墙以增加底层刚度，同时减少框架柱承担的地震作用；当底层刚度较弱或有明显扭转效应时，可在底层增设钢筋混凝土抗震墙或翼墙加固；当过渡层刚度、承载力不满足鉴定要求时，可对过渡层的原有墙体采用钢筋网砂浆面层、钢绞线网-聚合物砂浆面层加固或采用钢筋混凝土墙替换底部为钢筋混凝土墙的部分砌体墙等方法加固。

7.2.2 本条列举了整体性不足时可供选择的加固方法：楼面现浇层、圈梁、外加柱和托梁等。

7.2.4 由于底层内框架、单排柱内框架房屋的结构形式极为不利于抗震，存在较大抗震安全隐患，因此针对现有的 A 类底层内框架、单排柱内框架房屋，应结合规划拆除重建。对于暂时需要继续使用的建筑，应在原壁柱处增设钢筋混凝土柱形成梁柱固接的结构体系或采取增设墙体等方式改变其结构体系。

7.3 加固设计及施工

Ⅰ 壁柱加固

7.3.1、7.3.2 这两条给出了增设混凝土壁柱的构造和计算要求。壁柱加固主要适用于纵向抗震能力不足，或者横墙间距过大需考虑楼盖平面内变形导致砌体柱（墙垛）承载力不足的加固方法。使用时注意：

1 壁柱与多层砖房的构造柱有所不同，其截面应严格控制，其构造应能使壁柱与砖柱（墙垛）形成组合构件，按组合构件进行验算；壁柱可单面或双面设置，与砖柱四周的钢筋混凝土套也有所不同。

2 可采用外壁柱、内壁柱或内外侧同时设置，当需要保持外立面原貌时，应采用内壁柱。壁柱需与砖柱（墙垛）形成组合构件，按组合构件计算刚度并进行验算。

3 抗震加固时，对多道抗震设防的要求稍低，故加固后砖柱（墙垛）承担的地震作用少于《建筑抗震设计规范》GB 50011 的要求，墙体有效侧向刚度的取值比规范大些；此外，根据试验结果，提出了横墙间距超过规定值时，加固后砖柱（墙垛）受力的计算方法。

4 作为简化，砖柱（墙垛）用壁柱加固后按组合构件计算其抗震承载力，考虑增设的部分受力滞后，新增的混凝土和钢筋的强度需乘以 0.85 的折减系数。

其中，第 7.3.2 条为强制性要求。为使壁柱的加固有效，强调了以下几点：①壁柱应从底层设起，沿砖柱（墙垛）全高贯通；②壁柱应满足最小截面和最小纵筋、箍筋设置要求；③壁柱应在楼、屋盖处与原结构拉结，并应有基础。

Ⅱ 楼盖现浇层加固

7.3.3、7.3.4 本条给出了楼盖面层加固的构造要求。

增设钢筋混凝土现浇层加固楼盖，可使底层框架房屋满足抗震鉴定对楼盖整体性的要求。为确保现浇面层的加固有效，楼盖面层加固的细部构造，要确实加强原预制楼盖的整体性。强调了以下几点：①现浇层的最小厚度不得过小；②现浇层的最小分布钢筋应满足构造要求。

Ⅲ 增设面层、板墙、抗震墙、外加柱加固

7.3.5～7.3.10 内框架和底层框架砖房采用面层、板墙和抗震墙进行加固的材料、构造、抗震验算设计及施工，直接引用了本规程第 5 章的有关规定。其中，参照《建筑抗震设计规范》GB 50011 的规定，各方向的地震作用最好由该方向的抗震墙承担。

Ⅳ 框架柱加固

7.3.11 内框架和底层框架砖房的钢筋混凝土柱采用钢构套、现浇钢筋混凝土套、纤维布进行加固的材料、构造、抗震验算及施工，直接引用了本规程第 6 章的有关规定。

8 单层钢筋混凝土柱厂房

8.1 一般规定

8.1.1 本章与《建筑抗震鉴定标准》GB 50023—2009 第 8 章有密切联系，其适用范围相同。

8.1.2 钢筋混凝土厂房是装配式结构，抗震加固的重点与抗震鉴定的重点相同，侧重于提高厂房的整体性和连接的可靠性，而不增加原厂房的地震作用。

8.1.3 厂房加固后，各种支撑杆的截面、阶形柱上柱的钢构套等，多数可不进行抗震验算；需要验算时，内力分析与抗震鉴定时相同，均采用《建筑抗震设计规范》GB 50011 的方法，构件的抗震承载力验算，牛腿的钢构套可用本章的方法，其余按《建筑抗震设计规范》GB 50011 的方法，但采用"抗震加固的承载力调整系数"替代设计规范的"承载力抗震调整系数"。

8.2 加固方法

8.2.1 各种支撑布置不符合鉴定要求时，一般采取增设支撑的方法。

8.2.2 本条列举了天窗架、屋架和排架柱承载力不足时可选择的加固方法。

8.2.3 本条列举了各种连接不符合鉴定要求时可选择的加固和处理方法。

8.2.4 降低女儿墙高度是消除不利抗震因素的积极措施。试验和地震经验表明：用竖向角钢加固超高女儿墙是保证裂而不倒的有效措施。当条件许可时，可利用钢筋混凝土竖杆代替角钢，有利于建筑立面处理和维护。

8.2.5 隔墙剔缝后，应注意保证隔墙本身的稳定性。

8.3 加固设计及施工

Ⅰ 屋盖加固

8.3.1 本条与《建筑抗震鉴定标准》GB 50023—2009 第 8.2 节的鉴定要求相呼应，规定了不同烈度下 Ⅱ 形天窗架 T 形截面立柱的加固处理：节点加固、有支撑的立柱加固和全部立柱加固。

8.3.2 增设的竖向支撑与原有支撑形式相同，有利于地震作用的均匀分配。

当支撑全部为新增时，W 形的刚度较好，但支撑高大于 3m 时，其腹杆较长，需要较大的截面尺寸，改用 X 形比较经济。

Ⅱ 排架柱加固

8.3.3～8.3.7 这几条规定了采用钢构套加固排架柱各部位的设计及施工，本次修订增加了对 B 类厂房的加固要求。

1 柱顶加固构件的截面尺寸，系参照《建筑抗震设计规范》GB 50011 对抗剪箍筋的要求，考虑加固现有建筑时需引入"抗震加固的承载力调整系数"，分别给出 A、B 类厂房加固的简图和构件的选用表，用于柱截面宽度不大于 500mm 的情况。

2 单层厂房中，有吊车的阶形柱上柱的底部或吊车梁顶标高处，以及高低跨的上柱，在水平地震作用下容易产生水平断裂破坏。这种震害在 8 度时较多，高于 8 度时更为严重。因此，提供了 8、9 度时加固的简图和所用的角钢、钢缀板的截面尺寸。

3 支承低跨屋盖的牛腿不足以承受地震下的水平拉力时，不足部分由钢构套的钢缀板或钢拉杆承担，其值可根据牛腿上重力荷载代表值产生的压力设计值和纵向受力钢筋的截面面积，参照《建筑抗震设计规范》GB 50011 规定的方法求得。钢缀板、钢拉杆截面验算时，考虑钢构套与原有牛腿不能完全共同工作，将其承载力设计值乘以 0.75 的折减系数。本规程据此提供了不同烈度、不同场地的截面选用表，以减少计算工作。

Ⅲ 柱间支撑加固

8.3.8 本次修订对个别文字进行了调整和明确。

采用钢筋混凝土套加固排架柱底部时，其抗震承载力验算的方法与《混凝土结构设计规范》GB 50010 相同，按偏压构件斜截面受剪承载力计算，公式不再重复。考虑到混凝土套的受力滞后于原排架柱，需将新增部分的抗震承载力乘以 0.85 的折减系数。

8.3.9 本次修订增加了对 B 类厂房的加固要求，补充了对柱间支撑开间的基础之间增加水平压梁的加固要求，使支撑的内力对基础的影响尽可能小。

增设柱间支撑时，需控制支撑杆的长细比，并采取有效的方法提高支撑与柱连接的可靠性。

Ⅳ 封檐墙和女儿墙加固

8.3.10 厂房的女儿墙、封檐墙，在 7 度时就可能出现震害，但适当加固后则效果明显。

本次修订增加了对 B 类厂房的加固要求。

表 8.3.10-1 和表 8.3.10-2 系按材料为 Q235 角钢、C20 混凝土和 HPB235 钢筋得到的。

9 单层砖柱厂房和空旷房屋

9.1 一般规定

9.1.1 本章与《建筑抗震鉴定标准》GB 50023—2009 第 9 章有密切联系，对多孔砖和其他烧结砖、蒸压砖砌筑的单层房屋的抗震加固，根据试验结果和震害经验，本章的规定可供参考。

9.1.2 本条强调了单层砖柱厂房和单层空旷房屋加固的重点。

单层空旷房屋指影剧院、礼堂、餐厅等空间较大的公共建筑，往往是由中央大厅和周围附属的不同结构类型房屋组成的以砌体承重为主的建筑。这种建筑的使用功能要求较高，加固难度较大，需要针对存在的抗震问题，从结构体系上予以改善。需要注意：

1 大厅的抗震能力主要取决于砖柱（墙垛），要防止加固后砖柱刚度增大导致地震作用显著增加，而砖柱加固后的抗震承载力仍然不足。例如，正确选择钢筋网砂浆面层的材料强度、厚度和配筋，使形成的组合砖柱，刚度的增加可小于承载力的增加，达到预期的效果。

2 为减少大厅砖柱的地震作用，要充分利用两端墙体形成空间工作体系，加固方案应有利于屋盖整体性的加强。

3 单层空旷房屋的空间布置高低起落，平面布置复杂，毗邻的建筑之间通常不设防震缝，抗震上不利因素较多，在加固设计的方案选择时，应有利于消除不利因素。例如，采用轻质墙替换砌体隔墙、山墙山尖或将隔墙与承重构件间改为柔性连接等，可减少结构布置上对抗震的不利因素。

9.1.3 针对砖墙承重的空旷房屋适用范围的限制，当按鉴定结果的要求，需要采用钢筋混凝土柱、组合柱承重时，则加固应增设相关构件、改变结构体系或采取既提高墙体（垛）承载力又提高延性的措施，达到现行《建筑抗震设计规范》GB 50011 相应要求。

9.1.5 本条要求，大厅的混合排架结构、附属房屋的加固，应分别符合相应结构类型的要求。震害经验和研究分析表明，单层空旷砖房与其附属房屋之间的共同工作和相互影响是很明显的，抗震加固和抗震鉴定一样，需予以重视。

9.2 加固方法

9.2.1 提高砖柱（墙垛）承载力的方法，根据试验和加固后的震害经验总结，要根据实际情况选用：

壁柱和混凝土套加固，其承载力、延性和耐久性均优于钢筋砂浆面层加固，但施工较复杂且造价较高。一般在乙类设防时和 8、9 度的重屋盖时采用。

钢构套加固，着重于提高延性和抗倒塌能力，但承载力提高不多，适合于 6、7 度和承载力差距在 30% 以内时采用。

9.2.2 本条列举了提高整体性的加固方法，如采用增设支撑、支托、圈梁加固。

本次修订，尽可能明确单层空旷房屋大厅的相应加固方法。

9.2.3 砌体的山墙山尖，最容易破坏且因高度大使加固施工难度大；震害表明，轻质材料的山尖破坏较轻，特别在高烈度时更为明显；实践说明，高大墙体除采用增设扶壁柱加固外，山墙的山尖改为轻质材料，是较为经济、简便易行的。

空旷房屋大厅舞台口大梁上部的墙体，与单层工业厂房的悬墙受力状态接近，可采用类似的加固方法。

9.3 加固设计及施工

Ⅰ 面层组合柱加固

9.3.1～9.3.4 这几条规定面层加固砖柱（墙）形成组合柱的抗震承载力验算、构造及施工。其中，第 9.3.1 条是强制性要求。

1 计算组合砖柱的刚度时，加固面层与砖柱视为组合砖柱整体工作，包括面层中钢筋的作用。因为计算和试验均表明，钢筋的作用是显著的。

确定组合砖柱的计算高度时，对于 9 度地震，横墙和屋盖一般有一定的破坏，不具备空间工作性能，屋盖不能作为组合砖柱的不动铰支点，只能采用弹性方案；对于 8 度地震，屋盖结构尚具有一定的空间工作性能，因而可采用弹性和刚弹性两种计算方案。

必须指出，组合砖柱计算高度的改变，不会对抗震承载力验算结果产生明显的不利影响。因为抗震承载力验算时亦采用同一个计算高度。同时，对组合砖柱的弯矩和剪力，亦应乘以考虑空间工作的调整系数。

2 对 T 形截面砖柱，为了简化侧向刚度计算而不考虑翼缘，当翼缘宽度不小于腹板宽度 5 倍时，不考虑翼缘将使砖柱刚度减少 20% 以上，周期延长 10% 以上。因而相应的计算周期需予以折减。

当然，对钢筋混凝土屋架等重屋盖房屋，按铰接排架计算的周期，尚应再予以折减。

3 试验研究和计算表明，面层材料的弹性模量及其厚度等，对组合砖柱的刚度值有很大的影响，因而面层不宜采用较高强度等级的材料和较大的厚度，以免地震作用增加过大。

由于水泥砂浆的拉伸极限变形值低于混凝土的拉伸极限值较多，容易出现拉伸裂缝，为了保证组合砖柱的整体性和耐久性，规定砂浆面层内仅采用强度等级较低的 HPB235 级钢筋。

4 对加固组合砖柱拉结腹杆的间距、拉结腹杆的横截面尺寸及其配筋的规定，是考虑到使它们能传递必要的剪力，并使组合砖柱两侧的加固面层能整体工作。

5 震害表明，刚性地坪对砖柱等类似构件的嵌固作用很强，使其破坏均在地坪以上一定高度处。因而对埋入刚性地坪内的砖柱，其加固面层的基础埋深要求可适当放宽，即不要求与原柱子有同样的埋深。

Ⅱ 组合壁柱加固

9.3.5、9.3.6 这两条给出了增设混凝土壁柱加固的构造和计算要求；其中，第 9.3.5 条是强制性要求。采用壁柱和混凝土套加固，其承载力、延性和耐久性均优于钢筋砂浆面层加固。

壁柱加固要有效，加固的细部构造应确保壁柱与砖墙形成组合构件，本规程中给出了示意图，强调了以下几点：①控制最小配筋率和配箍及钢筋与砖墙表面的距离；②加强壁柱纵向钢筋在上下端与原结构连接件的连接；③壁柱下应设置基础，并控制基础的截面；④按组合截面计算承载力时，应考虑应力滞后，将混凝土和钢筋的强度乘以折减系数。

Ⅲ 钢构套加固

9.3.7 本条给出了增设钢构套加固砖垛的构造要求。

1 钢构套加固，构件本身要有足够的刚度和强度，以控制砖柱的整体变形和保证钢构套的整体强度；加固着重于提高延性和抗倒塌能力，但承载力提高不多，适合于 6、7 度和承载力差距在 30% 以内时采用，一般不作抗震验算。

2 钢构套加固砖垛的细部构造应确实形成砖垛的约束，为确保钢构套加固能有效控制砖柱的整体变形，纵向角钢、缀板和拉杆的截面应使构件本身有足够的刚度和承载力，其中，横向缀板的间距比钢结构中相应的尺寸大，因不要求角钢肢杆充分承压，且角钢紧贴砖柱，不像通常的格构式组合钢柱中能自由地失稳。

3 构件需具有一定的腐蚀裕度，以具备耐久性。

采用本方法需注意以下几点：①钢构套角钢的上下端应有可靠连接；②钢构套缀板在柱上下端和柱变截面处，间距应加密。

10 木结构和土石墙房屋

10.1 木结构房屋

本节与《建筑抗震鉴定标准》GB 50023—2009 第 10.1 节有密切的联系。主要适用于不符合其要求的穿斗木构架、旧式木骨架、木柱木屋架、柁木檩架和康房的加固。

木结构房屋的震害表明，木结构是一种抗震能力较好的结构形式。只要木构件不腐朽、不严重开裂、不拔榫、不歪斜，且与围护墙有拉结，即使在高烈度区，仅有破坏轻微的实例。因此，木结构房屋抗震加固的重点是木结构的承重体系。只要地震时构架不倒，就会减轻地震造成的损失，达到墙倒屋不塌的目标。

木结构房屋的加固方法包括：

1 对构造不合理的木构架，采取增设杆件的方法加固，见图 3～图 7。

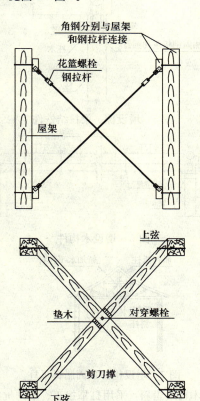

图 3 增设屋架间钢拉杆和剪刀撑

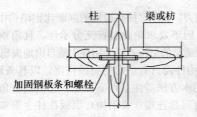

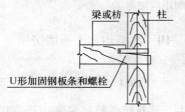

图4 增设木梁柱间拉结铁件

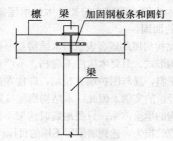

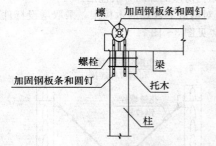

图5 增设檩、梁拉结铁件

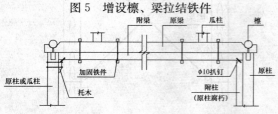

图6 增设木构件

图7 增设构件加固腊钎瓜柱

2 木构架歪斜，采用打牮拨正、增砌抗震墙的措施。

3 木构件的截面过细、腐朽、严重开裂，采用更换、增附构件的方法加固，见图8～图10。

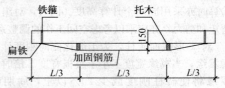

图8 木檩下垂增设拉杆加固

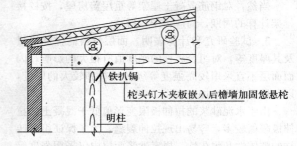

图9 钉木夹板嵌入后檐墙加固悠悬柁

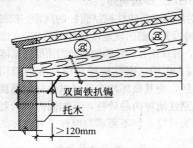

图10 屋架支承长度不足用托木加固

4 木构件的节点松动，采用加铁件连接的方法加固。

5 木构架与围护墙体之间的连接，可采用加墙缆拉结的方法加固。

木构架房屋抗震加固中新增构件的截面尺寸，可按静载作用下选择的截面尺寸采用，即《建筑抗震鉴定标准》GB 50023—2009 附录G提供的木构件尺寸。但新旧构件之间要加强连接。

10.2 土石墙房屋

本节与《建筑抗震鉴定标准》GB 50023—2009 第10.2节和第10.3节有密切的联系。主要适用于6、7度时不符合其鉴定要求的村镇土石墙房屋的抗震加固。

土石墙房屋加固的重点是墙体的承载力和连接。侧重于采用就地取材、简易可行的方法，如拆除重砌，增附构件，设墙缆、铁箍、钢丝等拉结，用苇箔、秫秸等轻质材料替换等。

四川省羌族民居——羌房，与毛片石房屋的情况有些类似，本节的规定可有些参考价值，需要针对地区的特点，在地方规程中进一步具体化。

11 烟囱和水塔

11.1 烟 囱

本节与《建筑抗震鉴定标准》GB 50023—2009 第 11.1 节有密切的联系。主要适用于不符合其鉴定要求的砖烟囱和钢筋混凝土烟囱的抗震加固。本次修订，明确区分 A、B 类烟囱加固要求的不同。

砖烟囱抗震承载力不足或砖烟囱顶部配筋不符合抗震鉴定要求时，可采用钢筋网砂浆面层或扁钢构套加固。钢筋混凝土烟囱可采用喷射混凝土加固。砖烟囱也可采用喷射混凝土加固。喷射混凝土的加固效果较好，但常受施工机具等条件的限制，且材料消耗较多。加固方案需按合理、有效、经济的原则确定。

面层加固中，竖向钢筋在烟囱根部要有足够的锚固，以避免加固后的烟囱在地震时根部出现弯曲破坏。加固的钢筋用量系按设计规范进行抗震承载力验算后提出的，因此，现有烟囱的砖强度等级为 MU10 且砌筑砂浆强度等级不低于 M5 时，可不作抗震验算。

扁钢构套加固中，扁钢的厚度，除满足抗震强度要求外，还考虑了外界环境条件下钢材的锈蚀。竖向扁钢在烟囱根部要有足够的锚固，以避免加固后的烟囱在地震时根部出现弯曲破坏。加固的扁钢用量系按设计规范进行抗震承载力验算后提出的，其中，考虑扁钢在外界环境条件下的锈蚀影响，采用了 0.6 的折减系数。同样，现有砖烟囱，砖强度等级为 MU10 且砌筑砂浆强度等级不低于 M5 时，可不作抗震验算。

对于钢筋混凝土烟囱，按鉴定的要求，当设防烈度不高于 8 度且高度不超过 100m，不需要进行抗震验算，仅需符合构造鉴定要求。因此，采用钢筋混凝土套加固也仅规定构造要求。

11.2 水 塔

本节与《建筑抗震鉴定标准》GB 50023—2009 第 11.2 节有密切的联系。主要适用于不符合鉴定要求的砖和钢筋混凝土筒壁式和支架式水塔的抗震加固。本次修订，明确区分 A、B 类水塔加固要求的不同。

水塔的加固，要根据其结构形式和设防烈度、场地的不同，分别采用扁钢构套、钢筋网砂浆面层、圈梁和外加柱及钢筋混凝土套加固；对基础倾斜度超过鉴定要求的水塔，需采取纠偏和加固措施后方可继续使用。

这里仅提出各种加固设计要求，有关的施工要求可参照本规程中各类建筑结构相应加固方法的有关条款。

中华人民共和国国家标准

混凝土结构加固设计规范

GB 50367—2006

条 文 说 明

目 次

1 总则 …………………………… 7—18—3
2 术语、符号 …………………… 7—18—3
3 基本规定 ……………………… 7—18—3
4 材料 …………………………… 7—18—5
5 增大截面加固法 ……………… 7—18—8
6 置换混凝土加固法 …………… 7—18—10
7 外加预应力加固法 …………… 7—18—11
8 外粘型钢加固法 ……………… 7—18—12
9 粘贴纤维复合材加固法 ……… 7—18—13
10 粘贴钢板加固法 ……………… 7—18—15
11 增设支点加固法 ……………… 7—18—17
12 植筋技术 ……………………… 7—18—18
13 锚栓技术 ……………………… 7—18—19
14 裂缝修补技术 ………………… 7—18—20
附录 A 已有建筑物结构荷载标准值的确定 ………………… 7—18—20
附录 B 已有结构混凝土回弹值龄期修正的规定 …………… 7—18—20
附录 C 纤维材料主要力学性能 … 7—18—21
附录 D 纤维复合材层间剪切强度测定方法 ………………… 7—18—21
附录 E 粘结材料粘合加固材与基材的正拉粘结强度现场测定方法及评定标准 … 7—18—21
附录 F 粘结材料粘合加固材与基材的正拉粘结强度试验室测定方法及评定标准 ……………………………… 7—18—22
附录 G 富填料胶体、聚合物砂浆体劈裂抗拉强度测定方法 …………………………… 7—18—22
附录 H 高强聚合物砂浆体抗折强度测定方法 ……………… 7—18—22
附录 J 富填料粘结材料拉伸抗剪强度测定方法（钢套筒法） ……………………… 7—18—22
附录 K 约束拉拔条件下胶粘剂粘结钢筋与基材混凝土的粘结强度测定方法 … 7—18—22
附录 L 结构用胶粘剂湿热老化性能测定方法 ……………… 7—18—22
附录 M 锚栓连接受力分析方法 … 7—18—23
附录 N 锚固承载力现场检验方法及评定标准 ……………… 7—18—23
附录 P 钢丝绳网片-聚合物砂浆外加层加固法 ……………… 7—18—24
附录 Q 绕丝加固法 …………… 7—18—25
附录 R 已有混凝土结构的钢筋阻锈方法 …………………… 7—18—25

1 总 则

1.0.1 本条规定了制订本规范的目的和要求，这里应说明的是，本规范作为混凝土结构加固通用的国家标准，主要是针对为保障安全、质量、卫生、环保和维护公共利益所必须达到的最低指标和要求作出统一的规定。至于以更高质量要求和更能满足社会生产、生活需求的标准，则应由其他层次的标准规范，如专业性很强的行业标准、以新技术应用为主的推荐性标准和企业标准等在国家标准基础上进行充实和提高。然而，在前一段时间里，这一最基本的标准化关系，由于种种原因而没有得到遵循，出现了有些标准对安全、质量的要求反而低于国家标准的不正常情况。为此，在实施本规范过程中，若遇到上述情况，一定要从国家标准是保证加固结构安全的最低标准这一基点出发，按照《中华人民共和国标准化法》和建设部第25号部令的规定来实施本规范，做好混凝土结构的加固设计工作，以避免在加固工程中留下安全隐患。

1.0.2 本条规定的适用范围，与现行国家标准《混凝土结构设计规范》GB 50010 相对应，以便于配套使用。

1.0.3、1.0.4 这两条主要是对本规范在实施中与其他相关标准配套使用的关系作出规定。但应指出的是，由于结构加固是一个新领域，其标准规范体系中还有不少缺口，一时还很难完成配套工作。在这种情况下，当遇到困难时，应及时向建设部建筑物鉴定与加固规范管理委员会反映，以取得该委员会的具体帮助。

2 术语、符号

2.1 术 语

2.1.1～2.1.14 本规范采用的术语及其涵义，是根据下列原则确定的：

1 凡现行工程建设国家标准已作规定的，一律加以引用，不再另行给出定义；

2 凡现行工程建设国家标准尚未规定的，由本规范参照国际标准和国外先进标准给出其定义；

3 当现行工程建设国家标准虽已有该术语，但定义不准确或概括的内容不全时，由本规范完善其定义。

2.2 符 号

2.2.1～2.2.4 本规范采用的符号及其意义，尽可能与现行国家标准《混凝土结构设计规范》GB 50010 及《钢结构设计规范》GB 50017 相一致，以便于在加固设计、计算中引用其公式，只有在遇到公式中必须给出加固设计专用的符号时，才另行制定，即使这样，在制定过程中仍然遵循了下列原则：

1 对主体符号及其上、下标的选取，应符合现行国家标准《工程结构设计基本术语和通用符号》GBJ 132 及《建筑结构设计术语和符号标准》GB/T 50083—97 的符号用字及其构成规则；

2 当必须采用通用符号，但又必须与新建工程使用的该符号有所区别时，可在符号的释义中加上定语。

3 基 本 规 定

3.1 一 般 规 定

3.1.1 混凝土结构是否需要加固，应经结构可靠性鉴定确认。我国已发布的现行国家标准《工业厂房可靠性鉴定标准》GBJ 144 和《民用建筑可靠性鉴定标准》GB 50292，是通过实测、验算并辅以专家评估才作出可靠性鉴定的结论，因而可以作为混凝土结构加固设计的基本依据；但须指出的是混凝土结构加固设计所面临的不确定因素远比新建工程多而复杂，况且还要考虑业主的种种要求；因而本条作出了："应由有资格的专业技术人员按本规范的规定和业主的要求进行加固设计"的规定。

此外，众多的工程实践经验表明，承重结构的加固效果，除了与其所采用的方法有关外，还与该建筑物现状有着密切的关系。一般而言，结构经局部加固后，虽然能提高被加固构件的安全性，但这并不意味着该承重结构的整体承载便一定是安全的。因为就整个结构而言，其安全性还取决于原结构方案及其布置是否合理，构件之间的连接是否可靠，其原有的构造措施是否得当与有效等等；而这些就是结构整体性（integrity）或结构整体牢固性（robustness）的内涵；其所起到的综合作用就是使结构具有足够的延性和冗余度。因此，本规范要求专业技术人员在承担结构加固设计时，应对该承重结构的整体性进行检查与评估，以确定是否需作相应的加强。

3.1.2 被加固的混凝土结构、构件，其加固前的服役时间各不相同，其加固后的结构功能又有所改变，因此不能直接沿用其新建时的安全等级作为加固后的安全等级，而应根据业主对该结构下一目标使用期的要求，以及该房屋加固后的用途和重要性重新进行定位，故有必要由业主与设计单位共同商定。

3.1.3 本条系沿用原推荐性标准《混凝土结构加固技术规范》CECS 25：90（以下简称原推荐性标准）的条文。此次制定本规范增加了"应避免对未加固部分以及相关的结构、构件和地基基础造成不利的影响"的规定。因为在当前的结构加固设计领域中，经验不足的设计人员占较大比重，致使加固工程出现

"顾此失彼"的失误案例时有发生，故有必要加以提示。

3.1.4 由高温、高湿、冻融、冷脆、腐蚀、振动、温度应力、收缩应力、地基不均匀沉降等原因造成的结构损坏，在加固时，应采取有效的治理对策，从源头上消除或限制其有害的作用。与此同时，尚应正确把握处理的时机，使之不致对加固后的结构重新造成损坏。就一般概念而言，通常应先治理后加固，但也有一些防治措施可能需在加固后采取。因此，在加固设计时，应合理地安排好治理与加固的工作顺序，以使这些有害因素不至于复萌。这样才能保证加固后结构的安全和正常使用。

3.1.7 结构加固工作反馈的信息表明，业主和设计单位普遍要求本规范给出结构加固后预期的正常使用年限。这个要求无可厚非，也很必要，但问题在于大多数加固技术在实际工程中已经使用的年数都不长，很难据以判断一种加固方法，其使用年限是否能与新建的工程一样长。为了解决这个问题，规范编制组对国内外有关情况进行了调查。其主要结果如下：

  1 国外有关结构加固的指南普遍认为：基于现有房屋结构的修复经验，以30年作为正常使用与维护条件下结构加固的设计使用年限是相当适宜的。倘若能引进桥梁定期检查与维护制度，则不仅更能保证安全，而且在到达设计年限时，继续延长其使用期的可能性将明显增大。这一点对使用聚合物材料的加固方法尤为重要。

  2 国外保险业对房屋结构在正常使用和维护条件下的最高保用年限也定为30年。因为其所做的评估认为：这个年数较能为有关各方共同接受。

  3 我国档案材料的统计数据表明，一般公用建筑投入使用后，其前30年的检查、维护周期一般为6～12年；其30年后的检查、修缮时间的间隔显著缩短，甚至很快便进入大修期。

  由上述可见，对正常使用、正常维护的房屋结构而言，30年是一个可以接受的标志性年限。为此，规范编制组在调查基础上，又组织专家进行了论证，其主要结论如下：

  1 以30年为加固设计的使用年限，较为符合当前加固技术发展的水平和近15年来所积累的经验，况且到了30年也并不意味着该房屋结构寿命的终结，而只是需要进行一次系统的检查，以作出是否可以继续安全使用的结论。这对已使用30年的房屋而言，也确有此必要。

  2 对使用胶粘剂或其他聚合物的加固方法，不论厂商如何标榜其产品的优良性能，使用者必须清醒地意识到这些人工合成的材料，不可避免地存在着老化问题，只是程度不同而已，况且在工程施工的现场，还很容易因错用劣质材料或所使用的工艺不当，而过早地发生破坏。为了防范这类隐患，即使在发达的国家也同样要求加强检查（如房屋）或监测（如桥梁），但检查时间的间隔可由设计单位作出规定，不过第一次检查时间宜定为投入使用后的6～8年，且至迟不应晚于10年。

  此外，专家也指出，对房屋建筑的修复，还应首先听取业主的意见。若业主认为其房屋极具保存价值，而加固费用也不成问题，则可商定一个较长的设计使用年限；譬如，可参照文物建筑的修复，定一个较长的使用年限。这在技术上都是能够做到的，但毕竟很费财力，不应在业主无特殊要求的情况下，误导他们这么做。

  基于以上所做的工作，制定了本条的三项处理原则。

3.1.8 混凝土结构的加固设计，系以委托方提供的结构用途、使用条件和使用环境为依据进行的。倘若加固后任意改变其用途、使用条件或使用环境，将显著影响结构加固部分的安全性及耐久性。因此，改变前必须经技术鉴定或设计许可，否则后果的严重性将很难预料。

3.2 设计计算原则

3.2.1 本条弥补了原推荐性标准对加固结构分析方法未作规定的不足。由于线弹性分析方法是最成熟的结构加固分析方法，迄今为国外结构加固设计规范和指南所广泛采用。因此，本规范作出了"在一般情况下，应采用线弹性分析方法计算被加固结构作用效应"的规定。至于塑性内力重分布分析方法，由于到目前为止仅见在增大截面加固法中有所应用，故未作具体规定。若设计人员认为其所采用的加固法需按塑性内力重分布分析方法进行计算时，应有可靠的实验依据，以确保被加固结构的安全。另外，还应指出的是，即使是增大截面加固法，在考虑塑性内力重分布时，也应遵守现行有关规范、规程对这种分析方法所作出的限制性规定。

3.2.2 本规定对混凝土结构的加固验算作了详细而明确的规定。这里仅指出一点，即：其中大部分计算参数已在该结构加固前可靠性鉴定中通过实测或验算予以确定。因此，在进行结构加固设计时，宜尽可能加以引用，这样不仅节约时间和费用，而且在被加固结构日后万一出现问题时，也便于分清责任。

3.2.3 本条是根据现行国家标准《正态分布完全样本可靠度单侧置信下限》GB 4885制定的。采用这一方法确定的加固材料强度标准值，由于考虑了样本容量和置信水平的影响，不仅将比过去滥用"1.645"这个系数值，更能实现设计所要求的95%保证率，而且与当前国际标准、欧洲标准、ACI标准等确定材料强度标准值所采用的方法，在概念上也是一致的。

3.2.4 为防止结构加固部分意外失效（如火灾或人为破坏等）而导致的建筑物坍塌，国外有关结构加固设计的指南，或是要求设计者对原结构、构件提供附加的安全保护，或是要求原结构、构件必须具有一定的承载力，以便在应急的情况下能继续承受永久荷载和部分可变荷载的作用。规范编制组研究认为：为防止被加固结构的加固部分在使用过程中万一失效可能产生的破坏作用，其原结构、构件须有一定的安全保证。为此，提出了按可变荷载标准值与永久荷载标准值之比值大小，以及所使用的加固材料种类，给出了验算原结构、构件承载力的要求。

3.3 加固方法及配合使用的选择

3.3.1 根据结构加固方法的受力特点，本规范参照国内外有关文献将加固方法分为两类。就一般情况而言，直接加固法较为灵活，便于处理各类加固问题，间接加固法较为简便、可靠，且便于日后的拆卸、更换，因此还可用于有可逆性要求的历史、文物建筑的抢险加固。设计时，可根据实际条件和使用要求进行选择。

3.3.2、3.3.3 原推荐性标准共有五种加固方法（其中一种加固方法作为新方法列于附录以示区别）和一种配合使用的技术。但从 1990 年批准发布该标准以来，又有不少新的加固技术面世。此次制定本规范经过筛选，增加了四种加固方法，其中两种作为加固新方法列于附录。与此同时，结构加固所需配合使用的技术，也由一种增加为四种，基本上满足了当前加固工程的需要。这里应指出的是，每种方法和技术，均有其适用范围和应用条件；在选用时，若无充分的科学试验和论证依据，切勿随意扩大其使用范围，或忽视其应用条件，以免因考虑不周而酿成安全质量事故。

4 材　　料

4.1 水　　泥

4.1.1、4.1.2 本条的规定是根据国内外混凝土结构加固工程使用水泥的经验制订的。其中需说明的是，对火山灰质和矿渣质硅酸盐水泥的使用，之所以强调应有工程实践经验，是因为其所配制的混凝土，容易出现泌水现象，且早期强度偏低，需要的养护时间较长；兼之加固现场条件较差，容易受到意外因素的干扰；但若有使用经验，则可通过采取相应的技术措施予以防备。

4.2 混 凝 土

4.2.1 结构加固用的混凝土，其强度等级之所以要比原结构、构件提高一级，且不得低于C20，主要是为了保证新旧混凝土界面以及它与新加钢筋或其他加固材料之间能有足够的粘结强度。因为局部新增的混凝土，其体积一般较小，浇筑空间有限，施工条件远不及全构件新浇的混凝土。调查和试验表明，在小空间模板内浇筑的混凝土均匀性较差，其现场取芯确定的混凝土强度可能要比正常浇注的混凝土低 10% 以上，故有必要适当提高其强度等级。

4.2.4 随着商品混凝土和高强混凝土的大量进入建设工程市场，原推荐性标准关于"加固用的混凝土中不应掺入粉煤灰"的规定经常受到质询，纷纷要求采取积极的措施予以解决。为此，本规范编制组对制订原推荐性标准第 2.2.7 条的背景情况进行了调查，并从中了解到主要是由于 20 世纪 80 年代工程上所使用的粉煤灰，其质量较差，烧失量过大，致使掺有粉煤灰的混凝土，其收缩率可能达到难以与原构件混凝土相适应的程度，从而影响了结构加固的质量。因此作出了禁用的规定。此次修订规范，对结构加固用的混凝土如何掺加粉煤灰作了专题的分析研究，其结论表明：只要使用 I 级灰，且限制其烧失量在 5% 范围内，便不致对加固后的结构产生明显的不良影响。据此，用本条文取代原推荐性标准第 2.2.7 条的规定。

4.2.5 微膨胀混凝土之所以不能用铝粉作膨胀剂进行配制，主要是因为铝粉遇水立即开始发泡，气温高时发泡还更快，从而在浇筑混凝土前，其膨胀作用便已发挥完毕。况且，直接掺入铝粉也很难拌匀，故早已被世界各国所弃用。

为了使结构加固用的混凝土具有微膨胀的性能，应寻求膨胀作用发生在水泥水化过程的膨胀剂，才能抵消混凝土在硬化过程中产生的收缩而起到预压应力的作用。为此，当购买微膨胀水泥或微膨胀剂产品时，应要求厂商提供该产品在水泥水化过程中的膨胀率及其与水泥的配合比；与此同时，还应要求厂商说明其使用的后期是否会发生回缩问题，并提供不回缩或回缩率极小的书面保证，因为膨胀剂能否起到长期的施压作用，直接涉及加固结构的安全。

4.3 钢材及焊接材料

4.3.1～4.3.5 本规范对结构加固用钢材的选择，主要基于以下三点的考虑：

    1 在二次受力条件下，具有较高的强度利用率，能较充分地发挥被加固构件新增部分的材料潜力；

    2 具有良好的可焊性，在钢筋、钢板和型钢之间焊接的可靠性能得到保证；

    3 高强钢材仅推荐用于预应力加固及锚栓连接。

4.3.6 几年来有关焊接信息的反馈情况表明，在混凝土结构加固工程中，一般对钢筋焊接较为熟悉，需要解释的问题很少；而对钢板、扁钢、型钢等的焊接，仍有很多设计人员对现行钢结构设计规范理解不深，以致在施工图中，对焊缝质量所提出的要求，往往与施工人员有争执。现行国家标准《钢结构设计规范》GB 50017—2003 已基本上解决了这个问题，因此，在混凝土结构加固设计中，当涉及型钢和钢板焊接问题时，应先熟悉该规范第 7.1.1 条的规定以及该条的条文说明，将有助于做好钢材焊缝的设计。

4.4 纤维和纤维复合材

4.4.1 对本条的规定需说明以下三点：

1 碳纤维按其主原料分为三类，即聚丙烯腈（PAN）基碳纤维、沥青（PITCH）基碳纤维和粘胶（RAYON）基碳纤维。从结构加固性能要求来考量，只有 PAN 基碳纤维最符合承重结构的安全性和耐久性要求；粘胶基碳纤维的性能和质量差，不能用于承重结构的加固；沥青基碳纤维只有中、高模量的长丝，可用于需要高刚性材料的加固场合，但在通常的建筑结构加固中很少遇到这类用途，况且在国内尚无实际使用经验，因此，本规范规定：必须选用聚丙烯腈基（PAN 基）碳纤维。另外，应指出的是最近市场新推出的玄武岩纤维和石英纤维，由于其强度和弹性模量很低，不能直接替代碳纤维织物，更不能假冒碳纤维织物用于结构加固。因此，在选材时，切勿听信不实的宣传，并谨防以假乱真的诈骗。

2 当采用聚丙烯腈基碳纤维时，还必须采用 12K 或 12K 以下的小丝束；严禁使用大丝束纤维；之所以作出这样严格的规定，主要是因为小丝束的抗拉强度十分稳定，离散性很小，其变异系数均在 5% 以下，容易在生产和使用过程中，对其性能和质量进行有效的控制；而大丝束则不然，其变异系数高达 15%～18%，且在试验和试用中均表现出可靠性较差，故不能作为承重结构加固材料使用。

另外，应指出的是，K 数大于 12，但不大于 18 的碳纤维，虽仍属小丝束的范围，但由于我国工程结构使用碳纤维的时间还很短，所积累的成功经验均是从 12K 碳纤维的试验和工程中取得的；对大于 12K 的小丝束碳纤维所积累的试验数据和工程使用经验均嫌不足。因此，在此次制定的国家标准中，仅允许使用 12K 及 12K 以下的碳纤维。这一点应提请加固设计单位注意。

3 对玻璃纤维在结构加固工程中的应用，必须选用高强度的 S 玻璃纤维或含碱量低于 0.8% 的 E 玻璃纤维。至于 A 玻璃纤维和 C 玻璃纤维，由于其含碱量（K、Na）高，强度低，尤其是在湿态环境中强度下降更为严重，因而应严禁在结构加固中使用。

4.4.2 对本强制性条文的制定，需说明以下三点：

1 纤维复合材虽然是工程结构加固的好材料，但在工程上使用时，除了应对纤维和胶粘剂的品种、型号、规格、性能和质量作出严格规定外，尚须对纤维与胶粘剂的"配伍"问题进行安全性与适配性的检验与合格评定。否则容易因材料"配伍"失误，而导致结构加固工程失败。

2 随着碳纤维生产技术的日益发展，高强度级碳纤维的基本性能和质量也越来越得到改善。为了更好地利用这类材料，国外有关规程和指南几乎都增加了"超高强"一级。本规范根据目前国内市场供应的不同型号碳纤维的性能和质量的差异情况，也将结构加固使用的碳纤维分为"高强度Ⅰ级"和"高强度Ⅱ级"两档，并分别给出了其主要性能的合格指标。之所以不用"超高强"作为分级的冠名，主要是因为这个定语过于夸张，无助于技术的不断向前发展。

3 表 4.4.2-1 和表 4.4.2-2 的安全性及适配性检验合格指标，是根据建设部建筑物鉴定与加固规范管理委员会几年来对进入我国建设工程市场各种品牌和型号碳纤维的抽检结果，并参照国外有关规程和指南制定的。工程试用结果表明，按该表规定的指标接收产品较能保证结构安全所要求的质量。

4.4.3 本条的规定必须得到强制执行。因为一种纤维与一种胶粘剂的配伍通过了安全性及适配性的检验，并不等于它与其他胶粘剂的配伍，也具有同等的安全性及适配性。故必须重新做检验，但检验项目可以适当减少。

4.4.6 对本强制性条文需说明两点：

1 目前国内外生产的供工程结构粘贴纤维复合材用的胶粘剂，是以常温固化和现场施工为主要前提，因此，其浸润性、渗透性和垂流度均仅适用于单位面积质量在 $300g/m^2$ 及其以下的碳纤维织物。若大于 $300g/m^2$，胶粘剂将很难浸透；即使能设法浸透，但对仰贴和侧贴的部位仍然保证不了施工质量。因为胶粘剂将会大量流淌，致使碳纤维的层内和层间因缺胶而达不到设计所要求的粘结强度，故作出了严禁使用的规定，以确保承重结构加固后的安全。

2 预浸法生产的碳纤维织物，由于存贮期短，且要求低温冷藏，在现场加固施工条件下很难做到，常常因此而导致预浸料提前固化。若勉强加以利用，将严重影响结构加固的安全和质量，故作出严禁使用这种材料的规定。

3 应提请设计和监理单位注意的是：以上禁用的材料，只能在工厂条件下采用中、高温（125～180℃）固化工艺，以低黏度的专用胶粘剂制作纤维复合材。但一些不法厂商为了赚取高利润，有意隐瞒这些事实，大量地将这类材料推销给建设工程使用，而一些业主和施工单位也为了能减少胶粘剂用量且又价格低廉，甚至还有回扣，而不顾被加固结构的安全，以及可能导致的严重后果，予以滥用。考虑到一旦发生事故很难分清设计、施工、监理、业主和材料供应商的责任。故提请设计、监理和检验单位必须严加提防。

4.5 结构加固用胶粘剂

4.5.1 一种胶粘剂能否用于承重结构，主要由其基本性能的综合评价决定；但同属承重结构胶粘剂，仍可按其主要性能的显著差别，划分为若干等级。本规范根据加固工程的实际需要，将承重结构胶粘剂划分为A、B两级，并按结构的重要性和受力的特点明确其适用范围。

这里需要指出的是，这两个等级的主要区别在于其韧性和耐湿热老化性能的合格指标不同。因此，在实际工程中，业主和设计单位对参与竞争的不同品牌胶粘剂所进行的考核，也应侧重于这方面，而不宜单纯做简单的强度检验以决高低。因为这样做的结果，往往选中的是短期强度虽高，但却是十分脆性的劣质胶粘剂，而这正是推销商误导使用单位的常用手法。

4.5.2 为了确保使用粘结技术加固的结构安全，必须要求胶粘剂的粘结抗剪强度标准值应具有足够高的强度保证率及其实现的概率（即置信水平）。本规范采用的95％保证率，系根据现行国家标准《建筑结构可靠度设计统一标准》GB 50068确定的；其90％的置信水平是参照国外同类标准和我国标准化工作应用数理统计方法的经验确定的。

4.5.3、4.5.4 经过数十年的实践，目前国际上已公认专门研制的改性环氧树脂胶为碳纤维加固混凝土结构首选的胶粘剂；尤其是对粘结纤维复合材而言，不论从抗剥离性能、耐环境作用、耐应力长期作用等各个方面来考察，都是迄今其他胶粘剂所无法比拟的；但应提请使用单位注意的是：这些良好的胶粘性能均是通过使用优质树脂、高性能固化剂以及各种添加剂进行改性和筛选后才获得的，从而也才消除了纯环氧树脂胶固有的脆性缺陷。因此，在使用前必须按本规范表4.5.3及表4.5.4-1和表4.5.4-2的要求进行检验，确认其改性效果后才能保证被加固结构承载的安全可靠性。至于不饱和聚酯树脂以及进口产品所谓的醇酸树脂，由于其耐潮湿和耐老化性能差，因而不允许用作承重结构加固的胶粘剂。

这里还需指出的是：与纤维材料配套的胶粘剂，按其工艺划分虽有两种类型，且可根据习惯任意选用，但免底涂型的胶粘剂，虽有不少优点而受到用户青睐，但在使用前必须对其技术特性进行检验并得到确认。因为目前有些不法厂商和施工单位为了谋利，竟将普通胶粘剂谎称为免底涂型胶粘剂，擅自去掉涂刷底胶的工序，致使工程质量受到严重影响。为此，建议设计和监理单位应加强检查其产品证书，以杜绝隐患。

4.5.5 粘贴钢板和外粘型钢的胶粘剂，其安全性检验指标，是根据我国近二十年来不断改进粘钢胶粘剂性能与质量的基础上制定的。因此，必须在加固工程中严格执行。这里需要说明的是：粘贴钢板和外粘型钢用的胶粘剂，虽属可用相同性能指标进行安全性检验的两种胶粘剂，但它们的胶粘工艺却不相同。前者常用的是涂刷粘结型胶粘剂；而后者常用的是灌注粘结型胶粘剂。两者在工艺性能的要求上有着很大的差别，这一点应在使用时加以注意。它们的工艺性能检验指标，将由正在制定的《建筑结构加固工程施工质量验收规范》给出。

4.5.6 植筋或锚栓用的胶粘剂，其安全性的检验项目及检验方法，与前述几种胶粘剂有很大不同。这是因为这类胶粘剂属富填料型的，很难用一般的试验方法进行试件的制备与试验。为此，编制组作为专题进行了研究。经过对国内外20余个品牌锚固型胶粘剂所进行的检验以及所做的对比分析才确定了表4.5.6的安全性能合格指标及其检验方法。试用情况表明，能够用以判定这类胶粘剂性能与质量是否符合要求。

4.5.7 对承重结构用的胶粘剂而言，其耐老化性能极为重要，一是因为建筑物对胶粘剂的使用年限要求长达30年以上，其后期粘结强度必须得到保证；二是因为本规范采用的湿热老化检验法，其检出不良固化剂的能力很强，而固化剂的性能在很大程度上决定着胶粘剂长期使用的可靠性。最近一段时间，由于恶性的价格竞争愈演愈烈，导致了不少厂商纷纷变更胶粘剂原配方中的固化剂成分。尽管固化剂的改变，虽有可能做到不影响胶粘剂的短期粘结强度，但却无法制止胶粘剂抗环境老化能力的急剧下降。因此，这些劣质的固化剂很容易在湿热老化试验中被检出。结构加固设计人员和业主必须对这一点给予高度重视，特别是重要的结构加固工程，均应对不熟悉的胶粘剂以及质量有怀疑的胶粘剂（例如用劣质固化剂配制的，但挂靠著名科研单位并有偿使用其资质证书的胶粘剂等），坚持进行见证抽样的湿热老化检验，且不得以其他人工老化试验替代这项湿热老化试验。

这里还应指出的是，有些技术人员因不了解结构胶粘剂耐环境老化性能快速检验之所以选用湿热老化方法的原因，往往受劣质胶生产商的误导，而强调我国属亚热带地区，湿热老化问题较小，可不做湿热老化试验。其实本规范之所以推荐欧洲标准化委员会《结构胶粘剂老化试验方法》EN 2243-5关于以湿热环境进行老化试验的规定，系基于以下认识，即：胶粘剂在紫外光作用下虽能起化学反应，使聚合物中的大分子链破坏；但对大多数胶粘剂而言，由于受到被粘物屏蔽保护，光老化并非其老化主因，很难判明其老化性能，而迄今只有在湿热的综合作用下才能检验其老化性能。因为：其一，湿气总能侵入胶层，而在一定温度促进下，还会加快其渗入胶层的速度，使之更迅速地起到破坏胶层易水解化学键的作用，使胶粘剂分子链更易降解；其二，水分子渗入胶粘剂与被粘物的界面，会促使其分离；其三，水份还起着物理增塑作用，降低了胶层抗剪和抗拉性能；其四，热的作用还可使键能小的高聚物发生裂解和分解；等等。所有这些由于湿气的作用使得胶粘剂性能降低或变坏的过程，即使在自然环境中也会随着时间的推移而逐渐地发生，并形成累积性损伤，只是老化的时间和过程较长而已。因此，显然可以利用胶粘剂对湿热老化作用的敏感性设计成一种快速而有效的检验方法。试验表明，有不少品牌胶粘剂可以很容易通过3000～5000h的各种人工气候老化检验，但却在720h的湿热老化试验过程中几乎完全丧失强度。其关键问题就在于这些品牌胶粘剂使用的是劣质固化剂以及有害的外加剂，不具备结构胶粘剂所要求的耐长期环境作用的能力。

4.5.8 关于结构胶粘剂毒性检验规定，很多国家均纳入其有关法规。因为它与人体健康和环境卫生密切相关，必须保证使用的安全。为此，本规范也参照国内外有关标准进行制定，并列为强制性条文，要求严格遵守和执行。这里应指出的是，就优质的改性环氧树脂胶粘剂而言，在完全固化后要达到"实际无毒"的卫生等级，是完全可以做到的。在这种情况下，之所以还需对毒性检验进行强制，是为了防止新开发的其他胶种忽视这个问题，也为了防范劣质的有毒胶粘剂混入市场。

4.5.9 乙二胺是一种毒性大而又脆性的固化剂，早就被很多国家严禁在结构胶中使用。但由于它能使环氧树脂胶的短期强度提高，且价格低廉，因而在我国不少地区（如北京、上海、江苏、河北、辽宁、广东、四川等省市）仍被少数不法厂家用以谋取高利润，致使不少结构加固工程埋下了安全隐患。为此，在规范中必须作出严禁使用的规定，以便于追查并追究责任。另外，在胶粘剂中掺加挥发性有害溶剂和非反应性稀释剂也是目前市场上制造劣质胶的手段之一，对人体健康、环境卫生和胶粘剂的安全性与耐久性等都有不良的影响。因此，也必须禁止使用。

4.5.10 从规范编制组掌握的著名型号结构胶粘剂的技术数据来看，一般在其研制和开发过程中均进行过冻融循环试验，并且都能符合耐冻融性能的要求。但对寒冷地区而言，这个问题十分重要，为此，仍须在规范中作出统一的规定，以确保使用安全。

4.6 裂缝修补材料

4.6.1 裂缝修补胶的应用效果，取决于其工艺性能和低黏度胶液的可灌注性以及其完全固化后所能达到的粘结强度。若裂缝的修补目的只是为了封闭，可仅做外观质量检验；但若裂缝的修补有补强、恢复构件整体性或防渗的要求，则应按现行检验标准取芯样做劈裂抗拉强度试验，并要求其破坏面不在粘合裂缝的界面上。

4.6.2 注浆修补裂缝，主要是为了恢复构件的整体性，并消除其渗漏的隐患。因此，应通过各种探测手段对混凝土灌浆前的内部情况进行检查和分析。本条的规定只是供接收注浆料时检验其性能和质量使用。

4.7 阻 锈 剂

4.7.1 已有混凝土结构、构件的防锈，是一种事后补救的措施。因此，只能使用具有渗透性、密封性和滤除有害物质功能的喷涂型阻锈剂。这类阻锈剂的品牌、型号很多，但按其作用方式归纳起来只有两类：烷氧基类和氨基类。这两类阻锈剂各有特点，可以结合工程实际情况进行选用。

4.7.2、4.7.3 表4.7.2及表4.7.3规定的阻锈剂质量和性能合格指标，是参照目前市场上较为著名、且有很多工程实例可证明其阻锈效果的产品使用指南，并根据建设部建筑物鉴定与加固规范管理委员会统一抽检结果制定的，可供加固设计选材使用。

4.7.4 阻锈剂是提高钢筋混凝土结构耐久性、延长其使用寿命的有效措施。有资料表明，只要采用了适合的阻锈剂，即便是氯离子浓度达到能引发钢筋锈蚀含量阈值12倍的情况下，也能使钢筋保持钝化状态。国外规范也有类似的强制性条文规定。例如俄罗斯建筑法规CHuP2-03-11第8.16条规定："为了提高钢筋混凝土在各种介质环境中的耐用能力，必须采用钢筋阻锈剂，以提高抗蚀性和对钢筋的保护能力"；日本建设省指令第597号文《钢筋混凝土用砂盐份规定》中要求："砂含盐量介于0.04%～0.2%时必须采取防护措施：如采用防锈剂等"。美国最新研究表明，高速公路桥2.5～5年即出现钢筋腐蚀破坏；处于海水飞溅区的方桩，氯离子渗入混凝土内的量达到每立方米1kg的时间仅需8年；但若采用钢筋阻锈剂则能延缓钢筋发生锈蚀时间和降低锈蚀速度，从而达到40～50年或更长的寿命期。

4.7.5 亚硝酸盐类属于阳极型阻锈剂，此类阻锈剂的缺点是在氯离子浓度大到一定程度时会产生局部腐蚀和加速腐蚀。另外，该类阻锈剂还有致癌、引起碱骨料反应、影响坍落度等问题存在，使得它的应用受到很大限制。例如在瑞士、德国等国家已明令禁止使用这种类型的阻锈剂。

5 增大截面加固法

5.1 设 计 规 定

5.1.1 增大截面加固法，由于它具有工艺简单、使用经验丰富、受力可靠、加固费用低廉等优点，很容易为人们所接受；但它的固有缺点，如湿作业工作量大、养护期长、占用建筑空间较多等，也使得其应用受到限制。调查表明，其工程量主要集中在一般结构的梁、板、柱上，特别是中小城市的加固工程，往往以增大截面法为主。据此，编制组认为这种方法的适用范围以定位在梁、板、柱为宜。

5.1.2 调查表明，在实际工程中虽曾遇到混凝土强度等级低达C7.5的梁、柱也在用增大截面法进行加固，但从其加固效果来看，新旧混凝土界面的粘结强度很难得到保证。若采用植入剪切-摩擦筋来改善结合面的粘结抗剪和抗拉能力，也会因基材强度过低而无法提供足够的锚固力。因此，作出了原构件的混凝土强度等级不应低于C10的规定，但应注意的是，此规定系根据20世纪50年代前期和60年代前期的工程质量情况作出的。这两个时期混凝土的特点是：即使强度很低，但截面内外施工质量都较均匀，其表层的抗拉强度f_{tk}一般均在1.5MPa以上，加固时较容易处理；50年代后期以及70年代以来的混凝土，其施工质量远不如从前。因此，当遇到混凝土不仅强度等级低，而且密实性差，甚至还有蜂窝、空洞等缺陷时，不应直接采用增大截面法进行加固，而应先置换有局部缺陷或密实性太差的混凝土，然后再进行加固。

5.1.3 本规范关于增大截面加固法的构造规定，是以保证原构件与新增部分的结合面能可靠地传力、协同地工作为目的，因此，只要粘结质量合格，便可采用本条的基本假定。

5.1.4 采用增大截面加固法，由于受原构件应力、应变水平的影响，虽然不能简单地按现行国家标准《混凝土结构设计规范》GB 50010进行计算，但该规范的基本假定具有普遍意义；仍应在加固计算中得到遵守。

5.2 受弯构件正截面加固计算

5.2.1 本条给出了加固设计常用的截面增大形式，但应指出的是，在混凝土受压区增设现浇钢筋混凝土层的做法，主要用于楼板的加固。对梁而言，仅在楼层或屋面允许梁顶面突出时才能使用。因此，一般只能用于某些屋面梁、边梁和独立梁的加固；上部砌有墙体的梁虽然也可采用这种做法，但应考虑拆墙是否方便。

5.2.2 与原推荐性标准相比，本规范增加了关于混凝土叠合层应按构造要求配置受压钢筋和分布钢筋的规定。其原因是为了提高新增混凝土层的安全性，同时也为了与现行国家标准《混凝土结构设计规范》GB 50010新作出的"应在板的未配筋表面布置温度、收缩钢筋"的规定相协调。因为这一规定很重要，可以大大减少新增混凝土层发生温度、收缩应力引起的裂缝。

5.2.3 就理论分析而言，在截面受拉区增补主筋加固钢筋混凝土构件，其受力特征与加固施工是否卸载有关。当不卸载或部分卸载时，加固后的构件工作属二次受力性质，存在着应变滞后问题；当完全卸载时，加固后的构件工作虽属一次受力，但由于受二次施工的影响，其截面仍然不如一次施工的新构件。在这种情况下，计算似乎应按不同模式进行。然而试验结果表明，倘若原构件主筋的极限拉应变均能达到现行国家标准《混凝土结构设计规范》GB 50010规定的0.01水平，而新增的主筋又按本规范的规定采用

了热轧钢筋，则正截面受弯破坏时，两种受力性质的新增主筋均能屈服。因此，不论哪一种受力构件，均可近似地按一次受力计算，只是在计算中应考虑到新增主筋在连接构造上和受力状态上不可避免地要受到种种影响因素的综合作用，从而有可能导致其强度难以充分发挥，故仍应从保证安全的角度出发，对新增钢筋的强度进行折减，并统一取$\alpha_s=0.9$。

5.2.4 由于加固后的受弯构件正截面承载力可以近似地按照一次受力构件计算，且试验也验证了新增主筋一般能够屈服，因而可写出其相对界限受压区高度ξ_b值如（5.2.4-1）式所示。另外，需要说明的是新增钢筋位置处的初始应变值计算公式的确定问题。这个公式从表面看来似乎是根据$x_b=0.375h_{01}$推导的，其实是引用前苏联 Н. М. ОНУФРИЕВ 在预应力加固设计指南中对受弯构件内力臂系数的取值（即0.85）推导得到的。规范编制组之所以决定引用该值，是因为注意到原推荐性标准早在1990年即已引用，我国西南交通大学和东南大学也都认为该值可以近似地用于估算加固构件初始应变而不会有显著的偏差。另外，规范编制组所做的试算结果也表明，采用该值偏于安全，故决定用以计算ε_{s1}值，如本规范（5.2.4-2）式所示。

5.3 受弯构件斜截面加固计算

5.3.1 对受剪截面限制条件的规定与现行国家标准《混凝土结构设计规范》GB 50010—2002完全一致，而从增大截面构件的荷载试验过程来看，增大截面还有助于减缓斜裂缝宽度的发展，特别是围套法更为有利。因此引用 GB 50010 的规定作为加固构件的受剪截面限制条件仍然是合适的。

5.3.2 本条的计算规定与原规范比较主要有三点不同：一是将新、旧混凝土的斜截面受剪承载力分开计算，并给出了具体公式；二是新、旧混凝土的抗拉强度设计值分别按本规范第3.2节和现行设计规范的规定取用；三是按试验和分析结果重新确定了混凝土和钢筋的强度利用系数。试算的情况表明，按本规范确定的斜截面承载力，其安全储备有所提高。这显然是合理而必要的。

5.4 受压构件正截面加固计算

5.4.1 钢筋混凝土轴心受压构件采用增大截面加固后，其正截面承载力的计算公式仍按原推荐性标准的公式采用。虽然这几年来有不少论文建议采用更精确的方法修改该公式中的α取值，但经规范编制组讨论后仍决定维持原规范对该系数α的取值不变，之所以作这样决定，主要是基于以下几点理由：

（1）该系数α经过近15年的工程应用未出现安全问题；

（2）精确的算法必须建立在对原构件应力水平的

精确估算上，但这很难做到，况且这种加固方法在不发达地区用得最为普遍，却因限于当地的技术水平，对实际荷载的估算结果往往因人而异。若遇到事后复查，很难辨明是非；

（3）由于原推荐性标准的 α 取值，系以当时的试验结果为依据，并且也意识到试验所考虑的情况还不够充分，因此，在条文中作出了"当有充分试验依据时，α 值可作适当调整"的规定。但迄今为止，所有的修改建议均只是以分析、计算为依据提出的，未见有新的试验验证资料发表。

因此，在这次修订中仍以维持原案较为稳妥，只是为了表达上的需要，将 α 改为 $α_{cs}$。至于 $α_{cs}$ 值是否有调整必要的问题，留待今后积累更多试验数据后再进行论证。

5.4.2 此次制定本规范，编制组曾对原推荐性标准偏心受压计算中采用的强度利用系数进行了讨论分析。其结果一致认为这是一项稳健的规定，不宜贸然修改。具体理由如下：

1 对新增的受压区混凝土和纵向受压钢筋，原推荐性标准为考虑二次受力影响，采用简化计算的方式引入强度利用系数是可行的。因为经过 15 年的施行，未出现过任何问题，也足以证明这一点。

2 就新增的纵向受拉钢筋而言，在大偏心受压工作条件下，其理论分析虽能确定钢筋的应力将会达到抗拉强度设计值，而不必再乘以强度利用系数，但不能因此便认定原推荐性标准的规定过于保守。因为考虑到纵向受拉钢筋的重要性，以及其工作条件总不如原钢筋，而在国家标准中适当提高其安全储备也是必要的。因此，宜予保留。

另外，需要说明的是：在（5.4.2-1）式中之所以未出现受压区混凝土强度利用系数 $α_c$ 值，是因为该值已隐含在 f_{cc} 值中。

注：有关本条文的原编制情况，可参阅原推荐性标准的条文说明。

5.4.3 本规范编制组所做的加固偏压柱的电算分析和验证性试验结果表明，对被加固结构构件而言，现行国家标准《混凝土结构设计规范》GB 50010 规定的考虑二阶弯矩影响的偏心距增大系数 η 值，还需要引入修正系数 $ψ_1$ 值才能与加固构件计算分析和试验结论相吻合，也才能保证受力的安全。为此，给出了 $ψ_1$ 值的取值规定。

5.5 构造规定

5.5.1～5.5.4 这四条主要是根据结构加固工程的实践经验和有关的研究资料作出的规定；其目的是保证原构件与新增混凝土的可靠连接，使之能够协同工作，以保证力的可靠传递，从而收到良好的加固效果。

另外，应指出的是自行配制的纯环氧树脂砂浆或其他纯水泥砂浆，由于未经改性，很快便开始变脆，而且耐久性很差，故不应在承重结构中使用。

6 置换混凝土加固法

6.1 设计规定

6.1.1 置换混凝土加固法能否在承重结构中得到应用，关键在于新旧混凝土结合面的处理效果是否能达到可以采用协同工作假定的程度。国内外大量试验表明：当置换部位的结合面处理已使混凝土露出坚实的结构层，且具有粗糙和洁净的表面时，新浇混凝土的水泥胶体便能在微膨胀剂的预压应力促进下渗入其中，并在水泥水化过程中，粘合成一体。因此作出了"当混凝土构件置换部分的界面处理及其施工质量符合本规范要求时，其结合面可按整体工作计算"的规定（见本规范第 6.1.4 条）。根据这一规定，置换法不仅可用于新建工程混凝土质量不合格的返工处理，而且可用于已有混凝土承重结构受腐蚀、冻害、火灾烧损以及地震、强风和人为破坏后的修复。

6.1.2 当采用本方法加固受弯构件时，为了确保置换混凝土施工全过程中原结构、构件的安全，必须采取有效的支顶措施，使置换工作在完全卸荷的状态下进行。这样做还有助于加固后的结构更有效地承受荷载。对柱、墙等承重构件完全支顶有困难时，允许通过验算和监测进行全过程控制。其验算的内容和监测指标应由设计单位确定，但应包括相关结构、构件受力情况的验算。

6.1.3 对原构件非置换部分混凝土强度等级的最低要求，之所以应按其建造时规范的规定进行确定，是基于以下两点考虑：

1 按原规范设计的构件，不能随意否定其安全性。

2 如果非置换部分的混凝土强度等级低于建造时规范的规定时也应进行置换。

在这一前提下，对 1991 年 6 月以前建造的采用不同等级钢筋的混凝土结构，其现场检测确定的混凝土强度等级，应分别不低于 C13 和 C18（即 150 号和 200 号）；对 1991 年 6 月以后建造的应分别不低于 C15 和 C20，至于置换部分的混凝土，因属于要凿除的对象也就无需对其最低强度等级提出要求。

6.1.4 见本规范第 6.1.1 条说明。

6.2 加固计算

6.2.1 采用置换法加固钢筋混凝土轴心受压构件时，其正截面承载力计算公式，除了应分别写出新旧两部分不同强度混凝土的承载力外，其他与整截面无甚区别，因此，可参照现行国家标准《混凝土结构设计规范》GB 50010 的计算公式给出，但需引进置换部分新混凝土强度的利用系数 α_c，以考虑施工无支顶时新混凝土的抗压强度不能得到充分利用的情况；至于采用 $\alpha_c=0.8$，则是引用增大截面加固法的规定。

6.2.2 偏心受压构件压区混凝土置换深度 $h_n < x_n$ 时，存在新旧混凝土均参与承载的情况，故应将压区混凝土分成新老混凝土两部分处理。

6.2.3 受弯构件压区混凝土置换深度 $h_n < x_n$，其正截面承载力计算公式相当于现行国家标准《混凝土结构设计规范》GB 50010 的受弯构件 T 形截面承载力计算公式。

6.3 构造规定

6.3.1、6.3.2 为考虑新旧混凝土协调工作，并避免在局部置换的部位产生"销栓效应"，故要求新置换的混凝土强度等级不宜过高，一般以提高一级为宜。另外，为保证置换混凝土的密实性，对置换范围应有最小尺寸的要求。

6.3.3 考虑到置换部分的混凝土强度等级要比原构件混凝土高 1~2 级，在这种情况下，若不对称地剔除和置换混凝土，可能造成截面受力不均匀或传力偏心，因此，规定不允许仅剔除截面的一隅。

7 外加预应力加固法

7.1 设计规定

7.1.1、7.1.2 预应力加固法适用面很广，预应力施加方法也很多，本章仅涉及其最适用的场合和几种主要的方法，因此，这两条规定完全是引导性的，而不是限制性的。在工程中采用其他方法时，也可参照本规范设计计算的基本原则进行加固。

7.1.3 由于在新建工程预应力混凝土结构的设计和施工中，对被施加预应力的构件规定了其混凝土强度等级的最低要求，因此，在采用预应力方法加固时，也应对原构件的混凝土强度等级有相近的要求。不然在施加预应力时，可能导致原构件局压区破坏。

7.1.4~7.1.6 这是根据预应力杆件及其零配件的受力性能作出的防护规定。由于这些规定直接涉及加固结构的安全，应得到严格的遵守。

7.2 加固计算

7.2.1~7.2.4 采用预应力水平拉杆加固钢筋混凝土梁的设计步骤，主要是根据国内外大量实践经验制定的。梁加固后增大的受弯承载力，可根据该梁加固前能承受的受弯承载力与加固后在新设计荷载作用下所需的受弯承载力来初步确定。但是，由式（7.2.1-1）求出的拉杆截面面积只是初步的计算结果。这是因为预应力拉杆发挥作用时，必然与被加固梁组成超静定结构体系，致使拉杆内力增大。这时，拉杆产生的作用效应增量 ΔN，可用结构力学方法求出。于是，被加固梁承受的全部外荷载和预应力拉杆的内力作用效应均已确定，便可按现行国家标准《混凝土结构设计规范》GB 50010 验算原梁在跨中截面和支座截面的偏心受压承载力。若验算结果能满足规范要求，则拉杆的截面尺寸也就选定。但需要指出的是采用预应力拉杆加固的梁，其受弯承载力增量不应大于原梁承载力的 1.5 倍，且梁内受拉钢筋与拉杆截面面积的总和，也不应超过混凝土截面面积的 2.5%。因此，当计算不满足上述要求时，应改用其他加固方法。

预应力拉杆与原梁的协同工作系数，是根据国内外有关试验研究成果确定的。

为便于选择施加预应力的方法，对机张法和横向张拉法的张拉量计算分别作了规定。横向张拉量的计算公式（7.2.2）及（7.2.4）是根据应力与变形的关系推导的，计算时略去了 $(\sigma_p/E_s)^2$ 的值，故计算结果为近似值。

7.2.6 采用预应力拉杆加固钢筋混凝土桁架时，可以对整榀屋架进行加固，也可仅加固下弦杆或受拉腹杆。这类加固，国内已有大量工程实践经验。计算时应将拉杆的预加应力作用视为外力。计算时，还应将预应力拉杆引起的作用效应与原杆件的最大作用效应相叠加，然后再验算杆件的截面承载力、裂缝及桁架挠度，且以验算结果能满足设计要求为合格。整榀屋架加固时，预加应力引起的反拱不应过大，以免引起上弦杆裂缝或使端部支承连接拉裂、变形。

锚夹具锚固处的混凝土局部受压承载力应能满足现行国家标准《混凝土结构设计规范》GB 50010 的要求。

7.2.7 采用预应力撑杆加固轴心受压钢筋混凝土柱的设计步骤较为简单明确。撑杆中的预应力主要是以保证撑杆与被加固柱能较好地共同工作为度，故施加的预应力值 σ_p 不宜过高，以控制在 50~80MPa 为妥。

根据国内外有关的试验研究成果，当被加固柱需要提高的受压承载力不大于 1200kN 时，采用预应力撑杆加固是较为合适的。若需要通过加固提高的承载力更大，则应考虑选用其他加固方法。

7.2.8、7.2.9 采用预应力撑杆加固偏心受压钢筋混凝土柱时，由于影响因素较多，其计算方法较为冗繁。因此，偏心受压柱的加固计算应主要通过验算进行。但应指出，采用预应力撑杆加固偏心受压柱时，其受压承载力、受弯承载力均只能在一定范围内提高。

验算时，撑杆肢的有效受压承载力取 $0.9 f'_{py} A'_p$ 是考虑协同工作不充分的影响，即撑杆肢的极限承载力有所降低。其承载力降低系数取 0.9 是根据国内外试验结果确定的。

当柱子较高时，撑杆的稳定性可能不满足现行国家标准《钢结构设计规范》GB 50017 的规定。此时，可采用不等边角钢来作撑杆肢，其较窄的翼缘应焊以缀板，其较宽的翼缘，应位于柱子的两侧面。撑杆肢安装后再在较宽的翼缘上焊以连接板。

对承受正负弯矩作用的柱（即弯矩变号的柱），应采用双侧撑杆进行加固。由于撑杆主要是承受压力，所以应按双侧撑杆加固的偏心受压柱的公式进行计算，但仅考虑被加固柱的受压区一侧的撑杆受力。

7.3 构造规定

7.3.1 预应力拉杆选用的钢材与施工方法有密切关系。机张法能拉各种高强、低强的碳素钢丝、钢绞线或粗钢筋等钢材；横向张拉法仅适用于张拉钢材强度较低，张拉力较小（一般在 150kN 以下）的Ⅰ级钢筋。横向张拉用的钢材，应选用Ⅰ级钢筋，是考虑拉杆两端需采用焊接连接，Ⅰ级钢筋施焊易于保证焊接质量。

预应力拉杆距构件下缘的净空为 30～80mm 时，可使预应力拉杆的端部锚固构造和下撑式拉杆弯折处的构造都比较简单。

7.3.2 预应力撑杆适宜用横向张拉法施工。其建立的预应力值也比较可靠。这种方法在原苏联采用较多，也有许多工程实践经验表明该法简便可行。过去国内多采用干式外包钢加固法，即在角钢中不建立预应力，或仅为了使角钢的上下端与混凝土构件顶紧而打入楔子，计算上也不考虑预应力的作用，因此，经济性很差。此次编制规范已删去干式外包钢法，而以预应力撑杆来取代。预应力撑杆则要求建立一定的预应力值，故在验算中应将撑杆内的预压应力视为外力作用。

为了建立预应力，在横向张拉法中要求撑杆中部先制成弯折形状，然后在施工中旋紧螺栓使撑杆通过变直而顶紧。为了便于实施，本规范对弯折的方法和要求均作了示例性质的规定，其中还包括了切口形状和弥补切口削弱的措施。

预应力撑杆肢的角钢及其焊接缀板的最小截面规定是根据国内外工程加固实践经验确定的。

对撑杆端部的传力构造作了详细的规定，这种传力构造可保证其杆端不致产生偏移。

8 外粘型钢加固法

8.1 设计规定

8.1.1 外粘型钢的适用面很广，但加固费用较高。为了取得最佳的技术经济效果，一般多用于需要大幅度提高承载力和抗震能力的钢筋混凝土梁、柱结构的加固。

8.1.2 早期的外粘型钢加固法称为湿式外包钢加固法，使用的是乳胶水泥为粘结材料。乳胶水泥通常由聚醋酸乳液与水泥浆膏混合而成，它虽然可使水泥浆膏的粘结强度稍有提高，并加快浆膏的硬化；但它的不耐潮湿、不耐低温，不耐老化，不能长期用于户外等缺点，使它早已在承重结构的应用中被淘汰。当前的外粘型钢系以结构胶（如改性环氧树脂）为粘结材料，并通过压力灌注工艺形成饱满而高强的胶层，从而使设计、计算所采用的整体截面基本假定，可以建立在可靠的基础上。因此明确规定了外粘型钢应以改性环氧树脂胶粘剂进行灌注。

8.1.3 本条采用的截面刚度近似计算公式与精确计算公式相比，仅略去型钢绕自身轴的惯性矩，其所引起的计算误差很小，完全可以应用。

8.2 加固计算

8.2.1 采用外粘型钢加固钢筋混凝土轴心受压构件（柱）时，由于型钢可靠地粘结于原柱，并有卡紧的缀板焊接成箍，从而使原柱的横向变形受到型钢骨架的约束作用。在这种构造条件下，外粘型钢加固的轴心受压柱，其正截面承载力可按整截面计算，但应考虑二次受力的影响，故对受压型钢乘以强度利用系数 α_a。考虑到加固用的型钢属于软钢（Q235），且原推荐性标准所取的 α_a 值，虽是近似值，但经过近 15 年的工程应用，未发现有安全问题，因而决定仍继续沿用该值，亦即取 $\alpha_a=0.9$，较为安全稳妥。

8.2.2 采用外粘型钢加固的钢筋混凝土偏心受压构件，其受压肢型钢，由于存在着应变滞后的问题，在按式（8.2.2-1）及式（8.2.2-2）计算正截面承载力时，必须乘以强度利用系数 α_a 予以折减，这虽然是一种简化的做法，但对标准规范来说，却是可行的。至于受拉肢型钢，在大偏心受压工作条件下，尽管其应力一般都能达到抗拉强度设计值，但考虑到受拉肢工作的重要性，以及粘结传力总不如原构件中的钢筋可靠，故有必要在规范中适当提高其安全储备，以保证被加固结构受力的安全。

另外，应指出的是，在偏心受压构件的正截面承载力计算中仍应按本规范第 5.4.3 条的规定对偏心距增大系数 η 乘以修正系数 ψ_η，以保证安全。

8.2.3 采用外粘型钢加固的钢筋混凝土梁，其截面应力特征与粘贴钢板加固法十分相近，因此允许按粘贴钢板的计算方法进行正截面和斜截面承载力的验算。

8.3 构造规定

8.3.1 为加强型钢肢之间的连系，以提高型钢骨架的整体性与共同工作能力，应沿梁、柱轴线每隔一定距离，用箍板或缀板与型钢焊接。与此同时，为了使梁的箍板能起到封闭式环形箍的作用，在本条中还给出了三种加锚式箍板的构造示意图供设计参考使用；另外，应指出的是：型钢肢在缀板焊接前，应先用工具式卡具勒紧，使角钢肢紧贴于混凝土表面，以消除过大间隙引起的变形。

8.3.2 为保证力的可靠传递，外粘型钢必须通长、连续设置，中间不得断开；若型钢长度受限制，应通过焊接方法接长；型钢的上下两端应与结构顶层构件和底部基础可靠地锚固。

8.3.5 加固完成后，之所以还需在型钢表面喷抹高强度水泥砂浆保护层，主要是为了防腐蚀和防火，但若型钢表面积较大，很可能难以保证抹灰质量。此时，可在构件表面先加设钢丝网或点粘一层豆石，然后再抹灰，便不会发生脱落和开裂。

9 粘贴纤维复合材加固法

9.1 设计规定

9.1.1 根据粘贴纤维增强复合材的受力特性，本条规定了这种方法仅适用于钢筋混凝土受弯、受拉、轴心受压和大偏心受压构件的加固；不推荐用于小偏心受压构件的加固。因为纤维增强复合材仅适合于承受拉应力作用，而且小偏心受压构件的纵向受拉钢筋达不到屈服强度，采用粘贴纤维复合材将造成材料的极大浪费。因此，对小偏心受压构件，应建议采用其他合适的方法加固。

同时，本条还指出：本方法不适用于素混凝土构件（包括配筋率不符合现行国家标准《混凝土结构设计规范》GB 50010 最小配筋率构造要求的构件）的加固。据此，应提请注意的是：对梁板结构，若曾经在构件截面的受压区采用增大截面法加大了其混凝土厚度，而今又拟在受拉区采用粘贴纤维的方法进行加固时，应首先检查其最小配筋率是否能满足现行国家标准《混凝土结构设计规范》GB 50010 的要求。

9.1.2 在实际工程中，经常会遇到原结构的混凝土强度低于现行设计规范规定的最低强度等级的情况。如果原结构混凝土强度过低，它与纤维增强复合材的粘结强度也必然会很低，易发生呈脆性的剥离破坏。此时，纤维增强复合材不能充分发挥作用，因此本条规定了被加固结构、构件的混凝土强度等级，以及混凝土与纤维复合材正拉粘结强度的最低要求。

9.1.3 本条强调了纤维增强复合材不能设计为承受压力，而只能将纤维受力方式设计成承受拉应力作用。

9.1.4 本条规定粘贴在混凝土表面的纤维增强复合材不得直接暴露于阳光或有害介质中。为此，其表面应进行防护处理，以防止长期受阳光照射或介质腐蚀，从而起到延缓材料老化、延长使用寿命的作用。

9.1.5 本条规定了采用这种方法加固的结构，其长期使用的环境温度不应高于 60℃。但应指出的是，这是按常温条件下，使用普通型结构胶粘剂的性能确定的。当采用耐高温胶粘剂粘结时，可不受此规定限制；但应受现行国家标准《混凝土结构设计规范》GB 50010 对混凝土结构承受生产性高温的限制。另外，对其他特殊环境（如高温高湿、介质侵蚀、放射等）采用粘贴纤维增强复合材加固时，除应遵守相应的国家现行有关标准的规定采取专门的粘贴工艺和相应的防护措施外，尚应采用耐环境因素作用的结构胶粘剂。

9.1.6 为了确保被加固结构的安全，本规范统一规定了纤维复合材的设计计算指标。这对设计人员而言，不仅较为方便，而且还不至于因各自取值的差异，而引发争议；也不至于因受厂商炒作的影响，贸然采用过高的计算指标而导致结构加固出问题。

9.1.7 粘贴纤维复合材的胶粘剂一般是可燃的，故应按照现行国家标准《建筑防火设计规范》GB 50016 规定的耐火等级和耐火极限要求，对纤维复合材进行防护。

9.1.8 采用纤维增强复合材加固时，应采取措施尽可能地卸载。其目的是减少二次受力的影响，亦即降低纤维复合材的滞后应变，使得加固后的结构能充分利用纤维材料的强度。

9.2 受弯构件正截面加固的计算

9.2.1 为了听取不同的学术观点，规范编制组邀请国内 8 位知名专家对受弯构件的受拉面粘贴纤维增强复合材进行加固时，其截面应变分布是否可采用平截面假定进行论证。其结果表明，持可用和不宜用观点各占 50%，但均认为这个假定不理想；不过在当前试验研究工作尚不足以做出改变的情况下，仍可加以借用，而不致造成很大问题。

9.2.2 本条规定了受弯构件加固后的相对界限受压区高度的控制值 ξ_{fb}，是为了避免因加固量过大而导致超筋性质的脆性破坏。对于重要构件，采用构件加固前控制值的 0.75 倍，对于 HRB335 级钢筋，达到界限时相应的钢筋应变约为 2 倍屈服应变；对于一般构件，采用构件加固前控制值的 0.85 倍，对于 HRB335 级钢筋，达到界限时相应的钢筋应变约为 1.5 倍屈服应变。满足此条要求，实际上已经确定了纤维的"最大加固量"。

9.2.3 本规范的受弯构件正截面计算公式与以前发布的国内外标准相比，在表达上有较大的改进。由于用一组公式代替多组公式，在计算结果无显著差异的前提下，可使设计人员应用更为方便，条理也更为清晰。

公式 9.2.3-1 是截面上的轴向力平衡公式；公式 9.2.3-2 是截面上的力矩平衡公式，力矩中心取受拉区边缘，其目的是使此式中不同时出现两个未知量；公式 9.2.3-3 是根据应变平截面假定推导得到的计算公式。公式 9.2.3-4 是保证钢筋受压达到屈服强度。当 $x<2a'$ 时，近似取 $x=2a'$ 进行计算，是为了确保安全而采用了受压钢筋合力作用点与压区混凝土合力作用点相重合的假定。

另外，当"$\psi>1.0$ 时，取 $\psi=1.0$"的规定，是用以控制纤维复合材的"最小加固量"。

加固设计时，可根据式（9.2.3-1）计算出混凝土受压区的高度 x，按式（9.2.3-3）计算出强度利用系数 ψ，然后代入式（9.2.3-2），即可求出纤维的有效截面面积 A_{fe}。

9.2.4 本条是考虑纤维复合材多层粘贴的不利影响，而对第 9.2.3 条计算得到的有效截面面积进行放大，作为实际应粘贴的面积。为此，引入了纤维复合材的厚度折减系数 k_m。该系数系参照 ACI440 委员会于 2000 年 7 月修订的 "GUIDE FOR THE DESIGN AND CONSTRUCTION OF EXTERNALLY BONDED FRP SYSTEMS FOR STRENGTHENING CONCRETE STRUCTURES" 而制定的。

9.2.5、9.2.6 公式 9.2.5 中给出的 $f_{f,v}$ 的确定方法，是根据本规范编制组和四川省建科院的试验结果拟合的；在纳入本规范前又参照有关文献作了偏于安全的调整。另外，该计算式的适用范围为 C15～C60，基本上可以涵盖当前已有结构的混凝土强度等级情况，至于 C60 以上的混凝土，暂时还只能按 $f_{f,v}=0.7$ 采用。

9.2.7 对翼缘位于受压区的 T 形截面梁，其正弯矩区进行受弯加固时，不仅应考虑 T 形截面的有利作用，而且还须遵守有关翼缘计算宽度取值的限制性规定。故本条要求应按现行国家标准《混凝土结构设计规范》GB 50010 和本规范的规定进行计算。

9.2.8 滞后应变的计算，在考虑了钢筋的应变不均匀系数、内力臂变化和钢筋排列影响的基础上，还依据工程设计经验作了适当调整，但在表达方式上，为了避开繁琐的计算，并力求为设计使用提供方便，故对 α_f 的取值，采取了按配筋率和钢筋排数的不同以查表的方式确定。

9.2.9 根据应变平截面假定及的 ξ_{fb} 不同取值，可算得侧面粘贴纤维的上下两端平均应变与下边缘应变的比值，即修正系数 η_{f1}，并可表达为公式 $\eta_{f1}=1/(1-\beta_1 h_f/h)$。计算时，近似地取 $h_f=h$，$h_0=h/1.1$；于是算得采用 HRB335 级钢筋的一般构件，其系数 $\beta_1=1.07$；相应的重要构件，其系数 $\beta_1=0.94$；同理，算得采用 HRB400 级钢筋的一般构件，其系数 $\beta_1=1.0$；相应的重要构件，其系数 $\beta_1=0.90$。注意到 β_1 值变化幅度不大，故偏于安全地统一取 $\beta_1=1.07$。与此同时，还应考虑侧面粘贴的纤维复合材，其合力中心至压区混凝土合力中心之距离与底面粘贴的纤维复合材合力中心至压区混凝土合力中心之距离的比值，即修正系数 η_{f2}，可表达为公式 $\eta_{f2}=1/(1-0.63h_f/h)$。于是得到综合考虑侧面粘贴纤维复合材受拉合力及相应力臂的修正系数为：
$$\eta_f = \eta_{f1} \times \eta_{f2} = 1/(1-1.07h_f/h)(1-0.63h_f/h)$$

9.2.10 本条规定钢筋混凝土结构构件采用粘贴纤维复合材加固时，其正截面承载力的提高幅度不应超过 40%。其目的是为了控制加固后构件的裂缝宽度和变形；并且也为了强调"强剪弱弯"设计原则的重要性。

9.2.11 为了纤维复合材的可靠锚固以及节约材料的目的，本条对纤维复合材的层数提出了指导性意见。

9.3 受弯构件斜截面加固的计算

9.3.1 根据实际经验，本条对受弯构件斜截面加固的纤维粘贴方向作了统一的规定，并且在构造上只允许采用环形箍、加锚封闭箍、加锚 U 形箍和加织物压条的一般 U 形箍，不允许仅在侧面粘贴条带受剪，因为试验表明，这种粘贴方式受力不可靠。

9.3.2 本条的规定与国家标准《混凝土结构设计规范》GB 50010—2002 第 7.5.1 条完全一致。

9.3.3 根据现有试验资料和工程实践经验，对垂直于构件轴线方向粘贴的条带，按被加固构件的不同剪跨比和条带的不同加锚方式，给出了抗剪强度的折减系数。

9.4 受压构件正截面加固的计算

9.4.1 采用沿构件全长无间隔地环向连续粘贴纤维织物的方法，即环向围束法，对轴心受压构件正截面承载力进行间接加固，其原理与配置螺旋箍筋的轴心受压构件相同。

9.4.2 当 $l/d>12$ 或 $l/d>14$ 时，构件的长细比已比较大，有可能因纵向弯曲而导致纤维材料不起作用；与此同时，若矩形截面边长过大，也会使纤维材料对混凝土的约束作用明显降低，故明确规定了采用此方法加固时的适用范围。

9.4.3、9.4.4 公式 9.4.3-1 是考虑了在三向约束混凝土的条件下，其抗压强度能够提高的有利因素。公式 9.4.3-2 是参照了 ACI440、CEB-FIP 及我国台湾的公路规程和工业技术研究院设计型录等制定的。

9.5 受压构件斜截面加固计算

9.5.1 本规范对受压构件斜截面的纤维复合材加固，仅允许采用环形箍。因为其他形式的纤维箍均易发生剥离破坏，故在适用范围的规定中加以限制。

9.5.2 采用环形箍加固的柱，其斜截面受剪承载力的计算公式是参照美国 ACI 440 委员会和欧洲 CEB-FIP（fib）的设计指南以及我国台湾工业技术研究院的设计型录，并结合我国大陆的试验资料制定的，从规范编制组委托设计单位所做的试设计来看，还是较为稳妥可行的。

9.6 大偏心受压构件加固计算

9.6.1 采用纤维增强复合材加固大偏心受压构件时，本条之所以强调纤维应粘贴在受拉一侧，是因为本规范已在第9.1.3条中作出了"应将纤维受力方式设计成仅承受拉应力作用"的规定。

9.6.2 本条的计算公式是参照国家标准《混凝土结构设计规范》GB 50010—2002 的规定推导的。其中需要说明的是，在大偏心受压构件加固计算中，对纤维复合材之所以不考虑强度利用系数，是因为在实际工程中绝大多数偏心受压构件均处于受压状态。因此，在承载能力极限状态下，受拉侧的拉应变是从受压侧应变转化过来的，故不存在拉应变滞后的问题，亦即认为：纤维复合材的抗拉强度能得到充分发挥。

9.7 受拉构件正截面加固计算

9.7.1 由于非预应力的纤维复合材在受拉杆件（如桁架弦杆、受拉腹杆等）端部锚固的可靠性很差，因此一般仅用于环形结构（如水塔、水池等）和方形封闭结构（如方形料槽、贮仓等）的加固，而且仍然要处理好围拢（或棱角）部位的搭接与锚固问题。由之可见，其适用范围是很有限的，应事先做好可行性论证。

9.7.2、9.7.3 从本节规定的适用范围可知，受拉构件的纤维复合材加固主要用于上述构筑物中，而这些构筑物既容易卸荷，又经常在大多数情况下被强制要求卸荷，因此，在计算其承载力时可不考虑二次受力的影响问题，不必在计算公式中引入强度利用系数。

9.8 提高柱的延性的加固计算

9.8.1 采用纤维复合材构成的环向围束作为柱的附加箍筋来防止柱的塑性区搭接破坏或提高柱的延性，在我国台湾地区震后修复工程中用得较多，而且有设计规程可依。与此同时，我国同济大学等院校也做过不少分析研究工作，在此基础上，经本规范编制组讨论后决定纳入这种加固方法，供抗震加固使用。

9.8.2 公式（9.8.2-2），系以环向围束作为附加箍筋的体积配筋率的计算公式，是参照国外有关文献，由同济大学做了大量分析后提出的。经试算表明，略偏于安全。

9.9 构造规定

9.9.1、9.9.2 本规范对受弯构件正弯矩区正截面承载力加固的构造规定，是根据国内科研单位和高等院校的试验研究结果和规范编制组总结工程实践经验，经讨论、筛选后提出的。因此，可供当前的加固设计参考使用。

9.9.3 采用纤维复合材对受弯构件负弯矩区进行正截面承载力加固时，其端部在梁柱节点处的锚固构造最难处理。为了解决这个问题，编制组曾通过各种渠道收集了国内外各种设计方案和部分试验数据，但均未得到满意的构造方式。本条图9.9.3-2 及图 9.9.3-3 给出的构造示例，是在归纳上述设计方案优缺点的基础上逐步形成的。其优点是具有较强的锚固能力，可有效地防止纤维复合材剥离，但应注意的是，其所用的锚栓强度等级及数量应经计算确定。本条示例图中所给的锚栓强度等级及数量仅供一般情况参考。当受弯构件顶部有现浇楼板或翼缘时，箍板须穿过楼板或翼缘才能发挥其使用。最初的工程试用觉得很麻烦，经学习国外安装经验，采用半重叠钻孔法形成扁形孔安装（插进）钢箍板后，施工就变得十分简单。为了进一步提高箍板的锚固能力，还应采取先给箍板刷胶然后安装的工艺。另外，应注意的是安装箍板完毕应立即注胶封闭扁形孔，使它与混凝土粘结牢固，同时也解决了楼板可能渗水等问题。

9.9.4 这是国内外的共同经验。因为整幅满贴纤维织物时，其内部残余空气很难排除，胶层厚薄也不容易控制，以致大大降低粘贴的质量，影响纤维织物的正常受力。

9.9.5 同济大学的试验表明，按内短外长的原则分层截断纤维织物时，有助于防止内层纤维织物剥离，故推荐给设计、施工单位参考使用。

9.9.7～9.9.9 这三条的构造规定，是参照美国 ACI 440指南、欧洲 CEB-FIP（fib）指南和我国台湾工业技术研究院的设计型录以及本规范编制组的试验资料制定的。

10 粘贴钢板加固法

10.1 设计规定

10.1.1 根据粘贴钢板加固混凝土构件的受力特性，规定了这种方法仅适用于钢筋混凝土受弯、受拉和大偏心受压构件的加固。

同时还指出：本方法不适用于素混凝土构件（包括纵向受力钢筋配筋率不符合现行国家标准《混凝土结构设计规范》GB 50010 最小配筋率构造要求的构件）的加固。据此，应提请注意的是：对梁板结构，若曾经在构件受压区采用增大截面法加大了混凝土厚度，而今又拟在受拉区粘贴钢板进行加固时，应首先检查其最小配筋率是否能满足 GB 50010 的要求。

10.1.2 在实际工程中，有时会遇到原结构的混凝土强度低于现行国家标准《混凝土结构设计规范》GB 50010 规定的最低强度等级的情况。如果原结构混凝土强度过低，它与钢板的粘结强度也必然很低。此时，极易发生呈脆性的剥离破坏。故本条规定了被加固结构、构件的混凝土强度最低等级，以及钢板与混凝土表面粘结应达到的最小正拉强度。

10.1.3 粘钢的承重构件最忌在复杂的应力状态下工作，故本条强调了应将钢板受力方式设计成仅承受轴向应力作用。

10.1.4 对粘贴在混凝土表面的钢板之所以要进行防护处理，主要是考虑加固的钢板一般较薄，容易因锈蚀而显著削弱截面，甚至引起应力集中，其后果必然影响使用寿命。

10.1.5 本条规定了长期使用的环境温度不应高于60℃，是按常温条件下使用的普通型树脂的性能确定的。当采用与钢板匹配的耐高温树脂为胶粘剂时，可不受此规定限制，但应受现行国家标准《钢结构设计规范》GB 50017 有关规定的限制。在特殊环境下（如高温、高湿、介质侵蚀、放射等）采用粘贴钢板加固法时，除应遵守相应的国家现行有关标准的规定采取专门的粘贴工艺和相应的防护措施外，尚应采用耐环境因素作用的胶粘剂。

10.1.6 粘贴钢板的胶粘剂一般是可燃的，故应按现行国家标准《建筑防火设计规范》GB 50016 规定的耐火等级和耐火极限要求以及相关规范的防火构造规定进行防护。

10.1.7 采用粘贴钢板加固时，应采取措施尽量卸载。其目的是减少二次受力的影响，也就是降低钢板的滞后应变，使得加固后的钢板能充分发挥强度。

10.2 受弯构件正截面加固计算

10.2.1 国内外的试验研究表明，在受弯构件的受拉面和受压面粘贴钢板进行受弯加固时，其截面应变分布仍可采用平截面假定。

10.2.2 本条对受弯构件加固后的相对界限受压区高度的控制值 ξ_b 作出了规定，其目的是为了避免因加固量过大而导致超筋性质的脆性破坏。对于重要构件，采用构件加固前控制值的 0.9 倍；若按 HRB335 级钢筋计算，达到界限时相应的钢筋应变约为 1.35 倍屈服应变；对于一般构件，采用构件加固前控制值的 1.0 倍；若按 HRB335 级钢筋计算，达到界限时相应的钢筋应变约为 1.0 倍屈服应变。满足此条要求，实际上已经确定了粘钢的"最大加固量"。

10.2.3 本规范的受弯构件正截面计算公式与以前发布的国内外标准相比，在表达上有了较大的改进。由于用一组公式代替多组公式，在计算结果无显著差异的前提下，可使设计计算更为方便，条理也较为清晰。

公式（10.2.3-2）是截面上的轴向力平衡公式；公式（10.2.3-1）是截面上的力矩平衡公式，力矩中心取受拉区边缘，其目的是使此式中不同时出现两个未知量；公式（10.2.3-3）是根据应变平截面假定推导得到的计算公式；公式（10.2.3-4）是为了保证受压钢筋达到屈服强度。当 $x < 2a'$ 时，之所以近似地取 $x = 2a'$ 进行计算，是为了确保安全而采用了受压钢筋合力作用点与压混凝土合力作用点重合的假定。

加固设计时，可根据式（10.2.3-1）计算出混凝土受压区的高度 x，按式（10.2.3-3）计算出强度利用系数 ψ，然后代入式（10.2.3-2），即可求出粘贴的钢板面积 A_p。

另外，当"$\psi > 1.0$ 时，取 $\psi = 1.0$"的规定，是用以控制钢板的"最小加固量"。

10.2.4 钢板粘贴延伸长度 l_p 的计算公式，是在原推荐性标准剪应力分布假定的基础上，参照理论分布曲线稍作调整后确定的。

10.2.5 对翼缘位于受压区的 T 形截面梁（包括有现浇楼板的梁），其正弯矩区的受弯加固，不仅应考虑 T 形截面的有利作用，而且还须遵守有关翼缘计算宽度取值的限制性规定，故要求应按现行国家《混凝土结构设计规范》GB 50010 和本规范的有关原则和规定进行计算。

10.2.6 滞后应变的计算，在考虑了钢筋的应变不均匀系数、内力臂变化和钢筋排列影响的基础上，还依据工程设计经验作了适当调整，但在表达方式上，为了避开繁琐的计算，并力求使用方便，故对 α_{sp} 的取值，采取了按配筋率和钢筋排数的不同以查表的方式确定。

10.2.7 根据应变平截面假定及 ξ_{pb} 的不同取值，可算得侧面粘贴钢板的上下两端平均应变与下边缘应变的比值，即修正系数 η_{p1}，并表达为公式 $\eta_{p1} = 1/(1 - \beta_1 h_p/h)$。计算时近似地取 $h_p = h$，$h_0 = h/1.1$；于是算得采用 HRB335 级钢筋的一般构件，其系数 $\beta_1 = 1.33$；相应的重要构件，其系数 $\beta_1 = 1.14$；同理，算得 HRB400 级钢筋的一般构件，其系数 $\beta_1 = 1.22$；相应的重要构件，其系数 $\beta_1 = 1.06$。考虑到 β_1 值变化幅度不大，故偏于安全地统一取 $\beta_1 = 1.33$。与此同时，还应考虑侧面粘贴钢板的合力中心至压区混凝土中心之距离与底面粘贴钢板的合力中心至压区混凝土中心之距离的比值，即修正系数 η_{p2}，可表达为公式 $\eta_{p2} = 1/(1 - 0.60 h_p/h)$。于是得到综合考虑侧面粘贴钢板受拉合力及相应力臂的修正系数为：

$$\eta_p = \eta_{p1} \times \eta_{p2} = 1/(1 - 1.33 h_p/h)(1 - 0.60 h_p/h)$$

10.2.8 本条规定钢筋混凝土结构构件采用粘贴钢板加固时，其正截面承载力的提高幅度不应超过 40%。其目的是为了控制加固后构件的裂缝宽度和变形；并且也为了强调"强剪弱弯"设计原则的重要性。

10.2.9 为了钢板的可靠锚固以及节约材料的目的，本条对粘贴钢板的层数作出了建议性的规定。

10.3 受弯构件斜截面加固计算

10.3.1 根据实际经验，本条对受弯构件斜截面加固的钢箍板粘贴方式作了统一的规定，并且在构造上，只允许采用垂直于构件轴线方向的加锚封闭箍和其他三种有效的 U 形箍；不允许仅在侧面粘贴钢条受剪，因为试验表明，这种粘贴方式受力不可靠。

10.3.2 本条的规定与现行国家标准《混凝土结构设计规范》GB 50010—2002 第 7.5.1 条完全相同。

10.3.3 根据现有的试验资料和工程实践经验，对垂直于构件轴线方向粘贴的箍板，按被加固构件的不同剪跨比和箍板的不同锚固方式，给出了抗剪强度的折减系数 ψ_{vb} 值。

10.4 大偏心受压构件正截面加固计算

10.4.2 本条关于正截面承载力计算的规定是参照现行国家标准《混凝土结构设计规范》GB 50010 的规定导出的。因为在大偏心受压的情况下，验算控制的截面达到极限状态时，其原钢筋和新加钢板一般都能达到其抗拉强度。

10.5 受拉构件正截面加固计算

10.5.1 本条应说明的内容与本规范条文说明第 9.7.1 条相同，不再赘述。

10.5.2、10.5.3 这两条规定是参照现行国家标准《混凝土结构设计规范》GB 50010 的规定导出的。理由同第 10.4.2 条。

10.6 构造规定

10.6.1 原推荐性标准仅允许采用 2~5mm 厚的钢板。此次修订规范，在汲取国外采用厚钢板粘贴的工程实践经验基础上，还组织一些加固公司进行了工程试用，然后才对原推荐性标准的本条规定作了修改。修改后的条文，虽然允许使用较厚（包括总厚度较厚）的钢板，但为了防止钢板与混凝土粘接的劈裂破坏，必须要求其端部与梁柱节点的连接构造必须符合外粘型钢焊接及注胶方法的规定。由之可见，它与外粘型钢的构造要求无甚差别，但仍按习惯列于本节中。

10.6.2 在受弯构件受拉区粘贴钢板，其板端一段由于边缘效应，往往会在胶层与混凝土粘合面之间产生较大的剪应力峰值和法向正应力的集中，成为粘钢的最薄弱部位。若锚固不当或粘贴不规范，均易导致脆性剥离或过早剪坏。为此，编制组研究认为有必要采取如本条所规定的加强锚固措施。

10.6.3、10.6.4 这两条的构造措施与本规范第 9.9.2 条及第 9.9.3 条完全相同，只是将加固粘贴的钢板替换加固粘贴的纤维复合材，即可将图 9.9.3-2 及图 9.9.3-3 改为加贴 L 形钢板及 U 形钢箍板锚固的示例图。

10.6.5、10.6.6 这两条所采取的措施，有不少属于细节问题，但它们对增强锚固能力均起着不可忽略的作用，务必在设计中加以注意。

11 增设支点加固法

11.1 设计规定

11.1.1 增设支点加固法是一种传统的加固法，适用于对外观和使用功能要求不高的梁、板、桁架、网架等的加固。此外，还经常用于抢险工程。尽管这种方法的缺点很突出，但由于它具有简便、可靠和易拆卸的优点，一直是结构加固不可或缺的手段。

11.1.2 增设支点加固法虽然是通过减小被加固结构的跨度或位移，来改变结构不利的受力状态，以提高其承载力的，但根据支承结构、构件受力变形性能的不同，又分为刚性支点加固法和弹性支点加固法。前者一般是以支顶的方式直接将荷载传给基础，但也有以斜拉杆作为支点直接将荷载传给刚度较大的梁柱节点或其他可视为"不动点"的结构。在这种情况下，由于传力构件的轴向压缩变形很小，可在计算中忽略不计，因此，结构受力较为明确，计算大为简化。至于后者则是通过传力构件的受弯或桁架作用等间接地将荷载传递给其他可作为支点的结构。在这种情况下，由于被加固结构和传力构件的变形均不能忽略不计，因此，其内力计算必须考虑两者的变形协调关系才能求解。由之可见，刚性支点对提高原结构承载力的作用较大，而弹性支点加固法的计算较复杂，但对原结构的使用空间的影响相对较小。尽管各有其优缺点，但在加固设计时并非可以任意选择的，因此作了"应根据被加固结构的构造特点和工作条件进行选用"的规定。

11.1.3 这是因为有预加力的方案，其预加力与外荷载的方向相反，可以抵消原结构部分内力，能较大地发挥支承结构的作用。但具体设计时应以不致使结构、构件出现裂缝以及不增设附加钢筋为度。

11.2 加固计算

11.2.1、11.2.2 考虑到这两种加固方法的每一计算项目及其计算内容，设计人员都很熟识，只要明确了各自的计算步骤，便可按常规设计方法进行。因此，略去了具体的结构力学计算和截面设计。

11.3 构造规定

11.3.1、11.3.2 增设支点法的支柱与原结构间的连接有湿式连接和干式连接两种构造之分。湿式连接适用于混凝土支承，其接头整体性好，但施工较为麻烦；干式连接适用于型钢支承，其施工较前者简便。图 11.3.1 及图 11.3.2 所示的连接构造，虽为国内外常用的传统连接方法，但均属示例性质，设计人员可在此基础上加以改进。另外，若采用型钢支承，应注意做好防锈、防腐蚀和防火的防护层。

12 植筋技术

12.1 设计规定

12.1.1 植筋技术之所以仅适用于钢筋混凝土结构，而不适用素混凝土结构和过低配筋率的情况，是因为这项技术主要用于连接原结构构件与新增构件，只有当原构件混凝土具有正常的配筋率和足够的箍筋时，这种连接才是有效而可靠的。与此同时，为了确保这种连接承载的安全性，还必须按充分利用钢筋强度和延性的破坏模式进行计算。但这对素混凝土构件来说，并非任何情况下都能做到的。因为在素混凝土中要保证植筋的强度得到充分发挥，必须有很大的间距和边距，而这在建筑结构构造上往往难以满足。此时，只能改用按混凝土基材承载力设计的锚栓连接。

12.1.2 原构件的混凝土强度等级直接影响植筋与混凝土的粘结性能，特别是悬挑结构、构件更为敏感。为此，必须规定对原构件混凝土强度等级的最低要求。

12.1.3 承重构件植筋部位的混凝土应坚实、无局部缺陷，且配有适量钢筋和箍筋，才能使植筋正常受力。因此，不允许有局部缺陷存在于锚固部位；即使处于锚固部位以外，也应先加固后植筋，以保证安全和质量。

12.1.4 国内外试验表明，带肋钢筋相对肋面积 A_r 的不同，对植筋的承载力有一定影响。其影响范围大致在 0.9～1.16 之间。当 $0.05 \leqslant A_r < 0.08$ 时，对植筋承载力起提高作用；当 $A_r \geqslant 0.08$ 时起降低作用。因此，我国国家标准要求相对肋面积 A_r 应在 0.055～0.065 之间。然而国外有些标准对 A_r 的要求较宽，允许 $0.05 \leqslant A_r \leqslant 0.1$ 的带肋钢筋均为合格品。在这种情况下，若接受 $A_r > 0.08$ 的产品，显然对植筋的安全质量有影响，故规定当采用进口的带肋钢筋时，应检查此项目，并且至少应要求其 A_r 值不大于 0.08。

12.1.5 这是根据建设部建筑物鉴定与加固规范管理委员会抽样检测 20 余种中、高档锚固型结构胶粘剂的试验结果，参照国外有关技术资料制定的，并且在实际工程的试用中得到验证。因此，必须严格执行，以确保植筋技术在承重结构中应用的安全。

12.1.6 本条规定了采用植筋连接的结构，其长期使用的环境温度不应高于 60℃。但应说明的是，这是按常温条件下，使用普通型结构胶粘剂的性能确定的。当采用耐高温胶粘剂粘结时，可不受此规定限制，但基材混凝土应受现行国家标准《混凝土结构设计规范》GB 50010 及其条文说明对结构表面温度规定的约束。

12.2 锚固计算

12.2.1～12.2.3 本规范对植筋受拉承载力的确定，虽然是以充分利用钢材强度和延性为条件的，但在计算其基本锚固深度时，却是按钢材屈服和与粘结破坏同时发生的临界状态进行确定的。因此，在计算地震区植筋承载力时，对其锚固深度设计值的确定，尚应乘以保证其位移延性达到设计要求的修正系数。试验表明，该修正系数只要符合本条的规定，其所植钢筋不仅都能屈服，而且后继强化段明显，能够满足抗震对延性的要求。

另外，应说明的是在植筋承载力计算中还引入了防止混凝土劈裂的计算系数。这是参照 ACI 38-2002 的规定制定的；但考虑到按 ACI 公式计算较为复杂，况且也有必要按我国的工程经验进行调整，故而采取了按查表的方法确定。

12.2.4 锚固用胶粘剂粘结强度设计值，不仅取决于胶粘剂的基本力学性能，而且还取决于混凝土强度等级以及结构的构造条件。表 12.2.4 规定的粘结强度设计值是参照 ICBO 对胶粘剂粘结强度规定的安全系数以及 EOTA 给出的取值曲线，按我国试验数据和工程经验确定的。从表面上看，本规范的取值似乎偏高，其实并非如此。因为本规范引入了对植筋构件不同受力条件的考虑，并按其风险的大小，对基本取值进行了调整。这样得到的最后结果，对非悬挑的梁类构件而言，与欧美取值相当，相差不到 4%；对悬挑结构构件而言，取值要比欧洲低，但却是必要的；因为这类构件的植筋受力条件最为不利，必须要有较高的安全储备才能保证植筋连接的可靠性；所以根据编制组的试验数据和专家论证的意见作了调整。至于一般构件对锚固深植筋，其粘结强度设计值虽略有提高，但从 C30 混凝土的取值来看，也只比欧洲取值高了 0.3MPa，且仅用于直径不大于 20mm 的植筋，不会对安全有显著影响。

12.2.5 本条规定的各种因素对植筋受拉性能影响的修正系数，是参照欧洲有关指南和我国的试验研究结果制定的。

12.2.6 当前植筋市场竞争十分激烈，不少植筋胶公司为了标榜其"优质"产品的性能，任意推荐使用 $10d \sim 12d$ 的锚固深度。这对承重结构而言是极其危险的，特别是在种植群筋的情况下，无一不在很低的荷载下便发生脆性破坏，而这在单筋短期拉拔试验中是很难查觉的；但有些经验不足的设计人员，为了解决构件截面尺寸较小无法按锚固深度设计值植筋的问题，在推销商的误导下，贸然采用很浅的锚固深度，以致给工程留下了隐患。调查表明，在国内已有不少类似的安全事故发生。因此，必须制定强制性条文予以防止这类事故的再度发生。

12.3 构造规定

12.3.1 本条规定的最小锚固深度,是从构造要求出发,参照国外有关的指南和技术手册确定的,而且已在我国试用过几年,其所反馈的信息表明,在一般情况下还是合理可行的;只是对悬挑结构构件尚嫌不足。为此,根据一些专家的建议,作出了应乘以 1.5 修正系数的补充规定。

12.3.2、12.3.3 与国家标准《混凝土结构设计规范》GB 50010—2002 的规定相对应,可参考该规范的条文说明。

12.3.4 植筋钻孔直径的大小与其受拉承载力有一定关系,因此,本条规定的钻孔直径是经过承载力试验对比后确定的,应得到认真的遵守,不得以植筋公司的说法为凭。

13 锚栓技术

13.1 设计规定

13.1.1 对本条的规定需要说明两点:

1 轻质混凝土结构的锚栓锚固,应采用适应其材性的专用锚栓。目前市场上有不同品牌和功能的国内外产品可供选择,但不属本规范管辖范围。

2 严重风化的混凝土结构不能作为锚栓锚固的基材,其道理是显而易见的,但若必须使用锚栓,应先对被锚固的构件进行混凝土置换,然后再植入锚栓,才能起到承载作用。

13.1.2 对基材混凝土的最低强度等级作出规定,主要是为了保证承载的安全。本规范的规定值之所以按重要构件和一般构件分别给出,除了考虑安全因素和失效后果的严重性外,还注意到迄今为止所总结的工程经验,其实际混凝土强度等级多在 C30～C50 之间,而我国使用新型锚栓的时间又不长,因此,对重要构件要求严一些较为稳妥。至于 C20 级作为一般构件的最低强度等级要求,与各国的规定是一致的,不会有什么问题。

13.1.3 根据建设部建筑物鉴定与加固规范管理委员会近 5 年来对各种锚栓所进行的安全性检测及其使用效果的观测结果,本规范编制组从中筛选了两种适合于承重结构使用的机械锚栓,即自扩底锚栓和预扩底锚栓纳入规范。之所以选择这两种锚栓,主要是因为它们嵌入基材混凝土后,能起到机械锁键作用,并产生类似预埋的效应,而这对承载的安全至关重要。目前国外许多重要工程也正因此而采用这两种锚栓。尽管迄今为止,市场上供应的主要是国外产品,但近来也已开始出现具有类似性能的国产锚栓,所以有必要在本规范中作出如何合理应用和如何正确设计的规定。

至于化学锚栓(也称粘结型锚栓),由于目前市场上品牌多,存在着鱼龙混杂的现象,兼之不少单位在设计概念和计算方法上还很混乱,因而不能任其在承重结构中滥用。为此,本规范经过筛选仅纳入一种能适应开裂混凝土性能的"定型化学锚栓"。其所以冠以"定型"作为定语,一是因为需要与其他化学锚栓相区别;二是因为目前能安全地用于承重结构的化学锚栓,均是经过定型设计和安全认证后才投入批量生产的,而且尽管有不同品牌,但其承载原理都是相同的,即:通过材料粘合和具有挤紧作用的键形嵌合来共同承载,从而达到提高锚固安全性之目的。由之可知,也正是因为有了"定型设计和认证"这一前提,才能制定其性能和质量的标准,也才能作出如何进行抽样检验的规定。

另外,目前锚栓产品说明书标明的有效锚固深度多在 $9d_n$ 以内,只有特定行业(如铁道部隧道结构等)专用的锚栓有大于 $11d_n$ 的。在这种情况下,考虑到 $11d_n$ 以上的锚栓已不适于采用锚栓原理计算,况且过大埋深的锚栓在素混凝土中承载也很难在构造上保证其安全。因为建筑结构不可能给出很大的锚栓间距和边距。为此,作出了应在钢筋混凝土构件中应用并按植筋计算的规定。

13.1.4 膨胀锚栓在承重结构中应用不断出现危及安全的问题已是多年来有目共睹的事实。正因此,前一段时间不少省、市、自治区的建委或建设厅先后作出了禁用的规定,所以本规范也作出了相应的强制性规定。

13.1.5 对于在地震区采用锚栓的限制性规定,是参照国外有关规程、指南、手册对锚栓适用范围的划分,经咨询专家和设计人员的意见后作出了较为稳健的规定。例如:有些指南和手册规定这两种机械锚栓可用于 6～8 度区;而本规范则规定:对 8 度区仅允许用于 Ⅰ、Ⅱ 类场地,原因是这两种锚栓在我国应用时间尚不长,缺乏震害资料,还是以稳健为妥。

13.1.6 对锚栓连接的计算之所以不考虑国外所谓的非开裂混凝土对锚栓承载力提高的作用,主要是因为它只有理论意义,而无工程应用的实际价值;若判别不当还很容易影响结构的安全。

13.2 锚栓钢材承载力验算

13.2.1～13.2.3 这三条规定基本上是参照欧洲标准制定的,但根据我国钢材性能和质量情况对设计指标稍作偏于安全的调整。此外,还在条文内容的表达方式上作了适当改变:一是与现行设计规范相协调,给出锚栓钢材强度的设计值;二是直接以锚栓抗剪强度设计值 $f_{ud,v}$ 取代欧洲有关标准中的 $0.5f_{ud,t}$,使该表达式在计算结果相同的情况下概念较为清晰。

13.3 基材混凝土承载力验算

13.3.1、13.3.2 本规范对基材混凝土的承载力验算，在破坏模式的考虑上与欧洲标准及 ACI 标准完全一致。但在其受拉承载力的计算上，根据我国试验资料和工程使用经验作了偏于安全的调整。计算表明，可以更好地反映当前我国锚栓连接的受力性能和质量情况。

13.3.3 本条规定的受拉承载力修正系数 ψ_N，在欧洲标准中由 5 个细分系数的计算公式表达，计算较为繁琐。规范编制组将其中 $\psi_{s,N}$ 和 $\psi_{e,N}$ 两个公式在不同情况下算得的结果进行归纳，发现其变化幅度不大，分别在 0.8~1.0 及 0.85~1.0 之间。由于这两个系数是连乘关系，若均取 0.9，其乘积取整后为 0.8。以这个值作为 ψ_N 值，其误差不超过 3%，故决定予以简化。

13.3.4 与欧洲标准相同，均采用图例方式给出各几何参数的确定方法，供锚栓连接的设计计算使用。

13.3.5~13.3.10 关于基材混凝土受剪承载力的计算方法以及计算所需几何参数的确定方法，均参照 ETAG 标准进行制定，其中 h_{ef} 的取值，在欧洲标准中未作规定，但考虑到锚栓受剪工作特性与植筋不同，且涉及安全问题，故作出对 h_{ef} 取值的限制性规定。

13.4 构造规定

13.4.1、13.4.2 对混凝土最小厚度 h_{min} 的规定，因考虑到本规范的锚栓设计仅适用于承重结构，且要求锚栓直径不得小于 12mm，故将 h_{min} 的取值调整为 h_{min} 应不小于 150mm。

13.4.3 锚栓的边距和间距，系参照 ETAG 标准制定的，但不分锚栓品种，统一取 $s_{min}=1.0h_{ef}$，有助于保证化学锚栓的安全。

13.4.4 本规范推荐的锚栓品种仅有 3 种，且均属欧洲和美国标准化机构认证为有预埋效应的锚栓，其有效锚固深度的基本值又是以 6 度区为基准确定的。因此，在进一步限制其设防烈度最高为 8 度区 I、II 类场地的情况下，本条规定的 h_{ef} 修正系数值是能够满足抗震构造要求的。

13.4.5 本条对锚栓的防腐蚀要求仅作出原则性规定。具体设计时，尚应遵守现行国家标准《工业建筑防腐蚀设计规范》GB 50046 的规定。

14 裂缝修补技术

14.1 设计规定

14.1.1 迄今为止，研究和开发裂缝修补技术所取得的成果表明，对因承载力不足而产生裂缝的结构、构件而言，开裂只是其承载力下降的一种表面征兆和构造性的反应，而非导致承载力下降的实质性原因，故不可能通过单纯的裂缝修补来恢复其承载功能。基于这一共识，可以将修补裂缝的作用概括为以下 5 类：

1) 抵御诱发钢筋锈蚀的介质侵入，延长结构实际使用年数；
2) 通过对混凝土补强保持结构、构件的完整性；
3) 恢复结构的使用功能，提高其防水、防渗能力；
4) 消除裂缝对人们形成的心理压力；
5) 改善结构外观。

由此可以界定这种技术的适用范围及其可以收到的实效。

14.1.2~14.1.4 裂缝的修补必须以结构可靠性鉴定结论为依据。通过现场调查、检测和分析，对裂缝起因、属性和类别作出判断，并根据裂缝的发展程度、所处的位置与环境，对受检裂缝可能造成的危害作出鉴定。据此，才能有针对地选择适用的修补方法进行防治。

14.1.5 对本条规定需要说明的是，当遇到对裂缝的注胶防治有补强要求时，应特别注意考察裂缝所处环境的潮湿程度，若湿度很大或无法确定混凝土内部湿度时，必须从严处理，亦即应选用耐潮湿型的改性环氧类修补液，并应在注胶完全固化后取芯样，通过劈裂抗拉试验检验修补的效果。

14.2 裂缝修补效果检验

14.2.1~14.2.3 对混凝土有补强要求的裂缝，其修补效果的检验以取芯法最为有效。若能在钻芯前辅以超声探测混凝土内部情况，则取芯成功率将会大大提高。芯样的检验以采用劈裂抗拉强度试验方法为宜，因为该法能查出裂缝修补液的粘结强度是否合格。

附录 A 已有建筑物结构荷载标准值的确定

现行国家标准《建筑结构荷载规范》GB 50009 是以新建工程为对象制定的；当用于已有建筑物结构加固设计时，还需要根据已有建筑物的特点作些补充规定。例如：现行国家标准《建筑结构荷载规范》GB 50009 尚未规定的有些材料自重标准值的确定；加固设计使用年限调整后，楼面活荷载、风、雪荷载标准值的确定等等。为此，编制组与"建筑结构荷载规范管理组"商讨后制定了本附录，作为对 GB 50009 的补充，供已有建筑物结构加固设计使用。

附录 B 已有结构混凝土回弹值龄期修正的规定

建筑结构加固设计中遇到的原构件混凝土，其龄期绝大多数已远远超过1000d；这也就意味着必须采用取芯法对回弹值进行修正。但这在实际工程中是很难做到的；例如当原构件截面过小、原构件混凝土有缺陷、原构件内部钢筋过密、取芯操作的风险过大时，都无法按照行业标准JGJ/T 23—2001的规定对原构件混凝土的回弹值进行龄期修正。

为了解决这个问题，编制组参照日本有关可靠性检验手册的龄期修正方法，并根据甘肃、重庆、四川、辽宁、上海等地积累的数据与分析资料进行了验证与调整。在此基础上，经组织国内著名专家论证后制定了本规定。这里需要指出：

1 本规定仅允许用于结构加固设计；不得用于安全性鉴定的仲裁性检验；

2 本规定是为了解决当前结构加固设计的急需而制定的；属暂行规定的性质。一旦JGJ/T 23规程对龄期规定进行了修订，或是另有其他有效的检验方法标准发布实施，本规范管理组将立即上报主管部门终止本附录的使用。

附录C 纤维材料主要力学性能

对本附录需要说明三点：

1 本表规定的纤维主要力学性能合格指标，是参照日本、瑞士、美国、英国、德国等的规程、指南、手册的规定，并根据我国大陆、台湾的试验资料制定的。因此，执行本标准的性能指标，不仅能保证结构加固工程的安全可靠性，而且可以据以鉴别目前市场中仿冒名牌的劣质纤维材料。

2 一般厂商所提供的均是纤维制品，如纤维织物和预成型板材等。对这些制品可直接按本规范表4.4.2-1及表4.4.2-2的合格指标进行检验，而无需另行检验纤维材料。因此，本表并非常用的检验用表，只有当人们对制品的原材料质量有怀疑或已在工程上造成质量事故时，才须按本表进行抽样检验。故为了保持条文的连续性而将本表列于附录中。

3 为了节省检验费用，在送检纤维织物前，可采用简易方法先进行自检：即剪下一小块纤维织物用打火机或在煤气炉上点火燃烧，若织物立即卷曲或有灰烬出现，便可判定该产品系用劣质纤维或掺入其他品种纤维（例如黑色涤纶等）制成。

附录D 纤维复合材层间剪切强度测定方法

本方法系参照美国ASTM的《复合材料短梁及其板材强度标准试验方法》D2344/D2344M和我国现行国家标准《单向纤维增强塑料层间剪切强度试验方法》GB 3357制定的。

在工程结构领域中，之所以不能直接引用上述标准，是因为它们主要适用于工厂条件下，以中、高温固化工艺生产的纤维复合材或塑料；未考虑施工现场条件下，以湿法铺层和常温固化工艺制作的纤维复合材。然而后者却是工程结构加固主要使用的工艺。据此，其制成的纤维复合材应如何检验其层间剪切性能，一直是尚未解决的问题。为此，编制组和有关科研单位做了大量试验与验证分析工作。其结果表明，用本方法测得的纤维复合材层间剪切强度具有良好的代表性，能正确反映现场工艺条件下纤维与胶粘剂的粘结性能。与此同时，建设部建筑物鉴定与加固规范管理委员会也采用本方法草案对近30种国产和进口的纤维织物复合材的层间剪切强度进行了统一的安全性检测，进一步证实了上述结论。以上所做的工作表明：本方法及本规范第4章制定的层间剪切强度合格指标，可以用于评估一种纤维织物与其拟配套使用的胶粘剂在剪切性能方面的适配性问题。因此，决定将本方法纳入规范的附录，以应当前检验工作的急需之用。

使用本方法应注意的是：纤维织物在模具中胶粘、固化成型时，必须始终处于23℃的室温状态，严禁使用中温（≥80℃）或高温（≥150℃）的固化工艺。因为中、高温的作用相当于人为地提高了其层间粘结强度。这样得到的试验结果是不真实的，不能正确地评估一种纤维与拟配套使用的胶粘剂的适配性。

附录E 粘结材料粘合加固材与基材的正拉粘结强度现场测定方法及评定标准

对这项测定方法及其评定标准需说明三点：

1 本规范之所以需要在附录中纳入这项测定方法及其评定标准，主要是因为在采用纤维复合材加固钢筋混凝土结构、构件时，其加固设计的选材，不仅要以纤维材料与胶粘剂的适配性检验结果为依据，而且要求这项检验必须在模拟现场仰贴的条件下进行。因此，对结构加固设计而言，这个方法标准是不可或缺的。与此同时，注意到施工规范的制订尚需一段时日，因此，不论从设计或施工角度来考虑，均有必要先纳入本规范，以应当前结构加固工程的急需。

2 以规范编制组对国内外同类方法标准所做的检索来看，这个方法标准虽早已被各国所采用，但在试验设计水平和技术要求的尺度上存在着差别。本规范从承重结构的安全保障出发，以大量对比试验与分析结果为依据制定的这项方法标准，其试用情况表明：对劣质胶粘剂和不适用的纤维织物具有较强的检出能力，因而可用于结构加固的适配性试验和粘贴质量检验。

3 本方法对适配性检验所规定的纤维织物尺寸，是根据以下两点的考虑确定的：一是目前国内采用的纤维织物，其幅宽多为 0.25m；二是试样倘若过宽，粘贴时容易出现空鼓，影响检验结果的正确性。另外，取纤维织物长度为 1.6m，主要是考虑粘贴钢标准块的间距不宜小于 0.5m，边距不宜小于 0.3m 的要求。这里还需指出的是，当受检的织物幅宽略大或略小一些也可以使用。但若宽达 1.0m，仍以裁成标准宽度为宜，以免粘贴不均匀，影响检验结果。

附录 F 粘结材料粘合加固材与基材的正拉粘结强度试验室测定方法及评定标准

对本方法标准应说明三点：

1 本方法标准测定的力学性能项目与本规范附录 E 相同，但本方法适用于试验室条件，而非现场条件，执行时应加以注意；

2 试验室条件下的正拉粘结强度测定，主要用于新开发的粘结材料进入加固市场前的验证性试验，以及加固设计选材的检验；另外，当对产品质量有怀疑时，也可按见证取样的规定，送独立试验室进行检验；

3 本方法系在试验室条件下，以俯贴方式进行粘合操作，无法反映厚型碳纤维织物现场粘贴存在的严重问题，因而不适用于质量大于 $300g/m^2$ 碳纤维织物与基材的正拉粘结强度测定。

附录 G 富填料胶体、聚合物砂浆体劈裂抗拉强度测定方法

富填料胶粘剂及高强聚合物砂浆，其力学性能介于胶粘剂与高强度水泥砂浆之间，直接进行拉伸试验较为困难，不少国家已改用劈裂抗拉试验。其优点是试验结果的离散性小，试验方法又简便，因而在结构设计选材上得到了广泛的应用。

本规范采用的劈裂受拉试验方法，虽然在概念上是引自混凝土和水泥砂浆，但由于胶粘剂和高强聚合物砂浆在实际应用上，其体积远比前者小，且初凝较快，无法采用大尺寸的试件而必须重新设计。为此，规范编制组通过大量的对比试验与统计分析，筛选出适用于胶粘剂和复合砂浆的试件形状与尺寸。其试用情况表明，劈拉的测值不仅能反映粘结材料的抗拉性能，而且不同品种材料的强度分布区间较有规律性，有助于制订合格评定标准。因而本规范用它作为评价这类粘结材料安全性的主要指标之一。但应注意的是：由于试件尺寸小，需采用小吨位的试验机进行试验，才能得到精确的结果。

附录 H 高强聚合物砂浆体抗折强度测定方法

本方法标准系参照现行国家标准《普通混凝土力学性能试验方法标准》GB/T 50081—2002 制订的，但在试件尺寸、成型模具、加荷制度等方面，均按高强聚合物砂浆的特性以及其工程应用的实际条件做了修改。本方法的试用情况表明：按修改后的尺寸和成型方法制作试件，其试验结果能较好地反映聚合物砂浆的力学性能，可用于检验聚合物砂浆体的抗折性能。故决定纳入本规范供加固设计选材使用。

附录 J 富填料粘结材料拉伸抗剪强度测定方法（钢套筒法）

本方法标准为测定富填料胶粘剂及高强复合砂浆拉伸抗剪强度的专用测定方法；是为了解决这类粘结材料采用常规试验方法有困难而制定的。

本方法最早由建设部建筑物鉴定与加固规范管理委员会于 1999 年提出；曾先后在植筋和锚栓胶粘剂的安全性统一检测过程中进行了近 5 年的试用。其试用情况表明，能较好地反映这类胶粘剂与钢材之间的粘结性能。特别是在 20 余种国产和进口胶粘剂的统一检测中，积累了大量数据，因而能用以确定本方法检验结果的合格指标。这也就使得本规范在制定表 4.5.6 的安全性能指标时，有了可靠的基础。故决定纳入本规范供结构加固设计的选材使用。

附录 K 约束拉拔条件下胶粘剂粘结钢筋与基材混凝土的粘结强度测定方法

本方法标准系参照欧洲技术认证组织 EOTA 的《后锚固连接（植筋）技术报告》ETAG Nº001/2003（第 5 部分）制定的，但根据我国自 1998 年以来积累的试验数据和检测、评估经验进行了修改和补充。因而较为符合我国当前植筋工程的胶粘剂性能和实际质量情况，可供结构加固设计的选材使用。

附录 L 结构用胶粘剂湿热老化性能测定方法

本方法系参照欧洲标准《结构胶粘剂·试验方法

5——湿热老化试验》EN 2243-5/1992 和我国国家标准《玻璃纤维增强塑料湿热试验方法》GB/T 2574—1989 制定的，但在检测的力学性能项目和湿热环境的条件上，按结构加固的要求作了选择与调整；在老化时间和老化检验合格指标的制订上，按胶粘剂的等级作了分档处理；因而能较好地检出使用劣质固化剂及其他劣质添加剂的结构胶粘剂。这项试验对保证加固结构安全性和耐久性极为重要，因而不仅应列入本规范，而且在本规范第 4.5.7 条中作出了必须强制性执行的规定。

附录 M 锚栓连接受力分析方法

对混凝土结构加固设计而言，内力分析和承载力验算是不可或缺、相互影响的两大部分。从欧美规范的构成可以看出，结构分析的内容占有相当篇幅，甚至独立成章。过去我国规范中以截面计算为主，很少涉及这方面内容。然而自从《混凝土结构设计规范》GB 50010 于 2002 年修订以后，已在该规范中增补了"结构分析"一章，由之可见其重要性已被国人所认识。为此，也将这方面内容纳入本规范的附录，以供锚固设计使用。

附录 N 锚固承载力现场检验方法及评定标准

N.1 适用范围及应用条件

N.1.1、N.1.2 混凝土结构锚固工程质量的现场检验，其主控项目为锚固件抗拔承载力抽样检验。因为它涉及锚固件种植和安装的质量，以及锚固件投入使用后承载的安全，故受到设计、施工、监理和业主等各方的共同关注，但其检验标准必须由设计规范制定，才能确保锚固工程完工后具有国家标准所要求的施工质量和锚固承载的安全可靠性。

本标准同样适用于进口的产品，不论其在原产地是否经过技术认证，一旦进入我国市场，且用于承重结构工程上，均应执行我国设计、施工规范的规定。

N.1.3～N.1.7 破坏性检验虽然检出劣质产品、不良施工质量的能力最强，且样本量可比非破损检验小得多，但它所造成的基材混凝土破坏在不少情况下是很难修复或重新安装锚固件的。因此，本方法标准规定了在不得已情况下允许使用非破损检验方法的条件。这里应指出的是非破损检验所需的样本量远远大于破坏性检验，因为其检出劣质产品或不良施工质量的能力很低，必须依靠增加检验数量来防止不合格的锚固工程过关。

另外，调查发现有些锚固工程，本应采用破坏性检验，但因限于现场条件或结构构造条件，无法进行原位破坏性检验的操作。对于这种情况，如果能在事前考虑到，则允许按 N.1.7 的规定，以专门浇注的混凝土块材（参见本规范附录 K 图 K.2.3），种植同品种、同规格的锚固件，作同条件下的破坏性检验，但应强调的是：这项检验必须事先征得设计和监理负责人书面同意，并始终在场见证、签字，才能被认定有效。

N.2 抽样规则

N.2.1～N.2.3 这三条较完整地给出了抽样规则。这里应指出的是：锚栓锚固质量的非破损检验之所以需要很大的样本量，是因为在以基材混凝土承载力为主控制设计的情况下，倘若抽检的锚栓数量只有 0.1%，很难在设计荷载的 2min 持荷时间内，以足够大的概率查出锚固质量问题。在这种情况下，为了降低潜在的风险，只有加大非破损检验的抽样频率。目前一些检测单位采用的抽样量过少，是无法维护业主和设计单位的权益的。为此，本规范重新作出了规定。另外，应指出的是，国家标准是最低标准，故检验单位应有责任禁止施工单位以其他标准替代国家标准。

N.2.4 这是因为国内外标准在制定检验合格指标时，均是以胶粘剂产品使用说明书标示的固化期为准所取得的试验结果为依据确定的；因此，对实际工程中胶粘的锚固件，其检验日期也应以此为准，才能如实反映其胶粘质量状况。倘若时间拖久了，将会使本来固化不良的胶粘剂，其强度有所增长，甚至能达到合格要求，但并不能改善其安全性和耐久性能。另外应指出的是，目前市场中还有一些固化期很长（例如 15～30d）的劣质胶粘剂正在介入加固工程。这对施工和使用都有不良影响，设计和监理单位应坚决拒用，否则易造成安全事故。

N.3 仪器设备要求

N.3.1 现场检测设备较为简单。配置时，应注意的是加荷设备的支承点与锚栓之间的净间距，应能保证基材混凝土的破坏不受约束，以避免影响检测的结果。

N.4 拉拔检验方法

N.4.1 非破损检验采用的荷载检验值，系在听取欧洲有关专家建议的基础上，经规范编制组组织验证性试验后确定的。这里应指出的是，荷载检验值之所以用 $[\gamma]N_d$ 的形式表达，主要是为了要求 N_d 值应由设计单位给出，以保证检验结果的可靠性。

N.5 检验结果的评定

N.5.2 本评定标准系参照国际建筑协会 ICBO 的评

估标准，经验证性试验和对比分析后确定的，但略比ICBO所取的安全系数放宽一些。从现场检验积累的数据来衡量，还是能保证锚固的质量和工程安全的。

附录 P　钢丝绳网片-聚合物砂浆外加层加固法

P.1　设计规定

P.1.1　本条规定了钢丝绳网片-聚合物砂浆外加层加固法的适用范围。由此可以看出本规范仅对受弯构件及大偏心受压构件使用这种方法作出规定，而未提及其他受力种类的构件。这是因为这种加固方法在我国应用时间还不长，现有试验数据的积累，只有这两种构件较为充分，可以用于制定标准，至于其他受力种类的构件还有待于继续做工作。

P.1.2　在实际工作中，有时会遇到原结构的混凝土强度低于现行国家标准《混凝土结构设计规范》GB 50010 规定的最低强度等级的情况。如果原结构混凝土强度过低，它与聚合物砂浆的粘结强度也必然很低。此时，极易发生呈脆性的剪切破坏或剥离破坏。故本条规定了被加固结构、构件的混凝土强度的最低等级，以及聚合物砂浆与混凝土表面粘结应达到的最小正拉粘结强度。

P.1.3　以粘结方法加固的承重构件最忌在复杂的应力状态下工作，故本条强调了应将钢丝绳网片的受力方式设计成仅承受轴向拉应力作用。

P.1.4　规范编制组和湖南大学等单位所做的构件试验均表明：对梁式构件只有在采取三面或四面围套外加层的情况下，才能保证混凝土与聚合物砂浆外加层之间具有足够的粘结力，而不致发生粘结破坏。因此，作出了本条规定，以提示设计人员必须予以遵守。

P.1.5　本条规定了长期使用的环境温度不应高于60℃，是根据砂浆、混凝土和常温固化聚合物的性能综合确定的。对于特殊环境（如腐蚀介质环境、高温环境等）下的混凝土结构，其加固不仅应采用耐环境因素作用的聚合物配制砂浆；而且还应要求供应厂商出具符合专门标准合格指标的验证证书，严禁按厂家所谓的"技术手册"采用，以免枉自承担违反标准规范导致工程出安全问题的终身责任。与此同时还应考虑被加固结构的原构件混凝土以及聚合物砂浆中的水泥和砂等成分是否能承受特殊环境介质的作用。

P.1.6　尽管不少厂商，特别是外国厂家的代理商在推销其聚合物砂浆的产品时，总要强调它具有很好的防火性能，但无法否认的是，砂浆中所掺的聚合物，几乎都是可燃的。在这种情况下，即使砂浆不燃烧，聚合物也会在高温中失效。故仍应按现行国家标准《建筑防火设计规范》GB 50016 规定的耐火等级和耐火极限要求进行检验与防护。

P.1.7　采用粘结钢丝绳网片加固时，应采取措施尽量卸载。其目的是减少二次受力的影响，也就是降低钢丝绳网片的滞后应变，使得加固后的钢丝绳网片能充分发挥强度。

P.2　材　　料

P.2.1～P.2.2　考虑到我国目前小直径钢丝绳，采用高强度不锈钢丝制作的产品价格昂贵，因此，根据国内试验、试用的结果，引入了高强度镀锌的钢丝绳；在区分环境介质和采取阻锈措施的条件下，将两类钢丝绳分别用于重要构件和一般构件，从而可以收到降低造价和合理利用材料的效果。

P.2.3～P.2.6　这是根据现行国家标准《建筑结构可靠性设计统一标准》GB 50068 的要求制定的。至于钢丝绳计算用的截面面积，则是参照原国家标准《圆股钢丝绳》GB 1102—74 制定的。其所以采用原标准，除了其算法偏于安全外，还因为现行标准删去了这部分内容，而其他行业标准的算法又很不一致。因此，决定仍按原标准的算法采用。

P.2.7　涂有油脂的钢丝绳，其与聚合物砂浆的粘结力将严重下降，故作出本规定。

P.2.8　目前市场上聚合物乳液的品种很多，但绝大多数都不能用于配制承重结构加固用的聚合物砂浆。为此，根据规范编制组通过验证性试验的筛选结果，经专家讨论后作出了本规定，以供加固设计单位在选材时使用。

P.2.9　据规范编制组所进行的调查研究表明，国外对结构加固用的聚合物砂浆的研制是分档进行的。不同档次的聚合物砂浆，其所用的聚合物品种、含量和性能有着显著的差异，必须在加固设计选材时予以区分。前一段时间，有些进口产品的代理商在国内推销时，只推销低档次的产品，而且选择在原构件混凝土强度很低的场合演示其使用效果。一旦得到设计单位和当地建设主管部门认可后，便不分场合到处推广使用，这是必须制止的很危险做法。因为采用低档次聚合物配制的砂浆，与强度等级在 C25 以上的基材混凝土是粘结不好的，会给承重结构加固工程留下严重的安全隐患；设计、监理单位和业主务必注意。

P.3　受弯构件正截面加固计算

P.3.1　本条前四款的规定，是根据国内外试验研究成果的共识部分制定的；第五款主要是出于简化计算目的而采用的近似方法。

P.3.2　如同本规范第 9.2.2 条及第 10.2.2 条一样，是为了控制"最大加固量"，防止出现"超筋"而采取的保证安全的措施，应在加固设计中得到执行。

P.3.3～P.3.5　参阅本规范第 10.2.3 条、第 10.2.5

条及第 10.2.6 条的说明。

P.3.6 参阅本规范第 10.2.8 条的说明。

P.4 受弯构件斜截面加固计算

P.4.2、P.4.3 参阅本规范第 10.2.2 条及第 10.2.3 条的说明。

P.5 构造规定

P.5.1 本条的 1、2 两款是参照现行国家标准 GB/T 8918—1996、GB/T 9944—1988 以及行业标准 YB/T 5196—1993 和 YB/T 5197—1993 制定的。其余各款是参照国内高等院校及有关公司和科研单位的试用经验制定的。

P.5.2～P.5.5 这四条也是对国内工程经验的总结，可供设计单位参照使用。

P.5.6 对粘结在混凝土表面的聚合物砂浆外加层，其面上之所以还要喷抹一层防护材料（一般为配套使用的乳浆），是因为整个外加层只有 25～30mm 厚；其防水性能还需要加强，其所掺加的聚合物也还需要防止日光照射。倘若使用的是镀锌钢丝绳，该防护材料还应具有阻锈的作用。

附录 Q 绕丝加固法

Q.1 设计规定

Q.1.1 绕丝加固法的优点，主要是能够显著地提高钢筋混凝土构件的斜截面极限承载力，另外由于绕丝引起的约束混凝土作用，还能提高轴心受压构件的正截面承载力。不过从实用的角度来说，绕丝的效果虽然可靠（特别是机械绕丝），但对受压构件使用阶段的承载力提高的增量不大，因此，在工程上仅用于提高钢筋混凝土柱位移延性的加固。由于这项用途已得到有关院校的试验验证，因而据以对其适用范围作出规定。

Q.1.2 绕丝法因限于构造条件，其约束作用不如螺旋式间接钢筋。在高强混凝土中，其约束作用更是显著下降，因而作了"不得高于 C50"的规定。

Q.1.3 本条系参照螺旋筋和碳纤维围束的构造规定提出的，其限值与 ACI、FIB 和我国台湾地区等的指南相近。

Q.1.4 本规范仅确认当绕丝面层为细石混凝土时，可以采用本假定。而对有些工程已开始使用的水泥砂浆面层，因缺乏试验验证，尚嫌依据不足，故未将水泥砂浆面层的做法纳入本规范。

Q.2 柱的抗震加固计算

Q.2.1 本条计算公式中矩形截面有效约束系数 $\varphi_{v,s}$ 的取值，是根据我国试验结果，采用分析与工程经验相结合的方法确定的，但由于迄今研究尚不充分，未区分轴压比和卸载情况，也未考虑混凝土外加层的有利作用，只是偏于安全地取最低值。

Q.3 构造规定

Q.3.1、Q.3.2 由于圆形箍筋对核心区混凝土的约束性能要高于方形箍筋，因此对方形截面的受压构件，要求在截面四周中部设置四根 $\phi 25$ 钢筋，并凿去四角混凝土保护层作圆化处理，使得施工时容易拉紧钢丝，也使绕丝对核心混凝土的约束作用增大。

Q.3.3 由于喷射混凝土与原混凝土之间具有良好的粘着力，故建议优先采用喷射混凝土，以增加绕丝构件的安全储备。

Q.3.4 绕丝最大间距的规定，是根据我国对退火钢丝的试验研究结果作出的。

Q.3.5 工程实践经验表明，采用钢楔可以进一步绷紧钢丝，但应注意检查的是：其他部位是否会因局部楔紧而变松。

附录 R 已有混凝土结构的钢筋阻锈方法

R.1 设计规定

R.1.1 本规范采用的钢筋阻锈技术，是完全针对已有混凝土结构的特点进行选择的，因而仅纳入适合这类结构使用的喷涂型阻锈剂；但应指出的是，对新建工程中密实性很差的混凝土构件而言，也可作为补救性的有效防锈措施，用以提高有缺陷混凝土构件的耐久性。

R.1.2 本条以示例方式列出应进行阻锈处理的场合，可供加固设计单位参考使用。

R.1.3 本条从三个最重要的方面提出了对阻锈剂的技术要求。在选材时，应结合本规范第 4.7 节的质量与性能标准全面执行。

R.2 喷涂型钢筋阻锈剂使用规定

R.2.1 这是对国内外使用喷涂型阻锈剂的工程经验总结，务必予以重视，否则很可能收不到应有的处理效果。

R.2.2 亲水性的钢筋阻锈剂虽然能很好地吸附在混凝土内部钢筋表面，对钢筋进行保护，但却不能有效滤除混凝土基材内的氯离子、氧气及其他有害杂质。随着时间的推移，这些有害成分会不断累积，从而使混凝土中钢筋受到新的锈蚀威胁。因此，在露天工程或有腐蚀性介质的环境中，使用亲水性阻锈剂时，需要采用附加的表面涂层，以起到滤除氯离子及其他有害杂质的作用。

R.3 阻锈剂使用效果的检测与评定

R.3.1~R.3.5 本节规定的检测方法及其评定标准，是参照国外的有关试验方法与评估指南制定的，较为可信而先进；尤其是对锈蚀电流降低率的检测，能够最有效地衡量出阻锈剂的使用效果；其惟一的缺点是测试的时间较晚，从喷涂时间算起，需等待150d才能进行检测，但它所作出的评估结论却是最准确的，因而仍然受到设计和业主单位青睐。

中华人民共和国行业标准

既有建筑地基基础加固技术规范

JGJ 123—2000

条 文 说 明

前 言

《既有建筑地基基础加固技术规范》JGJ 123—2000，经建设部 2000 年 2 月 12 日以建标［2000］35 号文批准，业已发布。

为便于广大设计、施工、科研、学校等单位的有关人员在使用本标准时能正确理解和执行条文规定，《既有建筑地基基础加固技术规范》编制组按章、节、条顺序编制了本标准的条文说明，供国内使用者参考。在使用中如发现本条文说明有不妥之处，请将意见函寄中国建筑科学研究院。

目　次

1　总则 …………………………… 7—19—4
3　基本规定 ……………………… 7—19—4
4　地基基础的鉴定 ……………… 7—19—4
5　地基计算 ……………………… 7—19—4
6　地基基础的加固方法 ………… 7—19—5
7　地基基础事故的补救与预防 … 7—19—9
8　增层改造 ……………………… 7—19—10
9　纠倾加固和移位 ……………… 7—19—11

1 总则

1.0.1 根据我国情况，既有建筑因各种原因需要进行地基基础加固者，从建造年代来看，除少数古建筑和建国前建造的建筑外，绝大多数是建国以来建造的建筑，其中又以建国初期至70年代末建造的建筑占主体，改革开放以来建造的大量建筑，也有一小部分需要进行加固。就建筑类型而言，有工业建筑和构筑物，也有公用建筑和大量住宅建筑。因而，需要进行地基基础加固的既有建筑范围很广、数量很多、工程量很大、投资很高。因此，既有建筑地基基础加固的设计和施工必须认真贯彻国家的各项技术经济政策，做到技术先进、经济合理、安全适用、确保质量、保护环境。

3 基本规定

3.0.1 既有建筑在进行加固设计和施工之前，应先对地基和基础进行鉴定，根据鉴定结果，才能确定加固的必要性和可能性。

与新建工程相比，既有建筑地基基础的加固是一项技术较为复杂的工程，所以必须强调应由有相应资质的单位和有经验的专业技术人员来承担既有建筑地基和基础的鉴定、加固设计和加固施工，并应按规定程序进行校核、审定、审批等。

3.0.2 大量工程实践证明，在进行地基基础设计时，采用加强上部结构刚度和强度的方法，能减少地基的不均匀变形，取得较好的技术经济效果。因此，在选择既有建筑地基基础加固方案时，同样也应考虑上部结构、基础和地基的共同作用，采取切实可行的措施，既可降低费用，又可收到满意的效果。

在选择地基基础加固方案时，本条强调应根据条中所列各种因素对初步选定的各种加固方案进行认真、客观的对比分析，选定最佳的加固方法。

3.0.3 既有建筑地基基础加固的施工，一般来说，具有技术要求高、施工难度大、场地条件差、不安全因素多、风险大等特点，本条特别强调施工人员应具备较高的素质。施工过程中除应有专人负责质量控制外，还应有专人负责严密的监测，当出现异常情况时，应采取果断措施，以免发生安全事故。

3.0.5 对既有建筑进行地基基础加固时，沉降观测是一项必须要做的工作，它不仅是施工过程中进行监测的重要手段，而且是对地基基础加固效果进行评价和工程验收的重要依据。由于地基基础加固过程中容易引起对周围土体的扰动，因此，施工过程中对邻近建筑和地下管线也应进行监测。

4 地基基础的鉴定

4.1 地基的鉴定

4.1.3 既有建筑的检验应根据加固的目的和要求、建筑物的重要性、搜集的资料和调查的情况等来考虑并确定检验孔的位置、数量和检验方法，为了能确切反映既有建筑地基土的现状，检验孔位应尽量靠近基础。对于直接增层或增加荷载的建筑，有条件时尚应取基础下的原状土进行室内试验，或在基础下进行载荷试验，以获得经既有建筑荷载压密后的地基承载力和变形模量值。

4.1.4 对既有建筑地基进行评价，除了根据地基检验结果外，还应结合当地经验，这样才能使作出的评价符合实际情况。

4.2 基础的鉴定

4.2.1 既有建筑基础的检验步骤包括搜集资料和进行现场调查。进行现场调查是检验基础必不可少的步骤，因为对既有建筑来说，有的因建造时间久远，原始资料不全；有的受环境影响，有不同程度的损坏。只有通过开挖探坑，将基础暴露出来，才能对基础的现状有全面的了解。

4.2.3 对既有建筑基础的评价主要是根据检验结果、通过验算确定基础承载力和变形是否满足设计要求，如不满足应提出建议采用何种方法进行基础加固。

5 地基计算

5.1 地基承载力计算

5.1.1 既有建筑地基基础加固或增加荷载时，采用本规范第6章各种方法加固后确定的地基承载力和第8章所确定的增层地基承载力均为地基承载力标准值。因此，在按本条式（5.1.1-1）进行地基承载力计算时，均应按国家现行标准《建筑地基基础设计规范》GBJ 7 有关规定将地基承载力标准值换算成地基承载力设计值。

5.2 地基变形计算

5.2.2 既有建筑地基变形计算，可根据既有建筑沉降稳定情况分为沉降已经稳定者和沉降尚未稳定者两种。对于沉降已经稳定的既有建筑，其基础最终沉降量 s 包括已完成的沉降量 s_0 和地基基础加固后或增加荷载后产生的基础沉降量 s_1。其中 s_1 是通过计算确定的，计算时采用的压缩模量，对于地基基础加固的情况和增加荷载的情况是有区别的：前者是采用地基基础加固后经检测得到的压缩模量,而后者是采用增加荷载前经检验得到的压缩模量。对于原建筑沉降尚未稳定的增加荷载的既有建筑,其基础最终沉降量 s 除了包括上述 s_0 和 s_1 外,尚应包括原建筑荷载下尚未完成的基础沉降量 s_2。

6 地基基础的加固方法

6.1 基础补强注浆加固法

6.1.2 注浆施工时的钻孔倾角是指钻孔中心线与地平面的夹角,倾角不应小于30°,以免钻孔困难。

6.2 加大基础底面积法

6.2.1 当既有建筑的基础产生开裂或地基基础不满足设计要求时,可采用混凝土套或钢筋混凝土套加大基础底面积,以满足地基承载力和变形的设计要求。

当基础承受偏心受压时,可采用不对称加宽;当承受中心受压时,可采用对称加宽。原则上应保持新旧基础的结合,形成整体。

对加套混凝土或钢筋混凝土的加宽部分,应采用与原基础垫层的材料及厚度相同的夯实垫层,可使加套后的基础与原基础的基底标高和应力扩散条件相同和变形协调。

沿基础高度隔一定距离应设置锚固钢筋,可使加固的新浇混凝土与原有基础混凝土紧密结合成为整体。

对条形基础应按长度1.5~2.0m划分成单独区段,分批、分段、间隔分别进行施工。决不能在基础全长上挖成连续的坑槽或使坑槽内地基土暴露过久而使原基础产生和加剧不均匀沉降。

6.2.2 当采用混凝土或钢筋混凝土套加大基础底面积尚不能满足地基承载力和变形等的设计要求时,可将原独立基础改成条形基础;将原条形基础改成十字交叉条形基础或筏形基础;将原筏形基础改成箱形基础。这样不但更能扩大基底面积,用以满足地基承载力和变形的设计要求;另外,由于加强了基础的刚度,也可藉以减少地基的不均匀变形。

6.3 加深基础法

6.3.1 加深基础法是直接在基础下挖坑,再在坑内浇筑混凝土,以增大原基础的埋置深度,使基础直接支承在较好的持力层上,用以满足设计对地基承载力和变形的要求。其适用范围必须在浅层有较好的持力层,不然会因采用人工挖坑而费工费时又不经济;另外,场地的地下水位必须较低才合适,不然人工挖土时会造成邻近土的流失,即使采取相应的降水或排水措施,在施工上也会带来困难,而降水亦会导致对既有建筑产生附加不均匀沉降的隐患。

鉴于施工是采用挖坑的方法,所以国外对基础加深法称坑式托换(pit underpinning);亦因在坑内要浇筑混凝土,故国外对这种施工方法亦有称墩式托换(pier underpinning)。

所浇筑的混凝土墩可以是间断的或连续的,主要取决于被托换的既有建筑的荷载大小和墩下地基土的承载能力及其变形性能。

6.4 锚杆静压桩法

6.4.1 锚杆静压桩是锚杆和静压桩结合形成的新桩基工艺。它是通过在基础上埋设锚杆固定压桩架,以既有建筑的自重荷载作为压桩反力,用千斤顶将桩段从基础中预留或开凿的压桩孔内逐段压入土中,再将桩与基础连结在一起,从而达到提高基础承载力和控制沉降的目的。

6.4.2 当既有建筑基础承载力不满足压桩所需的反力时,则应对基础进行加固补强;也可采用新浇筑的钢筋混凝土挑梁或抬梁作为压桩的承台,如图1所示。

6.4.3 锚杆静压桩的施工顺序如图2所示。

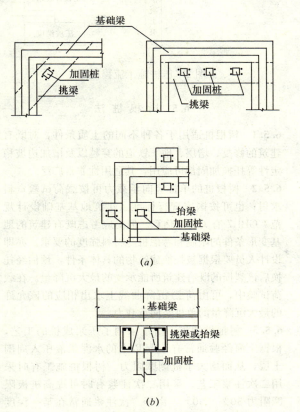

图 1 挑梁法或抬梁法示意
(a) 平面图;(b) 剖面图

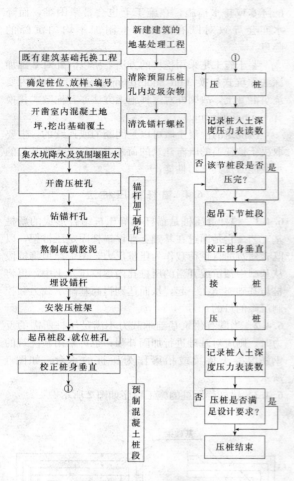

图 2 压桩施工流程框图

6.5 树根桩法

6.5.1 树根桩适用于各种不同的土质条件，对既有建筑的修复、增层、地下铁道的穿越以及增加边坡稳定性等托换加固都可应用，其适用性非常广泛。

6.5.2 树根桩的单桩竖向承载力可按载荷试验资料求得；也可按国家现行标准《建筑地基基础设计规范》GBJ 7 有关规定估算。但尚应考虑既有建筑的地基变形条件的限制和考虑桩身材料强度的要求。亦即设计人员要根据被托换建筑物的具体条件，预估经托换后该裂损的既有建筑所能承受的最大沉降量。在载荷试验中，可由荷载-沉降曲线上求出相应的该允许的最大沉降量的单桩竖向承载力。

6.5.3 树根桩的施工由于采用了压浆成桩的工艺，根据上海经验通常有 50% 以上的水泥浆液压入周围土层，从而增大了桩侧摩阻力。树根桩施工有时采用二次注浆工艺。采用二次注浆有时可提高桩极限摩阻力 30%～50%。由于二次注浆通常在某一深度范围内进行，极限摩阻力的提高仅就该土层范围而言。

如采用二次注浆，则需待第一次注浆的浆液初凝时方可进行。第二次注浆压力必须克服初凝浆液的凝聚力并剪裂周围土体，从而产生劈裂现象。浆液的初凝时间一般控制在 45～60min 范围，而第二次注浆的最大压力一般为 4MPa。

拔管后孔内混凝土和浆液面会下降，当表层土质松散时会出现浆液流失现象，通常的做法是立即在桩顶填充碎石和补充注浆。

6.6 坑式静压桩法

6.6.1 坑式静压桩是采用既有建筑自重做反力，用千斤顶将桩段逐段压入土中的托换方法。千斤顶上的反力梁可利用原有基础下的基础梁或基础板，对无基础梁或基础板的既有建筑，则可将底层墙体加固后再进行托换加固。这种对既有建筑地基的加固方法，国外称压入桩（jacked piles）。

当地基土中含有较多的大块石、坚硬粘性土或密实的砂土夹层时，由于桩压入时难度较大，需要根据现场试验确定其适用与否。

6.6.2 国内坑式静压桩的桩身多数采用边长为 150～250mm 的预制钢筋混凝土方桩，亦有采用桩身直径为 150～300mm 的开口钢管，国外一般不采用闭口的或实体的桩，因为后者顶进时属挤土桩，会扰动桩周的土，从而使桩周土的强度降低；另外，当桩端下遇到障碍时，则桩身就无法顶进了。开口钢管桩的顶进对桩周土的扰动影响相对较小，国外使用钢管的直径一般为 300～450mm，如遇漂石，亦可用锤击破碎或用冲击钻头钻除，但决不能采用爆破。

桩的平面布置都是按基础或墙体中心轴线布置的，同一个托换坑内可布置 1～3 根桩，绝大部分工程都是采用单桩和双桩。只有在纵横墙相交部位的托换坑内，横墙布置 1 根和纵墙 2 根形成三角的 3 根静压桩。

6.6.3 由于压桩过程中是动摩擦，因而压桩力达 1.5 倍设计单桩竖向承载力标准值相应的深度土层内，则定能满足静载荷试验时安全系数为 2 的要求。

对于静压桩与基础梁（或板）的紧固，一般采用木模或临时砖模，再在模内浇灌 C30 混凝土，防止混凝土干缩与基础脱离。

为了消除静压桩顶进至设计深度后，取出千斤顶时桩身的卸载回弹，因而出现了要求克服或消除这种卸载回弹的预应力方法。其做法是预先在桩顶上安装钢制托换支架，在支架上设置两台并排的同吨位千斤顶，垫好垫块后同步压至压桩终止压力后，将已截好的钢管或工字钢的钢柱塞入桩顶与原基础底面间，并打入钢楔挤紧后，千斤顶同步卸荷至零，取出千斤顶，拆除托换支架，对填塞钢柱的上下两端周边应焊牢，最后用 C30 混凝土将其与原基础浇注成整体。

6.7 石灰桩法

6.7.1 石灰桩是由生石灰和粉煤灰（火山灰或其它掺合料）组成的柔性桩。它对软弱土的加固作用主要有以下几个方面：

1 成孔挤密——其挤密作用与土的性质有关。在杂填土中，由于其粗颗粒较多，故挤密效果较好；粘性土中，渗透系数小的，挤密效果较差。

2 吸水作用——实践证明，1kg 纯氧化钙消化成为熟石灰可吸水 0.32kg。对石灰桩桩体，在一般压力下吸水量约为 65%～70%。根据石灰桩吸水总量等于桩间土降低的水总量，可得出软土含水量的降低值。

3 膨胀挤密——生石灰具有吸水膨胀作用，在压力 50～100kPa 时，膨胀量为 20%～30%。膨胀的结果使桩周土挤密。

4 发热脱水——1kg 氧化钙在水化时可产生 280 卡热量，桩身温度可达 200～300℃。使土产生一定的气化脱水，从而导致土中含水量下降、孔隙比减小、土颗粒靠拢挤密，在所加固区的地下水位也有一定的下降，并促使某些化学反应形成，如水化硅酸钙的形成。

5 离子交换——软土中钠离子与石灰中的钙离子发生置换，改善了桩间土的性质，并在石灰桩表层形成一个强度很高的硬层。

以上这些作用，使桩间土的强度提高、对饱和粉土和粉细砂还改善了其抗液化性能。

6 置换作用——软土为强度较高的石灰桩所代替，从而增加了复合地基承载力，其复合地基承载力的大小，取决于桩身强度与置换率大小。

6.7.2 石灰桩桩径主要取决于成孔机具，目前使用的桩管有直径 325mm 和 425mm 两种；用洛阳铲成孔的一般为 200～300mm。

石灰桩的桩距确定，与原地基土的承载力和设计要求的复合地基承载力有关，一般采用 2.5～3.5 倍桩径。根据山西省的经验，采用桩距 3.0～3.5 倍桩径的，承载力可提高 0.7～1.0 倍；采用桩距 2.5～3.0 倍桩径的，承载力可提高 1.0～1.5 倍。

桩的布置可采用三角形或正方形，而采用等边三角形布置更为合理，它使桩周土的加固较为均匀。

桩的长度确定，是根据地质情况而定，当软弱土层厚度不大时，桩长宜穿过软弱土层，也可先假定桩长，再对软弱下卧层强度和地基变形进行验算后确定。

石灰桩处理范围一般要超出基础轮廓线外围 1～2 排。是基于基础的压力向外扩散所需要；另外亦考虑基础边桩的挤密效果较差所致。

6.7.4 石灰桩施工记录是评估施工质量的重要依据，再结合抽检便可较好地作出质量检验评价。

通过现场原位测试的标准贯入、静力触探以及钻孔取样做室内试验可用以检测石灰桩及其周围土的加固效果。测试点应布置在等边三角形或正方形的中心，因为该处挤密效果较差。

6.8 注浆加固法

6.8.1 注浆法（grouting）亦称灌浆法，是指利用液压、气压或电化学原理，通过注浆管把浆液均匀地注入地层中，浆液以填充、渗透和挤密等方式，将土颗粒或岩石裂隙中的水分和空气排除后占据其位置，经一定时间后，浆液将原来松散的土粒或裂隙胶结成一个整体，形成一个结构新、强度大、防水性能高和化学稳定性良好的"结石体"。

注浆法的应用范围有：

1 提高地基土的承载力、减少地基变形和不均匀变形；

2 进行托换技术，对古建筑的地基加固更为常用；

3 用以纠倾和回升建筑；

4 用以减少地铁施工时的地面沉降，限制地下水的流动和控制施工现场土体的位移等。

6.8.2 浆液材料可分为下列几类：

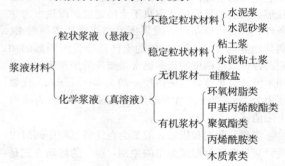

注浆按工艺性质分类可分为单液注浆和双液注浆。在有地下水流动的情况下，不应采用单液水泥浆，而应采用双液注浆，及时凝结，以免流失。

初凝时间是指在一定温度条件下，浆液混合剂到丧失流动性的这一段时间。在调整初凝时间时必须考虑气温、水温和液温的影响。单液注浆适合于凝固时间长；双液注浆适合于凝固时间短。

假定软土的孔隙率 $n=50\%$，充填率 $\alpha=40\%$，故浆液注入率约为 20%。

若注浆点上的覆盖土厚度小于 2m，则较难避免在注浆初期产生"冒浆"现象。

按浆液在土中流动的方式，可将注浆法分为三类：

1 渗透注浆

浆液在很小的压力下，克服地下水压、土粒孔隙间的沿程阻力和本身流动的阻力，渗入土体的天然孔隙，并与土粒骨架产生固化反应，在土层结构基本不受扰动和破坏的情况下达到加固的目的。

渗透注浆适用于渗透系数 $k > 10^{-4}$ cm/s 的砂性土。

2 劈裂注浆

当土的渗透系数 $k < 10^{-4}$ cm/s，就得采用劈裂注浆，在劈裂注浆中，注浆管出口的浆液对周围地层施加了附加压应力，使土体发生剪切裂缝，而浆液则沿裂缝面劈裂。当周围土体是非均质体时，浆液首先劈入强度最低的部分土体。当浆液的劈裂压力增大到一定程度时，再劈入另一部分强度较高的部分土体，这样劈入土体中的浆液便形成了加固土体的网络或骨架。

从实际加固地基开挖情况看，浆液的劈裂途径有竖向的、斜向的和水平向的。竖向劈裂是由土体受到扰动而产生的竖向裂缝；斜向的和水平向的劈裂是浆液沿软弱的或夹砂的土层劈裂而形成的。

3 压密注浆

压密注浆是指通过钻孔在土中灌入极浓的浆液，在注浆点使土体压密，在注浆管端部附近形成"浆泡"，当浆泡的直径较小时，灌浆压力基本上沿钻孔的径向扩展。随着浆泡尺寸的逐渐增大，便产生较大的上抬力而使地面抬动。浆泡的形状一般为球形或圆柱形。浆泡的最后尺寸取决于土的密度、湿度、力学条件、地表约束条件、灌浆压力和注浆速率等因素。离浆泡界面 0.3～2.0m 内的土体都能受到明显的加密。评价浆液稠度的指标通常是浆液的坍落度。如采用水泥砂浆浆液，则坍落度一般为 25～75mm，注浆压力为 1～7MPa。当坍落度较小时，注浆压力可取上限值。

渗透、劈裂和压密一般都会在注浆过程中同时出现，只是以何种形式为主的差别，单一的流动方式是难以产生的。

"注浆压力"是指浆液在注浆孔口的压力，注浆压力的大小取决于以上三种注浆方式的不同、土性的不同和加固设计要求的不同。

由于土层的上部压力小，下部压力大，浆液就有向上抬高的趋势。灌注深度大，上抬不明显，而灌注深度浅，则上抬较多，甚至溢到地面上来，此时可用多孔间歇注浆法，亦即让一定数量的浆液灌注入上层孔隙大的土中后，暂停工作让浆液凝固，这样就可把上抬的通道堵死；或者加快浆液的凝固时间，使浆液（双液）出注浆管就凝固。

6.8.3 注浆压力和流量是施工中的两个重要参数，任何注浆方式均应有压力和流量的记录。自动流量和压力记录仪能随时记录并打印出注浆过程中的流量和压力值。

在注浆过程中，对注浆的流量、压力和注浆总流量中，可分析地层的空隙、确定注浆的结束条件、预测注浆的效果。

注浆施工方法较多，以上海地区而论最为常用的是花管注浆和单向阀管注浆两种施工方法。对一般工程的注浆加固，还是以花管注浆作为注浆工艺的主体。

花管注浆的注浆管在头部 1～2m 范围内侧壁开孔，孔眼为梅花形布置，孔眼直径一般为 3～4mm。注浆管的直径一般比锥尖的直径小 1～2mm。有时为防止孔眼堵塞，可在开口的孔眼外再包一圈橡皮环。

为防止浆液沿管壁上冒，可加一些速凝剂或压浆后间歇数小时，使在加固层表面形成一层封闭层。如在地表有混凝土之类的硬壳覆盖的情况，也可将注浆管一次压到设计深度，再由下而上分段施工。

花管注浆工艺虽简单，成本低廉，但其存在的缺点是：1. 遇卵石或块石层时沉管困难；2. 不能进行二次注浆；3. 注浆时易于冒浆；4. 注浆深度不及塑料单向阀管。

注浆时可掺用粉煤灰代替部分水泥的原因是：

1 粉煤灰颗粒的细度比水泥还细，及其占优势的球形颗粒，使比仅含有水泥和砂的浆液更容易泵送，用粉煤灰代替部分水泥或砂，可保持浆体的悬浮状态，以免发生离析和减少沉积来改善可泵性和可灌性。

2 粉煤灰具有火山灰活性，当加入到水泥中可增加胶结性，这种反应产生的粘结力比水泥砂浆间的粘结更为坚固。

3 粉煤灰含有一定量的水溶性硫酸盐，增强了水泥浆的抗硫酸盐性。

4 粉煤灰掺入水泥的浆液比一般水泥浆液用的水少，而通常浆液的强度与水灰比有关，它随水的减少而增加。

5 使用粉煤灰可达到变废为宝，具有社会效益，并节约工程成本。

每段注浆的终止条件为吸浆量小于 1～2L/min。当某段注浆量超过设计值的 1～1.5 倍时，应停止注浆，间歇数小时后再注，以防浆液扩到加固段以外。

为防止邻孔串浆，注浆顺序应按跳孔间隔注浆方式进行，并宜采用先外围后内部的注浆施工方法，以防浆液流失。当地下水流速较大时，应考虑浆液在水流中的迁移效应，应从水头高的一端开始注浆。

在浆液进行劈裂的过程中，产生超孔隙水压力，孔隙水压力的消散使土体固结和劈裂浆体的凝结，从而提高土的强度和刚度。但土层的固结要引起土体的沉降和位移。因此，土体加固的效应与土体扰动的效应是同时发展的过程，其结果是导致加固土体的效应和某种程度土体的变形，这就是单液注浆的初期会产生地基附加沉降的原因。而多孔间隔注浆和缩短浆液凝固时间等措施，能尽量减少既有建筑基础因注浆而产生的附加沉降。

6.8.4 注浆施工质量高不等于注浆效果好，因此，在设计和施工中，除应明确规定某些质量指标外，还应规定所要达到的注浆效果及检查方法。

　　1　统计计算灌浆量，可利用注浆过程中的流量和压力自动曲线进行分析，从而判断注浆效果。

　　2　由于浆液注入地层的不均匀性，从理论上分析，应选用能从宏观上反映的检测手段，但采用地球物理检测方法，实际上存在难以定量和直接反映的缺点。标准贯入、轻型动力触探和静力触探的检测方法，虽然简单实用，但它存在仅能反映调查一点的加固效果的特点，因而对地基注浆加固效果检查和评估，当前仍然还是个尚待进一步研究的课题。

　　检验点的数量和合格的标准应按规范条文执行外，对不足20孔的注浆工程，至少应检测3个点。

6.9　其它地基加固方法

6.9.1～6.9.6　除本规范第6.1节至第6.8节外，尚有高压喷射注浆法、灰土挤密桩法、深层搅拌法、硅化法或碱液法等加固方法，同样适用于对既有建筑地基基础的加固，其设计、施工和质量检验可按国家现行标准《建筑地基处理技术规范》JGJ 79的有关章节规定执行。

7　地基基础事故的补救与预防

7.1　设计、施工或使用不当引起事故的补救

7.1.1　软土地基系指主要由淤泥、淤泥质土或其他高压缩性土层构成的地基。这类地基土具有压缩性高、强度低、渗透性弱等特点，因此这类地基的变形特征是除了建筑物沉降和不均匀沉降大以外，而且沉降稳定历时长，所以在选用补救措施时，尚应考虑加固后地基变形问题。此外，由于我国沿海地区的淤泥和淤泥质土一般厚度都较大，因此在采用本条的补救措施时，尚需考虑加固深度以下地基的变形。

7.1.2　湿陷性黄土地基的变形特征是在受水浸湿部位出现湿陷变形，一般变形量较大且发展迅速。在考虑选用补救措施时，首先应估计有无再次浸水的可能性，以及场地湿陷类型和等级，选择相应的措施。在确定加固深度时，对非自重湿陷性黄土场地，宜达到基础压缩层下限；对自重湿陷性黄土场地，宜穿透全部湿陷性土层。

7.1.3　人工填土地基中最常见的地基事故是发生在以粘性土为填料的素填土地基中，这种地基如堆填时间较短，又未经充分压实，一般比较疏松，承载力较低，压缩性高且不均匀，一旦遇水，具有较强湿陷性，造成建筑物因大量沉降和不均匀沉降而开裂损坏，所以在采用各种补救措施时，加固深度均应穿透素填土层。

7.1.4　膨胀土是指土中粘粒成分主要由亲水性矿物组成，同时具有显著的吸水膨胀和失水收缩两种特性的粘性土。由于膨胀土的胀缩变形是可逆的，随着季节气候的变化，反复失水吸水，使地基不断产生反复升降变形，而导致建筑物开裂损坏。

　　目前采用胀缩等级来反映胀缩变形的大小，所以在选用补救措施时，应以建筑物损坏程度和胀缩等级作为主要依据。此外，对于建造在坡地上的损坏建筑，要贯彻"先治坡，后治房"的方针，才能取得预期的效果。

7.1.5　土岩组合地基上损坏的建筑，主要是由于土层与基岩压缩性相差悬殊，而造成建筑物在土岩交界部位出现不均匀沉降而引起裂缝或损坏。由于土岩组合地基情况较为复杂，所以首先应详细探明地质情况，选用切合实际的补救措施。

7.2　地下工程施工引起事故的预防与补救

7.2.1　地下工程按照用途的不同可分交通隧道、水工隧道、矿山巷道、地下仓库、地下工厂、地下民用与公共建筑、人防工程和国防地下工程，本节系指有关市政系统的地下工程。

　　近年来国内在市政系统的地下工程施工中采用了多种施工方法，如盾构法、顶管法、地下连续墙、沉井法、沉桩等施工方法都会使周围土体产生扰动，随之而来的是地层的位移和变形。因此，在影响范围内的地面建筑物以及地下管线之类公共设施就会引起变形或丧失使用功能而影响正常工作。尤其对国内一些古老城市的旧房基础和地下管线更为复杂，必须采取切合实际的工程保护预防措施，以保护施工区周围的环境。

　　隔断法是在既有建筑附近进行地下工程施工时，为避免或减少土体位移与变形对建筑物的影响，而在既有建筑与施工地面间设置隔断墙（如钢板桩、地下连续墙、树根桩或深层搅拌桩等墙体）予以保护的方法，国外称侧向托换（lateral underpinning）。墙体主要承受地下工程施工引起的侧向土压力和地基差异变形。上海市延安东路外滩天文台由于越江隧道经过其一侧时，就是采用树根桩进行隔断法加固的。

7.2.2　当地下工程施工时，会产生影响范围内的地面建筑物或地下管线的位移和变形。可在施工前对既有建筑的地基基础进行加固，其加固深度应大于地下工程的底面埋置深度，则既有建筑的荷载可直接传递至地下工程的埋置深度以下。此时，地下工程的施工不再会危及邻近既有建筑或地下管线的安全或使用功能。

7.2.3　当预估地下工程施工对既有建筑造成的影响较为轻微时，则可采用加强既有建筑的刚度和强度，以减少不均匀沉降，且能承受由于不均匀沉降而产生的结构的次应力。如上海延安东路外滩人行天桥，为了保证天桥在其侧隧道施工期间的正常使用，在盾构推进时，对天桥结构及柱基就是采用加强结构的刚度

和强度。

7.2.5 在地下工程施工过程中，为了及时掌握邻近建筑物和地下管线的沉降和水平位移情况，必须及时进行相应的监测。首先需在待测的邻近建筑或地下管线上设置观测点，其数量和位置的确定应能正确反映邻近建筑或地下管线关键点的沉降和位移情况，进行信息化施工。

7.3 邻近建筑施工引起事故的预防与补救

7.3.1 目前城市用地越来越紧张，建筑物密度也越来越大，相邻建筑施工的影响应引起高度重视，对邻近建筑、道路或管线可能造成影响的施工，主要有桩基施工、基槽开挖、降水等。主要事故有沉降、不均匀沉降、局部裂损、局部倾斜或整体倾斜等。施工前应分析可能产生的影响采用必要的预防措施，当出现事故后应采取补救措施。

7.3.2 在软土地基中进行挤土桩的施工，由于桩的挤土效应，土体产生超静孔隙水压力造成土体侧向挤出，出现地面隆起，可能对邻近既有建筑造成影响时，可以采用排水法（塑料排水板、砂桩或砂井等）、应力释放孔法或隔离沟等来预防对邻近既有建筑的影响，对重要的建筑可设地下挡墙阻挡挤土产生的影响。

7.3.5 人工挖孔桩是一种既简便又经济的桩基施工方法，被广泛地采用，但人工挖孔桩施工对邻近的影响较大，主要表现在降低地下水位后出现流砂、土的侧向变形等，应分析可能造成的影响并采取相应预防措施。

7.4 深基坑工程引起事故的预防与补救

7.4.1 在深厚淤泥、淤泥质土、饱和粘性土或饱和粉细砂等欠固结土的地层中开挖基坑，极易发生事故，对这类场地和深基坑必须充分重视，对可能发生的危害事故应有分析、有准备、预先做好危害事故的预防措施。

7.4.2 基坑降水常引发基坑周边建筑物倾斜、地面或路面下陷、开裂等事故，防止的关键在于基坑外要保持原水位，一般可采取设置回灌井和有效的止水墙等措施。反之，不设回灌井，忽视对水位和邻近建筑物的观测，或止水墙工程粗糙漏水，必然导致严重后果。因此，在地下水位较高的场地，处理好水就能保证基坑工程安全施工。

7.4.3 当基坑周边邻近既有建筑为桩基础时，由于基坑开挖，使坑周土体有向坑内侧向挤出趋势，导致既有建筑桩周土体松动，桩侧摩阻力下降，使邻近建筑发生倾斜或开裂。当新建建筑采用打入桩基础时，由于基坑内打桩施工振动的影响，易引起饱和粉细砂或饱和粘性土层的液化或触变，而影响邻近既有建筑桩基础。因此，新建基坑支护结构外边缘与邻近既有建筑间应保持一定的距离，当无法满足最小安全距离时，应采取其它措施。

7.4.4 当无法解决锚杆对邻近建筑物的安全造成的影响时，应变更基坑支护方案，可改用可拆卸锚杆或其他支护方案。

7.4.5 基坑周边不准修建临时工棚，因为场地坑边的临建工棚对环境卫生、工地施工安全，特别是对基坑安全会造成很大威胁。

基坑工程损坏的事例很多，且都影响到周边建筑物、构筑物及地下管线工程，损失很大。为了确保基坑及其周边既有建筑的安全，首先要有安全可靠的支护结构方案，其次要重视信息化施工，掌握基坑受力和变形状态，及时发现问题，迅速妥善处理，此外应加强施工管理。

8 增层改造

8.1 一般规定

8.1.1 既有建筑的增层改造的类型较多，可分为地上增层、室内增层和地下增层，地上增层又分为直接增层，外扩整体增层与外套结构增层，各类增层方式，都涉及到对原地基的正确评价和新老基础协调工作问题。

8.2 直接增层

8.2.1 确定直接增层地基承载力标准值的方法，本规范推荐了试验法和经验法。经验法是指当地的成熟经验，如没有这方面材料的积累，应采用试验法。对重要建筑物的地基承载力确定，应采用两种以上方法综合确定。直接增层时，由于受到原墙体强度和地基承载力限制，一般不宜增层太多，通常不宜超过3层。

8.2.3 直接增层需新设承重墙基础，确定新基础宽度时，应以新旧纵横墙基础能均匀下沉为前提，可按以下经验公式确定新基础宽度：

$$b' = \frac{F+G}{f_k} \cdot M \tag{1}$$

式中 b'——新基础宽度（m）；

$F+G$——单位基础长度上的线荷载（kN/m）；

f_k——地基承载力标准值（kPa）；

M——增大系数，建议按 $M = \dfrac{E_{S2}}{E_{S1}} > 1$ 取值；

E_{S1}、E_{S2}——分别为新旧基础下地基土的压缩模量。

8.2.4 直接增层时，地基基础的加固方法应根据地基基础的实际情况和增层荷载要求选用。本规范列出的部分方法都有其适用条件，还可参考各地区经验选用合适、有效的方法。

8.3 外套结构增层

8.3.1 当既有建筑增加楼层较多时常采用外套结构增层的形式。外套结构的地基基础应按新建工程设计。施工时应将新旧基础真正分开，互不干扰，并避免对既有建筑地基的扰动，而降低其承载力。在制定增层方案时要认真考虑此问题。

对位于高水位深厚软土地基上建筑物的外套结构增层，由于增层结构荷载一般较大，常采用埋置较深的桩基础，在桩基施工成孔时，很易对原基础（尤其是浅埋基础）产生影响，引起基础附加下沉，造成既有建筑下沉或开裂等。因此要认真选择合理的基础工程施工方案，施工中要十分谨慎处理发生的有关问题。

9 纠倾加固和移位

9.1 一般规定

9.1.1 纠倾加固已被广泛地应用于多层既有建筑的纠倾。纠倾的多层建筑层数多数在八层以内，构筑物高度多数在 25m 以内，这些建筑物其整体倾斜率多数超过 7‰，即超过《危险房屋鉴定标准》的危险临界值，影响安全使用，也有部分虽未超过危险临界值，但已超过设计规定的允许值，影响正常使用。既有建筑常用纠倾加固方法、基本原理及适用范围见表1。

9.1.2 建筑物的倾斜多数是由于地基基础原因造成的，或是浅基的变形控制欠佳，或者是由于桩基和地基处理设计、施工质量问题等，因此在分析清楚产生的原因后应推判纠倾后是否再次倾斜的可能性，是否采取必要的地基基础加固以控制建筑物的沉降。

9.1.3 目前纠倾方法可归纳为迫降响纠倾及顶升纠倾。迫降纠倾是从地基入手，通过改变地基的原始应力状态，强迫建筑物下沉；顶升纠倾是从建筑结构入手，通过调整结构自身来满足纠倾的目的。因此从总体来讲，迫降纠倾要比顶升纠倾经济、施工简便、安全性好，是首选的方案，但遇到不适合采用迫降纠倾时即可采用顶升纠倾。

9.1.4 倾斜的建筑一般伴有开裂或局部破坏，当实施纠倾或移位前发现结构有裂损应通过评价，分析它对纠倾或移位的影响程度，确定是否进行结构加固，以确保施工安全。

9.1.5 纠倾或移位现场的监测是很重要的，应该根据不同的结构类型及采用的方法，选择一些监测项目。如结构的应力应变测试、土压力测试、沉降及倾斜观测、裂缝监测等。通过监测反馈信息，指导施工。

表 1 既有建筑常用纠倾加固方法

类别	方法名称	基本原理	适用范围
迫降纠倾	人工降水纠倾法	利用地下水位降低出现水力坡降产生附加应力差异对地基变形进行调整	不均匀沉降量较小，地基土具有较好渗透性，而降水不影响邻近建筑物
	堆载纠倾法	增加沉降小的一侧的地基附加应力，加剧其变形	适用于基底附加应力较小即小型建筑物的迫降纠倾
	地基部分加固纠倾法	通过沉降大的一侧地基的加固，减少该侧沉降，另一侧继续下沉	适用于沉降尚未稳定，且倾斜率不大的建筑纠倾
	浸水纠倾法	通过土体内成孔或成槽，在孔或槽内浸水，使地基土湿陷，迫使建筑物下沉	适用于湿陷性黄土地基
	钻孔取土纠倾法	采用钻机钻取基础底下或侧面的地基土使地基土产生侧向挤压变形	适用软粘土地基
	水冲掏土纠倾法	利用压力水冲时，使地基土局部掏空，增加地基土的附加应力，加剧变形	适用于砂性土地基或具有砂垫层的基础
	人工掏土纠倾法	进行局部取土，或挖井、孔取土，迫使土中附加应力局部增加，加剧土体侧向变形	适用于软粘土地基
顶升纠倾	砌体结构顶升纠倾法	通过结构墙体的托换梁进行抬升	适用于各种地基土、标高过低而需整体抬升的砌体建筑物
	框架结构顶升纠倾法	在框架结构中设托换牛腿进行抬升	适用于各种地基土、标高过低而需整体抬升的框架结构建筑
	其他结构顶升纠倾法	利用结构的基础作反力对上部结构进行托换抬升	适用于各种地基土、标高过低而需整体抬升

续表1

类别	方法名称	基本原理	适用范围
顶升纠倾	压桩反力顶升纠倾法	先在基础中压足够的桩，利用桩竖向力作为反力，将建筑物抬升	适用于较小型的建筑物
	高压注浆顶升纠倾法	利用压力注浆在地基土中产生的顶托力将建筑物顶托升高	适用于较小型的建筑和筏形基础

9.2 迫降纠倾

9.2.1 迫降纠倾是通过人工或机械的办法来调整地基土体固有的应力状态，使建筑物原来沉降较小侧的地基土局部去除或土体应力增加，迫使土体产生新的竖向变形或侧向变形，使建筑物在短时间内沉降加剧。这些方法，一般分为基底附近的处理及深层4～5m以下处理，还有外荷载引起的附加应力法三种。

9.2.2 迫降纠倾的设计难以用一种模式进行，它与建筑物特点、地质情况、采用的迫降方法等有关，因此迫降的设计应围绕几个主要环节进行：确定各个部位迫降量，安排迫降顺序、位置、范围，制定实施计划，根据选择的方法，编制操作规程，做到有章可循，否则盲目施工往往失败或达不到预期的效果。

9.2.3 迫降纠倾是一种动态设计信息化施工方法，因此沉降观测是极其重要的，同时观测结果应反馈给设计，以调整设计，指导施工，这就要求设计施工紧密配合。

9.2.4 基底掏土纠倾法是在基础底面以下进行掏挖土体，削弱基础下土体的承载面积迫使沉降，其特点是可在浅部进行处理，机具简单，操作方便。人工掏土法早在60年代初期就开始使用，已经处理了相当多的多层倾斜建筑。水冲掏土法则是80年代才开始应用研究，它主要利用压力水泵代替人工，逐步走向机械化。

该法直接在基础底面下操作，通过掏冲带出部分土体，因此对匀质土比较适用，施工时应控制掏土槽的宽度及位置是非常重要的，也是掏土迫降效果好坏或成败的关键。

9.2.5 井式纠倾法是利用井（孔）在基础下一定深度范围内进行排土、冲土，一般包括人工挖孔桩、沉井两种。井壁有钢筋混凝土壁、混凝土孔壁，为确保施工安全，对于软土或砂土地基应先试挖成井，方可大面积开挖井（孔）施工。

井式纠倾法可分为两种：一种是通过挖井（孔）排土、抽水直接迫降，这种在沿海软土地区比较适用；另一种是通过井（孔）辐射孔进行射水掏冲土迫降。可视土质情况选择。

井（孔）一般是设置在建筑物周边，沉降较小侧多布，沉降较大侧少布或不布。建筑的宽度比较大时，井（孔）也可设置在室内，每开间设一个井（孔），可根据不同的迫降量布置辐射孔。

9.2.6 钻孔取土纠倾法是通过机械钻孔取土成孔，依靠钻孔所形成的临空面，使土体产生侧向变形形成淤孔，反复钻孔取土使建筑物下沉。

9.2.7 堆载纠倾法适用于小型工程且地基承载力比较低的土层条件，对大型工程项目一般不适用，此法常与其它方法联合使用。

9.2.8 人工降水纠倾法适用的地基土主要取决于降水的方法，当采用真空法或电渗法时，也适用于淤泥土，但在既有建筑邻近使用应慎重，若有当地成功经验时也可采用。

9.2.9 地基部分加固纠倾法，实际上是对沉降大的部分采用地基托换补强，使其沉降减少，而沉降小的一侧仍继续下沉，这样慢慢地调整原来的差异沉降。这种方法一般用于差异沉降不大的建筑物纠倾。

9.2.10 浸水纠倾法是利用湿陷性黄土遇水湿陷的特性对建筑物进行纠倾的，为了确保纠倾安全，必须通过系统的现场试验确定各项设计、施工参数，施工过程中应设置监测系统以及必要的防护措施，如预设限沉的桩基等。

9.3 顶升纠倾

9.3.1、9.3.2 顶升纠倾是通过钢筋混凝土或砌体的结构托换加固技术（或利用原结构）将建筑物的基础和上部结构沿某一特定的位置进行分离，采用钢筋混凝土进行加固、分段托换、形成全封闭的顶升托换梁（柱）体系。设置能支承整个建筑物的若干个支承点，通过这些支承点的顶升设备的启动，使建筑物沿某一直线（点）作平面转动，即可使倾斜建筑物得到纠正。若大幅度调整各支承点的顶高量，即可提高建筑物的标高。

顶升纠倾过程是一种基础沉降差异快速逆补偿过程，也是地基附加应力瞬时重新分布的过程，使原沉降较小处附加应力增加。实践证明，当地基土的固结度达80%以上，基础沉降接近稳定时，可通过顶升纠倾来调整剩余不均匀沉降。

顶升纠倾法是根据以上基本原理，仅对沉降较大处顶升，而沉降小处则仅作分离及同步转动，其目的是将已倾斜的建筑物纠正，该法适用于各类倾斜建筑物。

顶升纠倾已在福建、浙江、广东等省市应用，成功实例超过100例，最大的顶升高度达到240cm，最高的建筑物为7层，最大建筑面积为3600m²。这已足以证明顶升纠倾技术是一种可靠的技术，但如何正确使用却是问题的关键。某工程公司承接了一栋三层住宅的顶升纠倾，由于施工未能遵循一般的规律，顶升施工作用与反作用力，即基础梁与托换梁这对关系不具备，顶升机具没有足够的安全储备和承托垫块无法提供稳定性等原因造成重大的工程事故。为此采用顶升纠倾必须遵循下列原则：

1 为确保顶升的稳定性，本规范规定顶升纠倾最大顶升高度不宜超过 80cm。

2 顶升设备数量与总荷载之间必须有 1.88 的安全储备，即顶一座 30000kN 的建筑需要 300kN 的千斤顶 188 台。

3 托换梁（柱）体系应是一套封闭式的钢筋混凝土结构体系。

4 顶升是在钢筋混凝土梁柱之间进行，因此顶升梁及底座都应该是钢筋混凝土的整体结构。

5 顶升的支托垫块必须是钢板混凝土块或钢垫块，具有足够的强度及平整度。且是组合装配的工具式垫块，可抵抗水平力。顶升过程中保证上下顶升梁及千斤顶。垫块有不少于 30％支点可连成一整体。

顶升量的确定应包括三个方面：

1 纠正建筑物倾斜所需各点的顶升量，可根据不同倾斜率及距离计算。

2 使用要求需要的整体顶升量。

3 过纠量。考虑纠正以后建筑物沉降尚未稳定还有少量的倾斜，则可通过超量的纠正来调整最终的垂直度。这个量应通过沉降计算确定，要求超过的纠倾量或最终稳定的倾斜应满足国家现行的《建筑地基基础设计规范》GBJ 7 的要求，当计算不能满足时，则应进行地基基础加固。

9.3.3 砌体结构建筑的荷载是通过砌体传递的。根据顶升的技术特点，顶升时砌体结构的受力特点相当于墙梁作用体系或将托换梁上的墙体视为无限弹性地基，托换梁按支座反力作用下的弹性地基梁设计。

考虑协同工作的差异，顶升梁的支座计算距离可按图 3 所示选取。

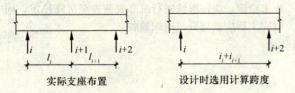

图 3 计算跨度示意

9.3.4 框架结构荷载是通过框架柱传递的，顶升力应作用于框架柱下，但是要将框架柱切断，首先必须增设一个能支承整体框架柱的结构体系，这个结构托换体系就是后设置的牛腿及连系梁共同组成的。

纠倾前建筑已出现倾斜，结构的内力有不同程度的变化，断柱时结构的内力又将发生改变，因此设计时应对各种状态下的结构内力进行验算。

9.3.5~9.3.6 砌体结构进行顶升托换梁施工前，必须在分段长度内每 0.5m 先开凿一个小洞，设置一个钢筋混凝土芯垫（芯垫小于主筋的距离，一般厚度为 240mm 墙，芯垫断面为 120mm×120mm×梁高，强度等级为 C30），1.5m 长段设置 2 个芯垫，用高强度等级水泥砂浆塞满。待达到一定强度后开始该段的开凿施工，预留搭接钢筋向两边凿槽外伸，且相邻墙段应间隔进行，并每段长不超过开间墙段的 $\frac{1}{3}$，门窗洞口位置保证连系不得中断。

框架结构建筑的施工应先进行后设置牛腿、连系梁及千斤顶下支座的施工，由于凿除结构柱的保护层，露出部分主筋，因此一定要间隔进行，待托换梁（柱）体系达到强度后再进行相邻柱的施工。当全部托换完成并经过试顶后，确定承载力满足设计要求，方可进行断柱施工，断筋必须在顶升前一小时进行。

顶升前应对顶升点进行试顶试验，试验的抽检数量不少于 20％，试验荷载为设计值的 1.5 倍，可分五级施工，每级历时 1~2min 并观测顶升梁的变形情况。

每次顶升最大值不超过 10mm，主要考虑到位置的先后对结构的影响，按结构允许变形 0.003~0.005l 来限制顶升量。

若千斤顶的最大间距为 1.2m，则结构允许变形为（0.003~0.005）×1200＝3.6~6.0mm。

当顶升到位的先后误差为 30％时，变形 3mm＜3.6mm。

基于上述原因，力求协调一致，因此强调统一指挥系统，千斤顶同步工作。当有条件采用电器自动化控制全液压机械顶升，则可靠度更高。

顶升到位后应立即进行连接，因为此时整体建筑靠支承点支承着，若是有地震等的影响会出现危险，所以应尽量缩短这种不利时间。

9.4 移 位

9.4.1 移位包括平移和转动。由于市政道路扩建、场地的用途改变或兴建地下建筑需要建筑物搬迁移位或转动一定的角度。有的大幅度移位搬到新的地方，有的则仅作少量的移位或转动，为了减少拆除重建或保护文物古迹及既有建筑的原貌，均可采用移位技术。目前移位技术可用于一般多层建筑同一水平位置的搬移，对大幅度改变其标高（如上坡或下坡）等不适用。

9.4.2 移位所涉及的建筑结构及地基基础问题比其它专业技术要重要得多，因此要求在移位方案制定前应先通过搜集资料、补充计算验算、补充勘察等来取得有关资料。

9.4.3 建筑移位将改变原地基基础的受力状态，经验算后若不能满足移位过程或移位后的要求，则应进行地基基础加固，可选用本规范第 6 章有关加固方法。

9.4.4 移位的设计包括下列内容：

1 结构设计

结构设计主要指承托既有建筑移位的整体结构的托换梁系，即移位建筑的上轨道梁系及承担整体结构行走过程中的基础，即下轨道梁系。如图4所示。

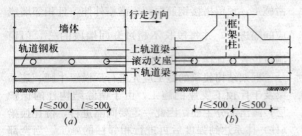

图4 上、下轨道及滚动装置示意
(a) 砌体结构；(b) 框架结构

上轨道梁系一般应通过钢筋混凝土托换来形成，设计方法可按本章9.3节有关规定，但移位不可能所有的墙体或柱都直接支承于轨道梁，有时要通过梁来传递，因此轨道梁的受力要比顶升梁大，但支座的跨度可比顶升时跨度小。

下轨道梁系应首先考虑基础梁的利用，因其受力状态改变，因此应重新验算，当强度不能满足时，可加固补强，当移位建筑移出基础外时则应重新设计下轨道梁基础，并应注意新旧基础的差异沉降问题。

2 地基设计

移位的地基设计，包括三种情况：大幅度移位过程路线的地基设计，即满足建筑物行进过程中不出现不均匀沉降或过大的沉降，因此要求按永久性设计，而地基承载力设计值可考虑提高1.25倍；另一种是小量移位则应考虑新旧基础交错的协调工作；第三种是移位就位后的地基设计，应按新建工程进行设计，同时应注意这一新建工程荷载是一次性到位。

3 滚动支座的设计

滚动支座的间距与支座本身的受力及上下轨道梁的设计有直接关系，设计时应综合考虑，一般间距0.5~0.8m。滚动支座可采用实心钢棒或钢管混凝土。

使用前应根据支座受力的大小进行试验室的试压试验，上下轨道及支座均应是型钢或钢板。

为保证滚动过程中支座不产生过大的变位，应要求每个滚动支座限制于上轨道梁的一定范围内。

4 移动装置的设计

牵引式移动装置主要用大吨位卷扬机配滑轮组来满足拉力要求，牵引式必须提供较大的锚拉力。

推顶式移动装置主要用千斤顶或者行程较大的液压油缸，它可利用原建筑基础作反力。

9.4.5 移位施工的关键是上、下轨道梁的施工，上轨道托换梁系施工可参照顶升托换梁的施工方法及施工要求。

托换梁系施工时，应同时进行上、下轨道钢板及滚动支座的施工，轨道的平整及水平是移位行走顺利的关键，因此施工时应严格控制，一旦上下轨道施工完后，滚动系统即形成。

移位是一项难度比较大的工作，因此每道工序都要严格把关，严格质量检验。施工前应该有周密的组织计划，健全的管理机制，同时要设立各种监测项目，保证信息的准确，并及时反馈指导施工。

移位所需的牵引力或推顶力是根据摩擦系数及结构总荷载来求得，与实际施加的力尚有一定的误差，为确保移位的顺利进行，移位施加的力应从小到大，因此就需要准确测定移位所需的水平力。

为保证建筑物行走稳当，应控制滚动的速率，并不出现加速，以免出现危险，同时应设置限制滚动的装置。

移动到达设计位置时，应组织检验是否符合设计要求，如位置是否准确、有无倾斜现象，以及连接的部位是否对齐等，确认合格后应立即进行结构的连接，并分段浇筑混凝土，因为在上下分离的情况下，若遇有地震等影响就会出现危险，因此越早连接越好。

9.4.6 建筑物位置改变后，在新的地基条件下变形尚未稳定，应该继续进行沉降观测直至沉降稳定，同时完工后应整理资料组织验收。

8

其他
（给水排水·人防·幕墙·屋面）

8

（含水、非水溶入剂
・幕胶・星面）

其他

中华人民共和国国家标准

给水排水工程构筑物结构设计规范

GB 50069—2002

条 文 说 明

目 次

1 总则 …………………………… 8—1—3
2 主要符号 ……………………… 8—1—3
3 材料 …………………………… 8—1—3
4 结构上的作用 ………………… 8—1—4
5 基本设计规定 ………………… 8—1—5
6 基本构造要求 ………………… 8—1—8
附录 A 钢筋混凝土矩形截面处于受弯或大偏心受拉（压）状态时的最大裂缝宽度计算 …… 8—1—8

1 总　　则

1.0.1～1.0.5 主要是针对本规范的适用范围，给出了明确规定。同时明确了本规范的修订系遵照我国现行标准《工程结构可靠度设计统一标准》GB 50153—92进行的，亦即在结构设计理论模式和方法上，统一采用了以概率理论为基础的极限状态设计方法。

针对适用范围，主要从工程性质、结构类型以及和其他规范的关系等方面，做出了明确规定。其考虑与原规范 GBJ 69—84 是一致的，只是排除了有关地下管道结构的内容。

1 工程性质

在《总则》中，阐明了本规范系适用于城镇公用设施和工业企业中的一般给水排水工程设施的构筑物结构设计，排除了某些特殊工程中相应设施的结构设计。主要是考虑到给水排水工程作为生命线工程的重要内容，涉及面较广，除城镇公用设施外，各行业情况比较复杂，在安全性和可靠度要求方面会存在不同要求，本规范很难概括。遇到这种情况，可以不受本规范的约束，可以按照某特定条件的要求，另行拟订设计标准，当然也不排除很多技术问题可以参照本规范实施。

2 结构类型

关于结构类型，在大量的给水排水工程构筑物中，主要是采用混凝土结构（广义的，包括钢筋混凝土和预应力混凝土结构），只是在一些小型的工程中，限于经济条件和地区条件，也还采用砖石结构。自20世纪60年代开始，通过对已建工程的总结，明确了贮水或水处理构筑物以及各种位于地下、水下的防水结构，采用砌体结构很难做到很好地符合设计使用标准，在渗、漏水方面难能完善达标；同时在工程投资上，采用砌体结构并无可取的经济效益（各部位构件截面加大、附加防水构造措施等）。另外，在砌体结构的静力计算方面，也存在一定的问题。在给水排水工程的构筑物结构中，多为板、壳结构，其受力状态多属平面问题，甚至需要进行空间分析，这就有别于一般按构件的计算，需要涉及砌体的双向受力的力学性参数，对不同的砌体材料如何合理可靠地确定，目前尚缺乏依据。如果再考虑为提高砌体的防水性能，采用浇筑混凝土夹层等组合结构，此时将涉及两者共同工作的若干力学参数，情况将更为复杂，尚缺乏可资总结的可靠经验。反之，如果不考虑这些因素，完全按照杆件结构分析，则构件的截面厚度将大为增加，与工程实际条件不符，规范这样处理显然将是不恰当的。

据此，本规范明确了对于给水排水工程中的贮水或水处理构筑物、地下构筑物，一般宜采用混凝土结构，仅当容量较小时可采用砌体结构。此时砌体结构的设计，可根据各地区的实践经验，参照混凝土结构的有关规定进行具体设计。

3 本规范与其他规范的关系

在《总则》中明确了本规范与其他规范的关系。

本规范属于专业规范的范畴，其任务是解决有关给水排水工程中有关构筑物结构设计的特定问题。因此对于有关结构设计的可靠度标准、荷载标准、构件截面设计以及地基基础设计等，均就根据我国现行的相关标准、规范执行，例如《砌体结构设计规范》、《混凝土结构设计规范》、《建筑地基基础设计规范》等。本规范主要是针对一些特定问题，作了补充规定，以确保给水排水工程中构筑物的结构设计，达到技术先进、安全适用、确保质量的目标。

此外，本规范还明确了对于承受偶遇作用或建造在特殊地基上的给水排水工程构筑物的结构设计（例如地震区的强烈地面运动作用、湿陷性黄土地区、膨胀土地区等），应遵照我国现行的相关标准、规范执行，本规范不作引入。

2 主要符号

2.0.1～2.0.4 主要针对有关给水排水工程构筑物结构设计中一些常用的符号，做出了统一规定，以供有关给水排水工程中各项构筑物结构设计规范中共同遵照使用。

本规范中对主要符号的统一规定，系依据下列原则：

1 一般均按《建筑结构设计术语和符号标准》GB/T 50083—97 的规定采用；

2 相关标准、规范已采用的符号，在本规范中均直接引用；

3 在不与上述一、二相关的条件下，尽量沿用原规范已用符号。

3 材　　料

3.0.1 这一条是针对贮水或水处理构筑物、地下构筑物的混凝土强度等级提出了要求，比之原规范要求稍高。主要是根据工程实践总结，一般盛水构筑物或地下构筑物的防渗，以混凝土的水密性自防水为主，这样满足承载力要求的混凝土等级，往往与抗渗要求不协调，实际工程用混凝土等级将取决于抗渗要求；同时考虑到近几年来的混凝土制筑工艺，多转向商品化、泵送，加上多生产高标号水泥，导致实际采用的混凝土等级偏高。据此，规范修订时将混凝土等级结合工程实际予以适当提高，以使在承载力设计中能够获得充分利用，避免相互脱节。

3.0.2 本条内容与原规范的提法是一致的，只是将离心悬辊工艺的混凝土等有关要求删去，因为这种混凝土成型工艺在给水排水工程中，仅在管道制作中应用，所以这方面的内容将列入《给水排水工程管道结构设计规范》中。

3.0.3 关于构筑物混凝土抗渗的要求，与原规范的要求相同，以构筑物承受的最大水头与构件混凝土厚度的比值为指标，确定应采用的混凝土抗渗等级。原规范考虑了国内施工单位可能由于试验设备的限制，对混凝土抗渗等级的试验会产生困难，从而给出了变通做法，在修订时本条删去了这一内容。主要是在实施中了解到一般正规的施工单位都拥有试验设备，不存在试验有困难；而一些承接转包的非正规施工单位，不但无试验设备，而且技术力量较弱，施工质量欠佳。为此在确保混凝土的水密性问题上，应从严要求，一概通过试验核定混凝土的配比，可靠保证构筑物的防渗性能。

3.0.4、3.0.7、3.0.8 条文保持原规范的要求。其内容主要从保证结构的耐久性考虑，混凝土内掺加氯盐后将形成氯化物溶液，增强其导电性；加速产生电化学腐蚀，严重影响结构耐久性。

这方面在国外有关标准中都有类似的规定。例如《英国贮液构筑物实施规范》（BS 5337—1976）中，对混凝土的拌合料及其他掺合料就明确规定："不得使用氯化钙或含有氯化物的拌合料，其他掺合料仅在工程师许可时方可应用"；日本土木学会1977年编制的《日本混凝土与钢筋混凝土规范》，在第二十一章"冬季混凝土施工"中，同样也明确规定："不得采用食盐或其他药剂，借以降低混凝土的冻结温度"。

3.0.5 这一条内容是根据近几年来工程实践反映的问题而制订的，主要是防止混凝土在潮湿土在潮湿环境下产生异常膨胀而导致破坏。这种异常膨胀来源于水泥中的碱与活性骨料发生化学反应形成，因此条文引用了《混凝土碱含量限值标准》（CECS 53：93），对控制混凝土中的碱含量和选用非活性骨料作出规定。这个问题在国外早已引起重视，英、美、日、加拿大等国均对此进行过大量的研究，并据此提出要求。我国 CECS 53：93 拟订的标准，即系在参照国外研究资料的基础上进行的。

3.0.6 本条与抗渗等级相似，用以控制混凝土必要的抗冻性能，采用抗冻等级多年来已是国内行之有效的方法。结合原规范 GBJ 69—84 实施以来，反映了对一般贮液构筑物规定的抗冻等级偏低，在实际工程中尤其是应用商品混凝土的水灰比偏高时，出现了混凝土抗冻不足而酥裂现象，同时也反映了构筑物阳面冻融条件的不利影响，为此在这次修订时适当提高了混凝土的抗冻等级。

3.0.9 原规范 GBJ 69—84 中有此内容，但系以附注的形式给出。在这次修订时，结合工程实际应用情况予以独立条文明确。主要是强调了对有水密性要求的混凝土，提出了选择水泥材料品种的要求。从结构耐久性考虑，普通硅酸盐水泥制作的混凝土，其碳化平均率最低，较之其他品种的水泥对保证结构耐久性更有利，按有关研究资料提供的数据如表3.0.9所示。

表3.0.9 各种水泥品种混凝土的相对平均碳化率

水泥品种	普通水泥	矿渣水泥	火山灰水泥	粉煤灰水泥
碳化平均率	1	1.4	1.7	1.9

3.0.10 关于混凝土材料热工系数的规定，与原规范 GBJ 69—84 是一致的，本次修订时仅对各项系数的计量单位，按我国现行法定计量单位作了换算。

3.0.11 本文内容保持原规范的要求。主要是针对砌体材料提出了规定，对砌体的砌筑砂浆强调应采用水泥砂浆，考虑到白灰系属气硬性材料，用于高湿度环境的结构不妥，难能保证达到应有的强度要求。对于砂浆的强度等级条文未作具体规定，但从施工砌筑操作要求，一般不宜低于 M5，即使用 M5 其和易性仍然是比较差的，习惯上均沿用不低于 M7.5 相当于水灰比 1:4 较为合适，本规范给予适当提高，规定采用 M10，以使与《砌体结构设计规范》协调一致。

4 结构上的作用

4.1 一般规定

4.1.1 本条是针对给水排水工程构筑物常遇的各种作用，根据其性质和出现的条件，作了区分为永久作用和可变作用的规定。

其中，关于构筑物内的盛水压力，本条规定按永久作用考虑。这对滤池、清水池等构筑物的内盛水情况是有差别的，这些池子在运行时水位不是没有变化的，但出现最高水位的时间要占整个设计基准期的2/3以上，同时其作用效应将占90%以上，对壁板甚至是100%，因此以列为永久性作用为宜。至于其满足可靠度要求的设计参数，可根据工程经验校核获得，与原规范要求取得较好的协调。

4.1.2～4.1.4 主要对作用中有些荷载的设计代表值、标准值、相关标准、规范中已作了规定，本规范中不再另订，应予直接引用。

4.2 永久作用的标准值

4.2.2 对于电动机的动力影响，保持了原规范的要求，主要考虑在给水排水工程中应用的电动机容量不大，因此可简化为静力计算。

4.2.3 本条对作用地下地构筑物上的竖向土压力计算做出了规定。

原规范 GBJ 69—84 中给出的计算公式，经工程实践证明是适宜的。其中竖向土压力系数 n_s 值，原规范按不同施工条件给出，主要是针对地下管道上的竖向土压力。这次修订时在编制内容上将构筑物与地下管道分别制订，因此 n_s 值一般应为 1.0，当遇到狭长型构筑物即其长宽比大于 10 时，竖向土压力可能出现与地下管道这种线状结构相类似的情况，即将由于沟槽内回填沉陷不均而在构筑物顶部形成竖向土压力的增大。

4.2.4 条文对地下构筑物上的侧土压力计算作了规定。主要是保持了原规范的计算公式，按回填土的主动土压力考虑，并按习惯上使用的朗金氏主动土压计算模式给出，应用较为方便。

土对构筑物形成的压力，可以有主动土压力、静止土压力、被动土压力三种情况。被动土压力的产生，相当于土体被动受到挤压而达到极限平衡状态，这实际上要求构筑物产生较大的侧向位移，在工程上一般是不允许的，即使对某些结构（拱结构的支座、顶进结构的后背等）需要利用被动土压力时，也经常留有足够的余度，避免结构产生过大的侧移。静止土压力相当于结构和土体都不产生任何变形的情况，这在一般施工条件下是不成立的。同时工程实践也同上述的古典土压力理论模式有差别，结构物外侧的土体并非半无限均匀介质，而是基槽回填土。一般回填土的密实度要差一些，即使回填土的密实度良好，试验证明其抗剪强度也低于原状土，主要在于土的结构内聚力消失，不能在短时期内恢复。因此基槽内回填土内形成主动极限平衡状态，并不真正需要结构物沿土压方向产生位移或转动，安全可以由于结构物外侧土体的抗剪强度不同而自行向结构物方向的变形，很多试验已证明这种变形不需很显著，即可使土体达到主动极限平衡状态，对构筑物形成主动土压力。

条文对位于地下水位以下的土压力计算，做出了具体规定：对土的重度取有效重度，即扣去浮力的作用；除计算土压力外，还应另行计算地下水的静水压力，即认为在地下水位以下的土体中存在连续的自由水，它们在一般压力下可视作不可压缩的，因此其侧压力系数应为 1.0。这种计算原则为国内、外极大多数工程技术人员所采用。例如日本的《预应力混凝土清水池标准设计书及编制说明》中，对土压力计算的规定为："用朗金公式计算作用在水池上的土压力。如水池必须建在地下水位以下时，除用浮容重外，还要考虑水压力"。我国高教部试用教材《地基及基础》（1980 年，华南工学院、南京工学院主编和天津大学、哈尔滨建工学院主编的两本）中，亦均介绍了按这一原则的计算方法。

针对位于地下水位以下的土压力计算问题，有些资料介绍了直接取土的饱和容重乘以侧压力系数计算；也有些资料认为水压力可只计算土内孔隙部分的水压力等。应该指出这些方法都是不妥的，前者忽略了土中存在自由水，其泊桑系数为 0.5，相应的侧压系数为 1.0，后者将自由水视作在土体中不连续，这是缺乏根据并且也与水压力的计算和分布相矛盾的。同时必须指出这两种计算方法均减少了静水压力的实际数值，实质上导致降低了结构的可靠度。

4.2.5 针对沉井结构上的土压力计算，条文的规定与原规范的要求是一致的。沉井在下沉过程中不可能完全紧贴土体，因此周围土体仍将处于主动极限平衡状态，按主动土压力计算是恰当的，只是土的重度应按天然状态考虑。

4.2.6 本条系关于池内水压力的计算规定。只是明确了表面曝气池内的盛水压力，应考虑水面波动影响，实际上可按池壁齐顶水压计算。

4.3 可变作用标准值、准永久值系数

本节内容中关于作用标准值的采用，均保持了原规范的规定，仅作了以下补充：

1 对地表水和地下水的压力，提出应考虑的条件，即地表水位宜按 1‰ 频率统计确定，地下水位则根据近期变化及补给发展趋势确定。同时规定了相应的准永久值系数的采用。这些规定主要是保证结构安全，避免在 50 年使用期由于地表水或地下水的压力变化，导致构筑物损坏。

2 对于融冰压力的准永久值系数，按不同地区分别作了规定。东北地区和新疆北部气温低、冰冻期长，因此准永久值系数取 0.5，而我国其他地区冰冻期短，相应的准永久值系数可取零。

3 对于温、湿度变化作用，暴露在大气中的构筑物长年承受，只是程度不同，例如冬、夏季甚于春、秋，并且冬季以温差为主，温差影响很小，夏季则相反，保温、湿度作用总是存在的，因此条文规定相应的准永久值系数可取 1.0 计算。

5 基本设计规定

5.1 一般规定

5.1.1、5.1.2 本条明确规定这次修订的规范系采用以概率理论为基础的极限状态设计方法。并规定了在结构设计中应考虑满足承载能力和正常使用两种极限状态。

对于给水排水工程的各种构筑物，主要是处于盛水或潮湿环境，因此防渗、防漏和耐久性是必须考虑的。满足正常使用要求时，控制裂缝开展是必要的，对于圆形构筑物或矩形构筑物的某些部位（例如长壁水池的角隅处），其受力状态多属轴拉或小偏心受拉，即整个截面处于受拉状态，这就需要控制其裂缝出现；更多的构件将处于受弯，大偏心受力状态，从耐久性要求，需要限制其裂缝开展宽度，防止钢筋锈蚀影响构筑物的使用年限，这里也包括混凝土的抗渗、抗冻以及钢筋保护层厚度等要求。另外，在某些情况下，也需要控制构件的过大变位，例如轴流泵电机层的支承结构，变位过大时将导致传动轴的寿命受损以及能耗增加、功效降低。

5.1.3 本条规定了对各种构筑物进行结构内力分析时的要求。主要是根据给水排水工程中构筑物的正常运行特点，从抗渗、耐久性的要求，不允许结构内力达到塑性重分布状态，明确按内力处于弹性阶段的弹性体系进行结构分析。

5.1.4～5.1.8 条文主要明确与相应现行设计规范的衔接。同时规定了一般给水排水工程中的各种构筑物，其重要性等级应按二级采用，当有特殊要求时，可以提高等级，但相应工程投资将增加，应报工程主管部门批准。

5.2 承载能力极限状态计算规定

5.2.1、5.2.2 条文按我国现行规范《建筑结构可靠度设计统一标准》GB 50068—2001、《工程结构可靠度设计统一标准》GB 50153 的规定，给出了设计表达式。其中有关结构构件抗力的设计值，明确应按相应的专业结构设计规范规定的值采用。

1 对于作用分项系数的拟定，这次修订中尚缺乏足够的实测统计数据，因此主要还以工程校核法确定，即以原规范 GBJ 69—84 行之有效的作用效应为基础，使修订后的作用效应能与之相接轨。

对于结构自重的分项系数，均按原规范的单一安全系数，通过工程校核，维持原水准确定，即取 1.20 采用。

考虑到在给水排水工程中，不少构筑物的受力条件，均以永久作用为主，因此对构筑物内的盛水压力和外部土压力的作用分项系数，均规定采用 1.27，以使与原规范的作用效应衔接。

按原规范 GBJ 69—84，盛水压力取齐顶计算时，安全系数可乘以附加安全系数 0.9。当以受弯构件为例时，安全系数 $K=0.9 \times 1.4=1.26$。此时可得：

$$1.26 M_G = \mu b h_0^2 \left(1 - \frac{\mu R_g}{2 R_w}\right) R_g \quad (5.2.2\text{-}1)$$

式中 M_G——永久作用盛水压力的作用效应；
  μ——构件的截面受拉钢筋配筋百分率；
  b——构件截面的计算宽度；
  h_0——构件截面的计算有效高度；
  R_g——受拉钢筋的抗拉强度设计值；
  R_w——混凝土的弯曲抗压强度设计值。

按 GBJ 10—89 计算时，可得

$$\gamma_G M_G = \rho b h_0^2 \left(1 - \frac{\rho f_y}{2 f_{cm}}\right) f_y \quad (5.2.2\text{-}2)$$

式中 ρ、f_y、f_{cm} 同 μ、R_g、R_w。

如果令 $\mu=\rho$ 时，可得分项系数 γ_G 为：

$$\gamma_G = \frac{1.2 b f_y \left(\frac{\rho f_y}{2 f_{cm}}\right)}{R_g \left(1 - \frac{\mu R_g}{2 R_w}\right)} \quad (5.2.2\text{-}3)$$

以 200# 混凝土、II 级钢为例，则：
$R_g = 340 \text{N/mm}^2$；$R_w = 14 \text{N/mm}^2$；
$f_y = 310 \text{N/mm}^2$；$f_{cm} = 10 \text{N/mm}^2$。

代入式（5.2.2-3）可得：

$$\gamma_G = \frac{390.6(1 - 15.50\rho)}{340(1 - 12.14\rho)} \quad (5.2.2\text{-}4)$$

在不同的 ρ 值下的变化如表 5.2.2 所示。

表 5.2.2 ρ-γ_G 表

ρ (%)	0.2	0.4	0.6	0.8	1.0	1.2
γ_G	1.140	1.133	1.124	1.115	1.105	1.095

如果盛水压力取设计水位，相应单一安全系数 $K=1.4$ 时，上表 5.2.2 内 $\rho=0.2\%$ 时的 $\gamma_G=1.27$。此值不仅对受弯构件，对轴拉、偏心受力、受剪等构件均可适用。

当构件同时承受永久作用和可变作用时，仍以受弯构件为例，此时按原规范：

$$K(M_G + M_Q) = \mu b h_0^2 (1 - \mu R_g / 2 R_w) R_g$$
$$(5.2.2\text{-}5)$$

按 GBJ 10—89：

$$\gamma_G M_G + \gamma_Q M_Q = \rho b h_0^2 \left(1 - \frac{\rho f_y}{2 f_{cm}}\right) f_y$$
$$(5.2.2\text{-}6)$$

令 $\eta = M_Q / M_G$，则

$$K(M_G + M_Q) = K(1 + \eta) M_G$$
$$\gamma_G M_G + \gamma_Q M_Q = (\gamma_G + \eta \gamma_Q) M_G$$

$$\frac{(\gamma_G + \eta \gamma_Q)}{K(1+\eta)} = \frac{f_y \left(1 - \frac{\rho f_y}{2 f_{cm}}\right)}{R_g \left(1 - \frac{\mu R_g}{2 R_w}\right)} \quad (5.2.2\text{-}7)$$

以式（5.2.2-3）代入式（5.2.2-7）可得：

$$\gamma_Q = \frac{(1+\eta)\gamma_G - \gamma_G}{\eta} = \gamma_G \quad (5.2.2\text{-}8)$$

以工程校核前提来看，式（5.2.2-8）是符合式（5.2.2-5）的。γ_G 值是随配筋率 ρ 而变的，对给水排水工程中的板、壳结构，ρ 值很少超过 1%，因此取 $\gamma_G=1.27$ 与原规范相比，不会带来很大的出入，一般都在 3% 以内，稍偏于安全。但考虑与《工程结构可靠度设计统一标准》（GB 50153）相协调，条文对 γ_Q 仍取 1.40，并与组合系数配套使用。

2 对于地下水或地表水压力的作用分项系数，考虑到很多情况是与土压力并存的，并且对构筑物壁板的作用效应是主要的，一般应为第一可变作用，因此可与土压力计算相协调，取该项系数 $\gamma_Q=1.27$，方便设计应用（可由受水位变动引起土、水压力同时变动）。

3 关于组合系数 ψ_c 的取值，同样根据工程校核的原则，为此取 $\gamma_Q=1.4$，$\psi_c=0.9$，最终结果符合上述式（5.2.2-8），与原规划协调一致。仅当可变作用只有一项温、湿度变化时，相应的可变作用效应比原规范提高了 1.10 倍，这是考虑到温、湿度变化在实践中往往难以精确计算，也是结构出现裂缝的主要

因素，为此适当地提高应该认为需要的。同样，对水塔设计中的风荷载，保持了原规范中的考虑，适当提高了要求。

4 关于满足可靠度指标的要求，上述换算系通过原规范依据的《钢筋混凝土结构设计规范》TJ 10—74 与其修编的《混凝土结构设计规范》GBJ 10—89 对此获得，基于后者是满足要求的，因此也可确认换算后的各项系数，同样可满足应具备的可靠度指标。

5.2.3 关于构筑物设计稳定抗力系数的规定

构筑物的稳定性验算，包括抗浮、抗滑动和抗倾覆，除抗浮与地下水有关外，后两者均与地基土的物理力学性参数直接相关。目前在稳定设计方法方面，尚很不统一，尽管在《建筑结构设计统一标准》GB 50068、《工程结构设计统一标准》GB 50153—92 及《建筑结构荷载规范》GB 50009 中，规定了稳定性验算同样按多系数极限状态进行，但现行的《建筑地基基础设计规范》GB 50007，仍采用单一抗力系数的极限状态设计方法。对此考虑到原规范 GBJ 69—84 给出的验算方法，亦以 GBJ 7 为基础，并且地基土的物理力学性参数的统计资料尚不完善，因此在这次修订时仍保持原规范 GBJ 69—84 的规定，待今后条件成熟后再行局部修订，以策安全。

5.2.4 本条规定保持了原规范的要求。

5.3 正常使用极限状态验算规定

5.3.1～5.3.3 正常使用极限状态验算，包括运行要求，观感要求，尤其是耐久性（使用寿命）要求。条文对验算内容及相应的作用组合条件做出了规定：当构件在组合作用下，截面处于全截面受拉状态（轴拉或小偏心受拉）时，一旦应力超过其抗拉强度时，截面将出现贯通裂缝，这对盛水构筑物是不能允许的，对此应按抗裂度验算，限制裂缝出现，相应作用组合应按短期效应的标准组合作为验算条件；当构件在组合作用下，截面处于压弯或拉弯状态（受弯、大偏心受拉或偏心受压）时，可以允许截面出现裂缝，但需要从耐久性考虑，限制裂缝的最大宽度，避免钢筋的锈蚀，此时相应的作用组合可按长期效应的准永久组合作为验算条件。

5.3.4 关于构件截面最大裂缝宽度限值的规定。

条文基本上仍采用了原规范 GBJ 69—84 的规定值，因为这些限值在实践中证明是合适的。仅对沉井结构的最大裂缝限值作了修订，主要考虑到原规范仅对沉井的施工阶段作用效应作了规定，允许裂宽偏大，这样对使用阶段来说不一定是合适的，因此这次修订时与其他构筑物的衡量标准协调一致，允许裂宽适当减小，确保结构的使用寿命。

5.3.5 本条对于泵房内电机层的支承梁变形限值，维持原规范 GBJ 69—84 的要求，实践证明它对保证电机正常运行、节约耗电是适宜的。

5.3.6 条文对正常使用极限状态给出了作用效应计算通式。结合给水排水工程的具体情况，考虑了长期作用效应和短期作用效应两种计算式，分别针对构件不同的受力条件，与本节 5.3.2 及 5.3.3 的规定协调一致。

5.3.7～5.3.8 条文给出了钢筋混凝土构件处于轴心受拉或小偏心受力状态时，相应的抗裂度验算公式。条文根据工程实践经验和原规范的规定，拟定了混凝土拉应力限制系数 α_{cf} 的取值。即根据工程校准法，可通过下式计算：

$$\alpha_{ct} f_{tk} = R_f / K_f \quad (5.3.7\text{-}1)$$

式中 f_{tk}——《混凝土结构设计规范》GBJ 10—89 中的混凝土抗拉强度标准值；

R_f——《钢筋混凝土结构设计规范》TJ 10—74 中混凝土抗裂设计强度；

K_f——抗裂安全系数，取 1.25。

按 TJ 10—74，对混凝土的抗裂设计强度按 200mm 立方体试验强度的平均值减 1.0 倍标准差采用，即

$$R_f = 0.5 \mu f_{cu(200)}^{2/3} (1 - \delta_f)$$

以混凝土标号 R^b 表示，则可得

$$R^b = \mu f_{cu(200)} (1 - \delta_f)$$

$$R_f = 0.5 \left(\frac{R^b}{1-\delta_f}\right)^{2/3} (1-\delta_f)$$

$$= 0.5 (R^b)^{2/3} (1-\delta_f)^{1/3} \quad (5.3.7\text{-}2)$$

按 GBJ 10—89，试块改为 150mm 立方体（考虑与国际接轨），混凝土的各项强度标准值取其试验平均值减去 1.645 倍标准差，并统一采用量钢 N/mm²，则可得：

$$\mu f_{cu(200)} = 0.95 \mu f_{cu(150)}$$

$$f_{tk} = 0.5 (0.95 \mu f_{cu(150)})^{2/3} (0.1)^{1/3} (1 - 1.645 \delta_f)$$

$$= 0.23 \left(\frac{f_{cu,k}}{1-1.645\delta_f}\right)^{2/3} (1-1.645\delta_f)$$

$$= 0.23 f_{cu,k}^{2/3} (1-1.645\delta_f)^{1/3} \quad (5.3.7\text{-}3)$$

对于标准差 δ_f 值，当 $R^b \leq 200$；$\delta_f \leq 0.167$

$$250 \leq R^b \leq 400；\delta_f = 0.145$$

以此代入式（5.3.7-2）及式（5.3.7-3），计算结果可列于表 5.3.7 作为新、旧对比。

表 5.3.7 R_f / f_{tk} 对比表

TJ 10—74	R^b (kgf/cm²)	220	270	320	370	420
	R_f (N/mm²)	1.70	2.00	2.20	2.45	2.65
GBJ 10—89	f_{cuk} (N/mm²)	C 20	C 25	C 30	C 35	C 40
	f_{tk} (N/mm²)	1.50	1.75	2.25	2.25	2.45
R_f / f_{tk}	R_f / f_{tk}	1.13	1.14	1.10	1.09	1.08
$R_f / f_{tk} \cdot k_f$	α_{ct}	0.90	0.91	0.88	0.87	0.86

从表 5.3.7 所列 α_{ct} 的数据，在给水排水工程中混凝土的等级不可能超过 C40，为此条文规定可取 0.87 采用，与原规范的抗裂安全要求基本上协调一致。

5.3.9 本条对于预应力混凝土结构的抗裂验算，基本上按照原规范的要求。以往在给水排水工程中，对贮水构筑物的预加应力均要求设计荷载作用下，构件截面上保持一定的剩余压应力。此次修订，对预制装配结构仍保持原规范的规定，即取预压效应系数 $\alpha_{cp}=1.25$；对现浇混凝土结构适当降低了 α_{cp} 值，采用 1.15，仍留有足够的剩余压应力，应该认为对结构的安全可靠还是有充分保证的。

6 基本构造要求

本章大部分条文的内容和要求，均保持原规范 GBJ 69—84 的规定，下面仅对修订后有增补或局部修改的条文加以说明。

6.1 一般规定

6.1.2 对贮水或水处理构筑物的壁和底板厚度规定了不小于 20cm。主要是从保证施工质量和构筑物的耐久性考虑，这类构筑物的钢筋净保护层厚度不宜太小，也就决定了构件的厚度不宜太小，否则难能做好混凝土的振捣密实性，就会影响其水密性要求，并且将不利于钢筋的锈蚀，从而影响构筑物的使用寿命。

6.1.3 关于钢筋最小保护层厚度的规定

钢筋的最小保护层厚度比之原规范 GBJ 69—84 稍有增加，主要是从构筑物的耐久性考虑。钢筋混凝土结构的使用寿命通常取决于钢筋的严重锈蚀而导致破坏。钢筋锈蚀可有集中锈蚀和均匀锈蚀两种情况，前者发生于裂缝处，加大保护层厚度可以延长碳化时间，亦即对结构的使用寿命提高了保证率。

同时，对比国外标准，例如 BS 8007 是针对盛水构筑物的技术规范，对钢筋的保护层厚度最小是 40mm，比之我国标准要大一些。另外，对钢筋保护层厚度取稍大一些，有利于混凝土（钢筋与模板间）的振捣，对混凝土的水密性是有好处，也就提高了施工质量的保证率。

6.2 对变形缝和施工缝的构造要求

6.2.1 关于大型矩形构筑物的伸缩缝间距要求，原规范 GBJ 69—84 的规定在实践中是可行的，为此在修订时仍予引用。考虑到近年来混凝土中的掺合料发展较快，有一些微膨胀型掺合料对减少混凝土的温、湿度收缩可望收到成效，因此在条文中加注了如果有这方面的使用经验，可以适当扩大伸缩缝的间距。

6.2.4 对钢筋混凝土构筑物的伸缩缝和沉降缝的构造，在原规范条文要求的基础上稍作了补充，明确了应由止水板材、填缝材料和嵌缝材料组成，并对后两者的性能提出了要求。

6.2.5 本条对建于岩基上的大型构筑物，规定了底板下应设置滑动层的要求。主要是考虑到底板混凝土如果直接浇筑在基岩上，两者粘结力很强，当混凝土收缩时很难避免产生裂缝，仅以减少伸缩缝的间距还难能奏效，应设置滑动层为妥。

6.2.6 本条除保留原规范要求外，对施工缝处先后浇筑的混凝土的界面结合，指出应保证做到良好固结，必要时如施工操作条件较差时应考虑设置止水构造，即在该处加设止水板，避免造成渗漏。

6.3 关于钢筋和埋件的构造规定

6.3.4 本条中有关钢筋的接头，除要求满足不开裂构件的钢筋接头应采用焊接和钢筋接头位置应设在构件受力较小处外，对接头在同一截面处的错开百分率，容许采用 50% 的规定，但要求搭接长度适当增加。这在国外标准中亦有类似的做法，目的在于方便施工，虽然钢筋用量稍有增加，但对钢筋加工和绑扎工序都缩减了工作量，也就加速了施工进度，从总体考虑可认为在一定的条件下还是可取的。

附录 A 钢筋混凝土矩形截面处于受弯或大偏心受拉（压）状态时的最大裂缝宽度计算

本附录对最大裂缝宽度的计算规定，基本上保持了原规范的要求，仅作了如下的修改及说明。

1 对裂缝间受拉钢筋应变不均匀系数 ψ 的表达式，与《混凝土结构设计规范》GB 50010 作了协调，统一了计算公式。实际上这两种表达式是一致的。如以受弯构件为例：

$$\psi = 1.1\left(1 - \frac{0.235 R_f bh^2}{M\alpha_\psi}\right) \quad \text{（附 A-1）}$$

受弯时取 $M = 0.87 A_s \sigma_s h_0$，$\alpha_\psi = 1.0$

$$h \approx 1.1 h_0$$

代入（附 A-1）式可得

$$\psi = 1.1\left(1 - \frac{0.235 R_f bh \times 1.1 h_0}{0.87 A_s \sigma_s h_0}\right)$$

$$= 1.1\left(1 - \frac{0.29 f_{tk}}{A_s \sigma_s / bh}\right)$$

$$= 1.1\left(1 - \frac{2 \times 0.297 f_{tk}}{2 A_s \sigma_s / bh}\right) = 1.1 - \frac{0.65 f_{tk}}{\rho_{te} \sigma_s}$$

2 补充了对钢筋保护层厚度的影响因素。此项因素国外很重视，认为对结构的总体耐久性至关重要，为此条文对原规范中的 l_f 作了修改，即：

$$l_f = \left(b + 0.06\frac{d}{\mu}\right) = \left(6 + 0.06\frac{d}{\dfrac{0.5}{0.5}\cdot\dfrac{A_s}{bh/1.1}}\right)$$

$$= \left(6 + 0.109\frac{d}{\rho_{te}}\right) = 1.5C + 0.11d/\rho_{te}$$

式中 C 为钢筋净保护层厚度，当 $C=40\mathrm{mm}$ 时，即与原规范一致；当 $C<40\mathrm{mm}$ 时，将稍低于原规范计算数据，但与工程实践反映相比还是符合的。

3 原规范给出的计算公式，对构件处于受弯、偏心受力（压、拉）状态是连续的，应该认为是较为合理的，为此本规范修订时保持了原规范的基本计算模式。

中华人民共和国国家标准

给水排水工程管道结构设计规范

GB 50332—2002

条 文 说 明

目 次

1 总则 …………………………… 8—2—3
2 主要符号 ……………………… 8—2—3
3 管道结构上的作用……………… 8—2—3
4 基本设计规定 ………………… 8—2—4
5 基本构造要求 ………………… 8—2—6
附录 A 管侧回填土的综合变形
　　　模量 …………………… 8—2—7
附录 B 管顶竖向土压力标准值
　　　的确定 ………………… 8—2—7
附录 C 地面车辆荷载对管道作用标准
　　　值的计算方法 ………… 8—2—7
附录 D 钢筋混凝土矩形截面处于受弯
　　　或大偏心受拉（压）状态时的
　　　最大裂缝宽度计算 …… 8—2—7

1 总则

1.0.1 本条主要阐明本规范的内容，系针对给水排水工程中的各种管道结构设计，本属原规范《给水排水工程结构设计规范》GBJ 69—84 中有关管道结构部分。给水排水工程中应用的管道结构的材质、形状、制管工艺及连接构造型式众多，20 世纪 90 年代中，国内各地区又引进、开发了新的管材，例如各种化学管材（UPVC、FRP、PE 等）和预应力钢筒混凝土管（PCCP）等，随着科学技术的不断持续发展，新颖材料的不断开拓，新的管材、管道结构也会随之涌现和发展，据此有必要将有关管道结构的内容，从原规范中分离出来，既方便工程技术人员的应用，也便于今后修订。考虑管道结构的材质众多，物理力学性能、结构构造、成型工艺各异，工程设计所需要控制的内容不同，例如对金属管道和非金属管道的要求、非金属管道中化学管材和混凝土管材的要求等，都是不相同的，因此应按不同材质的管道结构，分别独立制订规范，这样也可与国际上的工程建设标准、规范体系相协调，便于管理和更新。

据此，还必须考虑到在满足给水排水工程中使用功能的基础上，各种不同材质的管道结构，应具有相对统一的标准，主要是有关荷载（作用）的合理确定和结构可靠度标准。本条明确本规范的内容是适用各种材质管道结构，而并非针对某种材质的管道结构。即本规范内容将针对各种材质管道结构的共性要求作出规定，提供作为编制不同材质管道设计规范时的统一标准依据，切实贯彻国家的技术经济政策。

1.0.2 给水排水工程的涉及面很广，除城镇公用设施外，多类工业企业中同样需要，条文明确规定本规范的内容仅适用于工业企业中一般性的给水排水工程，而工业企业中有特殊要求的工程，可以不受本规范的约束（例如需要提高结构可靠度标准或需考虑特殊的荷载项目等）。

1.0.3 本条明确了本规范的编制原则。由于管道结构埋于地下，在运行过程中检测较为困难，因此各方面的统计数据十分不足，本规范仅根据《工程结构可靠度设计统一标准》GB 50153 规定的原则，通过工程校准制订。

1.0.4 本条明确了本规范与其他技术标准、规范的衔接关系，便于工程技术人员掌握应用。

2 主要符号

本章关于本规范中应用的主要符号，依据下列原则确定：

1 原规范 GBJ 69—84 中已经采用，当与《建筑结构术语和符号标准》GB/T 50083—97 的规定无矛盾时，尽量保留；否则按 GB/T 50083—97 的规定修改；

2 其他专业技术标准、规范已经采用并颁发的符号，本规范尽量引用；

3 国际上广为采用的符号（如覆土的竖向压力等），本规范尽量引用；

4 原规范 GBJ 69—84 中某些符号的角标采用拼音字母，本规范均转换为英文字母。

3 管道结构上的作用

3.1 作用分类和作用代表值

本节内容系依据《工程结构可靠度设计统一标准》GB 50153—92 的规定制订。对作用的分类中，将地表水或地下水的作用列为可变作用，因为地表水或地下水的水位变化较多，不仅每年不同，而且一年内也有丰水期和枯水期之分，对管道结构的作用是变化的。

3.2 永久作用标准值

本节关于永久作用标准值的确定，基本上保持了原规范的规定，仅对不开槽施工时土压力的标准值，改用了国际上通用的太沙基计算模型，其结果与原规范引用原苏联普氏卸力拱模型相差有限，具体说明见附录 B。

3.3 可变作用标准值、准永久值系数

本节关于可变作用标准值的确定，基本上保持了原规范的规定，仅对下列各项作了修改和补充：

1 对地表水作用规定了应与水域的水位协调确定，在一般情况下可按设计频率 1‰ 的相应水位，确定地表水对管道结构的作用。同时对其准永久值系数的确定作了简化，即当按最高洪水位计算时，可取常年洪水位与最高洪水位的比值，实际上认为 1‰ 频率最高洪水位出现的历时很短，计算结构长期作用效应时可不考虑。

2 对地下水作用的确定，条文着重于要考虑其可能变化的情况，不能仅按进行勘探时的地下水位确定地下水作用，因为地下水位不仅在一年内随降水影响变动，还要受附近水域补给的影响，例如附近河湖水位变化、鱼塘等养殖水场、农田等灌溉等，需要综合考虑这些因素，核定地下水位的变化情况，合理、可靠地确定其对结构的作用。相应的准永久值系数的确定，同样采取了简化的方法，只是考虑到最高水位的历时要比之地表水长，为此给予了适当的提高。

3 关于压力管道在运行过程中出现的真空压力，考虑其历时甚短，因此在计算长期作用效应时，条文规定可以不予计入。

4 对于采用焊接、粘接或熔接连接的埋地或架空管道，其闭合温差相应的准永久值系数的确定，主要考虑了历时的因素。埋地管道的最大闭合温差历时相对长些，从安全计规定了可取 1.0；架空管道主要与日照影响有关，为此可取 0.5 采用。

4 基本设计规定

4.1 一般规定

4.1.1、4.1.2 条文明确规定本规范的制订系根据《工程结构可靠度设计统一标准》GB 50153—92 及《建筑结构可靠度设计统一标准》GB 50068—2001 规定的原则，采用以概率理论为基础的极限状态设计方法。在具体编制中，考虑到统计数据的掌握不足，主要以工程校准法进行。其中关于管道结构的整体稳定验算，涉及地基土质的物理力学性能，其参数变异更甚，条文规定仍可按单一抗力系数方法进行设计验算。

条文规定管道结构均应按承载能力和正常使用两种极限状态进行设计计算。前者确保管道结构不致发生强度不足而破坏以及结构失稳而丧失承载能力；后者控制管道结构在运行期间的安全可靠和必要的耐久性，其使用寿命符合规定要求。

4.1.3 本条对管道结构的计算分析模型，作了原则规定。

1 对埋地的矩形或拱型管道，当其净宽较大时，管顶覆土等荷载通过侧墙、底板传递到地基，不可能形成均匀分布。如仍按底板下地基均布反力计算时，管道结构内力会出现较大的误差（尤其是底板的内力）。据此条文规定此时分析结构内力应按结构与地基土共同工作的模型进行计算，亦即应按弹性地基上的框（排）架结构分析内力，以使获得较为合理的结果。

本项规定在原规范中，控制管道净宽为 4.0m 作为限界，本次修改为 3.0m，这是考虑到实际上净宽 4.0m 时，底板内力的误差还比较大，为此适当改变了净宽的限界条件。

2 条文对于埋地的圆形管道结构，规定了首先应对该圆管的相对刚度进行判别，即验算圆管的结构刚度与管周土体刚度的比值，以此判别圆管属于刚性管还是柔性管。前者可以不计圆管结构的变形影响；后者则应予考虑圆管结构变形引起管周土体的弹性抗力。两者的结构计算模型完全不同，为此条文要求先行判别确认。

在一般情况下，金属和化学管材的圆管属于柔性管范畴；钢筋混凝土、预应力混凝土和配有加劲肋构造的管材，通常属于刚性管一类。但也有可能当特大口径的圆管，采用非金属的薄壁管材时，也会归入柔性管的范畴。

4.1.4 条文对管、土刚度比值 a_s 给出了具体计算公式，便于工程技术人员应用。

当管顶作用均布压力 p 时，如不计管自重则可得管顶的变位为：

$$\Delta p = \frac{p(2\gamma_0)\gamma_0^3}{12E_p I_p} = \frac{p(2\gamma_0)\gamma_0^3}{E_p t^3} \quad (4.1.4\text{-}1)$$

在相同压力下，管周土体（柱）在管顶处的变位为：

$$\Delta s = \frac{q(2\gamma_0)}{E_d} \quad (4.1.4\text{-}2)$$

式中 γ_0——圆管的计算半径；
　　　t——圆管的管壁厚；
　　　E_p——圆管管材的弹性模量；
　　　E_d——考虑管周回填土及槽边原状土影响的综合变形模量。

根据上列两式，当 $\Delta p < \Delta s$ 属刚性管；$\Delta p > \Delta s$ 则属柔性管，将两式归整后可得条文内所列判别式。

4.1.5 本条明确规定了对管道的结构设计，应综合考虑管体、管道的基础做法、管体间的连接构造以及埋地管道的回填土密实度要求。管体的承载能力除了与基础构造密切相关外，管体外的回填土质量同样十分重要，尤其对柔性管更是如此，回填土的弹抗作用有助于提高管体的承载能力，因此对不同刚度的管体应采取不同密实度要求的回填土，柔性管两侧的回填土需要密实度较高的回填土，以提供可靠的弹性抗力；但对不设管座的管体底部，其土基的压实密度却不宜过高，以免减少管底的支承接触面，使管体内力增加，承载能力降低。为此条文要求对回填土的密实度控制，应列入设计内容，各部位的控制要求应根据设计需要加以明确。对这方面的要求，国外相应规范都十分重视，甚至附以详图对管体四周的回填土要求，分区标示具体做法。

4.1.6 本条对管道结构的内力分析，明确应按弹性体系计算，不能考虑非弹性变形后的塑性内力重分布，主要在于管道结构必须保证其良好的水密性以及可靠的使用寿命。

4.1.7 条文针对管道结构的运行条件，从耐久性考虑，规定了需要进行内、外防腐的要求。同时，还对输送饮用水的管道，规定了其内防腐材料必须符合有关卫生标准的要求。这一点是十分重要的，对内防腐材料判定是否符合卫生标准，必须持有省级以上指定的检测部门的正式检测报告，以确保对人体健康无害。

4.2 承载能力极限状态计算规定

4.2.1～4.2.3 条文系根据多系数极限状态的计算模式作了规定。其中关于管道的重要性系数 γ_0，在原规范的基础上作了调整。原规范对地下管道按结构材质的不同，给定了强度设计调整系数，与工程实践不能完全协调，例如某些重要的生命线管道，由于其承受的荷载（主要是内水压力）不大，也可能采用钢筋混凝土结构。为此条文改为以管道的运行功能区分不同的可靠度要求，对排水工程中的雨水管道，保持了原规范的规定；对其他功能的管道适当作了提高，亦即不再降低水准。同时，对给水工程中的输水管道，如果单线敷设，并未设调蓄设施时，从供水水源的重要功能考虑，条文规定了应予提高标准。

4.2.4 本条规定了各种管道材质的强度标准值和设计值的确定依据。其中考虑到 20 世纪 90 年代以后，国内引进的新颖管材品种繁多，有些管材国内尚未制订相应的技术标准，对此在一般情况下，工程实践应用较为困难，如果有必要使用时，则强度指标由厂方提供（通常依据其企业标准），对此条文要求应具备可靠的技术鉴定证明，由依法指定的检测单位出具。

4.2.5～4.2.7 条文规定了各项作用的分项系数和可变作用的组合系数。

这些系数主要是通过工程校准制定的，与原规范的要求协调一致。其中关于混凝土结构的工程校准，可参阅《给水排水工程构筑物结构设计规范》的相应部分说明。必须指出，对其他材质的管道结构，不一定完全取得协调，对此，应在统一分项系数和组合系数的前提下，各种不同材质的管道结构可根据工程校准的原则，自行制定相应必要的调整系数。

4.2.8～4.2.9 条文对管道结构强度计算的要求，保持了原规范的规定。

4.2.10～4.2.13 条文给出了关于管道结构几种失稳状态的验算规定。基本上保持了原规范的要求，仅就以下几点作了修改和补充。

1 对管道的上浮稳定，关于整个管道破坏，原规范仅要求安全系数 1.05，实践中普遍认为偏低，因为无论是地表水或地下水的水位，变异性大，设计中很难精确计算，因此条文给予了适当提高，稳定安全系数应控制在不低于 1.10。

2 对柔性管道的环向截面稳定计算，原规范系参照原苏联 1958 年制定的《地下钢管设计技术条件和规范》，引用前苏联学者 Е. А. НиroΛай 对于圆管失稳临界压力的解答，其分析模型系考虑了圆管周围 360°全部管壁上的正、负土抗力作用。对比国外不少相应的规范则沿用 R·V·Mises 获得的明管临界压力公式。此次条文修改时，感到原规范依据的计算模型考虑管周土的负抗作用，是很值得推敲的，通常不考虑土的负效应（即承拉作用），为此条文给出了不计管周土负抗作用的计算公式，以使更加符合工程实际情况。应该指出这种计算模型，日本藤田博爱氏于 1961 年就曾经推荐应用（日本"水道协会"杂志第 318 号）。

根据失稳临界压力计算模型的修改，不计管周土的负抗力作用后，相应的稳定安全系数也作了适当调整，取稳定安全系数不低于 2.0。

3 条文补充了对非整体连接管道的抗滑动稳定验算规定。并在计算抗滑阻力时，规定可按被动土压力计算，但此时抗滑安全系数不宜低于 1.50，以免产生过大的位移。

4.3 正常使用极限状态计算

4.3.1 本条对管道结构正常使用条件下的极限状态计算内容作了规定。这些要求主要针对管道结构的耐久性，保证其使用年限，提高工程投资效益。

4.3.2 本条对柔性管道的允许变形量作了规定。原规范仅对水泥砂浆内衬作出规定，控制管道的最大竖向变形量不宜超过 $0.02D$。从工程实践来看，此项允许变形量与水泥砂浆的配制及操作成型工艺密切相关，例如手工涂抹和机械成型，其质量差异显著；砂浆配制掺入适量的纤维等增强抗力材料，将改善砂浆的延性性能等。据此，条文对水泥砂浆内衬的允许变形量，规定可以有一定的幅度，供工程技术人员对应采用。

此外，条文还结合近十年来防腐内衬材料的引进和开拓，管材品种的多种开发，增补了对防腐涂料内衬和化学管材的允许变形量的规定，这些规定与国外相应标准的要求基本上协调一致。

4.3.3～4.3.7 条文对钢筋混凝土管道结构的使用阶段截面计算做出了规定，这些要求和原规范的规定是协调一致的。

1 当在组合作用下，截面处于受弯或大偏心受压、拉时，应控制其最大裂缝宽度，不应大于 0.2mm，确保结构的耐久性，符合使用年限的要求。同时明确此时可按长期效应的准永久组合作用计算。

2 当在组合作用下，截面处于轴心受拉或小偏心受拉时，应控制截面的裂缝出现，此时一旦形成开裂即将贯通全截面，直接影响管道结构的水密性要求和正常使用，因此相应的作用组合应取短期效应的标准组合作用计算。

4.3.8 本条对柔性管道的变形计算给出了规定，相应的组合作用应取长期效应的准永久组合作用计算。

原规范规定的计算模型系按原苏联 1958 年《地下钢管设计技术条件和规范》采用。该计算模型由前苏联学者 Л. М. Емельянов 提出，其理念系依照地下柔性管道的受载程序拟定，即管子在沟槽中安装后，沟槽回填土使管体首先受到侧土压力使柔性管产生变形，向土体方向的变形导致土体的弹性抗力，据此计算管体在竖向、侧向土压力和弹性土抗

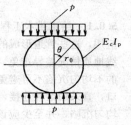

图 4.3.8

力作用下管体的变形。

如图 4.3.8 所示，当管体上下受到相等的均布压力 p 时，管体上任一点半径向位移 ω 为：

$$\omega = \frac{p\gamma_0^4}{12E_c I_p}\cos2\theta$$

按此式可得管顶和管侧的变位是相同的。当管体仅受到侧向土压力时，亦将产生变形，其方向则与竖向土压作用相反。由于管侧土压力要小于竖向土压力（例如 1/3），因此管体的最终变形还取决于竖向土压力导致的变形形态。

应该认为原规范引用的计算模型在理念上还是清楚的，但与通常的弹性地基上结构的计算模型不相协调，后者的结构上的受力，只需计算结构上受到的组合作用以及由此形成的弹性地基反力。美国 spangler 氏即是按此理念提出了计算模型，获得国际上广为应用。据此条文修改为采用 spangler 计算模型，以使在柔性管的变形计算方法上与国际沟通，协调一致。

另外，在条文给定的计算变形公式中，引入了变形滞后效应系数 D_L。此项系数取 1.0～1.5，主要是管侧土体并非理想的弹性体，在抗力的长期作用下，土体会产生变形或松弛，管侧回填土的压实密度越高，滞后变形效应越显著，粘性土的滞后变形比砂性土历时更长，这一现象已被国内、外工程实践检测所证实（例如国内曾对北京市第九水厂 DN2600mm 输水管进行管体变形追踪检测）。显然此项变形滞后系数取值，不仅与埋地管道覆土竣工到投入运行的时间有关，还与管道的运行功能相关，如果是压力运行，内压将使管体变形复圆。因此，对变形滞后系数的取值，对无压或低压管（内压在 0.2MPa 以内）应取接近于 1.5 的数值；对于压力运行管道，竣工所投入运行的时间较短（例如不超过 3 个月），则可取 1.0 计算，亦即可以不考虑滞后变形的因素；对压力运行管道，从竣工到运行时间较长时，则可取 $1.0 < D_L < 1.5$ 作为设计计算采用值。

4.3.9～4.3.11 有关条文规定可参阅《给水排水工程构筑物结构设计规范》相应条文的说明。

5 基本构造要求

5.0.1 给水排水工程中，各种材质的圆形管道广泛应用，这些管道形成的城市生命线管网涉及面广，沿线地质情况差异难免，埋深及覆土也多变，可能出现的不均匀沉陷不可避免。据此条文规定这些圆管的接口，宜采用柔性连接，以适应各种不同因素产生的不均匀沉陷，并至少应该在地基土质变化处设置柔口。此外，敷设在地震区的管道，则应根据抗震规范要求，沿线设置必要数量的柔性连接，以适应地震行波对管道引起的变位。

5.0.2 本条对现浇矩形钢筋混凝土管道（含混合结构中的现浇钢筋混凝土构件）的变形缝间距做出了规定，主要是考虑混凝土浇筑成型过程中的水化热影响。同时指出，如果当混凝土配制及养护方面具备相应的技术措施，例如掺加适量的微膨胀性能外加剂等，变形缝的间距可适当加长，但以不超过一倍（即 50m）为好。

5.0.3 本条对预应力混凝土圆管的纵向预加应力，规定不宜低于环向有效预压应力的 20%。主要考虑环向预压应力所引起的泊桑效应，如果管体纵向不施加相应的预加应力，管体纵向强度将降低，还不如普通钢筋混凝土强度，这对管体受力很不利，容易引发出现环向开裂，影响运行时的水密性要求及使用寿命。

5.0.4 本条对现浇钢筋混凝土结构的钢筋净保护层最小厚度作了规定。主要依据管道各部位构件的环境条件确定。例如对污水和合流管道的内侧钢筋，其保护层厚度作了适当增加，尤其是顶板下层筋的保护层厚度，考虑硫化氢气体的腐蚀更甚于接触污水本身。从耐久性考虑，国外对钢筋保护层厚度都取值较大，一般均采用 $1\frac{3}{4}$ 英寸，条文基于原规范的取值，尽量避免过多增加工程投资，仅对污水、合流管的顶板下层筋保护层厚度，调整到接近国际上的通用水准。

5.0.5 条文对厂制的钢筋混凝土或预应力混凝土圆管的钢筋净保护层厚度的规定，主要考虑这些圆管的混凝土等级较高，一般都在 C30 以上，并且其制管成型工艺（离心、悬辊、芯模振动及高压喷射砂浆保护层等），对混凝土的密实性和砂浆的粘结性能较好；同时这些规定也与相应的产品标准可以取得协调。

5.0.6～5.0.16 条文的规定基本上保持了原规范的要求，仅作了如下补充与修改。

1 关于结构材质抗冻性能的要求，原规范以最冷月平均气温低于（−5℃）作为地区划分界限，实践证明此界限温度取值偏低，并与水工结构方面的规范协调一致，修改为以（−3℃）作界限指标，适当提高了抗冻要求。

2 增加了对混凝土中含碱量的限值控制，以确保结构的耐久性，符合使用年限要求。近十多年来国内多起发现碱集料反应对混凝土构件的损坏（国外 20 世纪 40 年代就已提出），严重影响了结构的使用寿命。这种事故主要是混凝土中的碱含量与砂、石等集料中的碱活性矿物，在混凝土凝固后缓慢发生化学反应，产生胶凝物质，吸收水分后产生膨胀，导致混凝土损坏。据此条文作了规定，应符合《混凝土碱含量标准》CECS3—93 的要求。

3 条文对埋地管道各部位的回填土密实度要求，在原规范规定的基础上，作了进一步具体化，可方便工程技术人员应用，提高对管道结构的设计可靠度。

附录 A 管侧回填土的综合变形模量

关于本附录的内容说明如下：

1 在柔性管道的计算中，需要应用管侧土的变形模量，原规范对此仅考虑了管侧回填土的密实度，以此确定相应的变形模量。实际上管侧土的抗力还会受到槽帮原状土土质的影响，国外相应的规范内（例如澳大利亚和美国的水道协会）已计入了这一因素，在计算中采用了考虑原状土性能后的综合变形模量。

2 本规范认为以综合变形模量替代以往采用的回填土变形模量是合理的，因此在本附录中引入并规定采用。

3 本附录在引入国外计算模式的基础上，进行了归整与简化，给出了实用计算参数，便于工程实践应用。

附录 B 管顶竖向土压力标准值的确定

本附录内容基本上保持了原规范的规定，仅就以下两个方面作了修改：

1 针对当前城市建设的飞速发展，立交桥的建设得到广泛应用。随之出现不少管道上的设计地面标高远高于原状地面，此时管道承受的覆土压力，已非开槽沟埋式条件，有时甚至接近完全上埋式情况。据此，本附录补充了相应计算要求，规定对覆土压力系数的取值应适当提高，一般可取 1.40。

2 对不开槽施工管道的管顶竖向压力，原规范采用原苏联学者 М. М. Прототиякунов 的计算模型，在一定的覆土高度条件下，管顶土层将形成"卸力拱"，管顶承受的竖向土压力将取决于卸力土拱的高度。目前国际上通用的计算模型系由美国学者太沙基提出，该模型的理念认为管体的受力条件类似于"沟埋式"敷管，管顶覆土的变形大于两侧土体的变形，管顶土体重量将通过剪力传递扩散给管两侧土体，据此即可获得本附录给出的计算公式：

$$F_{sv} = \lambda_c D_1 \quad \text{（附 B-1）}$$

$$\lambda_c = \frac{\gamma_s B_t}{2K_a \cdot \mu}[1 - \exp(-2K_a \cdot \mu \cdot H_s/B_t)]$$

（附 B-2）

上述计算公式的推导过程及卸力拱的计算，参阅原规范编制说明。

按式（附 B-2），太沙基认为当土体处于极限平衡时，土的侧压力系数 $K_a \approx 1.0$，则当管顶覆土高度接近两倍卸力拱高度 h_g（$h_g = B_t/2\text{tg}\phi$）时，式（附 B-2）中 $[1-\exp(-2K_a\mu \cdot H_s/B_t)]$ 的影响已较小，如果忽略不计，太沙基计算模型和卸力拱计算模型的计算结果，可以协调一致的。

本附录根据以上分析对比，并考虑与国际接轨，方便工程技术人员与国外标准规范沟通，对不开槽施工管道的管顶竖向土压力计算，采用太沙基计算模型替代卸力拱计算模型。

附录 C 地面车辆荷载对管道作用标准值的计算方法

本附录的内容保持原规范的各项规定。仅对整体式结构的刚性管道（一般指钢筋混凝土或预应力混凝土管道），附录规定了由车辆荷载作用在管道上的竖向压力，可通过结构的整体性，从管顶沿结构进行再扩散，使扩散范围内的管道结构共同来承担地面车辆荷载的作用，充分体现结构的整体作用。

附录 D 钢筋混凝土矩形截面处于受弯或大偏心受拉（压）状态时的最大裂缝宽度计算

本附录内容基础上保持了原规范的规定，其计算公式的转换推导过程，可参阅《给水排水工程构筑物结构设计规范》的相应说明。

中华人民共和国国家标准

人民防空地下室设计规范

GB 50038—2005

条 文 说 明

目 次

1 总则 ·················· 8—3—3
3 建筑 ·················· 8—3—3
  3.1 一般规定 ············ 8—3—3
  3.2 主体 ·············· 8—3—4
  3.3 出入口 ············· 8—3—5
  3.4 通风口、水电口 ········ 8—3—6
  3.5 辅助房间 ············ 8—3—7
  3.6 柴油电站 ············ 8—3—7
  3.7 防护功能平战转换 ······· 8—3—7
  3.8 防水 ·············· 8—3—7
  3.9 内部装修 ············ 8—3—7
4 结构 ·················· 8—3—8
  4.1 一般规定 ············ 8—3—8
  4.2 材料 ·············· 8—3—8
  4.3 常规武器地面爆炸空气冲击
      波、土中压缩波参数 ······ 8—3—9
  4.4 核武器爆炸地面空气冲击
      波、土中压缩波参数 ······ 8—3—9
  4.5 核武器爆炸动荷载 ······· 8—3—9
  4.6 结构动力计算 ·········· 8—3—10
  4.7 常规武器爆炸动荷载作用下
      结构等效静荷载 ········ 8—3—11
  4.8 核武器爆炸动荷载作用下
      常用结构等效静荷载 ······ 8—3—12
  4.9 荷载组合 ············ 8—3—14
  4.10 内力分析和截面设计 ····· 8—3—14
  4.11 构造规定 ············ 8—3—15
  4.12 平战转换设计 ········· 8—3—15
5 采暖通风与空气调节 ········· 8—3—15
  5.1 一般规定 ············ 8—3—15
  5.2 防护通风 ············ 8—3—16
  5.3 平战结合及平战功能转换 ··· 8—3—17
  5.4 采暖 ·············· 8—3—17
  5.5 自然通风和机械通风 ······ 8—3—17
  5.6 空气调节 ············ 8—3—18
  5.7 柴油电站的通风 ········· 8—3—18
6 给水、排水 ··············· 8—3—19
  6.1 一般规定 ············ 8—3—19
  6.2 给水 ·············· 8—3—19
  6.3 排水 ·············· 8—3—20
  6.4 洗消 ·············· 8—3—20
  6.5 柴油电站的给排水及供油 ··· 8—3—20
  6.6 平战转换 ············ 8—3—20
7 电气 ·················· 8—3—21
  7.1 一般规定 ············ 8—3—21
  7.2 电源 ·············· 8—3—21
  7.3 配电 ·············· 8—3—22
  7.4 线路敷设 ············ 8—3—22
  7.5 照明 ·············· 8—3—23
  7.6 接地 ·············· 8—3—23
  7.7 柴油电站 ············ 8—3—23
  7.8 通信 ·············· 8—3—24
附录 B 常规武器地面爆炸动荷载 ··· 8—3—24
附录 D 无梁楼盖设计要点 ······· 8—3—25
附录 E 钢筋混凝土反梁设计要点 ··· 8—3—25
附录 F 消波系统 ············ 8—3—25

1 总 则

1.0.1 由于冷战的结束和科学技术的发展，未来的战争模式发生了重大变化。为了适应未来战争的需要，经全面修订后国家国防动员委员会于2003年11月12日颁发了现行《人民防空工程战术技术要求》（以下简称现行《战技要求》）。与1998年颁发的《人民防空工程战术技术要求》相比较，在防御的武器以及防护要求、专业标准等诸多方面，现行《战技要求》都做了相应地修改和调整。《战技要求》是国家标准《人民防空地下室设计规范》（以下简称本规范）的编制依据。为此以现行《战技要求》为依据并结合近年来的科技成果，本规范进行了全面地修订。

1.0.2 按照《人民防空法》和国家的有关规定，结合新建民用建筑应该修建一定数量的防空地下室。但有时由于地质、地形、结构和施工等条件限制不宜修建防空地下室时，国家允许将应修建防空地下室的资金用于在居住小区内，易地建设单建掘开式人防工程。为了便于做好居住小区的人防工程规划和个体设计，更好地实现平战结合，为适应各地设计单位和主管部门的需要，本规范的适用范围做了适当地调整。

为此本条特别注明：本规范中对"防空地下室"的各项要求和规定，除注明者外均适用于居住小区内的结合民用建筑易地修建的掘开式人防工程。在本规范条文中凡只写明"防空地下室"，但未注明甲类或乙类时，系指甲、乙两类防空地下室均应遵守的规定；在本规范条文中只写明甲类防空地下室（或乙类防空地下室），未注明其抗力级别时，系指符合本条规定范围内的各抗力级别的甲类防空地下室（或乙类防空地下室）均应遵守的规定。

按照战时的功能区分防空地下室的工程类别与称谓如表1-1所示。

表1-1 防空地下室的工程类别及相关称谓

序号	工程类别	单体工程	分项名称
1	指挥通信工程	各级人防指挥所	
2	医疗救护工程	中心医院	
		急救医院	
		救护站	
3	防空专业队工程	专业队掩蔽所*	专业队队员掩蔽部
			专业队装备掩蔽部
4	人员掩蔽工程	一等人员掩蔽所	
		二等人员掩蔽所	
5	配套工程	核生化监测中心	
		食品站	
		生产车间	
		区域电站	
		区域供水站	
		物资库	
		汽车库	
		警报站	

"*"防空专业队是按专业组成的担负人民防空勤务的组织。包括：抢险抢修、医疗救护、消防、防化防疫、通信、运输、治安等专业队。

1.0.4 未来爆发核大战的可能性已经变小，但是核威胁依然存在。在我国的一些城市和城市中的一些地区，人防工程建设仍须考虑防御核武器。但是考虑到我国地域辽阔，城市（地区）之间的战略地位差异悬殊，威胁环境十分不同，本规范把防空地下室区分为甲、乙两类。甲类防空地下室战时需要防核武器、防常规武器、防生化武器等；乙类防空地下室不考虑防核武器，只防常规武器和防生化武器（详见本规范第1.0.4条的规定）。至于防空地下室是按甲类，还是按乙类修建，应由当地的人防主管部门根据国家的有关规定，结合该地区的具体情况确定。

1.0.5 本规范第1.0.2条对于防空地下室的战时用途并未做出限制，即本规范适用于战时用作指挥、医疗救护、防空专业队、人员掩蔽和配套工程等各种用途的防空地下室。但由于本规范的发行范围和保密要求方面的原因，本规范对有关指挥工程和涉及甲级防化等方面的具体规定做了回避。因此在从事以上工程设计时，尚须结合使用相关的国家标准和行业标准。

与本规范关系较为密切的规范，除一般民用建筑设计规范以外，尚有如下国家标准和行业标准：《人民防空工程设计规范》、《人民防空工程设计防火规范》、《地下工程防水技术规范》以及《人民防空工程防化设计规范》、《人民防空指挥工程设计标准》、《人民防空医疗救护工程设计标准》、《人民防空工程柴油电站设计标准》、《人民防空物资库工程设计标准》、《人防工程防早期核辐射设计规范》（此规范尚未正式发布）等等。

3 建 筑

3.1 一般规定

3.1.1 对于防空地下室的位置选择、战时及平时用途的确定，必须符合城市人防工程规划的要求。同时也应考虑平时为城市生产、生活服务的需要以及上部地面建筑的特点及其环境条件、地区特点、建筑标准、平战转换等问题，地下、地上综合考虑确定。防空地下室的位置选择和战时及平时用途的确定，是关系到战备、社会、经济三个效益能否全面充分地发挥的关键，必须认真对待。

3.1.2 为使掩蔽人员在听到警报后，能够及时地进入掩蔽状态，本条按照一般人员的行走速度，将规定的时间（包括下楼梯），折算成为服务半径。在做居住小区的人防工程规划时，应该注意使人员掩蔽工程的布局满足此项规定。

3.1.3 本条为强制性条文，为确保防空地下室的战时安全，尤其是考虑到防空地下室处于地下的不利条件下，在距危险目标的距离方面应该从严掌握。本条主要是参照了《建筑设计防火规范》以及《人民防空一、二等建筑物设计技术规范》等中的有关规定做出的规定。距危险目标的距离系指防空地下室各出入口（及通风口）的出地面段与危险目标的最不利直线距离。

3.1.5 防空地下室的室外出入口、通风口、柴油机排烟口和通风采光窗井等，其位置、尺寸及处理方式，不仅应该考虑战时及平时的要求，同时也要考虑与地面建筑四周环境的协调，以及对城市景观的影响等。特别是位于临街和重要建筑物、广场附近的室外出入口口部建筑的形式、色彩等，都应与周围环境相协调，增加城市景观的美感，而不应产生负面影响。

3.1.6 考虑到上部地面建筑战时容易遭到破坏，为了保证防空地下室的人防围护结构的整体强度及其密闭性，本条做了相应的规定。本条限制的对象主要是"无关管道"，无关管道系指防空地下室无论在战时还是在平时均不使用的管道。为此，在设计中应尽量把专供上部建筑平时使用的设备房间，设置在防空地下室的防护范围之外。对于穿过人防围护结构的管道，区别不同情况，分别做了"不宜"和"不得"的规定。对于上部建筑的粪便污水管等，一般都采取在适当集中后设置管道井，并将其置于防护范围以外的办法来处理。此次修订过程中针对这一问题专门进行了管道穿板的验证性模拟核爆炸试验。试验说明对量大面广的核5级及以下的甲类防空地下室，可以在原规定的基础上适当放大所限制的管径范围。此次规范修订对于穿过人防围护结构的允许管径和相应的防护密闭做法，均作了适当调整。并在本规范的第6章中增加了相关的条款。

3.1.7～3.1.8 一般来说，战时有人员停留的（如医疗救护工程、人员掩蔽工程和专业队队员掩蔽部等）或战时掩蔽的物品不允许染毒的（如储存粮食、食品、日用必需品等物资）防空地下室，均属于有防毒要求的防空地下室。在有防毒要求的防空地下室设计中，应该特别注意划分其清洁区和染毒区。在清洁区中人员、物资不仅可以免受爆炸荷载的作用，而且还能免受毒剂（包括化学毒剂、生物战剂和放射性沾染）的侵害；而在染毒区内虽然可以免受爆炸荷载的作用，但在一段时间内有可能会轻微染毒。因此，染毒区一般是没有人员停留区域。战时如果需要人员进入染毒区时（如发电机房），按照规定应该带防毒面具，并穿防护服。

3.1.9 防空地下室是为战时防空服务的，所以其设计必须满足预定级别的防护要求和战时使用要求。但为了充分发挥其投资效益，一般防空地下室均要求平战结合。平战结合的防空地下室设计不仅应该满足其战时要求，而且还需要满足平时生产、生活的要求。由于战时与平时的功能要求不同，且往往容易产生一些矛盾。此次对于量大面广的一般性防空地下室，规范允许采取一些转换措施，使防空地下室不仅能更好地满足平时的使用要求，而且可在临战时经过必要的改造（即防护功能平战转换措施），就能使其满足战时的防护要求和使用要求。为了使设计中所采用的转换措施在临战时能够实现，不仅对转换措施技术方面的可行性需要给出限定范围，而且对临战时的转换工作量也需要适当控制。因此此条中增加了"临战时的转换工作量应与城市的战略地位相协调，并符合当地战时的人力、物力条件"的要求，这样可以使当地的人防主管部门在审批转换措施时，依据当地的战略地位和当地的人力、物力条件综合研究确定。

3.1.10 为了方便设计人员使用，此次修订将甲类防空地下室的防早期核辐射方面的具体要求，分别放在相关的主体和口部的条款当中。与原规范比较，此次修订主要是增加了无上部建筑的顶板防护厚度、采用钢结构人防门的出入口通道长度以及附壁式室外出入口的内通道长度等相关内容。与原规范相同，本规范给出的各项要求都是在限定条件下适用的。对于在规定条件范围以外的工程，应按国家的有关标准进行设计。本规范的防早期核辐射方面的计算条件如下：

①核爆炸条件：按国家的有关规定。

②城市海拔与平均空气密度见表2。

表2-1　　　城市海拔与平均空气密度

城市海拔（m）	平均空气密度（kg/m³）
h≤200	≥1.2
200＜h≤1200	≥1.1
1200＜h≤2250	≥1.0

③计算室外地面剂量时考虑地面建筑群的影响，并按建筑物间距与建筑高度之比不大于1.5。故取屏蔽因子为：$f_{屋}=0.45$；$f_{墙}=0.40$。

④对于有上部建筑的顶板和室内出入口，在计算上部建筑底层的室内地面剂量时，考虑了上部建筑的影响。取屏蔽因子为：$f_{屋}=0.45$；$f_{墙}=0.30$。

⑤在计算顶板厚度、墙体厚度、出入口通道长度等项时，取自防空地下室顶板进入室内和自口部进入室内的辐射剂量各占室内剂量阈值的50%。

⑥在计算室外出入口的通道长度和室内出入口的内通道长度时，考虑了按本规范规定设置钢筋混凝土（及钢结构）防护密闭门和密闭门。

⑦其它计算条件见条文和条文注释。

3.2 主　体

3.2.1 表3.2.1-1中的医疗救护工程的规模和面积标准是按照现行《战技要求》给出的，但由于防空地下室的平面形状和大小直接受其上部建筑平面尺寸的限制，所以设计时可以根据工程的具体情况，参照上述规定，在征得当地人防主管部门意见的情况下，按照需要与可能合理确定为宜。

3.2.2～3.2.4 从近年来防空地下室工程建设情况来看，直接给出顶板的最小防护厚度，这种做法显得更加直观，也简化了计算，方便操作。虽然没有上部建筑的顶板大部分都有覆土，也采用了统一的以无覆土顶板为主的写法。此次修订增加了空心砖墙体的材料换算系数。须留意第3.2.2条、第3.2.3条、第3.2.4条是针对战时有人员停留的防空地下室规定的；对于战时无人员停留的（如专业队装备掩蔽部、人防汽车库等）防空地下室可根据结构的需要确定。

3.2.5 乙类防空地下室和核6级、核6B级甲类防空地下室的250mm厚度要求（包括顶板防护厚度、外墙顶部最小厚度等），是考虑防战时大火的要求做出的规定，也是暴露在空气中的人防围护结构（如顶板、室外地面以上的外墙等）的最小厚度要求。

3.2.6 在防空地下室主体中划分防护单元是一项降低炸弹命中概率，避免大范围杀伤的有效技术措施。为了便于平战结合，依据现行《战技要求》的规定对防护分区一是由按掩蔽面积改按建筑面积划分；二是将防护单元、抗爆单元的面积都作了适当的调整。当防空地下室上部建筑的层数为十层或多于十层时，由于楼板的遮挡，可以不考虑遭炸弹破坏，所以规定高层建筑下的防空地下室可以不划分防护单元和抗爆单元。但是如果对九层或不足九层的上部建筑不加限制，有的地方可能会对面积很大的防空地下室也不划分防护单元和抗爆单元，在未来战争中可能会带来严重问题。因此就不足十层建筑下的部分，对其所占面积作了适当限制，即其建筑面积不得大于200m²。

3.2.7 设置抗爆单元的目的是为在防护单元一旦遭到炸弹击中时，尽可能减少人员（或物资）受伤害的数量。即当防护单元中的某抗爆单元遭到命中时，可以保护相邻抗爆单元的人员（物资）不受伤害。设计只考虑承受一次破坏，故在遭袭击之后该防护单元（包括两个抗爆单元）即应停止使用。抗爆单元内并不要求防护设备或内部设备自成体系。抗爆单元之间的隔墙是为防止炸弹气浪及碎片伤害掩蔽人员（物资）而设置的。因此，对于平时修建的和临战转换的抗爆隔墙（抗爆挡墙）的材质、强度、作法和尺寸等都做了相应的规定。

3.2.8 防空地下室划分防护单元，一是为了降低遭敌人炸弹命中的概率，二是为了减小遭破坏的范围，特别是对大型人员掩蔽所。因此，对防护单元面积提出一定的限制是合理的。每个防护单元是一个独立的防护空间（可把防护单元看作是一个独立的防空地下室），所以规范要求一个防护单元的防护设施和内部设备应该自成系统。每个防护单元的出入口也应该按照独立的防空地下室一样设置。

3.2.10、3.2.11 为便于相邻防护单元之间的战时联系，相邻防护单元之间应该设置连通口。因为遭炸弹命中是随机的，所以事先无法判定相邻单元中哪个单元先遭命中。因此在相邻防护单元之间的连通口处，应在防护密闭隔墙的两侧各设置一道防护密闭门。由于甲、乙两类防空地下室预定防御的武器不同，所以对它们的防护密闭门的抗力要求各有不同。对于乙类防空地下室比较简单，可按0.03MPa的设计压力值设置防护密闭门；而甲类防空地下室就要依据防护单元的抗力大小，而且要注意按照条文的规定设置在隔墙的哪一侧。

3.2.12 在多层防空地下室的上下楼层相邻防护单元之间连通口，其防护密闭门设置要看连通口设在了哪一层。如果设置在下层，只要将一道防护密闭门设在上层单元的一侧就可以了。

3.2.15 从战时防护安全的角度考虑，一般以修建全埋式防空地下室（即其顶板底面不高出室外地面）为宜。但考虑到由于水文地质条件或平时使用的需要，如果在设计和管理中都能满足本条规定的各项要求时，则可以允许防空地下室的顶板底面适当高出室外地面。甲类防空地下室如果上部地面建筑为钢筋混凝土结构时，在核爆地面冲击波的作用下，有可能造成防空地下室的倾覆。因此在顶板高出室外地面的问题方面，对钢筋混凝土地面建筑作了严格的限制。对高出室外地面的甲类防空地下室，规范仅适用于其上部建筑为砌体结构。由于乙类防空地下室设计不考虑防核武器，在高出室外地面的问题上，对其上部地面建筑的结构形式未作限制，即上部建筑为钢筋混凝土结构时乙类防空地下室的顶板底面也允许高出室外地面，而且就高于室外地面的高度也作了适度地放宽。

3.3 出 入 口

3.3.1 战时当城市遭到空袭后，尤其是遭核袭击之后，地面建筑物会遭到严重破坏，以至于倒塌，防空地下室的室内出入口极易被堵塞。因此，必须强调出入口的设置数量以及设置室外出入口的必要性。主要出入口是战时空袭后也要使用的出入口，为了尽量避免被堵塞，要求主要出入口应设在室外出入口。对于那些在空袭之后需要迅速投入工作的防空地下室，如消防车库、中心医院、急救医院和大型物资库等，更需要确保其战时出入口的可靠性，故规范要求这些工程要设置两个室外出入口。由于它们在空袭后需要立即使用的迫切程度有所不同，所以对其设置的严格程度，提法上有些不同。为了尽量避免一个炸弹同时破坏两个出入口，故要求出入口要设置在不同方向，并尽量保持最大距离。

3.3.2 在高技术常规武器的空袭条件下，一般量大面广的乙类防空地下室并非是敌人打击的目标，其上部地面建筑完全倒塌的可能性应属于小概率事件。因此与甲类工程相比较，对乙类防空地下室室外出入口的设置，在一定条件下可以适当放宽。对于低抗力的甲类防空地下室，各地反映由于有的地下室已经占满了红线，确实没有设置室外出入口的条件。鉴于此种特殊情况，对于核6级、核6B级的甲类防空地下室，规范允许用室内出入口代替室外出入口，但必须满足本条中规定的各项要求。这一做法是迫于上述情况做出的，对于甲类防空地下室而言，并非是十分合理的做法，因此各地的人防主管部门和设计人员对此须从严掌握。

3.3.3 在核爆冲击波作用下的地面建筑物是否倒塌，主要取决于冲击波的超压大小和建筑物的结构类型。根据有关资料，位于核5级、核6级及核6B级的甲类防空地下室附近的钢筋混凝土结构地面建筑物，虽然会遭到严重破坏，但其主结构还不会倒塌。由于钢筋混凝土结构的延性和整体性较好，即使命中一两枚炸弹，整个建筑物也不会彻底倒塌。所以对低抗力防空地下室，虽然钢筋混凝土结构地面建筑周围会有相当数量的倒塌物，但为方便设计，在选择室外出入口位置时，本条规定可不考虑其倒塌影响。对砌体结构的地面建筑物，从安全考虑出发，不管是否属抗震型结构均按将会产生倒塌考虑。

3.3.4 核武器爆炸所造成的地面建筑破坏范围很大，因此甲类防空地下室需要重视地面建筑倒塌的影响。作为战时的主要出入口的室外出入口在空袭之后也需保证能够正常的出入，因此要求尽可能的将通道的出地面段布置在倒塌范围之外，以免在核袭击之后被倒塌物堵塞。出地面段设在倒塌范围之外时，其口部建筑往往是因为平时使用、管理等需要而建造的。为了不会因口部建筑本身的坍塌，影响通行，从而要求口部建筑采用单层轻型建筑。这样一旦遭核袭击时，口部建筑容易被冲击波"吹走"，即便未被"吹走"，也能便于清理。在密集的建筑群中，往往很难做到把出地面段设置在地面建筑的倒塌范围之外（或者远离地面建筑）。当出地面段位于倒塌范围之内时，为了保障在空袭后主要出入口不被堵塞，在出地面段的上方应该设有防倒塌棚架。因此规定，平时设有口部建筑的宜按防倒塌棚架设计；平时不宜设口部建筑的，可在临战时在出地面段上方采用装配式的防倒塌棚架，使出入口战时不会被堵塞。

3.3.5 目前人防工程口部（包括供人员进出和供车辆进出的出入口）防护设备特别是防护密闭门、密闭门已都有相应的标准和定型尺寸。设计时应考虑在满足平时和战时使用要求的前提下，应尽量选用标准的、定型的人防门（包括防护密闭门和密闭门）。表3.3.5给出的战时人员出入口最小尺寸是根据战时的基本要求确定的。平战结合的防空地下室，其出入口的尺寸还需结合平时的使用需要确定。

3.3.7 人防门（包括防护密闭门和密闭门）为了满足抗爆、密闭等方面的要求，与普通的建筑门有所不同。人防门不是镶嵌在洞口当中的，而是门扇的尺寸大于洞口，门扇与门框墙需要搭接一部分。因此设计中应该注意人防门门前通道的尺寸需满足人防门的安装和启闭的需要。

3.3.8 本条中的战时出入口系指在空袭警报之后，供地面上的待掩蔽人员能够直接进入掩蔽所的各个出入口（简称掩蔽入口）。为保障掩蔽人员能够由地面迅速、安全地进入防空地下室，掩蔽入口不能包括竖井式出入口和连通口（包括防护单元之间的和与其它人防工程之间的）。为使掩蔽人员能在规定的时间内全部进入室内，（与消防的安全出口相似）掩蔽入口的宽度应该满足一定要求。其实空袭警报之后的人员紧急进入的状态与火灾时人员紧急疏散的状态相类似，只是掩蔽进入的时间比消防疏散的时间长许多。另外考虑到现行《战技要求》把防护单元的规模放大到建筑面积2000m²，使得掩蔽的人数大大增加，从需要与可能相结合，将百人掩蔽入口宽度确定为0.30m。为了避免人员过于集中，条文规定一樘门的通过人数不超过700人。因此即使门洞宽度大于2.10m，也认为只能通过700人。对于两相邻防护单元的共用通道、共用楼梯的净宽，可按两个掩蔽入口预定的通过人数之和确定，并未要求按两个掩蔽入口净宽之和确定。例如：甲防护单元入口虽然净宽1.0m，但预计此口通过人数250人；乙防护单元入口净宽1.0m，预计此口通过人数200人。因此，合计通过人数450人，需共用通道净宽450×0.01×0.30m=1.35m，此时通道净宽取为1.50m，即已满足要求；否则若按两门门洞宽度之和计算，则需2.00m宽。

3.3.9 人员掩蔽所是战时供人员掩蔽使用的公共场所，使用者男女老少都有，一旦使用，通过出入口的人员众多，非常集中，动作急促。所以，为保证各类人员在规定的时间内能够迅速地、安全地进入室内，不仅要对出入口的数量、宽度有一定要求，而且还需要对梯段的踏步尺寸、扶手的设置等提出必要的要求。

3.3.10、3.3.12 对室外出入口（包括独立式和附壁式）通道的防护掩盖段长度均规定不得小于5.00m。这是从防炸弹爆炸破坏提出的，是对甲类、乙类防空地下室，对战时有、无人员停留均适用的，也是通道长度的最基本要求。因此设计中必须满足，而且应该尽量避免采用直通式。战时室内有人员停留的防空地下室系指符合第3.1.10条规定的工程。

3.3.11 此条中规定的临空墙厚度指的是符合第3.3.10条要求的室外出入口。不满足第3.3.10条要求的室外出入口，不能按此条规定设计。

3.3.11、3.3.13、3.3.15 对于防空专业队装备掩蔽部、人防汽车库等战时室内无人员停留的防空地下室，其临空墙厚度可按结构要求确定。

3.3.16 此条的对象是指不满足防护厚度要求的临空墙。本条给出的措施主要是针对核4级、核4B级的甲类防空地下室以及核5级甲类防空地下室的附壁式出入口，对于其临空墙的厚度是在满足抗力要求的条件下提供的辅助办法。

3.3.17 此条的各项规定都是为了避免常规武器的爆炸破片对防护密闭门的破坏。第1款专指直通式坡道出入口，按其要求只要把通道的中心线适当弯曲或折转，当人员站在通道口的外侧，看不到防护密闭门时，就能够满足"不被（通道口外的）常规武器爆炸破片直接命中"的要求。

3.3.18 由于常规武器爆炸作用的特点，使得乙类防空地下室出入口处防护密闭门的设计压力值与其通道的形式（即指通道有无90°拐弯）和通道长度关系十分密切，因此将确定出入口防护密闭门设计压力值的有关内容，由结构章节转移到建筑的相关章节中（见第3.3.18条）。同时也将确定防护单元连通口的防护密闭门设计压力值的相关内容，由结构转移到建筑章节中。为了从防常规武器的安全考虑，对通道的最小长度作了规定。由于甲类防空地下室还需防核武器，所以防护密闭门的设计压力值受通道的长度影响变化不十分明显，但与通道的拐弯有一定的关系。

乙类防空地下室防护密闭门的设计压力值，是以作用在门上的等效静荷载值相等为原则，将常规武器爆炸产生的压力换算成相同效应的核武器爆炸产生的压力给出的。

常规武器爆炸作用在防护密闭门上的实际压力通常大于表中数值。这么做的目的主要是为了方便建筑设计人员正确选用防护密闭门，同时增强规范的连续性和可操作性。

3.3.21 由于原规范对密闭通道没有具体要求，近期发现有的设计，对战时使用的出入口采用了在一道门框墙的两侧各设一道人防门的做法。这一做法只适用于战时封堵的出入口，并不适用于战时使用的出入口。这一做法会使两道人防门之间的空间太小，形不成"气闸室"（即密闭通道）。而密闭通道的"空间作用"对于防空地下室在隔绝防护时是十分重要的。只有当密闭通道具有足够大的空间时，战时室外的毒剂只有经过"渗透－稀释－再渗透"的过程，才可能进入室内。这其中的一个重要环节是"空间的稀释作用"。当密闭通道具有足够大的空间时，才可能形成明显的稀释。在隔绝防护时间之内其稀释后毒剂的再渗漏，才会使室内的毒剂含量始终处于非致伤浓度之下。因此对密闭通道提出了具体要求。

3.3.22 防毒通道是具有通风换气功能的密闭通道，为了使防毒通道能够形成不断的向外排风，在设有防毒通道的出入口附近必须设有排风口。排风口应该包括扩散室和竖井（或通向室外的通道）。而且在室外染毒情况下有人员通过时，为了防止毒剂进入室内，通道两端的人防门是不允许同时开启的。但由于原规范对防毒通道缺乏明确的要求，近期发现有的工程设计忽视了功能方面的要求，片面地强调提高防毒通道的换气次数，将防毒通道的尺寸确定的过小，以至于通过通道的人员在开启密闭门时，必须同时打开防护密闭门。因此，为了在防护密闭门处于关闭状态条件下，使通道内的人员能够正常地开启密闭门，就需要在密闭门的开启范围之外留出人员的站立位置。

3.3.23 洗消间是用于室外染毒人员在进入室内清洁区之前，进行全身消毒（或清除放射性沾染）的专用房间，由脱衣室、淋浴室和检查穿衣室三个房间组成。其中，脱衣室是供染毒人员脱去防护服及各种染毒衣物的房间。为防止毒剂和放射性灰尘的扩散，染毒衣物需集中密闭存放，因此脱衣室应设有贮存染毒衣物的位置。战时脱衣室污染较严重，为了不影响淋浴人员的安全，本条规定在淋浴室入口（即脱衣室与淋浴室之间）设置一道密闭门。淋浴室是通过淋浴彻底清除有害物的房间。房间中不仅设有一定数量的淋浴器，而且设有同等数量的脸盆，尤其是应该特别注意淋浴器、脸盆的设置一定要避免洗前人员与洗后人员的足迹交叉。检查穿衣室是供洗后人员检查和穿衣的房间，检查穿衣室应设有放置检查设备和清洁衣物的位置。淋浴室的出口（即淋浴室与检查穿衣室之间）设普通门。虽然可能有个别洗消人员没能完全洗清干净，将微量毒剂带入检查穿衣室，但将会通过通风系统的不断向外排风，会将毒剂排到室外。因而在不断通风换气的条件下，虽然在淋浴室与检查穿衣室之间只设一道普通门，但也不会污染检查穿衣室。由于脱衣室染毒的可能性很大，所以其与淋浴室、检查穿衣室之间必须设置密闭隔墙。对于洗消间和两道防毒通道，虽然其各个房间的染毒浓度不同，但均属染毒区。为此要求其墙面、地面均应平整光滑，以利于清洗，而且应该设置地漏。淋浴器和洗脸盆的数量是按照防护单元的建筑面积给出的。

3.3.24 本次规范修订已将防护单元的建筑面积放大到2000m²。目前最大的防护单元大致可以掩蔽1500人左右，其滤毒风量至少要3000m³/h。即使按一个掩蔽300人的（二等人员掩蔽所）防护单元计算，其滤毒新风量应不小于600m³/h。如果按防毒通道净高2.50m，换气次数≥40次/h计算，只要防毒通道面积≤6m²即可满足换气次数要求。所以本条中"简易洗消宜与防毒通道合并设置"的提法是容易做到的。合并设置的做法更符合战时简易洗消的作业流程，而且也简化了口部设计，方便了施工。

关于简易洗消与防毒通道合并设置的具体要求：①防护密闭门与密闭门之间的人行道的宽度为1.30m，可以满足两个人的通行。②"宽度不小于0.60m"是在简易洗消区中放置洗消设施（如桌子、柜子、水桶等）的基本宽度要求，"面积不小于2.0m²"是放置洗消设施的最小面积要求。

3.3.26 电梯主要是为平时服务的，由于战时的供电不能保证，而且在空袭中电梯也容易遭到破坏，故防空地下室战时不考虑使用电梯。如因平时使用需要，地面建筑的电梯直通地下室时，为确保防空地下室的战时安全，故要求电梯间应设在防空地下室的防护区之外。

3.4 通风口、水电口

3.4.1 从各地工程实践可以证明，如果平时进风口放在出入口通道中（或楼梯间）时，容易形成通风短路，室内的新风量不易保证。实践经验还说明，在南方地区的夏季通风会使出入口通道产生结露，而在北方地区的冬季通风会使出入口通道（或楼梯间）的温度明显降低。目前所建的防空地下室已经比较重视平时的开发利用，往往其平时的通风量与战时的通风量相差较大，有的通风方式也有所不同，故平时进风口宜单独设置。另外，从各地使用情况看，平时排风口若与出入口结合设置，会严重影响出入口通道的空气质量。在战时通风中，由于清洁通风的时间最长，在室外未染毒的情况下，人员进出频繁，若门扇经常开启，室内新风量也不容易保证。所以不论是平时通风，还是战时通风口，本条均提出"宜在室外单独设置"。

3.4.3 医疗救护工程、专业队队员掩蔽部、人员掩蔽工程、食品站、生产车间以及柴油电站等防空地下室的室内战时有大量的人员休息或工作，因此要求不间断通风，所以其进风口、排风口、柴油机排烟口一般都处于开启状态。为了防止核爆炸（或常规武器爆炸）冲击波的破坏作用，均应采用消波设施。

3.4.4 人防物资库和专业队装备掩蔽部、人防汽车库等防空地下室是战时以掩蔽物资、装备为主的工程，有的室内有少量值班人员，有的室内无人。因此此种工程在空袭时可暂停通风。其进风口、排风口可在空袭前采用关闭防护密闭门的防护措施。由于人防物资库和专业队装备掩蔽部、人防汽车库的防毒要求不同，所以设置的门的数量不同。

3.4.5 在室外染毒的情况下，洗消间、简易洗消间和防毒通道等都要求能够通风换气，并把污染空气排至室外。因而要求洗消间、简易洗消间和防毒通道要结合排风口设置。又因为洗消间、简易洗消间和防毒通道等应设在战时主要出入口，所以排风口要在作为战时主要出入口的室外出入口。此时最好是在室外单独设置进风口。如确实没有条件，二等人员掩蔽所的战时进风口也可以设在室内出入口。正如第3.3.3条说明所述，在核5级及以下的防空地下室的附近，钢筋混凝土结构和抗震型砖混结构的上部建筑，其主结构一般不会完全倒塌，因此设在室内出入口的进风口还不至于完全被堵塞。但为安全起见，本条规定只要进风口设在室内，就应采取相应的防堵塞措施。

3.4.6 要求悬板活门嵌入墙内，是根据悬板活门的工作性能决定的。悬板活门是依靠冲击波的能量在短暂时间内自动关闭的设备。为了保证在冲击波到达时能使悬板活门迅速地关闭，从而要求悬板活门必须嵌入墙内，并应满足嵌入深度的要求。

3.4.7 为了方便设计人员的使用，按照本规范附录F的有关规定，经过大量计算和综合工作，规范附录A给出了可供直接选用的表格。但需说明原规范中规定的消波系统的允许余压值，是按照设备的允许余压确定的，并没有考虑室内人员能够承受的压力大小。在《核武器的杀伤破坏作用与防护》（1976年国防科委）一书第44页的冲击波损伤中写明："冲击波超压为0.02～0.03MPa时，会造成人员的轻度冲击伤，其中听器损伤（鼓膜破裂、穿孔）和体表擦伤，但不会影响战斗力；冲击波超压为0.03～0.06MPa时，会造成人员的中度冲击伤，其中明显听器损伤（听骨骨折、鼓室出血），肺轻度出血、水肿，脑振荡，软组织挫伤和单纯脱臼等，会明显影响战斗力"。另外在《核袭击民防手册》（1982年原子能出版社）一书的第29页写到："虽然鼓膜穿孔需要0.140MPa，但是在0.035MPa那样低的超压下也有过耳膜破坏的记录"。由此可见，按照低标准要求，超压0.03MPa是人员能够承受的明显界限。如果超过0.03MPa会给人员造成严重的伤害。于是人员的允许余压一般小于设备的允许余压（如排风口和无滤毒通风的进风口按0.05MPa）。因此只考虑设备的允许余压，不考虑人员的允许余压是不妥当的。此次修订（附录E消波系统）的条文规定消波系统的允许余压值，不论进风口，还是排风口均按防空地下室的室内有、无人员确定。并规定室内有人员的（如医疗救护工程、人员掩蔽工程、专业队队员掩蔽部、物资库等）防空地下室各通风口的扩散室允许余压均按0.03MPa；室内没有人员的（如电站发电机房）防空地下室各通风口的扩散室允许余压按0.05MPa。

3.4.8 在乙类防空地下室和核6级、核6B级甲类防空地下室设计中，为简化口部设计，节省空间，方便施工，降低造价，又能保证战时的防护安全，本条规定用钢板制作的扩散箱代替钢筋混凝土的扩散室。扩散箱的大小是根据本规范附录F的要求确定的。经过模爆试验和技术鉴定确认，钢制扩散箱是有效的、可靠的。为了方便平时使用，本条规定可以预留扩散箱位置，临战时再行安装。

3.4.9 战时因更换过滤吸收器，滤毒室可能染毒，所以滤毒室应该设在染毒区。为更换过滤吸收器时不影响清洁区，而且方便操作人员进出，故要求滤毒室的门要设在既能通往地面，又能通往室内清洁区的密闭通道（或防毒通道）内。并应注意到：滤毒室应邻近进风口；滤毒室宜分别与扩散室、进风机室相邻。同样为了方便操作，进风机室应该设在清洁区。

3.4.10 在遭到化学袭击的一段时间过后，当室外染毒的浓度下降到允许浓度后，为了对主要出入口和进风口进行洗消，本条规定在主要出入口防护密闭门外以及进风口竖井内设置洗消污水集水坑，以便用来汇集洗消的污水。集水坑可按战时使用手动排水设施（或移动式电动排水设备）的标准设计。当因平时的需要口部已经设有集水坑时，战时可不再设置。

3.5 辅助房间

3.5.1 由于专业队队员掩蔽部、人员掩蔽工程和配套工程的战时用水，一般靠内部贮水（不设内部水源），而且战时一般也没有可靠的电源。按规定内部贮水只考虑饮用水和少量生活用水，不包括厕所用水。因此，本条规定上述两类工程宜设干厕。所以即使因平时使用需要，设置水冲厕所时，也应根据掩蔽人数或战时使用人数留出战时所需干厕（便桶）的位置。同时还应注意到，战时因人员较多，所需的便桶数量较平时的厕所蹲位数一般要多的情况。厕所位置靠近排风系统末端处，有利于厕所污秽气体的排除，以免使其外溢而影响室内空气清洁。一般来说，厕所蹲位多于三个时宜设前室或由盥洗室穿入。

3.6 柴油电站

3.6.3 移动电站采用的是移动式柴油发电机组，一般是在临战时才安装。所以移动电站应该设有一个能通往室外地面的机组运输口，此条只规定应设有"通至"室外地面的出入口。因此当设"直通"室外地面的出入口有困难时，可以由室内口运输柴油发电机组。

3.7 防护功能平战转换

3.7.3 本条是依据现行《战技要求》的有关规定，并参照《转换设计标准》中的相关规定，对于在防护密闭隔墙上开设平时通行口的问题作了较具体的规定。

3.7.4 在本次修订过程中，依据现行《战技要求》的有关规定，并参照《转换设计标准》中的规定，对于平时需要在防护密闭楼板上开洞的问题作了较具体的规定。

3.7.5 在《转换设计标准》中对平时出入口的设置数量作了严格的限制。我们认为首先应该严格区分封堵方法，然后对不同的封堵方法作不同的限制。如对平时出入口采用预制构件进行封堵的做法，将会给临战时带来巨大的工作量，应该严格控制。但是，对平时出入口采用以防护密闭门为主进行封堵的做法，却不必作过于苛刻的限制。因为以防护密闭门为主进行封堵的做法，战时的防护容易落实，也不会给临战时造成太大的工作量。而在防空地下室设计中，情况往往十分复杂，由于消防的疏散距离等方面的要求，有时平时出入口的数量很难限制在2个以下。因此本条对采用预制构件封堵的平时出入口设置从严，而对以防护密闭门为主封堵的平时出入口采取从宽的规定。

3.8 防 水

3.8.3 上部建筑范围内的防空地下室顶板的防水一般是容易忽视的。为保证防空地下室的整体密闭性能，防空地下室顶板的防水十分重要。

3.9 内部装修

3.9.3 在冲击波作用下会引起防空地下室顶板的强烈振动，为了避免因振动使抹灰层脱落而砸伤室内人员，故本条规定顶板不应抹灰。平时设置吊顶时，龙骨应该固定牢固，饰面板应采用便于拆卸的，以便于临战时拆除吊顶饰面板。

4 结 构

4.1 一般规定

4.1.1 与普通地下室相比,防空地下室结构设计的主要特点是要考虑战时规定武器爆炸动荷载的作用。常规武器爆炸动荷载和核武器爆炸动荷载均属于偶然性荷载,具有量值大、作用时间短且不断衰减等特点。暴露于空气中的防空地下室结构构件,如高出地面不覆土的外墙、不覆土的顶板、口部防护密闭门及门框墙、临空墙等部位直接承受空气冲击波的作用。其它埋入土中的围护结构构件,如有覆土顶板、土中外墙及底板等,则直接承受土中压缩波的作用。此外,防空地下室内部的墙、柱等构件则间接承受围护结构及上部结构动荷载作用。

防空地下室的结构布置,必须考虑地面建筑结构体系。墙、柱等承重结构,应尽量与地面建筑物的承重结构相互对应,以使地面建筑物的荷载通过防空地下室的承重结构直接传递到地基上。

防空地下室的结构选型包括结构类别和结构体系的选择。结构类别一般可分为砌体结构和钢筋混凝土结构两种。当上部建筑为砌体结构,防空地下室抗力级别较低且地下水位也较低时,防空地下室可采用砌体结构。防空地下室钢筋混凝土结构体系常采用梁板结构、板柱结构以及箱型结构等,当柱网尺寸较大时,也可采用双向密肋楼盖结构、现浇空心楼盖结构。

目前在防空地下室中采用的预制装配整体式构件有叠合板、钢管混凝土柱及螺旋筋套管混凝土柱等。其它预制装配式构件,如有充分试验依据,也可逐步用于防空地下室。

4.1.2 设计使用年限是防空地下室结构设计的重要依据。设计使用年限是设计规定的一个时期,在这一规定的时期内,只需进行正常的维护而不需进行大修就能按预期目的使用,完成预定的功能,即建筑物在正常设计、正常施工、正常使用和维护下所应达到的使用年限。防空地下室结构在规定的设计使用年限内,除了满足平时使用功能要求外,甲类防空地下室应满足"能够承受常规武器爆炸动荷载和核武器爆炸动荷载的分别作用"的战时防护功能要求;乙类防空地下室应满足"能够承受常规武器爆炸动荷载作用"的战时防护功能要求。

4.1.3 现行《人民防空工程战术技术要求》将人民防空工程按可能受到的空袭威胁划分为甲、乙两类:甲类工程防核武器、常规武器、化学武器、生物武器袭击;乙类工程防常规武器、化学武器、生物武器的袭击。根据上述要求,本条提出甲类防空地下室结构应能承受常规武器爆炸动荷载和核武器爆炸动荷载的分别作用,乙类防空地下室结构应能承受常规武器爆炸动荷载的作用。另外,无论是常规武器,还是核武器,设计时均只考虑一次作用。对于甲类防空地下室结构,取其中最不利情况进行设计计算,不需叠加。

4.1.4 本条是在确定设计标准的前提下,考虑到防空地下室结构各部位作用的荷载值不同、破坏形态不同以及安全储备不同等因素,为防止由于存在个别薄弱环节致使整个结构抗力明显降低而提出的一条重要设计原则。所谓抗力相协调即在规定的动荷载作用下,保证结构各部位(如出入口和主体结构)都能正常工作。

4.1.5 本条规定在常规武器爆炸动荷载或核武器爆炸动荷载作用下,结构动力分析一般采用等效静荷载法,是从防空地下室结构设计所需精度及尽可能简化设计考虑。

由于在动荷载作用下,结构构件振型与相应静荷载作用下挠曲线很相近,且动荷载作用下结构构件的破坏规律与相应静荷载作用下破坏规律基本一致,所以在动力分析时,可将结构构件简化为单自由度体系。运用结构动力学中对单自由度集中质量等效体系分析的结果,可获得相应的动力系数,用动力系数乘以动荷载峰值即得到等效静荷载。等效静荷载法规定结构构件在等效静荷载作用下的各项内力(如弯矩、剪力、轴力)就是动荷载作用下相应内力最大值,这样即可把动荷载视为静荷载。由于等效静荷载法可以利用各种现成图表,按照结构静力分析计算的模式来代替动力分析,所以给防空地下室结构设计带来很大方便。

试验结果与理论分析表明,对于一般防空地下室结构在动力分析中采用等效静荷载法除了剪力(支座反力)误差相对较大外,不会造成设计上明显不合理,因而是能够保证战时防护功能要求的。对于特殊结构也可按有限自由度体系采用结构动力学方法,直接求出结构内力。

4.1.6 本条是针对动荷载特点,以及人防工程在遭受袭击后的使用要求提出的。

在动荷载作用下结构变形极限,本规范第4.6.2条规定用允许延性比控制。由于在确定各种结构构件允许延性比时,已考虑了对变形的限制和防护密闭要求,因而在结构计算中不必再单独进行结构变形和裂缝开展的验算。

由于在试验中,不论整体基础还是独立基础,均未发现其地基有剪切或滑动破坏的情况。因此,本条规定可不验算地基的承载力和变形。但对自防空地下室引出的各种刚性管道,应采取能适应由于地基瞬间变形引起结构位移的措施,如采用柔性接头。

4.1.7 由于防空地下室平时与战时的使用要求有时会出现矛盾,因此设计中如何既能满足战时要求又能满足平时要求,常会遇到困难。为较好地解决这一矛盾,本条提出可采用"平战转换设计"这一设计方法。其基本思路是:在设计中对防空地下室的某些部位(如专供平时使用的较大出入口),可以根据平时使用需要进行设计,但与此同时,设计中也考虑了满足战时防护要求所必需的平战转换措施(包括转换的部位,如何适应转换后结构支承条件的变化及如何在规定的转换时间内实施全部转换工作的具体措施)。通过这种设计,防空地下室既能充分地满足平时使用需要,又能通过临战时实施平战转换达到战时各项防护要求。但这种做法只能在抗力级别较低,防空地下室平时往往作为公共设施的情况下使用,故在本条规定中提出限于乙类防空地下室和核5级、核6级、核6B级甲类防空地下室采用。

4.1.8 多层或高层地面建筑的防空地下室结构,是整个建筑结构体系的一部分,其结构设计既要满足平时使用的结构要求,又要满足战时作为规定设防类别和级别的防护结构要求,即防空地下室结构设计应同时满足平时和战时二种不同荷载效应组合的要求。因此,规定在设计中应取其控制条件作为防空地下室结构设计的依据。

4.2 材 料

4.2.1 防空地下室结构材料应根据使用要求、上部建筑结构类型和当地条件,采用坚固耐久、耐腐蚀和符合防火要求的建筑材料。

本条提出在地下水位以下或有盐碱腐蚀时外墙不宜采用砖砌体,是考虑到砖外墙长期在地下水位以下或有盐碱腐蚀的土中会造成表面剥落,腐蚀较快,不能保持应有的强度。但从调查中也发现,在同样条件下,有少量工程由于材料及施工质量较好等原因,经过数十年时间考验至今仍然完好。因此在有可靠技术措施条件下,为降低造价外墙采用砖砌体也非绝对不可。但在一般情况下,为确保工程质量,还是尽可能不用砖砌体作外墙为好。

4.2.2 对防空地下室中钢筋混凝土结构构件来说,处于屈服后开裂状态仍属正常的工作状态,这点与静力作用下结构构件所处的状态有很大不同。冷轧带肋钢筋、冷拉钢筋等经冷加工处理的钢筋伸长率低，塑性变形能力差，延性不好，故本条规定不得采用。

4.2.3 表4.2.3给出的材料强度综合调整系数是考虑了普通工业与民用建筑规范中材料分项系数、材料在快速加载作用下的动力强度提高系数和对防空地下室结构构件进行可靠度分析后综合确定的，故称为材料强度综合调整系数。

本规范在确定材料动力强度提高系数时，取与结构构件达到最大弹性变形时间为50ms时对应的一组材料动力强度提高系数。

同一材料在不同受力状态下可取同一材料强度提高系数。试验表明：在快速变形下，受压钢筋强度提高系数与受拉钢筋相一致。混凝土受拉强度提高系数虽然比受压时大，但考虑龄期影响，混凝土后期受拉强度比受压强度提高的要少，二者综合考虑，混凝土受拉、受压可同一材料强度提高系数。钢筋混凝土构件受弯时材料强度的提高，可看成混凝土受压和钢筋受拉强度的提高；受剪时材料强度的提高，可看成混凝土受拉或受压强度的提高。砌体材料因缺乏完整试验资料，近似参考砖砌体受压强度提高系数取值。钢材的材料强度提高系数是参照钢筋的材料强度提高系数给出。

由于混凝土强度提高系数中考虑了龄期效应的因素，其提高系数为1.2～1.3，故对不应考虑后期强度提高的混凝土如蒸气养护或掺入早强剂的混凝土应乘以0.9折减系数。

根据对钢筋、混凝土及砖砌体的试验，材料或构件初始静应力即使高达屈服强度的65%～70%，也不影响动荷载作用下材料动力强度提高的比值，因此在动荷载与静荷载同时作用下材料动力强度提高系数可取同一数值。

4.2.4 试验证明，动荷载作用下钢筋弹性模量与静荷载作用下相同；混凝土和砌体弹性模量是静荷载作用下的1.2倍。

4.3 常规武器地面爆炸空气冲击波、土中压缩波参数

4.3.1 根据现行《人民防空工程战术技术要求》，防常规武器抗力级别为5、6级的防空地下室按常规武器非直接命中的地面爆炸作用设计。由于常规武器爆心距防空地下室外墙及出入口有一定的距离，其爆炸对防空地下室结构主要产生整体破坏效应。因此，防空地下室防常规武器作用应按防常规武器的整体破坏效应进行设计，可不考虑常规武器的局部破坏作用。

4.3.2 常规武器地面爆炸产生的空气冲击波与核武器爆炸空气冲击波相比，其正相作用时间较短，一般仅数毫秒或数十毫秒，往往小于结构发生最大动变位所需的时间，且其升压时间极短。因此在结构计算时，可按等冲量原则将常规武器地面爆炸产生的空气冲击波波形简化为突加三角形，以方便进行结构动力分析。

4.3.3 常规武器地面爆炸在土中产生的压缩波在向地下传播时，随着传播距离的增加，陡峭的波阵面逐渐变成有一定升压时间的压力波，其作用时间也不断加大。因此，为便于计算，可将土中压缩波波形按等冲量原则简化为有升压时间的三角形。

4.3.4 对于防空地下室，由于上部建筑的存在，地面爆炸产生的空气冲击波需穿过上部建筑的外墙、门窗洞口作用到防空地下室顶板和室内出入口。在空气冲击波传播过程中，上部建筑外墙、门窗洞口对空气冲击波产生一定的削弱作用。故当符合条文中规定的条件时，可考虑上部建筑对作用在防空地下室顶板和室内出入口荷载的影响，将空气冲击波最大超压乘以0.8的折减系数。

4.3.5 防空地下室结构构件在常规武器爆炸动荷载作用下，动力分析采用等效静载法既保证了一定的设计精度，又简化了设计。一般来说，常规武器爆炸作用在防空地下室结构构件上的动荷载是不均匀的，而若采用等效静载法，必须是一均布荷载。因此，必须对作用在防空地下室结构构件上的常规武器爆炸动荷载进行均布化处理，具体的均布化处理和动荷载计算方法见本规范附录B。

4.4 核武器爆炸地面空气冲击波、土中压缩波参数

4.4.1 为便于利用现成图表和公式进行动力分析，通常需要将荷载曲线简化成线性衰减等效波形。所谓等效，主要是保证将实际荷载曲线简化为线性衰减波形后能产生相等的最大位移。对于一次作用的脉冲荷载，只需对达到最大位移时间前那段荷载曲线作出简化，而在此以后的曲线变化并不重要。由于防空地下室结构在核武器爆炸冲击波荷载作用下，其最大变位往往发生在超压时程曲线早期，因此按与曲线面积大体相等，且形状也尽可能接近的原则，经推导简化后得出在峰值压力处按切线简化的三角形波形。

地面空气冲击波参数与核武器当量和爆炸高度有关。本次修订由于核武器当量和比例爆高作了适当调整，表4.4.1中设计参数与原规范有所差别。

4.4.2 土中压缩波可简化为有升压时间平台形荷载，是因为土中压缩波作用时间往往比结构达到最大变位时间长十几倍到几十倍，所以简化成有升压时间的平台形荷载后，其误差尚在允许范围内，且可明显简化计算。

4.4.3 由于岩土仅在很低压力下才呈弹性，加之塑性波速与众多因素有关而难以准确确定，因此在土性参数计算中采用起始压力波速与峰值压力波速。其值先通过土性试验作出土侧限应力－应变关系曲线，然后经计算确定自由场压缩波传播规律，最后综合考虑升压过程中应力起跳时间和峰值压力到达时间以及深度等因素后确定。

通过计算比较，当$h \leqslant 1.5m$时峰值压力仅衰减2%左右，因此当$h \leqslant 1.5m$时，可不考虑峰值压力的衰减。

4.4.4 关于墙体材料，按相当于一般砖砌体的强度作为考虑对冲击波波形影响的条件。故对采用石棉板、矿棉板等轻质材料的墙体可不考虑其对冲击波的影响为宜；对预制混凝土大板的墙体，一般可视同砖墙，可考虑其对冲击波波形的影响。

对核4级和核4B级防空地下室，由于缺乏试验资料，暂不考虑上部建筑对冲击波波形的影响。

4.4.7 根据国外资料，对上部建筑为钢筋混凝土承重墙结构，当地面超压为$0.2N/mm^2$以上时才倒塌；对抗震的砌体结构（包括框架结构中填充墙），当地面超压为$0.07N/mm^2$左右才倒塌。考虑到在预定冲击波地面超压作用下，上部建筑物不倒塌，或不立即倒塌，必然会使冲击波产生反射、环流等效应，因此对防空地下室迎爆面的土中外墙动荷载将有所影响。由于这方面试验资料不足，本条在参考国外有关规定的基础上，对于上述条件下的地面空气冲击波最大压力予以适当提高。

4.5 核武器爆炸动荷载

4.5.1 对全埋式防空地下室，考虑到空气冲击波的传播速度一般比土中压缩波传播速度快，因而土中压缩波的波阵面与地表之间夹角比较小，可近似将土中压缩波看成是垂直向下传播的一维波。又由于防空地下室尺寸相对于压缩波波长较小，因而可进一步假定按同时均匀作用于结构各部位设计。

对顶板底面高出室外地面的防空地下室，迎爆面高出地面的外墙将首先受到空气冲击波作用。考虑到从迎爆面的外墙开始受荷到背面墙受荷，会有一定的时间间隔，且背面墙上所受荷载要比迎爆面小，为简化计算，本条规定仅对高出地面的外墙考虑迎爆面单面受荷。另外由于空气冲击波的实际作用方向不确定，所

以设计时应考虑四周高出地面的外墙均可能成为迎爆面。

4.5.3 对于覆土厚度大于或等于不利覆土厚度的综合反射系数 K 值，主要是考虑了不动刚体反射系数、结构刚体位移影响系数以及结构变形影响系数后得出的。另外，研究结果表明：土中小变形结构的顶部荷载，一维效应起主导作用，二维效应影响甚微，即结构外轮廓尺寸的大小对 K 值的影响很小。故本规范不考虑二维效应这一影响因素。

关于饱和土中压缩波的传播及饱和土中结构动荷载作用规律的分析研究，目前可供应用的资料有限，现根据已进行过的少量核武器爆炸、化爆和室内模爆试验结果，提出了较为粗略的估算方法。

原苏联 Г.М. 梁霍夫的研究结果认为，当压力 P 小于某一压力值 $[P_0]$ 时，饱和土的受力机制类似非饱和土（土骨架承力）；当压力 P 大于 $[P_0]$ 时，饱和土呈现它特有的受力机制（主要是空气和水介质的压缩承力），$[P_0]$ 值取决于含气量 α_1，见表 4-1：

表 4-1　　　$[P_0]$ 与 α_1 关系表

α_1	0.05~0.04	0.03~0.02	0.01~0.005	<0.005
$[P_0]$ (0.1N/mm²)	10~8	6~3	2~1	0

由此提出界限压力 $[P_0]=20\alpha_1$（N/mm²）。

另外对含气量 $\alpha_1=4.4\%$ 的淤泥质饱和土进行的室内试验表明，在小于 0.6N/mm² 压力的作用下，土中压力随着深度的增加，升压时间增长，峰值压力减小，遇不动障碍有反射。由于结构位移较大，所以结构上的压力接近自由场压力，即综合反射系数较小，呈现出非饱和土性质。考虑到含气量 α_1 的量测有误差，所以规定地表超压峰值 $\Delta P_m\leqslant 16\alpha_1$ 时，综合反射系数按非饱和土考虑。

当含气量 $\alpha_1=3\%\sim 4\%$，在相当于核5级时的饱和土侧限压缩试验中，应力-应变曲线呈应变硬化性质。为此，有关单位曾对应变硬化性的介质（密实粗砂）做过系统的一维波传播和遇不动刚体反射试验。试验结果表明：压缩波峰值压力不衰减，不动刚壁反射系数 $k=2.0\sim 2.6$。Г.М. 梁霍夫在其化爆试验中曾指出，当水中冲击波在湖泊底部反射且底部为不动障碍时，$k=2\sim 2.04$。考虑到应变硬化介质中传播的是击波，所以结构按不动刚体考虑，土性按线弹性介质考虑，取综合反射系数 $K=2.0$。

4.5.4 由于土中压缩波随传播距离的增加峰值压力减小，升压时间增长，其效果是随深度的增加结构的动力作用逐渐降低。另一方面，当压缩波遇到结构顶板时，将会产生反射压缩波并朝反向传播，当它到达自由地表面时，因地表无阻挡使土体趋向疏松，形成向下传播的拉伸波。拉伸波所之处压力将迅速降低，当拉伸波传到顶板时，顶板压力也将随之减小。如果顶板埋置较深，拉伸波到达时间较晚，在此之前结构顶板可能已达到最大变形，因而拉伸波不能起到卸荷作用；如果顶板埋深浅，由于拉伸波产生的卸荷作用，将会抵消大部分入射波在顶板上形成的反射作用。根据以上多种影响因素综合考虑，承受土压缩波作用的土中浅埋结构，会有一个顶板不利覆土厚度。通过试验分析，其不利覆土厚度的大小，主要与地面超压值、结构自振频率以及结构允许延性比等因素有关。为便于使用，本条给出的不利覆土厚度，是经综合分析后简化得出的。

4.5.5 为与表 4.4.3-1 相对应，表 4.5.5 中增加了老粘性土、红粘土、湿陷性黄土、淤泥质土的侧压系数。

4.5.6 当防空地下室顶板底面高出室外地面时，高出地面的外墙将承受空气冲击波直接作用。考虑到地面建筑外墙一般开有孔洞，迎爆面冲击波将产生明显的环流效应，故可近似取反射系数的下限值 2.0。由此可取防空地下室高出室外地面外墙的最大水平均布压力为 $2\Delta P_m$。

4.5.7 作用在结构底板上的核武器爆炸动荷载主要是结构受到顶板动荷载后往下运动从而使地基产生的反力，即结构底部压力由地基反力构成。根据近年来对土中一维压缩波与结构相互作用理论及有限元法分析研究结果，地下水位以上的结构底板底压系数为 0.7~0.8；地下水位以下的结构底板底压系数为 0.8~1.0。

4.5.8 作用在防空地下室出入口通道内临空墙、门框墙上的最大压力值，是按下述考虑确定的。

对顶板荷载考虑上部建筑影响的室内出入口，其需符合的具体条件及入射冲击波参数均按本规范第 4.4.4~4.4.6 条规定确定。根据试验，当入射超压相当于核5级左右时，有升压时间的冲击波反射超压不会大于入射超压的二倍。因此，本条取反射系数值等于 2。

对室外竖井、楼梯、穿廊出入口以及顶板荷载不考虑上部建筑影响的室内出入口，其内部临空墙、门框墙的最大压力值均按 $1.98\Delta P_m$（近似取 $2.0\Delta P_m$）计算确定。

对量大面广的核5级、核6和核6B级防空地下室，其室外直通、单向出入口按出入口坡道坡度分为 $\zeta<30°$ 及 $\zeta\geqslant 30°$ 两种情况分别确定临空墙最大压力，其中 $\zeta<30°$ 时按正反射公式计算确定，$\zeta\geqslant 30°$ 时按激波管试验及有关公式计算后综合分析确定。对核4级和核4B级的防空地下室，按有一定夹角的有关公式计算确定。

4.5.9 室内出入口在遭受核袭击时，如何防止被上部建筑的倒塌物及邻近建筑的飞散物所堵塞是个难解决的问题，故在本规范中规定，防空地下室一般以室外出入口作为战时使用的主要出入口。为此，如再考虑将室内出入口内与防空地下室无关的墙或楼梯进行防护加固，不仅加固范围难以确定，而且亦难以保证其不被堵塞，故无实际意义。所以本条规定，对于与防空地下室无关的部位不考虑核武器爆炸动荷载作用。

4.5.10 在核武器爆炸动荷载作用下，室外出入口通道结构既受土中压缩波外压，又受自口部直接进入的冲击波内压，由于二者作用时间不同，很难综合考虑。结合试验成果，本条在保证出入口不致倒塌（一般允许出现裂缝）的前提下，规定出入口结构的封闭段（有顶盖段）及竖井结构仅按外压考虑。这是因为虽然内压一般大于外压，但在内压作用下土中通道结构通常只出现裂缝，不致向通道内侧倒塌而使通道堵塞。对于无顶盖的敞开段通道，试验表明，仅按外部土压和地面堆积物超载设计的结构在核武器爆炸动荷载作用下，没有出现破坏堵塞的情况。因此本条规定敞开段通道不考虑核武器爆炸动荷载作用。

4.5.11 与土直接接触的扩散室顶板、外墙及底板与有顶盖的通道结构类似，既受土中压缩波外压，又受自消波系统口部进入的冲击波余压（内压）作用。由于外压和内压作用时间不同，且在内压作用下土中结构通常只出现裂缝，不致向内侧倒塌，故与土直接接触的扩散室顶板、外墙及底板只按承受外压作用考虑。

4.6　结构动力计算

4.6.1 等效静荷载法一般适用于单个构件。然而，防空地下室结构是个多构件体系，如有顶、底板、墙、梁、柱等构件，其顶、底板与外墙直接受到不同峰值的外加动荷载，内墙、柱、梁等承受上部构件传来的动荷载。由于动荷载作用的时间有先后，动荷载的变化规律也不一致，因此对结构体系进行综合的精确分析是较为困难的，故一般均采用近似方法，将它拆成单个构件，每一个构件都按单独的等效体系进行动力分析。各构件之间支座条件应按近于实际支承情况来选取。例如对钢筋混凝土结构，顶板与外墙之间二者刚度相接近,可近似按固端与铰支之间的支座情况考虑。在底板与外墙之间,由于二者刚度相差较大,在计算外墙时可视作固定端。

对通道或其它简单、规则的结构,也可近似作为一个整体构件按等效静荷载法进行动力计算。

4.6.2 结构构件的允许延性比 $[\beta]$,系指构件允许出现的最大变位与弹性极限变位的比值。显然,当 $[\beta]\leqslant 1$ 时,结构处于弹性工作阶段;当 $[\beta]>1$ 时,构件处于弹塑性工作阶段。因此允许延性比虽然不完全反映结构构件的强度、挠度及裂缝等情况,但与这三者都有密切的关系,且能直接表明结构构件所处极限状态。根据试验资料,用允许延性比表示结构构件的工作状态,既简单适用,又比较合理,故本次规范修订时仍沿按允许延性比表示结构构件工作状态。

结构构件的允许延性比,主要与结构构件的材料、受力特征及使用要求有关。如结构构件具有较大的允许延性比,则能较多地吸收动能,对于抵抗动荷载是十分有利的。本条确定在核武器爆炸动荷载作用下结构构件允许延性比 $[\beta]$ 值时,主要参考了以下资料:

1 试验研究成果:
  1)砖砌体和混凝土轴心受压构件的设计延性比可取1.1~1.3;
  2)钢筋混凝土构件的设计延性比,一般可按表4-2取用。

表4-2 钢筋混凝土构件的设计延性比

使用要求	构件受力状态			
	受弯	大偏压	小偏压	轴心受压
无明显残余变形	1.5	1.5	1.3~1.5	1.1~1.3
一般防水防毒要求	3	1.5~3	1.3~1.5	1.1~1.3
无密闭及变形控制要求	3~5	1.5~3	1.3~1.5	1.1~1.3

2 有关规定:
  1)当 $\beta=1$ 时,钢筋应力不大于计算应力,结构无残余变形;
  2)当 $\beta=2\sim 3$ 时,受拉区混凝土出现微细裂缝,但观察不到穿透裂缝,仍保持结构的承载力和气密性;
  3)当 $\beta=4\sim 5$ 时,用于不要求保持气密性和密闭性的防护建筑外墙。

3 《人民防空工程设计资料》提出:
  1)对于不要求保持密闭性的人防工事取延性比为4~5;
  2)对于要求保持密闭性的人防工事取延性比为2~3;

4 《防护结构设计原理和方法》(《美国空军手册》)推荐使用延性系数值为:
  1)对于较脆性的结构,取 1~3;
  2)对于中等脆性的结构,取 2~3;
  3)对于完全柔性的结构,取 10~20。

综合上述资料,本条规定在核武器爆炸动荷载作用下,结构构件的允许延性比 $[\beta]$ 按表4.6.2取值。

由于防空地下室不考虑常规武器的直接命中,只按防非直接命中的地面爆炸作用设计,常规武器爆炸动荷载对结构构件往往只产生局部作用;又由于常规武器爆炸动荷载作用时间较短(相对于核武器动荷载),易使结构构件产生变形回弹,故本条规定在常规武器爆炸动荷载作用下,结构构件允许延性比可比核武器爆炸作用时取的大一些,以充分发挥结构材料的塑性性能,更多地吸收爆炸能量。

4.6.5 本条给出的动力系数计算公式是将结构构件简化为等效单自由度体系,进行无阻尼弹塑性体系强迫振动的动力分析得出的。

当核武器爆炸动荷载波形为无升压时间的三角形时,由于其有效正压作用时间远大于结构构件达到最大变位的时间,因此其等效作用时间可进一步近似取为无穷大,即可看成突加平台形荷载。在突加平台形荷载作用下,动力系数仅与结构构件允许延性比有关,而与结构的其它特性无关。

当核武器爆炸动荷载的波形为有升压时间平台形时,按下式进行计算,并取其包络线,得出对应各种不同 $[\beta]$ 值的 K_d 值:

$$K_d = \frac{[\beta]\left\{1+\sqrt{1-\frac{1}{[\beta]^2}(2[\beta]-1)(1-\varepsilon^2)}\right\}}{2[\beta]-1}$$

式中 $\varepsilon = \dfrac{\sin\dfrac{\omega t_0}{2}}{\dfrac{\omega t_0}{2}}$

对于一般钢筋混凝土受弯或大偏心受压构件,按上式求得的 K_d 值可能小于1.05,从偏于安全考虑,取 $K_d \geqslant 1.05$。为方便设计,该动力系数以表格形式给出。

4.6.6 按等效单自由度体系进行结构动力分析时,较为重要的问题是正确选择振型。在强迫振动下哪一种主振型占主要成分与动载的分布形式有很大关系,一般来说与以动载作为静作用时的挠曲线相接近的主振型起着主导作用,因此宜将动载视作静载所产生的静挠曲线形状作为基本振型。通常即使振动形状稍有差别,对动力分析结果并不会产生明显影响。为了简化计算,也可挑选一个与静挠曲线形状相近的主振型作为假定基本振型,如对均布荷载下简支梁可取第一振型,对三跨等跨连续梁可取第三振型。

由于本规范在动荷载确定中已考虑了土与结构的相互作用影响,所以在计算土中结构自振频率时,不再考虑覆土附加质量的影响。

4.6.7 作用在结构底板上的动荷载主要是结构受到顶板动荷载后往下运动使地基产生的反力。由于底板动荷载升压时间较长,故其动力系数可取1.0。

扩散室与防空地下室内部房间相邻的临空墙只承受消波系统的余压作用,临空墙的允许延性比取1.5,按公式(4.6.5-4)计算动力系数为1.5。考虑到扩散室的扩散作用,动力效应降低,动力系数乘以0.85的折减系数后取1.3。

4.7 常规武器爆炸动荷载作用下结构等效静荷载

4.7.2 对于防空地下室顶板的等效静荷载标准值:

本条第1款及表4.7.2计算采用的有关条件为:顶板材料为钢筋混凝土,混凝土强度等级为C25;按弹塑性工作阶段计算,允许延性比 $[\beta]$ 取4.0;顶板四边按固支考虑;板厚对常6级取200~300mm,对常5级取250~400mm;板短边净跨取4~5m。括号内的数值是根据本规范第4.3.4条的规定,考虑上部建筑影响乘以0.8的折减系数后得到的。

常规武器地面爆炸时,防空地下室顶板主要承受空气冲击波感生的地冲击作用。一般来说,距常规武器爆心越远,顶板上受到的动荷载越小。另外,结构顶板区格跨度不同时,其等效静载值也不一样。为便于设计,本规范对同一覆土厚度不同区格跨度顶板的等效静荷载取单一数值。

相关试验和数值模拟研究表明:常规武器爆炸空气冲击波在松散软土等非饱和土中传播时衰减非常快。根据本规范附录B的公式计算可以确定:当防空地下室顶板覆土厚度对于常5级、常6级分别大于2.5m、1.5m时,动荷载值相对较小,顶板设计通常由平时荷载效应组合控制,故此时顶板可不计入常规武器地面爆炸产生的等效静荷载。

当防空地下室设在地下二层及以下各层时，根据本条第1款的规定以及常规武器爆炸空气冲击波衰减快的特点，经综合分析，此时作用在防空地下室顶板上的常规武器地面爆炸产生的等效静荷载值很小，可忽略不计。

4.7.3 对于防空地下室外墙的等效荷载标准值：

常规武器地面爆炸时，防空地下室土中外墙主要承受直接地冲击作用。表4.7.3计算中采用的有关条件如下：

砌体外墙：采用砖砌体，净高按 2.6～3m，墙体厚度取490mm，允许延性比 $[\beta]$ 取 1.0。

钢筋混凝土外墙：考虑单向受力与双向受力二种情况；净高按 $h\leqslant 5.0m$；墙厚对常6级取 250～350mm，对常5级取 300～400mm；混凝土强度等级取 C25～C40；按弹塑性工作阶段计算，允许延性比 $[\beta]$ 取 3.0。

当常6级、常5级防空地下室顶板底面高出室外地面时，高出地面的外墙承受常规武器爆炸空气冲击波的直接作用。此时外墙按弹塑性工作阶段计算，允许延性比 $[\beta]$ 取 3.0。

4.7.4 作用到结构底板上的常规武器爆炸动荷载主要是结构顶板受到动荷载后向下运动所产生的地基反力。在常规武器非直接命中地面爆炸产生的压缩波作用下，防空地下室顶板的受爆区域通常是局部的，因此作用到防空地下室底板上的均布动荷载较小。对于常5级、常6级防空地下室，底板设计多不由常规武器爆炸动荷载作用组合控制，可不计入常规武器地面爆炸产生的等效静荷载。

4.7.5 常规武器地面爆炸直接作用在门框墙上的等效静荷载是由作用在其上的动荷载峰值乘以相应的动力系数后得出的。这里的动力系数按允许延性比 $[\beta]$ 等于 2.0 计算确定。这是由于常规武器爆炸动荷载与核武器爆炸动荷载相比，其作用时间要短得多，结构构件在常规武器爆炸动荷载作用下的允许延性比可取的大一些。

直接作用在门框墙上的动荷载主要是根据现行《国防工程设计规范》中有关公式计算确定的。该组公式是依据现场化爆试验、室内击波管试验，并结合理论分析提出的。其考虑因素比较全面，如考虑了冲击波传播方向与通道轴线的夹角、坡道的坡度角、通道拐弯、通道长度以及通道截面尺寸等因素的影响。相对于核武器爆炸空气冲击波，常规武器爆炸产生的空气冲击波在通道中传播时衰减较快。无论是直通式，还是单向式，通道截面尺寸越大，防护密闭门前距离越长，作用在防护密闭门上的动荷载越小。

根据防空地下室室外出入口的特点，出入口通道等效直径往往难以确定，以致于无法按公式计算荷载，此时以出入口宽度来区分通道大小比较符合实际情况。一般车道宽度不小于 3.0m，因此，以出入口宽度等于 3.0m 为分界线划分大小两种通道。根据上述公式可计算出直通式、单向式及竖井、楼梯、穿廊式出入口不同通道宽度、不同距离处门框墙上的等效静荷载标准值。直通式、单向式出入口按坡道坡度 ζ 分为 $\zeta<30°$ 及 $\zeta\geqslant 30°$ 两种情况计算，其中 $\zeta\geqslant 30°$ 时按夹角等于 30°的有关公式计算，$\zeta<30°$ 时按夹角等于 0°的有关公式计算；竖井、楼梯、穿廊式出入口按夹角等于 90°的有关公式计算。

表4.7.5-2、表4.7.5-3给出的单扇及双扇平板门反力系数，是门按双向平板受力模型经计算得出。由于钢结构门扇是由门扇中的肋梁将作用在门扇上的荷载传递到门框墙上，门扇受力模型明显不同于双向平板，其中钢结构双扇门近似为单向受力，若按本条公式进行门框墙设计偏于不安全。

4.7.6 常规武器爆炸作用到室外出入口临空墙上的等效静荷载标准值按弹塑性工作阶段计算，允许延性比 $[\beta]$ 取 3.0，计算方法参照门框墙荷载。

4.7.7 常规武器爆炸空气冲击波在传播过程中衰减较快，而室内出入口距爆心的距离相对较远，作用到室内出入口内临空墙、门框墙上的动荷载往往较小。室内出入口距外墙的距离以 5.0m 为界，是参照本规范第3.3.2条的规定确定的。距外墙的距离不大于 5.0m 的室内出入口可用作战时主要出入口，作用到出入口内临空墙、门框墙上的等效静荷载标准值经按现行《国防工程设计规范》中夹角等于 90°的有关公式计算，且考虑上部建筑影响后得出。

4.7.10 为便于设计计算，本条在确定楼梯间休息平台和楼梯踏步板的等效荷载时作了如下简化：楼梯休息平台和楼梯踏步板上等效静荷载取值相同，上下梯段取值相同，允许延性比 $[\beta]$ 取 3.0。

4.8 核武器爆炸动荷载作用下常用结构等效静荷载

4.8.2 表4.8.2计算中采用的有关条件如下：

混凝土强度等级为 C25，起始压力波速 v_0 取 200m/s，波速比 γ_c 取 2。顶板四边按固定考虑，板厚按表4-3取值。

表4-3　　　　　顶板计算厚度（mm）

防核武器抗力级别	跨度 l_0 (m)			
	3.0～4.5	4.5～6.0	6.0～7.5	7.5～9.0
6B	200	200	250	250
6	200	250	250	300
5	300	400	400	500
4B	400	500	500	600
4	400	500	600	700

注：跨度 l_0 为顶板短边净跨。

4.8.3 表4.8.3计算中采用的有关条件如下：

砌体外墙按砖砌体计算，其净高：核6B级、核6级按 2.6～3.2m 计算，核5级按 2.6～3m 计算；墙体厚度取 490mm。

钢筋混凝土外墙考虑单向受力与双向受力二种情况。核6B级、核6级时，净高按 $h\leqslant 5.0m$ 计算：当 $h\leqslant 3.4m$ 时墙厚取 250mm，当 $3.4m<h\leqslant 4.2m$ 时墙厚取 300mm，当 $h>4.2m$ 时墙厚取 350mm；核5级时，净高按 $h\leqslant 5.0m$ 计算：当 $h<3m$ 时墙厚取 300mm，当 $3.0m<h\leqslant 4.0m$ 时墙厚取 350mm，当 $h>4.0m$ 时墙厚取 400mm；核4B级时，净高按 $h\leqslant 3.6m$ 计算：当 $h<2.8m$ 时墙厚取 350mm，当 $2.8m\leqslant h\leqslant 3.2m$ 时墙厚取 400mm，$h>3.2m$ 时墙厚取 450mm；核4级时，净高按 $h\leqslant 3.2m$ 计算：当 $h<2.8m$ 时墙厚取 400mm，当 $2.8m\leqslant h\leqslant 3.2m$ 时墙厚取 450mm。混凝土强度等级：核5级、核6级和核6B级，且 $h\leqslant 4.2m$ 时选用 C25；其余情况选用 C30。

4.8.4 高出地面的外墙承受空气冲击波的直接作用，当按弹塑性工作阶段设计时 $[\beta]$ 取 2.0，由式（4.6.5-4）可得动力系数 $K_d=1.33$。

4.8.5 由于本规范第4.8.15条中已给出带桩基的防空地下室底板的等效静荷载值，故在条文中阐明，在确定防空地下室底板等效静荷载值时，应分清二类不同情况。

表中增加注2，是为了进一步明确无桩基的核5级防空地下室底板荷载的取值。

4.8.6 本条主要是明确防空地下室室外有顶盖的土中通道结构周边等效静荷载取值方法。当通道净跨小于 3m 时，由于不能直接套用主体结构顶、底板等效静荷载值，为方便使用，对核5级、核6级和核6B级防空地下室，给出表4.8.6-1及表4.8.6-2。表中数值的计算条件为：顶、底板厚 250mm，混凝土强度等级 C30。

4.8.7 表4.8.7与本规范表4.5.8相对应，由表4.5.8中动荷载值乘以相应的动力系数得出。本条第2款仅适用于钢筋混凝土平板防护密闭门，其理由同本规范第4.7.5条。

4.8.8 出入口临空墙上的等效静荷载标准值，是由作用在其上的最大压力值（见表4.5.8）乘以相应的动力系数后得出。动力系数按下述考虑确定：对核5级、核6级和核6B级防空地下室，其顶板荷载考虑上部建筑影响的室内出入口，超压波形按有升压时间的平台形，升压时间为0.025s，临空墙自振频率一般不小于$200s^{-1}$。对其它出入口，超压波形均按无升压时间波形考虑。

4.8.9 相邻防护单元之间隔墙上荷载的确定，是个比较复杂的问题。当相邻两个单元抗力级别相同时，应考虑某一单元遭受常规武器破坏后，爆炸气浪、弹片及其它飞散物不会波及相邻单元；当相邻两单元抗力级别不同时，还应考虑最低抗力级别防护单元遭受核袭击被破坏时，核武器爆炸冲击波余压对其相邻的防护单元的影响。

本条取相应冲击波地面超压值作为作用在隔墙（含门框墙）上的等效静荷载值。当相邻两防护单元抗力级别相同时，取地面超压值作为作用在隔墙两侧的等效静荷载标准值；当相邻两防护单元抗力级别不相同时，高抗力级别一侧隔墙取低抗力级别的地面超压值作为等效静荷载标准值；低抗力级别一侧隔墙取高抗力级别的地面超压值作为等效静荷载标准值。

当防空地下室与普通地下室相邻时，冲击波将从普通地下室的楼梯间或窗孔处直接进入，考虑到普通地下室空间较大，冲击波进入后会有一定扩散作用，因此作用在防空地下室与普通地下室相邻隔墙上荷载值会小于室内出入口通道内临空墙上荷载值，本条按减少15%计入，并据此确定作用在毗邻普通地下室一侧隔墙上和门框墙上的等效静荷载值。

4.8.10 防空地下室室外开敞式防倒塌棚架，一般由现浇顶板、顶板梁、钢筋混凝土柱和非承重的脆性围护构件组成。在地面冲击波作用下，围护结构迅速遭受破坏被摧毁，仅剩下开敞式的承重结构。由于开敞式结构的梁、柱截面较小，因此在冲击波荷载作用下可按仅承受水平动压作用。

根据核5级防倒塌棚架试验，矩形截面形状系数可取1.5。又棚架梁、柱可按弹塑性工作阶段设计，允许延性比[β]取3.0可得$K_d=1.2$，根据表4.4.1中动压值可得表4.8.10中水平等效静荷载标准值。

4.8.11 本条主要参照工程兵三所对二层室外楼梯间按核5级人防荷载所作核武器爆炸荷载模拟试验的总结报告编写。试验表明，无论对中间有支撑墙的封闭式楼梯间或中间无支撑墙的开敞式楼梯间，在楼梯休息平台或踏步板正面受冲击波荷载后，经过几毫秒时间冲击波就绕射到反面，使平台板或踏步板同时受到二个方向相反的动荷载，因而可用正面荷载与反面荷载的差，即净荷载来确定作用在构件上的动荷载值。在冲击波作用初期，由于冲击波和端墙相撞产生反射，使冲击波增强，因而使平台板和踏步板正面峰值压力增大，而在其反面，由于冲击波绕射和空间扩散作用，冲击波减弱，峰值压力减小，升压时间增长，因此在冲击波作用初期平台板和踏步板正面压力大于反面压力，即净荷载值方向向下。而在冲击波作用后期，由于正面压力衰减较快，使反面压力大于正面压力，即净荷载值方向向上，所以对楼梯休息平台和踏步板应按正面与反面不同时受荷分别计算。

依据上述试验资料，为便于设计计算，本条在确定楼梯休息平台和楼梯踏步板的等效静荷载时作了如下简化：楼梯休息平台和楼梯踏步板上等效静荷载取值相同；上层楼梯间与下层楼梯间取值相同；构件反面的核武器爆炸动荷载净反射系数取正面净反射系数的一半。构件正面净反射系数按略小于实测数据术算平均值采用，实测平均值为1.26，本条取值为1.2。考虑到楼梯休息平台与踏步板为非主要受力构件，动力系数可取1.05。由此可得表中等效静荷载标准值。

4.8.12 对多层地下结构，当防空地下室未设在最下层时，若在临战时不对防空地下室以下各层采取封堵加固措施，确保空气冲击波不进入以下各层，则防空地下室底板及防空地下室以下各层中间墙柱都要考虑核武器爆炸动荷载作用，这样不仅使计算复杂，也不经济，故不宜采用。

4.8.13 根据总参工程兵三所对二层室外多跑式楼梯间核武器爆炸模拟试验，在第二层地面处反射压力比一般竖井内反射压力约小13%。本条根据上述实测资料，取整给出相应部位荷载折减系数。

4.8.14 当相邻楼层划分为上、下两个防护单元时，上、下二层间楼板起了防护单元间隔墙的作用，故该楼板上荷载应按防护单元间隔墙上荷载取值。此时，若下层防护单元结构遭到破坏，上层防护单元也不能使用，故只计入作用在楼板上表面的等效静荷载标准值。

4.8.15 从静力荷载作用下桩基础的实测资料中可知，由于打桩后土体往往产生较大的固结压缩量，以致在平时荷载作用下，虽然建筑物有较大的沉降，但有的建筑物底板仍与土体相脱离。由于桩是基础的主要受力构件，为确保结构安全，在防空地下室结构设计中，不论何种情况桩本身都应按计入上部墙、柱传来的核武器爆炸动荷载的荷载效应组合值来验算构件的强度。

在非饱和土中，当平时按端承桩设计时，由于岩土的动力强度提高系数大于材料动力强度提高系数，只要桩本身满足强度要求，桩端不会发生刺入变形，即仍可按端承桩考虑，所以防空地下室底板可不计入等效静荷载值。在非饱和土中，当平时按非端承桩设计时，在核武器爆炸动荷载作用下，防空地下室底板应按带桩基的地基反力确定等效静荷载值。静力实验与研究表明，在非饱和土中，当按单桩承载力特征值设计时，只要桩所承受的荷载值不超过其极限荷载时，承台（包括筏与基础）分担的荷载比例将会稳定在一定数值上，一般在非饱和土中约占20%，在饱和土中可达30%。本条在非饱和土中，底板荷载近似按20%顶板等效静荷载取值。

在饱和土中，当核武器爆炸动荷载产生的地基反力全部或绝大部分由桩来承担时，还应计入压缩波从侧面绕射到底板上荷载值。若底板不计入这一绕射的荷载值，则会引起底板破坏，造成渗漏水，影响防空地下室的使用。虽然确定压缩波从侧面绕射到底板上荷载值，目前还缺乏准确试验数据，但考虑到压缩波的侧压力基本上取决冲击波地面超压值与侧压系数相乘积，而绕射到底板上压力可以看成由侧压力产生的侧压力，因此对压缩波绕射到底板上的压力可以在原侧压力基础上再乘一侧压系数来取值，即可按冲击波地面超压值乘上侧压系数平方得出。本条对核5级、核6级和核6B级防空地下室饱和土中侧压系数平方取值为0.5，由此可得条文中数值。

为抵抗水浮力设置的抗拔桩不属于基础受力构件，其底板等效静荷载标准值应按无桩基底板取值。

4.8.16 在饱和土中，核武器爆炸动荷载产生的土中压缩波从侧面绕射到防水底板上，在板底产生向上的荷载值。该荷载值可看成由侧压力产生的侧压力，可按冲击波地面超压值乘上侧压系数平方得出。

4.8.17 对核6级和核6B级防空地下室，当按本规范第3.3.2条规定将某一室内出入口用做室外出入口时，应加强防空地下室室内出入口楼梯间的防护以确保战时通行。

对防空地下室至首层地面的休息平台和踏步板，其所处的位置与本规范第4.8.11条多跑式室外出入口梯间相同，由于此时净反射系数是按平均值取用，故此处不再区分顶板荷载是否考虑上部建筑影响，统一按本规范第4.8.11条规定取值。

防倒塌挑檐上表面等效静荷载按倒塌荷载取值，下表面等效静荷载按动压作用取值。

4.9 荷载组合

4.9.2 不同于核武器爆炸冲击波，常规武器地面爆炸产生的空气冲击波为非平面一维波，且随着距爆心距离的加大，峰值压力迅速减小，对地面建筑物仅产生局部作用，不致造成建筑物的整体倒塌。在确定战时常规武器与静荷载同时作用的荷载组合时，可按上部建筑物不倒塌考虑。

在常规武器非直接命中地面爆炸产生的压缩波作用下，对于常5级、常6级防空地下室，底板设计一般不由常规武器与静荷载同时作用组合控制，防空地下室底板设计计算可不计入常规武器地面爆炸产生的等效静荷载。

4.9.3 对于战时核武器与静荷载同时作用的荷载组合，主要是解决在核武器爆炸动荷载作用下如何确定同时存在的静荷载的问题。防空地下室结构自重及土压力、水压力等均可取实际作用值，因此较容易确定。由于各种不同结构类型的上部建筑物在给定的核武器爆炸地面冲击波超压作用下有的倒塌，有的可能局部倒塌，有的可能不倒塌，反应不尽一致，因此在荷载组合中，主要的困难是如何确定上部建筑物自重。

在核武器爆炸动荷载作用下，本条以上部建筑物倒塌时间 t_w 与防空地下室结构构件达到最大变位时间 t_m 之间的相对关系来确定作用在防空地下室结构构件上的上部建筑物自重值。当 $t_w > t_m$ 时，计入整个上部建筑物自重；$t_w < t_m$ 时，不计入上部建筑物自重；t_m 与 t_w 相接近时，计入上部建筑物自重的一半。当上部建筑为砖混结构时，试验表明，核6级和核6B级时，$t_w > t_m$；核5级时，t_m 与 t_w 接近，故本条规定前者取整个自重，后者取自重的一半；核4级和核4B级时，不计入上部建筑物自重。由于对框架和剪力墙结构倒塌情况缺乏具体试验数据，本条在取值时作了近似考虑。据国外资料，当框架结构的填充墙与框架密贴时，300mm 厚墙体可抵抗 $0.08N/mm^2$ 的超压；周边有空隙时，其抗力将下降到 $0.03N/mm^2$ 左右，而框架主体结构要到超压相当于核4B级左右才倒塌。从偏于安全考虑，本条在外墙荷载组合中规定：当核5级时取上部建筑物自重之半；核4级和核4B级时不计入上部建筑物自重，即对大偏压构件轴力取偏小值。在内墙及基础荷载组合中，核5级时取上部建筑物自重；核4B级时取上部建筑物自重之半；核4级时不计入上部建筑物自重，即在轴心受压或小偏压构件中轴力取偏大值。当外墙为钢筋混凝土承重墙时，根据国外资料，一般在超压相当于核4B级以上时方才倒塌，考虑到结构破坏后可能仍留在原处，因此荷载组合中取其全部自重。

4.9.4 本条是为了明确在甲类防空地下室底板荷载组合中是否应计入水压力的问题。由于核武器爆炸动荷载作用下防空地下室结构整体位移较大，为保证战时正常使用，对地下水位以下无桩基的防空地下室基础应采用箱基或筏基，使整块底板共同受力，因此上部建筑物自重是通过整块底板传给地基的。对上部为多层建筑的防空地下室而言，其计算自重一般都大于水浮力。由于在底板的荷载计算中，建筑物计入浮力所减少的荷载值与计入水压力所增加的荷载值可以相互抵消，因此提出当地基反力按不计入浮力确定时，底板荷载组合中可不计入水压力。

对地下水位以下带桩基的防空地下室，根据静力荷载作用下实测资料，上部建筑物自重全部或大部分由桩来承担，底板不承受或只承受一小部分反力，此时水浮力主要起到减轻桩所承担的荷载值作用，对减少底板承受的荷载值没有影响或影响较小，即对桩基底板而言水压力显然大于所受到的浮力，二者作用不可相互抵消。因此在地下水位以下，为确保安全，不论在计算建筑物自重时是否计入了水浮力，在带桩基的防空地下室底板荷载组合中均应计入水压力。

4.10 内力分析和截面设计

4.10.2 根据现行的《建筑结构可靠度设计统一标准》(GB50068)的要求，结构设计采用可靠度理论为基础的概率极限状态设计方法，结构可靠度用可靠指标 β 度量，设计采用以分项系数表达的设计表达式进行设计。本条所列公式就是根据该标准并考虑了人防工程结构的特点提出的。

为提高本规范的标准化、统一化水平，从方便设计人员使用出发，本规范中的永久荷载分项系数、材料设计强度（不包括材料强度综合调整系数），均与相关规范取值一致。因为在防空地下室设计中，结构的重要性已完全体现在抗力级别上，故将结构重要性系数 γ_0 取为 1.0。

取等效静荷载的分项系数 $\gamma_Q = 1.0$，其理由：

1 常规武器爆炸动荷载与核武器爆炸动荷载是结构设计基准期内的偶然荷载，根据《建筑结构可靠度设计统一标准》(GB50068)中第 7.0.2 条规定：偶然作用的代表值不乘以分项系数，即 $\gamma_Q = 1.0$；

2 由于人防工程设计的结构构件可靠度水准比普通工业与民用建筑规范规定的低得多，故 γ_Q 值不宜大于 1.0；

3 等效静荷载分项系数不宜小于 1.0，它虽然是偶然荷载，但也是防护结构构件设计的重要荷载；

4 等效静荷载是设计中的规定值，不是随机变量的统计值，目前也无可能按统计样本来进行分析，因此按国家规定取值即可，不必规定一个设计值，再去乘以其它系数。

确定上述数值与系数后，按修订规范的可靠指标与原规范反算所得的可靠指标应基本吻合的原则，定出各种材料强度综合调整系数。

按修订规范设计的防空地下室结构，钢筋混凝土延性构件的可靠指标约 1.55，其失效概率为 6.1%；脆性构件的可靠指标约 2.40，其失效概率为 0.8%；砌体构件的可靠指标约 2.58，其失效概率为 0.5%。

4.10.3 当受拉钢筋配筋率大于 1.5% 时，按式 (4.10.3-1) 及式 (4.10.3-2) 的规定，只要增加受压钢筋的配筋率，受拉钢筋配筋率可不受限制，显然不够合理。为使按弹塑性工作阶段设计时，受拉钢筋不致配的过多，本条规定受拉钢筋最大配筋率不大于按弹性工作阶段设计时的配筋率，即表 4.11.8。

4.10.5、4.10.6 试验表明，脆性破坏的安全储备小，延性破坏的安全储备大，为了使结构构件在最终破坏前有较好的延性，必须采用强柱弱梁与强剪弱弯的设计原则。

4.10.7《混凝土结构设计规范》(GB 50010) 中的抗剪计算公式，仅适用于普通工业与民用建筑中的构件，它的特点是较高的配筋率、较大的跨高比（跨高比大于 14 的较多）、中低混凝土强度等级以及适中的截面尺寸等，而人防工程中的构件特点是较低的配筋率、较小的跨高比（跨高比在 8 至 14 之间较多）、较高混凝土强度等级以及较大的截面尺寸。为弥补上述差异产生的不安全因素，根据清华大学分析研究结果，对此予以修正。

根据收集到的有关试验资料，在均布荷载作用下，当跨高比在 8 至 14 之间，考虑主筋屈服后剪切破坏这一不利影响，并参考国外设计规范中的有关规定，回归得出偏下限抗剪强度计算公式如下：

$$\frac{V}{bh_0 f_c^{1/2}} = \frac{8}{l/h_0}$$

该公式当 $V/(bh_0 f_c^{1/2}) = 0.92$ 时，相当于 $l/h_0 = 8.7$，与《混凝土结构设计规范》(GB 50010) 中抗剪计算公式的第一项 (0.7) 一致，可视其为上限值；当 $V/(bh_0 f_c^{1/2}) > 0.92$，即 $l/h_0 < 8.7$ 时，

可不必进行修正；当 $V/(bh_0f_c^{t/2})=0.55$，相当于 $l/h_0 \approx 14.5$ 时，其值与美国 ACI 规范抗剪强度值相当，可视其为下限值；当 $V/(bh_0f_c^{t/2})<0.55$，即 $l/h_0>14.5$ 时，修正值不再随 l/h_0 变化。综上所述，可近似将修正系数 ψ_1 规定如下：

当 $l/h_0 \leq 8$ 时，$\psi_1 = 1$；

当 $l/h_0 \geq 14$ 时，$\psi_1 = 0.6$；

当 $8 < l/h_0 < 14$ 时，线性插入。

由此得出公式为 $\psi_1 = 1 - (l/h_0 - 8)/15 \geq 0.6$。

4.10.11 采用 e_0 值不宜大于 $0.95y$ 的依据为：

1 试验表明，按抗压强度设计的砖砌体结构，当 e_0 值超过 1.0 时，结构并未破坏或丧失承载能力；

2 苏联巴丹斯基著《掩蔽所结构计算》第五章指出：计算砖墙承受大偏心距的偏心受压动荷载时，偏心距的大小不受限制。

《砌体结构设计规范》(GB 50003)第5.1.5条对原条文作出修改，要求 $e_0 \leq 0.6y$。该规范附录 D 有关表格中只给出 $e_0 \leq 0.6y$ 时的影响系数 ϕ 值。当 $e_0 > 0.6y$ 时，ϕ 值可按该规范附录 D 中给出的公式计算。

4.11 构造规定

4.11.1 本条根据《混凝土结构设计规范》(GB 50010)、《砌体结构设计规范》(GB 50003)、《地下工程防水技术规范》(GB 50108)等相关规范以及防空地下室结构选材的特点重新修订。

4.11.2 由于多本现行规范、规程对防水混凝土设计抗渗等级的取法不一致，易造成混乱，本条参照《地下工程防水技术规范》(GB 50108)进一步明确。

4.11.6 本条根据防空地下室结构受力特点，参考《混凝土结构设计规范》(GB 50010)和《建筑抗震设计规范》(GB 50011)的规定提出，与三级抗震要求一致。

4.11.7 由于《混凝土结构设计规范》(GB 50010)在构造要求中提高了纵向受力钢筋最小配筋百分率，为与其相适应，表4.11.7进行了调整。其中 C40～C80 受拉钢筋最小配筋百分率按《混凝土结构设计规范》(GB 50010)中有关公式计算后取整给出，见表4-4：

表4-4 受拉钢筋最小配筋百分率计算表

混凝土强度等级	C40	C45	C50	C55	C60	C65	C70	C75	C80
HRB335级	0.29	0.30	0.32	0.33	0.34	0.35	0.36	0.36	0.37
HRB400级	0.27	0.28	0.30	0.31	0.32	0.33	0.33	0.34	0.35
平均值	0.28	0.29	0.31	0.32	0.33	0.34	0.35	0.35	0.36
取值	0.3					0.35			

由于防空地下室结构构件的截面尺寸通常较大，纵向受力钢筋很少采用 HPB235 级钢筋，故上表计算未予考虑。当采用 HPB235 级钢筋时，受弯构件、偏心受压及偏心受拉构件一侧的受拉钢筋的最小配筋百分率应符合《混凝土结构设计规范》(GB 50010)中有关规定。

由于卧置于地基上防空地下室底板在设计中既要满足平时作为整个建筑物基础的功能要求，又要满足战时作为防空地下室底板的防护要求，因此在上部建筑层数较多时，抗力级别5级及以下防空地下室底板设计往往由平时荷载起控制作用。考虑到防空地下室底板在核武器爆炸动荷载作用下，升压时间较长，动力系数可取1.0，与顶板相比其工作状态相对有利，因此对由平时荷载起控制作用的底板截面，受拉主筋配筋率可参照《混凝土结构设计规范》(GB 50010)予以适当降低，但在受压区应配置与受拉钢筋等量的受压钢筋。

4.11.11 双面配筋的钢筋混凝土顶、底板及墙板，为保证振动环境中钢筋与受压区混凝土共同工作，在上、下层或内、外层钢筋之间设置一定数量的拉结筋是必要的。考虑到低抗力级别防空地下室卧置地基上底板若其截面设计由平时荷载控制，且其受拉钢筋配筋率小于本规范表 4.11.7 内规定的数值时，基本上已属于素混凝土工作范围，因此提出此时可不设置拉结筋。但对截面设计虽由平时荷载控制，其受拉钢筋配筋率不小于表 4.11.7 内数值的底板，仍需按本条规定设置拉结筋。

4.12 平战转换设计

4.12.4 本条主要是明确不同部位钢筋混凝土及钢材封堵构件上等效静荷载的取值，以方便使用。

虽然出入口通道内封堵构件与出入口通道内临空墙所处位置相同，考虑到出入口通道内封堵构件为受弯构件，而出入口通道内临空墙为大偏心受压构件，因此对无升压时间核武器爆炸动荷载作用下的封堵构件动力系数取值为1.2，而不是大偏压时的1.33，即相应部位封堵构件上的等效静荷载标准值，可比临空墙上的等效静荷载标准值小约10%。在有升压时间核武器爆炸动荷载作用下，受弯构件与大偏压构件二者动力系数相差不大，故作用在封堵构件上等效静荷载标准值可按临空墙上等效静荷载标准值取用。

4.12.5 常规武器爆炸动荷载作用时间相对于核武器爆炸来讲，要小的多，一般仅数毫秒或几十毫秒。防护门及封堵构件在这样短的荷载作用下易发生反弹，造成支座处的联系破坏，例如防护门的闭锁和铰页等。本条采用了工程兵工程学院的科研报告《常规武器爆炸荷载作用下钢筋混凝土结构构件抗剪设计计算方法》中的研究成果，反弹荷载按弹塑性工作阶段计算，构件的允许延性比 $[\beta]$ 取 3.0。

4.12.6 当战时采用挡窗板加覆土的防护方式（图3.7.9a）时，挡窗板受到常规武器爆炸空气冲击波感生的地冲击作用，其水平等效静荷载标准值应为该处的感生地冲击的等效静载值乘上侧压系数，一般战时覆土的侧压系数可取0.3。

5 采暖通风与空气调节

5.1 一般规定

5.1.1 修订条文。本条规定了防空地下室的暖通空调设计应兼顾到平时和战时功能。为此，提出了设计中应遵循的原则：战时防护功能必须确保，平时使用要求也应满足，当两者出现矛盾时应采取平战功能转换措施。本次修订增加了工程级别和类别，设计人员在实际操作中，应注意在方案（或初步）设计阶段就能正确处理好这两者之间的关系，避免在日后的施工图设计（或施工）过程中出现不符合规范要求的现象。

5.1.2 本条强调通风及空调系统的区域划分原则：平时宜结合现行的《人民防空工程设计防火规范》有关防火分区的要求；战时应符合按防护单元分别设置独立的通风系统的要求，以免相邻单元遭受破坏而影响另一单元的正常使用。需要指出的是，设计时应尽可能使平时的防火分区能与战时的防护分区协调一致，以减少临战转换工作量，提高保障战时使用的可靠性。

5.1.3 修订条文。本条是在原规范5.1.4条的基础上，对"功能要求"作了进一步的明确：对选用的设备及材料的"要求"是指"防护和使用功能要求"；对于"防火要求"则进一步明确是"平时使用时的"要求。

5.1.4 修订条文。本条是将原规范 5.1.12 条条文中的"宜"改用"应",提高了规定的要求。已有的工程建设实践表明,在防空地下室的暖通空调设计中,室外空气计算参数按现行的地面建筑用的暖通空调设计规范中的规定值是可行的,也是方便的。

5.1.5 修订条文。本条是在原规范 5.1.13 条的基础上,对防空地下室的减噪设计提出了更高的要求——应视其功能而异,对产生噪声的设备和设备房间,以及通风管道系统均应采取有效的减噪措施(同地面建筑暖通空调设计用的减噪措施)。

5.1.6 新增条文。本条明确地规定了:(1)防空地下室的暖通空调系统应与地面建筑用的系统分开设置;(2)与防空地下室无关的暖通空调设备和管道,能否置于防空地下室内和穿越防空地下室?本条作出了与本规范第 3.1.6 条相呼应的规定。如果用于地面建筑的设备系统必须置于防空地下室内时,首先应考虑将这部分空间设置为非防护区,即没有防护要求的地下室区域;其次才是采用符合规范要求的防护密闭措施、限制管道管径等设计规定。

5.2 防护通风

5.2.1 修订条文。本条是对原规范 5.1.5 条的修订。本条规定了设计防空地下室的通风系统时,应根据防空地下室的战时功能设置相应的防护通风方式。战时以掩蔽人员为主的防空地下室应设置三种防护通风方式,而以掩蔽物资为主的防空地下室,通常情况下设置清洁通风和隔绝防护就可以符合战时防护要求,但也不排除特殊情况:考虑到贮物的不同要求,保留了"滤毒通风的设置可根据实际需要确定"的规定(需要说明的是:隔绝防护包括实施内循环通风和不实施内循环通风两种情况)。本次修订时还增加了第三款:应设置战时防护通风(清洁通风、滤毒通风和隔绝通风)方式的信息(信号)装置。这也是《人民防空工程防化设计规范》所规定的内容。

5.2.2 修订条文。本条是将原规范 5.1.5 条条文中的新风量标准单列而成,并根据现行《战技要求》,对战时防空地下室内掩蔽人员的新风量标准进行了修订。其中,医疗救护、人员掩蔽,以及防空专业队工程内的人员新风量标准均有所变化。设计时通常不应取最小值作为工程的设计计算值。

5.2.3 修订条文。本条是在原规范 5.1.7 的基础上,根据现行《战技要求》,对医疗救护工程的室内空气设计值进行了修订,提高了标准,给出了范围。此外,对专业队队员掩蔽部、医疗救护工程平时维护时的空气湿度也提出了要求。设计时通常不应取上限值(或下限值)作为工程的设计计算值。

5.2.4 修订条文。本条是在原规范 5.1.10 条的基础上,根据现行《战技要求》进行了修订,增加了隔绝防护时防空地下室内氧气体积浓度的指标。规范了隔绝防护时间内二氧化碳容许体积浓度、氧气体积浓度之间的内在关系。

5.2.5 修订条文。本条是对原规范 5.1.11 条的修订。本次修正了原计算公式中单位换算上的不严密之处——在代入 $C、C_0$ 值时未将"%"一并代入计算公式,因而,原计算公式中的单位换算系数是"10",现行公式中为"1000"。设计人员在使用中请注意此变化。

5.2.6 修订条文。本条是对原规范 5.1.10 条的修订。是将原规范的 5.2.9 条、5.2.11 条的内容合并到本条对应的表格中,并根据现行《战技要求》进行了修订。这样做一方面对防毒通道(对于二等人员掩蔽所是指简易洗消间)的换气次数、主体超压值作了修正,使其符合现行《战技要求》的规定;另一方面,也有利于设计人员在设计滤毒通风时,能更全面、更准确、更方便地掌握防化方面的有关规定。设计时应根据防空地下室的功能不同,从表 5.2.6 中确定主体超压和最小防毒通道换气次数:医疗救护工程、防空专业队工程可取超压 60Pa 或 70Pa,最小防毒通道换气次数可取 60 次以上。

5.2.7 修订条文。本条是在原规范 5.2.12 条的基础上,改写并完善了滤毒通风时如何确定新风量的规定。工程设计中应按条文所规定的公式计算,取两项计算值中的大值作为滤毒通风时的新风量,并按此值选用过滤吸收器等滤毒通风管路上的设备。

5.2.8 修订条文。本条是对原规范 5.2.1 条的修订。依据不同情况分设了条款,增加了内容,使内容表述更完整、准确、清晰,使用更方便。本次修订时图 5.2.8a 中的滤毒通风管路上增加了风量调节阀 10,是为了更有效地控制通过过滤吸收器的风量。设计时,通风机出口是否设置风量调节阀,设计人员可根据常规自行确定。只有当战时进风和平时进风合用一个系统时,风机出口应设"防火调节阀"。图中密闭阀门操作如下:

　　清洁通风时:密闭阀门 3a、3b 开启,3c、3d 关闭;
　　滤毒通风时:密闭阀门 3c、3d 开启,3a、3b 关闭;
　　隔绝通风时:密闭阀门 3a、3b、3c、3d 全部关闭,实施内循环通风。

5.2.9 修订条文。本条是对原规范 5.2.2 条的修订。依据现行《战技要求》、《人民防空工程防化设计规范》对洗消间设置要求,对工程建设中常用的清洁排风和滤毒排风分别给出了平面示意图。对于选用了防爆超压自动排气活门代替排风防爆活门的防空地下室,其清洁排风时的防爆装置如何解决的问题,则需要经过技术经济比较后才能确定。一种办法是:增加防爆超压自动排气活门数量,满足清洁排风的需要;另一种办法是:改用悬板式防爆活门,以同时满足清洁、滤毒通风系统防冲击波的需要,此时,滤毒通风用的超压排风控制设备改用 YF 型(或 P_S、P_D 型)。

5.2.10 修订条文。本条是对原规范 5.2.3 条实行分解、修订后形成的新条文。

5.2.11 修订条文。本条是在原规范 5.2.4 条的基础上,对表内的部分数据进行了细分,增加了相关的说明而成。表中给出的 FCH 型防爆超压自动排气活门是 FCS 型的改进型产品。

5.2.12 修订条文。本条是对原规范 5.2.5 条的修订,是强制性条文。规定了防空地下室染毒区进、排风管的设计要求——为满足战时防护需要,在选材、施工安装方面应采取的措施。本次修订将原条文中"均应"改为"必须",提高了要求等级。

5.2.13 修订条文。本条是对原规范 5.2.6 条的修订,是强制性条文。规定了通风管道穿越防护密闭墙(包括穿越防护单元之间的防护单元隔墙,非防护区与防护区之间的临空墙,染毒区与清洁区之间的密闭隔墙)的设计要求。给出了设计中符合防护要求的通常做法的示意图。

5.2.14 修订条文。本条是在原规范 5.2.7 条的基础上修订而成。修订后的条文更准确、清晰地规定了设计选用防爆超压自动排气活门时的两项要求。

5.2.15 修订条文。本条是在原规范 5.2.8 条的基础上修订而成。其中原第二款的规定在实际设计中往往不尽如人意!由于设备与通风短管在上、下、左、右的设置位置欠妥,从而形成换气死区!尤其是在防毒通道内的换气,这是设计中应特别注意的事。本次修订深化了这方面的要求。

5.2.16 新增强制性条文。保证所选用的过滤吸收器的额定风量必须大于滤毒通风时的进风量,是确保战时滤毒效果不可缺少的措施之一。

5.2.17 修订条文。本条是在原规范 5.2.13 条的基础上修订而成。本次修订了"示意"图。使其更准确、完整。设计时,如防空地下室内没有防化通信值班室,该装置可设在风机室。

5.2.18 新增条文。根据《人民防空工程防化设计规范》的有关规定,滤毒通风系统上,在连接过滤吸收器的进、出风管的适当位置应设置相应的取样管。所以,本次修订增加了该条文。

5.2.19 新增条文。根据《人民防空工程防化设计规范》的有关规定而增设该条文。在防空地下室口部的防毒（密闭）通道的密闭墙上设置气密测量管，是监测（或检测）工程密闭性能是否符合战时防护要求不可缺少的设施。

5.2.20 新增条文。本条主要是鉴于以往的建设经验，为了规范防护通风专用设备的选用质量而增加的内容。"合格产品"是指：1）防护通风专用设备生产用的图纸；2）按图纸生产的产品经有资质的人防内部设备检测机构检测合格（有书面检测报告）。

5.3 平战结合及平战功能转换

5.3.1 修订条文。本条是在原规范 5.1.3 条的基础上修订而成。新条文更清晰地将内容归类为三款要求，以方便设计者使用。条文中的转换时间，按目前的规定仍然是 15 天。对于专供平时使用而开设的各种风口，应保证战时防护的各项要求与平战功能转换的规定。平战功能转换主要指：凡属平时专用的风口，临战时要有可靠的封堵措施；对战时需要而在平时没有安装的设备，不仅在设计中要明确提出在修建中要一次做好各种预埋设施、预留设施外，而且要做到能在临战时的限定时间内，及时将设备安装就位并能正常运转，达到战时的功能要求。

5.3.2 新增条文。根据防空地下室多年来的建设经验，平时用的通风系统往往包括两个以上"防护单元"，为了使设计工作到位，也为了使战时的防护措施有保障，减少临战前的转换工作量，所以，增加了本条条文。

5.3.3 修订条文。本条是在原规范 5.3.5 条的基础上修订而成，是强制性条文。本条第二款中规定的"按平时通风量校核"是指平时通风时，将门式防爆活门的门扇打开后的通风量，能否满足平时的进风量要求。

5.3.5 修订条文。本条是在原规范 5.2.4 条的基础上修订而成。条文中增加了"宜选用门式防爆波活门"，以及通过活门门洞时风速的规定，有利于设计人员的设计工作。活门门扇全开时的通风量与通过门扇洞口时的风速有关（详见本规范条文说明中的表 5-1）。

表 5-1　常用门式防爆波活门的通风量值

型号		通风量值（m³/h）			连接管直径（mm）	门孔尺寸（mm×mm）
		门扇关闭时 $v \leqslant 8m/s$	平时门扇全开时 v (m/s)			
			6	8	10		
门式悬板活门	MH2000	2000	8600	11500	14400	300	500×800
	MH3600	3600	8600	11500	14400	400	500×800
	MH5700	5700	8600	11500	14400	500	500×800
	MH8000	8000	13500	18000	22500	500	500×1250
	MH11000	11000	16200	21600	27000	700	600×1250
	MH14500	14500	22000	29300	36700	800	600×1700

5.3.6 新增条文。这是确保（或改善）平战结合防空地下室内空气环境条件，设计者应当给予重视的问题。产生污浊（不清洁）空气的房间应使其处于负压状态，不管是平时还是战时，都不应例外。

5.3.7 新增条文。本条规定了平战结合的防空地下室，战时用的通风管道和风口，应尽量利用平时的风管和风口，尤其是清洁区的风管和风口。但由于平时功能和战时功能不一定相同，因此，需设置必要的控制（或转换）装置。

5.3.8 修订条文。本条是在原规范 5.2.14 条基础上修订而成。本条规定的内容，着眼点是：设计者应完成的设计文件的准确和完整，至于仅战时使用而平时不使用的滤毒设备是否安装的问题，应是当地人防主管部门根据国家的有关规定，结合本地的实际情况作出的政策性规定，它不应是设计规范规定的内容。故本次修订时对原条文进行了修订。

5.3.9 修订条文。本条是在原规范 5.1.6 条的基础上修订而成。修订中参照了现行的地面建筑用的暖通空调设计规范。对于过渡季节采用全新风的防空地下室，其进风系统和排风系统的设计，应满足风量增大的需要。

5.3.10 修订条文。本条是在原规范 5.1.8 条的基础上修订而成。对原条文中"手术室、急救室"的温湿度参数，根据现行《医院洁净手术部建筑技术规范》（GB 50333）的规定进行了修订，对旅馆客房等功能房间的空气湿度标准有所提高。设计中通常不应取上、下限值作为工程的设计计算值。

5.3.11 修订条文。本条是在原规范 5.1.9 条的基础上修订而成。增加了空调房间换气次数的规定，对汽车库的换气次数，则给出了最小换气次数"4"次的规定。这是根据"全国民用建筑工程设计技术措施（防空地下室分册）"审查会上专家们的意见形成的。设计中应视工程的实际情况选用参数。

5.3.12 新增条文。此类工程甚多，本条规定了平时功能为汽车库，战时功能为人员掩蔽（或物资库）的防空地下室，在进行通风系统设计时应遵循的三条原则要求。

5.4 采　暖

5.4.1 修订条文。本条条文是对原规范 5.5.6 条的修订，是强制性条文。本次修订进一步规定了设置在围护结构内侧阀门的抗力要求。

5.4.4 修订条文。本条是对原规范 5.5.3 条的内容表述进行了修订。

5.4.5 本条提供的防空地下室围护结构散热量 Q 的计算公式中，F、t_n 均为已知值，关于 k 值的确定，其影响因素较多，其中主要包括预定加热时间、埋置深度和土壤的导热系数。此三个因素中，预定加热时间，根据有关资料按 600h 计算，可以满足要求；关于埋置深度，考虑到防空地下室埋深的变化幅度不大，故计算中对这一因素可忽略不计；其余只剩土壤导热系数一项。本公式即根据以上考虑，直接从不同的导热系数 λ 值给出相关的 k 值，不采用按深度进行分层计算。经计算比较，按本条给定的方法的计算结果，对防空地下室而言，所得围护结构总散热量与用分层法计算相差很少。但应指出，本条提供的计算方法不能适用于有恒温要求的房间。t_0 可根据当地气象台（站）近十年来不同深度的月平均地温数据，按下述方法确定：

　　土壤初始温度的确定，可根据当地或附近气象台（站）实测不同深度的土壤每月月平均温度，绘制成土壤初始温度曲线图，然后求出防空地下室的平均埋深处的土壤初始温度，即作为设计计算的土壤初始温度值（详见本规范说明中的"土壤初始温度确定举例"）。

5.5 自然通风和机械通风

5.5.1 为在平时能充分有效地利用自然通风，防空地下室的平面设计，应尽量适应自然通风的需要，减少通风阻力，平面布置应力求简单，尽量减少隔断和拐弯。当必须设置隔断墙时，宜在门下设通风百页，并在隔墙的适当位置开设通风孔。

　　工程实践证明，按以上方法设计的防空地下室，其自然通风效果尚好。但应指出，有些已建防空地下室由于开孔过多、位置不当（如将进、排风口设在同侧或相距很近），以致造成气流短路而未能流经新风需要的地方。故在设计中应注意根据上部建筑物的特点，合理地组织自然通风。

5.5.2 修订条文。本条条文是在原规范 5.5.2 条的基础上对工程类别作了修订。

5.5.3 修订条文。本条条文是对原规范 5.3.3 条修订后的呼应条文（修订条文已归到 3.4 节）。修订后的条文加大了进风口与排风口之间的水平距离，对进风口的下缘距离虽然没有提高规定值，但在条件容许时，可参照地面建筑的设计规范 1~2m 的规定做，这是考虑进风的清洁安全问题。

5.5.5 修订条文。本次修订将原条文中的"宜"改为"应"，提高了标准。对通风管道用材强调了符合卫生标准和不燃材料两个方面。

5.6 空气调节

5.6.1 鉴于防空地下室平时使用功能的需要，本条特别规定了进行空调设计的原则是采用一般的通风方法不能满足室内温、湿度要求时实施。本条是本节的导引。执行本条规定时，应注意到防空地下室的当前需要，并考虑其发展需要。

5.6.2 本条明确规定了空调房间内计算得热量的各项确定因素，以免设计计算中漏项。除围护结构传热量计算不同于地面空调建筑外，其它各项确定因素的散热量计算方法均与地面同类空调建筑相同。

5.6.3 本条明确规定了空调房间内计算散湿量应包括的各项因素。其中围护结构散湿量因有别于地面空调建筑需另作规定，其它各项散湿量计算方法均与地面同类空调建筑相同。

5.6.4 本条所指的"空调冷负荷"，在概念上与地面空调建筑中所引入的概念虽基本相同，但在具体计算方法上则不能直接套用。因为地面建筑中所采用的"空调冷负荷系数法"中关于外墙传热的冷负荷系数不适用于防空地下室围护结构的传热计算，而防空地下室围护结构传热的冷负荷系数尚无可靠的科学依据。为此，本规范另规定了传热计算方法（第 5.6.7 条），并建议以此计算得热量作为外墙冷负荷，虽不尽合理，但现阶段还无其它更好的方法。至于其它内部热源的计算得热量造成的空调冷负荷，原则上也不能采用地面同类的空调冷负荷系数，因为防空地下室围护结构的蓄热和放热特征有别于地面建筑，为此，在这部分得热形成的冷负荷计算中，可暂时采用下述方法：

(1) 取该部分的计算得热量作为相应的空调冷负荷；

(2) 取同类地面建筑的空调冷负荷系数来计算相应的防空地下室的冷负荷。

无论方法 (1) 或方法 (2) 均是近似方法，尚不尽人意，但目前别无他法。对于新风冷负荷、通风机及风管温升新形成的附加冷负荷计算则可采用地面同类空调建筑的方法。

5.6.5 条文中所指的湿负荷可采用地面同类空调建筑的计算方法。

5.6.6 根据人防工程衬砌散湿量实验计算结果，防水性能较好的工程，散湿量可按 $0.5g/(m^2 \cdot h)$ 计算，对于全天在人防工程中生活者，平均人为散湿量为每人 30g/h。

5.6.7 修订条文。本条明确规定了应按不稳定传热法计算围护结构传热量，并分两种情况给出了围护结构传热量的计算公式。本次修订时增加了 θ_d 计算用的参数，这些参数引自国家标准《人民防空工程设计规范》（GB50225）。

5.6.8 修订条文。本条条文是对原规范 5.4.8 条的修订。取消了原一、二款，将原第三款作了少量改动后形成新的一、二款。以方便设计人员根据负荷特点选用空气处理设备。

5.6.9 修订条文。本条条文是对原规范 5.4.9 条的修订。仅对条文的第一款作了修订。需要指出的是：设计人员在执行第二款时，往往存在着设计不到位的现象。如：进、排风管太小，选用的通风机也小，不能满足过渡季节全新风通风的需要。

5.6.10 空调房间一般都有一定的清洁度要求，因此，送入房间的空气应是清洁的。为防止表面式换热器积尘后影响其热、湿交换性能，通常应设置滤尘器，使空调房间的空气品质符合卫生标准。

5.6.11 新增条文。根据多年来防空地下室建设和使用经验，平战结合的防空地下室使用空调设备的较多，自室外向室内引入空调水管（冷冻水管）的情况时有发生，为保障防空地下室的安全，特作出相应的规定。

5.7 柴油电站的通风

5.7.2 机房采用水冷冷却方式时，通风换气量较小，达不到消除机房内有害气体的目的，故本条规定"当发电机房采用水冷却时，按排除有害气体所需的通风量经计算确定"。

5.7.3 修订条文。本条条文是对原规范 5.6.3 条的修订。补充规定了染毒、隔绝情况下，柴油机的燃烧空气应从机房的进（或排）风管系统引入。

5.7.4 修订条文。本条条文是对原规范 5.6.4 条的修订。进一步明确了机房内的计算余热量范围。

5.7.5 修订条文。本条条文是对原规范 5.6.5 条的修订。柴油机房的降温措施，应视所在地区的气候条件、工程内外的水源情况、工程建设投资等多种因素，经技术经济比较后决定。本条规定的三款内容，可供设计人员选用。从当前建设的情况看，随着经济的发展和技术的进步，采用直接蒸发式冷风机组已越来越多。所以，本次修订时对第三款进行了修订。

5.7.6 修订条文。本次修订时对有柴油电站控制室供给新风的方式，区分两种情况作了更明确的规定：一种情况是防空地下室内向其供新风，此时，柴油电站只设清洁通风和隔绝防护两种防护方式；另一种是独立设置的柴油电站控制室的新风供给，需有电站自设的通风系统给予保证，当室外染毒条件下需保证控制室的新风时，应设滤毒通风设备和相应的密闭阀门。

5.7.7 修订条文。本条条文是对原规范 5.6.7 条的修订。补充规定了最小换气次数、应设 70℃ 关闭的防火阀的要求。

5.7.8 修订条文。本条条文是对原规范 5.6.8 条的修订。关于柴油机排烟系统设计。应注意排烟口与排烟管的柔性接头必须采用耐高温材料，不应采用橡胶或帆布接头，一般可采用不锈钢的波纹软管，并应带有法兰。本次修订时取消了排烟出口处应设消声装置的规定，主要是考虑柴油机已自带了消声器。

5.7.9 新增条文。柴油电站与防空地下室之间有连通道时，为保证滤毒通风时操作人员的出入安全和工程安全，应设防毒通道和超压排风设施。

土壤初始温度确定举例

(1) 将某地气象站实测每月份 ±0.00、−0.40、−0.80、−1.60 和 −3.20m 深处的土壤月平均温度列于表 5−2。

(2) 根据表 5−2 数据，分别找出不同深度的土壤月平均最高和最低温度，列于表 5−3。

(3) 按表 5−3 数据绘制出土壤初始温度曲线图（图 5−1）。根据防空地下室的平均埋深，（可按防空地下室外墙中心标高至室外地面距离计，即图 5−1 中的 −2.20m），在初始温度曲线上沿箭头所指方向查出：某地冬季和夏季 −2.20m 深处，土壤初始温度分别为 6.2℃ 和 19℃。

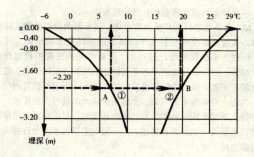

图5-1 土壤初始温度曲线图
①月平均最低温度值(℃) ②月平均最高温度值(℃)

表5-2 某地不同深度的土壤实测月平均温度(℃)

月 份	深 度 (m)				
	±0.00	-0.40	-0.80	-1.60	-3.20
1	-5.3	-0.3	2.6	7.4	12.7
2	-1.5	-0.3	1.7	5.6	11.0
3	5.8	3.2	3.6	5.4	9.8
4	16.1	11.2	9.4	8.0	9.5
5	23.7	17.6	15.1	11.9	10.4
6	28.2	22.6	20.6	15.6	12.1
7	29.1	25.2	22.8	18.6	13.9
8	27.0	25.0	23.9	21.0	16.3
9	21.5	21.3	21.5	20.6	17.3
10	13.1	15.4	16.9	18.3	17.3
11	3.5	8.3	11.2	14.7	16.3
12	-3.6	2.2	5.6	10.6	14.8

表5-3 不同深度土壤初始温度统计表

深 度 (m)	月平均最低温度(℃)	月平均最高温度(℃)
±0.00	-5.3	29.1
-0.40	-0.3	25.2
-0.80	1.7	23.9
-1.60	5.4	21.0
-3.20	9.5	17.3

6 给水、排水

6.1 一般规定

6.1.1 上部建筑的管道能否进入防空地下室，与管道输送介质的性质、管径及防空地下室的抗力级别等因素有关。如将上部建筑的生活污水管道引入防空地下室，目前还没有可靠的临战封堵转换措施，所以这类管道不允许引入防空地下室。设计中应避免与防空地下室无关的管道穿过人防围护结构。

6.1.2 管道穿越防空地下室围护结构（如顶板、外墙、临空墙、防护单元隔墙）处，要采取一定的防护密闭措施。要求能抗一定压力的冲击波作用，并防止毒剂（指核生化战剂）由穿管处渗入。

根据为本次规范修订所进行的"管道穿板做法模拟核爆炸实验"的结果，国标图集02S404中的刚性防水套管的施工方法，可以满足核4级与核4B级防空地下室小于或等于DN150mm管道

穿顶板时的防护及密闭要求。对穿临空墙的管道，在管径大于DN150mm或抗力级别较高时，要求在刚性防水套管受冲击波作用的一侧加焊一道防护挡板。

根据防空地下室的防护要求，管道穿防空地下室防护单元之间的防护密闭隔墙的受力与穿顶板相同，不按穿临空墙设计。

6.2 给 水

6.2.1 防空地下室的自备内水源是指设于防空地下室人防围护结构以内的水源；自备外水源则指具有一定防护能力，为单个防空地下室服务的独立外水源或为多个防空地下室服务的区域性外水源。

防空地下室自备内水源的设计应与防空地下室同时规划、同时设计、统一安排施工。

柴油发电机房为染毒区，设置在柴油发电机房内专为电站提供冷却用水的内水源，是可能被染毒的水源。

平时使用城市自来水，同时又设置有自备内水源的防空地下室，需采取防止两个水源串通的隔断措施。

内部设置的贮水池(箱)在本规范中不属于内水源。

6.2.2 防空地下室平时用水量根据平时使用功能，按现行《建筑给水排水设计规范》的用水定额计算。

6.2.3 人员掩蔽工程、专业队队员掩蔽部、配套工程的生活用水量，仅包括盥洗用水量，不包括水冲厕所用水量。如工程所在地人防主管部门要求为该类工程设供战时使用的水冲厕所，其水冲厕所用水量标准由当地人防主管部门确定。

6.2.4 防空地下室是否供应开水，由建筑专业根据工程性质、抗力级别及当地的具体条件等因素确定，给排水专业负责开水器选择及其给排水管道的设计。人员的饮用水量标准内已包含开水，不另增加水量。医疗救护工程需设置供战时使用的水冲厕所，应使用节水型的卫生器具。

6.2.5 在平时，防空地下室的生活给水宜采用城市自来水直接供水。在战时，城市自来水系统容易遭破坏，修复的周期较长，城市自来水停水期间，必须由防空地下室内部生活饮用水池(箱)供水。因此，战时防空地下室必须根据水源情况，贮存饮用水及生活用水。由于战时饮用水、生活用水要求的保障时间不同，所以表6.2.5中饮用水与生活用水的贮水时间不同。城市自来水水源为无防护外水源。贮水时间的上下限值宜根据工程的等级及贮水条件等因素确定。

6.2.6 饮用水及生活用水贮水量分别计算，洗消用水应按本规范6.4节中的有关条文计算；柴油电站用水应按本规范6.5节中的有关规定计算。

6.2.7 战时生活饮用水的水质以满足生存为目的，表中数据参照了军队《战时生活饮用水卫生标准》及现行的国家《生活饮用水卫生标准》。由于人防工程内贮水为临战前贮存，防空地下室清洁区为密闭空间，生活饮用水贮存在清洁区内不会沾染核生化战剂。同时防空地下室未配备对水质进行核生化战剂检测的仪器设备，所以该标准中未设核生化战剂指标。战时水质的主要控制指标为细菌学指标。临战前，除使用防空地下室内设置的水池(箱)贮水外，鼓励利用其它各种符合卫生要求的容器增加贮水量。

6.2.9 饮用水单独贮存的目的是：避免饮用水被挪用；防止饮用水被污染；有利于长期贮存水的再次消毒。

6.2.10 战时电源无保障的防空地下室，战时供水宜采用高位水箱供人员洗消用水，架高水箱供饮用水，使用干厕所，口部洗消采用手摇泵供水。战时的给水泵被列入二级供电负荷，如防空地下室设有自备电站或有人防区域电站，其战时的供电是有保障的，可不设手摇泵。

6.2.13 防护阀门是指为防冲击波及核生化战剂由管道进入工程内部而设置的阀门。根据试验，使用公称压力不小于1.0MPa的阀门，能满足人防地下室给排水管道的防护要求。目前的防爆波阀门只有防冲击波的作用，而该阀门无法防止核生化战剂由室外经管道渗入工程内。所以在进出防空地下室的管道上单独使用防爆波阀门时，不能同时满足防冲击波和核生化战剂的防护要求。由于防空地下室战时内部贮水能保障7～15天用水，可以在空袭报警时将给水引入管上的防护阀门关闭，截断与外界的连通，以防止冲击波和核生化战剂由管道进入工程内部。

6.2.14 防空地下室内防护阀门以后的管道，不受冲击波作用，宜采用与上部建筑相同材质的给水管材。

6.2.15 按本规范6.1.2的要求，已能满足管道穿防空地下室围护结构处的密闭和防水的要求。是否采取防震、防不均匀沉降的措施，宜根据地面建筑的体量及具体的地质条件等因素确定。

6.3 排　水

6.3.1 为防止雨水倒灌等事故的发生，防空地下室宜采用机械排水。战时的排水泵被列入二级供电负荷，如防空地下室设有自备电源或有人防区域电站，其战时的供电是有保障的，可不设排水手摇泵。

6.3.2 在隔绝防护期间，为防止毒剂从人防围护结构可能存在的各种缝隙渗入，需维持室内空气比室外有一定的正压差。如果在此期间向外排水，会使防空地下室内部空间增大，空气密度减小，不利于维持超压，甚至形成负压，使毒剂渗入。故隔绝防护时间内，不允许向外排水。如防空地下室清洁区设自备内水源，在隔绝防护时间内能连续均匀向清洁区供水，在保证均匀排水量小于进水量的条件下，可向外排水，这时不会因排水而影响室内的超压。

6.3.5 隔绝防护时间内产生的生活污水量按战时掩蔽人员数、隔绝防护时间及战时生活饮用水量标准折算的平均小时用水量这三项的乘积计算。隔绝防护时间内产生的设备废水量按设备的小时补水量计算。

　　调节容积指水泵最低吸水水位与水泵启动水位之间的容积。贮备容积指水泵启动水位与水池最高水位之间的容积。在隔绝防护时间内，生活污废水贮存在贮备容积内。

6.3.8 由于战时生活污水集水池容积小，生活污水在池中停留时间短，战时污水池只要有通气管，污水池中产生的有害气体就不致积累至影响安全的浓度。该通气管不直接至室外的目的是为了在满足一定的卫生与安全要求下，便于临战时的施工与管理，提高防护的安全性。收集平时消防排水、地面冲洗排水等非生活污水的集水坑，如采用地沟方式集水时，可不需要设置通气管。防空地下室内通气管防护阀门以后的管段，在防护方面对管材无特殊要求。

6.3.9 各防护单元要求内部设备系统独立，排水系统也必须独立。

6.3.11 冲洗龙头供冲洗污水泵间使用，如附近有其它给水龙头可供使用，也可不设该冲洗龙头。

6.3.13 本条文是指有地形高差可以利用、不需设排水泵、全部依靠重力排出室内污废水的情况。在自流排水系统中，防爆化粪池、防毒消波槽起消毒、防冲击波的作用。而采用机械排水时，压力排水管上的阀门起防冲击波、消毒的作用。

　　对乙类防空地下室，不考虑防核爆冲击波的问题，自流排水的防毒主要靠水封措施，故不需要设防爆化粪池。

6.3.14 防空地下室围护结构以内的重力排水管道指敷设在结构底板以上回填层内的重力排水管或围护结构内明装的重力排水管。不允许塑料排水管敷设在结构底板中。

6.3.15 本条规定目的是减少集水池、污水泵的设置数量，降低造价。所指地面废水是特指平时排放的消防废水或地面冲洗废水。经过了本次规范修订进行的"管道穿板做法模拟核爆炸实验"结果，防爆地漏能满足本条文设定的防护及密闭要求，临战前也能方便地转换。接防爆地漏的排水管上，可以不设置阀门。

　　为防止有毒废水的污染，上层防护单元的战时洗消废水，不允许排入下层非同一防护单元的防空地下室。目前尚没有可靠的生活污水管道的临战转换措施，上一层的生活污水不允许排入下一层防空地下室。

6.4 洗　消

6.4.1 人员洗消分淋浴洗消与简易洗消两种方式。简易洗消不需设淋浴龙头，可设1～2个洗脸盆，供进入防空地下室内的人员局部擦洗。本条中的人员洗消方式、洗消人员百分比是根据现行《战技要求》的规定制定的。

6.4.2 淋浴洗消时，淋浴器和洗脸盆成套设置。人员洗消用水贮水量按需洗消的人数及洗消用水量标准计算，不是按卫生器具计算的。热水供应量按卫生器具套数计算，一只淋浴器和一只洗脸盆计为一套。当计算的人员洗消用水量大于热水供应量时，热水供应量按淋浴器热水供水量计算，热水供应不够的部分只保证冷水供应。当计算的人员洗消用水量小于热水供应量时，热水供应量按人员洗消用水量计算。

6.4.5 当防空地下室战时主要出入口很长，口部染毒的墙面、地面需冲洗面积很大，计算的贮水量大于10m³时，按10m³计算，冲洗不到的部分，由防空专业队负责。洗消冲洗一次指水箱中只贮有1次冲洗的用水，如需要第二次冲洗，需要再次向水箱内补水。

6.4.8 无冲击波余压作用的排水管上，宜采用普通地漏，以节约造价。

6.5 柴油电站的给排水及供油

6.5.1 柴油发电机房采用水冷方式是指通过水喷雾或水冷风机等方式，降低柴油机房空气的温度，同时柴油发电机通过直流或循环供水方式进行冷却的方式。风冷方式是指通过大量进、排风来降低机房内温度，并对柴油机机头散热器进行冷却的冷却方式。

6.5.2 条文中规定的贮水时间是根据现行《战技要求》的规定制定的。如采用水冷方式，冷却水消耗量包括柴油发电机房冷却用水量及柴油发电机运行机组的冷却用水量。

6.5.3 柴油发电机冷却水出水管上设看水器的目的是为了观察管内是否有水流。常用的有滴水观测器和各种水流监视器。

6.5.4 移动式电站一般采用风冷却方式。冷却水箱内的贮水用于在柴油发电机组循环冷却水的水温过高时做补充。其冷却水单独贮存的目的是保证冷却水不被挪用，便于取用。如所选柴油发电机采用专用冷却液冷却，可不设柴油发电机冷却水补水箱。

6.5.7 柴油发电机房为染毒区、电站控制室为清洁区。

6.5.10 电站内贮油时间是根据现行《战技要求》的规定制定的。

6.6 平战转换

6.6.1 生活饮用水在3天转换时限内充满的要求是依据现行《战技要求》制定的。在防空地下室清洁区内设置的供平时使用的消防水池，如使用的是钢筋混凝土水池，在战时也允许作为生活饮用水水池使用。本规定的目的是降低工程造价及便于临战转换。由于战时掩蔽人员只是在短时间内饮用混凝土水池内的水,从混凝土生活饮用水水池在我国长期使用的历史分析,战时短时间内使用不会对人体健康造成影响。在临战前需要对水池进行必要的清洗、消毒,补充新鲜的城市自来水。该水池的用水可作为战时生活饮用水或洗消用水。

是否将消防水池设置在防空地下室内,还需根据具体工程消防系统的复杂程度、造价等因素综合考虑。如消防系统很复杂,需穿越防空地下室的管道多,则宜将消防水池放在非防护区。

6.6.2 二等人员掩蔽所中平时不使用的生活饮用水贮水箱,允许平时预留位置。可在临战时构筑的规定是出于如下考虑:首先是拼装式钢板水箱和玻璃钢水箱的技术,目前已经成熟、可靠,而且拼装的周期较短,货源又易于解决;二是战时使用的水箱一般容量较大,占用有效面积较多,如果平时不建水箱,可以提高平时面积使用率,具有明显的经济效益。但为使战时使用得以落实,故要求"必须一次完成施工图设计";要求水箱进水管必须接到贮水间,溢流、放空排水有排放处。转换时限15天的要求是根据现行《战技要求》的规定制定的。

6.6.4 本条规定是为了便于临战转换及战后管道系统的恢复。

7 电 气

7.1 一 般 规 定

7.1.1 防空地下室内用电设备使用电压绝大多数在10kV以下,其中动力设备一般为380V,照明220V。较多的情况是直接引接220/380V低压电源,所以本条作此规定。

7.1.3 一般情况下,防空地下室比地面建筑容易潮湿。而且全国各地的气候温湿度差异很大,特别是沿海地区,若忽视防潮问题,就会影响人身安全和电气设备的寿命,所以本条规定了电气设备"应选用防潮性能好的定型产品"。

7.2 电 源

7.2.1 防空地下室平时和战时用途不同,故负荷区分为平时负荷和战时负荷,分别定为一级、二级和三级。

平时电力负荷等级主要用于对城市电力系统电源提出的供电要求。

战时电力负荷等级主要用于对内部电源提出的供电要求。

7.2.2 平时使用的防空地下室,若用电设备的用途与地面同类建筑相同时,其负荷分级除个别在本规范中另有规定外,其它均应遵照国家现行有关规定执行。

7.2.3 战时电力负荷分级的意义在于正确地反映出各等级负荷对供电可靠性要求的界限,以便选择符合战时的供电方式,满足战时各种用电设备的供电需要。

7.2.4 根据各类防空地下室战时各种用电设备的重要性,确定其战时电力负荷等级,表7.2.4战时常用设备电力负荷分级中:

1 应急照明包括疏散照明、安全照明和备用照明。

2 各类工程一级负荷中的"基本通信设备、应急通信设备、音响警报接收设备"一般指与外界进行联络所必不可少的通信联络报警设备。如与指挥工程、防空专业队工程、医疗救护工程之间的通信、报警设备。设备的用电量按本规范第7.8.6条要求。

3 各类工程二级负荷中的"重要的风机、水泵",一般指战时必不可缺少的进风机、排风机、循环风机、污水泵、废水泵、敞开式出入口的雨水泵等。

4 三种通风方式装置系统,指的是三种通风方式控制箱、指示灯箱等设备。

7.2.5 电力负荷分别按平时和战时两种情况计算,是为了分别确定平时和战时的供电电源容量。分别作为平时向供电部门申请供电电源容量和战时确定区域电站供给的用电量,同时又是区域电站选择柴油发电机组容量的依据。

7.2.7 地面建筑因平时使用需要而设置柴油发电机组作为平时的供电电源或应急电源使用,而平时使用需要的自备电源,无防护能力就可满足要求。但为了使其在战时也能发挥设备的作用,有条件时宜设置在防护区内,按战时区域内部电源设置。它除了供本工程用电外,在供电半径范围内还可供给周围防空地下室用电。当平时使用所需的柴油发电机组功率很大,与防空地下室所需用电量较小不相匹配时,或者当设置在防护区内因防护、通风、冷却、排烟等技术要求难于符合人防要求时,或经技术、经济比较不合理时,则柴油发电机组仍可按平时要求设置。

7.2.8 电力系统电源主要用于平时,为了降低防空地下室的造价,变压器一般设在室外。但对于用电负荷较大的大型防空地下室,变压器则宜设在室内,并靠近负荷中心。经计算分析,当容量在200kVA以上的变压器若设在室外时,则电压损失较大,或供电电缆截面过大,在经济上和技术上均不合理,故本条作此规定。

7.2.9 选用无油设备是为了符合消防要求。

7.2.10 汽油具有较大的挥发性,在防空地下室内使用汽油发电机组,极易发生火灾,所以从安全考虑,本条规定了"严禁使用汽油发电机组"。

7.2.11 本条是依据现行《战技要求》的有关规定制定的。

其中第2款建筑面积大于5000m²应指以下几种情况:

1 新建单个防空地下室的建筑面积大于5000m²;

2 新建建筑小区各种类型的(救护站、防空专业队工程、人员掩蔽工程、配套工程等)多个单体防空地下室的建筑面积之和大于5000m²;

3 新建防空地下室与已建而又未引接内部电源的防空地下室的建筑面积之和大于5000m²时。例如:某建筑小区一、二期人防工程的建筑面积小于5000m²未设置电站,当建造第三期人防工程时,它的建筑面积与一、二期之和大于5000m²时,应设置电站。

现在设置内部电站的要求相当明确,电站设在工程内部,靠近负荷中心;简化了供电系统,节省了电气设备投资,供电安全可靠,维修管理便捷。扩大了防空地下室设置电站的覆盖率,平战结合更为紧密。

7.2.12 中心医院,急救医院的建筑规模较大,内部医疗设备、设施较多,供电电源质量要求也较高,因此应在工程内部设置柴油发电机组。电站除保证本工程战时一级、二级负荷供电外,还宜作为区域电站,向邻近防空地下室一级、二级负荷供电。可减少城市中设置区域电站的数量,充分利用内部电站的作用。

为了提高内部电源的可靠性,本条还作了机组台数不应少于两台的规定,且对保证一级负荷供电有100%的备用量。

7.2.13 救护站、防空专业队工程、量大面广的人员掩蔽工程、配套工程,由于工程所处的环境和条件的不同,情况错综复杂,千变万化,针对此类工程,根据不同的条件,对电站的设置作出不同的配置模式,供设计时配套选择。

1 建筑面积大于5000m²的防空地下室应设置内部电站,除供本工程供电还需兼作区域电站向邻近防空地下室一级、二级负荷供电,柴油发电机组总功率大于120kW时应设置固定电站,柴油发电机组的台数不应少于2台。对于大型人防工程也可按防护单元组合,设置若干个移动电站,分别给防护单元供电;

2 建筑面积大于5000m²的防空地下室,因受到外界条件限制,只供本工程战时一级、二级负荷的内部电站,柴油发电机组总功率不大于120kW时，可设置移动电站，柴油发电机组的台数可设1~2台；

3 在同一建筑小区（一般指房产公司开发的一个规划小区）内建造多个防空地下室，或在低压供电半径范围内的多个防空地下室，其建筑面积之和大于5000m²时，也应设置内部电站或区域电站来保证战时一级、二级负荷供电，柴油发电机组总功率大于120kW时应设置固定电站，不大于120kW时可设置移动电站。

低压供电半径范围：220/380V的半径一般取500m左右；

4 对于建筑面积5000m²及以下的分散布置的防空地下室，可不设内部电站，但应对战时一级负荷需设置蓄电池组（UPS、EPS）自备电源，同时要引接区域电源来保证战时二级负荷的供电。确无区域电源的防空地下室，应设置蓄电池组（UPS、EPS）自备电源，供给一级、二级负荷用电，同时也可采用一些应急辅助措施，如采用手提式应急灯和手电筒等简易照明器材，和采用手摇、脚踏电动风机及手摇、电动水泵等，这是在困难情况下的一种应急辅助措施。

7.2.14 第1款是为保障每个防护单元在战时有相对的独立性，当相邻防护单元被破坏时，仍能独立使用；

第2款是为保障电力系统电源和内部电源能保证相互独立，互不影响而提出的，供电部门也有此要求；

第5款是为了保障防空地下室战时引接区域内部电源时方便、快速。

7.2.15 战时一级负荷必须应有二个独立的电源供电，但应以内部电源供电为主，电力系统的电源保证战时用电可靠性较差，失电的可能性极大。一级负荷容量较小时宜设置EPS、UPS蓄电池组电源。

战时二级负荷应引接区域电站电源或周围防空地下室的内部电站电源。无法引接时，应设置EPS、UPS蓄电池组电源。

战时的三级负荷相当于平时负荷，战时电力系统电源失去就不供电，如电热、空调等设备可不运转，只是使环境的条件有所下降，并不影响整个工程的战备功能。

7.2.16 防空地下室具有利用地面建筑自备电源设施的有利条件时，可作为战时人防辅助电源，如作为平时应急电源而设置的应急柴油发电机组，移动式拖车电站。只要地面建筑使用这些电源，防空地下室就应尽量利用这些电源，但只能作为电力系统的备用电源，不能作为人防内部电源。

7.2.17 封闭型的蓄电池组产品，密封性好，无有害气体泄出，对环境不会造成污染，对人员身体健康无影响。

7.2.18 防空地下室内设置EPS、UPS蓄电池组作为自备电源，其供电时间不应小于隔绝防护时间，因此电池的容量较大，这样产品的价格也较高，平时又无此用电要求，所以可不安装。平时应急电源的供电时间只要能满足消防要求即可。根据蓄电池组体积的大小，可设置在人防电源配电柜（箱）内，也可单独设柜。

7.3 配　　电

7.3.1 内、外电源的转换开关一般应选用手动转换开关。

7.3.2 每个防护单元有独立的防护能力和使用功能。配电箱设置在清洁区的值班室或防化通信班室内是为了管理、安全、操作、控制、使用方便。专业队装备掩蔽部、汽车库等室内无清洁区，配电箱可设置在染毒区内。

7.3.4 防空地下室的外墙、临空墙、防护密闭隔墙、密闭隔墙等，具有防护密闭功能，各类动力配电箱、照明箱、控制箱嵌墙暗装时，使墙体厚度减薄，会影响到防护密闭功能。所以在此类墙体上应采取挂墙明装。

7.3.5 各种电气设备必须保留就地控制的目的是：

1 集中控制或自动控制失灵时，仍可就地操作；

2 检修和维护的需要。在就地有解除集中和自动控制的措施，其目的是在检修设备时，防止设备运行，保障检修人员的安全。

7.3.6 在染毒情况下，人员要穿戴防毒器才能到染毒区去操作，很不方便。因此对在战时需要检测、控制的设备，要求在清洁区内应能进行设备的检测、控制和操作。既安全又方便。

7.3.7 第1款：为了保证战时室内的人员安全，设置显示三种通风方式信号指示的独立系统。在不同的通风方式情况下，在重要的各地点均能及时显示工况，可起到控制人员出入防空地下室，转换操作有关通风机、密闭阀门等设备，实施通风方式转换，迅速、及时告知掩蔽人员。这些信号指示，通常以灯光和音响来显示。通风方式转换的指令应由上级指挥所发来或由本工程防化通信值班室实际检测后作出决定。

7.3.8 在防护密闭门外设置呼唤音响按钮，是指在滤毒式通风时，要实施控制人员出入，不同类型的防空地下室有不同的人数比例。当外部人员要进入防空地下室内之前，首先得到内部值班管理人员的允许才能进入。而且还要经过洗消间或简易洗消的洗消处理。为此需设置联络信号。

7.3.9 该条是根据现行《战技要求》中要求制定的。

7.4 线 路 敷 设

7.4.1 进、出防空地下室的电气线路，动力回路选用电缆，口部照明回路选用护套线，主要是考虑其穿管时防护密闭措施比较容易，密闭效果好。

7.4.3 防空地下室有"防核武器、常规武器、生化武器"等要求，电气管线进出防空地下室的处理一定要与工程防护、密闭功能相一致，这些部位的防护、密闭相当重要，当管道密封不严密时，会造成漏气、漏毒等现象，甚至滤毒通风时室内形不成超压。

在防护密闭隔墙上的预埋管应根据工程抗力级别的不同，采取相应的防护密闭措施。在密闭墙上的预埋管采取密闭封堵措施。

穿过外墙、临空墙、防护密闭隔墙和密闭隔墙的电气预埋管线应选用管壁厚度不小于2.5mm的热镀锌钢管。在其它部位的管线可按有关地面建筑的设计规范或规定选用管材。

7.4.4 弱电线路一般选用多根导线穿管通过外墙、临空墙、防护密闭隔墙和密闭隔墙，由于多根导线在一起，会有空隙，就不易作密闭封堵处理。为了达到同样的密闭效果，因此采用密闭盒的模式，为了保证密闭效果，又规定了管径不得超过25mm，目的是控制管内穿线根数，如果管内穿线过多，会影响密闭效果。暗管密闭方式见图7-1。

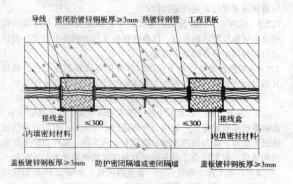

图7-1 暗管密闭方式

7.4.5 预留备用穿线钢管是为了供平时和战时可能增加的各种

动力、照明、内部电源、通信、自动检测等所需要。防止工程竣工后，因增加各种管线，在密闭隔墙上随便钻洞、打孔，影响到防空地下室的密闭和结构强度。

7.4.6 如果电缆桥架直接穿过临空墙、防护密闭隔墙和密闭墙，多根电缆穿在一个孔内，防空地下室的防护、密闭性能均被破坏。所以在此处位置穿墙时，必须改为电缆穿管方式。应该一根电缆穿一根管，并应符合防护和密闭要求。

7.4.7 各类母线槽是由铜汇流排用绝缘材料包裹绑扎而制成的，每层间是不密闭的，它要穿过密闭隔墙其内芯会漏气。所以应在穿过密闭隔墙处，选用防护密闭型母线，该母线的线芯经过密封处理，能达到密闭的要求。

7.4.8 强电和弱电电缆直接由室外地下进、出防空地下室时，应防止互相干扰，需分别设置强电、弱电防爆波电缆井，在室外宜紧靠外墙设置防爆波电缆井。由地面建筑上部直接引至防空地下室内时，可不设置防爆波电缆井，但电缆穿管应采取防护密闭措施。设置防爆波电缆井是为了防止冲击波沿着电缆进入防空地下室室内。

7.4.9 电力系统电源进入防空地下室的低压配电室内，由它配至各个防护单元的配电回路应独立，同样电站控制室至各个防护单元的配电回路也应独立，均以放射式配电。目的是为了保证各防护单元电源的独立性，互不影响，自成系统。

电缆线路的保护措施应与工程抗力级别一致，是为了保证受电端的供电可靠。目的是防止电缆破坏受损，防护单元失电。一般根据环境条件和抗力级别可采取电缆穿钢管明敷或暗敷，采用铠装电缆、组合式钢板电缆桥架等保护措施。

7.4.10 由于电缆管线采取战时封堵措施后，不便于平时管线的维护、更换，也影响到战时的防护密闭效果，而且临战封堵的工作量不很大，在规定的转换时限 30d 内完全能够完成，因此规定封堵措施在临战时实施。

对于平时有封堵要求的管线，仍应按平时要求实施，如防火分区间的管线封堵。

7.5 照 明

7.5.1 防空地下室一般净高较低，宜选用高效节能光源和长寿命的日光灯管，对环境潮湿的房间如洗消间、开水间等和少数特殊场所可选用白炽灯。

7.5.2 照明种类按国家标准《建筑照明设计标准》（GB 50034）划分为六种照明，考虑到警卫照明，障碍照明和节日照明，在防空地下室中基本没有，所以分为正常照明，应急照明和值班照明。值班照明是非工作时间为值班所设置的照明。

7.5.4 战时应急照明利用平时的应急照明，主要是功能一致，其区别主要是供电保证时间不一致。

由于平时使用的需要，设计照明灯具较多，照度也比较高，而战时照度较低，不需要那么多灯具，因此将平时照明的一部分作为战时的正常照明，回路分开控制，两者有机结合。

7.5.5 疏散照明，安全照明，备用照明的照度标准参照国家《建筑照明设计标准》的规定。

战时应急照明的连续供电时间不应小于隔绝防护时间的要求，是从最不利的供电电源情况下考虑的，目前市场上供应的应急照明灯具是按照平时消防疏散要求的时间设置的，一般为 30~60min。因此在战时必须储备备用蓄电池或集中设置长时效的 UPS、EPS 蓄电池组电源。当防空地下室内设有内部电源（柴油发电机组）时，战时应急照明蓄电池组的连续供电时间同于平时消防疏散时间。

7.5.7 战时照度标准参照《建筑照明设计标准》中的规定，该标准对原有国家照度标准作了较大幅度的提高。本规范中的照度标准也作了适当的提高，但仍低于平时标准。

7.5.9~7.5.13 按照《人民防空工程防化设计规范》中要求。

7.5.14 选用重量较轻的灯具、卡口灯头、线吊或链吊灯头，是为了防止战时遭受袭击时，结构产生剧烈震动，造成灯具掉落伤人。

7.5.15 便于管理和使用，公共部分与房间分开，这样公共部分的灯具回路在节假日，下班后兼作值班照明。

7.5.16 当非防护区与防护区内照明灯具合用同一回路时，非防护区的照明灯具、线路战时一旦被破坏，发生短路会影响到防护区内的照明。

7.5.17 战时人员主要出入口是战时人员在三种通风方式时均能进、出的出入口，特别是在滤毒式通风时，人员只能从这个出入口进出，所以由防护密闭门以外直至地面的通道照明灯具电源应由防空地下室内部电源来保证。特别是位于地下多层的防空地下室，主要出入口至地面所通过的路径更长，更需要保证照明电源。

7.6 接 地

7.6.1 采用 TN-S、TN-C-S 接地保护系统，在防空地下室内部配电系统中，电源中性线（N）和保护线（PE）是分开的。保护线在正常情况下无电流通过，能使电气设备金属外壳近于零电位。对于潮湿环境的防空地下室，这种接地方式是适宜的。大多数防空地下室也是这样做的。

内部电源设有柴油发电机组应采用 TN-S 系统，引接区域电源宜采用 TN-C-S 系统。

考虑到各地区供电系统采用的接地型式不同，当电力系统电源和内部电源接地型式不一致时，应采取转换措施。

7.6.3 总等电位连接是接地故障保护的一项基本措施，它可以在发生接地故障时显著降低电气装置外露导电部分的预期接触电压，减少保护电器动作不可靠的危险性，消除或降低从建筑物窜入电气装置外露导电部分上的危险电压的影响。

7.6.5 表 7.6.5 摘自《建筑电气工程施工质量验收规范》（GB50303）中表 27.1.2 线路最小允许截面（mm²）。

7.6.7 第 1 款中接地装置"应利用防空地下室结构钢筋和桩基内钢筋"，这是实际使用中所取得的成功经验，它具有以下优点：

1 不需专设接地体、施工方便、节省投资；
2 钢筋在混凝土中不易腐蚀；
3 不会受到机械损伤，安全可靠，维护简单；
4 使用期限长，接地电阻比较稳定；

当接地电阻不能满足要求时，由于在防空地下室内部能增设接地体的条件有限，所以需在防空地下室的外部增设接地体。室外接地体所处位置应设置在靠近地下室附近的潮湿地段，并考虑与室内接地体连接方便。

第 2 款中"纵横钢筋交叉点宜采用焊接"不是要求每个点都要焊接，而是间隔一定的距离，根据工程规模大小而定，一般宽度方向可取 5~10m。长度方向可取 10~20m。

7.6.9 由于防空地下室室内较为潮湿，空间小等原因，为保证人身安全和电气设备的正常工作，所以本条规定照明插座和潮湿场所的电气设备宜加设剩余电流保护器。

7.7 柴 油 电 站

7.7.2 设置电站类型：

1 第 1 款：对于中心医院和急救医院要求设置固定电站，是由该工程在战时的重要性决定的；
2 第 2 款：救护站、防空专业队工程、人员掩蔽工程、配套工程等的电站类型是根据工程实际状况决定配置的,根据柴油发电机组容量决定电站类型。以柴油发电机组常用功率 120kW 为分界;当大于常用功率 120kW 时设固定电站,在 120kW 及以下时可设移动电站,固定电站比移动式电站的技术要求较高,通风冷却设施也较复杂,初投资和运行费用较移动电站高。移动电站较灵活,辅助设备也较简单,以风冷为主。另外对于规模大、用电量大的工程,为了提高供电可靠性,简化供电系统,减少建设初投资,可按防护单元组合,根据用电量设置多个移动电站。并尽可能构成供电网络,这更能提高供电的可靠性和安全性;

  3 关于柴油电站机组的设置台数不宜超过 4 台和单机容量不宜超过 300kW 的规定,是因为机组台数过多,容量过大,对技术要求过高,管理复杂,目标过大,而且一旦受损涉及停电的范围过大;

  4 移动电站的采用,主要是为解决防空地下室电站平时不安装机组,战时又必须设置自备电源而规定的,移动电站机动性大,用时牵引运进工程内部,不用时可拉出地面储存或另作他用。

7.7.3 同容量、同型号柴油发电机组便于布置、维护、操作和并联运行以及备品、备件的储存、替换等。

7.7.7 第 2 款、第 3 款,固定电站设有隔室操作功能,在控制室内需要全面了解和控制柴油发电机组的运行状况,而柴油发电机组是设置在染毒区,柴油发电机房与控制室设有密闭隔墙,因此按照现行《战技要求》中要求,需要在控制室(清洁区)内实现检测和控制。

7.7.8 柴油电站的设置是防空地下室的心脏设备,战时地面电力系统电源极不可靠,是遭受打击的目标,随时会造成局部或区域的大面积范围停电,而平时城市一般又不会发生停电,设置的柴油电站不需要经常运行,长期置于地下,维护管理不好,机组容易锈蚀损坏,不但没有经济效益,还要增加维护保养支出。为了协调这一矛盾,除中心医院、急救医院平时安装到位外,其余类型工程的柴油电站均允许平战转换。由于甲、乙类工程的差异,所以甲、乙类工程柴油电站的转换内容也有区别。

  条文中柴油电站的附属设备及管线,指设置在电站内的发电机组至各防护单元的人防电源总配电柜(箱)及由人防电源总配电柜(箱)引至各防护单元的电缆线路;通风、给排水的设备和管线。固定电站还需包括各种动力配电箱、信号联络箱等。

7.8 通 信

7.8.1~7.8.3 按照现行《战技要求》中要求,通信设备的配置由通信部门配置。

7.8.6 按表 7.8.6 中各类防空地下室中通信设备的电源最小容量要求,在人防电源配电箱中留有通信设备电源容量和专用配电回路,供战时通信引接。

7.8.7 战时通信设备线路引入的管线,应利用本规范第 7.4.5 条中在各人员出入口、连通口预埋的备用管,不需再增加预埋管,但通信防爆波电缆井中仍应预埋备用管。

附录 B 常规武器地面爆炸动荷载

B.0.1 常规武器爆炸产生的空气冲击波最大超压、等冲量等效作用时间等参数,系根据相似理论由核武器爆炸空气冲击波的相应参数计算公式转换推导而来,部分系数由试验确定,该组公式在理论上和试验上均得到验证。

B.0.2 研究表明,顶板主要承受地面空气冲击波感生的地冲击作用,外墙主要承受直接地冲击作用。常规武器地面爆炸土中压缩波传播可简化为如图 B-1 所示。

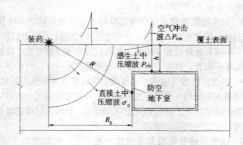

图 B-1　常规武器地面爆炸土中压缩波传播示意图

  1 感生地冲击

  空气冲击波感生的地冲击荷载计算公式(B.0.2-1)是根据波传播理论及特征线解法推导而来,该公式既适用于作用时间较长的核武器爆炸土中压缩波最大压力计算,也适用于作用时间较短的常规武器地面爆炸土中压缩波最大压力计算。

  考虑到该公式中的作用时间 t_0 为等冲量作用时间,与实际作用时间有所差别,因此结合试验数据与数值模拟对该公式进行了修正,即增加作用时间修正系数 η,η 可取 1.5~2.0,非饱和土一般取大值,饱和土含气量小时取小值。

  公式(B.0.2-1)反映了常规武器爆炸空气冲击波在松散软土(特别是非饱和土)中衰减非常快的特点,试验、数值模拟也基本反映了这一特点。对防常规武器 5、6 级的防空地下室来说,当顶板覆土达到一定厚度时,动荷载值相对较小,顶板设计通常由平时荷载组合控制,此时可不计入常规武器空气冲击波感生的土中压缩波荷载。

  2 直接地冲击

  公式(B.0.2-5)来自于《防常规武器设计原理》(美军 TM5-585-1 手册),并对其作了如下改进:

  1 装药量应采用实际装药重量 W,而不是等效 TNT 装药量。如果采用等效 TNT 装药量,必须进行转换,要除以 1.35 的当量系数;

  2 关于波速 c,TM5-855-1 手册使用的是地震波速,公式(B.0.2-5)采用起始压力波速代替。一般来说,地震波速与弹性波速、起始压力波速接近,大于塑性波速。不采用塑性波速的主要原因在于常规武器爆炸作用下塑性波速随峰值压力、深度变化,不是一个定值,且很难测得准,而地震波速较易测得而且较准确。另外,大量研究表明,在计算地冲击荷载的到达时间或升压时间时,应使用起始压力波速;

  3 关于衰减系数 n,参考 TM5-855-1 手册并结合国内研究综合确定。一般来说,衰减系数 n 与起始压力波速(或声阻抗、含气量)有关,见表 B-1。据此定出各类土壤的衰减系数,方便设计人员计算。

表 B-1　　　　衰减系数 n

起始压力波速 c(m/s)	声阻抗 $\rho c \times 10^6$ (kg/(m²·s))	衰减系数 n
180	0.27	3~3.25
300	0.50	2.75
490	1.0	2.5
550	1.08	2.5
1500	2.93	2.25~2.4
>1500	>3.4	1.5

B.0.3 由于常规武器地面爆炸空气冲击波随距离增大而迅速衰减，因此作用到顶板的感生地冲击荷载是一不均匀的荷载，需进行等效均布化处理。荷载的均布化处理可以采用以下两种方法：

1 采用屈服线（塑性铰线）理论和虚功原理将非均匀荷载按假定的变形形状进行均布，本规范采用该方法。该方法的首要任务是确定假设的变形形状，即要确定屈服线的位置，这与板的边界支撑条件、荷载大小等因素有关，非常复杂。一般来说，按四边固支计算等效均布荷载是偏于保守的，因为要达到同样的变形，作用荷载最大。据此经大量计算，可简化确定荷载的均布化系数；

2 按荷载的总集度相等来求其均布化系数。对于荷载分布差别不是很大时可采用此法。

经过计算可得：顶板荷载均布化系数 C_e，当顶板覆土厚度小于等于0.5m时，可取1.0；当覆土厚度大于0.5m时，可取0.9。

关于顶板综合反射系数 K_f：根据近年来国内外试验数据，当顶板覆土厚度较小时（≤0.5m），综合反射系数可取1.0；当顶板覆土厚度大于0.5m时，此值大致在1.5左右。工程兵科研三所高强混凝土和钢纤维混凝土结构化爆试验以及工程兵工程学院的有关试验成果均证明了这一点。

B.0.4、B.0.5 首先根据弹性力学，将目标点处的自由场应力转换成沿结构平面的法向自由场应力，再计算作用到结构上的法向动荷载峰值。

由于直接地冲击荷载是一球面波荷载，因此作用到外墙上的荷载也是不均匀的，必须进行等效均布化处理。均布化处理方法与顶板相同。

关于外墙的综合反射系数 K_f，根据近年来国内外试验数据，如工程兵科研三所高强混凝土和钢纤维混凝土结构化爆试验以及工程兵工程学院的有关试验，此值大致在1.5左右。

B.0.6 当防空地下室顶板底面高出室外地面时，尚应计算常规武器地面爆炸空气冲击波对高出地面外墙的直接作用。常规武器地面爆炸空气冲击波直接作用在外墙上的水平均布动荷载峰值按正反射压力计算。

附录 D 无梁楼盖设计要点

D.2.2 原规范考虑到原《混凝土结构设计规范》（GBJ10-89）在抗冲切计算中过于保守，故把抗冲切承载力计算公式中系数由0.6提高到0.65。现行《混凝土结构设计规范》（GB50010-2002）为提高构件抗冲切能力，将系数0.6提高到0.7，并规定同时应计入二个折减系数 β_h 及 η。本条参考《混凝土结构设计规范》（GB50010-2002）对抗冲切计算公式进行了适当修改，以尽可能一致。

为使抗冲切钢筋不致配的过多，以确保抗冲切箍筋或弯起钢筋充分发挥作用，增加了板受冲切截面限制条件，相当于配置抗冲切钢筋后的抗冲切承载力不大于不配置抗冲切钢筋的抗冲切承载力的1.5倍。

D.3.4 按构造要求的最小配筋面积箍筋应配置在与45°冲切破坏锥面相交范围内，且箍筋间距不应大于 $h_0/3$，再延长至 $1.5h_0$ 范围内。原规范提法不准确，故予以修改。

附录 E 钢筋混凝土反梁设计要点

根据清华大学的研究成果，反梁的正截面受弯承载能力与正梁相比没有变化，而斜截面受剪承载能力比正梁有明显下降，主要原因是反梁截面的剪应力分布与正梁有差异。

附录 F 消 波 系 统

为方便设计，本规范附录A给出了扩散室及扩散箱的内部空间最小尺寸。当按规定尺寸设计扩散室或选用扩散箱时，消波系统的余压均能满足允许余压要求，不需按本附录公式计算。

中华人民共和国行业标准

玻璃幕墙工程技术规范

JGJ 102—2003

条 文 说 明

前 言

《玻璃幕墙工程技术规范》JGJ 102—2003 经建设部 2003 年 11 月 14 日以第 193 号公告批准，业已发布。

为便于广大设计、施工、科研、教学等单位的有关人员在使用本规范时能正确理解和执行条文规定，规范编制组按章、节、条的顺序，编制了本规范的条文说明，供使用者参考。在使用过程中，如发现本规范条文说明有不妥之处，请将意见函寄中国建筑科学研究院《玻璃幕墙工程技术规范》管理组（邮政编码：100013；地址：北京北三环东路 30 号；Email：huangxiaokun@cabrtech.com）。

目　次

1 总则 …………………………………… 8—4—4
2 术语、符号 …………………………… 8—4—5
3 材料 …………………………………… 8—4—5
4 建筑设计 ……………………………… 8—4—7
5 结构设计的基本规定 ………………… 8—4—10
6 框支承玻璃幕墙结构设计 …………… 8—4—16
7 全玻幕墙结构设计 …………………… 8—4—19
8 点支承玻璃幕墙结构设计 …………… 8—4—20
9 加工制作 ……………………………… 8—4—22
10 安装施工 …………………………… 8—4—24
11 工程验收 …………………………… 8—4—26
12 保养和维修 ………………………… 8—4—28

1 总　　则

1.0.1 由玻璃面板与支承结构体系组成的、相对主体结构有一定位移能力、不分担主体结构荷载和作用的建筑外围护结构或装饰性结构，通称为玻璃幕墙。早在 100 多年前幕墙已开始在建筑上应用，但由于种种原因，主要是材料和加工工艺的因素，也有思想意识和传统观念束缚的因素，使幕墙在 20 世纪中期以前，发展十分缓慢。随着科学技术和工业生产的发展，许多有利于幕墙发展的新原理、新技术、新材料和新工艺被开发出来，如雨幕原理的发现，并成功应用到幕墙设计和制造上，解决了长期妨碍幕墙发展的雨水渗漏难题；又如铝及铝合金型材、各种玻璃的研制和生产，特别是高性能粘接、密封材料（如硅酮结构密封胶和硅酮建筑密封胶），以及防火、隔热保温和隔声材料的研制和生产，使幕墙所要求的各项性能，如风压变形性能、水密性能、气密性能、隔热保温性能和隔声性能等，都有了比较可靠的解决办法。因而，幕墙在近数十年获得了飞速发展，在建筑上得到了比较广泛的应用。

应用大面积的玻璃装饰于建筑物的外表面，通过建筑师的构思和造型，并利用玻璃本身的特性，使建筑物显得别具一格，光亮、明快和挺拔，较之其他装饰材料，无论在色彩还是在光泽方面，都给人一种全新的视觉效果。

玻璃幕墙在国外已获得广泛的应用与发展。我国自 20 世纪 80 年代以来，在一些大中城市和沿海开放城市，开始使用玻璃幕墙作为公共建筑物的外装饰，如商场、宾馆、写字楼、展览中心、文化艺术交流中心、机场、车站和体育场馆等，取得了较好的社会经济效益，为美化城市做出了贡献。

为了使玻璃幕墙工程的设计、材料选用、性能要求、加工制作、安装施工和工程验收等有章可循，使玻璃幕墙工程做到安全可靠、实用美观和经济合理，我国于 1996 年颁布实施了《玻璃幕墙工程技术规范》JGJ 102—96，对玻璃幕墙的健康发展起到了重要作用。但是，近年来，我国建筑幕墙行业发展很快，建筑幕墙建造量已位居世界前列，玻璃幕墙不仅数量多而且形式多样化，一方面新材料、新工艺、新技术、新体系被不断采用，如点支承玻璃幕墙的大量应用；另一方面，一些相关的国家标准、行业标准已经陆续完成了制订或修订，并发布实施。因此，有必要对 96 版规范进行修订和完善。

本次修订是以原规范 JGJ 102—96 为基础，考虑了现行有关国家标准或行业标准的有关规定，调研、总结了我国近年来玻璃幕墙行业科研、设计、施工安装成果和经验，补充了部分试验研究和理论分析，同时参考了国际上有关玻璃幕墙的先进标准和规范而完成的。

1.0.2 本条规定了本规范的适用范围。本规范适用于非抗震设计和抗震设防烈度为 6、7、8 度抗震设防地区的民用建筑玻璃幕墙的设计、制作、安装施工、验收及维修保养。

本规范适用范围未包含工业建筑玻璃幕墙，主要考虑到工业建筑范围很广，往往有不同于民用建筑的特殊要求，如可能存在腐蚀、辐射、高温、高湿、振动、爆炸等特殊条件，本规范难以全部涵盖。当然，一般用途的工业建筑，其玻璃幕墙的设计、制作等可参照本规范的有关规定；有特别要求的，应专门研究处理，采取相应的措施。

9 度抗震设计的建筑物，尚无采用玻璃幕墙的可靠经验，并且 9 度时地震作用很大，主体结构的变形很大，甚至可能发生比较严重的破坏，而目前玻璃幕墙的设计、制作、安装水平难以保证幕墙在 9 度抗震设防时达到本规范第 1.0.3 条的要求。因此，本规范未将 9 度抗震设计列入适用范围。对因特殊需要，不得不在 9 度抗震设防区使用的玻璃幕墙工程，应专门研究，并采取更有效的抗震措施。

本规范仅考虑与水平面夹角大于 75 度、小于或等于 90 度的斜玻璃幕墙或竖向玻璃幕墙，且抗震设防烈度不大于 8 度。所以，对大跨度的玻璃雨篷、通廊、采光顶等结构设计，应符合国家现行有关标准的规定或进行专门研究。

原规范 JGJ 102—96 的适用范围是高度不超过 150m 的玻璃幕墙，本次修订扩大了本规范的适用范围。主要原因是：

1. 编制原规范 JGJ 102—96 时，超过 150m 的玻璃幕墙工程不多，经验还比较少；1996～2002 年间，国内超过 150m 的玻璃幕墙工程迅速增加，积累了丰富的工程经验，为本规范扩展其应用范围提供了技术依据和工程经验。另外，本规范扩大应用范围也跟主体结构适用的最大高度调整有关，行业标准《高层建筑混凝土结构技术规程》JGJ 3—2002 中增加了 B 级高度高层建筑的有关规定，使房屋最大适用高度有较大提高，非抗震设计时最高可达 300m。

2. 玻璃幕墙自身质量较轻，按目前的地震作用计算方法，其地震作用效应相对于风荷载作用是比较小的，且地震作用的计算与幕墙高度无直接相关关系。经验表明，玻璃幕墙的设计主要取决于风荷载作用，对于体形复杂的幕墙工程或房屋高度较高（比如超过 200m）的幕墙工程，应确保风荷载作用下的可靠性。本规范第 5.3.3 条已有相关的规定和要求。

3. 在保证重力荷载、风荷载、地震作用计算合理，并且幕墙构件的承载力和变形性能符合本规范有关要求的前提下，高度是否超过 150m 并不是主要的控制因素。

4. 国外相关标准一般也没有最大适用高度的限

制。

1.0.3 一般情况下，对建筑幕墙起控制作用的是风荷载。幕墙面板本身必须具有足够的承载能力，避免在风荷载作用下破碎。我国沿海地区经常受到台风的袭击，设计中应考虑有足够的抗风能力。

在风荷载作用下，幕墙与主体结构之间的连接件发生拔出、拉断等严重破坏的情况比较少见，主要问题是保证其足够的活动能力，使幕墙构件避免受主体结构过大位移的影响。

在地震作用下，幕墙构件和连接件会受到强烈的动力作用，相对更容易发生破坏。防止或减轻地震震害的主要途径是加强构造措施。

在多遇地震作用下（比设防烈度低约1.55度，50年超越概率约63.2%），幕墙不允许破坏，应保持完好；在中震作用下（对应于设防烈度，50年超越概率约10%），幕墙不应有严重破损，一般只允许部分面板破碎，经修理后仍然可以使用；在罕遇地震作用下（相当于比设防烈度约高1.0度，50年超越概率约2%～3%），必然会严重破坏，面板破碎，但骨架不应脱落、倒塌。幕墙的抗震构造措施，应保证上述设计目标的实现。

1.0.4 从玻璃幕墙在建筑物中的作用来说，它既是建筑的外装饰，同时又是建筑物的外围护结构。虽然玻璃幕墙不分担主体建筑物的荷载和作用，但它要承受自身受到的风荷载、地震作用和温度变化等，因此，必须满足风荷载、地震作用和温度变化对它的影响，使玻璃幕墙具有足够的安全性。另一方面，幕墙是跨行业的综合性技术，从设计、材料选用、加工制作和安装施工等方面，都应从严掌握，精心操作。因此，应进行幕墙生产全过程的质量控制，有效保证玻璃幕墙的工程质量和安全。

1.0.5 构成玻璃幕墙的主要材料有：钢材、铝材、玻璃和粘结密封材料等四大类，大多数材料均有国家和行业标准，在选择材料时应符合这些标准的要求。

另外，在幕墙的设计、制作和施工中，密切相关的还有下列现行国家标准或行业标准：《钢结构设计规范》、《高层民用建筑钢结构技术规程》、《高层建筑混凝土结构技术规程》、《高层民用建筑设计防火规范》、《建筑设计防火规范》、《建筑防雷设计规范》、《金属与石材幕墙工程技术规范》等，其相关的规定也应参照执行。

2 术语、符号

在规范中涉及玻璃幕墙工程方面的主要术语有两种情况：

1. 在现行国家标准、行业标准中无规定，是本规范首次提出并给予定义的，如明框玻璃幕墙、半隐框玻璃幕墙、隐框玻璃幕墙、斜玻璃幕墙、全玻幕墙、点支承玻璃幕墙等。

2. 虽在随后颁布的国家标准、行业标准中出现过这类术语，但为了方便理解和使用，本规范进行了引用，如双金属腐蚀、相容性等。

本章共列出术语15条以及在本规范中使用的主要符号。

玻璃幕墙是建筑幕墙的一种形式。根据幕墙面板材料的不同，建筑幕墙一般可分为玻璃幕墙、金属幕墙（不锈钢、铝合金等）、石材幕墙等。实际应用上，尤其是大型工程项目中，往往采用组合幕墙，即在同一工程中同时采用玻璃、金属板材、石材等作为幕墙的面板，形成更加灵活多变的建筑立面形式和效果。本规范适用于采用玻璃面板的建筑幕墙。

幕墙的分类形式较多，而且不完全统一。本规范按照下列方法分类：

1. 根据幕墙玻璃面板的支承形式可分为框支承幕墙、全玻幕墙和点支承幕墙。框支承幕墙的面板由横梁和立柱构成的框架支承，面板为周边支承板；立面表现形式可以是明框、隐框和半隐框。全玻幕墙的面板和支承结构全部为玻璃，玻璃面板通常为对边支承的单向板（整肋）或点支承面板（金属连接玻璃肋）。点支承幕墙的特点是支承面板的方式是点而不是线，一般应用较多的为四点支承，也有六点支承、三点支承等其他方式；面板承受的荷载和地震作用，通过点支承装置传递给其后面的支承结构（常为钢结构，也有玻璃肋），支承结构将面板的受到的作用传递到主体结构上。

2. 根据框支承幕墙安装方式可分为构件式和单元式两大类。构件式幕墙的面板、支承面板的框架构件（横梁、立柱）等均在工程现场顺序安装；单元式幕墙一般在工厂将面板、横梁和立柱组装为各种形式的幕墙单元，以单元形式在工程现场安装为整体幕墙。

3. 根据幕墙自身平面和水平面的夹角大小可分为垂直玻璃幕墙、斜玻璃幕墙和玻璃采光顶等。这种划分并无严格标准。根据与现行行业标准《建筑玻璃应用技术规程》JGJ 113的协调意见，本规范的应用范围主要是垂直玻璃幕墙以及与水平面夹角在75°和90°之间的斜玻璃幕墙，与水平面夹角在0°和75°之间的各种玻璃幕墙（包括一般意义上的采光顶）属于行业标准《建筑玻璃应用技术规程》JGJ 113的管理范围。

3 材 料

3.1 一般规定

3.1.2 幕墙处于建筑物的表面，经常受自然环境不利因素的影响，如日晒、雨淋、风沙等不利因素的侵蚀。因此，要求幕墙材料要有足够的耐候性和耐久性，具备防风雨、防日晒、防盗、防撞击、保温、隔热等功能。除不锈钢和轻金属材料外，其他金属材料都应进行热镀锌或其他有效的防腐处理，保证幕墙的耐久性。

3.1.3 无论是在加工制作、安装施工中，还是交付使用后，幕墙的防火都十分重要，应尽量采用不燃材料和难燃材料。但是，目前国内外都有少量材料还是不防火的，如双面胶带、填充棒等都是易燃材料，因此，在安装施工中应引起注意，并要采取防火措施。

3.1.4 框支承幕墙的骨架主要是铝合金型材，铝合金属于金属材料，会与酸性硅酮结构密封胶发生化学反应，使结构胶与铝合金表面发生粘结破坏；镀膜玻璃表面的镀膜层也含有金属元素，也会与酸性硅酮结构密封胶反应，发生粘结破坏。因此，框支承幕墙工程中必须使用中性硅酮结构密封胶。

全玻幕墙、点支承幕墙采用非镀膜玻璃时，可采用酸性硅酮结构密封胶。

3.1.5 硅酮结构密封胶是隐框和半隐框幕墙的主要受力材料，如使用过期产品，会因结构胶性能下降导致粘结强度降低，产生很大的安全隐患。硅酮建筑密封胶是幕墙系统密封性能的有效保证，过期产品的耐候性能和伸缩性能下降，表面易产生裂纹，影响密封性能。因此，硅酮结构密封胶和硅酮建筑密封胶必须在有效期内使用。

3.2 铝合金材料

3.2.1 铝合金型材有普通级、高精级和超高精级之分。幕墙属于比较高级的建筑产品，为保证其承载力、变形和耐久性要求，应采用高精级或超高精级的铝合金型材。

3.2.2 漆膜厚度决定了型材的耐久性，过薄的漆膜不能起到持久的保护作用，容易使型材被大气中的酸性物质腐蚀，影响型材的外观及使用寿命。

3.2.3 PVC材料的膨胀系数比铝型材高，在高温和机械荷载下会产生较大的蠕变，导致型材变形。而PA66GF25膨胀系数与铝型材相近，机械强度高，耐高温、防腐性能好，是铝型材理想的隔热材料。

3.4 玻 璃

3.4.2 生产热反射镀膜玻璃有多种方法，如真空磁控阴极溅射镀膜法、在线热喷涂法、电浮化法、化学凝胶镀膜法等，其质量是有差异的。国内外幕墙使用热反射镀膜玻璃的情况表明，采用真空磁控溅射镀膜玻璃和在线热喷涂镀膜玻璃能够满足幕墙加工和使用的要求。

3.4.3 单道密封中空玻璃仅使用硅酮胶或聚硫胶时，气密性差，水气容易进入中空层，影响使用效果，不适用单独在幕墙上使用，但硅酮胶和聚硫胶的粘结强度较高；以聚异丁烯为主要成分的丁基热熔胶的密封性优于硅酮胶和聚硫胶，但粘结强度较低，也不能单独使用。因此，幕墙用中空玻璃应采用双道密封。用丁基热熔胶做第一道密封，可弥补硅酮胶和聚硫胶的不足，用硅酮胶或聚硫胶做二道密封，可保证中空玻璃的粘结强度。

由于聚硫密封胶耐紫外线性能较差，并且与硅酮结构胶不相容，故隐框、半隐框及点支承玻璃幕墙等密封胶承受荷载作用的中空玻璃，其二道密封必须采用硅酮结构密封胶。

3.4.4 玻璃在裁切时，其刀口部位会产生很多大小不等的锯齿状凹凸，引起边缘应力分布不均匀，玻璃在运输、安装过程中，以及安装完成后，由于受各种作用的影响，容易产生应力集中，导致玻璃破碎。另一方面，半隐框幕墙的两个玻璃边缘和隐框幕墙的四个玻璃边缘都是显露在外部，如不进行倒棱处理，还会影响幕墙的整齐、美观。因此，幕墙玻璃裁割后，必须进行倒棱处理。

钢化和半钢化玻璃，应在钢化和半钢化处理前进行倒棱和倒角处理。

3.4.5 浮法玻璃由于存在着肉眼不易看见的硫化镍结石，在钢化后这种结石随着时间的推移会发生晶态变化而可能导致钢化玻璃自爆。为了减少这种自爆，宜对钢化玻璃进行二次热处理，通常称为引爆处理或均质处理。

进行钢化玻璃的二次热处理时，应分为三个阶段：升温、保温和降温过程。升温阶段为最后一块玻璃的表面温度从室温升至280℃的过程；保温阶段为所有玻璃的表面温度均达到290±10℃，且至少保持2小时的过程；降温阶段是从玻璃完成保温阶段后，温度降至75℃时的过程。整个二次热处理过程应避免炉腔温度超过320℃、玻璃表面温度超过300℃，否则玻璃的钢化应力会由于过热而松弛，从而影响其安全性。

3.4.6 目前国内外加工夹层玻璃的方法大体有两种，即干法和湿法。干法生产的夹层玻璃质量稳定可靠，而湿法生产的夹层玻璃质量不如干法，用其作为外围护结构的幕墙玻璃，特别是作为隐框幕墙的安全玻璃还有不成熟之处。因此，本条特别指明，幕墙玻璃应采用PVB胶片干法加工合成的夹层玻璃。

3.4.7 在线法生产的低辐射镀膜玻璃，由于膜层牢固度、耐久性好，可以在幕墙上单片使用，但其低辐射率（e值）比离线法要高；而离线法生产的低辐射镀膜玻璃，由于膜层牢固度、耐久性差，不能单片使用，必须加工成中空玻璃，且膜层应朝向中空气体层保护起来，但其低辐射率（e值）比在线法要低，适用于对隔热要求比较高的场合。

当低辐射镀膜玻璃加工成夹层玻璃时，膜层不宜与胶片结合，以免导致传热系数升高，保温效果变差。

3.4.8 根据现行国家标准《建筑用安全玻璃 防火玻璃》GB 15736.1，防火玻璃分为复合和单片防火玻璃。幕墙用防火玻璃宜采用单片防火玻璃或由其加工成的中空、夹层防火玻璃。灌浆法或用其他防火胶填充在玻璃之间而成的复合型防火玻璃，由于在高于60℃以上环境或长期受紫外线照射后容易失效，因此不宜应用在受阳光直接或间接照射的幕墙中。

3.5 建筑密封材料

3.5.1～3.5.2 当前国内明框幕墙的密封，主要采用橡胶密封条，依靠胶条自身的弹性在槽内起密封作用，要求胶条具有耐紫外线、耐老化、永久变形小、耐污染等特性。国内几个大型工程采用胶条密封，至今没有出现问题。但如果在材质方面控制不严，有的橡胶接口在一、二年内就会出现质量问题，如发生老化开裂甚至脱落，使幕墙产生漏水、透气等严重问题，玻璃也有脱落的危险，给幕墙带来不安全的隐患。因此，不合格密封胶条绝对不允许在幕墙上使用。目前，国外正向以耐候硅酮密封胶代替橡胶密封条方向发展；用耐候性好、永久变形小的硅橡胶作密封胶条也是一个发展方向。

3.5.4 玻璃幕墙的耐候密封应采用中性硅酮类耐候密封胶，因为硅酮密封胶耐紫外线性能极好且与硅酮结构密封胶有良好的相容性，酸性硅酮密封胶固化时放出醋酸，对镀膜玻璃有腐蚀并可能与中性的硅酮结构胶中的碳酸钙起反应，使用时必须注意。

3.6 硅酮结构密封胶

3.6.1 硅酮结构密封胶是影响玻璃幕墙安全的重要因素，国家在1997年颁布了硅酮结构密封胶的国家标准 GB 16776—1997。GB 16776 是在 ASTM C1184 的基础上制定的，它规定了硅酮结构密封胶的最基本要求。2002年，根据近几年硅酮结构密封胶的使用情况，对 GB 16776 进行了重新修订，增加了弹性模量和最大强度时伸长率的要求。

3.6.2 硅酮结构密封胶在使用前，应进行与玻璃、金属框架、间隔条、密封垫、定位块和其他密封胶的相容性试验，相容性试验合格后才能使用。如果使用了与结构胶不相容的材料，将会导致结构胶的粘结强度和其他粘结性能的下降或丧失，留下很大的安全隐患。

如果玻璃幕墙中使用的硅酮结构胶和与之接触的耐候胶生产工艺不同，相互接触后，有可能产生不相容，这将导致结构胶粘结性及粘结强度下降，也会导致耐候胶位移能力下降，使密封胶出现内聚或粘结破坏，影响密封效果。

一般情况下，同一厂家（牌号）的胶的相容性较好，因此使用硅酮结构胶和耐候胶时，可优先选用同一厂家的产品。

为了保证结构胶的性能符合标准要求，防止假冒伪劣产品进入工地，本条还规定对结构胶的部分性能进行复验。复验在材料进场后就应进行，复验必须由有相应资质的检测机构进行，复验合格的产品方可使用。

4 建筑设计

4.1 一般规定

4.1.1～4.1.2 玻璃幕墙的建筑设计是由建筑设计单位和幕墙设计单位共同完成的。建筑设计单位的主要任务是确定幕墙立面的线条、色调、构图、玻璃类别、虚实组合和协调幕墙与建筑整体、与环境的关系，并对幕墙的材料和制作提供设计意图和要求。幕墙的具体设计工作往往由幕墙设计单位（一般是幕墙公司）完成。

玻璃幕墙的选型是建筑设计的重要内容，设计者不仅要考虑立面的新颖、美观，而且要考虑建筑的使用功能、造价、环境、能耗、施工条件等诸因素。

4.1.3 玻璃幕墙的分格是立面设计的重要内容，设计者除了考虑立面效果外，必须综合考虑室内空间组合、功能和视觉、玻璃尺度、加工条件等多方面的要求。

4.1.5 玻璃幕墙作为建筑的外围护结构，本身要求具有良好的密封性。如果开启窗设置过多、开启面积过大，既增加了采暖空调的能耗、影响立面整体效果，又增加了雨水渗漏的可能性。JGJ 102—96 中，曾规定开启面积不宜大于幕墙面积的15%，即是这方面的考虑。但是，有些建筑，比如学校、会堂等，既要求采用幕墙装饰，又要求具有良好的通风条件，其开启面积可能超过幕墙面积的15%。因此，本次修订对开启面积不再做定量规定。实际幕墙工程中，开启窗的设置数量，应兼顾建筑使用功能、美观和节能环保的要求。

开启窗的开启角度和开启距离过大，不仅开启扇本身不安全，而且增加了建筑使用中的不安全因素（如人员安全）。

4.1.6 高度超过40m的大型幕墙，其清洁和维护工作，已经难以借助消防升降梯和其他设施进行，因此要求尽可能设置清洗设备。

4.2 性能和检测要求

4.2.1 玻璃幕墙性能要求的高低和建筑物的性质、重要性等有关，故在本条中增加了建筑类别的提法。至于性能，应根据建筑物的高度、体型、建筑物所在地的地理、气候、环境等条件进行设计，与原标准

JGJ 102—96 相同。

4.2.2 玻璃幕墙的抗风压、气密、水密、保温、隔声性能分级，在现行国家标准《建筑幕墙物理性能分级》GB/T 15225 中已有规定。平面内变形性能分级在修订后的 GB/T 15225 中将作规定。

4.2.3 玻璃幕墙的抗风压性能根据现行国家标准《建筑幕墙风压变形性能检测方法》GB/T 15227 所规定的方法确定。幕墙的抗风压性能是指幕墙在与其相垂直的风荷载作用下，保持正常使用功能、不发生任何损坏的能力。幕墙抗风压性能的定级值是对应主要受力杆件或支承结构的相对挠度值达到规定值时的瞬时风压，即 3 秒钟瞬时风压。幕墙的抗风压性能应大于其所承受的风荷载标准值。

4.2.4 玻璃幕墙的气密性能，是根据现行国家标准《建筑幕墙空气渗透性能检测方法》GB/T 15226 的规定确定的。幕墙的气密性能是指在风压作用下，其开启部分为关闭状况时，阻止空气透过幕墙的性能。在有采暖、通风、空气调节要求的情况下，由玻璃幕墙空气渗透所形成的能耗不容忽视，应尽可能作到气密。为了适应正在修改的分级标准的情况，本标准中规定的是等级，不是限值。

4.2.5 玻璃幕墙的水密性关系到幕墙的使用功能和寿命。水密性要求与建筑物的重要性、使用功能以及所在地的气候条件有关。原规范 JGJ 102—96 中水密性的风压取值为标准风荷载除以 2.25。由于《建筑结构荷载规范》GB 50009 规定的阵风系数与高度、地面粗糙度有关，不再是单一系数 2.25，所以本规范中玻璃幕墙的水密性能设计也作了相应修改，但仍然不考虑阵风系数的影响，即水密性以 10 分钟平均风压（而不是 3 秒钟的瞬时风压）作为定级依据。

本条公式中的系数 1000 为 kN/m^2 和 Pa 的换算系数。由于只有在正风压下才会发生雨水渗漏，所以体型系数取值为 1.2（大面的 1.0，再加上室内压 0.2）。边角的负压区不予考虑。

在沿海受热带风暴和台风袭击的地区，大风多同时伴有大雨。而其他地区刮大风时很少下雨，下雨时风又不是最大，因而原规范对一般地区的水密性取值偏大。所以本规范提出其他地区可按本条公式计算值的 75% 进行设计。由于幕墙面积大，一旦漏雨后不易处理，故要求幕墙的水密性能至少应达到高性能窗的要求，即达到 700Pa。

热带风暴和台风多发地区，是指《建筑气候区划标准》GB 50178 中的 ⅢA 和 ⅣA 地区。

4.2.6 玻璃幕墙平面内变形，是由于建筑物受风荷载或地震作用后，建筑物各层间发生相对位移时，产生的随动变形，这种平面内变形对玻璃幕墙造成的损害不容忽视。玻璃幕墙平面内变形性能，应区分是否抗震设计，给出不同要求。地震作用时，近似取主体结构在多遇地震作用下弹性层间位移限值的 3 倍为控制指标。

根据《建筑抗震设计规范》GB 50011 和《高层建筑混凝土结构技术规程》JGJ 3—2002 的规定，在风荷载或多遇地震作用下，主体结构楼层最大弹性层间位移角限值如表 4.1。层间位移角即楼层层间位移与层高的比值。

表 4.1 楼层弹性层间位移角限值

结构类型	弹性层间位移角限值
钢筋混凝土框架	1/550
钢筋混凝土框架-剪力墙、框架-核心筒、板柱-剪力墙	1/800
钢筋混凝土筒中筒、剪力墙	1/1000
钢筋混凝土框支层	1/1000
多、高层钢结构	1/300

4.2.7 有保温要求的玻璃幕墙，如不采用中空玻璃是难以达到要求的，必要时还要采用隔热铝型材、Low-E 玻璃等以提高保温性能。有隔热要求的玻璃幕墙，主要应考虑遮挡太阳辐射，遮阳的形式很多，可根据实际情况进行选择。

4.2.8 玻璃幕墙的隔声性能应根据建筑物的使用功能和环境条件进行设计。不同功能的建筑所允许的噪声等级可根据《民用建筑隔声设计规范》GBJ 118 的规定确定。幕墙的隔声性能应为室外噪声级和室内允许噪声级之差。

4.2.9 本条规定引自现行国家标准《玻璃幕墙光学性能》GB/T 18091，该标准对玻璃幕墙的有害光反射及相关光学性能指标、技术要求、试验方法和检验规则进行了具体规定。

4.2.10 由于抗风压性能、气密性能和水密性能是所有玻璃幕墙应具备的基本性能，因此是必要检测项目。有抗震要求时，可增加平面内变形性能检测。有保温、隔声、采光等要求时，可增加相应的检测项目。

4.2.12 幕墙性能检测中，由于安装施工的缺陷，使某项性能未达到规定要求的情况时有发生，这种缺陷有可能弥补，故允许对安装施工工艺进行改进，修补缺陷后重新检测，以节省人力、物力，但要求检测报告中说明改进的内容，并在实际工程中，按改进后的安装施工工艺进行施工。由于材料或设计缺陷造成幕墙性能未达到规定值域时，必须修改设计或更换材料，所以应重新制作试件，另行检测。

4.3 构造设计

4.3.1 在安全、实用、美观的前提下，便于制作、安装、维修、保养及局部更换，是玻璃幕墙的构造设计应该满足的原则要求。

4.3.2 玻璃幕墙的水密性直接关系到幕墙的使用功能和耐久性。为提高玻璃幕墙的水密性能，要求其接缝部位尽可能按雨幕原理进行设计。由于缝隙腔内、外的气压差是雨水渗漏的主要动力，因此要求接缝空腔内的气压与室外气压相等，以防止内、外空气压力差将雨水压入腔内。

4.3.3 玻璃幕墙的墙面大、胶缝多，建筑室内装修对水密性和气密性要求较高，如果所用胶的质量不能保证，将产生严重后果，所以应采用密封性和耐久性都较好的硅酮建筑密封胶。同理，幕墙的开启缝隙亦应采用性能较好的橡胶密封条。

对全玻幕墙等依靠胶缝传力的情况，胶缝应采用硅酮结构密封胶。

4.3.4 玻璃幕墙的立面有雨篷、压顶及突出墙面的建筑构造时，如果这些部位的水密性设计不当，将容易发生渗漏，所以应注意完善其结合部位的防、排水构造设计。

4.3.5 保温材料受潮后保温性能会明显降低，所以保温材料应具有防潮性能，否则应采取有效的防潮措施。

4.3.6 为了适应单元间的伸缩位移和便于拆卸，目前单元式玻璃幕墙的单元间多采用对插式组合杆件，相邻单元板块纵横接缝处的十字形部位，容易出现内外直通的情况，所以应采用防渗漏封口构造措施。通常，对插构件的截面可设计成多腔形式，单元间的拼接缝隙采用橡胶密封条等封堵措施和必要的导排水措施。

4.3.7 为了适应热胀冷缩和防止产生噪声，构件式玻璃幕墙的立柱与横梁连接处应避免刚性接触；隐框幕墙采用挂钩式连接固定玻璃组件时，在挂钩接触面宜设置柔性垫片，以避免刚性接触产生噪声，并可利用垫片起弹性缓冲作用。

4.3.8 不同金属相互接触处，容易产生双金属腐蚀，所以要求设置绝缘垫片或采取其他防腐蚀措施。在正常使用条件下，不锈钢材料不易发生双金属腐蚀，一般可不要求设置绝缘垫片。

4.3.9 玻璃幕墙的拼接胶缝应有一定的宽度，以保证玻璃幕墙构件的正常变形要求。必要时玻璃幕墙的胶缝宽度可参照下式计算，但不宜小于本条规定的最小值。

$$w_s = \frac{\alpha \Delta T b}{\delta} + d_c + d_E \quad (4.1)$$

式中 w_s——胶缝宽度（mm）；

α——面板材料的线膨胀系数（1/℃）；

ΔT——玻璃幕墙年温度变化（℃），可取 80℃；

δ——硅酮密封胶允许的变位承受能力；

b——计算方向玻璃面板的边长（mm）；

d_c——施工偏差（mm），可取为 3mm；

d_E——考虑地震作用等其他因素影响的预留量，可取 2mm。

4.3.10 玻璃幕墙表面与建筑物内、外装饰物之间是不允许直接接触的，否则由于玻璃变形和位移受阻，容易导致玻璃开裂。一般留缝宽度不宜小于 5mm，并应采用柔性材料嵌缝。

4.3.11 明框幕墙玻璃下边缘与槽底间采用 2 块硬橡胶垫块承托，比全长承托效果好，但承托面积不能太少，否则压应力太大会使橡胶垫块失效。垫块也不能太薄，否则可被压缩的量太小，玻璃位移将受到限制，也可使玻璃开裂。

4.3.12 本条文主要参考日本建筑学会制订的《建筑工程标准·幕墙工程》（JASS-14）。

利用公式（4.3.12）进行验算举例：

假定明框幕墙层高为 3000mm，每块玻璃高 1000mm、宽 1200mm；玻璃和铝框的配合间隙 c_1 和 c_2 均为 5mm，考虑到施工偏差，验算时 c_1 和 c_2 均取为 3.5mm；考虑抗震设计。则公式（4.3.12）的左端为：

$$2c_1\left(1 + \frac{l_1}{l_2} \times \frac{c_2}{c_1}\right) = 2 \times 3.5\left(1 + \frac{1000}{1200} \times \frac{3.5}{3.5}\right) = 12.6\text{mm}$$

如果该幕墙安装在钢结构上，主体结构层间位移限值为：

$$3000\text{mm} \times 3/300 = 30\text{mm}$$

由层间位移引起的分格框变形限值 $u_{\lim}$ 近似取为：

$$u_{\lim} = 30\text{mm}/3 = 10\text{mm}$$

计算表明，满足本条公式要求，幕墙玻璃不会被挤坏，可认为 c_1、c_2 取 5mm 是合适的。

玻璃边缘至边框、槽底的间隙，除应符合本条要求外，尚应符合本规范第 9.5.2 条、9.5.3 条的有关规定。

4.3.13 主体建筑在伸缩、沉降等变形缝两侧会发生相对位移，玻璃板块跨越变形缝时容易破坏，所以幕墙的玻璃板块不应跨越主体建筑的变形缝，而应采用与主体建筑的变形缝相适应的构造措施。

4.4 安全规定

4.4.1 框支承玻璃幕墙包括明框和隐框两种形式，是目前玻璃幕墙工程中应用最多的，本条规定是为了幕墙玻璃在安装和使用中的安全。安全玻璃一般指钢化玻璃和夹层玻璃。

斜玻璃幕墙是指和水平面的交角小于 90°、大于 75°的幕墙，其玻璃破碎容易造成比一般垂直幕墙更严重的后果。即使采用钢化玻璃，其破碎后的颗粒也会影响安全。夹层玻璃是不飞散玻璃，可对人流等起到保护作用，宜优先采用。

4.4.2 点支承玻璃幕墙的面板玻璃应采用钢化玻璃及其制品，否则会因打孔部位应力集中而致使强度达不到要求。

4.4.3 采用玻璃肋支承的点支承玻璃幕墙，其肋玻璃属支承结构，打孔处应力明显，强度要求较高;另一方面,如果玻璃肋破碎,则整片幕墙会塌落。所以,应采用钢化夹层玻璃。

4.4.4 人员流动密度大、青少年或幼儿活动的公共场所的玻璃幕墙容易遭到挤压或撞击;其他建筑中,正常活动可能撞击到的幕墙部位亦容易造成玻璃破坏。为保证人员安全,这些情况下的玻璃幕墙应采用安全玻璃。对容易受到撞击的玻璃幕墙,还应设置明显的警示标志,以免因误撞造成危害。

4.4.7 虽然玻璃幕墙本身一般不具有防火性能,但是它作为建筑的外围护结构,是建筑整体中的一部分,在一些重要的部位应具有一定的耐火性,而且应与建筑的整体防火要求相适应。防火封堵是目前建筑设计中应用比较广泛的防火、隔烟方法,是通过在缝隙间填塞不燃或难燃材料或由此形成的系统,以达到防止火焰和高温烟气在建筑内部扩散的目的。

防火封堵材料或封堵系统应经过国家认可的专业机构进行测试,合格后方可应用于实际幕墙工程。

4.4.8 耐久性、变形能力、稳定性是防火封堵材料或系统的基本要求,应根据缝隙的宽度、缝隙的性质(如是否发生伸缩变形等)、相邻构件材质、周边其他环境因素以及设计要求,综合考虑,合理选用。一般而言,缝隙大、伸缩率大、防火等级高,则对防火封堵材料或系统的要求越高。

4.4.9 玻璃幕墙的防火封堵构造系统有许多有效的做法,但无论何种方法,构成系统的材料都应具备设计规定的耐火性能。

4.4.10 本条文内容参照现行国家标准《高层建筑设计防火规范》GB 50045,增加了有关防火玻璃裙墙的内容。计算实体裙墙的高度时,可计入钢筋混凝土楼板厚度或边梁高度。

4.4.11 本条内容参照现行国家标准《高层建筑设计防火规范》GB 50045,增加了一些具体的构造做法。幕墙用防火玻璃主要包括单片防火玻璃,以及由单片防火玻璃加工成的中空玻璃、夹层玻璃等。

4.4.12 为了避免两个防火分区因玻璃破碎而相通,造成火势迅速蔓延,规定同一玻璃板块不宜跨越两个防火分区。

4.4.13 玻璃幕墙是附属于主体建筑的围护结构,幕墙的金属框架一般不单独作防雷接地,而是利用主体结构的防雷体系,与建筑本身的防雷设计相结合,因此要求应与主体结构的防雷体系可靠连接,并保持导电通畅。

通常,玻璃幕墙的铝合金立柱,在不大于 10m 范围内宜有一根柱采用柔性导线上、下连通,铜质导线截面积不宜小于 25mm²,铝质导线截面积不宜小于 30mm²。

在主体建筑有水平均压环的楼层,对应导电通路立柱的预埋件或固定件应采用圆钢或扁钢与水平均压环焊接连通,形成防雷通路,焊缝和连线应涂防锈漆。扁钢截面不宜小于 5mm×40mm,圆钢直径不宜小于 12mm。

兼有防雷功能的幕墙压顶板宜采用厚度不小于 3mm 的铝合金板制造,压顶板截面不宜小于 70mm²(幕墙高度不小于 150m 时)或 50mm²(幕墙高度小于 150m 时)。幕墙压顶板体系与主体结构屋顶的防雷系统应有效的连通。

5 结构设计的基本规定

5.1 一般规定

5.1.1 幕墙是建筑物的外围护结构,主要承受自重以及直接作用于其上的风荷载、地震作用、温度作用等,不分担主体结构承受的荷载或地震作用。幕墙的支承结构、玻璃与框架之间,须有一定变形能力,以适应主体结构的位移;当主体结构在外荷载作用下产生位移时,不应使幕墙构件产生过大内力和不能承受的变形。

幕墙结构的安全系数 K 与作用的取值和材料强度的取值有关。因此,采用某一规范进行设计时,必须按该规范的规定计算各种作用,同时采用该规范的计算方法和材料强度指标。不允许荷载按某一规范计算,强度又采用另一规范的方法,以免产生设计安全度过低或过高的情况。

5.1.2 玻璃幕墙由面板和金属框架等组成,其变形能力是较小的。在水平地震或风荷载作用下,结构将会产生侧移。由于幕墙构件不能承受过大的位移,只能通过弹性连接来避免主体结构过大侧移的影响。例如当层高为 3.5m,若弹塑性层间位移角限值 $\Delta u_p / h$ 为 1/70,则层间最大位移可达 50mm。显然,如果幕墙构件本身承受这样的大的剪切变形,则幕墙构件可能会破坏。

幕墙构件与立柱、横梁的连接要能可靠地传递风荷载作用、地震作用,能承受幕墙构件的自重。为防止主体结构水平位移使幕墙构件损坏,连接必须具有一定的适应位移能力,使幕墙构件与立柱、横梁之间有活动的余地。

5.1.3 幕墙设计应区分是否抗震。对非抗震设防的地区,只需考虑风荷载、重力荷载以及温度作用;对抗震设防的地区,尚应考虑地震作用。

经验表明,对于竖直的建筑幕墙,风荷载是主要的作用,其数值可达 2.0～5.0kN/m²。因为建筑幕墙自重较轻,即使按最大地震作用系数考虑,一般也只有 0.1～0.8kN/m²,远小于风荷载作用。因此,对幕墙构件本身而言,抗风设计是主要的考虑因素。但是,地震是动力作用,对连接节点会产生较大的影响,使连接发生震害甚至使建筑幕墙脱落、倒坍。所以,除计算地震作用外,还必须加强构造措施。

在幕墙工程中，温度变化引起的对玻璃面板、胶缝和支承结构的作用效应是存在的，问题是如何计算或考虑其作用效应。幕墙设计中，温度作用的影响一般通过建筑或结构构造措施解决，而不一一进行计算，实践证明是简单、可行的办法。理论计算上，过去一般仅考虑对玻璃面板的影响，如原规范 JGJ 102—96 第 5.4.3 和 5.4.4 条，分别考虑了年温度变化下的玻璃挤压应力计算和玻璃边缘与中央温度差引起的应力计算。

当温度升高时，玻璃膨胀、尺寸增大，与金属边框的间隙减小。当膨胀变形大于预留间隙时，玻璃受到挤压，产生温度挤压应力。实际工程中，玻璃与铝合金框之间必须留有一定的空隙（本规范第 9 章第 9.5.2 条及第 9.5.3 条已规定），因此玻璃因温度变化膨胀后一般不会与金属边框发生挤压。例如对边长为 3000mm 的玻璃面板，在 80℃ 的年温差下，其膨胀量为：

$$\Delta b = 1.0 \times 10^{-5} \times 80 \times 3000 = 2.4 \text{mm}$$

而玻璃与边框的两侧空隙量之和一般不小于 10mm。由此可知，挤压温度应力的计算往往无实际意义，这在原规范 JGJ 102—96 的应用中已得到普遍反映。因此这次规范修订，不再列入有关挤压温度应力的计算内容。

另外，大面积玻璃在温度变化时，中央部分与边缘部分存在温度差，从而使玻璃产生温度应力，当玻璃中央部分与边缘部分温度差比较大时，有可能因温度应力超过玻璃的强度设计值而造成幕墙玻璃碎裂。原规范 JGJ 102—96 第 5.4.4 条关于温差应力的计算公式如下：

$$\sigma_{tk} = 0.74 E \alpha \mu_1 \mu_2 \mu_3 \mu_4 (T_c - T_s) \quad (5.1)$$

式中 σ_{tk}——温差应力标准值（N/mm²）；
E——玻璃的弹性模量（N/mm²）；
α——玻璃的线膨胀系数（1/℃）；
μ_1——阴影系数；
μ_2——窗帘系数；
μ_3——玻璃面积系数；
μ_4——嵌缝材料系数；
T_c、T_s——玻璃中央和边缘的温度（℃）。

公式（5.1）的计算方法是参考日本建筑学会《建筑工程标准·幕墙工程（JASS-14）》（1985）的规定编制的。在 JASS-14-96 版本中的 2.6 条，只列出了接头处耐温差性能要求，而没有再列出玻璃板中央与边缘温差应力的计算公式。目前，玻璃面板中央温度、边缘温度以及温差应力的计算尚处于研究阶段，还没有公认的方法，不同方法的计算结果有较大差异。

按照公式（5.1），假定在单块玻璃面积较大的玻璃幕墙中，浮法玻璃尺寸为 2m×3m，面积为 6m²，其余各系数分别按原规范 JGJ 102—96 第 5.4.4 条的规定取为：$\mu_1=1.6$，$\mu_2=1.3$，$\mu_3=1.15$，$\mu_4=0.6$，温差取 15℃。则温差应力标准值为：

$$\begin{aligned}\sigma_{tk} &= 0.74 E \alpha \mu_1 \mu_2 \mu_3 \mu_4 (T_c - T_s) \\&= 0.74 \times 0.7 \times 10^5 \times 1.0 \times 10^{-5} \\&\quad \times 1.6 \times 1.3 \times 1.15 \times 0.6 \times 15 \\&= 11.2 \text{N/mm}^2\end{aligned}$$

考虑温度作用分项系数取为 1.2，则温度应力设计值为：

$$\sigma_t = 1.2 \sigma_{tk} = 13.4 \text{N/mm}^2 < f_g = 17 \text{N/mm}^2$$

因此，按照原规范 JGJ 102—96 的计算方法，当温差不超过 15℃ 时，温度作用不起控制作用。鉴于以上原因，本规范取消了温差应力的计算。

对于温度变化剧烈的玻璃幕墙工程，应在设计计算和构造处理上采取必要的措施，避免因温度应力造成玻璃幕墙破坏。

5.1.4 目前，结构抗震设计的标准是小震下保持弹性，基本不产生损坏。在这种情况下，幕墙也应基本处于弹性工作状态。因此，本规范中有关内力和变形计算均可采用弹性方法进行。对变形较大的场合（如索结构），宜考虑几何非线性的影响。

5.1.6 玻璃幕墙承受永久荷载（自重荷载）、风荷载、地震作用和温度作用，会产生多种内力（应力）和变形，情况比较复杂。本规范要求分别进行永久荷载、风荷载、地震作用效应计算；温度作用的影响，通过构造设计考虑。承载能力极限状态设计时，应考虑作用效应的基本组合；正常使用极限状态设计时，作用的分项系数均取 1.0。本条给出的承载力设计表达式具有通用意义，作用效应设计值 S 或 S_E 可以是内力或应力，抗力设计值 R 可以是构件的承载力设计值或材料强度设计值。

幕墙构件的结构重要性系数 γ_0，与设计使用年限和安全等级有关。除预埋件之外，其余幕墙构件的安全等级一般不会超过二级，设计使用年限一般可考虑为不低于 25 年。同时，幕墙大多用于大型公共建筑，正常使用中不允许发生破坏。因此，结构重要性系数 γ_0 取不小于 1.0。

幕墙结构计算中，地震效应相对风荷载效应是比较小的，通常不会超过风荷载效应的 20%，如果采用小于 1.0 的系数 γ_{RE} 对构件抗力设计值予以放大，对幕墙结构设计是偏于不安全的。所以，幕墙构件承载力抗震调整系数 γ_{RE} 取 1.0。

幕墙面板玻璃及金属构件（如横梁、立柱）不便于采用内力设计表达式，在本规范的相关条文中直接采用与钢结构相似的应力表达形式；预埋件设计时，则采用内力表达形式。采用应力设计表达式时，计算应力所采用的内力设计值（如弯矩、轴力、剪力等），应采用作用效应的基本组合。

5.1.7 当玻璃面板偏离横梁截面形心时，面板的重力偏心会使横梁产生扭转变形。当采用中空玻璃、夹层玻璃等自重较大的面板和偏心距较大时，要考虑其不利影响，必要时进行横梁的抗扭承载力验算。

5.2 材料力学性能

5.2.1 目前，国内有关玻璃强度试验的工作不多，强度取值的方法也不统一。玻璃是最有代表性的脆性材料，其破坏特征是：几乎所有的玻璃都是由于拉应力产生表面裂缝而破碎。一直到破坏为止，玻璃的应力、应变都几乎呈线性关系，其弹性模量约为 $7.2 \times 10^4 \text{N/mm}^2$。但是，其破坏强度有非常大的离散性。

如图 5.1 (a) 所示，同一批、同尺寸玻璃受弯试件测得的弯曲抗拉强度，其范围为 $70 \sim 160 \text{N/mm}^2$，十分分散。实测的强度值与构件尺寸、试验方法、玻璃的热处理和化学处理方式、测试条件（加载速度、持荷时间、周围环境等）都有关系，而且变化很大。图 5.1 (b) 为尺寸改变时玻璃强度的变化情况。

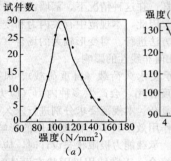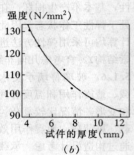

图 5.1 玻璃强度特性
(a) 强度分布；(b) 强度与尺寸关系

因此，玻璃的实际强度设计值一般由生产厂家根据试验资料提供给设计人员，作为幕墙玻璃的设计依据。

日本建筑学会提供的实用设计方法中，给出了玻璃的强度（相当于标准值），如表 5.1。日本是按容许应力方法设计的，荷载、强度均采用标准值，设计安全系数 $K=2.5 \sim 3.0$。在国内缺乏足够试验数据的情况下，可参考日本的玻璃强度取值为基本数据，再根据国内的安全度要求和多系数表达方法予以调整。

在日本的玻璃承载力设计方法中，总安全系数 $K=K_1 K_2$，见表 5.2。其中，K_1 为作用分项安全系数，取 $1.2 \sim 1.3$；K_2 为玻璃材料分项系数，可由总安全系数进行换算。

表 5.1 玻璃的强度标准值 f_{gk} (N/mm²)

玻璃类型	厚度（mm）	f_{gk}
普通玻璃	2～6	50.0
浮法玻璃	3～8	50.0
	10	45.0
	12～19	35.0
磨砂玻璃	15	35.0
夹网玻璃	7～10	37.0
夹网吸热磨砂玻璃	7	30.0

表 5.2 玻璃安全系数 K

破坏概率	0.01	0.001	0.0001
K	2.0	2.5	3.0

由此可见，玻璃的安全系数 K 在 $2.5 \sim 3.0$ 之间。结合我国国情，玻璃的安全系数 K 取 2.5，由于起主要控制作用的风荷载分项系数采用 1.4，经换算可得出玻璃材料分项系数 $K_2 = 1.785$。

因此，本规范中，玻璃的强度设计值 f_g 取为标准值 f_{gk} 除以 K_2，即玻璃大面上的强度设计值。

玻璃的侧面经过切割、打磨加工，产生应力集中，强度有所降低。一般情况下，侧面强度可按大面强度的 70% 取用。侧面强度对玻璃受弯不起控制作用。在验算玻璃局部强度、连接强度以及玻璃肋的承载力时，会用到侧面强度设计值。

玻璃大部分是平面外受弯控制其承载力设计，受剪起控制作用的机会较少，因此目前没有再区分玻璃的抗拉、抗剪强度。

5.2.2 铝合金型材的强度设计值取决于其总安全系数，一般取为 $K=1.8$。若 $K_1=1.4$，则 $K_2=1.286$。所以，相应的强度设计值为：

$$f_a = \frac{f_{ak}}{K_2} = \frac{f_{ak}}{1.286}$$

铝型材的强度标准值 f_{ak}，一般取为 $\sigma_{p0.2}$。$\sigma_{p0.2}$ 指铝材有 0.2% 残余变形时所对应的应力值，即铝型材的条件屈服强度。$\sigma_{p0.2}$ 可按现行国家标准《铝合金建筑型材》GB/T 5237 的规定取用。

各国铝合金结构设计的安全系数有所不同，一般为 $1.6 \sim 1.8$。

按意大利 D. M. Mazzolani《铝合金结构》一书所载：

英国 BSCP118 规范，容许应力为：

$[\sigma] = 0.44\sigma_{p0.2} + 0.09\sigma_u$（轴向荷载作用）

$[\sigma] = 0.44\sigma_{p0.2} + 0.14\sigma_u$（弯曲荷载作用）

若极限强度 $\sigma_u = 1.3\sigma_{p0.2}$，则安全系数 K 相当于 1.6（弯曲作用）~ 1.77（轴向作用）。

德国规范 DIN4113，对于主要荷载，安全系数为 $1.70 \sim 1.80$。

美国铝业协会规定建筑物的安全系数为 1.65，对于桥梁为 1.85。

鉴于幕墙构件以承受风荷载为主，铝型材强度离散性也较大，所以总安全系数取 1.8 是合适的。

5.2.3 幕墙中钢材主要用于连接件（如钢板、螺栓等）和支承钢结构，其计算和设计要求应按现行国家标准《钢结构设计规范》GB 50017 的规定进行。

5.2.4 不锈钢材料（管材、棒材、型材）主要用于幕墙的连接件和支承结构，其强度设计值比照钢结构的安全度略有增大，总安全系数约为 1.6。

5.2.5 点支承玻璃幕墙所用的张拉杆、索截面尺寸较小，对各种作用比较敏感，宜具有较高的安全度。按照目前国内工程的经验，张拉杆的安全系数可取为 2.0，拉索的安全系数可取为 2.5。本条的强度设计值换算系数就是按照这一要求得出的。

5.2.8 本条高强钢丝和高强钢绞线的弹性模量按《混凝土结构设计规范》GB 50010 取用。钢绞线和钢丝绳是由钢丝加工而成的，其弹性模量与普通钢丝相比会发生一定变化（实际上为等效变形模量），实际工程中宜通过具体试验确定。

5.3 荷载和地震作用

5.3.2 风荷载计算采用现行国家标准《建筑结构荷载规范》GB 50009 的规定。对于主要承重结构，风荷载标准值的表达可有两种形式，其一为平均风压加上由脉动风引起的结构风振等效风压；另一种为平均风压乘以风振系数。由于结构的风振动计算中，往往是受力方向基本振型起主要作用，因而我国与大多数国家相同，采用后一种表达形式，即采用风振系数 β_z。风振系数综合考虑了结构在风荷载作用下的动力响应，其中包括风速随时间、空间的变异性和结构自身的动力特性等。

基本风压 w_0 是根据全国各气象台站历年来的最大风速记录，统一换算为离地 10m 高、10min 平均年最大风速（m/s），根据该风速数据统计分析确定重现期为 50 年的最大风速，作为当地的基本风速 v_0，再按贝努利公式确定基本风压。

现行国家标准《建筑结构荷载规范》GB 50009 将基本风压的重现期由以往的 30 年改为 50 年，在标准上与国外大部分国家取得一致。经修改后，各地的基本风压并不全是在原有的基础上提高 10%，而是根据风速观测数据，进行统计分析后重新确定的。为了能适应不同的设计条件，风荷载计算时可采用与基本风压不同的重现期。

风荷载随高度的变化由风压高度变化系数描述，其值应按现行国家标准《建筑结构荷载规范》GB 50009采用。对原规范的 A、B 两类，其有关参数保持不变；C 类指有密集建筑群的城市市区，其粗糙度指数系数由 0.2 提高到 0.22，梯度风高度仍取 400m；新增加的 D 类系指有密集建筑群且有大量高层建筑的大城市市区，其粗糙度指数系数取 0.3，梯度风高度取 450m。

风荷载体型系数是指风荷载作用在幕墙表面上所引起的实际压力（或吸力）与来流风的速度压的比值，它描述的是建筑物表面在稳定风压作用下静态压力的分布规律，主要与建筑物的体型和尺度有关，也与周围环境和地面粗糙度有关。由于它涉及的是关于固体与流体相互作用的流体动力学问题，对于不规则形状的固体，问题尤为复杂，无法给出理论上的结果，一般均应由试验确定。鉴于原型实测的方法对一般工程设计的不现实，目前只能采用相似原理，在边界层风洞内对拟建的建筑物模型进行测试。

风荷载在建筑物表面分布是不均匀的，在檐口附近、边角部位较大，根据风洞试验结果和国外的有关资料，在上述区域风吸力系数可取 —1.8，其余墙面可考虑 —1.0。由于围护结构有开启的可能，所以还应考虑室内压 —0.2。所以，幕墙风荷载体型系数可分别按 —2.0 和 —1.2 采用。

阵风系数 β_{gz} 是瞬时风压峰值与 10min 平均风压（基本风压 w_0）的比值，取决于场地粗糙度类别和建筑物高度。在计算幕墙面板、横梁、立柱的承载力和变形时应考虑阵风系数 β_{gz}，以保证幕墙构件的安全。对于跨度较大的支承结构，其承载面积较大，阵风的瞬时作用影响相对较小；但由于跨度大、刚度小、自振周期相对较长，风力振动的影响成为主要因素，可通过风振系数 β_z 加以考虑。风振动的影响一般随跨度加大而加大。最近国内对支承钢结构的风振系数 β_z 进行了分析和试验研究，提出拉杆和拉索结构的风振系数 β_z 为 1.8～2.2。也有些研究建议，当索杆体系跨度为 15m 至 40m 时，风振系数取 2.0～2.7。

阵风影响和风振影响在幕墙结构中是同时存在的。一般来说，幕墙面板及其横梁和立柱由于跨度较小，阵风的影响比较大；而对张拉杆索体系和大跨度支承钢结构，风振动的影响较为敏感。由于目前的研究工作和实践经验还不多，对风荷载的动力作用尚不能给出确切的表达方法。因此，本规范仍然采用阵风系数的表达方式。阵风系数 β_{gz} 的取值，除 D 类地面粗糙度、40m 以下的情况外，多在 1.4～2.0 之间，大体上与目前大跨度钢结构风振系数的研究成果相接近，不会过大或过小地估计风荷载的动力作用影响。

当有风洞试验数据或其他可靠的技术依据时，风荷载的动力影响可据此确定。

5.3.3 近年来，由于城市景观和建筑艺术的要求，建筑的平面形状和竖向体型日趋复杂，墙面线条、凹凸、开洞也采用较多，风荷载在这种复杂多变的墙面上的分布，往往与一般墙面有较大差别。这种墙面的风荷载体型系数难以统一给定。当主体结构通过风洞试验决定体型系数时，幕墙计算亦可采用该体型系数。

对高度大于 200m 或体形、风荷载环境比较复杂的幕墙工程，风荷载取值宜更加准确，因此在没有可靠参照依据时，宜采用风洞试验确定其风荷载取值。高度 200m 的要求与现行行业标准《高层建筑混凝土结构技术规程》JGJ 3—2002 的要求一致。

5.3.4～5.3.5 常遇地震（大约 50 年一遇）作用下，幕墙的地震作用采用简化的等效静力方法计算，地震影响系数最大值按照现行国家标准《建筑抗震设计规范》GB 50011—2001 的规定采用。

由于玻璃面板是不容易发展成塑性变形的脆性材

料，为使设防烈度下不产生破损伤人，考虑动力放大系数 β_E。按照《建筑抗震设计规范》GB 50011 的有关非结构构件的地震作用计算规定，玻璃幕墙结构的地震作用动力放大系数可表示为：

$$\beta_E = \eta\gamma\xi_1\xi_2 \quad (5.2)$$

式中 γ——非结构构件功能系数，可取 1.4；
η——非结构构件类别系数，可取 0.9；
ξ_1——体系或构件的状态系数，可取 2.0；
ξ_2——位置系数，可取 2.0。

按照 (5.2) 式计算，幕墙结构地震作用动力放大系数 β_E 约为 5.0。

5.3.6 幕墙的支承结构，如横梁、立柱、桁架、张拉索杆等，其自身重力荷载产生的地震作用标准值，可参照本规范第 5.3.4 条和 5.3.5 条的原则进行计算。

5.4 作用效应组合

5.4.1～5.4.3 作用在幕墙上的风荷载、地震作用都是可变作用，同时达到最大值的可能性很小。因此，在进行效应组合时，第一个可变作用的效应应按 100% 考虑（组合值系数取 1.0），第二个可变作用的效应可进行适当折减（乘以小于 1.0 的组合值系数）。

在重力荷载、风荷载、地震作用下，幕墙构件产生的内力（应力）应按基本组合进行承载力极限状态设计，求得内力（应力）的设计值，以最不利的组合作为设计的依据。作用效应组合时的分项系数按现行国家标准《建筑结构荷载规范》GB 50011—2001 和《建筑抗震设计规范》GB 50009—2001 的规定采用。

在现行国家标准《建筑抗震设计规范》GB 50011—2001 中规定，当地震作用与风荷载同时考虑时，风的组合值系数取为 0.2。由于幕墙暴露在室外，受风荷载影响较为显著，风荷载作用效应比地震作用效应大，应作为第一可变作用，其组合值系数一般取 1.0。地震作用作为第二个可变荷载时，现行国家标准《建筑结构荷载规范》GB 50011—2001 和《建筑抗震设计规范》GB 50009—2001，都没有规定确切的组合值系数；考虑到幕墙工程中地震作用效应一般不起控制作用，同时考虑到幕墙结构设计的安全性，本规范规定其组合值系数取 0.5。

结构的自重是经常作用的永久荷载，所有的基本组合工况中都必须包括这一项。当永久荷载（重力荷载）的效应起控制作用时，其分项系数 γ_G 应取 1.35，但参与组合的可变作用仅限于竖向荷载，且应考虑相应的组合值系数。对一般幕墙构件，当重力荷载的效应起控制作用时（γ_G 取 1.35），可不考虑风荷载和地震作用；对水平倒挂玻璃及其框架，风荷载是主要竖向可变荷载，此时，风荷载的组合值系数取 0.6，与《建筑结构荷载规范》GB 50009—2001 的规定一致。当永久荷载对结构设计有利时，其分项系数 γ_G 应取不大于 1.0。

我国是多地震国家，抗震设防烈度 6 度以上的地区占中国国土面积 70% 以上，绝大多数的大、中城市都考虑抗震设防。对于有抗震要求的幕墙，风荷载和地震作用都应考虑。

因为本规范仅考虑竖向幕墙和与水平面夹角大于 75°、小于 90° 的斜玻璃幕墙，且抗震设防烈度不大于 8 度，所以，可不考虑竖向地震作用效应的计算和组合。对于大跨度的玻璃雨篷、通廊、采光顶等结构设计，应符合国家现行有关标准的规定或进行专门研究。

按照以上说明，幕墙结构构件承载力设计中，理论上可考虑下列典型组合工况：

1. $1.2G + 1.0 \times 1.4W$
2. $1.0G + 1.0 \times 1.4W$
3. $1.2G + 1.0 \times 1.4W + 0.5 \times 1.3E$
4. $1.0G + 1.0 \times 1.4W + 0.5 \times 1.3E$
5. $1.35G + 0.6 \times 1.4W$（风荷载向下）
6. $1.0G + 1.0 \times 1.4W$（风荷载向上）
7. $1.35G$

以上组合工况中，G、W、E 分别代表重力荷载、风荷载、地震作用标准值产生的应力或内力。对不同的幕墙构件应采用不同的组合工况，如第 5、6 项一般仅用于水平倒挂幕墙的设计。另外，作用效应组合时，应注意各种作用效应的方向性。

5.4.4 根据幕墙构件的受力和变形特征，正常使用状态下，其构件的变形或挠度验算时，一般不考虑不同作用效应的组合。因地震作用效应相对风荷载作用效应较小，一般不必单独进行地震作用下结构的变形验算。在风荷载或永久荷载作用下，幕墙构件的挠度应符合挠度限值要求，且计算挠度时，作用分项系数应取 1.0。

5.5 连接设计

5.5.1 幕墙的连接与锚固必须可靠，其承载力必须通过计算或实物试验予以确认，并要留有余地，防止偶然因素产生突然破坏。连接件与主体结构的锚固承载力应大于连接件本身的承载力，任何情况不允许发生锚固破坏。

安装幕墙的主体结构必须具备承受幕墙传递的各种作用的能力，主体结构设计时应充分加以考虑。

主体结构为混凝土结构时，其混凝土强度等级直接关系到锚固件的可靠工作，除加强混凝土施工的工程质量管理外，对混凝土的最低强度等级也应加以要求。为了保证与主体结构的连接可靠性，连接部位主体结构混凝土强度等级不应低于 C20。

5.5.2 幕墙横梁与立柱的连接，立柱与锚固件或主体结构钢梁、钢材的连接，通常通过螺栓、焊缝或铆钉实现。现行国家标准《钢结构设计规范》GB 50017

对上述连接均作了规定,应参照执行。同时受拉、受剪的螺栓应进行螺栓的抗拉、抗剪设计;螺纹连接的公差配合及构造,应符合有关标准的规定。

为防止偶然因素的影响而使连接破坏,每个连接部位的受力螺栓、铆钉等,至少需要布置2个。

5.5.3 框支承幕墙立柱截面较小,处于受压工作状态时受力不利,因此宜将其设计成轴心受拉或偏心受拉构件。立柱宜采用圆孔铰接接点在上端悬挂,采用长圆孔或椭圆孔与下端连接,形成吊挂受力状态。

5.5.4 幕墙构件与混凝土结构的连接,多数情况应通过预埋件实现,预埋件的锚固钢筋是锚固作用的主要来源,混凝土对锚固钢筋的粘结力是决定性的。因此预埋件必须在混凝土浇灌前埋入,施工时混凝土必须密实振捣。目前实际工程中,往往由于未采取有效措施来固定预埋件,混凝土浇注时使预埋件偏离设计位置,影响与立柱的准确连接,甚至无法使用。因此,幕墙预埋件的设计和施工应引起足够的重视。

5.5.5 附录C对幕墙预埋件设计作了一般规定。对于预埋件的要求,主要是根据有关研究成果和现行国家标准《混凝土结构设计规范》GB 50010。

1. 承受剪力的预埋件,其受剪承载力与混凝土强度等级、锚固面积、直径等有关。在保证锚固长度和锚筋到埋件边缘距离的前提下,根据试验提出了半理论、半经验的公式,并考虑锚筋排数、锚筋直径对受剪承载力的影响。

2. 承受法向拉力的预埋件,钢板弯曲变形时,锚筋不仅单独承受拉力,还承受钢板弯曲变形引起的内剪力,使锚筋处于复合应力状态,在计算公式中引入锚板弯曲变形的折减系数。

3. 承受弯矩的预埋件,试验表明其受压区合力点往往超过受压区边排筋以外,为方便和安全考虑,受弯力臂取外排锚筋中心线之间的距离,并在计算公式中引入锚筋排数对力臂的折减系数。

4. 承受拉力和剪力或拉力和弯矩的预埋件,根据试验结果,其承载力均取线性相关关系。

5. 承受剪力和弯矩的预埋件,根据试验结果,当 $V/V_{u0}>0.7$ 时,取剪弯承载力线性相关;当 $V/V_{u0} \leqslant 0.7$ 时,取受剪承载力与受弯承载力不相关。这里,V_{u0} 为预埋件单独承受剪力作用时的受剪承载力。

6. 当轴力 $N<0.5f_cA$ 时,可近似取 $M-0.4NZ=0$ 作为受压剪承载力与受压弯剪承载力计算的界限条件。本规范公式(C.0.1-3)中系数0.3是与压力有关的系数,与试验结果比较,其取值是偏于安全的。

承受法向拉力和弯矩的预埋件,其锚筋截面面积计算公式中拉力项的抗力均乘以系数0.8,是考虑到预埋件的重要性、受力复杂性而采取提高安全储备的折减系数。

直锚筋和弯折锚筋同时作用时,取总剪力中扣除直锚筋所能承担的剪力,作为弯折锚筋所承受的剪力,据此计算其截面面积:

$$A_{sb} \geqslant 1.4 \frac{V}{f_y} - 1.25\alpha_rA_s \qquad (5.3)$$

根据国外有关规范和国内对钢与混凝土组合结构中弯折锚筋的试验研究表明,弯折锚筋的弯折角度对受剪承载力影响不大。同时,考虑构造等原因,控制弯折角度在15°~45°之间。当不设置直锚筋或直锚筋仅按构造设置时,在计算中应不予以考虑,取 $A_s=0$。

这里规定的预埋件基本构造要求,是把满足常用的预埋件作为目标,计算公式也是根据这些基本构造要求建立的。

在进行锚筋面积 A_s 计算时,假定锚筋充分发挥了作用,应力达到其强度设计值 f_y。要使锚筋应力达到 f_y 而不滑移、拔出,就要有足够的锚固长度,锚固长度 l_a 与钢筋型式、混凝土强度、钢材品种有关,可按附录(C.0.5)式计算。有时由于 l_a 的数值过大,在幕墙预埋件中采用有困难,此时可采用低应力设计方法,即增加锚筋面积、降低锚筋实际应力,从而可减小锚固长度,但不应小于15倍钢筋直径。

5.5.7 当土建施工中未设预埋件、预埋件漏放、预埋件偏离设计位置太远、设计变更、旧建筑加装幕墙时,往往要使用后锚固螺栓进行连接。采用后锚固螺栓(机械膨胀螺栓或化学螺栓)时,应采取多种措施,保证连结的可靠性。

5.5.8 砌体结构平面外承载能力低,难以直接进行连接,所以宜增设混凝土结构或钢结构连接构件。轻质隔墙承载力和变形能力低,不应作为幕墙的支承结构考虑。

5.6 硅酮结构密封胶设计

5.6.1 硅酮结构密封胶承受荷载和作用产生的应力大小,关系到幕墙构件的安全,对结构胶必须进行承载力验算,而且保证最小的粘结宽度和厚度。

隐框幕墙玻璃板材的结构胶粘结宽度一般应大于其厚度;全玻幕墙结构胶的粘结厚度由计算确定,有可能大于其宽度。当满足结构计算要求时,允许在全玻幕墙的板缝中填入合格的发泡垫杆等材料后再进行前、后两面的打胶。

5.6.2 硅酮结构密封胶缝应进行受拉和受剪承载能力极限状态验算,习惯上采用应力表达式。计算应力设计值时,应根据受力状态,考虑作用效应的基本组合。具体的计算方法应符合本规范有关条文的规定。

现行国家标准《建筑用硅酮结构密封胶》GB 16776中,规定了硅酮结构密封胶的拉伸强度值不低于 $0.6N/mm^2$。在风荷载或地震作用下,硅酮结构密封胶的总安全系数取不小于4,套用概率极限状态设计方法,风荷载分项系数取1.4,地震作用分项系数取 1.3，则其强度设计值 f_1 约为 0.21～0.195N/mm^2，本规范取为 0.2N/mm^2，此时材料分项系数约为 3.0。在永久荷载（重力荷载）作用下，硅酮结构密封胶的强度设计值 f_2 取为风荷载作用下强度设计值的 1/20，即 0.01N/mm^2。

5.6.3 幕墙玻璃在风荷载作用下的受力状态相当于承受均布荷载的双向板（图 5.2），在支承边缘的最大线均布拉力为 $aw/2$，由结构胶的粘结力承受，即：

$$f_1 c_s = \frac{aw}{2} \quad (5.4)$$

$$c_s = \frac{aw}{2f_1} \quad (5.5)$$

式中 f_1——结构硅酮密封胶在风荷载或地震作用下的强度设计值（N/mm^2）；
w——风荷载设计值（N/mm^2）。当采用 kN/m^2 为单位时，须除以 1000 予以换算。

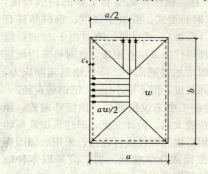

图 5.2 玻璃上的荷载传递示意

抗震设计时，上述公式中的 w 应替换为 $(w+0.5q_E)$，q_E 为作用在计算单元上的地震作用设计值（kN/m^2）。

在重力荷载设计值作用下，竖向玻璃幕墙的硅酮结构胶缝承受长期剪应力，平均剪应力 τ 可表示为：

$$\tau = \frac{q_G ab}{2(a+b)c_s} \quad (5.6)$$

剪应力 τ 不应超过结构胶在永久荷载作用下的强度设计值 f_2。

5.6.4 倒挂玻璃的风吸力和自重均使胶缝处于受拉工作状态，但是风荷载为可变荷载，自重为永久荷载。因此，结构胶粘结宽度应分别采用其在风荷载和永久荷载作用下的强度设计值分别计算，并叠加。

5.6.5 结构胶的粘结厚度 t_s 由承受的相对位移 u_s 决定（图 5.3）。在发生相对位移时，结构胶和双面胶带的尺寸 t_s 变为 t'_s，伸长了 (t'_s-t)。这一长度应在硅酮结构密封胶和双面胶带延伸率允许的范围之内。结构胶的变位承受能力 $\delta=(t'_s-t_s)/t_s$，取对应于其受拉应力为 0.14N/mm^2 时的伸长率，不同牌号胶的取值会稍有不同，应由结构胶生产厂家提供。

由直角三角形关系，$t_s^2+u_s^2=t_s'^2$，$t_s'^2=(1+\delta)^2 t_s^2$，$(\delta^2+2\delta) t_s^2=u_s^2$，所以要求胶厚度 t_s 满足以下要求：$t_s \geq \frac{u_s}{\sqrt{\delta(2+\delta)}}$。例如，若变位承受能力为 12%，相对位移 u_s 为 3mm，则 $t_s=\frac{3}{\sqrt{0.12(2+0.12)}}=5.9mm$，可取为 6mm。

楼层弹性层间位移角的限值，见本规范第 4.2.6 条的条文说明。

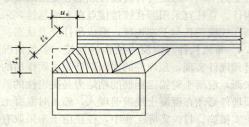

图 5.3 硅酮结构密封胶和双面胶带的拉伸变形示意

5.6.6 硅酮结构密封胶承受永久荷载的能力很低，不仅强度设计值 f_2 仅为 0.01N/mm^2，而且有明显的变形，所以长期受力部位应设金属件支承。竖向幕墙玻璃应在玻璃底端设支托；倒挂玻璃顶应设金属安全件。

6 框支承玻璃幕墙结构设计

6.1 玻 璃

6.1.1 幕墙玻璃面积较大，不仅承受较大的风荷载作用，且运输安装过程的工序较多，其厚度不宜过小，以保证安全。从近几年幕墙工程设计和施工经验来看，6mm 的最小厚度是合适的。夹层玻璃和中空玻璃的两片玻璃是共同受力的，如果厚度相差过大，则两片玻璃受力大小会过于悬殊，容易因受力不均匀而破裂。

6.1.2～6.1.3 框支承幕墙玻璃在风荷载作用下，受力状态类同四边支承板，可按四边支承板计算其跨中最大弯矩和最大应力。此应力与其他作用产生的应力考虑分项系数进行组合后，不应大于玻璃强度设计值 f_g。

玻璃板材的内力和变形采用弹性力学方法计算较为妥当，目前也有相应的有限元计算软件可供选择使用。但作为规范，为方便使用，也应提供简单、易行且计算精度可满足工程设计要求的简化设计方法。因此，本条对四边支承玻璃面板采用了弹性小挠度计算公式，并考虑与大挠度分析方法计算结果的差异，将应力与挠度计算值予以折减。

原规范 JGJ 102—96 中，在风荷载作用下玻璃面板的应力计算公式为：

$$\sigma_w = \frac{6mwa^2}{t^2} \quad (6.1)$$

公式（6.1）是在弹性小挠度情况下推导出来的，它假定玻璃板只产生弯曲变形和弯曲应力，而面内薄膜应力则忽略不计。弹性小变形理论的适用范围是：挠度 d_f 不大于玻璃板厚度 t。

当玻璃板的挠度 d_f 大于板厚时，按（6.1）式计算的应力比实际的大，而且随着挠度与板厚之比加大，计算的应力和挠度偏大较多。由于计算的应力比实际大得多，计算结果不能反映玻璃面板的实际受力和变形状态，也会增加材料用量，而且规范规定的应力控制条件也失去了意义。

在原规范 JGJ 102—96 中，没有规定玻璃面板的挠度要求。实际上，与承载力设计一样，幕墙玻璃的变形设计也是幕墙设计的一个重要方面，因此，本次修订增加了该项内容。通常玻璃板的挠度允许值可达到跨度的 1/60，对于跨度为 1000mm、厚度为 8mm 的玻璃板，挠度允许值可达 16mm，已为玻璃厚度的 2 倍，此时，按弹性小变形薄板理论计算的应力、挠度值会比实际值约大 30%～50%。依此计算结果控制承载力和挠度，比实际情况偏严较多。

为此，对玻璃板进行计算时，应对原规范 JGJ 102—96 的弹性小变形理论的计算公式，考虑一个折减系数 η 予以修正，即本规范表 6.1.2-2。

大挠度玻璃板的计算是比较复杂的非线性弹性力学问题，难以用简单公式表达，一般要用到专门的计算软件，针对具体问题进行具体计算分析。显然这对于常规幕墙设计是不方便的。

英国 B. Aalami 和 D. G. Williams 对不同边界的矩形板进行了系统计算，发表于《Thin Plate Design For Transverse Loading》一书中。根据其大量计算结果，适当简化、归并以利于实际应用，选择了与挠度直接相关的参量 θ 为主要参数，编制了表 6.1。表中，参数 θ 的量纲就是挠度与厚度之比：

$$\theta = \frac{qa^4}{Et^4} \sim \frac{qa^4}{Et^3}/t \sim \frac{qa^4}{D}/t \sim d_f/t$$

按计算结果，η 数值随 θ 下降很快，即按小挠度公式计算的应力和挠度可以折减较多，为安全稳妥，在编制规范表 6.1.2-2 时，取了较计算结果偏安全的数值，留有充分的余地。按表 6.1.2-2 对小挠度公式应力计算结果进行折减，不仅减小了板材厚度、节省了材料，而且还有一定的安全余地。同样在计算板的挠度 d_f 时，也应考虑此折减系数 η（表 6.2）。

表 6.1　弹性小变形应力 σ 计算结果的折减系数 η

$\theta=\dfrac{qa^4}{Et^4}$	B. Aalami D. G. Williams 的计算结果			表6.1.2-2 的取值
	边长比 b/a			
	1.0	1.5	2.0	
≤1	1.000	1.000	1.000	1.00
10	0.975	0.904	0.910	0.96
20	0.965	0.814	0.820	0.92
40	0.803	0.619	0.643	0.84
120	0.480	0.333	0.363	0.65
200	0.350	0.235	0.260	0.57
300	0.285	0.175	0.195	0.52
≥400	0.241	0.141	0.155	0.50

表 6.2　弹性小变形挠度 d_f 计算结果的折减系数 η

$\theta=\dfrac{qa^4}{Et^4}$	B. Aalami D. G Williams 的计算结果			表6.1.2-2 的取值
	边长比 b/a			
	1.0	1.5	2.0	
≤1	1.000	1.000	1.000	1.00
10	0.955	0.906	0.916	0.96
20	0.894	0.812	0.832	0.92
40	0.753	0.647	0.674	0.84
120	0.482	0.394	0.417	0.65
200	0.375	0.304	0.322	0.57
300	0.304	0.245	0.252	0.52
≥400	0.201	0.209	0.221	0.50

上海市建筑科学研究院分别进行了玻璃板在均布荷载作用下的试验研究，得到了与表 6.1.2-2 取值相似的结果。

从试验结果来看，玻璃破损是由强度控制的，钢化玻璃破坏时，其挠度甚至可达到跨度的 1/40～1/30。因此，在满足基本构造要求的前提下，玻璃挠度控制条件不宜过严，以免限制了其承载力的发挥。对于四边支承的玻璃板，采用其短边边长（挠度）的 1/60 作为控制条件是合适的。由于在计算挠度时，采用风荷载标准值，同时又考虑大挠度影响对计算值加以折减，所以只要合理选用玻璃种类和厚度，应当是可以满足挠度限值要求的。

6.1.4　夹层玻璃由两片玻璃夹胶合片而成，在垂直于板面的风荷载和地震作用下，两片玻璃的挠度是相等的，即：

$$d_{f1} = d_{f2} \tag{6.2}$$

所以，每片玻璃分担的荷载应按两片玻璃的弯曲刚度 D 的比例分配：

$$q_1 = q\frac{D_1}{D_1+D_2} \tag{6.3}$$

$$q_2 = q\frac{D_2}{D_1+D_2} \tag{6.4}$$

式中　q——夹层玻璃承受的荷载；
　q_1、q_2——分别为两片玻璃承受的荷载；
　D_1、D_2——分别为两片玻璃的弯曲刚度。

由于玻璃板的弯曲刚度 D 按下式计算：

$$D = \frac{Et^3}{12(1-\nu^2)} \tag{6.5}$$

因此，两片玻璃分配的荷载按其厚度立方的比例分配。

由于夹层玻璃的等效刚度可近似表示为两片玻璃弯曲刚度之和：

$$D = D_1 + D_2 \quad (6.6)$$

所以计算夹层玻璃的挠度时，其等效厚度 t_e 可按两片玻璃厚度的立方和的立方根取用。当然，也可分别按单片玻璃分配的荷载及相应的单片玻璃弯曲刚度计算挠度，所得结果是相同的。

本条规定与美国 ASTM E1300 标准有关规定相同，并和上海市建筑科学研究院的试验结果比较一致。

6.1.5 中空玻璃的两片玻璃之间有气体层，直接承受荷载的正面玻璃的挠度一般大于间接承受荷载的背面玻璃的挠度，分配的荷载相应也略大一些。为保证安全和简化设计，将正面玻璃分配的荷载加大10%，这与本规范编制组关于中空玻璃的试验结果相近，也与美国 ASTM E1300 标准的计算原则相接近。

考虑到直接承受荷载的玻璃挠度大于按两片玻璃等挠度原则计算的挠度值，所以中空玻璃的等效厚度 t_e 考虑折减系数 0.95。

6.1.6 斜玻璃幕墙还受到面外重力荷载的作用（自重、雪荷载、雨水荷载、检修荷载等），这些荷载也在玻璃中产生弯曲应力。通常这些荷载可作为均布荷载作用在玻璃上，按板理论计算其跨中最大应力 σ_G。σ_G 与风荷载应力 σ_w 进行组合后，其设计值不应大于玻璃的强度设计值 f_g。

6.2 横 梁

6.2.1 受弯薄壁金属梁的截面存在局部稳定问题，为防止产生压应力区的局部屈曲，通常可用下列方法之一加以控制：

1) 规定最小壁厚 t_{min} 和规定最大宽厚比；
2) 对抗压强度设计值或允许应力予以降低。

本规范中，幕墙横梁与立柱设计，采用前一种控制方法。

1. 最小壁厚

我国现行国家标准《冷弯薄壁型钢结构技术规范》GB 50018 规定薄壁型钢受力构件壁厚不宜小于 2mm。我国现行国家标准《铝合金建筑型材》GB/T 5237 规定用于幕墙的铝型材最小壁厚为 3mm。

通常横梁跨度较小，相应的应力也较小，因此本条规定小跨度（跨度不大于 1.2m）的铝型材横梁截面最小厚度为 2.0mm，其余情况下截面受力部分厚度不小于 2.5mm。

为了保证直接受力螺纹连接的可靠性，防止自攻螺钉拉脱，受力连接时，在采用螺纹直接连接的局部，铝型材厚度不应小于螺钉的公称直径。

钢材防腐蚀能力较低，横梁受钢的壁厚不应小于 2.5mm，并且本规范明确必要时可以预留腐蚀厚度。

2. 最大宽厚比

型材杆件相邻两纵边之间的平板部分称为板件。一纵边与其他板件相连接，另一纵边为自由的板件，称为截面的自由挑出部位；两纵边均与其他板件相连接的板件，称为截面的双侧加劲部位。板件的宽厚比不应超过一定限值，以保证截面受压时保持局部稳定性。截面中不符合宽厚比限值的部分，在计算截面特性时不予考虑。

弹性薄板在均匀受压下的稳定临界应力可由下式计算：

$$\sigma_{cr} = \beta \frac{\pi^2 E t^2}{12(1-\nu^2)b_0^2} \quad (6.7)$$

式中 E——弹性模量；
t——截面厚度；
ν——泊松比；
b_0——截面宽度；
β——弹性屈曲系数，自由挑出部位（边界条件视为三边简支、一边自由）取 0.425，双侧加劲部位（边界条件视为四边简支）取 4.0。

由上式可得到型材截面的宽厚比要求，即：

$$\frac{b_0}{t} \leq \pi \sqrt{\frac{\beta E}{12(1-\nu^2)f}} \quad (6.8)$$

式中 f——型材强度设计值。

本条表 6.2.1 即由公式 (6.8) 计算得出。

6.2.4 横梁为双向受弯构件，竖向弯矩由面板自重和横梁自重产生；水平方向弯矩由风荷载和地震作用产生。由于横梁跨度小、刚度较大，一般情况不必进行整体稳定验算。

6.2.5 本条公式为材料力学中梁的抗剪计算公式。

6.2.7 横梁的挠度控制是正常使用状态下的功能要求，不涉及幕墙结构的安全，加之所采用的风荷载又是 50 年一遇的最大值，发生的机会较少，所以不宜控制过严，避免由于挠度控制要求而使材料用量增加太多。

隐框幕墙玻璃板的副框，一般采用金属件多点连接在横梁上；明框幕墙玻璃板与横梁间有弹性嵌缝条或密封胶。因此，横梁变形后对玻璃的支承状况改变不大。试验表明，横梁挠度达到跨度的 $l/180$ 时，幕墙玻璃的工作仍是正常的。因此，对铝型材的挠度控制值定为 $l/180$。钢型材强度较高，其挠度控制则可以稍严一些。原规范 JGJ 102—96 对挠度附加了不超过 20mm 的限值，这是针对当时采用幕墙的工程多为高层旅馆和办公楼，层高一般不大于 4m 的情况而制定的。目前，幕墙应用范围已大大扩展，情况多变，有时跨度超过 4m 较多，因此不宜、也不必要再规定挠度控制的绝对值，这与工程结构设计中挠度控制采用相对值的方法是一致的。

6.3 立 柱

6.3.1 立柱截面主要受力部分厚度的最小值，主要是参照现行国家标准《铝合金建筑型材》GB/T 5237中关于幕墙用型材最小厚度为3mm的规定。对于闭口箱形截面，由于有较好的抵抗局部失稳的性能，可以采用较小的壁厚，因此允许采用最小壁厚为2.5mm的型材。

钢型材的耐腐蚀性较弱，最小壁厚取为3.0mm。

偏心受压的立柱很少，因其受力较为不利，立柱一般不设计成受压构件。当遇到立柱受压情况时，需要考虑局部稳定的要求，对截面的宽厚比加以控制，与本规范第6.2.1条的相应要求一致。

6.3.3 幕墙在平面内应有一定的活动能力，以适应主体结构的侧移。立柱每层设活动接头后，就可以使立柱有上、下活动的可能，从而使幕墙在自身平面内能有变形能力。此外，活动接头的间隙，还要满足以下的要求：

——立柱的温度变形；
——立柱安装施工的误差；
——主体结构承受竖向荷载后的轴向压缩变形。

综合以上考虑，上、下柱接头空隙不宜小于15mm。

6.3.4～6.3.6 立柱自下而上是全长贯通的，每层之间通过滑动接头连接，这一接头可以承受水平剪力，但只有当芯柱的惯性矩与外柱相同或较大且插入足够深度时，才能认为是连续的，否则应按铰接考虑。

因此大多数实际工程，应按铰接多跨梁来进行立柱的计算。现在已有专门的计算软件，它可以考虑自下而上各层的层高、支承状况和水平荷载的不同数值，计算各截面的弯矩、剪力和挠度，作为选用铝型材的设计依据，比较准确。

对于某些幕墙承包商来说，目前设计还采用手算方式，这时可按有关结构设计手册查出弯矩和挠度系数。

每层两个支承点时，宜按铰接多跨梁计算，求得较准确的内力和挠度。但按铰接多跨梁计算需要相应的计算机软件，所以，手算时可以近似按双跨梁考虑。

6.3.7 一般情况下，立柱不宜设计成偏心受压构件，宜按偏心受拉构件进行截面设计。因此，在连接设计时，应使柱的上端挂在主体结构上。

本条计算公式引自现行国家标准《钢结构设计规范》GB 50017。

6.3.8 考虑到在某些情况下可能有偏心受压立柱，因此本条列出偏心受压柱的稳定验算公式。本公式引自现行国家标准《钢结构设计规范》GB 50017。

弯矩作用平面内的轴心受压稳定系数 φ，钢型材按现行国家标准《钢结构设计规范》GB 50017采用；铝型材的取值国内未见系统的研究报告，因此参照国外强度接近的铝型材 φ 值取用（表6.3）。

表6.3 国外一些铝型材的 φ 值

λ	俄罗斯			加拿大	意大利
	$\sigma_{0.2}=$ 60～90 MPa	$\sigma_{0.2}=$ 100 MPa	$\sigma_{0.2}=$ 150～230 MPa	$[\sigma]=$ 105 MPa	$[\sigma]=$ 84 MPa	$[\sigma]=$ 138 MPa
20	0.947	0.945	0.998	0.927	1.00	0.96
40	0.895	0.870	0.880	0.757	0.90	0.86
60	0.730	0.685	0.690	0.587	0.83	0.75
80	0.585	0.580	0.525	0.417	0.73	0.58
90	0.521	0.465	0.457	0.332	0.67	0.48
100	0.463	0.415	0.395	0.272	0.60	0.38
110	0.415	0.370	0.335	0.225	0.53	0.34
120	0.375	0.327	0.283	0.189	0.46	0.30
140	0.300	0.265	0.208	0.138	0.34	0.22

6.3.9 本条规定依据现行国家标准《钢结构设计规范》GB 50017。

6.3.10 立柱挠度控制与横梁相同，见本规范第6.2.7条说明。

7 全玻幕墙结构设计

7.1 一 般 规 定

7.1.1 全玻幕墙的玻璃面板和玻璃肋的厚度较小，以12～19mm为多，如果采用下部支承，则在自重作用下，面板和肋都处于偏心受压状态，容易出现平面外的稳定问题，而且玻璃表面容易变形，影响美观。所以，较高的全玻幕墙应吊挂在上部水平结构上，使全玻幕墙的面板和肋所受的轴向力为拉力。

7.1.2 全玻幕墙的面板和肋均不得直接接触结构面和其他装饰面，以防玻璃挤压破坏。玻璃与下槽底的弹性垫块宜采用硬橡胶材料。

7.1.3 全玻幕墙悬挂在钢结构构件上时，支承钢结构应有足够的抗弯刚度和抗扭刚度，防止幕墙的下垂和转角过大，以免变形受限而使玻璃破损。当主体结构构件为其他材料时，也应具有足够的刚度和承载力。

7.1.4～7.1.5 全玻幕墙承受风荷载和地震作用后，上端吊夹会受到水平推力，该水平推力会使幕墙产生水平移动，因此要有水平约束，要设置刚性传力构件。

吊夹应能承受幕墙的自重，不宜考虑竖向胶缝单独承受面板自重。

7.1.6 全玻幕墙的玻璃表面均应与周围结构面和装饰面留有足够的空隙，以适应玻璃的温度变形和其他受力变形，防止因变形受限而使玻璃开裂。

7.1.8 玻璃肋采用金属件连接、面板采用点支承时，玻璃在开孔部位会产生较大的应力集中，因此对玻璃的强度有较高的要求，应采用钢化玻璃以及由钢化玻璃制成的夹层玻璃和中空玻璃。金属板连接的玻璃肋应采用钢化夹层玻璃，以防止幕墙整片塌落。

7.2 面　　板

7.2.1 全玻幕墙面板的面积较大，面板通常是对边简支板，在相同尺寸下，风荷载和地震作用产生的弯矩和挠度都比框支承幕墙四边简支玻璃板大，所以面板厚度不宜太薄。目前国内全玻幕墙的面玻璃厚度多在12mm以上。

7.2.2 采用玻璃面板和玻璃肋的全玻幕墙，通常有对边简支和多点支承两种面板支承方式，应分别按对边简支板或多点支承板进行计算。对边支承简支板的弯矩和挠度分别为：

$$M = \frac{1}{8}ql^2 \tag{7.1}$$

$$d_f = \frac{5}{384}\frac{ql^4}{EI} \tag{7.2}$$

式中，q 和 l 分别为作用于面板上的荷载和支承跨度。所以，对边支承简支板的弯矩和挠度系数分别为0.125 和 0.013。

带孔玻璃面板的孔边，应力分布复杂，应力集中现象明显，可采用适宜的有限元方法进行计算分析，必要时可通过试验进行验证。

7.2.3 试验表明，浮法玻璃的挠度可以达到边长的1/40 而不破坏，因此规定玻璃肋支承面板挠度限值为跨度的1/60 是留有一定余地的。点支承面板通常采用钢化玻璃，可承受更大的挠度而不破坏；有球铰的点支承装置允许板面有相对自由转动，所以其允许挠度可以适当放松。综合考虑，点支承面板的挠度限制可取支承点长边的1/60，支承点的间距应沿板边采用，而不取对角线距离。

7.3 玻　璃　肋

7.3.1 全玻幕墙的玻璃肋类似楼盖结构的支承梁，玻璃面板将所承受的风荷载和地震作用传到玻璃肋上。因此玻璃肋截面尺寸不应过小，以保证其必要的刚度和承载能力。

7.3.2～7.3.3 在水平荷载作用下，全玻幕墙的工作状态如同竖直的楼盖，玻璃面板如同楼板，玻璃肋如同楼面梁，面板将所承受的风荷载和地震作用传递到玻璃肋上。玻璃肋受力状态类似简支梁，第7.3.2 条和7.3.3 条公式就是从简支梁的应力和挠度公式演化而来。

7.3.5 点支承面板的玻璃肋通常由金属件连接，并在金属板上设置支承点。连接金属板和螺栓宜采用不锈钢材料。玻璃肋受力状态如同简支梁，其连接部位的抗弯、抗剪能力应加以计算。由于玻璃肋是在玻璃平面内受弯、受剪和抵抗螺栓的压力，最大应力发生在玻璃的侧面，应按侧面强度设计值进行校核。

7.3.7 目前国内工程中，单片玻璃肋的跨度已达8m，钢板连接玻璃肋的跨度甚至达到16m。由于玻璃肋在平面外的刚度较小，有发生横向屈曲的可能性。当正向风压作用使玻璃肋产生弯曲时，玻璃肋的受压部位有面板作为平面外的支撑；当反向风压作用时，受压部位在玻璃肋的自由边，就可能产生平面外屈曲。所以，跨度大的玻璃肋在设计时应考虑其侧向稳定性要求，必要时应进行稳定性验算，并采取横向支撑或拉结等措施。

7.4 胶　　缝

7.4.1 由玻璃肋沿对边直接支承面板的全玻幕墙，其面板承受的荷载和作用要通过胶缝传递到玻璃肋上去，胶缝承受剪力或拉、压力，所以必须采用硅酮结构密封胶粘结。当被连结的玻璃不是镀膜玻璃或夹层玻璃时，可以采用酸性硅酮结构胶，否则，应采用中性硅酮结构胶。

8 点支承玻璃幕墙结构设计

8.1 玻 璃 面 板

8.1.1 相邻两块四点支承板改为一块六点支承板后，最大弯矩由四点支承板的跨中转移至六点支承板的支座且数值相近，承载力没有显著提高，但跨中挠度可大大减小。所以，一般情况下可采用单块四点支承玻璃；当挠度过大时，可将相邻两块四点支承板改为一块六点支承板。

点支承幕墙面板采用开孔支承装置时，玻璃板在孔边会产生较高的应力集中。为防止破坏，孔洞距板边不宜太近。此距离应视面板尺寸、板厚和荷载大小而定，一般情况下孔边到板边的距离有两种限制方法：一种即是本条的规定；另一种是按板厚的倍数规定，当板厚不大于12mm时，取6倍板厚，当板厚不小于15mm时，取4倍板厚。这两种方法的限值是大致相当的。孔边距为70mm时，可以采用爪长较小的200系列钢爪支承装置。

8.1.2 点支承玻璃幕墙一般情况下采用四点支承装置，玻璃在支承部位应力集中明显，受力复杂。因此，点支承玻璃的厚度应具有比普通幕墙玻璃更严格的基本要求。

8.1.3 玻璃之间的缝宽要满足幕墙在温度变化和主体结构侧移时玻璃互不相碰的要求；同时在胶缝受拉时，其自身拉伸变形也要满足温度变化和主体结构侧向位移使胶缝变宽的要求。因此胶缝宽度不宜过小。

有气密和水密要求的点支承幕墙的板缝，应采用硅酮建筑密封胶加以密封。无密封要求的装饰性点支承玻璃，可以不打密封胶。

8.1.4 为便于装配和安装时调整位置，玻璃板开孔的直径稍大于穿孔而过的金属轴，除轴上加封尼龙套管外，还应采用密封胶将空隙密封。

中空玻璃的干燥气体层要求更严格的密封条件，防止漏气后中空内壁结露，为此常采用多道密封措施。国外也有采用穿缝金属夹板夹持中空玻璃的方法，避免在中空玻璃上穿孔。

8.1.5 本条表 8.1.5-1 和表 8.1.5-2 是对应于四角点支承板的数据。实际点支承面板周边有外挑部分，设计时允许考虑其有利影响。

8.2 支承装置

8.2.1 《点支式玻璃幕墙支承装置》JG 138 给出了钢爪式支承装置的技术条件，但点支承玻璃幕墙并不局限于采用钢爪式支承装置，还可以采用夹板式或其他形式的支承装置。

8.2.2 点支承面板受弯后，板的角部产生转动，如果转动被约束，则会在支承处产生较大的弯矩。因此支承装置应能适应板角部的转动变形。当面板尺寸较小、荷载较小、角部转动较小时，可以采用夹板式和固定式支承装置；当面板尺寸大、荷载大、面板转动变形较大时，则宜采用带转动球铰的活动式支承装置。

8.2.3 根据清华大学的试验资料，垫片厚度超过 1mm 后，加厚垫片并不能明显减少支承头处玻璃的应力集中；而垫片厚度小于 1mm 时，垫片厚度减薄会使支承处玻璃应力迅速增大。所以垫片最小厚度取为 1mm。

8.2.4 点支承幕墙的支承装置只用来支承幕墙玻璃和玻璃承受的风荷载或地震作用，不应在支承装置上附加其他设备和重物。

8.3 支承结构

8.3.1 点支承幕墙的支承结构可有玻璃肋和各种钢结构。面板承受直接作用于其上的荷载作用，并通过支承装置传递给支承结构。幕墙设计时，支承结构单独进行结构分析，一般不考虑玻璃面板作为支承结构的一部分共同工作。这是因为玻璃面板带有胶缝，其平面内受力的结构性能还缺少足够的研究成果和工程经验，所以本规范暂不考虑其对支承结构的有利影响。

8.3.4 单根型钢或钢管作为竖向支承结构时，是偏心受拉或偏心受压杆件，上、下端宜铰支于主体结构上。当屋盖或楼盖有较大位移时，支承构造应能与之相适应，如采用长圆孔、设置双铰摆臂连接机构等。

构件的长细比 λ 可按下式计算：

$$\lambda = \frac{l}{i} \tag{8.1}$$

$$i = \sqrt{\frac{I}{A}} \tag{8.2}$$

式中 l——支承点之间的距离（mm）；
i——截面回转半径（mm）；
I——截面惯性矩（mm^4）；
A——截面面积（mm^2）。

8.3.5 钢管桁架可采用圆管或方管，目前以圆管为多。本条有关钢管桁架节点的构造规定是参照《钢结构设计规范》GB 50017 和国内的工程经验制定的，以保证节点连接质量和承载力。在节点处主管应连续，支管端部应按相贯线加工成形后直接焊接在主管的外壁上，不得将支管穿入主管壁内。

美国 API 规范规定 d/t 大于 60 时，应进行局部稳定计算。结合目前国内实际采用的钢管规格，本规范要求 d/t 不宜大于 50。此处，d 为钢管外径，t 为钢管壁厚。

主管和支管或两支管轴线的夹角不宜小于 30°，以保证施焊条件和焊接质量。

钢管的连接应尽量对中，避免偏心。当管径较大时，连接处刚度也较大，如果偏心距不大于主管管径的 1/4，可不考虑偏心的影响。

钢管桁架由于采用直接焊接接头，实际上杆端都是刚性连接的。在采用计算机软件进行内力分析时，均可直接采用刚接杆件单元。铰接普通桁架是静定结构，可以采用手算方法计算。因此，对于管接普通桁架，也允许按铰接桁架采用近似的手算方法分析。

桁架杆件长细比 λ 的限值，按现行国家标准《钢结构设计规范》GB 50017 的规定采用。

钢管桁架在平面内有较大刚度，但在平面外刚度较差。当跨度较大时，杆件在平面外自由长度过大则有失稳的可能。因此，跨度较大的桁架应按长细比 λ 的要求设置平面外正交方向的稳定支撑或稳定桁架。作为估算，平面外支撑最大距离可取为 $50D$，D 为钢管直径。

8.3.6 张拉索杆体系的拉杆和拉索只承受拉力，不承受压力，而风荷载和地震作用是正反两个不同方向的。所以，张拉索杆系统应在两个正交方向都形成稳定的结构体系，除主要受力方向外，其正交方向亦应布置平衡或稳定拉索或拉杆，或者采用双向受力体系。

钢绞线是由若干根直径较大的光圆钢丝绞捻而成的螺旋钢丝束，通常由 7 根、19 根或 37 根直径大于 1mm 的钢丝绞成。钢绞线比采用细钢丝、多束再盘卷的钢丝绳拉伸变形量小，弹性模量高，钢丝受力均匀，不易断丝，更适合于拉索结构。

拉索常常采用不锈钢绞线，不必另行防腐处理，也比较美观。当拉索受力较大时，往往需要采用强度更高的高强钢绞线，高强钢丝不具备自身防腐能力，必须采取防腐措施，常采用聚氨酯漆喷涂等方法。热镀锌防腐层在施工过程中容易损坏，不推荐使用。铝包钢绞线是在高强钢丝外层被覆0.2mm厚的铝层，兼有高强和防腐双重功能，工程应用效果良好。

张拉索杆体系所用的拉索和拉杆截面较小、内力较大，这类结构的位移较大，在采用计算机软件进行内力位移分析时，宜考虑其几何非线性的影响。

张拉索杆体系只有施加预应力后，才能形成形状不变的受力体系。因此，一般张拉索杆体系都会使主体结构承受附加的作用力，在主体结构设计时必须加以考虑。索杆体系与主体结构的屋盖和楼盖连接时，既要保证索杆体系承受的荷载能可靠地传递到主体结构上，也要考虑主体结构变形时不会使幕墙产生破损。因而幕墙支承结构的上部支承点要视主体结构的位移方向和变形量，设置单向（通常为竖向）或多向（竖向和一个或两个水平方向）的可动铰支座。

拉索和拉杆都通过端部螺纹连接件与节点相连，螺纹连接件也用于施加预拉力。螺纹连接件通常在拉杆端部直接制作，或通过冷挤压锚具与钢绞线拉索连接。焊接会破坏拉杆和拉索的受力性能，而且焊接质量也难以保证，故不宜采用。

实际工程和三性试验表明，张拉索杆体系即使到1/80的位移量，也可以做到玻璃和支承结构完好，抗雨水渗漏和空气渗透性能正常，不妨碍安全和使用，因此，张拉索杆体系的位移控制值为跨度的1/200是留有余地的。

8.3.7 用于幕墙的索杆体系常常对称布置，施加预拉力主要是为了形成稳定不变的结构体系，预拉力大小对减少挠度的作用不大。所以，预拉力不必过大，只要保证在荷载、地震、温度作用下杆索还存在一定的拉力，不至于松弛即可。

张拉索杆体系在施加预拉力过程中和在使用阶段，预拉力会因为产生可能的损失而下降。但是，索杆体系不同于预应力混凝土，它的杆件全部外露，便于调整，而且无混凝土等外部材料的约束。所以，锚具滑动损失可通过在张拉过程中控制张拉力得到补偿；由支承结构的弹性位移造成的预拉力损失可以通过分批、多次张拉而抵消；由于预应力水平较低，钢材的松弛影响可以不考虑。因此，只要在施工过程中做到分批、多次、对称张拉，并随时检查、调整预拉力数值，预拉力的损失是可以补偿的，最终达到控制拉力的数值。因此，幕墙结构中一般不专门计算预拉力的损失。

9 加工制作

9.1 一般规定

9.1.1 幕墙结构属于围护结构，在施工前对主体结构进行复测，当其误差超过幕墙设计图纸中的允许值时，一般应调整幕墙设计图纸，原则上不允许对原主体结构进行破坏性修整。

9.1.2 加工幕墙构件的设备和量具，都应符合有关要求，并定期进行检查和计量认证，以保证加工产品的质量。如设备的加工精度、光洁度、量具的精度等，均应及时进行检查、维护或计量认证。

9.1.3 玻璃幕墙构件加工场所应在室内，并要求清洁、干燥、通风良好，温度也应满足加工的需要，如北方的冬季应有采暖，南方的夏季应有降温措施等。对于硅酮结构密封胶的施工场所要求较严格，除要求清洁、无尘外，室内温度不宜低于15℃，也不宜高于27℃，相对湿度不宜低于50%。硅酮结构胶的注胶厚度及宽度应符合设计要求，且宽度不得小于7mm，厚度不得小于6mm。

9.1.4 硅酮结构密封胶应在洁净、通风的室内进行注胶，以保证注胶质量。全玻幕墙的大玻璃板块，由于必须在现场装配，因此当玻璃与玻璃之间采用硅酮结构胶粘结固定时，允许在现场注胶，但现场应保持通风无尘，且注胶前要特别注意清洁注胶面，并避免二次污染；现场还应有防风措施，避免在结构胶固化过程中受到玻璃板块变形的影响。

9.1.5 单元式幕墙的组件及隐框幕墙的组件均应在车间加工组装，尤其是有硅酮结构胶固定的板块。单元式幕墙的隐框板块在安装后需更换时，也应在车间打注结构胶，不允许在现场直接注胶。

9.1.6 低辐射镀膜玻璃是一种特殊的玻璃，近来在幕墙中的应用越来越多。但根据试验，其镀膜层在空气中非常容易氧化，且其膜层易与结构胶发生化学反应，与硅酮结构胶的相容性较差。因此，加工制作时应按相容性和其他技术要求，制定加工工艺，必要时采取除膜、加底漆或其他措施。

9.1.7 因为耐候胶主要用于外部建筑密封，对耐候性有更高要求。硅酮结构密封胶与硅酮建筑密封胶的性能不同，二者不能换用。使用硅酮建筑密封胶的部分不宜采用硅酮结构密封胶代换，更不得将过期的硅酮结构密封胶当作建筑密封胶使用。

9.2 铝 型 材

9.2.1 铝型材的加工精度是影响幕墙质量的关键问题。由于运输、搬运等原因，玻璃幕墙铝合金构件在截料前应检查其弯曲度、扭拧度是否符合设计要求，超偏的须使用适当机械方法进行校直调整直到符合设计要求。型材长度允许正、负偏差。

9.2.2 槽口长度和宽度只允许正偏差不允许负偏差，以防出现装配受阻；中心离边部距离可以是正偏差或负偏差；豁口的长度、宽度只允许正偏差不允许负偏差；榫头的长度和宽度允许负偏差不允许正偏差。因为幕墙用型材的几何形状是热加工或冷加工或冲压成型，不是机械加工成型的，所以，配合尺寸难以十分准确地控制，只能控制主要方面，以便配合安装施工。

9.2.3 采用拉弯设备进行铝合金构件的弯加工，是防止构件产生皱折、凹凸、裂纹的有效方法。

9.3 钢构件

9.3.1~9.3.2 预埋件加工要求参照了现行国家标准《混凝土结构工程施工质量验收规范》GB 50204 的有关规定。

9.3.3 连接件与支承件的加工要求与现行行业推荐标准《玻璃幕墙工程质量检验标准》JGJ/T 139 一致。

9.3.5~9.3.6 点支承玻璃幕墙的支承钢结构一般有管桁架、拉索和杆索体系，往往因为建筑设计的需要，而比普通钢结构具有更高的加工制作要求。

对于不采用球节点连接的管桁架，杆件端部加工精度要求很高，一般要求采用专用软件和数控机床进行切割和加工，加工精度应符合本条的规定。分单元组装的钢结构，通过预拼装，可对其加工精度进行校核和修正，保证工程安装顺利进行。

钢管接头焊缝趾部存在应力集中，焊接时也难以避免存在咬边、夹渣等缺陷，加之断续焊接时由于焊接变形可能产生管壁的层状撕裂，所以主管与支管的焊接应沿接缝全长进行，而且要求焊缝的尺寸适中、形状合理、与母材平滑过渡，以保证节点强度，防止脆性破坏。当支管受拉时，为防止焊缝抗拉强度不足，根据国外规范和国内施工经验，允许将焊缝厚度放宽至壁厚的 2 倍。

杆索体系的拉杆、拉索，在加工制作前，应进行拉断试验，确定其破断拉力，为结构设计和张拉力控制提供依据。拉索下料前一般应在专用台座上进行调直张拉，张拉力一般不超过其破断拉力的 50%。

9.4 玻璃

9.4.1 单片玻璃、中空玻璃、夹层玻璃应分别符合现行国家标准《钢化玻璃》GB/T 9963、《中空玻璃》GB/T 11944、《夹层玻璃》GB 9962 的要求。此外，对于玻璃的外观尺寸、允许偏差做了更严的要求，加工时应以此为准。

根据玻璃表面的应力可以确定玻璃钢化的程度。半钢化玻璃是针对钢化玻璃自爆而发展起来的一种增强玻璃，其强度比普通玻璃高 1~2 倍，耐热冲击性能显著提高，一旦破碎，其碎片状态与普通玻璃类似，所以半钢化玻璃不属于安全玻璃。半钢化玻璃的一个突出优点是不会自爆，它与钢化玻璃的主要区别在于玻璃的应力数值范围不同。我国国家标准《幕墙用钢化玻璃与半钢化玻璃》GB/T 17841，规定了用于玻璃幕墙的钢化玻璃其表面应力应大于 95MPa，主要是为了保证当玻璃破碎时，碎片状态满足钢化玻璃标准规定的要求。

9.4.2 对玻璃进行弯曲加工后，反射的影像会变得扭曲、变形，特别是镀膜玻璃的这种变形会很明显。因此对弧形玻璃的加工除几何尺寸要求外，特别规定了其拱高及弯曲度的允许偏差。

9.4.3 全玻幕墙玻璃边缘外露，为了避免应力集中而导致玻璃破裂，也为了建筑美观要求，必须进行边缘处理。采用钻孔安装时，孔位处的应力集中明显，必须进行倒角处理并且不得出现崩边。

9.4.4 因为玻璃钢化后不能再进行机械加工，因此玻璃的裁切、磨边、钻孔等都必须在钢化前完成。玻璃板块钻孔的允许偏差是根据机械加工原理、公差理论、玻璃钻孔设备及刀具的加工精度而定的。

当玻璃板块由两片单层玻璃组合而成时，在制作过程中必须单片分别加工后再合片。如果两片玻璃孔径大小一致，则所有的孔都要对位准确，实际操作非常困难，主要是因为单片玻璃制作时存在形状、尺寸、孔位、孔径等允许偏差。常用的方法是两片单层玻璃钻大小不同的孔，以使多孔完全对位。

中空玻璃开孔后，开孔处胶层应双道密封，内层密封可采用丁基密封腻子，外层密封应采用硅酮结构密封胶，打胶应均匀、饱满、无空隙。

9.4.5 采用立式注胶法进行中空玻璃加工时，玻璃内的气压与大气压是平衡的，但当安装所在地与加工所在地的气压相差较大时，中空玻璃受到气压差的影响会产生不可恢复的变形，因此应采取适当措施来消除气压差。

9.5 明框幕墙组件

9.5.1 明框幕墙的组件，原则上包括型材、玻璃、连接件以及由此拼装而成的幕墙单元，型材、连接件、玻璃的加工制作在本规范第 9.2~9.4 节中已做了规定；由型材、玻璃等拼装成的框格（幕墙单元），可以在工程现场完成，也有在工厂拼装完成的，后者即所谓的"小单元幕墙"。本节主要规定了这种框格（幕墙单元）加工制作的要求。

9.5.4 明框幕墙的等压设计及排水系统最终是由组件中的导气孔及排水孔来实现的，若导气孔及排水孔堵塞，其功能就会失效，在组装时应特别注意保持孔道通畅。

9.5.5 硅酮建筑密封胶的主要成分是二氧化硅，由于紫外线不能破坏硅氧键，所以硅酮建筑密封胶具有良好的抗紫外线性能。有些生产厂家在幕墙构件制作过程中，对铝合金构件组装密封时，不采用中性硅酮密封胶，而采用一般的酸性密封胶，这种胶的耐老化性非常差，且对铝型材表面产生腐蚀，影响密封效果，甚至引起渗漏。

9.5.6 明框幕墙的玻璃与槽口之间的间隙除应达到

嵌固玻璃要求外，还要能适应热胀冷缩的变形及主体结构层间位移或其他荷载作用下导致的框架变形，以避免玻璃直接碰到金属槽口，造成玻璃破碎。通常，玻璃的下边缘应采用两块压模成型的氯丁橡胶垫块支承，垫块的宽度应与槽口宽度相同，长度不应小于100mm，厚度不应小于5mm。

9.6 隐框幕墙组件

9.6.1～9.6.2 半隐框、隐框幕墙制作中，对玻璃和支撑框的清洁工作，是关系到幕墙构件加工成败的关键步骤之一，要十分重视和认真按规范规定进行操作。如清洗不干净，将对构件的质量与安全留下隐患。一定要坚持二块布清洗的方法，一块布只用一次，不许重复使用；在溶剂完全挥发之前，用第二块干净的布将表面擦干；应将用过的布洗净晾干后再行使用；要坚持把用于清洗的溶剂倒在干净的布上，不允许将布浸入溶剂中；玻璃槽口可用干净的布包裹油灰刀进行清洗。清洗工作最好二人一组进行，一个用溶剂清洗玻璃及其支承构件，另一人用干净的布在溶剂未完全干燥前，将表面的溶剂、松散物、尘埃、油渍和其他污物清除干净。

9.6.3 硅酮结构密封胶的相容性要求同本规范第3.6.2条的解释。

9.6.4 硅酮结构密封胶在长期重力荷载作用下承载力很低（强度设计值仅为 0.01MPa），固化前强度更低，而且硅酮结构密封胶在重力作用下会产生明显的变形。若使硅酮结构密封胶在固化期间处于受力较大的状态，会造成幕墙的安全隐患。因此，在加工组装过程中应采取措施减小结构胶所承受的应力。注胶后的隐框幕墙板块可采用周转架分块安置；如直接叠放时，要求放置垫块直接传力，并且叠放层数不宜过多。

9.7 单元式玻璃幕墙

9.7.1 由于单元幕墙板块在主体结构上的安装方式特殊，通常都采用插接方式，安装后不容易更换，所以必须在加工前对各板块编号。根据单元幕墙对安装次序要求严格的特点，宜将主体工程和幕墙工程作为一个系统工程考虑，对整个建筑工程施工机具设置的地点和时间，要进行总平面布置。比较合理的方案是每隔3～5层设一摆放层（即每隔3～5层移动一次上料平台），使摆放量不会占用太多楼面空间，有利于其他工种施工。

单元式幕墙组装时，为了减少运输工作量，往往要在工程所在地组装，还有一些元（部）件为外购件，要由供货厂商供货，这样单元组件的元（部）件的配送管理就显得十分重要。因为单元组件要按吊装顺序的要求组装，这样一个（一批）单元组件所需全部元、部件要全部送到组装厂后才能完成组装，并依照安装顺序的要求送往工地吊装、施工。

9.7.2 由于单元板块自重较大，且在工厂内组装，其连接构造应牢固可靠，以免在运输及吊装中存在安全隐患。单元式幕墙一般采用结构构造防水，其横梁、立柱可作为集水槽或排水道，且安装后不容易发现渗漏部位，因此构件连接处的缝隙应作好密封，以防渗漏。

9.7.3 单元式幕墙的连接件是指与单元式幕墙组件相配合、安装在主体结构上的连接件，它与单元组件上的连接构件对插（接）后，按定位位置将单元组件固定在主体结构上。由于它们是一组对插（接）构件，因此有严格的公差配合要求；同时单元组件上的连接构件与安装在主体结构上的连接件的对插（接）和单元组件对插同步进行，即使所有构件均达到允许偏差要求，但还是存在偏差，因此要求连接件具有X、Y向位移微调及绕X、Z轴转角微调能力。单元式幕墙的外表面平整度是完全靠连接件的位置准确和单元组件构造来保证的，在安装过程中无法调整，因此连接件要一次（或一个安装单元）全部调整到位，达到允许偏差要求。幕墙的连接与锚固必须可靠，其承载力必须通过计算或实物试验予以确认，并要留有余地，防止偶然因素产生突然破坏，连接用的螺栓需至少布置2个。

9.7.4 单元式玻璃采用构造防水时，板块间的缝隙一般为空缝，若结构胶处于板块外侧直接受到紫外线照射会影响其性能，因此应采取措施使结构胶不外露，而且结构胶也不能作为防水密封材料使用。

9.7.5 明框单元板块中玻璃是靠压条固定的，而且玻璃与槽口要按规定保留间隙，因此在搬运、吊装过程中应采取措施防止玻璃滑动或变形。

9.7.6 此条的目的，主要是考虑幕墙的美观性，并保证幕墙的气密性和水密性。

10 安装施工

10.1 一般规定

10.1.1 为了保证幕墙安装施工的质量，要求主体结构工程应满足幕墙安装的基本条件，特别是主体结构的垂直度和外表面平整度及结构的尺寸偏差，尤其是外立面很复杂的结构，必须同主体结构设计相符，并满足验收规范的要求。相关的主体结构验收规范主要包括：《建筑工程施工质量验收统一标准》GB 50300、《混凝土结构工程施工质量验收规范》GB 50204、《钢结构工程施工质量验收规范》GB 50205、《砌体结构工程施工质量验收规范》GB 50203 等。

10.1.2 玻璃幕墙的构件及附件的材料品种、规格、色泽和性能，应在玻璃幕墙设计文件中明确规定，安装施工时应按设计要求执行。对进场构件、附件、玻璃、密封材料和胶垫等，应按质量要求进行检查和验收，不得使用不合格和过期的材料。对幕墙施工环境和分项工程施工顺序要认真研究，对会造成严重污染的分项工程应安排在幕墙安装前施工，否则应采取可靠的保护措施。

10.1.3 玻璃幕墙的安装施工质量，是直接影响玻璃幕墙能否满足其建筑物理及其他性能要求的关键之一，同时玻璃幕墙安装施工又是多工种的联合施工，和其他分项工程施工难免有交叉和衔接的工序。因此，为了保证玻璃幕墙安装施工质量，要求安装施工承包单位单独编制玻璃幕墙施工组织设计方案。

10.1.4 单元式幕墙的安装施工组织设计比构件式有明显区别。本条主要是针对单元式幕墙的自身特点而重点强调的。

10.1.5 点支承玻璃幕墙的安装施工的关键是支承钢结构，包括管桁架结构和索杆体系等。索杆的张拉方案包括锚具的选择和固定方法、张拉机具的要求、张拉顺序、张拉批次（包括张拉力分级和张拉时间）、张拉力或变形的测量和调整方法等，同时应做好张拉过程记录。

10.1.6 施工脚手架应根据工程和施工现场的情况确定，宜进行必要的计算和设计，连接固定必须牢固、可靠，确保安全。

10.1.7 玻璃幕墙的施工测量，主要强调：

1 玻璃幕墙分格轴线的测量应与主体结构的测量配合，主体结构出现偏差时，玻璃幕墙分格线应根据主体结构偏差及时进行调整，不得积累；

2 定期对玻璃幕墙安装定位基准进行校核，以保证安装基准的正确性，避免因此产生安装误差；

3 对高层建筑，风力大于4级时容易产生不安全或测量不准确问题。

10.1.8 安装过程的半成品容易被损坏、污染，应引起重视，采取保护措施。

10.1.9 镀膜玻璃膜面有方向性，向内、向外效果不同；如果方向不正确，还会影响镀膜的寿命。

10.2 安装施工准备

10.2.2 对于已加工好的幕墙构件，在运输、储存过程中，应特别注意防止碰撞、污染、锈蚀、潮湿等，在室外储存时更要采取有效保护措施。

10.2.3 为了保证幕墙与主体结构连接牢固的可靠性，幕墙与主体结构连接的预埋件应在主体结构施工时按设计要求的位置和方法进行埋设；若幕墙承包商对幕墙的固定和连接件有特殊要求或与本规范的偏差要求不同时，承包商应提出书面要求或提供埋件图、样品等，反馈给建筑设计单位，并在主体结构施工图中注明。

10.2.7 不合格的幕墙构件应予更换，不得安装使用。因为幕墙构件在运输、堆放、吊装过程中有可能变形、损坏等，所以幕墙安装施工承包商，应根据具体情况，对易损坏和丢失的构件、配件、玻璃、密封材料、胶垫等，应有一定的更换贮备数量。

10.3 构件式玻璃幕墙

10.3.1 立柱安装的准确性和质量，影响整个幕墙的安装质量，是幕墙安装施工的关键之一。通过连接件的幕墙平面轴线与建筑物的外平面轴线距离的允许偏差应控制在2mm以内，特别是建筑平面呈弧形、圆形和四周封闭的幕墙，其内外轴线距离影响到幕墙的周长，影响玻璃板的封闭，应认真对待。

立柱一般根据建筑要求、受力情况、施工及运输条件确定其长度，通常一层楼高为一整根，接头应有一定空隙，铝型材可以采用套筒连接方式，以适应和消除建筑受力变形及温差变形的影响。

10.3.2 横梁一般分段与立柱连接，横梁两端与立柱连接处可以留出空隙，也可以采用弹性橡胶垫，橡胶垫应有20%~35%的压缩变形能力，以适应和消除横向温度变形的影响。

10.3.3 防火、保温材料应可靠固定，铺设平整，拼接处不应留缝隙，应符合设计要求。如果冷凝水排出管及附件与水平构件预留孔连接不严密，与内衬板出水孔连接处不密封，冷凝水会进入幕墙内部，造成内部浸水，腐蚀材料，影响幕墙性能和使用寿命。

10.3.4 幕墙玻璃安装采用机械或人工吸盘，故要求玻璃表面擦拭干净，以避免发生漏气，保证施工安全。实际工程中，阳光控制镀膜玻璃曾发现有镀膜面安反的现象，这不仅影响装饰效果，而且影响其耐久性和使用寿命。因此，单片阳光控制镀膜玻璃的镀膜面一般应朝室内一侧；阳光控制镀膜中空玻璃镀膜面应在第二面；LowE中空玻璃镀膜层位置应符合设计要求。

安装玻璃的构件框槽底部应设两块定位橡胶块，玻璃四周的嵌入量及空隙应符合要求，左右空隙宜一致，使玻璃在建筑变形及温度变形时，在胶垫的夹持下竖向和水平向滑动，消除变形对玻璃的不利影响。

10.3.6 硅酮建筑密封胶的施工必须严格遵照施工工艺进行。夜晚光照不足，雨天缝内潮湿，均不宜打胶；打胶温度应在指定的温度范围，打胶前应使打胶面干燥、清洁无尘。

10.3.7 框支承玻璃幕墙玻璃板材间硅酮建筑密封胶的施工厚度，一般要控制在3.5~4.5mm，太薄对保证密封质量和防止雨水渗漏不利，同时对承受铝合金框热胀冷缩产生的变形也不利。当胶承受拉应力时，太厚也容易被拉断或破坏，失去密封和防渗漏作用。硅酮建筑密封胶的施工宽度不宜小于厚度的2倍或根据实际接缝宽度决定。

较深的密封槽口底部可用聚乙烯发泡垫杆填塞，以保证硅酮建筑密封胶的设计施工位置。

硅酮建筑密封胶在接缝内要形成两面粘结，不要三面粘结，否则，胶在反复拉压时，容易被撕裂，失去密封和防渗漏作用。为防止形成三面粘结，可在硅酮建筑密封胶施工前，用无粘结胶带置于胶缝的底部（槽口底部），将缝底与胶分开。

10.4 单元式玻璃幕墙

10.4.1 选择适当吊装机具将板块可靠地安装到主体结构上，是保证单元吊装的前提条件；强调吊具与单元板块之间，在起吊中不应产生水平方向分力，是为防止产生过大挤压力或拉力，使单元内构件受损。

10.4.2 不规范的运输会造成单元板块变形、破碎，影响单元幕墙质量，因此单元板块运输时应采取必要的措施。

10.4.3 单元板块宜设置专用堆放场地，并应有安全保护措施。周转架方便运输、装卸和存放，对保证单元板块质量作用很大，单元板块存放时应依照安装顺序先出后进的原则排列放置，防止多次搬运对单元板块造成损坏、变形，保证幕墙质量；单元板块应避免直接叠层堆放，防止单元板块因重力作用造成变形或损坏。

10.4.4 起吊和就位时，检查吊具、吊点和主体结构上的挂点，是安全需要。对吊点数量、位置进行复核，保证单元吊装的准确性、可靠性。如果吊点处没有足够强度和刚度，单元板块容易损坏，产生危险，因此，必要时可对吊装点进行必要加固和试吊。采用吊具起吊单元板块时，应使各吊装点的受力均匀，起吊过程应保持单元板块平稳，以减小动能和冲量。吊装就位时，应先把单元板块挂到主体结构的挂点上；板块未固定前，吊具不得拆除，防止意外坠落。

10.4.7 施工中和安装完毕后，对单元板块进行保护处理，防止污染和损坏。

10.5 全玻幕墙

10.5.1 全玻幕墙的镶嵌槽口是否清洁，直接关系到结构胶的粘结质量，同时也影响其美观性，必须清理干净。

10.5.2 全玻幕墙安装过程中，面板和玻璃肋安装的水平度和垂直度，直接影响立面效果和安全，准确安装还可避免面板和玻璃肋因受力不均而破损。每次调整后应采取临时固定措施，并在完成注胶后进行拆除，对胶缝进行修补处理。

10.5.4 全玻幕墙玻璃两边嵌入槽口深度及预留空隙应符合设计要求，主要考虑到：
    1 玻璃发生弯曲变形后不会从槽内拔出；
    2 玻璃在平面内伸长时不致触及槽壁，以免变形受限；
    3 玻璃表面与槽口侧壁留有足够空隙，防止玻璃被嵌固，造成破损。

10.5.5 全玻幕墙玻璃的尺寸一般较大，自重也较大，宜采用机械吸盘安装，并应采取必要的安全措施，防止玻璃倾覆、坠落或破碎。

10.6 点支承玻璃幕墙

10.6.1 支承结构是点支承幕墙的主要受力结构，其位置、形状、外观效果、承载能力和变形能力均有严格要求，安装施工必须加以保证。

    大型钢结构的吊装设计包括吊装受力计算、吊点设计、必要的附件设计、就位和固定方案、就位后的位置调整等。对支承钢结构不附属于另外主体结构（即支承钢结构自身也是主体结构）的情况，吊装时，一般应设置支撑平台作为临时支撑，并设置千斤顶等调整位置的设备，以便准确安装。

10.6.2 拉杆、拉索体系的拉杆和拉索施加预拉力大小对支承结构的安全性及外形的准确性至关重要，因此在安装过程中必须严格控制。

10.6.4 爪件的安装精度，关系到点支承玻璃幕墙的美观性和安全性。通过爪件三维调整，使玻璃面板位置准确，保证爪件表面与玻璃面平行。

10.7 安 全 规 定

10.7.1 玻璃幕墙安装施工应根据国家有关劳动安全、卫生法规和技术标准的规定，结合工程实际情况，制定详细的安全操作守则，确保施工安全。

10.7.3 采用外脚手架进行玻璃幕墙的安装施工时，脚手架应经过设计和必要的计算，在适当部位与主体结构应可靠连接，保证其足够的承载力、刚度和稳定性。

10.7.4 玻璃幕墙的安装施工，经常与主体结构施工、设备安装或室内装修交叉进行，为保证幕墙施工安全，应在主体结构施工层下方（即幕墙施工层的上方）设置安全防护网进行保护。在距离地面约3m高度处，设置挑出宽度不小于6m的水平防护网，用以保护地面行人、车辆等的安全性。

11 工 程 验 收

11.1 一 般 规 定

11.1.2 在进行玻璃幕墙工程验收时，检查应包括软件和硬件两部分。本条为对软件检查的要求，作为幕墙工程验收的依据及验收的一个重要组成部分。

    材料是保证幕墙质量和安全的物质基础，尤其是作为结构粘结用的硅酮结构密封胶，使用前应对其邵氏硬度、拉伸粘结强度、相容性进行复验。

    面积较大的幕墙、采用新材料新技术的幕墙，应按本规范第4.2.10条的规定进行幕墙性能检测，并提交相应的检测报告。

11.1.3 幕墙施工完毕后，不少部位或节点已被装饰材料遮封隐蔽，在工程验收时无法观察和检测，但这些部位或节点的施工质量至关重要，必须在安装施工过程中完成隐蔽验收。工程验收时，应对隐蔽工程验收文件进行认真的审核与验收。

11.1.4 由于幕墙为建筑物的全部或部分外围护结构，凡设计幕墙的建筑一般对外观质量要求较高，抽样检验并不能代表幕墙整体的外侧观感质量。因此，对幕墙的硬件验收检验应包括观感和抽样两部分。

当一幢建筑有一幅以上的幕墙时，考虑到幕墙质量的重要性，要求以一幅幕墙作为独立检查单元，对每幅幕墙均要求进行检验验收。对异形或有特殊要求的幕墙，检验批的划分可由监理单位、建设单位和施工单位协商确定。

11.2 框支承玻璃幕墙

11.2.1 本条规定了玻璃幕墙观感检验质量要求，重点是幕墙的整体美观性和雨水渗漏性能。

1 对抽检单元表面色泽、接缝、平整度、封口构造、伸缩缝处理等提出要求；

2 对隐蔽节点的遮封装修质量，要求遮封装修应整齐美观。

11.2.2 本条规定了玻璃幕墙工程抽样检验质量要求。

1 对铝合金料及玻璃表面的清洁要求。

2 对玻璃安装及密封胶条施工的要求。玻璃必须安装牢固；橡胶条、密封胶应镶嵌密实、位置准确，密封胶表面应平整。

3 关于玻璃表面质量。有关玻璃表面缺陷的国家现行标准中将此分为三类：划伤或擦伤；划道或波筋；雾斑、斑点纹和针眼等。其中，第一类缺陷各种玻璃都存在，其他两类缺陷不是每种玻璃都有。在加工制作、安装施工中对玻璃可能造成的表面缺陷，一般为第一类缺陷。考虑到工程中所采用玻璃均为合格产品，后两类缺陷应在标准允许范围之内，施工中不会再增加这类缺陷。因此，本规范仅将划伤、擦伤作为玻璃表面质量的检验项目。相关国标规定，建筑用浮法玻璃允许 $1m^2$ 有 3 条宽为 0.5mm、长为 60mm 的划伤；钢化玻璃合格品允许每 $1m^2$ 有 4 条宽为 0.1～1mm、长不大于 100mm 的划伤；阳光控制镀膜玻璃合格品允许每 $1m^2$ 有 2 条宽不大于 0.8mm、长不大于 100mm 的划伤；夹层玻璃合格品的划伤和磨伤"不得影响使用"。本规范只能综合各种玻璃合格品的质量要求，制订了统一的规定。

4 关于铝合金型材表面质量。本规范以一个分格的框架构件作为检验单元。由于加工制作、运输、安装施工过程的许多环节，都可能造成对铝合金型材的表面损伤。因此，对幕墙用框料要求采用高精级铝合金型材，并加强各个环节的保护。

5 关于幕墙框料安装质量，本规范规定了各项目的允许偏差。

1）竖向构件垂直度

本规范按幕墙高度分为 5 档，分别规定了垂直度允许偏差。在现行行业标准《高层建筑混凝土结构技术规程》JGJ 3 中，分别规定了测量放线的竖向偏差和结构施工的竖向偏差允许值。在决定幕墙的竖向偏差允许值时，考虑到作为建筑的外装饰，其竖向偏差允许值应比混凝土结构施工更严格，但同时又比测量放线的竖向偏差允许值稍宽松，以便既保证幕墙工程质量，又便于操作执行。

2）竖向构件直线度

现行国家标准《铝合金建筑型材》GB/T 5237 规定，对壁厚大于 2.4mm 的高精级型材的弯曲度允许偏差为 $1.0×l$ (mm)，其中 l 为型材长度，单位为 m。竖向构件可不考虑重力荷载引起的弯曲，但在运输、堆放、加工中可能会造成弯曲。因此，本规范仍以高精级型材弯曲度的规定作为竖向构件平面内及平面外直线度的允许偏差。规定采用 2m 靠尺或塞尺检查，允许偏差为 2.5mm。

3）横向构件水平度及同高度相邻两根横向构件高度差

根据工程经验，单根横向构件两端的水平度偏差一般不宜大于其跨度的 0.1%。因此规定，单根横向构件长度不大于 2000mm 时，允许偏差 2mm；大于 2000mm 时，允许偏差 3mm。横向构件总水平度偏差，当幕墙幅宽不大于 35m 时，允许偏差 5mm；当幅宽大于 35m 时，允许偏差 7mm。对同一高度相邻两根横向构件端部的安装允许高差为 1mm。

4）分格框对角线差

竖向构件的垂直度和直线度、横向构件水平度及其相邻两构件端部高度差等规定已基本上保证了分格框的方正。本规范将上述各允许偏差折算成分格框对角线允许偏差，并参照《建筑装饰装修工程质量验收规范》GB 50210 的规定。

关于明框幕墙的平面度，由于其玻璃嵌在槽口内，与框架料不在同一平面，因此不设此项要求。

11.2.3 隐框玻璃幕墙的安装质量要求基本上与明框幕墙相同，其区别是隐框幕墙框架不外露，而是以缝代替框架。因此，除下列两项与表 11.2.2-3 有区别外，其他各项的允许偏差及其依据基本与表 11.2.2-3 相同。

1 由于隐框幕墙玻璃外露，为防止墙面各玻璃拼在一起时不在一个平面而使墙面上的影像畸变，因此要求检查时抽检竖缝相邻两侧玻璃表面的平面度，并从严要求，用 2m 靠尺检查，允许偏差 2.5mm。

2 隐框幕墙玻璃拼缝整齐与否与幕墙的外观质量关系很大，除了表中第 1、3、4 项检查其垂直度、水平度和直线度之外，为防止各缝宽窄不一的疵病，增加第5项拼缝宽度与设计值比较的偏差检查，以保证整幅隐框幕墙的整齐美观。

11.2.4 玻璃幕墙工程抽样检验数量，每幅幕墙的竖向构件或竖向接缝、横向构件或横向接缝应各抽查5‰，并均不得少于3根；每幅幕墙分格应各抽查5‰，并不得少于10个，抽检质量应符合本规范第11.2.2、11.2.3条的规定。

11.3 全玻幕墙

11.3.1 因全玻幕墙外表面只有玻璃和胶缝，且玻璃透明，因此对墙面的平整度及缝宽要求较严格，缝隙的宽窄直接影响幕墙外表面的美观。与隐框幕墙一样，要求胶缝宽度与设计值的偏差不大于2mm。

11.3.2 全玻幕墙的玻璃面板由玻璃肋支承，本条规定了玻璃面板与玻璃肋的垂直度偏差不应大于2mm；相邻玻璃面板的高低偏差不应大于1mm。

11.3.3 玻璃与镶嵌槽的间隙关系到缝隙的宽窄和玻璃的安全。本条规定了玻璃与钢槽的间隙质量要求，胶缝应灌注均匀、密实、连续。

11.4 点支承玻璃幕墙

11.4.1 点支承玻璃幕墙与全玻幕墙一样，均为通透墙体，且一般位于裙楼或建筑入口处，因此其安装质量的好坏尤为重要。本条规定了点支式幕墙大面应平整，胶缝应横平竖直，缝宽均匀，表面平滑。钢结构焊缝应平滑，防腐涂层应均匀，无破损。不锈钢件光泽度与设计相符，且无锈斑。

11.4.2 因点支承玻璃幕墙为透明墙体，处于里面的钢结构一目了然，钢结构的施工质量十分重要，应符合本规范的相关规定和国家现行标准《钢结构工程施工质量验收规范》GB 50205的要求。

11.4.3 拉杆和拉索的预拉力对点支承玻璃幕墙的支承结构起着至关重要的作用，必须符合设计要求，应进行现场检验或隐蔽检验。

11.4.4 关于点支承玻璃幕墙安装质量要求，本规范确定了各项目的允许偏差。

1 竖缝及墙面垂直度

因点支承玻璃幕墙多处于裙楼，所以本条只规定了50m以下的竖缝及墙面垂直度，按两档分别为10mm和15mm。

2 由于点支承幕墙玻璃外露且面积较大，应检查幕墙表面平整度，防止墙面各玻璃拼在一起时不在一个平面而使墙面上的影像畸变。检查时，抽检竖缝相邻两侧玻璃表面的平面度，并从严要求，用2m靠尺检查，允许偏差2.5mm。

3 点支承幕墙各玻璃拼缝整齐与否与幕墙的美观关系很大，为防止各胶缝宽窄不一，增加拼缝宽度与设计值比较的偏差检查，以保证整幅点支承幕墙各玻璃拼缝的整齐美观。

11.4.5 关于钢爪安装质量要求。

1 钢爪的安装质量直接影响到点支承玻璃幕墙的外观质量，本条参照现行国家标准《钢结构工程施工质量验收规范》GB 50205对钢构件的允许偏差要求，规定了相邻钢爪水平距离和竖向距离为±1.5mm；

2 钢爪安装同层高度偏差参照框支承幕墙横向构件高度差分为四档。

12 保养和维修

12.1 一般规定

12.1.1 为了使幕墙在使用过程中达到和保持设计要求的预定功能，确保不发生安全事故，规定承包商应提供给业主《幕墙使用维护说明书》，作为工程竣工交付内容的组成部分，指导幕墙的使用和维护。

根据现行国家标准《建筑结构可靠度设计统一标准》GB 50068的有关规定，玻璃幕墙的结构构件一般属于易于替换的结构构件，其设计使用年限一般可取为不低于25年。

12.1.2 随着我国幕墙行业的发展，幕墙新产品越来越多，幕墙的结构形式也越来越复杂，技术含量越来越高，对维修、维护人员的要求也越来越高。本条要求幕墙工程承包商在幕墙交付使用前应为业主培训合格的幕墙维修、维护人员。

12.1.4 幕墙可开启部分的抗风压变形、雨水渗透、空气渗透等性能参数均为关闭状态的设计参数。在幕墙工程的实际维修工作中，开启部分维修频率最高，而非正常开启所造成的损坏是主要原由之一，因此本条的要求是必要的。

12.2 检查与维修

12.2.2 根据实际工程经验，在幕墙工程竣工验收后一年内，幕墙工程的加工和施工工艺及材料、附件的一些缺陷均有不同程度的暴露。所以在幕墙工程竣工验收后一年时，应对幕墙工程进行一次全面的检查，此后每五年检查一次。

由于存在不可避免的建筑物沉降、金属材料蠕变等现象，施加预拉力的拉杆或拉索结构的幕墙工程随时间推移会产生预拉力损失。为了保证这类幕墙的性能稳定和使用安全，本规范规定对预拉力幕墙结构全面检查和调整的时间从工程竣工验收后半年检查一次，此后每三年检查、调整一次。

对于使用结构硅酮密封胶的半隐框、隐框幕墙工程，本规范规定使用十年后进行首次粘结性能的检查，此后每五年检查一次。从世界各国以及我国的幕墙工程的实际情况来看，还未出现因硅酮结构密封胶粘结性能变化而造成的质量问题。考虑到对实际幕墙工程进行粘结性能的检查属破坏性检查，抽样比例小，则不能反映真实情况，抽样比例大，则费用高、时间长，而且有时可能对抽样附近幕墙的性能有影响。所以规定使用十年后进行首次粘结性能的检查是合适的。

关于抽样比例及抽样部位，本规范未做出具体规定。主要是考虑到不同的幕墙工程其环境条件不同，规定统一的抽样比例并不能反映不同的幕墙工程硅酮结构密封胶粘结性能的真实情况。实际幕墙工程的检查应由检查部门制定检查方案，由相应设计资质部门审核后实施。

"每五年检查一次"是建立在检查结果良好的基础上，如果粘结性能有下降趋势的话，应根据检查结果制定检查间隔时间、增加检查频次。

中华人民共和国行业标准

金属与石材幕墙工程技术规范

JGJ 133—2001

条 文 说 明

前 言

根据建设部建标〔1997〕71号文的要求，中国建筑科学研究院会同广东省中山市盛兴幕墙有限公司、上海市东江建筑幕墙有限公司、武汉凌云建筑装饰工程总公司、中国地质科学院地质研究所，共同编制的《金属与石材幕墙工程技术规范》（JGJ133—2001）经建设部2001年5月29日以建标〔2001〕108号文批准，业已发布。

为便于广大设计、施工、监理、科研、学校等有关人员在使用本标准时能正确理解和执行条文规定，《金属与石材幕墙工程技术规范》编制组按章、节、条顺序编制了本规范的条文说明，供使用者参考。如发现欠妥之处，请将意见函寄中国建筑科学研究院（地址：北京市北三环东路30号　邮政编码：100013）。

本条文说明由建设部标准定额研究所组织出版，不得翻印。

目　次

1 总则 ·················· 8—5—4
3 材料 ·················· 8—5—4
　3.1 一般规定 ·············· 8—5—4
　3.2 石材 ················ 8—5—4
　3.3 金属材料 ············· 8—5—5
　3.5 硅酮结构密封胶 ·········· 8—5—5
4 性能与构造 ·············· 8—5—5
　4.1 一般规定 ·············· 8—5—5
　4.2 幕墙性能 ············· 8—5—5
　4.3 幕墙构造 ············· 8—5—5
　4.4 幕墙防火与防雷设计 ······· 8—5—6
5 结构设计 ··············· 8—5—6
　5.1 一般规定 ·············· 8—5—6
　5.2 荷载和作用 ············ 8—5—8
　5.3 幕墙材料力学性能 ········ 8—5—9
　5.4 金属板设计 ············ 8—5—10
　5.5 石板设计 ············· 8—5—11
　5.6 横梁设计 ············· 8—5—11
　5.7 立柱设计 ············· 8—5—12
　5.8 幕墙与主体结构连接 ······· 8—5—13
6 加工制作 ··············· 8—5—14
　6.1 一般规定 ·············· 8—5—14
　6.2 幕墙构件加工制作 ········ 8—5—14
　6.3 石板加工制作 ··········· 8—5—14
　6.4 金属板加工制作 ········· 8—5—14
7 安装施工 ··············· 8—5—15
　7.1 一般规定 ·············· 8—5—15
　7.2 安装施工准备 ··········· 8—5—15
　7.3 幕墙安装施工 ··········· 8—5—15
　7.4 幕墙保护和清洗 ········· 8—5—15
　7.5 幕墙安装施工安全 ········ 8—5—16
8 工程验收 ··············· 8—5—16
9 保养与维修 ·············· 8—5—16

1 总　则

1.0.1 凡由金属构件与各种板材组成的悬挂在主体结构上、不承担主体结构荷载与作用的建筑物外围护结构，称为建筑幕墙。按建筑幕墙的面材可将其分为玻璃幕墙、金属幕墙、石材幕墙、混凝土幕墙及组合幕墙。近几年来，随着我国经济的发展，在一些大中城市中采用金属与石材幕墙作为公用建筑物外围护结构的越来越多。但在金属与石材幕墙的设计、加工制作和安装施工中，由于缺乏统一的技术规范，也曾发生过一些质量问题。

为了使金属与石材幕墙工程的设计、材料选用、性能要求、加工制作、安装施工和工程验收等有章可循，使金属与石材幕墙工程做到安全可靠、实用美观和经济合理，金属与石材幕墙工程技术规范的制订，具有重要的现实意义。

本规范是依照国家和行业标准、规范的有关规定，并在对我国近些年来使用金属与石材幕墙进行调研的基础上，结合金属与石材幕墙的特性和技术要求，同时参考了一些先进国家有关金属与石材幕墙的有关标准、规范而编制的。

1.0.2 本条对金属与石材幕墙的适用范围分别予以规定，对有抗震设防地区的石材幕墙适用建筑高度不大于100m，设防烈度不大于8度。这是由于石材为天然材料，其材质均匀性较差，弯曲强度离散性大，属于脆性材料，在生成、开采、加工过程中难免产生一些轻微的内伤，很难被发现；作为石材幕墙，虽然不承担主体结构的荷载，但它要承受自重、风、地震和温度等荷载和作用对它的影响。我国是多地震国家，设防烈度6度以上地区占国土面积70％以上，绝大多数的大、中城市都要考虑抗震设防。其次，为了满足强度计算的要求，石板厚度最薄不得小于25mm，因此，每平方米石板的重量均在70kg以上，这对抗震是不利的。因此，对石材幕墙适用范围的规定较金属幕墙的适用范围严些，是必要的和合适的。

金属板材的材质均匀、轻质高强、延展性好、加工连接方便，因此，金属幕墙的适用范围较石材幕墙适当放宽些是可行的。

3 材　料

3.1 一般规定

3.1.1 材料是保证幕墙质量和安全的物质基础。幕墙所使用的材料概括起来，基本上可有四大类型材料。即：骨架材料、板材、密封填缝材料、结构黏结材料。这些材料由于生产厂家不同，质量差别还是较大的。因此，为确保幕墙安全可靠，就要求幕墙所使用的材料都必须符合国家或行业标准规定的质量指标；对其中少量暂时还没有国家或行业标准的材料，可按国外先进国家同类产品标准要求；生产企业制订企业标准只作为产品质量控制的依据。总之，不合格的材料严禁使用，出厂时，必须有出厂合格证。

3.1.2 幕墙处于建筑物的外表面，经常会受到自然环境不利因素的影响，如日晒、雨淋、冰冻、风沙等不利因素的侵蚀。因此，要求幕墙材料要有足够的耐候性和耐久性。

3.1.3 硅酮结构密封胶、耐候硅酮密封胶必须有与接触材料相容性的试验和报告，橡胶条应有保证年限及组分化验单。两种胶目前在玻璃幕墙上已被广泛采用，而且已有了比较成熟的经验，应十分重视对石材的粘接和密封，因石材是多孔的材料，不论是硅酮结构胶还是耐候硅酮密封胶都应采用石材专用的，以确保石材长久不被污染，否则不能使用。

3.1.4 石材中所含的放射性物质现行行业标准《天然石材产品放射性防护分类控制标准》(JG518)的规定共分为三类：

A类产品：石质建筑材料中放射性比活度同时满足式（1）和式（2）的为A类产品，其使用范围不受限制。

$$C_{Ra}^e \leqslant 350 Bq \cdot kg^{-1} \quad (1)$$
$$C_{Ra}^e \leqslant 200 Bq \cdot kg^{-1} \quad (2)$$

B类产品：不符合A类石质建筑材料而其放射性比活度同时满足式（3）和式（4）的为B类产品，不可用于居室内饰面，可用于其他建筑物的内外饰面。

$$C_{Ra}^e \leqslant 700 Bq \cdot kg^{-1} \quad (3)$$
$$C_{Ra}^e \leqslant 250 Bq \cdot kg^{-1} \quad (4)$$

C类产品：不符合A、B类的石质建筑材料而其放射性比活度满足式（5）的为C类产品，可用于一切建筑物的外饰面。

$$C_{Ra}^e \leqslant 1000 Bq \cdot kg^{-1} \quad (5)$$

上述A、B、C三种产品的放射性可选A和B作为石材幕墙的材料。

3.2 石　材

3.2.1 用于室外的石材宜选用火成岩即花岗石。因花岗石主要结构物质是长石和石英，其质地坚硬、耐酸碱、耐腐蚀、耐高温、耐日晒雨淋、耐冰雪冻、耐磨性好等特点，固其耐用年限长。

3.2.4～3.2.5 石板火烧后，在板材的表面出现了细小的不均匀麻坑，因而影响了厚度，也影响强度，在一般情况下按减薄3mm计算强度。

3.2.6 石材是多孔的天然材料，一旦使用溶剂型的化学清洁剂就会有残余的化学成分留在微孔内，它与密封材料、黏结材料起化学反应，会造成石材被污染的后果。

3.3 金属材料

3.3.1 国家现行标准 GB 4239 的 8、9 奥氏体不锈钢材的屈服强度、抗拉强度、伸长率、硬度等物理力学性能，都优于铁素体、马氏体等不锈钢材的物理力学性能。

3.3.2 当前国内五金配件存在着试样不齐全，当采用非标准五金件应符合设计要求，要有出厂合格证，否则不应使用。

3.3.4 这一条明确了钢构件尽量采用耐候结构钢，耐候结构钢的氧化膜比较致密、比较稳定，在同样渗水（包括"酸雨"中的酸性水）条件下，氧化膜不易发生反应生成铁锈[$Fe(OH)_3$]，从而外层涂料也不易脱落，保护钢的基体不受腐蚀。表面处理可采用热喷复合涂层，表面为氯化橡胶涂料。

3.3.11 铝塑复合板按国际惯例分为普通型铝塑复合板和防火型铝塑复合板。

普通型铝塑复合板系由两层 0.5mm 的铝板中间夹一层 2~5mm 的 PE（即聚乙烯塑料）热加工或冷加工而成。防火型铝塑复合板系由两层 0.5mm 的铝板中间夹一层难燃或不燃材料而成。

3.3.12 本条对蜂窝铝板的使用进行了规定，但由于国内还没有有关的标准，也未看到美国、德国和日本相关的标准，只能参考复合铝板的数据确定，当然只能高不能低。

3.5 硅酮结构密封胶

目前国内生产的硅酮结构密封胶，通过幕墙工程实际应用以及法定检测机构的检测说明，国产硅酮结构密封胶的质量，已基本达到进口硅酮结构密封胶的质量水平。为保证幕墙工程的质量，保证隐框、半隐框幕墙的安全，同一幕墙工程应采用同一品牌的单组分或双组分的硅酮结构密封胶，不能在同一幕墙工程中，同时采用不同厂家、不同品牌的硅酮结构密封胶，更不能在同一幕墙工程中，同时既使用国产硅酮结构密封胶又使用进口硅酮结构密封胶。因为这样做一旦出现质量问题，难以判别是谁的责任；其次，这样做也无法进行统一的相容性试验。

4 性能与构造

4.1 一般规定

4.1.1 金属与石材幕墙的选型是建筑设计的内容，建筑师不仅要考虑立面的新颖、美观，而且要根据建筑的功能、造价及所具备的施工技术条件进行造型设计。在选用石材幕墙时应考虑到地理条件、工程的位置、当地在历史上发生过地震状况等，并且在设计时考虑能否拆装、维护修理，对雨水的排出方向等方面的问题在选用时要从严掌握，要充分考虑条件是否具备。

4.1.2 金属与石材幕墙，设计师都愿意增加凸出或凹进去的线条，石材也会组合成各种图案同周围环境相协调，但首先应考虑安全，同时也要考虑除尘、流水的问题。

4.1.3 石材幕墙立面划分时，单块板面积不宜大于 1.5m²。因石材是天然性材料，对于内伤或微小的裂纹有时用肉眼很难看清，在使用时会埋下安全隐患。如果只注意强度计算，没有考虑到天然材料的不可预见性，单板块越大出现问题的概率越高，因此提出了 1.5m² 以内要求。

4.1.4 金属与石材幕墙的设计，应满足幕墙维护和清洗的需要，因金属板材和石材均是多孔的材料，表面有光度，但有时也会有粗毛面，空气中的灰尘及油污会落到表面上，需要清洗，天长日久也会出现破损，需要更换。因此建筑物要具备维护清洗的条件。

4.2 幕墙性能

4.2.2 幕墙的性能与建筑物所在地区的地理位置、气候条件、建筑物的高度、体型及周围环境等有关。如沿海或经常有台风地区，幕墙的风压变形性能和雨水渗漏性能要求高些，而风沙较大地区则要求幕墙的风压变形性能和空气渗透性能高些，对于寒冷地区和炎热地区则要求幕墙的保温隔热性能良好。

4.3 幕墙构造

4.3.1 在本条当中阐述的主要是防水渗漏的设计方案应采取的措施。首先考虑等压原理设计，所谓等压原理是通过各种渠道使水能进能出，只要有水、缝、压力差的存在，就会出现水的渗漏问题。目前好多单位所采取的双道密封胶条同密封胶结合的防水措施是可行的，对型材的要求放松了些。对于开扇等压原理仍然要应用准确，否则会渗漏，另外五金配件的质量及开关型式也是造成渗漏原因之一，应予以足够重视。

4.3.3~4.3.4 幕墙钢骨架系统，应设热胀冷缩缝。幕墙的保温材料可与金属板、石板结合在一起，但应与主体结构外表面有 50mm 以上的空气层。因金属与石材幕墙大部分都采用钢骨架，设伸缩缝也应该是两层一个接头，接头的布置可以根据需要而定，处在合理的受力状态，另外隐蔽工程接头是看不到的，因此也就不存在美观和规律性的问题。在 4.3.4 条当中提到幕墙同主体结构保持 50mm 空气层也可叫通气层，由于这两种材料都是冷热导体，在背面会产生冷凝水或水蒸气，从主体结构的幕墙内侧层间排出室外；在霜冻地区不宜排往室外，防止结冻时将有关的系统冻坏。在一般情况下，蒸气在层间中游动，逐步的消失或生成凝结水，集中排入下水管。

4.3.5 上下用钢销支撑的石材幕墙，应在石板的两个侧面或者在石板背面的中间另设安全措施，并应利于维修方便。钢销安全度比较低，但它是国内外干挂石材传统的安装方法，因此，为增加钢销安装石材的安全性，可在石材的背面增加螺栓、挂钩等类或者是铜丝、不锈钢丝用环氧树脂锚固起来，起到生根作用，同主体捆扎在一起，保证石材的安全，同时尽量便于维修和拆装的方便。

4.3.7 每一块金属板构件、石板都应是独立单元，且应便于安装和拆卸，同时也应不影响上下、左右构件。因为石材幕墙应用越来越多，建筑物越高，造型就越复杂，所以维护修理更换是个大问题，好多工程全部安装完成后，才发现因多种原因造成石板有伤痕、裂纹、色差、图案不符，如果不具备拆装功能，就会很被动、费工、费力、费钱，还影响左右四邻，会造成不安全的因素。因此要求设计时考虑以上的不利因素，要做到能拆能装。

4.3.8 本条所提到单元式幕墙连接处和吊挂处的壁厚，是按照板块的大小、自重及材质、连接型式严格计算其壁厚，如果大于 5mm 可按计算值，如果小于 5mm 按 5mm 计算。

4.4 幕墙防火与防雷设计

4.4.1 本条所提到的对防火层的处理，首先要将保温材料和防火材料严格区分开来。凡是石板后面或者是铝板的后面均为保温材料；所谓填充系指楼层之间有一道防火隔层，隔层的隔必须用经防腐处理厚度不小于 1.5mm 的铁板包起来，不得用铝板，更不允许用铝塑复合板，因以上两种材料的耐火极限太低，起不到防火作用。

4.4.2 在现行国家标准《建筑物防雷设计规范》(GB 50057)中没有很具体、很明确地提出对幕墙防雷的规定。结合日本、德国幕墙防雷装置做法提出 3 条要求。

5 结构设计

5.1 一般规定

5.1.1 幕墙是建筑物的外围护构件，主要承受自重、直接作用于其上的风荷载和地震作用，以及温度作用。其支承条件须有一定变形能力以适应主体结构的位移；当主体结构在外力作用下产生位移时，不应使幕墙产生过大内力。

对于竖直的建筑幕墙，风荷载是主要的作用，其数值可达 $2.0\sim5.0 \text{kN/m}^2$，使面板产生很大的弯曲应力。而建筑幕墙自重较轻，即使按最大地震作用系数考虑，也不过是 $0.1\sim0.8 \text{kN/m}^2$，远小于风力，因此，对幕墙构件本身而言，抗风压是主要的考虑因素。但是，地震是动力作用，对连接节点会产生较大的影响，使连接发生震害甚至使建筑幕墙脱落、倒坍，所以，除计算地震作用力外，构造上还必须予以加强。

5.1.2 建筑幕墙构件由面板和金属框架等组成，其变形能力是很小的。在地震作用和风力作用下，结果将会产生侧移。

由于幕墙构件不能承受过大的位移，只能通过弹性连接件来避免主体结构过大侧移的影响。例如当层高为 3.5m，$\Delta u_p/h$ 为 1/70 时，层间最大位移可达 50mm。显然，如果幕墙构件承受这样的大的剪切变形，幕墙构件必然会破坏。

幕墙构件与立柱、横梁的连接要能可靠地传递地震力、风力，能承受幕墙构件的自重。但是，为防止主体结构水平力产生的位移使幕墙构件损坏，连接又必须有一定的适用位移能力，使得幕墙构件与立柱、横梁之间有活动的余地。

5.1.3 非抗震设计的建筑幕墙，风荷载起控制作用。幕墙面板本身必须具有足够的承载力，避免在风压下破碎。我国沿海地区城市经常受到台风的袭击，玻璃破碎常有发生。铝板和石板在台风下破碎的事例虽未见报告，但设计中仍应考虑有足够的抗风能力。

在风力作用下，幕墙与主体结构之间的连接件发生拔出、拉断等严重破坏比较少见，主要问题是保证其足够的活动余地，使幕墙构件避免受主体结构过大位移的影响。

在地震作用下，幕墙构件和连接件会受到猛烈的动力作用，其破坏很容易发生。防止震害的主要途径是加强构造措施。

在常遇地震作用下（比设防烈度低 1.5 度，大约 50 年一遇），幕墙不能破坏，应保持完好，在中震作用下（相当于设防烈度，大约 200 年的一遇），幕墙不应有严重破损，一般只允许部分面板破碎，经修理后仍然可以使用。在罕遇地震作用下（相当于比设防烈度高 1.5 度，大约 1500～2000 年一遇），必然会严重破坏，面板破碎，但骨架不应脱落、倒塌。幕墙的抗震构造措施，应保证上述设计目标能实现。

幕墙构件及横梁、立柱之间的支承条件，视具体的连接构造决定。铝板通常为四边支承受弯构件（支承边可为简支或连续），石板的支承条件则取决于其连接构造。

幕墙构件（面板、铝框）与横梁、立柱之间的支承条件，可按线支承或点支承等不同支承的组合，可得到幕墙构件的不同支承方式。

横梁和立柱，可根据其实际连接情况，按简支连续或铰接多跨支承条件考虑。构件的实际尺寸与设计尺寸相比，会有一定的偏差，对截面承载力计算会有一定的影响。但是材料出厂的尺寸公差都在一定的允许范围内；施工安装的偏差也要满足规范的要求，所以这种影响是不大的。另一方面，在设计时也无法预计可能产生的偏差。因此，可以采用设计尺寸进行设计。

5.1.5 目前，结构设计的标准是小震下保持弹性，不产生损害。在这种情况下，幕墙也应处于弹性状态。因此，本规范中有关的内力计算均采用弹性计算方法进行。

由于幕墙承受各种荷载、地震作用和温度作用，会产生多种内力，情况相当复杂，面板不便于采用承载力表达式，所以直接采用应力表达式；横梁、立柱和预埋件计算，则采用内力表达式计算出应力后，由应力表达式控制。

承载力表达式为：

$$S \leqslant R \tag{1}$$

式中 S——外荷载和效应产生的内力设计值；
R——构件截面承载力设计值。

由于外荷载、温度作用或地震作用产生的内力各不相同，有轴向力、弯矩等，采用承载力表达式不很方便。为便于设计人员应用，用应力表达式较为合适：

$$\sigma \leqslant f \tag{2}$$

式中 σ——各种荷载及作用产生应力的设计值；
f——材料强度的设计值。

我国现行国家标准《钢结构设计规范》也采用应力表达式进行承载力计算。承载力计算中，结构的安全系数可以有两种方式来表达：

一种采用允许应力方法，即要求：

$$\sigma_k \leqslant [f] = \frac{f_k}{k}$$

式中 σ_k 为外荷载产生的应力标准值（未附加任何安全系数）；$[f]$ 为允许应力值（强度的允许值），为材料标准强度 f_k（由试验得到）除以安全系数 k，这样结构的安全系数为 k。结构胶的计算便采用这种方法，结构胶短期强度允许值为0.14MPa，为实验值的1/5，即安全系数为5。

另一种方法是我国结构设计规范中采用的多系数方法，其基本表达式为：

$$(\sigma = k_1 \sigma_k) \leqslant \left(\frac{f_k}{k_2} = f\right)$$

即本规范中式 5.1.5-1。其中，σ 为应力设计值，为标准值乘以大于1的系数 k_1，通过效应组合计算得到。f 为强度设计值，由强度标准值 f_k 除以大于1的系数 k_2 得到，这样结构安全度为 $k=k_2 k_1$。在本规范中，铝板的安全度 k 为 2.0；铝合金型材的安全度为1.8；石板的安全度为3.0。

所以在进行结构设计时，必须注意公式中的数值（σ，f，S 等）是标准值还是设计值，不能混淆。

在进行变形、挠度、位移验算时，均采用1.0的分项系数，即 $k_1=1.0$，所以可以说采用标准值。

幕墙结构的安全度 k 取决于荷载的取值和材料强度的比值，即：

$$k \sim \frac{P}{f}$$

因此采用某一规范进行设计时，必须按该规范的规定计算荷载 P，同时采用该规范的计算方法和强度 f。不允许荷载按某一规范计算，强度计算又采用另一规范的方法，这样会产生设计安全度过低的情况。

5.1.7 作用在幕墙的风力、地震作用和温度变化都是可变的，同时达到最大值的可能性很小。例如最大风力按30年一遇最大峰值考虑；地震按500年一遇的设防烈度考虑。因此，在进行效应组合时，第一个可变荷载或作用的效应组合值系数 ψ 按1.0考虑，其余则分别按0.6、0.2考虑。

在现行国家标准《建筑抗震设计规范》（GBJ 11）中规定，当地震作用与风同时考虑时，风的组合值系数取为0.2。

由于幕墙暴露在室外，受大风、温度变化的影响较为显著，所以第二、第三个可变效应的组合值系数分别取为0.6、0.2，较《建筑抗震设计规范》的取值高。

5.1.8 在荷载及地震作用和温度作用下产生的应力应进行组合，求得应力的设计值。荷载、地震作用产生的应力组合时分项系数按现行国家标准《建筑结构荷载规范》（GBJ 9）采用。

在《荷载规范》中，没有列出温度应力的分项系数，在幕墙设计时，暂按1.2采用。

5.1.9 荷载和作用产生的效应（应力、内力、位移和挠度等）应按结构的设计条件和要求进行组合，以最不利的组合作为设计的依据。

结构的自重是重力荷载，是经常作用的不变荷载，因此必须考虑。所有的组合工况中都必须包括这一项。

幕墙考虑的可变荷载作用有三项，即风荷载、地震作用和温度作用。一般情况下风荷载产生的效应最大，起控制作用。三项可变值是否同时考虑，由设计人员根据幕墙的设计条件和要求决定（例如非抗震设计的幕墙可不考虑地震作用产生的效应等）。我国是多地震国家，6度以上地区占中国国土面积70%以上，绝大多数的大、中城市都考虑抗震设防。对于有抗震要求的幕墙，三种可变值都应考虑。

由于三种可变效应都达到最大值的概率是很小的，所以当可变效应顺序不同时，应按顺序分别采用不同的组合值系数。设计中，风、地震、温度分别为第一顺序的情况都应考虑。即是说，可考虑以下的典型组合：

1. $1.2G + 1.0 \times 1.4W + 0.6 \times 1.3E + 0.2 \times 1.2T$
2. $1.2G + 1.0 \times 1.4W + 0.6 \times 1.2T + 0.2 \times 1.3E$

3. $1.2G+1.0\times1.3E+0.6\times1.4W+0.2\times1.2T$
4. $1.2G+1.0\times1.3E+0.6\times1.2T+0.2\times1.4W$
5. $1.2G+1.0\times1.2T+0.6\times1.4W+0.2\times1.3E$
6. $1.2G+1.0\times1.2T+0.6\times1.3E+0.2\times1.4W$

式中：G、W、E、T 分别代表重力荷载、风荷载、地震作用和温度作用产生的应力或内力。

当然，在有经验的情况下，能判断出起控制作用的组合时，可以不计算不起控制作用的组合；或者在组合中略去不起控制作用的因素，如只考虑风力或温度作用等。目前设计中常采用的组合参见表5.1。

表 5.1 荷载和作用所产生的应力或内力设计值的常用组合

组合内容	应力表达式	内力表达式
重力	$\sigma=1.2\sigma_{Gk}$	$S=1.2S_{Gk}$
重力+风	$\sigma=1.2\sigma_{Gk}+1.4\sigma_{wk}$	$S=1.2S_{Gk}+1.4S_{wk}$
重力+风+地震	$\sigma=1.2\sigma_{Gk}+1.4\sigma_{wk}+0.78\sigma_{Ek}$	$S=1.2S_{Gk}+1.4S_{wk}+0.78S_{Ek}$
风	$\sigma=1.4\sigma_{wk}$	$S=1.4S_{wk}$
风+地震	$\sigma=1.4\sigma_{wk}+0.78\sigma_{Ek}$	$S=1.4S_{wk}+0.78S_{Ek}$
温度	$\sigma=1.2\sigma_{Tk}$	$S=1.2S_{Tk}$

表中　　σ——荷载和作用产生的截面最大应力设计值；
　　　　S——荷载和作用产生的截面内力设计值；
σ_{Gk}、σ_{wk}、σ_{Ek}、σ_{Tk}——分别为重力荷载、风荷载、地震作用和温度作用产生的应力标准值；
S_{Gk}、S_{wk}、S_{Ek}、S_{Tk}——分别为重力荷载、风荷载、地震作用和温度作用产生的内力标准值。

5.2 荷载和作用

5.2.3 现行国家标准《建筑结构荷载规范》(GBJ 9) 适用于主体结构设计，其附图《全国基本风压分布图》中的基本风压值是 30 年一遇，10min 平均风压值。进行幕墙设计时，应采用阵风最大风压。由气象部门统计，并根据国际上 ISO 的建议，10min 平均风速转换为 3s 的阵风风速，可采用变换系数 1.5。风压与风速平方成正比，因此本规范的阵风系数 β_{gz} 值，取为 $1.5^2=2.25$。

幕墙设计时采用的风荷载体型系数 μ_s，应考虑风力在建筑物表面分布的不均匀性。由风洞试验表明：建筑物表面的最大风压和风吸系数可达±1.5。挑檐向上的风吸系数可达 -2.0。建筑物垂直表面最大局部风压系数最大值 $\mu_s=\pm1.5$，主要分布在角部和近屋顶边缘，其宽度为建筑物宽度的 0.1 倍，且不小于 1.5m。大面上的体型系数可考虑为 $\mu_s=\pm1.0$。目前，多数幕墙按整个墙面 $\mu_s=\pm1.5$ 进行设计是偏于安全的。

风力是随时间变动的荷载，对于这种脉动性变化的外力，可以通过两种方式之一来考虑：

1. 通过风振系数 β_z 考虑，多用于周期较长、振动效应较大的主体结构设计；
2. 通过最大瞬时风压考虑，对于刚度大、周期极短、变形很小的幕墙构件，采用这种方式较为合适。

不论采用何种方式，都是一个考虑多种因素影响的综合性调整系数，用来考虑变动风力对结构的不利影响。表达形式虽然不同，其目的是大体相同的。

在施工过程中，由于楼层尚未封闭，在幕墙的室内表面会产生风压力或风吸力；此外，在建成的建筑物中，也会由于窗户开启或玻璃破碎使室内压力变化，从而在幕墙室内侧产生附加风力。这风力的大小与开启面积大小有关，国外各规范的取值相差较大。

美国规范：
幕墙的开启率超过其墙面的 10% 以上，但不超过 20%，室内内压系数为 +0.75，-0.25；其他情况为 +0.25，-0.25。

英国规范：
根据墙面开启情况内压系数为 +0.6 至 -0.9；一般情况可取 +0.2，-0.3。

日本规范：
内压系数原则上按 +0.2，-0.2 采用。

加拿大规范：
按开启情况内压系数为 -0.3～-0.5，+0.7。

所以设计者应根据实际开启情况，酌情考虑室内表面的风力作用。一般情况下可考虑为 ±0.2。

对于高层建筑，风荷载是主要的外力作用，在建筑物的生存期内，幕墙不应由于风荷载而损坏。因此可采用 50 年一遇的最大风力。由于《荷载规范》中的风压值是 30 年一遇最大风力，转换为 50 年一遇的最大风力应乘以放大系数 1.1。上述增大，由设计人员自行决定。为保证幕墙的抗风安全性，风荷载标准值至少取为 $1.0kN/m^2$。

近年来，由于城市景观和建筑艺术的要求，建筑的平面形状和竖向体型日趋复杂，墙面线条、凹凸、开洞也采用较多，风力在这种复杂多变的墙面上的分布，往往与一般墙面有较大差别。这种墙面的风荷载体型系数难以统一给定。当主体结构通过风洞试验决定体型系数时，幕墙亦采用该体型系数。

5.2.4 计算幕墙玻璃的温度应力时，要考虑幕墙的最大温度变化 ΔT。决定 ΔT 有两个因素。

1. 当地每年的最大温差，夏天的最高温度与冬天最低温度之差。这由当地气象条件决定。一般在长江以南可取为 40℃；长江以北可取为 60℃。

2. 幕墙的反射和吸热性质。这与幕墙本身材料性能有关。通常具有较强反射能力的浅色幕墙夏天表面温度低，相应冬季温度也低；反之，深色幕墙夏天表面温度高，但冬季表面温度也较高。浅色和深色幕墙温差差别不是很大。

我国部分城市的年极端温差见表 5.2。

表 5.2 我国部分城市年极端温差 ΔT（℃）

城市	ΔT	城市	ΔT	城市	ΔT
漠河	89	北京	68	福州	41
哈尔滨	75	济南	62	广州	39
长春	74	兰州	61	香港	34
沈阳	70	上海	49	南宁	42
大连	56	武汉	58	昆明	43
乌鲁木齐	82	成都	43	拉萨	46
喀什	64	西安	62		

考虑到南方地区夏天幕墙表面温升较高（例如广州可以达到 70℃以上），所以在本条中规定，一般情况下幕墙年温差可按 80℃考虑。

某些气温变化较特殊的地区，可以根据实际情况对温度差适当调整。

5.2.5 按我国现行国家标准《建筑抗震设计规范》（GBJ 11），在建筑物使用期间（大约 50 年一遇）的常遇地震，其地震影响系数见表 5.3。

表 5.3 地震影响系数

地震烈度	6 度	7 度	8 度
地震影响系数	0.04	0.08	0.16

由于玻璃、石板是不容易发展成塑性变形的脆性材料，为使设防烈度下不产生破损伤人，考虑了动力放大系数 β_E 取为 5.0。这与目前习惯取值相近。经放大后的地震力，大体相当于在设防地震下的地震力。日本规范中（大体上相当于 8 度设防），地震影响系数为 0.5，与本规范接近。

5.3 幕墙材料力学性能

5.3.1 铝合金型材的强度设计值取决于其总安全系数 $K=1.8$。其中 $K_1=1.4$，$K_2=1.286$，所以相应的设计强度为：

$$f_a = \frac{f_{ak}}{K_2} = \frac{f_{ak}}{1.286}$$

铝型材的 f_{ak}，即强度标准值取为 $\sigma_{p0.2}$，$\sigma_{p0.2}$ 指铝材有 0.2% 残余变形时，所对应的应力，即铝型材的条件屈服强度。$\sigma_{p0.2}$ 按现行国家标准 GB/T 5237 规定取用。

各国铝合金结构设计的安全系数有所不同，一般为 1.6~1.8。

按意大利 F. M. Mazzolani《铝合金结构》一书所载：

英国 BSCP118 规范，许可应力为：

$[\sigma] = 0.44\sigma_{p0.2} + 0.09\sigma_u$（轴向荷载）

$[\sigma] = 0.44\sigma_{p0.2} + 0.14\sigma_u$（弯曲荷载）

若极限强度 $\sigma_u = 1.3\sigma_{p0.2}$，则安全 K 相当于 1.6（受弯）~1.77（轴向力）。

德国规范 DIN4113，对于主要荷载，安全系数为 1.70~1.80。

美国铝业协会规范，对于建筑物的安全系数为 1.65，对于桥梁为 1.85。

鉴于幕墙构件以风荷载为主，变动较大，铝型材强度离散性也较大，所以取 1.8 是合适的。

5.3.2 铝板的总安全系数 K 取为 2.0。考虑到风荷载分项系数取为 1.4，所以材料强度系数 $K_2 = 2.0/1.4 = 1.428$。本条表 5.3.2 中的强度设计值是按我国现行国家标准《铝及铝合金轧制板材》（GB/T 3880）中的强度标准值除以 1.428 后给出。

考虑到铝板在幕墙中受力较大，对变形和强度有较高要求，故表中最小板厚取为 2.5mm。常用单层铝板厚度为 3.0mm。

5.3.3~5.3.4 目前铝塑复合板、蜂窝铝板的强度标准值数据不完整，表 5.3.3 只给出了最常用的 4mm 厚铝塑复合板的强度设计值；表 5.3.4 只给出了 20mm 厚蜂窝板的强度设计值。其他厚度的铝板，可根据厂家提供的强度试验平均值（目前暂作为标准值），除以 1.428 后作为强度设计值。

5.3.5 钢材（包括不锈钢材）的总安全系数 K 取为 1.55，即材料强度系数 $K_2 = 1.55/1.4 = 1.107$。表 5.3.6 是按不同组别不锈钢的 $\sigma_{p0.2}$ 屈服强度标准值除以 1.107 得到。抗剪强度取为抗拉强度的 78%。

5.3.6 和 5.3.8 钢板、钢棒、钢型材、连接的强度值，按现行国家标准《钢结构设计规范》（GBJ 17）。

5.3.7 花岗岩板是天然材料，材性不均匀，强度较分散，又是脆性材料。所以一般情况下总安全系数按 $K=3.0$ 考虑，相应材料强度系数 $K_2=3.0/1.4=2.15$。

用于幕墙的花岗岩板材，均应经过材性试验，按其弯曲强度试验的平均值（暂作为标准值）来决定其强度的设计值。石材剪切强度取为弯曲强度的 50%。

当石材幕墙特别重要时，总安全度 K 提高至 3.5，所以相应地 5.3.7 条的数据应乘以折减系数 0.85。

5.4 金属板设计

5.4.1 铝塑复合板和蜂窝铝板刻槽折过后，只剩下 0.5mm 或 1mm 厚的单层面板，角部形成薄弱点，影响强度和耐久性。如果刻槽时伤及此层面板，后果更为严重。因此必须采用机械刻槽，而且严格控制刻槽深度，不得损伤面板。

5.4.3 目前采用的薄板计算公式：

$$\sigma = \frac{6mqa^2}{t^2} \quad (\text{应力})$$

$$\text{和} \quad u = \frac{\mu q a^4}{D} \quad (\text{挠度})$$

是在小挠度情况下推导出来的，它假定板只受到弯曲，只有弯曲应力而面内薄膜应力则忽略不计。因此它的适用范围是：

$$u \leqslant t, \quad t \text{ 为板厚}$$

当板的挠度 u 大于板厚以后，这个公式计算就产生显著的误差，即计算得到的应力 σ 和挠度 u 比实际大，而且随着挠度与板厚之比加大，计算出来的应力和挠度偏大到不可接受，失去了计算的意义。由于计算出来的应力 σ 和挠度 u 比实际大得多，计算结果不代表实际数值（图 5.1）。

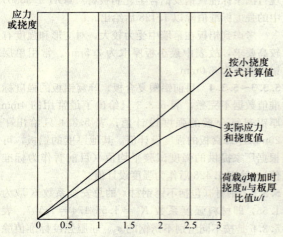

图 5.1 大挠度状态下理论计算结果与实际结果

按此计算结果设计板材，不仅会使材料用量大大增多，而且应力控制和挠度控制条件也失去了意义。

通常玻璃板和铝板的挠度都允许到边长的 1/100，对于边长为 1000mm 的玻璃板，挠度允许值可达 10mm，已为厚度 6mm 的 1.6 倍；对于边长为 500mm 的铝板，挠度允许值 5mm 也达到板厚的 1.6 倍，此时应力、挠度的计算值会比实际值大 30%～50%。用计算挠度 u 小于边长的 1/100 与预期的控制值偏严太多，强度条件也偏严太多。

为此，对玻璃板和铝板计算，应对现行小挠度应力和挠度计算公式，考虑一个系数 η 予以修正（表 5.4）。

大挠度板的计算是非常复杂的非线性弹性力学问题，难以用简单公式计算，而要用到专门的计算方法和专门的软件，对具体问题进行具体计算，显然这对于幕墙设计是不适用的。

英国 B. Aalami 和 D. G. Williams 对不同边界的矩形板进行了系统计算，发表于《Thin Plate Design For Transverse Loading》一书中，根据其大量计算结果，适当简化、归并以利于实际应用，选择了与挠度直接相关的变量 θ 为主要参数，编制了表 5.4.3。参数 θ 的量纲就是挠度与厚度之比：

$$\theta = \frac{qa^4}{Et^4} \sim \frac{qa^3}{Et^3}/t \sim \frac{qa^4}{D}/t \sim u/t$$

表 5.4 考虑大挠度影响应力 σ 计算结果的折减系数 η

$\theta = \dfrac{qa^4}{Et^4}$	B. Aalami D. C Williams 的计算结果，边长比 b/a 为			表 5.4.3 的取值
	1.0	1.5	2.0	
$\leqslant 1$	1.000	1.000	1.000	1.00
10	0.975	0.904	0.910	0.95
20	0.965	0.814	0.820	0.90
40	0.803	0.619	0.643	0.81
120	0.480	0.333	0.363	0.61
200	0.350	0.235	0.260	0.50
300	0.285	0.175	0.195	0.43
$\geqslant 400$	0.241	0.141	0.155	0.40

按原计算结果，η 数值随 θ 下降很快，即按小挠度公式计算的应力和挠度可以折减很多，为安全稳妥，在编制表 5.4.3 时，取了较厚计算结果偏大的数值，留有充分的余地。按表 5.4.3 η 取值对小挠度公式应力计算结果进行折减，不仅是合理地减小了板材厚度，也节省了材料，而且还有较大的安全余地。同样在计算板的挠度 u 时，也宜考虑此折减系数 η（表 5.5）。

表 5.5 考虑大挠度影响的挠度 u 计算结果的折减系数 η

$\theta = \dfrac{qa^4}{Et^4}$	B. Aalami 和 D. C Williams 的计算结果，当长比 b/a 为			表 5.4.3 的取值
	1.0	1.5	2.0	
$\leqslant 1$	1.000	1.000	1.000	1.00
10	0.955	0.906	0.916	0.95
20	0.894	0.812	0.832	0.90
40	0.753	0.647	0.674	0.81

续表 5.5

$\theta=\dfrac{qa^4}{Et^4}$	B. Aalami 和 D. C Williams 的计算结果，当长比 b/a 为			表 5.4.3 的取值
	1.0	1.5	2.0	
120	0.482	0.394	0.417	0.61
200	0.375	0.304	0.322	0.50
300	0.304	0.245	0.252	0.43
≥400	0.201	0.209	0.221	0.40

由于板的应力与挠度计算中，泊松比 ν 的影响很有限，这一系数 η 原则上也适用于玻璃板的应力与挠度计算。

5.4.4 铝板如果未加中肋，则四周边肋支承。由于边肋可因板面挠曲而转动（扭转），因而边肋支承按简支边考虑。中肋两侧均为铝板，在荷载下基本不发生转动，可认为是固定边。因此附录 B 表 B.0.1 按三种边界条件给出板的弯矩系数 m。

板的应力计算公式（5.4.3-1）、（5.4.3-2）为弹性薄板的小挠度公式，适用于挠度 u≤t 的情况，但通常铝板在风力作用下已远超此范围，宜按 5.4.3 条规定对计算结果予以折减。

5.5 石 板 设 计

5.5.1 考虑到石板强度较低，钻孔、开槽后如果剩余部分太薄，对受力不利，钢销式连接开孔直径为 7～8mm；槽式连接槽宽为 7～8mm，所以常用厚度为 25～30mm，但最小厚度不应小于 25mm。

5.5.2 钢销式为薄弱连接，一方面钢销直径仅为 5mm 或 6mm（目前常用的 4mm 钢销不应再用），截面面积很小；另一方面钢销将荷载集中传递到孔洞边缘的石材上，受力很不利，对这种连接方式的应用范围应加以限制。控制应用的范围是 7 度及 7 度以下，20m 高度以下，因此裙房部分仍可以采用。

5.5.3 钢销式连接是四点支承，目前计算用表只限于支承点在角上，而钢销支承点距边缘有一定距离，a_1、b_1 与角点支承有一定差别。因此本条规定了计算时的板边长度 a、b 的取值方法。

5.5.4 石板厚度很大（25～30mm），其挠度 u 远小于板厚，所以可以直接采用四角支承板的计算公式和系数表。

5.5.5 钢销受到的剪力，当两端支承时，可平均分配到钢销上；当四侧支承时，短边按三角形荷载面积分配，长边按梯形荷载面积分配，此处只验算长边。

系数 β 是考虑各钢销受力不均匀，有些钢销的剪力可能超出理论数值而设的一个放大系数。

5.5.6 钢销的剪力作用于孔洞的石材，石材的受剪面有两个，每个的面积为 (t-d)h/2，h 为孔深。

5.5.7 槽口的抗剪面为槽底长度 s 乘以石材剩余厚度的一半 s(t-d)/2。

5.5.9 对边通槽支承的石板如同对边简支板，可直接计算跨中最大弯曲应力。

5.5.13 隐框式结构装配石板，按四边简支板进行结构计算，其跨中最大弯矩系数按 ν=0.125 的情况给出。

5.6 横 梁 设 计

5.6.1 受弯薄壁金属梁的截面存在局部稳定的问题，为防止产生压力区的局部屈曲，通常可用下列方法之一加以控制：

规定最小壁厚 t_{min} 和规定最大宽厚比 b/t；
对抗压强度设计值或允许应力予以降低。
幕墙横梁与立柱设计，采用前一种控制方法。

与稳定问题相关的主要参数为 E/f，E 为材料的弹性模量，f 为材料的强度设计值。E/f 越高，其稳定性越高，失稳的机会越小，相应地对稳定问题的控制条件可以放松，碳素钢材 $E/f=2.1\times10^5/235$，而 6063T5 铝型材 $E/f=0.72\times10^5/110$ 两者比值相近，因此铝型材的一些规定可以参照钢型材的规定予以调整后采用。

1. 最小壁厚

我国现行国家标准《冷弯薄壁型钢结构技术规范》（GBJ18）第 3.3.1 条规定薄壁型钢受力构件壁厚不宜小于 2mm。

我国现行国家标准《铝合金建筑型材》（GB/T5237）规定用于幕墙的铝型材最小壁厚为 3mm。

因此本条规定小跨度的横梁（L 不大于 1.2m）截面最小厚度为 2.5mm，其余情况下截面受力部分厚度不小于 3.0mm。

为了保证螺纹连接的可靠，防止自攻螺钉拉脱，在有螺纹连接的局部，厚度不应小于螺钉的公称直径。

钢材防腐蚀能力较低，型钢的壁厚不宜小于 3.5mm。

2. 最大宽厚比

我国现行国家标准《钢结构设计规范》（GBJ17）规定：I 形梁处挑翼缘的最大宽厚比为：

$$b/t\leq 15\sqrt{\dfrac{235}{f_y}}$$

箱形截面梁的腹板：

$$b/t\leq 40\sqrt{\dfrac{235}{f_y}}$$

对于 Q235 钢材（3 号钢）b/t 最大值分别为 15 和 40，如果按 E/f 换算到 6063T5 铝型材，则两种支承条件下的最大宽厚比 b/t 分别为 13 和 34。

因此本条规定在一边支承一边自由条件下最大宽厚比为 15，箱形截面腹板最大宽厚比为 35。

5.6.3 横梁为双向受弯构件，竖向弯矩由面板自重和横梁自重产生；水平方向弯矩由风荷载和地震作用产生。由于横梁跨度小；刚度较大，整体稳定计算不必进行。

5.6.4 梁在受剪时，翼缘的剪应力很小，可以不考虑翼缘的抗剪作用；平行于剪力作用方向的腹板，剪应力为抛物线分布，最大剪应力可达平均剪应力的1.5倍。

5.7 立柱设计

5.7.1 立柱截面主要受力部分厚度的最小值，主要是参照我国现行国家标准《铝合金建筑型材》（GB/T5237）中关于幕墙用型材最小厚度为3mm的规定。

钢型材的耐腐蚀性较弱，最小壁厚取为3.5mm。

偏心受压的立柱很少，因其受力较为不利，一般不设计成受压构件，有时遇到这种构件，需考虑局部稳定的要求，对截面板件的宽厚比加以控制。

5.7.2 幕墙在平面内应有一定的活动能力，以适应主体结构的侧移。立柱每层设置活动接头，就可以使立柱上下有活动的可能，从而使幕墙在自身平面内能有变形能力。此外，活动接头的间隙，还要满足以下的要求：

立柱的温度变形；

立柱安装施工的误差；

主体结构柱子承受竖向荷载后的轴向压缩。

综合以上考虑，上、下柱接头空隙不宜小于15mm。

5.7.4 立柱自下而上是全长贯通，每层之间通过滑动接头连接，这一接头可以承受水平剪力，但只有当芯柱的惯性矩与外柱相同或较大且插入足够深度时，才能认为是连续的，否则应按铰接考虑。

因此大多数实际工程，应按铰接多跨梁来计算立柱的弯矩，现在已有专门的计算软件来计算，它可以考虑自下而上各层的层高、支承状况和水平荷载的不同数值，准确计算各截面的弯矩、剪力和挠度，作为选用铝型材的设计依据，比较准确，应推广应用。

对于多数幕墙承包商来说，目前设计主要还是采用手算方式，精确进行多跨梁计算有困难，这时可按结构设计手册查找弯矩和挠度系数。

每层两个支承点时，宜按铰接多跨梁计算而求得较准确的内力和挠度。但按铰接多跨梁计算需要相应的计算机软件，所以，手算时可以近似按双跨梁进行计算。

5.7.6 立柱按偏心受拉柱进行截面设计，采用现行国家标准《钢结构设计规范》（GBJ17）中相应的计算公式。因此在连接设计时，应使柱的上端挂在主体结构上，一般情况下，不宜设计成偏心受压的立柱。

5.7.7 考虑到在某些情况下可能有偏心受压立柱，因此本条给出偏心受压柱的承载力验算公式。本公式来自现行国家标准《钢结构设计规范》（GBJ17）第5.2.3条：

$$\frac{N}{\psi_k A}+\frac{\beta_{mx}M_x}{W_{1x}\left(1-0.8\dfrac{N}{N_{Ex}}\right)} \leq f \quad (5.7.7)$$

其中，β_{mx}为等效弯矩系数，$\beta_{mx} \leq 1.0$，最不利情况为1.0，为简化计算，本条公式5.7.7取为1.0，N_{Ex}为欧拉临界荷载，由于立柱支承点间距较小，轴力N仅由幕墙自重产生，N远小于N_{Ex}，所以本条公式5.7.7予以简化。需准确计算时，可参照现行国家标准《钢结构设计规范》（GBJ17）第5.2.3条进行。

钢型材的ψ值按现行国家标准《钢结构设计规范》（GBJ17）采用。铝型材的ψ值国内未见系统的研究报告，因此参照国外强度接近的铝型材ψ值取用（表5.6）。

表5.6 国外一些铝型材的ψ值

λ	俄罗斯 AMц-M	俄罗斯 AMг-M Aд31-T	俄罗斯 AB-T AMг-Д	加拿大 65S-T	意大利	意大利
	$\sigma_{0.2}=60\sim90$ (MPa)	$\sigma_{0.2}=100$ (MPa)	$\sigma_{0.2}=150\sim230$ (MPa)	$[\sigma]=105$ (MPa)	$[\sigma]=84$ (MPa)	$[\sigma]=138$ (MPa)
20	0.947	0.945	0.998	0.927	1.00	0.96
40	0.895	0.870	0.880	0.757	0.90	0.86
60	0.730	0.685	0.690	0.587	0.83	0.75
80	0.585	0.580	0.525	0.417	0.73	0.58
90	0.521	0.465	0.457	0.332	0.67	0.48
100	0.463	0.415	0.395	0.272	0.60	0.38
110	0.415	0.365	0.335	0.225	0.53	0.34
120	0.375	0.327	0.283	0.189	0.46	0.30
140	0.300	0.265	0.208	0.138	0.34	0.22

5.8 幕墙与主体结构连接

5.8.1 幕墙的连接与锚固必须可靠，其承载力必须通过计算或实物试验予以确认，并要留有余地。为防止偶然因素产生突然破坏，连接用的螺栓、铆钉等主要部件，至少需布置2个。

5.8.3 主体结构的混凝土强度等级也直接关系到锚固件的可靠工作，除加强混凝土施工的工程质量管理外，对混凝土的最低的强度等级也相应作出规定。采用幕墙的建筑一般要求较高，多数是较大规模的建筑，混凝土强度等级宜不低于C30。

5.8.5 通常幕墙的立柱应直接与主体结构连接，以保持幕墙的承载力和侧向稳定性。有时由于主体结构平面的复杂性，使某些立柱与主体结构有较大的距离，难以直接在其上连接，这时，要在幕墙立柱和主体结构之间设置连接桁架或钢伸臂（图5.2）。

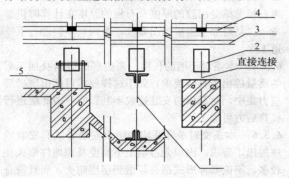

图 5.2 立柱与主体结构连接方式
1—连接钢桁架；2—横梁；3—面板；
4—立柱；5—连接钢伸臂

当幕墙的立柱是铝合金时，铝合金与钢材的热胀系数不同，温度变形有差异。铝合金立柱与钢桁架、钢伸臂连接后会产生温度应力。设计中应考虑温度应力的影响，或者使连接有相对位移能力，减少温度应力。

5.8.6 幕墙横梁与立柱的连接，立柱与锚固件或主体结构钢梁、钢材的连接，通常通过螺栓、焊缝或铆钉实现。现行国家标准《钢结构设计规范》对上述连接均作了详细的规定，可参照上述规定进行连接设计。

5.8.7 幕墙构件与混凝土结构的连接一般是通过预埋件实现的，预埋件的锚固钢筋是锚固作用的主要来源。因此混凝土对锚固钢筋的黏结力是决定性的。因此预埋件必须在混凝土浇灌前埋入，施工时混凝土必须密实振捣。目前实际施工中，往往由于放入预埋件时，未采取有效措施来固定预埋件，混凝土浇铸时往往使预埋件大大偏离设计位置，影响立柱的连接，甚至无法使用。因此应将预埋件可靠地固定在模板上或钢筋上。

当施工未设预埋件、预埋件漏放、预埋件偏离设计位置太远、设计变更、旧建筑加装幕墙时，往往要使用后锚固螺栓。采用后锚固螺栓（膨胀螺栓或化学螺栓）时，应注意满足下列要求：

1. 采用质量可靠的品牌，有检验证书、出厂合格证和质量保证书。
2. 用于立柱与主体结构连接的后加螺栓，每处不少于2个，直径不小于10mm，长度不小于110mm。螺栓应采用不锈钢或热镀锌碳素钢。
3. 必须进行现场拉拔试验，有试验合格报告书。
4. 优先设计成螺栓受剪的节点形式。
5. 螺栓承载力不得超过厂家规定的承载力。并按厂家规定的方法进行计算。

5.8.8 附录C为幕墙的预埋件设计，对于预埋件的要求，主要是根据有关研究成果和冶金部《预埋件设计规程》(YS11—79)。

1. 承受剪力的预埋件，其受剪承载力与混凝土强度等级、锚固面积、直径等有关。在保证锚固长度和锚筋到构件边缘距离的前提下，根据试验提出了半理论、半经验的公式，并考虑锚筋排数、锚筋直径对受剪承载力的影响。
2. 承受法向拉力的预埋件，钢板弯曲变形时，锚筋不仅单独承受拉力，还承受钢板弯曲变形引起的内剪力，使锚筋处于复合应力，参考冶规YS11—79的规定，在计算公式中引入锚板弯曲变形的折减系数。
3. 承受弯矩的预埋件，试验表明其受压区合力点往往超过受压区边排锚筋以外，为方便和安全考虑，受弯力臂取以外排锚筋中心线之间的距离为基础，在计算公式中引入锚筋排数对力臂的折减系数。
4. 承受拉力和剪力或拉力和弯矩的预埋件，根据试验结果，其承载力均取线性相关关系。
5. 承受剪力和弯矩的预埋件，根据试验结果，当 $V/V_{u0}>0.7$ 时，取剪弯承载力线性相关，当 $V/V_{u0} \leqslant 0.7$ 时，取受剪承载力与受弯承载力不相关。
6. 承受剪力、压力和弯矩的预埋件，其承载力公式是参考冶规（YS11—79）和前苏联84年规范的方法以及国内的试验结果提出的，设计取值偏于安全。当 $N<0.5f_cA$ 时，可近似取 $M-0.4NZ=0$ 作为受压剪承载力与受压弯剪承载力计算的界限条件。本规范公式（C.0.1-3）中系数0.3是与压力有关的系数，与试验结果比较，其取值是偏于安全的。当 $M<0.4NZ$ 时，公式（C.0.1-3）即为冶规公式。当 $N=0$ 时，公式（C.0.1-1）与公式（C.0.1-3）相衔接。

在承受法向拉力和弯矩的公式中均乘以0.8，这是考虑到预埋件的重要性、受力复杂性而采取提高其安全储备的系数。

直锚筋和弯折锚筋同时作用时，取总剪力中扣除直锚筋所能承担的剪力，即为弯折锚筋承拉剪力的面积：

$$A_{sb} \geq (1.1V - \alpha_v f_c A_s)/0.8 f_s$$

根据国外有关规范和国内对钢与混凝土组合结构中弯折锚筋的试验表明：弯折锚筋的角度对受剪承载力影响不大。同时，考虑构造等原因，控制弯折角度在15°～45°之间，此时锚筋强度可不折减。上述公式中的 1.1 是考虑两种形式的钢筋同时受力时的不均匀系数 0.9 的倒数。当不设置直锚筋或直锚筋仅按构造设置时，在计算中应不予以考虑，取 $A_s=0$。

这里预埋件基本构造要求，应满足常用的预埋件作为目标，计算公式是根据这些基本构造要求建立的。

在进行锚筋面积 A_s 计算时，假定锚筋充分发挥了作用，应力达到其强度设计值 f_s。要使锚筋应力达到 f_s 而不滑移、拔出，就要有足够的锚固长度，锚固长度 L_a 与钢筋型式、混凝土强度、钢材品种有关，在现行国家标准《混凝土结构设计规范》（GBJ10）中有相应规定。由于 L_a 的数值过大，在幕墙预埋件中采用有困难，所以可以采用低应力设计方法，增加锚筋面积，降低锚筋实际应力，从而减小锚固长度。当锚筋实用面积达到计算面积的 1.4 倍时，可以将锚筋长度减小至 180mm。

6 加 工 制 作

6.1 一 般 规 定

6.1.4 硅酮结构密封胶长期荷载承载力很低，不仅允许应力仅为 0.007MPa，而且硅酮结构密封胶在重力作用下（特别是石材其使用厚度远大于玻璃）会产生明显的变形，使硅酮结构密封胶长期处于受力状态下工作，造成幕墙的安全隐患。所以，应在石材底部设置安全支托，使硅酮结构密封胶避免长期处于受力状态。

6.2 幕墙构件加工制作

加工精度的高低、准确程度，偏差的控制是影响幕墙质量的关键问题；在这一节中对杆件的长度公差、铣槽、铣豁、铣榫的公差都进行了规定。

如长度允许正负值，铣槽长和宽度只允许正偏差不允许负偏差，以防止出现装配时受阻，中心离边部可以正偏差也可以负偏差。铣豁时也是豁的长度宽度只允许正偏差不允许负偏差，铣榫时榫的长度和宽度允许负偏差不允许正偏差。因幕墙用的几何形状不是机加工成型的，是热加工或冷加工或冲压成型，配合尺寸难以十分准确的掌握，只能一个方面控制，以便配合安装。

6.3 石板加工制作

6.3.1 在石板的规格尺寸、形状都已符合设计要求的前提下，只是固定形式（长槽、短槽、针孔等）还没有加工，应先严格的检查。石板作为天然性材料，有时有内暗裂，不认真的挑选很难被发现，所以每块均应检查，另外对于缺角的大小，数量也进行了规定。如要修补其黏结强度不应小于石板的强度。

6.3.2 本条主要提出对钢销式固定的有关规定，如果石板短边尺寸太小，钢销的数量不能少于 2 个，并且对于钢销的离石板边部距离应大于石板厚度的 3 倍，中间距离应在石板厚度的 3 倍以上，如上述条件不能满足时，是不能采用钢销安装，采取其他安装形式。

6.3.3 本条对开通槽提出了 2 条要求：一是对石板槽与支撑的不锈钢和铝型材提出相应要求，目的在于为石板黏结专用胶的厚度及石板的厚度在计算时供参考；二是对加工质量提出要求，否则就不能进行下一道工序。

6.3.4 本条对于槽的长度、离边部的距离及加工后的质量提出了具体要求，如不这样要求可能出现局部应力集中，对石板的安装造成不利影响，因此应进行核算后方可加工。

6.3.6 本条文对单元幕墙的防火安装形式和安装顺序提出了要求，因单元幕墙上下高度及预埋件形式比较多，不论哪种形式都必须做到层层防火，而且符合设计要求。另外单元幕墙的石板固定形式，可采用 T 形或者 L 形挂件，但对黏结材料应采用环氧树脂型的专用胶，对支撑板的厚度应通过计算确定。

6.3.7 由于石板的挂件要同石材专用胶黏结，必须相当的洁净，因此，石板经切豁或开槽等工序后，应将石屑用水冲干净，干燥后，方可黏结。

6.3.8 已加工好的石板应直立存放在通风良好的仓库内，其角度不应小于 85°。石板的存放是十分重要的，一方面可保证石板安装后的色差变化不大，石板是多孔的材料，一旦造成深层的污染，变色无法处理掉。另一方面存放角度是保证石板存放过程的安全，防止挤压破碎及变形。

6.4 金属板加工制作

6.4.3 1. 这主要为了折弯处铝板的强度不受影响，铝板外表色泽一致；

2. 单层铝板固定加劲肋时，可以采用焊接种植螺栓的办法，但在焊接的部位正面不准出现焊接的痕迹，更不能发生变形、褪色等现象，并应焊接牢固；

3. 单层铝板的固定耳子应符合设计要求，固定耳子可采用焊接、铆接、冲压成型；

4. 构件的角部开口部位凡是没有焊接成型的必须用硅酮密封胶密封。

6.4.4 关于铝塑复合铝板加工中有 3 个要求，首要的问题是外面层的 0.5mm 铝板绝对不允许被碰伤，而且保证保留 0.3mm 聚乙烯塑料，其次角部应用硅酮密封胶密封，保证水不能渗漏进聚乙烯塑料内。最后在加工过程中防止水淋湿板材，确保质量。

6.4.5 本条除对蜂窝铝板提出了 4 条要求外，还应按照材料供应商提的要求进行加工。

7 安 装 施 工

7.1 一 般 规 定

7.1.1 这主要是为了保证幕墙安装施工的质量，要求主体结构工程应满足幕墙安装的基本条件，特别是主体结构的垂直度和外表面平整度及结构的尺寸偏差，尤其外立面是很复杂的结构，必须同设计相符。必须达到有关钢结构、钢筋混凝土结构和砖混结构施工及验收规范的要求。否则，应采取适当的措施后，才能进行幕墙的安装施工。

7.1.2 幕墙安装时应对现场挂件、附件、金属板、石材、密封材料等，按质量要求、按材料图案颜色及保护层的好坏进行检查和验收。对幕墙施工环境和分项工程施工顺序要认真研究，对幕墙安装会造成严重污染的分项工程应安排在幕墙安装前施工，否则应采取可靠的保护措施后，才能进行幕墙安装施工。

7.1.3 幕墙的安装施工质量，是直接影响幕墙安装后能否满足幕墙的建筑物理及其他性能要求的关键之一，同时幕墙安装施工又是多工种的联合施工，和其他分项施工难免会有交叉和衔接的工序，因此，为了保证幕墙安装施工质量，要求安装施工承包单位单独编制幕墙施工组织设计方案。

7.2 安装施工准备

7.2.1～7.2.2 对于已加工好的金属板块和石材板块，在运输过程中、储存过程中，应高度注意防碰撞、防污染、防锈蚀、防潮湿，在室外储存时更要采取有效措施。

7.2.3 构件在安装前应检查合格，不合格的挂件应予以更换。幕墙构件在运输、堆放、吊装过程中有可能发生变形、损坏等，所以，幕墙安装施工承包商，应根据具体情况，对易损坏和丢失的挂件、配件、密封材料、垫材等，应有一定的更换、贮备数量，一般构配件贮备量应为总量的 1%～5%。

特殊规格的石材，应有一定的贮备量，以确保安装的顺利进行。

7.2.4 为了保证幕墙与主体结构连接牢固的可靠性，幕墙与主体结构连接的预埋件应在主体结构施工时，按设计要求的位置和方法进行埋设；若幕墙承包商对幕墙的固定和连接件，有特殊要求或与本规定的偏差要求不同时，承包商应提出书面要求或提供埋件图、样品等，反馈给建筑师，并在主体结构施工图中注明要求。一定要保证三位调整，以确保幕墙的质量。

7.3 幕墙安装施工

7.3.1 幕墙的安装应与主体工程施工测量轴线配合，如主体结构轴线误差大于规定的允许偏差时，包括垂直偏差值，应在得到监理、设计人员的同意后，适当调整幕墙的轴线，使其符合幕墙的构造需要。

对于高层建筑物，由于建筑水平位移的关系，竖向轴线测设不易掌握，风力和风向均有较大的影响，从已施工的经验来看，在测量时应在仪器稳定的状态下进行测量。如果每日定时测量会有较好的效果，同时，也要与主体轴线相互校核，并对误差进行控制、分配、消化，不使其积累，以保证幕墙的垂直及立柱位置的正确。

7.3.3 立柱一般为竖向构件，立柱安装的准确和质量，影响整个幕墙的安装质量，是幕墙安装施工的关键之一。通过连接件，应使幕墙的平面轴线与建筑物的外平面轴线距离的允许偏差应控制在 2mm 以内，特别是建筑平面呈弧形、圆形和四周封闭的幕墙，其内外轴线距离影响到幕墙的周长，应认真对待。

立柱一般根据施工及运输条件，可以是一层楼高为一根，也可用长度达 7.5～10m 左右一根，接头应有一定空隙，采用套筒连接法，这样可适应和消除建筑挠度变形的影响。

7.3.4 横梁一般为水平构件，是分段在立柱中嵌入连接，横梁两端与立柱连接尽量采用螺栓连接，连接处应用弹性橡胶垫，橡胶垫应有 10%～20% 的压缩性，以适应和消除横向温度变形的影响。

7.3.8 幕墙安装过程中，宜进行接缝部位渗漏检验，根据 JG3035 有关规定，在一般情况下，在幕墙装两个层高，以 20m 长度作为一个试验段，要在进行镶嵌密封后，并在接缝上按设计要求先进行防水处理后，再进行渗漏性检测。

喷射水头应垂直于墙面，沿接缝前后缓缓移动，每处喷射时间约 5min（水压应根据条件而定），在实验时在幕墙内侧检查是否漏水。经渗漏检查无问题后方可砌筑内墙。

7.4 幕墙保护和清洗

幕墙的保护在幕墙安装施工过程中是一个十分值得注意而往往又易被忽视的问题，应采取必要的保护措施，使其不发生碰撞变形、变色、污染和排水管堵塞等现象。将加工过程中的标志、号码等有关标记，应全部清洗掉。施工中给幕墙及构件表面造成影响的黏附物，应及时清理干净，以免凝固后再清理时划伤表面的装饰层。

对于清洗剂应得到材料供应商的书面认可，还要保证不污染环境，否则不能应用，在清洗过程中也应再一次检查幕墙的质量，发现问题及时处理。

7.5 幕墙安装施工安全

幕墙安装施工应根据国家有关劳动安全、卫生法规和现行行业标准《建筑施工高处作业安全技术规范》（JGJ80），结合工程实际情况，制定详细的安全操作规程，并获得有关部门批准后方可施工。

8 工程验收

8.0.2 幕墙施工完毕后，不少节点与部位已被装饰材料遮封隐蔽，在工程验收时无法观察和检测，但这些节点和部位的施工质量至关重要，故强调对隐蔽工程验收文件进行认真的审核与验收。尤其是更改的设计资料、临时洽商的记录应整理归档。

由于幕墙为建筑物全部或部分外围护结构，凡设计幕墙的建筑一般对外观质量要求较高，个别的抽样检验并不能代表幕墙整体的外侧观感质量。因此对幕墙的验收检验应进行观感检验和抽样检验两部分。

当一栋建筑或一个大工程有一幅以上幕墙时，考虑到幕墙质量的重要性，要求以一幅幕墙作为独立检查单元，对每幅幕墙均要求进行检验验收。

9 保养与维修

9.0.1 为了使幕墙在使用过程达到和保持设计要求的功能，达到预期使用年限和确保不发生安全事故。本规范规定使用单位应及时制订幕墙的保养、维护计划与制度。

9.0.4 幕墙在正常使用时，除了正常的定期和不定期的检查和维修外，还应每隔几年进行一次全面检查，以确保幕墙的使用安全。对铝板、石材、密封条、硅酮结构密封胶进行检查。

关于全面检查时间问题，国外一般为 8～10 年对幕墙的使用情况进行一次全面检查，特别是硅酮耐候密封胶和硅酮结构密封胶，要在不利的位置进行切片检查，观察耐候胶和结构胶有无变化，若没有变化或是在正常变化范围内，则可继续使用。本规范规定为 5 年全面检查一次。主要考虑两个方面：一方面考虑 10 年时间太长，幕墙在正常使用情况下，质量问题应及时发现及时处理；另一方面幕墙在竣工交付使用时，施工单位对硅酮胶、金属板材、石材都提出 10 年的质量保证书，通过两次的幕墙检查，对幕墙的安全使用，已有了足够的保证。另外凡是有条件的工程均应在楼顶处专门设有样板观察点，每种材料应超过 5 块进行比较观察。

中华人民共和国国家标准

屋面工程技术规范

GB 50345—2004

条文说明

目　次

1 总则 ·· 8—6—3
2 术语 ·· 8—6—3
3 基本规定 ······································· 8—6—3
4 屋面工程设计 ································ 8—6—4
　4.1 一般规定 ····································· 8—6—4
　4.2 构造设计 ····································· 8—6—5
　4.3 材料选用 ····································· 8—6—6
5 卷材防水屋面 ································ 8—6—7
　5.1 一般规定 ····································· 8—6—7
　5.2 材料要求 ····································· 8—6—8
　5.3 设计要点 ····································· 8—6—9
　5.4 细部构造 ····································· 8—6—9
　5.5 沥青防水卷材施工 ························ 8—6—10
　5.6 高聚物改性沥青防水卷材施工 ········ 8—6—11
　5.7 合成高分子防水卷材施工 ·············· 8—6—12
6 涂膜防水屋面 ································ 8—6—12
　6.1 一般规定 ····································· 8—6—12
　6.2 材料要求 ····································· 8—6—13
　6.3 设计要点 ····································· 8—6—13
　6.4 细部构造 ····································· 8—6—14
　6.5 高聚物改性沥青防水涂膜施工 ········ 8—6—14
　6.6 合成高分子防水涂膜施工 ·············· 8—6—15
　6.7 聚合物水泥防水涂膜施工 ·············· 8—6—15
7 刚性防水屋面 ································ 8—6—15
　7.1 一般规定 ····································· 8—6—15
　7.2 材料要求 ····································· 8—6—16
　7.3 设计要点 ····································· 8—6—16
　7.4 细部构造 ····································· 8—6—16
　7.5 普通细石混凝土防水层施工 ··········· 8—6—17
　7.6 补偿收缩混凝土防水层施工 ··········· 8—6—17
　7.7 钢纤维混凝土防水层施工 ·············· 8—6—17
8 屋面接缝密封防水 ·························· 8—6—18
　8.1 一般规定 ····································· 8—6—18
　8.2 材料要求 ····································· 8—6—19
　8.3 设计要点 ····································· 8—6—19
　8.4 细部构造 ····································· 8—6—20
　8.5 改性石油沥青密封材料防水
　　　施工 ··· 8—6—20
　8.6 合成高分子密封材料防水施工 ········ 8—6—21
9 保温隔热屋面 ································ 8—6—21
　9.1 一般规定 ····································· 8—6—21
　9.2 材料要求 ····································· 8—6—22
　9.3 设计要点 ····································· 8—6—22
　9.4 细部构造 ····································· 8—6—23
　9.5 保温层施工 ································· 8—6—24
　9.6 架空屋面施工 ····························· 8—6—24
　9.7 蓄水屋面施工 ····························· 8—6—24
　9.8 种植屋面施工 ····························· 8—6—24
　9.9 倒置式屋面施工 ·························· 8—6—24
10 瓦屋面 ··· 8—6—24
　10.1 一般规定 ··································· 8—6—24
　10.2 材料要求 ··································· 8—6—25
　10.3 设计要点 ··································· 8—6—25
　10.4 细部构造 ··································· 8—6—25
　10.5 平瓦屋面施工 ····························· 8—6—25
　10.6 油毡瓦屋面施工 ·························· 8—6—26
　10.7 金属板材屋面施工 ······················· 8—6—26

1 总则

1.0.1 随着建筑技术的发展，人们在屋面工程实践中已经逐渐认识到：要提高屋面工程的技术水平，就必须把屋面当作一个系统工程来进行研究，建立起一个屋面工程技术内在规律的理论分析体系，指导屋面工程技术的发展。

解决当前屋面渗漏这一突出的问题，促进建筑防水、保温隔热新技术的发展，确保屋面工程的功能与质量，这就是制订本规范的目的。

1.0.2 屋面工程应遵循"材料是基础、设计是前提、施工是关键、管理是保证"的综合治理原则。为使房屋建筑的屋面渗漏问题得到尽快解决，本规范将屋面工程的设计单列一章，并对有关章节的材料要求、设计要点、细部构造以及工程施工等内容均提出了要求，明确了屋面工程设计和施工的技术规定。

1.0.3 为了贯彻国家有关环境保护和节约能源的政策，屋面工程设计和施工应从选择建筑材料、施工方法等方面着手，考虑其对周围环境影响程度以及建筑节能效果，并应采取针对性措施。

1.0.4 根据建设部印发建标（1996）626号《工程建设标准编写规定》，采用了"……除应符合本规范外，尚应符合国家现行的有关标准规范的规定"典型用语。

1.0.5 本规范仅适用于屋面工程的设计和施工，对屋面工程施工质量验收，尚应符合国家标准《屋面工程质量验收规范》GB 50207—2002 的规定。

2 术语

建设部建标（1996）第626号《工程建设标准编写规定》第十五条规定：标准中采用的术语和符号，当现行的标准中尚无统一规定，且需要给出定义或涵义时，可独立成章，集中列出。

本规范术语共有26条，分三种情况：

1 在现行国家标准、行业标准中无规定，是本规范首次提出的。如：倒置式屋面、架空屋面、蓄水屋面、种植屋面等。

2 虽在国家标准、行业标准中出现过这一术语，但都是比较生疏的。如：防水层合理使用年限、一道防水设防、热粘法、冷粘法、自粘法、热熔法、焊接法等。

3 现行国家标准、行业标准中虽有类似术语，但内容不完全相同的。如：沥青防水卷材、高聚物改性沥青防水卷材、合成高分子防水卷材、密封材料等。

3 基本规定

3.0.1 屋面工程应根据建筑物的性质、重要程度、使用功能要求，将建筑屋面防水等级分为Ⅰ、Ⅱ、Ⅲ、Ⅳ级，防水层合理使用年限分别规定为25年、15年、10年、5年，并根据不同的防水等级规定了设防要求及防水层选用材料。

根据不同的屋面防水等级和防水层合理使用年限，分别选用高、中、低档防水材料，进行一道或多道防水设防，作为设计人员进行屋面工程设计时的依据。屋面防水层多道设防时，可采用同种卷材叠层或不同卷材复合，也可采用卷材和涂膜复合，刚性防水材料和卷材或涂膜复合等。

3.0.2 根据建设部（1991）370号文《关于治理屋面渗漏的若干规定》要求：房屋建筑屋面防水工程设计，必须要有防水设计经验的人员承担，设计时要结合工程的特点，对屋面防水构造进行认真处理。因此，本条文规定设计人员在进行屋面工程设计时，首先要根据建筑物的性质、重要程度、使用功能要求，确定建筑物的屋面防水等级和屋面做法，然后按照不同地区的自然条件、防水材料情况、经济技术水平和其他特殊要求，综合考虑选用适合的防水材料，按设防要求的规定进行屋面工程构造设计，并应绘出屋面工程的施工图。对檐口、泛水等重要部位，应由设计人员绘出大样图。保温层理论厚度应通过计算确定，并作为采暖建筑节能设计的依据。

本规范在有关细部构造中所示意的节点构造，仅为条文的辅助说明，不能作为设计节点的构造详图。

3.0.3 根据建设部（1991）837号文《关于提高防水工程质量的若干规定》要求：防水工程施工前，通过对图纸的会审，掌握施工图中的细部构造及质量要求。这样做一方面是对设计进行把关，另一方面能使施工单位切实掌握屋面防水设计的要求，制订确保防水工程质量的施工方案或技术措施。

屋面防水工程施工方案的内容包括：工程概况、质量工作目标、施工组织与管理、防水材料及其使用、施工操作技术、安全注意事项等。

3.0.4 屋面工程各道工序之间，常常因上道工序存在的问题未解决，而被下道工序所覆盖，给屋面防水留下质量隐患。在屋面工程施工中，必须按工序、层次进行检查验收，不能全部做完后才进行一次性的检查验收。即在操作人员自检合格的基础上，进行工序间的交接检查和专职质量人员的检查，检查结果应有完整的记录，如发现上道工序质量不合格，必须进行返工或修补，直至合格后方可进行下道工序。

3.0.5 防水工程施工实际上是对防水材料的一次再加工，必须由防水专业队伍进行施工，才能保证防水工程的质量。防水专业队伍应由经过理论与实际施工操作培训，并经考试合格的人员组成。本条文所指的防水专业队伍，应由当地建设行政主管部门对防水施工企业的规模、技术水平、业绩等综合考核后颁发证书，操作人员应由当地建设行政主管部门发给上岗证。

实现防水施工专业化，有利于加强管理和落实责任制，有利于推行防水工程质量保证期制度，这是提高屋面防水工程质量的关键。对非防水专业队伍或非防水工施工的，当地质量监督部门应责令其停止施工。

3.0.6 屋面工程所采用的防水、保温隔热材料，除有产品合格证书和性能检测报告等出厂质量证明文件外，还应有当地建设行政主管部门指定检测单位对该产品本年度抽样检验认证的试验报告，其质量必须符合国家产品标准和设计要求。

材料进入现场后，施工单位应按规定进行抽样复验，并提出试验报告。抽样数量、检验项目和检验方法，应符合国家产品标准和本规范的有关规定，抽样复验不合格的材料不得用在工程上。

3.0.7 根据《建筑工程施工质量验收统一标准》GB 50300—2001 规定，分部工程施工应按工序或分项工程进行验收，构成分项工程的各检验批应符合相应质量验收标准的规定。

屋面工程是一个分部工程，包括屋面找平层、屋面保温层、屋面防水层和细部构造等分项工程，施工单位应建立各道工序的自检、交接检和专职人员检查的"三检"制度，并有完整的检查记录。每道工序完成后，应经建设（监理）单位检查验收，合格后方可进行下道工序的施工。

对屋面工程的成品保护是一个非常重要的环节。屋面防水工程完工后，有时又要上人进行其他作业，如安装天线、水箱、堆放杂物等，会造成防水层局部破坏而出现渗漏。本条文规定当下道工序或相邻工程施工时，对屋面工程已完成的部分（尤其是防水层），应采取有效的保护措施，以防止损坏。

3.0.8 本条文强调在防水层施工前，应将伸出屋面的管道、设备及预埋件安装完毕。屋面防水层完工后，又在屋面凿眼打洞、重物冲击或安装广告牌，这样会局部损坏已做好的防水层，使屋面丧失了防水层的整体性而导致渗漏。

3.0.9 随着人们对屋面使用功能要求的提高，屋面工程设计突破了过去千篇一律的平屋面形式，提出多样化、立体化等新的建筑设计理念，从而对建筑造型、屋面防水、保温隔热、建筑节能、生态环境等方面提出了更高的要求。

本条文是根据建设部令第 109 号《建设领域推广应用新技术管理规定》的精神，注重在屋面工程中推广应用新技术和限制、禁止使用落后的技术。对采用性能、质量可靠的新型防水材料和相应的施工技术等科技成果，必须经过科技成果鉴定、评估或新产品、新技术鉴定，并应制订相应的技术标准。同时，强调新技术（包括新材料、新工艺、新技术、新产品）需经屋面工程实践检验，符合有关安全及功能要求的才能得到推广应用。

3.0.10 排水系统不但交工时要畅通，在使用过程中应经常检查，防止水落口、天沟、檐沟堵塞，以免造成屋面长期积水和大雨时溢水。

工程交付使用后，应由使用单位建立维护保养制度，指定专人定期对屋面进行检查、维护。做好屋面的维护保养工作，是延长防水层使用年限的基本保证。据调查，很多屋面由交付使用到发现渗漏期间，从未有人过问或清理，造成屋面排水口堵塞、长期积水或杂草滋长，有的因屋面上人而导致损坏，从而破坏了屋面防水层的整体性，加速了防水层的老化、开裂、腐烂和渗漏。为此，按照建设部（1991）837 号文《关于提高防水工程质量的若干规定》中第七条的要求，本条文提出对屋面工程管理、维护、保养的原则规定。

4 屋面工程设计

4.1 一般规定

4.1.1 屋面工程设计内容中的"1"、"2"款是屋面构造设计。因屋面形式、建筑功能、气候条件不同，设防道数和选材都不会一致，所以屋面构造必须根据具体工程进行设计。

"3"、"4"、"5"款是选用防水材料、保温隔热材料和密封材料的要求，并指明"主要物理性能"。因为目前有许多假冒伪劣材料，很难达到国家制订的技术指标，如果设计时不严加控制，容易被伪劣材料混充，注明技术指标便于检测，是保证材料质量的措施。

"6"款是排水系统设计。由于过去对屋面排水重视不够，建筑初步设计时基本不考虑，出施工图时往往造成水落管没有合适地方，或者排水线路很长、坡度近于零，或者屋面汇水面积过大，所以屋面应做排水系统设计。

4.1.2 屋面工程防水设计的原则，是根据我国建筑防水技术 50 年的实践，通过分析研究、认识提高而确立的。

4.1.3 按本规范第 3.0.1 条的规定，防水等级为 Ⅰ 级或 Ⅱ 级的屋面，应分别采用三道及三道以上或二道防水设防。多道设防是为了提高屋面防水的可靠性，若第一道防线破坏，则第二道、第三道防线还可以弥补，共同组成一个完整的防水体系，所以屋面防水应采用卷材、涂膜、刚性防水材料等互补并用的多道设防。这里规定的卷材叠层，可采用同种（非同一品种）卷材叠层或不同种卷材复合，使用时虽会给施工和采购带来不便，但对材性互补以及保证防水可靠性是有利的，应予提倡。

4.1.4 对使用多种防水材料复合的屋面，应充分利用各种材料技术性能上的优势，将耐老化、耐穿刺的防水材料放在最上面，以提高屋面工程的整体防水功能。如果防水层上有较厚的保护层，可不受此限制。

4.1.5 计算屋面保温层厚度时，必须确定两个基本数据，即屋盖系统最小传热阻 $R_{0,min}$ 及屋盖系统使用保温材料的导热系数 λ_χ。$R_{0,min}$ 可根据《民用建筑热工设计规范》GB 50176—93、《民用建筑节能设计标准（采暖居住建筑部分）》JGJ 26—95 和《夏热冬冷地区居住建筑节能设计标准》JGJ 134—2001 确定。

4.1.6 根据历次全国屋面渗漏调查资料分析，细部构造的渗漏占全部渗漏建筑的 80% 以上，可以看出屋面细部构造防水的重要性。

天沟、檐沟、阴阳角、水落口、变形缝等部位，由于构件断面的变化和屋面的变形，致使防水层拉伸而断裂，对这些部位应做防水增强处理。本条规定的附加层，一般应采用卷材或带有胎体增强材料的涂膜，但两道设防采用卷材叠层施工时，此部位搭接将出现四层，可不另做附加层。

4.1.7 我国建筑防水材料发展的方向是：全面提高我国防水材料质量的整体水平，大力发展弹性体（SBS）、塑性体（APP）改性沥青防水卷材，积极推进高分子防水卷材，适当发展防水涂料，努力开发密封材料、聚合物乳液防水砂浆和止水堵漏材料，限制发展和使用石油沥青纸胎油毡和沥青复合胎柔性防水卷材，淘汰焦油类防水材料。

由于许多防水材料是由有机物合成的，往往带有毒性物质，施工时屡有中毒事故发生，为此环保部门要求防水材料不能对环境有污染。

目前，在《建设部推广应用和限制禁止使用技术》（建设部公告第 218 号）中，已经明确以下禁用产品：

  1 S 型聚氯乙烯防水卷材；
  2 焦油型聚氨酯防水涂料；
  3 水性聚氯乙烯焦油防水涂料；
  4 焦油型聚氯乙烯建筑防水接缝材料。

4.2 构造设计

4.2.1 屋面结构刚度大小，对屋面结构变形起主要作用。为了减少防水层受屋面结构变形的影响，必须提高屋面结构刚度，所以屋面结构层最好是整体现浇混凝土。采用预制装配式混凝土板时，由于混凝土板的强度等级均高于 C20，故要求板缝用不低于 C20 的细石混凝土灌缝；板缝过宽或上窄下宽，灌缝的混凝土干缩受振动后容易掉落，故应在缝中放置构造钢筋。

板端缝处是变形最大的部位，板在长期荷载下的挠曲变形，会导致板与板间的缝隙增大，故强调此处应进行密封处理。无保温层的屋面，由于温差变化对装配式混凝土板变形的影响很大，涂膜防水屋面应在板侧缝和端缝都进行密封处理。

4.2.2 大跨度的屋面如采用轻质材料或保温层找坡，势必大大增加荷载和增加造价，是极不合理的。由于一般工业厂房和公共建筑，对顶棚水平要求不高或建筑功能允许，应首先用结构找坡，既节省材料、降低成本，又减轻了屋面荷重。本条文作出结构找坡不应小于 3% 的规定。

4.2.3 当用材料找坡时，为了减轻屋面荷载和施工方便，可采用轻质材料或保温层找坡。屋面坡度过小，施工难以做到不积水和排水通畅，本条文作出材料找坡宜为 2% 的规定。

4.2.4 根据历次全国屋面防水工程调查，由于天沟、檐沟长期积水，卷材发生霉烂和损坏的现象较为普遍。故规定天沟、檐沟纵向坡度不应小于 1%，沟底的水落差不得超过 200mm，即水落口距离分水线不得超过 20m 的要求。如果沟底用细石混凝土找坡而增加荷重过大，可采用轻质材料找坡。

如天沟、檐沟经过变形缝，则防水处理很困难，因此规定天沟、檐沟不得流经变形缝，也不允许通过防火墙，否则防火墙会失去作用。

4.2.5 本条淘汰了沥青砂浆找平层，保留了水泥砂浆找平层和细石混凝土找平层，增加了混凝土随浇随抹方法和内容。

由于找平层收缩和温差的影响，水泥砂浆或细石混凝土找平层应留设分格缝，使裂缝集中于分格缝中，减少找平层大面积开裂的可能。预制屋面板找平层的分格缝，宜设在预制板支承边的拼缝处，分格缝内宜填塞聚乙烯泡沫塑料（卷材防水层）或密封材料（涂膜防水层）。

4.2.6 参考有关资料，我国纬度 40°以北冬季取暖地区（寒冷地区），室内空气湿度大于 75% 时就会发生结露，潮汽会通过屋面板渗到保温层中，而常年室内空气湿度大于 80% 的建筑，也同样会出现此类现象，故作本条规定。

为了防止室内水蒸汽通过屋面板渗透到保温层内，隔汽层的材料不但要求防水，还要求隔绝蒸汽的渗透，故规定隔汽层应采用气密性、水密性好的材料。根据实践，隔汽层被保温层、找平层等埋压，为了提高抵抗基层的变形能力，隔汽层的卷材铺贴宜采用空铺法。

4.2.7 对多种防水材料的复合使用，本条仅列举 4 款内容作为有关注意事项和具体规定。

  1 采用热熔型卷材或涂料时，由于使用明火或使用温度达 200℃ 左右，都会在复合防水施工中引起火灾，故规定不得采用。

  2 由于卷材在工厂生产，匀质性好、强度高、厚度完全可以保证，但接缝施工繁琐、工艺复杂；涂料是无接缝的防水涂膜层，但现场施工的均匀性不好、强度不高。若将卷材与涂膜复合形成防水层，可弥补各自的不足，使防水设防更可靠。

卷材与涂膜复合使用时，涂膜放在下部有利于提高涂膜的耐久性，故规定卷材与涂膜复合使用时，涂膜宜放在下部。

3 刚性防水层有优良的耐穿刺和耐老化性能，可对下面的柔性防水层起保护作用，而柔性防水层有良好的适应基层变形的能力，弥补了刚性防水层易开裂的弱点，所以规定刚性材料应设置在柔性材料的上部。

4 目前有采用聚氨酯涂料上面复合合成高分子卷材的作法，也有采用热熔 SBS 改性沥青涂料上面复合 SBS 改性沥青卷材的作法。说明反应型涂料和热熔性涂料，完全可以作为铺贴卷材胶粘剂并进行复合防水。

4.2.8 为了保证涂膜防水层的防水性、耐久性和耐穿刺性，除了对防水涂料的性能提出一定的要求以外，涂膜防水层的厚度已在本规范中明确作了规定。

屋面工程中主要是采用高聚物改性沥青防水涂料、合成高分子防水涂料和聚合物水泥防水涂料，而沥青基防水涂料由于性能低劣已被淘汰。新型防水涂料要达到设计规定的涂膜厚度，必须采用多遍涂刷施工工艺，事先应计算出规定厚度的防水材料用量，并采取措施控制好涂膜厚度的均匀性。涂膜防水屋面设计时，涂膜应以一道防水层（包括胎体增强材料）的厚度表示，不得用涂刷的遍数表示。

4.2.9 在屋面构造设计中，隔离层的作用是找平、隔离，消除防水层与基层之间的粘结力及机械咬合力。

卷材、涂膜防水层上设置水泥砂浆、块体材料、细石混凝土等刚性保护层，本条强调了在刚性保护层与防水层之间设置隔离层的必要性，从施工的角度要求做到平整，起到完全隔离的作用，保证刚性保护层胀缩变形，不致损坏防水层。

由于温差、干缩、荷载作用等因素，使结构层发生变形、开裂，而导致刚性防水层产生裂缝。根据资料和各地施工单位的经验，在刚性防水层和基层之间设置隔离层，使防水层可以自由伸缩，减少了结构变形对防水层的不利影响。补偿收缩混凝土防水层虽有一定的抗裂性，但仍以设置隔离层为佳，因此本条规定细石混凝土防水层与结构层间宜设置隔离层。

4.2.10 所谓一道防水设防，是指具有单独防水能力的一道防水层次。虽然本规范表 3.0.1 已明确了屋面防水等级和设防要求，但防水工程设计与施工人员，对屋面的一道防水设防存在着不同的理解，这样就不便于本规范的实施。为此，将施工过程中一些常见的违规行为，作为禁忌条目比较具体也容易接受，便于掌握屋面防水设计的各项要领。

4.2.11 柔性防水层若没有保护层而完全暴露时，由于直接遭受日光曝晒、紫外线、臭氧、热老化作用、雨水冲刷、风吹、霜冻，人的踩踏和活动，大大加速防水层的老化和损坏，缩短防水层的寿命。因此，本条文对柔性防水层上做保护层作了硬性规定，它对减少维修费用和降低综合成本具有重大意义。

4.2.12 水落管的数量和管径，均受到屋面汇水面积的制约，实践证明目前水落管的内径普遍偏小，造成排水不通畅且易堵塞。

降雨量大小对屋面汇水面积影响极大，应结合实际情况进行综合考虑，一般规定水落管的内径不应小于 100mm，每根水落管的最大汇水面积宜小于 200m²，但尚应符合《建筑给水排水设计规范》GB 50015—2003 的有关规定。

4.2.13 变形缝是容易发生渗漏的部位，覆盖卷材防水层时应采用高延伸卷材，并使它预留较大的变形余地，将卷材凹在缝中或往上凸起，可避免因建筑物沉降、胀缩拉断卷材。

变形缝处在排水坡上方（檐口排水）时，不一定对变形缝进行密封，只要能挡雨就可以；如变形缝处在排水坡低处（变形缝一方的天沟作内排水）时，则要将缝两侧的卷材粘牢并进行严密封闭，避免大雨时屋面及天沟积水，发生倒灌水现象。

4.3 材料选用

4.3.1 本规范是按卷材防水屋面、涂膜防水屋面、刚性防水屋面、屋面接缝密封防水、保温隔热屋面和瓦屋面进行叙述的。在每类屋面中，由于防水材料品种繁多、性能各异，故对防水材料的选用就显得格外重要。

对屋面防水工程使用的材料，设计文件中要详细注明对品种、规格和性能的要求，但不得指定生产厂家。防水材料应符合国家产品标准和设计要求，本规范对该材料质量指标的规定，是根据屋面工程需要而确定的，不一定是产品标准中的最高或最低指标要求。

由于施工环境条件和工艺操作的不同，对防水层施工质量影响很大。气温过低会影响卷材与基层的粘结力，挥发固化型涂料会延长固化时间，同时易遭冻结而失去防水作用；气温过高会使防水涂料的溶剂或水分蒸发过快，涂膜易产生收缩而出现裂缝。所以防水材料选用时，必须考虑施工环境条件和工艺的可操作性。

4.3.2 材料的相容性是指两种材料复合时的相互亲和的能力。本条文规定防水材料（卷材、涂料）与配套材料（基层处理剂、胶粘剂、密封材料），以及卷材与涂料或防水材料与密封材料复合使用时，应考虑它们的相容性。

表1和表2是对卷材基层处理剂及胶粘剂和涂膜基层处理剂的选用。

表 1 卷材基层处理剂及胶粘剂的选用

卷 材	基层处理剂	卷材胶粘剂
石油沥青卷材	石油沥青冷底子油或橡胶改性沥青冷胶粘剂稀释液	石油沥青玛琋脂或橡胶改性沥青冷胶粘剂
改性石油沥青卷材	石油沥青冷底子油或橡胶改性沥青冷胶粘剂稀释液	橡胶改性沥青冷胶粘剂或卷材生产厂家指定产品
合成高分子卷材	卷材生产厂家随卷材配套供应产品或指定的产品	

表 2 涂膜基层处理剂的选用

涂 料	基 层 处 理 剂
高聚物改性沥青涂料	可用石油沥青冷底子油
水乳性涂料	掺 0.2%～0.3%乳化剂的水溶液或软水稀释，质量比为1∶0.5～1∶1，切忌用天然水或自来水
溶剂型涂料	直接用相应的溶剂稀释后的涂料薄涂
聚合物水泥涂料	由聚合物乳液与水泥在施工现场随配随用

4.3.3 本规范表 3.0.1 中规定了不同防水等级选用防水材料的要求，而本规范第 4.3.1 条和第 4.3.2 条又是选用防水材料的具体规定。本条文是从屋面使用功能的角度，分别对防水材料选用提出一般要求，具体还应按本规范第 5 章、第 6 章和第 8 章设计要点有关内容执行。

4.3.4 20 世纪 70 年代前，一直使用水泥加发泡剂制成的泡沫混凝土和性能差、密度大的炉渣，后来又逐步开发膨胀珍珠岩（蛭石）、微孔硅酸钙、加气混凝土等制品，还对膨胀珍珠岩、膨胀蛭石等松散保温材料，采用水泥现场拌制浇筑。由于这些材料吸水率极高，一旦浸水后就不能保证保温性能，还会导致防水层起鼓。直到 90 年代中期，聚苯乙烯泡沫塑料板、硬质聚氨酯泡沫塑料和泡沫玻璃等出现，才解决了保温材料不吸水或低吸水率的难题。

本条规定屋面应采用吸水率低、密度和导热系数小的保温材料，使高吸水率保温材料的使用受到一定限制和逐步被淘汰。

封闭式保温层的含水率，应相当于该材料在当地自然风干状态下的平衡含水率，参见本规范第 9.1.2 条的条文说明。

4.3.5 本规范附录 A 摘抄了现行建筑防水材料和建筑保温隔热材料的标准目录，可供屋面工程设计与施工人员参考。产品的国家和行业标准中，内容包括了规格尺寸、外观质量和物理性能指标，以及产品检验（出厂检验和型式检验）、试验方法和判定规则，为防水工程设计人员提供了质量保证的依据。

由于防水材料产品繁多、性能各异，许多生产厂家都有产品的企业标准，按《中华人民共和国标准化法》的规定，企业标准应严于国家标准和行业标准，这点是值得我们特别注意的。

5 卷材防水屋面

5.1 一 般 规 定

5.1.1 卷材是在工厂中生产，机械化程度高，规格尺寸准确，质量可靠度高。沥青防水卷材、高聚物改性沥青防水卷材、合成高分子防水卷材价格高低悬殊，物理性能差异很大，可在屋面防水等级为Ⅰ～Ⅳ级的建筑屋面防水工程中采用。同时，要根据卷材的拉伸强度和延伸率、屋面基层条件、结构及基层变形情况、防水处理部位等，运用不同的施工工艺进行铺贴。

5.1.2 由于一些施工单位对找平层质量不够重视，致使找平层表面不平，排水坡度不准确，表面酥松、起砂、起皮、裂缝现象严重，直接影响防水层和基层的粘结导致防水层开裂。本条文规定找平层表面应压实平整，排水坡度按设计要求做到准确，找平层要在水泥砂浆抹平收水后，进行二次压光和养护。水泥砂浆终凝后，应采取浇水、覆盖浇水、喷养护剂、涂刷冷底子油等手段充分养护，保证砂浆中的水泥水化，确保找平层质量。

5.1.3 基层与突出屋面结构的交接处以及基层的转角处，是防水层应力集中的部位，转角处圆弧半径的大小会影响卷材的粘贴。沥青卷材防水层的转角处圆弧半径，仍沿用过去传统的作法，而高聚物改性沥青防水卷材和合成高分子防水卷材柔性好且薄，因此防水层的转角处圆弧半径可以减小。

5.1.4 本条文中只规定基层必须干净、干燥，而对干燥程度未作规定。由于我国地域广阔，气候差异甚大，可铺贴卷材的基层含水率与当地湿度有关，不可能制订一个统一的标准，如含水率定得过小，人工干燥困难且干燥费用大，含水率定得过大，则保证不了质量。况且目前尚无找平层含水率的检测仪器，参考日本规范和我国目前一些单位采用的方法，本条文（注）中所示的"简易检验方法"是可行的。

5.1.5 如今卷材品种繁多、材性各异，选用的基层处理剂应与铺贴的卷材材性相容，使之粘结良好且不发生溶解、腐蚀等侵害。参见本规范第 4.3.2 条的条文说明。

屋面节点、周边、转角处与大面积同时喷、涂基层处理剂，边角处常常出现漏涂和堆积现象，为了保证这些部位更好地粘结，规定对节点、周边、转角等处用小工具先行涂刷。

5.1.6 本条主要是针对沥青防水卷材规定的，考虑沥青软化点较低且防水层较厚，屋面坡度较大时，卷材铺设方向应垂直屋脊方向铺贴，以免发生流淌。高聚物改性沥青防水卷材和合成高分子防水卷材不存在流淌问题，故对铺贴方向不予限制。

5.1.7 根据历次对屋面工程的调查资料分析，屋面受地基变形、结构荷载、温差变形、找平层及防水层收缩变形等因素影响，若防水层与基层满粘，适应变形能力差，防水层常被拉裂破损。解决这一问题的办法：提高卷材延伸率、减少结构变形和改变粘贴施工工艺，而改变粘贴施工工艺的成本费用最低，技术简单。空铺、点粘、条粘或机械固定等工艺，使防水层与基层尽量脱开，防水层有足够长度参加应变，对解决防水层被拉裂起到了良好的效果，特别是在有重物覆盖的防水层，不会因风力掀起，故应优先采用。距屋面周边 800mm 内应满粘，是对空铺、点粘、条粘工艺的要求。

为避免找平层分格缝处将卷材防水层拉裂，采用满粘法施工时，分格缝处的卷材宜空铺，并规定了空铺的宽度。

卷材屋面坡度超过 25% 时，常发生卷材下滑现象，故应采取防止下滑措施，防止卷材下滑措施除采取满粘法外，目前还有钉钉法等。

5.1.8 在历次调查中，节点、附加层和屋面排水比较集中部位出现渗漏现象最多，故应按设计要求和规范规定先行仔细处理，检查无误后再开始铺贴大面卷材，这是保证防水质量的重要措施，也是有较好素质施工队伍的一般施工顺序。

天沟、檐沟是雨水集中的部位，而卷材的搭接缝又是防水层的薄弱环节，如果卷材垂直于天沟、檐沟方向铺贴，搭接缝大大增加，搭接方向难以控制，卷材开缝和受水冲刷的概率增大，故规定天沟、檐沟铺贴的卷材宜顺向铺贴，尽量减少搭接缝。

5.1.9 本条规定所有卷材的铺贴均应采用搭接法。目前国外合成高分子卷材虽有采用平接法，但由于我国合成高分子防水卷材胶粘剂性能可靠度较差，故不予规定。

5.1.10 为了确保卷材防水屋面的质量，铺贴卷材均应采用搭接法。本条文规定了沥青防水卷材、高聚物改性沥青防水卷材、自粘聚合物改性沥青防水卷材以及合成高分子防水卷材接缝的搭接宽度，统一列出表格，条理明确。表 5.1.10 中的搭接宽度，系根据我国现行多数做法及国外资料的数据作出规定的。

5.1.11 铺贴卷材时，在喷涂基层处理剂或胶粘剂的过程中，由于没有采取有效的遮挡措施，而导致污染檐口的外侧和墙面。为了确保建筑物的外观质量，本条提出了硬性规定。

5.2 材料要求

5.2.1 沥青防水卷材主要指石油沥青纸胎油毡，这是我国传统的防水材料，已制订较完整的技术标准，目前虽被列为限制使用的材料，但尚可在一些地区施工应用，本条文参考《石油沥青纸胎油毡、油纸》GB 326—89 的主要内容，规定了沥青防水卷材的外观质量、规格和物理性能要求。

5.2.2 我国近年来迅速发展高聚物改性沥青防水卷材，品种繁多、性能各异，已在全国普遍应用，获得较好效果。本条文参考《弹性体改性沥青防水卷材》GB 18242—2000、《塑性体改性沥青防水卷材》GB 18243—2000 和《自粘聚合物改性沥青聚酯胎防水卷材》JC 898—2002、《自粘橡胶沥青防水卷材》JC 840—1999 以及国外同类材料标准，规定了该类卷材的外观质量和物理性能要求。条文中的性能要求是满足工程上应用的主要控制指标，而不是这些材料的全部指标和最低或最高指标。

5.2.3 合成高分子防水卷材在我国已具有一定规模的生产能力，由于合成高分子防水卷材性能差异较大，对于这一类高档材料在工程应用时指标应高一些。本条文参考《高分子防水材料（第一部分片材）》GB 18173.1—2000、《聚氯乙烯防水卷材》GB 12952—2003、《氯化聚乙烯防水卷材》GB 12953—2003 和国外同类材料标准，将其划分为硫化橡胶类、非硫化橡胶类、树脂类和纤维增强类等卷材。根据工程需要，以断裂拉伸强度、扯断伸长率、低温弯折性、不透水性、加热收缩率和热老化保持率等作为该类材料的主要控制指标，只要这些指标能达到要求，就可以满足屋面防水工程应用的需要。

5.2.4 由于卷材品种繁多、性能差异很大，外观可以完全一样难以辨认，因此要求按不同品种、型号、规格等分别堆放，避免工程中误用后造成质量事故。

卷材具有一定的吸水性，施工时卷材表面要求干燥，避免雨淋和受潮，否则施工后可能出现起鼓和粘结不良现象；卷材不能接近火源，以免变质和引起火灾；沥青防水卷材不得在高于 45℃ 的环境中贮存，否则易发生粘卷现象。

卷材宜直立堆放，由于卷材中空，横向受挤压可能压扁，开卷后不易展开铺贴于屋面，影响工程质量。

卷材均较容易受某些化学介质及溶剂的溶解和腐蚀，故规定不允许与这些有害物质直接接触。

5.2.5 本条文对不同卷材胶粘剂和胶粘带提出了基本的质量要求。高分子胶粘剂和胶粘带浸水保持率是一个重要性能指标，因为诸多高分子防水卷材胶粘剂及胶粘带浸水后剥离强度下降，为保证屋面的整体防水性能，规定其浸水 168h 后剥离强度保持率不应低于 70%。

5.2.6 胶粘剂和胶粘带品种繁多、性能各异，胶粘剂有溶剂型、水乳型、反应型（单组分、多组分）等类型。一般溶剂型胶粘剂应用铁桶密封包装，以免溶剂挥发变质或腐蚀包装桶；水乳型胶粘剂可用塑料桶密封包装，密封包装是为了运输、贮存时胶粘剂不致外漏，以免污染和侵蚀其他物品。溶剂型胶粘剂受热后容易挥发而引起火灾，故不能接近火源。

5.2.7 进场的卷材抽样数量和判定规则，是参考《屋面工程质量验收规范》GB 50207—2002 附录 B 和《石油沥青纸胎油毡、油纸》GB 326—89 以及《弹性体改性沥青防水卷材》GB 18242—2000、《塑性体改性沥青防水卷材》GB 18243—2000、《高分子防水材料（第一部分片材）》GB 18173.1—2000、《聚氯乙烯防水卷材》GB 12952—2003、《氯化聚乙烯防水卷材》GB 12953—2003 的有关规定，结合现场使用要求制订本条文，以防止不合格的材料应用到防水工程中。判定进场卷材是否合格，系按通常做法和要求进行规定。

5.2.8 根据《屋面工程质量验收规范》GB 50207—2002 附录 B 的内容，本条规定了沥青防水卷材、高聚物改性沥青防水卷材和合成高分子防水卷材主要物理性能的检验项目，其目的是既能控制材料质量，又为一般检验单位力所能及并能较及时提出试验报告。

5.2.9 本条规定了改性沥青胶粘剂、合成高分子胶粘剂以及双面胶粘带主要物理性能的检验项目，只有这些性能达到规定的指标，才能确保卷材接缝的粘结质量。

5.3 设 计 要 点

5.3.1 由于各种卷材的耐热度和柔性指标相差甚大，耐热度低的卷材在气温高的南方和坡度大的屋面上使用，就会发生流淌，而柔性差的卷材在北方低温地区使用就会变硬变脆。同时也要考虑使用条件，如倒置式屋面卷材埋在保温层下面，对耐热度和柔性的要求就不那么高，而在高温车间则要选择耐热度高的卷材。

由于地基变形较大，或大跨度和装配式结构，或温差大的地区和有振动影响的车间，都会对屋面产生较大的变形和拉裂，因此必须选择延伸率大的卷材。

长期受太阳紫外线和热作用时，卷材会加速老化，长期处于水泡或干湿交替及潮湿背阴时，卷材会加快霉烂，卷材选择时一定要注意这方面的性能。

5.3.2 为确保防水工程质量，使屋面在防水层合理使用年限内不发生渗漏，除卷材的材性材质因素外，其厚度就是最主要的因素了。因此，按防水等级和设防要求，本条对每道卷材防水层的厚度作出了明确的规定。

由于采用高碱玻纤、植物纤维以及废橡胶粉和沥青等原料，生产的沥青复合胎柔性防水卷材耐久性较差，应视同沥青防水卷材使用，即按三毡四油或二毡三油叠铺构成一道防水层。

自粘类聚合物改性沥青防水卷材，由于其性能特点及改性剂用量的不同，且使用的条件也与其他类型的改性沥青卷材不同，故其厚度的选用也不相同，因其耐紫外线、耐磕破、耐冲击和耐踩踏等性能较差，不适用于外露屋面做防水层。

在防水层的施工和使用过程中，由于人们的踩踏、机具的压扎、穿刺、自然老化等，均要求卷材有足够厚度。为了保证屋面防水工程质量，设计时对每道卷材厚度应按表 5.3.2 认真选择。

5.3.3 由于大型建筑和高层建筑日益增多，在屋面上设置天线塔架、擦窗机支架、太阳能热水器底座等，这些设施有的搁置在防水层上，有的与屋面结构相连。若与结构相连时，防水层应包裹基座部分，对于地脚螺栓周围更要密封，否则基座处就会发生渗漏。

搁置在防水层上的设备，有一定的质量或振动，对防水层易造成破损，因此应按常规做卷材增强层，但有些质量重、支腿面积小的设备，那就要做细石混凝土垫块或衬垫，以免压坏防水层。

为了使用和维护屋面上的设施，经常有工作人员在设施周围活动、行走，应在设施周围和通向屋面出入口的人行道做刚性保护层，延长防水层正常寿命。

5.3.4 由于保温层含水量过高，不但会降低其保温功能，而且在水分汽化时，会使卷材防水层产生鼓泡，影响防水层的质量，导致局部渗漏。为避免上述质量事故的发生，在屋面保温层干燥有困难时，宜采用排汽屋面，本条对排汽屋面的设计作出了具体的规定。

5.4 细 部 构 造

5.4.1 天沟、檐沟是排水最集中的部位，为确保其防水功能，规定天沟、檐沟应增铺附加层，沥青防水卷材宜增铺一层，而高聚物改性沥青防水卷材或合成高分子卷材，因其成本较高，复杂部位的密封处理较困难，宜设置防水涂膜附加层，形成涂膜与卷材复合的防水层。

根据全国历次调查发现，天沟、檐沟与屋面交接处，由于构件断面变化和屋面的变形，常在这个部位发生裂缝，装配式结构更甚，故规定附加层宜空铺，以防开裂造成渗漏。

檐沟卷材收头在沟外檐顶部，由于卷材铺贴较厚及转弯不服贴，常因卷材的弹性发生翘边脱落现象，因此规定采用压条钉压，密封材料封固，水泥砂浆抹面保护。

高低跨内排水在高层与裙房建筑上大量出现，此处不做密封处理，大雨、暴雨时屋面积水倒灌现象严重，故作此规定。

5.4.2 为防止无组织排水檐口周边的卷材被大风掀起或窜水，故规定在檐口 800mm 范围内的卷材应采用满粘法，卷材收头应固定密封。檐口下端应用水泥砂浆抹出鹰嘴和滴水槽。

5.4.3 卷材在泛水处应采用满粘法，其目的是防止立面卷材下滑。卷材的收头密封，应根据泛水高度及泛水墙体材料分别处理。

  1 砖砌女儿墙较低时，卷材收头应直接铺至压顶下，用压条钉压固定，并用密封材料封严。

  2 砖砌女儿墙较高时，应留凹槽并将卷材收头压入凹槽内，为避免卷材脱开，要用压条钉压，密封材料封严，抹水泥砂浆或聚合物砂浆保护。取消挑眉砖做法，因挑眉砖抹灰后容易裂缝，雨水从防水层背后渗入室内，另外因挑眉砖至屋面距离小，在挑眉砖下抹水泥砂浆和卷材收头操作困难，易造成质量问题。

  3 女儿墙为混凝土时，卷材收头应直接用压条固定于墙上，并用密封材料封严，防止收头张嘴密闭不严产生渗漏，故在收头上部做盖板保护。

  为延长泛水处卷材防水层的使用年限，故规定在泛水处的卷材表面，宜采用涂刷浅色涂料或砌砖后抹水泥砂浆等隔热防晒措施加以保护。

5.4.4 本条具体地规定了变形缝的防水构造措施：

  1 在变形缝的中间放置泡沫塑料板，变形缝处先整个覆盖一层卷材并向缝中凹伸，再上放圆棒作为Ω形造型模架。

  2 以前变形缝处卷材往往断开，利用金属或混凝土盖板防水，图5.4.4是将卷材盖过变形缝并做成Ω形全封闭处理，金属或混凝土盖板只作为保护层。

5.4.5 水落口的选材保留金属制品，增加塑料制品。国外采用塑料配件已很普遍，塑料产品既轻又不怕腐蚀，成本降低，应予推广。

  通过历次全国屋面调查，水落口高出天沟及屋面最低处的现象较为普遍，究其原因是在埋设水落口或设计规定标高时，未考虑增加的附加层、密封层和排水坡度加大的尺寸。

  对于水落口处的防水构造，采取多道设防、柔性密封、防排结合的原则处理。在水落口周围500mm内增大坡度为5%，坡度过小，施工困难且不易找准；采取防水涂料涂封，涂层厚度为2mm，相当于屋面涂层的平均厚度，使它具有一定的防水能力；在水落口与基层交接处，混凝土收缩常出现裂缝，故在水落口周围的混凝土上预留凹槽，并嵌填柔性密封材料，避免水落口处的渗漏发生。

5.4.6 砖砌女儿墙压顶，水泥砂浆抹面容易开裂、剥落、酥松，致使雨水从墙体渗入室内，因此可用现浇混凝土或预制混凝土压顶，但必须设分格缝并嵌填密封材料。国外采用金属制品压顶效果极佳，国内有用粘贴高分子卷材做法效果亦好。

5.4.7 近年来出现屋面大挑檐设计，常因挑檐的反梁过水孔过小或标高不准而造成渗漏。根据调查研究，留设过水孔的标高应在结构施工图上标明，且标高按排水坡度要求留置，否则找坡后孔底标高低于挑檐沟底标高，造成长年积水。扩大过水孔尺寸，以便进行孔内防水处理，首先提倡做成方孔。埋管时，管径要大于75mm，以免孔道堵塞。

  过水孔的防水处理十分重要，故本条还规定了过水孔的防水材料和设防要求。预埋管道与混凝土之间，混凝土收缩出现缝隙造成渗漏，故在预埋管道两端周围应进行密封处理。

5.4.8 为确保屋面工程的防水质量，对伸出屋面的管道应做好防水处理，规定在距管道外径100mm范围内，以30%找坡组成高30mm的圆锥台，在管四周留20mm×20mm凹槽嵌填密封材料，并增加卷材附加层，做到管道上方250mm处收头，用金属箍或铁丝紧固，密封材料封严，充分体现多道设防和柔性密封的原则。

5.4.9 屋面垂直出入口和水平出入口，是防水设防的重要节点，有多种不同的防水处理做法，本条仅根据我国现行的做法提出一些原则要求。

5.5 沥青防水卷材施工

5.5.1 本条规定了沥青玛琋脂的配制要求以及熬制过程中的注意事项，要求加热温度不应高于240℃，防止沥青焦化及影响其粘结性和耐久性；同时要求使用温度不宜低于190℃，保证其对卷材的粘结性能。

  由于冷玛琋脂具有施工方便和减少环境污染等优点，且有专业厂家生产，应提倡使用。

5.5.2 本条规定了采用叠层铺贴沥青防水卷材时，热玛琋脂和冷玛琋脂各层的厚度要求，施工时要求涂刮均匀，不得过厚或堆积。

5.5.3 在铺贴立面或大坡面的卷材时，为使卷材与基层粘贴牢固，规定"玛琋脂应满涂"，空铺法、点粘法、条粘法在此处不能采用。

5.5.4 本条对水落口、天沟、檐沟、檐口及立面卷材收头等部位施工作出了具体的规定。

  水落口应固定在承重结构上，采用金属制品的所有零件均应防锈。水落口的周边应留凹槽，并要做好防水密封处理。

  天沟、檐沟是被水冲刷和排水集中处，卷材的搭接缝一般应留在沟侧面，如果沟底过宽时，搭接缝应密封材料封口，增加防水的可靠性。

  檐口及立面的墙体应预留凹槽，将卷材的收头压入凹槽内，用钉子和压条钉压固定，钉距要求900mm，再用密封材料封严，采用这种双保险做法，使收头更可靠。

5.5.5 本条规定铺贴卷材施工前，卷材应保持干燥，并将其表面的撒布料清扫干净，其目的是提高卷材与卷材以及卷材与基层粘结性能。

  在无保温层的装配式屋面铺贴卷材时，应沿板端缝单边点粘（每边不少于100mm宽）一层卷材条，并使其能对准板端缝居中铺贴,达到空铺的目的,以提高卷材防水层在该部位适应变形的能力。

考虑到目前我国沥青防水卷材的胎体有纸胎、玻纤胎、聚酯胎等品种,覆盖料有建筑石油沥青、吹氧改性沥青等性能各异,卷材复合使用时,把性能高的卷材放置在面层是合理的。

在大面铺贴卷材时,提出了"随刮随铺"和"展平压实"的技术要点,将卷材下空气及时排净,全面粘牢。因为叠层卷材每层间和最上一层都必须涂刮一层玛碲脂,所以对卷材搭接不需另做密封处理。

5.5.6 为延长沥青卷材防水层的使用年限,本条规定在卷材防水层上均应设置保护层,并按保护层所采用材料分别列款,条理清楚。条文中还将卷材铺贴"经检验合格"和"表面清扫干净",作为铺设保护层的必要条件。

用绿豆砂做保护层系传统的做法,但有许多工程常因未能认真按规范施工,则不能保证防水工程质量,只有铺撒均匀、粘结牢固,才真正起到了保护层的作用。由于近年来出现了冷玛碲脂,这种胶结材料主要以云母或蛭石做保护层,根据调研效果可靠、工艺可行。

用水泥砂浆做保护层,由于自身干缩或温度变化影响,产生严重龟裂且裂缝宽度较大,常常造成碎裂、脱落。根据工程实践经验,在水泥砂浆保护层上划分表面分格缝(即做成 V 形槽),将裂缝均匀分布在分格缝内,避免了大面积的表面龟裂。

用块体材料做保护层,往往因温度升高致使块体膨胀、隆起,因此作出对块体材料保护层宜留设分格缝的规定。

用细石混凝土做保护层,如分格缝过密,不但对施工带来了困难,也不容易确保质量,根据全国一些单位的意见,规定分格面积不宜大于 $36m^2$。

根据历次对屋面工程调查发现,刚性保护层与女儿墙间未留出空隙的屋面,高温季节会出现因刚性保护层热胀顶推女儿墙,有的还将女儿墙推裂造成渗漏,而在刚性保护层与女儿墙间留出空隙的屋面,均未出现推裂女儿墙事故,故本条规定了刚性保护层与女儿墙之间必须留 30mm 以上空隙。另外,本条还强调了在刚性保护层与防水层之间设置隔离层的必要性,从施工的角度要求隔离层做到平整,起到完全隔离的作用,保证刚性保护层胀缩变形,不致损坏防水层。

5.5.7 雨天、雪天时,基层和卷材潮湿,卷材不能粘结或发生起鼓,故雨天、雪天严禁施工。五级风及其以上时,浇热玛碲脂时易被风扬起烫伤工人,或将高跨或脚手板上的灰尘刮到屋面基层上,使卷材与基层粘贴不牢。施工中途下雨,刚铺的卷材周边应先密封,否则雨水冲刷易渗入卷材底下,影响卷材铺贴质量。

5.6 高聚物改性沥青防水卷材施工

5.6.1 参见本规范第 5.5.4 条的条文说明。

5.6.2 为防止卷材下滑和便于收头粘结密封良好,规定采取满粘法铺贴,必要时采取金属压条钉压固定。短边搭接过多,对防止卷材下滑不利,因此要求尽量减少短边搭接。

5.6.3 胶粘剂的涂刷质量对保证卷材防水施工质量关系极大,涂刷不均匀,有堆积或漏涂现象,不但影响卷材的粘结力,还会造成材料浪费。空铺法、点粘法、条粘法,应在屋面周边 800mm 宽的部位满粘贴,点粘和条粘还应在规定位置和面积部位涂刷胶粘剂,达到点粘和条粘的质量要求。

由于各种胶粘剂的性能及施工环境要求不同,有的可以在涂刷后立即粘贴,有的则需待溶剂挥发一部分后粘贴,间隔时间还和气温、湿度、风力等因素有关。因此,本条提出应控制胶粘剂涂刷与卷材铺贴的间隔时间,否则会直接影响粘结力和粘结的可靠性。

卷材与基层、卷材与卷材间的粘贴是否牢固,是防水工程中重要的指标之一。铺贴时应将卷材下面空气排净,加适当压力才能粘牢,一旦有空气存在,还会由于温度升高、气体膨胀,致使卷材粘结不良或起鼓。

卷材搭接缝的质量,关键在搭接宽度和粘结力。为保证搭接尺寸,一般在基层或已铺卷材上按要求弹出基准线。铺贴时应平整顺直,不扭曲、皱折,搭接缝应涂满胶粘剂,粘贴牢固。

卷材铺贴后,考虑到施工的可靠性,要求搭接缝口用宽 10mm 的密封材料封口,体现了多道防水的原则,提高防水层的密封抗渗性能。

5.6.4 采用热熔型改性沥青胶,铺贴高聚物改性沥青防水卷材,可起到涂膜与卷材之间"优势互补"和复合防水的作用,更有利于提高屋面防水工程质量,应当提倡和推广应用。为了防止加热温度过高,导致改性沥青中的高聚物发生裂解而影响质量,故规定采用专用的导热油炉加热熔化改性沥青,要求加热温度不应高于 200℃,使用温度不应低于 180℃。

铺贴卷材时,要求随刮涂热熔型改性沥青胶随滚铺卷材,展平压实,并对粘贴卷材的改性沥青胶厚度提出了具体的规定。

5.6.5 本条针对热熔法铺贴卷材的要点作出规定。施工时加热幅宽内必须均匀一致,要求火焰加热器喷嘴距卷材面适当,加热至卷材表面有光亮时方可以粘合,如熔化不够会影响粘结强度,但加温过高会使改性沥青老化变焦,失去粘结力且易把卷材烧穿。铺贴卷材时应将空气排出使粘贴牢固,滚铺卷材时缝边必须溢出热熔的改性沥青,使搭接缝粘贴严密。

由于很多单位将 2mm 厚的卷材采用热熔法施工,严重地影响了防水层的质量及其耐久性,故在条文中规定"厚度小于 3mm 的高聚物改性沥青防水卷材，严禁采用热熔法施工"。

为确保卷材搭接缝的粘结密封性能，在条文中规定有铝箔或矿物粒（片）料保护层的部位，应先将其清除干净后再进行热熔的接缝处理。

用条粘法铺贴卷材时，为确保条粘部分的卷材与基层粘贴牢固，规定每幅卷材的每边粘贴宽度为 150mm。

为保证铺贴的卷材搭接缝平整顺直，搭接尺寸准确和不发生扭曲，应在基层或已铺卷材上按要求弹出基准线，严格控制搭接缝质量。

5.6.6 本条对自粘高聚物改性沥青防水卷材的施工要点作出规定。首先将自粘胶底面隔离纸撕净，否则不能实现完全粘贴。为了提高自粘卷材与基层粘结性能，基层处理剂干燥后应及时铺贴卷材。为保证接缝粘结性能，搭接部位提倡采用热风机加热，尤其在温度较低时施工，这一措施就更为必要。

采用这种铺贴工艺，考虑到防水层的收缩以及外力使缝口翘边开缝，接缝口要求用密封材料封口，提高密封抗渗的性能。

在铺贴立面或大坡面卷材时，立面和大坡面处卷材容易下滑，可采用加热方法使自粘卷材与基层粘贴牢固，必要时还应加钉固定。

5.6.7 涂料保护层要求对卷材全面覆盖和粘结牢固，才能起到对卷材的保护作用。所以要求卷材铺完经检验合格后，即可将卷材表面清理干净，均匀涂刷保护涂料，确保涂层质量的要求。当采用刚性保护层时，可参见本规范第 5.5.6 条的有关条文说明。

5.6.8 参见本规范第 5.5.7 条的条文说明。气温低于 5℃时，由于改性沥青防水卷材较厚、质地变硬，冷粘法施工不易保证质量；气温低于 -10℃时，热熔法施工虽对卷材和基层均能烤热，但冷却过快、消耗能源过多，成本加大且施工也较困难，故规定不宜在此温度以下进行施工。

5.7 合成高分子防水卷材施工

5.7.1 参见本规范第 5.5.4 条的条文说明。

5.7.2 参见本规范第 5.6.2 条的条文说明。

5.7.3 由于合成高分子防水卷材厚度较薄，铺贴时稍不注意会出现皱折，影响与基层的粘结，且易在皱折地方破坏而造成渗漏。因此要求铺贴合成高分子防水卷材时要展平并与基层服贴，但决不可用力拉伸来展平卷材。因为合成高分子防水卷材在生产过程中，经压延后都有不同的收缩率，如拉伸过紧再加上收缩，使卷材具有很大的拉应力，在高应力状况下卷材老化加速，导致卷材发生断裂现象。因此本条着重规定对合成高分子防水卷材施工时，不得用力拉伸卷材，卷材下面的空气要排净，以便辊压粘牢。

铺贴的卷材应平整顺直，不得扭曲，否则就难以保证搭接宽度。合成高分子防水卷材一般均为单层铺贴，卷材搭接缝质量是防水质量的关键，因此本条比较详尽地对施工要点作出规定。

1. 搭接缝粘合面必须干净，要清扫灰尘、砂粒、污垢，必要时还需用溶剂（汽油、煤油等）擦洗，否则就不能粘牢。
2. 接缝专用胶粘剂应与卷材配套，否则将会发生粘结性差或腐蚀作用。
3. 胶粘剂涂刷要均匀，不露底，不堆积。
4. 由于各种胶粘剂的性能不同，涂刷后粘合的间隔时间要求也不同，有的可以立即粘合，有的则待手触不粘时才可粘合，间隔时间与气温、湿度和风力等条件有关。
5. 搭接缝中的空气必须排净，粘合面完全接触经辊压才能粘牢。
6. 合成高分子防水卷材铺贴后，考虑到防水层的收缩变形以及外力使缝口翘边开缝，接缝口要求用密封材料封严，进一步提高整体防水效果。
7. 由于胶粘带用作卷材接缝的粘结密封性能优异，在国外已普遍采用，目前国内也有专业厂生产，并经工程应用效果良好。

5.7.4 参见本规范第 5.6.6 条的条文说明。

5.7.5 焊接法一般适用于热塑性高分子防水卷材的接缝施工。为使搭接缝焊接牢固和密封，必须将搭接缝的结合面清扫干净，无灰尘、砂粒、污垢，必要时要用溶剂清洗。焊缝施焊前，应将卷材铺放平整顺直，搭接缝应按事先弹好的基准线对齐，不得扭曲、皱折。为了保证焊缝质量和便于施焊操作，应先焊长边搭接缝，后焊短边搭接缝。

5.7.6 参见本规范第 5.6.7 的条文说明。

5.7.7 参见本规范第 5.6.8 的条文说明。

6 涂膜防水屋面

6.1 一 般 规 定

6.1.1 按屋面防水等级和设防要求，涂膜防水可单独做成一道设防，广泛用于防水等级为 Ⅲ、Ⅳ 级的建筑屋面。但对屋面防水等级为 Ⅰ、Ⅱ 级的重要建筑物，涂膜防水层应与卷材或刚性防水层复合，组成多道设防时方可使用，所以涂膜防水屋面也可用作 Ⅰ、Ⅱ 级屋面多道设防中的一道防水层。

6.1.2 参见本规范第 5.1.2 条至第 5.1.4 条的条文说明。

6.1.3 由于薄质涂料一次很难涂成所要求的涂膜厚度，所以本条规定涂膜防水层应分遍涂布，待先涂的涂料干燥成膜后，方可涂布后遍涂料，且前后两遍的涂布方向应相互垂直，使其达到所要求的涂膜厚度。

6.1.4 需铺设胎体增强材料时，一般是平行屋脊铺设，铺设时必须由最低标高处向上操作，使胎体增强材料搭接按顺流水方向，以免呛水。当屋面坡度大于15%时，为防止胎体增强材料下滑，要求垂直于屋脊铺设。胎体增强材料的搭接宽度长边为50mm，短边为70mm。由于胎体增强材料的纵横向延伸率及拉力强度不一样，当采用二层胎体增强材料时，上下层不得垂直铺设，同时上下层的搭接缝应错开不小于幅宽的1/3，以免上下层胎体增强材料产生重缝。

6.1.5 涂膜防水层的收头处是较易产生渗漏的部位，所以本条规定收头处应多涂刷几遍，或用密封材料来封严。

6.1.6 完工后的涂膜防水层，其厚度较薄且耐穿刺能力较弱，为避免破坏防水涂膜的完整性，保证其防水效果，本条规定防水涂膜在未做保护层前，不得在其上进行其他施工作业或堆放物品。

6.2 材 料 要 求

6.2.1～6.2.3 表6.2.1中列出的质量要求是参考《水性沥青基防水涂料》JC 408—91和《溶剂型橡胶沥青防水涂料》JC/T 852—1999提出的。

表6.2.2-1反应固化型合成高分子防水涂料，按拉伸性能分为Ⅰ、Ⅱ两类，五项质量要求是参考《聚氨酯防水涂料》GB/T 19250—2003提出的；表6.2.2-2挥发固化型合成高分子防水涂料，如丙烯酸酯类防水涂料，五项质量要求是参考《聚合物乳液建筑防水涂料》JC/T 864—2000提出的。

表6.2.3中列出的五项质量要求，是参考《聚合物水泥防水涂料》JC/T 894—2001提出的。

6.2.4 表6.2.4中列出的聚酯无纺布和化纤无纺布的各项质量要求，是参考江苏省《防水涂料屋面施工验收规程》（苏建规02-89）附录C和附录E提出的。

6.2.5 对进场的防水涂料和胎体增强材料，应按规定进行抽样复验，达到本规范的质量要求后，方可在屋面防水工程上使用。

6.2.6 本条规定了进场的防水涂料和胎体增强材料，主要物理性能检验项目，是根据《屋面工程质量验收规范》GB 50207—2002附录B的内容提出的。

6.2.7 各类防水涂料的包装容器必须密封，如密封不好，水分或溶剂挥发后，易使涂料表面结皮，另外溶剂挥发时易引起火灾。

包装容器上均应有明显标志，标明涂料名称（尤其多组分涂料），以免把各类涂料搞混，同时要标明生产日期和有效期，使用户能准确把握涂料是否过期失效；另外还要标明生产厂名，使用户一旦发生质量问题，可及时与厂家取得联系；特别要注明材料质量执行的标准号，以便质量检测核实。

在贮运和保管环境温度低于0℃时，水乳型涂料要冻结失效，溶剂型涂料虽然不会产生冻结，但涂料稠度要增大，施工时也不易涂开，所以分别提出此类涂料在贮运和保管时的环境温度。由于此类涂料具有一定的燃爆性，所以应严防日晒、渗漏，远离火源，避免碰撞，在库内应设有消防设备。

6.3 设 计 要 点

6.3.1 我国地域广阔，气候变化幅度大（包括历年最高、最低气温，年温差、日温差等），各类建筑的使用条件、结构形式和变形差异很大，涂膜防水层用于暴露还是埋置的形式也不同。高温地区应选择耐热度高的防水涂料，以防流淌；严寒地区应选择低温柔性好的防水涂料，以免冷脆；对结构变形较大的建筑屋面，应选择延伸大的防水涂料，以适应变形；对暴露式的屋面，应选用耐紫外线的防水涂料，以提高使用年限。设计人员应综合考虑上述各种因素，选择相适应的防水涂料，保证防水工程的质量，否则将会导致失败。

6.3.2 涂膜防水层是涂刷或刮涂的防水涂料固化后，形成有一定厚度的涂膜，达到屋面防水的目的。如果涂膜太薄就起不到防水作用和使用年限的要求，所以本条对各类涂膜防水层作了厚度的规定。

高聚物改性沥青防水涂料（水乳型和溶剂型），涂布固化后很难形成较厚的涂膜，称之为薄质涂料。此类涂料对沥青进行了较好的改性，但涂膜过薄很难达到耐用年限的要求，本条规定其厚度不应小于3mm，可以通过薄涂多次来达到厚度的要求。合成高分子防水涂料和聚合物水泥防水涂料，是以合成树脂或合成橡胶为基料配制成的防水涂料，如多组分聚氨酯防水涂料、丙烯酸酯乳液水泥防水涂料等，性能优于改性沥青类防水涂料，本条规定其厚度不应小于2mm，可以分遍涂刮来达到厚度的要求。

当合成高分子防水涂料或聚合物水泥防水涂料与其他防水材料复合使用时，综合防水效果较好，涂膜本身的厚度可适当减薄一些，本条规定了在防水等级为Ⅰ、Ⅱ级屋面上使用时，合成高分子防水涂料和聚合物水泥防水涂料的涂膜厚度，均不得小于1.5mm。

6.3.3 涂膜防水屋面设计时，应根据不同的屋面防水等级、使用条件、防水层合理使用年限、设防要求和气候条件等，选择与其相适应的不同档次和品种的防水涂料。

对涂膜防水屋面易开裂和易渗漏的部位，应采取加强处理措施，确保防水质量。

6.3.4 在找平层分格缝内嵌填密封材料，缝上应干铺条状的卷材或塑料膜，防水层应沿分格缝增设带有胎体增强材料的空铺附加层。

空铺附加层的目的是扩大防水层的剥离区，使之更能适应找平层分格缝处变形的要求，避免防水层被拉裂。

6.3.5 防水层上设置保护层，使防水层避免阳光暴晒，紫外线直接照射，臭氧和热老化作用，风吹雨淋以及人为的损坏等，从而可延缓防水层的老化进程。当采用水泥砂浆、块体材料或细石混凝土做保护层时，为避免此类材料的变形把防水层拉裂，在二者之间应设置隔离层。设置水泥砂浆保护层，多为上人屋面，为使保护层具有一定的承载能力，其厚度不宜小于20mm。

6.4 细 部 构 造

6.4.1～6.4.3 根据全国历次调查，天沟、檐沟、檐口和泛水等部位，由于构件断面变化和屋面的变形，装配式结构更甚，故规定屋面的这些部位增设附加层或空铺附加层，避免防水层开裂而造成渗漏。

无组织排水檐口的收头，应将防水层伸入凹槽内，用防水涂料多遍涂刷或用密封材料封严，避免收头处翘起而造成渗漏。

根据多年实践证实，防水涂料与水泥砂浆抹灰层具有良好的粘结性，所以在女儿墙泛水处的砖墙上不设凹槽和排眉砖，并将防水涂料一直涂刷至女儿墙的压顶下，压顶也应做防水处理，避免泛水处和压顶的抹灰层开裂而造成渗漏。

6.4.4 参见本规范第5.4.4条的条文说明。

6.4.5 参见本规范第5.4.5条的条文说明。

6.4.6 参见本规范第5.4.8条和第5.4.9条的条文说明。

6.5 高聚物改性沥青防水涂膜施工

6.5.1 高聚物改性沥青防水涂料，按其类型不同对基层含水率要求也不一样，具体应视所用防水涂料特性而定。当采用溶剂型和热熔型改性沥青防水涂料时，基层应干燥、干净，否则会影响涂膜与基层的粘结力。

热熔型改性沥青防水涂料，应采用环保型导热油炉加热熔化改性沥青，加热温度不应高于200℃，施工温度不应低于180℃。涂膜厚度按设计要求可一次成活，也可分层涂刷。

6.5.2 板端缝处是屋面结构产生变形较大的部位，如果板缝中浇筑的细石混凝土浇捣不密实，或嵌填的密封材料与缝的侧壁粘结不牢，当板缝处产生变形时，就有可能使浇筑的细石混凝土或嵌填的密封材料与板缝侧壁之间出现裂缝，造成屋面渗漏。

板端缝处的变形会引起找平层的开裂，同时找平层在硬化过程中的收缩也会产生开裂，这样找平层在板端缝处的裂缝就会更大，所以事先应在找平层上留出分格缝，并与板端缝上下对齐，均匀顺直，这样便于嵌填材料施工操作和节省密封材料，使密封材料受力均匀。

板端缝处附加层空铺宽度为100mm，可使涂膜防水层不会因板端缝变形而被拉裂。

6.5.3 采用冷底子油或防水涂料稀释后作基层处理剂，是比较常用的方法。在基层上涂刷基层处理剂有两种作用，一是可堵塞基层毛细孔，使基层的湿气不易渗到防水层中，避免涂膜层起泡；二是可增强涂膜层与基层的粘结力。为此，在基层上一般都要涂刷基层处理剂，而且要涂刷均匀、覆盖完全，同时要待基层处理剂干燥后再涂布防水涂料。

6.5.4 高聚物改性沥青防水涂料，涂布时如一次涂成，涂膜层易开裂，一般为涂布四遍或四遍以上为宜，而且须待先涂的涂料干后再涂后一遍涂料，最终达到本规范规定要求厚度。

涂膜防水层涂布时，要求涂刮厚薄均匀、表面平整，否则会影响涂膜层的防水效果和使用年限，也不利于屋面的排水畅通。

涂膜中夹铺胎体增强材料，是为了使涂膜防水效果得到加强，要求边涂布边铺胎体增强材料，而且要刮平排除内部气泡，这样才能保证胎体增强材料充分被涂料浸透并粘结更好。涂布涂料时，胎体增强材料不得有外露现象，外露的胎体增强材料易于老化而失去增强作用，本条规定最上层的涂层应至少涂刮两遍，其厚度不应小于1mm。

节点和需铺附加层部位的施工质量至关重要，应先涂布节点和附加层，检查其质量是否符合设计要求，待检查无误后再进行大面积涂布，这样可保证屋面整体的防水效果。

屋面转角及立面的涂膜若一次涂成，极易产生下滑并出现流淌和堆积现象，造成涂膜厚薄不均，影响防水质量。

6.5.5 涂膜防水层上设置保护层，可提高防水层的使用年限。如采用细砂等撒布材料做保护层时，应在涂刮最后一遍涂料时边涂边撒布，使其与涂料粘结牢固，要求撒布均匀、不得露底，起到长期保护的作用。待涂膜干燥后，将多余的撒布材料及时清理掉，以免日后雨水冲刷堵塞排水口，使屋面产生局部积水和渗漏。

当采用水泥砂浆、块体材料或细石混凝土做保护层时，参见本规范第5.5.6条的有关条文说明。

6.5.6 在雨天、雪天进行涂料施工，一方面会增加施工操作难度，另一方面对水乳型涂料会造成破乳或被雨水冲掉而失去防水作用，对溶剂型涂料会降低各涂层之间及涂层与基层之间的粘结力，所以雨天、雪天严禁施工。

溶剂型涂料在负温下虽不会冻结，但粘度增大会增加施工操作难度，涂布前应采取加温措施保证其可涂性，所以溶剂型涂料的施工环境温度宜在－5～35℃；水乳型涂料在低温下将延长固化时间，同时易遭冻结而失去防水作用，温度过高使水蒸发过快，涂膜易产生收缩而出现裂缝，所以水乳型涂料的施工环境温度宜为5～35℃。

五级风及其以上涂布将影响施工操作，难以保证防水质量和人身安全，所以不得施工。

6.6 合成高分子防水涂膜施工

6.6.1 合成高分子防水涂料对基层含水率有严格的要求，因为基层的含水率是影响涂膜与基层的粘结力和使涂膜产生起泡的主要因素，所以对基层要求必须干燥。

6.6.2 参见本规范第6.5.2条的条文说明。

6.6.3 参见本规范第6.5.3条的条文说明。

6.6.4 本条规定前后二遍涂布的推进方向宜互相垂直，其目的是使上下遍涂布相互覆盖严密，避免产生直通的针眼气孔。

采用多组分涂料时，涂料是通过各组分的混合发生化学反应而由液态变为固态，各组分的配料计量不准和搅拌不均，将会影响混合料的充分化学反应，造成涂料性能指标下降。配成的涂料固化时间比较短，所以要按照一次涂布用量来确定配料的多少，已固化的涂料不能再用，也不能与未固化的涂料混合使用，混合后将会降低防水涂膜的质量。若涂料粘度过大或固化过快时，可加入适量的稀释剂或缓凝剂进行调节，涂料固化过慢时，可适当地加入一些促凝剂来调节，但不得影响涂料的质量。

如果在涂膜中夹铺胎体增强材料时，最上面的涂层涂刮不得少于两遍，以保证涂膜达到设计要求厚度。为提高涂膜的耐穿刺性、耐磨性和充分发挥涂膜的延伸性，胎体增强材料附加层应尽量设置在涂膜的上部。

6.6.5 当采用浅色涂料做保护层时，应在涂膜固化后方可进行保护层涂刷，使保护层与涂膜防水层粘结牢固，充分发挥保护层的作用。采用水泥砂浆等刚性保护层时，参见本规范第5.5.6条的有关条文说明。

6.6.6 参见本规范第6.5.6条的条文说明。

6.7 聚合物水泥防水涂膜施工

6.7.1 聚合物水泥防水涂料属水性涂料，可在潮湿和无积水的基层上涂布。对基层表面的平整及干净提出了一定的要求，因为基层出现凹凸面会导致涂膜厚薄不均，影响防水效果和使用年限，基层出现起砂会使涂膜与基层粘结不牢出现脱离，这样会影响防水效果。

6.7.2 参见本规范第6.5.2条的条文说明。

6.7.3 由于聚合物水泥防水涂料的基层处理剂，是由聚合物乳液与水泥在施工现场随配随用，所以规定配制时应充分搅拌，否则将会出现结块和未搅匀的小粉团，导致基层处理剂涂刷不均，影响涂膜与基层的粘结力。

6.7.4 参见本规范第6.5.4条的条文说明。施工中还应指定专人负责，掌握配合比中各种材料的用量和配制时应计量准确、搅拌均匀，否则将会造成涂料质量不稳定，影响涂膜防水效果。

6.7.5 参见本规范第6.6.5条的条文说明。

6.7.6 参见本规范第6.5.6条的条文说明。

7 刚性防水屋面

7.1 一般规定

7.1.1 本章所指的刚性防水层包括了普通细石混凝土防水层、补偿收缩混凝土防水层、钢纤维混凝土防水层。由于膨胀剂技术的发展，在细石混凝土防水层中应用越来越广泛，因而单独作为补偿收缩混凝土防水层，以便和未掺膨胀剂的普通细石混凝土防水层相区别。钢纤维混凝土是我国近几年发展起来的新材料，由于它具有较高的抗拉强度、韧性好及不易开裂等优点，所以已在刚性防水屋面中逐渐推广使用。

刚性防水层所用材料易得，价格便宜，耐久性好，维修方便，所以广泛用于防水等级为Ⅲ级的建筑屋面。由于刚性防水材料的表观密度大，抗拉强度低，极限拉应变小，且混凝土因温差变形、干湿变形及结构变位易产生裂缝，因此对于屋面防水等级为Ⅱ级及其以上的重要建筑物，只有在与卷材、涂膜刚柔结合做二道防水设防时方可使用。根据黑龙江省、四川省在非松散材料保温层上采用刚性防水层，实践证明效果良好。同时本条规定刚性防水层不适用于受较大振动或冲击的建筑屋面。

7.1.2 参见本规范第4.2.1条的条文说明。

7.1.3 刚性防水层与山墙、女儿墙以及突出屋面结构的交接处，由于刚性防水层的温差变形及干湿变形，易造成开裂、渗漏以及推裂女儿墙的现象，故本条规定在这些部位应留设缝隙，并且用柔性密封材料加以处理，以防渗漏。

7.1.4 参见本规范第4.2.9条的条文说明部分内容。

7.1.5 掺入膨胀剂、减水剂、防水剂等外加剂，可改善拌合物的和易性，提高混凝土的密实性，对抗裂、抗渗和减缓表面风化、碳化也是有利的。外加剂技术的蓬勃发展，为刚性防水层性能的改善提供必要的物质条件，能够带来良好的技术经济效益。日本混凝土外加剂的应用率已达95%以上，国内外公认外加剂是混凝土的第五种组分。

外加剂必须通过在混凝土中的均匀分布，才能实现混凝土性能的提高，因此规定应用机械搅拌和机械振捣。

7.1.6 构件受温度影响产生热胀冷缩，混凝土本身的干燥收缩及荷载作用下挠曲引起的角变形，都能导致混凝土构件的板端裂缝。根据全国各地实践经验和资料介绍，在这些有规律的裂缝处设置分格缝，用柔性密封材料嵌填，以柔适变，刚柔结合，达到减少裂缝和增强防水的目的。本条规定了刚性防水层上应设置分格缝，分格缝内应嵌填密封材料。

7.1.7 天沟、檐沟找坡一般采用水泥砂浆，当厚度大于20mm时，为防止开裂、起壳，宜用细石混凝土找坡。

7.1.8 刚性防水层通常只有40mm厚，如再埋设管线，将严重削弱防水层断面，而且沿管线位置的混凝土易出现裂缝，导致屋面渗漏，因此不允许在刚性防水层中埋设管线。

7.1.9 施工环境气温对混凝土的施工质量影响甚大，当气温过高，混凝土中的水分很快蒸发，易出现干缩裂缝而导致渗漏；当气温过低，混凝土强度增长缓慢，在负温度时易受冻而导致内部组织结构破坏，降低防水的效果，因此应避免在烈日暴晒或负温度下施工。

7.2 材料要求

7.2.1 普通硅酸盐水泥或硅酸盐水泥，早期强度高、干缩性小、性能较稳定、耐风化，同时比其他品种的水泥碳化速度慢，所以宜在刚性防水屋面上使用。由于火山灰质硅酸盐水泥干缩率大、易开裂，所以在刚性防水屋面上不得采用。矿渣硅酸盐水泥泌水性大、抗渗性差，应采用减少泌水性的措施。

7.2.2 刚性防水层内配筋一般采用φ4乙级冷拔低碳钢丝，可以提高混凝土的抗裂度和限制裂缝宽度，同时也比较经济。

7.2.3 混凝土防水层的厚度较薄，如果石子粒径较大则沉降速率就大，造成沉降缝隙难以保证防水效果。粗细骨料含泥量要求与C30的普通混凝土相同。

7.2.4 由于外加剂的品种繁多，膨胀剂有硫铝酸钙类、氧化钙类和复合类粉状混凝土膨胀剂；减水剂有早强型、缓凝型、引气型、高效型与普通型等减水剂；防水剂有无机盐、有机硅等防水剂，而且掺量、使用方法也各不相同，因此应根据不同技术要求选择不同品种的外加剂。

7.2.5 水泥受潮对性能影响较大，不仅强度大大降低，而且抗渗性也相应降低；存放期超过三个月后，水泥活性大大降低，强度降低30%左右，所以对受潮及存放时间过长的水泥，应重新进行检验，合格后方可使用。

7.2.6 外加剂品种较多，性能、掺量、使用方法各不相同，必须分类保管，防止使用时混用、错用而造成质量事故。保存和运输过程均应防晒、防潮，以免发生化学变化造成变质。

7.3 设计要点

7.3.1 刚性防水屋面有多种构造类型，应结合地区条件、建筑结构形式选择适宜的做法，以获得较好的防水效果。在非松散材料保温层上，宜选用普通细石混凝土防水层；在屋面温差较大地区，宜选用补偿收缩混凝土防水层；在结构变形较大的基层上，宜选用钢纤维混凝土防水层。

7.3.2 刚性防水层一般用于平屋面，必须保证一定的坡度，以利排水。坡度不能过大，否则混凝土防水层不易浇捣；坡度也不能过小，否则达不到防排结合的目的。

采用结构找坡易使防水层厚度一致，同时增加基层的刚度，也利于节约材料，因此刚性防水层应采用结构找坡。

7.3.3 细石混凝土防水层厚度宜为40～60mm，如厚度小于40mm，则混凝土失水很快，水泥水化不充分，降低了混凝土的抗渗性能；另外由于防水层过薄，一些石子粒径可能超过防水层厚度的一半，上部砂浆收缩后容易在此处出现微裂，造成渗水的通道，所以厚度不应小于40mm。双向钢筋网片的钢筋间距为100～200mm时，可满足刚性屋面的构造和计算要求。分格缝处钢筋断开，以利各分格中的刚性防水层自由伸缩。

7.3.4 设置分格缝可避免因基层及防水层的变形而引起混凝土开裂，其位置应该是变形较大或较易变形处，如屋面板支承端、屋面转折处、防水层与突出屋面结构的交接处。本条规定分格缝间距不宜大于6m，这是因为考虑到我国工业建筑柱网以6m为模数，而住宅建筑的开间模数多数小于6m。

7.3.5 由于膨胀剂的类型不同，混凝土防水层的约束条件和配筋率不同，膨胀剂的掺量也就不一样，要求在屋面防水工程中掺用膨胀剂后，补偿收缩混凝土的技术参数为：

自由膨胀率：0.05%～0.1%；
约束膨胀率：稍大于0.04%（配筋率0.25%）；
自应力值：0.2～0.7MPa。

普通混凝土的干缩值一般在0.04%左右，在有约束情况下膨胀率稍大于0.04%，使混凝土最终产生少量的压应力，从而防止干缩。混凝土膨胀剂的掺量应由试验确定，如掺量过大，自由膨胀率大于0.1%，将会使混凝土破坏；如掺量过小，则起不到补偿收缩的作用。

7.4 细部构造

7.4.1 在刚性防水层上设置的分格缝，过去都是采用预埋木条，目前施工单位已很少采用，而是在混凝土达到一定强度后，用宽度为5mm的合金钢锯片进行锯割。由于国内的一些高性能密封材料，完全可以对这些比较窄的缝进行密封处理，所以本条规定分格缝的宽度宜为5～30mm。非上人屋面在分格缝上应铺贴卷材或涂膜做保护层。

7.4.2 为了改善刚性防水层的整体防水性能，发挥不同材料的特点，本条规定刚性防水层与墙体交接处应留缝隙，嵌填密封材料，泛水处设卷材或涂膜附加层，卷材收头在预留凹槽内密封固定，涂膜收头采用多遍涂刷封严。

7.4.3 参见本规范第5.4.4条的条文说明。考虑到刚性防水层的伸缩变形较大，在与变形缝两侧墙体的交接处还须留设缝隙，嵌填密封材料，保证防水可靠。

7.4.4 参见本规范第5.4.5条的条文说明。

7.4.5 参见本规范第5.4.8条的条文说明。

7.5 普通细石混凝土防水层施工

7.5.1 根据国内外资料和调研证明，提高混凝土的密实性，有利于提高混凝土的抗风化能力和减缓碳化速度，也有利于提高混凝土的抗渗性能。混凝土的密实性主要取决于混凝土的水灰比、水泥用量、骨料级配、匀质性、成型方法、振捣方法以及使用外加剂等因素。

水灰比是控制密实性的决定因素。由于水泥水化作用所需用的水量只相当于水泥质量的0.2～0.25，从理论上讲用水量少则混凝土密实性好，过多的水分蒸发后会在混凝土中形成微小的孔隙。为方便施工，限定最大水灰比为0.55，日本对屋面防水混凝土亦限定在0.5～0.55之间。最小水泥用量、含砂率、灰砂比的限值，都是为了保证形成足够的水泥砂浆包裹粗骨料表面，并充分填塞粗骨料间的空隙，形成足够的水泥浆包裹细骨料表面，并填充细骨料间的空隙，保证混凝土的密实性和抗渗性。

7.5.2 由于刚性防水层的表面比下部更易受温差变形、干湿变形影响，因此钢筋网片位置应尽可能偏上，但必须保证足够的保护层厚度，以减少因混凝土碳化而对钢筋的影响，钢筋保护层厚度宜为10mm。

7.5.3 分格缝截面宜做成上宽下窄，避免起模时损坏分格缝边缘的混凝土。当采用锯割法施工时，必须严格控制切割深度，以防损坏结构层。

7.5.4 为了改善普通细石混凝土的防水性能，提倡在混凝土中加减水剂或防水剂。外加剂的掺量和投料顺序是关键的工艺参数，应按使用说明或通过试验确定掺量，决定采用先掺法、后掺法或是同掺法，做到准确计量，并充分搅拌均匀。

7.5.5 对水灰比较小、坍落度小于或等于30mm的混凝土，当用250～500L的自落式搅拌机搅拌时，搅拌时间不应少于2min，以保证混凝土搅拌均匀。

细石混凝土防水层如果留设施工缝，往往接槎处理不好而形成渗水通道，所以本条要求每个分格板块的混凝土应一次浇筑完成，不得留施工缝。

防水层施工时，表面任意洒水或加铺水泥浆或撒干水泥做抹压处理，只能使混凝土表面产生一层浮浆，硬化后内部与表面的强度和干缩很不一致，极易产生面层的收缩龟裂、脱皮现象，降低防水层的防水效果。混凝土收水后二次压光，是保证防水层表面密实度的极其重要的一道工序，可以封闭毛细孔及提高抗渗性。

7.5.6 细石混凝土防水层渗漏，多数是节点的施工粗糙或施工工序不合理造成的，因此强调节点施工必须符合设计要求，特别是安装管件后四周应用密封材料嵌填密实。

7.5.7 细石混凝土防水层由于厚度较薄，容易出现早期脱水，因干缩而引起混凝土内部裂缝，使抗渗性大幅度降低。为了防止混凝土早期裂缝，应在混凝土终凝（即12～24h）后立即养护，可采取洒水湿润、覆盖塑料薄膜、喷涂养护剂等养护方法，但必须保证细石混凝土处于充分的湿润状态。

7.6 补偿收缩混凝土防水层施工

7.6.1 补偿收缩混凝土是在混凝土中加入膨胀剂，使混凝土产生微膨胀，在有配筋的情况下，能够补偿混凝土的收缩，提高混凝土抗裂性和抗渗性。补偿收缩混凝土与细石混凝土的施工在许多方面是一致的，因此应遵守本规范第7.5节的有关规定。

7.6.2 补偿收缩混凝土在钢筋的限制下，如果膨胀变形值太大，产生预应力会使混凝土开裂甚至胀坏，如果膨胀变形值太小，起不到预应力的作用。为此，补偿收缩混凝土的自由膨胀率一般控制在0.05%～0.1%之间，施工中应正确选用膨胀剂。因为补偿收缩混凝土的自由膨胀率与膨胀剂的掺入量有密切关系，应强调按配合比准确称重。此外，膨胀剂是通过与水泥均匀混合而发挥作用，所以搅拌时间应较普通混凝土延长1min。

7.6.3 屋面防水混凝土不能留施工缝，否则该处混凝土在外界因素影响下易引起开裂产生渗漏。补偿收缩混凝土在抹压时做错误的表面处理，其后果也同普通细石混凝土，所以必须禁止。

7.6.4 参见本规范第7.5.7条的条文说明。

7.7 钢纤维混凝土防水层施工

7.7.1 钢纤维混凝土的水灰比和水泥用量，是根据国内应用情况并参照国外规范确定的。如水灰比过大或水泥用量过少，虽然可以满足强度要求，但由于钢纤维周围未能包裹足够的水泥砂浆，就会影响钢纤维混凝土抗拉、抗折、韧性和抗裂性能的提高；如水泥用量过多，则混凝土的收缩大，对抗裂不利。故在本条中限制了水泥和掺合料的用量，粉煤灰、磨细矿渣粉等掺合料的用量应根据试验确定，纯水泥用量一般为320～340kg/m³。

钢纤维的体积率，是指钢纤维混凝土拌合物中钢纤维所占的体积百分率。钢纤维的体积率过大，则拌合物和易性差，施工质量难以保证；钢纤维的体积率过小，则增强作用不明显。因此本条参考《钢纤维混凝土设计与施工规程》CECS38∶92，规定混凝土中的钢纤维体积率宜为0.8%～1.2%。

7.7.2 由于钢纤维在混凝土中有沿粗骨料界面取向的趋势，当骨料直径大而钢纤维短时，钢纤维就起不到增强的作用。试验表明，当钢纤维长度为骨料粒径的2倍时增强效果较好，所以规定骨料的粒径不宜大于钢纤维长度的2/3，也不宜大于15mm。

7.7.3 钢纤维的增强效果与钢纤维的长度、直径、长径比有关。钢纤维长度太短起不到增强作用，钢纤维太长又会影响拌合物质量，钢纤维直径太细在拌合过程中易被弯折，钢纤维直径太粗在同样体积含量中增强效果差。钢纤维增强的作用随长径比增大而提高。大量试验研究和工程实践表明，当钢纤维长度为20～50mm、直径为0.3～0.8mm、长径比为40～100时，其增强效果和拌合性能均较好。

当钢纤维中有粘连团片时，混凝土拌合物中的钢纤维就不能均匀分布，影响了钢纤维混凝土的匀质性，降低了钢纤维混凝土的抗裂性能，故本条规定粘连团片的钢纤维不得超过钢纤维质量的1%。

7.7.4 为确保钢纤维混凝土的质量，必须对拌合物中的各种材料准确计量。在施工期间，钢纤维混凝土各种材料的用量，应按施工配合比和一次搅拌量计算确定。材料的称量偏差是参照《钢纤维混凝土》JG/T 3064—1999确定的。

7.7.5 国内外工程实践证明，使用强制式搅拌机拌制钢纤维混凝土的效果较好，搅拌时钢纤维不容易结团或折断，有利于钢纤维在混凝土中均匀分布，确保钢纤维混凝土的匀质性。

当钢纤维体积率较高或拌合物稠度较大时，易使搅拌机超载，本条规定一次搅拌量不宜大于搅拌机额定搅拌量的80%。

钢纤维混凝土搅拌时，投料顺序与施工条件及钢纤维形状、长径比、体积率等有关，应通过现场实际搅拌试验后确定，本条中规定了常规的投料顺序，也可以将钢纤维以外的材料湿拌，在拌合过程中边拌边加入分散的钢纤维。不论用何种投料顺序和搅拌方法，均必须保证搅拌均匀，且搅拌时间应较普通混凝土搅拌时间延长1～2min。

7.7.6 钢纤维混凝土搅拌后，每工作台班应检测一次拌合物的均匀性和稠度。钢纤维混凝土拌合物的稠度检测方法应按《普通混凝土拌合物性能试验方法标准》GB/T 50080—2002进行；钢纤维体积率检测方法应按《钢纤维混凝土》JG/T 3064—1999附录B规定进行。

7.7.7 钢纤维混凝土在运输过程中，易产生钢纤维下沉或混凝土离析，因此应尽量缩短钢纤维混凝土的运送时间和距离，确保钢纤维混凝土的均匀性。如发生混凝土离析或坍落度损失，应加入原水灰比的水泥浆进行二次搅拌，使混凝土中水灰比保持不变，确保混凝土强度和抗渗性。

由于钢纤维混凝土中的水泥用量较多，初凝时间较短，坍落度损失较快，参照国内工程实践和国外规范，本条规定从出料到浇筑完毕的时间不宜超过30min。

7.7.8 稠度相同的钢纤维混凝土要比普通混凝土干涩，可通过机械振捣的作用，使钢纤维在与浇筑方向垂直的平面内，有两维分布的趋势，增强钢纤维混凝土的整体性和密实性，提高混凝土的抗渗能力。

在每一个分格板块中，钢纤维混凝土应一次浇筑完成，不得留施工缝，否则新、旧混凝土中的钢纤维难以结合成整体，接缝处容易产生裂缝，导致屋面渗漏。

7.7.9 钢纤维在混凝土中呈三维方向排列，钢纤维容易露出混凝土表面，不仅影响钢纤维混凝土的强度，而且容易形成渗水通道，因此必须用人工或机械进行整平，将外露的钢纤维压入混凝土中。钢纤维混凝土防水层收水后，应对表面进行二次抹压，消除混凝土表面可能出现的塑性裂缝，并将混凝土表面毛细孔封闭，提高刚性防水层的抗渗性。

7.7.10 钢纤维混凝土的收缩率小、抗裂性能好，特别是加入膨胀剂的钢纤维补偿收缩混凝土，防水层不容易产生裂缝。根据现有屋面工程的施工经验，结合工程的具体情况，钢纤维混凝土防水层的分格缝间距最大可延长到10m。

7.7.11 参见本规范第7.5.7的条文说明。

8 屋面接缝密封防水

8.1 一般规定

8.1.1 屋盖系统的各种接缝是屋面渗漏的主要部位，密封处理质量的好坏，直接影响屋面防水工程的连续性和整体性，因此对于防水等级为Ⅰ～Ⅳ级的建筑屋面接缝部位，均应进行密封防水处理。密封防水处理不宜作为一道防水单独使用，它主要用于屋面构件与构件、构件与配件的拼接缝，以及各种防水材料接缝和收头的密封防水处理，并与刚性防水屋面、卷材防水屋面、涂膜防水屋面等配套使用。

8.1.2 如果接触密封材料的基层强度不够，或有蜂窝、麻面、起皮、起砂现象，会降低密封材料与基层的粘结强度；如果基层不平整，不密实，嵌填密封材料不均匀，接缝位移时密封材料局部易拉坏，失去密封防水作用。

如果基层不干净，不干燥，会降低密封材料与基层的粘结强度，尤其是溶剂型或反应固化型密封材料，基层必须干燥；一般水泥砂浆找平层完工10d后，接缝部位方可嵌填密封材料，并且施工前应晾晒干燥。由于我国目前尚无适当的现场测定基层含水率的设备和措施，不能给出定量的规定，只能提出定性的要求。

8.1.3 嵌填完毕的密封材料一般应养护2～3d，下一道工序施工时，必须对接缝部位的密封材料采取保护措施。如施工现场清扫或保温隔热层施工时，对已嵌填的密封材料宜采用卷材或木板条保护，防止污染及碰损。嵌填的密封材料，固化前不得踩踏，因为密封材料嵌缝时构造尺寸和形状都有一定的要求，而未固化的密封材料则不具备一定的弹性，踩踏后密封材料发生塑性变形，导致密封材料构造尺寸不符合设计要求。

8.2 材 料 要 求

8.2.1～8.2.2 本条文参考了《美国接缝密封膏应用的标准指南》中有关密封膏背衬的内容，采用背衬材料有以下功能：

1 控制接缝中密封膏的深度和形状；
2 修整时使密封膏充分湿润基层表面；
3 用于耐候性的临时接缝密封体。

密封膏背衬分为两类：A型和B型。A型主要是控制密封膏在接缝中的深度，并当修整时完全湿润基层；B型具有A型相同的功能，并可作为临时接缝密封体。

A型密封膏背衬的材料，有柔软的和相容的闭孔或开孔泡沫塑料或海绵状橡胶棒。闭孔泡沫或海绵状类型的材料，具有抗永久变形、不吸收水或气体、轻度加热时不辐射气体等特点，通常用于接缝开口宽度变化不大的场合。开孔海绵状类型的材料，如聚氨酯泡沫塑料，可用在接缝宽度需要变化的场合，但不应用在吸水可能危害密封功能的场合。

B型密封膏背衬的材料，有氯丁橡胶、丁基橡胶等相容性弹性体管材。它们具有闭孔A型密封膏背衬一样的特点，并在－26℃下保持弹性和低压缩变形能力。

8.2.3 密封材料用在屋面上主要是起防水作用，因此密封材料必须具备水密性和气密性。屋面接缝密封防水使屋面形成一个连续的整体，能在气候、温差变化及振动、冲击、错动等条件下起到防水作用，这就要求密封材料必须经受得起长期的压缩拉伸、振动疲劳作用，还必须具备一定的弹塑性、粘结性、耐候性和位移能力。本规范所指的屋面接缝密封材料是不定型膏状体，因此还要求密封材料必须具备可施工性。

8.2.4 改性石油沥青密封材料，按耐热度和低温柔性分为Ⅰ和Ⅱ类，质量要求依据《建筑防水沥青嵌缝油膏》JC/T 207—1996。Ⅰ类耐热度为70℃，低温柔性为－20℃，适于北方地区使用；Ⅱ类耐热度为80℃，低温柔性为－10℃，适于南方地区使用。

8.2.5 合成高分子密封材料质量要求，主要是参考《混凝土建筑接缝用密封胶》JC/T 881—2001提出的。合成高分子密封材料技术指标项目较多，考虑到设计时选用密封材料和工程的最基本要求，表8.2.5中只是列出了七项质量要求。

合成高分子密封材料，按密封胶位移能力分为25、20、12.5、7.5四个级别，25级和20级密封胶按拉伸模量分为低模量（LM）和高模量（HM）两个次级别，12.5级密封胶按弹性恢复率又分为弹性（E）和塑性（P）两个次级别。故把25级、20级和12.5E级密封胶称为弹性密封胶，而把12.5P级和7.5P级密封胶称为塑性密封胶。

8.2.6 密封材料在紫外线、高温和雨水的作用下，会加速其老化和降低产品质量。大部分密封材料是易燃品，因此贮运和保管时应避免日晒、雨淋、接近火源。合成高分子密封材料贮运和保管时，应保证包装密封完好，如包装不严密，挥发固化型密封材料中的溶剂和水分挥发会产生固化，反应固化型密封材料如与空气接触会产生凝胶。保管时应将其密封分类，不应与其他材料或不同生产日期的同类材料堆放在一起，尤其是多组分密封材料更应避免混淆堆放。

8.2.7 改性石油沥青密封材料，按《建筑防水沥青嵌缝油膏》JC/T 207—1996规定：材料出厂检验以20t为一批，不足20t者也作为一批进行抽检。本条规定进场的改性沥青密封材料是以每2t为一批，不足2t者也作为一批进行抽样复验，主要是考虑施工现场检验，对于某一建筑单项防水工程，所需密封材料用量一般都不会超过2t。

施工度是指密封材料施工时的难易程度，如果施工度不符合要求，则该产品为不合格；粘结性是反映密封材料与基层的粘结性能，以及密封材料对接缝位移的适应情况，粘结性能不好，会影响密封材料的水密性和气密性。进场的改性石油沥青密封材料，应抽检耐热度、低温柔性、拉伸粘结性和施工度。热施工的改性石油沥青密封材料，无需检测施工度。

8.2.8 本条规定进场的合成高分子密封材料以每1t为一批，不足1t者也作为一批抽样复验，其原因参见本规范第8.2.7条的条文说明。

合成高分子密封材料，分为弹性密封材料和塑性密封材料，恢复率大于40%的密封材料为弹性材料，恢复率小于40%的密封材料为塑性材料。拉伸模量是以拉伸到一定长度时的强度表示，它反映了密封材料在受力作用下抵抗变形的能力；断裂延伸率是反映密封材料适应接缝变形的能力；定伸粘结性反映了密封材料长期拉伸作用下抵抗内聚力破坏的能力。它们的性能好坏将直接影响密封材料在使用过程中的密封防水效果。进场的合成高分子密封材料，应抽检拉伸模量、断裂延伸率和定伸粘结性。

8.3 设 计 要 点

8.3.1 密封防水设计的基本要求，是满足建筑屋面在合理使用年限内不渗水。根据建筑屋面防水等级，进行密封部位的接缝设计，选择密封材料和辅助材料（基层处理剂、背衬材料），同时还要考虑外部条件和施工可行性。在本规范表3.0.1中虽然没有对密封材料作具体的规定，但接缝密封防水设计在和屋面配套使用时，亦应满足屋面防水层合理使用年限的要求，做到密封防水处理与主体防水层匹配。

8.3.2 因为过去大多是使用改性沥青密封材料，考虑到接缝宽度太窄，密封材料不易嵌填，太宽造成材料浪费；如设计计算接缝宽度尺寸超过40mm时，还应重新选择位移能力较大的密封材料，或者采用定型密封材料来解决屋面密封防水问题。

使用合成高分子密封材料，位移能力有了大幅度提高，同时随着施工工艺的改进，分格缝大多采用砂轮机切割，因此本条规定屋面接缝宽度宜为5～30mm。

本条规定接缝深度可取接缝宽度的50%～70%，是从国外大量资料和国内屋面密封防水工程实践中总结出来的，是一个经验值。日本东京工业大学教材科研所教授小池迪夫通过大量的实验，得出了接缝宽度b与接缝位移ΔL、密封材料拉伸—压缩允许变形率Σ之间的关系式：$b = \Delta L / \Sigma$；以及密封材料产生龟裂时，接缝拉伸—压缩往返次数$N(\Sigma)$与接缝宽度b和深度d之间的关系式：$N(\Sigma) = 4130 / (d^5/b)^{0.48} \Sigma^{3.6}$。通过这两个关系式计算出来的接缝宽度$b$值和深度$d$值，与本条文规定基本相符合。

另外根据德国的经验，缝深为缝宽的1/2～2/3左右，与本条文的规定也基本一致。

8.3.3 我国地域广阔，气候变化幅度大，历年最高、最低气温差别很大，并且屋面构造特点和使用条件的不同，接缝部位的密封材料存在着埋置和外露、水平和竖向之分，因此接缝部位应根据上述各种因素，选择耐热度、柔性相适应的密封材料，否则会引起密封材料高温流淌或低温龟裂。

影响接缝位移的因素有以下几种：

1 温度均匀变化引起构件热胀冷缩；
2 板上、下温度不一致和荷载作用下产生挠曲引起角变形；
3 基体的干湿变形引起板的相对位移；
4 支座不均匀沉陷和屋架挠度差引起接缝变化；
5 建筑物受到冲击荷载、风力荷载、地震荷载引起建筑结构变形。

对于大型屋面板的板端缝，综合考虑各种因素，接缝位移可达到8～10mm，但是有些接缝（如水落口、伸出屋面的管道与基层的接缝）位移很小，因此应根据接缝位移的大小，选择与延伸性相适应的密封材料。

接缝位移的特征分为两类，一类是外力引起接缝位移，可认为是短期的、恒定不变的；另一类是温度引起接缝周期性拉伸—压缩变化的位移，使密封材料产生疲劳破坏。因此应根据接缝位移的特征及接缝周期性拉压幅度的大小，选择与位移性相适应的密封材料。

8.3.4 背衬材料填塞在接缝底部，主要控制嵌填密封材料的深度，以及预防密封材料与缝的底部粘结，三面粘会造成应力集中，破坏密封防水，因此应选择与密封材料不粘或粘结力弱的背衬材料。背衬材料的形状有圆形、方形或片状，应根据实际需要决定，常用的有聚乙烯泡沫棒或油毡条。

8.3.5 基层处理剂的主要作用，是使被粘结表面受到渗透及湿润，改善密封材料和被粘结体的粘结性，并可以封闭混凝土及水泥砂浆表面，防止从其内部渗出碱性物质及水分，因此密封防水处理部位的基层应涂刷基层处理剂，当接缝两边基材不同时，应采用不同基层处理剂涂刷。选择基层处理剂时，既要考虑密封材料与基层处理剂材性的相容性，又要与被粘结体有良好的粘结性。

8.3.6 密封材料嵌填后设置保护层，其作用是保护接缝部位密封材料，延长密封防水使用年限。密封材料表面若暴露在大气中，经受风、雨、日晒作用，加速老化。

保护层施工，必须待密封材料表干后方可进行，这样才能保证密封材料的固化时间和构造尺寸不被破坏。

8.4 细 部 构 造

8.4.1 本条规定的板缝密封防水处理，应根据接缝密封防水的要求来确定。当采用圆棒状背衬材料嵌填时，因为背衬材料是挤压进接缝内，增大密封材料与缝壁的接触面，在一定范围内背衬材料不会与缝壁脱开，并且节约密封材料。

8.4.2 参见本规范第5.4.1条的条文说明。

8.4.3 参见本规范第5.4.2条和第5.4.3条的条文说明。

8.4.4 参见本规范第5.4.5条的条文说明。

8.4.5 参见本规范第5.4.8条的条文说明。

8.4.6 参见本规范第7.4.1条至第7.4.5条的条文说明。

8.5 改性石油沥青密封材料防水施工

8.5.1 防水工程质量的好坏是以设计为前提，如果安装完的接缝尺寸不符合要求，那么接缝密封防水的使用年限就不能保证，因此接缝尺寸必须符合设计要求后，方可进行下道工序施工。

8.5.2 按本规范第8.3.2条规定，接缝深度可取接缝宽度的50%～70%。使用专用压轮嵌入背衬材料后，可以保证接缝密封材料的设计厚度。另有国外资料对背衬材料的宽度要求：未压缩的背衬若为闭孔材料，其直径应约比接缝宽度大23%～33%；若为开孔材料，其直径应约大40%～50%。本规范第8.3.4规定背衬材料宽度应比接缝宽度大20%，保证背衬材料与接缝壁间不留有空隙。

8.5.3 改性石油沥青密封材料的基层处理剂，一般都是施工现场配制，为保证基层处理剂的质量，配比应准确，搅拌应均匀。多组分基层处理剂属于反应固化型材料，应配制多少用多少，未用完的材料不得下次使用，配制时应根据固化前的有效时间确定一次使用量配料的多少，否则将会造成材料的浪费。

基层处理剂涂刷完毕后再铺放背衬材料，将会对接缝壁的基层处理剂有一定的破坏，削弱基层处理剂的作用。

基层处理剂配制一般均加有易挥发的溶剂，溶剂尚未挥发或尚未完全挥发，这时如嵌填密封材料，会影响密封材料与基层处理剂的粘结性能，降低基层处理剂的作用，因此嵌填密封材料应待基层处理剂达到表干状态后方可进行。基层处理剂表干后，应立即嵌填密封材料，否则基层处理剂被污染，也会削弱密封材料与基层的粘结强度。

8.5.4 热灌法施工顺序和密封材料接头，应严格按照施工工艺要求进行操作，热熔型改性石油沥青密封材料现场施工时，熬制温度应控制在180～200℃，若熬制温度过低，不仅大大降低密封材料的粘结性能，还会使材料变稠，不便施工；若熬制温度过高，则会使密封材料性能变坏。

冷嵌法施工的条文内容是参考有关资料，并通过施工实践总结出来的，目的是使嵌填的密封材料饱满、密实，无气泡、孔洞现象出现。

8.5.5 雨天、雪天进行施工，密封材料与基层不粘结，起不到密封防水的作用；五级风及其以上施工，一方面工人在屋面上作业安全得不到保证，另一方面密封材料施工要求较严，影响屋面防水工程质量；施工时气温低于0℃，密封材料变稠，工人难以施工，同时大大减弱了密封材料与基层的粘结力。

8.6 合成高分子密封材料防水施工

8.6.1 参见本规范第8.5.1条的条文说明。

8.6.2 参见本规范第8.5.2条的条文说明。

8.6.3 参见本规范第8.5.3条的条文说明。

8.6.4 单组分密封材料只需在施工现场拌匀即可使用，多组分密封材料为反应固化型，各个组分配比一定要准确，宜采用机械搅拌，拌合应均匀，否则不能充分反应，降低材料质量。拌合好的密封材料必须在规定的时间内施工完，因此应根据实际情况和有效时间内材料施工用量来确定每次拌合量。不同的材料，生产厂家都规定了不同的拌合时间和拌合温度，这是决定多组分密封材料施工质量好坏的关键因素。

合成高分子密封材料的嵌填十分重要，如嵌填不饱满，出现凹陷、漏嵌、孔洞、气泡，都会降低接缝密封防水质量，因此本条对施工方法提出了明确的要求。

由于各种密封材料均存在着不同程度的干湿变形，当干湿变形和接缝尺寸均较大时，密封材料宜分次嵌填，否则密封材料表面会出现"U"形。且一次嵌填的密封材料量过多时，材料不易固化，会影响密封材料与基层的粘结力，同时由于残留溶剂的挥发引起内部不密实或产生气泡。允许一次嵌填时应尽量一次性施工，避免嵌填的密封材料出现分层现象。

采用高分子密封材料嵌填时，不管是用挤出枪还是用腻子刀施工，表面都不会光滑平直，可能还会出现凹陷、漏嵌、孔洞、气泡等现象，应在密封材料表干前进行修整。如果表干前不修整，则表干后不易修整，且容易将固化的密封材料破坏。

由于乳胶型和溶剂型密封材料均易挥发干燥固化，而反应固化型密封材料如与空气接触易吸潮凝胶，降低材料质量，因此未用完的密封材料必须密封保存。

保护层待密封材料表干后方可施工，以免损坏密封材料，达不到密封防水处理的要求。

8.6.5 雨天、雪天进行施工，乳胶型密封材料不易成膜，未成膜的材料易被雨水冲掉，失去防水作用。在5℃以下施工，密封材料易破乳，产生凝胶现象，大大降低接缝密封防水质量。本条文中的其他规定参见本规范第8.5.5条的条文说明。

9 保温隔热屋面

9.1 一般规定

9.1.1 保温隔热屋面随着建筑物的功能和建筑节能的要求，其使用范围将越来越广泛。根据全国蓄水屋面的使用情况，在高等级建筑上使用极少（屋面上建游泳池的除外），故本条规定不宜在防水等级为Ⅰ、Ⅱ级屋面上采用。

本规范把保温层分为板状材料和整体现喷两种类型，隔热层分为架空、蓄水、种植三种形式，基本上反映了国内保温隔热屋面的情况。从发展趋势看，由于绿色环保及美化环境的要求，采用种植屋面形式将胜于架空屋面及蓄水屋面。

9.1.2 保温材料大多数属于多孔结构，干燥时孔隙中的空气导热系数较小，静态空气的导热系数$\lambda=0.02$，保温隔热性较好。材料受潮后孔隙中存在水汽和水，而水的导热系数（$\lambda=0.5$）比静态空气大20倍左右，若材料孔隙中的水分受冻成冰，冰的导热系数（$\lambda=2.0$）相当于水的导热系数的4倍，因此保温材料的干湿程度与导热系数关系很大。考虑到每个地区的环境湿度不同，定出统一的含水率限值是不可能的，因此本条提出了平衡含水率的问题。

在实际应用中的材料试件含水率，根据当地年平均相对湿度所对应的相对含水率，可通过计算确定。

当地年均相对湿度	相对含水率
潮湿＞75%	45%
中等 50%～75%	40%
干燥＜50%	35%

$$W（相对含水率）=\frac{W_1（含水率）}{W_2（吸水率）}$$

$$W_1=\frac{m_1-m}{m}\times 100\%$$

$$W_2=\frac{m_2-m}{m}\times 100\%$$

式中 W_1——试件的含水率（%）；
　　W_2——试件的吸水率（%）；
　　m_1——试件在取样时的质量（kg）；
　　m_2——试件在面干潮湿状态的质量（kg）；
　　m——试件的绝干质量（kg）。

9.1.3 我国南方不少地区（如广东、广西、湖南、湖北、四川等省），夏季时间长，气温较高，为解决炎热季节室内温度过高的问题，多采用架空屋面隔热措施。架空屋面是利用架空层内空气的流动散热，防止太阳直射在防水层的表面，宜在通风较好的建筑物上采用。

由于城市建筑密度不断加大，不少城市高层建筑林立，造成风力减弱、空气对流较差，严重影响架空屋面的隔热效果。

9.1.4 蓄水屋面主要在我国南方采用，北方尚无此类做法。国外有资料介绍在寒冷地区使用的为密封式，我国目前均为开敞式的，故不排除北方使用的可能性。

地震地区和振动较大的建筑物上，最好不采用蓄水屋面，振动易使建筑物产生裂缝，造成屋面渗漏。

9.1.5 种植屋面主要有以下特点：一是荷载大，二是植物根系穿刺力强，三是要求防水可靠性更强，四是返修困难。种植屋面构造和地域气候密切相关，多雨与少雨地区的构造不同，炎热与寒冷地区的构造也不同；种植屋面构造还和建筑环境与功能有关，楼房屋面种植与地下车库、商场的顶板种植，构造也不一样。

9.1.6 参见本规范第4.2.1条的条文说明。

9.1.7 施工中及完工后的保温隔热层，随意踩踏或遇雨水不加遮盖，致使保温层内部含水率增加，影响保温层的隔热效果，故必须强调采取保护措施。

9.2 材料要求

9.2.1 本条列出了目前常用的几种板状保温材料，其主要技术指标是参考《绝热用模塑聚苯乙烯泡沫塑料》GB/T 10801.1—2002、《绝热用挤塑聚苯乙烯泡沫塑料》（xps）GB/T 10801.2—2002、《建筑物隔热用硬质聚氨酯泡沫塑料》GB 10800—89、《膨胀珍珠岩绝热制品》GB/T 10303—2001、《泡沫玻璃绝热制品》JC 647—1996等规定加以整理的。

9.2.2 目前国内推广使用的现喷硬质聚氨酯泡沫塑料，不仅重量轻、导热系数小、保温效果好，而且施工方便，有关的技术指标是根据工程实际使用情况综合确定的。

9.2.3 根据国内采用砖块（包括大阶砖）及混凝土板的实际情况，有关架空隔热制品及其支座材料的质量，应符合设计要求及材料标准，本条不作其他说明。

9.2.4 蓄水屋面是把平屋面凹成水池，将间歇的屋面防水转为长期蓄水，防水材料应具有优良的耐水性，不因泡水而降低物理性能，更不能减弱接缝的密闭程度。同时，考虑蓄水屋面要定时进行清理，采用柔性防水层还应具有耐腐蚀、耐霉烂、耐穿刺性能。防水层上应设置保护层，最好在卷材、涂膜防水层上再做刚性复合防水层。

当蓄水屋面采用刚性防水层时，应符合《地下工程防水技术规范》GB 50108—2001有关防水混凝土的规定。

9.2.5 种植屋面的防水层长期隐蔽在潮湿甚至水浸的环境中，有些材料经受不住长期浸泡，特别是冷胶粘剂粘合的防水卷材最容易开胶，同时选择材料要考虑植物根系的穿刺破坏。

种植屋面防水层一般应做二道设防，若采用卷材做防水层时，其接缝宜采用焊接法，卷材防水层上部应设细石混凝土保护层。

9.2.6 因保温隔热材料的种类不同，本条不好给出具体的抽样数量，只提出原则的规定。同一批材料指的是同一生产单位、同一规格、同一时期生产的材料。

9.2.7 为了保证保温隔热材料的实际使用性能，规定了保温隔热材料在进场时应检验的主要项目。导热系数因现场不易检测，可根据材料的表观密度及含水率预计其导热系数的大小。特殊要求或对保温隔热材料的质量有疑问时，可做必要的检测。

为确保现喷硬质聚氨酯泡沫塑料的质量，施工单位应根据原材料情况、现场条件、大气温度等，由试验室进行试配，确定有关技术参数后，方可进行现场施工。

9.2.8 大部分保温隔热材料强度较低，容易损坏，同时怕雨淋受潮，为保证材料的规格质量，应当做好贮运、保管工作，减少材料的损坏。

9.3 设计要点

9.3.1 保温隔热屋面设计，应根据建筑物的使用要求、屋面的结构形式、环境条件、防水处理方法、施工条件等因素确定。这是因为不同条件的建筑物要求不同，同样类型的建筑物在不同地区采用保温隔热方法将有很大区别，不能随意套用标准图或其他做法。确定不同地区主要建筑类型的保温隔热形式，这方面的工作仍需进一步研究及总结经验。

9.3.2 由于屋盖系统是由多种建筑材料组合而成，不同材料其传热性能不同，热阻也不相同，所以首先要计算出除保温层外各种材料的总热阻 R。

当热量从室内通过屋盖系统向室外转移时，往往需经过三个阶段，即感热、传热和散热。感热阶段系接近屋盖系统的内表面的空气层，将热量传给屋盖系统的过程；散热阶段系接近屋盖系统外表面的空气层，将屋盖系统的热量传至室外的过程。感热与散热均传出一定的热量，因此这两部分空气层也存在导热与热阻问题，所以计算屋盖系统总热阻时应考虑进去，其值根据屋盖的构造形式而定。

计算保温层厚度 δ_x 时，必须确定两个基本数据，即屋盖系统最小总热阻 $R_{0,min}$ 及屋盖系统所用保温材料的导热系数 λ_x。

随着国家对节省能源政策的不断提升，民用建筑节能将由过去的 30% 提高到 50%，故本条提出应按现行建筑节能设计标准计算确定。

9.3.3 根据国内外有关资料，新型的保温材料使用得越来越多，这对保温层设置在防水层上部（称为倒置式屋面）拓宽了选择的范围，同时对保证屋面质量和使用年限是有利的。

保温材料的干湿程度与导热系数关系很大，限制含水率是保证工程质量的重要环节。吸湿性保温材料如加气混凝土和膨胀珍珠岩制品，不宜用于封闭式保温层。当屋面保温层干燥有困难时，宜采用排汽屋面，参见本规范第 5.3.4 条的条文说明。

9.3.4 架空屋面的架空隔热层高度，应根据屋面宽度和坡度大小来确定。屋面较宽时，风道中阻力增加，宜采用较高的架空层；屋面坡度较小时，进风口和出风口之间的温差相对较小，为便于风道中空气流通，宜采用较高的架空层，反之可采用较低的架空层。

9.3.5 蓄水屋面划分蓄水区和设分仓缝，主要是防止蓄水面积过大引起屋面开裂及损坏防水层。蓄水深度宜为 150~200mm，根据使用及有关资料介绍，低于此深度隔热效果不理想，高于此深度加重荷载，隔热效能提高并不大，且当水较深时夏季白天水温升高，晚间反而导致室温增加。

蓄水屋面设置人行通道，对于使用过程中的管理是非常重要的。

9.3.6 近年来，随着城市绿化、美化、环保要求的提高，种植屋面发展很快，种植屋面构造应根据不同地区和屋面类型选用。

1 少雨地区

在降雨量很少的地区，夏季植物生长依赖人工浇灌，冬季草木植物枯死，故停止浇水灌溉。冬季种植土是干燥的，种植土厚度宜为 300mm，可以视作保温层，所以不必另设保温层。

由于降雨量少，人工浇灌的水也不太多，种植土中的多余水甚少，不会造成植物烂根，所以不必另设排水层。

2 温暖多雨地区

南方温暖，夏季多雨，冬季不结冰，种植土中含水四季不减。特别大雨之后，积水很多必须排出，以防止烂根，所以在种植土下应设排水层。因为冬季不结冰，也不必另设保温层。

3 寒冷多雨地区

冬季严寒但夏季多雨的地区，下雨时有积聚如泽的现象，排除明水不如用排水层作暗排好，所以在种植土下应设排水层。

冬季严寒，虽无雨但存雪，种植土含水量仍旧大，冻结之后降低保温能力，所以在防水层下应加设保温层。

4 坡度 20% 以上的屋面可做成梯田式，利用排水层和覆土层找坡。

9.3.7 倒置式屋面的保温层在防水层上面，如果保温材料自身吸水饱和，零度以下的气温就会结冰，保温材料就不再具有保温的功能，因此保温层应采用不吸水或吸水率较低的保温材料。目前我国用于倒置式屋面的保温材料，有聚苯乙烯泡沫塑料、硬质聚氨酯泡沫塑料和泡沫玻璃等。

保温层很轻，若不加保护和埋压，容易被大风吹起，或是人在上践踏而破坏。由于有机物保温层长期暴露在外，受到紫外线照射及臭氧、酸碱离子侵蚀会过早老化，因此保温层上面应设保护层。保护层可选择卵石、水泥砂浆、块体材料或细石混凝土。

倒置式屋面采用现场喷涂硬质聚氨酯泡沫塑料时，其表面宜涂刷一道涂料作保护层，但泡沫塑料与涂料间应具相容性。

9.4 细 部 构 造

9.4.1 本条强调设有保温层的屋面，内檐部位应铺设保温层，檐沟、檐口与屋面交接处，保温层的铺设应延伸到不小于墙厚的 1/2 处。主要根据建筑节能的要求，避免墙体与屋面的交接处产生冷桥，降低热工效能。

9.4.2 排汽出口的细部构造图 9.4.2-1 和图 9.4.2-2，是目前主要采用的两种形式，也可采用檐口或侧墙部位留排汽管的方法。排汽管与保温层接触处的管壁，打孔的孔径及分布应适当，以保证排汽道的畅通。

9.4.3 架空屋面架空隔热层的高度，是根据调研各地情况确定的。太低了隔热效果不明显，太高了通风效果提高不多，且稳定性差，目前常用做法为180～300mm。

架空板与女儿墙的距离宜为250mm，主要是考虑在保证屋面收缩变形的同时，防止堵塞和便于清理，当然间距也不应过大，否则将降低隔热效果。

9.4.4 倒置式屋面保温层上的保护层，采用混凝土板或地砖等材料时，可用水泥砂浆铺砌；采用卵石做保护层时，加铺的纤维织物应选用耐穿刺、耐久性好、防腐性能好的材料，铺设时应满铺不露底，上面的卵石分布均匀，保证工程质量。

9.4.5 溢水管标高应设计在最大蓄水高度处，是防止暴雨溢流而设定的，其数量、口径应根据当地的降雨量确定；分仓墙及防水处理的部位，应高出溢水口的上部100mm。

蓄水屋面宜采用整体现浇防水混凝土，分仓隔墙可根据屋面工程情况，采用混凝土或砖砌体。

9.4.6 近几年来，种植屋面发展较快，种植屋面的构造可根据不同的种植介质确定，也可以有草坪式、园林式、园艺式以及混合式等。

9.5 保温层施工

9.5.1 板状材料保温层的铺设，需铺平垫稳且板间缝隙嵌填密实，防止保温材料的滑动，导致防水层的破坏。

9.5.2 现喷硬质聚氨酯泡沫塑料的基层表面要求平整，是为了便于控制保温层的厚度；基层要求干净、干燥，是为了增强保温层与基层的粘结。现喷硬质聚氨酯泡沫塑料施工时，气温过高或过低均会影响其发泡反应，尤其是气温过低时不易发泡。采用喷涂工艺施工，如果喷涂时风速过大则不易操作，故对施工时的风速也相应作出了规定。

9.5.3 强调施工温度主要是考虑保证施工质量，但在情况特殊、又有措施保证时，也是可以施工的。粘贴板状材料的方法不仅仅只有热沥青一种，提出有机胶粘剂更广泛一些，也适应冬期施工的要求。用水泥砂浆粘贴的板状材料，在气温低于5℃时不宜施工，随着新型防冻外加剂的使用，根据工程实际情况也可在5℃以下时施工。

雨天、雪天和风大时不得施工的限制，主要是考虑保证施工质量和保障人员安全。

9.6 架空屋面施工

9.6.1 本条规定了架空隔热层施工前的准备工作，保证施工顺利进行。

9.6.2 卷材、涂膜均属于柔性防水，架空屋面支座底面不采取加强措施，容易造成支座下的防水层破损，导致屋面渗漏。

9.6.3～9.6.4 这两条都是施工规定的要求及注意事项，主要是为了保证施工质量。对于架空屋面来讲，架空板施工完对防水层也就起到了保护层作用。

9.7 蓄水屋面施工

9.7.1 由于蓄水屋面的特殊性，屋面孔洞后凿不易保证质量，所以强调所有孔洞应预留。

9.7.2 为了保证每个蓄水区混凝土的整体防水性，防水混凝土应一次浇筑完毕，不得留施工缝，避免因接头处理不好而导致裂缝。

9.7.3 参见本规范第5.6.8条和第5.7.7条的条文说明。

9.7.4 参见本规范第7.1.9条的条文说明。

9.7.5 蓄水屋面的刚性防水层完工后，应在混凝土终凝时进行养护。养护好后方可蓄水，并不可断水，防止混凝土干涸开裂。

9.8 种植屋面施工

9.8.1 泄水孔是为排泄种植介质中过多的水分而设置的，如留设位置不正确或泄水孔被堵塞，种植介质中过多的水分不能排出，不仅会影响使用，而且会给防水层带来不利。

9.8.2 进行蓄水、淋水试验是为了检验防水层的质量，合格后才能进行覆盖种植介质。如采用刚性防水层则应与蓄水屋面一样进行养护，养护后方可进行蓄水、淋水试验。

9.8.3 种植覆盖层施工时如破坏了防水层，产生渗漏后既不容易查找渗漏部位，也不易维修，因此应特别注意。覆盖层的质量尤其应严格控制，防止过量超载。

9.8.4 植物的生长虽然离不开阳光、水分和肥料，但植物的种植时间应由植物对气候条件的要求确定。

9.9 倒置式屋面施工

9.9.1 进行蓄水或淋水试验是为了检验防水层的质量，合格后才能进行倒置式屋面施工。

9.9.2 倒置式板状保温层的施工与其在防水层下做法相同。

9.9.3 保护层施工时如损坏了保温层和防水层，不但会降低使用功能，而且出现渗漏后，很难找到渗漏部位，也不便于修理。

9.9.4 卵石铺设应防止过量，以免加大屋面荷载，致使结构开裂或变形过大，甚至造成结构破坏，故应严加注意。

10 瓦屋面

10.1 一般规定

10.1.1 平瓦主要是指传统的黏土机制平瓦和混凝

土平瓦。平瓦常用于一般性建筑的木基层屋面上，近年来已广泛在混凝土基层屋面上使用，故本条规定适用于防水等级为Ⅱ、Ⅲ、Ⅳ级的屋面。

油毡瓦近年来已得到广泛应用，且多彩、多样化，又称多彩沥青瓦。鉴于油毡瓦的特性，采取与防水卷材或防水涂膜复合使用，故本条规定适用于防水等级为Ⅱ、Ⅲ级的屋面。

由于对金属板材的材质、板型、涂膜、连接和接缝等都有改进和提高，故本条规定适用于防水等级为Ⅰ、Ⅱ、Ⅲ级的屋面。在Ⅰ、Ⅱ级屋面防水设防中，如仅作一道金属板材时，应符合有关技术规定。

10.1.2 本条说明瓦与屋面基层的相互关系。

10.1.3 屋面与山墙及突出屋面结构等交接处，是屋面防水的薄弱环节，做好泛水处理是保证屋面工程质量的关键。

10.1.4 瓦屋面的坡度一般大于10%，瓦与瓦是相互搭接而透风，以及固定螺栓年久松动等因素，在遇到大风或地震时，瓦易被掀起或脱落，故本条提出采取将瓦与屋面基层固定牢固等措施。

10.1.5 雨天、雪天时，在坡屋面上操作不能保证人身安全，故雨天或雪天严禁施工；五级风及其以上时，瓦易被掀起或脱落，且不能保证人身安全，故不得施工。

10.1.6 注意瓦屋面完工后的成品保护，以保证屋面工程质量。

10.2 材 料 要 求

10.2.1 为了防止质量不合格的平瓦在工程上使用，或因贮运、保管不当而造成平瓦的缺损，本条参考《烧结瓦》JC 709—1998和《混凝土瓦》JC 746—1999的内容。

10.2.2 为了防止质量不合格的油毡瓦在工程上使用，或因贮运、保管不当而造成油毡瓦的缺损、粘连，本条参考《油毡瓦》JC/T 503—92（1996）的内容。

10.2.3 为了防止质量不合格的金属板材在工程上使用，或因贮运、保管不当而造成的变形、缺损，本条根据当前金属板材品种、形式提出共性的内容。

10.2.4 瓦在进入现场后，应检查检验报告和外观质量，并强调按规定抽样复验。

10.3 设 计 要 点

10.3.1 本条阐述瓦在单独使用以及与卷材或涂膜复合使用情况下，所适用的屋面防水等级。

10.3.2 本条阐述具有保温隔热的瓦屋面，其保温层设置的基本原则。

10.3.3 当前屋面形式繁多，为防止雨雪沿瓦的搭接缝形成爬水现象，本条规定平瓦、油毡瓦的屋面排水坡度不宜小于20%，金属板材屋面的排水坡度不宜小于10%。

10.3.4 针对瓦屋面上的一些易渗漏的节点，强调了设计时应提出细部构造详图，以利施工有据，确保工程质量。

10.3.5 本条强调了大坡度瓦屋面应采取固定加强措施。

10.3.6 为防止大风时雨水沿瓦间隙飘入瓦下，或因爬水而浸湿基层，甚至造成渗漏，故规定平瓦屋面应在基层上铺设一层卷材，并顺水条固定。

10.3.7 北方很多地方都采用在屋面基层上抹草泥，然后再座泥扣平瓦的方法，相对造价较低，且泥背还有一定的保温效果，尤其是对一些跨度较小的非永久性工程应用更多，故对泥背厚度作了规定。

10.3.8 为防止雨水沿瓦间隙进入而浸湿基层，甚至造成渗漏，故规定在基层上铺设一层卷材再铺钉油毡瓦。

10.3.9 本条强调天沟、檐沟设置防水层的重要性，防水层可采用防水卷材、防水涂膜或金属板材。

10.4 细 部 构 造

10.4.1 对各种瓦的檐口挑出长度作了相应的规定，主要是有利于防水和美观。

10.4.2 泛水是瓦屋面最易渗漏的部位，做好泛水处理甚为重要，故本条对各种瓦的泛水提出了具体的技术要求。

10.4.3 为使雨水顺坡落入天沟，防止爬水现象，本条规定了平瓦、油毡瓦伸入天沟、檐沟的尺寸要求，并根据油毡瓦的特性，规定了檐口油毡瓦和卷材满粘的内容。

10.4.4 平瓦屋面的脊瓦与坡面瓦之间的缝隙，一般采用掺纤维砂浆填实抹平，脊瓦下端距坡面瓦的高度不宜超过80mm，一是考虑施工操作，二是防止砂浆干缩开裂及雨水流入而造成渗漏。并根据平瓦、油毡瓦的特性，规定了脊瓦与坡面瓦的搭盖宽度。

10.4.5 本条是金属板材屋面檐口和屋脊的构造内容。

10.4.6 平瓦、油毡瓦屋面，屋顶窗的窗料及金属排水板、窗框固定铁角、窗口防水卷材、支瓦条等配件，可由屋顶窗的生产厂家配套供应，并按照设计要求施工。

10.5 平瓦屋面施工

10.5.1 本条阐述铺设卷材的操作要点，注意铺设后对卷材的成品保护。

10.5.2 为保证瓦的搭接，防止渗漏，并使屋面整齐美观，本条为对挂瓦条间距和铺钉的规定。

10.5.3 本条阐述瓦的铺设要点，保证瓦屋面的施工质量和美观。

10.5.4 脊瓦搭盖间距均匀、平直，无起伏现象，主要是有利于美观；砂浆中掺入纤维可增加弹性，减少由于砂浆干缩引起的裂缝。

10.5.5 平瓦应均匀分散堆放在屋面的两坡，以及铺瓦应由两坡从下向上对称铺设的规定，是考虑屋面结构尽量避免产生过大的不对称的施工荷载，否则严重时会导致结构破坏事故。

10.5.6 铺设泥背要求分层，一是干燥较快，二是最后一层还可起到找平和座瓦的作用。

10.5.7 在混凝土基层上铺设平瓦时，本条对找平层、防水层和保温层等设置作了相关的规定。

10.6 油毡瓦屋面施工

10.6.1 油毡瓦铺设时，不论在木基层或混凝土基层上，都应先铺钉一层卷材，然后再铺钉油毡瓦；为防止钉帽外露锈蚀而影响固定，需将钉帽盖在卷材下面，卷材搭接宽度不应小于 50mm。

10.6.2 本条阐述油毡瓦的正确铺设方法。

10.6.3 本条阐述油毡瓦的固定。

10.6.4 本条对脊瓦的铺设，以及脊瓦与脊瓦、脊瓦与坡面瓦的搭盖面积作了规定。

10.6.5 屋面与突出屋面结构及女儿墙等交接处是防水的薄弱环节，做好泛水处理是保证屋面工程质量的关键。

10.6.6 在混凝土基层上铺设油毡瓦时，本条对找平层、防水层和保温层等设置作了相关的规定。

10.7 金属板材屋面施工

10.7.1 金属板材应用专用吊具吊装，防止金属板材在吊装中的变形或将板面的涂膜破坏。

10.7.2 金属板材为薄壁长条、多种规格的型材，本条强调板材应根据设计的配板图铺设和连接固定。

10.7.3 金属板材的长边搭缝顺主导风向铺设，可避免刮风时冷空气贯入室内，并规定搭接缝、对缝及外露钉帽应作密封处理。

10.7.4 用金属板材制作的天沟，沟帮两侧应伸入屋面金属板材下不小于 100mm，以便固定密封。屋面金属板材伸入檐沟的长度不小于 50mm，以防爬水。金属板材的类型不一，屋面的檐口和山墙应用与板型配套的堵头封檐板和包角板封严。

10.7.5 主要是便于安装和整齐美观。

中华人民共和国行业标准

V 形折板屋盖设计与施工规程

JGJ/T 21—93

条 文 说 明

前 言

《V形折板屋盖设计与施工规程》JGJ/T 21—93 是根据原城乡建设环境保护部（88）城标字第 141 号文的要求，由中国石油化工总公司北京石油化工工程公司、中国石油化工总公司北京设计院会同有关单位对《V形折板屋盖设计与施工规程》JGJ 21—84（以下简称原规程）修订而成。经中华人民共和国建设部 1993 年 10 月 25 日以建标 [1993] 第 771 号文批准，业已发布。

为了便于广大设计、施工、科研、学校等有关单位的人员在使用本规程时能正确理解和执行条文规定，《V形折板屋盖设计与施工规程》修订组按章、节、条顺序，编制了本规程的条文说明，供国内使用者参考。在使用中如发现本条文说明有欠妥之处，请将意见函寄中国石油化工总公司北京石油化工工程公司（北京朝阳区安翔北路西口）。

本《条文说明》由建设部标准定额研究所组织出版发行。

1993 年 10 月

目 次

第一章　总则 ················· 8—7—4
第二章　材料 ················· 8—7—4
第三章　设计规定 ············· 8—7—4
第四章　建筑设计 ············· 8—7—4
　第一节　一般规定 ··········· 8—7—4
　第二节　定位轴线 ··········· 8—7—5
　第三节　排水、防水 ········· 8—7—5
　第四节　建筑热工 ··········· 8—7—5
第五章　折板计算 ············· 8—7—5
　第一节　一般规定 ··········· 8—7—5
　第二节　荷载 ··············· 8—7—6
　第三节　均布荷载作用下的内力计算 ··· 8—7—7
　第四节　折缝处有集中荷载的计算 ··· 8—7—7
　第五节　截面验算 ··········· 8—7—7
第六章　结构构造 ············· 8—7—7
　第一节　一般规定 ··········· 8—7—7
　第二节　钢筋配置 ··········· 8—7—8
　第三节　连接节点 ··········· 8—7—8
　第四节　开孔V形折板 ······· 8—7—9
　第五节　边折及伸缩缝 ······· 8—7—9
第七章　施工工艺 ············· 8—7—9
　第一节　一般规定 ··········· 8—7—9
　第二节　构件制作 ··········· 8—7—10
　第三节　运输安装 ··········· 8—7—11
第八章　屋面工程 ············· 8—7—11
　第一节　保温工程 ··········· 8—7—11
　第二节　隔热工程 ··········· 8—7—11
　第三节　防水工程 ··········· 8—7—11
第九章　屋盖工程验收 ········· 8—7—11
　第一节　V形折板构件验收 ··· 8—7—11
　第三节　安装工程验收 ······· 8—7—11
　第四节　屋面工程验收 ······· 8—7—11
附录　计算例题 ··············· 8—7—11

第一章 总 则

第 1.0.1 条 本条是 V 形折板屋盖设计与施工时必须遵循的原则。

第 1.0.2 条 本条规定了本规程的适用范围。折板屋盖是一种板架合一的空间结构，受力合理，可节省材料。过去采用整体现浇的施工方法，必须有满堂红脚手架，费事费料。1968 年我国自行开发了一种折叠式预应力 V 形折板屋盖。这种结构是把折板的两个板面的结合部位设计成可转折的，在长线张拉台座上平卧制作，并可叠层生产、折叠堆放和运输。安装时，按设计要求组装成整体的 V 形折板屋盖，这就省掉了脚手架和大量的模板，同以往梁板屋盖相比，具有节省三材，制作简单，施工速度快等优点。后来又相继开发了折叠式钢筋混凝土 V 形折板屋盖，不必施加预应力，制作更方便。二十多年来，折叠式预应力和钢筋混凝土 V 形折板屋盖结构已在全国各地广泛推广应用，并于 1975 年编制了全国通用图集（第一版），1983 年进行了修订，目前正在按新发行的有关规范再次进行修订。本规程是专门为这两种折叠式 V 形折板屋盖而制订的，对其它型式的折板屋盖设计与施工可作为参考。

第 1.0.3 条 本规程的设计原则是根据现行国家标准《建筑结构设计统一标准》中的规定进行修订的，主要内容是采用以概率理论为基础的极限状态设计法。

本规程所采用的符号、单位、术语系按照现行国家标准《建筑结构设计通用符号、计量单位和基本术语》的规定作了较大幅度的修改，但原规程中个别 V 形折板屋盖惯用的符号仍保留未变。

第 1.0.4 条 V 形折板屋盖是轻型结构，板较薄，钢筋的混凝土保护层最小厚度一般取最低项，因此本条强调：在高温、具有侵蚀性介质及有爆炸危险等特殊情况下采用 V 形折板屋盖时，尚应按照国家现行有关标准的规定，采取防护措施。

第二章 材 料

第 2.0.1 条 本条系根据折板屋盖工程实践经验以及试验研究的结果，规定了根据所采用不同钢筋以及不同跨度的折板屋盖相应选用的混凝土强度等级，并按现行国家标准《混凝土结构设计规范》，把原规程中的混凝土标号改为相应的混凝土强度等级，即 250 号、300 号和 400 号分别相应改为 C25、C30 和 C40。由于在实际应用中普通钢筋混凝土 V 形折板屋盖从未采用过冷拔低碳钢丝作为主筋，因此这次修订把原规程表 2.0.1 中钢筋混凝土 V 形折板的冷拔低碳钢丝一栏中的混凝土强度等级删去。

第 2.0.2 条 本条规定了折板屋盖最常用的几种钢材。对预应力 V 形板主筋优先推荐采用碳素钢丝，因为这种钢材强度高，能够更好发挥预应力的作用，以节约钢材。但在碳素钢丝供应不足的情况下，也可采用冷拔低碳钢丝，因为这种钢材货源较广，一般可自行加工，但折板屋盖跨度不得大于 18m。

第三章 设 计 规 定

第 3.0.1 条 本条规定了折板屋盖适用的抗震设防烈度范围。编制组对 1976 年唐山地震的震害区进行了考察调研，发现在抗震烈度为 10 度地区的未经抗震设防的采用折板屋盖的建筑物没有倒塌，在 9 度地区的折板屋盖建筑物没有破坏。实践证明，折板屋盖具有很好的抗震性能。1979 年，对折板屋盖进行了动力试验，测试结果证明，这种屋盖具有较好的传递屋盖水平力的特性，整体刚度好。因此，本规程规定折板屋盖可以在抗震设防烈度 9 度和 9 度以下地区采用。

第 3.0.2 条 本条规定了折板屋盖的使用范围。折板屋盖的使用范围是随着试验研究的发展和工程应用实践经验的积累而逐步扩大的。例如，在原规程编制之前，27m 跨度的预应力 V 形折板虽然作过构件试验，并取得了成功，但尚未用于工程，所以原规程规定最大跨度限制在 24m 及 24m 以内。近两年，已在北京建成 27m 跨度的折板屋盖工程，因此这次修订把其跨度使用范围扩大到 27m。此外，对钢筋混凝土 V 形折板屋盖的跨度、折板屋盖悬挂集中荷载或吊车，以及允许设置桥式吊车的吨位等都根据近年来的新发展和应用，作了适当提高。

第 3.0.3 条 本条规定了设计折板屋盖时应遵循的基本原则，即应力求统一构件尺寸，减少构件类型，其目的在于为制作安装创造有利条件，方便施工，加快施工速度，提高经济效益。

第 3.0.4 条 为了使设计的折板屋盖符合经济合理、安全适用的要求，对折板屋盖的倾角、高跨比、板厚与板宽之比、跨度与波宽之比都应有一定的限制。例如，折板屋盖的倾角越小，其刚度也越小，这就必然造成增大板厚和多配置钢筋的结果，经济上是不合理的，因此本规程规定折板屋盖倾角不得小于 25°。高跨比也是影响结构刚度的重要因素之一。跨度越大，要求折板屋盖的矢高越大，以满足有足够刚度的需要。板厚与板宽之比则是影响折板屋盖结构稳定的重要因素；板厚与板宽之比过小，折板屋盖易产生平面外失稳破坏。本规程对上述各项作了最低限度的规定。

第四章 建 筑 设 计

第一节 一 般 规 定

第 4.1.1 条 二十多年来，折板屋盖已在全国各地广泛地推广应用，无论是在塞冷的北方地区或者是在炎热的南方地区，无论是采用卷材防水或者是非卷材防水，都取得了成功的经验，因此，本规程规定折板屋盖适用于一般工业及民用建筑有（无）隔热（保温）层，有（无）卷材防水层的屋面。

第4.1.3条 经过试验和工程实践证明，折板屋盖上可以悬挂集中荷重，例如管线、吊车等。为了固定悬挂的集中荷重，必须设置埋件、吊筋、支墩等。折板板面较薄，不宜设置这些埋件，一般应设置在上下折缝处，但为了防止折缝产生渗漏现象，本规程要求采取相应的防渗漏措施。

第4.1.5条 在过去的工程实践中，曾经出现过由于设计人员的疏忽，折板屋盖下折缝下缘至桥（梁）式吊车最高点之间没有留足够的空间，给吊车安装检修带来了很大的困难，为此，本规程强调这一要求，以引起设计人员的重视。

第4.1.6条、第4.1.7条 折板屋盖的跨度、柱距基本上遵守《建筑统一模数制》的规定，但由于折板系长线法生产，可不受模数的限制，为了避免凑3m的模数造成不必要增大厂房跨度或柱距，因此，采用折板屋盖时，可根据具体生产布置的需要作适当调整。

第二节 定位轴线

第4.2.1条 根据折板屋盖构造比较灵活的特点，在本条第三款中列出了3种情况，方便工程应用。

第4.2.2条 主要系指厂房为混合结构时的定位轴线。

第4.2.3条、第4.2.4条 本条与采用梁、板构件的单层工业厂房定位轴线相同。

第4.2.5条 本条主要根据折板屋盖的特点，当厂房纵横跨变形缝相交时，其插入距"a_2"比一般梁、柱构件厂房增加了折板的1/2波宽。

第三节 排水、防水

第4.3.1条、第4.3.2条 折板屋盖既可采用无组织排水，也可采用有组织排水，一般按年降雨量大小、檐口高度、相邻屋面高差以及折板屋盖的一侧有无不允许大量落水的要求来确定，本规程根据实践经验作了相应的规定。

第4.3.3条 折板屋盖跨度较小时，一般可采用单坡排水，即利用结构找坡。折板屋盖跨度较大（$l > 15mm$）时，为了尽快排去屋面的雨水，宜采用两面坡向排水，在浇灌下折缝时一起作出找坡。

第4.3.4条 当高低跨的高跨为无组织排水时，为了保护低跨折板屋面防水层不受冲刷而损坏，应采取防护措施，如加铺卷材、加盖600mm宽防护板。

第4.3.5条 无组织排水的折板屋盖，为了防止尿墙，下折缝挑檐净长度要有一定的要求，一般不宜小于500mm。

第4.3.7条 折板屋盖的卷材铺设有二种方法：

1. 跨折铺设。把卷材裁成小段，每段铺一个"V"形单元，在上折缝处搭接。每个板面均从下折缝（沟底）向上折缝滚动铺设，边浇热沥青边向上滚推卷材。在厂房跨度方向的施工顺序要视屋面排水坡向而定。若为双坡排水时，则应从两边檐口部位开始向跨中铺设（图1）。

图1 跨折铺设卷材

2. 顺折铺设。沿着板面方向（厂房跨度方向）铺设时，称为顺折铺设，和跨折铺设比较，顺折铺设可省掉板面方向的卷材搭接（图2）。

图2 顺折铺设卷材

折板屋盖防水的关键部位是上下折缝，跨折铺设能较好保护上下折缝，且卷材比较容易铺设，方便施工，因此本规程规定，宜采用垂直于折板跨度方向铺设卷材。

第四节 建筑热工

第4.4.2条 折板屋盖的保温材料可选用泡沫混凝土、加气混凝土、沥青珍珠岩、珍珠岩砂浆、蛭石砂浆等。保温层可以干铺，即预先制作板状或块状材料，铺于板上，也可在现场的屋面上制作保温层。但从施工角度来看，前者快，又易保证质量。因此，本规程规定，塞冷地区V形折板屋盖上宜采用板状绝热材料作保温层。

第4.4.3条 折板屋盖比平屋盖的外露面积大，一般约大20%。据实测，采用折板屋盖的室内温度高于其它屋盖的1~2℃，因此应重视折板屋盖的隔热措施。隔热措施的做法很多，如在折板屋面上加盖板、下设吊顶、波谷蓄水、板面刷白等，本规程作了推荐。

第五章 折板计算

第一节 一般规定

第5.1.1条 本条规定了折板屋盖结构内力和位移计算的原则及其截面设计的依据。折板屋盖结构的内力和位移仍按通常采用的弹性阶段计算，截面设计按现行国家标准《混凝土结构设计规范》进行修订。

第5.1.2条 折板屋盖是空间结构，经受了

1976年唐山大地震的考验，具有良好的抗震性能。根据当时的震害调查证明，在地震烈度10度左右地区，1972年建成的两栋折板屋盖建筑情况基本完好，其中一栋为工厂车间，共7个跨间，边跨为折板屋盖，长约80m，跨度10.5m。折板一端为外挑檐，另一端为高低跨连接构造。折板波宽2m，板厚25mm，折板屋盖上边有三道纵向系杆，系杆为φ16圆钢。震后，该车间的其它部分损坏比较严重，屋顶几处塌落，墙体部分倒塌，部分钢筋混凝土柱歪斜。但边跨的折板屋盖基本上没有损坏，情况完好。在折板相邻一跨，高出折板屋盖达3m的砖墙倒塌，大堆砖块砸到靠近高跨一端折板上，使折板局部被砸穿，但仍未造成塌落。另一栋为食堂，长60m，跨度15m，波宽2m，板厚30mm，房屋受震后墙体多处倾斜、酥松、地面开裂，裂缝宽达70mm，室内地坪一端下沉600mm，靠墙烟囱从根部倒掉，但折板屋盖没有塌落，檐口处的圈梁和折板屋盖的连接基本完好，仅在支座处产生部分裂纹，折板上下折缝有不同程度的裂缝，整个折板屋盖无塌落征兆。在8～9度地区，有一栋折板屋盖建筑，受震后，该车间地面多处裂缝、冒沙、局部上升或下降，沿墙产生纵横裂缝，附近其它建筑有不同程度的塌落和损坏，但是，折板屋盖无明显变化。在7～8度地区，折板屋盖建筑较多，所调查的10余栋折板屋盖建筑均无损坏，情况完好。

以上这些折板屋盖是在1976年以前建成的，均未采取抗震设防措施。因此本规程规定，除当抗震设防烈度为9度时，且折板屋盖跨度大于24m或悬挑长度大于4.5m时，应考虑竖向地震荷载的作用外，其余可不进行抗震计算和竖向地震作用的计算。

第5.1.3条、第5.1.4条 V形折板屋盖是装配整体式结构。先在平面胎模上预制生产折板构件，将折板安装就位，浇灌上下折缝后才形成V形整体。这种结构折缝的刚性不如整体浇灌的折板结构好。对于V形折板的折缝受力情况，从构造来看，折缝是由二次浇灌形成整体的，新老混凝土的结合不易牢固，上折缝钢筋不连接，下折缝钢筋虽然连续，但位于板的下边，所能承受的弯矩较小。从使用过程来看，在未灌缝以前，折缝只能起铰接作用，此时施工荷载不小，对V形折板的横向受力，往往大于正常使用时的屋面荷载。从试验情况来看，折缝远不是刚性的，随着荷载的增加，折缝所能承受的负弯矩与板横向跨中的正弯矩的比例逐渐减小。综上所述，可以认为，在灌缝前，折缝是铰接的，在灌缝后折缝也达不到刚接的程度，而是塑性铰接，折缝负弯矩远小于板横向跨中正弯矩。由于目前还没有足够的试验研究资料足以确定折缝所能承受负弯矩的具体数值，编制组认为，在计算中假定折缝为铰接，能满足工程设计的精确度要求，这个假定大大地简化了计算方法。铰接折缝的折板结构的相对折缝位移不会引起横截面变形，可以不考虑横截面周边变形对内力的影响，因此，可将折缝视为铰接不动支承。

第5.1.5条 在非均布荷载作用下折板屋盖内力计算比较复杂，为了方便工程设计人员，本规程推荐一种简化计算方法，即应力分配法，这种方法类似于框架的弯矩分配法，是设计人员所常用和熟悉的。

第5.1.6条 现行国家标准《混凝土结构设计规范》采用以概率理论为基础的极限状态设计法，以可靠指标定量结构构件的可靠度，采用以分项系数的设计表达式进行设计，规定结构构件应根据承载力极限状态及正常使用极限状态的要求进行计算和验算。因此，本规程根据现行国家标准《混凝土结构设计规范》的新要求和新规定，结合折板屋盖的特点，对折板构件的计算和验算内容作相应的修改。

第5.1.8条 同原《钢筋混凝土结构设计规范》一样，折板屋盖的原规程对采用碳素钢丝的预应力V形折板构件，不论构件的工作条件如何，均规定抗裂度K_f为1.25，这对处于室内正常环境条件下的构件，也略为偏高。因此本规程按现行国家标准《混凝土结构设计规范》的规定，在室内正常环境下，配置碳素钢丝的预应力折板构件的裂缝控制等级规定为二级，但取$a_{ct}=0.3$。

原规程对采用冷拔低碳钢丝的预应力折板构件的K_f规定为1.15，考虑到冷拔低碳钢丝对腐蚀的敏感程度并不亚于碳素钢丝和冷拔低碳钢丝构件，易产生脆性破坏的特点等情况，本规程这次修订规定其裂缝控制等级与碳素钢丝的构件相同。

预应力折板构件的横向为非预应力，故裂缝控制等级规定为三级，但考虑到折板构件是薄壁构件，对裂缝最大宽度允许值要求严一些，应遵守对预应力构件的规定，取0.2mm。

第5.1.12条 折板构件在安装过程中未形成整体，是个单体构件，易出现倾翻失稳破坏。为此，本规程提供一种验算单体V形折板构件的单折倾翻稳定的方法，详见附录三。

第5.1.13条 通过在实体折板屋盖单层建筑上的试验证明，当折板屋盖纵向（跨度方向）一端作用一水平力时，建筑物两侧柱子的柱顶位移近似相等，因此折板构件的刚度可视为无穷大，不考虑排架传来的水平力影响，单层折板屋盖厂房可按单层排架进行内力分析。

第5.1.14条 通过试验证明，当山墙抗风柱与折板屋盖采取连接措施时，即能较好地将山墙部分所产生的水平力传至折板屋盖，而形成对抗风柱的支点。

第二节 荷 载

第5.2.2条～第5.2.6条 这几条系按现行国家

标准《建筑结构荷载规范》的规定，结合折板屋盖的特点，选用了相应的有关荷载取值和系数，包括屋面活荷载、施工检修集中荷载、折板屋盖积雪分布系数、风压体型系数、荷载分项、荷载组合系数和可变荷载准永久值系数等。

第三节 均布荷载作用下的内力计算

第 5.3.1 条～第 5.3.6 条 在均布荷载作用下，V形折板内波可以视为是没有侧移的，每块平板上的荷载相同，且横截面几何尺寸一样，于是由每块平板单独受纵向弯曲时按简支梁计算出的自由边应力也相同，折缝没有不平衡应力，无需进行应力重分配。V形折板内波的纵向可按单波V形截面的简支梁计算。

应用一般计算理论进行比较精确的计算，同样证明，V形折板内波的纵向完全可以按单波V形截面的简支梁计算，两者之间的误差一般不大于±6%。例如，跨度18m，倾角40°，板厚40mm，波宽3m的V形折板屋盖，边波设置拉杆，采用一般计算理论和简支梁的计算结果，以拉应力比较，第二波误差为 −5.72%；第三波误差为 −0.58%，第四波误差为 −0.0002%，以后各波的误差越来越小，直至于0。表1中汇总了6m、9m、12m、15m、18m五种跨度的V形折板屋盖，几何尺寸同上，荷载为 $10N/m^2 \times \sin\frac{\pi}{l}X$，采用较精确的一般计算理论和简支梁两种计算的结果比较，从表1中不难看出，最大的误差均在第二波，但按简支梁计算较一般计算理论计算的结果大，偏于安全，是工程设计所允许的。

表1 一般计算理论和简支梁两种计算结果比较

跨度(m)	按简支梁计算的拉应力(N/mm²)	按一般计算理论计算的拉应力							
		第二波(N/mm²)	误差(%)	第三波(N/mm²)	误差(%)	第四波(N/mm²)	误差(%)	第五波(N/mm²)	误差(%)
6	0.333	0.313	−0.60	0.331	−0.06	0.333	0	0.333	0
9	0.749	0.715	−0.588	0.745	−0.058	0.749	0	0.749	0
12	1.332	1.253	−0.585	1.325	−0.052	1.332	0	1.332	0
15	2.081	1.959	−0.584	2.071	−0.050	2.081	0	2.081	0
18	2.997	2.825	−0.572	2.980	−0.058	2.996	−0.00002	2.997	0

大量试验也证明，V形折板内波纵向近似地按简支梁计算是可行的。试验采用模拟V形折板内波的边界条件，在加荷载的情况下，防止产生侧移，垂直位移则可自由。根据实测跨中挠度换算为跨中弯矩，一般为 $\frac{1}{8.5} \sim \frac{1}{10}Pl^2$ 之间，接近于简支梁的跨中弯矩 $\frac{1}{8}Pl^2$。

综上所述，V形折板屋盖的内波，横向可按两端简支两边自由板计算，纵向可按两端简支的V形截面梁计算。这样的简化计算，完全可以满足工程上的精确度要求，也为工程设计创造了极为简捷的计算途径。

第四节 折缝处有集中荷载的计算

第 5.4.1 条～第 5.4.3 条 通过试验实测和采用折缝铰接、折缝连续和有限单元三种方法计算分析表明，折板屋盖在折缝垂直集中荷载和山墙下折缝水平荷载作用时，应考虑折板屋盖的空间作用。所列弯矩空间分配系数和应力空间分配系数均为表2试验实测和计算分析所得的结果。

第五节 截 面 验 算

第 5.5.1 条 折板屋盖的承载能力极限状态和正常使用极限状态验算可按V形截面或矩形截面两种方法计算，其计算结果相同。按矩形截面计算比较简单，概念清楚，容易掌握，因此本规程推荐按矩形截面计算的方法。

第 5.5.3 条 根据现行国家标准《混凝土结构设计规范》的规定，截面抵抗矩塑性系数 γ 随高度变化而变化，截面高度较大时，塑性系数将减小，截面高度较小时，塑性系数将增大。因此当截面高度 $h>400mm$ 和 $h<1600mm$ 时，截面抵抗矩塑性系数应乘以受截面高度影响的修正系数。考虑到V形折板纵向是以V形截面受力的，因此无论采用折板法或者梁法计算内力，塑性系数的修正系数公式中的截面高度 h 均应取V形折板的矢高。

第 5.5.5 条 V形析板的板面较宽，一般均在1.1m以上，跨度较大时，板面宽度可达1.9m以上，且板面较薄。当预应力钢筋放张时，板上边缘难免出现拉应力，特别是跨度大于21m时，出现拉应力较大。尽管板的受拉区配置了预应力钢筋，但它是作为构造筋配置的。根据上述的V形折板特点，本条规定，V形折板施加预应力时可按施工阶段预拉区允许出现裂缝的构件验算截面边缘的混凝土法向拉应力。

第六章 结 构 构 造

第一节 一 般 规 定

第 6.1.1 条 试验实测证明，折板屋盖的单层厂房可按排架计算，因此折板屋盖的伸缩缝最大间距也按对排架结构的规定选用，即为100m。

第 6.1.2 条 按新修订的《混凝土结构设计规范》规定，V形折板构件钢筋的混凝土保护层最小厚度应作适当的调整。上网片的保护层最小厚度由原规程的5mm改为10mm，上下折缝附加钢筋的保护层最小厚度由原规程的10mm改为15mm。考虑到折板屋盖是板架合一的薄壁空间结构，板厚度过大，对结构受力反而不利，会导致增加不必要的钢材，因此下网片的横向钢筋的混凝土保护层最小厚度仍保留原规程 10mm 的规定，这个规定符合现行国家标准《混凝土结构设计规范》中表 6.1.3 注（1）的要求，即"处于室内正常环境由工厂生产的预制构件，当混凝土强度等级不低于 C20 时，其保护层厚度可按表中规定减少 5mm，但预制构件中的预应力钢筋（包括冷拔低碳钢丝）的保护层厚度不应小于 15mm"。

第 6.1.3 条 预应力 V 形折板构件常常是在长线张拉台座上生产制作，这种台座一般比较长，每层一次可生产若干折折板，叠层生产。有时最后一层生产的折板构件不需要整长的台座，多余的钢丝必须剪断，造成不必要的浪费。为了充分利用这些剪断的多余钢丝，本规程规定允许预应力钢丝采用绕丝搭接接长，但搭接长度要求严一些，一般不小于纵向受拉钢筋锚固长度的 1.2 倍。

第二节 钢筋配置

第 6.2.1 条 V 形折板配置的钢筋种类较多，有上网片、下网片、纵向受力钢筋、板面纵向分布钢筋等，上下网片还有横向和纵向钢筋，且其位置不一样。这些钢筋配置顺序有严格要求，不得倒放。为了防止在 V 形折板的设计与施工中弄错钢筋配置的顺序，本条作了严格规定，并附上钢筋配置顺序的透视详图。

第 6.2.2 条 折板屋盖是薄壁空间结构，板厚较小，为了确保钢筋的保护层最小厚度，选用的钢筋直径不宜过大。如钢筋混凝土 V 形折板构件板厚一般为 45～50mm，减去上下网片的横向钢筋直径和上下保护层厚度，只剩下 15～20mm，因此纵向主钢筋直径一般不得大于 18mm。

折板构件的板面大而薄，为了控制板面产生裂缝，在主钢筋带以外的板面内需加设纵向分布钢筋，其间距一般不宜大于 250mm。

（Ⅰ）纵向钢筋

第 6.2.3 条 V 形折板构件厚度小，受拉区纵向预应力主钢筋每层只能设置一根，沿板厚中心线自下而上排列。预应力钢筋根数增多，预应力筋合力点向上移，截面有效高度减小，对截面验算不利。因此，本规程对受拉区纵向预应力主钢筋的累计高度作了限制，即不应大于 $b/4$，b 为板宽度。当纵向主钢筋布置的累计高度大于 $b/4$ 时，主钢筋合力点上移过大，折板截面的有效高度 h 明显减小，增设的钢筋接近截面中和轴，对构件性能的提高不明显，效果甚微。

当设计中，如果需要预应力主钢筋根数较多，布置有困难时，可采用两根并丝或三根一束配筋方案。但是，为了确保钢筋和混凝土之间有足够的粘结力，对所采用的混凝土的强度等级以及放张阶段的混凝土强度等级必须有较高的要求，因此本条规定，当采用碳素钢丝双根并列或三根成束配置时，混凝土强度等级应分别不低于 C50 和 C55，放张阶段的混凝土立方强度分别不宜低于设计的混凝土强度等级的 85% 和 95%。

第 6.2.5 条 当 V 形折板屋盖上下折缝悬挂集中荷载时，为了使集中荷载在折缝中向两边扩散，应在折缝处增设附加纵向钢筋。本条对上下折缝悬挂集中荷载时在折缝处增设的附加纵向钢筋分别作了规定。

（Ⅱ）钢筋网片和横向钢筋

第 6.2.7 条 折板构件端部受力比较复杂，如放张后的纵向受压和横向受拉，悬挑形成的负弯矩以及支座的局部应力等。为了承受这些内力，应在支座部位设置上网片，从板端开始并伸入支座内。

第 6.2.8 条 当折板构件跨度较大时，如 $l \geqslant 15m$，由于板面太宽可能出现平面弯曲，在折板构件的中间部位，宜局部设置上网片，以防止出现裂缝。

第 6.2.9 条 当折板悬挑长度大于等于 3m 时，支座负弯矩较大，这时折板构件除按计算配置负弯矩钢筋和端头设置上网片外，还应在悬挑长度 ≥3m 一端的支座上设置上网片。

第 6.2.11 条 当折板屋盖悬挂竖向集中荷载时，应计算悬挂集中荷载处板面所需增设的附加横向钢筋，还应按构造增设上网片，以防止悬挂集中荷载处左右板面因受力过大而出现裂缝。

（Ⅲ）吊环和插筋

第 6.2.12 条 折板构件的吊环有两种功能：一是用于出池到安装过程中的吊装；二是安装时利用吊环的相互搭焊，把折板上折缝连成整体。从出池到安装过程中，吊环要经过 4～5 次反复弯折，因此，吊环必须采用 1 级钢筋，不得采用经冷加工的钢筋。

由于吊装过程的特殊性，吊具上的吊钩要和折板上的吊环相对应。因此，吊环间距统一取 1.5m，并从折板中央开始，向两端对称设置。

在出池过程中，吊环的弯折角度往往大于 90°，因此，吊环处应局部加设加强短钢筋。

为了增加折板上折缝处的连接点，吊环之间应设插筋，使折板上折缝每隔 750mm 就有一个连接点。

第三节 连接节点

（Ⅰ）上下折缝

第 6.3.1 条、第 6.3.2 条 折板屋盖是以斜放的平板为"单元"，通过折缝连成一体，形成整体的屋盖。因此，折缝节点构造是折板屋盖的重要环节之一。折缝过小，则无法浇灌混凝土，仅靠几个焊点连接，不能形成整体的屋盖，折缝过大，则施工复杂，浪费材料。实践证明，采用下列折缝宽度是合适的：

下折缝：当波宽 2m 时，100mm；
当波宽 3m 时，120mm。
上折缝：当波宽 2m 时，80mm；
当波宽 3m 时，100mm。

上折缝节点构造，可分一般部位、吊环部位、插筋部位和非卷材屋面等情况分别处理；下折缝节点构造，可分一般部位、支座部位、非卷材屋面和边折部位等情况分别处理。为了确保上下折缝的质量，本条对其构造要求作了详细的规定。

实践证明，支座部位的三角件不仅由角钢做成，也可用钢板或钢筋等其它材料做成三角形，因此这次修订改为三角件。

（Ⅱ）山墙连接

第 6.3.4 条、第 6.3.5 条 V 形折板下折缝与山墙或山墙抗风柱的连接应考虑山墙的风荷载可传给折板屋盖，同时又要在垂直变位情况下互不牵连。在设计中采用的构造做法是，在折板下折缝和折板下面的构件（梁、柱）之间加设短钢筋，短钢筋的上端埋入折板下折缝，下端伸入梁或柱的预留孔，也可把短钢筋预埋在梁或柱顶部，上端伸进折板下折缝的预埋套管中，使折板可在垂直方向与梁、柱无关，自由变位。

（Ⅲ）悬挂集中荷载节点

第 6.3.7 条 折板屋盖下可以悬吊集中荷载，也可以悬挂吊车。但因折板的板厚很小，如在板上预埋铁件吊挂集中荷载，势必造成预埋铁件处局部应力集中，或将铁件拉出，或将折板局部撕裂，造成破坏。因此，不应采用预埋铁件的构造方法，而应把悬挂荷载吊在上下折缝处，并将吊点附近的横向钢筋加密。

第四节 开孔 V 形折板

第 6.4.1 条～第 6.4.4 条 实践表明，当折板开孔的边长不大于 1/3 板宽、直径不大于 0.4 板宽，且孔边距折板支座轴线的距离大于 1.3b 跨度时，不需作特殊计算进行配筋。无论折板开孔需不需要作特殊计算进行配筋，为了承受开孔孔边的应力集中，均应在孔边增设附加钢筋的构造措施，这几条提供的构造做法经实践证明是安全可靠的。

第五节 边折及伸缩缝

第 6.5.1 条、第 6.5.2 条 折板屋盖的边折或伸缩缝两边相邻的折板是个薄弱环节，因为该折板的一侧板上缘为无支承自由边缘。为了维持边折折板的几何不变形，必须增加外部约束。经工程实践证明，加设拉杆，是维持边折折板几何不变形的有效方法。拉杆间距为 1.5m，可以用角钢或预制混凝土杆制作，用螺栓与折板连接。

第七章 施 工 工 艺

第一节 一 般 规 定

第 7.1.1 条～第 7.1.3 条 折板屋盖是板架合一的装配整体式结构，施工质量直接影响工程的使用和寿命。折板屋盖在施工过程中有三个变化过程：在生产制作时是张开平卧的两块平板；在堆放运输过程中是侧立合在一起的两块平板；安装就位时再把两块平板张开成一定角度，最后在折缝浇灌混凝土形成 V 形折板屋盖。因此，要对折板屋盖施工每个阶段的特殊性和重要性有充分的了解和认识，对每个环节的特点要心中有数，更要具有对工作极端的责任感和严格的科学态度。

要充分了解折板屋盖施工过程中各阶段的情况，如：制作时板厚的控制方法，叠层生产的隔离措施，堆放运输的要求，安装过程中应注意的问题，如何确保质量等。对各个环节都要进行分析研究，并在施工前编制施工工艺、施工规划和技术措施，其中包括施工平面布置，生产制作、运输、吊装等各环节的技术措施，准备各环节的机具设备。

折板构件一般平面尺寸较大，厚度较小，为了在施工过程中不出现裂纹，堆放和运输时不破损，安装时不丧失稳定等，应有可靠的措施，必要时，在大量施工前还需进行静荷载试验或试制、试吊、试运，为设计和施工提供数据。

第 7.1.7 条、第 7.1.8 条 折板厚度较小，制作时偏差要求较严，一般为 ±3mm。为了保证达到这个偏差，生产折板构件台座的台面必须要有一定平整度，不应超过 3mm。四川省建六公司生产折板台座的台面，长 75m，实测高低偏差仅为 1.5mm，说明台面偏差限制在 ±2mm 之内，是可以做到的。

为了使台面在使用过程中不开裂，伸缩缝间距可根据具体情况设置。某构件厂台面伸缩缝间距过大，曾发生因台面伸缩把板拉裂的情况，后将间距改为 30m，得到了解决。伸缩缝间距，主要考虑气温的变化和施工过程中可能出现的温差变化，如温度变化大，间距应小一些；温差变化小，间距可大一些，根据实践经验，一般每隔 30m 左右一条伸缩缝是能满足要求的。

生产中，折板构件跨过台面伸缩缝时，要用塑料布、油毡等把伸缩缝贴补好，以免影响折板构件质量。

第 7.1.9 条 为了防止折板和台面以及重叠生产时上下层折板之间发生粘结，必须涂刷隔离剂。由于折板板面的面积较大，厚度较小，其隔离效果将直接影响折板质量，因此对涂刷隔离剂的要求要严格控制。除传统的隔离剂外，还可选用塑料薄膜作隔离层，其隔离效果相当好，但应铺平整，否则将影响板面美观和产生板厚不均的现象。

第二节 构件制作

（Ⅰ）材料规格及要求

第 7.2.1 条～第 7.2.4 条 折板屋盖是薄壁结构，构件制作的质量要求高。为了确保折板构件的质量，对钢筋（钢丝）、水泥、砂、石等材料，应提出一些要求。这几条就是对钢筋（钢丝）、水泥、砂、石等材料的要求作出规定。

（Ⅱ）模 板

第 7.2.5 条 折板制作时，抹面压光后折板板面往往出现板厚比侧模高 1～2mm 的现象，为了保证板厚能达到设计的厚度，无论是木条侧模，或是钢筋侧模，均应较折板厚小 1～2mm。

（Ⅲ）钢筋布置

第 7.2.8 条 折板中钢筋下网片通长设置，考虑施工操作的方便，网片宜分段分块制作。分块大小，一般以 1.5m 长左右的一块为宜，便于人工搬动。

第 7.2.9 条 预应力 V 形折板当采用绑扎的上下网片时，为节省钢材，也可将横向钢筋直接绑扎在纵向预应力钢丝上。

第 7.2.11 条 折板两边的吊环和插筋是吊装和上折缝连接的重要部件，施工时要做到位置准确，否则在安装时两块折板的吊环和插筋彼此搭接不上，影响施工质量。

第 7.2.12 条 折板板面大，板厚小，钢筋细，施工浇灌混凝土时又在钢筋上面操作，因此要严格控制钢筋保护层的厚度。防止钢筋偏斜产生钢筋印痕，以至出现露筋等情况，做好和放好砂浆垫块是保证保护层厚度的重要一环。

第 7.2.13 条 当设计要求纵向钢筋双根并丝或三根并丝布置时，为了确保并丝及其相互之间的净距，宜将两根成双捆在一起或将三根成束捆扎。

（Ⅳ）浇灌混凝土

第 7.2.16 条 折板构件薄，板面大，钢筋间距小，浇灌混凝土时要依次上料，加强振捣工作，宜采用振幅小、频率高的平板振捣器，反复拖振。在主钢筋带上先顺板长方向拖振，然后横向拖振。要求折板没有蜂窝麻面，光洁密实。

第 7.2.17 条 为了提高折板构件的密实性，应在混凝土初凝到终凝阶段及时进行抹面和压光，最后要求板面平整光滑。为了防止板面起皮龟裂，在抹面压光过程中不应另洒水或撒干水泥粉。

第 7.2.19 条、第 7.2.20 条 折板表面面积大，水分蒸发快，甚至会使整个板面干透，混凝土产生收缩以至开裂。因此及时进行混凝土养护是非常重要的。这样才能确保新浇灌的混凝土处在湿润条件下，使强度正常增长。采用自然养护时，要求用湿草袋，浇水养护，或在板的四周用粘土堵封，蓄水养护。在寒冷条件下，应采用蒸气养护，因构件较薄，对升降温速度应加以控制，每小时温度变化不宜超过 10～15℃。

（Ⅴ）预应力筋张拉

第 7.2.21 条 预应力张拉台座是生产预应力 V 形折板构件的关键设备之一。折板构件中的预应力钢丝较多，台座承受外力较大。例如跨度 18m 的预应力 V 形折板需要 1000kN 左右的外力，跨度 24m 的预应力 V 形折板则有 2000kN 左右的外力。为满足叠层生产，就要求台座能承受更大的外力。因此，台座和承压系统应具有足够的强度、刚度和稳定性。过去曾经发生过在超负荷时台座倾斜失稳、滑动等事故，台座必须经过设计计算来确定其尺寸。台座受力比较复杂，计算往往是粗略的。因此，在倾覆、抗滑等项计算时，应根据具体情况适当提高控制条件。

第 7.2.22 条～第 7.2.31 条 预应力 V 形折板制作时，施加预应力和放张是个非常重要的问题。施加预应力够不够，直接影响构件的强度和刚度。在施加预应力时，由于钢丝拉断或抽滑伤人的事故发生过，安全也是个重要问题。为了确保预应力张拉的质量和张拉过程中的安全，对张拉的机具、设备、仪表、锚夹具以及施加预应力和放张方法应有严格的要求。本规程这几条就是针对这些要求而编写的。

（Ⅵ）出池堆放

第 7.2.32 条～第 7.2.34 条 折板脱模、起吊及出池的过程，是从生产时平卧的两块平板变成侧立的过程，又是施工过程中的第一次"折叠"。在此过程中，由于吸附力的作用，以及发生粘结时粘结力和吸附力的作用，都将使板面的横向产生弯矩。实践证明，在正常情况下，折板不会由此产生裂纹和损坏。但是，由于种种意外事故造成板面裂纹或破损的情况，曾多次发生，应引以为戒。为了确保折板在脱模、起吊及出池的过程中不产生裂纹和损坏，本规程根据工程实践的经验，制定这三条规定。

第 7.2.35 条～第 7.2.37 条 V 形折板构件出池吊起后，就变成侧立的两块板，堆放时亦相同。两块平板合拢后，平面外刚度较小，极易产生弯曲变形，因此，堆放时也必须认真细致。不重视堆放造成折板被压碎摔坏的事例很多。某厂在堆放时把几十折折板放在木制堆放架一边，由于堆放的折板倾角很小，以至把堆放架挤倒，使全部折板摔坏。又如某工地将三十余折折板靠在一起，折板倾斜度越来越小，最外的近乎平放于地面，随后检查几乎全部有裂纹，损失很大。因此，本规程对 V 形折板构件的堆放提出这三条要求和规定，施工时应严格遵守。

第三节 运输安装

（Ⅰ）运输

第 7.3.1 条～第 7.3.4 条 当 V 形折板生产制作的地点与工程之间有一定距离时，需要运输。V 形折板薄且尺寸大，运输中必须采取相应的措施，包括对运输车辆、运输架、运输过程中的临时措施等都应有严格的要求，以防止 V 形折板构件在运输过程中损坏。

（Ⅱ）安装

第 7.3.5 条～第 7.3.20 条 V 形折板的安装阶段是将 V 形折板从堆放时的侧立状态，吊起安放到厂房上，变成设计要求的工作状态。V 形折板安装就位后，上下折缝浇灌混凝土之前，未形成整体，而处于每个板单独的受力状态。在此过程中如不约束其上边缘的水平位移，有可能出现丧失稳定的情况，严重时还会造成工程事故。因此，安装是 V 形折板屋盖施工过程中的重要环节，必须严格要求，认真从事，做到精心施工，确保安装质量。为了确保安装质量，本规程对安装工序、安装机具、安装过程中的临时措施和应注意的问题等都——作了详细规定。

（Ⅲ）灌缝

第 7.3.21 条～第 7.3.27 条 灌缝是把一个个单独的 V 形单元连成整体，成为折板屋盖，因而灌缝质量对折板屋盖的整体性影响很大，也是保证屋盖不渗漏的重要一环。灌缝处新老混凝土的结合、灌缝混凝土的密实程度和强度直接影响灌缝质量，且灌缝混凝土体积小，浇灌、振捣和养护都比较困难，本规程作严格的规定，以引起重视，是完全必要的。

第八章 屋面工程

第一节 保温工程

第 8.1.1 条～第 8.1.3 条 V 形折板屋盖外露的部分均为斜面，保温作法与其它屋面不同。在 V 形折板屋盖上铺保温层的做法是比较普遍的。本规程根据 V 形折板屋盖的特点，对其上的保温工程作了这些规定，供施工时遵照实行，以确保保温工程质量。

第二节 隔热工程

第 8.2.1 条、第 8.2.2 条 为了确保 V 形折板屋盖的隔热效果和质量，对隔热工程施工时提出这两条要求。

第三节 防水工程

第 8.3.1 条～第 8.3.4 条 V 形折板屋盖是装配整体式结构，折缝混凝土系二次浇灌，新老混凝土结合得如何，对屋盖防渗漏影响很大，因此，对 V 形折板屋盖的防水工程应予以足够的重视。

第九章 屋盖工程验收

第一节 V 形折板构件验收

第 9.1.1 条～第 9.1.6 条 V 形折板是薄壁构件，构件产品的质量至关重要，直接影响整个屋盖的承载能力，因此出厂必须进行验收。验收的内容应包括：生产制作时的必要记录，折板构件的外表和外形几何尺寸，裂缝情况等。本规程根据实践经验对有关验收条件作了规定。

第三节 安装工程验收

第 9.3.1 条、第 9.3.2 条 V 形折板屋盖是由单独的 V 形折板构件经安装装配、浇灌折缝混凝土后形成整体的。因此折板屋盖安装工程是否符合设计的要求，必须在施工期间及完毕后，逐项进行检查验收，包括三角件位置、板缝质量、板面挠度、安装尺寸等。

第四节 屋面工程验收

第 9.4.1 条～第 9.4.4 条 屋面工程质量好坏，直接影响整个建筑物的使用效果，特别是屋面防水工程，更应作全面的验收。因此本规程对屋面工程的验收作了严格规定。

附录 计算例题

例一 钢筋混凝土 V 形折板计算例题
（采用折板法）

一、原始数据

折板跨度，$l=12.0$ m；折板波宽，$B=3.0$ m；板厚，$t=50$ mm；倾角 35°。

二、材料

混凝土强度等级 C30。

纵向主筋采用Ⅰ级钢筋 6ϕ12，净距 25mm，分布筋 9ϕ6，横向钢筋采用冷拔低碳钢丝 ϕ^b5，中距 100mm。

混凝土强度取值：

标准强度：抗拉 $f_{tk}=2.0$ N/mm^2

设计强度：弯曲抗压 $f_{cm}=16.5$ N/mm^2

轴心抗压 $f_c=15$ N/mm^2

钢筋强度取值：

设计强度：主筋受拉 $f_y=210\text{N/mm}^2$

横向钢筋受拉 $f_y=320\text{N/mm}^2$

三、荷载

取不包括折板自重和灌缝重量的水平投影外加荷载 $q=1.7\text{kN/m}^2$，其中活荷载为 0.7kN/m^2；在计算板面横向受力时，施工集中荷载取 $P=0.8\text{kN}$，分布板面宽度按 1.0m 计算。

四、设计计算

（一）纵向计算

1. 截面简图见附图1、附图2。

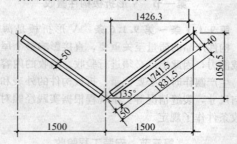

附图 1 折板截面简图

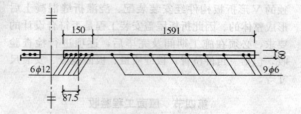

附图 2 折板钢筋布置图

折板波宽斜长：$1500/\cos35°=1500/0.819=1831.5\text{mm}$

折板矢高：$1831.5\times\sin35°=1831.5\times0.574=1051.3\text{mm}$

2. 荷载标准值。

（1）永久荷载：

外加荷载水平投影：1.0kN/m^2

板自重水平投影：$0.05\times25.0/\cos35°=1.526\text{kN/m}^2$

灌缝重：0.3kN/m

水平投影荷载分解为平行板面荷载：

外加荷载：$1.0\times1.5/\sin35°=2.615\text{kN/m}$

板自重：$1.526\times1.426/\sin35°=3.794\text{kN/m}$

灌缝重：$0.3/\sin35°=0.523\text{kN/m}$

合 计：$G_k=6.923\text{kN/m}$

（2）可变荷载：

$Q_k=0.7\times1.5/\sin35°=1.831\text{kN/m}$

3. 荷载效应组合。

（1）承载能力极限状态的荷载效应值：

$M=R_G C_G G_k+R_Q C_Q Q_k$

$=1.2\times1/8\times6.932\times12^2+1.4\times1/8\times1.831\times12^2$

$=149.731+46.14$

$=195.871\text{kN·m}$

$V=1.2\times1/2\times6.932\times12+1.4\times1/2\times1.831\times12$

$=49.910+15.38$

$=65.29\text{kN}$

（2）正常使用极限状态的荷载效应值：

短期效应组合：

$M_s=C_G G_k+C_{Q1} Q_{1k}$

$=1/8\times6.932\times12^2+1/8\times1.831\times12^2$

$=157.721\text{kN·m}$

$V_s=1/2\times(6.932+1.831)\times12$

$=52.58\text{kN}$

长期效应组合：

$M_l=C_G G_k+\psi_q C_Q Q_k$

$=1/8\times6.932\times12^2+0\times1/8\times1.831\times12^2$

$=124.776\text{kN·m}$

$V_l=1/2\times6.932\times12$

$=41.592\text{kN}$

4. 承载能力极限状态计算。

（1）正截面受弯承载力计算：

$h_0=h-a_s=1741-123.5=1617.5\text{mm}$

$x=\dfrac{f_y A_s}{f_{cm}\cdot b}=\dfrac{210\times678}{16.5\times50}=172.6\text{mm}$

$\xi=\dfrac{(j)}{h_0}=\dfrac{172.6}{1617.5}=0.107$

$\xi_b=\dfrac{0.8}{1+\dfrac{f_y}{0.0033E_s}}=\dfrac{0.8}{1+\dfrac{210}{0.0033\times210000}}$

$=0.614$

$0.107<0.614$

$M\leqslant f_{cm}bx(h_0-(j)/2) f_{cm}bx(h_0-(j)/2)$

$=16.5\times50\times172.6\times(1617.5-172.6/2)$

$=218.04\times10^6\text{N·mm}=218.04\text{kN·m}$

$>M=195.871\text{kN·m}$

（2）斜截面承载力计算：

$h_w=1617.5\text{mm}$

$\dfrac{h_0}{b}=\dfrac{1617.5}{50}=32.35>6.0$

受剪截面符合 $\dfrac{h_w}{b}\geqslant6.0$ 时，$V\leqslant0.2f_c bh_0$

$0.2f_c bh_0=0.2\times15\times50\times1617.5$

$=242625\text{N}$

$=242.63\text{kN}$

$V=65.29\text{kN}<242.63\text{kN}$

斜截面受剪承载力：横向钢筋为承受横向弯矩受力筋，不得作为支座受剪钢筋。故按无箍筋计算。

$V\leqslant V_{cs}$

$V_{cs}=0.07f_c bh_0$

$=0.07\times15\times50\times1617.5$

$= 84918.75\text{N}$

$= 84.92\text{kN}$

$V=65.29\text{kN}<84.92\text{kN}$

5. 正常使用极限状态验算。

(1) 裂缝宽度计算：

$$W_{max} = \alpha_{cr}\psi\frac{\sigma_{ss}}{E_s}(2.7c+0.1\frac{d}{\rho_{et}})\nu$$

其中 $\alpha=2.1$

$A_s=678\text{mm}^2$

$\sigma_{ss} = \frac{M_s}{0.87h_0 A_s} = \frac{157721000}{0.87\times 1617.5\times 678}$

$= 165.30\text{N/mm}^2$

$E_s=210\text{kN/mm}^2$

$d=12\text{mm}$

$c=25\text{mm}$

$f_{tk}=2.0\text{N/mm}^2$

$\nu=1.0$

$A_{ct}=0.5bh=0.5\times 50\times 1741.5=43537.5\text{mm}^2$

$\rho_{ct} = \frac{A_s}{A_{ct}} = \frac{678}{43537.5} = 0.0156$

$\psi = 1.1 - \frac{0.65 f_{tk}}{\rho_{et}\cdot\sigma_{ss}}$

$= 1.1 - \frac{0.65\times 2.0}{0.0156\times 165.30} = 0.596$

$W_{max} = 2.1\times 0.596\times\frac{165.30}{210000}\times(2.7\times 25+0.1$

$\times\frac{12}{0.0156})\times 1.0$

$= 0.142\text{mm}<0.2\text{mm}$（非卷材屋面）

(2) 变形验算：

短期刚度：

$$B_s = \frac{E_s A_s h_0^2}{1.15\psi + 0.2 + \frac{6\alpha_E \rho}{1+3.5\gamma'_f}}$$

$\psi=0.564$

$E_s=210\text{kN/mm}^2$

$A_s=678\text{mm}^2$

$h_0=1617.5\text{mm}$

$\alpha_E = \frac{E_s}{E_c} = \frac{210}{30} = 7.0$

$\rho = \frac{A_s}{bh_0} = \frac{678}{50\times 1617.5} = 0.0084$

$\gamma'_f=0$

$B_s = \frac{210000\times 678\times 1617.5^2}{1.15\times 0.564+0.2+6\times 7\times 0.0084}$

$= 3.101\times 10^{14}\text{N}\cdot\text{mm}^2$

长期刚度：

$B_l = \frac{M_s}{M_l(\theta-1)+M_s}\cdot B_s$

$= \frac{157721000}{124776000\times(2-1)+157721000}\times 3.101\times 10^{14}$

$= 1.74\times 10^{14}\text{N}\cdot\text{mm}^2$

$W_0 = \frac{5}{384}\times\frac{ql^4}{B_l}$

$= \frac{5\times M_s\times l^2}{48\times B_l}$

$= \frac{5\times 157721000\times 12000^2}{48\times 1.74\times 10^{14}} = 13.59\text{mm}$

$W = \frac{W_0}{\sin 35°} = \frac{13.59}{\sin 35°} = 23.69\text{mm}$

$\frac{W}{l} = \frac{23.08}{12000} = \frac{1}{520} < \frac{1}{300}$

(二) 横向计算

仅取 1m 板宽；板跨，$l=1.741\text{m}$；板厚 $t=50\text{mm}$。

1. 简图同前。

2. 永久荷载。

板自重：$q_1=1.526\times\cos^2 35°=1.024\text{kN/m}$

外荷载（扣除活荷载 0.7kN/m^2）：

$q_2=1.0\times\cos^2 35°$

$=0.671\text{kN/m}^2$

3. 可变荷载。

施工集中荷载：$0.8\times\cos 35°=0.655\text{kN}$

活荷载：0.7kN/m^2

二者取其不利组合。

4. 承载能力极限状态荷载效应组合弯矩值。

$M_1 = [1.2\times(1.024+0.671)+1.4\times 0.7\times\cos^2 35°]$

$\times\frac{1.741^2}{8} = 1.02\text{kN}\cdot\text{m}$

$M_2 = 1.2\times(1.024+0.671)\times\frac{1.741^2}{8}+1.4\times\frac{1.741}{4}$

$\times 0.655 = 0.770+0.399 = 1.169\text{kN}\cdot\text{m}$

取大者 $M=1.17\text{kN}\cdot\text{m}$

5. 正常使用极限状态荷载效应组合弯矩值。

(1) 短期效应组合：

$M_{s1} = (1.024+0.671+0.7\times\cos^2 35°)\times\frac{1.741^2}{8}$

$= 0.820\text{kN}\cdot\text{m}$

$M_{s2} = (1.024+0.671)\times\frac{1.741^2}{8}+\frac{1.741}{4}\times 0.655$

$= 0.642+0.285 = 0.927\text{kN}\cdot\text{m}$

取大者 $M_s=0.927\text{kN}\cdot\text{m}$ 进行验算

(2) 长期效应组合：

$M_l = (1.024+0.671)\times\frac{1.741^2}{8} = 0.642\text{kN}\cdot\text{m}$

6. 配筋验算。

横向钢筋 $\phi^b 5@100$，1m 宽钢丝面积为：

$A_s=19.6\times 10=196\text{mm}^2$

$h_0=50-12.5=37.5\text{mm}$

中和轴位置

$x = \frac{f_y\cdot A_s}{f_{cm}\cdot b} = \frac{400\times 196}{16.5\times 1000} = 4.75\text{mm}$

$$f_{cm} \cdot b \cdot (j)(h_0 - \frac{(j)}{2}) = 16.5 \times 1000 \times 4.75 \times (37.5 - \frac{4.75}{2}) = 2.75 \text{kN} \cdot \text{m}$$

$M = 1.17 \text{kN} \cdot \text{m} < 2.75 \text{kN} \cdot \text{m}$

7. 正常使用极限状态验算。

(1) 裂缝宽度计算：

$$W_{max} = \alpha_{cr} \psi \frac{\sigma_{ss}}{E_s}(2.7c + 0.1 \frac{d}{\rho_{et}})\nu$$

$\alpha_{cr} = 2.1$

$C = 20$

$E_s = 200 \text{kN/mm}^2$

$d = 5 \text{mm}$

$f_{tk} = 2.0 \text{N/mm}^2$

$\nu = 1.0$

$M_s = 0.927 \text{kN} \cdot \text{m}$

$A_s = 196 \text{mm}^2$

$h_0 = 37.5 \text{mm}$

$$\rho_{et} = \frac{A_s}{A_{et}} = \frac{A_s}{0.5bh}$$

$$= \frac{196}{0.5 \times 1000 \times 50} = 0.0078$$

$$\sigma_{ss} = \frac{M_s}{0.87h_0 A_s} = \frac{927000}{0.87 \times 37.5 \times 196}$$

$$= 144.97 \text{N/mm}^2$$

$$\psi = 1.1 - \frac{0.65 f_{tk}}{\rho_{et} \cdot \sigma_{ss}}$$

$$= 1.1 - \frac{0.65 \times 2.0}{0.0078 \times 144.97} = -0.05 < 0.4$$

取 $\psi = 0.4$

$$W_{max} = 2.1 \times 0.4 \times \frac{144.97}{200000}$$

$$\times (2.7 \times 20 + 0.1 \times \frac{5}{0.0078}) \times 1.0$$

$$= 0.072 \text{mm} < 0.2 \text{mm}$$

变形很小略去不计。

例二 预应力混凝土V形折板计算（采用折板法）

一、原始数据

折板跨度，$l = 12.0$m；折板波宽，$B = 2.0$m；板厚，$t = 4.0$mm；倾角 $\alpha = 35°$。

二、材料

混凝土强度等级C40。

纵向主筋为碳素钢丝 $8\phi^s 5$，分布钢筋为冷拔低碳钢丝 $8\phi^b 5$，横向配筋为冷拔低碳钢丝焊接网片 $\phi 4 @ 150$。

混凝土强度取值：

强度标准值：轴心抗压 $f_{ck} = 27.0 \text{N/mm}^2$
弯曲抗压 $f_{cmk} = 29.5 \text{N/mm}^2$
抗 拉 $f_{tk} = 2.45 \text{N/mm}^2$

强度计算值：弯曲抗压 $f_{cm} = 21.5 \text{N/mm}^2$
抗 压 $f_t = 1.8 \text{N/mm}^2$

钢丝强度取值：

碳素钢丝：强度标准值 $f_{pyk} = 1570 \text{N/mm}^2$
强度设计值 $f_{py} = 1070 \text{N/mm}^2$

冷拔低碳钢丝：强度标准值 $f_{pyk}^b = 600 \text{N/mm}^2$
强度设计值 $f_{py}^b = 400 \text{N/mm}^2$
$f_y = 320 \text{N/mm}^2$

三、荷载

取不包括折板自重和灌缝重量之水平投影外加荷载 $q = 1.7 \text{kN/mm}^2$，其中活荷载为 0.7kN/m^2；在计算板面横向受力时，施工集中荷载取 $P = 0.8 \text{kN}$，分布板面宽度按 1.0m 计算。

四、设计计算

(一) 纵向计算

1. 截面简图见附图3、附图4。

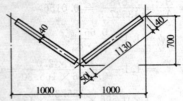

附图 3 折板截面简图

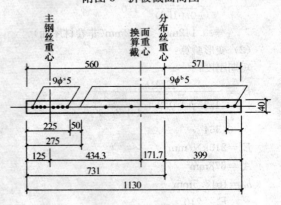

附图 4 折板钢筋布置图

折板波宽斜长：$1000/\cos 35° = 1000/0.819 = 1221 \text{mm}$

折板矢高：$1221 \times \sin 35° = 1221 \times 0.5736 = 700 \text{mm}$

计算中板宽取 1130mm，矢高取 700mm。

2. 换算截面几何特征（见附表1）。

截面特征：$n = \frac{E_s}{E_c} = \frac{2.0 \times 10^5}{3.25 \times 10^4} = 6.15$

分布丝重心：$(j)_g = \frac{1}{8} \times 7 \times (\frac{1130 - 225 - 100}{2}$

$+50)+25=399\text{mm}$

换算截面重心：
$$a_h = \frac{2.6243 \times 10^7}{4.6919 \times 10^4} = 559.3\text{mm}$$

附表 1　几何特征汇总表

项目名称	A_0 (mm²)	a (mm)	$S=A_0 a_1$ (mm³)	$I=S \cdot a$ (mm⁴)	I'_0 (mm⁴)
混凝土截面	40×1130 =45200	565	45200×565 =2.5538×10⁷	45200×565² =1.4429×10¹⁰	$\frac{1}{12}$×40×1130³ =4.8096×10³
9φ5碳素钢丝	176.72 ×(6.15−1) =910.1	125.0	910.1×125 =11.37625×10⁴	910.1×125² =1.42203×10⁴	
8φ5冷拔低碳钢丝	157.1 ×(6.15−1) =809.1	731	809.1×731 =5.9145×10⁵	809.1×731² =4.3235×10⁸	
Σ	46919		2.6243×10⁷	1.48756×10¹⁰	4.8096×10⁹

$a'_b = 1130 - 559.3 = 570.7\text{mm}$

换算截面几何特征：
$$I_0 = I'_0 + \Sigma I - a_h \Sigma S$$
$$= 4.8096 \times 10^9 + 1.48756 \times 10^{10} - 559.3$$
$$\times 2.6243 \times 10^7$$
$$= 5.008 \times 10^9 \text{mm}^4$$

$$W_0 = \frac{I_0}{a_h} = \frac{5.008 \times 10^9}{559.3} = 8.954 \times 10^5 \text{mm}^3$$

$$W_0 = \frac{I_0}{a'_h} = \frac{5.008 \times 10^9}{570.7} = 8.775 \times 10^6 \text{mm}^3$$

3. 荷载标准。

(1) 永久荷载：

外加荷载水平投影：1.0kN/m^2
板自重水平投影：$0.04 \times 25.0/\cos 35° = 1.22\text{kN/m}^2$
灌缝重：0.30kN/m

水平投影荷载换算为平行板面荷载：

外加荷载：$1.0 \times 1.0/\sin 35° = 1.743\text{kN/m}$
板自重：$0.926 \times 1.22/\sin 35° = 1.970\text{kN/m}$
灌缝重：$0.3/\sin 35° = 0.523\text{kN/m}$

合　计：$G_k = 4.236\text{kN/m}$

(2) 可变荷载：$Q_k = 0.7/\sin 35° = 1.22\text{kN/m}$

4. 设计荷载效应组合。

(1) 承载能力极限状态的内力设计值：
$$M = \gamma_G C_G G_k + \gamma_Q C_Q Q_k$$
$$= 1.2 \times 1/8 \times 4.236 \times 12^2 + 1.4 \times 1/8$$
$$\times 1.22 \times 12^2 = 91.498 + 30.744$$
$$= 122.242 \text{kN} \cdot \text{m}$$

$$V = 1/2 \times (4.236 \times 1.2 + 1.4 \times 1.22) \times 12$$
$$= 40.75\text{kN}$$

(2) 正常使用极限状态的内力设计值：

(a) 短期效应组合：
$$M_s = C_G G_k + C_Q Q_k$$
$$= 1/8 \times 4.236 \times 12^2 + 1/8 \times 1.22 \times 12^2$$
$$= 76.248 + 21.96$$
$$= 98.208\text{kN/m}$$
$$V_s = 1/2 \times (4.236 + 0.872) \times 12$$
$$= 32.736\text{kN}$$

(b) 长期效应组合：
$$M_l = C_G G_k + \psi_q C_Q Q_k = 1/8 \times 4.236 \times 12^2$$
$$= 76.248\text{kN} \cdot \text{m}$$
$$V_l = 1/2 \times 4.236 \times 12$$
$$= 25.416\text{kN}$$

5. 承载能力极限状态计算。

(1) 正截面受弯承载力计算：为简化计算起见，按单筋（即主钢筋带）矩形截面计算。

$$h_0 = h - a_p = 1130 - 112.5 = 1017.5\text{mm}$$

中和轴位置：
$$(j) = \frac{f_{py} A_p}{f_{cm} b}$$
$$= \frac{1017 \times 176.72}{21.5 \times 40}$$
$$= 219.87\text{mm} < 0.4 h_0$$
$$= 407\text{mm}$$

正截面强度计算：
$$M \leq f_{cm} b x \left(h_0 - \frac{(j)}{2}\right)$$
$$f_{cm} b x \left(h_0 - \frac{(j)}{2}\right) = 215 \times 40 \times 219.87 \times \left(1017.5 - \frac{219.87}{2}\right) = 1.693 \times 10^8 \text{N} \cdot \text{mm}$$
$$= 169.3\text{kN} \cdot \text{m}$$
$$> M = 122.242\text{kN} \cdot \text{m}$$

(2) 斜截面承载力计算：

受剪截面计算：
$$\frac{h_0}{b} = \frac{1005}{40} = 25.125 > 6$$
$$V \leq 0.2 f_c b h_0$$
$$0.2 f_c b h_0 = 0.2 \times 19.5 \times 40 \times 1005.0$$
$$= 156780\text{N}$$
$$= 156.78\text{kN}$$
$$V = 40.75\text{kN} < 156.78\text{kN}$$

斜截面受剪承载力：
$$V \leq V_{cs} + V_p$$
$$V_{cs} = 0.07 f_c b h + 1.5 f_{yv} \frac{A_{av}}{S} h_0$$

式中　A_{av} ——为在同一截面内网片横向筋的全部面积；

S——网片横向筋间距。

$$V_{cs} = 0.07 \times 19.5 \times 40 \times 1005 + 1.5 \times 310 \times \frac{12.5664}{150}$$
$$\times 1005$$
$$= 54.87 + 39.15$$
$$= 94.02 \text{kN}$$

$$V_p = 0.05 N_{p1}$$
$$= 0.05 \times 197750.95$$
$$= 9887.55 \text{N}$$
$$= 9.888 \text{kN}$$

$$V_{cs} + V_p = 94.02 + 9.888$$
$$= 103.91 \text{kN}$$
$$> 40.75 \text{kN}$$

6. 正常使用极限状态验算。

(1) 正截面抗裂验算:

(a) 预应力钢筋张拉控制应力值:
$$\sigma_{con} = 0.75 \times 1570.0$$
$$= 1177.5 \text{N/mm}^2$$
$$\sigma'_{con} = 0.7 \times 600$$
$$= 420 \text{N/mm}^2$$

(b) 第一批预应力损失值:

(ⅰ) 张拉端锚具变形引起的预应力损失值:
$$\sigma_{l1} = \frac{a}{l}E = \frac{5}{100000} \times 200000 = 10 \text{N/mm}^2$$

(ⅱ) 混凝土加热养护时受张拉的钢筋与承受拉力设备之间的温差引起的预应力损失值:
$$\sigma_{l3} = 2\Delta t = 2 \times 25 = 50 \text{N/mm}^2$$

考虑到各种情况的变化,上述两项预应力损失值取:
$$\sigma_{l1} + \sigma_{l3} = 65 \text{N/mm}^2$$

(ⅲ) 钢筋的应力松弛(按一次张拉),引起的预应力损失值:

碳素钢丝:
$$\sigma_{l4} = \psi(0.36 \frac{\sigma_{con}}{f_{ptk}} - 0.18)\sigma_{con}$$
$$= 1 \times (0.27 - 0.18) \times \sigma_{con}$$
$$= 0.09 \sigma_{con}$$
$$= 0.09 \times 1177.5$$
$$= 106 \text{N/mm}^2$$

冷拔低碳钢丝:
$$\sigma_{l4} = 0.085 \sigma_{con}$$
$$= 0.085 \times 420$$
$$= 35.7 \text{N/mm}^2$$

混凝土预压前(第一批)预应力损失值的组合:

碳素钢丝: $\sigma_{l1} = \sigma_{l1} + \sigma_{l3} + \sigma_{l4}$
$$= 65 + 106$$
$$= 171 \text{N/mm}^2$$

冷拔低碳钢丝: $\sigma'_{l1} = \sigma_{l1} + \sigma_{l3} + \sigma'_{l4}$
$$= 65 + 35.7$$
$$= 100.7 \text{N/mm}^2$$

(c) 混凝土预压前预应力损失后钢筋的合力及偏心距:

合力:
$$N_{p1} = A_s(\sigma_{con} - \sigma_{l1}) + A'_s(\sigma_{con} - \sigma'_{l1})$$
$$= 176.72 \times (1177.5 - 171) + 157.1 \times (420 - 100.7)$$
$$= 177868.68 + 50162.03$$
$$= 228030.71 \text{N}$$

偏心距:
$$e_{01} = \frac{1}{228030.71} \times [176.72 \times (1177.5 - 171) \times 434.3 - 157.1 \times (420 - 100.7) \times 171.7]$$
$$= \frac{1}{225030.71} \times (77248367.72 - 8612820.55)$$
$$= 301.0 \text{mm}$$

(d) 由预应力产生在预应力筋合力点处的混凝土法向应力:
$$\sigma_{cI} = \frac{N_{p1}}{A_o} + \frac{N_{p1} \cdot e_{0I}}{I_o} \times Y_{oy}$$
$$= \frac{228030.71}{46919} + \frac{228030.71 \times 301 \times 434.3}{5.008 \times 10^9}$$
$$= 4.86 + 5.95$$
$$= 10.81 \text{N/mm}^2$$

$$\sigma'_{cI} = 4.86 - \frac{228030.71 \times 301 \times 171.7}{5.008 \times 10^9}$$
$$= 4.86 - 2.35$$
$$= 2.51 \text{N/mm}^2$$

(e) 第二批预应力损失值:

由于混凝土的收缩、徐变引起的预应力损失值:

设施加预应力时混凝土强度等级:
$$f'_{cu} = \frac{75}{100} \times 40 = 30 \text{N/mm}^2$$

配筋率:
$$\rho = \frac{176.72}{4.5200} = 0.0039$$

$$\rho' = \frac{157.1}{45200} = 0.0035$$

预应力损失值:
$$\sigma_{l5} = \frac{45 + 220 \frac{\sigma_c}{f'_{cu}}}{1 + 15\rho}$$
$$= \frac{45 + 220 \times \frac{10.81}{30}}{1 + 15 \times 0.0039}$$
$$= \frac{45 + 79.27}{1.0585}$$
$$= 117.40 \text{N/mm}^2$$

$$\sigma'_{l5} = \frac{45 + 220 \times \frac{\sigma'_c}{f'_{cu}}}{1 + 15\rho'}$$
$$= \frac{45 + 220 \times \frac{2.51}{30}}{1 + 15 \times 0.0035}$$

$$= 60.68 \text{N/mm}^2$$

混凝土预压后（第二批）预应力损失值组合：

碳素钢丝：$\sigma_{lII} = \sigma_{lI} + \sigma_{l5} = 171 + 117.4$
$$= 288.4 \text{N/mm}^2$$

冷拔低碳钢丝：$\sigma'_{lII} = \sigma'_{lI} + \sigma'_{l5} = 100.7 + 60.68$
$$= 161.38 \text{N/mm}^2$$

(f) 混凝土预压后预应力损失后钢筋合力及偏心距：

合力：
$$N_{pII} = A_s(\sigma_{con} - \sigma_{lII}) + A'_s(\sigma'_{con} - \sigma'_{lII})$$
$$= 176.72 \times (1177.5 - 288.4)$$
$$\quad + 157.1 \times (420 - 161.38)$$
$$= 157121.75 + 40629.2$$
$$= 197750.95 \text{N}$$

偏心距：
$$e_{oII} = \frac{1}{N_{pII}}[A_s(\sigma_{con} - \sigma_{lII})Y_{0y} - A'_s(\sigma'_{con} - \sigma'_{lII})Y_{0y}]$$
$$= \frac{1}{19775.95}[176.72 \times (1177.5 - 288.4) \times 434.3$$
$$\quad - 157.1 \times (420 - 161.38) \times 171.7]$$
$$= \frac{1}{197750.95}(68237976.89 - 6976033.98)$$
$$= 309.8 \text{mm}$$

(g) 由于预应力产生在截面边缘处的混凝土法向应力：
$$\sigma_{cII} = \frac{N_{pII}}{A_o} + \frac{N_{pII} \cdot e_{oII} \cdot a_h}{I_o}$$
$$= \frac{197750.95}{46919} + \frac{197750.95 \times 309.8 \times 559.3}{5.008 \times 10^9}$$
$$= 4.21 + 6.84$$
$$= 11.05 \text{N/mm}^2$$

$$\sigma'_{cII} = \frac{N_{pII}}{A_o} - \frac{N_{pII} \cdot e_{oII} \cdot a_h}{I}$$
$$= 4.21 - \frac{197750.95 \times 309.8 \times 570.7}{5.008 \times 10^9}$$
$$= 4.21 - 6.98$$
$$= -2.77 \text{N/mm}^2$$

(h) 抗裂验算：

按一般要求不出现裂缝的构件计算。

抗裂验算边缘的混凝土法向应力：
$$\gamma = \gamma_m\left(0.7 + \frac{120}{h}\right) = 1.75 \times \left(0.7 + \frac{120}{700}\right)$$
$$= 1.525$$

荷载短期效应组合的验算：
$$a_{ct}\gamma f_{tk} = 0.5 \times 1.525 \times 2.45 = 1.868 \text{N/mm}^2$$
$$\sigma_{sc} = \frac{98.208 \times 10^6}{8.954 \times 10^6} = 10.96 \text{N/mm}^2$$
$$\sigma_{sc} - \sigma_{cII} = 10.96 - 11.05 = -0.09 \text{N/mm}^2$$
$$\quad < a_{ct}\gamma f_{tk}$$
$$= 1.868 \text{N/mm}^2$$

荷载长期效应组合的验算：
$$\sigma_k = \frac{76.248 \times 10^6}{8.954 \times 10^6} = 8.5 \text{N/mm}^2$$
$$\sigma_k - \sigma_{cII} = 8.5 - 11.05 = -2.55 \text{N/mm} < 0$$

(2) 斜截面抗裂验算：

取最不利支座处截面的换算截面重心线进行验算。

$M_{As} = 0$
$\sigma_x = 0$
$\sigma_y = 0$
$Y_0 = 0$
$V_s = 32.736 \text{kN}$

$$\left.\begin{array}{l}\sigma_{tp}\\ \sigma_{cp}\end{array}\right\} = \frac{\sigma_x + \sigma_y}{2} \pm \sqrt{\left(\frac{\sigma_x - \sigma_y}{2}\right)^2 + \tau^2} = \pm\tau$$

$$\tau = \frac{V_s \cdot S_0}{I_0 \cdot b}$$

$$S_0 = \frac{b \cdot a_h'^2}{2} = \frac{5702 \times 40}{2} = 6.498 \times 10^6 \text{mm}^2$$

$$\tau = \frac{32736 \times 6.498 \times 10^6}{5.008 \times 10^9 \times 40} = 1.07 \text{N/mm}^2$$

$$\left.\begin{array}{l}\sigma_{tp}\\ \sigma_{cp}\end{array}\right\} = \pm 1.07 \text{N/mm}^2 < \begin{cases} 0.85 f_{tk} = 0.85 \times 2.45 \\ \qquad = 2.0825 \text{N/mm}^2 \\ -0.6 f_{ck} = -0.6 \times 27.0 \\ \qquad = -16.2 \text{N/mm}^2 \end{cases}$$

(3) 挠度验算：

(a) 荷载短期效应组合的短期刚度：
$$B_a = 0.85 E_c I_b$$
$$= 0.85 \times 32.5 \times 5.008 \times 10^9$$
$$= 1.383 \times 10^{11} \text{kN} \cdot \text{mm}^2$$

(b) 荷载短期效应组合考虑长期效应组合影响的长期刚度：
$$B_s = \frac{M_s}{M_l(\theta - 1) + M_s} \times B_s$$
$$= \frac{98.208}{76.248 \times (2-1) + 98.208} \times 1.383 \times 10^{11}$$
$$= 7.785 \times 10^{10} \text{kN} \cdot \text{mm}^2$$
$$= 7.785 \times 10^4 \text{kN} \cdot \text{m}^2$$

(c) 挠度计算：
$$\omega = \omega_0 - \omega_p$$

$$\omega_0 = \frac{5}{384} \cdot \frac{ql^4}{B_l} = \frac{5 \times \frac{8M_s}{12} \times l^4}{384 \times B_l}$$
$$= \frac{5 M_g l^2}{48 B_l} = \frac{5 \times 98.208 \times 12^2}{48 \times 7.785 \times 10^4}$$
$$= 0.0189 \text{m} = 1.89 \text{cm}$$

预应力反拱值：
$$M_p = N_{pII} \cdot e_{oII} = 197750.95 \times 309.8$$
$$= 61263244.31 \text{N} \cdot \text{mm}$$
$$= 61.26 \text{kN} \cdot \text{m}$$

$$\omega_p = \frac{2M_p l^2}{8 E_c I_0}$$

$$= \frac{2 \times 61.26 \times 12^2 \times 10^9}{8 \times 32.5 \times 5.008 \times 10^9} = 13.55 \text{mm}$$

$$= 1.355 \text{cm}$$

挠度：

$$\omega = \omega_0 - \omega_p = 1.89 - 1.355 = 0.535 \text{cm}$$

下缝垂直挠度：

$$\omega_a = \frac{\omega}{\sin 35°} = \frac{0.535}{0.5736} = 0.932 \text{cm}$$

(d) 挠跨比：

$$\frac{\omega_a}{l} = \frac{0.932}{1200} = \frac{1}{1288} < \frac{1}{400}$$

7. 施工阶段验算。按第一批预应力损失后的情况验算，放张时混凝土按 75% 强度等级计算，同时考虑到在放张瞬间受拉区允许出现规定范围内的小裂缝。

$$\sigma_{ct} = \frac{N_{pI}}{A_o} + \frac{N_{pI} \cdot e_{oI} \cdot a_h}{I_o}$$

$$= \frac{228030.71}{46916} + \frac{228030.71 \times 301 \times 559.3}{5.008 \times 10^9}$$

$$= 4.86 + 7.67$$

$$= 12.53 \text{N/mm}^2$$

$$\sigma'_{ct} = \frac{N_{pI}}{A_o} - \frac{N_{pI} \cdot e_{oI} \cdot a'_h}{I_o}$$

$$= 4.86 - \frac{228030.71 \times 301 \times 570.7}{5.008 \times 10^9}$$

$$= 4.86 - 7.82$$

$$= -2.96 \text{N/mm}^2$$

$$1.4\gamma f'_{tk} = 1.4 \times 1.5250 \times [2.25 - (2.25 - 2.0) \times 1.0] = 4.268 \text{N/mm}^2$$

$$\sigma_{ct} = 2.96 \text{N/mm}^2 < 1.4\gamma f'_{tk} = 4.268 \text{N/mm}^2$$

$$1.2 f'_c = 1.2 \times [17.5 - (17.5 - 15) \times 1.0] = 18.0 \text{N/mm}^2$$

$$\sigma_{cc} = 12.53 \text{N/mm}^2 < 1.2 f'_c = 18.0 \text{N/mm}^2$$

（二）横向计算

1. 截面简图（同附图 3、附图 4）。

$$L = \frac{0.5B}{\cos 35°} = \frac{1000}{0.819} = 1220 \text{mm}$$

$$l = 1220 - 90 = 1130 \text{mm}$$

2. 内力计算。

（1）荷载：

板自重：$q_1 = 1.22 \times \cos^2 35° = 0.8186 \text{kN/m}$

外荷载（扣除活荷载）：

$$q_2 = (1.7 - 0.7) \times \cos^2 35° = 0.671 \text{kN/m}$$

施工检修集中荷载：

$$P = 0.8 \times \cos 35° = 0.655 \text{kN}$$

（2）承载能力极限状态荷载效应组合弯矩值：

$$M_1 = [1.2 \times (0.8186 + 0.671) + 1.4 \times 0.7 \times \cos^2 35°] \times \frac{1.13^2}{8} = 0.391 \text{kN} \cdot \text{m}$$

$$M_2 = 1.2 \times (0.816 + 0.671) \times \frac{1.13^2}{8} + 1.4 \times \frac{1}{4}$$

$$\times 0.655 \times 1.13 = 0.285 + 0.259$$

$$= 0.544 \text{kN} \cdot \text{m}$$

取大者 $M_2 = 0.544 \text{kN} \cdot \text{m}$ 进行验算。

（3）正常使用极限状态荷载效应组合弯矩值：

(a) 短期效应组合：

$$M_{s1} = (0.8186 + 0.671 + 0.7 \times \cos^2 35°) \times \frac{1.13^2}{8}$$

$$= 0.346 \text{kN} \cdot \text{m}$$

$$M_{s2} = (0.8186 + 0.671) \times \frac{1.13^2}{8} + \frac{1}{4} \times 0.655$$

$$\times 1.13 = 0.4228 \text{kN} \cdot \text{m}$$

取大者 $M_{s2} = 0.4228 \text{kN} \cdot \text{m}$ 进行验算。

(b) 长期效应组合：

$$M_{l1} = (0.8186 + 0.671) \times \frac{1.13^2}{8}$$

$$= 0.2378 \text{kN} \cdot \text{m}$$

$$M_{l2} = 0.2378 \text{kN} \cdot \text{m}$$

3. 配筋验算（按单筋矩形截面计算）。设横向网片筋为冷拔低碳钢丝 $\phi 4@150$，1m 宽钢丝面积为：

$$A_s = \frac{100}{15} \times 2^2 \times 3.1416 = 83.776 \text{mm}^2$$

$$h_0 = 40.0 - 17.0 = 23.0 \text{mm}$$

中和轴位置：

$$x = \frac{f_y A_s}{f_{cm} b} = \frac{320 \times 83.776}{21.5 \times 1000} = 1.246 \text{mm}$$

$$f_{cm} b x \left(h_0 - \frac{x}{2}\right)$$

$$= 21.5 \times 1000 \times 1.246 \times \left(23 - \frac{1.246}{2}\right)$$

$$= 599457.453 \text{N} \cdot \text{mm}$$

$$= 0.5995 \text{kN} \cdot \text{m} > M_2 = 0.544 \text{kN} \cdot \text{m}$$

4. 抗裂验算。

$$W_0 = \frac{1}{6} \times 100 \times 4^2 = 266.667 \text{cm}^2$$

$$= 266667.0 \text{mm}^2$$

短期效应组合下：

$$\sigma_{sc} = \frac{422800}{266667} = 1.585 \text{N/mm}^2$$

$$\sigma_{ct} \gamma f_{tk} = 0.5 \times 1.75 \times 2.45 = 2.144 \text{N/mm}^2$$

$$\sigma_{sc} = 1.585 \text{N/mm}^2 < a_{ct} \gamma f_{tk} = 2.144 \text{N/mm}^2$$

5. 裂缝宽度验算。

$$A_{ct} = 0.5 \times 1000 \times 40 = 20000 \text{mm}^2$$

$$\rho_{ct} = \frac{A_s}{A_{ct}} = \frac{83.776}{20000} = 0.00419 < 0.01$$

所以取 $\rho_{ct} = 0.01$

$$a_{ct} = 2.1$$

$$\psi = 1.1 - \frac{0.65 f_{tk}}{\rho_{et}\sigma_{ss}}$$

$$\sigma_{ss} = \frac{M_s}{0.87 h_0 A_s}$$

$$= \frac{422800}{0.87 \times 23 \times 83.776}$$

$$= 252.21 \text{N/mm}^2$$

$$\psi = 1.1 - \frac{0.65 \times 2.45}{0.01 \times 252.21}$$

$$= 1.1 - 0.63$$

$$= 0.47 > 0.4$$

取 $\psi = 0.47$

$C = 20$ $E_s = 2.0 \times 10^5 \text{N/mm}^2$

$\nu = 1.0$

$d = 4$

$$W_{max} = a_{cr}\psi\frac{\sigma_{ss}}{E_s}\left(2.7C + 0.1\frac{d}{\rho_{et}}\right)\nu$$

$$W_{max} = 2.1 \times 0.47 \times \frac{252.21}{2.0 \times 10^5}\left(2.7 \times 20 + 0.1\frac{4}{0.01}\right)$$

$$\times 1.0 = 2.1 \times 0.47 \times \frac{252.21}{2.0 \times 10^5}$$

$$\times 94.0 \times 1.0 = 0.117 \text{mm} < 2\text{mm}$$

中华人民共和国行业标准

种植屋面工程技术规程

JGJ 155—2007

条 文 说 明

前 言

《种植屋面工程技术规程》JGJ 155—2007，经建设部 2007 年 7 月 2 日以第 671 号公告批准发布。

为便于广大设计、施工、科研、学校等单位有关人员在使用本规程时能正确理解和执行条文规定，《种植屋面工程技术规程》编制组按章、节、条顺序编制了本规程的条文说明，供使用者参考。在使用过程中如发现本条文说明有不妥之处，请将意见函寄中国建筑防水材料工业协会（地址：北京市三里河路 11 号；邮编：100831）。

目　次

1 总则 …………………………………… 8—8—4
2 术语 …………………………………… 8—8—4
3 基本规定 ……………………………… 8—8—4
4 种植屋面材料 ………………………… 8—8—5
  4.1 一般规定 ………………………… 8—8—5
  4.2 保温隔热材料 …………………… 8—8—5
  4.3 找坡材料 ………………………… 8—8—5
  4.4 耐根穿刺防水材料 ……………… 8—8—5
  4.5 过滤、排（蓄）水材料 ………… 8—8—5
  4.6 种植土和种植植物 ……………… 8—8—5
5 种植屋面设计 ………………………… 8—8—5
  5.1 一般规定 ………………………… 8—8—5
  5.2 建筑平屋面种植设计 …………… 8—8—6
  5.3 建筑坡屋面种植设计 …………… 8—8—6
  5.4 地下建筑顶板种植设计 ………… 8—8—6
  5.5 既有建筑屋面改造种植设计 …… 8—8—6
6 种植屋面施工 ………………………… 8—8—6
  6.1 一般规定 ………………………… 8—8—6
  6.2 保温隔热层施工 ………………… 8—8—6
  6.3 找坡层（找平层）施工 ………… 8—8—6
  6.4 普通防水层施工 ………………… 8—8—7
  6.5 耐根穿刺防水层施工 …………… 8—8—7
  6.6 排（蓄）水层和过滤层施工 …… 8—8—7
  6.7 植被层施工 ……………………… 8—8—7
  6.8 既有建筑屋面改造种植施工 …… 8—8—7
  6.9 绿化管理 ………………………… 8—8—7
7 质量验收 ……………………………… 8—8—7
  7.1 一般规定 ………………………… 8—8—7
  7.2 种植屋面保温、防水工程
     质量验收 ………………………… 8—8—7
  7.3 种植工程质量验收 ……………… 8—8—8

1 总 则

1.0.1 随着我国城市化建设的推进，种植屋面在一些城市逐渐兴起。种植屋面工程由种植、防水、排水、保温隔热等多项技术构成。其中防水技术尤为重要，一旦发生渗漏，就会造成较大经济损失。因此，适时制订一部主要针对种植屋面防水工程的技术规程十分必要，有利于规范种植屋面的防水作业标准，确保防水工程质量，促进种植屋面防水工程的发展。

1.0.3 种植屋面工程涉及工程安全、环境保护和建筑节能，在选用防水材料、保温隔热材料、种植土等材料及设计、施工方面，都应考虑其安全性、对环境的影响程度和节能效果，采取相应措施。

1.0.4 根据建设部印发的建标〔1996〕626号《工程建设标准编写规定》，本条文采用了"……除应符合本规程外，尚应符合国家现行有关标准规范的规定"的典型术语。

种植屋面工程设计所需的普通防水材料和保温隔热材料，宜按以下标准选用：

1. 改性沥青类防水卷材：
《弹性体改性沥青防水卷材》GB 18242；
《塑性体改性沥青防水卷材》GB 18243；
《改性沥青聚乙烯胎防水卷材》GB 18967；
《自粘聚合物改性沥青聚酯胎防水卷材》JC 898；
《自粘橡胶沥青防水卷材》JC 840。

2. 高分子类防水卷材：
《聚氯乙烯防水卷材》GB 12952；
《高分子防水材料（第一部分 片材）》GB 18173.1；
《高分子防水卷材胶粘剂》JC 863。

3. 防水涂料：
《聚氨酯防水涂料》GB/T 19250；
《聚合物水泥防水涂料》JC/T 894；
《聚合物乳液建筑防水涂料》JC/T 864。

4. 密封材料：
《硅酮建筑密封胶》GB/T 14683；
《聚氨酯建筑密封膏》JC/T 482；
《聚硫建筑密封膏》JC/T 483；
《丙烯酸酯建筑密封膏》JC/T 484；
《建筑防水沥青嵌缝油膏》JC/T 207；
《混凝土建筑接缝用密封胶》JC/T 881。

5. 保温隔热材料：
《建筑物隔热用硬质聚氨酯泡沫塑料》GB 10800；
《绝热用模塑聚苯乙烯泡沫塑料》GB/T 10801.1；
《绝热用挤塑聚苯乙烯泡沫塑料（XPS）》GB/T 10801.2。

种植屋面防水工程与普通屋面防水工程对防水技术的要求是一致的。为此，种植屋面工程防水施工质量的检查与验收，除应按本规程执行外，尚应符合国家标准《屋面工程质量验收规范》GB 50207的规定。

2 术 语

2.0.1 种植屋面从广义上讲，凡是建筑空间屋面板或是在单建式地下建筑顶板上做植物种植的，通称为种植屋面。种植屋面形式有两类：覆土种植和容器种植。

2.0.4 容器种植，包括可移动容器，即在上人屋面上摆放花盆、种植槽或移动组合种植模块。

2.0.5 防止植物根系刺穿的防水层，又称隔根层、阻根层、抗根层等。为统一名词称谓，本规程定为耐根穿刺防水层。

2.0.8 种植土有多种称谓，如种植基质、种植介质、种植层、植土、基质层、植被支撑层等，意义相同，称谓不一。为统一名词称谓，本规程定为种植土。

3 基 本 规 定

3.0.1 新建种植屋面工程的设计程序是，首先应确定种植屋面基本构造层次，然后根据各道层次的荷载进行结构计算。既有建筑屋面改造种植，由于结构承载力已经固定，只有根据承载力确定种植层次。这是新建、既有建筑屋面种植设计的不同点。

3.0.2 种植屋面工程是一项系统工程，因我国地域辽阔，各地气候差异很大，设计应按照因地制宜的原则，确定种植形式、种植土厚度和植物种类。

3.0.4 绿化面积标准的规定，参考了北京市地方标准《屋顶绿化规范》DB11/T 281。其他地区可按当地规定的标准执行。

3.0.5 由于有些保温隔热材料耐水性较差、不耐根穿刺，故倒置式屋面不能做满覆土种植。

3.0.6 种植土中的水分和养分是植物赖以生存的条件。种植土厚度少于100mm时，所蓄水分保持时间短，不利于植物生长、保水和固定。

3.0.7 植物根系对防水层有穿刺性。在普通防水层上，再铺设一道耐根穿刺防水层，可避免植物根系的穿刺。

鉴于种植屋面工程一次性投资大，维修费用高，若发生渗漏则不易查找与修缮，因此本规程将屋面防水层的合理使用年限定为15年。

3.0.8 现浇钢筋混凝土屋面板整体性好、结构变形小、承载力大、耐久性长，隔绝室内水汽作用好，故本条指出结构层宜采用现浇钢筋混凝土屋面板。

3.0.9 屋面坡度大于20%时，排水层、种植土层等易出现下滑，为防止发生安全事故，应采取防滑措施。屋面坡度大于50%时，防滑难度大，故不宜种植。

3.0.13、3.0.14 为确保种植屋面工程质量，园林绿化单位应取得国家或相关主管部门规定的设计和施工资质；防水工程施工单位应依据建设部第159号令《建筑业企业资质管理规定》的有关规定取得专业施工资质；绿化种植和防水施工作业人员应取得上岗资质。

3.0.15 对建筑屋面防水工程进行蓄水或淋水检验是确保防水工程质量的必要手段。为此，在耐根穿刺防水层施工完成后，应进行一次48h的蓄水检验，坡屋面应进行持续淋水3h的检验。

地下工程顶板防水层的检查，如其周边无排水系统，可在雨后进行检验。

3.0.16 实践证明，种植屋面工程交付使用后，应由专人管理、检查、维护保养，才能保证水落口、天沟、檐沟等部位不堵塞，以及保证植物正常生长。

4 种植屋面材料

4.1 一般规定

4.1.1 普通防水材料应按国家现行的国家标准或行业标准选用，本规程不再摘录各种材料的主要物理性能指标。

4.1.2 因为有些植物的根系可以穿透防水层，造成屋面渗漏，为此必须设一道耐根穿刺的防水层。对防水材料耐根穿刺性能的验证，必须经过种植试验。目前我国正在编制防水材料耐根穿刺性能试验方法，在尚未批准实施前，先以德国相关机构的种植试验结果为依据，其试验方法是在无底的容器内铺设防水卷材，植入草本或木本植物，经室内二年或室外四年生长后观察，未见植物根系穿透者即为合格的耐根穿刺卷材。

4.1.4 种植屋面的荷载主要是种植土，虽厚度深有利植物生长，但为了减轻屋面荷载，需要尽量压缩其他构造层次的重量。排水层如采用塑料排水板，其重量仅为1kg/m²，而采用卵石层或炉渣层排水，约为150kg/m²，相当于改良土200mm厚。

4.2 保温隔热材料

4.2.1～4.2.3 保温隔热材料品种很多，密度大小悬殊，模塑型聚苯乙烯泡沫塑料板的密度为15～30kg/m³，而加气混凝土类板材的密度为400～600kg/m³。为了减轻种植屋面荷载，本规程要求选用密度不大于100kg/m³的保温隔热材料。本节仅列出两种保温隔热材料，也可以选用其他保温隔热材料。

4.3 找坡材料

4.3.1 屋面坡度为2%时，坡长越长所用找坡材料越多越厚，梁板柱的荷载也就越大。为了适当减轻屋面荷载，应根据坡长大小选择找坡材料。当坡长在4m以内，可采用水泥砂浆找坡；当坡长为4～9m时，应从表4.3.1中选用找坡材料；当坡长大于9m时，应采用结构找坡。

4.4 耐根穿刺防水材料

4.4.1～4.4.10 本节共列出10种耐根穿刺防水卷材，其中第4.4.2条、第4.4.4条、第4.4.5条、第4.4.7条四种卷材是经过德国DIN52123和FLL标准种植试验获得合格证，其余卷材是经种植乔木和灌木，有三年以上工程实践未发现根系穿透的材料，暂视为耐根穿刺防水材料。

目前，我国正在编制耐根穿刺防水材料试验方法标准，待发布后应按标准规定执行；在发布前，设计选用耐根穿刺防水材料时，生产厂家需提供相应的检验报告或三年以上的种植工程证明，并应符合本规程第4.4节的有关规定。

本规程所列出的耐根穿刺防水材料的主要物理性能均参考了有关标准，其名称、性能指标单位等存在不统一的现象，在使用过程中应予以注意。

4.5 过滤、排（蓄）水材料

4.5.1 排（蓄）水层材料品种较多，为了减轻屋面荷载，应尽量选择轻质材料，建议优先选用塑料、橡胶类凹凸型排（蓄）水板或网状交织排（蓄）水板。

4.5.2 设置过滤层是为防止种植土进入排水层造成流失。过滤层的单位面积质量宜为200～400g/m²。如果太薄，容易损坏，不能阻止种植土流失；如果太厚，过滤层渗水缓慢，不利排水。

4.6 种植土和种植植物

4.6.1 种植土分为三类：

一类为田园土即自然土，取土方便、价廉。单建式地下建筑顶板种植土较厚，用土量大，选用田园土比较经济。

二类为改良土，改良土是由田园土掺合珍珠岩、蛭石、草炭等轻质材料混合而成，密度约为田园土的1/2，并采取土壤消毒措施，宜用于屋面种植。

三类为无机复合种植土，是由覆盖层、种植育成层和排水层三部分组成，荷载较轻，适宜做简单式种植屋面，但价格较贵。

4.6.2 种植土湿密度一般为干密度的1.2～1.5倍。

4.6.4 选择植物应考虑植物生长产生的活荷载变化，一般情况下，树高增加2倍，其重量增加8倍，需10年时间。

5 种植屋面设计

5.1 一般规定

5.1.1 第4款 耐根穿刺防水层必须设置，种植屋面如采用地被植物，虽多为须根或浅根，仍有根系穿刺很强的植物，包括野生的小灌木，对防水层亦会造成破坏。

5.1.5 不同种类的植物，要求种植土厚度不同，如乔木根深，而地被植物根浅，在满足植物生长需求的前提下，应尽量减小种植土的厚度，有利于降低屋面荷载。表5.1.5规定的厚度是植物研究机构经过多年研究提供的数据。

5.1.7 由于乔木、亭台、水池、假山等设施的荷载较大，出于安全考虑，不应放置在受弯构件梁、板上面。承重墙或柱承受垂直荷载能力强，故应放置在承重墙或柱的部位。

5.1.8 多雨地区种植屋面土中的积水易造成植物烂根，故应设置排水系统。设置雨水收集系统，可用于绿化灌溉，这是一项重要的节水措施。种植土吸收的雨水量，约为自身体积的20%，且植物、排（蓄）水层等都能吸收雨水，故设计汇水面积宜为300～500m²，以确定水落口数量和落水管直径。

5.1.10 第5款 有些乔木移植时因树身较大，应加固定支撑，防止倒伏。采用何种形式支撑，由绿化单位确定。

5.2 建筑平屋面种植设计

5.2.1 种植屋面划分种植区是为便于管理和设计排灌系统。种植植物的种类也需要分区。

5.2.2 图5.2.2的构造层次为寒冷多雨雪地区的覆土种植构造。如因地区不同或种植形式不同，可减少某一层次。例如干旱少雨地区可不设排水层；南方可不设保温隔热层；种植土厚度大于800mm时，可不设保温隔热层。

5.3 建筑坡屋面种植设计

5.3.2 坡屋面采用阶梯式、台阶式种植，可以防止种植土滑动，也便于管理。不仅可种植地被植物，也可局部种植乔木或灌木。

5.4 地下建筑顶板种植设计

5.4.1 地下建筑顶板的种植土与周界土相连，土中水是互通的，无处排放。如果顶板高于周界地面，完全视同建筑屋面种植。下沉式顶板种植必须有封闭的周界墙，故应设自流排水系统。

5.4.3 地下建筑顶板采用防水混凝土，可作为一道普通防水层，但必须另设一道耐根穿刺防水层。

5.4.4 地下建筑顶板覆土大于800mm（可以种植乔木）具有保温功能，可不设保温层，但应经热工计算核实。如东北寒冷地区800mm厚种植土达不到保温要求，应另设保温层。

5.5 既有建筑屋面改造种植设计

5.5.1 既有建筑屋面的结构布局业已固定，为安全起见，在屋面种植设计前，必须对其结构承载力进行核算，并根据承载力确定种植形式和构造层次。

既有建筑屋面改造做种植屋面是一项很复杂的设计、施工过程，原有防水层是否保留、如何设置构造层次和耐根穿刺防水层、周边是否设挡墙和其他安全设施，以及做满覆土种植还是容器种植等都是应考虑的问题。

6 种植屋面施工

6.1 一般规定

6.1.1 种植屋面施工是总体设计的实施阶段。为保证种植屋面不渗漏，并为栽培植物提供良好的环境和条件，必须按照设计要求选材和按构造图施工。

6.1.8 管道、预埋件等应先进行施工，然后做防水层。避免防水层施工完毕后打眼凿洞，留下渗漏隐患。如必须后安装设备基座，应在适当部位增铺一道防水增强层，并局部补做防水层。

6.1.12 种植屋面构造层次多，为确保整体工程质量，每一层次施工完毕都应进行验收，合格后方可进行下一道施工。"过程控制，强化验收"是非常必要的。

6.1.13 根据各种耐根穿刺防水层需要，其保护层可选用下列材料：

1 高密度聚乙烯土工膜，单位面积质量不小于200g/m²；

2 聚乙烯丙纶复合防水卷材，单位面积质量不小于300g/m²；

3 化纤无纺布，单位面积质量不小于200g/m²；

4 沥青油毡；

5 水泥砂浆1:3（体积比），厚度15～20mm；

6 C20细石混凝土，厚度40mm。

6.2 保温隔热层施工

6.2.2 采用喷涂硬泡聚氨酯保温隔热材料的施工，对基层表面要求平整、干燥、无杂物等，是为了便于控制保温隔热层的厚度和施工质量。为保证保温、防水的功能和工程质量，应按国家标准《硬泡聚氨酯保温防水工程技术规范》GB 50404施工。

6.3 找坡层（找平层）施工

6.3.1 采用块状材料做找坡层，力求坡面平整，并应尽量减少铺垫水泥砂浆的用量。

6.3.2 使用水泥或水泥砂浆拌合轻质散状材料，当施工环境温度低于5℃时，将影响材料质量和找坡层的施工质量。冬期施工规范规定：施工环境温度在5℃时为冬施的临界线。为此，水泥砂浆在5℃以下施工应掺加防冻剂，温水拌合，并用保温材料覆盖等措施。

6.3.3 如果找平层表面平整度不够，排水坡度不准或表面发生酥松、起砂、裂缝现象，均会直接影响防水层和基层的粘结，导致防水层开裂。为此，对找平层的施工应作相应控制。

6.4 普通防水层施工

6.4.2 种植屋面防水层的细部构造，是屋面结构变形较大的部位，防水层容易遭受破坏。为加强整体防水层质量，在细部构造部位铺设一层防水增强层是十分必要的。

6.4.4 第1款 基层上满涂基层胶粘剂，涂刷量过少露底或过多堆积，都会影响防水层粘结质量。

6.4.5 第2款 高聚物改性沥青防水卷材采用热熔法满粘施工时，加热不均匀出现过火或欠火，均会影响粘结质量。因此，火焰加热应控制火势和时间，保持均匀状态。

6.4.7 第3款 涂刷防水涂料必须实干才能成膜，如果第一遍涂料未实干，就涂刷第二遍，极易造成涂膜起鼓、脱层等质量问题。因此，必须控制好涂层的干燥程度。

6.5 耐根穿刺防水层施工

6.5.1 第2款 铅锡锑合金防水卷材薄且软，有可能被尖状砂粒扎破。为此，要求卷材空铺的基面或采用双面自粘防水卷材防水层的表面都必须清扫干净，以保证耐根穿刺防水层的施工质量。

6.5.3 高密度聚乙烯土工膜焊接施工时，焊接温度较高，容易烫伤下面的普通防水层，所以在普通防水层上宜增加一道水泥砂浆保护层。

6.6 排（蓄）水层和过滤层施工

6.6.1 排水层必须与排水系统（排水管、排水沟、水落口等）连接，且不得堵塞，保证排水畅通。

6.7 植被层施工

6.7.1 植物在生长季节进行栽培，成活率高，但有时因急于绿化，季节和植物关系考虑不周而强行栽培，结果会造成植物长势不好。

6.7.2 简单式种植屋面周边一般不设护墙或护栏，但在种植施工时应采取临时安全措施，尤其是坡屋面种植，更应加强安全防护。

6.7.6 第2款 花苗的行距、株距太大，成苗后不能全部覆盖地面。如株距、行距太密，花苗生长受影响，也不利于管理。

6.8 既有建筑屋面改造种植施工

6.8.1、6.8.2 既有建筑屋面改造做种植屋面的施工过程非常复杂，必须按照屋面设计构造层次的要求，有步骤地分项实施，重点做好防水层、排水层施工，严格按本规程的施工规定执行。

6.9 绿化管理

6.9.1 种植屋面的绿化管理非常重要，管理不当将达不到种植屋面改造环境的效果。本节强调了对种植屋面的绿化管理。

7 质量验收

7.1 一般规定

7.1.1 种植屋面工程施工的工序较多，各道工序之间常常因上道工序存在问题，而被下道工序所覆盖，给屋面防水留下质量隐患。为此，强调按工序、层次进行检查验收，各工序间的交接检和专职人员的检查，应有完整的记录，并经监理或建设单位再次进行检查验收后，方可进行下一工序的施工。

7.1.2 种植屋面防水工程所采用的防水材料、保温隔热材料，除应具有产品出厂质量合格证明文件外，还应有当地建设行政主管部门授权的检测单位对产品抽样的检验报告，其质量应符合本规程和设计的要求。此外，为了控制进场材料的质量，还应进行现场抽样复验，不合格的材料严禁在工程上使用。

7.1.3 为保证防水工程质量，应对相关的分项工程及各道工序，在完工后进行外观检验或取样检测，以便及时发现并纠正施工中出现的质量问题。防水工程完工，进行淋水或蓄水检验是最后一道检查工序，必须从严执行，防水工程达到全部无渗漏时才能竣工验收。

7.2 种植屋面保温、防水工程质量验收

7.2.1 种植屋面工程的质量验收，除主控项目必须验收外，其他非主控项目，可由建设方、施工方协商确定增加某一项的验收。

7.2.2 第3款 细部构造部位是屋面工程中最容易出现渗漏的薄弱环节。据调查表明，在渗漏的屋面工程中，70%以上是节点渗漏。因此，明确规定，对细部构造必须全部进行检查，以确保屋面工程防水的质量。

7.2.3 种植屋面工程的施工单位在办理工程质量验收时，应按规定的程序与手续做好各项准备工作。由于各地建设行政主管部门对工程质量验收的规定不完全一致，所以条文明确指出，由有关单位共同按有关规定组织验收。

需要指出：种植屋面工程施工涉及土建、防水、保温、种植等多项专业，工程开工前应签订专业分包或直接承包合同。建设单位应进行协调，明确工程合同签订的各方义务、责任和必须执行的相关规定。这

样才能顺利完成验收。

7.2.4 种植屋面工程验收时，施工单位应提交主要技术资料。这些技术资料归档，对日后检查、检验工程质量，工程修缮、改造，以及一旦发生工程质量事故纠纷进行民事、刑事诉讼时，都是十分重要的档案证件。

7.3 种植工程质量验收

7.3.1 本条还应按第 7.1.1 条的规定执行。

7.3.3 绿化施工单位应提供相关文件作为竣工验收的依据。

7.3.4 种植工程植物成活率应达到本条的要求，对于枯死植物应补栽。